Christian Petersen

STAHLBAU

STAHLBAU

Grundlagen
der Berechnung und baulichen Ausbildung
von Stahlbauten

3., überarbeitete und erweiterte Auflage

Dr.-Ing. Christian Petersen
Professor an der
Universität der Bundeswehr München

vieweg

Die Deutsche Bibliothek – CIP-Einheitsaufnahme

Petersen, Christian:
Stahlbau: Grundlagen der Berechnung und baulichen Ausbildung von Stahlbauten / Christian Petersen. – 3., überarb. und erw. Aufl. – Braunschweig; Wiesbaden: Vieweg, 1993
ISBN 3-528-28837-X

1. Auflage 1988
Nachdruck 1988
2., verbesserte Auflage 1990
Nachdruck 1992
3., überarbeitete und erweiterte Auflage 1993
korrigierter Nachdruck 1994

Der Verlag Vieweg ist ein Unternehmen der Bertelsmann Fachinformation GmbH.

Druck und buchbinderische Verarbeitung: Lengericher Handelsdruckerei, Lengerich
Gedruckt auf säurefreiem Papier
Printed in Germany

ISBN 3-528-28837-X

Vorwort

Das Bauen einer Behausung zählt seit den fernsten Urzeiten zu den Grundbedürfnissen des Menschen; zunächst wurden die Hütten aus Holz und Schilf gefügt, später aus Stein und Lehm. Unter den Römern entwickelte sich erstmals eine gehobene Bautechnik, u.a. mit der Vollendung der Gewölbebauweise; die Baukultur stand in hoher Blüte: Neben Zweckbauten wie Häuser, Villen, Straßen, Brücken, Aquädukte und Bastionen traten Tempel, Paläste, Arenen, Stadien und Museen; so ist es über alle Kulturepochen hinweg bis zum heutigen Tage geblieben. Es war der römische Baumeister und Architektur-Theoretiker VITRUVIUS POLLIO, der um 25 v.Chr. mit seinem zehnteiligen Buch "De architectura" das erste umfassende Werk über die Baukunst und Bautechnik, unter Einbindung der von den Griechen überlieferten Traditionen, verfaßte.

firmitatis, utilitatis, venustatis

waren die von VITRUV postulierten Prinzipien*. Sie gelten bis heute: firmitatis ist die Haltbarkeit und Standfestigkeit, wir sprechen von Tragfähigkeit; utilitatis steht für Nützlichkeit und Zweckentsprechung, im heutigen Verständnis handelt es sich um Gebrauchstauglichkeit; mit venustatis schließlich ist die Schönheit gemeint, der erfreuliche Anblick, Ästhetik und humane Proportion. In unserer Zeit haben neben den genannten, die Prinzipien der Wirtschaftlichkeit und des schonenden Umgangs mit Baugrund, Umwelt und Rohstoffen, also angemessene Ökonomie und Ökologie, gleichrangige Bedeutung.

Setzt man den Beginn der Bautechnik mit der römischen gleich, ist die Eisenbautechnik, deren Beginn auf das Jahr 1778 datiert wird (vgl. S. 6/7), im Vergleich zur seither verstrichenen 2000jährigen Spanne eine junge Bauweise. Der Eisenbau zwang die Bautechniker zu einer gänzlich neuen Orientierung: Das Bauen auf der Grundlage von Empirie und Intuition alleine genügte nicht mehr. Der neue Werkstoff Eisen (Stahl, wie wir heute sagen) erforderte einen rationelleren und rationaleren Umgang als es ehedem üblich war: Es bedurfte vor allem einer wissenschaftlichen Abklärung der Materialeigenschaften. Für jedes Bauwerk aus Eisen war ein statischer Tragsicherheitsnachweis zu führen und die Konstruktion funktions- und montagegerecht einschließlich der Verbindungen exakt durchzubilden. Diese Entwicklung ging mit dem Entstehen des Ingenieurwesens und der Ingenieurwissenschaft einher. Letztere erarbeitet mit experimentellen und analytischen Methoden aus den Bedürfnissen der Praxis heraus jene Grundlagen und Verfahren, die in der Technik bei den Planungen, Entwürfen und Berechnungen der technischen Werke benötigt werden. Hiermit war und ist eine Mathematisierung in allen technischen Bereichen verbunden; sie ist keinesfalls abgeschlossen und findet in unseren Tagen in den computerorientierten Entwurf-, Berechnungs- und Fertigungsmethoden ihre Fortsetzung. - Für den Studierenden des Bauingenieurwesens, speziell bei Vertiefung im Konstruktiven Ingenieurbau, bietet die Aneignung fundierter baustoffkundlicher, baumechanischer und konstruktiver Kenntnisse und Fertigkeiten nach aller Erfahrung die beste Gewähr für künftig erfolgreiches Tun; der theoretischen Ausrichtung während des Studiums kommt dabei große Bedeutung zu, nicht nur wegen der intellektuellen Schulung ("Nicht viel Wissen, viel Denken muß man üben", DEMOKRITUS, um 460 v. Chr.), sondern auch, weil die Theorie das Ergebnis wissenschaftlichen Denkens in einer verallgemeinerungs- und abruffähigen Form bündelt. Theorie ist daher etwas überaus Nützliches und Praktisches, gleichwohl für den Ingenieur immer nur Hilfsmittel. Für einen an einer Hochschule mit technischer Ausrichtung Lehrenden ist es eine Herausforderung, sowohl die wissenschaftlichen Grundlagen als auch die praxisbezogenen Sachverhalte, jeweils gleichzeitig in der gebotenen Breite und Tiefe und dennoch bei Beschränkung auf das Wesentliche, zur Erziehung einer für den Ingenieurberuf befähigenden Qualifikation

*) Erstes Buch, III. Kapitel

vermitteln zu dürfen. Wie der Verf. dieses an der Universität der Bundeswehr München im Fach Stahlbau versucht, möge das vorliegende Skriptum belegen. Es versteht sich, daß nicht der gesamte Inhalt des Buches in den Lehrveranstaltungen behandelt wird. Eine derartige Überfrachtung wäre unsinnig und schädlich zugleich. Bei der großen Fülle des heutigen Wissens einerseits und der vergleichsweise geringen Zahl von Verfügungsstunden innerhalb des Bauingenieurstudiums andererseits, können in den Fachvorlesungen nur die wirklich wichtigen und verständnisschwierigen Grundlagen behandelt werden. Um dem Studierenden die Möglichkeit zu geben, diese (eher exemplarisch behandelten) Inhalte in den Gesamtzusammenhang des Faches einordnen zu können, benötigt er eine das Fachgebiet umspannende Monographie. In dieser kann er sich zudem über die Vorlesungen und Übungen hinaus, z.B. bei der Vorbereitung seiner Seminarvorträge, informieren; umfassende Literaturhinweise sollen sein Selbststudium dabei unterstützen. Nach W.v.HUMBOLDT (1767-1835) setzt der Erwerb wissenschaftlicher Einsicht "notwendig Freiheit und hülfreiche Einsamkeit" voraus, "und aus diesen beiden Punkten fließt zugleich die ganze äußere Organisation der Universität". In diesem Sinne versteht sich das Buch in erster Linie als Lehrbuch.
Darüberhinaus dürfte sich das Buch auch für die in der Praxis tätigen Konstrukteure und Statiker zur allgemeinen Information und zwecks Verwertung der aufbereiteten Berechnungsverfahren und Konstruktionsvorschläge als nützlich erweisen. Die Ausführungen berücksichtigen mit Blick auf künftige Entwicklungen die geltenden Regelwerke.
Das Buch gliedert sich in zwei Teile, entsprechend der Gliederung des Studiums in Grundfach- und Vertiefungsstudium: Als erstes werden nach kurzer Abhandlung historischer und wirtschaftlicher Aspekte, die mechanischen Eigenschaften der Baustähle behandelt. Es folgt eine Einführung in die Sicherheitstheorie und in die elasto- und plasto-statischen Berechnungsverfahren einschließlich Stabilitätstheorie. Anschließend werden die Schweiß-, Schrauben- und Bolzenverbindungen behandelt, gefolgt von den Konstruktions- und Berechnungsanweisungen für Stützen, Vollwand- und Fachwerkträger, Seilwerke, Trapezprofil- und Verbundkonstruktionen, ferner Korrosions- und Brandschutz. Es schließen sich die Bauformen: Hallen, Kranbahnen, Behälter, Stahlschornsteine, Türme und Maste sowie Brücken an. Im zweiten Teil steht nochmals die Theorie im Vordergrund, hier werden die elasto-statischen Methoden der allgemeinen Biege- und Torsionstheorie abgehandelt und schließlich die Anstrengungs- und Bruchtheorie in ihren Grundlagen dargestellt.
In dem Buch sind an mehreren Stellen Ergebnisse aus Bauteilversuchen eingearbeitet, die im Laboratorium für Stahlbau der UniBwMünchen in den zurückliegenden Jahren gewonnen wurden.

Gerne benutzt der Verfasser die Gelegenheit, dem Vieweg-Verlag, vertreten durch Herrn Dipl.-Ing. P. Neitzke, für die Übernahme des Buches und die gute Ausstattung zu danken. Dank schuldet der Verfasser auch ehemaligen und jetzigen Mitarbeitern, die ihn durch Zuarbeit bei verschiedenen Fragen tatkräftig unterstützt haben: Dr.-Ing. K. Reppermund, Dr.-Ing. N. Lazaridis, Dipl.-Ing. H. Harbauer, Dipl.-Ing. D. Tonis, Dipl.-Ing. D. Fleischer, Dipl.-Ing. (FH) R. Nothaft und cand.ing. F. Reif. Dank sagt er auch Frau H. Standke, Frau cand.arch. C. Schreiber und cand.arch. K. Riemer für die Unterstützung bei den mühsamen Zeichen- und Montagearbeiten. Ganz besonderer Dank gebührt seiner Sekretärin, Frau D. Krug, die das druckreife Manuskript mit großer Sorgfalt und nimmermüdem Engagement geschrieben hat. Ohne die Mitarbeit der Genannten wäre dem Autor die Abfassung des Buches neben seinen vielfältigen beruflichen Aufgaben nicht möglich gewesen. - Langmut und Geduld seiner Frau Renate hat der Verf. während der Fertigstellung des Manuskriptes arg strapaziert; daß sie ihn dennoch durch viel Verständnis unterstützt hat, sei ihr mit der Widmung dieses Buches dankbar vergolten.

Neubiberg bei München im November 1987 Christian Petersen

In die vorliegende 3. Auflage wurde die neue Grundnorm des Stahlbaus, DIN 18800 T1-T3 (11.90), eingearbeitet. Dazu war es notwendig, die Abschnitte 4, 6, 9 und 10 vollständig und die Abschnitte 2, 7, 8 und 16 in Teilen neu abzufassen.

Neubiberg bei München im Oktober 1992 Christian Petersen

Inhaltsverzeichnis

1 Allgemeine technische, wirtschaftliche und historische Aspekte

1.1 Stahlbau als Industriezweig*

Der Stahlbau gehört zum Konstruktiven Ingenieurbau und damit zum Bauingenieurwesen. Aufgabe des Stahlbaues ist das "Bauen in Stahl", d.h. die Errichtung baulicher Anlagen in Stahl. Konkurrierende Bauweisen sind der Massivbau und Holzbau. Für eine Reihe spezieller Aufgaben hat das Bauen mit Aluminium und hochfesten (faserverstärkten) Kunststoffen große Bedeutung erlangt, insbesondere überall dort, wo es auf eine Minimierung des Eigengewichtes ankommt.
Die wirtschaftliche Entwicklung des Stahlbaues in der Bundesrepublik Deutschland spiegelt sich in der in Bild 1 dargestellten Statistik (für den Zeitraum von 1950 bis 1984) wider.

		Einheit	1950	1960	1970	1980	1982	1984
Betriebe		Anzahl	380	547	795	988	1012	986
Beschäftigte		Anzahl	50400	66980	78850	87983	85069	78774
Arbeitsvolumen		Mio. Std	99	126	118	118	109	111
Umsatz insgesamt		Mio. DM	390	1619	4064	9943	10337	9909
Inland		Mio. DM	390	1504	3802	8936	8859	8614
Ausland		Mio. DM	-	115	262	1007	1478	1295
Bruttolohn- und Gehaltssumme		Mio. DM	178	468	1256	3057	3143	3085
Produktions-Wert		Mio. DM	370	1438	3633	8133	8508	7623
-Volumen		1000 t	421	938	1638	1857	1674	1455
Produktivität	DM/Beschäftigten		7738	24171	51541	92438	100013	96771
	t/Beschäftigten		8,4	14,0	20,8	21,1	19,7	18,5

Bild 1

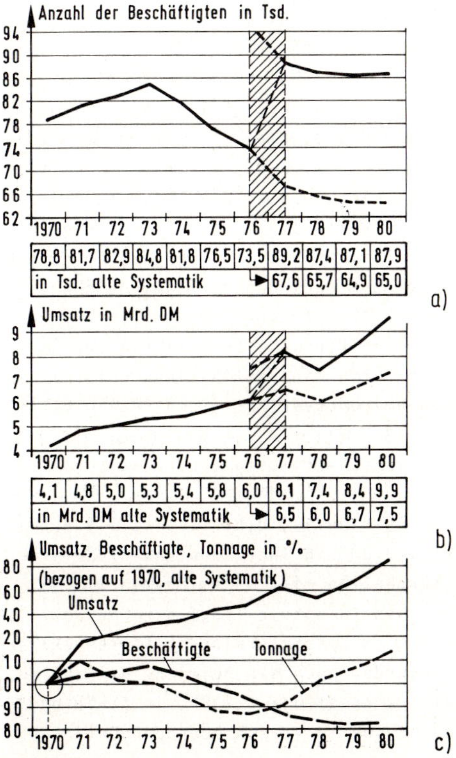

Bild 2

In dieser, vom statistischen Bundesamt erstellten Übersicht ist zu berücksichtigen, daß ab 1977 ein geändertes Erfassungskonzept gilt: Bis 1976 wurden nur Betriebe mit 10 Beschäftigten und mehr erfaßt, ab 1977 alle Betriebe mit 20 Beschäftigten und mehr sowie alle einschlägig produzierenden Handwerksbetriebe. Dieser Umstand erschwert die Wertung der Statistik. Um diese zu erleichtern, ist die wirtschaftliche Entwicklung des Stahlbaues für das Jahrzehnt der siebziger Jahre in Bild 2 nochmals gesondert dargestellt, in Teilbild c bezogen auf 1970. Seit 1980 stagniert die Entwicklung, sie zeigt, wie in der Bauwirtschaft insgesamt, fallende Tendenz. Bild 3 vermittelt für den Zeitraum von 1950 bis 1980 einen Grobüberblick über den prozentualen Anteil der verschiedenen Produktbereiche. Wie erkennbar, sind der Industrie- und Hallenbau und der Bau von Handels- und Lagergebäuden die Schwerpunkte des Stahlbaues; auf sie entfallen 80% aller Stahlhochbauaufträge; mit ca. 10% Anteil folgen die landwirtschaftlichen Betriebsgebäude. Einen differenzierteren Überblick über die Produktbereiche vermittelt Bild 4. (Diese Übersicht gilt seit 1980 etwa unverändert, mit einem leichten Plus bei Skelett-, Stütz- und Trägerkonstruktionen.) Auch diese Statistik leidet darunter, daß die Produktion des stahlbaulichen Handwerks und jenes Industriezweiges, der Türen, Tore, Fenster

*Die folgende Darstellung erfaßt im wesentlichen die Verhältnisse in der Bundesrepublik Deutschland (unter Verwertung von Mitteilungen des Statistischen Bundesamtes und des Deutschen Stahlbauverbandes (DStV)).

	1950	1970	1980	
Stahlbauproduktion in 1000 t	421	1638	1857	
Hallen, Skelett- und Stützkonstruktionen, Maste, Türme	70,7	59,3	54,9	davon in %
Komplette Häuser, Bauelemente aus Stahl und Leichtmetall	13,6	31,1	40,1	
Brücken	10,8	4,0	2,2	
Behälter für feste Stoffe, Stahlwasserbauten	4,9	5,6	2,5	

Bild 3

	Produktionsbereiche (1980)	1000 t	Mio. DM	DM/t
1	Skelett-, Stütz- und Trägerkonstruktionen	521,6	1469	2816
2	Hallen mit und ohne Einbauten	295,6	777	2629
3	Maste, Türme und Gerüstkonstruktionen	150,5	422	2804
4	Fertighäuser und sonst. Fertigteilbauten	42,7	198	4637
5	Einzel- und Ersatzteile für Stahl- und Leichtmetallkonstruktionen	75,6	298	3942
6	Brücken aus Stahl- und Leichtmetall	42,3	195	4610
7	Stahlwasserbauten	12,0	70	5833
8	Konstruktionen für Tunnel- und Schachtausbau	7,5	16	2133
9	Behälter	34,1	131	3842
10	Bauelemente aus Stahl- und Leichtmetallbau 1)	675,5	3443	5097
11	Montagen, Um- und Wiederaufbau	—	1114	—
Σ	Summe:	1857,4	8133	

1) Türen, Tore, Fenster, Dachstühle

Bild 4

	1980				
	1000 t	%	Mio. DM	%	DM/t
1	521,6	51	1469	50	2816
2	295,6	29	777	27	2629
3	150,5	15	422	14	2804
6	42,3	4	195	7	4610
7	12,0	1	70	2	5833
Σ	1022,0	100	2933	100	-

Bild 5

u.a. aus Stahl und Leichtmetall erzeugt, mit erfaßt ist. Bei diesen Produkten handelt es sich im klassischen Stahlbauverständnis nicht um Ingenieurkonstruktionen. Zieht man aus der Übersicht des Bildes 4 die Produktbereiche 1, 2, 3, 6 und 7 heraus, erhält man die in Bild 5 angegebenen Zahlen. Die prozentuale Bedeutung der zum Konstruktiven Ingenieurbau zählenden Stahlbausparten wird hieraus erkennbar. Auch läßt sich der Tonnagepreis daraus ableiten, der, abhängig vom Schwierigkeitsgrad des Produktes, zwischen 2800 DM/t bis 5800 DM/t liegt. Die wirtschaftlichen Anteile des Brücken- und Stahlwasserbaues sind offensichtlich gering, die Bedeutung dieser Sparten für die technische Entwicklung des Stahlbaues kann gleichwohl gar nicht hoch genug eingestuft werden.

Die Beschäftigungsrelation Angestellte zu Arbeiter hat sich im Stahlbau im Laufe der Jahrzehnte erheblich verschoben (1950 1:4,5; 1960 1:3,5; 1970 1:3,0; 1980 1:2,5); diese Entwicklung ist typisch für die Gesamtindustrie und beruht einerseits auf der weiter fortgeschrittenen Mechanisierung und Automatisierung in der Fertigung und der damit einhergehenden Freisetzung von Handarbeit und andererseits auf der Entwicklung immer verfeinerter und hochwertigerer Produkte und dem dadurch von den Technikern, Konstrukteuren und Ingenieuren zu leistenden relativ höheren Aufwand. Auch ist durch die vielfältigen gesetzlichen Auflagen mit der Folge komplizierterer Verträge, Genehmigungsverfahren und Bauabwicklungen der betriebswirtschaftliche und juristische Aufwand gestiegen: Im Alltagsgeschäft dominieren vielfach nicht die technischen sondern die wirtschaftlichen und rechtlichen Fragen und Probleme.

Die Produktion im Stahl- und Leichtbau ist sehr arbeitsintensiv, d.h. sie ist mit hohen Lohnkosten verbunden, da es sich bei jedem Bauwerk i.a. um ein individuelles Einzelprodukt handelt; der Anteil an Serienprodukten, z.B. Normhallen, ist im konstruktiven Bereich immer noch relativ gering. Innerhalb der deutschen Industrie liegt der Lohnanteil im Stahlbau (Löhne und Gehälter) mit 0,36DM (von jeder im Umsatz erwirtschafteten DM) am höchsten! Einen Lohnanteil von mehr als 30% haben außerdem noch die Bereiche Gießereien, Feinmechanik/Optik und Druckereigewerbe. Der Mittelwert liegt bei 0,21DM, im Ernährungsgewerbe bei 0,10DM. (Die Zahlen gelten für 1982, nennenswerte Verschiebungen dürfte es diesbezüglich in Zukunft nicht geben.)

Die Stahlbauindustrie befindet sich seit Jahrzehnten in einem Zustand außerordentlicher wirtschaftlicher Anstrengung. Das beruht vorrangig auf dem harten Wettbewerb mit dem hierzulande hoch entwickelten Massivbau, der den Stahlbau aus vielen ehemals angestammten (umsatzstarken) Bereichen verdrängt hat, z.B. im Brückenbau kürzerer und mittlerer Spannweite. Auch konnte der Ingenieurholzbau, in Sonderheit mit dem Holzleimbau, bedeutende Fortschritte erzielen. Dem wirtschaftlichen Druck wurde seitens der Stahlbauindustrie durch zwei Strategien begegnet:

- Rationalisierung in den Unternehmen, insbesondere durch eine noch bessere Ordnung der betrieblichen Abläufe und durch den Einsatz leistungsfähiger Strahl-, Konservierungs-, Säge- und Bohranlagen zur Kompensation der gestiegenen Personalkosten,
- Hinwendung zur Spezialisierung einerseits und Erweiterung des Leistungsangebotes, bis hin zum schlüsselfertigen Bauen, andererseits.

Seit Beginn der 80iger Jahre beruhen die wirtschaftlichen Schwierigkeiten des Stahlbaues zudem auf der allgemeinen Nachfrageschwäche auf dem inländischen Bausektor, auf dem schwieriger gewordenen Auslandsgeschäft und z.T. auch auf Niedrigpreisimporten (z.B. aus den Staatshandelsländern). Der Anteil der Bauinvestitionen am Bruttosozialprodukt ging in der Bundesrepublik Deutschland von 18% in der ersten Hälfte der sechsziger Jahre auf ca. 13% Anfang der achtziger Jahre zurück. Bis Ende der achtziger Jahre dürfte er auf 10% sinken. - Bild 6 vermittelt einen Überblick über den Umsatz des Bauhauptgewerbes im Jahre 1980. Der Anteil des Stahlbaues ist am Umsatz mit 8,4% und bei den Beschäftigten mit 6,7% enthalten. Die vom Bauhauptgewerbe im Wohnungsbau, Straßenbau und in großen Teilen des Tiefbaues erbrachten Leistungen sind nicht stahlbautypisch; insofern sind die Vergleichszahlen nur bedingt aussagefähig. Am öffentlichen Hochbau erreicht der Stahlbau einen Anteil von ca. 10%, am gewerblichen und industriellen Hochbau von ca. 32%. Den ca. 1000 Stahlbaufirmen (mit 20 Beschäftigten und mehr) stehen ca. 14300 Firmen des Bauhauptgewerbes (mit ebenfalls 20 Beschäftigten und mehr) gegenüber; deren Gesamtanzahl beträgt ca. 60 000. Eine Steigerung der Nachfrage an Stahlbauten ist in erster Linie an eine Steigerung der Investitionen des verarbeitenden Gewerbes, des Handels, der Energieerzeuger und der öffentlichen Auftraggeber gebunden; zudem, wenn es gelingt, den Export zu steigern, alte Marktanteile zurückzugewinnen, z.B. über eine neue Bewertung des Bauens insgesamt und zusätzliche Marktanteile zu erschließen, z.B. im Bereich der Energie- und Umweltschutztechnik.

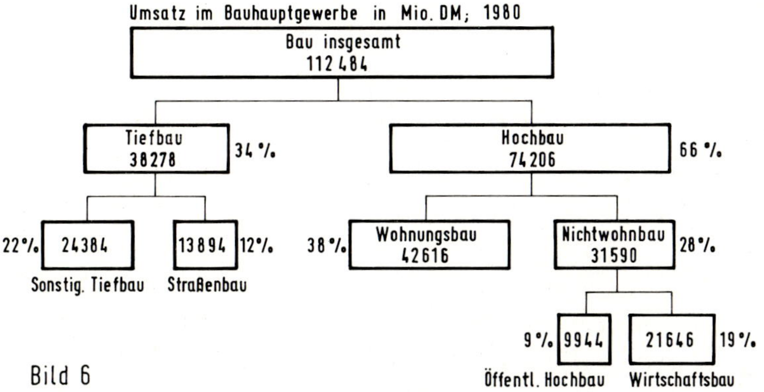

Bild 6

Die den Stahlbau im wesentlichen tragenden Firmen sind im "Deutschen Stahlbau-Verband" (D St V, gegründet 1904 als "Verein Deutscher Brücken- und Eisenbaufabriken") vertreten. Im DStV bestehen derzeit (1986) die Fachgemeinschaften Brückenbau, Geschoßbau, Hallenbau, Glasdachbau, Beleuchtungsmaste und der Fachverband Metallfenster und -türen und darüber hinaus verschiedene Arbeitsgemeinschaften, Arbeitskreise und Arbeitsausschüsse.

1.2 Produktbereiche

In den Stahlbauanstalten werden die Konstruktionen aus den von der Stahlindustrie gelieferten Profilen, Breitflachstählen, Blechen usw. nach Werkstattplänen vorgefertigt, d.h. aufgerissen, geschnitten, geschweißt oder geschraubt und nach Strahlung mit einer Beschichtung versehen. Auf der Baustelle werden die Teile zusammenmontiert. - Die Konstruktionen werden nach den einschlägigen Regelwerken (insbesondere DIN-Normen und DASt-Richtlinien [1]) ausgelegt. Diese sind in Verbindung mit den bauaufsichtlichen Erlassen [2-4] anzuwenden.

Nach Produktbereichen werden unterschieden:

- Stahlhochbau: Geschoßbauten (Verwaltungs-, Hotel- und Wohnbauten, Schulen, Kaufhäuser, Parkhäuser); Hallenbauten (Lager- und Fertigungshallen, Ausstellungs- und Messehallen; Sporthallen und Hallenbäder, Stadienüberdachungen; Bahnhofshallen und -überdachungen; Flugzeughallen; Stallungen, Gewächshäuser; als Systeme kommen Rahmenwerke, Fachwerke (auch Raumfachwerke) und Seilnetzwerke zum Einsatz).
- Maste und Türme: Freileitungsmaste; Sendetürme; abgespannte Funkmaste; Antennenanlagen, Radioteleskope; Flutlichtmaste.
- Industriebauten: Hallen für die Hütten- und Stahlindustrie mit Bühnen, Kranbahnen usf.; Hochöfen und Cowper; Kesselhäuser für Kraftwerke; Kühltürme; Bauwerke und Gerüste für alle Industriebereiche, z.B. für die chemische Industrie zur Aufnahme von Apparaten, Behältern, Rohrleitungen u.a.; Fördergerüste und -türme; Maschinenfundamente.
- Schornsteine, Rohrleitungen und Behälter: Stahlschornsteine, Abgasfackeln; Druckrohrleitungen; Pipelines; Behälter aller Art, Tankbauwerke, Kugelgasbehälter; Silos; Sicherheitsbehälter im Reaktorbau; Apparate für die chemische Industrie; Wassertürme.
- Stahlwasserbau: Schützen und Walzen, Tiefschütze, Sicherheitstore, Schleusentore; Docktore; Schiffshebewerke, Kanalbrücken; Hubinseln, Bohrplattformen (Offshore-Meerestechnik), Leuchttürme.
- Stahlbrückenbau: Eisenbahnbrücken; Straßenbrücken; Fußgängerbrücken; umsetzbare Stahlhochstraßen; Pionierbrücken; Rohrleitungs- und Energiebrücken. Neben den festen werden bewegliche Brücken unterschieden: Klappbrücken, Drehbrücken, Hubbrücken. Nach dem System werden Balken-, Rahmen-, Bogen-, Stabbogen-, Schrägseil- und Hängebrücken, vollwandig oder fachwerkartig, unterschieden. Dazu treten Brückenzubehörteile (auch für Massivbauten): Übergangskonstruktionen, Brückenlager.
- Tiefbau: Ausrüstungen für den Gruben- und Schachtbau, Tunnel- und Stollenbau, z.B. Stollenpanzerungen.
- Gerüste und Schalungen: Arbeits- und Schutzgerüste, Traggerüste (Lehrgerüste); Brückenvorbaugerüste und -vorbauschnäbel (für den Massivbrückenbau); Stahlschalungen für den Hoch- und Tiefbau.
- Krane, Förderanlagen und Lagertechnik: Laufkrane aller Art; Verladebrücken; Hafenkrane; Werftkrane; Schwimmkrane; Turmdrehkrane; Kabelkrane; Hochregallager.

Der Stahlwasserbau und der Bau beweglicher Brücken beinhalten wesentliche Elemente des Maschinenbaues, das gilt ebenso für den Bau beweglicher Radioteleskope, Radar- und Großantennen. Alle diese Konstruktionen gelten gleichwohl als bauliche Anlagen. Für die Krane und Krananlagen trifft das nicht mehr zu; für sie gilt die Bauordnung nicht, sie unterliegen, wie der Bau- und Betrieb von Fliegenden Bauten (Achterbahnen und Karuselle) und Seilbahnen, der Prüfung und Abnahme durch den TÜV (Techn. Überwachungsverein). Das gilt auch für Kraftwerkskomponenten, Druckbehälter und -rohrleitungen und andere Konstruktionen aus dem Bereich der Energietechnik. Zu erwähnen sind in dem Zusammenhang auch die Großschaufelradbagger für den Braunkohletagebau, sie werden zwar nach stahlbaulichen Grundsätzen konstruiert, zählen aber zu den Maschinen.

Aus alledem wird erkennbar, daß der Stahlbau seinen Erzeugnissen nach zwar zur Bauwirtschaft zählt, hinsichtlich der Produktionsverfahren und mancher spezieller Produkte eher mit dem Maschinenbau verwandt ist. Die Stahlbaufirmen steuern zur Industrieproduktion wichtige und wesentliche Produkte für das Inlands- und Auslandsgeschäft bei. Auf den wechselseitigen Bezug zum Schiffbau, Waggon- und Fahrzeugbau, bis hin zum Flugzeugbau (hier u.a. im Hinblick auf Festigkeitstheorie und höhere Statik) wird verwiesen. - Wenn viele der genannten Sparten im Vergleich zum allgemeinen Massengeschäft des Bauwesens einen nur vergleichsweise geringen Umsatz haben, sind sie doch für den Stand der Technik in der Bundesrepublik Deutschland von großer Bedeutung (Bild 7).

Viele der "gehobenen" Produkte, wie z.B. im Großindustriebau, Stahlwasserbau, Stahlbrückenbau, Kranbau werden nur von wenigen Firmen, meist Großfirmen, die den hiermit verbundenen Entwicklungs- und Kapitalaufwand tragen können, gefertigt; das ist in allen Industrieländern ähnlich.

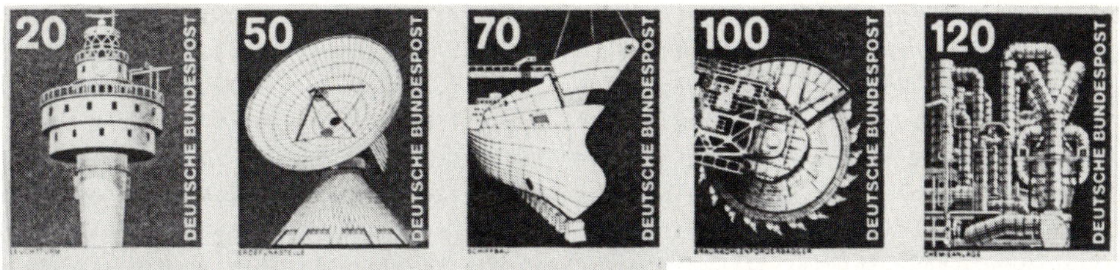

Stahlbau+ auf Briefmarken der DP
20: Leuchtturm (Großer Vogelsand)
50: Satellitenantenne (Raisting)
70: Schiffbau
80: Großschaufelradbagger
120: Rohrleitungs- und Anlagenbau
160: Hochofen und Cowper
200: Bohrinsel (Halbtaucher)
500: Radioteleskop (Effelsberg)
+ und angrenzende Bereiche

Bild 7

Das Gros der mittelständischen Stahlbaufirmen betätigt sich im Stahlhochbau (Geschoß- und Hallenbau). Das stählerne Traggerüst (Primärkonstruktion) ist im Hochbau nur eines von vielen Gewerken, es treten insbesondere die Gewerke: Raumabschließende Elemente (Sekundärkonstruktion) und Installation bzw. Haustechnik (Tertiärkonstruktion) hinzu. Letztere spielen hinsichtlich Gebrauchswert und Gesamtkosten eher eine größere Rolle. Neben die gewerkeweise tritt die schlüsselfertige Vergabe, bei welcher die Errichtung des Bauwerkes durch den Generalunternehmer als Komplettbau erfolgt. Hierbei sind neben den technischen weitere (über die stahlbautechnischen Belange hinausgehende) Aufgaben, solche der Auftragsabwicklung und -abrechnung zu lösen. Auch ist der firmenseitige Kapitaleinsatz beim schlüsselfertigen Bauen höher und damit auch Kapital- und Terminrisiko. Neben der vorgenannten Unternehmensstrategie wird versucht, durch Standardisierung hinsichtlich einzelner Elemente, Bauteile bis hin zu ganzen Bauwerken, im Wettbewerb zu bestehen. Die wirtschaftlichen Vorteile des Stahlhochbaues werden seitens der Bauherren, Architekten und Industrieplaner wieder stärker erkannt:

- Große gestalterische und konstruktive Freiheit und Vielfalt, auch bezüglich Integration der Sekundär- und Tertiärkonstruktion, Reichtum an Formen und Farben, Leichtigkeit und Eleganz; wegen der hohen Festigkeit von Stahl raumsparende Bebauung, hohe Raumausnutzung mit großen (stützenfreien) Spannweiten, geringen Stützenabmessungen und niedrigen Deckenhöhen, Unterbringung der Installation in den offenen Profilen, Durchdringung der Träger; geringes Eigengewicht der Tragstruktur.
- Erweiterungs-, Aufstockungs- und Umbaumöglichkeit bei vergleichsweise geringem Aufwand mit dem Vorteil höherer Flexibilität in der Nutzung, z.B. bei Produktionsänderungen; anpassungsfähige und raumsparende Erneuerung innerstädtischer Bereiche; Sicherung historischer Bauten [5].
- Kurze Bauzeiten, relativ unabhängig von Jahreszeit und Witterung (weil Vorfertigung in der Stahlbauanstalt), vergleichsweise saubere ("trockene") Baustellen mit relativ geringem Platzbedarf und kurzen Verkehrsstörungen, hohe Maßgenauigkeit, enge Toleranzen, auch Montage großformatiger Elemente.
- Geringe Kosten für Wartung und Werterhaltung, schadhafte Oberflächenanrostungen sind unmittelbar sichtbar, keine versteckten, sanierungsanfälligen Schadstellen.
- Geringe Demontagekosten, ggf. Wiederverwendung; Erlös aus Schrottverkauf deckt die Abbruchkosten. (Stahl und Aluminium sind die einzigen Recycling-Baustoffe: Ein bedeuten-

der Aspekt im Hinblick auf die Rohstofflage in den kommenden Jahrzehnten und Jahrhunderten. Stahl durchläuft quasi eine die Generationen begleitende Metamorphose: Gestern ein Heizkessel, morgen eine PKW-Karosserie, übermorgen ein I-Träger.... Es stellt sich in dem Zusammenhang die Frage, ob es vertretbar ist, weiterhin jene nur schwierig abzubauende, eines fernen Tages wertlose Bausubstanz zu erstellen und damit kommenden Generationen zu überlassen, wie sie in den zurückliegenden Jahrzehnten in großem Umfang entstanden ist und weiterhin entsteht; städtebauliche und verkehrstechnische Regeneration sowie haustechnische Umrüstung werden sich als schwierig und aufwendig erweisen).

Zu den genannten Vorteilen des Stahlbaues treten weitere hinzu: Gleichmäßige und gleichbleibende Eigenschaften des Baustoffes Stahl, hohe Fertigungs- und Gütesicherung durch Werksfertigung, hohe Festigkeit und Steifigkeit mit idealelastischem-idealplastischem Verhalten, mit der Konsequenz, die statische Beanspruchung zutreffend und zuverlässig berechnen zu können. - Der Bauweise haften gleichwohl Nachteile an, sie betreffen in erster Linie die Beständigkeit von Stahl bei Bewitterung im Freien und bei Brandeinwirkung.

Für den Stahlhochbau ist die mangelhafte Korrosionsbeständigkeit von Stahl, die umso nachteiliger ist, je dünnwandiger und filigraner die Bauteile sind, weniger bedeutsam, weil das Tragwerk durch die raumabschließende Sekundärkonstruktion geschützt wird. Durch Strahlung und anschließende Beschichtung mittels Anstrichen oder Feuerverzinkung (oder beides: Duplex-System) läßt sich ein jahrzehntelanger Schutz sicherstellen. Gleichwohl ist bei Stahlkonstruktionen im Freien eine Unterhaltung erforderlich, in aggressiver Atmospähre (Industrie- und Seeklima) in häufigerer Folge.

Da Festigkeit und Steifigkeit von Stahl bei hohen Temperaturen (kritische Temperatur etwa bei 400 bis 500°C, vgl. Abschnitt 19) stark abfallen, sind tragende Konstruktionen des Stahlhochbaues bei Brand gefährdet. Durch bauliche Gestaltung und brandschutztechnische Maßnahmen läßt sich eine ausreichende Feuerwiderstandsdauer sicherstellen. Die mit diesem Aspekt verbundenen Vorbehalte und behördlichen Einengungen waren in der Vergangenheit erheblich und haben den Geschoßbau in Stahl sehr belastet. Nach jahrelanger Forschung und Entwicklung besteht heute die Möglichkeit, die brandschutztechnischen Maßnahmen auf die Gefährdung des Einzelfalles hin zu dimensionieren. Die Stahlverbundbauweise (Decken, Träger und Stützen in Stahlverbund) ist eine der möglichen Gegenmaßnahmen.

Die technischen Antworten auf die erwähnten Nachteile heißen heute: "Korrosionsschutz nach Maß" und "Brandschutz nach Maß".

Schließlich sei erwähnt, daß als Folge des hohen Ausnutzungsgrades, der bei der Dimensionierung der Stahlkonstruktionen angestrebt wird, vielfach recht schlanke Bauteile und Tragwerke entstehen. Der Stabilitätstheorie (Knicken, Kippen, Beulen) kommt daher eine relativ große Bedeutung zu. Die Nachweise gegen Stabilitätsversagen werden heute beherrscht, sie erfordern gleichwohl ein tieferes Eindringen in die Theorie. Auch sind seitens der Konstrukteure und Statiker gründliche (vielfach vertiefte) Kenntnisse in der Werkstoffkunde (im Hinblick auf die schweißtechnischen Belange), in der Detailausbildung einschließlich ihrer Verknüpfung mit der Sekundär- und Tertiärkonstruktion und damit in der Bauphysik, in der Theorie der Betriebsfestigkeit (bei Konstruktionen mit nicht vorwiegend ruhender Belastung, wie Krane und Brücken), in der Baudynamik und in vielen anderen Bereichen der höheren Festigkeitstheorie erforderlich. Das gilt vorrangig für die "gehobenen" Produkte. Bei der technischen Bearbeitung allgemeiner Stahlhochbauten ist kein größerer und anspruchsvollerer Aufwand notwendig als im Massiv- und Holzbau auch.

1.3 Geschichtlicher Abriß

1.3.1 Überblick

Die Stahlbauweise ist etwa 200 Jahre alt; bis in die 20iger Jahre dieses Jahrhunderts sprach man vom Eisenbau. Der Beginn der Bauweise wird mit dem Bau der Severnbrücke bei Coalbrookdale in England gleichgesetzt, Bild 8*. Die Brücke wurde von A.DARBY III (1750-1791) und J. WILKINSON (1728-1808) in Form einer gußeisernen Bogenbrücke, 400t schwer, mit 31m Spannweite in den Jahren 1777-1778 erbaut. (In dem benachbarten Hütten-

*Vgl. folgende Seite

Bild 8

werk war die Koksofenverhüttung entwickelt und eingeführt worden, Abschnitt 2). Ursprünglich diente die Brücke dem Eisenbahnverkehr, sie existiert noch heute als Fußgängerbrücke. Für den seinerzeit einsetzenden Eisenbahnverkehr folgten dem Bau der Severnbrücke unzählige weitere. 1796 wurde die erste gußeiserne Bogenbrücke in Deutschland errichtet (Brücke über die Striegau bei Laasan, Schlesien, l=11,5m). Der zeitlichen Entwicklung nach folgten auf die gußeisernen Bogenbrücken die Ketten- und Kabelhängebrücken. Die ersten Kettenbrücken wurden in Nordamerika von J. FINLEY (1762-1828) für geringe Spannweiten gebaut (erste Kettenbrücke 1796, l=21m), später in England, gebaut von S. BROWN (1776-1852; z.B. Union Brücke bei Berwick, 1820, l=98m), T. TELFORD (1757-1834, z.B. Brücke über die Menaistraße, 1826, l=176m) und I.K. BRUNEL (1767-1849, z.B. Clifton Brücke über den Avon bei Bristol, 1853, l=214m). In der Folgezeit wurden auch auf dem Kontinent diverse Hängebrücken erstellt, als Kettenbrücken, wie in England, und als Drahtseilbrücken. Diese Technik wurde von den USA übernommen; dort war 1816 die erste weitgespannte Drahtseilbrücke (l=124m) gebaut worden. In Frankreich und in der Schweiz wurden verschiedene Hängebrücken mit Drahtseilen errichtet, die bedeutendste 1834 von J. CHALEY (1800-1870) über die Saane bei Fribourg (l=273m). Das Hängebrückensystem erwies sich für die Ingenieure jener Zeit als ein nur schwer zu beherrschendes Tragwerk: Unzählige Brücken stürzten ein, vielfach nach kurzer Standzeit, sowohl unter Verkehr als auch bei Orkanwind; gegen antimetrische Belastung ist das System bekanntlich sehr biegeweich. Bild 9 zeigt, welche (verzweifelten) Versuche bis Ende des 19. Jahrhunderts gelegentlich unternommen wurden, um dem System zu ausreichender Steifigkeit zu verhelfen.

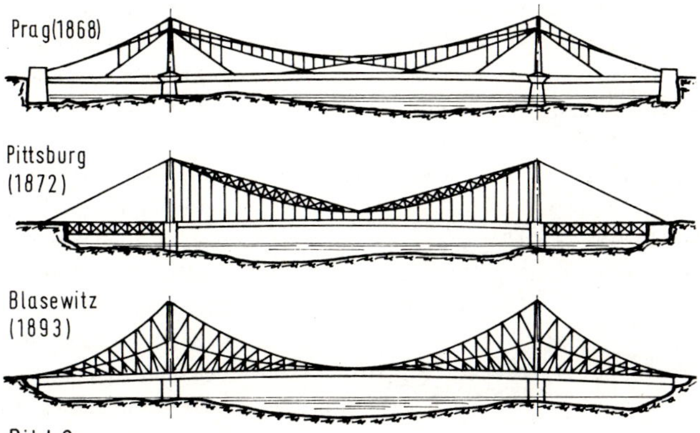

Bild 9

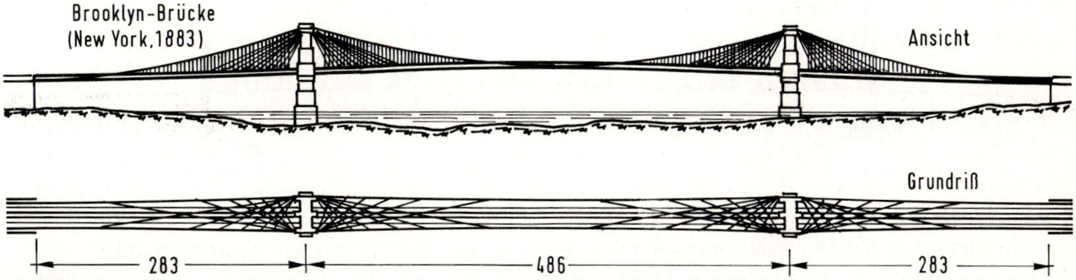

Bild 10

*Eisen wird bekanntlich seit der Eisenzeit eingesetzt, nicht nur für Geräte, Werkzeuge, Waffen usw., sondern seit Jahrhunderten zunehmend auch in der Bautechnik für Mauer-, Zug- und Ringanker sowie Beschläge aller Art. Kettenbrücken waren im alten China bereits um die Zeitenwende bekannt [6], auch wurden vor mehr als 200 Jahren in Einzelfällen gußeiserne Säulen verwendet [7]. Von einem ingenieurmäßigen Einsatz kann gleichwohl nicht die Rede sein, so daß der Bau der Severnbrücke bei Coalbrookdale tatsächlich als der Beginn des konstruktiven Eisen- bzw. Stahlbaues angesehen werden kann [6b].

Der aus Thüringen stammende J.A.ROEBLING (1806-1869) baute in Nordamerika die ersten großen Kabelbrücken nach dem Luftspinnverfahren mit kräftigem Versteifungsträger, u.a. die Eisenbahnbrücke über die Niagaraschlucht (1855, l=250m), die Ohiobrücke in Cincinatti (1867, l=322m) und schließlich die Brooklyn-Brücke in New York (l=486m; Bild 10 zeigt Ansicht und Grundriß und Bild 11 den Querschnitt); der Bau der Brücke wurde 1883 von seinem Sohn W.A. Roebling (1837-1926) und seiner Schwiegertochter E.W.ROEBLING (1843-1903) vollendet [8].

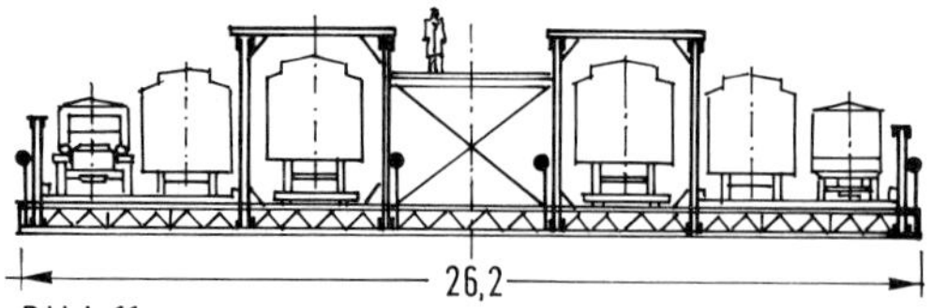

Bild 11

Mit dem Bau der G. Washington-Brücke in New York im Jahre 1931 wurde der entscheidende Schritt zum modernen Hängebrückenbau großer Spannweite getan, l=1067m, gefolgt von der Golden Gate Brücke über die Meeresstraße des Goldenen Tores am S.-F.-Bai nahe San Francisco (1937, l=1280m), Verrazano Narrows Brücke in New York (1964, l=1298m [9]); in Europa: Forth-Road Brücke in Queensferry, Schottland (1964, l=1004m [10]), Salazar-Brücke in Lissabon (1966, l=1011m), Severnbrücke in Beachley, England (1966, l=986m), Bosporus-Brücke in Istanbul (1973, l=1074m) und Humber-Brücke bei Hull (1981, l=1410m); vgl. Bild 12*. Die bedeutendsten amerikanischen Brückenbauer waren O.H.AMMANN (1879-1965) und D. STEINMAN (1886-1960); von letztgenanntem stammt der ausgereifte Entwurf für die Überquerung der Meeresstraße von Messina, die technischen Probleme sind hier indes wegen der Wassertiefe von 122m und der seismisch instabilen Region sehr groß [11]. Bild 13 zeigt das System der Bosporus-Brücke mit Zick-Zack-Hängern. - Die beiden größten in Deutschland gebauten Hängebrücken nehmen sich vergleichsweise bescheiden aus, es sind dieses die Rheinbrücken Köln-Rodenkirchen (1941, 1954, l=378m) und Kleve-Emmerich (1966, l=500m). – Mit Beginn der 50er Jahre wurde eine große Zahl immer weiter gespannter Schrägseilbrücken gebaut, u.a. Köhlbrandbrücke in Hamburg (1974, l=325m), Loirebrücke bei Saint-Nazaire (1975, l=404m), Hooghley River-Brücke bei Kalkutta (1983, l=457m).

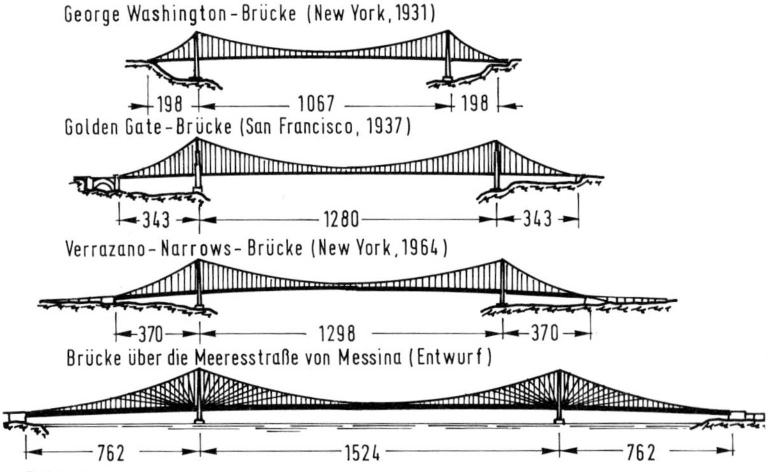

Bild 12

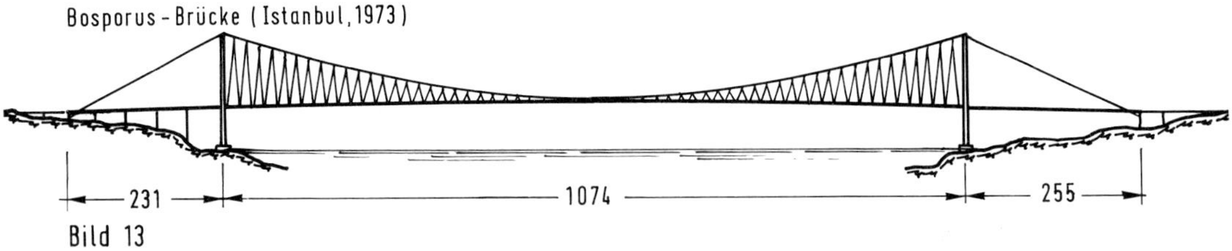

Bild 13

Von der Mitte des vorigen Jahrhunderts an wurden für große Spannweiten auch Bogenbrücken in Fachwerkbauweise errichtet, z.B. in Deutschland die Müngstener Eisenbahnbrücke über die Wupper (1897, l=170m, h=107m), die Bogenbrücken über den Rhein in Düsseldorf und Bonn und die Bogenbrücke bei Grünenthal über den Kaiser-Wilhelm-Kanal (Nord-Ostsee-Kanal). - Die größten Bogenbrücken sind: Kill van Kull-Brücke in New York (1931, l=503m, erbaut von O.H. AMMANN) und Hafenbrücke Sidney (1932, l=503m), vgl. Bild 14, sowie die New River

*Die im Bau befindliche Hongkong-Brücke hat eine Mittelspannweite von 1413m. - Mit l=1990m wird die Akashi Kaikyo-Brücke in Japan eine um fast 600m größere Spannweite haben

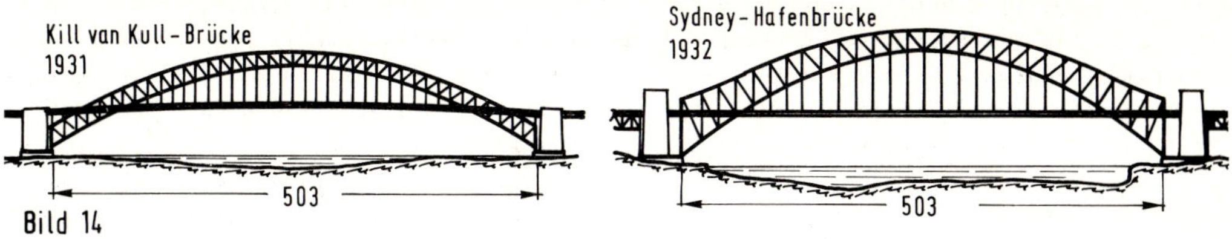

Bild 14

George Bridge in West Virginia (1977, l=518m). - In Deutschland wurden in den letzten Jahren eine Reihe bedeutender Stabbogenbrücken erstellt, z.B. die Schwabelweis-Brücke bei Regensburg (1981, l=210m).

Neben den Bogen- und Hängebrücken wurden frühzeitig Balkenbrücken, sowohl als Fachwerk- wie als Vollwandbrücken errichtet. Bei den ersten Gitterbrücken wurden die Druckstäbe aus Gußeisen eingebaut, allerdings nur bis Mitte des 19. Jahrhunderts, nachdem diverse Brücken dieses Typs eingestürzt waren. Für die Zugstäbe wurde Schweißeisen (dann auch für die Druckstäbe) und später Flußeisen verwandt (vgl. Abschnitt 2). Zunächst wurden die Gitterbrücken mit sich kreuzenden Wandstäben gebaut, z.B. Royal-Kanal-Brücke (1845, l=42m), Weichselbrücke bei Dirschau mit 6 Öffnungen (1850/57, je l=121m). Nach Klärung der Fachwerkstatik wurden Fachwerkbrücken als Ständerfachwerke, bei größeren Spannweiten mit Nebenfachwerken und unter Anpassung an den Momentenverlauf errichtet (Parabel- und Halbparabelträger in diversen Sonderformen, z.B. PAULI-(1857), SCHWEDLER-(1864) oder LOHSE-(1868)Träger). 1866 wurde die Auslegerbrücke von H. GERBER (1832-1912) zum Patent angemeldet und 1867 nach diesem System die erste Brücke gebaut (Mainbrücke Hassfurt). In den Jahren 1883-1890 wurde nach diesem System die Firth of Forth-Brücke mit zwei Hauptstützweiten von je 521m errichtet (J. FOWLER (1817-1898) und B. BAKER (1840-1907). Weitere weitgespannte Fachwerkbrücken sind: Quebec-Brücke über den St. Lorenz-Strom (1918, l=549m), New Howrah-Brücke in Kalkutta (1943, l=457m), Mississippi-Brücke bei New Orleans (1958, l=480m). Alle diese Brücken sind Auslegerbrücken, vgl. Bild 16. - Die in den zurückliegenden Jahrzehnten gebauten Fachwerkbrücken wurden überwiegend als parallelgurtige Strebenfachwerke erbaut; sie werden wegen der klaren einheitlichen Gliederung Fachwerkbrücken mit veränderlicher Höhe und dadurch bedingtem unruhigen Gitterwerkaufbau aus ästhetischen Gründen vorgezogen.

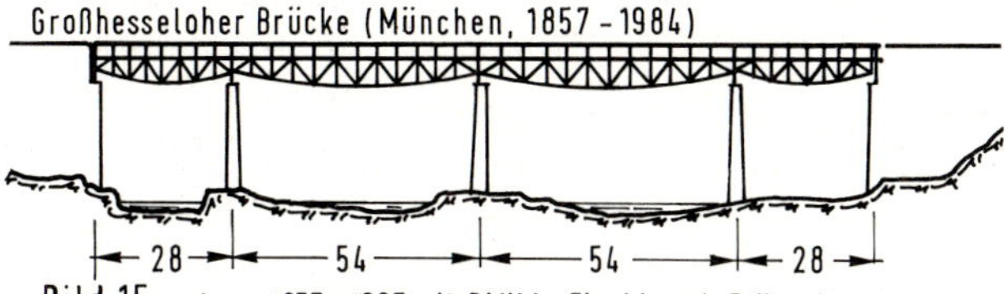

Bild 15 (von 1857 - 1907 mit PAULI - Fischbauch-Träger)

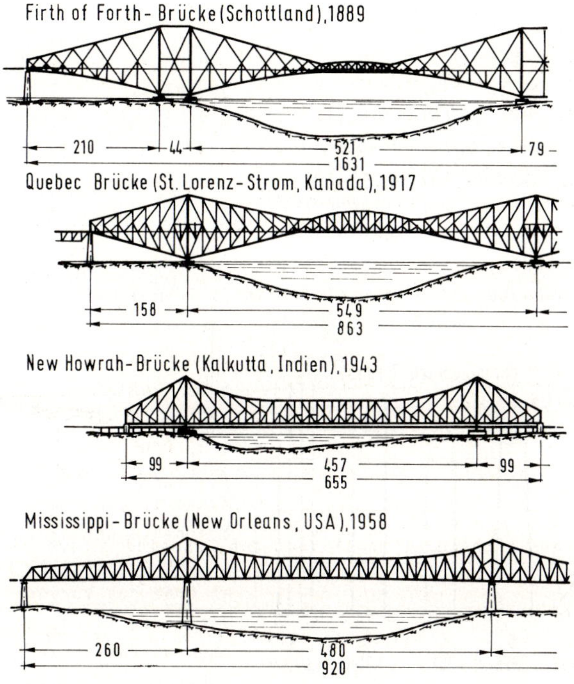

Bild 16

---

als die Humber- und Hongkong-Brücke. Sie ist erdbebensicher bis zur Stärke 8 der RICHTER-Skala. Voraussichtlicher Fertigstellungstermin 1996.

Die ersten Balkenbrücken in Vollwandbauweise wurden ebenfalls in England errichtet und zwar zunächst als sogen. Röhrenbrücken (Conway-Brücke (1847, l=122m) und Britannia-Brücke über den Menaikanal (1850, l=70m bzw. 140m), beide erbaut von W. FAIRBAIRN (1789-1874) und R. STEPHENSON (1803-1859), Viktoria-Brücke bei Montreal (24 Öffnungen á 73m und eine Öffnung mit 100m). Die Röhrenbrücken können als Vorläufer der vollwandigen Steg- und Kastenträgerbrücken angesehen werden. Von diesen wurden in den zurückliegenden Jahrzehnten unzählige gebaut; die beiden weitestgespannten sind: Savebrücke in Belgrad (1957, l=261m), Rio-Niterio-Brücke in Rio de Janeiro (1971, l=300m). Bild 17 zeigt als Beispiel die Europa-Brücke in Tirol; zur Geschichte des Brückenbaues vgl. u.a. [12-22].

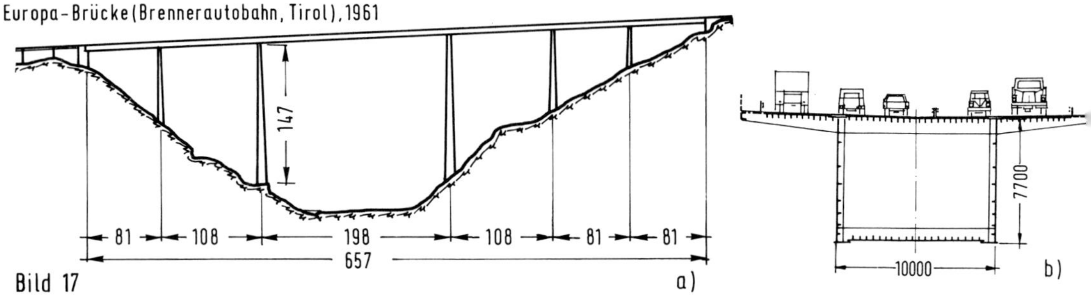

Bild 17

Im Hoch- und Industriebau setzten sich die Eisenkonstruktionen mit Beginn des 19. Jahrhunderts zunächst nur zögernd durch. Es kamen gußeiserne Säulen und guß-, später schmiedeeiserne Träger bei Werks- und Lagergebäuden sowie Warenhäusern zum Einsatz. In den dreißiger Jahren wurde der Fachwerkbinder entwickelt (wobei sich der sogen. POLONCEAU- oder WIEGMANNbinder durchsetzte). Aus der seit ca. 1830 gewalzten Eisenbahnschiene entstand ab 1854 der erstmals in Frankreich gewalzte I-Träger aus Schweißeisen. Hier entstand 1872 auch der erste Stahlskelettbau mit einem Rautenfachwerk als Windverband; das war der Beginn des Geschoßhochbaues [7,23,24]. Vorläufer der ersten Stahlhochbauten waren die Gewächs- und Palmenhäuser als Langschiff- und Kuppelbauten, z.B. Palm House in Belfast (1839) und weitere, von R. TURNER (1798-1881) gebaut, Botanischer Garten in Glasgow (nach dem Erbauer: KIBBLE-Palace [22,25,26]), sowie der Londoner Kristallpalast (1851) und der Münchener Glaspalast (1854) [27] . - Ab Mitte des 19. Jahrhunderts entstanden eine Reihe bedeutender Bahnsteighallen mit Bogenbindern, z.B. St. Pancrus-Station in London (1866, l=78m), Frankfurter Hauptbahnhof (1888, l=56m). Schließlich wurden immer größere Ausstellungs- und Markthallen sowie Werkshallen mit Kranbahnen für die Industrie errichtet. - Der von A.G. EIFFEL (1832-1923) gebaute, 300m hohe gleichnamige Turm in Paris, in den Jahren 1887-89 mit 7300t tragender Eisenkonstruktion errichtet, war das bedeutendste stählerne Turmtragwerk des letzten Jahrhunderts und ist es bis heute geblieben [28 In den USA entstanden ab Ende des vorigen Jahrhunderts die ersten Wolkenkratzer (Skycrapers), u.a.

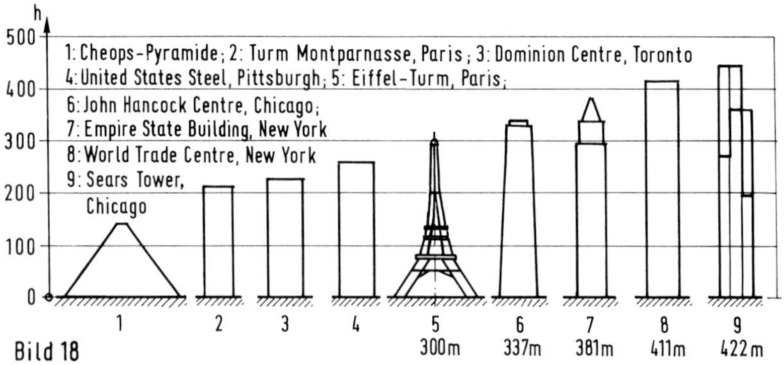

Bild 18

Park-Row-Gebäude in New York (1889, h=130m), Empire State Building (1931, h=381m) bis hin zum Sears Tower in Chicago (1974, h=422m), vgl. Bild 18*. - Seit der Jahrhundertwende entwickelte sich ein neuer Bautyp in Form der Seil- und Seilnetzkonstruktionen; diese Bauweise fand mit dem Dach des Münchner Olympiastadions einen vorläufigen Höhepunkt. -

* Dieses Bauwerk wurde 1988 durch eine neue Offshore-Plattform der Shell-AG mit 492m Höhe übertroffen. Die bis dahin höchste Förderanlage der Welt mißt 385m (Plattform "Cognac", 1978) und wird ebenfalls von der Shell-AG betrieben.

Das höchste Bauwerk der Welt ist der abgespannte Sendemast von Konstantynow bei Ploch in Polen (640m), an zweiter Stelle folgt der Fernsehmast in Fargo (Norddakota, USA, 629m).

Insgesamt kann man feststellen, daß alle wesentlichen Bauformen des Eisenbaues (Stahlbaues) im Brücken- und Hochbau zunächst in Großbritannien entwickelt wurden. In den Ländern des europäischen Kontinents wurden vergleichbare Bauten um Jahre (teilweise um Jahrzehnte) verzögert errichtet. Um die Mitte des 19. Jahrhunderts zog Frankreich gleichauf, dann die USA, Deutschland eigentlich erst mit der Reichsgründung. Mit der zunehmenden Technisierung des Bauwesens zerfiel die ehemals im Baumeister verkörperte Einheit, die Berufsstände des Architekten und Ingenieurs entwickelten sich mit eigenständiger Ausprägung; zu komplex und vielfältig war die Bautechnik geworden, als daß sie von einem einzelnen noch beherrscht werden konnte. Dem Architekten fiel der Hochbau zu, der für die Tragkonstruktion zuständige "Statiker" wurde zu einem von vielen Sonderfachleuten. Dort, wo eine Zusammenarbeit schon im Planungsstadium zustandekam, gelangen die überzeugendsten Bauten. Eine Domäne des Ingenieurs blieb der Brücken- und Industriebau einschließlich des Verkehrswege- und Wasserbaues. Nicht immer führten seine, allein auf Ratio und Ökonomie basierenden Entwürfe zu einem ästhetisch befriedigenden Ergebnis; eine große Zahl reiner "Ingenieurkonstruktionen", z.B. im Brückenbau, sind dafür ein Beleg (Bild 19). Lange wurde versucht, die in der klassischen Baukunst entwickelten Stilformen auf Eisenkonstruktionen zu übertragen, z.B. durch kunstvolle Kapitelle bei gußeisernen Säulen und mannigfachem Zierart. Alle Bauformen, die sich an die seit Jahrhunderten bekannten Bogen- und Kuppelbauten anlehnten, gelangen (z.B. als Eisen-Glas-Architektur) ästhetisch überzeugend. Eine wirklich eigenständige Stahlarchitektur, die neben dem Bogen, das Rahmen-, Fach- und Seilwerk beherrschte, entwickelte sich erst mit Beginn dieses Jahrhunderts. Groß ist die Zahl jener Architekten, die in Stahl bauten und bauen und Fortschrittliches und Originäres vollbrachten*. Als bedeutendster ist stellvertretend L.MIES VAN DER ROHE (1886-1969) zu nennen (Nationalgalerie Berlin); vgl. zu diesem Themenkreis [24, 25-27] sowie die vom DStV edierte Dokumentation STAHL und FORM über herausragende Stahlbauarchitektur der jüngeren Vergangenheit in der Bundesrepublik Deutschland. - Beachtung fand in den fünfziger und sechsziger Jahren E. EIERMANN (1904-1970 [29]) mit seinen Bauten und seinem Bekenntnis für das Bauen mit Stahl (er lobte seine "Grazie, Ehrlichkeit und Präzision", dem "Stahl fehle der freche Anspruch der Dauerhaftigkeit", er sei "wegnehmbar"). Gleichwohl, trotz solcher Bewertungen wurden und werden nur ca. 10% aller Hochbauten in Stahl errichtet, zudem dann i.a. als Mischkonstruktion. Neben den unbestreitbaren Vorzügen des Massivbaues sind hierfür sicher auch Konvention und Trägheit der an der Bauentscheidung Beteiligten mit verantwortlich. "In dem heutigen Bauablauf - Finanzierung, Planungsauftrag, Kostenvoranschlag, Vergabe, Bauausführung - bleibt dem Architekten bei der zunehmenden Erschwerung der betrieblichen Anforderungen, der behördlichen Auflagen und der Baudurchführung kaum die Kraft und Zeit, mehrere strukturelle Lösungen wirklich durchzudenken und gegeneinander abzuwägen", F. HART [24]; "Warum aber liebäugeln 90 Prozent der Architekten mit Stahlbeton, wenn doch Sachzwänge vorrangig zur Auswahl führen sollten? Der Architekt ist in seiner ureigensten Natur als Künstler angelegt und als solcher jeden Zwängen abhold. Beschränkungen durch genormte Stahl-Profilformen, statisch-konstruktiv bedingte Verbindungen, eckige Formen erzeugen im Planungsstadium Unsicherheit beim Zeichnen, Unbehagen durch Kompetenzverschiebung zum Statiker hin, Zwang zur fehlerfreien Vorausplanung wegen der Werkstattfertigung", G. KIEFERLE [30]. Allgemeingültige und objektive Kriterien für das Pro und Contra der beiden Bauweisen (Stahl-Stahlbeton) lassen sich nicht angeben, im Einzelfall sollte die bessere Alternative bezüglich Ästhetik, Funktion und Wirtschaftlichkeit in fairem Wettbewerb den Ausschlag geben, wobei nachfolgende Gedanken von F. HART über den Tag hinaus bedenkenswert bleiben [24]: "Wenn es überhaupt einen

Mainbrücke bei Hassfurt (1872)

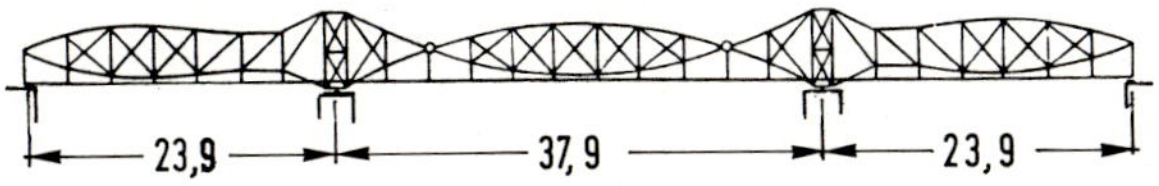

Bild 19

*Moderne Stahlhochbauten in avantgardistischem Stil wurden in jüngerer Zeit von zwei britischen Architekten entworfen; R.ROGERS: Centre Pompidou in Paris, Lloyds-Gebäude in London, N.FOSTER: Shanghai-Bankgebäude in Hongkong.

übergeordneten Gesichtspunkt gibt, der den Architekten und Ingenieur berechtigt, dem Stahl im allgemeinen oder im durchdachten Zweifelsfall den Vorzug zu geben, so ist es ein geschärftes Bewußtsein und Verantwortungsgefühl für die Lebensdauer der Bauten. Die durchschnittliche Lebenserwartung eines großstädtischen Gebäudes liegt auch in Europa heute schon wesentlich unter der normalen Dauer eines Menschenlebens; die amerikanischen Großbauten sind auf etwa 25 Jahre berechnet. Die Anpassungsfähigkeit, die Flexibilität, die ein so wichtiges Moment in der Entwicklung des Stahlbaues und in seiner Anwendung darstellt, sie gipfelt eigentlich in der Tatsache, daß man einen Stahlgerippebau ohne erhebliche Kosten, ohne Lärmbelästigung, ohne Staubentwicklung und Verschmutzung demontieren, die Teile wieder verwenden oder wieder einschmelzen kann. Bis heute deckt der Schrottwert in der Regel die Abbruchkosten. Schon aus dieser Sicht betrachtet ist der Stahlgerippebau eine volkswirtschaftlich günstige und umweltfreundliche Bauweise.

Die Architekten wie die Bauherren müssen und werden es allmählich begreifen und lernen, daß sie sich mit ihren Bauwerken keine Denkmäler oder Grabmäler setzen, sondern daß sie mit vertretbarem Aufwand für das rasch sich wandelnde fluktuierende Leben eine anpassungsfähige, leichte, unaufdringliche Hülle und Behausung schaffen, so wie das die besten Stahlbauten schon im 19. Jahrhundert geleistet haben. Der Ewigkeitsanspruch ist heute kein Kriterium mehr für echte Architektur; ihr Kennzeichen ist vielmehr die Einheit von Funktion, Konstruktion und Form, in Einklang gebracht mit einer klaren Zeitvorstellung. So gesehen ist der Stahl ein hervorragend "zeitgerechtes" Material; so gesehen ist es auch nicht ohne tiefere Bedeutung, daß hervorragende, wirklich zeitgerechte Bauten wie der Kristallpalast oder die große Pariser Maschinenhalle nicht mehr existieren."

1.3.2 Praxis und Theorie

Neben den im vorangegangenen Überblick aufgereihten Großbauten, die als Marksteine in der 200jährigen Geschichte des Stahlbaues zu begreifen sind, wurden unzählige Stahlkonstruktionen für die verschiedenen Zwecke erstellt, zunächst in Schweißeisen, dann in Flußeisen und schließlich in Flußstahl. Als Verbindungsmittel wurden Bolzen verwendet, dann wurde die Niettechnik zu hoher Meisterschaft entwickelt, um ab Mitte des 20. Jahrhunderts von der Schweißtechnik und (vorrangig für die Montage) von der Technik der (vorgespannten) hochfesten Schraube abgelöst zu werden.

Den Fortschritten in der Praxis - bei Entwurf und Berechnung, bei Fertigung und Montage - gingen stets technologische und theoretische Forschungen voraus. Dabei darf nicht übersehen werden, daß die Geschichte des Stahlbaues nicht nur eine Geschichte der Erfolge, sondern - wie in allen anderen technischen Bereichen auch - eine Geschichte der Rückschläge war. Diese Rückschläge waren stets der Anstoß für intensive Forschungen. Groß war die Zahl der Rückschläge im 19. Jahrhundert: Die Kenntnisse über den Werkstoff Eisen, über seine mechanischen Eigenschaften bei statischer und zyklischer Beanspruchung, über Größe und Verteilung der Kräfte und Spannungen, über die verschiedenen Stabilitäts- und Schwingungsphänomene, waren zunächst nicht oder nur unscharf vorhanden. Man konstruierte auf der Grundlage von Empirie, vielfach wurde überdimensioniert, andererseits wurden die Gefährdungen durch strukturelle und geometrische Imperfektionen nicht erkannt; erst langsam wurde die Statik entwickelt. Ende des 19. Jahrhunderts war die Stabstatik in ihren Grundzügen erarbeitet, mit Beginn den 20. Jahrhunderts wurde die Statik der Flächentragwerke, die Stabilitätstheorie und ab Mitte des Jahrhunderts die Theorie der Wölbkrafttorsion, die Theorie des Stahlverbunds bis hin zur Theorie der Finiten Elemente entwickelt. Vieles war zwar schon seit Jahrzehnten bekannt, gleichwohl für die ingenieurmäßige Anwendung noch nicht aufbereitet und abgesichert.

Im 17. und 18. Jahrhundert wurden die Grundlagen der Mechanik erforscht [31-33], diverse Grundprinzipien der Mechanik waren schon im Altertum und im Mittelalter bekannt [34].

Bis die elasto-statische Balkentheorie beginnend mit LEONARDO DA VINCI (1452-1519) [35], über G. GALILEI (1564-1642), R. HOOKE (1635-1703; "ut tensio sic vis", 1678), E. MARIOTTE (1620-1684), G.W. LEIBNIZ (1646-1716), J. (JAKOB) BERNOULLI (1654-1705), L.EULER (1707-1783; Bestimmung der Knickkraft, 1776) und schließlich C.A. COULOMB (1736-1806) ausgearbeitet war, dauerte es fast zwei Jahrhunderte! Als Gründer der Baustatik gilt L.M.H. NAVIER (1785-1836); er entwickelte die Statik zur ersten Anwendungsreife (bis hin zur Theorie statisch unbestimmter Systeme, Theorie II. Ordnung und Theorie der Bogen- und Hängebrücken [36]), er gab mannigfache Bemessungsanweisungen, basierend auf Theorie und Versuch. A.L. CAUCHY (1789-1857) führte den Spannungstensor ein und bereitete damit die Lösung der Plattentheorie über S.G. GERMAIN (1776-1831) bis C.R. KIRCHHOFF (1824-1887) vor. Weiter verdienen Erwähnung: G. LAMÉ (1795-1870; weiterer Ausbau der Elastizitätstheorie), B. de SAINT-VENANT (1797-1886; Torsionstheorie), B.P.E. CLAPEYRON (1799-1864; Elastizitätstheorie, Durchlaufträgerberechnung). Wichtige Beiträge zur Statik lieferten außerdem: C. CULMANN (1821-1881), L. CREMONA (1830-1903), O. MOHR (1835-1919), K.W. RITTER (1847-1906), die "graphische Statik" wurde zu einer hohen Kunst entwickelt. C.A. CASTIGLIANO (1847-1884) führte das Prinzip vom Minimum der Formänderungsarbeit ein (1873), ein bedeutender Schritt, weil hiermit neben der statischen die energetische Betrachungsweise in der Statik verankert wurde. Durch H. MÜLLER-BRESLAU (1851-1925) und schließlich A. FÖPPL (1854-1924) fanden die graphischen und analytischen Methoden der Statik und Festigkeitslehre einen gewissen Abschluß. Weiter seien verwähnt: H. HERTZ (1857-1894; Theorie der HERTZschen Pressung), S.P. TIMOSHENKO (1878-1972; Stabilitätstheorie, Flächentragwerke), Th.v. KÁRMÁN (1881-1963); Traglast des imperfekten Druckstabes, Plattentragwirkung im überkritischen Bereich, Schalenbeulen, Strömungslehre: "KÁRMÁNsche Wirbelstraße", Turbulenztheorie u.v.a.); für die Theorie des Stahlhoch- und Stahlbrückenbaues: F.BLEICH (1878-1950), E. MELAN (1890-1963), F. STÜSSI (1901-1981); Statik und Stabilitätstheorie: H. ZIMMERMANN (1845-1935), F. ENGESSER (1848-1931), L. MANN (1871-1959), K. GIRKMANN (1880-1959), F. SCHLEICHER (1900-1957), E. CHWALLA (1901-1960) u.v.a., vgl. [37]. Bedeutende Versuchsforscher waren: L.v. TETMAYER (1850-1905; Knicken von Druckstützen), A. WÖHLER (1819-1914); Dauerfestigkeit), C.J.v. BACH (1847-1931; Umsetzung der Versuchsergebnisse für die Praxis, Gründer der Materialprüfungsanstalten, 1883), O. GRAF (1881-1956), M.G. RÔS (1879-1962). Zu den bedeutendsten Forschern im Stahlbau zählte K.KLÖPPEL (1901-1985).- Um das technische Wissen zu vermitteln, entstanden verschiedene Formen technischer Schulen; jene der höchsten Stufe waren stets Stätten ingenieurwissenschaftlicher Forschung. - Das Wort Ingenieur hat seine Wurzel im Lateinischen: ingenium: Geist, natürlicher Verstand, Mann von Geist; spätere Bedeutung: Kriegsmaschine. Im Altfranzösischen gab es das Wort engin: Maschine, hieraus leiten sich die Wörter ingenieur (franz.) und engineer (engl.) unmittelbar ab.

Aus den Bauhütten entwickelten sich die ersten Bauschulen und Bauakademien (die erste in Paris 1660). Als bedeutender erwiesen sich die Schulgründungen im militärischen Bereich: Nach Schaffung des "Corps des ingenieurs des gênie militaire" (1675) und des "Corps des ingenieurs des ponts et caussées" (1720), dem die Bildung entsprechender Ingenieurtruppen (Ingenieur- oder Geniekorps) in allen anderen Ländern folgten, wurde im Jahre 1747 die "Ecole des ponts et caussées" und schließlich 1789/90 die "Ecole Polytechnique" gegründet. Sie gilt als die erste ingenieurwissenschaftliche Schule. Hier lehrte auch NAVIER. 1829 folgte die Gründung der "Ecole centrale des arts et manufactures" mit ziviler Ausrichtung. In den deutschen Staaten entwickelten sich parallel zu den Schulen der Ingenieurkorps aus den Bau- und Gewerbeschulen das Technikum, eine Fachschule auf niederer und mittlerer Stufe, die polytechnische Schule und schließlich aus dieser die Polytechnika (zu den heutigen Fachhochschulen) und die Technischen Hochschulen auf höherer und höchster Stufe; letztere seit ca. der siebziger Jahre dieses Jahrhunderts auch als Technische Universitäten benannt; die älteste ist die TU Braunschweig, die sich auf das Collegium Carolinum (1745) zurück führen läßt, gefolgt von der TU Berlin (1799). Die meisten Gründungen gehen auf die Mitte des 19. Jahrhunderts zurück, die jüngeren auf die letzten Jahrzehnte. - Durch einen Erlaß im Jahre 1899 wurde den preußischen Technischen Hochschulen das Recht beigelegt, die Würde eines Doktor-Ingenieurs zu verleihen (zur Abhebung von den übrigen Doktores nur in Deutscher Schrift zu verwenden: Dr.-Ing.); dem Vorgang Preußens schlossen sich Sachsen, Baden und Hessen als nächste an. - Die Bezeichnung Civilingenieur wurde ursprünglich als Gegensatz zum Militäringenieur verwendet. In diesem Sinne hatte sich z.B. diese Bezeichnung in Sachsen als ein durch Bestehen der technischen Staatsprüfung erworbener Titel bis 1888 erhalten. Um die Jahrhundertwende wurden in Deutschland i.a. jene Techniker Civilingenieure genannt, die nicht im Staatsdienst standen und Aufgaben aus dem Ingenieurwesen als selbständiges Gewerbe betrieben. In diesem Sinne existiert der Begriff noch heute im gesamten angelsächsischen Raum.

1.3.3 Rückschläge

Wie bereits in Abschnitt 1.3.2 erwähnt, gab es in der Geschichte der Bautechnik und damit auch im Stahlbau diverse Rückschläge, vielfach weil die Projekte ohne ausreichende Durchdringung und Abklärung der werkstoffkundlichen und Tragfähigkeitsprobleme über den jeweiligen Erfahrungsstand zu weit hinausgingen. Es waren vorrangig Brückenbauten; hierzu einige Beispiele [38-40]:

Wie in Abschnitt 1.3.1 angedeutet, bereitete das Hängebrückensystem wegen seiner Weichheit den Ingenieuren große Probleme: Diverse dieser Brücken stürzten bei Sturm ein, die erste 1818, viele aber auch unter Verkehr, z.B.: Schrägkettenbrücke über die Saale bei Nienburg (1825, l=78m, 50 Tote), Kettenbrücke Broughton über den Irwall (1831); diese Brücke stürzte unter einem maschierenden Trupp ein, bei gleichem Anlaß stürzte die Drahtseilbrücke zu Angers unter einem Regiment Soldaten ein (1850, l=104m, 200 Tote) und die Kettenbrücke über die Fontanka in Petersburg unter einer Kavallerieschwadron (1905). Weiter sei erwähnt die Kabelhängebrücke über den Elk-River zu Charleston, USA (1904, l=146m) und als letzte die Silver-Bridge, eine im Jahre 1928 über den Ohio erbaute Kettenbrücke (1967, l=213m, 46 Tote), Spektakulär war der Einsturz der ersten Tacoma-Brücke in den USA im Jahre 1940 infolge Flatterschwingungen bei einer Windgeschwindigkeit von 70km/h. Die Brücke hatte eine Länge von 853m, eine Breite von 12m und einen 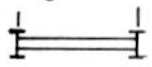 -Querschnitt mit 2,4m Höhe. Als Folge dieses Einsturzes wurden umfangreiche, jahrzehntelange Forschungen zur aeroelastischen Stabilität des Hängebrückensystems durchgeführt; hierbei wurde erkannt, daß der windschnittige 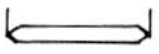 -Querschnitt aeroelastisch am stabilsten ist. -

Auch mit den Balken- und Fachwerkbrücken hatte man Probleme, hierzu einige Beispiele: 1879 Einsturz der Eisenbahnbrücke über den Firth of Tay bei Sturm während einer Zugüberfahrt (75 Tote [41]; es fehlten Windverbände). 1892 Einsturz der Birsbrücke in Münchenstein bei Basel; die Ursache war Knickversagen; die gleiche Ursache hatte der Einsturz der Brücke über den St. Lorenz-Strom in Quebec (vgl. Bild 16) (1904, 75 Arbeiter verloren ihr Leben); auch beim Neubau kam es zu einem Unglück (1917), als das Mittelstück beim Anheben abstürzte (11 Tote). Diese Rückschläge lösten intensive Forschungen zum Knick- und Traglastproblem gedrückter Stäbe aus, ebenso wie der Einsturz des Gasbehälters am Großen Grasbrock in Hamburg im Jahre 1909. Unfälle infolge Stabilitätsversagen gab es auch in der Folgezeit; infolge Beulung stürzten mehrere Kastenträgerbrücken jüngeren Datums ein; auch sie lösten umfangreiche Forschungen aus: Wiener Donaubrücke (Österreich) (1969), Milford Havenbrücke (1970), West Gate-Hochbrücke in Australien (1970) und Rheinbrücke Koblenz in Deutschland (1971).

Im Zuge der Einführung der Schweißtechnik traten mehrere Sprödbruchfälle auf, 1938 bis 1940 Einsturz von vier Vierendeel-Kanalbrücken in Belgien und von zwei Stahlbrücken in Deutschland (vgl. Abschnitt 3.4.1). (In der Zeit von 1942 bis 1952 gingen allein 250 vollgeschweißte amerik. Liberty-Schiffe zu Bruch.) Als Folge wurden schweißsichere Stähle und die Vorwärmtechnologie beim Schweißen entwickelt. Ergänzend seien die Sprödbrucheinstürze der Duplessis-Bridge in Quebec (1951, l=55m bei -34°C), zweier Spannweiten der Second Narrows-Bridge in Vancouver (1959) und der Kings-Bridge in Melbourne (1962) erwähnt.

1.4 Forschung und Entwicklung

1.4.1 Schwerpunkte

Die Lenkung der Forschung und Entwicklung im Stahlbau ist in der Bundesrepublik Deutschland Aufgabe des "Deutschen Ausschusses für Stahlbau" (DASt) und seiner Unterausschüsse. Der DASt wurde 1908 als "Ausschuß für Versuche im Eisenbau" gegründet. Über die technisch-wissenschaftliche Forschung und technologische Weiterentwicklung der Stahlbautechnik wurde 1958 [42] und 1983 [43] ausführlich berichtet. Seit 1935 ist der DASt das Lenkungsgremium des Fachbereiches VIII (Stahlbau) im Normenausschuß Bauwesen (NABau) und damit für DIN-Normung und ergänzende Vorschriftenbearbeitungen (DASt-Richtlinien; EUROCODE 3) zuständig.

Nachdem in den ersten Jahrzehnten der Forschungstätigkeit des DASt die Nietverbindungen, dann die Schweißtechnik, die Dauerfestigkeit der Stähle und Knickversuche im Vordergrund standen, waren Forschung und Entwicklung im Stahlbau seit Mitte dieses Jahrhunderts durch folgende Schwerpunkte gekennzeichnet:

Werkstoff Stahl: IPE-Reihe - Rechteck- und Quadrathohlprofile - DIN 17100, Allgem. Baustähle - Wetterfeste Stähle (DASt-Ri 007) - Hochfeste, schweißgeeignete Feinkornbaustähle (DASt-Ri 011) - Wahl der Stahlgütegruppen (DASt-Ri 009) - Vermeidung von Terrassenbrüchen (DASt-Ri 014) im Zusammenhang mit der zunehmenden Verwendung von stranggegossenem Stahl - Überschweißung von Walzstahlkonservierungsbeschichtungen (DASt-Ri 006) - Korrosionsschutz (DIN 55928 T1 bis T9) - Brandschutz (DIN 18830).

Verbindungstechnik: Neue Schweißverfahren: UP-Schweißen, Schutzgasschweißen - Einsatz hochfester Schrauben in SL-, SLP- und GV-, GVP-Verbindungen (mehrere sogen. "HV-Richtlinien" in den Jahren 1956, 1963, 1967 u. 1974).

Stahlhochbau: DStV-DASt-Ringbuch "Typisierte Verbindungen im Stahlhochbau" zur Rationalisierung im TB und in der Werkstatt - Kaltprofile - Trapezblech für Außenwände, Dächer und Decken, auch in Betonverbundbauweise sowie als Schub-Wand- und Sandwich-Verbundkonstruktion, z.T. mit bauphysikalischer Zweckbestimmung - Stahlverbund im Hochbau: Decken, Träger, Stützen.

Stahlbrückenbau: Vollwandige Kastenträgerbrücken - Stahlverbundbrücken - Leichtfahrbahnen (Orthotrope Fahrbahnplatten) - Schrägseilbrücken - Neue Lagerformen und Übergangskonstruktionen unter Verwendung von Kunststoffen (Neoprene, PTFE).

Neue Bauweisen: Seilnetz-Konstruktionen - Raumfachwerke - Hochregallager, Lagertechnik - Sicherheitshüllen, Reaktorkomponenten, Pipelinebau - Off-shore- und Meerestechnik - Radioteleskope u.v.a. - Im Zuge des Wiederaufbaues nach dem II. Weltkrieg war eine große Bauleistung zu erbringen. Ca. 5000 Brücken waren zerstört worden, u.a. sämtliche Rheinbrücken. Zunächst stand die Wiedererrichtung zerstörter Anlagen und Brücken und die Wiederverwendung von Altstahl im Vordergrund [44]. Es folgte die Zeit der Stahlknappheit, in welcher nach dem Grundsatz Minimierung des Stahleinsatzes konstruiert werden mußte; dieser Grundsatz wurde inzwischen durch die Leitlinien: Typisierung, Entfeinerung, steifenlose Verbindungen abgelöst.

Die bisherige Fertigung in der Stahlbauanstalt mit häufig weit auseinander liegenden Lager- und Fertigungsbereichen, Maschinensteuerung von Hand, allenfalls mittels NC (Numerical Control = Numerische Steuerung), wird zunehmend durch Fließfertigung abgelöst. Hierbei laufen die Walzträger-, Blech- und Kleinbearbeitung über unterschiedliche Fertigungslinien, wobei die Verkettung der Bearbeitungsmaschinen und die Fertigung selbst durch einen Fertigungsleitrechner gesteuert wird (DNC = Direct numerical control). Anstelle Kraneinsatz verläuft die Fertigung über Rollgänge zu kombinierten Brennschneid-, Bohr- und Signieranlagen, Zusammenbauzentren, Schweißzentren, Entzunderungs-, Konservierungs- und Farbspritzanlagen bis zur Versandstelle. Das letztlich angestrebte Ziel ist eine auftragsübergreifende Fertigung mit Termin- und Kapazitätsoptimierung (vgl. Abschnitt 1.4.2.3). Diese Entwicklung wird im Stahlbau indes dadurch behindert, daß es bei den Produkten kaum Wiederholungen gibt. Stahlkonstruktionen sind i.a. ein Gemisch aus Walzprofil- und Blechkonstruktionen. Schweiß- und Fertigungsroboter haben daher keine nennenswerte Chance. Die Voraussetzungen für voll mechanisierte Arbeitsabläufe sind ungünstig und die erforderlichen Investitionen von der i.a. mittelständischen Stahlbauindustrie nur schwer aufzubringen. Die angedeutete DNC-Fertigung in Verbindung mit CAD/CAM wird sich daher nur langsam durchsetzen, es gibt indes inzwischen die ersten Realisierungen. Der Einsatz von CAD setzt die Erarbeitung einer Konstruktionsdatei voraus, das Ringbuch des DStV/DASt (Typisierte Verbindungen im Stahlhochbau) stellt hierzu einen Vorläufer dar.

1.4.2 EDV-Einsatz [45]

1.4.2.1 Computertechnologie

Große Anstrengungen wurden seit Beginn der sechziger Jahre unternommen –wie in der gesamten Technik und Wirtschaft– , um die Vorteile der Elektronischen Datenverarbeitung (EDV) zu nutzen. Es gibt keine Bereiche, die von dieser Entwicklung unberührt geblieben wären, die Entwicklung ist wahrlich revolutionär und keineswegs abgeschlossen.

Basis der EDV ist der Computer; er besteht aus dem Prozessor mit Rechenwerk, Hauptspeicher und Datenbank. Datenträger sind Lochstreifen oder Lochkarten, Magnetband oder -kasette, Magnetplatte oder Diskette. Zu einem Computerarbeitsplatz gehören unterschiedliche Terminals (Datenendstationen) für Ein- und Ausgabe, Drucker, Plotter, Datensichtgerät u.a. Man faßt diese mechanischen und elektronischen Teile der Rechenanlage unter dem Begriff Hardware zusammen. Zum Einsatz kommen alle Rechnergrößen, vom Personal-Computer (Mikrocomputer oder Tischrechner) bis zum Großcomputer.

Von der Hardware zu unterscheiden ist die Software, unterteilt in System- und Anwendungssoftware. Hierunter versteht man alle Arten von Programmen mittels derer die Rechenalgorithmen dem Computer in Form von Befehlslisten mitgeteilt werden. In der Anfangszeit wurden die Programme in Maschinensprache geschrieben, bestehend aus einer Abfolge von Kennziffern für die Operationen und Speicheradressen. Das Programmieren mit diesen "Assemblers" war mühsam. Bild 20 zeigt als Beispiel einen Programmausschnitt im "Freiburger Code" für die Rechenanlage ZUSE Z23 (Beginn eines Programmes des Verfahrens der Übertragungsmatrizen). Inzwischen stehen höhere, problemorientierte Programmiersprachen zur Verfügung. Die in diesen Sprachen geschriebenen Programme werden im Computer in die anlagenspezifische Maschinensprache übersetzt; diese Sprachübersetzer nennt man Compiler. Innerhalb der Programmiersprachen gibt es maschinentypische Varianten, was den Programmaustausch erschwert. Durch Normung wird versucht, ordnend in die Entwicklung einzugreifen.

```
U1030U
9' 4' 5' 5' 6'   1' +1'
U1040U
; ERMITTLUNG DER SCHNITTGROESSEN NACH PROGRAMM ZUSE FREIB FEBRVXI BAUSTATIK THMUE I ;0
U1055U
;     W           PHI           M           Q           1     ; 0
U6000U
+1 +2 +3
B29+1095 CKB30+2149 CKB31+2199  CKB32+2249 CKB33+2299 CKB34+3299 CKB35+4299 CKB36+1349
CKB37+1949 CKB38+0
CGB36+2 U59 CKB65+0 CKB66+0 CKB67+0 CKB68+0 CGB30+1 U60 CGB31+1 U61 CGB32+1 U62
CKS60+1 B60 QQE6072 CGB33+1 U63 CGB33+1 U64 B63 U6 B64 X U71 M B64 X B59 :
B6001 : U70 M B64 X B6002 : U69 B65 U6 B69 + U65 B66 U6 B70 + U66
B67 U6 B71 + U67 B68 U6 B63 + U68 E6025 CKS61+1 B61 QQE6109 CGB34+1 U63 CGB34+1
U64 B63 U6 B64 X M B59 : U70 M B64 X B6001 : U69 B65 U6 B69 + U65 B66 U6
B70 + U66 B67 U6 B63 + U67 E6072 CKS62+1 B62 QQE6163 CGB35+1 U63 CGB35+1 U64 B63
```

Bild 20

Wichtige Programmiersprachen und deren Haupteinsatzgebiete sind:

- ADA (1981; Ada): Militärischer Bereich
- ALGOL (1960; Algorithme language): Wissenschaft
- APL (1962; A programming language): Wissenschaft
- BASIC (1965; Beginners all-purpose symbolic instruction code): Ausbildung
- COBOL (1959; Common business-oriented language): Wirtschaft
- FORTRAN (1954; Formula translator): Wissenschaft
- LISP (1956; List processor): Künstl. Intelligenz
- PASCAL (1971; Blaise Pascal): Ausbildung, Systeme
- PL/I (1964; Programming language I): Wirtschaft, Wissenschaft

1.4.2.2 Entwurfsberechnung

Mit Einführung der EDV in die Bautechnik ging die Entwicklung von Anwendungssoftware mit immer höherer Vervollkommnung einher; zunächst wurden die Rechnungen überwiegend über EDV-Rechenzentren abgewickelt, zunehmend erfolgt der Rechnereinsatz über firmen- oder büroeigene Computer mittels selbstgefertigter oder angekaufter Programme [46, 47]. Neben dem Konzept abgeschlossener, zur Lösung spezieller Probleme erstellter Programmsysteme gibt es das flexiblere Konzept der modularen Programmsysteme [48].

Mittels der Programme lassen sich die Entwurfsleistung vereinfachen und verkürzen und mehrere Entwürfe schneller prüfen und optimieren; ehemals nicht lösbare Probleme wurden einer Untersuchung zugänglich, gänzlich neue Verfahren fanden Eingang in die Entwurfsarbeit: Methode der finiten Elemente (FEM), Methode der finiten Differenzen (FDM). Es entstanden damit auch neue Probleme: Beurteilung der Zuverlässigkeit und Prüfung EDV-erstellter Berechnungen, Verwertung der Ergebnisse im Hinblick auf das angestrebte Sicherheitsniveau und damit im Zusammenhang stehend: Konzipierung in puncto Aufwand und Wirklichkeitsnähe vernünftiger Ingenieurmodelle bei der Abbildung der realen Konstruktion [49].

1.4.2.3 CAD / CAM

Unter CAD/CAM versteht man den direkten elektronischen Datenweg von Entwurf, Berechnung, Konstruktion, Zeichnung zur Fertigung [50,51].

CAD: Computer aided design: Rechnerunterstützte Berechnung und Erstellung aller für Angebot und Fertigung benötigten Unterlagen wie Zeichnungen und Stücklisten.

CAM: Computer aided manufacturing: Rechnerunterstützte Fertigung, mit den Einzelaufgaben Planung, Steuerung und Überwachung. Im einzelnen werden erledigt: Materiallisten, Stücklisten, Zusammenbaulisten, Kleinteile- und Materialkostenlisten, Erstellung der Steuerlochstreifen für die NC- und CNC-Maschinen, Versandübersichten, Lieferscheine usf. Für Lohn- und Gehaltsabrechnungen, Materialbewirtschaftung, Kostenträgerrechnungen, Vor- und Nachkalkulation, Fertigung der Leistungsverzeichnisse ist die EDV heutzutage nicht mehr wegzudenken. Die zentralen und zukunftsträchtigen Möglichkeiten des CAD in Form aktiver Konstruktionsarbeit am Computer mit graphischer Unterstützung unter Einschluß von Statik, Optimierung, Anfertigung von Übersichts-, Werkstatt- und Zusammenbauzeichnungen und Stücklisten finden derzeit im Bauwesen und speziell im Stahlbau breiten Eingang [52-59]; Bild 21 zeigt eine vom Computer gefertigte Perspektivzeichnung für Angebotszwecke. - Die Einführung von CAD/CAM bedarf erheblicher Investitionen und wird zu völlig anderen Arbeitstechniken und -plätzen bei der Konstruktion und technischen Bearbeitung (auch im Stahlbau) führen.

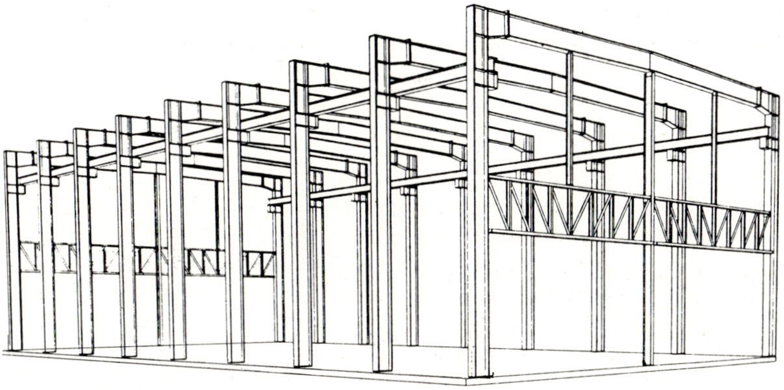

Bild 21 (nach PEGELS [53])

Ein CAD-Arbeitsplatz besteht aus folgenden Einheiten (Bild 22):

- Rechner. Die erforderliche Rechnergröße ist von der angestrebten Graphik-Leistung abhängig: Eine 3D-Graphik erfordert eine wesentlich höhere Leistung als eine 2D-Graphik. (2D=zweidimensional, hier genügt eine schwarz-weiß-Darstellung, 3D=dreidimensional, hier bedarf es einer farbigen Darstellung). Bei 2D-CAD sollte die Rechnerleistung 16 bit und 1MB und die Speicherleistung 20MB betragen; diese Leistung wird von PCs erbracht und reicht für die meisten Standardaufgaben. Die Lösung ist relativ kostengünstig, auch für kleine und mittelgroße Betriebe und Ing.-Büros, zumal leistungsfähige Software auf dem Markt angeboten wird. Bei 3D-CAD sollte die Rechnerleistung 32 bit und 2MB und die Speicherleistung 120MB betragen. Eine Darstellung in "Volumenelementen" ist aufwendiger als in Drahtmodellen", letztere ist für Stahlbaubelange i.a. ausreichend.
- Digitalisierbrett (graph. Tablett) mit Menü und Lesestift zum Aufrufen der sogen. Makros. Das sind

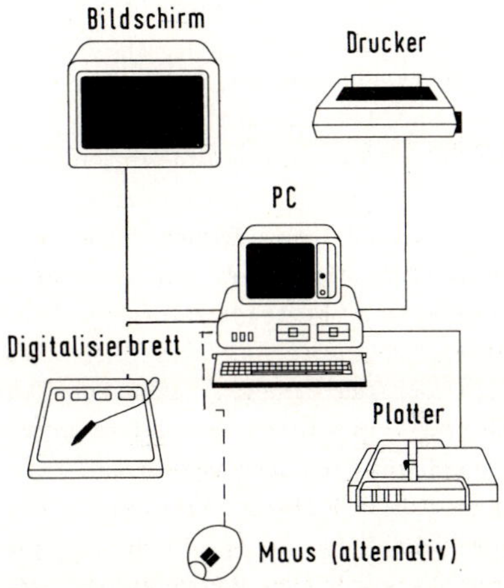

Bild 22

die abgespeicherten stahlbautypischen Konstruktionsdetails (Profil- und Schraubentabellen, Anschlußkonstruktionen, z.B. nach DASt/DASt-Typenkatalog, ggf. einschl. firmenseitiger Erweiterung).

- Graphischer Bildschirm (Mindestauflösung 1000x800 Punkte), Plotter, Drucker, Geräte zur Datensicherung.

Inzwischen werden mehrere CAD-Software-Programmsysteme für den Stahlbau, unterschiedlich in Leistung und Benutzerfreundlichkeit, angeboten. Für Hard- und Software sind als Mindestkosten für den Einstieg DM 100 000,-- bis DM 150 000,-- zu veranschlagen (1986). Für die Ein- und Umstellungsphase ist etwa ein Jahr anzusetzen. - Für Sonderproduktbereiche, für die keine Makros vorhanden sind, bleibt es bei der herkömmlichen Konstruktionsbearbeitung am Reißbrett. - Ein vollständiger Umstieg auf CAD und der hiermit verbundene Verlust an firmeneigenem "knowhow" ist ein eher bedenklicher Weg (das gilt auch für den sich allenthalben vollziehenden drastischen Abbau der Technischen Büros). Der Aufbau von CAD-"Expertensystemen" vermag gewachsene Firmenerfahrung wohl zu ergänzen nicht aber völlig zu ersetzen.

1.4.3 Betrieb und Montage [60]

Jede in Stahl erstellte bauliche Anlage entsteht in zwei Phasen:

- Weitgehende Vorfertigung in der Werkstatt (Stahlbauanstalt)
- Transport der Teile zur Baustelle und Montage.

Alle Maßnahmen werden im Technischen Büro (TB) also im Konstruktions- und Montagebüro (in vielen Fällen unter Mitarbeit beratender Ingenieure) mit dem Ziel einer Minimierung der Durchlaufzeiten und Herstellungskosten geplant.

Die zu verarbeitenden Stahlbauteile haben meist erhebliche Abmessungen und Gewichte, auch wird gelegentlich eine probeweise Vormontage verlangt, was große Hallen erfordert. Ehemals dominierte der Materialfluß mittels Laufkranen, dieser wird heute in modernen Werkstätten überwiegend auf Roll- und Quertransportbahnen bewerkstelligt, vgl. Bild 23.

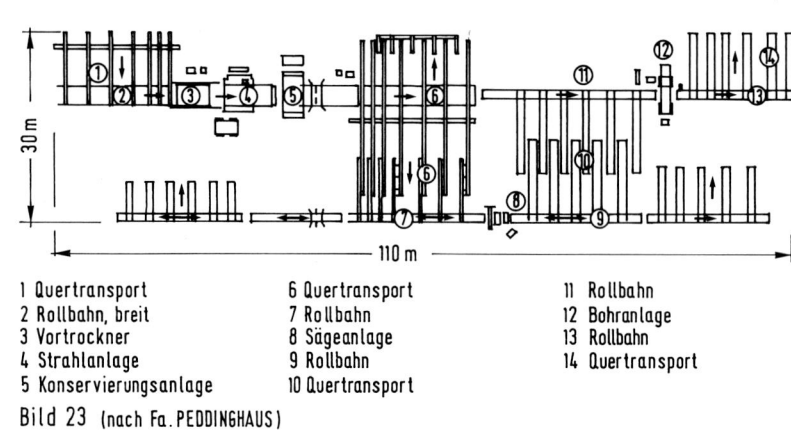

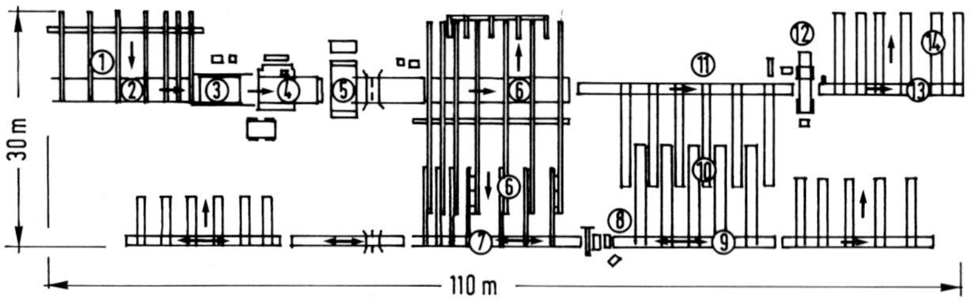

1 Quertransport
2 Rollbahn, breit
3 Vortrockner
4 Strahlanlage
5 Konservierungsanlage
6 Quertransport
7 Rollbahn
8 Sägeanlage
9 Rollbahn
10 Quertransport
11 Rollbahn
12 Bohranlage
13 Rollbahn
14 Quertransport

Bild 23 (nach Fa. PEDDINGHAUS)

Die aus dem Lager kommenden Teile werden i.a. zuerst gestrahlt und vorkonserviert. Sofern vorhanden, durchlaufen sie im weiteren NC-gesteuerte Bohr- und Brennschneideeinheiten.

Die weitere Verarbeitung erfordert Zusammenbauvorrichtungen in Form horizontaler und vertikaler Anschläge, Spannelemente zum Verspannen der Teile zu Gruppen, die dann verschweißt werden. Diese sollten möglichst schwenk- und drehbar sein, um ein Schweißen in "Wannenlage" zu ermöglichen [61]. Im Konstruktionsbüro kann durch Vereinheitlichung und Typisierung der Bauteile und Verbindungen Entscheidendes zur Wirtschaftlichkeit beigetragen werden. Bei CAD Einsatz stellt sich von selbst eine Typisierung ein (s.o.).

Im Maschinenbau hat der Automatisierungsgrad durch Entwicklung und Einsatz rechnergestützter Handhabungs- und Fertigungstechniken (Stichwort "Roboter") in vielen Betrieben inzwischen ein hohes Niveau erreicht. Für die im Stahlbau vorhandenen, i.a. recht großen Werkstücke bei gleichzeitig kleinen Losgrößen wurden in jüngerer Zeit Pilotanlagen zum automatischen Fertigen und Fügen solcher Großbauteile entwickelt [62].

Auch die Montagearten von einst haben sich gewandelt. Ehemals wurden am Montageplatz aufwendige Hebegeräte errichtet, mittels derer die Konstruktion aufgerichtet wurde [63]. Heute wird vorrangig der Autokran eingesetzt, das gilt auch für den Bau von Brücken geringer Spannweite [64,65]. Im Großbrückenbau wird überwiegend im Freivorbau mit Hilfe von Derricks oder auch im Taktschiebeverfahren montiert [66].

2 Stahlherstellung – Erzeugnisse aus Stahl

Unter Stahl versteht man eine Legierung aus Eisen (Fe) und Kohlenstoff (C), die ohne Nachbehandlung schmiedbar ist. Dazu darf der C-Gehalt nicht größer als 2,0% sein. Der C-Gehalt der meisten technisch eingesetzten Stähle beträgt nur 0,1 bis 0,2%. Zusätzlich sind im Stahl nichtmetallische Beimengungen, wie Silicium (Si) und metallische, wie Mangan (Mn), Chrom (Cr), Nickel (Ni) u.a. eingeschmolzen. Die Legierungsbestandteile, insbesondere der Kohlenstoffgehalt, beeinflussen die Höhe der Schmelz- und Umwandlungstemperaturen, den Aufbau der Metallkristalle und damit die chemischen, physikalischen und mechanischen Eigenschaften der Stähle in entscheidender Weise.

2.1 Geschichtlicher Abriß des Eisenhüttenwesens [1-7]

Die Ursprünge der Metallurgie liegen im vorderen Orient. Von hier aus wurden die Kenntnisse der Metallgewinnung nach Afrika, Asien und Europa verbreitet, wobei die Gewinnung von Gold und Silber, später von Kupfer, Zinn, Blei, Quecksilber und Eisen im Vordergrund stand; die Erze wurden zunächst im Tagebau, zunehmend auch im Bergbau gewonnen. Durch Verschmelzen von Zinn und Kupfer wurde das Mischmetall Bronze entdeckt; dieses prägte für ein Jahrtausend (ca. 1800 bis 800 v.Chr.) die Bronzezeit, ihr folgte die Eisenzeit.
Eisenerz wurde im Altertum mit Hilfe von Holzkohle in bis zu mannshohen Rennöfen zur Luppe verhüttet. Aus diesen ca. 10 bis 20cm dicken, stark mit Schlacke durchsetzten Klumpen wurde durch wiederholtes Schmieden und Erhitzen die Schlacke ausgetrieben und so bildsames Eisen gewonnen. (Alle mit dem Handwerk und der Technik verbundenen Arbeiten wurden, insbesondere bei den Römern, von Sklaven verrichtet. Bei den Germanen waren es selbständig Wirtschaftende, die, wie die Bauern, abgabepflichtig waren und aus diesen hervorgingen; die Handwerker waren überwiegend Freie.)
Die Fortschritte in der Berg- und Hüttenwerkstechnik waren über einen langen Zeitraum, über die Jahrhunderte, ja Jahrtausende hinweg relativ gering. Es gab zunächst keine grundsätzlichen Neuerungen. Wie im Altertum wurde das Eisen bis ins Mittelalter durch Reduktion mittels Holzkohle in Gruben oder in niedrigen, aus Lehm und Bruchsteinen gefertigten Schachtöfen (Rennöfen; zerrennen ≙ zerrinnen), später in größeren Stücköfen, ab 1200 n.Chr. mit künstlichem Zug, als Luppe gewonnen (Bild 1a); Holzkohle wurde durch Meilerverkohlung er-

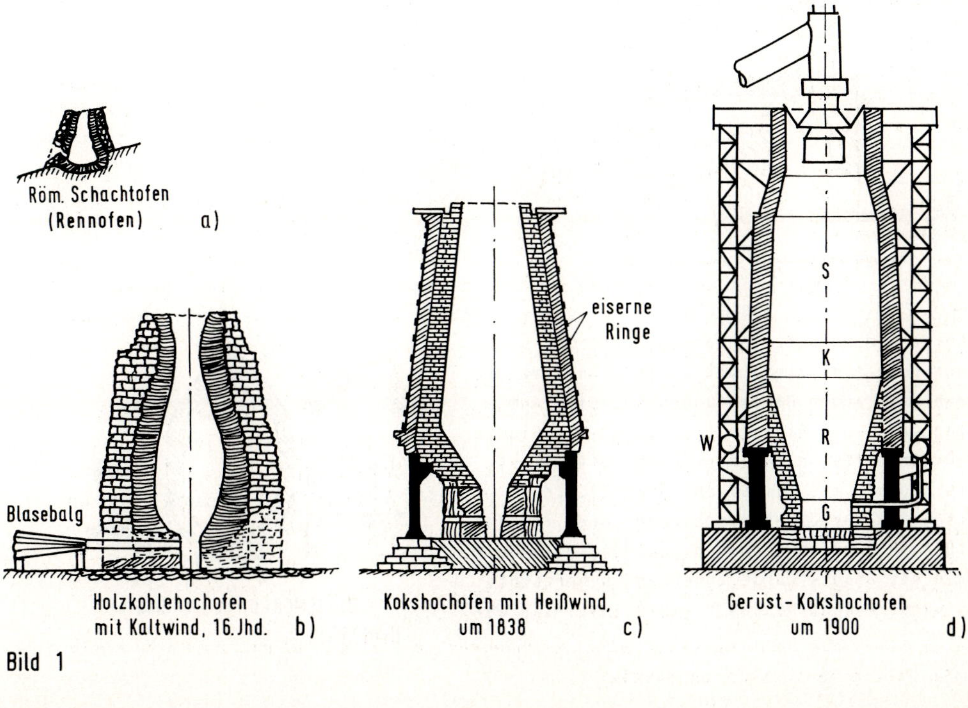

Bild 1

zeugt. Im 15.Jhd. wurde aus dem Schachtofen der Hochofen entwickelt, der durch Luftzufuhr mittels wassergetriebener Blasebälge heißer gefahren werden konnte. Es ließ sich nunmehr flüssiges Roheisen erschmelzen und abstechen (Teilbild b). Dieses war, im Gegensatz zur Luppe, frei von Schlacke aber dafür stark kohlenstoffhaltig und somit unmittelbar nicht schmiedbar; es mußte anschließend in Frischherden vom Kohlenstoff gereinigt werden. Die Fertigerzeugnisse entstanden durch Ausschmieden mit wassergetriebenen Schmiedehämmern oder durch Eisenguß; die Technik des Kaltziehens von Draht wurde ebenfalls entwickelt. Zentren der Eisenherstellung in Mitteleuropa waren im Mittelalter das Siegerland, die österreichischen Alpenländer und der Raum Böhmen. Im späteren Mittelalter entwickelte sich das Berg- werks- und Hüttenwesen immer stärker zu einer kapitalintensiven, vom Merkantilismus der Fürsten- und Königsregime geförderten Wirtschaftsform; die Arbeit selbst wurde von weitgehend recht- und mittellosen Arbeitern (Knappen) und Technikern verrichtet.
Zu einer durchgreifenden Verbesserung der Technik kam es wegen der unzureichenden, nur als Wasserkraft zur Verfügung stehenden Energie nicht; das galt insbesondere für die Erzförderung und Wasserhaltung in den Bergwerken. Zudem wurde ein Mangel an Holz bzw. Holzkohle und Erzen spürbar. - Der entscheidende Fortschritt im Eisenhüttenwesen setzte ein, als die Verhüttung des Eisenerzes durch Steinkohle gelang und die Dampfmaschine erfunden und technisch ausgereift war (doppeltwirkende Dampfmaschine von J. WATT, 1736-1819). Diese Entwicklung vollzog sich zunächst allein in England, das aufgrund seiner bürgerlich-demokratischen Verfassung günstige Voraussetzungen für intensive privatwirtschaftliche Entfaltungen bot und das zudem als beherrschende Kolonialmacht über große Reichtümer verfügte.
(Die Arbeits- und Lebensbedingungen der Arbeiter in den Berg- und Hüttenwerken waren von Ausbeutung, Rechtlosigkeit, Fehlen jeglicher sozialer Sicherheit, d.h. allgemeiner Verelendung gekennzeichnet. Dieser Zustand besserte sich entscheidend erst mit Beginn des 20. Jhds.) Mit der zunehmend massenhaften Verfügbarkeit von Eisen und der sich hieraus entwickelnden Schwerindustrie und praktisch aller von ihr abhängigen Techniken und Wirtschaftsformen, sowie aufgrund weiterer Erfindungen (Elektrotechnik, Großchemie), änderte sich das Leben in den Industriestaaten auf allen Ebenen grundlegend und führte zu neuen gesellschaftlichen und politischen Strukturen ("Industrielle Revolution"); das galt auch für alle Bereiche der Wissenschaften: Die Technik erhielt eine wissenschaftliche Fundierung, es entstanden die Ingenieurwissenschaften und das technische Schul- und Hochschulwesen. - Der erste mit Koks betriebene Hochofen wurde 1735 in Betrieb genommen, A. DARBY II (1711-1763), in Deutschland sehr viel später, 1796 in Gleiwitz. Diese Technik verdrängte den Holzkohleofen bis Anfang des 19. Jhds. vollständig. Durch dampfgetriebene Gebläsemaschinen, Vorschaltung von Winderhitzern (1828) und Nutzung der Gichtgase zu deren Heizung wurde die Hochofentechnik stetig effizienter (Bild 1). - Die Stahlherstellung wurde gleichfalls verbessert, zunächst durch die Herstellung von Tiegelstahl (1740) und dann durch die Erfindung des Puddelofens durch H. CORT (1740-1800). Im Puddelofen wurde das im Hochofen gewonnene Roheisen durch Zufuhr hoch erhitzter Luft unter ständigem Umrühren mit langen Hakenstangen von Silicium, Mangan und Kohlenstoff befreit: Nur die Flamme des Brennstoffs, nicht der Brennstoff selbst, hatte Kontakt mit dem Eisen (Bild 2). In Deutschland wurde der erste Puddelofen im Jahre 1824 in Betrieb genommen. Das gezielte Legieren des Stahls wurde zunehmend beherrscht. 1856 wurde von H. BESSEMER (1813-1899) der Ge-

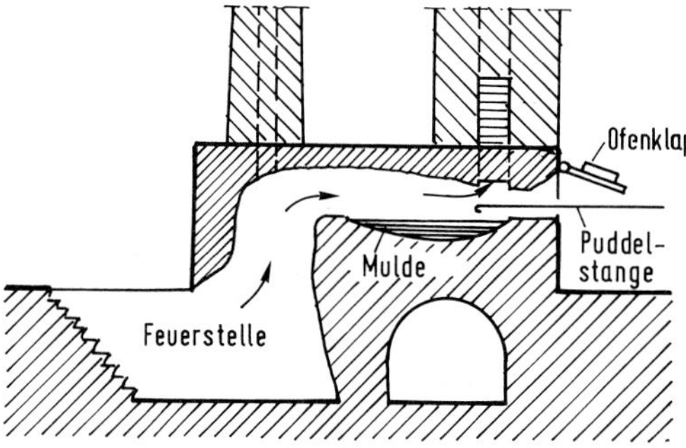

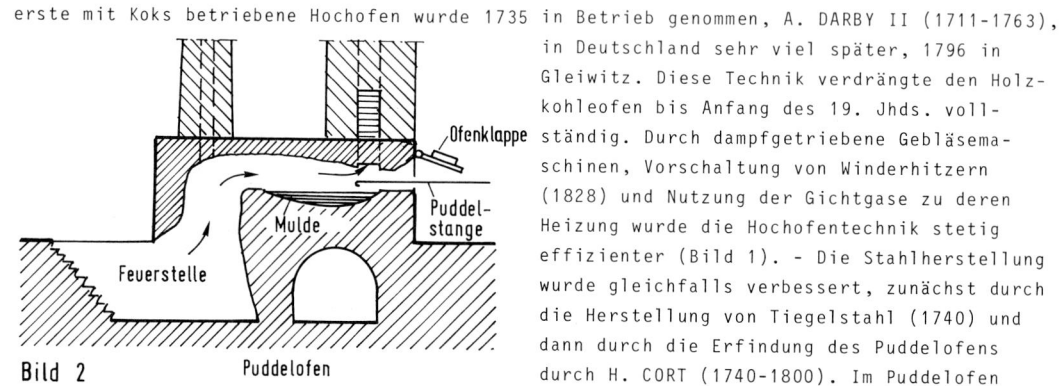

Bild 2 Puddelofen

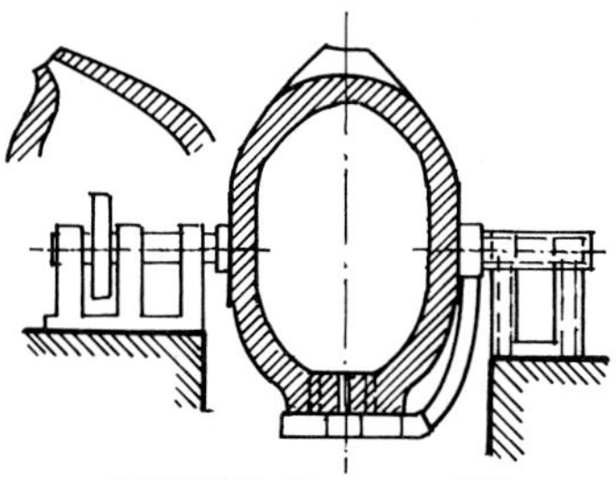
BESSEMER-Birne um 1900
Bild 3

bläseofen (BESSEMER-Birne, vgl. Bild 3) erfunden. Durch basische Ausfutterung des Konverters (Ausmauerung mit Ziegeln aus stark geglühtem Dolomit oder Magnesit) wurde dieses Blasfrischverfahren 1878 von G. THOMAS (1850-1885) verbessert, so daß auch phosphorhaltiges Roheisen zu Stahl verarbeitet werden konnte. Beim BESSEMER-THOMAS-Verfahren erfolgte die Oxidation des Kohlenstoffs und der anderen Verunreinigungen in der Weise, daß durch eine Siebplatte am Boden Luft durch das flüssige Roheisen geblasen wurde; die Stahlherstellung konnte dadurch im Vergleich zum Puddelverfahren um den Faktor 50:1 beschleunigt werden. Die beim Flammofenfrischen des Puddelverfahrens gewonnene teigige Luppe "schweißte" beim Schmieden zusammen, das Erzeugnis nannte man daher Schweißeisen. Bei dem Windfrischverfahren mittels Blaskonverter wurde die Schmelztemperatur überschritten, es fiel flüssiges Eisen an, das abgegossen werden konnte, man sprach daher von Flußeisen (bzw. Flußstahl). Das galt auch für das später aus dem Puddelverfahren von F. u. W. SIEMENS und E. u. P. MARTIN entwickelte Herdfrischverfahren im SIEMENS-MARTIN-Ofen (1864). Der "THOMAS-Stahl" und "SIEMENS-MARTIN-Stahl" bildeten für fast 100 Jahre die Grundlage der Massenstahlherstellung. Sie wurden erst in jüngerer Zeit durch die im Sauerstoff-Aufblas- und Elektro-Lichtbogen-Verfahren erschmolzenen Stähle abgelöst. Beim Sauerstoff-Aufblas-Verfahren (u.a. LD-Verfahren; LD≙Linz-Donawitz) wird durch eine wassergekühlte Lanze technisch reiner Sauerstoff auf das flüssige Roheisen im Konverter geblasen. Die Verunreinigungen verbrennen vollständiger und in kürzerer Zeit; der Stahl ist wesentlich reiner als der THOMAS-Stahl und genügt damit den von der Schweißtechnik geforderten höheren Qualitätsansprüchen. Die bezüglich Reinheit und exakter Legierungseinhaltung hochwertigsten Stähle werden im Elektroofen erschmolzen; die Elektrostahlerzeugung nimmt relativ stärker zu als die Gesamtrohstahlerzeugung (Bild 4). Im Elektroofen wird durch Kohleelektroden ein Lichtbogen zur Schmelze gezündet, wodurch sehr hohe Badtemperaturen entstehen. Durch das Fehlen einer oxidierenden Flamme kann der Abbrandverlust bei den Legierungsmetallen gering gehalten werden.

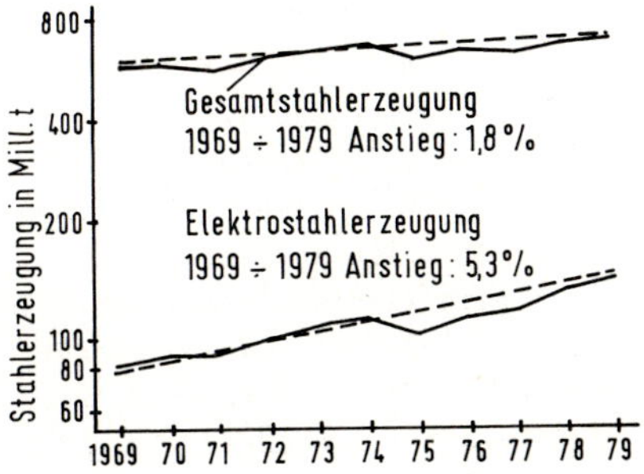

Bild 4

Die Tabelle in Bild 5 vermittelt einen Überblick über die Roheisen- bzw. Rohstahlerzeugung der letzten 120 Jahre. Die Zahlen sind ein Spiegelbild der wirtschaftlichen und politischen Entwicklung in den einzelnen Ländern. - Die Unterschiede in der Roheisenerzeugung (mittels Hochofen) und der Rohstahlerzeugung des Jahres 1981 lassen erkennen, welch bedeutender Schrottanteil (gemeinsam mit dem Roheisen) inzwischen beim Sauerstoff-Aufblas- und Elektroofen-Verfahren erschmolzen wird. Bei der Schrottversorgung wird bis Anfang der neunziger Jahre mit erheblichen Engpässen und mit einem hohen Ankaufbedarf außerhalb der EG gerechnet *.

Roheisen-/Rohstahlerzeugung in Mill. t

	1866	1876	1900	1956	1981	
Großbritannien	4,6	6,6	9,1	13,4	9,6	15,5
Deutschland	1,0	1,6	7,5	23,0	31,9	41,6
Frankreich	1,3	1,4	2,7	11,5	17,3	21,1
USA	1,2	2,4	14,0	68,9	66,5	111,4
Rußland (UdSSR)	0,3	0,4	2,9	35,8	107,4	150,0
Japan	-	-	-	6,3	80,0	101,7
sonst.	1,1	1,9	4,8	32,5	188,3	269,4
Summe	9,5	14,3	41,0	191,4	501,0	710,7
	Roheisen					Rohstahl

Bild 5

Rohstahlabsatz 1989: 786 Mill. t.

In der Bundesrepublik Deutschland betrug der Umsatz 1983 z.B. 42 Mrd. DM, erwirtschaftet von ca. 230 000 Beschäftigten in 164 Betrieben und 57 Hochofenanlagen (davon allerdings nur 36 in Betrieb); Rohstahlerzeugung ca. 36 Mill. t.

* Die Welt-Stahlproduktion wird heute (1988) zu 50% aus Schrott erschmolzen.

2.2 Eisenerz

Eisen ist mit einem Anteil von ca. 4,5% an den Elementen der Erdrinde reichlich vorhanden, es tritt praktisch nur in gebundener Form als Eisensulfid (Pyrit), Eisenkarbonat (Siderit) und am häufigsten als Eisenoxid in unterschiedlichen Verbindungen, gemeinsam mit der Gangart (Kieselsäure, Tonerde, Kalk u.a.) auf. Die technisch wichtigsten, abbauwürdigen oxidischen Eisenerze sind:

Spateisenstein (Siderit)	:	$FeCO_3$	Eisengehalt:	30 - 50 %
Brauneisenstein (Limonit)	:	$2Fe_2O_3 \cdot 3H_2O$	" :	30 - 60 %
Roteisenstein (Hämatit)	:	Fe_2O_3	" :	30 - 70 %
Magneteisenstein (Magnetit)	:	Fe_2O_4	" :	45 - 75 %

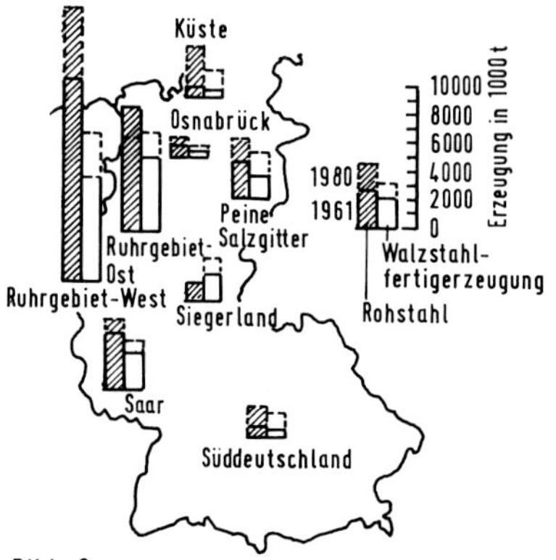

Bild 6

Die über die Erde verteilten Erzlager haben jeweils typische Eigenschaften. - Die überwiegende Menge der in den Hütten der Bundesrepublik Deutschland verarbeiteten Erze kommt über See; im Jahre 1980: 40 Mill. t (16), davon 31 (12)% aus Afrika, 57 (44)% aus Amerika und der Rest sonstige (Klammerwerte 1960). - Bild 6 zeigt die regionale Verteilung der Stahlindustrie in der Bundesrepublik Deutschland. 1960 entfiel ein Anteil von 85% der Rohstahlerzeugung auf 22 rechtlich selbständige Unternehmen. Seitdem wurden diverse Werke zu Unternehmensgruppen zusammengelegt, um Investitionsschwerpunkte zu bilden und eine hohe Auslastung der Großanlagen zu erreichen. Im Jahre 1980 erzeugten sieben Unternehmensgruppen 80% des Rohstahls. Infolge weltweiter Überkapazitäten steckt die Stahlindustrie seit Jahren in der Krise. Infolge Produktionsrückgangs und verstärkter Rationalisierung sind in der EG in den zurückliegenden 10 Jahren (zwischen 1973 bis 1983) 300 000 Stahlarbeiter entlassen worden, in der Bundesrepublik Deutschland ca. 90 000. Diese Entwicklung ist noch keineswegs abgeschlossen, gleichwohl hat sich die Wirtschaftslage der Stahlindustrie seit 1984/85 etwas entspannt. Auch wurde erkannt, daß die in der Hochkonjunktur entstandenen Größtaggregate in Zeiten schwankender Stahlnachfrage wegen ihrer Unflexibilität nicht das Optimum darstellen. Man geht daher wieder stärker zu kleineren Einheiten finanzierbarer Größenordnung über und betreibt den Umbau vorhandener Anlagen mit integrierter Teilerneuerung [8]. Dabei steht die Automatisierung der Prozeßführung der Anlagen mittels Computer weiter im Vordergrund [9].

2.3. Verhüttung

2.3.1 Aufbereitung

Vor der Erschmelzung der Erze bedarf es ihrer Aufbereitung, hierbei sind zwei Aufgaben zu lösen: Anreicherung des Eisenanteils und Stückigmachung: Das Erz wird gebrochen, gesiebt und durch waschende oder magnetische Aufbereitung möglichst weitgehend von der Gangart getrennt, anschließend wird es geröstet (H_2O und CO_2 entweichen). Die nach Vermahlen entstandenen Fein- bis Feinsterze werden entweder pelletriert (d.h. zu 10-15mm dicken Kügelchen getrocknet) oder gesintert (zu Brocken zusammengebacken). Das Ergebnis dieser Aufbereitung ist ein stückiges, poröses, eisenreiches Erz; aus diesem wird, gemeinsam mit den Zuschlägen, als sogen. Möller, Eisen erschmolzen. Die Zuschläge dienen dazu, die im Erz enthaltenen Verunreinigungen (aus der Gangart) in eine leichter schmelzende Schlacke zu überführen. Ist die Gangart sauer (z.B. Quarz), werden Kalk oder Dolomit, ist die Gangart basisch (z.B. Kalk), werden Tonschiefer, Granit oder andere kieselsäurehaltige Mineralien zugeschlagen. Derartige Zuschläge werden ggf. später auch noch im Stahlwerk beigegeben. - Der im Hochofen benötigte Hüttenkoks wird in Kokereien durch Erhitzen von nassem Kohlenklein auf 850 bis 1000°C erzeugt; dabei werden wertvolle Nebenprodukte wie Gase, Teer, Benzol gewonnen.

2.3.2 Hochofenprozeß

Im Hochofen wird Roheisen aus Eisenerz durch Zufuhr von Reduktionswärmeenergie unter Verbrennung von Koks hergestellt. Im Laufe der Zeit ist es durch verbesserte Mölleraufbereitung gelungen, den Bedarf an Kokskohle je Tonne Roheisen von 1000kg (um 1900) auf 500kg herunterzudrücken. Bei einer jährlichen Roheisenproduktion von beispielsweise 40 Mill. Tonnen werden demnach ca. 20 Mill. t Koks im Jahr benötigt, dazu müssen 27 Mill. t Steinkohle aufbereitet werden (außerdem sind dazu 80 Mill. t Erz und 20 Mill t Zuschläge erforderlich).

Nutzinhalt und Leistung der Hochöfen wurden ständig gesteigert von max ca. 900m³ (1930) über 1800m³ (1960) auf 3600m³ (1970); im letztgenannten Fall mit einer Leistung von ca. 9200 t/Tag. Die größten Öfen haben eine Höhe von ca. 35m; sie wurden ehemals als Gerüst-,

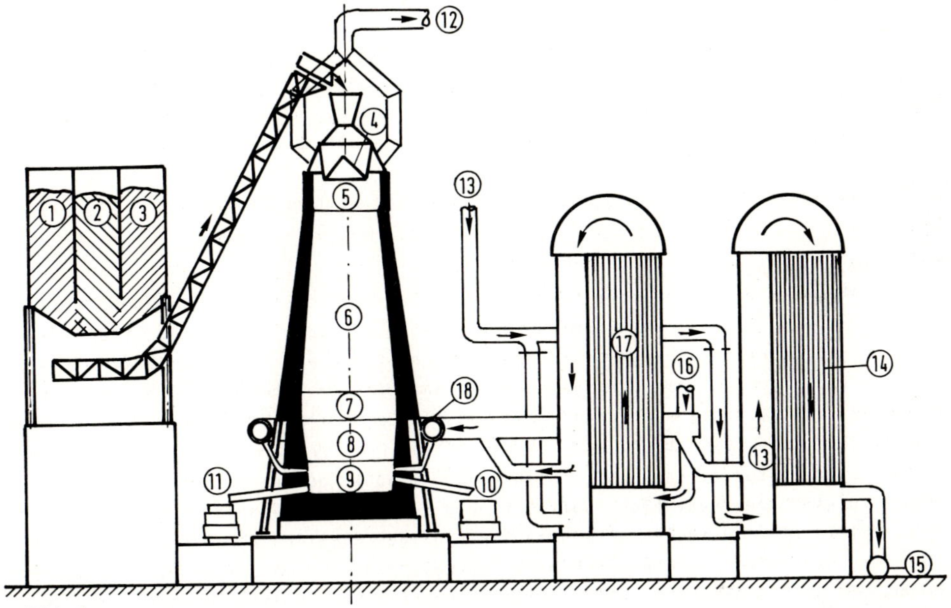

Bild 7

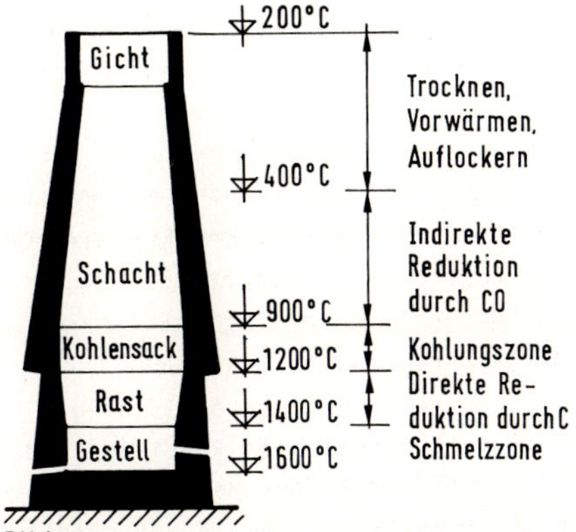

Bild 8

heute als selbsttragende gerüstlose Öfen gebaut. Die Ausmauerung besteht aus hochfeuerfesten Steinen, auch deren Standdauer konnte bedeutend gesteigert werden [10].

Bild 7 zeigt einen schematischen Schnitt durch eine Hochofenanlage: Aus den Vorratsbunkern wird der Hochofen mit Erz, Zuschlägen und Koks (1)÷(3) über die Gichtglocke (4) schichtweise beschickt. In der Gicht (5) und im oberen Teil des Schachtes (6) tritt eine Erwärmung des Gutes auf ca. 400°C und damit dessen vollständige Trocknung ein, vgl. auch Bild 8. Beim weiteren Absacken des Gutes wird das Eisenoxid durch das aufsteigende Kohlenmonoxid (CO) infolge der im Vergleich zum Eisen höheren Affinität des Kohlenstoffs zum Sauerstoff reduziert. Im Kohlensack (7) und in der Rast (8) wirkt der Kohlenstoff bei 900 bis 1400°C direkt als Reduktionsmittel.

Die erste, indirekte Reduktion durch CO umfaßt bereits etwa 80 bis 85% des gesamten Verhüttungsprozesses:

$$3Fe_2O_3 + CO \rightarrow 2Fe_3O_4 + CO_2$$
$$Fe_3O_4 + CO \rightarrow 3FeO + CO_2$$
$$FeO + CO \rightarrow Fe + CO_2$$

Die anschließende direkte Reduktion durch C läuft nach folgenden Reduktionsgleichungen ab:

$$3Fe_2O_3+C \rightarrow 2Fe_3O_4+CO$$
$$Fe_3O_4+C \rightarrow 3FeO+CO$$
$$FeO+C \rightarrow Fe+CO$$

Durch die Aufnahme von Kohlenstoff sinkt der Schmelzpunkt des Eisens. Im Gestell (9) sammeln sich flüssiges Roheisen und die darauf schwimmende, ebenfalls flüssige Schlacke. Die Schlacke fließt kontinuierlich ab (10) und bildet die Grundlage für Stückschlacke, Hüttensand, Hüttenbims und Hüttenwolle. Das flüssige Roheisen wird alle 2 bis 4 Stunden abgestochen (11). Der Hochofen wird kontinuierlich ohne Unterbrechung (5 bis 10 Jahre) betrieben. Die Heißgase durchdringen die Feststoffe im Hochofen von unten nach oben nach dem Gegenstromprinzip und werden als stark staubhaltige Gichtgase abgesaugt, gereinigt und einem der beiden Winderhitzer zugeführt (12), (13); hier verbrennen sie (14) und heizen dadurch die Speichersteine des Winderhitzers auf, anschließend gelangen sie als Abgase in den Schornstein (15). Gleichzeitig wird Luft (16) durch den anderen (aufgeheizten) Winderhitzer geblasen (17), hier aufgeheizt und als Heißwind in Höhe der Rast über die Heißwind-Ringleitung (18) mit ca. 1000 bis 1100°C und ca. 3,5 bar in den Hochofen gedrückt. Die den hohen Temperaturen ausgesetzten Teile des Ofens werden durch Wasser gekühlt.

Das Hochofenroheisen hat einen C-Gehalt von 3 bis 4% und weitere Beimengungen wie Si, Mn, S, P.

2.3.3 Direktreduktionsprozeß

Die Direktreduktionstechnik, die ohne Koks auskommt, wurde nach jahrzehntelanger Entwicklung inzwischen großtechnisch eingeführt; Hauptenergieträger sind Kohle, Erdöl und Erdgas. Die Direktreduktionsanlagen bestehen im wesentlichen aus dem Gasumformer, dem Reduktionsofen und diversen Transportsystemen. Im Gasumformer wird das Synthesegas aus der Reaktion von Kohle, Erdöl oder Erdgas mit Wasserdampf bei hohen Temperaturen in Form eines Gasgemisches aus Wasserstoff und CO hergestellt ($CH_4+1/2\cdot O_2 \rightarrow 2H_2+CO$). Dieses Gas wird in den mit Erz aufgefüllten Schachtofen geführt, wobei es den Sauerstoff aus dem Erz aufnimmt. Diese Direktreduktion läuft bei relativ geringen Temperaturen ab (1000-1100°C); es fällt kein flüssiges sondern festes, poriges Roheisen an, das als Eisenschwamm bezeichnet wird und einen Eisengehalt bis 95% aufweist; der Eisenschwamm verläßt den Ofen nach Kühlung mit 35°C und wird in Silos zwischengespeichert. Es existieren verschiedene Verfahrensvarianten (Hyl-, Midrex-, Armco-, Purofer-Verfahren u.a. [11-13]).

Auf der Basis des Direktreduktionsprozesses werden heute sogen. Ministahlwerke betrieben, da sie bereits bei geringer Betriebsgröße wirtschaftlich sind (ca. 1000 t und darüber). Deshalb ist die Technik insbesondere für Entwicklungsländer mit hohem Erdöl- und Erdgasaufkommen interessant; der Anteil an der Weltproduktion ist gleichwohl noch sehr gering. Ein Vorteil des Verfahrens ist auch, daß das Eisen keinen Kohlenstoff und Schwefel (wie beim Hochofenprozeß) aufnimmt, dafür enthält der Eisenschwamm vergleichsweise hohe andere Verunreinigungen.

2.4 Erschmelzung und Vergießung

2.4.1 Zur technologischen Entwicklung der Erschmelzungsverfahren

Das durch Verhüttung im Hochofen gewonnene Roheisen ist wegen des hohen 3 bis 4%igen C-Gehaltes und der anderen Beimengungen weder schmiedbar noch schweißbar; Roheisen bildet nur das Ausgangsprodukt für die Gewinnung von Stahl. Dasselbe gilt für den Eisenschwamm. Schrott wird direkt in den Stahlwerken (ohne erneut im Hochofen erschmolzen zu werden) verarbeitet. Rohstahl wird durch Frischen von Roheisen, d.h. durch die teilweise oder vollständige Oxidation von Kohlenstoff einerseits und der Begleitelemente wie Silicium, Schwefel, Phosphor u.a. Begleiter andererseits, gewonnen. Wie Bild 9 zeigt, wird das Roheisen im Hochofen durch Reduktion, der Rohstahl hingegen im Stahlwerk durch Oxidation erhalten. An die Rohstahlgewinnung schließt sich die Desoxidationsphase (kontinuierlich) an, um den sich beim Frischen im Stahl angereicherten Sauerstoffüberschuß abzubauen: Da Stahl bei einem Sauerstoffüberschuß von 0,03 Gewichtsprozent versprödet und bei mehr als 0,07% sogar rotbrüchig wird, muß der gefrischte Stahl desoxidiert werden.

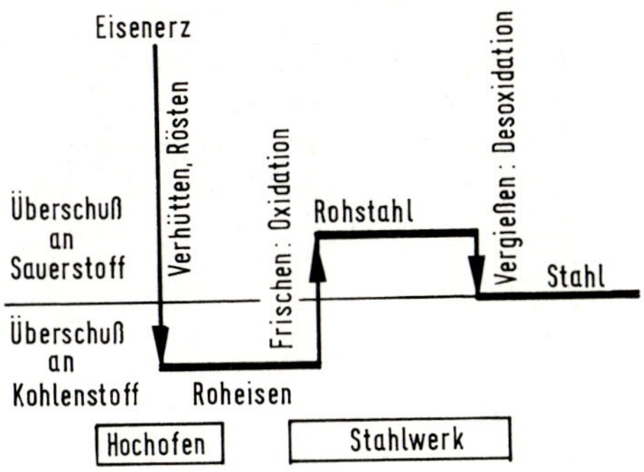

Bild 9

Nach der chemischen Zusammensetzung werden die Stähle in

unlegierte und legierte

und nach den Verwendungseigenschaften in

Grundstähle, Qualitätsstähle und Edelstähle

eingeteilt.

Nach der Erschmelzungsart im Stahlwerk werden unterschieden:

1) Blasstahlverfahren (Blasfrischen):
   a) Windfrischverfahren (THOMAS-Verfahren: Thomasstahl (Th)
   b) Sauerstoff-Aufblasverfahren: Oxygenstahl
2) Herdofenverfahren (Herdfrischen):
   a) SIEMENS-MARTIN-Verfahren: Siemens-Martin-Stahl (SM)
   b) Elektroverfahren: Elektrostahl (ERO)

In der Bundesrepublik Deutschland betrug der Anteil der verschiedenen Erzeugungsverfahren in Prozent:

	1960	1971	1979
Thomasstahl	43,7	7,0	-
Siemens-Martin-Stahl	47,2	21,2	9,9
Elektrostahl	6,4	10,0	14,0
Oxygenstahl	2,5	61,8	76,1
Tiegelstahl u.a.	0,2	-	-
	100	100	100

Aus dieser Statistik geht hervor, daß bis zum Jahre 1960 das THOMAS- und SIEMENS-MARTIN-Verfahren bestimmend waren. Wegen des hohen P- und N-Gehaltes konnte Thomas-Stahl die steigenden Anforderungen einer ausreichenden Schweißbarkeit nicht erfüllen und wurde daher überwiegend durch den im Sauerstoff-Aufblasverfahren erschmolzenen Oxygenstahl ersetzt. Die P- und N-Gehalte betragen:

	P	N
Thomasstahl	0,050-0,080%	0,010-0,025%
Oxygenstahl	0,050%	0,010%

2.4.2 Verfahren der Erschmelzung

Wie in Abschnitt 2.1 erläutert, haben sich im Laufe der Jahrzehnte unterschiedliche Frischverfahren herausgebildet. Deren Technologie befindet sich auch heute noch in ständiger Entwicklung; dabei kommt der Einführung computergesteuerter und -überwachter Leitsysteme der einzelnen Verfahrensschritte die größte Bedeutung zu. Das gilt für die Hochofen-, Stahl- und Walzwerktechnik insgesamt. Ziel hierbei ist eine genaue Einhaltung der vorgegebenen Rezepturen, Minimierung des Rohstoff- und Energieeinsatzes und genaue Einstellung der Produkte bezüglich Menge, Abmessungen und Qualität.

a) THOMAS-Verfahren (Bild 10a)

In einem birnenförmigen, ausgefutterten, kippbaren Konverter (max Leistung ca. 90t) wird vom Boden her Luft oder mit Sauerstoff angereicherte Luft (zur Minderung des N-Gehaltes) durch das flüssig eingebrachte und durch Kalkzuschläge ergänzte Roheisen hindurchgeblasen. Durch Oxidation (von C) und Verschlackung (von Si,P) wird Wärme frei, d.h. es entsteht Stahl ohne zusätzliche Wärmezufuhr. (Reines Sauerstoffblasen scheiterte beim THOMAS-Verfahren wegen der zu hohen Temperaturen.) Das THOMAS-Verfahren setzt als erforderlichen Wärmeträger ein relativ phosphorhaltiges Roheisen voraus (1,8 bis 2,5%P). Während des Blasens steigt mit abnehmendem Gehalt der Begleitelemente der Schmelzpunkt des Roheisens; die entstehende Wärme ist erforderlich, um das Schmelzbad flüssig zu halten. Durch Zugabe von Kalk wird über die basische Schlacke Phosphor und ein Teil des Schwefels gebunden. Der Abstich erfolgt nach ca. 30 Minuten Blaszeit.

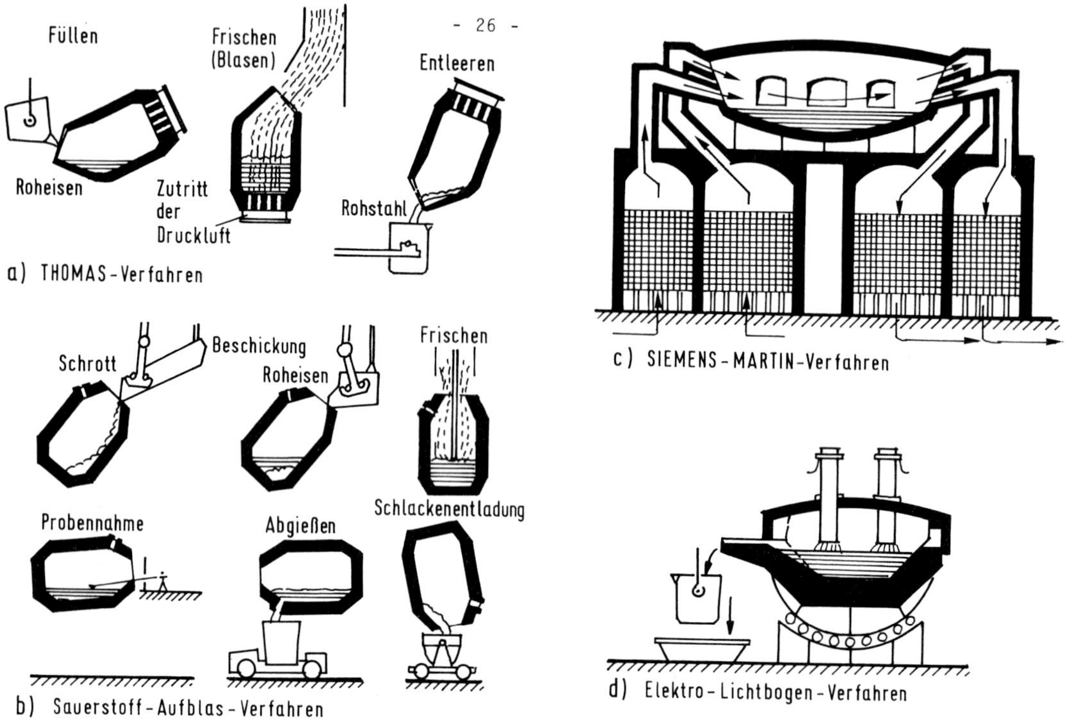

Bild 10

b) Sauerstoff-Aufblasverfahren (Bild 10b)

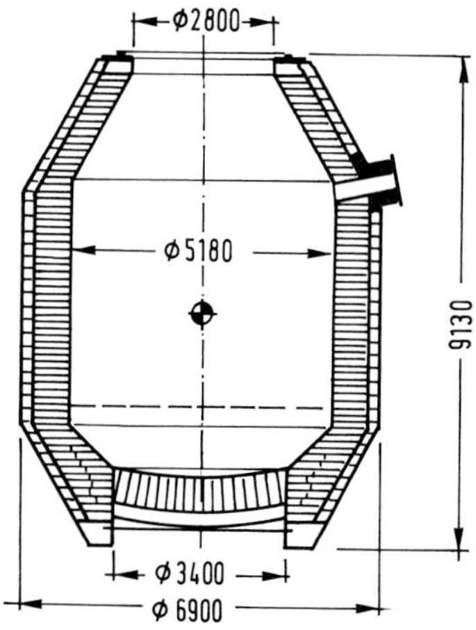

Bild 11

Durch eine wassergekühlte Lanze aus Kupfer wird von oben technisch reiner Sauerstoff mit hohem Druck von 5 bis 10 bar auf das Schmelzbad aus Roheisen, Schrott und Zuschlägen im ausgefutterten Konverter (max Leistung bis 420t) aufgeblasen. Während beim THOMAS-Verfahren der Stahl beim Luftverblasen mit Stickstoff angereichert wird, kann der Stickstoffgehalt beim Sauerstoff-Aufblas-Verfahren gering gehalten werden (s.o.). Das ist der entscheidende Vorteil! Es tritt im Schmelzbad bei bis zu 1600°C eine heftige Oxidation ein, wodurch die Abstichzeit im Vergleich zum THOMAS-Verfahren auf bis zu 10 bis 20 Minuten gesenkt werden konnte. In diesem Umstand und in den gesteigerten Konvertergrößen liegt ein weiterer entscheidender Vorteil gegenüber dem THOMAS-Verfahren (bei gleichzeitig höherer Stahlqualität). Bild 11 zeigt einen Konverter mittlerer Größe [14]. Die jährliche Erzeugungsleistung je Konverter konnte von 200 000t im Jahre 1961 über 750 000t (1970) auf 1 200 000t im Jahre 1980 gesteigert werden, wobei die Bundesrepublik Deutschland eine Spitzenstellung einnimmt.

c) SIEMENS-MARTIN-Verfahren (Bild 10c)

In den muldenförmigen, aus feuerfester Ausmauerung bestehenden Herd wird flüssiges Roheisen oder (auch ggf. gemischt) kalter Einsatz (kaltes Roheisen, Schrott) und Zuschläge (Kalk) eingebracht; Gas und Luft werden nach getrennter Vorwärmung bei hohen Flammtemperaturen (1700°C) verbrannt und der Einsatz über die Schlacke durch die oxidierende Wirkung der Flammgase gefrischt. Die Stickstoffaufnahme ist gering, es lassen sich Stähle hoher Qualität erzeugen. Fallweise wird Eisenerz als Sauerstofflieferant zugegeben. Die Abgase heizen die jeweils andere Luft- bzw. Gaskammer auf. Brennstoffbedarf und Abstichzeiten liegen relativ hoch; das ist der Grund, warum das SIEMENS-MARTIN-Verfahren vom Sauerstoff-Aufblas-Verfahren und Elektroverfahren zunehmend verdrängt worden ist.

d) Elektro-Lichtbogen-Verfahren (Bild 10d)
Der Ofen wird mit vorgefrischtem Stahl und Schrott, Schrott allein oder Eisenschwamm und Schrott sowie Zuschlägen beschickt und dieser Einsatz in elektrischen Lichtbögen erschmolzen (3500°C). Der Ofen hat drei Graphitelektroden und eine feuerfeste Ausmauerung, die in jüngster Zeit oberhalb der Schmelze und im Deckelbereich durch wassergekühlte Elemente ersetzt wird, wodurch die Anzahl der Schmelzen erhöht werden konnte. Der Ofen ist kippbar, die Ofengröße beträgt bis zu 200t Einsatz, die Abstichzeit konnte von 3 bis auf 1,5 Stunden verkürzt werden. Die "kalten" Zonen innerhalb des Ofens werden mit Erdgas oder Öl-Sauerstoffbrennern befeuert. Durch Schrottvorwärmanlagen konnte die Ausbringung weiter gesteigert werden. Neben der Erschmelzung von hochlegiertem Qualitätsstahl wird mittels des Elektroverfahrens zunehmend auch Massenbaustahl erzeugt, insbesondere im Zusammenhang mit der Eisenschwammtechnologie (Abschnitt 2.3.3) [15].

2.4.3 Verfahren der Vergießung

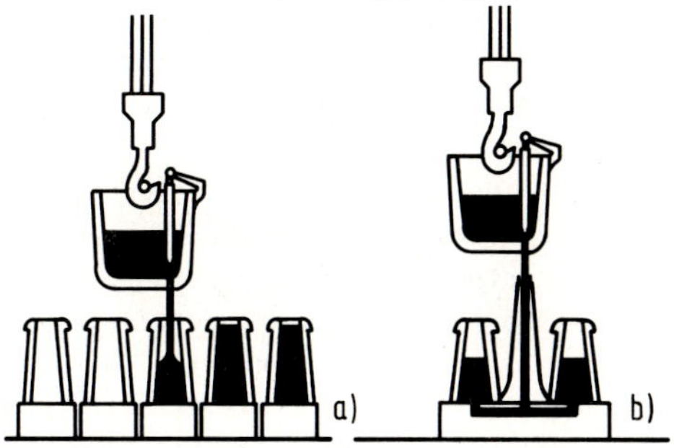

Bild 12

Es werden Block- und Strangguß unterschieden.

a) Blockguß (Bild 12)
Der flüssige Rohstahl wird in Formen von quadratischem, rundem oder ähnlichem Querschnitt (gußeiserne Kokillen) zu Rohstahlblöcken oder -brammen vergossen, dabei wird fallender Guß (Teilbild a) und steigender Guß, auch Gespannguß genannt, (Teilbild b) unterschieden. Vom frischenden Oxidationsprozeß her ist im Rohstahl Sauerstoff in gelöster Form vorhanden, dessen Löslichkeit beim Abkühlen sinkt. Der sich dadurch ausscheidende Sauerstoff reagiert mit dem im Stahl vorhandenen Restkohlenstoff zu CO. Am Blockrand erstarrt zunächst reines Eisen. Im Zuge der weiteren Abkühlung werden die Verunreinigungen mit dem "auskochenden" Gas ins noch flüssige Blockinnere getrieben. Es tritt eine Entmischung innerhalb des Blockes ein, man spricht von unberuhigtem Vergießen. Der Querschnitt des Blockes weist nach dem Abkühlen unterschiedliche Gehalte an Begleitelementen auf: Blockseigerung.

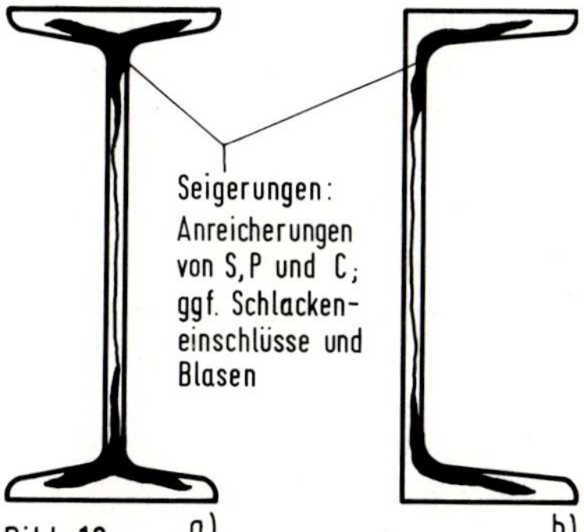

Bild 13

Durch Zugabe von Desoxidationsmitteln wie Si, Mn und Al wird der Sauerstoff gebunden und die Seigerung unterdrückt, man spricht von beruhigtem Vergießen. Die Schweißbarkeit eines Stahles wird von Art und Verlauf

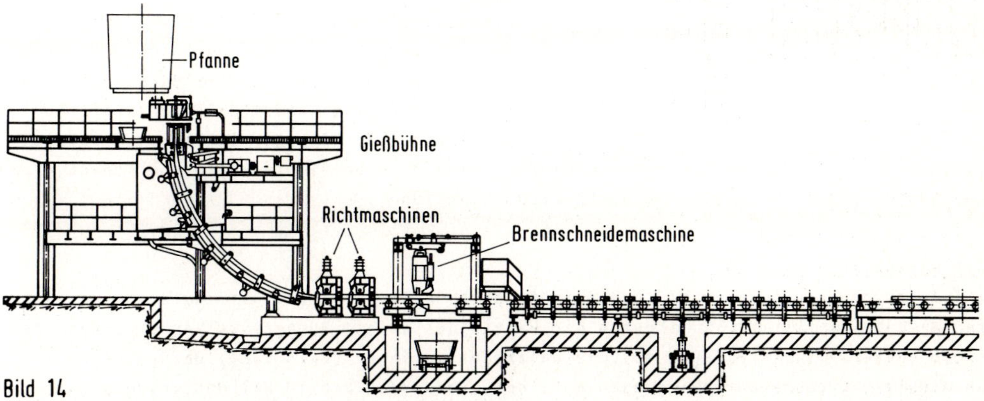

Bild 14

der Beruhigung entscheidend beeinflußt, und zwar hinsichtlich Grundgefüge des Stahles, Verteilung von S, P, C und Mn innerhalb des Blockes und damit innerhalb des Walzproduktes (Bild 13), Menge und Verteilung der Schlacken, Ausbildung von Blasen (Poren) und Lunkern. Lunker sind im oberen Teil des Blockes sich bildende Hohlräume, bedingt durch die beim Abkühlen eintretende Schrumpfung; der Kopf des Blockes muß bis zur Tiefe des Lunkers vor dem Auswalzen abgetrennt werden; vgl. wegen weiterer Einzelheiten Abschnitt 2.6.4.4.

b) Strangguß (Bild 14)

Der flüssige Rohstahl wird in eine Verteilerpfanne gegossen, aus der er dann in eine oder mehrere wassergekühlte Kupferkokillen fließt. Bild 14 zeigt eine Bogengießanlage (älterer Bauart). Die Querschnittsform der Kokillen ist von der beabsichtigten Gestalt des Stranggußhalbzeuges abhängig. Der außen durch Kühlung erstarrende ("endlose") Strang wird nach unten abgezogen und kontinuierlich nachgegossen. Es lassen sich nur beruhigte Stähle strangvergießen. Das Halbzeug wird in Form von Blöcken, Brammen, Knüppeln oder Rohprofilen in Anlehnung an das künftige Fertigprofil gewonnen, dadurch läßt sich die Zahl der Walzstiche für das Walzprofil merklich senken (Bild 15 [16]). In der hiermit verbundenen Kosteneinsparung liegt der wesentliche Vorteil des Verfahrens, auch entfällt die Lunkerbildung des Blockgusses und der hierdurch bedingte "Kopfschrott". Die Verringerung des Abfalls beträgt ca. 10%. Auch erhält man Produkte mit gleichmäßigerer Verteilung der chemischen Bestandteile über die Breite, Dicke und Länge. Allerdings sind die Produkte nicht völlig seigerungsfrei, vielmehr ist eine gewisse Mittenseigerung innerhalb des Querschnitts typisch, z.B. in Form von Mangansulfidanreicherungen. Der Seigerungsgrad der nach moderner Technologie stranggegossenen Produkte ist indes sehr gering. 1980 wurden in der EG ca. 45% des Stahles stranggegossen; die Umstellung auf Strangguß ist in vollem Gange [17,18]. In der Bundesrepublik Deutschland betrug der Stranggußanteil im Jahre 1984 65%, im Jahre 1990 wird mit 75% gerechnet.

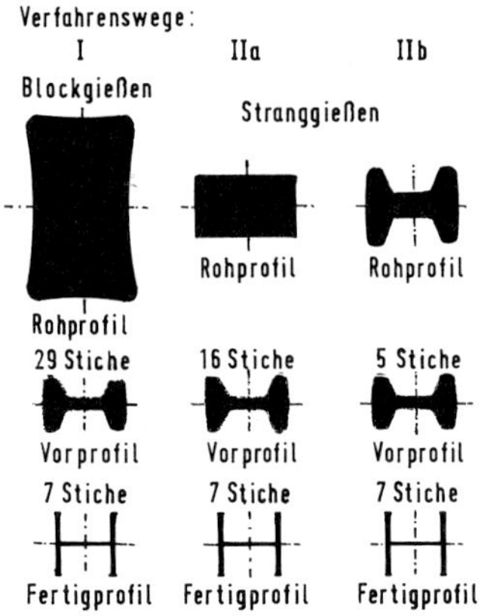

Bild 15

2.4.4 Legierung

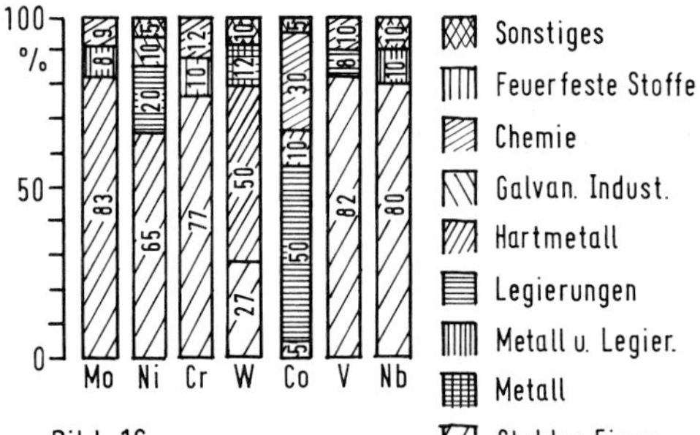

Bild 16

Die Legierung der Stähle mit Legierungsmetallen geschieht im Zuge der Erschmelzung bzw. nach deren Abschluß oder bei gewissen Stählen während separater Erzeugungsphasen vor dem Verguß. Bild 16 zeigt den Anteil der Legierungselemente in Abhängigkeit von der Verbrauchsstruktur [19]; das nicht mit aufgenommene Mangan sowie Molybdän, Vanadium, Niob werden mit einem Anteil von 80% und mehr von der Stahlindustrie verarbeitet. Aus der Sicht des Stahlbaues kommen legierte Stähle vorrangig in Form hochfester Feinkornbaustähle vor, vgl. Abschnitt 2.7.3. Legierte Stähle sind solche, deren Gehalt an einem oder mehreren Legierungselementen bestimmte Werte übersteigt, z.B. Al 0,20%, Cr 0,30%, Mn 1,65%, Si 0,60% (Schmelzanalyse).

2.5 Fertigerzeugnisse

2.5.1 Warmwalzung

Von dem erschmolzenen Rohstahl werden z.Zt. etwa 90% ausgewalzt. Beim Walzen wird das Material beim Durchgang (Stich) durch die Walzen gestaucht. Dünnere Walzen strecken das Walzgut besser als dicke, auch ist die Walzkraft geringer (Bild 17a). Dafür treten in dünnen Walzen größere Durchbiegungen auf, deshalb werden breite Walzen (insbesondere Breitbandwalzen für das Auswalzen von Blech und Band) durch Stützwalzen ausgesteift;

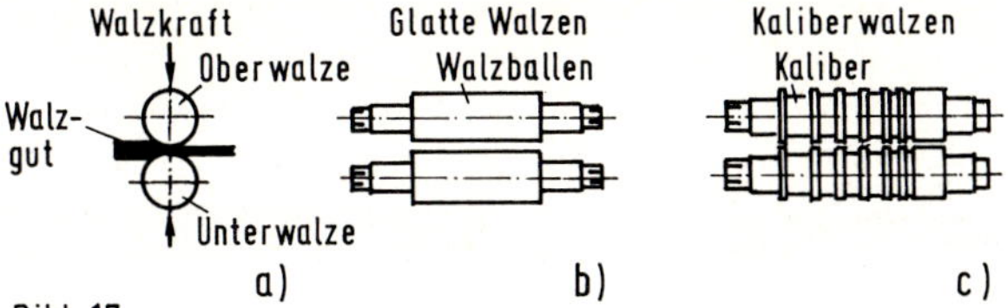

Bild 17

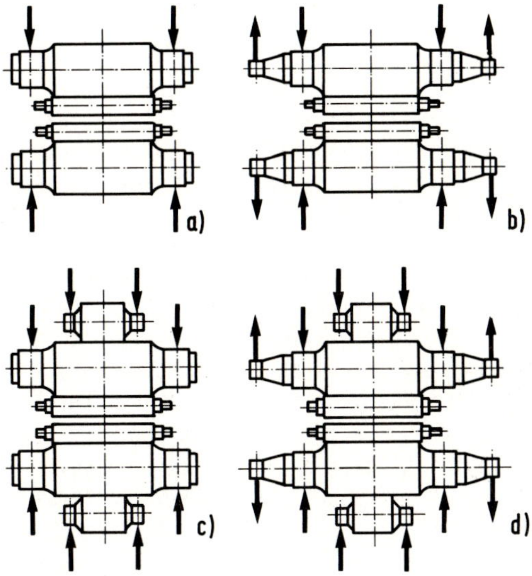

Bild 18

vgl. Bild 18: In den Fällen a und b spricht man von Quadrogerüsten. Durch Mehrfachwalzen läßt sich die Blechdickentoleranz gering halten, was insbesondere für Feinbleche wichtig ist (Trapezbleche). Es werden glatte und kalibrierte Walzen unterschieden, vgl. Bild 17b/c. Bei den Kalibrierwalzen durchläuft das Walzgut die einzelnen Kaliber in mehreren aufeinander folgenden Stichen, bis zum fertigen Profil. Es werden offene und kontinuierliche Walzstraßen betrieben; bei den zweitgenannten sind die Walzgerüste hintereinander angeordnet, in jedem Gerüst wird nur ein Stich gewalzt. Bild 19 zeigt das Schema eines Walzgerüstes (älterer Bauart) für offene Walzung. Universalstraßen verfügen über Universalgerüste mit Horizontal- und Vertikalwalzen; hiermit werden z.B. parallelflanschige I-Träger und Breitflachstahl gewalzt (Bild 20).

Die Walztemperatur liegt zwischen 1250 und 900°C. Die im Blockguß entstandenen Rohblöcke werden zunächst im Tiefofen abgesetzt, wo sie sich temperaturmäßig ausgleichen können. Hier werden sie auf Walztemperatur gehalten bzw. gebracht. Dann werden sie auf Block-, Brammen-, Knüppel- oder Platinenwalzen zu

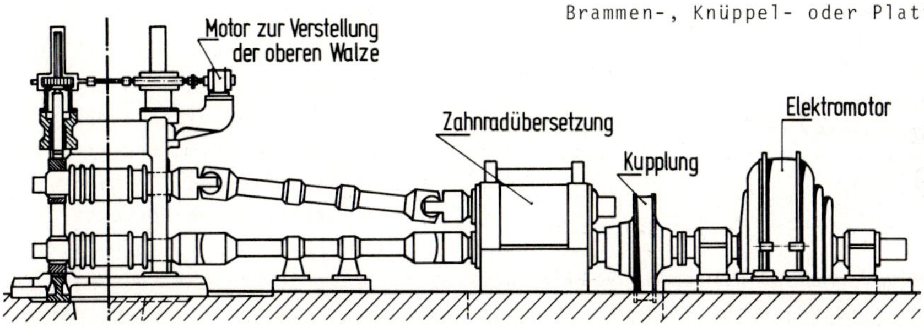

Bild 19

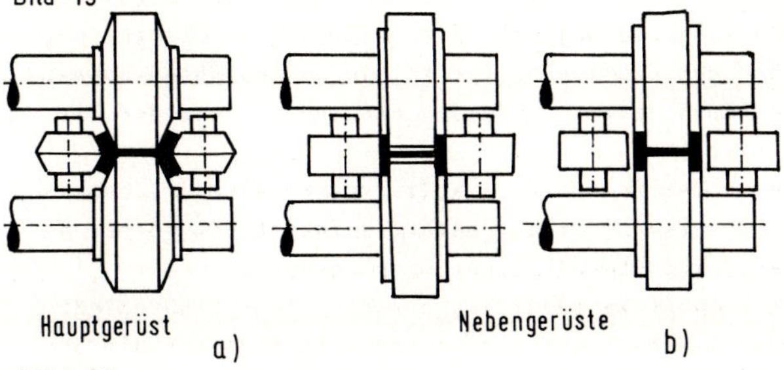

Bild 20

unterschiedlichem Halbzeug ausgewalzt. Das unmittelbar sich darauf anschließende Auswalzen bezeichnet man als einhitziges Walzen. I.a. wird zweihitzig gewalzt, d.h. das Vormaterial wird in einem Warmlager zur Abkühlung ausgelegt. Das geschieht in jedem Falle bei dem mittels Strangguß erzeugten Vormaterial. Das Material wird anschließend wieder aufgeheizt und in dieser Hitze zum Endquerschnitt (Flach- oder Formprofil) ausgewalzt. Beim zweihitzigen Walzen können Güte und Maße besser und strenger eingehalten werden, auch ist eine geregelte Temperaturführung möglich (mit einer angestrebten Walzendtemperatur von 900 bis 960°C) [20,21].

Für das Walzen nahtloser Rohre wurden spezielle Verfahren entwickelt [22,23]; sie nehmen von einer dickwandigen Rohrluppe ihren Ausgang. Im wesentlichen werden das Loch- und das

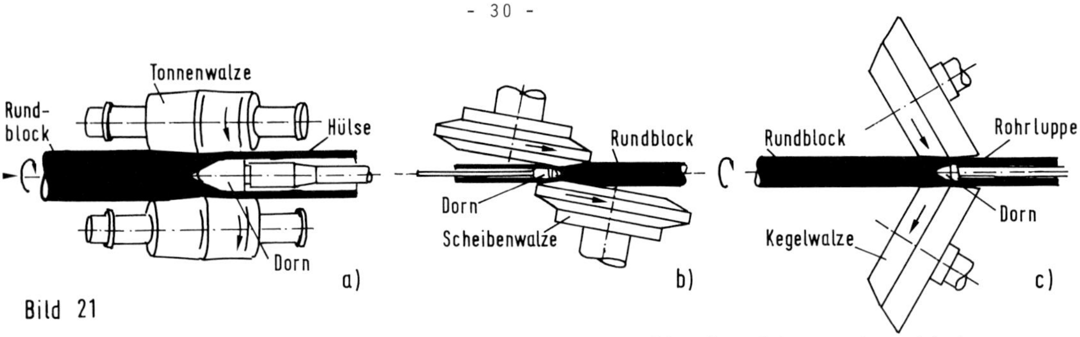

Bild 21

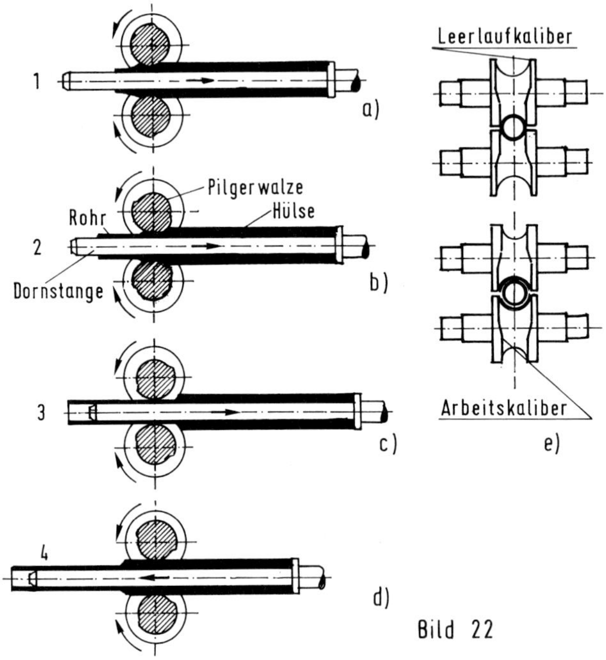

Bild 22

Streckverfahren unterschieden. Bild 21 zeigt das Auswalzen mittels Tonnen-, Scheiben- und Kegelwalzen. Die so entstehenden Rohre werden i.a. noch einer Streckwalzung unterzogen. Am bekanntesten ist das Pilgerschrittwalzen; hierbei handelt es sich um einen diskontinuierlichen Walzvorgang: Der Kaliberteil kneift eine bestimmte Menge ab (Bild 22a), dann wird die Hülse auf Fertigteildicke zum Rohr ausgewalzt und geglättet (Teilbild b/c). Durch den abgeflachten Teil der Walze werden Hülse/Rohr und Dorn freigegeben, sie werden bei gleichzeitiger Drehung erneut in Walzposition geschoben, so daß der nächste Arbeitstakt beginnen kann. Der Wechsel wiederholt sich in schneller Folge, bis die Hülse auf gesamter Länge ausgestreckt ist. Es können Rohre bis 35m Länge und 600mm lichter Weite hergestellt werden.

Rohre mit kleinem Durchmesser werden im Reduzierwerk gestreckt. Hierbei wird das Rohr über hintereinander liegende profilierte Rollenpaare, die um 90° oder 120° gegeneinander versetzt sind, geführt und dadurch der Rohrdurchmesser bei Beibehaltung der Wanddicke verringert. - Daneben gibt es die Technik der Aufweitung, zum Beispiel zur Herstellung von konischen Rohren (für Maste). (Neben den nahtlosen gibt es die geschweißten Rohre, die durch Umwalzung aus Band und vollmechanisiertes Schweißen entstehen, entweder mit Längs- oder Spiralstruktur bzw. -naht [24].)

Nach dem Walzen werden die Erzeugnisse in der Zurichterei weiter verarbeitet (Schneiden, Richten, Prüfen, Sortieren, Bündeln) und versandfertig gemacht, sofern nicht vorher noch Kaltumformungen oder Wärmebehandlungen (Vergütungen) vorgenommen werden.

Beim Walzen entsteht auf den Außenflächen eine Walzhaut (auch Zunder oder Glühschicht genannt). Diese Walzhaut aus Eisenoxiden ist hart und spröde und wird entweder vor der Verarbeitung in der Stahlbauanstalt entfernt oder bereits im Stahlwerk mechanisch oder chemisch abgearbeitet. Im letztgenannten Falle wird das Walzprodukt mit einer Grundierung (Primer) als zeitlich begrenztem Schutz gegen atmosphärische Korrosion versehen (Walzstahlkonservierung; vgl. Abschnitt 19.2.2).

Die gefährlichsten Walzfehler sind Dopplungen. Hierunter versteht man Werkstofftrennungen in Blechen und Profilen, die sich mehr oder weniger weit im Werkstoff, meist mittig, er-

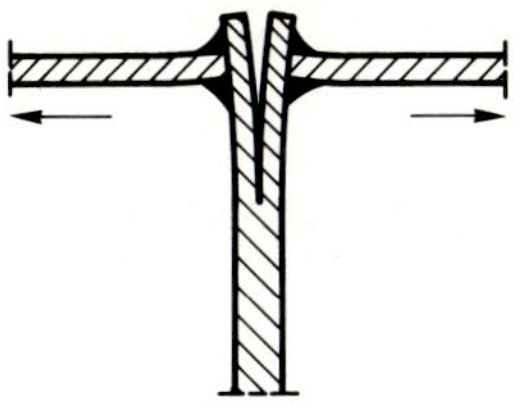

Bild 23

strecken. Sie entstehen i.a. als Folge ausgewalzter Lunker oder Blasen und lassen sich nur mittels Ultrabeschallung ausloten. (Dasselbe gilt, wenn das Walzgut beim Walzen zu stark abgekühlt war; auch dadurch können ausgedehnte, nicht voll verschweißte Bereiche entstehen. Diese Gefahr besteht insbesondere an den Rändern von Breitflachstählen. Wie bei den Dopplungen, handelt es sich um mangelhaftes Material).
Großflächige nichtmetallische Einschlüsse in Form von Oxiden und Sulfiden haben ebenfalls eine Werkstoffschwächung in Dickenrichtung zur Folge (Abschnitt 8.4.4.4). In allen diesen Fällen sind Konstruktionen dann besonders gefährdet, wenn Teile in Dickenrichtung auf Zug beansprucht werden (Bild 23).
Neben dem Warmwalzen gibt es die Technik des Ziehens, insbesondere von Draht zur Herstellung von Seilen (Abschnitt 16). - Schließlich werden Warmumformungen mittels Freiformschmieden (Schmiedehämmer und -pressen) oder Gesenkschmieden (komplizierte Werkstücke, z.B. Kurbelwellen) durchgeführt. Beim Walzen wird der Werkstoff geknetet und erhält eine zeilige Struktur, beim Schmieden wird er geschlagen.

2.5.2 Warmwalzerzeugnisse

Es werden im wesentlichen unterschieden: Flach-, Profil- und Hohlprofilerzeugnisse
a) Flacherzeugnisse: Bleche und Band. Blech wird in ebenen Tafeln in meist quadratischer oder rechteckiger Form geliefert; die Kanten sind roh oder beschnitten. Blech wird i.a. in Längs- und Querrichtung ausgewalzt. Nach der Blechdicke s werden unterschieden:
- Feinblech s bis 3mm nach DIN 1541 T1, Stahlsorte nach DIN 1623 T2,
- Mittelblech s>3 bis 4,75mm Dicke nach DIN 1542, Stahlsorte nach DIN 17100,
- Grobblech s größer 4,75mm nach DIN 1543, Stahlsorte nach DIN 17100.

Neben warmgewalztem wird kaltgewalztes Blech geliefert. Als kaltgewalzt gilt Blech, wenn es ohne vorangegangene Erwärmung eine Querschnittsminderung um mindestens 25% erfahren hat (DIN 1623). Feinstblech (s<0,5mm) läßt sich nur durch Kaltwalzen fertigen. Das Blech (insbesondere das Feinblech) wird auch mit Überzug geliefert, der entweder aus Metall (Zink, Zinn: Weißblech) oder Kunststoff besteht.
Neben Flachblech werden Wellbleche und Pfannenbleche nach DIN 59231 und profilierte Bleche, wie Riffel-, Warzen- und Raupenbleche, hergestellt (DIN 1543). Band wird unmittelbar von der Fertigwalze zu einer Rolle aufgewickelt. Man unterscheidet auch hier Warm- und Kaltband.
b) Profilerzeugnisse: Stabstahl und Formstahl. Zum Stabstahl zählen alle warmgewalzten Erzeugnisse mit folgenden Querschnittsabmessungen: rund, quadratisch, sechs- und achteckig, halbrund und Querschnitte der Buchstabenformen L, T und Z. Auch I-, H- und U-Profile unter 80mm Profilhöhe gehören zum Stabstahl sowie Wulstflachstahl und Wulstwinkelstahl. Als Formstahl werden alle warmgewalzten Erzeugnisse bezeichnet, deren Querschnittsformen den Buchstaben I, H, U und Omega entsprechen und deren Höhe mindestens 80mm beträgt. Seitens der Stahlwerke werden in jüngster Zeit auch ausgearbeitete Formstähle, z.B. Träger mit exakter Ablängung, mit Bohrungen und Schweißfugen sowie kreisförmiger Vorkrümmungen angeboten.
Breitflachstahl gehört zum Stabstahl. Dieses Flacherzeugnis wird auf allen vier Seiten gewalzt und wird mit definierten Abmessungen in ebenen Tafeln geliefert. Die Breite liegt zwischen 150 bis 1250mm, die Dicke beträgt mindestens 4,76mm, maximal 60mm (DIN 59200). Breitflachstahl dient vorrangig zur Fertigung der Gurte geschweißter I-Träger.
c) Hohlprofilerzeugnisse (Rohre): Nach der Herstellungsart werden nahtlose und geschweißte Rohre unterschieden. Durch warmes und kaltes Umformen runder Rohre werden Quadrat- und Rechteckhohlprofile hergestellt (Abschnitt 15.2.2/3).
Für den Stahlbau sind weiter Kranschienen, Spundwandprofile, Stahlfensterprofile u.a. von Bedeutung.
Maße (Abmessungen), Gewichte, statische Werte, Toleranzen (Maß- und Gewichtsabweichungen), Güte und technische Lieferbedingungen sind in einem umfangreichen Normenwerk geregelt

(DIN- und EURO-Normen), das ständig fortgeschrieben wird [25-27]. - Für nicht genormte Profile gibt der Verein Deutscher Eisenhüttenleute (VdEH, Düsseldorf) STAHL-EISEN-Werkstoffblätter und Lieferbedingungen heraus, um deren Einführung und Anwendung zu erleichtern, das gilt auch für neue Stahlsorten [28].
Die Bezeichnung der Stähle ist in DIN 17006 geregelt; daneben gibt es eine Klassifizierung durch Werkstoffnummern nach DIN 17007. - Zur eindeutigen Kennzeichnung der Walzerzeugnisse in Konstruktionszeichnungen, statischen Berechnungen und Schriftstücken werden Kurzzeichen nach DIN 1353 verwendet.

2.5.3 Stahlguß (GS)

Beim Stahlguß wird Stahl in Formen gegossen; der Werkstoff ist in DIN 1681 genormt. Die Abkühlung sollte bei geregelter Temperaturführung geschehen, anderenfalls entstehen Sondergefüge (WIDMANNSTÄTTEN-Gefüge) und hohe Eigenspannungen; beides läßt sich durch eine Wärmenachbehandlung beseitigen. Es werden unlegierte und legierte Stähle vergossen; dabei werden hohe Zugfestigkeit und gute Verformbarkeit erreicht. Für den Stahlbau kommt Stahlguß nur in Sonderfällen zur Anwendung, z.B. zur Fertigung komplizierter Elemente für Seilknotenpunkte (Seilnetzkonstruktion des Münchner Olympia-Stadions [29]), Knotenpunkte von Offshore-Konstruktionen [30,31], Lagerkonstruktionen u.a.

2.5.4 Strangpreßerzeugnisse

Der auf Preßtemperatur erhitzte Rohling wird in eine Preßkammer gelegt, die an einem Ende durch eine Matrize mit eingearbeiteter Profilform verschlossen ist. Von der anderen Seite drückt ein Stempel den Block durch die Öffnung der Matrize. Glas dient als Schmiermittel. Das Strangpressen von Hohlprofilen erfordert einen in die Matrize eingelegten Dorn. Herstellbar sind einfache und verwickelte Umrißformen. Für den Stahlbau haben die Erzeugnisse eine vergleichsweise geringe Bedeutung [32,33]; im Aluminiumbau sind Strangpreßprofile dagegen sehr verbreitet.

2.5.5 Seile

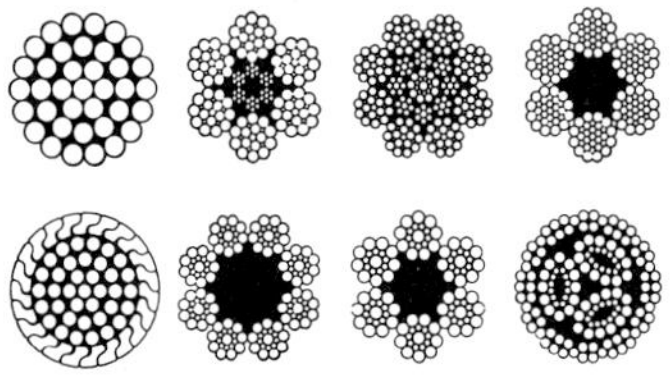

Bild 24

Wichtige Konstruktionselemente im modernen Stahlbau sind Seile. Die Fertigung des Seildrahtes und dessen Flechtung zu Spiralseilen erfordert eine sehr spezielle Technologie, vgl. Abschnitt 16. - Es werden "laufende" Seile und "stehende" Seile unterschieden. Erstgenannte laufen über Rollen, Scheiben, Trommeln (sie müssen zur Minderung des Verschleißes laufend geschmiert werden), zweitgenannte kommen in fester Verankerung zum Einsatz, z.B. als Tragseile, Anschlagseile, Abspannseile. Der Verwendungszweck bestimmt die Machart der Seile, Bild 24 enthält Beispiele.

2.5.6 Kaltprofile

Neben den warmgewalzten Erzeugnissen werden von der Industrie kaltgeformte Profile geliefert. Bild 25 zeigt Sonderprofile für den Tiefbau, Waggonbau und Brükkenbau. Von letzteren haben insbesondere Trapezprofile zur Fertigung von direkt befahrenen Stahlfahrbahnen stählerner Straßenbrücken größere Bedeutung; Bild 26 zeigt eine Trapez-

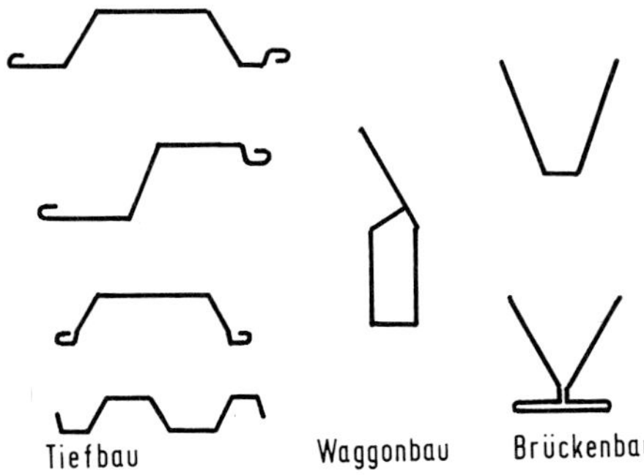

Bild 25

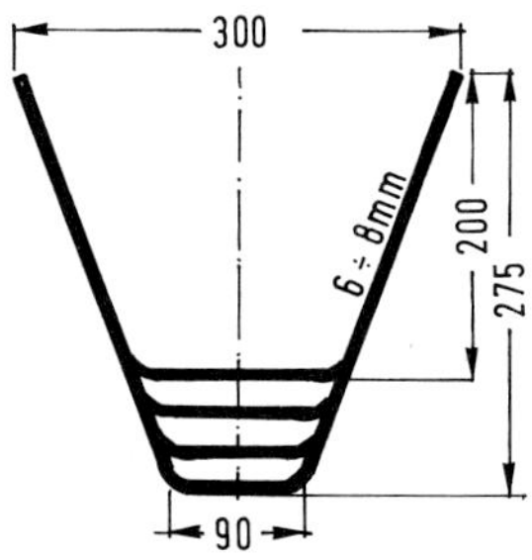

Bild 26

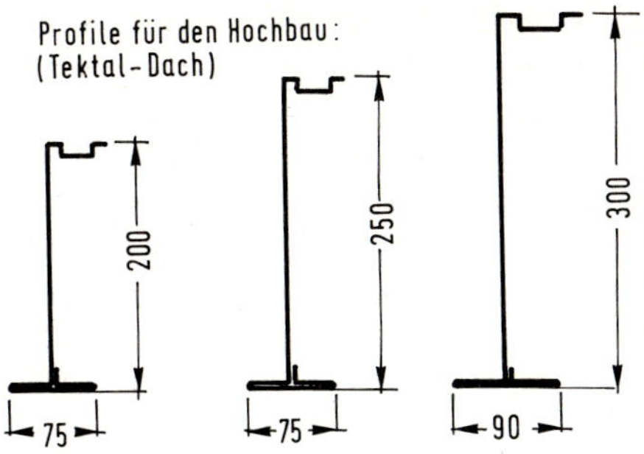

Bild 27

profilstaffel. Im Stahlbau kommen Kaltprofile insbesondere im Hochbau zum Einsatz, z.B. für Dachpfetten. Bild 27 zeigt Trägerprofile für ein speziell entwickeltes Dach. - Neben diesen Sonder- oder Spezialprofilen (offen, geschlossen, kombiniert) gibt es Standardprofile in [-, L-, [-, Л-Form.

Bei größeren Wanddicken werden Kaltprofile durch Abkanten (Bild 28), bei geringeren durch Kaltwalzen hergestellt (Bild 29). Als Ausgangsmaterial kommen Blech, Breitflachstahl, Warm- oder Kaltband zum Einsatz, überwiegend aus kaltumformbaren Stählen nach DIN 17100 [34,35].

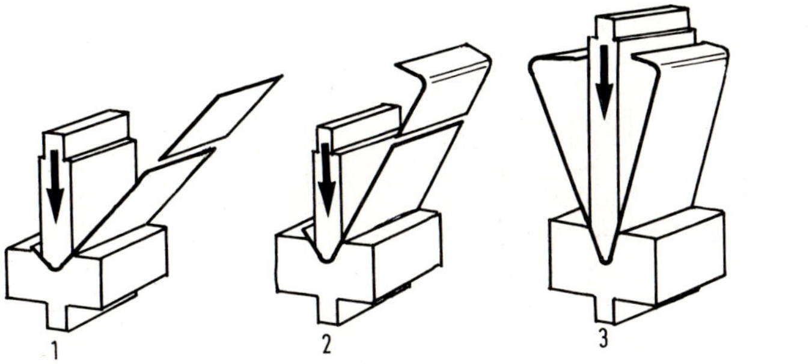

Bild 28

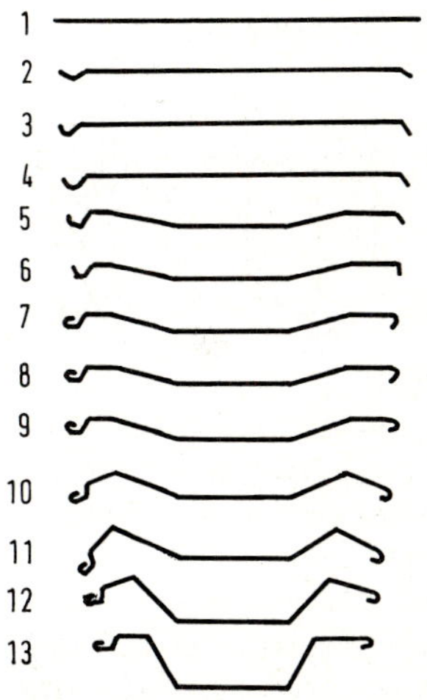

Bild 29

(Die aus verzinktem und kunststoffbeschichtem Stahlblech hergestellten Stahltrapezbleche zählen nicht zu den Kaltprofilen; vgl. Abschnitt 17.)

Die Kaltprofilierung ermöglicht eine optimale Gestaltung der tragenden Querschnitte und Anpassung an die Funktion bei sehr geringem Gewicht (Stahlleichtbau). Zudem tritt entlang der Kanten eine Erhöhung der Streckgrenze ein, die nach Eignungsversuchen statisch genutzt werden darf, Abschnitt 2.6.4.6. Hinsichtlich des Schweißens in den kaltgeformten Bereichen sind gewisse Auflagen einzuhalten (Abschnitt 8.4.4.7).

2.6 Grundlagen der Metallkunde [6,36-56]

Die mechanischen Eigenschaften sowie die Einflüsse und Maßnahmen, die eine Änderung derselben bewirken (Art der Erschmelzung und Vergießung, Legierung, Kaltverformung, Wärmebehandlung, Schweißung, Feuerverzinkung), lassen sich nur erklären und begreifen, wenn das Verhalten des atomaren Gitters und Korngefüges unter diesen Einflüssen als auch unter den äußeren Einwirkungen (statische und dynamische Lasten, atmosphärische Einflüsse, Temperatur) betrachtet wird. Die hiermit zusammenhängenden Fragen sind vielfältig; sie gehören in das Gebiet der Baustoffkunde, speziell der Metallkunde; im folgenden wird ein kurzer, an den stahlbaulichen Belangen orientierter Abriß gegeben.

2.6.1 Kristalle, Mischkristalle, Phasen

Metalle und deren Legierungen haben einen kristallinen Aufbau; sie gehen bei Erhitzung bei einer bestimmten Temperatur aus dem Zustand fest in flüssige Schmelze über und umgekehrt: Beim Erstarren der Schmelze entwickeln sich von vielen Kristallisationskeimen aus die Kristalle zu Körnern (Kristalliten), bis sie entlang der Korngrenzen zusammenwachsen. Es entsteht ein vielkristallines Haufwerk (Bild 30). Innerhalb der Körner ist der Gitteraufbau (von Versetzungen abgesehen) streng. Der Abstand der Gitterpunkte, auf denen die Atome liegen, beträgt ca. 3,0Å ($1Å=1mm=10^{-7}mm$); die Korngröße liegt in der Größenordnung 0,01 bis 1mm. - Die Anziehungs- und Abstoßungskräfte der Atome befinden sich im Gleichgewicht, wobei sich die Atome auf den Gitterplätzen nicht in Ruhe, viel-

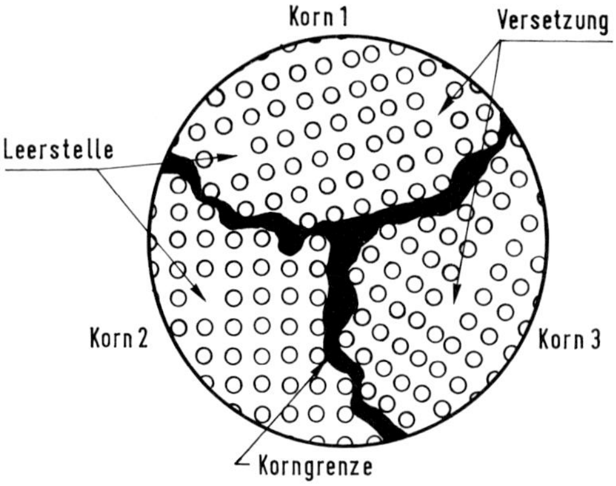

Bild 30 (schematisch)

mehr in einem "Schwingungszustand" befinden. Mit ansteigender Temperatur werden die Atomoszillationen intensiver, bei Erreichen der Schmelztemperatur bricht das Gitter auseinander. In der Schmelze befinden sich die Atome in einem ungeordneten Zustand (bei -273°C in kristallisiertem Ruhezustand: absoluter Nullpunkt). Zwischen den Metallatomen befindet sich ein aus freien Elektronen bestehendes Elektronengas, worauf die gute elektrische Leitfähigkeit der Metalle beruht.
Die regelmäßige Anordnung der Kristalle nennt man Raumgitter, deren kleinster Raumbereich Elementarzelle. Die meisten reinen Metalle kristallieren im kubisch-raumzentrierten Gitter

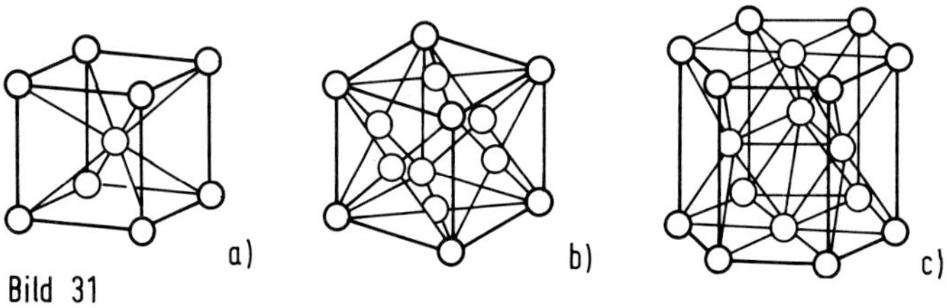

Bild 31

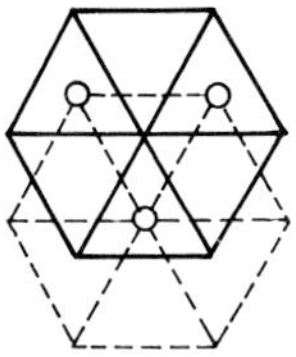
Bild 32

(z.B. Fe unterhalb 906°C, Cr, Mo, W) oder im kubisch-flächenzentrierten Gitter (z.B. Fe oberhalb 906°C, Al, Ni, Cu), vgl. Bild 31. Ein weiterer wichtiger Gittertyp ist der hexagonale: Zwischen den mit 7 Plätzen belegten Basisflächen liegen mittig drei weitere Plätze; diese Flächenmitten können ihrerseits als Basis einer entsprechend verschobenen Elementarzelle angesehen werden (Bild 32). In diesem Gitter kristallieren z.B. Mg, Zn, Zr.
Das kubisch-raumzentriert kristallisierte Eisen bezeichnet man als α- (bzw. δ-Eisen, siehe später); die Elementarzelle hat 9 Gitterpunkte, eine Kantenlänge von 2,9Å und eine Lückenbreite zwischen den Atomen von 0,4Å. Das kubisch-flächenzentriert kristallisierte Eisen bezeichnet man als γ-Eisen, die Elementarzelle hat 14 Gitterpunkte, eine Kantenlänge von 3,6Å und eine Lückenbreite von 1,1Å; im Vergleich zum α-Eisen ist es dichter gepackt, die Zahl der Zwischengitterräume ist geringer, deren Lückenbreite indes größer. - Das Ineinanderübergehen der unterschiedlichen Gitter bei Über- oder Unterschreiten bestimmter Temperaturniveaus bezeichnet man als Umklappen der Gitter; hiermit sind i.a. Volumenänderungen verbunden.
Neben den reinen Kristallen treten bei Legierungen Mischkristalle auf; man spricht auch

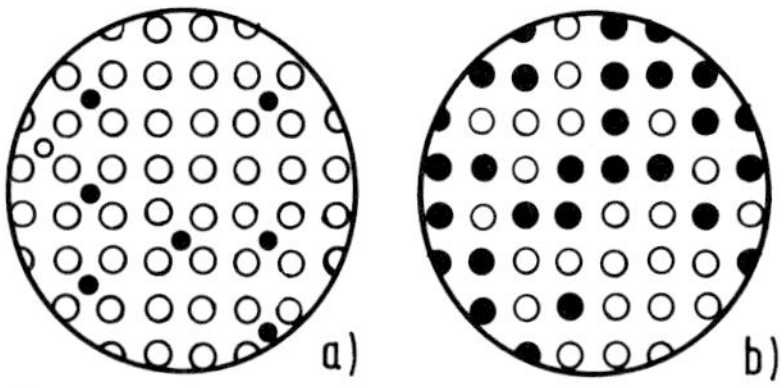

Bild 33

von (festen) Lösungen; dabei werden zwei Arten unterschieden (Bild 33):

a) <u>Einlagerungsmischkristalle (EMK)</u>: Wenn das Atomvolumen der Zweitkomponente sehr klein ist, vermögen sich deren Atome auf Zwischengitterlücken der Erstkomponente bis zu einer bestimmten Sättigungsgrenze in regelloser Anordnung einzuzwängen, z.B. H, C (~1,5Å); N im kubisch-flächenzentrierten Raumgitter des Eisens.

b) <u>Substitutionsmischkristalle (SMK)</u>: Bei größerem Atomvolumen der Zweitkomponente ist eine Einlagerung nicht möglich; allenfalls eine Substitution (ein Austausch) eines Atoms der Erstkomponente auf einem regulären Gitterplatz, z.B. Cr, Ni (~2,5Å).

Da die Abmessungen der Einlagerungs- bzw. Austauschatome mit dem Gitter der Erstkomponente i.a. nicht voll "passig" sind, treten innere Verspannungen auf, die sich z.B. in einer Erhöhung der Festigkeit und Härte auswirken können. Die Erstkomponente einer Legierung

nennt man auch Wirtsmetall. - Es ist zudem möglich, daß Einlagerungs- und Austauschatome gleichzeitig auftreten, das ist bei legierten Stählen der Regelfall.
Die Löslichkeit wird mit steigender Temperatur größer, weil sich das Gitter aufweitet. - Das Wandern der Atome innerhalb der Kristalle bezeichnet man als Diffusion; das Diffusionsvermögen wird mit steigender Temperatur infolge der Gitteraufweitung größer. Eine Diffusion zwischen den Zwischengitterplätzen bezeichnet man als Fremddiffusion, von Gitterplatz zu Gitterplatz als Selbstdiffusion, letztere ist nur über Leerstellen möglich (Bild 30).
Das wichtigste Legierungselement von Eisen ist Kohlenstoff; C kann in α-Eisen maximal nur bis 0,02% gelöst werden, in γ-Eisen dagegen bis zu 2,06%. α-Mischkristalle bezeichnet man als Ferrit, γ-Mischkristalle als Austenit.
Neben den Mischkristallen treten (bei Überschreiten der Löslichkeitsgrenze) auch chemische Verbindungen als Legierungskomponenten auf, z.B. in Form von Oxiden, Nitriden, Sulfiden, Karbiden usf. Eisenkarbid (Fe_3C), auch Zementit genannt, weist ein eigenes Gitter auf und lagert sich bevorzugt an den Korngrenzen oder auch innerhalb der Ferritkörner an. Dabei kann es sich bei höheren Temperaturen auflösen und in dem dann umgeklappten γ-Gitter (wegen dessen höherer Löslichkeit) aufgehen, beim Abkühlen scheidet es sich wieder als Zementit aus. Die Abkühlgeschwindigkeit bestimmt sehr wesentlich die Ausprägung der Kristallisation (s.u.).
Mit dem Begriff Phase werden in der Metallkunde Zustände wie fest, flüssig, gasförmig aber auch Kristalltypen, Mischkristalle und Verbindungen verstanden. Mit Gefüge bezeichnet man Anordnungen in festen Phasen.

2.6.2 Aufbau der Legierungen - Zustandsschaubilder

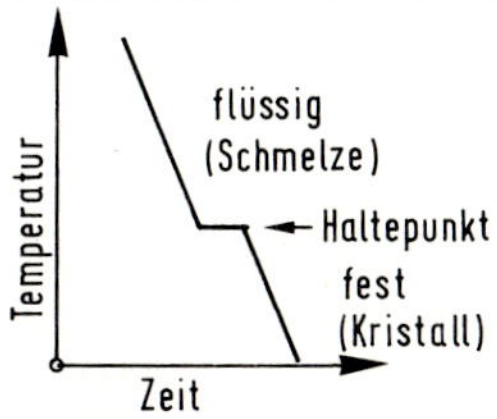

Bild 34

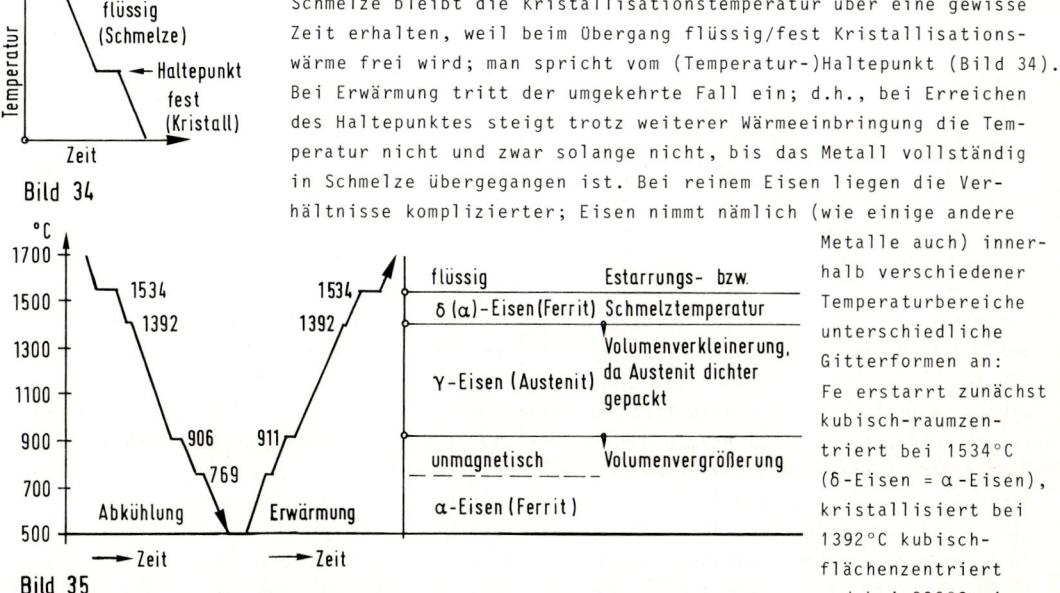

Einstoffsysteme (Reinmetall): Bei Abkühlung aus der flüssigen Schmelze bleibt die Kristallisationstemperatur über eine gewisse Zeit erhalten, weil beim Übergang flüssig/fest Kristallisationswärme frei wird; man spricht vom (Temperatur-)Haltepunkt (Bild 34). Bei Erwärmung tritt der umgekehrte Fall ein; d.h., bei Erreichen des Haltepunktes steigt trotz weiterer Wärmeeinbringung die Temperatur nicht und zwar solange nicht, bis das Metall vollständig in Schmelze übergegangen ist. Bei reinem Eisen liegen die Verhältnisse komplizierter; Eisen nimmt nämlich (wie einige andere Metalle auch) innerhalb verschiedener Temperaturbereiche unterschiedliche Gitterformen an: Fe erstarrt zunächst kubisch-raumzentriert bei 1534°C (δ-Eisen = α-Eisen), kristallisiert bei 1392°C kubisch-flächenzentriert und bei 906°C wieder kubisch-raumzentriert (β- und α-Eisen). β-Eisen (bis herab zu 769°C) ist nicht magnetisierbar. β - und α-Eisen werden i.a. zusammengefaßt und als α-Eisen bezeichnet; vgl. Bild 35.

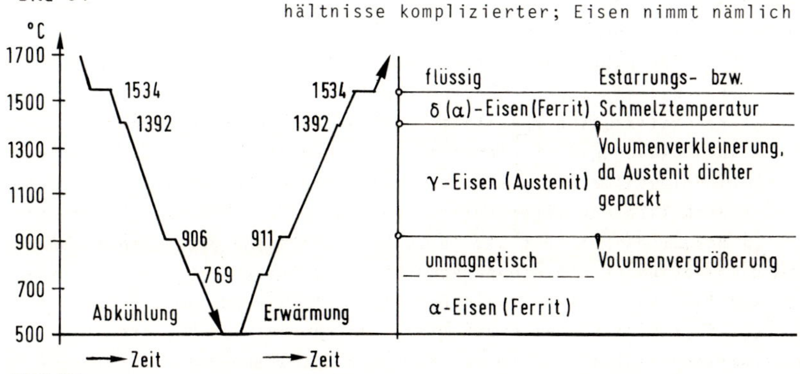

Bild 35

Zwischen den Phasenübergängen liegen mehr oder minder ausgeprägte Haltepunkte. Auf diesen bleibt die Temperatur solange konstant, bis die jeweilige Gitterumwandlung abgeschlossen ist. - Bei Erwärmung stellen sich die Phasen in umgekehrter Richtung ein.
Zweistoffsysteme (Legierung): Liegt ein Zweistoffsystem vor, ist die Höhe der Umwandlungspunkte vom Konzentrationsverhältnis der beiden Stoffe abhängig. Das ist z.B. bei der Eisenkohlenstofflegierung der Fall. Da der Kohlenstoffgehalt die mechanischen Eigenschaften

von Stahl in so überaus entscheidender Weise prägt, beschränkt man sich i.a. auf die Betrachtung des Fe-C-Systems (Eisenkohlenstoff-Diagramm). Um dieses zutreffend deuten zu können, ist es zweckmäßig, ein ideales Zweistoffsystem aus den Komponenten A und B zu betrachten. Dabei lassen sich drei Fälle unterscheiden, je nachdem ob die beiden Stoffe im festen (auskristallisierten) Zustand

- vollkommen ineinander unlöslich sind (sich also lediglich als Gemenge ihrer Kristallite einstellen),
- vollkommen ineinander löslich sind (sich also als Mischkristallphase mit einheitlichem Gittertyp ergeben) oder
- begrenzt ineinander löslich sind (sich also je nach Konzentrationsverhältnis als Kristallite eines der beiden Stoffe <u>und</u> als Mischkristalle ausscheiden).

<u>Fall a: A und B sind ineinander unlöslich:</u>

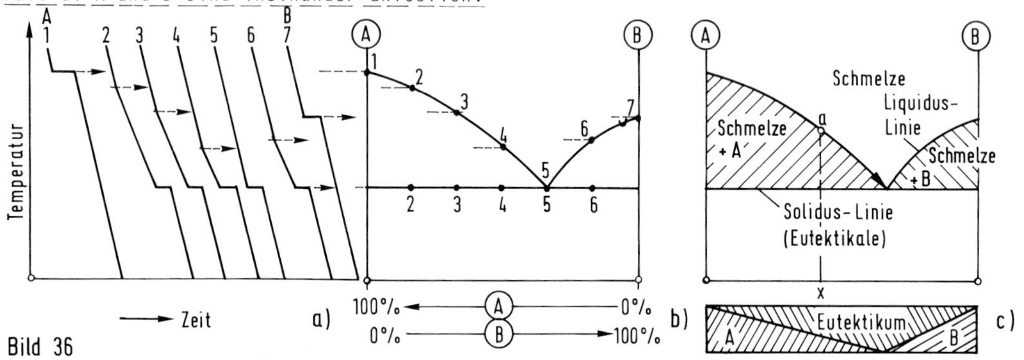

Bild 36

Bild 36 a zeigt mehrere Abkühlungskurven für unterschiedliche Konzentrationsverhältnisse; im Teilbild b sind die zugeordneten Halte- und Knickpunkte über dem jeweiligen Konzentrationsverhältnis aufgetragen. Offensichtlich sinkt die Erstarrungs- bzw. Schmelztemperatur der Reinkomponenten A und B, wenn sie gemeinsam auftreten. Diese Erstarrungs- bzw. Schmelztemperatur ist definitionsgemäß jene, bei der die Atome der flüssigen und festen Phase im Gleichgewicht stehen. Wird beispielsweise beim Übergang fest→flüssig während des Haltezeitpunktes keine Wärmeenergie zugeführt, verbleiben die Mengen von Schmelze und festen Kristalliten in dem gerade vorhandenen Verhältnis bestehen: Durch Aufprall der freien Atome aus der Schmelze auf die festen Oberflächen der Körner werden pro Zeiteinheit genau so viele Atome in die Körner eingebaut, wie sich andererseits von diesen lösen und in die Schmelze übergehen. Bei Vorhandensein einer Zweitkomponente B, die sich - weil niedriger schmelzend - nicht an der Kristallisation beteiligt, kann sich in Höhe der Schmelztemperatur der Erstkomponente A kein Gleichgewicht einstellen, vielmehr muß die Schmelztemperatur des Zweistoffsystems niedriger liegen, denn unter der Schmelztemperatur des Stoffes A stünden (würde man eine Kristallisation unterstellen) den in feste Kristallite ausscheidenden A-Atomen eine gleichgroße Anzahl in flüssige Schmelze übergehenden A-Atomen <u>und</u> die in flüssiger Phase sich befindenden B-Atome gegenüber. Das ist kein Gleichgewichtszustand. Die Auskristallisation von einem niedrigeren Temperaturniveau aus verläuft nunmehr wie folgt (Bild 36c): Da sich zunächst nur A-Atome als Kristallite ausscheiden, reichert sich die Restschmelze relativ stärker mit B-Atomen an, wodurch deren Schmelzpunkt weiter absinkt und zwar herab bis zu jener Temperatur, bei der beide Stoffe gleichzeitig auskristallisieren. Das geschieht unter einer konstanten Temperatur, d.h., es tritt ein Haltepunkt (wie beim Reinmetall) auf. Vorstehende Überlegung gilt uneingeschränkt für ein Zweistoffsystem, bei welchem B überwiegt (rechte Seite des Schaubildes). Der Schmelzpunkt einer Legierung mit einer an beiden Stoffen zugleich gesättigten Schmelze liegt im Schnittpunkt der Sättigungskurven A und B (Konzentration, die dem Punkt 5 in Teilbild b entspricht). In jedem anderen Fall, wenn also entweder A oder B überwiegt, erstarrt die Legierung innerhalb eines Temperaturintervalls, es existieren keine Halte- sondern nur Knickpunkte in den Abkühlkurven (Teilbild a); die Restschmelze hat zum Schluß immer die zum Punkt 5 gehörende Konzentration, die mit beiden Kristallarten im Gleichgewicht steht.

Der untere Haltepunkt aller Abkühlkurven liegt daher auf dem Niveau, das der Horizontalen durch den Punkt 5 entspricht. Innerhalb der im Diagramm schraffierten Bereiche existieren Kristallite A (oder B) und Schmelze gemeinsam; man spricht daher vom Zustandsdiagramm der Legierung AB. Solange nur ein Stoff (A oder B) bei sinkender Temperatur in der Schemlze auskristallisiert, können sich relativ große Kristallkörner ungestört ausprägen, es entsteht ein grobkörniges Gefüge. Scheiden sich dagegen beide Stoffe gleichzeitig aus der Restschmelze aus (Punkt 5), ist die Ausprägung homogener Kristallite behindert, es entsteht ein feinkörniges Gefüge mit charakteristischer Orientierung, man nennt es eutektisches Gefüge oder Eutektikum. Legierungen, deren Konzentration links vom eutektischen Punkt (5) liegen, nennt man untereutektisch, im anderen Falle übereutektisch. Die Linie des Erstarrungsbeginns heißt Liquiduslinie, weil die Legierung oberhalb flüssig ist, die Linie durch den eutektischen Punkt heißt Soliduslinie, weil die Legierung unterhalb fest ist; vgl. Bild 36c. Das Gefügerechteck in diesem Teilbild gibt Auskunft über Menge und Art der Phasen bei Raumtemperatur.

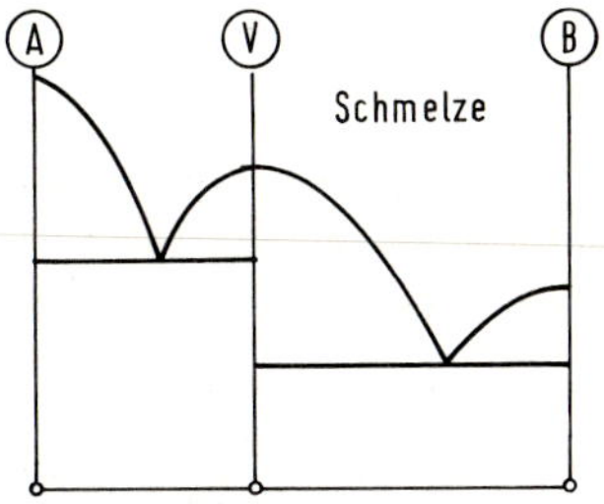

Bild 37

Vorstehende Erläuterungen gelten auch dann, wenn die Stoffe A und B eine Verbindung eingehen. Dann ergibt sich ein Zustandsdiagramm, das sich aus zwei Einzeldiagrammen gemäß Bild 37 zusammensetzt, eines für A und die Verbindung V=A+B, ein anschließendes für die Verbindung V=B+A und B. Die Verbindung setzt ein bestimmtes Verhältnis A zu B voraus. Überwiegt dieses gegenüber A, ist das A-V-Diagramm maßgebend, im anderen Falle das B-V-Diagramm (Bild 37). Auch hierbei ist unterstellt, daß sich im festen Zustand der jeweils überschüssige Stoff und die Verbindung als Gemenge ihrer Kristallite einstellen.

Fall b: A und B sind ineinander löslich:

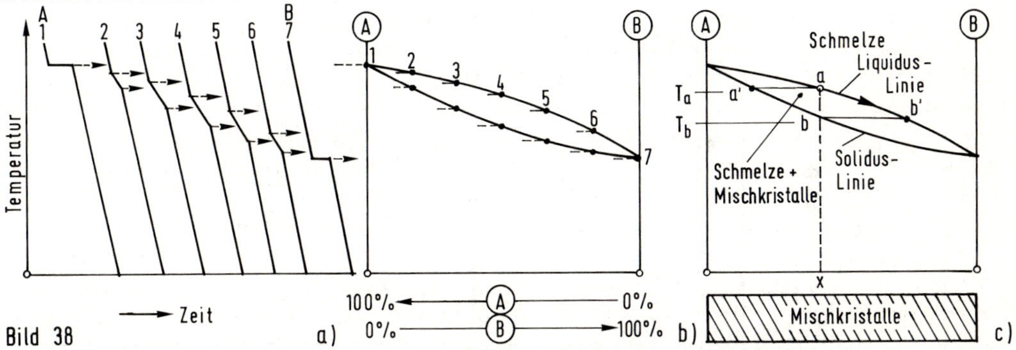

Bild 38

Werden die Abkühlkurven verschiedener Konzentrationen bestimmt und aufgetragen, läßt sich ein Zustandschaubild gemäß Bild 38b ableiten, mit einer oberen Liquiduslinie und einer unteren Soliduslinie; es fehlt ein eutektischer Punkt. Das Diagramm kommt wie folgt zustande: Unter der zu einer bestimmten Konzentration gehörenden Temperatur T_a entstehen die ersten festen Kristalle (Teilbild c) und zwar voraussetzungsgemäß Mischkristalle mit einer Konzentration, die dem auf der Soliduslinie liegenden Punkt a' entspricht; die so entstandenen Mischkristalle haben eine höhere Konzentration an A-Atomen, als es der Ausgangskonzentration entspricht, die Restschmelze reichert sich mit B-Atomen an, folglich sinkt deren Schmelzpunkt. Der Kristallisationspunkt verschiebt sich von a in Richtung b'. Bei Absinken auf die Temperatur T_b ist die Erstarrung abgeschlossen. Die Konzentration der Stoffanteile A und B ändert sich in den bereits gebildeten (festen) Mischkristallen stetig in Richtung auf die Ausgangskonzentration durch Diffusion, weil vollständige Löslichkeit vorausgesetzt ist. Bei Abschluß der Erstarrung haben alle Mischkristalle die Ausgangskonzentration, es entsteht eine einheitliche homogene Mischkristallphase. Die Knickpunkte auf den Abkühlkurven als Grenzmarken des Erstarrungsintervalls werden damit verständlich.

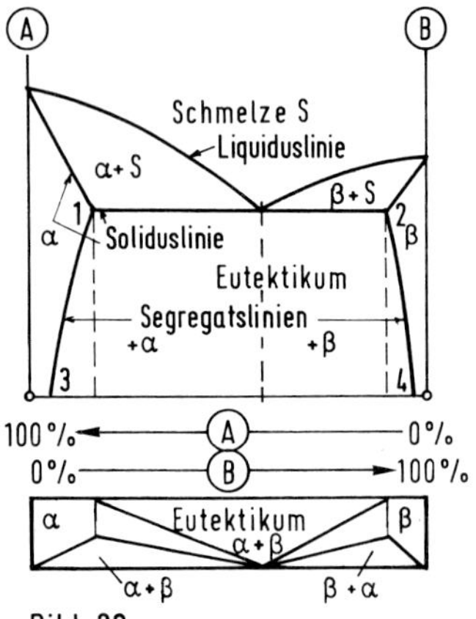

Bild 39

Fall c: A und B sind begrenzt ineinander löslich: Das gegenüber Fall a und b modifizierte Zustandsdiagramm hat das in Bild 39 gezeigte schematische Aussehen; es läßt sich durch systematische Auswertung der Abkühlkurven für unterschiedliche A/B-Konzentrationen ableiten (s.o.). Wie in Abschnitt 2.6.1 erwähnt, ist die Löslichkeit in den Mischkristallen bei höheren Temperaturen größer als bei tieferen, z.B. von B in A bzw. von A in B; ersterwähnte nennt man α-, zweiterwähnte β-Mischkristalle. Das hat zur Folge, daß sich zum Beispiel in einem α-Mischkristall mit einer B-Konzentration zwischen den Punkten 1 und 3, die B-Konzentration bei sinkender Temperatur nicht aufrechterhalten läßt, es müssen sich aus den festen α-Mischkristallen B-Atome ausscheiden. Analoges gilt für die β-Mischkristalle. B- bzw. A-Konzentrationen links von 3 bzw. rechts von 4 sind bei Raumtemperatur möglich; der Konzentrationsbereich zwischen 3/1 und 4/2 ist in Bild 39 unten angegeben.

Alle vorausgegangenen Erläuterungen setzten voraus, daß sich die einzelnen Phasen in thermodynamischem Gleichgewicht befinden, was (insbesondere für die festen Phasen) eine sehr langsame Abkühlung voraussetzt. Bei schneller Abkühlung verschieben sich die Phasenübergänge zu tieferen Temperaturen, es entstehen z.T. gänzlich andere Gefüge mit unerwünschten oder erwünschten Eigenschaften.

2.6.3 Eisen-Kohlenstoff-Schaubild

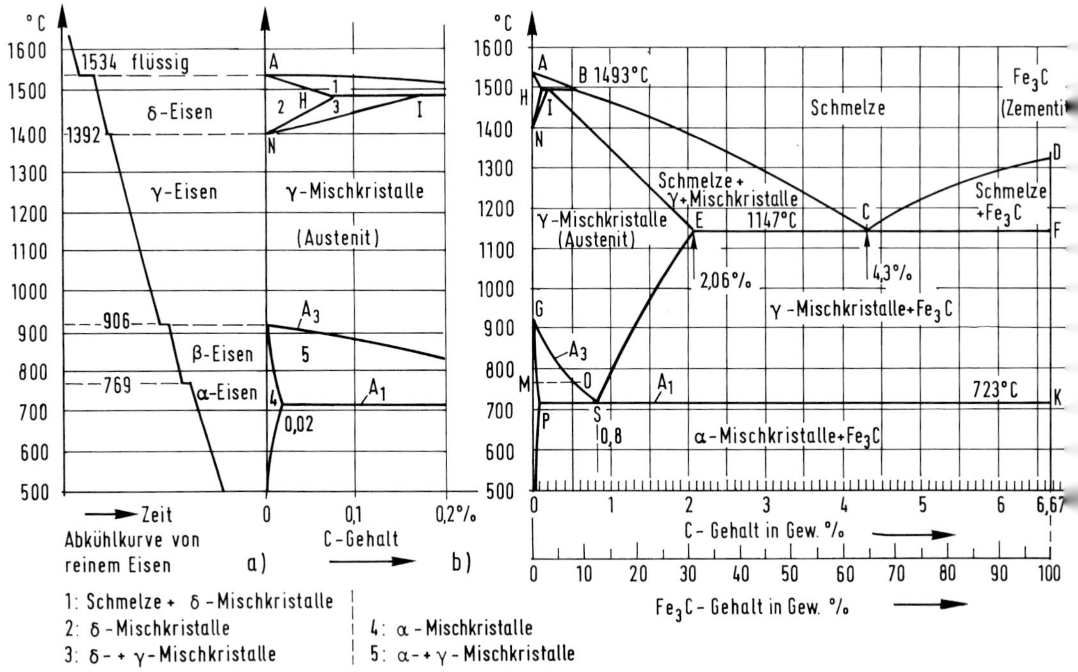

Bild 40

Bild 40 zeigt das Eisen-Kohlenstoff-Schaubild (EKS) für eine sogen. metastabile Ausbildung des Kohlenstoffs. Aus stahlbaulicher Sicht interessiert vorrangig der kohlenstoffarme Diagrammteil und hiervon der Temperaturbereich unterhalb ca. 900°C (vgl. Teilbild b). - Offensichtlich stellt das EKS eine erweiterte Modifikation des in Bild 39 erläuterten Zustandsschaubildes dar.

Kohlenstoff tritt in den Eisen-Kohlenstoff-Legierungen in erster Linie als chemische Verbindung auf und zwar in Form von Eisenkarbid (Fe_3C) mit einem eigenen Gitter; es trägt als Gefügebestandteil den Namen Zementit. In Fe_3C sind 6,67% (Gewichtsprozent) Kohlenstoff gebunden. Insofern ist das EKS eigentlich ein Eisen-Zementit-Schaubild (vgl. die Abszisse des Diagramms).

Die Linie ABCD ist die Liquiduslinie und die Linie AHIECF die Soliduslinie. Wie im Abschnitt 2.6.1 erläutert, vermag das kubisch-raumzentrierte α-Eisen nur 0,02% (bei 723°C) und das kubisch-flächenzentrierte γ-Eisen 2,06% Kohlenstoff zu lösen; der erstgenannte Mischkristall trägt die metallographische Benennung Ferrit, der zweitgenannte die Benennung Austenit.

Liegt der C-Gehalt unter 0,8% (dann handelt es sich um einen sogen. untereutektoiden Stahl), treten bei langsamer Abkühlung folgende Phasen auf: Unterhalb der Soliduslinie bildet sich Austenit (γ-MK), also eine feste Phase. Bei Unterschreiten der A_3-Linie (vgl. Teilbild b/c) scheidet sich Ferrit (α - MK) im Austenit aus und lagert sich auf dessen Korngrenzen ab. Obwohl es sich hierbei um einen Phasenübergang fest→fest handelt, gelten dieselben Gesetzmäßigkeiten, die in Abschnitt 2.6.2 für den Phasenübergang flüssig→fest erläutert wurden, d.h., die bei der Ferrit-Ausscheidung verbleibende γ-MK-Lösung reichert sich stärker mit Kohlenstoff an, so daß die Umwandlungstemperatur sinkt, bis sie bei 723°C die C-Konzentration von 0,8% erreicht (Punkt S auf der A_1-Linie). In diesem Moment scheidet sich reines Zementit (Fe_3C) gemeinsam mit Ferrit aus (entektoider Zerfall). Dieses in Form nebeneinander liegender Lamellen sich ausscheidende Eutektoid (Fe_3C+α-MK) heißt Perlit. Unterhalb 723°C scheidet sich aus den α-Mischkristallen noch etwas C aus und bildet weiteres Zementit.

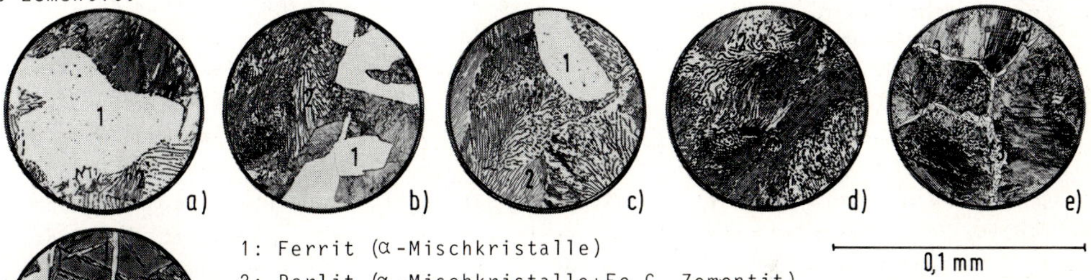

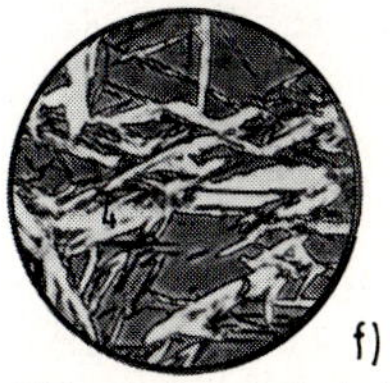

1: Ferrit (α-Mischkristalle)
2: Perlit (α-Mischkristalle+Fe_3C, Zementit)
3: Zementitränder
4: Martensit (helle Martensitnadeln in dunkel erscheinendem Restaustenit)
a, b, c: C<0,8%, d:C=0,8%, e: C>0,8%

Bild 41 (n. HOUGARDY)

Je höher der C-Gehalt des Stahles, umso ausgeprägter ist der Perlitanteil im übrigen Ferrit, vgl. Bild 41a bis c. - Ein Stahl mit 0,8% C heißt eutektoid (auch perlitisch), er besteht bei Raumtemperatur nur aus Perlit (Bild 41d); ein Stahl mit C<0,8% heißt untereutektoid (auch unterperlitisch), ein Stahl mit C>0,8% übereutektoid (auch überperlitisch).

Zusammenfassung der metallographischen Bezeichnungen (vgl. auch Bild 42):

Ferrit:	α -MK	:	Einlagerungsmischkristalle
Austenit:	γ -MK	:	Einlagerungsmischkristalle
Zementit:	Fe_3C	:	Intermetallische Phase: Eisenkarbid
Perlit:	α-MK+Fe_3C	:	Eutektoid, Kristallgemisch
Ledeburit:	α- bzw. γ -MK+Fe_3C	:	Eutektikum, Kristallgemisch

Kühlt Austenit schnell auf Raumtemperatur ab, verschieben sich die Umwandlungsgrenzen in Richtung tieferer Temperaturen, da die Diffusion in der festen Phase bis zum Erreichen des thermodynamischen Gleichgewichts abgeblockt wird: Bei sehr schneller Abkühlung wird eine Umwandlung des Austenits entweder teilweise oder ganz unterdrückt: Das Kristallgitter ist hochgradig verspannt, womit eine ausgeprägte Härtesteigerung verbunden ist. Der unterkühlte feste Austenit wandelt sich z.T. in ein nadeliges Härtungsgefüge, in Martensit, um, der im Restaustenit eingelagert ist (Bild 41f).

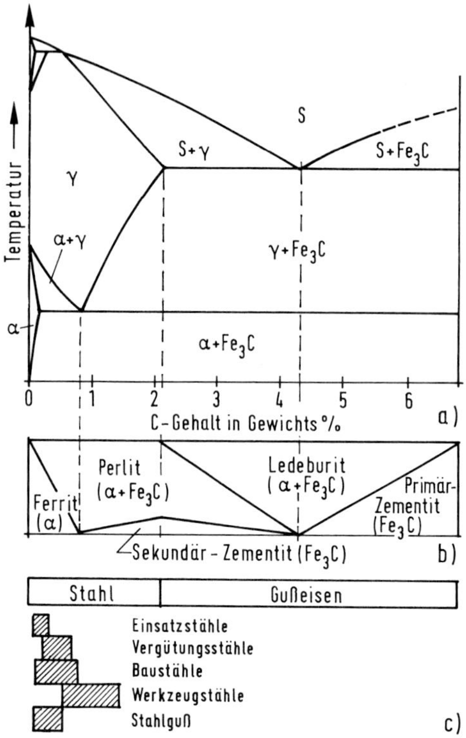

Bild 42

Neben dem Martensit gibt es ein weiteres Härtungsgefüge, das sogen. WIDMANNSTÄTTEN-Gefüge. Es stellt sich bei Stählen und Stahlguß mit niedrigem Kohlenstoffgehalt ein, wenn sich in diesem (z.B. beim Schweißen und längerem Überhitzen unlegierter Stähle oder bei langsamer Abkühlung im Austenitbereich großvolumiger Stahlgußteile) grobe Austenitkörner gebildet haben und anschließend beschleunigt abgekühlt wird. Dann scheidet sich Ferrit nicht nur an den Korngrenzen des Austenits ab sondern auch im Inneren der groben Austenitkörner. Dieses Gefüge ist grob-nadelig und hat eine stark verringerte Verformungsfähigkeit; durch Normalglühen läßt es sich beseitigen.

2.6.4 Technologische Einstellung der Stahleigenschaften

In der Technik kommen die unterschiedlichsten Stähle mit streng definierten Eigenschaften zum Einsatz. Zu deren Herstellung bedarf es gezielter Eingriffe (Beruhigung, Legierung, Kaltverformung, Wärmebehandlung). Die Abschnitte 2.4 und 2.5 enthielten hierzu schon einige Hinweise.

Für den allgemeinen Stahlbau haben vorrangig die Baustähle Bedeutung. Für Sonderkonstruktionen, z.B. in der Anlagen- und Energietechnik werden Stähle mit besonderen Eigenschaften bezüglich Härte, Festigkeit, Dehnfähigkeit, Rißzähigkeit, Schweißbarkeit, Kalt- und Warmfestigkeit, Verschleißfestigkeit, Korrosionsbeständigkeit usf. eingesetzt. Die Einstellung dieser Eigenschaften läßt sich z.T. aus dem Verhalten der Kristalle, der Kristallite (Körner) und des Vielkristalls auf die Eingriffe erklären.

2.6.4.1 Verhalten der Kristalle in Abhängigkeit vom Kristalltyp

In der Kristallographie werden 7 Kristallsysteme unterschieden, aus denen sich 230 Kombinationen ableiten lassen. Die überwiegende Anzahl der Metalle erstarrt kubisch oder hexagonal (vgl. Abschnitt 2.6.1). Die Packungsdichte ist vom Typ des Elementargitters abhängig: krz: 0,68; kfz: 0,74; hex: 0,74. Wie erwähnt, scheiden sich auch die intermetallischen Verbindungen als Kristalle aus, z.B. das Zementit (Fe_3C) in einem orthorombischen Gitter (Bild 43, weiße Kreise: Fe, schwarze Kreise: C).

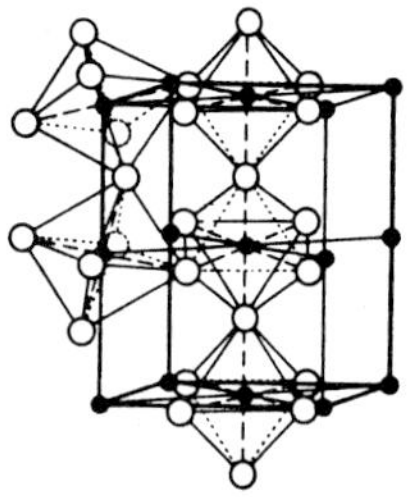

Bild 43

Die Elementargitter verhalten sich anisotrop, d.h. die Eigenschaften sind richtungsabhängig; in kfz-Metallgittern ist der Elastizitätsmodul in Richtung der Raumdiagonalen um den Faktor 2,2 bis 4,6 höher als in Richtung der Kanten.

Die Festigkeit innerhalb der Kristalle ist vom Gleitebenentyp abhängig. (Gleitebenen und -richtungen werden in der Kristallographie durch die sogen. MILLERschen Indizes gekennzeichnet.) Senkrecht zu den Gleitebenen ist die Festigkeit wegen der Elementarbindung zwischen den Atomen sehr hoch; eine plastische Verformung kann nicht auftreten, nur ein Trennbruch. In Richtung der Gleitebenen ist die Festigkeit um ein Mehrfaches schwächer. Diese gegenüber der "Normalfestigkeit" wesentlich geringere "Schubfestigkeit" beruht auf der Verschiebungsmöglichkeit der Atome zueinander und zwar jeweils um das Vielfache der Gitterabstände. Diese Verformungen sind bleibend, man nennt sie plastische (Gitter-)Verformungen. Die Gleitverschiebung tritt bei Überschreitung eines kri-

tischen Gleitfestigkeitswertes ein, der innerhalb des Gitters vom Typ der Gleitebene abhängig ist: In den am dichtesten mit Atomen besetzten Gitterebenen ist die kritische Schubspannung am geringsten, in diesen Ebenen vollziehen sich bevorzugt die Gleitungen. Der Gleitwiderstand wächst mit dem Gleitweg, weil es im Gitter durch Kristalldrehung zu einer Richtungsänderung kommt, es tritt eine Verfestigung des Einkristalls ein.
Ob ein Metall "weich" oder "hart" ist, hängt von der Anzahl der räumlichen Gleitrichtungen ab (Bild 44a/c): Beim kfz-Gitter ist die Zahl der Gleitrichtungen groß, folglich sind die kfz-Metalle weich (Al, Cu, Ni, Pb), beim hex-Gitter ist die Zahl gering, folglich sind die hex-Metalle hart (Zn, Mg, Ti); dazwischen liegt das krz-Gitter (Fe). Sind die dichtest besetzten Gleitebenen durch übersättigte, in Lösung gehaltene Einlagerungsatome blockiert (z.B. durch C-Atome), wird das Gleiten blockiert, die Festigkeit steigt; im Extremfall liegt die kritische Schubspannung (und damit die Festigkeit) so hoch, daß jegliche (Kristall-)Plastizität unterdrückt wird, dann tritt sprödes Versagen durch Trennbruch ein. - Intermetallische Phasen, z.B. Zementit (vgl. Bild 43) haben i.a. aufgrund ihres Gitteraufbaues nur ein sehr geringes Gleitvermögen, d.h. sie sind hart und fest und reagieren spröde.

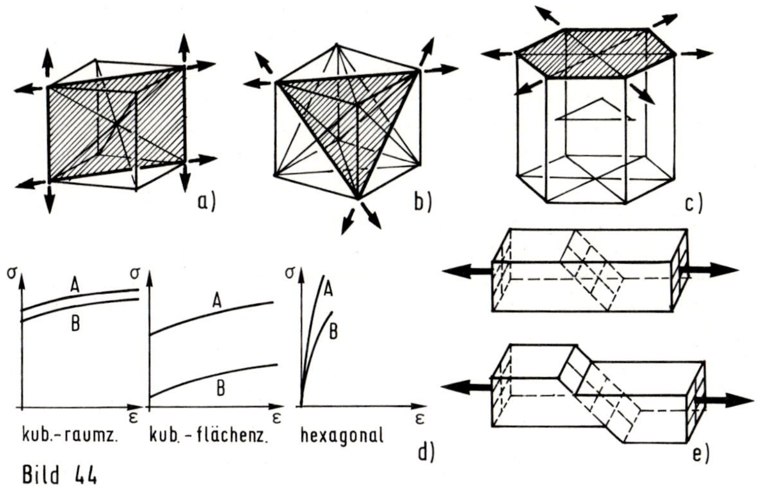

Bild 44

2.6.4.2 Verhalten der Kristallite und des kristallinen Haufwerks

Wie oben erwähnt, setzt das Kornwachstum in der Schmelze an vielen Stellen ein, es bildet sich ein Haufwerk aus regellos orientierten Kristallkörnern. Die Korngrenzen sind bevorzugte Plätze für die Anlagerung von Fremdatomen in Form chem. Verbindungen. Infolge der unendlichen Vielfalt der Kristallite nach Lagerung und Orientierung tritt eine "Verschmierung" der anisotropen Eigenschaften ein, d.h. das vielkristalline Metall verhält sich (quasi-)isotrop mit gemittelten Eigenschaften. Die Mittelung beruht auf zwei Umständen:

a) Innerhalb eines Realkristallits sind Gitterfehler enthalten, wodurch dessen Festigkeit erheblich gegenüber dem Idealkristallit absinkt, andererseits steigt das Plastizierungsvermögen. Liegen Fremdatome an diesen Fehlstellen, so werden dadurch Festigkeit und Zähigkeit des Realkristallits beeinflußt.
b) Die Realkristallite sind ungeordnet im Haufwerk eingelagert, grob oder fein, durch Korngrenzen mehr oder minder fest miteinander verbunden.

Die Gitterfehler sind für das Verständnis der mechanischen Eigenschaften, sowohl der "statischen" wie der "dynamischen", von großer Bedeutung. - Es werden unterschieden:

- nulldimensionale oder Punktfehler (Leerstellen)
- eindimensionale oder Linienfehler (Versetzungen)
- zweidimensionale oder Flächenfehler (Korngrenzen, Stapel- und Winkelfehler)

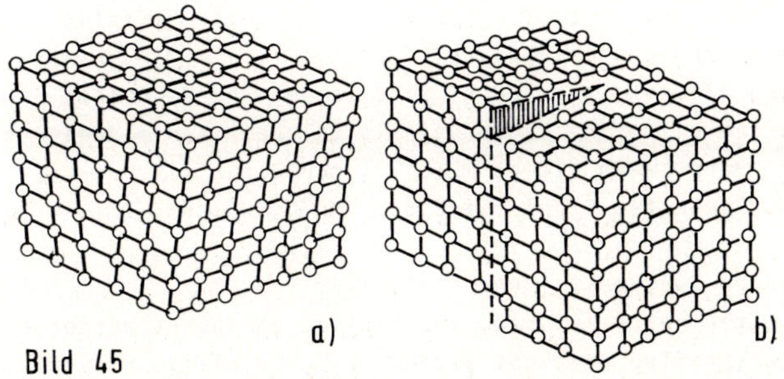

Bild 45

- dreidimensionale oder Raumfehler (Poren, Schlackeneinschlüsse). (Grobe Fehler, wie Risse, Dopplungen bleiben hier außer Betracht.)

Leerstellen spielen bei der Selbstdiffusion eine große Rolle; sie lösen lokale Gitterverzerrungen aus. - Bei den Versetzungen werden Stufen- und Schraubenversetzungen unterschieden. Das Gitter ist deformiert. Infolge der Versetzungsspannungen liegt die kritische Schubspannung innerhalb der Versetzungsebenen um Zehnerpotenzen unter der des ungestörten Gitters, d.h. in solchen Ebenen tritt viel früher unter einer angelegten Spannung eine Gleitung ein, wobei die Versetzung entlang der Gleitebene wandert. An Korngrenzen und Ausscheidungen kommt es zu einem Aufstau der Versetzungen und damit zu einem Blockieren weiterer Gleitungen; es tritt eine Verfestigung ein. Bei Spannungszyklen großer Zahl kommt es an diesen Stellen zu Mikrorissen, die sich entlang der Korngrenzen fortpflanzen und schließlich irgendwo in einen Makrodaueranriß übergehen können: Zerrüttung des Metalls (Ermüdung). - Die Anzahl der Versetzungen (Versetzungsdichte) wird zu $10^6 mm/mm^3 = 10^8/cm^2$ abgeschätzt. Bei einer Kaltverformung wächst die Dichte auf $10^{12}/cm^2$. Durch die mit der Kaltverformung einhergehende Verzerrung und Verbiegung der Gleitpakete wird die Wanderung der Versetzungen erschwert, es entsteht eine hochgradig verflochtene Versetzungsstruktur; die Versetzungen blockieren sich gegenseitig, so daß, trotz der höheren Versetzungsdichte die Festigkeit steigt, die Zähigkeit sinkt. - Die verfestigende Wirkung von Legierungszusätzen und Ausscheidungsvorgängen (Alterung) beruht ebenfalls auf einer erhöhten Versetzungsblockierung. Aus den vorgenannten Gründen ist bei Stählen nach Kaltverformung oder/und bei Legierung der Übergang zwischen elastischem und plastischem Bereich (im σ - ε - Diagramm) nicht scharf ausgeprägt; sie haben kein Fließvermögen. Die Arbeitslinie eines Metalls setzt sich aus den "verschmierten" (gemittelten) Einkristallkurven einschl. Versetzungsminderung und aus der verfestigenden Wirkung, die durch die gegenseitige Dehnungsbehinderung der Kristallite an den Korngrenzen bedingt ist, zusammen. Der Anteil dieser beiden Beiträge ist von den Gleitmöglichkeiten des Einkristalles und damit vom Gitteraufbau abhängig. Die Kurven A in Bild 44d geben das Verhalten des Vielkristalls (Metalls) und die Kurven B das gemittelte Verhalten des Einkristalls wieder. Der große Einfluß der Korngrenzenmatrix geht daraus hervor. Die diversen Einflüsse auf das Festigkeits- und Zähigkeitsverhalten sind offensichtlich komplex; die qualitativen Auswirkungen werden gleichwohl deutlich.

2.6.4.3 Begleit- und Legierungselemente

Als Eisenbegleiter bezeichnet man Verunreinigungen, die von der Herstellung her (Erz, Schrott, Koks, Zuschläge, Luft, Wasser) im Stahl verblieben sind, insbesondere Si, Mn, S, P, N, O, H. Sie können als Mischkristallphasen oder in Form nichtmetallischer Einschlüsse auftreten. Si und Mn erfüllen bestimmte (Legierungs-)Aufgaben und werden fallweise bei der Erschmelzung als Ferrosilicium oder Ferromangan zugegeben; sie zählen daher eher zu den Legierungselementen. Die anderen genannten Elemente sind unerwünscht, weil von ihnen schädliche Einflüsse ausgehen; z.B.: Minderung der Schweißeignung. Dabei ist zu beachten, daß N, O und H erst beim Schweißen eingebracht werden können, wodurch Gefährdungen im Schweißnahtbereich entstehen (vgl. Abschnitt 8.4.4).

Mit der gezielten Einstellung der Legierungselemente bei der Erschmelzung werden bestimmte Stahleigenschaften angestrebt. Die Festigkeitssteigerung steht dabei an erster Stelle (bei gleichzeitig ausreichender Zähigkeit), aber auch z.B. die Beeinflussung der Warmfestigkeit, der Härte, Verschleißfestigkeit, Korrosionsbeständigkeit.

Kohlenstoff ist das wichtigste Legierungselement, gleichwohl wird es bei der Benennung nicht in diesem Sinne verwendet; technisch gilt eine Legierung als solche, wenn mindestens zwei Elemente beteiligt sind. Aber auch dann, wenn einige Metallelemente nur mit begrenztem Gehalt auftreten, spricht man von unlegiertem Stahl: Si≤0,50%, Mn≤0,80%, S≤0,060%, P≤0,090%, Al≤0,10%, Cu≤0,25%.

Die Legierungselemente kann man nach ihrer Zweckbestimmung einteilen:

a) Es sollen die schädlichen Eisenbegleiter beseitigt bzw. ihr Einfluß gemindert werden,
b) es sollen bestimmte mechanische Eigenschaften erreicht werden. Es gibt einige Elemente, die beides bewirken.

Die Elemente S, P, N, O und H sind insgesamt mehr oder weniger schädlich: Schwefel (S) geht mit Eisen die Verbindung FeS (Eisensulfid) ein. FeS ist niedrigschmelzend (985°C) mit ausgeprägter Seigerungstendenz, was sich in einer Minderung der Zähigkeit und einer Neigung zur Heiß- und Warmrissigkeit auswirken kann. Durch Zugabe von Mangan (Mn) entsteht wegen der höheren Affinität von S zu Mn (im Vergleich zu Fe) Mangansulfid (MnS) mit höherem Schmelzpunkt, wodurch die Gefahr der Heiß- und Warmbrüchigkeit beseitigt ist. (Zum Problem der Terrassenbruchneigung vgl. Abschnitt 8.4.4.4) Phosphor (P) hat eine noch ausgeprägtere Seigerungsneigung (Block- und Kristallseigerung), wirkt dadurch stark zähigkeitsmindernd bis versprödend sowie grobkornbildend. P läßt sich nur durch sorgfältiges und vollständiges Frischen und Abführen mit der Schlacke reduzieren (Qualitätsstähle: S und P je <0,045%, Edelstähle: S und P je <0,035%). Stickstoff (N) führt zur Bildung harter Nitride mit starker Versprödungsgefahr (Sprödbruch) und Alterungsneigung. Durch die Zugabe von Aluminium erreicht man eine feinkörnige Aluminiumnitridausscheidung mit dem Vorteil einer Festigkeitssteigerung (Feinkornbaustähle; im selben Sinne wirken Titan (Ti) und Niob (Nb)). Sauerstoff (O) führt zur Bildung unterschiedlicher Oxide, was sich in einer Minderung der Zähigkeit und in Gefährdungen durch Rotbrüchigkeit, Kaltsprödigkeit und Schweißrissigkeit auswirken kann. Durch Bindung des Sauerstoffes an Mn, Si, Al, Zr in der Schmelze und Abführung dieser Oxide über die Schlacke kann der Sauerstoff abgebaut werden: Desoxidation. Bei unlegierten Stählen mit Mn≤0,80% (s.o.) läßt sich keine vollständige Desoxidation erreichen, wohl über Si, Al (SiO_2, Al_2O_3). Wasserstoff (H) ist sehr diffusionsfähig; örtliche Anreicherungen (Flockungen) führen zu hohen inneren Überdrücken mit der Gefahr spröder Trennbrüche (Wasserstoffversprödung), insbesondere nach schneller Abkühlung. Bei normaler Herstellung ist Wasserstoff als Eisenbegleiter auszuschließen. Eine Gefährdung kann sich auf zweierlei Weise einstellen: a) durch Eindiffusion beim Beizen (Feuerverzinkung) oder Glühen oder b) durch Verschweißen feuchter Elektroden.

Wie im Zusammenhang mit der Aluminiumnitridausscheidung erwähnt, führt jede Feinkornbildung zu günstigeren Eigenschaften; die Verteilung der Verunreinigungen ist feiner und gleichmäßiger, die Isotropie vollkommener; bei höherer Streckgrenze sind Kerbschlagzähigkeit und Schweißbarkeit gut. Eine Kornvergröberung bewirkt das Gegenteil. Grobkornbildung tritt ein, wenn Stahl längere Zeit bei hohen Temperaturen im γ-Bereich gehalten wird, dann wachsen einzelne Körner auf Kosten der Nachbarn, z.B. bei zu hohen Endtemperaturen nach dem Walzen, bei Stahlguß, aber auch beim Schweißen.

2.6.4.4 Beruhigung

Bei der Erstarrung der Kristalle in technischen Schmelzen werden die niedriger schmelzenden Verunreinigungen vor der Erstarrungsfront der Kristallite hergeschoben und, soweit sie nicht in das Gitter eingebaut werden, als Korngrenzensubstanzen abgelagert; die sehr leichtflüchtigen (gasförmigen) Anteile werden immer weiter in das Innere des noch flüssigen Blockes (oder Stranges) abgedrängt, die Erstarrung erfolgt "unruhig", es stellen sich ausgeprägte Entmischungen (Seigerungen), auch Poren, ein. An der Gasentwicklung ist insbesondere Sauerstoff durch Bildung von CO beteiligt. Mittels Desoxidationsmitteln kann die Erstarrung "beruhigt" werden.

a) Unberuhigter Stahl (Kurzzeichen U):

Beim Abkühlen des Stahles in der Kokille, erstarrt an der Kokillenwand zunächst relativ reiner Stahl, die niedriger schmelzenden Verunreinigungen bleiben noch flüssig. Da deren Löslichkeit im Stahl mit sinkender Temperatur abnimmt, kommt es zu dauernden Gasausscheidungen. Das Bad wird durchwirbelt, der Stahl erstarrt unruhig. Die entweichenden Gase nehmen die Verunreinigungen zur Mitte des Blockes und nach oben hin mit. Das führt zu einer Anreicherung der schädlichen Eisenbegleiter (s.o.), aber auch von Kohlenstoff im Inneren und im Kopf des Blockes: Blockseigerung. Wird ein solcher Block ausgewalzt, verbleiben im Mittenbereich des Fertigerzeugnisses Seigerungszonen (Bild 13). Für geseigerte Profile gelten etwa folgende Anhaltswerte für die S- und P-Anteile:

Gesamtquerschnitt: S ≈ 0,05%, P ≈ 0,07%
Kernzone: S ≈ 0,12%, P ≈ 0,20%
Randzone: S ≈ 0,02%, P ≈ 0,04%

b) Beruhigter Stahl (Kurzzeichen R):

Vor dem Vergießen werden dem Stahl Elemente zugeführt, insbesondere Si (und Mn), die eine Desoxidation bewirken; der Sauerstoff wird chemisch abgebunden und mit der Schlacke abgeführt. Gasausscheidungen werden unterdrückt, die Blockseigerung bleibt aus. Die Begleitelemente (S, P) werden beim beruhigten Vergießen einerseits verringert, allerdings nur gering, andererseits, und das ist entscheidender, gleichförmig verteilt. Im Kopf des Blockes bildet sich infolge der Abkühlschrumpfung ein Hohlraum (Lunker). Dieser wird vor dem Auswalzen abgetrennt, anderenfalls wird er in das Fertigprodukt als sogen. Dopplung eingewalzt.

c) Besonders beruhigter Stahl (Kurzzeichen RR):

Außer Silicium werden weitere Elemente zugeführt, bevorzugt Aluminium (mindestens 0,02%), aber auch Niob, Titan, Vanadium, Zirkon, die eine noch höhere Affinität zu Sauerstoff aufweisen als Si und Mn. Wird mit Aluminium beruhigt, entsteht Aluminiumoxid (s.o.), wodurch infolge ausgeprägter Kristallisationskeimwirkung ein feinkörniger Stahl ausfällt. Auch wird Stickstoff in unschädlicher Form gebunden (Aluminiumnitrid). Der ganze Block erstarrt beim Vergießen praktisch ohne Gasentwicklung, also voll beruhigt. Nur der zuletzt erstarrende Teil der Schmelze zeigt leichte Gasausscheidungen, diese wirken einer Lunkerbildung entgegen.

Die Art der Beruhigung ist bei den unlegierten Baustählen mitbestimmend für die Stahlgütegruppeneinteilung. - Für geschraubte und genietete Bauteile ist der Einsatz von unberuhigtem Stahl bedenkenlos. - Beruhigt vergossener Stahl eignet sich für Schweißung und Kaltverformung. - Besonders beruhigt vergossene Stähle besitzen ausgezeichnete Schweißeigenschaften und ein gutes Fließvermögen im zwei- und dreiachsigen Zugspannungsfeld. Sie sind daher besonders für Kaltverformung und für Profile mit größeren Materialdicken, die in geschweißten Konstruktionen hohen inneren Eigenspannungen ausgesetzt sind, geeignet. Der Baustahl St52-3 und die hochfesten Feinkornbaustähle sind besonders beruhigte Stähle.

2.6.4.5 Legierung

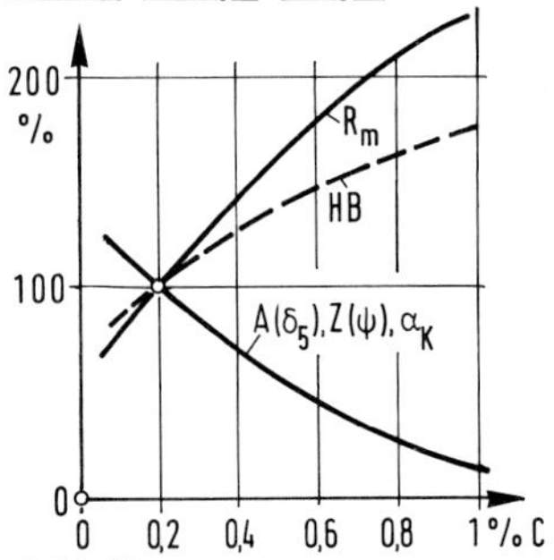

Bild 46

Kohlenstoff ist das wichtigste Legierungselement. Mit wachsendem C- und damit Perlitanteil kann die Festigkeit von Stahl stark gesteigert werden, doch sinkt im selben Maße die Zähigkeit (Bild 46) und die Schweißbarkeit, so daß sich hohe Festigkeit und Zähigkeit (und andere Eigenschaften) nur durch zusätzliche Legierungselemente erreichen lassen. Die wichtigsten Legierungselemente, geordnet nach dem Gittertyp, sind:

krz-Gitter: Cr, Mo, W, V, Ni
kfz-Gitter: Ni, Al
hex-Gitter: Ti, Co

Die Legierungselemente lösen sich umso leichter im Grundwerkstoff, je ähnlicher Gittertyp und Atomdurchmesser zueinander sind; Elemente mit krz-Gitter lösen sich leichter im α-MK (Ferrit) und Elemente mit kfz-Gitter leichter im γ-MK (Austenit). - Von niedrig legierten Stählen spricht man dann, wenn der Gewichtsprozentanteil des oder der Legierungselemente unter 5% und von hochlegierten Stählen, wenn er darüber liegt.

Durch die Legierungselemente werden die Phasengrenzen des Eisen-Kohlenstoffdiagramms verschoben; bei ausreichender Menge entstehen offene α- und γ-Felder, wie in Bild 47 schematisch dargestellt: Der Austenitbereich wird völlig abgeschnürt (Teilbild b) oder erweitert (Teilbild c). Die Elemente, die das eine bzw. andere bewirken, nennt man Ferrit- bzw. Austenitbildner:

- Ferritbildner: Cr, Mo, N, V (Ti, Si, Al, P, B); die Austenitbildung wird destabilisiert bis unterdrückt, der δ- und α-Bereich gehen ineinander über. Es entsteht ein sogen.

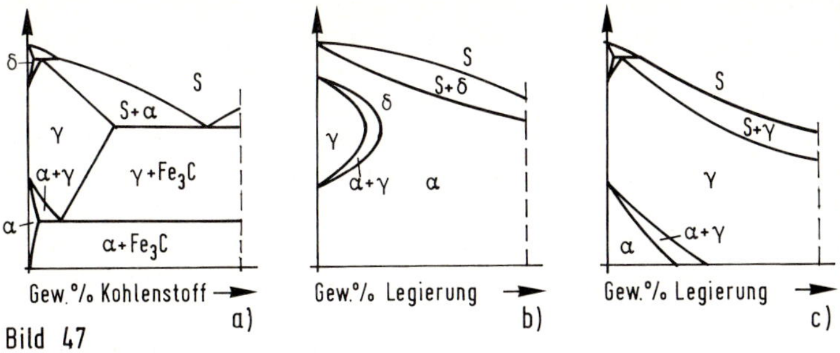

Bild 47

ferritischer (korrosionsbeständiger) Stahl. Das krz-Gitter bewirkt Steigerung der Härte, Festigkeit und Streckgrenze, Verminderung der Verformbarkeit.

Austenitbildner: Ni, Co, Mn (Cu); die Austenitisierung wird bis auf Raumtemperatur erweitert (austenitischer Stahl). Das kfz-Gitter bewirkt hohe Zähigkeit, auch bei tiefen Temperaturen; der Stahl ist unmagnetisch. Speziell werden austenitische Manganstähle mit hoher Verschleißfestigkeit und austenitische Chrom-Nickelstähle mit hoher Säurebeständigkeit unterschieden.

Die beschriebenen Stähle lassen sich nicht umkristallisieren, in Sonderheit nicht normalisieren oder durch Abschrecken härten. Das beruht auf dem Fehlen fester Phasengrenzen. Die Zusammenhänge sind insgesamt recht komplex. Die Mikrolegierungselemente Nb, Ti, V sind mehr oder weniger starke Karbid- und Nitridbildner mit der Folge einer Kornverfeinerung und Ausscheidung (Steigerung von Härte, Festigkeit, Streckgrenze bei gleichzeitig guter Zähigkeit und Schweißbarkeit).

2.6.4.6 Kaltverformung

Wie in Abschnitt 2.6.4.2 erläutert, beruht die bei der Kaltverformung (unter 400°C) auftretende Festigkeitssteigerung und Minderung der Zähigkeit (Kaltverfestigung) auf der mit der gewaltsamen plastischen Deformation der Kristallite und ihrer Gleitebenen einhergehenden Versetzungsblockierung und Grobkornbildung. - Es ist zu unterscheiden:

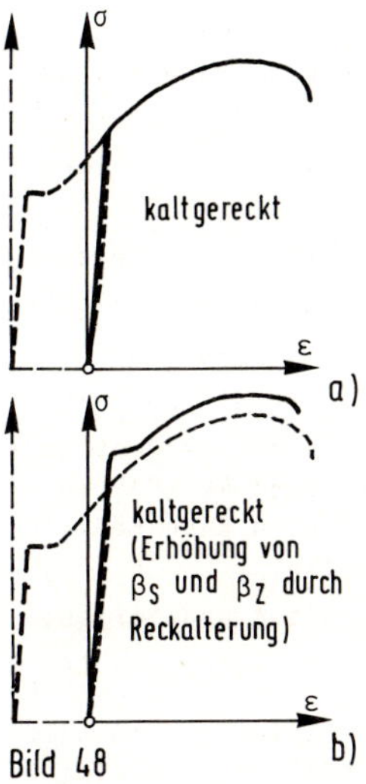

Bild 48

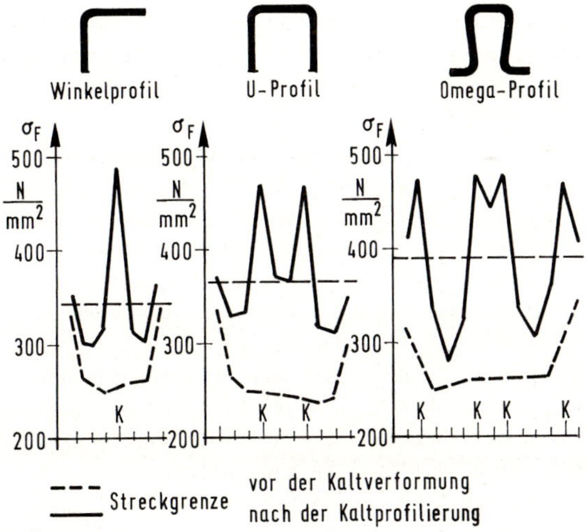

Bild 49

a) Kaltverformung im Stahlwerk, z.B. bei der Herstellung von hochfestem Draht, Beton- und Spannstählen, Kaltblech u.a.

Hier wird die Kaltverfestigung planmäßig genutzt, ggf. im Zusammenhang mit Vergütungseingriffen. Bild 48a zeigt das Spannungsdehnungsdiagramm ein und desselben Stahles im weichen und kaltverformten (kaltgereckten) Zustand.

b) Kaltverformung bei der Verarbeitung, z.B. Kaltprofilieren oder Abkanten von Blech. Hier ist die Kaltverfestigung lokal begrenzt (Bild 49). Die Festigkeitssteigerung kann statisch genutzt werden; beim Schweißen kaltverformter Bereiche sind bestimmte Auflagen zu beachten (vgl. Abschnitt 8.4.4.7).

Bei Erwärmung über die sogen. Rekristallisationsschwelle tritt eine Kornneubildung ein. Die Schwelle beträgt 450°C. Bei der Rekristallisation bildet sich ein neues entspanntes Gefüge: Es wachsen neue Körner und zehren die alten auf. Das neue Gefüge entspricht einschließlich der Eigenschaften (annähernd) dem ursprünglichen.

2.6.4.7 Wärmebehandlung - Vergütung

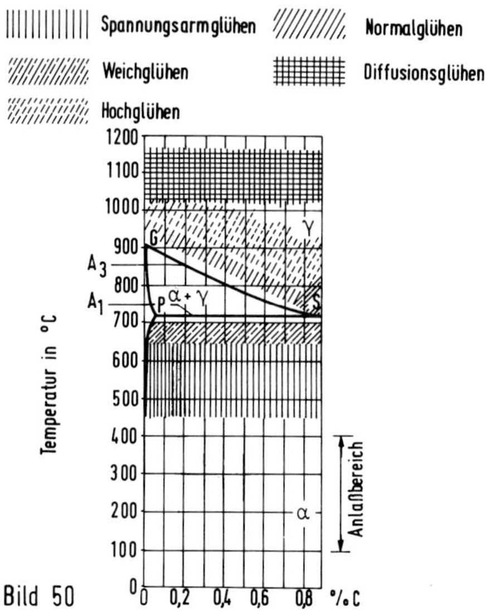

Bild 50

Durch Wärmebehandlung können dem Stahl bestimmte Eigenschaften eingeprägt werden. Es werden unterschieden: Glüh-, Härte- und Vergütungsverfahren (vgl. DIN 17014 T1).

Aus stahlbaulicher Sicht interessieren in erster Linie die Glühverfahren.

(Härten vollzieht sich in drei Schritten: Erwärmen auf die Abschrecktemperatur oberhalb der A_3- oder A_1-Linie, Abschrecken in Wasser, Öl, Luft, so daß oberflächlich oder durchgehend die Härte erheblich, in der Regel durch Martensitbildung, gesteigert wird und schließlich Anlassen auf eine Temperatur der A_1-Linie und Halten bei dieser Temperatur mit nachfolgendem zweckentsprechenden Abkühlen, um dem abgeschreckten spröden Stahl wiederum eine bestimmte Zähigkeit zu verleihen. Wird auf höhere Temperaturen angelassen, läßt sich hohe Zähigkeit bei bestimmter Zugfestigkeit erreichen; man spricht dann von Vergüten.)

Unter Glühen versteht man ein Erwärmen des Werkstoffes (Werkserzeugnis, Werkstück, Bauteil) auf bestimmte Temperaturen unterhalb der Soliduslinie und Halten bei dieser Temperatur mit nachfolgendem, in der Regel langsamen Abkühlen (vgl. Bild 50):

Spannungsarmglühen: Glühen zwischen 450°C bis 650°C zum Abbau und Ausgleich innerer (Eigen-) Spannungen ohne wesentliche Änderung der mechanischen Eigenschaften. Der Glüheffekt beruht auf dem Absinken der Fließgrenze bei hohen Temperaturen; es verbleiben gewisse Resteigenspannungen in Höhe der zur Glühtemperatur gehörenden Fließgrenze des Stahles.

Weichglühen: Glühen dicht unterhalb der A_1-Linie; der Stahl wird weich und läßt sich anschließend gut bearbeiten.

Hochglühen (Grobkornglühen): Mehrstündiges Glühen etwa 150K oberhalb der A_3-Linie, langsames Abkühlen. Es entsteht ein grobkörniges Gefüge mit besserer Zerspanbarkeit.

Normalglühen (auch Normalisieren genannt): Glühen wenig oberhalb der A_3-Linie, langsames Abkühlen. Das Gefüge wird neu gebildet (Umkristallisation, Umkörnung). Walz- und Gußgefüge, Grobkorn und Texturen lassen sich beseitigen, der Werkstoff wird in den "Normalzustand" überführt. - Die Wirkung einer Kaltverformung wird beseitigt, Ausscheidungen werden gelöst und dadurch bedingte Versprödungen aufgehoben. Die Wirkung einer Härtung und Vergütung kann rückgängig gemacht werden. Auch die bei Stahlguß oder falscher Wärmebehandlung (u.a. bei Walzerzeugnissen und Schmiedestücken) entstehende Grobkornbildung kann reduziert werden; bei Stahlguß lassen sich höhere Festigkeit und Zähigkeit erzielen.

Diffusionsglühen: Glühen weit oberhalb der A_3-Linie mit langzeitigem Halten und beliebigem Abkühlen. Die Diffussion löslicher Bestandteile wird wesentlich erleichtert, es tritt ein Ausgleich von Seigerungen ein, der Werkstoff wird homogener.

Für den Stahlbau haben vorrangig das Spannungsarmglühen (z.B. bei Schweißkonstruktionen zur Reduzierung der beim Schweißen eingeprägten Eigenspannungen) und das Normalglühen (z.B. kaltgeformter Teile mit kritischem Verformungsgrad) Bedeutung. Sollen sperrige Schweißkonstruktionen (z.B. Behälter) spannungsarmgeglüht werden, gelingt dieses durch Glühen der Schweißnahtzonen mit Hilfe von Brausebrennern.

2.6.5 Werkstoffprüfung [42-44,57,58]

Die Verfahren der Werkstoffprüfung dienen dazu, die Werkstoffkennwerte im Rahmen der Gütekontrolle und Materialabnahme festzustellen. Es handelt sich um Verfahren der zerstörenden Werkstoffprüfung an genormten Prüfkörpern, die an vorgeschriebenen Stellen des Halb- oder Fertigerzeugnisses entnommen werden. Aber auch in der Forschung und bei der Entwicklung neuer Werkstoffe und Verbindungsmittel werden unterschiedlichste Prüfverfahren eingesetzt. Dabei kann es notwendig sein, Komponenten- oder Großbauteilversuche durchzuführen, ggf. einschließlich realistischer Simulation der zu erwartenden statischen, zyklischen, schlagenden, thermischen, korrosiven Beanspruchung. Von den zerstörenden sind die zerstörungsfreien Prüfverfahren zu unterscheiden, die i.a. bei der Abnahme fertiger Bauteile eingesetzt werden, z.B. bei der Prüfung von Schweißnähten mittels Durchstrahlung, Durchschallung usf. Auch die Rauhigkeits- und Dickenmessungen zählen dazu. Hinsichtlich der zerstörungsfreien Verfahren vgl. Abschnitt 8.6.

2.6.5.1 Härte

Härte ist als Widerstand definiert, der von einem Stoff (hier also von Stahl) der Eindrückung durch einen härteren Körper entgegengesetzt wird. Zur Härtemessung stehen drei genormte Prüfverfahren zur Verfügung:

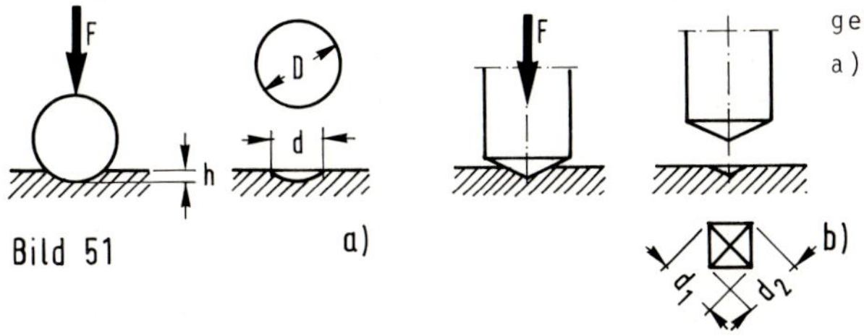

Bild 51

a) Brinell-Härte: Eindrückung mittels einer gehärteten Stahl- oder Hartmetallkugel, Bild 51a. Die Brinell-Härte HB wird aus der Prüfkraft F, dem Kugeldurchmesser D und dem Meßwert d des bleibenden Eindruckes berechnet:

$$HB = \frac{0{,}204\,F}{\pi D\left(D - \sqrt{D^2 - d^2}\right)}\;;\quad F \text{ in N},\quad D \text{ und } d \text{ in mm} \qquad (1)$$

Kurzzeichnung: z.B.: 400HB, d.h. die Brinell-Härte beträgt 400, der Wert wurde unter normaler Einwirkungsdauer (10 bis 15s) bestimmt. Normung: DIN 50351.

b) Vickers-Härte: Eindrückung mittels einer Diamant-Pyramide, Bild 51b. Als Vickers-Härte HV ist der Quotient aus der Prüfkraft F und der Fläche des bleibenden Eindruckes genormt:

$$HV = \frac{0{,}189\,F}{d^2}\;;\quad F \text{ in N},\quad d = (d_1 + d_2)/2 \text{ in mm} \qquad (2)$$

Kurzzeichnung: z.B.: 600HV 10: Vickershärte 600 mit einer Prüfkraft von 10kp=98N und normaler Einwirkungsdauer (10 bis 15s). Normung: DIN 50133.

c) Rockwell-Härte: Eindrückung mittels eines Diamant-Kegels (HRC) oder einer Stahlkugel, gemessen wird die bleibende Eindringtiefe t_b:

$$HRC = 100 - 500\,t_b;\quad t_b \text{ in mm} \qquad (3)$$

Für weiche und mittelharte Werkstoffe ist das Brinell-Verfahren geeignet; das Vickers-Verfahren ist für alle Härten geeignet und am verbreitesten. Das Rockwell-Verfahren kommt nur noch selten zur Anwendung. DIN 50150 enthält Umwertungstabellen, aus denen auch der Zusammenhang mit der Zugfestigkeit abgelesen werden kann: HB=0,85·HV; R_m=3,37·HB=3,20·HV. Mittels Härtemessungen lassen sich Änderungen der Werkstoffeigenschaften, z.B. nach Kaltverfestigungen oder Wärmebehandlungen (insbesondere in Schweißnahtbereichen) feststellen. Der Grundwerkstoff der unlegierten Baustähle weist eine Härte von ca. 100-120HV auf, in der Wärmeeinflußzone von Schweißnähten kann die Härte auf den zwei- bis dreifachen Wert ansteigen; vgl. Abschnitt 2.6.5.5.1

2.6.5.2 Festigkeit und Zähigkeit

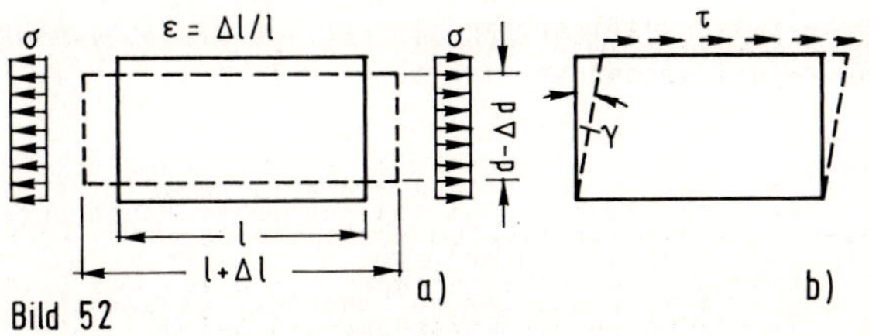

Metall	E in N/mm²	μ	$\frac{E}{G}-2\mu$
Fe	216900	0,28	2,00
Ni	205400	0,31	2,01
Mo	320000	0,30	2,12
Al	71900	0,34	2,00
Ti	108300	0,33	2,02

c)

Bild 52

Eine Verzerrung nennt man elastisch, wenn die angelegte Spannung ihr direkt proportional ist und wenn sie nach Wegnahme der Spannung vollkommen verschwindet. Man unterscheidet elastische Dehnung (bzw. Stauchung) ε unter Normalspannung σ einerseits und elastische Gleitung γ unter Schubspannung τ andererseits, vgl. Bild 52a/b. HOOKEsches Gesetz:

$$\sigma = E\varepsilon \quad (E\text{: Elastizitätsmodul}); \quad \tau = G\gamma \quad (G\text{: Schubmodul}) \tag{4}$$

Mit einer Dehnung (bzw. Stauchung) ist eine Volumenänderung ΔV verbunden, Bild 52a. Infolge Gleitung tritt keine Volumenänderung ein (kleine Verzerrungen vorausgesetzt, Bild 52b). Das Verhältnis der Querkontraktion $\Delta d/d$ zur Dehnung $\Delta l/l$ wird als Querkontraktionszahl (auch Querdehnungszahl, Kehrwert=POISSON'sche Konstante) bezeichnet. Die Volumenänderung (eines Rundstabes) beträgt:

$$\Delta V = \frac{\pi}{4}d^2 l - \frac{\pi}{4}(d-\Delta d)^2 (l+\Delta l) \longrightarrow \frac{\Delta V}{V} = -\varepsilon(1-2\mu) \tag{5}$$

Für einen Stoff, der keine Volumenänderung erfährt, müßte demnach gelten μ=0,5. Bei Metallen beträgt μ ca. 0,3. - Bei isotropem (d.h. bei nach allen Richtungen gleichartigem Verhalten) besteht zwischen E, G und μ der theoretische Zusammenhang:

$$G = \frac{E}{2(1+\mu)} \longrightarrow \frac{E}{G} - 2\mu = 2 \tag{6}$$

Die Tabelle in Bild 52c zeigt, wie diese Beziehung im Experiment bestätigt wird. Offensichtlich ist die Übereinstimmung gut. Das ist der Grund für die hervorragende Genauigkeit, mit der auf der Grundlage der Elastizitätstheorie das elasto-statische Verhalten von Metallkonstruktionen - auch flächenförmiger - berechnet werden kann.

Die im einachsigen Zugversuch an genormten Zugproben ermittelte Spannungs-Dehnungskurve liefert die wichtigsten Informationen über die statischen Festigkeits- und Zähigkeitseigenschaften. Die Prüfspannung

$$\sigma = \frac{F}{S_0} \tag{7}$$

wird über der Dehnung

$$\varepsilon = \frac{\Delta L}{L_0} \tag{8}$$

aufgetragen. S_0 ist der Ursprungsquerschnitt und L_0 die Meßlänge (DIN 50145). Man unterscheidet Metalle mit verfestigendem Material (ohne Fließbereich) und solche mit ausgeprägtem Fließbereich. Bild 53a zeigt die σ-ε-Linie (Arbeitslinie) eines verfestigenden Materials, hier für den Anfangsbereich einer hochfesten Aluminiumlegierung. Ähnlich liegen die Verhältnisse bei legierten Stählen, auch solchen mit vorangegangener Verfestigung (und fallweise anschließender Vergütung), auch z.B. bei Gußeisen. Bild 53b zeigt das σ-ε-Diagramm eines unlegierten Stahles mit ausgeprägtem Fließvermögen. - In DIN 50145 (Zugversuch) ist definiert:

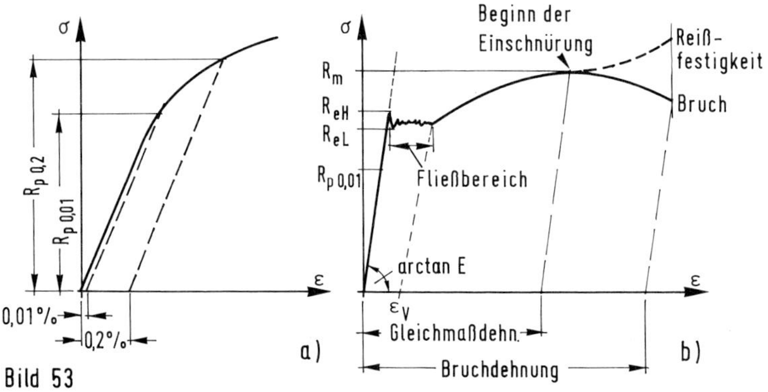

Bild 53

- R_p : Dehnungsgrenze. Das ist jene Spannung, der bei ansteigender Kraft erstmals eine nichtproportionale (plastische, bleibende) Dehnung ε_p zugeordnet ist, z.B. 0,01% Dehngrenze: $R_{p0,01}$ (auch technische Elastizitätsgrenze genannt); 0,2% Dehngrenze: $R_{p0,2}$ (i.a. als Streckgrenze von verfestigenden Werkstoffen vereinbart); ehemalige Benennungen: $\sigma_{0,01}$, $\sigma_{0,2}$.
- R_e : Streckgrenze. Das ist jene Spannung, bei der bei zunehmender Verlängerung des Zugstabes die Zugkraft gleichbleibt oder abfällt; i.a. ist zwischen oberer und unterer Streckgrenze zu unterscheiden. Ehemalige Benennung: σ_S.
- R_m : Zugfestigkeit. Das ist jene Spannung, die sich aus der auf den Anfangsquerschnitt S_0 bezogenen Höchstzugkraft F_m ergibt; ehemals σ_Z. Die reale Zugfestigkeit, bezogen auf den eingeschnürten Bruchquerschnitt, liegt höher: Reißfestigkeit.

A : Bruchdehnung; ehemals δ_5 oder δ_{10} in Abhängigkeit von der Meßlänge.

Z : Brucheinschnürung (ehemals ψ). Das ist die bezogene bleibende Querschnittsminderung.

Die in Regelwerken (und statischen Berechnungen) verwendeten Kurzzeichen stimmen i.a. mit den Kurzzeichen der Werkstoffprüfung nicht überein; z.B.: Streckgrenze β_S (auch Fließgrenze σ_F), Bruchgrenze β_Z*. Der Begriff Proportionalitätsgrenze σ_P, auch Elastizitätsgrenze σ_E genannt, ist nicht genormt; σ_P ist der "ersten" bleibenden Dehnung zugeordnet, ihr entspricht der Wert $R_{p0,01}$. Metalle mit ausgeprägtem Fließbereich zeigen anschließend eine (zweite) Verfestigung, beginnend mit der Verfestigungsdehnung ε_V (nicht genormt). - Neben der unteren und oberen Streckgrenze (R_{eL} bzw. R_{eH}) existiert noch die sogen. "statische" Streckgrenze; sie liegt unterhalb R_{eL}. Zur sicherheitstheoretischen Bedeutung vgl. Abschnitt 28.4.1.

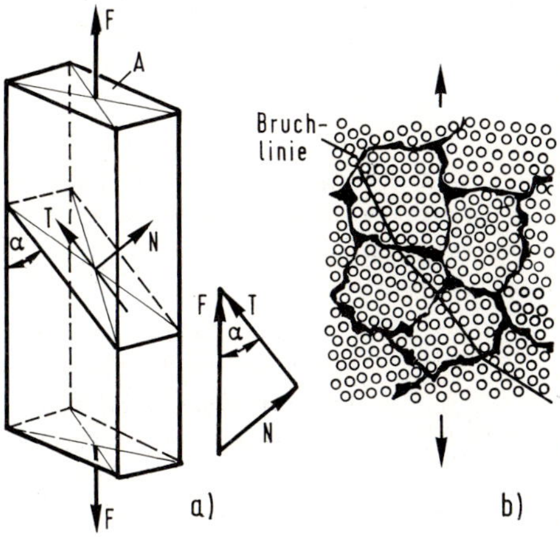

Bild 54

Der Gewaltbruch hat im Einschnürungsbereich i.a. eine unter 45° zur Zugrichtung geneigte, grob zerklüftete Bruchfläche. Man spricht vom Verformungs-, Scher- oder Schubbruch. Ist F die Zugkraft und A die Querschnittsfläche des Zugstabes (vgl. Bild 54a), betragen für eine Schnittfläche unter dem Winkel α zur Zugrichtung die Kraftkomponenten und die zugeordneten Spannungen:

$$N = F\sin\alpha\,;\quad \sigma = \frac{N}{A/\sin\alpha} = \frac{F\sin^2\alpha}{A}$$
$$T = F\cos\alpha\,;\quad \tau = \frac{T}{A/\sin\alpha} = \frac{F\sin\alpha\cos\alpha}{A} \qquad (9)$$

Bildet man die Ableitung von τ nach α und setzt sie gleich Null, folgt $\alpha = \pm 45°$. Die Schubspannung hat unter diesem Winkel demnach ihr Maximum und erreicht dabei den Wert:

$$\max\tau = \frac{1}{2}\cdot\frac{F}{A} = \frac{1}{2}\max\sigma \qquad (10)$$

Obwohl somit max τ nur halb so groß wie die maximale Normalspannung ist ($\alpha = 90°$), versagt der Stab dennoch unter 45°, weil, wie in Abschnitt 2.6.4.1 ausgeführt, die Festigkeit der Kristallite durch die kritische Schubspannung in den Gleitebenen der Kristallgitter bestimmt wird. Die Bindungskräfte senkrecht zu diesen Gleitebenen liegen um Zehnerpotenzen höher. Wegen der regellosen Anordnung der unzähligen Kristallite gibt es stets eine Gleitfläche, die (etwa) unter 45° verläuft, in dieser erfolgt der Bruch; je mehr Gleitrichtungen ein Elementargitter hat, umso eher ist diese Bedingung erfüllt. (Man beachte, daß die in Bild 54b schematisch dargestellten Kristallite eine räumliche Orientierung haben!)

2.6.5.3 Zugversuch - Druckversuch - Biegeversuch

Beim Zugversuch werden Zugproben mit verdickten Einspannenden in der Zerreißmaschine bis zum Bruch beansprucht; Durchführung und Auswertung der Versuche erfolgen nach DIN 50145, bei Zugproben nach DIN 50125, für Schweißverbindungen nach DIN 50120 und für Rohre und Rohrstreifen nach DIN 50140, Zugversuche an Drähten nach DIN 51210 und an Drahtseilen nach DIN 51201.

Bild 55 zeigt beispielhaft eine Flach- und eine Rundprobe nach DIN 50125. Um die unteren Dehnspannungen bestimmen zu können, bedarf es sehr sorgfältiger Feindehnmessungen. Moderne Prüfmaschinen können kraft- und dehnungs- (bzw. weg-)gesteuert gefahren werden.

Um die Zeitstandfestigkeit bei bestimmten Temperaturen zu ermitteln, wird der sogenannte (Zeit-)Standversuch nach DIN 50119 durchgeführt, vgl. auch DIN 50118. Hierbei wird die Probe bei einer konstant gehaltenen Temperatur durch eine konstante Kraft belastet und die Dehnung kontinuierlich gemessen. Unter hohen Temperaturen kriechen Metalle und haben nur eine begrenzte Zeitstandfestigkeit. Das Zeitstandverhalten interessiert z.B. im Be-

---

*) Nach DIN 18800 T1 wird die Streckgrenze=Fließgrenze mit f_y (y$\hat{=}$yield) und die Zugfestigkeit=Bruchgrenze mit f_u (u$\hat{=}$ultimate) abgekürzt.

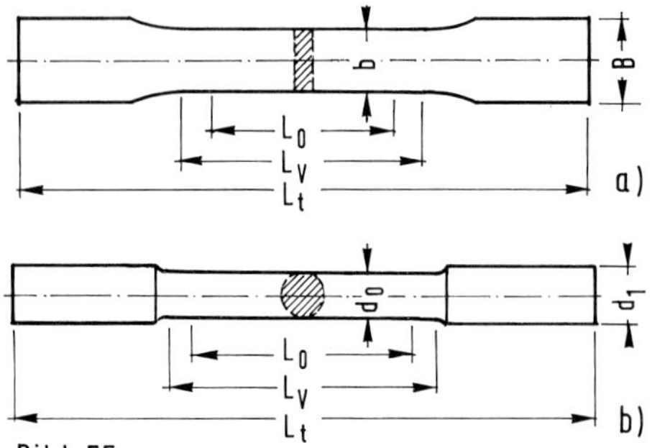

Bild 55

hälter-, Rohrleitungs- und Kesselbau, wenn die Konstruktion neben der mechanischen einer ständigen hohen thermischen Belastung ausgesetzt ist.

Der Druckversuch (nach DIN 50106) und Biegeversuch (für Gußeisen nach DIN 50110) hat keine Bedeutung im Stahlbau, wohl der Faltversuch (Technologischer Biegeversuch) nach DIN 50111.

Bild 56 zeigt die Biegevorrichtung mit Biegestempel und Auflagerrollen. Mit dem Versuch soll das Umformvermögen geprüft werden. Es wird jener Biegewinkel α bestimmt, bei welchem der erste Anriß auftritt oder es wird die Probe um 180° zusammengefaltet und auf Anrisse untersucht (z.B. zur Überprüfung der Gewährleistungswerte). Nach DIN 17100 ist zur Prüfung der Umformbarkeit für die allgemeinen Baustähle vorgeschrieben, daß bei einer Faltung um 180° um bestimmte Dorndurchmesser keine Anrisse auf der Zugseite auftreten dürfen, die Stähle dürfen weder kalt- noch rotbrüchig sein.

Der Faltversuch dient, wie die Bestimmung der Bruchdehnung und Einschnürung, der Zähigkeitsbeurteilung. Der Faltversuch stumpfgeschweißter Verbindungen und von Plattierungen ist in DIN 50121 geregelt. Der Aufschweißbiegeversuch dient der Bestimmung der Schweißeignung und Rißauffangfähigkeit (vgl. DIN 17100 und Abschnitt 8.4.4.2); er wird ebenfalls als Faltversuch durchgeführt.

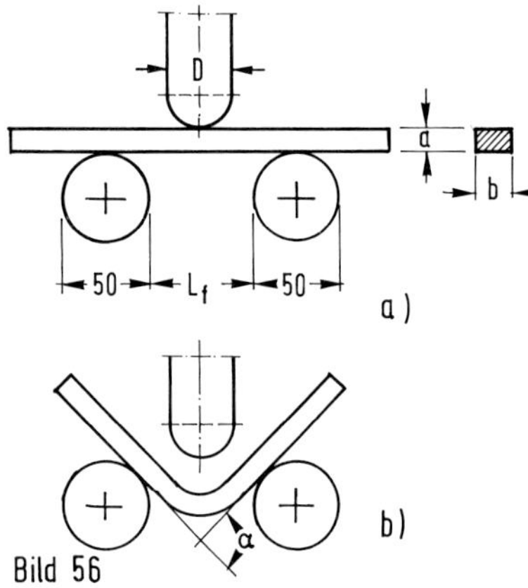

Bild 56

2.6.5.4 Kerbschlagversuch

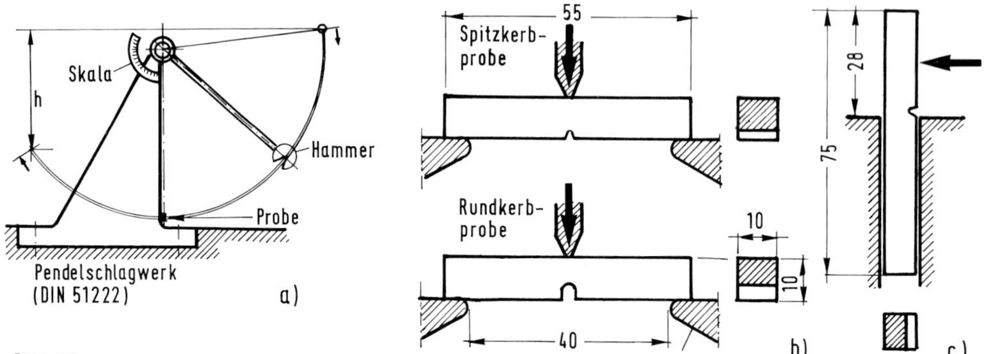

Bild 57

Ein für den Stahlbau wichtiges Prüfverfahren ist der Kerbschlagversuch. Er dient ebenfalls der Beurteilung der Zähigkeit und dabei insbesondere der Klärung der Sprödbruchempfindlichkeit. In Bild 57a ist das Pendelschlagwerk skizziert. Die Teilbilder b bis c zeigen Kerbschlagproben mit definierten Kerben. Der in Bild c dargestellte Izod-Versuch wird nur noch selten durchgeführt. Die Proben werden im Schlagwerk auf Widerlager aufgelegt und vom Hammer durchschlagen. Die Höhendifferenz h wird gemessen. Die zum Bruch erforderliche Schlagarbeit ist gleich $F \cdot h$, wenn F die bei waagerechter Stellung des Pendels gemessene Stützkraft ist. Die Kerbschlagarbeit A_V wird in der Einheit J gemessen, die jeweilige Probenform wird bei der Angabe des Ergebnisses hinzugefügt, z.B.: A_V (ISO-V)=80J. Die Kerbschlagzähigkeit α_k ist die Kerbschlagarbeit dividiert durch den Prüfquerschnitt S:

$$\alpha_k = \frac{A_V}{S}\ ; \quad A_V \text{ in J},\ \ S \text{ in cm}^2,\ \alpha_k \text{ in J/cm}^2 \qquad (11)$$

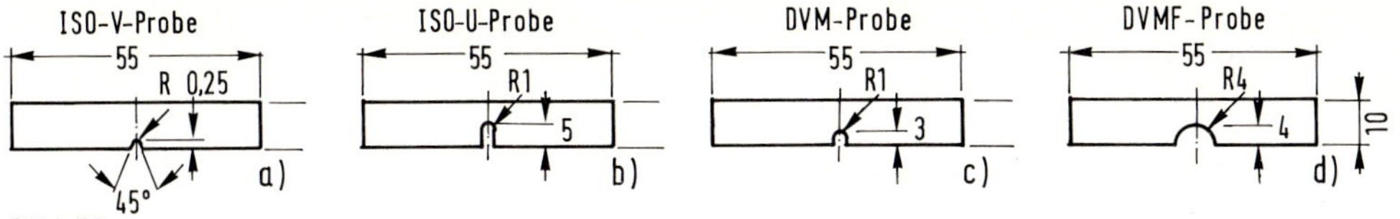

Bild 58

Bild 58 zeigt vier unterschiedliche Probenformen nach DIN 50115. Ist der Stahl im Kerbquerschnitt spröde, ist die Bruchfläche feinkörnig-kristallin, die Schlagarbeit ist gering; ist der Stahl im Kerbquerschnitt zäh, ist die Bruchfläche sehnig-faserig, matt im Ton und mit Scherlippen versetzt, die Schlagarbeit ist groß. Bei sehr hoher Zähigkeit kann es vorkommen, daß die Probe überhaupt nicht bricht.

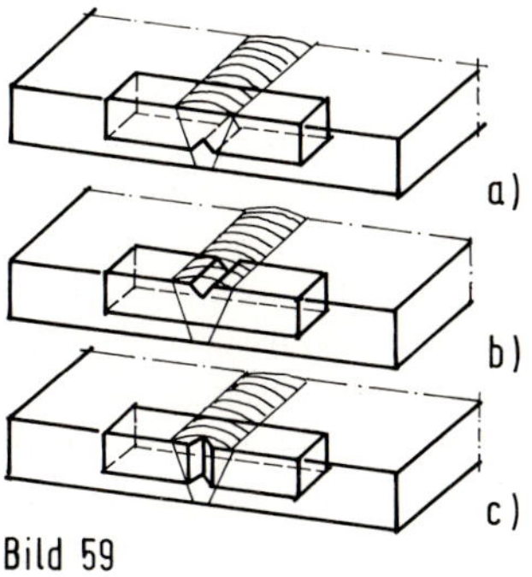

Bild 59

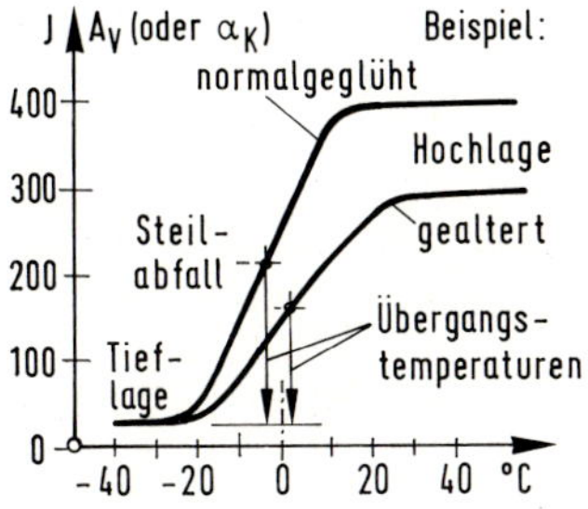

Bild 60

Bild 59 zeigt unterschiedliche Kerblagen für die Prüfung von Schweißnähten. DIN 50122 sieht darüberhinaus auch schräge Probenlagen vor, um die Kerbschlagzähigkeit in der Wärmeeinflußzone (WEZ) möglichst genau erfassen zu können.

Bei unlegierten und niedrig legierten Stählen erweist sich die Kerbschlagzähigkeit als stark temperaturabhängig. Um diese Abhängigkeit zu prüfen, werden mehrere Proben hergestellt und bei unterschiedlichen Temperaturen durchschlagen. Bei tiefen Temperaturen erhält man geringe Zähigkeitswerte, ein Zeichen für Versprödung, man spricht von Tieflage (vgl. Bild 60). Mit steigender Temperatur erhält man höhere Zähigkeitswerte, oberhalb einer bestimmten Temperatur bleibt die Zähigkeit unverändert: Hochlage. Zwischen Hoch- und Tieflage liegt ein Steilabfall, innerhalb des zugeordneten Temperaturbereiches treten Mischbrüche auf. Die Lage der Übergangstemperatur dient zur Kennzeichnung des Temperatur-Versprödungsverhaltens (Bild 60). Hinsichtlich der Prüfvorschriften wird auf DIN 50115 verwiesen.

Die Kerbschlagzähigkeit ist ein einfaches und wirkungsvolles Merkmal, um die Rißzähigkeit und Sprödbruchanfälligkeit zu beurteilen. Alle Ursachen, die die Auslösung eines Sprödbruches fördern, werden durch das Verfahren gut simuliert: a) Mehrachsiger Spannungszustand im Kerbgrund (Kerbspannungen), Fließen wird dadurch nach allen drei Richtungen behindert; die Fließbehinderung ist umso größer, je schärfer die Kerbe ist. b) Hohe Beanspruchungsgeschwindigkeit (Hammerschlag). c) Tiefe Temperaturen (Abkühlen der Proben und Bestimmung der Tieflage und Übergangstemperatur). - Nachteilig ist zu werten, daß die Kerbschlagzähigkeit von der Probenform (Kerbform) abhängig ist. Sie ist keine Werkstoffkonstante sondern nur ein Werkstoffkennwert, der zwar qualitative Vergleiche und die Definition von Abnahmekriterien aber keine funktionale Verknüpfung mit dem Spannungszustand im Kerbbereich der Probe und damit auch keine quantitative Beurteilung der Bauteilgefährdung bei Auftreten von Rissen ermöglicht. Hier setzen die Methoden der Bruchmechanik ein, die auf GRIFFITH (1921) und IRWIN (1952) zurückgehen. Die Bruchmechanik ist eine weit entwickelte Spezialdisziplin der Werkstoffkunde. Die Berechnung des Rißfortschritts bei Ermüdungsrissen, die Bestimmung der Restlebensdauer, die Beurteilung von Spannungs- und Schwingungsrißkorrosion sowie die Klärung anderer Bruchfragen sind auf der Grundlage der Bruchmechanik möglich. Für die Bestimmung der hierfür benötigten Zähigkeitskonstanten existieren noch keine DIN-Normen; die Versuche werden daher nach ASTM- und BS-Normen durchgeführt. Vergleiche wegen weiterer Einzelheiten Abschnitt 28.5.

2.6.5.5 Experimente* und Ergänzungen

2.6.5.5.1 Härtemessungen

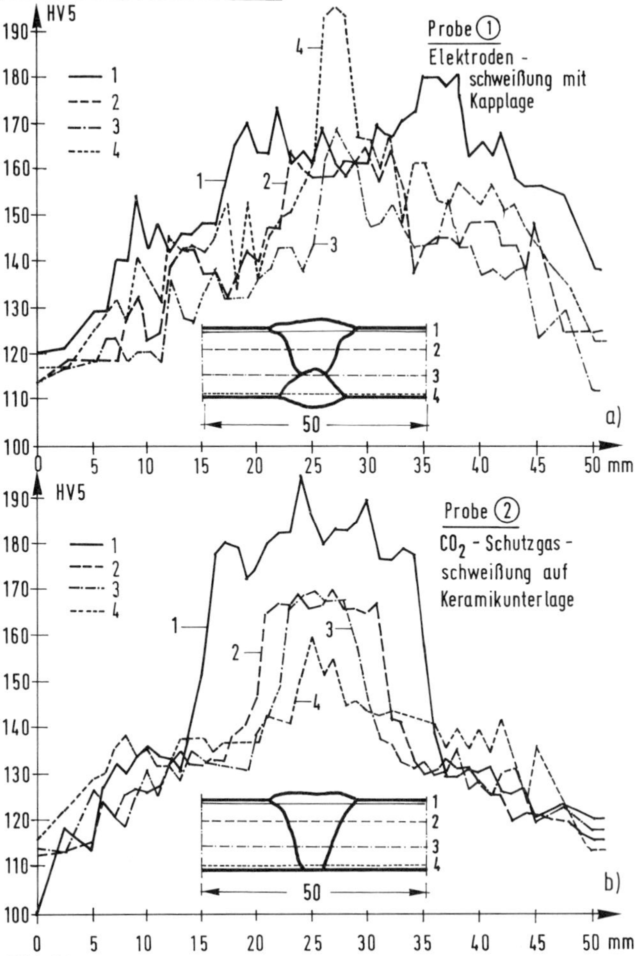

Bild 61

An zwei Stumpfnahtproben wurden Härtemessungen durchgeführt, um die Aufhärtung im Schweißnahtbereich zu prüfen. Probe (1) wurde elektroden-, Probe (2) schutzgasgeschweißt. In Bild 61 sind die Härteprofile für jeweils vier Meßhorizonte dargestellt; je Horizont wurden 50 Härtewerte nach Vickers (HV5; Prüfkraft 5kp=50N) bestimmt. Die Härte erreicht offensichtlich bei beiden Proben etwa denselben Höchstwert (195HV5), allerdings für unterschiedliche Horizonte. Aus den Härteprofilen geht hervor, wie weit der Aufhärtungseinfluß beider Schweißverfahren reicht. Für das Grundmaterial beträgt die Härte ca. 120HV5, daraus läßt sich folgende Bruchfestigkeit: $R_m = 3{,}2 \cdot 120 = 384 N/mm^2$ bestimmen. Tatsächlich handelt es sich um einen Stahl St37-2. Aufgrund der Härte kann im Schweißgut eine Festigkeit $R_m = 3{,}2 \cdot 175 = 560 N/mm^2$ erwartet werden. (Der Elektrodenstahl hat eine dem St52-3 entsprechende Festigkeit.) Die Aufhärtung im Schweißnahtbereich ist in beiden Fällen als unbedenklich zu bewerten.

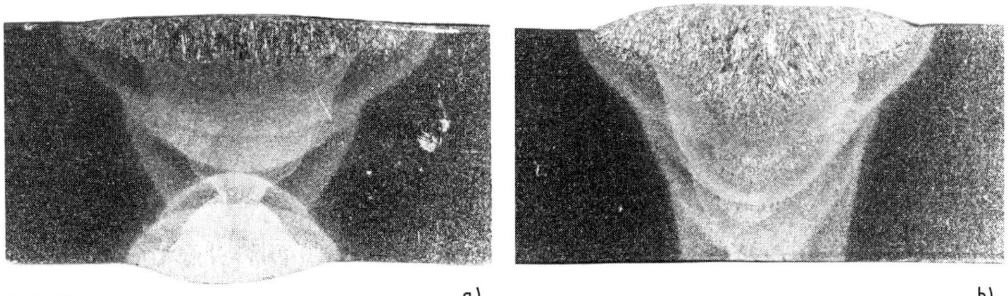

Bild 62 a) b)

Bild 62 zeigt die Schliffbilder (geätzt) der V-Nähte. Bei der elektrodengeschweißten Naht sind Deck- und Kapplage gut zu erkennen; die CO_2-Naht wurde auf Keramikunterlage geschweißt. Eine Kapplage ist nicht zu erkennen, die Wölbung der Deckraupe und die Einbrandkerben sind stärker ausgeprägt. - Auf Tafel 2.1 sind Schliffbilder beider Nähte in Form eines ober-

*Die folgenden (vom Verfasser für diese Veröffentlichung - z.T. im Rahmen von Diplomarbeiten - durchgeführten) Versuche sollen dazu dienen, einige ausgewählte mechanische Eigenschaften unlegierter Stähle exemplarisch aufzuzeigen.

Schliffbilder : Schweißnaht und Grundmaterial

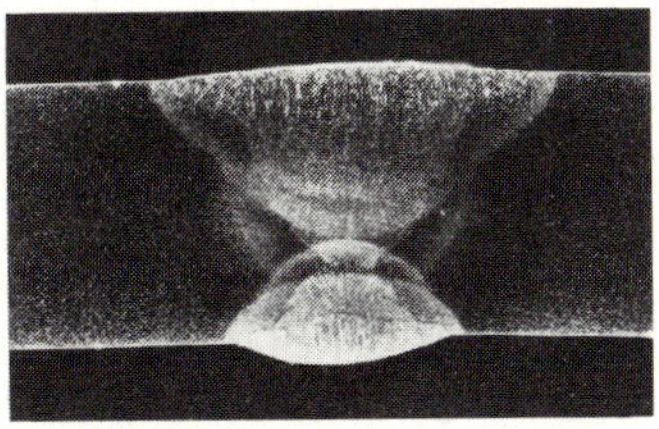

Elektroden - Schweißung

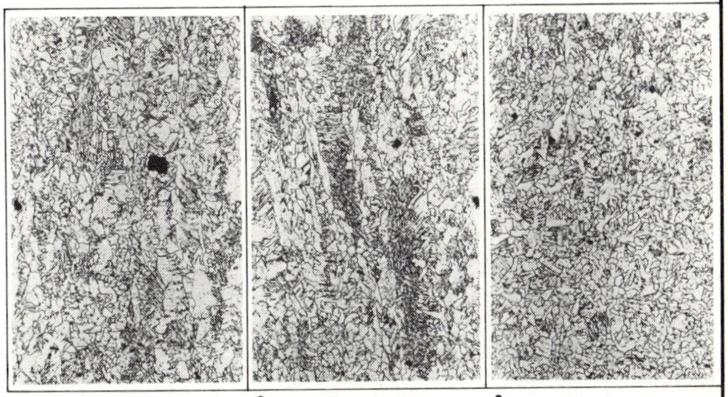

1 2 3

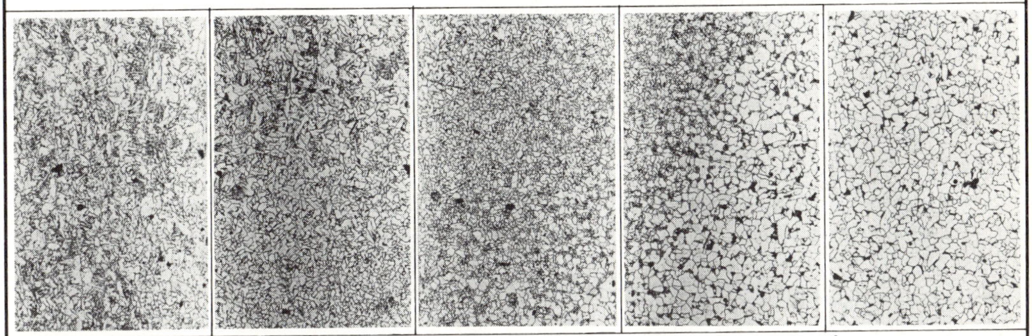

4 5 6 7 8

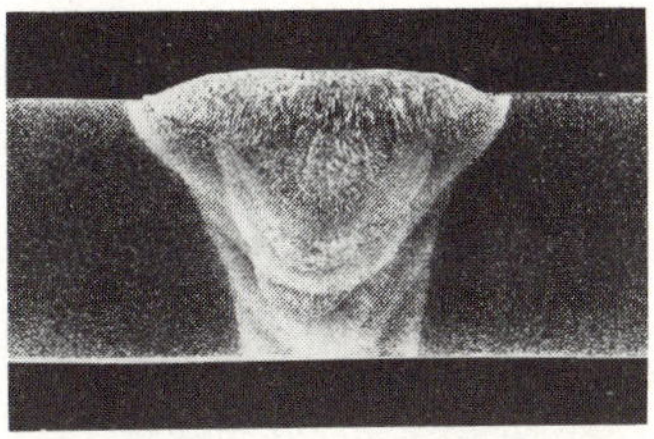

CO_2 - Schutzgas - Schweißung

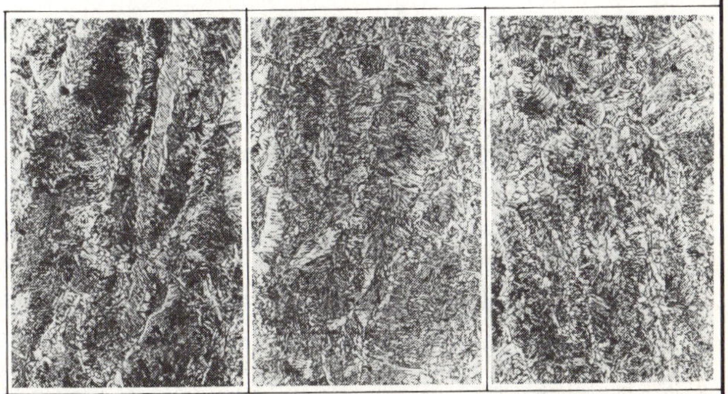

1 2 3

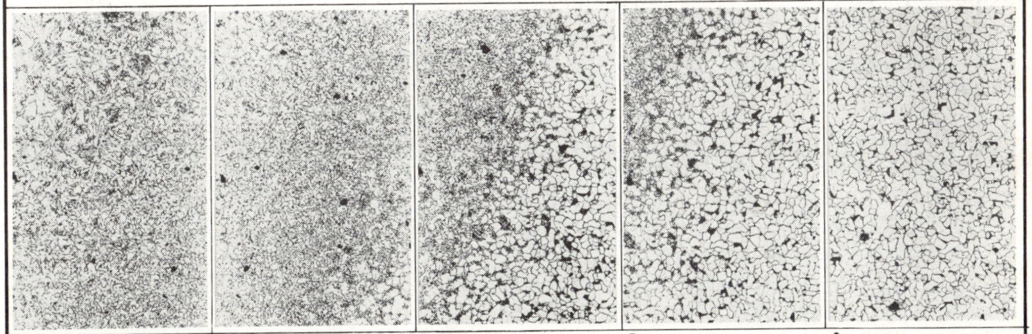

4 5 6 7 8

200 μ

flächennahen Profils dargestellt. Das härtere Gußgefüge der Schweißnaht, das Gefüge der Übergangszone und das Grundgefüge werden daraus deutlich.

2.6.5.5.2 Zugversuche an Flachproben

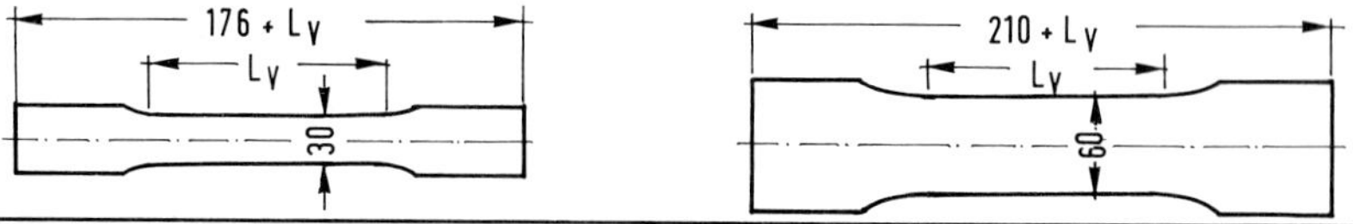

	Lv	schmaler Prüfkörper						breiter Prüfkörper					
		R_{eL}	R_{eH}	R_m	A	Z	E	R_{eL}	R_{eH}	R	A	Z	E
1	150 1)	286	312	438	85	64	207 050	–	–	–	–	–	–
2	270 2)	296	319	448	24	58	212 700	280	298	438	31	52	205 300
3	390	296	319	447	22	58	203 400	287	305	441	27	55	209 700
4	510	288	315	444	21	58	205 400	287	301	446	27	56	210 830
5	630	286	313	450	19	56	206 400	270	278	400	27	51	209 575
	mm	N/mm^2			%		N/mm^2	N/mm^2			%		N/mm^2

1) kurzer, 2) langer Proportionalstab nach DIN 50125 (Zugprobe E)

Bild 63

Um den Einfluß der Prüfkörperabmessungen (Länge und Breite) auf das Ergebnis von Zugversuchen zu zeigen, wurden Zugversuche an einer schmalen und einer breiten Probenform mit jeweils unterschiedlicher Länge L_V durchgeführt, vgl. Bild 63 oben. Stahlgüte der Proben: St37-2. - Das Versuchsergebnis ist in der Tabelle des Bildes 63 ausgewiesen: R_{eL} untere, R_{eH} obere Streckgrenze, R_m Zugfestigkeit, A Bruchdehnung, Z Brucheinschnürung. Die Versuche wurden weggesteuert mit v=0,0125mm/s gefahren.

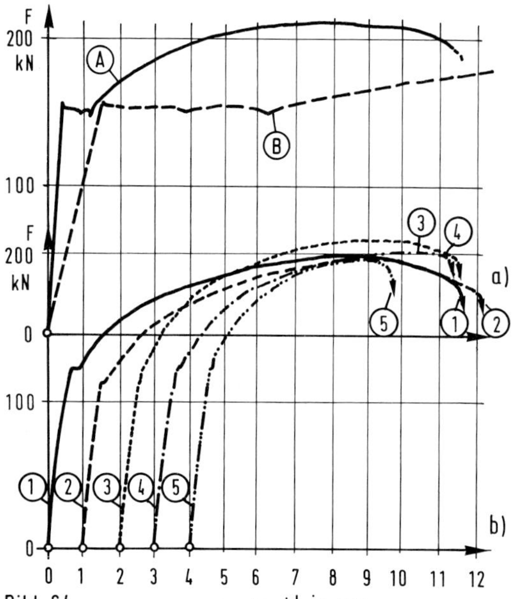

Bild 64

Die Linie (A) in Bild 64 oben zeigt das Maschinendiagramm des kurzen Proportionalstabes. Das Fließen erkennt man während des Versuches äußerlich am Abplatzen der Walzhaut; bei polierten Oberflächen lassen sich deutlich sichtbare Fließlinien ausmachen. Nachdem der Stab innerhalb des Taillenquerschnittes über die ganze Länge voll durchplastiziert ist, tritt die Verfestigung ein. Die getrichelte Linie (B) in Bild 64 oben zeigt den Fließbereich bei fünffacher Streckung des Maßstabes für die Längenänderung im Vergleich zu Linie (A). - Das Ergebnis der Vergleichsversuche läßt sich wie folgt zusammenfassen:

- Die untere Streckgrenze liegt im Mittel um den Faktor 0,94 unter der oberen. - Streckgrenze und Zugfestigkeit des Probenmaterials liegen deutlich über den (gewährleisteten) Mindestwerten des verwendeten Stahles St37 ($240N/mm^2$ bzw. $370N/mm^2$).
- R_e und R_m sind unabhängig von der Länge, indes (schwach) abhängig von der Breite des Prüflings: Bildet man die Mittelwerte aus den Proben 2 bis 5, folgt (vgl. Tabelle in Bild 63):

schmaler Prüfkörper:

R_{eL} = $291,5N/mm^2$

R_{eH} = $316,5N/mm^2$

R_m = $447,3N/mm^2$

breiter Prüfkörper:

R_{eL} = $281,0N/mm^2$ (96%)

R_{eH} = $295,5N/mm^2$ (93%)

R_m = $431,3N/mm^2$ (96%)

Zugversuch: Probekörper nach DIN 50125

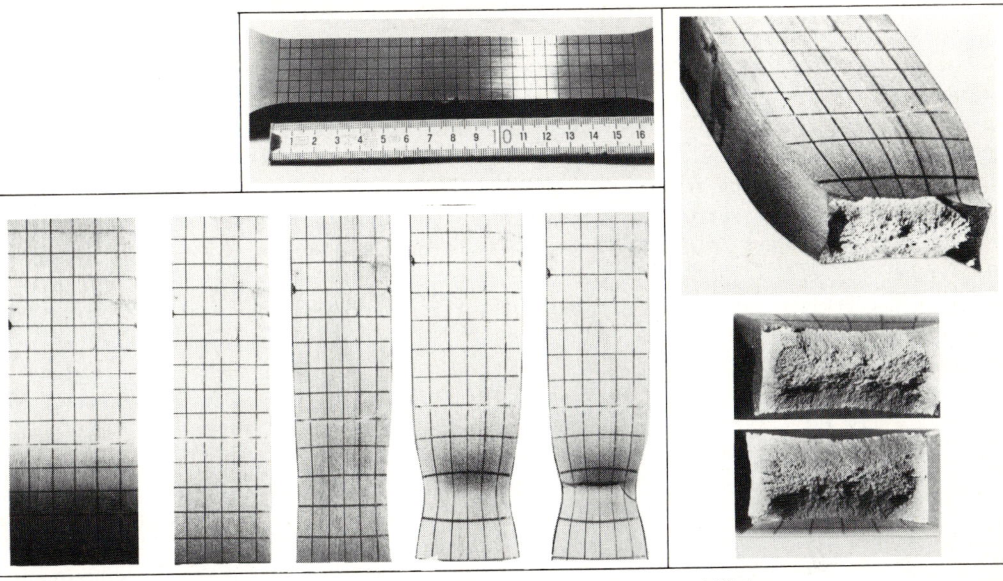

F = 0 kN = 189.3 kN = 181 kN = 150 kN = 0 kN Bruchflächen

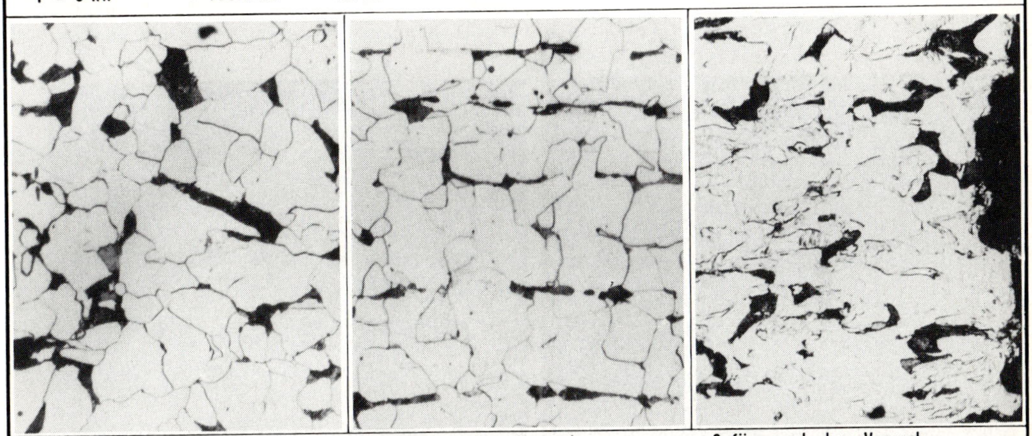

Gefüge vor dem Versuch Querschliff

Gefüge vor dem Versuch Längsschliff

Gefüge nach dem Versuch Bruchstelle

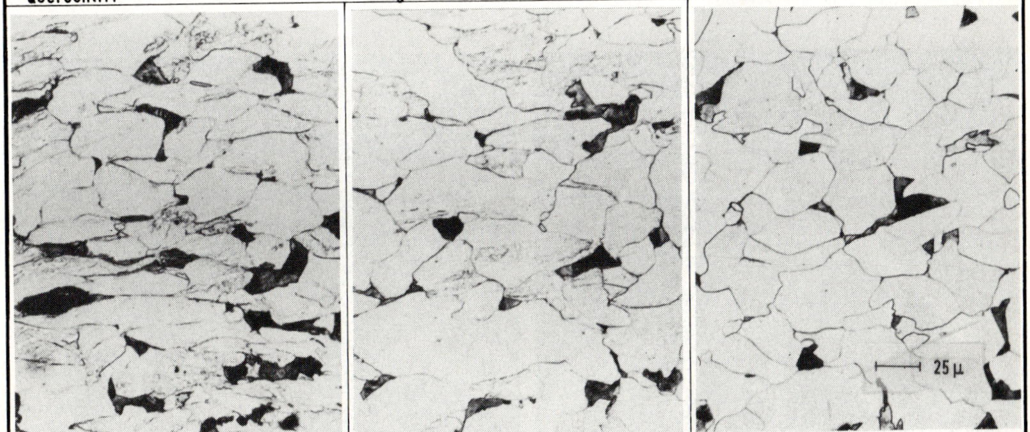

Gefüge nach dem Versuch; Entfernung von der Bruchstelle:

ca. 10 mm ca. 20 mm ca. 30 mm

- Den in der Tabelle ausgewiesenen Bruchdehnungen A liegen die Längenänderungen des Maschinendiagrammes zugrunde, insofern stellen sie keine normgemäß ermittelten Werte dar. Die Bruchdehnung der Probe 1 ist dagegen gemäß DIN 50145 aus der Längenänderung des nach dem Bruch wieder zusammengesetzten Stabes bestimmt und gibt somit den richtigen Wert an.
- Die Elastizitätsmoduli sind Mittelwerte aus einer Induktivgebermessung und vier DMS-Messungen je Probe. Über alle Werte gemittelt folgt: E=207913N/mm². Zwei Druckproben ergeben: E=207750N/mm². (Der Mittelwert über alle Meßwerte beträgt 99% vom Nennwert E=210000N/mm².)
- Die Verfestigungsdehnung ergibt sich (als Mittelwert aus 11 Versuchswerten) zu $\varepsilon_V \approx 1{,}4\% \approx 10 \cdot \varepsilon_F$ und der Verfestigungsmodul zu $E_V \approx E/45$ (anfänglicher Verfestigungsanstieg).

(Die im unteren Teil des Bildes 64 eingetragenen Ergebnisse werden im Abschnitt 2.6.5.5.4 erläutert.)

Auf Tafel 2.2 ist das für die Probe 1 gefundene Versuchsergebnis dokumentiert. Dargestellt sind:

- Prüfkörper mit Rasterzeichnung,
- Abfolge des Zugversuches; die Streckung des Prüflings mit beginnender und starker Einschnürung ist gut erkennbar,
- Bruchfläche als typische Scherbruchfläche mit Einschnürung,
- Lichtmikroskopische Aufnahmen, vor und nach dem Versuch. Im Längsschliff vor dem Versuch ist die zeilige Walzstruktur auszumachen. Nach dem Versuch zeigt das Ferrit-Perlit-Gefüge starke plastische Verformungen und im Abstand von 10 bis 20mm eine gewisse Streckung und Vergrößerung des Korns.

Bild 65 zeigt eine rasterelektronenmikroskopische Aufnahme der Bruchfläche in unterschiedlichen Vergrößerungen. In Teilbild b ist ein Mangansulfid-Einschluß und im Teilbild c ein kugeliger Titan-Einschluß erkennbar.

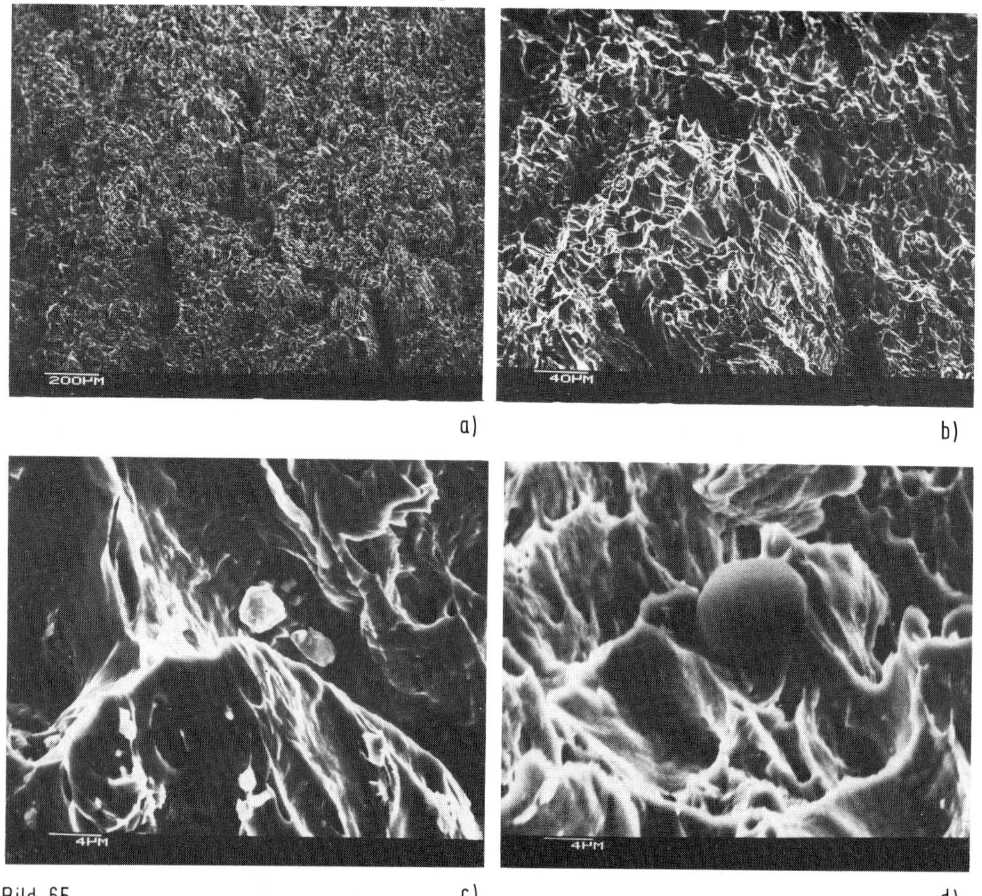

Bild 65

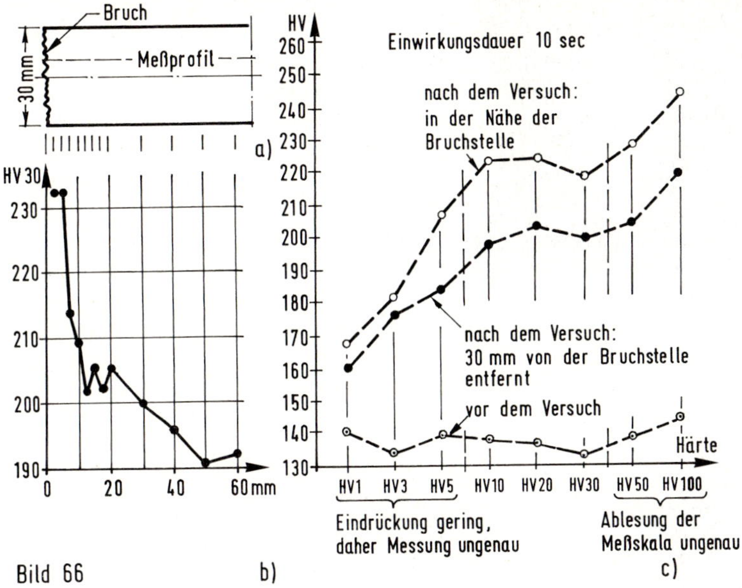

Bild 66

Um zu prüfen, ob sich die Härte des Materials infolge der Streckung erhöht, was zu erwarten ist (Kaltverfestigung), wurden Härtemessungen vor und nach dem Versuch durchgeführt. Dabei wurde die Härte mit unterschiedlichen Prüfkräften gemessen. Bild 66a zeigt die Aufsicht auf den Prüfkörper und die Abstände der Meßpunkte von der Bruchkante. Teilbild b weist das Ergebnis aus. Offensichtlich tritt im bruchnahen Einschnürbereich im Vergleich zur Härte des Ausgangsmaterials (ca. 130HV30) ein deutlicher Härteanstieg ein, das geht auch aus Teilbild c hervor, in welchem das Ergebnis der Härtemessungen für unterschiedliche Prüfkräfte dargestellt ist. Dabei fällt auf, daß sich für das Grundmaterial vor dem Zugversuch für alle Prüfkräfte etwa derselbe Härtewert (≈140HV) ergibt. Für das gestreckte Material nach dem Versuch ist eine Prüfkraftabhängigkeit vorhanden. Die meßtechnisch zuverlässig bestimmbaren Härtewerte (HV10, HV20 und HV30) liegen etwa gleichhoch. Es ist immer empfehlenswert, bei der Angabe von Härtewerten die Höhe der Prüfkraft mit zu nennen.

2.6.5.5.3 Zugversuche an Proben mit Stumpfnaht

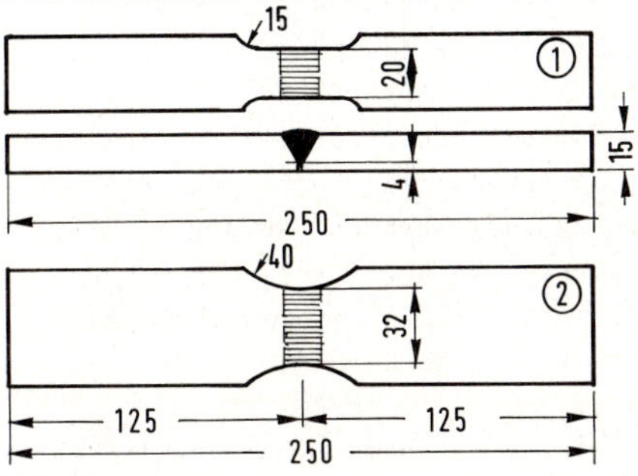

Bild 67

Aus einem mittels Stumpfnaht in V-Form zusammengefügten Blech aus St37-2 wurden Zugproben entnommen. Bild 67 zeigt zwei unterschiedliche Prüfkörper in Form einer ungekerbten und einer gekerbten Flachprobe (nach DIN 50120 alt; in DIN 60120 neu (seit 1975) sind die Probenabmessungen etwas anders vereinbart). Bei der Rundkerbprobe wird der Bruch im verfestigten Schweißnahtbereich erzwungen.

Versuchsergebnis:

Ungekerbte Probe ①:

Elektrodenschweißung: R_m=438N/mm²

CO_2-Schweißung: R_m=433N/mm²

Gekerbte Probe ②:

Elektrodenschweißung:

R_m=509N/mm²

CO_2-Schweißung:

R_m=492N/mm2

Für das Grundmaterial gilt R_m=447N/mm². Die Kraft-Längenänderungsdiagramme der (elektrodengeschweißten) Proben zeigt

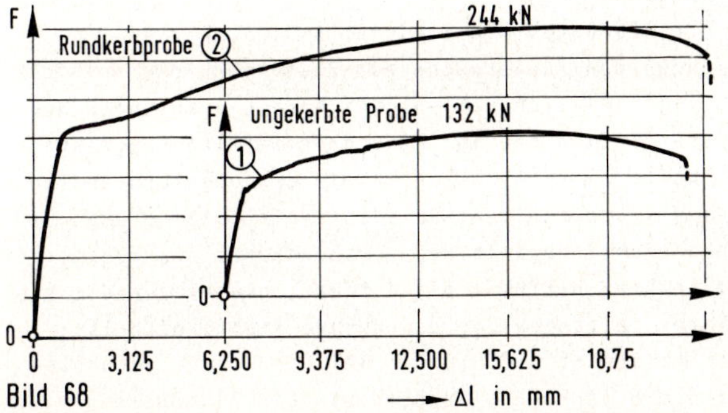

Bild 68

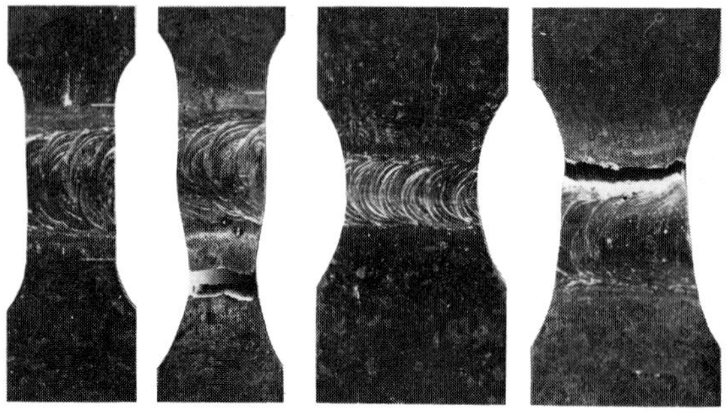

a) b)

Bild 69

Bild 68. Ein echter Fließbereich ist nicht vorhanden, gleichwohl ist die Zähigkeit, auch der Schweißnaht selbst (Probe (2)), als gut zu bewerten. Bild 69 zeigt, daß sich im Falle der Probe (1) der Bruch außerhalb der Schweißnaht und im Falle der Probe (2) entlang des Schweißnahtüberganges zum Grundmaterial (WEZ: Wärmeeinflußzone) eingestellt hat. Bei Probe (2) wird eine Querkontraktion der Naht und ein Fließen in dieser erzwungen.

2.6.5.5.4 Zugversuche an Proben mit Außenkerben

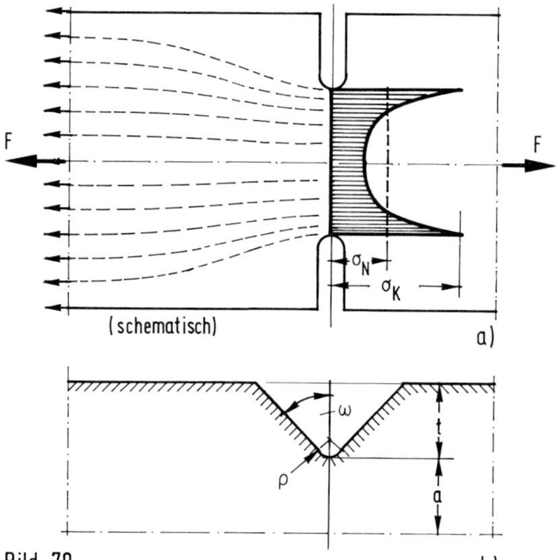

Bild 70

Wo in Bauteilen Kerben, Löcher, Dicken-, Breiten- oder Konturänderungen vorhanden sind, stellt sich ein ungleichförmiger Spannungszustand ein; man spricht von Kerbwirkungen. Tiefe und Schärfe der Kerben bestimmen die maximale Kerbspannungsspitze σ_K im Kerbgrund. σ_K wird auf die Nennspannung σ_N bezogen (Bild 70a):

$$(\max\sigma =)\quad \sigma_K = \alpha_K \cdot \sigma_N \;;\; \sigma_N = \frac{F}{A} \qquad (12)$$

α_K nennt man Formzahl, auch Kerbfaktor oder Kerbformziffer; A ist der Rest-(Netto-)Querschnitt. Um α_K zu bestimmen, kann auf umfangreiche Untersuchungen zurückgegriffen werden, u.a. auf NEUBER [59], PETERSEN [60], PETERSON [61] u.a. [62-64]. Grundlage der Untersuchungen sind elastizitätstheoretische Analysen, numerische Rechnungen nach der Methode der finiten Elemente [65-67] oder Experimente (DMS-Messungen, Spannungsoptik, röntgenographische Spannungsmessungen, Reißlackversuche [44,68-70]). Je nach der Kerbform werden unterschieden: a) flache und tiefe Kerben, b) Außen- und Innenkerben, c) Rund- und Spitzkerben, d) einfache und mehrfache Kerben. Die Kerbgeometrie wird durch den Kerbradius ρ, die Kerbtiefe t, den Kerbflankenwinkel ω und die halbe Breite des Kerbgrundquerschnittes a gekennzeichnet (Bild 70b).

Für die flache und tiefe Außenkerbe existieren formelmäßige Lösungen [59]; dazwischen bedarf es einer Interpolationsformel, z.B. nach RÜHL [63]:

$$\alpha_K = 1 + \frac{1}{\sqrt{A\frac{\rho}{t} + B\frac{\rho}{a}(1+\frac{\rho}{a})^2}} \qquad (13)$$

Flachstab mit Längskraft: A=0,25, B=0,62; Flachstab mit Biegung: A=0,25, B=1,40.

Bild 71 zeigt Kerbprüfkörper. Mit diesen wurden Zugversuche zur Bestimmung des Kerbfaktors durchgeführt. Der Nettoquerschnitt ist in allen Fällen gleichgroß. Stahlsorte der Proben: St37-2. In der Tabelle des Bildes 71 sind die im Versuch ermittelten Zugfestigkeiten ausgewiesen. Vergleicht man die Werte mit der Zugfestigkeit der ungekerbten Zugprobe, ist kein signifikanter Unterschied festzustellen. Da sich die Plastizierung nur über einen kurzen bis sehr kurzen Stabbereich innerhalb des Kerbbereiches erstreckt, ist die "Stabdehnung" im Vergleich zum ungekerbten Prüfkörper reduziert; global verhält sich der Stab spröde und zwar umso ausgeprägter je länger der ungekerbte Stabbereich ist; vgl. die Gegenüberstellung in Bild 64b (Abschnitt 2.6.5.2.2). Bei der scharf gekerbten Probe (5) beträgt die Stablängung etwa das 5-fache des Kerbradius. Ein Fließbereich ist

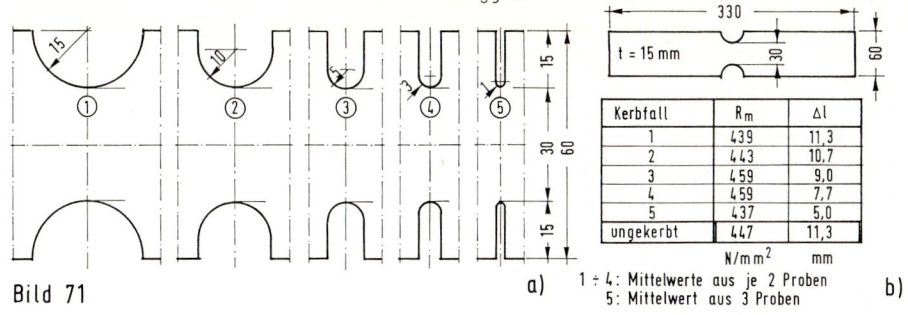

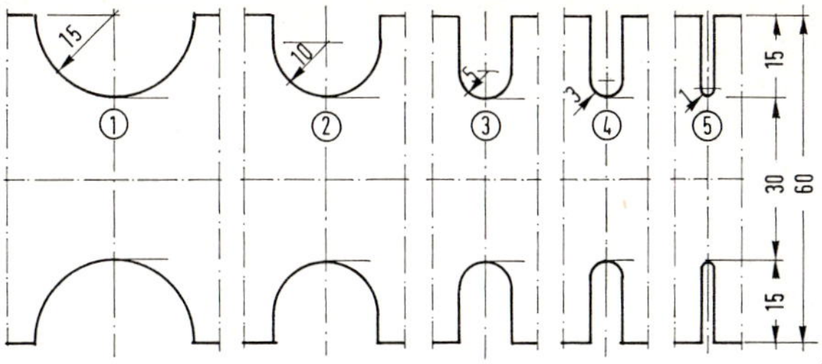

Bild 71 a)

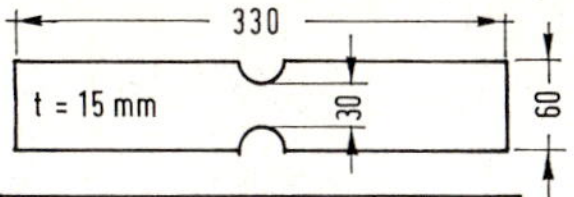

Kerbfall	R_m	Δl
1	439	11,3
2	443	10,7
3	459	9,0
4	459	7,7
5	437	5,0
ungekerbt	447	11,3
	N/mm^2	mm

1 ÷ 4: Mittelwerte aus je 2 Proben
5: Mittelwert aus 3 Proben b)

umso schwächer zu erkennen, je schärfer die Kerbe ist; vgl. zu der anstehenden Problematik die Versuche von LUDWIK [71].

Um die Spannungsverteilung innerhalb des elastischen Bereiches zu bestimmen (nur hierfür gilt der Kerbfaktor α_K), wurden die Spannungsverteilungen in den Kerbquerschnitten mittels Dehnmeßstreifen (DMS) ausgemessen. Bild 72 zeigt die Positionierung der DMS; unmittelbar am Kerbgrund kann die Dehnung wegen der endlichen Breite der Meßstreifen nicht bestimmt werden; bei den vorliegenden Messungen betrug der Mittenabstand zum Rand 2mm. In Bild 72 sind die Meßwerte eines bestimmten Lastniveaus eingetragen und durch eine Kurve verbunden. Die Kerbspannung selbst kann nur mittels Extrapolation gefunden werden. Je schärfer die Kerbe ist, umso problematischer und unsicherer ist die Extrapolation, sie versagt bei sehr scharfer Kerbung. Da der dem Kerbgrund benachbarte DMS innerhalb des steilen Spannungsgradienten liegt, ist die Messung umso fehlerhafter, je schärfer die Kerbe ist. Die Schwierigkeiten der Kerbspannungsanalyse mittels DMS werden daraus deutlich; ggf. ist eine im Maßstab vergrößerte Probe auszumessen [72].

Die in Bild 72 eingetragenen Ergebnisse sind Mittelwerte aus je vier Meßwerten. Aus Formel G.13 folgt für die Probekörper 1 bis 5:

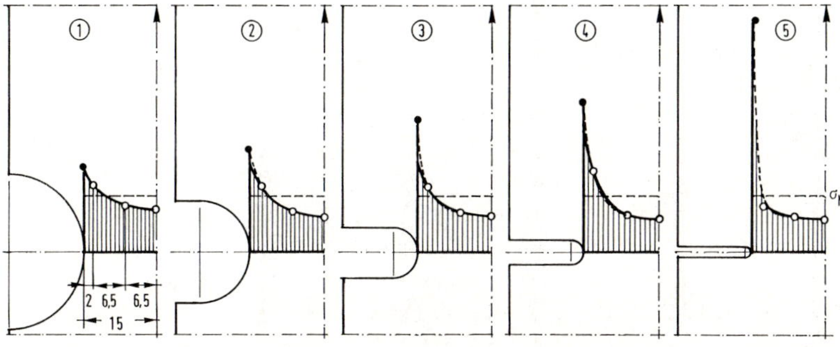

1 : α_K = 1,62 (1,48)
2 : α_K = 1,87 (1,80)
3 : α_K = 2,49 (2,20)
4 : α_K = 3,09 (2,60)
5 : α_K = 4,96 (4,20)

Klammerwerte nach Kurventafeln von NEUBER [59]. Die gerechneten Formelwerte sind in Bild 72 eingetragen.

Bild 72 o Messung (Mittelwert aus 4 Meßwerten) ; • Rechnung, siehe Text

2.6.5.5.5 Zugversuche an Lochstäben ohne und mit Paßbolzen

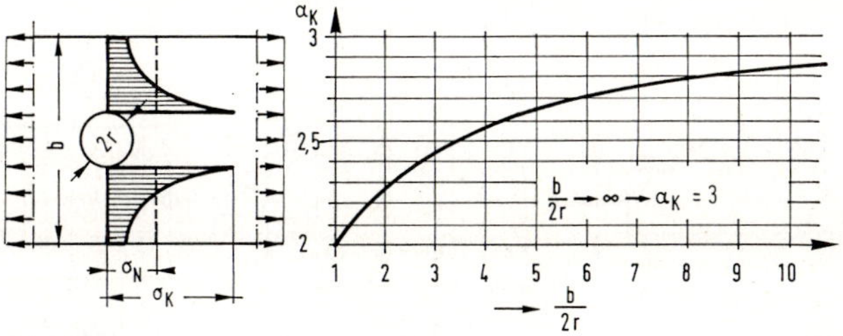

Bild 73 a) b)

Für den Lochstab kann der Kerbfaktor α_K aus Bild 73 entnommen werden; für die unendlich ausgedehnte Vollscheibe mit Loch liefert die Theorie α_K=3. Bei mehreren hinter- oder/und nebeneinander liegenden Löchern fällt α_K im Vergleich zum Einzelloch stets niedriger aus. Den Zugversuchen liegt die in Bild 74 skizzierte Probenform zu Grunde (Stahl St37-2). Es wurden zwei Versuche durchgeführt: Lochstab ohne und Lochstab mit Paßbolzen. Bild 75 zeigt das Kraft-Kolbenwegdiagramm für die zweitgenannte Probe, der Fließbereich ist nur sehr schwach ausgeprägt.

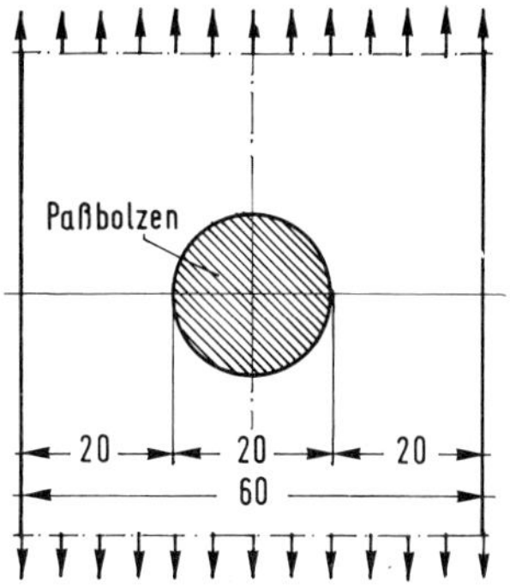

Bild 74

Versuchsergebnisse: Zugfestigkeit: Grundmaterial R_m=447N/mm² (ungekerbter Prüfstab). Lochstab ohne Bolzen: R_m=482N/mm², Lochstab mit Paßbolzen: R_m=393N/mm² (zwei Versuche mit identischem Ergebnis). Somit erhält man im Vergleich zum glatten Prüfstab für den Lochstab ohne Bolzen eine Erhöhung und für den Lochstab mit Paßbolzen eine Verringerung der Zugfestigkeit. Die Fotos in Bild 76 zeigen die Abfolge der Einschnürung der beiden Probenformen. Offensichtlich wirkt sich die Behinderung der Quereinschnürung im Lochbereich durch den Bolzen als zusätzlicher mehrachsiger Anstregnungszustand aus, der eine Reduzierung der Zugfestigkeit bewirkt. Für den Lochstab ohne Bolzen ergibt sich eine Bruchlängenänderung (vornehmlich aus den plastischen Verformungen im Lochbereich) zu $\Delta l \approx r/2$ und für den Lochstab mit Bolzen zu $\Delta l \approx r$; r ist der Lochradius.

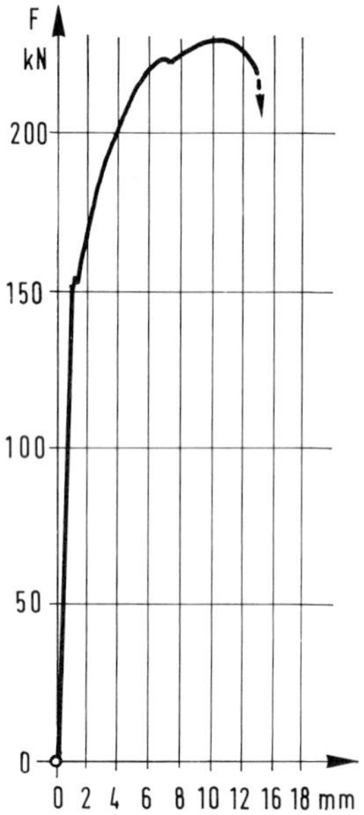

Bild 75

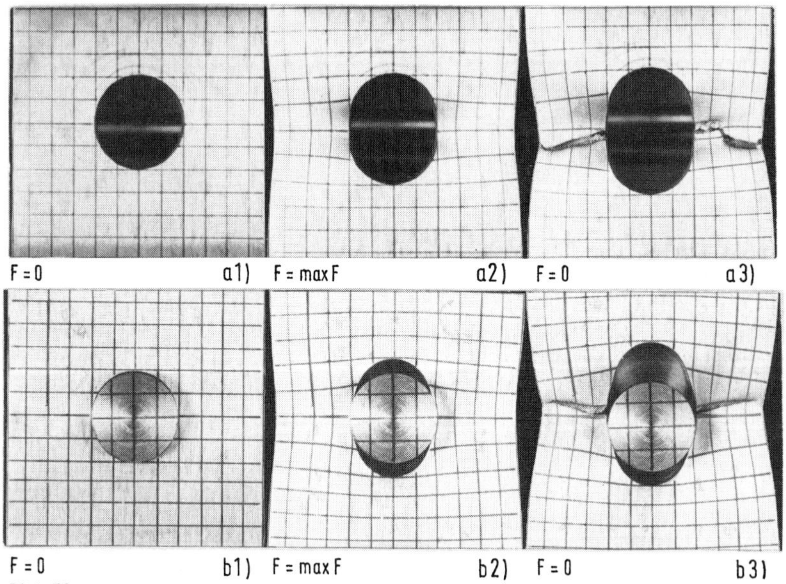

ohne Paßbolzen

mit Paßbolzen

Bild 76

2.6.5.5.6 Zugversuche an Flachproben mit versetzten Schraubenlöchern

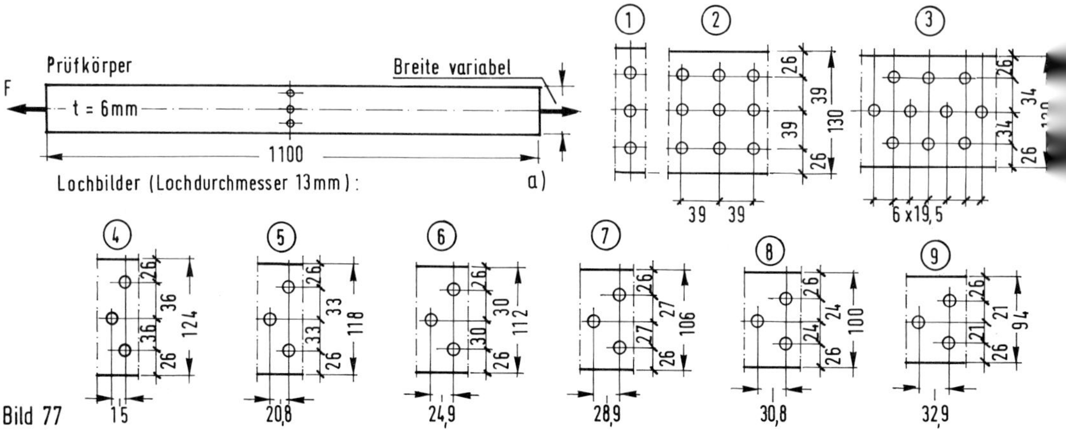

Bild 77

Es wurden 9 Prüfstäbe mit unterschiedlicher Lochkonfiguration auf Zug geprüft (Bild 77). Breite der Prüfstäbe und gegenseitiger Abstand der Löcher wurden so aufeinander abgestimmt, daß der Restquerschnitt (Nettoquerschnitt) in allen Fällen (bei versetzter Lochanordnung bezogen auf die Zick-Zack-Linie) gleichgroß ist; der gegenseitige Abstand der Löcher beträgt 3d. Material der Prüfkörper: St52-3, R_e=349N/mm², R_m=497N/mm², A=32,7%, Z=64%, E=210400N/mm².
Es wurden zwei Fragestellungen bearbeitet: a) Bestimmung der Kerbfaktoren α_K, b) Bestimmung der Bruchkräfte und der maßgebenden Bruchlinie bei versetzter Lochanordnung.

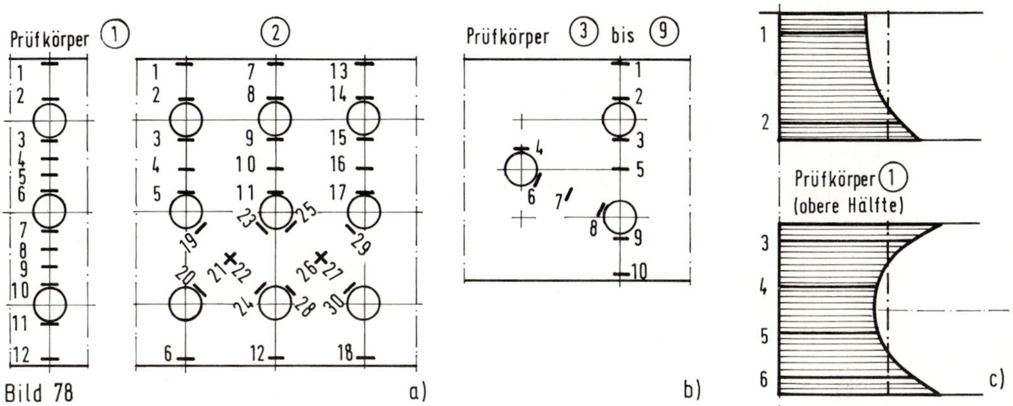

Bild 78

Kerbspannungen: Bild 78a/b zeigt die Anordnung der Dehnmeßstreifen (DMS) für die Prüfkörper ①, ② und ③ bis ⑨. Da die Positionierung der DMS unmittelbar an den Lochrändern nicht möglich ist, wurden die DMS in einem Abstand von 2,5mm (möglichst exakt) geklebt. Teilbild c zeigt das Ergebnis einer Messung. Auf die Kerbspannung am Lochrand kann nur durch Extrapolation geschlossen werden. Im Ergebnis fallen alle Messungen etwa gleich aus, einschließlich der Messungen für versetzte Lochanordnung: Aus diesen kann der Kerbfaktor zu etwa 1,6 abgeschätzt werden (Mittelwert zwischen 1,5 und 1,7).
Bestimmt man den theoretischen Kerbfaktor nach den Kurventafeln von PETERSON [61], findet man für alle Lochanordnungen 2,05 (die Werte gelten für die unendlich ausgedehnte Scheibe und liegen daher auf der sicheren Seite). Um die Untersuchung abzusichern, wurden Rechnungen nach der Methode der finiten Elemente durchgeführt (ASKA, Element Typ TRIM3). Bild 79a zeigt das generierte Netz. Im Lochbereich wird der Zugstab durch möglichst feine Elemente beschrieben. Wie erkennbar, ist das Netz rechtsseitig feiner als linksseitig ausgelegt, dadurch ergeben sich ca. 10% höhere Kerbspannungen! Bei weiterer Verfeinerung des Netzes würde sich eine noch höhere Spannungsspitze ergeben haben. Die mit dem Netz gerechneten Werte sind offensichtlich zu gering, denn die Spannungsflächen kommen gegenüber der Mittelspannung σ_N nicht zum Ausgleich. Die Rechnung liefert für α_K ca. 1,45 (wiederum als Mittelwert gültig für die verschiedenen Lochkonfigurationen). Die Meßwerte werden eher bestätigt als der theoretische Wert. - Die Schwierigkeiten, die einer exakten Bestimmung des α_K-Faktors auf der Grundlage von DMS-Messungen und FEM-Rechnungen gegenüberstehen, werden aus diesem Beispiel deutlich; die Schwierigkeiten wachsen mit zunehmender Kerbschärfe außerordentlich an.
Bruchkräfte: In der Tabelle des Bildes 80 sind die Versuchswerte für die Bruchkräfte (F_U) ausgewiesen; es handelt sich um Mittelwerte aus je zwei Versuchen. Der Prüfkörper ⓪ ist ein ungelochter Vergleichsstab mit derselben Länge wie alle anderen Stäbe. Drei Maschinendiagramme sind in Bild 81 dargestellt, und zwar für die Prüfkörper ⓪, ① und ③. Beim Stab ① stellt sich die Plastizierung nur in einer Lochebene ein, das Verhalten ist daher, global betrachtet, "spröde".
In Spalte 3 der Tabelle des Bildes 80 bedeuten die Symbole — : Bruch geradlinig-quer durch den Stab und ∧: Bruch in Zick-Zack-Linie. In Spalte 4 und 5 sind die ausgemessenen Nettolängen der geraden und der Zick-Zack-Linien eingetragen. Bei den Prüfkörpern ③ bis ⑨

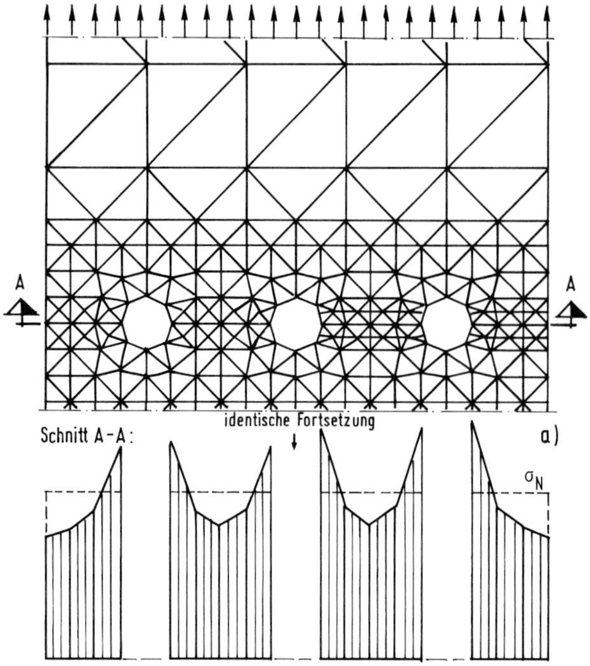

Bild 79 (Prüfkörper ②)

erfaßt die gerade Linie zwei und die Zick-Zack-Linie drei Löcher. Wird mit dem jeweils geringsten Wert die rechnerische Bruchfläche bestimmt (wie dieses DIN 18800 T1 und z.B. SIA161 entspricht), ergeben sich mit $\sigma_Z = R_m = 51{,}3\,kN/cm^2$ die in Spalte 6 eingetragenen rechnerischen Bruchkräfte. Diese Werte korrespondieren mit den Versuchswerten gut, in Spalte 7 sind die prozentualen Abweichungen angegeben. Bei Prüfkörper 3 liegt das Erbebnis mit 8% auf der unsicheren Seite. Da im Rahmen der statischen Tragsicherheitsnachweise gegen die Fließgrenze abgesichert wird, ist gegenüber der Bruchgrenze eine zusätzliche Sicherheit von 37/24=1,54(St37) bzw. 52/36=1,44(St52) vorhanden; die hier ermittelten Schwankungen werden dadurch ausreichend abgedeckt. Insgesamt wird die DIN-Regelung gut bestätigt. Das gilt auch für die zu erwartende Bruchlinie: Mit Ausnahme bei Prüfkörper ⑥, bei dem ein gerader Durchriß zu erwarten gewesen wäre. - In den angelsächsischen Regelwerken wird die maßgebende Bruchlinie wie folg berechnet, vgl.

1	2	3	4	5	6	7	8	9	10	11
Nr.	F_U	≙	gerade (l)	zick-zack (l)	rechn. F_U	Δ	gerade (l_g)	zick-zack (l_g)	rechn. F_U	Δ
0	280,1	–	91,0		280,1	-	91,0		280,1	-
1	280,2	–	91,0	-	280,1	0	91,0	–	280,1	0
2	283	–	91,0	-	280,1	+1	91,0	–	280,1	+1
3	259	^	94,0	91,4	281,3	-8	94,0	86,6	266,6	-3
4	283	^	98,0	91,0	280,1	+1	98,0	88,1	271,2	+4
5	271	^	92,0	91,0	280,1	-3	92,0	85,6	263,5	+3
6	264	^	86,0	91,0	264,7	0	86,0	83,3	256,4	+3
7	251	–	80,0	90,9	246,0	+2	80,0	82,5	246,0	+2
8	238	–	74,0	91,1	228,0	+4	74,0	80,8	228,0	+4
9	221	–	68,0	91,1	209,3	+6	68,0	80,8	209,3	+6
	kN		mm		kN	%	mm		kN	%

Bild 80

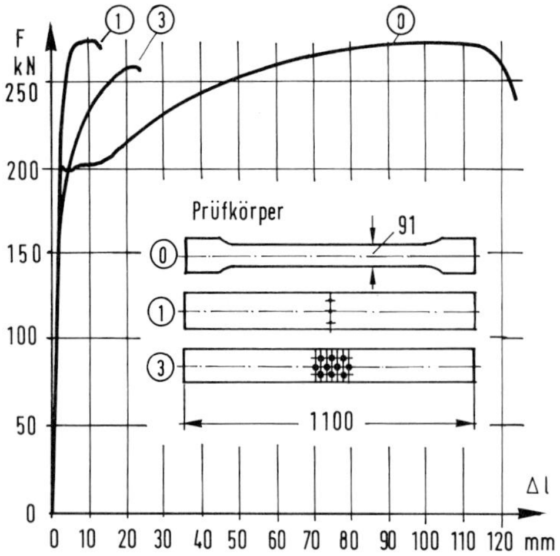

Bild 81

Bild 82: Es wird unterstellt, daß der Einfluß eines versetzten Loches dadurch erfaßt werden kann, daß von der geradlinigen Nettobruchfläche die versetzt liegende Lochschwächung mit dem Faktor

$$(1 - s^2/4gd) \tag{14}$$

in Abzug gebracht wird. Das ergibt für das in Bild 82 dargestellte Beispiel folgende rechnerisch anzusetzende Bruchfläche:

$$A = bt - dt - dt\left(1 - \frac{s^2}{4gd}\right) = bt - 2dt + \frac{s^2}{4g}\cdot t = \left(b - 2d + \frac{s^2}{4g}\right. \tag{15}$$

Entsprechend wird bei mehreren versetzten Löchern verfahren, z.B. im Falle des Prüfkörpers ⑥:

$$l_g = 112 - 3\cdot 13 + 2\cdot\frac{24{,}9^2}{4\cdot 30} = 112 - 39 + 10{,}33 = \underline{83{,}33\,mm}$$

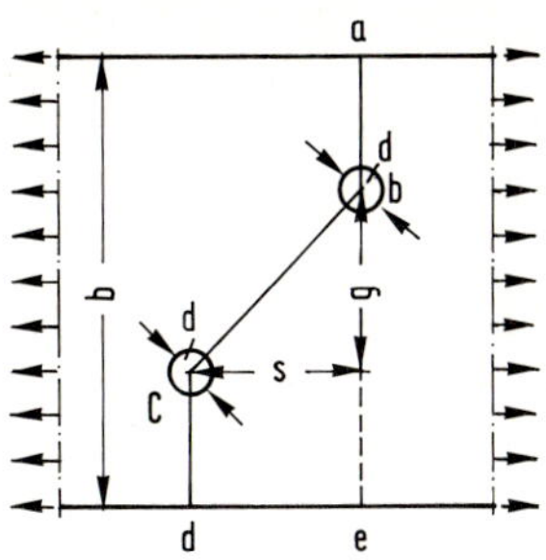

Bild 82

Sofern die geradlinige Bruchlinie (hier durch zwei Löcher) einen geringeren Wert ergibt, ist diese maßgebend. In Bild 80 ist die Auswertung, einschließlich der rechnerischen Bruchkräfte, wiedergegeben (Spalte 8-11). Offensichtlich trifft Formel G.14/15 die Beanspruchung genauer (auch die Bruchform) als die DIN-Regel. Zur Grundlage von G.14, mit der versucht wird, den mehrachsigen Anstrengungszustand in den zickzackförmigen oder diagonal über die Stabbreite verlaufenden Linienabschnitten zutreffender zu erfassen, vergleiche HARRE [73]. In Zweifelsfällen sollte der maßgebende Bruchquerschnitt mittels G.14 berechnet werden. Handelt es sich um einen L, [oder I-Querschnitt mit versetzt angeordneten Löchern, sind alle Flächen zweckmäßig in eine Ebene zu klappen; hierauf wird dann die Regel (G.14) angewandt. - Bild 83 zeigt die Bruchbilder der Prüfkörper ⑥ und ⑦.

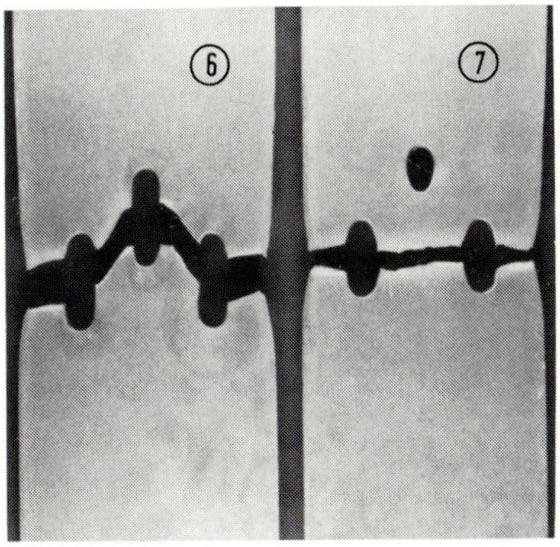

Bild 83

2.6.5.5.7 Druckversuche zur Bestimmung der Stauchgrenze

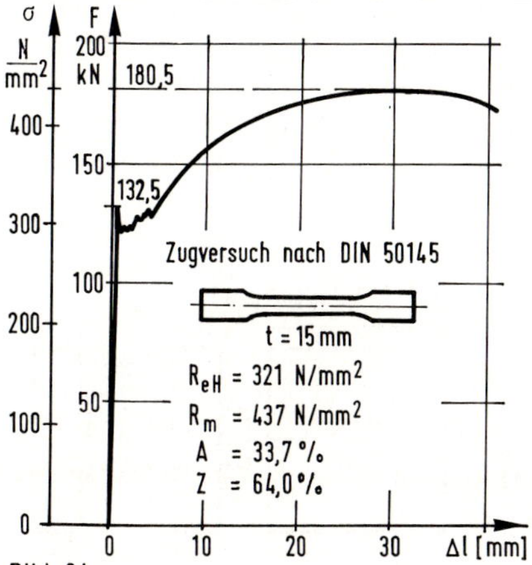

Bild 84

Für einen Stahl St37-2 wird die Stauchgrenze bestimmt. Bild 84 zeigt das Ergebnis eines nach DIN 50145 durchgeführten Zugversuches zur Bestimmung der mechanischen Werte. Die Ausprägung der oberen und unteren Streckgrenze ist deutlich zu erkennen. Versuchsergebnis:

obere Streckgrenze : 321N/mm²

untere Streckgrenze: 293N/mm² (91,3%)

Während sich die Streckgrenze im Zugversuch relativ einfach ermitteln läßt, ist die Bestimmung der Stauchgrenze wegen der Knickgefahr des Prüflings schwierig. Es bedarf einer sehr kurzen Druckprobe. Bild 85 zeigt den gewählten Prüfling und den verwendeten Meßaufnehmer für eine Meßlänge von 50mm. Hiermit wurden mehrere Versuche durchgeführt. Bild 86 zeigt das Ergebnis zweier Versuche, einmal für Kraft- und einmal für Wegregelung. Die Teilbilder a und c geben die Maschinendiagramme und die Teilbilder b und d die Schriebe des in Bild 85 gezeigten Aufnehmers wieder. Darüberhinaus zeigt Bild 86b das Ergebnis eines Zugversuches für eine Probe mit identischem Querschnitt. - Ergebnis: In allen Fällen stimmen Streckgrenze (Fließgrenze) und Stauchgrenze näherungsweise überein, die Stauchgrenze liegt i.M. 3% höher; dafür ist der Stauchbereich bis zur Verfestigung kürzer als der Fließbereich. Für den in Bild 86b

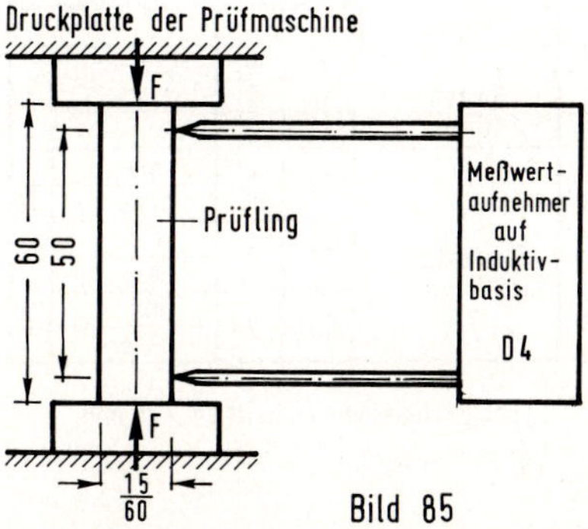

Bild 85

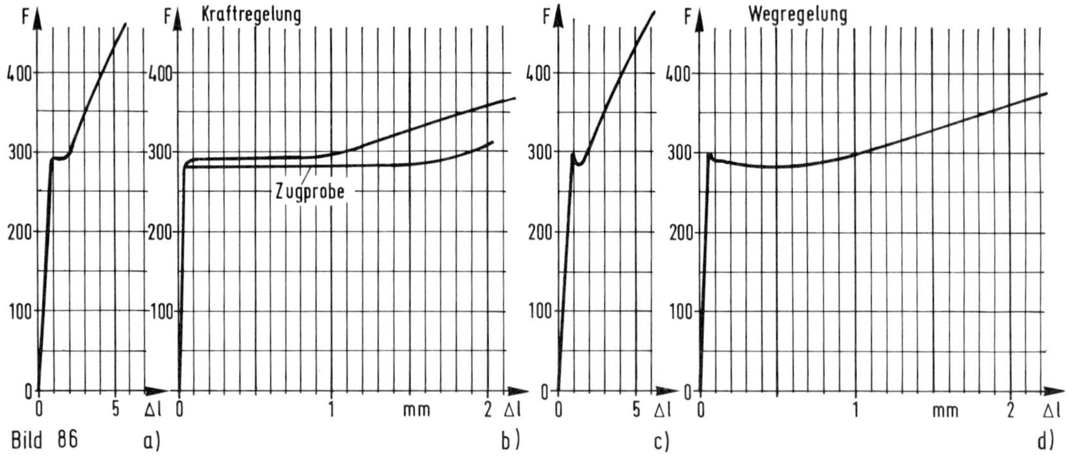

Bild 86

dargestellten Fall ergibt sich:

Stauchbereich: $\varepsilon_V = 0{,}9/50 = 0{,}018 = 1{,}8\%$ (ca. $12\varepsilon_F$)

Fließbereich: $\varepsilon_V = 1{,}5/50 = 0{,}030 = 3{,}0\%$ (ca. $20\varepsilon_F$)

Offensichtlich ist das Stauch-Fließ-Verhalten des geprüften Stahles ausgeprägt. Eine Druckbruchfestigkeit läßt sich nicht bestimmen, weil der Prüfling, trotz seiner gedrungenen Form, bei höheren Druckkräften seitlich ausknickt.

2.6.5.5.8 Druckversuche an Flachproben mit Schraubenlöchern

Beim Spannungsnachweis gedrückter Bauteile (bzw. Querschnittsbereiche) braucht nach den einschlägigen Vorschriften die Lochschwächung eines Niet- oder Schraubenloches nicht berücksichtigt zu werden, weil man von der Vorstellung ausgeht, daß das Loch durch den Niet- bzw. Schraubenschaft ausgefüllt wird und dadurch die Kraft vermittelst Kontaktwirkung über das Loch hinweg durch den Niet- bzw. Schraubenschaft übertragen wird. Diese Vorstellung ist sicher berechtigt, wenn es sich um Niete oder Paßschrauben handelt, weil diese das Loch satt ausfüllen. Wie aber ist das Verhalten, wenn Schrauben mit Lochspiel eingesetzt werden? Um die Frage zu prüfen, wurden mit demselben Material und derselben Prüfkörperform,

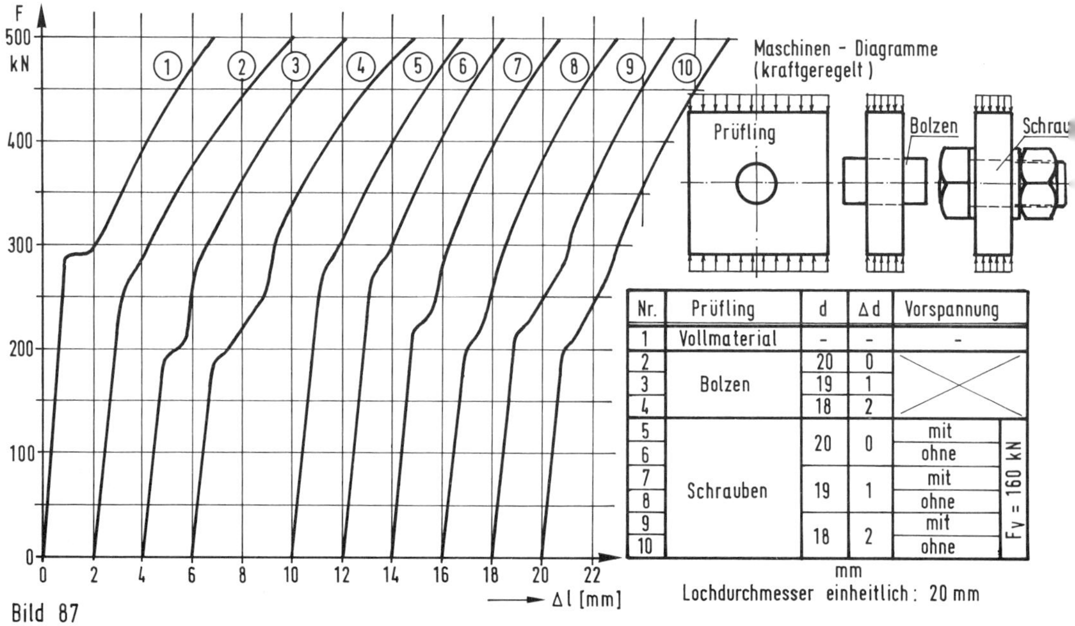

Nr.	Prüfling	d	Δd	Vorspannung	
1	Vollmaterial	-	-	-	
2	Bolzen	20	0		
3		19	1		
4		18	2		
5	Schrauben	20	0	mit	$F_V = 160$ kN
6				ohne	
7		19	1	mit	
8				ohne	
9		18	2	mit	
10				ohne	

mm

Lochdurchmesser einheitlich: 20 mm

Bild 87

die im vorangegangenen Abschnitt behandelt wurde, Stauchversuche durchgeführt. Prüfling: Querschnitt 15x60mm, Schrauben M20-10.9, Lochdurchmesser in allen Fällen 20mm, vgl. Bild 87. Das Lochspiel wurde durch Abdrehen des Schraubenschaftes hergestellt. Es wurden Schrauben ohne und mit Vorspannung geprüft. Der Prüfumfang ist in der Tabelle des Bildes 87 ausgewiesen. Hierin sind auch die Maschinendiagramme einer Versuchsserie dargestellt. (Zwei weitere Serien lieferten identische Ergebnisse; auf die Wiedergabe der Meßergebnisse mit einem induktiven Wegaufnehmer gemäß Bild 85 wird verzichtet.)

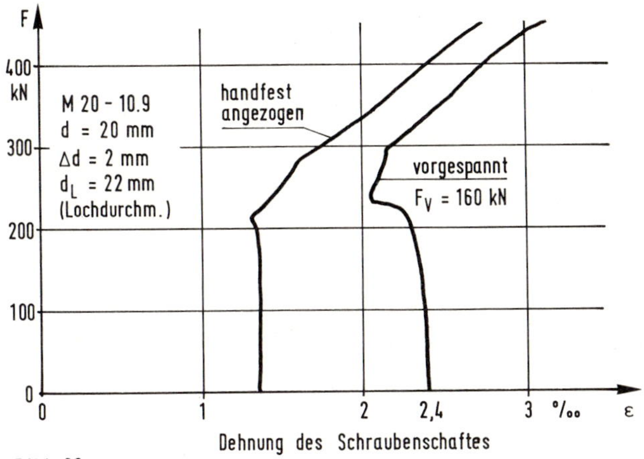

Bild 88

Probe (1): Vollmaterial; Proben (2) bis (4) : gedrehte Bolzen; Proben (5) bis (10) Schrauben. - Ergebnis: Bei den Prüflingen mit Lochspiel stellt sich nach Erreichen der Stauchgrenze im Lochquerschnitt eine der Größe des Lochspiels entsprechende Verschiebung mit reduziertem Gradienten ein, nach Aufsitzen des Materials auf dem Bolzen ist der Kraft-Verschiebungsgradient gleich dem des Vollmaterials im Verfestigungsbereich. Es ist erkennbar, daß die jeweilige Spannung bei den Schraubenproben etwas höher liegt als bei den Proben mit einfachen Rundbolzen; offensichtlich eine Folge der Stützung des Lochbereiches durch Schraubenkopf und -mutter. Die Proben mit vorgespannten Schrauben verhalten sich geringfügig steifer als die nur handfest angezogenen Schrauben. Wesentliches Ergebnis: Bei 75% der Stauchkraft der Vollprobe tritt bei den Proben mit Lochspiel die plastische Stauchung ein (1/0,75=1,33).

Bei einer weiteren Serie wurden die Schraubenschäfte mit Dehnmeßstreifen (DMS) beklebt und die elektr. Drähte durch eine Bohrung im Schraubenkopf geführt. Es sollte geprüft werden, wie sich die Spannung in den Schrauben durch die auftretende Querdehnung der 15mm dicken Proben erhöht. Schraubendurchmesser unverändert: 20mm, Lochdurchmesser einheitlich 22mm, Vorspannkraft der vorgespannten Schrauben 160kN. Bild 88 zeigt zwei Meßresultate für eine handfest angezogene und eine vorgespannte Schraube (alle anderen Versuche lieferten prinzipiell die gleichen Ergebnisse). Es wird erkennbar, daß in Höhe der Stauchkraft des gelochten Querschnittes ein gewisser Spannkraftabfall eintritt, bei weiterer Laststeigerung steigt die Zugkraft in den Schrauben über das Vorspanniveau hinaus an.

2.6.5.6 Ermüdungsfestigkeit (Dauerfestigkeit)

2.6.5.6.1 Phänomenologie und Ursachen der Werkstoffermüdung

Stahlkonstruktionen, die zeitlich veränderlichen (nicht vorwiegend ruhenden) Lasten ausgesetzt sind, wie Krane, Kranbahnen, Brücken (aber auch z.B. Druckbehälter und -rohrleitungen mit häufig wechselnden Betriebsdrücken), sind gegen Versagen infolge Materialermüdung nachzuweisen. Dieser Nachweis setzt die Kenntnis der Ermüdungsfestigkeit voraus. Die Ermüdungsfestigkeit ist in ausgeprägter Weise von den inneren und äußeren Kerbwirkungen und vom Betriebscharakter der Belastung (schwellend/wechselnd) abhängig. Insofern ist die Ermüdungsfestigkeit keine isolierte Werkstoffkenngröße. Man umschreibt mit diesem

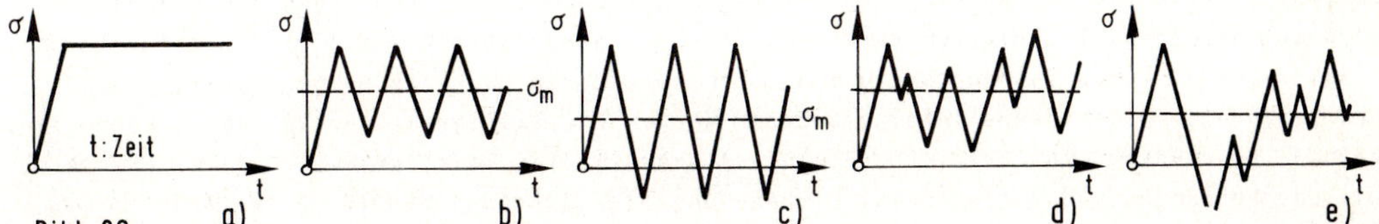

Bild 89

Begriff vielmehr einen ganzen Festigkeitskomplex in Abhängigkeit von der konstruktiven Gestaltung und vom Beanspruchungstyp, gekennzeichnet durch Verlauf, Intensität und Lastwechselzahl. Bild 89 zeigt unterschiedliche Beanspruchungstypen: a) statisch (zügig einsinnig), b) bis e) zyklisch (schwingend). Der zeitliche Verlauf der Spannung ist i.a. harmonisch oder quasi-harmonisch (harmonisch ≙ sinusförmig; die Graphen werden hier durch Zick-Zack-Linien symbolisiert). In den Fällen b) und c) liegt eine schwellende bzw. wechselnde Beanspruchung zwischen konstanten Maximal- und Minimalmarken (um den Mittelwert σ_m) vor. Mit den Fällen d) und e) wird ein regellos schwellender bzw. wechselnder Betriebszustand gekennzeichnet; die realen Beanspruchungen sind i.a. von diesem Typ. Um die Zusammenhänge übersichtlich herausarbeiten zu können, beschränkt sich die folgende Darstellung auf die Behandlung der Ermüdungsfestigkeit für Beanspruchungsfolgen gemäß b) und c). Man spricht dann von der Dauerschwingfestigkeit oder kurz Dauerfestigkeit (DIN 50100). Die Berücksichtigung des realen (regellosen) Betriebs-Charakters führt auf die Betriebsfestigkeit (Abschnitt 3.7.5).

Wie in den vorangegangenen Abschnitten erläutert, ist das Gefüge der Werkstoffe -bei mikroskopischer Betrachtung- heterogen, d.h. vielkristallin, durchsetzt von Gitterfehlern, Ausscheidungen, Einlagerungen und Korngrenzen und insofern wesentlich von Art und Weise der Erschmelzung, Vergießung, Legierung, Verarbeitung und Wärmebehandlung abhängig. Unter der Wirkung einer äußeren Kraft stellt sich im kristallinen Haufwerk ein heterogenes Spannungsfeld ein, dessen Spitzenwerte an vielen Stellen über der Nennspannung σ_N liegen und damit an diesen Stellen (wieder mikroskopisch betrachtet) plastische Gleitungen bei häufig sich wiederholenden Betriebslasten hervorrufen können. Unter der Nennspannung versteht man den Rechenwert nach der technischen Festigkeitstheorie (Abschnitt 4), z.B.:

$$\sigma = \frac{N}{A} \pm \frac{M}{I} z; \quad \tau = \frac{QS}{It}; \quad \tau_T = \frac{M_T}{I_T} t \tag{16}$$

Die Höhe der Eigenspannungen hat auf Beginn, Ort und Größe der plastischen Gleitungen einen maßgeblichen Einfluß: a) Entlang der Korngrenzen befinden sich die Atome nicht in einem ihrem Gitter gemäßen Gleichgewichtszustand. Das gilt für alle Fehlstellen; es herrschen lokale, submikroskopische Eigenspannungszustände vor. b) Aus der Fertigung sind stets makroskopische Eigenspannungen vorhanden (Walzen, Schweißen, Richten), denen sich die Nennspannungen überlagern. Bei statischer Beanspruchung (geringe Lastspielzahl) sind plastische Gleitungen ungefährlich. (Wie ausgeführt, ist gerade in diesem Fließvermögen die hervorragende Werkstoffeigenschaft von Stahl begründet.)

Bei häufigen Lastwechseln entwickeln sich aus den plastischen Gleitungen Mikrorisse, entweder auf der Oberfläche infolge sogen. In- und Extrusionen (das sind an der Oberfläche austretende Versetzungen in Form von Gleitbändern) oder im Inneren des Werkstückes, wo die Versetzungen an Korngrenzen blockiert werden oder wo lokale Fehlstellen wie Ausscheidungen, Seigerungen, Einschlüsse, Wasserstoffversprödungen usf. vorhanden sind. Mit steigender Lastwechselzahl vergrößern sich die Risse zu Makrorissen, die Zerrüttung schreitet fort. In der Regel dominiert ein Riß. Infolge der Kerbwirkung an der Rißspitze schreitet der Riß immer schneller fort, denn die Restfläche wird ständig kleiner. Bei einer kritischen Rißgröße tritt der Bruch ein; der Restquerschnitt versagt "statisch". Die Dauerbruchfläche ist glatt, feinkörnig, glänzend und verformungsfrei; die Gewaltbruchfläche ist rauh und zerklüftet und hebt sich deutlich durch die Scherflächen und Einschnürungen von der Dauerbruchfläche ab. Bei letzterer sind vielfach Rasterlinien, konzentrisch um den Rißausgangspunkt, erkennbar; sie sind ein Indiz für Ruhepausen des Rißfortschritts. (Wegen einer vertieften Betrachtung der strukturmechanischen Grundlagen der Ermüdung wird auf das Spezialschrifttum verwiesen [74-79], siehe auch die Lit. zur Bruchmechanik, Abschnitt 28). Ist das Spannungsfeld von vornherein durch markante Spannungsspitzen gekennzeichnet, insbesondere infolge äußerer Kerben wie Rauhigkeit der Walzhaut, Korrosionsnarben, Beschädigungen (Kratzer und Riefen) oder infolge konstruktiver Kerben aller Art, wie Lochbohrungen und -stanzungen, Dicken- und Steifigkeitssprüngen, Schweißnähten, so wird

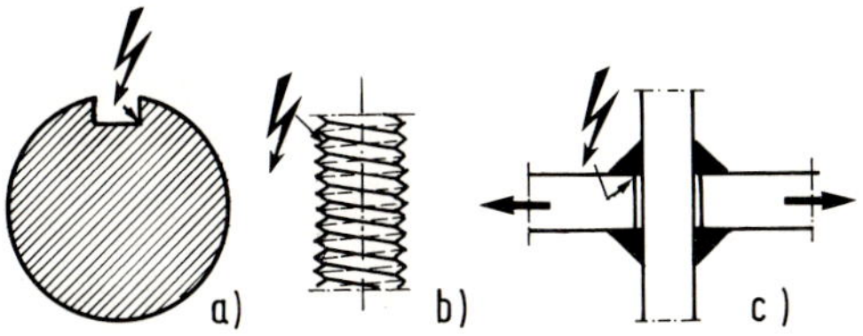

Bild 90

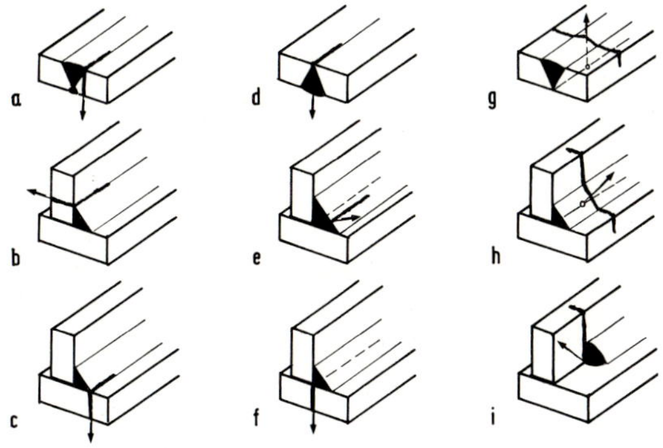

Bild 91 (nach HAIBACH)

der dominierende Ermüdungsriß i.a. von solchen lokalen Kerbwirkungen ausgehen. Daraus läßt sich die Grundforderung ermüdungsgerechten Konstruierens ableiten: Weitgehende Vermeidung, zumindestens aber Milderung, äußerer Kerben. Das gilt insbesondere für den Kran- und Brückenbau, aber auch für solche Konstruktionen, die gegenüber aeroelastischen Effekten schwingungsempfindlich sind, z.B. Stahlschornsteine. Die Kerbschärfe hat den größten Einfluß auf die Ermüdungsfestigkeit. Durch eine sorgfältige Detailausbildung und -ausführung mit dem Ziel einer Kerbwirkungsminimierung läßt sich die Lebensdauer bedeutend steigern; das ist ein ganz wesentlicher Sicherheitsaspekt.

Bild 90 zeigt markante Kerbfälle: a) Maschinenwelle mit Paßfedernut, b) Schraubengewinde (geschnitten; gerollt oder gewalzt ist günstiger), c) Kreuzstoß mit Doppelkehlnaht (Riß von der Wurzel ausgehend, zunächst nicht erkennbar!)

Mittels der Kerbformziffer α_K, die das Verhältnis der elasto-statischen Kerbspannungsspitze zur Nennspannung angibt und der Kerbwirkungszahl β_K, die das Verhältnis der Dauerfestigkeit des gekerbten zum ungekerbten Fall kennzeichnet, wird die werkstoffabhängige Kerbempfindlichkeitszahl η_K gebildet. Auf dieser Basis wird der Dauerschwingfestigkeitsnachweis im Maschinenbau geführt: Abschn. 3.7.2. Für den Stahlbau scheidet dieses Konzept aus; hier werden kerbfalltypische Dauerfestigkeiten bestimmt und das zu untersuchende Detail einem Kerbfall zugeordnet. - Quantitative Erkenntnisse lassen sich nur durch Dauerversuche an geeigneten Prüfkörpern gewinnen. Das gilt insbesondere für die mannigfachen Schweißnahtarten, weil in diesen Fällen (neben der geometrischen Kerbform) i.a. ein mehrachsiger Anstrengungs- und Eigenspannungszustand vorliegt und der Werkstoff infolge Schweißung lokale Gefüge- und Zähigkeitsänderungen erfährt. Der Ermüdungsriß geht meist von der Einbrand- oder Wurzelkerbe (normalerweise von der freien Oberfläche) aus und von dort unmittelbar oder nahtseitig von der Gefügegrenze zwischen aufgeschmolzenem, überhitzten Grundwerkstoff und erstarrtem Schweißgut, vgl. Bild 91.

Ergänzend sei darauf hingewiesen, daß die Übertragung der an Prüfkörpern bestimmten Dauerfestigkeiten auf Großbauteile problematisch ist. Zum einen herrscht i.a. in einem geschweißten Großbauteil ein globaler Eigenspannungszustand vor, der umso höher ist, je steifer das Bauteil ist; zum anderen handelt es sich um ein "statistisches" Größenproblem: Die Wahrscheinlichkeit eines Dauerrisses ist umso höher, je größer das Werkstoffvolumen und z.B. die Schweißnahtlänge ist. Der letztgenannte Effekt ist gegenüber dem Eigenspannungseinfluß bei Stahlkonstruktionen weniger gewichtig.

2.6.5.6.2 WÖHLER-Linie (Einstufenversuche)

Bei der Durchführung der Dauerschwingversuche und der Darstellung der Versuchswerte werden unterschieden (Bild 92), vgl. auch DIN 50100 und VDI-Ri 2227:

σ_o : Oberspannung (die dem Betrage nach höhere Spannung)

σ_u : Unterspannung (die dem Betrage nach niedrigere Spannung)

$\Delta\sigma = \sigma_o - \sigma_u$: Spannungsbreite (Spannungsspanne, Doppelspannungsamplitude)

$\sigma_a = \Delta\sigma/2$: Spannungsausschlag (Spannungsamplitude)

σ_m : Mittelspannung

Der Quotient σ_u/σ_o heißt Spannungsverhältnis und wird mit $\varkappa$ (auch R und S) abgekürzt. Folgende Beanspruchungen werden unterschieden:

$\sigma_m = 0$:	$\varkappa = -1$:	Wechselbeanspruchung
	$0 > \varkappa > -1$:	Beanspruchung im Wechselbereich
$\sigma_u = 0$:	$\varkappa = 0$:	Schwell- auch Ursprungsbeanspruchung
	$1 > \varkappa > 0$:	Beanspruchung im Schwellbereich, Zug oder Druck
$\sigma_u = \sigma_o$:	$\varkappa = 1$:	Statische Beanspruchung

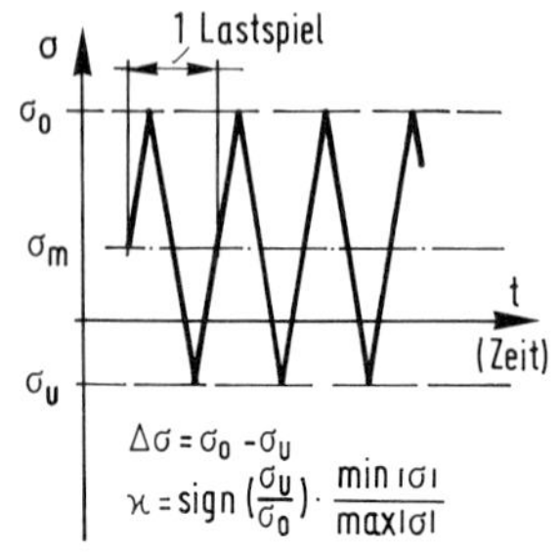

Bild 92

Die Dauerversuche werden an einer größeren Zahl möglichst identischer Versuchskörper für ein bestimmtes Spannungsverhältnis, z.B. $\varkappa = -1$, $-0{,}5$, 0 oder $+0{,}5$ durchgeführt. Die Prüfkörper werden in der Dauerprüfmaschine auf vorab vereinbarten Spannungshorizonten solange mit fest eingestellter Ober- und Unterspannung pulsiert, bis der Prüfkörper gebrochen ist; in einem σ-N-Diagramm, worin N die Bruchlastwechselzahl bedeutet, werden die Versuchsergebnisse eingetragen. In Bild 93 ist der Versuchsbefund einer Dauerfestigkeitsserie eingezeichnet: Auf dem sechsten Spannungshorizont sind sämtliche 10 Prüfkörper gebrochen. Für diesen Spannungshorizont lassen sich die Versuchswerte, also die erreichten Bruchlastwechselzahlen, statistisch auswerten und daraus eine Dichte- und Häufigkeitsverteilung ableiten. Daraus ergibt sich eine bestimmte Ausfallwahrscheinlichkeit P_A bzw. Überlebenswahrscheinlichkeit $P_Ü = 1 - P_A$ für eine bestimmte Lastwechselzahl N, vice versa. -

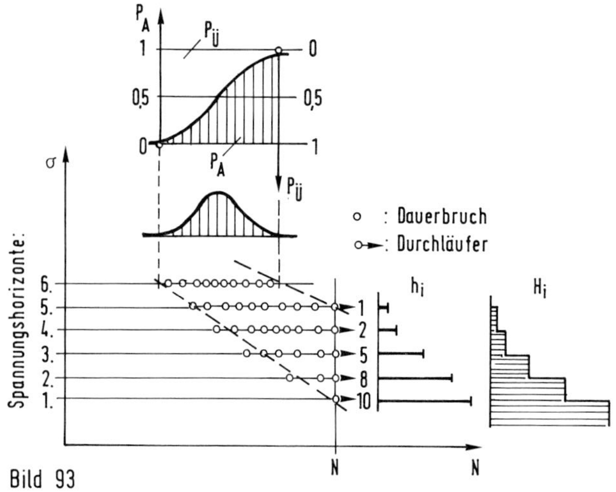

Bild 93

Unterhalb eines gewissen Spannungshorizontes treten sowohl Brüche wie Durchläufer auf. Durchläufer sind Proben, die bis zu einer vereinbarten Lastwechselzahl infolge Ermüdung nicht gebrochen sind. Das ist in Bild 93 für das vereinbarte N bei den Spannungshorizonten fünf, vier, drei und zwei der Fall. Die Durchläuferzahlen definieren ebenfalls einen Verteilungstyp. Schließlich gibt es einen Spannungshorizont ohne Brüche. In dem etwas schematisch dargestellten Beispiel des Bildes 93 sind 6x10=60 Prüfkörper unterstellt. Ein solcher Versuchsaufwand ist i.a. aus Kosten- und Zeitgründen nicht möglich. - Für die Versuchsdurchführung wurden spezielle Techniken entwickelt, um den Aufwand einzuschränken (LOCATI-PROT-Verfahren, Treppenstufenverfahren u.a.), das gilt auch für die statistische Auswertung [77,80-82].

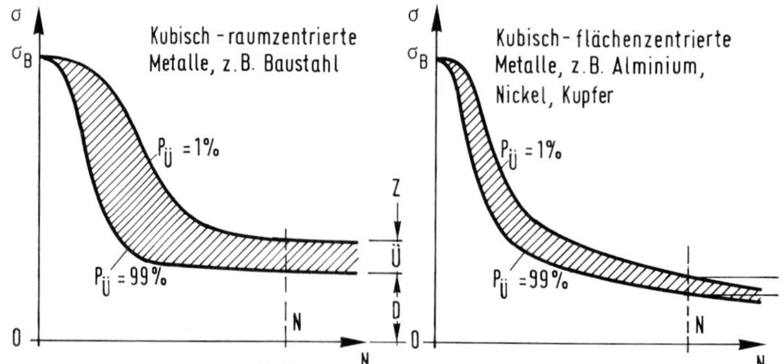

Z: Zeitfestigkeitsgebiet, Ü: Übergangsgebiet, D: Dauerfestigkeitsgebiet

Bild 94

Aus den oben erläuterten Gründen ist der Ermüdungsbruch ein Zufallsereignis; die versuchsbedingten Streuungen sind gering. Die Mittelwertslinie aller Versuche (Verbindungslinie der 50% Fraktilen der einzelnen Spannungshorizonte → Regressionsrechnung) nennt man WÖHLER-Linie oder auch mittlere Lebensdauerlinie, zum Unterschied z.B. zu der $P_Ü$=99%- oder $P_Ü$=1%-Lebensdauerlinie. Jene Spannung der WÖHLER-Linie, die zum Schnittpunkt mit einer vereinbarten Grenzlastwechselzahl N_G gehört, bezeichnet man als Dauerfestigkeit. (Bezogen auf andere Überlebenswahrscheinlichkeiten sind modifizierte Vereinbarungen möglich; sie bestimmen dann die Sicherheitsmargen.) Im Stahlbau wird i.a. $N_G=2\cdot10^6$ angesetzt. Die hierzu gehörende Dauerfestigkeit bezeichnet man als "Stahlbau-Dauerfestigkeit". (Im Maschinenbau gilt bei Eisenwerkstoffen häufig $10\cdot10^6$ und bei Leichtmetallen bis zu $100\cdot10^6$.) Die absolute Dauerfestigkeit liegt unter den so ermittelten Dauerfestigkeitswerten. Bei Stahl sind es wenige Prozent (etwa 5%). Bei Leichtmetallen, insbesondere Aluminium, (oder allgemeiner: bei allen Metallen mit kfz-Gitter) scheint eine absolute Dauerfestigkeit nicht zu existieren. D.h., selbst bei sehr geringen Spannungen stellt sich ein Dauerbruch ein, die Lastwechselzahl muß nur groß genug sein. Bild 94 zeigt die WÖHLER-Felder für Metalle mit krz- und kfz-Gitter, eingegrenzt durch Linien gleicher Überlebenswahrscheinlichkeit $P_Ü$=99% bzw. $P_Ü$=1%. Im WÖHLER-Diagramm werden folgende Bereiche unterschieden:

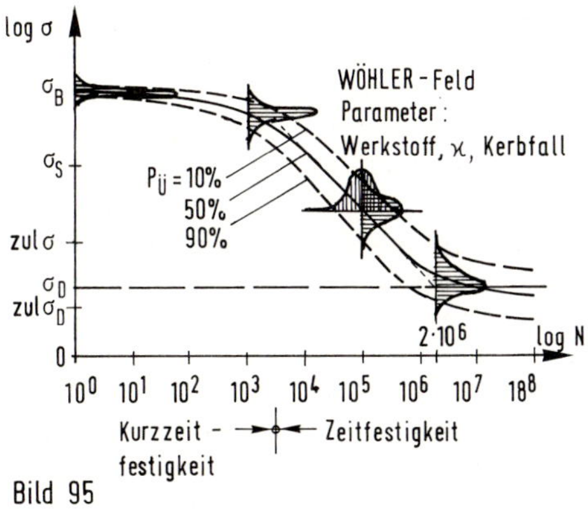

Bild 95

- Kurzzeitfestigkeit (low cycle fatigue) bis etwa $N=10^3$-10^4.
- Zeitfestigkeitsbereich mit stark fallender Tendenz der WÖHLER-Linie bis etwa $N=10^6$,
- Übergangsbereich,
- Dauerfestigkeitsbereich.

Linksseitig von der WÖHLER-Linie liegt im Zeitfestigkeitsbereich die "Linie der ersten sich ausprägenden Verformungsspuren" und die "Schadenslinie" (nach FRENCH), bei deren Überschreiten mit einem Absinken der Dauerfestigkeit zu rechnen ist; d.h. ein Prüfkörper, der die Schadenslinie überschritten hat wird infolge der Schädigung auch dann brechen, wenn die Prüfspannung anschließend auf einen Wert $\sigma<\sigma_D$ verringert wird.
Die Definitionen sind nicht ganz einheitlich. Das gilt für alle Benennungen, die Art und Weise der Versuchsdurchführung und -auswertung und insbesondere auch für die Prüfkörperformen; DIN 50100 ist veraltet und berücksichtigt die vermehrten Kenntnisse auf dem Gebiet der Ermüdungsfestigkeit (n.M.d.Verf.) nur unzureichend. Das WÖHLER-Feld wird zweckmäßig doppelt-logarithmisch skaliert. Innerhalb des Zeitfestigkeitsbereiches verläuft die WÖHLER-Linie dann näherungsweise geradlinig. (Diese Gesetzmäßigkeit läßt sich auf der Grundlage der Bruchmechanik herleiten, s. Abschnitt 28.) Im Kurzzeitfestigkeitsbereich schwenkt die WÖHLER-Linie in die statische Bruchfestigkeit σ_B ein (N=1, streng 1/4 bzw. 1/2), vgl. Bild 95. Für vorgegebene Horizonte σ=konst bzw. N=konst lassen sich Verteilungen angeben. In Höhe der Dauerfestigkeit σ_D geht die WÖHLER-Linie mehr oder weniger ausgeprägt in eine horizontale Gerade über; insofern weist die WÖHLER-Linie zwei doppelsinnige Krümmungen auf.
Im Zeitfestigkeitsbereich wird die Neigung der WÖHLER-Geraden (bei doppeltlogarithmischer Skalierung) durch den Faktor k gekennzeichnet. Ist σ_D die Dauerfestigkeitsspannung, N_D die zugehörige Grenzlastwechselzahl ($N_D=2\cdot10^6$) und σ_Z die Zeitfestigkeitsspannung auf der WÖHLER-Geraden für die zugehörige Lastwechselzahl N_Z, gilt (vgl. Bild 96):

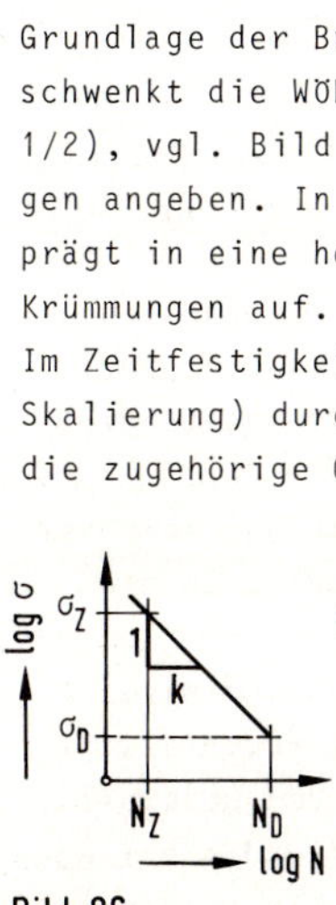

Bild 96

$$k=\frac{\log N_D-\log N_Z}{\log\sigma_Z-\log\sigma_D}\longrightarrow \log\sigma_Z-\log\sigma_D=\frac{1}{k}(\log N_D-\log N_Z)\longrightarrow \log\sigma_Z=\log\sigma_D+\frac{1}{k}\log\frac{N_D}{N_Z} \qquad (17)$$

Alternativ kann geschrieben werden:

$$k=\frac{\log(N_D/N_Z)}{\log(\sigma_Z/\sigma_D)}\longrightarrow \log\left(\frac{N_D}{N_Z}\right)=k\cdot\log\left(\frac{\sigma_Z}{\sigma_D}\right)=\log\left(\frac{\sigma_Z}{\sigma_D}\right)^k\longrightarrow \frac{N_D}{N_Z}=\left(\frac{\sigma_Z}{\sigma_D}\right)^k\longrightarrow N_Z=\frac{N_D}{\left(\frac{\sigma_Z}{\sigma_D}\right)^k} \qquad (18)$$

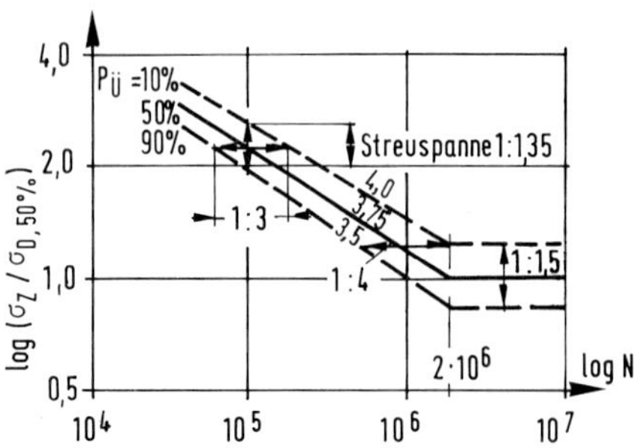

Bild 97

Die Gleichungen 17/18 sind zwei Varianten, um die WÖHLER-Gerade zu beschreiben. Wie die Versuche zeigen, ist der Neigungskoeffizient k (wie σ_D) vom Kerbfall, z.B. vom Schweißnahttyp, abhängig. Werden die Versuchsergebnisse auf den (z.B. mittels Regressionsanalyse bestimmten) $\sigma_{D,50\%}$-Wert normiert, tritt eine gewisse Einheitlichkeit des WÖHLER-Feldes zutage: Für die $P_Ü$=50%-Linie (WÖHLER-Linie) findet man für alle Schweißverbindungen etwa k=3,75. Auch lassen sich für den Streubereich innerhalb der $P_Ü$=90%- und 10%-Linien bestimmte Streuspannen angeben; vgl. Bild 97. Ein derartiges Diagramm nennt man normiertes HAIBACH-WÖHLER-Diagramm [83]. Es gilt vorrangig für Wechselversuche. Auf der Basis dieses normierten Diagramms wurde in jüngerer Zeit eine umfassende Auswertung aller erreichbaren Dauerfestigkeitsversuche vorgenommen [84]. Gegen eine solche Normierung mit festen k-Koeffizienten gibt es gleichwohl Einwände, vgl. Abschnitt 2.6.5.6.5.

Es fehlt nicht an Versuchen, die doppeltgekrümmte WÖHLER-Kurve durch höhere Ansätze, z.B. drei-, vier- oder fünfparametrige, zu beschreiben: Der ehemalige Ansatz von WÖHLER (1870) [85] lautet:

$$\log N = a - b \cdot \sigma \qquad (19)$$

Der Ansatz von BASQUIN (1910) [86] entspricht G.17/18 und ist ebenfalls zweiparametrig:

$$\log N = a - b \cdot \log \sigma \qquad (20)$$

Mehrparametrige Ansätze sind:

STROHMEYER (1914) [87], 3-p.
$$\log N = a - b \cdot \log(\sigma - \sigma_D) \qquad (21)$$

PALMGREN (1924) [88], 4-p.
$$\log(N + c) = a - b \cdot \log(\sigma - \sigma_D) \qquad (22)$$

WEIBULL (1949) [89], 4-p.
$$\log(N + a) = \log a - b \cdot \log\left(\frac{\sigma - \sigma_D}{\sigma_B - \sigma_D}\right) \qquad (23)$$

STÜSSI (1955) [90], 4-p.
$$\log N = a - b \cdot \log\left(\frac{\sigma - \sigma_D}{\sigma_B - \sigma}\right) \qquad (24)$$

MATOLCSY (1967) [91], 2-p.
$$\sigma = \sigma_D + \frac{a}{\cosh(\log N)} \qquad (25)$$

GECKS u. OCH (1977) [92], 4-p.
$$\sigma = \sigma_D + \frac{\sigma_B - \sigma_D}{e^{\left(\frac{\log N}{a}\right)^b}} \qquad (26)$$

Ein physikalisch begründeter Funktionstyp existiert nicht. Die Parameter (σ_B: Bruchfestigkeit, σ_D: Dauerfestigkeit, a,b: Formziffern) werden mittels nichtlinearer Regressionsrechnungen bestimmt. Für die stahlbaulichen Belange genügt i.a. der klassische Ansatz von BASQUIN. Vergleiche zu dem Problemkreis auch [93].

2.6.5.6.3 Dauerfestigkeitsschaubilder

Sind die Dauerfestigkeitsversuche für mehrere $\varkappa$-Werte (oder $\Delta\sigma$-Werte bei unterschiedlicher Mittelspannung σ_m) durchgeführt und ist damit für jeden $\varkappa$-Wert der zugehörige σ_D-Wert bekannt (Bild 98a), werden diese Werte in einem Dauerfestigkeitsschaubild eingetragen. Es gibt verschiedene Darstellungsarten, u.a.:

Bild 98b: Schaubild nach MOORE-KOMMERS-JASPER: Dieses Diagramm ist im Stahlbau sehr verbreitet, dabei werden i.a. zwei Linien aufgetragen, abhängig davon, ob die Oberspannung eine Zug- oder eine Druckspannung ist.

Bild 98c: Schaubild nach SMITH: Dieses Diagramm setzt sich zunehmend durch und wird im Maschinenbau seit jeher verwendet, auch z.B. bei der Angabe der Dauerfestigkeit von Beton- und Spannstählen. Das Schaubild nach SMITH ist dem Schaubild nach MOORE-KOMMERS-JASPER vorzuziehen, weil es erkennen läßt, daß die ertragbare Spannungsbreite $\Delta\sigma$ im Wechselbereich ($\varkappa$=-1 bis 0 und z.T. bis in den

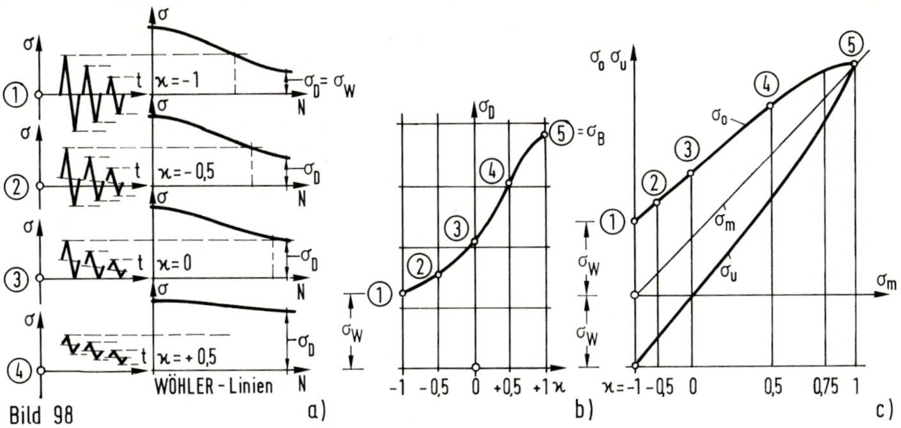

Bild 98

Schwellbereich hinein) näherungsweise konstant ist. Die Mittelspannungsabhängigkeit von $\Delta\sigma$ ist umso geringer, je schärfer die Kerbwirkung ist.

Die Versuche zeigen, daß sich die ertragbaren Spannungsbreiten im Wechselbereich für die verschiedenen Baustähle nur wenig voneinander unterscheiden und zwar umso weniger, je höher die Kerbwirkung ist. Bild 99 verdeutlicht diese Zusammenhänge für drei Kerbfälle: Vollstab mit Walzhaut, Stumpfnaht, Kreuzstoß mit Doppelkehlnähten.

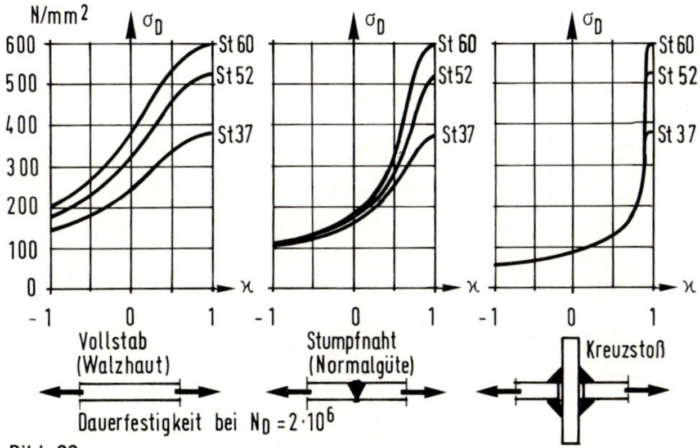

Bild 99

Die Kerbschärfe steigt mit den genannten Fällen. Bei Bauteilen mit ausgeprägter Kerbwirkung verlieren die hochfesten Stähle an Bedeutung oder anders ausgedrückt: Der Abfall der Ermüdungsfestigkeit gegenüber der statischen Bruchfestigkeit ist für einen bestimmten Kerbfall umso größer, je hochfester der Stahl ist. - Bild 100 zeigt beispielhaft den Kerbwirkungseinfluß eines geschnittenen Gewindes gegenüber einem glatten Rundstab, hier dargestellt im SMITH-Diagramm.

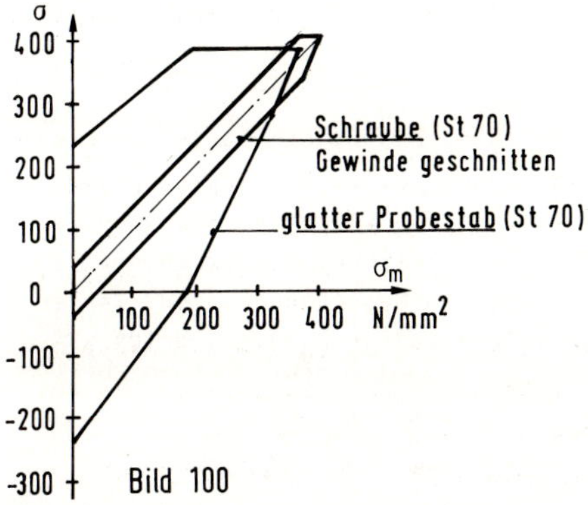

Bild 100

Offensichtlich ist es bei hoher Kerbwirkung ausreichend, nur die Wechselfestigkeit σ_W ($\varkappa$=-1) zu bestimmen.

Neben den genannten gibt es weitere Dauerfestigkeitsschaubilder, z.B. nach HAIGH, GOODMAN u.a.

Zur Dauerfestigkeit der Schrauben vgl. Abschn. 9.7.

2.6.5.6.4 Beispiel: Durchführung eines Dauerfestigkeitsversuches [94]

Die Füllstäbe eines Dreigurt-Kranauslegers in ausgefachter Bauweise (Turmdrehkran) sollen an die aus massiven Vierkantprofilen bestehenden Gurtstäbe angeschweißt werden. Gesucht ist die Dauerfestigkeit dieses Anschlusses. Die Füllstäbe sind Rundrohre, die an den

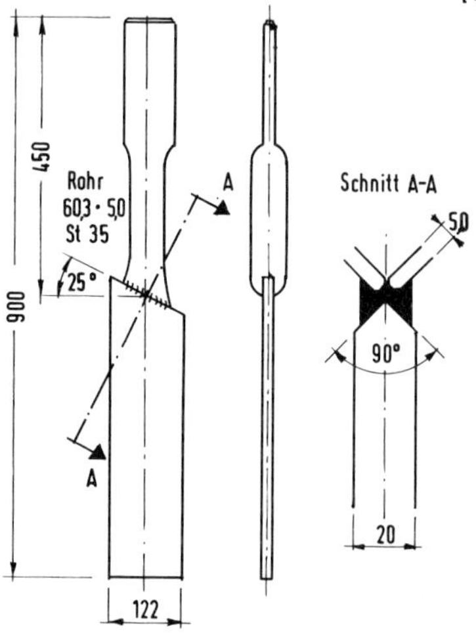

Bild 101

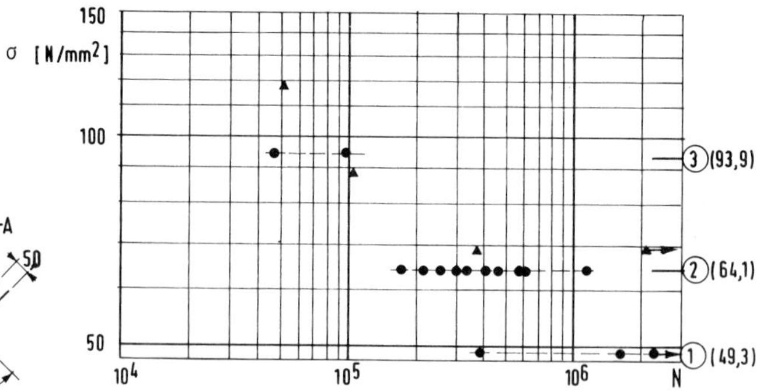

Bild 102

Enden flach gestaucht und unter 25° kalt geschnitten werden. Entlang der Schnittkanten werden die Rohre mittels X-förmiger Nähte mit den Profilkanten der Vierkantstäbe unter Schutzgas verschweißt. Bild 101 zeigt den für die Dauerversuche konzipierten Prüfkörper mit dem maßstäblich vergrößerten Schnitt durch die Schweißnaht. In Bild 102 ist das Ergebnis der Wechselversuche ($\varkappa=-1$) aus 4 Vorversuchen ▲ und 15 Hauptversuchen ● wiedergegeben. Auf dem Spannungshorizont (2) liegen 10 Versuchswerte. Für diesen Horizont beträgt der Mittelwert der logarithmierten Lastwechselzahlen (empirischer Mittelwert), vgl. dritte Spalte in Bild 103:

i	Ni	log Ni	Auftragsposition			
			1	2	3	4
1	171 700	5,2348	0,9	0,95	0,90909	0,93548
2	216 200	5,3349	0,8	0,85	0,81818	0,83871
3	258 300	5,4120	0,7	0,75	0,72727	0,74194
4	301 800	5,4797	0,6	0,65	0,63636	0,64516
5	331 800	5,5209	0,5	0,55	0,54545	0,54838
6	405 500	5,6080	0,4	0,45	0,45454	0,45161
7	453 900	5,6569	0,3	0,35	0,36364	0,35484
8	592 600	5,7727	0,2	0,25	0,27272	0,25806
9	619 100	5,7918	0,1	0,15	0,18182	0,16129
10	1 113 200	6,0466	0	0,05	0,09091	0,06452

Bild 103

$$\log(N_{50}) = (\sum_{i=1}^{n} \log N_i)/10 = 5{,}5858 \longrightarrow$$

$$N_{50} = 385\,300$$

Zum Zwecke der weiteren statistischen Absicherung werden die zehn Versuchswerte im GAUSZschen Wahrscheinlichkeitsnetz eingetragen. Dazu werden die N_i-Werte nach steigender Reihenfolge geordnet, wie in Bild 103 geschehen. Für die Überlebenswahrscheinlichkeit $P_Ü$ werden die Auftragspositionen (hier beispielhaft) nach vier unterschiedlichen Formeln bestimmt:

$$1:\ P_Ü = 1-\frac{i}{n}\ ;\quad 2:\ P_Ü = 1-\frac{i-0{,}5}{n};\quad 3:\ P_Ü = 1-\frac{i}{n+1};\quad 4:\ P_Ü = 1-\frac{3i-1}{3n+1} \qquad (27)$$

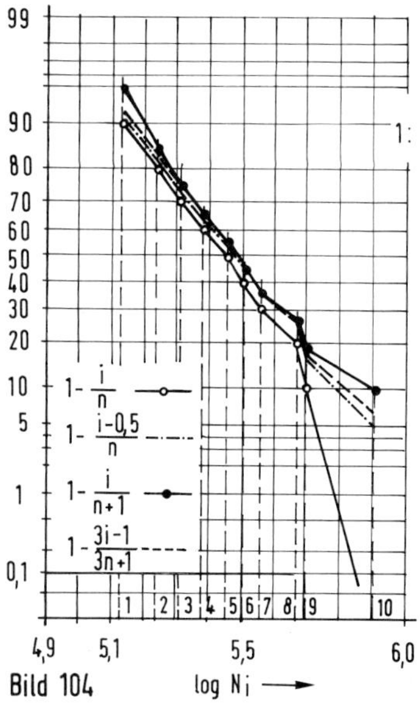

Bild 104

i ist die Ordnungsnummer der in aufsteigender Folge geordneten Bruchlastspielzahlen, n ist der Probenumfang (hier n=10). In Bild 104 ist das Ergebnis, also die Positionseintragung im Wahrscheinlichkeitsnetz ausgewiesen. Für den hier betrachteten Spannungshorizont lassen sich folgende Lastwechselzahlen für $P_Ü$=90% und 10% abschätzen:

$$P_Ü = 90\,\% :\ \log N_{90} = 5{,}25 \longrightarrow N_{90} = \underline{178\,000}$$

$$P_Ü = 10\,\% :\ \log N_{10} = 5{,}90 \longrightarrow N_{10} = 794\,300$$

Rechnerisch findet man die empirische Varianz aus den 10 (logarithmierten) Probenwerten zu:

$$s^2 = \frac{1}{n-1}\sum_{i=1}^{n}(\log N_i - \log N_{50})^2 = 0{,}05856 \longrightarrow s = 0{,}242$$

Damit findet man, wenn die logarithmierten N_i-Werte als normalverteilt unterstellt werden, für die 90%- bzw. 10% Fraktile:

$$\log N_{90} = 5{,}586 - 0{,}242 \cdot 1{,}2816 = 5{,}2758 \longrightarrow N_{90} = \underline{188\,735}$$

$$\log N_{10} = 5{,}586 + 0{,}242 \; 1{,}2816 = 5{,}8960 \longrightarrow N_{10} = 787\,313$$

Um die vorstehenden Werte abzusichern, wird eine Regressionsrechnung durchgeführt. Das Ergebnis (der hier nicht wiedergegebenen Rechnung) lautet:

$$N_{90} = \underline{161500}$$

Als nächstes wird vom Mittelwert der Bruchlastspielzahlen des Horizontes (2) auf die Dauerfestigkeitsspannung extrapoliert. Ausgehend von G.18 für die WÖHLER-Linie

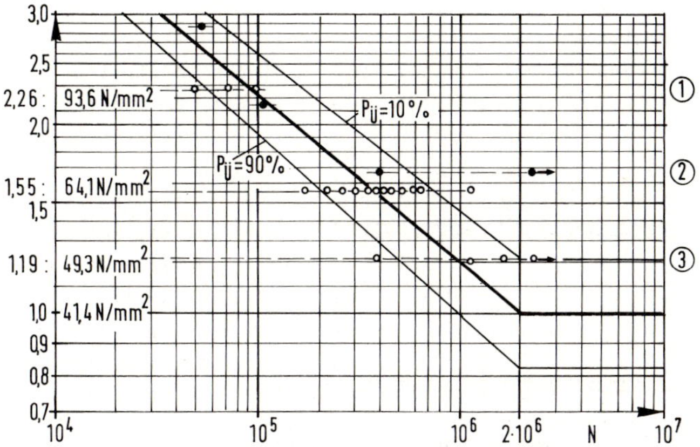

Bild 105 Normierte WÖHLER-Linie nach HAIBACH

$$\frac{\sigma_{50}}{\sigma_{D50}} = \left(\frac{N_{D50}}{N_{50}}\right)^{\frac{1}{k}}$$

mit

$$N_{D50} = 2 \cdot 10^6 \; ; \; k = 3{,}75$$

folgt:

$$\left(\frac{N_{D50}}{N_{50}}\right)^{\frac{1}{k}} = \left(\frac{2 \cdot 10^6}{385\,300}\right)^{\frac{1}{3{,}75}} = 1{,}55 \longrightarrow$$

$$\sigma_{D50} = 64{,}0/1{,}55 = \underline{41{,}40 \; N/mm^2}$$

Bezogen auf diesen Wert werden die Versuchswerte der Spannungshorizonte (1), (2) und (3) in das normierte HAIBACH-WÖHLER-Diagramm (vgl. Bild 97) eingetragen: Bild 105. Aus dem Diagramm erkennt man, daß der 1. und 10. Versuchswert des zweiten Spannungshorizontes außerhalb der $P_Ü$-90%- bzw. 10% Linie liegt. - Ausgehend von N_{90}=161500 und k=3,5 (siehe Bild 97) und der bezogenen Spannung σ/σ_{D50} des Horizontes (2) wird die Gleichung der Lebensdauerlinie mit 90% Überlebenswahrscheinlichkeit ermittelt:

$$N_{D90} = N_{90} \cdot 1{,}55^{3{,}5} = 750000$$

Es folgt damit für:

$$P_Ü = 90\% : \; N = 0{,}75 \cdot 10^6 \cdot (\sigma/41{,}40)^{-3{,}50}$$

$$P_Ü = 50\% : \; N = 2{,}00 \cdot 10^6 \cdot (\sigma/41{,}40)^{-3{,}75}$$

Die Auslegung kann auf $P_Ü$=90% oder $P_Ü$=50% bezogen werden, entsprechend ist der Sicherheitsfaktor zu wählen. Mittels der SMITH-Diagramme für Kerbfälle vergleichbarer Schärfe kann auf die ertragbare Doppelspannungsamplitude für andere σ_m-Spannungen (bzw. $\varkappa$-Werte) geschlossen werden.

2.6.5.6.5 Kurzzeitfestigkeits-Versuche an Kerbstäben der Stahlgüte St37-2

In den zurückliegenden Jahrzehnten wurde eine große Zahl unterschiedlichster Dauerfestigkeitsversuche durchgeführt. Aus stahlbaulicher Sicht interessieren hiervon vorrangig Versuche mit den unlegierten Massenbaustählen St37 und St52 und den hochfesten Feinkornbaustählen; dabei kommt der Dauerfestigkeit des Grundmaterials und der verschiedenen Schrauben- und Schweißverbindungen sowie der Auswirkung des Brennschneidens, des Lochstanzens, der Feuerverzinkung auf die Dauerfestigkeit besondere Bedeutung zu.

Die überwiegende Zahl der Versuchsprogramme verfolgte primär das Ziel, die (Stahlbau-) Dauerfestigkeit $\Delta\sigma_D$ zu bestimmen; die Ermittlung der vollständigen WÖHLER-Linie und damit des Neigungskoeffizienten fand eher sekundäre Beachtung. Mit der zunehmenden Verbreitung des Betriebsfestigkeitskonzeptes und der Bruchmechanik ist es indes erforderlich, die vollständige WÖHLER-Linie im Zeitfestigkeitsbereich (bis in den Kurzzeitfestigkeitsbereich hinein) möglichst zuverlässig für die verschiedenen Kerbfälle und Spannungsverhältnisse $\varkappa$ zu kennen. Wie erwähnt, wurden von OLIVIER u. RITTER [84] (Laboratorium für

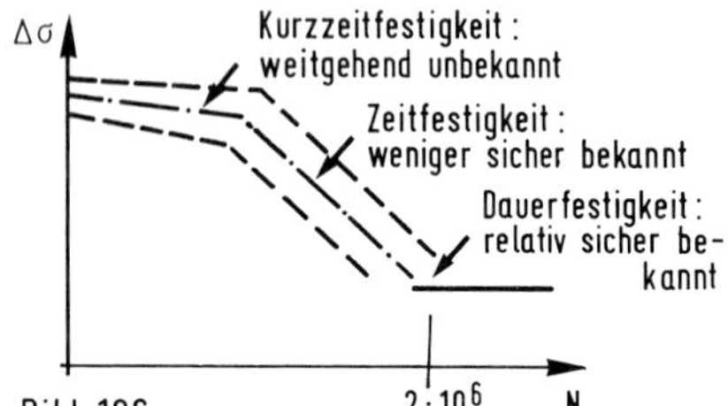

Bild 106

Betriebsfestigkeit (LFB), Darmstadt) Anfang der 80er Jahre die Ergebnisse aller verfüg- und verwertbaren Dauerfestigkeitsversuche einer einheitlichen Auswertung auf der Basis des normierten HAIBACH-WÖHLER-Diagramms unterzogen. In zwei unabhängigen Auswertungen von QUEL [59] und REPPERMUND [82] wurde untersucht, ob die Dauerfestigkeit $\Delta\sigma_D$ und der Neigungskoeffizient k miteinander korreliert sind. Die statistische Auswertung in [82] basiert im wesentlichen auf dem LFB-Datenmaterial, vgl. Abschnitt 3.7.3.2.

Zur weiteren Absicherung der WÖHLER-Linien wurden v. Verf. Kurzzeitfestigkeitsversuche für die wichtigsten im Stahlbau auftretenden Kerbfälle an Prüfkörpern der Stahlgüte St37-2 durchgeführt. Bild 107 zeigt die Prüfkörperformen für 9 unterschiedliche Kerbfälle:

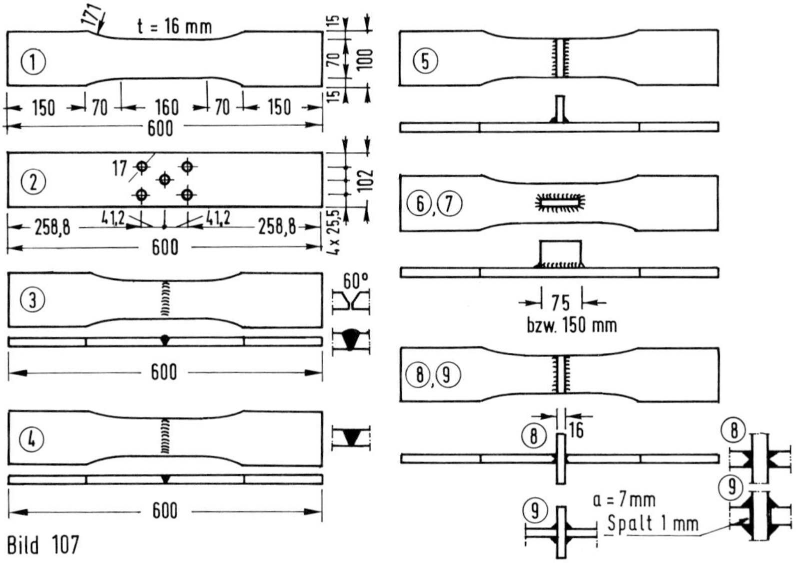

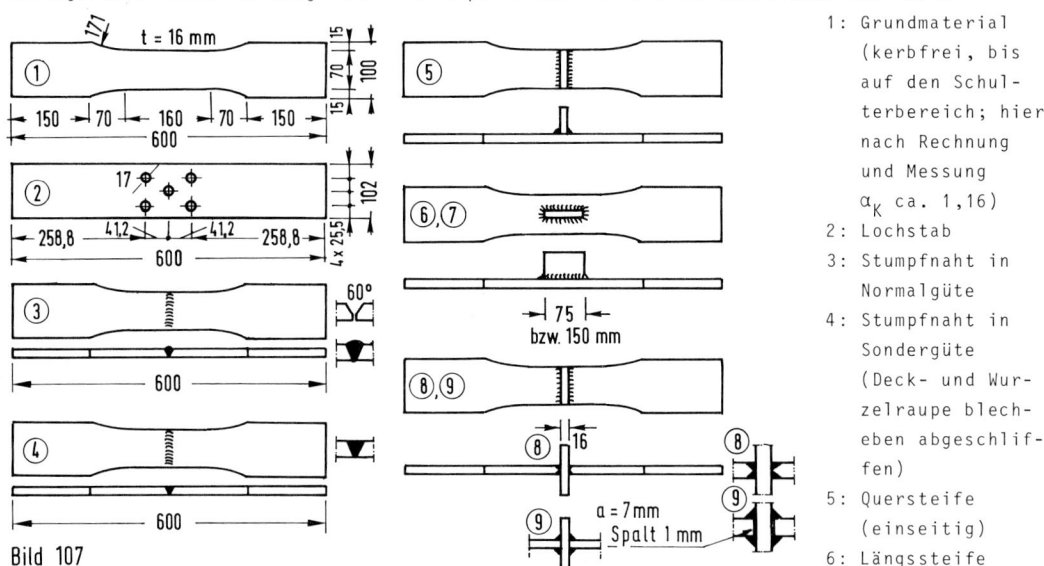

Bild 107

1: Grundmaterial (kerbfrei, bis auf den Schulterbereich; hier nach Rechnung und Messung α_K ca. 1,16)
2: Lochstab
3: Stumpfnaht in Normalgüte
4: Stumpfnaht in Sondergüte (Deck- und Wurzelraupe blecheben abgeschliffen)
5: Quersteife (einseitig)
6: Längssteife kurz (einseitig)
7: Längssteife lang (einseitig)
8: Kreuzstoß mit K-Naht
9: Kreuzstoß mit Doppelkehlnaht

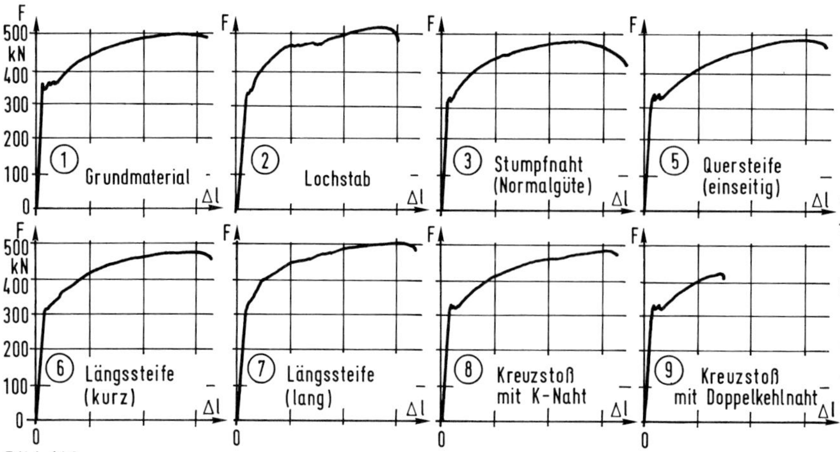

Bild 108

Es wurde eine Versuchsserie mit $\varkappa=0$ (Zugschwellversuche) und eine mit $\varkappa=-1$ (Wechselversuche) gefahren. Pro Serie standen je Kerbfall 6 Prüfkörper zur Verfügung, das sind $2\cdot6\cdot9=108$ Proben. - Je Kerbfall wurde ein statischer

Zugversuch durchgeführt. Bild 108 faßt das Ergebnis zusammen. Mit dem verwendeten Prüfkörper ergab sich für das Grundmaterial: R_e=325N/mm², R_m=485N/mm²; die weiteren Ergebnisse sind auf Tafel 2.3 (oben) ausgewiesen. Der gelieferte Stahl liegt mit seiner Festigkeit offensichtlich zwischen den Stahlgüten St37 und St52. Die Maschinendiagramme des Bildes 108 lassen erkennen, daß sich bei den Prüfstäben mit stärkerem Kerbeinfluß der Fließbereich im Vergleich zum Grundmaterial nur schwach bis überhaupt nicht ausprägt. Die Bruchdehnung bleibt unbeeinflußt; die Duktilität des Kreuzstoßes mit Doppelkehlnaht ist geringer, gleichwohl ausreichend. Um ein Ausknicken der Versuchskörper der Serie "Wechselversuche" während der Druckphase zu vermeiden, wurde eine spezielle Zurüstung gebaut, die die Prüfkörper (außerhalb der Kerbstelle) kontinuierlich stützte. Um ein Aufheizen der Prüfkörper zu vermeiden, wurde mit 2Hz, z.T. mit 1Hz pulsiert. (Maximale Erwärmung ca. 50°C.)

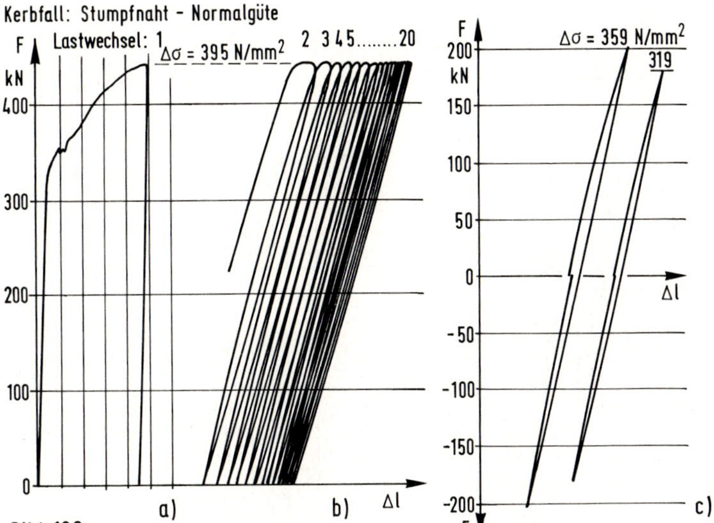

Bild 109

<u>Zugschwellversuche:</u> Orientiert an den im statischen Zugversuch ermittelten Bruchkräften wurden die Prüfhorizonte der Oberlast festgelegt. Die Unterlast betrug Null ($\varkappa$=0). Auf den Tafeln 2.3 und 2.4 ist das Ergebnis (linksseitig) zusammengefaßt: Beim 1. Zyklus wurde die Fließgrenze deutlich überschritten, vgl. Bild 109a. Hierdurch kommt es zu einer (Kalt-) Verfestigung des Materials. Bei den weiteren Lastzyklen stellen sich Hysteresisschleifen mit degressiver Längenzunahme ein. (In Bild 109b ist der Maßstab der Längenänderung gegenüber Teilbild a um den Faktor 10 vergrößert, um die Hysteresisschleifen deutlicher darstellen zu können.) Bei etwa 20 bis 30 Zyklen war im vorliegenden Falle die Längenzunahme abgeschlossen, beim Grundmaterial etwa erst nach 200 Lastwechseln.

<u>Wechselversuche:</u> Ober- und Unterlast lagen dem Betrage nach deutlich niedriger als bei den Zugschwellversuchen und insgesamt im elastischen Bereich. Die Hysteresisschleifen für zwei Laststufen zeigt Bild 109c. Eine Längenzunahme trat nicht ein. Das Ergebnis der Versuche ist auf den Tafeln 2.3 und 2.4 (rechtsseitig) ausgewiesen.

In die WÖHLER-Diagramme der Tafeln 2.3 und 2.4 sind die in [82] ermittelten Dauerfestigkeiten und WÖHLER-Linien eingezeichnet, sie sind durch große Versuchszahlen gut abgesichert. Für die Kerbfälle Grundmaterial und Lochstab aus St37 fehlen ausreichend belegte WÖHLER-Linien. - Ergebnis:

<u>Zugschwellversuche:</u> Da die oberen Lasthorizonte weit im plastischen Bereich, z.T. in der Nähe der statischen Bruchspannung liegen, handelt es sich um echte Kurzzeitfestigkeitsversuche. Die Versuchswerte liegen linksseitig von der für elastische Beanspruchung geltenden WÖHLER-Linien.

<u>Wechselversuche:</u> Da die max. Beanspruchungen im elastischen Bereich und somit im Zeitfestigkeitsbereich liegen, können die Versuchsergebnisse unmittelbar zur Prüfung der WÖHLER-Linien herangezogen werden bzw. zu ihrer Ergänzung dienen. Grundmaterial: $\Delta\sigma_D$=325N/mm², k=17,0; Lochstab: $\Delta\sigma_D$=190N/mm², k=6,35; Stumpfnaht in Normalgüte: Nicht auswertbar; Stumpfnaht in Sondergüte: $\Delta\sigma_D$=325N/mm², k=16,5 (somit dem Grundmaterial gleichwertig). Die WÖHLER-Linien nach [82] für die Fälle Quer- und Längssteife werden durch die Versuche gut bestätigt. Bei den Kreuzstößen erscheint eine Modifizierung der Neigungskoeffizienten vertretbar: Kreuzstoß mit K-Naht: k=2,65; Kreuzstoß mit Doppelkehlnaht: k=2,35.

Kurzzeitfestigkeitsversuche St 37 - 2; κ = 0 und κ = - 1

Statische Zugversuche:

	Kerbfall	R_e	R_m
①	Grundmaterial St 37	325	458
②	Lochstab	308	490
③	Stumpfnaht - Normalgüte	285	441
④	Stumpfnaht - Sondergüte	-	455
⑤	Quersteife (einseitig)	290	439
		N/mm²	

	Kerbfall	R_e	R_m
⑥	Längssteife kurz, einseitig	283	444
⑦	Längssteife lang, einseitig	302	474
⑧	Kreuzstoß mit K-Naht	293	440
⑨	Kreuzstoß mit Doppelkehlnaht	292 [1]	461 [2]
		N/mm²	

1) bezogen auf Grundquerschnitt
2) bezogen auf Nahtquerschnitt

κ = 0 — Zugschwellversuch

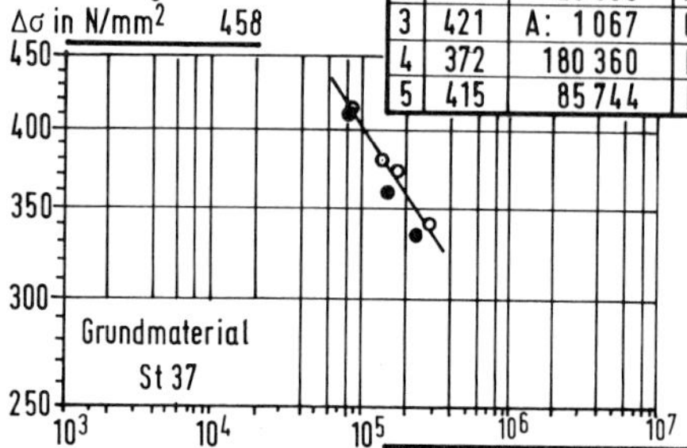

Nr	Δσ	N	B
1	341	281 180	K
2	380	129 663	K
3	421	A: 1 067	G
4	372	180 360	K
5	415	85 744	K

κ = - 1 — Wechselversuch

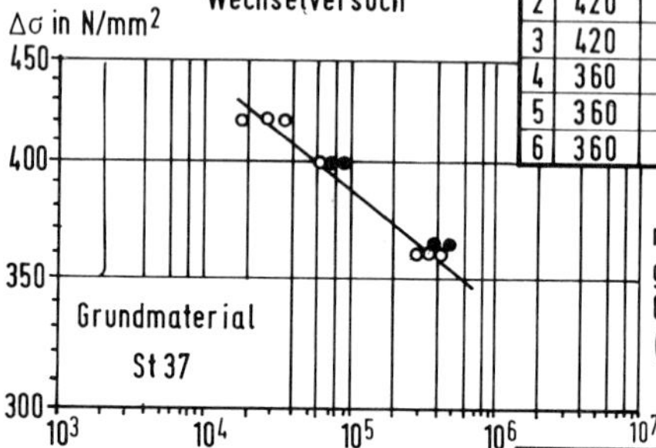

Nr	Δσ	N	B
1	419	32 193	G
2	420	27 113	K
3	420	18 301	G
4	360	275 730	K
5	360	383 993	K
6	360	355 685	K

● Stumpfnaht - Sondergüte: Bruch im Grundwerkstoff (s. u.)

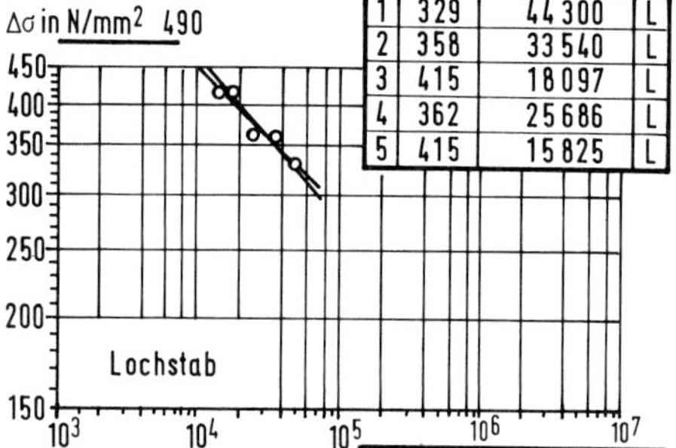

1	329	44 300	L
2	358	33 540	L
3	415	18 097	L
4	362	25 686	L
5	415	15 825	L

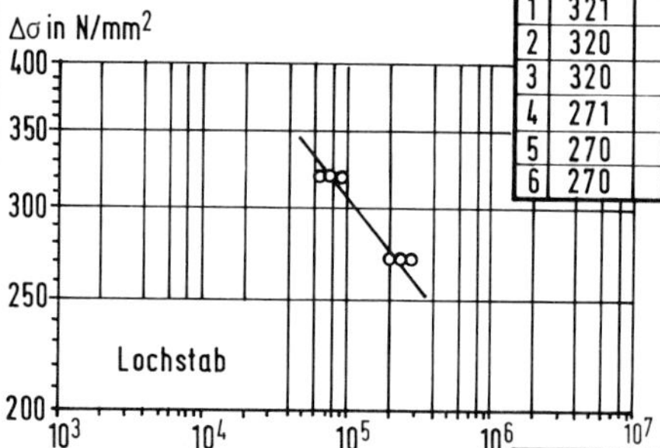

1	321	73 373	L
2	320	73 269	L
3	320	77 501	L
4	271	211 040	L
5	270	227 205	L
6	270	226 741	L

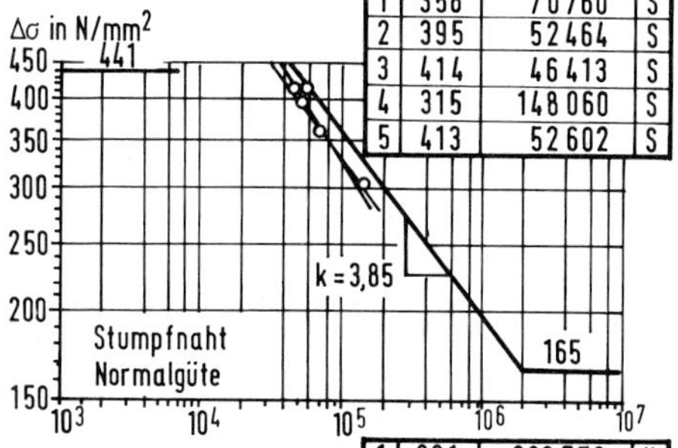

1	358	70 760	S
2	395	52 464	S
3	414	46 413	S
4	315	148 060	S
5	413	52 602	S

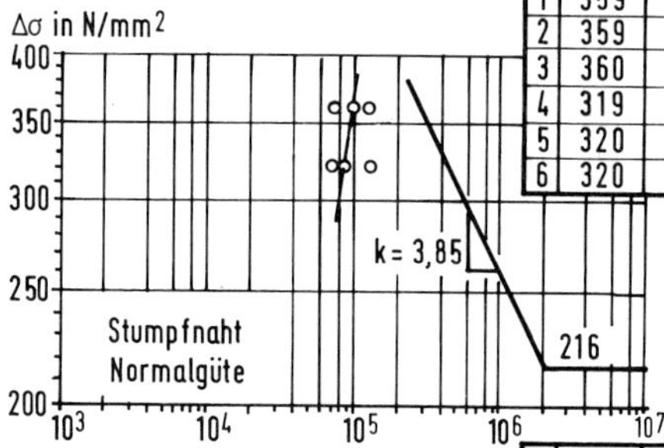

1	359	113 520	S
2	359	96 737	S
3	360	72 258	S
4	319	68 489	S
5	320	124 813	S
6	320	67 160	S

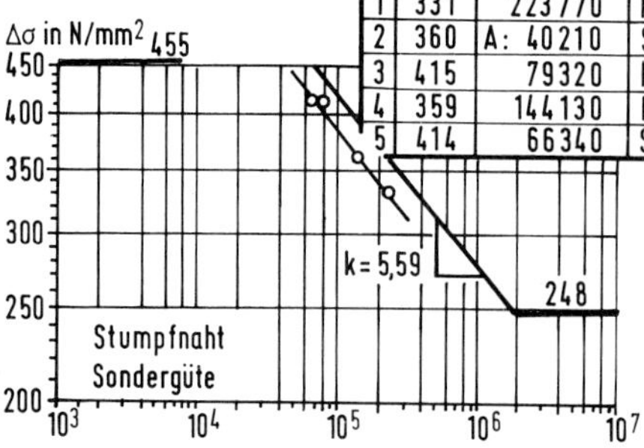

1	331	223 770	K
2	360	A: 40 210	S
3	415	79 320	K
4	359	144 130	K
5	414	66 340	S

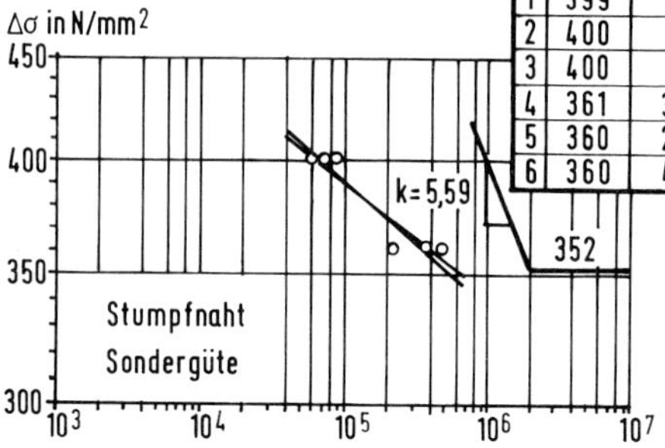

1	399	65 015	K
2	400	77 205	K
3	400	65 661	G
4	361	378 275	G
5	360	210 422	S
6	360	464 160	K

B: Bruchstelle (Legende): G: Grundmaterial, außerhalb der Schulterausrundung; K: Grundmaterial im Bereich der Schulterausrundung (α_K = 1,16); L: Lochquerschnitt; S: Schweißnaht, Einbrandkerbe; N: Grundmaterial neben der Schweißnaht (Schweißnahtrand); A: Ausreißer (Material- oder Nahtfehler)

Tafel 2.4

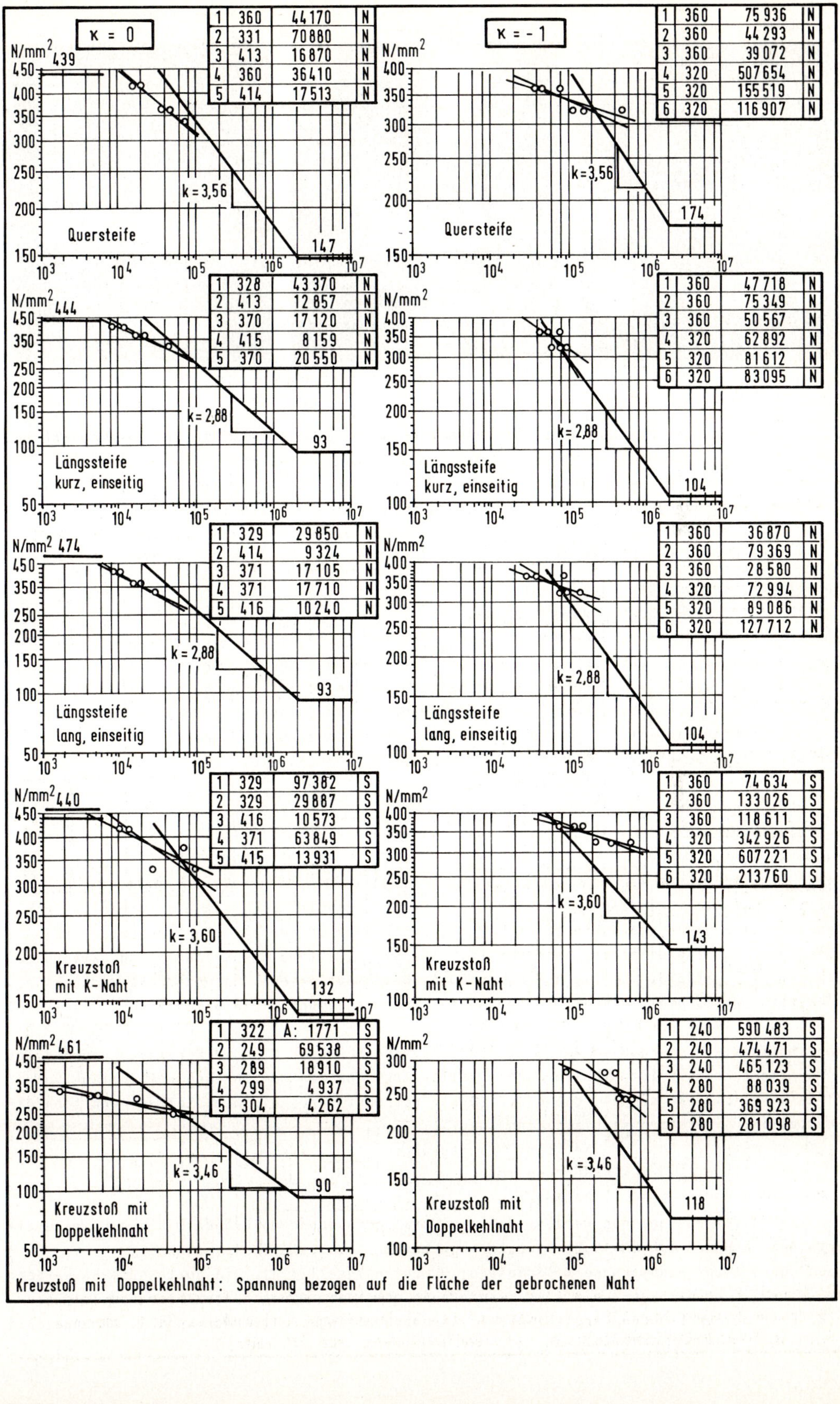

Quersteife, κ = 0:

1	360	44 170	N
2	331	70 880	N
3	413	16 870	N
4	360	36 410	N
5	414	17 513	N

Quersteife, κ = -1:

1	360	75 936	N
2	360	44 293	N
3	360	39 072	N
4	320	507 654	N
5	320	155 519	N
6	320	116 907	N

Längssteife kurz, einseitig, κ = 0:

1	328	43 370	N
2	413	12 857	N
3	370	17 120	N
4	415	8 159	N
5	370	20 550	N

Längssteife kurz, einseitig, κ = -1:

1	360	47 718	N
2	360	75 349	N
3	360	50 567	N
4	320	62 892	N
5	320	81 612	N
6	320	83 095	N

Längssteife lang, einseitig, κ = 0:

1	329	29 850	N
2	414	9 324	N
3	371	17 105	N
4	371	17 710	N
5	416	10 240	N

Längssteife lang, einseitig, κ = -1:

1	360	36 870	N
2	360	79 369	N
3	360	28 580	N
4	320	72 994	N
5	320	89 086	N
6	320	127 712	N

Kreuzstoß mit K-Naht, κ = 0:

1	329	97 382	S
2	329	29 887	S
3	416	10 573	S
4	371	63 849	S
5	415	13 931	S

Kreuzstoß mit K-Naht, κ = -1:

1	360	74 634	S
2	360	133 026	S
3	360	118 611	S
4	320	342 926	S
5	320	607 221	S
6	320	213 760	S

Kreuzstoß mit Doppelkehlnaht, κ = 0:

1	322	A: 1771	S
2	249	69 538	S
3	289	18 910	S
4	299	4 937	S
5	304	4 262	S

Kreuzstoß mit Doppelkehlnaht, κ = -1:

1	240	590 483	S
2	240	474 471	S
3	240	465 123	S
4	280	88 039	S
5	280	369 923	S
6	280	281 098	S

Kreuzstoß mit Doppelkehlnaht: Spannung bezogen auf die Fläche der gebrochenen Naht

Bild 110 ⟶ **Ausgang und Fortschritt des Risses**

Bild 110 zeigt drei Bruchbilder, aus denen die Ausgangsstelle für den Erdmüdungsbruch und dessen Ausbreitungszonen hervorgehen. Es handelt sich um Bruchbilder der Serie "Zugschwellversuche". Da das Niveau der Oberspannungen sehr hoch liegt und die Rißausbreitungsgeschwindigkeit demgemäß ebenfalls sehr hoch ist, hat die Dauerbruchfläche nicht jenes glatte, feinkörnige Aussehen wie es sonst für Ermüdungsbruchflächen mit niedrigem Spannungsniveau und großen Bruchlastwechselzahlen typisch ist.

2.7 Stähle für den Stahlbau

2.7.1 Allgemeines - Bezeichnungssystem

Die ursprünglichen nationalen Normen (DIN, SEW) für Allgemeine Lieferbedingungen, Normen für Nennmaße und Grenzabmaße sowie Prüfnormen wurden, beginnend in den siebziger Jahren, durch die Herausgabe von EURONORMEN ergänzt und werden derzeit durch die Erarbeitung von Europäischen Normen (EN) ersetzt. Bis zur Umwandlung in Europäische Normen können die EURONORMEN oder die entsprechenden nationalen Normen angewendet werden.
Für die Bezeichnung der Eisenwerkstoffe existieren zwei Systeme:

- Kurznamen
- Werkstoffnummern

Künftig maßgebend ist EN 10027 (Bezeichnungssystem für Stähle), Teil 1: Kurznamen, Teil 2: Nummernsystem.

Kurznamen: Maßgebend war DIN 17006; EURONORM 25 gilt inzwischen als überholt. Bislang galt St für Stahl, künftig Fe. Ein weiteres Kennzeichen ist die Festigkeit, bislang entweder orientiert an der Zugfestigkeit (z.B. St52) oder an der Streckgrenze (z.B. StE355), künftig an der Zugfestigkeit in N/mm² (z.B. Fe 510). Weitere Kennzeichen sind Gütegruppe (ehemals z.B. St52-3, künftig z.B. Fe 510D1), Desoxidationsart, besondere Verwendungsart (Abkanten, Walzprofilieren, Kaltziehen), ggf. normalgeglühter Lieferzustand (N); Beispiel: Stahl EN 10025-Fe 510 C KQ.

Werkstoffnummern: Maßgebend war DIN 17007 bzw. ist EURONORM 27. Die Kennzeichnung erfolgt durch ein Nummernsystem (für Werkstoffe aller Art) und zwar durch eine Kombination von Ziffern und Zifferngruppen, die durch Punkte getrennt sind. Die Werkstoffnummern sind siebenstellig; sie setzen sich zusammen aus:

Werkstoff-Hauptgruppe ——— x.xxxx.xx
Sortennummer ——— (xxxx)
Anhängezahlen ——— (xx)

(Es kann davon ausgegangen werden, daß die Werkstoffnummern unverändert als neue europäische Bezeichnung nach EN 10027-2 übernommen werden.)
Stahl gehört zur Hauptgruppe 1 (Gußeisen: 0, Leichtmetalle: 3). Die Sortennummern werden im wesentlichen nach der chem. Zusammensetzung gebildet. Die Anhängezahlen kennzeichnen z.B. Erschmelzungs- oder Vergießungsart, Wärmebehandlung, Kaltverformung: 1. Anhängezahl:

Stahlgewinnungsverfahren (z.B. 7: unberuhigter Sauerstoffaufblasstahl, 8: beruhigter Sauerstoffaufblasstahl, 9: Elektrostahl), 2. Anhängezahl: Behandlungszustand (z.B. 1: normalgeglüht, 5: vergütet, 7: kaltverformt). Beispiel: 1.0112.81: Sortenklasse 01: Allgem. Baustähle nach DIN 17100, 12: St37-2; 8: beruhigter Sauerstoffaufblasstahl, 1: normalgeglüht. Die allgemeinen technischen Lieferbedingungen für Stahl und Stahlerzeugnisse sind bislang in DIN 17010 (EURONORM 21) zusammengefaßt: Regelung der Bescheinigungen unter Bezug auf DIN 50049, Abnahmeprüfung und Kennzeichnung. Zur Kurzangabe der Wärmebehandlung von Eisen und Stahl siehe DIN 17014 (EURONORM 52) und zu den Anforderungen an Wärmebehandlungsöfen DIN 17052.

2.7.2 Allgemeine Baustähle

Als allgemeine Baustähle gelten unlegierte Stähle, die im wesentlichen durch ihre Zugfestigkeit und Streckgrenze bei Raumtemperatur gekennzeichnet sind. In der Gütenorm DIN 17100 sind 11 Sorten von St33 bis St70-2 geregelt und zwar bezüglich Sorteneinteilung, Bezeichnung, Anforderungen und Prüfungen. Die für den Stahlbau wichtigsten Sorten sind St37, St44 und St52. St44 ist gegenüber der Vorgängernorm aufgenommen worden, hat aber bislang hierzulande keine Bedeutung erlangt; im angelsächs. Ausland ist der Stahl sehr verbreitet. - Der Hauptlieferanteil liegt bei St37. Die mechanischen und technischen Eigenschaften sind u.a. in Abhängigkeit von der Erzeugnisdicke geregelt, ebenso die chem. Zusammensetzung nach Schmelz- bzw. Stückanalyse. Erstere wird an einer Probe im Zustand der Schmelze entnommen, die zweite an einem Stück des Stahlerzeugnisses. St52-3 erreicht einen C-Gehalt von maximal 0,22%, die hohe Festigkeit dieses Stahles wird durch Si- und Mn-Gehalte erreicht, die über dem üblichen Maß unlegierter Stähle liegen (Schmelzanalyse: 0,55% Si, 1,60% Mn). - Es werden die Gütegruppen 2 und 3 unterschieden, 3 ist die bessere Gruppe, sie hat den geringeren P- und S-Gehalt; dadurch sind Schweißeignung sowie Kaltumformbarkeit und Kaltzähigkeit besser als bei Gütegruppe 2. Beide Gruppen sind nicht alterungsgefährdet. Profile werden im Walzzustand, Bleche der Gütegruppe 3 in allen Dicken und Bleche der Gütegruppe 2 oberhalb 25mm normalgeglüht geliefert. Aus diesen werden inzwischen überwiegend die Gurte für Vollwandträger durch Brennschnitt gefertigt, Breitflachstahl (nach DIN 59200) ist dadurch weitgehend verdrängt worden.

Aus den allgemeinen Baustählen werden gefertigt: Stabstahl, Formstahl, Flachzeug (Blech 3-150mm dick, Breitflachstahl (DIN 1615), kaltgewalztes Band und Blech (DIN 1623) sowie Stahlhohlprofile mit kreisförmigem, quadratischem und rechteckigem Querschnitt (DIN 1627, DIN 17120 und DIN 17121). Zur Fertigung von Kaltprofilen aus Stahl vgl. DIN 17118 und für kaltgefertigte geschweißte Hohlprofile für den Stahlbau DIN 17119. - DIN 17100 ist bauaufsichtlich eingeführt; vgl. auch DIN 18800 T1 (11.90), Abschn. 4 und Anhang A1.

Stahlsorte - Kurzname nach				Desoxidationsart	Stahlart	Massenanteile in %, max, Schmelzanalyse							
						C, Erzeugnisdicke in mm							
EN 10027-1	EU 25 - 72	DIN 17100 u.a.	Werkstoffnummer			≤ 16	> 16 ≤ 40	> 40	Mn	Si	P	S	N
Benennung noch nicht festgelegt	Fe 360 B	St 37-2	1,0037	freigest.	BS	0,17	0,20	-	-	-	0,045	0,045	0,009
	Fe 360 B	USt 37-2	1,0036	FU	BS	0,17	0,20	-	-	-	0,045	0,045	0,007
	Fe 360 B	RSt 37-2	1,0038	FN	BS	0,17	0,17	0,20	-	-	0,045	0,045	0,009
	Fe 360 C	St 37-3 U	1,0114	FN	QS	0,17	0,17	0,17	-	-	0,040	0,040	0,009
	Fe 360 D1	St 37-3 N	1,0116	FF	QS	0,17	0,17	0,17	-	-	0,035	0,035	-
	Fe 360 D2	-	1,0117	FF	QS	0,17	0,17	0,17	-	-	0,035	0,035	-
	Fe 510 B	-	1,0045	FN	BS	0,24	0,24	0,24	1,60	0,55	0,045	0,045	0,009
	Fe 510 C	St 52-3 U	1,0553	FN	QS	0,20	0,20	0,22	1,60	0,55	0,040	0,040	0,009
	Fe 510 D1	St 52-3 N	1,0570	FF	QS	0,20	0,20	0,22	1,60	0,55	0,035	0,035	-
	Fe 510 D2	-	1,0577	FF	QS	0,20	0,20	0,22	1,60	0,55	0,035	0,035	-
	Fe 510 DD1	-	1,0595	FF	QS	0,20	0,20	0,22	1,60	0,55	0,035	0,035	-
	Fe 510 DD2	-	1,0596	FF	QS	0,20	0,20	0,22	1,60	0,55	0,035	0,035	-
	Fe 490-2	St 50-2	1,0050	FN	BS	-	-	-	-	-	0,045	0,045	0,009
	Fe 590-2	St 60-2	1,0060	FN	BS	-	-	-	-	-	0,045	0,045	0,009
	Fe 690-2	St 70-2	1,0070	FN	BS	-	-	-	-	-	0,045	0,045	0,009

Legende: BS Grundstahl, QS Qualitätsstahl; FU Unberuhigter Stahl, FN Beruhigter Stahl, FF Vollberuhigter Stahl (mindestens 0,020 % Al); 0, B, C, D, DD und 2 Gütegruppenkennzeichen; EN Europäische Norm, EU EURONORM

Bild 111 (Auszug aus DIN EN 10025 (01.91))

Inzwischen wurde DIN 17100 (01.80) durch DIN EN 10025 (01.91) ersetzt. Bild 111 zeigt als Beispiel die in der Norm geregelte chemische Zusammensetzung nach der Schmelzanalyse für Flach- und Langerzeugnisse der Stahlsorten Fe360 und Fe510; daneben gibt es noch die Sorte Fe430. Die Europäische Norm enthält sechs Gütegruppen (0, B, C, D, DD und 2 sowie Untergruppen), die sich in der Schweißeignung und in den Anforderungen an die Kerbschlagarbeit unterscheiden. Die Schweißeignung verbessert sich bei jeder Sorte von der Gütegruppe B bis zur Gütegruppe DD. Zur Eignung zum Abkanten, Walzprofilieren und Kaltziehen und zu anderen Anforderungen sowie zu den Prüfungen wird auf das umfangreiche Regelwerk verwiesen. Zum Kohlenstoffäquivalent (CEV) nach Formel (3) des Abschnittes 8 enthält die Norm z.B. Grenzwerte in Abhängigkeit von der Nenndicke; die zu erwartende Anpassungsrichtlinie zu DIN 18800 T1 wird folgende CEV-Höchstwerte fordern: St52-3: 0,43%, St37 (sofern gefordert) 0,40%.

2.7.3 Hochfeste Feinkornbaustähle [96-99]

Feinkornbaustähle sind vollberuhigte, durch Zusatz bestimmter Legierungselemente feinkörnig erschmolzene Stähle hoher Homogenität. Die hohe Festigkeit wird (neben der Legierung) durch die Feinkörnigkeit und durch zusätzliche Vergütungen bewirkt. Die Benennung weist auf die Streckgrenze (Elastizitätsgrenze) hin; z.B. StE460. Bild 112 zeigt Arbeitslinien eines als StE460 und eines als StE690 gelieferten Feinkornbaustahles. Die Linien zeigen einen ausgeprägten Fließbereich bis $\varepsilon_V \approx 3\%$. Die σ-ε-Linien sind indes nicht einheitlich von dem hier gezeigten Typ; es werden auch Feinkornbaustähle mit stetiger Verfestigung geliefert. Nach der Vergütung lassen sich zwei Gruppen unterscheiden:

a) Normalgeglühte Stähle, Streckgrenze bis 500N/mm². Der C-Gehalt liegt unter 0,2%. Legierungselemente sind: Mangan, Chrom, Nickel, Molybdän, Kupfer. Zur Bildung der Nitriden, Carbiden und Carbonnitriden (Feinkornbildung) werden Aluminium, Zirkon, Vanadium, Bor zulegiert. - Die Stähle sind in DIN 17102 geregelt. Mindeststreckgrenze von 255 bis 500N/mm². Die Stähle sind schweißgeeignet und weisen infolge ihrer Feinkörnigkeit eine hohe Sprödbruchunempfindlichkeit auf. DIN 17102 kennt die Grundreihe (StE...), warmfeste Reihe (WStE...), kaltzähe Reihe (TStE...) und kaltzähe Sonderreihe (EStE...), vgl. auch DASt-Ri011, SEW089 und hinsichtlich der Schweißeignung SEW088. In DIN 18800 T1 (11.90) sind von den schweißgeeigneten Feinkornbaustählen nach DIN 17102 die Stahlsorten StE355, WStE355, TStE355 und EStE355 geregelt; sie weisen gegenüber St52-3 einen verringerten S- und P-Gehalt auf.

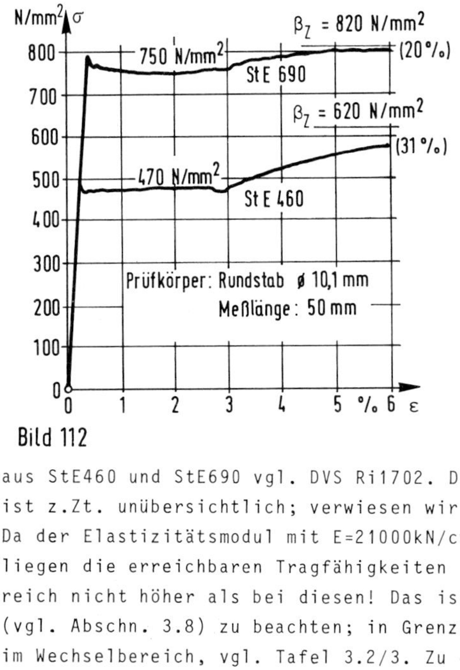

Bild 112

b) Flüssigkeitsvergütete Stähle (in Wasser oder Öl abgeschreckt) mit einer Streckgrenze über 500N/mm². Der C-Gehalt bleibt ebenfalls unter 0,2%. Legierungselemente sind: Mangan, Nickel, Chrom, Molybdän, auch Zirkon, Titan, Bor, Kupfer und Vanadium. Eine DIN-Regelung existiert noch nicht; hingewiesen wird auf: DASt-Ri011, SEW089 und SEW088. Erzeugnisformen sind Bleche, Profile (geschweißt), Rohre (DIN 17123, DIN 17124, DIN 17125 und für besondere Anforderungen DIN 17178 und DIN 17179). Die Verwendung der hochfesten schweißgeeigneten Feinkornbaustähle StE460 und StE690 ist unter der Zulassungs-Nr. Z30-89.1 allgemein bauaufsichtlich geregelt (IfBt Berlin).

Zur Verfahrensprüfung für Schweißverbindungen aus StE460 und StE690 vgl. DVS Ri1702. Der Bearbeitungszustand der europäischen Normung ist z.Zt. unübersichtlich; verwiesen wird auch auf EURONORM 113 und EURONORM-Mitt. Nr. 2. Da der Elastizitätsmodul mit E=21000kN/cm² dem E-Modul der allgemeinen Baustähle entspricht, liegen die erreichbaren Tragfähigkeiten auf Knicken, Kippen und Beulen im elastischen Bereich nicht höher als bei diesen! Das ist ebenfalls beim Nachweis der Gebrauchstauglichkeit (vgl. Abschn. 3.8) zu beachten; in Grenzen auch beim Dauerfestigkeitsnachweis, insbesondere im Wechselbereich, vgl. Tafel 3.2/3. Zu den Schweißproblemen vgl. Abschnitt 8.4.4.5.

2.7.4 Wetterfeste Baustähle [100-101]

Wetterfeste Stähle sind niedriglegierte Stahlsorten, die ohne Korrosionsschutz - auch im Freien - eingesetzt werden können. Sie bilden bei Bewitterung eine feste und dichte oxidische Deckschicht, die eine sich fortsetzende Korrosion verlangsamt oder gänzlich verhindert. Ursache dieser Witterungsbeständigkeit sind geringe Legierungsgehalte von Cu (0,5%), Cr (0,8%), Ni (0,5%) und evtl. Phosphor (0,1%). Die Prozentzahlen geben Mittelwerte an. Die Bildung der stabilen Deckschicht (Primärrost) ist im wesentlichen nach ca. 1 1/2 bis 3 Jahren abgeschlossen. In der ersten Phase kommt es bei Beregnung zu einem Rostfluß (Eisensulfat und -hydroxyd), worauf bei der konstruktiven Detailausbildung zu achten ist, anderenfalls tritt Verschmutzung ein!

Der erste wetterfeste Stahl wurde Anfang der zwanziger Jahre in Deutschland erschmolzen ("Patina-Stahl"). Später wurde die Entwicklung in den USA wieder aufgenommen ("Cor-ten-Stahl"). Seit den sechziger Jahren werden in der Bundesrepublik Deutschland die wetterfesten Stähle WTSt37-2, WTSt37-3 und WTSt52-3 erschmolzen. Sie weisen dieselben mechanischen Eigenschaften wie die entsprechenden Baustähle nach DIN 17100 auf, sind allerdings ca. 15% teurer als diese. Für den Stahlbau ist die Verwendung in der DASt-Ri007 geregelt. Die ehemals vorhandene allgemeine bauaufsichtliche Zulassung wurde wieder zurückgezogen; die Verwendung bedarf daher einer Zustimmung im Einzelfall, ausgenommen bei Stahlschornsteinen (nach DIN 4133). Als Begründung für die Rücknahme der allgemeinen bauaufsichtlichen Zulassung wurde genannt:

- Ein vollständiger Stillstand des Rostvorganges tritt auch nach der Deckschichtbildung nicht ein (abhängig von der Aggressivität der Atmosphäre und baulichen Ausbildung); das gilt insbesondere in chloridhaltiger Meeresluft.
- über den zeitlichen Ablauf und das Abrostungsmaß gibt es keine zuverlässigen Angaben.
- Bei Schraubenverbindungen führt die Kapillarwirkung infolge Dauerfeuchtigkeit zu verstärkter Korrosion.
- Die Auswirkungen des Rostvorganges auf die Dauerfestigkeit von Grundwerkstoff und Schweißwerkstoff sind nicht ausreichend bekannt (gilt für Brückenbauten).

In dem SEW087 findet man Hinweise zur Wetterfestigkeit und Ergebnisse von Abrostungsversuchen. - Zur Normung vgl. auch EURONORM 155.

2.7.5 Nichtrostende Stähle [102-106]

Als nichtrostend gelten Stähle, die sich durch besondere Beständigkeit gegen chemisch angreifende Stoffe auszeichnen. Sie haben einen Chromgehalt von mindestens 12%, in vielen Fällen liegt er höher (bis 20%). Hinzu treten Legierungen mit Ni, Mo, Ti, V, Nb. Es werden

- ferritische und martensitische Stähle und
- austenitische Stähle unterschieden; vgl. Abschn. 2.6.4.5.

Mo-haltige Stähle sind bei stark aggressiver Industrie- und Meeresatmosphäre zu empfehlen. Neben der Legierung werden die Stähle besonderen Vergütungen unterworfen. Die Stähle sind in DIN 17440 und in SEW400 geregelt. Hierin sind die mechanischen und technischen Eigenschaften bei Raumtemperatur und für eine Verwendung bei höheren Temperaturen (bis 550°C) vereinbart. In DIN 17440 sind 14 ferritisch-martensitische und 17 austenitische Stähle geregelt (u.a. mechanische Eigenschaften einschließlich Temperaturabhängigkeit, Schweißzusatzwerkstoffe). DIN 17441 regelt die Verwendung von nichtrostenden Stählen für Bänder und Bleche.

Für Stahlschornsteine bedürfen die Stähle X5CrNi18 9, X10CrNiTi18 9, X10CrNiMoTi18 10 und 2CrNiMo18.12 keines weiteren Brauchbarkeitsnachweises. Allgemein bauaufsichtlich zugelassen sind u.a. die Stähle (IfBt, Z 30.1-44)*.

X 5 Cr Ni 18 9	1.4301	$C \leq 0,07\%$	Cr=17-20%;	$\beta_{0,2}$=225N/mm²,	β_Z=490-690N/mm²
X10 Cr Ni Ti 18 9	1.4541	$C \leq 0,10\%$	Cr=17-19%;	$\beta_{0,2}$=225N/mm²,	β_Z=490-690N/mm²
X 5 Cr Ni Mo 18 10	1.4401	$C \leq 0,07\%$	Cr=16,5-18,5%;	$\beta_{0,2}$=225N/mm²,	β_Z=490-740N/mm²
X10 Cr Ni Mo Ti 18 10	1.4571	$C \leq 0,10\%$	Cr=16,5-18,5%;	$\beta_{0,2}$=225N/mm²,	β_Z=490-740N/mm²

*) Die Benennungen und mechanischen Werte weichen von den Regelungen in DIN 17440 (1985) etwas ab.

Bruchdehnung ca. 40-45%, Elastizitätsmodul E=17000kN/cm², Schubmodul G=6400kN/cm², Wärmedehnzahl $1{,}6\cdot10^{-5}$/K. Neben den vorgenannten Stählen der Festigkeitsklasse E255 enthält der Zulassungsbescheid vier Stähle der Festigkeitsklasse E355 (t≤6mm).

Ergänzend wird hingewiesen auf:

- DIN 17455 geschweißte kreisförmige Rohre aus nichtrostendem Stahl
- DIN 17456 nahtlose kreisförmige Rohre aus nichtrostendem Stahl
- DIN 17457 geschweißte kreisförmige Rohre aus austenitischem nichtrostenden Stahl für besondere Anforderungen
- DIN 17458 nahtlose kreisförmige Rohre aus austenitischem nichtrostenden Stahl für besondere Anforderungen
  und
- DIN 17445 nichtrostender Stahlguß (vgl. auch SEW410).

Alle Normen, die die Verwendung nichtrostender Stähle regeln, wurden 1985 neu herausgegeben. - Zur Frage der Spannungsrißkorrosion vgl. Abschnitte 19.2.6 u. 28.5.4.

2.7.6 Stähle für geschweißte und nahtlose Rohre (Hohlprofile)

Geschweißte Rohre haben eine Längs- oder Schraubenliniennaht. Das Regelwerk für Lieferung und Verwendung von Rohrerzeugnissen wird neu erarbeitet. Für die Verwendung im Stahlbau haben Bedeutung:

- DIN 1627: Warm gefertigte Stahlhohlprofile für den Stahlbau, T1: Allgem. Angaben, Eigenschaften (St37-2, St44-2, St52-3), T2: Quadratische und rechteckige Querschnitte, T3: Kreisförmige Querschnitte. Es handelt sich um Hohlprofile aus Stählen, die den allgemeinen Baustählen nach DIN 17100 äquivalent sind; Lieferbedingungen in:
- DIN 17120: Geschweißte kreisförmige Rohre aus allgemeinen Baustählen für den Stahlbau;
- DIN 17121: Nahtlose kreisförmige Rohre aus allgemeinen Baustählen für den Stahlbau;
- DIN 17119: Kaltgefertigte geschweißte quadratische und rechteckige Stahlrohre (Hohlprofile) für den Stahlbau.

Für Hohlprofile aus Feinkornbaustählen (StE255, StE285, StE355, StE460) gilt:

- DIN 17123: Geschweißte kreisförmige Rohre aus Feinkornbaustählen für den Stahlbau;
- DIN 17124: Nahtlose kreisförmige Rohre aus Feinkornbaustählen für den Stahlbau;
- DIN 17125: Quadratische und rechteckige Rohre (Hohlprofile) aus Feinkornbaustählen für den Stahlbau.

Darüberhinaus gibt es weitere Rohrprofil-Normen für besondere Verwendungen und Anforderungen, z.B. für den Apparate-, Behälter- und Leitungsbau: DIN 1615, DIN 1626, DIN 1628, DIN 1629, DIN 17172, DIN 17173, DIN 17174, DIN 17175, DIN 17177, DIN 17178, DIN 17179, DIN 17455, DIN 17456, DIN 17457, DIN 17458.

2.7.7 Warmfeste Stähle [107]

Als warmfest gelten Stähle, für die bei höheren Temperaturen, z.T. bis zu 600°C, Eigenschaften bei langzeitiger Beanspruchung ausgewiesen sind. Es handelt sich um unlegierte und legierte Baustähle für Blech und Band für eine Verwendung bei Dampfkesselanlagen, Druckbehältern, großen Druckrohrleitungen und ähnlichen Komponenten, auch für Stahlschornsteine. Neben den in Abschnitt 2.7.5 erwähnten nichtrostenden Stählen sind insonderheit die Stähle nach DIN 17155 gemeint, sie wurden ehemals als Kesselbleche bezeichnet [108]. Die Stähle sind beruhigt, i.a. normalgeglüht, z.T. luftvergütet und legiert (Cr, Cu, Mo, Nb, Ni, Ti, V). Die 0,2-Dehngrenze ist bis Betriebstemperaturen von 500°C gewährleistet, die Zeitstandfestigkeit für noch höhere Temperaturen. Beispiele sind: UHI, HI, HII, 17Mn4, 19Mn6, 15Mo3, 13CrMo44, 10CrMo9 10. Beim Stahl 19Mn16 erreicht der C-Gehalt 0,22%, in allen anderen Fällen liegt der C-Gehalt unter 0,20%. Ergänzend wird hingewiesen auf: SEW470 (Warmfeste Stähle), SEW670 (Hochwarmfeste Stähle, bis 600/700°C), SEW590 (Druckwasserbeständige Stähle). Für den Primärkreislauf von Kernenergieanlagen wurden spezielle Stähle entwickelt, vgl. SEW640. Weiter wird verwiesen auf:

- DIN 17175 Nahtlose Rohre aus warmfesten Stählen
- DIN 17177 Elektrisch preßgeschweißte Rohre aus warmfesten Stählen
- DIN 17245 Warmfester ferritischer Stahlguß
- DIN 17465 Hitzebeständiger Stahlguß
- DIN 17243 Warmfeste schweißgeeignete Stähle in Form von Schmiedestücken oder gewalztem oder geschmiedetem Stabstahl, vgl. auch SEW550.

2.7.8 Kaltzähe Stähle [109-111]

Kaltzähe Stähle sind solche, die auch bei tiefen Temperaturen eine ausreichende Zähigkeit aufweisen. Sie finden Verwendung im Apparate-, Behälter- und Leitungsbau, z.B. Flüssiggas-Kugelbehälter. Es handelt sich um legierte Stähle, normalgeglüht, z.T. gehärtet und/oder angelassen. Neben den nichtrostenden austenitischen Stählen nach DIN 17440 und den Feinkornbaustählen nach DIN 17102, T1 sind vorrangig die Stähle nach DIN 17280, kaltzähe Stähle für Band, Blech, Breitflachstahl, Formstahl, Stabstahl und Schmiedestücke gemeint. Beispiele: 26CrMo4, 11MnNi53, 13MnNi63, 10Ni14, 12Ni19, X7NiMo6, X8Ni9.
Ergänzend wird hingewiesen auf SEW680 (Kaltzähe Stähle) und
- DIN 17173 Nahtlose Rohre aus kaltzähen Stählen
- DIN 17174 Geschweißte Rohre aus kaltzähen Stählen.

2.7.9 Vergütungsstähle [112]

Vergütungsstähle sind Baustähle, die sich aufgrund ihrer chem. Zusammensetzung, besonders ihres Kohlenstoffgehaltes, zum Vergüten (Härten und Anlassen, vgl. Abschn. 2.6.4.7) eignen und die im vergüteten Zustand hohe Zähigkeit bei bestimmten Zugfestigkeiten aufweisen; Verwendung z.B. für Lager, Gelenke und Sonderbauteile. Es handelt sich um beruhigte Kohlenstoff- oder legierte Stähle mit bestimmten Vergütungseingriffen. Die Stähle sind in DIN 17200 geregelt; daselbst sind 54 Sorten ausgewiesen; Beispiele: C25, C35, C45, C60, 28Mn6, 32Cr2, 25CrMo4, 26CrNiMo4, 50CrV4; für den Stahlbau: C35N (vgl. DIN 18800 T1 (11.90)).

2.7.10 Einsatzstähle [113]

Einsatzstähle sind Baustähle mit verhältnismäßig niedrigen C-Gehalten (0,07 bis 0,20%), die an der Oberfläche (bis etwa 1mm) aufgekohlt, gegebenenfalls gleichzeitig aufgestickt und anschließend gehärtet werden. Die Oberfläche weist große Härte und hohen Verschleißwiderstand auf, der Kernwerkstoff verbleibt zäh. Es handelt sich um unlegierte und legierte Stähle; sie sind in DIN 17210 geregelt.

2.7.11 Stahlguß

Neben der Warmformgebung (Walzen oder Schmieden) und Kaltformgebung (Abkanten, Kaltwalzen, Kaltprofilieren, Kaltziehen) besteht noch die Formgebung durch Gießen. Hiermit lassen sich auch verwickelt gestaltete Bauteile herstellen (z.B. Lagerteile, Seilhülsen, -knoten). Die Stahl- und Eisengießerei hat im Maschinenbau große Bedeutung: Gehäuse, Motorenblöcke, Maschinenbette, Pumpen, Ausrüstungsteile aller Art.
Für den Stahlbau ist der Stahlguß für allgemeine Verwendungszwecke in DIN 1681 geregelt. Darunter fallen die beruhigt vergossenen, nicht legierten Stähle, deren Sorteneinteilung im wesentlichen auf den mechanischen Eigenschaften bei Raumtemperatur beruht, d.h. die gewährleisteten Eigenschaften entsprechen den Baustählen, z.B.:

GS-38 , 1.0420 , R_{eH} = 200 N/mm² , R_m = 380 N/mm² , A = 25 %
GS-45 , 1.0446 , R_{eH} = 230 N/mm² , R_m = 450 N/mm² , A = 22 %
GS-52 , 1.0552 , R_{eH} = 260 N/mm² , R_m = 520 N/mm² , A = 18 %
GS 60 , 1.0558 , R_{eH} = 300 N/mm² , R_m = 600 N/mm² , A = 15 %

Stahlgußteile sind wegen des geringen C-Gehaltes schweißbar, allerdings ist i.a. Vorwärmen erforderlich und bei größeren Teilen Spannungsfreiglühen. Stahlgußarten mit verbesserter Schweißeignung und Zähigkeit für allgemeine Verwendungszwecke sind in DIN 17182 geregelt.
Weiter wird verwiesen auf:
- DIN 17245 Warmfester ferritischer Stahlguß (mit Chrom, Molybdän, Vanadium und Nickel legiert). Stahlguß nach DIN 1681 wird im Temperaturbereich zwischen -10 bis 300°C eingesetzt, warmfester ferritischer Stahlguß im Bereich 300 bis 600°C; in DIN 18800 T1 (11.90) ist die Sorte GS-20Mn5 nach DIN 17182 geregelt.
- DIN 17465 Hitzebeständiger Stahlguß (vgl. auch SEW 471), oberhalb 600°C
- DIN 17445 Nichtrostender Stahlguß (vgl. auch SEW 410)
- SEW 685 Kaltzäher Stahlguß
- SEW 510, SEW 515 Vergütungsstahlguß bis 100mm bzw. über 100m Wanddicke.

2.7.12 Stähle für Schweißwerkstoffe, Schrauben und Niete

Bezüglich der Werkstoffe für Schweißverbindungen vgl. Abschnitt 8 und für Schrauben und Niete vgl. Abschnitt 9. Für letztgenannte haben vorrangig Bedeutung:

- DIN 17111 Kohlenstoffarme, unlegierte Stähle für Schrauben, Muttern und Niete (St36 und St38, für Warm- und Kaltverfestigung von Schrauben und ähnlichen Formteilen bis zu einer maximalen Erzeugnisdicke von 40mm)
- DIN 17240 Warmfeste und hochwarmfeste Werkstoffe für Schrauben und Muttern (für Betriebstemperaturen über 300°C).

2.7.13 Gußeisen [114-117]

Unter Gußeisen versteht man Eisen-Kohlenstoff-Legierungen mit einem relativ hohen Kohlenstoffgehalt (2 bis 4%). Die Formgebung erfolgt durch Gießen; einige Sorten erlauben eine anschließende spanende Bearbeitung. Abhängig von den Herstellungsbedingungen (Wärmeführung beim Abkühlen und Erstarren) und der chemischen Zusammensetzung (Legierungsbestandteile: Si, Mn, Mg, Ce) scheidet sich der Kohlenstoff lamellar oder kugelig als Graphit aus, Bild 113a. Im erstgenannten Falle spricht man von Gußeisen mit Lamellengraphit oder Grauguß (GG), weil das Bruchaussehen grau ist.

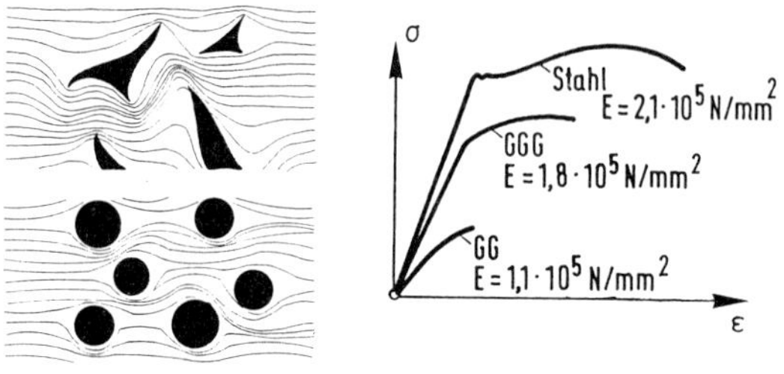

Bild 113 a) b)

Dieses Gußeisen hat eine Bruchdehnung 0,3 bis 0,8% und ist demgemäß als spröde einzustufen. Gußeisen mit Lamellengraphit ist in DIN 1691 geregelt und kennt die Sorten GG-10 bis GG-35. Die Ziffer kennzeichnet die Zugfestigkeit (bei einer Wanddicke ca. 15mm; mit steigender Wanddicke sinkt R_m); GG-10 weist beispielsweise eine Zugfestigkeit von 100N/mm² auf; die Druckfestigkeit liegt um den Faktor 3 bis 4 höher. Die geringe Duktilität (Zähigkeit) beruht auf der inneren Kerbwirkung der lamellaren Graphiteinlagerungen. Außer in seltenen Fällen für druckbeanspruchte Bauteile kommt Grauguß für tragende Bauteile im konstruktiven Ingenieurbau nicht zum Einsatz - Gußeisen mit Kugelgraphit (GGG; Guß, grau, globular) wird auch als duktiles Gußeisen bezeichnet; es weist einen höheren Si-Gehalt auf (2 bis 3%) und ist einer Vergütung zugänglich; Regelung in DIN 1693 (Gußeisen mit Kugelgraphit, GGG-40 bis GGG-80). Es werden hohe Zugfestigkeiten und Zugbruchdehnungen erreicht; bei ferritischen Werkstoffsorten bildet sich eine natürliche Streckgrenze aus; z.B.: GGG-40 Streckgrenze >250N/mm², Bruchdehnung mindestens 15%, GGG-80 0,2-Dehngrenze >500N/mm², Bruchdehnung mindestens 2% (auch diese Werte nehmen mit zunehmender Wanddicke ab). Bei Einsatz im konstruktiven Ingenieurbau als zug- oder biegezugbeanspruchte Bauteile ist zu berücksichtigen, daß abhängig von den Abmessungen und der Gußform höhere Gußspannungen verbleiben können. Der Elastizitätsmodul liegt im Bereich 160 000 bis 185 000N/mm². Es ist Einsatz bis 350°C Betriebstemperatur möglich, allerdings mit abgeminderter Dehngrenze. Gußeisen GGG läßt sich relativ gut bearbeiten und bei geeigneter Wärmevor- und -nachbehandlung schweißen. - Neben den erwähnten Sorten gibt es noch den sogen. Temperguß (DIN 1692, GTS, schwarz, nicht entkohlend geglüht; GTW, weiß, entkohlend geglüht). Temperguß ist graphitfrei, der gesamte Kohlenstoffgehalt liegt im Temperrohguß in gebundener Form als Eisenkarbid (Zementit) vor.- Schließlich ist noch Austenitisches Gußeisen (DIN 1694) zu erwähnen. Hierbei handelt es sich um GG bzw. GGG mit höheren Ni-, Mn- und Cr-Gehalten, wodurch die ohnehin hohe Korrosionsbeständigkeit von Gußeisen, sowie die Hitzebeständigkeit, weiter gesteigert werden. - DIN 1695 regelt Verschleißbeständiges Gußeisen (G-X...).

Früher war die Verwendung gußeisener Säulen sehr verbreitet. Die inzwischen zurückgezogene Norm DIN 1051 gab für Säulen aus Gußeisen die Rechenwerte E=10 000kN/cm², zulσ=9kN/cm² (Druck und Biegedruck) und zulσ=4,5kN/cm² (Biegezug) an.- Gußeisen GGG wird dank der hohen Zähigkeit wieder häufiger verwendet, hinsichtlich der Formgebung gibt es nahezu unbegrenzte Möglichkeiten. Fügemittel wie Preßdübel, Verankerungsspleiße oder Haken können ohne wesentlichen Mehraufwand angegossen werden, ebenso Rippen und Stege, Aufspannhilfen als Transport- und Montagehilfen. Auch kann man Aussparungen, Bohrungen und Gewinde vergießen. Im Tiefbau wird Gußeisen GGG z.B. für Tunnelringe (Tübbings) und Rammpfähle verwendet.- Wegen der hohen Materialdämpfung ist Gußeisen auch für Maschinenfundamente geeignet.

3 Nachweis der Tragsicherheit und Gebrauchstauglichkeit

3.1 Aspekte des Bauordnungsrechts

Bei der Errichtung baulicher Anlagen sind zwei Rechtsbereiche zu unterschieden,
- der öffentlich-rechtliche (einschließlich dem strafrechtlichen) und
- der privat-rechtliche.

Der zweitgenannte interessiert in diesem Zusammenhang nur randständig; er hat Bedeutung bei der Gestaltung der Bauverträge und deren Vollzug auf der Basis des Bürgerlichen Gesetzbuches (BGB) und der Verdingungsordnung für Bauleistungen (VOB) [1,2]. Der erstgenannte, konkret der bauaufsichtliche Bereich, basiert auf der Bauordnung.
Die ersten bauordnungsrechtlichen Vorschriften wurden in den Städten erlassen; sie regelten brandschutztechnische Auflagen, z.B. die Anordnung von Brandmauern und die gegenseitigen Gebäudeabstände, später auch das Bauantragsverfahren bei der örtlichen Baupolizei. Ende des 19. Jahrhunderts entstanden mit fortschreitender Industrialisierung und zunehmendem Einsatz technisch gefertigter Baustoffe, wie Walzträger, Armierungseisen, Zement, die ersten Bauordnungen; in Deutschland waren insbesondere Preußen, Sachsen, Bayern führend. - Die Bauordnungen wurden von den Ländern über die Jahrzehnte hinweg immer weiter entwickelt. Heute sind die Bauordnungen (BO) der (nach dem Grundgesetz dafür zuständigen) Länder im technischen Bereich weitgehend vereinheitlicht, entsprechend der im Jahre 1960 von Bund und Ländern herausgegebenen Musterbauordnung (MBO), die sich in materielle und formelle Vorschriften gliedert. In den "Allgemeinen Anforderungen" der MBO heißt es: "Bauliche Anlagen sind so zu ordnen, zu errichten und zu unterhalten, daß die öffentliche Sicherheit oder Ordnung, insbesondere Leben oder Gesundheit, nicht gefährdet werden. Sie müssen ihrem Zweck entsprechend ohne Mißstände zu benutzen sein. Die allgemein anerkannten Regeln der Baukunst sind zu beachten".
In der Bundesrepublik Deutschland überwacht die Bauaufsicht diese allgemeinen Anforderungen, insbesondere, daß ausreichende Sicherheiten gegenüber definierten Grenzzuständen der Gebrauchstauglichkeit und Tragfähigkeit eingehalten werden. Den Beteiligten stehen als Beweismittel die technischen Baubestimmungen, hier vor allem die DIN-Normen und andere Regelwerke, zur Verfügung; möglich ist auch ein Nachweis mittels Versuchen. In den Baubestimmungen ist angegeben, welche Baustoffe und Bauteile verwendet werden dürfen; bei Einsatz neuer Erzeugnisse ist nach den Bauordnungen der bauaufsichtlich erforderliche Brauchbarkeitsnachweis zu erbringen. Dieses kann durch eine bauaufsichtliche Zustimmung im Einzelfall durch Antrag bei der untersten Bauaufsichtsbehörde oder durch eine allgemeine bauaufsichtliche Zulassung geschehen. Letztere wird einheitlich und faktisch mit Geltungsbereich für alle Länder der Bundesrepublik Deutschland vom Institut für Bautechnik (IfBt, gegr. 1968) als sogen. Allgemeinverfügung erteilt. Das hierfür erforderliche Zulassungsverfahren ist im allgemeinen langwierig, der Antragsteller hat gegenüber dem eingeschalteten Sachverständigenausschuß den Nachweis ausreichender Sicherheit und Gebrauchstauglichkeit zu führen. Die Zulassungen werden zeitlich befristet ausgesprochen und enthalten in der Regel eine Überwachungsvorschrift (Güteüberwachung), d.h., das Herstellwerk muß eine Eigenüberwachung des Erzeugnisses nach genau festgelegten technischen Richtlinien durchführen und diese i.a. durch eine fremdüberwachende Stelle, also von einer hierzu vom IfBt anerkannten Überwachungs-(Güteschutz-)Gemeinschaft oder von einer, von den obersten Bauaufsichtsbehörden hierfür anerkannten geeigneten Einzelprüfstelle, überprüfen lassen. - Neben den allgemeinen Zulassungen gibt es werkmäßig hergestellte Baustoffe, Bauarten und Einrichtungen, die auf Antrag ein Prüfzeichen erhalten, z.B. für Zwecke der Grundstücksentwässerung, Abscheider und Sperren, Brandschutz, Feuerungs- und Lüftungsanlagen, Gerüstbauteile. Auch diese Prüfzeichen werden vom IfBt verwaltet. Die Zahl der allgemeinen bauaufsichtlichen Zulassungen beträgt etwa 1000 und die der Prüfzeichen 4000.

Die Einhaltung der von der Bauordnung vorgeschriebenen Bestimmungen wird von der untersten Bauaufsichtsbehörde überwacht; zur Prüfung der statischen Tragsicherheitsnachweise und zur bautechnischen Abnahme bedient sie sich i.a. anerkannter Prüfingenieure. Prüfingenieure werden im Rahmen ihres Prüfauftrages hoheitlich tätig. Handelt es sich bei dem Bauherrn um die öffentliche Hand, z.B. Bundesbahn, Bundespost, Autobahn- oder Straßenbauämter, Finanzbauämter usf., erfolgt die Überwachung in eigener Zuständigkeit. Wirkt in diesem Falle ein Prüfingenieur mit, wird er im Rahmen eines Werkvertrages tätig, mit anderem Rechtsrang als zuvor. Gegenüber der Bauaufsicht (und privat-rechtlich gegenüber dem Bauherrn) ist der Unternehmer für die Ausführung der Arbeiten nach den genehmigten Bauvorlagen und für die Einhaltung der allgemeinen Regeln der Baukunst verantwortlich. Darunter fällt auch eine ordnungsgemäße Werkseinrichtung und der sichere Betrieb auf der Baustelle. Der Unternehmer hat auch die erforderlichen Nachweise über die Brauchbarkeit der verwendeten Baustoffe und Bauteile zu erbringen (s.o.). (Die in den Bauordnungen bislang enthaltene Forderung, einen Bauleiter (und für Arbeiten mit spezieller Sachkunde einen Fachbauleiter) zu bestellen, wird derzeit im Zuge der Liberalisierung der Bauvorschriften aufgegeben).

Wie oben erwähnt, kommt der Güteüberwachung der Erzeugnisse große Bedeutung zu; sie besteht in einer umfassenden Eigenüberwachung durch den Hersteller selbst, ergänzt in einer ganzen Reihe von Fällen durch eine Fremdüberwachung. - Bei Stahl genügt die Eigenüberwachung; hierüber wird gemäß DIN 50049 eine Eigenbescheinigung ausgestellt; Bild 1 faßt die unterschiedlichen Prüfbescheinigungen nach DIN 50049 (EN 10204) v. Nov. 1991 zusammen. Für anspruchsvollere Stahlbauten wird i.a. ein Zeugnis 3.1.B verlangt.

Norm-Bez.	Bescheinigung	Art der Prüfung	Inhalt der Bescheinigung	Lieferbedingungen	Bestätigung der Bescheinigung durch
2.1	Werksbescheinig.	Nicht-spezifisch	Keine Prüfergebnisse	Nach den Lieferbedingungen der Bestellung oder, falls verlangt, nach amtlichen Vorschriften	den Hersteller
2.2	Werkszeugnis		Prüfergebnisse auf der Grundlage nichtspezifischer Prüfung		
2.3	Werksprüfzeugnis	Spezifisch	Prüfergebnisse auf der Grundlage spezifischer Prüfung	Nach amtl. Vorschriften und den zugehörigen Technischen Regeln	den in den amtlichen Vorschriften genannten Sachverständigen
3.1.A	Abnahmeprüfzeugnis 3.1.A				
3.1.B	Abnahmeprüfzeugnis 3.1.B			Nach den Lieferbedingungen der Bestellung oder, falls verlangt, nach amtlichen Vorschriften	den vom Hersteller beauftragten, von der Fertigungsabteilung unabhäng. Sachverständg.
3.1.C	Abnahmeprüfzeugnis 3.1.C			Nach den Lieferbedingungen der Bestellung	den vom Besteller beauftragten Sachverst.
3.2	Abnahmeprüfprotokoll 3.2				den vom Hersteller u. Besteller beauftr. Sachverst.

Nichtspezifische Prüfung: Vom Hersteller nach von ihm geeignet erscheinenden Verfahren; geprüfte Erzeugnisse nicht notwendiger Weise aus der Lieferung. Spezifische Prüfung: Nach in der Bestellung festgelegten techn. Bedingungen an den zu liefernden Erzeugnissen bzw. Prüfeinheiten

Bild 1 (DIN 50049 (11.91) bzw. EN 10204: 1991; Auszug)

3.2 Bautechnische Regelwerke - Normung

Vor der Errichtung einer baulichen Anlage bedarf es der bauaufsichtlichen Genehmigung. Der Nachweis ausreichender Trag- und Gebrauchsfähigkeit ist hierfür Voraussetzung; der Nachweis wird auf der Basis der technischen Baubestimmungen erbracht. Hierbei handelt es sich vor allem um die einschlägigen DIN-Normen und die zugehörigen Einführungserlasse. (Zur Entwicklung der Techn. Baubestimmungen siehe [4]). Mit zunehmender Industrialisierung diente die Normung zunächst der Vereinheitlichung der Maß- und Passungssysteme und damit der Rationalisierung, zunehmend übernahm sie zusätzlich eine Ordnungs- und Schutzfunktion (Sicherheit, Arbeitsschutz, Umweltschutz, Verbraucherschutz). - Das heutige DIN Deutsches Institut für Normung wurde 1917 gegründet und wurde zunächst Deutscher Normenausschuß (NADI), ab 1926 DNA genannt. Die Abkürzung und das spätere Verbandszeichen DIN ist aus dem Begriff "Deutsche Industrie-Norm" entstanden. - Für den überwiegenden Bereich des Bauwesens ist der NABau Normenausschuß im Bauwesen im DIN zuständig; er ist in

Fachbereiche aufgegliedert, u.a.:

I Grund- und Planungsnormen, z.B. Modulordnung im Bauwesen, Maßtoleranzen, Flächen- und Raumberechnung, aber auch Normung von Sporthallen, Schulbauten usf.

II Einheitliche Technische Baubestimmungen (ETB), z.B. Lastannahmen, Wärme-, Schall-, Brand- und Erschütterungsschutz, Abdichtungen, aber auch Sonderbauweisen wie Lager im Bauwesen (DIN 4141), Maschinenfundamente (DIN 4024), Fliegende Bauten (DIN 4112), Tragluftbauten (DIN 4134), Traggerüste (DIN 4421) u.a.

V Baugrund, VI Baustoffe und Bauteile

VII Beton- und Stahlbetonbau (Deutscher Ausschuß für Stahlbeton, gegr. 1907),

VIII Stahlbau (Deutscher Ausschuß für Stahlbau, gegr. 1908)

IX Ausbau, XI Straßen- und Wegbrücken, XII Industriebau

Weitere wichtige Normenausschüsse im DIN sind:

FES Normenausschuß für Eisen und Stahl

FNNE Normenausschuß für Nichteisenmetalle

FNK Normenausschuß für Kunststoffe

NAW Normenausschuß Wasserwesen

Im DIN werden z.Zt. ca. 20500 DIN-Normen und ca. 4500 DIN-Normenentwürfe verwaltet, davon sind ca. 650 Baunormen bzw. -entwürfe; bei ca. 250 Normen ist der NABau Mitträger. Circa 300 DIN-Normen sind als Techn. Baubestimmungen eingeführt. - Insgesamt gibt es in der Bundesrepublik ca. 40000 Normen; sie sind im Deutschen Informationszentrum für technische Regeln (DITR) [3] dokumentiert:

Für den Bereich des Stahlbaues haben hiervon Bedeutung:

AD Merkblätter für Druckbehälter

AGI Arbeitsblätter der Arbeitsgemeinschaft Industriebau

ASR Arbeitsstättenrichtlinien

DVS Merkblätter und Richtlinien des Deutschen Verbandes für Schweißtechnik

KTA Sicherheitstechnische Regeln des Kerntechnischen Ausschusses

RZ Richtzeichnungen Brücken- und Ingenieurbau

SEL Stahl-Eisen-Lieferbedingungen

SEW Stahl-Eisen-Werkstoffblätter

TRD Technische Regeln Druckbehälter

VBG Unfallverhütungsvorschriften der gewerblichen Berufsgenossenschaften

VDI Richtlinien des Vereins Deutscher Ingenieure

VDMA Einheitsblätter des Verbandes Deutscher Maschinen- und Anlagenbau

VdTÜV Merkblätter der Vereinigung der Technischen Überwachungsvereine

Rechts- und Verwaltungsvorschriften des Bundes (mit technischem Bezug)

Rechts- und Verwaltungsvorschriften der Länder (mit technischem Bezug)

Zu den vorletzt genannten gehören z.B. die bautechnischen Vorschriften von Bundesbahn und Bundespost sowie die "Allgemeinen Rundschreiben Straßenbau (ARS)", die vom Bundesverkehrsministerium erlassen werden.

Für den Stahlbau haben zudem die Richtlinien des Deutschen Ausschusses für Stahlbau (DASt) große Bedeutung und z.B. auch die vom Industrieverband Stahlschornsteine (IVS) erarbeiteten Richtlinien. Seit 1947 wird die übernationale Normung in der ISO (International Standard Organisation), der ca. 90 Mitgliedsländer mit ca. 2000 technischen Organen angehören, betrieben. Derzeit existieren ca. 4500 internationale Normen bzw. Normenentwürfe. Das DIN bringt als techn. Regelsetzer die deutschen Normen in die ISO-Normung ein, außerdem in das Europäische Komitee für Normung (CEN). Dieses hat große Bedeutung für die europäische Normensetzung (EN...) erlangt. - Von der ISO-Normung sind einschlägig wichtig:

ISO/TC 59 Hochbau
ISO/TC 98 Berechnungsgrundlagen für Bauten
SC2 Standsicherheit von Bauten
SC3 Lasten, Kräfte und andere Einheiten
ISO/TC167 Stahl- und Aluminiumkonstruktionen
SC1 Stahl: Material und Berechnung
SC3 Aluminium: Material und Berechnung

Um nicht-tarifäre Handelshemmnisse abzubauen und ein gutes Funktionieren des gemeinsamen Marktes auf dem Bausektor innerhalb der Europäischen Gemeinschaft (EG) sicherzustellen, begann die Kommission der EG (KEG) basierend auf dem EWG-Vertrag von 1957 (sogen. "römische Verträge"; hier Artikel 100) ab 1975 ein entsprechendes Aktionsprogramm durchzuführen, insbesondere die Erstellung von sieben EUROCODES mit Regeln für den Gebrauchs- und Tragsicherheitsnachweis; hiervon haben für den Stahlbau vorrangige Bedeutung:

EUROCODE Nr. 1 Lastannahmen
EUROCODE Nr. 2 Betonbau
EUROCODE Nr. 3 Stahlbau
EUROCODE Nr. 4 Verbundbau (Beton-Stahl)
EUROCODE Nr. 5 Holzbau, Nr. 6 Mauerwerksbau, Nr. 7 Grundbau

Der Entwurf des EUROCODE Nr. 3 liegt vor. - Die Arbeiten zu den EUROCODES basieren zu einem wesentlichen Teil auf Arbeiten internationaler technischer Vereinigungen, wie

IABSE International Association for Bridge and Structural Engineering
(IVBH Internationale Vereinigung für Brücken- und Hochbau)
CECM Convention Européenne de la Construction Métallique (ECCS)
(EKS, Europäische Konvention für Stahlbau), gegr. 1955
CEB Comitée Euro-International du Béton
(Europäisch-internationales Komitee für Beton)

Weiter: FIP, CIB, RILEM und JCSS (Joint Comitee on Structural Safety).
Von den genannten technisch-wissenschaftlichen Vereinigungen wurden Empfehlungen, sogen. "Model Codes", erarbeitet, die als Vorläufer der EUROCODES anzusehen sind; vgl. u.a. [5-7]. Zu den Bauvorschriften des Auslandes siehe [5,8].

Für die Erzeugnisse der europäischen Stahlindustrie wurden in den zurückliegenden Jahren Normen der Europäischen Gemeinschaft für Kohle und Stahl (EURONORMEN) erarbeitet. Sie werden z.Zt. gemeinsam mit den einschlägigen DIN-Normen (Güte- und Liefervorschriften) in Europäische Normen (EN) umgesetzt.

3.3 "Allgemein anerkannte Regeln der Baukunst"

In Abschnitt 3.1 wurde bereits darauf hingewiesen, daß alle Landesbauordnungen (hierbei handelt es sich nicht um Ordnungen im Sinne von Verordnungen sondern um Gesetze!) den verbindlichen Grundsatz enthalten, daß bei der Errichtung baulicher Anlagen die "allgemein anerkannten Regeln der Baukunst zu beachten sind." (Synonym ist: Regel der Bautechnik oder Regel der Technik.) - Auch im Strafrecht (StGB) findet sich im §330 (Baugefährdung), Abs.1 ein entsprechender Hinweis: "Wer bei der Planung, Leitung oder Ausführung eines Baues oder des Abbruchs eines Bauwerkes gegen die allgemein anerkannten Regeln der Technik verstößt und dadurch Leib und Leben eines anderen gefährdet, wird mit Freiheitsstrafe bis zu fünf Jahren oder mit Geldstrafe bestraft". - Schließlich sei erwähnt, daß auch im privatrechtlichen Verhältnis Bauherr und Auftragnehmer, also im Werkvertragsrecht, derselbe Grundsatz gilt. In der Verdingungsordnung für Bauleistungen (VOB), Teil B heißt es im §4, Nr.2, Abs.1: "Der Auftragnehmer hat die Leistung unter eigener Verantwortung nach dem Vertrag auszuführen. Dabei hat er die anerkannten Regeln der Technik ... zu beachten" und im §13, Nr.1: "Der Auftragnehmer übernimmt die Gewähr, daß seine Leistung zur Zeit der Abnahme ... den anerkannten Regeln der Technik entspricht ...".

Dem erwähnten Rechtsgrundsatz kommt offensichtlich bei allem technischen Tun eine dominierende Rolle zu, gleichwohl ist er nirgends in bestimmter Weise definiert, er läßt sich nur aus der Rechtssprechung heraus deuten und umschreiben. Bekannt wurde der Begriff durch die Entscheidung des Reichsgerichtes in einer Strafsache im Jahre 1910 (RGSt 44,S.76). Danach ist eine Regel der Baukunst allgemein anerkannt, wenn sie durchweg in den Kreisen der Techniker bekannt ist und als richtig und notwendig anerkannt wird. Das bedeutet aus heutigem Verständnis, daß die Regel allgemeine Anerkennung seitens der Praxis und (Ingenieur-)Wissenschaft erfährt, d.h. daß die Mehrzahl der Praktiker und Theoretiker überzeugt sein muß, daß die anstehende Regel richtig ist. Ob es sich um eine allgemein anerkannte Regel handelt, läßt sich nur im konkreten Einzelfall entscheiden (ggf. erst durch Gerichtsurteil nach Sachverständigenanhörung). Die geschriebenen Regeln spielen in diesem Zusammenhang eine bedeutende Rolle und hierbei in Sonderheit die DIN-Normen. Nach DIN 820 setzen sich DIN-Normenausschüsse aus Sachverständigen der Wirtschaft, Wissenschaft und Verwaltung zusammen; Art der Beratung, Einspruchmöglichkeit und Beteiligung aller Einsprechenden und die Art der Veröffentlichung lassen die tatsächliche Vermutung entstehen, daß die DIN-Normen des Bauwesens zum Zeitpunkt ihrer Herausgabe als allgemein anerkannte Regeln der Baukunst anzusehen sind. Diese Vermutung wird zusätzlich gestützt, wenn die DIN-Norm (und ggf. auch andere nach denselben oder vergleichbaren Prinzipien entstandene Regelwerke oder Regelungen z.B. "Allgemein bauaufsichtliche Zusassungen" oder "Prüfzeichen") als "Technische Baubestimmungen" seitens der Bauaufsicht erlassen werden. Sie werden dadurch zu einem Bestandteil gesetzlicher Regelung (Bauordnung), ohne selbst den Rang einer Rechtsnorm zu haben; sie erhalten quasi den Rang einer gesetzlichen Vermutung, daß es sich um allgemein anerkannte Regeln der Technik handelt. Wenn bei der Erstellung der Trag- und Gebrauchssicherheitsnachweise und der bauphysikalischen Nachweise für einen ausreichenden Wärme-, Schall-, Erschütterungs-, Feuchtigkeits- und Brandschutz sowie bei der Ausführung und Abnahme der baulichen Anlage die Technischen Baubestimmungen beachtet und erfüllt werden, kann mit hoher Wahrscheinlichkeit vermutet werden, daß damit auch die allgemein anerkannten Regeln beachtet werden; wenn das Bauwerk dennoch objektive (auch ggf. unerklärbare) Mängel aufweist oder sich solche innerhalb der Gewährleistungsfrist einstellen, ist der Auftragnehmer nicht vor privatrechtlicher Gewährleistung (und ggf. strafrechtlicher Verfolgung) geschützt. (Dieser Grundsatz, daß der Auftragnehmer das Risiko der Mängelfreiheit in jedem Falle trägt, auch dann, wenn der Mangel trotz Einhaltung der allgemein anerkannten Regeln auftritt und auf Umständen beruht, die bei Ausführung der baulichen Anlage nicht erkannt werden konnten, ist durch die neueste Rechtssprechung im Zusammenhang mit der Spannbetonbrücken-Entscheidung 17 U 82/80 des OLG Frankfurt und der Revisionsverweigerung des Bundesgerichtshofes (im Jahre 1982) bestätigt worden!) Dieser Fall ist indes die Ausnahme, die die Regel bestätigt. Auf der anderen Seite sind die bauaufsichtlich eingeführten technischen Baubestimmungen (genauer: die Regelwerke insgesamt) keine grundsätzlich bindenden und starren Auflagen, vielmehr sind Abweichungen möglich (z.B. indem auf DIN-Normenentwürfe u.ä. Bezug genommen wird), "wenn hierdurch die Sicherheitsbelange nicht wesentlich beeinträchtigt werden". Die Nachweispflicht hierfür liegt bei dem, der von der Regel abweicht (mit einem lapidaren Hinweis auf einen DIN-Normentwurf allein ist es i.a. nicht getan; der Umfang des Beweises bestimmt sich aus dem konkreten Einzelfall). Wegen Einzelheiten zu den angedeuteten juristischen Problemen vgl. u.a. [9-11].

Auf Unverständnis und Besorgnis stößt derzeit der Umstand, daß das Regelwerk in den zurückliegenden Jahrzehnten sehr umfangreich geworden ist. Das beruht u.a. darauf, daß die Sicherheitsmargen im Zuge einer immer stärkeren Abstützung der Regelwerke auf ingenieurwissenschaftliche Forschung und der hiermit verbundenen höheren Ausschöpfung der Tragfähigkeit der Baustoffe, Bauteile und Verbindungsmittel, geringer geworden sind. Es bedarf daher zur Einschrankung der jeweiligen Geltungsbereiche differenzierterer Regelungen als früher (z.B. Zulassung plasto-statischer Berechnungsverfahren, Nachweis auf Betriebsfestigkeit). Diese Entwicklung beruht u.a. auf dem wirtschaftlichen Wettbewerbsdruck der verschiedenen Bauweisen aber wohl auch auf irrationalen Zwängen; nicht immer zum Vorteil der Bauweisen. Es wird allgemein anerkannt, daß diesbezüglich Grenzen erreicht (und hier und da wohl auch überschritten) sind. Eine weitere Aufblähung der Regelwerke ist einer sicheren Handhabung abträglich. Eine EDV-gerechte Elementierung des Regelwerkes und Gliederung in die Gruppen: a) Gebot, Verbot und Grundsätze, b) zugelassene Abweichungen und Empfehlungen und c) Erläuterungen (in DS 804 bereits realisiert [12]), vermag sich als hilfreich erweisen und zur Sicherheit im baurechtlichen Bereich beitragen; vgl. auch [13]; die neue Grundnorm für den Stahlbau (DIN 18800) wurde so konzipiert.

Neben dem Begriff "Allgemein anerkannte Regel der Technik" existieren noch die Begriffe "Stand der Technik" und "Stand von Wissenschaft und Technik". Der zweitgenannte Begriff findet sich in der TA-Luft und TA-Lärm; unter "Stand der Technik" wird ein fortgeschrittener Entwicklungsstand verstanden, der auf den anerkannten Regeln der Technik aufbaut und dessen Erprobung auch schon eine Eignung für die Praxis ergeben hat. "Stand von Wissenschaft und Technik" meint das technisch Machbare. Dieser Begriff findet sich im Atom-Gesetz und in der Strahlenschutzverordnung und geht über den Begriff "Stand der Technik" hinaus: Sofern es das Gesetz verlangt, müssen die neuesten wissenschaftlichen Erkenntnisse berücksichtigt werden [14].

3.4 Regelwerke des Stahlbaues

3.4.1 Zur geschichtlichen Entwicklung der Sicherheitsfrage im Stahlbau

(Zum Kranbau vgl. auch Abschnitt 21.5 und zum Brückenbau Abschnitte 25.2 u. 25.3)

Die Bauordnung fiel in Deutschland stets in den Zuständigkeitsbereich der Länder; das änderte sich auch mit der Reichsgründung 1871 nicht. Gleichwohl ist von diesem Zeitpunkt ab ein Bemühen um Vereinheitlichung erkennbar. Die seinerzeit von Preußen erlassenen (baupolizeilichen) Bestimmungen hatten eine Leitfunktion und wurden so oder ähnlich von den anderen Ländern übernommen. - Als Beginn geregelter Bestimmungen (die zudem einem höheren technischen Anspruch genügten) kann der 31.01.1910 gelten, an dem die ministeriellen preußischen "Bestimmungen über die bei Hochbauten anzunehmenden Belastungen und Beanspruchungen der Baustoffe und Berechnungsgrundlagen für die statische Untersuchung von Hochbauten" erlassen wurden. Hierin waren für die Baustoffe obere und untere Grenzwerte für die zulässigen Beanspruchungen angesetzt: Für angenäherte statische Berechnungen war die untere Grenze, für "einwandfreie statische Untersuchungen unter gleichzeitiger Annahme der denkbar ungünstigsten Umstände" war die obere Grenze maßgebend. Beispielsweise durfte Eisen (ein damals dem Stahl St37 entsprechendes Flußeisen), "wenn eine den strengsten Anforderungen entsprechende Durchbildung, Berechnung und Ausführung volle Sicherheit gewährleistete" mit $160 N/mm^2$ beansprucht werden, im anderen Falle betrug die zulässige Spannung $140 N/mm^2$, bei Berücksichtigung jeweils nur einzelner Belastungszustände $120 N/mm^2$. Die Bestimmungen mit Datum vom 16.05.1890 kannten diese Regelung noch nicht, so daß die Bestimmung von 1910 als Ursprung für die Einteilung in die Lastfälle "Hauptlasten (H)" und "Haupt- und Zusatzlasten (HZ)" angesehen werden kann.
In den Bestimmungen vom 24.12.1919 wurde die Regelung im selben Sinne fortgeschrieben. Die "Bestimmungen des preußischen Ministers für Volkswohlfahrt für den Eisenhochbau" vom 25.02.1925 brachten bedeutende Fortschritte (und eine Anpassung an die gleichzeitig erlassenen Vorschriften der Deutschen Reichsbahn)[15]: Neben dem seit Jahrzehnten bewährten Flußstahl St37 wurde der "hochwertige" Baustahl St48 eingeführt. - Beim Sicherheitsnachweis wurde unterschieden:

- Verkehrslastfall I: Gleichzeitige Wirkung der ständigen Last, Schnee- und Verkehrslast; hierbei waren zu letzterer Bremswirkung und Schrägzug eines Kranes hinzuzurechnen.
- Verkehrslastfall II: Zusätzlich zu I waren Lasten aus Wind, Wärmewirkung sowie Bremswirkung und Schrägzug mehrerer Krane zu berücksichtigen. Gegenüber I durften die zulässigen Spannungen um 1/6 erhöht werden.

Bei dieser Vorschrift handelte es sich demnach um eine echte Kombinationsregel. Für St37 galt z.B. für zul σ (ohne Knicken): Fall I: $120 N/mm^2$, Fall II: $140 N/mm^2$. Darüberhinaus wurde an der alten Regelung von 1910 bzw. 1919 festgehalten: Eine nochmalige Erhöhung der zulässigen Spannungen um 1/6 (also auf $160 N/mm^2$) war gestattet, "wenn eine den strengsten Anforderungen genügende Durchbildung der Konstruktion und Berechnung Hand in Hand mit sachgemäßer Abnahme des Eisens (nach DIN 1000), einwandfreier Bauausführung und Überwachung des Baues ging". - Weiter galt: Die kleinste Dicke durfte bei Haupttraggliedern 4mm nicht unterschreiten; der Knicknachweis war nach dem ω-Verfahren zu führen (Sicherheitszahl 1,7 bis 3,5); als max Schlankheit wurde $\lambda = 150$ vereinbart; bei außermittigem Kraftangriff war zu rechnen:

$$\sigma = -\frac{\omega N}{A} \pm \frac{M}{W} \leq \text{zul}\sigma$$

Die Formeln $q \cdot l^2/16$ bzw. $q \cdot l^2/11$ wurden für die Berechnung der Biegemomente in den Mittel- bzw. Randfeldern von Durchlaufträgern zugelassen und damit die Fließgelenkmethode eingeführt. - Folgebestimmung der 1925er Vorschrift war die am 01.10.1934 erlassene Norm DIN 1050 "Berechnungsgrundlagen für Stahl im Hochbau", die sich an die inzwischen eingeführte DIN 1073 für stählerne Straßenbrücken anlehnte und wie diese den Stahl St52 als Baustahl zuließ. Es wurde wie bisher zwischen der Belastung mit Hauptkräften allein (Belastungsfall 1) und mit Haupt- und Zusatzkräften (Belastungsfall 2) unterschieden. Für den zweiten Belastungsfall waren die zulässigen Spannungen gegenüber dem Belastungsfall 1 um ca. 1/6 höher festgesetzt und "zwar mit Rücksicht darauf, daß das Zusammentreffen aller überhaupt möglichen Belastungen in ungünstigster Zusammenstellung und Größe wenig wahrscheinlich, jedenfalls nicht häufig sei". Weiter hieß es: "Diesem Gedanken entspricht es, daß Bauteile, die nur durch eine Zusatzlast, nicht aber durch Hauptkräfte beansprucht werden, mit den für den Belastungsfall 1 festgesetzten niedrigeren Spannungen bemessen werden müssen"; WEDLER [16]. Eine Spannungserhöhung bei besonders sorgfältiger Berechnung, Bauausführung und Bauüberwachung, wie sie die Bestimmung von 1925 vorsah, kannte die neue Berechnungsgrundlage nicht. "Der Wegfall dieser sogenannten Prämienbestimmung macht ihrer teilweise sehr weitgehenden Auslegung ein Ende und trägt dadurch wesentlich zur Klarheit bei". Für St37/St52 galt im Belastungsfall 1: zulσ=140/210N/mm² und im Belastungsfall 2: zulσ=160/240N/mm². Für beide Stähle wurden Abnahmezeugnisse verlangt. Die zulässige Schlankheit der Knickstäbe wurde von 150 auf 250 erhöht. Für Trägerstöße wurde eine Flächendeckung und für Stöße von Stützen in den äußeren Viertelteilen der Knicklänge ein Kontaktstoß für die halbe Stützenlast eingeführt. Schließlich wurde ein Nachweis gegen Kippen mit ν=2,0(H) bzw. 1,5(HZ) verlangt. Die zulässigen Scher- und Lochleibungsspannungen wurden gegenüber 1925 angehoben (z.B. bei Nieten und St37 im Belastungsfall 1: 140 bzw. 280N/mm²). Die Neuausgabe DIN 1050 im Jahre 1937 brachte keine entscheidenden Neuerungen; sie war notwendig, da für Krane und Kranbahnen im selben Jahr DIN 120 eingeführt worden war [17]. - Wegen eines großen wirtschaftlichen Schadens bei einer Halle wurde die rechnerische Durchbiegung von Trägern und Pfetten mit $l \geq 5$m auf 1/300 der Stützweite beschränkt [18].

Interesse verdient der Entwurf DIN 1050 vom April 1954 [19]: Hierin wurde vorgeschlagen, zwischen die bisherigen Lastfälle 1 (Hauptlasten) und 2 (Haupt- und Zusatzlasten) einen weiteren Lastfall (Hauptlasten und die größte Zusatzlast) einzuschieben: I(1), II, III(2), St37: zulσ=160/175/185N/mm², St52: zulσ=240/260/280N/mm². Diese Differenzierung wurde in der Weißdruckfassung wieder fallengelassen, ebenso die Erlaubnis: "Statisch-unbestimmte Tragwerke dürfen im allgemeinen außer nach der Elastizitätstheorie auch nach dem Traglastverfahren unter Beachtung der Stabilitätsfrage untersucht werden". Die Neuausgabe der DIN 1050 (1957/68) ließ für Zug- und Biegezug gegenüber der 1934/37-Fassung erhöhte Spannungen zu, für alle Stabilitätsnachweise wurde das Sicherheitsniveau beibehalten. Diese Regelungen wurden dann in DIN 18800 T1 (1981; Konzept der zulässigen Spannungen) übernommen. In DIN 4114 (Stabilitätsfälle, 1952) und DASt-Ri 008 (Traglastverfahren, 1973) wurde im Lastfall H 1,7 und im Lastfall HZ 1,5 als Sicherheitszahl festgelegt (wobei die Grenzzustände unterschiedlich definiert waren). Zu DIN 18800 (1990) vgl. Abschn. 3.6.

Die in den fünfziger Jahren erarbeitete Stabilitätsnorm DIN 4114 wurde von den geistigen Vätern dieser Norm, CHWALLA [20] und KLÖPPEL [21], ausführlich begründet und kommentiert.- In diesem Zusammenhang interessant ist die Entwicklung der Sicherheitsfrage für geschweißte Stahlbauten: Die ersten "Richtlinien für die Ausführung geschweißter Stahlbauten im Hochbau" wurden 1930 erlassen [22,23], anschließend für Brückenbauten ergänzt und gemeinsam als DIN 4100 (1931) herausgegeben [24]; später galt DIN 4100 (ab 1933) nur für geschweißte Hochbauten, für geschweißte stählerne Straßenbrücken wurde DIN 4101 und für geschweißte Eisenbahnbrücken die Dienstvorschrift DV848 eingeführt [25]. Die 3. Aufl. der DIN 4100 wurde 1934 verabschiedet. Für die Spannungen wurde der griechische Buchstabe ρ verwendet. Bei Auftreten von ρ-Spannungen parallel und senkrecht zur Naht wurde geometrisch addiert, bei Auftreten von Schub- und Längsspannungen mußte der Hauptspannungsnachweis geführt werden. Die zulässigen Spannungen bezogen sich auf die zulässigen Spannungen zulσ des Grundwerkstoffes, z.B. war für Kehlnähte: zulρ = 0,65·zulσ und für Stumpfnähte bei Zug: zulρ= 0,75·zulσ [26] einzuhalten. Im Zuge der Weiterentwicklung der Schweißtechnik und der gewonnenen Erfahrungen wurden die zulässigen Spannungen in den Folgeausgaben der DIN 4100 angehoben [27] und schließlich in DIN 18800 T1 (1981) übernommen. - Große Besorgnis lösten seinerzeit die Sprödbrüche an der Eisenbahnbrücke im Bahnhof Zoo in Berlin im Jahre 1936 und an der Autobahnbrücke am Talübergang bei Rüdersdorf im Jahre 1938 aus. Zu dieser Zeit waren bereits ca. 150 Eisenbahnbrücken und 500 Autobahnbrücken geschweißt worden. Bei beiden Schadensfällen handelte es sich um Brüche in den Zuggurten aus St52; Bild 2 weist die Querschnitte und die chem. Zusammensetzung der Gurtbleche aus.

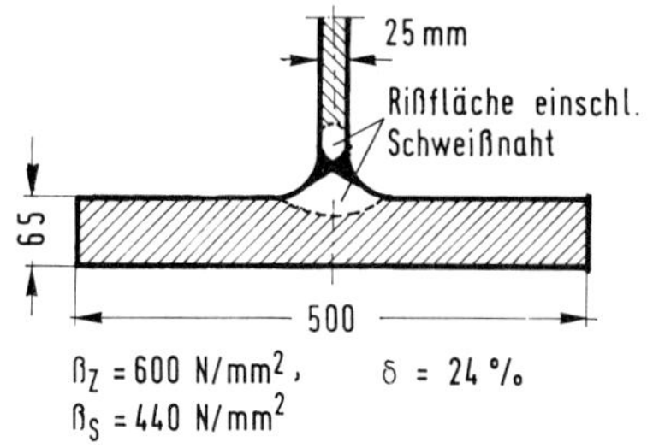

	Gurt	Steg
C	0,25	0,18
Mn	1,20	1,22
P	0,029	0,027
S	0,023	-
N	0,012	0,007
S	0,80	0,37
Cr	0,02	0,10
Mo	-	<0,10
Cu	0,50	0,40
	%	

a)

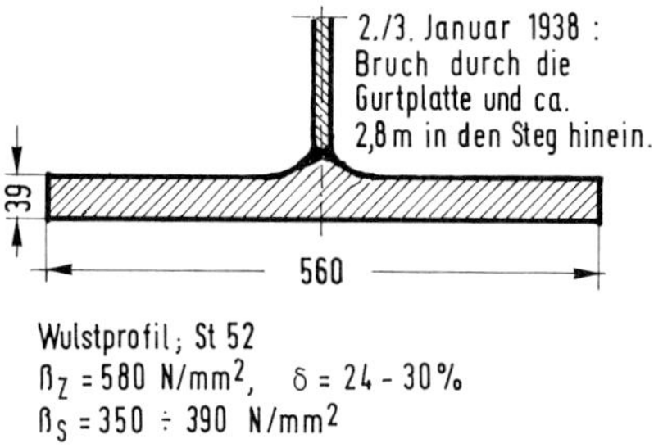

	Gurt
C	0,20
Mn	1,00
P	0,06
S	0,02
N	-
Si	0,59
Cr	0,03
Ni	0,03
Cu	0,34
	%

b)

Bild 2

Bei der Deutung der Bruchursache bestand große Unsicherheit: "Es hat sich etwas ganz Neues, bisher noch nirgends in Erscheinung getretenes gezeigt" [28]. Bei der Deutung wurde richtig gefolgert: Ursache der Sprödbrüche waren: Zu hohe Anteile an Legierungselementen und Eisenbegleitern, zu große Dicke mit Abschreck- und Aufhärtungswirkung beim Schweißen sowie Aufbau eines mehrachsigen Eigenspannungszustandes. Der Begriff der Schweißbarkeit, orientiert an der Verformungsfähigkeit des Werkstoffes, wurde geprägt, der Gehalt an C, P und S begrenzt und für dicke Bleche (>30mm) der Aufschweißbiegeversuch eingeführt und Vorwärmung empfohlen. Das volle Ursachenspektrum des Sprödbruches wurde erst später begriffen; die Folgerungen aus den Schadensfällen waren gleichwohl richtig und haben zur Sicherheit der Schweißbauweise maßgeblich beigetragen; vgl. wegen weiterer Einzelheiten Abschnitt 8.4.

3.4.2 Derzeitige Entwicklung [29-31]

Wie oben erwähnt, wird derzeit eine Vereinheitlichung und Straffung des für den Stahlbau geltenden Regelwerks durch Erarbeitung von Grundnormen und auf diesen aufbauenden Fachnormen angestrebt. Diese Entscheidung ist sinnvoll und insofern unumgänglich, als sich im zurückliegenden Jahrzehnt die Einsicht durchgesetzt hat, daß ein zeitgemäßes Regelwerk vom Nachweiskonzept gesplitteter Sicherheitsfaktoren gegen Grenzzustände ausgehen müsse. Diese Einsicht hat sich inzwischen in diversen Empfehlungen internationaler Fachverbände und in verschiedenen ausländischen Normen niedergeschlagen. Wissenschaftliche Grundlage ist die Sicherheitstheorie der Bauwerke. Für die Entwicklung des bautechnischen Regelwerkes in der Bundesrepublik Deutschland haben (speziell für den Stahlbau) folgende Empfehlungen richtungweisende Bedeutung:

- "Grundlagen zur Festlegung von Sicherheitsanforderungen für bauliche Anlagen" (Kürzel: GruSi-Bau [32], vom NABau-Ausschuß "Sicherheit von Bauwerken", einem Unterausschuß des Beirates des Normenausschuß Bauwesen (NABau) im DIN, erstellt,
- EUROCODE Nr.1 "Einheitliche Regeln für verschiedene Bauarten und Baustoffe", EUROCODE Nr.3 "Stahlbauwerke" und EUROCODE Nr.4 "Verbundkonstruktionen aus Stahl und Beton", im Auftrag der Kommission der Europäischen Gemeinschaft von den Mitgliedsländern der EG als europäische Regelwerke erstellt,
- ISO 2394 "General principles for the verification of the safety of structures" und ISO-Normentwurf: "Steel and aluminium structures; Steel: Materials and design", von der Kommission ISO/TC 167/WG 1 (Bemessung), WG 2 (Ausführung) erstellt (s.o.).

Die vorstehenden Empfehlungen heben ausnahmslos auf den Nachweis auf Grenzbeanspruchung mit gesplitteten Sicherheitsfaktoren, sowohl hinsichtlich der Trag- wie der Gebrauchssicherheit, ab. Das Konzept der zulässigen Spannungen wird verlassen. Durch das neue Konzept wird der Sicherheitsnachweis durchsichtiger und anpassungsfähiger, insbesondere im Hinblick auf das Vordringen nichtlinearer Berechnungsmethoden. Da zudem umfassendere Kenntnisse über die die Sicherheit bestimmenden Einflußgrößen vorhanden sind, ist eine höhere Ausnutzung der Baustoffe beim Tragsicherheitsnachweis möglich; die Nachweise der Gebrauchsfähigkeit und Dauerhaftigkeit bekommen dadurch einen höheren Rang, denn bei der bisherigen konventionellen Bemessungspraxis wurde der Nachweis ausreichender Gebrauchstauglichkeit zu einem gewissen Teil mit erbracht, das gilt in gewissem Umfang auch für den Nachweis ausreichender Zeitfestigkeit. Geringere Sicherheitsmargen können indes nur akzeptiert werden, wenn bei der Herstellung der baulichen Anlagen das bisherige (durch die Qualitätssicherung gewährleistete) Niveau mindestens erhalten bleibt. - Bei dem Sicherheitskonzept mit zulässigen Spannungen ist die Sicherheitsfrage etwas verdrängt, i.a. bleibt unbekannt, welche Margen gegen welche Unsicherheiten bei den Einwirkungen, Imperfektionen und Widerständen anteilig abgedeckt werden. Bei Nachweisen nach Theorie II. Ordnung, bei plastostatischen Nachweisen, bei Nachweisen gegen Starrkörperinstabilität (Gleiten, Abheben, Kippen) und beim Nachweis gleitfester Schraubenverbindungen versagt das zulσ-Konzept ohnehin. Will man Sicherheit wägbar machen, muß man sich zu der Einsicht durchringen, daß die überwiegende Zahl der die Sicherheit beeinflussenden Größen streuenden Charakter haben. Das gilt für die 1) Einwirkungen (Lasten, Zwangsverformungen), 2) äußeren und inneren Imperfektionen und 3) für die Festigkeiten der Grundwerkstoffe und Verbindungsmittel gleichermaßen. Dabei gibt es Einflüsse, die zufallsbedingt und solche, die nur zufallsbeeinflußt sind; schließlich gibt es Einflüsse, die sich jeder rationalen Behandlung entziehen. Heute wird dennoch nicht mehr bestritten, daß zur Wägung der Einflußgrößen mit streuendem Charakter die Methoden der Statistik und Wahrscheinlichkeitstheorie die einzig adäquaten sind und daß die Sicherheitstheorie hierauf aufzubauen ist. (Man spricht dann von probabilistischer Sicherheitsbetrachtung).

Bauwerke sind kein Serienprodukt. Großversuche am Objekt scheiden im Regelfall aus. Insofern besteht ein Unterschied zu den meisten Konstruktionen des Flugzeug- und Kraftfahrzeugbaues. Von diesen werden in vielen Fällen Prototypen hergestellt, um daran Eignungsversuche unter realistischen Betriebsbedingungen durchführen zu können, ehe die Serienproduktion beginnt. Beim Entwurf eines Bauwerkes wird der Nachweis im Regelfall allein rechnerisch erbracht. Es bedarf dabei einer Extrapolation auf künftige (wahrscheinliche) Ereignisse. Sie betreffen sowohl die realisierten Festigkeiten und Ausführungsgenauigkeiten (sowie deren zeitliche Änderungen), als auch die mit der Nutzung einhergehenden und naturbedingten Einwirkungen. In der Prognose in die Zukunft liegt etwas Spekulatives. Dieses spekulative Element versucht man in der Sicherheitstheorie so weit wie möglich durch wissenschaftliche Abklärung abzubauen.

3.4.3 Elementare sicherheitstheoretische Aspekte

Die in den Belastungsnormen (z.B. DIN 1055, DIN 1072, DS804, DIN 15018, DIN 4132) angegebenen Lasten (überwiegend im Sinne von äußeren Kraftwirkungen) können als charakteristische Werte (also als obere Fraktilen) von Extremwertverteilungen gedeutet werden: Ihr Auftreten stellt ein seltenes Ereignis dar. (Man spricht dennoch von Gebrauchslasten.)
Die Masse der im Hoch-, Brücken- und Kranbau auftretenden Lastereignisse liegt mit ihrer Intensität deutlich unter den Normwerten. Die Grundgesamtheit aller Lasten eines bestimmten Typs könnte z.B. statistisch durch die in Bild 3 dargestellte Dichtefunktion gekennzeichnet sein; (L steht für loads). Werden nur die Extremwerte von L (z.B. die jährlichen) statistisch analysiert, so läßt sich für diese ebenfalls eine Dichtefunktion angeben (vgl. Bild 3). Je größer die Bezugszeit ist, auf die sich das Auftreten der Extremwerte bezieht, umso weiter verschiebt sich die Extremwert-Dichtekurve f_L zu höheren Werten.
f_L beschreibt z.B. das wahrscheinliche Auftreten des jährlichen Maximalwertes
- einer Nutzlast in einem Lagergebäude oder
- eines Schwertransportes auf einer Eisenbahnbrücke oder

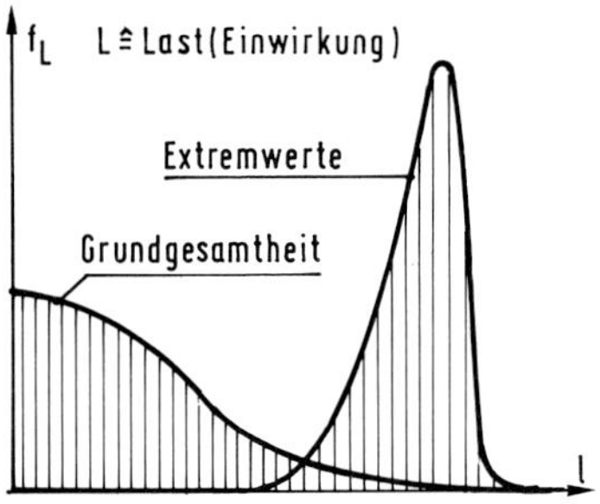

Bild 3

- einer extremen Windböengeschwindigkeit in 10m Höhe über Grund im Binnenland, usf.

Für den Nachweis der Tragsicherheit gegenüber statischem Bruchversagen haben nur diese Extremwerte Bedeutung. Die Grundgesamtheit <u>aller</u> Lastereignisse interessiert bei Fragen der Lastkombination und beim Nachweis gegen Ermüdung (vgl. Abschnitt 3.7). - Auf ein Bauwerk wirken i.a. mehrere Lasten ein: Eigenlasten, Verkehrslasten, Schnee, Wind usf. In Bild 4a sind die Extremwertdichten unterschiedlicher Lasten schematisch dargestellt. Das gemeinsame Auftreten solcher Extremwerte ist unwahrscheinlich. Wird dieser Fall dennoch unterstellt, liegt die Bemessung auf der sicheren Seite. Ein solches Vorgehen ist unwirtschaftlich. I.a. gibt es für jeden Bauwerkstyp eine dominierende "Leitgefahr" und eine oder mehrere "Begleitgefahren". Das Tragwerk reagiert auf die Einwirkungen mit Dehnungen und Spannungen; es treten Beanspruchungen auf (S≙stress). Die Höhe dieser Beanspruchungen ist vom Systemverhalten abhängig, auch davon, wie sich die Lasten durch fallweise vorhandene Imperfektionen (Außermittigkeiten, Schieflagen) in zusätzliche Beanspruchungen umsetzen. In Bild 4b sei $f_S(s)$ die auf die Zeitdauer T bezogene Extremwert-Verteilung der (integralen) Beanspruchung. Die statische Bemessung ist so durchzuführen, daß die Beanspruchbarkeit (R≙resistance), also die Tragfähigkeit des Bauteiles in dem betrachteten Querschnitt größer als die auftretende Beanspruchung in diesem Querschnitt ist. In Bild 4b definiere $f_R(r)$ die Dichtefunktion der Beanspruchbarkeit. Durch entsprechende Bemessung kann erreicht werden, daß die Dichtekurve der Beanspruchbarkeit weit genug von der Dichtekurve der Beanspruchung entfernt liegt. Offensichtlich bestimmt der gegenseitige Abstand von $f_S(s)$ und $f_R(r)$ die Sicherheit; genauer: Um eine bestimmte Sicherheit zu erreichen, muß ein bestimmter gegenseitiger Abstand zwischen der vereinbarten oberen Fraktile der Beanspruchung (Einwirkung)

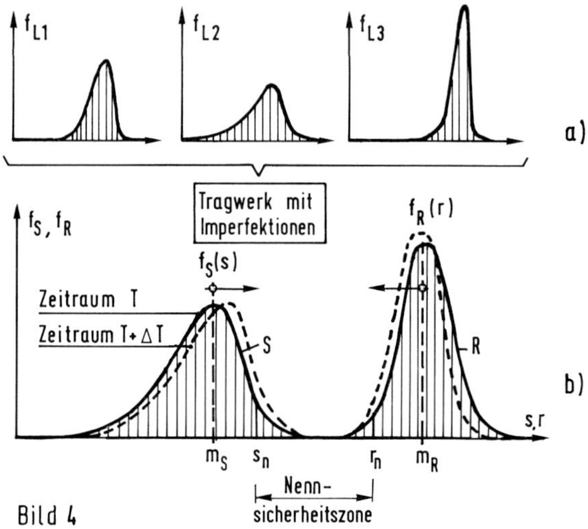

Bild 4

$$s_n = m_S + k_S \cdot s_S = m_S(1 + k_S v_S) \tag{1}$$

und der vereinbarten unteren Fraktile der Beanspruchbarkeit (Widerstand)

$$r_n = m_R - k_R \cdot s_R = m_R(1 - k_R v_R) \tag{2}$$

eingehalten werden. Dieses Ziel muß die Bemessung sicherstellen. In G.1/2 bedeuten: m Mittelwert, s Standardabweichung und v Variationskoeffizient von S bzw. R. Der charakteristische Wert der Festigkeit r_n ist z.B. der "Mindestwert" der verwendeten Stahlsorte. Sicherheitsfaktor ist der Quotient:

$$\gamma = \frac{r_n}{s_n} = \frac{m_R(1 - k_R v_R)}{m_S(1 + k_S v_S)} \tag{3}$$

In dieser Weise kann das klassische Sicherheitskonzept gedeutet werden: Die Normen-Lastwerte sind vereinbarte <u>obere</u> Fraktilen, die "Mindestfestigkeiten" sind vereinbarte <u>untere</u> Fraktilen.

Es leuchtet ein, daß sich mit zunehmender Dauer der Standzeit die Dichten von S und R aufeinander zubewegen: Die Wahrscheinlichkeit eines Versagens steigt: Auf der einen Seite steigt die Wahrscheinlichkeit für das häufigere Auftreten bestimmter extremer Lastwerte, auf der anderen Seite sinkt der Bauteilwiderstand infolge Alterung (z.B. Materialabtrag durch Korrosion und Verschleiß), damit steigt auf der Widerstandsseite die Wahrscheinlichkeit für das häufigere Auftreten niedrigerer Festigkeitswerte. In Bild 4b ist dieser Sachverhalt durch die gestrichelten Dichtekurven schematisch veranschaulicht. - Mit den vorstehenden Hinweisen sind die elementaren Grundlagen des wahrscheinlichkeitstheoretischen Sicherheitskonzeptes dargestellt: Der Sicherheitsfaktor γ (G.3) läßt sich als Funktion einer tolerierten (operativen) Versagenswahrscheinlichkeit (bzw. eines hiermit in direktem Zusammenhang stehenden Sicherheitsindex β) berechnen. Dabei erweist es sich als zweckmäßig, den Sicherheitsfaktor zu splitten, d.h. anstelle

$$\gamma \cdot s_n \leq r_n \tag{4}$$

mit

$$\gamma_f \cdot s_n \leq \frac{r_n}{\gamma_m} \tag{5}$$

zu rechnen. In Abschnitt 3.5 wird das Konzept erweitert. - Bevor hierauf eingegangen werden kann, ist es notwendig, die Grundlagen der Statistik und Wahrscheinlichkeitstheorie darzustellen. Hierfür steht eine umfangreiche Standardliteratur zur Verfügung. Leider werden in dieser gerade jene Verteilungsfunktionen nicht (oder nur am Rande) behandelt, die für sicherheitstheoretische Analysen die größte Bedeutung haben. Das sind für die Widerstandsseite die lognormale Verteilung und für die Belastungsseite die Extremwertverteilungen.

3.5 Einführung in die Sicherheitstheorie

3.5.1 Vorbemerkungen

In den beiden folgenden Abschnitten wird in die Grundlagen der Statistik und Wahrscheinlichkeitstheorie eindimensionaler Zufallsgrößen eingeführt. Unter Zufallsgrößen versteht man streuende Größen wie z.B. Einwirkungen, Imperfektionen, mechanische Eigenschaften (Härte, Festigkeit, Zähigkeit) usf. Die Aufgabe besteht darin, deren Häufigkeitsverteilung zu analysieren.

Es wird zwischen Zufallsgrößen mit diskreter und solchen mit stetiger Merkmalsteilung unterschieden. Letztere können - i.a. innerhalb gewisser Grenzen - jeden Wert annehmen; zu ihnen gehören die zuvor erwähnten Größen, insofern kommt ihnen im hier interessierenden Zusammenhang die größere Bedeutung zu.

Von den Merkmalsschwankungen selbst sind stets jene Schwankungen (Streuungen) zu unterscheiden, die durch die Meß- und Erhebungsungenauigkeiten bedingt sind. -

Es wird i.a. unterstellt, daß das Merkmal innerhalb des Erhebungszeitraumes keinen zeitabhängigen steigenden oder fallenden Trend aufweist. Sofern das nicht sichergestellt ist, bedarf es in zeitlicher Folge möglichst identischer Analysen, um solche Trends aufspüren zu können.

Die Grundgesamtheit einer Zufallsgröße (z.B. Fließgrenze einer bestimmten Stahlsorte) kann nie vollständig erfaßt werden sondern immer nur ein Ausschnitt hieraus: Man untersucht (stellvertretend) eine Stichprobe und leitet hieraus empirische Kennwerte ab. Geht der Umfang der Stichprobe gegen unendlich, konvergiert die Stichprobenverteilung mit der Wahrscheinlichkeit 1 gegen die Verteilung der Grundgesamtheit. Die Güte der statistischen Schätzwerte ist somit vom Umfang der Stichprobe abhängig; deren Bewertung ist Gegenstand der analytischen Statistik (hierauf kann in diesem Rahmen nicht eingegangen werden).

Die nachfolgenden Ausführungen befassen sich mit den elementaren Rechenanweisungen der deskriptiven Statistik; dabei wird unterschieden zwischen den

- Grundwerten, die die Grundgesamtheit insgesamt und den
- Extremwerten, die ausgezeichnete Werte, eben extreme, aus der Grundgesamtheit kennzeichnen und insofern selbst wieder eine vereinbarte Grundgesamtheit bilden.

Eine Zufallsgröße wird im folgenden mit X abgekürzt; die Realisation von X in Form eines alpha-numerischen Wertes ist x, d.h. x ist eine Realisation aus der Wertemenge von X.

3.5.2 Eindimensionale Zufallsgrößen

3.5.2.1 Häufigkeitsverteilung

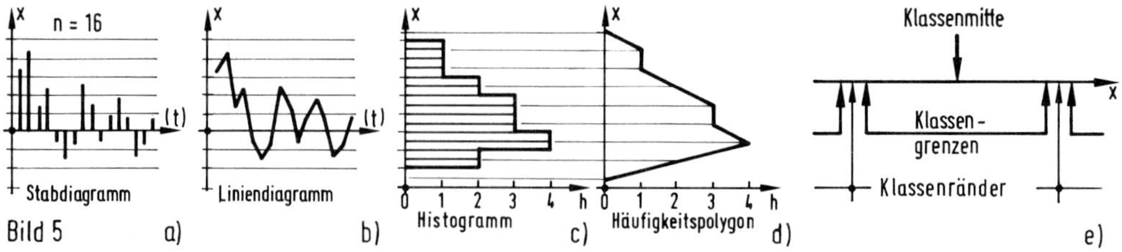

Bild 5

Bild 5a zeigt Daten (z.B. einer Zeitreihe) in Form eines Stabdiagramms und Teilbild b in Form eines Liniendiagramms; es treten offensichtlich positive und negative Werte von X auf. Um die Häufigkeitsverteilung zu bestimmen, wird die Merkmalsachse in Klassen unterteilt. Die Anzahl der Werte pro Klasse ist die Klassenhäufigkeit. Klassenanzahl und -breite bedingen einander: Sie dürfen nicht zu schmal sein, anderenfalls fallen nicht genügend Werte in die Klassen, sie dürfen nicht zu breit sein, anderenfalls erhält man die Merkmalsstruktur nur verschmiert und ungenau. Zweckmäßig sind 10 bis 15 Klassen bei großem Merkmalsbereich, 5 bis 7 bei kleinem. Empfohlen wird auch $\sqrt{n}$, wenn n die Anzahl der Daten ist. Bei den Klassenintervallen werden unterschieden (Bild 5e): Untere und obere Klassenränder, untere und obere Klassengrenzen und Klassenmitten. Die Klassengrenzen werden vorab vereinbart; die Zählung pro Klasse gilt einschließlich dieser Grenzen.
Aus der Zählung pro Klasse folgt die (absolute) Häufigkeitsverteilung, die als sogenanntes Histogramm oder Häufigkeitspolygon dargestellt wird (Teilbild c und d). Indem die Anzahl pro Klasse durch die Gesamtanzahl dividiert wird, erhält man die relative Häufigkeitsverteilung.

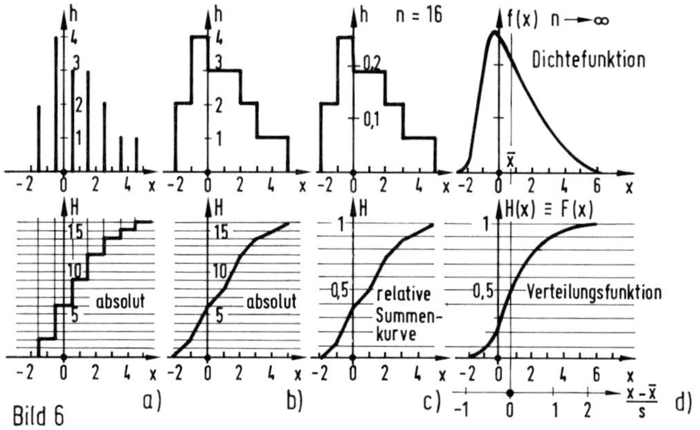

Bild 6

In Bild 6 ist die Häufigkeitsverteilung h über x (absolut und relativ) nochmals dargestellt. Durch Aufsummierung von links nach rechts (oder umgekehrt) erhält man die kumulative Häufigkeitsverteilung. Üblich ist die Kumulierung der Klassenhäufigkeiten von den kleinen zu den hohen Werten. Den Graphen dieser Verteilung nennt man Summenkurve, kumulative Häufigkeitskurve oder kumulatives Häufigkeitspolygon, wieder entweder absolut oder relativ. Hiermit lassen sich Fragen wie "kleiner/gleich als" oder "größer als" beantworten. Von der Häufigkeitsverteilung der Stichprobe wird auf die Verteilung der Grundgesamtheit geschlossen ($n \to \infty$).

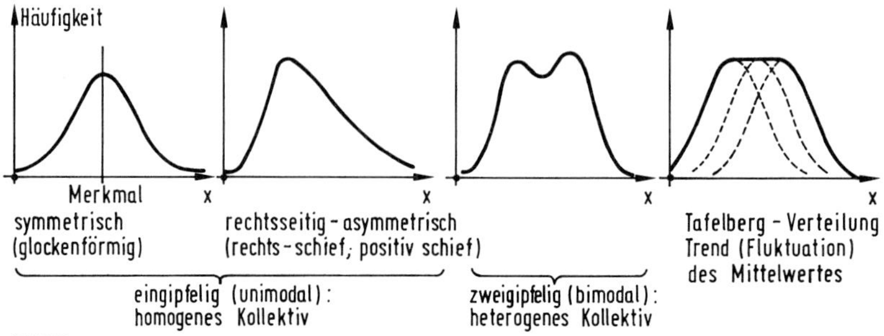

Bild 7

Da die Zufallsgröße stetig ist, geht die abgetreppte Häufigkeitsverteilung in eine stetige über, man spricht von der Dichtefunktion. Die kumulative Häufigkeitsverteilung geht in die Verteilungsfunktion über, siehe im einzelnen Bild 6. Die empirisch ermittelten Verteilungen können sehr unterschiedlich ausfallen. Bild 7 enthält eine Übersicht und geberäuchliche Benennungen.

3.5.2.2 Parameter empirischer Verteilungen

Für das Zahlenmaterial einer Stichprobe und damit für deren Häufigkeitsverteilung lassen sich bestimmte Parameter (Kennzahlen) angeben, die die Stichprobe und damit das zu analysierende Merkmal charakterisieren. Es werden unterschieden (vgl. Bild 8):

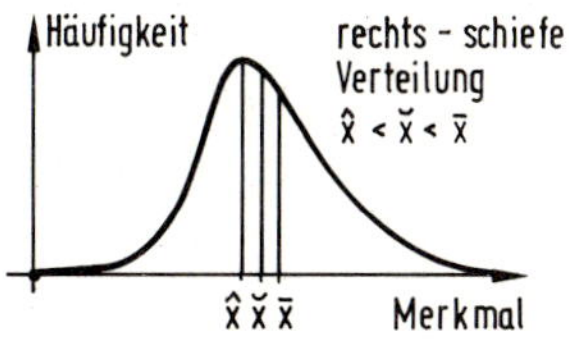

Bild 8

a) Mittelwert (arithmetisches Mittel) $\bar{x}$:

$$\bar{x} = \frac{\sum_{i=1}^{n} x_i}{n} \qquad (6)$$

Wird der Mittelwert aus den Klassenhäufigkeiten bestimmt, gilt:

$$\bar{x} = \frac{\sum_{j=1}^{k} n_j m_j}{\sum_{j=1}^{k} n_j} = \frac{\sum_{j=1}^{k} n_j m_j}{n} = \sum_{j=1}^{k} h_j \cdot m_j \qquad (7)$$

Dieser Wert wird vom strengen (nach G.6) i.a. geringfügig abweichen. Es bedeuten: m_j Mittelwert der Klasse j (Klassenmitte), n_j Anzahl der Werte pro Klasse, k Klassenanzahl. Durch G.7 werden alle Werte in einer Klasse quasi auf deren Mittelwert m_j auf- bzw. abgerundet.

b) Median $\check{x}$: Dieser Wert unterteilt die Häufigkeit in zwei Hälften, genauer: 50% aller Stichprobenwerte ist kleiner als $\check{x}$, 50% ist größer; $\check{x}$ wird auch als Medianwert oder Zentralwert oder 50%-Fraktile bezeichnet.

c) Modus $\hat{x}$: Dieser Wert (auch als Modalwert bezeichnet) tritt am häufigsten auf. Eine eingipfelige Dichtefunktion hat an der Stelle $x=\hat{x}$ ihr Maximum. Es gilt die Näherung $\bar{x}-\hat{x}=3(\bar{x}-\check{x})$. $\bar{x}$ ist empfindlich gegenüber extremen Werten, $\check{x}$ nur gering, $\hat{x}$ überhaupt nicht. Neben vorstehenden, den Durchschnitt von X kennzeichnenden Parametern, gibt es weitere; deren Bedeutung ist gering.

Das Ausmaß der Schwankungen von X um den Durchschnittsbereich, also die Streuung oder Variation von X, wird durch folgende Maße charakterisiert:

d) Spannweite b: Das ist die Breite des Streubereiches insgesamt: b=max x-min x.

e) Mittlere oder durchschnittlich absolute Abweichung c:

$$c = \frac{\sum_{i=1}^{n} |x_i - \bar{x}|}{n} \qquad (8)$$

Für gruppierte Daten gilt eine zur G.7 entsprechende Erweiterung.

f) Mittlere quadratische Abweichung s^2:

$$s^2 = \frac{\sum_{i=1}^{n} (x_i - \bar{x})^2}{n} = \frac{\sum_{i=1}^{n} x_i^2}{n} - \bar{x}^2 \qquad (9)$$

s^2 kennzeichnet das quadratische Mittel der Abweichungen vom arithmetischen Mittel und ist damit ein Maß für die Ungleichförmigkeit von X. Man nennt s^2 auch empirische Varianz. Wenn der Stichprobenumfang n kleiner etwa 30 ist, wird im Nenner n-1 statt n gesetzt; dann gilt die Schätzung als "erwartungstreu". Für gruppierte Daten gilt:

$$s^2 = \frac{\sum_{j=1}^{k} n_j (m_j - \bar{x})^2}{\sum_{j=1}^{k} n_j} = \frac{\sum_{j=1}^{k} n_j m_j^2}{n} - \bar{x}^2 = \sum_{j=1}^{k} h_j \cdot m_j^2 - \bar{x}^2 \qquad (10)$$

Für eine erwartungstreue Schätzung gilt anstelle von G.9:

$$s^2 = \frac{\sum_{i=1}^{n} x_i^2}{n-1} - \frac{n}{n-1} \bar{x}^2 \qquad (11)$$

Entsprechend ist G.10 umzustellen.

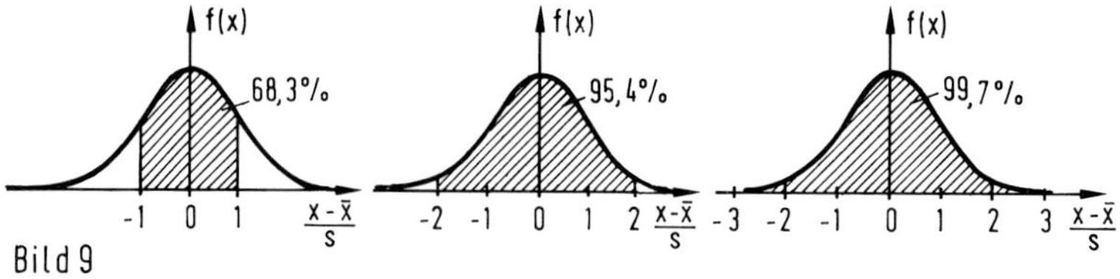

Bild 9

g) Standardabweichung oder Streuung s: Es wird die Wurzel aus G.9 bzw. G.10 genommen. Im Falle einer normalverteilten Grundgesamtheit (vgl. Abschnitt 3.5.2.5) liegen im Wertebereich $\bar{x}\pm s$, $\bar{x}\pm 2s$ $\bar{x}\pm 3s$: 68,3%, 95,4% bzw. 99,7% aller Werte von X, vgl. Bild 9. Die Variable

$$Z = \frac{X-\bar{x}}{s} \tag{12}$$

wird normierte (oder standardisierte) Variable von X genannt; auch (0,1)-normiert. Sie mißt die Schwankungen der Variablen X um den Mittelwert in Einheiten der Standardabweichung und ist dimensionsfrei (Bild 14a).

h) Variationskoeffizient v

$$v = \frac{s}{\bar{x}} \tag{13}$$

v kennzeichnet die relative Streuung, man spricht auch vom Streumaß, v ist dimensionsfrei. Vergleicht man zwei Verteilungen mit demselben Mittelwert $\bar{x}$, besagt ein kleiner Variationskoeffizient, daß die Schwankungen um den Mittelwert gering, im anderen Falle, daß sie groß sind, vgl. Bild 10. Voraussetzung für die Angabe von v ist, daß $\bar{x}\neq 0$ ist. s und damit v bestimmen auch die sogen. Fraktilen (oder Fraktilenwerte) von X. x_p ist jener Wert von X, der mit der Wahrscheinlichkeit p nicht überschritten und x_q ist jener Wert von X, der mit der Wahrscheinlichkeit q überschritten wird. Sie lassen sich unter bezug auf $\bar{x}$ durch den k_p-fachen Wert bzw. k_q-fachen Wert von s beschreiben, vgl. Bild 10.

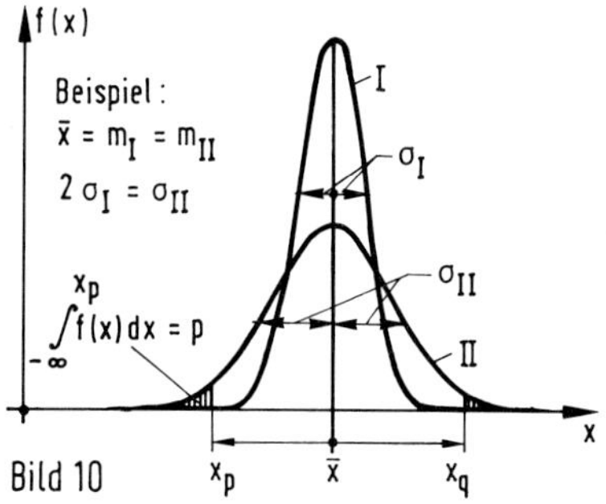

Bild 10

$\bar{x}$ und s sind die wichtigsten empirischen Verteilungsparameter. Daneben gibt es weitere:

i) Gewöhnliche Momente r-ter Ordnung m'_r:

$$m'_r = \frac{\sum_{i=1}^{n} x_i^r}{n} \quad ; \quad m'_r = \frac{\sum_{j=1}^{k} n_j m_j^r}{n} = \sum_{j=1}^{k} h_j \cdot m_j^r \tag{14}$$

j) Zentrale Momente r-ter Ordnung m_r:

$$m_r = \frac{\sum_{i=1}^{n} (x_i-\bar{x})^r}{n} \quad ; \quad m_r = \frac{\sum_{j=1}^{k} n_j (m_j-\bar{x})^r}{n} = \sum_{j=1}^{k} h_j \cdot (m_j-\bar{x})^r \tag{15}$$

Man spricht auch vom Zentralmoment oder zentrierten Moment unter bezug auf den Mittelwert; m_1 ist Null, m_2 ist identisch mit s^2. Die dimensionslose Definition der Zentralmomente lautet:

$$a_r = \frac{m_r}{s^r} = \frac{m_r}{(\sqrt{m_2})^r} \tag{16}$$

k) Schiefe: Unter Schiefe versteht man den Grad der Asymmetrie der Verteilung (Bild 7). Bei schiefen Verteilungen liegt der Mittelwert i.a. auf derselben Seite wie der Median. Die Differenz $\bar{x}$-$\hat{x}$ liefert ein Maß für die Schiefe; dieses wird auf s bezogen:

$$\text{Schiefe} = \frac{\bar{x}-\hat{x}}{s} \approx \frac{3(\bar{x}-\check{x})}{s} \tag{17}$$

3.5.2.3 Beispiel

25,7	27,4	27,5	25,1	28,3	24,8	27,2	25,2	28,0	28,0	29,7	25,2	25,4	29,8	24,5	26,5	27,8	29,1	30,2	25,9
25,6	25,6	26,9	28,4	29,4	27,6	25,7	32,3	24,9	28,4	25,6	25,8	26,7	27,7	30,9	29,7	24,7	24,4	26,0	24,9
31,0	27,5	29,0	29,4	27,1	24,8	28,2	28,3	28,0	27,0	30,8	30,4	24,2	30,2	26,5	27,6	24,9	25,9	27,7	26,3
25,5	25,8	28,5	27,5	23,7	27,2	29,1	26,5	29,3	25,6	30,6	25,7	30,7	25,8	25,9	25,0	27,5	29,3	30,4	25,4
28,1	25,3	27,5	25,8	26,5	23,6	25,7	24,8	27,1	25,0	27,8	22,8	26,6	28,5	28,9	27,4	30,0	28,1	26,8	24,3
29,6	25,0	27,5	26,5	27,9	27,6	24,8	27,1	27,8	23,3	25,6	25,0	31,3	27,7	23,5	28,6	26,9	25,5	27,9	27,0
25,0	27,3	28,0	23,9	28,6	24,8	31,3	28,6	24,6	27,3	25,8	28,6	29,0	26,0	26,1	27,7	26,6	31,4	31,3	26,0
26,9	27,6	24,9	25,2	26,4	29,8	28,8	24,0	24,2	27,5	28,5	23,9	26,2	25,3	28,4	26,8	24,6	26,0	26,8	25,3
25,0	27,3	28,6	26,5	24,7	29,6	26,9	31,7	26,5	25,1	26,0	24,6	28,3	24,3	28,0	25,1	26,0	29,1	26,3	26,4
26,5	25,5	28,3	26,7	26,2	26,6	25,8	23,9	27,2	26,6	27,5	25,2	30,0	25,3	26,7	26,9	27,8	26,1	25,9	26,7

a)

j	Klasse	m_j	Strichliste	h		H	
				abs.	relativ	abs.	relativ
1	22,55 – 23,45	23,0	II	2	1,0	2	1,0
2	23,45 – 24,35	23,9	卌 卌 I	11	5,5	13	6,5
3	24,35 – 25,25	24,8	卌 卌 卌 卌 卌 IIII	29	14,5	42	21,0
4	25,25 – 26,15	25,7	卌 卌 卌 卌 卌 卌 卌 I	36	18,0	78	39,0
5	26,15 – 27,05	26,6	卌 卌 卌 卌 卌 卌 II	32	16,0	110	55,0
6	27,05 – 27,95	27,5	卌 卌 卌 卌 卌 卌 III	33	16,5	143	71,5
7	27,95 – 28,85	28,4	卌 卌 卌 卌 IIII	24	12,0	167	83,5
8	28,85 – 29,75	29,3	卌 卌 IIII	14	7,0	181	90,5
9	29,75 – 30,65	30,2	卌 IIII	9	4,5	190	95,0
10	30,65 – 31,55	31,1	卌 III	8	4,0	198	99,0
11	31,55 – 32,45	32,0	II	2	1,0	200	100,0
				200	%	200	%

b)

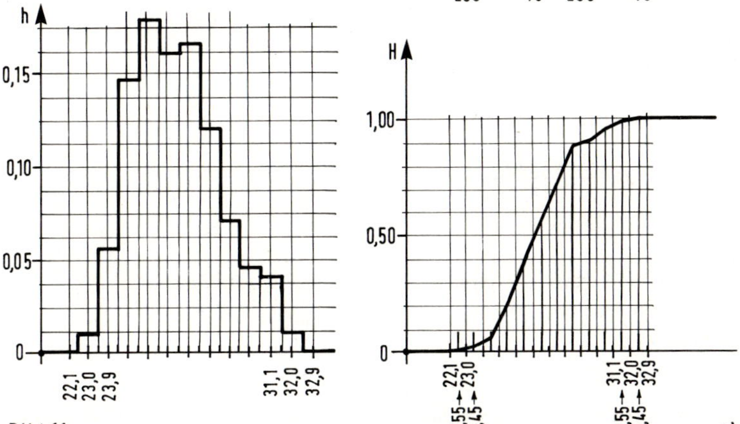

Bild 11 c)

Bild 11a zeigt die "Urliste" mit 200 Daten (z.B. Werte einer mechanischen Werkstoffeigenschaft). Die Spannweite beträgt: b=max x - min x = =32,3-22,8=9,5. Es werden 11 Klassen gewählt, Klassenbreite: 0,9. Teilbild b enthält die "Strichliste", sowie die absolute und relative Häufigkeit h pro Klasse und die zugehörigen kumulativen Häufigkeiten H. In Teilbild c sind die Graphen von relativ h und H dargestellt. Mittels der oben angeschriebenen Formeln werden die empirischen Parameter berechnet, zweckmäßig mittels Computer. Das Ergebnis ist in Bild 12 zusammengestellt, getrennt für Einzeldaten und gruppierte Daten. Wie erkennbar, stimmen hierfür die Ergebnisse etwa in den ersten drei Stellen überein. Wie in Abschnitt 3.5.2.4 noch angegeben wird, lassen sich die zentralen Momente aus den gewöhnlichen berechnen. Dabei zeigt sich, daß mit hoher Stellenzahl gerechnet werden muß, denn die Ergebnisse folgen als Differenz großer Zahlen (vgl. G.34):

$$m_2 = m_2' - m_1'^2 = 730{,}359 - 26{,}957^2 = \underline{3{,}6792} \approx 3{,}6787$$

$$m_3 = m_3' - 3 m_1' \cdot m_2' + 2 m_1'^3 = 19\,889{,}7 - 3 \cdot 26{,}957 \cdot 730{,}359 + 2 \cdot 26{,}957^3 = 59067{,}92 - 59\,064{,}86 = \underline{3{,}06} \approx 3{,}12 \text{ (positiv: rechtsschief)}$$

$$m_4 = m_4' - 4 m_1' \cdot m_3' + 6 m_1'^2 m_2' - 3 m_1'^4 = 544\,476{,}42 - 4 \cdot 26{,}957 \cdot 19\,889{,}73 + 6 \cdot 26{,}957^2 \cdot 730{,}359 - 3 \cdot 26{,}957^4 = 3\,728\,899{,}4 - 3\,728\,860{,}6 = \underline{38{,}8} \approx 36{,}7$$

m_3 ist positiv, die Verteilung ist rechtsschief.

3.5.2.4 Dichtefunktion und Verteilungsfunktion

Von der Stichprobe wird auf die Grundgesamtheit geschlossen, d.h. das wahrscheinliche Auftreten von Werten aus dieser Grundgesamtheit wird mit der Häufigkeitsverteilung aus der Stichprobe gleichgesetzt:

Ist X eine diskrete Zufallsgröße, die nur die Werte $x_1, \ldots x_j, \ldots x_k$ mit den relativen Häufigkeiten $h_1, \ldots h_j, \ldots h_k$ annehmen kann, so wird die Wahrscheinlichkeit P für das Eintreten von x_j zu h_j angesetzt. Wie bereits erwähnt, heißt diese Wahrscheinlichkeitsver-

Parameter		Einzeldaten	Gruppierte Daten
Mittelwert	$\bar{x}$	26,957	26,942
Median	$\check{x}$		26,769
Modus	$\hat{x}$		26,422
Mittlere Abweichung	c	1,5616	1,5912
Mittlere quadratische Abweichung	s^2	3,6787	3,7467
	s^2 x)	3,6971	3,7655
Standardabweichung	s	1,9180	1,9356
	s x)	1,9228	1,9405
Varationskoeffizient	v	0,0711	0,0718
	v x)	0,0713	0,0720
Gewöhnliches Moment	$m_1' = \overline{x^1}$	26,957	26,942
	$m_2' = \overline{x^2}$	730,359	729,618
	$m_3' = \overline{x^3}$	19889,73	19862,37
	$m_4' = \overline{x^4}$	544476,42	543578,86
Zentrales Moment	m_1	0	0
	m_2	3,6787	3,7467
	m_3	3,1249	3,1070
	m_4	36,6515	36,9013
Zentrales Moment in dimensionsloser Form	a_1	0	0
	a_2	1	1
	a_3	0,4429	0,4284
	a_4	2,7083	2,6287

Bild 12 x) n-1 statt n

teilung Dichtefunktion und wird mit $f(x_j)$ abgekürzt:

$$f(x_j) = P(X = x_j) \qquad (18)$$

Ist die Zufallsgröße stetig, lautet die Definition:

$$f(x) = \lim_{\Delta x \to 0} \frac{P(x \leq X \leq x + \Delta x)}{\Delta x} \qquad (19)$$

Offensichtlich gilt:

$$\sum_{j=1}^{k} f(x_j) = 1 \quad \text{bzw.} \quad \int_{-\infty}^{+\infty} f(x)\,dx = 1 \qquad (20)$$

Die der kumulativen Häufigkeitsverteilung (n: endlich) zugeordnete Verteilungsfunktion der Grundgesamtheit (n: unendlich) ist gemäß

$$F(x) = P(X \leq x) = \sum_{x_j \leq x} f(x_j) \quad \text{bzw.} \quad F(x) = P(X \leq x) = \int_{-\infty}^{x} f(x)\,dx \qquad (21)$$

definiert, linksseitig, wenn X diskret, rechtsseitig, wenn X kontinuierlich ist. F(x) ist die Wahrscheinlichkeit dafür, daß X kleiner oder gleich x ist. Wenn F(x) (abschnittsweise) stetig und differenzierbar ist, gilt:

$$dF(x) = f(x)\,dx \quad \longrightarrow \quad f(x) = \frac{dF(x)}{dx} \qquad (22)$$

Bild 13 dient der Veranschaulichung. 1-F(x) ist die Gegenwahrscheinlichkeit P(X>x). Offensichtlich ist F(x) im Falle einer stetigen Merkmalsteilung durchgehend linksseitig stetig. Weiter ist:

$$F(-\infty) = 0\,; \quad F(+\infty) = \int_{-\infty}^{+\infty} f(x)\,dx = 1 \qquad (23)$$

Die Wahrscheinlichkeit für eine Realisation von X zwischen den Marken x_1 und x_2 ist:

$$P(x_1 \leq X \leq x_2) = F(x_2) - F(x_1) = \int_{x_1}^{x_2} f(x)\,dx \qquad (24)$$

Das ist der Flächeninhalt unter der Dichtekurve zwischen x_1 und x_2. Ist k(x) eine (deterministische) Funktion von X, so ist der sogen. Erwartungswert von k(X) gemäß

$$E[k(X)] = \int_{-\infty}^{+\infty} k(x) \cdot f(x)\,dx \qquad (25)$$

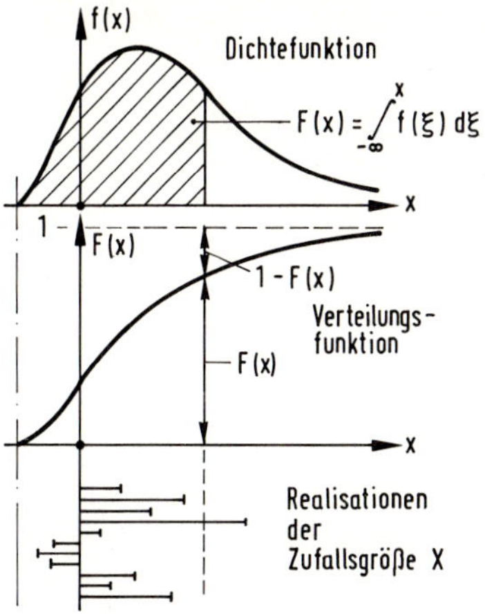

Bild 13

definiert, bzw. bei Beachtung von G.22:

$$E[k(X)] = \int_{-\infty}^{+\infty} k(x)\, dF(x) \tag{26}$$

Voraussetzung dieser Definition ist die Existenz des Integrals

$$\int_{-\infty}^{+\infty} |k(x)| \cdot f(x)\, dx \tag{27}$$

Statt Erwartungswert von k(X) spricht man auch vom Mittelwert. Sonderfälle des Erwartungswertes sind durch die Funktionen

$$k(X) = X^r: \quad E[X^r] = \int_{-\infty}^{+\infty} x^r f(x)\, dx \tag{28}$$

$$k(X) = (X - E[X])^r: \quad E[(X - E[X])^r] = \int_{-\infty}^{+\infty} (x - E[X])^r \cdot f(x)\, dx \tag{29}$$

gegeben. Der erste Erwartungswert heißt das gewöhnliche Moment r-ter Ordnung (unter bezug auf den Nullpunkt von X) und der zweite das zentrale Moment r-ter Ordnung (unter bezug auf E[X]). G.28 wird im folgenden mit μ_r' und G.29 mit μ_r abgekürzt (vgl. G.14 und G.15).

Das erste gewöhnliche Moment von X ist der Mittelwert von X:

$$\mu_1' = \mu = E[X] = \int_{-\infty}^{+\infty} x \cdot f(x)\, dx \tag{30}$$

Das zweite zentrale Moment von X ist die Varianz von X:

$$Var[X] = \mu_2 = \sigma^2 = E[(X - \mu_1')^2] = \int_{-\infty}^{+\infty} (x - \mu_1')^2 f(x)\, dx \tag{31}$$

Die Standardabweichung σ ist die Wurzel aus der Varianz und der Variationskoeffizient ist:

$$\rho = \frac{\sqrt{\mu_2}}{\mu_1'} = \frac{\sqrt{Var[X]}}{E[X]} = \frac{\sigma}{\mu} \tag{32}$$

Die (0,1)-Normierung (s.o.) gelingt durch die Substitution:

$$Z = \frac{X - \mu_1'}{\sigma} = \frac{X - \mu}{\sigma} \tag{33}$$

Die ersten vier zentralen Momente folgen aus den gewöhnlichen zu:

$$\begin{aligned} \mu_1 &= 0 \\ \mu_2 &= \sigma^2 = \mu_2' - \mu_1'^2 \\ \mu_3 &= \mu_3' - 3 \cdot \mu_1' \cdot \mu_2' + 2\mu_1'^3 \\ \mu_4 &= \mu_4' - 4 \cdot \mu_1' \cdot \mu_3' + 6 \cdot \mu_1'^2 \cdot \mu_2' - 3 \cdot \mu_1'^4 \end{aligned} \tag{34}$$

(In der Mechanik entspricht μ dem Schwerpunktsabstand und σ^2 dem Trägheitsmoment unter bezug auf den Schwerpunkt.) Es korrespondieren zwischen Stichprobe und Grundgesamtheit miteinander: $\bar{x}$ mit μ (μ_1'), m_r' mit μ_r', m_r mit μ_r, a_r mit α_r, s^2 mit σ^2, s mit σ, v mit ρ. Bezüglich der Definition der Fraktilenwerte siehe Bild 10. Der Median ist die 50% Fraktile, der Modus folgt aus $df(x)/dx = 0$.

3.5.2.5 Normal-Verteilung

Große Bedeutung hat die sogen. Normal- oder GAUSZ-Verteilung. Deren Dichte genügt der Funktion:

$$f(x) = \frac{1}{\sqrt{2\pi}\, b} \cdot e^{-\frac{1}{2} \cdot \left(\frac{x-a}{b}\right)^2} \quad (-\infty < x < +\infty) \tag{35}$$

Diese Verteilung ist typisch für eine gleichwahrscheinliche Ereignisfolge großer Zahl, d.h. sie kommt durch eine große Zahl gleichwahrscheinlicher Vorgänge zustande (Zentraler Grenzwertsatz).

Mittelwert und Varianz bestätigt man gemäß G.30 und G.31 zu:

$$E[X] = \mu = a \,; \quad Var[X] = \sigma^2 = b^2 \tag{36}$$

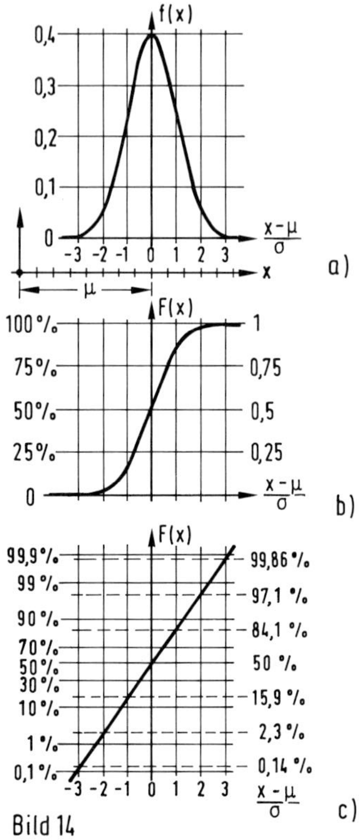

Bild 14

p	q	∓k
15,87 %	84,13 %	1
6,68 %	93,32 %	1,5
2,28 %	97,72 %	2
0,62 %	99,38 %	2,5
0,13 %	99,87 %	3
5 %	95 %	1,645
4 %	96 %	1,751
3 %	97 %	1,882
2 %	98 %	2,054
1 %	99 %	2,32

p			-k
1 %	0,01	10^{-2}	2,32
0,1 %	0,001	10^{-3}	3,09
		10^{-4}	3,72
		10^{-5}	4,27
		10^{-6}	4,75
		10^{-7}	5,20
		10^{-8}	5,61

Bild 15

Somit sind die Formparameter a und b mit dem Mittelwert μ bzw. der Standardabweichung σ identisch. Sie reichen zur vollständigen Beschreibung der Verteilung aus:

$$f(x) = \frac{1}{\sqrt{2\pi}\cdot\sigma} e^{-\frac{1}{2}\left(\frac{x-\mu}{\sigma}\right)^2}; \quad F(x) = \frac{1}{\sqrt{2\pi}\cdot\sigma}\cdot\int_{-\infty}^{x} e^{-\frac{1}{2}\left(\frac{\xi-\mu}{\sigma}\right)^2} d\xi \qquad (37)$$

Es gibt verschiedene Möglichkeiten, um μ und σ zu schätzen:

1) Analytisch:

$$\mu = \bar{x}\,, \quad \sigma = s\,; \quad \rho = \frac{\sigma}{\mu} \qquad (38)$$

   $\bar{x}$ und s nach G.6/7 bzw. G.9/10.

2) Graphisch:

   Es wird ein spezielles Wahrscheinlichkeitspapier entwickelt, in welchem die Wahrscheinlichkeitsachse so verzerrt ist, daß der Graph der Verteilungsfunktion eine Gerade ist. Auf der Abszisse werden innerhalb der Spannweite die Klassengrenzen skaliert und über den Klassenmitten die relativen Summenhäufigkeiten aufgetragen. Sofern die Grundgesamtheit normalverteilt ist, müssen die Häufigkeitswerte auf einer Geraden liegen. Der Mittelwert folgt aus der 50%-Fraktile und die Standardabweichung als Abstand der 16%- bzw. 84%-Fraktile vom Mittelwert.

Wegen der Symmetrie gilt:

$$\bar{x} = \check{x} = \hat{x} = \mu \qquad (39)$$

Mit der transformierten Variablen

$$Z = \frac{X-\mu}{\sigma} \qquad (40)$$

erhält man die (0,1)-normierte Normal-Verteilung zu:

$$f(z) = \frac{1}{\sqrt{2\pi}} e^{-\frac{1}{2}z^2}\,; \quad F(z) = \frac{1}{\sqrt{2\pi}}\int_{-\infty}^{z} e^{-\frac{1}{2}\zeta^2} d\zeta = \Phi(z) \qquad (41)$$

Hierfür existieren ausführliche Tafeln. - Aus Bild 15 kann die Unter- bzw. Überschreitenswahrscheinlichkeit in Abhängigkeit vom Fraktilwert entnommen werden. Z.B. wird die Fraktile

$$\bar{x} - k\sigma = \bar{x} - 1{,}645\sigma \qquad (42)$$

mit 5% Wahrscheinlichkeit unterschritten.

Aus Gründen der Handlichkeit und guten Vertafelung wird gerne mit der Normal-Verteilung gerechnet. Sie hat indes den Nachteil, daß auch negative Merkmalswerte zugelassen sind. Das ist in vielen Fällen physikalisch sinnlos, z.B. im Falle der Zugfließgrenze. Diesen Nachteil hat die Lognormal-Verteilung nicht; sie ist nur für nicht-negative Werte erklärt.

Bei sicherheitstheoretischen Analysen hat die Normal-Verteilung zur Kennzeichnung von Toleranzen und geometrischen Imperfektionen Bedeutung. Auch im Zusammenhang mit der sogen. "angepaßten" Normal-Verteilung im Bemessungspunkt; vgl. Abschnitt 3.5.5.6.

3.5.2.6 Lognormal-Verteilung (zweiparametrig)

Die Dichtefunktion der lognormalen Verteilung lautet:

$$f(x) = \frac{1}{\sqrt{2\pi}b}\cdot\frac{1}{x}\, e^{-\frac{1}{2}\left(\frac{\ln x - a}{b}\right)^2} \quad (0 \le x < +\infty) \qquad (43)$$

Eine Grundgesamtheit ist lognormalverteilt, wenn Y=lnX normalverteilt ist und Y den Mittelwert a und die Varianz b^2 besitzt. Die Verteilung ist rechtsschief, die Schiefe wächst mit b. a und b sind hier Formparameter. Mittelwert und Varianz von X folgen zu:

$$E[X] = \mu = e^{a+\frac{b^2}{2}} \;;\quad Var[X] = \sigma^2 = e^{2(a+\frac{b^2}{2})}(e^{b^2}-1) = \mu^2(e^{b^2}-1) \qquad (44)$$

Variationskoeffizient:

$$\rho = \frac{\sigma}{\mu} = \sqrt{e^{b^2}-1} \longrightarrow b^2 = \ln(\rho^2+1) \qquad (45)$$

Lageparameter:

$$\bar{x} = \mu = e^{a+\frac{b^2}{2}} \;;\quad \check{x} = e^a \;;\quad \hat{x} = e^{a-b^2} \quad (\hat{x} < \check{x} < \bar{x}) \qquad (46)$$

Die Fraktilen der Lognormal-Verteilung lassen sich aus den transformierten Fraktilen der Normal-Verteilung bestimmen:

$$\ln x_p = y_p \longrightarrow x_p = e^{y_p} = e^{a+k_p \cdot b} \qquad (47)$$

k_p stellt den Fraktilenwert der Ordnung p der (0,1)-normierten Normal-Verteilung dar, z.B.:

$$p = 0{,}05 \mathrel{\hat{=}} 5\,\% : \quad k_p = -1{,}645 : \quad x_p = e^{a-1{,}645\,b} \qquad (48)$$

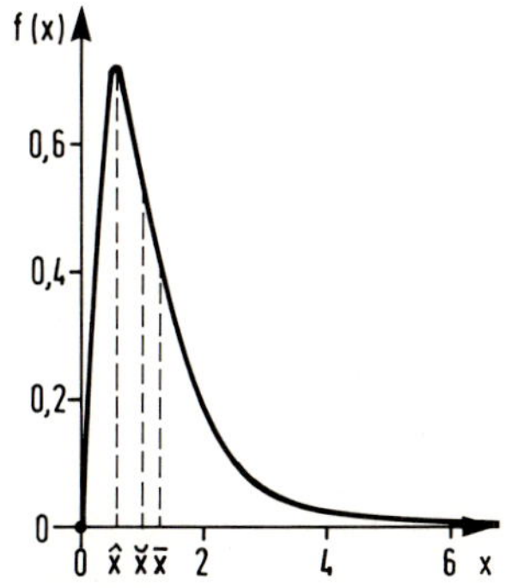

Bild 16

Bild 16 zeigt den beispielhaften Verlauf einer Dichtefunktion; sie ist positiv-schief.
Es ist zweckmäßig, die Lognormal-Verteilung in Abhängigkeit vom Modus $\hat{x}$ (häufigster Wert) oder vom Median $\check{x}$ (zentraler Wert) darzustellen.
Bei bezug auf den <u>Modus</u> folgt:

$$\hat{x} = e^{a-b^2} \longrightarrow e^a = \hat{x}\cdot e^{b^2} \longrightarrow a = b^2 + \ln\hat{x} \qquad (49)$$

Mittelwert und Median:

$$\bar{x} = \check{x}\cdot e^{\frac{b^2}{2}} \;;\quad \hat{x} = \check{x}\cdot e^{-b^2} \qquad (50)$$

Varianz:

$$\sigma^2 = \check{x}^2 \cdot e^{b^2}\cdot(e^{b^2}-1) \qquad (51)$$

Variationskoeffizient:

$$\rho = \sqrt{e^{b^2}-1} \qquad (52)$$

Dichtefunktion:

$$f(x) = \frac{1}{\sqrt{2\pi}\,b}\cdot\frac{1}{x}\cdot e^{-\frac{1}{2}\left(\frac{\ln x - b^2 - \ln\hat{x}}{b}\right)^2} \qquad (53)$$

Bei bezug auf den <u>Median</u> folgt:

$$\check{x} = e^a \longrightarrow a = \ln\check{x} \qquad (54)$$

Mittelwert und Modus:

$$\bar{x} = \hat{x}\cdot e^{\frac{3}{2}b^2} \;;\quad \check{x} = \hat{x}\cdot e^{b^2} \qquad (55)$$

Varianz:

$$\sigma^2 = \hat{x}^2 \cdot e^{3b^2}\cdot(e^{b^2}-1) \qquad (56)$$

Dichtefunktion:

$$f(x) = \frac{1}{\sqrt{2\pi}\cdot b}\cdot\frac{1}{x}\cdot e^{-\frac{1}{2}\left(\frac{\ln x - \ln\check{x}}{b}\right)^2} \qquad (57)$$

Die Schätzung von a und b kann analytisch oder graphisch erfolgen:

1) Es werden berechnet (vgl. G.6 und G.9):

$$a = \frac{1}{n}\sum_{i=1}^{n}\ln x_i \;;\quad b^2 = \frac{1}{n-1}\sum_{i=1}^{n}(\ln x_i - a)^2 = \frac{1}{n-1}\left[\sum_{i=1}^{n}(\ln x_i)^2 - \frac{1}{n}\left(\sum_{i=1}^{n}\ln x_i\right)^2\right] \qquad (58)$$

2) Es werden berechnet (ohne Nachweis):

$$a = 2\ln c - \frac{1}{2}\ln d \;;\quad b^2 = \ln d - 2\cdot\ln c \;;\quad c = \frac{1}{n}\sum_{i=1}^{n}x_i \;;\quad d = \frac{1}{n}\sum_{i=1}^{n}x_i^2 \qquad (59)$$

3) Die Abszissenachse des für die Normal-Verteilung entwickelten Wahrscheinlichkeitspapiers wird logarithmisch skaliert und hierfür die relative Summenhäufigkeit aufgetragen. Dann kann mittels der Ausgleichsgeraden abgelesen werden:

$$a = \ln x_{50} \; ; \qquad b = \frac{1}{2}\cdot \ln\left(\frac{x_{50}}{x_{16}} \cdot \frac{x_{84}}{x_{50}}\right) \tag{60}$$

(vgl. Abschn. 3.5.2.5)

Neben der zuvor dargestellten lognormalen Verteilung mit zwei Parametern (hier a und b) gibt es noch die 3- und 4-parametrige Lognormalverteilung, siehe z.B. [33].

In der Sicherheitstheorie wird die Lognormal-Verteilung i.a. zur Kennzeichnung von Festigkeitsmerkmalen verwendet (Verteilung der Beanspruchbarkeit R). Der Variationskoeffizient dieser Verteilungen ist i.a. gering, das gilt insbesondere für die metallischen Grundwerkstoffe und Verbindungsmittel: v_R ist kleiner als 0,3 und liegt häufig noch wesentlich niedriger. Dieser Umstand ermöglicht eine Näherung: Aus G.45 wird b^2 frei gestellt und der natürliche Logarithmus entwickelt:

$$\rho^2 = e^{b^2} - 1 \longrightarrow e^{b^2} = 1 + \rho^2 \longrightarrow b^2 = \ln(1+\rho^2) = \rho^2 - \frac{\rho^4}{2} + \frac{\rho^6}{3} - \cdots \approx \rho^2 \longrightarrow b^2 \approx \rho^2 \longrightarrow b \approx \rho \tag{61}$$

Aus G.55 folgt:

$$\bar{x} = \breve{x}\cdot e^{b^2/2} \longrightarrow \ln\bar{x} = \ln\breve{x} + \frac{b^2}{2} \approx \ln\breve{x} + \frac{\rho^2}{2} \longrightarrow \ln\breve{x} = \ln\bar{x} - \frac{\rho^2}{2} \longrightarrow a \approx \ln\bar{x} - \frac{\rho^2}{2} \tag{62}$$

Für die Fraktile x_p ergibt sich (G.47):

$$x_p = e^{a + k_p b} \longrightarrow \ln x_p = a + k_p b \approx \ln\bar{x} - \frac{\rho^2}{2} + k_p \rho \longrightarrow x_p = \bar{x}\, e^{(-\frac{\rho}{2} + k_p \rho)} \tag{63}$$

Wird gesetzt

$$x \rightarrow r,\; \bar{x} \rightarrow m_R,\; \rho \rightarrow v_R \;\text{ und }\; k_p \rightarrow k_R$$

gilt:

$$x_p = m_R \cdot e^{(-\frac{1}{2} v_R^2 + k_R v_R)} \tag{64}$$

Für die "untere" Fraktile der Verteilung von R ist k_R negativ; z.B.: 5%-Fraktile: $k_R = -1{,}645$:

$$x_5 = m_R \cdot e^{(-\frac{1}{2} v_R^2 - 1{,}645 v_R)} \tag{65}$$

3.5.2.7 Beispiele

1. Beispiel: Für die in Abschnitt 3.5.2.3 durchgeführte Stichprobenerhebung soll geprüft werden, ob es sich um eine normale oder lognormale Grundgesamtheit handelt.

Normal-Verteilung: Mittels der Formeln G.6 und G.9 werden $\bar{x}$ und s berechnet:

$$\bar{x} = 26{,}957, \quad s = 1{,}9228, \quad v = 0{,}0713 \mathrel{\hat{=}} 7{,}13\%$$

Die Auswertung im Wahrscheinlichkeitspapier ergibt das in Bild 17a gezeigte Ergebnis.

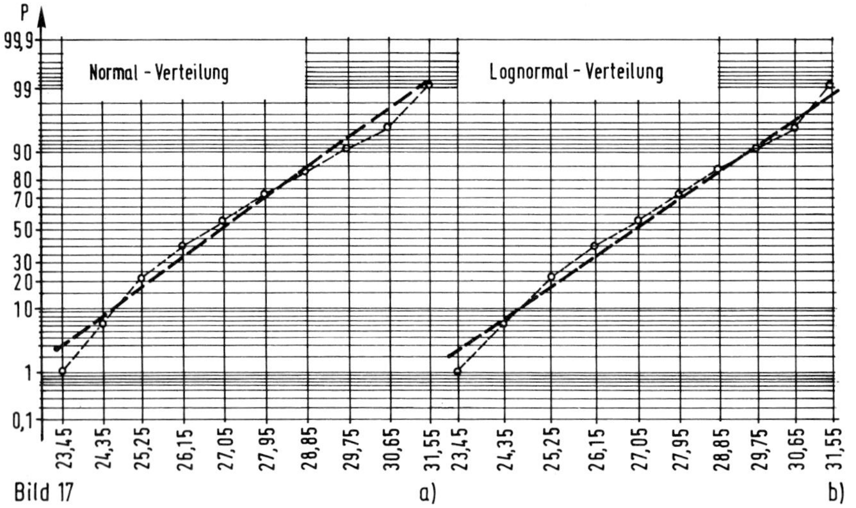

Bild 17

Die Auftragspositionen (relative Summenhäufigkeiten gemäß Bild 11b) liegen offensichtlich nicht auf einer Geraden. Mittels der ausgleichenden Geraden lassen sich $\bar{x}$ und s zu $\bar{x}$=26,92 und s=2,02 bestimmen. Die Bestimmung von s erweist sich als empfindlich gegenüber Änderungen der Ausgleichsgeraden (Gerade, die das Minimum der Summe der Abweichungsquadrate angibt).

Lognormal-Verteilung: Mittels der Formeln G.58 werden a und b berechnet:

$$a = 3{,}292\,, \quad b = 0{,}0706$$

Die Auftragung im Wahrscheinlichkeitspapier über den logarithmierten Merkmalswerten läßt eine bessere Anpassung erkennen (Bild 17b); die graphische Auswertung gemäß G.60 liefert für a und b etwa dieselben Werte wie zuvor. - Ausgehend hiervon wird berechnet (G.46/55):

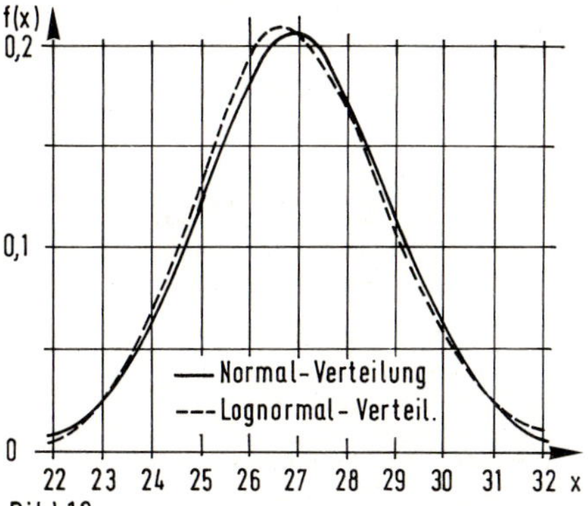

Bild 18

$$\breve{x} = e^{a} = e^{3{,}292} = 26{,}897$$

$$\hat{x} = e^{a-b^2} = e^{3{,}292-0{,}0706^2} = 26{,}763$$

$$\bar{x} = \breve{x}\cdot e^{b^2/2} = 26{,}897\cdot e^{0{,}0706^2/2} = 26{,}964$$

Wie es sein muß ist:

$$26{,}763 < 26{,}897 < 26{,}964$$

In Bild 18 sind die Dichten der Normal- und Lognormal-Verteilung einander gegenübergestellt. Sie sind hier über den Merkmalswerten aufgetragen. Vom Augenschein her sind die Unterschiede gering; im Bereich der Ausläufe links und rechts können die Differenzen beträchtlich sein. Gerade auf diese Bereiche kommt es in der Sicherheitstheorie an!

Wird der χ^2-Test

$$\chi^2 = \sum_{j=1}^{k} \frac{(h_j - e_j)^2}{e_j} \tag{66}$$

durchgeführt, ergibt sich 10,89<15,60, d.h. die Lognormal-Verteilung paßt sich den Daten besser an. In G.66 bedeuten: h_j beobachtete und e_j erwartete Klassenhäufigkeit der Klasse j; k ist die Anzahl der Klassen, hier k=11.

2. Beispiel

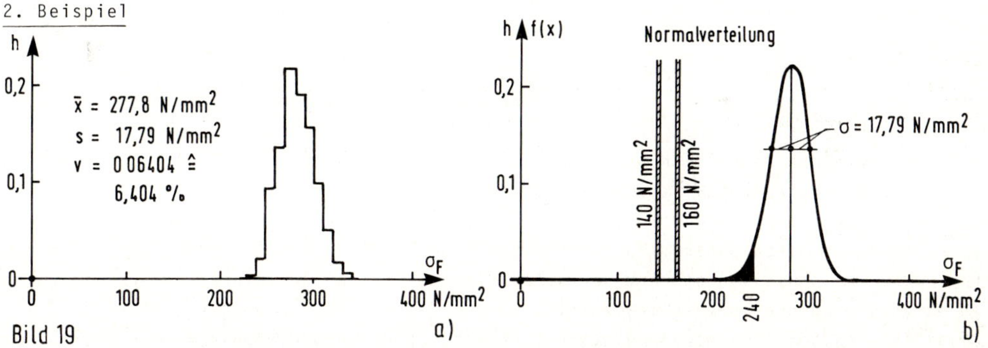

Bild 19

Bild 19a zeigt die Häufigkeitsverteilung sämtlicher 1967 und 1971 von den Abnahmeämtern der DB ermittelten Fließgrenzenwerte des Baustahles St37, kumuliert über alle Walzprodukte [34]. Es handelt sich um die sogen. obere Streckgrenze. Bildet man $\bar{x}$ und s gemäß G.6/9 sowie v, folgt:

$$\bar{x} = 277{,}8\ \mathrm{N/mm^2}\ ;\quad s = 17{,}79\ \mathrm{N/mm^2}\ ;\quad v = 0{,}06404 \mathrel{\hat{=}} 6{,}404\,\%$$

Die "Mindeststreckgrenze" 240N/mm² ist demnach

$$277{,}8 - 2{,}12\cdot 17{,}79 = 240\ \mathrm{N/mm^2}$$

ist also gleich dem Mittelwert minus der 2,12-fachen Standardabweichung. Bild 19b zeigt die zugeordnete Normal-Verteilung; hierfür ist 240N/mm² die 1,7%-Fraktile.

Bild 20a zeigt die Dichtefunktion der zweiparametrigen und Teilbild b die der dreiparametrigen lognormalen Verteilung, im zweitgenannten Falle mit dem unteren Schrankenwert $\tau = a - 3b = 206{,}6\ \mathrm{N/mm^2}$. Der Vergleich mit der Normal-Verteilung verdeutlicht, daß bei diesen Verteilungen dem Wert 240N/mm² eine niedrigere Fraktile zugeordnet ist. Das Erkennen des

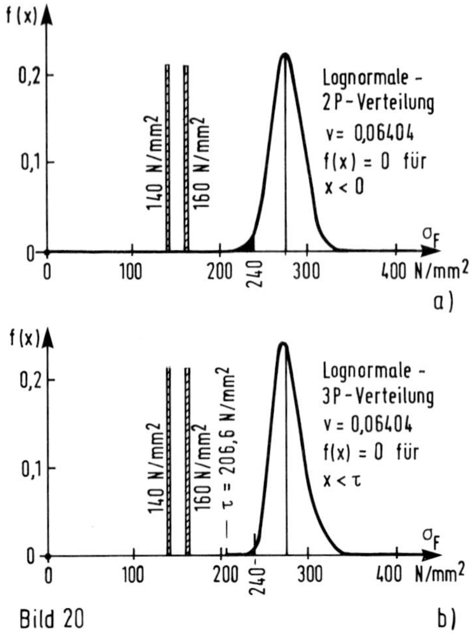

Bild 20

richtigen Verteilungstyps ist für Sicherheitsanalysen offensichtlich wichtig.
Die Güteüberwachung erfolgt an Zugproben, die aus den Walzerzeugnissen herausgearbeitet werden. Um zu vergleichbaren Ergebnissen zu kommen, wird von einheitlichen Prüfkörperformen sowie einheitlichen Prüfmethoden und -auswerteverfahren ausgegangen, auch werden die Prüflinge an definierter Stelle entnommen, wegen Einzelheiten vgl. z.B. EN 10025. Für andere Stähle (z.B. für Feinkornbaustähle, warmfeste Stähle, kaltzähe Stähle) gilt dasselbe, hierzu siehe die Güte- und Liefernormen und die Werkstoffblätter. In diesen ist auch die Maßhaltigkeit genormt: Walztoleranzen.
Im Zuge der oben erwähnten Auswertung [34] wurden auch die Abnahmeergebnisse an Erzeugnisformen aus St52 analysiert; Zusammenfassung:

$$\text{St 37: } \bar{x} = 278\ \text{N/mm}^2;\quad s = 17{,}8\ \text{N/mm}^2;\quad v = 0{,}06404$$
$$\text{St 52: } \bar{x} = 397\ \text{N/mm}^2;\quad s = 20{,}4\ \text{N/mm}^2;\quad v = 0{,}05139$$

Unterstellt man eine Normal-Verteilung, gehört zur 5%-Fraktile k=-1,645 und zur 2,28%-Fraktile: k=-2,000; das ergibt:

$$2{,}28\,\%:\ k=-2\ :\ \text{St 37}: 242\ \text{N/mm}^2,\ \text{St 52}: 356\ \text{N/mm}^2$$
$$5\,\%\ :\ k=-1{,}645:\ \text{St 37}: 249\ \text{N/mm}^2,\ \text{St 52}: 363\ \text{N/mm}^2$$

Es wird vielfach vorgeschlagen, das normative Sicherheitskonzept auf die 5%-Fraktile abzustellen. Aufgrund vorstehender Auswertung erschiene es demnach zulässig, den charakteristischen Wert für St37 auf σ_F=250N/mm² (statt 240N/mm²) anzuheben. Es sind indes drei Umstände zu beachten:

- Stähle, die der DB-Abnahme unterzogen werden, sind für die Grundgesamtheit nicht unbedingt repräsentativ, im Gegenteil, eine Vorselektion seitens der Stahlwerke kann vermutet werden.-Im allgemeinen Stahlbau werden in großem Umfang Importstähle eingesetzt.-Schließlich führen Änderungen in der Hüttentechnologie zu Qualitätsverschiebungen.
- Bei differenzierterer statistischer Analyse stellt man fest, daß die Häufigkeitsverteilung der Streckgrenze eine Mischverteilung darstellt, einerseits in Abhängigkeit von der Erzeugnisform (Stabstahl, Formstahl, Breitfachstahl, Bleche), andererseits von der Materialdicke sowie von der Art der Erschmelzung, Vergießung (Blockguß, Strangguß) und den Abkühlbedingungen nach dem Walzen.
- Es ist international nicht einheitlich geregelt, ob das Prüfergebnis an der oberen oder unteren Streckgrenze zu orientieren ist oder an der sogen. "statischen" Streckgrenze.

Der oben angegebenen Auswertung liegen für St37 1320 Proben und für St52 2750 Proben zugrunde. Wertet man die von KOLLMAR [35] für den Zeitraum 1949 bis 1952 zusammengestellten Abnahmeergebnisse der DB aus, ergibt sich für die Streckgrenze:

St37 (4232 Proben) : $\bar{x}$ = 277 N/mm²; s = 21,5 N/mm² ; v = 0,0776
St52 (2950 Proben) : $\bar{x}$ = 388 N/mm²; s = 14,2 N/mm² ; v = 0,0366

Für die Bruchgrenze (Zugfestigkeit) gilt etwa v=0,04 und für die Bruchdehnung v=0,09 bis 0,10. Bruchdehnung und Kerbschlagzähigkeit sind ausgeprägt schief-verteilt; die Legierungsbestandteile sind näherungsweise normalverteilt.
Bild 21 zeigt die aus [36] übernommene Auswertung der an Normprüfkörpern ermittelten Streckgrenzen der Stähle St37-3, St52-3 und St E460. Dabei wurden die Erzeugnisse (hier Bleche) jeweils zwei Dickenbereichen zugeordnet: Bei den Baustählen in die Bereiche t≤16mm und 16mm<t≤40mm, beim Feinkornbaustahl in die Bereiche t≤16mm und 16mm<t≤35mm. In den Wahrscheinlichkeitspapieren sind nur die ausgleichenden Regressionsgeraden und die Ver-

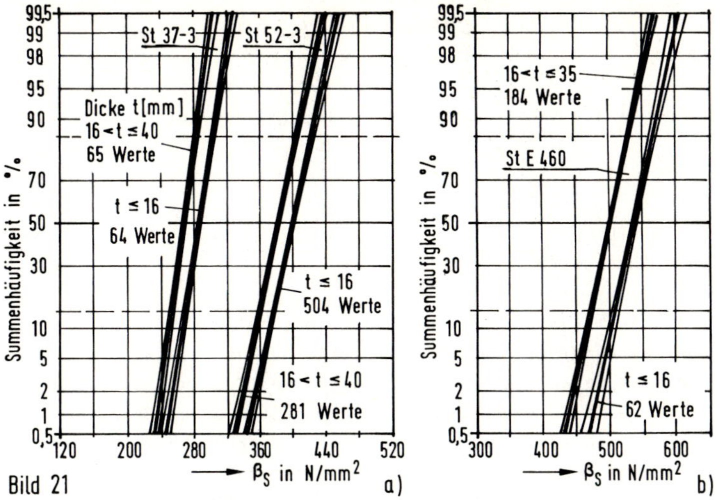

Bild 21

trauensgrenzen, nicht dagegen die einzelnen Versuchswerte, eingetragen. Wertet man die Summenhäufigkeitskurven aus, ergibt sich (soweit es die Ablesegenauigkeit zuläßt):

St37-3:	$t \leq 16$ mm	: $\bar{x}$ = 286 N/mm²	, s = 17,0 N/mm²	, v = 0,0594
	16 mm < $t \leq 40$ mm	: $\bar{x}$ = 269 N/mm²	, s = 15,7 N/mm²	, v = 0,0584
St52-3:	$t \leq 16$ mm	: $\bar{x}$ = 389 N/mm²	, s = 21,0 N/mm²	, v = 0,0540
	16 mm < $t \leq 40$ mm	: $\bar{x}$ = 369 N/mm²	, s = 20,0 N/mm²	, v = 0,0542
StE460:	$t \leq 16$ mm	: $\bar{x}$ = 536 N/mm²	, s = 30,2 N/mm²	, v = 0,0563
	16 mm < $t \leq 35$ mm	: $\bar{x}$ = 500 N/mm²	, s = 30,2 N/mm²	, v = 0,0604

3.5.2.8 Wiederkehrperiode seltener (extremer) Ereignisse

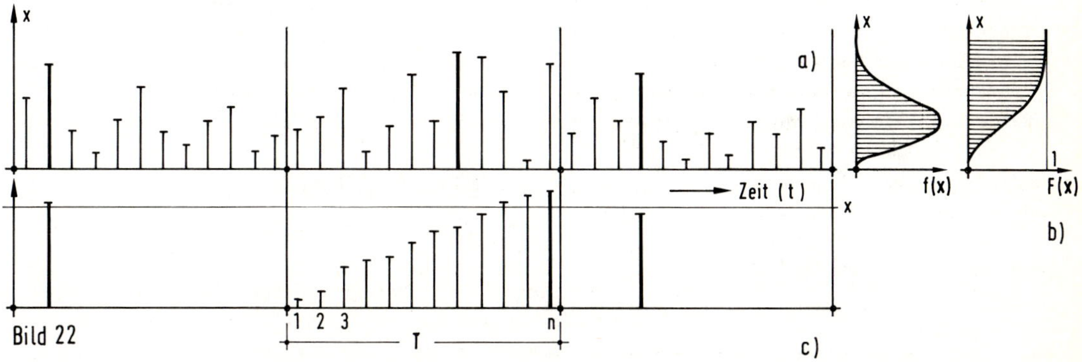

Bild 22

Bild 22a zeigt eine zeitliche Folge von Ereignissen der Zufallsgröße X. Es wird unterstellt, daß die Verteilung der Grundwerte der Zufallsgröße X, gekennzeichnet durch deren Dichtefunktion f(x) bzw. Verteilungsfunktion F(x), zeitinvariant ist. In Teilbild b sind f(x) und F(x) dargestellt. Man spricht bei einer solchen zeitlichen Ereignisabfolge von einem stochastischen Prozeß. Die Wahrscheinlichkeit für das Ereignis $X \leq x$ ist

$$P(X \leq x) = F(x) \qquad (67)$$

und für das Ereignis $X > x$:

$$P(X > x) = 1 - F(x) \qquad (68)$$

I.a. weist der stochastische Prozeß gewisse zyklische Instationaritäten auf: Handelt es sich z.B. um Ereignisse, die mit dem naturgegebenen jahreszeitlichen Ablauf in Verbindung stehen, wie Wind, Schnee, Wasserstand, Temperatur, treten jährliche Zyklen auf.

Für Ereignisse, die auf menschlichen Aktivitäten beruhen, kommen ggf. auch andere Zeitintervalle, z.B. Tage, infrage. Die Länge eines solchen Intervalls sei T.
Bei der Festlegung von Lastangaben für statische Auslegungen, d.h. für vorwiegend ruhende Einwirkungen, interessieren i.a. nur die selten auftretenden Lastzustände nach Intensität und Häufigkeit. Das gilt sowohl für die von den (geophysikalischen) Standortbedingungen abhängigen Ereignisse, wie

- extreme Windgeschwindigkeiten,
- extreme Schneehöhen,
- extreme Hochwasserführungen in Flüssen,
- extreme Hochwasserstände an Meeresküsten,
- extreme Hitze- und Kälteperioden,

(auch für extreme Erdbeben), als auch für solche Ereignisse, die auf menschliche Aktivitäten zurückgehen, wie extreme Lastkumulierungen bei baulichen Anlagen des Hoch-, Industrie- und Brückenbaues. Von Ausnahmen abgesehen, ist es nicht möglich, die absolute maximale Intensität derartiger Extremzustände vorherzusagen. Dazu müßten deren Ursachen und Ablaufgesetze lückenlos bekannt und physikalisch-mathematisch beschreibbar sein. Das ist nicht der Fall. Es ist daher nur möglich, aufgrund des vorliegenden Beobachtungsmaterials zurückliegender Zeiträume Vorhersagen über die wahrscheinlich maximale Intensität künftiger Ereignisse zu machen. Je länger der betrachtete Zeitraum ist, für den die Vorhersage gilt, umso wahrscheinlicher ist das Auftreten eines bestimmten (extremen) Ereignisses.
Die Vorhersage von Extremwerten ist auf der Basis der Extremwerttheorie möglich. Sie wurde in umfassender Weise von GUMBEL [37] ausgearbeitet. Im folgenden werden unter Extremwerten stets Größtwerte verstanden.

Bild 22c zeigt ein Unterintervall des in Teilbild a dargestellten Prozesses der Länge T. Der Prozeß zerfalle in eine Folge solcher gleichlanger Intervalle, z.B. Jahre. Innerhalb dieser werden die Ereignisse nach der Größe des Merkmals, z.B. der Lastintensität, in steigender Folge geordnet: x_1, x_2, $..x_n$. Von diesen wird jeweils der Größtwert ausgesondert. Dieser stellt eine neue Zufallsgröße dar und wird mit X_E abgekürzt. Es wird unterstellt, daß die Extremwerte statistisch unabhängig voneinander sind. Wegen des großen zeitlichen Abstandes solcher seltenen Ereignisse ist diese Annahme i.a. zutreffend. Dann ist die Wahrscheinlichkeit, daß der Größtwert in N Zeitabschnitten (der Dauer T) kleiner oder höchstens gleich x ist:

$$P_N(X_E \leq x) = F_N(x) = [F(x)]^N \qquad (69)$$

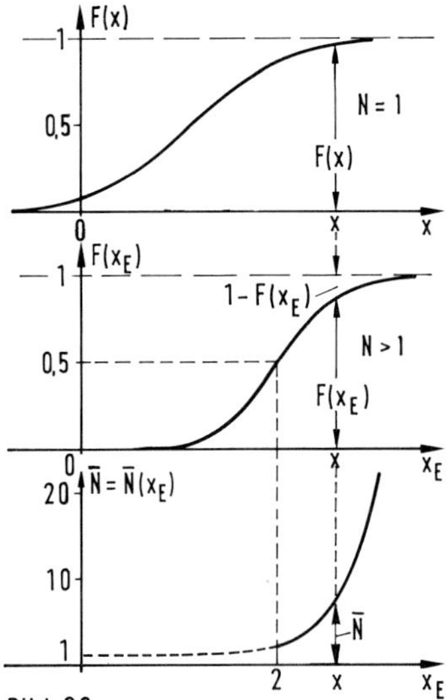

Bild 23

(Multiplikationssatz der Wahrscheinlichkeitstheorie für das gemeinsame Auftreten von N statistisch unabhängigen Ereignissen). Diese Unterschreitenswahrscheinlichkeit wird demnach mit wachsendem N kleiner. (Das ist einzusehen, handelt es sich bei der Zufallsgröße X_E doch um den Größtwert je Zeitabschnitt T.) Die Gegenwahrscheinlichkeit, daß der Größtwert in N Zeitabschnitten den Wert x mindestens einmal überschreitet, beträgt:

$$P_N(X_E > x) = 1 - F_N(x) \qquad (70)$$

Diese Überschreitenswahrscheinlichkeit wird mit wachsendem N größer. - Die mittlere Anzahl mit der bei N Zeitabschnitten das Ereignis $X_E > x$ auftritt, nennt man Wiederkehrperiode, auch Rückkehrperiode. Sie beträgt:

$$\bar{N} = \frac{1}{1 - F(x)} \qquad (71)$$

Der Wiederkehrzeitraum ist $\bar{N}$-mal Zeitabschnitt T, also $\bar{N} \cdot T$. Beispiel: Bezogen auf ein Jahr betrage die Wahrscheinlichkeit für $X_E \leq x$:

$$P_1(X_E \leq x) = F(x) = \underline{0{,}90} \mathrel{\hat{=}} 90\%$$

Das bedeutet, die Wahrscheinlichkeit für $X_E>x$ ist gleich

$$P_1(X_E>x) = 1-F(x) = 1-0{,}90 = \underline{0{,}10} \mathrel{\hat=} 10\%$$

Mit dem Auftreten von $X_E>x$ ist also im Mittel einmal innerhalb von

$$\bar{N} = 1/0{,}10 = \underline{10 \text{ Jahren}}$$

zu rechnen. Wenn das Ereignis $X_E>x$ aufgetreten ist, so bedeutet das nicht, daß erst nach 10 Jahren wieder mit dem Ereignis zu rechnen ist. $X_E>x$ kann sehr wohl früher oder später auftreten; über einen langen Zeitraum betrachtet, wird es sich im Mittel alle 10 Jahre einstellen. Im Rückschluß:

Die Wahrscheinlichkeit dafür, daß das Ereignis mit dem Merkmal X_E kleiner/gleich x auftritt, beträgt in jedem Zeitabschnitt:

$$P_1(X_E \leq x) = F(x) = 1 - \frac{1}{\bar{N}} \tag{72}$$

Die Wahrscheinlichkeit, daß das Ereignis mit dem Merkmal X_E größer x auftritt, beträgt in jedem Zeitabschnitt:

$$P_1(X_E > x) = \frac{1}{\bar{N}} \tag{73}$$

Weiter kann man folgern: Die Wahrscheinlichkeit, daß das Ereignis mit dem Merkmal X_E kleiner/gleich x in N aufeinander folgenden Zeitabschnitten auftritt, ist:

$$P_N(X_E \leq x) = [F(x)]^N = [1 - \frac{1}{\bar{N}}]^N \tag{74}$$

Die Wahrscheinlichkeit, daß das Ereignis mit dem Merkmal X_E größer x in N aufeinander folgenden Zeitabschnitten mindestens einmal auftritt, ist:

$$P_N(X_E > x) = 1 - [F(x)]^N = 1 - [1 - \frac{1}{\bar{N}}]^N \tag{75}$$

Es sei N=5, dann folgt für obiges Beispiel:

$$P_N(X_E > x) = 1 - [1 - \frac{1}{10}]^5 = 1 - 0{,}9^5 = 1 - 0{,}59 = \underline{0{,}41} \mathrel{\hat=} 41\% \tag{76}$$

Somit ist:
$$P_N(X_E > x) \geq P_1(X_E > x)$$

Wenn es gelingt, für eine zu analysierende Last die Wiederkehrperiode $\bar{N}$ zu bestimmen, lassen sich offensichtlich wichtige Schlußfolgerungen für die Auftretenswahrscheinlichkeit vorgelegter Lastintensitäten innerhalb bestimmter Zeiträume machen. Wird z.B. $N=\bar{N}$ gesetzt, gilt:

$$P_{\bar{N}}(X_E > x) = 1 - [1 - \frac{1}{\bar{N}}]^{\bar{N}} \tag{77}$$

Das ist die Wahrscheinlichkeit, daß das Ereignis mit dem Merkmal $X_E>x$ in den $\bar{N}$ aufeinanderfolgenden Zeitabschnitten der Wiederkehrperiode $\bar{N}\cdot T$ i.M. mindestens einmal überschritten wird. Umgekehrt kann man daraus jenen Extremwert bestimmen, der einer vorgegebenen Wahrscheinlichkeit $P_{\bar{N}}$ entspricht.

3.5.2.9 Extremwertverteilung (Typ I)

In Abhängigkeit vom Typ der Grundverteilung (Ursprungsverteilung) werden drei Extremwertverteilungen unterschieden:

- Typ I : FISHER-TIPPET Typ I - oder GUMBEL-Verteilung
- Typ II : FISHER-TIPPET Typ II - oder FRECHET-Verteilung
- Typ III : FISHER-TIPPET Typ III - oder WEIBULL-Verteilung

Für die Herleitung von Lastwerten hat im wesentlichen nur der Typ I Bedeutung; die folgenden Darlegungen beschränken sich daher auf diesen Typus. Die Grundverteilungen konvergieren in diesem Falle mit wachsendem x mindestens wie $1-e^{-x}$ gegen Eins. Man nennt solche Grundverteilungen "exponentiell", hierzu gehört z.B. die Normal-Verteilung.

Für Zufallsgrößen vom exponentiellen Typ läßt sich zeigen [37], daß die Funktion $F(x_E)$ (für $N \rightarrow \infty$) gegen

$$F_I(x_E) = e^{-e^{-\alpha(x_E-u)}} \equiv \exp\{-\exp[-\alpha(x_E-u)]\} \tag{78}$$

konvergiert. Aus Gründen der Schreiberleichterung wird im folgenden auf die Indizierung mit E (Extremwert) und I (Typ I) verzichtet. Die Verteilungsfunktion der Extremwertverteilung vom Typ I lautet also:

$$F(x) = e^{-e^{-\alpha(x-u)}} \equiv \exp\{-\exp[-\alpha(x-u)]\} \tag{79}$$

Die zugehörige Dichtefunktion folgt durch Ableitung nach x (G.22):

$$f(x) = \alpha \cdot \exp\{-\alpha(x-u) - \exp[-\alpha(x-u)]\} \tag{80}$$

F(x) ist die Wahrscheinlichkeit dafür, daß der Extremwert X innerhalb des Zeitintervalls T kleiner oder höchstens gleich x ist. α und u sind die die Extremwertverteilung kennzeichnenden Parameter. Sie beziehen sich auf den Zeitabstand T. $1/\alpha$ ist das Streuungsmaß und u der häufigste Wert (also der Modus $\hat{x}$), d.h. die erste Ableitung der Dichtefunktion ist für $x=\hat{x}(=u)$ Null. Bild 24 zeigt ein Beispiel.

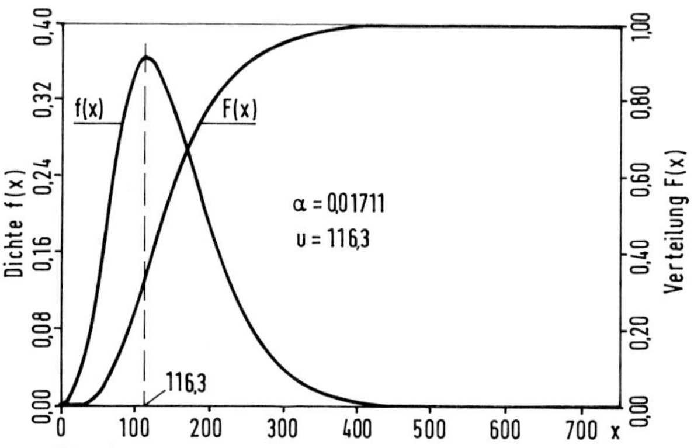

Bild 24

Nach zweimaligem Logarithmieren von G.78 läßt sich der Fraktilenwert für die Wahrscheinlichkeit $p=F(x)$ zu

$$x_p = u - \frac{1}{\alpha}\ln(-\ln p) = u\left[1 - \frac{1}{\alpha u}\ln(-\ln p)\right] \tag{81}$$

berechnen.

Für den Mittelwert μ, die Standardabweichung σ und den Variationskoeffizienten ρ gilt [37]:

$$\mu = u + \frac{\gamma}{\alpha} = u + \frac{0{,}5772}{\alpha} \tag{82}$$

$$\sigma = \frac{\pi}{\sqrt{6}\cdot\alpha} = \frac{1{,}2826}{\alpha} \tag{83}$$

$$\rho = \frac{\sigma}{\mu} = \frac{\pi}{\sqrt{6}}\cdot\frac{1}{\alpha u + \gamma} \tag{84}$$

(γ ist die sogen. EULER-MASCHERONISCHE Konstante: 0,5772156)

μ und σ werden mittels statistischer Erhebung abgeschätzt. Die Parameter $1/\alpha$ und u folgen dann zu:

$$\frac{1}{\alpha} = \frac{\sqrt{6}}{\pi}\cdot\sigma \qquad u = \mu - \frac{\gamma}{\alpha} \tag{85}$$

Für die empirische Bestimmung gibt es zwei Möglichkeiten, eine analytische und eine graphische. Die als G.79 angegebene theoretische Verteilung gilt streng nur für $N \to \infty$. Für einen endlichen Stichprobenumfang N (N Zeitabschnitte T) gilt:

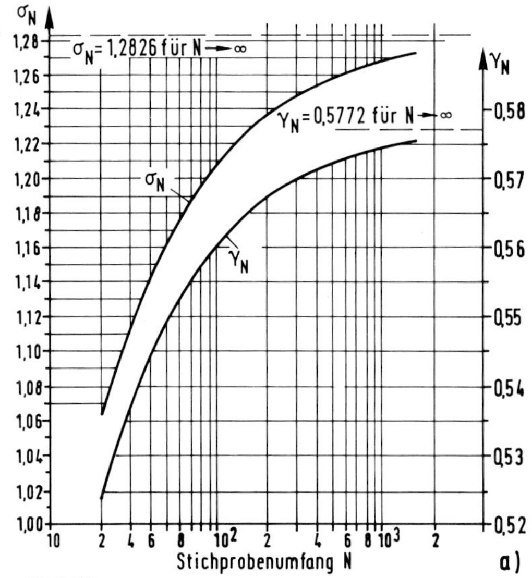

N	σ_N	γ_N
10	0,9497	0,4952
15	1,0206	0,5128
20	1,0628	0,5236
25	1,0915	0,5309
30	1,1124	0,5362
35	1,1285	0,5403
40	1,1413	0,5436
45	1,1519	0,5463
50	1,1607	0,5485
60	1,1747	0,5521
70	1,1854	0,5548
80	1,1938	0,5569
90	1,2007	0,5586
100	1,2065	0,5600
250	1,2429	0,5688
500	1,2588	0,5724
1000	1,2685	0,5745
∞	1,2826	0,5772

b)

Bild 25

$$F(x) = \exp\{-\exp[-\alpha_N(x - u_N)]\} \tag{86}$$

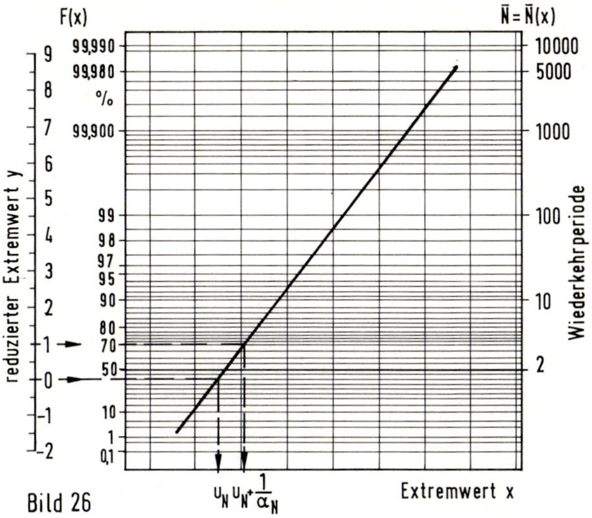

Bild 26

Nunmehr sind α_N und u_N von N abhängig; anstelle von G.85 ist zu setzen:

$$\frac{1}{\alpha_N} = \frac{\sigma}{\sigma_N}\,; \quad u_N = \mu - \frac{\gamma_N}{\alpha_N} \tag{87}$$

σ_N und γ_N können aus Bild 25 entnommen werden. Für μ und σ^2 werden die Schätzwerte der Stichprobe angesetzt:

$$\mu \approx \bar{x} = \frac{\sum_{i=1}^{N} x_i}{N} \tag{88}$$

$$\sigma^2 \approx s^2 = \frac{\sum_{i=1}^{N} (x_i - \bar{x})^2}{N-1} \tag{89}$$

Um zu prüfen, ob die Extremwerte überhaupt dem Verteilungstyp I genügen, werden sie zweckmäßig in ein spezielles Wahrscheinlichkeitspapier eingetragen. Dieses läßt sich wie folgt entwickeln: G.86 wird zweimal logarithmiert:

$$-\ln[-\ln F(x)] = \alpha_N (x - u_N) \tag{90}$$

Zur linearen Achse

$$y = -\ln[-\ln F(x)] \tag{91}$$

wird die F(x)-Achse aufgetragen. Die andere Achse wird linear skaliert (Extremwert x). In dem so entwickelten Wahrscheinlichkeitsdiagramm ist

$$x = u_N + \frac{y}{\alpha_N} \tag{92}$$

eine Gerade; vgl. Bild 26.

Praktisch wird so vorgegangen, daß die N beobachteten Extremwerte (für die N Zeitabschnitte von der Dauer T) ihrer Größe nach ansteigend geordnet werden (x_1, x_2, $..x_i$, $..x_N$). Für F(x) werden die erwarteten Prozentpunkte

$$\frac{i}{N+1} \tag{93}$$

berechnet und über x in das Wahrscheinlichkeitsnetz (Bild 26) eingetragen. Der Schnittpunkt der Horizontalen y=0 mit der Geraden liefert u_N und der Schnittpunkt der Horizontalen y=1 liefert u_N+1/α_N, daraus folgt α_N. α_N ist gleich der Steigung der Geraden. In das Wahrscheinlichkeitspapier kann die zur F(x)-Achse komplementäre 1-F(x)-Skala eingetragen und schließlich die reziproke $\bar{N}=\bar{N}(x)$-Skala aufgenommen werden: Skala der Wiederkehrperiode (vgl. Bild 26).

Die Ausgleichsgerade wird nach Augenmaß oder mittels Minimierung der Summe der Abweichungsquadrate in die Auftragspositionen eingepaßt. Liegen die eingetragenen Werte nicht auf einer Geraden, ist das ein Indiz dafür, daß die Grundverteilung entweder nicht exponentiell verteilt ist oder die Beobachtungen nicht unabhängig voneinander sind oder sich die Beobachtungsbedingungen (z.B. die Meßgenauigkeit) während des Beobachtungszeitraumes verändert haben.

Wegen weiterer Einzelheiten, z.B. Bestimmung der Vertrauensgrenzen, wird auf das Spezialschrifttum verwiesen [37].

3.5.2.10 Beispiel

Über die Dauer von 20 Jahren sind die in Bild 27a eingetragenen (der Größe nach geordneten) jährlichen Extremwerte gemessen worden; N=20. Es bestehe die Aufgabe, von diesen und deren Quadraten die empirischen Schätzwerte $\bar{x}$ und s gemäß G.88/89 zu berechnen. Als Ergebnis findet man (nach hier nicht wiedergegebener Zahlenrechnung), für:

$$x_i : \quad \bar{x} = 39{,}358\,; \quad s = 4{,}2420$$
$$x_i^2 : \quad \bar{x} = 1566{,}1\,; \quad s = 347{,}45$$

Für N=20 wird Bild 25 entnommen: $\sigma_N = 1{,}0628;\ \gamma_N = 0{,}5236$

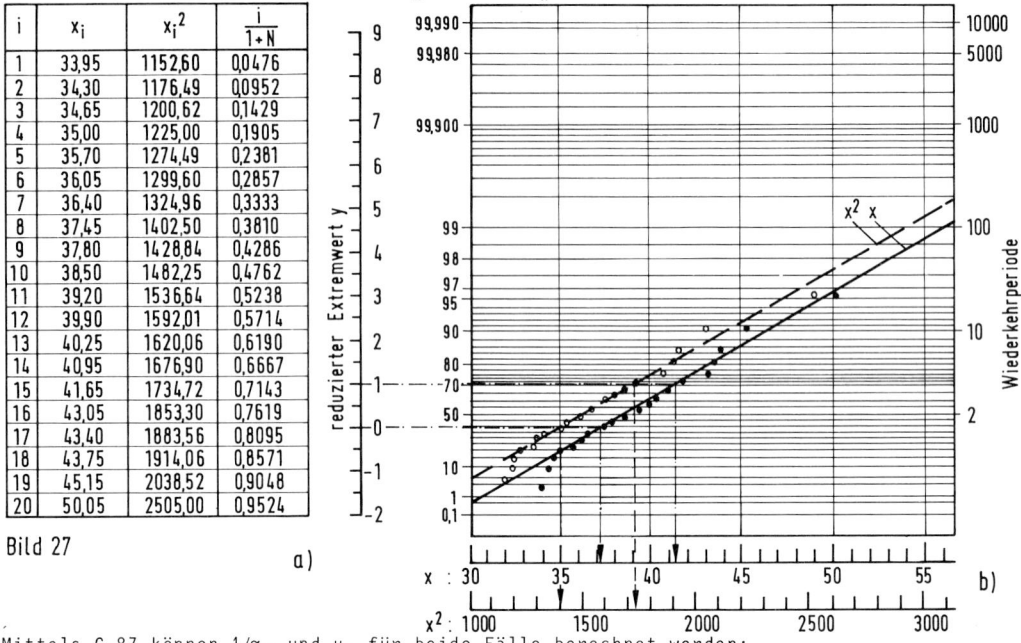

i	x_i	x_i^2	$\frac{i}{1+N}$
1	33,95	1152,60	0,0476
2	34,30	1176,49	0,0952
3	34,65	1200,62	0,1429
4	35,00	1225,00	0,1905
5	35,70	1274,49	0,2381
6	36,05	1299,60	0,2857
7	36,40	1324,96	0,3333
8	37,45	1402,50	0,3810
9	37,80	1428,84	0,4286
10	38,50	1482,25	0,4762
11	39,20	1536,64	0,5238
12	39,90	1592,01	0,5714
13	40,25	1620,06	0,6190
14	40,95	1676,90	0,6667
15	41,65	1734,72	0,7143
16	43,05	1853,30	0,7619
17	43,40	1883,56	0,8095
18	43,75	1914,06	0,8571
19	45,15	2038,52	0,9048
20	50,05	2505,00	0,9524

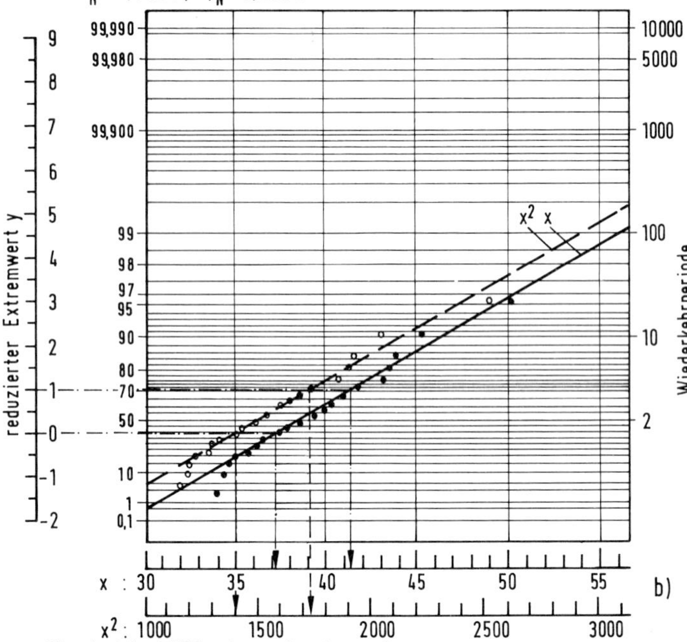

Bild 27 a) b)

Mittels G.87 können $1/\alpha_N$ und u_N für beide Fälle berechnet werden:

$$x_i:\quad 1/\alpha_N = 4{,}2420/1{,}0628 = \underline{3{,}991};\quad u_N = 39{,}358 - 0{,}5236\cdot 3{,}991 = \underline{37{,}27}$$

$$x_i^2:\quad 1/\alpha_N = 347{,}45/1{,}0628 = \underline{326{,}9};\quad u_N = 1566{,}1 - 0{,}5236\cdot 326{,}9 = \underline{1394{,}9}$$

Die graphische Auswertung zeigt Bild 27b; man überzeugt sich, daß die graphisch gewonnenen Ergebnissemit den rechnerischen übereinstimmen. Die Ausgleichgeraden für x und x² liegen parallel. Aus dem Papier ist zu entnehmen, daß die Randwerte stärker von der Geraden abweichen. Die Problematik der Extrapolation auf hohe Wiederkehrperioden wird daraus evident.

Die x_p-Fraktile in Abhängigkeit vom Mittelwert μ und Variationskoeffizienten folgt aus G.79 bzw. 87 mit G.82/84 bzw. 87 unmittelbar zu

$$x_p = \mu\left\{1 - \frac{\sqrt{6}}{\pi}\rho\,[\gamma + \ln(-\ln p)]\right\} \qquad (N \to \infty) \tag{94}$$

bzw.

$$x_p = \mu\left\{1 - \frac{\rho}{\sigma_N}[\gamma_N + \ln(-\ln p)]\right\} \qquad (N \text{ endlich}) \tag{95}$$

Für das Beispiel erhält man:

$$x_i:\quad \mu = \bar{x} = \underline{39{,}358};\quad \rho = \sigma/\mu = s/\bar{x} = \underline{0{,}1078}$$

$$x_i^2:\quad \mu = \bar{x} = \underline{1566{,}1};\quad \rho = \sigma/\mu = s/\bar{x} = \underline{0{,}2219}$$

Für p=F(x)=0,99 ergibt G.95:

$$x_i:\quad x_{99} = 39{,}358\left\{1 - \frac{0{,}1078}{1{,}0628}[0{,}5236 + \ln(-\ln 0{,}99)]\right\} = \underline{55{,}6}$$

Geht man von G.94 aus, folgt: $x_{99} = \underline{52{,}7}$

Für die Zufallsgröße x_i^2 findet man mit G.95:

$$x_{99} = \underline{2899}$$

3.5.2.11 Extremwertverteilung für den Wiederkehrzeitraum $\bar{N}\cdot T$ (Typ I)

Wie in Abschnitt 3.5.2.8 ausgeführt, beträgt die mittlere Zahl $\bar{N}$ der Zeitabschnitte T, mit der sich das Ereignis $X_E > x$ wiederholt (G.71):

$$\bar{N} = \frac{1}{1 - F(x)} \tag{96}$$

F(x) ist die Verteilungsfunktion der als unabhängig angenommenen Realisationen von X (z.B. die Verteilung der Jahresgrößtwerte der Windgeschwindigkeit). $\bar{N}$ ist die Zahl der Zeitabschnitte (z.B. Jahre), innerhalb derer ein Extremwert x im Mittel mindestens einmal überschritten wird. Die Wahrscheinlichkeit, daß der Wert x in <u>einem</u> Jahr nicht überschritten wird, beträgt nach G.72:

$$P_1(X_E \leq x) = F(x) = 1 - \frac{1}{\bar{N}} \tag{97}$$

Der zugehörige (häufigste) Wert $\hat{x}_{\bar{N}}$ der asymptotischen Extremwertverteilung nach Abschnitt 3.5.2.9 läßt sich über

$$1 - \frac{1}{\bar{N}} \stackrel{!}{=} \exp\{-\exp[-\alpha(\hat{x}_{\bar{N}} - u)]\} = F_I(\hat{x}_{\bar{N}}) \tag{98}$$

ermitteln. Die linke und rechte Seite dieser Gleichung drücken jene Wahrscheinlichkeit aus, mit der der Wert $\hat{x}_{\bar{N}}$ innerhalb <u>eines</u> Zeitintervalles (Jahres) nicht überschritten wird. Der Zentralwert folgt hieraus zu:

$$\hat{x}_{\bar{N}} = u - \frac{1}{\alpha}\ln[-\ln(1 - \frac{1}{\bar{N}})] \tag{99}$$

Für $1/\alpha$ und u wird gesetzt (vgl. G.85):

$$\frac{1}{\alpha} = \frac{\sqrt{6}}{\pi}\sigma \approx \frac{\sqrt{6}}{\pi}s\,; \quad u = \mu - \frac{\gamma}{\alpha} \approx \bar{x} - \frac{\gamma\sqrt{6}}{\pi}s \tag{100}$$

Damit folgt:

$$\hat{x}_{\bar{N}} = \bar{x} - \frac{\gamma\sqrt{6}}{\pi}s - \frac{\sqrt{6}}{\pi}s\cdot\ln[-\ln(1 - \frac{1}{\bar{N}})] \longrightarrow \hat{x}_{\bar{N}} = \bar{x} + s\{-\ln[-\ln(1 - \frac{1}{\bar{N}})] - \gamma\}\frac{\sqrt{6}}{\pi}\,;\ \gamma = 0{,}5772 \tag{101}$$

Für große Werte von $\bar{N}$ ($\bar{N}>10$) gilt:

$$\ln[-\ln(1 - \frac{1}{\bar{N}})] \approx -\ln\bar{N} \longrightarrow \hat{x}_{\bar{N}} \approx u + \frac{1}{\alpha}\ln\bar{N} \longrightarrow \tag{102}$$

$$\hat{x}_{\bar{N}} \approx \bar{x} + s[\ln\bar{N} - \gamma]\cdot\frac{\sqrt{6}}{\pi} \tag{103}$$

Die Verteilungsfunktion, die die Wahrscheinlichkeit dafür angibt, daß der Extremwert in N aufeinander folgenden Zeitabschnitten kleiner/gleich x ist, lautet:

$$[F_I(x)]^N = \exp\{-\exp[-\alpha(x-u)]\}^N = \exp\{-\exp[-\alpha(x - (u + \frac{\ln N}{\alpha}))]\} \tag{104}$$

Mit G.102 läßt sich auch schreiben

$$[F_I(x)]^N = \exp\{-\exp[-\alpha(x - (\hat{x}_{\bar{N}} + \frac{1}{\alpha}\ln(\frac{N}{\bar{N}})))]\} = \exp\{-\exp[-\alpha(x - \hat{x}_N)]\} \tag{105}$$

mit:

$$\hat{x}_N = \hat{x}_{\bar{N}} + \frac{1}{\alpha}\ln(\frac{N}{\bar{N}}) \tag{106}$$

Diese Verteilung ist wieder eine Extremwertverteilung vom Typ I mit dem häufigsten Wert $\hat{x}_N$ und unverändertem Streuungsmaß α . $\hat{x}_N$ bezieht sich auf N·T, u auf den Zeitraum des Grundintervalls, also auf T, denn es gilt:

$$N = 1 \longrightarrow \hat{x}_1 = \hat{x}_{\bar{N}} - \frac{1}{\alpha}\ln\bar{N}$$
$$\hat{x}_{\bar{N}} = \hat{x}_1 + \frac{1}{\alpha}\ln\bar{N} \tag{107}$$

Der Vergleich mit G.102 zeigt:

$$\hat{x}_1 = u \tag{108}$$

Die Extremwertverteilung vom Typ I hat somit eine reproduzierbare Eigenschaft: Die exakte Extremwertverteilung der asymptotischen Verteilung vom Typ I ist wiederum eine asymptotische Extremwertverteilung desselben Typs. Es findet lediglich eine Verschiebung um den Wert $\ln(N/\bar{N})/\alpha$ statt.

Der Spezialfall $N=\bar{N}$ ergibt:

$$\hat{x}_N = \hat{x}_{\bar{N}} + \frac{1}{\alpha}\cdot\ln 1 = \hat{x}_{\bar{N}} \longrightarrow [F_I(x)]^{\bar{N}} = \exp\{-\exp[-\alpha\cdot(x - \hat{x}_N)]\} = \exp\{-\exp[-\alpha\cdot(x - \hat{x}_{\bar{N}})]\} \tag{109}$$

An der Stelle $x=\hat{x}_{\bar{N}}$ ist:

$$[F_I(\hat{x}_{\bar{N}})]^{\bar{N}} = e^{-1} = 0{,}367879 = \lim_{\bar{N}\to\infty}(1-\frac{1}{\bar{N}})^{\bar{N}} \tag{110}$$

Ein Fraktilenwert x_p hängt nach G.105 von der Zahl der Zeitabschnitte N ab, nicht jedoch von der mittleren Wiederkehrperiode $\bar{N}$:

$$p = \exp\{-\exp[-\alpha\cdot(x_p - \hat{x}_N)]\} \longrightarrow x_p = \hat{x}_N - \frac{1}{\alpha}\ln(-\ln p) =$$

$$= \hat{x}_{\bar{N}} + \frac{1}{\alpha}\ln(\frac{N}{\bar{N}}) - \frac{1}{\alpha}\ln(-\ln p) = \hat{x}_1 + \frac{1}{\alpha}\ln(\bar{N}) + \frac{1}{\alpha}\ln(\frac{N}{\bar{N}}) - \frac{1}{\alpha}\ln(-\ln p)$$

$$x_p = u + \frac{1}{\alpha}\ln(\frac{N}{-\ln p}) = u + \frac{1}{\alpha}\ln N - \frac{1}{\alpha}\ln(-\ln p) \tag{111}$$

Aus G.111 läßt sich also die Fraktile x_p berechnen, die bei einer bestimmten Zahl von Zeitabschnitten N mit einer bestimmten Wahrscheinlichkeit q=1-p mindestens einmal überschritten wird.

In Abhängigkeit von Mittelwert μ und Variationskoeffizient ρ folgt die Fraktile x_p zu:

$$x_p = \mu\{1 - \frac{\sqrt{6}}{\pi}\rho[\gamma - \ln N + \ln(-\ln p)]\} \tag{112}$$

bzw.:

$$x_p = \mu\{1 - \frac{\rho}{\sigma_N}[\gamma_N - \ln N + \ln(-\ln p)]\} \tag{113}$$

Wenn man $N=T_N/T$ einführt, steht anstelle von G.112:

$$x_p = \mu\{1 - \frac{\sqrt{6}}{\pi}\rho[\gamma + \ln(-\ln p^{T/T_N})]\} \tag{114}$$

Die Dichtefunktion erhält man aus G.105 durch Differentiation zu:

$$f_I(x) = \alpha\cdot\exp\{-\alpha(x-u-\frac{1}{\alpha}\ln N) - \exp[-\alpha(x-u-\frac{1}{\alpha}\ln N)]\} \tag{115}$$

Wie an früherer Stelle erwähnt, werden Einwirkungen und die hierdurch verursachten Beanspruchungen S in der Sicherheitstheorie durch Extremwertverteilungen vom Typ I gekennzeichnet. Setzt man

$$x \rightarrow s,\ \mu \rightarrow m_S,\ \sigma \rightarrow \sigma_S,\ \rho \rightarrow v_S, \tag{116}$$

folgt für die Fraktile der Auftretenswahrscheinlichkeit p (vgl. G.81) mit

$$u = \mu - \frac{\gamma}{\alpha};\quad \frac{1}{\alpha} = \frac{\sqrt{6}\sigma}{\pi} \tag{117}$$

$$x_p = u - \frac{1}{\alpha}\ln(-\ln p) = \mu - \frac{\gamma}{\alpha} - \frac{1}{\alpha}\ln(-\ln p) = \mu - \frac{1}{\alpha}(\gamma + \ln(-\ln p)) =$$

$$= \mu - \frac{\sqrt{6}\sigma}{\pi}(\gamma + \ln(-\ln p)) = \mu[1 - \frac{\sqrt{6}}{\pi}\rho(\gamma + \ln(-\ln p))] \longrightarrow$$

$$s_p = m_S[1 - \frac{\sqrt{6}}{\pi}v_S\cdot(\gamma + \ln(-\ln p))];\quad \gamma = 0{,}5772 \tag{118}$$

m_S ist der Mittelwert und v_S der Variationskoeffizient der auf den Zeitraum T bezogenen Extremwertverteilung.

Soll die Fraktile für einen größeren Zeitraum N·T bestimmt werden, gilt, von G.111 ausgehend:

$$x_p = u + \frac{1}{\alpha}\ln(\frac{N}{-\ln p}) \tag{119}$$

α bzw. σ bleiben bei der Verschiebung des Mittelwertes $\frac{1}{\alpha}N$ unverändert. N ist gleich dem Quotienten T_N/T (Wiederkehrzeit T_N im Verhältnis zur Grundbezugszeit T).

Somit gilt:

$$x_p = u + \frac{1}{\alpha}\ln(\frac{T_N}{T}\cdot\frac{1}{-\ln p}) = u + \frac{1}{\alpha}\ln(\frac{1}{-\ln p^{T/T_N}}) = u + \frac{1}{\alpha}\ln(-\ln p^{T/T_N}) \tag{120}$$

Für die Zwecke der Sicherheitstheorie:

$$s_{p,N} = m_S[1 - \frac{\sqrt{6}}{\pi}v_S(\gamma + \ln(-\ln p^{T/T_N}))] \tag{121}$$

Beispiel:

$$m_S = 30,\ v_S = 0{,}40\ \text{(gilt für T=1)},\ p = 0{,}95$$

G.121 wird ausgewertet:

$$s_{p,N} = 30[1 - \frac{\sqrt{6}}{\pi} 0{,}40 \cdot (0{,}5772 + \ln(-\ln 0{,}95^{1/T_N}))]$$

In der Tabelle des Bildes 28 sind die Fraktilenwerte für ausgewählte Werte von N eingetragen. Teilbild b zeigt die Dichtefunktionen für N=1,2,5,10,20,50 und 100.

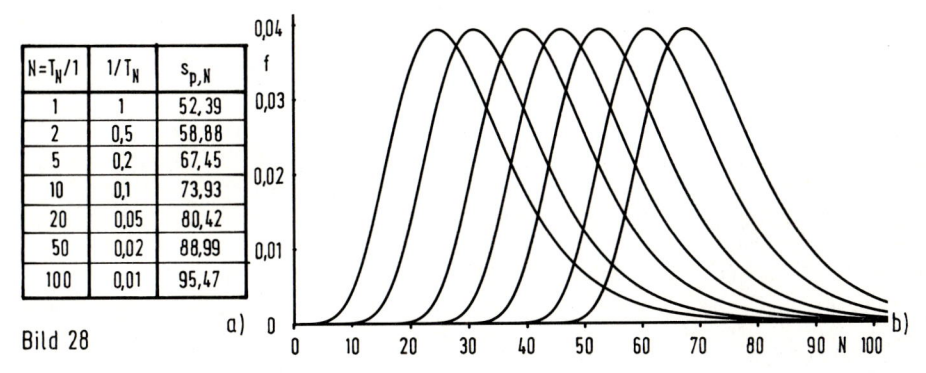

$N=T_N/1$	$1/T_N$	$s_{p,N}$
1	1	52,39
2	0,5	58,88
5	0,2	67,45
10	0,1	73,93
20	0,05	80,42
50	0,02	88,99
100	0,01	95,47

a)

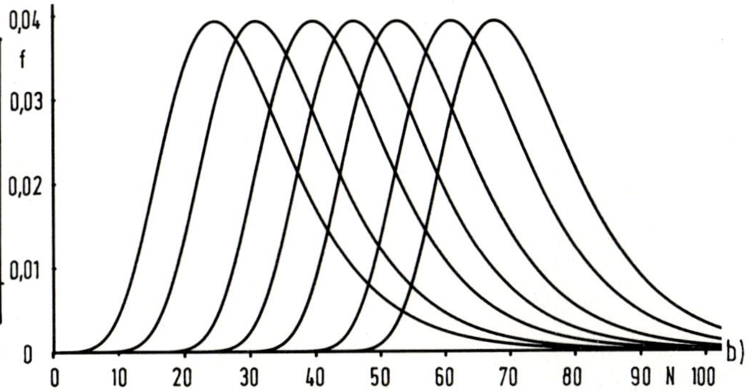

Bild 28

3.5.3 Zweidimensionale Zufallsgrößen

3.5.3.1 Häufigkeitsverteilung - Parameter

Zweidimensionale Zufallsgrößen werden durch zweidimensionale Verteilungen gekennzeichnet, sie sind ein Sonderfall der mehrdimensionalen. Zweidimensionale Zufallsgrößen, bei denen zwei statistische Merkmale gemeinsam (gleichzeitig) variieren, sind z.B.: Bruchdehnung/Bruchspannung; Vorbeulgröße/Eigenspannung; Windgeschwindigkeit/Schneehöhe; Beanspruchbarkeit/Beanspruchung. - Wie bei den eindimensionalen werden auch bei den zweidimensionalen Zufallsgrößen solche mit diskreten und stetigen Merkmalen unterschieden; die zweitgenannten interessierten hier vorrangig, vgl. die vorerwähnten Beispiele. Wie bei der Behandlung der eindimensionalen Zufallsgrößen erläutert, bedarf es bei stetigen Merkmalen einer Diskretisierung, wenn eine Klassierung erfolgen soll (vgl. Abschnitt 3.5.2.1). Es seien beispielsweise n=180 Merkmalspaare x_i, y_j gegeben. Sie werden paarweise in eine Tabelle eingetragen: Bild 29. Für jedes Merkmal wird eine bestimmte Klassenanzahl vereinbart, hier für die Realisationen von X 7 Klassen und für die Realisationen von Y 6 Klassen. In Bild 30a sind linkerseits die Klassengrenzen eingetragen. Paarweise werden x_i und y_j den jeweiligen Klassen zugeordnet; dadurch erhält man für die Klasse ij eine bestimmte Häufigkeit n_{ij}. Die Häufigkeitsverteilung kann in Form einer Korrelationstabelle zusammengefaßt werden: Bild 30b/c. Bild 31 zeigt die Verteilung in Form eines zweidimensionalen Histogramms, wodurch die Verknüpfung der Zufallsgrößen x_i und y_j, also ihre Korrelation, deutlich wird. Man spricht auch von der Feldhäufigkeit der kombiniert auftretenden Wertepaare x_i, y_j.

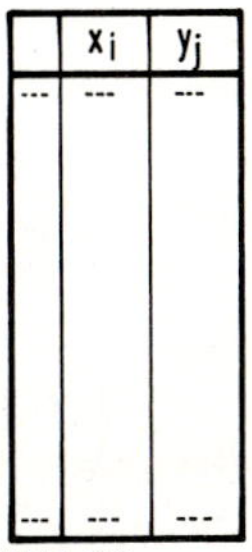

Bild 29

i	x_i	Strichliste	$n_{i\cdot}$
1	27,3 - 27,7		7
2	27,8 - 28,2		33
3	28,3 - 28,7		56
4	28,8 - 29,2		49
5	29,3 - 29,7		26
6	29,8 - 30,2		8
7	30,3 - 30,7		1
			180

j	y_j	Strichliste	$n_{\cdot j}$
1	40 - 44		3
2	45 - 49		18
3	50 - 54		48
4	55 - 59		55
5	60 - 64		40
6	65 - 69		16
			180

a)

$\rightarrow x_i$, $\downarrow y_j$

j \ i	1	2	3	4	5	6	7	
1		1	2					3
2	2	7	4	3	2			18
3	4	11	15	12	5	1		48
4	1	8	20	14	8	3	1	55
5		4	11	13	9	3		40
6		2	4	7	2	1		16
	7	33	56	49	26	8	1	

b)

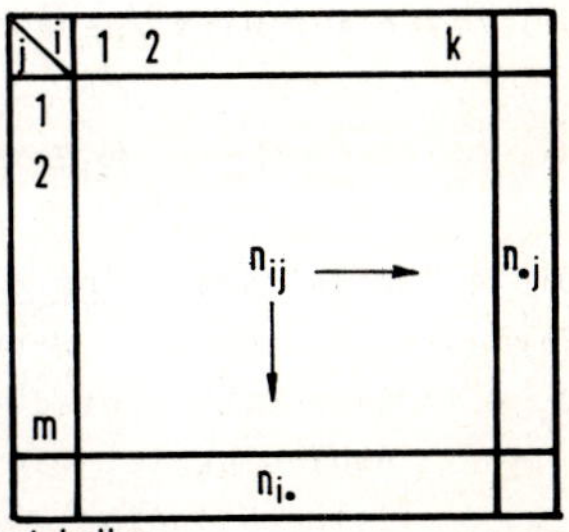

c)

Bild 30 Korrelationstabellen

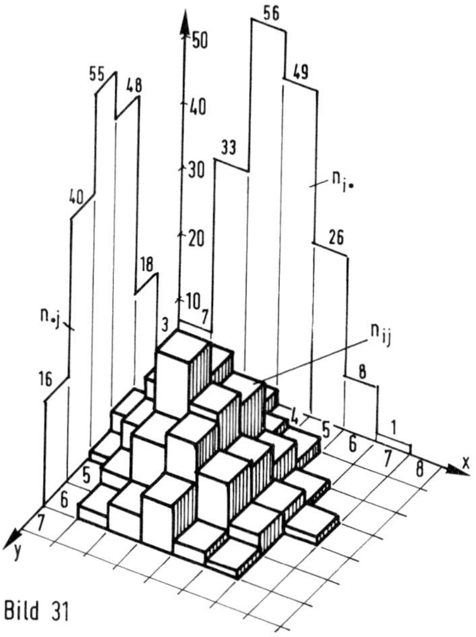

Bild 31

Die relativen Häufigkeiten h_{ij} ergeben sich, indem die absoluten Häufigkeiten durch n dividiert werden (Normierung auf 1). Neben der zweidimensionalen Häufigkeitsverteilung h_{ij} werden die eindimensionalen Randhäufigkeiten

$$h_{i\bullet} = \sum_{j=1}^{m} h_{ij} \quad (i=1,2,\cdots k); \qquad h_{\bullet j} = \sum_{i=1}^{k} h_{ij} \quad (j=1,2,\cdots m) \tag{122}$$

definiert. $h_{i\bullet}$ ist die relative Randhäufigkeit der Zufallsgröße X und $h_{\bullet j}$ die relative Randhäufigkeit der Zufallsgröße Y, vgl. Bild 30b/c. k ist die Klassenanzahl für x_i, m ist die Klassenanzahl für y_j. - In Bild 30a ist gezeigt, wie die Randverteilungen ermittelt werden können: x_i und y_j werden als Realisationen zweier (isolierter) Zufallsgrößen betrachtet und wie eindimensionale Zufallsgrößen klassiert. In Bild 31 sind die Graphen der Randverteilungen (hier als absolute Häufigkeiten) für das Beispiel dargestellt. Ist die Stichprobe groß genug, kann auf die Wahrscheinlichkeitsverteilung der zweidimensionalen Zufallsgröße X, Y geschlossen werden.

Die wichtigsten Parameter einer zweidimensionalen Häufigkeitsverteilung sind (vgl. Abschnitt 3.5.2.2, im folgenden werden die Parameter für Gruppendaten pro Klasse angeschrieben):

a) <u>Mittelwert der Randverteilungen:</u>

$$\bar{x} = \sum_{i=1}^{k} m_i \cdot h_{i\bullet}; \qquad \bar{y} = \sum_{j=1}^{m} m_j \cdot h_{\bullet j} \tag{123}$$

b) <u>Varianzen der Randverteilungen:</u>

$$s_x^2 = \sum_{i=1}^{k} (m_i - \bar{x})^2 \cdot h_{i\bullet}; \qquad s_y^2 = \sum_{j=1}^{m} (m_j - \bar{y})^2 \cdot h_{\bullet j} \tag{124}$$

s_x und s_y sind die Standardabweichungen.

c) <u>Kovarianz der gemeinsamen Häufigkeitsverteilung</u> h_{ij}:

$$s_{xy} = \sum_{i=1}^{k} \sum_{j=1}^{m} (m_i - \bar{x})(m_j - \bar{y}) h_{ij} \tag{125}$$

Man bestätigt:

$$s_{xy} = \sum_{i=1}^{k} \sum_{j=1}^{m} m_i m_j h_{ij} - \bar{x} \sum_{j=1}^{m} m_j h_{\bullet j} = \sum_{i=1}^{k} \sum_{j=1}^{m} m_i m_j h_{ij} - \bar{y} \sum_{i=1}^{k} m_i h_{i\bullet} \tag{126}$$

Desweiteren gilt:

$$\sum_{i=1}^{k} \sum_{j=1}^{m} h_{ij} = 1; \quad \sum_{j=1}^{m} h_{ij} = h_{i\bullet}; \quad \sum_{i=1}^{k} h_{ij} = h_{\bullet j}; \quad \sum_{j=1}^{m} h_{\bullet j} = \sum_{i=1}^{k} h_{i\bullet} = 1 \tag{127}$$

Die Kovarianz wird zweckmäßig auf $s_x \cdot s_y$ normiert, das ergibt:

$$\rho_{xy} = \frac{s_{xy}}{s_x s_y} = \frac{\sum_{i=1}^{k} \sum_{j=1}^{m} (m_i - \bar{x})(m_j - \bar{y}) h_{ij}}{\sqrt{[\sum_{i=1}^{k} (m_i - \bar{x})^2 \cdot h_{i\bullet}][\sum_{j=1}^{m} (m_j - \bar{y})^2 \cdot h_{\bullet j}]}}; \quad (-1 \le \rho_{xy} \le 1) \tag{128}$$

Diese Maßzahl heißt <u>Korrelationskoeffizient</u>; sie mißt die gegenseitige Abhängigkeit der Variablen X und Y. Es werden im wesentlichen drei Fälle unterschieden:

$\rho_{xy} = +1$: Es besteht zwischen den Zufallsgrößen eine strenge (linear-funktionale) positive Abhängigkeit; man sagt: Die gegenseitige Beeinflussung erfolgt gleichläufig (gleichsinnig).

ρ_{xy} = 0: Es besteht keine lineare Abhängigkeit, die Zufallsgrößen sind nicht korreliert.
ρ_{xy} =-1: Wie im ersten Fall, die gegenseitige Beeinflussung ist gegenläufig (gegensinnig).
Für das zuvor behandelte Beispiel folgt:

$$\bar{x} = 28{,}7278, \quad \bar{y} = 56{,}4167$$
$$s_x^2 = 0{,}3697, \quad s_y^2 = 34{,}7137 \longrightarrow s_x = 0{,}6080, \quad s_y = 5{,}8918$$
$$s_{xy} = 1{,}0405$$
$$\rho_{xy} = \frac{1{,}0405}{0{,}6080 \cdot 5{,}8918} = 0{,}2905$$

3.5.3.2 Dichte- und Verteilungsfunktion

Wie im vorangegangenen Abschnitt erläutert, tritt eine zweidimensionale Zufallsgröße immer paarweise auf, oder anders ausgedrückt: Jedem Elementarereignis (z.B. in einem Experiment) sind zwei Werte zugeordnet. Im Falle einer mechanischen Eigenschaft könnten das sein: Festigkeit und Zähigkeit, im Falle einer Kraft: Intensität und Richtung. Die Werte eines Paares können voneinander unabhängig oder abhängig sein. Bei mechanischen Eigenschaften wird i.a. eine Abhängigkeit (Korrelation) vorhanden sein, z.B.: Hohe Festigkeit, geringe Zähigkeit, vice versa. Das gilt auch für Lasteinflüsse gleichen Ursprungs, z.B.: max. Windgeschwindigkeit und Windrichtung, indes nicht bei Einwirkungen unterschiedlichen Ursprungs, z.B.: Belegung eines Parkhauses und max. Windgeschwindigkeit.

Die zweidimensionale Verteilungsfunktion F(x,y) kennzeichnet den Zusammenhang der Komponenten X,Y:

$$F(x,y) = P(X \le x, \; Y \le y) \tag{129}$$

Es gilt:

$$F(x,-\infty) = 0, \quad F(-\infty, y) = 0; \quad F(+\infty, +\infty) = 1 \tag{130}$$

Von der Verteilungsfunktion F(x,y) wird vorausgesetzt, daß sie in der x-y-Ebene nichtfallend und wenigstens linksseitig stetig ist. - Im Falle einer stetigen Zufallsgröße X, Y gibt es eine Funktion f(x,y), die Dichtefunktion, für die

$$F(x,y) = \int_{-\infty}^{x}\int_{-\infty}^{y} f(x,y)\, dy\, dx \tag{131}$$

und die Umkehrung

$$\frac{\partial^2 F(x,y)}{\partial x\, \partial y} = f(x,y) \tag{132}$$

gilt. - Die vollständige Analogie zur Wahrscheinlichkeitsverteilung einer eindimensionalen Zufallsvariablen wird hieraus deutlich (Abschnitt 3.5.2.4):

$$f(x,y) = \lim_{\substack{\Delta x \to 0 \\ \Delta y \to 0}} \frac{P(x < X \le x + \Delta x; \; y < Y \le y + \Delta y)}{\Delta x \cdot \Delta y} \tag{133}$$

In vereinfachter Notation:

$$f(x,y)\, dx \cdot dy = P(X = x, Y = y) \tag{134}$$

Für f(x,y) gilt:

$$\int_{-\infty}^{+\infty}\int_{-\infty}^{+\infty} f(x,y)\, dy\, dx = 1 \tag{135}$$

Wird mit

$$p_{ij} = \lim_{n \to \infty} h_{ij} \tag{136}$$

die relative Häufigkeitsverteilung abgekürzt, gilt für die Dichtefunktion:

$$f(x,y) = P(X = x_i, \; Y = y_j) = p_{ij} \tag{137}$$

Die Verteilungsfunktion folgt analog zu G.131:

$$F(x,y) = P(X \le x_i, \; Y \le y_j) = \sum_{-\infty}^{x_i} \sum_{-\infty}^{y_j} f(x,y) = \sum_{i=1}^{k} \sum_{j=1}^{m} p_{ij} \tag{138}$$

Wie im vorangegangenen Abschnitt exemplarisch erläutert, besitzt jede zweidimensionale Verteilung zwei eindimensionale Randverteilungen. Sie geben die Verteilung einer Komponente, unabhängig von der anderen an. - Definitionen:

$$f_1(x) = \int_{-\infty}^{+\infty} f(x,y)\, dy; \quad f_2(y) = \int_{-\infty}^{+\infty} f(x,y)\, dx \tag{139}$$

$$F_1(x) = \int_{-\infty}^{x}\int_{-\infty}^{+\infty} f(x,y)\,dy\,dx\,; \quad F_2(y) = \int_{-\infty}^{y}\int_{-\infty}^{+\infty} f(x,y)\,dx\,dy \tag{140}$$

Definition bei diskreter Verteilung:

$$f_1(x_i) = \sum_{j=1}^{m} f(x_i,y_j) = \sum_{j=1}^{m} p_{ij} = p_{i\bullet}\,; \quad f_2(y_j) = \sum_{i=1}^{k} f(x_i,y_j) = \sum_{i=1}^{k} p_{ij} = p_{\bullet j} \tag{141}$$

Als Beispiel sei die Dichtefunktion der zweidimensionalen Normalverteilung erwähnt:

$$f(x,y) = \frac{1}{2\pi\sqrt{1-\rho_{xy}^2}\cdot\sigma_x\cdot\sigma_y}\cdot e^{-\frac{1}{2(1-\rho_{xy}^2)}\left[\left(\frac{x-\mu_x}{\sigma_x}\right)^2 - \frac{2\rho_{xy}(x-\mu_x)(y-\mu_y)}{\sigma_x\cdot\sigma_y} + \left(\frac{y-\mu_y}{\sigma_y}\right)^2\right]} \tag{142}$$

σ_x und σ_y sind die Standardabweichungen (vgl. G.124), ρ_{xy} ist der Korrelationskoeffizient (vgl. G.126). - Sind X und Y nicht korreliert, ist $\rho_{xy}=0$. Dann gilt:

$$f(x,y) = \frac{1}{\sqrt{2\pi}\,\sigma_x}\cdot e^{-\frac{1}{2}\left(\frac{x-\mu_x}{\sigma_x}\right)^2}\cdot\frac{1}{\sqrt{2\pi}\,\sigma_y}\cdot e^{-\frac{1}{2}\left(\frac{y-\mu_y}{\sigma_y}\right)^2} = f_1(x)\cdot f_2(y) \tag{143}$$

Bei einer zweidimensionalen GAUSZ-Verteilung ist somit die Nichtkorrelation von X und Y mit deren Unabhängigkeit verknüpft. Das ist ein Sonderfall.

Eine vertiefte Behandlung zweidimensionaler Zufallsgrößen verbietet sich in diesem Rahmen, z.B. Definition der Erwartungswerte und Faltungsintegrale. Diesbezüglich wird auf die Standardliteratur zur Wahrscheinlichkeitstheorie verwiesen, das gilt auch, wie oben erwähnt, für das Gebiet der analytischen Statistik und vieles andere mehr, was in der höheren Zuverlässigkeitstheorie als mathematisches Rüstzeug benötigt wird.

3.5.4 Elementare Grundlagen der Sicherheitstheorie *

3.5.4.1 Bauteilfestigkeit - Beanspruchbarkeit R

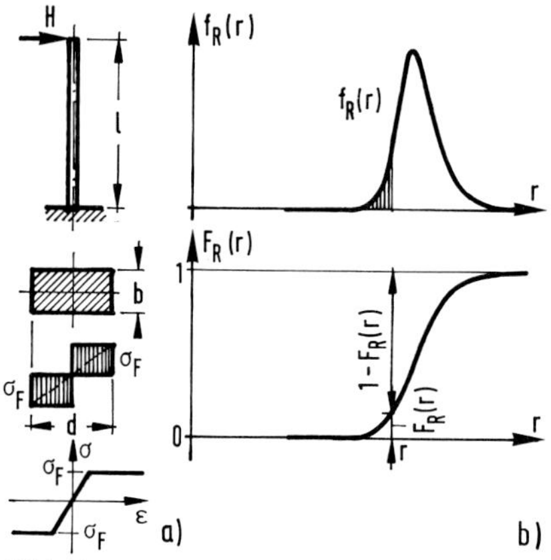

Bild 32

Bild 32 symbolisiere ein Tragwerk. Es handelt sich hier um einen statisch bestimmten Freiträger der Länge l. Die Grenztragfähigkeit (also die Beanspruchbarkeit R≙resistance) ist von dem an der Einspannstelle aufnehmbaren Tragmoment M_U (U≙ultimate) abhängig. Unterstellt man eine idealelastische-idealplastische Spannungsdehnungslinie, betragen das elastische und plastische Tragmoment:

$$M_{El} = \sigma_F W\,, \quad M_{Pl} = \sigma_F W_{Pl} \tag{144}$$

σ_F ist die Fließgrenze (=Streckgrenze). Für einen Rechteckquerschnitt berechnen sich das elastische und plastische Widerstandsmoment zu:

$$W = \frac{bh^2}{6}\,, \quad W_{Pl} = \frac{bh^2}{4} \tag{145}$$

b ist die Breite und h die Höhe des Rechteckquerschnitts. (Um die Übersichtlichkeit zu wahren, wird auf die Momenten-Querkraft-Interaktion bei der Bestimmung der Grenztragfähigkeit verzichtet; vgl. Abschnitt 6).

Versagen tritt ein, wenn das äußere Lastmoment M das Tragmoment übersteigt. M_U werde hier mit M_{Pl} identifiziert. Die Versagensbedingung lautet dann:

$$g \leq 0 \text{ mit } g = M_{Pl} - M \tag{146}$$

---

* Die "Sicherheitstheorie der Bauwerke" ist eine relativ junge Forschungsdisziplin innerhalb des Konstruktiven Ingenieurbaus. Sie hat inzwischen einen hohen Entwicklungsstand erreicht, was sich in einem umfangreichen Schrifttum niedergeschlagen hat. Erste grundlegende Arbeiten gehen auf FREUDENTHAL [38,39] zurück. Inzwischen wurden zwei internationale Konferenzen zu diesem Thema abgehalten [40,41] und existieren zusammenfassende Buchveröffentlichungen [42-46]. Hierzulande waren es KÖNIG und Mitarbeiter [47-51] und RÖSCH, KUPFER u. RACKWITZ und Mitarbeiter [52], die Wichtiges zur Sicherheitstheorie beigetragen haben. Im folgenden können nur die Grundlagen vermittelt werden.

M ist H·l. g ist eine Funktion, die den Versagensfall (Einsturz) kennzeichnet. Man spricht daher auch von der Versagensfunktion. g ist von der realisierten Last, von der realisierten Fließgrenze und von den realisierten Querschnittsabmessungen (hier b und h) abhängig. Werden diese Einflußgrößen als Zufallsgrößen begriffen (man spricht auch von Basisgrößen),

$$X_1 = \sigma_F \,,\quad X_2 = b \,,\quad X_3 = h \,,\quad X_4 = H \qquad (147)$$

lautet die Versagensfunktion:

$$g(X_1, X_2, X_3, X_4) = X_1 \cdot \frac{1}{4} \cdot X_2 \cdot X_3^2 - X_4 \cdot l \qquad (148)$$

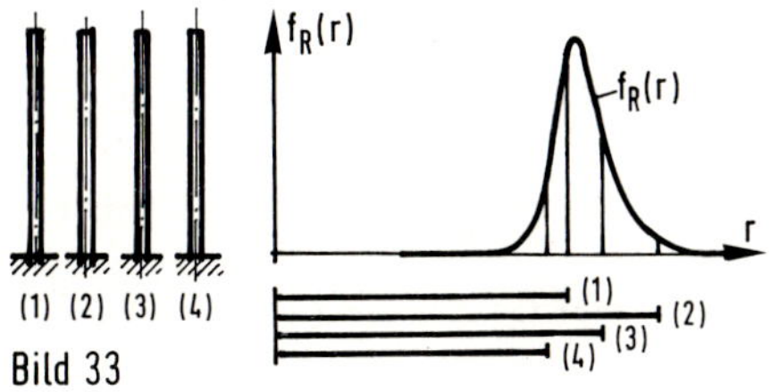

Bild 33

Wenn alle Tragwerke des hier behandelten Typs nach ein und derselben Vorschrift bemessen und ausgeführt werden, ist ihre Tragfähigkeit dennoch unterschiedlich, weil σ_F, b und h in jedem Einzelfall, wegen deren streuenden Charakter, unterschiedlich realisiert werden und damit auch M_U. Bild 33 zeigt vier Realisationen. Die Beanspruchbarkeit R (also M_U) werde durch die Dichtefunktion $f_R(r)$ charakterisiert. Die Wahrscheinlichkeit, daß $R \leq r$ ist, berechnet sich aus:

$$P(R \leq r) = \int_{-\infty}^{r} f_R(r)\,dr = F_R(r) \qquad (149)$$

$F_R(r)$ ist die Verteilungsfunktion der Beanspruchbarkeit. - Die Verteilung von R folgt aus der Verteilung der Zufallsgrößen σ_F, b und h. Die Streuung von R ist dabei größer als jede Einzelstreuung. Das folgt (ohne Nachweis) aus dem Fehlerfortpflanzungsgesetz. Handelt es sich beispielsweise um die normalverteilten Zufallsgrößen X_1, X_2 und X_3 mit den Mittelwerten μ_1, μ_2, μ_3 und den Standardabweichungen σ_1, σ_2, σ_3 und sind die Zufallsgrößen unabhängig voneinander, betragen Mittelwert und Standardabweichung der Summe $X = X_1 + X_2 + X_3$:

$$\mu = (\mu_1 + \mu_2 + \mu_3) \,,\quad \sigma = \sqrt{\sigma_1^2 + \sigma_2^2 + \sigma_3^2} \qquad (150)$$

Im hier behandelten Beispiel ergibt sich die Tragfähigkeit R nicht als Summe der Basisvariablen sondern gemäß G.148 als Produkt:

$$R = \frac{1}{4}\sigma_F \cdot b \cdot h^2 = \frac{1}{4} X_1 \cdot X_2 \cdot X_3^2 \qquad (151)$$

In diesem Falle lassen sich Mittelwert und Streuung von R nicht mit elementaren Mitteln berechnen. Die Rechenvorschrift ist u.a. vom Verteilungstyp der beteiligten Zufallsgrößen abhängig. In den meisten Fällen gelingt keine strenge (geschlossene) Lösung sondern nur eine Näherungslösung.

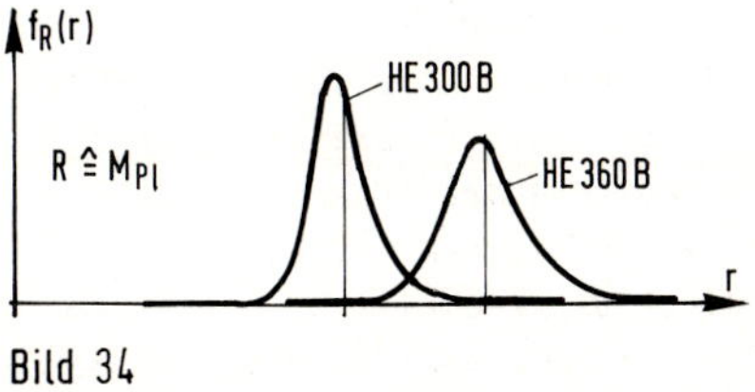

Bild 34

Bleiben im vorliegenden Beispiel die vergleichsweise geringen Streuungen von b und h unberücksichtigt, d.h. werden sie als (deterministische) Festwerte eingeführt, ist die Verteilung von R der Verteilung der Fließgrenze σ_F proportional.

Wie in Abschnitt 3.5.2.7 erläutert, handelt es sich bei dem Normwert σ_F (z.B. 24kN/cm² bei St37) um eine untere p-Fraktile. Mit (1-p) Prozent liegen die realisierten Werte darüber, das gilt damit auch für $R (= M_U = M_{Pl})$. Bild 34 zeigt die Verteilung von R für ein Profil HE300B. Wählt man statt dessen das Profil HE360B, steigt die Tragfähigkeit im Verhältnis der plastischen Widerstandsmomente. Die Dichtekurve der Beanspruchbarkeit R verschiebt sich in dem erwähnten Verhältnis zu höheren Werten und damit auch deren untere Fraktile.

3.5.4.2 Lasten (Einwirkungen) - Beanspruchung S

Bei der Bemessung eines Tragwerkes sind zwar i.a. die maßgebenden Lastarten bekannt, nicht dagegen deren Intensität und zeitliche Abfolge, mit der sie im Laufe der Nutzungsdauer auf das Tragwerk treffen. Es ist demnach notwendig, aufgrund gesammelter Erfahrungen,

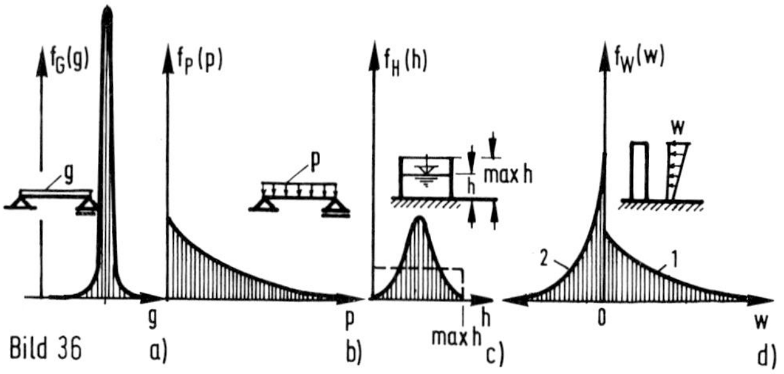

Bild 36

besser, aufgrund statistischer Erhebungen, auf die wahrscheinlich zu erwartenden Lasten zu schließen. Sie haben sich in den Lastannahmen der Berechnungsvorschriften niedergeschlagen, z.B. in DIN 1055 T1 bis T6, DIN 1072, DS804, DIN 4132 usf. Die hierin enthaltenen Rechenwerte haben die Bedeutung von (oberen) Fraktilen. In der Mehrzahl der Fälle steht bis heute eine statistische Absicherung aus.

Bild 36 zeigt verschiedene Dichtefunktionen unterschiedlicher Lasten (in etwas schematischer Darstellung):

a) Ständige Lasten g (Eigenlasten): Die Eigenlasten der tragenden Konstruktion streuen i.a. nur geringfügig, da die konstruktiven Abmessungen vorgegeben sind und eingehalten werden. Größere Variationsbreiten können durch die nichttragenden Ausbaulasten auftreten: Aufbau der Dacheindeckung, der Wände, der Geschoßdecken, der Installation bei Hochbauten, der Fahrbahndecken und Beläge bei Brückenbauten, usf. Durch Um- und Ausbau kann im Lauf der Zeit eine Verschiebung (i.a. zu höheren Werten) eintreten.

b) Nutzlasten p (Verkehrslasten): Die Streuspanne ist (zwischen den Zuständen Nullast und Vollast) groß.

c) Wasserstand h: Hydrostatische Lastzustände sind ein Beispiel für rechtsseitig limitierte Belastungen: Offene Behälter, Kanalbrücken, Stauwände u.a. Ein höherer Wasserstand als maxh ist nicht möglich. - Auch die Betonierlasten auf Traggerüsten haben vom Standpunkt des Lasttyps her eher deterministischen Charakter, allerdings ist hier die Ausbildung eines vollen hydrostatischen Druckes ungewiß, doch das zur sicheren Seite. Noch ausgeprägter ist die Unsicherheit bei Erd- und Siloruhedrucklasten. Hier steuen die Merkmale des Druckgutes wie Wichte und Kohäsion sowie Druckaufbau, Aktivierung der Wandreibung, Verdichtungseinflüsse u.a. in sehr starkem Maße. Es versteht sich, daß größere Sicherheitsabstände als beim Wasserbehälter geboten sind.

d) Windlasten w: Während Eigenlasten, Verkehrslasten, Schneelasten, Wasser-, Erd- und Silodrucklasten u.a. durch die Schwere (Gravitation) der Erde ausgelöst werden und dadurch deren Richtung i.a. determiniert ist, ist das bei Windlasten nicht der Fall. Sie beruhen auf anderen physikalischen Ursachen und können aus allen Himmelsrichtungen wehen. Insofern ist die Windlast eine zweidimensionale Zufallsgröße. In Bild 36d ist das Problem vereinfacht: Die mit 1 bezeichnete Dichtekurve gelte für die Lastverteilung für Wind aus dem Westsektor und 2 für Wind aus dem Ostsektor. -

Die Lasten lassen sich nach unterschiedlichen Kriterien klassifizieren, vgl. Abschnitt 3.5.6.1. Vom wahrscheinlichkeitstheoretischen Standpunkt her hat bei den veränderlichen Lasten die in Bild 37 dargestellte Unterscheidung, die am Ursprung der Lasten (allgemeiner: am Ursprung der Einwirkungen) orientiert ist, Bedeutung:

Veränderliche Lasten:
a) Geophysikalische Lasten (zufallsbedingt): Schnee, Wind, Erdbeben, Seegang, Temperatur
b) Durch menschliche Aktivität enstehende Lasten (zufallsbeeinflußt): Nutz- und Verkehrslasten

Bild 37

a) Die vom Menschen nicht zu beeinflussenden Einwirkungen aus der Geophysik der Erdoberfläche wie Schnee, Wind, Erdbeben, Seegang, Temperatur;

b) die vom Menschen durch seine Aktivitäten hervorgerufenen Einwirkungen, wie Nutzlasten in Hoch- und Industriebauten aller Art, bewegliche Verkehrslasten auf Brücken und Kranbahnen einschließlich der hiermit verbundenen Massenkräfte.

In beiden Fällen handelt es sich um stochastische Prozesse. Hierunter versteht man einen in der Zeit ablaufenden Zufallsprozeß. Man nennt den Prozeß stationär, wenn seine statistischen Merkmale zeitinvariant sind. Das wird für die in der Gruppe a zusammengefaßten Einwirkungen unterstellt, ein geophysikalischer Trend (des Klimas) wird verneint.

Für die Einwirkungen der Gruppe b ist die Voraussetzung der Stationarität nur bedingt gegeben, denn durch die Umstellung der Bauwerksnutzung oder durch die Zulassung höherer Verkehrslasten (z.B. auf Straßen) kann sich das Niveau verschieben. Dann handelt es sich aber um eine Änderung des Merkmalraumes und nicht um eine Trendverschiebung des stochastischen Prozesses. Es bedarf einer statischen Überprüfung, ob die Konstruktion hierfür ausreichend tragsicher ist. - Wichtiger ist folgender Gesichtspunkt: Die allgemeine Überwachung der Bauwerksnutzung (z.B. auf Brücken) sorgt dafür, daß Lasten extrem hoher Intensität (wie sie die nach oben offenen Dichtefunktionen zulassen) nicht auftreten: Die menschliche Ratio greift in den Zufallsprozeß regulierend ein. Es tritt ein Kappungseffekt bei den Dichtekurven der Lastgruppe b auf. Ein solcher Kappungseffekt tritt auch bei den Dichten der Beanspruchbarkeit (Festigkeit) durch die bei der Produktion angewandte Eigen- und Fremdüberwachung (Qualitätssicherung) ein.

Die Einwirkungen (Lasten, Temperaturwirkungen, Zwangsverformungen, z.B. Setzungen) lösen Beanspruchungen S (≙stress) aus. Die Einwirkungen können lang- oder kurzdauernd auftreten. Je größer die Zahl der Einwirkungen ist, umso geringer ist die Wahrscheinlichkeit für das gemeinsame Auftreten ihrer Extremwerte. Auf der Grundlage dieser Erkenntnis sind die Kombinationsregeln für Einwirkungen unterschiedlichen Ursprungs festgelegt worden, bislang mehr oder weniger intuitiv aufgrund von Plausibilitätsüberlegungen und zwar in zweifacher Weise:

a) Durch Einführung von Haupt-, Zusatz- und Sonderlastfällen (ggf. weiteren) und
b) durch anwendungsspezifische Sonderregelungen, z.B.:
   - Abminderung der Verkehrslasten in vielgeschossigen Hochhäusern (DIN 1055 T3),
   - Reduzierung der Seitenkräfte auf Kranbahnen in mehrschiffigen Hallen (DIN 4132),
   - Reduzierung der Windlast bei Schnee, vice versa (DIN 1055 T5),
   - Reduzierung der Windlast bei Eisansatz bei Türmen und Masten (DIN 4131).

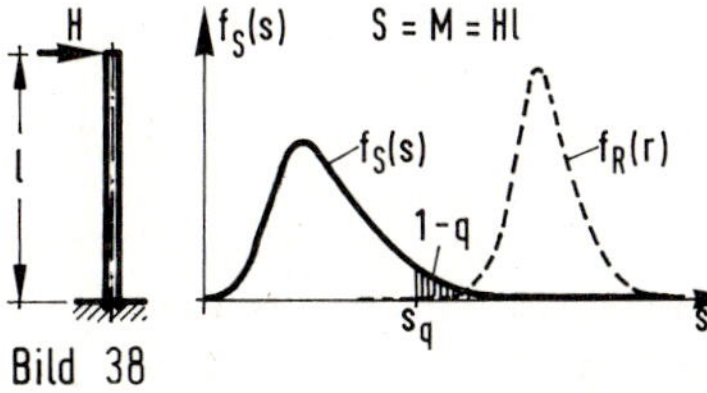

Bild 38

Um die Problemstellung deutlich herausarbeiten zu können, beschränkt sich die folgende Darstellung auf das Auftreten einer Einwirkung und das in Bild 38 skizzierte Elementarproblem. Die Horizontallast H habe eine bestimmte Verteilung; die durch H hervorgerufene Verteilung des Lastmomentes M (=Beanspruchung S) werde durch die in Bild 38 angegebene Dichtefunktion $f_S(s)$ beschrieben. Da l eine Konstante sein soll, ist die Dichte von M zur Dichte von H affin. Die Wahrscheinlichkeit, daß der Fraktilenwert s_q erreicht bzw. überschritten wird, ist 1-q. Ist z.B. q=0,95 vereinbart, so ist in 5% aller Lastereignisse mit einem Lastmoment zu rechnen, das größer als s_q ist.

3.5.4.3 Sicherheitszone - Sicherheitsfaktor

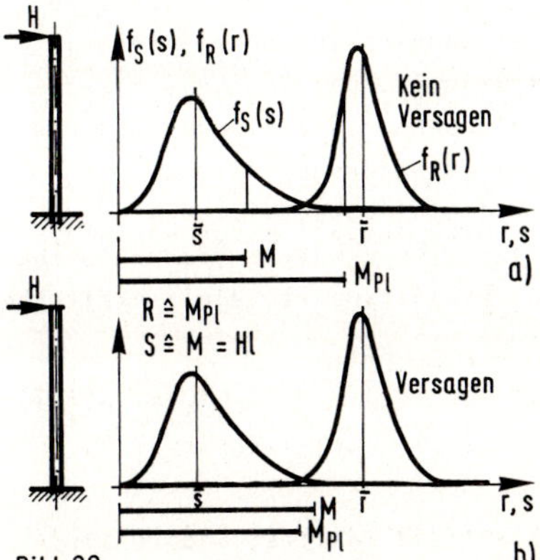

Bild 39

Es werde ein Tragwerk des hier behandelten Typs realisiert. Die Querschnittstragfähigkeit M_{Pl} erfahre im Laufe der Nutzungsdauer keine Änderung. Auf das Tragwerk treffe ein Lastereignis (während der Nutzungsdauer): $M=H \cdot l$. Wenn bei diesem Ereignis

$$M_{Pl} - M > 0 \tag{152}$$

ist, überlebt das Tragwerk (Bild 39a), im anderen Falle versagt es (Bild 39b). Die Stellung der beiden Dichtekurven für R und S in Bild 39 verdeutlicht, daß die Wahrscheinlichkeit für Versagen sehr gering ist. Man spricht von der Versagenswahrscheinlichkeit P_V. Als zentraler Sicherheitsfaktor wird

$$\gamma_0 = \frac{\bar{r}}{\bar{s}} \tag{153}$$

definiert. Für die Versagenswahrscheinlichkeit ist die gegenseitige Überlappung der Dichtefunktionen maßgebend und somit neben dem Abstand der Mittelwerte $\bar{r}$ und $\bar{s}$ die Streuungen von R und S. Bild 40 zeigt jeweils zwei Verteilungen von R und S mit unterschiedlicher Streuung bei im übrigen gleichen Fraktilen r_p und s_q. Im Gegensatz zu Bild 39 sind hierbei Normalverteilungen für R und S unterstellt. Die Überlappung der Dichten vermittelt einen Hinweis auf die Sicherheit der beiden dargestellten Situationen. Um die Versagenswahrscheinlichkeit berechnen zu können, bedarf es der Berechnung des jeweiligen Faltungsintegrals. Offensichtlich ist es wichtig, den Verlauf der Dichtefunktionen bei R für die niedrigen und bei S für die hohen Werte möglichst genau zu kennen. Im anderen Falle wird die Berechnung einer Versagenswahrscheinlichkeit sinnlos.

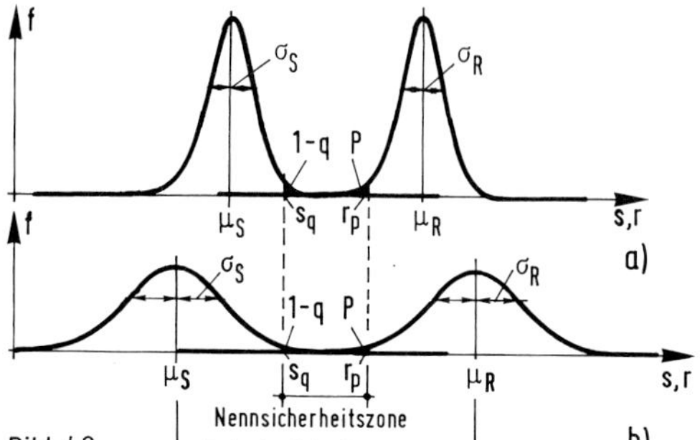

Bild 40

Das klassische Bemessungskonzept besteht darin, daß zwischen dem Fraktilenwert r_p (der in den Grundnormen angegeben ist) und dem Fraktilenwert s_q (der in den Lastnormen vereinbart ist) ein ausreichender Abstand eingehalten wird. Der Quotient

$$\gamma = \frac{r_p}{s_q} \qquad (154)$$

ist der Nennsicherheitsfaktor, vgl. auch Abschnitt 3.4.3. Mit γ_0 und γ ist die zentrale bzw. Nennsicherheitszone definiert (Bild 40).

Obwohl in Bild 40 für beide Bemessungssituationen derselbe Nennsicherheitsfaktor eingehalten wird, ist die Versagenswahrscheinlichkeit und damit die Sicherheit unterschiedlich. Mit einem einzigen (globalen) Sicherheitsfaktor gelingt es offensichtlich nicht, ein gleichmäßiges Sicherheitsniveau zu gewährleisten. Da die die Sicherheit beeinflussenden Größen eine unterschiedliche Streuung haben, ist es sinnvoller, mit Teilsicherheitsfaktoren zu rechnen. Jeder Einfluß wird mit einem zugeordneten (gewichteten, ponderierten) Teilsicherheitsfaktor beaufschlagt. In der einfachsten Form lautet der Nachweis:

$$\gamma_S \cdot s_q \leq \frac{r_p}{\gamma_R} \qquad (155)$$

Der Nennwert der Beanspruchung (bzw. der Einwirkung) s_q wird um γ_S erhöht und der Nennwert der Beanspruchbarkeit r_p um γ_R abgemindert. Im allgemeinen ist:

$$\gamma_S \geq 1, \qquad \gamma_R \geq 1 \qquad (156)$$

3.5.4.4 Wiederholung und Folge äußerer Einwirkungen

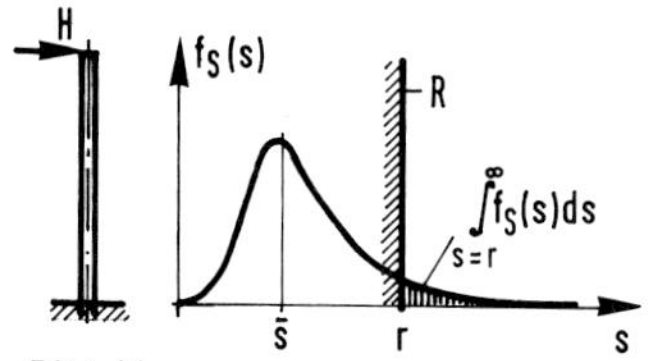

Bild 41

Bei dem zu Anfang des vorangegangenen Abschnittes behandelten Beispiel wurde unterstellt, daß ein Tragwerk realisiert wird, auf das (während der Nutzungsdauer) eine Last einwirkt. Im Sinne der Wahrscheinlichkeitstheorie handelt es sich um ein Experiment. Das Ereignis "Versagen" ist aufgrund der vorgegebenen Verteilungen von R und S mit einer bestimmten Versagenswahrscheinlichkeit P_V belegt. Die Überlebenswahrscheinlichkeit ist $P_0 = 1 - P_V$. - Wäre die Beanspruchbarkeit R exakt determiniert und wäre der Schrankenwert (für alle realisierten Tragwerke) gleich r (vgl. Bild 41), betrüge die Versagenswahrscheinlichkeit (bei einer einmaligen Lasteinwirkung):

$$P_V = \int_{s=r}^{\infty} f_S(s)\, ds \qquad (157)$$

Bild 41 verdeutlicht das Integral.

Im Gegensatz zu den zuvor unterstellten Voraussetzungen sieht die Realität anders aus: Im Laufe der Nutzungsdauer wirken i.a. Lasten in unregelmäßiger Folge mit unterschiedlicher Intensität auf das Tragwerk ein. Ist $f_S(s)$ die Dichtefunktion der Beanspruchung (bzw.

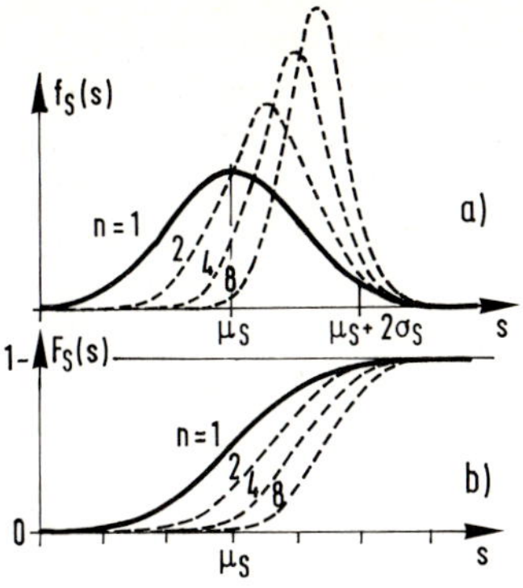

Bild 42

der Einwirkung), ist die Wahrscheinlichkeit dafür, daß bei einmaligem Auftreten S den Wert s nicht überschreitet:

$$P(S \leq s) = \int_{-\infty}^{s} f_S(s)\,ds \tag{158}$$

Die Wahrscheinlichkeit, daß bei zweimaligem Auftreten $S \leq s$ gilt, ist bei Unabhängigkeit der Beanspruchungsintensitäten gleich dem Produkt der Wahrscheinlichkeit für eine einmalige Realisation (sofern sich die Einzelereignisse gegenseitig ausschließen, was hier der Fall ist, denn es handelt sich um eine Ereignisfolge). Die Voraussetzung der Unabhängigkeit ist auch erfüllt, da ein zeitlich genügender Abstand unterstellt werden kann. Treten n Ereignisse (=Einwirkungen) nacheinander auf, ist die Wahrscheinlichkeit dafür, daß für sie gemeinsam $S \leq s$ gilt gleich q^n, wenn q die Wahrscheinlichkeit für das Elementarereignis $S \leq s$ ist. Die Wahrscheinlichkeit für $S > s$ ist bei n-facher Ereignisfolge $1-q^n$. Es werde beispielsweise unterstellt, daß die Verteilung für das (einmalige, erstmalige) Auftreten von S durch eine Normalverteilung gekennzeichnet sei (Bild 42). Dann ist die Wahrscheinlichkeit für $S \leq \mu_S$ bei 1-, 2-, 4-, 8-facher Wiederholung gleich 0,5000, 0,2500, 0,0625, 0,0039 und für $S \leq \mu_S + 2 \cdot \sigma_S$ gleich 0,9772, 0,9549, 0,9119, 0,8315. Bild 42 zeigt die Dichte- bzw. Verteilungskurven für das n-fache gemeinsame Auftreten.
Die Zahl n ist mit einem bestimmten Zeitraum T (Nutzungsdauer), z.B. 10, 50, 100 Jahre verknüpft. Offensichtlich ist es sinnvoll, bei den Sicherheitsrechnungen nicht von der Grundgesamtheit aller Einwirkungen auszugehen, sondern von den auf die Referenzdauer T bezogenen Extremwertverteilungen. In diesem Sinne wird $f_S(s)$ im folgenden gedeutet:

$$f_S(s, t = T) \tag{159}$$

Wird die Verteilung der Beanspruchbarkeit R mit dieser Verteilung gefaltet, liefert das die für den Zeitraum T geltende Versagenswahrscheinlichkeit.

Für Fragen der Lastkombination, der Betriebsfestigkeit und der Frequenzanalyse des Energiespektrums genügt es nicht, die Sicherheitsanalysen allein auf die Extremwertverteilungen abzustellen, im Gegenteil, hierfür muß der vollständige stochastische Prozeß bekannt sein.

3.5.4.5 Versagenswahrscheinlichkeit P_V - R-S-Problem

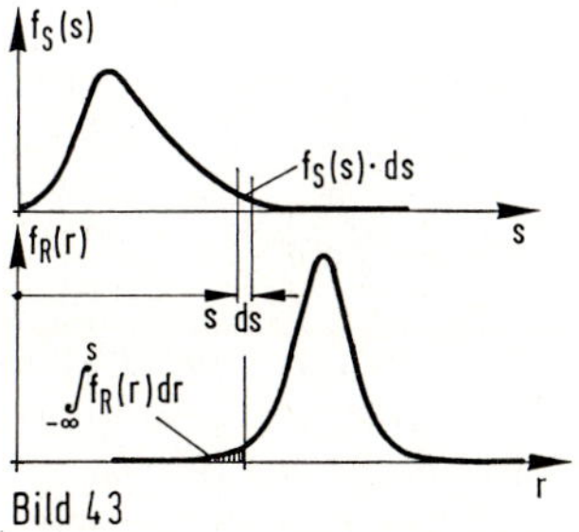

Bild 43

Im folgenden wird für das in den vorangegangenen Abschnitten behandelte Elementarproblem (R-S-Problem) die Versagenswahrscheinlichkeit bestimmt. Versagen tritt im Falle

$$g \leq 0 \quad \text{mit} \quad g = R - S \tag{160}$$

ein. R und S seien gemäß Bild 43 verteilt; die Verteilung von S versteht sich wie G.159; die Verteilung von R erfahre innerhalb der Nutzungsdauer keine Änderung.
Die Wahrscheinlichkeit, daß sowohl R zwischen r und r+dr als auch dafür, daß S zwischen s und s+ds liegt, beträgt bei Unabhängigkeit von R und S, gemäß dem Multiplikationssatz der Wahrscheinlichkeitstheorie:

$$P(r < R \leq r + dr \cap s < S \leq s + ds) = f_R(r) \cdot f_S(s)\,dr\,ds \tag{161}$$

Entsprechend ist die Wahrscheinlichkeit, daß R kleiner/gleich s und S zwischen s und s+ds liegt:

$$P(R \leq s \cap s < S \leq s + ds) = \left[\int_{-\infty}^{s} f_R(r)\,dr\right] \cdot f_S(s)\,ds \tag{162}$$

Gesucht ist die Wahrscheinlichkeit P_V für alle möglichen Realisationen von S. Da das Eintreten des Ereignisses $R \leq s$ bei wenigstens einer Realisation s von S zum Versagen führt, ergibt sich P_V aus einer Summation von G.162 über s unter der gleichzeitigen Bedingung, daß $R \leq s$ ist:

$$P_V = P(R \leq S) = \int_{-\infty}^{+\infty} f_S(s) \left\{\int_{-\infty}^{s} f_R(r)\,dr\right\} ds \tag{163}$$

Denn es handelt sich bei den Ereignissen des gleichzeitigen Eintretens von R≤s und s<S≤s+ds (wenn s alle Werte von -∞ bis +∞ durchläuft) um miteinander unvereinbare Ereignisse; hierfür gilt das Summationsgesetz.

Die Auswertung der G.163 ist für allgemeine Dichtefunktionen formal schwierig, z.T. nicht möglich. Eine Verallgemeinerung auf nichtlineare Versagensfunktionen und/oder mehrere Basisgrößen scheidet in geschlossener Form aus.

3.5.4.6 Konzept von BASLER [63]

Die Sicherheitszone Z=R-S ist je nach Realisation der Wertepaare r und s größer oder kleiner: Z ist eine Zufallsvariable. Hierfür wird die Verteilung, ausgehend von den Verteilungen für R und S, abgeleitet. Bei Unabhängigkeit von R und S folgt:

$$F_Z(z) = P(Z \leq z) = P(R-S \leq z) = \iint\limits_{r-s\leq z} f_R(r)\cdot f_S(s)\,dr\,ds = \int\limits_{-\infty}^{+\infty} f_S(s)\left\{\int\limits_{-\infty}^{r=z+s} f_R(r)\,dr\right\}ds = \int\limits_{-\infty}^{+\infty} f_S(s)\cdot F_R(z+s)\,ds \qquad (164)$$

$$f_Z(z) = \frac{dF_Z(z)}{dz} = \int\limits_{-\infty}^{+\infty} f_S(s)\cdot f_R(z+s)\,ds \qquad (165)$$

Damit sind die Wahrscheinlichkeitsdichten von R und S gemäß der Vorschrift Z=R-S gefaltet. R und S seien normalverteilt und unabhängig voneinander. Durch die Parameter μ_R, σ_R und μ_S, σ_S sind sie dann vollständig beschrieben (vgl. Abschnitt 3.5.2.5):

$$f_R(r) = \frac{1}{\sqrt{2\pi}\cdot\sigma_R}e^{-\frac{1}{2}\left(\frac{r-\mu_R}{\sigma_R}\right)^2}; \quad f_S(s) = \frac{1}{\sqrt{2\pi}\cdot\sigma_S}e^{-\frac{1}{2}\left(\frac{s-\mu_S}{\sigma_S}\right)^2} \qquad (166)$$

Die Auswertung des Faltungsintegrals (G.165) ergibt:

$$f_Z(z) = \frac{1}{\sqrt{2\pi}\cdot\sigma_Z}\cdot e^{-\frac{1}{2}\left(\frac{z-\mu_Z}{\sigma_Z}\right)^2} \qquad (167)$$

Dabei ist:

$$\mu_Z = \mu_R - \mu_S; \quad \sigma_Z = \sqrt{\sigma_R^2 + \sigma_S^2} \qquad (168)$$

Z ist demnach selbst wieder normalverteilt (Additionstheorem der Normalverteilung). Nach Transformation auf die Abbildungsfunktion

$$U = \frac{Z-\mu_Z}{\sigma_Z} \qquad (169)$$

folgt für G.167:

$$f_U(u) = \frac{1}{\sqrt{2\pi}}e^{-\frac{1}{2}u^2} \qquad (170)$$

Die Versagenswahrscheinlichkeit ergibt sich nunmehr zu:

$$P_V = P(Z \leq 0) = P\left(U \leq -\frac{\mu_Z}{\sigma_Z}\right) = \frac{1}{\sqrt{2\pi}}\int\limits_{-\infty}^{-\frac{\mu_Z}{\sigma_Z}} e^{-\frac{1}{2}u^2}du \qquad (171)$$

Z≤0 bedeutet Versagen. In Bild 44 sind die Zusammenhänge verdeutlicht. Teilbild a zeigt die Dichten für R und S (die in ihrer Lage dem Lastfall HZ (gestrichelt dem Lastfall H) entsprechen). In jenen Fällen, in denen Z kleiner/gleich Null ist, tritt Versagen ein. Folglich kennzeichnet das Integral über $f_Z(z)$ von -∞ bis 0 die Versagenswahrscheinlichkeit:

$$P_V = \int\limits_{-\infty}^{0} f_Z(z)\,dz \qquad (172)$$

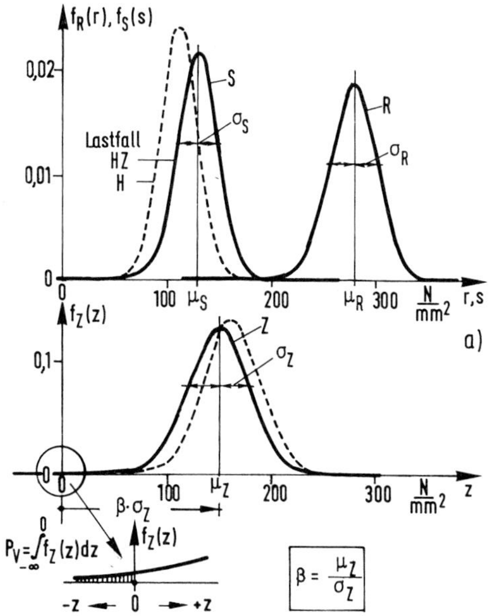

Bild 44

Das ist (bei Beachtung der Transformation gemäß G.169) mit G.171 identisch. - Die obere Grenze des (Fehler-)Integrals G.171 (vgl. mit G.41), ist mit den Parametern der Verteilungen von R und S verknüpft (vgl. G.168):

$$-\frac{\mu_Z}{\sigma_Z} = -\frac{\mu_R - \mu_S}{\sqrt{\sigma_R^2 + \sigma_S^2}} \qquad (173)$$

Der zentrale Sicherheitsfaktor (G.153) und Nennsicherheitsfaktor (G.154) werden als nächstes mit den Variationskoeffizienten von R und S verknüpft. Für den zentralen Sicherheitsfaktor gilt:

$$\gamma_0 = \frac{\bar{r}}{\bar{s}} = \frac{\mu_R}{\mu_S} \qquad (174)$$

Mit den Variationskoeffizienten für R und S

$$\rho_R = \frac{\sigma_R}{\mu_R}, \quad \rho_S = \frac{\sigma_S}{\mu_S} \qquad (175)$$

und den Fraktilen

$$r_p = \mu_R - k_R\sigma_R = \mu_R(1 - k_R\rho_R) \qquad (176)$$

$$s_q = \mu_S + k_S\sigma_S = \mu_S(1 + k_S\rho_S) \qquad (177)$$

gilt für den Nennsicherheitsfaktor:

$$\gamma = \frac{\mu_R(1 - k_R\cdot\rho_R)}{\mu_S(1 + k_S\cdot\rho_S)} = \frac{1 - k_R\cdot\rho_R}{1 + k_S\cdot\rho_S}\gamma_0 \qquad (178)$$

k_R und k_S kennzeichnen die vereinbarten Fraktilen. Der Zusammenhang zwischen der Versagenswahrscheinlichkeit (G.171/3) und dem Nennsicherheitsfaktor (der dem globalen klassischen Sicherheitsfaktor entspricht) läßt sich wie folgt herstellen. Für G.171 wird geschrieben:

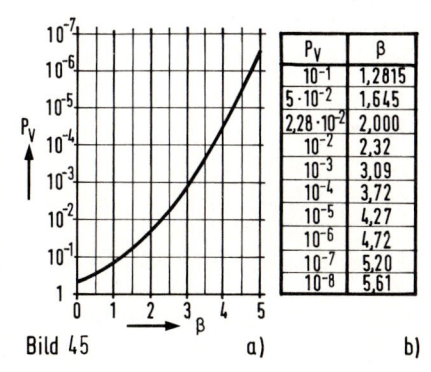

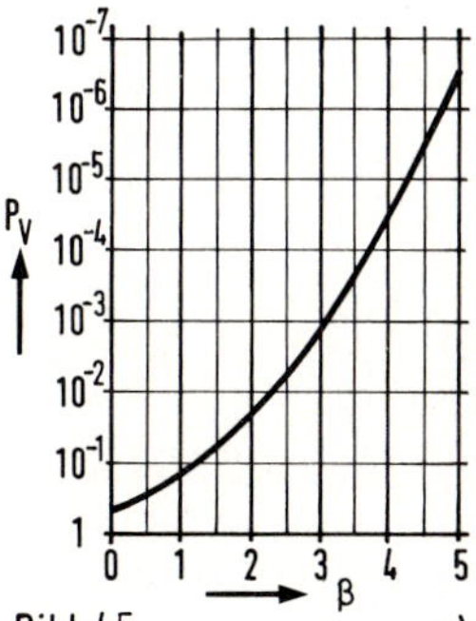

P_V	β
10^{-1}	1,2815
$5\cdot10^{-2}$	1,645
$2{,}28\cdot10^{-2}$	2,000
10^{-2}	2,32
10^{-3}	3,09
10^{-4}	3,72
10^{-5}	4,27
10^{-6}	4,72
10^{-7}	5,20
10^{-8}	5,61

Bild 45 a) b)

$$P_V = \frac{1}{\sqrt{2\pi}}\int_{-\infty}^{-\beta} e^{-\frac{1}{2}u^2}du = \Phi(-\beta) = 1 - \Phi(\beta) \qquad (179)$$

$$\beta = \frac{\mu_Z}{\sigma_Z} = +\frac{\mu_R - \mu_S}{\sqrt{\sigma_R^2 + \sigma_S^2}} = \frac{\mu_R - \mu_S}{\sqrt{(\rho_R\mu_R)^2 + (\rho_S\mu_S)^2}} \qquad (180)$$

ß ist der reziproke Variationskoeffizient der Zufallsgröße Z. ß wird i.a. als Zuverlässigkeitsindex (auch Sicherheitsindex) bezeichnet. In Bild 45 ist die Verknüpfung von P_V und ß dargestellt, vgl. auch Bild 15 unten.

Gemäß Definition ist:

$$\mu_Z = \beta\cdot\sigma_Z \qquad (181)$$

Das ist der Mittelwert der Dichtefunktion $f_Z(z)$, also der Abstand des Mittelwertes vom Ursprung Z=0. In Bild 44b ist dieses Ergebnis veranschaulicht.

Der zentrale Sicherheitsfaktor (G.174) folgt als Funktion von ß (ausgehend von G.180) zu:

$$\gamma_0 = \frac{1 + \beta\cdot\sqrt{\rho_R^2 + \rho_S^2 - \beta^2\cdot\rho_R^2\cdot\rho_S^2}}{1 - \beta^2\cdot\rho_R^2} \qquad (182)$$

Damit ist auch der Nennsicherheitsfaktor als Funktion von ß bzw. P_V berechenbar (G.178). Voraussetzung ist die Kenntnis der Variationskoeffizienten von R und S.

Beispiel: Für den Baustahl St37 gelte (vgl. 2. Beispiel in Abschnitt 3.5.2.7):

$$\mu_R = \underline{278\,\text{N/mm}^2}, \quad \sigma_R = \underline{17{,}8\,\text{N/mm}^2}, \quad \rho_R = \underline{0{,}06404}$$

Als charakteristischer Wert (auch Normwert, Nennwert, Rechenwert genannt) wird die p=2,28% Fraktile vereinbart. Hierzu gehört k_R=2. Der charakteristische Wert beträgt (vgl. auch Bild 19):

$$r_p = \mu_R(1 - k_R\rho_R) = 278(1 - 2\cdot0{,}06404) = \underline{242\,\text{N/mm}^2}$$

Auf der Seite der Beanspruchung wird ebenfalls eine Normalverteilung mit ρ_S=0,3 unterstellt. Gesucht ist die zulässige Spannung, wenn $P_V=10^{-6}$ toleriert wird. Der zugehörige ß-Wert folgt aus Bild 45 zu 4,72. Für den zentralen Sicherheitsfaktor liefert die Rechnung (G.182):

$$\gamma_0 = \frac{1 + 4{,}72\cdot\sqrt{0{,}06403^2 + 0{,}3^2 - 4{,}72^2\cdot0{,}06403^2\cdot0{,}3^2}}{1 - 4{,}72^2\cdot0{,}06403^2} = \frac{2{,}3032}{0{,}9087} = \underline{2{,}6228}$$

Der Nennsicherheitsfaktor folgt aus G.178. Für die Beanspruchungsseite (Lastseite) wird die (100-2,28)% Fraktile vereinbart:

$$\gamma = 2{,}6228\,\frac{1-2\cdot 0{,}06404}{1+2\cdot 0{,}3} = 2{,}6228\cdot 0{,}54496 = \underline{1{,}4293}$$

Als zulässige Spannung ergibt sich:

$$\text{zul}\sigma = 242/1{,}4293 = \underline{169{,}3\ \text{N/mm}^2}$$

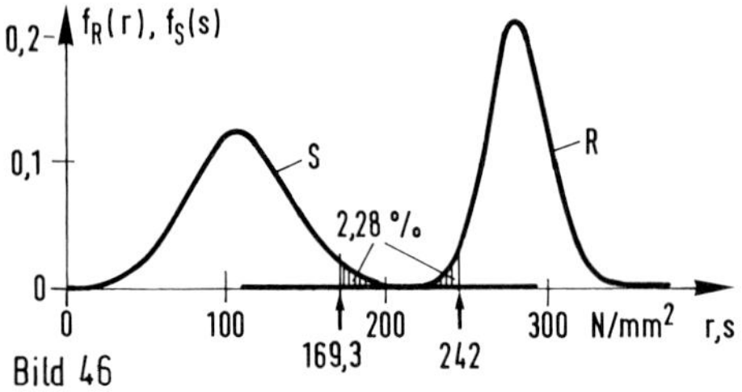

Bild 46

In Bild 46 ist das Ergebnis veranschaulicht. Seit Jahrzehnten wurde im Stahlbau im Lastfall H mit 160N/mm² und im Lastfall HZ mit 180N/mm² als zulässige Spannungen gerechnet. Vorstehende Sicherheitsrechnung kommt mit der Kenntnis der Mittelwerte und Streuungen (bzw. Variationskoeffizienten) von R und S aus. Man spricht daher von der "Methode der zweiten Momente". - Von BORGES/CASTANHETA [54] wurden Lösungen des elementaren R-S-Modells für mehrere nicht-normale Verteilungen angegeben. Von CORNELL [55], auf den die Einführung des β-Index zurückgeht, wurde die Methode erweitert, indem der Wurzelausdruck für die Berechnung von σ_Z linearisiert wurde:

$$z = r - s \longrightarrow \mu_Z = \mu_R - \mu_S = \beta\sigma_Z = \beta\cdot\sqrt{\sigma_R^2+\sigma_S^2} \approx \beta\cdot\alpha\cdot(\sigma_R+\sigma_S) = \alpha\cdot\beta\cdot(\rho_R\mu_R+\rho_S\mu_S) \qquad (183)$$

Hierdurch gelang eine Entkopplung des R-S-Problems. Bezogen auf die Mittelwerte von R und S wurden gesplittete Sicherheitsfaktoren eingeführt und die Versagensbedingung wie folgt postuliert:

1. $\mu_S + \alpha\beta\rho_S\cdot\mu_S = \mu_R - \alpha\beta\rho_R\cdot\mu_R \longrightarrow (1+\alpha\beta\rho_S)\mu_S = (1-\alpha\beta\rho_R)\mu_R$

2. $\gamma_{0S}\cdot\mu_S = \frac{1}{\gamma_{0R}}\mu_R$

Das ergibt: $\gamma_{0S} = 1+\alpha\beta\rho_S\,;\quad \frac{1}{\gamma_{0R}} = 1-\alpha\beta\rho_R$ (184)

Der mit der Linearisierung verbundene Fehler liegt zwischen 0,707 und 1,000. CORNELL wählte 0,75.

Für die Entwicklung der Sicherheitstheorie hatten die Konzepte von BASLER und CORNELL große Bedeutung. Der Umstand, daß sie einerseits von Normalverteilungen für R und S und andererseits vom elementaren R-S-Versagensmodell ausgingen, bedeutete eine prinzipielle Schwäche und konnte nicht befriedigen. Die Sicherheitsprobleme sind nämlich real wesentlich komplexer: Die Versagensgleichungen enthalten i.a. mehr als zwei Basisvariable ($X_1, X_2, ..X_n$) und sind zudem in der Regel nichtlinear. Die Verteilung der Basisvariablen ist meist nicht-normal: Für die Lasten wird von Extremwertverteilungen und für die Widerstände von Lognormalverteilungen ausgegangen. Imperfektionen, die um einen Mittelwert nach beiden Seiten gleich stark streuen, können i.a. durch Normalverteilungen beschrieben werden. Eine Sicherheitsanalyse solcher Probleme auf der Basis eines gemäß Abschnitt 3.5.4.5 erweiterten Faltungsintegrals für die Versagenswahrscheinlichkeit scheidet wegen der hiermit verbundenen Schwierigkeiten aus (Level III). Eine Näherungslösung gelingt auf der Basis einer auf HASOFER und LIND [56] zurückgehenden Erweiterung der "Methode der zweiten Momente". Sie unterstellt nach wie vor Normalverteilungen für die Basisvariablen. Liegen nicht-normale Verteilungen vor, werden sie im Bemessungspunkt durch normale approximiert. Dadurch bleibt in solchen Fällen die in Bild 45 dargestellte Verknüpfung von β und P_V gültig. P_V ist dann allerdings nicht als reale sondern als operative Versagenswahrscheinlichkeit zu begreifen. Auf dieser Basis läßt sich ein einheitliches Sicherheitskonzept für alle Bauweisen des konstruktiven Ingenieurbaues entwickeln. Man spricht vom semiprobabilistischen Sicherheitskonzept Level II. Für baupraktische Sicherheitsnachweise scheidet indes auch dieses Konzept (von Sonderbauwerken abgesehen) aus. Es dient im wesentlichen dazu, das neue Nachweiskonzept mit gesplitteten Sicherheitsfaktoren und Kombinationsfaktoren (Level I) theoretisch abzusichern. Da aber die Kenntnisse über die statistischen Verteilungen (der Einwirkungen, Widerstände, Imperfektionen) z.T. noch recht lückenhaft sind und die Modellbildung der sehr verwickelten Versagenszustände als auch der Einwirkungskombinationen außerordentlich schwierig ist (und daher in vielen Fällen nur in grober Annäherung gelingt), sollte man nicht von zu hohen Erwartungen ausgehen. Vieles ist zwar schon, vieles muß aber noch von der Forschung geklärt werden. Ein interessantes und wirkungsvolles Verfahren ist die "Methode der zweiten Momente" allemal, es wird daher im folgenden dargestellt.

3.5.5 Verallgemeinerung der "Methode der zweiten Momente" durch HASOFER und LIND [56]

3.5.5.1 Versagensbereich und Bemessungspunkt - Lineare R-S-Probleme

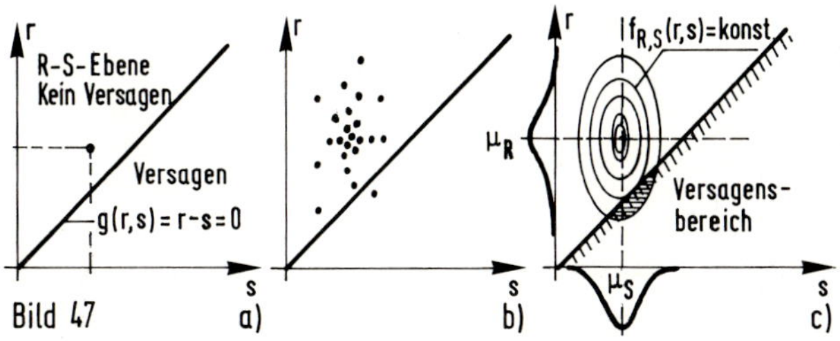

Bild 47

Um den Begriff "Versagensbereich" zu erläutern, wird zunächst wieder von der linearen Versagensgleichung

$$g(r,s) = r - s = 0$$

ausgegangen, auch wird unterstellt, daß R und S normalverteilt und voneinander unabhängig sind. In der R-S-Ebene ist die Gleichung r-s=0 eine (die Ebene halbierende) Gerade. Liegt die Realisation eines Wertepaares von R und S oberhalb der Geraden (r>s), so ist die Bemessung sicher (Bild 47a). Betrachtet man die Realisationspaare vieler Bauteile des betrachteten Typs, ergibt sich in der R-S-Ebene ein Punkthaufen (Bild 47b), der asymptotisch mit steigender Anzahl der Realisationen in die zweidimensionale Dichtefunktion $f_{R,S}(r,s)$ übergeht. Bildlich ist es ein Wahrscheinlichkeitshügel. Bild 47c zeigt die Höhenlinien. Gemäß Definition gilt (G.135):

$$\int_{-\infty}^{+\infty}\int_{-\infty}^{+\infty} f(r,s)\,dr\,ds = 1 \mathrel{\hat{=}} 100\% \quad [\,f(r,s) \equiv f_{R,S}(r,s)\,] \tag{185}$$

Die Versagensgerade g=r-s=0 schneidet einen Versagensbereich von dem Dichtehügel ab. Sind R und S unabhängig voneinander, liegt der Hügel achsparallel und es gilt:

$$f(r,s)\,dr\,ds = f_R(r)\,dr \cdot f_S(s)\,ds \longrightarrow P_V = \iint_{r-s\leq 0} f_R(r)\cdot f_S(s)\,dr\,ds = \int_{-\infty}^{+\infty} F_R(s)\cdot f_S(s)\,ds \tag{186}$$

Wie im vorangegangenen Abschnitt erwähnt, ist die Versagensgleichung i.a. nichtlinear. In der R-S-Ebene ist das Abbild einer solchen Gleichung eine Kurve. Wird die Sicherheit von mehreren Zufallsgrößen bestimmt, geht die R-S-Ebene in eine Hyperebene über (und ist dann einer Anschauung nicht mehr zugänglich). Die Erweiterung auf diese Probleme wird im Abschnitt 3.5.5.3 behandelt.

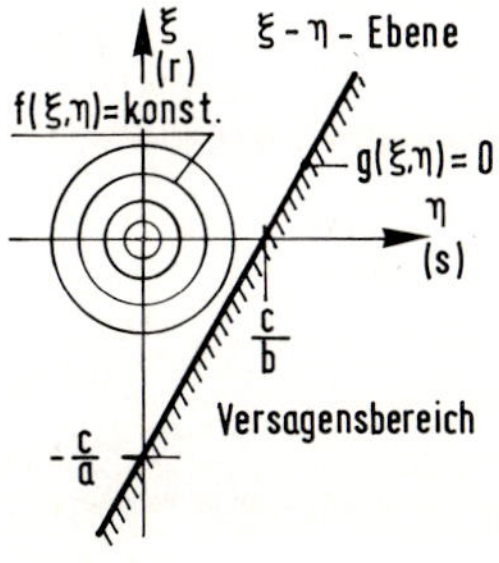

Bild 48

Es ist zweckmäßig, R und S durch die normierten Größen ξ und η zu ersetzen:

$$\xi = \frac{r - E[R]}{\sqrt{Var[R]}} \; ; \qquad \eta = \frac{s - E[S]}{\sqrt{Var[S]}} \tag{187}$$

E[ ] ist der Erwartungswert (Mittelwert, μ), Var[ ] ist die Varianz (σ^2), vgl. G.30 u. 31. Es handelt sich also um das 1. und 2. Moment von R bzw. S. Die Normierung bedeutet eine Koordinatentransformation auf die Mittelwerte von R und S, die anschließend auf deren Standardabweichungen bezogen wird. Die Dichtefunktion f(r,s) geht in die Dichtefunktion $f(\xi,\eta)$ über; deren Mittelpunkt liegt im Zentrum der ξ-η-Ebene (Bild 48). Die Versagensgleichung

$$g(r,s) = r - s = 0 \tag{188}$$

wird mit

$$r = \sqrt{Var[R]}\cdot\xi + E[R] \; ; \quad s = \sqrt{Var[S]}\cdot\eta + E[S] \tag{189}$$

umgeformt:

$$g(\xi,\eta) = a\cdot\xi - b\cdot\eta + c = 0 \tag{190}$$

a, b und c sind positiv definite Festwerte:

$$a = \sqrt{Var[R]}; \quad b = \sqrt{Var[S]}; \quad c = E[R] - E[S] \tag{191}$$

Wird die Versagensgleichung (G.190) als Abschnittsgleichung angeschrieben,

$$\frac{\xi}{-\frac{c}{a}} + \frac{\eta}{\frac{c}{b}} = 1 \tag{192}$$

erkennt man, daß sie die ξ-Achse im Punkt $-(c/a)$ und die η-Achse im Punkt (c/b) schneidet (Bild 48).

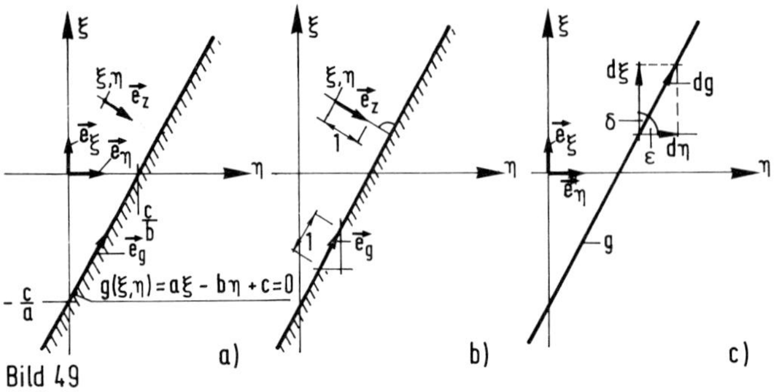

Bild 49

Um zu prüfen, ob eine Realisation r,s (bzw. ξ,η) zum Versagen führt oder nicht, wird die Größe Z eingeführt. Z hat die Bedeutung des im vorangegangenen Abschnitt erläuterten Sicherheitsabstandes. Z ist in der ξ,η-Ebene der Abstand des Realisationspunktes ξ,η von der Versagensgeraden. Im Realisationspunkt ξ,η wird der Einsvektor $\vec{e}_z$, der auf die Gerade $g(\xi,\eta)$ hin orientiert ist, definiert (Bild 49a). Desweiteren wird der Einsvektor $\vec{e}_g$ vereinbart, der in die Gerade $g(\xi,\eta)=0$ fällt, vgl. Bild 49b. Er berechnet sich zu:

$$\vec{e}_g = \frac{-\frac{dg}{d\eta}\vec{e}_\xi + \frac{dg}{d\xi}\vec{e}_\eta}{\sqrt{(\frac{dg}{d\xi})^2 + (\frac{dg}{d\eta})^2}} = \frac{b\cdot\vec{e}_\xi + a\cdot\vec{e}_\eta}{\sqrt{a^2+b^2}} \tag{193}$$

Wird G.190 nach ξ abgeleitet, folgt a; die Ableitung nach η ergibt -b. Die Richtigkeit bestätigt man wie folgt: Die Vektorgleichung für $\vec{e}_g$ lautet:

$$\vec{e}_g = \cos\delta\cdot\vec{e}_\xi + \cos\varepsilon\cdot\vec{e}_\eta \tag{194}$$

$\vec{e}_\xi$ und $\vec{e}_\eta$ sind die Einheitsvektoren des Koorinatensystems (Bild 49a). Die Winkel δ und ε sind in Bild 49c definiert. $\cos\delta$ und $\cos\varepsilon$ sind die Richtungskosini. Sie folgen mit G.190 aus:

$$\tan\delta = \frac{d\eta}{d\xi} = \frac{a}{b} \longrightarrow \cos\delta = \frac{1}{\sqrt{1+\tan^2\delta}} = \frac{1}{\sqrt{1+(a/b)^2}} = \frac{b}{\sqrt{a^2+b^2}}; \quad \cos\varepsilon = \frac{a}{\sqrt{a^2+b^2}} \tag{195}$$

Damit ist G.193 bestätigt. - Führt man noch zwei neue Elemente ein, nämlich $-\alpha_R$ und α_S und vereinbart sie als Komponenten des $\vec{e}_g$-Vektors

$$\vec{e}_g = \alpha_S\cdot\vec{e}_\xi - \alpha_R\cdot\vec{e}_\eta \tag{196}$$

liefert der Vergleich mit G.194:

$$\alpha_R = \frac{-a}{\sqrt{a^2+b^2}}; \quad \alpha_S = \frac{+b}{\sqrt{a^2+b^2}} \tag{197}$$

Wie man einfach überprüft, lautet der Vektor $\vec{e}_z$

$$\vec{e}_z = \frac{-\frac{dg}{d\xi}\vec{e}_\xi - \frac{dg}{d\eta}\vec{e}_\eta}{\sqrt{(\frac{dg}{d\xi})^2 + (\frac{dg}{d\eta})^2}} = \frac{-a\vec{e}_\xi + b\vec{e}_\eta}{\sqrt{a^2+b^2}} = +\alpha_R\vec{e}_\xi + \alpha_S\cdot\vec{e}_\eta \tag{198}$$

Der Abstand z zwischen einem Realisationspaar ξ,η und der Versagensgeraden $g(\xi,\eta)=0$ ergibt sich zu:

$$z = \frac{a\xi - b\eta + c}{\sqrt{a^2+b^2}} \tag{199}$$

Dieses Ergebnis erhält man entweder vektoranalytisch oder dadurch, daß man die Gerade g in kartesischer Normalform

$$\xi = \frac{b}{a}\cdot\eta - \frac{c}{a} \tag{200}$$

mit der durch den Realisationspunkt verlaufenden Geraden, die senkrecht auf g steht, somit die Steigung -(a/b) hat, zum Schnitt bringt. Dieser Schnittpunkt ξ^*, η^* heißt Bemessungspunkt. Der Abstand zwischen Realisationspunkt und Bemessungspunkt ist z. Ein anderes Realisationspaar liefert einen anderen Sicherheitsabstand z, d.h. Z ist eine Zufallsvariable. Das erste und zweite Moment von Z folgen zu:

$$E[Z] = \frac{c}{\sqrt{a^2 + b^2}} ; \quad Var[Z] = 1 \tag{201}$$

Beweis: (202)

$$E[Z] = \frac{a}{\sqrt{a^2+b^2}} E[\xi] - \frac{b}{\sqrt{a^2+b^2}} E[\eta] + \frac{c}{\sqrt{a^2+b^2}} ; \; E[\xi] = 0, \; E[\eta] = 0 \longrightarrow E[Z] = \frac{c}{\sqrt{a^2+b^2}} ; \quad Var[Z] = E[Z^2] - E^2[Z]$$

Wird G.199 ausquadriert und wegen der vorausgesetzten Unabhängigkeit von ξ und η

$$E[\xi \cdot \eta] = E[\xi] \cdot E[\eta] = 0 \tag{203}$$

sowie

$$E[\xi^2] = 1 \text{ und } E[\eta^2] = 1 \tag{204}$$

berücksichtigt, ergibt sich:

$$Var[Z] = E[Z^2] - E^2[Z] = \frac{a^2 + b^2 + c^2}{a^2 + b^2} - \frac{c^2}{a^2 + b^2} = \frac{a^2 + b^2}{a^2 + b^2} = 1 \tag{205}$$

Der Zuverlässigkeitsindex wird nunmehr allgemein zu

$$\beta = \frac{E[Z]}{\sqrt{Var[Z]}} \tag{206}$$

definiert. Für das vorliegende lineare R-S-Problem ergibt das

$$\beta = \frac{c}{\sqrt{a^2 + b^2}} \tag{207}$$

und für normalverteilte Zufallsvariable R und S:

$$r = \sigma_R \xi + \mu_R, \quad s = \sigma_S \eta + \mu_S : \; a = \sigma_R, \; b = \sigma_S, \; c = \mu_R - \mu_S \longrightarrow \beta = \frac{\mu_R - \mu_S}{\sqrt{\sigma_R^2 + \sigma_S^2}} \tag{208}$$

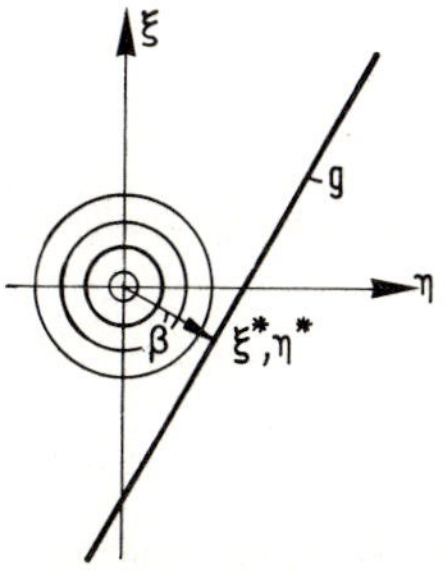

Bild 50

Der aktuelle Sicherheitsabstand z (G.199) kann in diesem Falle zu

$$z = \frac{a\xi - b\eta}{\sqrt{a^2 + b^2}} + \beta = -\alpha_R \cdot \xi - \alpha_S \cdot \eta + \beta \tag{209}$$

angeschrieben werden. Liegt der Realisationspunkt zufällig im Zentrum des zweidimensionalen Wahrscheinlichkeitshügels ($\xi = 0$, $\eta = 0$), folgt:

$$z = \beta \tag{210}$$

Somit ist ß im normierten Koordinatensystem ξ, η mit dem kürzesten Abstand zwischen dem Nullpunkt und der Versagensgeraden g identisch (Bild 50). α_R und α_S kennzeichnen gemäß G.198 die Richtung von ß:

$$\cos(\xi, \beta) = -\cos\varepsilon = \frac{-a}{\sqrt{a^2 + b^2}} = \alpha_R = \frac{-\sqrt{Var[R]}}{\sqrt{Var[R] + Var[S]}} = \frac{-\sigma_R}{\sqrt{\sigma_R^2 + \sigma_S^2}} \tag{211}$$

$$\cos(\eta, \beta) = +\cos\delta = \frac{+b}{\sqrt{a^2 + b^2}} = \alpha_S = \frac{\sqrt{Var[S]}}{\sqrt{Var[R] + Var[S]}} = \frac{+\sigma_S}{\sqrt{\sigma_R^2 + \sigma_S^2}} \tag{212}$$

Hierin ist G.191 berücksichtigt. - Sind beispielsweise die Streuungen von R und S gleichgroß, ergeben sich α_R und α_S zu:

$$\sigma_R = \sigma_S = \sigma \; : \; \alpha_R = -1/\sqrt{2} = -0{,}707, \; \alpha_S = +1/\sqrt{2} = +0{,}707 \tag{213}$$

In den Grenzfällen $\alpha_R = 0$ bzw. $\alpha_S = 0$ gilt:

$$\sigma_R = 0: \; \alpha_R = 0, \; \alpha_S = 1$$
$$\sigma_S = 0: \; \alpha_R = -1, \; \alpha_S = 0 \tag{214}$$

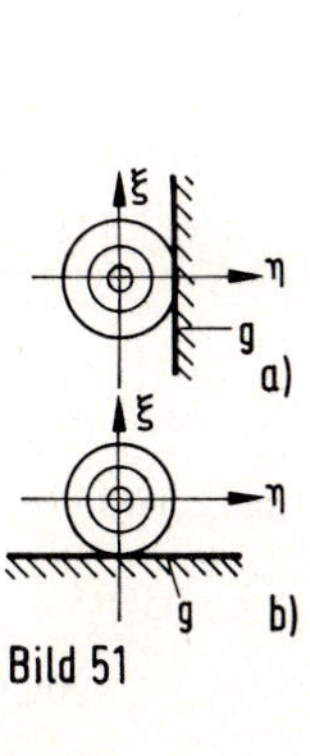

Bild 51

Die Lage der zugehörigen Versagensgeraden zeigt Bild 51. Die α-Werte kennzeichnen den Streuungsbeitrag von R und S an der Gesamtstreuung, man nennt sie daher auch Sensitivitätsfaktoren. - Für sie gilt die Nebenbedingung

$$\alpha_R^2 + \alpha_S^2 = 1 \tag{215}$$

Die Verknüpfung des Sicherheitsindex ß mit den Teilsicherheitsfaktoren γ_R und γ_S (gemäß G.155)

$$\gamma_S \cdot s_q \leq \frac{r_p}{\gamma_R} \tag{216}$$

gelingt wie folgt: Würde die durch γ_R und γ_S geforderte Sicherheit gegen Versagen gerade eingehalten sein, gilt:

$$\gamma_S \cdot s_q = \frac{r_p}{\gamma_R} \longrightarrow \gamma_S \cdot \mu_S(1 + k_S\rho_S) = \frac{1}{\gamma_R} \cdot \mu_R(1 - k_R\rho_R) \tag{217}$$

Der Bemessungspunkt ξ^*, η^* kann im normierten System, ausgehend von G.211/2 und G.210 durch

$$\xi^* = \alpha_R \cdot \beta\,, \quad \eta^* = \alpha_S \cdot \beta \tag{218}$$

und im (rücktransformierten) R-S-System durch

$$r^* = \sigma_R \xi^* + \mu_R = \alpha_R \cdot \beta \cdot \sigma_R + \mu_R = \mu_R \cdot (1 + \alpha_R \beta \rho_R)$$
$$s^* = \sigma_S \cdot \eta^* + \mu_S = \alpha_S \cdot \beta \cdot \sigma_S + \mu_S = \mu_S \cdot (1 + \alpha_S \beta \rho_S) \tag{219}$$

dargestellt werden (vgl. G.189 bzw. 208). Dem Bemessungspunkt ist ein bestimmter ß-Index (und damit eine bestimmte Versagenswahrscheinlichkeit) zugeordnet. Im Bemessungspunkt gilt:

$$s^* = r^* \longrightarrow \mu_S(1 + \alpha_S\beta\rho_S) = \mu_R(1 + \alpha_R\beta\rho_R) \tag{220}$$

Die jeweils linken bzw. rechten Seiten der Gleichungen G.217 und G.220 werden einander gleichgesetzt, das liefert die gesuchte Verknüpfung:

$$\gamma_S = \frac{1 + \alpha_S\beta\rho_S}{1 + k_S\rho_S}\,; \quad \frac{1}{\gamma_R} = \frac{1 + \alpha_R\beta\rho_R}{1 - k_R\rho_R} \tag{221}$$

3.5.5.2 Beispiel

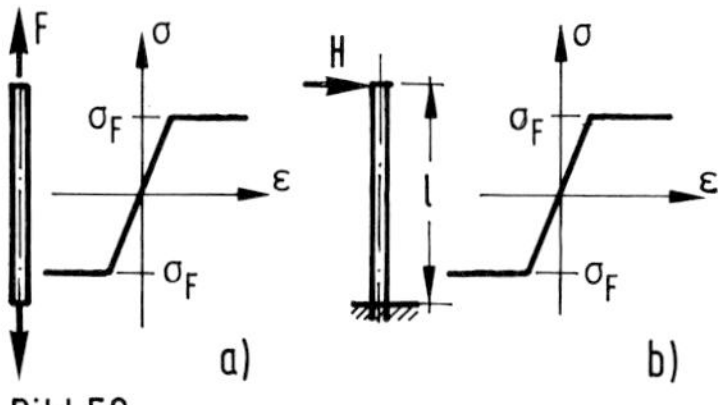

Bild 52

Bild 52 zeigt zwei Bemessungsfälle, für die das elementare R-S-Versagensmodell zutrifft:
Teilbild a: Ein Zugstab versagt, wenn die Fließgrenze (σ_F) erreicht wird. Beanspruchbarkeit (R), Beanspruchung (S) und Versagensgleichung lauten:

$$R = A\sigma_F; \quad S = F; \quad g = A\sigma_F - F = 0 \tag{222}$$

A ist die Querschnittsfläche (deren Streuung unberücksichtigt bleibt).

Teilbild b: Ein eingespannter Träger versagt, wenn sich an der Einspannstelle ein Fließgelenk ausbildet; hierfür gilt:

$$R = W_{Pl}\sigma_F; \quad S = H \cdot l; \quad g = W_{Pl}\sigma_F - H \cdot l = 0 \tag{223}$$

W_{Pl} ist das plastische Widerstandsmoment, das, wie die Länge l, als deterministisch aufgefaßt wird. Die Unsicherheit beruht dann allein auf der Streuung der Streckgrenze und der Streuung der Belastung.

Es wird der zweiterwähnte Fall behandelt; hierfür gelte:

$$\mu_R = 150\,\text{kNm}, \quad \sigma_R = 10\,\text{kNm}, \quad \rho_R = \underline{0{,}0666}; \quad \mu_S = 60\,\text{kNm}, \quad \sigma_S = 15\,\text{kNm}, \quad \rho_S = \underline{0{,}2500}$$

Transformation der R-S-Ebene in die ξ-η-Ebene (G.187 und G.191):

$$\xi = (r - 150)/10; \quad \eta = (s - 60)/15$$

$$a = 10\,\text{kNm}, \quad b = 15\,\text{kNm}, \quad c = 150 - 60 = 90\,\text{kNm}$$

Versagensgleichung (G.192):

$$\frac{\xi}{-9{,}0} + \frac{\eta}{6{,}0} = 1$$

Sensitivitätsfaktoren (G.197):

$$\sqrt{a^2 + b^2} = 18{,}028; \quad \alpha_R = -0{,}5547, \quad \alpha_S = 0{,}8320$$

Frage a: Die Realisation eines Wertepaares betrage: r=140kNm, s=80kNm. Das bedeutet im transformierten System:

$$\xi = (140 - 150)/10 = -1, \quad \eta = (80 - 60)/15 = 1{,}333$$

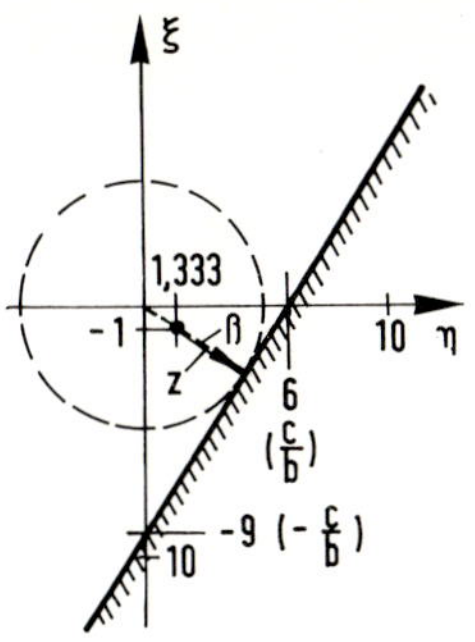

Bild 53

Dieser Realisationspunkt liegt im sicheren Bereich, vgl. Bild 53. Wie sicher ist diese Realisation? Es werden die Einheitsvektoren $\vec{e}_g$ und $\vec{e}_z$ aus $g(\xi,\eta) = a\xi - b\eta + c = 10\xi - 15\eta + 90 = 0$

bestimmt (G.193 und G.198):

$$\frac{dg}{d\xi} = 10, \quad \frac{dg}{d\eta} = -15: \quad \sqrt{\left(\frac{dg}{d\xi}\right)^2 + \left(\frac{dg}{d\eta}\right)^2} = \sqrt{a^2 + b^2} = \underline{18{,}028}$$

$$\vec{e}_g = \frac{15\,\vec{e}_\xi + 10\,\vec{e}_\eta}{18{,}028} = 0{,}8320\,\vec{e}_\xi + 0{,}5547\,\vec{e}_\eta;$$

$$\vec{e}_z = \frac{-10\,\vec{e}_\xi + 15\,\vec{e}_\eta}{18{,}028} = -0{,}5547\,\vec{e}_\xi + 0{,}8320\,\vec{e}_\eta$$

Sicherheitsabstand des Punktes $\xi = -1$, $\eta = +1{,}333$ von der Versagensgeraden (G.199/202-206):

$$z = \frac{10\cdot\xi - 15\eta + 90}{18{,}028} = \frac{-10 - 15\cdot 1{,}333 + 90}{18{,}028} = 3{,}328$$

$$E[Z] = \frac{90}{18{,}028} = 4{,}992; \quad Var[Z] = 1 \longrightarrow \beta = 4{,}992 \longrightarrow P_V \approx 4\cdot 10^{-7}$$

(Die Rechnung über G.207/209 führt zum selben Ergebnis.)

Frage b: Die Beanspruchbarkeit sei mit μ_R und σ_R gegeben. Von der Beanspruchung (Einwirkung) sei der Variationskoeffizient mit $\rho_S = 0{,}250$ bekannt. Welcher Mittelwert μ_S darf allenfalls auftreten, wenn $P_V = 10^{-5}$ toleriert wird?

$$\sigma_R = 10; \qquad \sigma_S = 0{,}250\cdot\mu_S; \qquad \mu_R - \mu_S = 150 - \mu_S$$

Es wird G.208 angeschrieben und hieraus der gesuchte Mittelwert berechnet:

$$\frac{150 - \mu_S}{\sqrt{10^2 + 0{,}250^2\mu_S^2}} = 4{,}26 \longrightarrow \mu_S = \underline{66{,}946}$$

$$\sigma_S = 0{,}250\cdot 66{,}946 = 16{,}74: \quad \alpha_R = -0{,}5129; \quad \alpha_S = 0{,}8585$$

Gegenüberstellung der Ergebnisse der Fragen a und b:

a) $P_V = 4\cdot 10^{-7}$: $\beta = 4{,}99$: $\mu_S = 60{,}0$ kNm
b) $P_V = 10^{-5}$: $\beta = 4{,}26$: $\mu_S = 66{,}9$ kNm

Im Falle b liegt der Mittelwert ca. 10% höher. - Würde man die Bemessungsfraktilen (charakteristischen Werte) s_q und r_p jeweils mit k=2 vereinbaren, betragen die gesplitteten Sicherheitsfaktoren gemäß G.221:

Frage a:

$$\gamma_S = \frac{1 + 0{,}8320\cdot 4{,}992\cdot 0{,}25}{1 + 2{,}0\cdot 0{,}250} = \underline{1{,}359}, \quad \gamma_R = \frac{1 - 2{,}0\cdot 0{,}0666}{1 - 0{,}5547\cdot 4{,}992\cdot 0{,}0666} = \underline{1{,}063}$$

Frage b:

$$\gamma_S = \frac{1 + 0{,}8585\cdot 4{,}26\cdot 0{,}250}{1 + 2{,}0\cdot 0{,}250} = \underline{1{,}276}, \quad \gamma_R = \frac{1 - 2{,}0\cdot 0{,}0666}{1 - 0{,}5129\cdot 4{,}26\cdot 0{,}0666} = \underline{1{,}014}$$

Bildet man das Produkt, ergibt sich:

$$\gamma = \gamma_S\cdot\gamma_R: \quad \text{Frage a: } \gamma = \underline{1{,}445}; \quad \text{Frage b: } \gamma = \underline{1{,}294}$$

Die (globalen) Nennsicherheitsfaktoren bestätigt man, indem der Quotient r_p/s_q gebildet wird (G.154):

Frage a: $s_q = (1 + 2{,}0\cdot 2{,}50)\cdot 60{,}0 = \underline{90{,}0\ \text{kNm}}$, $r_p = (1 - 2{,}0\cdot 0{,}0666)\cdot 150 = \underline{130{,}0\ \text{kNm}}$

Frage b: $s_q = (1 + 2{,}0\cdot 2{,}50)\cdot 66{,}946 = \underline{100{,}4\ \text{kNm}}$, $r_p = (1 - 2{,}0\cdot 0{,}0666)\cdot 150 = \underline{130{,}0\ \text{kNm}}$

Das Ergebnis ist plausibel. Die geringere Versagenswahrscheinlichkeit bei Frage a bedingt eine niedrigere zulässige Bemessungsfraktile s_q. Da die Streuung von S größer ist als die Streuung von R, ist der S zugeordnete Teilsicherheitsfaktor größer.

3.5.5.3 Erweiterung auf nichtlineare und mehrdimensionale R-S-Probleme

Den vorangegangenen Ausführungen lagen zwei Voraussetzungen zugrunde:

1. Die Basisvariablen R und S sind normalverteilt und unkorreliert,
2. die Versagensfunktion ist linear; deren Graph ist also eine Gerade.

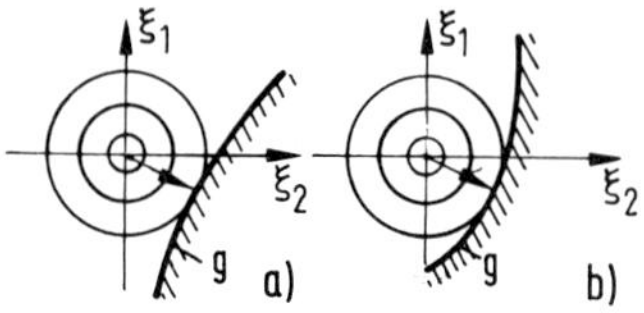

Bild 54

Die erstgenannte Voraussetzung bleibe vorerst weiter gültig. Es seien n Basisvariable X_i gegeben. Mittelwert und Standardabweichung seien bekannt: μ_i, σ_i. Die Variablen werden normiert:

$$\xi_i = \frac{X_i - \mu_i}{\sigma_i} \tag{224}$$

Dadurch wird ein n-dimensionales Koordinatensystem aufgespannt. - Die zweitgenannte Voraussetzung wird fallengelassen. Es wird unterstellt, daß der Versagenszustand durch eine nichtlineare Funktion $g=g(X_i)$ charakterisiert wird. Man spricht von der Grenzzustandsfunktion: Die Funktion beschreibt entweder einen Grenzzustand der Tragfähigkeit oder einen Grenzzustand der Gebrauchsfähigkeit. Die Funktion wird gemäß G.224 in den ξ_i-Raum transformiert. Der Raum zerfällt dadurch (orientiert am Grenzzustand der Tragfähigkeit) in einen Überlebens- und einen Versagensbereich. Für zweidimensionale Probleme zeigt Bild 54 zwei Beispiele. Zwei- und dreidimensionale Probleme lassen sich bildlich veranschaulichen, mehrdimensionale ($n \geq 4$) dagegen nicht.

Das Sicherheitsmaß β wird als geringster Abstand zwischen der Grenzzustandsfunktion $g=g(\xi_i)=0$ und dem Ursprung $\xi_i=0 (i=1,2,\ldots n)$ definiert. Um diesen Abstand bestimmen zu können, wird vom Ursprung auf die mehrdimensionale Fläche der g-Funktion das Lot gefällt. Diese Definition entspricht dem linearen zweidimensionalen Fall (Abschnitt 3.5.5.1). Im Durchdringungspunkt des Lotes wird g durch eine tangentiale Hyperebene, d.h. durch das erste Glied einer TAYLOR-Reihe, ersetzt. Den Durchdringungspunkt bezeichnet man als Bemessungspunkt; er habe die Koordinaten ξ_i^*. Die Linearisierung von $g=g(\xi_i)$ im Bemessungspunkt lautet:

$$g(\xi_i) \approx g(\xi_i^*) + \sum_n \frac{\partial g}{\partial \xi_i}\bigg|_{\xi_i^*} \cdot (\xi_i - \xi_i^*) = \sum_n \frac{\partial g}{\partial \xi_i}\bigg|_{\xi_i^*} \cdot \xi_i - \sum_n \frac{\partial g}{\partial \xi_i}\bigg|_{\xi_i^*} \xi_i^* + g(\xi_i^*) = 0 \tag{225}$$

Abkürzung:

$$g(\xi_i) = \sum_n a_i \cdot \xi_i + c = 0 \quad \text{mit} \quad a_i = \frac{\partial g}{\partial \xi_i}\bigg|_{\xi_i^*}; \quad c = -\sum_n \frac{\partial g}{\partial \xi_i}\bigg|_{\xi_i^*} \cdot \xi_i^* + g(\xi_i^*) \tag{226}$$

Diese Gleichung wird mit G.190 verglichen:

$$g(\xi,\eta) = a \cdot \xi - b \cdot \eta + c = a_1\xi_1 + a_2\xi_2 + c = \sum_2 a_i \cdot \xi_i + c = 0 \tag{227}$$

Im zweidimensionalen Fall beträgt der Sicherheitsabstand (G.199/209):

$$z = -\alpha_R \cdot \xi - \alpha_S \cdot \eta + \beta = -\alpha_1\xi_1 - \alpha_2\xi_2 + \beta = -\sum_2 \alpha_i \cdot \xi_i + \beta \tag{228}$$

Durch Analogieschluß werden α_i und β für das mehrdimensionale Problem abgeleitet: Vergleich mit G.197 bzw. G.207:

$$\alpha_i = \frac{-a_i}{\sqrt{\sum_n a_i^2}} = \frac{-\frac{\partial g}{\partial \xi_i}\Big|_{\xi_i^*}}{\sqrt{\sum_n \left(\frac{\partial g}{\partial \xi_i}\Big|_{\xi_i^*}\right)^2}}; \qquad \beta = \frac{c}{\sqrt{\sum_n a_i^2}} = \frac{-\sum_n \frac{\partial g}{\partial \xi_i}\Big|_{\xi_i^*} \cdot \xi_i^* + g(\xi_i^*)}{\sqrt{\sum_n \left(\frac{\partial g}{\partial \xi_i}\Big|_{\xi_i^*}\right)^2}} \tag{229a/b}$$

Die Koordinaten des Bemessungspunktes im normierten System lauten (Vergleich mit G.218):

$$\xi_i^* = \alpha_i \cdot \beta \tag{230}$$

Wird auf eine Normierung verzichtet, gilt:

$$\alpha_i = \frac{-\frac{\partial g}{\partial x_i}\Big|_{x_i^*} \sigma_i}{\sqrt{\sum_n \left(\frac{\partial g}{\partial x_i}\Big|_{x_i^*} \cdot \sigma_i\right)^2}}; \qquad \beta = \frac{-\sum_n \frac{\partial g}{\partial x_i}\Big|_{x_i^*} (x_i^* - \mu_i) + g(x_i^*)}{\sqrt{\sum_n \left(\frac{\partial g}{\partial x_i}\Big|_{x_i^*} \cdot \sigma_i\right)^2}} \tag{231}$$

$$x_i^* = \mu_i + \sigma_i\,\xi_i^* = \mu_i + \alpha_i\beta\sigma_i = \mu_i(1 + \alpha_i\beta\rho_i) \tag{232}$$

Wird das Format des Trag- oder Gebrauchsfähigkeitsnachweises, im Gegensatz zu G.216/221, zu

$$\sum_n \gamma_i \cdot x_{ik} = 0 \tag{233}$$

vereinbart, ohne daß zwischen einwirkenden und widerstehenden Einflüssen unterschieden wird, und ist x_{ik} die charakteristische Bemessungsfraktile der Basisgröße X_i

$$x_{ik} = \mu_i(1 - k_i\rho_i), \qquad (234)$$

lautet G.233:

$$\sum_n \gamma_i\mu_i(1 - k_i\rho_i) = 0 \qquad (235)$$

Wird dieser Ausdruck der Bedingung $\Sigma x_i^* = 0$ gegenübergestellt,

$$\sum_n \mu_i \cdot (1 + \alpha_i\beta\rho_i) = 0 \qquad (236)$$

folgen die gesplitteten Sicherheitsfaktoren zu:

$$\gamma_i = \frac{x_i^*}{x_{ik}} = \frac{1 + \alpha_i\beta\rho_i}{1 - k_i\rho_i} \qquad (237)$$

α_i und ß werden gemäß G.229 berechnet, dabei sind die partiellen Ableitungen im Bemessungspunkt zu bilden. Da dieser zunächst nicht bekannt ist, bedarf es i.a. einer Iteration. (Vorstehende Herleitung wurde von [57] übernommen; die Darstellungen sind im Schrifttum, insbesondere was die Positivdefinition anbelangt, nicht einheitlich.)

3.5.5.4 Beispiele

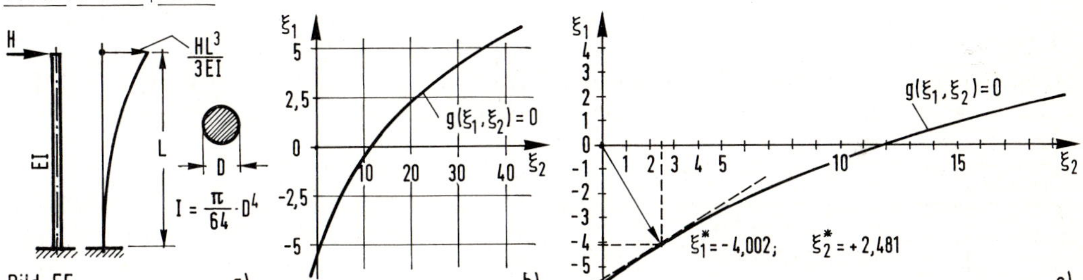

Bild 55 a) b) c)

Bezogen auf die Länge L beträgt die Durchbiegung einer durch eine horizontale Kraft beanspruchten eingespannten Stütze (Bild 55a): $\frac{HL^2}{3 \cdot EI}$

Länge und Elastizitätsmodul seien nichtstreuende Größen, also Festwerte:

$$L = 5{,}0\,\mathrm{m}; \quad E = 21\,000\ \mathrm{kN/cm^2}$$

Die Stütze habe einen kreisförmigen Vollquerschnitt. Das Trägheitsmoment beträgt:

$$I = \frac{\pi}{64}D^4$$

Es bestehe die Forderung, daß das bezogene Durchbiegungsmaß 1/100=0,01 eingehalten wird. Die Grenzzustandsgleichung der Gebrauchstauglichkeit folgt aus der Bemessungsforderung

$$0{,}01 \geq \frac{HL^2}{3 \cdot EI} \longrightarrow 0{,}01 - \frac{HL^2}{3 \cdot EI} \geq 0$$

zu:

$$R - S = 0: \quad 0{,}01 \cdot \frac{3 \cdot EI}{L^2} - H = 0 \longrightarrow 0{,}01 \cdot \frac{3 \cdot 21000 \cdot \pi}{500^2 \cdot 64} D^4 - H = 0 \longrightarrow$$

$$\boxed{1{,}237 \cdot 10^{-4} D^4 - H = 0} \quad [H] = \mathrm{kN};\ [D] = \mathrm{cm}$$

Aufgabe a: Mittelwert und Variationskoeffizient von D und H betragen:

$$R:\ \mu_D = 20\,\mathrm{cm},\ \rho_D = 0{,}05:\ \sigma_D = 1{,}00\,\mathrm{cm}; \qquad S:\ \mu_H = 5\,\mathrm{kN},\ \rho_H = 0{,}25:\ \sigma_H = 1{,}25\,\mathrm{kN}$$

(Bei der Fertigung der Stützen wird natürlich real ein wesentlich geringerer ρ_D-Wert erreicht.) Gesucht ist die Sicherheit der vorstehend gewählten Ausführung. - Die Grenzzustandsgleichung wird normiert (G.224):

$$R: X_1 = D: \quad \xi_1 = \frac{D - \mu_D}{\sigma_D} \longrightarrow D = \xi_1\sigma_D + \mu_D = 1{,}00\,\xi_1 + 20{,}00$$

$$S: X_2 = H: \quad \xi_2 = \frac{H - \mu_H}{\sigma_H} \longrightarrow H = \xi_2\sigma_H + \mu_H = 1{,}25\,\xi_2 + 5{,}00$$

$$g(\xi_1, \xi_2) = 1{,}237 \cdot 10^{-4}(1{,}00\,\xi_1 + 20{,}00)^4 - (1{,}25\,\xi_2 + 5{,}00) = 0$$

Bild 55b zeigt den zugehörigen Kurvenverlauf in der ξ-Ebene. In der Nähe des Ursprungs des Koordinatensystems ist der Verlauf nur schwach gekrümmt (obwohl der Durchmesser D in der 4. Potenz auftritt). Gesucht ist jenes Realisationspaar auf der g-Kurve, das dem Ursprung am nächsten liegt, das ist der Bemessungspunkt. - Die Aufgabe kann nur iterativ gelöst werden. Die Ableitungen von g nach ξ_1 und ξ_2 lauten:

$$\frac{\partial g}{\partial \xi_1} = 1{,}237\cdot 10^{-4}\cdot 4\cdot(1{,}00\,\xi_1 + 20{,}00)^3\cdot 1{,}00 = \underline{4{,}948\cdot 10^{-4}(1{,}00\,\xi_1 + 20{,}00)^3}\,; \quad \frac{\partial g}{\partial \xi_2} = \underline{-1{,}25}$$

Als Startwerte werden gewählt: $\beta=3$; $\alpha_1=-0{,}5$, $\alpha_2=+0{,}5$. (Die α-Werte von Basisvariablen der Beanspruchbarkeit sind negativ und der Beanspruchung (Einwirkung) positiv belegt. Es ist empfehlenswert, die Startwerte für α_i so zu wählen, daß der Bedingung $\sqrt{\Sigma\alpha_i^2}=1$ genügt wird. Diese Bedingung wird mit den vorliegenden Startwerten verletzt, was für die nachfolgende Iteration ohne Belang ist. Man kann zeigen, daß das Iterationsverfahren stets numerisch stabil ist.)

Nacheinander werden fortlaufend berechnet (G.230, G.229a/b):

$$\xi_1^* = \alpha_1\beta\,;\quad \xi_2^* = \alpha_2\beta \longrightarrow \left.\frac{\partial g}{\partial \xi_1}\right|_{\xi_i^*},\ \left.\frac{\partial g}{\partial \xi_2}\right|_{\xi_i^*} \longrightarrow N \longrightarrow \alpha_1,\alpha_2 \longrightarrow g(\xi_1^*,\xi_2^*) \longrightarrow \beta \longrightarrow$$

Es bedeuten:

$$N = \sqrt{\left(\left.\frac{\partial g}{\partial \xi_1}\right|_{\xi_i^*}\right)^2 + \left(\left.\frac{\partial g}{\partial \xi_2}\right|_{\xi_i^*}\right)^2}\,;\quad \alpha_1 = -\left.\frac{\partial g}{\partial \xi_1}\right|_{\xi_i^*}\Big/N\,;\quad \alpha_2 = -\left.\frac{\partial g}{\partial \xi_2}\right|_{\xi_i^*}\Big/N\,;\quad \beta = \left[-\left(\left.\frac{\partial g}{\partial \xi_1}\right|_{\xi_i^*}\cdot\xi_1^* + \left.\frac{\partial g}{\partial \xi_2}\right|_{\xi_i^*}\cdot\xi_2^*\right) + g(\xi_1^*,\xi_2^*)\right]\Big/N$$

Iteration:	1	2	3	4
β	3	4,207	4,707	4,709
α_1	-0,5	-0,9288	-0,8551	-0,8500
α_2	+0,5	+0,3706	+0,5183	+0,5268
ξ_1^*	-1,5000	-3,907	-4,025	-4,002
ξ_2^*	+1,5000	+1,559	2,440	+2,481
$g(\xi_1^*,\xi_2^*)$	7,615	1,348	0,006	0,002

Bild 56 $\beta = 4{,}709$

Bild 56 gibt das Ergebnis der Iterationsrechnung wieder. In Bild 55c ist die Lage des Bemessungspunktes eingezeichnet. Das Ergebnis wird in die X_i-Ebene rücktransformiert (G.232):

$$x_1^* = D^* = \mu_1(1+\alpha_1\beta\rho_1) = 20{,}00[1+(-0{,}8500)\cdot 4{,}709\cdot 0{,}05] = \underline{16{,}00\,\text{cm}}$$

$$x_2^* = H^* = \mu_2(1+\alpha_2\beta\rho_2) = 5{,}00[1+0{,}5268\cdot 4{,}709\cdot 0{,}25] = \underline{8{,}10\,\text{kN}}$$

Die Bemessungsforderung wird überprüft:

$$I^* = \frac{\pi}{4}D^{*4} = 3217\,\text{cm}^4\,:\quad \frac{H^*L^2}{3\,EI^*} = \frac{8{,}10\cdot 500^2}{3\cdot 21000\cdot 3217} = \underline{0{,}01}$$

Zu $\beta=4{,}709$ gehört $P_V=9{,}6\cdot 10^{-7}\approx 10^{-6}$.

Anmerkung: Obwohl der Variationskoeffizient von D nur ein Fünftel des Variationskoeffizienten von H beträgt, ist der Absolutwert des zugehörigen Sensitivitätsfaktors größer als der Sensitivitätsfaktor von H (0,8500>0,5268), d.h. der Einfluß der Streuung von D ist größer als der von H. Das beruht darauf, daß die Streuung von D mit der 4. Potenz eingeht: Offensichtlich kann bei nichtlinearen Grenzzustandsfunktionen nicht unmittelbar und allein von der Höhe der Variationskoeffizienten der beteiligten Basisvariablen auf deren sicherheitstheoretische Relevanz geschlossen werden.

Wird dieselbe Aufgabe mit einem geringeren Mittelwert für den Stützendurchmesser D gelöst, sinkt die Sicherheit. Beispielsweise ergibt sich für $\mu_D=15$cm (statt 20cm) $\beta=0{,}726$. Das wäre eine in jedem Falle unzureichende Gebrauchsfähigkeit, denn etwa die Hälfte aller Realisationen würde die Bemessungsforderung nicht erfüllen.

Aufgabe b: Für die Horizontalkraft H (Einwirkung) gelte wie zuvor:

$$\mu_H = 5\,\text{kN},\quad \rho_H = 0{,}25\,:\quad \sigma_H = 1{,}25\,\text{kN}$$

Ebenso gelte nach wie vor derselbe Variationskoeffizient für den Durchmesser der Stütze: $\rho_D = 0{,}05$. Die Aufgabe bestehe darin, den Mittelwert von D so zu bestimmen, daß $\beta=3$ eingehalten wird. Diese Aufgabenstellung ist in der Praxis der Regelfall. Sie ist schwieriger als Aufgabe a (Sicherheitsüberprüfung einer gegebenen Ausführung) zu lösen. Da μ_D nicht bekannt ist, kann die g-Funktion und deren Ableitungen nicht angeschrieben werden. $g=g(\xi)$ ist vielmehr unter Einhaltung der Bedingung $\beta=3$ gesucht. Es gibt zwei Möglichkeiten, um die Aufgabe iterativ zu lösen:

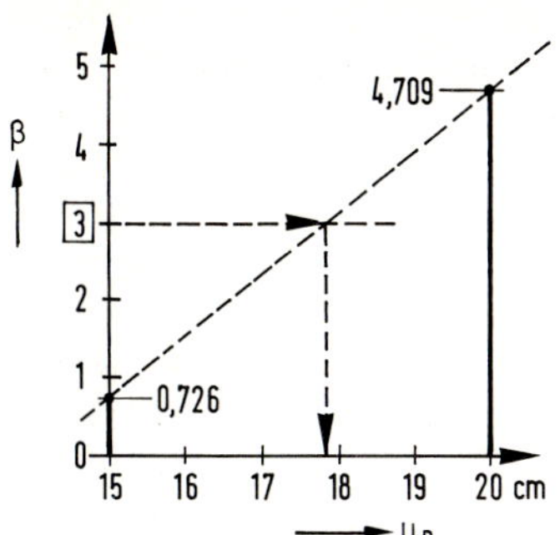

Bild 57

1. Für verschiedene (frei) gewählte Ausführungen werden die zugehörigen ß-Werte (wie bei der Lösung von Aufgabe a gezeigt) berechnet. Im vorliegenden Fall kann beispielsweise die gesuchte Lösung mittels Interpolation für ß=3 recht genau geschätzt werden, vgl. Bild 57. Ein derartiges Vorgehen ist bei mehreren Basisvariablen aufwendig.

2. Für die Sensitivitätsfaktoren α_i werden Startwerte geschätzt und der zugehörige Bemessungspunkt berechnet:

$$\xi_i^* = \alpha_i \cdot \beta$$

Aus der Grenzzustandsfunktion

$$g(\xi_i^*) = 0$$

wird die gesuchte Größe (hier der Mittelwert μ_D) freigestellt. Damit können g und deren Ableitungen und schließlich neue α_i-Werte berechnet werden. Im vorliegenden Beispiel findet man:

$$D = (1+\rho_D\xi_1)\mu_D = (1+0{,}05\,\xi_1)\mu_D\,;\quad H = 1{,}25\,\xi_2 + 5{,}0$$

Ausgehend von den Schätzwerten

$$\alpha_1 = -0{,}7071, \quad \alpha_2 = 0{,}7071$$

wird gerechnet:

$$\xi_1^* = \alpha_1 \cdot \beta = -0{,}7071 \cdot 3 = \underline{-2{,}121}, \quad \xi_2^* = \alpha_2 \beta = +0{,}7071 \cdot 3 = \underline{+2{,}121}$$

$$g(\xi_1^*, \xi_2^*) = 1{,}237 \cdot 10^{-4}(1+0{,}05\,\xi_1^*)^4 \mu_D^4 - (1{,}25 \cdot \xi_2^* + 5{,}0) =$$

$$= 1{,}237 \cdot 10^{-4}[1+0{,}05 \cdot (-2{,}121)]^4 \cdot \mu_D^4 - (1{,}25 \cdot 2{,}121 + 5{,}0) =$$

$$= 7{,}8999 \cdot 10^{-5} \mu_D^4 - 7{,}6513 = 0 \longrightarrow \underline{\mu_D = 17{,}64\,\text{cm}}$$

Nunmehr werden g und deren Ableitungen bestimmt und für den Bemessungspunkt (wie bei Aufgabe a) ausgewertet. Das liefert neue α-Werte (-0,8076, +0,5897), usf. Die zweite Iterationsstufe ergibt: $\mu_D = 17{,}68\,\text{cm}, \ \alpha_1 = -0{,}7955, \ \alpha_2 = 0{,}6059$

Ist die Lösung gefunden und werden Fraktilen vereinbart, lassen sich jene Teilsicherheitsbeiwerte berechnen, die eingehalten werden müssen, um der Bemessungsforderung mit der Zuverlässigkeit ß=3 zu genügen. Im vorliegenden Beispiel werde

$$R:\ k_1 = +2{,}000; \quad S:\ k_2 = -1{,}645$$

vereinbart. Dann ergibt sich mit der Lösung der letztgenannten Iterationsstufe:

$$\xi_1^* = -0{,}7955 \cdot 3 = -2{,}386 \longrightarrow x_1^* = [1+0{,}05 \cdot (-2{,}386)] \cdot 17{,}68 = \underline{15{,}57\,\text{cm}}$$

$$\xi_2^* = +0{,}6059 \cdot 3 = +1{,}818 \longrightarrow x_2^* = 1{,}25 \cdot 1{,}818 + 5{,}0 = \underline{7{,}27\,\text{kN}}$$

$$x_{1k} = (1 - 2{,}000 \cdot 0{,}05) \cdot 17{,}68 = 15{,}91\,\text{cm} \longrightarrow \gamma_1 = 15{,}57/15{,}91 = \underline{0{,}98}$$

$$x_{2k} = (1 + 1{,}645 \cdot 0{,}25) \cdot 5{,}00 = 7{,}06\,\text{kN} \longrightarrow \gamma_2 = 7{,}27/7{,}06 = \underline{1{,}03}$$

In der gewohnten Notation gilt: $R:\ \frac{1}{\gamma_1} = 1{,}02; \quad S:\ \gamma_2 = 1{,}03$

Das Produkt ergibt γ=1,05.

3.5.5.5 Beispiele für Grenzzustandsfunktionen

Das im vorangegangenen Abschnitt behandelte Beispiel war vergleichsweise einfach. Beleuchtet man die gängigen Sicherheitsfragen genauer, weisen die Grenzzustandsfunktionen überwiegend einen recht komplizierten Aufbau auf. Hierzu einige Beispiele:

1. Beispiel: Zugstab (Bild 58)

Neben die äußere Zugkraft F und die Fließspannung σ_F tritt die Querschnittsfläche A als dritte Basisgröße hinzu. Deren Streuung ist von den Walztoleranzen abhängig, im Falle eines durch Löcher geschwächten Querschnittes auch noch von der Toleranz der Bohrungen. Der Zeiteinfluß kann über die Abrostungsrate erfaßt werden. Die g-Funktion lautet:

$$g = X_1 \cdot X_2 - X_3 = 0 \tag{238}$$

Es bedeuten:

$$X_1 = \sigma_F, \quad X_2 = A, \quad X_3 = F \tag{239}$$

A besteht selbst wieder aus streuenden Anteilen, z.B. Höhe und Breite des Querschnittes, Dicke des Steges und der Flansche.

2. Beispiel: Eingespannter Biegestab (Bild 59)

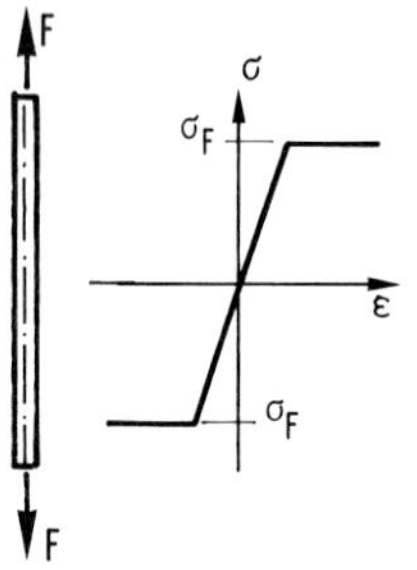

Bild 58

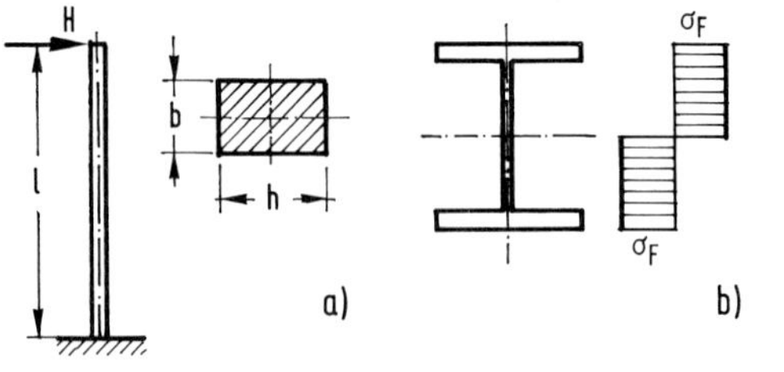

Bild 59

Der Stab versagt, wenn sich im Einspannungsquerschnitt ein Fließgelenk bildet. Für eine Stütze mit Rechteckquerschnitt gilt (vgl. Abschnitt 3.5.4.1):

$$g = \frac{1}{4} X_1 \cdot X_2 X_3^2 - X_4 \cdot l = 0 \qquad (240)$$

Die Länge l wird als Festwert aufgefaßt, im übrigen bedeuten:

$$X_1 = \sigma_F \ , \ X_2 = b, \ X_3 = h, \ X_4 = H \qquad (241)$$

Das plastische Tragmoment erfährt im Einspannquerschnitt durch die hier vorhandene Querkraft eine Abminderung:

$$M_{Pl,M/Q} = \Psi \cdot M_{Pl} \ , \quad \Psi \leq 1 \qquad (242)$$

Ψ kennzeichnet die M-Q-Interaktion (Abschnitt 6.3.7.3) und ist von Q und damit von X_4=H abhängig. Anstelle von G.240 gilt:

$$g = \Psi \cdot \frac{1}{4} X_1 \cdot X_2 X_3^2 - X_4 l = 0 \qquad (243)$$

In Ψ ist wegen der anzusetzenden Fließhypothese eine Modellunsicherheit enthalten. Kann diese Unsicherheit mit einem auf Versuchen basierenden Variationskoeffizienten belegt werden, lautet die g-Funktion:

$$g = X_5(X_4) \cdot \frac{1}{4} X_1 X_2 X_3^2 - X_4 \cdot l = 0 \qquad (244)$$

Handelt es sich bei der Stütze um ein I-Profil (Bild 59b), sind Tragmoment und Interaktionsbeziehung Funktionen von b, h, s und t. s ist die Stegdicke und t die Flanschdicke. Zur Streuung dieser Größen vgl. [58,59].

3. Beispiel: Druckstab (Bild 60)

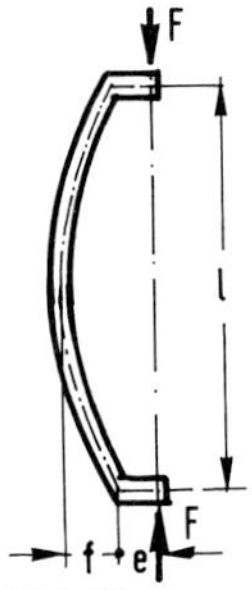

Bild 60

Wird ein Druckstab nicht zentrisch sondern exzentrisch am Hebenarm e belastet und ist zusätzlich eine sichelförmige Vorkrümmung mit dem Pfeil f vorhanden, liegt ein Spannungsproblem Th. II. Ordnung vor. Gesucht sei die Sicherheit gegenüber der elastischen Grenztragfähigkeit, die dann erreicht ist, wenn die Spannung auf der Biegedruckseite die Stauchgrenze erreicht (σ_F). Der Verformungseinfluß wird näherungsweise mittels des Verformungsfaktors

$$\alpha = \frac{1}{1 - F/F_{Ki}} \qquad (245)$$

erfaßt. F_{Ki} ist die EULERsche Knickkraft. Das Biegemoment nach Theorie II. Ordnung beträgt demnach in Stabmitte:

$$M^{II} = \alpha \cdot M^{I} = \alpha \cdot F(e+f) = \frac{F(e+f)}{1 - F/F_{Ki}} \qquad (246)$$

Die Grenzzustandsgleichung folgt aus der Bedingung

$$\sigma^{II} = \frac{F}{A} + \frac{1}{W} \frac{F(e+f)}{1 - F/F_{Ki}} = \sigma_F \quad \longrightarrow \quad \sigma_F - \frac{F}{A} \cdot \left(1 + \frac{A}{W} \cdot \frac{e+f}{1 - F/F_{Ki}}\right) = 0 \qquad (247)$$

für einen Stab mit Rechteckquerschnitt zu:

$$g_1 = X_1 - \frac{X_6}{X_2 \cdot X_3} \left[1 + \frac{6}{X_3} \cdot \frac{X_4 + X_5}{1 - \dfrac{X_6}{\dfrac{\pi^2 E}{12 l^2} \cdot X_2 \cdot X_3^3}} \right] = 0 \qquad (248)$$

Der Elastizitätsmodul E wird als nichtstreuende Größe aufgefaßt; im übrigen bedeuten:

$$X_1 = \sigma_F \ , \ X_2 = b, \ X_3 = h, \ X_4 = e, \ X_5 = f, \ X_6 = F \qquad (249)$$

Handelt es sich bei e und f um baupraktisch unvermeidbare Außermittigkeiten, also um Imperfektionen, die um den Mittelwert Null streuen, ist auch der zur Realisation e=0 und f=0 gehörende Versagensfall (zentrisches Knicken) zu berücksichtigen. Die zugehörige Grenzzustandsfunktion lautet:

$$\frac{\pi^2 EI}{l^2} = F \longrightarrow g_2 = \frac{\pi^2 \cdot E}{12 \cdot l^2} \cdot X_2 X_3^3 - X_6 = 0 \qquad (250)$$

Die Wahrscheinlichkeit für das durch g_2 beschriebene Ereignis ist im Vergleich zu dem durch g_1 beschriebenen Ereignis sehr viel kleiner. Sind für eine gegebene Ausführung $P_{V,1}$ und $P_{V,2}$ berechnet, folgt P_V aus:

$$P_V = (1 - P_{V,2}) \cdot P_{V,1} + P_{V,2} \approx P_{V,1} \longrightarrow \beta \qquad (251)$$

4. Beispiel: Durchschlag-Problem (Bild 61)

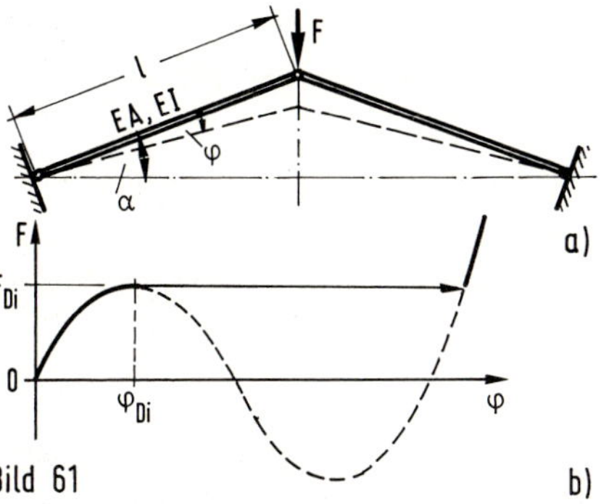

Bild 61

Die elasto-statische Durchschlagkraft des in Bild 61 dargestellten Sprengwerks beträgt [60]:

$$F_{Di} = 2 \cdot EA \cdot \sin^3(\alpha - \varphi_{Di}) \qquad (252)$$

EA ist die Dehnsteifigkeit der Stäbe und α deren anfänglicher Neigungswinkel. φ_{Di} ist der im Divergenzpunkt vorhandene Drehwinkel (Bild 61b). Die Bestimmungsgleichung für φ_{Di} lautet [60]:

$$\cos^3(\alpha - \varphi_{Di}) - \cos\alpha = 0 \qquad (253)$$

Mit

$$\sin^3(\alpha - \varphi_{Di}) = (1 - \cos^{\frac{2}{3}}\alpha)^{\frac{3}{2}} \qquad (254)$$

lassen sich G.252 und G.253 ineinander überführen:

$$F_{Di} = 2EA(1 - \cos\alpha^{2/3})^{3/2} \qquad (255)$$

Versagen kann auch dadurch auftreten, daß die Streben ausknicken. Das ist dann der Fall, wenn die Strebenkraft

$$S = \frac{F}{2} \cdot \frac{1}{\sin(\alpha - \varphi)} \qquad (256)$$

die ideelle Knickkraft erreicht. Das ergibt:

$$F_{Ki} = 2 \cdot \frac{\pi^2 EI}{l^2} \cdot \sin(\alpha - \varphi_{Ki}) \qquad (257)$$

Im verformten Zustand bleibt der horizontale Abstand der Kämpfer erhalten, das bedeutet:

$$l \cdot \cos\alpha = (l - \Delta l) \cdot \cos(\alpha - \varphi) \longrightarrow (1 - \frac{\Delta l}{l}) \cdot \cos(\alpha - \varphi) - \cos\alpha = 0 \qquad (258)$$

Im Moment des Ausknickens ist:

$$\frac{\Delta l}{l} = \frac{S_{Ki}}{EA} \qquad (259)$$

G.258 lautet somit:

$$(1 - \frac{\pi^2 I}{l^2 A}) \cdot \cos(\alpha - \varphi_{Ki}) - \cos\alpha = 0 \qquad (260)$$

G.257 und G.260 lassen sich miteinander verknüpfen:

$$F_{Ki} = 2 \cdot \frac{\pi^2 EI}{l^2} \cdot \sqrt{1 - \frac{\cos^2\alpha}{(1 - \frac{\pi^2 I}{l^2 A})^2}} \qquad (261)$$

G.255 und G.261 werden als nächstes in die zugeordneten Grenzzustandsfunktionen g_1 und g_2 überführt:

$$g_1 : P_{V,1} = P(F > F_{Di}); \quad g_2 : P_{V,2} = P(F > F_{Ki}) \qquad (262)$$

Die Zusatzbedingung

$$F_{Di} \leq F_{Ki} \qquad (263)$$

führt auf:

$$g_3 = F_{Di} - F_{Ki} = 0 \longrightarrow P_{V,3} = P(F_{Ki} \geq F_{Di}) \qquad (264)$$

Die Versagenswahrscheinlichkeit berechnet sich aus den Einzelwahrscheinlichkeiten zu:

$$P_V = P_{V,1} \cdot P_{V,3} + (1 - P_{V,3}) P_{V,2} \longrightarrow \beta \qquad (265)$$

Bei der Ausformulierung der Grenzzustandsfunktionen ist zu entscheiden, welche Größen als streuend und welche als nichtstreuend zu bewerten sind.

5. Beispiel: Fundament mit klaffender Fuge (Bild 62)

In Richtung der Biegebeanspruchung betrage die Seitenlänge des Fundamentes a, die Breite sei b. Beide Größen seien deterministisch. In der Sohlfuge wirken M und N; N als Druckkraft. Versagen kann bei drei (unvereinbaren) Ereignissen eintreten:

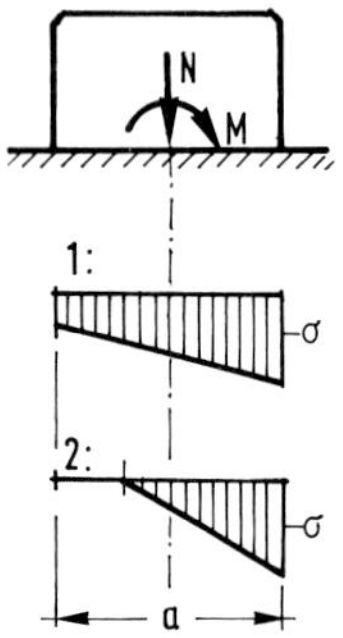

Bild 62

Ereignis 1: Die Fundamentfuge ist voll gedrückt, die Randspannung überschreitet die zulässige Kantenpressung:

$$\sigma = \frac{N}{A} + \frac{M}{W} > \text{zul}\,\sigma \quad \text{und} \quad \frac{M}{N} \leq \frac{a}{6} \qquad (266a)$$

Ereignis 2: Die Fundamentfuge klafft, die Randspannung überschreitet die zulässige Kantenpressung:

$$\sigma = \frac{2}{3}\frac{N}{\left(\frac{a}{2}-\frac{M}{N}\right)b} > \text{zul}\,\sigma \quad \text{und} \quad \frac{a}{6} \leq \frac{M}{N} \leq \frac{a}{3} \qquad (266b)$$

Ereignis 3: Die Fundamentfuge klafft über a/2 hinaus, das sei unzulässig:

$$\frac{M}{N} \geq \frac{a}{3} \qquad (267)$$

Die Ausformulierung liefert insgesamt vier Bedingungsgleichungen, jede liefert einen zugehörigen Wert P_V. Die Versagenswahrscheinlichkeit folgt aus den Einzelwahrscheinlichkeiten nach den Regeln der Wahrscheinlichkeitstheorie.

3.5.5.6 Erweiterungen und Ergänzungen

a) Die im vorangegangenen Abschnitt hergleiteten Grenzzustandsfunktionen verdeutlichen die immensen Schwierigkeiten, die bei Sicherheitsanalysen mit vielen Basisvariablen und einer oder mehreren nichtlinearen g-Funktionen zu bewältigen sind. Die für die Rechnung benötigten partiellen Ableitungen lassen sich nicht mehr explizit anschreiben. Lösungen sind nurmehr auf der Basis numerischer Algorithmen mittels Computer möglich. Die grundsätzliche Strategie entspricht der in Abschnitt 3.5.5.3/4 gezeigten Vorgehensweise. (Auf die Lösung der im vorangegangenen Abschnitt aufgestellten Grenzzustandsgleichungen kann in diesem Rahmen nicht eingegangen werden.) Für die Berechnung der Versagenswahrscheinlichkeit in Abhängigkeit von ß (und umgekehrt) eignen sich die Formeln:

$$P_V = 10^{(3{,}40-2\beta)} = 2512\cdot 10^{-2\beta} \quad \text{bzw.} \quad \beta = -\frac{1}{2}\cdot(\log P_V - 3{,}40) \qquad (268)$$

Die Formeln liefern im Bereich $P_V=10^{-3}$ bis 10^{-7} ausreichend genaue Näherungswerte. Eine wirkungsvolle Hilfe für die Berechnung der Verteilungsfunktion $\Phi(z)$ der (0,1)-normierten Normalverteilung bieten die Formeln von HASTINGS [61]. Dichte- und Verteilungsfunktion lauten (vgl. G.41):

$$\varphi(z) = \frac{1}{\sqrt{2\pi}} e^{-\frac{1}{2}z^2} \quad ; \quad \Phi(z) = \int_{-\infty}^{z} \varphi(\zeta)\,d\zeta \qquad (269)$$

Ein Näherungspolynom hoher Genauigkeit ist:

$$\begin{aligned} -\infty < z \leq 0:&\quad \Phi(z) = \varphi(z)\cdot[a_1 t + a_2 t^2 + a_3 t^3 + a_4 t^4 + a_5 t^5] + \varepsilon(z); \\ 0 < z < \infty:&\quad \Phi(z) = 1 - \varphi(z)\cdot[a_1 t + a_2 t^2 + a_3 t^3 + a_4 t^4 + a_5 t^5] + \varepsilon(z); \end{aligned} \quad |\varepsilon(z)| \leq 7{,}5\cdot 10^{-8}; \quad t = \frac{1}{1+0{,}2316419\,|z|} \qquad (270)$$

$a_1 = 0{,}319381530$, $a_2 = -0{,}356563782$, $a_3 = 1{,}781477937$, $a_4 = -1{,}821255978$, $a_5 = 1{,}330274429$

Ist der Wert der Verteilungsfunktion $p=\Phi(z)$ gegeben, folgt der zugehörige Merkmalswert z

$$\begin{aligned} 0 < p \leq 0{,}5:&\quad z_p = -\left[t - \frac{b_0 + b_1 t + b_2 t^2}{1 + c_1 t + c_2 t^2 + c_3 t^3}\right] + \varepsilon(p); && t = \sqrt{\ln\frac{1}{p^2}} \\ 0{,}5 < p < 1:&\quad z_p = +\left[t - \frac{b_0 + b_1 t + b_2 t^2}{1 + c_1 t + c_2 t^2 + c_3 t^3}\right] + \varepsilon(p); && t = \sqrt{\ln\frac{1}{(1-p)^2}} \end{aligned} \quad |\varepsilon(p)| < 4{,}5\cdot 10^{-4}; \qquad (271)$$

$b_0 = 2{,}515517$, $b_1 = 0{,}802853$, $b_2 = 0{,}010328$; $c_1 = 1{,}432788$, $c_2 = 0{,}189269$, $c_3 = 0{,}001308$

Hierdurch wird $\Phi(z)$ invertiert, d.h.: $z_p = \Phi^{-1}(p)$.

b) Sind eine oder mehrere Basisvariable nicht-normalverteilt, existieren zwei Vorschläge, um die oben erläuterte "Methode der 2. Momente" auch in solchen Fällen anwenden zu können:
- Vorschlag von PALOHEIMO/HANNUS [62]
- Vorschlag von RACKWITZ/FIESSLER/HAWRANEK [63-65,45].

Der zweitgenannte Vorschlag hat sich im wesentlichen durchgesetzt: Hierbei werden die nicht-normalverteilten Basisvariablen im Bemessungspunkt (x_i^*) in normalverteilte umgerechnet. Für die "angepaßte" Normalverteilung betragen Mittelwert und Standardabweichung:

$$\mu' = x^* - \Phi^{-1}(F(x^*))\cdot\sigma'; \quad \sigma' = \frac{\varphi[\Phi^{-1}(F(x^*))]}{f(x^*)} \tag{272}$$

Hierbei sind

$$f(x^*) \text{ und } F(x^*)$$

die Funktionswerte der Dichte- bzw. Verteilungsfunktion der nicht-normalverteilten Basisvariablen im Bemessungspunkt. Φ^{-1} ist das invertierte Normalverteilungsintegral, berechnet nach G.271. Dem Mittelwert und der Standardabweichung der angepaßten Normalverteilung gemäß G.272 liegen zwei Bedingungen zugrunde, daß nämlich Ordinate und Steigung der Ausgangs- und angepaßten Verteilung übereinstimmen. Detailierte Genauigkeitsbetrachtungen zu dieser Näherung findet man in [65].

Handelt es sich bei der nicht-normalen Verteilung um eine Lognormal-Verteilung (Abschnitt 3.5.2.6), lauten deren Dichte- und Verteilungsfunktion (G.57):

$$f(x) = \frac{1}{\sqrt{2\pi}\cdot b}\cdot\frac{1}{x}e^{-\frac{1}{2}\cdot\left(\frac{\ln x - a}{b}\right)^2}; \quad F(x) = \int_{-\infty}^{x} f(\xi)d\xi \tag{273}$$

a und b sind Lageparameter; sie können mittels G.58/59 empirisch berechnet werden. Ihre Bedeutung ist:

$$a = \ln\check{x} \quad (\check{x}: \text{Median}); \quad b = \sqrt{\ln(\rho^2+1)} \quad (\rho: \text{Variationskoeffizient}) \tag{274}$$

Sind von der Zufallsgröße die empirischen Parameter $\bar{x}$, s und $v=s/\bar{x}$ bekannt (berechnet nach G.6/7, 9/11), folgen a und b hieraus zu:

$$a = \ln\check{x} = \ln\bar{x} - \frac{1}{2}[\ln(v^2+1)]; \quad b = \sqrt{\ln(v^2+1)} \tag{275}$$

Für kleine Variationskoeffizienten ($v<0,3$) gilt in guter Annäherung:

$$a \approx \ln\bar{x} - \frac{1}{2}\cdot v^2; \quad b \approx v \tag{276}$$

<u>Beispiel:</u>

$$\bar{x} = 277{,}8\ \text{N/mm}^2, \quad s = 17{,}79\ \text{N/mm}^2, \quad v = 0{,}06404$$

$$\text{genau: } a = 277{,}23\ \text{N/mm}^2, \ b = 0{,}06397; \quad \text{genähert: } a = 277{,}23\ \text{N/mm}^2; \ b = 0{,}06404$$

Ist der Wert der Verteilungsfunktion F(x) gleich p, folgt der zugehörige Merkmalswert zu:

$$x_p = \bar{x}\cdot e^{\left(-\frac{1}{2}v^2 + z_p\cdot v\right)}; \quad z_p = \Phi^{-1}(p) \tag{277}$$

Handelt es sich bei der nicht-normalen Verteilung um eine Extremwert-I-Verteilung, können alle notwendigen Angaben aus Abschnitt 3.5.2.9 entnommen werden: Verteilungs- und Dichtefunktion: G.78/80, im übrigen gilt:

$$\alpha = \frac{\pi}{\sqrt{6}\cdot\sigma}; \quad u = \mu - \frac{0{,}5772}{\pi}\cdot\sqrt{6}\,\sigma; \quad x_p = u + \frac{-\ln[-\ln p]}{\alpha}; \quad \mu = \bar{x}, \ \sigma = s \tag{278}$$

c) Sind die Basisgrößen untereinander korreliert, ist zunächst eine Koordinatentransformation durchzuführen [45].

Die unter a) bis c) erwähnten Zuschärfungen lassen sich wegen des großen Rechenaufwandes nur nach geeigneter Aufbereitung und Programmierung mittels Computer analysieren [66]. Für das elementare R-S-Modell sind Rechnungen von Hand möglich [67].

d) Die Methode der 2. Momente hat in diversen nationalen und internationalen Empfehlungen für die Herleitung von Sicherheitselementen in Regelwerken Eingang gefunden (CEB-CECM-CIB-FIP-IABSE [68], EGKS [69], ISO [70], DIN NABau [71]). In den für die Bundesrepublik Deutschland bestimmten Empfehlungen "Grundlagen zur Festlegung von Sicherheitsanforderungen für bauliche Anlagen (GRU-SI-BAU)" [71] finden sich für die Vorgabe der β-Werte folgende Anhalte:

Sicherheitsklasse:	1	2	3
Grenzzustand der Gebrauchsfähigk.	2,5	3,0	3,5
Grenzzustand der Tragfähigkeit	4,2	4,7	5,2

Die Sicherheitsklasse ist in Abhängigkeit von den möglichen Folgen bei Überschreiten des jeweiligen Grenzzustandes zu wählen. Die Klassifizierung richtet sich bei der Gebrauchsfähigkeit nach den wirtschaftlichen Folgen und bei der Tragfähigkeit nach dem öffentlichen Sicherheitsbedürfnis. Vorstehende Anhalte gelten für einen Bezugszeitraum von 1 Jahr. Zur Umrechnung der Versagenswahrscheinlichkeit und des Sicherheitsindex auf n Jahre gelten die Formeln:

$$P_{Vn} = 1 - (1 - P_{V1})^n ; \quad \beta_n = \Phi^{-1}[\Phi(\beta_1)^n] \qquad (279)$$

Die Versagenswahrscheinlichkeit ist bei allen Analysen nicht als reale sondern als operative Größe zu begreifen, das gilt damit auch für ß. P_V bzw. ß werden normativ als Kalibriermaßstab vereinbart und erlauben damit die Entwicklung einheitlicher baustoff- und bauartenübergreifender Regeln auf semiprobabilistischer Grundlage für die Trag- und Gebrauchssicherheitsnachweis. Aufbauend auf Arbeiten von KÖNIG, POTTHARST u. SCHOBBE [47-51] enthält [71] Empfehlungen für Teilsicherheitsbeiwerte und Kombinationsbeiwerte. Auf deren Wiedergabe kann unter Hinweis auf [51] und [72] verzichtet werden.
Die neue Grundnorm des Stahlbaues (DIN 18800, 11.90) baut auf dem Nachweiskonzept der Grenzzustände mit Teilsicherheitsfaktoren und Kombinationsfaktoren auf. (Die Entwurfsberatungen wurden Ende 1986 abgeschlossen.) Um eine praktische und sichere Handhabung des Regelwerkes zu gewährleisten, enthält es vereinfachte Sicherheits- und Kombinationsregeln. Das ist auch deshalb geboten, weil trotz aller methodischen Fortschritte in der Sicherheitstheorie viele wichtige Fragen von der Forschung noch nicht abschließend geklärt werden konnten: Abgesicherte statistische Daten für die Einwirkungen (Lasten), Imperfektionen und Festigkeiten des Grundmaterials und der Verbindungsmittel; Berücksichtigung der Anzahl der beteiligten Bauteile und der Systemredundanz auf P_V (Größeneinfluß); Einfluß der Kontrollmaßnahmen und Wartung auf die Verteilung der beeinflußbaren Basisvariablen [57] u.v.a. Diverse Einflüsse, die sich auf die Sicherheit auswirken, dürften sich einer mathematisierten Erfassung ganz entziehen. Der Qualitätskontrolle (im weitesten Sinne) bei Bau und Betrieb der baulichen Anlagen kommt eine überragende Bedeutung zu [71,73-76,77]; zur Frage der Qualitätssicherung und zur Überwachung von Bauteilen und Baustoffen vgl. u.a. [78-84] und zur Frage des Tragsicherheitsnachweises durch Versuche [85].

3.5.6 Einwirkungen

3.5.6.1 Einwirkungsarten

Unter Einwirkungen werden alle Arten von äußeren Einflüssen zusammengefaßt, die Bauwerke beanspruchen. Es handelt sich hierbei im wesentlichen um direkte Einwirkungen in Form lotrechter oder waagrechter Kräfte oder indirekte Einwirkungen wie Temperaturänderungen, Bauwerkssetzungen, Schwinden, Kriechen u.a. Ursache, Intensität und Häufigkeit der Einwirkungen sind sehr unterschiedlich. Lotrechte Lasten sind überwiegend Gravitationskräfte (Schwerekräfte), sie werden aus der Masse, multipliziert mit der Erdbeschleunigung, berechnet. Als Rechenwert für die Erdbeschleunigung wird $10 m/s^2$ angesetzt: Kraft ist Masse mal Beschleunigung:

$$1\,kg \cdot 10\frac{m}{s^2} = 10\frac{kg\,m}{s^2} = 10\,N \qquad (280)$$

Die Einwirkungen lassen sich nach verschiedenen Aspekten ordnen:

a) Klassifizierung nach dem Ursprung der Einwirkung (vgl. auch Abschnitt 3.5.4.2)

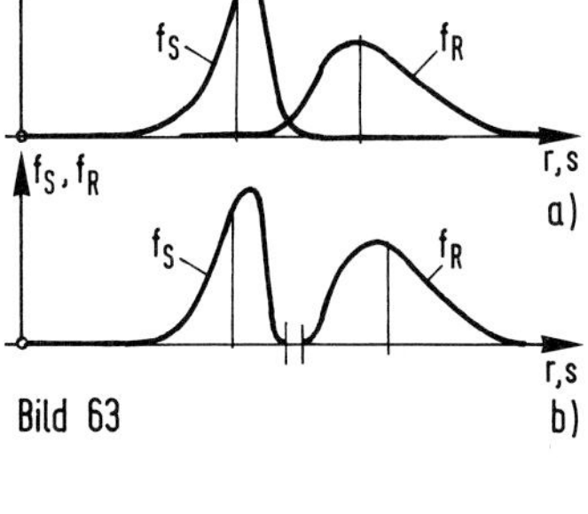

Bild 63

Sicherheitstheoretisch bedeutsam ist der Aspekt, ob eine Einwirkung zufallsbedingt oder nur zufallsbeeinflußt ist [60]. Zur erstgenannten Kategorie behören alle Einwirkungen natürlichen (also geophysikalischen) Ursprungs: Lasten aus Schnee, Eis, Wind, Seegang, Erdbeben und klimatischen Einflüssen wie Temperatur, Feuchtigkeit u.a. Alle anderen Einwirkungen sind zufallsbeeinfluß, wie Lasten im Hoch-, Industrie- und Brückenbau. Sie werden durch menschliche Aktivitäten

ausgelöst. Auftretensintensität und -häufigkeit sind zwar zufällig gleichwohl durch rationales Verhalten der Benutzer und durch Vorschriften limitiert. Die Lasten auf Brücken sind z.B. administrativ reglementiert.
Überließe man den Bau der Tragwerke und deren Nutzung der freien, unkontrollierten Entscheidung der Beteiligten und ließe sich die zugehörige Sicherheitslage durch die in Bild 63a dargestellte Situation kennzeichnen, ist die Nutzung der betreffenden baulichen Anlage mit einem mehr- oder minder großen Risiko verbunden. Werden dagegen beim Bau gründliche Kontrollen durchgeführt, erfährt die Dichtekurve der Beanspruchbarkeit R im Bereich der unteren Fraktilen eine Änderung, die Dichtekurve verschiebt sich insgesamt zu höheren Werten, im Grenzfall tritt eine Kappung ein, Bild 63b. Wird die Nutzung gleichfalls kontrolliert, wird die Dichtekurve der Beanspruchung im Bereich der oberen Fraktilen verändert, insgesamt zu kleineren Werten verschoben, auch hier ist als Grenzfall eine Kappung möglich. Die Faltung der gekappten Dichten ergibt eine Versagenswahrscheinlichkeit gleich Null und einen ß-Index gleich unendlich. Hieraus wird deutlich, daß die in den vorangegangenen Abschnitten berechnete Versagenswahrscheinlichkeit bei Einwirkungen von zufallsbeeinflußter Art nur operativen Charakter hat.

b) Klassifizierung nach der relativen Auftretensdauer - Lastkombination

Es werden unterschieden: Ständige Einwirkungen G (z.B. Eigenlast des Tragwerkes und aller Ausbauten), veränderliche Einwirkungen Q und außergewöhnliche Einwirkungen F_A. Die veränderlichen Einwirkungen lassen sich nochmals in langdauernde und kurzdauernde unterteilen. Die langdauernden Einwirkungen sind solche, die mehr oder weniger ohne Unterbrechung auftreten (z.B. ständige Nutzlastanteile, Lagergüter, Füllgüter in Behältern und Silos, Erddruck, Wasserdruck, Setzungen (Bergsenkungsgebiete!), Kriech- und Schwindwirkungen, Schnee, Eisbehang und Eisdruck, klimatische und betriebsbedingte hohe oder tiefe Temperaturen) oder mit Unterbrechung auftreten (Verkehrslasten im Hoch- und Brückenbau, Kranlasten). Kurzdauernde Einwirkungen sind im wesentlichen Windlasten; in Abhängigkeit von der baulichen Anlage kann aber auch die eine oder andere zuvor aufgelistete Einwirkungsart den kurzdauernden zugeordnet werden. Zu den außergewöhnlichen Einwirkungen zählen seltene Ereignisse wie Fahrzeugaufprall oder -entgleisung, Schiffsstoß, Explosionsdruck, Trümmereinsturz, Lawinenabgang, Erdbeben. Hierbei ist aber wiederum zu unterscheiden, ob diese Einwirkung auf ein Bauwerk oder Bauteil trifft, das dafür nicht oder ein solches, das dafür planmäßig ausgelegt wurde. So sind z.B. Anprallböcke, Entgleisungsschutzmaßnahmen, Pralldalben, Bunker, Lawinenschutzbauten, aseismische Sollbruch- oder Dissipationskonstruktionen planmäßige Bauten, um außergewöhnlichen Einwirkungen zu widerstehen und die Schadensfolgen zu mildern. Diese Aufgabe braucht im Katastrophenfalle ggf. nur einmal erfüllt zu werden, ggf. wird aber auch verlangt, daß die Schutzfunktion erhalten bleibt. - Der Brandfall gehört in gewisser Weise auch zu den außergewöhnlichen Einwirkungen, er erfordert gleichwohl gesonderte Sicherheitsbetrachtungen.
Das gemeinsame Auftreten aller (bei einem Bauwerk möglichen) Einwirkungen mit ihren Größtwerten (genauer: mit ihren oberen charakteristischen Werten) ist ein unwahrscheinliches Ereignis. Es ist daher vertretbar, Lastfallkombinationen aus verschiedenen Einwirkungen zu bilden. Die Vorgehensweise im Stahlbau besteht darin, die Einwirkungen in den Gruppen: Hauptlasten (H), Zusatzlasten (Z) und evtl. Sonderlasten (S) zusammenzufassen. Die Einordnung der Einwirkungen in die einzelnen Gruppen ist vom Bauwerkstyp abhängig und ist in den Fachnormen geregelt.
Lastfall H (Hauptlasten): Hierunter fallen alle Einwirkungen, die für das Bauwerk typisch und vorherrschend sind und mit einer gewissen Regelmäßigkeit (also langdauernd) auftreten.
Lastfall Z (Zusatzlasten): Hierunter fallen alle Einwirkungen, die im Verhältnis zur Auftretensdauer der Hauptlasten nur kurzdauernd auftreten, wie Wind, Brems-, Seiten- und Führungskräfte auf Brücken und Kranbahnen.
Lastfall S (Sonderlasten): Anprallkräfte, Lasten aus Bauzuständen und Erprobungszu-

ständen (weil permanent kontrolliert).

Nach dem neuen Sicherheitskonzept wird jene veränderliche Einwirkung, von der die Leitgefahr ausgeht, die also dominiert, mit ihrem charakteristischen Wert eingeführt, bei allen anderen, von denen nur eine Begleitgefahr ausgeht, werden die charakteristischen Werte mit einem Kombinationsbeiwert ψ abgemindert. Ausgehend von dem charakteristischen Wert wird ein Bemessungswert gebildet:

$$F_d = \gamma_F \cdot \psi \cdot F_k \tag{281}$$

γ_F ist der Teilsicherheitsbeiwert, ψ der Kombinationsbeiwert und F_k der charakteristische Wert für die Einwirkung. Nach der neuen Grundnorm DIN 18800 T1 ist für ständige Einwirkungen $\gamma_F = 1{,}35$ und für veränderliche $\gamma_F = 1{,}5$ zu setzen, darüberhinaus sind zwei Lastfallkombinationen zu untersuchen: a) es werden alle veränderlichen Einwirkungen Q_i berücksichtigt: $\psi_i = 0{,}9$, b) es wird nur jene mit dem größten Einfluß berücksichtigt: $\psi_1 = 1{,}0$, $\psi_{2,3,4..} = 0$. Darüberhinaus sind weitere Lastfallkombinationen mit $\psi_i \leq 1$ möglich, sie sind in der jeweiligen Fachnorm vereinbart. - Das Konzept entspricht prinzipiell den internationalen und nationalen Sicherheitsempfehlungen, z.B. auch den "Grundlagen zur Festlegung von Sicherheitsanforderungen für baulichen Anlagen" [71]. Hierin sind detailierte Angaben zur Wahl der charakteristischen Werte für Einwirkungen und Empfehlungen für die Größe der zu wählenden Kombinationsfaktoren enthalten, was allerdings recht komplizierte und aufwendige Lastfallkombinationen und Berechnungen zur Folge hat. Nach M.d.V. hat die statistische Absicherung der meisten der den probabilistischen Sicherheitsanalysen zugrundeliegenden Basisvariablen (auf der Seite der Einwirkungen insgesamt und auf der Seite der Widerstände bei den Verbindungsmitteln und Traghypothesen bei kombinierter Beanspruchung) noch nicht den Stand erreicht, der allzu differenzierte Sicherheitsregeln in den für die Praxis bestimmten Regelwerken rechtfertigen würde. Der Verfasser würde einer Regelung mit (in den Fachnormen) definierten Lastfällen und globalen γ_F-Faktoren für die Regelnachweise (nach der bisherigen Übung) den Vorzug geben.

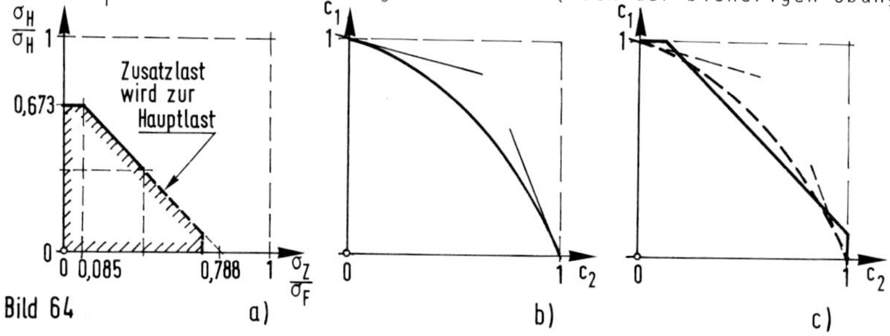

Bild 64

Hierzu ein Beispiel: Für einen zugbeanspruchten Stab werde im Sinne der bisherigen Regelung für die Lastfälle H (Hauptlasten) und HZ (Haupt- und Zusatzlasten) vereinbart:

$$\gamma_{F,H} = 1{,}35, \quad \gamma_{F,HZ} = 1{,}20; \quad \gamma_M = 1{,}1 \quad (\gamma_{F,H} \cdot \gamma_M = 1{,}49, \quad \gamma_{F,HZ} \gamma_M = 1{,}32)$$

Die Tragfähigkeitsnachweise lauten (Fließgrenze: σ_F, Querschnittsfläche: A):

$$H: \gamma_{F,H} \cdot \frac{F_H}{A} \leq \frac{\sigma_F}{\gamma_M} \longrightarrow \gamma_{F,H} \sigma_H \leq \frac{\sigma_F}{\gamma_M} \longrightarrow \frac{\sigma_H}{\sigma_F} \leq \frac{1}{\gamma_{F,H} \cdot \gamma_M} \longrightarrow \underline{\frac{\sigma_F}{\sigma_H} \leq 0{,}673}$$

$$HZ: \gamma_{F,HZ} \cdot \left(\frac{F_H + F_Z}{A}\right) \leq \frac{\sigma_F}{\gamma_M} \longrightarrow \gamma_{F,HZ} (\sigma_H + \sigma_Z) \leq \frac{\sigma_F}{\gamma_M} \longrightarrow \frac{\sigma_H}{\sigma_F} + \frac{\sigma_Z}{\sigma_F} \leq \frac{1}{\gamma_{F,HZ} \cdot \gamma_M} \longrightarrow \underline{\frac{\sigma_H}{\sigma_F} + \frac{\sigma_Z}{\sigma_F} \leq 0{,}758}$$

In einem σ_H/σ_F-σ_{HZ}/σ_F-Interaktionsdiagramm umschreiben die beiden Gleichungen eine Fläche, innerhalb derer jede Kombination sicher ist (Bild 64a). Auf den Geraden wird die Bemessungsforderung gerade erfüllt. Nach diesem Prinzip wurde bislang im Stahlbau gerechnet [86]. Tatsächlich ist das Kombinationsproblem ein Interaktionsproblem, wobei die ψ_i-Faktoren von <u>allen</u> Lasten abhängig sind, wenn jede kombinierte Bemessungssituation dieselbe Sicherheit aufweisen soll. Insofern ist jede Lösung eines Kombinationsproblems, bei der mit festen ψ-Faktoren gerechnet wird, prinzipiell unzureichend. Von FIESSLER [87] wurde gezeigt (aufbauend auf Arbeiten von TURKSTRA u. MADSEN [28]), daß das allgemeine Kombinationsproblem durch eine Kombinationsfläche beschrieben werden kann. Jeder Einwirkung ist ein Übertragungsfaktor c_i zugeordnet; sie bilden die Kombinationsfläche; jeder Punkt auf dieser hat denselben Bemessungswert, Bild 64b zeigt die Situation bei zwei Einwirkungen. Die Kurven schneiden die Koordinatenachsen nicht senkrecht, sondern unter unterschiedlichen Winkeln, die eine Funktion der gegenseitigen Abhängigkeit der Einwirkungen im Zeitbereich sind. Bei (für die Tragsicherheit) ungünstig wirkenden Lasten ist die Kurve nach außen gewölbt. Bild 64c zeigt eine Approximation, die der Lösung in Teilbild a entspricht.

Zur Erforschung der Einwirkungen liegen umfangreiche Forschungsberichte vor. Hierauf kann in diesem Rahmen nicht eingegangen werden. Stellvertretend wird auf [50-52,89-91] und das dort zitierte Schrifttum verwiesen. - Die Neubearbeitung der DIN 1055 im Hinblick auf das neue Sicherheitskonzept, etwa in Anlehnung an die Schweizer Norm SIA 160 (Entwurf 1985), ist eine Aufgabe der Zukunft.

c) Klassifizierung nach der Art der Beanspruchung und Schädigung

Abgesehen von den ständigen Lasten treten alle anderen Lasten mehr oder weniger häufig auf. Bei häufigem Auftreten (insbesondere bei wechselndem Vorzeichen) tritt im Laufe der Zeit eine Schädigung durch Ermüdung ein (Abschnitt 2.6.5.6), die zum Versagen führen kann. In den Regelwerken wird nach den Kategorien "vorwiegend ruhende" und "nicht vorwiegend ruhende" Belastung unterschieden. In die zweitgenannte Kategorie fallen Lasten auf Kranbahnen, Brücken, Fliegende Bauten (Achterbahnen, Karussells) usf. In diesen Fällen ist ein Ermüdungsnachweis zu führen und die Konstruktion "ermüdungsgerecht" (Minimierung und Milderung der Kerbfälle) durchzubilden. Das gilt natürlich auch dann, wenn durch die veränderliche Belastung Schwingungen ausgelöst werden, z.B. solche aeroelastischer Natur.

d) Klassifizierung nach dem dynamischen Lastcharakter

Die Art der Lastaufbringung beeinflußt die Beanspruchung, insbesondere die "Schnelle" des Lastanstieges: Das Bauwerk reagiert auf eine kurzzeitige (schnelle) Einwirkung dynamisch, es tritt eine "dynamische Überhöhung" ein. Neben den statisch wirkenden, gibt es quasi-statisch wirkende Lasten. Deren Einwirkungsschnelle ist so gering, daß die dynamische Überhöhung vernachlässigbar ist; das gilt z.B. für die meisten Verkehrslasten des Hochbaues. In allen anderen Fällen ist die dynamische Überhöhung gegenüber dem zur höchsten Lastintensität gehörenden statischen Gleichwert zu berücksichtigen. Im Bauwe-

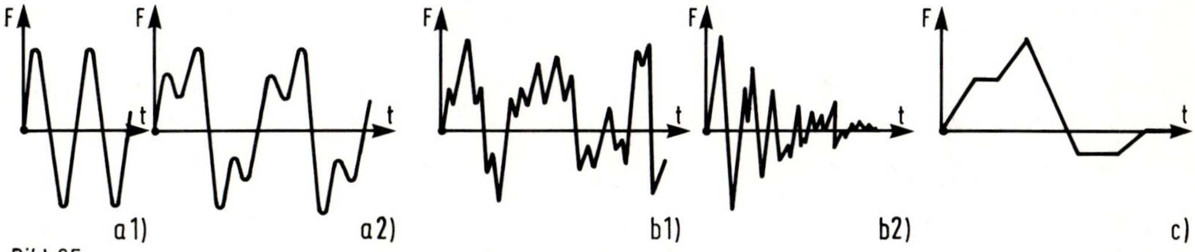

Bild 65

sen geschieht das mittels Schwing-, Stoß-, Hub-, Böenreaktionsfaktoren u.a. Es wird ein statischer Nachweis geführt und die dynamische Zusatzbeanspruchung in pauschalierter Form faktoriell erfaßt. Dieses Vorgehen ist nicht in allen Fällen möglich: So sind z.B. beim Nachweis von Maschinengründungen aller Art, Glockentürmen, Fliegenden Bauten (Schiffschaukeln, Fahrgeschäften) baudynamische Berechnungen erforderlich. Das gilt auch für den Nachweis von Konstruktionen, die aeroelastischen Anregungen (wirbel- und bewegungsinduzierte Schwingungen) ausgesetzt sind, sowie für Erdbebenuntersuchungen. Nach der Art der dynamisch wirkenden Kräfte werden periodische (im Sonderfall harmonische = sinusförmige), stochastische und transiente (aperiodische) unterschieden: Bild 65a,b und c. Bei den harmonischen Lasten bestimmt die Lage der Anregungsfrequenz zur Grundfrequenz der Konstruktion (und ihrer Teile), ob es zu einer stärkeren dynamischen Reaktion (im ungünstigsten Falle zu Resonanz) kommt. Dann werden Massenkräfte geweckt, ggf. werden Schwingungen in höheren Eigenformen angeregt. Periodische als auch stationär stochastische Lasten lassen sich mittels harmonischer Analyse in harmonische Anteile bestimmter Erregerfrequenz und Intensität zerlegen. Sofern harmonische Anteile vorhanden sind, deren Frequenzen mit Eigenfrequenzen des Tragwerkes übereinstimmen, kommt es in diesen zu quasiharmonischen Schwingungen: Das Bauwerk filtert die den

Eigenfrequenzen zugeordneten Anregungsenergien heraus und setzt sie in Schwingungen um. Die Dämpfungskapazität hat auf die Größe der Schwingungen großen Einfluß. Die Eigendämpfung des Baustoffes Stahl ist gering; Stahlbauten sind daher, im Vergleich zu Massivbauten, "schwingungsanfälliger".
Transiente Belastung (Stoß- oder Impulsbelastung) tritt z.B. bei Katastrophenereignissen auf: Anprall, Explosion, Flugzeugabsturz, Absturz und Aufschlag von Trümmern, Waffenwirkung. Die hiermit verbundenen Beanspruchungen werden entweder durch Ersatzlasten (z.B. Anprallast auf Brückenpfeiler) oder nach den Methoden der Baudynamik analysiert.

3.5.6.2 Stoßfaktor

Der Stoßfaktor (auch Stoßzahl) für das plötzliche Aufbringen einer Last läßt sich wie folgt bestimmen: Bild 66a zeigt eine "gewichtslose" Feder mit der Federkonstanten C.

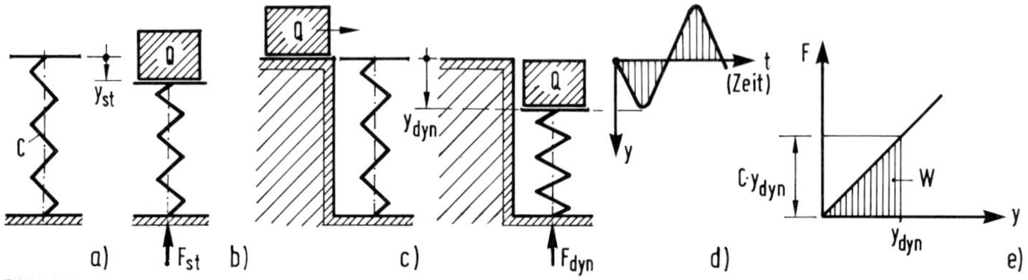

Bild 66

Auf diese wird eine Masse aufgebracht. Ihr entspreche die Last Q (veränderliche Einwirkung). Die Aufbringung erfolge langsam (z.B. Schnee). Die statische Durchsenkung y_{st} beträgt dann (Teilbild b):

$$y_{st} = \frac{Q}{C} \tag{282}$$

Die Federkraft ist:

$$F_{st} = y_{st} \cdot C = Q \tag{283}$$

Als nächstes werde die Masse auf die Feder plötzlich abgesetzt (Teilbild c): Das System reagiert dynamisch, es schwingt durch. Die größte dynamische Einsenkung y_{dyn} erhält man aus einer Energiebetrachtung: Die Federkraft beträgt F_{dyn}. Im Moment der größten Durchsenkung ist in der Feder die Formänderungsarbeit

$$W = \frac{1}{2} C \cdot y_{dyn}^2 \tag{284}$$

gespeichert (Teilbild e). Die Masse hat gegenüber dem Ausgangsniveau im Augenblick der größten Durchsenkung die potentielle Energie

$$W = Q \cdot y_{dyn} \tag{285}$$

eingebüßt (Energie=Arbeitsvermögen). Aus der Gleichsetzung von G.284 und G.285 folgt:

$$\frac{1}{2} C \cdot y_{dyn}^2 = Q \cdot y_{dyn} \longrightarrow y_{dyn} = 2\frac{Q}{C} \longrightarrow \boxed{\varphi = \frac{y_{dyn}}{y_{st}} = 2} \longrightarrow F_{dyn} = \varphi \cdot F_{st} \tag{268}$$

φ ist die Stoßzahl. Das System schwingt um die statische Nullage.
Infolge innerer und äußerer Dämpfungseinflüsse klingt die Schwingung auf Null ab.
Die Feder steht stellvertretend für das Tragwerk; die Federkonstante folgt als Kehrwert der Durchbiegung infolge der Einheitskraft. - Real liegt der Stoß- bzw. Schwingfaktor zwischen 1 und 2; je größer die Schnelle der Lastaufbringung ist, umso größer ist φ. Aus diesem Grund liegt der Schwingfaktor bei einer kurzen Brücke höher als bei einer langen; vgl. die einschlägigen Vorschriften für Brücken- und Krankonstruktionen. Für Fahrverkehr in Hochbauten siehe [92].

3.5.7 Imperfektionen

Beim Tragsicherheitsnachweis liegen der statischen Berechnung gewisse ideelle Vorstellungen über Struktur und Abmessungen des Tragmodells und über die innere Beschaffenheit der

Tragglieder und Verbindungsmittel zugrunde: Es wird ein planmäßiger Sollzustand unterstellt. Ein solcher Sollzustand läßt sich baupraktisch nicht verwirklichen. Alle herstellungsbedingten Abweichungen subsummiert man unter dem Begriff Imperfektionen. Es werden unterschieden:

- Geometrische (äußere) Imperfektionen: Exzentrische Lasteintragung wegen mangelhafter Zentrierung oder Verankerung, Achs- und Lotabweichungen wegen Richtfehler, ungenügende Unterfutterung unter Fundamentplatten, fehlende Winkeltreue in Stößen und Anschlüssen, mit Krümmungen und Verwindungen behaftete Ausgangsprodukte, Querschnitts- und Dickenabweichungen, Vorbeulen, Unrundungen, Knicke und Achsversätze (Schweißverzug, Lochspiel). Die Walzwerke liefern die Produkte innerhalb der durch die Lieferbedingungen (Maßnormen) vorgeschriebenen Toleranzen [93].
- Stukturelle (innere) Imperfektionen: Eigenspannungen, veränderliche Fließgrenzenverteilung innerhalb der Querschnitte.

In vielen Fällen sind Imperfektionen für die Tragsicherheit ohne Belang, in anderen haben sie große Bedeutung. Das gilt insbesondere für alle druckbeanspruchten Bauteile und Tragwerke, weil Abtriebskräfte geweckt werden, die zusätzlich zu den äußeren Einwirkungen vom Tragwerk aufgenommen werden müssen.

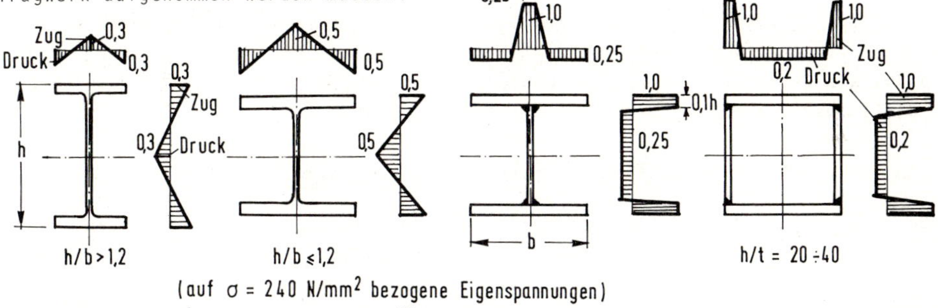

Bild 67 a) b) c) d)

Bild 67 zeigt die im EUROCODE 3 (1983) vereinbarten idealisierten Eigenspannungsverteilungen für gewalzte und geschweißte Querschnitte. Höhe und Verteilung der Eigenspannungen sind von vielen Einflüssen abhängig (Abkühlbedingungen: Stapelabkühlung-Einzelabkühlung, Dicken- und Steifigkeitsverhältnisse innerhalb des Querschnittes u.a.[94,58-60]), vgl. auch Abschnitt 8.3.3.) Mit den in Bild 67 angegebenen Eigenspannungen können (in dieser oder modifizierter Form) Tragsicherheitsberechnungen durchgeführt werden. Das setzt spezielle Computerprogramme voraus. Den Knick- und Kippspannungskurven der DIN 18800 T2 liegen solche Eigenspannungsverteilungen zugrunde. Auch in den experimentell bestimmten Beulspannungskurven für Platten und Schalen sind Eigenspannungs- und Vorbeuleinflüsse enthalten.

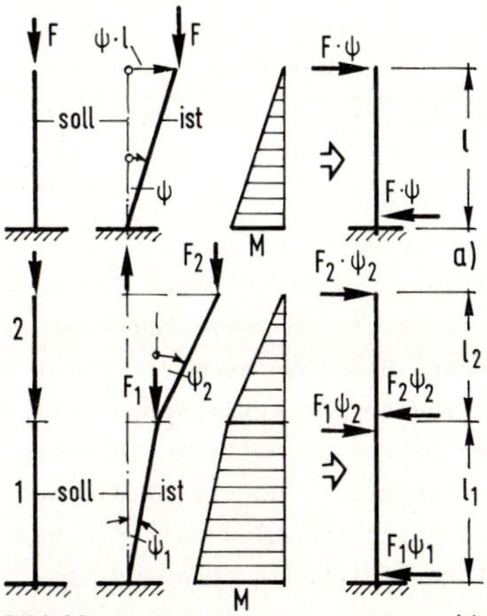

Bild 68

Sollen Tragsysteme, die lotrechte Lasten abtragen und dadurch unter Druck stehen, nachgewiesen werden, ist es ein Gebot der Sicherheit, Imperfektionen einzurechnen. Da es vom Aufwand her nicht möglich ist, sie in allen Einzelheiten, etwa mit ihren charakteristischen Werten, beim baupraktischen Nachweis zu verfolgen, sind Ersatzimperfektionen in Form von Vorkrümmungen und Schrägstellungen (affin zur Knickfigur) einzurechnen. Sie wirken sich vor allem bei schlanken, seitenver-

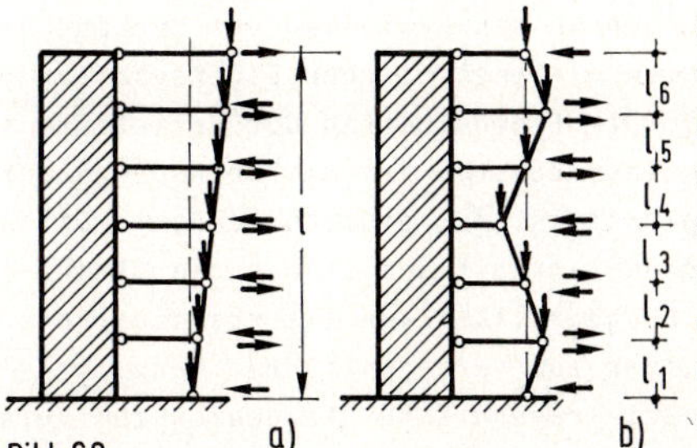

Bild 69

schieblichen Tragstrukturen aus. Bild 68a zeigt als Beispiel eine eingespannte Stütze in schräger Lage, auf die die lotrechte Kraft F einwirkt. ψ ist der Stabsehnendrehwinkel, der die Abweichung der Istlage von der Sollage kennzeichnet. Das hierdurch entstehende Biegemoment (nach Th. I. Ordnung) kann gleichwertig durch die horizontale Ersatzkraft $F \cdot \psi$ erzeugt werden: Das Moment $F \cdot \psi l$ wird äquivalent durch das Moment $F\psi \cdot l$ ersetzt. Es muß also innerhalb der einzelnen geraden Stabbereiche jeweils an den Stabenden ein Kräftepaar angesetzt werden, vgl. Bild 68b. Wird eine Hochbaukonstruktion durch eine Scheibe, einen Fachwerk- oder Rahmenverband stabilisiert, können die angekoppelten Stützenstränge in einem Strang und die jeweiligen gesamten Stockwerkslasten zu einer lotrechten Kraft pro Stockwerk zusammengefaßt werden (Bild 69). Wird als Imperfektion eine Schiefstellung des gesamten Gebäudes angenommen, erhält man die in Bild 69a skizzierte Situation: Wäre die Schiefstellung über die gesamte Höhe konstant und wären alle Geschoßlasten und -höhen gleichgroß, heben sich die Umlenkkräfte in allen Ebenen, außer in der obersten und untersten, gegenseitig auf. Real sind die Lasten und Höhen unterschiedlich. Die hierdurch verursachten Biegemomente im stabilisierenden Bauteil sind den Biegemomenten infolge Wind zu überlagern. Geht man von den in Bild 69b skizzierten Schrägstellungen aus, überlagern sich die Unlenkkräfte in den einzelnen Ebenen oder sie heben sich gegenseitig auf. Derartige Ansätze sind dann zu treffen, wenn der Beitrag der möglichen Imperfektionen an den lokalen Kräften zum Anschluß der Riegel an den Stabilisierungskern bestimmt werden soll. In den Regelwerken der neuen Generation (EUROCODE 1 u. 3, DIN 18800 T1 u. T2) sind Rechenwerte für die anzusetzenden Imperfektionen enthalten, z.B.:

$$\psi_0 = \alpha_n \cdot \alpha_l \cdot \psi_k \quad \text{mit} \quad \alpha_n = \frac{1}{2}\left(1 + \frac{1}{n}\right); \quad \alpha_l = \sqrt{\frac{10}{l[m]}} \leq 1 \qquad (287)$$

Die Ansätze in DIN 18800 T1 und T2 weichen hiervon etwas ab. ψ_k ist der vereinbarte charakteristische Grundwert der Ersatzimperfektion. α_n und α_l sind Reduktionsfaktoren. α_n berücksichtigt, daß sich mit zunehmender Anzahl n der Stützen pro Stockwerk die Schiefstellungen ausmitteln und dadurch die gesamte Umlenkkraft pro Stockwerk geringer ausfällt. α_l berücksichtigt, daß mit steigender Bezugslänge die Größe der Schiefstellung abnimmt. Zur Definition der Bezugslänge siehe Bild 69. Imperfektionen sind auch in horizontalen Verbänden z.B. Windverbänden, einzurechnen. Bei Haus-in-Haus-Konstruktionen, die keine planmäßigen Windlasten erhalten, ist ψ_k mindestens zu 1/100 anzusetzen. Solche Fälle können auch bei horizontal liegenden Stabilisierungsverbänden auftreten. Handelt es sich um Strukturen, bei denen die Stäbe a priori eine Schieflage aufweisen, sollte geprüft werden, ob eine α_n-Abminderung gemäß G.287 (oder nach einer anderen Vorschrift) vertretbar ist. Bild 70 zeigt die Auswirkung von α_n für zwei unterschiedliche Ansätze. In der Vergangenheit wurden diverse Forschungsvorhaben durchgeführt, um die Abweichungen von der Sollage an ausgeführten Tragwerken zu messen, vgl. u.a. [58,95-97] und die dort angegebene Literatur.

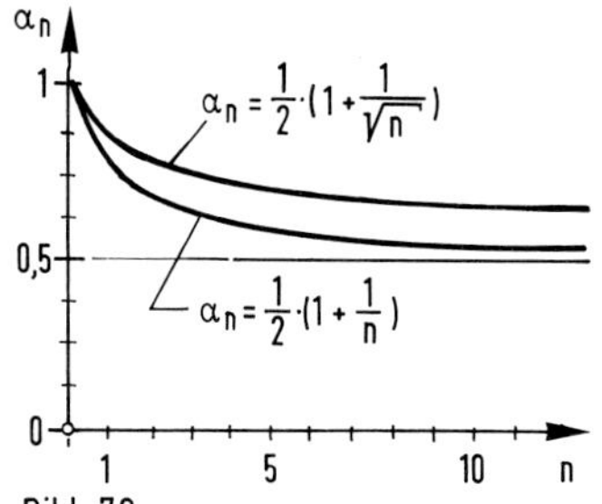

Bild 70

3.5.8 Mechanische Eigenschaften

So wie die Einwirkungen in den Bauteilen und Verbindungsmitteln Beanspruchungen (S) hervorrufen, so bestimmen die mechanischen Eigenschaften der eingesetzten Werkstoffe die Beanspruchbarkeit (R). Die Eigenschaften der Werkstoffe streuen, demgemäß auch die Beanspruchbarkeit. Bei einem Zugstab ist die Beanspruchbarkeit von der Streckgrenze des Stahles direkt abhängig, das ist der einfachste Fall. Bei einem Druckstab bestimmen Quetschgrenze, E-Modul und Schlankheit des Stabes die (Knick-)Tragfähigkeit, ggf. auch die Querschnittsform, wenn Biegedrillknicken als Grenzzustand nicht auszuschließen ist; ein weiterer Grenzzustand, der zum Versagen führen kann, ist lokales Beulen der dünnwandigen Querschnittsteile. Bei Trägern kann Stegbeulen zum Versagen führen, usw. In Anschlüssen sind es die Tragfähigkeiten der Verbindungsmittel (Schweißnähte, Schrauben), die gemeinsam mit der Festigkeit der Bauteile und ihrer baulichen Gestaltung die Beanspruchbarkeit kennzeichnen. Die Bestimmung der zu den unterschiedlichen Grenzzuständen gehörenden Tragfähigkeiten gelingt realistisch nur mittels Tragversuchen. Auf diese Weise wurden die in den Regelwerken angegebenen bzw. zugelassenen Tragfähigkeiten ermittelt und zu Nachweisformen aufbereitet. In der probabilistischen Sicherheitstheorie werden statistisch abgesicherte charakteristische Werte für die Tragfähigkeiten benötigt. Das setzt eine große Zahl von Versuchen voraus. Wo das nicht der Fall ist, müssen die charakteristischen Werte normativ festgelegt und bei Vorliegen weiterer Versuchsergebnisse fortgeschrieben werden. Die charakteristischen Werte für die mechanischen Eigenschaften von Walzstahl haben die größte Bedeutung, weil die meisten Tragsicherheitsnachweise hierauf bezug nehmen, insbesondere auf die Streckgrenze (Fließgrenze). Über alle Profildicken und Walzerzeugnisse hinweg gilt für die Streckgrenze bei St37: $\bar{x}=280\,N/mm^2$, $v=0{,}07$ und bei St52: $\bar{x}=400\,N/mm^2$, $v=0{,}05$. Diese Angaben sind als sehr pauschaliert zu sehen, vgl. auch Abschnitt 3.5.2.7. Die Vereinbarung der charakteristischen Werte für die Streckgrenze erweist sich aus mehreren Gründen als schwierig [58]:

- Die obere und untere sowie die "dynamische" und "statische" Streckgrenze weichen z.T. erheblich voneinander ab, sie sind in Bild 71a schematisch dargestellt; Teilbild b

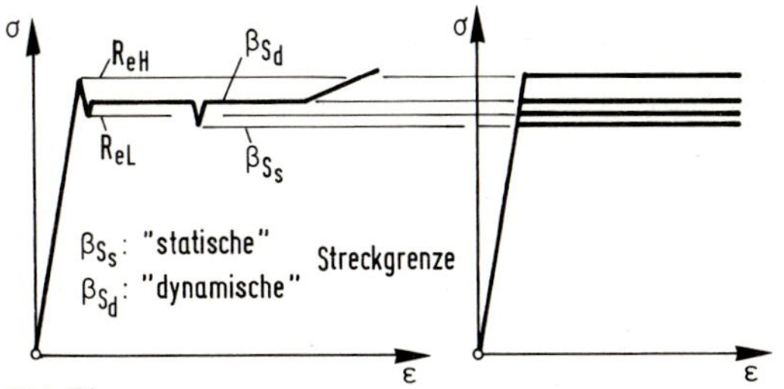

Bild 71

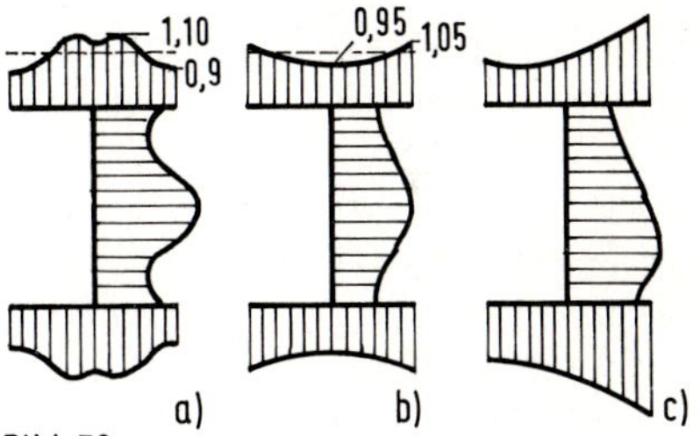

Bild 72

  zeigt die möglichen Rechenanstäze. Nach M.d.V. gibt es gute Gründe, die obere Streckgrenze als Bezugswert zu wählen, vorausgesetzt, es ist ein ausgeprägter Verfestigungsbereich vorhanden. Das ist bei den Baustählen der Fall.
- Die Streckgrenze weist innerhalb der Walzquerschnitte Schwankungen auf. Bild 72a zeigt den typischen Verlauf bei unberuhigt vergossenen Stählen; die mechanischen Eigenschaften sind (einschl. Seigerungen) heterogen verteilt. Bei einem beruhigt vergossenen Stahl befindet sich das Material in einem wesentlich homogeneren Zustand, Teilbilder b/c.
- Aus den beiden zuvor erwähnten Gründen sind die aus den verschiedenen Ländern vorliegenden statistischen Erhebungen nur bedingt vergleichbar. Auch sind die Entnahmestellen für die Probestäbe innerhalb der Profile in den einzelnen Ländern nicht einheitlich geregelt, vgl. Bild 73. Es ist zu hoffen, daß durch die EURONORMung eine Vereinheitlichung erreicht wird; mit der Europäischen Norm EN 10025: 1990 ist das inzwischen geschehen.

Bild 73

- Die Streckgrenze ist relativ signifikant von der Dicke der Walzprodukte abhängig, auch wenn diese aus ein und derselben Charge stammen. Je dünner das Blech, umso höher die Streckgrenze (Bild 74), was auf der stärkeren Auswalzung und auf gewissen Kaltverfestigungseffekten durch die letzten Walzstiche beruht. Bild 74 verdeutlicht die Abhängigkeit. Der Festigkeitsabfall bei den dicken Blechen ist so ausgeprägt, daß dieser Umstand bei der Festlegung der charakteristischen Werte in den neuen Regelwerken berücksichtigt wird; vgl. DIN 18800 T1 (11.90) mit grober Abstufung: $t \leq 40mm$ und $40 < t \leq 80mm$.

Die charakteristischen Werte für die Festigkeit der Stähle für Schrauben und Niete und für Schweißnähte sind noch nicht umfassend abgesichert; hier wird mit den genormten "Mindestwerten" gerechnet; das gilt auch für die Festigkeit der Drähte bzw. Seile und deren Verankerungen. - Charakteristische Werte mit guter statistischer Absicherung für mechani-

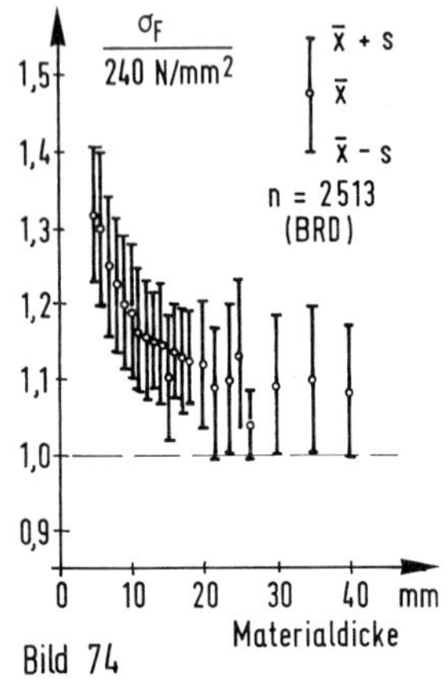

Bild 74

sche Eigenschaften bei hohen bzw. niedrigen Temperaturen sind ebenfalls weitgehend unbekannt. - Der Elastizitätsmodul der Baustähle kann als Festwert betrachtet werden. Der Variationskoeffizient liegt unter v=0,02. - Wünschenswert wäre eine Datenbank, in der alle mechanischen Eigenschaften, die für Tragsicherheitsnachweise benötigt werden, gesammelt werden [98].

3.6 Grenzzustand der Tragfähigkeit bei vorwiegend statischer Einwirkung

Unter "vorwiegend statisch" wird "vorwiegend ruhend" verstanden. Hierbei handelt es sich um Einwirkungen, die keine oder allenfalls nur eine sehr geringe Schädigung durch Ermüdung hervorrufen (vgl. Abschnitt 3.5.6.1, Pkt. c), auch nicht im Kurzzeitfestigkeitsbereich; man spricht zur Kennzeichnung auch von "quasi-statischen" Einwirkungen (Stahlhochbau).

Die Zahl der im Einzelfall zu berücksichtigenden Grenzzustände ist groß [99]; im wesentlichen werden unterschieden:

1. Grenzzustand der Festigkeit: Verformung über alle Grenzen; Bruch, insbesondere der Verbindungsmittel
2. Grenzzustand der elastisch-plastischen Stabilität: Knicken, Kippen, Beulen
3. Grenzzustand der Starrkörper-Stabilität: Gleiten, Abheben, Umkippen

3.6.1 Grenzzustand der Festigkeit

Der klassische, bisher übliche Nachweis im Stahlbau lautet:

$$\boxed{\text{vorh}\sigma \leq \text{zul}\sigma} \qquad (288)$$

Er heißt "Allgemeiner Spannungsnachweis". Der Nachweis wird auf dem Level der sogen. Gebrauchslasten geführt. (Die Gebrauchslasten entsprechen den charakteristischen Werten der Einwirkungen im Sinne von seltenen Extremwerten). Sie bewirken die Beanspruchung S, insonderheit die Spannungen "vorhσ". "zulσ" ist die um den globalen Sicherheitsfaktor γ reduzierte Fließgrenze σ_F (Streckgrenze):

$$\text{zul}\sigma = \sigma_F/\gamma \qquad (289)$$

Lastfall			Baustahl St 37	Baustahl St 52	Feinkornbaustahl StE 460	Feinkornbaustahl StE 690	
		$\beta_S(\sigma_F)$	24	36	46 *	69	kN/cm²
		$\beta_Z(\sigma_B)$	34-47	49-63	56 ÷ 73	79 ÷ 94	kN/cm²
Lastfall	H	zul $\sigma = \sigma_F/1{,}5$	16	24	31	41	kN/cm²
Lastfall	HZ	zul $\sigma = \sigma_F/1{,}33$	18	27	35	46	kN/cm²
Lastfall	H	$\gamma_Z(\gamma_B)$	2,13	2,04	1,81	1,93	
Lastfall	HZ	$\gamma_Z(\gamma_B)$	1,89	1,81	1,60	1,72	

* t ≤ 16 mm

Bild 75

In Bild 75 sind die zul. Spannungen für die Stähle St37, St52 (n. DIN 18800 T1; 03.81), ausgehend von DIN 17100 (01.80), und StE460, StE690 (DASt-Ri011; 02.79) für die Lastfälle H und HZ eingetragen. Im Lastfall H (Hauptlasten) gilt γ=1,5 und im Lastfall HZ (Haupt- und Zusatzlasten) gilt γ=1,33 bei Beanspruchung auf Zug und Biegezug. Für Druck und Biegedruck gelten dieselben Sicherheiten, wenn Versagen durch Stabilitätsverlust auszuschließen ist. Ist letzteres nicht auszuschließen (Knicken, Kippen), ist mit γ=1,71 (H) bzw. γ=1,50 (HZ) zu rechnen. Die zul. Spannungen für den Feinkornbaustahl StE690 wurden mit den letztgenannten Sicherheitszahlen festgelegt, auch im Falle reiner Zug- und Biegezugbeanspruchung. In der Tabelle des Bildes 75 sind in den beiden unteren Zeilen die Sicherheiten gegenüber der Zugfestigkeit eingetragen, die sich dadurch ergeben, daß minβ_Z durch zulσ dividiert wird. Sie haben keine große Bedeutung, allenfalls insofern, als sie die Größenordnung der erforderlichen Sicherheit gegenüber der Bruchtragfähigkeit der Verbindungsmittel und Seile angeben.

Die Nachweisform gemäß G.288 ist an die Voraussetzung eines linearen Tragverhaltens gebunden (Bild 76a). Ist das nicht der Fall, werden die Gebrauchslasten um den Sicherheitsfaktor γ erhöht und der Nachweis gegen die Fließgrenze erbracht:

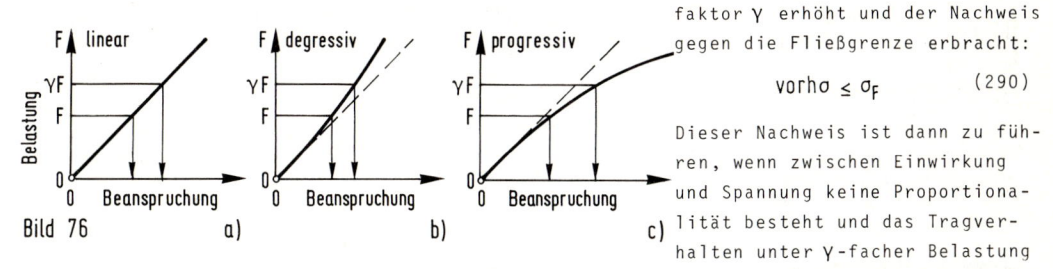

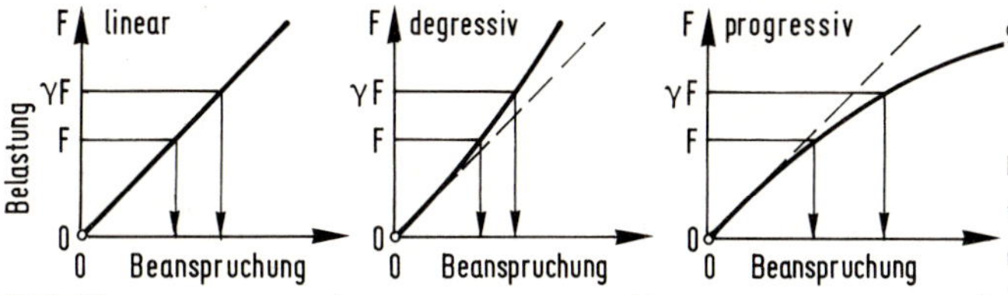

Bild 76 a) b) c)

$$\text{vorh}\,\sigma \leq \sigma_F \qquad (290)$$

Dieser Nachweis ist dann zu führen, wenn zwischen Einwirkung und Spannung keine Proportionalität besteht und das Tragverhalten unter γ-facher Belastung noch im elastischen Bereich liegt. Der Zuwachs der Spannungen kann dabei degressiv oder progressiv sein (Bild 76b/c). Im erstgenannten Falle kann man, im zweitgenannten muß man mit γ-facher Belastung rechnen. - Schließlich ist es möglich, den Tragsicherheitsnachweis auf der Stufe der Querschnittsfestigkeit oder der Tragwerksfestigkeit zu führen: Fließgelenktheorie, Fließzonentheorie (DASt-Ri-008 (03.73)).

Die neuen Regelwerke gehen beim Tragsicherheitsnachweis grundsätzlich von γ_F-fachen und ψ_i-fach kombinierten charakteristischen Werten der Einwirkungen aus. Die Tragsicherheit kann alternativ nachgewiesen werden:

- Erreichen der Fließgrenze (Verfahren: Elastisch-Elastisch): Abschnitt 4/5,
- Bildung des ersten Fließgelenkes (Verfahren: Elastisch-Plastisch): Abschnitt 6 oder
- Verformung über alle Grenzen durch Ausbildung eines kinematischen Bruchmodus in Form einer Fließgelenk- oder Fließzonenkette (Verfahren: Plastisch-Plastisch): Abschnitt 6.

Dabei wird der charakteristische Wert der Fließgrenze bei der Bestimmung der Tragfähigkeit um γ_M abgemindert. Das gilt entsprechend für andere Tragglieder, z.B. für die Verbindungsmittel. Die Faktoren sind in EUROCODE 1 und 3 als Empfehlung und in DIN 18800 T1 (11.90) als Vorschrift geregelt; vgl. Abschnitt 4.1

3.6.2 Grenzzustand des Stabilitätsverlustes durch Knicken, Kippen, Beulen

Da die Tragglieder und Tragwerke des Stahlbaues als Folge der hohen Materialfestigkeit i.a. relativ schlank und die Wanddicken gering ausfallen, haben die Nachweise gegen Knicken, Kippen und Beulen große Bedeutung. Sie werden ausführlich in Abschnitt 7 behandelt: Stabilitätsnachweis.

3.6.3 Grenzzustand des Stabilitätsverlustes durch Gleiten, Abheben oder Umkippen

Es sind zwei Fugen zu unterscheiden:

- Lagerfuge, Schnittstelle zwischen Stahl/Beton oder Stahl/Mauerwerk
- Gründungsfuge, Schnittstelle zwischen Fundament und Baugrund

Wird die Fuge durch eine Verankerung überbrückt, ist ein Festigkeitsnachweis, fehlt eine solche Verankerung, ist ein Lagesicherheitsnachweis zu führen. Hierbei ist zwischen rückstellenden und abtreibenden Kräften zu unterscheiden. Zu ersteren gehören die Eigenlasten, ggf. reduziert um den Auftrieb bei im Grundwasser liegenden Fundamenten und z.B. Reibungskräfte, Erdwiderstand. Einzelheiten sind in DIN 18800 T1 (alt und neu), DIN 4141 und anderen Vorschriften in Verbindung mit den Vorschriften des Massiv- und Grundbaues zu entnehmen.

3.6.4 Vorspannung

Unter Vorspannen versteht man das planmäßige Einprägen von Kräften oder Verformungen. Das geschieht i.a. bei der Herstellung des Tragwerkes. Geschieht dieses laufend während der Nutzung, vermöge eines Regelsystems, spricht man von "aktiver Verformungskontrolle" (vgl. Abschnitt 5.1, Pkt.e). - Ziel der Vorspannung ist es, den Beanspruchungszustand oder die Steifigkeit im Gebrauchszustand zu beeinflussen, z.B. um die Sicherheit schwellend bean-

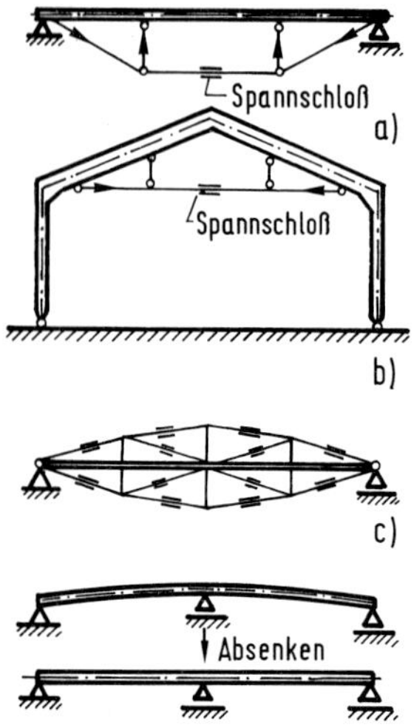

Bild 77

spruchter Schrauben oder Anker gegen Ermüdungsversagen zu erhöhen oder um die Rißbreiten im Beton von Stahlverbundkonstruktionen zu beschränken usf. Der Begriff "Vorspannung" wird in der Bautechnik unterschiedlich verwendet, eine allgemeingültige Definition läßt sich nicht finden [100]. - Durch das "Vorspannen" wird eine Beanspruchung ausgelöst. Dennoch zählt die Maßnahme nicht zu den Einwirkungen, denn sie hat ja die Aufgabe, die Beanspruchbarkeit zu erhöhen, bzw. die Qualität der Konstruktion zu verbessern und das in erster Linie im Gebrauchszustand. Eine Erhöhung der Vorspannkräfte oder -wege um γ_F wäre falsch. Wohl ist es angebracht, den Vorspanngrad durch einen Faktor γ_V zu variieren, z.B. γ_V=+1,1 und γ_V=-1,1, um mögliche Über- oder Unterspannungen zu erfassen. Insofern ist die Vorspannung als selbständige Streugröße zu begreifen. Das Sicherheitsproblem läßt sich nicht generell regeln sondern nur in Verbindung mit der speziellen Vorspannmaßnahme bzw. -aufgabe. Bild 77 zeigt Beispiele. In den Fällen a bis c wird das jeweilige System innerlich verspannt, im Falle d wird das Mittellager abgesenkt (bei Stahlverbundbrücken üblich). Daneben gibt es viele weitere Vorspannvarianten [101]. Hinsichtlich des Vorspanngrades sind zwei Fälle möglich:

1. Das vorgespannte Tragwerk wird so ausgelegt, daß unter γ_F-facher Einwirkung keine Plastizierungen eintreten, d.h. das System verhält sich elastisch, die Vorspannung bleibt erhalten: Nach Entlastung stellt sich der ursprüngliche Vorspannungszustand wieder ein (ggf. sind rheologisch bedingte Änderungen eingetreten).
2. Das vorgespannte Tragwerk wird so ausgelegt, daß unter γ_F-facher Einwirkung Plastizierungen eintreten. Die mit der Plastizierung verbundenen Verzerrungen sind so groß, daß der Vorspanneffekt z.T. oder ganz herausplastiziert wird. Auf die Tragfähigkeit im Grenzzustand (das System ist kinematisch labil) hat die ursprüngliche Vorspannung keinen Einfluß, allenfalls auf den Versagenspfad. Wird vor Erreichen des Grenzzustandes entlastet, verbleiben Verformungen. Das System ist mehr oder weniger unbrauchbar und mit Restspannungen behaftet.

Bei vorgespannten Tragwerken sind zwei Nachweise zu führen:

a) Auf der Grundlage der Elastizitätstheorie wird das vorgespannte System unter <u>Gebrauchslasten</u>, ggf. mit variierten Vorspanngraden (γ_V), nachgewiesen. Hierbei sind fallweise die Zustände ohne und mit Kriechen und Schwinden zu verfolgen. Es werden zulässige Spannungen gebildet: G.289 mit $\gamma=\gamma_F\cdot\gamma_M$ und nachgewiesen, daß sie eingehalten werden. γ_V, γ_F und γ_M sind zu vereinbaren. Ein solcher zulσ-Nachweis ist nicht zwingend. Ggf. wird nur nachgewiesen, daß bei nicht vorwiegend ruhender Belastung bestimmte kerbfallabhängige Spannungsspannen eingehalten oder gewisse Nutzungsbedingungen z.B. bestimmte Verformungen oder Rißbreiten (u.a.), nicht überschritten werden. Dann handelt es sich eher um einen Gebrauchstauglichkeitsnachweis.

b) Es wird die Tragsicherheit unter <u>γ_F-facher Einwirkung</u> nachgewiesen. Liegt Tragverhalten gemäß Fall 1 vor, entspricht das dem Nachweis a auf einem höheren Level.

Die vorstehenden Überlegungen gelten auch für vorgespannte Anschlußkonstruktionen (Bild 78); z.B.:

- Gleitfeste vorgespannte Schraubenverbindungen, die unter Gebrauchslast ohne Schlupf durch Reibschluß tragen (Teilbild a),
- vorgespannte, auf Zug beanspruchte Schrauben in Flansch- und Kopfplattenanschlüssen (Teilbild b/c),
- vorgespannte, auf Zug beanspruchte Anker in Fußkonstruktionen aller Art (Teilbild d).

Durch die Vorspannung erhält die Verbindung bzw. Verankerung eine hohe Steifigkeit, bei den auf Zug beanspruchten Schrauben wird ein Klaffen der Kontaktfuge verhindert. Die Er-

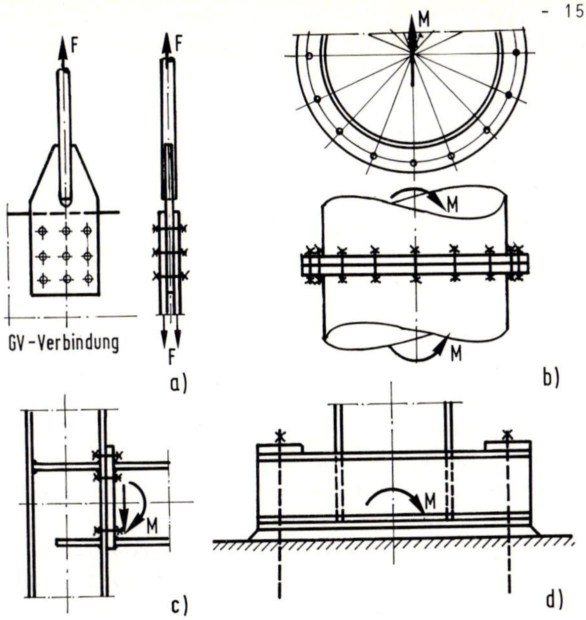

Bild 78

müdungsfestigkeit wird in allen Fällen entscheidend verbessert. Das gilt, wie gesagt, für den Gebrauchszustand, hier greift Nachweis a. Die tatsächliche Tragsicherheit kann nur gemäß b nachgewiesen werden.

Besondere Vorspannprobleme treten dann auf, wenn lange Zugglieder (z.B. Seile) integraler Bestandteil des Tragwerkes sind und sie eine schiefe, im Grenzfall, eine horizontale Lage haben. Da sie der Erdanziehung unterliegen, hängen sie durch. Der Durchhang ist von der Höhe der Kraft im Zugglied abhängig. Der bezogene Durchhang ist umso größer, je weiter das Zugglied frei gespannt ist, ein Teil der Tragfähigkeit wird aufgezehrt, um das Eigengewicht gegen die Gravitation abzutragen. Bild 79a/b zeigt zwei Beispiele. Um die Problematik mit der "Vorspannung" aufzuzeigen, wird Bild 79c betrachtet: Wird die Horizontalkraft F wirksam, wird das lastzugewandte (luvseitige) Seil im Vergleich zum Ausgangszustand gespannt, das lastabgewandte (leeseitige) entspannt. Teilbild c2 zeigt die Spannungsumlagerung in den Seilen 1 und 2 von der Vorspannung σ_0 aus. Auch in solchen Fällen wäre es verfehlt, die Vorspannkraft als Einwirkung einzustufen. Bei abgespannten Masten und ähnlichen Konstruktionen werden i.a. beide Nachweise geführt: Nachweis a zwecks Einhaltung gewisser Verformungsbedingungen zur Erfüllung funktechnischer Auflagen und Nachweis b zwecks Nachweis der Tragsicherheit, wobei das Tragwerk i.a. so ausgelegt wird, daß der Mast keine Plastizierungen erleidet (Fall 1).

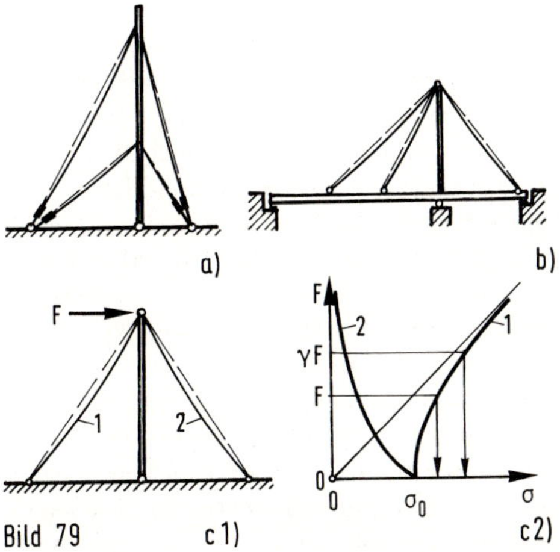

Bild 79 c1) c2)

Bei Schrägseilbrücken ist das i.a. wirtschaftlich nicht vertretbar. Hier kann der Tragsicherheitsnachweis unter γ_F-facher Belastung schwerwiegende Probleme aufwerfen [102].

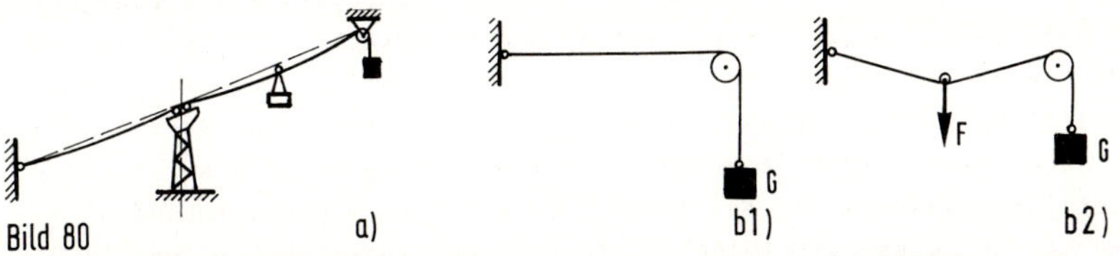

Bild 80

Als letztes soll auf solche Systeme hingewiesen werden, die ihre Seilvorspannung aus einem Spanngewicht beziehen (Bild 80a). Unabhängig von der Höhe der Nutzlast bleibt die Seilkraft konstant (Bild 80b). Das System verhält sich sehr gutartig, gleichwohl sollte γ_M um einen Teil von γ_F angehoben werden. Das kann auch bei anderen Seilsystemen angebracht sein.

3.7. Grenzzustand der Tragfähigkeit bei vorwiegend dynamischer Einwirkung

3.7.1 Einführung (vgl. auch Abschnitt 2.6.5.6)

Der Tragsicherheitsnachweis stählerner Tragwerke und Bauteile, die nicht vorwiegend ruhenden Lasten ausgesetzt sind, kann auf unterschiedliche Weise geführt werden:

a) Versuchsmäßige Bestimmung der Dauerfestigkeit an glatten (polierten) Rundstäben aus der zum Einsatz kommenden Eisen- oder Leichtmetallegierung. Erfassung der festigkeitsmindernden bzw. spannungserhöhenden Einflüsse für das speziell nachzuweisende Bauteil (d.h. für den vorliegenden Kerbfall) durch Korrekturbeiwerte. Diese (klassische) Nachweisform ist im Machinenbau üblich, insbesondere bei Auslegung von Maschinenelementen unterschiedlicher Gestalt: Gestaltfestigkeitsnachweis (Abschnitt 3.7.2).

b) Versuchsmäßige Bestimmung der Dauerfestigkeit an Prüfkörpern, die den Kerbeinfluß möglichst praxisnah erfassen, z.B. Prüfkörper mit Lochbohrungen oder Lochstanzungen (für Schrauben- oder Bolzenverbindungen), mit Schweißnähten unterschiedlicher Form und Fertigung, mit Beschichtungen usf. Die hierfür verwendeten Prüfkörper sind national und international nicht genormt, was die Vergleichbarkeit der Ergebnisse erschwert. Zunehmend werden auch Dauerfestigkeitsversuche an Großbauteilen durchgeführt (z.B. an geschweißten Vollwandträgern, Fachwerkknoten); der schädigende Einfluß der (globalen) Eigenspannungen wird dadurch mit erfaßt, der experimentelle Aufwand ist beträchtlich. Die auf diese Weise bestimmten Dauerfestigkeiten liegen den Nachweisen im Stahlbau zugrunde, wobei nach moderner Konzeption mit Hilfe von Betriebsfestigkeitsversuchen oder Schädigungshypothesen versucht wird, die reale, konstruktionstypische Beanspruchung einzufangen; man spricht dann vom Betriebsfestigkeitsnachweis. Dieser wurde zunächst im Flugzeugbau aus dem Bedürfnis, gewichtsoptimierte Konstruktionen unter Inkaufnahme einer begrenzten Zeitfestigkeit und damit Lebensdauer zu entwickeln, praktiziert. Der Betriebsfestigkeitsnachweis wurde dann im Kraftfahrzeugbau, Schiffbau, Kranbau, Seilbahnbau übernommen; in allen Fällen handelt es sich um mobile Konstruktionen. Inzwischen wurde das Betriebsfestigkeitskonzept auch im Stahlbau für den Nachweis von Kranbahnen (DIN 4132) und Eisenbahnbrücken (DS804) eingeführt; bei diesen Tragwerken handelt es sich um stationäre Konstruktionen. Es ist durchaus fraglich, ob es sinnvoll war, für letztere einen Betriebsfestigkeitsnachweis vorzuschreiben: Denn selbst wenn man unterstellt, daß es wie bei Flugzeugen, Kraftfahrzeugen, Kranen gelingt, das Beanspruchungskollektiv und die voraussichtliche Lebensdauer relativ zuverlässig anzugeben bzw. vorherzusagen, so besteht doch insofern ein wesentlicher Unterschied, als daß es bei mobilen Konstruktionen darum geht, den Energieverbrauch im Betrieb zu minimieren, d.h. das Verhältnis von Nutzlast zu Eigengewicht möglichst günstig einzustellen. Dieses Kriterium gilt für stationäre Konstruktionen nicht (Ausnahme: Bewegliche Brücken); ein dringendes Bedürfnis zur letzten Tragfähigkeitsausschöpfung des Materials besteht nicht. Insbesondere bedeutet der Wegfall jeglicher Reserven, daß man sich der Möglichkeit einer späteren Umstellung der Nutzung mit einer graduell höheren Ermüdungsbeanspruchung begibt. Gleichwohl hat das Betriebfestigkeitskonzept Vorteile, insbesondere den, daß der Ermüdungsnachweis von einer rationalen Basis her erfolgt, d.h. daß die Sicherheitsfragen transparenter geregelt werden können. Letztlich ermöglicht der Betriebsfestigkeitsnachweis (im Vergleich zum bisher üblichen Dauerfestigkeitsnachweis) einen wirtschaftlicheren Einsatz der Baustähle. Wie zuvor angedeutet, ist dieser Gesichspunkt für die normalen Baustähle (orientiert an den Gesamtkosten) nicht sehr bedeutend, wohl für die teuren hochfesten Baustähle. Zum einen ist bei stärkerer Kerbwirkung die Ermüdungsfestigkeit weitgehend unabhängig von der statischen Bruchfestigkeit (daher ist bei hochfesten Stählen eine Betriebsfestigkeitsdimensionierung wirtschaftlich zwingender), zum anderen ist der Anteil der nicht vorwiegend ruhenden Lasten im Vergleich zu den ständigen als Folge der leichteren Bauart größer, der Ermüdungsnachweis wird dominierender.

c) Versuchsmäßige Bestimmung der Dauer- oder Betriebsfestigkeit an realen Maschinenbauteilen (z.B. Kurbelwellen, Achsschenkeln, Federn, Schrauben usf.) und kompletten Konstruktionen (z.B. Kraftfahrzeuge auf Rütteltischen, Prototypen von Flugzeugen mit bis zu hundert einzeln gesteuerten Prüfzylindern zur Simulation der voraussichtlichen Beanspruchungsgeschichte, Pionierbrücken mit mehrtausendfacher Überfahrt von schwerem Gerät usf.). Derartige Versuche lohnen sich nur bei großen Stückzahlen oder bei der

Notwendigkeit einer extremen Gewichtsoptimierung und gleichzeitig hohen Sicherheits- und Zuverlässigkeitsansprüchen.

Die vorstehenden Kategorien lassen sich nicht streng voneinander abgrenzen; vielfach werden im Rahmen der Auslegung mehrere Nachweisformen angewandt. Pinzipiell ist die Vorgehensweise in allen Fällen dieselbe, die Unterschiede liegen in der erreichbaren Wirklichkeitsnähe. - Auf dem Gebiet der Dauer- und Betriebsfestigkeit wird seit Jahrzehnten mit großem Zeit- und Kostenaufwand intensiv geforscht; die Entwicklung ist noch keineswegs abgeschlossen. Neben Fragen der Versuchsdurchführung und -auswertung, sind es vor allem bruchmechanische und sicherheitstheoretische Probleme sowie solche, die der weiteren Abklärung der Zeit- und Kurzzeitfestigkeit (low cycle fatigue) und der Dauerfestigkeit bei mehrachsiger Beanspruchung gewidmet sind, die die heutige Forschung beschäftigen. -
Für die Praxis besteht die wichtigste Aufgabe darin, die Konstruktion in den baulichen Details möglichst ermüdungsgerecht auszulegen, d.h. die Kerbwirkung zu minimieren.
Zum Thema Dauer- und Betriebsfestigkeit existiert ein umfangreiches Schrifttum. Diesbezüglich wird auf die Literaturangaben in Abschnitt 2 [75-95] und in Abschnitt 28 [27-56] sowie auf [103-112] und die hierin enthaltenen Angaben verwiesen.

3.7.2 Dauerfestigkeitsnachweis nach dem Konzept der Gestaltfestigkeit (Maschinenbau)

3.7.2.1 Nachweisform

Im Maschinenbau bestand schon sehr frühzeitig die Notwendigkeit, die Konstruktionen auf Ermüdung nachzuweisen, sind doch Maschinenteile zeitlich rasch veränderlichen, vielfach gleichbleibenden Beanspruchungen mit hohen Lastwechselzahlen ausgesetzt. (Die häufigen Brüche an Eisenbahnwagenachsen waren für WÖHLER der Grund, Dauerversuche durchzuführen, vgl. Abschnitt 25.2.5.2.1.) Wegen des schwingenden Beanspruchungscharakters wurden die Begriffe Dauerschwingversuch und Dauerschwingfestigkeit eingeführt, obwohl das Festigkeitsproblem primär nichts mit Schwingungen zu tun hat. Aus diesem Grund haben sich später die Begriffe Dauerversuch und Dauerfestigkeit eingebürgert, inzwischen spricht man von Ermüdungsfestigkeit (engl.: fatigue).
Grundlage des klassischen Dauer(-schwing-)festigkeitsnachweises im Maschinenbau ist der Einstufenversuch an einem glatten (polierten) Rundstab mit ca. 10mm Durchmesser. Für die verschiedensten Maschinenbaustähle wurden hiermit die Dauerfestigkeiten σ_D bestimmt und in SMITH-Diagrammen dargestellt. Tafel 3.1 enthält eine Zusammenstellung solcher Diagramme [102-105,113]. - Die Dauerfestigkeit eines realen Bauteiles weicht hiervon ab. Zudem stellen sich i.a. in den nachzuweisenden (ermüdungsgefährdeten) Querschnitten nicht die Nennspannungen σ_n der elasto-statischen Festigkeitslehre sondern Spannungserhöhungen (Spannungsspitzen) infolge Kerbwirkungen ein. Sie bedeuten (orientiert an den Nennspannungen) eine Beanspruchungserhöhung; im selben Sinne wirken sich dynamische Stöße aus.
Die festigkeitsmindernden Einflüsse (bezogen auf den polierten Rundstab) sind:
- Oberflächenbeschaffenheit (Bearbeitungsrauhigkeit, Korrosionsnarben, Oberflächenhärte)
- Bauteilgröße
- Bauteilform (von der Kreisform abweichende, z.B. kantige Formen)

Die spannungserhöhenden Einflüsse sind:
- Kerbwirkungen (ungleichförmige, i.a. mehrachsige Spannungszustände, insbesondere im Bereich von Querschnitts- und Konturänderungen; Kerbempfindlichkeit des Materials)
- Stoßwirkungen

(Die Zuordnung der Einflüsse in die beiden Katgorien ist z.T. austauschbar.) Zur Erfassung der Einflüsse werden folgende Faktoren eingeführt:
- Oberflächenzahl $k_1 \leq 1$
- Größenzahl $k_2 \leq 1$
- Form- und Querschnittszahl $k_3 \leq 1$
- Kerbwirkungszahl $\beta_k \geq 1$
- Stoßzahl $\varphi \geq 1$ (sofern die dynamische Überhöhung nicht schon in σ_n berücksichtigt ist, was z.B. bei Resonanzbeanspruchung unbedingt erforderlich wäre).

Dauerfestigkeitsschaubilder für Baustahl (DIN 17100) und Stahlguß (DIN 1681)

Polierte Rundprobenstäbe für maschinenbauliche Zwecke

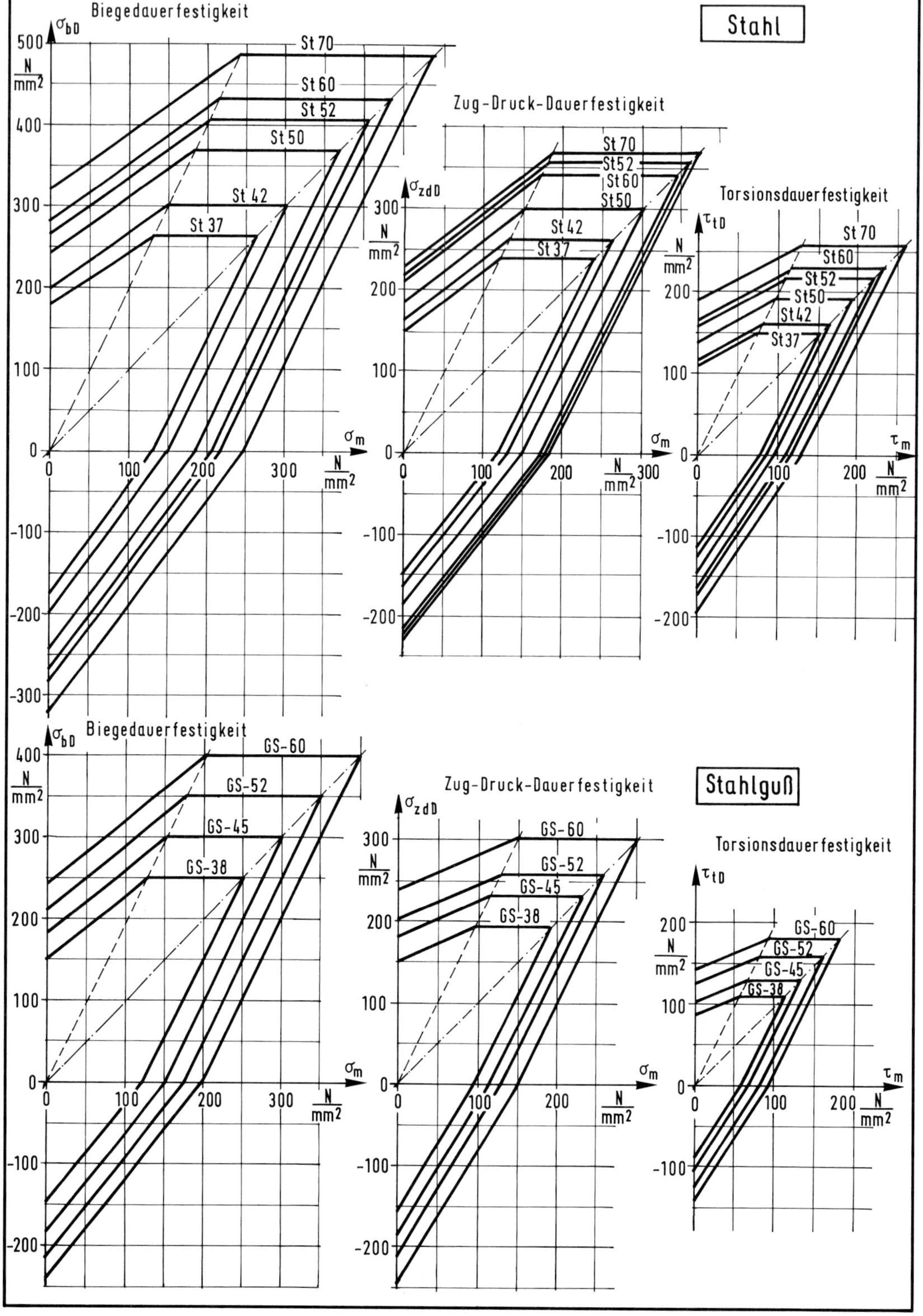

Die mit diesen Faktoren bestimmte Festigkeit nennt man Gestaltfestigkeit:

$$\sigma_{Gest} = \frac{k_1 \cdot k_2 \cdot k_3}{\beta_k \cdot \varphi} \cdot \sigma_D \tag{291}$$

σ_D steht für die ertragbare Spannungsamplitude (oder Spannungsdoppelamplitude); das gilt demgemäß auch für σ_{Gest}. Gegenüber dieser Spannung ist eine Sicherheit einzuhalten: γ_D.

$$zul\,\sigma_{Gest} = \frac{\sigma_{Gest}}{\gamma_D} \tag{292}$$

Ggf. muß γ_D höher angesetzt werden, wenn für die speziellen vorgenannten Einflüsse keine Angaben vorliegen und die Faktoren geschätzt werden müssen. Der Nachweis ist damit wie folgt zu führen:

$$\sigma_n \leq zul\,\sigma_{Gest} \tag{293}$$

(σ_n ist die Nennspannungs- oder Nennspannungsdoppelamplitude, je nachdem wie σ_D vereinbart ist.)

Die Nachweisform ist offensichtlich recht schlüssig. Eine gewisse Problematik liegt in der Trennung der Einflüsse und ihrer multiplikativen Aufreihung. Von der Erfahrung wird das Konzept bestätigt.

3.7.2.2 Einflußfaktoren

Das Gewicht der oben zusammengestellten Einflüsse ist unterschiedlich. Die Einflußfaktoren wurden auf der Basis von Vergleichsversuchen und Plausibilitätsschlüssen hergeleitet.

a) Oberflächenzahl k_1: Hiermit wird die planmäßige Bearbeitungsrauhigkeit erfaßt. (Mechanisches Polieren erhöht durch die Bildung von Druckeigenspannungen an der Oberfläche die Ermüdungsfestigkeit.) k_1 sinkt von Eins (für poliert) mit zunehmender Rauhtiefe ab, wobei diese Reduktion umso ausgeprägter ist, je höher die Festigkeit des Stahles ist; Bild 81 gibt Anhaltswerte. Es handelt sich eigentlich um einen Kerbeinfluß der Oberfläche. Unplanmäßige Rauhigkeiten werden durch k_1 nicht erfaßt: Bearbeitungsfehler in Form von Schleif-, Dreh- oder Walzriefen, Poren, Schweißspritzer usf.

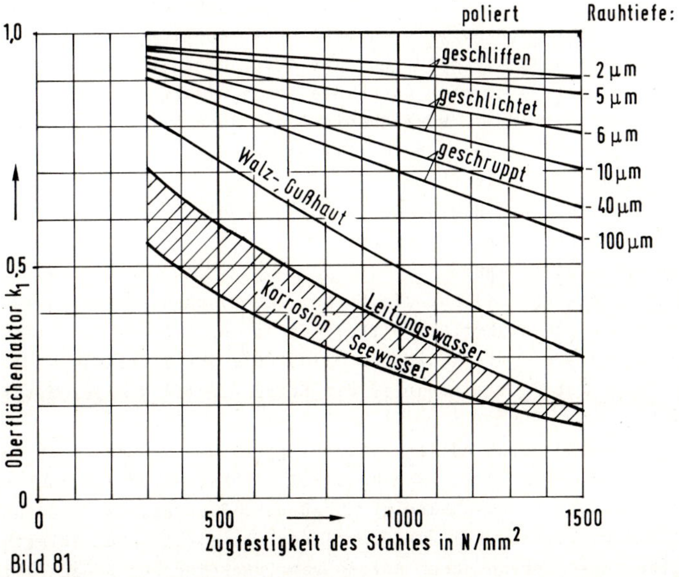

Bild 81

Der Einfluß der Korrosion kann über k_1 nur bedingt erfaßt werden; der Einfluß ist nämlich einerseits von dem korrosiven Mittel (Leitungswasser/Seewasser/Säuren; Land-, Industrie- oder Meeresatmosphäre), andererseits von der Dauer einer solchen Korrosionsbeaufschlagung abhängig. Man spricht bei diesen Einflüssen von Vorkorrosion, und meint damit die durch Korrosion bewirkte Erhöhung der Oberflächenrauhigkeit (Materialabtragung). Davon zu unterscheiden ist die Spannungsrißkorrosion, die dann einsetzt, wenn sich ein Ermüdungsriß gebildet hat; vgl. Abschnitt 28. Ein weiteres Korrosionsphänomen ist die Reibkorrosion, z.B. bei Bolzenverbindungen (Abschnitt 10.3) sowie Seilen und Seilverankerungen (Abschnitt 16.1.5). Durch mechanische und thermische Verfestigungsverfahren der Oberfläche (Randzone) kann die Ermüdungsfestigkeit wirksam gesteigert werden: Strahlen, Hämmern, Oberflächendrücken, Nitrieren. Jeglicher Aufbau von Druckeigenspannungen in den für den Ermüdungsriß maßgebenden Oberflächenschichten ist günstig.

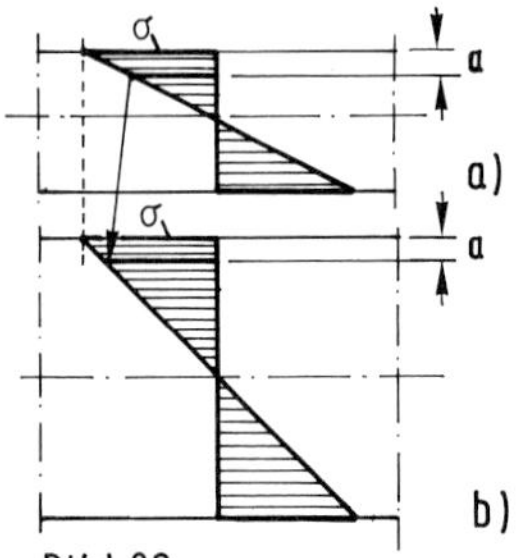

Bild 82

b) Größenzahl k_2: Mit zunehmender Größe tritt eine Abnahme der Dauerfestigkeit, bezogen auf den ca. 10mm dicken (polierten) Rundstab, ein. Das gilt insbesondere bei Biege- und Torsionsbeanspruchung, weniger bei Zug/Druckbeanspruchung. Dieser Umstand läßt den Schluß zu, daß der Größeneinfluß vorrangig auf dem Spannungsgefälle (bei Biege- und Torsionsbeanspruchung) beruht; vgl. Bild 82. Da bei gleichgroßer Randspannung der dünnere Stab einen größeren Spannungsgradienten aufweist als der dickere, ist die Spannung im Abstand a vom Rand beim dünneren Stab geringer als beim dickeren, folglich kann beim dünneren Stab von den randnahen Fasern eine stärkere Stützwirkung (bei beginnender Randzerrüttung) ausgehen als beim dickeren. Man spricht vom spannungsmechanischen Größeneinfluß, der sich auch vor der Rißspitze eines sich gebildeten Ermüdungsrisses stützend auswirkt. Darüberhinaus dürfte der Größeneinfluß auch mit der Größe des absoluten Volumens unmittelbar und der bei größerem Volumen größeren Auftretenswahrscheinlichkeit einer bruchauslösenden Fehlstelle zusammenhängen [114-118]. - Bild 83 vermittelt einen Anhalt.

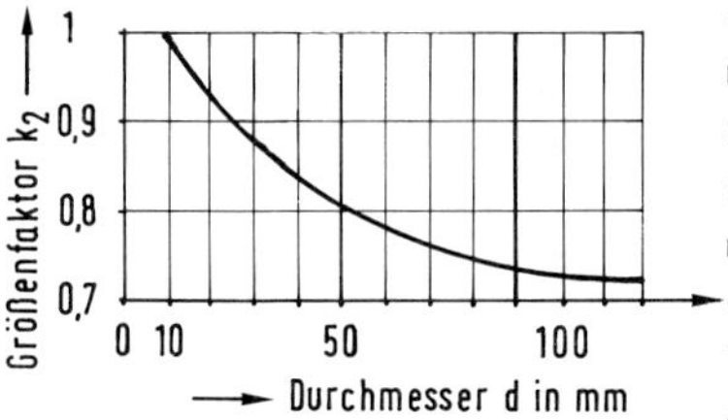

Bild 83

c) Form- oder Querschnittszahl k_3: Der abmindernde Einfluß von gegenüber dem Rundstab abweichenden Formen läßt sich, wie k_1 und k_2, nur auf dem Versuchsweg bestimmen. Für rechteckige (allgemein kantige) Querschnitte ist $k_3 = 0{,}8 \div 0{,}9$ anzusetzen gegenüber $k_3 = 1$ für abgerundete und runde Querschnitte.

d) Kerbwirkungszahl β_k: Jeder konstruktive Eingriff in die geometrisch gleichmäßige Form wirkt als Kerbe: Eindrehungen, Kröpfungen, Nute, Wellenübergänge und -absätze, Längs- und Querbohrungen, Gewinde usf. In gleichem Sinne wirken Stellen, an denen Kräfte lokal eingetragen oder umgelenkt werden, sowie Einspannstellen mit Querpressungen. Eine Kumulierung solcher Stellen sollte bei der konstruktiven Ausbildung möglichst vermieden werden. - β_k kennzeichnet den Abfall der Dauerfestigkeit (und zwar der ertragbaren Spannungsamplitude bzw. Spannungsdoppelamplitude), hervorgerufen durch die Kerbe, im Vergleich zum glatten Stab. β_k ist nicht mit dem Kerbfaktor α_k zu verwechseln (vgl. Abschnitt 2.6.5.5.4), der die Spannungserhöhung im Kerbgrund gegenüber der mittleren Nennspannung beschreibt. - β_k erfaßt vielmehr zwei Einflüsse gleichzeitig:
- Form und Schärfe der Kerbe (d.h. Tiefe und Radius der Kerbe) und die
- Empfindlichkeit des Werkstoffes gegenüber einer Kerbung.

Es gibt zwei Möglichkeiten, um β_k zu bestimmen:
1. Es werden WÖHLER-Vergleichsversuche an (bis auf die Kerbe) identischen Proben (unter Ausschaltung anderer Einflüsse) durchgeführt. Im Mittel beträgt β_k 1,5 bis 2, abhängig von der Kerbform, Beanspruchungsart und Stahlgüte. Je milder die Kerbe (rund) und je weicher der Stahl, umso geringer ist β_k; je schärfer die Kerbe (spitz) und je härter der Stahl, umso größer ist β_k.
2. Mit Hilfe der Formzahl α_k und der Kerbempfindlichkeitszahl η_k wird β_k rechnerisch bestimmt. Wie in Abschnitt 2.6.5.5.4 erläutert, wird α_k elastizitätstheoretisch oder experimentell bestimmt; α_k ist beanspruchungsabhängig (Zug/Druck, Biegung, Torsion) und gilt innerhalb des elastischen Bereiches. Bei veränderlicher überelastischer Belastung baut sich die Spannungsspitze im Kerbgrund durch Aufbau von Druckeigenspannungen ab: Von den Nachbarbereichen geht eine Stützwirkung aus [119]. Nach einigen Lastwechseln beträgt die Spannungsspitze nicht mehr $(\alpha_k-1)\sigma_n$ sondern $(\beta_k-1)\sigma_n$. Diese Fähigkeit des Materials, Kerbspannungen selbsttätig abzubauen, kennzeichnet der Quotient

$$\eta_k = \frac{\beta_k - 1}{\alpha_k - 1} \qquad (294)$$

η_k wird Kerbempfindlichkeitszahl genannt und ist vorrangig eine Werkstoffzahl. η_k ist außerdem in verwickelter Weise von der Kerbform und Beanspruchungsart abhängig.

Für η_k gelten folgende Anhalte: Baustähle: 0,4 (St42); 0,5 (St60); 0,75 (St80 bis St100); hochfeste harte Federstähle: 0,9÷1,0; Grauguß (GG): 0,25; Leichtmetalle: 0,3-0,5. Wird G.294 nach β_k aufgelöst, erhält man die β_k-Formel nach THUM:

$$\beta_k = \eta_k(\alpha_k - 1) + 1 \qquad (295)$$

In den einschlägigen Fachbüchern des Maschinenbaues findet man für die unterschiedlichen Kerbfälle die erforderlichen α_k-, η_k- und β_k-Zahlen [104,105,120], basierend u.a. auf [121-124], vgl. auch [125,126].

Die vorstehenden Hinweise beziehen sich auf äußere, konstruktionsbedingte Kerben. Innere Kerben wirken sich gleichfalls ermüdungsschädigend aus: Seigerungen, Schlackeneinschlüsse, Dopplungen, Randentkohlungen; hierbei handelt es sich um Werkstoffehler, die durch das vorstehende Konzept nicht erfaßt werden.

e) Stoßzahl φ: Man spricht auch von der Stoßziffer oder vom Betriebsfaktor. Hiermit werden die von Stößen oder unplanmäßigen Überlastungen (abhängig von der Rauhigkeit des Betriebes) ausgehenden "Abminderungseinflüsse" auf die Dauerfestigkeit erfaßt.-

Der vorstehend erläuterte "klassische" Dauerfestigkeitsnachweis des Maschinenbaues, basierend auf dem Konzept der Gestaltfestigkeit, wurde und wird i.a. durch Dauer- oder Betriebsfestigkeitsversuche an realen Bauelementen oder ganzen Bauteilen ergänzt bzw. ersetzt, sowohl aus Gründen der Sicherheit wie der Wirtschaftlichkeit, insbesondere bei seriellen mobilen Konstruktionen. - Mit dem Konzept lassen sich die unterschiedlichen ermüdungsrelevanten Einflüsse relativ übersichtlich ordnen. Ergänzend wird auf die Auswirkung folgender Einflüsse hingewiesen [103,120]:

- Die Belastungsfrequenz hat bis etwa 200Hz keinen Einfluß auf die Dauerfestigkeit. Bei extrem niedriger Frequenz (< 1Hz) ist ein geringfügig mindernder Einfluß festzustellen.
- Eine Temperaturerhöhung bewirkt bis zu ca. 200÷300°C keine Reduzierung der Ermüdungsfestigkeit (analog zur Zugfestigkeit tritt bis zu den genannten Temperaturen eher eine leichte Steigerung ein).
- Eine Kaltverformung (Kaltrecken oder -walzen) wirkt sich nicht oder in einer Erhöhung aus.
- Sofern eine Wärmebehandlung Druckeigenspannungen auf der Oberfläche abbaut, ist sie, vom Standpunkt der Ermüdungsfestigkeit aus, unzweckmäßig; das Gegenteil gilt für einen Abbau von Zugeigenspannungen (z.B. beim Spannungsarmglühen).
- Eine Feuerverzinkung wirkt sich mindernd aus; vgl. Abschnitt 19.2.4.3.

Alle in diesem Abschnitt behandelten Einflüsse und Gesichtspunkte gelten grundsätzlich auch im Stahlbau. Das Konzept des Gestaltfestigkeitsnachweises ist gleichwohl auf den Stahlbau unmittelbar nicht übertragbar. Die Dauerfestigkeit der Stahlbaukonstruktionen wird von drei Einflüssen in dominierender Weise bestimmt:

- Der Stahl wird i.a. im Walzzustand (ohne spanabhebende Oberflächenbearbeitung) eingesetzt,
- es überwiegt der Kerbeinfluß der Lochbohrungen und Schweißnähte gegenüber allen anderen konkurrierenden Kerbwirkungen,
- durch die Eigenspannungen liegen die realen Spannungslevel viel höher als es den Betriebsspannungen entspricht; das gilt vorrangig für geschweißte Bauteile und hier besonders für steife Großbauteile.

Es hat nicht an Versuchen gefehlt, das Gestaltfestigkeitskonzept auf Stahlbaukonstruktionen zu übertragen [127,128]; letztlich hat sich das Konzept der kerbfallabhängigen zulässigen Spannungen durchgesetzt. So dürfte es auch in Zukunft bleiben. Andere Konzepte, wie das Kerbgrundkonzept (vgl. RADAJ [129-132]) oder das Bruchmechanikkonzept (vgl. Abschnitt 28 und [110,111,133-137]) dienen der wissenschaftlichen Absicherung und erweisen sich bei Untersuchungen von Sonderfragen (z.B. Bestimmung der Restlebensdauer geschädigter Bauteile) als sehr nützlich.

3.7.3 Dauerfestigkeitsnachweis nach dem Konzept der kerbfallabhängigen zulässigen Spannungen (Stahlbau)

3.7.3.1 Zulässige Dauerfestigkeitsspannungen

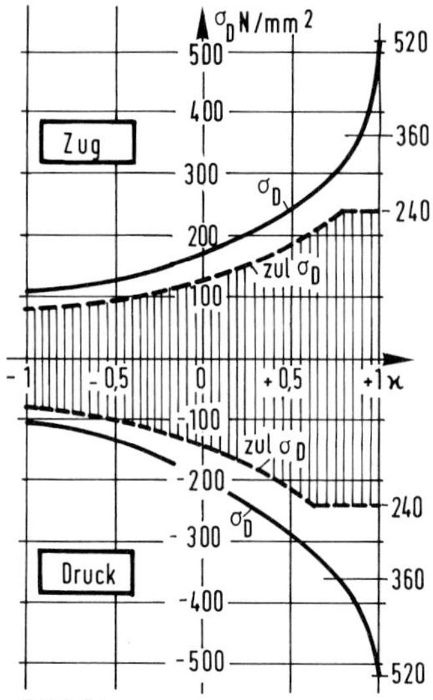

Bild 84

Die grundsätzliche Vorgehensweise ist in Abschnitt 3.7.1 (Unterabschnitt b) zusammengefaßt: Maßgebend für den Dauerfestigkeitsnachweis sind die an großen Prüfkörpern mit realem Kerbeinfluß (Lochbohrungen, Schweißnähte) ermittelten ertragbaren Dauerfestigkeitsspannungen σ_D ("Stahlbau-Dauerfestigkeit"). σ_D wird den WÖHLER-Linien für $N=2\cdot10^6$ Lastwechsel entnommen, ehemals durch Auswertung von Augenschein, heute mittels statistischer Methoden für eine vereinbarte Überlebenswahrscheinlichkeit. Es war bisher üblich, die ertragbaren Oberspannungen im Dauerfestigkeitsdiagramm nach MOORE-KOMMERS-JASPER darzustellen, vgl. Abschnitt 2.6.5.6.2. (Im Ausland war und ist eher eine Auftragung nach HAIGH oder GOODMAN üblich.) Die Linien der zulässigen Spannungen (zul σ_D) halten eine gewisse Sicherheit gegenüber den Linien der ertragbaren Dauerfestigkeit ein. Die zul Spannungen des "Allgemeinen Spannungsnachweises" für Zug und Druck im Lastfall H sind im Schaubild ebenfalls eingetragen; sie beinhalten die Sicherheit 1,5 (z.T. 1,5 und 1,7) gegenüber der "Mindeststreckgrenze". Das ergibt ein Diagramm der zulässigen Dauerfestigkeitsspannungen (für einen speziellen Kerbfall) als Funktion des Spannungsverhältnisses $\varkappa$, wie in Bild 84 an einem Beispiel dargestellt. Wie sich auf dieser Basis der Dauerfestigkeitsnachweis im Kranbau und Brückenbau in den zurückliegenden Jahrzehnten entwickelt hat, wird in den Abschnitten 21.5.3 bzw. 25.2.5 behandelt.

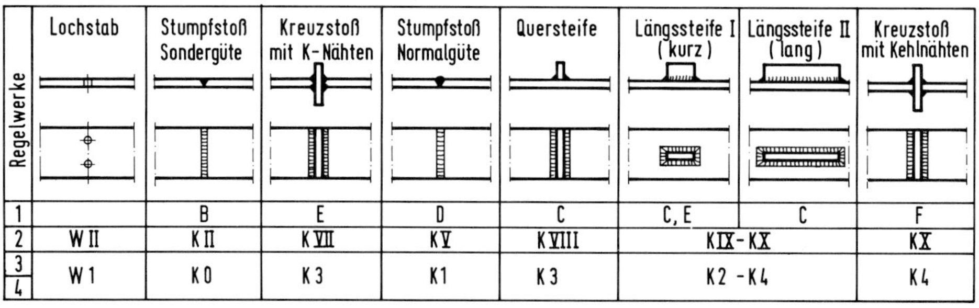

Regelwerke	Lochstab	Stumpfstoß Sondergüte	Kreuzstoß mit K-Nähten	Stumpfstoß Normalgüte	Quersteife	Längssteife I (kurz)	Längssteife II (lang)	Kreuzstoß mit Kehlnähten
1		B	E	D	C	C, E	C	F
2	W II	K II	K VII	K V	K VIII	K IX - K X		K X
3 / 4	W 1	K 0	K 3	K 1	K 3	K 2 - K 4		K 4

Bild 85 Legende: 1: DV 804 (alt) bzw. DV 848 (alt), 2: DS 804 (neu), 3: DIN 15018, 4: DIN 4132

Die Fortschreibung des Dauerfestigkeitsnachweises in den Regelwerken war durch eine immer feinere Abstufung der Kerbwirkungen gekennzeichnet. In Bild 85 sind die wichtigsten Grundfälle zusammengestellt, einschließlich ihrer Kurzbenennung:

1: DV848, ehemalige "Vorschrift für geschweißte Eisenbahnbrücken" (1955),
2: DS804, inzwischen eingeführte "Vorschrift für Eisenbahnbrücken ..." (1983),
3: DIN 15018, Krane, Stahltragwerke (1. Ausg. 1974),
4: DIN 4132, Kranbahnen, Stahltragwerke (1981)

Für hochfeste schweißgeeignete Feinkornbaustähle enthält die DASt-Richtlinie 011 (1988) die für den Ermüdungsnachweis benötigten Angaben. Weitere Regelungen sind enthalten in:

- DIN 1073: Stählerne Straßenbrücken (1974): Nachweis bei kombiniertem Straßen- und Schienenverkehr, Nachweis der Seile und Kabel (Abschnitt 16.1.5); nunmehr DIN 18809 (1987)
- DIN 4133: Schornsteine aus Stahl (1991)
- DIN 4112: Fliegende Bauten (1983)

Auf den Tafeln 3.2/3 sind die zulässigen Dauerfestigkeitsspannungen der DIN 15018, DIN 4132 und DASt-Ri011 zusammengestellt. Die Kurven sind jeweils durch σ_F bzw. τ_F nach oben

Dauerfestigkeit St37, St52, StE460, StE690

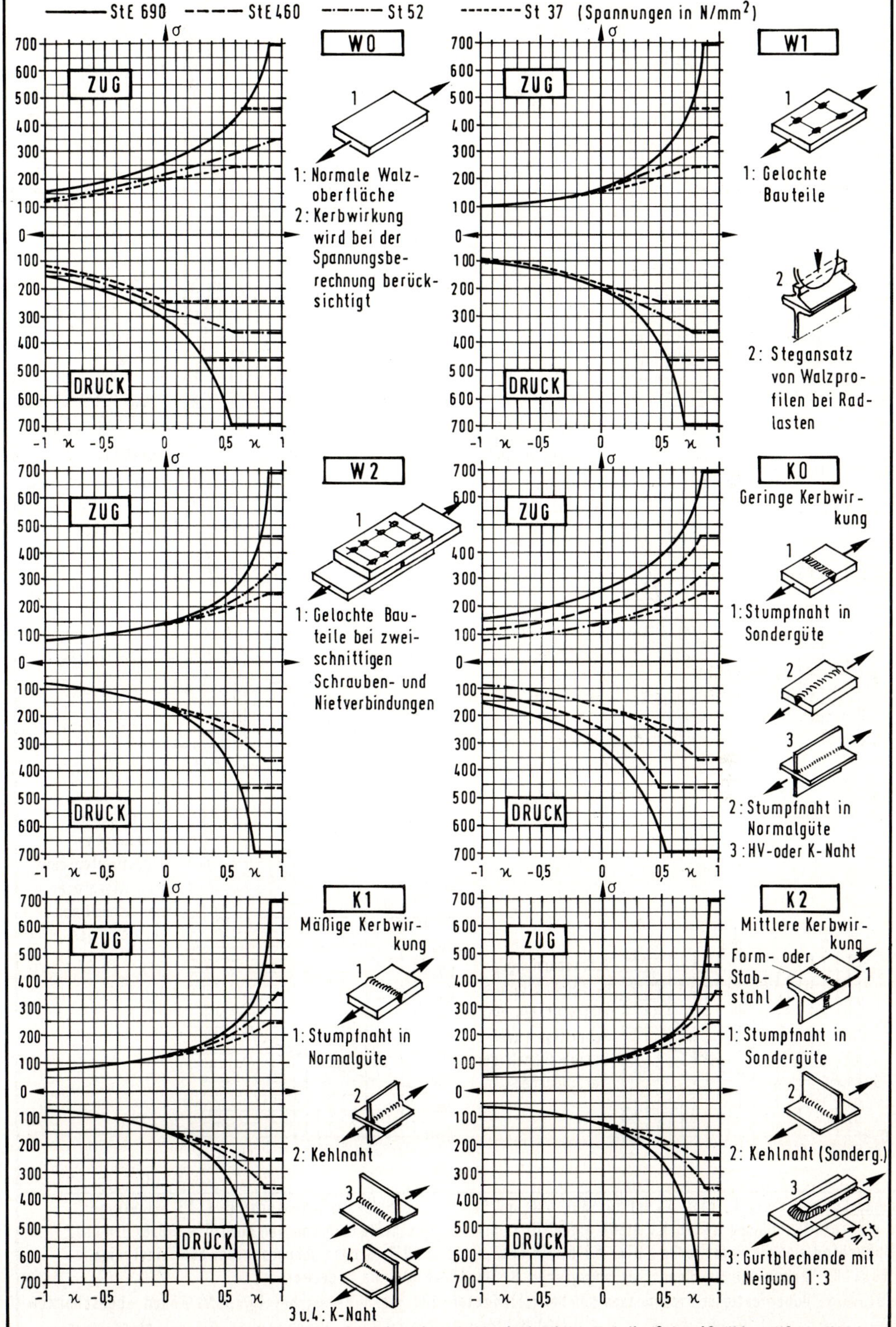

Alle Spannungen beziehen sich auf die Bauteile (Grundmaterial), nicht auf die Schweißnähte (W0 bis K4)!

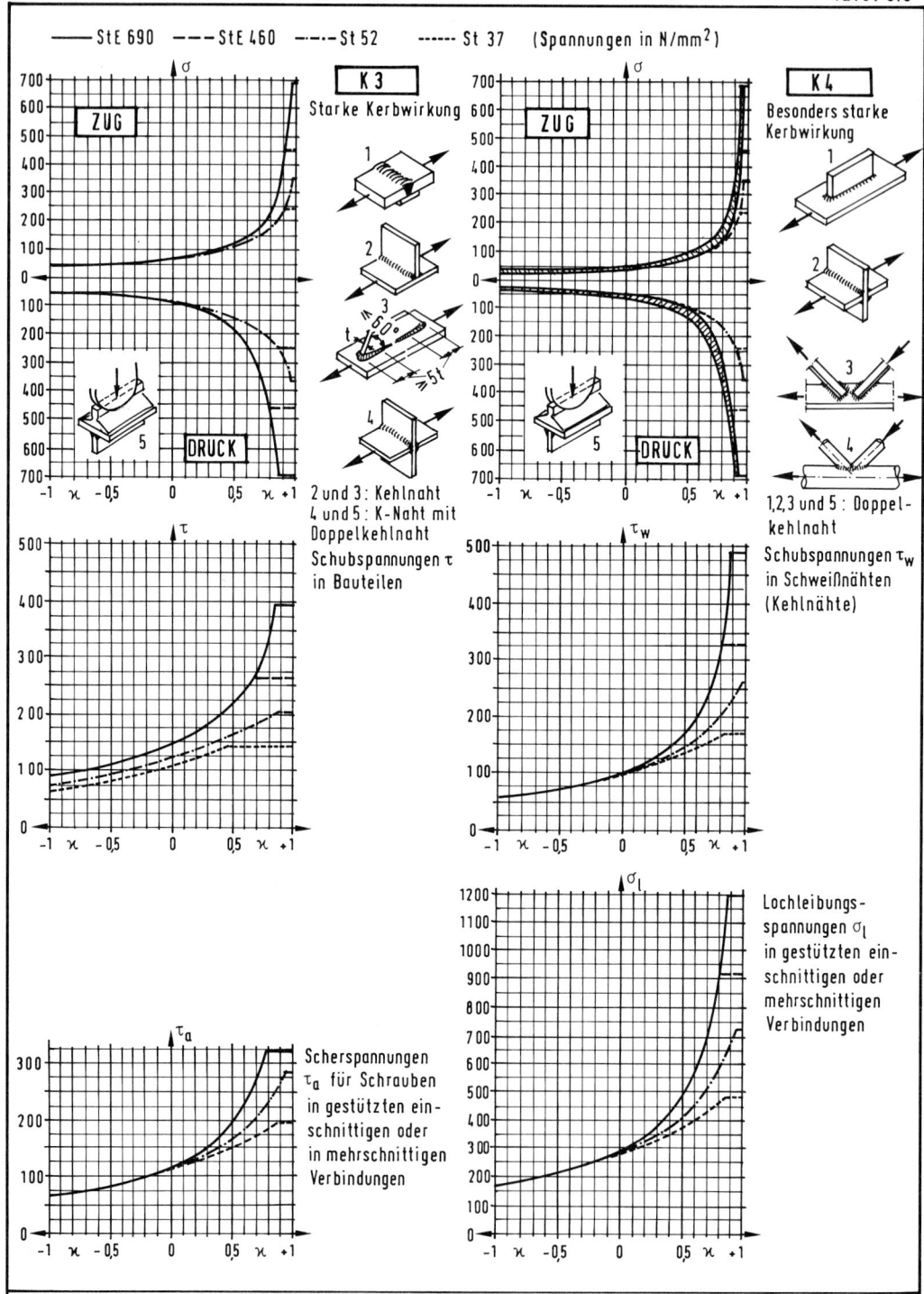

—— StE 690 – – – StE 460 –·–·– St 52 ------ St 37 (Spannungen in N/mm^2)

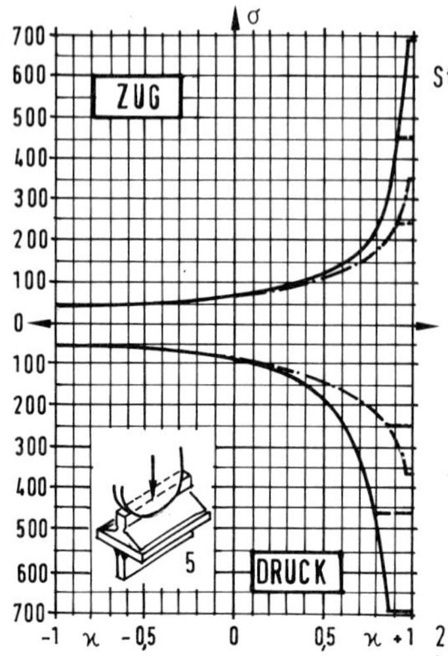

K 3

Starke Kerbwirkung

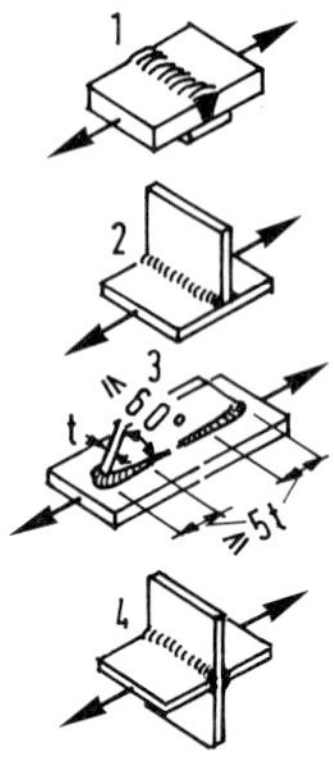

2 und 3: Kehlnaht
4 und 5: K-Naht mit Doppelkehlnaht

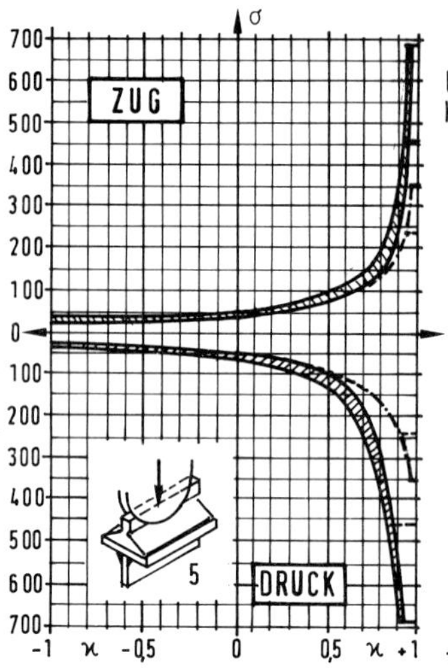

K 4

Besonders starke Kerbwirkung

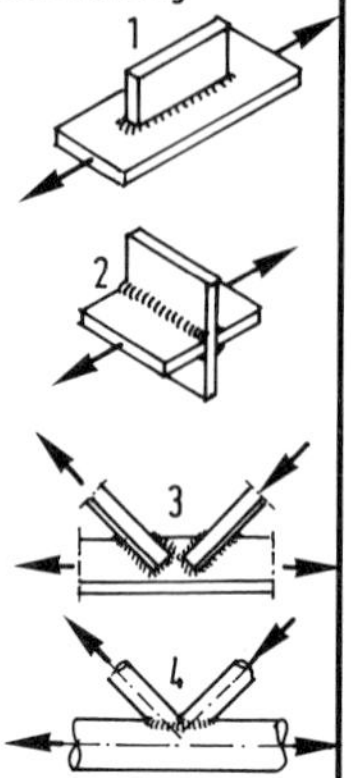

1,2,3 und 5: Doppelkehlnaht

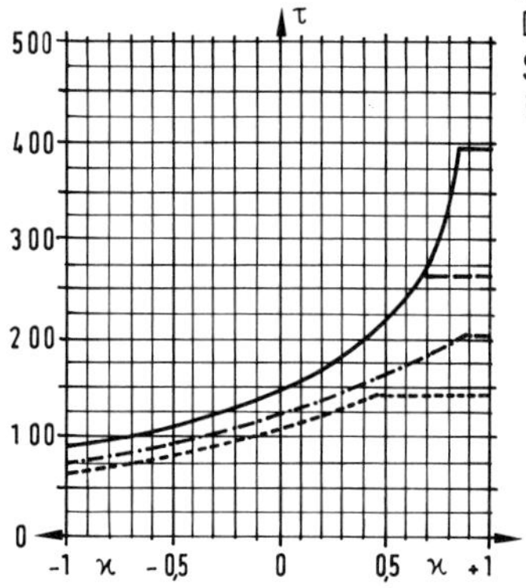

Schubspannungen τ in Bauteilen

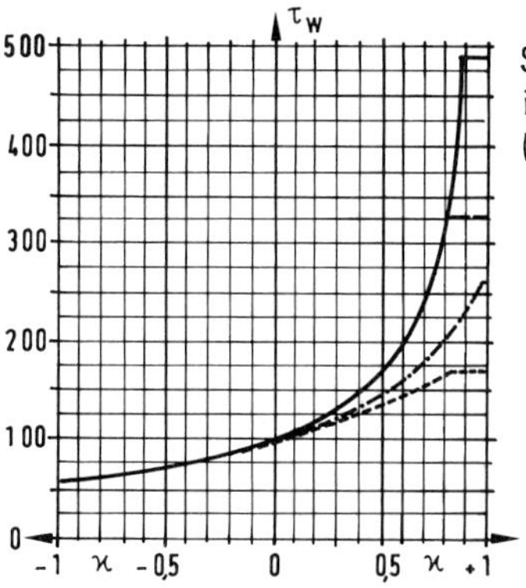

Schubspannungen τ_w in Schweißnähten (Kehlnähte)

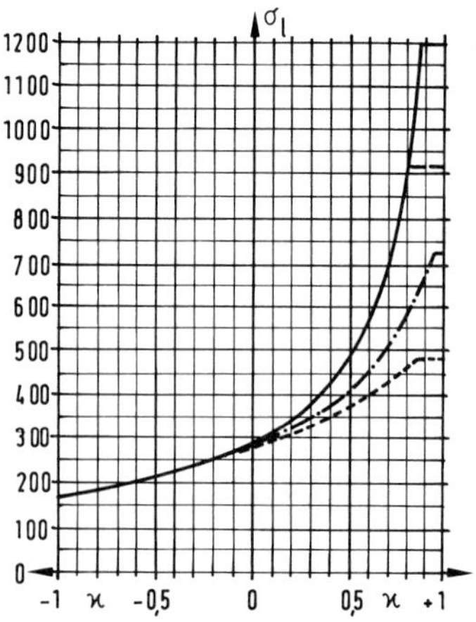

Lochleibungsspannungen σ_l in gestützten einschnittigen oder mehrschnittigen Verbindungen

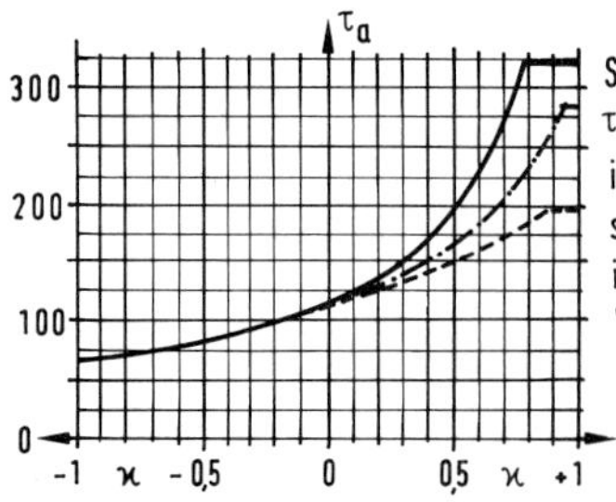

Scherspannungen τ_a für Schrauben in gestützten einschnittigen oder in mehrschnittigen Verbindungen

Anmerkungen: Bei Kerbfall K4 ist für StE 690 und StE 460 auch der Zwischenkerbfall K4/3 eingetragen. Die Kerbfallzuordnung ist ab K1 nicht einheitlich; hier beispielhafte Zuordnungen nach DIN 15018/DIN 4132. Maßgebend sind die Regelwerke: DIN 15018, DIN 4132, DASt-Ri 011; Beanspruchungsgruppe B6 = Einstufige WÖHLER-Beanspruchung; Beanspruchungsgruppe B1 bis B5 vergleiche Regelwerke. Zulässige Dauerfestigkeitsspannungen (Sicherheitsfaktor 1,33 gegenüber σ_D bei $P_{\ddot{U}} = 90\%$; oben abgeschnitten bei der jeweiligen Fließgrenze). $\varkappa = \mathrm{sign}\left(\frac{\sigma_u}{\sigma_o}\right) \cdot \frac{\sigma_u}{\sigma_o}$ (Spannungsverhältnis; σ_u: Unterspannung, σ_o: Oberspannung) begrenzt; bezogen auf diesen Wert wird der "statische" Tragsicherheitsnachweis geführt. Aus den Diagrammen wird der Kerbeinfluß deutlich. Versuche in jüngerer Zeit haben gezeigt, daß die zul. Schubspannungen τ_w für Kehlnähte zu hoch liegen (sie sind daher auf 60% abzumindern!).

Die Dauerfestigkeit läßt sich durch Minimierung der konstruktions- und schweißbedingten Kerbeinflüsse nachhaltig steigern. Hierzu schreibt DIN 18800 T7 (ehemals DIN 1000) folgendes vor: Kerben, Risse, Oberflächenfehler sind durch geeignete Bearbeitungsmethoden (Hobeln, Schleifen, Fräsen, Feilen) zu beseitigen. Das gilt auch für die benachbarten Zonen von gescherten oder gestanzten Schnitten; sie sind spanabhebend abzuarbeiten. Stanzen von Löchern ist zulässig, die Löcher müssen dann aber anschließend um mindestens 2mm aufgerieben werden. Schweißspritzer, Schweißtropfen, Schweißperlen sind zu entfernen. Einspringende Ecken und Ausklinkungen sind mindestens mit einem Radius von 8mm auszurunden. (Mit der neuen Stahlbaugrundnorm DIN 18800 T6 soll versucht werden, für alle Stahlbaubereiche ein einheitliches Nachweiskonzept zur Verfügung zu stellen; es stützt sich weitgehend auf den EUROCODE 3 (Stahlbau) ab).

3.7.3.2 Ertragbare Dauerfestigkeitsspannungen

In drei Untersuchungen jüngeren Datums wurde das verfügbare Datenmaterial aller in der Vergangenheit durchgeführten Dauerfestigkeitsversuche einer statistischen Auswertung unterzogen, von OLIVIER/RITTER [138], von QUEL [139] und von REPPERMUND [140].

Der ersterwähnten Auswertung liegt das normierte HAIBACH-WÖHLER-Diagramm (des LBF-Darmstadt) zugrunde, vgl. Abschnitt 2.6.5.6.2. Das Diagramm geht für alle Kerbfälle von einem einheitlichen Neigungskoeffizienten k=3,75 für die $P_Ü$=50%-Fraktile aus.

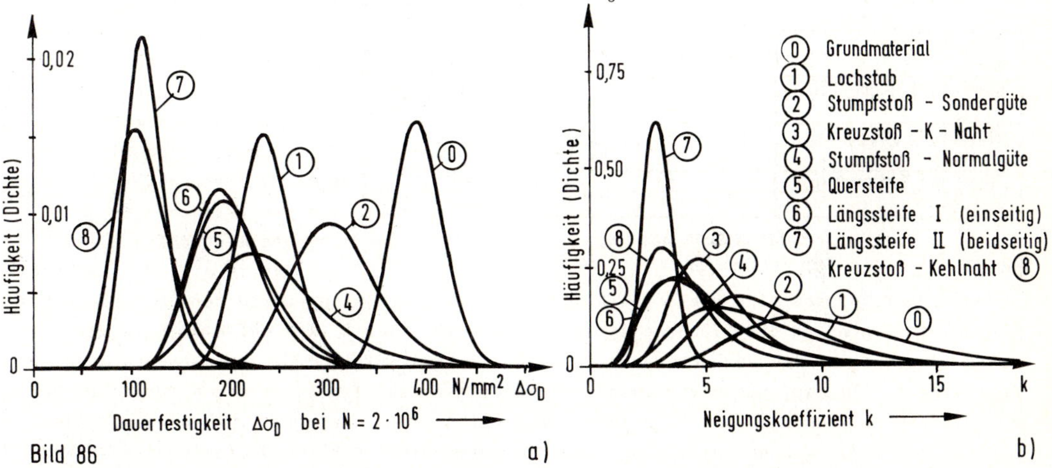

Bild 86

Bild 86 zeigt die von QUEL [139] ermittelten Dichtefunktionen für die Dauerfestigkeit $\Delta\sigma_D$ ($\varkappa$=-1) und für den Neigungskoeffizienten k der WÖHLER-Geraden im doppelt-logarithmisch skalierten WÖHLER-Diagramm (Abschnitt 2.6.5.6.2). Die von REPPERMUND [140] vorgenommene Auswertung geht von den in [138] dokumentierten Versuchsergebnissen aus. (Bezüglich der angewandten statistischen Verfahren wird auf die Originalarbeit verwiesen, ebenso hinsichtlich der Charakterisierung der Behandlungszustände "Normalgüte" und "Sondergüte".) Auf Tafel 3.4 sind die Auswerteergebnisse von QUEL und REPPERMUND gegenübergestellt. Für $\varkappa$=-1, $\varkappa$=0 und $\varkappa$=0,2 sind die ertragbaren Dauerfestigkeitsspannungen $\Delta\sigma_D$ der 5- und 50%-Fraktile sowie Mittelwert und Standardabweichung angegeben. - Von QUEL wurden die Werte für $\varkappa$=-1 und $\varkappa$=0 durch jeweils getrennte Auswertungen und für $\varkappa$=0,2 mittels einer Interaktionsfunktion gewonnen. Die von REPPERMUND berechneten Werte basieren auf einer statistischen Auswertung aller Ergebnisse (unter Einschaltung einer gegenüber QUEL modifizierten Interaktionsfunktion) mittels nichtlinearer Regression. Die die Mittelspannungsabhängigkeit erfassende Funktion lautet (Bild 87):

$$\Delta\sigma_D(\varkappa) = f(\varkappa,\alpha)\cdot\Delta\sigma_D(\varkappa=-1); \qquad f(\varkappa,\alpha) = \frac{1}{2}\cdot\left(1+\frac{\alpha-\varkappa}{1-\alpha\cdot\varkappa}\right) \tag{296}$$

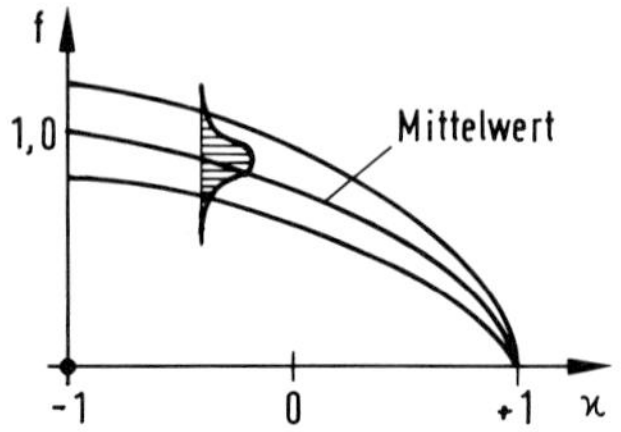

Bild 87 n. REPPERMUND

α ist ein kerbfallabhängiger Formfaktor und liegt zwischen 0 und 1. Auf Tafel 3.4 ist der α-Wert für die verschiedenen Kerbfälle ausgewiesen (rechte Spalte), er gilt für Zugschwellbeanspruchung und hierbei für beliebige Fraktilen, vgl. auch [141]. Die der Auswertung zugrundeliegende Prüfkörperanzahl ist für die einzelnen Kerbfälle unterschiedlich. Die Gesamtanzahl beträgt ca. 6500. - Gemeinsam ist den Auswertungen von QUEL und REPPERMUND, daß sie von Versuchsergebnissen an Kleinprüfkörpern in Form von Flachproben ausgehen, wie sie in Bild 85 dargestellt sind. (Dicke des Blechmaterials ca. 10-16mm, Breite der Prüfkörper 80 bis 150mm.) Das Datenmaterial auf Tafel 3.4, das von REPPERMUND erarbeitet wurde, weist eine hohe statistische Sicherheit auf; es wird durch das in Abschnitt 2.6.5.6.5 dokumentierte Kurzzeitfestigkeit-Versuchsprogramm zusätzlich abgesichert. (Ergänzend wird auf die in Abschnitt 25 zitierten Dauerfestigkeitsuntersuchungen [28-55] hingewiesen.)

Die an Kleinprüfkörpern ermittelten Dauerfestigkeiten enthalten den bei Großbauteilen vorhandenen Eigenspannungseinfluß nur genähert. Das gilt auch für den Größeneinfluß: Je größer das der Ermüdungsbeanspruchung ausgesetzte Materialvolumen und je größer z.B. die Schweißnahtlänge ist, umso größer ist die Wahrscheinlichkeit einer vorzeitigen Rißauslösung. Tatsächlich zeigen Ermüdungsversuche an Großbauteilen in Form von gewalzten und geschweißten Trägern und solchen mit zusätzlichen Gurtlamellen, daß die ertragbaren Dauerfestigkeitsspannungen niedriger liegen als bei Kleinprüfkörpern mit vergleichbaren Kerbwirkungen. Sie wurden von HERZOG [142-144] zusammengetragen und bewertet. Für den $\varkappa$-Bereich von -0,5 bis +0,5 sind die Mittelwerte der ertragbaren Dauerfestigkeitsspannungen in Annäherung $\varkappa$-unabhängig [139]; sie sind in Bild 88 wiedergegeben. Zum Vergleich sind die aus DIN 4132 sich ergebenden $\Delta\sigma_D$-Werte der Beanspruchungsgruppe B6 (erhöht um den Sicherheitsfaktor 1,33) für $\varkappa$=-0,5, $\varkappa$=0 und $\varkappa$=+0,5 in der Tabelle eingetragen. Die Versuchswerte sind 50% Fraktilwerte und die Normwerte untere 10% Fraktilwerte (hierauf bezieht sich der Sicherheitsfaktor 1,33). Um einen Vergleich zu ermöglichen, müssen die Werte von 10 auf 50% hochgerechnet werden (vgl. diesbezüglich Abschnitt 3.7.5.6). Dann zeigt sich, daß die Normwerte erheblich über den Versuchswerten liegen; das gilt insbesondere für das Grundmaterial. Auf den Ermüdungsfestigkeitsnachweis hat das künftig großen Einfluß; weniger für das Grundmaterial, denn einerseits ist in solchen Fällen meist der allgemeine Spannungsnachweis maßgebend, andererseits kommen ungeschweißte Bauteile im Kran- und Brückenbau praktisch nicht vor.

Stahl	St 37			St 52		
$\varkappa$	-0,5	0	+0,5	-0,5	0	0,5
Walzprofilträger		242			226	
W01	300	266	155	330	293	187
Geschweißte Träger, USA		170			157	
K1 (123)	188	166	115	187	166	126
Geschweißte Träger, BRD		143			—	
K1 (123)	188	166	115		—	
Träger mit Gurtlamellen*		67			59	
K4 (444)	68	60	51	68	60	54

Versuchsergebnisse $\Delta\sigma_{D,50\%}$
*mit Stirnkehlnaht

Bild 88

Die an Großbauteilen gewonnenen Ergebnisse (es sind ca. 1500 verwertbare Versuche) zwingen zu einer Neuorientierung beim Dauer- und Betriebsfestigkeitsnachweis. Das ist auch deshalb geboten, weil die ehemals beim Führen des Dauerfestigkeitsnachweises lastseitig vorhandenen Sicherheiten beim Führen eines Betriebsfestigkeitsnachweises entfallen. Eine gewisse Leitfunktion bei der Konzipierung der neuen Regelwerke für den Ermüdungsnachweis hat der von FISHER [145] ausgearbeitete "Bridge Fatigue Guide" (1977) übernommen, der auf dem AASHTO-Road-Testprogramm aufbaut. Weitere sich hierauf inzwischen abstützende Regelwerke sind: Die schweizer Norm SIA161 (1979) und die britische Brückenbaunorm BS5400: Part 10 (1980). Das im EUROCODE 3 vorgeschlagene Nachweisverfahren orientiert sich ebenfalls am AASHTO-Guide, und hieran wiederum die in Bearbeitung befindliche Grundnorm DIN 18800 T6; sie wird eines Tages die Grundlage für den Ermüdungsnachweis im Kran-

Dauerfestigkeit von Stahlbauprüfkörpern (St 37, St 52)

Kerbfall	$\varkappa$	QUEL $\overline{\Delta\sigma}_D$	QUEL $\Delta\sigma_{D,50\%}$	QUEL $\Delta\sigma_{D,5\%}$	QUEL $s_{\Delta\sigma_D}$	$g(\varkappa)$	REPPERMUND $\overline{\Delta\sigma}_D$	REPPERMUND $\Delta\sigma_{D,50\%}$	REPPERMUND $\Delta\sigma_{D,5\%}$	REPPERMUND $s_{\Delta\sigma_D}$	$f(\varkappa,\alpha)$
		N/mm²				Nr.	N/mm²				α
	-1	392	391	352	25						
Grundmaterial, St 52	0	327	326	293	21	1	–	–	–	–	–
	0,2	301	301	271	19						
	-1	243	236	159	59		216	209	138	55	
Stumpfnaht, Normalgüte	0	182	177	119	44	3	165	159	105	42	0,52
	0,2	162	157	106	39		147	142	94	37	
	-1	309	305	241	44		352	347	266	58	
Stumpfnaht, Sondergüte	0	247	244	193	35	2	248	245	188	41	0,41
	0,2	225	222	175	32		217	214	164	36	
	-1	203	199	146	39		174	168	108	48	
Quersteife, Normalgüte	0	169	166	122	32	1	147	142	91	41	0,68
	0,2	156	153	112	30		136	131	84	37	
	-1						255	248	171	59	
Quersteife, Sondergüte	0	–	–	–	–	–	215	210	144	49	0,69
	0,2						199	194	134	46	
	-1						104	102	73	21	
Längssteife, Normalgüte	0	–	–	–	–	–	93	91	65	19	0,78
	0,2						88	86	62	18	
	-1						166	161	107	42	
Längssteife, Sondergüte	0	–	–	–	–	–	134	130	86	34	0,61
	0,2						121	118	78	31	
	-1	198	194	145	36						
Längssteife, einseitig	0	165	162	121	30	1	–	–	–	–	–
	0,2	152	149	111	28						
	-1	115	113	86	20						
Längssteife, beidseitig	0	96	94	71	16	1	–	–	–	–	–
	0,2	88	87	66	15						
	-1	113	110	74	28		118	115	79	27	
Kreuzstoß, Doppelkehlnaht	0	94	92	62	23	1	90	88	61	20	0,53
	0,2	87	85	57	21		81	79	54	18	
	-1	243	236	159	59		143	140	105	25	
Kreuzstoß, K-Naht, Normalgüte	0	182	177	119	44	3	132	130	97	23	0,85
	0,2	162	157	106	39		127	124	93	22	
	-1						338	332	246	62	
Kreuzstoß, K-Naht, Sondergüte	0	–	–	–	–	–	231	228	168	43	0,37
	0,2						200	197	146	37	
	-1						142	141	109	22	
Laschenstoß	0	–	–	–	–	–	119	118	91	10	0,67
	0,2						109	109	84	17	
	-1	238	236	196	27						
Lochstab, St 52	0	198	197	163	23	1	–	–	–	–	–
	0,2	183	181	151	21						

$g_1 = (5-5\varkappa)/(6-4\varkappa)$; $g_2 = (4-4\varkappa)/(5-3\varkappa)$; $g_3 = (3-3\varkappa)/(4-2\varkappa)$; $f(\alpha,\varkappa) = 0{,}5\cdot[1+(\alpha-\varkappa)/(1-\alpha\cdot\varkappa)]$

Kerbfall	$\bar{k}$	$k_{50\%}$	$k_{5\%}$	s_k	$\overline{(1/k)} = (1/k)_{50\%}$	$(1/k)_{95\%}$	$\frac{1}{(1/k)_{95\%}}$	$s_{1/k}$
Grundmaterial, St 52	10,57	9,95	5,61	3,79	–	–	–	–
Stumpfnaht, Normalgüte	4,88	4,44	2,17	2,23	0,2598	0,4027	2,48	0,0869
Stumpfnaht, Sondergüte	7,41	6,72	3,23	3,46	0,1789	0,3031	3,30	0,0755
Quersteife, Normalgüte	4,82	4,39	2,16	2,17	0,2808	0,4061	2,46	0,0762
Quersteife, Sondergüte	–	–	–	–	0,2537	0,3692	2,71	0,0702
Längssteife, Normalgüte	–	–	–	–	0,3470	0,4834	2,07	0,0829
Längssteife, Sondergüte	–	–	–	–	0,2526	0,4161	2,40	0,0994
Längssteife, einseitig	4,75	4,26	1,98	2,34	–	–	–	–
Längssteife, beidseitig	3,07	2,99	2,09	0,68	–	–	–	–
Kreuzstoß, Doppelkehlnaht	3,92	3,63	1,91	1,60	0,2887	0,4070	2,46	0,0719
Kreuzstoß, K-Naht, Normalgüte	5,32	5,08	3,08	1,65	0,2779	0,4087	2,45	0,0795
Kreuzstoß, K-Naht, Sondergüte	–	–	–	–	0,1504	0,2692	3,72	0,0722
Laschenstoß	–	–	–	–	0,2649	0,4255	2,35	0,0976
Lochstab, St 52	7,74	7,32	4,22	2,67	–	–	–	–

und Brückenbau bilden; bis dahin ist DIN 15018 (1974/1984) für Krane, DIN 4132 (1981) für Kranbahnen und DS804 (1983) für Eisenbahnbrücken maßgebend.

Im EUROCODE 3 sind die $\Delta\sigma_D$-N-Linien stahlsorten-unabhängig als untere 2,5%-Fraktilen ($\bar{x}$-2s) vereinbart. Der Neigungskoeffizient beträgt einheitlich k=3. Bei den eigenspannungsbehafteten Kerbfällen ist $\Delta\sigma_D$ mittelspannungsunabhängig. Die $\Delta\sigma_D$-N-Linien fallen bis auf $N=5\cdot10^6$ ab (statt wie bisher auf $2\cdot10^6$); ab hier fallen sie weiter mit dem Neigungskoeffizienten 2k-1=5. Es sind insgesamt 15 Linien definiert. Diesen sind unterschiedliche Kerbfälle zugeordnet. Die $\Delta\sigma$-Werte liegen wesentlich niedriger als z.B. nach DIN 4132 (für B6, erhöht um 1,33). Die Gegenüberstellung in Bild 89 macht das deutlich. (Da die

$\Delta\sigma_D$:		EUROCODE 3	DIN 4132 - St 37		
			Kerbfall	$\varkappa = -1$	$\varkappa = 0$
Gewalzte Träger, Grundmaterial (nicht brenngeschnitten)		160	W01	320	266
Geschweißte Träger	mit Doppelkehlnähten als Halsnähte	125	123	200	166
	mit Stumpfstößen in der Gurtplatte in Sondergüte	112	123/011	200/224	166/187
	mit Stumpfstößen in der Gurtplatte in Normalgüte	90	123/111	200/200	166/166
	mit am Zuggurt angeschweißten Quersteifen	80 ÷ 71 1)	123/231	200/168	166/140
	mit Zusatzlamellen mit und ohne Stirnnähten	50 ÷ 36 1)	344/444	120/72	100/60

Bild 89 1) abhängig von der Blechdicke N/mm^2

Normwerte 10% Fraktilen sind, müßten sie beim Vergleich real etwas niedriger liegen.) Bei der Bewertung der amerikanischen Versuche ist dem Verf. u.a. unklar geblieben: Entsprach die Qualität der Schweißausführung der in der Bundesrepublik Deutschland (durch den Großen Eignungsnachweis) üblichen? Verstärkungslamellen ohne Stirnkehlnähte verstoßen hierzulande gegen die Regeln der Technik. Die amerikanischen Versuche haben dieselben Dauerfestigkeitswerte für die Fälle ohne und mit Stirnkehlnaht ergeben! Worauf wurden die Spannungen bei der Versuchsauswertung bezogen? Auf die Stelle der lokalen Rißauslösung? Wie war der Ermüdungsbruch definiert? Die Mittelspannungsunabhängigkeit ist zwar im Wechselbereich plausibel, nicht dagegen im gesamten Schwellbereich, gerade in diesem Bereich liegt die überwiegende Zahl der baupraktischen Nachweise. Bei hohen Spannungshorizonten kann erwartet werden, daß sich die Eigenspannungen während der ersten Zyklen herausplastizieren. Bei Annäherung an den Kurzzeitfestigkeitsbereich müßte, wenn diese Vermutung zutrifft, der Eigenspannungseinfluß entfallen; die $\Delta\sigma$-N-Linien der geschweißten Großbauteile müßten in die entsprechenden Linien für Kleinprüfkörper mit vergleichbarer Kerbwirkung übergehen.- In Abschnitt 3.7.5.6 wird die Thematik nochmals aufgegriffen; Tafel 3.5 enthält einen Vergleich der Dauerfestigkeitsspannungen nach DIN 15018/DIN 4132 und EUROCODE 3. - Schwierig ist die Frage nach der Höhe des erforderlichen Sicherheitsfaktors. Wird der Nachweis auf die 2,5%-Fraktile bezogen und ist hierin der Eigenspannungs- und Größenfluß berücksichtigt, sind eigentlich auf der Werkstoffseite alle ungünstig wirkenden Umstände erfaßt. Auch führt ein Daueranriß nicht sofort zum Versagen. Bei den regelmäßigen Kran- und Brückenkontrollen können fallweise auftretende Anrisse erkannt und ausgebessert werden. Ein (globaler) Sicherheitsfaktor 1,1÷1,2 ist n.M.d.V. ausreichend, was noch durch sicherheitstheoretische Analysen zu belegen wäre.

3.7.4 Klassiermethoden

3.7.4.1 Allgemeines

Bild 90 vermittelt anschauliche Beispiele für reale Betriebsbeanspruchungen; dargestellt sind die gemessenen Spannungsverläufe σ über der Zeit t. Es handelt sich um "mobile" Konstruktionen. Die kontinuierlichen Spannungsmessungen werden entweder sofort "klassiert" oder auf Magnetband gespeichert und anschließend im Computer analysiert. Eine solche Analyse kann mit unterschiedlicher Zielsetzung erfolgen. Im Hinblick auf den Betriebsfestigkeitsnachweis ist ein Höchstmaß an ermüdungsrelevanter Information gesucht. Da die ertragbare Dauerfestigkeit relativ unabhängig von der Mittelspannung ist (vgl. SMITH-Diagramm) und das umso mehr, je schärfer der Kerbfall ist, kommt es bei der statistischen Analyse der Schriebe darauf an, daß die Spannungs<u>spannen</u> möglichst zutreffend erfaßt werden.

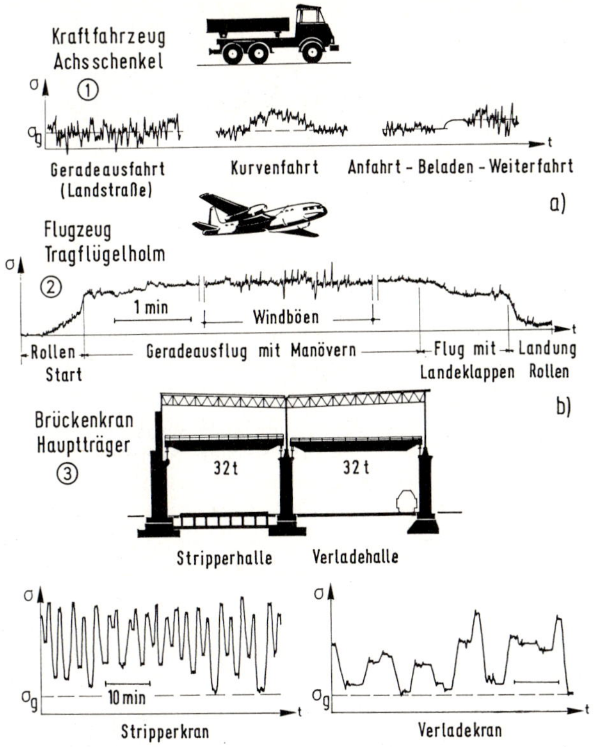

Bild 90

Aus der Sicht des Stahlbaues hat von den in Bild 90 skizzierten Beispielen vorrangig das untere Bedeutung: Beim Stripperkran sind die einzelnen Arbeitsgänge deutlich zu erkennen; bei jedem Arbeitsgang wird die Maximalbelastung nahezu voll erreicht. Im Gegensatz dazu sind bei einem Verladekran maximale Belastung und Dauer der Arbeitsgänge ungleich und unregelmäßig. - Bauteile einer Eisenbahnbrücke kurzer Spannweite werden ähnlich wie bei Stripperkranen beansprucht: Jede Achsüberfahrt ist ein Belastungszyklus mit hoher Lastintensität. Eisenbahnbrücken mittlerer und großer Spannweite werden ähnlich wie Verladekrane beansprucht, Extremlasten treten selten auf. - Belastungsschwankungen treten auch in Form von Druckschwankungen in Rohren und Behältern sowie in Konstruktionen des Stahlwasserbaues auf.

Mittels speziell entwickelter Zähl- und Klassierverfahren wird versucht, den regellosen Beanspruchungsverlauf im Hinblick auf seine Ermüdungsrelevanz zu beschreiben. Einparametrige Verfahren vermögen dabei die Aufgabe nur bedingt zu erfüllen, zwei (und mehr-)parametrige sind leistungsfähiger. In DIN 45667 sind verschiedene Verfahren genormt und Hinweise zur Auswertung und technischen Ausstattung der Geräte gegeben; zu den einparametrigen Klassierverfahren zählen:

a) Klassierung der Überschreitungen,
b) Klassierung der Spitzen,
c) Klassierung der Breiten (Spannen),
d) Klassierung der zeitgleichen Abfragung.

Zu den Verfahren c) zählen u.a. das (bislang nicht genormte) sogen. Range Pair- und das Rain Flow-Zählverfahren (=Reservoir-Zählmethode). Den Spannenzählverfahren kommt besondere Bedeutung zu, denn, wie oben angedeutet, steht die Ermüdung, d.h. die schädigende Zerrüttungswirkung mit der Spanne der durchlaufenen Hysteresisschleifen und deren Völligkeit in ursächlichem Zusammenhang. Wegen der Abnahme der ertragbaren Schwingbreite mit wachsender Mittelspannung müßten die Spitzenwerte eigentlich zusätzlich erfaßt werden; das führt auf die zweiparametrigen Methoden. - Ergebnis einer Klassierung ist das sogen. Beanspruchungskollektiv. Dieses wird dazu verwendet, um für die verschiedenen Kerbfälle die Lebensdauerlinien zu bestimmen. Wird hierauf die Bemessung abgestellt, spricht man von Bemessung auf Betriebsfestigkeit. Dieses Konzept wurde in Deutschland insbesondere von GASSNER [146-148] entwickelt und führte zur Gründung des "Laboratoriums für Betriebsfestigkeit (LBF)" in Darmstadt; das LBF war bei der Konzipierung der Betriebsfestigkeitsnachweise der DIN 15018/DIN 4132 und DS 804 maßgeblich beteiligt. - Das unter d) erwähnte Klassierverfahren der zeitgleichen Abfragung steht mit der Ermittlung der Spektren von Zufallsfolgen in direktem Zusammenhang, wie sie in der Zufallsschwingungstheorie benötigt werden. Das Verfahren hat für Ermüdungsfestigkeitsforschungen ebenfalls Bedeutung, weil

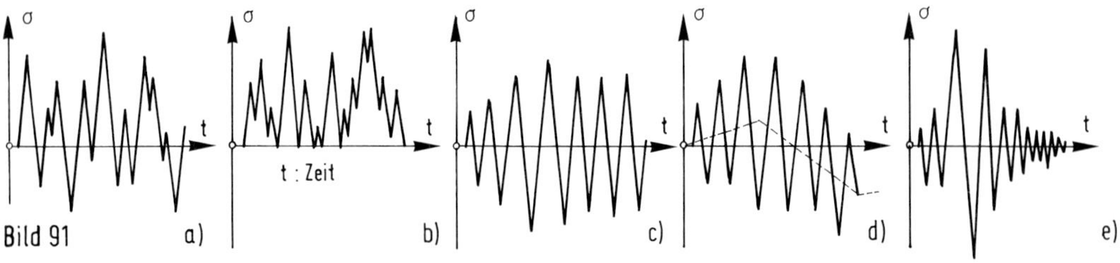

Bild 91

es mittels moderner Prüfmaschinen möglich ist, die der spektralen Dichte zugrunde liegende Zufallsfolge (d.h. deren Energie pro Zeiteinheit) zu simulieren. Die in Bild 91 skizzierten Spannungs-Zeitschriebe kennzeichnen unterschiedliche Probleme: Die Schriebe a und b charakterisieren z.B. Beanspruchungen in Brücken, a steht für eine Wechsel-, b für eine Schwellbeanspruchung (σ erfaßt hier nur die Betriebsspannung). Die Schriebe c bis e stehen für Schwingungsbeanspruchungen, z.B. infolge Windböen oder Erdbeben. Man spricht in verallgemeinerter Form von stochastischen Prozessen. Jeder Prozeß hat positive und negative Spitzenwerte, schwankende Breiten (Spannen zwischen aufeinander folgenden Spitzen, ggf. Nebenspannen), momentane und (bezogen auf eine bestimmte Zeitdauer) globale Mittelwerte. Der Mittelwert ist vielfach selbst eine fluktuierende Größe. Die Klassierprobleme sind offensichtlich komplex. Nachfolgend kann nur eine Einführung gegeben werden. Da die Frequenz auf die Ermüdungsfestigkeit keinen signifikanten Einfluß hat, wird auf die Analyse der spektralen Verteilung und damit auf die Darstellung des unter Punkt d genannten Verfahrens verzichtet. Zur vertieften Behandlung wird auf [113,120,148] verwiesen.

3.7.4.2 Klassierung der Überschreitungen

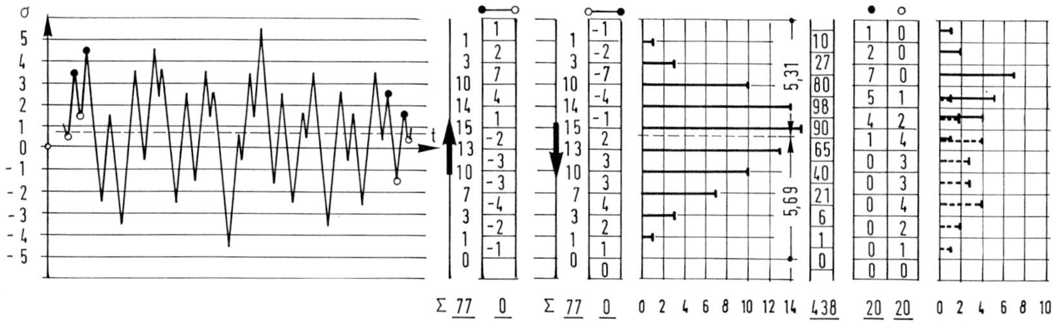

Bild 92 a) b) c) d) e) f) g) h)

Bild 92a zeigt den zu untersuchenden Prozeß. Positive Spitzenwerte sind durch das Symbol •, negative durch das Symbol o gekennzeichnet. Es werden innerhalb der maximalen und minimalen Schwankungen Klassen gleicher Breite vereinbart, zweckmäßig 12 bis 15, und die Spitzen (gedanklich) in die Klassenmitten verlegt. Änderungen innerhalb der Breiten bleiben dadurch unberücksichtigt. - Es werden von den steigenden und fallenden Teilen des Verlaufs die Zahl der Überschreitungen registriert und addiert; es werden also Häufigkeitssummen gebildet. In Teilbild b (linke Spalte) ist die Zahl der steigenden Überschreitungen und in Teilbild c (linke Spalte) die Zahl der fallenden Überschreitungen ausgewiesen. Die Zahl der Überschreitungen der auf- und absteigenden Folgen stimmen stets überein. In Teilbild d ist das Häufigkeitsdiagramm dargestellt; der (globale) Mittelwert läßt sich hieraus, auf eine halbe Klassenbreite genau, angegeben: er kann auch rechnerisch bestimmt werden. Bezogen auf die Niveaulinie -5 erhält man das in Teilbild e (als Spaltensumme) angegebene "statische Moment" 438 und daraus (von unten nach oben):

$$= 438/77 = 5{,}69$$

Von oben nach unten folgt: $= 409/77 = \underline{5{,}31}$

$$11{,}00$$

Bezogen auf diesen Mittelwert ist die Zahl der Nulldurchgänge steigend n_0=14, fallend n_0=15, i.M. 14,5. Vgl. zur weiteren Bewertung den folgenden Abschnitt.

3.7.4.3 Klassierung der Spitzen

Es wird die Zahl der positiven und negativen Spitzen gezählt. Das Ergebnis ist in den Spalten der Teilbilder f und g des Bildes 92 ausgewiesen; Teilbild h zeigt die zugehörigen Häufigkeitsdiagramme. Die positiven Spitzen (ausgezogene Linien) liegen schwerpunktmäßig im positiven, die negativen (gestrichelte Linien) im negativen Bereich.
Folgt auf jeden Spitzenwert ein Nulldurchgang (Fall c in Bild 91), ist also die Anzahl der positiven und negativen Spitzen n_1 gleich der Anzahl der positiven (und negativen) Mittelwerts- (Null-) durchgänge n_0, ist der Quotient n_0/n_1 gleich Eins. Im vorliegenden Beispiel beträgt dieser (die "Unregelmäßigkeit" des Prozesses charakterisierende) Quotient: n_0/n_1=14,5/20=0,73.
Bildet man von den Häufigkeiten der Überschreitungen die Differenzen (entweder vom positiven oder negativen Außenbereich in Richtung auf den Mittelwert zu), findet man die in den Teilbilder b und c (rechte Spalte) eingetragenen Werte. Hierbei handelt es sich offensichtlich um Näherungen für die Häufigkeit der Spitzenwerte, wobei die Abweichungen umso größer werden, je näher man an den Mittelwert heranrückt (vgl. Spalten b/c und f/g). Im Falle n_0/n_1=1 stimmen die Häufigkeiten überein! - Hat man es mit einer regellosen Wechselbeanspruchung zu tun, für die n_0/n_1=1 ist, oder mit einer Schwellbeanspruchung, bei der

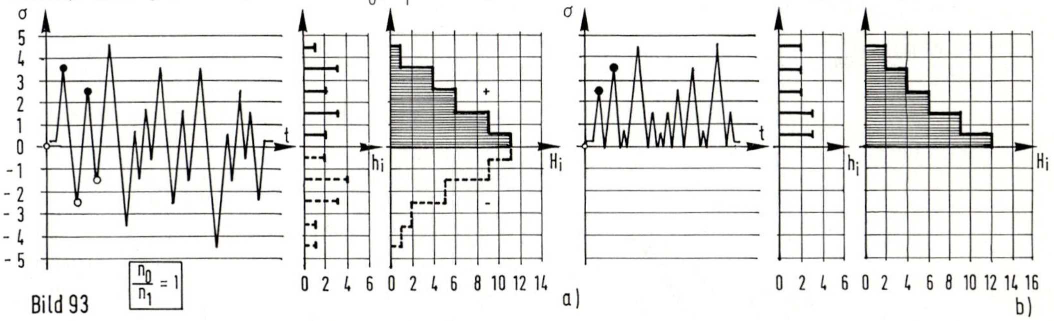

Bild 93

jeder Spitzenwert von einem Nullniveau ausgeht und auf dieses zurückkehrt, führt die Zählung der Spitzenwerte in Form ihrer Summenhäufigkeitsverteilung auf das gesuchte ermüdungsrelevante Kollektiv, allerdings im erstgenannten Falle nur näherungsweise. In Bild 93 sind die erwähnten Fälle dargestellt: Teilbild a zeigt eine regellose Wechselbeanspruchung einschließlich der Häufigkeits- und Summenhäufigkeitsverteilungen für die positiven bzw. negativen Spitzenwerte. Wird aus letzteren nach Kumulierung auf die Summenhäufigkeit der Spannen geschlossen, führt dieses Vorgehen zu einer Überschätzung (man liegt auf der sicheren Seite). Im Falle des Teilbildes b ist das nicht der Fall: Die Summenhäufigkeit der Spitzenwerte und Spannen sind hier identisch.
Damit ist gezeigt, wie die Klassierung der Spitzenwerte zur Kollektivermittlung verwendet werden kann (und damit über die Klassierung der Überschreitungen ebenfalls). Die Analyse liegt stets auf der sicheren Seite und zwar umso mehr je unregelmäßiger der Prozeß ist, d.h. je mehr der Quotient n_0/n_1 von 1 abweicht.

3.7.4.4 Klassierung der Breiten (Spannen)

Wie oben erläutert, üben die Spannungsspannen die eigentlich schädigende Wirkung aus. Es ist daher zweckmäßig, diese direkt zu klassieren. Dabei treten indes Schwierigkeiten auf. Sie seien an einem Beispiel erläutert; sie hängen insbesondere mit der Frage zusammen: Was ist eine Spanne?
Wertet man den in Bild 94a skizzierten Prozeß gemäß den vorangegangenen Abschnitten nach den Klassenüberschreitungen aus, erhält man insgesamt je 31 Überschreitungen in steigender und fallender Richtung (Teilbild b); Teilbild c zeigt deren Häufigkeitsverteilung. Die Differenzbildung, jeweils von außen, liefert, wie oben erläutert, eine genäherte Summenhäufigkeitsverteilung der Spitzenwerte (Teilbild d/e). Der Mittelwert ergibt sich

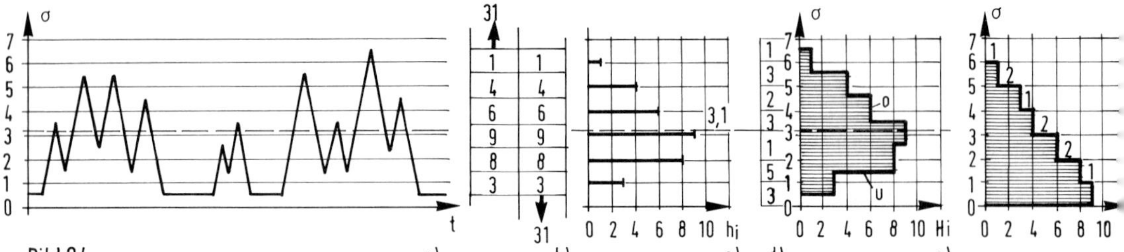

Bild 94

(rechnerisch) zu 96/31=3,1. Die Summenhäufigkeit der Spitzenwerte wird mit der Summenhäufigkeit der Spannen gleichgesetzt und gemäß Teilbild f umgeordnet. Das ist das gesuchte Kollektiv. Geht man anders vor und bestimmt die Anzahl der unterschiedlichen Halbbreitenlängen, einmal steigend und einmal fallend und bildet hiervon die Mittelwerte, folgt das in Bild 95, Zeile 4, ausgewiesene Ergebnis.

1	Länge der Halbbreiten:		1	2	3	4	5	6		Σ
2	Anzahl	steigend	0	4	3	1	2	0		10
3		fallend	1	2	2	5	0	0		10
4		Mittelwerte	0,5	3	2,5	3	1	0		10
5	Anzahl nach Kollektiv		1	2	2	1	2	1		9

Bild 95

Die Anzahlen in Zeile 5 sind aus dem in Bild 94f dargestellten Kollektiv entnommen. Der Vergleich der Zeilen 4 und 5 zeigt, daß sich aus dem Kollektiv für die großen Spannen größere Anzahlen ergeben. Diese Form der Klassierung (Teilbild f) ist damit wiederum als auf der sicheren Seite liegend bestätigt. Die Mittelwertsklassierung der Breiten liegt eher auf der unsicheren Seite; erstere ist zu "hart", letztere zu "weich".

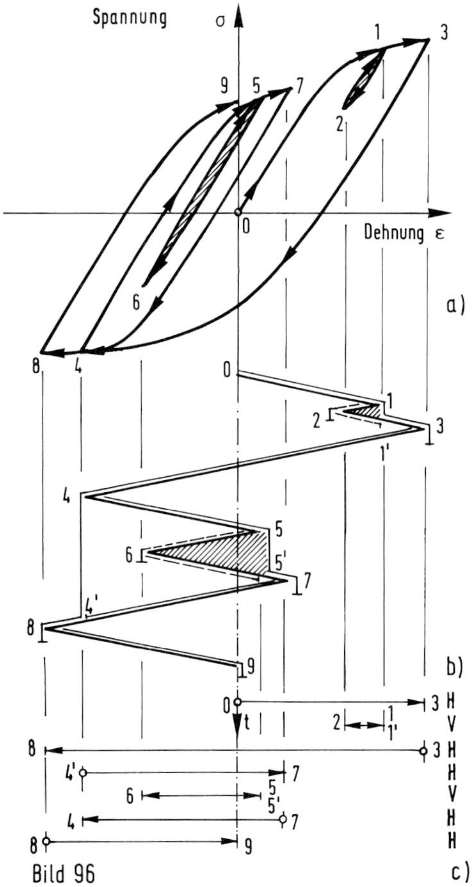

Bild 96

Die derzeit anerkannteste Zählmethode ist das Rain Flow-Verfahren; es ist am Schädigungsverlauf im Bereich der für die Ermüdung maßgebenden Kerbspannungen und (nach Eintritt eines Risses) an den Spannungen vor der Rißspitze orientiert. Hier treten lokale (zyklische) Plastizierungen auf. Die Spannungen und Dehnungen durchlaufen eine Hysterese. Deren Völligkeit ist ein Maß für die Zerrüttung.

Das Zählprinzip geht aus Bild 96 hervor; das obere Teilbild gebe eine Kerbbeanspruchung wieder, die zugehörige Nennbeanspruchung liege im "elastischen" Bereich!

Es werden Voll- und Halbspannen definiert (man spricht auch von Haupt- und Nebenspannen). - Die durchlaufenen Dehnungswege werden vertikal projiziert, in Richtung einer gedachten Zeitachse t (Teilbild b). Vom Punkt 0 beginnend wird die Zick-Zack-Linie durchlaufen und zwar auf "Gefällepfaden", entweder in positiver Richtung (nach rechts) oder in negativer (nach links). Gedanklich stellt man sich Regenwasser vor, das entlang der Gefällepfade herunterrinnt und an den jeweils äußersten Kanten heruntertropft (daher der Name des Verfahrens; aus dem engl. rain flow).

Die Pfade werden sukzessiv entwickelt. Halbspannen zählen bis zum äußersten Abtropfpunkt oder bis zum Schnittpunkt mit einer bereits vorhandenen Abtropflinie (in Bild 96b durchgezogene Pfadlinien). Vollspannen werden immer von einem Abtropfpunkt zu dem unmittelbar darunter liegenden Auftreffpunkt gebildet (in Teilbild b gestrichelt). Der Hintersinn dieser Zählung wird aus dem Vergleich der Teilbilder a und b deutlich. Teilbild c faßt das Ergebnis zusammen.

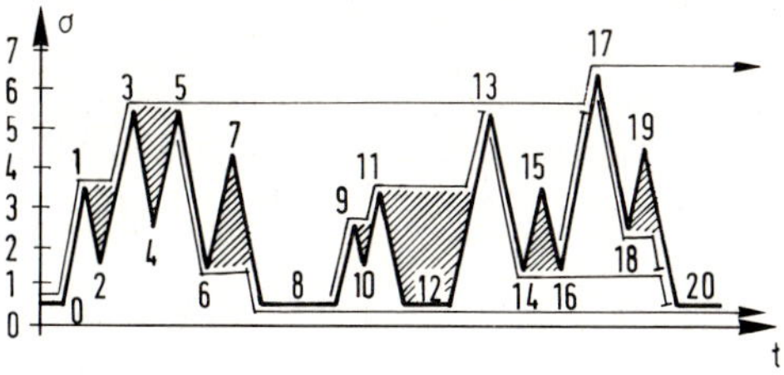

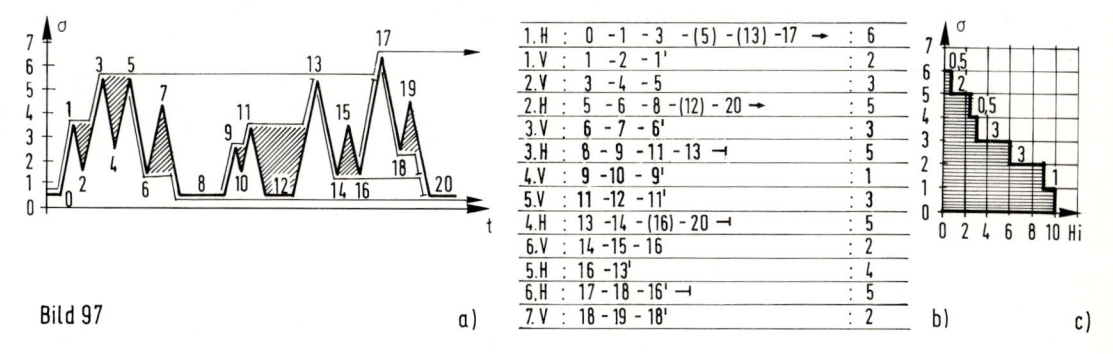

1.H	:	0 -1 -3 -(5) -(13) -17 →	:	6
1.V	:	1 -2 -1'	:	2
2.V	:	3 -4 -5	:	3
2.H	:	5 -6 -8 -(12) - 20 →	:	5
3.V	:	6 - 7 - 6'	:	3
3.H	:	8 - 9 -11 -13 ⊣	:	5
4.V	:	9 -10 - 9'	:	1
5.V	:	11 -12 -11'	:	3
4.H	:	13 -14 -(16) - 20 ⊣	:	5
6.V	:	14 -15 - 16	:	2
5.H	:	16 -13'	:	4
6.H	:	17 - 18 -16' ⊣	:	5
7.V	:	18 - 19 - 18'	:	2

b)

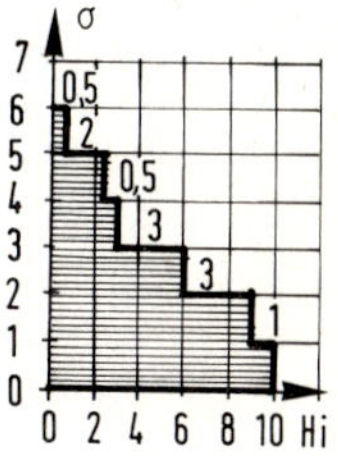

Bild 97

Auf das in Bild 97 dargestellte Beispiel werde die Zählung angewandt. In Teilbild b ist die Zählung ausgewertet. Es treten Spannenbreiten von 1 bis 6 auf, deren Anzahlen betragen:

Breite 1 :	Anzahl	1 (V)	10(V)
" 2 :	"	3 (V)	
" 3 :	"	3 (V)	
" 4 :	"	1 (H) = 0,5 (V)	
" 5 :	"	4 (H) = 2 (V)	
" 6 :	"	1 (H) = 0,5 (V)	

Das zugehörige Kollektiv (Summenhäufigkeit der Vollspannen) ist in Teilbild c dargestellt, es ist "weicher" als das in Bild 94f angegebene, dafür weist es eine Vollspanne mehr auf. Es versteht sich, daß die Klassierung umfangreicher Schriebe nach Programmierung der Zählmethodik im Computer durchgeführt wird, vgl. hierzu [149].

3.7.5 Betriebsfestigkeitsnachweis

3.7.5.1 Beanspruchungskollektiv

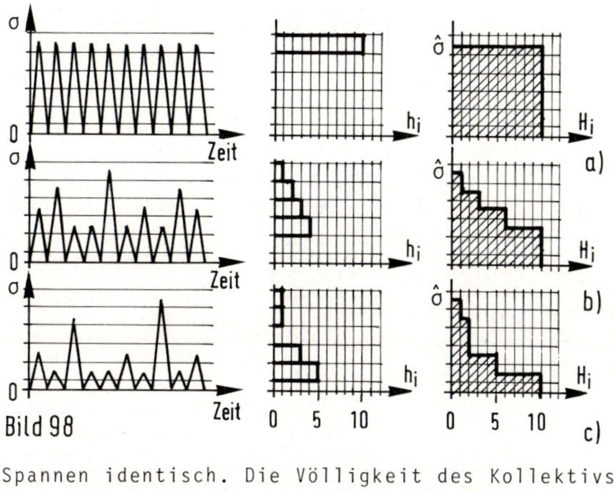

Bild 98

Im vorangegangenen Abschnitt wurde erläutert, wie die für den Betriebsfestigkeitsnachweis benötigten Kollektive mittels Klassierung der Beanspruchung an realen Konstruktionen unter laufendem Verkehr ermittelt werden können. Bild 98 zeigt eine solche Klassierung für eine Beanspruchung, die nach jedem Spitzenwert auf den Grundwert zurückfällt. h_i ist die Häufigkeitsverteilung der Spitzenwerte und H_i die Summenhäufigkeitsverteilung = Kollektiv. Wegen des besonderen Betriebstyps dieses Beispiels ist das Kollektiv der Spitzenwerte mit dem Kollektiv der Spannen identisch. Die Völligkeit des Kollektivs kennzeichnet die graduelle Schwere der Beanspruchung.

Messung und Klassierung an realen Konstruktionen sind aufwendig. I.a. sind langwierige Meßkampagnen notwendig. Es liegen solche Messungen an Kranen und Eisenbahnbrücken vor, auch z.B. an Seilbahnen, Offshore-Bauwerken u.a.

Neben der Klassierung im Rahmen von insitu-Messungen gibt es zwei andere, mathematisch orientierte, Verfahren:

- Simulationsverfahren: Hierbei wird (z.B. im Falle einer Brücke) der zu analysierende Lastenzug mit realistischer Verkehrsdurchmischung über das Tragwerk (also über die Brücke) geführt. Die Einflußlinie der zu analysierenden Größe wird ausgewertet, was, wegen des Rechenaufwandes, eine Computerberechnung voraussetzt. Die Schwingungswirkung kann berücksichtigt werden. Die auf diese Weise berechneten Schnitt- bzw. Spannungsgrößen werden gemäß Abschnitt 3.7.4 klassiert.

- Verfahren der stochastischen Prozesse: Mittels dieses Verfahrens lassen sich z.B. Zufallsschwingungen, insbesondere bei schmalbändig reagierenden Systemen oder fließenden Verkehrsprozessen analysieren und die Verteilung der Momentan-, Spitzen- und Extremwerte bestimmen. Der Prozeß muß indes gewisse Voraussetzungen erfüllen [150,151].

Für die weitere Verarbeitung ist es notwendig, das Klassierergebnis zu normieren; das geschieht in zweifacher Weise:

- Die im Erhebungszeitraum gezählten Spannen werden auf einen Bezugszeitraum, z.B. auf ein Jahr umgerechnet.
- Ist $\hat{\sigma}$ die größte gemessene Spannung, werden hierauf alle anderen Werte normiert. Außerdem wird $\hat{\sigma}$ mit dem für den (statischen) Tragfähigkeitsnachweis maßgebenden Extremwert in Beziehung gesetzt.

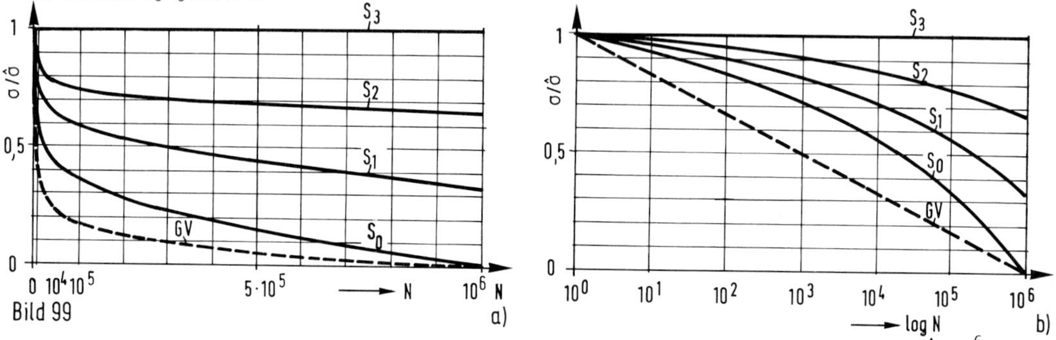

Bild 99

Bild 99 zeigt unterschiedliche Kollektivformen über einen Lastwechselumfang von $\hat{N}=10^6$. Bei linearer Skalierung der Lastwechselachse tritt der Beanspruchungscharakter - insbesondere der Abfall der hohen Werte bei den "mageren" Kollektiven (gegenüber den "fülligen")- deutlic hervor. Für eine Normierung eignet sich eine logarithmische Skalierung der N-Achse besser. S_0 bis S_3 sind in diesem Beispiel die in DIN 15018 (Krane) vereinbarten Kollektive (GV ist die sogen. Geradlinigen-Verteilung). Für ein Betriebsfestigkeits-Normkonzept sind schließlich bestimmte Spannungsspielbereiche für die beabsichtigte Betriebsdauer (z.B. N_1 bis N_4) mit den Kollektivformen (z.B. S_0 bis S_4) zu kombinieren. Bild 100 zeigt als Beispiel die Definition der Beanspruchungsgruppe 4 der DIN 15018 und zwar derart, daß die verschiedenen S_i-N_j-Zuordnungen schädigungsgleich sind.

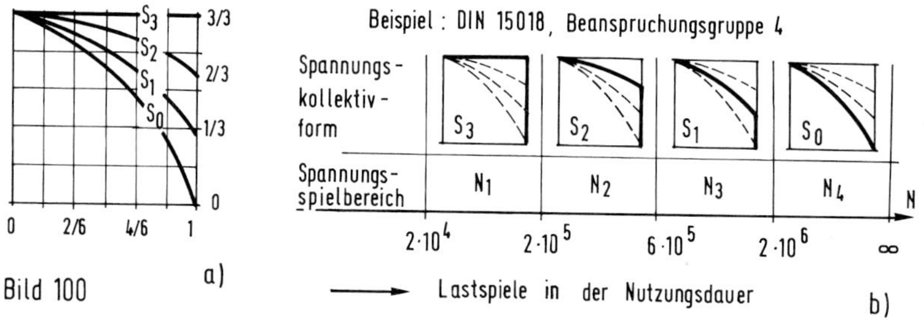

Bild 100

Um die vielschichtigen Probleme, die bei einer Betriebsfestigkeitsauslegung auftreten, aufzuzeigen, werden im folgenden die Betriebsverhältnisse bei Kranbahnen, Eisenbahn- und Straßenbrücken beleuchtet.

<u>Kranbahnen:</u> Bild 101a zeigt die Beanspruchung einer aus Einfeldträgern bestehenden Stripper- bzw. Montagekranbahn: Im erstgenannten Falle wird praktisch bei jedem Arbeitsgang dieselbe Lastspitze erreicht, das Kollektiv ist völlig. Ein Montagekran unterliegt i.a. einer Mischbeanspruchung; hohe Spannungsspitzen treten selten, niedrige dagegen häufig auf. Die innerhalb eines bestimmten Zeitraumes, z.B. innerhalb eines Jahres, erreichte Lastwechselzahl ist gleichfalls krantypisch. Es gibt Krane, z.B. Reparaturkrane in Kraftwerken, die vielleicht nur alle fünf Jahre einmal im Einsatz sind, andere, wie in Hüttenwerken, die im 24-Stundenbetrieb gefahren werden.

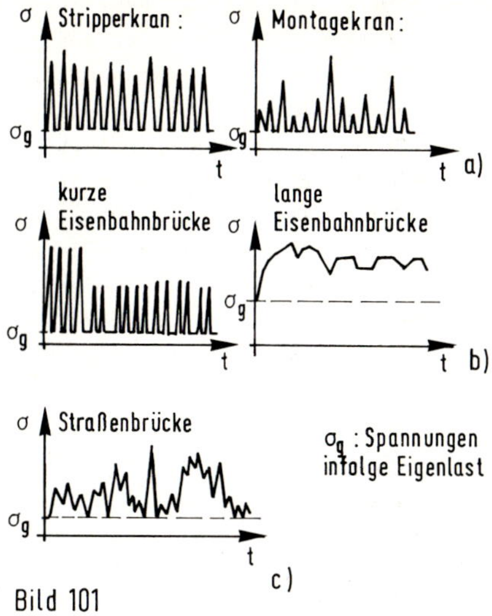

Bild 101

Eisenbahnbrücken: Bild 101b zeigt die Beanspruchung einer kurzen und einer langen Eisenbahnbrücke unter demselben Zugverkehr. (Die Darstellung ist schematisch zu begreifen, es wird eine einfeldrige Brücke unterstellt.) Bei einer kurzen Brücke wird jede Wagenüberfahrt, im Grenzfall jede Achsüberfahrt, als einzelnes Schwellereignis empfunden; bei einer langen Brücke bedeutet das Überfahren des gesamten Zuges ein einziges Ereignis. Demnach bestimmt die Länge der Brücke im Verhältnis zum mittleren Achsabstand der Lokomotiven und Wagen Kollektivform und Kollektivumfang für den Hauptträger. Unmittelbar befahrene Längsträger und Querträger erhalten bei jeder Achsüberfahrt eine annähernd gleichhohe Lastspitze, das Kollektiv ist völlig, d.h. die graduelle Dauerbeanspruchung ist viel höher als für die Hauptträger. Weitere Abhängigkeiten sind: Die Brücke liegt in einer Haupt- oder Nebenstrecke oder, die Brücke liegt in einer Strecke für vorrangig Personen- oder vorrangig Güterverkehr (ggf. Schwerstverkehr wie Erzstrecken).

Straßenbrücken: Straßenbrücken haben schwach ausgeprägte Kollektive. Der rechnerische Verkehrslastfall (z.B. nach DIN 1072) tritt nur selten bis nie auf. Je länger die Brücke ist, umso unwahrscheinlicher ist das Auftreten des Normlastfalles. Die Beanspruchung der Fahrbahn, z.B. der unmittelbar befahrenen Stahlfahrbahn (orthotrope Fahrbahnplatte) ist infolge der hohen LKW-Radlasten erheblich. - Die Vermischung des Verkehrsaufkommens auf einer Straßenbrücke ist ein Zufallsprozeß; Bild 101c zeigt eine zeitliche Abfolge mit regellosen Maxima und Minima. Jedem Spitzenwert folgt nicht unbedingt ein Nullwert. Die Art des Klassierungsverfahrens hat in solchen Fällen hinsichtlich Kollektivform und Anzahl der Lastspiele großen Einfluß auf das Klassierergebnis.

3.7.5.2 Lebensdauerlinie aus Mehrstufenversuchen

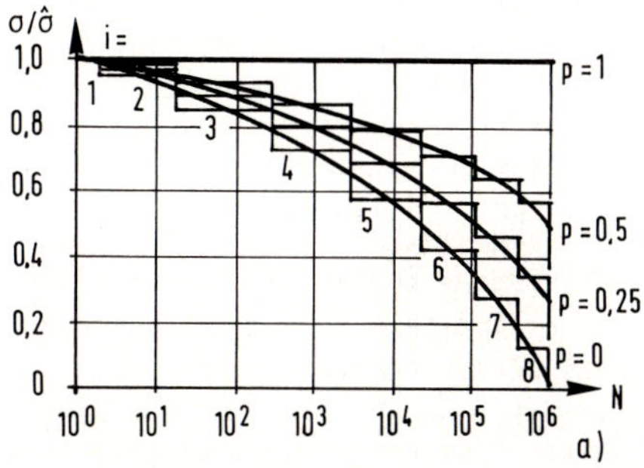

i	p = 1	p = 0,5	p = 0,25	p = 0
1	1	1,000	1,000	1,000
2		0,975	0,963	0,950
3		0,925	0,888	0,850
4		0,863	0,794	0,725
5		0,788	0,682	0,575
6		0,713	0,568	0,425
7		0,638	0,456	0,275
8		0,563	0,344	0,125

b)

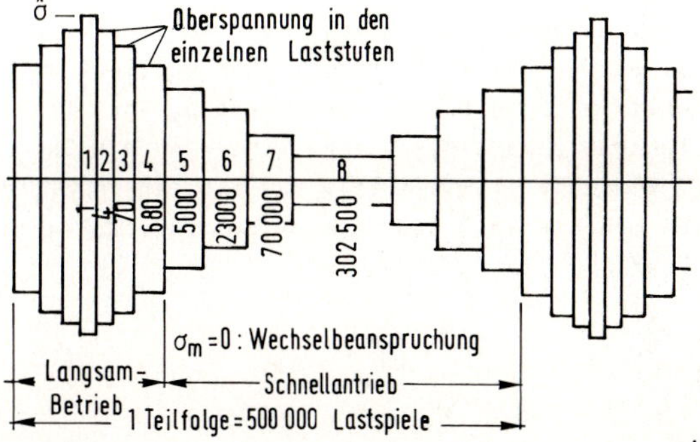

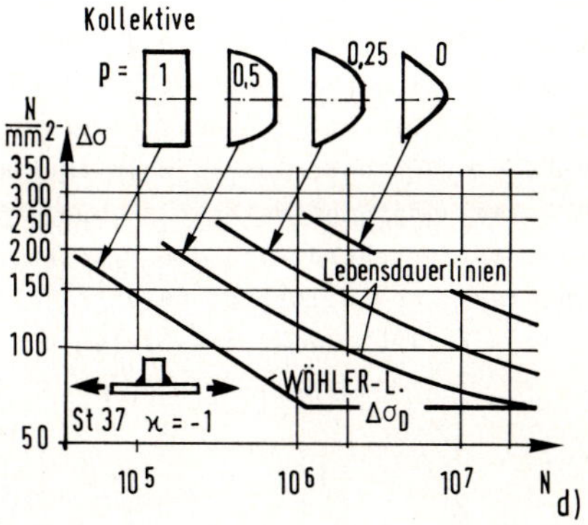

Bild 102

Die Betriebsfestigkeit eines bestimmten Kerbfalles (Grundmaterial, Lochstab, Schweißbauteil) wird im Betriebsfestigkeitsversuch ermittelt. Hierbei handelt es sich um aufwendige Versuche. Es existieren mehrere Versuchstechniken, die sich in der Wirklichkeitsnähe der Betriebssimulation unterscheiden. Am häufigsten wurde bislang der Betriebsfestigkeitsversuch als Mehrstufenversuch durchgeführt. Hierbei wird ein vorgelegtes (kontinuierliches) Kollektiv in ein Stufenkollektiv zerlegt. Die Völligkeit des Kollektivs wird durch den Parameter p gekennzeichnet, entsprechend ist die Abtreppung hinsichtlich Lastwechselzahl und Höhe der einzelnen Stufen einzustellen. Bild 102a zeigt die normierten Laststufen für vier Völligkeitsparameter p=1; 0,5; 0,25; 0. In Teilbild b sind die auf den maximalen Spannungswert $\hat{\sigma}$ des Kollektivs bezogenen Laststufen zahlenmäßig ausgewiesen. Dem WÖHLER-Versuch entspricht p=1; er besteht nur aus einer Stufe, man spricht daher vom Einstufenversuch. - Bild 102c zeigt beispielhaft den Versuchsablauf bei reiner Wechselbeanspruchung; es werden mehrere Blöcke abgefahren, wobei der Versuch in der Prüfmaschine mittels sogen. Blockgeneratoren gesteuert wird. In den Generator wird vorab das Stufenkollektiv einprogrammiert. Ein gewisses Problem ist die Einstellung der Anfangsstufe und die Entscheidung, ob mit steigenden oder fallenden Laststufen begonnen werden soll. Die größte Schädigung geht von den hohen Spannungen aus, wird andererseits zu Beginn zu lange auf niedrigem Niveau pulsiert, stellen sich "Trainiereffekte" ein.
Ist ein Prüfkörper gebrochen, wird die Größtspannung $\hat{\sigma}$ dieses Versuches über der Bruchlastwechselzahl im Lebensdauernetz, zweckmäßig doppelt logarithmisch skaliert, eingetragen. Wie beim WÖHLER-Versuch (s. Abschnitt 2.6.5.6.2) werden auf mehreren Spannungsniveaus jeweils mehrere Prüfkörper getestet und statistisch ausgewertet. Dadurch erhält man für einen bestimmten Kollektivtyp die zugeordnete Lebensdauerlinie. Bild 102d zeigt beispielhaft die Lebensdauerlinien für den Kerbfall "einseitige kurze Längssteife" für vier Kollektive. Die WÖHLER-Linie (p=1,0) ist enthalten. Mit abnehmendem p-Wert werden zunehmend höhere Lastwechselzahlen erreicht.
Bedingt durch den zusätzlichen Kollektivparameter p sind Betriebsfestigkeitsversuche langwierig und kostspielig. Wegen der auf dem Ordnungseffekt beruhenden unvollkommenen Nachahmung der realen Betriebsbeanspruchung gibt es Einwände gegen den Mehrstufenversuch. Eine bessere Nachahmung gelingt mittels Randomversuchen, bei denen die Prüfkörperspannungen im Versuch regellos ablaufen. Sie werden durch einen Zufallsgenerator gesteuert, wobei Verteilung und Energiespektrum der Betriebsbeanspruchung simuliert werden. Die heutige Prüfmaschinentechnik erlaubt solche Versuche, auch sogen. Nachfahrversuche, bei denen ein analoger Meßschrieb einer realen Betriebsbeanspruchung im Versuch nachvollzogen wird.

3.7.5.3 Lineare Schädigungshypothese von PALMGREN-MINER

Mittels sogen. Schädigungshypothesen versucht man, von der WÖHLER-Linie eines bestimmten Kerbfalles auf die Lebensdauerlinie einer (durch ein vorgelegtes Kollektiv charakterisierten) regellosen realen Betriebsbelastung zu schließen. Die älteste und in der Anwendung verbreitetste ist die lineare Schadensakkumulationshypothese von PALMGREN (1924) [152] und MINER (1945) [153]. Die Hypothese geht von der Überlegung aus, daß bei einstufiger WÖHLER-Beanspruchung (Bild 103a) eine vollständige Schädigung, d.h. ein Bruch, dann eintritt, wenn unter der Spannung σ_1 die Betriebslastwechselzahl n_1 die zugehörige Bruchlastwechselzahl N_1 erreicht. σ_1 ist in diesem Falle die maximale Spannung ($\hat{\sigma}$) des einstufigen Kollektivs und N_1 der zugehörige maximal mögliche Umfang ($\hat{N}$). Dieser Fall ist trivial, der Quotient n_1/N_1 ist gleich Eins. Liegt ein zweistufiges Kollektiv mit den Spannungen σ_1 und σ_2 vor, tritt der Ermüdungsbruch unter der gemeinsamen Lastwechselzahl $\hat{N}=n_1+n_2$ dann ein, wenn die Summe aus den Schädigungsquotienten n_1/N_1 und n_2/N_2 Eins wird (Bild 103b). Das ist der Inhalt der Hypothese. Entsprechend wird die Hypothese bei mehrstufiger und kontinuierlicher Kollektivform erweitert (Teilbilder c und d):
Mehrstufiges Kollektiv mit den Stufen i=1 bis i=m:

$$\sum_{i=1}^{m} \frac{n_i}{N_i} = 1 \tag{297}$$

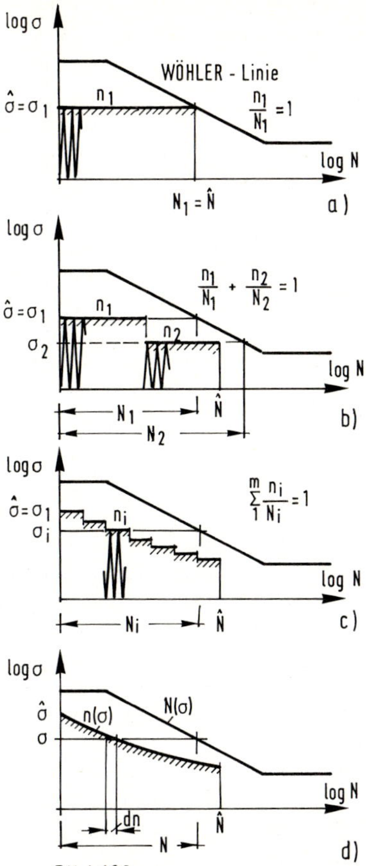

Bild 103

Kontinuierliches Kollektiv:

$$\int_{n=0}^{\hat{N}} \frac{dn}{N} = 1 \tag{298}$$

Um eine Schädigungsrechnung durchführen zu können, muß die WÖHLER-Linie des zur Untersuchung anstehenden Kerbfalles $N=N(\sigma)$ und die Kollektivform $n=n(\sigma)$ gegeben sein. Bild 104 zeigt, wie vorzugehen ist: Die WÖHLER-Linie ist durch σ_D, N_D und den Neigungskoeffizienten k eindeutig definiert (vgl. Abschnitt 2.6.5.6.2). Die Kollektivform liegt durch den Quotienten der kleinsten zur größten Spannung und den kurvenmäßigen Verlauf zwischen diesen Randwerten fest.

Es wird ein Kollektiv-Höchstwert $\hat{\sigma}_{(1)}$ frei gewählt und der Kollektivumfang $\hat{N}_{(1)}$ solange variiert, bis G.298 erfüllt ist. Das Wertepaar $\hat{\sigma}_{(1)}$, $\hat{N}_{(1)}$ liefert den Punkt (1) der Lebensdauerlinie. Entsprechend wird fortgefahren: Das Wertepaar $\hat{\sigma}_{(2)}$, $\hat{N}_{(2)}$ liefert einen zweiten Punkt (2) usf. In diesem Beispiel liegt die untere Randspannung des durch $\hat{\sigma}_{(2)}$ und $\hat{N}_{(2)}$ charakterisierten Kollektivs unter σ_D, also unter der Dauerfestigkeit der einstufigen WÖHLER-Linie. Hieraus darf nicht geschlossen werden, daß die Kollektivspannungen $\sigma<\sigma_D$ keinen Schädigungsbeitrag liefern. Es ist vielmehr davon auszugehen, daß, nachdem Spannungen $\sigma>\sigma_D$ eine gewisse Schädigung bewirkt haben, sich diese bei Spannungen $\sigma<\sigma_D$ fortsetzt. Eine auf der sicheren Seite liegende Abschätzung besteht darin, die WÖHLER-Linie über sich selbst hinaus zu verlängern und die Schädigungsrechnung hierauf zu beziehen; vgl. Abschnitt 3.7.5.5.

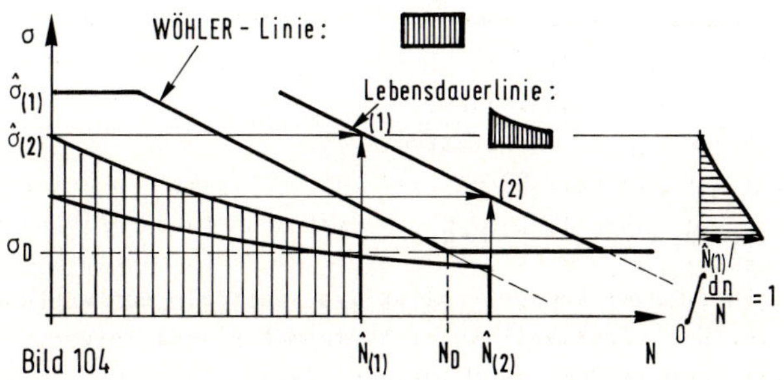

Bild 104

In diesem und in den vorangegangenen Abschnitten wurde zur Charakterisierung des Klassierergebnisses und der Schädigungsrechnung durchgehend das Spannungssymbol σ verwendet, ohne daß scharf zwischen Ober- und Unterspannung bzw. Spannungsspannen unterschieden wurde. Im Fall einer reinen Wechselspannung ($\varkappa=-1$) sind die Ergebnisse ineinander überführbar: σ entspricht $\Delta\sigma/2$, die Mittelspannung ist Null. Bei Schwellbeanspruchung trifft das nicht mehr zu. Mit $\varkappa$ allein kann der Prozess nicht charakterisiert werden. Bei der Klassierung der Spannen geht eine wichtige Information verloren, das ist die Lage der Mittelspannung bzw. die Höhe der erreichten Maximal- bzw. Minimalspannung. Solange es sich um Schädigungsrechnungen für scharfe Kerbfälle handelt und von $\Delta\sigma$-Kollektiven (z.B. nach dem Rain-Flow-Verfahren) und $\Delta\sigma$-WÖHLER-Linien ausgegangen wird, wiegt der Mangel nicht schwer, da die Mittelspannungsabhängigkeit nur schwach ausgeprägt ist. Ist sie dagegen vorhanden, ist zu prüfen, ob die Schädigungsrechnung auf der Grundlage des $\Delta\sigma$-Konzepts auf der sicheren Seite liegt. Die vorstehende Problematik beruht auf dem Informationsverlust jeder einparametrigen Klassierung.

3.7.5.4 Beispiele zur linearen Schädigungshypothese

1. Beispiel

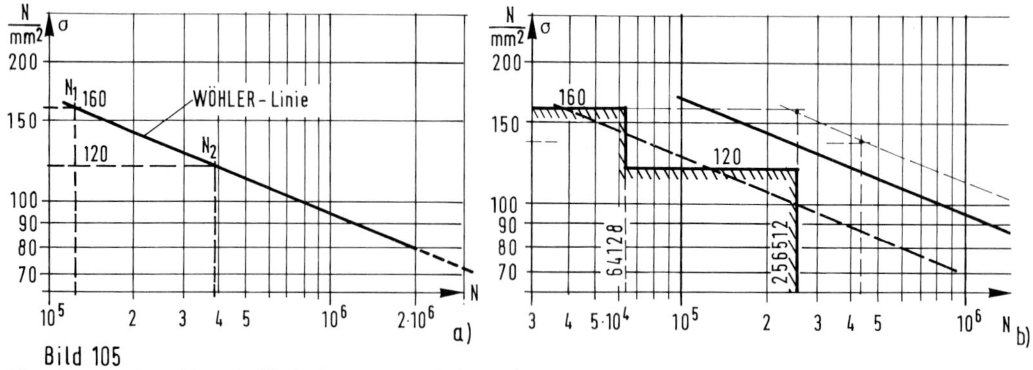

Bild 105

Für das zweistufige Kollektiv einer Förderanlage betragen die Kenndaten aufgrund einer Erhebung:

$$\hat{\sigma} = \sigma_1 = 160\ N/mm^2$$
$$\sigma_2 = 120\ N/mm^2$$
$$n_2/n_1 = 3$$

Ausgehend von der in Bild 105a dargestellten WÖHLER-Linie soll festgestellt werden, welche Teil- und welche Gesamtlastwechselzahlen erreicht werden können. Die Gleichung der WÖHLER-Linie (G.18 in Abschnitt 2.6.5.6.2) wird nach N_Z aufgelöst:

$$\left(\frac{\sigma_Z}{\sigma_D}\right)^k = \frac{N_D}{N_Z} \longrightarrow N_Z = \frac{N_D}{\left(\frac{\sigma_Z}{\sigma_D}\right)^k} = \frac{2\cdot 10^6}{\left(\frac{\sigma_Z}{80}\right)^4} \qquad (299)$$

Für die WÖHLER-Linie gelte: σ_D=80N/mm², $N_D=2\cdot 10^6$, k=4. Mittels vorstehender Formel werden die zu σ_1 und σ_2 gehörenden Bruchlastwechselzahlen N_1 und N_2 berechnet:

$$\sigma_Z = \hat{\sigma} = \sigma_1 = 160\ N/mm^2 : \ N_Z = N_1 = 125\,000$$
$$\sigma_Z = \sigma_2 = 120\ N/mm^2 : \ N_Z = N_2 = 395\,061$$

Die PALMGREN-MINER-Regel G.297 wird nach n_1 aufgelöst und der Quotient n_2/n_1 gleich α gesetzt:

$$\frac{n_1}{N_1} + \frac{n_2}{N_2} = 1 \longrightarrow \alpha = \frac{n_2}{n_1} = 3 \longrightarrow \frac{n_1}{N_1} + \frac{\alpha n_1}{N_2} = 1 \longrightarrow$$

$$n_1 = \frac{N_1 \cdot N_2}{N_2 + \alpha N_1} = \frac{125000 \cdot 395\,061}{395\,061 + 3 \cdot 125\,000} = 64128$$
$$n_2 = \alpha \cdot n_1 = 3 \cdot 64\,128 = 192\,384$$
$$\hat{N} = n_1 + n_2 = \underline{256\,512} \qquad (= \hat{N}_1)$$

Bild 105b zeigt die Lage des ertragbaren zweistufigen Kollektivs innerhalb des WÖHLER-Diagramms. Soll die Lebensdauerlinie für die vorgelegte Kollektivform bestimmt werden, ist ein neuer $\hat{\sigma}$-Wert zu vereinbaren, z.B. $\hat{\sigma}=\sigma_1$=140N/mm²; σ_2 beträgt dann:

$$\sigma_2 = \sigma_1 \cdot (120/160) = 140 \cdot 120/160 = 105\ N/mm^2$$

Hierfür folgt ein zweiter Punkt der Lebensdauerlinie (ohne Nachweis $N_{(2)}$=437600).

2. Beispiel: Trapezförmiges und aus trapezförmigen Teilen zusammengesetztes Kollektiv

Für die Auswertung beliebig begrenzter Kollektive bei Ansatz der erweiterten Schädigungshypothese mit im log-log-Diagramm geradlinig verlängerter WÖHLER-Linie hat OXFORT praktikable Formeln aufbereitet [154]. Bild 106 zeigt vier unterschiedliche Kollektivformen. Die Fälle a) und b) einerseits und c) und d) andererseits unterscheiden sich durch den Kollektivtyp; in den Fällen b) und d) wird ein gegebenes Kollektiv approximativ aus Teilkollektiven zusammengesetzt. Im folgenden werden die Fälle c) und d) behandelt.

Die trapezförmige Kollektivform (Teilbild c) wird durch die Gleichung

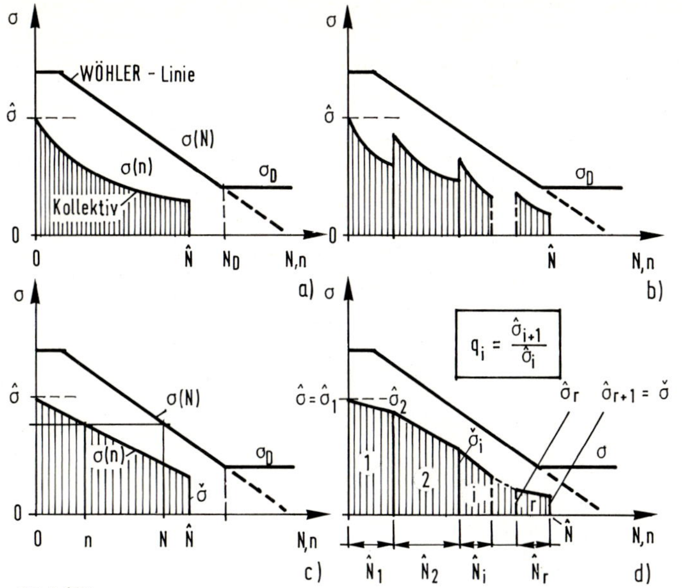

Bild 106

$$\sigma = \hat{\sigma}\cdot\left[1-(1-q)\frac{n}{\hat{N}}\right] \qquad (300)$$

beschrieben. $\hat{\sigma}$ ist der (obere) Größtwert, $\hat{N}$ der Kollektivumfang und q der Quotient aus dem unteren und oberen Randwert des Kollektivs (Kollektivkennwert):

$$q = \frac{\check{\sigma}}{\hat{\sigma}} \qquad (301)$$

Aus G.300 wird n freigestellt und die so entstehende Gleichung nach σ differenziert:

$$n = \frac{\hat{N}}{1-q}\left(1-\frac{\sigma}{\hat{\sigma}}\right) \longrightarrow$$

$$\frac{dn}{d\sigma} = -\frac{\hat{N}}{1-q}\cdot\frac{1}{\hat{\sigma}} \qquad (302)$$

Die PALMGREN-MINER-Regel lautet damit, wenn noch

$$\frac{1}{N} = \frac{1}{N_D}\left(\frac{\sigma}{\sigma_D}\right)^k \qquad (303)$$

beachtet wird:

$$\int_{n=0}^{\hat{N}}\frac{dn}{N} = 1 \longrightarrow \int_{n=0}^{\hat{N}} -\frac{\hat{N}}{1-q}\cdot\frac{1}{\hat{\sigma}}\cdot\frac{1}{N_D}\left(\frac{\sigma}{\sigma_D}\right)^k d\sigma = 1$$

Das Integral läßt sich explizit lösen; die Freistellung nach $\hat{\sigma}$ ergibt:

$$\hat{\sigma} = \sigma_D\cdot\sqrt[k]{\frac{N_D}{\hat{N}}}\cdot\sqrt[k]{\frac{(1-q)\cdot(k+1)}{1-q^{k+1}}} \qquad (304)$$

Die Auflösung nach $\hat{N}$ liefert:

$$\hat{N} = \left(\frac{\sigma_D}{\hat{\sigma}}\right)^k\cdot N_D\,\frac{(1-q)\cdot(k+1)}{1-q^{k+1}} \qquad (305)$$

Es gibt zwei Möglichkeiten, um diese Formeln zu verwerten:

- Mittels G.304 kann für einen festen Umfang $\hat{N}$ die ertragbare Kollektivhöchstspannung ertr $\hat{\sigma} = \sigma_{Be}$ bestimmt werden. Der Erhöhungsfaktor gegenüber der zur Lastwechselzahl $N=\hat{N}$ gehörenden Zeitfestigkeitsspannung der WÖHLER-Linie lautet:

$$\text{ertr}\,\hat{\sigma} = \sigma_{Be} = \sigma_Z\cdot E_{\hat{\sigma}} = \sigma_D\sqrt[k]{\frac{N_D}{N}}\cdot E_{\hat{\sigma}}\ ; \qquad E_{\hat{\sigma}} = \frac{\sigma_{Be}}{\sigma_{Z,\text{WÖHLER}}} = \sqrt[k]{\frac{(1-q)(k+1)}{1-q^{k+1}}} \qquad (306)$$

  Indem mehrere $\hat{N}$-Werte vorgegeben werden, läßt sich die Lebensdauerlinie bestimmen.

- Mittels G.305 kann für eine feste Höchstspannung $\hat{\sigma}$ die ertragbare Lastwechselzahl ertr $\hat{N}=N_{Be}$ bestimmt werden. Der Erhöhungsfaktor gegenüber der zur Spannung $\sigma=\hat{\sigma}$ gehörenden WÖHLER-Lastwechselzahl lautet:

$$E_{\hat{N}} = \frac{(1-q)\cdot(k+1)}{1-q^{k+1}} \qquad (307)$$

Setzt sich das Kollektiv aus mehreren Trapezflächen zusammen, steht anstelle von G.306 (ohne Nachweis); vgl. Bild 106d:

$$\text{ertr}\,\hat{\sigma} = \sigma_{Be} = \sigma_D\sqrt[k]{\frac{N_D}{\hat{N}}}\cdot E_{\hat{\sigma}}\ ; \qquad E_{\hat{\sigma}} = \sqrt[k]{\frac{1}{\sum_1^r\left(\frac{\hat{\sigma}_i}{\hat{\sigma}}\right)^k\frac{\hat{N}_i}{\hat{N}}\cdot\frac{1-q_i^{(k+1)}}{(1-q_i)(k+1)}}} \qquad (308)$$

Die Vorgehensweise wird an einem Zahlenbeispiel verdeutlicht. Dazu wird das in Abschnitt 2.6.5.6.4 behandelte Beispiel erweitert: Ausgehend von der dort bestimmten WÖHLER-Linie wird die Betriebsfestigkeit für die Beanspruchungsgruppe B3 nach DIN 15018 berechnet ($\hat{N} \le 6 \cdot 10^5$, Kollektiv S_1). In bezogener Form lauten die Kollektivordinaten in den 1/6-Punkten:

$\frac{\log N}{\log \hat{N}}$	=	0	1/6	2/6	3/6	4/6	5/6	1
$\frac{\hat{\sigma}_i}{\hat{\sigma}}$	=	1	0,952	0,890	0,814	0,716	0,579	0,333

Das Kollektiv wird bereichsweise durch eine Gerade angenähert, es wird von G.308 ausgegangen. Für $P_Ü$=90%, k=3,5 wird der Dauerfestigkeitswert ($N=2\cdot10^6$) berechnet (vgl. das oben erwähnte Beispiel):

$$\sigma_D = 41,40 \cdot \sqrt[3,5]{\frac{0,75\cdot10^6}{2\cdot10^6}} = \underline{31,20\ \text{N/mm}^2}$$

$\hat{N}_i$ ist die Lastwechselzahl innerhalb des Teilkollektivs i:

$$\hat{N}_i = \hat{N}^{i/6} - \hat{N}^{(i-1)/6} \longrightarrow \frac{\hat{N}_i}{\hat{N}} = \frac{1}{\hat{N}^{1-i/6}} - \frac{1}{\hat{N}^{1-(i-1)/6}} \tag{309}$$

$$q_i = \frac{\hat{\sigma}_{i+1}}{\hat{\sigma}_i} \tag{310}$$

Es wird gesetzt (G.308):

$$E_{\hat{\sigma}} = \frac{1}{\sqrt[k]{\Sigma A_i}}\ ; \quad A_i = \left(\frac{\hat{\sigma}_i}{\hat{\sigma}}\right)^k \frac{\hat{N}_i}{\hat{N}} \cdot \frac{1-q_i^{(k+1)}}{(1-q_i)\cdot(k+1)} \tag{311}$$

i	$\hat{N}^{1-\frac{i}{6}}$	$\hat{N}^{1-\frac{i-1}{6}}$	$\hat{N}_i / \hat{N}$	q_i	$q_i^{3,5+1}$	$(\hat{\sigma}_i/\hat{\sigma})^{3,5}$	A_i
1	65332	600 000	0,000 01364	0,9520	0,80143	0,8418	$1,056 \cdot 10^{-5}$
2	7114	65 332	0, 000 12527	0,9349	0,73866	0,6651	$7,433 \cdot 10^{-5}$
3	774,6	7114	0,001 15042	0,9146	0,66918	0,4866	$48,189 \cdot 10^{-5}$
4	84,34	774,6	0,010 56532	0,8796	0,56141	0,3106	$265,646 \cdot 10^{-5}$
5	9,184	84,34	0,097 03038	0,8087	0,38463	0,1477	$1024,465 \cdot 10^{-5}$
6	1	9,184	0,89111331	0,5751	0,08296	0,0213	$910,336 \cdot 10^{-5}$
Σ	—	—	1	—	—	—	$2257,125 \cdot 10^{-5}$

Bild 107

In der Tabelle des Bildes 107 ist die Formel ausgewertet; G.308 ergibt:

$$\sigma_{Be} = 31,20 \cdot \sqrt[3,5]{\frac{2\cdot10^6}{0,6\cdot10^6} \cdot \frac{1}{\Sigma A_i}} = 31,20 \cdot 4,167 = \underline{130\ \text{N/mm}^2}$$

Diese Spannung gilt für $P_Ü$=90%. - Im Rahmen eines 8-stufigen Betriebsfestigkeitsversuches wurde das S_1-Kollektiv simuliert. Für $P_Ü$=90% wurde dabei σ_{Be}=140N/mm² gefunden, was gut mit dem Rechenwert übereinstimmt. Bezogen auf σ_{Be} kann die zulässige Betriebsfestigkeitsspannung (nach DIN 15018 mit einem Sicherheitsfaktor 1,33) festgelegt werden. Vgl. zur Anwendung der linearen Schädigungshypothese auch [155].

3.7.5.5 Modifizierung der linearen Schädigungshypothese

Die lineare Schädigungshypothese von PALMGREN-MINER geht in ihrer ursprünglichen Form davon aus, daß Spannungen, die unterhalb des Dauerfestigkeitsniveaus σ_D bzw. $\Delta\sigma_D$ liegen, keine Schädigung bewirken. Wie in Abschnitt 3.7.5.3 erwähnt, hält diese Annahme einer strengen Prüfung nicht Stand: Spannungen, die oberhalb des Dauerfestigkeitsniveaus, also im Zeitfestigkeitsbereich liegen, verursachen eine Schädigung. Es kann nicht ausgeschlossen werden und ist zudem bruchmechanisch zu erwarten, daß Spannungen, die unterhalb des Dauerfestigkeitsniveaus liegen, diese Schädigung vergrößern. Die Schädigungsrechnung liegt auf der sicheren Seite, wenn die WÖHLER-Linie bis auf das Nullniveau herunter verlängert wird. (Unter dieser Annahme wurden die Beispiele im vorangegangenen Abschnitt berechnet.) Ein solcher Ansatz ist bei Vorhandensein hoher Eigenspannungen oder bei stark korrosivem Angriff am ehesten gerechtfertigt. -

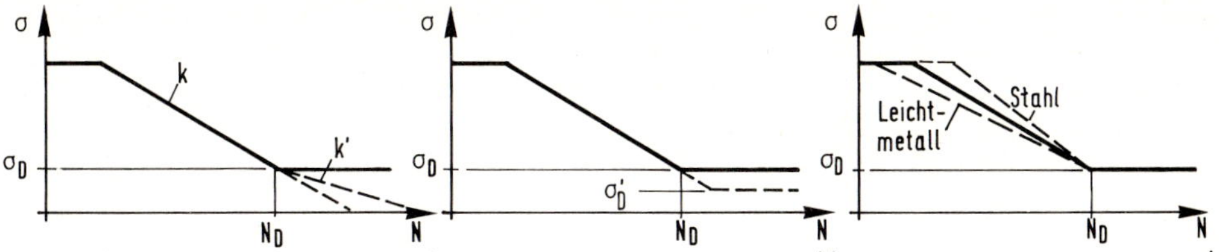

Bild 108 a) b) c)

Eine Modifizierung besteht darin, die WÖHLER-Linie oberhalb der Lastwechselzahl N_D mit einer geringeren Neigung fortzusetzen, vgl. Bild 108a. Nach einem Vorschlag von HAIBACH [156] ist der Neigungskoeffizient dieser abgeknickten Geraden zu $k'=2k-1$ anzusetzen. Daneben gibt es weitere Modifikationen, vgl. Bild 108b und c. - Auch ist es möglich, bei der Schädigungsrechnung einen progressiven Dauerfestigkeitsabfall zu berücksichtigen, wobei der Schadenszuwachs über eine empirische Funktion erfaßt wird [157,140,141]. Die hiermit im Zusammenhang stehenden Fragen sind von der Forschung noch nicht endgültig geklärt. Das gilt auch für die Größe des Schädigungskoeffizienten S. Erweitert man die Schädigungshypothese (G.298) zu

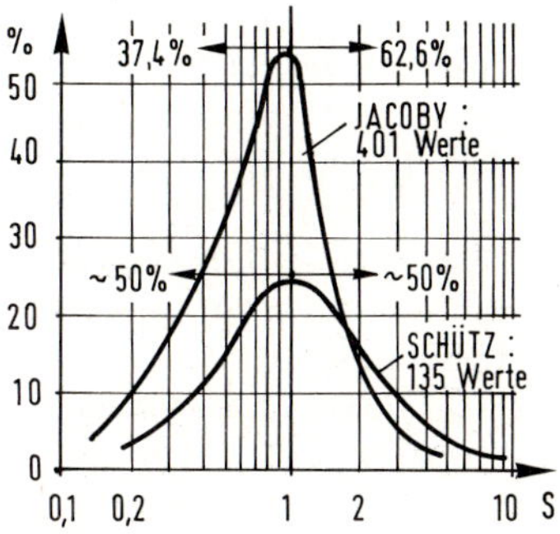

Bild 109

$$\int_{n=0}^{\hat{N}} \frac{dN}{N} = S, \qquad (312)$$

so zeigt ein Vergleich mit nachgerechneten Ergebnissen aus Mehrstufenversuchen, daß S beträchtliche Streuungen aufweist. Diese beruhen z.T. auf dem Mehrstufenkonzept selbst. Durch die Abfolge der Stufung wird das Ergebnis des Betriebsfestigkeitsversuches beeinflußt [158-162]. Bild 109 zeigt die Streuung von S nach zwei älteren Recherchen [163,164]. Nach einer neueren Untersuchung [165] ist S logarithmisch verteilt, Mittelwert und Standardabweichung betragen 1,37 bzw. 0,87; dem entspricht ein Variationskoeffizient von 0,638 (!). Vgl. zur Thematik auch [166-169].

3.7.5.6 Betriebsfestigkeitsnachweis im Regelwerk des Stahlbaues

Das erste in sich schlüssige und recht übersichtliche Betriebsfestigkeitskonzept wurde 1974 mit DIN 15018 für Krane eingeführt und später mit gewissen Erweiterungen in DIN 4132 (1981) für Kranbahnträger übernommen (damit war DIN 120 abgelöst; wegen Einzelheiten vgl. Abschnitt 21.5.3). - Für Eisenbahnbrücken wurde der Ermüdungsnachweis 1983 mit der Herausgabe der neuen Vorschrift DS804 ebenfalls vom Dauerfestigkeitsnachweis (der Vorschriften DV804 und DV848) auf einen Betriebsfestigkeitsnachweis umgestellt (siehe Abschnitt 25.2.5.2). Nach der z.Zt. in der Beratung befindlichen Grundnorm DIN 18800 T6 (Stahlbauten; Bemessung und Konstruktion bei häufig wiederholter Beanspruchung) soll künftig der Ermüdungsnachweis geführt werden: Nachweis der Dauerhaftigkeit. Das neue Regelwerk orientiert sich am EUROCODE 3 (Entwurf 1983) und wird sich von den zulσ_{Be}-Konzepten der DIN 15018/DIN 4132 und DS804 sowohl formal wie inhaltlich stark unterscheiden. Um das zu zeigen, werden im folgenden die Regeln des EUROCODE 3 (Entwurf 1983) kommentiert:

1. Der Neigungskoeffizient der $\Delta\sigma$-N-WÖHLER-Linien beträgt im Bereich 10^4 bis $5\cdot10^6$ für die mit Eigenspannungen behafteten Bauteile (dazu gehören alle geschweißten) einheitlich k=3. Die ertragbare Dauerfestigkeit $\Delta\sigma_D$ ist als $P_Ü=97,4\%$ Fraktile für $N_D=5\cdot10^6$ vereinbart. Es werden insgesamt 15 Linien (Kategorien) unterschieden. Die Benennung der Kategorien bezieht sich auf $N=2\cdot10^6$ Lastwechsel, vgl. Bild 110a.

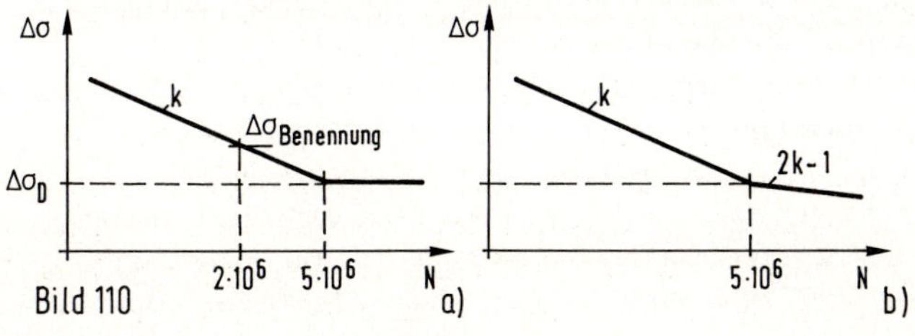

Bild 110 a) b)

Beim Nachweis ist der jeweilige Kerbfall einer der 15 Kategorien anhand eines Kataloges zuzuordnen. Dabei werden vier Kerbfallgruppen unterschieden: 1. Nicht-geschweißte Bauteile, 2. Geschweißte Bauteile, 3. Schraubverbindungen und andere Details, 4. Hohlprofile für Fachwerkkonstruktionen. - Die zulässigen Dauerfestigkeitsspannungen der DIN 15018/DIN 4132 (Beanspruchungsgruppe 6) beinhalten eine 1,33-fache Sicherheit gegenüber der 90%-Fraktile. Um diese Werte mit den neuen Dauerfestigkeiten des EUROCODE 3 (für $N=2\cdot 10^6$) vergleichen zu können, müssen sie umgerechnet werden:

$$1{,}33\cdot \mathrm{zul}\,\Delta\sigma_{D,\,DIN\,15018} + 1{,}2815\cdot s_{\Delta\sigma_D} - 2\cdot s_{\Delta\sigma_D} = 1{,}33\cdot \mathrm{zul}\,\Delta\sigma_D - 0{,}7185\cdot s_{\Delta\sigma_D} \tag{313}$$

Dazu wird für ein bestimmtes Spannungsverhältnis $\varkappa$ die zulässige Spanne gebildet, diese um den Sicherheitsfaktor auf die $P_0=90\%$-Fraktile angehoben, von hier auf den Mittelwert hochgerechnet und dann auf die $P_0=97{,}4\%$-Fraktile wieder herunter gerechnet. Dabei können die kerbfallabhängigen Standardabweichungen s von Tafel 3.4 übernommen werden. Da s je nach Auswertung schwankt, wird bei der Umrechnung näherungsweise von einer Normalverteilung ausgegangen. Rechnet man die Werte allein für $\varkappa=-1$ um und bildet die SMITH-Diagramme nach den in DIN 15018/DIN 4132 angeschriebenen Formeln, erhält man die in Tafel 3.5 dargestellten Diagramme; sie gelten für St37. Der Vergleich zeigt:

- Nach dem EUROCODE 3 sind die ertragbaren Spannungsspannen von der Mittelspannung unabhängig, auch davon, ob die Oberspannung eine Zug- oder Druckspannung ist. Darüberhinaus sind sie unabhängig von der Stahlsorte.
- Die ertragbaren Spannungen liegen im Vergleich zu DIN 15018/DIN 4132 im interessierenden $\varkappa$-Bereich deutlich niedriger; das gilt insbesondere für die "milden" Kerbfälle K0, K1, K2. Bei den "scharfen" Kerbfällen sind die Unterschiede geringer.

Die niedrigeren Dauerfestigkeiten des EUROCODE 3 (und deren Mittelspannungsunabhängigkeit) werden mit dem Eigenspannungs- und Größeneinfluß geschweißter Bauteile begründet.

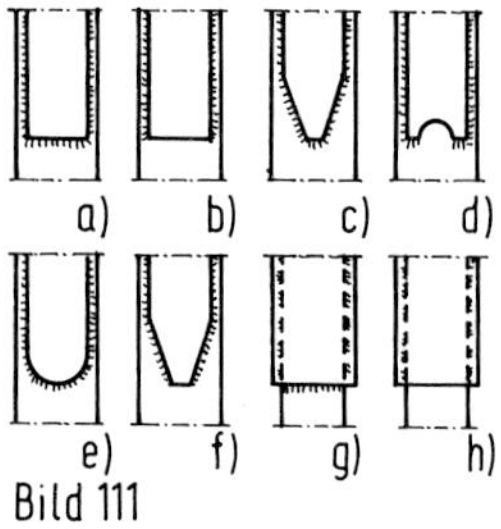

Bild 111

Die Postulierung der Mittelspannungsunabhängigkeit führt dazu, daß nach EUROCODE 3 für hohe Mittelspannungen z.T. wesentlich höhere Spannungsspannen ertragen werden können als nach DIN 15018/DIN 4132. Das beruht auf der rigorosen Vereinfachung und kann natürlich so nicht stimmen (vgl. Tafel 3.5). - Bei Dauerfestigkeitsversuchen mit Kleinproben wird der Größeneinfluß nicht und der Eigenspannungseinfluß nur begrenzt erfaßt. Demgemäß erhält man bei Kleinprüfkörpern höhere ertragbare Dauerfestigkeiten als bei Großprüfkörpern. Andererseits sind die Streuungen bei den Kleinprüfkörpern größer als bei den Großprüfkörpern, das ist plausibel. - Wie in Abschnitt 3.7.3.2 erwähnt, zwingen die in den USA (und zu einem geringeren Teil auch hierzulande) durchgeführten Dauerfestigkeitsversuche an Großbauteilen zu einer Neuorientierung. Nach Meinung des Verfassers liegen die im EUROCODE 3 vereinbarten Dauerfestigkeiten zu niedrig: Sie orientieren sich, wie erwähnt, zu einem großen Teil an den amerikanischen Trägerversuchen; bei diesen wurden überwiegend Träger mit zusätzlichen Gurtlamellen geprüft, die eine in Bild 111 gezeigte Endausbildung hatten. Keine dieser Lösungen entspricht den in der Bundesrepublik Deutschland geltenden Regelwerken für Bauteile unter nicht vorwiegend ruhender Belastung. -

Der im EUROCODE 3 mit k=3 einheitlich festgeschriebene Neigungskoeffizient im Lastwechselbereich 10^4 bis $5\cdot 10^6$ hat zur Folge, daß bei den "milden" Kerbfällen (hohe Kategorien) im Mittel sehr hohe Lastwechselzahlen erreicht werden. In Bild 112 sind am Beispiel der Kategorien 180, 80 und 36 die Mittelwerte der ertragbaren Dauerfestigkeitsspannen mittels der im Bild eingetragenen Standardabweichungen gebildet und von hier aus die WÖHLER-Geraden eingezeichnet. Danach müßte z.B. ein Zugstab aus Stahl St37 seine Festigkeit 370N/mm² bei kraftschlüssiger Belastung im Falle $\varkappa=0$ beim milden Kerbfall ca. 500 000mal, beim mittleren ca. 60 000mal und beim scharfen Kerbfall ca. 7 000mal ertragen können. Das ist nicht der Fall. - Aus alledem kann gefolgert werden, daß die ertragbaren Spannen für geringe Lastwechselzahlen zu hoch und für hohe Lastwechselzahlen (im Dauerfestigkeitsbereich) zu niedrig liegen. Diese Überlegung macht

Gegenüberstellung DIN 15 018 / DIN 4132 - EUROCODE 3

$P_{ü} = 97{,}5\,\%$ - Fraktile

K0 - B6/St 37 – Kategorie 112
Stumpfnaht - Sondergüte

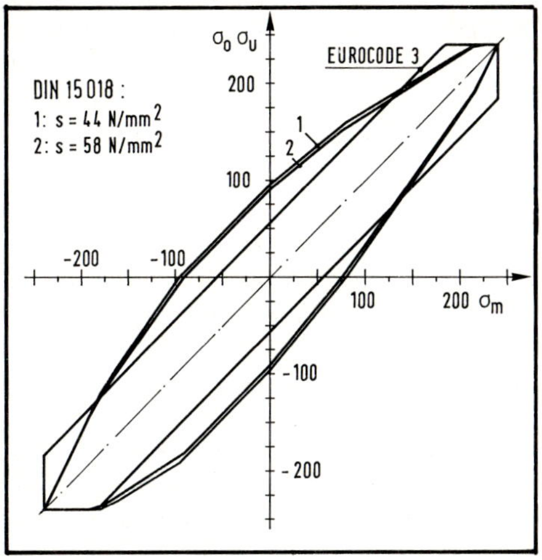

K1 - B6/St 37 – Kategorie 90
Stumpfnaht - Normalgüte

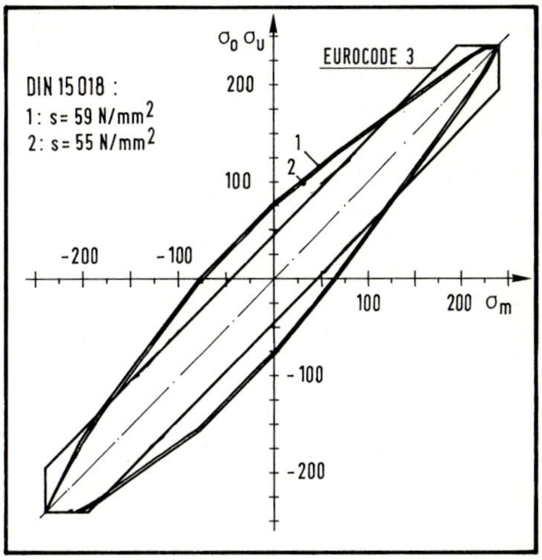

K2 - B6/St 37 – Kategorie 80
Quersteife (Normalgüte)

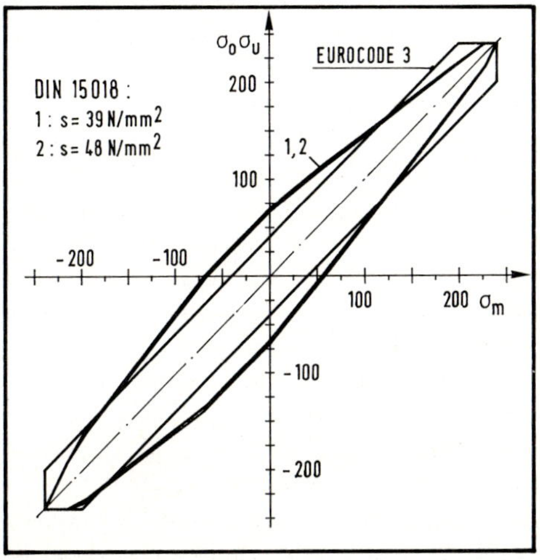

K3 - B6/St 37 – Kategorie 71
Kreuzstoß : K - Naht (t > 12 mm)

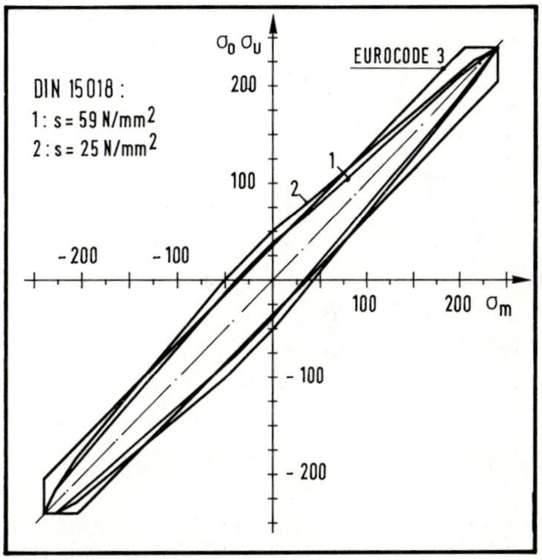

K4 - B6/St 37 – Kategorie 56
Kreuzstoß : Doppelkehlnaht N > B

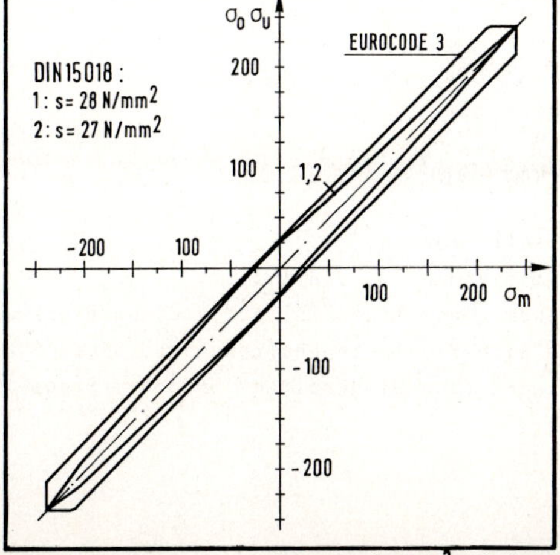

K4 - B6/St 37 – Kategorie 36
Kreuzstoß : Doppelkehlnaht N < B

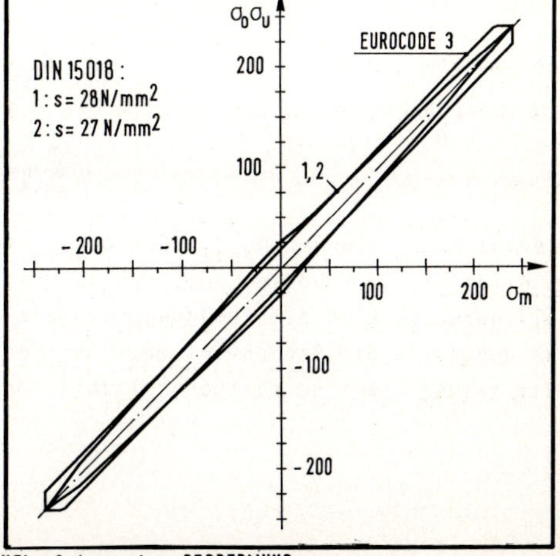

Spannungen in N/mm², 1: Auswertung QUEL, 2: Auswertung REPPERMUND

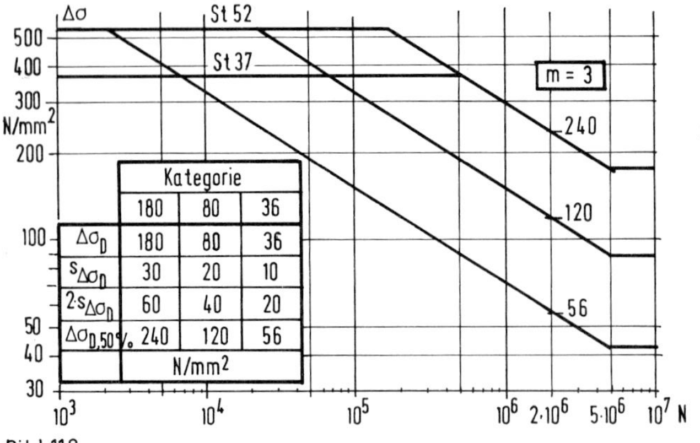

Bild 112

es eigentlich erforderlich, den Neigungskoeffizienten zu variieren, wie aus Versuchen bekannt.

2. Der eigentliche Sicherheitsnachweis wird im EUROCODE 3 auf die Gültigkeit der PALMGREN-MINER-Hypothese abgestellt (G.312). - Die Spannungsspannen $\Delta\sigma_i$ infolge der äußeren Einwirkung werden um den Teilsicherheitsbeiwert γ erhöht und nachgewiesen, daß die erforderliche Gesamtlastwechselzahl erreicht wird. Oberhalb $N=5\cdot10^6$ ist der Neigungskoeffizient der WÖHLER-Geraden zu $k'=2k-1=5$ anzunehmen, wenn es sich um einen Betriebsfestigkeitsnachweis handelt. Als Schädigungskoeffizient S ist Eins anzusetzen. Wie in Abschnitt 3.7.5.5 erläutert, liegt der Mittelwert von S eher bei 1,3; der Variationskoeffizient beträgt ca. 0,6. Die Anwendung der Hypothese ist offensichtlich mit erheblichen Unsicherheiten behaftet, es wäre demnach angebracht, S um einen Sicherheitsfaktor zu reduzieren.

3.7.5.7 Beispiele und Ergänzungen

1. Beispiel: Schädigungsäquivalentes Kollektiv

Die PALMGREN-MINER-Hypothese besagt, daß ein Ermüdungsbruch eintritt, wenn

$$\sum_{i=1}^{m}\frac{n_i}{N_i}=S \qquad (314)$$

erfüllt ist. Dabei ist:

$$n_1+n_2+\cdots+n_i+\cdots+n_m=\sum_{i=1}^{m}n_i=\hat{N} \qquad (315)$$

die Gesamtanzahl der Lastwechsel. - Bild 113a zeigt ein mehrstufiges Kollektiv. Für die Spannungsspanne $\Delta\sigma_i$ beträgt die zugehörige Bruchlastwechselzahl N_i:

$$N_i=\frac{N_D}{\left(\frac{\Delta\sigma_i}{\Delta\sigma_D}\right)^k} \qquad (316)$$

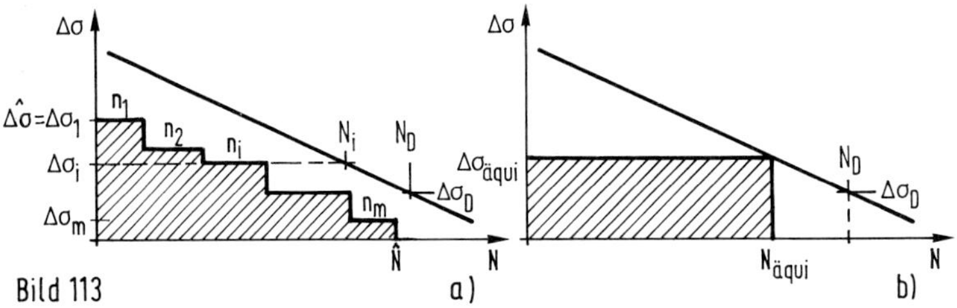

Bild 113

Gesucht ist jenes einstufige Kollektiv, das dieselbe Schädigung bewirkt wie das mehrstufige; man spricht vom schädigungsäquivalenten (oder schädigungsgleichen) Kollektiv. Für dieses gilt, vgl. Bild 113b:

$$N_{äqui}=\frac{N_D}{\left(\frac{\Delta\sigma_{äqui}}{\Delta\sigma_D}\right)^k} \qquad (317)$$

Das ist gleichwertig mit:

$$N_{äqui}\cdot\Delta\sigma_{äqui}{}^k=N_D\cdot\Delta\sigma_D^k \qquad (318)$$

Die Verknüpfung von G.316 und 318 mit G.314 ergibt:

$$\sum_{i=1}^{m}n_i\cdot\Delta\sigma_i{}^k=S(N_{äqui}\cdot\Delta\sigma_{äqui}{}^k)\quad(S=1) \qquad (319)$$

Hieraus kann entweder $N_{äqui}$ oder $\Delta\sigma_{äqui}$ freigestellt werden.

2. Beispiel: Verknüpfung zwischen den Sicherheitsfaktoren γ_N und $\gamma_{\Delta\sigma}$.

Üblicherweise wird der Ermüdungsnachweis bei einem einstufigen Kollektiv dadurch erbracht, daß gegenüber dem Rechenwert $\Delta\sigma_R$ eine bestimmte Sicherheit eingehalten wird. Diese Sicherheit sei $\gamma_{\Delta\sigma}$. Welche Lastwechselzahlsicherheit wird dann eingehalten? Um diese Frage zu

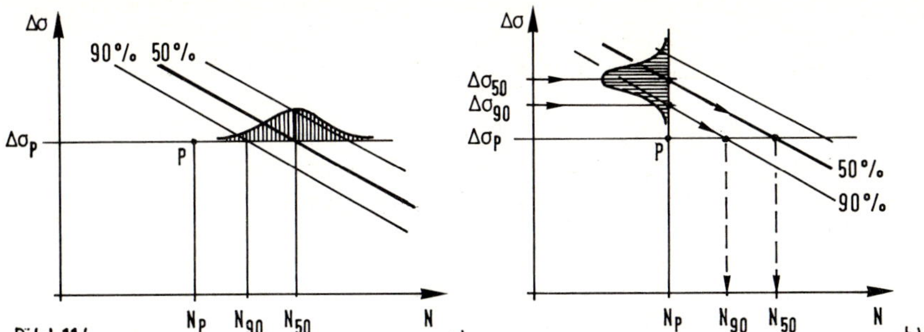

Bild 114

beantworten, wird der Punkt P im WÖHLER-Feld betrachtet. Ihm zugeordnet sind $\Delta\sigma_P$ und N_P, vgl. Bild 114a. Der Spannungshorizont $\Delta\sigma_P$ definiert auf der 90%-Überlebensdauerfraktile die Lastwechselzahl N_{90} und auf der 50%-WÖHLER-Linie die Lastwechselzahl N_{50}. Gegenüber N_{90} hält N_P die Sicherheit

$$\gamma_N = \frac{N_{90}}{N_P} = \left(\frac{\Delta\sigma_{90}}{\Delta\sigma_P}\right)^{k_{90}} = (\gamma_{\Delta\sigma_{90}})^{k_{90}} \tag{320}$$

ein. Liegen die Fraktilenlinien parallel, d.h. ist $k_{90}=k$, gilt allgemein:

$$\underline{\gamma_N = \gamma_{\Delta\sigma}^k} \tag{321}$$

3. Beispiel: Sicherheitsnachweis

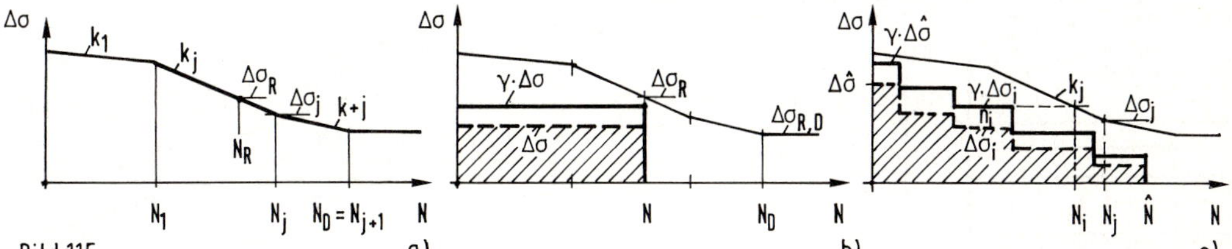

Bild 115

Der charakteristische Wert der Beanspruchbarkeit sei die Fraktile $\Delta\sigma_R(N)$. Nach DIN 15018/ DIN 4132 ist das die $P_Ü$=90% Überlebensdauerlinie, nach EUROCODE 3 die $P_Ü$=97,4%-Linie. - Die vollständige Einstufen-Lebensdauerlinie werde im doppelt-logarithmisch skalierten WÖHLER-Feld durch einen mehrfach abgeknickten Geradenzug angenähert (Bild 115a). Der Neigungskoeffizient der Geraden j sei k_j, die Gerade reiche bis N_j. Für einen Punkt auf dieser Geraden gilt dann:

$$\Delta\sigma_R = \Delta\sigma_j\left(\frac{N_j}{N_R}\right)^{\frac{1}{k}} \quad \text{bzw.} \quad N_R = \frac{N_j}{\left(\frac{\Delta\sigma_R}{\Delta\sigma_j}\right)^k} \tag{322}$$

Ist $\Delta\sigma$ die Spannungsbreite eines einstufigen Kollektivs vom Umfang N, wird sie um den Sicherheitsfaktor γ erhöht. Der Nachweis lautet (Bild 115b):

$$\gamma\cdot\Delta\sigma \leq \Delta\sigma_R(N) \quad (\gamma = \gamma_{\Delta\sigma}) \tag{323}$$

γ kann als Produkt der Teilsicherheitsfaktoren γ_F und γ_M gedeutet werden. - Im Falle eines Nachweises gemäß G.323 spricht man von einem Zeitfestigkeitsnachweis. Soll $\gamma\cdot\Delta\sigma$ unter dem Rechenwert der Dauerfestigkeit liegen, spricht man vom Dauerfestigkeitsnachweis; dann können unendlich viele Lastwechsel ertragen werden. - Ist $\Delta\hat{\sigma}$ die höchste Spannungsschwingbreite eines mehrstufigen Kollektivs, werden sämtliche Spannen $\Delta\sigma_i$ um γ erhöht und nachgewiesen, daß die höchste Lastwechselzahl $\hat{N}$ bei Einhaltung der PALMGREN-MINER-Hypothese ohne Bruch erreicht werden kann:

$$\Sigma\frac{n_i}{N_i} = S \quad \text{mit} \quad N_i = \frac{N_j}{\left(\frac{\gamma\cdot\Delta\sigma_i}{\Delta\sigma_j}\right)^k} \tag{324}$$

Dabei ist die Summe auf die Lastwechselzahl der jeweiligen Geraden zu beziehen, vgl. Bild 115c. - Anstelle von G.324 ist es ggf. empfehlenswert, gemäß

$$\Sigma\frac{n_i}{N_i} = \frac{S}{\gamma_S} \quad (\gamma_S > 1) \tag{325}$$

zu rechnen. γ_S ist ein Teilsicherheitsbeiwert, um die im Schädigungskoeffizienten S liegende Unsicherheit abzudecken.

Die Größe der Sicherheitsbeiwerte richtet sich u.a. nach der vereinbarten Fraktile $\Delta\sigma_R$.

4. Beispiel: WÖHLER-Feld

Wie erläutert, werden die Lebensdauerlinien $\Delta\sigma(N)$ für einstufige Beanspruchung kerbfallabhängig in Versuchen bestimmt. Um die mannigfaltigen Kerbfälle zu erfassen, bedarf es für den praktischen Ermüdungsnachweis einer normativen Aufbereitung. Sie sollte so sein, daß sie keine physikalischen Randbedingungen verletzt. Bild 116 enthält hierzu einen Vorschlag; es werden fünf Kerbfälle mit unterschiedlichem Neigungskoeffizienten k unterschieden. In Teilbild a sind für $\varkappa=-1$ (Wechselbeanspruchung) Mittelwert, Standardabweichung und Rechenwert ($\bar{x}-2s$) eingetragen. Auf die Postulierung einer Mittelspannungsunabhängigkeit wird verzichtet, sie werde durch die Funktion $f(\varkappa,\alpha)$ erfaßt (vgl. G.296):

$$\Delta\sigma_\varkappa = f(\varkappa,\alpha)\cdot\Delta\sigma_{\varkappa=-1} \qquad (326)$$

$$f(\varkappa,\alpha) = \frac{1}{2}\left(1+\frac{\alpha-\varkappa}{1-\alpha\cdot\varkappa}\right) \qquad (327)$$

Zwischen der Mittelspannung σ_m, der Spannungsbreite $\Delta\sigma$ und der Oberspannung σ_o bestehen

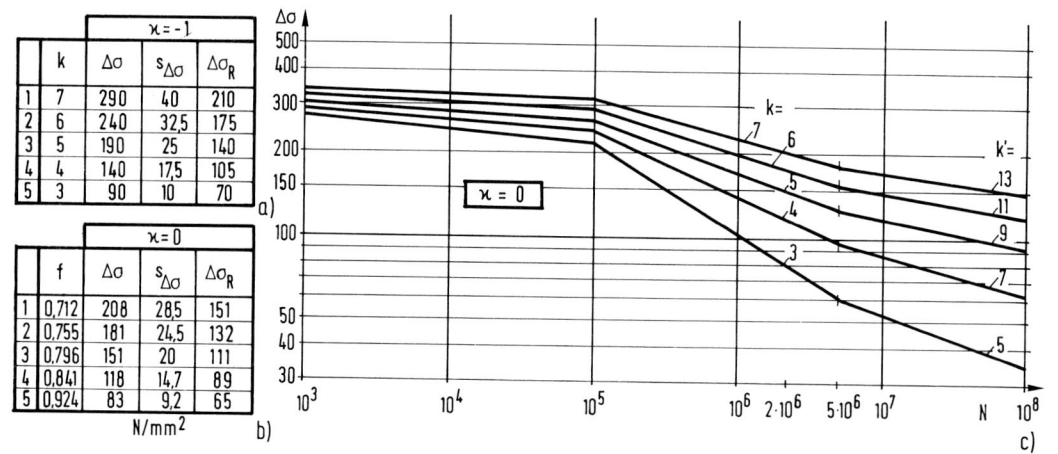

	k	$\varkappa=-1$: $\Delta\sigma$	$s_{\Delta\sigma}$	$\Delta\sigma_R$
1	7	290	40	210
2	6	240	32,5	175
3	5	190	25	140
4	4	140	17,5	105
5	3	90	10	70

a)

	f	$\varkappa=0$: $\Delta\sigma$	$s_{\Delta\sigma}$	$\Delta\sigma_R$
1	0,712	208	28,5	151
2	0,755	181	24,5	132
3	0,796	151	20	111
4	0,841	118	14,7	89
5	0,924	83	9,2	65

N/mm² b)

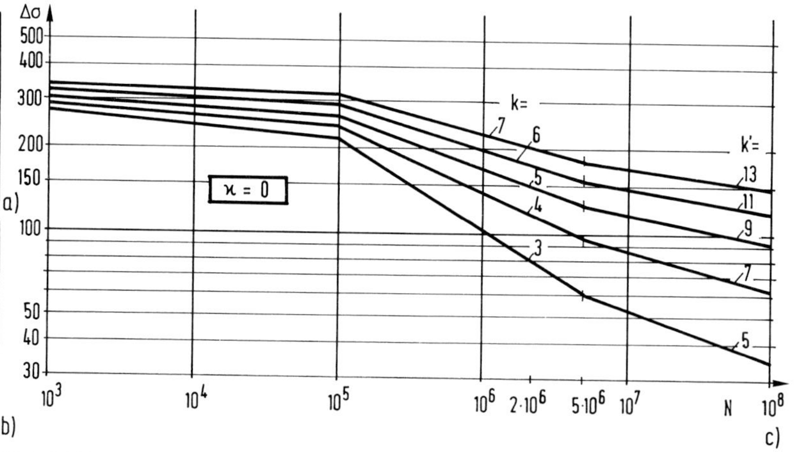

c)

	k	Kerbfaktor-Katalog
1	7	Walzprofilträger, Stöße in Zugstäben mit Stumpfnaht in Sondergüte, GV- u. GVP-Laschenstöße
2	6	Geschweißte Träger, Trägerstöße mit Stumpfnaht in Sondergüte, Lochstab
3	5	Geschweißte Träger mit brenngeschnittenen Kanten, Stöße in Trägern und Zugstäben mit Stumpfnaht in Normalgüte
4	4	Träger mit Quersteifen, Querschotte, Knotenbleche, Bolzendübel im Biegezugbereichen, Kreuzstoß mit K-Naht, SL-u. SLP-Laschenst.
5	3	Träger und Zugstäbe mit angeschweißten Längs- und Quersteifen, Decklamelle mit unbearbeiteter Stirnnaht

Bild 116

d)

folgende Zusammenhänge:

$$\sigma_m = \frac{\sigma_o+\sigma_u}{2} = \frac{1}{2}\cdot(\sigma_o+\varkappa\sigma_o) = \frac{1+\varkappa}{2}\sigma_o \qquad (328)$$

$$\Delta\sigma = \sigma_o-\sigma_u = \sigma_o-\varkappa\sigma_o = (1-\varkappa)\sigma_o \longrightarrow \sigma_o = \frac{\Delta\sigma}{1-\varkappa} \qquad (329)$$

Die Verknüpfung von G.328 mit G.329, G.326 u. G.327 ergibt:

$$\sigma_m = \frac{1}{2}\cdot\left(\frac{1+\varkappa}{1-\varkappa}\right)\cdot f(\varkappa,\alpha)\cdot\Delta\sigma_{\varkappa=-1} = \frac{1}{4}\cdot\frac{(1+\varkappa)(1+\alpha)}{1-\alpha\varkappa}\cdot\Delta\sigma_{\varkappa=-1} \qquad (330)$$

$\varkappa=+1$ bedeutet "statische" Beanspruchung. In diesem Falle ist σ_m die statische Bruchfestigkeit. Aus dieser Bedingung folgt der Formbeiwert α:

$$\varkappa=+1:\ \sigma_m=\sigma_Z \longrightarrow \sigma_Z = \frac{1}{2}\cdot\left(\frac{1+\alpha}{1-\alpha}\right)\cdot\Delta\sigma_{\varkappa=-1} \longrightarrow \alpha = \frac{2A-1}{2A+1} \quad \text{mit } A = \frac{\sigma_Z}{\Delta\sigma_{\varkappa=-1}} \qquad (331)$$

α kann somit nicht frei gewählt werden. Indem für $\Delta\sigma_{\varkappa=-1}$ die in Bild 116a eingetragenen Werte eingesetzt werden, ergibt sich α für die fünf Kerbfälle der Reihe nach zu: 0,437; 0,510; 0,591; 0,682; 0,848. Tatsächlich liegen die α-Werte in dieser Größenordnung, vgl.

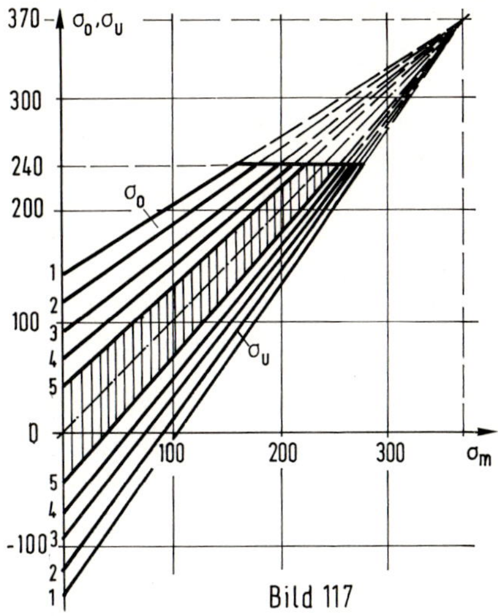

Bild 117

Tafel 3.4. Nunmehr kann z.B. $\Delta\sigma_{\varkappa=0}$ für die einzelnen Kerbfälle berechnet werden. Wird außerdem angenommen, daß die Standardabweichungen von $\varkappa$ abhängig sind und zwar (wie die Mittelwerte) gemäß G.327 (was plausibel erscheint, vgl. Tafel 3.4), können alle Rechenwerte $\Delta\sigma_R$ berechnet werden. Bild 116b enthält das Ergebnis für $\varkappa$=0. Im Teilbild c sind die WÖHLER-Linien (P_0=50%) für $\varkappa$=0 ausgewiesen; unterhalb $N=10^5$ gehen sie in den Kurzzeitfestigkeitsbereich über. Für N=1 münden sie in die statische Festigkeit ein. Im Teilbild d sind die Kerbfälle definiert. - Bild 117 zeigt die SMITH-Diagramme der fünf Kerbfälle. Hieraus wird erkennbar, daß sie bei Einhaltung von G.331 geradlinig begrenzt sind.

3.8 Nachweis der Gebrauchstauglichkeit

3.8.1 Einführung

Neben dem Nachweis der Tragsicherheit ist stets auch der Nachweis einer befriedigenden Gebrauchstauglichkeit zu führen. Anstelle von Gebrauchstauglichkeit sprach man früher von Gebrauchsfähigkeit. Die Tauglichkeit wird entweder durch zu große Verformungen oder durch störende Schwingungen eingeschränkt. Der Nachweis wird für das Gebrauchslastniveau geführt, der Sicherheitsfaktor beträgt quasi γ=1,0. Das ist im Regelfall vertretbar, weil die Gebrauchslasten selten auftretende Extremwerte sind.

Da die Beanspruchungen unter den Gebrauchslasten im elastischen Bereich liegen, bereitet die Berechnung der Verformungen unter den Last- und Temperatureinwirkungen keine grundsätzlichen Schwierigkeiten. Ggf. wird die Nachgiebigkeit der Verbindungsmittel in die Verformungen eingerechnet. Auch ist es fallweise notwendig, Kriecheinflüsse zu berücksichtigen, z.B. bei Stahlverbundkonstruktionen. - Verformungen sind Längenänderungen, Durchbiegungen, Krümmungen, Drillungen, Verwindungen.

	Eisenwerkstoffe			Alu-Leg.[3]	Bauholz ($E_{\parallel}$)[4]			Stahlbeton, Spannbeton[5]				Mauerwerk (Mörtelgr.II/III)[6]			
	ferr. Stahl[1]	aust. Stahl[2]	Grauguß[1]		Nadelholz	Brettschichth.	Laubholz	Betongüte B 25	B 35	B 45	B 55	Mauerziegel	Kalksandst.	Leichtbetonst.	
E	21000	17000	10000	7000	1000	1100	1250	3000	3400	3700	3900	150 bis 1000**			kN/cm²
G	8100	6400	3800	3000	50	50	100	1250*	1420*	1540*	1620*	-	-	-	kN/cm²
μ	0,3	0,3	0,3	0,3	~0	~0	~0	0,2				-	-	-	—
α_t	12	16	10	24	4÷6			10				6	8	10	$\cdot 10^{-6}$

1) DIN 18800 T1, DASt-Ri 011; ferritischer Stahl: Baustahl, Feinkornbaustahl, Vergütungsstahl, Stahlguß;
2) IfBt - Z 30.1 - 44; austenitischer Stahl: nicht-rostender Cr-Ni-Stahl; 3) DIN 4113; 4) DIN 1052; 5) DIN 1045; 6) DIN 1053

Bild 118 *) $G = E/2(1+\mu)$ **) abhängig von Steinfestigkeit

Die für die Verformungsberechnung anzusetzenden Elastizitäts- und Schubmoduli und linearen Temperaturausdehnungskoeffizienten α_t sind aufgrund experimenteller Befunde in den Bauvorschriften angegeben. Die Tabelle in Bild 118 enthält einen Auszug. μ ist die Querkontraktionszahl; sie wird für die Berechnung der Verformungen in Flächen- und Körpertragwerken zusätzlich benötigt. - Während die E-Moduli von Stahl und Aluminium echte Materialkennwerte sind (der Variationskoeffizient liegt in der Größenordnung 1-3%), handelt es sich bei den Werten für Bauholz, Beton und Mauerwerk um gemittelte Rechenwerte. - Die in Bild 118 angegebenen Werte für E, G, μ und α_t gelten für Raumtemperatur. Sie ändern sich bei tiefen und hohen Temperaturen, z.B. bei Schornsteinen, Behältern, Rohrleitungen unter hohen Betriebstemperaturen. Bei den normalen Baustählen sinkt der E-Modul bei ca. 550°C auf Null ab, bei Aluminium ist das bei ca. 300°C der Fall. Bild 119a enthält Anhalte für den auf Raumtemperatur bezogenen E-Modul in Abhängigkeit von der Temperatur T.

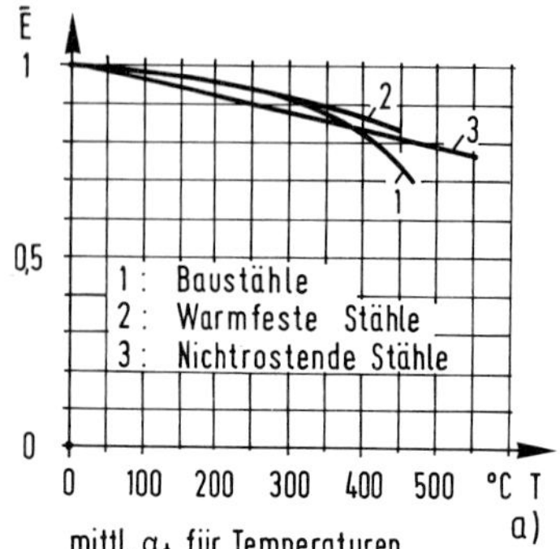

mittl. α_t für Temperaturen von 20°C bis:

	100	200	300	400	500 °C
1	12,0	12,1	12,9	-	-
2	11,1	12,1	12,9	13,5	13,9
3	16,5	17,0	17,5	18,0	18,5

$\times 10^{-6}$

b)

Bild 119

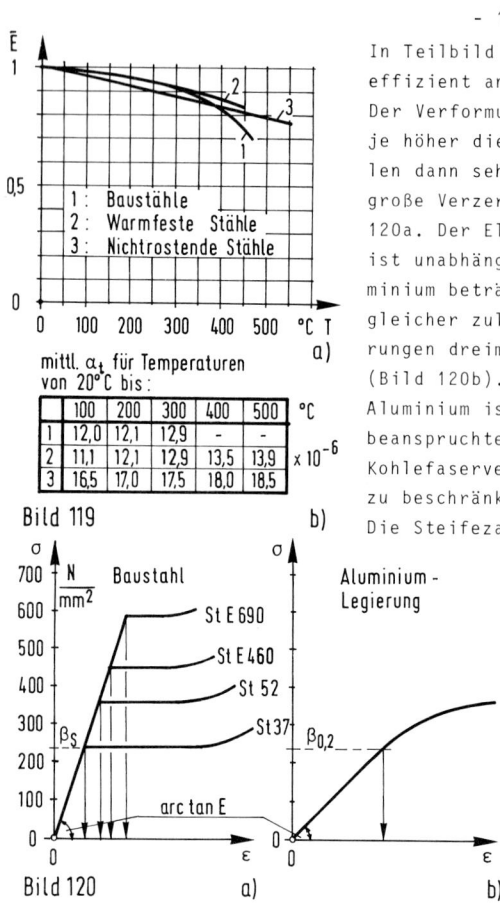

In Teilbild b ist der mittlere Temperaturausdehnungskoeffizient angegeben (vgl. auch DIN 4133 und DIN 4119). - Der Verformungsnachweis hat eine umso größere Bedeutung, je höher die Festigkeit des Stahles ist. Die Bauteile fallen dann sehr schlank aus; unter Gebrauchlasten treten große Verzerrungen und große Verformungen auf, vgl. Bild 120a. Der Elastizitätsmodul der Bau- und Feinkornbaustähle ist unabhängig von der Stahlsorte. - Der E-Modul von Aluminium beträgt ein Drittel des E-Moduls von Stahl. Bei gleicher zulässiger Spannung sind demgemäß die Formänderungen dreimal so groß wie bei einer Stahlkonstruktion (Bild 120b). - Der Temperaturausdehnungskoeffizient von Aluminium ist doppelt so hoch wie bei Stahl. - Bei hochbeanspruchten Leichtbaukonstruktionen werden vielfach Kohlefaserverstärkungen integriert, um die Verformungen zu beschränken, z.B. im Flugzeugbau. -

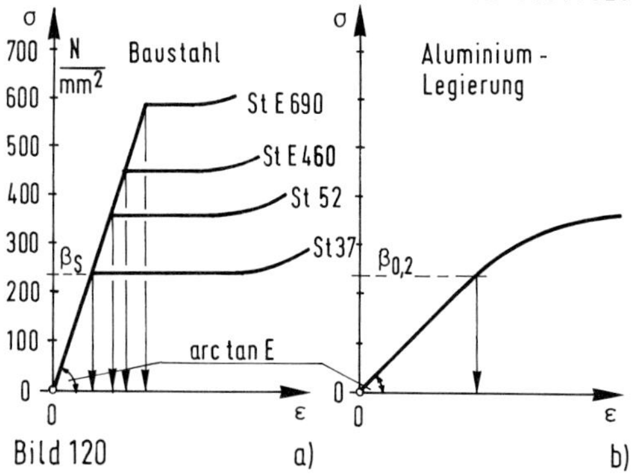

Bild 120

Die Steifezahlen E und G sagen allein noch nichts über die Höhe der zu erwartenden Verformungen aus, sondern das Produkt aus Steife mal Querschnittswert. Man nennt das Produkt "Steifigkeit", z.B.:

EA: Dehnsteifigkeit
EI: Biegesteifigkeit
GA_G: Schubsteifigkeit
EC_M: Wölbsteifigkeit

3.8.2 Verformungskriterien

Das wichtigste Kriterium bei der Beurteilung der Gebrauchsfähigkeit und hier speziell der Verformungen ist die auf die Stützweite bzw. Kraglänge l der Biegeglieder bezogene Durchbiegung f, also das Maß f/l. Hierfür geben die Fachnormen Anhalte; eine Abstimmung mit dem Bauherrn über die Höhe des zulässigen Verformungsmaßes (entweder relativ oder absolut) ist im Hinblick auf das angestrebte Nutzungsziel empfehlenswert. - Gelegentlich wird die Einhaltung eines bestimmten Krümmungsmaßes verlangt, z.B. bei Maschinenaufstellungen. Die lokale Krümmung berechnet sich zu:

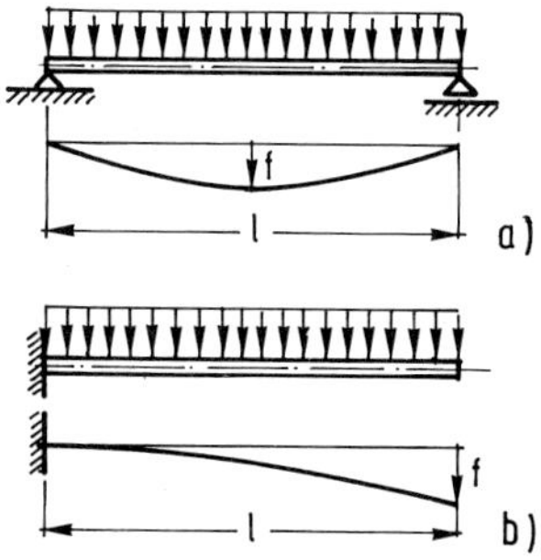

Bild 121

$$\varkappa = \frac{1}{\rho} = \frac{M}{EI} \qquad (332)$$

ρ ist der Krümmungsradius, M das lokale Biegemoment und EI die lokale Biegesteifigkeit.

An der Verformung orientierte Gebrauchstauglichkeitskriterien sind:

- Übergroße Verformungen beeinträchtigen das äußere Erscheinungsbild und verunsichern die Benutzer, sie vermögen die Nutzung selbst zu beeinträchtigen und können Schäden an nichttragenden Ausbauteilen verursachen, z.B. Risse in der Dachhaut oder in Brückenbelägen, Risse in Zwischenwänden (Bild 122), Klaffungen in der Verkleidung (Fassade), Bruch der Verglasung (Bild 123). Hierdurch kann die Dichtigkeit verloren gehen. Bei Flachdächern besteht die Gefahr, daß das Wasser bei Regengüssen oder bei Schneeschmelze infolge

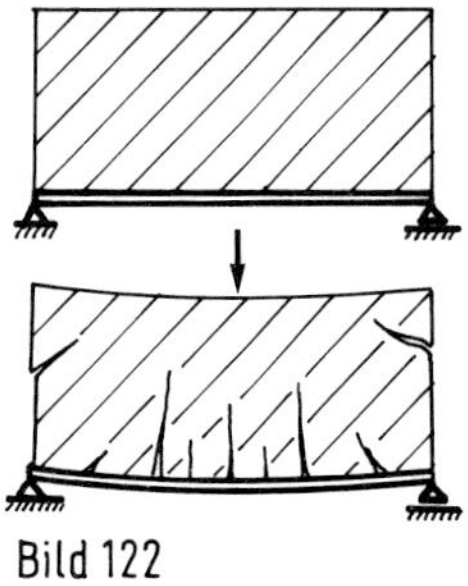

Bild 122

Bild 123

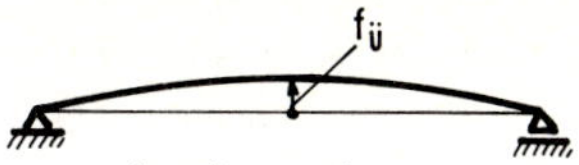

$f_ü = f_g + \delta \cdot f_p$

$\delta = 0{,}25 \div 0{,}50$

Durchbiegung:
f_g infolge Eigenlast
f_p infolge Verkehrlast

Bild 124

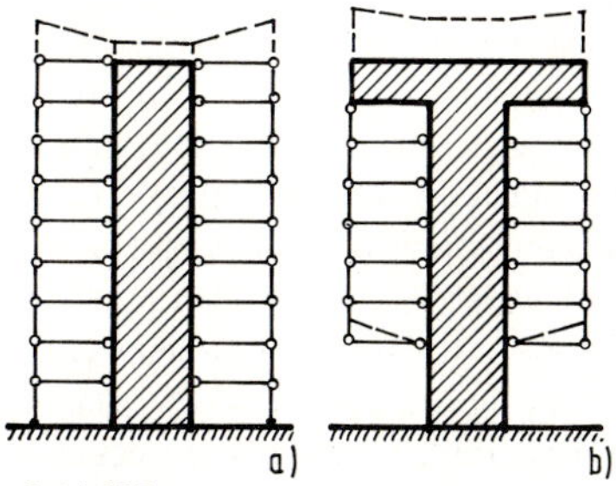

Bild 125

Durchhang des Daches nicht abläuft und sich ein großflächiger Wassersack bildet, der seinerseits die Durchbiegung unplanmäßig weiter vergrößert. Es empfiehlt sich, das Flachdach mit einer Überhöhung auszuführen, derart, daß unter voller Schneelast eine Neigung von 1% verbleibt. Überhaupt kommt einer planmäßigen Überhöhung der Konstruktion große Bedeutung zu, z.B. in Form einer parabelförmigen Überhöhung, wie in Bild 124 dargestellt. Als Überhöhungsmaß $f_ü$ wird die Durchbiegung infolge der ständigen Last g (ggf. einschließlich Schwind- und Kriecheinflüsse) plus einem Anteil der Durchbiegung infolge der veränderlichen Verkehrslast p angesetzt, vgl. Bild 124. Der Anteil δ ist von Fall zu Fall zu vereinbaren, üblich ist 1/4 bis 1/3, abhängig von der wahrscheinlichen Höhe und Dauer der Verkehrsbelastung. - Bei Brückenkranen empfiehlt es sich, den Überhöhungsbeitrag aus der veränderlichen Verkehrslast zu splitten und zwar: $\delta = 0{,}50$ für den Eigenlastanteil der Laufkatze und $\delta = 0{,}25$ für den Hublastanteil [170]. - Bei Hochhäusern, insbesondere bei Wolkenkratzern, sind die zu erwartenden Zusammendrückungen der einzelnen Stützenstränge relativ zu den Stabilisierungskernen und -verbänden sorgfältig zu analysieren. Die Länge der einzelnen Elemente ist so einzubauen, daß sich im Fertigzustand unter mittlerer Nutzlast der Sollzustand einstellt, was in Bild 125 am Beispiel eines Hochhauses bzw. Hängehauses schematisch angedeutet ist.

Hinsichtlich der einzuhaltenden f/l-Werte (Bild 121) können für beidseitig aufliegende Träger (einschließlich Durchlaufträger) folgende Anhalte empfohlen werden:

- Pfetten und Sparren in Dächern	1/200-1/250
- Decken- und Dachträger	1/250-1/300
- Deckenträger, die gleichzeitig risseempfindliche Wände tragen	1/500
- Haupt- und Querträger von Straßenbrücken	1/500
- Haupt- und Querträger von Eisenbahnbrücken	1/800
- Kranbahnen, leichter Betrieb	1/500
- Kranbahnen, schwerer Betrieb	1/800-1/1000

Bei Kranbahnen und Brücken wird eine höhere Steifigkeit verlangt, um ausreichende Laufruhe sicherzustellen und störende Schwingungen zu vermeiden. Zu weiche Kranbahnen führen zu einer ständigen Berg- und Talfahrt der Kranbrücke und damit zu höherem Energieverbrauch und Verschleiß. - Bei Eisenbahnbrücken stellt die Brücke über die Federung der Wagen mit diesen ein Schwingungssystem dar. Die lotrechte Beschleunigung des Fahrzeugkastens von Reisewagen sollte $a = 2 m/s^2$ beim Überfahren von Brücken nicht übersteigen; das führt bei Hochgeschwindigkeitsstrecken zu strengeren Durchbiegungsforderungen als zuvor angeschrieben [171].

Bei Kragträgern werden im Vergleich zu beidseitig aufliegenden Trägern i.a. doppelt so hohe Durchbiegungswerte f/l toleriert. Hinsichtlich der horizontalen Verschiebung infolge Wind sollten bei Hallenbauten h/150 und bei Geschoßbauten mindestens h/200 pro Geschoß eingehalten werden. h ist die Hallen- bzw. Geschoßhöhe. Bei Hochhäusern sollte die relative Gesamtdurchbiegung 1/400, besser 1/500 nicht überschreiten. - Bei Kranbahnstützen sollten ggf. strengere Forderungen gestellt werden, um zu große Änderungen in der Spurweite beim Betrieb der Kranbahn zu vermeiden. - Weitere Beispiele für verformungs- und schlupfanfällige bauliche Anlagen sind:

1. Hochregallager und ähnliche Stapelanlagen: Moderne Anlagen werden vollautomatisch, computergesteuert bedient. Ein störungsfreier Betrieb erfordert eine möglichst starre Tragstruktur des Lagers. Das gilt auch für Fertigungsanlagen mit Handhabungs-, Schweiß- und Transportrobotern, die mittels Sensortechnik gesteuert werden.

2. Sendeanlagen aller Art, z.B. Türme und Maste für Richtfunk: Sowohl Ausrichtfehler wie starke Durchbiegungen, Verdrehungen oder gar Schwingungen beeinträchtigen die Empfangs- und Sendeleistung. In Abhängigkeit von der Aufgabenstellung werden die maximal zulässigen Winkeländerungen von den Betreibern, z.B. der Deutschen Bundespost oder den Rundfunk- und Fernsehanstalten, in den Pflichtenheften vorgeschrieben. - Ein gewisses Problem stellen die Verformungen turmartiger Bauwerke infolge einseitiger Sonneneinstrahlung dar, weniger bei Gitter- als bei vollwandigen, rohrförmigen Tragwerken. Es stellt sich ein Temperaturgradient ein, das Tragwerk biegt sich von der Sonne weg. Bei abgespannten Funkmasten in Rohrbauweise kommt es zu einer Verspannung der Struktur, weil die Abspannbündel die Temperaturverformungen behindern.
3. Radioteleskope für astronomische Forschungen und Satellitenfunk: Hier gelten z.T. sehr strenge Forderungen sowohl was die Globalverformung als auch die lokalen Verformungen der vielfach parabolisch ausgeführten Spiegel anbelangt.
4. Brücken unter Schnellverkehr: Wie ausgeführt, werden bei Brücken höhere Steifigkeiten verlangt, um einen hohen Komfort und eine hohe Betriebssicherheit zu gewährleisten, das gilt vorrangig für Eisenbahnbrücken. Neben den oben angeschriebenen Werten für die Beschränkung der lotrechten Durchbiegung sollte der Auflagerdrehwinkel und die seitliche Auslenkung gewisse Werte nicht übersteigen (z.B. 1/200 bzw. 1/4000). Bei der Magnetschwebebahn TRANSRAPID, die im Emsland erprobt wird, ist als maximales Durchbiegungsmaß f/l=1/2000 vorgeschrieben. Der Fahrweg hat auf die Wirtschaftlichkeit des Magnetbahnsystems großen Einfluß. Dabei kommt der Begrenzung der vertikalen und horizontalen sowie Drillverformungen im Betrieb, der Verlegegenauigkeit (auch an den Stoßstellen) und der Justierfähigkeit große Bedeutung zu.

Strenge Forderungen werden auch an Brückenlager moderner Bauart gestellt, z.B. Topf- und Kalottenlager mit Gleitplatten aus Teflon. Hier dürfen nur geringe Verformungen innerhalb der Gleitfuge auftreten, anderenfalls ist die Funktionsfähigkeit nicht gegeben. Diese Lager müssen zudem sehr genau eingemessen werden.

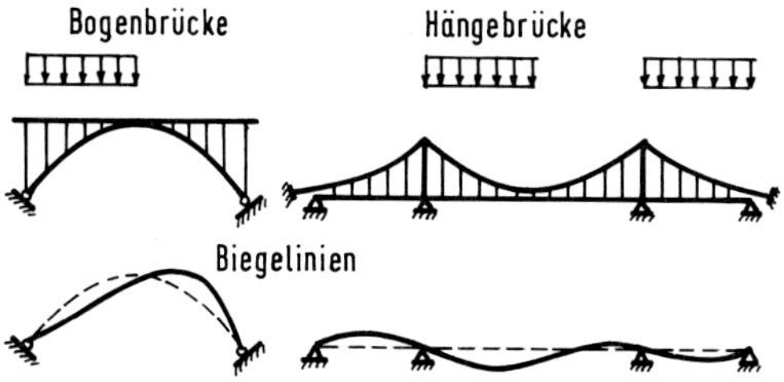

Bild 126

Bei großen Bauvorhaben, z.B. im Brückenbau, werden nach Fertigstellung Probebelastungen durchgeführt. Bogen- und Hängebrücken reagieren auf einseitige Lastanordnungen sehr empfindlich (Bild 126), vgl. auch [172]. Probebelastung und Vermessungsplan erfordern eine sorgfältige Vorbereitung, um ein Optimum an Information zu erhalten. Die Probelastfälle werden statisch vorberechnet. Aus der Gegenüberstellung von Rechnung und Messung kann auf die Zuverlässigkeit der statischen Nachweise geschlossen werden. Die Abweichungen betragen i.a. nur wenige Prozente, siehe z.B. [173-175].

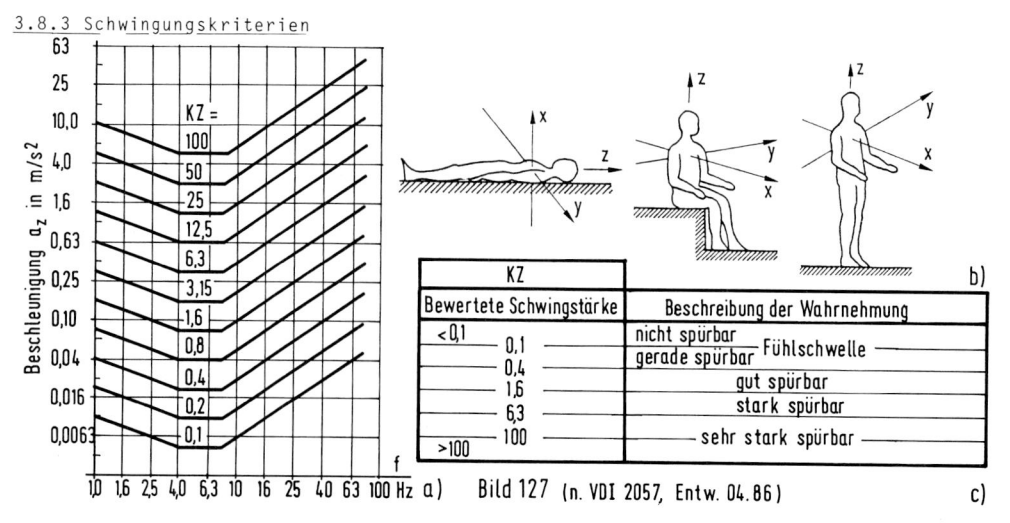

3.8.3 Schwingungskriterien

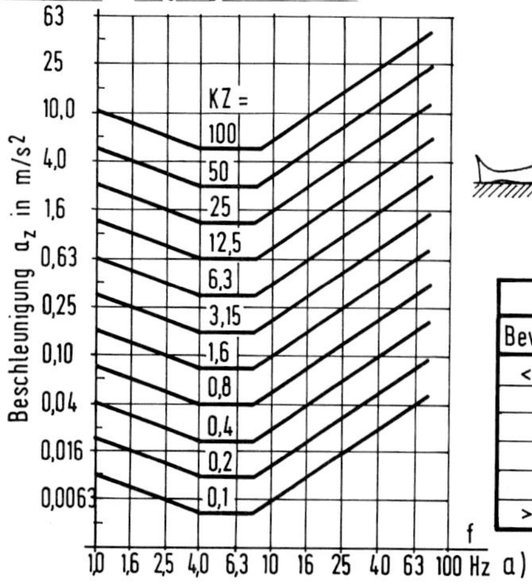

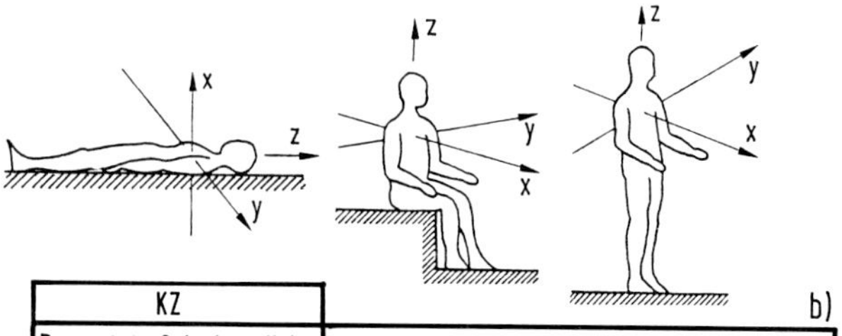

KZ Bewertete Schwingstärke	Beschreibung der Wahrnehmung
<0,1	nicht spürbar
0,1	gerade spürbar — Fühlschwelle
0,4	gut spürbar
1,6	stark spürbar
6,3	
100	sehr stark spürbar
>100	

Bild 127 (n. VDI 2057, Entw. 04.86) c)

Die Schwingungsanfälligkeit der Tragwerksteile oder des gesamten Tragwerkes steht mit der Steifigkeit und dadurch mit der Größe der Durchbiegung in direktem Zusammenhang. "Weiche" Tragwerke sind i.a. schwingungsanfälliger als "steife". Die im vorangegangenen Abschnitt aufgelisteten Steifigkeitsanforderungen sichern somit zu einem gewissen Teil über die einzuhaltenden f/l-Werte auch gegen (die Nutzung einschränkende) Schwingungen ab. Für die Beurteilung einer möglichen Schwingungsbeeinträchtigung sind sie allein indes nicht ausreichend. Die Nutzung einschränkende Schwingungen und Erschütterungen können z.B. von aero- und fluiddynamischen, von verkehrlichen oder von maschinendynamischen Anregungen ausgehen. Schließlich können durch menschliche Aktivitäten selbst (Gehen, Laufen, Tanzen, Sporttreiben) Schwingungsanregungen in Gebäuden oder auf Fußgängerbrücken ausgelöst werden, die als störend oder gar gefährlich empfunden werden. Der Abstand der Erregerfrequenz von der Grundfrequenz, das Verhältnis der dynamisch wirkenden Lastanteile zur Masse des betrachteten Bauteils (oder Bauwerkes) und die Höhe der Dämpfungskapazität haben großen Einfluß auf die Größe der Schwingungen und Erschütterungen. Sie vermögen einerseits z.B. die Fertigung in Produktionsbereichen bei hohen Genauigkeitsanforderungen oder den ungestörten Betrieb von Maschinen andererseits sowie das Wohlbefinden der Menschen zu beeinträchtigen. Was die erstgenannte Kategorie anbelangt, bedarf es im jeweiligen Auslegungsfalle definitiver Vorgaben in Abstimmung mit dem Bauherrn bzw. Betreiber der baulichen Anlage. Die Angabe von Bewertungskriterien für die zweitgenannte Kategorie ist schwierig und komplex. Es ist nämlich von der Art und Dauer der Schwingungen, der hierbei auftretenden Schwingungsamplituden und -beschleunigungen und auch von der Frequenz abhängig, ob die Schwingungen überhaupt wahrgenommen werden und wenn ja, ob sie als unangenehm, lästig oder gar unerträglich empfunden werden, was wiederum auch davon abhängig ist, ob es sich um vertikale, horizontale oder Mischschwingungen handelt und ob sie gehend, stehend, sitzend oder liegend, also aktiv oder passiv empfunden werden. Die Regelwerke DIN 4150 T2 und VDI 2057 enthalten Hinweise und Anhalte, wie Einwirkungen mechanischer Schwingungen auf den Menschen zu bewerten und zu beurteilen sind. Hierbei wird aus den physikalischen Daten der Schwingungsbelastung unter Berücksichtigung unterschiedlicher frequenzabhängiger Wirkungen die sogen. "Bewertete Schwingstärke" K als Kenngröße der vom Menschen empfundenen Beanspruchung gebildet. In Bild 127a ist beispielsweise für Schwingungen in Richtung z (vgl. Teilbild b) gezeigt, wie KZ in Abhängigkeit von der max Beschleunigung a_z und der Frequenz f zu bilden ist. (Für andere Schwingungsrichtungen und -arten gelten andere K-Bewertungen, vgl. VDI 2057). Beispielsweise wird eine harmonische Schwingung mit a_z=0,10m/s² und f=10Hz zu KZ=1,6 bewertet; sie wird als deutlich spürbar empfunden (Teilbild c). Ob sie toleriert werden kann, ist von Fall zu Fall hinsichtlich Beeinträchtigung des Wohlbefindens, der Leistungsfähigkeit und der Gesundheit zu entscheiden. Dabei spielt die physische und psychische Konstitution der betroffenen Menschen und ihr Aufenthaltsort im Gebäude (Arbeitsstätte, Wohnung, Schule, Krankenhaus usw.) eine große Rolle, vgl. auch DIN 4150 T2 und ISO2631.

Was die vom Menschen ausgehenden Schwingungen anbelangt, liegt die mittlere Schrittfrequenz beim Gehen bei 2Hz, beim Laufen bei 3 bis 3,5Hz und beim Tanzen bei 3,5 bis 4,5Hz. Man ist daher gut beraten, die Steifigkeit der Konstruktion so auszulegen, daß die Grundfrequenz deutlich über den genannten Erregerfrequenzen liegt, vgl. auch [176-177].

Die Berechnung der Tragwerkseigenfrequenzen und Schwingungsamplituden bzw. -beschleunigungen ist Gegenstand der Baudynamik. Hierauf kann im Rahmen dieses Buches nicht eingegangen werden; hinsichtlich des Schwingungsnachweises von Fußgängerbrücken wird auf Abschnitt 25.4.3 verwiesen.

4 Elasto-statische Festigkeitsnachweise

4.1 Vorbemerkungen

Unter äußeren Einwirkungen, wie Lasten und Temperaturänderungen, entstehen in den Bauteilen Normal- und Schubspannungen. Bei den im Stahlbau vorherrschenden stabförmigen Bauteilen dominieren die Spannungen in Stablängsrichtung, die Spannungen σ_z quer dazu sind vergleichsweise gering und werden i.a. nicht gesondert nachgewiesen. Ausnahmen bilden Orte mit konzentrierten Einzellasten (z.B. unter Kranlaufrädern). Die Resultierenden der Spannungen werden zu Normalkräften, Biegemomenten, Querkräften und Torsionsmomenten zusammengefaßt. - Das Auftreten der Spannungen geht mit Verzerrungen einher; die Stäbe erleiden Verformungen (Längungen/Stauchungen, Durchbiegungen, Drillungen).

Eine Spannungsberechnung ist dann erforderlich, wenn die Tragsicherheit bei vorwiegend ruhender ("statischer") Beanspruchung (Hochbau)

- - als zulσ-Nachweis nach DIN 18800 T1 (03.81) und den zugehörigen Fachnormen oder
- als $S_d/R_d \leq 1$-Nachweis nach dem Verfahren "Elastisch-Elastisch" der DIN 18800 T1 (11.90) oder EUROCODE 3 oder

bei nicht vorwiegend ruhender ("dynamischer") Beanspruchung (Brückenbau, Kranbau)

- als Betriebsfestigkeitsnachweis (Nachweis gegen Materialermüdung)

erbracht wird.

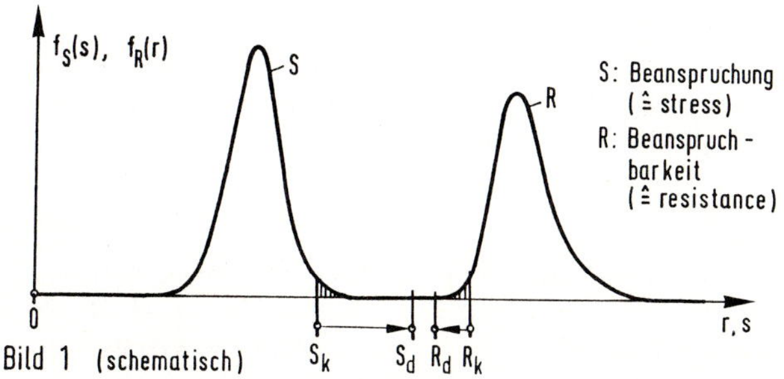

Bild 1 (schematisch)

Das in DIN 18800 T1 (11.90) verankerte Konzept ist in Bild 1 veranschaulicht: Die Einwirkungen werden in Abhängigkeit vom Grad ihrer Streuungseigenschaften zu unterschiedlichen Lastfällen zusammengefaßt, indem ihre Nennwerte (z.B. nach DIN 1055 als charakteristische Werte, d.h. als p%-Fraktile für einen bestimmten Bezugszeitraum, gedeutet) jeweils einzeln mit Teilsicherheitsbeiwerten γ_F und Kombinationsbeiwerten ψ beaufschlagt (gewichtet) werden. Hierfür werden (im Sinne des Nachweisverfahrens "Elastisch-Elastisch") die Schnittgrößen nach den Regeln der Elasto-Statik (Abschnitt 5) berechnet. In der überwiegenden Zahl der Fälle sind dieses Normalkraft N (Zug-/Druckkraft), Biegemoment $M=M_y$ und Querkraft $V=V_Z$ (Bild 2). Da, wie erwähnt, die Einwirkungen zuvor γ_F-ψ-fach beaufschlagt wurden, sind diese Schnittgrößen jene Bemessungswerte S_d, die dem Tragsicherheitsnachweis zugrunde zu legen sind. Diesen Werten stehen die Bemessungswerte der Beanspruchbarkeit (R_d) gegenüber, die durch Abminderung der charakteristischen Werte für den Widerstand (R_k) um den Teilsicherheitsbeiwert γ_M gewonnen werden, vgl. Bild 1. Ausreichende Tragsicherheit gilt als gegeben, wenn in allen Teilen der Konstruktion

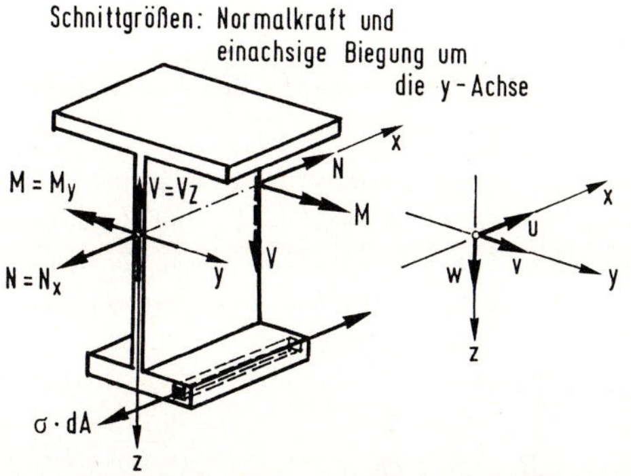

$$\boxed{\frac{S_d}{R_d} \leq 1} \longrightarrow \boxed{S_d \leq R_d} \qquad (1)$$

und demgemäß beim Spannungsnachweis

$$\sigma_{S,d} \leq \sigma_{R,d} \longrightarrow \boxed{\sigma \leq \sigma_{R,d}} \qquad (2)$$

Stahlsorte	Materialdicke	$f_{y,k}$	$f_{y,d}$
St 37	t ≤ 40	240	218
	40 < t ≤ 80	215	195
St 52 u.	t ≤ 40	360	327
StE 355	40 < t ≤ 80	325	295
	mm	N/mm²	

Bild 3 (Temperatur ≤ 100 °C)

gilt. (Im folgenden werden - wenn eine Verwechslung nicht möglich ist - die Spannungswerte unter den γ_F-ψ-fachen Einwirkungen ohne Index angeschrieben!) Im Regelfall dient beim Tragsicherheitsnachweis der Bauteile die Streckgrenze als maßgebende Größe der Beanspruchbarkeit. Ein Bezug auf die Zugfestigkeit ist nicht möglich, weil hiermit viel zu große globale Verformungen verbunden sind. Gleichwohl ist die Berücksichtigung der Verfestigung in eng begrenzten Bereichen, die sich auf die Globalverformung der Konstruktion nicht auswirken, in gewissen Fällen unbedenklich. - Es werden vereinbart (vgl. Bild 3):

- $f_{y,k}$: Charakteristischer Wert (ca. 5% Fraktile) der (oberen) Streckgrenze; ehemals auch mit β_S oder σ_F (Fließgrenze) abgekürzt. Die Benennung nach den Materialprüfnormen lautet R_{eH}, vgl. Abschnitt 2.6.5.2.
- $f_{y,d}$: $f_{y,k}/\gamma_M$ mit γ_M=1,1: Bemessungswert der Streckgrenze

Da die Beanspruchung voraussetzungsgemäß im elastischen Bereich liegt, gilt das Superpositionsgesetz und es ist möglich, den Teilsicherheitsbeiwert γ_M mit dem Teilsicherheitsbeiwert γ_F auf der Einwirkungsseite zu multiplizieren: $\gamma = \gamma_F \cdot \gamma_M$ und hiermit die Schnittgrößen zu berechnen. Dann ist der Tragsicherheitsnachweis gegen die charakteristischen Werte der Beanspruchbarkeit zu führen. Wird schließlich in diesem Fall dieser Wert um γ reduziert, kommt man zum zulσ-Konzept. Die Schnittgrößen werden in diesem Fall mit dem charakteristischen Wert der entsprechend kombinierten Einwirkungen berechnet, die man auch als "Gebrauchslasten" bezeichnet: $\sigma \leq$ zulσ. Man erhält z.B. nach DIN 18800 T1 (11.90) für die Grundkombination: Ständige Lasten (G) plus alle ungünstig wirkenden Lasten (Q):

$$G: \gamma_F \cdot \gamma_M = 1{,}35 \cdot 1{,}1 = \underline{1{,}49}; \quad Q: \psi \cdot \gamma_F \cdot \gamma_M = 0{,}9 \cdot 1{,}5 \cdot 1{,}1 = \underline{1{,}49}$$

Dieser Wert entspricht dem Sicherheitsbeiwert 1,5 des Lastfalles H der DIN 18800 T1 (03.81), wenn Stabilitätsnachweise nicht maßgebend sind. - Im folgenden wird von der zuvor erwähnten Kumulierungsmöglichkeit kein Gebrauch gemacht, um das Sicherheitskonzept transparent zu halten.

4.2 Normalspannungen infolge Zug/Druck und Biegung

4.2.1 Berechnungsformel

Wird in der Stabbiegetheorie unterstellt, daß der Stab (Träger) unter Belastung seine Querschnittsform beibehält (formtreuer Querschnitt) und daß die Schubverzerrungen (Gleitungen) wegen ihrer Kleinheit unterdrückt werden dürfen, was gleichbedeutend mit der Annahme eben bleibender Querschnitte ist (BERNOULLI-Hypothese), so spricht man von der "Technischen Biegelehre": Über dem Querschnitt des Stabes sind die Verzerrungen (Dehnungen/Stauchungen ε) und Spannungen linear verteilt:

$$\sigma = a_1 + a_2 \cdot z \tag{3}$$

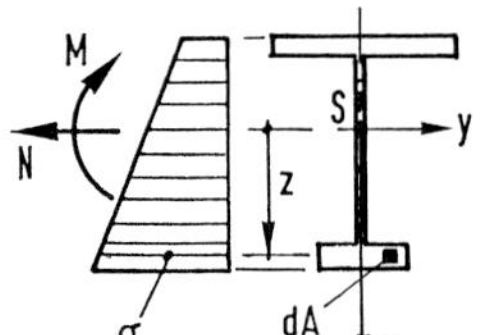

Bild 4

Das Linearitätsgesetz unterstellt die Gültigkeit des HOOKEschen Gesetzes:

$$\sigma = E\varepsilon \tag{4}$$

Bild 4 zeigt einen einfachsymmetrischen Querschnitt mit dem Achsenkreuz y,z, mit den Schnittgrößen N (Normalkraft) und M (Biegemoment) und mit dem geradlinigen Spannungsverlauf gemäß G.3. σ ist die Spannung in der Faser z. N und M werden aus den Spannungen σ aufgebaut. Definition:

$$N = \int_A \sigma\, dA = \int_A (a_1 + a_2 z)\, dA = a_1 A + a_2 \int_A z\, dA \tag{5}$$

$$M = \int_A \sigma \cdot z\, dA = \int_A (a_1 + a_2 z) \cdot z\, dA = a_1 \int_A z\, dA + a_2 \int_A z^2 dA \tag{6}$$

Die Schwerachse, d.h. der Ursprung des Koordinatensystems y,z (das ist der Schwerpunkt S), wird so vereinbart, daß für das über den Querschnitt erstreckte Flächenmoment 1. Grades (Statisches Moment) gilt:

$$S = \int_A z\, dA = 0 \tag{7}$$

Aus G.5 folgt damit:

$$a_1 = \frac{N}{A} \tag{8}$$

Das Integral

$$I = \int_A z^2 dA \tag{9}$$

ist positiv definit und heißt Flächenmoment 2. Grades (Trägheitsmoment, auch achsiales oder Flächenträgheitsmoment). Aus G.6 folgt mit G.7:

$$a_2 = \frac{M}{I} \tag{10}$$

Die gesuchte Spannungsformel (G.9) lautet damit:

$$\sigma = \frac{N}{A} + \frac{M}{I} z \tag{11}$$

Durch die einschränkende Einführung der BERNOULLI-Hypothese folgen die bei jeder Biegung auftretenden Schubspannungen nicht unmittelbar aus den Schubverzerrungen $\gamma = \tau/G$ sondern nur mittelbar aus den Biegespannungen über Gleichgewichtsgleichungen (Abschnitt 4.3). (In diesem Abschnitt werden nur einfach- und doppelt-symmetrische Querschnitte behandelt, wegen Verallgemeinerungen vgl. Abschnitt 26.)

4.2.2 Nachweis der Zug- und Druckspannungen

Unter zentrischer Druck/Zugbeanspruchung tritt in glatten (ungelochten, kerbfreien) Stäben eine über den Querschnitt gleichförmig verteilte Spannung auf. Bei gelochten Stäben (Schrauben- und Nietlöcher) ist das nicht der Fall: Der Spannungszustand ist in diesem Falle innerhalb des elastischen Bereiches ungleichförmig, am Rande der Löcher stellen sich Spannungserhöhungen (Kerbspannungen) ein; vgl. Abschnitt 2.6.5.5.4. Sofern sich der Werkstoff idealelastisch-idealplastisch verhält, können die Spannungen unter ansteigender äußerer Normalkraft zunächst nicht größer als die Streckgrenze werden. Das bedeutet: Mit zunehmender Belastung stellt sich im Lochquerschnitt ein immer gleichförmigerer Spannungszustand, schließlich $\sigma = f_y$, ein. Die Kerbspannungen "fließen" aus, vgl. die Bildfolge 5a bis c. Das gilt auch dann, wenn a priori Eigenspannungen aus der Fertigung vorhanden sind. Haben sämtliche Fasern des Querschnittes die Fließspannung erreicht, gilt die Tragfähigkeit des Querschnittes als erschöpft. Gleichwohl gilt das nicht streng, denn real vermögen die Spannungen weiter anzusteigen. Es tritt eine nochmalige Verfestigung ein, die allerdings im Lochbereich mit großer lokaler Verzerrung (Lochovalisierung) einhergeht. Die absolute Grenze ist erreicht, wenn die Spannungen über die ganze Breite des Lochquerschnittes die Zugfestigkeit f_u erreichen (Bild 5d/e). Aufgrund dieser Überlegung werden beim Tragsicherheitsnachweis auch dann über den Querschnitt gleichförmig verteilte Spannungen unterstellt, wenn der Stab gelocht ist oder Konturänderungen aufweist, d.h. es wird die Verfestigung genutzt. Im Falle des lochfreien Stabes wird nachgewiesen:

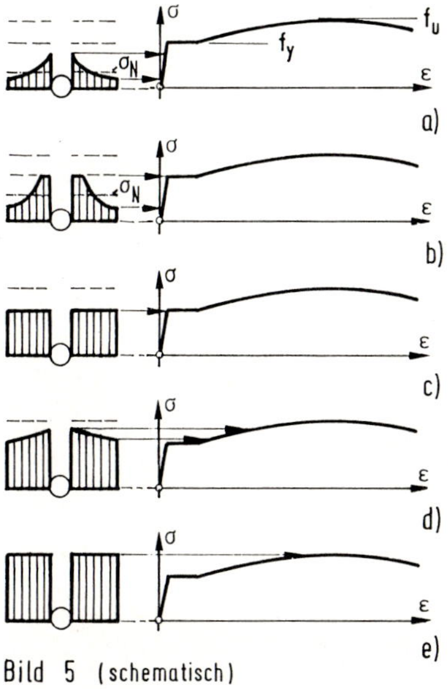

Bild 5 (schematisch)

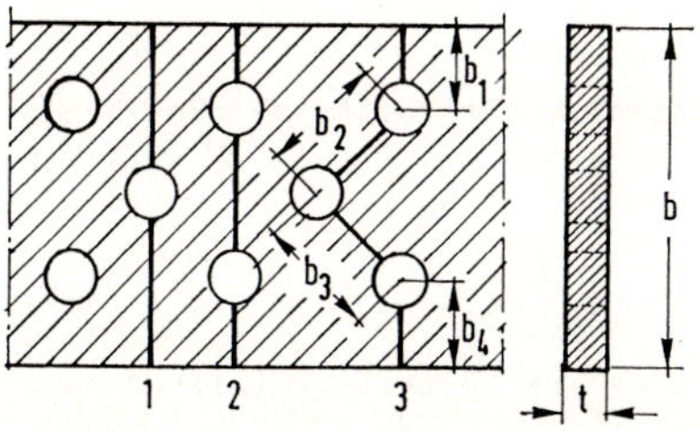

Bruchlinie 1 : $A - \Delta A = (b-d) \cdot t$ (nicht maßgebend)
Bruchlinie 2 : $A - \Delta A = (b-2d) \cdot t$
Bruchlinie 3 : $A - \Delta A = (b_1 + b_2 + b_3 + b_4 - 3d) \cdot t$

Bild 6

$$\sigma = \frac{N}{A} \leq \sigma_{R,d} = f_{y,d} = \frac{f_{y,k}}{\gamma_M} \tag{12}$$

N ist die Normalkraft unter γ_F-ψ-facher Einwirkung. - Bauteile mit gestanzten Löchern verhalten sich hinsichtlich der statischen Tragfähigkeit wie solche mit gebohrten Löchern, die Duktilität ist etwas reduziert. Beim Vorliegen einer nicht vorwiegend ruhenden Beanspruchung vgl. Abschnitt 9.3.2.

Bei Druckstäben mit Schrauben- oder Nietlöchern gilt G.12 ebenfalls. Bei Schraubenlöchern mit Lochspiel kommt es nach Ovalisierung zu einer Kontaktwirkung über den Schraubenschaft hinweg. Nach DIN 18800 T1 (11.90) darf die Lochschwächung nur dann unberücksichtigt bleiben, wenn das Lochspiel ≤ 1mm beträgt oder bei größerem Lochspiel die Tragwerksverformun-

gen nicht begrenzt werden müssen. Das ist eine strenge Forderung, die unabhängig von der Anzahl der hintereinander liegenden Schrauben und ihrem Durchmesser geregelt ist. Nach M.d V. bestehen auch bei Schrauben mit bis zu 2mm Lochspiel keine Bedenken, auf eine Berücksichtigung des Lochabzuges zu verzichten, sofern die Zahl der hintereinander liegenden Schrauben nicht größer als 3 ist, vgl. Abschn. 2.6.5.5.8. Bei Paßschrauben und Nieten ist das Loch satt ausgefüllt und eine Kontaktübertragung stets gegeben.
Bei Zugstäben wird die Spannung zu

$$\sigma = \frac{N}{A_{Netto}} \leq \sigma_{R,d} = f_{y,d} = \frac{f_{y,k}}{\gamma_M} \tag{13}$$

berechnet. Die Nettofläche bestimmt sich zu:

$$A_{Netto} = A_{Brutto} - \Delta A \tag{14}$$

ΔA ist die Summe aller in die ungünstigste Bruchlinie fallenden Querschnittsschwächungen. Die maßgebende Bruchlinie läßt sich i.a. bei mehreren nebeneinander liegenden und versetzt angeordneten Löchern nur durch vergleichende Rechnung bestimmen; das geschieht in einfachster Weise durch Aufsummieren der Bruchlinienabschnitte und zwar unabhängig von deren Richtung in bezug zur Stabachse, vgl. Bild 6. In diesem Sinne hat die gemäß G.13 berechnete Spannung die Bedeutung eines Nennwertes; vgl. hierzu auch Abschnitt 2.6.5.5.6.

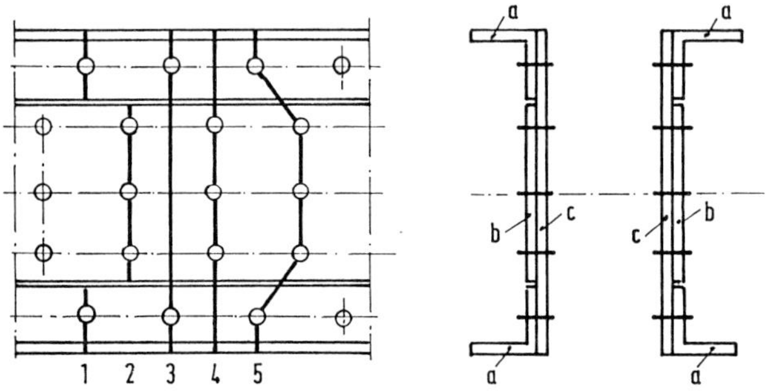

Bruchlinie 1 : maßgebend für Winkel a
Bruchlinie 2 : maßgebend für Beibleche b
Bruchlinien 3,4,5 : maßgebend für Beibleche c

Bild 7

Die Berücksichtigung des Lochabzuges darf nach DIN 18800 T1 (11.90) entfallen, wenn die Bedingung

$$\frac{A_{Brutto}}{A_{Netto}} \leq \begin{matrix} 1{,}2 & \text{für St 37} \\ 1{,}1 & \text{für St 52} \end{matrix} \tag{15}$$

erfüllt ist. - Darüber hinaus darf nach dem genannten Regelwerk in Bereichen mit gebohrten Löchern der Tragsicherheitsnachweis anstelle G.13 nach der Formel

$$\sigma = \frac{N}{A_{Netto}} \leq \sigma_{R,d} = f_{u,d} = \frac{f_{u,k}}{1{,}25\,\gamma_M} \tag{16}$$

geführt werden, f_u ist die Zugfestigkeit. - Die Bedingung G.15 läßt sich im Falle eines Stahles St37 auch wie folgt formulieren:

$$\frac{A_{Brutto}}{A_{Netto}} \leq 1{,}2 \longrightarrow A_{Brutto} \leq 1{,}2 A_{Netto} = 1{,}2(A_{Brutto} - \Delta A) \longrightarrow \Delta A \leq \left(1 - \frac{1}{1{,}2}\right) A_{Brutto} = 0{,}166\,A_{Brutto}$$

Zusammengefaßt:

$$\begin{matrix} \Delta A / A_{Brutto} \leq 0{,}166 & (16{,}6\,\%) \text{ für St 37} \\ \Delta A / A_{Brutto} \leq 0{,}091 & (9{,}1\,\%) \text{ für St 52} \end{matrix} \tag{17}$$

Setzt sich ein Druck- oder Zugstab aus mehreren Teilquerschnitten (z.B. Einzelprofilen) zusammen, berechnen sich die auf die einzelnen Teilquerschnitte entfallenden (anteiligen) Kräfte im Verhältnis der Teilflächen zur Gesamtfläche:

$$N_i = \frac{A_i}{A} N \tag{18}$$

Diese Anweisung folgt aus der Bedingung, daß alle Teile dieselbe Verzerrung (Stauchung oder Dehnung) bei zentrischer Beanspruchung erleiden:

$$\varepsilon_i = \frac{\sigma_i}{E} = \frac{N_i}{EA_i} = \text{konst} \stackrel{!}{=} \varepsilon = \frac{\sigma}{E} = \frac{N}{EA} \longrightarrow \frac{N_i}{N} = \frac{A_i}{A} \tag{19}$$

i hat die Bedeutung einer Laufvariablen, von i=1 bis i=n, wenn n die Gesamtzahl der Teilquerschnitte ist. In G.18 sind die ungeschwächten Flächen einzusetzen. Mit den anteiligen Kräften werden die Einzelquerschnitte nachgewiesen, dabei ist fallweise die jeweils ungünstigste Bruchlinie zu ermitteln, vgl. Bild 7.
Bei hintereinander liegenden Löchern, z.B. bei einem Stoß (Bild 8) oder Stabanschluß, wird eine gleichanteilige Absetzung der Stabkraft über die Verbindungsmittel unterstellt. Aufgrund dieser Annahme läßt sich für jeden Schnitt die wirksame Normalkraft in den Stab-

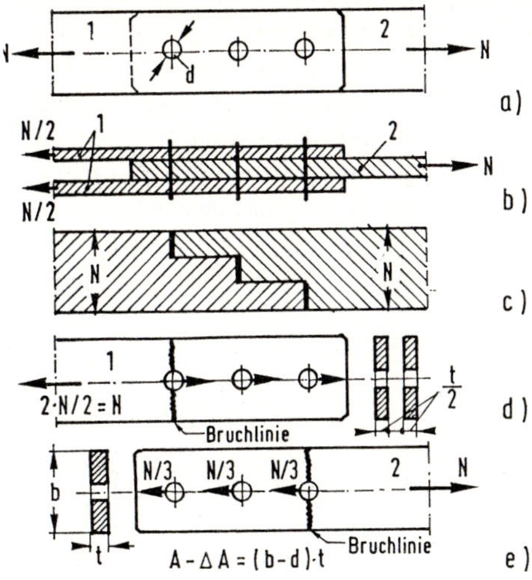

Bild 8

teilen, Stoßmitteln oder Anschlußblechen bestimmen; hierfür wird der Nachweis geführt. Bild 8 zeigt beispielhaft die Überführung einer Normalkraft über die Schrauben einer zweischnittigen Verbindung hinweg. Für die Stabteile 1 und 2 lassen sich in diesem Beispiel die maßgebenden Bruchlinien sofort angeben (Teilbild d und e). - Hinweise: Zuglaschen mit Bolzenlöchern (Augenlaschen, Augenbleche) bedürfen wegen des ausgeprägten Kerbeinflusses besonderer Nachweise (Abschn. 10). - Druckstäbe sind stets auf Knicken (Biegedrillknicken) und lokales Beulen der Querschnittswandungen nachzuweisen (Abschn. 7). - Bei nicht vorwiegend ruhender Belastung ist ein Betriebsfestigkeitsnachweis zu führen.

4.2.3 Beispiele

1. Beispiel: Anschluß eines Zugstabes an ein Knotenblech (Bild 9)

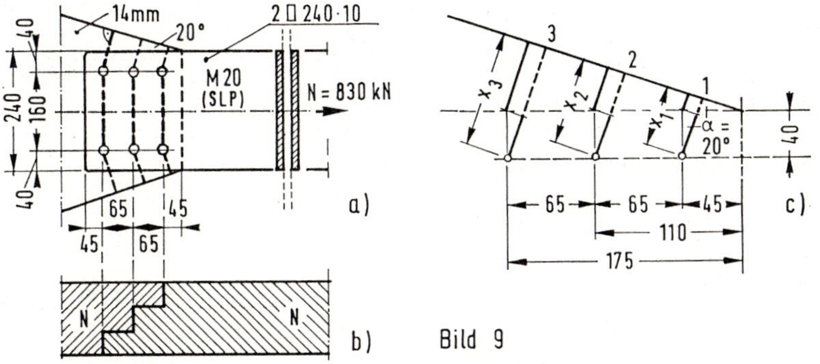

Bild 9

Zugstab: 2 ▯ 240·10. Anschluß mittels Paßschrauben M20; Löcher gebohrt und aufgerieben. Es wird der in Bild 9a skizzierte, zweischnittige Anschluß gewählt, Knotenblechdicke: t=14mm; St37-2. Die Zugkraft im maßgebenden γ_F-ψ-fachen Bemessungslastfall betrage 830kN.

a) Nachweis des Zugstabes (Lochdurchmesser 21mm)

$$A_{Brutto} = 2\cdot 1{,}0\cdot 24{,}0 = 48{,}0\,cm^2;\ \Delta A = 2\cdot 1{,}0\cdot(2\cdot 2{,}1) = 8{,}4\,cm^2;\ A_{Netto} = 48{,}0 - 8{,}4 = 39{,}6\,cm^2$$

$$0{,}166\cdot A_{Brutto} = 0{,}166\cdot 48{,}0 = 7{,}96\,cm^2;\ \Delta A = 8{,}4\,cm^2 > 7{,}96\,cm^2 : \text{Nachweis im Lochbereich erforderlich:}$$

$$\sigma = \frac{830}{39{,}6} = \underline{20{,}96\ kN/cm^2} < \frac{36{,}0}{1{,}25\cdot 1{,}1} = 26{,}2\ kN/cm^2\ (G.16)$$

b) Nachweis des Knotenbleches. Annahme: Die Zugkraft wird zu gleichen Teilen über die drei Schraubenpaare abgesetzt, vgl. Bild 9b. Bestimmung der Bruchflächen für die drei Bruchlinien, siehe Bild 9c:

$$1:\ x_1 = 40\cdot\cos 20° + 45\cdot\sin 20° = 37{,}6 + 15{,}4 = 53{,}0\,mm:\ A - \Delta A = 1{,}4\,(2\cdot 5{,}30 + 16{,}0 - 2\cdot 2{,}1) = 31{,}36\,cm^2$$
$$2:\ x_2 = 40\cdot\cos 20° + 110\cdot\sin 20° = 37{,}6 + 37{,}6 = 75{,}2\,mm:\ A - \Delta A = 1{,}4\,(2\cdot 7{,}52 + 16{,}0 - 2\cdot 2{,}1) = 37{,}58\,cm^2$$
$$3:\ x_3 = 40\cdot\cos 20° + 175\cdot\sin 20° = 37{,}6 + 59{,}9 = 97{,}5\,mm:\ A - \Delta A = 1{,}4\,(2\cdot 9{,}75 + 16{,}0 - 2\cdot 2{,}1) = 43{,}82\,cm^2$$

ΔA beträgt in allen Fällen: $\Delta A = 1{,}4\cdot 2\cdot 2{,}1 = 5{,}88\,cm^2$

$$\left.\begin{array}{lll} 1:\ A_{Brutto} = 1{,}4\,(2\cdot 5{,}30 + 16{,}0) = 37{,}24\,cm^2; & \Delta A/A_{Brutto} = 5{,}88/37{,}24 = 0{,}158 \\ 2:\ \quad '' \quad = 1{,}4\,(2\cdot 7{,}52 + 16{,}0) = 43{,}43\,cm^2; & '' \quad = 5{,}88/43{,}43 = 0{,}135 \\ 3:\ \quad '' \quad = 1{,}4\,(2\cdot 9{,}75 + 16{,}0) = 49{,}70\,cm^2; & '' \quad = 5{,}88/49{,}70 = 0{,}118 \end{array}\right\} < 0{,}166$$

Nachweis:

$$\left.\begin{array}{l} 1:\ 0{,}33\cdot 830/31{,}36 = 8{,}73\ kN/cm^2 \\ 2:\ 0{,}66\cdot 830/37{,}58 = 14{,}80\ kN/cm^2 \\ 3:\ 1{,}00\cdot 830/43{,}82 = \underline{18{,}94}\ kN/cm^2 \end{array}\right\} < 21{,}8\ kN/cm^2\quad (G.13)$$

Anmerkung: Da in allen drei Bruchlinien die Bedingungsgleichung G.15 erfüllt ist, könnte auf einen Tragsicherheitsnachweis verzichtet werden. Wegen der in der Kraftaufteilung bestehenden Unsicherheit (je ein Drittel der Anschlußkraft auf die drei Schraubenpaare), empfiehlt der Verf. hiervon (und in vergleichbaren Fällen) keinen Gebrauch zu machen, ebenfalls nicht von G.16. (Ergänzend wäre noch der Nachweis auf Abscheren der Schrauben und auf Lochleibung (Knotenblech maßgebend: 14<2·10=20mm) zu führen (Abschnitt 9)).

2. Beispiel: Anschluß eines Zugstabes an ein Knotenblech (Brückenkonstruktion, Bild 10) (Hinweise zur Entwicklung der Nachweisverfahren im Kran- und Brückenbau enthalten die Abschnitte 2.6.5.6, 3.7.3, 16.1.5, 21.5.3 (Kranbahnträger), 25.2.5 (Eisenbahnbrücken), 25.3.2 (Straßenbrücken). Nach bisherigem Konzept werden die unter Gebrauchslasten im Lastfall "Hauptlasten" ausgelösten Spannungen den kerbfallabhängigen zulässigen Spannungen zulσ_D bzw. zulσ_{Be} oder zul$\Delta\sigma_{Be}$ gegenübergestellt, wobei in letzteren unterschiedliche Sicherheitselemente enthalten sind. Mit den Regelwerken DIN 18800 T6 und EUROCODE 3 wird ein fachübergreifendes Nachweiskonzept zur Verfügung stehen.)

Zwecks Ermittlung der betragsgrößten Ober- und Unterspannung ist die Einflußlinie für die gesuchte Schnittgröße auszuwerten, im vorliegenden Beispiel für die Diagonalstabkraft D (vgl. Bild 10a). Die Einflußlinie für D folgt aus der Einflußlinie für die Querkraft Q (Teilbild b):

$$D \cdot \sin\alpha = Q \longrightarrow D = Q/\sin\alpha$$

Es werden zwei Laststellungen F=1 betrachtet:

F zwischen A und 2 an der Stelle x : $Q = A - 1 = -x/l \longrightarrow D = -x/l \cdot \sin\alpha$

F zwischen 3 und B an der Stelle x': $Q = A = +x'/l \longrightarrow D = +x'/l \cdot \sin\alpha$

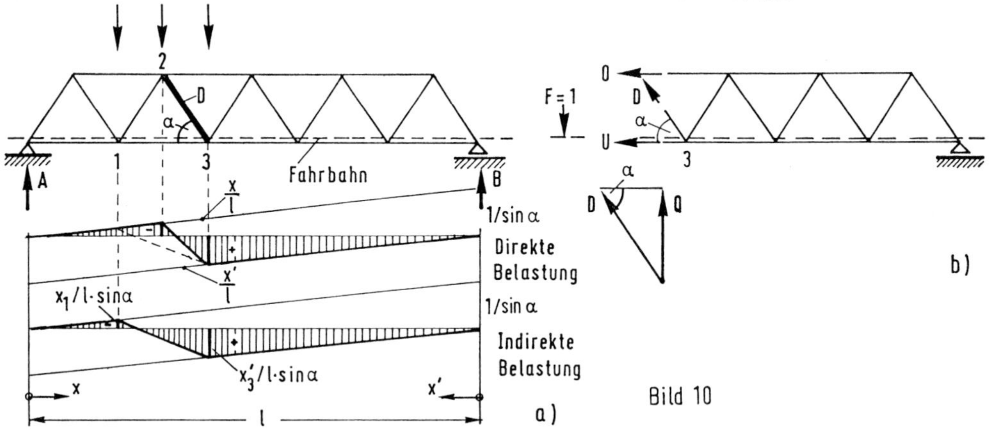

Bild 10

In Bild 10a ist die D-Einflußlinie eingezeichnet, im unteren Teil für indirekte Belastung auf der in der Untergurtebene liegenden Fahrbahn. - Aufgrund einer Auswertung für den gegebenen Lastenzug gelte (einschließlich Eigenlast): Zugkraft: Z=1450kN; Druckkraft: D=-215kN.

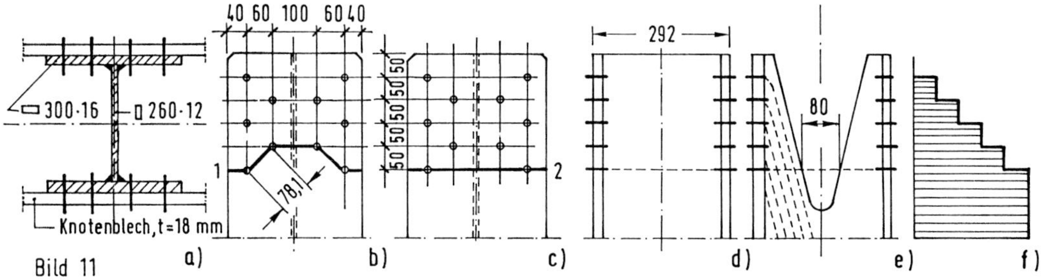

Bild 11

Bild 11a/b zeigt den Querschnitt des Diagonalstabes mit den zweiwandigen Knotenblechen und dem Entwurf des Schraubenbildes; Stahlgüte St52-3, Paßschrauben M24-5.6.-Bestimmung der maßgebenden Bruchlinie unter der Annahme einer vollen Mitwirkung des Steges (vgl. Teilbilder b, c und d); Lochdurchmesser 25mm:

$$A = 2 \cdot 1{,}6 \cdot 30 + 1{,}2 \cdot 26 = 96 + 31{,}2 = \underline{127{,}2\,\text{cm}^2}$$

$$\text{Bruchlinie 1: } A - \Delta A = 2 \cdot 1{,}6(4 + 7{,}8 + 10 + 7{,}8 + 4 - 4 \cdot 2{,}5) + 1{,}2 \cdot 26 = 75{,}5 + 31{,}2 = \underline{106{,}7\,\text{cm}^2}$$

$$\text{Bruchlinie 2: } A - \Delta A = 2 \cdot 1{,}6(30 - 2 \cdot 2{,}5) + 1{,}2 \cdot 26 = 80{,}0 + 31{,}2 = 111{,}2\,\text{cm}^2$$

Somit ist Bruchlinie 1 maßgebend; hierfür berechnen sich die Spannungen zu:

$$\text{Zug: } \sigma_z = 1450/106{,}7 = \underline{13{,}59\,\text{kN/cm}^2}$$

$$\text{Druck: } \sigma_d = -215/127{,}2 = \underline{-1{,}69\,\text{kN/cm}^2}$$

Das Spannungsverhältnis $\varkappa$ beträgt: $\varkappa = \frac{-1{,}69}{13{,}59} = \underline{-0{,}12}$

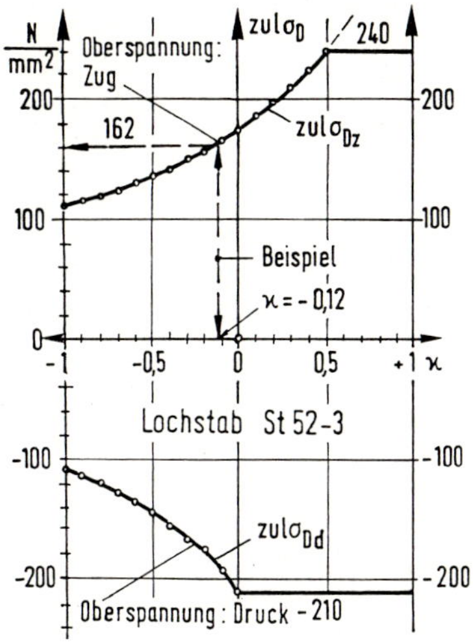

Bild 12

Ausgehend von dem in Bild 12a dargestellten Schaubild nach MOORE-KOMMERS-JASPER wird die Dauerfestigkeit nachgewiesen. Die Oberspannung ist eine Zugspannung; für $\varkappa = -0{,}12$ entnimmt man dem Diagramm (oder der zugehörigen Tabelle: $zul\,\sigma_{Dz} = 162\,N/mm^2 = 16{,}2\,kN/cm^2$. Nachweis:

$$\sigma_z \leq zul\,\sigma_{Dz} \longrightarrow \underline{13{,}59\,kN/cm^2 < 16{,}2\,kN/cm^2}$$

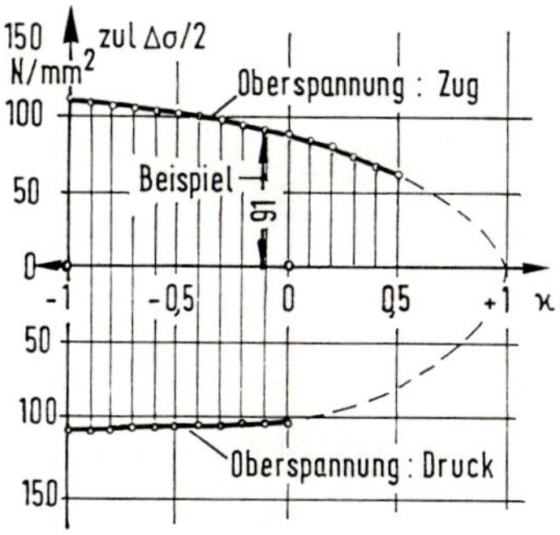

Bild 13

Das in Bild 13 dargestellte Diagramm entspricht dem in Bild 12 dargestellten. In diesem ist die zulässige Schwingamplitude $zul\Delta\sigma_D/2$ über dem Spannungsverhältnis $\varkappa$ aufgetragen. Für das Beispiel entnimmt man für $\varkappa = -0{,}12$:

$$zul\,\Delta\sigma_D/2 = 91\,N/mm^2$$

Nachweis: $\Delta\sigma \leq zul\,\Delta\sigma_D \longrightarrow (13{,}59 + 1{,}69) = \underline{15{,}28\,kN/cm^2 < 18{,}2\,kN/cm^2}$

Aus dem Diagramm Bild 13 erkennt man, daß die ertragbare Schwingweite (sowohl für Oberspannung Zug wie für Oberspannung Druck) insbesondere im Wechselbereich ($\varkappa$: negativ) relativ unabhängig vom Spannungsverhältnis $\varkappa$ ist. Das gilt umso mehr, je schärfer der Kerbfall ist.

Fortsetzung des Beispieles: Bei der Fertigung des Diagonalstabes sind gewisse Schweißverzüge unvermeidlich. Ggfs. wird von vornherein planmäßig mit Untermaß gefertigt, um den Diagonalstab zwischen die Knotenbleche einführen zu können. Dann werden Futterbleche für die Montage vorgehalten. Ein Beiziehen der Gurte gegen die starren Knotenbleche gelingt in Grenzen nur, wenn das Stegblech des Diagonalstabes eine Ausnehmung erhält, vgl. Bild 11e.

Annahme: Das Stegblech trägt im Anschlußbereich nicht mit:

$$\text{Bruchlinie 1:}\ A - \Delta A = \underline{75{,}5\,cm^2}$$

$$\text{Bruchlinie 2:}\ A - \Delta A = 80{,}0\,cm^2$$

Diese Annahme ist unbegründet und liegt extrem auf der sicheren Seite. Bild 11e/f zeigt, wie sich die Stabkraft über die Schrauben zu gleichen Teilen absetzt. Gemäß Teilbild e wird nur eine ca. 80mm breite Stegschwächung angesetzt: $1{,}2 \cdot 8{,}0 = 9{,}6\,cm^2$

$$A = 127{,}2 - 9{,}6 = 117{,}60\,cm^2 \qquad 1:\ A - \Delta A = 106{,}7 - 9{,}6 = \underline{97{,}1\,cm^2}$$

$$\text{Zug:}\ \sigma_z = 1450/97{,}1 = \underline{14{,}93\,kN/cm^2}$$

$$\text{Druck:}\ \sigma_d = -215/117{,}6 = -1{,}81\,kN/cm^2$$

Spannungsverhältnis: $\varkappa = \frac{-1{,}81}{14{,}93} = -0{,}12 \longrightarrow zul\,\sigma_{Dz} = 16{,}2\,kN/cm^2$

Nachweis: $\sigma_z \leq zul\,\sigma_{Dz} \longrightarrow \underline{14{,}93\,kN/cm^2 < 16{,}2\,kN/cm^2}$

4.2.4 Nachweis der Biegespannungen

Bild 14 zeigt doppelt- bzw. einfach-symmetrische Querschnitte. In Teilbild b sind die Achsen y, z in der Querschnittsebene (Hauptachsen), die Stablängsachse x sowie die Vektoren M (Biegemoment) und Q (Querkraft) ausgewiesen *). Kräfte werden durch Einfach- und Momente durch Doppelpfeile gekennzeichnet.

Bei einfacher Biegung berechnen sich die Biegerandspannungen zu:

$$\text{Biegedruckrand:}\quad \sigma_d = \frac{M}{W_d} \qquad (20)$$

$$\text{Biegezugrand:}\quad \sigma_z = \frac{M}{W_z} \qquad (21)$$

*) Nach DIN 1080 ist die Querkraft mit Q abzukürzen. In dieser Form wird man auch künftig die statischen Berechnungen erstellen. Die Abkürzung V wurde in DIN 18800 T1 (11.90) eingeführt; sie wird hier nur bei Tragsicherheitsnachweisen nach diesem Regelwerk verwendet.

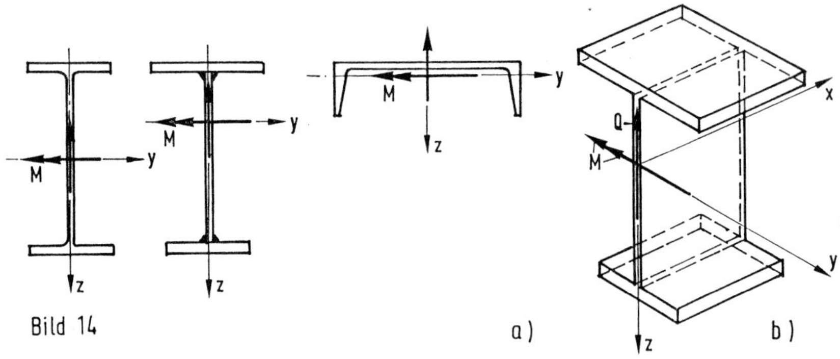

Bild 14

Hierin sind W_d und W_z die maßgebenden Widerstandsmomente der Biegedruck- bzw. Biegezugseite (vgl. Bild 15a):

$$W_d = \frac{I}{z_d}\ ;\quad W_z = \frac{I-\Delta I}{z_z} \tag{22}$$

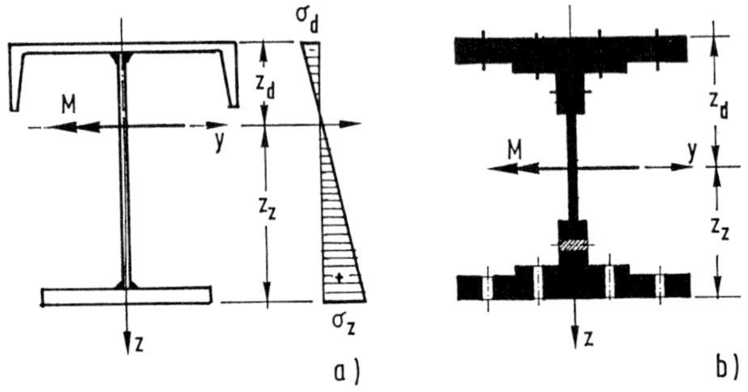

Bild 15

Die Randabstände z_d und z_z sind in diesen Formeln als Absolutwerte einzusetzen. I ist das Trägheitsmoment des Querschnittes und ΔI die Summe der Trägheitsmomente aller in die Bruchlinie des Zuggurtes fallenden Löcher im Biegezugbereich, bezogen auf die Schwerachse des ungeschwächten Querschnittes (Bild 15b). Der Bezug auf die Schwerachse des ungeschwächten Querschnittes ist zulässig und vernünftig, weil lokale Lochschwächungen den globalen Beanspruchungszustand praktisch nicht beeinflussen; ein Versatz der Schwerachse tritt nicht ein und damit auch keine lokale Außermittigkeit bei Einwirkung einer Normalkraft. Auf der Druckseite kommt es durch die (die Löcher ausfüllenden) Schrauben oder Niete zu einer die Lochschwächung überbrückenden Kontaktwirkung; aus diesem Grund bleiben die Löcher auf der Biegedruckseite ohne Ansatz (wegen Einschränkungen vgl. Abschnitt 4.2.2).

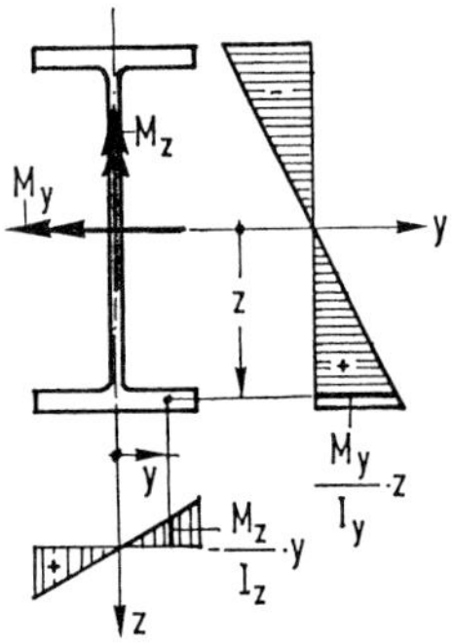

Bild 16

Zwischen den Randwerten sind die Spannungen geradlinig verteilt. - Bei doppelter Biegung berechnen sich die Biegespannungen in der Faser y-z (bei Berücksichtigung des Vorzeichens) zu:

$$\sigma_M = \sigma_{M,y} + \sigma_{M,z} = \frac{M_y}{I_y} z - \frac{M_z}{I_z} y \tag{23}$$

Zugspannungen: positiv, Druckspannungen: negativ; siehe Bild 16. Tritt zusätzlich eine Normalkraft auf, sind die hierdurch hervorgerufenen Normalspannungen σ_N den Biegespannungen σ_M zu überlagern. <u>Nachweis nach DIN 18800 T1 (03.81):</u> Es ist nachzuweisen, daß die Randspannungen gemäß G.20/21 bzw. G.23 die zulässigen Spannungen für Biegedruck- bzw. Biegezug des betrachteten Lastfalles H oder HZ nicht überschreiten. - Bei doppelter Biegung treten die größten Spannungen in gegenüberliegenden Eckpunkten auf. Wegen deren lokal begrenzter Ausbreitung ist eine mäßige rechnerische Spannungsüberschreitung (also eine teilweise Plastizierung im Grenzzustand) unbedenklich. Eine 10%ige Überschreitung ist zugelassen, vorausgesetzt, je für sich wird $|\sigma_N + \sigma_{M,y}|$ bzw. $|\sigma_N + \sigma_{M,z}| \le 0{,}8 \cdot \text{zul}\,\sigma$ eingehalten.

<u>Nachweis nach DIN 18800 T1 (11.90):</u> Es gelten die Nachweisformeln G.12-17 sinngemäß. - Für allgemeine Querschnitte sind in kleinen Bereichen, z.B. in Eckbereichen bei doppelter Biegung, 10%ige Überschreitungen der Grenzspannung zulässig, wenn gleichzeitig

$$|\sigma_N + \sigma_{M,y}| \le 0{,}8\sigma_{R,d},\quad |\sigma_N + \sigma_{M,z}| \le 0{,}8\sigma_{R,d} \tag{24}$$

eingehalten wird.

Für Stäbe mit doppeltsymmetrischem I-Querschnitt darf eine noch weitergehende Ausnutzung der plastischen Querschnittstragfähigkeit angesetzt werden, indem der Nachweis mittels der Formel

$$\sigma = \left| \frac{N}{A} \pm \frac{M_y}{\alpha^*_{Pl,y} \cdot W_y} \pm \frac{M_z}{\alpha^*_{Pl,z} \cdot W_z} \right| \leq \sigma_{R,d} = f_{y,d} = \frac{f_{y,k}}{\gamma_M} \qquad (25)$$

geführt wird. Für gewalzte I-förmige Stäbe dürfen die plastischen Formbeiwerte (vgl. Abschn. 6.3.1) zu $\alpha^*_{Pl,y}=1{,}14$ bzw. $\alpha^*_{Pl,z}=1{,}25$ angenommen werden. In allen anderen Fällen müssen die α_{Pl}-Werte für den angegebenen Querschnitt zunächst bestimmt werden. Sie dürfen rechnerisch in G.25 nicht größer als 1,25 angesetzt werden.
Biegeträger mit freiem Obergurt sind stets gegen Biegedrillknicken (Kippen) und die Flansche und Stege gegen Beulen nachzuweisen (bzw. Einhaltung der Grenzwerte grenz(b/t)). - Bei zyklischer Beanspruchung ist ein Dauer- bzw. Betriebsfestigkeitsnachweis zu führen.

4.2.5 Beispiele

1. Beispiel: Kastenträger mit doppelter Biegung; St52-3

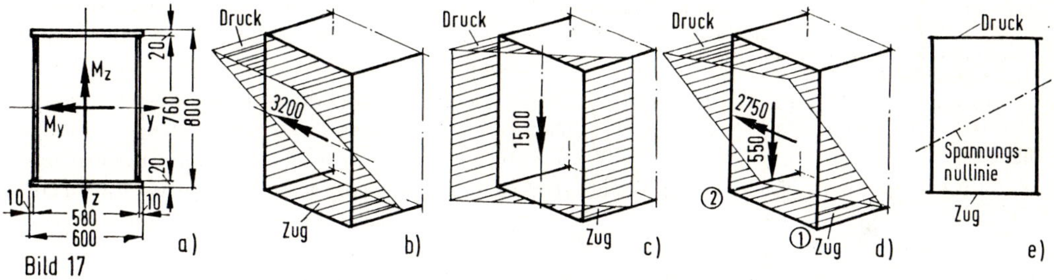

Bild 17

Trägheitsmomente um die y- und z-Achse (vgl. Bild 17):

$$I_y = 2 \cdot 0{,}8 \cdot 76{,}0^3/12 + 2 \cdot 60{,}0 \cdot 2{,}0^3/12 + 2 \cdot 60 \cdot 2{,}0 \cdot 39{,}0^2 = 58530 + 80 + 365040 = \underline{423650\ \text{cm}^4}$$

$$I_z = 2 \cdot 2{,}0 \cdot 60{,}0^3/12 + 2 \cdot 76{,}0 \cdot 0{,}8^3/12 + 2 \cdot 76{,}0 \cdot 0{,}8 \cdot 28{,}6^2 = 72000 + 6 + 99464 = \underline{171470\ \text{cm}^4}$$

Unter γ_F-ψ-fachen Bemessungslasten seien drei Lastfälle nachzuweisen (G.23):

$\underline{\text{Fall 1}}$: $M_y = +3200\ \text{kNm},\ M_z = 0:\ \sigma = +\frac{320000}{423650} \cdot 40 = \frac{320000}{10591} = \underline{30{,}2\ \text{kN/cm}^2 < 32{,}7\ \text{kN/cm}^2}$

$\underline{\text{Fall 2}}$: $M_y = 0,\ M_z = -1500\ \text{kNm}:\ \sigma = -\frac{-150000}{171470} \cdot 30 = \frac{150000}{5716} = \underline{26{,}0\ \text{kN/cm}^2 < 32{,}7\ \text{kN/cm}^2}$

Es gilt: $\sigma_{R,d} = f_{y,d} = 32{,}7\ \text{kN/cm}^2;\ 0{,}8\sigma_{R,d} = 26{,}2\ \text{kN/cm}^2;\ 1{,}1\sigma_{R,d} = 36{,}0\ \text{kN/cm}^2$

$\underline{\text{Fall 3}}$: $M_y = 2750\ \text{kNm};\ \sigma = 275000/10591 = 26{,}0\ \text{kN/cm}^2 < 26{,}2\ \text{kN/cm}^2$

$M_z = -550\ \text{kNm};\ \sigma = --55000/5716 = 9{,}6\ \text{kN/cm}^2 < 26{,}2\ \text{kN/cm}^2$

Nach G.23/24:

Im Punkt ①: $\sigma = +26{,}0 + 9{,}6 = \underline{35{,}6\ \text{kN/cm}^2 < 36{,}0\ \text{kN/cm}^2}$

Im Punkt ②: $\sigma = +26{,}0 - 9{,}6 = 16{,}4\ \text{kN/cm}^2$

Die Teilbilder b, c und d zeigen den Spannungsverlauf über dem Querschnitt und Teilbild e die Lage der Spannungsnullinie. Sind im Querschnitt Löcher für Schraub- oder Nietanschlüsse vorhanden, ist die Minderung der Trägheitsmomente I_y und I_z um die im Zugbereich liegenden Querschnittsschwächungen (bezogen auf die Achse des ungeschwächten Querschnittes) zu berücksichtigen. (Bei allen biegebeanspruchten Querschnitten sind stets auch Beulnachweise zu führen!)

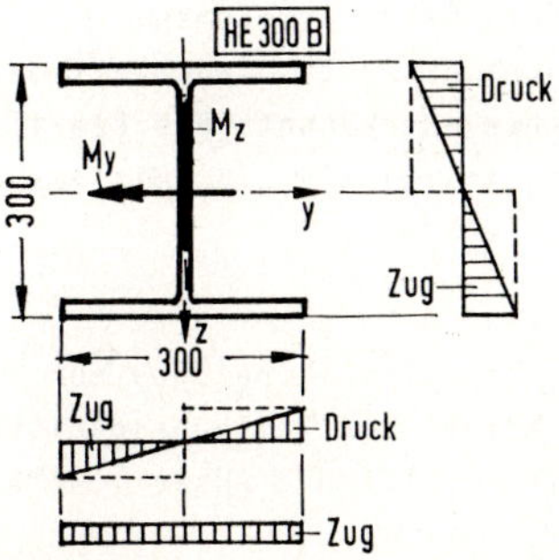

Bild 18

2. Beispiel: I-Querschnitt mit doppelter Biegung; St37-2

Querschnitt: HE300B Profil (Bild 18):

$$A = 149\ \text{cm}^2;\quad W_y = 1680\ \text{cm}^3,\ W_z = 571\ \text{cm}^3$$

$$\sigma_{R,d} = f_{y,d} = 21{,}8\ \text{kN/cm}^2;\ 0{,}8 \cdot \sigma_{R,d} = 17{,}4\ \text{kN/cm}^2,\ 1{,}1 \cdot \sigma_{R,d} = 24{,}0\ \text{kN/cm}^2$$

Schnittgrößen im γ_F-ψ-fachen Bemessungslastfall:

$$N = +400\ \text{kN (Zug)},\ M_y = 230\ \text{kNm},\ M_z = 43\ \text{kNm}$$

Nachweis nach G.23:

$$\sigma = +\frac{400}{149} (\pm) \frac{23000}{1680} (\pm) \frac{4300}{571} = 2{,}68 + 13{,}69 + 7{,}53 = \underline{23{,}9\ \text{kN/cm}^2 < 24{,}0\ \text{kN/cm}^2}$$

Die Inanspruchnahme der Tragspannung $1{,}1 \cdot \sigma_{R,d}$ ist zulässig, da $+2{,}68 + 13{,}69 = 16{,}4\ \text{kN/cm}^2 < 17{,}4\ \text{kN/cm}^2$ gilt (G.24).

Nachweis nach G.25: $\alpha^*_{Pl,y} \cdot W_y = 1{,}14 \cdot 1680 = 1915\,cm^3$
$\alpha^*_{Pl,z} \cdot W_z = 1{,}25 \cdot 571 = 714\,cm^3$

$$\sigma = \left| \frac{400}{149} \pm \frac{23000}{1915} \pm \frac{4300}{714} \right| = 2{,}68 + 12{,}01 + 6{,}02 = \underline{20{,}7\,kN/cm^2 < 21{,}8\,kN/cm^2}$$

Dieser Nachweis bietet im vorliegenden Falle ein Plus von ca. 21,8/20,7=1,05 (≙5%) gegenüber dem vorangegangenen Nachweis (daselbst wurde $1{,}1 \cdot \sigma_{R,d}$ knapp erreicht). Anmerkung: G.25 ist eine Näherungsformel, die Elemente der Elastizitätstheorie und Plastizitätstheorie in sich vereint. Ihre Anwendung kann zu Auslegungsschwierigkeiten führen, wenn gleichzeitig hohe Schubspannungen wirksam sind oder wenn Lochschwächungen zu berücksichtigen sind. Stringenter ist stets eine Rechnung im Sinne von G.23 in Verbindung mit G.24.

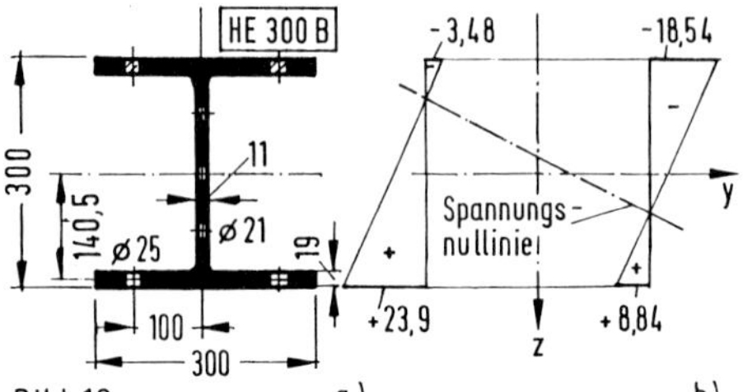

Bild 19

Erweiterung der Aufgabenstellung: Das I-Profil sei durch Schraubenlöcher einer SLP-Verbindung geschwächt, vgl. Bild 19a.- Es empfiehlt sich in solchen Fällen, den Nachweis nicht nach G.25 zu führen, da sich die Formbeiwerte im Sinne dieser Näherungsformel nicht plausibel angeben lassen.- Um festzustellen, welche Bereiche des Querschnittes unter Zug stehen, werden die Spannungen zunächst für den nicht-lochgeschwächten Querschnitt berechnet. (Das ist im Rahmen dieses Beispieles bereits geschehen; Teilbild b zeigt den Verlauf.) Im resultierenden Spannungszustand liegen die Löcher im unteren Flansch und zwei Löcher im Steg im Zugbereich; demgemäß wird gerechnet:

$$A = 149 - 2 \cdot 1{,}9 \cdot 2{,}5 - 2 \cdot 1{,}1 \cdot 2{,}1 = 149 - 9{,}5 - 4{,}6 = 134{,}9\,cm^2$$
$$I_y = 25170 - 2 \cdot 1{,}9 \cdot 2{,}5 \cdot 14{,}05^2 (-\cdots) = 25170 - 1875 = 23295\,cm^4$$
$$I_z = 8560 - 2 \cdot 1{,}9 \cdot 2{,}5 \cdot 10{,}00^2 = 8560 - 950 = 7610\,cm^4$$

Spannungsnachweis für den höchstbeanspruchten Eckpunkt (für dieselben Schnittgrößen wie zuvor):

$$\sigma = +\frac{400}{134{,}9} + \frac{23000}{23295} \cdot 15{,}0 + \frac{4300}{7610} \cdot 15{,}0 = 2{,}97 + 14{,}81 + 8{,}48 = \underline{26{,}3\,kN/cm^2}$$

Diese Spannung liegt gegenüber $1{,}1 \cdot \sigma_{R,d} = 24{,}0\,kN/cm^2$ um 26,3/24,0=1,09 (≙9%) zu hoch. Eine solche Überschreitung ist nicht zulässig; es muß ein stärkeres Profil gewählt werden.

4.2.6 Zur Berechnung der Trägheitsmomente

Für die Walzprofile werden die Querschnittswerte A, I und W aus Profiltafeln entnommen. - Bei zusammengesetzten Querschnitten werden Schwerpunktlage und anschließend I und W berechnet: Ausgehend von einer frei gewählten Bezugsachse $\bar{y}$ werden das Flächenmoment 1. Grades (Statisches Moment) und der Schwerpunktabstand e_z bestimmt (Bild 20):

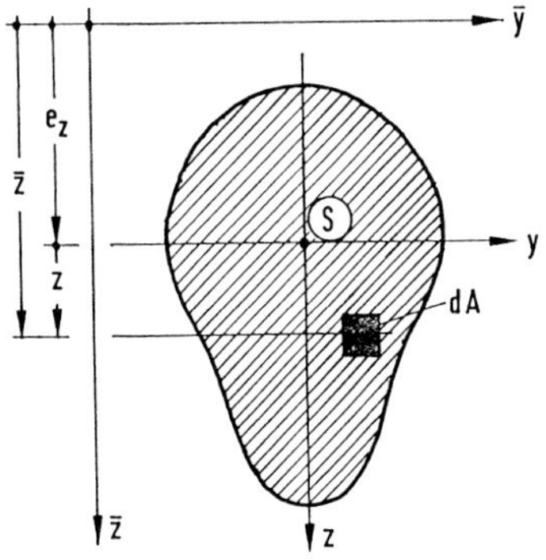

Bild 20

$$S_{\bar{y}} = \int_A \bar{z}\,dA\,; \quad e_z = \frac{S_{\bar{y}}}{A} \tag{26}$$

Die Bestimmungsgleichung für e_z folgt aus der Bedingung, daß das Statische Moment des Gesamtquerschnittes, bezogen auf die Schwerachse y, Null ist; vgl. G.7:

$$S_y = \int_A z\,dA = \int_A (\bar{z} - e_z)\,dA = S_{\bar{y}} - e_z A = 0 \tag{27}$$

Das Trägheitsmoment eines Querschnittes (um die Schwerachse y) läßt sich auf zweierlei Weise berechnen:

a) <u>Indirekte Berechnung</u>: Zunächst wird das Trägheitsmoment $I_{\bar{y}}$, bezogen auf die $\bar{y}$-Achse, berechnet. Bei dem in Bild 21 dargestellten Querschnitt fällt $\bar{y}$ z.B. mit der oberen Profilkante zusammen:

$$I_{\bar{y}} = \int_A \bar{z}^2\,dA = \sum_{i=1}^{n} (I_i + A_i \bar{z}_i^2) \tag{28}$$

A_i ist die Fläche und I_i das Eigenträgheitsmoment des Teilquerschnittes i (bezogen auf die zur $\bar{y}$-Achse parallele Schwerachse des Teilquerschnittes); die Anzahl der Teilquerschnitte sei n; in Bild 21 ist n=4. Nach Bestimmung des Trägheitsmomentes $I_{\bar{y}}$ für die Achse $\bar{y}$ wird das Trägheitsmoment für die Schwerachse y berechnet:

$$I_y = I_{\bar{y}} - A \cdot e_z^2 \tag{29}$$

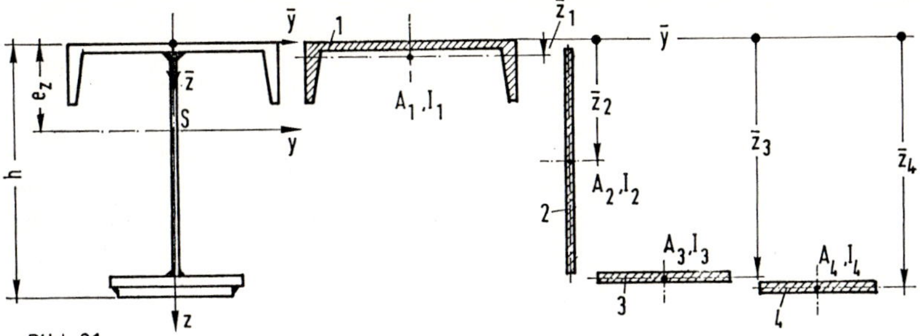

Bild 21

b) Direkte Berechnung: Bezogen auf die zuvor gemäß G.26 bestimmte Schwerachse wird I_y bestimmt:

$$I_y = \int_A z^2 dA = \sum_{i=1}^{n} (I_i + A_i z_i^2)$$

$$= \sum_{i=1}^{n} [I_i + A_i (\bar{z}_i - e_z)^2] \qquad (30)$$

Die Eigenträgheitsmomente der Teilquerschnitte müssen in jedem Fall zunächst ermittelt werden. Sofern es sich um Walzprofile handelt, werden sie aus Profiltafeln entnommen, im anderen Falle aus Formelsammlungen (vgl. Abschnitt 26.6); Bild 22 enthält Rechenbehelfe. Die Gleichungen 28 bis 30 machen vom sogen. STEINERschen Satz Gebrauch; der Beweis läßt sich in einfacher Weise führen (siehe Bild 20):

$$I_{\bar{y}} = \int_A \bar{z}^2 dA = \int_A (z + e_z)^2 dA = \int_A z^2 dA + 2e_z \int_A z\, dA + e_z^2 \int_A dA = I_y + 2e_z \underbrace{S_y}_{=0} + e_z^2 A = I_y + A \cdot e_z^2 \qquad (31)$$

Nach Umstellung folgt G.29.

In vielen praktischen Fällen ist das Eigenträgheitsmoment gegenüber dem "STEINER-Anteil" klein und kann unterdrückt werden; vgl. das 2. Beispiel in Abschnitt 4.4.

4.2.7 Aufteilung eines Biegemomentes auf die Teile eines Querschnittes

Für einen Querschnitt, der doppelt-symmetrisch ist und aus mehreren Teilquerschnitten besteht, berechnet sich das anteilige Moment eines Teilquerschnittes zu:

$$M_i = \frac{I_i}{I} M \qquad (32)$$

Diese Formel folgt, analog zu G.18, aus der Bedingung, daß die Krümmung der Teilquerschnitte gleich der Krümmung des Gesamtquerschnittes ist. (Diese Bedingung ist gleichwertig mit der BERNOULLI-Hypothese.):

$$\varkappa_i = \frac{M_i}{EI_i} = \text{konst} \stackrel{!}{=} \frac{M}{EI} \longrightarrow$$

$$\frac{M_i}{M} = \frac{I_i}{I} \qquad (33)$$

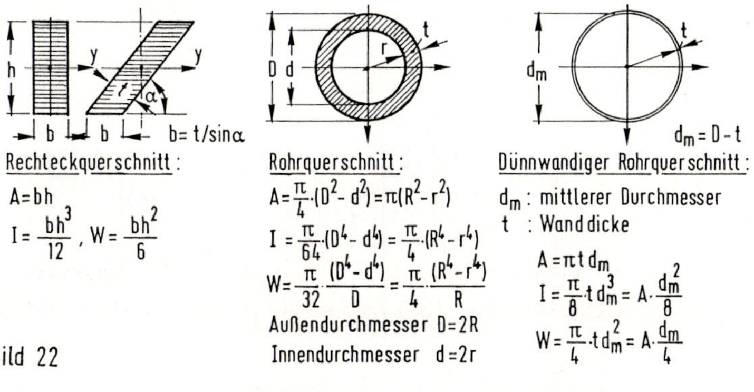

Bild 22

I_i bezieht sich auf die Schwerachse des Gesamtquerschnittes!

G.32 wird z.B. benötigt, wenn die Stoßmittel von Biegeträgern nachgewiesen werden müssen. Bild 23 zeigt einen geschraubten Vollstoß eines Walzprofils, Flansche und Steg werden durch Laschen gedeckt. Um diese und die Schrauben nachweisen zu können, werden die anteiligen Momente M_{Steg} und $M_{Flansch}$ benötigt; vgl. Abschnitt

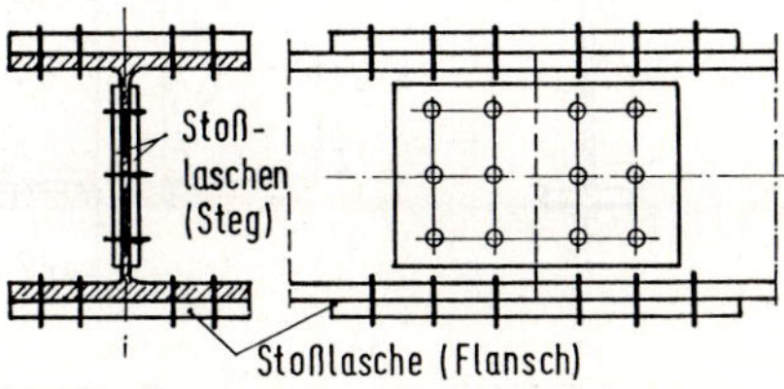

Bild 23

Im Falle eines einfach-symmetrischen Querschnittes gilt G.32 nicht! Zur Herleitung der zugehörigen Formel wird von Bild 24 ausgegangen. Zunächst werden gemäß G.32 die Anteile M_1, M_2 und M_3 für die Gurte und für den Steg bestimmt; sie sind jeweils auf die Schwerachse des Gesamtquerschnittes orientiert (vgl. Teilbilder b, c und d). Die resultierenden Gurtkräfte betragen:

$$\text{Untergurt: } Z = M_1/z_1 \;; \quad \text{Obergurt: } D = M_2/z_2 \qquad (34)$$

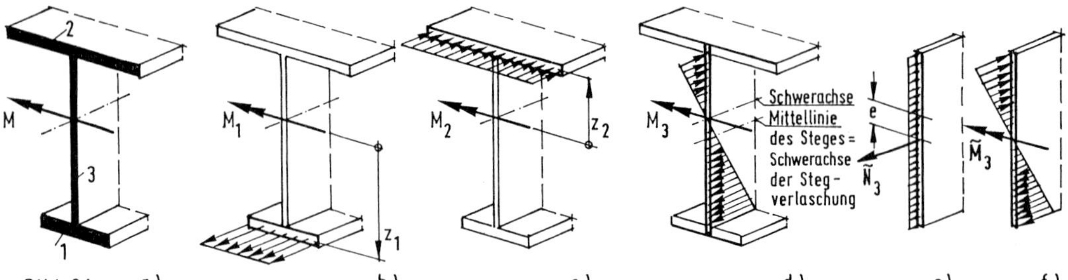

Bild 24 a) b) c) d) e) f)

Für diese Kräfte werden z.B. die Gurtlaschen ausgelegt. z_1 und z_2 sind die Schwerpunktabstände bis zu den Gurtmittellinien (hier als Absolutwerte eingeführt). Im Falle des Steges kann M_3 nicht unmittelbar zur Berechnung der Stoßdeckung herangezogen werden (Teilbild d), weil die Stegverlaschung i.a. innerhalb des Steges symmetrisch ausgebildet ist, d.h., die Schwerachse der Steglaschen liegt im Abstand e von der Schwerachse des Gesamtquerschnittes entfernt. Es ist daher M_3 auf die Steglaschen-Schwerachse umzurechnen. Dazu werden die Normalkraft $\tilde{N}_3$ und das Biegemoment $\tilde{M}_3$, bezogen auf die Mittellinie des Trägersteges, definiert:

$$M_3 = \tilde{N}_3 e + \tilde{M}_3 \tag{35}$$

Mit dem auf die Schwerachse des Gesamtquerschnittes bezogenen Trägheitsmoment des Steges I_3 beträgt die Spannung in Höhe der Mittellinie des Steges:

$$\sigma = \frac{M_3}{I_3} e = \frac{I_3}{I} M \frac{e}{I_3} = \frac{Me}{I} \longrightarrow \tilde{N}_3 = \frac{M}{I} \cdot A_3 e \qquad (A_3 = A_{Steg}) \tag{36}$$

Für $\tilde{M}_3$ folgt damit:

$$\tilde{M}_3 = M_3 - \tilde{N}_3 e = \frac{I_3}{I} M - \frac{M}{I} A_3 e^2 = \frac{M}{I}(I_3 - A_3 e^2) \tag{37}$$

Vgl. das 1. Beispiel in Abschnitt 4.4.

4.3 Schubspannungen infolge Querkraft

4.3.1 Berechnungsformel

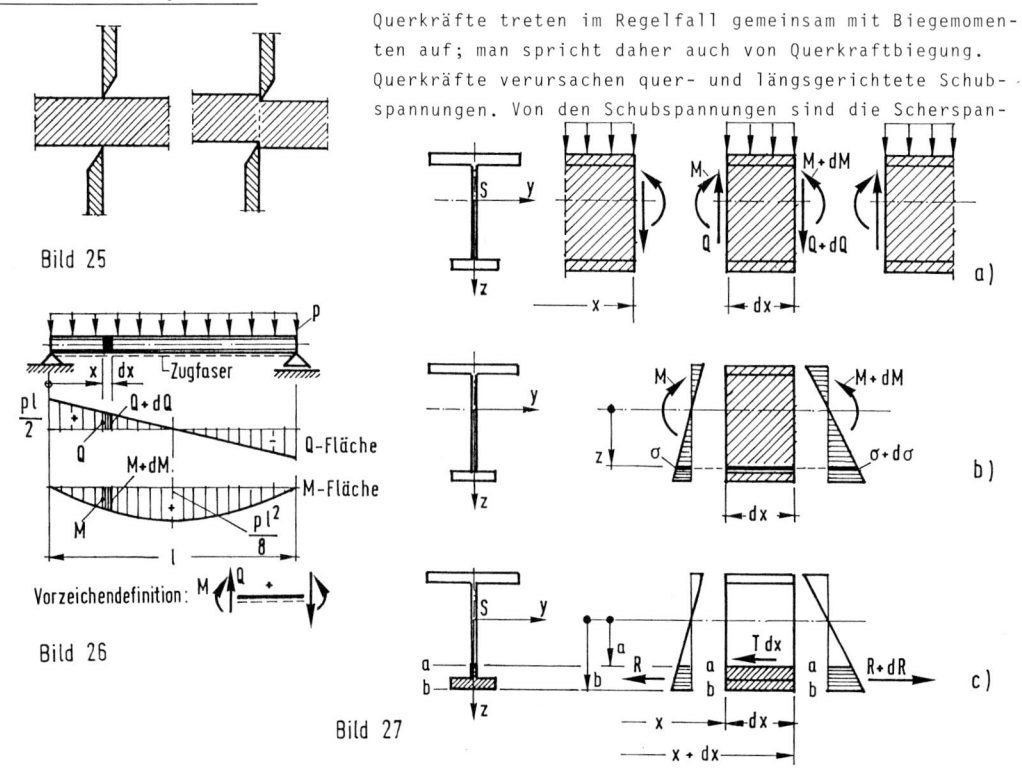

Querkräfte treten im Regelfall gemeinsam mit Biegemomenten auf; man spricht daher auch von Querkraftbiegung. Querkräfte verursachen quer- und längsgerichtete Schubspannungen. Von den Schubspannungen sind die Scherspan-

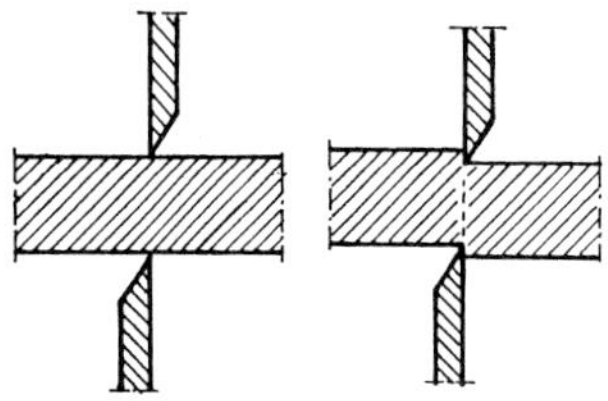

Bild 25

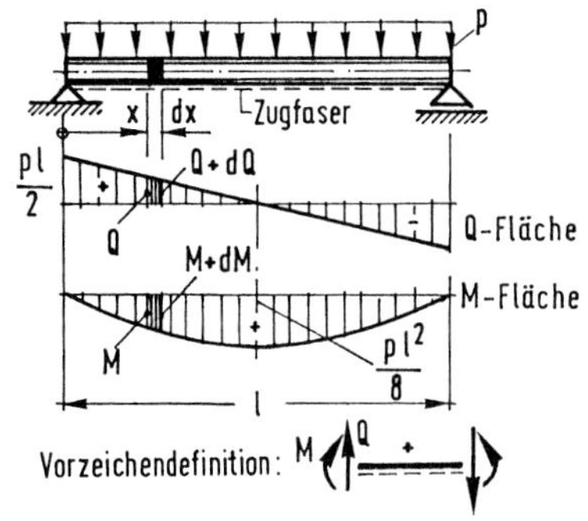

Bild 26

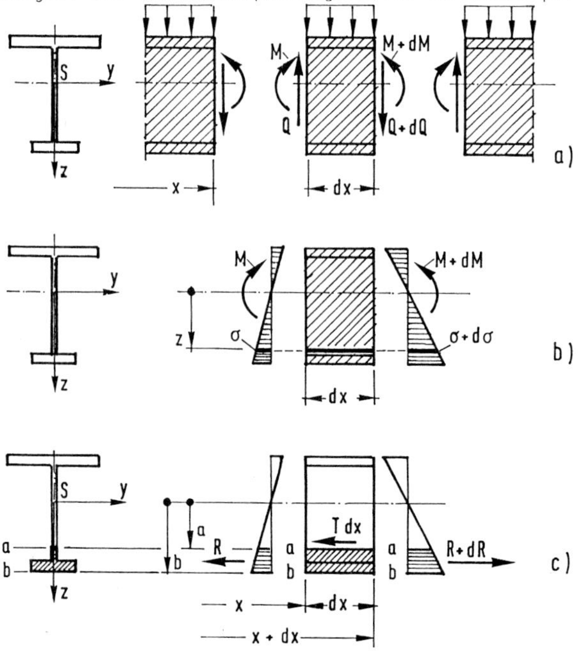

Bild 27

nungen zu unterscheiden. Sie treten bei Schneidbeanspruchungen, z.B. in Schrauben, Bolzen und Nieten, auf: Druck und Gegendruck fallen in dieselbe Ebene (Bild 25).
Die Berechnungsformel für die Schubspannungen τ wird mittels Gleichgewichtsgleichungen am infinitesimalen Stabelement dx abgeleitet; ein solches Element ist in Bild 26 ausgewiesen. An den Schnittstellen x und x+dx betragen Querkraft und Biegemoment: Q, M bzw. Q+dQ, M+dM *)
Aus dem Balken wird das Element der Länge dx herausgetrennt und die Schnittgrößen an den Schnittufern angetragen: Bild 27a. An der Schnittstelle x beträgt die Biegespannung im Abstand z von der Schwerachse (vgl. Teilbild b):

$$\sigma = \frac{M}{I} z \tag{38}$$

An der Stelle x+dx wächst diese Spannung auf $\sigma + d\sigma$ an. - Die Spannungsresultierende R des außerhalb der Schnittlinie a-a liegenden Querschnittsteils (in Teilbild c schraffiert) beträgt im Schnitt x:

$$R = \int_a^b \sigma \, dA = \frac{M}{I} \int_a^b z \, dA = M \frac{S}{I} \tag{39}$$

Das Integral erstreckt sich von z=a bis z=b (Querschnittsrand). S ist das auf die Schwerachse des Querschnittes bezogene statische Moment des außerhalb des Schnittes a-a liegenden Flächenteiles. - Wird ein in Längsrichtung des Stabes gleichbleibender Querschnitt unterstellt, beträgt die Änderung von R an der Stelle x+dx:

$$dR = dM \frac{S}{I} \tag{40}$$

Das vom Stabelement dx abgetrennte, außerhalb der Linie a-a liegende Stück wird durch diese Differenzkraft auf Schub beansprucht: Tdx steht mit dR im Gleichgewicht, Bild 27. T ist die Schubkraft (der Schubfluß) in der Schnittebene a-a; T hat die Dimension einer Kraft pro Längeneinheit. Die Gleichgewichtsgleichung liefert (Teilbild c):

$$R - (R + dR) + T\,dx = 0 \longrightarrow T = \frac{dR}{dx} \tag{41}$$

Mit G.40 und

$$Q = \frac{dM}{dx} \tag{42}$$

ergibt sich die Schubkraft zu:

$$T = \frac{dR}{dx} = \frac{dM}{dx} \frac{S}{I} = Q \frac{S}{I} \tag{43}$$

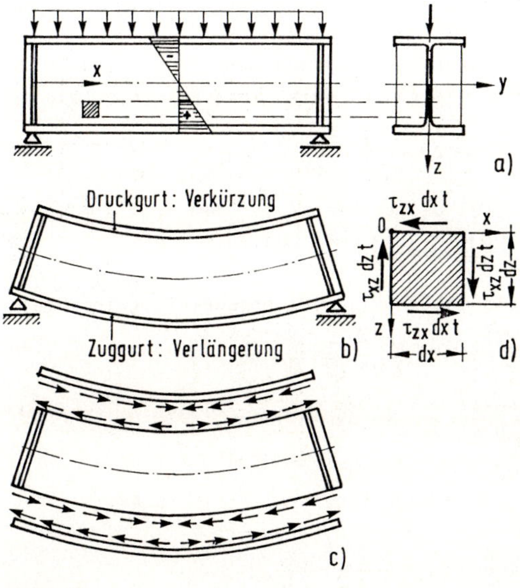

Bild 28

Die Schubkraft ist somit der Querkraft proportional. Bild 28 veranschaulicht die Richtung von T (beispielhaft) für die Übergänge vom Steg zum Druck- bzw. Zuggurt eines einfachen Balkens. Der Druckgurt wird gestaucht, der Zuggurt gedehnt; T hat entlang der Übergangslinien die Bedeutung einer Verdübelungskraft zwischen Steg und Gurtung.
Über den Querschnitt ist T (proportional zu S) veränderlich. Unterstellt man, daß die Schubspannungen gleichförmig über die Wanddicke t verteilt sind, ergibt sich:

$$\tau = \tau_{zx} = \frac{T}{t} = \frac{QS}{It} \tag{44}$$

Diesen, zwischen den Längsfasern wirkenden Schubspannungen τ_{zx} sind in Querrichtung (also in der Querschnittsebene) gleichgroße Schubspannungen τ_{xz} zugeordnet. Dieser "Satz von der Gleichheit einander zugeordneter Schubspannungen" folgt unmittelbar aus der Momentengleichgewichtsgleichung am infini-

*) Der Buchstabe V als Abkürzung für die Querkraft wird in diesem Buch nur beim Tragsicherheitsnachweis nach DIN 18800 T1 (11.90) verwendet.

tesimalen Element dx-dz, bezogen auf den Punkt 0 (Bild 28):

$$\tau_{zx}dx \cdot t \cdot dz - \tau_{xz}dz \cdot t \cdot dx = 0 \longrightarrow \tau_{zx} = \tau_{xz} \tag{45}$$

Bild 29 verdeutlicht nochmals die Herleitung der Schubkraft, insbesondere deren Wirkungsrichtung in den einzelnen Querschnittsteilen eines I-Profils. Um die jeweilige Richtung der Schubkraft bestimmen zu können, ist es zweckmäßig, Schnitte zu legen und (von den freien Rändern des Querschnittes ausgehend) die zur Aufrechterhaltung des Gleichgewichts in Längsrichtung erforderlichen Schubkräfte entlang der Schnittlinien anzutragen; siehe in Bild 29a/b die entlang der Schnitte 1-1, 2-2 und 3-3 abgetrennten Teile. Beispielsweise muß Tdx entlang der Schnittlinie 1-1 entgegengesetzt zur positiven x-Richtung wirken, um dR das Gleichgewicht zu halten. Die Momentengleichgewichtsgleichung legt die Richtung von T in der Querschnittsebene fest (Teilbild c).
Die systematische Anwendung dieser Regel liefert den vollständigen Richtungsverlauf von T, vgl. Bild 29d.

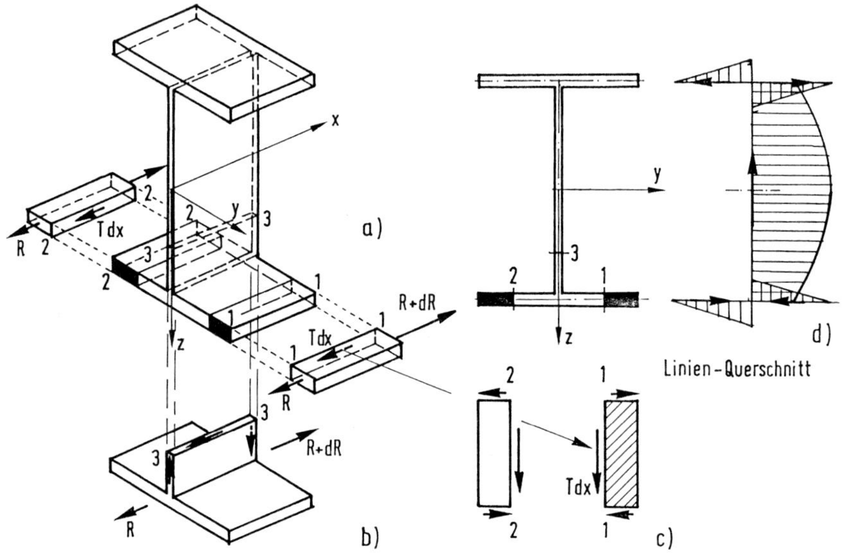

Bild 29

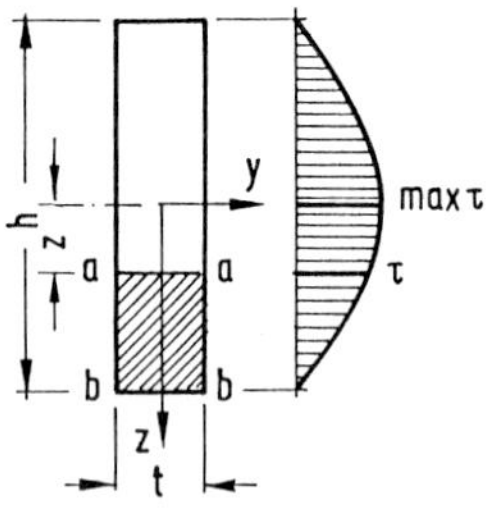

Bild 30

Für den schmalen Rechteckquerschnitt findet man die außerhalb der Schnittlinie a-a liegende Fläche und deren Schwerpunktabstand zu (Bild 30):

$$A = (\frac{h}{2} - z)t; \quad e = z + \frac{1}{2}(\frac{h}{2} - z) = \frac{1}{2}(\frac{h}{2} + z) \tag{46}$$

Das statische Moment S=S(z) dieser Fläche ist damit:

$$S = (\frac{h}{2} - z)t \cdot \frac{1}{2}(\frac{h}{2} + z) = \frac{t}{2}(\frac{h^2}{4} - z^2) \tag{47}$$

S folgt einfacher mittels Integration (s: Integrationsvariable):

$$S = \int_z^{h/2} s\, dA = t\int_z^{h/2} s\, dz = t[\frac{s^2}{2}]_z^{h/2} = \frac{t}{2}(\frac{h^2}{4} - z^2) \tag{48}$$

Mit dem Trägheitsmoment für den Rechteckquerschnitt

$$I = \frac{th^3}{12} \tag{49}$$

ergibt sich damit die Schubspannungsformel für den Rechteckquerschnitt zu (G.44):

$$\tau = \frac{Q \cdot \frac{t}{2} \cdot (\frac{h^2}{4} - z^2)}{\frac{th^3}{12} \cdot t} = \frac{6Q}{th^3}(\frac{h^2}{4} - z^2) = \frac{3}{2}\frac{Q}{A}[1 - (\frac{2z}{h})^2] \tag{50}$$

Die Schubspannung ist demnach über die Höhe des Querschnittes parabelförmig verteilt; in Höhe der Schwerachse (neutralen Faser) ist τ am größten (Bild 30):

$$\max\tau = \frac{3}{2}\cdot\frac{Q}{A} \tag{51}$$

Wegen weiterer Beispiele vgl. Abschnitt 4.4.

4.3.2 Nachweis der Schubspannungen

Bild 31a zeigt den typischen Verlauf der Schubspannungen im Steg eines I-Walzprofils, wenn man nur den isolierten Steg betrachtet. Der richtige und vollständige Schubkraft- bzw. Schubspannungsverlauf eines I-Querschnittes ist in Bild 31b dargestellt; wegen der vergleichsweise dicken Flansche sind die Schubspannungen in den Flanschen gering. Der Steg übernimmt die Querkraft. Einen recht zutreffenden Durchschnittswert für die Schubspannungen im Steg liefert die Formel:

$$\tau_m = \frac{Q}{A_Q} \tag{52}$$

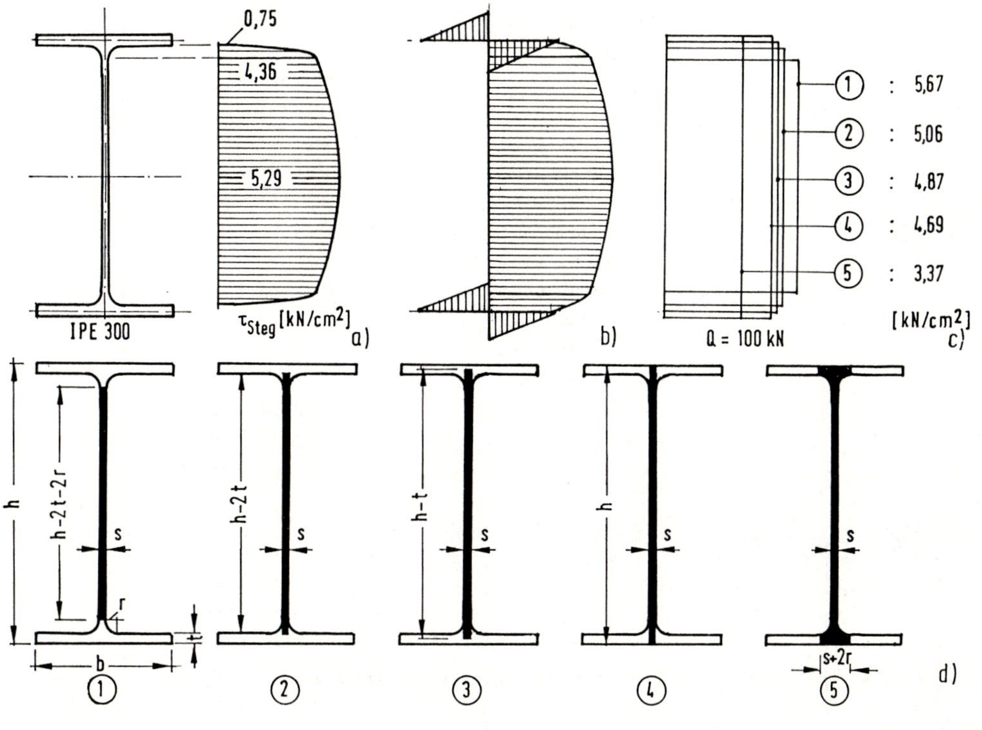

Bild 31

A_Q ist die Summe jener Flächenanteile des Querschnittes, die zur Aufnahme der Querkraft bevorzugt geeignet sind. Beim I- und [-Querschnitt ist dieses der Steg (A_Q=A_{Steg}). (Im Grenzzustand einer vollen Durchplastizierung stellt sich im Steg eine konstante Schubspannung ein.)

Bild 31c/d zeigt fünf verschiedene Möglichkeiten, um für ein IPE300-Profil A_Q zu berechnen. Der Vergleich mit dem exakten Schubspannungsverlauf läßt erkennen, daß die Berechnungsvariante ② hier die beste Übereinstimmung in den Größtwerten ergibt. Variante ③ entspricht der Umsetzung des realen Profils in einen Linienquerschnitt; hierbei wird die Materialdicke auf die Mittellinie des Profils zusammengezogen, wie dies in Bild 32 dargestellt ist. Der Ersatzquerschnitt hat die Höhe d=h-t; der Steg hat dieselbe Höhe. Für diesen Ersatzquerschnitt gilt:

$$I = 2\cdot A_{Gurt}\cdot(d/2)^2 + sd^3/12 = A_{Gurt}d^2/2 + A_{Steg}d^2/12 \tag{53}$$

$$\max S = A_{Gurt}d/2 + (sd/2)d/4 = A_{Gurt}d/2 + A_{Steg}d/8 \tag{54}$$

$$\max\tau = \frac{Q\cdot\max S}{I\cdot s} = \frac{Q}{s}\cdot\frac{A_{Gurt}d/2 + A_{Steg}d/8}{A_{Gurt}d^2/2 + A_{Steg}d^2/12} = \frac{1{,}5\cdot Q}{A_{Steg}}\cdot\frac{4A_{Gurt} + A_{Steg}}{6A_{Gurt} + A_{Steg}} \tag{55}$$

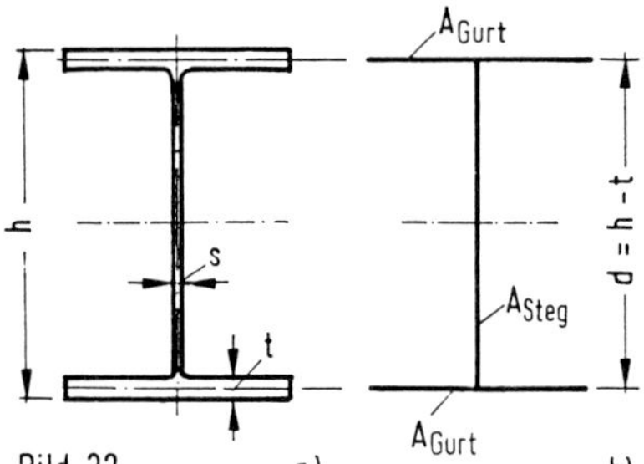

Bild 32 a) b)

Bildet man den Quotienten $\max\tau/\tau_m$, ergibt sich mit

$$\alpha = A_{Gurt}/A_{Steg}: \quad \frac{\max\tau}{\tau_m} = 1{,}5\,\frac{4\alpha+1}{6\alpha+1} \tag{56}$$

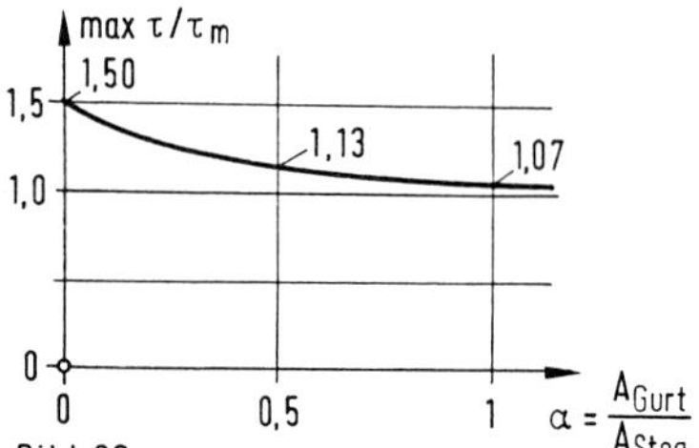

Bild 33

Bild 33 zeigt die Auswertung. Hieraus geht hervor, daß $\max\tau$ immer über dem gemäß G.52 berechneten Mittelwert liegt. $\max\tau/\tau_m$ nähert sich umso mehr dem Wert 1, je größer α ist, d.h. je ausgeprägter die Gurte (Flansche) gegenüber dem Steg überwiegen. Im Falle $\alpha=0{,}6$ beträgt der Quotient 1,11. Für α-Werte $\geq 0{,}6$ darf nach DIN 18800 T1 (11.90) die Schubspannung als Mittelwert nach G.52 berechnet werden, (wobei von Alternative (3) auszugehen ist).

Nachweis nach DIN 18800 T1 (03.81): Für durch Querkräfte beanspruchte Bauteile ist im allgemeinen der Schubspannungsnachweis nach G.44 zu führen und hierbei zulτ einzuhalten. Bei I-Profilen und analogen Querschnitten darf die Schubspannung nach G.52 als Mittelspannung berechnet werden: $\tau_m \leq$ zulτ. Das setzt voraus, daß die maximale Schubspannung die zulässige Schubspannung nicht mehr als 10% überschreitet: $\max\tau \leq 1{,}1\cdot$zulτ. Mit zulτ wird unter Gebrauchslasten im Lastfall H eine 1,5-fache und im Lastfall HZ eine 1,33-fache Sicherheit gegenüber der Schubfließspannung $\tau_F=\sigma_F/\sqrt{3}$ eingehalten.

Nachweis nach DIN 18800 T1 (11.90): Unter den γ_F-ψ-fachen Einwirkungen ist $\max\tau$ nach G.44 zu berechnen:

$$\max\tau \leq \tau_{R,d} \quad \text{mit } \tau_{R,d} = \frac{\tau_{R,k}}{\gamma_M};\ \tau_{R,k} = \frac{f_{y,k}}{\sqrt{3}};\ \sqrt{3} = 1{,}73 \tag{57}$$

$$\text{St 37: } \tau_{R,d} = 24/1{,}1\cdot 1{,}73 = 12{,}6\,\text{kN/cm}^2,\quad \text{St 52: } \tau_{R,d} = 36/1{,}1\cdot 1{,}73 = 18{,}9\,\text{kN/cm}^2\ (t \leq 40\,\text{mm})$$

Bei doppeltsymmetrischen I-Querschnitten mit ausgeprägten Flanschen/Gurten (d.h. $\alpha \geq 0{,}6$, s.o.) darf der Tragsicherheitsnachweis mit der Mittelspannung (G.52) geführt werden:

$$\tau_m \leq \tau_{R,d} \tag{58}$$

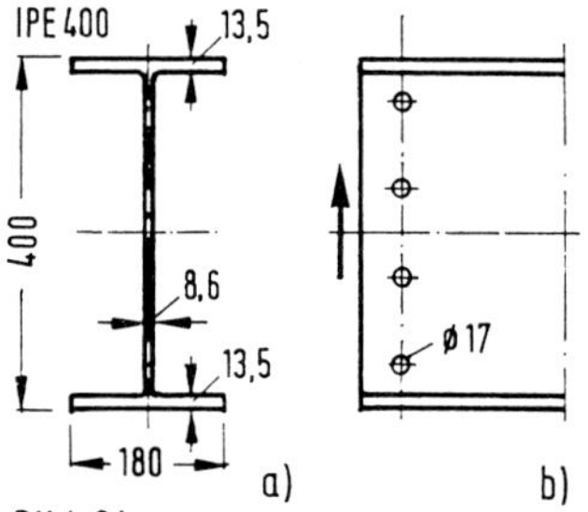

Bild 34 a) b)

1. Beispiel: IPE400 Profil, St37-2 (Bild 34). Als Linienquerschnitt berechnet, erhält man:

$$A_{Gurt} = 1{,}35\ 18{,}0 = 24{,}3\,\text{cm}^2;$$

$$A_{Steg} = 0{,}86\cdot(40{,}0 - 1{,}35) = 0{,}86\cdot 38{,}65 = 33{,}2\,\text{cm}^2$$

$$\alpha = A_{Gurt}/A_{Steg} = 24{,}3/33{,}2 = 0{,}73 > 0{,}6$$

Querkraft im γ_F-ψ-fachen Bemessungslastfall: Q=(V=)275kN:

$$\tau_m = \frac{275}{33{,}2} = \underline{8{,}28\,\text{kN/cm}^2 < 12{,}6\,\text{kN/cm}^2}$$

Ergänzung des Beispieles: Der Querschnitt sei durch 4 Schraubenlöcher Ø17 geschwächt, vgl. Bild 34b. Die maßgebende Bruchlinie ist sofort erkennbar: $A_{Steg} - \Delta A_{Steg} = 0{,}86\cdot(38{,}65 - 4\,1{,}7) = 27{,}4\,\text{cm}^2 \longrightarrow \tau_m = 10{,}0\,\text{kN/cm}^2 < 12{,}6\,\text{kN/cm}^2$

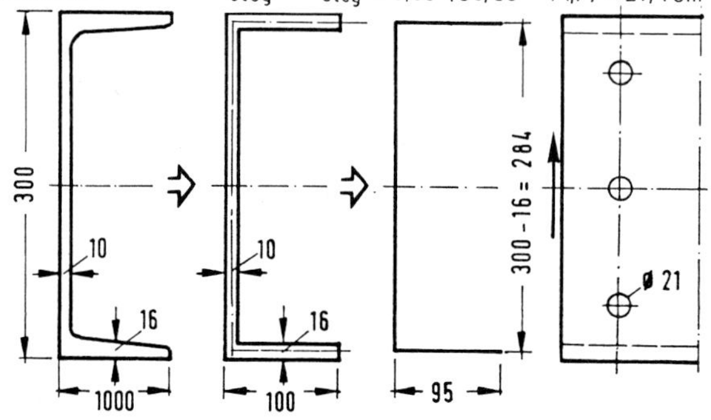

Bild 35 a) b) c) d)

2. Beispiel: [300 Profil, St37-2 (Bild 35). Der reale Querschnitt wird zunächst in einen Ersatzquerschnitt mit bereichsweise konstanten Wanddicken und anschließend in einen Linienquerschnitt überführt; vgl. Teilbilder a/c.

$$A_{Gurt} = 1{,}6\cdot 9{,}5 = 15{,}2\,\text{cm}^2$$

$$A_{Steg} = 1{,}0\cdot(30{,}0 - 1{,}6) = 1{,}0\cdot 28{,}4\,\text{cm}^2$$

$$\alpha = A_{Gurt}/A_{Steg} = 15{,}2/28{,}4 = 0{,}54 < 0{,}6$$

Ein Mittelspannungsnachweis ist nicht zulässig; es handelt sich zudem um keinen doppeltsymmetrischen I-Querschnitt.

$$\max S = 1{,}6\cdot 9{,}5\cdot 14{,}2 + 1{,}0\cdot 14{,}2^2/2 = 215{,}84 + 100{,}82 = 316{,}66 = 317\,\text{cm}^3$$

$$I = 2\cdot 1{,}6\cdot 9{,}5\cdot 14{,}2^2 + 1{,}0\cdot 28{,}4^3/12 = 6130 + 1909 = 8039\,\text{cm}^4 \quad (\text{Profiltafel: } 8030\,\text{cm}^4)$$

Unter γ_F-ψ-facher Einwirkung betrage die Querkraft 230kN:

$$\max\tau = \frac{230\cdot 317}{8039\cdot 1{,}0} = \underline{9{,}07\,\text{kN/cm}^2 < 12{,}6\,\text{kN/cm}^2}$$

Ergänzung des Beispieles: Im Anschlußbereich sei das Profil durch 3 Schraubenlöcher Ø21 geschwächt (Bild 35d). In solchen Fällen ist es sinnvoll, eine reduzierte Stegblechdicke zu berechnen:

$$A_{Steg} = 1{,}0\cdot 28{,}4 = 28{,}4\,\text{cm}^2;\quad A_{Steg} - \Delta A_{Steg} = 28{,}4 - 3\cdot 1{,}0\cdot 2{,}1 = 28{,}4 - 6{,}3 = 22{,}1\,\text{cm}^2$$

$$s_{Ersatz} = 1{,}0\cdot 22{,}1/28{,}4 = \underline{7{,}78\,\text{mm}};\quad \max\tau = \frac{230\cdot 317}{8039\cdot 0{,}778} = \underline{11{,}7\,\text{kN/cm}^2 < 12{,}6\,\text{kN/cm}^2}$$

4.4 Herleitung einiger Berechnungsformeln - Beispiele / Ergänzungen

Wie in Abschnitt 4.2.6 erwähnt, existieren im technischen Schrifttum mannigfache Behelfe, um die Querschnittswerte unterschiedlichster Querschnitte formelmäßig zu bestimmen. In Abschnitt 26.6 sind sie in Form einer ausführlichen Formelsammlung zusammengefaßt. - In Abschnitt 26.7 wird gezeigt, wie die Spannungen in Trägern mit veränderlicher Höhe und in Abschnitt 26.9, wie die Spannungen in stark gekrümmten Trägern berechnet werden können. Für biege- und querkraftbeanspruchte Träger mit schwacher Krümmung (z.B. Bogentragwerke) und solche mit schwach veränderlicher Höhe (auch bei sprunghaft veränderlicher im Bereich von Zulageplatten) gelten die oben zusammengestellten Formeln in guter Näherung. Bild 36 enthält Formeln für die Schubspannungsberechnung unterschiedlicher Querschnitte. Die Herleitung der Formeln für den Rechteckquerschnitt wurde im vorangegangenen Abschnitt gezeigt; die Formel für den I-Querschnitt (hier nicht als Linienquerschnitt) folgt auf analoge Weise. - Die für den Kreisring- und Kreisquerschnitt geltenden Formeln werden zweckmäßig unter Verwendung von Polarkoordinaten abgeleitet:

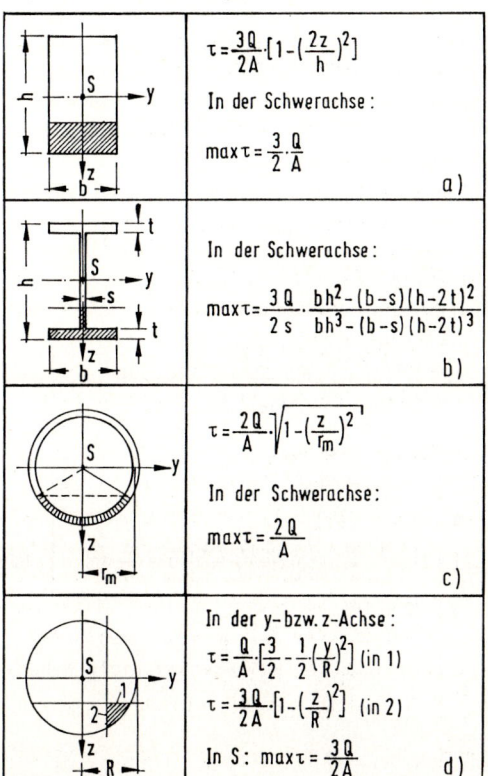

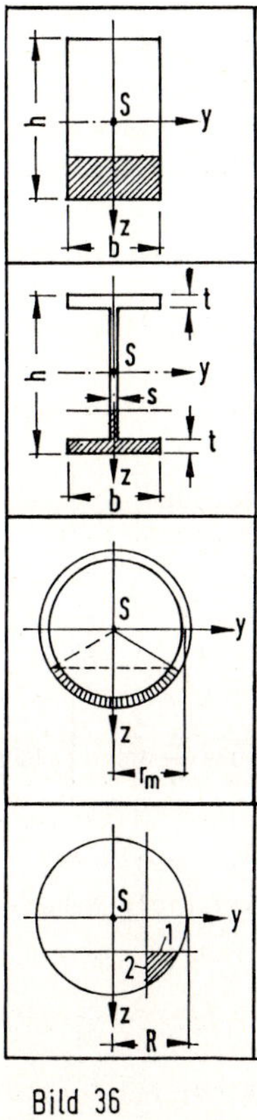

a) $\tau = \frac{3Q}{2A}\left[1 - \left(\frac{2z}{h}\right)^2\right]$

In der Schwerachse: $\max\tau = \frac{3}{2}\frac{Q}{A}$

b) In der Schwerachse: $\max\tau = \frac{3Q}{2s}\cdot\frac{bh^2 - (b-s)(h-2t)^2}{bh^3 - (b-s)(h-2t)^3}$

c) $\tau = \frac{2Q}{A}\sqrt{1 - \left(\frac{z}{r_m}\right)^2}$

In der Schwerachse: $\max\tau = \frac{2Q}{A}$

d) In der y- bzw. z-Achse:

$\tau = \frac{Q}{A}\left[\frac{3}{2} - \frac{1}{2}\left(\frac{y}{R}\right)^2\right]$ (in 1)

$\tau = \frac{3Q}{2A}\left[1 - \left(\frac{z}{R}\right)^2\right]$ (in 2)

In S: $\max\tau = \frac{3Q}{2A}$

Bild 36

Kreisringquerschnitt (dünnwandiger Rohrquerschnitt): Radius bis zur Profilmittellinie: r_m, Wanddicke: t, vgl. Bild 37a. Wegen der vorausgesetzten Dünnwandigkeit kann das infinitesimale Flächenelement dA zu $r_m\cdot d\alpha$ angeschrieben werden. Damit folgen Querschnittsfläche und Trägheitsmoment zu: $A = \int_A dA =$

$$4\int_0^{\pi/2} t\cdot r_m\,d\alpha = 4tr_m[\alpha]_0^{\pi/2} = 4tr_m\frac{\pi}{2} = \underline{2\pi t r_m} = \underline{\pi t d_m} \tag{59}$$

$$I_y = \int_A z^2 dA = 4\int_0^{\pi/2}(r_m\sin\alpha)^2 t r_m\,d\alpha =$$

$$= 4tr_m^3\int_0^{\pi/2}\sin^2\alpha\,d\alpha = 4tr_m^3\left[\frac{1}{2}(\alpha - \sin\alpha\cos\alpha)\right]_0^{\pi/2} = 4tr_m^3\left[\frac{1}{2}\cdot\frac{\pi}{2}\right] =$$

$$= \underline{\pi t r_m^3} = \underline{\frac{\pi}{8} t d_m^3} \tag{60}$$

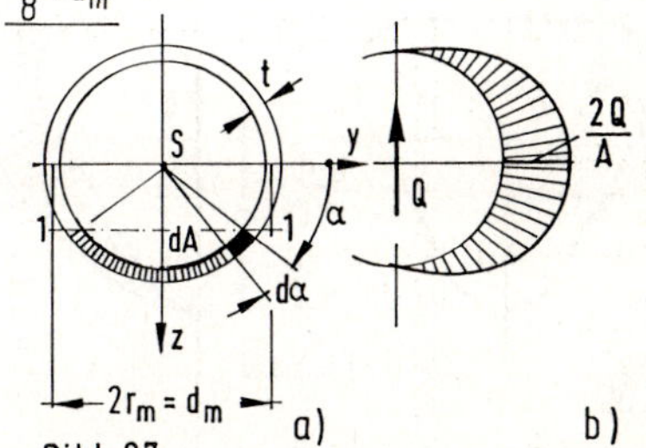

Bild 37

Statisches Moment des außerhalb des Winkels α liegenden (schraffierten) Bereiches (Bild 37a):

$$S(\alpha) = 2\int_{\beta=\alpha}^{\beta=\pi/2} r_m \sin\beta \cdot t\, r_m\, d\beta = 2t r_m^2 \int_{\alpha}^{\pi/2} \sin\beta\, d\beta = 2t r_m^2 [-\cos\beta]_{\alpha}^{\pi/2} = 2t r_m^2(-0+\cos\alpha) = \underline{2t r_m^2 \cos\alpha} \qquad (61)$$

(ß dient als Integrationsvariable; siehe Integraltafel in Abschnitt 5, Bild 24.)

Schubkraft:

$$T(\alpha) = \frac{Q \cdot S(\alpha)}{I_y} = \frac{Q \cdot 2t r_m^2 \cos\alpha}{\pi t r_m^3} = \frac{2Q}{\pi r_m} \cos\alpha \qquad (62)$$

Diese Schubkraft wirkt in der Schnittebene 1-1 in Höhe des Winkels α, vgl. Bild 37a. Um die Schubspannung einer Rohrwand zu bestimmen, wird T durch 2t dividiert:

$$\tau(\alpha) = \frac{T(\alpha)}{2t} = \frac{2Q}{\pi r_m 2t}\cos\alpha = \frac{Q}{\pi r_m t}\cos\alpha = \frac{2Q}{A}\cos\alpha = \frac{2Q}{A}\sqrt{1-\sin^2\alpha} = \frac{2Q}{A}\sqrt{1-\left(\frac{z}{r_m}\right)^2} \qquad (63)$$

Die maximale Schubspannung beträgt 2Q/A; A ist die Querschnittsfläche, vgl. Bild 37b. Die Berechnung der Schubspannungen in ein- und mehrzelligen Querschnitten wird in Abschnitt 26 gezeigt. Für einen einzelligen Querschnitt lassen sich die Schubspannungen mit elementaren Mitteln bestimmen, wenn der Querschnitt symmetrisch ist und die Querkraft in oder parallel zu dieser Symmetrieachse wirkt, wie beim vorstehenden Beispiel. In solchen Fällen läßt sich der Querschnitt in zwei symmetrische Hälften zerlegen; in der Symmetrieachse ist $\tau_a = 0$.

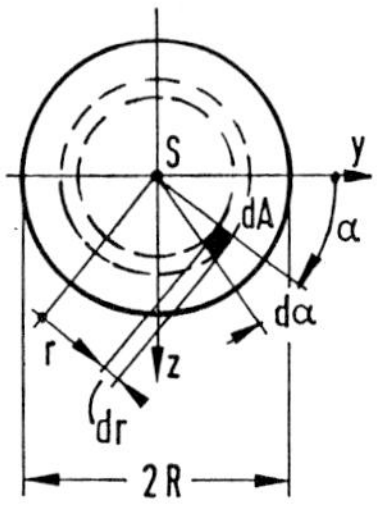

Bild 38

<u>Kreisquerschnitt</u> (Vollquerschnitt): Radius: R. Querschnittfläche und Trägheitsmoment; dA=dr·rdα (Bild 38):

$$A = \int_A dA = 4\int_0^{\pi/2}\int_0^{R} dr \cdot r\, d\alpha = 4\left[\frac{r^2}{2}\cdot\alpha\right]_{0,0}^{R,\pi/2} = 4\,\frac{R^2}{2}\cdot\frac{\pi}{2} = \pi R^2 \qquad (64)$$

$$I_y = \int_A z^2 dA = 4\int_0^{\pi/2}\int_0^{R} r^2 \sin^2\alpha\, dr \cdot r\, d\alpha = 4\left[\frac{r^4}{4}\cdot\frac{1}{2}(\alpha - \sin\alpha\cos\alpha)\right]_{0,0}^{R,\pi/2} = R^4 \cdot \frac{1}{2}\cdot\frac{\pi}{2} = \frac{\pi R^4}{4} \qquad (65)$$

Statisches Moment des außerhalb des Schnittes z=R·sinα liegenden Kreisabschnittes:

$$S(\alpha) = 2\int_{\alpha}^{\pi/2} R\sin\beta \cdot 2R\cos\beta \cdot R\cos\beta\, d\beta = 4R^3\int_{\alpha}^{\pi/2}\sin\beta\cos^2\beta\, d\beta = 4R^3\left[-\frac{1}{3}\cos^3\beta\right]_{\alpha}^{\pi/2} = \frac{4}{3}R^3\cos\alpha \qquad (66)$$

Wird hiermit die Schubkraft und daraus die Schubspannung τ berechnet (im Sinne von =T/2cosα), so ist dieses Ergebnis falsch! Die Schubspannung ist nämlich über die Breite des Querschnittes nicht konstant verteilt, sondern variabel. Wegen der Randneigung ist τ hier Null. Die Lösung dieses Problems gelingt nur mittels höherer elastizitätstheoretischer Methoden. In Bild 36 ist das richtige Ergebnis eingetragen. -

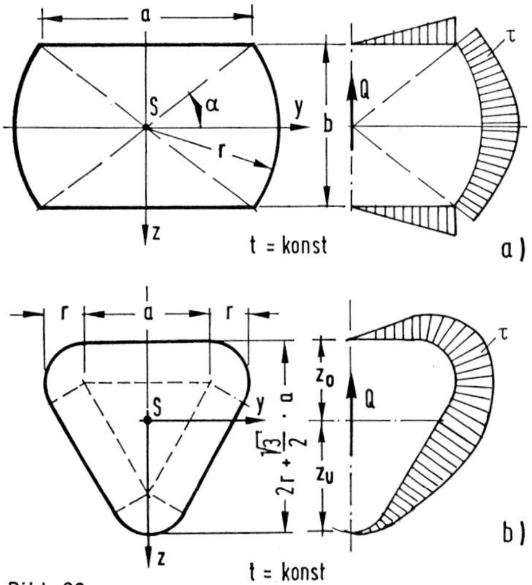

Bild 39

Für die in Bild 39 dargestellten dünnwandigen Querschnitte lassen sich (nach längerer Rechnung) nachstehende Berechnungsformeln für A und I herleiten:

Querschnitt gemäß Teilbild a:

$$\left.\begin{aligned} A &= 4rt(\alpha + \cos\alpha) \\ I_y &= 2r^3 t(\alpha + 2\cos\alpha\cdot\sin^2\alpha - \sin\alpha\cos\alpha) \\ I_z &= 2r^3 t(\alpha + \frac{2}{3}\cos^3\alpha + \sin\alpha\cos\alpha) \end{aligned}\right\} \qquad (67)$$

$$(\tan\alpha = \frac{b}{a} \longrightarrow \alpha)$$

Querschnitt gemäß Teilbild b:

$$\left.\begin{aligned} A &= t(3a + 2\pi r) \\ I &= t\left[\pi r^3 + \frac{9}{2}ar^2 + \left(\frac{3\sqrt{3}+2\pi}{6}\right)ra^2 + \frac{1}{4}a^3\right] \\ I_y &= I_z \end{aligned}\right\} \qquad (68)$$

Im folgenden werden weitere Beispiele behandelt.

1. Beispiel: Kastenförmiger Querschnitt - Anteilige Schnittgrößen

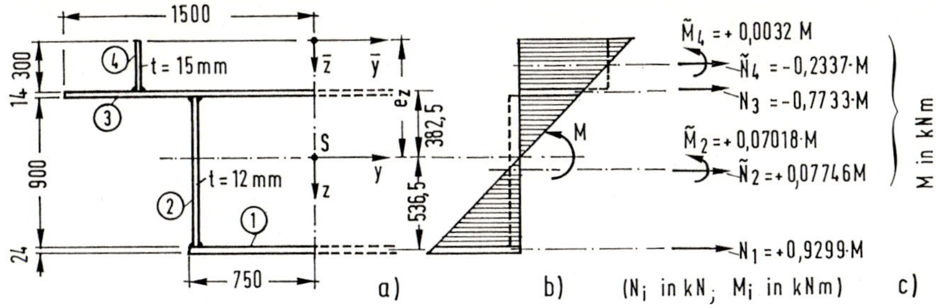

Bild 40

Bild 40 zeigt linkerseits die Abmessungen des Querschnittes (es ist nur die linke Hälfte dargestellt). Hierauf bezogen wirken die Schnittgrößen N und M. Gesucht sind die auf die Querschnittsteile (1) bis (4) entfallenden Teilschnittgrößen (vgl. Abschnitt 4.2.7).

a) Schwerachse, Querschnittsfläche und Trägheitsmoment für die linke Querschnittshälfte.
Als Bezugsachse wird die obere Außenkante gewählt ($\bar{y},\bar{z}$); vgl. Bild 40a:

$$A = \Sigma A_i = 2{,}4\cdot 75 + 1{,}2\cdot 90 + 1{,}4\cdot 150 + 1{,}5\cdot 30 = 180 + 108 + 210 + 45 = \underline{543\,cm^2}$$

$$S_{\bar{y}} = \Sigma A_i\bar{z}_i = 180\cdot 122{,}6 + 108\cdot 76{,}4 + 210\cdot 30{,}7 + 45\cdot 15 = 22068 + 8251 + 6447 + 675 = \underline{37\,441\,cm^3}$$

$$e_z = S_{\bar{y}}/A = 37441/543 = \underline{68{,}95\,cm}$$

$$z_i = \bar{z}_i - e_z$$

$$I_y = \Sigma(I_i + A_i z_i^2) = [86{,}4 + 180(+53{,}65)^2] + [72\,900 + 108(+7{,}45)^2] + [34{,}3 + 210(-38{,}25)^2] + [3375 + 45(-53{,}95)^2] = 518\,185 + 78\,894 + 307\,277 + 134\,352 = \underline{1\,038\,708\,cm^4}$$

b) Anteilige Schnittgrößen: Auf die linke Querschnittshälfte wirke die Normalkraft N (in kN) und das Biegemoment M (in kNm). Aufteilung auf die Einzelteile: G.18 bzw. G.32; vgl. Bild 40 rechts:

$$N:\quad 1: N_1 = 0{,}332\,N;\quad 2: N_2 = 0{,}198\,N;\quad 3: N_3 = 0{,}387\,N;\quad 4: N_4 = 0{,}083\,N;\quad \Sigma\ 1{,}000\,N$$

$$M:\quad 1: M_1 = 0{,}4989\,M \longrightarrow N_1 = 0{,}4989\,M/0{,}5365 = +0{,}9299\,M$$
$$2: M_2 = 0{,}07595\,M$$
$$3: M_3 = 0{,}2958\,M \longrightarrow N_3 = 0{,}2958\,M/(-0{,}3825) = -0{,}7733\,M$$
$$4: M_4 = 0{,}1293\,M;\quad \Sigma\ 1{,}000\,M$$

Ausgehend von M_2 und M_4 werden die Formeln G.36/37 ausgewertet, um die anteiligen Schnittgrößen infolge M zu bestimmen:

$$\text{Teil 2:}\quad \tilde{N}_2 = \frac{M}{I}A_2 z_2 = \frac{M\cdot 100}{1\,038\,709}108\cdot 7{,}45 = \underline{0{,}07746\,M}$$

$$\tilde{M}_2 = M_2 - \tilde{N}_2\cdot z_2 = 0{,}07595M - 0{,}07746M\cdot 0{,}0745 = \underline{+0{,}07018\,M}$$

$$\text{Teil 4:}\quad \tilde{N}_4 = \frac{M}{I}A_4 z_4 = \frac{M\cdot 100}{1\,038\,708}45\cdot(-53{,}95) = \underline{-0{,}2337\,M}$$

$$\tilde{M}_4 = M_4 - \tilde{N}_4\cdot z_4 = 0{,}1293M - (-0{,}2337M)\cdot(-0{,}5395) = \underline{+0{,}0032\,M}$$

In Bild 40c sind die Teilschnittgrößen angeschrieben, die anteiligen Spannungsbilder sind in Teilbild b dargestellt. Die anteiligen Normalkräfte infolge N sind noch zu überlagern.

2. Beispiel: Zusammengesetzter I-Querschnitt

Bild 41 zeigt einen vollwandigen geschweißten Trägerquerschnitt (Kranbahnträger); er besteht aus sechs Teilquerschnitten. Als erstes werden Schwerpunktlage und Trägheitsmoment berechnet. Die Bezugsachse $\bar{y}$ wird auf die obere Profilkante gelegt. (Numerisch günstiger ist es, von einer in Querschnittsmitte liegenden Bezugsachse $\bar{y}$ auszugehen, anderenfalls ergibt sich I (vgl. G.29) als Differenz großer Zahlenwerte. Bei Computerrechnungen ist dieser Gesichtspunkt weniger relevant.)

Die Tabelle in Bild 41 weist die Berechnung des auf die $\bar{y}$-Achse bezogenen Trägheitsmomentes gemäß G.28 aus; Einheit: cm. Schwerpunktabstand (G.26):

$$e_z = \frac{S_{\bar{y}}}{A} = \frac{33\,071}{456{,}8} = 71{,}00\,cm = z_d$$

e_z ist hier mit dem Abstand zum Biegedruckrand identisch. Für den Abstand zum Biegezugrand folgt:

$$z_z = h - z_d = 165 - 71{,}00 = 94{,}00\,cm$$

Umrechnung von $I_{\bar{y}}$ auf I_y (G.29):

$$I_y = I_{\bar{y}} - Ae_z^2 = 4\,291\,548 - 465{,}8\cdot 71{,}00^2 = 1\,943\,450\,cm^4$$

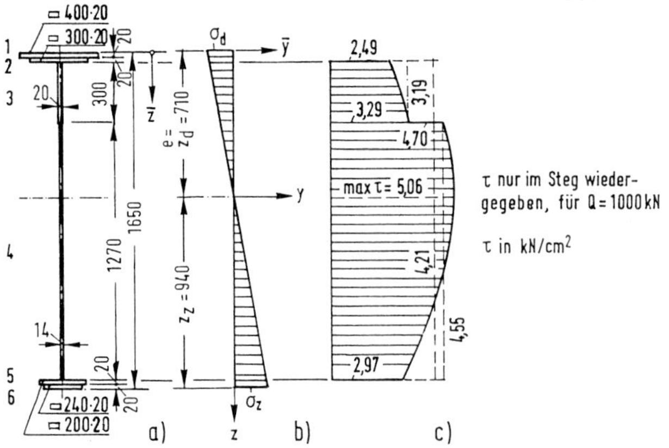

i	Teil-querschnitt	A_i	$\bar{z}_i$	$A_i\bar{z}_i$	$A_i\bar{z}_i^2$	I_i
		cm^2	cm	cm^3	cm^4	cm^4
1	▭ 400·20	80	1,0	80	80	26
2	▭ 300·20	60	3,0	180	540	20
3	▭ 300·20	60	19,0	1140	21660	4500
4	▭ 1270·14	177,8	97,5	17335	1690163	238978
5	▭ 240·20	48	162,0	7776	1259712	16
6	▭ 200·20	40	164,0	6560	1075840	13
	Σ	A = 465,8	-	$S_{\bar{y}}$ = 33071	4047995	243553
					$I_{\bar{y}}$ = 4291548	

Bild 41

$e = e_z = 33071/465{,}8 = \underline{71{,}00\ cm}$ a)

i	$\bar{z}_i - e$	$A_i(\bar{z}_i - e)^2$	I_i
	cm	cm^4	cm^4
1	- 70,0	392000	26
2	- 68,0	277440	20
3	- 52,0	162240	4500
4	+ 26,5	124860	238978
5	+ 91,0	397488	16
6	+ 93,0	345960	13
	Σ	1699988	243553
		I_y = 1943541	

b)

Bild 42

$A_i(\bar{z}_i - e)$	Kontrolle
cm^3	
- 5600	-12800
- 4080	
- 3120	
+ 4712	+12800
+ 4368	
+ 3720	
Σ	0

Bild 43

Widerstandsmomente:

$$W_z = 1943450/94{,}0 = 20675\ cm^3$$
$$W_d = 1943450/71{,}0 = 27373\ cm^3$$

Die Tabelle in Bild 42 zeigt, wie I_y mit Hilfe von G.30 direkt berechnet werden kann. In Bild 43 ist die Kontrollmöglichkeit dieser Berechnungsform ausgewiesen. Nach Kenntnis der Widerstandsmomente können die Randspannungen berechnet werden, vgl. Bild 41b. Um die Schubspannungen im Trägersteg zu berechnen, werden unter Bezug auf die Schwerachse y die statischen Momente ermittelt. Dazu werden zunächst für die einzelnen Teilquerschnitte i die Produkte

$$A_i z_i = A_i(\bar{z}_i - e)$$

bestimmt (Bild 43). Hiermit wird weiter gerechnet (Schnitt 1/2 bedeutet: Schnitt zwischen Teil 1 und 2):

Schnitt 1/2 $S = -5600\ cm^3$
Schnitt 2/3 $S = -5600 - 4080 = -9680\ cm^3$
Schnitt 3/4 $S = -9680 - 3120 = -12800\ cm^3$
Schwerachse $S = -12800 - 1{,}4 \cdot 37^2/2 = -12800 - 958$
$= -13758\ cm^3$
Schnitt 5/6 $S = 3720\ cm^3$
Schnitt 5/4 $S = 3720 + 4368 = 8088\ cm^3$
Schwerachse $S = 8088 + 1{,}4 \cdot 90^2/2 = 8088 + 5670$
$= 13758\ cm^3$

Die Quotienten S/t betragen (Absolutwerte):

Schnitt 2/3, in 3: $S/t = 9680/2{,}0 = 4840\ cm^2$
Schnitt 3/4, in 3: $= 12800/2{,}0 = 6400\ cm^2$
Schnitt 3/4, in 4: $= 12800/1{,}4 = 9143\ cm^2$
Schwerachse: $= 13758/1{,}4 = 9827\ cm^2$
Schnitt 4/5, in 4: $= 8088/1{,}4 = 5777\ cm^2$

Für die Querkraft Q=1000kN weist Bild 41c die Schubspannungen im Steg aus.- Für den Mittelwert der Schubspannungen im Steg folgt:

$$A_Q = A_{Steg} = 60 + 177{,}8 = \underline{237{,}80\ cm^2} \longrightarrow \tau = \frac{Q}{A_Q} = \frac{1000}{237{,}80} = 4{,}21\ kN/cm^2 = \tau_{mittl} = \tau_m$$

Dieser Mittelwert weicht von max τ um 20% zur unsicheren Seite hin ab, er ist unbrauchbar. Nach DIN 18800 T1 (11.90) ist ein von der Mittelspannung ausgehender Tragsicherheitsnachweis ohnehin nicht zulässig.

Eine Umrechnung gemäß $\tau = \tau_{mittl} \cdot \frac{t_{mittl}}{t}$

ergibt: $t_{mittl} = A_Q/h_Q = 237{,}80/157 = 1{,}5146\ cm$

Hiermit folgt:

$$\text{Bereich 3: } \tau = \frac{4{,}21 \cdot 1{,}5146}{2{,}0} = 4{,}21 \cdot 0{,}757 = 3{,}19\ kN/cm^2$$

$$\text{Bereich 4: } \tau = \frac{4{,}21 \cdot 1{,}5146}{1{,}4} = 4{,}21 \cdot 1{,}082 = 4{,}55\ kN/cm^2$$

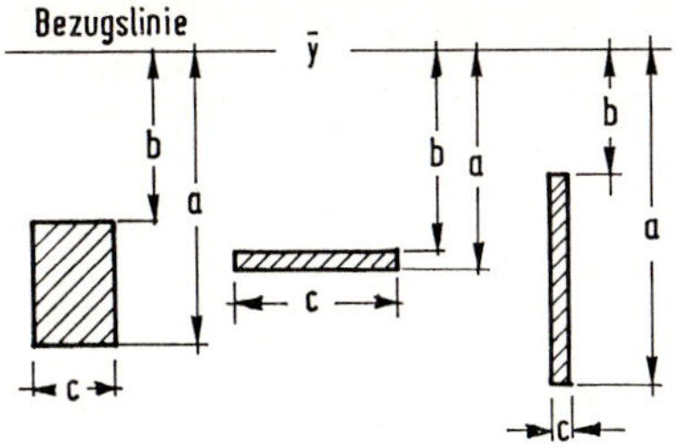

Bild 44

Zur Güte dieser Näherung vgl. Bild 41c. Von Abschätzungen dieser Art sollte abgesehen werden.

Ergänzung: Setzt sich ein Querschnitt aus achsparallelen Rechteckquerschnitten zusammen (wie im vorliegenden Beispiel), können A, $S_{\bar{y}}$ und $I_{\bar{y}}$, bezogen auf die gemäß Bild 44 vereinbarte $\bar{y}$-Achse, mittels nachstehender Formeln berechnet werden:

$$A = c(a-b);\quad S_{\bar{y}} = \frac{c}{2}(a^2-b^2) = \frac{c}{2}(a+b)(a-b);\quad I_{\bar{y}} = \frac{c}{3}(a^3-b^3) \tag{69}$$

Die Bedeutung von a, b und c geht aus Bild 44 hervor. Da sich die Ergebnisse als Differenz großer Zahlen ergeben, sind die Formeln nur für Computerberechnungen geeignet.

3. Beispiel: Zusammengesetzter T-Querschnitt

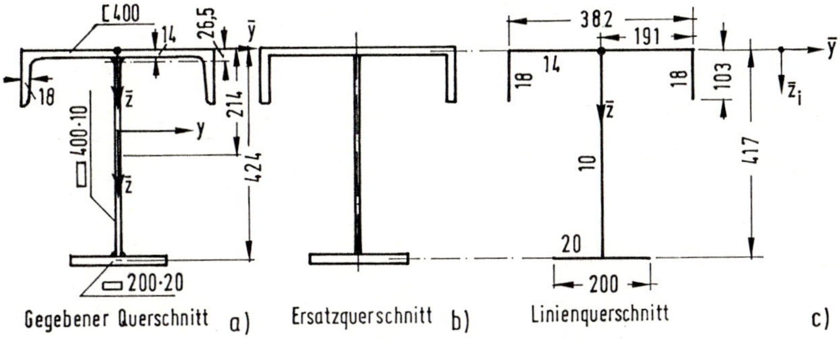

Der Querschnitt besteht aus einem [-Profil und zwei Breitflachstählen, Bild 45. Zunächst werden für den gegebenen Querschnitt Schwerpunktlage und Trägheitsmoment berechnet; damit lassen sich dann die Biegespannungen bestimmen:

Bild 45

$$A = 171{,}5\,cm^2;\quad S_{\bar{y}} = 2794{,}5\,cm^3$$
$$e_z = 16{,}29\,cm = z_d;\quad z_z = 43{,}40 - 16{,}29 = 27{,}11\,cm$$
$$I_y = 51529\,cm^4$$

Um die Schubspannungen ermitteln zu können, ist es erforderlich, den realen Querschnitt in einen Linienquerschnitt zu überführen. Dazu wird zunächst ein Ersatzquerschnitt mit rechteckigen Teilquerschnitten konstanter Dicke (Teilbild b) und dann, bezogen auf die Profilmittellinien, der Linienquerschnitt eingeführt (Teilbild c). Für diesen Querschnitt werden zunächst wieder A, $S_{\bar{y}}$, e_z und I_y bestimmt. Bezugslinie $\bar{y}$ ist jetzt die Profilmittellinie des Linienquerschnittes. Es ergibt sich:

$$A = 172{,}3\,cm^2;\ S_{\bar{y}} = 2728{,}4\,cm^3;\ e_z = 15{,}84\,cm;\ h - e_z = 41{,}7 - 15{,}84 = 25{,}86\,cm;\ I_y = 51823\,cm^4$$

Der Vergleich von A und $I_{\bar{y}}$ mit den entsprechenden Werten des realen Querschnittes zeigt nur geringe Unterschiede.

Biegespannungen (am realen Querschnitt) für $M = 300\,kNm = 30000\,kNcm$:

$$W_z = 51529/27{,}11 = 1900{,}7\,cm^3 \longrightarrow \sigma_z = +30000/1900{,}7 = +15{,}78\,kN/cm^2$$
$$W_d = 51529/16{,}29 = 3163{,}2\,cm^3 \longrightarrow \sigma_d = -30000/3136{,}2 = -9{,}48\,kN/cm^2$$

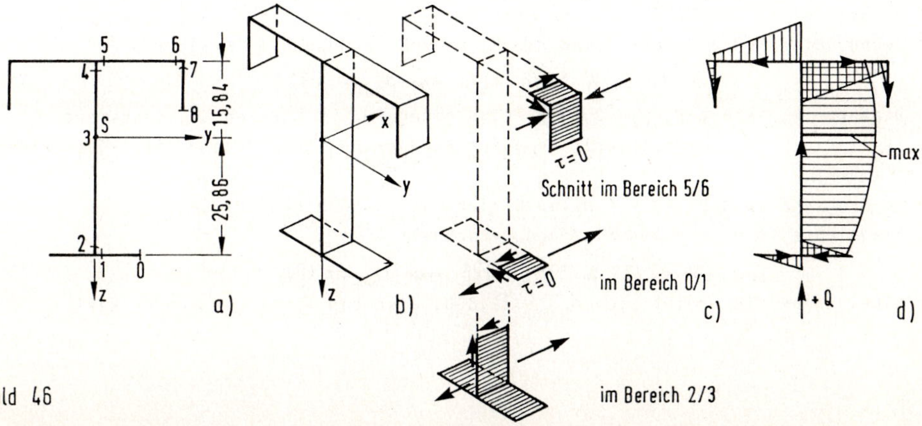

Bild 46

Schubspannungen (am Linienquerschnitt) für Q=300kN. Es werden die statischen Momente (als Absolutwerte) für die außerhalb der Schnitte 0 bis 8 liegenden Teile berechnet; vgl. die rechte Querschnittshälfte in Bild 46a:

Schnitt 0: $S = 0$
1: $S = 2 \cdot 10 \cdot 25{,}86 = 517{,}20\,cm^3$
2: $S = 2 \cdot 20 \cdot 25{,}86 = 1034{,}40\,cm^3$
3: $S = 1034{,}40 + 1{,}0 \cdot 25{,}86^2/2 = 1386{,}77\,cm^3$
8: $S = 0$
6,7: $S = 1{,}8 \cdot 10{,}3 \cdot 10{,}69 = 198{,}19\,cm^3$
5: $S = 198{,}19 + 1{,}4 \cdot 19{,}1 \cdot 15{,}84 = 621{,}75\,cm^3$
4: $S = 2 \cdot 621{,}75 = 1243{,}50\,cm^3$
3: $S = 1243{,}50 + 1{,}0 \cdot 15{,}84^2/2 = 1368{,}95\,cm^3$

Schubspannungsformel (G.44):

$$\tau = \frac{QS}{It} = \frac{300}{51823} \cdot \frac{S}{t} = 5{,}789 \cdot 10^{3} \frac{S}{t}$$

Auswertung:

Schnitt		
0:	$\tau = 5{,}789 \cdot 10^3 \cdot 0$	$= 0$
1:	$\cdot\, 517{,}20/2{,}0$	$= 1{,}50\ kN/cm^2$
2:	$\cdot\, 1034{,}40/1{,}0$	$= 5{,}99$ "
3:	$\cdot\, 1386{,}77/1{,}0$	$= 8{,}03$ " $= \max\tau$
4:	$\cdot\, 1243{,}50/1{,}0$	$= 7{,}20$ "
5:	$\cdot\, 621{,}75/1{,}4$	$= 4{,}44$ "
6:	$\cdot\, 198{,}19/1{,}4$	$= 0{,}82$ "
7:	$\cdot\, 198{,}19/1{,}8$	$= 0{,}64$ "
8:	$\cdot\, 0$	$= 0$

In Teilbild d ist der Verlauf dargestellt; die Richtung der Schubspannungen wird wieder mittels Gleichgewichtsbetrachtungen gefunden (Teilbild c).

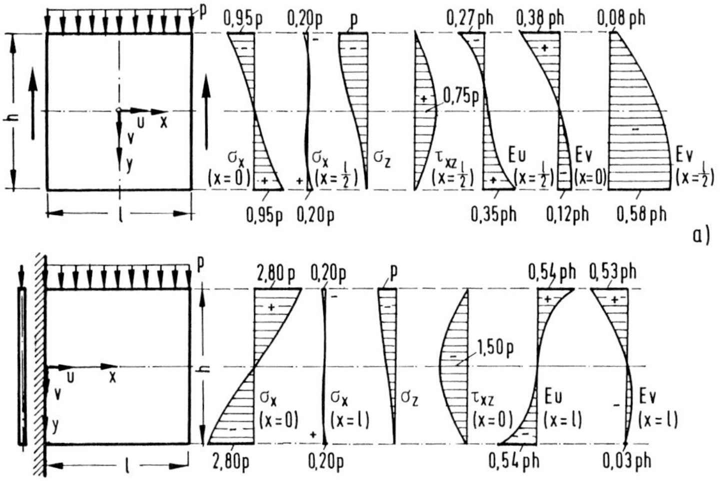

Bild 47 (nach WORCH)

Anmerkung: Bei sehr kurzen Trägern verliert die technische Biegetheorie ihre Gültigkeit. Im Steg treten im Vergleich zu den Längsspannungen σ_x hohe Schubspannungen $\tau_{xz}=\tau_{zx}$ auf. Durch die hierdurch ausgelösten großen Schubverzerrungen verliert die BERNOULLI-Hypothese ihre Gültigkeit, d.h. die Längsspannungen sind nur noch näherungsweise geradlinig über die Trägerhöhe verteilt. Die vertikalen Spannungen σ_z erreichen die gleiche Größenordnung wie die Längsspannungen. Die Berechnung derartiger Spannungszustände gelingt elastizitätstheoretisch mittels der Scheibentheorie. Bild 47 zeigt zwei Beispiele:

Teilbild a: Beidseitig gestützte Scheibe der Dicke 1 unter Gleichlast p; Höhe gleich Länge. Nach der techn. Biegelehre ergeben sich die Biegerandspannungen in Feldmitte zu:

$$M = pl^2/8;\quad W = 1 \cdot h^2/6 = 1 \cdot l^2/6 \longrightarrow \sigma_{Rand} = \pm\, 0{,}75 \cdot p \tag{70}$$

Die Scheibentheorie liefert $\sigma_{Rand} = \pm 0{,}95 \cdot p$, also einen um 27% höheren Spannungswert. - Für $l/h > 3$ gilt die techn. Biegetheorie in guter Annäherung, bei Trägern mit I-Querschnitt bereits ab $l/h \sim 2$.

Teilbild b: Kragscheibe der Dicke 1 unter Gleichlast p; Höhe gleich Länge. Nach der Biegelehre folgt für den Einspannquerschnitt:

$$M = pl^2/2;\quad W = 1 \cdot h^2/6 = 1 \cdot l^2/6 \longrightarrow \sigma_{Rand} = \pm\, 3{,}0 \cdot p \tag{71}$$

Nach der Scheibentheorie ergibt sich $\sigma_{Rand} = \pm 2{,}80p$, also ein etwas geringerer Wert.

4.5 Mitwirkende Breite

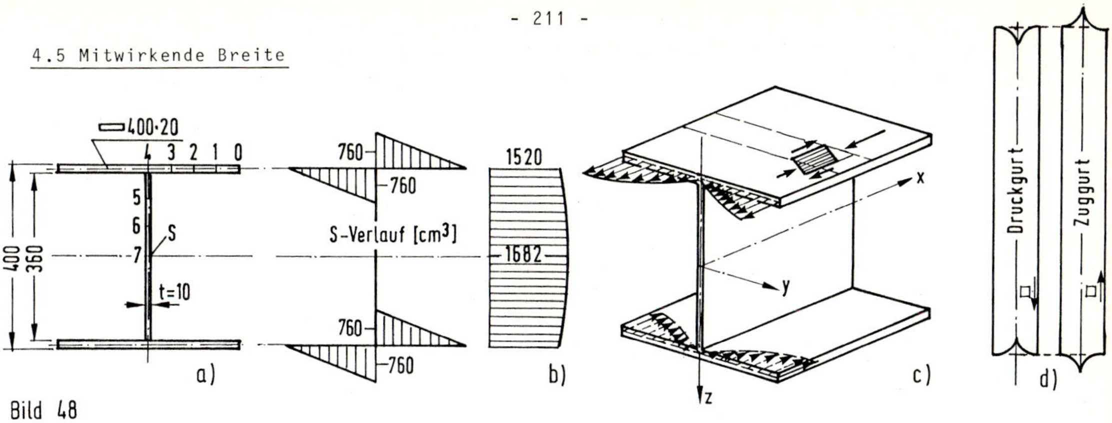

Bild 48

Wie im vorangegangenen Abschnitt gezeigt, treten nicht nur im Steg sondern auch in den Flanschen/Gurten Schubspannungen auf:

$$\tau(s) = \frac{T(s)}{t(s)} = \frac{Q \cdot S(s)}{I \cdot t(s)} \tag{72}$$

s kennzeichnet die Linienkoordinate entlang der Profilmittellinie der dünnwandigen Teile. Bild 48a/b zeigt ein Beispiel, in Teilbild b ist der Verlauf des auf die Schwerachse bezogenen statischen Momentes S(s) dargestellt, Schubspannungen haben Schubgleitungen zur Folge:

$$\gamma = \frac{\tau}{G} \tag{73}$$

Dadurch erleiden die Gurte Verzerrungen, die sich in Längsverschiebungen der Fasern (in Stablängsrichtung) auswirken; man nennt diese Längsverschiebungen Verwölbungen. In Teilbild c sind die Verwölbungen in den Bereichen des Druck- und Zuggurtes (hier also des oberen bzw. unteren Gurtes) dargestellt: In den Druckgurten wirken sich die Schubverzerrungen in einer Verlängerung der gestauchten Fasern und in den Zuggurten in einer Verkürzung der gedehnten Fasern aus, wobei die Stauchung bzw. Dehnung mit der Biegekrümmung einhergeht. Stauchung und Dehnung berechnen sich über die BERNOULLI-Hypothese vom Ebenbleiben der Querschnitte aus der technischen Balkenbiegelehre. Da sich die Gurte verwölben, bleibt der Querschnitt nicht mehr eben, die BERNOULLI-Hypothese verliert ihre Gültigkeit! Die Gurtfasern erleiden als Folge der Verwölbung einen Abfall der Spannungen in Richtung der Gurtkanten, vgl. Bild 49. Bei I-Walzprofilen und Trägerquerschnitten mit vergleichbaren Abmessungen ist der Spannungsabfall gering, es kann in guter Näherung eine konstante Spannungsverteilung über die Flanschbreite angesetzt werden, Bild 49b. Bei breiten Gurten ist der Abfall ausgeprägter, er muß dann berücksichtigt werden, anderenfalls würde man die (elastostatische) Querschnittstragfähigkeit überschätzen. Als mitwirkende Breite b_m ist jene Breite definiert, die unter der Annahme konstanter Spannungen bei Einhaltung der Größtspannung (σ_o oder σ_u) in der Stegebene

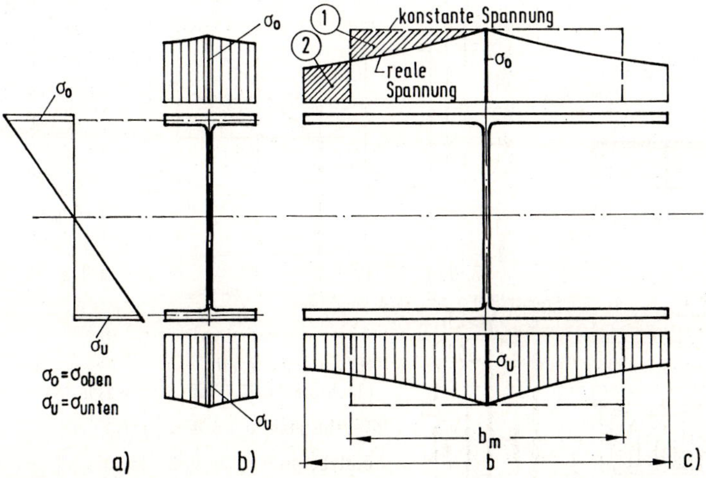

Bild 49

dieselben Gurtkräfte ergibt wie im realen Fall (d.h. unter abfallenden Spannungen):

$$b_m = \lambda \cdot b \tag{74}$$

λ bezeichnet man als Wirkungsgrad ($\lambda \leq 1$). - Wenn der reale Spannungsverlauf (aus Messung oder theoretischer Analyse) bekannt ist, wird b_m so bestimmt, daß die in Bild 49 dargestellten Teilflächen ① und ② gleichgroß sind (vorausgesetzt, die Blechdicke der Gurtung ist konstant).

Da die Höhe der Schubspannungen von der Größe der lokalen Querkraft abhängig ist (vgl. G.44), und die Querkraft ihrerseits i.a. über die Trägerlänge veränderlich ist, ist dadurch auch b_m von Lastart und System abhängig, d.h. in Trägerrichtung veränderlich. In Bereichen hoher Querkräfte (Auflager- und Lasteinleitungsbereiche) treten lokal hohe Schubverzerrungen auf, was sich in einer Einschnürung der mitwirkenden Breite auswirkt. Der Beanspruchungstyp läßt sich über die Momentenfläche charakterisieren; bei einem Einfeldträger liegen die Verhältnisse i.a. zwischen einer parabelförmigen und dreieckförmigen Momentenfläche. In dieser Weise lassen sich auch Durchlaufträger behandeln, zu unterscheiden ist zwischen dem Feldbereich (F) und dem Stützbereich (S). Die Hohlparabeln über Zwischenstützen werden durch Dreiecke angenähert; die Länge der Bereiche F und S bestimmt sich aus den Momentennullpunkten des Durchlaufträgers. - Bild 50 enthält Anhalte zur Bestimmung der mitwirkenden Breite, entnommen aus DIN 19704 (Stahlwasserbau).

Bild 50a zeigt einen Trägerrost mit Deckplatte (Stauwand als sogen. orthotrope Platte); der Längsträger läuft kontinuierlich durch, die Momentennullpunkte liegen damit fest. In Abhängigkeit vom Quotienten l_F/b bzw. l_S/b wird der Wirkungsgrad η_F bzw. η_S aus dem Diagramm abgegriffen. In Bild 50 bezieht sich b jeweils auf die halbe Plattenbreite, entsprechend b_m. Aus dem Diagramm ist erkennbar, daß sich die Wirkungsgrade η_F und η_S mit wachsendem l/b-Verhältnis, d.h. mit zunehmender Schlankheit, dem Wert 1 annähern. Die Ersatzbreite b_m zwischen Feld- und Stützbereich hat etwa den in Bild 50a in der Aufsicht auf die Platte (Gurtung) dargestellten Verlauf. Mit dem Ersatzquerschnitt wird nach den Regeln der technischen Biegelehre weiter gerechnet, die Verletzung der BERNOULLI-Hypothese wird dadurch quasi richtig gestellt. Die Spannungsnachweise werden an dem Ersatzquerschnitt erbracht. Um die Berechnung der Verformungen zu vereinfachen, wird zweckmäßig von einem konstanten Mittelwert der mitwirkenden Breite ausgegangen. - Die Bestimmung der mitwirkenden Breite hat im Brückenbau große Bedeutung; Stahlbrücken haben i.a. plattenartige, breite Gurte, insbesondere bei kastenförmigen Brückenquerschnitten. Die Obergurte solcher Brücken bilden in der Regel gleichzeitig die Fahrbahn. Die Vorschriften für Eisen-

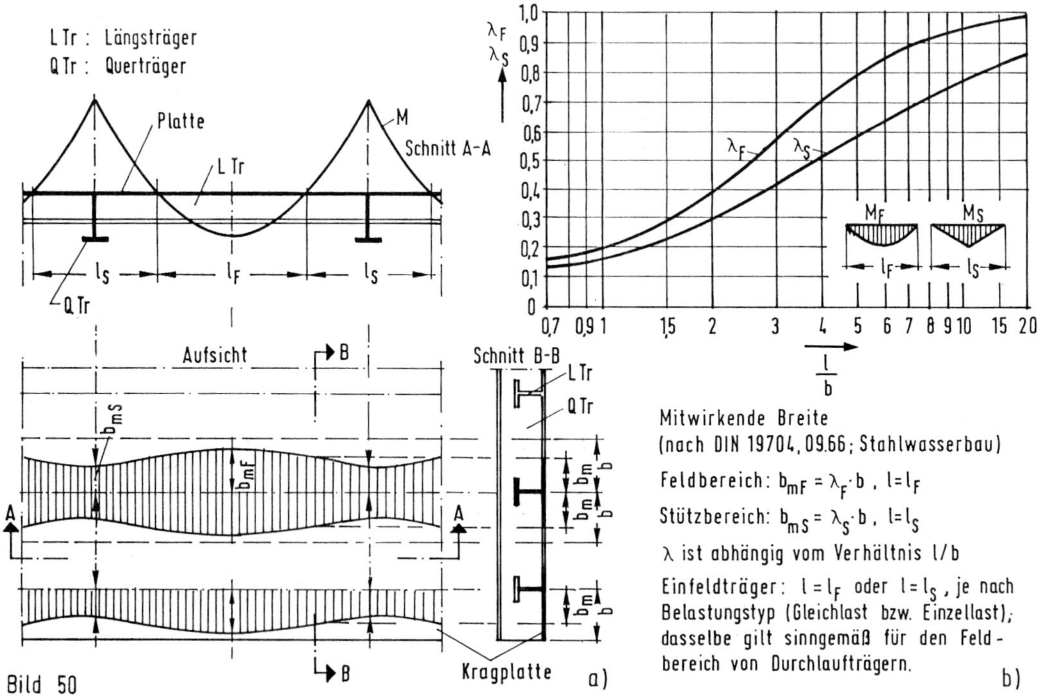

Bild 50

bahn- und Straßenbrücken enthalten detailierte Angaben, vgl. Abschnitt 25. Von der "mitwirkenden Breite" ist die "wirksame Breite" zu unterscheiden, die u.a. bei der Festlegung der anteiligen Gurtung von Beulstreifen benötigt wird, vgl. Abschnitt 7.8.4.3.

4.6 Experimenteller Befund

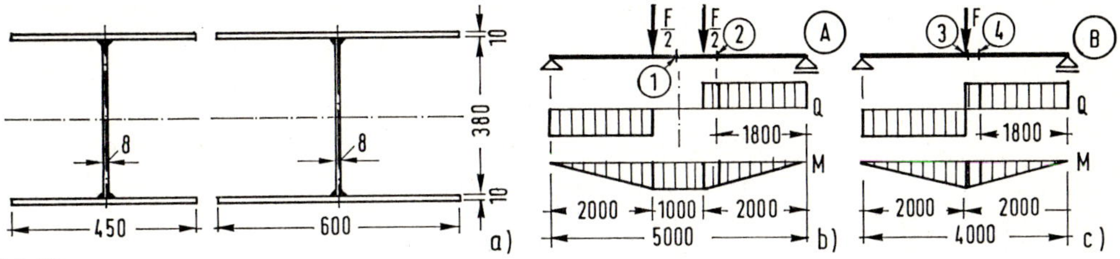

Bild 51

An Einfeldträgern mit den in Bild 51a dargestellten I-Querschnitten wurden vom Verf. Tragversuche durchgeführt, jeweils mit einer Lastanordnung gemäß Teilbild b: (A) und c: (B). Im Falle des Trägers (A) ist der Schnitt (1) in Feldmitte querkraftfrei, im Schnitt (2) wirken 0,9·maxM und Q=F/2. Der Schnitt (4) beim Träger (B) entspricht dem Schnitt (2) beim Träger (A). Für den Stahl St52 wurde der Elastizitätsmodul zu E=20600kN/cm² bestimmt. Aus den mittels Dehnmeßstreifen (DMS) bestimmten Dehnungen wurden die in Bild 52 (a/d) eingetragenen Spannungen berechnet: $\sigma = E \cdot \varepsilon$. Hierbei wurde in allen Fällen jene Laststufe ausgewertet, unter der in der Mittellinie der Gurte eine rechnerische Biegespannung von 10,0kN/cm² in Feldmitte auftrat:

$$\max M = \frac{F}{2} \cdot 200 = F \cdot 100 \text{ [kNcm]}; \quad \sigma = \frac{\max M}{I} \cdot 19{,}5 = \frac{F \cdot 100}{I} \cdot 19{,}5 \overset{!}{=} 10 \longrightarrow F$$

Die eingetragenen Werte sind die gemittelten Meßwerte der auf beiden Seiten der Bleche geklebten DMS. Aus der Messung folgt:

- Insgesamt werden die theoretischen Werte gut bestätigt, das gilt besonders für den geradlinigen Spannungsverlauf im Stegbereich. Innerhalb der Gurte sind die Spannungen näherungsweise konstant, im Schnitt (2) des Trägers (A) ist bei beiden Querschnitten

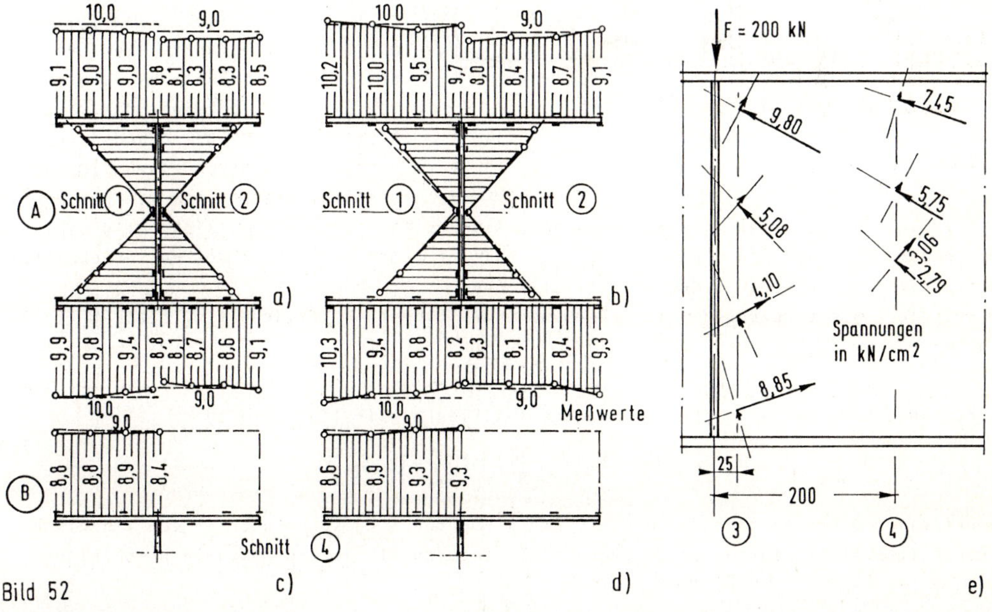

Bild 52

(auch bei dem Querschnitt mit der breiten Gurtung) kein Spannungsabfall zu den Rändern hin erkennbar (im Gegenteil!); im Schnitt (4) des Trägers (B) ist er schwach vorhanden.

- Die gemessenen Spannungen liegen in allen Fällen geringfügig unter den rechnerischen. Das beruht darauf, daß die Ist-Dicke der Bleche etwas größer ausgefallen war als die Soll-Dicke: Gurte: t=10,25mm statt 10mm, Steg s=9,00mm statt 8mm. Rechnet man die Meßwerte entsprechend um, stimmen Messung und Rechnung praktisch überein.

- In Bild 52e sind die Hauptnormalspannungen im Steg des 600mm breiten Trägers (B) für die Schnitte (3) und (4) dargestellt (Laststufe F=200kN). Der Einfluß der über die Steife eingetragenen konzentrierten Last auf die Richtung der Spannungstrajektorien - die ohne diesen Einfluß parallel zur Trägerberandung verlaufen würden -, wird hieraus deutlich.

Die hervorragende Übereinstimmung zwischen Theorie und Experiment (insbesondere innerhalb des elastischen Bereiches) wurde schon frühzeitig [1,2] und immer wieder bestätigt. Ein bedeutender Vorteil der Stahlbauweise !

4.7 Schubmittelpunkt

4.7.1 Problemstellung - Biegung von [-Profilen

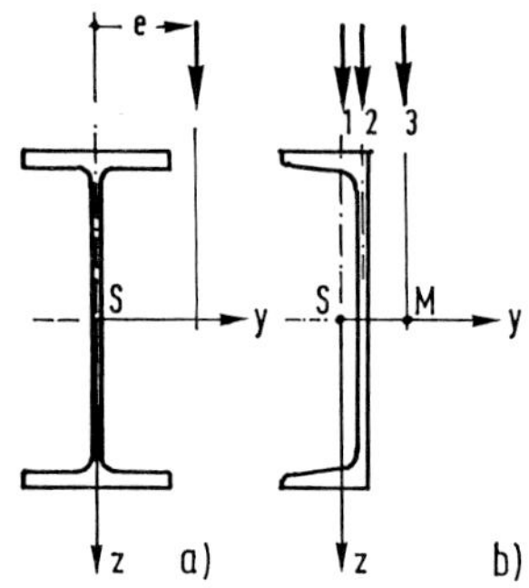

Bild 53

Ist die Lastebene gegenüber der Symmetrieebene eines I-Profiles um das Maß e versetzt, wird der Träger tordiert (Bild 53a). Im Falle eines in Richtung des Steges belasteten [-Profiles (Bild 53b) läßt sich nicht ohne weiteres angeben, wie das Exzentrizitätsmoment zu bestimmen ist. Wie im folgenden gezeigt wird, ist die Biegung nur dann torsionsfrei, wenn die Kraftrichtung durch den sogen. Schubmittelpunkt M verläuft (Richtung 3 in Teilbild b); in allen anderen Fällen tritt ein Torsionsmoment auf, z.B. bei Belastung in Richtung 1 (Schwerachse) oder Richtung 2 (Stegebene).

Der Schubmittelpunkt M ist (wie der Schwerpunkt S) ein Querschnittskennpunkt. Man spricht auch vom Querkraftmittelpunkt oder Drillruhepunkt. Die Kenntnis dieses Punktes wird benötigt, um das einwirkende Torsionsmoment angeben zu können. Stäbe mit offenem, dünnwandigen Querschnitt reagieren auf Torsionsmomente mit hohen Schub- und Wölbspannungen; vgl. Abschnitt 27. Bei planmäßiger Torsionsbeanspruchung ist es daher günstiger, von vornherein geschlossene Querschnitte zu konstruieren. - Die Berechnung der Schubmittelpunktslage wird am Beispiel des in Bild 54 dargestellten [-Profils gezeigt; die Wanddicke t sei konstant. Der dünnwandige Querschnitt wird durch einen Linienquerschnitt ersetzt, der mit der Profilmittellinie identisch ist. Hierauf beziehen sich Breite b und Höhe h, siehe Bild 54a. Aus Symmetriegründen liegt der Schubmittelpunkt auf der y-Achse. Gesucht ist der Schubmittelpunktsabstand y_M zwischen S und M; vgl. Bild 54a.

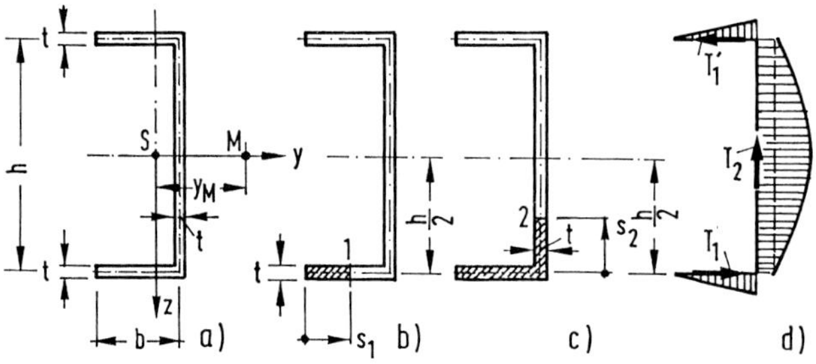

Bild 54

Das auf die y-Achse bezogene statische Moment der Flansch-Teilfläche $t \cdot s_1$ beträgt (Teilbild b):

$$S_1 = t s_1 \frac{h}{2} \tag{75}$$

Für die außerhalb des Schnittes 2 liegende Teilfläche gilt (Teilbild c):

$$S_2 = tb\frac{h}{2} + ts_2\left(\frac{h}{2} - \frac{s_2}{2}\right) = t\left[\frac{bh}{2} + (h - s_2)\frac{s_2}{2}\right] \tag{76}$$

Die bei einer Querkraftbiegung um die y-Achse von den Schubspannungen in den einzelnen Querschnittsteilen aufgebauten Schubkräfte T sind den statischen Momenten proportional, G.43:

$$T = \frac{Q}{I} \cdot S \tag{77}$$

Gemäß G.75 ist somit der Schubfluß im Flansch geradlinig und gemäß G.76 im Steg parabelförmig verteilt. s_1 bzw. s_2 haben die Bedeutung von Linienkoordinaten. An den Flanschrändern ist T (wegen $\tau = 0$) Null. In Höhe der Schwerachse erreicht der Schubfluß den höchsten Wert (Teilbild d). In den Schnitten 1 und 2 betragen die Schubkräfte:

$$T_1 = \frac{Q}{I} S_1 = \frac{Q}{I} t s_1 \frac{h}{2}; \quad T_2 = \frac{Q}{I} S_2 = \frac{Q}{I} t\left[\frac{bh}{2} + (h - s_2)\frac{s_2}{2}\right] \tag{78}$$

Aus Symmetriegründen ist der Schubfluß zur y-Achse symmetrisch.
Als nächstes werden die Resultierenden R der Schubkräfte innerhalb der einzelnen Abschnitte durch Integration bestimmt. Im vorliegenden Beispiel werden sie mit R_1, R_2 und R_1' abgekürzt:

$$R_1 = \int_0^b T_1\, ds_1 = \frac{Q}{I}\cdot\frac{th}{2}\int_0^b s_1\, ds_1 = \frac{Q}{I}\cdot\frac{th}{2}\left[\frac{s_1^2}{2}\right]_0^b = \frac{Q}{I}\cdot\frac{th}{2}\cdot\frac{b^2}{2} = \frac{Qt}{4I}hb^2 = R_1' \qquad (79)$$

$$R_2 = 2\int_0^{h/2} T_2 ds_2 = 2\frac{Q}{I}t\int_0^{h/2}\left[\frac{bh}{2} + (h - s_2)\frac{s_2}{2}\right]ds_2 = 2\frac{Q}{I}t\left[\frac{bh}{2}s_2 + \frac{h}{2}\cdot\frac{s_2^2}{2} - \frac{s_2^3}{2\cdot 3}\right]_0^{h/2} = \frac{Qt}{12I}h^2(h + 6b) = Q \qquad (80)$$

Die Richtigkeit von G.80 bestätigt man, indem man $I = I_y$

$$I = \frac{t}{12}h^2(h + 6b) \qquad (81)$$

bestimmt und dieses Ergebnis für I einsetzt.
Bild 55 zeigt die Richtung der Kräfte R_1, R_2 und R_1'. Die Bedingungsgleichung für eine torsionsfreie Biegung lautet:

$$R_1 h - R_2\cdot(y_M - e) = 0 \qquad (82)$$

Diese Gleichung besagt: Bezogen auf die Lage des gesuchten Schubmittelpunktes M ist die Summe der von den Schubkräften gebildeten Momente Null. Mit G.79/80 folgt:

$$\frac{Qt}{4I}h^2b^2 - Q(y_M - e) = 0 \longrightarrow y_M - e = \frac{th^2b^2}{4I} = \frac{3b^2}{h + 6b} \qquad (83)$$

e ist der Schwerpunktabstand zur Stegmittellinie.- Eine andere Version besteht darin, die Momenten-Nullbedingung unter Bezug auf den Schwerpunkt S zu formulieren:

$$R_1 h + R_2 e - Q\, y_M = 0 \longrightarrow y_M = \frac{4(h + 3b)\cdot b^2}{(h + 2b)(h + 6b)} \qquad (84)$$

Die Formeln für y_M lassen sich ineinander überführen.

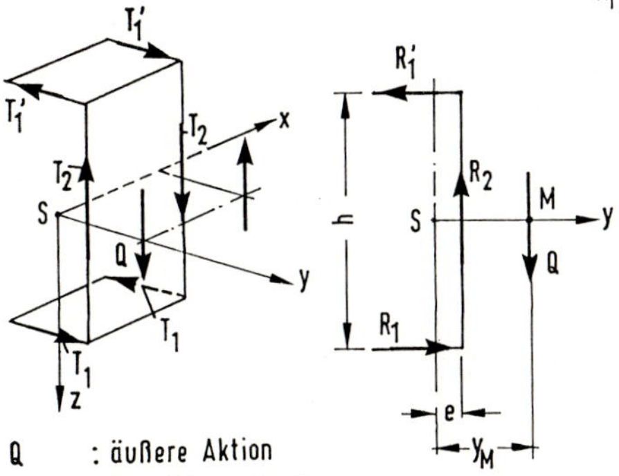

Q : äußere Aktion
$R_{1,2,1'}$: Resultierende der inneren Reaktionen

Bild 55

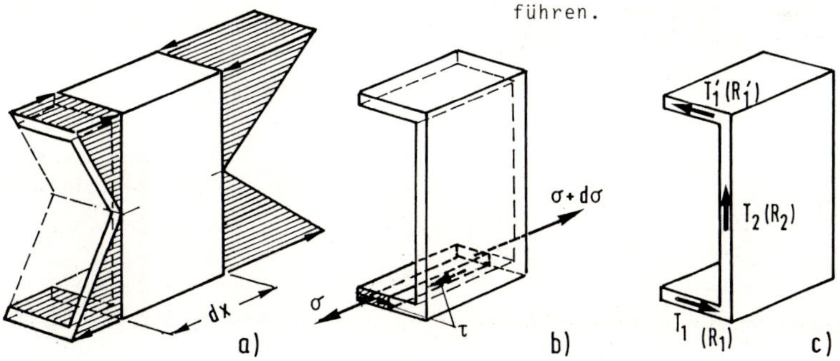

Bild 56

Die Richtung der Schubkräfte T bzw. deren Resultierender R wird, wie in Abschnitt 4.3.1 dargelegt, mittels Gleichgewichtsgleichungen bestimmt. Im Falle des hier betrachteten Beispieles wird aus dem Flansch ein Element durch Längsschnitt abgetrennt: Dem Zuwachs dσ hält die Schubspannung τ das Gleichgewicht. Dieser Längsschubspannung ist aus Gründen des Momentengleichgewichts an diesem Element eine Schubspannung in der Querschnittsebene zugeordnet. Damit liegt die Richtung von τ fest (vgl. Bild 56b/c).
Schon frühzeitig wurde erkannt, daß [-Profile bei freier Biegung um die starke Achse tordieren. Aufgrund von Versuchen von BACH [3] und FÖPPL [4] wurde seinerzeit vorgeschlagen, [-Profile mit reduzierten Widerstandsmomenten zu dimensionieren, wie in Bild 57 für die Lastrichtungen 1 und 2 angegeben, um die Torsionsbeanspruchung einzufangen. Diese Vorgehensweise kann aus heutiger Sicht nicht mehr befriedigen; vgl. Abschnitt 27.
Werden [-Profile in der Weise beansprucht, daß eine Biegung parallel zur Stegebene vermöge konstruktiver Maßnahmen erzwungen wird, wie in Bild 57c, d und e beispielhaft angegeben, und dadurch ein seitliches Ausbiegen der Flansche verhindert, kann der Spannungs-

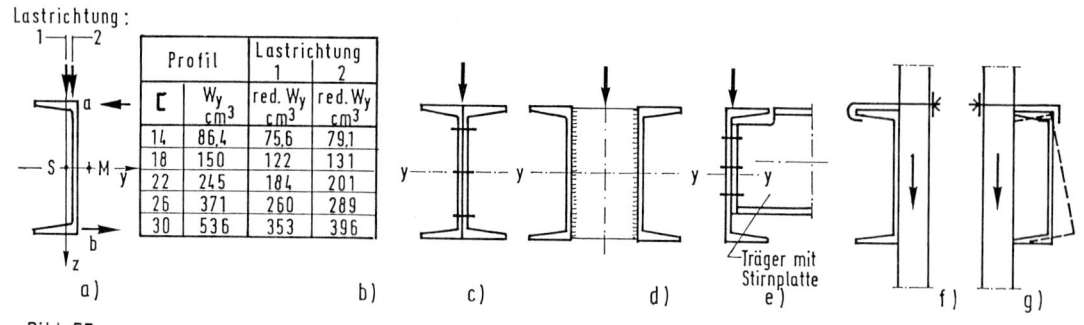

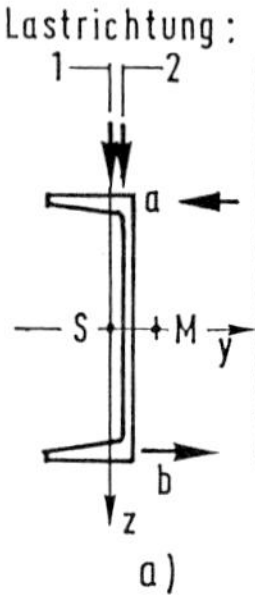

Profil		Lastrichtung 1	Lastrichtung 2
[	W_y cm^3	red. W_y cm^3	red. W_y cm^3
14	86,4	75,6	79,1
18	150	122	131
22	245	184	201
26	371	260	289
30	536	353	396

b)

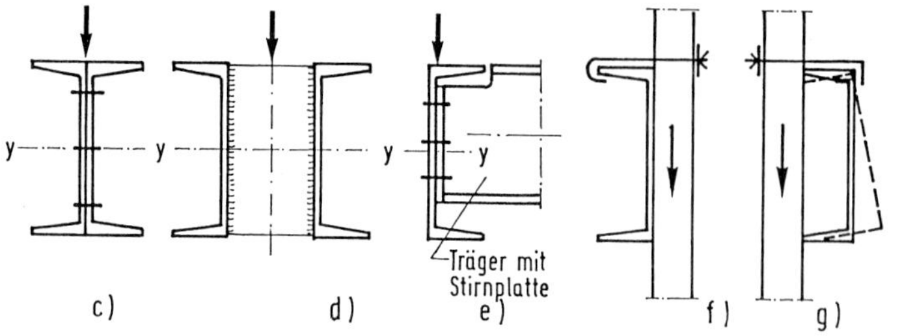

Bild 57

nachweis für ebene Biegung um die y-Achse geführt werden. - Die Teilbilder f und g verdeutlichen, welche Anordnung von [-Profilen als Riegel zur Abtragung von Fassadenelementen richtig und welche falsch ist.

4.7.2 Beispiele

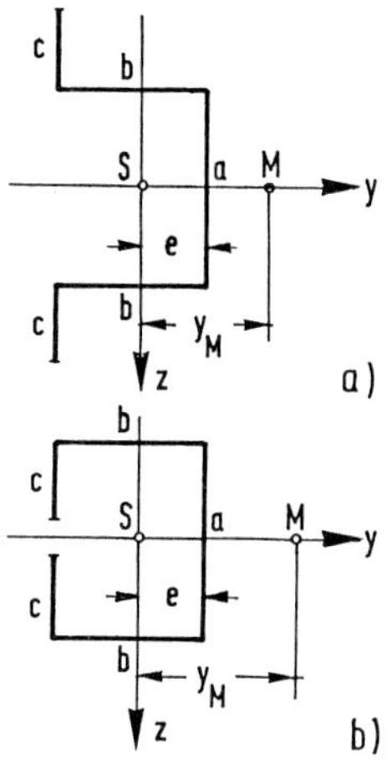

Bild 59

Für die Bestimmung der Schubmittelpunktslage findet man im Schrifttum Rechenhilfen in Formel- und Diagrammform. Zur Bestimmung der Schubmittelpunktslage beliebiger Querschnitte (ohne Symmetrieeigenschaften), auch solcher mit geschlossener Kontur, siehe Abschnitt 26 und 27; daselbst wird die im vorangegangenen Abschnitt gezeigte Herleitungsform zugeschärft.

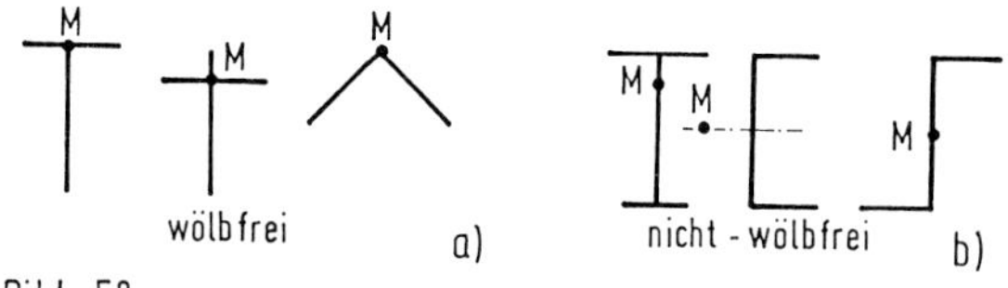

Bild 58

Bild 58 zeigt qualitativ die Lage des Schubmittelpunktes für einige wichtige Profilformen.

Für die in Bild 59 dargestellten dünnwandigen Querschnitte (Wanddicke konstant) berechnet sich die Schwerpunktslage zu:

$$e = \frac{b + 2c}{a + 2b + 2c}\, b \tag{85}$$

a, b, c sind die Seitenlängen der Profilmittellinie. Für die Lage des Schubmittelpunktes findet man folgende Formeln (ohne Ableitung):

Querschnitt a:
$$y_M = e + \frac{3a^2b + 6a^2c - 8c^3}{a^3 + 6a^2(b+c) + 12ac^2 + 8c^3}\, b \tag{86}$$

Querschnitt b:
$$y_M = e + \frac{3a^2b + 6a^2c - 8c^3}{a^3 + 6a^2(b+c) - 12ac^2 + 8c^3}\, b \tag{87}$$

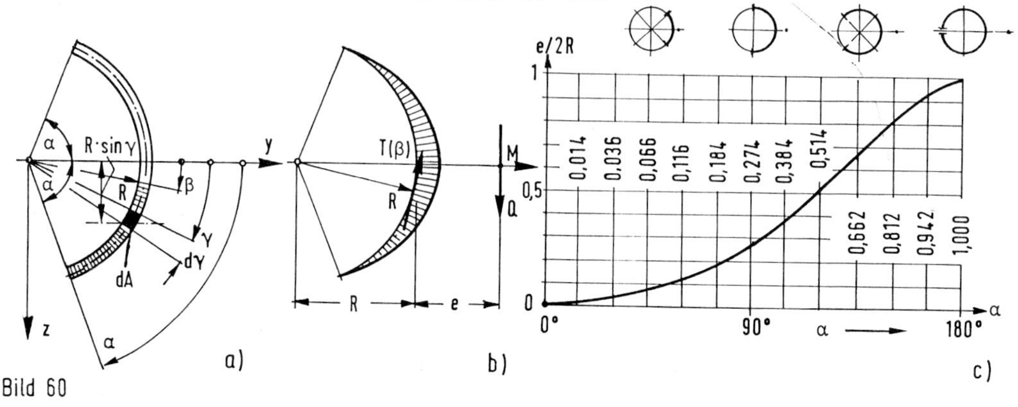

Bild 60

Um das Rechnen mit Polarkoordinaten zu zeigen, wird die Lage des Schubmittelpunktes für den in Bild 60 skizzierten dünnwandigen Kreisringquerschnitt berechnet. α kennzeichnet den halben Zentriwinkel. Ist $\alpha=180°$, handelt es sich um einen geschlitzten Rohrquerschnitt.- Die Rechnung vollzieht sich in folgenden Schritten (vgl. Integraltafel in Abschnitt 5.4.3.2):

a) Statisches Moment für den zwischen $\gamma=\beta$ und $\gamma=\alpha$ liegenden Abschnitt (schraffiert):

$$S(\beta)=\int_\beta^\alpha R\cdot\sin\gamma\, dA=\int_\beta^\alpha R\sin\gamma\cdot tR\, d\gamma = tR^2\int_\beta^\alpha \sin\gamma\, d\gamma = tR^2[-\cos\gamma]_\beta^\alpha = tR^2(-\cos\alpha+\cos\beta)= \\ = tR^2(\cos\beta-\cos\alpha) \tag{88}$$

b) Trägheitsmoment des gesamten Kreisringabschnittes, also des gesamten Profils:

$$I_y = tR^3\int_{\gamma=-\alpha}^{\alpha}\sin^2\gamma\, d\gamma = 2tR^3\int_0^\alpha \sin^2\gamma\, d\gamma = 2tR^3\cdot\left[\frac{1}{2}\gamma-\frac{1}{2}\sin\gamma\cos\gamma\right]_0^\alpha = tR^3(\alpha-\sin\alpha\cos\alpha) \tag{89}$$

c) Schubfluß im Schnitt β (Bild 60b):

$$T(\beta) = \frac{Q}{I}S(\beta)=\frac{tR^2(\cos\beta-\cos\alpha)}{tR^3(\alpha-\sin\alpha\cos\alpha)}Q = \frac{\cos\beta-\cos\alpha}{R(\alpha-\sin\alpha\cos\alpha)}Q \tag{90}$$

d) Torsionsmomenten Nullbedingung, bezogen auf den Kreismittelpunkt:

$$Q(R+e)-2\int_{\beta=0}^{\alpha}T(\beta)\cdot R\, d\beta\cdot R = 0 \longrightarrow Q(R+e)-\frac{2R^2Q}{R(\alpha-\sin\alpha\cos\alpha)}\cdot\int_0^\alpha(\cos\beta-\cos\alpha)d\beta = 0 \longrightarrow$$

$$\underline{e = R\left(2\frac{\sin\alpha-\alpha\cos\alpha}{\alpha-\sin\alpha\cos\alpha}-1\right)} \tag{91}$$

In Teilbild c ist die Formel ausgewertet.

4.7.3 Alternative Berechnungsform

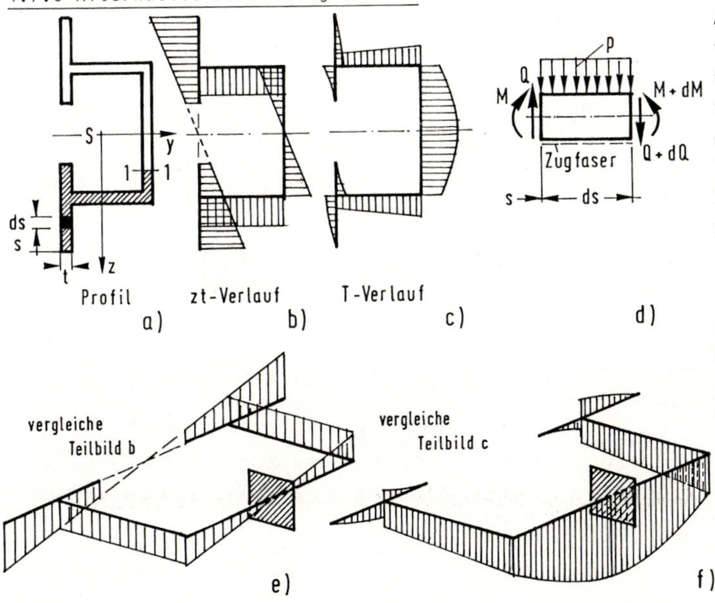

Bild 61

An dem in Bild 61a dargestellten Profil wird eine alternative Berechnungsform erläutert: Das statische Moment des außerhalb des Schnittes 1-1 liegenden (schraffierten) Flächenteiles A_1 beträgt wegen $dA=t(s)\cdot ds$:

$$S=\int_{A_1} z\, dA = \int_{A_1} zt\, ds \tag{92}$$

Die Integration entlang der Linienordinate s liefert S und damit die Schubkraft gemäß G.43. In Teilbild b ist der Verlauf des Integranden $zt=z(s)\cdot t(s)$ skizziert; Teilbild c zeigt den Verlauf der Schubkraft.

Wie aus der Stabstatik bekannt, besteht beim geraden Balken zwischen der äußeren Belastung p und der Querkraft Q die Gleichgewichtsbeziehung (vgl. Teilbild d):

$$p\,ds + dQ = 0 \longrightarrow \frac{dQ}{ds}=-p \longrightarrow Q=-\int p\,ds \tag{93}$$

Vergleicht man diesen Ausdruck mit G.92, besteht offensichtlich zwischen S und Q bzw. zt und p Analogie (abgesehen vom Vorzeichen, was belanglos ist). Faßt man somit zt als fiktive Belastung auf, die einen Freiträger von derselben Gestalt wie das gegebene Profil belastet, wobei der Träger in Höhe der Hauptachse y als starr eingespannt betrachtet wird, ist die hierfür ermittelte (fiktive) Querkraft Q mit dem statischen Moment identisch. Teilbild e zeigt den fiktiven Belastungszustand. Die Analogie ist vollständig, weil an den freien Enden Q=0 ist; dem entspricht T=0 (bzw. $\tau=0$), wie es sein muß. Teilbild f zeigt den "Querkraft"verlauf (≙S). Die Integration über $T(s)=\tau(s)\cdot t(s)$ liefert die bereichsweisen Schubkraftresultierenden; der Schubmittelpunkt selbst folgt aus der Torsionsmomenten-Nullbedingung $M_T=0$.

4.8 Schubspannungen infolge Torsion

4.8.1 Gegenüberstellung: Primärtorsion - Sekundärtorsion

Bild 62 zeigt einen kreisförmigen Vollstab unter der Einwirkung eines Torsionsmomentes:

$$M_x = M_T$$

Der Stab erleidet eine Verdrehung ϑ. Wird der Stab im Schnitt $x=0$ festgehalten, beträgt der Drillwinkel am Stabende $x=l$: $\vartheta(l)$. Alle Längsfasern erleiden eine schraubenförmige Drehung um die Stabachse. Der Stab reagiert auf das Torsionsmoment mit Schubspannungen τ; diese nehmen vom Mittelpunkt zum Rand linear zu. Am Rand treten die größten Schubspannungen auf: τ_R (Bild 62b). Die Schubspannungen bauen ein resultierendes inneres Torsionsmoment auf. Dieses steht mit dem äußeren im Gleichgewicht. Für den Kreisquerschnitt folgt M_T gemäß Bild 63a/b mit

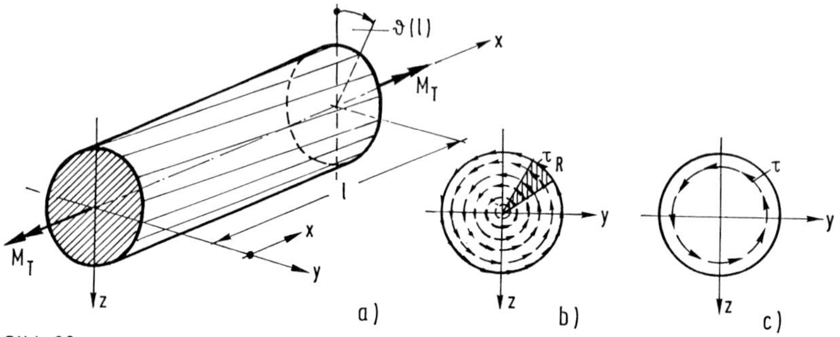

Bild 62

$$\tau = \tau_R \frac{r}{r_a}$$

zu:

$$M_T = \int_{r=0}^{r_a} \tau\cdot 2\pi r\cdot dr\cdot r = \frac{\tau_R}{r_a} 2\pi \int_{r=0}^{r_a} r^3 dr = \frac{2\pi\tau_R}{r_a}\left[\frac{r^4}{4}\right]_0^{r_a} = \frac{\pi}{2} r_a^3 \tau_R \tag{94}$$

Die Randschubspannung τ_R beträgt demnach:

$$\tau_R = \frac{M_T}{\frac{\pi}{2} r_a^3} = \frac{M_T}{\frac{\pi}{2} r_a^4} r_a = \frac{M_T}{I_T} r_a \tag{95}$$

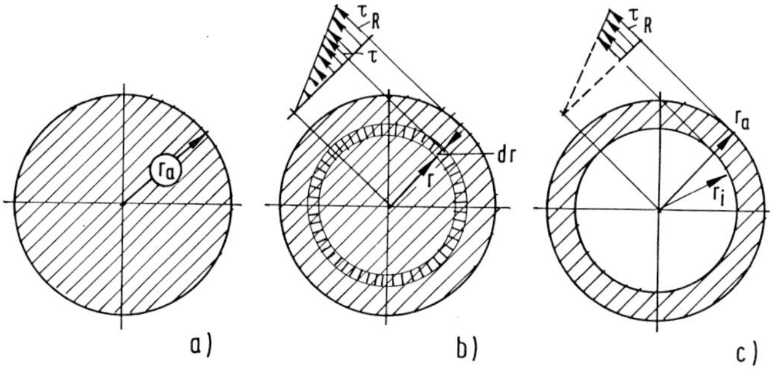

Bild 63

Für den dickwandigen Kreisringquerschnitt liefert die Rechnung:

$$\tau_R = \frac{M_T}{I_T} r_a \tag{96}$$

mit

$$I_T = \frac{\pi}{2}(r_a^4 - r_i^4) \tag{97}$$

Im vorliegenden Falle ist das Torsionsträgheitsmoment I_T gleich dem polaren Trägheitsmoment $I_p=I_y+I_z$:

$$I_T = I_p = \frac{\pi r^4}{2} \tag{98}$$

Allgemein gilt indes:

$$I_T < I_p \tag{99}$$

Für andere Querschnitte lassen sich die Schubspannungsformeln nicht so elementar ableiten. Das gelingt nur auf elastizitätstheoretischer Grundlage; vgl. Abschnitt 27.2. Dabei kann gezeigt werden, daß die Querschnittsebenen des tordierten Stabes eine Verwölbung, d.h. eine räumliche Verformung, erleiden: Der Querschnitt bleibt nicht mehr eben, die Querschnittsebene wird räumlich gekrümmt, die Stabfasern verschieben sich in Stablängsrichtung. Ausnahmen sind die sogen. wölbfreien Querschnitte, wie der Kreisquerschnitt: Der Querschnitt bleibt auch im tordierten Zustand eben.

Zu den nicht-wölbfreien Querschnitten gehört z.B. der Rechteckquerschnitt; Bild 64 veranschaulicht die Verwölbungsfläche. Ist, wie in Bild 65 skizziert, der torsionsbeanspruchte Stab einseitig starr eingespannt, wird an der Einspannstelle jegliche Verwölbung ver-

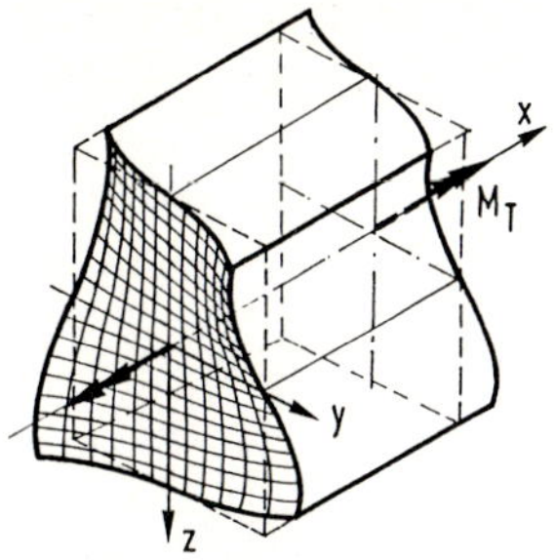

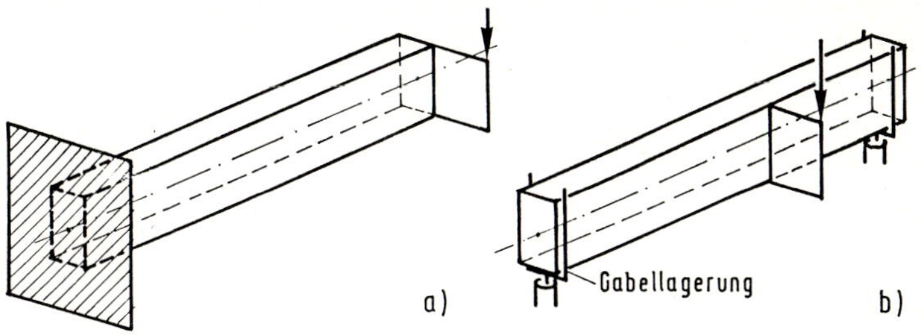

Bild 64 Bild 65

hindert. Das hat Längs- und Schubspannungen an dieser Stelle zur Folge. Man nennt sie Wölb- oder Sekundärspannungen; sie sind auf einen relativ kurzen Bereich lokal begrenzt. Im Falle des in Bild 65b dargestellten Balkens stimmen die Verwölbungsfiguren beidseitig der Lasteintragungsstelle nicht überein; ihre Ausprägung wird gegenseitig behindert, was wiederum mit lokalen Wölbspannungen verbunden ist. Bei vollwandigen Stäben und solchen mit geschlossenem dünnwandigen Querschnitt sind die Wölbspannungen im Vergleich zu den primären Torsionsschubspannungen gering: Der Sekundäreffekt (wie der Wölbeffekt auch genannt wird), kann vernachlässigt werden. Man nennt die erwähnten Querschnitte daher auch "quasi-wölbfrei". Anders liegen die Verhältnisse bei offenen dünnwandigen Querschnitten (Bild 66); bei solchen Querschnitten ist es i.a. nicht zulässig, den Wölbeffekt zu vernachlässigen und zwar aus zwei Gründen:

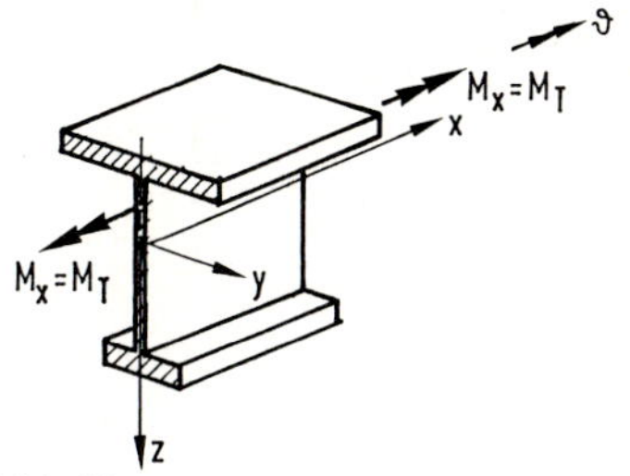

Bild 66

- Zum einen nehmen die Wölbspannungen (wenn auch lokal begrenzt) beträchtliche Größenordnungen an,
- zum anderen ist mit der Wölbver- bzw. Wölbbehinderung eine erhebliche Steifigkeitssteigerung gegen Verdrillen verbunden, die z.B. bei Biegedrillknick- und Kippnachweisen berücksichtigt werden muß, um in solchen Fällen wirtschaftlich dimensionieren zu können (Abschnitt 7.5 und 7.6).

4.8.2 Primärtorsion (ST-VENANTsche Torsion)

Jene Theorie, die nur die primären Torsionsschubspannungen erfaßt und den Wölbeffekt vernachlässigt, nennt man ST-VENANTsche Torsionstheorie; man spricht auch von der Theorie der "reinen" Torsion.

4.8.2.1 Stäbe mit offenem, dünnwandigen Querschnitt

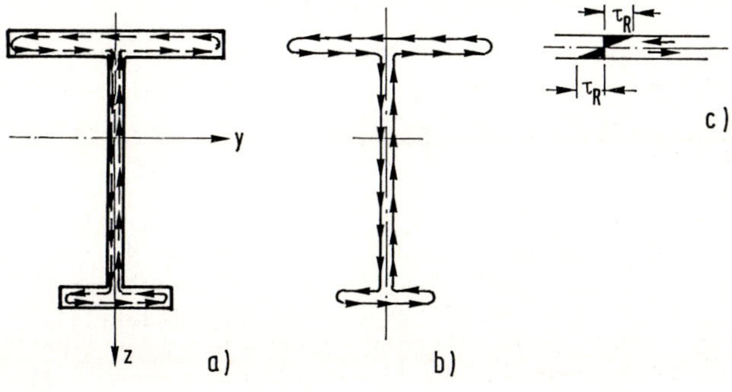

Bild 67

Wird ein offener Querschnitt, z.B. ein I- oder [-Walzprofil, tordiert, bildet sich innerhalb der dünnwandigen Teile ein geschlossener Schubfluß aus, wie in Bild 67a/b angedeutet. Entlang der Profilmittellinien sind die Schubspannungen und Schubverzerrungen Null, über die Dicke der Wandung sind sie verschränkt geradlinig verteilt und erreichen entlang der Ränder mit τ_R bzw. γ_R ihre Größtwerte. Der Ansatz einer geradlinigen Spannungsverteilung läßt sich mit elementaren Mitteln nicht beweisen; gleichwohl ist er plausibel. In Abschn. 27.2 wird der Beweis geführt. - Ausgehend vom Geradlinienansatz wird die Formel für die Berechnung der Schubspannungen hergeleitet; dazu wird aus einem dünnwandigen Querschnitt (etwa gemäß Bild 68a) ein Element der Länge ds herausgetrennt. Die Dicke des Querschnittes sei veränderlich; an der Stelle s betrage sie t, an der Stelle s+ds betrage sie t+dt. (Der Querschnitt in Bild 68a ist aus Gründen der Anschaulichmachung dicker gezeichnet, als es der Voraussetzung der "Dünnwandigkeit" entspricht.) In Stablängsrichtung hat das Element die Länge dx (Teilbild b). Die geradlinigen Schubspannungsverteilungen an den Stellen s und s+ds sind in Teilbild c dargestellt; im erstgenannten Falle beträgt die Randspannung τ_R im zweitgenannten $\tau_R + d\tau_R$. Betrachtet man den Schnitt s

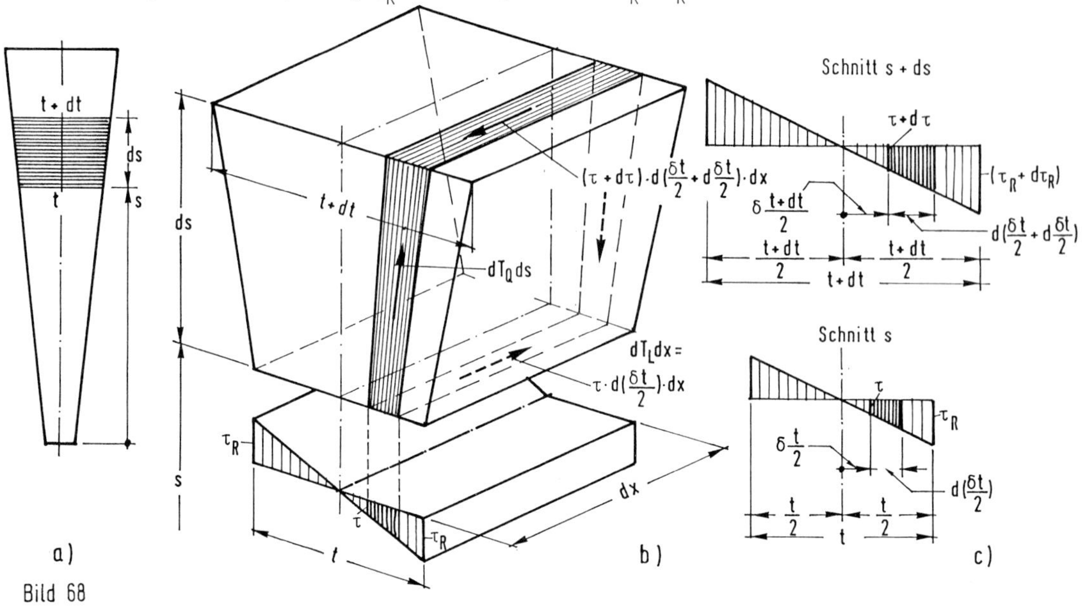

Bild 68

(Teilbild c unten), so beträgt die Schubspannung im Abstand δ·t/2 von der Mittellinie:

$$\tau = \delta \cdot \tau_R \tag{100}$$

δ ist ein Maßstabsfaktor.

Aus der rechtsseitigen Wandhälfte des infinitesimalen Elementes wird ein scheibenförmiges Unterelement herausgetrennt (vgl. Teilbild b). Die Schubspannungsresultierenden für die Randflächen dieses Unterelementes sind im Bild eingetragen. Da äußere Längskräfte nicht wirksam sind und unterstellt wird, daß innerhalb des Querschnittes keine (im Selbstspannungsgleichgewicht stehende) Normalspannungen bei der Torsion auftreten (das wären z.B. Wölbspannungen), muß in Stablängsrichtung folgende Gleichgewichtsgleichung gelten (vgl. Teilbild c):

$$\tau \cdot d(\frac{\delta t}{2})dx - (\tau + d\tau)\cdot d(\frac{\delta t}{2} + d\frac{\delta t}{2})dx = 0 \tag{101}$$

Ausmultipliziert:

$$\tau \cdot d(\frac{\delta t}{2})dx - [\tau \cdot d(\frac{\delta t}{2}) + d\tau \cdot d(\frac{\delta t}{2}) + \tau \cdot d(d\frac{\delta t}{2}) + d\tau \cdot d(d\frac{\delta t}{2})]dx = 0 \tag{102}$$

Der erste und zweite Term heben sich gegenseitig auf, der letzte ist gegenüber den verbleibenden eine Größenordnung kleiner; es verbleibt:

$$d\tau \cdot d(\frac{\delta t}{2}) + \tau \cdot d(d\frac{\delta t}{2}) = d(\tau \cdot d\frac{\delta t}{2}) = 0 \tag{103}$$

Hieraus folgt:

$$dT = \tau \cdot d\frac{\delta t}{2} = \text{konst } (= dT_L) \tag{104}$$

dT_L ist die Schubkraft des Unterelementes. Der Index L weist darauf hin, daß die Schubkraft in Längsrichtung gemeint ist. Dieser Schubkraft steht in der Querschnittsebene eine gleichgroße Schubkraft gegenüber: dT_Q (Bild 68b). Die Momentengleichgewichtsgleichung am Unterelement ergibt:

$$dT_Q\, ds\, dx - dT_L\, dx\, ds = 0 \longrightarrow dT_Q = dT_L \ (= dT) \tag{105}$$

Bild 69a zeigt, wie der Schubfluß dT=konst entlang der geschlossenen Schleife mit der variablen Dicke

$$d(\frac{\delta t}{2})$$

(in Bild 69b/c schraffiert) das Torsionsmoment dM_T aufbaut:

$$dM_T = \oint dT \cdot ds \cdot r \tag{106}$$

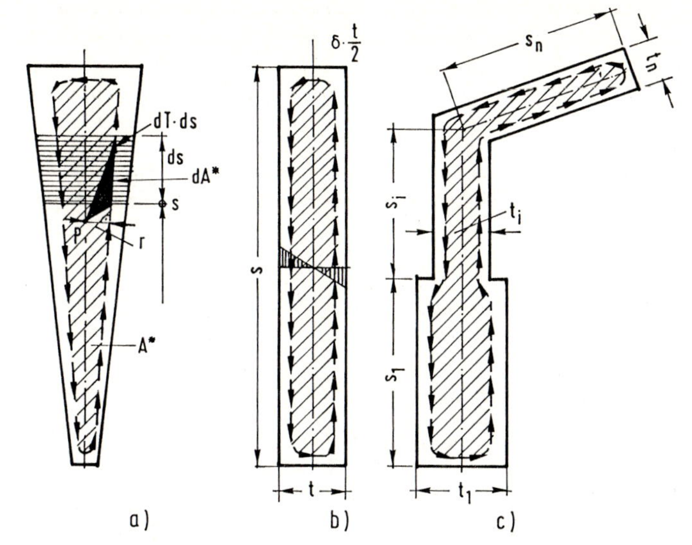

Bild 69

r ist der Normalabstand zwischen dem (frei gewählten) Punkt P und der Tangente an die Schleife an der Stelle s. Das auf der Strecke ds errichtete, infinitesimale Dreieck hat den Inhalt

$$dA^* = \frac{1}{2} ds\, r \tag{107}$$

Somit kann (wegen dT=konst) auch geschrieben werden:

$$dM_T = dT \oint r\, ds = dT \oint 2 dA^* = dT \cdot 2A^* \tag{108}$$

A* ist die von der Schleife eingeschlossene Fläche (in Bild 69a schraffiert). - Es wird jetzt über alle Schleifen integriert, d.h. von δ=0 bis δ=1. Dabei wird hier der Sonderfall des Rechteckquerschnittes untersucht (Bild 69b): Länge s, Dicke t=konst.

$$A^* = A^*(\delta) = 2(\frac{\delta t}{2}) s = \delta t s \tag{109}$$

Mit G.104 und G.100 folgt aus G.108: $dM_T = \tau \cdot \frac{t}{2} d\delta \cdot 2\delta t s = \tau\, t^2 s\, \delta\, d\delta = \tau_R t^2 s \delta^2 d\delta \longrightarrow$ (110)

$$M_T = \int_{\delta=0}^{\delta=1} \tau_R t^2 s \delta^2 d\delta = \tau_R t^2 s \cdot [\frac{\delta^3}{3}]_0^1 = \tau_R \cdot \frac{st^2}{3} \tag{111}$$

Besteht der dünnwandige Querschnitt aus mehreren hintereinander liegenden dünnwandigen Rechtecken (mit den Abmessungen s_i, t_i; vgl. Teilbild c) übernimmt jeder Teilquerschnitt den Beitrag:

$$M_{Ti} = \tau_{Ri} \frac{s_i t_i^2}{3} \tag{112}$$

Die Randspannungen verhalten sich (bei Annahme eines konstanten Schubspannungsgradienten in allen Teilen) wie die Wanddicken; d.h., im dicksten Element tritt die höchste Randspannung auf:

$$\max\tau_R = \frac{\max t}{t_i} \cdot \tau_{Ri} \longrightarrow \tau_{Ri} = \max\tau_R \frac{t_i}{\max t} \tag{113}$$

Somit ist:

$$M_T = \sum_n M_{Ti} = \frac{\max\tau_R}{\max t} \cdot \sum_n \frac{s_i t_i^3}{3} \tag{114}$$

Für die maximale Randschubspannung folgt hieraus:

$$\max\tau_R = \frac{M_T}{\sum_n \frac{s_i \cdot t_i^3}{3}} \max t \tag{115}$$

Es wird vereinbart:

$$\max\tau_R = \frac{M_T}{I_T} \max t \tag{116}$$

I_T ist das Torsionsträgheitsmoment:

$$I_T = \sum_n \frac{s_i t_i^3}{3} \tag{117}$$

Die Berechnung der Randschubspannung offener, dünnwandiger Querschnitte, die abschnittsweise die konstante Dicke t_i haben, ist mit G.113/117 somit in einfacher Weise möglich. Walzprofile lassen sich aus Rechteckelementen zusammensetzen; Bild 70 zeigt die Zerlegung eines I-Profiles.

Diese Berechnungsform wurde frühzeitig durch Versuche bestätigt (FÖPPL [5], vgl. auch [6]). Daraus wurden die in Bild 71 eingetragenen Korrekturfaktoren η abgeleitet

$$I_T = \eta \sum_n \frac{s_i t_i^3}{3} \tag{118}$$

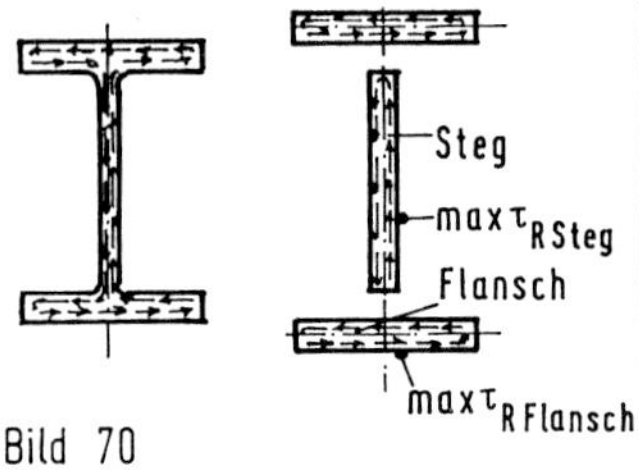

Bild 70

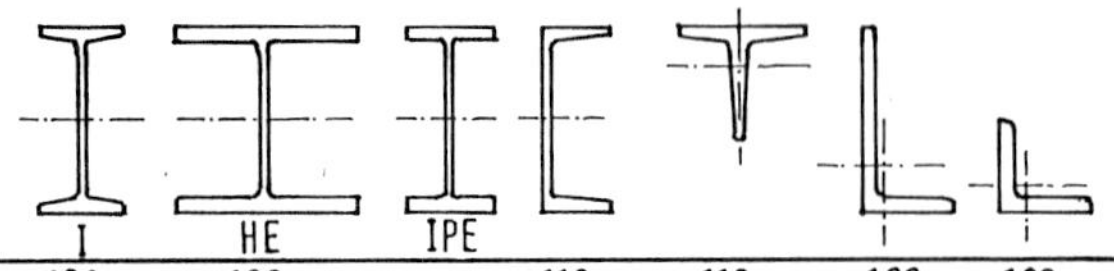

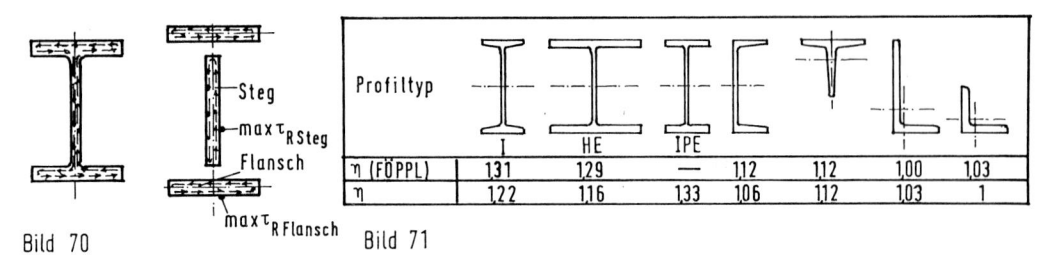

Profiltyp	I	HE	IPE				
η (FÖPPL)	1,31	1,29	—	1,12	1,12	1,00	1,03
η	1,22	1,16	1,33	1,06	1,12	1,03	1

Bild 71

η ist bei warm gewalzten Profilen ≥ 1 und erfaßt im wesentlichen die Erhöhung der Torsionssteifigkeit durch die Ausrundungen zwischen Steg und Flansch und die hiermit verbundene Massekonzentration im Flanschzentrum. Diese Erhöhung wird z.T. durch den Rand- und Abrundungseffekt an den Enden wieder kompensiert. Bei scharfkantigen Schweißprofilen und Kaltprofilen (mit t=konst) ist η = 1. - Um den Ausrundungsbereich bei Walzprofilen zutref-

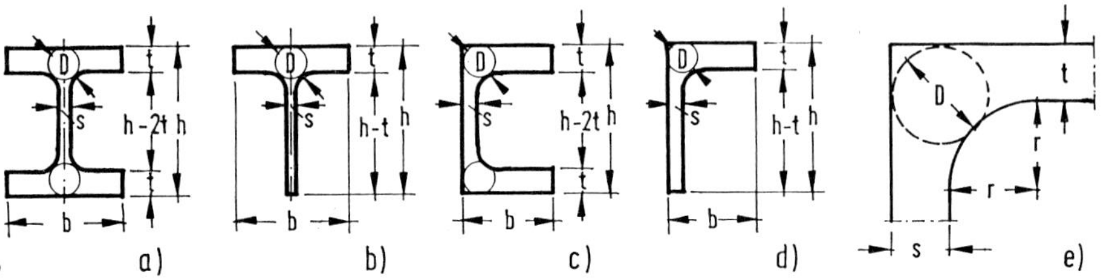

Bild 72

fender erfassen zu können, wird nach einem Vorschlag nach TRAYER und MARCH [7] in das Zentrum des Übergangsbereiches ein Kreis mit dem Durchmesser D einbeschrieben (Bild 72) und I_T nach den Formeln G.119 berechnet. In diesen ist auch die Abminderung durch den Randeffekt erfaßt. α und β sind Funktionen der Flanschdicke t, der Stegdicke s und des Ausrundungsradius r. Sie können den Diagrammen des Bildes 73 entnommen werden. Auf der Grundlage von G.119 wurden die in den Profiltafeln ausgewiesenen I_T-Werte berechnet [7].

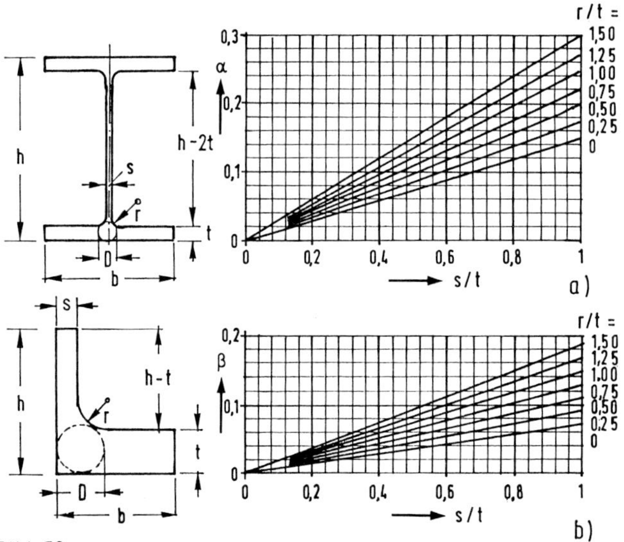

Bild 73

$$\left.\begin{aligned}
I_T &= 2\cdot\frac{1}{3}bt^3(1-0{,}630\frac{t}{b}) + \frac{1}{3}(h-2t)s^3 + 2\alpha\cdot D^4 \\
I_T &= \frac{1}{3}bt^3(1-0{,}630\frac{t}{b}) + \frac{1}{3}(h-t)s^3\cdot(1-0{,}315)\frac{s}{h-t} + \alpha\cdot D^4 \\
I_T &= 2\cdot\frac{1}{3}bt^3(1-0{,}315\frac{t}{b}) + \frac{1}{3}(h-2t)s^3 + 2\beta\cdot D^4 \\
I_T &= \frac{1}{3}bt^3(1-0{,}315\frac{t}{b}) + \frac{1}{3}(h-t)s^3\cdot(1-0{,}315)\frac{s}{h-t} + \beta\cdot D^4
\end{aligned}\right\} \quad (119)$$

4.8.2.2 Stäbe mit geschlossenem, dünnwandigen Querschnitt

Die folgenden Angaben beziehen sich auf einzellige Querschnitte (Bild 74a); bezüglich mehrzelliger Querschnitte wird auf Abschnitt 27 verwiesen. - In einem einzelligen Querschnitt bauen die Schubspannungen τ einen konstanten, die Zelle umschließenden Schubfluß auf. Bezogen auf einen frei gewählten Punkt P gilt:

$$T = \tau\cdot t = \text{konst}: \quad M_T = \oint T\cdot r(s)\,ds = T\oint r(s)\,ds = 2T\oint dA^* = 2TA^* \qquad (120)$$

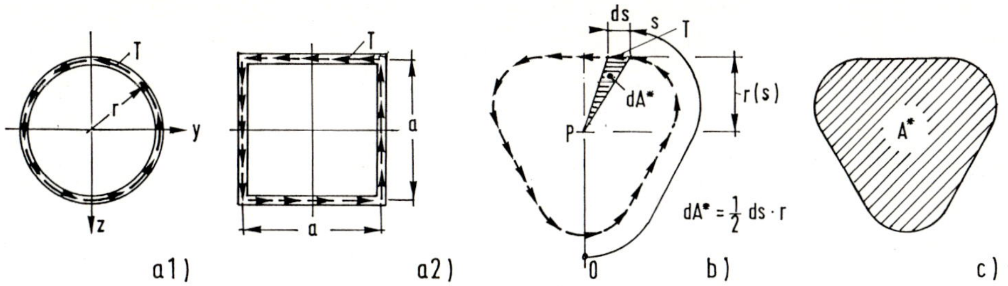

Bild 74

t ist die Wanddicke und r der Radius am Ort der Umlaufkoordinate s; der Radius bezieht sich auf die Tangente an die Profilmittellinie, vgl. Teilbild b. A* ist die von der Wandmittellinie eingeschlossene Fläche (Teilbild c). Für den Schubfluß T folgt damit:

$$T = \frac{M_T}{2A^*} \longrightarrow \tau = \frac{M_T}{2A^* t} \qquad (121)$$

Das ist die sogen. 1. BREDTsche Formel, sie gilt für beliebige einzellige Querschnittsformen, unabhängig von der Drillachse. - Das Torsionsträgheitsmoment berechnet sich nach der 2. BREDTschen Formel (ohne Beweis, vgl. Abschnitt 27.4.1) zu:

$$I_T = \frac{4A^{*2}}{\oint \frac{ds}{t}} = \frac{4A^{*2}}{\sum\limits_{i=n} \frac{s_i}{t_i}} \qquad (122)$$

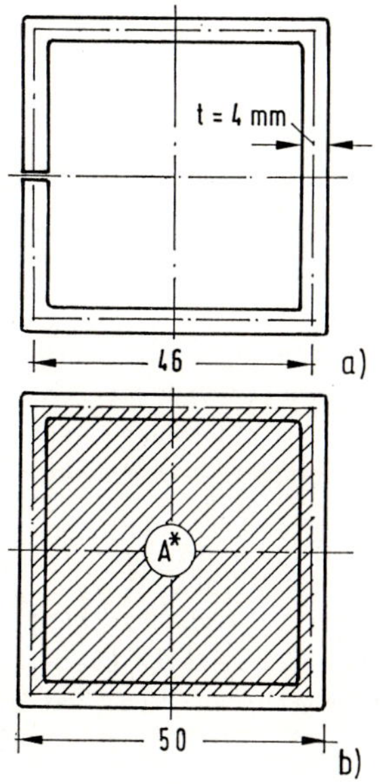

Bild 75

4.8.2.3 Beispiel

Ein Kragstab mit der Länge l=100cm wird am freien Ende durch ein Torsionsmoment M_T=100kNcm belastet. Gesucht sind die primären Schubspannungen und der Drehwinkel am freien Ende. Es werden zwei Fälle untersucht: a) längsgeschlitztes (offenes), b) geschlossenes Quadratrohrprofil (Bild 75; bezogen auf die Profilmittellinie: 46x46mm).

Fall a: Offenes Profil (G.117/116):

$$I_T = \frac{1}{3}\Sigma s_i t_i^3 = \frac{1}{3} 4 \cdot 4{,}6 \cdot 0{,}4^3 = \underline{0{,}392\,cm^4}$$

$$\vartheta' = \frac{M_T}{GI_T} = \frac{100}{0{,}81 \cdot 10^4 \cdot 0{,}392} = \underline{3{,}15 \cdot 10^{-2}} \text{ (Verwindung)}$$

$$\hat{\vartheta}(l) = 3{,}15 \cdot 10^{-2} \cdot 100 = 3{,}15 \longrightarrow \vartheta(l) \approx \underline{180^\circ} \quad \text{Drehwinkel: } (\vartheta(l) = \vartheta' \cdot l)$$

$$\tau_R = \frac{M_T}{I_T} \cdot t = \frac{100}{0{,}392} \cdot 0{,}4 = \underline{102{,}04 \frac{kN}{cm^2}} \gg zul\tau$$

Drehwinkel und max Randschubspannung sind sehr hoch; letztere überschreiten die zul Schubspannungen bei weitem.

Fall b: Geschlossenes Profil (G.122/121):

$$I_T = \frac{4A^{*2}}{\Sigma \frac{s_i}{t_i}} = \frac{4(4{,}6^2)^2}{\frac{1}{0{,}4}(4 \cdot 4{,}6)} = 38{,}9\,cm^4 \quad \text{(ca. 100 - fach)}$$

$$\vartheta' = \frac{M_T}{GI_T} = \frac{100}{0{,}81 \cdot 10^4 \cdot 38{,}9} = \underline{3{,}18 \cdot 10^{-4}}$$

$$\hat{\vartheta}(l) = 3{,}18 \cdot 10^{-4} \cdot 100 = 3{,}18 \cdot 10^{-2} \longrightarrow \vartheta(l) = 3{,}18 \cdot 10^{-2} \cdot \frac{180}{\pi} = \underline{1{,}82^\circ}$$

$$T = \frac{M}{2A^*} = \frac{100}{2 \cdot 4{,}6^2} = 2{,}36\,kN/cm \longrightarrow \tau = \frac{2{,}36}{0{,}4} = \underline{5{,}90 \frac{kN}{cm^2}}$$

Da das Torsionsträgheitsmoment des geschlossenen Profils im Vergleich zum Torsionsträgheitsmoment des offenen Profils ca. 100-fach höher ist, ergibt sich ein Drillwinkel, der 100-fach kleiner ist. Die Schubspannungen (jetzt konstant über die Wanddicke verteilt) ergeben sich zu 17,3-fach geringer. - Bestimmt man das zulässige Torsionsmoment im Sinne des alten Sicherheitskonzeptes mit zulτ =9,0N/cm², folgt für beide Fälle:

Fall a: $\text{zul}\,M_T = \text{zul}\,\tau \cdot \frac{I_T}{t} = 9{,}0\,\frac{0{,}392}{0{,}4} = \underline{8{,}82\ \text{kNcm}}$

Fall b: $\text{zul}\,M_T = \text{zul}\,\tau \cdot t \cdot 2A^* = 9{,}0 \cdot 0{,}4 \cdot 2 \cdot 4{,}6^2 = \underline{152{,}5\ \text{kNcm}}$ (17,3 - fach)

4.8.3 Einführung in die Sekundärtorsion

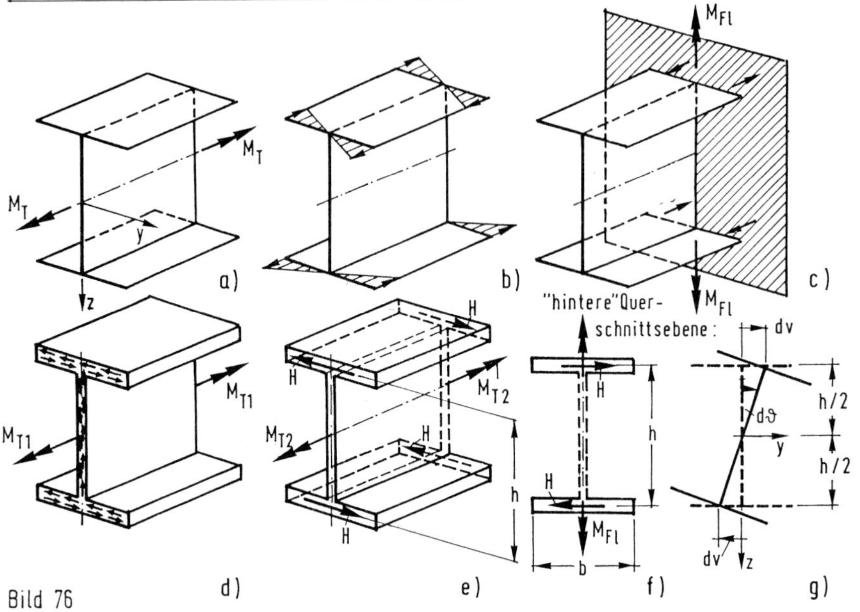

Bild 76

Bild 76 zeigt ein Element eines I-Trägers, auf den ein Torsionsmoment M_T einwirkt. Infolge dieser Torsionsbeanspruchung tritt eine Querschnittsverwölbung auf, wie sie in Teilbild b dargestellt ist: Die Flansche erleiden gegenläufige Längsverschiebungen, die an den Flanschenden den größten Wert annehmen. Wird eine Verwölbung ver- oder behindert, wie in Teilbild c in Form einer starren Einspannung skizziert, treten Längsspannungen auf; sie trachten die Verwölbungen zurückzudrängen, wie es die Einspannbedingung erfordert. In Teilbild c sind die Spannungsresultierenden der Flanschhälften eingezeichnet; sie bauen ihrerseits im oberen und unteren Flansch je ein Moment auf: M_{F1}. Dieser Wölbeffekt beteiligt sich an der Abtragung des äußeren Torsionsmomentes, man spricht daher auch von Wölbkrafttorsion oder Zwängungsdrillung. - Das Torsionsmoment baut sich demnach aus zwei Anteilen auf:

$$M_T = M_{T1} + M_{T2} \tag{123}$$

M_{T1} ist das von den primären (ST-VENANTschen) Schubspannungen aufgebaute Torsionsmoment, (Bild 76d). M_{T2} gehört zu den Wölbkräften. - Den Flanschmomenten M_{F1} ist je eine Querkraft Q_{F1} zugeordnet; sie ist in den Teilbildern e/f als H-Kraft eingetragen; somit gilt:

$$M_T = M_{T1} + Hh \tag{124}$$

h ist der Abstand der Flanschmittellinien. - Die "hintere" Querschnittebene (x+dx) erleidet gegenüber der "vorderen" Ebene (x) in Höhe der Flansche eine gegensetige seitliche Verschiebung; sie ist in Teilbild g gegenüber der Stegachse mit dv ausgewiesen. Die gegenseitige Verdrehung beträgt $\vartheta' dx = d\vartheta$. dv ist somit:

$$dv = \frac{h}{2} d\vartheta \tag{125}$$

Wird eine Trennung der Flansche vom Steg unterstellt, gilt für jeden Flansch das Elastizitätsgesetz der Stabbiegung:

$$M_{Fl} = -EI_{Fl} v''; \quad Q_{Fl} = -EI_{Fl} v''' = -EI_{Fl} \frac{h}{2} \vartheta''' = H \tag{126}$$

G.125 ist rechterseits berücksichtigt. (Der Strich bedeutet die Ableitung nach x.) I_{F1} ist das Trägheitsmoment eines Flansches, bezogen auf die starke Achse des Flansches. Für G.124 folgt nunmehr:

$$M_T = M_{T1} - EI_{Fl} \frac{h^2}{2} \vartheta''' = GI_T \vartheta' - EC_M \vartheta''' \tag{127}$$

Hierin ist M_{T1} durch das Elastizitätsgesetz der Primärtorsion ersetzt, vgl. Abschnitt 27. C_M heißt Wölbwiderstand. C_M beträgt für das hier betrachtete I-Profil (definitionsgemäß, siehe G.127):

$$C_M = I_{Fl} \frac{h^2}{2} = \frac{tb^3}{12} \frac{h^2}{2} = \frac{tb^3 h^2}{24} = \frac{I_z h^2}{4} \tag{128}$$

I_z ist das Trägheitsmoment des I-Prifls um die Stegachse z.
Um den Fall eines mit x veränderlichen Torsionsmomentes zu erfassen, wird G.127 (das ist das Elastizitätsgesetz der Sekundärtorsion) mit der Gleichgewichtsgleichung $M_T' = -m_T$ verknüpft:

$$EC_M\vartheta'''' - GI_T\vartheta'' = m_T \tag{129}$$

$m_T = m_T(x)$ ist die äußere Torsionsmomentenbelastung, vgl. Bild 77).
G.129 ist die Grundgleichung der Sekundärtorsion (Wölbkrafttorsion).
Um die Gleichung zu lösen, wird sie durch EC_M dividiert. Mit der Abkürzung

$$\lambda = \sqrt{\frac{GI_T}{EC_M}}\ \left[\frac{1}{m}\right] \tag{130}$$

lautet die Gleichung (Differentialgleichung 4. Ordn.):

$$\vartheta'''' - \lambda^2\vartheta'' = \frac{m_T}{EC_M} \tag{131}$$

λ heißt Abklingfaktor und ist dimensionsbehaftet!

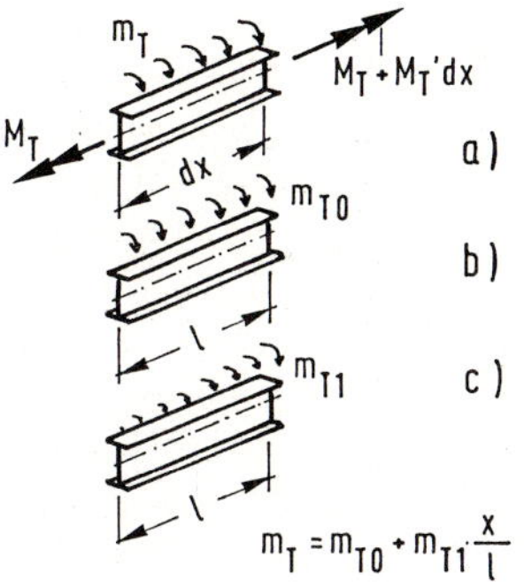

Bild 77

Für die äußere Torsionsbelastung m_T wird ein konstanter und ein linearveränderlicher Verlauf angesetzt (Bild 77b/c). Das Lösungssystem von G.131 lautet hierfür:

$$\left.\begin{aligned}
\vartheta &= \frac{C_1}{\lambda^2}\sinh\lambda x + \frac{C_2}{\lambda^2}\cosh\lambda x + C_3x + C_4 - \frac{1}{2GI_T}(m_{T0} + \frac{1}{3}m_{T1}\frac{x}{l})x^2\\
\vartheta' &= \frac{C_1}{\lambda}\cosh\lambda x + \frac{C_2}{\lambda}\sinh\lambda x + C_3 - \frac{1}{2GI_T}(2m_{T0} + m_{T1}\frac{x}{l})x\\
\vartheta'' &= C_1\sinh\lambda x + C_2\cosh\lambda x - \frac{1}{GI_T}(m_{T0} + m_{T1}\frac{x}{l})\\
\vartheta''' &= C_1\lambda\cosh\lambda x + C_2\lambda\sinh\lambda x - \frac{m_{T1}}{GI_Tl}
\end{aligned}\right\} \tag{132}$$

Die Freiwerte C_1 bis C_4 folgen aus den Rand- und Übergangsbedingungen des Problems. Wegen weiterer Einzelheiten vgl. Abschnitt 27.3.2.2, wo die Theorie verallgemeinert und zugeschärft abgehandelt wird.
Ist $\vartheta = \vartheta(x)$ für eine vorgegebene Aufgabenstellung bekannt (und damit auch deren Ableitungen), lassen sich die Spannungen innerhalb des I-Querschnittes berechnen:
Primärtorsion (siehe G.116):

$$\tau_1 = \frac{M_{T1}}{I_T}t = \frac{GI_T\vartheta'}{I_T}t = G\vartheta' t \tag{133}$$

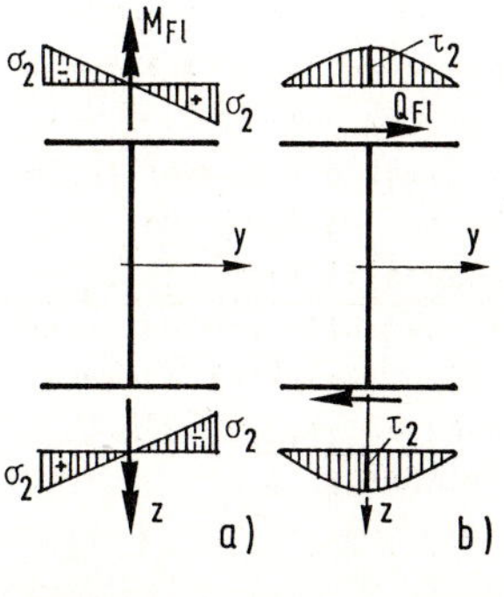

Bild 78

Sekundärtorsion: Die maximalen Wölblängsspannungen an den Flanschenden betragen (Bild 78a):

$$\sigma_2 = \pm\frac{M_{Fl}}{I_{Fl}}(\frac{b}{2}) = \mp\frac{EI_{Fl}v''}{I_{Fl}}(\frac{b}{2}) = \mp E\frac{hb}{4}\vartheta'' \tag{134}$$

Innerhalb des Flansches ist der Verlauf verschränkt linear veränderlich. - Die maximalen Wölbschubspannungen treten in Flanschmitte auf, sie sind über die Flanschbreite parabelförmig verteilt (vgl. Bild 78b):

$$\tau_2 = \frac{3}{2}\cdot\frac{Q_{Fl}}{bt} = -\frac{3}{2}\cdot\frac{EI_{Fl}v'''}{bt} = -\frac{3}{2}\frac{E\cdot b^3t}{12\,bt}\cdot\frac{h}{2}\vartheta''' = -E\frac{b^2h}{16}\vartheta''' \tag{135}$$

Die Spannungen σ_2 und τ_2 sind über die Dicke der Flansche konstant. Ihre Überlagerung mit den primären Schubspannungen liefert entlang der Flanschränder die maximale Schubspannungsbeanspruchung. Diesen Spannungen sind die Biege- und Schubspannungen der Querkraftbiegung zu überlagern, wobei die Richtung der Spannungen zu beachten ist. - Wie erkennbar (s. G.134 und G.135), lassen sich die sekundären (Wölb-) Spannungen nur dann berechnen, wenn in Abhängigkeit von den Rand- und Übergangsbedingungen und der gegebenen Belastung die Grundfunktion $\vartheta = \vartheta(x)$ bestimmt ist. Das ist mit elementaren Mitteln so ohne weiteres nicht möglich; hierzu wird auf Abschnitt 27.3 verwiesen.

4.9 Nachweis kombinierter Normal- und Schubspannungszustände

4.9.1 Vergleichspannung bei statischer Beanspruchung

Im Regelfall treten bei allen Festigkeitsnachweisen kombinierte Spannungszustände auf. Da im Stahlbau praktisch ausschließlich dünnwandige Konstruktionselemente zum Einsatz kommen, liegen i.a. ebene Spannungszustände vor. Es kommt aber auch vor, daß eine Beanspruchung quer zur Blechdicke auftritt, dann handelt es sich um einen räumlichen Spannungszustand.- Betrachtet man einen Trägersteg, überlagern sich in einem Element dx-dz folgende Spannungen (Bild 79):

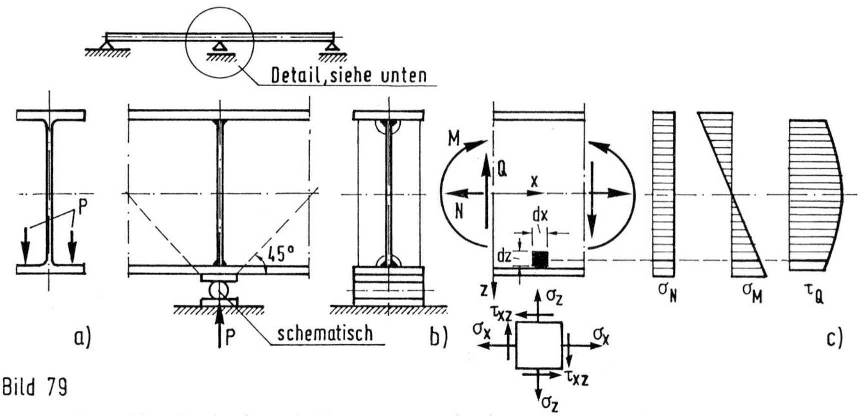

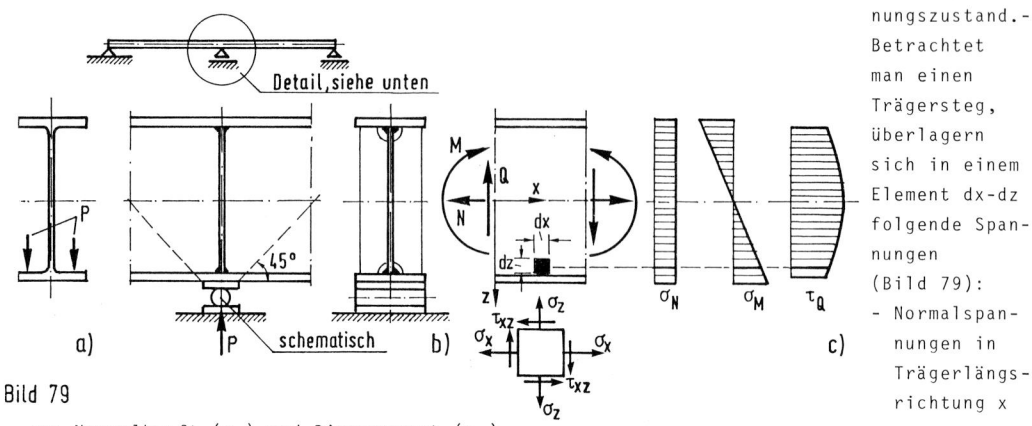

Bild 79

- Normalspannungen in Trägerlängsrichtung x aus Normalkraft (σ_N) und Biegemoment (σ_M),
- Schubspannungen aus Querkraft,
- Normalspannungen in Trägerquerrichtung z infolge direkt in den Steg eingetragener Kräfte (σ_P), z.B. infolge einer am Unterflansch angehängten Last P (Bild 79a; Unterflansch-Laufkatze) oder infolge einer über ein Trägerauflager eingetragenen Stützkraft (Teilbild b; Mittelauflager eines Zweifeldträgers). Die infolge solcher punktuell eingeprägter Kräfte hervorgerufenen Spannungen werden mittels plausibel gewählter Kraftverteilungsansätze, z.B. "Kraftausstrahlung" unter 45°, abgeschätzt.

Zusammengefaßt wirken in dem betrachteten Element:

$$\sigma_x = \sigma_N + \sigma_M \;;\quad \sigma_z = \sigma_P \;;\quad \tau_{xz} = \tau_{zx} = \tau_Q \tag{136}$$

Fallweise treten noch Spannungen infolge Torsion auf (primäre und sekundäre Spannungen)! Gesucht ist eine Rechenvorschrift, die eine Beurteilung des mehrachsigen Spannungszustandes erlaubt, wobei eine ausreichende Sicherheit gegen Fließen einzuhalten ist. Diese Fragestellung gehört in das Gebiet der Anstrengungstheorie (Abschnitt 28).

Für den kombinierten ebenen Spannungszustand σ/τ läßt sich das Problem wie folgt veranschaulichen: Bei alleiniger Wirkung von τ tritt Fließen ein, wenn τ die Schubfließgrenze τ_F erreicht, d.h., wenn der Quotient $\tau/\tau_F=1$ ist.

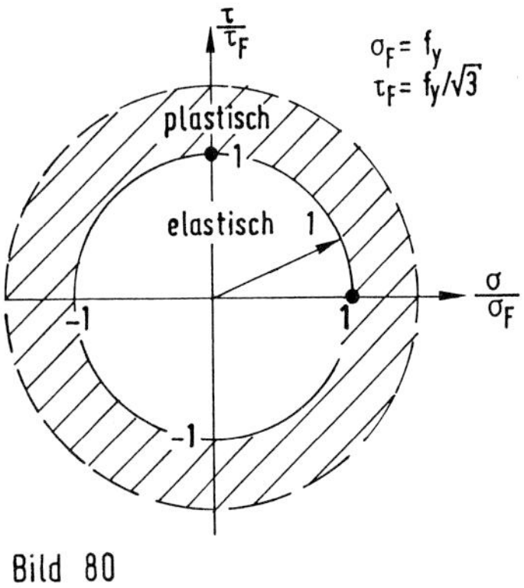

Bild 80

Wie in Abschnitt 2.6.5.2 erläutert, liegt die Schubfließgrenze niedriger als die Zugfließgrenze, weil die Metallkristalle einer scherenden Beanspruchung in Richtung der Gleitebenen und Kristallränder einen geringeren Widerstand entgegensetzen als einer senkrecht dazu gerichteten Normalbeanspruchung. Aufgrund von Versuchen und theoretischen Schlußfolgerungen kann die Schubfließgrenze zu

$$\tau_F = \frac{\sigma_F}{\sqrt{3}} \tag{137}$$

angesetzt werden.

Für einen kombinierten σ/τ-Zustand wird (in plausibler Weise) eine Interaktion gemäß Bild 80 angenommen, die sich als Kreislinie in einem (σ/σ_F)-(τ/τ_F)-Diagramm deuten läßt:

$$\left(\frac{\sigma}{\sigma_F}\right)^2 + \left(\frac{\tau}{\tau_F}\right)^2 = 1 \;\longrightarrow\; \sqrt{\sigma^2 + 3\tau^2} = \sigma_F \tag{138}$$

Die linke Seite von G.138, also der Wurzelausdruck, wird Vergleichsspannung genannt: Damit soll zum Ausdruck gebracht werden, daß der kombinierte Spannungszustand σ/τ auf einen einachsigen Zugspannungszustand zurückgeführt wird, quasi mit diesem "verglichen" wird. Erreicht die Vergleichspannung

$$\sigma_V = \sqrt{\sigma^2 + 3\tau^2} \tag{139}$$

die Fließgrenze, wird der elastische Bereich verlassen (Bild 80). Die vorstehende Vergleichsspannungshypothese gilt für zähe metallische Werkstoffe. - Für den allgemeinen ebenen Spannungszustand gemäß G.136 gilt:

$$\sigma_V = \sqrt{\sigma_x^2 + \sigma_z^2 - \sigma_x\sigma_z + 3\tau^2} \qquad (140)$$

Liegt ein räumlicher Spannungszustand vor, ist zu rechnen:

$$\sigma_V = \sqrt{\sigma_x^2 + \sigma_y^2 + \sigma_z^2 - \sigma_x\sigma_y - \sigma_y\sigma_z - \sigma_x\sigma_z + 3(\tau_{xy}^2 + \tau_{yz}^2 + \tau_{xz}^2)} \qquad (141)$$

Die Formeln basieren auf der Gestaltänderungshypothese (vgl. Abschnitt 28). Die Normalspannungen sind vorzeichenrichtig einzuführen! Zug: positiv, Druck: negativ.

Nachweis nach DIN 18800 T1 (03.81):

Beim Zusammenwirken von Einzelspannungen ist der Vergleichspannungsnachweis gemäß

$$\sigma_V \leq \mathrm{zul}\sigma \qquad (\mathrm{zul}\sigma = \mathrm{zul}\sigma_{Zug}) \qquad (142)$$

zu führen.- Bei Biegeträgern, die ausschließlich durch Querkräfte und einachsige Biegung beansprucht werden, darf statt dessen der folgende Nachweis geführt werden:

$$\sigma_V \leq 1{,}1 \cdot \mathrm{zul}\sigma \qquad (\mathrm{zul}\sigma = \mathrm{zul}\sigma_{Zug}) \qquad (143)$$

Dieser Nachweis ist entbehrlich, wenn die einzelnen Spannungsanteile die Bedingungen $\sigma \leq 0{,}5 \cdot \mathrm{zul}\sigma$ bzw. $\tau \leq 0{,}5 \cdot \mathrm{zul}\tau$ erfüllen. Für τ darf bei I-Querschnitten (und verwandten) die mittlere Schubspannung τ_m (gemäß G.52) eingesetzt werden. Für zulσ bzw. zulτ sind die zulässigen Spannungen des Lastfalles H bzw. HZ anzusetzen.- G.142 bedeutet gegenüber der Vorgängervorschrift eine Verschärfung. Nach DIN 1050 war ehemals für den Stahlhochbau gefordert:

$$\text{Lastfall H: } \sigma_V \leq 0{,}75\sigma_F \ ; \quad \text{Lastfall HZ: } \sigma_V \leq 0{,}80\sigma_F \qquad (144)$$

Sofern die Vergleichsspannungen örtlich begrenzt sind, bestehen n.M.d.Verfs. keine Bedenken, den Nachweis anstelle G.142 gemäß

$$\sigma_V \leq 1{,}1 \cdot \mathrm{zul}\sigma \qquad (145)$$

zu führen.

Nachweis nach DIN 18800 T1 (11.90):

Wirken mehrere Spannungen gleichzeitig, ist ein Vergleichspannungsnachweis zu führen:

$$\sigma_V \leq \sigma_{R,d} \qquad (146)$$

Der Nachweis ist entbehrlich, wenn bei alleiniger Wirkung von σ_x und τ oder σ_y und τ

$$\sigma \leq 0{,}5\sigma_{R,d} \quad \text{oder} \quad \tau \leq 0{,}5\tau_{R,d} \qquad (147)$$

eingehalten wird. - In kleinen Bereichen mit örtlich begrenzter Plastizierung gilt anstelle von G.146:

$$\sigma_V \leq 1{,}1\sigma_{R,d} \qquad (148)$$

Vgl. hierzu auch Abschnitt 4.2.4. - Das vorstehende Nachweiskonzept wird im folgenden an Beispielen erläutert.

4.9.2 Beispiele

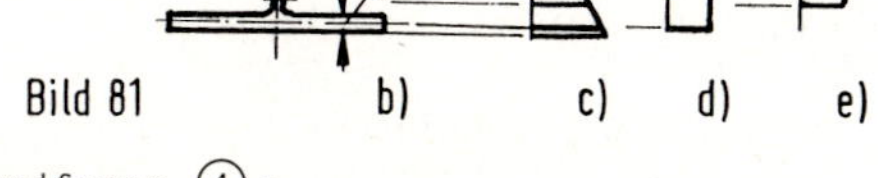

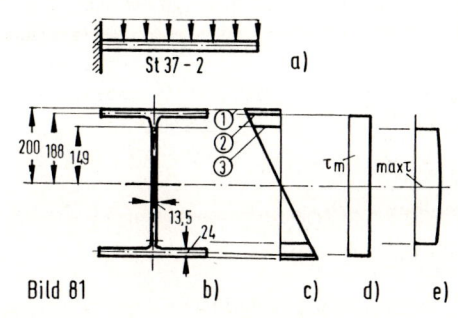

Bild 81

Randfaser ①:

Faser ②, Flanschmittellinie:

Faser ③, Übergang zur Ausrundung:

1. Beispiel: HE400B Profil, St37-2 (Bild 81)

Der Träger ist im Einspannquerschnitt im Bemessungslastfall unter γ_F-ψ-facher Einwirkung für

$Q = (V =)\ 400$ kN und $M = -450$ kNm

nachzuweisen. Hierfür gilt:

$$\sigma_{R,d} = \frac{24{,}0}{1{,}1} = 21{,}8\ \mathrm{kN/cm^2};\ \tau_{R,d} = \frac{24{,}0}{\sqrt{3} \cdot 1{,}1} = 12{,}6\ \mathrm{kN/cm^2}$$

Berechnung der Biegenormalspannung nach G.23

HE 400 B: $I_y = 57680\ \mathrm{cm^4}$, $W_y = 2880\ \mathrm{cm^3}$

$\max S_y = 98{,}9 \cdot (20{,}0 - 3{,}66) = 1616\ \mathrm{cm^3}$ (vgl. Tafel A1)

$A_{Steg} = 1{,}35 \cdot (40{,}0 - 2{,}4) = 50{,}76\ \mathrm{cm^2}$

$\sigma = \mp 45000/2880 = \underline{15{,}63\ \mathrm{kN/cm^2} < 21{,}8\ \mathrm{kN/cm^2}}$

$$\sigma = 15{,}63 \cdot \frac{20{,}0 - 1{,}2}{20{,}0} = 14{,}69\ \mathrm{kN/cm^2}$$

$$\sigma = 15{,}63 \cdot \frac{20{,}0 - 2{,}4 - 2{,}7}{20{,}0} = 11{,}64\ \mathrm{kN/cm^2}$$

Mittlere Schubspannung: $\tau_m = \frac{400}{50{,}76} = \underline{7{,}88\ kN/cm^2 < 12{,}6 kN/cm^2}$

Maximale Schubspannung: $\max\tau = \frac{400 \cdot 1616}{57680 \cdot 1{,}35} = \underline{8{,}30\ kN/cm^2 < 12{,}6 kN/cm^2}$

Schubspannung in der Faser ③: $S = 1616 - 1{,}35 \cdot 14{,}9^2/2 = 1616 - 150 = \underline{1466\ cm^3}$

$$\tau = \frac{400 \cdot 1466}{57680 \cdot 1{,}35} = 7{,}53\ kN/cm^2$$

Vergleichsspannungsnachweis:

Variante 1: Ausgehend von τ_m und der Biegenormalspannung in der Faser ②; Bild 81d:

$$\sigma_V = \sqrt{14{,}69^2 + 3 \cdot 7{,}88^2} = \underline{20{,}25\ kN/cm^2 < 21{,}8\ kN/cm^2}$$

Variante 2: Ausgehend von σ und τ in der Faser ③; Bild 81e

$$\sigma_V = \sqrt{11{,}64^2 + 3 \cdot 7{,}53^2} = \underline{17{,}48\ kN/cm^2 < 21{,}8\ kN/cm^2}$$

Ein Nachweis nach Variante 2 ist realistischer und ermöglicht i.a. eine etwas günstigere Bemessung.

Berechnung der Biegenormalspannung nach G.25:

$$\alpha_{Pl}^* = 1{,}14; \quad W_{Pl} = 1{,}14 \cdot 2880 = 3283\ cm^3$$

$$\sigma_① = \mp 45\,000/3283 = \underline{13{,}71\ kN/cm^2 < 21{,}8\ kN/cm^2}; \quad \sigma_② = 12{,}89\ kN/cm^2$$

In diesem Falle empfiehlt sich nur eine Überlagerung gemäß Variante 1, da dieses Vorgehen eher mit der Vorstellung einer vollständigen Plastizierung im Steg korrespondiert:

$$\sigma_V = \sqrt{12{,}89^2 + 3 \cdot 7{,}88^2} = \underline{18{,}77\ kN/cm^2 < 21{,}8\ kN/cm^2}$$

2. Beispiel: Nachweis im Grundquerschnitt eines gestoßenen Trägers (Bild 82)

Flansche und Steg werden getrennt durch Laschen gestoßen. In der durch die außen liegenden Schraubenlöcher verlaufenden Bruchlinie betragen die Schnittgrößen im Bemessungslastfall:

$$Q = (V=)\ 550\ kN, \quad M = -600\ kNm$$

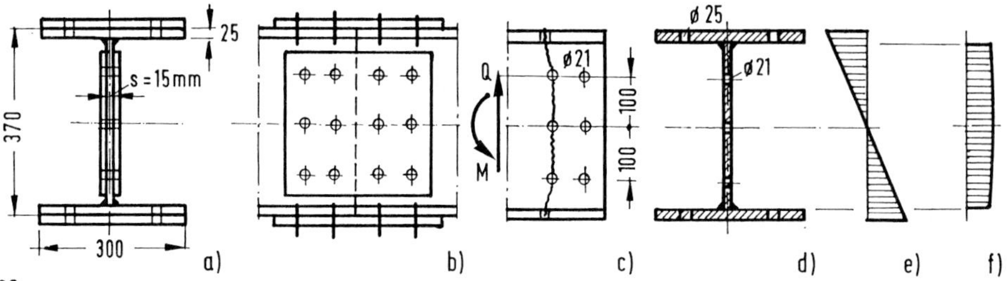

Bild 82

Querschnittswerte des geschweißten Profils (St52-3) ohne Berücksichtigung der Lochschwächung:

$$I = 1{,}5 \cdot 32{,}0^3/12 + 2 \cdot 30{,}0 \cdot 2{,}5^3/12 + 2 \cdot 30 \cdot 2{,}5 \cdot 17{,}25^2 = 4096 + 78 + 44634 = \underline{48808\ cm^4}$$

$$W = 48808/18{,}5 = \underline{2638\ cm^3}; \quad \max S = 1{,}5 \cdot 16{,}0^2/2 + 2{,}5 \cdot 30 \cdot 17{,}25 = 192 + 1294 = \underline{1486\ cm^3}$$

$$S_{Gurt} = \underline{1294\ cm^3}; \quad A_{Steg} = 1{,}5\,(37{,}0 - 2{,}5) = \underline{51{,}75\ cm^2}$$

Berücksichtigung der Schraubenlöcher auf der Biegezugseite, hier oben (Bild 82d):

$$I - \Delta I = 48\,808 - 2 \cdot 2{,}5 \cdot 2{,}5 \cdot 17{,}25^2 (-2{,}1 \cdot 1{,}5 \cdot 10{,}0^2) = 48\,808 - 3720 - 315 = \underline{44\,773\ cm^4}$$

$$\sigma = +\frac{60000}{44\,773} \cdot 18{,}5 = \underline{24{,}8\ kN/cm^2 < 32{,}7\ kN/cm^2}$$

$$A_{Steg} - \Delta A_{Steg} = 51{,}75 - 3 \cdot 1{,}5 \cdot 2{,}1 = 51{,}75 - 9{,}45 = \underline{42{,}3\ cm^2}$$

$$\tau_m = \frac{350}{42{,}3} = \underline{13{,}0\ kN/cm^2 < 18{,}9\ kN/cm^2}$$

Vergleichsspannungsnachweis (im Bruchquerschnitt durch die Schraubenlöcher):

Variante 1: In der Mittellinie der Gurte:

$$\sigma = 24{,}8 \cdot \frac{17{,}25}{18{,}5} = 23{,}1\ kN/cm^2$$

$$\sigma_V = \sqrt{23{,}1^2 + 3 \cdot 13{,}0^2} = \underline{32{,}26\ kN/cm^2 < 32{,}7\ kN/cm^2}$$

Variante 2: Berechnung einer Ersatzblechdicke zur Erfassung der Lochschwächungen im Steg:

$$s_{Ersatz} = 15 \cdot 42{,}3/51{,}76 = 12{,}3\ \text{mm} \longrightarrow \max\tau = \frac{550 \cdot 1486}{48\,808 \cdot 1{,}23} = \underline{13{,}6\ \text{kN/cm}^2}$$

Im Anschnitt:

$$\tau = \frac{550 \cdot 1294}{48\,808 \cdot 1{,}23} = 11{,}85\ \text{kN/cm}^2, \quad \sigma = 24{,}8 \cdot \frac{16{,}0}{18{,}5} = 21{,}45\ \text{kN/cm}^2$$

$$\sigma_V = \sqrt{21{,}45^2 + 3 \cdot 11{,}85^2} = \underline{29{,}69\ \text{kN/cm}^2 < 32{,}7\ \text{kN/cm}^2}$$

3. Beispiel: Kastenquerschnitt (Bild 83). Der Querschnitt ist für folgende Schnittgrößen im Bemessungslastfall nachzuweisen:

$$Q = 380\ \text{kN}, \quad M_y = 3250\ \text{kNm}, \quad M_T = -600\ \text{kNm}$$

Die Querschnittswerte betragen:

$$A = 707{,}9\ \text{cm}^2;\ e_z = 31{,}86\ \text{cm};\ I_y = 945\,132\ \text{cm}^4$$

$$W_{oben} = 29\,665\ \text{cm}^3;\ W_{unten} = 19\,633\ \text{cm}^3$$

Die Statischen Momente werden für die rechte Querschnittshälfte, bezogen auf die y-Achse, ermittelt; in der Symmetrieachse (=z-Achse) sind die Schubkräfte Null. Der Querschnitt wird von 0 bis 10 durchnummeriert, vgl. Teilbild b. Die Statischen Momente werden von außen, d.h. bei 0/1 bzw. 6/7 beginnend, als Absolutwerte berechnet:

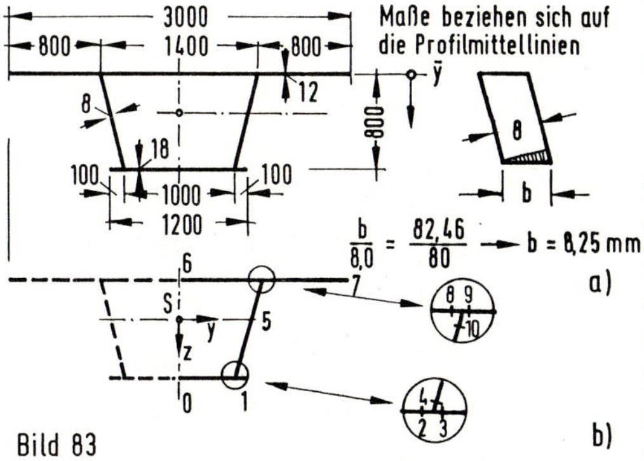

Bild 83

$$S_0 = 0;\ S_1 = 0;\ S_2 = 1{,}8 \cdot 50 \cdot 48{,}14 = 4332{,}6\ \text{cm}^3;\ S_3 = 1{,}8 \cdot 10 \cdot 48{,}14 = 866{,}5\ \text{cm}^3;\ S_4 = 4332{,}6 + 866{,}5 = 5199{,}1\ \text{cm}^3$$

$$S_5 = 5199{,}1 + 0{,}825 \cdot 48{,}14^2/2 = 5199{,}1 + 956{,}0 = \underline{6155\ \text{cm}^3}$$

$$S_6 = 0;\ S_7 = 0;\ S_8 = 1{,}2 \cdot 70 \cdot 31{,}86 = 2676{,}2\ \text{cm}^3;\ S_9 = 1{,}2 \cdot 80{,}0 \cdot 31{,}86 = 3058{,}6\ \text{cm}^3;\ S_{10} = 2676{,}2 + 3058{,}6 = 5734{,}8\ \text{cm}^3$$

$$S_5 = 5734{,}8 + 0{,}825 \cdot 31{,}86^2/2 = 5734{,}8 + 418{,}7 = \underline{6153\ \text{cm}^3}$$

Für die Berechnung der Schubkräfte infolge Torsion wird benötigt:

$$A^* = 80{,}0 \cdot (100 + 140)/2 = 9600\ \text{cm}^2$$

Spannungsnachweise:

Biegenormalspannungen (in den Profilmittellinien der Gurtbleche):

$$\sigma_{oben} = -325\,000/29\,665 = 10{,}96\ \text{kN/cm}^2;\quad \sigma_{unten} = +325\,000/19\,633 = 16{,}55\ \text{kN/cm}^2$$

Schubspannungen infolge Querkraft:

$$T = \frac{Q \cdot S}{I} = \frac{380}{945\,132} \cdot S = 4{,}02060 \cdot 10^{-4} \cdot S;\quad \tau = T/t$$

Schubspannungen infolge Torsionsmoment:

$$T = \frac{M}{2A^*} = \frac{(-)\,60\,000}{2 \cdot 9600} = 3{,}13\ \text{kN/cm};\quad \tau = T/t$$

		Q		M_T		σ_V			
Nr.	t	T	τ	T	τ	σ	τ	σ_V	
0	1,8	0	0	3,13	1,74	16,55	1,74	16,82	
1	1,8	0	0	-	-	"	0	16,55	
2	1,8	1,74	0,97	3,13	1,74	"	2,71	17,20	
3	1,8	0,35	0,19	-	-	"	0,19	16,55	
4	0,8	2,09	2,61	3,13	3,91	"	6,52	20,04	< 21,82
5	0,8	2,47	3,09	3,13	3,91	0	7,00	12,12	
6	1,2	0	0	3,13	2,60	-10,96	2,60	11,85	
7	1,2	0	0	-	-	"	0	10,96	
8	1,2	1,08	0,90	3,13	2,60	"	3,50	12,52	
9	1,2	1,23	1,03	-	-	"	1,03	11,10	
10	0,8	2,31	2,88	3,13	3,91	"	6,79	16,08	
	cm	kN/cm	kN/cm²	kN/cm	kN/cm²	kN/cm²			

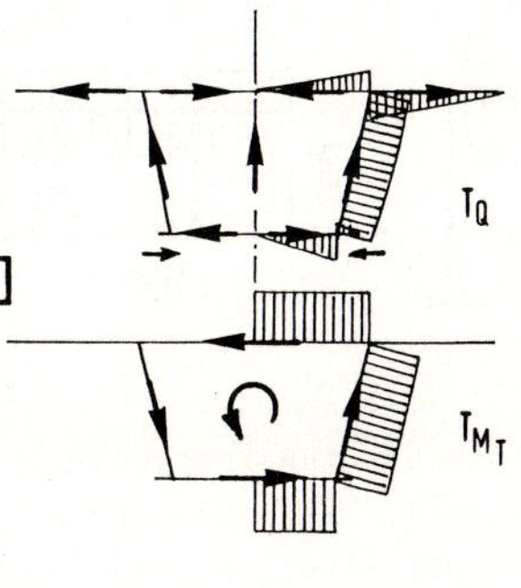

Bild 84 a) b)

In der Tabelle des Bildes 84a ist das Berechnungsergebnis zusammengefaßt. Teilbild b zeigt den Verlauf der Schubkräfte, entsprechend werden die zugehörigen Schubspannungen überlagert. Damit lassen sich die Vergleichsspannungen berechnen.

$$\text{St 37-2:}\ \sigma_{R,d} = 24{,}0/1{,}1 = 21{,}82\ \text{kN/cm}^2;\quad \tau_{R,d} = 21{,}82/1{,}73 = 12{,}60\ \text{kN/cm}^2$$

4. Beispiel: Rahmenecke, St52-3 (Bild 85)

Im System-Rahmeneckpunkt wirken im Bemessungslastfall (Teilbild b):

$$Q_R = 280\,kN,\ N_S = -280\,kN;\ N_R = -100\,kN,\ Q_S = -100\,kN;\ M_R = M_S = -300\,kNm = M$$

Querschnittsmaße und Querschnittswerte von Riegel und Stiel: Riegel: HE 500 A: $h = 490\,mm$, $b = 300\,mm$, $t = 23\,mm$, $s = 12\,mm$, $r = 27\,mm$; $A = 198\,cm^2$; $I = 86970\,cm^4$

Stiel: HE 300 B: $h = 300\,mm$, $b = 300\,mm$, $t = 19\,mm$, $s = 11\,mm$, $r = 27\,mm$; $A = 149\,cm^2$; $I = 25170\,cm^4$

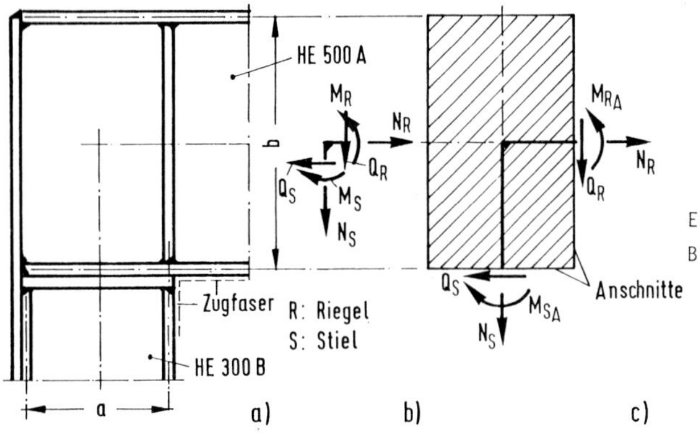

Bild 85

$a = 300 - 19 = 281\,mm$; $b = 490 - 23 = 467\,mm$

Entlang der Anschnitte betragen die Biegemomente (vgl. Abschnitt 14.3.6):

$$M_{RA} = M + Q_R\frac{a}{2} = -300 + 280\cdot\frac{0{,}281}{2} = -300 + 39{,}3 = \underline{-260{,}7\ kNm}$$

$$M_{SA} = M - Q_S\frac{b}{2} = -300 + 100\cdot\frac{0{,}467}{2} = -300 + 23{,}4 = \underline{-276{,}6\ kNm}$$

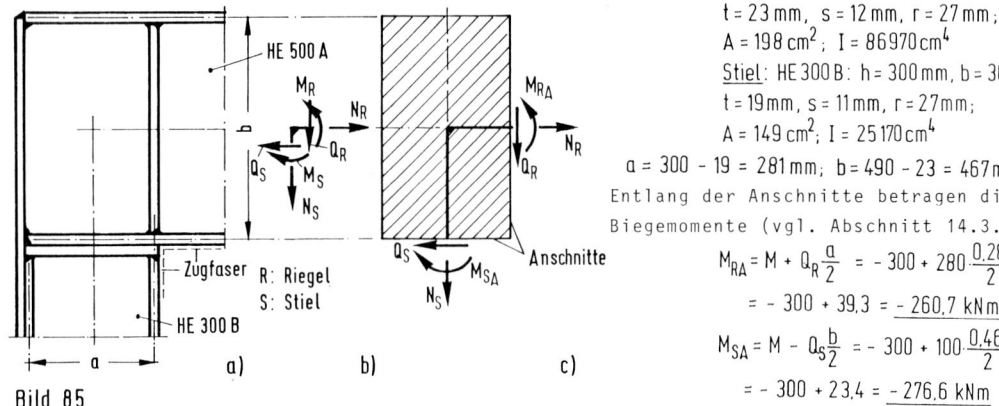

Normalspannungen am Anschnitt (Randspannungen):

$$\text{Riegel:}\quad \sigma = -\frac{100}{198} \mp \frac{26070}{86970}\cdot 24{,}5 = -0{,}51 \mp 7{,}34 = -7{,}85\ /\ +6{,}83\ kN/cm^2$$

$$\text{Stiel:}\quad \sigma = -\frac{280}{149} \mp \frac{27660}{25170}\cdot 15{,}0 = -1{,}88 \mp 16{,}48 = \underline{-18{,}36}\ /\ +14{,}60\ kN/cm^2 < \underline{32{,}7\ kN/cm^2}$$

Mittlere Schubspannungen:

$$\text{Riegel: } \tau_m = 280/1{,}2\cdot(49{,}0 - 2{,}3) = 5{,}00\,kN/cm^2;\quad \text{Stiel: } \tau_m = 100/1{,}1\cdot(30{,}0 - 1{,}9) = 3{,}24\ kN/cm^2$$

Im Rahmeneck (Abschnitt 14.3.6, daselbst G.64/65):

$$T = (T_{S0} =)\ \frac{-30000}{28{,}1\cdot 46{,}7} + \frac{280}{2\cdot 46{,}7} - \frac{-100}{2\cdot 28{,}1} = -22{,}86 + 3{,}00 + 1{,}78 = -18{,}08\ kN/cm$$

$$\tau = 18{,}08/1{,}2 = \underline{15{,}07\ kN/cm^2} = \text{konst} < \underline{18{,}9\ kN/cm^2}$$

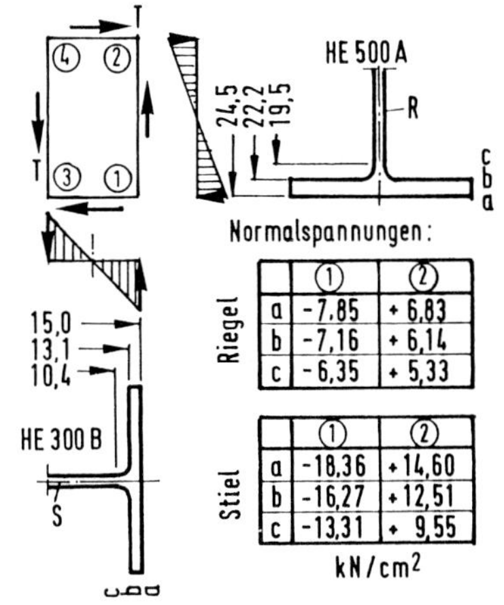

Bild 86

Ein Vergleichsspannungsnachweis im Riegel- bzw. Stielquerschnitt außerhalb der Rahmenecke ist entbehrlich: $\tau_m < 0{,}5\cdot\tau_{R,d}$

Um den Vergleichsspannungsnachweis im Rahmeneckbereich führen zu können, werden die Normalspannungen in den Schnitten a, b und c der Eckpunkte ①, ② und ③ zusammengestellt, vgl. Bild 86. Es erscheint zulässig, den Vergleichsspannungsnachweis am Ausrundungsbeginn zu führen (Faser c). Da die Schubspannungsberechnung im Rahmeneck von gewissen Plausibilitätsansätzen ausgeht (z.B. die inneren Hebelarme bei der Aufteilung der Momente betreffend), wird dennoch empfohlen, die Vergleichsspannungen entlang der inneren Flanschbegrenzung nachzuweisen (Faser b):

$$① \quad \sigma_V = \sqrt{7{,}16^2 + 16{,}27^2 - 7{,}16\cdot 16{,}27 + 3\cdot 15{,}07^2} = \underline{29{,}68\ \frac{kN}{cm^2} < 32{,}7\ \frac{kN}{cm^2}}$$

$$② \ \sigma_V = 26{,}81\ kN/cm^2;\quad ③\ \sigma_V = 28{,}95\,kN/cm^2;\quad ④\ \sigma_V = 26{,}10\ kN/cm^2$$

Neben dem Spannungsnachweis ist stets auch ein Beulnachweis zu führen!

5. Beispiel: Trägerkreuzpunkt, St37-3 (Bild 87)

Zwei Träger HE500B werden von zwei Trägern HE300B gekreuzt. Die Schnittgrößen unter γ_F-ψ-facher Einwirkung betragen:

Schnitt 1 (HE360B): $Q = 100\,kN$, $M = -300\,kNm$

Schnitt 2 (HE500B): $Q = 175\,kN$, $M = +525\,kNm$

Biegerandspannungen:

$$1:\ \sigma = \mp \frac{30\,000}{2400} = \mp 12{,}50\ \text{kN/cm}^2$$

$$2:\ \sigma = \pm \frac{52500}{4290} = \pm 12{,}24\ \text{kN/cm}^2$$

Der Nebenträger erhält oben eine Ausnehmung (vgl. Teilbild d)

Schnitt 1:

$$A_{Steg} - \Delta A_{Steg} = 1{,}25 \cdot (36{,}0 - 5{,}5 - 1{,}125) = 36{,}72\ \text{cm}^2$$

$$\tau_m = \frac{100}{36{,}72} = 2{,}72\ \text{kN/cm}^2$$

Schnitt 2:

$$A_{Steg} = 1{,}45 \cdot (50{,}0 - 2{,}8) = 68{,}44\ \text{cm}^2$$

$$\tau_m = \frac{175}{68{,}44} = 2{,}56\ \text{kN/cm}^2$$

In Bild 87e/f sind die Biegespannungen in den verschiedenen Fasern eingetragen. Der Vergleichsspannungsnachweis ist in den Volumenelementen ① bis ③ zu führen (vgl. Teilbild d):

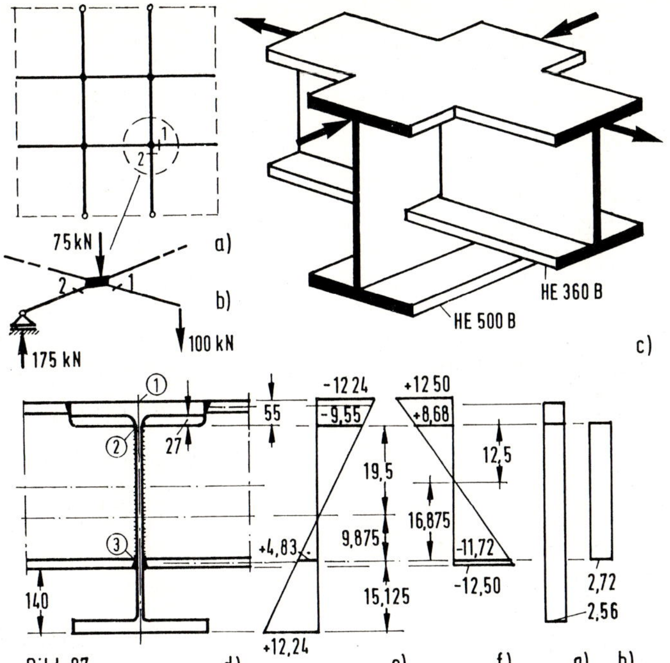

Bild 87

$$① \quad \sigma_V = \sqrt{12{,}24^2 + 12{,}50^2 + 12{,}24 \cdot 12{,}50} = 21{,}43\ \text{kN/cm}^2 < 21{,}82\ \text{kN/cm}^2$$

$$② \quad \sigma_V = \sqrt{9{,}55^2 + 8{,}68^2 + 9{,}55 \cdot 8{,}65 + 3(2{,}56^2 + 2{,}72^2)} = 17{,}07\ \text{kN/cm}^2$$

$$③ \quad \sigma_V = \sqrt{4{,}83^2 + 11{,}72^2 + 4{,}83 \cdot 11{,}72 + 3(2{,}56^2 + 2{,}72^2)} = 16{,}10\ \text{kN/cm}^2$$

Zur Überlagerung der Schubspannungen vgl. Bild 88.

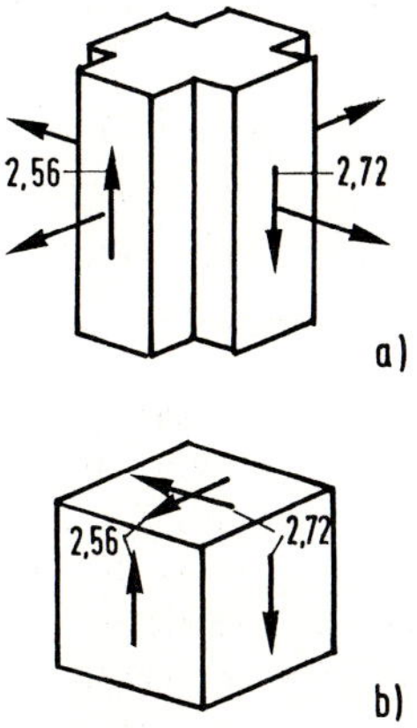

Bild 88

Anmerkung: Im Bereich der Trägerausnehmung ist es ggf. erforderlich, die Verlagerung der Schwerachse zu berechnen. Da der Flansch des HE500B-Profils mit 28mm um 5,5mm dicker ist als der Flansch des HE360B Profils mit 22,5mm, wird der Flächenverlust überkompensiert; Flächenvergleich:

Flächenverlust: 1,25 · 2,70 = 3,38 cm²

Flächengewinn: 0,55 · 30 = 16,5 cm²

Auf weitere Nachweise kann verzichtet werden.

4.9.3 Vergleichsspannung bei dynamischer Beanspruchung

Im Falle einer nicht vorwiegend ruhenden Belastung (Kranbau, Brückenbau) gelten empirisch hergeleitete Vergleichsspannungsformeln, vgl. Abschnitt 8.7.1.4. Sie werden durch jüngste Untersuchungen als eher auf der sicheren Seite liegend bestätigt [8]. Für die Stahlbau-Dauerfestigkeit $N=N_D=2 \cdot 10^6$ läßt sich aus [8] die Interaktionsformel

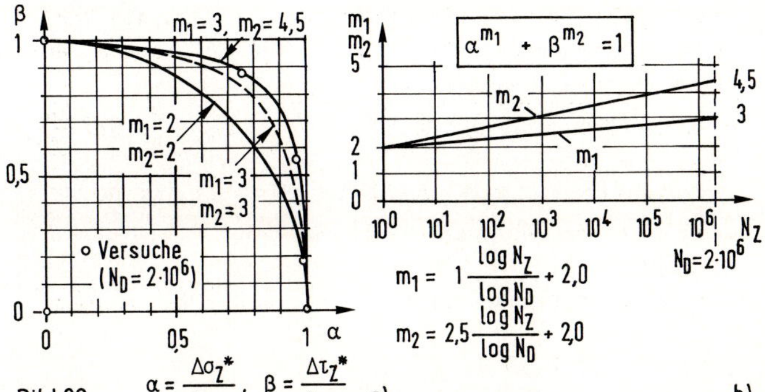

Bild 89

$$\alpha^3 + \beta^{4,5} = 1 \longrightarrow \left(\frac{\sigma_D^*}{\sigma_D}\right)^3 + \left(\frac{\tau_D^*}{\tau_D}\right)^{4,5} = 1 \quad \text{bzw.} \quad \left(\frac{\Delta\sigma_D^*}{\Delta\sigma_D}\right)^3 + \left(\frac{\Delta\tau_D^*}{\Delta\tau_D}\right)^{4,5} = 1 \qquad (149)$$

folgern. Der Stern kennzeichnet das gleichzeitig auftretende σ/τ-Paar. Unterstellt man, daß für den statischen Zähbruch ($N=1=10^0$; streng $N=1/4$) die Interaktionsbeziehung

$$\alpha^2 + \beta^2 = 1 \longrightarrow \left(\frac{\sigma_B^*}{\sigma_B}\right)^2 + \left(\frac{\tau_B^*}{\tau_B}\right)^2 = 1 \qquad (150)$$

gilt, wäre zu vermuten, daß die Exponenten für den Bereich der Zeitfestigkeit zwischen 2 bis 3 (α) bzw. 2 bis 4,5 (β) liegen. Das führt auf die in Teilbild b eingetragene Anweisung; tatsächlich wird die Vermutung im Trend von den Versuchen bestätigt. Geht man von der Richtigkeit der Hypothese aus, ist G.149 beim Betriebsfestigkeitsnachweis nicht anwendbar, da hierbei Spannungen im Zeitfestigkeitsbereich zugelassen werden. Insofern verbleiben Vorbehalte gegenüber der im EUROCODE 3 vorgeschlagenen Interaktionsbeziehung mit den Exponenten 3 (α) bzw. 5 (β). Nach M.d.V. wäre anzuraten, die Exponenten einheitlich zu 3 anzusetzen; vgl. Bild 89a.

5 Elasto-statische Berechnung der Stabtragwerke (Grundzüge)

5.1 Einführung

a) Baukonstruktionen sind - im Gegensatz zu den freien (mobilen) Konstruktionen des Land-, See- und Luftverkehrs - ortsfeste (d.h. gelagerte) Konstruktionen. Im Hochbau sind die maßgebenden Lasten vorrangig ruhender, im Kran- und Brückenbau vorrangig beweglicher Natur. Entwurf, Berechnung und Bemessung der Tragwerke sind Gegenstand des Konstruktiven Ingenieurbaues; das geschieht im Rahmen des Trag- und Gebrauchstauglichkeitsnachweises. Grundlage hierfür bilden (im weitesten Sinne) die Methoden der Baumechanik. Treten infolge der äußeren Einwirkungen nur statische Reaktionen (ohne Trägheitswirkungen) auf, so werden die Stütz- und Schnittgrößen und die Formänderungen nach den Methoden der Baustatik berechnet [1], im anderen Falle, d.h. bei Schwing- und Stoßbeanspruchungen, nach den Methoden der Baudynamik [2].

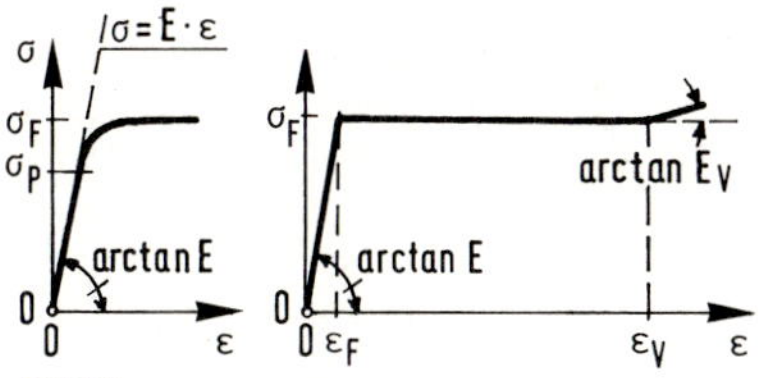

Bild 1

Von elasto-statischer Berechnung spricht man dann, wenn die Beanspruchung vorwiegend ruhend ist und ein (linear-) elastisches Materialverhalten vorliegt oder dieses als Näherung angenommen werden kann. Real ist die Spannungsdehnungs-Linie der Konstruktionsstähle nur bis zur Proportionsalitätsgrenze σ_P linear, in vielen Fällen wird sie bis zur Fließgrenze σ_F als linear angesetzt (Bild 1). Wird die Tragwerksanalyse unter Einrechnung von Plastizierungen durchgeführt, spricht man von plasto-statischer Berechnung (Abschnitt 6).

b) Streng genommen sind alle Tragwerke räumlich strukturiert. In den meisten Fällen ist es möglich, sie in ebene Strukturen, z.B. in Längs- und Querrichtung des Bauwerkes, zu gliedern. Bild 2a zeigt, wie das dargestellte Tragwerk in Querrichtung in Zweigelenkrahmen und in Längsrichtung in Pendelstützen mit Gelenkriegeln und Verbänden gegliedert werden kann (Teilbild b). Solche Lösungen findet man häufig im Stahlhallenbau. Bei Geschoßbauten ist es meist umgekehrt: Die Tragebenen in Querrichtung werden durch Verbände, die äußeren Tragebenen in Längsrichtung durch Rahmen stabilisiert.

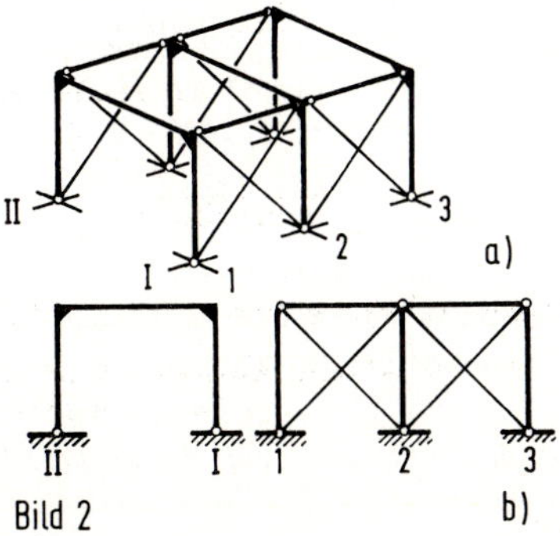

Bild 2

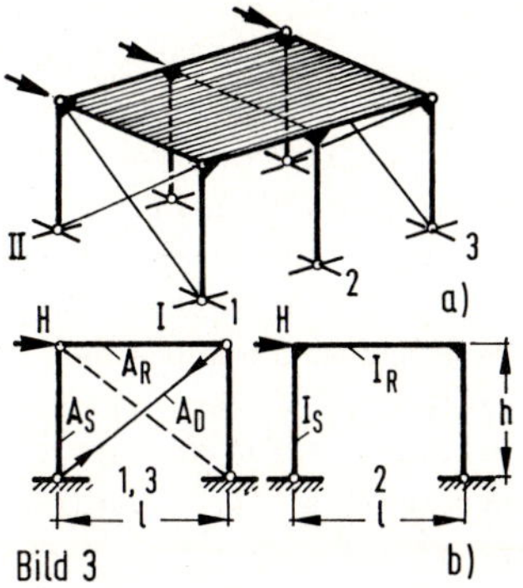

Bild 3

Man nennt solche Tragebenen Scheiben, auch dann, wenn sie als Rahmen oder Verbände ausgebildet sind. - Bei der Zerlegung der Tragwerke in Untersysteme ist auf deren fallweise unterschiedliche Steifigkeit Rücksicht zu nehmen; hierzu ein Beispiel: Bild 3 zeigt ein Tragwerk mit Längsrahmen in den Ebenen I und II. In den Querebenen 1 und 3 liegen Verbände und in der Ebene 2 liegt ein Zweigelenkrahmen; Teilbild b zeigt die Systeme. Wirkt auf diese die Horizontalkraft H ein, folgt deren Horizontalverschiebung zu:

Tragebene 1,3: Verband mit nur zugsteifen Diagonalen:

$$\Delta = \left[\frac{l}{EA_R} + \left(\frac{h}{l}\right)^2 \frac{h}{EA_S} + \left(\frac{l_D}{l}\right)^3 \frac{l}{EA_D}\right] H \qquad (1)$$

Tragebene 2: Zweigelenkrahmen:

$$\Delta = \left[\frac{h^2 l}{12\,EI_R} + \frac{h^3}{6EI_S}\right] H \qquad (2)$$

Annahme: l=10m, h=6m, Riegel IPE400, Stiele IPE300; Diagonale A_D=20cm². Die Auswertung der Formeln ergibt: Verbandssystem: EΔ=95·H[kN/cm], Zweigelenkrahmen: EΔ=5603·H[kN/cm]. Das heißt: Das Verbandssystem ist (bei gleicher Ausbildung der Riegel und Stiele) 60-mal steifer als das Rahmensystem. Werden die Windlasten über eine starre Deckenscheibe auf die Tragebenen 1,2 und 3 abgesetzt, erhalten die Verbände aufgrund ihrer ungleich höheren Steifigkeit praktisch die gesamte Last; die Ausbildung der mittleren Tragebene als Rahmen ist im vorliegenden Fall offensichtlich nicht sinnvoll. - Mit diesen elementaren Hinweisen ist dargetan, was bei der Zerlegung der Tragwerke in (ebene) Untersysteme zu beachten ist.

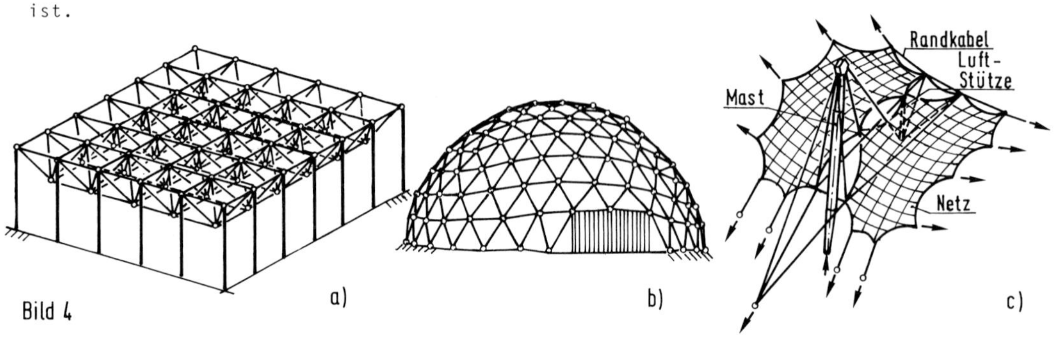

Bild 4

Handelt es sich um "echte" räumliche Tragwerke, z.B. um Raumfachwerke, Stabwerkskuppeln, Netzwerke u.a., gelingt eine Zerlegung in ebene Systeme nicht. Bild 4 zeigt Beispiele (rechterseits: Teilfeld der Seilnetzkonstruktion über dem Münchner Olympia-Stadion).

c) In Abhängigkeit vom angestrebten Genauigkeitsgrad wird unterschieden:

I : Berechnung nach Theorie I. Ordnung: Die Gleichgewichtsgleichungen werden am unverformten Tragwerk erfüllt. Da die überwiegende Zahl der Baukonstruktionen und Bauteile eine sehr hohe Steifigkeit aufweisen, sind die Verformungen im Vergleich zu den Abmessungen der Tragglieder gering. Eine Berechnung nach Theorie I. Ordnung liefert daher im Regelfall ausreichend genaue Ergebnisse. Die Stütz- und Schnittgrößen sind den äußeren Lasten proportional, es gilt das Superpositionsgesetz: Die statischen Größen unterschiedlicher Lastfälle können überlagert werden.

II : Berechnung nach Theorie II. Ordnung: Die Gleichgewichtsgleichungen werden am verformten Tragwerk erfüllt, wobei in Relation zu den Dickenabmessungen der Bauteile (Stützen, Träger) "kleine" Verformungen unterstellt werden. Eine Berechnung nach Theorie II. Ordnung ist beim Tragsicherheitsnachweis druckbeanspruchter Bauteile geboten, d.h. beim Stabilitätsnachweis gegen Knicken, Kippen, Beulen. Nur auf diese Weise lassen sich die Zusatzmomente und Abtriebskräfte erfassen, die durch die Verformungen ausgelöst werden. Bei zugbeanspruchten Konstruktionen bietet eine Berechnung nach Theorie II. Ordnung wirtschaftliche Vorteile, z.B. bei der Berechnung von Hängebrücken. Das Superpositionsgesetz ist für Lastfälle mit unterschiedlichen Normalkräften nicht mehr gültig: Abschnitt 7.

III: Berechnung nach Theorie III. Ordnung: Die Gleichgewichtsgleichungen werden am verformten System erfüllt, wobei "große" Verformungen (groß im Vergleich zu den Abmessungen der Tragglieder) zugelassen sind.

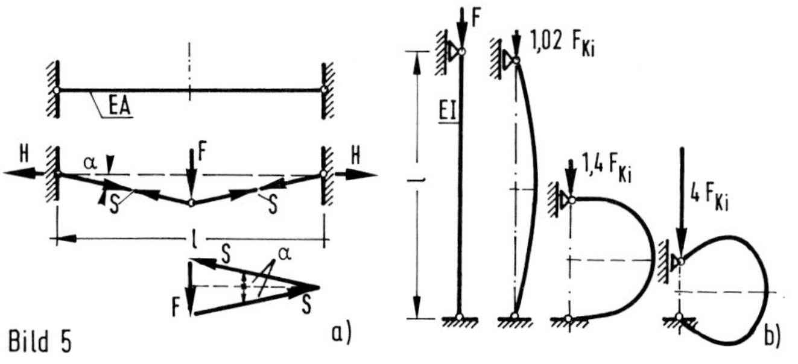

Bild 5

Bild 5 zeigt zwei Beispiele:

Teilbild a: Ein straff gespanntes Seil mit starren Endlagern wird mittig durch eine Einzelkraft F belastet. Die Dehnsteifigkeit des

Seiles sei EA. Die Kraft kann nur in einem stark verformten Gleichgewichtszustand abgetragen werden. Die Seilkraft S berechnet sich zu:

$$S = \frac{1}{2}\sqrt[3]{EA \cdot F^2} \qquad (3)$$

Der beidseitig geweckte Horizontalzug H ist näherungsweise gleich S. Wie die Formel zeigt, ist S in nichtlinearer Weise von F abhängig (vgl. Abschnitt 26.13.2).
Teilbild b: Die elasto-statische Knickkraft des beidseitig gelenkig gelagerten Druckstabes beträgt:

$$F_{Ki} = \pi^2 \frac{EI}{l^2} \qquad (4)$$

EI ist die Biegesteifigkeit und l die Länge des Stabes. Wird die Knickkraft F_{Ki} von der äußeren Druckkraft überschritten, trägt der Stab die Last mit großen Verformungen. Die zu den in der Abbildung skizzierten Biegezuständen gehörenden Druckkräfte betragen: 1,02; 1,4 bzw. $4F_{Ki}$. Solche "Überkritischen" Zustände werden bei Bauwerken nicht verfolgt. Berechnungen nach Theorie III. Ordnung sind nur in Ausnahmefällen erforderlich; solche sind z.B. Seil- und Netzwerke (zur Seilstatik vgl. Abschnitt 16.3).

d) Im Regelfall liegen Systeme unveränderlicher Gliederung vor: Das statische System des Tragwerkes erfährt unter ansteigender Last keine Änderung. Gelegentlich ist diese Voraussetzung nicht erfüllt, man spricht dann von Systemen mit veränderlicher Gliederung: Sind z.B. in einem Tragsystem druckschlaffe Stäbe vorhanden, wie häufig in Verbänden, fallen diese Stäbe aus, wenn sie Druck erhalten (sie knicken aus). Das Tragwerk muß dann so ausgebildet sein, daß es auch in diesem Falle stabil bleibt. Bild 6a zeigt hierfür ein

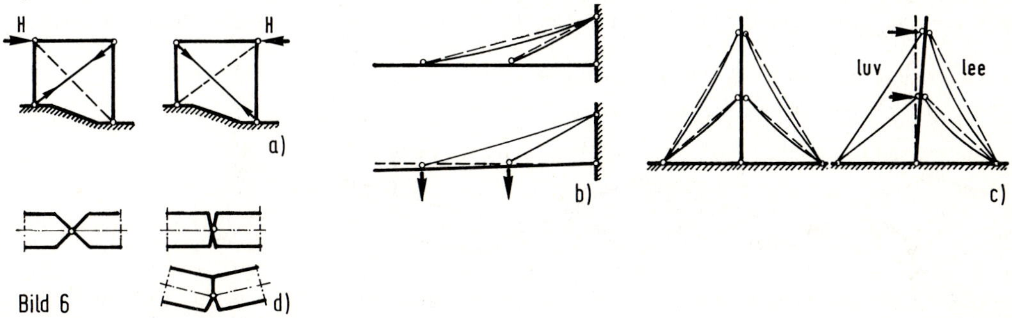

Bild 6

Beispiel, es handelt sich um einen Verband mit nur zugsteifen Diagonalen: In Abhängigkeit von der Wirkungsrichtung der Horizontalkraft H wird entweder die eine oder die andere Diagonale auf Zug aktiviert. Die überkritische Tragkraft der jeweils anderen Diagonale wird sicherheitshalber nicht in Ansatz gebracht. - Es gibt auch Fälle, in denen die Umgliederung des statischen Systems nicht sprunghaft sondern stetig erfolgt, das ist z.B. bei Systemen mit langen Tragseilen der Fall. Die Bilder 6b und 6c zeigen Beispiele. Der Durchhang der Seile ist durch deren Eigengewicht bedingt. Unter ansteigender Last straffen sich die Seile. Die Umgliederung vollzieht sich (kinematisch) nichtlinear. - Tritt bei Durchlaufträgern (in Abhängigkeit von der Anordnung bzw. Stellung der Lasten) ein Abheben der (nicht gesicherten) Auflager ein, liegt ebenfalls ein System veränderlicher Gliederung vor. Bei Durchlaufträgern mit Zwischengelenken kann auch dann ein System veränderlicher Gliederung vorliegen, wenn die Gelenke nur ein begrenztes Spiel aufweisen. Ist das Spiel im Zuge der auftretenden Verformungen aufgezehrt, schließt sich das Gelenk und es stellt sich eine biegesteife Durchlaufwirkung ein. Dieser Fall liegt bei gewissen Pionier-Pontonbrücken vor. - Tritt bei nicht-zugsteifem Material eine klaffende Fuge auf, wie z.B. in der Bodenfuge ausmittig belasteter Fundamente, handelt es sich ebenfalls um ein System veränderlicher Gliederung.
Stellen sich in Tragwerken Plastizierungen ein, liegt stets ein System veränderlicher Gliederung vor: Bei Ausbildung von Fließzonen oder Fließgelenken, tritt an diesen Stellen eine kontinuierliche bzw. sprunghafte Steifigkeitsminderung ein: Das Tragwerk geht suk-

zessive in ein System verminderter Steifigkeit über bis es schließlich als kinematische Kette versagt.

e) Als neue Technik wurde in jüngster Zeit die sogen. "aktive Verformungskontrolle" entwickelt [3]. Hierbei wird in das Tragwerk ein Regelsystem mit Sensoren und aktiven Kraftgebern (z.B. in Form servo-hydraulischer Zylinder) eingebaut. In Abhängigkeit von einem Kraft- oder Verformungssignal wird der Kraftgeber aktiviert und dadurch in gezielter Weise das innere Kräftespiel aktiv beeinflußt. Diese Technik setzt die ständige Verfügbarkeit einer Energiequelle voraus. (Sie wird vorrangig zur Bauwerksdämpfung bei dynamischer Erregung eingesetzt.)

(Alle Formen einer planmäßigen Vorspannung können in diesem Sinne als "passive Verformungskontrolle" gedeutet werden.)

5.2 Kräfte und Momente

Kräfte (F) und Momente (M) sind gerichtete Größen mit bestimmtem Betrag. Kräfte werden durch Einfach- und Momente durch Doppelpfeile (Rechtssinn positiv) und deren Betrag durch die Länge der Pfeile in einem vereinbarten Maßstab gekennzeichnet. Alle Operationen mit Kräften und Momenten gehorchen den Regeln der Vektoralgebra, z.B. (Bild 7):

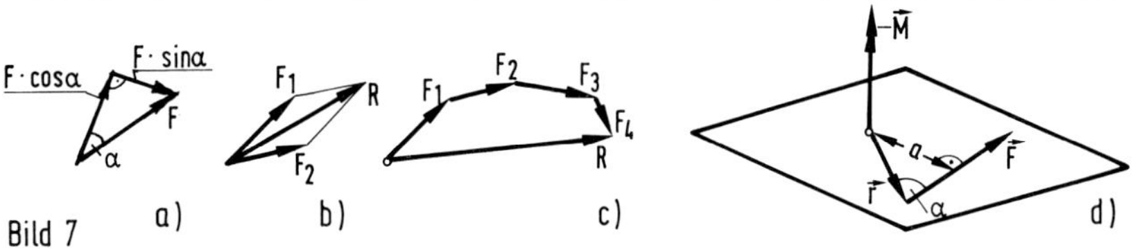

Bild 7

- Zerlegung einer Kraft in zwei Komponenten (Bild 7a),
- Addition oder Subtraktion von Kräften oder Momenten, z.B. Bildung einer Resultierenden (Bild 7b/c),
- Bildung eines Momentes als Vektorprodukt $\vec{M} = \vec{r} \times \vec{F} = r \cdot \sin\alpha \cdot F = a \cdot F$. a ist der Normalenabstand von der Momentenachse bis zum Kraftpfeil (Bild 7d).

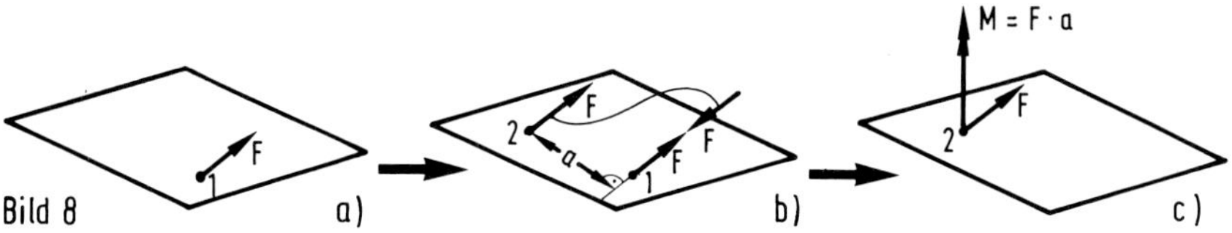

Bild 8

Eine Kraft kann in Richtung ihrer Wirkungslinie beliebig verschoben werden. Eine Verschiebung quer zur Wirkungslinie um das Maß a ist möglich, wenn gleichzeitig das Moment M=F·a eingeführt wird (in Bild 8 von 1 nach 2).

Die Stütz- und Schnittgrößen eines im Gleichgewicht befindlichen Systems können auf der Basis des Gleichgewichtsprinzips oder auf der Basis des Prinzips der virtuellen Verrückung berechnet werden. Die Prinzipe sind axiomatischer Natur und voneinander unabhängig. Wegen Einzelheiten wird auf die Literatur zur Baumechanik verwiesen.

5.3 Grad der statischen Bestimmtheit

5.3.1 Ebene Stabtragwerke

Die Kräfte wirken in der Ebene des Tragwerkes, die Momentenvektoren stehen senkrecht dazu. Die Gleichgewichtsgleichungen in der Ebene lauten:

$$\Sigma X_i = 0, \quad \Sigma Y_i = 0, \quad \Sigma M_i = 0 \tag{5}$$

X_i und Y_i sind die Komponenten der Kräfte in Richtung der Achsen des in der Ebene aufgespannten Koordinatensystems; M_i steht in der dritten Gleichgewichtsgleichung für das Moment der Kraft F_i, bezogen auf einen frei gewählten Punkt in der Tragebene. Die Komponentengleichgewichtsgleichungen können durch je eine Momentengleichgewichtsgleichung (für einen jeweils anderen Bezugspunkt in der Ebene) äquivalent ersetzt werden.

Das Prinzip der virtuellen Verrückung lautet:

$$\delta A = \Sigma \vec{F} \cdot \delta\vec{u} + \Sigma \vec{M} \cdot \delta\vec{\varphi} = 0 \tag{6}$$

In Worten: Ein Tragsystem befindet sich im Gleichgewicht, wenn die Summe der virtuellen Arbeiten aller Kräfte und Momente Null ist. Die (infinitesimale) virtuelle Verrückung kann - bei Einhaltung der Rand- und Übergangsbedingungen - beliebig angenommen werden. Beide Prinzipe gelten für das Tragwerk als Ganzes, als auch für durch Schnitte entstehende Teilsysteme desselben. An den Schnittufern werden die inneren Spannungen durch Schnittgrößen ersetzt, vice versa. Sind die Schnittgrößen bekannt, lassen sich hieraus die Spannungen berechnen (Abschnitt 4).

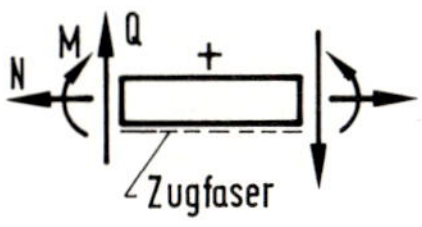

Bild 9

Bei ebener Beanspruchung übertragen die Stäbe Normalkräfte (N), Querkräfte (Q) und Biegemomente (M). Die positive Richtungsdefinition dieser Schnittgrößen ist in Bild 9 eingetragen (vgl. auch DIN 1080: Begriffe, Formelzeichen und Einheiten im Bauingenieurwesen).
Man unterscheidet null-, ein-, zwei- und dreiwertige Lager, je nachdem wie viele Stützgrößen an einem Lager abgesetzt werden können.
Bild 10 faßt (linkerseits) die konstruktiven Varianten in Abhängigkeit von der Wertigkeit a zusammen.
Das Tragwerk besteht entweder aus einer oder aus mehreren durch Gelenke miteinander gekoppelten Tragwerksscheiben. Analog zu den Lagern unterscheidet man ein- und zweiwertige Gelenke. Nullwertige Gelenke gibt es nicht, dann existiert keine Bindung: N=0, Q=0, M=0. Ein dreiwertiges Gelenk gibt es ebenfalls nicht, allenfalls fiktiv im Sinne einer kraftschlüssigen Verbindung: N≠0, Q≠0, M≠0, vgl. Bild 10 (rechterseits, unterste Zeile). Üblicherweise versteht man unter einem Gelenk eine normalkraft- und querkraftschlüssige Verbindung (M=0). In Bild 10 sind weitere Gelenkformen symbolisch dargestellt.

Lager					Gelenk	
a	N	Q	M	Symbol	z	Symbol
0	0	0	0			
1	0	0	x		1	
	x	0	0			
	0	x	0			
2	x	x	0		2	
	0	x	x			
	x	0	x			
3	x	x	x		3	

0 Null; x verschieden von Null

Bild 10

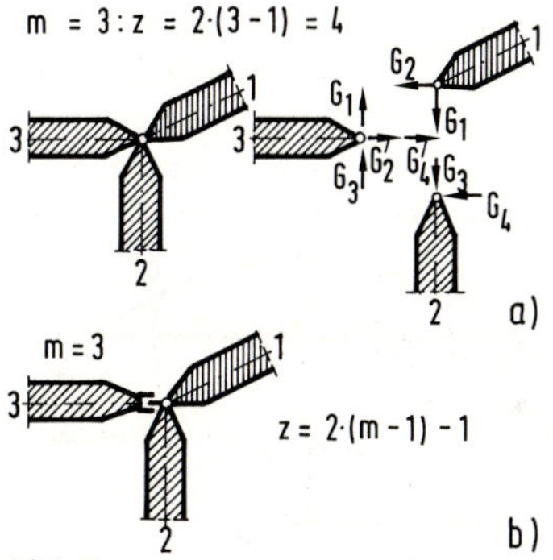

Bild 11

Man nennt ein Tragwerk statisch bestimmt gelagert (oder äußerlich statisch bestimmt), wenn sämtliche Stütz- und Gelenkgrößen mit Gleichgewichtsgleichungen berechnet werden können, im anderen Falle statisch unbestimmt. Um festzustellen, ob ein Tragwerk statisch bestimmt oder statisch unbestimmt gelagert ist, wird es in seine Scheiben zerlegt. Sind in einem Momentengelenk zwei Scheiben miteinander verbunden, treten zwei, sind m Scheiben vorhanden, treten z=2(m-1) Gelenkkraftkomponenten auf. Bild 11b zeigt ein Beispiel: z=2(3-1)=4 G-Komponenten. Sind mehrere Scheiben durch eine andere Gelenkform miteinander gekoppelt, ist z hierfür entsprechend zu bilden, siehe z.B. Bild 11b; solche Fälle treten in realen Systemen nur selten auf.

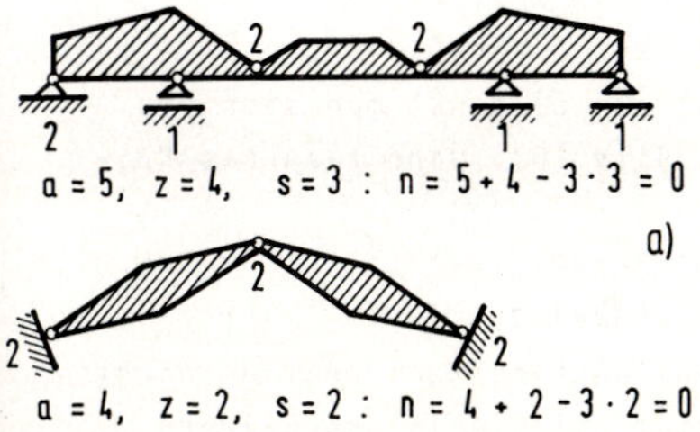

Bild 12

Für jede Tragwerksscheibe können drei Gleichgewichtsgleichungen formuliert werden. Der Grad der äußerlich statischen Unbestimmtheit berechnet sich damit nach folgender Formel:

$$n = a + z - 3s \tag{7}$$

a: Anzahl der Auflagerreaktionen (Summe der Lagerwertigkeiten)
z: Anzahl der Gelenkreaktionen (Summe der Gelenkwertigkeiten): z=2(m-1): Zwischenlagerreaktionen
s: Anzahl der Tragwerksscheiben (Scheiben, Stäbe)

Das Abzählkriterium lautet:

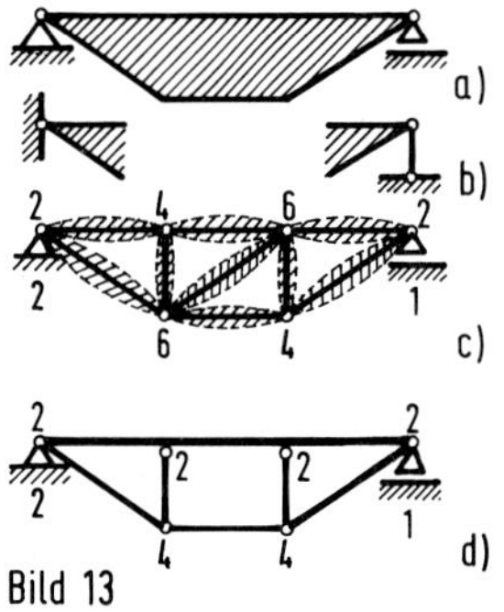

Bild 13

$$n \begin{matrix} < \\ = \\ > \end{matrix} 0 \quad \begin{matrix} \text{statisch unterbestimmt (labil)} \\ \text{statisch bestimmt} \\ \text{statisch unbestimmt} \end{matrix} \qquad (8)$$

Bild 12 zeigt zwei Beispiele, in beiden Fällen ist das System statisch bestimmt gelagert: a) GERBER-Träger, b) Dreigelenkbogen. - Bild 13 zeigt ein weiteres Beispiel: Der Träger ist äußerlich statisch bestimmt (Teilbild a). In Theorie I. Ordnung kann ein verschiebliches Lager durch einen Pendelstab ersetzt werden (Teilbild b), das Abzählkriterium liefert dasselbe Ergebnis. Zur Prüfung der innerlichen statischen Bestimmtheit gilt das Abzählkriterium (Formel 7/8) analog. Bei der Anwendung wird unterstellt, daß jeder Stab biegesteif ist, d.h. er wird wie eine Scheibe behandelt. Das in Bild 13a skizzierte System kann (innerlich) unterschiedlich strukturiert sein, z.B.:

Teilbild c (Fachwerk): $a=3$, $z=24$, $s=9$: $n=3+24-3\cdot 9=0$

Teilbild d (unterspannter Träger): $a=3$, $z=16$, $s=6$: $n=3+16-3\cdot 6=1$

Bild 14 zeigt weitere Beispiele. Verschiebungs- oder Drehfedern stellen einwertige Lager dar. Für die dargestellten Systeme findet man:

a) $a=5$, $z=0$, $s=1$: $n=5+0-3\cdot 1=2$
b) $a=5$, $z=0$, $s=1$: $n=5+0-3\cdot 1=2$
c) $a=6$, $z=0$, $s=1$: $n=6+0-3\cdot 1=3$
d) $a=3$, $z=34$, $s=12$: $n=3+34-3\cdot 12=1$
e) $a=3$, $z=24$, $s=7$: $n=3+24-3\cdot 7=6$
f) $a=9$, $z=42$, $s=16$: $n=9+42-3\cdot 16=3$
g) $a=5$, $z=16$, $s=6$: $n=5+16-3\cdot 6=3$

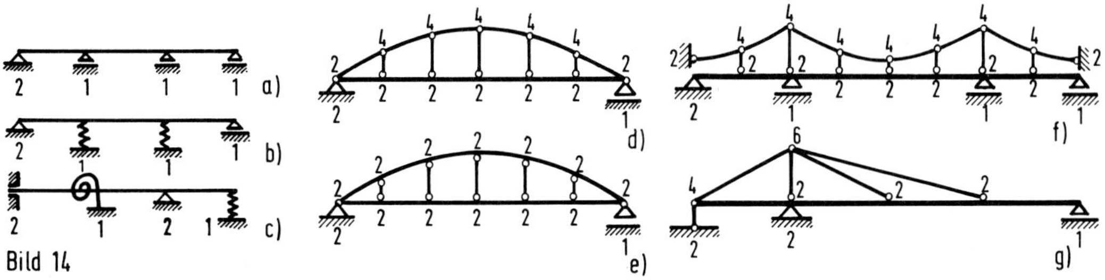

Bild 14

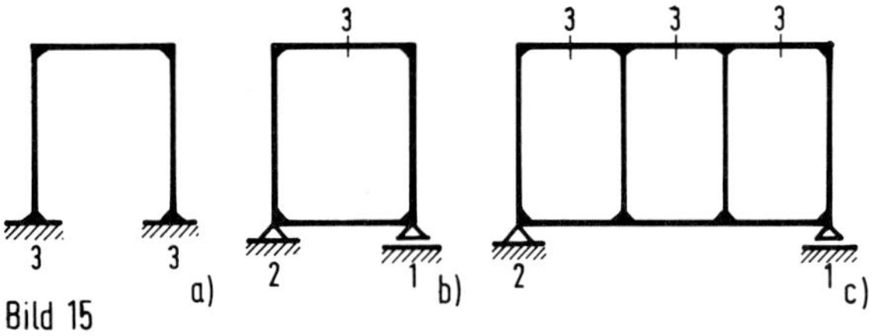

Bild 15

Bei allen in Bild 14 gezeigten Fällen existieren keine in sich geschlossenen Stabzüge. In solchen Fällen bedarf es bei der Bestimmung der innerlichen statischen Bestimmtheit einer ergänzenden Betrachtung. Für den in Bild 15a dargestellten, beidseitig eingespannten Rahmen ergibt das Kriterium:

$a=6$, $z=0$, $s=1$: $n=6+0-3.1=3$

Das System ist 3-fach statisch unbestimmt. In den Fällen b) und c) denkt man sich pro geschlossenen Stabzug ein dreiwertiges "Gelenk" ($z=3$, vgl. Bild 10). Dann kann das Kriterium auch in solchen Fällen angewendet werden:

Teilbild b : $a=3$, $z=3$, $s=1$: $n=3+3-3\cdot 1=3$

Teilbild c : $a=3$, $z=9$, $s=1$: $n=3+9-3\cdot 1=9$

Bei der Anwendung des Abzählkriteriums ist eine gewisse Vorsicht geboten, weil es nicht in jedem Falle hinreichend ist: Wendet man z.B. das Kriterium auf die in den Bildern 16a, b und c dargestellten Fälle an, erhält man $n=0$. Hieraus den Schluß zu ziehen,

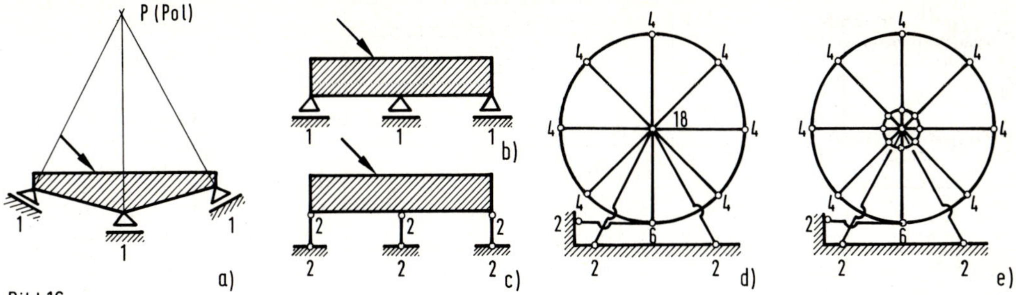

Bild 16

die Systeme seien statisch bestimmt, wäre falsch. Sie sind vielmehr labil gelagert. Das System a) vermag sich um den Pol P zu drehen; in den Fällen b) und c) liegt der Pol im Unendlichen. Würde man in allen Fällen ein einwertiges Lager einführen, das die Verschiebung verhindert, erhält man ein stabiles System mit dem richtigen Ergebnis n=1. Schwieriger liegen die Verhältnisse bei dem im rechten Bildteil skizzierten System eines Riesenrades. Im Falle des in Teilbild d dargestellten Systems findet man für die Wertigkeit des Nabengelenkes: m=2+8=10: z=2(10-1)=18.

Damit folgt:

$$a=6,\ z=52,\ s=19\ :\ n=6+52-3\cdot 19=1$$

Konstruktiv läßt sich das Nabengelenk in der dargestellten Form nicht ausführen. Realistisch ist die Ausbildung gemäß Teilbild e, d.h. die Radialstreben binden in einen Gelenkkranz ein, die Wertigkeit dieser Gelenke ist 6. Die Wertigkeit des Nabengelenkes ist 18. Das Abzählkriterium ergibt:

$$a=6,\ z=52+48=100,\ s=19+16=35\ :\ n=6+100-3\cdot 35=1$$

Obwohl sich für beide Systeme n=1 ergibt, sind sie dennoch nicht gleichwertig! Im zweiten Falle vermag sich der innere Kreis (den man sich als starre Kreisscheibe vorstellen kann), gegenüber dem äußeren Stabkranz infinitesimal zu drehen, ohne daß ein Widerstand (im Sinne einer Statik "kleiner" Verformungen) geweckt wird. Somit ist im Falle e ein innerlich labiles Teilsystem integriert, ohne daß das Kriterium diesen Sachverhalt aufdeckt. - In DIN 4112 (02.83), Fliegende Bauten, Richtlinien für Bemessung und Ausführung, heißt es in Abschnitt 5.3.5 zu vorstehender Problematik: "Da die Speichen in der Regel nicht, wie gerechnet, im Wellenmittelpunkt angeschlossen werden können, handelt es sich bei der Radscheibe um ein labiles System, d.h. die Nabe kann bei festgehaltenem Rad eine endliche Drehung bis in eine stabile Lage ausführen. Um diesem Verschleiß vorzubeugen, sollten die Speichen an der Nabe so angeschlossen werden (z.B. durch Einspannung), daß die Relativdrehung der Nabe verhindert wird."

In der Baustatik stehen verschiedene Methoden zur Verfügung, um die (kinematische) Stabilität eines Systems zu prüfen, z.B.: Verfahren mittels Polplan, F-Figur, Stabvertauschung u.a. Die allgemeine Berechnungsmethode besteht darin, das Stabwerk in seine einzelnen Scheiben (Stäbe) zu zerlegen, die unbekannten Stütz- und Kopplungskräfte (Gelenkkräfte) einzutragen und pro Scheibe die drei Gleichgewichtsgleichungen (G.5) anzuschreiben. (Die Definition der positiven Richtung der Stütz- und Kopplungskräfte liegt im freien Ermessen.) Das liefert ein lineares Gleichungssystem mit 3·s Gleichungen. Ist die (Nenner-) Determinante Null, ist das Stabwerk labil.

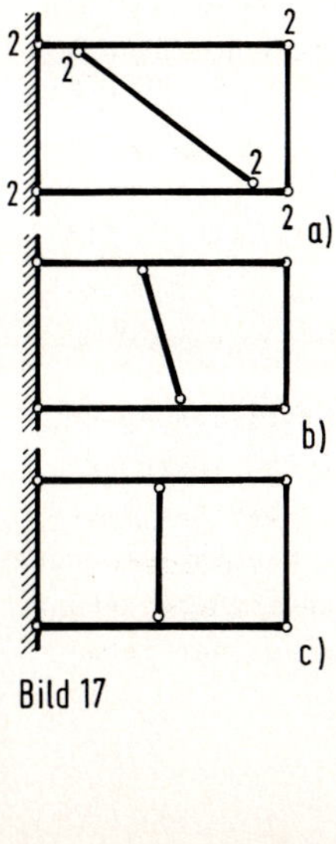

Bild 17

Die Vorgehensweise wird an dem in Bild 17 skizzierten System gezeigt. Das Abzählkriterium ergibt:

$$a=4,\ z=8,\ s=4\ :\ n=4+8-3\cdot 4=0$$

Das System ist statisch bestimmt. Es wird indes unbrauchbar, weil labil, wenn der mittlere Stab lotrecht steht. Das ist augenscheinlich. Bild 18 zeigt das System im zerlegten Zustand mit den 4 Auf-

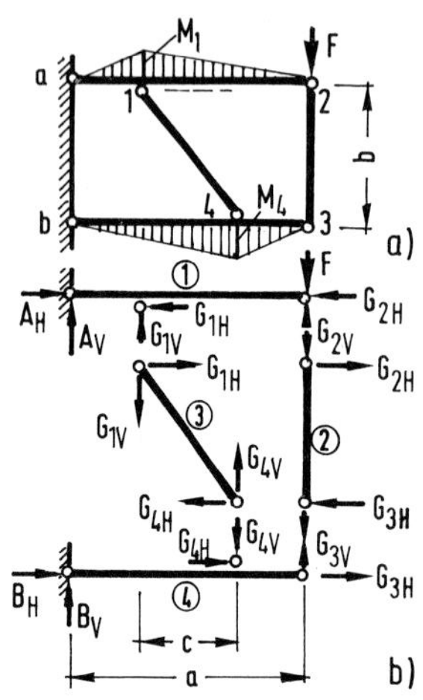

Bild 18

	Σ	Gleichgewichtsgleichung
1	H	$A_H - G_{1H} - G_{2H} = 0$
	V	$A_V + G_{1V} + G_{2V} - F = 0$
	M_a	$G_{1V} \cdot (a-c)/2 + G_{2V} \cdot a - F \cdot a = 0$
2	H	$G_{2H} - G_{3H} = 0$
	V	$G_{2V} + G_{3V} = 0$
	M_2	$G_{3H} \cdot b = 0$
3	H	$G_{1H} - G_{4H} = 0$
	V	$G_{1V} - G_{4V} = 0$
	M_1	$G_{4V} \cdot c - G_{4H} \cdot b = 0$
4	H	$B_H + G_{4H} + G_{3H} = 0$
	V	$B_V - G_{4V} + G_{3V} = 0$
	M_b	$G_{4V} \cdot (a+c)/2 - G_{3V} \cdot a = 0$

c)

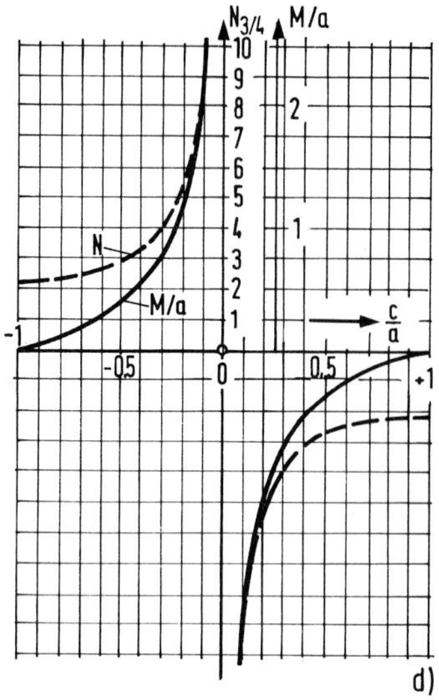

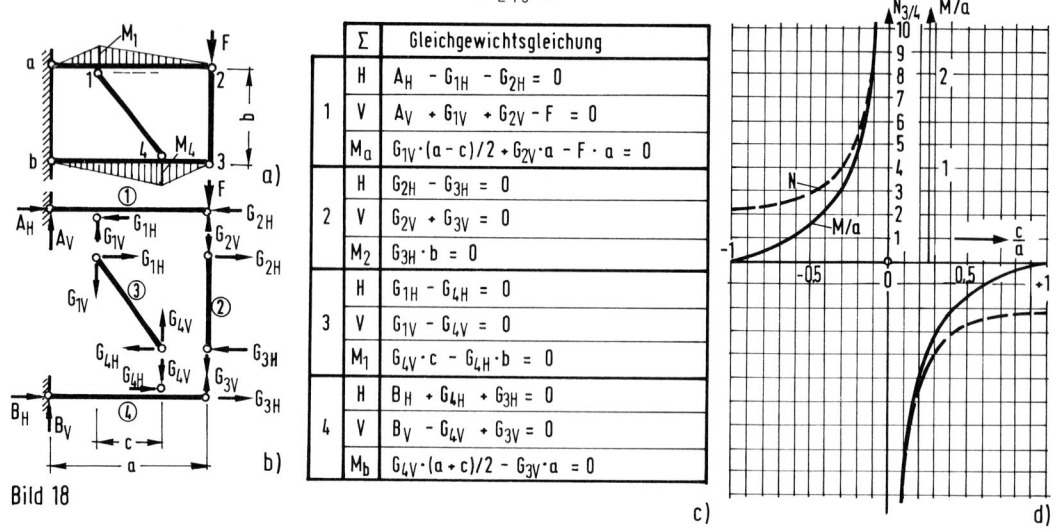

lagerkräften und 8 Gelenkkräften. Es handelt sich somit um 4+8=12 Unbekannte. Die Gleichgewichtsgleichungen für die 4 Scheiben lassen sich elementar formulieren, vgl. Bild 18c. Wird das Verhältnis c/a als Parameter eingeführt und z.B. F=1 und a/b=2 gewählt, läßt sich das Gleichungssystem für verschiedene Werte

$$-1 \leq \frac{c}{a} \leq 1 \qquad (9)$$

lösen. Sind die Gelenkkräfte bekannt, folgt z.B. die Kraft in der Schrägstrebe zu:

$$N_{3,4} = \pm (G_{1H}^2 + G_{1V}^2) \quad \backslash^{+} -/ \qquad (10)$$

Die Momente in den Riegeln ergeben sich aus (vgl. Bild 18a):

$$M_1 = \frac{1}{2}(1 - \frac{c}{a}) a A_V, \quad M_4 = -\frac{1}{2}(1 + \frac{c}{a}) a B_V \qquad (11)$$

Bild 18d zeigt das Ergebnis einer numerischen Rechnung: Für c/a → 0 wachsen die Stabkräfte und Biegemomente über alle Grenzen, d.h. Det → 0. Für hinreichend kleine Werte c/a werden die Schnittgrößen sehr groß, es handelt sich dann um ein unbrauchbares Ausnahmesystem.

5.3.2 Räumliche Stabtragwerke

Es wird wieder unterstellt, daß jeder Stab als druck/zug-, biege- und torsionssteife Scheibe angesehen werden kann, d.h. er vermag die Normalkraft N, die Querkräfte Q_y, Q_z, die Biegemomente M_y, M_z und das Torsionsmoment $M_x \equiv M_T$ abzusetzen. Diesen sechs Schnittgrößen stehen pro Stab (Scheibe) sechs Gleichgewichtsgleichungen gegenüber:

$$\Sigma X = 0, \ \Sigma Y = 0, \ \Sigma Z = 0, \ \Sigma M_x = 0, \ \Sigma M_y = 0, \ \Sigma M_z = 0 \qquad (12)$$

In Erweiterung zu den ebenen Stabwerken werden null- bis sechswertige Lager (a) und bei den Koppelstellen ein- bis sechswertige Gelenke (z) unterschieden. Sie bauen sich aus den in Bild 10 dargestellten Formen auf. Das Abzählkriterium lautet demgemäß:

$$n = a + z - 6s \qquad (13)$$

5.4 Berechnung der Stabtragwerke

5.4.1 Statisch bestimmte Stabtragwerke

Per Definition reichen bei statisch bestimmten Systemen die Gleichgewichtsgleichungen aus, um sämtliche Lager-, Gelenk- und Schnittgrößen zu berechnen. Die allgemeinste Berechnungsform ist in Abschnitt 5.3.1 beschrieben: Es werden bei ebenen Stabwerken 3·s und bei räumlichen Stabwerken 6·s Gleichgewichtsgleichungen aufgestellt. Dieses Gleichungssystem wird nach den unbekannten Lager- und Gelenkgrößen aufgelöst. Von diesen ausgehend berechnen sich die Schnittgrößen stabweise durch Legen von Rundschnitten aus den lokal formulierten Gleichgewichtsgleichungen. (An Stelle der Gleichgewichtsgleichungen kann mit äquivalenten virtuellen Verrückungen gearbeitet werden.) Eine solche Vorgehensweise ist recht umständlich; in der Baustatik wurden daher die unterschiedlichsten methodischen Varianten und Strategien entwickelt, um die Lösung der jeweiligen statischen Aufgabe zu vereinfachen und abzukürzen. Dabei werden folgende Aufgaben unterschieden:

- Berechnung der Zustandslinien für eine vorgegebene (ruhende) Einwirkung, z.B. für das Biegemoment, die Querkraft usf. Bei symmetrischen Systemen mit halbseitiger Belastung erweist sich eine Belastungsumordnung (BU) in einen symmetrischen und antimetrischen Anteil als vorteilhaft ("BU-Verfahren"); anschließend wird superponiert.
- Berechnung der Einflußlinien für eine wandernde Einzellast F=1 (auf der Fahrbahn). Die Einflußlinie weist die statischen Werte (Einflußwerte) irgend einer Größe (z.B. des Biegemomentes) eines bestimmten Aufpunktes unter der jeweiligen Laststellung auf der Fahrbahn aus. Bei der Herleitung ist ggf. auf die über die Fahrbahnkonstruktion eingeleitete indirekte Lastabtragung Rücksicht zu nehmen. Die Einflußlinien der Stütz- und Schnittgrößen lassen sich statisch/analytisch oder kinematisch bestimmen; vgl. Abschnitt 5.4.4.
- Berechnung der Grenzlinien für eine wandernde Lastengruppe (Lastenzug). Sie werden durch Auswertung der Einflußlinien für die Gesamtheit aller Aufpunkte bestimmt. Für jeden Schnitt gibt die positive und negative Ordinate der Grenzlinie die Grenzwerte der berechneten Größe an: max S und min S. Die Maxima und Minima der Grenzlinien geben die Größen maxmax und minmin S an; vgl. z.B. Abschnitt 21.5.4.2.

Einzelheiten enthält die Standardliteratur der Baustatik, einschließlich Berechnung der Formänderungen infolge N, Q, M, M_T, Temperatureinwirkungen t bzw. Δt, Kriechen, Schwinden usf.

5.4.2 Statisch unbestimmte Stabtragwerke

Die Gleichgewichtsgleichungen reichen nicht aus, um sämtliche Lager-, Gelenk- und Schnittgrößen bei der Lösung der im vorangegangenen Kapitel genannten Aufgabenstellungen zu berechnen. Es bedarf zusätzlicher Bestimmungsgleichungen. Ist n der Grad der statischen Unbestimmtheit, bedarf es n zusätzlicher Gleichungen. Die Vorgehensweise ist damit aufgezeigt: Es werden n Freiheitsgrade und zugeordnete Statisch-Unbestimmte X_i ("Überzählige") eingeführt, d.h. das statisch unbestimmte System wird in ein statisch bestimmtes überführt. Man nennt es Grund- oder Hauptsystem. Wie es gewählt wird, ist freigestellt, es muß lediglich kinematisch stabil sein und sollte so strukturiert sein, daß es vom Ausgangssystem nicht allzu sehr abweicht.

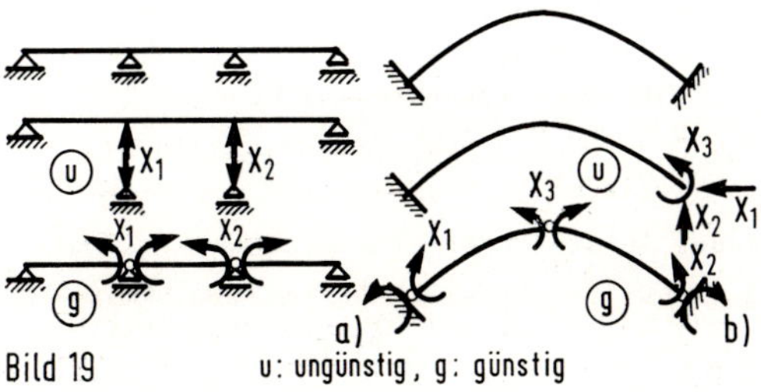

Bild 19 u: ungünstig, g: günstig

Bild 19 zeigt an zwei Beispielen eine ungünstige und günstige Wahl des Grundsystems. Bei ungünstiger Wahl erhält man ein numerisch schlecht konditioniertes Gleichungssystem. Dieser Gesichtspunkt hatte ehemals große Bedeutung, als die Gleichungssysteme von hand gelöst werden mußten. Bei Computerrechnungen mit großer Mantisse ist der Gesichtspunkt weniger relevant.

Getrennt für die äußeren Einwirkungen (Lasten, Temperatur, Lagerverformungen) und die Einheitszustände X_k=1 (der Reihe nach für k=1,2,..n) werden die Schnittgrößen im Grundsystem berechnet und hieraus an den Schnittstellen i (die als Freiheitsgrade eingeführt wurden) die gegenseitigen Verformungen δ bestimmt:

$$\begin{array}{ll} \text{Einwirkung } (X_k = 0) & : \delta_{i0} \\ \text{Zustand } X_k = 1 & : \delta_{ik} \end{array} \qquad (14)$$

(Erster Zeiger: Ort, zweiter Zeiger: Ursache.) Nach MAXWELL gilt $\delta_{ik}=\delta_{ki}$. An jeder Schnittstelle i wird eine Verträglichkeitsgleichung formuliert, die besagt, daß die Summe aller gegenseitigen Verformungen infolge der äußeren Einwirkungen und der Unbekannten X_i Null sein muß:

$$\sum_{k=1}^{n} X_k \delta_{ik} + \delta_{i0} = 0 \quad (i = 1, 2, \cdots n) \tag{15}$$

Man nennt diese n Gleichungen auch Kompatibilitäts- oder Elastizitätsgleichungen. Die Lösung des n-gliedrigen Gleichungssystems liefert die n Statisch-Unbekannten X_k. Die Stütz- und Schnittgrößen folgen durch Superposition aller Teilzustände:

$$S = S_0 + \Sigma S_k \cdot X_k \tag{16}$$

S_0 steht für eine statische Größe infolge der äußeren Einwirkung und S_k für dieselbe Größe infolge X_k=1, jeweils im statisch bestimmten Grundsystem. - Man nennt diese Vorgehensweise Kraftgrößenverfahren, weil Kräfte und Momente als Unbestimmte fungieren. Wesentliche Grundlage des Verfahrens ist die Kenntnis der gegenseitigen Verformungen. Sie werden üblicher Weise mit Hilfe des sogen. "Arbeitssatzes" berechnet (vgl. Abschnitt 5.4.3). - Neben dem Kraftgrößenverfahren steht das Verformungsgrößenverfahren als leistungsfähige baustatische Berechnungsmethode zur Verfügung (man spricht auch vom Weggrößen-, Formänderungs- oder Deformationsverfahren). In der Version als Momentenausgleichsverfahren ist es bei hochgradig statisch unbestimmten Träger- und Rahmensystemen dem Kraftgrößenverfahren überlegen. Das Kraftgrößenverfahren ist das ältere (quasi das klassische) Verfahren. Systeme mit unregelmäßiger Konfiguration sowie Sonderprobleme lassen sich hiermit von Hand einfacher bearbeiten; es ist auf zentralsymmetrische Flächentragwerke erweiterbar, auch auf Platten [4]. Das Verformungsgrößenverfahren geht auf MANN und OSTENFELD [5] zurück. Zum verallgemeinerten Kraftgrößen- und Formänderungsverfahren vgl. HEES [6] und zur einheitlichen Darstellung der klassischen Verfahren der Stabstatik vgl. KIENER [7]. Die methodischen Varianten u.a. in Differenzen-, Operatoren- und Matrizendarstellung sind sehr zahlreich, vgl. u.a. [8].

5.4.3 Berechnung der Verformungen (Verschiebungen und Verdrehungen)

5.4.3.1 Arbeitssatz

Mit dem Arbeitssatz lassen sich die Verformungen eines Stabtragwerkes in ausgewählten Punkten nach Größe und Richtung berechnen. Der Arbeitssatz beruht auf folgendem Gedankengang: In Richtung der gesuchten Verschiebung oder Verdrehung wird eine virtuelle Hilfskraft $\bar{F}=\bar{1}$ bzw. ein virtuelles Hilfsmoment $\bar{M}=\bar{1}$ angesetzt. Ist eine gegenseitige Verformung gesucht, wird ein virtuelles Kraft- bzw. Momentenpaar eingeprägt (das beim Kraftgrößenverfahren mit dem Zustand $\bar{X}_k=\bar{1}$ identisch ist). Für diesen Hilfsangriff werden die Schnittgrößen bestimmt, z.B. $\bar{N}$, $\bar{Q}$, $\bar{M}$. Nunmehr wird auf das so (virtuell, d.h. "gedacht") belastete System jene reale (äußere) Belastung zusätzlich aufgebracht, für welche die Verformung am Ort und in Richtung des Hilfsangriffes gesucht ist; dieser Belastung sind die Schnittgrößen N, Q, M zugeordnet. $\bar{F}=\bar{1}$ und $\bar{M}=\bar{1}$ erfahren hierbei eine Verschiebung $\delta_{\bar{F}}$ bzw. Verdrehung $\delta_{\bar{M}}$; deren virtuelle Arbeit ist:

$$\bar{1} \cdot \delta_{\bar{F}} \quad \text{bzw.} \quad \bar{1} \cdot \delta_{\bar{M}} \tag{17}$$

Die (inneren) Schnittgrößen des virtuellen Zustandes leisten ebenfalls eine Arbeit. Am Stabelement dx werden folgende (infinitesimalen) virtuellen Arbeitsanteile geleistet:

$$\bar{N}\,\varepsilon dx, \; \bar{Q}\,\gamma dx, \; \bar{M}\,\varkappa dx, \; \bar{M}_T \vartheta' dx \tag{18}$$

ε ist die Dehnung, γ die Schubgleitung, $\varkappa$ die Biegekrümmung und ϑ' die Verdrillung (Verwindung) im Schnitt x infolge der eingeprägten (realen) Belastung. Bei Temperatureinwirkung treten noch die Anteile

$$\bar{N} \alpha_t t\, dx \quad \text{und} \quad \bar{M} \alpha_t \frac{\Delta t}{h} dx \tag{19}$$

hinzu. (α_t: Temperaturausdehnungskoeffizient, t: Temperaturzunahme, Δt: Temperaturgradient.) Wird für ε, γ, $\varkappa$ und ϑ' das jeweilige Elastizitätsgesetz eingeführt,

$$\varepsilon = \frac{N}{EA}, \quad \gamma = \frac{Q}{GA_G}, \quad \varkappa = \frac{M}{EI}, \quad \vartheta' = \frac{M_T}{GI_T} \tag{20}$$

und über alle Stabelemente dx integriert, folgt aus der Bedingung, daß die Arbeit der äußeren virtuellen Kräfte gleich der Arbeit der hiermit im Gleichgewicht stehenden inneren virtuellen Kräfte sein muß, die Gleichung:

$$\bar{1}\cdot\delta_{\bar{F}} + \bar{1}\cdot\delta_{\bar{M}} = \int\frac{\bar{N}N}{EA}dx + \int\frac{\bar{Q}Q}{GA_G}dx + \int\frac{\bar{M}M}{EI}dx + \int\frac{\bar{M}_T M_T}{GI_T}dx + \int\bar{N}\alpha_t t\,dx + \int\bar{M}\alpha_t\frac{\Delta t}{h}dx \qquad (21)$$

Die Integrale erstrecken sich über das gesamte Stabwerk. Die Schnittgrößen sind Funktionen von x, z.B. lineare, quadratische, kubische ... Das gilt auch für t und Δt. Die Integrale lassen sich geschlossen lösen sofern die Steifigkeiten (EA, GA_G, EI, GI_T, h) und α_t bereichsweise konstant sind; das liefert die bekannte δ_{ik}-Tafel. Bei kreisförmigen Stabformen treten Integrale über Kreisfunktionen auf, auch sie lassen sich geschlossen lösen (vgl. Abschnitt 5.4.3.2).

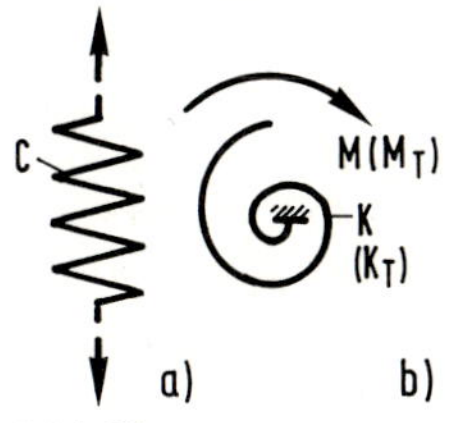

Bild 20

Noch zwei Ergänzungen: Sind im Tragwerk Federn integriert (Bild 20), und sind die Federreaktionen infolge der virtuellen Hilfsangriffe $\bar{N}$, $\bar{M}$ bzw. $\bar{M}_T$, sind deren virtuelle Arbeiten:

$$\bar{N}u,\ \bar{M}\varphi\ ,\ \bar{M}_T\vartheta \qquad (22)$$

u, φ und ϑ sind die Federverformungen infolge der wirklichen Belastung:

$$u = \frac{N}{C},\quad \varphi = \frac{M}{K},\quad \vartheta = \frac{M_T}{K_T} \qquad (23)$$

C, K und K_T sind die Federkonstanten. Somit tritt zu G.21 noch der Ausdruck

$$+\frac{\bar{N}N}{C} + \frac{\bar{M}M}{K} + \frac{\bar{M}_T M_T}{K_T} \qquad (24)$$

rechterseits hinzu. Die Federkonstante C ist als jene Kraft definiert, die eine Verschiebung "Eins" bewirkt und die Drehfederkonstante K als jenes Moment, das eine Verdrehung "Eins" (im Bogenmaß) hervorruft; z.B.:

$$[C] = [m/kN],\quad [K] = [1/kNm] \qquad (25)$$

Tritt als äußere Einwirkung eine Lagerverschiebung oder -verdrehung auf und ist $\bar{F}_A$ die Auflagerkraft und $\bar{M}_A$ das Einspannmoment im Lager unter dem virtuellen Hilfsangriff, leisten sie bei der Lagerverschiebung u_A bzw. bei den Lagerverdrehungen φ_A und ϑ_A die Arbeiten:

$$+\bar{F}_A\cdot u_A + \bar{M}_A\cdot\varphi_A + \bar{M}_{TA}\cdot\vartheta_A \qquad (26)$$

Diese Anteile treten ebenfalls rechterseits in G.21 hinzu; u_A, φ_A und ϑ_A sind die gegebenen Widerlager-Verformungen (hier als positiv unterstellt, wenn sie dieselbe Richtung wie die Stützgrößen haben; real sind sie im Regelfall negativ!). In dieser Weise sind auch eingeprägte "Verformungs-Vorspannungen" zu behandeln. "Kraft-Vorspannungen" sind eingeprägten äußeren Lasten gleichwertig.

5.4.3.2 Integraltafeln

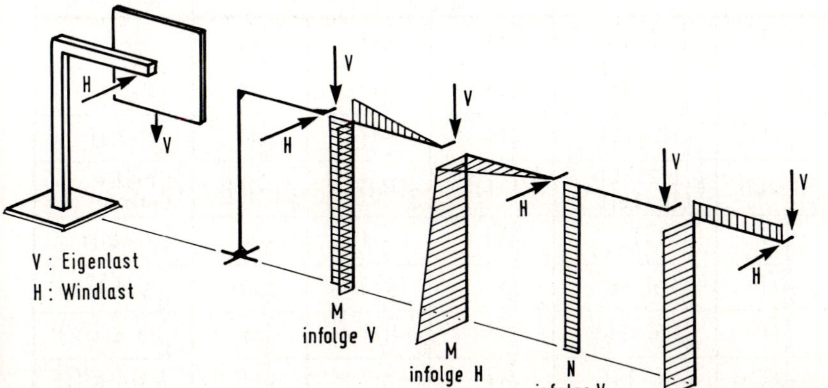

Bild 21

Der im vorangegangenen Abschnitt erläuterte "Arbeitssatz" dient zur Berechnung einer punktuellen Verformung. Hierzu wird am Ort und in Richtung der gesuchten Verformung der "Hilfsangriff" $\bar{1}$ angesetzt und hierfür der virtuelle Schnittgrößenzustand $\bar{N}$, $\bar{Q}$, $\bar{M}$ und $\bar{M}_T$ bestimmt. Ist die gesuchte Verformungsgröße δ eine Verschiebung, wird die Kraft $\bar{F}=\bar{1}$ eingeprägt, ist δ ein Dreh- oder Drillwinkel, wird das Moment $\bar{M}=\bar{1}$ bzw. $\bar{M}_T=\bar{1}$ angesetzt. Aus der Überlagerung des realen mit dem virtuellen Schnittgrößenzustand folgt die gesuchte Verformungsgröße (vgl. G.21):

$$\bar{1}\delta = \int \frac{N\bar{N}}{EA}dx + \int \frac{M\bar{M}}{EI}dx + \int \frac{Q\bar{Q}}{GA_G}dx + \int \frac{M_T\bar{M}_T}{GI_T} + \alpha_t\int (t\bar{N} + \frac{\Delta t}{h}\bar{M})dx \qquad (27)$$

Bild 21 steht stellvertretend für einen realen Beanspruchungszustand: Ist z.B. die lotrechte Durchbiegung gesucht, sind die Schnittgrößen $\bar{N}$, $\bar{Q}$, $\bar{M}$ und $\bar{M}_T$ für $\bar{V}=\bar{1}$ zu berechnen und mit den in Bild 21 skizzierten Zuständen zu überlagern. In diesem Falle handelt es sich um die Überlagerung einfacher Flächen. Die Integrale gemäß G.27 erstrecken sich jeweils über jene Stabbereiche, in denen zugeordnete reale und virtuelle Schnittgrößen auftreten. - Zur Berechnung von A_G vgl. Abschnitt 26.8. -

Ist bei der Berechnung statisch unbestimmter Tragwerke die gegenseitige Verformung gesucht, ist das gegengleiche Kräftepaar $\bar{F}=\bar{1}$ bzw. Momentenpaar $\bar{M}=\bar{1}$ einzuprägen.

Bei der praktischen Berechnung ist es zweckmäßig, die Arbeitsgleichung mit EI_c durchzumultiplizieren, dann erhält man den EI_c-fachen Verformungswert:

$$EI_c\delta = \int \frac{I_c}{A}N\bar{N}dx + \int \frac{I_c}{I}M\bar{M}dx + \frac{E}{G}\int \frac{I_c}{A_G}Q\bar{Q}dx + \frac{E}{G}\int \frac{I_c}{I_T}M_T\bar{M}_Tdx + EI_c\alpha_t\int (t\bar{N} + \frac{\Delta t}{h}\bar{M})dx \qquad (28)$$

Die Wahl von I_c ist frei gestellt. Auf eine dimensionseinheitliche Rechnung ist zu achten! Die Integranden sind Funktionen von x (Koordinate in Stablängsrichtung). Für den Fall (bereichsweise) konstanter Steifigkeiten können die Größen I_c/A usw. vor die Integrale gezogen werden. Die Schnittgrößen des realen und virtuellen Zustandes sind i.a. algebraische Funktionen, demgemäß sind auch die Produkte dieser Funktionen von algebraischem Typ und somit elementar zu integrieren. Die Rechnung wurde einfürallemal durchgeführt und in den sogen. δ_{ik}-Tafeln formelmäßig zusammengefaßt. Bild 23 zeigt eine Auswahl.

Sind die Verformungen von Tragwerken mit kreisförmigen Stabelementen zu berechnen, treten als Integranden in G.28 Produkte unterschiedlicher trigonometrischer Funktionen auf. Für deren Integration enthält Bild 24 die notwendigen Formeln. (In den Tafeln der beiden genannten Bilder kennzeichnet f den Funktionswert bzw. die Funktion.)

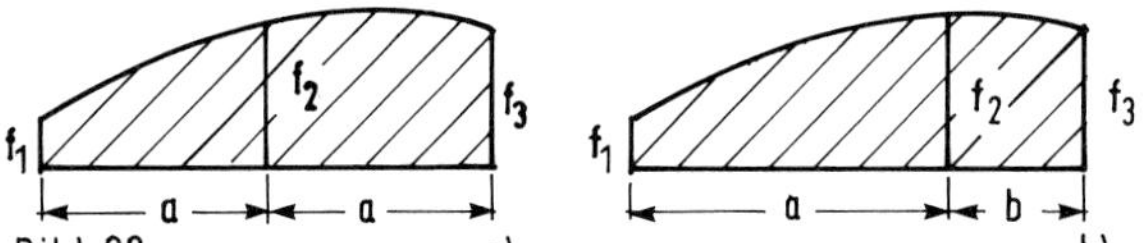

Bild 22 a) b)

Sind die Steifigkeiten mit x veränderlich (EA(x), EI(x), $GA_G(x)$, $GI_T(x)$, h(x)), ist i.a. eine numerische Integration unumgänglich. Im Falle äquidistanter (d.h. gleichentfernter)

	$\bar{f}$, l	$\bar{f}$, l	$\bar{f}_l$, $\bar{f}_r$, l	$\bar{f}$, l (quadratische Parabeln)	$\bar{f}$, l (quadratische Parabeln)	$\bar{f}$, l (quadratische Parabeln)	$\bar{f}$, $\alpha \cdot l$, $\beta \cdot l$, l
f	$f \cdot \bar{f}$	$\frac{1}{2} f \cdot \bar{f}$	$\frac{1}{2} f \cdot (\bar{f}_l + \bar{f}_r)$	$\frac{2}{3} f \cdot \bar{f}$	$\frac{2}{3} f \cdot \bar{f}$	$\frac{1}{3} f \cdot \bar{f}$	$\frac{1}{2} f \cdot \bar{f}$
f	$\frac{1}{2} f \cdot \bar{f}$	$\frac{1}{3} f \cdot \bar{f}$	$\frac{1}{6} f \cdot (\bar{f}_l + 2 \cdot \bar{f}_r)$	$\frac{1}{3} f \cdot \bar{f}$	$\frac{5}{12} f \cdot \bar{f}$	$\frac{1}{4} f \cdot \bar{f}$	$\frac{1}{6}(1+\alpha) \cdot f \cdot \bar{f}$
f	$\frac{1}{2} f \cdot \bar{f}$	$\frac{1}{6} f \cdot \bar{f}$	$\frac{1}{6} f \cdot (2 \cdot \bar{f}_l + \bar{f}_r)$	$\frac{1}{3} f \cdot \bar{f}$	$\frac{1}{4} f \cdot \bar{f}$	$\frac{1}{12} f \cdot \bar{f}$	$\frac{1}{6}(1+\beta) \cdot f \cdot \bar{f}$
f_l, f_r	$\frac{1}{2}(f_l + f_r) \cdot \bar{f}$	$\frac{1}{6}(f_l + 2 \cdot f_r) \cdot \bar{f}$	$\frac{1}{6}[f_l \cdot (2 \cdot \bar{f}_l + \bar{f}_r) + f_r \cdot (\bar{f}_l + 2 \cdot \bar{f}_r)]$	$\frac{1}{3}(f_l + f_r) \cdot \bar{f}$	$\frac{1}{12}(3 \cdot f_l + 5 \cdot f_r) \cdot \bar{f}$	$\frac{1}{12}(f_l + 3 \cdot f_r) \cdot \bar{f}$	$\frac{1}{6}[(1+\beta) \cdot f_l + (1+\alpha) \cdot f_r] \cdot \bar{f}$
f	$\frac{2}{3} f \cdot \bar{f}$	$\frac{1}{3} f \cdot \bar{f}$	$\frac{1}{3} f (\bar{f}_l + \bar{f}_r)$	$\frac{8}{15} f \cdot \bar{f}$	$\frac{7}{15} f \cdot \bar{f}$	$\frac{1}{5} f \cdot \bar{f}$	$\frac{1}{3}(1+\alpha \cdot \beta) f \cdot \bar{f}$
f	$\frac{2}{3} f \cdot \bar{f}$	$\frac{5}{12} f \cdot \bar{f}$	$\frac{1}{12} f \cdot (3 \bar{f}_l + 5 \bar{f}_r)$	$\frac{7}{15} f \cdot \bar{f}$	$\frac{8}{15} f \cdot \bar{f}$	$\frac{3}{10} f \cdot \bar{f}$	$\frac{1}{12}(5 - \beta - \beta^2) \cdot f \cdot \bar{f}$
f	$\frac{2}{3} f \cdot \bar{f}$	$\frac{1}{4} f \cdot \bar{f}$	$\frac{1}{12} f \cdot (5 \bar{f}_l + 3 \cdot \bar{f}_r)$	$\frac{7}{15} f \cdot \bar{f}$	$\frac{11}{30} f \cdot \bar{f}$	$\frac{2}{15} f \cdot \bar{f}$	$\frac{1}{12}(5 - \alpha - \alpha^2) \cdot f \cdot \bar{f}$
f	$\frac{1}{3} f \cdot \bar{f}$	$\frac{1}{4} f \cdot \bar{f}$	$\frac{1}{12} f \cdot (\bar{f}_l + 3 \cdot \bar{f}_r)$	$\frac{1}{5} f \cdot \bar{f}$	$\frac{3}{10} f \cdot \bar{f}$	$\frac{1}{5} f \cdot \bar{f}$	$\frac{1}{12}(1 + \alpha + \alpha^2) \cdot f \cdot \bar{f}$
f	$\frac{1}{3} f \cdot \bar{f}$	$\frac{1}{12} f \cdot \bar{f}$	$\frac{1}{12} f \cdot (3 \cdot \bar{f}_l + \bar{f}_r)$	$\frac{1}{5} f \cdot \bar{f}$	$\frac{2}{15} f \cdot \bar{f}$	$\frac{1}{30} f \cdot \bar{f}$	$\frac{1}{12}(1 + \beta + \beta^2) \cdot f \cdot \bar{f}$
f	$\frac{1}{2} f \cdot \bar{f}$	$\frac{1}{4} f \cdot \bar{f}$	$\frac{1}{4} f \cdot (\bar{f}_l + \bar{f}_r)$	$\frac{5}{12} f \cdot \bar{f}$	$\frac{17}{48} f \cdot \bar{f}$	$\frac{7}{48} f \cdot \bar{f}$	$\frac{1}{12} \frac{3 - 4 \cdot \alpha^2}{\beta} \cdot f \cdot \bar{f}$

Bild 23 (Faktor: l bzw. l/EI)

f	$\int f\,dx$	$\int f \cdot \sin x\,dx$	$\int f \cdot \cos x\,dx$
1	x	$-\cos x$	$\sin x$
x	$\frac{1}{2}x^2$	$\sin x - x \cdot \cos x$	$\cos x + x \cdot \sin x$
$\sin x$	$-\cos x$	$\frac{1}{2}(x - \sin x \cdot \cos x)$	$\frac{1}{2}\sin^2 x$
$\cos x$	$\sin x$	$\frac{1}{2}\sin^2 x$	$\frac{1}{2}(x + \sin x \cdot \cos x)$
$\sin x \cdot \cos x$	$\frac{1}{2}\sin^2 x$	$\frac{1}{3}\sin^3 x$	$-\frac{1}{3}\cos^3 x$
$\sin^2 x$	$\frac{1}{2}(x - \sin x \cdot \cos x)$	$-\cos x + \frac{1}{3}\cos^3 x$	$\frac{1}{3}\sin^3 x$
$\cos^2 x$	$\frac{1}{2}(x + \sin x \cdot \cos x)$	$-\frac{1}{3}\cos^3 x$	$\sin x - \frac{1}{3}\sin^3 x$
$\sin x \cdot \cos^2 x$	$-\frac{1}{3}\cos^3 x$	$\frac{1}{8}(x + \sin x \cdot \cos x - 2\sin x \cdot \cos^3 x)$	$-\frac{1}{4}\cos^4 x$
$\cos x \cdot \sin^2 x$	$\frac{1}{3}\sin^3 x$	$\frac{1}{4}\sin^4 x$	$\frac{1}{8}(x + \sin x \cdot \cos x - 2\sin x \cdot \cos^3 x)$
$x \cdot \sin x$	$\sin x - x \cdot \cos x$	$\frac{1}{4}(x^2 + \sin^2 x - 2x \cdot \sin x \cdot \cos x)$	$-\frac{1}{4}(x - \sin x \cdot \cos x - 2x \cdot \sin^2 x)$
$x \cdot \cos x$	$\cos x + x \cdot \sin x$	$-\frac{1}{4}(x - \sin x \cdot \cos x - 2x \cdot \sin^2 x)$	$\frac{1}{4}(x^2 - \sin^2 x + 2x \cdot \sin x \cdot \cos x)$

Bild 24

Elementgrenzen kann entweder mittels der Trapez- oder SIMPSON-Formel integriert werden:

$$\text{Trapezregel: } A = \frac{\Delta x}{2}(f_0 + 2f_1 + 2f_2 + \cdots + 2f_{n-1} + f_n) \qquad (29)$$

$$\text{SIMPSON-Regel: } A = \frac{\Delta x}{3}(f_0 + 4f_1 + 2f_2 + \cdots + 2f_{n-2} + 4f_{n-1} + f_n) \qquad (30)$$

Letztere unterstellt eine parabolische Approximation von f(x) über jeweils zwei Unterelemente Δx; über Unstetigkeiten hinweg darf mittels der SIMPSON-Formel nicht integriert werden; solche Unstetigkeiten (z.B. im Steifigkeitsverlauf) sind als Randstellen zu behandeln. Bei parabolischer Approximation über zwei Elemente (Bild 22a) lautet die Formel für den Flächeninhalt:

$$A = \frac{a}{3}(f_1 + 4f_2 + f_3) \qquad (31)$$

Die paarweise Aufsummierung ergibt G.30. - Im Falle $\Delta x \neq$konstant (Bild 22b) gilt:

$$A = \frac{a+b}{6ab}[(2a-b)bf_1 + (a+b)^2 f_2 + (2b-a)af_3] \qquad (32)$$

5.4.3.3 Einfluß von Anschlußexzentrizitäten und Anschlußnachgiebigkeiten

Ein exzentrischer Anschluß von Zug- und Druckstreben oder ein Schlupf von Verbindungsmitteln wirkt sich als Reduzierung der Dehnsteifigkeit und damit in einer Vergrößerung der Formänderungen aus. Das gilt in erster Linie für fachwerkartige Strukturen. Die genannten Einflüsse werden zweckmäßig bei Anwendung der Arbeitsgleichung mittels einer (fiktiven) reduzierten Dehnsteifigkeit der einzelnen Stäbe erfaßt: red EA.

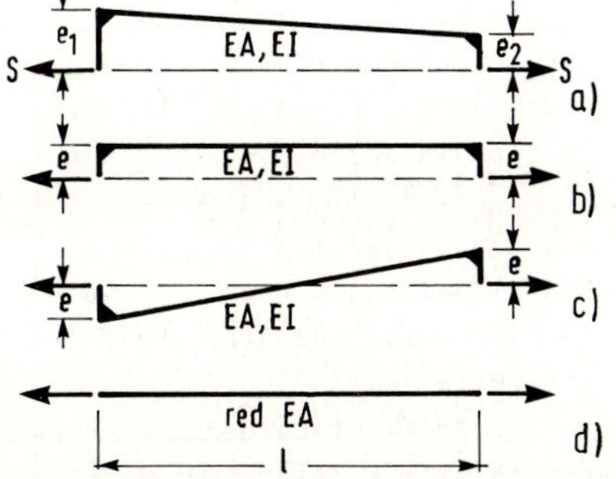

Bild 25

Exzentrischer Anschluß: Für den in Bild 25a dargestellten Fall beträgt die gegenseitige Verschiebung der Kraftangriffspunkte infolge der Normalkraft N=S und des (trapezförmigen) Exzentrizitätsmomentes:

$$\Delta l = \frac{S}{EA} \cdot l + \frac{Sl}{6EI}[e_1(2e_1 + e_2) + e_2(2e_2 + e_1)] =$$

$$= \frac{S}{EA} l + \frac{Sl}{3EI}(e_1^2 + e_1 e_2 + e_2^2) \qquad (33)$$

(Der zweite Anteil folgt aus der Überlagerung zweier Trapezflächen, vgl. Bild 23). Die gegenseitige Verschiebung wird mit der Längenänderung eines gleichlangen, zentrisch beanspruchten Ersatzstabes mit der fiktiven Dehnsteifigkeit red EA gleichgesetzt (Bild 25d):

$$\Delta l = \frac{S}{red\,EA} l \qquad (34)$$

Das ergibt:

$$\frac{1}{red A} = \frac{1}{A} + \frac{1}{3I}(e_1^2 + e_1 e_2 + e_2^2) \longrightarrow red A = \frac{1}{\frac{1}{A} + \frac{1}{3I}(e_1^2 + e_1 e_2 + e_2^2)} \qquad (35)$$

Für die in den Teilbildern b und c dargestellten Sonderfälle lauten die Berechnungsformeln:

$$\text{Sonderfall } e_1 = e_2 = e: \quad red A \frac{1}{\frac{1}{A} + \frac{e^2}{I}} \qquad \text{Sonderfall } e_1 = -e_2 = e: \quad red A \frac{1}{\frac{1}{A} + \frac{e^2}{3I}} \qquad (36a/b)$$

Schlupf von Anschlußmitteln: Der Gesamtschlupf betrage Δl_S. Dann liefert eine analoge Rechnung wie oben:

$$\text{Realer Stab:} \quad \Delta l = \frac{S}{EA} l + \Delta l_S \qquad \text{Ersatzstab:} \quad \Delta l = \frac{S}{red\,EA} l \qquad (37a/b)$$

Gleichsetzung:

$$red\,EA = \frac{1}{1 + \frac{EA}{S} \cdot \frac{\Delta l_S}{l}} EA \qquad (38)$$

Der Schlupf Δl_S ist in Höhe der zur Gebrauchslast oder Bemessungslast gehörenden Anschlußkraft S aufgrund von Versuchen oder Abschätzungen anzunehmen.

Beispiel:

$$2[\,300: A = 2 \times 58{,}8 = 117{,}6\,cm^2;\ l = 600 cm \qquad red\,EA = \frac{1}{1 + \frac{21000 \cdot 117{,}6}{1882} \cdot \frac{2 \cdot 0{,}25}{6000}} \cdot EA = \underline{0{,}9014\,EA}$$

$$zul S = 16 \cdot 117{,}6 = 1882\,kN;\ \Delta l_S = 2 \cdot 0{,}25\ mm$$

Für Niet- und Paßschraubenverbindungen ist pro Niet- bzw. Schraubengruppe unter Gebrauchslasten (zulσ wird ausgenutzt) bei Konstruktionen aus St37 0,2mm und bei Konstruktionen aus St52 0,3mm anzusetzen (DIN 18809 (09.87), vgl. auch DIN 18800 T1 (11.90), Element 733).

5.4.3.4 Reduktionssatz

Mit dem Arbeitssatz können die Verformungen statisch bestimmter und statisch unbestimmter Stabtragwerke (auch räumlicher) berechnet werden. Dabei ist es zulässig, den virtuellen Hilfsangriff nicht am statisch unbestimmten System sondern am statisch bestimmten Grundsystem anzusetzen; die Wahl dieses Grundsystems ist freigestellt (und muß nicht mit jenem Grundsystem übereinstimmen, das der statisch unbestimmten Rechnung des realen Lastzustandes zugrundelag). Diese Modifikation vermag den Rechenaufwand i.a. erheblich zu reduzieren. Auf den Beweis dieses sogen. "Reduktionssatzes" wird hier verzichtet.

5.4.3.5 Grundaufgaben

Bei der Ermittlung punktueller Verschiebungen und Verdrehungen mit Hilfe des Arbeitssatzes lassen sich folgende Grundaufgaben unterscheiden (Bild 26):

a) Ermittlung der Verschiebung eines Systempunktes: In Richtung der gesuchten Verschiebung wird die virtuelle Kraft $\bar{F}=\bar{1}$ aufgebracht (Teilbild a).

b) Ermittlung der gegenseitigen Verschiebung (Abstandsänderung) zweier Systempunkte: In Richtung der gesuchten gegenseitigen Verschiebung wird an jedem der beiden Punkte je eine virtuelle Kraft $\bar{F}=\bar{1}$ gegengleich aufgebracht (Teilbild b1). Fallen die beiden Punkte zusammen (im Sinne von zwei Schnittufern), ergibt sich in derselben Weise die gegenseitige Versetzung (Teilbild b2).

c) Ermittlung der Verdrehung eines Systempunktes: In Richtung der gesuchten Verdrehung wird das virtuelle Moment $\bar{M}=\bar{1}$ angebracht (Teilbild c1). Soll bei einem Fachwerk die Drehung eines Stabes bestimmt werden, wird das Moment in ein normal zum Stab gerichtetes, in den Nachbarknoten angreifendes Kräftepaar zerlegt (Bild 2c).

d) Ermittlung der gegenseitigen Verdrehung zweier Systempunkte: In Richtung der gesuchten gegenseitigen Verdrehung wird an jedem der beiden Punkte ein virtuelles Moment $\bar{M}=\bar{1}$ gegengleich aufgebracht (Teilbild d1). Fallen die beiden Punkte in einem Gelenk zu-

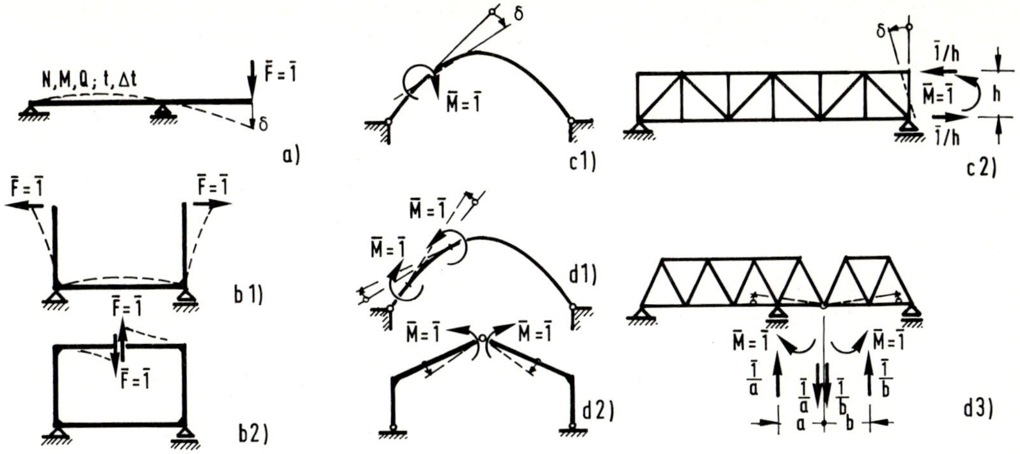

Bild 26

sammen, ergibt sich auf diese Weise der gegenseitige Drehwinkel der beiden Gelenkschnittufer (Teilbild d2). Entsprechend findet man die gegenseitige Drehung zweier benachbarter Fachwerkstäbe (Teilbild d3).

In allen Fällen sind zunächst die Stütz- und Schnittgrößen des realen Lastzustandes zu berechnen (ggf. einschließlich Temperatureinwirkung und Widerlagerverschiebung). Dann werden die Stütz- und Schnittgrößen des virtuellen Zustandes gemäß a) bis d) ermittelt und die gesuchte Verformung mittels des Arbeitssatzes bestimmt.

5.4.3.6 Vertauschungssatz

$$\bar{1}\cdot\delta_{ki} = \int M_i \cdot \bar{M}_k \frac{ds}{EI} \quad \text{a1)}$$

$$\bar{1}\cdot\delta_{ik} = \int M_k \cdot \bar{M}_i \frac{ds}{EI} \quad \text{a2)}$$

$$\bar{1}\cdot\delta_{ki} = \int M_i \cdot \bar{M}_k \frac{ds}{EI} \quad \text{b1)}$$

$$\bar{1}\cdot\delta_{ik} = \int M_k \cdot \bar{M}_i \frac{ds}{EI} \quad \text{b2)}$$

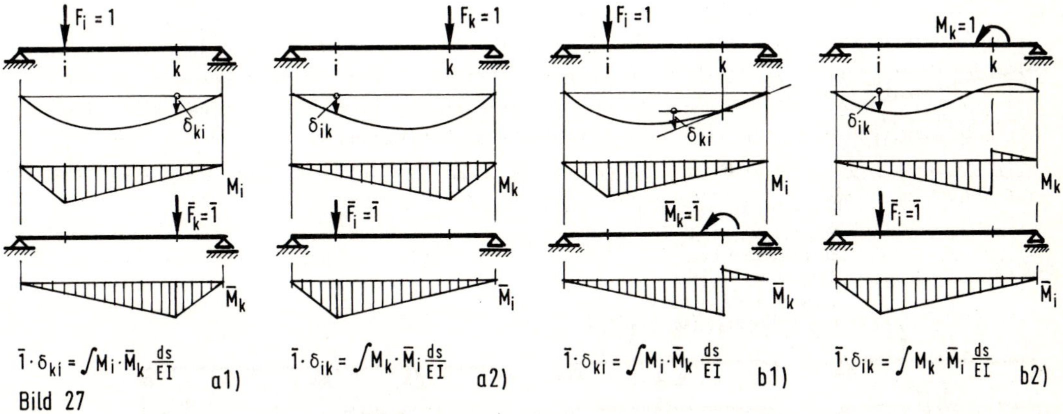

Bild 27

Um δ_{ki} zu bestimmen, wird in k die virtuelle Kraft $\bar{F}_k = \bar{1}$ angebracht; diesem Zustand ist $\bar{M}_k$ zugeordnet. Aus der Überlagerung mit M_i folgt δ_{ki}. Wird die gleiche Aufgabe wechselseitig gelöst, ergibt sich δ_{ik} (Bild 27a1,2). Da $M_i = \bar{M}_i$ und $M_k = \bar{M}_k$ ist, sind die Formänderungsintegrale gleich, somit gilt:

$$\delta_{ki} = \delta_{ik} \qquad (39)$$

Vorstehende Überlegung läßt sich identisch auf die Fälle Kraft-Moment (Bild 27b) und Moment-Moment übertragen; stets gilt G.39. Das ist der Inhalt des MAXWELL-schen Vertauschungssatzes (als Sonderfall des BETTI-schen Satzes); er setzt die Gültigkeit des Überlagerungssatzes voraus. Diese Voraussetzung ist in der linearen Baustatik erfüllt. (In der linearen Statik werden die Lösungssysteme von linearen Differentialgleichungen beherrscht. Insofern gilt der Überlagerungs- und Vertauschungssatz auch in Theorie II. Ordnung, solange die Normalkräfte und damit die Stabkennzahlen ε aller Stäbe (unabhängig von der äußeren Belastung) konstant sind (eine i.a. nicht erfüllte Voraussetzung.)) In Theorie

III. Ordnung gelten Überlagerungs- und Vertauschungssatz nicht, z.B. in der Seilstatik. - Zusammengefaßt gibt es vier Gruppen von Hauptvertauschungsrichtungssystemen für zwei Punkte i und k [12]:

am Punkt i	am Punkt k
Kraft und Verschiebung	Kraft und Verschiebung
Kraft und Verschiebung	Moment und Verdrehung
Moment und Verdrehung	Kraft und Verschiebung
Moment und Verdrehung	Moment und Verdrehung

Vgl. auch [13].

5.4.4 Einflußlinien für Stütz-, Schnitt- und Verformungsgrößen [14]

Wegen der großen baupraktischen Bedeutung wird kurz auf die Herleitung der Einflußlinien eingegangen:

Um die Einflußlinie einer Stütz- oder Schnittgröße nach der kinematischen Methode zu bestimmen, wird im zugeordneten Aufpunkt (für den die Einflußlinie gesucht ist) ein Freiheitsgrad eingeführt und anschließend eine virtuelle Verrückung 1 in Form einer virtuellen Verschiebung oder in Form einer virtuellen Verdrehung eingeprägt und zwar entgegengesetzt zur positiven Definition der Stütz- oder Schnittgröße im Aufpunkt. Eine virtuelle Verschiebung wird eingeprägt, wenn die Einflußlinie einer Kraft gesucht ist und eine virtuelle Verdrehung, wenn die Einflußlinie eines Momentes gesucht ist. Hierzu einige Beispiele: Bild 28a zeigt einen Kragträger, gesucht sind die Einflußlinien für die Stützkraft A (Auflagerkraft) und für das Einspannungsmoment M; deren positive Richtungen liegen gemäß Eintragung fest.

Einflußlinie für A: Es wird ein Transversalgelenk eingeführt und dem Träger die virtuelle Verrückung δ_A=1 (entgegengesetzt zu +A) erteilt. Die den Träger belastende Einheitskraft F=1 folgt der (Starrkörper)-Verrückung. Gleichgewicht herrscht, wenn die Summe der virtuellen Arbeiten Null ist (Bild 28b):

$$-A\cdot\delta_A + F\cdot\delta_F = 0 \longrightarrow -A\cdot 1 + 1\cdot\delta_F = 0 \longrightarrow A = \delta_F = \eta \qquad (40)$$

Somit ist die Verrückungsfigur identisch mit der gesuchten Einflußlinie.

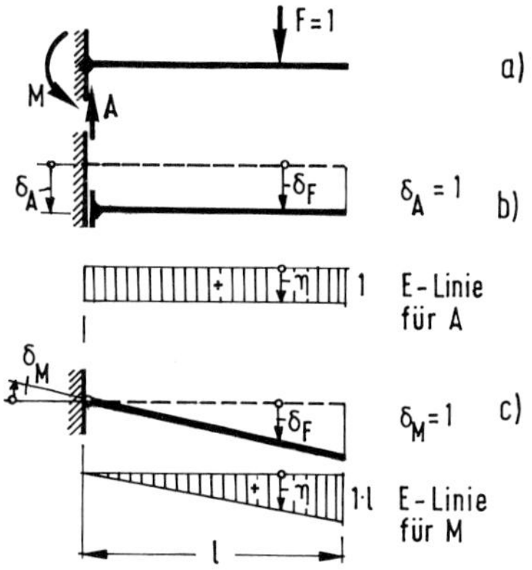

Bild 28

Anmerkung: Stimmt die Verschiebungsrichtung der Fahrbahn mit der Richtung von F=1 überein, ist die Einflußordinate positiv, vice versa.

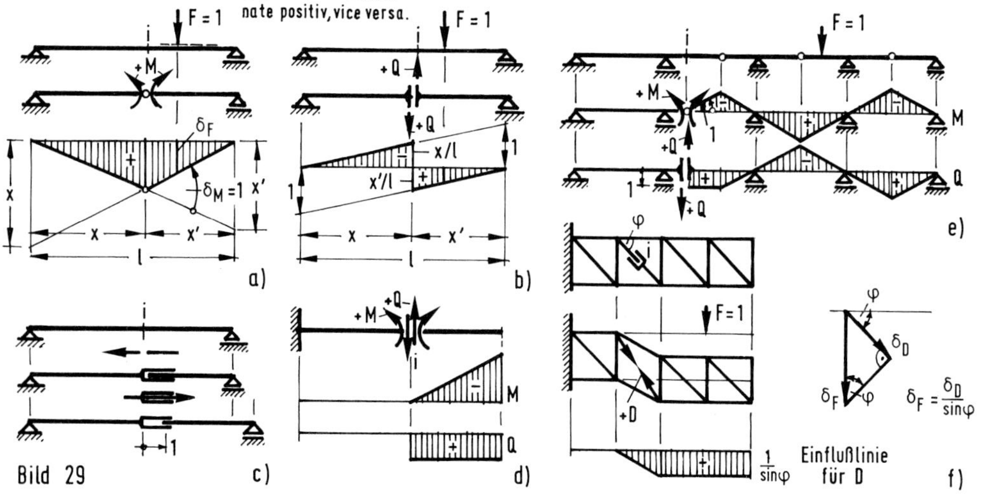

Bild 29

Einflußlinie für M: Es wird ein Gelenk eingeführt und dem Träger die virtuelle Verdrehung $\delta_M=1$ (entgegengesetzt zu +M) erteilt (Bild 28c):

$$-M\cdot\delta_M + F\cdot\delta_F = 0 \longrightarrow -M\cdot 1 + 1\cdot\delta_F = 0 \longrightarrow M = \delta_F = \eta \qquad (41)$$

Schlußfolgerung wie zuvor. - Bild 29 zeigt weitere Beispiele zur Ermittlung einer Einflußlinie: a) für das Biegemoment und b) für die Querkraft eines Einfeldträgers. Teilbild c verdeutlicht, daß die Einflußlinie für die Normalkraft in diesem Falle Null ist. Teilbild d zeigt die Einflußlinien für M und Q eines Kragträgers und Teilbild e für einen Gelenkträger (für einen ausgewählten Aufpunkt). Teilbild f erläutert, wie die Einflußlinie einer Diagonalstabkraft bestimmt wird. Die Längenänderung 1 bewirkt eine Verschiebung der Einheitskraft um $1/\sin\varphi$. Man beachte, daß es sich um virtuelle (infinitesimale) Verrückungen handelt, die in den Figuren überzeichnet erscheinen: Die Verschiebungspläne basieren auf der Infinitesimalkinematik! Da ein statisch bestimmtes Stabwerk durch die Einführung eines Freiheitsgrades ein kinematischer Mechanismus wird, verlaufen die Einflußlinien der Stütz- und Schnittgrößen statisch bestimmter Systeme ausschließlich geradlinig, aus demselben Grund verlaufen sie bei statisch unbestimmten Systemen krummlinig (außer für M in jenen Stabbereichen, die statisch bestimmt angelenkt sind). Denn ein statisch unbestimmtes System wird durch Einführung eines Freiheitsgrades allenfalls statisch bestimmt, hier stellt die virtuelle Verrückung eine Zwangsverformung dar.

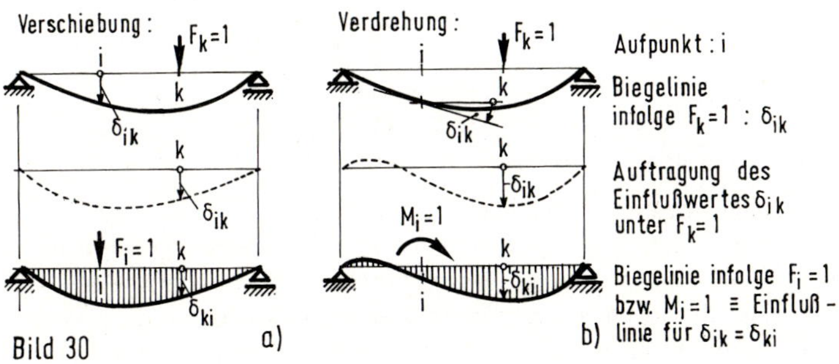

Bild 30

Die Einflußlinie für eine Verformungsgröße, z.B. für die Durchbiegung oder für den Drehwinkel eines bestimmten Aufpunktes, berechnet man zweckmäßig auf der Basis des MAXWELL-schen Vertauschungssatzes (Abschnitt 5.4.3.6). Hierzu ein Beispiel: Gesucht sei die Einflußlinie für die Durchbiegung δ des Aufpunktes i eines einfachen Balkens (Bild 30a). Steht die Einheitskraft im Punkt k ($F_k=1$), beträgt die Durchbiegung in i: δ_{ik}. Dieser Einflußwert wird im Punkt k aufgetragen. Durch mehrfache Wiederholung ergibt sich die gesuchte Einflußlinie. Nach dem MAXWELL-schen Vertauschungssatz gilt:

$$1\cdot\delta_{ki} = 1\cdot\delta_{ik} \qquad (42)$$

Daraus folgt: Die Einflußlinie für die Verschiebung δ_{ik} des Aufpunktes i infolge der wandernden Einheitskraft $F_k=1$ ist gleich der Biegelinie δ_{ki} infolge der im Aufpunkt angreifenden Einheitskraft $F_i=1$; Bild 30a verdeutlicht diesen Sachverhalt. Entsprechend gilt: Die Einflußlinie für den Drehwinkel δ_{ik} des Aufpunktes i infolge der wandernden Einheitskraft $F_k=1$ ist gleich der Biegelinie δ_{ki} infolge des im Aufpunkt angreifenden Einheitsmomentes $M_i=1$ (Bild 30b).

Liegt der Aufpunkt nicht auf der Fahrbahn, handelt es sich um eine indirekte Belastung.

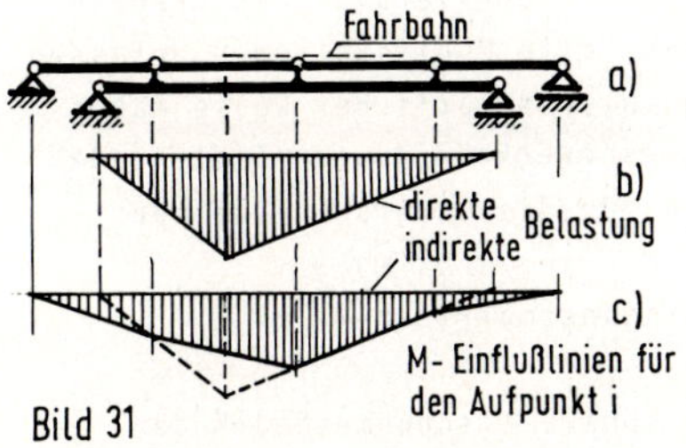

Bild 31

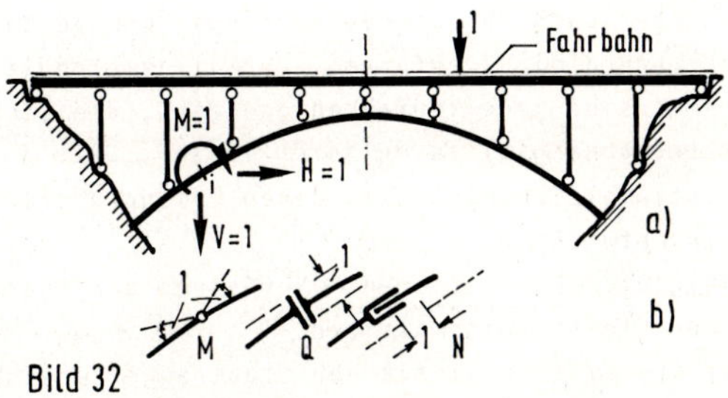

Bild 32

Bild 31 zeigt ein Beispiel. In Teilbild c ist erläutert, wie die Einflußlinie für eine direkte Belastung abzuändern ist, um daraus die Einflußlinie für eine indirekte Belastung zu erhalten. Die Richtigkeit dieser Modifikation folgt aus einfachen statischen oder kinematischen Überlegungen. - Am Beispiel des in Bild 32 dargestellten (statisch unbestimmten) Tragwerkes wird das Ergebnis zusammengefaßt:

- Die Einflußlinie für eine Stütz- oder Schnittgröße eines Aufpunktes i folgt durch Einführung eines Freiheitsgrades im Aufpunkt i in Richtung der Stütz- oder Schnittgröße und Einprägung der Verrückung 1 entgegengesetzt zur positiven Richtungsdefinition der Stütz- bzw. Schnittgröße. Hierfür wird die (virtuelle) Verformung des Systems berechnet: Die Biegelinie der Fahrbahn ist die gesuchte Einflußlinie. Es versteht sich, daß solche Rechnungen umfangreich und schwierig ausfallen können. Ein Nachteil der kinematischen Methode ist darin zu sehen, daß die Einführung des Freiheitsgrades im Aufpunkt in Abhängigkeit von der Stütz- oder Schnittgröße eine Systemveränderung bedeutet. Bei einer Computerberechnung ist dieser Gesichtspunkt weniger bedeutend, wohl bei einer Handrechnung. Deshalb wurden die Einflußlinien statisch unbestimmter Stabtragwerke früher eher statisch, d.h. auf der Grundlage des Kraftgrößen-Verfahrens berechnet, was die Invertierung der δ_{ik}-Koeffizientenmatrix erfordert, eine insgesamt sehr aufwendige Rechnung. Die kinematische Methode ist prädestiniert für eine Berechnung nach dem Verformungsgrößen-Verfahren.
- Die Einflußlinie für eine Verformungsgröße eines Aufpunktes i ist gleich der Biegelinie der Fahrbahn für die im Aufpunkt in Richtung der Verformungsgröße angreifende Einheitskraft 1; handelt es sich um die Einflußlinie für eine Verdrehung (auch Drillung im Sinne der ST-VENANT-schen Theorie), wird das Einheitsmoment 1 angesetzt. Mit Hilfe der in Bild 32b eingezeichneten Einwirkungen können die Einflußlinien der vertikalen (V) und horizontalen (H) Verschiebung und des Drehwinkels (M) bestimmt werden.

5.5 Allgemeine Hinweise zu den Berechnungsverfahren der Stabstatik

Die Elasto-Statik der Stabtragwerke ist eine im wesentlichen abgeschlossene und für die Praxis weitgehend aufbereitete Theorie. Sie ist durch Experiment und Empirie gut abgesichert. Für die Anwendung steht ein umfangreiches monographisches und spezielles Schrifttum zur Verfügung. - Zunächst als graphische Statik angelegt, wurden zunehmend die analytischen und kinematischen Methoden entwickelt, vielfach mit der Zielsetzung, den von Hand zu leistenden Rechenaufwand zu reduzieren. Aus anschaulich-ingenieurmäßigen Vorstellungen heraus entstanden das Kraftgrößen- und Verformungsgrößenverfahren und aus letzterem die Momentenausgleichsverfahren von CROSS und KANI sowie weitere Varianten ("klassische Statik") [1]. Für die praktische Berechnung im technischen Büro stehen mannigfache Behelfe zur Verfügung [15].- Seit den sechziger Jahren vollzieht sich in der Baustatik im Zuge der Einführung und immer breiteren Verfügbarkeit des Computers ein Umbruch. Es entstanden gänzlich neue, rechnerorientierte Verfahren mit mathematisch-formaler Ausprägung ("moderne Statik"). Die Umstellung hierauf ist (in den technischen Schulen und in der Praxis) in vollem Gange; eine neue Disziplin ist im Entstehen, die sogen. "Bauinformatik".

Die "klassischen" Verfahren sind zwar programmierbar, gleichwohl vom Ansatz her (weil für Handrechnungen entwickelt) weniger rechnergeeignet. Das gilt insbesondere für das Kraftgrößenverfahren aber auch für das Verformungsgrößenverfahren in der Version als Drehwinkel- oder Momentenausgleichsverfahren. Für allgemeingültige, alle Modifikationen erfassende Rechenprogramme sind jene Verfahren geeignet, die sich in systematischer Weise matriziell (und systemunabhängig) formulieren lassen. Dazu ist es zweckmäßig, die Stabstatik von den Differentialgleichungen bzw. deren Lösungssystemen für die unterschiedlichen Stabtypen her zu entwickeln:

Differentialgleichungsverfahren → Verfahren der Übertragungsmatrizen → Verfahren der Steifigkeitsmatrizen

Insofern stellt die moderne Statik der Stabtragwerke eine höhere Lösungsmethodik der Theorie der linearen Differentialgleichungen dar. Da sich die partiellen Differential-

gleichungen in der Statik der Flächentragwerke (Scheiben, Platten, Schalen) i.a. geschlossen nicht lösen lassen, bauen hier die Matrizenmethoden auf energetischen Prinzipien und Methoden auf (RITZ, GALERKIN); sie erlauben die Herleitung von Näherungslösungen und bilden die Grundlage für die Methode der finiten Elemente.
Zur Matrizenstatik der Stabtragwerke und zur Programmentwicklung stehen inzwischen zusammenfassende Darstellungen zur Verfügung [16], das gilt auch für die Methode der finiten Elemente [17]. - Zur Entwicklung der Modellstatik vgl. [18].

6 Plasto-statische Berechnung der Stabtragwerke

6.1 Querschnittstragfähigkeit eines Zug- und Druckstabes

6.1.1 Eigenspannungsfreier Querschnitt

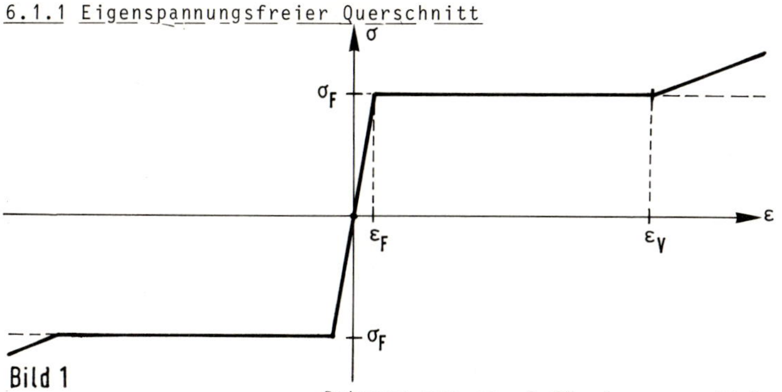

Bild 1

Bild 1 zeigt das idealisierte Spannungs-Dehnungsdiagramm eines Baustahles mit ausgeprägtem Fließvermögen.
Wird in einem zentrisch beanspruchten Zug- oder Druckstab die Fließgrenze $\sigma_F (=\beta_S)$ erreicht, beginnt der Stab auszufließen, bis bei einer Dehnung von ca. 1,6% eine neuerliche Verfestigung einsetzt:

$$\varepsilon_V = 0{,}016 \approx 10\varepsilon_F \quad \left(\varepsilon_F = \frac{\sigma_F}{E} = \begin{matrix} 0{,}00114 : \text{St } 37 \\ 0{,}00171 : \text{St } 52 \end{matrix}\right) \tag{1}$$

(Anmerkung: Bei Druckbeanspruchung wird unterstellt, daß beim Ausfließen keine globale oder lokale Instabilität auftritt.)
Bei zentrischer Belastung ist die Spannung konstant über dem Stabquerschnitt verteilt: Elasto- und plasto-statische Grenztragfähigkeit sind demnach identisch:

$$N_{El} = N_{Pl} = \sigma_F \cdot A \tag{2}$$

Das bedeutet: Wenn die Kraft im Stab den Wert $\sigma_F \cdot A$ annimmt, ist die Grenze des elastischen Verhaltens erreicht (N_{El}), gleichzeitig fließt der Stab (über alle Grenzen) aus (N_{Pl}). Eine plastische Querschnittsreserve ist nicht vorhanden.
Ist σ_Z die Zugfestigkeit, beträgt die reale Bruchkraft: $\sigma_Z \cdot A$. Mit dem Erreichen der Bruchkraft gehen große Dehnungen einher (20 bis 30%); die Bruchkraft scheidet daher als Bezugsgröße für die Bemessung aus; vgl. Abschnitt 6.1.3.

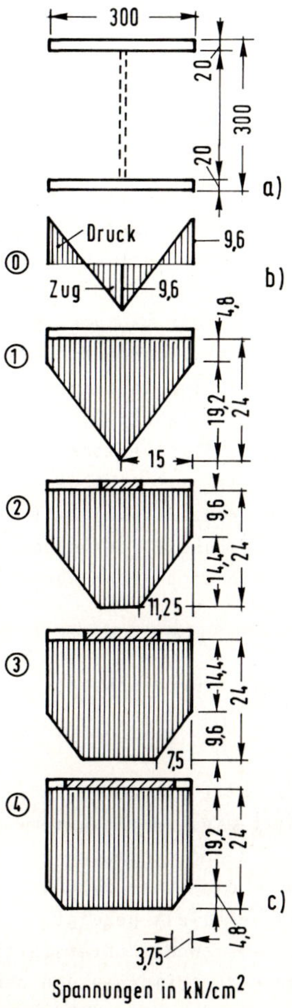

Bild 2

6.1.2 Eigenspannungsbehafteter Querschnitt

Beim Warm- und Kaltauswalzen der Profile sowie beim Schweißen und Richten bauen sich im Querschnitt Eigenspannungen in beträchtlicher Größenordnung auf. In geschweißten Profilen liegen die Eigenspannungen in den Nahtbereichen in Höhe der Fließspannungen. Die Eigenspannungen stehen innerhalb des Querschnittes im Gleichgewicht. Um das Verhalten eines mit Eigenspannungen behafteten Zugstabes unter der Einwirkung einer äußeren Belastung zu zeigen, wird das in Bild 2a/b skizzierte Beispiel untersucht; es handelt sich um einen Zugstab mit I-Querschnitt, von dem (aus Gründen der Übersichtlichkeit) nur die Flansche betrachtet werden (Zweigurtquerschnitt). Teilbild b zeigt die Verteilung der Eigenspannungen. Deren Größtwerte werden zu 9,6kN/cm² angenommen.
Die (äußere) Zugkraft wird von Null stetig gesteigert, die Druckeigenspannungen werden dabei abgebaut. - Unter einer bestimmten Zugkraft wird in der mittig im Gurt liegenden Faser die Fließgrenze (hier zu 24kN/cm² angenommen) erreicht: Phase ①. Bei

weiterer Laststeigerung setzt von der Mitte aus (in Richtung der Ränder) Fließen ein: Phasen ②, ③ und ④. Schließlich wird die Fließgrenze in allen Fasern erreicht, die Grenztragfähigkeit ist damit erreicht. Die zu den (hier frei gewählten) Zuständen ① bis ④ gehörenden Stabkräfte berechnen sich aus den Spannungsvolumina zu:

1 : $2(24\cdot 30 - 15{,}00\cdot 19{,}2)\cdot 2{,}0 = 1728\,kN$
2 : $2(24\cdot 30 - 11{,}25\cdot 14{,}4)\cdot 2{,}0 = 2232\,kN$
3 : $2(24\cdot 30 - 7{,}50\cdot 9{,}6)\cdot 2{,}0 = 2592\,kN$
4 : $2(24\cdot 30 - 3{,}75\cdot 4{,}8)\cdot 2{,}0 = 2802\,kN$

Die hierzu gehörenden <u>mittleren</u> Spannungen erhält man, indem die Kräfte durch die Querschnittsfläche $A=2\cdot 2{,}0\cdot 30=120\,cm^2$ dividiert werden:

1 : $\sigma = 1728/2\cdot 2{,}0\cdot 30 = 14{,}40\,kN/cm^2$
2 : $\sigma = 2232/2\cdot 2{,}0\cdot 30 = 18{,}60\,kN/cm^2$
3 : $\sigma = 2592/2\cdot 2{,}0\cdot 30 = 21{,}60\,kN/cm^2$
4 : $\sigma = 2802/2\cdot 2{,}0\cdot 30 = 23{,}40\,kN/cm^2$

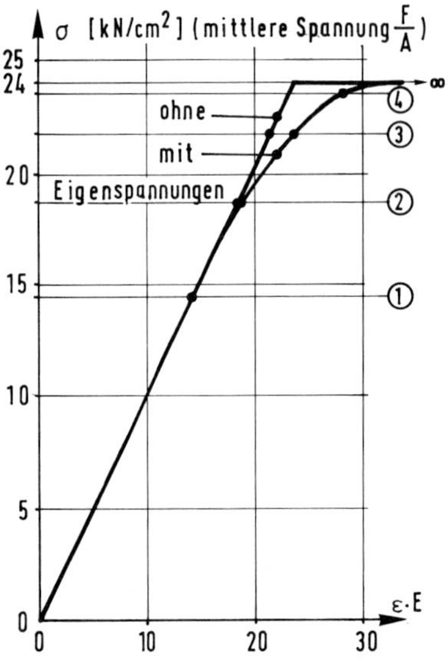

Bild 3

Die Dehnung des Gesamtquerschnittes wird allein von der Dehnung des elastischen Restquerschnittes bestimmt. In diesem beträgt die Zunahme der Spannungen von Phase zu Phase $4{,}8\,kN/cm^2$ (vgl. hierzu die Zunahme der Randspannungen in Bild 2c: $4{,}8 \rightarrow 9{,}6 \rightarrow 14{,}4 \rightarrow 19{,}2 \rightarrow 24\,kN/cm^2$). Dieser Zunahme ist jeweils ein Dehnungszuwachs $4{,}8/E$ zugeordnet. Die Gesamtdehnung folgt additiv:

1 : $\varepsilon = 14{,}4/E = 14{,}4/E$
2 : $\varepsilon = (14{,}4 + 4{,}8)/E = 19{,}2/E$
3 : $\varepsilon = (14{,}4 + 2\cdot 4{,}8)/E = 24{,}0/E$
4 : $\varepsilon = (14{,}4 + 3\cdot 4{,}8)/E = 28{,}8/E$

(Zur Phase ① gehört eine elastische Spannungsänderung von $9{,}6+4{,}8=14{,}4\,kN/cm^2$; von ⓪ bis ① vollzieht sich diese Änderung rein elastisch.) Bei voller Durchplastizierung ist $\sigma=\sigma_F=24\,kN/cm^2$, die Dehnung wächst über alle Grenzen. Trägt man die mittlere Spannung $\sigma=F/A$ über der Dehnung des Stabes auf (das würde dem Kraft-Verschiebungs-Diagramm einer Zugprüfmaschine entsprechen), erhält man das in Bild 3 gezeigte Ergebnis. Mit dem Beginn der Plastizierung wird der Stab zunehmend "weicher". Ein eigenspannungsfreier Stab verhält sich im Gegensatz dazu bis zum Einsetzen der Plastizierung ideal-elastisch und dann ideal-plastisch. Das Beispiel lehrt: Die Höhe der plastischen Grenztragfähigkeit ist bei Baustählen mit ausgeprägtem Fließvermögen von der Höhe und Verteilung der Eigenspannungen unabhängig. Dieses Ergebnis gilt gleichermaßen für die Tragfähigkeit von Biegeträgern, nicht dagegen für die Grenztragfähigkeit gedrückter Bauglieder (Knicken, Kippen, Beulen): Wegen der höheren Weichheit (der globale E-Modul ist geringer als der E-Modul des Materials) wirken sich die Eigenspannungen hier mindernd aus (vgl. Abschnitt 7)!

6.1.3 Berücksichtigung der Verfestigung

Wie in Abschnitt 6.1.1 erläutert, ist die reale Bruchkraft eines Zug- bzw. Druckstabes mit dem Erreichen der plastischen Grenzkraft

$$N_{Pl} = \sigma_F \cdot A \qquad (3)$$

noch nicht erreicht, sondern erst dann, wenn die Spannung im Querschnitt mit der Materialfestigkeit übereinstimmt ($\sigma_Z\cdot A$). Dann schnürt sich der Querschnitt ein, der Stab versagt. Auf diese reale Bruchkraft kann bei der Dimensionierung nicht Bezug genommen werden, weil hiermit im Stab eine viel zu große Dehnung und im Tragwerk eine viel zu große Verformung verbunden ist. Das wird im folgenden anhand eines Zahlenbeispiels gezeigt: Gesucht ist die reale Bruchtragkraft des in Bild 4a gezeigten Systems (wobei unterstellt wird, daß Instabilitätsversagen verhindert wird und die auftretenden Verformungen von den Verbindungen aufgenommen werden können, d.h. daß die Verbindungen selbst nicht vorher versagen). Bei dem Beispiel handelt es sich um ein Fachwerk. Die Unter- und Obergurtstäbe

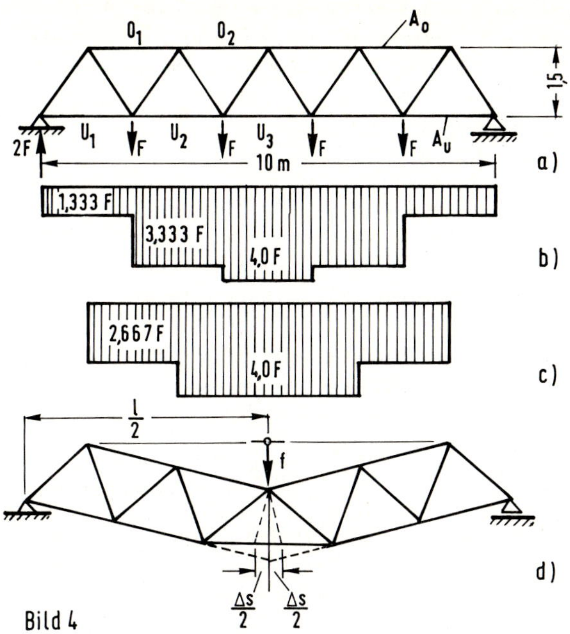

Bild 4

haben jeweils eine konstante Querschnittsfläche:

$A_u = 21{,}6\,cm^2,\ A_o = 1{,}3 \cdot A_u$ (u: unten, o: oben)

Die Diagonalstäbe seien dehnstarr. - Die Belastung bestehe aus vier Einzellasten; hierfür ergeben sich aufgrund einfacher Gleichgewichtsgleichungen die in den Teilbildern b bzw. c eingetragenen Stabkräfte im Unter- und Obergurt (Auflagerkraft A=2F):

$$U_1 = A \cdot 1{,}0/1{,}5 = 1{,}333\,F$$
$$U_2 = (A \cdot 3{,}0 - F \cdot 1{,}0)/1{,}5 = 3{,}333\,F$$
$$U_3 = (A \cdot 5{,}0 - F \cdot 3{,}0 - F \cdot 1{,}0)/1{,}5 = 4{,}000\,F$$
$$O_1 = -A \cdot 2{,}0/1{,}5 = -2{,}666\,F$$
$$O_2 = -(A \cdot 4{,}0 - F \cdot 2{,}0)/1{,}5 = -4{,}000\,F$$

Der Untergurt sei so dimensioniert, daß unter Gebrauchslast die Spannung <u>24kN/cm²</u> eingehalten wird:

$$\text{zul}\,U_3 = 24 \cdot 21{,}6 = \underline{518{,}4\ kN}$$

Hieraus folgt:

$$\text{zul}\,F = 518{,}4/4{,}0 = \underline{129{,}6\ kN}$$

Das ist quasi die zulässige Gebrauchslast. Die zugehörigen Stabkräfte betragen:

$$U_1 = 172{,}8\ kN;\ U_2 = 432{,}0\ kN;\ U_3 = 518{,}4\ kN;\ O_1 = -345{,}6\ kN;\ O_2 = -518{,}4\ kN$$

Um die mittige Durchbiegung für diesen "Gebrauchslastzustand" bestimmen zu können, wird der Hilfsangriff $\bar{1}$ im mittigen Obergurtknoten angesetzt. Die virtuellen Kräfte betragen:

$$\bar{U}_1 = 0{,}333,\ \bar{U}_2 = 1,\ \bar{U}_3 = 1{,}666,\ \bar{O}_1 = -0{,}666,\ \bar{O}_2 = -1{,}333$$

Nunmehr läßt sich die Durchsenkung f (Einzelstablänge s=200cm) berechnen:

$$f = \Sigma \frac{S\bar{S}}{EA} s = \frac{200}{21000 \cdot 21{,}6}(2 \cdot 172{,}8 \cdot 0{,}333 + 2 \cdot 432{,}0 \cdot 1 + 518{,}4 \cdot 1{,}666 + 2 \cdot 345{,}6 \cdot 0{,}666/1{,}3 + 2 \cdot 518{,}4 \cdot 1{,}333/1{,}3) =$$
$$= 4{,}4092 \cdot 10^{-4}(115{,}1 + 864 + 864 + 354{,}5 + 1063{,}2) = \underline{1{,}44\,cm}$$

Die Fließgrenze des Materials betrage <u>36kN/cm²</u>; unter 1,5-facher Gebrauchslast wird demnach im Untergurtstab U_3 die Fließspannung erreicht. Die zugehörige Durchbiegung dieses elastischen Grenzzustandes beträgt:

$$f_F = 1{,}5 \cdot 1{,}44 = \underline{2{,}16\,cm}$$

Für den Stab U_3 bedeutet das: Der elastisch-plastische Grenzzustand ist erreicht. Unmittelbar vor Erreichen dieses Zustandes beträgt die Längenzunahme des Stabes:

$$\varepsilon_F = \sigma_F/E = 36/21000 = 1{,}7143 \cdot 10^{-3} \longrightarrow \Delta s_F = \varepsilon_F \cdot s = 0{,}3429\,cm$$

Aus der Figur des Bildes 4d entnimmt man:

$$\frac{f}{l/2} = \frac{\Delta s/2}{h} \longrightarrow f = \frac{\Delta s \cdot l}{4 \cdot h} \longrightarrow f_{F,U_3} = \frac{0{,}3429 \cdot 10}{4 \cdot 1{,}5} = 0{,}5714\,cm$$

Das ist der Beitrag des Stabes U_3 an der Durchbiegung f_F. - Der Untergurtstab U_3 fließt (ohne Laststeigerung) aus, bis die Dehnung die Verfestigungsdehnung $\varepsilon_V = 10 \cdot \varepsilon_F$ erreicht. Das ergibt einen zusätzlichen Durchbiegungsbeitrag von:

$$f_{V,U_3} \approx (10 - 1) \cdot 0{,}5714 = 5{,}14\,cm \quad \text{(nicht reversibel)}$$

Die gesamte Durchsenkung des Fachwerkes (nach Erreichen von ε_V im Stab U_3) beträgt nunmehr:

$$f_V = (2{,}16 + 5{,}14) = \underline{7{,}30\,cm}$$

Geht man von einem Stahl aus, der eine Bruchdehnung gleich $20\%=117\cdot\varepsilon_F$ und eine Bruchfestigkeit von 52kN/cm² hat (es handelt sich demnach um einen Stahl St52) und unterstellt man zudem, daß bei weiterer Laststeigerung die Zugfestigkeit im Untergurtstab U_3 erreicht werden kann und in allen anderen Stäben die Dehnung ε kleiner ε_F bleibt (was natürlich nicht der Fall ist), erhält man die Durchsenkung im Bruchzustand zu:

$$f_{Bruch} \geq 2{,}16 + 117\cdot 0{,}5714 = \underline{68{,}8\,\text{cm}}$$

Die tatsächliche Durchbiegung ist im Bruchzustand noch wesentlich größer, weil bei Erreichen dieses Zustandes neben U_3 noch weitere Stäbe die Fließgrenze erreicht haben und dadurch einen größeren Verformungsbeitrag leisten. Das sei im folgenden gezeigt.
Die Durchbiegung $f_V=7{,}30$cm nach Ausfließen des Untergurtstabes U_3 läßt sich wie folgt bestätigen: Es wird für diesen Stab der Sekantenmodul bestimmt, vgl. Bild 5. Da alle anderen Stäbe noch elastisch sind, läßt sich die gesamte Durchbiegung wie folgt berechnen (s.o.):

$$E_S = \frac{\sigma_F}{\varepsilon_V} = \frac{36}{10\cdot 1{,}7143\cdot 10^{-3}} = \underline{2100\ \text{kN/cm}^2}$$

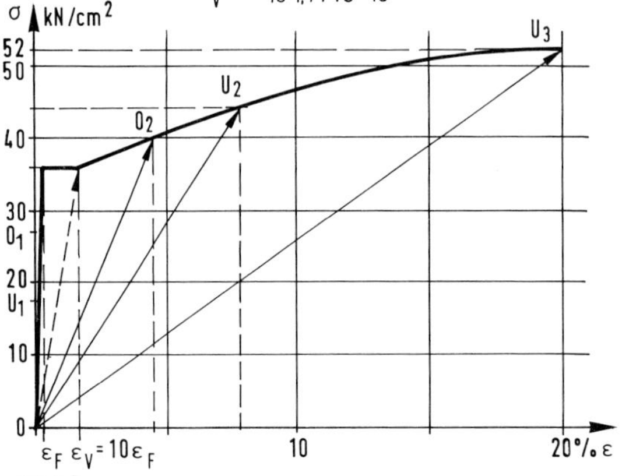

Bild 5

$$f_V = 4{,}4092\cdot 10^{-4}\cdot 1{,}5(115{,}1 + 864 + 354{,}5 + 1063{,}2) + \frac{1{,}5\cdot 518{,}4\cdot 1{,}666}{2100\cdot 21{,}6}\,200 = 1{,}59 + 5{,}71 = \underline{7{,}30\,\text{cm}}$$

Dieser Wert stimmt mit dem zuvor berechneten überein. Damit wird erkennbar, wie die Verformung des Gesamttragwerkes im realen (vollständigen) Bruchzustand berechnet werden kann: Die zum Bruchzustand gehörende Kraft im Stab U_3 beträgt:

$$U_{3,Bruch} = 52\cdot 21{,}6 = 1123\,\text{kN},\ \text{zugehörig}\ F = 280{,}8\ \text{kN}$$

Die anderen Stabkräfte, Spannungen und Dehnungen ergeben sich zu (nach wie vor nach Theorie I. Ordn. berechnet):

$$\begin{array}{llll}
U_1 = 374{,}3\ \text{kN} \rightarrow & \sigma = 374{,}3/21{,}6 & = 17{,}3\ \text{kN/cm}^2 & : \text{elastisch}\\
U_2 = 935{,}9\ \text{kN} \rightarrow & \sigma = 935{,}9/21{,}6 & = 43{,}3\ \text{kN/cm}^2 & : \varepsilon = 0{,}078\\
U_3 = 1123\ \text{kN} \rightarrow & \sigma = 1123/21{,}6 & = 52\ \text{kN/cm}^2 & : \varepsilon = 0{,}200\\
O_1 = -748{,}6\,\text{kN} \rightarrow & \sigma = -748{,}6/21{,}6\cdot 1{,}3 & = 26{,}7\ \text{kN/cm}^2 & : \text{elastisch}\\
O_2 = -1123\ \text{kN} \rightarrow & \sigma = -1123/21{,}6\cdot 1{,}3 & = 40\ \text{kN/cm}^2 & : \varepsilon = 0{,}045
\end{array}$$

Die den Spannungen zugeordneten Dehnungen werden dem Diagramm des Bildes 5 entnommen. Die Sekantenmoduli für die Stäbe U_2, U_3 und O_2 folgen damit zu:

$$\begin{array}{ll}
U_2 : E_S = 43{,}3/0{,}078 & = 555\ \text{kN/cm}^2\\
U_3 : E_S = 52/0{,}200 & = 260\ \text{kN/cm}^2\\
O_2 : E_S = 40/0{,}045 & = 889\ \text{kN/cm}^2
\end{array}$$

Nunmehr folgt:

$$f_{Bruch} = \frac{200}{21{,}6}\left(\frac{2\cdot 374{,}3\cdot 0{,}333}{21000} + \frac{2\cdot 953{,}9\cdot 1}{555} + \frac{1123\cdot 1{,}666}{260} + \frac{2\cdot 748{,}6\cdot 0{,}667}{1{,}3\cdot 21000} + \frac{2\cdot 1123\cdot 1{,}333}{1{,}3\cdot 889}\right) = 9{,}259(0{,}01187 + 3{,}437 + 7{,}196 + 0{,}03658 + 2{,}591) =$$

$$= 9{,}314\cdot 13{,}27 = \underline{123{,}6\,\text{cm}}$$

Mit den vorstehenden Abschätzungen dürfte überzeugend nachgewiesen sein, daß bei der Bemessung von Stahlkonstruktionen ein Bezug auf die Bruchfestigkeit der Stähle nicht infrage kommt, sondern allein der Bezug auf die Fließgrenze. Anders verhält es sich beim Nachweis der Verbindungsmittel; hier ist ein Bezug auf deren Bruchtragkraft möglich, weil es sich um einen lokalen Versagenszustand handelt, von dem i.a. nur ein sehr geringer Verformungsbeitrag im Grenzzustand ausgeht. Allerdings ist es dann notwendig, gegen diese (nicht-duktile) Bruchkraft eine höhere Sicherheit einzuhalten, die an zwei

Kriterien zu orientieren ist: Einerseits sollten sich unter Gebrauchslast in den Verbindungsmitteln noch keine bleibenden lokalen Verformungen einstellen, andererseits sollte die Verbindung nicht vor Erreichen der plastischen Grenztragfähigkeit des Grundmaterials versagen, im Gegenteil, gegen diese sollte eine gewisse Marge eingehalten sein.

6.2 Fließzonentheorie

6.2.1 Exemplarische Darstellung am Einfeldbalken mit Rechteckquerschnitt

Bevor auf die Fließgelenkmethode (früher Traglastverfahren genannt) eingegangen wird, soll gezeigt werden, welche großen Schwierigkeiten es bereitet, ein biegebeanspruchtes Tragsystem nach der strengen Plastizitätstheorie unter Berücksichtigung ausgebreiteter Fließzonen zu berechnen. Die formalen Schwierigkeiten einer analytischen Lösung sind so groß, daß derartige Berechnungen für die Praxis (von Sonderfällen abgesehen) ausscheiden: Fließzonentheorie. - Die für praktische Rechnungen geeignete Fließgelenktheorie ist eine Näherungstheorie, sie nähert die strengen Ergebnisse der Fließzonentheorie von oben her an, liegt somit stets auf der unsicheren Seite! Berechnungen nach Theorie I. Ordnung führen indes zu weitgehend übereinstimmenden Ergebnissen; bei Rechnungen nach Th. II. Ordnung sind große Abweichungen möglich; vgl. Abschnitt 6.4 und Abschnitt 7.

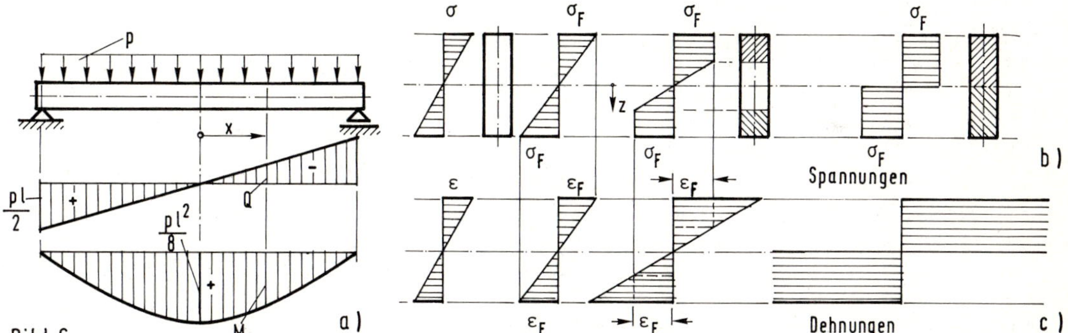

Bild 6

Um einen Einblick in die Fließzonentheorie zu geben, wird ein einfacher Balken unter konstanter Gleichlast betrachtet; er habe einen Rechteckquerschnitt, vgl. Bild 6. Der Ursprung der Längskoordinate x wird in die Balkenmitte gelegt. Querkraft und Biegemoment betragen:

$$Q = -px; \quad M = \frac{p}{8}(l^2 - 4x^2) \tag{4}$$

Unter der Voraussetzung eines ideal-elastischen/ideal-plastischen Spannungs-Dehnungs-Gesetzes durchläuft der Querschnitt in Balkenmitte die in Bild 6b/c dargestellten Spannungs- bzw. Dehnungszustände. Der Randspannung σ_F ist die Dehnung ε_F zugeordnet. Bei

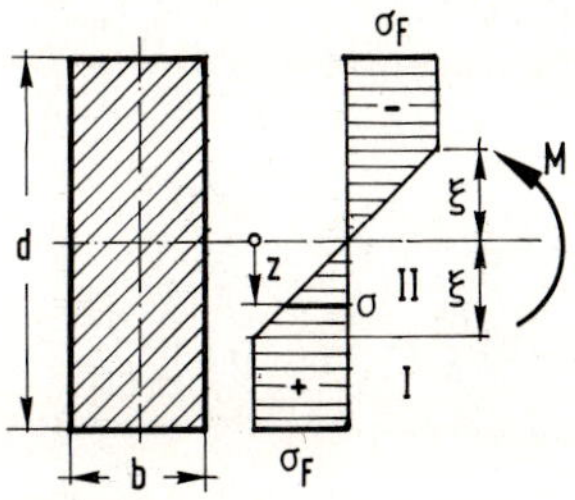

Bild 7

weiterer Laststeigerung nimmt die Biegekrümmung zu, damit auch die Verzerrung in den einzelnen Fasern, die Spannungen selbst vermögen nicht mehr anzuwachsen. Vielmehr bleibt σ_F erhalten. Von den Rändern her tritt eine Plastizierung in das Innere ein. Im Grenzzustand sind alle Fasern in der Biegezug- und Biegedruckzone plastiziert, es stellt sich die in Bild 6b, rechts, dargestellte Spannungsverteilung ein. Diesem Spannungszustand entsprechen unendlich große Dehnungen in der Biegezug- bzw. Biegedruckhälfte und ein Dehnungssprung von $+\infty$ auf $-\infty$. Das ist natürlich real nicht möglich, gleichwohl soll im folgenden von diesem theoretischen Modell ausgegangen werden. (Die Begründung für die Zulässigkeit dieser Vorgehensweise wird später nachgetragen.) Es werden drei Spannungs-Verzerrungszustände vorab behandelt.

a) Elastischer Zustand:

$$\sigma = \frac{M}{I} z; \quad I = \int_A z^2 dA \tag{5}$$

b) Teilplastizierter Zustand (Bild 7). Im plastizierten Außenbereich (I) gilt: $\sigma = \pm\sigma_F$; im elastischen Kern sind die Spannungen geradlinig verteilt (die BERNOULLI-Hypothese gilt unverändert):

$$\sigma = \sigma_F \frac{z}{\xi} \tag{6}$$

ξ gibt die Ausdehnung des elastischen Kerns von der Achse aus an. Für ein vorgegebenes ξ ist der Spannungszustand eindeutig bestimmt und damit auch das von den Spannungen aufgebaute Biegemoment:

$$\frac{1}{2}M = \int_0^{\xi} \sigma \cdot z\,dA + \int_{\xi}^{d/2} \sigma_F z\,dA = \frac{\sigma_F}{\xi}\int_0^{\xi} z^2 dA + \sigma_F\int_{\xi}^{d/2} z\,dA = \sigma_F\left(\frac{I_{II}}{\xi} + S_I\right) \longrightarrow$$

$$M = 2\sigma_F\left(\frac{I_{II}}{\xi} + S_I\right) \tag{7}$$

Der Index I kennzeichnet die elastische und der Index II die plastische Zone (Bild 7).

c) Vollplastizierter Zustand:

$$\sigma = \pm\,\sigma_F \tag{8}$$

Die elastische Zone verschwindet:

$$\xi = 0:\; I_{II} = 0:\; S_I = \int_0^{d/2} z\,dA \tag{9}$$

Mit Erreichen des letztgenannten Zustandes ist die Tragfähigkeit des Querschnittes erschöpft. Das zugeordnete plasto-statische Grenzmoment beträgt:

$$M_{Pl} = 2\sigma_F S \tag{10}$$

$S(=S_I)$ ist das statische Moment einer Querschnittshälfte, bezogen auf die Nullinie. - Das elasto-statische Grenzmoment folgt aus:

$$M_{El} = \sigma_F W \tag{11}$$

Für den hier behandelten Rechteckquerschnitt ergibt sich:

$$M_{Pl} = 2\sigma_F b\frac{d}{2}\cdot\frac{d}{4} = 2\sigma_F\frac{bd^2}{8} = \sigma_F\cdot\frac{bd^2}{4}\;;\quad M_{El} = \sigma_F\cdot\frac{bd^2}{6} \tag{12}$$

Die Querschnittsreserve M_{Pl}/M_{El} beträgt 1,5.

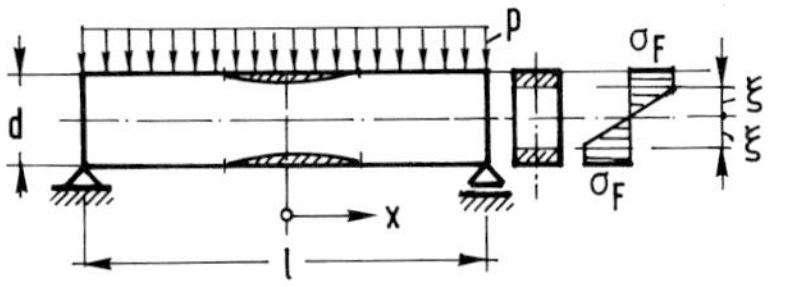

Bild 8

Die Randplastizierung in Balkenmitte setzt ein, wenn M_{El} erreicht bzw. überschritten wird. Die zu M_{El} gehörende Last wird mit p_{El} abgekürzt; sie folgt aus:

$$M_{El} = \frac{p_{El} l^2}{8} \longrightarrow p_{El} = \frac{8M_{El}}{l^2} = \sigma_F\frac{4}{3}\cdot\frac{bd^2}{l^2} \tag{13}$$

Wird p_{El} überschritten, stellt sich im Mittelbereich des Balkens eine plastizierte Zone (Fließzone) ein, vgl. Bild 8; deren Ausdehnung wird als nächstes berechnet. Dazu wird G.7 für den Rechteckquerschnitt ausgewertet und das so berechnete innere Moment mit dem äußeren, gemäß G.4, gleichgesetzt:

$$S_I = \int_{\xi}^{d/2} z\,dA = b\cdot\frac{z^2}{2}\bigg|_{\xi}^{d/2} = \frac{b}{2}\left[\left(\frac{d}{2}\right)^2 - \xi^2\right] \tag{14}$$

$$I_{II} = \int_0^{\xi} z^2 dA = b\frac{z^3}{3}\bigg|_0^{\xi} = \frac{b}{3}\left[\xi^3\right] \tag{15}$$

$$M = 2\sigma_F\left\{\frac{b}{3}\frac{\xi^3}{\xi} + \frac{b}{2}\left[\left(\frac{d}{2}\right)^2 - \xi^2\right]\right\} = 2\sigma_F b\left\{\frac{\xi^2}{3} + \frac{d^2}{8} - \frac{\xi^2}{2}\right\} = 2\sigma_F b\left\{\frac{d^2}{8} - \frac{\xi^2}{6}\right\} = \sigma_F b\left(\frac{d^2}{4} - \frac{\xi^2}{3}\right) \tag{16}$$

Gleichsetzung:

$$\frac{p}{8}(l^2 - 4x^2) = \sigma_F b\left(\frac{d^2}{4} - \frac{\xi^2}{3}\right) \tag{17}$$

Aus G.13 wird σ_F freigestellt

$$\sigma_F = \frac{3}{4}p_{El}\frac{l^2}{bd^2} \tag{18}$$

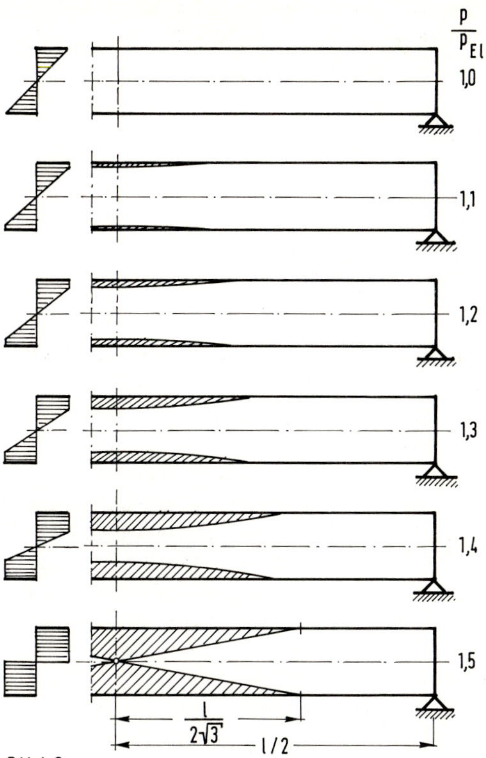

Bild 9

und in G.17 eingesetzt. Auflösung nach $\frac{\xi}{d/2}$:

$$\left(\frac{\xi}{d/2}\right)^2 = 3 - \frac{p}{p_{El}}\cdot 2\left[1-4\left(\frac{x}{l}\right)^2\right] \qquad (19)$$

Grenzfälle in Balkenmitte (x=0):

$$\left(\frac{\xi}{d/2}\right)^2 = 3 - 2\frac{p}{p_{El}} \qquad (20)$$

$$\xi = \frac{d}{2}: \quad \frac{p_{El}}{p_{El}} = 1; \quad \xi = 0: \quad \frac{p_{Pl}}{p_{El}} = \frac{3}{2} = 1{,}5 \qquad (21)$$

Die Auswertung von G.19 für

$$\frac{p}{p_{El}} = 1;\ 1{,}1;\ 1{,}2;\ 1{,}3;\ 1{,}4;\ 1{,}5$$

zeigt Bild 9. Hieraus wird deutlich, daß sich die plastizierten Randzonen zunächst mehr in Längsrichtung des Balkens und dann zunehmend in die Tiefe des Querschnittes ausbreiten. - Die Längserstreckung der plastizierten Zone ist dort begrenzt, wo $\frac{\xi}{d/2} = \pm 1$ ist. Wird diese Bedingung in G.19 eingesetzt, findet man:

$$\frac{\bar{x}}{l} = \pm\frac{1}{2}\sqrt{1-\frac{p_{El}}{p}} \qquad (22)$$

Im Falle der Vollplastizierung ist $p/p_{El}=1{,}5$, das ergibt (vgl. Bild 9, unten):

$$\frac{\bar{x}}{l} = \pm\frac{1}{2\sqrt{3}} \qquad (23)$$

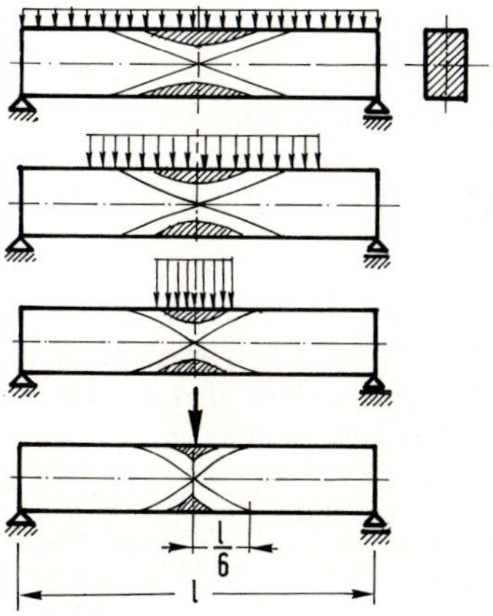

Bild 10

Ist die Belastung p nicht über die ganze Länge, sondern nur über einen Teilbereich des Balkens verteilt, sind zwei Fälle zu unterscheiden: Das einemal reicht die Belastung über die Fließzonenerstreckung hinaus, das anderemal liegt sie innerhalb der Fließzone (vgl. Bild 10). Die analytische Behandlung dieser Fälle ist verwickelt.

Als nächstes wird für das oben behandelte Problem die Durchbiegung berechnet. Dazu wird die Differentialgleichung für die Biegelinie hergeleitet.

Innerhalb des elastischen Bereiches lautet die Differentialgleichung der Stabbiegung ("Gleichung der elastischen Linie"):

$$EIw''_{El} = -M \qquad (24)$$

Sofern p kleiner p_{El} ist, ergibt sich für das anstehende Problem:

$$EIw_{El} = \frac{5}{384}pl^4 - \left[\frac{1}{2}\left(\frac{x}{l}\right)^2 - \frac{1}{3}\left(\frac{x}{l}\right)^4\right]\frac{pl^4}{8} \qquad (25)$$

Die elastische Biegelinie ist eine biquadratische Parabel. Wie erwähnt, gilt die Hypothese vom Ebenbleiben der Querschnitte in plastizierten Stabbereichen unverändert. Die Krümmung $\varkappa$ des Balkens ist daher in solchen Bereichen allein vom Verlauf der Verzerrungen (und Spannungen) im elastischen Kern abhängig. Aus Bild 11b liest man ab:

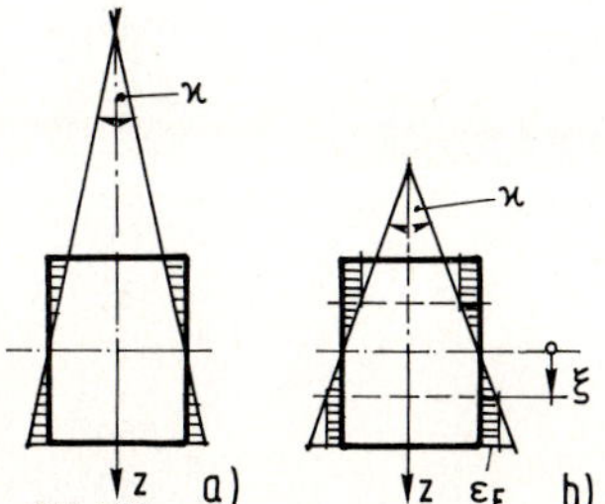

Bild 11

$$\varkappa\xi = \varepsilon_F = \frac{\sigma_F}{E} \longrightarrow Ew''_{Pl} = -\frac{\sigma_F}{\xi} \qquad (26)$$

Wird M_{El} überschritten, gilt demnach:

$$EIw''_{Pl} = -\frac{I\sigma_F}{\xi} \qquad (27)$$

Für den Rechteckquerschnitt folgt hierfür mit

$$\sigma_F = 6\,\frac{M_{El}}{bd^2} \;;\; I = \frac{bd^3}{12} \longrightarrow EIw''_{Pl} = -\frac{bd^3}{12}\cdot\frac{6M_{El}}{bd^2}\cdot\frac{1}{\xi} = -M_{El}\cdot\frac{d/2}{\xi} \tag{28}$$

Stellt man aus G.20 $\frac{d/2}{\xi}$ frei, folgt für x=0 (Balkenmitte):

$$\frac{d/2}{\xi} = \frac{1}{\sqrt{3-2\frac{M}{M_{El}}}} \tag{29}$$

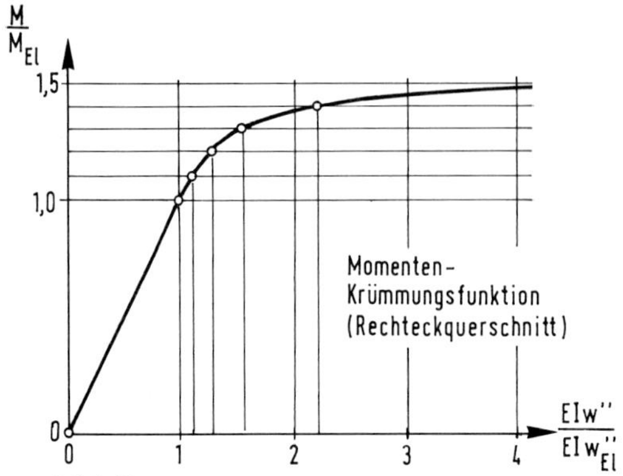

Bild 12

Und damit ergibt sich aus G.28/24:

$$\frac{EIw''_{Pl}}{M_{El}} = \frac{EIw''_{Pl}}{EIw''_{El}} = -\frac{1}{\sqrt{3-2\frac{M}{M_{El}}}} \tag{30}$$

Das ist die auf die Krümmung im elastischen Grenzzustand bezogene Krümmung im teilplastizierten Zustand. Die Auswertung für

$$\frac{M}{M_{El}} = \frac{p}{p_{El}} = 1;\ 1{,}1;\ 1{,}2;\ 1{,}3;\ 1{,}4$$

ergibt die in Bild 12 eingezeichneten Werte. Es ist dieses die Momenten-Krümmungsfunktion für den Rechteckquerschnitt. Die Funktion ist im plastischen Bereich nichtlinear, d.h. die Krümmungen wachsen nicht proportional mit der Belastung, für die Verformungen verliert das Superpositionsgesetz seine Gültigkeit. Da bei der Berechnung <u>statisch unbestimmter</u> Tragwerke (und Flächentragwerke) stets Verformungsverträglichkeiten zu erfüllen sind, ist in diesen Fällen bei Auftreten von Plastizierungen das Superpositionsgesetz auch für die Schnittgrößen nicht mehr gültig.

Die Differentialgleichung für die Berechnung der Durchbiegung des gleichförmig belasteten Balkens folgt aus G.28, wenn für ξ G.19 eingesetzt wird:

$$\xi = |\pm|\left(\frac{d}{2}\right)\sqrt{3+\frac{p}{p_{El}}2\left[4\left(\frac{x}{l}\right)^2-1\right]} \;;\quad p_{El} = \frac{8}{l^2}M_{El} \longrightarrow \tag{31}$$

$$EIw''_{Pl} = -\frac{M_{El}}{\sqrt{3+\frac{p}{M_{El}}\left[x^2-\left(\frac{l}{2}\right)^2\right]}} = -M_{El}\sqrt{\frac{M_{El}}{p}}\cdot\frac{1}{\sqrt{\frac{M_{El}}{p}\cdot\left(3-\frac{p}{M_{El}}\cdot\frac{l^4}{4}\right)+x^2}} \tag{32}$$

Die Integration dieser Differentialgleichung ist möglich. Die Lösung enthält zwei Freiwerte: C_1, C_2. Für den noch elastischen Balkenbereich gilt die Differentialgleichung G.24, deren Lösung enthält ebenfalls zwei Freiwerte (C_3, C_4). Aus den Randbedingungen an den Stellen x=0, x=l/2 und den Übergangsbedingungen an der Stelle $\bar{x}$ (gemäß G.22)

$$w_{El} = w_{Pl},\quad w'_{El} = w'_{Pl} \tag{33}$$

lassen sich die Freiwerte berechnen. Diese Rechnung ist schwierig. Für die mittige Durchbiegung (x=0) findet man beispielsweise:

$$\frac{EIw_{Pl}(0)}{EIw_{El}(0)} = \frac{48}{5}\cdot\sqrt{\frac{M_{El}}{8M}}\cdot\left\{\sqrt{\frac{M_{El}}{8M}}\cdot\left(\sqrt{3-2\frac{M}{M_{El}}}-1\right)-\frac{1}{2}\ln\left[\frac{\sqrt{3-2\frac{M}{M_{El}}}}{1+\sqrt{2\frac{M}{M_{El}}-2}}\right]\right\}+$$
$$+\frac{M}{M_{El}}-\frac{M}{M_{El}}\cdot\frac{8}{5}\left[3\left(\frac{\bar{x}}{l}\right)-3\left(\frac{\bar{x}}{l}\right)^2-4\left(\frac{\bar{x}}{l}\right)^3+6\left(\frac{\bar{x}}{l}\right)^4\right] \tag{34}$$

Dabei ist:

$$EIw_{El}(0) = \frac{5}{384}\cdot p_{El}\,l^4 = \frac{5}{48}\cdot M_{El}\,l^2 \tag{35}$$

$$\left(\frac{\bar{x}}{l}\right) = \frac{1}{2}\cdot\sqrt{1-\frac{M_{El}}{M}} \tag{36}$$

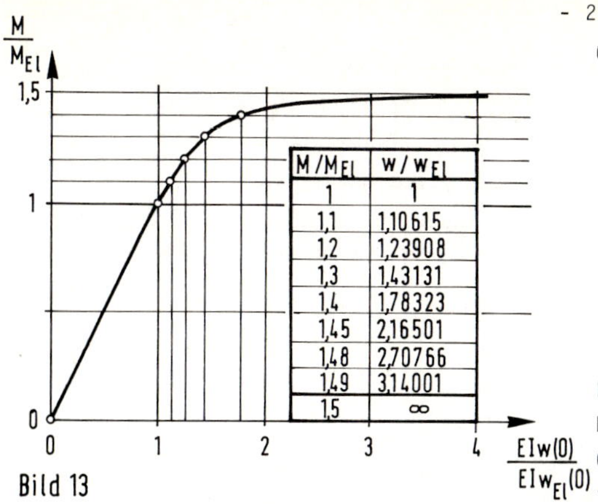

Bild 13

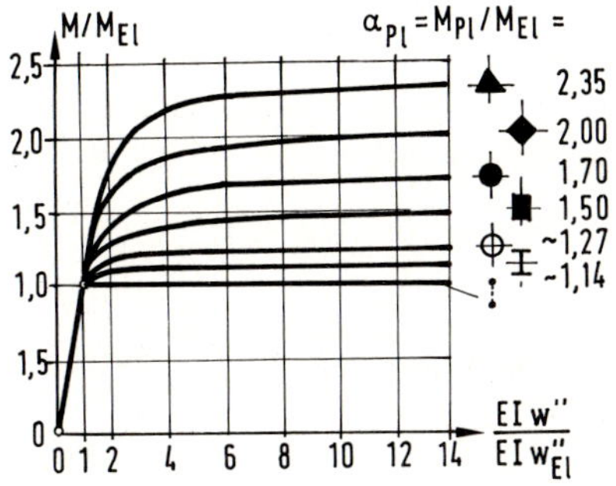

Bild 14

Grenzfälle:

$$p = p_{El}: \quad \sqrt{3 - \frac{p_{El} l^2}{4 M_{El}}} = \sqrt{1} = 1; \quad \sqrt{\frac{p_{El} l^2}{4 M_{El}} - 2} = 0$$

$$\ln\frac{1}{1} = \ln 1 = 0; \; \bar{x} = 0; \quad \longrightarrow EIw_{El}(0) = \frac{5}{384} p_{El} l^4$$

$$p = p_{Pl}: \quad \longrightarrow EIw_{Pl}(0) = \infty$$

Bild 13 zeigt den Verlauf der Durchbiegung, bezogen auf die Durchbiegung im elastischen Grenzzustand. Krümmungs- und Durchbiegungsverlauf sind ähnlich, vgl. Bild 12 und 13. In Bild 14 ist der Momenten-Krümmungsverlauf für unterschiedliche Querschnitte dargestellt. Je höher der im Bereich der Nullinie konzentrierte Flächenanteil ist, umso größer ist die plastische Querschnittsreserve; sie wird mit α_{Pl} abgekürzt. Bei Walzprofilen liegt α_{Pl} im Bereich 1,1 bis 1,2, i.M. bei 1,14. Beim Zweipunktquerschnitt ist $\alpha_{Pl}=1$, d.h. eine plastische Querschnittsreserve existiert nicht. Bei HE-A-Profilen beträgt α_{Pl} 1,10. Das ererklärt die Wirtschaftlichkeit dieses Profiltyps.

6.2.2 Verallgemeinerung

Das vorbehandelte Beispiel hat die außerordentlichen Schwierigkeiten aufgezeigt, die einer strengen Berechnung nach der Plastizitätstheorie entgegenstehen. Dabei war das Beispiel von der Aufgabenstellung her relativ einfach. Zudem wäre es eigentlich notwendig gewesen, den Schubverzerrungseinfluß auf die Ausbildung und Verteilung der Fließzonen zu berücksichtigen.

Durch spezielle, auf den Computereinsatz angewiesene, Rechenverfahren ist es möglich geworden, strenge plasto-statische Untersuchungen auf der Basis der Fließzonentheorie durchzuführen. Es existieren bereits verschiedene Rechenprogramme; hiermit lassen sich numerische Lösungen spezieller Aufgaben berechnen; verallgemeinerungsfähige Einsichten vermitteln nur Parameterstudien. - Vgl. u.a. [1-7] und das hierin angegebene Schrifttum.

6.3 Fließgelenktheorie

6.3.1 Querschnittstragfähigkeit eines Biegestabes

Um die Querschnittstragfähigkeit eines Biegestabes herzuleiten, wird (wie in Abschnitt 6.2.1) vom Rechteckquerschnitt ausgegangen (Bild 15), wobei zunächst nur die Wirkung eines Biegemomentes untersucht wird. Die Querschnittstragfähigkeit bei gemeinsamem Auftreten von M, Q und N wird in Abschnitt 6.3.7 abgeleitet. - Solange die Randspannungen im elastischen Bereich liegen, berechnen sich die Spannungsresultierenden auf der Biegedruck- und Biegezugseite zu:

$$|D| = |Z| = \frac{1}{2}\sigma b \frac{d}{2} = \sigma \frac{bd}{4} \qquad (37)$$

d ist die Höhe und b die Breite des Querschnittes. Der innere Hebelarm h beträgt:

$$h = \frac{2}{3} d \qquad (38)$$

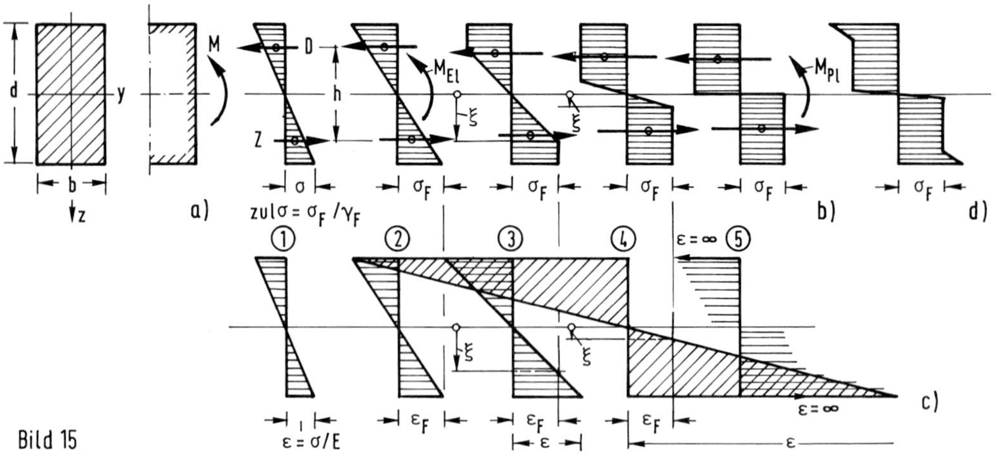

Bild 15

Das von den Biegespannungen aufgebaute Biegemoment ergibt sich zu:

$$M = Zh = Dh = \sigma\frac{bd}{4}\cdot\frac{2}{3}d = \sigma\frac{bd^2}{6} = \sigma\cdot W \tag{39}$$

W ist das (elasto-statische) Widerstandsmoment. Mit $\text{zul}\sigma = \sigma_F/\gamma$ folgt daraus das zulässige Biegemoment:

$$\text{zul}M = \text{zul}\sigma\cdot W \tag{40}$$

Das elastische Grenzmoment M_{El} ist erreicht, wenn die Randspannungen bis zur Fließgrenze angewachsen sind (vgl. Bild 15b):

$$M_{El} = \sigma_F W \tag{41}$$

Bei weiterer Laststeigerung tritt noch kein Versagen ein, weil die Randfasern zu fließen (plastizieren) beginnen. Die Spannungsvolumina auf der Druck- und Zugseite werden völliger, d.h. D und Z wachsen weiter an, der innere Hebelarm wird allerdings kleiner. Die Plastizierung setzt sich solange fort, bis der Querschnitt voll durchplastiziert ist. Das zugehörige Biegemoment ist das höchste aufnehmbare Tragmoment: Plastisches Grenzmoment M_{Pl}:

$$|D| = |Z| = \sigma_F b\frac{d}{2};\quad h = \frac{d}{2};\quad M_{Pl} = \sigma_F b\frac{d^2}{4} = \sigma_F W_{Pl} \tag{42}$$

W_{Pl} ist das plasto-statische (plastische) Widerstandsmoment. Der Quotient M_{Pl}/M_{El} kennzeichnet die plastische Querschnittsreserve. Im Falle des hier behandelten Rechteckquerschnittes gilt:

$$\alpha_{Pl} = \frac{W_{Pl}}{W} = \underline{1{,}5}\ \text{(Tragreserve: 50\%)} \tag{43}$$

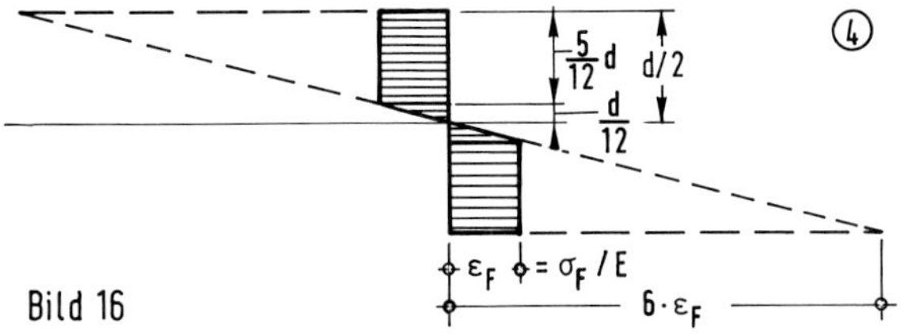

Bild 16

Eine volle Durchplastizierung kann nicht erreicht werden, hierzu gehört eine unendlich große Stauchung und Dehnung auf der Biegedruck- bzw. Biegezugseite und somit ein Verzerrungssprung in der Spannungsnullinie von $-\infty$ bis $+\infty$ (vgl. Bild 15c). - Für den in Bild 15 als Zustand ④ eingezeichneten Dehnungsverlauf, der noch nicht voll durchplastiziert ist, zeigt Bild 16 den Spannungszustand. An der Übergangsstelle vom elastischen Kern zum volldurchplastizierten Außenbereich gehört zur Spannung σ_F die Dehnung ε_F:

$$\varepsilon_F = \frac{\sigma_F}{E} \tag{44}$$

Es läßt sich demnach zu einem vorgegebenen Spannungsbild der zugehörige Verzerrungszustand unschwer angeben. Zu dem in Bild 16 eingezeichneten Spannungszustand gehört eine Randdehnung von $6\cdot\varepsilon_F$. Das zugehörige Biegemoment beträgt:

$$M_{④} = 2\left[\sigma_F b\frac{5}{12}d\cdot\left(\frac{1}{2}\frac{5}{12}d + \frac{d}{12}\right) + \frac{1}{2}\sigma_F b\frac{d}{12}\left(\frac{2}{3}\frac{d}{12}\right)\right] = \frac{107}{432}\sigma_F b d^2 = \frac{107}{72}M_{El} = 1{,}486111\,M_{El} = 0{,}9907 M_{Pl}$$

Hieraus folgt, daß die Randdehnung bei Erreichen von 99% des vollplastischen Momentes erst $6\cdot\varepsilon_F$ beträgt und somit noch unter der Verfestigungsdehnung ε_V liegt. Die Berücksichtigung der Verfestigung ist daher bei Querschnitten aus Stahl mit ausgeprägtem Fließvermögen nicht möglich bzw. notwendig (etwa im Sinne von Bild 15d). -

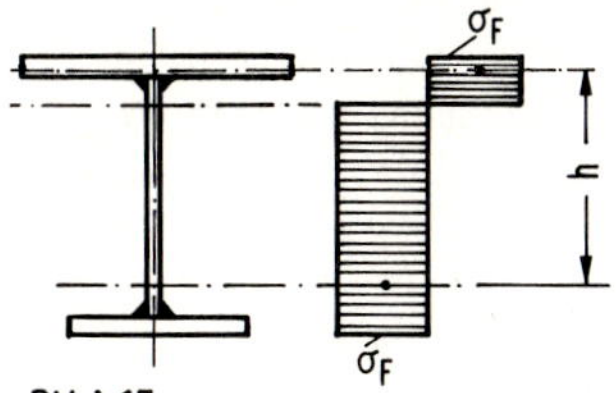

Bild 17

Um für einen beliebigen (einfach-symmetrischen) Querschnitt das plastische Grenzmoment zu berechnen, wird zunächst die Spannungsnullinie bestimmt. Da bei alleiniger Biegung die Zug- und Druckspannungsresultierenden gleichgroß sind, fällt die Spannungsnullinie mit der Flächenhalbierenden zusammen (also nicht mit der Schwerachse). Beträgt der gegenseitige Abstand der Resultierenden h, folgt M_{Pl} zu (Bild 17):

$$M_{Pl} = \frac{A}{2} h \cdot \sigma_F \qquad (45)$$

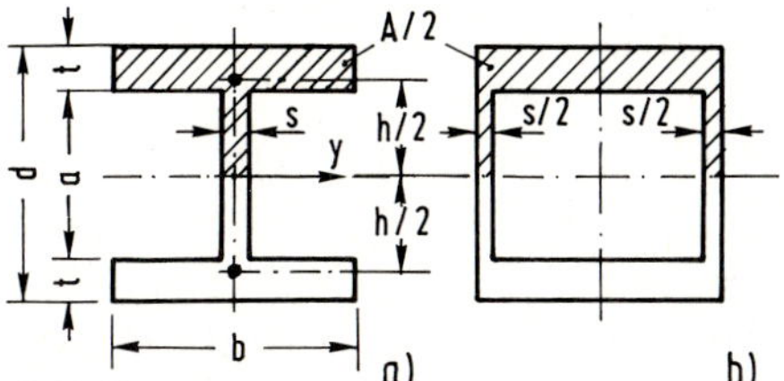

Bild 18

Für doppelt-symmetrische Querschnitte lassen sich explizite Berechnungsformeln angeben. In diesen Fällen fällt die Spannungsnullinie mit der Schwerachse zusammen:

$$M_{Pl} = 2\frac{A}{2}\cdot\frac{h}{2}\sigma_F = 2S\sigma_F = W_{Pl}\sigma_F \qquad (46)$$

Hierin ist S das Statische Moment einer Querschnittshälfte, bezogen auf die Schwerachse (die hier Nullinie ist):

$$S = \int_0^{d/2} z\,dA \qquad (47)$$

In Erweiterung gilt für einfach-symmetrische Querschnitte:

$$M_{Pl} = (S_z + S_d)\sigma_F \qquad (48)$$

S_z und S_d sind die Statischen Momente der gezogenen bzw. gedrückten Querschnittsbereiche, bezogen auf die Nullinie.

Für den I- bzw. Kastenquerschnitt nach Bild 18 findet man für das plasto-statische bzw. elasto-statische Grenzmoment:

$$M_{Pl} = 2S\sigma_F = [sa^2 + b(d^2 - a^2)]\,\frac{\sigma_F}{4} \qquad (49a)$$

$$M_{El} = W\sigma_F = [sa^3 + b(d^3 - a^3)]\,\frac{\sigma_F}{6d} \qquad (49b)$$

Für den Rechteckquerschnitt folgt (s=b, a=0):

$$M_{Pl} = \frac{bd^2}{4}\sigma_F\ ;\quad M_{El} = \frac{bd^2}{6}\sigma_F\ ;\quad \alpha_{Pl} = \frac{M_{Pl}}{M_{El}} = 1{,}5 \qquad (50)$$

Den Quotienten α_{Pl} nennt man Formfaktor. - Da für halbierte I-Walzprofile der Schwerpunktabstand e vom Flanschrand tabelliert ist, läßt sich der α_{Pl}-Wert für I-Profile in einfacher Weise bestimmen, vgl. Bild 19a:

$$W_{Pl} = 2\left(\frac{A}{2}\right)\cdot\left(\frac{d}{2} - e\right) = A\left(\frac{d}{2} - e\right) \qquad (51)$$

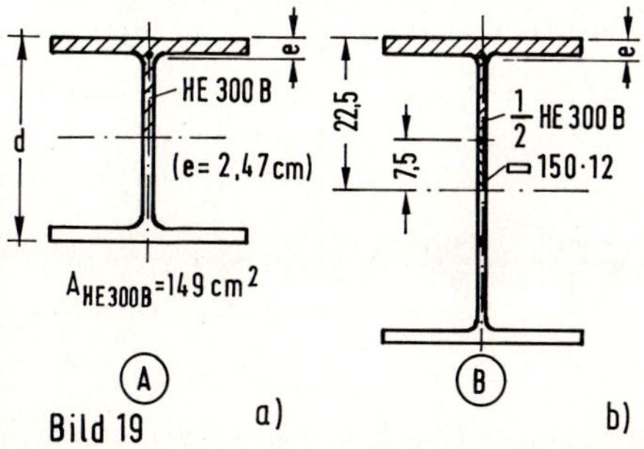

Bild 19

d ist hierin die Höhe des Querschnitts.

Beispiele: Für das HE300B-Profil (IPB300, Querschnitt Ⓐ in Bild 19) ergibt sich (vgl. S.1400):

$$W_{Pl} = 149\left(\frac{30}{2} - 2{,}47\right) = 1867\,cm^3$$

Das elasto-statische Widerstandsmoment beträgt $W=1680 cm^3$; damit folgt für α_{Pl}:

$$\alpha_{Pl} = \frac{1867}{1680} = \underline{1{,}11}$$

Für den Querschnitt Ⓑ des Bildes 19 liefert die Berechnung:

$$W_{Pl} = 2S = 2[74{,}5\cdot(22{,}5 - 2{,}47) + 9{,}0\cdot 3{,}75] = 3052\,cm^3$$

$$W = 2749\,cm^3\ ;\ \alpha_{Pl} = 3052/2749 = 1{,}11$$

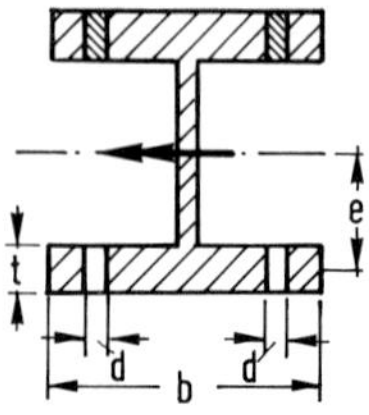

Bild 20

Liegt ein Fließgelenk innerhalb einer Schraubenverbindung, tritt im lochgeschwächten Querschnitt (im Vergleich zum ungeschwächten Grundquerschnitt) vorzeitiges lokales Fließen ein. Im Druck- bzw. Biegedruckbereich wird der Querschnitt gestaucht, nach Anliegen des Materials am Schraubenschaft tritt eine Kontaktwirkung ein. Es genügt somit, nur die Tragfähigkeitsminderung durch die im Zug- bzw. Biegezugbereich liegenden Löcher zu berücksichtigen. Bezogen auf die Spannungsnullinie des ungeschwächten Querschnittes gilt (vgl. Bild 20):

$$\Delta M_{Pl} = \sigma_F \cdot \Delta A \cdot e = \sigma_F \cdot 2dt \cdot e \qquad (52)$$

e ist der Abstand zwischen Nullinie und Schwerpunkt der ΔA-Schwächung.

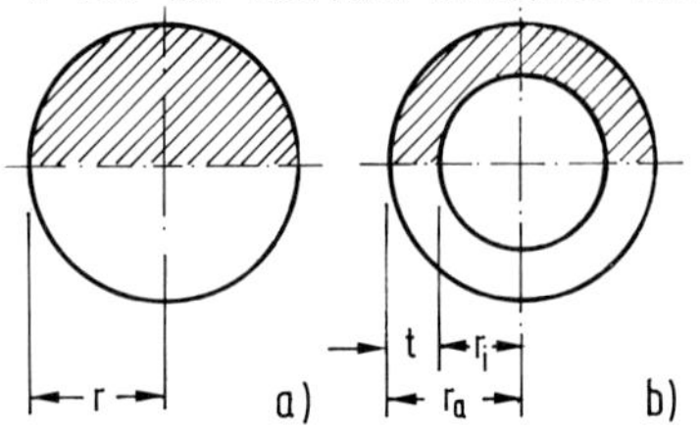

Bild 21

Für den vollen Kreisquerschnitt gilt:

$$W_{Pl} = \frac{4}{3} r^3 \qquad (53)$$

Für den Kreisringquerschnitt (Bild 21) findet man:

$$W_{Pl} = \frac{4}{3}(r_a^3 - r_i^3) = \frac{4}{3} r_a^3 [1 - (1 - \frac{t}{r_a})^3] \qquad (54)$$

6.3.2 Fließgelenkhypothese

Berechnungsmethoden, die die plastischen Tragreserven ausschöpfen, sind Gegenstand der Plastizitätstheorie. Von diesen hat die Methode der Fließgelenke die größte baupraktische Bedeutung; sie geht von der Hypothese lokaler Fließgelenke aus. Die Tragfähigkeit des Systems ist erschöpft, wenn die Querschnitte an den höchst beanspruchten Stellen durchplastiziert sind und das System in eine labile kinematische Kette übergeht. Die höchste aufnehmbare Kraft ist die plasto-statische Grenzkraft bzw. Tragkraft (früher sprach man von der Traglast und nannte das Verfahren Traglastverfahren: DASt-Ri 008(1973)).

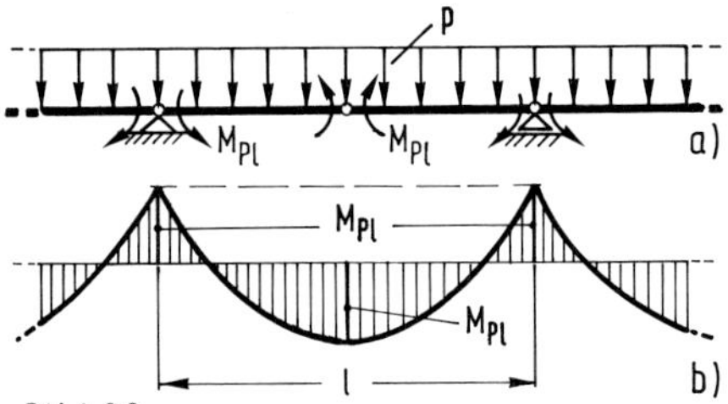

Bild 22

Um die Hypothese lokaler Fließgelenke zu erläutern, wird das Mittelfeld eines Durchlaufträgers betrachtet, vgl. Bild 22. Der Grenzzustand ist erreicht, wenn sich in den Querschnitten über den Auflagern und in Feldmitte je ein Fließgelenk ausgebildet hat (in denen jeweils M_{Pl} wirkt). Die Belastung sei eine Gleichlast p. Die zum Grenzzustand gehörende Last wird mit p_{Pl} abgekürzt. Aus Bild 22 liest man ab:

$$\frac{p_{Pl} \cdot l^2}{8} = 2\,M_{Pl} \longrightarrow p_{Pl} = \frac{16 M_{Pl}}{l^2} \qquad (55)$$

Im Falle einer elasto-statischen Berechnung gilt die Tragfähigkeit als erschöpft, wenn die Biegerandspannungen in den Querschnitten über den Auflagern die Fließgrenze erreichen. In der Elasto-Statik betragen die beidseitigen Stützmomente für das vorliegende Beispiel:

$$M = \frac{pl^2}{12} \qquad (56)$$

Die elastische Grenzkraft folgt aus:

$$\sigma = \frac{M}{W} = \frac{pl^2}{12\,W} \longrightarrow p_{El} = \sigma_F \cdot W \frac{12}{l^2} = \frac{12 M_{El}}{l^2} \qquad (57)$$

Bildet man den Quotienten p_{Pl}/p_{El}, erhält man:

$$\frac{p_{Pl}}{p_{El}} = \frac{16 M_{Pl}}{l^2} \cdot \frac{l^2}{12 M_{El}} = \frac{16}{12} \cdot \frac{M_{Pl}}{M_{El}} = \frac{16}{12} \cdot \frac{\alpha_{Pl} M_{El}}{M_{El}} = \alpha_{Pl} \beta_{Pl}; \quad \beta_{Pl} = \frac{16}{12} = 1{,}333 \qquad (58)$$

Zusammengefaßt: Bei biegesteifen Stabtragwerken existieren

a) eine plastische Querschnittsreserve, gekennzeichnet durch α_{Pl} (i.M. beträgt α_{Pl} bei I-Walzprofilen 1,14) und

b) eine plastische Systemreserve, gekennzeichnet durch β_{Pl}, gegenüber der elastischen Grenztragfähigkeit. Letzteres ist nur bei statisch-unbestimmten Systemen der Fall.

Für das vorliegende Beispiel (Bild 22) folgt für einen Träger mit I-Profil (α=1,14):

$$\alpha_{Pl}\cdot\beta_{Pl} = 1{,}14\cdot 1{,}333 = 1{,}52$$

In der Fließgelenktheorie geht es in erster Linie darum, die plastische Systemreserve zu berechnen bzw. auszuschöpfen, um eine wirtschaftlichere Bemessung zu ermöglichen. - Die in G.57 hergeleitete Formel ist seit Jahrzehnten für den Stahlhochbau (DIN 1050) für die Berechnung von Durchlaufträgern, z.B. durchlaufenden Pfetten, unter gleichmäßiger Belastung zugelassen (Abschnitt 3.4.1); Berechnungsmomente:

Innenfelder: $M = \frac{pl^2}{16}$ Außenfelder: $M = \frac{pl^2}{11}$ (59)

Die Formeln sind auch bei ungleichen Stützweiten und ungleichen Feldbelastungen zugelassen, wenn die kleinere Stützweite bzw. Belastung mindestens 0,8 der größeren beträgt. –

Die vorangegangene Berechnung soll im folgenden ergänzt werden, indem die Durchbiegungen für die verschiedenen Stadien bis zum Erreichen des Grenzzustandes bestimmt werden; dazu wird der in Bild 23 skizzierte, beidseitig eingespannte Träger betrachtet. Bei stetiger Laststeigerung wird zuerst in den Einspannquerschnitten das elastische Grenzmoment M_{El} erreicht. Die zu diesem elastischen Grenzzustand gehörende Last wird mit p_{El} abgekürzt, vgl. G.57. Das mittige Feldmoment beträgt in diesem Fall $p_{El}\cdot l^2/24$ (Teilbild b). Die mittige Durchbiegung beträgt:

$$f_{El} = \frac{p_{El}\,l^4}{384\,EI} = \frac{1}{32}\cdot\frac{M_{El}}{EI}\,l^2 \qquad (60)$$

Bei Überschreiten von p_{El} tritt an den Einspannstellen eine Plastizierung ein, nach weiterer Laststeigerung wird hier jeweils das plastische Grenzmoment M_{Pl} erreicht. Die zum Durchplastizieren der Einspannquerschnitte gehörende Last folgt aus (Teilbild c):

$$p_{Pl}^{(1)}\frac{l^2}{12} = M_{Pl} \longrightarrow p_{Pl}^{(1)} = \frac{12\,M_{Pl}}{l^2} \qquad (61)$$

Bis auf die lokalen Fließgelenke an den Einspannstellen ist der übrige Träger (im Sinne der Fließgelenktheorie) voll elastisch. Die mittige Durchbiegung beträgt für diesen Fall:

$$f_{Pl}^{(1)} = \frac{p_{Pl}^{(1)}\,l^4}{384\,EI} = \frac{1}{32}\cdot\frac{M_{Pl}}{EI}\,l^2 \qquad (62)$$

Die Voraussetzung, daß bei Ausbildung der Fließgelenke noch keine Plastizierung in Feldmitte eingetreten ist, bedarf der Überprüfung. Die Bedingung hierfür lautet:

$$\frac{p_{Pl}^{(1)}\cdot l^2}{24} \leq M_{El}$$

bzw.: $$\frac{M_{Pl}}{2} \leq M_{El} \longrightarrow \frac{M_{Pl}}{M_{El}} \leq 2 \qquad (63)$$

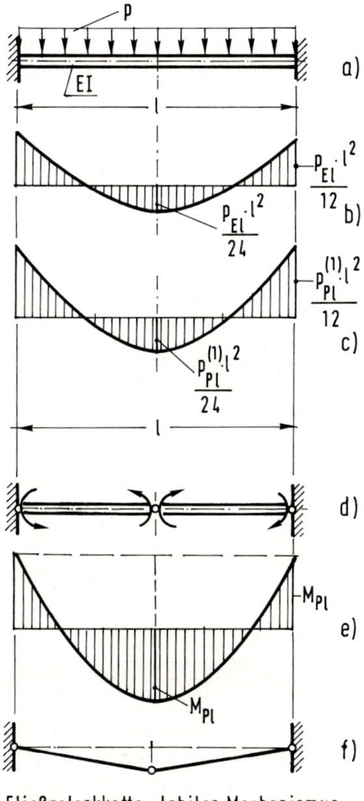

Fließgelenkkette = labiler Mechanismus
Bild 23

Diese Bedingung wird von den meisten Querschnitten erfüllt; für nur ganz wenige Querschnittsformen ist $\alpha_{Pl} \geq 2$.

Bei Laststeigerung über $p_{Pl}^{(1)}$ hinaus drehen sich die Schnitte an den Einspannstellen wie Gelenke, wobei das Grenzmoment M_{Pl} unverändert erhalten bleibt. Die Grenztragkraft $p_{Pl}^{(2)} \equiv p_{Pl}$

ist erreicht, wenn sich auch in Trägermitte ein Fließgelenk ausgebildet hat, vgl. Teilbild d; p_{Pl} folgt aus:

$$\frac{p_{Pl} l^2}{8} = 2 M_{Pl} \longrightarrow p_{Pl} = \frac{16 M_{Pl}}{l^2} = \frac{4}{3} p_{Pl}^{(1)} \qquad (64)$$

Teilbild f zeigt die Fließgelenkkette. Unmittelbar vor Erreichen dieses Zustandes, d.h. unmittelbar vor Ausbildung des Fließgelenkes in Feldmitte wird der mittige Querschnitt noch als "elastisch" angesehen. Für dieses Vorstadium des sich unmittelbar anschließenden Zusammenbruchs kann demnach die Durchbiegung berechnet werden:

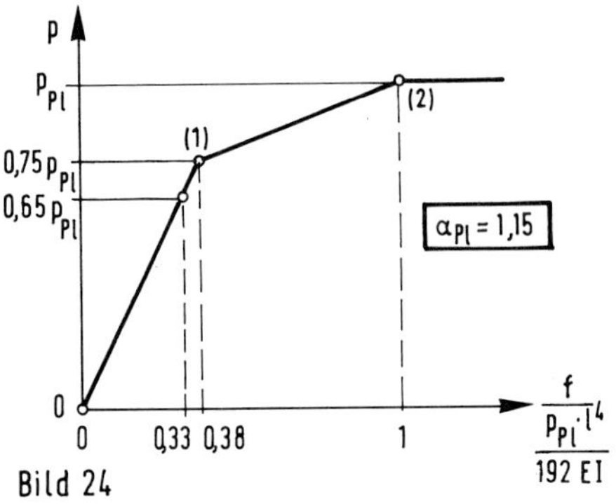

Bild 24

$$f_{Pl} = \frac{5}{384} \cdot \frac{p_{Pl} l^4}{EI} - \frac{1}{8} \cdot \frac{M_{Pl} l^2}{EI} = \frac{1}{12} \cdot \frac{M_{Pl} l^2}{EI} = \frac{p_{Pl} l^4}{192\,EI} \qquad (65)$$

Geht man von $\alpha_{Pl} = 1{,}15$ aus, ergeben sich für die auf den plastischen Grenzzustand bezogenen Lastniveaus:

$$p_{El} = \frac{12}{16} \cdot \frac{1}{\alpha_{Pl}} \cdot p_{Pl} = 0{,}65\,p_{Pl}$$
$$p_{Pl}^{(1)} = \frac{12}{16} \cdot p_{Pl} = 0{,}75\,p_{Pl} \qquad (66)$$

Die zugehörigen (auf f_{Pl} bezogenen) Durchbiegungen sind in Bild 24 dargestellt. Zum Punkt (1) gehört die Fließgelenkbildung an den Einspannenden und zum Punkt (2) die sich anschließende Bildung des Fließgelenkes in Feldmitte. - Wegen der ausgedehnten Fließzonen stellt sich real kein polygonaler Kraftverschiebungsverlauf ein, sondern ein stetig gekrümmter, der unterhalb des polygonalen Geradenzuges liegt. Letzterer hat die Bedeutung einer äußeren Einhüllenden. Die Fließgelenktheorie täuscht somit eine zu große Steifigkeit vor.

6.3.3 Be- und Entlastung

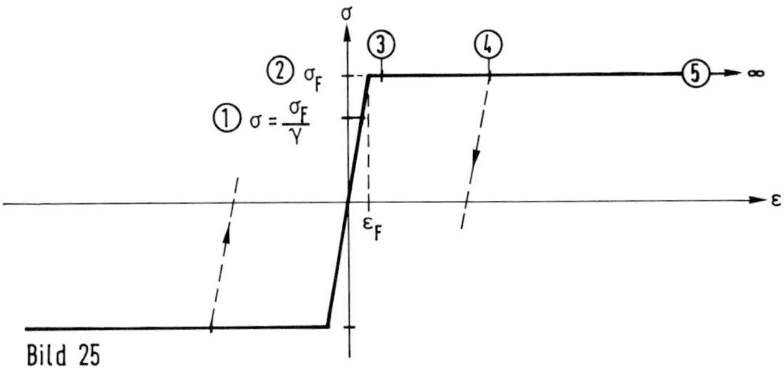

Bild 25

Bei der Fließgelenkmethode wird i.a. nur der Fall einer stetig steigenden (proportionalen) Belastung verfolgt. Proportional heißt eine Belastung, wenn sie in allen ihren Teilen um denselben Multiplikator anwächst. Diese Annahme ist streng betrachtet unrealistisch, denn je nach Herkunft bleiben einige Lastarten mehr oder weniger konstant (Eigengewicht, Vorspannung), andere sind ihrer Natur nach (stark) veränderlich (Verkehrslasten, Schneelasten, Windlasten). Im folgenden wird die Annahme einer proportionalen Belastung beibehalten. Bild 25 zeigt die Randspannungs-Randverzerrungs-Marken für die in Bild 15 dargestellten Zustände ① bis ⑤. Würde bei der proportionalen Lastzunahme der Zustand ④ erreicht sein und anschließend wieder entlastet werden, folgen alle Fasern (die noch elastisch verbliebenen wie die plastizierten) der elastischen Entlastungsgeraden (Bild 25): Bei Entlastung verhält sich der Querschnitt demnach elastisch! Wäre der Querschnitt voll durchplastiziert gewesen, ist bei der Entlastung ein rückwirkendes Moment anzusetzen, das gleich M_{Pl} ist und elastische Spannungen hervorruft, vgl. Bild 26a/b. Im Falle eines Rechteckquerschnittes betragen die Randspannungen am Biegezugrand:

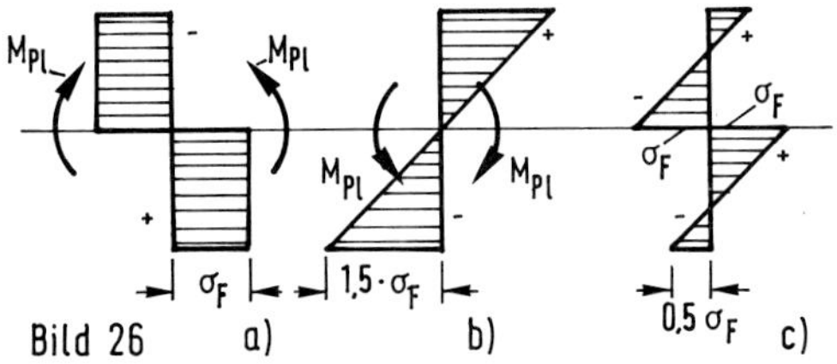

Bild 26

$$\sigma = \sigma_F - 1{,}5\sigma_F = -0{,}5\sigma_F \qquad (67)$$

Es verbleibt demnach ein Restspannungszustand. Die Restspannungen ergeben sich in allen Fasern als Differenz der Spannungsbilder a und b. Teilbild c zeigt das Ergebnis. Bei dem Restspannungszustand handelt es sich um einen Eigenspannungszustand; d.h. das resultierende Moment ist Null. Für jede Querschnittshälfte muß demnach gelten:

$$\int_0^{d/2}\left(\sigma_F - 1{,}5\,\sigma_F \frac{z}{d/2}\right) z\, b\, dz = \sigma_F b \int_0^{d/2}\left(z - 1{,}5\,\frac{z^2}{d/2}\right) dz = \sigma_F b \left[\frac{z^2}{2} - 1{,}5\,\frac{z^3}{3d/2}\right]_0^{d/2} = \sigma_F b \left[\frac{d^2}{8} - \frac{d^2}{8}\right] = 0 \qquad (68)$$

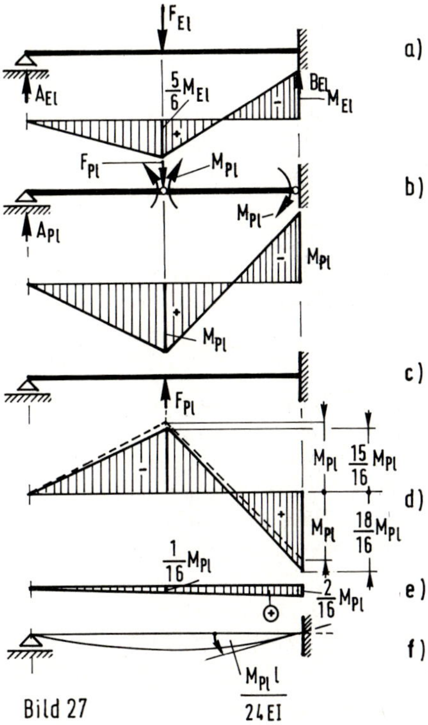

Bild 27

Als nächstes werden die Überlegungen auf einen Träger erweitert. Hierzu wird der in Bild 27a dargestellte, einfach statisch-unbestimmte Träger mit mittiger Einzellast betrachtet. Die elastische Grenzlast ist erreicht, wenn das Einspannmoment das elastische Grenzmoment M_{El} annimmt (Teilbild a):

$$A_{El} = \frac{5}{16} F_{El}\,, \quad B_{El} = \frac{11}{16} F_{El}\,; \quad \text{Feld: } M = \frac{5}{32} F_{El}\, l \qquad (69)$$

$$\text{Einspannung: } M = -\frac{3}{16} F_{El}\, l \qquad (70)$$

Die Gleichsetzung des Einspannmomentes mit M_{El} ergibt:

$$\boxed{F_{El} = \frac{16}{3} \cdot \frac{M_{El}}{l}} \qquad (71)$$

Teilbild b zeigt den plastischen Grenzzustand: An der Einspannstelle und in Feldmitte hat sich je ein Fließgelenk gebildet, die zugehörige Momentenfläche liegt damit fest. Die plastische Grenzkraft wird entweder mit Hilfe der Gleichgewichtsgleichungen oder mit Hilfe des Prinzips der virtuellen Verrückungen berechnet.

Nach der Gleichgewichtsmethode ist wie folgt vorzugehen: Rechtsseitig vom Fließgelenk in Feldmitte wird ein Schnitt gelegt, Q_G ist die Querkraft an der Schnittstelle (Bild 28).

Linke Trägerhälfte:

$$\Sigma M = 0: \; A\frac{l}{2} - M_{Pl} = 0 \;\longrightarrow\; A = \frac{2M_{Pl}}{l} \qquad (72)$$

$$\Sigma Q = 0: \; A - F_{Pl} - Q_G = 0 \;\longrightarrow\; Q_G = A - F_{Pl} = \frac{2M_{Pl}}{l} - F_{Pl} \qquad (73)$$

Rechte Trägerhälfte:

$$\Sigma M = 0: \; Q_G\frac{l}{2} + 2M_{Pl} = 0 \;\longrightarrow\; Q_G = -\frac{4M_{Pl}}{l} \qquad (74)$$

$$\Sigma Q = 0: \; Q_G + B = 0 \;\longrightarrow\; B = -Q_G = \frac{4M_{Pl}}{l} \qquad (75)$$

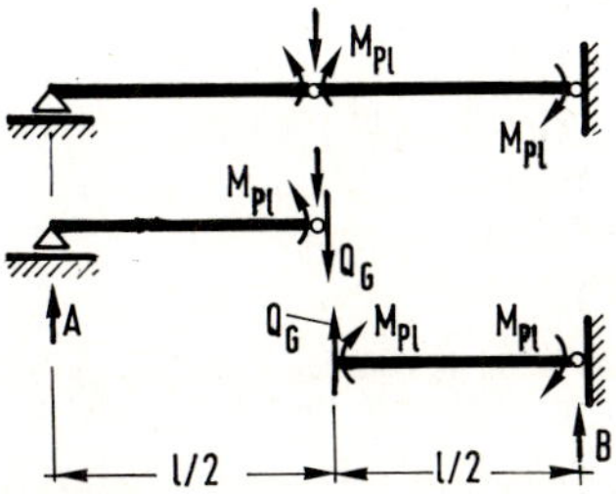

Bild 28

Die Gleichsetzung $Q_G = Q_G$ ergibt:

$$\frac{2M_{Pl}}{l} - F_{Pl} = -\frac{4M_{Pl}}{l} \;\longrightarrow\; \boxed{F_{Pl} = \frac{6M_{Pl}}{l}} \qquad (76)$$

Die Auflagerkräfte betragen:

$$A_{Pl} = \frac{1}{3} F_{Pl}\,; \quad B_{Pl} = \frac{2}{3} F_{Pl} \qquad (77)$$

Wie oben erläutert, verhalten sich alle Querschnitte bei einer Entlastung elastisch. Wird auf Null entlastet, muß F_{Pl} auf das System in entgegengesetzter Richtung aufgebracht werden. Das System selbst reagiert elastisch. Für diesen Entlastungszustand gilt demnach:

$$\text{Feld: } M = -\frac{5}{32} F_{Pl}\, l = -\frac{5}{32} \cdot \frac{6M_{Pl}}{l} \cdot l = -\frac{15}{16} M_{Pl} \qquad (78)$$

$$\text{Einspannung: } M = +\frac{3}{16} F_{Pl}\, l = +\frac{3}{16} \cdot \frac{6M_{Pl}}{l} \cdot l = +\frac{18}{16} M_{Pl} \qquad (79)$$

Überlagerung von Be- und Entlastung:

$$\text{Feld: } M = M_{Pl} - \frac{15}{16} M_{Pl} = \frac{1}{16} M_{Pl} \tag{80}$$

$$\text{Einspannung: } M = -M_{Pl} + \frac{18}{16} M_{Pl} = \frac{2}{16} M_{Pl} \tag{81}$$

Somit verbleibt ein Restmoment, wie in Bild 27d/e dargestellt. Hierzu gehört eine Biegelinie. An der Einspannstelle beträgt deren Randwinkel:

$$\vartheta = \frac{Ml}{3EI} = \frac{1}{8} M_{Pl} \cdot \frac{l}{3EI} = \frac{M_{Pl} l}{24 EI} \tag{82}$$

Die sich nach der vollen Entlastung einstellende Biegelinie weist demnach an der Einspannstelle einen Knick auf (Teilbild f). Auf die Darstellung weiterer Grundlagen wird in diesem Rahmen verzichtet; vgl. z.B. [8-22] und [23,24]. Zum Problem des sogen. Shake-down-Effekts bei zyklischer Belastung siehe u.a. [1,25]. In der genannten Literatur ist weiteres umfangreiches Schrifttum dokumentiert.

6.3.4 Einfeldträger - Durchlaufträger

In der Plasto-Statik stehen, wie in der Elasto-Statik, entweder die Gleichgewichtsmethode (GM) oder das Prinzip der virtuellen Verrückung (PdV) für die Berechnung der Grenztragkräfte gleichwertig zur Verfügung. In den folgenden Beispielen werden beide Vorgehensweisen geübt.

6.3.4.1 Beidseitig eingespannter Träger

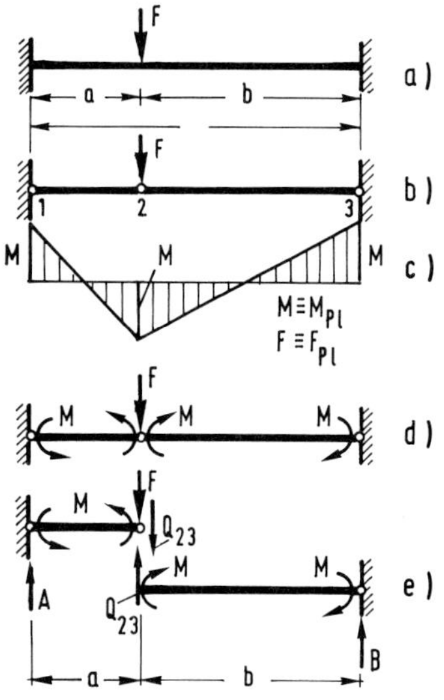

Bild 29

1. Beispiel: Beidseitig eingespannter Träger unter Einzellast (Bild 29). Aufgrund der Momentenfläche läßt sich die Lage der drei Fließgelenke sofort angeben; das gilt auch für die Momentenfläche im Versagenszustand: Teilbild b/c. (Aus Gründen der Schreiberleichterung werden die plastischen Grenzmomente und -kräfte im folgenden ohne den Index Pl geschrieben.)

Gleichgewichtsmethode (GM): Der Träger wird nach dem Schnittprinzip zerlegt und für die einzelnen Elemente die Gleichgewichtsgleichungen $\Sigma V=0$ und $\Sigma M=0$ formuliert (Teilbild d/e): Element 1-2:

$$F + Q_{23} - A = 0 \longrightarrow A = F + Q_{23}$$

$$(F + Q_{23})a - 2M = 0 \longrightarrow F = \frac{2M}{a} - Q_{23};\ Q_{23} = \frac{2M}{a} - F \tag{83}$$

Element 2-3:

$$Q_{23} + B = 0 \longrightarrow B = -Q_{23}$$

$$Q_{23} b + 2M = 0 \longrightarrow Q_{23} = -\frac{2M}{b} \tag{84}$$

Die Verknüpfung $Q_{23}=Q_{23}$ ergibt:

$$\frac{2M}{a} - F = -\frac{2M}{b} \longrightarrow F = 2M \frac{l}{ab} \tag{85}$$

Die Stütz- und Schnittgrößen des plastischen Grenzzustandes sind damit vollständig bekannt (A,B; M,Q).

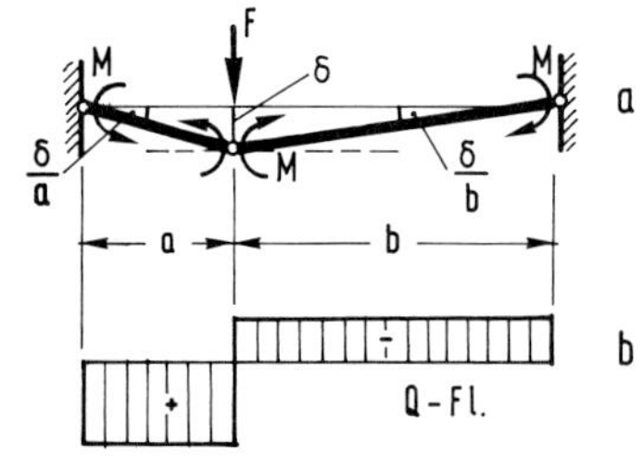

Bild 30

Prinzip der virtuellen Verrückung (PdV): In dem Augenblick, in dem das letzte Fließgelenk einspringt, wird dem System eine virtuelle Verrückung erteilt, die ihrer Form nach der kinematischen Kette entspricht. Als Bezugsgröße der virtuellen Verformungsfigur wird die Durchsenkung unter der Kraft F gewählt und mit δ abgekürzt. Alle anderen Verformungen sind über die Gelenkfigur in eindeutiger Weise von δ abhängig, insbesondere die Drehwinkel in

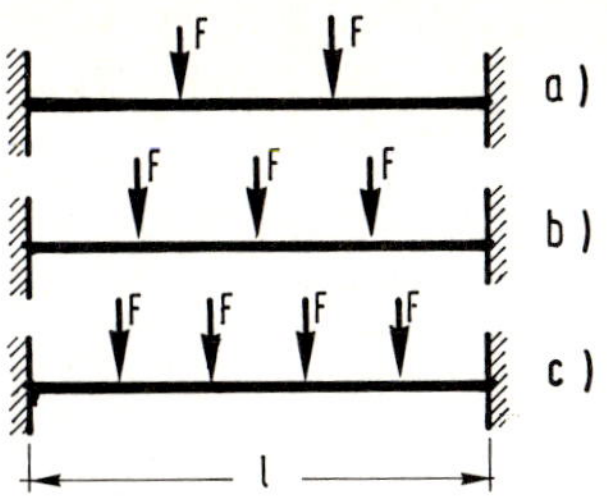

Bild 31

den Fließgelenken vgl. Bild 30. Die einzelnen Teile folgen der virtuellen Verrückung wie starre Scheiben. Das Prinzip verlangt, daß die Summe der virtuellen Arbeiten Null ist:

$$F\delta - M(2\frac{\delta}{a} + 2\frac{\delta}{b}) = 0 \longrightarrow \delta[F - 2M(\frac{1}{a} + \frac{1}{b}) = 0 \longrightarrow$$

$$F = 2M\frac{l}{ab} \qquad (86)$$

Im Sonderfall einer mittigen Einzellast gilt:

$$F = \frac{8M}{l} \qquad (87)$$

Für 2,3,4 äquidistante Einzellasten findet man (Bild 31):

2 Einzellasten: $F = 6\frac{M}{l}$

3 Einzellasten: $F = 4\frac{M}{l}$ (88)

4 Einzellasten: $F = 3{,}33\frac{M}{l}$

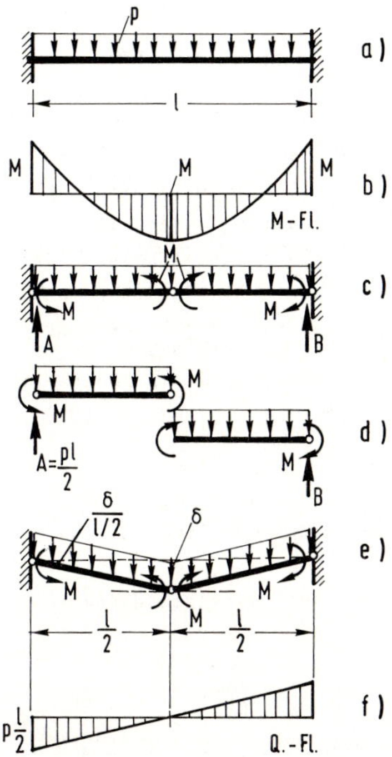

Bild 32

2. Beispiel: Beidseitig eingespannter Träger unter Gleichlast (Bild 32). Aus Symmetriegründen liegt das Feldfließgelenk in Trägermitte.

Gleichgewichtsmethode (GM); vgl. Teilbild c/d:

$$A = B = p\frac{l}{2}; \quad \max Q = A$$

$$A\frac{l}{2} - p\frac{l}{2}\cdot\frac{l}{4} - 2M = 0 \longrightarrow p = \frac{16M}{l^2} \qquad (89)$$

Prinzip der virtuellen Verrückung (PdV); vgl. Teilbild e:

$$2\frac{pl}{2}\cdot\frac{\delta}{2} - 4M\frac{\delta}{l/2} = 0 \longrightarrow \delta[p\frac{l}{2} - \frac{8M}{l}] = 0 \longrightarrow$$

$$p = \frac{16M}{l^2} \qquad (90)$$

Teilbild f zeigt den Verlauf der Querkraft. - Die Berechnung ist offensichtlich einfach. Bei beliebiger Belastung

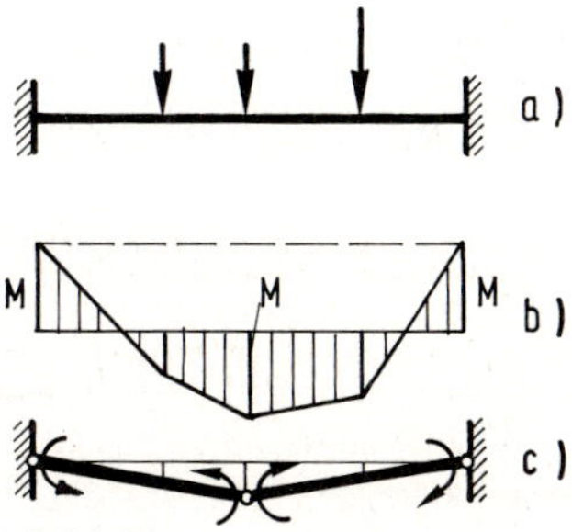

Bild 33

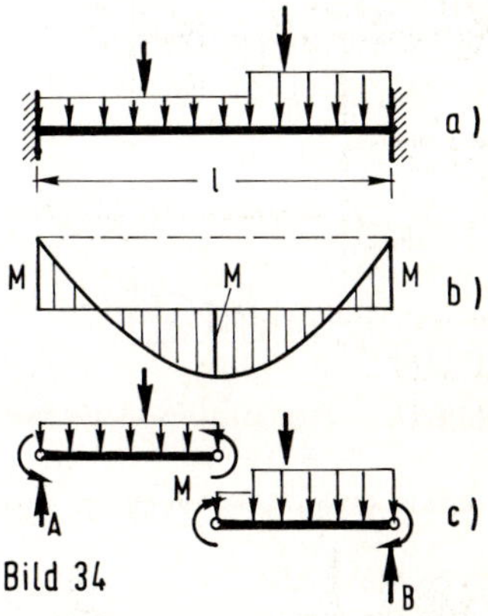

Bild 34

wird die Lösung der Aufgabe schwieriger, da zunächst die Lage des Feldfließgelenkes bestimmt werden muß. Das gelingt dadurch, daß zwischen die Randmomente M (=M_{Pl}) die Momentenfläche des beidseitig frei aufliegenden Balkens "eingehängt" wird. Bild 33 zeigt das prinzipielle Vorgehen bei Einzellasten. Handelt es sich um eine Belastung mit Streckenlasten, ist es i.a. notwendig, die genaue Lage des Fließgelenkes aus der Bedingung Q=0 zu bestimmen (vgl. Bild 34). Wenn die Lage des Fließgelenkes bekannt ist, kann der Grenzkraftzustand entweder mittels der GM oder mittels des PdV analysiert werden.

6.3.4.2 Einseitig eingespannter Träger

1. Beispiel: Einseitig eingespannter Träger unter Einzellast. Im Bruchzustand treten zwei

Fließgelenke auf. Gleichgewichtsmethode (GM); vgl. Bild 35:

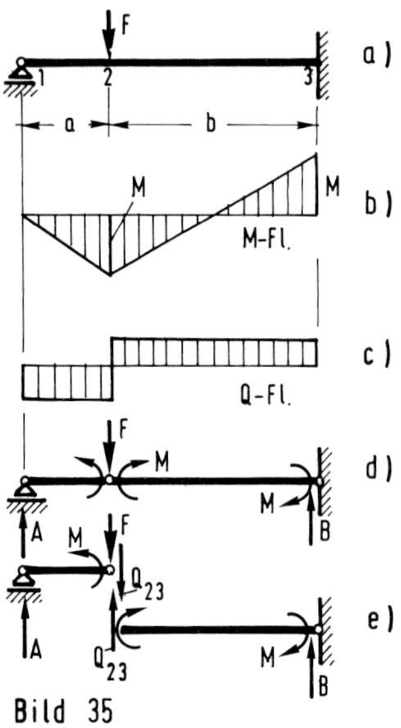

Bild 35

Element 1-2: $F + Q_{23} - A = 0 \longrightarrow A = F + Q_{23}$

$(F + Q_{23})a - M = 0 \longrightarrow F = \frac{M}{a} - Q_{23}\ ;\ Q_{23} = \frac{M}{a} - F$

Element 2-3: $Q_{23} + B = 0 \longrightarrow B = -Q_{23}$

$Q_{23}\,b + 2M = 0 \longrightarrow Q_{23} = -\frac{2M}{b}$

Verknüpfung $Q_{23} = Q_{23}$:

$$\frac{M}{a} - F = -\frac{2M}{b} \longrightarrow F = M\frac{a+l}{ab} \tag{91}$$

Für die Stütz- und Querkräfte findet man:

$$A = \frac{M}{a},\quad B = \frac{2M}{b},\quad Q_{23} = -\frac{2M}{b} \tag{92}$$

In Bild 35b/c sind die Zustandsflächen M und Q dargestellt.

$$\text{Sonderfall: } a = b = \frac{l}{2}\ :\ F = \frac{6M}{l};\quad A = \frac{F}{3},\quad B = \frac{2}{3}F \tag{93}$$

Prinzip der virtuellen Verrückung (PdV); vgl. Bild 36:

$$F\delta - M\left(\frac{\delta}{a} + 2\frac{\delta}{b}\right) = 0 \longrightarrow \delta\left[F - M\left(\frac{1}{a} + \frac{2}{b}\right)\right] = 0 \longrightarrow$$

$$F = M\frac{a+l}{ab} \tag{94}$$

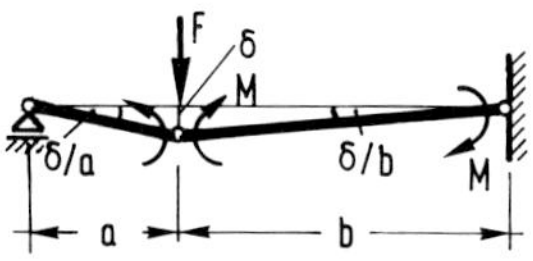

Bild 36

2. Beispiel: Einseitig eingespannter Träger unter Gleichlast (Bild 37). Die Lage des Fließgelenkes im Feldbereich ist zunächst unbekannt. Wo die Querkraft Null ist, liegt das maximale Feldmoment und damit auch das Fließgelenk. Aus dieser Bedingung wird der Abstand x_0 des Fließgelenkes bestimmt. Diese Aufgabe wird nach der Gleichgewichtsmethode gelöst. Die Auflagerkräfte betragen:

$$A = \frac{pl}{2} - \frac{M}{l};\quad B = \frac{pl}{2} + \frac{M}{l} \tag{95}$$

Das Moment an der Stelle x beträgt:

$$M(x) = Ax - p\frac{x^2}{2} = p\frac{x(l-x)}{2} - M\frac{x}{l} \tag{96}$$

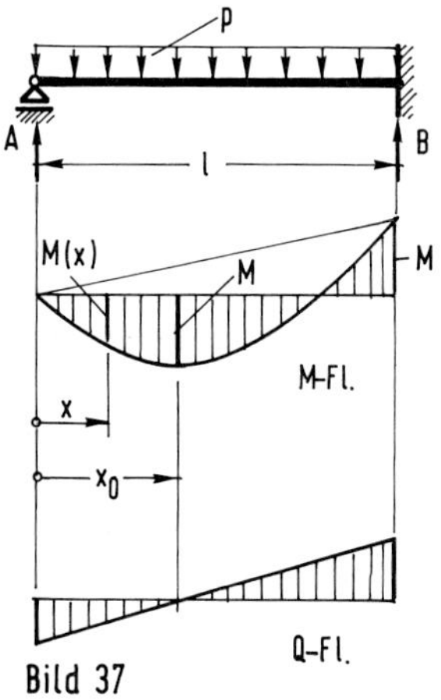

Bild 37

M(x) wird nach x differenziert und Null gesetzt; daraus folgt x_0:

$$\frac{dM(x)}{dx} = \frac{p}{2}(l - 2x) - \frac{M}{l} = 0 \longrightarrow x_0 = \frac{l}{2} - \frac{M}{pl} \tag{97}$$

Führt man x_0 in die Gleichung für M(x) ein und setzt $M(x_0)$= max Feldmoment=M_{Pl}, ergibt sich nach kurzer Rechnung eine algebraische Gleichung 2. Grades für $p=p_{Pl}$:

$$p^2 - \frac{12M}{l^2}p + \frac{4M^2}{l^4} = 0 \tag{98}$$

Lösung:

$$p = \frac{6M}{l^2} (\pm) 5{,}65\frac{M}{l^2} \longrightarrow p = 11{,}65\frac{M}{l^2} \tag{99}$$

Für x_0 findet man:

$$x_0 = \frac{l}{2} - \frac{M}{l}\cdot\frac{l^2}{11{,}65\cdot M} = 0{,}414\,l \tag{100}$$

Für die Auflagerkräfte ergibt sich:

$$A = 0{,}414\cdot pl,\quad B = 0{,}586\cdot pl \tag{101}$$

Das Ergebnis wird mittels des Prinzips der virtuellen Verrückung bestätigt:

$$p \cdot 0{,}414 l \frac{\delta}{2} + p \cdot 0{,}586 l \frac{\delta}{2} - M\left(\frac{\delta}{0{,}414 l} + 2 \cdot \frac{\delta}{0{,}586 l}\right) = 0 \quad \longrightarrow \quad p = 11{,}65 \frac{M}{l^2} \qquad (102)$$

Voraussetzung ist die Kenntnis der Fließgelenklage im Feldbereich.

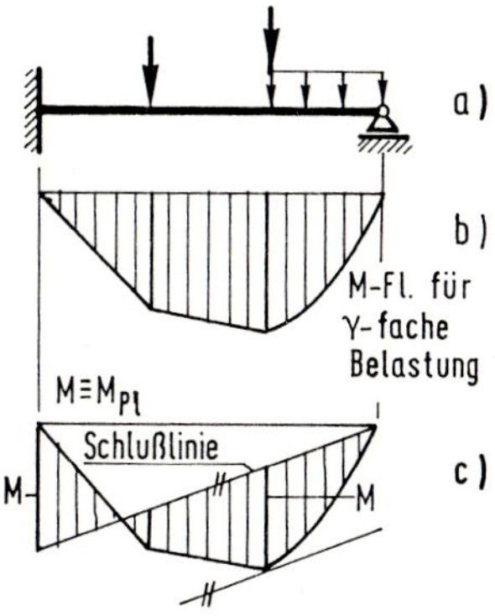

Bild 38

Bei der Bemessung eines Trägers ist die Gebrauchslast zunächst um den Sicherheitsfaktor γ zu erhöhen. Das erforderliche plastische Grenzmoment M_{Pl} wird durch Umstellung der Fragestellung gefunden. Die zuvor hergeleiteten Formeln können dazu verwertet werden: Für den beidseitig eingespannten Träger unter Gleichlast lautet die Formel für das erforderliche Tragmoment (vgl. G.90):

$$\operatorname{erf} M_{Pl} = \frac{\gamma p \cdot l^2}{16} \qquad (103)$$

Im Falle des einseitig eingespannten Trägers steht 11,65 (oder angenähert 11) im Nenner. - Nach der DASt-Ri 008 war im Lastfall H (Hauptlasten) γ=1,7 und im Lastfall HZ (Haupt- und Zusatzlasten) γ=1,5 anzusetzen. - Die neue Grundnorm des Stahlbaues geht von gesplitteten Sicherheitsfaktoren γ_F, γ_M aus; vgl. Abschnitt 4.1. - Der Trägerquerschnitt wird so gewählt, daß der Bedingung

$$W_{Pl} \geq \operatorname{erf} W_{Pl} = \frac{\operatorname{erf} M_{Pl}}{\sigma_F} \qquad (104)$$

genügt wird.

Für ein beliebiges Lastbild ist nach γ-facher Erhöhung der Lasten zunächst die Momentenfläche des einfachen Balkens zu berechnen. Durch Legen einer Schlußlinie läßt sich erf M_{Pl} dann relativ einfach bestimmen, vgl. Bild 38: Die Schlußlinie wird so gelegt, daß die plastischen Momente an den Einspannstellen und im Feldbereich gerade erreicht werden; in Bild 38 sind die plastischen Momente gleichgroß (=M).

6.3.4.3 Träger mit veränderlicher Tragfähigkeit

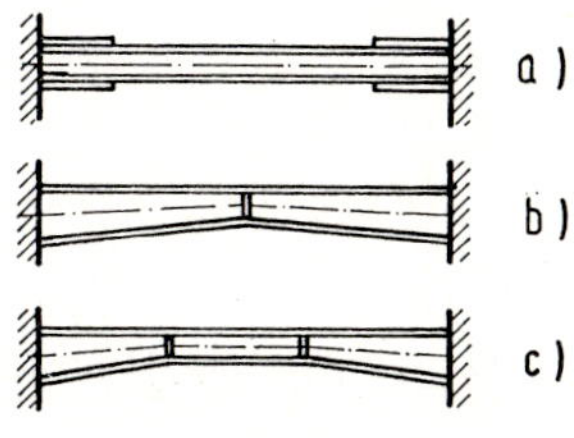

Bild 39

Trägerformen mit zusätzlich angeordneten Gurtplatten oder mit Vouten sind das typische Ergebnis einer elasto-statischen Bemessung mit Momentendeckung. Da bei plasto-statischer Berechnung die Querschnittstragfähigkeiten an den Einspannstellen und im Feldbereich voll ausgeschöpft werden, entfällt die Notwendigkeit lokaler Verstärkungen, wie in Bild 39 schematisch dargestellt. Im Gegenteil, es wird ein durchgehend konstantes Trägerprofil (auch aus Wirtschaftlichkeitsgründen) angestrebt. Träger mit bereichsweise unterschiedlicher Tragfähigkeit treten dann auf, wenn es sich um die End- oder Mittelfelder von Durchlaufträgern handelt und der stärkere Querschnitt des Nachbarträgers in das betrachtete Feld über eine gewisse Länge hineinragt oder der schwächere Querschnitt des Nachbarfeldes die Größe des plastischen Tragmomentes über der Zwischenstützung bestimmt (vgl. den folgenden Abschnitt). Der Fall liegt auch dann vor - und das ist der häufigste - wenn die plastischen Tragmomente über den Zwischenstützen infolge Querkraftinteraktion eine Abminderung erfahren (Abschnitt 6.3.7). Bild 40 zeigt einen solchen Träger mit drei unterschiedlichen Tragfähigkeiten:

$$M_1 = M_{Pl,1};\; M_2 = M_{Pl,2};\; M_3 = M_{Pl,3}. \qquad M_1 \neq M_2 \neq M_3;\; M_1, M_3 \lesseqgtr M_2$$

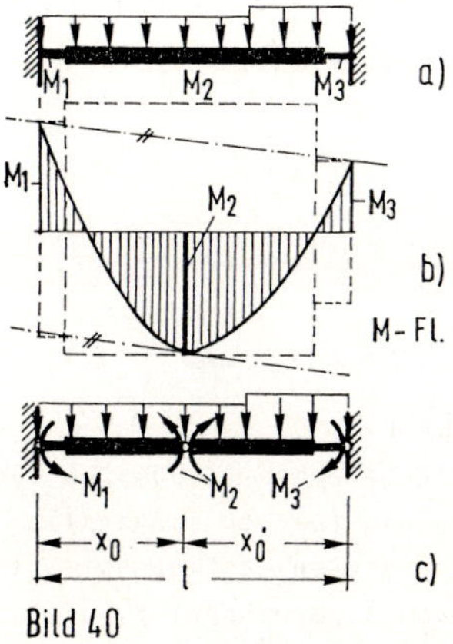

Bild 40

Sofern der Träger gegeben ist und damit die Tragfähigkeiten bekannt sind, ist es zweckmäßig, die Linien der plastischen Tragmomente für die verschiedenen Bereiche einzuzeichnen (in Bild 40b gestrichelt) und die Momentenfläche des einfachen Balkens zwischen die Endmomente M_1 und M_3 "einzuhängen".

Damit erhält man einen Hinweis zur Lage des Fließgelenkes. Die genaue Lage des Fließgelenkes folgt aus der Bedingung Q=0. Für den Sonderfall des gleichförmig belasteten Trägers lassen sich explizite Berechnungsformeln angeben (Bild 41); die linksseitige Auflagerkraft beträgt:

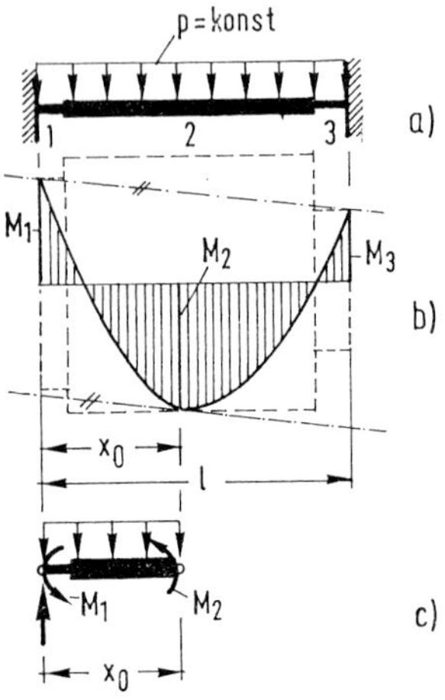

Bild 41

$$A = \frac{pl}{2} + \frac{M_1 - M_3}{l} = \frac{pl^2 + 2(M_1 - M_3)}{2l} \quad (105)$$

Aus der Bedingung Q=0 folgt die Lage des Fließgelenkes (x_0):

$$Q = 0: \; A - p x_0 = 0 \longrightarrow x_0 = \frac{A}{p} = \frac{pl^2 + 2(M_1 - M_3)}{2pl} \quad (106)$$

Das Moment an der Stelle x_0 wird gleich dem Tragmoment $M_2 = M_{Pl,2}$ gesetzt:

$$M_2 = A x_0 - p\frac{x_0^2}{2} - M_1 = \frac{A^2}{2p} - M_1 = \frac{1}{2p}\left[\frac{pl^2 + 2(M_1 - M_3)}{2l}\right]^2 - M_1 \quad (107)$$

Aus dieser Gleichung folgt nach Zwischenrechnung $p = p_{Pl}$ zu:

$$p = \frac{2}{l^2} M_2\left[(2+\alpha+\beta) + \sqrt{(2+\alpha+\beta)^2 - (\alpha-\beta)^2}\right] \quad (108)$$

Hierin bedeuten

$$\alpha = \frac{M_1}{M_2}; \quad \beta = \frac{M_3}{M_2} \quad (109)$$

Die Lage des Fließgelenkes berechnet sich aus:

$$x_0 = \frac{l}{2}\left[1 + \frac{(\alpha-\beta)}{(2+\alpha+\beta) + \sqrt{(2+\alpha+\beta)^2 - (\alpha-\beta)^2}}\right] \quad (110)$$

Beispiel: Für den in Bild 42 dargestellten Träger mit drei Steifigkeitsbereichen sei die Tragkraft gesucht. Die Lasten stehen in folgenden Relationen zueinander:

$$p_2 = 2{,}0 p_1, \quad F_2 = 1{,}2\,F_1; \quad F_1 = 3{,}0 p_1$$

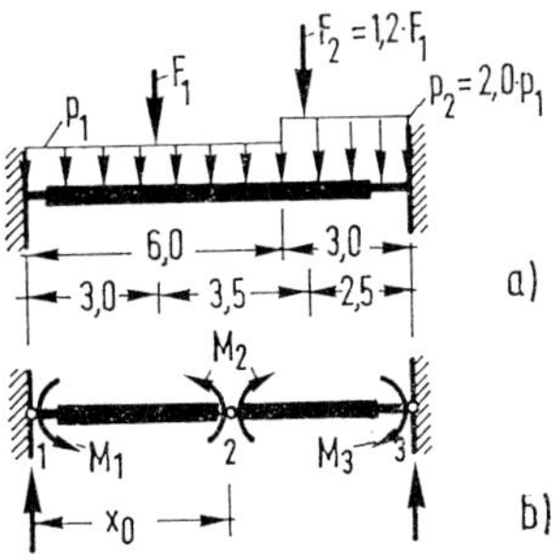

Bild 42

(Einheiten: kN und m). An den Stabenden und in Feldmitte bilden sich Fließgelenke (Bild 42). Die Auflagerkraft A folgt zu:

$$A = p_1\frac{9{,}0}{2} + (p_2 - p_1)\frac{3{,}0 \cdot 1{,}5}{9{,}0} + F_1\frac{6{,}0}{9{,}0} + F_2\frac{2{,}5}{9{,}0} + \frac{M_1 - M_3}{9{,}0} =$$

$$= 4{,}5 p_1 + 0{,}5 p_1 + 0{,}667 F_1 + 0{,}333 F_1 + \frac{M_1 - M_3}{9{,}0} =$$

$$= 5{,}0 p_1 + F_1 + \frac{M_1 - M_3}{9{,}0} = 8{,}0 p_1 + \frac{M_1 - M_3}{9{,}0} \quad (a)$$

Unter der Annahme, daß der Querkraftnullpunkt (und damit die Lage des Feldfließgelenkes) rechtsseitig von F_1 und linksseitig von der Sprungstelle der Gleichlasten liegt, wird der Abstand x_0 (vom linken Trägerende aus) bestimmt:

$$Q = 0: \; A - p_1 x_0 - F_1 = 0 \quad (b)$$

Das Moment an der Stelle x_0 wird mit dem Fließmoment $M_2 = M_{Pl,2}$ gleichgesetzt:

$$M_2 = A x_0 - p_1\frac{x_0^2}{2} - F_1(x_0 - 3{,}0) - M_1 \quad (c)$$

Es wird angenommen, daß die plastischen Momente in den Fließgelenken 1,2 und 3 folgende Größe haben: $M_1 = 250\,kNm, \; M_2 = 300\,kNm, \; M_3 = 205\,kNm$

Aus den Gleichungen (a) bis (c) folgt der Reihe nach:

$$a) \; A = 8{,}0 p_1 + \frac{250 - 205}{9{,}0} = 8{,}0 p_1 + 5{,}0$$

$$b) \; 8{,}0 p_1 + 5{,}0 - p_1 x_0 - 3{,}0 p_1 = 0 \longrightarrow x_0 = \frac{5{,}0 p_1 + 5{,}0}{p_1}$$

$$c) \; 300 = (8{,}0 p_1 + 5{,}0)\left(\frac{5{,}0 p_1 + 5{,}0}{p_1}\right) - \frac{p_1}{2}\left(\frac{5{,}0 p_1 + 5{,}0}{p_1}\right)^2 - 3{,}0 p_1\left(\frac{5{,}0 p_1 + 5{,}0}{p_1} - 3{,}0\right) - 250 \longrightarrow$$

$$p_1^2 - 24{,}42 p_1 - 0{,}581 = 0, \quad \text{Lösung: } \underline{p_1 = 24{,}40\,kN/m}, \; x_0 = 5{,}21\,m$$

Die Rechnung bestätigt mit $x_0 = 5{,}21\,m$ die angenommene Lage des Fließgelenkes ($3{,}00 < x_0 < 6{,}00\,m$). Wäre das nicht der Fall, müßte die Rechnung, beginnend mit Gleichung (b) neu aufgerollt werden. Mit der Kenntnis von $p_1 = p_{Pl,1}$ sind auch die anderen zugeordneten Lastintensitäten bekannt; Biegemomenten- und Querkraftverlauf lassen sich vollständig berechnen. Bild 43 zeigt die M- und Q-Fläche. - Wie erläutert, tritt der hier untersuchte Fall mit gegenüber

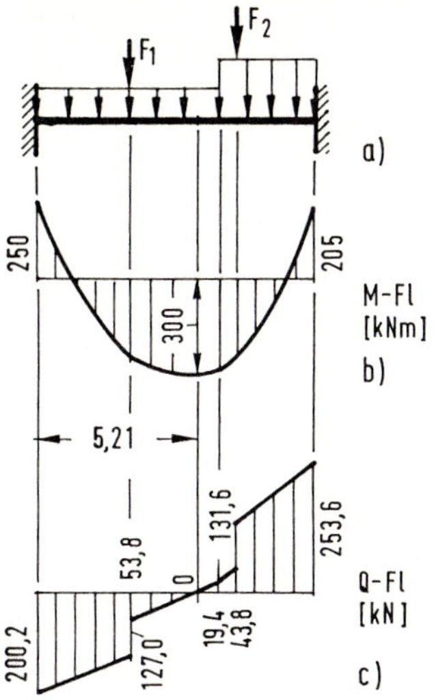

Bild 43

dem Feldbereich reduzierten Tragmomenten an den Einspannstellen relativ häufig auf, da die plastischen Tragmomente im Bereich hoher Querkräfte eine Abminderung erfahren: $M_{Pl,M/Q}$; der Grad der Abminderung ist von der Größe der Querkräfte beidseitig vom Fließgelenk abhängig. Im Fließgelenk an der Stelle des maximalen Feldmomentes ist Q=0, folglich kommt es hier zu keiner Reduktion. Bei der fortschreitenden Bildung der Fließgelenke tritt eine Momentenumlagerung ein. Jeder Gleichgewichtszustand, der im Zuge der sukzessiven Fließgelenkbildung existiert, liefert (unter Berücksichtigung der M-Q-Interaktion) eine auf der sicheren Seite liegende Tragkraft, so auch jener Zustand, bei dem sich das erste Fließgelenk bildet. Es ist stets zulässig, die Bemessung auf diese Tragkräfte abzustellen.

6.2.4.4 Durchlaufträger

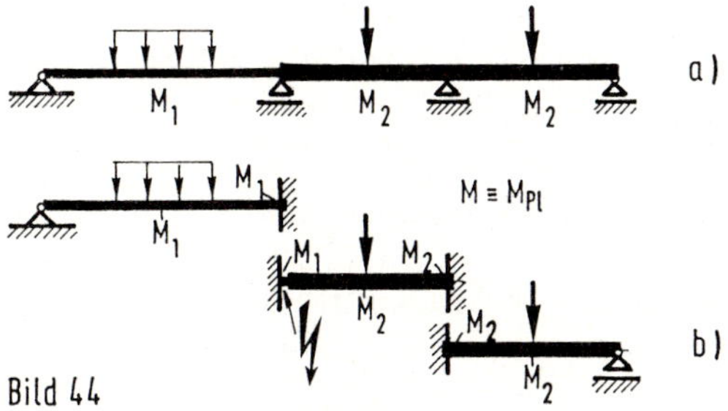

Bild 44

Die Tragfähigkeit eines Durchlaufträgers ist dann erschöpft, wenn sich innerhalb irgendeines Feldes unter ansteigender (proportionaler) Belastung die erste (kinematische) Bruchkette ausgebildet hat. Zur Bestimmung der Tragfähigkeit wird die plastische Grenzkraft jedes Einzelfeldes berechnet, die niedrigste ist die maßgebende. Die übrigen Felder sind dann i.a. noch elastisch oder teilplastiziert. Tritt zufällig gleichzeitig in zwei oder in allen Feldern plastisches Versagen ein, spricht man von einer übervollständigen Bruchkette, anderenfalls von einer teilweisen; das ist der Normalfall. Die Grenzkräfte der einzelnen Felder werden unabhängig voneinander bestimmt (Bild 44). Die Aufbringung feldweise veränderlicher Verkehrslasten (wie bei elasto-statischer Berechnung erforderlich) entfällt. Die für beidseitig und einseitig eingespannte Träger berechneten Ergebnisse der Abschnitte 6.3.4.1 bis 6.3.4.2 können übernommen werden. Es ist lediglich darauf zu achten, daß für das Stütz-Tragmoment das fallweise niedrigere Tragmoment des Nachbarfeldes angesetzt wird, vgl. in Bild 44 das linksseitige Tragmoment des Feldes 2.

Die Vorgehensweise der Berechnung werde an einem Beispiel gezeigt, vgl. Bild 45: Da in jedem Feld nur eine Einzellast wirkt, sind die Orte möglicher Fließgelenke sofort anzugeben; es sind dieses die Schnitte 2, 3, 4 und 5. Demgemäß sind zwei Bruchketten zu unterscheiden: (I) und (II). Von vornherein läßt sich nicht erkennen, welche von beiden maßgebend ist. Die Tragfähigkeit der Felder sei unterschiedlich; es gelte:

$$\text{Feld } 1\text{-}3: \; M_{Pl}; \quad \text{Feld } 3\text{-}5: \; 1{,}5\,M_{Pl}$$

Das bedeutet, daß das plastische Tragmoment des rechten Feldes 50% höher als das des linken Feldes ist.

Gleichgewichtsmethode (GM) (Bild 45b/e):

(I)

$$1\text{-}3: \; A = \frac{F}{2} - \frac{M}{\frac{3}{4} l}; \quad Q_{Bl} = -\left(\frac{F}{2} + \frac{M}{\frac{3}{4} l}\right)$$

$$1\text{-}2: \; A\frac{3}{8} l - M = 0 \;\longrightarrow\; \left(\frac{F}{2} - \frac{4M}{3l}\right)\frac{3}{8} l - M = 0 \;\longrightarrow$$

$$\frac{3}{16} F l - \frac{M}{2} - M = 0 \;\longrightarrow\; F = \frac{8M}{l}$$

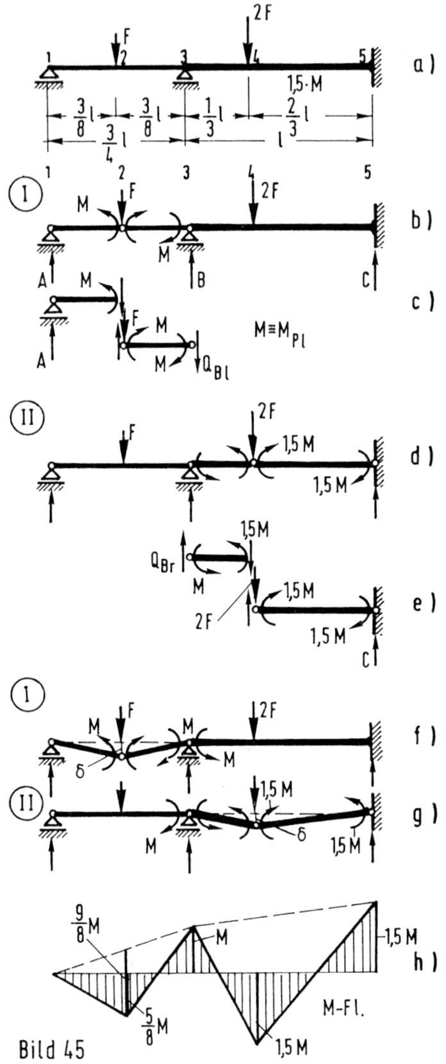

Bild 45

(II)

3-5: $Q_{Br} = 2F\frac{2}{3} + \frac{M}{l} - \frac{3M}{2l} = \frac{4}{3}F - \frac{M}{2l}$

$C = 2F\frac{1}{3} - \frac{M}{l} + \frac{3M}{2l} = \frac{2}{3}F + \frac{M}{2l}$

3-4: $Q_{Br}\frac{l}{3} - M - \frac{3}{2}M = 0 \rightarrow (\frac{4}{3}F - \frac{M}{2l})\frac{l}{3} - \frac{5}{2}M = 0 \rightarrow$

$$\frac{4}{9}Fl - \frac{M}{6} - \frac{5}{2}M = 0 \rightarrow F = \frac{6M}{l} = F_{Pl}$$

Prinzip der virtuellen Verrückung (PdV) (Bild 45f/g):

(I) $F\delta - M\left(\frac{\delta}{\frac{3}{8}l} + 2\cdot\frac{\delta}{\frac{3}{8}l}\right) = 0 \rightarrow F = \frac{8M}{l}$

(II) $2F\delta - M\frac{\delta}{\frac{1}{3}l} - \frac{3}{2}M\left(\frac{\delta}{\frac{1}{3}l} + 2\frac{\delta}{\frac{2}{3}l}\right) = 0 \rightarrow F = \frac{6M}{l}$

Bruchkette (II) ist maßgebend. Bild 45h zeigt die Momentenfläche des plastischen Grenzzustandes. Das linke Feld ist (bis auf das Fließgelenk über der Mittelstütze) noch elastisch. Wenn sich rechtsseitig die Bruchkette ausbildet, beträgt die Kraft im linken Feld F=6M/l. Die Maximalordinate der "einzuhängenden" Momentenfläche folgt zu:

$$\frac{9}{8}M - \frac{M}{2} = \frac{5}{8}M \quad (<M)$$

Das Feldmoment im linken Feld beträgt damit:

$$\frac{F(\frac{3}{4}l)}{4} = \frac{6M}{l}\frac{3}{16}l = \frac{9}{8}M$$

Das Moment ist geringer als das plastische Tragmoment (wie es sein muß). - Nachdem die Momentenfläche vollständig bekannt ist, können alle Stütz- und Querkräfte berechnet werden. Durchbiegungen werden mit Hilfe der δ_{ik}-Tafeln, zweckmäßig unter Verwendung des Reduktionssatzes, bestimmt; im Sinne der Fließgelenktheorie sind die Stabbereiche außerhalb der Fließgelenke elastisch.

6.3.5 Tragkraftsätze

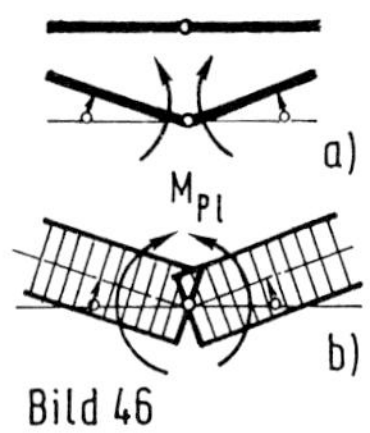

Bild 46

Der plastische Grenzzustand genügt folgenden Bedingungen:

1. Das Gleichgewicht wird in allen Teilen erfüllt,
2. in allen Querschnitten gilt: $|M| \leq M_{Pl}$ ($M_{Pl,M/N/Q}$)
3. ein kinematischer Bruchmechanismus ist erreicht,
4. in allen Fließgelenken wird positive Dissipationsarbeit geleistet.

Bei der Aufstellung der Bestimmungsgleichungen werden die Fließmomente als äußere Schnittmomente angesetzt, wie sie als Reaktion auf die Drehung im Gelenk wirken (Bild 46a). Durch die Verzerrungen im Gelenk wird infolge Materialplastizierung Energie dissipiert (zerstreut); d.h. es wird positive Dissipationsarbeit geleistet (Bild 46b).

Statischer Satz (untere Grenze): Ein Zustand, der die Bedingungen 1, 2 und 4 erfüllt, ist ein statisch zulässiger Zustand. Eine kinematische Kette braucht nicht erreicht zu sein. Für die so ermittelte Tragkraft gilt:

$$F_{stat} \leq F_{Pl} \qquad (111)$$

Der auf diese Weise berechnete Wert liegt auf der "sicheren Seite", die plastische Grenzkraft wird von "unten" angenähert.

Kinematischer Satz (obere Grenze): Ein Zustand, der die Bedingungen 1, 3 und 4 erfüllt, ist ein kinematisch zulässiger Zustand. Es werden also Bereiche toleriert, in denen $M > M_{Pl}$ ist. Für die Tragkraft dieses Zustandes gilt:

$$F_{kinem} \geq F_{Pl} \qquad (112)$$

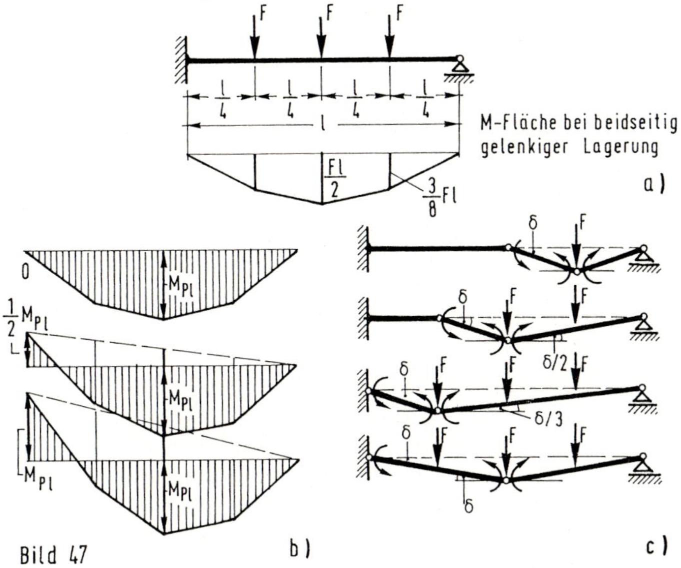

Bild 47

Mit dieser Tragkraft liegt man demnach "auf der unsicheren Seite"; die reale Tragkraft wird von "oben" angenähert. Am Beispiel des in Bild 47a dargestellten Systems werden die Tragkraftsätze erläutert. Linkerseits sind drei "statisch zulässige" Zustände eingezeichnet, es ergeben sich der Reihe nach folgende Kräfte:

$$\frac{Fl}{2} = M_{Pl} \longrightarrow F_{stat} = \frac{2M_{Pl}}{l}$$
$$\frac{Fl}{2} = (1 + \frac{1}{4})M_{Pl} \longrightarrow F_{stat} = \frac{2{,}5\,M_{Pl}}{l} \qquad (113)$$
$$\frac{Fl}{2} = (1 + \frac{1}{2})M_{Pl} \longrightarrow F_{stat} = \frac{3\,M_{Pl}}{l}$$

Rechterseits des Bildes 47 sind vier "kinematisch zulässige" Ketten dargestellt. Die Arbeitsgleichungen dieser Zustände liefern:

$$F\delta\frac{l}{4} - M_{Pl}(\delta + 2\delta) = 0 \longrightarrow F_{kinem} = \frac{12\,M_{Pl}}{l}$$
$$F\delta\frac{l}{4} + F\frac{\delta}{2}\frac{l}{4} - M_{Pl}(\delta + \delta + \frac{\delta}{2}) = 0 \longrightarrow F_{kinem} = \frac{6{,}667\,M_{Pl}}{l} \qquad (114)$$
$$F\delta\frac{l}{4} + F\frac{\delta}{3}\frac{l}{2} + F\frac{\delta}{3}\frac{l}{4} - M_{Pl}(\delta + \delta + \frac{\delta}{3}) = 0 \longrightarrow F_{kinem} = \frac{4{,}667\,M_{Pl}}{l}$$
$$F\delta\frac{l}{2} + 2F\delta\frac{l}{4} - M_{Pl}(\delta + 2\delta) = 0 \longrightarrow F_{kinem} = \frac{3\,M_{Pl}}{l}$$

Durch die Einschrankung von unten und oben läßt sich die reale Tragkraft berechnen. Von hier aus versteht sich der Einzigkeitssatz von selbst: Ein Zustand, der die Bedingungen 1 bis 4 erfüllt, ist der plastische Grenzzustand.

6.3.6 Rahmentragwerke

6.3.6.1 Elementarketten / Probierverfahren - Kombinationsverfahren

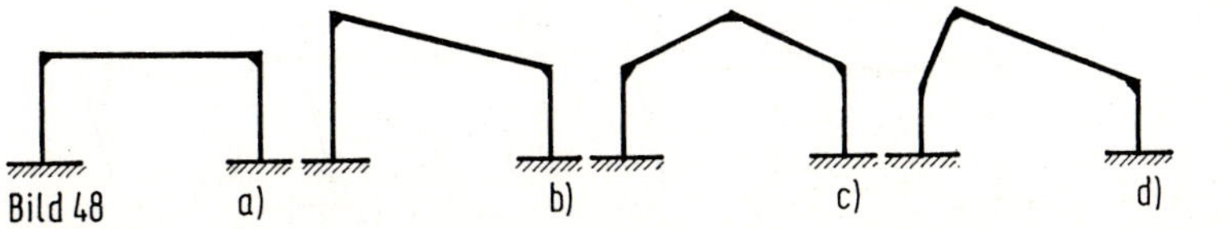

Bild 48

Ein durch Versuche belegter Anwendungsbereich der Fließgelenkmethode sind biegesteife Rahmenkonstruktionen. Deren Berechnung gelingt entweder nach dem Probierverfahren, wie in Abschnitt 6.3.4.4 am Beispiel eines Durchlaufträgers erläutert, oder nach dem Kombinationsverfahren. Im erstgenannten Falle werden sämtliche für das Tragwerk unter der gegebenen Belastung mögliche Bruchketten durchgerechnet; die Bruchkette mit der geringsten plastischen Grenzkraft ist die maßgebende. Diese Vorgehensweise kann bei größeren Strukturen und/oder komplizierten Belastungsbildern zu umfangreichen Rechnungen führen. Das Kombinationsverfahren, das in einer gezielten Kombination von sogenannten Elementarketten besteht, führt schneller zum Erfolg und hat daher insbesondere bei hochgradig statisch-unbestimmten Rahmentragwerken Bedeutung. Es werden drei Elementarketten unterschieden:

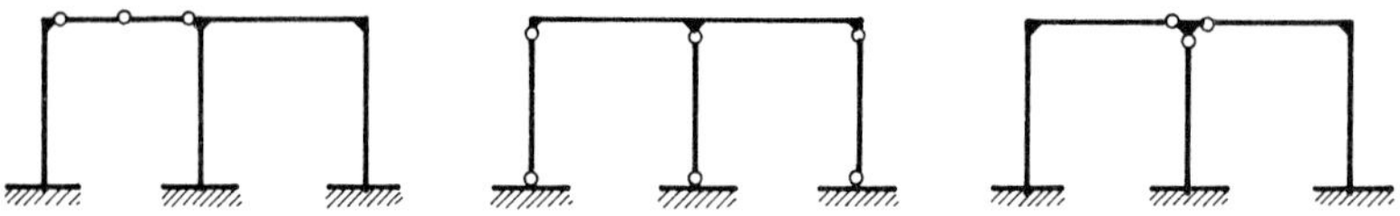

Balken- oder Trägerkette a) Rahmenkette b) Knotenverdrehungskette (bei drei- und mehrstäbigen Knoten) c)

Bild 49

1. Die Balken- oder Trägerkette, 2. die Rahmenkette und 3. (bei drei- und mehrstäbigen Knoten) die Knotenverdrehungskette; vgl. Bild 49. Die beiden erstgenannten Elementarketten kommen auch als eigenständige Bruchketten in Frage; die letztgenannte kann nur in Kombination mit anderen Elementarketten auftreten, selbst aber nie Bruchkette sein.

Ist m die Anzahl der möglichen Fließgelenke (abhängig von Struktur und Belastung) und ist n der Grad der statischen Unbestimmtheit, so beträgt die Anzahl k der linear-unabhängigen Elementarketten des Systems:

$$k = m - n \tag{115}$$

Die Anzahl der möglichen Kombinationen beträgt:

$$q = 2^k - 1 \tag{116}$$

Bruchmodus ist entweder eine Elementarkette vom Typ 1 oder 2 oder eine Kombination aus den k Elementarketten und zwar jene, die den niedrigsten Multiplikator ergibt. Wie erwähnt, wird die maßgebende Bruchkette dadurch bestimmt, daß entweder alle q Kombinationen durchgerechnet werden (Probierverfahren) oder dadurch, daß die Elementarketten derart kombiniert werden, daß man (im Vergleich zu den Ausgangsketten) eine reduzierte Tragkraft erhält. Die Gleichung der virtuellen Arbeit

$$\Sigma F\Delta - \Sigma M_{Pl}\delta = 0 \tag{117}$$

zeigt, daß dazu die Arbeit der Lasten so groß und die Arbeit der Fließmomente so gering wie möglich gemacht werden muß. Daraus lassen sich für das Kombinationsverfahren folgende Regeln ableiten:

a) Zwei Elementarketten sind so zu kombinieren, daß jeweils ein Fließgelenk eliminiert wird; nur in diesem Falle kann der Lastwert der kombinierten Kette kleiner sein als jener der Elementarketten selbst.
b) Um die innere Arbeit an einem drei- oder mehrstäbigen Knoten zu minimieren, ist hier immer auch die Kombination mit einer Knotenverdrehungskette zu prüfen.

Zur Kontrolle der Lösung ist stets nachzuweisen, daß sämtliche Biegemomente außerhalb der Fließgelenke unter den plastischen Tragmomenten liegen. Bei baupraktischen Nachweisen ist die M/N/Q-Interaktion zu berücksichtigen (Abschnitt 6.3.7).

6.3.6.2 Einfeldrahmen

Zur Erläuterung des Kombinationsverfahrens wird das in Bild 50 skizzierte Beispiel berechnet; es handelt sich um einen beidseitig eingespannten Rechteckrahmen mit einer mittigen Riegel-

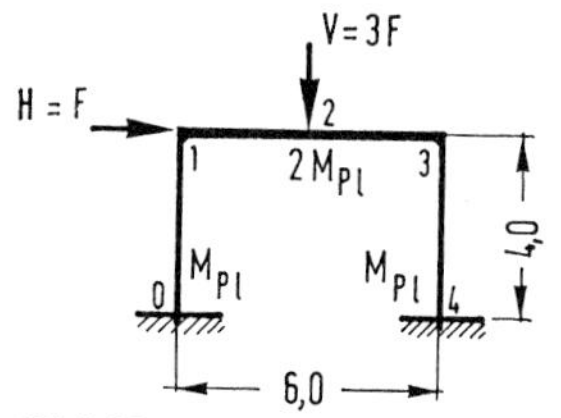

Bild 50

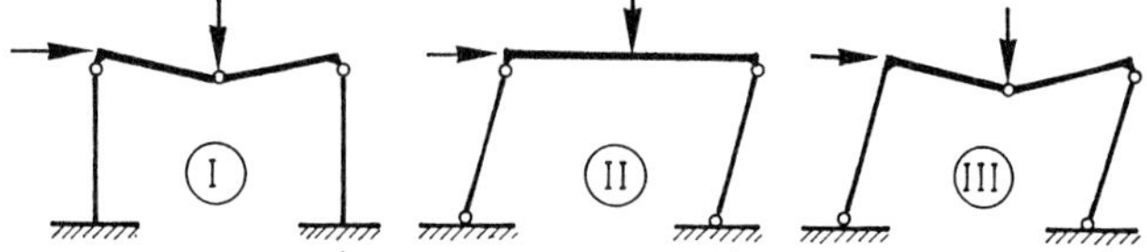

Bild 51 a) b) c)

last V=3F und einer Horizontallast H=F; die Riegellast ist also dreimal so groß wie die Horizontallast. Die Tragfähigkeit des Riegels sei doppelt so hoch wie die der Stiele. Wenn sich in den Eckknoten ein Fließgelenk einstellt, liegt dieses im Stiel (was bei der zeichnerischen Darstellung der Bruchkette berücksichtigt werden sollte).

Bild 51 zeigt die drei möglichen Bruchketten: (I) Trägerkette (Riegel), (II) Rahmenkette, (III) kombinierte Kette. Letztere geht aus den Elementarketten (I) und (II) dadurch hervor, daß das Fließgelenk im linken Rahmenknoten geschlossen wird. Um die zugeordneten Tragkräfte nach dem Prinzip der virtuellen Verrückung ermitteln zu können, werden die in Bild 52 ski-

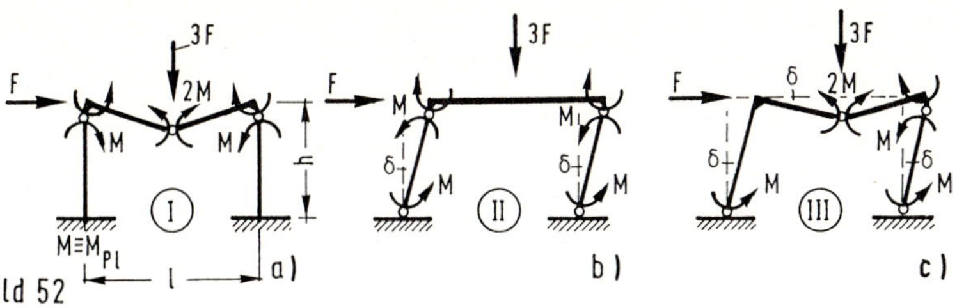

Bild 52

zierten Stabdrehwinkel δ als virtuelle Verrückung im Sinne einer infinitesimalen Starkkörperverschiebung überlagert, die mit der Verformungsfigur der kinematischen Kette übereinstimmt. Die Verschiebungen und Drehwinkel sind untereinander kinematisch verknüpft. Im Falle der in Bild 52 dargestellten Bruchketten lassen sich die Abhängigkeiten unmittelbar erkennen: Sämtliche virtuellen Stabdrehwinkel sind jeweils gleichgroß. In komplizierten Fällen ist es erforderlich, die Verknüpfungen mit Hilfe eines Verschiebungsplanes zu bestimmen; vgl. folgenden Abschnitt.

Die Arbeitsgleichungen lauten:

$$\text{(I)}:\ 3F\cdot\frac{l}{2}\delta-(M+2\cdot 2M+M)\delta=0\ \longrightarrow\ \frac{3}{2}Fl=6M\ \longrightarrow\ F=\frac{4M}{l} \qquad \text{a)}$$

$$\text{(II)}:\ F\cdot h\delta-(M+M+M+M)\delta=0\ \longrightarrow\ Fh=4M\ \longrightarrow\ F=\frac{4M}{h} \qquad \text{b)}$$

$$\text{(III)}:\ 3F\cdot\frac{l}{2}\delta+F\cdot h\delta-(M+2\cdot 2M+M+M+M)\delta=0\ \longrightarrow\ \frac{3}{2}Fl+Fh=8M\ \longrightarrow\ F=\frac{8M}{\frac{3}{2}l+h} \qquad \text{c)}$$

Mit den in Bild 50 eingetragenen Längen und Tragfähigkeiten $M{=}M_{P1}$ folgt:

$$\text{(I)}:\ F=\frac{2}{3}M=0{,}666M;\quad \text{(II)}:\ F=M=1{,}000M;\quad \text{(III)}:\ F=\frac{8}{13}\cdot M=0{,}615M$$

Die Bruchkette mit der geringsten Tragfähigkeit ist maßgebend; das ist hier die kinematische Kette (III) :

$$\boxed{F_{Pl}=\frac{8}{13}\cdot M_{Pl}}$$

(Man beachte: Die Längen wurden in m eingeführt, demgemäß ist M_{P1} in kNm einzusetzen, um die Tragkraft F_{P1} in kN zu erhalten !)

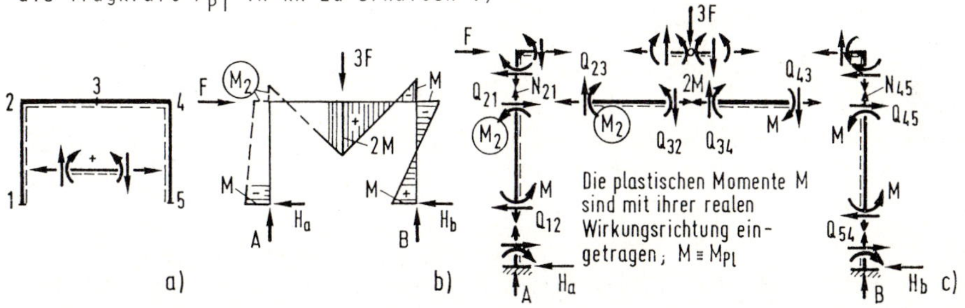

Bild 53

Als nächstes werden die zum Grenzzustand gehörenden Schnittgrößen M,Q und N berechnet. Zunächst wird jedem Stab eine Zugfaser zugeordnet, die positiven Richtungen von M, Q und N liegen damit fest, vgl. Bild 53a. Teilbild b zeigt jenen Biegemomentenverlauf, der sich unmittelbar nach Antragung der plastischen Momente in den Schnitten 1, 3, 4 und 5 ergibt. Die Wirkungsrichtung der plastischen Momente in Bezug zur Zugfaser ist dabei berücksichtigt, vgl. Teilbild c. Unbekannt ist zunächst noch das Biegemoment (M_2) im linken Rahmenknoten (Schnitt 2); es ist im Bild mit der positiven Richtungsdefinition eingetragen, ebenso die Schnittgrößen Q und N. Beginnend mit dem Stab 4-5 werden die Quer- und Normalkräfte mit Hilfe der Gleichgewichtsgleichungen in fortlaufender Weise berechnet; die Längen l und h werden dabei wiederum in m (l=6m, h=4m) eingeführt. Die Rechnung liefert (M steht für M_{P1} und F für F_{P1}):

$$Q_{45}=Q_{54}\,;\ Q_{45}\cdot h-2M=0\ \longrightarrow\ Q_{45}=\frac{2M}{h}=\frac{2M}{4{,}0}=\frac{1}{2}M$$

$$H_b=Q_{54}=\frac{2M}{h}=\frac{1}{2}M;\ \ H_a=F-H_b=\frac{8}{13}M-\frac{1}{2}M=\frac{3}{26}M;\ \ Q_{12}=H_a=\frac{3}{26}M$$

$$(M_2)+M-Q_{12}\cdot h=0\ \longrightarrow\ (M_2)=Q_{12}\cdot h-M=\frac{3}{26}M\cdot 4{,}0-M\ \longrightarrow\ (M_2)=-\frac{7}{13}M<|M_{Pl}|$$

$$Q_{34}\frac{l}{2}+2M+M=0\ \longrightarrow\ Q_{34}=-\frac{6M}{l}=-M,\ \ Q_{43}=Q_{34}$$

$$Q_{32} - Q_{34} - 3F = 0 \longrightarrow Q_{32} = 3F + Q_{34} = 3\frac{8}{13}M - M = \frac{11}{13}M$$

$$Q_{23} = Q_{32}\ ;\ \text{Kontrolle:}\ Q_{23}\frac{l}{2} + (M_2) - 2M = 0 \longrightarrow (M_2) = 2M - Q_{23}\frac{l}{2} = -\frac{7}{13}M$$

$$N_{21} + Q_{23} = 0 \longrightarrow N_{21} = -Q_{23} = -\frac{11}{13}M;\ N_{45} - Q_{43} = 0 \longrightarrow N_{45} = Q_{43} = -M$$

$$N_{23} - Q_{21} + F = 0 \longrightarrow N_{23} = \frac{3}{26}M - \frac{8}{13}M = -\frac{1}{2}M;\ N_{34} = -\frac{1}{2}M$$

$$A = \frac{11}{13}M;\ B = +M;\ \text{Kontrolle:}\ A + B - 3F = 0$$

$$\text{Kontrolle:}\ A \cdot l + F \cdot h - 3F \cdot \frac{l}{2} - 2M = 0$$

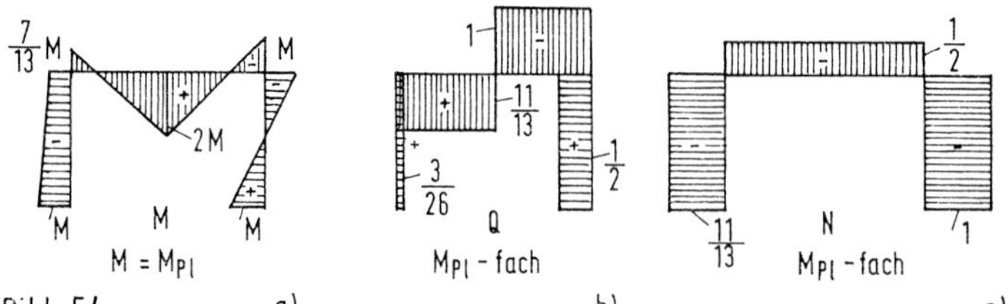

Bild 54

Alle Kontrollen sind erfüllt; Bild 54 zeigt die M-, Q- und N-Fläche, M_{Pl} ist in kNm einzusetzen! (Die Schnittgrößen Q und N werden benötigt, um in den Fließgelenken die M/Q/N-Interaktion überprüfen zu können, Abschn. 6.3.7).

Die Berechnung hat aufgezeigt, wie die Kette (III) aus den Elementarketten (I) und (II) hervorgegangen ist (Bild 52). Die Anwendung von G.115 ergibt im vorliegenden Fall k=m-n=5-3=2. (I) und (II) sind die Elementarketten. Die Zahl der möglichen Kombinationen beträgt:

$$q = 2^k - 1 = 2^2 - 1 = 3$$

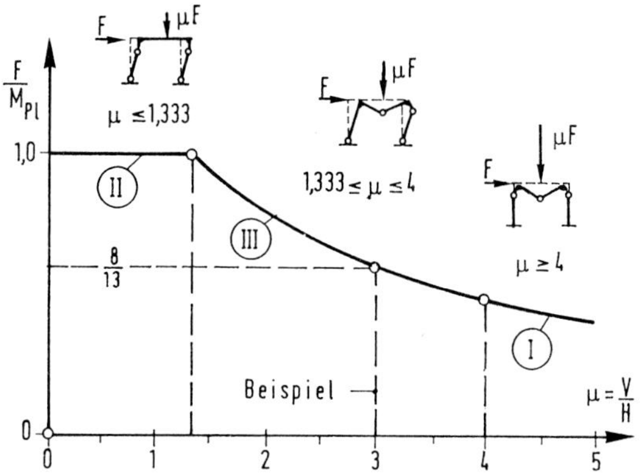

Bild 55

Da das Superpositionsgesetz bei plastostatischen Berechnungen nicht gilt, muß für relativ zueinander geänderte Lastintensitäten oder für geänderte Lastanordnungen (und Tragfähigkeitsrelationen) eine neuerliche Rechnung durchgeführt werden. Je nach Überwiegen der einen oder anderen Last ist eine andere Bruchkette maßgebend.

Überwiegt z.B. bei dem vorbehandelten System die mittige Riegellast (μ=V/H>4), ist der Bruchtyp (I) maßgebend. Ist dagegen die Horizontalkraft relativ hoch (μ<1,333), so ist die Verschiebungskette (II) maßgebend. Für 1,333≤μ≤4 stellt sich die kombinierte Kette (III) ein. In den Fällen μ=1,333 und μ=4 stellen sich übervollständige Ketten mit fünf Gelenken ein. In Bild 55 ist das Ergebnis zusammengefaßt.

6.3.6.3 Zweifeldrahmen

Das in Bild 56a dargestellte Rahmentragwerk ist 6-fach statisch unbestimmt. Teilbild b zeigt die 10 möglichen Fließgelenke. Somit existieren k=m-n=10-6=4 Elementarketten, Teilbilder c: (I) bis (IV).

Als Streckgrenze (Fließgrenze) wird angesetzt:

σ_F=36kN/cm². (Nach DIN 18800 (11.90) ist von der um γ_M reduzierten Streckgrenze auszugehen, zudem sind im γ_F-ψ-fachen Einwirkungszustand Imperfektionen einzurechnen, vgl. später).

Riegel HE400B : α_{Pl} = 1,13, W = 2880 cm³
Stiele 1/3 HE 220B: α_{Pl} = 1,13, W = 736 cm³
Stiel 2 HE 340B: α_{Pl} = 1,11, W = 2160 cm³

W_{Pl} = 3254 cm³ : M_{Pl} = 1172 kNm
W_{Pl} = 832 cm³ : M_{Pl} = 299 kNm
W_{Pl} = 2398 cm³ : M_{Pl} = 863 kNm

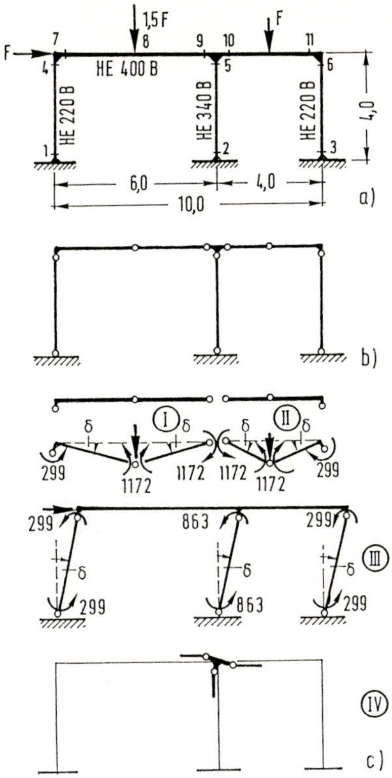

Bild 56

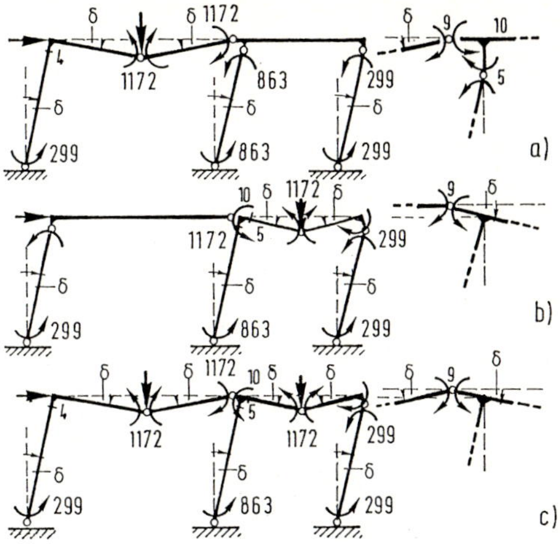

Bild 57

Die den kinematischen Ketten zugeordneten Kräfte werden mittels des Prinzips der virtuellen Verrückung bestimmt; als virtuelle Ausgangsverrückungen dienen die Stabdrehwinkel.
Deren kinematische Verknüpfungen sind im vorliegenden Beispiel wiederum elementar zu überblicken. Für die Elementarketten erhält man (vgl. Bild 56c):

$$\text{I}:\ 1{,}5F(3{,}0\delta) - (299 + 2\cdot 1172 + 1172)\delta = 0 \longrightarrow 4{,}5F = 3815 \longrightarrow \underline{F = 848\,\text{kN}} \qquad \text{a)}$$

$$\text{II}:\ F(2{,}0\delta) - (1172 + 2\cdot 1172 + 299)\delta = 0 \longrightarrow 2{,}0F = 3815 \longrightarrow \underline{F = 1908\,\text{kN}} \qquad \text{b)}$$

$$\text{III}:\ F(4{,}0\delta) - (2\cdot 299 + 2\cdot 863 + 2\cdot 299)\delta = 0 \longrightarrow 4{,}0F = 2922 \longrightarrow \underline{F = 730{,}5\,\text{kN}} \qquad \text{c)}$$

Die Elementarketten werden kombiniert (Bild 57):
1. Kombination: I+III, das Gelenk 4 wird eliminiert (Teilbild a):

$$\text{I}+\text{III}:\ 1{,}5F(3{,}0\delta) + F(4{,}0\delta) - (299 + 863 + 299 + 2\cdot 1172 + 1172 + 863 + 299)\delta = 0 \longrightarrow$$
$$(4{,}5 + 4{,}0)F = 6139 \longrightarrow \underline{F = 722{,}2\,\text{kN}} \qquad \text{d)}$$

2. Kombination: II+III+IV, die Gelenke 5 und 10 werden eliminiert (Teilbild b):

$$\text{II}+\text{III}+\text{IV}:\ F(2{,}0\delta) + F(4{,}0\delta) - (299 + 863 + 299 + 299 + 1172 + 2\cdot 1172 + 2\cdot 299)\delta = 0 \longrightarrow$$
$$(2{,}0 + 4{,}0)F = 3516 + 1495 + 863 \longrightarrow \underline{F = 974{,}5\,\text{kN}} \qquad \text{e)}$$

3. Kombination: I+II+III+IV, die Gelenke 4,5 und 10 werden eliminiert (Teilbild c):

$$\text{I}+\text{II}+\text{III}+\text{IV}:\ 1{,}5F(3{,}0\delta) + F(2{,}0\delta) + F(4{,}0\delta) - (299 + 863 + 299 + 2\cdot 1172 + 2\cdot 1172 +$$
$$2\cdot 1172 + 2\cdot 299)\delta = 0 \longrightarrow (4{,}5 + 2{,}0 + 4{,}0)F = 9091 \longrightarrow \underline{F = 865{,}8\,\text{kN}} \qquad \text{f)}$$

Weitere Kombinationen sind augenscheinlich nicht maßgebend; die plastische Grenzkraft beträgt:

$$\boxed{F_{Pl} = 722{,}2\,\text{kN}}$$

Die Schnittgrößen M, Q und N des Grenzzustandes werden wie im vorangegangenen Beispiel berechnet.- Ein gewisser Probiercharakter haftet auch dem Kombinationsverfahren an. - Wie noch gezeigt wird, ist bei baupraktischen Nachweisen erstens die M/Q/N-Interaktion und zweitens der Verformungseinfluß (Theorie II. Ordnung - Stabilitätsnachweis) in die Berechnung einzubeziehen.

6.3.6.4 Pultdachrahmen/Giebelrahmen/Trapezrahmen - Verschiebungspläne

Das Prinzip der virtuellen Verrückung erweist sich in der Fließgelenktheorie als außerordentlich wirkungsvoll. Solange es sich um Durchlaufträger oder Rechteckrahmen handelt, lassen sich die Verknüpfungen zwischen den Verschiebungen und Stabdrehwinkeln des gelenkigen Starrsystems in einfacher Weise überblicken. Liegen die Stäbe nicht senkrecht zueinander, ist es i.a. erforderlich, die Abhängigkeiten mit Hilfe eines Verschiebungsplans zu analysieren. Das sei im folgenden an Beispielen aufgezeigt.

Die virtuelle Verschiebung der starren Stabscheiben wird in dem Augenblick eingeprägt, in dem das letzte Fließgelenk einspringt. Die Starrkörper-Verschiebung entspricht der Verformung des Systems im betrachteten Grenzzustand, stellt quasi dessen infinitesimale Fortsetzung dar. Da die plastischen Momente bei dieser virtuellen Verrückung konstant bleiben, erfahren die Stäbe keine zusätzliche Biegung, das System verhält sich wie ein Gelenkwerk, daher die Bezeichnung "kinematische Kette".

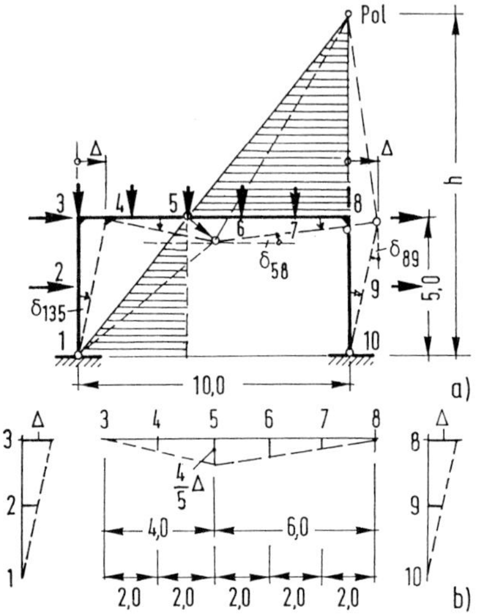

Bild 58

1. Beispiel: Gegeben sei der in Bild 58 skizzierte Rechteckrahmen. Es werde die in Teilbild a (gestrichelt eingezeichnete) kinematische Kette mit Gelenken an den Stellen 1, 5, 8 und 10 betrachtet. Der linksseitige Rahmenteil 1/3/5 stellt eine starre Scheibe dar, ebenso die Stabbereiche 5/8 und 8/10. Ist die horizontale Verschiebung des Eckpunktes 3 gleich Δ, beträgt der Drehwinkel der linksseitigen Scheibe um den Fußpunkt 1:

$$\delta_{135} = \Delta/5{,}0 = \frac{\Delta}{5}$$

Längen werden in m angesetzt. Bei der virtuellen Verrückung handelt es sich um eine Infinitesimal-Kinematik, d.h. die Verrückungen sind "unendlich klein".

Das Fließgelenk im Punkt 5 senkt sich um das Maß:

$$4{,}0\delta_{135} = \frac{4{,}0}{5{,}0}\cdot\Delta = \frac{4}{5}\cdot\Delta$$

Der Drehwinkel des rechten Riegelbereiches folgt hieraus zu:

$$\delta_{58} = \frac{4}{5}\cdot\Delta/6{,}0 = \frac{2}{15}\cdot\Delta$$

Der Drehwinkel des Stieles 8/10 ist mit δ_{135} identisch, da die Eckpunkte des Rahmens dieselbe horizontale Verschiebung Δ erleiden. Die Verschiebungen der Lastangriffspunkte lassen sich unmittelbar angeben, vgl. Bild 58b.

Der linke Rahmenteil 1/3/5 dreht sich um den Fußpunkt 1 und der rechte Stiel um den Fußpunkt 10. Verlängert man die Linie 1/5 über 5 hinaus und die Linie 10/8 über 8 hinaus, schneiden sich diese Geraden im Pol. Um diesen Pol dreht sich der rechte Riegelteil 5/8.

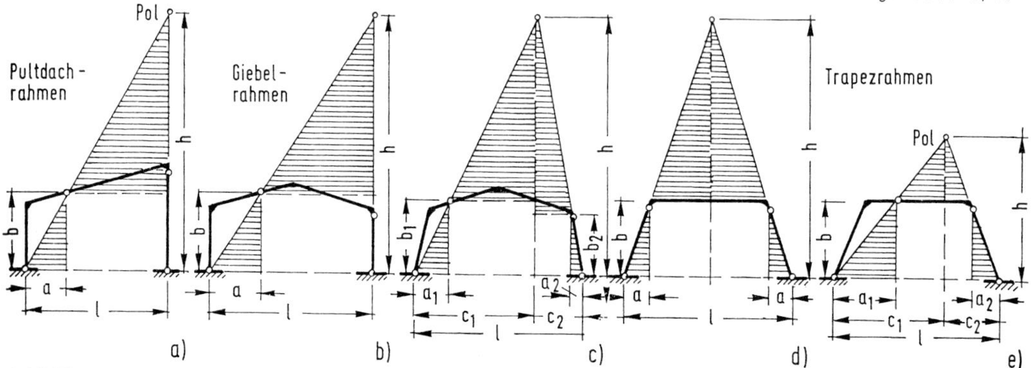

Bild 59

Die Polhöhe h ergibt sich aus der Ähnlichkeit der in Teilbild a schraffierten Dreiecke:

$$\frac{h-5{,}0}{6{,}0} = \frac{h}{10{,}0} = \frac{5{,}0}{4{,}0} \longrightarrow h = \frac{50{,}0}{4{,}0} = 12{,}5\,\mathrm{m}$$

Einfacher: $h/10{,}0=5{,}0/4{,}0 \rightarrow h=12{,}5$m. - Die Einführung eines Poles ist dann zweckmäßig, wenn die Stäbe zueinander geneigt sind, also keinen rechten Winkel einschließen, wie in Bild 59 an fünf Beispielen gezeigt.

Aus den Figuren läßt sich die Polhöhe h unschwer ableiten:

Fälle a und b:

$$\frac{h}{l} = \frac{b}{a} \longrightarrow h = \frac{b}{a}\cdot l \qquad (118)$$

Fall c: Während bei den Fällen a und b der Pol in Verlängerung des rechten Stieles, also lotrecht über diesem liegt, ist das im Falle c nicht der Fall; hier wird der Pol durch die Koordinaten c_1 (bzw. c_2) und h bestimmt. Es sind demnach zwei Unbekannte zu bestimmen. Dazu werden zwei Ähnlichkeitsbeziehungen formuliert, vgl. schraffierte Flächen in Teilbild c:

$$\frac{h}{c_1} = \frac{b_1}{a_1}, \quad \frac{h}{c_2} = \frac{b_2}{a_2}; \quad c_1 + c_2 = l \qquad (119)$$

Nach kurzer Umformung folgt:

$$c_1 = \frac{a_1 b_2}{a_1 b_2 + a_2 b_1}\cdot l, \quad c_2 = l - c_1; \qquad h = \frac{b_1 b_2}{a_1 b_2 + a_2 b_1}\cdot l \qquad (120)$$

Fall d:

$$\frac{h}{l/2} = \frac{b}{a} \longrightarrow h = \frac{b}{2a}\cdot l \qquad (121)$$

Fall e: Dieser Fall entspricht Fall c: $b_1 = b_2 = b$

$$c_1 = \frac{a_1}{a_1 + a_2}\cdot l; \quad c_2 = l - c_1; \quad h = \frac{b}{a_1 + a_2}\cdot l \qquad (122)$$

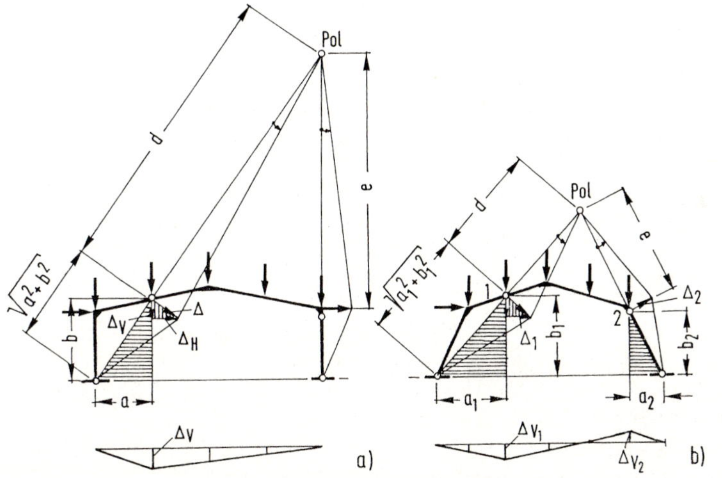

Bild 60

Mit der Kenntnis des Poles läßt sich der weitere Verschiebungsplan in einfacher Weise entwickeln. Hierbei interessieren die virtuellen gegenseitigen Drehwinkel in den Fließgelenken und die virtuellen Verschiebungskomponenten in Richtung der äußeren Lasten. (Streckenlasten werden zweckmäßig zu Einzellasten zusammengezogen, i.a. liegen sie als solche vor, z.B. unter Pfetten oder Fassadenriegeln.) Für die in Bild 60a angenommene kinematische Kette wird zunächst h bestimmt, anschließend lassen sich die Abstände zwischen dem linken Fußgelenk und dem Riegelfließgelenk und zwischen dem Pol und dem Riegel- und rechten Knotengelenk bestimmen. Die Abstände sind mit d und e abgekürzt. Um den Pol dreht sich das Gelenksystem. Wird die Verschiebung des Riegelgelenkes senkrecht zur Verbindungslinie: Fußgelenk-Riegelgelenk mit Δ als virtuelle Bezugsunbekannte eingeführt, beträgt der Drehwinkel um den Pol Δ/d. Vertikale und horizontale Komponente von Δ folgen wieder aus Ähnlichkeitsbeziehungen (vgl. schraffierte Dreiecke):

$$\frac{\Delta_V}{\Delta} = \frac{a}{\sqrt{a^2+b^2}} \longrightarrow \Delta_V = \frac{a}{\sqrt{a^2+b^2}}\cdot\Delta; \qquad \frac{\Delta_H}{\Delta} = \frac{b}{\sqrt{a^2+b^2}} \longrightarrow \Delta_H = \frac{b}{\sqrt{a^2+b^2}}\cdot\Delta \qquad (123a/b)$$

Mit der Verschiebung Δ_V sind die lotrechten Verschiebungskomponenten sämtlicher Riegeleinzellasten bekannt. Die Verschiebung der in den gleichhohen Knoten angreifenden Horizontallasten ist gleich Δ_H. Die gegenseitigen Drehwinkel in allen Gelenken lassen sich ebenfalls sofort angeben.

Bild 60b zeigt ein weiteres Beispiel; im Gegensatz zum vorangegangenen Beispiel erfährt hier der rechte Knoten eine Hebung, dadurch verschiebt sich ein Teil der lotrechten Kräfte gegen deren Wirkungsrichtung; folglich ist deren virtuelle Arbeit negativ! Für das Riegelgelenk gelten die Gleichungen G.123a/b unverändert:

$$\downarrow \Delta_{V_1} = \frac{a_1}{\sqrt{a_1^2 + b_1^2}} \cdot \Delta_1 ; \qquad \rightarrow \Delta_{H_1} = \frac{b_1}{\sqrt{a_1^2 + b_1^2}} \cdot \Delta_1$$

Das rechte Gelenk verschiebt sich senkrecht zum schrägen Stiel um

$$\Delta_2 = \frac{e}{d} \cdot \Delta_1$$

denn die Drehwinkel Δ_1/d und Δ_2/e sind gleichgroß. Die Verschiebungskomponenten des rechten Gelenkes betragen:

$$\Delta_{V_2} = \frac{a_2}{\sqrt{a_2^2 + b_2^2}} \cdot \frac{e}{d} \cdot \Delta_1 ; \quad \Delta_{H_2} = \frac{b_2}{\sqrt{a_2^2 + b_2^2}} \cdot \frac{e}{d} \cdot \Delta_1$$

Damit sind alle Verschiebungen auf Δ_1 zurückgeführt; die gegenseitigen Gelenkwinkel lassen sich unschwer anschreiben. Die Wahl der Bezugsverformung ist frei gestellt, geeignet ist auch der Drehwinkel um den Pol. Das sei an zwei Beispielen gezeigt:

2. Beispiel: Gegeben sei der in Bild 61a dargestellte Pultdachrahmen; Stiele und Riegel werden durch Einzelkräfte belastet. Es wird der in Teilbild b skizzierte Bruchmodus untersucht. (Die Fließgelenke sind mit 1 bis 4 durchnummeriert.) Die Höhe des Fließgelenkes im Riegel über der Basis beträgt 4,8m. Damit folgt die Höhe des Poles zu:

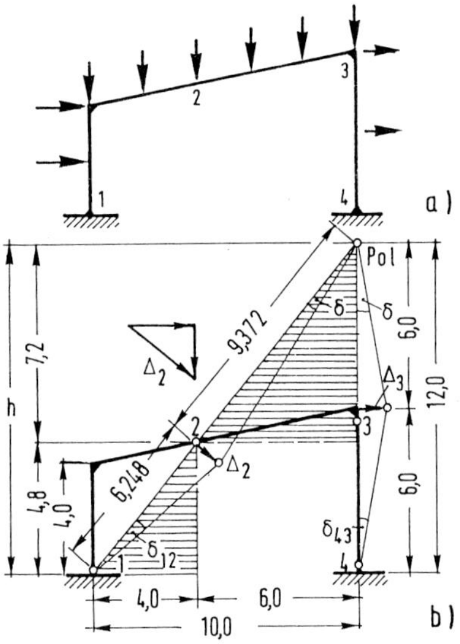

Bild 61

$$\frac{h}{10{,}0} = \frac{4{,}8}{4{,}0} \longrightarrow h = 12{,}0\,m$$

Entfernung der Gelenke 1 und 2 voneinander:

$$\sqrt{4{,}0^2 + 4{,}8^2} = 6{,}248\,m$$

Entfernung des Gelenkes 2 vom Pol:

$$\sqrt{6{,}0^2 + 7{,}2^2} = 9{,}372\,m$$

Der Poldrehwinkel werde als Bezugsdrehwinkel δ vereinbart. Die Winkeldrehung des linken Rahmenbereiches folgt aus:

$$\delta_{12} \cdot 6{,}248 = \Delta_2 = \delta \cdot 9{,}372 \longrightarrow \delta_{12} = 1{,}500\,\delta$$

Winkeldrehung des Stieles 4/3:

$$\delta_{43} \cdot 6{,}000 = \delta \cdot 6{,}000 \longrightarrow \delta_{43} = \delta$$

Verschiebungen der Gelenke 2 und 3:

$$\Delta_2 = \delta_{12} \cdot 6{,}248 = 1{,}500 \cdot 6{,}248 \cdot \delta = 9{,}372 \cdot \delta$$
$$\Delta_3 = \delta_{43} \cdot 6{,}000 = 6{,}000 \cdot \delta$$

Vertikale und horizontale Komponente von Δ_2:

$$\Delta_{V_2} = \frac{4{,}0}{6{,}248} \cdot 9{,}372 \cdot \delta = 6{,}000\,\delta ; \quad \Delta_{H_2} = \frac{4{,}8}{6{,}248} \cdot 9{,}372 \cdot \delta = 7{,}200 \cdot \delta$$

Die Richtigkeit bestätigt man, indem die Komponenten vom Pol her entwickelt werden.

3. Beispiel: Für den in Bild 62 dargestellten Giebelrahmen wird die in Teilbild b skizzierte Bruchkette untersucht. Die Höhe des Fließgelenkes im Riegel beträgt:

$$4{,}0 + \frac{3}{5} \cdot 2{,}0 = 4{,}0 + 1{,}2 = 5{,}2\,m$$

Damit findet man die Höhe des Poles zu:

$$\frac{h}{10{,}0} = \frac{5{,}2}{3{,}0} \longrightarrow h = \frac{52{,}0}{3{,}0} = 17{,}33\,m$$

Weiter ist:

$$h - 5{,}2 = 12{,}13\,m ; \quad h - 4{,}0 = 13{,}33\,m$$

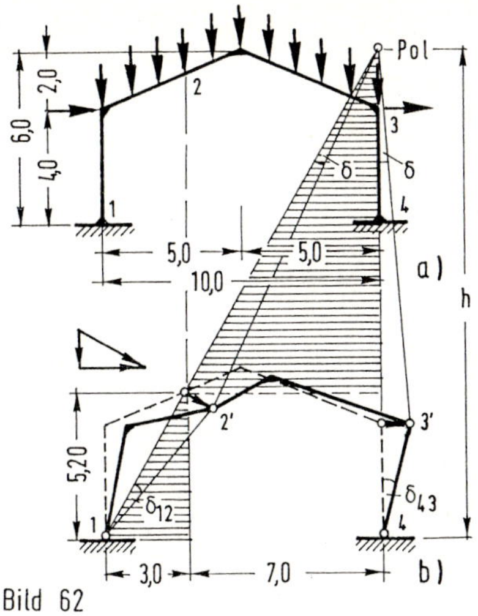

Bild 62

Mit dem Poldrehwinkel δ als Bezugswinkel folgt:

$$5{,}2\delta_{12} = 12{,}13\delta \longrightarrow \delta_{12} = 2{,}33\delta$$
$$4{,}0\delta_{43} = 13{,}33\delta \longrightarrow \delta_{43} = 3{,}33\delta$$

Um den Drehwinkel des rechten Riegelteiles (Stabbereich 2/3) zu bestimmen, wird die lotrechte Verschiebung der Gelenke 2 und 3 berechnet:

$$2:\quad 3{,}0\delta_{12} = 3{,}0 \cdot 2{,}33\delta \; = 7{,}00\delta$$
$$3:\quad 0$$

Daraus folgt:

$$\delta_{23} = \frac{7{,}00\delta}{7{,}0} = 1{,}00\delta$$

Die Verschiebungen sämtlicher Einzellasten sind damit auch bekannt.

Vgl. auch [15-21 u. 26].

6.3.7 Normalkraft- und Querkraftinteraktion

6.3.7.1 Interaktionsbegriff

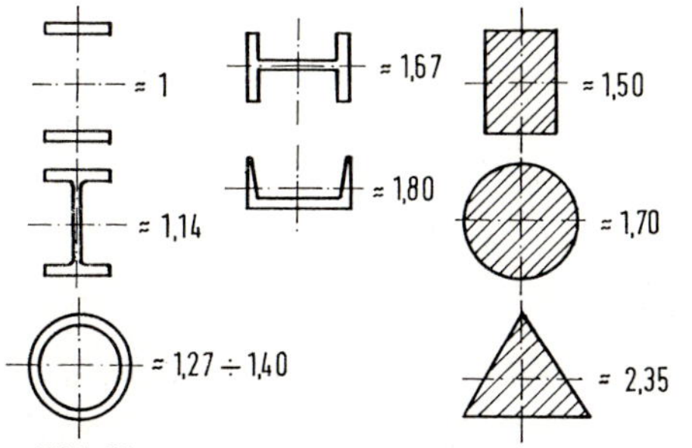

Bild 63

Bei alleiniger Biegung betragen elastisches und plastisches Grenzmoment (Abschnitt 6.3.1):

$$M_{El} = W \cdot \sigma_F; \quad M_{Pl} = W_{Pl} \cdot \sigma_F = \alpha_{Pl} W \cdot \sigma_F \qquad (124)$$

Der Formfaktor α_{Pl} kennzeichnet die plastische Querschnittsreserve. In Bild 63 sind für mehrere Querschnittsformen die zugehörigen α_{Pl}-Faktoren angegeben: je größer der Flächenanteil im Bereich der Nullinie ist, umso größer ist α_{Pl}. Im Falle einer alleinigen Normalkraftbeanspruchung sind elastische und plastische Grenztragfähigkeit gleichgroß:

$$N_{El} = N_{Pl} = A \cdot \sigma_F \qquad (125)$$

Bei gleichzeitigem Auftreten von M und N folgt die Kombination der elastischen Grenztragfähigkeit $(M/N)_{El}$ aus:

$$\frac{M}{W} + \frac{N}{A} = \sigma_F \longrightarrow \frac{M}{M_{El}} + \frac{N}{N_{El}} = 1 \qquad (126)$$

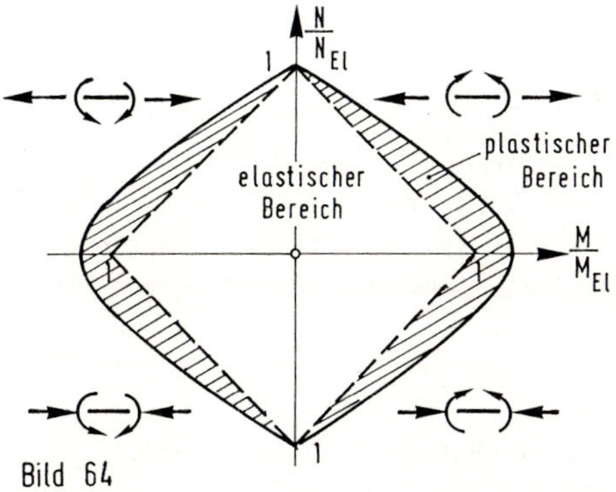

Bild 64

Hierbei ist ein doppeltsymmetrischer Querschnitt unterstellt. Für ±M und ±N ist der Graph dieser Gleichung eine Schar von vier Geraden durch die Achsenabschnitte ±1. Diese grenzen den elastischen Bereich ein (Bild 64). Für einfachsymmetrische Querschnitte ergibt sich ein "schiefes" Diagramm.

Die Interaktionsbeziehung für die plastische Grenztragfähigkeit ist schwieriger zu bestimmen; für den Rechteckquerschnitt ist die Berechnung vergleichsweise einfach (Bild 65): Für M_{Pl} und N_{Pl} gilt:

$$M_{Pl} = \frac{bd^2}{4}\sigma_F; \quad N_{Pl} = bd \cdot \sigma_F \qquad (127)$$

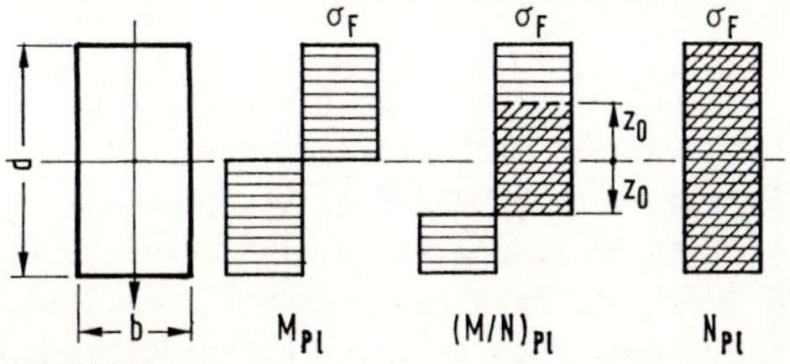

Bild 65

Bei gleichzeitigem Auftreten von M und N wird der Spannungskörper gemäß Bild 65 aufgeteilt und hieraus N und M aufgebaut:

$$N = N_{Pl,M/N} = 2 z_0 b \sigma_F \tag{128}$$

$$M = M_{Pl,M/N} = 2 \int_{z_0}^{d/2} z b \, dz \cdot \sigma_F = b[(\frac{d}{2})^2 - (z_0)^2] \sigma_F \tag{129}$$

Wird z_0 aus der ersten Gleichung freigestellt und in die zweite eingesetzt, ergibt sich die gesuchte Interaktionsbeziehung zu:

$$\frac{M}{M_{Pl}} + (\frac{N}{N_{Pl}})^2 = 1 \tag{130}$$

6.3.7.2 M/N-Interaktion bei I-Querschnitten

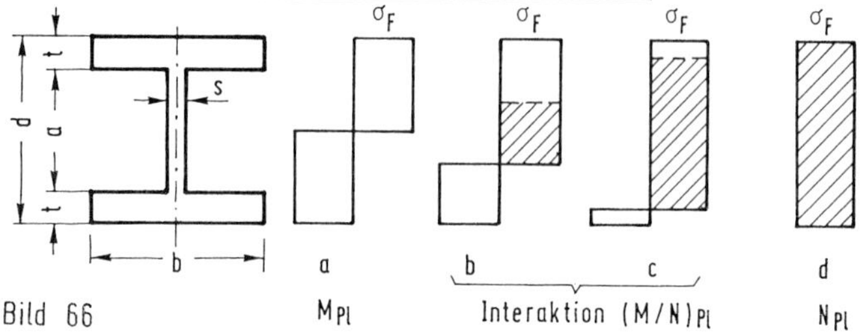

Bild 66

Bei einem I-Querschnitt sind die in Bild 66 eingezeichneten Fälle zu unterscheiden. Im Fall b liegt die Spannungsnulllinie im Steg, im Fall c im Flansch. Auf analoge Weise, wie für den Rechteckquerschnitt gezeigt, findet man für die Fälle a bis d die in Bild 67 angeschriebenen Formeln.

Fall	Formeln
a	$M_{Pl} = [sa^2 + b \cdot (d^2 - a^2)] \cdot \frac{\sigma_F}{4}$
b	$\frac{M}{M_{Pl}} + \frac{[sa + b \cdot (d-a)]^2}{[sa^2 + b \cdot (d^2 - a^2)] \cdot s} \cdot (\frac{N}{N_{Pl}})^2 = 1$
c	$\frac{M}{M_{Pl}} + \frac{[sa + b \cdot (d-a)]^2}{[sa^2 + b \cdot (d^2 - a^2)] \cdot b} \cdot (\frac{N}{N_{Pl}})^2 + 2 \cdot \frac{[sa + b \cdot (d-a)] \cdot a}{[sa^2 + b \cdot (d^2 - a^2)]} \cdot (1 - \frac{s}{b}) \cdot [\frac{N}{N_{Pl}} - \frac{sa}{2[sa + b \cdot (d-a)]}] = 1$
d	$N_{Pl} = [sa + b \cdot (d-a)] \cdot \sigma_F$

Bild 67

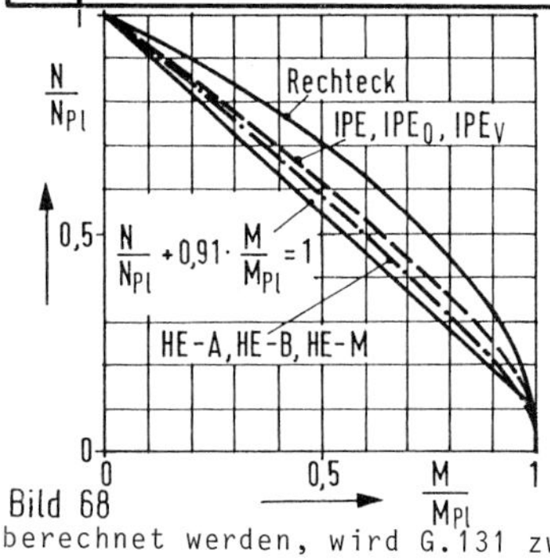

Bild 68

Wertet man die Formeln für typische I-Walzprofile aus, ergeben sich die in Bild 68 dargestellten Interaktionskurven. Die Interaktionsgleichung für den Rechteckquerschnitt (G.130) ist eingezeichnet. Eine auf der sicheren Seite liegende Näherung stellt für I-Querschnitte die Geradengleichung

$$\frac{N}{N_{Pl}} + \frac{1}{1{,}1} \frac{M}{M_{Pl}} = 1 \quad (\frac{N}{N_{Pl}} > 0{,}1) \tag{131}$$

dar. Der Quotient 1/1,1 ist gleich 0,91; der Graph dieser Gleichung ist in Bild 68 eingetragen. Soll für einen normalkraftbeanspruchten I-Querschnitt das Tragmoment berechnet werden, wird G.131 zweckmäßig umgestellt:

$$M_{Pl,N} = 1{,}1(1 - \frac{N}{N_{Pl}}) M_{Pl} \quad (N > 0{,}1 N_{Pl}) \tag{132}$$

$$M_{Pl,N} = M_{Pl} \quad (N < 0{,}1 N_{Pl}) \tag{133}$$

So lauteten die M/N-Interaktionsformeln der DASt-Richtlinie 008 (03.73).

6.3.7.3 M/N/Q-Interaktion bei I-Querschnitten

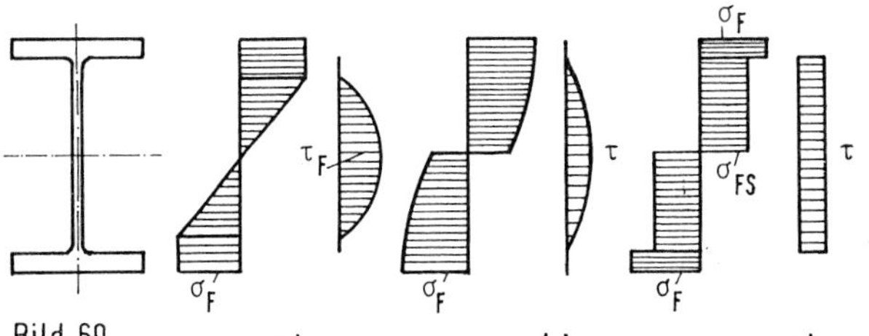

Bild 69

Von der Lösung des M/N/Q-Interaktionsproblems muß verlangt werden, daß in jeder Faser des Querschnittes sowohl den Gleichgewichtsgleichungen als auch der Fließbedingung genügt wird. Eine strenge Lösung steht bis heute aus. Es existieren diverse Näherungslösungen, die sich in der Annahme des Schub-

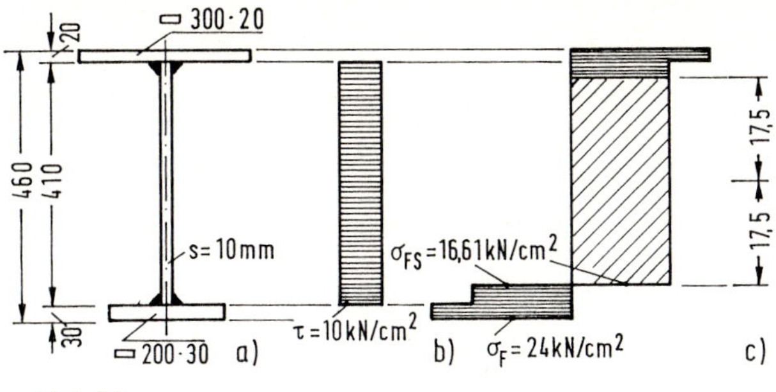

Bild 70

spannungsverlaufes im vollplastizierten Zustand unterscheiden; Bild 69 zeigt Beispiele. Nach dem statischen Tragkraftsatz (Abschnitt 6.3.5) erhält man eine auf der sicheren Seite liegende Lösung, wenn der (angenommene) Gleichgewichtszustand zulässig ist und die Fließbedingung an keiner Stelle verletzt wird. Vor dem Hintergrund dieses Theorems erscheint die in Bild 69c angenommene Spannungsverteilung am geeignesten. Sie geht auf HEYMAN/DUTTON/HORNE/WINDELS zurück: Innerhalb des Steges wird eine reduzierte Fließspannung angesetzt:

$$\sigma_{FS}=\sigma_F\sqrt{1-3(\frac{\tau}{\sigma_F})^2} \qquad (134)$$

τ ist die vorhandene Schubspannung im Steg: $\tau=Q/A_{Steg}$. Damit steht die in Bild 68c angegebene Normalspannungsverteilung zur Aufnahme von M und N zur Verfügung. Bild 70 zeigt ein Beispiel: σ_F=24kN/cm², A_{Steg}=1·41=41cm². Gegeben sei Q=410kN; hierzu gehört τ=410/41=10kN/cm². Die reduzierte Fließspannung im Steg beträgt:

$$\sigma_{FS}=24\sqrt{1-3(\frac{10}{24})^2}=16{,}61\ \text{kN/cm}^2$$

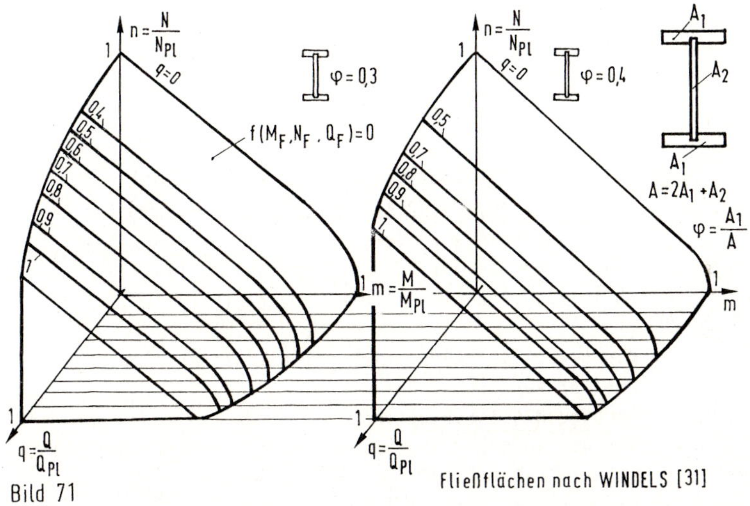

Bild 71

Fließflächen nach WINDELS [31]

Eine mögliche M/N-Kombination ist z.B.: M=648,8kNcm und N=581kN (wie man leicht bestätigt). Das vollplastische Schnittgrößentripel $(M/N/Q)_{Pl}$ beträgt demnach: (648,8; 581; 410). Bild 71 zeigt zwei M/N/Q-Interaktionsdiagramme für I-Querschnitte, die auf der vorstehend erläuterten Grundlage beruhen. φ gibt das Verhältnis einer Flanschfläche zur Gesamtfläche an. Bei I-Walzprofilen liegt φ zwischen 0,3 bis 0,4; die dargestellten Diagramme decken in etwa den Walzträgerbereich ab.

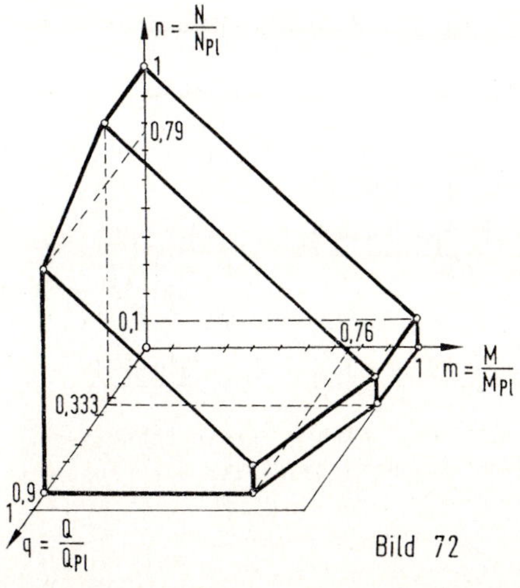

Bild 72

Um zu einer praktikablen Berechnungsanweisung zu kommen, wird die Raumfläche des M/N/Q-Diagramms durch eine oder mehrere Ebenen approximiert. Nach der DASt-Richtlinie 008 galt:

$$M_{Pl,N/Q}=(1{,}1-1{,}1\frac{N}{N_{Pl}}-0{,}3\frac{Q}{Q_{Pl}})M_{Pl}, \qquad (135)$$

sofern N>0,1·N_{Pl} und Q>Q_{Pl}/3 ist, anderenfalls brauchte M_{Pl} nicht abgemindert zu werden. In G.135 bedeutet:

$$Q_{Pl}=A_{Steg}\frac{\sigma_F}{\sqrt{3}} \qquad (136)$$

In jedem Falle mußte nach der DASt-Ri 008 die Bedingung Q≤0,9·Q_{Pl} eingehalten werden. - Die praktische Berechnung wird durch die Berücksichtigung der M/N/Q-Interaktion erheblich erschwert; sie führt i.a. nur als Iteration zum Ziel. In DIN 18800 T1 (11.90) wurde für I-Profile eine gegenüber der DASt-Ri 008 modifizierte Interaktionsregel vereinbart, sie ist in Bild 72 graphisch dargestellt. Der Vergleich mit Bild 71 läßt die Güte der Approximation erkennen. - Werden die in DIN 18800 T1 angegebenen Interaktionsbeziehungen nach $M_{Pl}=M_{Pl,M/Q/N}$ aufgelöst, gilt:

$$0<\frac{Q}{Q_{Pl}}\le 0{,}33\begin{cases}0<\frac{N}{N_{Pl}}\le 0{,}10: & M_{Pl,M/Q/N}=M_{Pl}\\ 0{,}10<\frac{N}{N_{Pl}}\le 1{,}00: & M_{Pl,M/Q/N}=1{,}111(1-\frac{N}{N_{Pl}})M_{Pl}\end{cases}$$
$$0{,}33<\frac{Q}{Q_{Pl}}\le 0{,}90\begin{cases}0<\frac{N}{N_{Pl}}\le 0{,}10: & M_{Pl,M/Q/N}=1{,}136(1-0{,}37\cdot\frac{Q}{Q_{Pl}})M_{Pl}\\ 0{,}10<\frac{N}{N_{Pl}}\le 1{,}00: & M_{Pl,M/Q/N}=1{,}250(1-0{,}89\cdot\frac{N}{N_{Pl}}-0{,}33\cdot\frac{Q}{Q_{Pl}})M_{Pl}\end{cases}\qquad(137)$$

Das Interaktionsproblem war Gegenstand diverser wissenschaftlicher Untersuchungen [27-33]; vgl. insbesondere die von RUBIN [34,35] hergeleiteten Interaktionsbeziehungen für zweiachsige Biegung und Normalkraft.

6.3.7.4 Beispiel

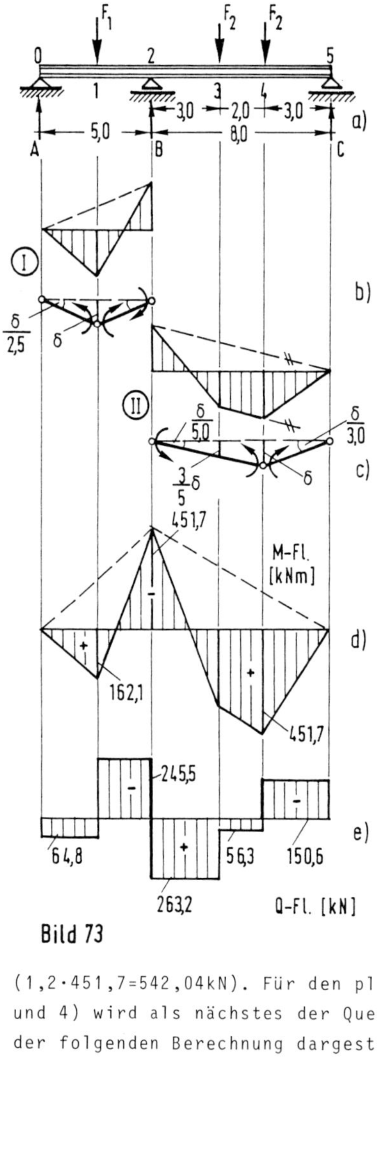

Bild 73

Gesucht sei die Tragkraft für den in Bild 78a dargestellten Zweifeldträger unter Einzellasten, ohne und mit Berücksichtigung der M/Q-Interaktion. Trägerquerschnitt HE300B. Das Beispiel wird für eine Fließgrenze $\sigma_F=24\,kN/cm^2$ berechnet. Zum Nachweisverfahren nach DIN 18800 T1 (11.90) vgl. Abschnitt 6.4.3. Das plasto-statische Grenzmoment (ohne Interaktion) beträgt:

$$\sigma_F = 24\ kN/cm^2$$
$$HE\,300\,B:\ \alpha_{Pl}=1{,}12$$
$$W=1680\,cm^3;\ W_{Pl}=1{,}12\cdot 1680 = 1882\,cm^3$$
$$M_{Pl}=1882\cdot 24 = 45\,168\,kNcm = 451{,}7\,kNm$$

Das linke Feld wird durch eine mittige Einzelkraft (F_1) und das rechte durch zwei Einzelkräfte (F_2) belastet (Bild 73), für sie gelte das Verhältnis:

$$F_1 = 1{,}5F_2$$

Das Grenzkraftniveau wird mittels des Prinzips der virtuellen Verrückung berechnet.

a) Ohne M/Q-Interaktion

Für die in Bild 73b/c dargestellten Bruchketten folgt:

$$I:\ F_1\delta - M_{Pl}(2\frac{\delta}{2{,}5}+\frac{\delta}{2{,}5})=0 \longrightarrow F_1=\frac{3}{2{,}5}M_{Pl}=1{,}2\,M_{Pl}$$

$$II:\ F_2\delta + F_2\frac{3}{5}\delta - M_{Pl}(\frac{\delta}{5{,}0}+\frac{\delta}{5{,}0}+\frac{\delta}{3{,}0})=0 \longrightarrow$$

$$\frac{8}{5}F_2=\frac{11}{15}M_{Pl} \longrightarrow F_2=\frac{11}{24}M_{Pl}=0{,}458\,M_{Pl}$$

Als Bezugskraft wird F_2 gewählt ($F_2=F$; $F_1=1{,}5\cdot F$). Damit gilt:

$$I:\ F = 0{,}800\,M_{Pl}$$
$$II:\ \underline{F_{Pl}=0{,}458\,M_{Pl}}$$

Somit ist Bruchkette (II) maßgebend; wird M_{Pl} eingesetzt, ergibt sich:

$$F_{Pl}=0{,}458\cdot 451{,}7=\underline{206{,}88\ kN}=F_{2,Pl},\quad F_{1,Pl}=\underline{310{,}32\ kN}$$

(1,2·451,7=542,04kN). Für den plastischen Grenzzustand (Fließgelenke in den Schnitten 2 und 4) wird als nächstes der Querkraftverlauf ermittelt (in Bild 73d/e ist das Ergebnis der folgenden Berechnung dargestellt):

$$C = F_2 - \frac{M_{Pl}}{8{,}0} = \frac{11}{24}M_{Pl} - \frac{M_{Pl}}{8} = (0{,}4583 - 0{,}1250)M_{Pl} = 0{,}3333\,M_{Pl} = 0{,}3333\cdot 451{,}7 = \underline{150{,}6\ \text{kN}}$$

$$Q_{45} = -C = \underline{-150{,}6\ \text{kN}};\quad Q_{34} = F_2 + Q_{45} = 206{,}88 - 150{,}60 = \underline{56{,}33\ \text{kN}}$$

$$Q_{23} = F_2 + Q_{34} = 206{,}88 + 56{,}33 = \underline{263{,}21\ \text{kN}};\quad B_r = Q_{23};\quad C + B_r = 150{,}6 + 263{,}2 = \underline{413{,}8\ \text{kN}}$$

$$A = \frac{F_1}{2} - \frac{M_{Pl}}{5{,}0} = \frac{310{,}32}{2} - \frac{451{,}7}{5{,}0} = 155{,}16 - 90{,}34 = \underline{64{,}82\ \text{kN}};\quad Q_{01} = A = \underline{64{,}82\ \text{kN}}$$

$$Q_{12} = Q_{01} - F_1 = 64{,}82 - 310{,}32 = \underline{-245{,}50\ \text{kN}}$$

Moment im Schnitt 1 (Feldmoment):

$$M_1 = 310{,}32\frac{5{,}0}{4} - \frac{1}{2}451{,}7 = 387{,}90 - 225{,}85 = \underline{162{,}05\ \text{kNm}} < M_{Pl}$$

b) Mit M/Q-Interaktion

Berechnung von Q_{Pl}:

$$\text{HE 300 B}:\quad s = 1{,}1\ \text{cm},\quad h_{Steg} = 30{,}0 - 1{,}9 = 28{,}1\ \text{cm};\quad A_{Steg} = 1{,}1\cdot 28{,}1 = 30{,}91\ \text{cm}^2$$

$$Q_{Pl} = 30{,}91\cdot\frac{24}{\sqrt{3}} = 30{,}91\cdot 13{,}86 = \underline{428{,}30\ \text{kN}};\quad 0{,}33\cdot Q_{Pl} = \underline{141{,}34\ \text{kN}}$$

In beiden Fließgelenken wird $0{,}33\cdot Q_{Pl}$ überschritten; es werden mittels G.137 die reduzierten plastischen Grenzmomente bestimmt:

$$\text{Bereich 2/3}:\quad M_{Pl} = 1{,}136\cdot\left(1 - 0{,}37\frac{263{,}2}{428{,}30}\right)\cdot 451{,}7 = 0{,}8777\cdot 451{,}7 = \underline{396{,}5\ \text{kNm}}$$

$$\text{Bereich 4/5}:\quad M_{Pl} = 1{,}136\cdot\left(1 - 0{,}37\frac{150{,}6}{428{,}30}\right)\cdot 451{,}7 = 0{,}9882\cdot 451{,}7 = \underline{446{,}4\ \text{kNm}}$$

Ausgehend von diesen Fließmomenten wird die Arbeitsgleichung für Bruchkette (II) erneut angeschrieben:

$$\frac{8}{5}F_2 - 396{,}5\cdot\frac{1}{5} - 446{,}4\left(\frac{1}{5{,}0} + \frac{1}{3{,}0}\right) = 0 \;\longrightarrow\; \frac{8}{5}F_2 = 79{,}30 + 238{,}07 = 317{,}37 \;\longrightarrow$$

$$F_{Pl} = F_{2,Pl} = \underline{198{,}35\ \text{kN}},\quad F_{1,Pl} = \underline{297{,}53\ \text{kN}}$$

Die Reduktion beträgt 4,3%. Wird die Rechnung an dieser Stelle abgebrochen, liegt sie auf der sicheren Seite. Der nächste Iterationsschritt ergibt: $F_{Pl} = F_{2,Pl} = 200\,\text{kN}$, $F_{1,Pl} = 300\,\text{kN}$.

6.3.8 Doppelte Biegung

6.3.8.1 Doppelte Biegung bei I-Querschnitten [36]

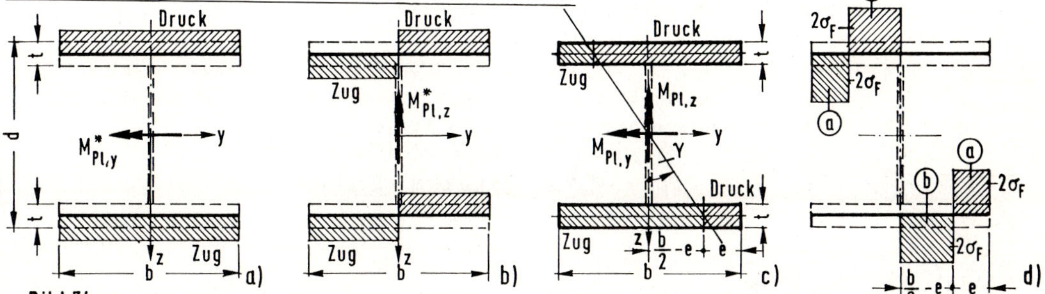

Bild 74

Das plastische Grenzmoment eines I-Querschnittes läßt sich bei doppelter Biegung relativ einfach bestimmen, wenn (auf der sicheren Seite liegend) der Steg vernachlässigt wird und die Flanschflächen auf deren Mittellinie zusammengezogen werden. Für alleinige Biegung um die y- bzw. z-Achse gilt (Bild 74a/b):

$$M^*_{Pl,y} = bt(d-t)\sigma_F;\quad M^*_{Pl,z} = 2\frac{tb^2}{4}\sigma_F = \frac{tb^2}{2}\sigma_F \tag{138}$$

Da N=0 ist, sind die Zug- und Druckflächen gleichgroß. Die Spannungsnullinie verläuft bei einem doppeltsymmetrischen Querschnitt durch den Schwerpunkt. Bild 74c zeigt einen frei gewählten Spannungszustand. Da dünnwandige Flansche unterstellt werden, können die trapezförmigen Flächen durch rechteckige angenähert werden. Der Schnitt der Spannungsnulllinie mit den Flanschmittellinien wird durch das Randmaß e bzw. den Winkel γ gekennzeichnet (vgl. Teilbild c):

$$e = \frac{b}{2} - \left(\frac{d}{2} - \frac{t}{2}\right)\tan\gamma = \frac{1}{2}\left[b - (d - t)\tan\gamma\right] \qquad (139)$$

Der Spannungszustand des Teilbildes a wird mit den Spannungsblöcken ⓐ und der Spannungszustand des Teilbildes b mit den Spannungsblöcken ⓑ des Teilbildes d überlagert. Das ergibt jeweils den vorgelegten Zustand. Aus dieser Überlagerung werden die Komponenten des plastischen Grenzmomentes aufgebaut:

$$M_{Pl,y} = M^*_{Pl,y} - et(d-t)\cdot 2\sigma_F = M^*_{Pl,y}\left[1 - \frac{2et(d-t)\sigma_F}{bt(d-t)\sigma_F}\right] = \left(1 - \frac{2e}{b}\right)M^*_{Pl,y} = \frac{(d-t)\tan\gamma}{b}M^*_{Pl,y} \qquad (140)$$

$$M_{Pl,z} = M^*_{Pl,z} - 2\,\frac{1}{2}\left(\frac{b}{2} - e\right)^2 t\cdot 2\sigma_F = M^*_{Pl,z}\left[1 - \frac{t(b-2e)^2 2\sigma_F}{4\frac{tb^2}{2}\sigma_F}\right] = \left[1 - \frac{(b-2e)^2}{b^2}\right]M^*_{Pl,z} = \left\{1 - \left[\frac{(d-t)\tan\gamma}{b}\right]^2\right\}M^*_{Pl,z} \qquad (141)$$

Hierbei ist berücksichtigt:

$$(b - 2e) = 2\tan\gamma\cdot\frac{(d-t)}{2} = (d-t)\cdot\tan\gamma \qquad (142)$$

Mit der Abkürzung

$$\rho = \frac{(d-t)\tan\gamma}{b} \qquad (143)$$

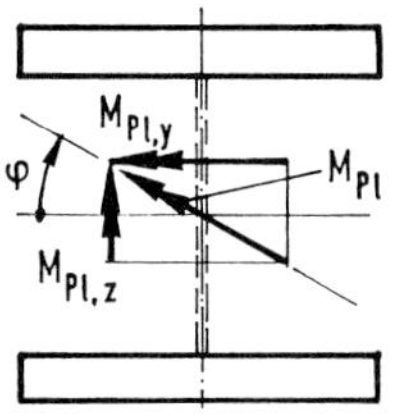

Bild 75

wird nunmehr das plastische Moment gebildet:

$$M_{Pl} = \sqrt{M_{Pl,y}^2 + M_{Pl,z}^2} = \sqrt{\rho^2 M^{*2}_{Pl,y} + (1-\rho^2)^2 M^{*2}_{Pl,z}} \qquad (144)$$

Die Verwertung dieser Formel ist nur möglich, wenn für den (unter dem Winkel φ) vorgegebenen Momentenvektor M die zugehörige Nullinie, also γ und damit ρ bekannt sind. Um dieses Problem zu lösen, wird aus den Momentenkomponenten der Tangens des Winkels φ gebildet (Bild 75)

$$\tan\varphi = \frac{M_{Pl,z}}{M_{Pl,y}} = \frac{1-\rho^2}{\rho}\cdot\frac{W_{Pl,z}\sigma_F}{W_{Pl,y}\sigma_F} = \frac{1-\rho^2}{\rho}\cdot\frac{tb^2}{2\cdot bt(d-t)} = \frac{1-\rho^2}{\rho}\cdot\frac{b}{2(d-t)} \qquad (145)$$

Auflösung nach ρ:

$$2(d-t)\cdot\tan\varphi\cdot\rho - (1-\rho^2)b = 0 \longrightarrow \rho^2 + \frac{2(d-t)\tan\varphi}{b}\cdot\rho - 1 = 0 \longrightarrow$$

$$\rho = -\frac{(d-t)\tan\varphi}{b} + \sqrt{\left[\frac{(d-t)\cdot\tan\varphi}{b}\right]^2 + 1} \qquad (146)$$

Anweisung: Gegeben sind der Querschnitt sowie M und φ (schiefe Biegung). Es werden zunächst $M^*_{Pl,y}$ und $M^*_{Pl,z}$ gemäß G.138 berechnet; dann wird ρ mittels G.146 bestimmt und schließlich das plastische Tragmoment nach G.144 ermittelt.

Beispiel: Gegeben sei das Walzprofil HE300A aus St37: σ_F=24kN/cm². Es liegt unter dem Winkel φ=30° schief und wird lotrecht belastet (Bild 76). Gemäß vorstehender Anweisung wird berechnet:

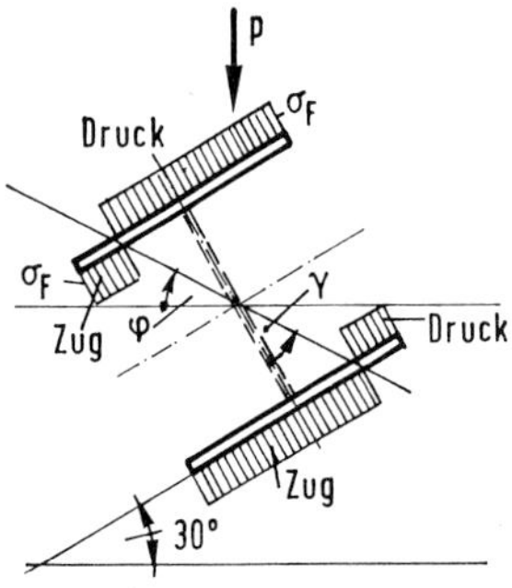

Bild 76

$$M^*_{Pl,y} = [30\cdot 1{,}4(29 - 1{,}4)]\cdot 24 = 27\,821\text{ kNcm} = \underline{278\text{ kNm}}$$

$$M^*_{Pl,z} = \frac{1{,}4\cdot 30^2}{2}\cdot 24 = 15\,120\text{ kNcm} = \underline{151\text{ kNm}}$$

$$\frac{(d-t)\tan\varphi}{b} = \frac{(29 - 1{,}4)\cdot 0{,}5774}{30} = \underline{0{,}5312}$$

$$\rho = -0{,}5312 + \sqrt{0{,}5312^2 + 1} = \underline{0{,}6011}$$

$$M_{Pl} = \sqrt{0{,}6011^2\cdot 278^2 + (1 - 0{,}6011^2)^2\cdot 151^2} = \sqrt{27927 + 9300} = \underline{192{,}9\text{ kNm}}$$

$$\tan\gamma = \frac{\rho b}{d-t} = \frac{0{,}6011\cdot 30}{29 - 1{,}4} = \underline{0{,}6534} \longrightarrow \underline{\gamma = 33{,}16°}$$

Die Lage der Nullinie ist in Bild 76 eingezeichnet. Der Träger habe eine Spannweite von 4,5m; im Falle eines Mittelfeldes folgt die Tragkraft z.B. zu:

$$p_{Pl} = \frac{16 M_{Pl}}{l^2} = \frac{16\cdot 192{,}9}{4{,}5^2} = \underline{152{,}42\text{ kN/m}}$$

Wegen weiterer Einzelheiten vgl. VOGEL [36]. In [37] wird die Aufgabenstellung auf Biegung und axiale Normalkraftbeanspruchung erweitert; [38] enthält Tafeln für die Bemessung durchlaufender I-Träger mit und ohne Längskraft. - Auf die Interaktionsbeziehungen von

RUBIN [34,35] für zweiachsige Biegung und Normalkraft wird nochmals verwiesen; vgl. auch DIN 18800 T1 (11.90), Element 757.

6.4 Sicherheitsaspekte

6.4.1 Zur Entwicklung der Fließgelenktheorie (Traglastverfahren)

Wenn stählerne Tragwerke auf elasto-statischer Grundlage berechnet und bemessen werden (das ist die klassische Vorgehensweise, man spricht vom Verfahren Elastisch-Elastisch), wird dennoch vom Plastizierungsvermögen (indirekt) Gebrauch gemacht. So werden z.B.

- beim Nachweis der Querschnitte Spannungsspitzen aller Art, Eigenspannungen und Nebenspannungen unter vorwiegend ruhender Belastung nicht berücksichtigt und
- beim Nachweis der Verbindungsmittel von (konstanten) Nennspannungen ausgegangen.

Es wird lokales Ausfließen der Spannungsspitzen unterstellt. Das Plastizierungsvermögen zäher und verfestigender Werkstoffe bietet hierfür die Gewähr. Sprödes Material scheidet als Konstruktionswerkstoff aus.

Wenn von plasto-statischer Berechnung gesprochen wird, denkt man an den Nachweis der Tragstruktur als Ganzes. KAZINCZY (1914) werden die ersten Ansätze zur Fließgelenktheorie zugeschrieben. Die ersten systematischen Tragversuche an Durchlaufträgern wurden von MAIER-LEIBNITZ (1928) [39,40] durchgeführt; hierbei wurde die Zulässigkeit der bereits 1925 eingeführten Berechnungsformeln für durchlaufende Träger

$$\text{Endfelder } M = \frac{pl^2}{11}\,; \qquad \text{Innenfelder } M = \frac{pl^2}{16} \tag{147}$$

bestätigt(vgl. Abschnitt 3.4.1 und [41-44]). - In DIN 1050 (Stahl im Hochbau, Ausgabe 10.57) hieß es: "Das Traglastverfahren kann in geeigneten Fällen unter besonderer Berücksichtigung der Stabilität angewendet werden". Insofern ist eine plasto-statische Berechnung hierzulande prinzipiell seit Jahrzehnten zugelassen. Mangels verbreiteter Kenntnis der plastischen Methoden wurde davon praktisch kein Gebrauch gemacht. Trotz der Herausgabe der DASt-Ri 008 im Jahre 1973 und des begleitenden wissenschaftlichen Schrifttums (u.a. von VOGEL, OXFORT, KLÖPPEL, ROIK, LINDNER, RUBIN, UHLMANN) hat sich an der Zurückhaltung der Praxis nicht viel geändert. Wie Umfragen gezeigt haben, wurde die Traglast-Richtlinie praktisch nicht angenommen. - Zu dem Entwurf der Grundnorm DIN 18800 T2 (10.80) gingen umfangreiche und energische Einsprüche seitens der Praxis ein, so daß der Entwurf zurückgezogen werden mußte; er basierte stärker als DIN 4114 auf plastischer Bemessung. - Es wird abzuwarten sein, auf welche Akzeptanz das neue Grundnormenwerk des Stahlbaues (DIN 18800, 11.90) stößt (gesplittete Sicherheitsfaktoren, Kombinationsfaktoren, Grenzzustände, Imperfektionslastfälle). Nach Meinung des Verf. ist es (wenn auch in vielen Teilen zunächst ungewohnt) zeitgemäß, in sich logisch-stringent und wirtschaftlich.-

Es ist nicht uninteressant, daß die Ideen und Versuche von MAIER-LEIBNITZ ab 1936 von BAKER und Mitarbeiter in Großbritannien intensiv aufgegriffen wurden und dort als Traglast-Verfahren zügig ausgearbeitet wurde [45,46]; das führte zu einer frühzeitigen Verbreitung plasto-statischer Berechnungsmethoden im angelsächsischen Raum. Im französischen Raum ging die Verbreitung der plasto-statischen Verfahren vorrangig auf MASSONNET [47] zurück. Von großem Einfluß für die langandauernde Zurückhaltung hierzulande gegenüber plastischer Bemessung war die offen bekundete Ablehnung von STÜSSI [48,49]. In [50] (1958) schreibt er: "Die Annahme eines vollen Momentenausgleichs bei der Bemessung von statisch unbestimmten vollwandigen Trägern aus Stahl ist somit als gefährlich, weil die Tragfähigkeit überschätzend, abzulehnen". Hierbei beruhte die Ablehnung auf Versuchen an einem für das Traglastverfahren ungeeigneten System. Tatsächlich gibt es solche Systeme, die vom Fließgelenk eine zu große Rotation

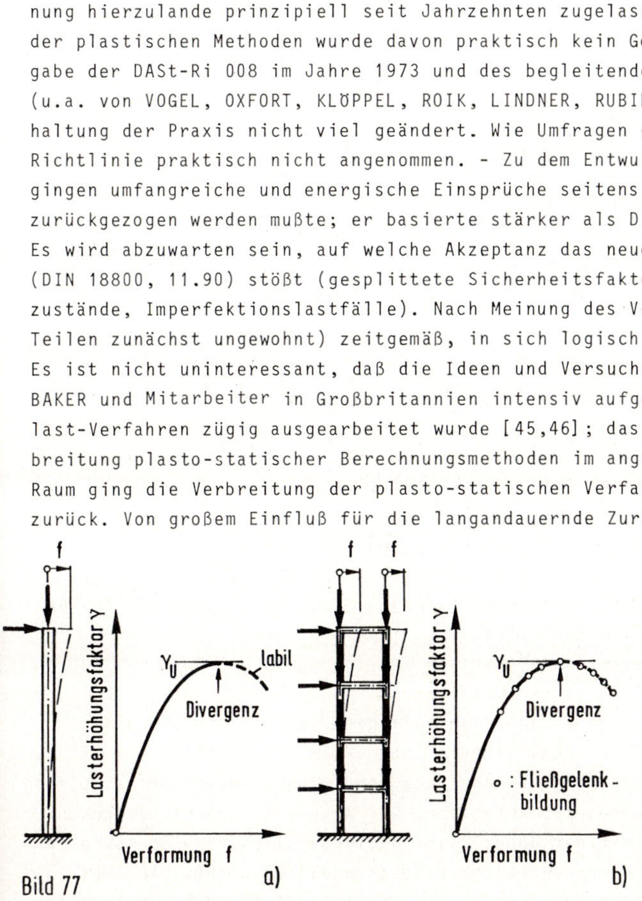

Bild 77

verlangen (vgl. Abschn. 6.4.10). Eine weitere Verunsicherung dürften die 1968 von WAGEMANN [2] publizierten Versuche und Einwände bewirkt haben. Sie waren insofern berechtigt, als sie auf eine bis dato unzureichende Erfassung des Instabilitätseinflusses auf den kinematischen Versagensmodus hinwiesen, insbesondere wenn sich keine lokalen Fließgelenke sondern ausgedehnte Fließzonen ausbilden. In der Tat hat es einige Zeit gedauert, bis begriffen wurde, daß das globale Tragverhalten eines unter lotrechten Lasten stehenden verschieblichen Rahmens dem einer lotrecht belasteten Stütze entspricht (Bild 77). In beiden Fällen geht die plastische Grenztragfähigkeit mit der Divergenz der inneren Tragfähigkeit gegenüber einer Steigerung der äußeren Belastung einher. Nur eine Berechnung nach Theorie II. Ordnung vermag die Grenztragfähigkeit druckbeanspruchter Systeme richtig zu erfassen. Dieser Sachverhalt wird heute voll beherrscht, der Rechenaufwand ist indes beträchtlich (vgl Abschnitt 6.4.9).

Die Zurückhaltung der Praxis gegenüber plasto-statischen Berechnungen dürfte auf zwei Umständen beruhen:

- Elasto-statische Berechnungen und Nachweise sind einfacher zu führen (solche nach Theorie II. Ordnung werden als schwierig genug empfunden, sind es z.T. auch); es gilt das Superpositionsgesetz, d.h. es muß nicht jede Lastkombination gesondert untersucht werden, wie bei plasto-statischer Berechnung. Man liegt mit der Elastizitätstheorie auf der "sicheren Seite", gewisse Querschnitts- und Systemreserven sind, z.B. im Hinblick auf künftige mögliche Nutzungsänderungen oder andere Unwägbarkeiten, erwünscht. Mit der Einhaltung zulässiger Spannungen im elastischen Bereich werden Verformungsbeschränkungen z.T. mit erfüllt. Bei plasto-statischer Dimensionierung ist stets ein separater Gebrauchstauglichkeitsnachweis zu führen. Bei elasto-statischer Berechnung läßt sich der Verformungsnachweis (und Betriebsfestigkeitsnachweis) durch einfaches Umrechnen führen.
- Plasto-statische Berechnungen sind (abgesehen von einfachen Durchlaufträgern und Rahmen nach Theorie I. Ordnung) schwieriger und erfordern eine sorgfältige Berücksichtigung diverser Restriktionen, z.B. hinsichtlich Eignung des Systems und Rotationskapazität der Querschnitte. Die Beurteilung des Einflusses von Sekundäreffekten, der Nachweis der Verbindungen in plastizierten Bereichen, der Nachweis der Lagesicherheit und Fundierung, die Einrechnung des Verformungseinflusses Theorie II. Ordnung, können sich im Einzelfall als durchaus schwierig erweisen.

Es ist zu erwarten, daß mit dem weiteren Vordringen der EDV zunehmend leistungsfähigere Rechenprogramme für plasto-statische Berechnungen zur Verfügung stehen und damit viele Gründe für die erwähnte Zurückhaltung entfallen werden. Das entbindet aber nicht davon, die Voraussetzungen einer plasto-statischen Berechnung in jedem Einzelfall zu prüfen.

6.4.2 Zur Frage des nominellen Sicherheitsfaktors

Wie erläutert, treten bei ausgeprägtem Plastizierungsvermögen an Stellen hoher Beanspruchung überelastische Dehnungen und Krümmungen auf; es bilden sich gelenkartige Krümmungszonen, ohne daß sie brechen. Bei weiterer Laststeigerung werden in statisch unbestimmten Systemen jene Bereiche aktiviert, die bislang weniger ausgelastet waren. Man spricht von Kraft- oder Momentenumlagerung. Wird das Tragwerk auf jene Tragfähigkeit ausgelegt, die zur Ausbildung des ersten Fließgelenkes gehört, spricht man vom Verfahren Elastisch-Plastisch, bei Orientierung an der realen Grenztragfähigkeit von Plastisch-Plastisch. Je nachdem, wofür man sich entscheidet, führt eine Auslegung nach den Nachweisverfahren

1 Elastisch-Elastisch
2 Elastisch-Plastisch
3 Plastisch-Plastisch

bei gleicher nomineller Sicherheitsmarge zu unterschiedlichen Ergebnissen. Im Falle 1 ist das System materialaufwendiger (zwar real sicherer aber "unwirtschaftlicher") als im Falle 3. Das ist eigentlich wenig sinnvoll und unbefriedigend, insbesondere bei statisch bestimmten Systemen, die keine Systemreserve aufweisen. Das Argument, daß ein Vorgehen nach 3 (wegen des höheren Aufwands) mit dem Bonus einer wirtschaftlicheren Bemessung belohnt wird, ist nicht-technisch und überzeugt sicherheitstheoretisch nicht. Nach Meinung des Verfassers (mit der er sich bei der Beratung der neuen Stahlbau-Grundnorm allerdings nicht durchsetzen konnte), muß eine Bemessung statisch bestimmter Systeme nach allen drei Vorgehensweisen gleich ausfallen, d.h. das Ergebnis muß verfahrensunabhängig sein. (Hier folgt die Beanspruchung allein aus dem Kräftegleichgewicht.) Das würde bei biegebeanspruchten Stabwerken mit I-Querschnitt bedeuten, daß die nominelle Sicherheit in den Fällen 2 und 3 i.M. um den Faktor $\alpha_{Pl}=1{,}14$ größer sein müßte als im Falle 1. Da bei reiner Normalkraftbeanspruchung $N_{El}=N_{Pl}$ ist, wäre ein Faktor in der Größenordnung 1,1 ein Kompromiß. Bei dieser Konzeption bietet eine plasto-statische Berechnung nur bei statisch-unbestimmten Systemen durch Aktivierung der Systemreserve Vorteile. Bei dieser handelt es sich um eine echte Reserve, die nur mittels einer plasto-statischen Berechnung ausgeschöpft werden kann.

6.4.3 DIN 18800 T1 u. T2 (11.90)

6.4.3.1 Sicherheitskonzept

Das Sicherheitskonzept der DIN 18800 (11.90) läßt sich wie folgt zusammenfassen:

Standsicherheitsnachweis		Gebrauchstauglichkeitsnachweis
Tragsicherheitsnachweis	Lagesicherheitsnachweis	

Es ist nachzuweisen, daß die Beanspruchungen S_d die Beanspruchbarkeiten R_d nicht überschreiten. Die Beanspruchungen folgen aus den γ_F-ψ-fachen Einwirkungen. Bei der Bestimmung der Beanspruchbarkeiten ist der Sicherheitsfaktor $\gamma_M=1{,}1$ einzurechnen. Zur Bildung der Einwirkungskombination wird auf das Regelwerk verwiesen, siehe auch Abschnitt 3.6 und 4.1. Der Tragsicherheitsnachweis kann nach den in Bild 78 angegebenen Verfahren geführt werden.

	Nachweisverfahren	Berechnung der Beanspruchungen S_d nach	Berechnung der Beanspruchbarkeiten R_d nach	Abkürzung
1	Elastisch - Elastisch	Elastizitätstheorie	Elastizitätstheorie	El - El
2	Elastisch - Plastisch	Elastizitätstheorie	Plastizitätstheorie	El - Pl
3	Plastisch - Plastisch	Plastizitätstheorie	Plastizitätstheorie	Pl - Pl

Bild 78

Grundsätzlich sind bei allen Nachweisverfahren zu berücksichtigen:

- Tragwerksverformungen, wenn sie die Beanspruchung vergrößern. Das kann z.B. bei der Bildung von Schnee- oder Wassersäcken auf Flachdächern eintreten. Gedacht ist indes vorrangig an die bei druckbelasteten Tragwerken auftretenden Abtriebskräfte: Das Tragwerk ist unter Berücksichtigung der Verformungen zu berechnen, d.h. die Gleichgewichtsgleichungen sind am verformten System zu erfüllen. Man spricht dann von Theorie II. Ordnung, vgl. Abschnitt 7. Auf die Berücksichtigung des Verformungseinflusses darf verzichtet werden, wenn der Zuwachs der maßgebenden Schnittgrößen infolge der nach Theorie I. Ordnung ermittelten Verformungen nicht größer als 10% ist. Da die Steifigkeit, z.B. die Biegesteifigkeit EI, eine Widerstandsgröße ist, ist bei der Berechnung des Verformungseinflusses der charakterisische Wert um den Sicherheitsfaktor γ_M abzumindern: $(EI)_d=(EI)_k/\gamma_M$.
- Geometrische Imperfektionen. Sie wirken sich bei druckbeanspruchten Stäben bzw. Stabwerken in Abtriebskräften aus. Ist infolge der äußeren Einwirkungen und der geometrischen Imperfektionen ein Nachweis nach Theorie II. Ordnung erforderlich (10% Regel, siehe zuvor), sind die in DIN 18800 T2 angegebenen Imperfektionen dem Tragsicherheitsnachweis zugrundezulegen.
- Schlupf in Verbindungen. Ein solcher Schlupf bewirkt zusätzliche Verformungen und betrifft demgemäß den Nachweis nach Th. II. Ordn., z.B. bei schlanken Verbandstragwerken. Darüberhinaus sind Nachgiebigkeiten in Verbindungen (z.B. bei Kopfplattenverbindungen in Rahmenknoten) zu berücksichtigen. Der Schubverzerrungseinfluß in Rahmeneckblechen wirkt sich entsprechend aus. Je höher das Beanspruchungsniveau ist, umso größer wirken sich die erwähnten Nachgiebigkeiten aus. Während sie beim Verfahren El-El i.a. unberücksichtigt bleiben können, kommt ihnen bei den Verfahren El-Pl und insbesondere Pl-Pl größere Bedeutung zu. Das Regelwerk stellt die für den Nachweis notwendigen Kraftgrößen-Weggrößen-Beziehungen für die unterschiedlichen Verbindungsformen nicht zur Verfügung. Im Schrifttum [74] findet man Rechenbehelfe.

- Planmäßige Außermittigkeiten. Sie betreffen das statische System und sind im Regelfall zu berücksichtigen; auch durch sie können zusätzliche Verformungen ausgelöst werden, vgl. z.B. Abschnitt 5.4.3.3.

Das Verfahren El-El wird in Abschnitt 4 (und z.T. auch in Abschnitt 7) behandelt. Beim Verfahren El-Pl gilt die Tragfähigkeit als erreicht, wenn an der höchstbeanspruchten Stelle die zugehörige Querschnitts-Grenzgröße (z.B. $M_{Pl,M/Q/N}$) erreicht wird, also das erste Fließgelenk einspringt. Eine Fließgelenkrotation tritt nicht auf und damit auch keine Schnittgrößenumlagerung. Das Tragwerk wird nach der Elastizitätstheorie, also nach der Elasto-Statik (Th. I. oder II. Ordn) berechnet. (Die in Element 754 der DIN 18800 T1 zugelassene Einrechnung einer Momentenumlagerung, z.B. bei Durchlaufträgern, ist in der daselbst angegebenen Näherungsversion, eigentlich dem Verfahren Pl-Pl zuzuordnen.) Beim Verfahren Pl-Pl ist die Grenztragfähigkeit des Systems erreicht, wenn sich ein kinematischer Bruchmodus bzw. bei einer Berechnung nach Th. II. Ordn., wenn sich Gleichgewichtsdivergenz einstellt (vgl. Bild 77 und Abschnitt 6.4.9).

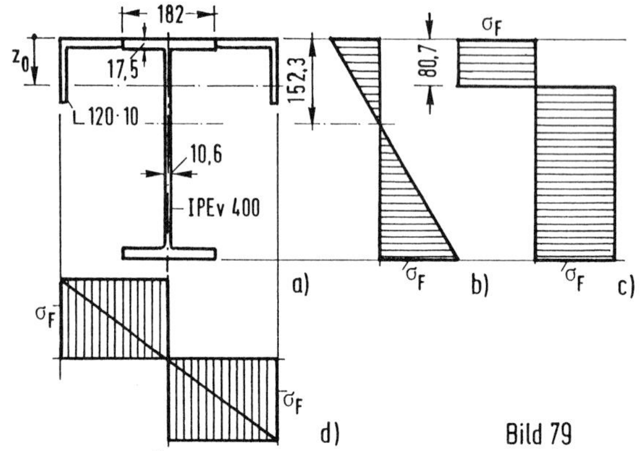

Bild 79

Nach DIN 18800 T1 sind die Grenzbiegemomente im plastischen Zustand auf den 1,25-fachen Wert des elastischen Grenzbiegemomentes zu begrenzen. Diese Regel greift insbesondere bei einfachsymmetrischen Querschnitten; hierzu ein Beispiel: Für den in Bild 79 dargestelllten Querschnitt findet man für Biegung um die y-Achse im vollplastischen Zustand (vgl. Abschn. 6.3.1):

$$18{,}2\cdot 1{,}75 + (z_0 - 1{,}75)\cdot 1{,}06 + 2\,[12{,}0\cdot 1{,}0 + (z_0 - 1{,}0)\cdot 1{,}0] = \frac{1}{2}A \longrightarrow \underline{z_0 = 8{,}07\,\text{cm}} < 12\,\text{cm}$$

Ausgehend von der Nullinie folgt:

$$W_{El,y} = 1573\,\text{cm}^3;\; W_{Pl,y} = 2021\,\text{cm}^3 \longrightarrow \alpha_{Pl,y} = \underline{1{,}28} \geq 1{,}25$$

Für Biegung um die z-Achse gilt:

$$W_{El,z} = 810\,\text{cm}^3;\; W_{Pl,z} = 1126\,\text{cm}^3 \longrightarrow \alpha_{Pl,z} = \underline{1{,}39} > 1{,}25$$

Für beide Achsen ergibt sich $\alpha_{Pl} > 1{,}25$.- Bild 80 zeigt weitere Beispiele: Im Falle des fünften Querschnitts von links fällt die Spannungsnullinie in den Flansch. Der Formbeiwert wächst stark an; aus Bild 81 geht hervor, daß $\alpha_{Pl,y}$ bis auf > 3,6 anwachsen kann!

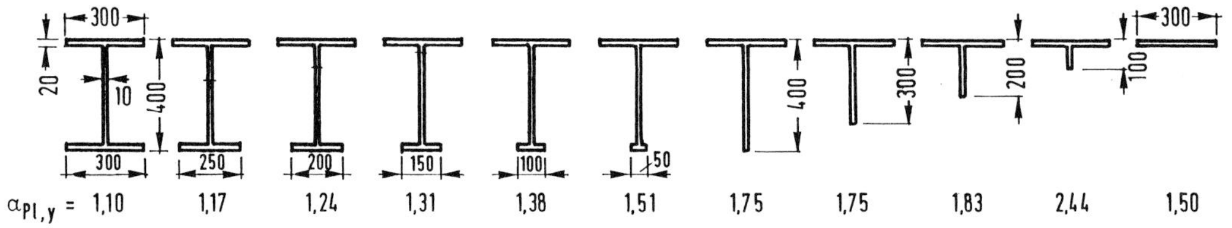

Bild 80

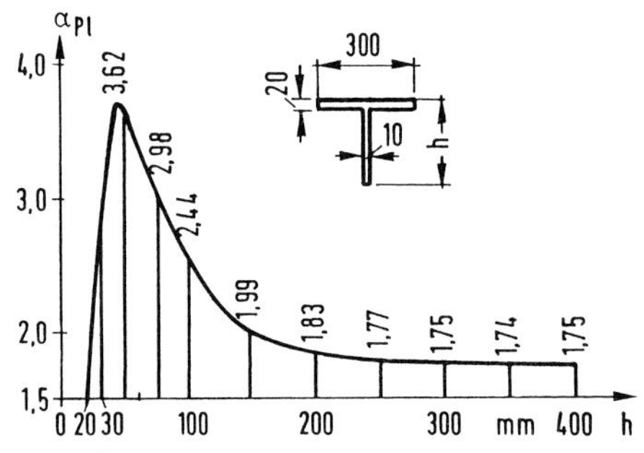

Bild 81

Nach DIN 18800 T1, Element 755, darf bei Einfeldträgern und Durchlaufträgern mit über die gesamte Länge gleichbleibendem Querschnitt auf die Reduzierung auf den 1,25-fachen Wert verzichtet werden. Diese Anmerkung ist sicher nicht so zu verstehen, daß man z.B. die hohen $\alpha_{Pl,y}$-Werte der vorstehenden T-Querschnitte ausschöpfen darf; die M/Q-Interaktion ist in jedem Falle einzurechnen! Diesbezüglich wird auf Abschnitt 13.6.6 verwiesen, insbesondere auf Tafel 13.2.

Bei T-Querschnitten setzt das Erreichen von M_{Pl} stegseitig sehr hohe Dehnungen voraus!

6.4.3.2 Beispiele

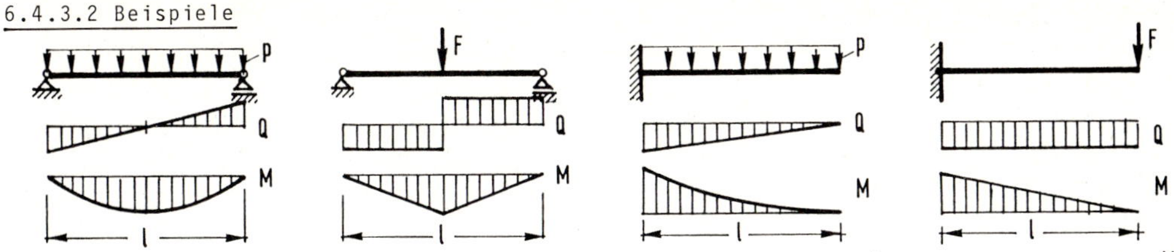

Bild 82 a) b) c) d)

1. Beispiel: Statisch bestimmte Einfeldträger und Freiträger (Bild 82)
Es genügt das Einspringen eines Fließgelenkes, um Versagen auszulösen. Es muß demnach vorh(b/t) ≤ grenz(b/t) für das Verfahren El-Pl eingehalten werden. Da die Orte von maxQ und maxM definitiv angegeben werden können, läßt sich die plastische Grenzkraft sofort anschreiben; die Grenzkraft folgt alternativ aus: $\max Q=Q_{Pl}$ oder $\max M=M_{Pl,M/Q}$; das zweite Kriterium liefert für die in Bild 82 dargestellten Fälle:

$$\underline{\text{Fall a:}}\quad p_{Pl}l^2/8 \overset{!}{=} M_{Pl} \tag{148}$$

An der Stelle des Momentenmaximums ist Q=0; es folgt:

$$p_{Pl} = 8\cdot\frac{M_{Pl}}{l^2} \tag{149}$$

$$\underline{\text{Fall b:}}\quad F_{Pl}l/4 \overset{!}{=} M_{Pl,M/Q} \tag{150}$$

In Abhängigkeit von $Q=F_{Pl}/2 \lesseqgtr 0{,}33\cdot Q_{Pl}$ ergibt sich (vgl. Interaktionsformeln G.137):

$$F_{Pl} = 4\cdot\frac{M_{Pl}}{l} \quad \text{bzw.} \quad F_{Pl} = \frac{4{,}544}{1+0{,}840\cdot\frac{M_{Pl}}{Q_{Pl}l}}\cdot\frac{M_{Pl}}{l} \tag{151}$$

$$\underline{\text{Fall c:}}\quad p_{Pl}l^2/2 \overset{!}{=} M_{Pl,M/Q} \tag{152}$$

In Abhängigkeit von $Q=p_{Pl}\cdot l \lesseqgtr 0{,}33\cdot Q_{Pl}$ ergibt sich:

$$p_{Pl} = 2\cdot\frac{M_{Pl}}{l^2} \quad \text{bzw.} \quad p_{Pl} = \frac{2{,}272}{1+0{,}840\cdot\frac{M_{Pl}}{Q_{Pl}l}}\cdot\frac{M_{Pl}}{l^2} \tag{153}$$

$$\underline{\text{Fall d:}}\quad F_{Pl}\cdot l \overset{!}{=} M_{Pl,M/Q} \tag{154}$$

In Abhängigkeit von $Q=F_{Pl} \lesseqgtr 0{,}33\cdot Q_{Pl}$ ergibt sich:

$$F_{Pl} = \frac{M_{Pl}}{l} \quad \text{bzw.} \quad F_{Pl} = \frac{1{,}136}{1+0{,}420\frac{M_{Pl}}{Q_{Pl}l}}\cdot\frac{M_{Pl}}{l} \tag{155}$$

Für andere Lastbilder lassen sich entsprechende Berechnungsformeln herleiten. Bei statisch unbestimmtem System gelingt das nur, wenn der Ort der Fließgelenke a priori angegeben werden kann. Für den in Bild 83 dargestellten, beidseitig eingespannten Träger mit p=konst folgt die gesuchte Grenzkraft aus der Bedingung

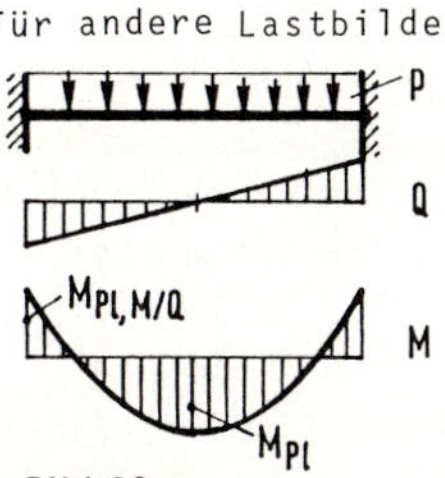

Bild 83

$$p_{Pl}l^2/8 \overset{!}{=} M_{Pl} + M_{Pl,M/Q} \tag{156}$$

zu:

$$p_{Pl} = 16\cdot\frac{M_{Pl}}{l^2} \quad \text{bzw.} \quad p_{Pl} = \frac{17{,}09}{1+1{,}681\cdot\frac{M_{Pl}}{Q_{Pl}l}}\cdot\frac{M_{Pl}}{l^2} \tag{157}$$

Für den einseitig eingespannten und einseitig gelenkig gelagerten Träger scheitert die Angabe einer entsprechenden Formel. In diesem Falle und in den meisten anderen muß die M/Q-Interaktion iterativ eingerechnet werden, wie in Abschnitt 6.3.7 erläutert.

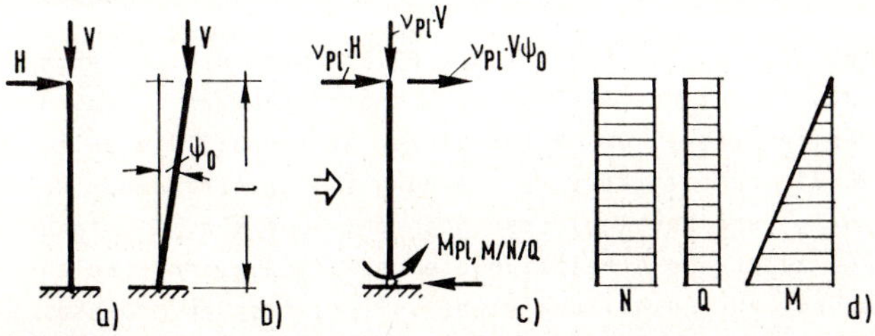

a) b) c) d)

Bild 84

2. Beispiel: Kragstütze (Bild 84)

Bei der Kragstütze ist neben der M/Q/N-Interaktion im Fließgelenk eine geometrische Imperfektion ψ_0 einzurechnen (in DIN 18800 T1 steht φ_0 statt ψ_0). Bild 84a/b zeigt die Stütze mit den äußeren Lasten V und H (im Gebrauchszustand) und die Schiefstellung ψ_0. In Teilbild c ist der plastische Grenzzustand dargestellt, wobei der Imperfektionslastfall ersatzweise durch die Abtriebskraft $\nu_{Pl}V\cdot\psi_0$ erfaßt ist. ν_{Pl} kennzeichnet jenen Lasterhöhungsfaktor, für den sich der Grenzzustand einstellt (proportionale Belastung). ν_{Pl} folgt aus der Bedingung:

$$\nu_{Pl}\cdot(H + V\psi_0)\cdot l \overset{!}{=} M_{Pl,M/Q/N} \qquad (158)$$

Wenn

$$\mu = \frac{V}{H} \qquad (159)$$

vereinbart wird, ergibt sich ν_{Pl} alternativ aus (vgl. wieder G.137):

$$H_{Pl} = \nu_{Pl}H = \frac{1}{1+\mu\cdot\psi_0}\cdot\frac{M_{Pl}}{l} \quad \text{wenn } Q = \nu_{Pl}(H+\psi_0V) \le 0{,}33\cdot Q_{Pl} \text{ und } N = \nu_{Pl}V \le 0{,}10\cdot N_{Pl}$$

$$H_{Pl} = \nu_{Pl}H = \frac{1{,}111}{1+\mu(\psi_0 + 1{,}111\cdot\frac{M_{Pl}}{N_{Pl}l})}\cdot\frac{M_{Pl}}{l} \quad \text{wenn } Q = \nu_{Pl}(H+\psi_0V) \le 0{,}33\cdot Q_{Pl} \text{ und } N = \nu_{Pl}V > 0{,}10\cdot N_{Pl} \text{ bzw. } \le 1{,}00\cdot N_{Pl}$$

$$H_{Pl} = \nu_{Pl}H = \frac{1{,}136}{(1+\mu\psi_0)(1+0{,}420\cdot\frac{M_{Pl}}{Q_{Pl}l})}\cdot\frac{M_{Pl}}{l} \quad \text{wenn } Q = \nu_{Pl}(H+\psi_0V) > 0{,}33\cdot Q_{Pl} \text{ bzw. } \le 0{,}90Q_{Pl} \text{ und } N = \nu_{Pl}V \le 0{,}10\cdot N_{Pl} \qquad (160)$$

$$H_{Pl} = \nu_{Pl}H = \frac{1{,}250}{(1+\mu\psi_0)(1+0{,}413\cdot\frac{M_{Pl}}{Q_{Pl}l}) + 1{,}113\mu\cdot\frac{M_{Pl}}{N_{Pl}l}}\cdot\frac{M_{Pl}}{l} \quad \text{wenn } Q = \nu_{Pl}(H+\psi_0V) > 0{,}33\,Q_{Pl} \text{ bzw. } \le 0{,}90Q_{Pl} \text{ und } N = \nu_{Pl}V > 0{,}10N_{Pl} \text{ bzw. } \le 1{,}00N_{Pl}$$

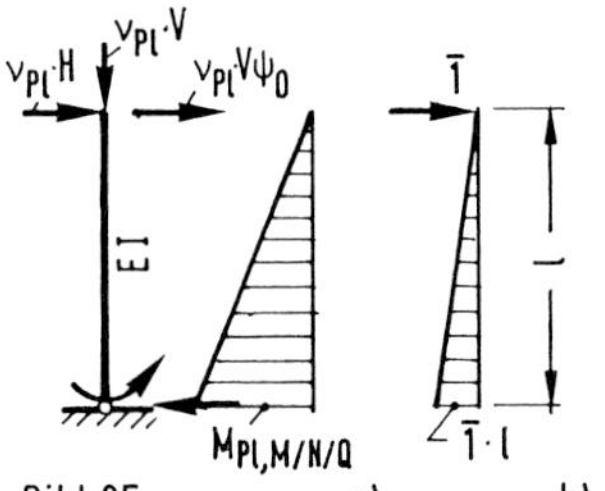

Bild 85 a) b)

Gemäß G.159 gilt:

$$V_{Pl} = \mu\cdot H_{Pl} \qquad (161)$$

Ist der Grenzzustand berechnet, wird geprüft, ob eine Berechnung nach Theorie II. Ordnung erforderlich ist. Bild 85a zeigt den Grenzzustand mit dem (gerade einspringenden) Fließgelenk. Die Überlagerung mit dem virtuellen Hilfsangriff $\bar{H}=\bar{1}$ (Teilbild b) liefert die seitliche Verschiebung des Stützenkopfes:

$$f_{Pl} = \frac{1}{3}\cdot\frac{M_{Pl,M/Q/N}\cdot l^2}{EI} \qquad (162)$$

Durch die hiermit verbundene Schrägstellung f_{Pl}/l ist eine Abtriebskraft und ein Zusatzmoment verbunden:

$$\Delta M = (\nu_{Pl}V)\cdot\frac{f_{Pl}}{l} \qquad (163)$$

Ist ΔM größer als 10%, muß der Verformungseinfluß eingerechnet werden, anderenfalls gilt das Berechnungsergebnis nach Th. I. Ordn., wie zuvor ermittelt. (N.M.des Verfs. ist die 10%-Regel bei statisch bestimmten Strukturen eher problematisch; vgl. die Anmerkungen in Abschnitt 6.4.2).

In der Bedingungsgleichung G.158 wurde die Abtriebskraft für $\nu_{Pl}\cdot V$ angeschrieben; möglich wäre auch der alleinige Bezug auf das Gebrauchslastniveau, dann lautet die Bedingung:

$$(\nu_{Pl}H + V\psi_0)\cdot l \overset{!}{=} M_{Pl,M/Q/N} \qquad (164)$$

In diesem Falle wird der Imperfektionslastfall als konstante (nicht-proportionale) Einwirkung angesetzt.

6.4.4 Zur Materialfrage

Wie in den vorangegangenen Abschnitten gezeigt, stehen mit der Fließzonen- bzw. Fließgelenktheorie Berechnungsmethoden zur Bestimmung der statischen Grenztragfähigkeit stabförmiger Strukturen aus plastizierungsfähigem (duktilem) Material zur Verfügung. Die unlegierten Stähle St37 und St52 erfüllen die Duktilitätsvoraussetzung in hervorragender Weise, bei anderen Werkstoffen, wie niedrig- und hochlegierten Stählen, Gußeisen, Aluminium ist das nur bedingt der Fall. Bild 86a zeigt die Arbeitslinie eines unlegierten Stahles. Wie in Abschnitt 6.3.1 erläutert, gehören zur Ausbildung eines vollplastischen Momentes M_{Pl} theoretisch unendlich große Dehnungen in der Biegezug- bzw. Biegedruckzone und demge-

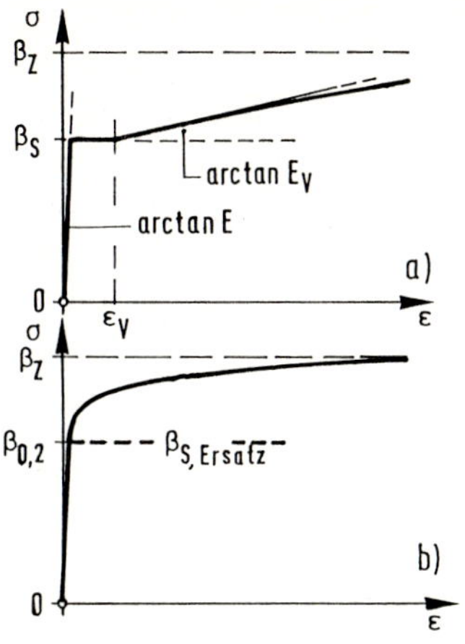

Bild 86

mäß ein Verzerrungssprung in der Nullinie von $+\infty$ auf $-\infty$. Hat das Material ausgeprägtes Fließvermögen (Bild 86a) und erreichen die Randdehnungen die Verfestigungsdehnung ε_V, beträgt das innere Moment ca. 97 bis 99% von M_{Pl}. Die Hypothese, daß sich ein vollplastisches Moment ausbildet, wird also gut erfüllt. Bei weiterem Anwachsen der Randdehnungen in den Verfestigungsbereich hinein (und damit zunehmender Querschnittsrotation), baut sich ein inneres Moment auf, das über M_{Pl} hinaus anwächst. Das geschieht aber nur schwach, da der Verfestigungsmodul E_V wesentlich niedriger liegt als der Elastizitätsmodul E; für den anfänglichen Wert von E_V gilt etwa $E_V=E/50$. Somit wachsen auch die Spannungen bei zunehmender Rotation des Fließgelenkes nur sehr langsam über σ_F (β_S) an. Diesem Aspekt kommt bei der Beurteilung der plastischen Beultragfähigkeit und Rotationsfähigkeit dünnwandiger Querschnittsteile, z.B. von I-Querschnitten, große Bedeutung zu, vgl. Abschn. 6.4.6/7.- Handelt es sich um ein verfestigendes Material (Bild 86b) und wird die Spannung $\beta_{0,2}$ als Rechenwert für die Fließspannung angesetzt, bleibt das hierfür berechnete plastische Moment M_{Pl} bei einer "Rotation" nicht konstant. Die Spannungen steigen vielmehr unter anwachsenden Dehnungen rasch gegenüber dem Rechenwert der Fließgrenze an. Hierdurch wächst bei dünnwandigen Querschnitten die Beulgefahr. Das ist bei der Vorgabe der b/t-Verhältnisse zu berücksichtigen. Gleiches gilt für die Auslegung von Verbindungen, z.B. Stößen und biegesteifen Anschlüssen, die im Bereich von Fließgelenken liegen. Konstruktionen aus verfestigendem Material sind demnach nur bedingt für einen Nachweis nach der Fließgelenkmethode geeignet (es sei, es handelt sich um kompakte Querschnitte ohne Instabilitätsgefahr und es liegen keine Verbindungen in Fließgelenken bzw. -zonen). - Bei Material mit ausgeprägtem Fließvermögen sollte die Fließgrenze nicht höher liegen als 75 bis 80% der Zugfestigkeit. Die Bruchdehnung sollte mindestens 15% betragen. Die Materialeigenschaften sollten bei plasto-statischer Bemessung (auch im Hinblick auf das Problem der "Überfestigkeit", vgl. Abschn. 6.4.11 durch ein Zeugnis belegt sein; DIN 18800 T1 (11.90, Element 404) verlangt mindestens ein Werksprüfzeugnis, vgl. Abschn. 3.1.

6.4.5 Einrechnung der Verfestigung

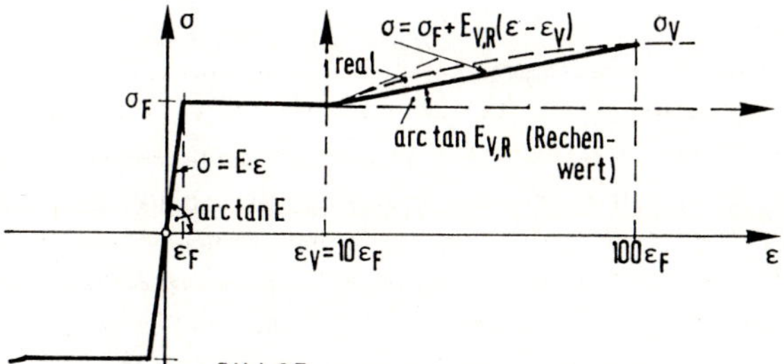

Bild 87

Im vorangegangenen Abschnitt wurde bereits erörtert, daß die Randverzerrungen bei großer Fließgelenkrotation die Verfestigungsdehnung ε_V erreichen können und bei deren Überschreiten das innere Moment über das plastische Grenzmoment M_{Pl} hinaus ansteigt. Um die Auswirkung aufzuzeigen, wird ein Beispiel berechnet, wobei von dem in Bild 87 skizzierten Spannungsdehnungsdiagramm einschließlich Verfestigung ausgegangen wird. Als Querschnitt wird ein I-Profil gewählt (Bild 88a). Teilbild b zeigt die fünf möglichen Plastizierungszustände: (1) Elastostatischer Grenzzustand; (2) Pla-

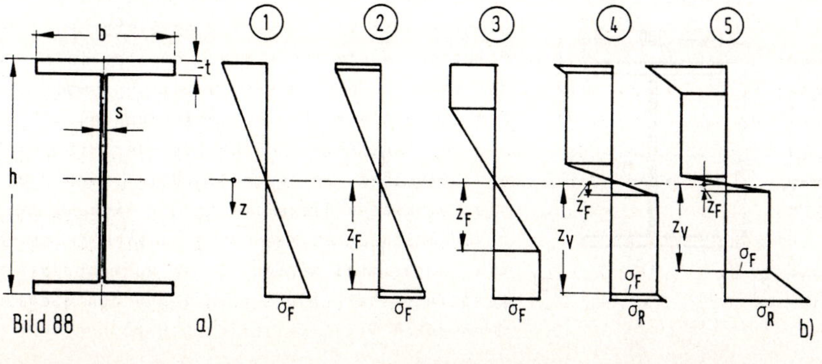

Bild 88

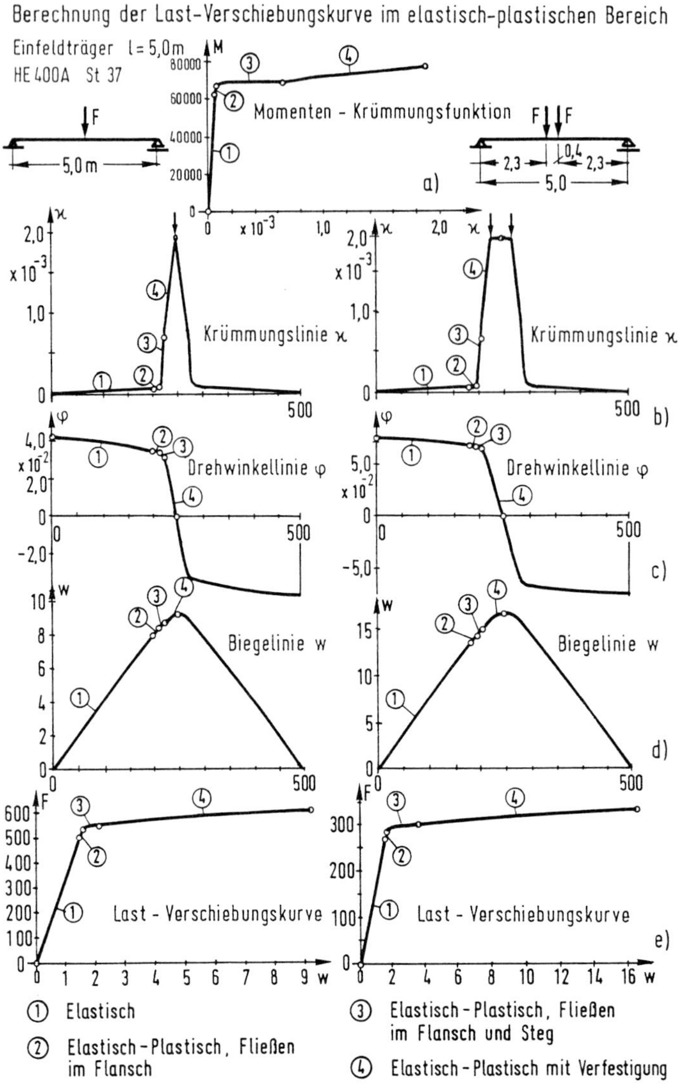

Bild 89 [M] = kNcm; [F] = kN; [ϰ] = 1/cm; [φ] = rad; [w] = cm

stizierung im Flansch; ③ Plastizierung im Steg, ohne daß die Verzerrungen der Randfasern die Verfestigungsdehnung ε_V erreichen; ④ Verfestigung im Flansch, ⑤ Verfestigung im Steg; in diesem Fall sind innerhalb des Steges der elastische Kern und die sich anschließenden Bereiche mit σ_F=konst und $\sigma > \sigma_F$ zu unterscheiden. Die Zonengrenzen sind durch z_F und z_V gekennzeichnet. Gibt man für die Randfasern eine bestimmte Verzerrung vor, liegen die Verzerrungen aller anderen Fasern aufgrund der Geradlinienhypothese von BERNOULLI fest:

$$\varepsilon(z) = \varepsilon_{Rand} \cdot \frac{z}{d/2} \qquad (165)$$

Jedem Dehnungswert $\varepsilon(z)$ ist gemäß dem σ-ε-Diagramm in Bild 87 eine Spannung zugeordnet; daraus folgen die in Bild 88 angegebenen Spannungsbilder; aus diesen läßt sich das jeweils zugeordnete innere Moment aufbauen. Desweiteren läßt sich zu den einzelnen Verzerrungszuständen die zugehörige Krümmung $\varkappa$ angeben:

$$\varkappa = \frac{\varepsilon_{Rand}}{d/2} \qquad (166)$$

Indem die Randdehnungen sukzessive vergrößert werden, ist es möglich, die Momenten-Krümmungsfunktion punktweise zu bestimmen. In Bild 89a ist das Ergebnis für ein HE400A-Profil mit den Vorgaben: h=390mm, b=300mm, t=19,1mm, s=11,9mm, σ_F=27,8kN/cm², σ_V=1,54·σ_F wiedergegeben. Mit ④ sind die in Bild 88 dargestellten Verfestigungszustände ④ und ⑤ zusammengefaßt. Man erkennt, daß erst oberhalb einer Krümmung etwa $0{,}6 \cdot 10^{-3}$ der Verfestigungsbereich aktiviert wird und daß die weitere Zunahme des Biegemomentes mit anwachsender Krümmung eher mäßig ausfällt.

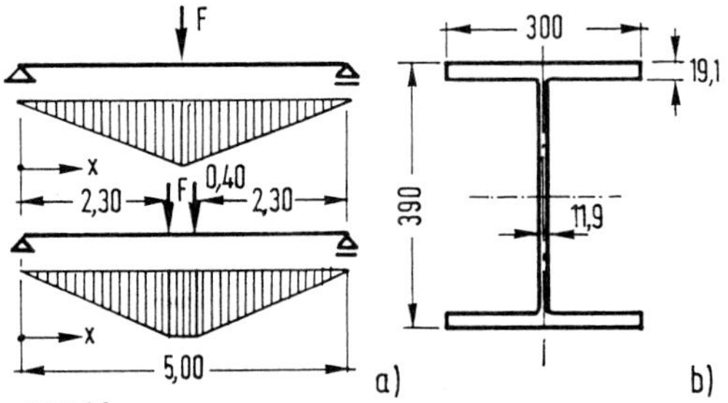

Bild 90

Liegt ein statisch bestimmtes System vor, folgt der Verlauf des Biegemomentes infolge der einwirkenden äußeren Belastung unmittelbar aus den Gleichgewichtsgleichungen; Bild 90a zeigt Beispiele: Einfeldträger mit mittiger Belastung. In jedem Schnitt x kann dem hier wirksamen Biegemomente M(x) anhand der zuvor erläuterten M-$\varkappa$-Funktion eine Krümmung $\varkappa(x)$ zugeordnet werden. Indem nunmehr über $\varkappa(x)$ integriert wird, erhält man den Biegedrehwinkel $\varphi(x)$, Teilbild c. Wird schließlich hierüber nochmals integriert, erhält man die Biegelinie w(x). Die nahezu knickähnliche Krümmung in Feldmitte geht aus Teilbild d hervor. Schließlich kann die Lastverschiebungskurve für die Trägermitte angegeben werden, vgl. Teilbild e. Das Beispiel erlaubt folgende Einsichten: a) Sowohl die Momenten-Krümmungsfunktion wie die Last-Verschiebungskurve haben näherungsweise einen bilinearen Verlauf, die auf der Aktivierung der Verfestigung beruhende Zunahme der Steifigkeit (M-$\varkappa$) und Tragfähigkeit (F-w) ist gering; sie kann indes bei kompakten I-Querschnitten und einem großen β_Z/β_S-Verhältnis wesentlich ausgeprägter ausfallen. b) Der in Bild 89 rechts dargestellte Fall mit zwei Einzellasten ruft eine ausgedehnte Fließzone hervor; innerhalb dieser stellt sich eine konstante Krümmung ein, was eine deutlich größere Gesamtdurchbiegung zur Folge hat. Die Annäherung solcher Zonen durch ein Fließgelenk liefert wegen der Überschätzung der Steifigkeit zu geringe Formänderungen. - Im Gegensatz zu der zuvor erläuterten Berechnung stellen sich real während der Plastizierung der Flansche, insbesondere bei Aktivierung der Verfestigung, Beulen ein: Der Querschnitt verliert dadurch seine Form, das Tragmoment sinkt wieder ab, die Rotationsfähigkeit des Querschnittes im Fließgelenk ist erschöpft. Um das vollplastische Grenzmoment M_{Pl} zu erreichen, müssen Flansch und Steg gewisse Mindestgrenzwerte grenz b/t bzw. grenz h/s aufweisen, um ein frühzeitiges Beulen auszuschließen.

6.4.6 Rotationskapazität

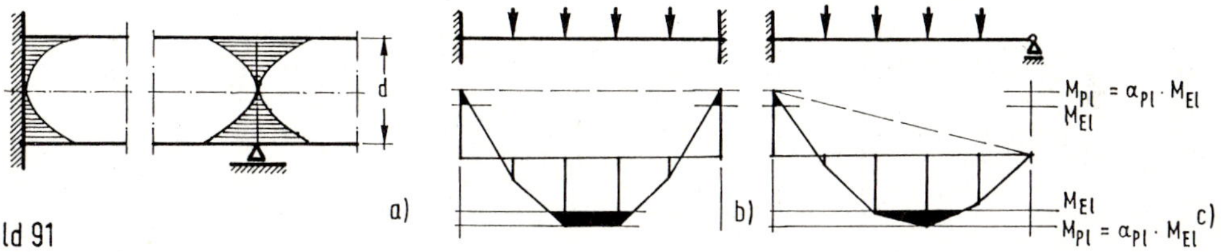

Bild 91

Dort, wo das Biegemoment einen hohen Gradienten aufweist, wie an Einspannstellen, Zwischenstützen, Rahmenecken, ist die Fließzone relativ eng begrenzt, die Hypothese eines Fließgelenkes wird gut erfüllt. Die Ausdehnung der Fließzone kann etwa zu d/2 bzw. d abgeschätzt werden (Bild 91a). Diese Abschätzung kann auch falsch sein, im Feldbereich ist sie i.a. zu grob. Einen Hinweis über die Ausdehnung der Fließzone erhält man, wenn in die Momentenfläche des plastischen Grenzzustandes das Niveau des elastischen Grenzmomentes M_{El} eingezeichnet wird, vgl. die geschwärzten Bereiche in den Teilbildern b und c. Je größer der Formfaktor α_{Pl} ist, umso weiter erstrecken sich die Fließzonen, umso schlechter ist die Annahme einer Fließgelenkbildung erfüllt. Für Berechnungen nach Theorie I. Ordnung ist dieser Umstand weniger bedeutsam, wohl für Berechnungen nach Theorie II. Ordnung, denn die Stäbe sind umso biegeweicher und damit die Verformungen umso größer, je ausgedehntere Fließzonen sich im Vergleich zu lokalen Fließgelenken ausbilden, vgl. vorangegangenen Abschnitt.- Wie erläutert, stellen sich die Fließgelenke sukzessive mit steigender Last ein. Das sich als erstes bildende Fließgelenk erleidet anschließend i.a. die größte Rotation. Das sich als letztes bildende Fließgelenk erleidet bei Erreichen der Grenztragfähigkeit keine Rotation (sofort anschließend setzt der Einsturz ein). Im Sinne der Fließgelenktheorie springen die Fließgelenke ein, wenn das innere Biegemoment das Grenzmoment M_{Pl} erreicht; außerhalb der Fließgelenke werden die Stabbereiche als voll elastisch betrachtet. Diese Annahme erleichtert die Verformungsberechnung entscheidend: Es kann von der Arbeitsgleichung Gebrauch gemacht werden (Abschnitt 5.4.3.1), ebenso vom Reduktionssatz (Abschnitt 5.4.3.4).

Für das in Bild 92 gezeigte Beispiel soll die Rotation im Fließgelenk an der Einspannstelle berechnet werden und zwar in dem Augenblick, in dem sich gerade das Fließgelenk in Feldmitte bildet. Teilbild c zeigt die Momentenfläche im Grenzzustand und Teilbild e die Momentenfläche des virtuellen Hilfsangriffs.

Die Überlagerung ergibt:

$$EI\vartheta = \frac{1}{4}\cdot 1{,}5M_{Pl}\cdot 1\cdot l - \frac{1}{3}M_{Pl}\cdot 1\cdot l = 0{,}0417\,M_{Pl}\cdot l \longrightarrow \vartheta = \frac{0{,}0417\,M_{Pl}\cdot l}{EI} \qquad (167)$$

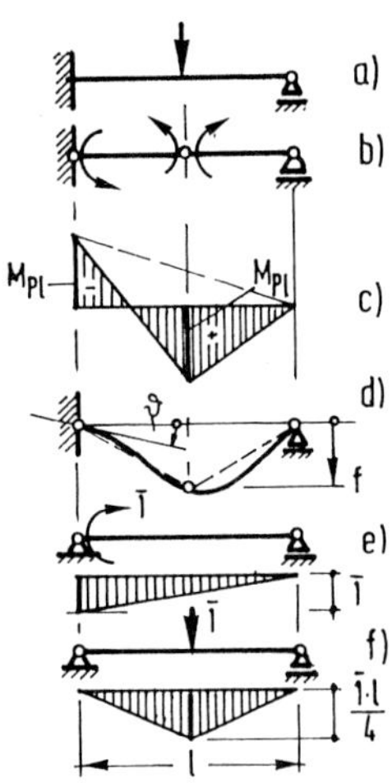

Bild 92

Für die Durchbiegung des Fließgelenkes in Feldmitte folgt entsprechend (Teilbild f):

$$EI f = \frac{1}{3}\cdot 1{,}5\, M_{Pl}\cdot\frac{l}{4}\cdot l - \frac{1}{4} M_{Pl}\cdot\frac{l}{4}\cdot l = 0{,}06250\, M_{Pl}\cdot l^2 \longrightarrow f = \frac{0{,}06250\, M_{Pl}\cdot l^2}{EI} \qquad (168)$$

Würde man die Gelenkrotation aus der Neigung der Stabsehne berechnen, ergibt sich:

$$EI\vartheta = EIf/\frac{l}{2} = 0{,}1250\, M_{Pl}\cdot l \qquad (169)$$

Dieser Wert ist dreifach zu groß: Bild 92d verdeutlicht das Ergebnis. Die Frage nach der Größe der zulässigen Rotation ist schwierig zu beantworten. Da das Fließgelenk keine endliche Ausdehnung hat, kann aus der Gelenkrotation nicht auf die Größe der erreichten Randdehnungen geschlossen werden (vice versa). Im Schrifttum wird vielfach $\max\vartheta = 0{,}10$ rad (ca. 6°) angegeben (vgl. z.B. [51]), vorrangig, um Tragsysteme auszuschließen, die für eine Berechnung nach der Fließgelenktheorie ungeeignet sind (Abschn. 6.4.10). Nach [16] ist anzusetzen:

$$\max\vartheta \le 0{,}10 \text{ bzw. } \le 6\cdot 10^{-3}\, l/d \quad (l\text{: Länge, } d\text{: Trägerhöhe}) \qquad (170)$$

Bei richtig proportionierten Systemen bleibt die maximale Gelenkrotation i.a. deutlich unter diesen Grenzwerten.

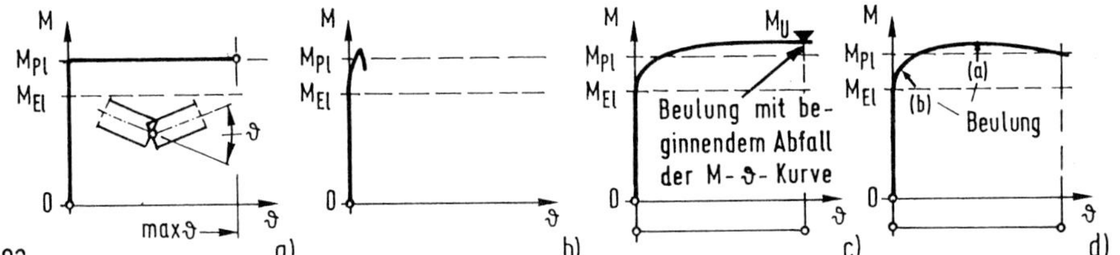

Bild 93

In einem Querschnitt, in dem sich ein Fließgelenk bildet, tritt zunächst eine Krümmung $\varkappa = M/EI$, aber keine Rotation, ein. Gemäß der Fließgelenkhypothese beginnt die Gelenkrotation, wenn das Moment den Wert M_{Pl} erreicht. Bild 93a zeigt das idealisierte M-ϑ-Diagramm. Die hierin eingezeichnete Größe max ϑ sei die Rotationskapazität. Sie ist bei dünnwandigen Querschnitten im wesentlichen von der Beultragfähigkeit der plastisch gestauchten Teile abhängig. Ein Querschnitt, der sich wie Bild 93b verhält, erreicht bzw. überschreitet zwar M_{Pl}, beult dann aber aus und besitzt demnach keine Rotationskapazität. Sie ist bei dünnwandigen Querschnitten im wesentlichen von der Beultragfähigkeit der plastisch gestauchten Teile abhängig. Ein Querschnitt, der sich wie Bild 93b verhält, erreicht bzw. überschreitet zwar M_{Pl}, beult dann aber aus und besitzt demnach keine Rotationskapazität. Ein solcher Querschnitt wäre allenfalls zulässig, wenn sichergestellt ist, daß in diesem Querschnitt das letzte Fließgelenk einspringt. Dieses braucht (theoretisch) keine Rotationskapazität zu besitzen. In jedem anderen Falle wird ein Verhalten gemäß der Teilbilder c/d verlangt. Hierbei stehen sich zwei Auffassungen gegenüber:

<u>Auffassung 1</u> (Teilbild c): Die Rotationskapazität ist dann erschöpft, wenn der unter Druck stehende Querschnittsteil durch ausgeprägte Beulung zu versagen beginnt.

<u>Auffassung 2</u> (Teilbild d): Die Rotationskapazität ist dadurch gekennzeichnet, daß die M-ϑ-Kurve unter das M_{Pl}-Niveau abfällt; ausgeprägte Beulungen dürfen bereits eingetreten sein, vgl. z.B. [75]. Neben der Auffassung 2 gibt es noch eine weitere, die sogar ein Ausbeulen vor Erreichen von M_{Pl} toleriert, vgl. Bild 93d. Die Rotationskapazität wird zweckmäßig in Versuchen an Einfeldträgern bestimmt (Bild 94); die knickförmige Krümmung in der Fließzone läßt sich verfolgen und die Durchbiegung f in Trägermitte messen. Die Fließzone wird durch ein Fließgelenk ersetzt und die Bereiche außerhalb dieses fiktiven Gelenkes als vollelastisch betrachtet (s.o.). Von diesem Ansatz aus wird der Rotationswinkel ϑ definiert. ϑ ist keine physikalisch meßbare Größe, wie etwa der Endtangentenwinkel; ϑ läßt sich nur mittelbar aus der gemessenen Durchbiegung bestimmen. ϑ ist auf baupraktische Berechnungen nach der Fließgelenktheorie, die von der Annahme unbeschränkter Elastizität

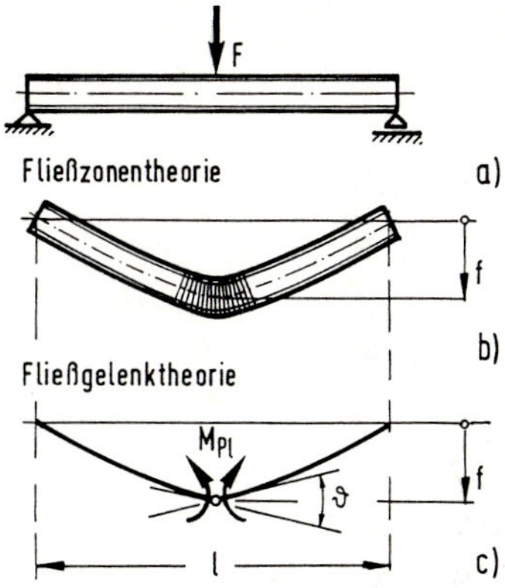

Bild 94

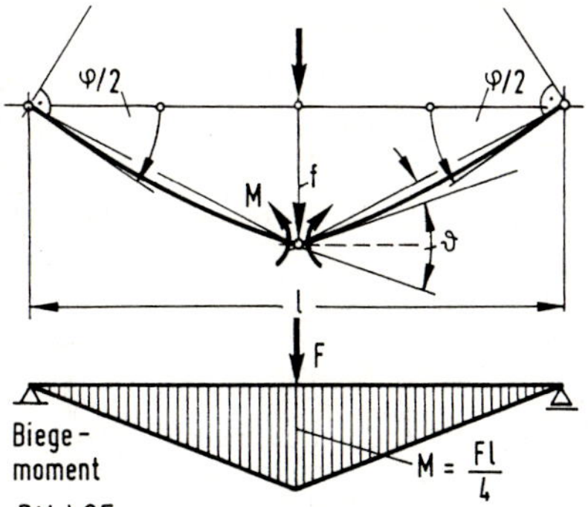

Bild 95

außerhalb der Fließgelenke ausgeht, unmittelbar anwendbar. ϑ fängt, da aus einer Messung gewonnen, die plastische Krümmung in der Fließzone vollständig ein. Bild 95 zeige den Versuchsträger mit mittiger Einzellast F. Das mittige Moment beträgt M=Fl/4. Ist f die gemessene Durchbiegung, folgt der Rotationswinkel aus:

$$\vartheta = 4 \cdot \frac{f}{l} - \frac{1}{3} \cdot \frac{Ml}{EI} \tag{171}$$

Lassen sich die Enddrehwinkel messen und bezeichnet man ihre Summe mit φ, gilt:

$$\varphi = 4 \cdot \frac{f}{l} + \frac{1}{6} \cdot \frac{Ml}{EI} \tag{172}$$

Somit besteht zwischen ϑ und φ die Beziehung:

$$\vartheta = \varphi - \frac{1}{2} \cdot \frac{Ml}{EI} \tag{173}$$

M ist, wie ausgeführt, gleich Fl/4. Wird für ein bestimmtes F die Durchbiegung f oder die Summe der Enddrehwinkel φ gemessen, läßt sich die zugehörige Rotation ϑ angeben. Bild 96 zeigt ein typisches Versuchsergebnis, wobei in diesem Falle die Abhängigkeit zwischen dem Biegemoment im Fließgelenk M und dem Rotationswinkel ϑ dargestellt ist. $\bar{M}$ bedeutet:

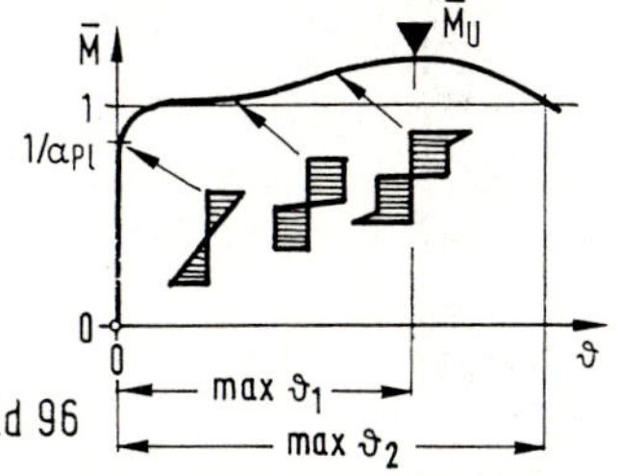

Bild 96

$$\bar{M} = \frac{M}{M_{Pl}} \tag{174}$$

M_{Pl} ist das plastische Grenzmoment des Versuchsträgerquerschnittes unter Einrechnung der realen Abmessungen und der realen Streckgrenze. Da den Berechnungen die obere Streckgrenze zugrundeliegt (so ist f_y in DIN 18800 T1 vereinbart), wird M_{Pl} für den aus dem Versuchsmaterial im Zugversuch ermittelten oberen Streckgrenzenwert bestimmt. Die in Bild 96 eingetragenen Winkel maxϑ_1 und maxϑ_2 gehören zu den oben erwähnten unterschiedlichen Auffassungen. Auffassung 2 ist die gängige und insofern plausibel, als maxϑ_2 jenen Winkel kennzeichnet, bis zu dem der Querschnitt das plastische Grenzmoment zu halten vermag. Der Verf. empfiehlt dennoch eine Orientierung an maxϑ_1 und das aufgrund von Einsichten aus einem größeren Versuchsprogramm mit insgesamt 27 Versuchsträgern (HE-A Profile 300 bis 400mm, St37 und St52) [75] .

Bild 97

- Der Druckflansch beult auch dann, wenn das grenz(b/t)-Verhältnis für das Nachweisverfahren Plastisch-Plastisch eingehalten wird. Der Beulbeginn setzt mit der Aktivierung der Verfestigung ein; der Rotationswinkel beträgt dann 0,01 bis 0,05, abhängig vom vorhandenen (b/t)-Verhältnis. Bild 97 zeigt ein typisches Beulmuster in einem Fließgelenk.
- Wird die zum Maximum (M_U) der Lastverschiebungskurve gehörende Durchbiegung überschritten, wachsen die Beulamplituden sprungartig an. Außerdem stellt sich eine seitliche (s-förmige) Verformung des Druckflansches innerhalb der Fließzone ein. Liegen in realen Konstruktionen an solchen Stellen Träger (z.B. Pfetten), werden deren Verbindungsmittel durch die Beulverformungen zerstört; damit entfällt die seitliche Stützung, der Einsturz stellt sich augenblicklich ein. Aus diesem Grund empfiehlt der Verf. die Orientierung an maxϑ_1.

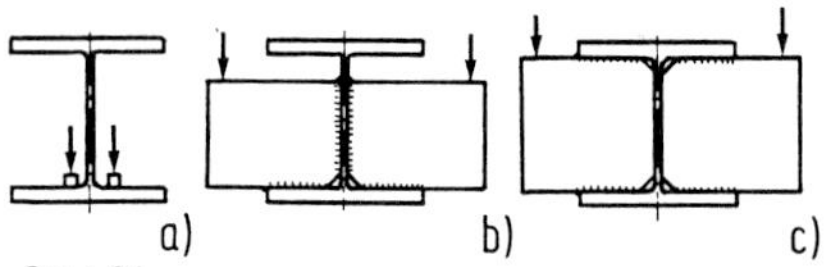

Bild 98

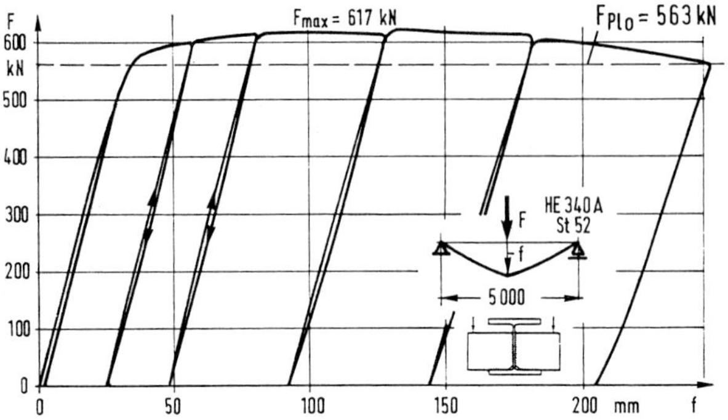

Bild 99

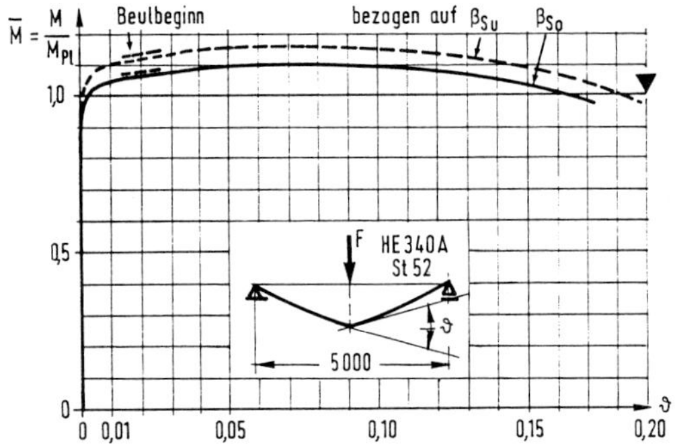

Bild 100

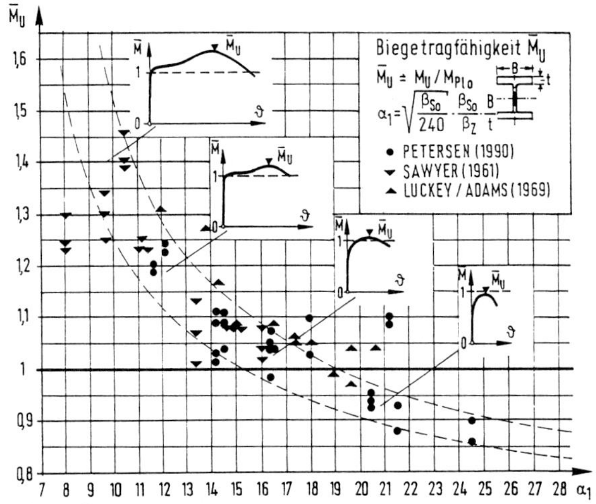

Bild 101

- Das oberhalb M_{Pl} erreichbare höchste Tragmoment M_U ist einerseits vom vorh (b/t)-Verhältnis und von der Art der Lasteinleitung bzw. Querschnittsaussteifung im Fließgelenk abhängig (vgl. Bild 98; für diese Lasteintragungen hat der Verf. seine Versuche durchgeführt; in den ihm bekannten Untersuchungen wurden die Lasten über einen Druckstempel auf den Obergurt abgesetzt).

Bild 99 zeigt als Beispiel die Kraft-Verschiebungskurve eines HE340A-Trägers aus St52-3 mit fünf Zwischenentlastungen und den zugehörigen Hystereseschleifen; es wird ein F_U erreicht, das ca. 10% über F_{Pl} (bezogen auf β_{So}, s.o.) liegt. Bild 100 zeigt die zugehörige Auswertung des $\bar{M}$-ϑ-Diagramms: Beulbeginn bei $\vartheta \approx 0{,}02$, $\max\vartheta_1 \approx 0{,}06$ bis 0,09, $\max\vartheta_2 = 0{,}16$ (jeweils in rad). Die nominellen Grenzwerte grenz(b/t) nach DIN 18800 T1 (11.90) betragen: St52, $f_{y,k}$=360N/mm²: grenz(b/t)= 8,98 (EL-PL) und grenz(b/t)=7,35 (EL-PL); vorh(b/t)=7,17. Orientiert an den Werten des Versuchsträgers gilt: β_{So}=440N/mm²: grenz(b/t) =8,12 (EL-PL) und grenz(b/t)=6,65 (Pl-Pl); vor(b/t)=7,53. Obwohl im vorliegenden Falle vorh(b/t)>grenz(b/t) (Verfahren Pl-Pl) ist, geht aus Bild 100 ein großes Rotationsvermögen hervor.- Nachteile des grenz(b/t)-Konzeptes sind: Das Konzept läßt

- weder die reale (über oder unter M_{Pl} liegende maximale Momententragfähigkeit M_U
- noch die reale Rotationsfähigkeit im Fließgelenk

erkennen. Zudem vermittelt die Einhaltung des grenz(b/t)-Wertes den Eindruck, daß "bei Auftreten "plastischer" Drehwinkel kein örtliches Ausbeulen auftritt" (Wortlaut aus der DASt-Ri008 (03.73)). Abhängig von der im Einzelfall erreichten Rotation, von vorh(b/t) und von der Art der Aussteifung beult jeder I-Querschnitt!- Ein alternatives Konzept könnte darin bestehen, die Rotationskapazität $\max\vartheta$ als Grenzzustandsgröße zu vereinbaren. Aufgrund seiner eigenen und Auswertung anderer Versuche hat der Verf. die in den Bildern 101 und 102 dargestellten Gesetzmäßigkeiten für $\bar{M}_U$ und ϑ_{M_U} als Funktion von

$$\alpha_1 = \sqrt{\frac{\beta_{So}}{240}} \cdot \frac{\beta_{So}}{\beta_Z} \cdot \frac{B}{t} \qquad (175)$$

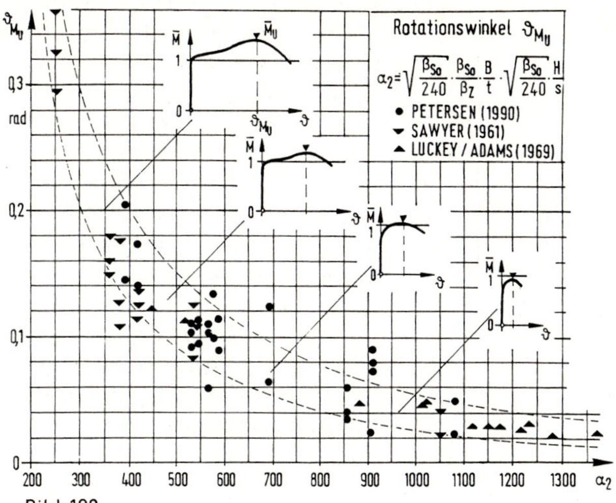

Bild 102

$$\alpha_2 = \sqrt{\frac{\beta_{So}}{240}} \cdot \frac{\beta_{So}}{\beta_Z} \cdot \frac{B}{t} \cdot \sqrt{\frac{\beta_{So}}{240}} \cdot \frac{H}{s} \quad (176)$$

ermittelt. B ist die gesamte Flanschbreite und H die Trägerhöhe. t ist die Flansch- und s die Stegdicke. β_{So} ist die (obere) Streckgrenze und β_Z die Zugfestigkeit.- Zu $\bar{M}_U$=1 gehört gemäß Bild 101 i.M. α_1=17. Geht man bei St37 und St52 von β_{So}/β_Z=0,67 aus, ergibt sich (Pl-Pl):

St 37 : grenz(b/t) = 9,55 (9,00);

St52 : grenz(b/t) = 7,80 (7,35)

Die Klammerwerte geben die Grenzwerte (Pl-Pl) nach DIN 18800 T1 (11.90) wieder.

Um die Vorgehensweise aufzuzeigen, wird der in Bild 103a dargestellte

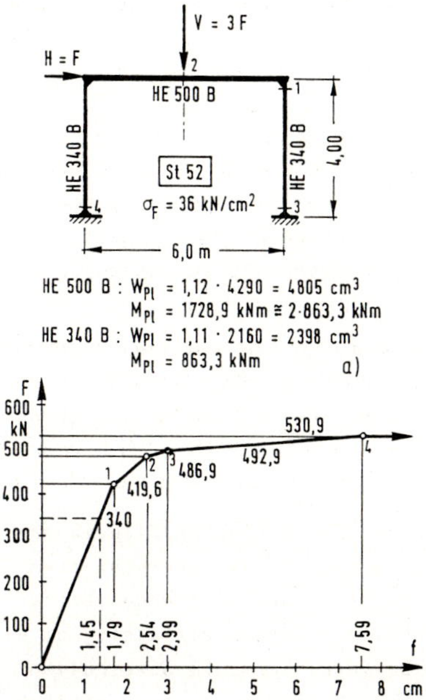

Bild 103

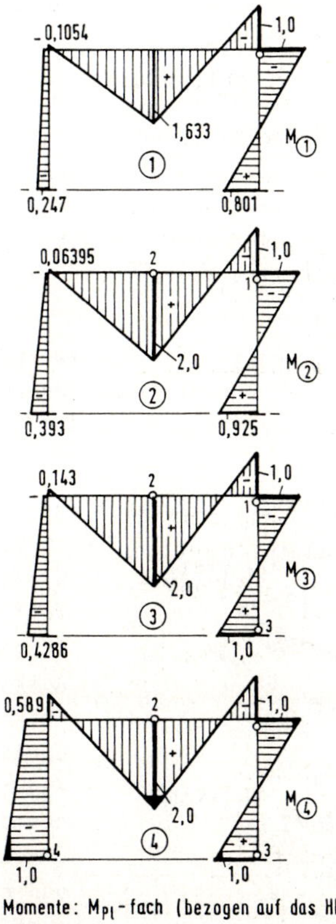

Bild 104

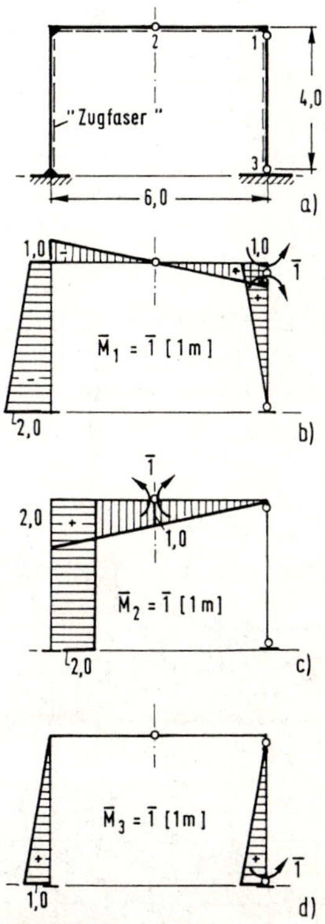

Bild 105

Rahmen als Beispiel behandelt. Ohne Wiedergabe von Zwischenrechnungen zeigt Teilbild b die Kraft-Verschiebungskurve für die seitliche Auslenkung des Rahmens. In Bild 104 sind die Biegemomente für jene Lasten eingetragen, unter denen nacheinander die Fließgelenke 1 bis 4 einspringen. Um die Rotationswinkel in den Fließgelenken zu berechnen, werden für das in Bild 105a (frei) gewählte statisch bestimmte Grundsystem, die Momentenflächen für die in den (Fließ-)Gelenken 1, 2 und 3 wirkenden virtuellen Hilfsmomente $\bar{M}=\bar{1}$ berechnet und anschließend mit den Momentenflächen des Bildes 104 jeweils einzeln überlagert. Diese Rechnung liefert die ge-

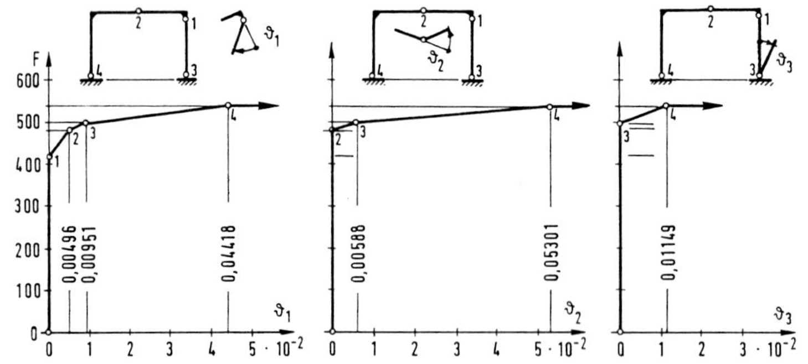

Bild 106

suchten Rotationswinkel ϑ in den Fließgelenken 1, 2 und 3. Bild 106 zeigt das Ergebnis. Bei Erreichen der Tragkraft $F_{Pl}=H_{Pl}=$ 530,9kN betragen die maximalen Rotationen in den Fließgelenken:

1 (Stiel) : 0,04418
2 (Riegel): 0,05301
3 (Stiel) : 0,01148

Für die hier verwendeten Profile betragen die $\bar{M}_U$- und ϑ_{M_U}-Werte (es wird gesetzt für St52: $\beta_{So}=360\text{kN/cm}^2$, $\beta_Z=520\text{kN/cm}^2$):

$$\text{Stiel: HE 340 B}: \alpha_1 = 11{,}8 \longrightarrow \bar{M}_U = 1{,}12;\ \alpha_2 = 410 \longrightarrow \vartheta_{M_U} = 0{,}12$$

$$\text{Riegel: HE 500 B}: \alpha_1 = 9{,}1 \longrightarrow \bar{M}_U = 1{,}33;\ \alpha_2 = 380 \longrightarrow \vartheta_{M_U} = 0{,}13$$

(Für $\bar{M}_U$ und ϑ_{M_U} wurden die "unteren Fraktilen" aus den Bildern abgegriffen.) Das Nachweiskonzept könnte nunmehr lauten:

$$1.\quad B/t \le \text{grenz}(B/t) \tag{177}$$

$$2.\quad \max\vartheta \le \text{kap}\,\vartheta = \frac{\vartheta_{M_U}}{\gamma_m} \quad \text{mit } \gamma_m = 1{,}1 \tag{178}$$

Für das Beispiel wird der Doppelbedingung genügt. - Die Kenntnis von $\bar{M}_U$ hat den Vorteil, daß die noch vorhandene Tragreserve deutlich wird und dadurch die mögliche Beanspruchung abgeschätzt werden kann, die Verbindungen erfahren, die in einem Fließgelenk liegen. Letztlich ergibt ein $\bar{M}_U$-Wert, der über 1 liegt, eine Grenzbeanspruchbarkeit, die über F_{Pl} liegt.- Das hier vorgestellte Konzept wäre durch weitere Versuche zu untermauern.

6.4.7 Grenzwerte grenz(b/t)

Die in DIN 18800 T1 (11.90) angegebenen Grenzwerte grenz(b/t) sollen die Anwendung der Nachweisverfahren El-El, El-Pl und Pl-Pl absichern. Zu ihrer klassischen Deutung und Herleitung vgl. die Abschnitte 7.2.4.7 und 7.8.3.6, im übrigen siehe den vorangegangenen Abschnitt.

6.4.8 Zur Kippstabilität biegebeanspruchter Träger in Fließgelenken

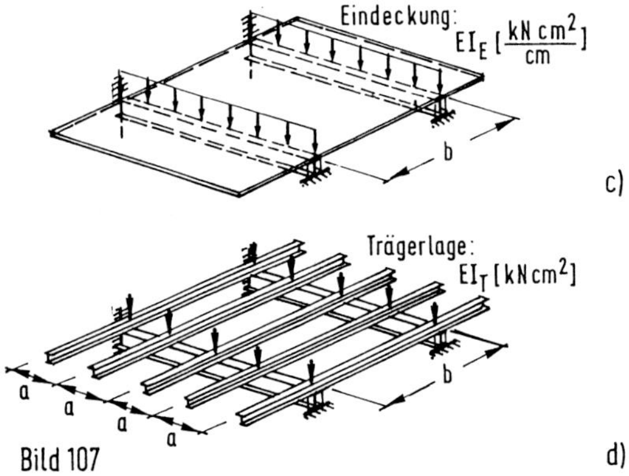

Bild 107

Im Bereich von Fließgelenken/Fließzonen wird das Tragvermögen des Querschnittes voll ausgeschöpft: Seitlich ungestützten Trägern fehlt hier die Steifigkeit, um ein Auskippen zu verhindern. Im Bereich von Fließgelenken müssen die Träger seitlich durch Verbände, Wandscheiben, Decken oder ähnliche bauliche Maßnahmen gegen Kippen gesichert sein. Die freie Länge a zwischen einem seitlich zu haltenden Fließgelenk (M_{Pl}) und dem nächsten seitlich gehaltenen Punkt darf einen bestimmten Wert nicht überschreiten. Hierzu und zur Sicherung gegen Kippen (Biegedrillknicken) durch Drehbettung vgl. DIN 18800 T2 (11.90).

6.4.9 Verformungseinfluß Theorie II. Ordnung

Neben die Stabilitätsnachweise gegen lokales Beulen, Kippen und Biegedrillknicken tritt der Nachweis gegen globale Instabilität (Kollaps). Hierbei sind nach neuerer Konzeption Imperfektionen einzurechnen (DIN 18800 T2). Am zweckmäßigsten (weil am realistischsten) ist ein Nachweis nach der Fließgelenktheorie II. Ordnung: Der Grenzzustand wird für das

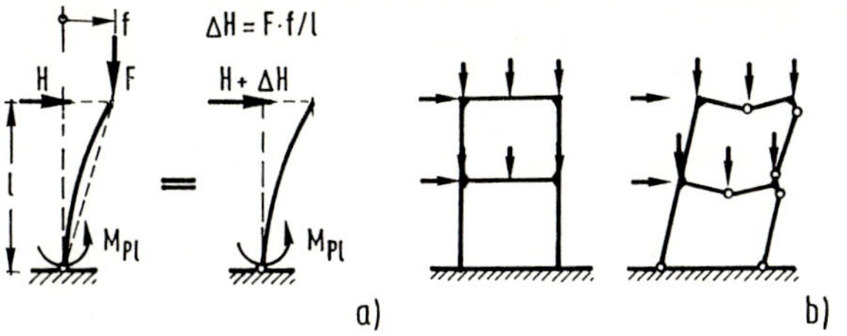

Bild 108

verformte Tragwerk berechnet. Durch die Druckkräfte, z.B. infolge der lotrechten Auflasten bei Rahmentragwerken, entstehen Abtriebskräfte, die sich den äußeren Lasten überlagern. In Bild 108a ist angedeutet, wie die horizontale Abtriebskraft H infolge der Schrägstellung einer gedrückten Stütze entsteht. Das Bild zeigt jenen Zustand, bei welchem gerade das Fließgelenk an der Einspannstelle einspringt; das ist hier der Grenzzustand. Bild 108b verdeutlicht die Situation bei einem Rahmen. Da das System 2x3=6-fach statisch unbestimmt ist, zeigt das Bild sieben Fließgelenke, hierfür werde nach Th.I.Ordn. der Grenzzustand erreicht. Wird der Verformungseinfluß (Th.II. Ordn.) berücksichtigt, kann der Kollaps bereits bei einer deutlich geringeren Fließgelenkanzahl eintreten (vgl. auch Bild 77). In Abschnitt 7.2.4.5 wird exemplarisch gezeigt, wie der Verformungseinfluß über die Abtriebskraft aus der Schrägstellung der Stabsehnen erfaßt werden kann. Durch die Stielverkrümmung entsteht eine geringe Verkürzung der Stabsehnen, dadurch wird die seitliche Verschiebung etwas vergrößert. Dieser Einfluß wird beim Q_Δ-Verfahren von RUBIN [52,53] mit erfaßt. Inzwischen wurden weitere Verfahrensvarianten zur Fließgelenktheorie II. Ordnung entwickelt, die sich eigentlich nur für Computerberechnungen eignen [54-65] , insbesondere dann, wenn "große" Verformungen unterstellt werden (Übergang zu Theorie III. Ordnung) [66-68]. Am geeignetsten erweisen sich jene, die auf dem Verformungsgrößenverfahren basieren. Da bei der Fließgelenktheorie lokale Fließgelenke unterstellt werden, liegt die Fließgelenktheorie II. Ordnung gegenüber der Fließzonentheorie II. Ordnung auf der unsicheren Seite, denn die teilplastizierten Zonen bedingen zusätzliche Verformungsbeiträge. In [69] wird der Einfluß anhand numerischer Rechenergebnisse bewertet. - Ein weiteres Problem stellen bei plasto-statischen Tragfähigkeitsberechnungen nach Th.II.Ordn. gewisse zusätzliche Nachgiebigkeitseffekte dar, die im Grenzzustand z.B. durch die Nachgiebigkeit der Verbindungen oder durch die Schubverformungen (insbesondere in Rahmenecken) entstehen [70]. Sie lassen sich ggf. durch zusätzliche Imperfektionszuschläge oder durch integrierte Federmodelle erfassen. Deren Bewertung ist Gegenstand der Forschung.

6.4.10 Zur Frage der Systemeignung

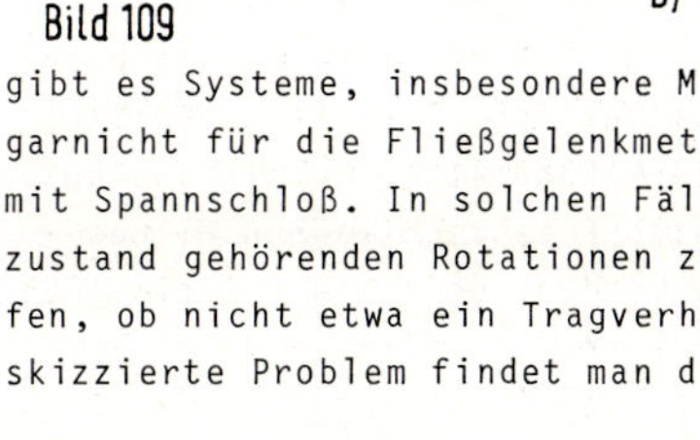

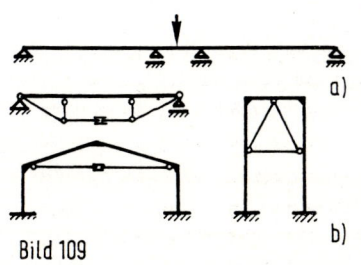

Bild 109

Wie in Abschn. 6.4.1 erwähnt, wurden in den dreißiger Jahren d.Jhdts. Bedenken gegen die Fließgelenkmethode angemeldet, weil sich für gewisse Systeme und Lastanordnungen paradoxe Ergebnisse herleiten lassen, vgl. z.B. [1,16]. Das in Bild 109a gezeigte Problem ist ein Beispiel dafür. Läßt man nur bestimmte Rotationswinkel zu, lassen sich derartige Fälle ausscheiden. Die ehemaligen Bedenken beruhten auf Lösungen, die viel zu große (unzulässige) Rotationen voraussetzten, sie waren demnach irrig. - Daneben gibt es Systeme, insbesondere Mischsysteme (Bild 109b), die in der Tat nur bedingt oder garnicht für die Fließgelenkmethode geeignet sind, z.B. solche mit Zugbändern ohne oder mit Spannschloß. In solchen Fällen ist es unbedingt erforderlich, die Größe der zum Grenzzustand gehörenden Rotationen zu berechnen und anhand der Lastverschiebungskurve zu prüfen, ob nicht etwa ein Tragverhalten mit abruptem Versagen vorliegt. Für das in Bild 110 skizzierte Problem findet man die Tragkraft F_{Pl} zu (vgl. G.85/86):

$$F_{Pl} = 2 M_{Pl} \cdot \frac{l}{a b} \qquad (179)$$

Für die Rotation des sich als erstes einstellenden Fließgelenkes 1 ($a \leq l/2$) findet man:

$$\frac{EI\,\vartheta}{M_{Pl} \cdot l} = \frac{1}{6}\left(1 - 2\frac{a}{l}\right) \qquad (180)$$

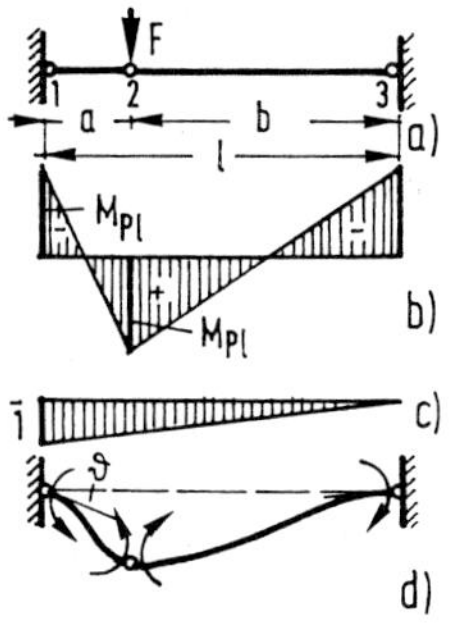

Bild 110

Bei mittigem Lastangriff (a=l/2) ergibt sich:

$$a = \frac{l}{2}: \quad F_{Pl} = \frac{8M_{Pl}}{l} \quad \longrightarrow \quad \frac{EI\vartheta}{M_{Pl} \cdot l} = 0 \qquad (181)$$

Da die Fließgelenke an den Einspannstellen und in Feldmitte im Falle a=l/2 gleichzeitig entstehen, tritt bei Erreichen des Grenzzustandes keine Rotation ein. Läßt man a kleiner werden, stellen sich die Fließgelenke in der Reihenfolge 1,2,3 ein; im Grenzfall a→0 folgt:

$$a = 0: \quad F_{Pl} = \infty \quad \longrightarrow \quad \frac{EI\vartheta}{M_{Pl} \cdot l} = \frac{1}{6} \qquad (182)$$

Dieses Ergebnis ist natürlich unsinnig (obwohl ϑ endlich ist!), weil hiermit unendlich große Schubspannungen verbunden sind. Nur die Einrechnung der M/Q-Interaktion liefert die richtige (endliche) Tragkraft; zudem wäre bei der Verformungsberechnung der Querkrafteinfluß zu berücksichtigen. Vorstehende Aspekte sind wichtig, wenn die Frage nach der Systemeignung beantwortet werden soll.

6.4.11 Nachweis der Verbindungsmittel

Verbindungen aller Art, wie Stöße, Rahmenecken, Stützenfußverankerungen, stellen Inhomogenitäten dar. Liegen diese im Bereich von Fließgelenken oder Fließzonen, sollte sichergestellt sein, daß sie eine Tragfähigkeit gleich/größer der Tragfähigkeit des Grundquerschnittes aufweisen; günstiger ist es, wenn die Tragfähigkeit um eine bestimmte Marge höher liegt, damit das Versagen nicht vorzeitig (und etwa spröde) in der Verbindung eintritt. Das gilt besonders für Kopfplattenanschlüsse, deren Tragfähigkeit vorrangig auf der Festigkeit der unter Zug stehenden Schrauben beruht. Deren Dehnfähigkeit ist gering und damit auch die Rotationsfähigkeit in der Verbindung. Das gilt z.T. auch für Kehlnahtverbindungen. Laschenverbindungen, bei denen die Schrauben (Niete) auf Abscheren und Lochleibung beansprucht werden, haben eine relativ hohe Duktilität, das gilt auch für Stumpfnahtverbindungen.

Um sicher zu gehen, empfiehlt es sich (wie gesagt), die Grenztragfähigkeit der Verbindung für ein gegenüber M_{Pl} höheres Moment auszulegen. Hierbei tritt das Problem der "Überfestigkeit" auf: Die Rechenwerte für die Fließspannung sind bekanntlich untere Fraktilenwerte. Real liegt die Fließgrenze i.a. höher, vgl. Abschnitt 3.5.2.7 (2. Beispiel), etwa bis zu einem Faktor 1,25 über der Mindeststreckgrenze. Besonders kritisch ist die Situation, wenn mißratene Chargen hochfester Stähle (z.B. als St37) geliefert werden; hier kann der Faktor noch deutlich höher liegen. Probleme kann es mit der Überfestigkeit eigentlich nur geben, wenn der Grenzzustand mit der Bildung von mehreren (bis vielen) Fließgelenken einhergeht und die zur Beurteilung anstehenden Verbindungen an Stellen der sich zuerst bildenden Fließgelenke liegen und hier Überfestigkeit vorhanden ist. Dann wird hier ein größerer Widerstand

$$\text{real}\, M_{Pl} > \text{rech}\, M_{Pl} \qquad (183)$$

geweckt, was für die Verbindung einen Unsicherheitsfaktor bedeuten kann. Zur Auslegung der Verbindungen vgl. [13] und DIN 18800 T1 (11.90), Element 759. Tritt bei einem in einem Fundament eingespannten Rahmenstiel ein Fließgelenk ein, ist die Verankerung unter Berücksichtigung einer möglichen Überfestigkeit auszulegen; das ist nicht erforderlich, wenn es sich hierbei um das sich zuletzt bildende Fließgelenk handelt; das gilt analog für Verbindungen in Fließgelenken. - Beim Verfahren Elastisch-Plastisch kann n.M. des Verfs. auf die Einrechnung einer Überfestigkeit verzichtet werden, weil ein höheres Tragmoment als es der Auslegung entspricht gar nicht auftreten kann.

6.4.12 Proportionale und nichtproportionale Belastung - Zyklische Belastung

Proportional nennt man eine Belastung, bei welcher die einzelnen Lastanteile vom Gebrauchslastniveau aus (Normlasten) um denselben Faktor ν (Laststeigerungsfaktor) bis zum Erreichen des Grenzzustandes anwachsen. Ist

$$F = F(g, p_1, p_2, p_3, \cdots) \qquad (184)$$

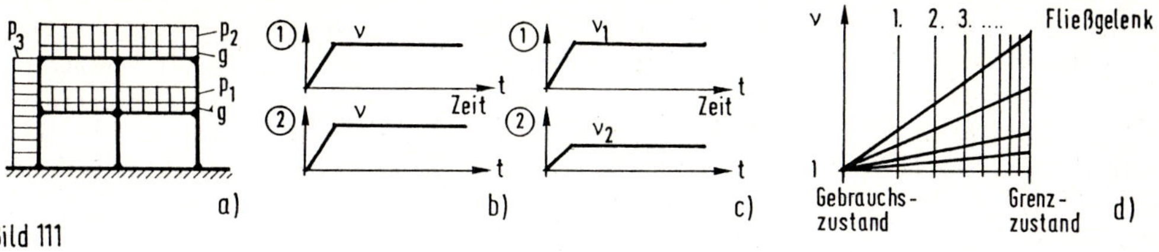

Bild 111

das Lastfeld im Gebrauchszustand (ν=1,0), werden von hieraus alle Lastanteile (z.B. g: Eigenlast, p_1: Verkehrslast, p_2: Schneelast, p_3: Windlast usf., vgl. Bild 111a proportional und einsinnig gesteigert. Für irgendeine Laststufe gilt:

$$F_\nu = F(\nu g, \nu p_1, \nu p_2, \nu p_3, \cdots) = \nu \cdot F(g, p_1, p_2, p_3, \cdots) \qquad (185)$$

Dieses ist der für die Berechnung einfachste Ansatz. Er ist gängig und nach DIN 18800 (11.90) ausdrücklich zugelassen. Unter einer bestimmten Laststufe wird der Grenzzustand erreicht (ν_{Pl}). Mit der Realität hat der Ansatz wenig gemein, denn die Wahrscheinlichkeit für das Überschreiten des Gebrauchslastniveaus ist für die einzelnen Lastanteile unterschiedlich. Die Einführung von Teilsicherheitsfaktoren und Kombinationsfaktoren ist demnach logisch. Die Lasten wachsen damit aber nicht mehr proportional bis zum Erreichen des Grenzzustandes sondern nichtproportional, vgl. die Gegenüberstellung in Bild 111b und c. Der Gradient der Laststeigerung ist unterschiedlich (Teilbild d). Die Berechnung wird

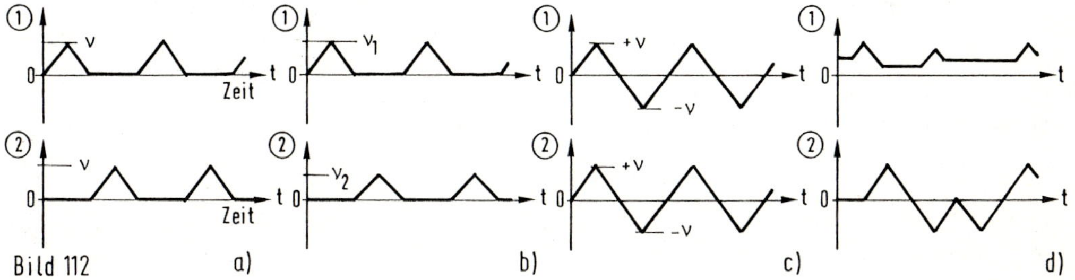

Bild 112

hierdurch außerordentlich verwickelt. Die Schwierigkeiten steigen abermals an, wenn Lastzyklen durchlaufen werden. Wird eine Lastgruppe proportional (von Null aus) bis zu einer Laststufe gesteigert, die plastische Gelenke bewirkt (ggf. den plastischen Grenzzustand gerade erreicht) und anschließend wieder auf Null entlastet, erfolgt die Entlastung elastisch, es verbleibt ein Restdehnungs- bzw. Restspannungszustand, vgl. Abschnitt 6.3.3. Bei abermaliger proportionaler (gleichgerichteter) Belastung bis zur selben Laststufe wie zuvor verhalten sich alle Fasern elastisch, ebenso bei erneuter Entlastung usf. Anders liegen die Verhältnisse, wenn eine Last bis zur Auslösung von Plastizierungen gesteigert und wieder auf Null zurückgenommen wird und anschließend eine zweite Last Plastizierungen auslöst. Diese Last baut Spannungen vom Selbstspannungszustand der ersten Last aus auf, usf. Es läßt sich zeigen, daß dabei ein elastisches Einspielen eintreten kann. Oberhalb bestimmter Laststufen kann es aber auch zu einem stetigen Anwachsen der Verformungen kommen und damit zu einem progressiven Versagen. Der zugehörige Grenzzustand liegt niedriger als der plasto-statische Grenzzustand für einmaligen Lastanstieg. Der "Einspielfaktor" kann auf der Basis des Einspielsatzes von MELAN [71] bestimmt werden, vgl. z.B. [1,16,72,25]. In Bild 112a sind die Lastzyklen, jeweils bis zum gemeinsamen Laststeigerungsfaktor ν, verdeutlicht. Bild 112b zeigt Lastzyklen mit unterschiedlichen Gradienten und Teilbild c alternierende Lastzyklen. Sie vermögen alternierendes Versagen zu bewirken, auch wenn sie sich zeitlich gleichzeitig ändern. Bild 112d zeigt regellose Lastverläufe. Deren rechnerische Verfolgung ist in hohem Maße komplex.
Sind die Lasten oder Lastanteile von zyklischem Typ mit größerer Wiederholungswahrscheinlichkeit, ist es angezeigt, den Einspielgrenzzustand zu bestimmen und eine (im Vergleich zu ν_{Pl}) verringerte Sicherheit einzuhalten. Es dürfte in solchen Fällen aber ausreichen, nachzuweisen, daß sich unter Gebrauchslasten noch keine Plastizierungen (ggf. noch kein

Fließgelenk) ausgebildet hat. Diese Frage ist aber auch davon abhängig, welche Sicherheitsmarge für den plastischen Grenzzustand vorgeschrieben wird. Die zuvor kommentierten Grenzzustände des progressiven bzw. alternativen Versagens haben nichts zu tun mit Versagen infolge Kruzzeitermüdung (low cycle fatigue); vgl. Abschnitt 2.6.5.6.5. Dieser Sicherheitsaspekt ist stets getrennt zu beachten, wobei von einer alternierenden zyklischen Plastizierung ein sehr starker Ermüdungseinfluß ausgeht. Verformungslastfälle (wie Stützensenkungen, Auflagerdrehungen, Temperatureinwirkungen, Schwinden, Kriechen oder andere eingeprägte Eigenspannungszustände) haben auf die Höhe des Grenzzustandes nach Th. I. Ordnung keinen Einfluß. Wohl (wegen der hiermit i.a. verbundenen größeren Verformungen) auf die Höhe der nach Th.II. Ordnung berechneten Grenzzustände [73] und ggf. auch auf die Höhe des Einspielniveaus).

(Vorstehende Aspekte sind von der Forschung noch nicht restlos abgeklärt.)

7 Stabilitätsnachweise (Knicken - Kippen - Beulen)

7.1 Einführung in die Grundlagen der Stabilitätstheorie

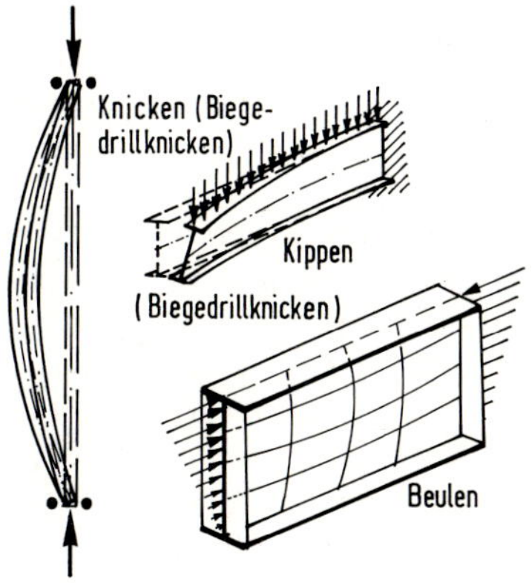

Bild 1

Unter dem Begriff "Instabilität" werden Versagensformen wie Knicken, Kippen und Beulen verstanden. Instabilitätsgefahr besteht, wenn Stäbe, Träger, Platten oder Schalen auf Druck beansprucht werden (Bild 1): Unter einer ganz bestimmten Belastungsintensität wird der Gleichgewichtszustand instabil, d.h. die Struktur knickt, kippt, beult; das Gleichgewicht "verzweigt". Allgemeiner ist der Fall, daß sich der zentrischen Druckbeanspruchung eine Biegebeanspruchung überlagert. Werden in diesem Falle im Rahmen einer statischen Berechnung die Schnittgrößen des Tragwerkes unter Berücksichtigung der Verformungen bestimmt, d.h., werden die Gleichgewichtsgleichungen nicht am unverformten Tragwerk (wie in der klassischen Statik Theorie I. Ordnung), sondern am verformten Tragwerk erfüllt, so spricht man von Theorie II. Ordnung (auch von Knick-, Kipp- oder Beulbiegung). Nähert sich die Druckbeanspruchung des kombinierten Druck-Biege-Problems der zugeordneten Verzweigungsintensität, wachsen die Verformungen und Schnittgrößen stark an, letztlich über alle Grenzen. Unter dem Begriff "Stabilitätstheorie" werden all jene baustatischen Nachweismethoden zusammengefaßt, bei denen der Verformungseinfluß bei Druckbeanspruchung beim Tragsicherheitsnachweis berücksichtigt wird. Diese Vereinbarung geht über den Begriff der Verzweigungstheorie hinaus. Letztere ist in diesem Sinne nur ein Unterfall der Biegetheorie II. Ordnung.

Der Stabilitätstheorie kommt im Stahlbau große Bedeutung zu, da die Bauglieder wegen der hohen Materialfestigkeit i.a. relativ schlank und dünnwandig ausfallen. Für den Nachweis ausreichender Tragsicherheit ist die Kenntnis der Grenztragfähigkeit der gedrückten Glieder unbedingt erforderlich. Zur Lösung stabilitätstheoretischer Aufgaben steht ein umfangreiches Schrifttum zur Verfügung, vgl. z.B. [1] und die dort zitierte Literatur.

7.1.1 Statisches und energetisches Stabilitätskriterium

Bild 2 kennzeichnet nochmals die Begriffe "Spannungsproblem"-"Verzweigungsproblem":
Bei ersterem wirkt neben der Druckkraft eine quergerichtete (Biegung auslösende) Kraft. Die Verformungen (hier f) und Schnittgrößen wachsen unter steigender Belastung progressiv an. Mit Erreichen der Laststufe ν_{Ki} (unter der bei alleinigem Druck das System ausknickt, d.h. das Gleichgewicht verzweigt) wachsen die Verformungen (theoretisch) über alle Grenzen, sofern die Theorie von linearisierten Ansätzen ausgeht (Bild 2a). Wird die Theorie strenger (für große, endliche) Verformungen entwickelt, erhält man kinematisch-nichtlineare Abhängigkeiten, dann lassen sich auch Gleichgewichtszustände oberhalb des Verzweigungsniveaus berechnen (Teilbild b). Aus baupraktischer Sicht haben derartige Fragestellungen nur eine untergeordnete Bedeutung. Es gibt indes Ausnahmen, z.B. in der Theorie des Platten- und Schalenbeulens.

In Teilbild c sind die drei möglichen Gleichgewichtsarten stabil, indifferent und labil am Kugelgleichnis erläutert; um sie zu analysieren, gibt es zwei axiomatische Prinzipe, das statische und das energetische.

Unter dem <u>statischen</u> Prinzip wird die Erfüllung der Gleichgewichtsgleichungen verstanden: Ein unter äußeren Einwirkungen stehendes Tragwerk stellt sich so ein, daß in jedem Schnitt die (inneren) Schnittgrößen mit den (äußeren) Lasten im Gleichgewicht stehen, wobei es bei

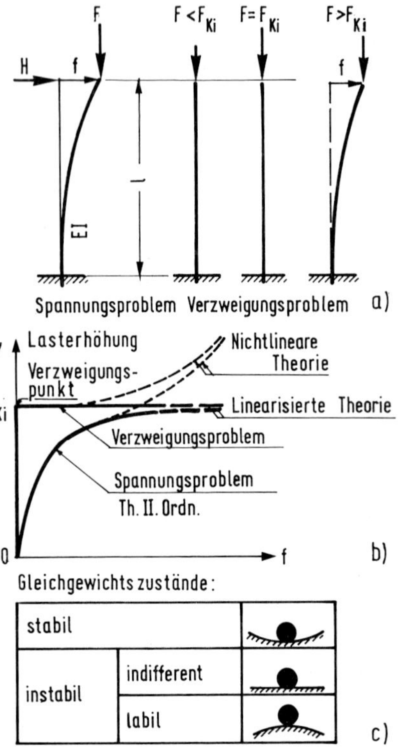

Bild 2

Druckbeanspruchung erforderlich ist, die Gleichgewichtsgleichungen am verformten Tragwerk zu erfüllen (Theorie II. Ordnung). Nur auf diese Art und Weise gelingt es, die überproportionale Zunahme der Schnittgrößen infolge der an "elastischen" Hebelarmen wirkenden Druckkräfte zu erfassen. Das statische Prinzip ist mit dem Gleichgewichsprinzip identisch.

Das energetische Prinzip (Energieprinzip) basiert auf dem Prinzip vom Minimum der potentiellen Energie. Bei Einengung auf das hier anstehende Problemfeld lautet das Prinzip: Bei einem unter äußeren Einwirkungen stehenden Tragwerk ist im Gleichgewichtszustand die erste Variation der potentiellen Energie (bei einer virtuellen Verrückung) Null, denn dann ist die potentielle Energie $\Pi = \Pi_a + \Pi_i$ ein Minimum (energetisches Extremalprinzip). Bezeichnet man die potentielle Energie des im Gleichgewicht stehenden Systems mit Π_0, erfährt dieses eine Änderung, wenn eine virtuelle Verrückung eingeprägt wird. Die potentielle Energie im virtuellen (Nachbar-) Zustand sei Π_I, dann gilt hierfür:

$$\Pi_I = \Pi_0 + \Delta\Pi_0 = \Pi_0 + \delta\Pi_0 + \frac{1}{2}\delta^2\Pi_0 + \cdots \qquad (1)$$

Die Änderung $\Delta\Pi_0$ wird im Sinne einer TAYLOR-Reihe entwickelt; man spricht im vorliegenden Fall von 1., 2., ... Variation von Π_0. Da der Gleichgewichtszustand durch $\delta\Pi_0 = 0$ gekennzeichnet ist, charakterisiert die 2. Variation die Art des Gleichgewichts:

$$\delta^2\Pi_0 \begin{cases} > 0 & \text{stabil} \\ = 0 & \text{indifferent} \\ < 0 & \text{labil} \end{cases} \qquad (2)$$

Kann nämlich das im Gleichgewicht stehende Tragwerk in den Nachbarzustand (virtuell) überführt werden, ohne daß hierzu eine (in zweiter Ordnung kleine) Arbeit erforderlich ist, heißt das Gleichgewicht indifferent. Muß dagegen eine Arbeit aufgewendet werden, ist das Gleichgewicht stabil: Das System kehrt in den Grundzustand zurück; wenn die virtuelle Verrückung, gedeutet als äußere Störung, wieder aufgehoben wird. Wird bei einer virtuellen Verrückung Arbeit frei, ist der Gleichgewichtszustand labil. - Handelt es sich um ein Verzweigungsproblem, ist die Grundverformung Null und das Energieprinzip zur Bestimmung des indifferenten Gleichgewichtszustandes lautet:

$$\delta(\bar{\delta}^2\Pi_0) = 0 \qquad (3)$$

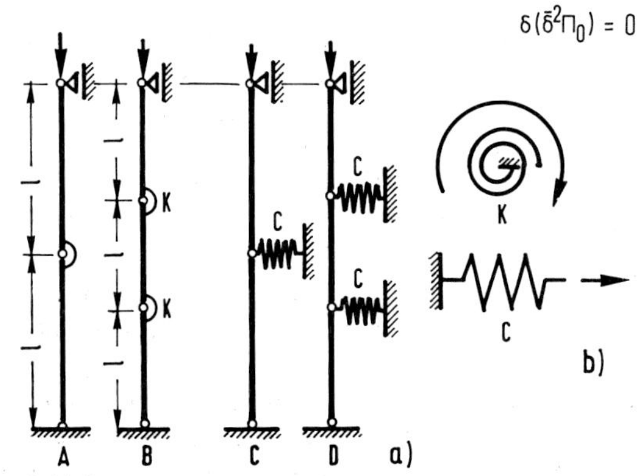

Bild 3

Das energetische Prinzip ist allgemeingültiger als das statische, da es über die Art des Gleichgewichts eine Aussage macht. Auch können hiernach, ausgehend von der Variationstheorie, die kennzeichnenden Grundgleichungen (und die Randbedingungen) hergeleitet werden. Schließlich lassen sich auf der Grundlage der Energiemethode wirkungsvolle Näherungsverfahren entwickeln (z.B. direkte Variationsverfahren von GALERKIN und RAYLEIGH/RITZ), was dann von großer Bedeutung ist, wenn sich wegen der mathematischen Schwierigkeiten keine strengen analytischen Lösungen angeben lassen. Anhand der in Bild 3 dargestellten Stabilitätsaufgaben lassen sich die statischen und energetischen Prinzipe erläutern. Es handelt sich um Starr-Stab-Systeme ($EA=\infty$, $EI=\infty$) mit dreh- bzw. senkfederelastischen Bindungen bzw. Stützungen. - Die Drehfederkonstante K ist jenes Moment, das eine gegenseitige Drehung 1 (in Bogenmaß) bewirkt. Die Senk- oder Verschiebungsfederkonstante C ist jene Kraft, die eine Verschiebung 1 hervorruft. Die Einheiten sind z.B.: [K] = kNm/1, [C] = kN/m. Im folgenden wird unterschieden zwischen

- statischer und energetischer Herleitung,
- Spannungsproblem (Th. II. Ordn.) und Verzweigungsproblem sowie
- unter- und überkritischem Verhalten.

7.1.2 System A (Zweistabsystem mit Drehfeder)

7.1.2.1 Statische Herleitung

Bei der statischen Herleitung werden die gesuchten Lösungen, wie oben ausgeführt, mittels Gleichgewichtsgleichungen am verformten System bestimmt.

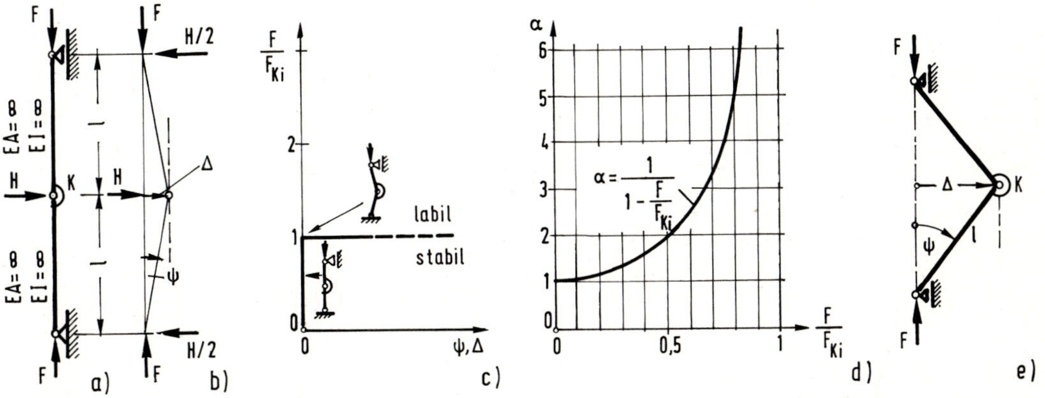

Bild 4

Bild 4a zeigt die Aufgabenstellung: Das Stabwerk wird durch eine mittige Kraft H und die achsial gerichtete Kraft F beansprucht. Die seitliche Verschiebung des mittigen Gelenkes sei Δ, der Stabdrehwinkel ψ. Unterstellt man "kleine" Verformungen, gilt:

$$\Delta = l \cdot \psi \tag{4}$$

Das in der Drehfeder geweckte Moment beträgt:

$$M = 2K\psi \tag{5}$$

G.4 kennzeichnet die kinematische und G.5 die physikalische Formänderungsaussage. Das (äußere) Moment infolge H und F im Gelenk folgt zu:

$$M = \frac{H}{2} l + F \cdot \Delta \tag{6}$$

Die Verknüpfung von G.4/5 und G.6 liefert die Bestimmungsgleichung für ψ:

$$\frac{H}{2} l + Fl\psi = 2K\psi \longrightarrow \psi = \frac{Hl}{4(K - Fl/2)} \tag{7}$$

Mit ψ sind auch Δ und M für vorgegebene Werte H und F bekannt; die "Spannung" in der Drehfeder läßt sich berechnen: Spannungstheorie II. Ordnung.

Wirkt nur die zentrische Druckkraft F, "entartet" das Biegeproblem in ein Knickproblem, jetzt ist ψ (bzw. Δ) die Knickverformung. G.4 u. G.5 gelten unverändert, die Gleichgewichtsgleichung G.6 reduziert sich auf:

$$M = F \cdot \Delta = F \cdot l\psi \tag{8}$$

Verknüpfung mit G.5:

$$F \cdot l\psi = 2K\psi \longrightarrow (Fl - 2K)\psi = 0 \tag{9}$$

Diese Gleichung hat zwei Lösungen:

$$1.\quad \psi = 0 : \text{ triviale (Null-) Lösung} \qquad (10)$$

$$2.\quad Fl - 2K = 0 \qquad (11)$$

Aus letzterer folgt:

$$F_{Ki} = \frac{2K}{l} \qquad (12)$$

F_{Ki} ist die Knickkraft; man unterscheidet die Gleichgewichtszustände (s.o.):

$$\begin{array}{lll} F < F_{Ki} : \text{stabil} & & \\ F = F_{Ki} : \text{indifferent} & \rbrace \text{instabil} & \\ F > F_{Ki} : \text{labil} & & \end{array} \qquad (13)$$

Unterhalb F_{Ki} bleibt das System unverformt, im Falle $F=F_{Ki}$ verzweigt das Gleichgewicht, d.h., das System knickt; Bild 4c zeigt das Kraft-Verformungsdiagramm, die Verformungen bleiben im Indifferenzfalle dem Betrage nach unbestimmt.
Bezieht man die Verzweigungslösung auf die Lösung des Spannungsproblems Th. II. Ordn., also G.12 auf G.7, folgt:

$$\psi = \frac{1}{1 - F/F_{Ki}} \cdot \frac{Hl}{4K} \longrightarrow \psi^{II} = \alpha \cdot \psi^{I} \qquad (14)$$

α wird Vergrößerungs- oder Verformungsfaktor genannt:

$$\alpha = \frac{1}{1 - \frac{F}{F_{Ki}}} \qquad (15)$$

In Bild 4d ist der funktionale Verlauf von α dargestellt.

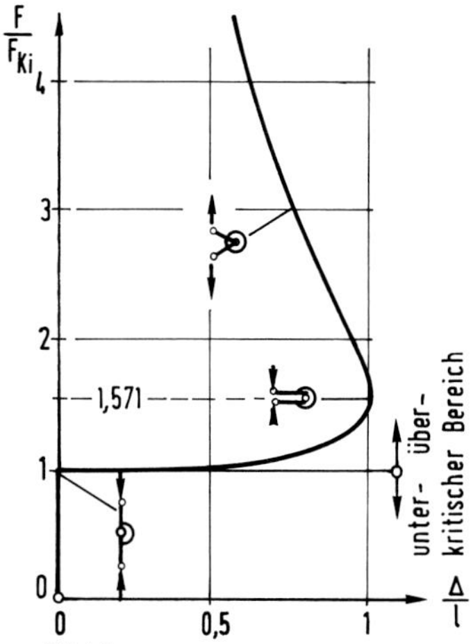

Bild 5

Sollen Gleichgewichtszustände $F>F_{Ki}$ (im sogen. "überkritischen" Bereich) untersucht werden, muß die Theorie in den kinematischen Verformungsbeziehungen zugeschärft werden. Anstelle von G.4 ist mit

$$\Delta = l \cdot \sin\psi \qquad (16)$$

zu rechnen, vgl. Bild 4e. G.5 gilt unverändert. Die Gleichgewichtsgleichung G.8 gilt ebenfalls unverändert:

$$M = F \cdot \Delta = Fl \cdot \sin\psi \qquad (17)$$

Verknüpfung und Beachtung von G.12:

$$Fl \cdot \sin\psi = 2K\psi \longrightarrow \frac{\psi}{\sin\psi} = \frac{F}{F_{Ki}} \qquad (18)$$

Aus dieser (nichtlinearen) Gleichung ist ψ in Abhängigkeit von F (für $F/F_{Ki}>1$) zu berechnen; Bild 5 zeigt das Ergebnis. Man erkennt, daß die seitliche Auslenkung bei einer geringen Steigerung der Druckkraft F über F_{Ki} hinaus, sprunghaft ansteigt. Für $F/F_{Ki}=1,571$ wird $\psi = \pi/2$ und $\Delta = l$. Für $F/F_{Ki}=1,047$ (das entspricht einer Steigerung von F um $\approx 5\%$ gegenüber der Knickkraft) ergibt sich $\Delta = 0,5 \cdot l$.
Aufgrund dieses Ergebnisses wird verständlich, warum die baupraktische Bedeutung überkritischer Zustände gering ist; sie interessieren allenfalls bei Sicherheitsbetrachtungen.
Werden beim Spannungsproblem Th. II. Ordnung "große" Verformungen unterstellt, ist anstelle G.6 von der Gleichgewichtsgleichung

$$M = \frac{H}{2} \cdot l\cos\psi + Fl \cdot \sin\psi \qquad (19)$$

auszugehen; die Verknüpfung mit G.5 ergibt nach kurzer Umformung:

$$\frac{F}{F_{Ki}} \sin\psi - \psi + \frac{Hl}{4K} \cos\psi = 0 \qquad (20)$$

Aus dieser Gleichung ist für gegebene Werte H und F der Stabdrehwinkel ψ zu bestimmen. Damit ist dann auch das Moment in der Feder in Abhängigkeit von den äußeren Kräften H und F bekannt.

7.1.2.2 Energetische Herleitung

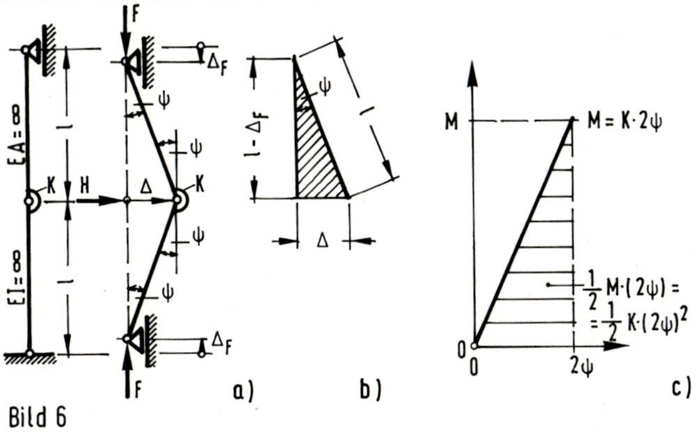

Bild 6

Die potentielle Energie setzt sich aus der äußeren und inneren Energie der beteiligten Kräfte zusammen. Im verformten Zustand ist das Arbeitsvermögen der äußeren Kräfte um die Größe

$$\Pi_a = -H\Delta - 2F\Delta_F \qquad (21)$$

reduziert (daher das Minuszeichen). - Die innere potentielle Energie ist gleich der durch die Verformung eingeprägten Formänderungsarbeit. Gemäß Voraussetzung wird hier nur in der Drehfeder Formänderungsenergie gespeichert, vgl. Bild 6c:

$$\Pi_i = \frac{1}{2}K(2\psi)^2 = 2K\psi^2 \qquad (22)$$

Die kinematische Abhängigkeit der Verschiebung Δ_F des Angriffspunktes von F von der seitlichen Verschiebung $\Delta = l\psi$ folgt aus Teilbild b:

$$(l-\Delta_F)^2 + \Delta^2 = l^2 \longrightarrow l^2 - 2l\Delta_F + \Delta_F^2 + \Delta^2 = l^2 \longrightarrow 2l\Delta_F - \cancel{\Delta_F^2}^{\approx 0} = \Delta^2 \longrightarrow 2l\Delta_F = \Delta^2 \longrightarrow \qquad (23)$$

$$\Delta_F = \frac{\Delta^2}{2l} = \frac{l}{2}\psi^2$$

Die potentielle Energie des Systems beträgt damit:

$$\Pi = \Pi(\psi) = \Pi_a + \Pi_i = -Hl\psi - 2F\frac{l}{2}\psi^2 + 2K\psi^2 \longrightarrow$$

$$\Pi = 2K\psi^2 - Hl\psi - Fl\psi^2 \qquad (24)$$

Die erste Variation von Π wird Null gesetzt:

$$\delta\Pi = \frac{\partial\Pi}{\partial\psi}\cdot\delta\psi = (4K\psi - Hl - 2Fl\psi)\delta\psi = 0 \longrightarrow \psi = \frac{Hl}{4(K - Fl/2)} \qquad (25)$$

Damit ist G.7 unabhängig bestätigt; G.25 kennzeichnet den Gleichgewichtszustand nach Theorie II. Ordnung. Die zweite Variation von Π lautet:

$$\delta^2\Pi = \frac{\partial^2\Pi}{\partial\psi^2}\delta^2\psi = (4K - 2Fl)\delta^2\psi = 0 \qquad (26)$$

Das Indifferenzkriterium G.2 ergibt:

$$F_{Ki} = \frac{2K}{l} \qquad (27)$$

(Vgl. G.12)

7.1.3 System B (Dreistabsystem mit Drehfedern)

7.1.3.1 Statische Herleitung

Bild 7 zeigt das System; die Einzelstablängen sind gleichgroß. Für den dargestellten (frei gewählten) Verformungszustand (mit den Verschiebungen Δ_1 und Δ_2 als Bezugsunbekannte) betragen die in den Drehfedern geweckten Momente:

$$M_1 = K_1\left(2\frac{\Delta 1}{l} - \frac{\Delta 2}{l}\right); \quad M_2 = K_2\left(2\frac{\Delta 2}{l} - \frac{\Delta 1}{l}\right) \qquad (28)$$

Zur Überprüfung bestimme man den gegenseitigen Drehwinkel. - In den Schnitten 1 und 2 betragen die äußeren Momente:

$$M_1 = \left(\frac{2}{3}H_1 + \frac{1}{3}H_2\right)l + F\cdot\Delta_1$$

$$M_2 = \left(\frac{1}{3}H_1 + \frac{2}{3}H_2\right)l + F\cdot\Delta_2 \qquad (29)$$

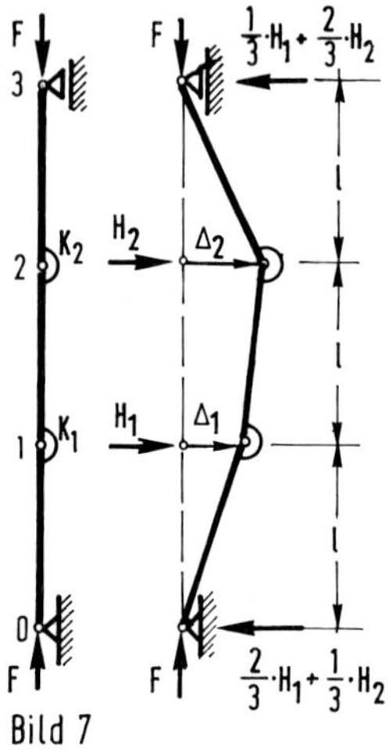

Bild 7

Die Verknüpfung ergibt:

$$\left(\frac{2}{3}H_1 + \frac{1}{3}H_2\right)l + F\Delta_1 - K_1\left(2\frac{\Delta 1}{l} - \frac{\Delta 2}{l}\right) = 0 \qquad (30)$$

$$\left(\frac{1}{3}H_1 + \frac{2}{3}H_2\right)l + F\Delta_2 - K_2\left(2\frac{\Delta 2}{l} - \frac{\Delta 1}{l}\right) = 0 \qquad (31)$$

Für gegebene Kräfte H_1, H_2 und F lassen sich hieraus Δ_1 und Δ_2 berechnen (Th. II. Ordnung).

Knickproblem ($H_1=0$, $H_2=0$): Es wird der Sonderfall $K_1=K_2=K$ betrachtet:

Δ_1	Δ_2	
$-\frac{2K}{l}+F$	$+\frac{K}{l}$	$=0$
$+\frac{K}{l}$	$-\frac{2K}{l}+F$	$=0$

(32)

Dieses homogene lineare Gleichungssystem folgt aus G.30/31, wenn H_1 und H_2 Null gesetzt werden. Das Gleichungssystem ist von zweiter Ordnung in den Unbekannten Δ_1 und Δ_2. Bekanntlich lautet die Lösung eines solchen Gleichungssystems:

$$\Delta_1 = \frac{\mathrm{Det}(1)}{\mathrm{Det}}; \quad \Delta_2 = \frac{\mathrm{Det}(2)}{\mathrm{Det}} \qquad (33)$$

Det(1) und Det(2) sind die Zählerdeterminanten. Det ist die Nennerdeterminante. Bei einem homogenen Problem (rechte Gleichungsseite Null) sind die Zählerdeterminanten Null; somit verbleibt:

$$\Delta_1 = \frac{0}{\mathrm{Det}}; \quad \Delta_2 = \frac{0}{\mathrm{Det}} \qquad (34)$$

Eine von Null verschiedene, nichttriviale Lösung liegt in jenem Sonderfall vor, in dem die (Nenner-) Determinante auch Null ist. Dann sind Δ_1 und Δ_2 von Null verschieden, aber unbestimmt. Das ist der Knickfall. Gesucht ist somit jene Kraft F, die Det zu Null macht, das ist die Knickkraft (Eigenwert). Somit lautet die Knickbedingung:

$$\mathrm{Det} = 0: \quad \left(F - \frac{2K}{l}\right)^2 - \left(\frac{K}{l}\right)^2 = 0 \qquad (35)$$

Ausquadradiert ergibt sich eine quadratische Gleichung für F:

$$F^2 - 4\left(\frac{K}{l}\right)F + 3\left(\frac{K}{l}\right)^2 = 0 \qquad (36)$$

Lösung:

$$F = 2\left(\frac{K}{l}\right) \mp \sqrt{4\left(\frac{K}{l}\right)^2 - 3\left(\frac{K}{l}\right)^2} = 2\frac{K}{l} \mp \frac{K}{l} \qquad (37)$$

1. Lösung:

$$F_1 = F_{Ki} = \frac{K}{l} \qquad (38)$$

2. Lösung:

$$F_2 = 3\frac{K}{l} \qquad (39)$$

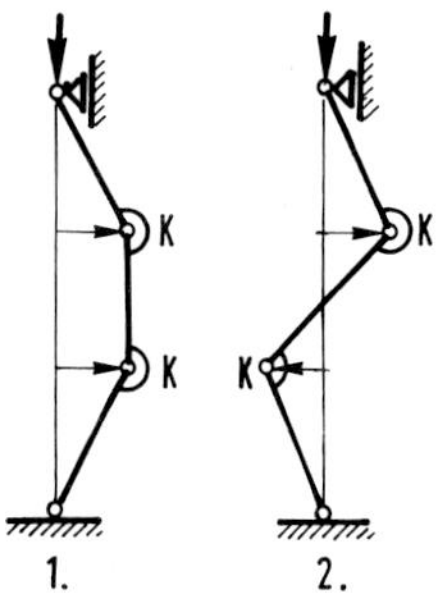

Bild 8

Maßgebend ist die 1. Lösung (niedrigster Eigenwert). Die zur zweiten Eigenlösung gehörende Kraft ist dreimal so hoch wie die erste. - Um die Knickfiguren (Eigenformen) zu bestimmen, werden die Eigenlösungen in G.32 (entweder in die erste oder zweite Gleichungszeile) eingesetzt:

1. Lösung: $\left(-\frac{2K}{l} + \frac{K}{l}\right)\Delta_1 + \frac{K}{l}\Delta_2 = 0 \longrightarrow \Delta_1 = \Delta_2$ (40)

2. Lösung: $\left(-\frac{2K}{l} + \frac{3K}{l}\right)\Delta_1 + \frac{K}{l}\Delta_2 = 0 \longrightarrow \Delta_1 = -\Delta_2$ (41)

Bild 8 zeigt die Eigenformen; nur die erste ist die eigentliche Knickform.

Im Falle $H_1 = H_2 = H$ findet man folgende Lösung für das Biegeproblem Th. II. Ordn. ($\Delta_1 = \Delta_2 = \Delta = \psi \cdot l$):

Federmoment (Elastizitätsgesetz):

$$M = K\frac{\Delta}{l} \qquad (42)$$

Äußeres Moment im Federgelenk:

$$M = Hl + F\Delta \qquad (43)$$

Verknüpfung:

$$Hl + F\Delta = K\frac{\Delta}{l} \longrightarrow \Delta\left(\frac{K}{l} - F\right) = Hl \qquad (44)$$

Auflösung nach Δ und Beachtung von G.37:

$$\Delta = \frac{Hl}{\frac{K}{l} - F} = \frac{Hl^2}{K\cdot(1 - \frac{F}{F_{Ki}})} \quad \longrightarrow \quad \underline{\Delta^{II} = \alpha\cdot\Delta^{I}} \tag{45}$$

Nach Theorie I. Ordnung gilt:

$$\Delta^{I} = \frac{Hl^2}{K} \;;\quad \psi^{I} = \frac{Hl}{K} \tag{46}$$

G.45 gilt hier wieder streng, weil Knickeigenform und Biegeform (wegen $H_1=H_2$) affin sind. Im Falle $H_1 \neq H_2$ gilt G.45 nur näherungsweise!

7.1.3.2 Energetische Herleitung

Alle Kräfte erleiden bei der sich einstellenden Verformung eine Potentialminderung:

$$\Pi_a = -H_1\cdot\Delta_1 - H_2\cdot\Delta_2 - F\cdot\Delta_F \tag{47}$$

Δ_F ist die gegenseitige Längsverschiebung der Endpunkte; sie folgt im vorliegenden Falle zu:

$$\Delta_F = \frac{\Delta_1^2}{2l} + \frac{\Delta_2^2}{2l} + \frac{(\Delta_2 - \Delta_1)^2}{2l} \tag{48}$$

(Vergleiche Abschnitt 7.1.2.2 und die Ableitung von G.23.) - Die gegenseitige Verdrehung der Stäbe und damit der Federn in den Punkten 1 und 2 beträgt:

$$1:\ \frac{2\Delta_1 - \Delta_2}{l} \qquad 2:\ \frac{2\Delta_2 - \Delta_1}{l} \tag{49}$$

Für die innere potentielle Energie gilt demnach:

$$\Pi_i = \frac{K_1}{2}\left[\frac{2\Delta_1 - \Delta_2}{l}\right]^2 + \frac{K_2}{2}\left[\frac{2\Delta_2 - \Delta_1}{l}\right]^2 \tag{50}$$

Äußere und innere potentielle Energie werden zusammengefaßt:

$$\begin{aligned}\Pi &= \Pi_a + \Pi_i = \\ &= -H_1\Delta_1 - H_2\Delta_2 - F\left[\frac{\Delta_1^2}{2l} + \frac{\Delta_2^2}{2l} + \frac{(\Delta_2-\Delta_1)^2}{2l}\right] + \frac{K_1}{2l^2}[2\Delta_1 - \Delta_2]^2 + \frac{K_2}{2l^2}[2\Delta_2 - \Delta_1]^2\end{aligned} \tag{51}$$

Die erste Variation von Π wird Null gesetzt:

$$\delta\Pi = \frac{\partial\Pi}{\partial\Delta_1}\delta\Delta_1 + \frac{\partial\Pi}{\partial\Delta_2}\delta\Delta_2 = 0 \tag{52}$$

Da $\delta\Delta_1$ und $\delta\Delta_2$ zwei voneinander unabhängige Variationen sind, folgt (bei Beschränkung auf den Sonderfall $K_1=K_2=K$):

$$\frac{\partial\Pi}{\partial\Delta_1}\delta\Delta_1 = \left[-H_1 - F\left(\frac{2\Delta_1}{2l} - \frac{2(\Delta_2-\Delta_1)}{2l}\right) + \frac{2K}{2l^2}(2\Delta_1-\Delta_2)\cdot 2 - \frac{2K}{2l^2}(2\Delta_2 - \Delta_1)\right]\delta\Delta_1 = 0 \tag{53}$$

$$\frac{\partial\Pi}{\partial\Delta_2}\delta\Delta_2 = \left[-H_2 - F\left(\frac{2\Delta_2}{2l} - \frac{2(\Delta_1-\Delta_2)}{2l}\right) + \frac{2K}{2l^2}(2\Delta_2-\Delta_1)\cdot 2 - \frac{2K}{2l^2}(2\Delta_1 - \Delta_2)\right]\delta\Delta_2 = 0 \tag{54}$$

Die Lösung $\delta\Delta_1=0$ und $\delta\Delta_2=0$ ist die Triviallösung. Um den Gleichungen zu genügen, muß der Inhalt der eckigen Klammern Null sein, das ergibt zwei inhomogene Gleichungen für Δ_1 und Δ_2:

Δ_1	Δ_2		
$5\frac{K}{l^2} - 2\frac{F}{l}$	$-4\frac{K}{l^2} + \frac{F}{l}$	$-H_1$	$=0$
$-4\frac{K}{l^2} + \frac{F}{l}$	$5\frac{K}{l^2} - 2\frac{F}{l}$	$-H_2$	$=0$

(55)

Zunächst wird das (homogene) Knickproblem gelöst, das bedeutet, H_1 und H_2 sind Null. - Die Determinante wird Null gesetzt:

$$\mathrm{Det} = \left(5\frac{K}{l^2} - 2\frac{F}{l}\right)^2 - \left(-4\frac{K}{l^2} + \frac{F}{l}\right)^2 = 0 \quad \longrightarrow \quad F^2 - 4\left(\frac{K}{l}\right)F + 3\left(\frac{K}{l}\right)^2 = 0 \tag{56}$$

Das stimmt mit G.36 überein, d.h. die Knickkraft ist durch G.38 gegeben.

Die 2. Variation wird gemäß

$$\delta^2\Pi = \frac{\partial^2\Pi}{\partial\Delta_1^2}\delta^2\Delta_1 + 2\frac{\partial^2\Pi}{\partial\Delta_1\,\partial\Delta_2}\delta\Delta_1\delta\Delta_2 + \frac{\partial^2\Pi}{\partial\Delta_2^2}\delta^2\Delta_2 \tag{57}$$

gebildet; ausgehend von G.53/54 folgt:

$$\delta^2\Pi = [-F(\frac{2}{l}) + \frac{K}{l^2}(5)]\delta^2\Delta_1 + 2[-F(-\frac{1}{l}) + \frac{K}{l^2}(-4)]\delta\Delta_1\delta\Delta_2 + [-F(\frac{2}{l}) + \frac{K}{l^2}(5)]\delta^2\Delta_2 \tag{58}$$

Zusammengefaßt:

$$\delta^2\Pi = a_1\frac{K}{l^2}\delta^2\Delta_1 + a_2\cdot\frac{K}{l^2}\delta\Delta_1\delta\Delta_2 + a_3\frac{K}{l^2}\delta^2\Delta_2 : \tag{59}$$

F/K/l	a_1	a_2	a_3
0,5	4	-7	4
1	3	-6	3
1,5	2	-5	2
2	1	-4	1
2,5	0	-3	0
3	-1	-2	-1
3,5	-2	-1	-2

Der stabile, indifferente und labile Bereich geht hieraus unmittelbar hervor, vgl. G.2.

7.1.4 System C (Zweistabsystem mit Verschiebungsfeder)

7.1.4.1 Statische Herleitung

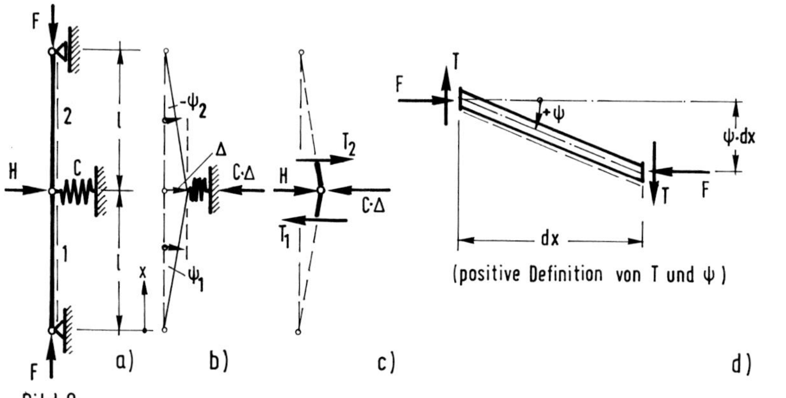

Bild 9

Das System entspricht System A, allerdings ist hier keine Drehfeder sondern eine Verschiebungsfeder in Stabmitte vorhanden. - Die Federreaktion ist:

$$B = C\Delta \tag{60}$$

C ist die Federkonstante. - Beidseitig der Feder wird ein Schnitt gelegt. An den Schnittufern werden die Transversalkräfte T_1 und T_2 angetragen. Die Transversalkräfte sind senkrecht zur ursprünglichen Stabachse orientiert. Sie sind nicht mit den Querkräften zu verwechseln! Für einen biegungsfreien (Pendel-) Stab mit dem Stabsehendrehwinkel ψ (ψ im Uhrzeigersinn positiv!) gilt, vgl. Bild 9d:

$$T = -F\psi \tag{61}$$

F ist die achsiale Druckkraft. - Für den Rundschnitt gilt folgende transversale Gleichgewichtsgleichung (Bild 9c):

$$T_1 - T_2 + C\Delta - H = 0 \tag{62}$$

Mit

$$T_1 = -F\psi_1,\ T_2 = -F\psi_2;\ \psi_1 = \frac{\Delta}{l},\quad \psi_2 = -\frac{\Delta}{l} \tag{63}$$

ergibt sich:

$$-F\frac{\Delta}{l} - F\frac{\Delta}{l} + C\Delta - H = 0 \longrightarrow \Delta = \frac{H}{C - 2F/l} \tag{64}$$

Für vorgegebene Werte von H und F folgt hieraus Δ; damit ist die Federkraft gemäß G.60 bekannt: Spannungsproblem Theorie II. Ordnung.

Im Falle H=0 liegt ein Knickproblem (Verzweigungsproblem) vor; G.64 lautet in diesem Fall:

$$\Delta = \frac{0}{C - 2F/l} \tag{65}$$

Lösungen:

$$\begin{aligned} &1\text{: } \Delta = 0 \quad \text{Triviallösung} \\ &2\text{: } C - 2F/l = 0,\ \text{dann ist: } \Delta = 0/0 \neq 0 \longrightarrow F_{Ki} = \frac{1}{2}Cl \end{aligned} \tag{66}$$

Wird hierauf die Lösung des Spannungsproblems Theorie II. Ordnung bezogen, ergibt sich:

$$\Delta = \frac{H}{C(1 - \frac{F}{F_{Ki}})} \longrightarrow \Delta^{II} = \alpha\cdot\Delta^{I} \tag{67}$$

Es ist:

$$\Delta^{I} = \frac{H}{C};\quad \alpha = \frac{1}{1 - F/F_{Ki}} \tag{68}$$

Für große Verformungen gilt anstelle von G.61, vgl. Bild 9d und 10:

$$T = -F\cdot\tan\psi \qquad (69)$$

Für kleine Winkel ψ geht G.69 in die (linearisierte) G.61 über. - Um das überkritische Verhalten $F/F_{Ki}>1$ zu untersuchen, wird von der Gleichgewichtsgleichung G.62 (H=0) ausgegangen:

$$T_1 - T_2 + C\Delta = 0 \qquad (70)$$

Als Bezugsunbekannte diene im folgenden: $\psi_1 \overset{!}{=} \psi$ $(\psi_2 = -\psi_1 = -\psi)$. Die mittige seitliche Ausbiegung beträgt (Bild 10b):

$$\Delta = l\cdot\sin\psi \qquad (71)$$

G.70 ergibt:

$$-F\tan\psi - F\tan\psi + C\cdot l\sin\psi = 0 \longrightarrow 2F\tan\psi = Cl\sin\psi \qquad (72)$$

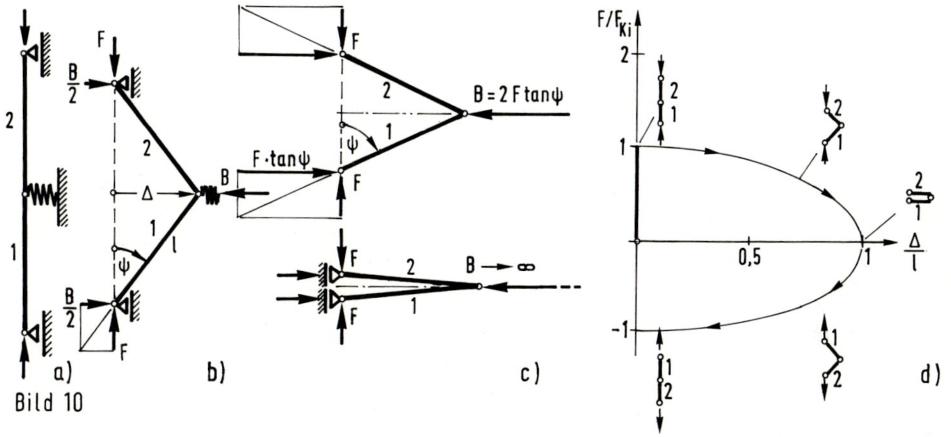

Bild 10

Die Bestimmungsgleichung für ψ (unter Verwendung von G.66b) lautet:

$$\cos\psi = \frac{F}{F_{Ki}} \qquad (73)$$

Diese Gleichung hat nur Lösungen für $1 \geq F/F_{Ki} \geq -1$! Wenn F_{Ki} erreicht ist, schlägt das System durch, sofern es sich bei F um eine Schwergewichtslast handelt und die Mechanik des Systems das zuläßt. Das Stabwerk schlägt derart durch, daß es wieder durchgehend gerade ist, es steht dann unter Zug.

Die durch G.73 gekennzeichneten Gleichgewichtszustände verlangen, daß F variabel ist und zwar in der Weise, daß zunächst F abnimmt, bei $\psi = \pi/2$ das Vorzeichen wechselt (wie es Teilbild d zeigt) und dann wieder ansteigt.

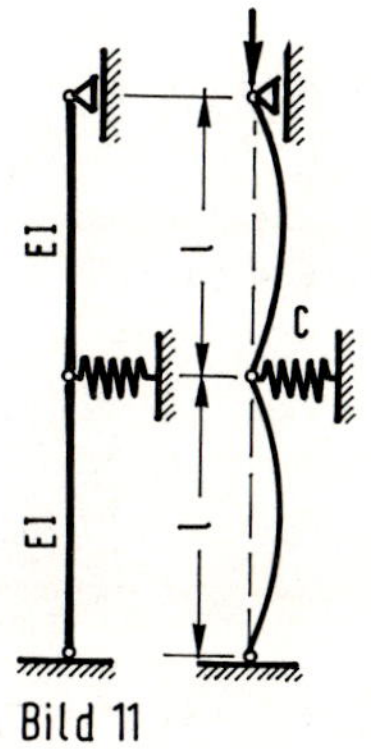

Bild 11

Handelt es sich bei dem Stabwerk um elastische Stäbe, besteht neben der zuvor behandelten eine zweite Knickmöglichkeit, bei der die Einzelstäbe (als EULER-II-Stäbe) ausknicken (Bild 11):

$$F_{Ki} = \frac{\pi^2\cdot EI}{l^2} \qquad (74)$$

Aus der Gleichsetzung dieser Knickkraft mit G.66 findet man jene charakteristische Mindeststeifigkeit C^*, die den Typ der Knickung bestimmt:

$$\frac{\pi^2 EI}{l^2} \overset{!}{=} \frac{1}{2}Cl \longrightarrow C^* = \frac{2\pi^2 EI}{l^3} \qquad (75)$$

Gemäß G.66 wächst die Knickkraft linear mit der Federkonstanten C an, sofern es sich um (globales) Federknicken des Stabwerkes handelt. Eine Steigerung von C über C^* hinaus ergibt keine Steigerung der Knicktragfähigkeit, weil jetzt (lokales) Stabknicken gemäß G.74 maßgebend wird. Bild 12 zeigt die Zusammenhänge auf; hierin ist die Knickkraft F_{Ki} über der Federkonstanten C aufgetragen.

7.1.4.2 Energetische Herleitung (Bild 9)

Das Potential der äußeren Kräfte ist mit Π_a von Abschnitt 7.1.2.2 identisch:

$$\Pi_a = -H\Delta - 2F\frac{\Delta^2}{2l} = -H\Delta - F\frac{\Delta^2}{l} \qquad (76)$$

Das Potential der inneren Kräfte ist gleich der Formänderungsarbeit in der zusammengedrückten Feder:

$$\Pi_i = \frac{1}{2} C \Delta^2 \tag{77}$$

Zusammengefaßt:

$$\Pi = \Pi_a + \Pi_i = - H\Delta - F\frac{\Delta^2}{l} + \frac{1}{2} C\Delta^2 \tag{78}$$

1. Variation:

$$\delta\Pi = \frac{\partial \Pi}{\partial \Delta}\delta\Delta = [- H - 2\frac{F}{l}\Delta + \frac{2}{2}C\Delta]\delta\Delta = 0 \tag{79}$$

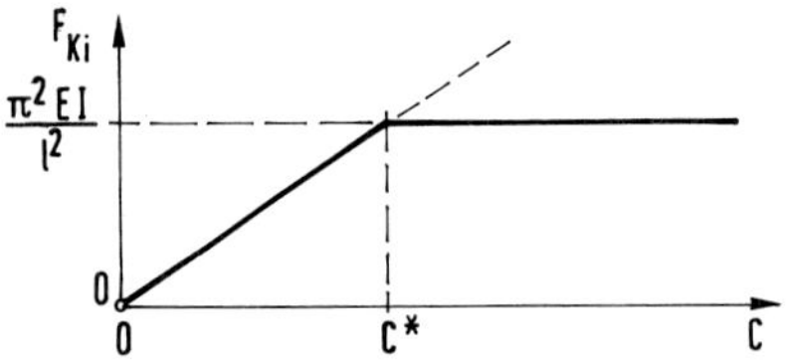

Bild 12

Im Falle H=0 folgt:

$$H = 0 : \; [-\frac{2F}{l} + C]\Delta = 0 \longrightarrow F_{Ki} = \frac{Cl}{2} = \frac{1}{2} Cl \tag{80}$$

2. Variation:

$$\delta^2\Pi = - 2\frac{F}{l} + C \gtreqless 0 \longrightarrow F_{Ki} = \frac{1}{2} Cl \tag{81}$$

Zur Deutung der Ergebnisse vgl. den vorangegangenen Abschnitt.

7.1.5 System D (Dreistabsystem mit Verschiebungsfedern)

7.1.5.1 Statische Herleitung

Bild 13 zeigt das System und einen (frei gewählten) Verschiebungszustand; bei Beachtung der positiven Definition von Transversalkraft und Stabdrehwinkel gilt (Bild 9d):

$$T_1 = -F\psi_1; \quad T_2 = -F\psi_2; \quad T_3 = -F\psi_3 \tag{82}$$

Die kinematischen Beziehungen zwischen den ψ-Winkeln und den Knotenverschiebungen Δ lauten:

$$\psi_1 = \frac{\Delta_1}{l}; \quad \psi_2 = \frac{\Delta_2 - \Delta_1}{l}; \quad \psi_3 = -\frac{\Delta_2}{l} \tag{83}$$

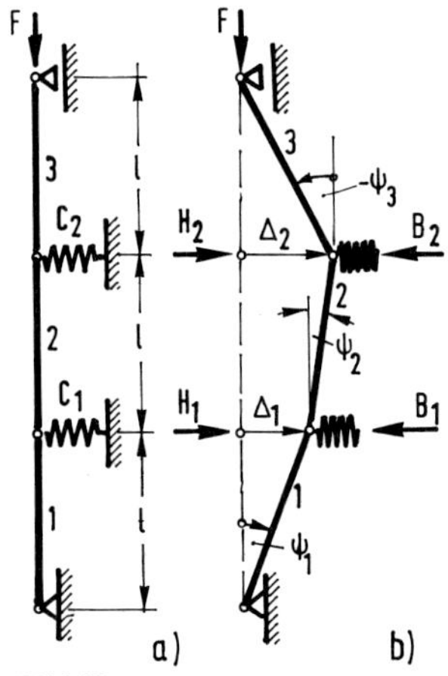

Bild 13

Legt man um die Gelenke je einen Rundschnitt, lauten die transversalen Komponenten-Gleichgewichtsgleichungen:

$$\begin{aligned} T_1 - T_2 + C_1\Delta_1 - H_1 &= 0 \\ T_2 - T_3 + C_2\Delta_2 - H_2 &= 0 \end{aligned} \tag{84}$$

Werden T_1, T_2 und T_3 durch G.82 unter Berücksichtigung von G.83 ersetzt, erhält man zwei Gleichungen für die Bezugsunbekannten Δ_1 und Δ_2:

Δ_1	Δ_2	
$-2\frac{F}{l} + C_1$	$+\frac{F}{l}$	$= H_1$
$+\frac{F}{l}$	$-2\frac{F}{l} + C_2$	$= H_2$

(85)

Sonderfall $H_1 = H_2 = H$ und $C_1 = C_2 = C$: Aus G.85 erkennt man, daß in diesem Fall $\Delta_1 = \Delta_2 = \Delta$ ist:

$$(-2\frac{F}{l} + C + \frac{F}{l})\Delta = H \longrightarrow \Delta = \frac{H}{C - F/l} \tag{86}$$

Sind keine äußeren H-Kräfte vorhanden, liegt ein Knickproblem vor, in diesem Falle sind Δ_1 und Δ_2 unbestimmt. Es wird die Determinante gebildet:

$$(-2\frac{F}{l} + C)^2 - (\frac{F}{l})^2 = 0 \longrightarrow (\frac{F}{l})^2 - \frac{4}{3}C(\frac{F}{l}) + \frac{1}{3}C^2 = 0 \tag{87}$$

Lösung:

$$\frac{F}{l} = \frac{2}{3}C \mp \sqrt{(\frac{2}{3}C)^2 - \frac{1}{3}C^2} = \frac{2}{3}C \mp \frac{1}{3}C \tag{88}$$

1. Lösung: $F_1 = F_{Ki} = \frac{1}{3}Cl$ (maßgebend; niedrigster Eigenwert) (89)

2. Lösung: $F_2 = Cl$ (2. Eigenwert) (90)

Setzt man die Lösungen in die Gleichungen G.85 ein, findet man:

1. Lösung: $\Delta_1 = -\Delta_2$
2. Lösung: $\Delta_1 = +\Delta_2$

(91)

Somit stellt sich eine antimetrische Knickfigur ein (also entgegengesetzt zur Knickfigur in Abschnitt 7.1.3). Bild 14a zeigt die Eigenformen für beide Fälle; nur Fall 1 hat baupraktische Bedeutung.

Die Mindestfederkonstante folgt für dieses System zu: $\frac{\pi^2 EI}{l^2} \overset{!}{=} \frac{1}{3}Cl \longrightarrow C^* = \frac{3\pi^2 EI}{l^3}$ (92)

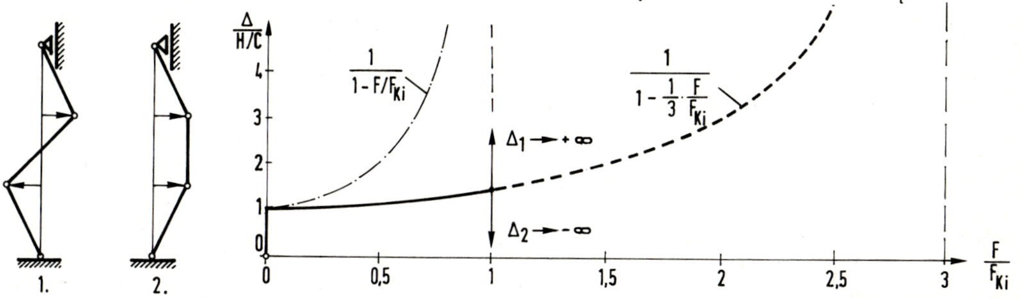

Bild 14 a) b)

Bezieht man die Lösung des Spannungsproblems Theorie II. Ordnung für $H_1=H_2=H$ gemäß G.86 auf die zuvor berechnete Knickkraft für globales Knicken, folgt:

$$\Delta = \frac{H}{C-F/l} = \frac{H}{C(1-\frac{1}{3}\frac{F}{F_{Ki}})} = \frac{1}{1-\frac{1}{3}\frac{F}{F_{Ki}}}\cdot\frac{H}{C} \qquad (93)$$

Teilbild b zeigt den Funktionsverlauf, $\Delta^{I}=H/C$ ist die Einsenkung nach Th. I. Ordn. Offensichtlich ergibt sich die Zunahme von Δ durch den Druckkrafteinfluß <u>nicht</u> zu $\Delta^{II}=\alpha\cdot\Delta^{I}$ mit $\alpha=1/(1-F/F_{Ki})$, sondern nach einem anderen Gesetz. Die Zunahme ist wesentlich geringer. Wird $F/F_{Ki}=1$ erreicht, knickt das symmetrische Spannungsproblem antimetrisch aus! Dieses Phänomen nennt man Symmetrie-Antimetrie-Knicken. Es tritt immer dann auf, wenn die Biegeformen des Spannungsproblems und Knickproblems orthogonal zueinander sind. In jedem anderen Falle geht die Biegeform des Spannungsproblems Th. II. Ordn. mit anwachsender Druckkraft kontinuierlich in die Knickform über. Stimmen beide von vorneherein (annähernd) überein, folgt die Zunahme gemäß dem Vergrößerungsfaktor α (G.15).

7.1.5.2 Energetische Herleitung

Die potentielle Energie der äußeren und inneren Kräfte beträgt:

$$\Pi = -H_1\Delta_1 - H_2\Delta_2 - F\left[\frac{\Delta_1^2}{2l} + \frac{\Delta_2^2}{2l} + \frac{(\Delta_2-\Delta_1)^2}{2l}\right] + \frac{1}{2}C_1\Delta_1^2 + \frac{1}{2}C_2\Delta_2^2 \qquad (94)$$

Für den Sonderfall $C_1=C_2=C$ wird die 1. Variation gebildet (vgl. auch G.51/52) und Null gesetzt:

$$\frac{\partial\Pi}{\partial\Delta_1}\delta\Delta_1 = \left[-H_1 - F\left(\frac{2\Delta_1}{2l} - \frac{2(\Delta_2-\Delta_1)}{2l}\right) + \frac{2}{2}C\Delta_1\right]\delta\Delta_1 = 0 \qquad (95)$$

$$\frac{\partial\Pi}{\partial\Delta_2}\delta\Delta_2 = \left[-H_2 - F\left(\frac{2\Delta_2}{2l} + \frac{2(\Delta_2-\Delta_1)}{2l}\right) + \frac{2}{2}C\Delta_2\right]\delta\Delta_2 = 0 \qquad (96)$$

Zusammengefaßt:

Δ_1	Δ_2		
$C-2\frac{F}{l}$	$+\frac{F}{l}$	$-H_1$	$=0$
$+\frac{F}{l}$	$C-2\frac{F}{l}$	$-H_2$	$=0$

(97)

Die Übereinstimmung mit G.85 ist evident (hier für $C_1=C_2=C$).

2. Variation:

$$\delta^2\Pi = \left[-F\left(\frac{2}{l}\right)+C\right]\delta^2\Delta_1 + 2\left[-F\left(-\frac{1}{l}\right)\right]\delta\Delta_1\delta\Delta_2 + \left[-F\left(\frac{2}{l}\right)+C\right]\delta^2\Delta_2 \qquad (98)$$

Zusammengefaßt:

$\delta^2\Pi = a_1\cdot C\delta^2\Delta_1 + a_2\cdot C\delta\Delta_1\delta\Delta_2 + a_3\cdot C\delta^2\Delta_2$:

F/Cl	a_1	a_2	a_3
0	1	0	1
1/6	2/3	1/3	2/3
2/6	1/3	2/3	1/3
1/2	0	1	0
4/6	-1/3	4/3	-1/3
5/6	-2/3	5/3	-2/3
1	-1	1	-1

(99)

Der stabile, indifferente und labile Bereich geht hieraus hervor. Bei der Deutung des Ergebnisses ist zu berücksichtigen, daß im Indifferenzfall

$$\delta\Delta_1 = -\,\delta\Delta_2 \qquad (100)$$

ist!

7.2 Tragsicherheitsnachweis gedrückter Stäbe und Stabtragwerke (Stabilitätsnachweis)

7.2.1 Gegenüberstellung: Biegetheorie II. Ordnung - Verzweigungstheorie

Die im vorangegangenen Abschnitt 7.1 untersuchten Systeme dienten dazu, die grundlegenden Begriffe und Prinzipe der Stabilitätstheorie zu erläutern. Es handelte sich um Starr-Stab-Systeme mit unterschiedlichen Federungen. Im folgenden werden die Untersuchungen auf elastische Stabwerke erweitert; dazu werden die Begriffe "Spannungsproblem (Th. II. Ordnung)" und "Verzweigungsproblem" zunächst nochmals gegenübergestellt.

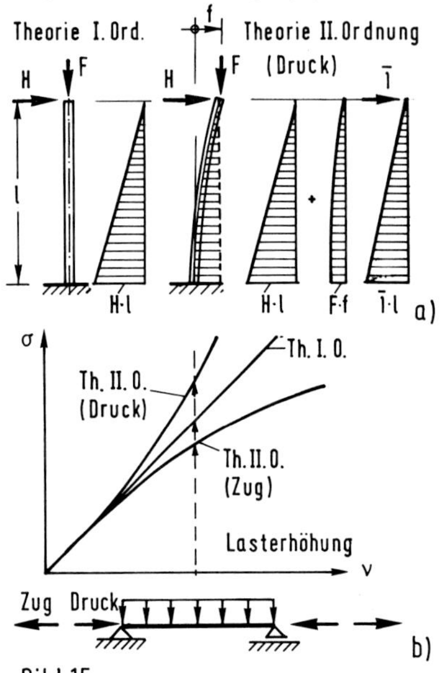

Bild 15

Bild 15 zeigt die Zusammenhänge am elementaren Druckstab. In Theorie II. Ordnung tritt zu dem Biegemoment nach Th. I. Ordn. ein Verformungsmoment hinzu; das Einspannungsmoment beträgt Hl+Ff. Das Verformungsmoment Ff entsteht durch die am "elastischen Hebelarm" f wirkende Druckkraft; bei Druckbeanspruchung wächst das Biegemoment überproprotional. Es ist daher bei Einwirkung von Druckkräften ein Gebot der Sicherheit, nach Theorie II. Ordnung zu rechnen. Bei Zugbeanspruchung wachsen die Biegemomente infolge deren streckender Wirkung unterproportional; hier kann es aus Gründen der Wirtschaftlichkeit angezeigt sein, nach Theorie II. Ordnung zu rechnen; vgl. Bild 15b.

Für den in Bild 15a dargestellten Kragstab unter der Einwirkung einer Horizontalkraft H und Vertikalkraft F betragen Biegemoment und Normalkraft im Einspannungsquerschnitt:

$$\text{Theorie I. Ordnung}: \; M^{I} = H\cdot l\,;\; N^{I} = F \qquad (101)$$

$$\text{Theorie II. Ordnung}: \; M^{II} = H\cdot l + F\cdot f\,;\; N^{II} = F \qquad (102)$$

(Druckkräfte und Druckspannungen werden in der Stabilitätstheorie in der Regel positiv definiert.)

f ist in G.102 die seitliche Ausbiegung des Stabes am freien Ende. Für die Durchbiegung f folgt:

$$f = \frac{Hl^3}{3EI} + \frac{5}{12}\cdot\frac{Ff\cdot l^2}{EI} \qquad (103)$$

Der zweite Term ist ein Näherungswert. Er wird unter der Annahme berechnet, daß das Verformungsmoment parabelförmig verteilt ist. Die Auflösung nach f ergibt:

$$f = \frac{1}{1-\frac{5}{12}\frac{Fl^2}{EI}}\cdot\frac{Hl^3}{3EI} \qquad (f = f^{II}) \qquad (104)$$

Mit der Kenntnis von f läßt sich gemäß G.102 das Einspannungsmoment berechnen:

$$M^{II} = Hl + \frac{F}{1-\frac{5}{12}\frac{Fl^2}{EI}}\cdot\frac{Hl^3}{3EI} \qquad (105)$$

Wegen des nicht-proportionalen Zusammenhanges zwischen M einerseits und den äußeren Einwirkungen H und F andererseits, werden beim baupraktischen Stabilitätsnachweis die äußeren Lasten vorab um den vorgeschriebenen Sicherheitsfaktor γ erhöht und (als eine mögliche Nachweisform) nachgewiesen, daß unter diesem γ-fachen Lastzustand an keiner Stelle (im vorliegenden Beispiel im Einspannungsquerschnitt) die Fließgrenze σ_F überschritten wird. Diese Nachweisform (Spannungstheorie II. Ordnung genannt) lautet:

$$\sigma^{II} = \frac{N^{II}}{A} \pm \frac{M^{II}}{I} z \le \sigma_F \qquad (106)$$

Im Sonderfall H=0 liegt nurmehr ein zentrisch gedrückter Stab vor. Das Biegungsproblem Theorie II. Ordnung entartet in ein Verzweigungsproblem (hier in ein Knickproblem): Der Stab knickt unter einer ganz bestimmten Intensität der Druckkraft seitlich aus: F_{Ki} (Elastische Knickkraft). - Im Falle H=0 lautet G.105:

$$M^{II} = \frac{F}{1-\frac{5}{12}\frac{Fl^2}{EI}} \cdot 0 \qquad (107)$$

Somit ist $M^{II}=0$. Wird der Nenner gleichzeitig Null, steht:

$$M^{II} = \frac{0}{0} \qquad (108)$$

In diesem Falle ist M^{II} unbestimmt und verschieden von Null. Das heißt, wenn F die Bedingung

$$1-\frac{5}{12}\frac{Fl^2}{EI} = 0 \longrightarrow F = \frac{12}{5}\frac{EI}{l^2} = 2{,}400\frac{EI}{l^2} \qquad (109)$$

erfüllt, stellt sich bei alleiniger zentrischer Druckbelastung ein Einspannungsmoment unbestimmter Größe (von Null verschieden) ein, was nur den Schluß auf ein Ausknicken des Druckstabes zuläßt:

$$F_{Ki} = 2{,}400\frac{EI}{l^2} \qquad (110)$$

Diesen Schluß kann man mit demselben Ergebnis aus G.104 ziehen. Erreicht F den Wert F_{Ki}, wird das Gleichgewicht des zentrisch gedrückten Stabes indifferent; oder anders ausgedrückt: Im Falle $F=F_{Ki}$ ist ein von Null verschiedener, infinitesimal ausgebogener Nachbarzustand (neben dem unverformten Grundzustand) möglich: Der Stab knickt aus, das Gleichgewicht verzweigt. - Die strenge Lösung des vorliegenden Knickproblems lautet (vgl. Abschnitt 7.3.1.2):

$$F_{Ki} = \frac{\pi^2}{4}\cdot\frac{EI}{l^2} \qquad \left(\frac{\pi^2}{4} = 2{,}467\right) \qquad (111)$$

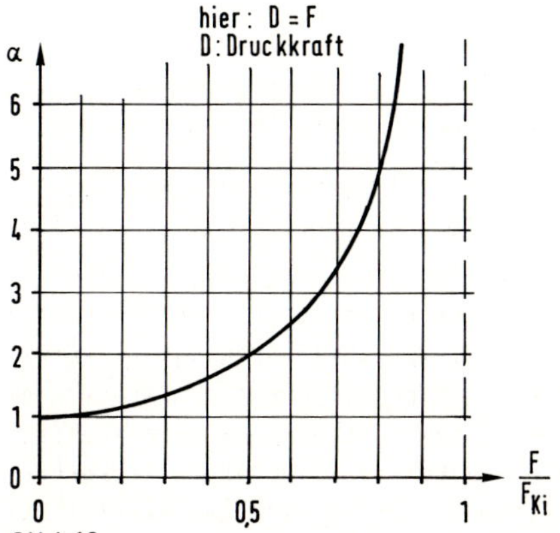

Bild 16

$$\alpha = \frac{1}{1-\frac{F}{F_{Ki}}}$$

Wird (ausgehend von G.109/110)

$$\frac{5}{12}\frac{l^2}{EI} = \frac{1}{F_{Ki}} \qquad (112)$$

in G.104 eingesetzt, folgt:

$$f^{II} = \frac{1}{1-\frac{F}{F_{Ki}}}\cdot f^{I} \qquad (113)$$

f^{I} ist die Ausbiegung am freien Ende nach Th. I. Ordn.:

$$f^{I} = \frac{Hl^3}{3EI} \qquad (114)$$

Bei Einwirkung einer Druckkraft F wird f vergrößert und zwar um den Faktor:

$$\underline{f^{II} = \alpha\cdot f^{I}} \qquad (115)$$

α kennzeichnet die Erhöhung durch den Verformungseinfluß, man nennt α daher auch Vergrößerungsfaktor oder Verformungsfaktor. Bild 16 zeigt das für Biegungsprobleme Theorie II. Ordn. typische Ergebnis: Bei Annäherung von F an F_{Ki} ($F/F_{Ki} \rightarrow 1$), geht der Nenner von α gegen Null, Ausbiegung und Biegemoment wachsen über alle Grenzen.

Für das Einspannungsmoment findet man:

$$M^{II} = Hl + Ff^{II} = Hl + F\alpha f^{I} = Hl + F\alpha\frac{Hl^3}{3EI} = Hl\cdot\left[1+\frac{F}{1-\frac{F}{F_{Ki}}}\frac{l^2}{3EI}\right] \approx$$

$$\approx Hl\left[1+\frac{\frac{F}{F_{Ki}}}{1-\frac{F}{F_{Ki}}}\right] \approx Hl\left[\frac{1}{1-\frac{F}{F_{Ki}}}\right] \approx \alpha\cdot Hl \approx \alpha M^{I} \qquad (116)$$

Somit gilt auch hier (näherungsweise):

$$\underline{M^{II} = \alpha \cdot M^{I}} \qquad (117)$$

Die Abschätzung des Verformungseinflusses Th. II. Ordn. mittels des α-Faktors führt dann zu zuverlässigen Ergebnissen, wenn die Verläufe der Biegelinien bzw. Biegemomente beim Spannungsproblem und beim Knickproblem affin sind. Das ist im vorliegenden Fall gegeben und trifft für die meisten verschieblichen Systeme zu. Gerade für diese hat der Stabilitätsnachweis die größte Bedeutung, vgl. hierzu auch Abschnitt 7.2.4.4.

7.2.2 Knickkräfte und Knicklängen der EULER-Fälle I bis VI

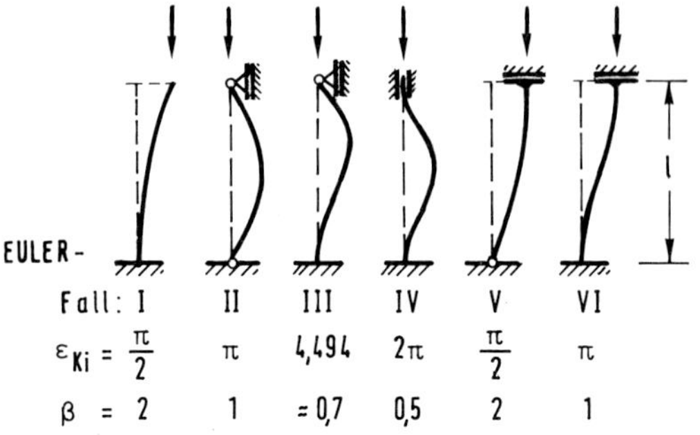

Bild 17

Die elastische Knickkraft berechnet sich aus der Formel:

$$F_{Ki} = \varepsilon_{Ki}^2 \frac{EI}{l^2} \qquad (118)$$

ε_{Ki} ist von den Randbedingungen des Druckstabes abhängig. Bild 17 enthält die Vorzahlen für die EULER-Fälle I bis VI. Die Knickkraft ist der Biegesteifigkeit EI direkt proportional; sie sinkt mit dem Quadrat der Stablänge l. Die Knickkräfte der EULER-Fälle stehen im Verhältnis

0,25 / 1 / 2,05 / 4 / 0,25/1

zueinander. - Es ist üblich, den Stabilitätsnachweis gedrückter Stäbe auf den Standardfall des beidseitig gelenkig gelagerten Stabes (EULER-Fall II) zurückzuführen. Dazu wird ein Vergleichsstab mit der fiktiven Länge s_K bestimmt, der dieselbe Biegesteifigkeit wie der Originalstab besitzt und beidseitig gelenkig gelagert ist. Aus der Gleichsetzung der Knickkraft dieses Ersatzstabes

$$\frac{\pi^2 EI}{s_K^2} = \frac{\pi^2 EI}{\beta^2 l^2} \qquad (119)$$

mit der Knickkraft F_{Ki} des gegebenen Stabes, folgt $s_K = \beta l$, s_K ist die "Knicklänge" (auch Ersatzstablänge genannt) und β der Knicklängenfaktor. Für die EULER-Fälle gemäß Bild 17 findet man:

$$\frac{\pi^2 EI}{\beta^2 l^2} \overset{!}{=} \varepsilon_{Ki}^2 \cdot \frac{EI}{l^2} \longrightarrow \beta = \frac{\pi}{\varepsilon_{Ki}} \qquad (120)$$

Die Knicklängenfaktoren lauten: $\beta = 2/1/{\approx}0{,}7/0{,}5/2/1$

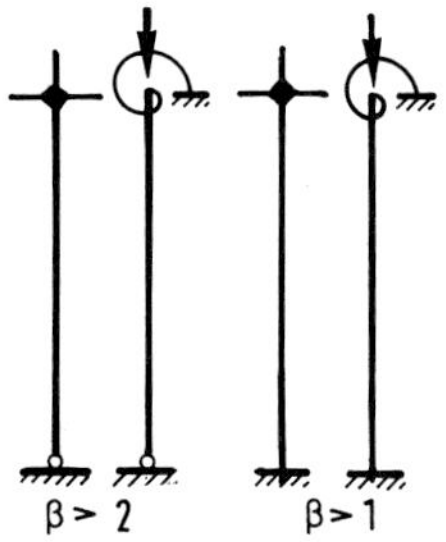

Bild 18

Liegt in den Fällen V und VI keine starre, sondern eine drehelastische Einspannung des oberen Stabendes vor (Bild 18), ist β>2 bzw. β>1. - Rahmenstiele können als Druckstäbe mit drehelastischer Einspannung gedeutet werden. Im Schrifttum findet man Rechenbehelfe, um den Knicklängenfaktor für die Druckglieder in Rahmentragwerken zu bestimmen, vgl. auch Abschnitt 7.3. Der Knicklängenfaktor β ist ein Indikator für die Stabilitätsgefährdung. Der eigentliche Stabilitätsnachweis wird am Vergleichsstab erbracht. Diese Nachweisform hat sich für einfache Fälle (Pendelstützen, Fachwerkstäbe, Stiele in ein- und zweigeschossigen Rahmen) bewährt. Bei mehrgeschossigen Rahmentragwerken, Hochhauskonstruktionen mit Stabilisierungskern, abgespannten Masten, Funktürmen und Schornsteinen sowie Bogentragwerken ist es zweckmäßiger, die Stabilität der Struktur auf der Grundlage der elasto- oder plasto-statischen Theorie II. Ordnung zu führen, weil diese Vorgehensweise (ohne den Umweg über einen Ersatzstab mit der elastischen Knicklänge s_K) realistischer und i.a. auch wirtschaftlicher ist.

7.2.3 Planmäßig mittig gedrückte Stäbe

7.2.3.1 Knickspannung nach EULER und ENGESSER/KÁRMÁN

Ist die Knicklänge s_K bekannt, beträgt die elasto-statische Knickspannung

$$\sigma_{Ki} = \frac{F_{Ki}}{A} = \frac{\pi^2 EI}{s_K^2 A} = \frac{\pi^2 E i^2}{s_K^2} \qquad (121)$$

i ist der Trägheitsradius des Stabquerschnittes in der untersuchten Knickbiegerichtung:

$$i = \sqrt{\frac{I}{A}} \qquad (122)$$

Ist die Knicklänge für alle Richtungen gleichgroß, knickt der Stab in Richtung der geringsten Steifigkeit (min I, min i) aus; das folgt unmittelbar aus G.121. Bei Druckstäben mit stark unterschiedlichen Biegesteifigkeiten in zwei Richtungen (wie bei I-Profilen) ist es zweckmäßig, die Knicklänge in Richtung der geringeren Steifigkeit durch Einbau von Stützungen (z.B. Verbänden) zu verringern. Ist das konstruktiv nicht realisierbar, ist es günstiger, für zentrisch gedrückte Stäbe Querschnittformen zu wählen, deren Steifigkeit in allen Richtungen (etwa) gleichgroß ist, wie beim Rund- oder Quadratrohrprofil oder beim quadratischen Kastenquerschnitt (Bild 19a). Diese Querschnittsformen haben darüberhinaus den Vorteil, daß der Trägheitsradius i (im Vergleich mit anderen Querschnitten gleichen Flächeninhalts) am größten ist; dadurch ergibt sich gemäß G.121 die relativ höchste (ertragbare) Knickspannung, d.h. sie stellen die wirtschaftlichste Profilform dar (vgl. Abschnitt 12.2). - Bei dünnwandigen offenen Querschnitten (Bild 19b) besteht die Gefahr des Biegedrillknickens. Bei dieser Instabilitätsform versagt der Stab durch gleichzeitiges Ausbiegen und Verdrillen; in solchen Fällen bedarf es besonderer Nachweisformen; vgl. Abschnitt 7.5.

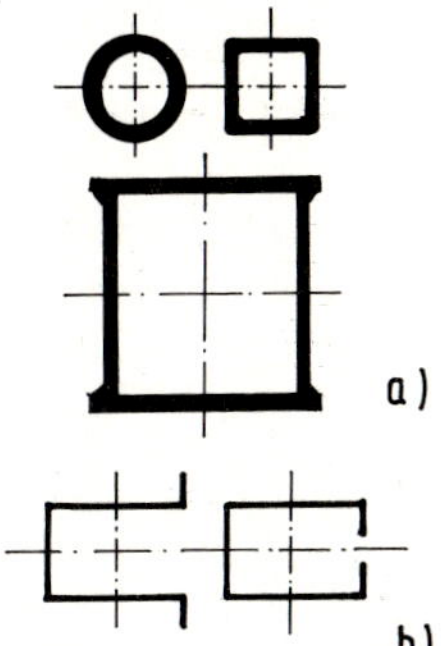

Bild 19

Wird die sogen. Schlankheit

$$\lambda = \frac{s_K}{i} \qquad (123)$$

eingeführt (auch Schlankheitsgrad genannt), lautet die Gleichung für die elasto-statische Knickspannung (G.121):

$$\sigma_{Ki} = \frac{\pi^2 E}{\lambda^2} \qquad (124)$$

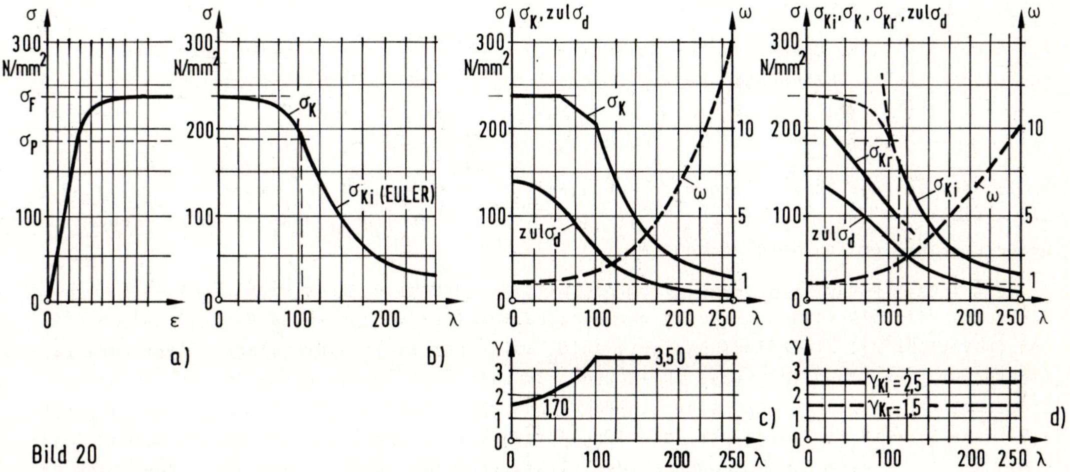

Bild 20

Die funktionale Abhängigkeit dieser Formel zeigt Bild 20b: EULER-Hyperbel. Innerhalb des elastischen Bereiches ist σ_{Ki} nur vom E-Modul abhängig und unabhängig von der Stahlgüte! Der Gültigkeitsbereich von G.124 ist durch die Proportionalitätsgrenze σ_P begrenzt, denn bei Überschreiten dieser stahlsortenabhängigen Spannung verliert das HOOKEsche Gesetz seine Gültigkeit. Die Gleichsetzung von σ_{Ki} und σ_P ergibt:

$$\sigma_P = \frac{\pi^2 E}{\lambda_P^2} \longrightarrow \lambda_P = \pi\sqrt{\frac{E}{\sigma_P}} \qquad (125)$$

Die Proportionalitätsgrenze liegt etwa bei 80% der Fließgrenze σ_F. Für die Baustähle St37

und St52 betragen demnach die Grenzschlankheiten λ_P: St37: $\sigma_P=0{,}8\cdot\sigma_F=0{,}8\cdot 24=19{,}2\,kN/cm^2$: $\lambda_P=104$; St52: $\sigma_P=0{,}8\cdot\sigma_F=0{,}8\cdot 36=28{,}8\,kN/cm^2$: $\lambda_P=85$.
Oberhalb σ_P ist G.125 nicht mehr gültig (plastischer Bereich). Die Knickspannung wird im plastischen Bereich mit σ_K abgekürzt; der Index i wird unterdrückt, weil die idealisierende Annahme des HOOKEschen Gesetzes entfällt. - Mit Erreichen der Quetschgrenze ($=\sigma_F=\beta_S$) ist die Tragfähigkeit erschöpft; diese Grenze fällt mit $\lambda=0$ zusammen; somit ist der Verlauf der plasto-statischen Knickspannungslinie σ_K an die Eckpunkte $\sigma=\sigma_F$ für $\lambda=0$ und $\sigma=\sigma_P$ für $\lambda=\lambda_P$ gebunden; außerdem kann ein kontinuierlicher Übergang von der σ_{Ki}-Linie auf die σ_K-Linie für $\sigma=\sigma_P$ erwartet werden.
Aufgrund von (vor Jahrzehnten durchgeführten) Knickversuchen wurde für die plasto-statische Knickspannungslinie ein Kurvenzug aus zwei Geraden vorgeschlagen (TETMAJER-Geraden). Bild 20c zeigt die σ_K-Linie der Vorläufervorschrift von DIN 4114 für St 37: Im Bereich $\lambda<60$ verlief die Linie horizontal und im Schlankheitsbereich zwischen $\lambda=60$ bis 100 geradlinig abfallend. Seinerzeit wurde für große Schlankheiten eine 3,5-fache Knicksicherheit γ_K verlangt, vgl. Bild 20c; mit sinkendem λ fiel γ_K auf 1,70 (für $\lambda=0$) ab (Lastfall H). Damit konnte die zulässige Druckspannung als Funktion von λ angegeben werden:

$$\mathrm{zul}\sigma_d = \frac{\sigma_K(\lambda)}{\gamma_K(\lambda)} \tag{126}$$

Als neue Bemessungsgröße wurde

$$\omega = \omega(\lambda) = \frac{\mathrm{zul}\sigma}{\mathrm{zul}\sigma_d} \geq 1 \qquad (\mathrm{zul}\sigma = \mathrm{zul}\sigma_d \text{ für } \lambda = 0) \tag{127}$$

eingeführt, vgl. Bild 20c (gestrichelter Kurvenzug). Hiermit nahm der Knickspannungsnachweis folgende Form an:

$$\sigma = \frac{F}{A} \leq \mathrm{zul}\sigma_d = \frac{\mathrm{zul}\sigma}{\omega} \longrightarrow \boxed{\sigma_\omega = \omega\frac{F}{A} \leq \mathrm{zul}\sigma} \tag{128}$$

Zulσ war die zulässige Druckspannung des allgemeinen Spannungsnachweises; die Schlankheit war auf 250 begrenzt.
Auf die analytische Lösung des plasto-statischen Knickspannungsproblems nach ENGESSER/KÁRMÁN bzw. ENGESSER/SHANLEY wurde seinerzeit nicht Bezug genommen. Diese Lösungen lauten:

$$\sigma_{K,EK} = \frac{\pi^2 T_K}{\lambda^2}; \qquad \sigma_{K,ES} = \frac{\pi^2 T}{\lambda^2} \tag{129}$$

T_K ist der von der Knickspannung σ_K abhängige Knickmodul und T der Tangentenmodul $T=d\sigma/d\varepsilon$. Der Verlauf der analytischen Lösung ist in Bild 20b oberhalb σ_P eingezeichnet. Wegen weiterer Einzelheiten vergleiche z.B. [1].

7.2.3.2 Tragsicherheitsnachweis planmäßig mittig gedrückter Stäbe nach DIN 4114

Die Vorschrift DIN 4114 schrieb in der Ausgabe von 1952/53 denselben Nachweis wie G.128 vor (ω-Verfahren), allerdings basierte zulσ_d auf einer anderen Grundlage: Die Formel basierte auf einem Doppelnachweis (Bild 20d): Im Lastfall H wurde gegenüber der elastostatischen Knickspannung σ_{Ki} eine 2,5-fache und gegenüber der "Traglastspannung" σ_{Kr} eine 1,5-fache Sicherheit festgelegt. Die Traglastspannung wurde für einen Druckstab mit idealelastischem - idealplastischem σ-ε-Gesetz bestimmt, wobei eine baupraktisch unvermeidbare Imperfektion eingerechnet wurde. Da sich die profilabhängige Traglastspannung für den Doppelwinkelquerschnitt (Bild 21) als am niedrigsten erwies, wurde die Traglastspannung dieses Profils als Bezugsspannung gewählt. Die höheren Tragfähigkeiten anderer Profiltypen wurden nicht berücksichtigt. Dadurch gelang die Vorgabe einer einzigen zulσ_d-Linie:

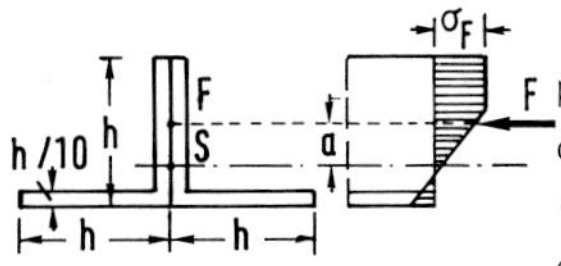

Bild 21

$$\mathrm{zul}\sigma_d \leq \frac{\sigma_{Ki}}{\gamma_{Ki}} \leq \frac{\sigma_{Kr}}{\gamma_{Kr}} \tag{130}$$

Die Sicherheitszahlen γ_{Ki} und γ_{Kr} wurden schlankheitsunabhängig angesetzt; vgl. Bild 20d. Die Definition von $\omega=\omega(\lambda)$ entsprach G.127 und der Knicknachweis G.128. Die Sicherheit konnte gegenüber der Vorgängernorm reduziert werden, da 1. durch die Berücksichtigung einer Imperfektion, 2. durch den Bezug auf den Doppelwinkel und 3. durch eine geringe Reduzierung der Fließgrenze (z.B. bei St37 auf σ_F=23kN/cm²) drei Sicherheitselemente vorab berücksichtigt worden waren.
Später wurde die Stabilitätsvorschrift DIN 4114 durch Einführung niedriger liegender ω-Zahlen für Rohrquerschnitte ergänzt; dadurch war eine wirtschaftlichere Ausnutzung dieser Profilform möglich. Die ω-Zahlen für Rohre durften auch für Quadrat- und Rechteckhohlprofile angesetzt werden.

7.2.3.3 Tragsicherheitsnachweis planmäßig mittig gedrückter Stäbe nach DIN 18800 T2 (11.90)

In den einzelnen Ländern hatten sich im Laufe der Jahrzehnte voneinander abweichende Nachweisformen entwickelt, obwohl das Profilsortiment identisch oder zumindestens ähnlich war und ist. Ab Mitte der sechziger bis Ende der siebziger Jahre wurden mehr als 1000 Großversuche an Druckstützen unter zentrischer Belastung (weltweit, einschließlich USA und Japan) durchgeführt. Sie wurden überwiegend von der Europäischen Konvention der Stahlbauverbände (EKS) finanziert. Parallel dazu wurde mittels exakter Computerberechnungen die Grenzkraft gedrückter Stützen unter Berücksichtigung
- geometrischer Imperfektionen in Form einer Vorkrümmung 1/1000 und
- struktureller Imperfektionen in Form profilabhängiger Eigenspannungen

bestimmt. - Eigenspannungen führen zu einer Reduzierung der Tragfähigkeit. Da die Flanschränder bei gewalzten und geschweißten I-Profilen unter Druckeigenspannungen stehen, wird die Tragfähigkeit solcher Profile durch die Eigenspannungen für Biegung um die schwache Achse relativ stärker abgemindert als für Biegung um die starke Achse. Als Ergebnis dieser Forschungen konnten die sogen. "Europäischen Knickspannungslinien" verabschiedet werden. Dabei erwies es sich als möglich, diese Linien fließgrenzenunabhängig zu formulieren: Der Grundgedanke ist folgender: Ausgehend von der "EULER"-Formel G.124 wird λ_F (bzw. λ_S) als neue Bezugsgröße definiert:

$$\sigma_{Ki}=\frac{\pi^2 E}{\lambda_F^2}\stackrel{!}{=}\sigma_F \longrightarrow \lambda_F=\pi\sqrt{\frac{E}{\sigma_F}} \qquad (131)$$

Im Sinne von DIN 18800 T2 gilt mit

$$\sigma_F=f_{y,d}=f_{y,k}/\gamma_M, \quad E=E_d=E_k/\gamma_M$$

und $\lambda_a\equiv\lambda_F$: (132a)

$$\lambda_a=\pi\sqrt{\frac{E_d}{f_{y,d}}}=\pi\sqrt{\frac{E_k}{f_{y,k}}}\;;\quad \text{St 37}: f_{y,k}=24\,\text{kN/cm}^2: \lambda_a=\underline{92{,}9}\,;\quad \text{St 52}: f_{y,k}=36\,\text{kN/cm}^2: \lambda_a=\underline{75{,}9}$$

($t\le40$mm). Die Schlankheit λ_K des nachzuweisenden "Knickstabes" wird auf λ_a bezogen. Das liefert den bezogenen Schlankheitsgrad $\bar\lambda_K$:

$$\bar\lambda_K=\frac{\lambda_K}{\lambda_a} \qquad (132b)$$

Wird σ_{Ki} durch $\sigma_F=f_{y,d}$ dividiert, ergibt sich die EULER-Formel in bezogener Form zu:

$$\bar\sigma_{Ki}=\frac{\sigma_{Ki}}{\sigma_F}=\frac{\sigma_{Ki,d}}{f_{y,d}}=\frac{\pi^2 E_d}{\lambda_K^2 \cdot f_{y,d}}=\frac{\lambda_a^2}{\lambda_K^2}=\frac{1}{\bar\lambda_K^2} \qquad (133)$$

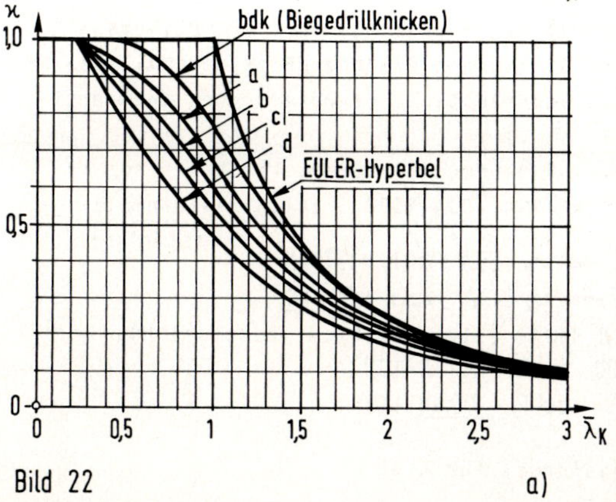

Bild 22 a)

	Querschnitt	Knicken um	Linie
1	Hohlprofile, warm gefertigt	y-y	a
		z-z	
	kalt gefertigt	y-y	b
		z-z	
2		y-y	b
		z-z	
	dicke Schweißnaht u. $h_y/t_y<30$, $h_z/t_z<30$	y-y	c
		z-z	
3	gewalzte I-Profile: h/b>1,2; t ≤ 40 mm	y-y	a
		z-z	b
	h/b>1,2; 40<t≤80mm	y-y	b
	h/b≤1,2; t≤80mm	z-z	c
	t > 80 mm	y-y	d
		z-z	
5		y-y	c
		z-z	

geschweißte I-Querschnitte siehe DIN 18800 T2

b)

Die bei den (oben erwähnten) Knickversuchen gefundenen Grenzspannungen F_U/A (Grenzkraft durch Fläche, U$\hat{=}$ultimate), wurden über λ aufgetragen. Aus jeweils einer größeren Anzahl von Versuchswerten für einen bestimmten λ-Wert wurden Mittelwert (m) und Standardabweichung (s) bestimmt. Damit ließ sich eine m-2s-Fraktile als Funktion von λ angeben. Diese Kurve (ergänzt durch Grenzkraftanalysen) wurde als Grenzspannungskurve $\sigma_U(\lambda)$ vereinbart und unter Bezug auf den Nennwert von σ_F schließlich $\bar{\sigma}=\sigma_U/\sigma_F$ über $\bar{\lambda}=\lambda/\lambda_F$ aufgetragen. Das liefert die erwähnten, typen- und herstellungsabhängigen Knickspannungslinien (Bild 22). Sie lassen sich formelmäßig darstellen:

$$\varkappa = \frac{1+\alpha(\bar{\lambda}-0{,}2)+\bar{\lambda}^2}{2\cdot\bar{\lambda}^2} - \frac{1}{2\bar{\lambda}^2}\cdot\sqrt{(1+\alpha(\bar{\lambda}-0{,}2)+\bar{\lambda}^2)^2-4\bar{\lambda}^2} \quad {}^{*)} \qquad (134)$$

Der Parameter α ist von der Nummer der Knickspannungslinie abhängig, die wiederum vom Querschnittstyp und der Knickbiegerichtung bestimmt wird:

Knickspannungslinie:	a;	b;	c;	d
Parameter α :	0,21;	0,34;	0,49;	0,76

Der "Knicknachweis" planmäßig mittig gedrückter Stäbe ist wie folgt zu führen (im allgemeinen getrennt für beide Hauptachsen):

- Einstufung des vorgegebenen Querschnittes in eine der in Bild 22b eingetragenen Profilkategorien, ggf. sinngemäße Einordnung nicht aufgeführter Profile,
- Bestimmung der Knicklänge $s_K=\beta l$ und des Schlankheitsgrades $\lambda_K=s_K/i$,
- Berechnung von $\bar{\lambda}_K=\lambda_K/\lambda_a$ und $\varkappa=\varkappa(\bar{\lambda}_K)$: Vgl. Anhang A5 (S.1406).
- Für die unter γ_F-ψ-fachen Bemessungslasten auftretende Druckkraft N wird nachgewiesen:

$$N \le \varkappa N_{Pl} \longrightarrow \boxed{\frac{N}{\varkappa N_{Pl}} \le 1} \quad \text{mit } N_{Pl}=\beta_{y,d}\cdot A=\frac{\beta_{y,k}}{\gamma_M}\cdot A \qquad (135)$$

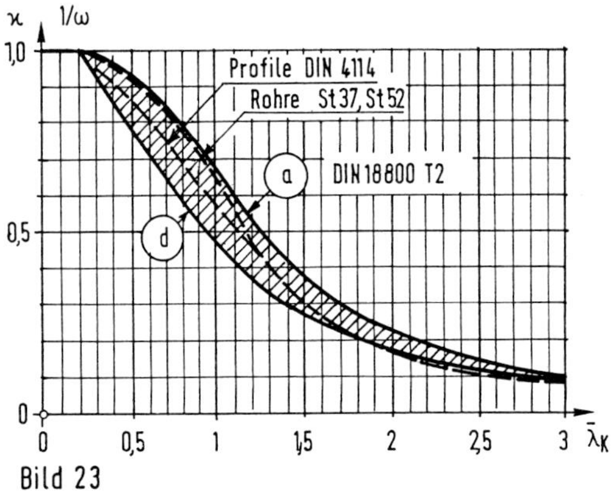

Bild 23

Um die neue Nachweisregel mit der ehemaligen nach DIN 4114 vergleichen zu können, wird letztere umgeformt:

$$\sigma_\omega=\omega\frac{N}{A}\le \text{zul}\sigma=\frac{\sigma_F}{\gamma} \longrightarrow \omega\frac{\gamma\cdot N}{\sigma_F A}\le 1 \longrightarrow$$

$$\frac{N}{\frac{1}{\omega}N_{Pl}} \le 1 \qquad (136)$$

N ist hierin die Normalkraft unter γ-fachen Lasten und N_{Pl} die plastische Quetschkraft $\sigma_F\cdot A$. Somit entspricht $\varkappa$ dem Kehrwert von ω. Bild 23 zeigt den Vergleich der neuen mit der ehemaligen Regel (losgelöst von der Größe des Sicherheitsfaktors). Die Knickspannungslinien der DIN 4114 stimmen für St37 und St52 (innerhalb der Strichstärke) überein und liegen etwa im Mittel zwischen der a- und der d-Linie des neuen Regelwerkes.

7.2.3.4 Beispiel

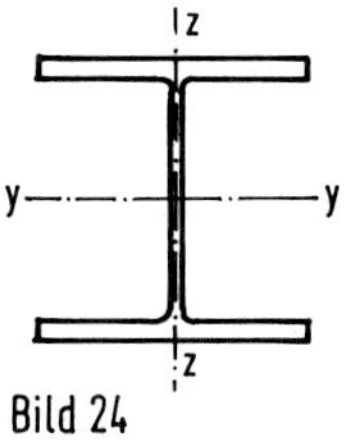

Bild 24

Gegeben ist eine Druckstütze mit dem Profil HE300B (IPB 300) aus St 37. Die Knicklänge sei nach allen Richtungen gleichgroß: s_K=10,0m. Gesucht ist die zulässige Last im Gebrauchszustand. Es werden drei Vorschriften gegenübergestellt.

Querschnittswerte: A=149cm², i_y=13,0cm, i_z=7,58cm.

a) Vorläufervorschrift von DIN 4114 (DIN 1050); zulσ_d =14kN/cm²: Lastfall H

$$\lambda_y=1000/13{,}0=76{,}92=77 \longrightarrow \omega_y=1{,}52: \ \text{zul}\,F_y=\underline{1372\,\text{kN}}$$
$$\lambda_z=1000/7{,}58=131{,}93=132 \longrightarrow \omega_z=4{,}12: \ \text{zul}\,F_z=\underline{506\,\text{kN}}$$

b) Stabilitätsvorschrift DIN 4114; zulσ_d =14kN/cm² (Lastfall H):

$$\lambda_y=77 \longrightarrow \omega_y=1{,}50: \ \text{zul}\,F_y=\underline{1391\,\text{kN}}\ (1{,}01)$$
$$\lambda_z=132 \longrightarrow \omega_z=2{,}94: \ \text{zul}\,F_z=\underline{710\,\text{kN}}\ (1{,}40)$$

---

*) DIN 18800 T2 gibt eine modifizierte Berechnungsformel für $\varkappa$ an.

c) Stabilitätsvorschrift DIN 18800 T2 (11.90): λ_a=92,93 (G.131/135):

$\bar{\lambda}_y$ = 76,92/92,9 = 0,828 : Linie b: $\varkappa$ = 0,707: $\varkappa \cdot N_{Pl,d}$ = 0,707·149·24,0/1,1 = 2298 kN

$\bar{\lambda}_z$ = 131,93/92,9 = 1,420 : Linie c: $\varkappa$ = 0,342: $\varkappa \cdot N_{Pl,d}$ = 0,342·149·24,0/1,1 = 1112 kN

y-y: 2298/1,5 = 1532 kN (gegenüber DIN 4114 : 1,10-fach)
z-z: 1112/1,5 = 741 kN (" : 1,04-fach)

7.2.4 Planmäßig außermittig gedrückte Stäbe - Druck und Biegung

7.2.4.1 Gegenüberstellung: Planmäßig mittig und planmäßig außermittig gedrückte Stäbe

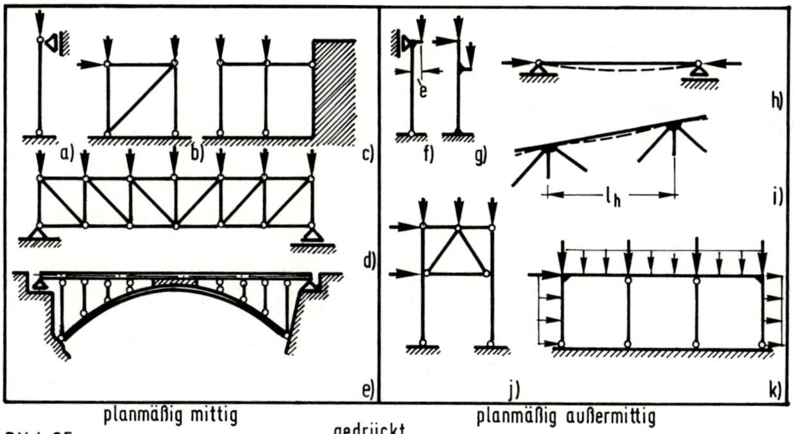

Bild 25

Von planmäßig mittig gedrückten Stäben spricht man, wenn sie "dem Plan gemäß" nur unter zentrischem Druck stehen. Bild 25 zeigt linkerseits Beispiele. Es handelt sich um beidseitig gelenkig gelagerte Pendelstäbe, die keine Querbelastung erhalten und somit keine Biegung erfahren. Die Annahme einer planmäßig mittigen Belastung ist eine Fiktion, denn selbst bei sorgfältigster Herstellung und Montage sind unplanmäßige Biegungseinflüsse (baupraktisch bedingte Imperfektionen nicht immer zu vermeiden: Vorkrümmungen; Schiefstellungen; Exzentrizitäten in Gelenken, Lasteinleitungs- und Fußpunkten; Biegung aus Eigengewichts-, Temperatur-, Kriech- und anderen Einflüssen; Nebenspannungen in Fachwerken usw. In den Knickzahlen (ω bzw. $\varkappa$) sind diese Imperfektionen (einschließlich weiterer, insbesondere solcher aus Walz-, Schweiß- und Richteigenspannungen) angemessen eingefangen, so daß ein Nachweis unter der Annahme einer (nominell) planmäßig mittigen Belastung möglich ist. Dieser Nachweis wird am Ersatzstab mit der Knicklänge $s_K = \beta \cdot l$ erbracht (Abschnitt 7.2.3).

Von planmäßig außermittig gedrückten Stäben spricht man, wenn sie "dem Plan gemäß" neben einer Druckkraft ein- oder zweiachsig auf Biegung beansprucht werden. Bild 25 zeigt rechterseits Beispiele, Teilbild f,g: Die Kraft wird exzentrisch (z.B. über eine Konsole) eingetragen; Teilbild h,i: Der Druckstab liegt horizontal oder schräg und erhält aus seinem Eigengewicht planmäßige Biegung, bei durchlaufender Gurtung $M \approx g \cdot l_h^2/10$ (l_h ist die Länge der Horizontalprojektion); Teilbild j,k: Der Druckstab erhält in seiner Funktion als Rahmenstiel planmäßige Biegung (z.B. infolge Wind, infolge Seitenlasten aus Kranbetrieb usw.).

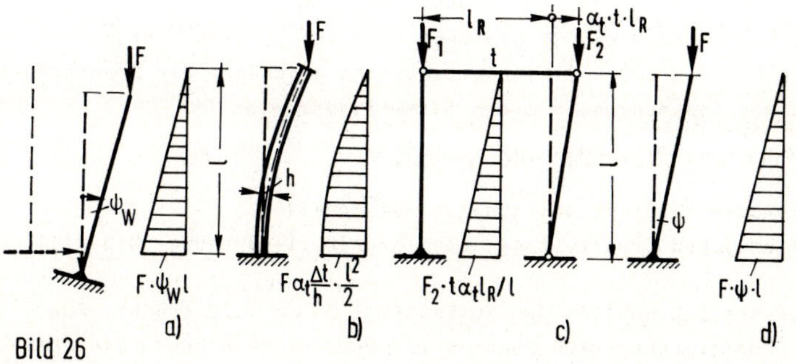

Bild 26

Zu den äußeren Einwirkungen, die bei Vorhandensein lotrechter Auflasten, planmäßige Biegung hervorrufen, zählen außerdem (vgl. Bild 26):

- Widerlagerverschiebungen (Teilbild a: Widerlagerdrehung ψ_W),
- Temperaturgradienten Δt (Teilbild b: Linksseitige Temperaturerhöhung um Δt),

- Temperaturänderungen (Teilbild c: Längung des Riegels verursacht Schiefstellung der angependelten Stütze).

Die im Bild ausgewiesenen Momente entstehen durch die lotrechte Auflast (F): Steht ein lotrecht belasteter Stab um den Winkel ψ schief (Bild 26d), entsteht die Abtriebskraft (Umlenkkraft) $F\cdot\psi$ und das Einspannungsmoment $F\psi l$. Der Verformungseffekt Theorie II. Ordnung tritt in allen Fällen hinzu! Das gilt natürlich auch dann, wenn die Schiefstellung durch eine Imperfektion (z.B. schiefen Einbau) zustande kommt.

7.2.4.2 Tragsicherheitsnachweis planmäßig außermittig gedrückter Stäbe nach DIN 4114

In der 1952 erlassenen DIN 4114 wurden zwei Nachweisformen verankert: a) Nachweis mittels einer Interaktionsformel, b) Nachweis nach der Spannungstheorie II. Ordnung.

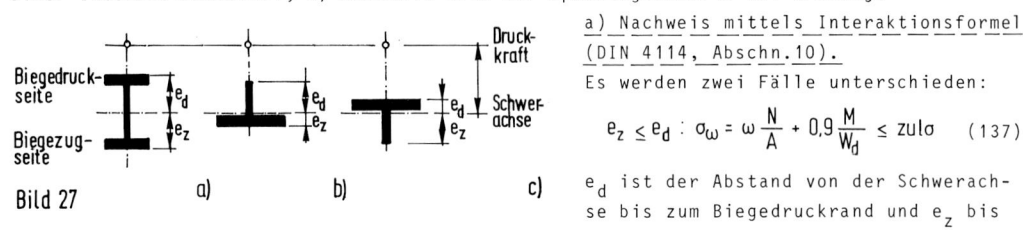

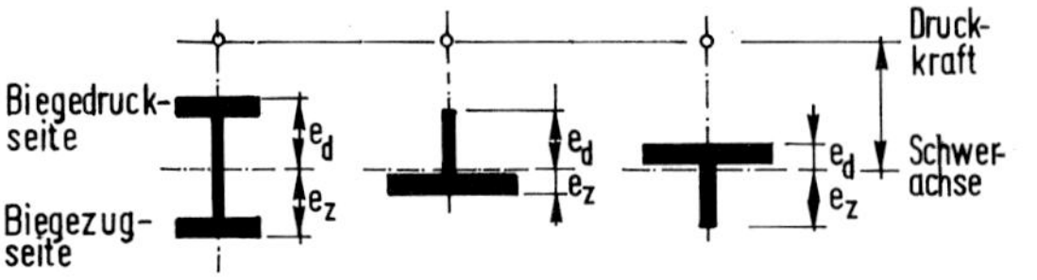

Bild 27

a) Nachweis mittels Interaktionsformel (DIN 4114, Abschn.10).

Es werden zwei Fälle unterschieden:

$$e_z \le e_d: \; \sigma_\omega = \omega\frac{N}{A} + 0{,}9\frac{M}{W_d} \le \text{zul}\,\sigma \qquad (137)$$

e_d ist der Abstand von der Schwerachse bis zum Biegedruckrand und e_z bis zum Biegezugrand.

$$e_z > e_d: \; \sigma_\omega = \omega\frac{N}{A} + 0{,}9\frac{M}{W_d} \le \text{zul}\,\sigma \;;\; \sigma_\omega = \omega\frac{N}{A} + \frac{300+2\lambda}{1000}\cdot\frac{M}{W_z} \le \text{zul}\,\sigma \qquad (138)$$

W_d ist das Widerstandsmoment des Biegedruckrandes und W_z das Widerstandsmoment des Biegezugrandes. ω ist die dem Schlankheitsgrad λ für Ausknicken in der Biegungsebene zugeordnete Knickzahl. Um λ berechnen zu können, ist für den nachzuweisenden Druckstab zunächst dessen "Knicklänge" $s_K=\beta\cdot l$ zu bestimmen. Der Nachweis wird somit an einem Ersatzstab geführt, man spricht daher auch vom Ersatzstabverfahren. G.137 ist in den Fällen a und b des Bildes 27 anzuwenden, G.138 im Falle c. Zur Begründung der Nachweisformeln vgl. z.B. [1]. Für doppeltsymmetrische Querschnitte ist G.137 maßgebend; das ist der Regelfall. Wird die Formel durch zul σ dividiert, folgt:

$$\omega\frac{N}{\text{zul}\,\sigma\cdot A} + 0{,}9\frac{M}{\text{zul}\,\sigma\cdot W_d} \le 1 \;\longrightarrow\; \omega\frac{N}{\text{zul}\,N} + 0{,}9\cdot\frac{M}{\text{zul}\,M_d} \le 1 \qquad (139)$$

Der Charakter einer Interaktionsvorschrift wird hieraus deutlich.

Ist das Biegemoment entlang der Stabachse veränderlich (was bei Rahmenstielen immer der Fall ist), so ist

- bei unverschieblichen Druckstielen für M der Mittelwert aus den Stabendmomenten (unter Berücksichtigung der Vorzeichen), mindestens jedoch die Hälfte des größeren Endmomentes und
- bei verschieblichen Druckstielen das größere Endmoment einzusetzen.

Bei Beanspruchung durch Druck und zweiachsige Biegung ist mit der auf die Minimumachse bezogenen Knickzahl und an Stelle der Randspannungen M/W_d und M/W_z mit der größten Biegedruck- bzw. Biegezugspannung bei gleichzeitiger Wirkung von M_y und M_z zu rechnen:

$$\sigma_\omega = \omega\frac{N}{A} + 0{,}9\left(\frac{M_y}{W_y} + \frac{M_z}{W_z}\right); \quad \sigma_\omega = \omega\frac{N}{A} + \frac{300+2\lambda}{1000}\left(\frac{M_y}{W_y} + \frac{M_z}{W_z}\right) \qquad (140)$$

N ist in allen Fällen die Druckkraft und M das Biegemoment nach Th. I. Ordn. unter $\gamma=1{,}0$-fachen Gebrauchslasten: $N=N^I$, $M=M^I$. Der Sicherheitsabstand gegenüber der Grenztragfähigkeit wird über die zulässigen Spannungen, mit den Sicherheitszahlen

$$\text{Lastfall H}: \gamma = 1{,}71, \quad \text{Lastfall HZ}: \gamma = 1{,}50, \qquad (141)$$

und über das in den ω-Zahlen verankerte Sicherheitskonzept eingehalten.

b) Nachweis gegen den elasto-statischen Grenzzustand nach Theorie II. Ordnung (DIN 4114, Ri 10.2)

Die äußeren Lasten werden im Lastfall H um 1,71 und im Lastfall HZ um 1,50 erhöht. Für diese Lastzustände werden die Schnittgrößen nach Theorie II. Ordnung berechnet. Die Spannungen dürfen an keiner Stelle die Fließgrenze überschreiten:

$$\sigma = \frac{N}{A} \pm \frac{M}{I} z \le \sigma_F \; ; \; N \equiv N^{II},\; M \equiv M^{II} \tag{142}$$

St37: σ_F=24kN/cm²; St52: σ_F=36kN/cm². Die Schnittgrößen nach Th. II. Ordn. werden exakt oder ggf. nur approximativ (z.B. mit Hilfe des α-Faktors) bestimmt; vgl. Abschnitt 7.2.4.4. Während es sich beim ω-Nachweis um fiktive Spannungen handelt, werden gemäß G.142 reale Spannungen berechnet. Imperfektionen brauchen zusätzlich nicht eingerechnet zu werden (siehe auch DIN 4114, Ri 7.9).

Wie im Anschluß an G.139 erwähnt, kann die sogen. 0,9-Formel (G.137) als Interaktionsvorschrift gedeutet werden. Werden Zähler und Nenner der beiden Terme in G.139 mit der Sicherheitszahl γ durchmultipliziert, lautet die Interaktionsgleichung:

$$\omega \frac{\gamma \cdot N}{N_{El}} + 0{,}9 \frac{\gamma \cdot M}{M_{El}} = 1 \quad (N \equiv N^I,\; M \equiv M^I) \tag{143}$$

Indem für bestimmte $\bar{\lambda}$-Werte die zugehörige Schlankheit λ und ω-Zahl bestimmt werden, kann G.143 graphisch dargestellt werden. Bild 28a zeigt das Ergebnis.

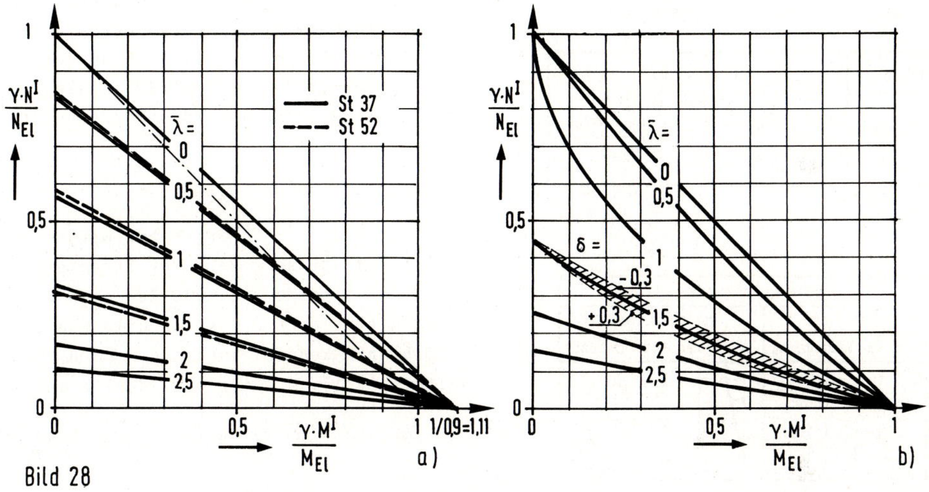

Bild 28

Der Einfluß der Stahlgüte (über die ω-Zahlen) ist bei dieser Darstellungsform offensichtlich gering. - Die Verknüpfung der Nachweisformen gemäß a) und b), also auf der Grundlage von G.137 bzw. G.142 gelingt dadurch, daß G.142 ebenfalls als Interaktionsbeziehung angeschrieben und der Verformungseinfluß über den α-Faktor erfaßt wird:

$$\sigma = \frac{\gamma N}{A} \pm \alpha \cdot \frac{\gamma M}{W} \le \sigma_F \quad \longrightarrow \quad \frac{\gamma N}{A\sigma_F} + \frac{1}{1 - \frac{\gamma N}{N_{Ki}}} \cdot \frac{\gamma M}{W\sigma_F} = 1 \quad (N \equiv N^I,\; M \equiv M^I)$$

Mit

$$\frac{\gamma N}{N_{Ki}} = \frac{\gamma N}{\sigma_F A} \cdot \frac{\sigma_F A}{N_{Ki}} = \frac{\gamma N}{N_{El}} \cdot \frac{\sigma_F A}{\pi^2 EI} s_K^2 = \frac{\gamma N}{N_{El}} \cdot \frac{\sigma_F}{E\pi^2} \cdot \frac{s_K^2}{i^2} = \frac{\gamma N}{N_{El}} \cdot \frac{\sigma_F \lambda^2}{E \cdot \pi^2} = \frac{\gamma N}{N_{El}} \cdot \frac{\lambda^2}{\lambda_F^2} = \frac{\gamma N}{N_{El}} \bar{\lambda}^2$$

(vgl. G.131/132) folgt:

$$\frac{\gamma N}{N_{El}} + \frac{1}{1 - \frac{\gamma N}{N_{El}} \bar{\lambda}^2} \cdot \frac{\gamma M}{M_{El}} = 1 \tag{144}$$

Wird diese Formel für verschiedene bezogene Schlankheiten $\bar{\lambda}$ ausgewertet, ergibt sich das in Bild 28b eingezeichnete Ergebnis. (Im Falle $\bar{\lambda}$=1,5 sind die Grenzkurven, die sich bei Bezug auf die strengere α-Formel gemäß G.147 ergeben (für δ=+0,3 und δ=-0,3) dargestellt; bei verschieblichen Systemen ist $\delta \approx 0$.) Der Vergleich der Teilbilder a und b zeigt eine gewisse Ähnlichkeit der Interaktionskurven; die rechtsseitig angegebenen (nach G.144) liegen höher. Das beruht u.a. darauf, daß hierin keine Imperfektionsmomente eingerechnet sind. Diese wirken sich umso stärker aus, je geringer die planmäßigen Momente sind. Weitere Schlußfolgerungen sind nicht möglich, zumal die Sicherheitskonzepte bei beiden Nachweisen (G.137 und G.142) unterschiedlich sind.

7.2.4.3 Tragsicherheitsnachweis planmäßig außermittig gedrückter Stäbe nach DIN 18800 T2 (11.90) [2,3,4]

Wie in DIN 4114 kann der Tragsicherheitsnachweis alternativ nach zwei Formaten geführt werden: a) Nachweis mittels Interaktionsformel, b) Nachweis als Biegeproblem Theorie II. Ordn.

a) Nachweis mittels Interaktionsformel (DIN 18800 T2, Abschn. 3.4.2)

Das Tragwerk wird nach Theorie I. Ordnung für γ_F-ψ-fache Einwirkungen berechnet. Imperfektionen brauchen nicht eingerechnet zu werden. Der nachzuweisende Stab mit Druck und einachsiger Biegung wird gedanklich aus dem System herausgelöst. Dem Stab ist ein Ersatzstab mit der Knicklänge s_K zugeordnet; hierdurch werden die Randbedingungen erfaßt. Es ist nachzuweisen, daß der Bedingung

$$\frac{N}{\varkappa N_{Pl,d}} + \frac{\beta_m M}{M_{Pl,d}} + \Delta n \le 1 \qquad (145a)$$

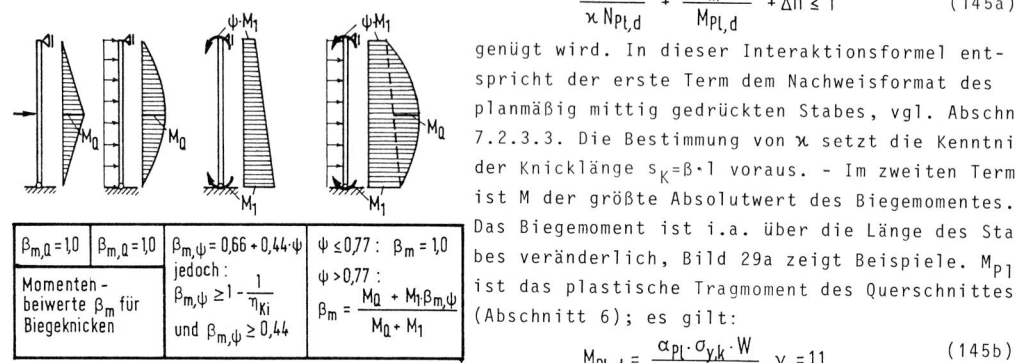

genügt wird. In dieser Interaktionsformel entspricht der erste Term dem Nachweisformat des planmäßig mittig gedrückten Stabes, vgl. Abschn. 7.2.3.3. Die Bestimmung von $\varkappa$ setzt die Kenntnis der Knicklänge $s_K=\beta\cdot l$ voraus. - Im zweiten Term ist M der größte Absolutwert des Biegemomentes. Das Biegemoment ist i.a. über die Länge des Stabes veränderlich, Bild 29a zeigt Beispiele. M_{Pl} ist das plastische Tragmoment des Querschnittes (Abschnitt 6); es gilt:

$$M_{Pl,d} = \frac{\alpha_{Pl}\cdot\sigma_{y,k}\cdot W}{\gamma_M}, \quad \gamma_M = 1{,}1 \qquad (145b)$$

α_{Pl} darf nicht größer 1,25 angesetzt werden. $\sigma_{y,k}$ ist der charakteristische Wert der Streckgrenze und W das Widerstandsmoment. Die Rechenanweisung für den Momentenbeiwert β_m ist in Bild 29a zusammengefaßt; hierin kennzeichnet ψ das Randmomentenverhältnis ($\psi\le1$). η_{Ki} ist die ideelle Knicksicherheit:

$$\eta_{Ki} = \frac{N_{Ki,d}}{N}, \quad N = N_d, \quad N_{Ki,d} = \frac{\pi^2(EI)_d}{s_K^2} = \frac{\pi^2 E_d I}{s_K^2}$$

mit

$$E_d = \frac{E_k}{\gamma_M} = \frac{21000}{1{,}1} = \underline{19091\,\text{kN/cm}^2} \qquad (145c)$$

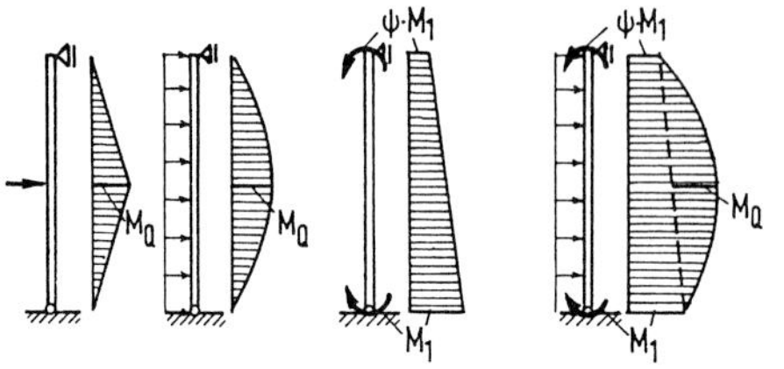

$\beta_{m,Q}=1{,}0$	$\beta_{m,Q}=1{,}0$	$\beta_{m,\psi}=0{,}66+0{,}44\cdot\psi$ jedoch: $\beta_{m,\psi}\ge 1-\frac{1}{\eta_{Ki}}$ und $\beta_{m,\psi}\ge 0{,}44$	$\psi\le 0{,}77$: $\beta_m=1{,}0$; $\psi>0{,}77$: $\beta_m=\frac{M_Q+M_1\cdot\beta_{m,\psi}}{M_Q+M_1}$
Momenten-beiwerte β_m für Biegeknicken			

a)

Ersatzimperfektionen			
unverschiebliche Stäbe		verschiebliche Stäbe	
Linie	Stich der Vorkrümmung	Winkel der Vorverdrehung	
a	l/500		$\psi_0 = \frac{l}{200}\cdot r_1\cdot r_2$
b	l/250		$r_1=\sqrt{5/l[m]}$
c	l/200		$r_2=\frac{1}{2}(1+\sqrt{\frac{1}{n}})$
d	l/150		

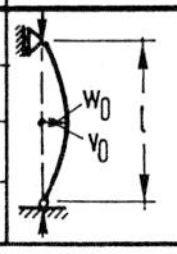

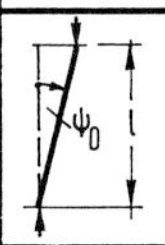

Bild 29 b)

Der dritte Term der Interaktionsformel (G.145a) berechnet sich zu:

$$\Delta n = \frac{N}{\varkappa\cdot N_{Pl,d}}\left(1-\frac{N}{\varkappa\cdot N_{Pl,d}}\right)\cdot\varkappa^2\cdot\bar\lambda_K^2 \le 0{,}1 \qquad (145d)$$

Vereinfachend darf stattdessen mit

$$\Delta n = 0{,}25\cdot\varkappa^2\cdot\bar\lambda_K^2 \quad \text{oder} \quad \Delta n = 0{,}1 \qquad (145e)$$

gerechnet werden. Bei doppelt-symmetrischen Querschnitten, die mindestens einen Stegflächenanteil von 18% haben, darf in der Interaktionsformel $M_{Pl,d}$ durch $1{,}1\cdot M_{Pl,d}$ ersetzt werden, wenn $N/N_{Pl,d} > 0{,}2$ ist.- Zum Nachweis bei Druck und zweiachsiger Biegung wird auf das Regelwerk verwiesen.

b) Nachweis gegen den Grenzzustand nach Theorie II. Ordnung

Bei Beschränkung auf das Nachweisverfahren Elastisch-Elastisch ist wie folgt zu verfahren: Für die γ_F-ψ-fachen Einwirkungen werden die Schnittgrößen nach der E-Theorie II. Ordnung ermittelt und hierbei die in Bild 29b angegebenen (Ersatz-)Imperfektionen eingerechnet. Da der Nachweis gegen die elasto-statische Grenztragfähigkeit erbracht wird und demgemäß die plastischen Tragreserven nicht ausgenützt werden, brauchen nur 2/3 der Ersatzimperfektionen angesetzt zu werden. Sind die Schnittgrößen bekannt, wird an der höchstbeanspruchten Stelle des Tragwerks der elasto-statische Grenztragfähigkeitsnachweis erbracht, vgl. Abschn. 4.2.2. Aufwand und Schwierigkeitsgrad werden entscheidend von der statischen Berechnung des Systems nach Theorie II. Ordn. bestimmt; hierfür stehen inzwischen leistungsfähige Rechenprogramme zur Verfügung. Rechnungen von Hand wird man allenfalls noch bei einfachen Systemen. durchführen. Auf eine näherungsweise Abschätzung des Verformungseinflusses nach Th. II.Ordn mittels des α-Faktors wird in den folgenden Abschnitten eingegangen, vgl. insbesondere Abschnitte 7.2.4.4 und 7.3.3.6.6. Hierbei ist zu beachten, daß bei der Berechnung der Knickkraft $F_{Ki}=N_{Ki,d}$ gemäß G.145c vorzugehen ist, d.h. für den Elastizitätsmodul ist dessen Bemessungswert $E_d=E_k/\gamma_M$ mit $\gamma_M=1{,}1$ anzusetzen. Hiermit werden neben den geringen Streuungen des E-Moduls selbst stellvertretend die Streuungen der Querschnittsabmessungen erfaßt. Das gilt auch für eine strenge Berechnung der Schnittgrößen nach Th. II. Ordnung am verformten System, vgl. z.B. Abschnitt 7.3. Die Stabkennzahl ε wird zu

$$\varepsilon = l\sqrt{\frac{F}{E_d I}} \qquad (145f)$$

berechnet. - Die Ersatzimperfektionen werden zweckmäßig über äquivalente Ersatzkräfte eingerechnet, vgl. Abschnitt 7.3.3.6.7.

c) Beispiel

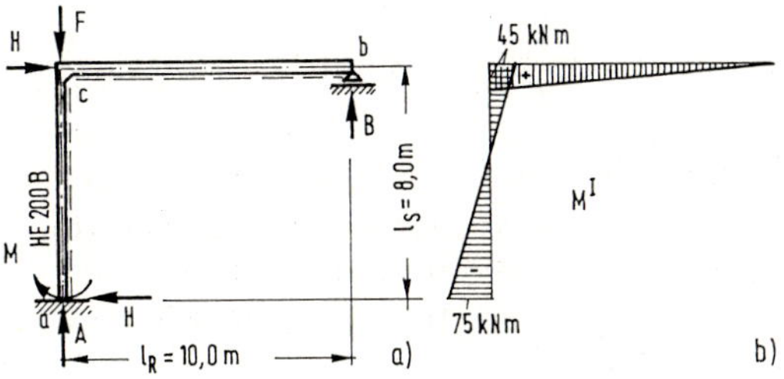

Bild 30

Für den in Bild 30a dargestellten einhüftigen Rahmen betragen die Lasten im γ_F-ψ-fachen Lastzustand: $F = 450\,kN$; $H = 15\,kN$

Für den Stiel des Rahmens (St37) gilt:

Stiel: HE 200B: $A = 78{,}1\,cm^2$; $I = 5700\,cm^4$; $W = 570\,cm^3$

$W_{Pl} = 642\,cm^3$; $i = 8{,}54\,cm$; St 37: $f_{y,d} = 24{,}0/1{,}1 = 21{,}8\,kN/cm^2$

$N_{Pl,d} = 21{,}8\cdot 78{,}1 = 1703\,kN$, $M_{Pl,d} = 21{,}8\cdot 642 = 13996\,kNcm$

Nachweis mittels Interaktionsformel (G.145a/d):

Die Stütz- und Schnittgrößen nach Th.I.Ordnung berechnen sich zu (ohne Nachweis, vgl. Bild 30a/b): $A = 450 - 4{,}50 = 445{,}5\,kN$, $B = 4{,}50\,kN$, $H_a = 15{,}0\,kN$, $M_a = -75\,kNm$, $M_c = +45{,}0\,kNm$

In Bild 30b ist der Verlauf des Biegemomentes dargestellt. - Das Riegelträgheitsmoment betrage $7125\,cm^4$. Damit findet man die Knicklänge des Stieles gemäß Abschnitt 7.3.1.3 zu:

$$\frac{EI_S}{EI_R}\cdot\frac{l_R}{l_S} = \frac{5700}{7125}\cdot\frac{10{,}0}{8{,}0} = \underline{1{,}0} \longrightarrow \beta = \underline{1{,}28} \longrightarrow s_K = 1{,}28\cdot 800 = \underline{1024\,cm}$$

$\varkappa$-Faktor: $\;$ I $h/b = 1$: Linie b: $\lambda_K = 1024/8{,}54 = 119{,}9$; $\bar\lambda_K = 119{,}9/92{,}9 = \underline{1{,}29} \longrightarrow \varkappa_b = \underline{0{,}432}$

Momentenbeiwert: $\psi = 45/-75 = -0{,}600 \longrightarrow \beta_{m,\psi} = 0{,}66 - 0{,}44\cdot 0{,}600 = \underline{0{,}396}$

Knickkraft: $F_{Ki} = \frac{\pi^2 E_d I}{s_K^2} = \frac{\pi^2 19091\cdot 5700}{1024^2} = 1024\,kN = N_{Ki}$; $N = A = 445{,}5\,kN$

$$\eta_{Ki} = N_{Ki}/N = 1024/445{,}5 = \underline{2{,}30};\; \beta_{m,\psi} \geq 1 - \frac{1}{\eta_{Ki}} = 1 - \frac{1}{2{,}30} = \underline{0{,}560} \text{ bzw. } \beta_{m,\psi} \geq \underline{0{,}44}$$

Maßgebend ist $\beta_{m,\psi} = 1{,}00$, da ein verschiebliches System vorliegt. - Nachweis (G.145a):

$$\text{1.Term: } \frac{N}{\varkappa\cdot N_{Pl,d}} = \frac{445{,}5}{0{,}432\cdot 1703} = \underline{0{,}606};\quad \text{2.Term: } \frac{\beta_m\cdot M}{M_{Pl,d}} = \frac{1{,}000\cdot 7500}{13996} = \underline{0{,}536}$$

$$\text{3.Term: } \Delta n = \frac{N}{\varkappa\cdot N_{Pl,d}}\left(1 - \frac{N}{\varkappa\cdot N_{Pl,d}}\right)\varkappa^2\cdot\bar\lambda_K^2 = 0{,}606(1-0{,}606)\cdot 0{,}432^2\cdot 1{,}29^2 = \underline{0{,}074}$$

Zusammengefaßt: $0{,}606 + 0{,}536 + 0{,}074 = \underline{1{,}216 > 1}$ (Tragsicherheit nicht ausreichend!)

Im 2. Term darf im Nenner mit $1{,}1\cdot M_{Pl,d}$ gerechnet werden, denn es gilt mit $A_{Steg}=0{,}9\cdot(20{,}0-1{,}5)=16{,}65\,cm^2$: $A_{Steg}/A=0{,}21>0{,}18$ und $N/N_{Pl,d}=445{,}5/1703=0{,}26>0{,}20$. Das ergibt: $1{,}167>1$. Auch hiermit läßt sich keine ausreichende Tragsicherheit nachweisen.

Nachweis nach Theorie II. Ordn.: Nachweisverfahren Elastisch-Elastisch: Ersatzimperfektion: Vorverdrehung des Stieles und äquivalente Horizontalkraft:

$$\psi_0 = \frac{1}{200}\cdot r_1\cdot r_2 = \frac{1}{200}\cdot\sqrt{\frac{5{,}0}{8{,}0}}\cdot 1 = \underline{3{,}9528\cdot 10^{-3}}, \text{ davon } 2/3$$

$$\frac{2}{3}\cdot 3{,}9528\cdot 10^{-3}\cdot 450 = \underline{1{,}19\,kN};\quad H = 15{,}0 + 1{,}19 = \underline{16{,}19\,kN}$$

Hierfür berechnen sich die Biegemomente nach Th.I. Ordnung in den Schnitten a und c zu (vgl. zum Verlauf Bild 30b):

$$M_a^I = -80{,}95\,kNm,\quad M_c^I = 48{,}57\,kNm$$

Die Stützgrößen A und B ergeben sich zu A=445,1kN, B=4,86kN. Der Verformungsfaktor α beträgt (Druckkraft im Stiel: N=A=445,1kN):

$$\alpha = \frac{1}{1-\frac{F}{F_{Ki}}} = \frac{1}{1-\frac{N}{N_{Ki}}} = \frac{1}{1-\frac{445{,}1}{1024}} = \underline{1{,}77}$$

Das Biegemoment nach Th.II. Ordnung im Fußpunkt läßt sich damit abschätzen:

$$M_a^{II} = 1{,}77(-80{,}95) = \underline{-144{,}4\ \text{kNm}}$$

Spannungsnachweis:

$$\sigma = -\frac{445{,}1}{78{,}1} \pm \frac{14\,440}{570} = -5{,}70 \pm 25{,}33 = \underline{-31{,}03\ \text{kN/cm}^2}$$

Alternativ: $$\sigma = -\frac{445{,}1}{78{,}1} \pm \frac{14\,440}{642} = |5{,}70 + 22{,}49| = \underline{28{,}19\ \text{kN/cm}^2}$$

Werden die Schnittgrößen exakt berechnet, folgt (vgl. Abschn. 7.3.1.3):

$$\varepsilon = 800\sqrt{\frac{445{,}1}{19091\cdot 5700}} = \underline{1{,}62} \longrightarrow M_a^{II} = \underline{-131{,}4\ \text{kNm}} \longrightarrow \sigma = -\frac{445{,}1}{78{,}1} \pm \frac{13\,138}{642} = |5{,}70 + 20{,}46| = \underline{26{,}16\ \text{kN/cm}^2}$$

Der Bedingung $$\sigma \le \sigma_{R,d} = f_{y,d} = 21{,}8\ \text{kN/cm}^2$$

wird demnach nicht genügt (26,16/21,8=1,2)! Da $\varepsilon > 1{,}6$ ist, ist streng genommen zusätzlich zur Vorverdrehung eine Vorkrümmung mit w_0=1/250=800/250=3,2cm anzusetzen.

7.2.4.4 Zur Abschätzung des Verformungseinflusses bei elasto-statischen Berechnungen nach Theorie II. Ordnung

Ein Tragsicherheitsnachweis nach Theorie II. Ordnung ist grundsätzlich (auch gegenüber jeder Form von Interaktionsformel, s.o.) vorzuziehen, weil der so geführte Nachweis über die realen Beanspruchungen und Verformungen und die hiermit verbundenen Abtriebswirkungen Aufschluß gibt. Die Berechnungsmethoden sind indes (im Vergleich zu Theorie I. Ordnung) etwas komplizierter (Abschnitt 7.3 und [1]). Da das Superpositionsgesetz nicht mehr gilt, ist der Berechnungsaufwand i.a. höher. In vielen Fällen genügt eine Abschätzung des Erhöhungseinflusses. Dabei wird von den für die γ_F-ψ-fachen Einwirkungen berechneten Schnittgrößen nach Theorie I. Ordnung ausgegangen und diese um den Vergrößerungsfaktor (Verformungsfaktor) α (auch mit K abgekürzt) erhöht, um die Schnittgrößen nach Th.II.Ordn. zu erhalten, z.B. im Falle des Biegemomentes:

$$M^{II} = \alpha \cdot M^{I} \qquad (146)$$

Für diese Abschätzung gibt es verschiedene Möglichkeiten:

- Verwendung von Kurvendiagrammen oder Formeln, mittels derer der α-Faktor bestimmt werden kann
- Anwendung der sogen. DISCHINGER-Formel: $$\alpha = \frac{1+\delta\cdot F/F_{Ki}}{1-F/F_{Ki}} \qquad (147)$$

F steht in dieser Formel für die Druckkraft im γ_F-ψ-fachen Lastzustand. F_{Ki} ist die elastostatische Knickkraft des zugeordneten Druckkraftzustandes. Kann man den Knicklängenbeiwert β für das gegebene Problem mittels Diagrammen oder Formeln bestimmen, folgt die Knickkraft zu:

$$F_{Ki} = \frac{\pi^2 EI}{s_K^2} = \frac{\pi^2 EI}{(\beta\cdot l)^2}$$

$$EI = (EI)_d = E_d I \qquad (148)$$

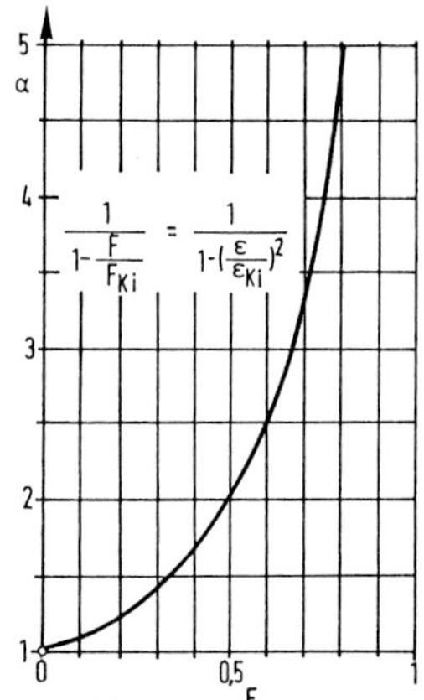

Bild 31 $\longrightarrow \frac{F}{F_{Ki}}$

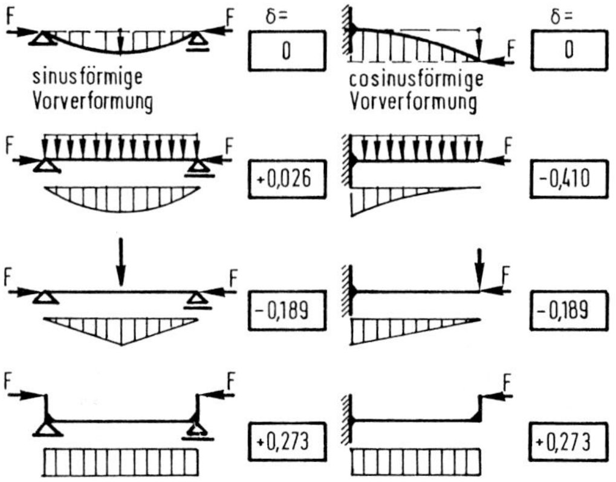

Bild 32 a) b)

Im Falle $\delta=0$ zeigt Bild 31 den Verlauf des Vergrößerungsfaktors als Funktion von F/F_{Ki}. Geht dieser Quotient gegen Eins, wächst $\alpha \to \infty$, das System knickt aus. Real erreicht α Größenordnungen von 1,1 bis 1,2, selten liegt der Faktor höher als 1,5.

Der Koeffizient δ erfaßt in G.147 den Momententyp und die Lagerungsbedingungen. Immer dann, wenn δ negativ ist, kann der Vergrößerungsfaktor α zu

$$\alpha = \frac{1}{1 - F/F_{Ki}} \qquad (149)$$

angesetzt werden, dann liegt die Rechnung auf der sicheren Seite. - In Bild 32 sind einige δ-Werte eingetragen. Ist eine Vorverformung einzurechnen, deren Verlauf der Knickbiegelinie entspricht, ist $\delta=0$, d.h. G.149 gilt streng. Ist die Momentenfläche gegenüber der Momentenfläche des Knickproblems völliger, ist δ positiv, im anderen Falle negativ. Ist ein Rahmenwerk seitlich verschieblich und die Biegeform des Spannungsproblems Th.II. Ordn. affin zur Biegelinie des zugeordneten Knickproblems, kann $\delta=0$ gesetzt, also von G.149 ausgegangen werden [1]. Um das an einem Beispiel zu zeigen, wird der in Bild 33a dargestellte Druckstab mit drehfederelastischen Einspannungen am Fuß und Kopf betrachtet. Der Stab ist seitlich verschieblich. Die Drehfedern stehen stellvertretend für die Riegel eines Rahmens. Auf den Stab wirke eine Horizontalkraft H ein. Hierdurch entsteht die seitliche Verschiebung f. Die Druckkraft F folgt dieser Verschiebung richtungstreu. An den Stabenden werden die Momente M_a und M_b geweckt, vgl. Bild 33c. Die Erhöhungsfaktoren für f, M_a und M_b lassen sich explizit (ausgehend von der Differentialgleichung Th.II.Ordn., vgl. Abschnitt 7.3.2) herleiten:

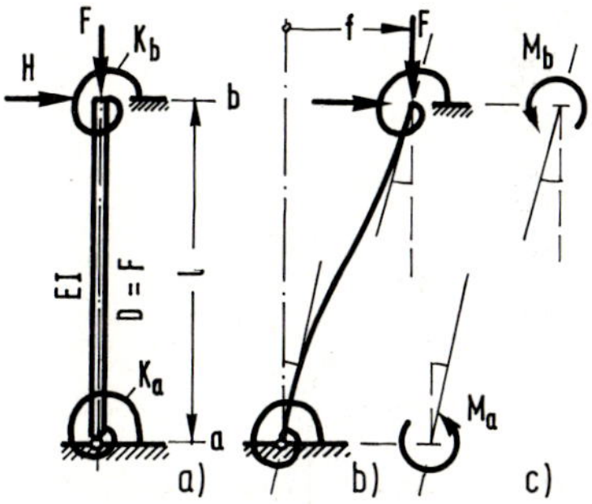

Bild 33

$$\alpha_f = \frac{f^{II}}{f^{I}} = \frac{(\sin\varepsilon - \varepsilon)[(\gamma_a + \gamma_b)\varepsilon\cos\varepsilon + \gamma_a\gamma_b\sin\varepsilon - \varepsilon^2\sin\varepsilon] - [\gamma_a(1-\cos\varepsilon) + \varepsilon\sin\varepsilon][\gamma_b(1-\cos\varepsilon) + \varepsilon\sin\varepsilon]}{\varepsilon^3\left[\frac{(2+\gamma_a)(2+\gamma_b)}{4(\gamma_a + \gamma_a\gamma_b + \gamma_b)} - \frac{1}{6}\right]\cdot \mathrm{Det}(\varepsilon)} \qquad (150)$$

$$\alpha_{M_a} = \frac{M_a^{II}}{M_a^{I}} = \frac{\gamma_b(1-\cos\varepsilon) + \varepsilon\sin\varepsilon}{\varepsilon\left[\frac{2+\gamma_b}{2(\gamma_a+\gamma_a\gamma_b+\gamma_b)}\right]\mathrm{Det}(\varepsilon)}; \qquad \alpha_{M_b} = \frac{M_b^{II}}{M_b^{I}} = \frac{\gamma_a(1-\cos\varepsilon) + \varepsilon\sin\varepsilon}{\varepsilon\left[\frac{2+\gamma_a}{2(\gamma_a+\gamma_a\gamma_b+\gamma_b)}\right]\mathrm{Det}(\varepsilon)} \qquad (151)$$

Hierin bedeuten: $\mathrm{Det}(\varepsilon) = (\gamma_a + \gamma_b)\varepsilon\cos\varepsilon + \gamma_a\gamma_b\sin\varepsilon - \varepsilon^2\sin\varepsilon$ (152)

γ_a und γ_b kennzeichnen die drehelastischen Einspannungen des Druckstabes:

$$\gamma_a = \frac{K_a l}{EI}; \qquad \gamma_b = \frac{K_b l}{EI} \qquad (153)$$

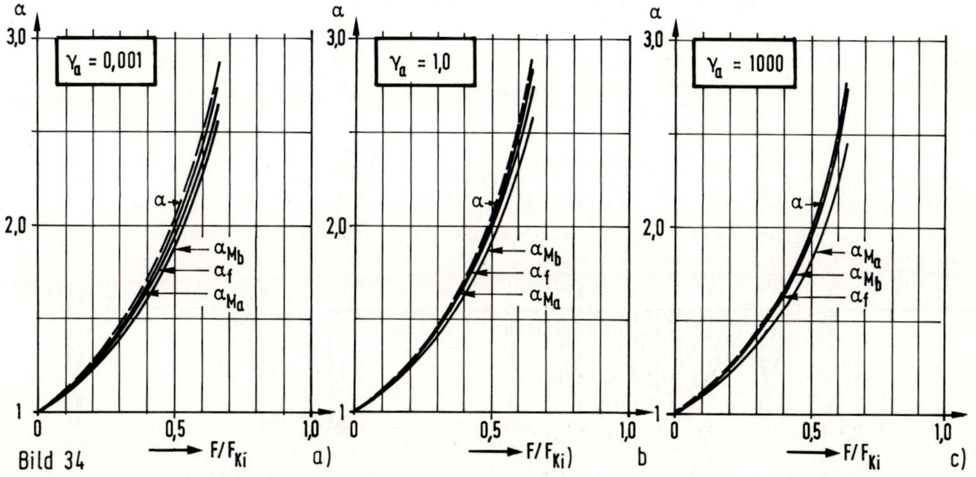

Bild 34

Bild 34 zeigt die Auswertung der G.150/151 für drei unterschiedliche γ_a-Werte. Innerhalb der Kurven ist γ_b von γ_b=0,001 bis γ_b=1000 variiert, die Unterschiede liegen innerhalb der Strichstärke! Die gestrichelte Kurve ist der Graph von G.149. Wird hiermit gerechnet, liegt die Rechnung auf der sicheren Seite, weil G.149 den Verformungseinfluß stets (etwas) überschätzt. Die Anwendung des Vergrößerungsfaktors führt bei verschieblichen Systemen, z.B. bei der Berechnung von Rahmentragwerken, nur dann zu sinnvollen Ergebnissen, wenn α auf jenen Teil der Belastung angewandt wird, der die Verschiebung des Systems (affin zur Knickfigur) bewirkt. In die Druckkraft sind jene (i.a. lotrechten) Lasten einzubeziehen, die an der Verschiebung richtungstreu teilnehmen. Sind z.B. M_g^I und M_s^I die Biegemomente infolge der lotrechten Eigenlast und Schneelast und ist M_w^I das Biegemoment infolge Windlast, jeweils nach Th.I.Ordn. berechnet, ist das Biegemoment nach Th.II.Ordn. wie folgt zu bestimmen [6]:

$$M_{g+s+w}^{II} = \gamma (M_g^I + M_s^I + \alpha M_w^I) \tag{154}$$

Mit

$$\alpha = \frac{1}{1 - \frac{\gamma \cdot F_{g+s}{}^I}{F_{g+s,Ki}}} \tag{155}$$

$F_{g+s}{}^I$ ist die lotrechte Auflast (=Druckkraft) infolge Eigengewicht und Schneelast. $F_{g+s,Ki}$ ist die zugeordnete Knickkraft. γ ist der anzuwendende Sicherheitsfaktor: $\gamma_F \cdot \psi$.
Die Anwendung der Rechenanweisung wird an einem Beispiel erläutert [7].

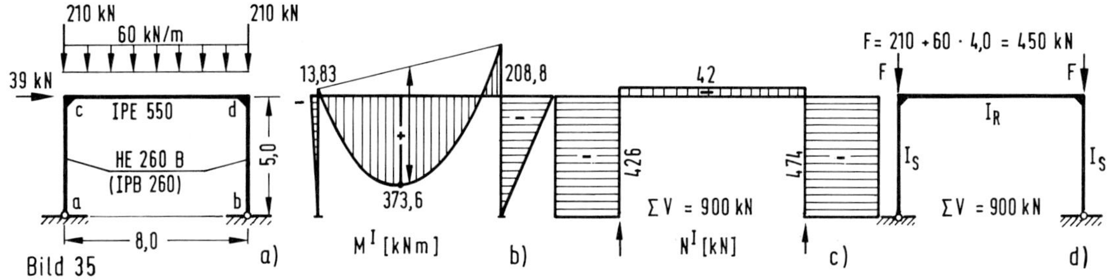

Bild 35

Bild 35a zeigt den für das Beispiel gewählten Rahmen. Die Lasten gehören zum γ=1,5-fachen Gebrauchszustand. Hierfür werden die Schnittgrößen berechnet. In den Teilbildern b und c ist das Ergebnis eingetragen: M^I und N^I *).

Für den Druckkraftzustand infolge der lotrechten Auflast wird die Knickkraft bestimmt; den Lastzustand zeigt Bild 35d. Als Knicklängenfaktor findet man: β=2,12, z.B. nach [1]. Hiermit ergibt sich die Stielknickkraft zu:

$$F_{Ki} = \frac{\pi^2 EI}{s_K^2} = \frac{\pi^2 EI}{\beta^2 l^2} = \frac{\pi^2 21000 \cdot 14920}{2{,}12^2 \cdot 500^2} = \underline{2752\ \text{kN}}$$

Im γ=1,5-fachen Lastzustand beträgt die Druckkraft in den Stielen (infolge g und s):

$$F = 450\ \text{kN}$$

Der Vergrößerungsfaktor α folgt damit zu (δ=0):

$$\alpha = \frac{1}{1 - F/F_{Ki}} = \frac{1}{1 - 450/2752} = \underline{1{,}20\ (1{,}195)}$$

Der Verformungseffekt beträgt ca. 20%. Wie ausgeführt, wäre es falsch, das Biegemoment M^I gemäß Bild 35b um α zu erhöhen. Richtig ist dagegen, die Belastung in zwei Anteile zu

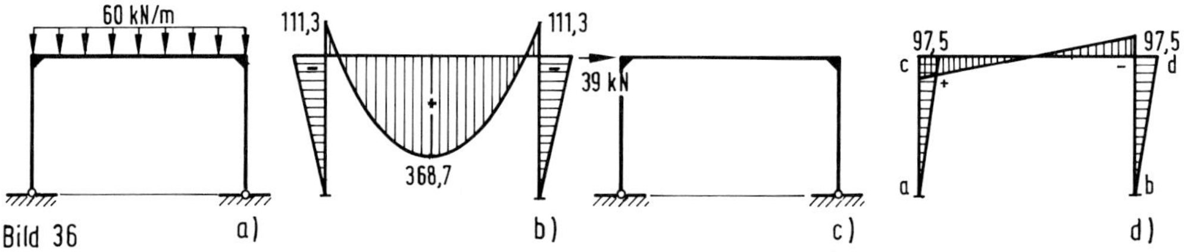

Bild 36

* Das Beispiel ist im Sinne DIN 4114, Ri 10.2 abgefaßt (vgl. Abschnitt 7.2.4.2).

splitten (in den vertikalen und horizontalen Anteil) und hierfür jeweils die Momente und Querkräfte zu berechnen. Bild 36 weist das Ergebnis für die Momente aus: Teilbild a/b: Vertikale Belastung, Teilbild c/d: Horizontale Belastung (in beiden Fällen im γ-fachen Zustand, berechnet nach Th.I. Ordnung). Die Überlagerung ergibt die Momentenfläche gemäß Bild 35b.

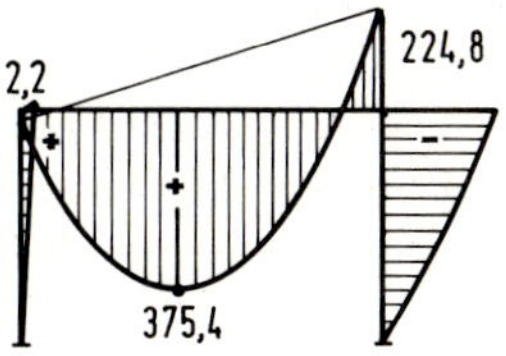

Bild 37

Nunmehr werden die Momente für die horizontale Belastung um α erhöht und zu den Momenten der lotrechten Belastung (die keine Verschiebung bewirkt) hinzu addiert:

$$M_c = -111,3 + 1,195 \cdot 97,5 = -111,3 + 116,5 = \underline{+5,2\ \text{kNm}}$$
$$M_d = -111,3 - 1,195 \cdot 97,5 = -111,3 - 116,5 = \underline{-227,8\ \text{kNm}}$$

In Bild 37 ist das Ergebnis einer strengen Berechnung ausgewiesen. Für das maßgebende Eckmoment M_d ist die Übereinstimmung praktisch vollständig:

$$\boxed{-224,8\ \text{kNm} \approx -227,8\ \text{kNm}}$$

Für die Druckkraft am rechten Stiel erhält man:

$$N_{bd} = 60 \cdot 4,0 + 210 + 1,195 \cdot 2 \cdot 97,5/8,0 = 240 + 210 + 24,4 = \underline{474,4\ \text{kN}}$$

Spannungsnachweis:

$$N^{II} = -474\ \text{kN},\ M^{II} = -227,8\ \text{kNm}:\ \sigma = -\frac{474,4}{118} \pm \frac{22780}{1150} = -4,02 \pm 19,81 = \underline{-23,83\ \text{kN/cm}^2}$$

7.2.4.5 Exemplarische Einführung in die plasto-statische Berechnung nach Theorie II. Ordnung

Ausgehend von der Fließgelenktheorie I. Ordnung (Abschnitt 6) wird der Einfluß der Verformung auf den Grenzzustand iterativ bestimmt. Es handelt sich im folgenden um eine baustatische Näherungsberechnung. Die Vorgehensweise wird an dem in Bild 38 skizzierten Zweigelenkrahmen gezeigt [7]. Zunächst wird der Grenzzustand nach Th.I.Ordnung berechnet.

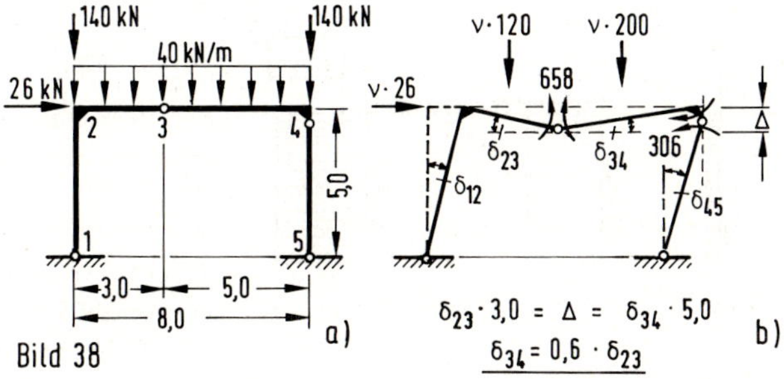

Bild 38

Bild 38a zeigt die Belastung im Gebrauchszustand (γ=1,0). Von diesem Zustand aus wird die Belastung proportional gesteigert, Lasterhöhungsfaktor ν. Bild 38b zeigt die angenommene Fließgelenkkette; die Fließgelenke liegen in den Schnitten 3 und 4. Der Riegel zerfällt in die Elemente 2-3 (l=3,0m) und 3-4 (l=5,0m). Die Resultierenden der Gleichlast auf diesen Stabelementen betragen: 120kN bzw. 200kN.

Plastische Tragmomente (ohne M/N/Q-Interaktion); σ_F=24kN/cm²:

$$\text{Riegel: IPE 550: } \alpha_{Pl} = 1,14:\ W_{Pl} = 1,14 \cdot 2440 = 2782\ \text{cm}^3;\ M_{Pl} = 668\ \text{kNm}$$
$$\text{Stiele: HE 260B: } \alpha_{Pl} = 1,11:\ W_{Pl} = 1,11 \cdot 1150 = 1277\ \text{cm}^3;\ M_{Pl} = 306\ \text{kNm}$$

(Im Falle des Riegels wird im folgenden mit M_{Pl}=658kNm gerechnet, dem entspricht α_{Pl}=1,12.)

Prinzip der virtuellen Verrückung (PdV):

$$\delta_{12} = \delta\ ;\ \delta_{23} = \delta_{12} = \delta\ ;\ \delta_{34} = 0,6\delta_{23} = 0,6\delta\ ;\ \delta_{45} = \delta_{12} = \delta$$
$$\nu(26 \cdot 5,0\delta + 120 \cdot 1,5\delta + 200 \cdot 0,6\delta \cdot 2,5) - 658(\delta + 0,6\delta) - 306(0,6\delta + \delta) = 0 \longrightarrow$$
$$\nu(130 + 180 + 300) = 1052,8 + 489,6 \longrightarrow \nu 610 = 1542,4 \longrightarrow \nu_{Pl} = \frac{1558,4}{610} = \underline{2,53}$$

Man überzeugt sich nach kurzer Rechnung, daß vorstehende Annahme über die Lage des Fließgelenkes unzutreffend war: Außerhalb des Riegelfließgelenkes ergeben sich Bereiche mit $M > M_{Pl}$. Um der weiteren Rechnung den Probiercharakter hinsichtlich der Lage des Riegelgelenkes zu nehmen, wird die Riegelgleichlast in fünf Einzellasten zerlegt: 40·1,6=64kN. Bild 39a zeigt die Einzellastgruppe. Es werden zwei Fließgelenkketten untersucht: I und II, vgl. Bild 39b und c. Es zeigt sich, daß die Kette II mit dem Fließgelenk in Riegelmitte maßgebend ist: ν_{Pl}=2,423. Nunmehr läßt sich die vollständige Momentenfläche

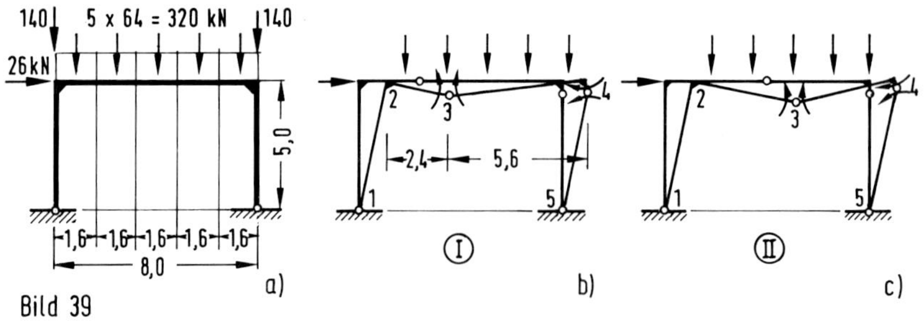

Bild 39

berechnen. Hiervon ausgehend werden die Querkräfte und Normalkräfte bestimmt. In Bild 40 oben ist das Ergebnis ausgewiesen. Die M/N/Q-Interaktion wird eingerechnet ($\tau_F = 13{,}86\,\text{kN/cm}^2$):

$$\text{Riegel: IPE 550: } A = 134\,\text{cm}^2\text{ ; } s = 11{,}1\,\text{mm}, \; A_{Steg} = 1{,}11(55{,}0 - 2\cdot 1{,}72) = 57{,}23\,\text{cm}^2$$

$$\text{Stiele: HE 260 B: } A = 118\,\text{cm}^2\text{ ; } s = 10{,}0\,\text{mm}, \; A_{Steg} = 1{,}00(26{,}0 - 2\cdot 1{,}75) = 22{,}50\,\text{cm}^2$$

$$\text{Riegel: } N_{Pl} = 24\cdot 134 = \underline{3216\,\text{kN}}; \quad Q_{Pl} = 13{,}86\cdot 57{,}23 = \underline{793\,\text{kN}}$$

$$\text{Stiele: } N_{Pl} = 24\cdot 118 = \underline{2832\,\text{kN}}; \quad Q_{Pl} = 13{,}86\cdot 22{,}50 = \underline{312\,\text{kN}}$$

Wird die M/N/Q-Interaktion der DASt-Ri008 zugrundegelegt, zeigt sich, daß nur eine M/N-Interaktion im Stielgelenk berücksichtigt werden muß. Die Druckkraft im rechten Stiel beträgt: 766kN. Hierfür findet man einen Reduktionsfaktor von 0,8025. Das reduzierte plastische Tragmoment ergibt sich zu 246kNm. Wird hiermit der Grenzzustand abermals berechnet, folgt $\nu = 2{,}271$ (Bild 40 unten). In dieser Weise wird fortgefahren. In Bild 41 ist das Ergebnis der einzelnen Iterationsschritte dargestellt. Für $\nu = 2{,}284$ wird die Rechnung abgebrochen. Damit ist der Grenzzustand nach Th.I.Ordnung bekannt. Die eigentliche Rechnung nach Th.II. Ordnung kann beginnen. Wie Bild 43 zeigt, wird die virtuelle Kraft $\bar{H} = \bar{1}$ auf jenes (jetzt statisch bestimmte) System angesetzt, das unmittelbar vor Bildung des letzten Fließgelenkes (hier im Riegel) vorhanden ist:

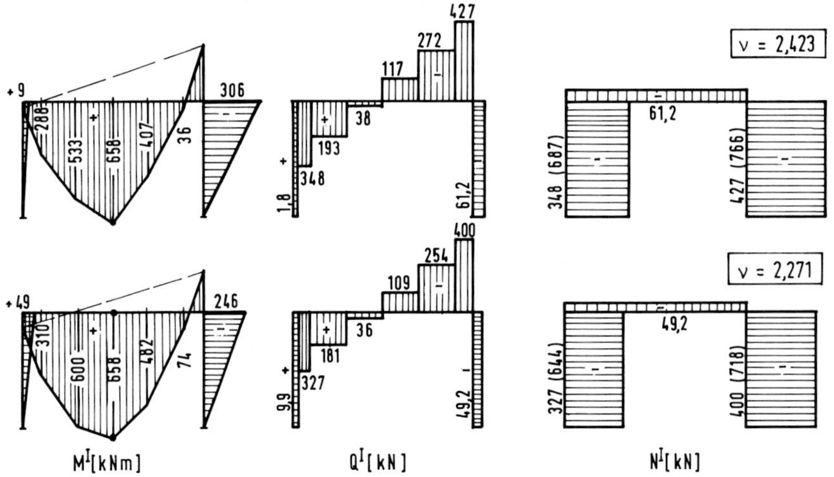

Bild 40

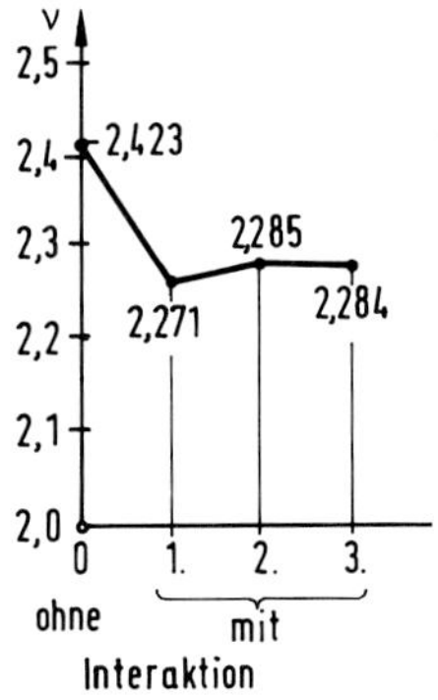

Bild 41

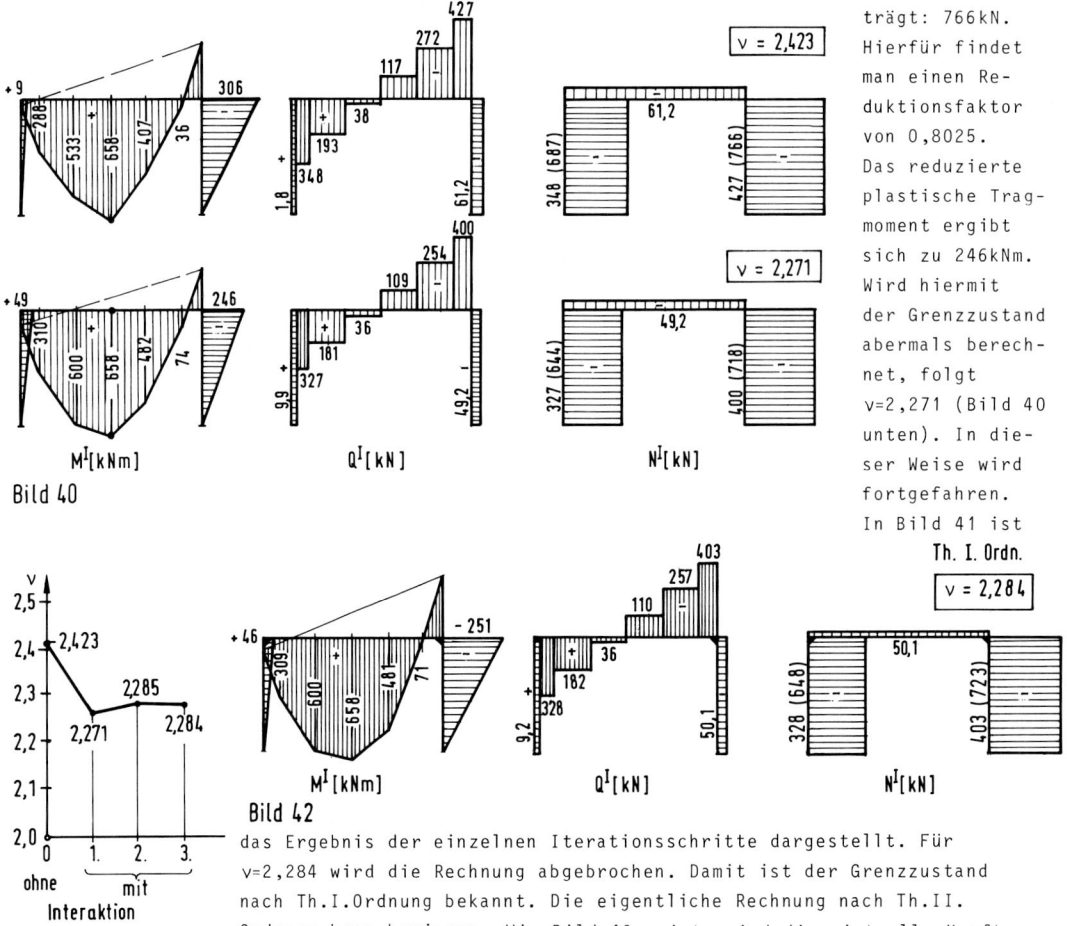

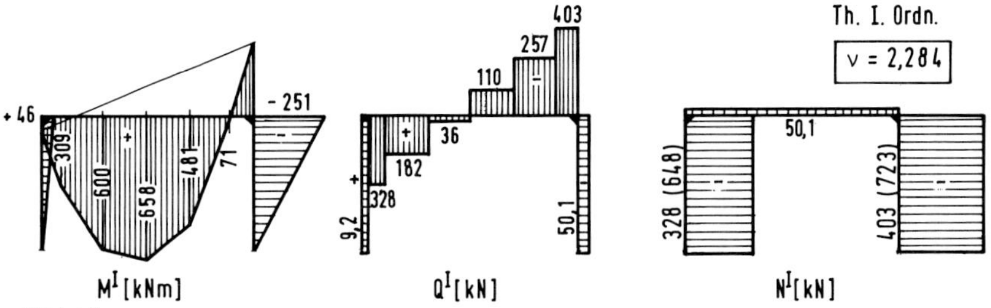

Bild 42

$$\text{Riegel: IPE 550: } I_R = 67120\,\text{cm}^4 : \; EI_R = \underline{1{,}410\cdot 10^9\,\text{kNcm}^2}$$

$$\text{Stiele: HE 260 B: } I_S = 14\,920\,\text{cm}^4 : \; EI_S = \underline{3{,}133\cdot 10^8\,\text{kNcm}^2}$$

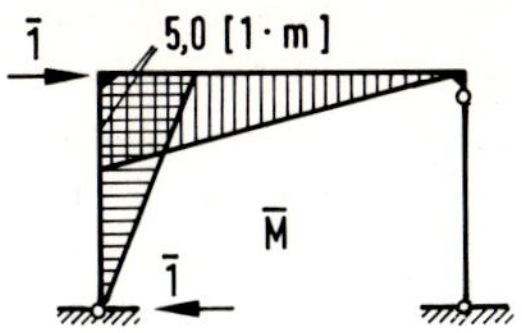

Bild 43

Mittels des Arbeitssatzes folgt als seitliche Verschiebung: f=7,52cm. Die Summe der lotrechten Lasten im hier betrachteten Grenzzustand beträgt (vgl. Bild 42, N-Fläche):

$$\Sigma V = 648 + 723 = \underline{1371\,kN} \quad \text{bzw.} \quad \Sigma V = 2{,}284(2\cdot 140 + 40\cdot 8{,}0) = \underline{1371\,kN}$$

Schiefstellung des Systems und Umlenkkraft (Abtriebskraft):

$$\psi = 7{,}52/500 = \underline{0{,}01504} \longrightarrow \Delta H = 1371\cdot 0{,}01504 = \underline{20{,}62\,kN}$$

Die äußere Horizontalkraft beträgt: $\nu\cdot H = 2{,}284\cdot 26 = 59{,}38$kN. Infolge der geweckten Abtriebskraft ΔH entsteht eine neuerliche Verschiebung, usf. Um bereits an dieser Stelle diese Zuwächse einzufangen, wird ΔH hochgerechnet:

$$\frac{\nu\cdot H + \Delta H}{\nu\cdot H} = \frac{59{,}38 + 20{,}62}{59{,}38} = \underline{1{,}3473} \longrightarrow \Delta H = 1{,}3473\cdot 20{,}62 = \underline{27{,}78\,kN}$$

Für den nächsten Iterationsschritt wird ΔH=30kN angesetzt:

$$\nu\cdot(26\cdot 5\delta) + 30\cdot 5\delta + \nu 64\cdot(0{,}8 + 2{,}4 + 4{,}0 + 2{,}4 + 0{,}8)\delta - 658(\delta+\delta) - 251(\delta+\delta) = 0$$

Hieraus folgt ν=2,097, also ein Abfall von ca. 9%. Nach M/N-Interaktion ergibt sich: ν=2,112. Werden hierfür abermals die Schnittgrößen berechnet, erhält man das in Bild 44 dargestellte Ergebnis. Seitliche Ausbiegung und ψ-Winkel ergeben sich zu: f=11,36cm, ψ=0,02272. Abtriebskraft:

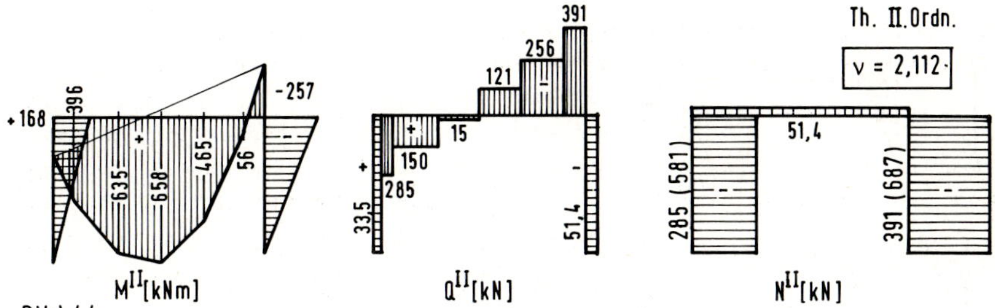

Bild 44

$$\Delta H = 0{,}02272(581 + 687) = \underline{28{,}81\,kN}$$

Da dieser Wert kleiner als 30kN ist, wird die Berechnung abgebrochen. Gegenüber den Gebrauchslasten wird somit im plasto-statischen Grenzzustand ν_{P1}=2,112 eingehalten.

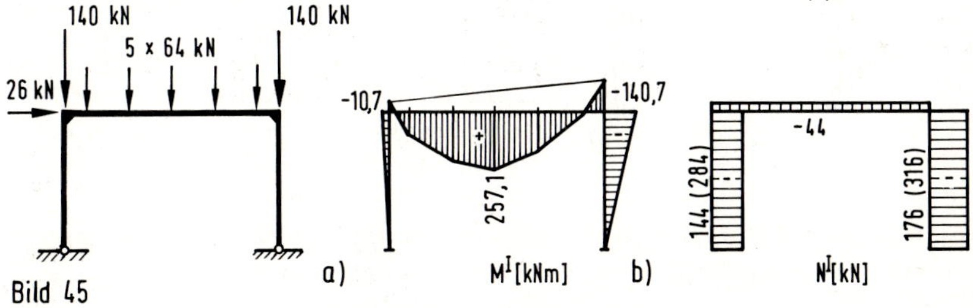

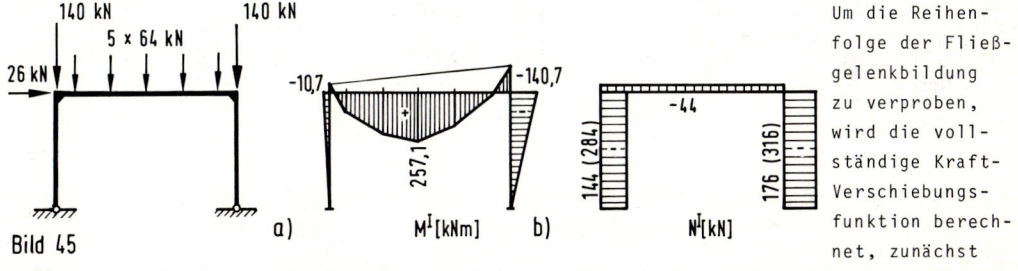

Bild 45

Um die Reihenfolge der Fließgelenkbildung zu verproben, wird die vollständige Kraft-Verschiebungsfunktion berechnet, zunächst für Theorie I. Orndung. Bild 45 zeigt die Schnittgrößen im Gebrauchszustand (γ=1,0). Seitliche Auslenkung: f=2,036cm. Der elastische Grenzzustand wird für ν_{E1}=1,609 erreicht:

$$\sigma = -\frac{316}{118} \pm \frac{14070}{1150} = -2{,}678 - 12{,}23 = \underline{14{,}91\,kN/cm^2} : \quad \nu_{El} = \frac{24}{14{,}91} = \underline{1{,}609}$$

Die zugehörige seitliche Auslenkung beträgt f=3,277, siehe Bild 46. Den Lasterhöhungsfaktor für die Ausbildung des ersten Fließgelenkes im rechten Stiel findet man nach mehreren M/N-Interaktionen zu:

$$\nu_{Pl(1)} = 1{,}888$$

Die zugehörige Auslenkung beträgt f=3,84cm. Der Grenzzustand wird für ν=2,284 erreicht (Bild 42). Nunmehr läßt sich der ν-f-Pfad (Theorie I.Ordn.) vollständig angeben, Bild 46 weist das Ergebnis aus.

(Der Verschiebungspfad nach Th.II.Ordn. ist im Bild angedeutet.) Durch die Rechnung wird bestätigt, daß sich das letzte Fließgelenk tatsächlich im Riegel einstellt. -

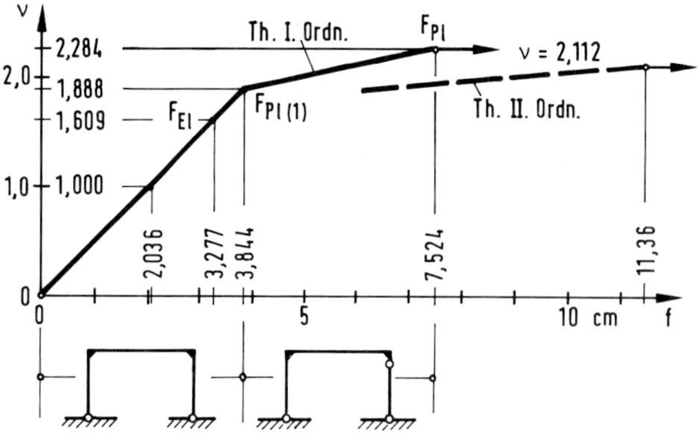

Bild 46

Als nächstes wird für den plasto-statischen Grenzzustand (nach Th. II.Ordnung) die Rotation im Stielgelenk berechnet, vgl. Bild 47. Dazu wird im Gelenk ein virtuelles Moment $\bar{M}=\bar{1}$ angesetzt; die Rechnung ergibt:

$$\varphi = 2,307 \cdot 10^{-2} = 1,32°$$

Das ist die Rotation in dem Augenblick, in dem sich das letzte Fließgelenk, hier im Riegel, bildet. Die Rotationsfähigkeit muß vorhanden sein, damit sich die unterstellte Kräfteumlagerung im System einstellen kann.

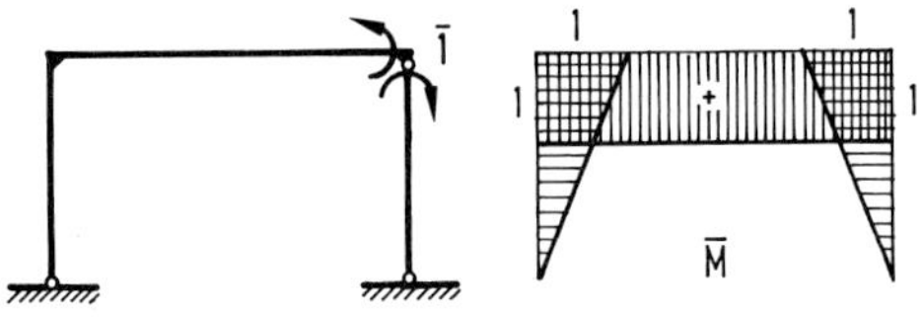

Bild 47

Wie in Abschnitt 7.2.4.3 erwähnt, wird die plasto-statische Grenztragfähigkeit bei Berechnungen nach der Fließgelenkmethode überschätzt, weil die "Weichheit" des Systems infolge der ausgedehnten Fließzonen größer ist, als es die Annahme lokaler Fließgelenke wiederzugeben vermag. Im vorliegenden Beispiel betragen die elasto-statischen Grenzmomente (unter Berücksichtigung der M/N-Interaktion):

$$\text{Riegel: } M_{El,M/N} = 576\,\text{kNm}, \quad \text{Stiele: } M_{El,M/N} = 209\,\text{kNm}$$

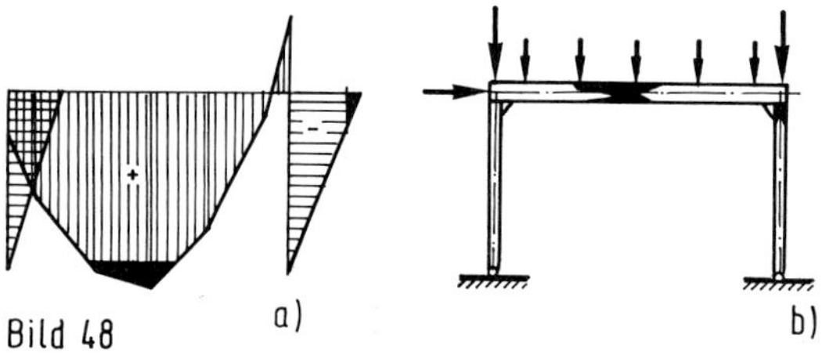

Bild 48

Trägt man diese Werte in die Momentenfläche M^{II} für $\nu=2,112$ ein, erhält man einen Anhalt für die Ausdehnung der Fließzonen. Bild 48 zeigt das Ergebnis: Die Plastizierung im Stiel ist relativ lokal konzentriert, im Riegel erfaßt sie dagegen ca. 30%. der Riegelspannweite; von den Fließzonen geht ein zusätzlicher Verformungsbeitrag aus, der den Effekt Th.II. Ordn. vergrößert, so daß im tatsächlichen plasto-statischen Grenzzustand (berechnet nach der Fließzonentheorie II. Ordnung) nur $\nu_{Pl}=2,050$ erreicht wird (die Rechnung ist hier nicht wiedergegeben).

Die in diesem Kapitel gezeigte Abschätzung des Verformungseinflusses auf die plastische Grenztragfähigkeit eines Rahmenwerkes läßt sich zuschärfen, vgl. hierzu das von RUBIN [8] angegebene sogen. ΔQ-Verfahren. Die strengen Verfahren der Fließgelenktheorie II. Ordnung sind u.a. in [9-11] ausgearbeitet; sie sind relativ rechenintensiv.

7.2.4.6 Grenzzustände

Im vorangegangenen Beispiel wurde die plasto-statische Grenzkraft erreicht, nachdem sich sämtliche Fließgelenke, die zur vollständigen kinematischen Kette gehören, gebildet hatten. Die Versagensmodi nach Th.I. und II. Ordnung stimmten überein. Das ist nicht der Regelfall! Bild 49 zeigt die Lastverschiebungskurve eines zweistöckigen (6-fach statisch unbestimmten) Rahmens. Der Lasterhöhungsfaktor ν ist über der seitlichen Verschiebung aufgetragen: Nach Th.I.Ordn. ist der plasto-statische Grenzzustand erreicht, wenn sich eine vollständige kinematische Kette (hier mit sieben Gelenken) ausgebildet hat. Wird der Verformungseinfluß berücksichtigt, kann Versagen bereits bei einer unvollständigen kinematischen Kette eintreten! Es lassen sich somit folgende Grenzzustände nach Th.II.Ordn. unterscheiden (vgl. Bild 49b):

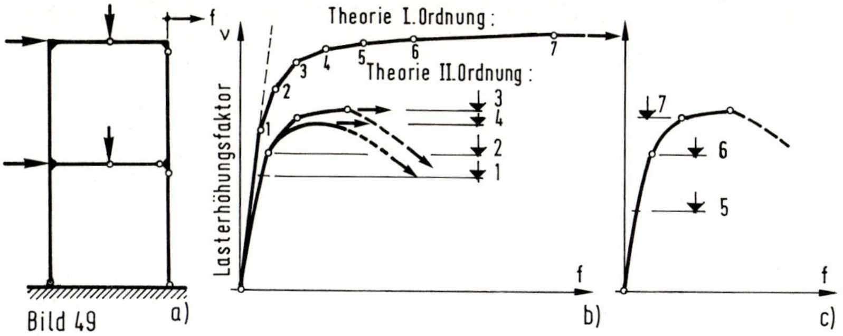

Bild 49

1: Elasto-statischer Grenzzustand (elastisch-elastisch): In irgendeinem Punkt des Tragwerkes erreicht die Nennspannung die Fließgrenze. (Real sind in diesem Zustand wegen der immer vorhandenen Eigenspannungen bereits Plastizierungen eingetreten.)

2: Plasto-statischer Grenzzustand (elastisch-plastisch): Das erste Fließgelenk hat sich voll ausgebildet. Das Tragwerk verhält sich (im Sinne der Fließgelenktheorie) bis zu diesem Zustand elastisch.

3: Plasto-statischer Grenzzustand (plastisch-plastisch): Bei der Bildung eines bestimmten Fließgelenkes tritt Gleichgewichtsdivergenz ein (Fließgelenktheorie).

4: Plasto-statischer Grenzzustand (plastisch-plastisch): Bei der Ausbildung bestimmter Fließzonenbereiche tritt Gleichgewichtsdivergenz ein (Fließzonentheorie).

Wird die Grenzkraft mit F_U (U≘ultimate) abgekürzt, gilt für biegesteife Stabwerke:

$$F_{U,1} < F_{U,2} \leq F_{U,4} < F_{U,3} \tag{157}$$

Neben diesen Grenzzuständen sind weitere möglich:
- Beulen dünnwandiger Querschnittsteile, die unter Druck oder Biegedruck stehen (dünnwandige Stege und Flansche),
- Biegedrillknicken und Kippen von Stützen oder Riegeln (Trägern), d.h. seitliches Ausknicken gedrückter Gurte.

Tatsächlich tritt eine gegenseitige Interaktion der verschiedenen Versagensformen (der globalen und lokalen) ein. Im Rahmen der Tragsicherheitsnachweise lassen sich die gegenseitigen Beeinflussungen im Sinne einer gesamtheitlichen Betrachtung mit vertretbarem Aufwand nicht erfassen. Die letztgenannten Grenzzustände werden daher von den globalen gesplittet und separat nachgewiesen. Wird hierbei von den Schnittgrößen nach Th. II. Ordnung ausgegangen, ist der globale Verformungseinfluß eingefangen.

Beim Grenzzustand "Beulen dünnwandiger Querschnittsteile" sind mehrere Fälle zu unterscheiden (Bild 49c):

5: Beulen unter Spannungen, die noch im elastischen Bereich liegen,

6: Beulen im 1. (oder in einem weiteren) Fließgelenk, wenn die Rotationsfähigkeit im Zuge der weiteren Laststeigerung unzureichend ist, d.h., die volldurchplastizierten Querschnittsteile bei weiterer Stauchung durch Beulen versagen.

Beim Grenzzustand "Biegedrillknicken und Kippen" sind zu unterscheiden:

5,6,7: Lokale Biegedrillknick-Instabilitäten gedrückter Gurte im elastischen Bereich oder bei Ausbildung des 1., 2.... Fließgelenkes (bzw. entsprechender Fließzonen).

Torsionssteife Stäbe sind von dieser Gefahr weniger betroffen als solche mit offenem Querschnitt.

Beim Tragsicherheitsnachweis sind alle Versagensmöglichkeiten zu verfolgen. Aufwand und Schwierigkeitsgrad steigen, je weiter die Plastizierungen im Tragwerk fortschreiten. Sekundäreffekte (z.B. Verformungen in den Verbindungen) wirken sich zunehmend stärker aus. Mit jedem weiteren Fließgelenk (bzw. mit jeder weiteren Fließzone) wird das System weicher, der Gradient v gegen f erfährt eine sprunghafte Verminderung, vgl. Bild 49b. In Querschnitten mit voller Querschnittsplastizierung (also in den Fließgelenken bzw. Fließzonen) fallen die Biege- und Torsionssteifigkeiten (zumindest theoretisch) aus, was beim Führen der Biegedrillknick- und Kippnachweise zu berücksichtigen ist.

7.2.4.7 Absicherung gegen den Grenzzustand: Lokales Beulen dünnwandiger Querschnittsteile

Ausgangspunkt ist die Formel für die elasto-statische Beulspannung (vgl. Abschn. 7.8.2):

$$\sigma_{Ki} = k \cdot \frac{\pi^2 E}{12(1-\mu^2)}\left(\frac{t}{b}\right)^2 \tag{158}$$

Der Beulwert k eines unendlich langen Plattenstreifens der Breite b und Dicke t ist

- von der beidseitigen Lagerung und
- vom Spannungsverhältnis $\psi = \sigma_2/\sigma_1$

abhängig. Für die anstehende Fragestellung interessieren die in Bild 50 dargestellten Lagerungen:

a) Beide Kanten sind unverschieblich und gelenkig gelagert (Teilbild a),

b) eine Kante ist unverschieblich und gelenkig gelagert, die andere Kante ist frei (Bild 50b).

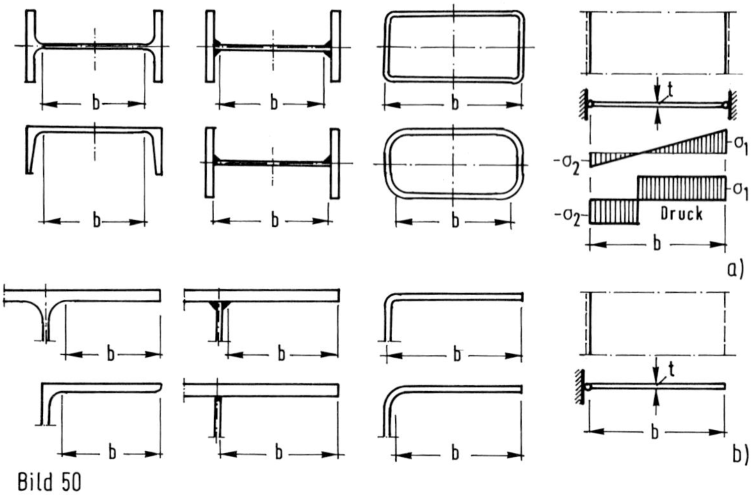

Bild 50

Real sind die betrachteten Elemente in die Nachbarelemente mehr oder weniger steif eingespannt; da diese Elemente i.d.R. selbst unter Druckspannung stehen und somit ebenfalls der Beulgefahr unterliegen, ist der drehelastische Einspanngrad schwierig abzuschätzen und bleibt sicherheitshalber unberücksichtigt. In Bild 50 sind Empfehlungen für den Ansatz der Plattenbreite b eingetragen. Die Auflösung von G.158 nach (b/t) ergibt:

$$\left(\frac{b}{t}\right) = \sqrt{\frac{\pi^2}{12(1-\mu^2)}}\sqrt{k}\sqrt{\frac{E}{\sigma_{Ki}}} = 0{,}951\sqrt{k}\sqrt{\frac{E}{\sigma_{Ki}}} \tag{159}$$

Hierin ist für die Querdehnungszahl $\mu=0{,}3$ gesetzt. Elastizitätsmoduli: Stahl: E=21000kN/cm², Aluminium: E=7000kN/cm².

Der Quotient (b/t) stellt ein Schlankheitsmaß dar. In Abhängigkeit vom Grenzzustand sind unterschiedliche Grenzverhältnisse max(b/t) einzuhalten:

Fall a: Das Element beult unter Spannungen, die unterhalb der Fließgrenze liegen, d.h. das Element beult im elastischen Bereich. Um die Tragfähigkeit des Querschnittes für diesen Fall zu bestimmen, gibt es zwei Möglichkeiten:

- Der Grenzzustand wird mit dem Erreichen der ideal-elastischen Beulspannung gleichgesetzt. Die rechn. erforderliche Beulsicherheit wird nach der DASt-Ri012 oder nach DIN 18800 T3 angesetzt.
- Es werden die überkritischen Tragreserven genutzt, d.h. ein Beulen der dünnwandigen Teile akzeptiert und die Tragfähigkeit des Querschnittes auf die überkritische Tragfähigkeit der ausgebeulten Teile unter Einrechnung eines Sicherheitsfaktors abgestellt. Dieses Vorgehen empfiehlt sich bei den sehr dünnwandigen Stäben und Riegeln des Stahlleichtbaues, z.B. bei der Verwendung von Kaltprofilen (es ist nach DIN 18800 T2 zugelassen).

Fall b: Das Element vermag die Fließgrenze zu erreichen, ohne daß es beult. In G.159 wird σ_{Ki} gleich σ_F gesetzt und eine gewisse Sicherheit vereinbart; diese sei γ_B:

$$\max(b/t) = \frac{0{,}951}{\gamma_B}\sqrt{k}\sqrt{\frac{E}{\sigma_F}} \tag{160}$$

Man findet z.B. für γ_B=1,50 und k=4 (beidseitig unverschiebliche, gelenkige Lagerung und konstanter Druck):

$$\max(b/t) = 0{,}634\cdot\sqrt{k}\cdot\sqrt{\frac{E}{\sigma_F}} = 1{,}33\sqrt{\frac{E}{\sigma_F}} \qquad (161)$$

Für St37 und St52 folgt: St37: max(b/t)=38; St52: max(b/t)=31

Fall c: Das Element vermag voll durchzuplastizieren, ohne daß es beult. Es kann sich also ein Fließgelenk bilden. Eine weitergehende Stauchung führt indes zum Beulen, d.h. der Querschnitt versagt bei weiterer Rotation. Das zugehörige Grenzverhältnis läßt sich theoretisch nicht mehr herleiten, sondern nur experimentell bestimmen; für dieselbe Lagerung wie im Falle b gilt etwa:

$$\max(b/t) = 1{,}25\cdot\sqrt{\frac{E}{\sigma_F}} \qquad (162)$$

St37: max(b/t)=37; St52: max(b/t)=30 (beidseitig unverschieblich und gelenkig)

Fall d: Das Element ist ausreichend gedrungen, so daß nach Durchplastizierung eine weitere Stauchung und damit Gelenkrotation möglich ist, ohne daß Beulen eintritt. Bei Querschnitten dieses Typs ist die Anwendung der Fließgelenk- bzw. Fließzonentheorie ohne Einschränkung und damit eine Schnittgrößenumlagerung im Tragwerk unter ansteigender Last und sukzessiver Fließgelenk- bzw. Fließzonenbildung möglich. Hierbei ist zu bedenken, daß bei großer plastischer Stauchung die Verfestigung erreicht werden kann, womit ein erneuter Anstieg der Druckspannung einhergeht und damit die Beulgefahr erneut anwächst. Wie im Falle G.162 existieren im Schrifttum und in den Regelwerken unterschiedliche Ansätze für das max zulässige Grenzverhältnis, z.B. für beidseitig unverschiebliche, gelenkige Lagerung und konstanten Druck:

$$\max(b/t) = 1{,}10\cdot\sqrt{\frac{E}{\sigma_F}} \qquad (163)$$

St37: max(b/t)=32; St52: max(b/t)=26

Vgl. zu diesem Problemkreis auch Abschnitt 6.4.6.

7.3 Stabbiegetheorie II. Ordnung - Verzweigungstheorie (Knicktheorie)

7.3.1 Differentialgleichungsverfahren 1. Art

7.3.1.1 Grundlagen

Die mathematische Behandlung von Spannungsproblemen Theorie II. Ordnung stellt ein Randwert- und die von Verzweigungsproblemen ein Eigenwertproblem dar. Abhängig vom Schärfegrad des Elastizitätsgesetzes läßt sich eine nichtlineare und eine (vereinfachte) linearisierte Theorie entwickeln:

Nichtlineare Theorie: $$\frac{M}{EI} = -\frac{w''}{(1+w'^2)^{3/2}} \qquad (164)$$

Linearisierte Theorie: $$\frac{M}{EI} = -w'' \qquad (165)$$

w=w(x) ist die Ausbiegung des Stabes; ( )' bedeutet die Ableitung nach x. M(x) ist das Biegemoment und EI(x) die Biegesteifigkeit an der Stelle x. - Für baupraktische Zwecke genügt die linearisierte Theorie, allerdings lassen sich damit keine überkritischen Gleichgewichtszustände $F>F_{Ki}$ untersuchen. - Über die Elastizitätsgesetze G.164/165 hinaus läßt sich die Theorie durch Berücksichtigung der Normalkraft- und Querkraftverformung erweitern, letzteres ist bei schubweichen Stäben bzw. Stabsystemen erforderlich, vgl. Abschnitt 7.4.

Die Vorgehensweise des Differentialgleichungsverfahrens 1. Art wird im folgenden an zwei Beispielen erläutert.

7.3.1.2 Erstes Beispiel: EULER-Stab I (Bild 51)

Der druckbeanspruchte Kragstab wird am freien Ende durch eine Horizontalkraft H belastet. Demgemäß liegt ein Spannungsproblem Theorie II. Ordnung vor, im Falle H=0 ein Knickproblem. Im ausgebogenen Zustand betragen die Stütz- und Schnittgrößen:

$$A = F;\quad H_a = H;\quad M_a = Hl + Ff \qquad (166)$$

$$M(x) = Hx + Fw \qquad (167)$$

$$Q(x) = H\cos\varphi + F\sin\varphi = H + F\varphi = H + Fw' \quad (168)$$

$$N(x) = -H\sin\varphi + F\cos\varphi = -Hw' + F \quad (169)$$

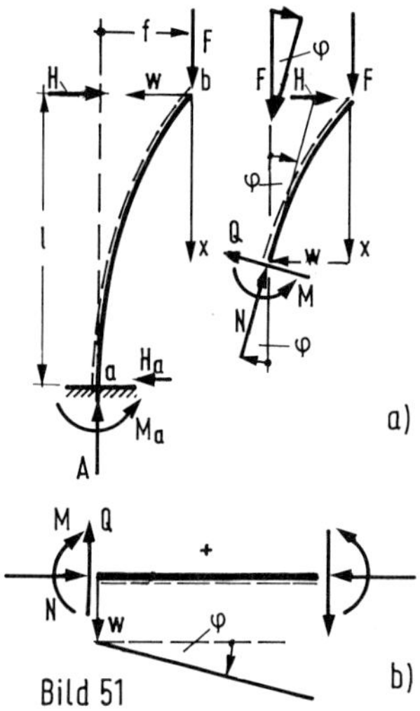

Bild 51

Da es sich um kleine Verformungen handelt, wird φ angenähert:

$$\varphi \approx \tan\varphi \approx \frac{dw}{dx} = w' \quad (170)$$

Bild 51b zeigt die positive Definition der Verformungs- und Schnittgrößen unter Bezug auf die vereinbarte "Zugfaser":___ G.167 wird mit dem Elastizitätsgesetz G.165 verknüpft. Dieses beinhaltet bekanntlich die kinematische Formänderungshypothese von BERNOULLI (Ebenbleiben der Querschnitte) und die physikalische Formänderungsannahme von HOOKE (linear-elastisches Verhalten):

$$w'' = -\frac{M}{EI} = -\frac{F}{EI}w - \frac{Hx}{EI} \quad (171)$$

Mit der Stabkennzahl

$$\varepsilon = l\sqrt{\frac{F}{EI}} \qquad (EI: \text{konst}) \quad (172)$$

folgt aus G.171 die Differentialgleichung für die Biegelinie w(x):

$$w'' + \frac{\varepsilon^2}{l^2}w = -\frac{Hx}{EI} \quad (173)$$

Das Lösungssystem dieser Differentialgleichung lautet:

$$w = C_1 \sin\varepsilon\frac{x}{l} + C_2\cos\varepsilon\frac{x}{l} - \frac{H}{F}x \quad (174)$$

$$\varphi = w' = C_1\frac{\varepsilon}{l}\cos\varepsilon\frac{x}{l} - C_2\frac{\varepsilon}{l}\sin\varepsilon\frac{x}{l} - \frac{H}{F} \quad (175)$$

$$\frac{M}{EI} = -w'' = C_1\frac{\varepsilon^2}{l^2}\sin\varepsilon\frac{x}{l} + C_2\frac{\varepsilon^2}{l^2}\cos\varepsilon\frac{x}{l} \quad (176)$$

Aus den Verformungsrandbedingungen werden die Freiwerte C_1 und C_2 berechnet:

$$x = 0: w = 0 \longrightarrow 0 = 0 + C_2 \longrightarrow C_2 = 0 \quad (177)$$

$$x = l: w = f \longrightarrow f = C_1\sin\varepsilon - \frac{Hl}{F} \longrightarrow C_1 = \frac{f}{\sin\varepsilon} + \frac{Hl}{F\cdot\sin\varepsilon} \quad (178)$$

Lösung:

$$w = \left(\frac{f}{\sin\varepsilon} + \frac{Hl}{F\sin\varepsilon}\right)\sin\varepsilon\frac{x}{l} - \frac{H}{F}x \quad (179)$$

Die dritte Verformungs-Randbedingung liefert:

$$x = l: w' = 0 \longrightarrow 0 = \frac{\varepsilon}{l}C_1\cos\varepsilon - \frac{H}{F} \quad (180)$$

C_1 (gemäß G.178) wird in G.180 eingesetzt. Nach kurzer Umformung folgt:

$$\frac{f}{l}\varepsilon\cot\varepsilon + \frac{H}{F}(\varepsilon\cot\varepsilon - 1) = 0 \quad (181)$$

Sonderfall H=0: Knicken. G.181 verkürzt sich zu:

$$\frac{f}{l}\cdot\varepsilon\cdot\cot\varepsilon = 0 \quad (182)$$

Diese (transzendente) Gleichung heißt Knickbedingung; sie hat zwei Lösungen:

1) f=0: Der Druckstab erleidet keine Verformung; das ist der unverformte Grundzustand ($F<F_{Ki}$). Man spricht von der Triviallösung.
2) Knickgleichung:

$$\cot\varepsilon = 0 \longrightarrow \varepsilon = \pi/2,\ 3\pi/2, \cdots \quad (183)$$

Der erste Lösungswert (Eigenwert) ist der gesuchte Knickwert:

$$\varepsilon_1 = \varepsilon_{Ki} = \frac{\pi}{2} \quad (184)$$

Die zugehörige Knickkraft beträgt, wenn G.172 nach F aufgelöst wird:

$$F_1 = F_{Ki} = \frac{\pi^2}{4} \cdot \frac{EI}{l^2} \tag{185}$$

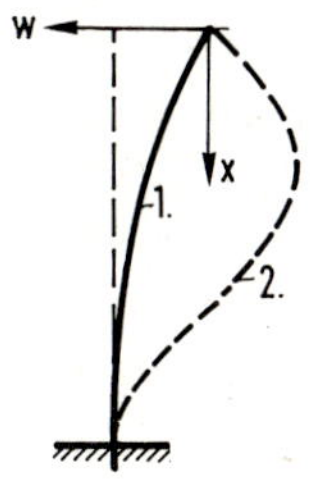

Bild 52

Dem zweiten Lösungswert ist die Kraft F_2 zugeordnet:

$$F_2 = 9\frac{\pi^2}{4} \cdot \frac{EI}{l^2} = 9\,F_{Ki} \tag{186}$$

Baupraktische Bedeutung hat nur der erste Eigenwert, weil er die niedrigste Kraft = Verzweigungskraft liefert.
Eine explizite Lösung der Knickgleichungen nach dem gesuchten Eigenwert ist i.a. nicht möglich; dieser läßt sich daher nur durch Einschrankung auf dem Probierweg berechnen; z.B. mittels Regula falsi. - Mit Erreichen von F_{Ki} wird das Gleichgewicht indifferent; das System knickt aus. - Für $\varepsilon_1 = \pi/2$ ist $\sin\varepsilon_1 = 1$. Die zum ersten Eigenwert (Knickwert) gehörende Biegelinie (Knickbiegelinie, Knickfigur) folgt aus G.179, wenn hierin H=0 und für ε der Eigenwert eingesetzt wird:

$$w = f \sin\frac{\pi}{2} \cdot \frac{x}{l} \tag{187}$$

Zum zweiten Eigenwert gehört die Biegelinie:

$$w = -f \sin\frac{3}{2}\pi\frac{x}{l} \tag{188}$$

Bild 52 zeigt die Biegelinien der 1. und 2. Eigenform (in auf f bezogener Form). f bleibt dem Betrage nach unbestimmt.
Mittels analoger Berechnungen lassen sich die in Abschnitt 7.2.2 angeschriebenen Lösungen für die EULER-Fälle II bis VI herleiten.
Spannungsproblem Th. II. Ordnung $H \neq 0$. Aus G.181 wird f als Funktion der äußeren Lasten H und F freigestellt und anschließend in G.179 eingesetzt:

$$f = \frac{Hl}{F} \cdot \left(\frac{\sin\varepsilon - \varepsilon\cos\varepsilon}{\varepsilon\cos\varepsilon}\right) = \frac{Hl}{F} \cdot \left(\frac{\tan\varepsilon}{\varepsilon} - 1\right) \tag{189}$$

$$w(x) = \frac{Hl}{F} \cdot \left(\frac{1}{\varepsilon\cos\varepsilon}\sin\varepsilon\frac{x}{l} - \frac{x}{l}\right) \tag{190}$$

Für F kann gemäß G.172 gesetzt werden:

$$F = \frac{\varepsilon^2}{l^2} EI \tag{191}$$

Damit folgt aus G.189 die Ausbiegung $f = f^{II}$ am freien Ende des Kragstabes und das Einspannungsmoment

$$M_a^{II} = Hl + Ff^{II} \tag{192}$$

zu:

$$f^{II} = \frac{Hl^3}{EI} \cdot \frac{1}{\varepsilon^3}(\tan\varepsilon - \varepsilon); \quad M_a^{II} = Hl\frac{\tan\varepsilon}{\varepsilon} \tag{193}$$

Der Index II weist auf die größere Strenge der Theorie hin: Die Gleichgewichtsgleichungen werden am verformten System erfüllt.
Nach Theorie I. Ordnung gilt:

$$f^I = \frac{Hl^3}{3EI}; \quad M_a^I = Hl \tag{194}$$

Für f und M_a lauten demnach die Vergrößerungsfaktoren (Verformungsfaktoren):

$$\alpha_f = \frac{f^{II}}{f^I} = \frac{3}{\varepsilon^3}(\tan\varepsilon - \varepsilon); \quad \alpha_{M_a} = \frac{M_a^{II}}{M_a^I} = \frac{\tan\varepsilon}{\varepsilon} \tag{195}$$

Trägt man diese Faktoren über $\varepsilon/\varepsilon_{Ki}$ von 0 bis 1 auf und vergleicht sie mit dem Vergrößerungsfaktor (vgl. G. 149)

$$\alpha = \frac{1}{1 - \frac{F}{F_{Ki}}} = \frac{1}{1 - \left(\frac{\varepsilon}{\varepsilon_{Ki}}\right)^2}, \tag{196}$$

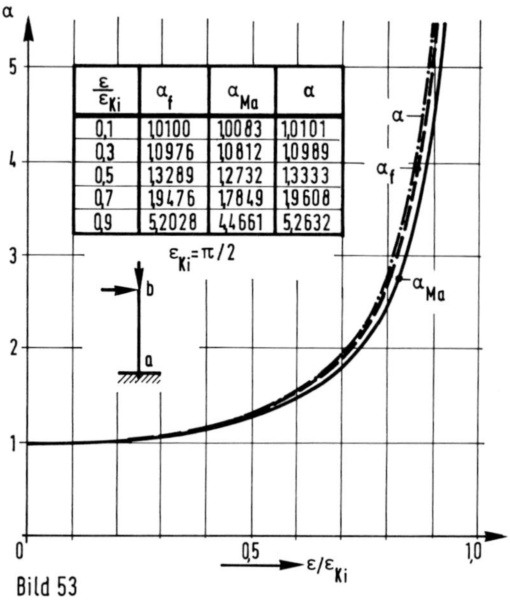

$\varepsilon/\varepsilon_{Ki}$	α_f	α_{Ma}	α
0,1	1,0100	1,0083	1,0101
0,3	1,0976	1,0812	1,0989
0,5	1,3289	1,2732	1,3333
0,7	1,9476	1,7849	1,9608
0,9	5,2028	4,4661	5,2632

Bild 53

stellt man fest, daß letzterer die strengen Lösungen zur sicheren Seite hin hervorragend annähert.

Für $\varepsilon = 0$ werden die α-Faktoren nach G.195 unbestimmt. Der Grenzübergang $\varepsilon \to 0$ erfordert eine mehrmalige Anwendung der Regel von L'HOSPITAL. Wird G.191 in G.190 eingesetzt, erhält man die Gleichung für die Biegelinie als Funktion von x (und ε) und daraus nach entsprechender Ableitung nach x: φ(x), M(x) und Q(x):

$$\varphi(x) = w'(x); \quad M(x) = -EIw''(x); \quad Q(x) = -EIw'''(x) \tag{197}$$

7.3.1.3 Zweites Beispiel: Einhüftiger Rahmen mit eingespanntem Stiel (Bild 54)

Die Belastung besteht aus einer Druckkraft F und einer Horizontalkraft H. Das System ist einfach statisch-unbestimmt. Die Berechnung vollzieht sich in mehreren Schritten:

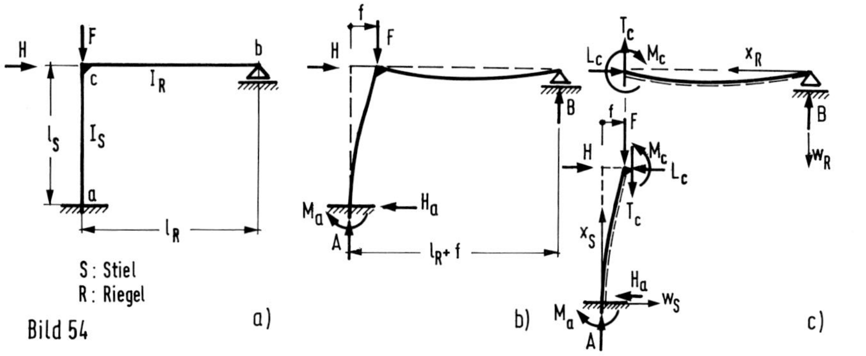

Bild 54

1. Schritt: Dem System wird eine mit den geometrischen Rand- und Übergangsbedingungen verträgliche und mit der Belastung korrespondierende Verformung erteilt. Die Stützgrößen werden angetragen (hier: A, H_a, M_a und B). Am verformten System werden die Gleichgewichtsgleichungen formuliert. f ist die seitliche Verschiebung des Rahmens. Die Gleichungen lauten (Bild 54b):

$$\Sigma H = 0: \quad H_a - H = 0 \tag{198}$$

$$\Sigma V = 0: \quad A + B - F = 0 \tag{199}$$

$$\Sigma M = 0: \quad M_a + Ff - B(l_R + f) + Hl_S = 0 \tag{200}$$

Die Gleichungen werden nach H_a, A und M_a freigestellt:

$$H_a = H; \quad A = F - B; \quad M_a = B(l_R + f) - Ff - Hl_S \tag{201}$$

2. Schritt: Das Stabwerk wird in Stabelemente zerlegt, die jeweils einzeln durch EI=konst, N=konst und durch einen stetigen Schnittgrößenverlauf gekennzeichnet sind. Stabwerksknoten sind Unstetigkeitsstellen, hierzu zählen auch die Angriffspunkte von Einzellasten. Jedem Stabelement wird eine "Zugfaser" und ein Koordinatensystem x, w zugeordnet (Teilbild c).

3. Schritt: An den Schnittufern werden die örtlichen Schnittgrößen angetragen und über die Gleichgewichtsgleichungen in Abhängigkeit von den Stützgrößen dargestellt. T ist in Bild c die Transversalkraft und L die Längskraft:

$$\text{Riegel:} \quad L_c = 0; \quad T_c = -B; \quad M_c = Bl_R \tag{202}$$

$$\text{Stiel:} \quad M_c = M_a + Af + H_a l_S = M_a + (F - B)f + Hl_S \quad (= B\,l_R) \tag{203}$$

4. Schritt: Für jedes Stabelement wird an der Stelle x das Biegemoment M(x) unter Berücksichtigung der Stabausbiegung formuliert. Hierbei werden Glieder höherer Kleinheitsordnung unterdrückt. Elementweise werden die Biegemomente in die (linearisierten) Elastizitätsgesetze der einzelnen Stababschnitte eingesetzt und die derart entstehenden Differentialgleichungen gelöst. Das liefert im vorliegenden Beispiel mit den Bildern 55 und 56, (wenn folgende Abkürzungen vereinbart werden; S:Stiel R:Riegel):

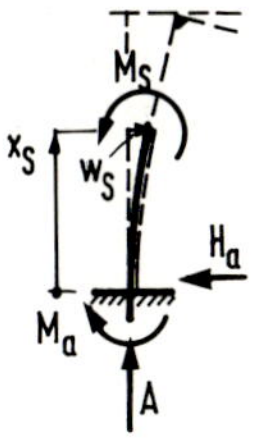

Bild 55

$$d(\ )/dx_S = (\ )' \ ; \quad d(\ )/dx_R = (\ )^{\bullet} \tag{204}$$

Stiel (Bild 55):

$$\begin{aligned} M_S &= M_a + A\cdot w_S + H_a\cdot x_S = \\ &= B(l_R + f) - Ff - Hl_S + (F-B)w_S + Hx_S = \\ &= (F-B)w_S + Hx_S - [(F-B)f + Hl_S - Bl_R] = \\ &= Dw_S + Hx_S - [Df + Hl_S - Bl_R] \ ; \quad D = A = (F-B) \end{aligned} \tag{205}$$

Verknüpfung mit dem Elastizitätsgesetz $w_S'' = -M_S/EI_S$:

$$w_S'' + \varepsilon_S^2 \frac{w_S}{l_S^2} = -\frac{H}{EI_S}x_S + \frac{1}{EI_S}(Df + Hl_S - Bl_R) \ ; \quad \varepsilon_S = l_S\sqrt{\frac{D}{EI_S}} \tag{206}$$

$$\text{Lösung:} \quad w_S = C_1 \sin\varepsilon_S \frac{x_S}{l_S} + C_2 \cos\varepsilon_S \frac{x_S}{l_S} + f + \frac{H}{D}(l_S - x_S) - \frac{B}{D}l_R \tag{207}$$

(Auf die Wiedergabe der Zwischenrechnungen wird verzichtet; die partikuläre Lösung der DGL findet man mittels Polynomansatz und Koeffizientenvergleich.)

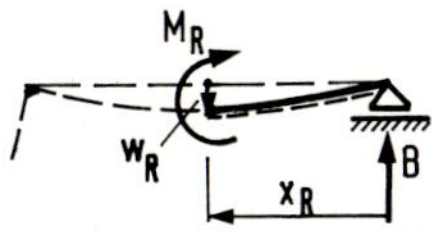

Bild 56

Riegel (Bild 56):

$$M_R = Bx_R \longrightarrow w_R^{\bullet\bullet} = -\frac{M_R}{EI_R} = -\frac{B}{EI_R}x_R \tag{208}$$

$$\text{Lösung:} \quad w_R^{\bullet} = -\frac{B}{EI_R}\cdot\frac{x_R^2}{2} + C_3 \ ; \quad w_R = -\frac{B}{EI_R}\cdot\frac{x_R^3}{6} + C_3x_R + C_4 \tag{209}$$

5. Schritt: Die Verformungsrandbedingungen werden formuliert. Im vorliegenden Beispiel sind 6 Unbekannte vorhanden: C_1 bis C_4, B und f.

$$\text{Stiel:} \quad x_S = 0 : w_S = 0 : \quad 0 = 0 + C_2 + f + \frac{H}{D}l_S - \frac{B}{D}l_R \longrightarrow C_2 = -(f + \frac{H}{D}l_S - \frac{B}{D}l_R) \tag{210}$$

$$x_S = 0 : w_S' = 0 : \quad 0 = C_1\frac{\varepsilon_S}{l_S} - 0 - \frac{H}{D} \longrightarrow C_1 = +\frac{H}{D}\cdot\frac{l_S}{\varepsilon_S} \tag{211}$$

$$x_S = l_S : w_S = f : \quad f = C_1\sin\varepsilon_S + C_2\cos\varepsilon_S + f + \frac{H}{D}(l_S - l_S) - \frac{B}{D}l_R \longrightarrow$$

$$f = \frac{H}{D}l_S\cdot\left(\frac{\sin\varepsilon_S - \varepsilon_S\cos\varepsilon_S}{\varepsilon_S\cos\varepsilon_S}\right) - \frac{B}{D}l_R\cdot\left(\frac{1-\cos\varepsilon_S}{\cos\varepsilon_S}\right) \tag{212}$$

Hiermit folgt für C_2:

$$C_2 = -\frac{H}{D}l_S\frac{\sin\varepsilon_S}{\varepsilon_S\cos\varepsilon_S} + \frac{B}{D}l_R\frac{1}{\cos\varepsilon_S} \tag{213}$$

$$\text{Riegel:} \quad x_R = 0 : w_R = 0 : \quad 0 = 0 + 0 + C_4 \longrightarrow C_4 = 0 \tag{214}$$

$$x_R = l_R : w_R = 0 : \quad 0 = -\frac{B}{EI_R}\cdot\frac{l_R^3}{6} + C_3l_R \longrightarrow C_3 = \frac{Bl_R^2}{6EI_R} \tag{215}$$

Fünf Randbedingungen sind formuliert; B ist als Unbekannte verblieben.

6. Schritt: An allen Schnittstellen werden die geometrischen Übergangsbedingungen angeschrieben. Im vorliegenden Fall sind die Stabenddrehwinkel φ_{ca} und φ_{cb} gleichgroß: Die Stäbe sind in der Rahmenecke biegestarr miteinander verbunden. Bei der Ausformulierung der Übergangsbedingung sind die Vorzeichen zu beachten:

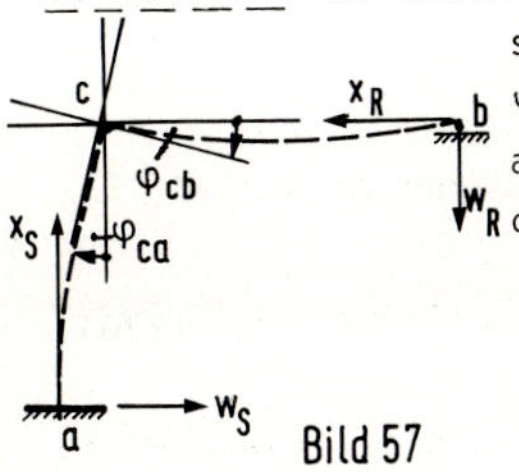

Bild 57

$$\varphi_{ca} = +w_S'(l_S) \ ; \quad \varphi_{cb} = -w_R^{\bullet}(l_R) \tag{216}$$

$$w_S'(l_S) = -w_R^{\bullet}(l_R) \tag{217}$$

Für w_S' und $w_R^{\bullet}$ werden die Ableitungen der Teillösungen eingesetzt:

$$w_S'(l_S) = C_1\frac{\varepsilon_S}{l_S}\cos\varepsilon_S - C_2\frac{\varepsilon_S}{l_S}\sin\varepsilon_S - \frac{H}{D} = \frac{H}{D}\left(\frac{1-\cos\varepsilon_S}{\cos\varepsilon_S}\right) - \frac{B}{D}\cdot\frac{l_R}{l_S}\cdot\frac{\varepsilon_S\sin\varepsilon_S}{\cos\varepsilon_S} \tag{218}$$

$$-w_R^{\bullet}(l_R) = \frac{Bl_R^2}{3EI_R} \tag{219}$$

Im folgenden wird zunächst das Knickproblem (H=0) gelöst. Anschließend wird die Untersuchung des Biegeproblems (H≠0) fortgesetzt.

Sonderfall H=0: Knicken: 7. Schritt: Die Übergangsbedingung, G.217, lautet in diesem Sonderfall:

$$-\frac{Bl_R}{D}\cdot\frac{\varepsilon_S}{l_S}\cdot\frac{\sin\varepsilon_S}{\cos\varepsilon_S}=\frac{B\,l_R^2}{3\,EI_R} \qquad (220)$$

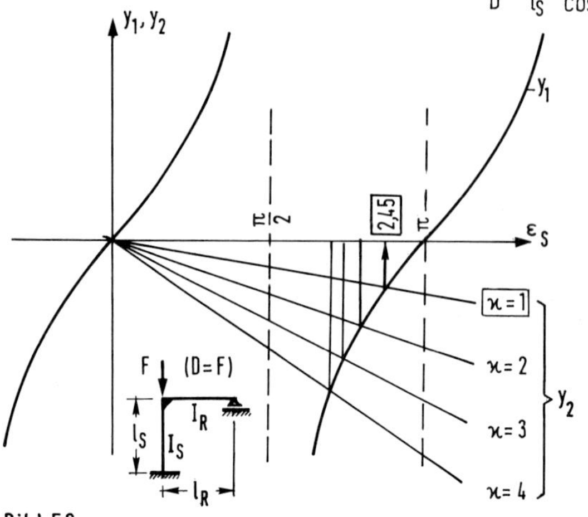

Bild 58

Hieraus folgt die Knickbedingung bei Beachtung von

$$D=\varepsilon_S^2\cdot\frac{EI_S}{l_S^2} \quad (D=F) \qquad (221)$$

nach einfacher Umformung:

$$B\left(\tan\varepsilon_S+\frac{\varepsilon_S}{3}\cdot\frac{EI_S}{EI_R}\cdot\frac{l_R}{l_S}\right)=0 \qquad (222)$$

8. Schritt: Die Knickbedingung wird (hier zweckmäßig graphisch) gelöst. B=0 ist die Triviallösung. - Mit dem Parameter

$$\varkappa=\frac{EI_S}{EI_R}\cdot\frac{l_R}{l_S} \qquad (223)$$

lautet die Knickbedingung:

$$\tan\varepsilon_S=-\frac{\varkappa}{3}\varepsilon_S \qquad (224)$$

Die linke Seite wird mit y_1 und die rechte mit y_2 abgekürzt:

$$y_1=\tan\varepsilon_S\,;\quad y_2=-\frac{\varkappa}{3}\varepsilon_S \qquad (225)$$

y_1 und y_2 werden über ε_S aufgetragen und jener Schnittpunkt bestimmt, der den kleinsten Lösungswert liefert. Das ist der gesuchte Eigenwert (Knickwert). Für $\varkappa=1$ findet man beispielsweise (vgl. Bild 58):

$$\varepsilon_{Ki}=2{,}45 \longrightarrow \varepsilon_{Ki}^2=2{,}45^2=l_S^2\frac{D_{Ki}}{EI_S} \longrightarrow D_{Ki}=2{,}45^2\cdot\frac{EI_S}{l_S^2} \quad (F_{Ki}=D_{Ki}) \qquad (226)$$

Der Knicklängenfaktor β folgt aus:

$$\frac{\pi^2 EI_S}{\beta^2 l_S^2}\overset{!}{=}2{,}45^2\cdot\frac{EI_S}{l_S^2} \longrightarrow \beta=\frac{\pi}{2{,}45}=1{,}28 \qquad (227)$$

9. Schritt: Grenzbetrachtungen (Bild 59): Es wird der Riegel einmal als biegestarr ($\varkappa=0$) und einmal als biegeschlaff ($\varkappa=\infty$) angenommen:

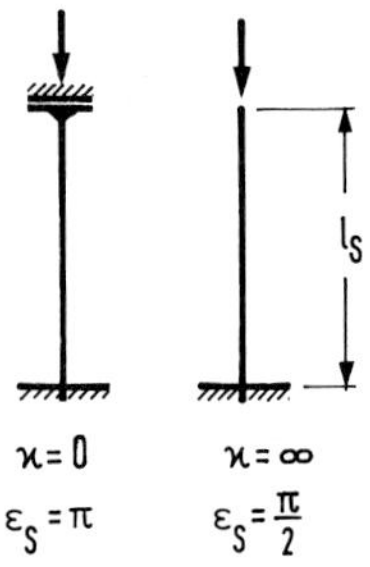

Bild 59

$$\begin{aligned} EI_R&=\infty: \quad \varkappa=0: \quad \varepsilon_S=\pi \longrightarrow \beta=1\\ EI_R&=0: \quad \varkappa=\infty: \quad \varepsilon_S=\frac{\pi}{2} \longrightarrow \beta=2 \end{aligned} \qquad (228)$$

Derartige Grenzbetrachtungen dienen u.a. der Verprobung der Lösung.

Spannungsproblem Th. II. Ordnung H≠0: 10. Schritt: Die Übergangsbedingung, G.217, lautet mit G.218/219:

$$\frac{H}{D}\left(\frac{1-\cos\varepsilon}{\cos\varepsilon}\right)-\frac{B}{D}\cdot\frac{l_R}{l_S}\cdot\frac{\varepsilon\sin\varepsilon}{\cos\varepsilon}=\frac{B\,l_R^2}{3\,EI_R} \quad (\varepsilon=\varepsilon_S) \qquad (229)$$

Hieraus läßt sich die noch verbleibende sechste Unbekannte B freistellen, womit auch M_c bekannt ist ($B=B^{II}$):

$$B^{II}=H\frac{l_S}{l_R}\cdot\frac{3(1-\cos\varepsilon)}{\varepsilon(\varkappa\varepsilon\cos\varepsilon+3\sin\varepsilon)}\,;\quad M_c^{II}=B^{II}l_R \qquad (230)$$

Der Index II soll wieder auf Theorie II. Ordnung hinweisen. - B wird in G.212 eingesetzt. Aus G.201 folgt das Einspannungsmoment:

$$f^{II}=\frac{Hl_S^3}{EI_S}\cdot\frac{\varkappa\varepsilon(\sin\varepsilon-\varepsilon\cos\varepsilon)+3[2(1-\cos\varepsilon)-\varepsilon\sin\varepsilon]}{\varepsilon^3(\varkappa\varepsilon\cos\varepsilon+3\sin\varepsilon)} \qquad (231)$$

$$M_a^{II}=-Hl_S\left[1+\frac{\varkappa\varepsilon(\sin\varepsilon-\varepsilon\cos\varepsilon)+3[(1-\cos\varepsilon)-\varepsilon\sin\varepsilon]}{\varepsilon(\varkappa\varepsilon\cos\varepsilon+3\sin\varepsilon)}\right] \qquad (232)$$

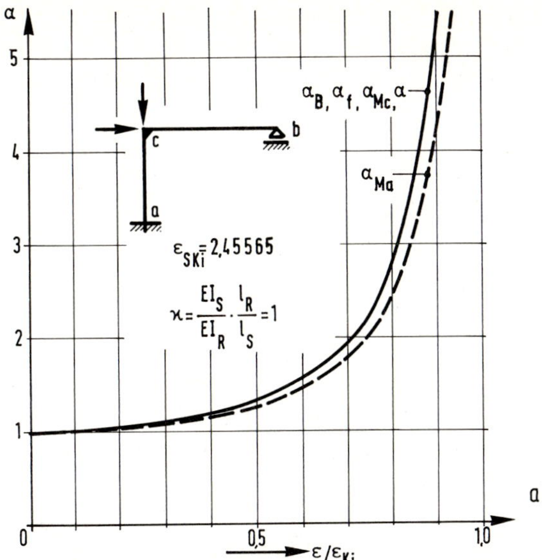

a)

$\varepsilon/\varepsilon_{Ki}$	α_f	α_B	α_{Ma}	α_{Mc}	α
0,1	1,0100	1,0102	1,0081	1,0100	1,0101
0,2	1,0413	1,0419	1,0335	1,0413	1,0417
0,3	1,0980	1,0994	1,0794	1,0980	1,0989
0,4	1,1887	1,1916	1,1526	1,1887	1,1905
0,5	1,3301	1,3355	1,2666	1,3301	1,3333
0,6	1,5570	1,5665	1,4488	1,5570	1,5625
0,7	1,9512	1,9684	1,7642	1,9512	1,9608
0,8	2,7597	2,7938	2,4089	2,7597	2,7778
0,9	5,2187	5,3072	4,3635	5,2187	5,2632
0,95	10,159	10,360	8,2843	10,1569	10,256
1	∞				

Bild 60 b)

(Die Zwischenrechnungen sind langwierig.)-
Nach Theorie I. Ordnung liefert die einfach statisch-unbestimmte Rechnung:

$$B^I = H\frac{l_S}{l_R}\cdot\frac{3}{6+2\varkappa}\;;\quad M_c^I = B^I l_R\;; \tag{233}$$

$$f^I = \frac{Hl_S^3}{EI_S}\frac{1}{6}\left(\frac{3+4\varkappa}{6+2\varkappa}\right);\quad M_a^I = -Hl_S\frac{3+2\varkappa}{6+2\varkappa} \tag{234}$$

Bildet man die Vergrößerungsfaktoren, ergeben sich z.B. für

$$\varkappa = 1:\ \varepsilon_{SKi} = 2{,}45565 \tag{235}$$

die in Bild 60a dargestellten Verläufe. In Teilbild b sind die Ergebnisse tabellarisch ausgewiesen. Der Näherungswert

$$\alpha = \frac{1}{1-\frac{D}{D_{Ki}}} = \frac{1}{1-\left(\frac{\varepsilon}{\varepsilon_{Ki}}\right)^2} \tag{236}$$

fällt mit den α-Faktoren für f, B und M_c praktisch zusammen, für M_a liegt er auf der sicheren Seite.-
Für andere Stabsysteme verläuft die Berechnung analog; bei mehrstäbigen Systemen wird die Rechnung verwickelt und schwierig. In solchen Fällen ist es zweckmäßiger, von den aufbereiteten Verfahren Theorie II. Ordnung auszugehen, die auf dem Differentialgleichungsverfahren 2. Art aufbauen; vgl. folgenden Abschnitt.

7.3.2 Differentialgleichungsverfahren 2. Art

7.3.2.1 Grundgleichung und Lösungssystem

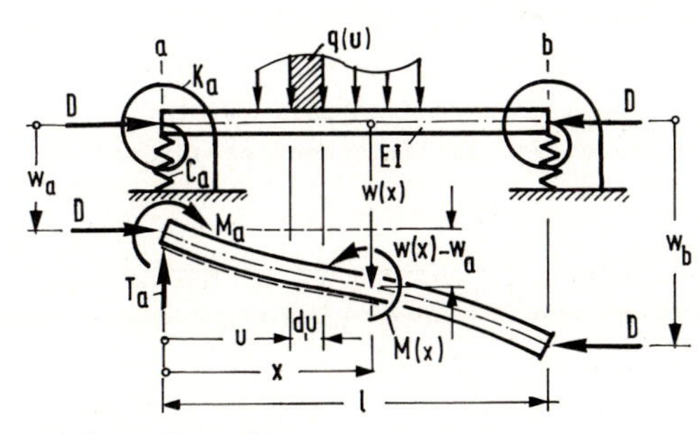

u: Integrationsvariable

Bild 61

Aus dem Tragwerk wird ein druckbeanspruchter Stab herausgetrennt; Länge l, Biegesteifigkeit EI. Elastische Bindungen an den Stabenden werden durch Federn symbolisiert. Bild 61 zeigt den Stab im unverformten und verformten Zustand. Neben der Druckkraft F wirkt die Querbelastung q=q(x).
Durch die Stabendverformungen werden Federreaktionen geweckt; für das Stabende a gilt:

$$T_a = C_a w_a \tag{237}$$

$$M_a = -K_a\varphi_a \tag{238}$$

T_a ist die Stabend-Transversalkraft und M_a das Stabend-Moment. C_a ist die zugeordnete Verschiebungs- und K_a die zugeordnete Drehfederkonstante. An der Stelle x beträgt das Biegemoment:

$$M(x) = M_a + T_a x + D[w(x) - w_a] - \int_{u=0}^{u=x} q(u)[x-u]\,du \tag{239}$$

Zwecks Verknüpfung mit dem Elastizitätsgesetz

$$EIw'' = -M \quad \text{bzw.} \quad (EIw'')'' = -M'' \tag{240}$$

wird G.239 zweimal nach x differenziert:

$$M'(x) = T_a + Dw' - \int_{u=0}^{u=x} q(u)\,du \qquad (241)$$

$$M''(x) = Dw'' - q(x) \qquad (242)$$

Die Randgrößen sind dabei weggefallen (mit der Folge, daß bei der Lösung der Spannungs- und Verzweigungsprobleme neben den geometrischen Randbedingungen auch die "dynamischen" (künstlichen) Randbedingungen zu berücksichtigen sind). Wird G.242 in G.240 eingesetzt, folgt die Grundgleichung der Stabbiegung Theorie II. Ordnung (D=konst) zu:

$$(EIw'')'' + Dw'' = q(x) \qquad (243)$$

Sonderfall EI=konst:

$$\boxed{EIw'''' + Dw'' = q(x)} \qquad (244)$$

Tafel 7.1 enthält das vollständige Lösungssystem, einschließlich der partikulären Lösung für eine gleichförmige und dreieckförmige Querbelastung. Letztere läßt sich mit Hilfe des Ansatzes

$$w = a_0 + a_1 x + a_2 x^2 + \dots \qquad (245)$$

und Koeffizientenvergleich herleiten.
Tritt im Stab eine Zugkraft Z auf, gilt:

$$\varepsilon_Z = l\sqrt{\frac{-Z}{EI}} = il\sqrt{\frac{Z}{EI}} = i\varepsilon_D \qquad (246)$$

Hiermit gehen die trigonometrischen Funktionen $\sin\varepsilon$ und $\cos\varepsilon$ in die hyperbolischen Funktionen $\sinh\varepsilon$ und $\cosh\varepsilon$ über:

$$\sin i\varepsilon = i\sinh\varepsilon; \quad \cos i\varepsilon = \cosh\varepsilon \qquad (247)$$

Für diesen Fall (und für den Fall $\varepsilon = 0$ (Theorie I. Ordnung)) sind die Lösungssysteme ebenfalls auf Tafel 7.1 zusammengestellt. Auf der Tafel sind auch die Schnittgrößen L(x) und T(x) aufgenommen und ihre Verknüpfungen mit N(x) und Q(x) angegeben. L ist die Längskraft und T die Transversalkraft; beide sind auf die ursprüngliche (unverformte) Stabachse orientiert. N (Normalkraft) und Q (Querkraft) beziehen sich auf die lokale (verformte) Stabachse.
Mittels der auf Tafel 7.1 zusammengestellten Lösungssysteme lassen sich prinzipiell alle Spannungsprobleme Th. II. Ordnung und Verzweigungsprobleme ebener Stabwerke mit prismatischen Stäben lösen. Dazu wird das Tragwerk in einzelne Stabelemente zerlegt und die Rand- und Übergangsbedingungen formuliert: Differentialgleichungsverfahren (2. Art). Derartige Rechnungen führen nur bei einfachen Systemen zum Erfolg. Bei mehrstäbigen Systemen treten zu viele Freiwerte und Unbekannte auf. Die Analyse wird dann zu verwickelt. In solchen Fällen bedient man sich der auf G.244 aufbauenden baustatischen Verfahren:
a) Verfahren der Übertragungsmatrizen
b) Kraftgrößenverfahren
c) Verformungsgrößenverfahren (vgl. Abschnitt 7.3.3)
c1) Drehwinkelverfahren
c2) Momentenausgleichsverfahren (CROSS, KANI)
c3) Verfahren der Steifigkeitsmatrizen
d) Verfahren der Einspanngrade
Es ist möglich, die Theorie unter Berücksichtigung von Stabplastizierungen zu erweitern. Diese methodische Erweiterung bzw. Aufbereitung ist Gegenstand der höheren Baustatik.

7.3.2.2 Beispiel zur Knicktheorie

Das in Bild 62 skizzierte Problem wird gelöst; es handelt sich um einen eingespannten Druckstab mit federelastischer Stützung des freien Endes. Senkfederkonstante C [kN/m]; Federkraft:

$$F = Cw \qquad (248)$$

Drehfederkonstante K [kNm/1]; Federmoment:

$$M = K\varphi \qquad (249)$$

Differentialgleichungsverfahren Theorie II. Ordnung

Definition der Verformungs - und Schnittgrößen am verformten, infinitesimalen Stabelement dx:

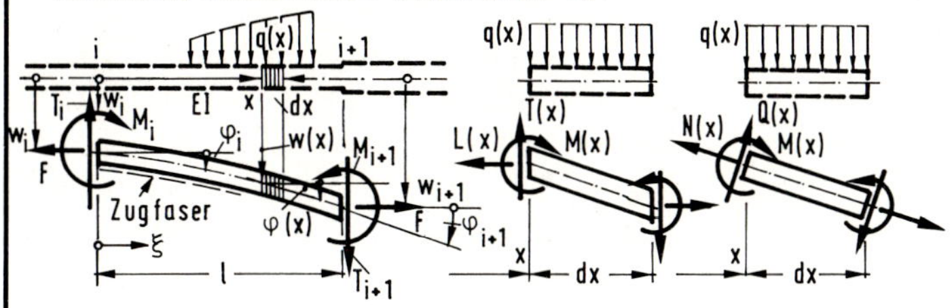

w(x) : Durchbiegung
φ(x) : Biegedrehwinkel
M(x) : Biegungsmoment
L(x) : Längskraft
T(x) : Transversalkraft
N(x) : Normalkraft
Q(x) : Querkraft

Beziehungen zwischen L(x), T(x) und N(x), Q(x):

$$N(x) = L(x) + T(x)\cdot\varphi(x) = L(x) + T(x)\cdot w'(x)$$
$$Q(x) = T(x) - L(x)\cdot\varphi(x) = T(x) - L(x)\cdot w'(x)$$

Differentialgleichung (EI = konst.):

$$w''''(x) \pm \frac{\varepsilon^2}{l^2} w''(x) = \frac{q(x)}{EI} = \frac{p_0}{EI} + \frac{p_1}{EI}\cdot\frac{x}{l}$$

Oberes Vorzeichen : |F| = D (Druckkraft), unteres Vorzeichen : |F| = Z (Zugkraft)

Stabkennzahl :

$$\boxed{\varepsilon = l\sqrt{\frac{|F|}{EI}}}$$

Sonderfall: Streckenlast ist eine Gleichlast p_0 und/oder Dreieckslast p_1:

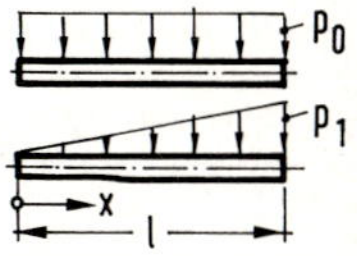

Lösungssystem : |F| = D (Druckkraft): $\varepsilon = l\cdot\sqrt{\frac{D}{EI}}$ — partikuläre Lösung :

$$w = +C_1\cdot\sin\varepsilon\frac{x}{l} + C_2\cdot\cos\varepsilon\frac{x}{l} + C_3\cdot\varepsilon\frac{x}{l} + C_4 + \frac{p_0}{2\varepsilon^2}\cdot\frac{l^4}{EI}\cdot\left(\frac{x}{l}\right)^2 + \frac{p_1}{6\varepsilon^2}\cdot\frac{l^4}{EI}\cdot\left(\frac{x}{l}\right)^3$$

$$\varphi = w' = +C_1\cdot\frac{\varepsilon}{l}\cdot\cos\varepsilon\frac{x}{l} - C_2\cdot\frac{\varepsilon}{l}\cdot\sin\varepsilon\frac{x}{l} + C_3\cdot\varepsilon\frac{1}{l} + \frac{p_0}{\varepsilon^2}\cdot\frac{l^3}{EI}\cdot\frac{x}{l} + \frac{p_1}{2\varepsilon^2}\cdot\frac{l^3}{EI}\cdot\left(\frac{x}{l}\right)^2$$

$$\frac{M}{EI} + \alpha_t\cdot\frac{\Delta t}{h} = -w'' = +C_1\cdot\frac{\varepsilon^2}{l^2}\cdot\sin\varepsilon\frac{x}{l} + C_2\cdot\frac{\varepsilon^2}{l^2}\cdot\cos\varepsilon\frac{x}{l} - \frac{p_0}{\varepsilon^2}\cdot\frac{l^2}{EI} - \frac{p_1}{\varepsilon^2}\cdot\frac{l^2}{EI}\cdot\frac{x}{l}$$

$$\frac{Q}{EI} = \frac{M'}{EI} = -w''' = +C_1\cdot\frac{\varepsilon^3}{l^3}\cdot\cos\varepsilon\frac{x}{l} - C_2\cdot\frac{\varepsilon^3}{l^3}\cdot\sin\varepsilon\frac{x}{l} - \frac{p_1}{\varepsilon^2}\cdot\frac{l}{EI}$$

$$\frac{T}{EI} = \frac{Q}{EI} - \frac{D}{EI}\cdot w' = -C_3\cdot\frac{\varepsilon^3}{l^3} - p_0\frac{l}{EI}\cdot\frac{x}{l} - p_1\frac{l}{EI}\left[\frac{1}{\varepsilon^2} + \frac{1}{2}\left(\frac{x}{l}\right)^2\right]$$

$$L = -D$$

|F| = Z (Zugkraft): $\varepsilon = l\cdot\sqrt{\frac{Z}{EI}}$

$$w = +C_1\cdot\sinh\varepsilon\frac{x}{l} + C_2\cdot\cosh\varepsilon\frac{x}{l} + C_3\cdot\varepsilon\frac{x}{l} + C_4 - \frac{p_0}{2\varepsilon^2}\cdot\frac{l^4}{EI}\cdot\left(\frac{x}{l}\right)^2 - \frac{p_1}{6\varepsilon^2}\cdot\frac{l^4}{EI}\cdot\left(\frac{x}{l}\right)^3$$

$$\varphi = w' = +C_1\cdot\frac{\varepsilon}{l}\cdot\cosh\varepsilon\frac{x}{l} + C_2\cdot\frac{\varepsilon}{l}\cdot\sinh\varepsilon\frac{x}{l} + C_3\cdot\varepsilon\frac{1}{l} - \frac{p_0}{\varepsilon^2}\cdot\frac{l^3}{EI}\cdot\frac{x}{l} - \frac{p_1}{2\varepsilon^2}\cdot\frac{l^3}{EI}\cdot\left(\frac{x}{l}\right)^2$$

$$\frac{M}{EI} + \alpha_t\cdot\frac{\Delta t}{h} = -w'' = -C_1\cdot\frac{\varepsilon^2}{l^2}\sinh\varepsilon\frac{x}{l} - C_2\cdot\frac{\varepsilon^2}{l^2}\cosh\varepsilon\frac{x}{l} + \frac{p_0}{\varepsilon^2}\cdot\frac{l^2}{EI} + \frac{p_1}{\varepsilon^2}\cdot\frac{l^2}{EI}\cdot\frac{x}{l}$$

$$\frac{Q}{EI} = \frac{M'}{EI} = -w''' = -C_1\cdot\frac{\varepsilon^3}{l^3}\cosh\varepsilon\frac{x}{l} - C_2\cdot\frac{\varepsilon^3}{l^3}\sinh\varepsilon\frac{x}{l} + \frac{p_1}{\varepsilon^2}\cdot\frac{l}{EI}$$

$$\frac{T}{EI} = \frac{Q}{EI} + \frac{Z}{EI}\cdot w' = +C_3\cdot\frac{\varepsilon^3}{l^3} - p_0\frac{l}{EI}\cdot\frac{x}{l} + p_1\frac{l}{EI}\left[\frac{1}{\varepsilon^2} - \frac{1}{2}\left(\frac{x}{l}\right)^2\right]$$

$$L = +Z$$

F = 0 (Theorie I. Ordnung): Differentialgleichung : $w''''(x) = \frac{p_0}{EI} + \frac{p_1}{EI}\cdot\frac{x}{l}$

$$w = +C_1\cdot x^3 + C_2\cdot x^2 + C_3\cdot x + C_4 + \frac{p_0}{24}\cdot\frac{l^4}{EI}\cdot\left(\frac{x}{l}\right)^4 + \frac{p_1}{120}\cdot\frac{l^4}{EI}\cdot\left(\frac{x}{l}\right)^5$$

$$\varphi = w' = +C_1\cdot 3x^2 + C_2\cdot 2x + C_3 + \frac{p_0}{6}\cdot\frac{l^3}{EI}\cdot\left(\frac{x}{l}\right)^3 + \frac{p_1}{24}\cdot\frac{l^3}{EI}\cdot\left(\frac{x}{l}\right)^4$$

$$\frac{M}{EI} + \alpha_t\cdot\frac{\Delta t}{h} = -w'' = -C_1\cdot 6x - C_3\cdot 2 - \frac{p_0}{2}\cdot\frac{l^2}{EI}\cdot\left(\frac{x}{l}\right)^2 - \frac{p_1}{6}\cdot\frac{l^2}{EI}\cdot\left(\frac{x}{l}\right)^3$$

$$\frac{Q}{EI} = \frac{M'}{EI} = -w''' = -C_1\cdot 6 - p_0\cdot\frac{l}{EI}\cdot\left(\frac{x}{l}\right) - \frac{p_1}{2}\cdot\frac{l}{EI}\cdot\left(\frac{x}{l}\right)^2$$

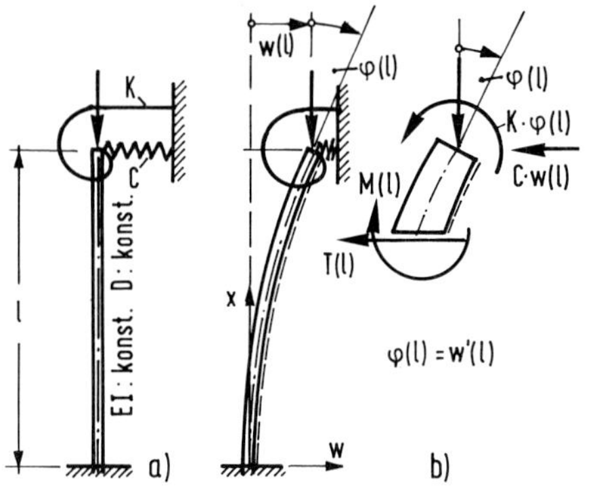

Bild 62

Um die Randbedingungen am oberen Stabende zu formulieren, wird unmittelbar unterhalb der Federung ein Schnitt gelegt (Bild 62b). Die Schnittrichtung verläuft senkrecht zur unverformten Stabachse. Die Gleichgewichtsgleichungen lauten:

$$M(l) - K\cdot\varphi(l) = 0 \tag{250}$$

$$T(l) + C\cdot w(l) = 0 \tag{251}$$

Im Fußpunkt gilt:

$$w(0) = 0;\quad \varphi(0) = 0 \tag{252}$$

Mit $\varphi = w'$ lassen sich die vier Randbedingungen durch das Lösungssystem der Tafel 7.1 ausdrücken. Den vier Freiwerten C_1 bis C_4 stehen vier Bestimmungsgleichungen gegenüber, sie sind in Bild 63 matriziell zusammengefaßt.

Randbedingung	C_1	C_2	C_3	C_4	
$w(0)=0$	0	1	0	1	= 0
$w'(0)=0$	$\frac{\varepsilon}{l}$	0	$\frac{\varepsilon}{l}$	0	= 0
$\frac{1}{EI}[M(l)-Kw'(l)]=0$	$\frac{\varepsilon^2}{l^2}\sin\varepsilon-\frac{K}{EI}\frac{\varepsilon}{l}\cdot\cos\varepsilon$	$\frac{\varepsilon^2}{l^2}\cos\varepsilon+\frac{K}{EI}\cdot\frac{\varepsilon}{l}\cdot\sin\varepsilon$	$-\frac{K}{EI}\cdot\frac{\varepsilon}{l}$	0	= 0
$\frac{1}{EI}[T(l)+C\cdot w(l)]=0$	$\frac{C}{EI}\cdot\sin\varepsilon$	$\frac{C}{EI}\cdot\cos\varepsilon$	$-\frac{\varepsilon^3}{l^3}+\frac{C}{EI}\varepsilon$	$\frac{C}{EI}$	= 0

Bild 63

Das Gleichungssystem ist homogen; sämtliche Zählerdeterminanten Det_i sind Null; damit auch C_i. Eine von Null verschiedene Lösung für die Ausbiegung w(x)=Knickverformung liegt dann vor, wenn die Nennerdeterminate (Det) Null ist, denn dann gilt:

$$C_i = \frac{Det_i}{Det} = \frac{0}{0} \neq 0\ (i = 1,2,3,4) \tag{253}$$

Det ist eine Funktion von ε. Es ist somit jener Wert $\varepsilon_1 \equiv \varepsilon_{Ki}$ zu suchen, der die Determinante zu Null macht:

Knickbedingung: $$Det(\varepsilon) = 0 \tag{254}$$

Führt man die dimensionsfreien Parameter

$$\gamma = \frac{Kl}{EI} \quad \text{und} \quad \delta = \frac{Cl^3}{EI} \tag{255}$$

ein, findet man nach längerer Zwischenrechnung die Knickbedingung des Problems zu:

$$\varepsilon^4\cos\varepsilon + \gamma\varepsilon^3\sin\varepsilon - \delta\varepsilon(\varepsilon\cos\varepsilon - \sin\varepsilon) + \gamma\delta[2(1-\cos\varepsilon) - \varepsilon\sin\varepsilon] = 0 \tag{256}$$

Diese Gleichung ist für ein vorgegebenes Parameterpaar γ, δ zu lösen. Von den unendlich vielen Lösungen dieser transzendenten Gleichung interessiert nur die betragkleinste: $\min\varepsilon = \varepsilon_1 = \varepsilon_{Ki}$. Ist sie bekannt, können berechnet werden:

Vergrößerungsfaktor $$\alpha = \frac{1}{1-(\frac{\varepsilon}{\varepsilon_{Ki}})^2} \tag{257}$$

Knicklängenfaktor $$\beta = \frac{\pi}{\varepsilon_{Ki}} \tag{258}$$

Wegen weiterer Lösungen wird auf das Schrifttum verwiesen, z.B. auf [1].

7.3.2.3 Ergänzende Hinweise

Zahlreiche baupraktische Stabilitätsprobleme lassen sich auf Systeme mit federelastischer Stützung zurückführen. Dabei sind folgende Varianten (und deren Kombination) zu unterscheiden (Bild 64):

a) stetige, senkfederelastische Lagerung (Bettung),
b) punktförmige Senkfederung,
c) stetige, drehfederelastische Lagerung (Bettung),
d) punktförmige Drehfederung.

Statt Senkfeder spricht man auch von Verschiebungsfeder (oder einfach nur von Feder).

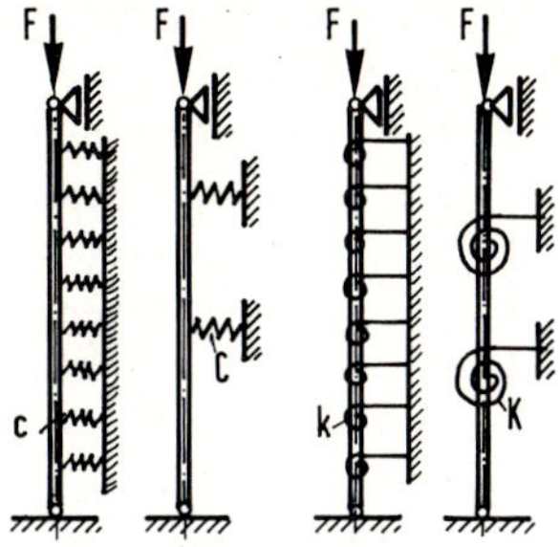

c: Verschiebungsfeder-Bettung
C: Verschiebungsfeder
k: Drehfeder-Bettung
K: Drehfeder

Bild 64

Die Fälle a) und c) werden von Differentialgleichungen beherrscht, die gegenüber der Grundgleichung des prismatischen Stabes (G.244) zusätzliche Glieder enthalten. Das gilt auch dann, wenn die Druckkraft im Stab veränderlich ist.

Bild 65 zeigt Anwendungsbeispiele:

a) Stabilisierung durchlaufender Druckgurte offener (Trog-) Brücken durch Halbrahmen: Beim Ausknicken der Druckgurte senkrecht zur Stegebene wird die Gurtung durch die in den Querträgern eingespannten Pfosten elastisch gestützt;
b) Abgespannter Mast: Die Seilabspannungen wirken wie elastische Federungen. Die Federzahlen sind wegen des Seildurchhanges verschiebungsabhängig;
c) Zweistieliger Rahmen: Beim seitlichen Ausknicken erleiden die Riegel antimetrische Verformungen: In den Riegelmitten sind die Momente und die vertikalen Verschiebungen Null. Aufgrund dieser Überlegung kann das Knickproblem auf einen Druckstab mit Drehfedern in Höhe der Rahmenriegel zurückgeführt werden. Die Federkonstante K dieser Drehfedern folgt für diesen Fall aus Bild 66 zu:

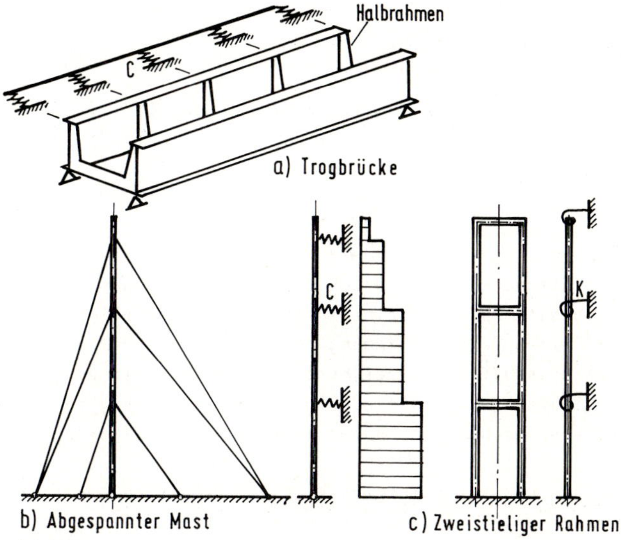

Bild 65

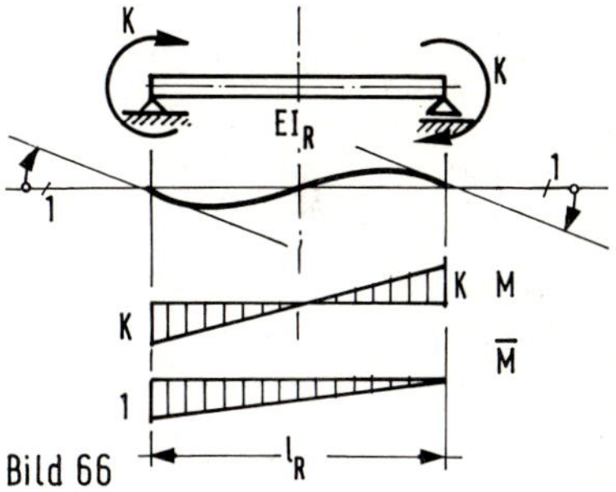

Bild 66

$$\varphi = \frac{1}{6} K \frac{l_R}{EI_R} \stackrel{!}{=} 1 \longrightarrow \quad K = 6 \frac{EI_R}{l_R} \qquad (259)$$

Bei Betrachtungen vorstehender Art ist zu prüfen, ob die Federn untereinander gekoppelt sind. Wenn das der Fall ist, ist es nicht möglich, Ersatzmodelle gemäß Bild 65 zu bilden.-

Gelegentlich treten Druckglieder auf, in denen die Normalkraft veränderlich ist, entweder stetig veränderlich (Bild 67a) oder sprunghaft veränderlich (Bild 67b). Um derartige Druckstäbe auf den Standardstab beziehen zu können, wird aus der Gegenüberstellung der Knickkraft des gegebenen Problems mit der Knickkraft des EULER-II-Standardstabes (Ersatzstabes) dessen Knicklänge berechnet. Beispielsweise lautet die Knicklängenformel für den in Bild 67a gezeigten Knickstab:

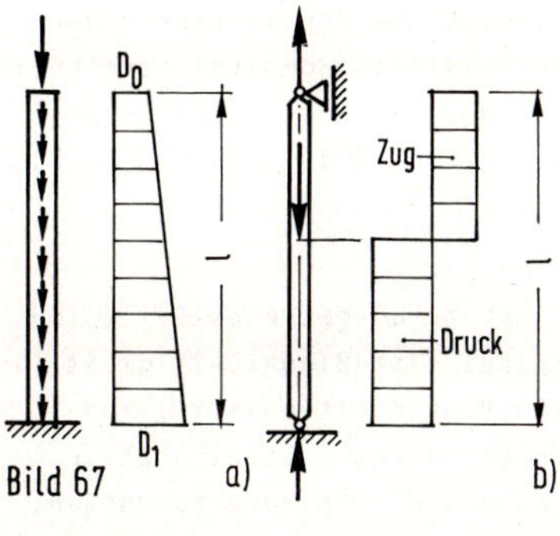

Bild 67 a) b)

$$s_K = 2l\sqrt{\frac{1 + 2{,}18\, D_0/D_1}{3{,}18}} \qquad (260)$$

Die Knicklänge bezieht sich auf die größere Druckkraft, hier auf D_1. Beispiel: Für $D_0/D_1=0$; 0,5 und 1 liefert die Formel: $s_K=1{,}12\cdot l$, $1{,}62\cdot l$ bzw. $2{,}00\cdot l$.

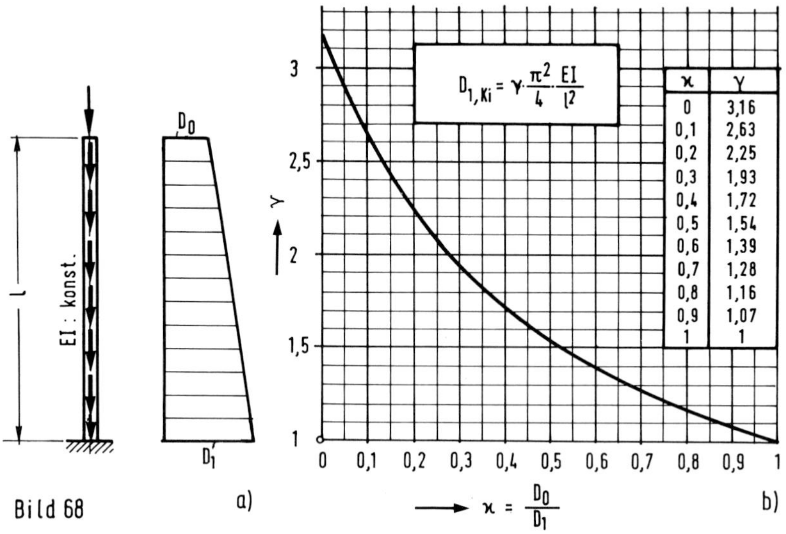

Bild 68

In Bild 68 ist für dieses Problem die Knickkraft D_{1Ki} über dem Quotienten $\varkappa = D_0/D_1$ aufgetragen. (Dieses Diagramm ist das Ergebnis einer strengen Lösung.) Hiermit kann die Knicklängenformel G.260 überprüft werden. Dazu wird in

$$D_{1Ki} = \frac{\pi^2 EI}{s_K^2} \qquad (261)$$

für s_K die Formel G.260 eingesetzt; das ergibt:

$$D_{1Ki} = \frac{3{,}18}{1 + 2{,}18 \cdot D_0/D_1} \cdot \frac{\pi^2}{4} \cdot \frac{EI}{l^2} = \gamma \cdot \frac{\pi^2}{4} \cdot \frac{EI}{l^2} \qquad (262)$$

Für $D_0/D_1 = 0$, 0,5 und 1 lautet die Vorzahl $\gamma = 3{,}18$, 1,52 und 1,00. Offensichtlich ist die Übereinstimmung praktisch vollständig, vgl. die Tabelle in Bild 68b rechts. Mit der Kenntnis von D_{1Ki} kann der Vergrößerungsfaktor berechnet werden:

$$\alpha = \frac{1}{1 - \frac{D_1}{D_{1Ki}}} \qquad (263)$$

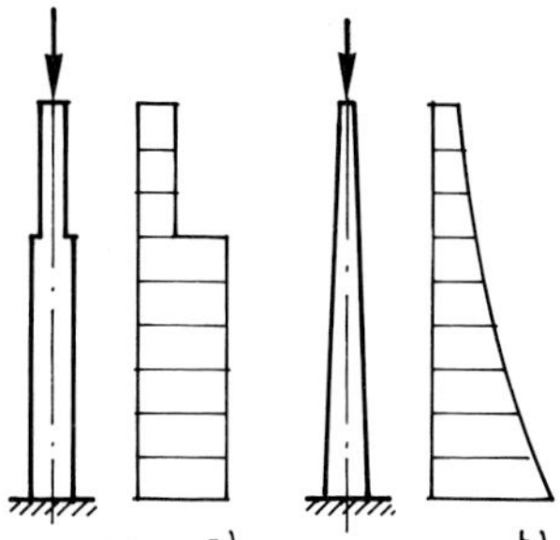

Bild 69

Der Stabilitätsnachweis von Druckgliedern mit veränderlicher Biegesteifigkeit (und fallweise zusätzlich veränderlicher Normalkraft) wird nach Bestimmung der Knicklänge oder einer Vergleichsbiegesteifigkeit geführt. Zweckmäßiger ist es indes, einen Spannungsnachweis nach Theorie II. Ordnung zu führen, ggf. näherungsweise unter Verwendung des α-Faktors gemäß G.263.

Die strenge Lösung von Knickproblemen der genannten Art stößt z.T. auf erhebliche mathematische Schwierigkeiten, weil die zugeordneten Differentialgleichungen mit von x abhängigen (veränderlichen) Koeffizienten behaftet sind. Ein Ausweg besteht in solchen Fällen z.B. in einer finiten Berechnung: Hierbei wird der Stab oder das Stabwerk in viele Unterelemente mit jeweils konstanter Biegesteifigkeit und Normalkraft zerlegt und dann, beispielsweise mit dem Verfahren der Übertragungsmatrizen (basierend auf der Grundgleichung G.244), mittels Computer berechnet. Eine weitere Möglichkeit stellt das Differenzenverfahren dar oder (auch für formelmäßige Lösungen) die direkten Variationsverfahren von GALERKIN und RAYLEIGH/RITZ (siehe z.B. [1]).

7.3.3 Verformungsgrößenverfahren Theorie II. Ordnung

7.3.3.1 Grundformeln

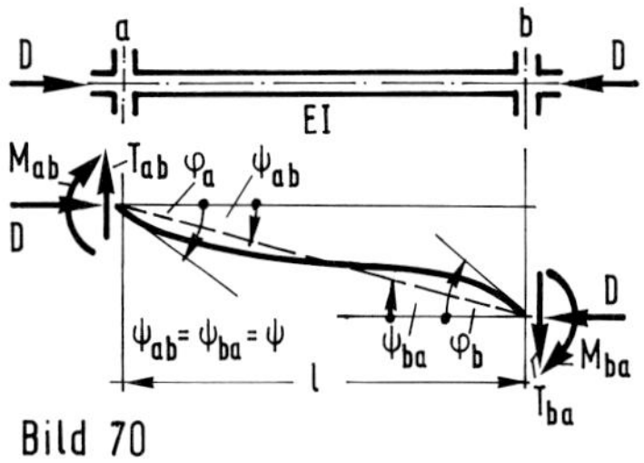

Bild 70

Aus dem Stabwerk wird ein Stab herausgetrennt (Bild 70). Über die Stablänge l des Stabes sind Biegesteifigkeit EI und Stabkraft D (hier als Druckkraft positiv) konstant; die Stabenden werden mit a und b bezeichnet.

Im verformten Zustand betragen die Stabendverformungen:

Stabendverschiebungen: w_a, w_b

Stabenddrehwinkel : φ_a, φ_b

Stabsehnendrehwinkel : $\psi_{ab} = \psi_{ba} = \psi$

Als Stabendschnittgrößen werden vereinbart:

Stabendtransversalkräfte: T_{ab}, T_{ba}

Stabendmomente : M_{ab}, M_{ba}

Die Größen φ, ψ, T und M sind positiv, wenn sie im Uhrzeigersinn orientiert sind. Die Verformungsrandbedingungen werden durch das Lösungssystem der Stabbiegetheorie II. Ordnung (Tafel 7.1) ausgedrückt:

$$\begin{aligned}
x=0:&\quad w(x=0)=w_a &&= \qquad\qquad + C_2 \qquad\qquad + C_4\\
x=0:&\quad \varphi(x=0)=\varphi_a &&= C_1\frac{\varepsilon}{l} \qquad\qquad + C_3\frac{\varepsilon}{l}\\
x=l:&\quad w(x=l)=w_b=\psi l &&= C_1\sin\varepsilon + C_2\cos\varepsilon + C_3\varepsilon + C_4\\
x=l:&\quad \varphi(x=l)=\varphi_b &&= C_1\frac{\varepsilon}{l}\cos\varepsilon - C_2\frac{\varepsilon}{l}\sin\varepsilon + C_3\frac{\varepsilon}{l}
\end{aligned} \tag{264}$$

Aus diesen vier Gleichungen lassen sich die Freiwerte C_1 bis C_4 in Abhängigkeit von φ_a, φ_b und $\psi_{ab}=\psi_{ba}=\psi$ berechnen; werden die so ermittelten Freiwerte anschließend in die Gleichungen des Lösungssystems für M(x) und T(x) eingesetzt, lassen sich die Stabendschnittgrößen als Funktion von φ_a, φ_b und ψ darstellen (auf die Wiedergabe der Zwischenrechnung wird verzichtet):

$$\begin{aligned}
M_{ab} &= M(x=0) = A\varphi_a + B\varphi_b - (A+B)\psi\\
M_{ba} &= -M(x=l) = A\varphi_b + B\varphi_a - (A+B)\psi
\end{aligned} \tag{265}$$

$$\begin{aligned}
T_{ab} &= T(x=0) = -D\psi - \frac{A+B}{l}(\varphi_a + \varphi_b - 2\psi)\\
T_{ba} &= T(x=l) = -D\psi - \frac{A+B}{l}(\varphi_b + \varphi_a - 2\psi)
\end{aligned} \tag{266}$$

A und B sind Funktionen der Stabkennzahl ε_{ab}:

$$\varepsilon_{ab}\ (=\varepsilon\ ) = l\sqrt{\frac{D}{EI}} \tag{267}$$

Sie sind auf Tafel 7.2 zusammengestellt und tabelliert. Der Fall $\varepsilon=0$ entspricht Theorie I. Ordnung. - Für den einseitig eingespannten/einseitig gelenkig gelagerten Stab ist analog vorzugehen. Die Grundformeln für diesen Fall sind ebenfalls auf Tafel 7.2 ausgewiesen; der hochgestellte Index kennzeichnet das eingespannte Ende.

7.3.3.2 Einspannungsmomente

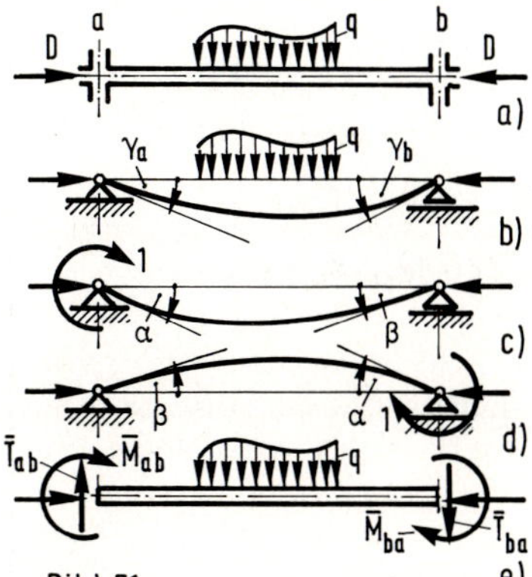

Bild 71

Ist der Stab belastet, ist der (im vorangegangenen Abschnitt hergeleiteten) homogenen Lösung die der Querbelastung q(x) zugeordnete partikuläre Lösung zu überlagern. Dazu werden zunächst für die gegebene Belastung die Stabenddrehwinkel γ_a und γ_b des druckbeanspruchten, beidseitig gelenkig gelagerten Stabes bestimmt (Bild 71b) und anschließend die Stabenddrehwinkel α und β für ein einseitiges Randmoment $M_{ab}=1$ bzw. $M_{ba}=1$ jeweils nach Theorie II. Ordnung berechnet (Teilbild c/d). γ_a und γ_b sowie α und β sind Funktionen von ε_{ab}. Die Einspannungsmomente werden jetzt so bestimmt, daß die Randdrehwinkel Null werden; demnach müssen die in Teilbild e definierten (durch einen Querstrich gekennzeichneten) Stabend-Einspannungsmomente folgende Bedingungsgleichungen erfüllen:

$$\begin{aligned}
\bar{M}_{ab}\,\alpha - \bar{M}_{ba}\,\beta + \gamma_a &= 0\\
\bar{M}_{ba}\,\alpha - \bar{M}_{ab}\,\beta - \gamma_b &= 0
\end{aligned} \tag{268}$$

Aus diesen beiden Gleichungen lassen sich $\bar{M}_{ab}$ und $\bar{M}_{ba}$ freistellen. Auf Tafel 7.2 (unten) ist das Ergebnis dieser (etwas längeren) Rechnung für eine Gleichlast p und eine Einzellast P zusammengestellt, einschließlich der zugeordneten Stabendtransversalkräfte.

Die so ermittelte partikuläre Lösung ist der homogenen zu überlagern, d.h. die Formeln

Verformungsgrößenverfahren Theorie II. Ordnung - Grundformeln

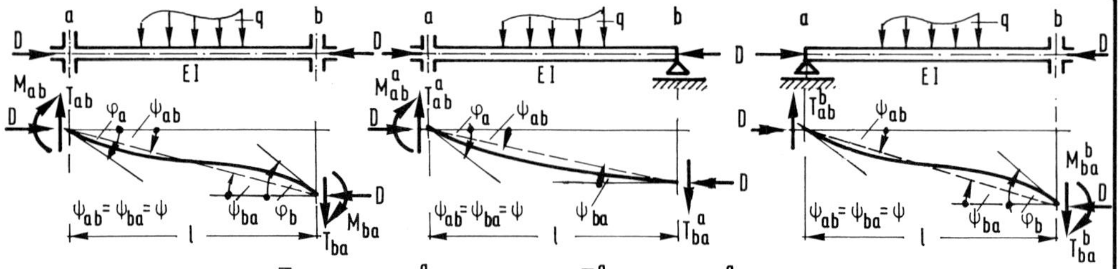

$M_{ab} = A\varphi_a + B\varphi_b - (A+B)\psi + \overline{M}_{ab}$

$M_{ba} = A\varphi_b + B\varphi_a - (A+B)\psi + \overline{M}_{ba}$

$T_{ab} = -D\psi - \frac{A+B}{l}\cdot(\varphi_a + \varphi_b - 2\psi) + \overline{T}_{ab}$

$T_{ba} = -D\psi - \frac{A+B}{l}\cdot(\varphi_a + \varphi_b - 2\psi) + \overline{T}_{ba}$

$M^a_{ab} = C\cdot(\varphi_a - \psi) + \overline{M}^a_{ab}$

$M^a_{ba} = 0$

$T^a_{ab} = -D\psi - \frac{C}{l}\cdot(\varphi_a - \psi) + \overline{T}^a_{ab}$

$T^a_{ba} = -D\psi - \frac{C}{l}\cdot(\varphi_a - \psi) + \overline{T}^a_{ba}$

$M^a_{ab} = 0$

$M^b_{ba} = C(\varphi_b - \psi) + \overline{M}^b_{ba}$

$T^b_{ab} = -D\psi - \frac{C}{l}\cdot(\varphi_b - \psi) + \overline{T}^b_{ab}$

$T^b_{ba} = -D\psi - \frac{C}{l}\cdot(\varphi_b - \psi) + \overline{T}^b_{ba}$

Stabkennzahl (D: Druckkraft): $\varepsilon = l\sqrt{\frac{D}{EI}}$

$A = \frac{EI}{l}\cdot A' = \frac{EI}{l}\cdot\frac{\varepsilon(\sin\varepsilon - \varepsilon\cdot\cos\varepsilon)}{2(1-\cos\varepsilon) - \varepsilon\cdot\sin\varepsilon} \approx \frac{EI}{l}\cdot 4\cdot\frac{1-\varepsilon^2/10}{1-\varepsilon^2/15}$

$B = \frac{EI}{l}\cdot B' = \frac{EI}{l}\cdot\frac{\varepsilon(\varepsilon - \sin\varepsilon)}{2(1-\cos\varepsilon) - \varepsilon\cdot\sin\varepsilon} \approx \frac{EI}{l}\cdot 2\cdot\frac{1-\varepsilon^2/20}{1-\varepsilon^2/15}$

$C = \frac{EI}{l}\cdot C' = \frac{EI}{l}\cdot\frac{\varepsilon^2\sin\varepsilon}{\sin\varepsilon - \varepsilon\cdot\cos\varepsilon} \approx \frac{EI}{l}\cdot 3\cdot\frac{1-\varepsilon^2/6}{1-\varepsilon^2/10}$

ε	A'	B'	C'
0	4	2	3
0,2	3,994	2,001	2,992
0,4	3,978	2,005	2,968
0,6	3,952	2,012	2,927
0,8	3,914	2,022	2,869
1,0	3,864	2,034	2,795
1,2	3,804	2,050	2,699
1,4	3,732	2,069	2,584
1,6	3,646	2,093	2,445
1,8	3,548	2,120	2,282
2,0	3,436	2,152	2,088

Wenn die Längskraft eine Zugkraft ist: $\varepsilon_{Druck} = i\cdot\varepsilon_{Zug}$

$(i\varepsilon)^2 = -\varepsilon^2$; $\cos i\varepsilon = \cosh\varepsilon$; $\sin i\varepsilon = i\cdot\sinh\varepsilon$

$\overline{M}$ und $\overline{T}$ sind die Stabend-Einspannmomente bzw. -Transversalkräfte des beidseitig bzw. einseitig eingespannten Stabes unter der gegebenen Belastung q.

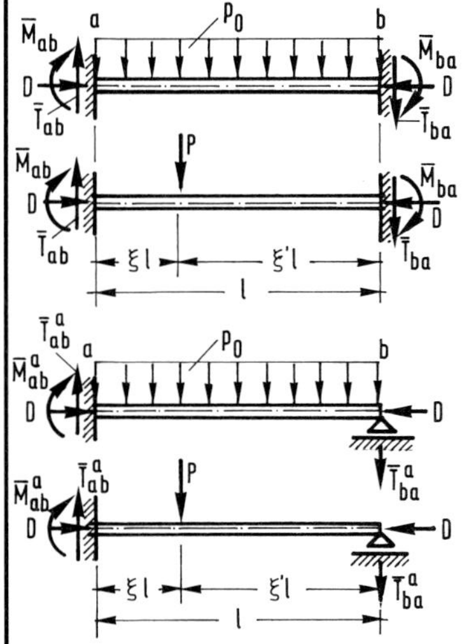

$\overline{M}_{ab} = -p_0 l^2\frac{1}{\varepsilon^2}[1 - \frac{1}{2}(A' - B')]$; $\overline{T}_{ab} = +p_0\frac{l}{2}$

$\overline{M}_{ba} = +p_0 l^2\frac{1}{\varepsilon^2}[1 - \frac{1}{2}(A' - B')]$; $\overline{T}_{ba} = -p_0\frac{l}{2}$

$\overline{M}_{ab} = -Pl\frac{1}{\varepsilon^2}[(\frac{\sin\varepsilon\xi'}{\sin\varepsilon} - \xi')A' - (\frac{\sin\varepsilon\xi}{\sin\varepsilon} - \xi)B']$

$\overline{M}_{ba} = +Pl\frac{1}{\varepsilon^2}[(\frac{\sin\varepsilon\xi}{\sin\varepsilon} - \xi)A' - (\frac{\sin\varepsilon\xi'}{\sin\varepsilon} - \xi')B']$

$\overline{T}_{ab} = +P\xi' - (\overline{M}_{ab} + \overline{M}_{ba})/l$; $\overline{T}_{ba} = -P\xi - (\overline{M}_{ab} + \overline{M}_{ba})/l$

$\overline{M}^a_{ab} = -p_0 l^2\frac{1}{2A'}$

$\overline{T}^a_{ab} = +p_0\frac{l}{2} - \overline{M}^a_{ab}/l$; $\overline{T}^a_{ba} = -p_0\frac{l}{2} - \overline{M}^a_{ab}/l$

$\overline{M}^a_{ab} = -Pl\frac{1}{\varepsilon^2}(\frac{\sin\xi'}{\sin\varepsilon} - \xi')C'$

$\overline{T}^a_{ab} = +P\xi' - \overline{M}^a_{ab}/l$; $\overline{T}^a_{ba} = -P\xi - \overline{M}^a_{ab}/l$

Umrechnung auf Biegungsmoment, Querkraft und Normalkraft:

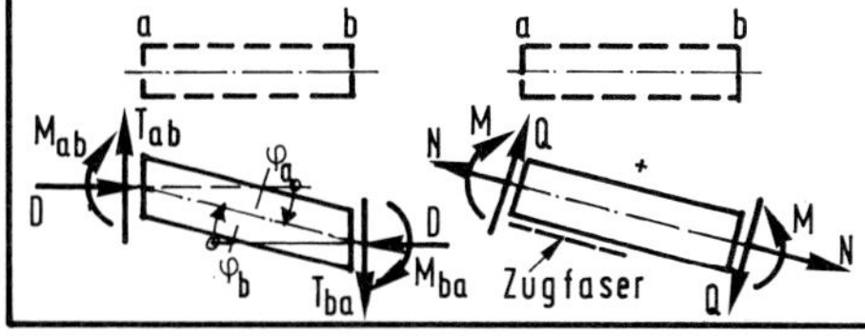

linkes Schnittufer a: $M = M_{ab}$
$Q = T_{ab} + D\varphi_a$
$N = T_{ab}\cdot\varphi_a - D$

rechtes Schnittufer b: $M = -M_{ba}$
$Q = T_{ba} + D\varphi_b$
$N = T_{ba}\cdot\varphi_b - D$

für die Stabendschnittgrößen (G.265/266) sind entsprechend zu ergänzen, vgl. Tafel 7.2. Für den einseitig eingespannten/einseitig gelenkig gelagerten Stab ist analog vorzugehen. Wegen weiterer Einzelheiten vgl. z.B. [1].

7.3.3.3 Gelenkfigur

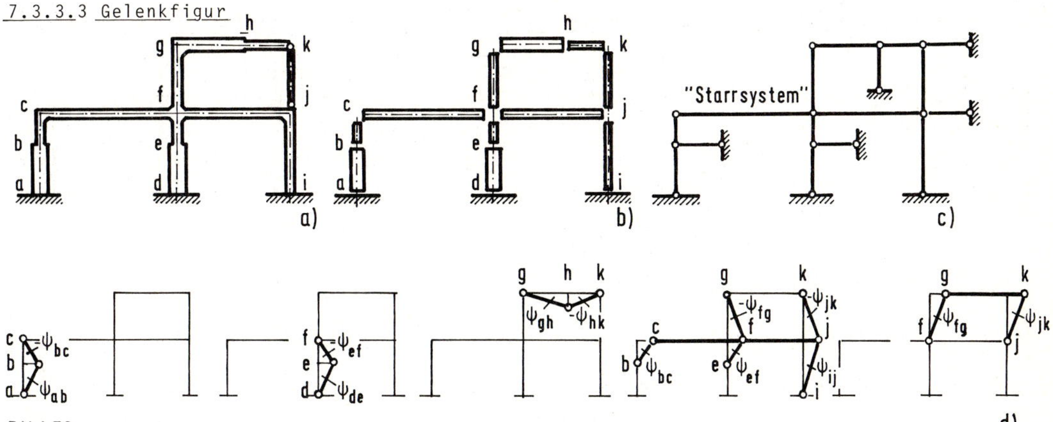

Bild 72

Beim Verformungsgrößenverfahren wird das Stabwerk in gerade Stabelemente mit jeweils konstanter Biegesteifigkeit und Normalkraft zerlegt und knotenweise durchnumeriert, vgl. Bild 72a. Als Bezugsunbekannte dienen die Knotendrehwinkel φ und die Stabsehnendrehwinkel ψ bzw. hiermit verknüpfte (noch zu vereinbarende) linear-unabhängige Verformungsgrößen. Der kinematische Freiheitsgrad wird aus der "Gelenkfigur" des Systems bestimmt. Die Gelenkfigur ergibt sich, wenn in sämtliche Knoten ein Gelenk gelegt wird. Das so entstehende Gebilde ist kinematisch-labil. Der kinematische Freiheitsgrad ist gleich der Anzahl jener Fesselstäbe, die erforderlich sind, um das System unverschieblich zu fixieren. (Die Länge der Fesselstäbe ist theoretisch unendlich. Normalkraft- und Querkraftverformungseinflüsse bleiben vorerst außer Betracht.)

Bild 72c zeigt die Fesselung des in Teilbild a dargestellten Systems; offensichtlich beträgt der kinematische Freiheitsgrad in diesem Beispiel fünf. Wird nacheinander jeweils eine Fesselung gelöst und in Richtung des Fesselstabes eine (Einheits-)Verschiebung eingeprägt, während alle anderen Fesselungen aufrecht erhalten bleiben, erhält man ein Bild von der gegenseitigen kinematischen Abhängigkeit der Stabsehnenwinkel, vgl. die Verschiebungsfiguren in Teilbild d.

7.3.3.4 Bestimmungsgleichungen auf der Grundlage des Gleichgewichtsprinzips

7.3.3.4.1 Knoten- und Stockwerksgleichungen

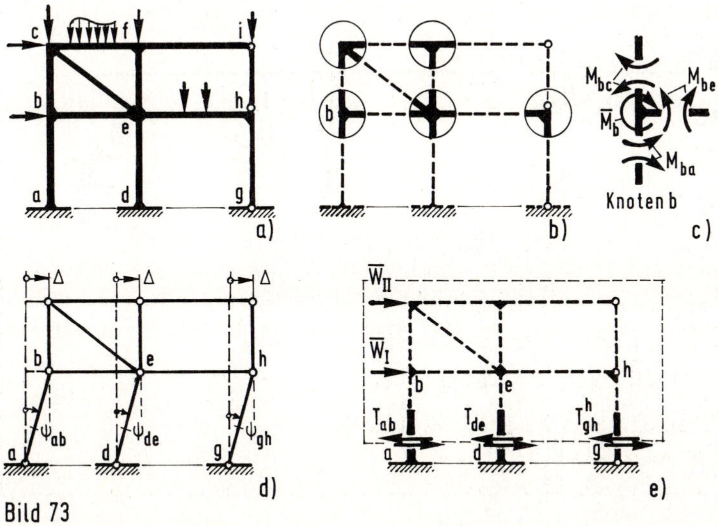

Bild 73

Die Anzahl m der unbekannten Knotendrehwinkel ist gleich der Anzahl der Knoten (in die zwei oder mehr Stäbe einbinden); Bild 73a: m=5. Um jeden Knoten wird ein Rundschnitt gelegt; an den Schnittufern werden die gegengleichen Stabendmomente der benachbarten Stabenden angetragen; vgl. Bild 73a/c. - Wirkt auf einen beliebigen Knoten a ein äußeres Moment $\bar{M}_a$ ein (im Rechtssinn positiv), lautet die Knotengleichung:

$$\bar{M}_a - \Sigma M_{ab} = 0 \tag{269}$$

Im Falle des in Teilbild c dargestellten Knotens lautet die Gleichung (hier Knoten b):

$$\bar{M}_b - (M_{ba} + M_{bc} + M_{be}) = 0 \tag{270}$$

Sofern das Tragwerk ausschließlich aus lotrechten Stielen besteht, für die sich stockwerksweise gemäß dem vorangegangenen Abschnitt die kinematischen Abhängigkeiten der ψ-Winkel in einfacher Weise angeben lassen, werden so viele Stockwerksgleichungen formuliert, wie linear-unabhängige Verschiebungsformationen vorhanden sind. Im vorliegenden Beispiel (Bild 73) beträgt der kinematische Freiheitsgrad n=1; das zweite Stockwerk ist unverschieblich, vgl. Teilbild d. Es gilt:

$$\underbrace{\psi_{ab} = \psi_{ba}} = \underbrace{\psi_{de} = \psi_{ed}} = \underbrace{\psi_{gh} = \psi_{hg}} = \psi \tag{271}$$

Alle anderen Stabsehnendrehwinkel sind Null. Der Unbekannten ψ wird im vorliegenden Fall eine Gleichgewichtsgleichung gegenübergestellt. Dazu wird durch sämtliche Stäbe des verschieblichen Stockwerkes (hier also des unteren) ein Schnitt gelegt (Teilbild e). An den Schnittufern werden die Transversalkräfte T angetragen. Die Stockwerksgleichung lautet:

$$\Sigma \bar{W} - \Sigma T_{ab} = 0 \tag{272}$$

Die erste Summe erstreckt sich über sämtliche innerhalb des betrachteten Rundschnittes wirkenden äußeren Horizontalkräfte und die zweite Summe auf die durch den Schnitt durch die Rahmenstiele erfaßten Transversalkräfte. Im Falle des vorstehenden Beispieles gilt (Teilbild e):

$$\bar{W}_I + \bar{W}_{II} - T_{ab} - T_{de} - T_{gh}^h = 0 \tag{273}$$

Indem die Stabendmomente in den Knotengleichungen und die Stabendtransversalkräfte in den Stockwerksgleichungen durch die Grundformeln ersetzt werden, erhält man ein lineares Gleichungssystem für die m unbekannten φ-Winkel und n unbekannten (linear-unabhängigen) Winkel ψ. Dieses Gleichungssystem wird gelöst. Über die aus den Gelenkfiguren hergeleiteten Verschiebungsgleichungen folgen alle anderen ψ-Winkel. Die φ- und ψ-Winkel werden in die Grundformeln eingesetzt, damit sind die Stabendmomente und Stabendtransversalkräfte bekannt. Aus diesen folgen alle anderen Schnittgrößen; vgl. Tafel 7.2 unten. - Sind in dem Stabwerk "unverschiebliche" Bereiche enthalten (im Beispiel der Bereich b-c-e-f), lassen sich die Normalkräfte aus Gleichgewichtsgleichungen allein i.a. nicht bestimmen (weil in den Verschiebungsgleichungen der Normalkrafteinfluß nicht berücksichtigt wurde; vgl. hierzu Abschnitt 7.3.3.6). - Im Falle eines Knickproblems ist das Gleichungssystem homogen; die Knicklösung folgt aus Det(ε)=0.

7.3.3.4.2 Beispiel: Rechteckrahmen (Bild 74)

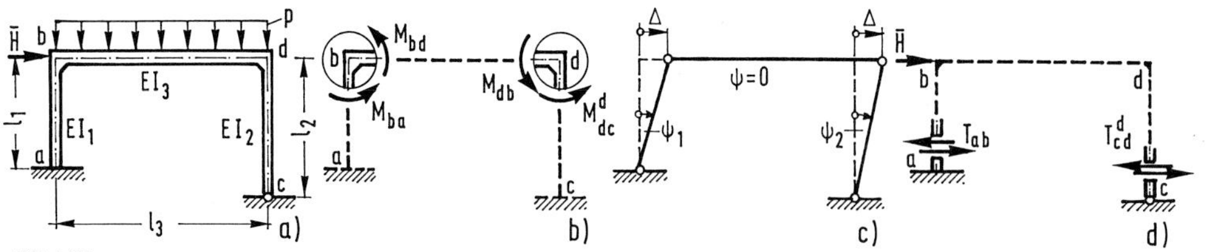

Bild 74

Die Stiele sind ungleich lang; der linke Stiel ist eingespannt, der rechte gelenkig gelagert (Bild 74a). Die Zahl der (kinematisch) Unbekannten beträgt m+n=2+1=3: Knotendrehwinkel φ_b und φ_d, Stabsehnendrehwinkel $\psi = \psi_1$. ψ_2 läßt sich über die Gelenkfigur (Teilbild c) mit ψ_1 verknüpfen:

$$\psi_1 l_1 = \psi_2 l_2 = \Delta \longrightarrow \psi_2 = \frac{l_1}{l_2}\psi_1 \tag{274}$$

Knoten- und Stockwerksgleichungen (Teilbild b und d) lauten:

$$\begin{aligned} &1)\quad M_{ba} + M_{bd} = 0 \\ &2)\quad M_{dc}^d + M_{db} = 0 \\ &3)\quad T_{ab} + T_{cd}^d = \bar{H} \end{aligned} \tag{275}$$

Die Grundformeln werden eingesetzt ($\varphi_a=0$):

$$1)\ A_{ba}\varphi_b - (A_{ba} + B_{ba})\psi_1 + A_{bd}\varphi_b + B_{bd}\varphi_d + \bar{M}_{bd} = 0$$
$$2)\ C_{dc}(\varphi_d - \psi_2) + A_{db}\varphi_d + B_{db}\varphi_b + \bar{M}_{db} = 0 \qquad (276)$$
$$3)\ -D_1\psi_1 - \frac{A_{ab}+B_{ab}}{l_1}(\varphi_b - 2\psi_1) - D_2\psi_2 - \frac{C_{cd}}{l_2}(\varphi_d - \psi_2) = \bar{H}$$

Es wird neu vereinbart:

$$A_{ab} = A_{ba} = A_1;\ B_{ab} = B_{ba} = B_1;\ C_{cd} = C_{dc} = C_2;\ A_{bd} = A_{db} = A_3;\ B_{bd} = B_{db} = B_3 \qquad (277)$$

Hiermit lauten die Gleichungen nach passender Ordnung:

φ_b	φ_d	ψ_1	
$A_1 + A_3$	B_3	$-(A_1 + B_1)$	$= -\bar{M}_{bd}$
B_3	$C_2 + A_3$	$-C_2 \cdot l_1/l_2$	$= -\bar{M}_{db}$
$-\frac{A_1+B_1}{l_1}$	$-\frac{C_2}{l_2}$	$\boxed{-D_1 - D_2\frac{l_1}{l_2}} + 2\frac{A_1+B_1}{l_1} + \frac{C_2}{l_2}\cdot\frac{l_1}{l_2}$	$= +\bar{H}$

(278)

Um das Gleichungssystem lösen zu können, sind zunächst die Druckkräfte in den einzelnen Stäben (z.B. nach Theorie I. Ordnung) zu berechnen oder näherungsweise abzuschätzen (für die γ-fachen Lasten). Damit können für alle Stäbe die ε-Zahlen und hierfür die A'-, B'- und C'-Kennwerte berechnet werden; daraus folgen die Steifigkeitswerte A, B und C, z.B.:

$$A = A'\frac{EI}{l} \qquad (279)$$

Nach Auflösung des Gleichungssystems werden die Stabendmomente und -transversalkräfte bestimmt und die Schnittgrößen (auch in den Feldbereichen zwischen den Knoten) berechnet. Weichen die Druckkräfte stärker von den anfänglich zugrundegelegten ab, ist eine neuerliche Berechnung erforderlich, ggf. werden nur die geänderten Abtriebskräfte berücksichtigt:

$$-D_1 - D_2 l_1/l_2 \qquad (280)$$

7.3.3.4.3 Beispiel: Einstieliger Rahmen mit Pendelstützen (Bild 75)

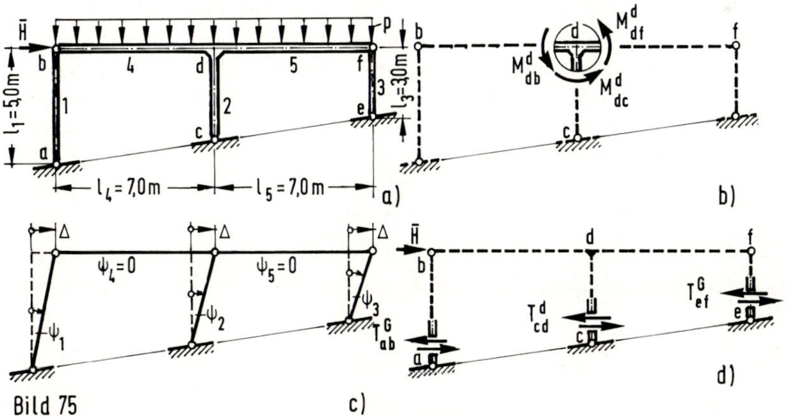

Bild 75

Der Riegel ist im Knoten d biegesteif mit dem Mittelstiel verbunden; dieser ist im Fußpunkt gelenkig gelagert. Beidseitig stützt sich der Riegel auf Pendelstützen ab. Die Belastung besteht aus einer Gleichlast p und einer Horizontallast $\bar{H}$. Das System ist 2-fach kinematisch-unbestimmt: m+n=1+1=2: Knotendrehwinkel φ_d und Stabsehnendrehwinkel $\psi = \psi_2$; es gilt:

$$\psi_1 l_1 = \psi_2 l_2 = \Delta \longrightarrow \psi_1 = \psi_2\frac{l_2}{l_1};\quad \psi_3 l_3 = \psi_2 l_2 = \Delta \longrightarrow \psi_3 = \psi_2\frac{l_2}{l_3} \qquad (281)$$

Bei einer Schrägstellung des Systems stellen sich auch die druckbeanspruchten Pendelstäbe schräg; dadurch entstehen abtreibende Kräfte $D\psi$. - Bei einem beidseitig gelenkig gelagerten Stab sind die Stabendmomente Null; für einen unbelasteten Stab folgen die Stabendtransversalkräfte aus einer einfachen Gleichgewichtsgleichung gemäß Bild 76 zu:

$$T_{ab}^G \cdot l + D\cdot\Delta = 0 \longrightarrow T_{ab}^G = -D\cdot\frac{\Delta}{l} = -D\psi \qquad (282)$$

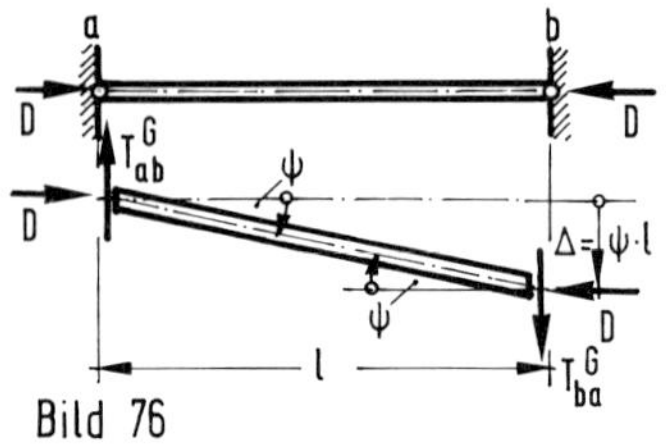

Bild 76

Damit lauten die Grundformeln für den beidseitig gelenkig gelagerten Stab:

$$M_{ab}^G = M_{ba}^G = 0 ; \quad T_{ab}^G = T_{ba}^G = -D\psi \qquad (283)$$

Der hoch gestellte Index G dient dazu, den Gelenkstab zu kennzeichnen (Gelenkstab=Pendelstab).

Für das Beispiel lauten die Knoten- und Stockwerksgleichungen (Bild 75b/d):

$$\begin{aligned} &1)\ M_{dc}^d + M_{db}^d + M_{df}^d = 0 \\ &2)\ T_{ab}^G + T_{cd}^d + T_{ef}^G = \bar{H} \end{aligned} \qquad (284)$$

Für M und T werden die Grundformeln eingesetzt (siehe Tafel 7.2 und G.283):

$$\begin{aligned} &1)\ C_{dc}(\varphi_d - \psi_2) + C_{db}\varphi_d + \bar{M}_{db}^d + C_{df}\varphi_d + \bar{M}_{df}^d = 0 \\ &2)\ -D_1\psi_1 - D_2\psi_2 - \frac{C_{dc}}{l_2}(\varphi_d - \psi_2) - D_3\psi_3 = \bar{H} \end{aligned} \qquad (285)$$

Zusammengefaßt gilt (Benennung orientiert an der Stabnummer):

φ_d	ψ_2	
$C_2 + C_4 + C_5$	$-C_2$	$= -\bar{M}_{db}^d - \bar{M}_{df}^d$
$-\frac{C_2}{l_2}$	$-D_1\frac{l_2}{l_1} - D_2 - D_3\frac{l_2}{l_3} + \frac{C_2}{l_2}$	$= \bar{H}$

(286)

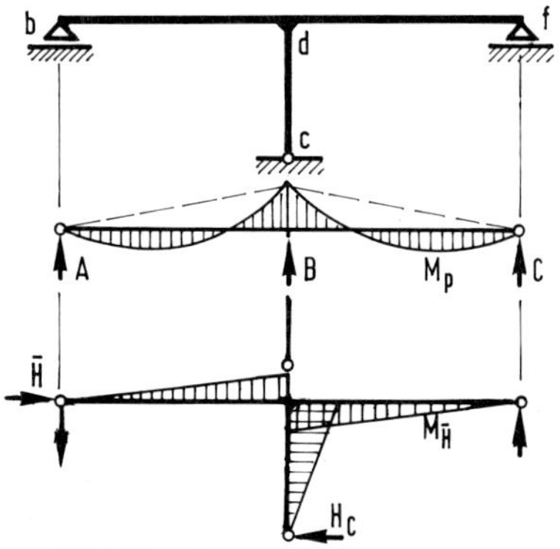

Bild 77

Numerisches Beispiel:

$l_1 = 5{,}0\,m,\ l_2 = 4{,}0\,m,\ l_3 = 3{,}0\,m,\ l_4 = l_5 = 7{,}0\,m$

Stiel 2: HE 300 B : $I_y = 25170\,cm^4$; $EI = 21000 \cdot 25170 = 5{,}286 \cdot 10^8\,kNcm^2$

Riegel 4 und 5: HE 400 B : $I_y = 57680\,cm^4$; $EI = 12{,}113 \cdot 10^8\,kNcm^2$ *)

Die γ_F-ψ-fache Belastung betrage:

$$p = 60\,kN/m, \quad \bar{H} = 120\,kN$$

Zunächst werden die Schnittgrößen nach Theorie I. Ordnung berechnet; das ist hier besonders einfach, da das System statisch bestimmt ist. Die Pendelstäbe können in Th. I. Ordnung durch verschiebliche Lager ersetzt werden:

Für p=60kN/m folgt:

$$\begin{aligned} A = B &= 0{,}375 \cdot 60 \cdot 7{,}0 = 157{,}5\,kN \\ C &= 1{,}250 \cdot 60 \cdot 7{,}0 = 525{,}0\,kN \\ M_{S,d} &= -0{,}125 \cdot 60 \cdot 7{,}0^2 = -367{,}5\,kNm \end{aligned}$$

Für $\bar{H}$=120kN folgt:

$$\begin{aligned} H_c &= \bar{H} = 120\,kN \\ A &= -C = -120 \cdot 4{,}0/(7{,}0 + 7{,}0) = -34{,}29\,kN \\ B &= 0 \end{aligned}$$

Überlagerung:

$$\begin{aligned} D_1 &= 157{,}5 - 34{,}29 = 123{,}2\,kN \\ D_2 &= 525{,}0 \quad\ 0 \quad = 525{,}0\,kN \\ D_3 &= 157{,}5 + 34{,}29 = 191{,}8\,kN \end{aligned}$$

Die Druckkraft im Riegel wird zu Null angesetzt. - Für die Stabzahlen ergibt sich:

$$\varepsilon_2 = 400\sqrt{\frac{525}{5{,}286 \cdot 10^8}} = 0{,}399 \approx 0{,}4 \longrightarrow$$

$$C_2' = 2{,}968 \longrightarrow C_2 = \frac{EI_2}{l_2}C_2' = \frac{5{,}286 \cdot 10^8}{400} \cdot 2{,}968 = 3{,}922 \cdot 10^6 = 39\,220\,kNm$$

*) DIN 18800 T2 verlangt die Einrechnung einer Ersatzimperfektion (vgl. Abschnitt 7.2.4.3b und Abschnitt 7.3.3.6.7); EI ist zu $(EI)_d = (EI)_k/\gamma_M$ anzusetzen!

$$C_4' = C_5' = 3 \longrightarrow C_4 = C_5 = \frac{EI_4}{l_4}3 = \frac{12{,}113\cdot 10^8}{700}3 = 5{,}191\cdot 10^6 = 51910\ \text{kNm}$$

Die Einspannungsmomente in den Schnitten db und df beidseitig des Knotens d betragen:

$$\bar{M}_{db} = -\bar{M}_{df} = 367{,}5\ \text{kNm}$$

Die Elemente des Gleichungssystems ergeben sich zu:

$$C_2 + C_4 + C_5 = 39\,220 + 2\cdot 51910 = 143\,040\ \text{kNm}\ ;\ -C_2/l_2 = -39\,220/4{,}0 = -9\,805\ \text{kN}$$

$$-D_1\frac{l_2}{l_1} - D_2 - D_3\frac{l_2}{l_3} + \frac{C_2}{l_2} = -123\frac{4{,}0}{5{,}0} - 525 - 192\frac{4{,}0}{3{,}0} + 9805 = 8926\ \text{kN}$$

Gleichungssystem:

$$143\,040\varphi_d - 39\,220\psi_2 = 0$$
$$-9805\varphi_d + 8926\psi_2 = 120$$

Lösung:

$$\varphi_d = \underline{0{,}005276};\ \psi_2 = \underline{0{,}01924}$$

Die seitliche Verschiebung beträgt: 0,01924·400=7,70cm. - Als nächstes werden die Stabendmomente berechnet:

$$M^d_{dc} = C_2(\varphi_d - \psi_2) + \bar{M}^d_{dc} = 39\,220(0{,}005276 - 0{,}01924) + 0 = \underline{-548\ \text{kNm}}$$
$$M^d_{db} = C_4\varphi_d + \bar{M}^d_{db} = 51910\cdot 0{,}005276 + 367{,}5 = \underline{642\ \text{kNm}}$$
$$M^d_{df} = C_5\varphi_d + \bar{M}^d_{df} = 51910\cdot 0{,}005276 - 367{,}5 = \underline{-93{,}5\ \text{kNm}}$$

Die Momentensumme ist im Knoten Null. - Nach Theorie I. Ordnung beträgt das Anschnittmoment im Schnitt dc:

$$M^d_{dc} = 120\cdot 4{,}0 = 480\ \text{kNm}$$

Der Verformungseinfluß beträgt demnach 548/480=1,14. - Spannungsnachweis im Stiel:

$$\sigma^{II} = -\frac{525}{148} \pm \frac{54\,800}{25\,170}\cdot 15 = -3{,}52 \pm 32{,}66 = \underline{\begin{matrix}+29{,}14\\-36{,}18\end{matrix}}\ \text{kN/cm}^2$$

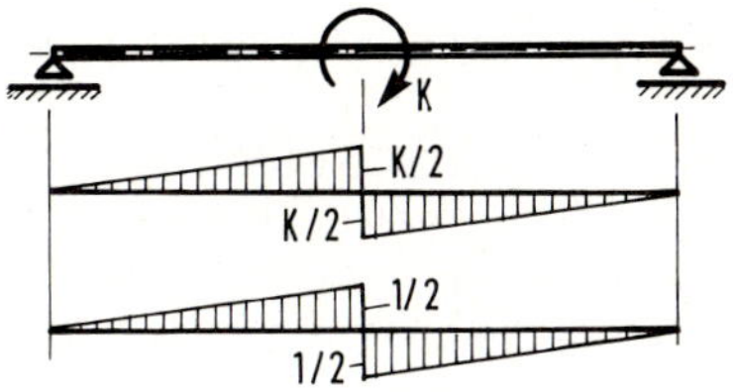

Bild 78

Der Verformungseinfluß wird als nächstes mittels des α-Faktors abgeschätzt. Dazu wird die Knickkraft bestimmt [1]; die Drehfederkonstante folgt aus Bild 78 zu:

$$\varphi = 2\left(\frac{1}{3}\cdot\frac{K}{2}\cdot\frac{1}{2}\cdot\frac{700}{21000\cdot 57680}\right) \stackrel{!}{=} 1 \longrightarrow \underline{K = 1{,}038\cdot 10^7\ \text{kNcm}}$$

Hiermit wird gerechnet (vgl. [1], Tafel 5.42):

$$\delta = 0;\ \gamma = \frac{Kl}{EI} = \frac{1{,}038\cdot 10^7\cdot 400}{21000\cdot 25\,170} = 7{,}855 \longrightarrow \frac{1}{\gamma} = 0{,}1273$$

$$\left.\begin{matrix}\mu_1 = \dfrac{4}{5}:\ \eta_1 = \dfrac{123{,}2}{525{,}0} = 0{,}2347\\[2ex] \mu_2 = \dfrac{4}{3}:\ \eta_2 = \dfrac{191{,}8}{525{,}0} = 0{,}3650\end{matrix}\right\}\ \varkappa = \frac{4}{5}0{,}2347 + \frac{4}{3}0{,}3650 = 0{,}675 \longrightarrow \underline{\beta = 2{,}8}$$

$$F_{Ki} = \frac{\pi^2 EI_2}{(2{,}8\cdot l_2)^2} = \frac{\pi^2\, 21\,000\cdot 25\,170}{(2{,}8\cdot 400)^2} = \underline{4159\ \text{kN}} \longrightarrow \underline{\alpha} = \frac{1}{1 - \dfrac{525}{4159}} = \underline{1{,}14}$$

Somit ergibt sich exakt derselbe Vergrößerungsfaktor wie zuvor. Für das Anschnittmoment des Stieles im Knoten c folgt:

$$M^d_{dc} = -1{,}14\cdot 480 = \underline{-547\ \text{kNm}}$$

Die Riegelanschnittmomente nach Th. II. Ordnung dürfen nicht unmittelbar um den α-Faktor erhöht werden, etwa zu M^d_{db}=1,14·(+367,5+34,29·7,0)=+1,14·607,5=+693kNm. Es ist vielmehr nur jener Anteil des Momentes um α zu erhöhen, der mit der Ursache für die seitliche Verschiebung im Zusammenhang steht. Hier ist es die Horizontalkraft $\bar{H}$, die die seitliche Verschiebung und damit die Schrägstellung und die zusätzliche Abtriebskraft bewirkt:

$$|M^d_{db}| = 367{,}5 + 1{,}14\cdot 34{,}29\cdot 7{,}0 = \underline{641\ \text{kNm}}$$
$$|M^d_{df}| = 367{,}5 - 1{,}14\cdot 34{,}29\cdot 7{,}0 = 93{,}9\ \text{kNm}$$

Die Übereinstimmung ist vollständig; vgl. hierzu die Abschnitte 7.2.4.4 und 7.3.3.6.6.

7.3.3.4.4 Beispiel: Einhüftiger Rahmen mit Kragstiel (Bild 79)

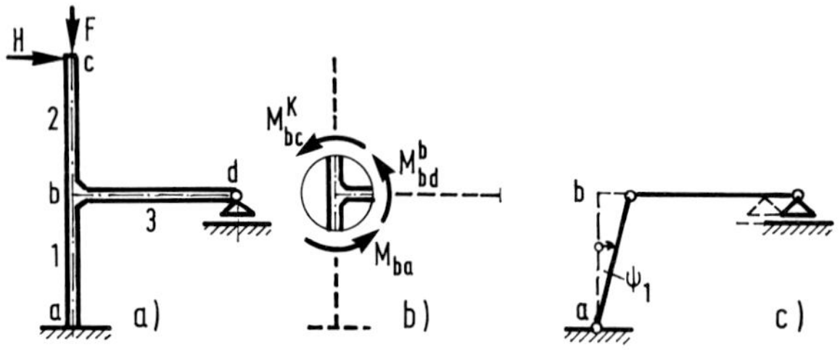

Bild 79

Die Anzahl der kinematisch Unbestimmten beträgt m+n=1+1=2: Knotendrehwinkel φ_b, Stabsehnendrehwinkel $\psi=\psi_1$. Die Knoten- und Stockwerksgleichungen lauten (Teilbild b/c):

$$\begin{aligned} &1)\quad M_{ba} + M_{bd}^b + M_{bc}^K = 0 \\ &2)\quad T_{ab} = 0 \end{aligned} \qquad (287)$$

M_{bc}^K ist das Anschlußmoment des Kragstabes bc.

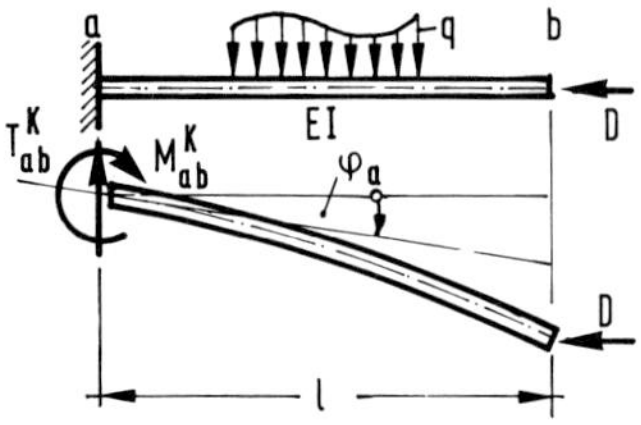

Bild 80

Die Grundformel für den Kragstab erhält man aus der Grundformel des einseitig eingespannten, einseitig gelenkig gelagerten Stabes. Dazu wird die Transversalkraft am gelenkigen Stabende Null gesetzt und aus dieser Bedingung ψ freigestellt; anschließend wird ψ in die Grundformel für M_{ab}^a eingesetzt. Das ergibt (vgl. Bild 80):

$$M_{ab}^K = -\frac{D\cdot l}{C - Dl}\,C\varphi_a + \bar{\bar{M}}_{ab} = \frac{EI}{l}\cdot\varepsilon\tan\varepsilon\cdot\varphi_a + \bar{\bar{M}}_{ab} \qquad (288)$$

$\bar{\bar{M}}_{ab}$ ist das Kragmoment des starr eingespannten Stabes unter der gegebenen Belastung nach Theorie II. Ordnung ($\varphi_a=0$).

Werden die Stabendmomente und -transversalkräfte der Gleichgewichtsgleichungen durch die Grundformeln ersetzt, folgt:

$$\begin{aligned} &1)\quad A_{ba}\varphi_b - (A_{ba} + B_{ba})\psi_1 + \frac{EI_2}{l_2}\varepsilon_2\tan\varepsilon_2\cdot\varphi_b + \bar{\bar{M}}_{bc} + C_{bd}\varphi_b = 0 \\ &2)\quad -D_1\psi_1 - \frac{A_{ab} + B_{ab}}{l_1}(\varphi_b - 2\psi_1) = 0 \end{aligned} \qquad (289)$$

Die weitere Rechnung wird nach den Anweisungen der vorangegangenen Beispiele fortgesetzt.

7.3.3.4.5 Beispiel: Knickstab mit sprunghaft veränderlicher Biegesteifigkeit und mittiger Stützfeder (Bild 81)

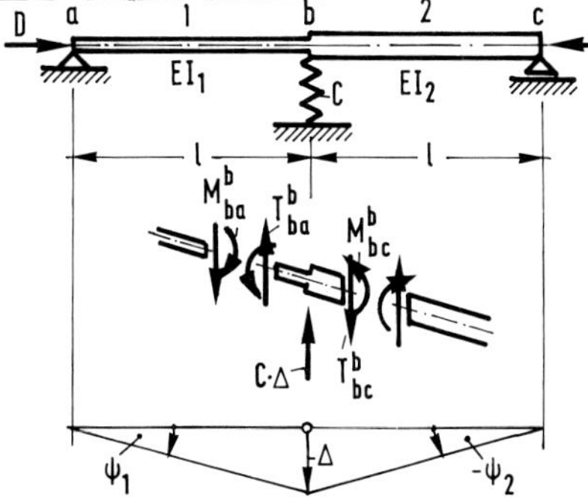

Bild 81

Die Zahl der (kinematisch) Unbekannten beträgt: m+n=1+1=2: Knotendrehwinkel φ_b und Stabsehnendrehwinkel ψ ($\psi_1=\psi$, $\psi_2=-\psi$). - Bei Systemen mit Verschiebungsfedern ist es zweckmäßig, nicht mit den Stabsehnendrehwinkeln sondern mit den Knotenverschiebungen als Bezugsunbekannten zu rechnen; im vorliegenden Fall mit der transversalen Verschiebung des Knotens b ($\Delta_b=\Delta$). Die bei einer Verschiebung geweckte Federkraft beträgt:

$$C\cdot\Delta$$

C ist die Federkonstante.

Die Stäbe ab (=1) bzw. bc (=2) sind einseitig eingespannt (in b) und jeweils einseitig gelenkig gelagert (in a bzw. c). Die Gleichgewichtsgleichungen am Knoten b lauten:

$$\begin{aligned} &1)\quad M_{ba}^b + M_{bc}^b = 0 \\ &2)\quad T_{ba}^b - T_{bc}^b + C\cdot\Delta = 0 \end{aligned} \qquad (290)$$

Werden die Grundformeln in die Gleichungen eingesetzt (und über die Gelenkfigur in Bild 81c

$$\psi_1 = \frac{\Delta}{l}\ ;\qquad \psi_2 = -\frac{\Delta}{l}$$

berücksichtigt, $l_1=l_2=l$), erhält man zwei Bestimmungsgleichungen für die Bezugsunbekannten φ_b und Δ (nach Zwischenrechnung) zu:

φ_b	Δ	
$(C_1 + C_2)l$	$-C_1 + C_2$	$= 0$
$-C_1 + C_2$	$-2D + (C_1 + C_2)/l \; + Cl$	$= 0$

(291)

Die Nennerdeterminante wird Null gesetzt (Knickbedingung):

$$(C_1 + C_2)l\cdot[-2D + (C_1 + C_2)/l + Cl] - (-C_1 + C_2)^2 = 0 \qquad (292)$$

Nach Umformung folgt:

$$(-2Dl + Cl^2)\cdot(C_1 + C_2) + 4C_1C_2 = 0 \qquad (293)$$

Die Kennzahlen C_1 und C_2 werden gemäß Tafel 7.2 durch ε_1 und ε_2 ausgedrückt; es ergibt sich:

$$(\delta - 2\varepsilon_2^2)\cdot[\chi\varepsilon_1^2\sin\varepsilon_1(\sin\varepsilon_2 - \varepsilon_2\cos\varepsilon_2) + \varepsilon_2^2\sin\varepsilon_2(\sin\varepsilon_1 - \varepsilon_1\cos\varepsilon_1)] + 4\chi\varepsilon_1^2\sin\varepsilon_1\cdot\varepsilon_2^2\cdot\sin\varepsilon_2 = 0 \qquad (294)$$

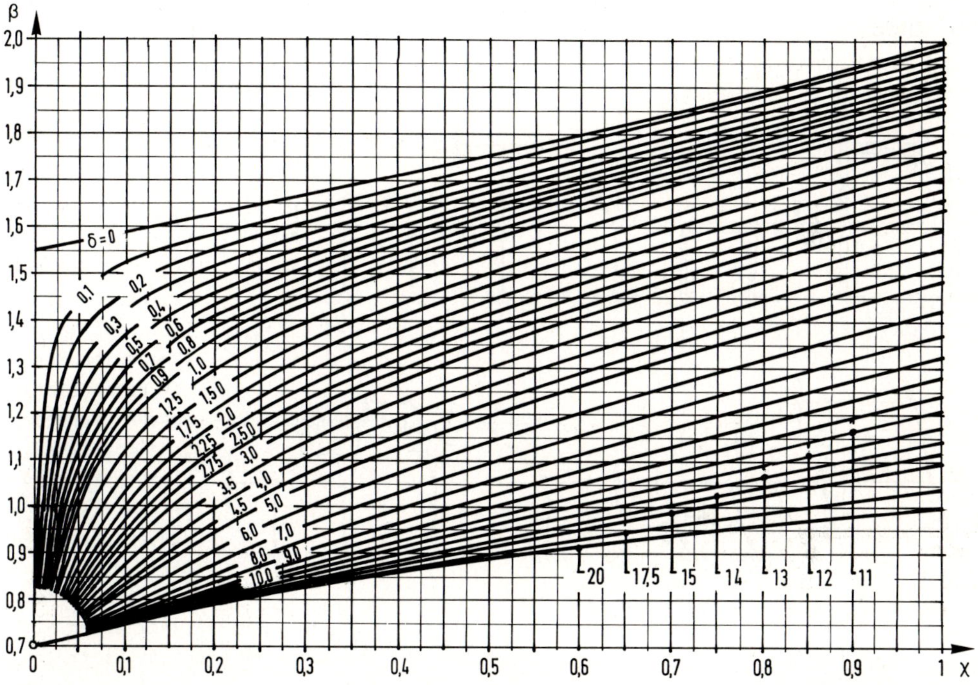

Bild 82

Für ε_2 gilt:

$$\varepsilon_2 = \varepsilon_1\sqrt{\chi} \qquad (295)$$

Es werden die Parameter δ und χ vereinbart:

$$\delta = \frac{Cl^3}{EI_2}\,; \qquad \chi = \frac{EI_1}{EI_2} \qquad (296)$$

Ist ε_{1Ki} aus der Knickgleichung bestimmt, folgen die Knicklängenbeiwerte der Stäbe 1 und 2 aus:

$$\beta_1 = \frac{\pi}{\varepsilon_{1Ki}}\,; \; \beta_2 = \frac{\pi}{\varepsilon_{2Ki}} = \frac{\beta_1}{\sqrt{\chi}} \qquad (297)$$

Das Diagramm in Bild 82 weist die Lösung für β_1 aus. Mit der Kenntnis von β_1 und β_2 sind auch die Knickkräfte der beiden Stabbereiche bekannt:

$$D_{1Ki} = \frac{\pi^2 EI_1}{\beta_1^2 l^2}\,; \quad D_{2Ki} = \frac{\pi^2 EI_2}{\beta_2^2 l^2} = \frac{\pi^2 EI_2}{\beta_1^2 l^2}\cdot\chi = D_{1Ki} \qquad (298)$$

Dieses Ergebnis versteht sich von selbst, denn D ist konstant; demgemäß gilt:

$$\alpha = \frac{1}{1 - \dfrac{D}{D_{1Ki}}} = \frac{1}{1 - \dfrac{D}{D_{2Ki}}} \qquad (299)$$

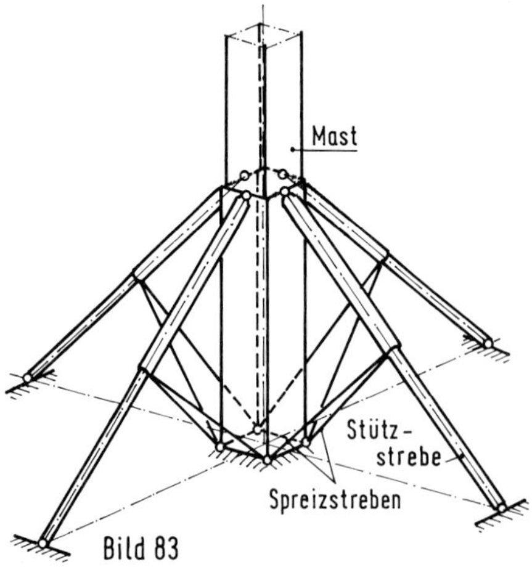

Bild 83

Bild 83 zeigt ein Anwendungsbeispiel in Form eines viergurtigen Mastes mit vier Stützstreben, die ihrerseits durch Spreizstreben gestützt sind. In der Ebene: Stützstrebe-Mast sind die Streben praktisch starr (unverschieblich) gehalten, quer dazu dagegen federelastisch. Die Federkonstante folgt aus der Einheitsverschiebung der Spreizstreben. Dazu wird die Einheitskraft $\bar{1}$ angesetzt und die Verschiebung bestimmt; der Kehrwert ist die Federkonstante.

Beispiel:

$$\chi = 0{,}7;\quad \delta = 10;\ \longrightarrow\ \beta_1 = 1{,}10;\quad \beta_2 = 1{,}31$$

7.3.3.5 Bestimmungsgleichungen auf der Grundlage des Prinzips der virtuellen Verrückung (Knoten- und Netzgleichungen)

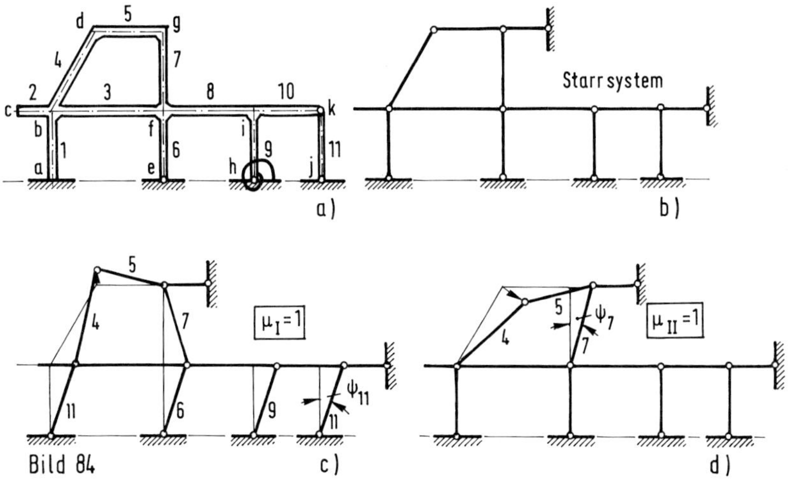

Bild 84

Dem Gleichgewichtsprinzip gleichwertig ist das Prinzip der virtuellen Verrückung. Hierbei wird das belastete Tragsystem infinitesimalen virtuellen Verrückungen (Verschiebungen, Verdrehungen) unterworfen. Gleichgewicht der Kräfte ist vorhanden, wenn die Summe der virtuellen Arbeiten Null ist.

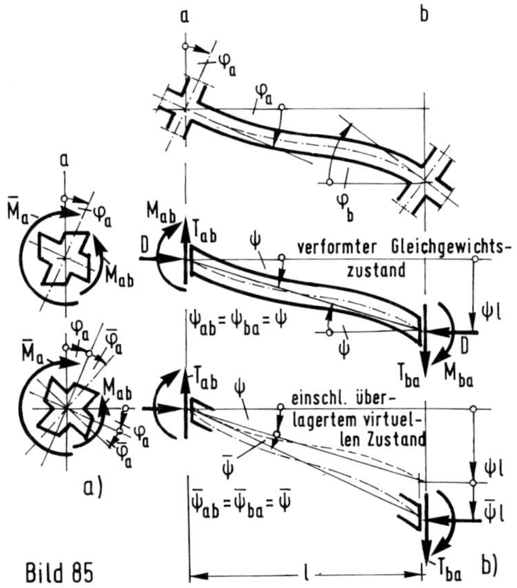

Bild 85

Am Beispiel des in Bild 84 skizzierten Stabwerkes sei das Vorgehen gezeigt. Es treten m+n=5+2=7 kinematisch Unbestimmte auf, das sind die Knotendrehwinkel in den Knoten b, d, f, g und i sowie zwei linear-unabhängige Verschiebungsgrößen. Teilbild b zeigt das Starrsystem.

Das System befinde sich im verformten Gleichgewichtszustand. Den herausgelösten Knoten wird jeweils eine virtuelle Verdrehung $\bar{\varphi} = \bar{1}$ erteilt. In Bild 85a sei dieses der Knoten a; er sei um φ_a verdreht. Die (zusätzliche) virtuelle Verdrehung beträgt $\bar{\varphi}_a = \bar{1}$, die Arbeitsgleichung lautet:

$$(\bar{M}_a - \Sigma M_{ab}) \cdot \bar{1} = 0 \ \longrightarrow\ \bar{M}_a - \Sigma M_{ab} = 0 \qquad (300)$$

Das ist die in Abschnitt 7.3.3.4.1 angegebene Knotengleichung (G.269; die Stockwerksgleichung G.272 läßt sich aus einer analogen Ar-

beitsgleichung herleiten). - Es werden so viele Knotengleichungen formuliert, wie unbekannte Knotendrehwinkel φ vorhanden sind, also m Gleichungen. Die Arbeiten der äußeren Knoten-Momente $\bar{M}_a$ werden dabei berücksichtigt.
Als linear unabhängige Verschiebungsgrößen werden neu definiert:

$$\mu_I, \mu_{II}, \cdots \text{ (Anzahl n)} \qquad (301)$$

Sie kennzeichnen jeweils jenen Verschiebungszustand, bei dem eine Fesselung der Gelenkfigur gelöst wird. Alle anderen bleiben fixiert. Für jeden dieser Verschiebungszustände wird ein Stabsehnendrehwinkel oder eine Knotenverschiebung als Bezugsunbekannte vereinbart; z.B. für das System in Bild 84:

$$\mu_I = \psi_{11}, \quad \mu_{II} = \psi_7$$

Um die gegenseitige Abhängigkeit der ψ-Winkel herzuleiten, werden der Reihe nach μ_I, μ_{II} usf. eingeprägt und mittels Verschiebungsplänen die Verknüpfungen der ψ-Winkel innerhalb der Verschiebungsfiguren bestimmt. In den Teilbildern c und d sind dieses beispielsweise:

$$\begin{aligned} \mu_I &= \psi_{11,I} = 1: \quad \psi_{1,I}, \psi_{6,I}, \psi_{9,I}, \psi_{4,I}, \psi_{5,I}, \psi_{7,I} \text{ (Funktionen von } \mu_I) \\ \mu_{II} &= \psi_{7,I} = 1: \quad \psi_{4,I}, \psi_{5,I} \text{ (Funktionen von } \mu_{II}) \end{aligned} \qquad (302)$$

Sind μ_I, μ_{II},... (nach der im folgenden erläuterten Methode) berechnet, ergeben sich die endgültigen Stabsehnendrehwinkel durch Superposition zu:

$$\begin{aligned} \psi_1 &= \psi_{1,I}\,\mu_I + \psi_{1,II}\mu_{II} + \cdots \\ \psi_2 &= \cdots \end{aligned} \qquad (303)$$

Das verformte, im Gleichgewicht befindliche System wird der Reihe nach den virtuellen Verrückungen $\bar{\mu}_I = \bar{1}$, $\bar{\mu}_{II} = \bar{1}$ unterworfen. Die virtuellen Stabsehnendrehwinkel $\bar{\psi}$ sind von diesen gemäß den zuvor bestimmten Verschiebungsgleichungen abhängig. In die Arbeitsgleichungen gehen die äußeren Lasten mit den zugeordneten Verschiebungsbeträgen ein sowie pro Stab der transversale Arbeitsbetrag (vgl. Bild 85b):

$$T_{ba} \cdot \bar{\psi} \cdot l \quad \text{oder} \quad T_{ab} \cdot \bar{\psi} \cdot l \qquad (304)$$

Dem ist gleichwertig:

$$[D\psi + (M_{ab} + M_{ba})/l] \cdot \bar{\psi}\, l$$

Über die äußeren und inneren Arbeiten wird summiert. Das ergibt insgesamt n Arbeitsgleichungen; man nennt sie Netzgleichungen.

7.3.3.6 Giebelrahmen mit Zugband als exemplarisches Beispiel [6]

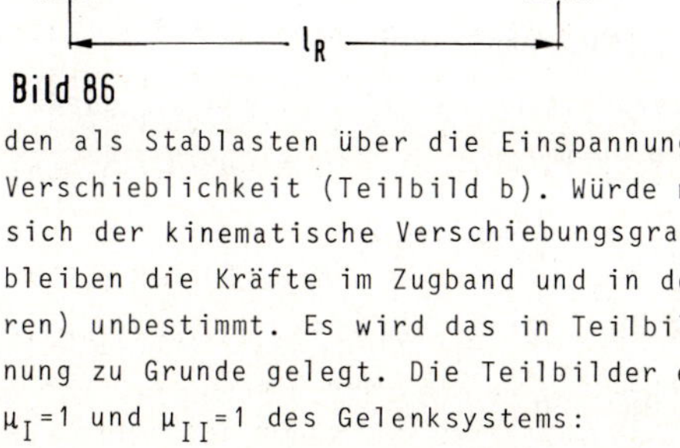

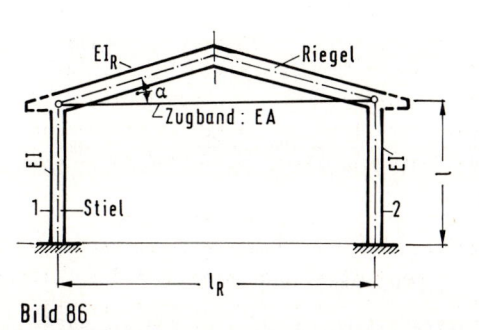

Bild 86

Am Beispiel des in Bild 86 dargestellten Rahmens soll die Aufstellung der Knoten- und Netzgleichungen gezeigt werden. Es handelt sich um einen symmetrischen Rahmen mit hochliegendem Zugband. Die Dehnsteifigkeit des Zugbandes sei EA.

7.3.3.6.1 Kinematische Verschiebungsgleichungen

Bild 87a zeigt das System mit den Stäben 1 bis 5. Stab 5 ist das Zugband. Die Knoten (einschließlich der Stieleinspannungen) erhalten die Benennungen a bis e. Die äußeren Einwirkungen bestehen aus Knotenlasten und Stablasten. Konsollasten werden als Stablasten über die Einspannungsmomente erfaßt. Das Tragwerk ist von zweifacher Verschieblichkeit (Teilbild b). Würde man das Zugband als dehnstarr ansehen, verringert sich der kinematische Verschiebungsgrad auf eins, vgl. Teilbild c. Bei dieser Annahme bleiben die Kräfte im Zugband und in den Riegelstäben (nach dem Verformungsgrößenverfahren) unbestimmt. Es wird das in Teilbild d dargestellte Starrsystem der weiteren Berechnung zu Grunde gelegt. Die Teilbilder e und f zeigen die Einheitsverschiebungszustände $\mu_I = 1$ und $\mu_{II} = 1$ des Gelenksystems:

$$\mu_I = 1 : \quad \psi_{1,I} = 1;\ \psi_{2,I} = -\Delta_{2,I}/l_2\ ;\ \psi_{3,I} = +\Delta_{3,I}/l_3\ ;\ \psi_{4,I} = 0\ ;\ \Delta l_{5,I} = -\Delta_{1,I}$$
$$\mu_{II} = 1 : \quad \psi_{1,II} = 0;\ \psi_{2,II} = +\Delta_{2,II}/l_2\ ;\ \psi_{3,II} = -\Delta_{3,II}/l_3\ ;\ \psi_{4,II} = 1\ ;\ \Delta l_{5,II} = +\Delta_{4,II} \tag{305}$$

Die Δ-Größen sind im jeweiligen Verschiebungsdreieck positiv definiert. - Die Stielhöhe wird mit l, der Abstand der Stiele mit l_R (R≙Riegel) und der Neigungswinkel der Giebelstäbe mit α abgekürzt; es gilt:

$$l_1 = l_4 = l\ ;\ l_2 = l_3 = l_R/2\cdot\cos\alpha \tag{306}$$

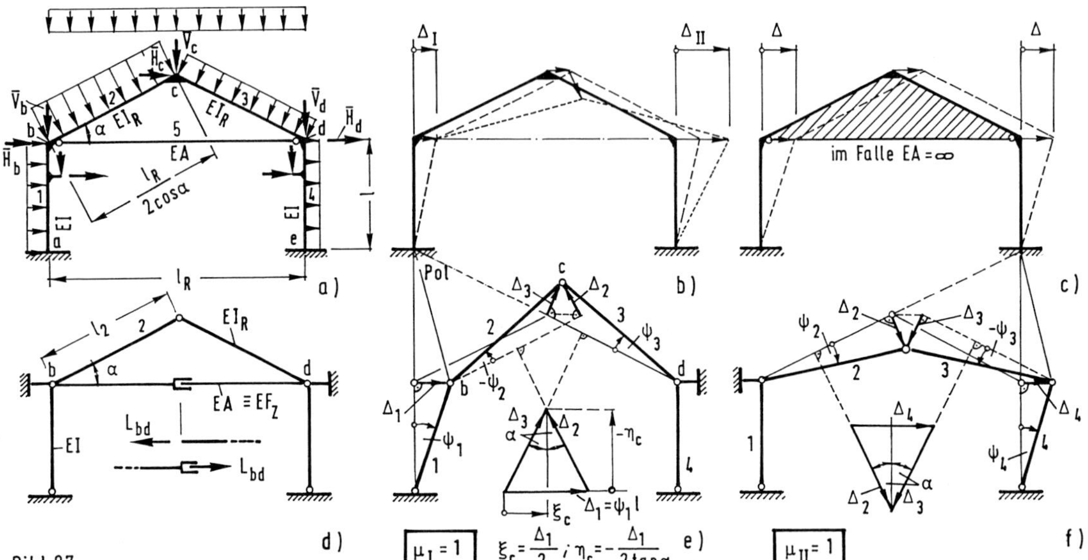

Bild 87

Die Verschiebungsfiguren liefern für die in den Teilbildern e und f definierten Δ-Werte:

$$\text{I}: \Delta_{1,I} = \psi_{1,I}\cdot l = \mu_I\cdot l\ ;\quad \Delta_{2,I} = \Delta_{3,I} = \Delta_{1,I}/2\cdot\sin\alpha \quad = \mu_I\cdot l/2\cdot\sin\alpha$$
$$\text{II}: \Delta_{4,II} = \psi_{4,II}\cdot l = \mu_{II}\cdot l;\quad \Delta_{2,II} = \Delta_{3,II} = \Delta_{4,II}/2\cdot\sin\alpha \quad = \mu_{II}\cdot l/2\cdot\sin\alpha \tag{307}$$

Mit der Abkürzung

$$\varkappa = \frac{l_R}{l}\tan\alpha \tag{308}$$

folgt z.B. für $\psi_{2,I}$:

$$\psi_{2,I} = -\frac{\Delta_{2,I}}{l_2} = -\frac{\Delta_{2,I}\cdot 2\cos\alpha}{l_R} = -\frac{\Delta_{1,I}\cdot 2\cos\alpha}{l_R\cdot 2\sin\alpha} = -\frac{l}{l_R\cdot\tan\alpha}\cdot\mu_I = -\frac{\mu_I}{\varkappa} \tag{309}$$

Zusammengefaßt:

$$\mu_I = 1 = \psi_{1,I} : \ \psi_{2,I} = -\psi_{3,I} \ = -\mu_I/\varkappa\ ;\ \psi_{4,I} = 0\ ;\ \Delta l_{5,I} = -l\cdot\mu_I$$
$$\mu_{II} = 1 = \psi_{4,II} : \ \psi_{2,II} = -\psi_{3,II} \ = +\mu_{II}/\varkappa\ ;\ \psi_{1,II} = 0\ ;\ \Delta l_{5,II} = +l\cdot\mu_{II} \tag{310}$$

Die endgültigen Stabdrehwinkel ergeben sich durch Superposition (G.303). μ_I und μ_{II} sind die Bezugsunbekannten:

$$\psi_1 = \psi_{1,I}\cdot\mu_I + \psi_{1,II}\cdot\mu_{II} = 1\cdot\mu_I + 0\cdot\mu_{II} = \mu_I$$
$$\psi_2 = \psi_{2,I}\cdot\mu_I + \psi_{2,II}\cdot\mu_{II} = -\frac{1}{\varkappa}\mu_I + \frac{1}{\varkappa}\mu_{II} = \frac{1}{\varkappa}(-\mu_I + \mu_{II})$$
$$\psi_3 = \psi_{3,I}\cdot\mu_I + \psi_{3,II}\cdot\mu_{II} = +\frac{1}{\varkappa}\mu_I - \frac{1}{\varkappa}\mu_{II} = \frac{1}{\varkappa}(\mu_I - \mu_{II}) \tag{311}$$
$$\psi_4 = \psi_{4,I}\cdot\mu_I + \psi_{4,II}\cdot\mu_{II} = 0\cdot\mu_I + 1\cdot\mu_{II} = \mu_{II}$$

$$\Delta l_5 = (-\mu_I + \mu_{II})\cdot l \quad \text{(Verlängerung : positiv)} \tag{312}$$

7.3.3.6.2 Knoten- und Netzgleichungen

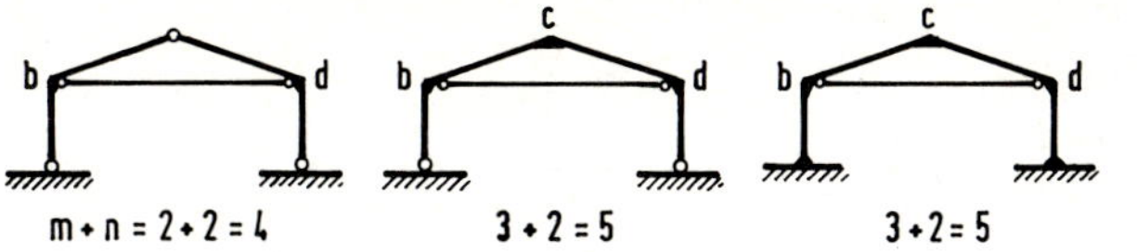

Bild 88

Ist m die Zahl der unbekannten Knotendrehwinkel und n die Anzahl der unbekannten Verschiebungsgrößen μ, beträgt die Zahl der Unbekannten insgesamt: m+n; vgl. Bild 88. Im folgenden wird das Gleichungssystem für den eingespannten Rahmen aufgestellt; die Modifikation für den Drei- oder Zweigelenkrahmen ist dann einfach zu bewerkstelligen. Der Reihe nach werden dem verformten, mit den äußeren Einwirkungen im Gleichgewicht stehenden Tragwerk (d.h. dem in diesem Zustand an den Knoten starr fixierten System) die virtuellen Verrückungen $\bar{\varphi}_b=\bar{1}$, $\bar{\varphi}_c=\bar{1}$, $\bar{\varphi}_d=\bar{1}$, $\bar{\mu}_I=\bar{1}$ und $\bar{\mu}_{II}=\bar{1}$ eingeprägt; das liefert drei Knoten- und zwei Netzgleichungen; sie lauten:

$$-(M_{ba}+M_{bc})\cdot\bar{1}=0;\ -(M_{cb}+M_{cd})\cdot\bar{1}=0;\ -(M_{dc}+M_{de})\cdot\bar{1}=0 \qquad (313)$$

$$\begin{aligned}&(M_{ab}+M_{ba}+D_{ab}\psi_{ab}l_{ab})\cdot(+\bar{1})+(M_{bc}+M_{cb}+D_{bc}\psi_{bc}\cdot l_{bc})\cdot(-\bar{1}/\varkappa)+\\&+(M_{cd}+M_{dc}+D_{cd}\psi_{cd}\cdot l_{cd})\cdot(\bar{1}/\varkappa)+L_{bd}(+\bar{1}\cdot l)+\\&+\bar{H}_b(+\bar{1}\cdot l)+\bar{V}_c\cdot(-\bar{1}\cdot l/2\tan\alpha)+\bar{H}_c\cdot(+\bar{1}\cdot l/2)=0\end{aligned} \qquad (314)$$

$$\begin{aligned}&(M_{bc}+M_{cb}+D_{bc}\psi_{bc}\cdot l_{bc})\cdot(+\bar{1}/\varkappa)+(M_{cd}+M_{dc}+D_{cd}\psi_{cd}\cdot l_{cd})\cdot(-\bar{1}/\varkappa)+\\&+(M_{de}+M_{ed}+D_{de}\psi_{de}\cdot l_{de})\cdot(+\bar{1})+L_{bd}(-\bar{1}\cdot l)+\\&+\bar{V}_c(+\bar{1}\cdot l/2\tan\alpha)+\bar{H}_c(+\bar{1}\cdot l/2)+\bar{H}_d(+\bar{1}\cdot l)=0\end{aligned} \qquad (315)$$

Alle Momente werden durch die Grundformeln des Verformungsgrößenverfahrens Th. II. Ordnung ersetzt (Tafel 7.2):

$$M_{ab}=A_{ab}\varphi_a+B_{ab}\varphi_b-(A_{ab}+B_{ab})\psi_{ab}+\bar{M}_{ab}\ \text{usf.};\quad L_{ab}=\frac{EF_{ab}}{l_{ab}}\cdot\Delta l_{ab} \qquad (316a/b)$$

L_{ab} ist die Längskraft im Zugband, positiv im Sinne einer Zugkraft (≘Verlängerung). Um eine Verwechslung zu vermeiden, wird die Querschnittsfläche des Zugbandes mit F abgekürzt; später wird die Benennung auf A umgestellt.

Für die erste Knotengleichung folgt beispielsweise (wenn sie zunächst mit -1 durchmultipliziert und zudem beachtet wird, daß der Stielfuß eingespannt ist: $\varphi_a=0$):

$$\begin{aligned}&M_{ba}+M_{bc}=\\&=(A_{ab}+A_{bc})\varphi_b+B_{bc}\varphi_c-(A_{ab}+B_{ab})\psi_{ab}-(A_{bc}+B_{bc})\psi_{bc}+\bar{M}_{ba}+\bar{M}_{bc}=\\&=(A_1+A_2)\varphi_b+B_2\varphi_c-(A_1+B_1)\psi_1-(A_2+B_2)\psi_2+\bar{M}_{ba}+\bar{M}_{bc}=\\&=(A_1+A_2)\varphi_b+B_2\varphi_c-(A_1+B_1)\mu_I-(A_2+B_2)\frac{1}{\varkappa}(-\mu_I+\mu_{II})+\bar{M}_{ba}+\bar{M}_{bc}=0\end{aligned} \qquad (317)$$

Unter Verwendung der Abkürzungen

$$\varkappa=\frac{l_R}{l}\cdot\tan\alpha;\quad \delta=\frac{EI_R}{EI}\cdot\frac{l}{l_R}\cos\alpha;\quad \chi=\frac{D_4}{D_1};\ \chi_2=\frac{D_2}{D_1};\ \chi_3=\frac{D_3}{D_1};\quad \gamma=\frac{EF_Z\cdot l^3}{EI\cdot l_R} \qquad (318)$$

läßt sich das Gleichungssystem (G.313-315) in eine dimensionslose Form überführen. Im Falle des Zweigelenkrahmens sind für die Stiele die Grundformeln des einseitig gelenkig gelagerten/einseitig eingespannten Stabes einzusetzen. Tafel 7.3 weist das Ergebnis (einer längeren Zwischenrechnung) für den Zweigelenkrahmen und den eingespannten Rahmen aus. Die Gleichungssysteme sind zur Hauptdiagonalen symmetrisch, wenn die Netzgleichungen (wie zuvor die Knotengleichungen) mit -1 durchmultipliziert werden.

Die auf Tafel 7.3 ausgewiesenen Gleichungssysteme werden für die weitere numerische Berechnung zweckmäßig programmiert.

Nach Auflösung des Gleichungssystems werden die Stabsehnendrehwinkel gemäß G.311 und die Längenänderung des Zugbandes gemäß G.312 berechnet; hiermit lassen sich dann die Stabendmomente und -kräfte bestimmen. Schließlich werden die Schnittgrößen innerhalb der Stabbereiche und die Kraft im Zugband ermittelt.

Giebelrahmen mit Zugband Elastizitätstheorie II. Ordnung

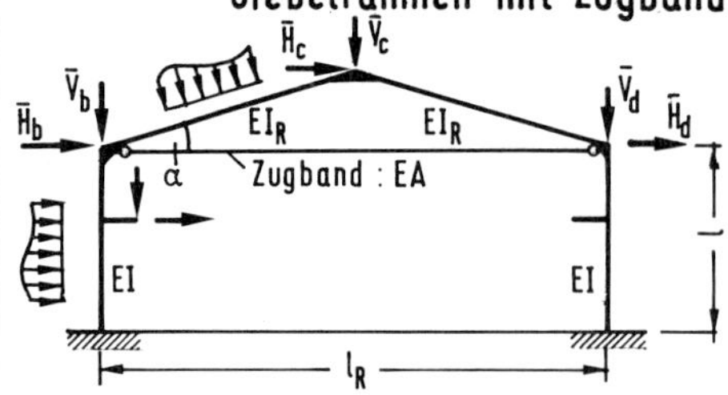

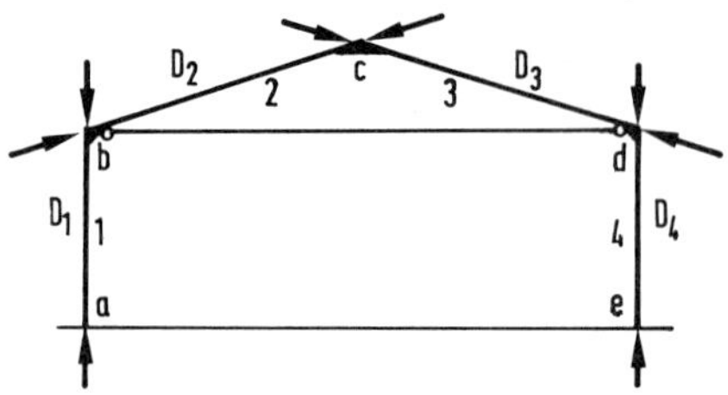

Giebelrahmen mit gelenkigen Stielfüßen (Zweigelenkrahmen)

	φ_b	φ_c	φ_d	μ_I	μ_{II}	Belastungsglieder	
1	$C_1' + 2\delta A_2'$	$2\delta B_2'$	—	$-C_1' + \frac{2\delta}{\varkappa}(A_2' + B_2')$	$-\frac{2\delta}{\varkappa}(A_2' + B_2')$	$+(\bar{M}_{ba}^{b} + \bar{M}_{bc})\frac{l}{EI}$	=0
2	\	$2\delta(A_2' + A_3')$	$2\delta B_3'$	$+\frac{2\delta}{\varkappa}(A_2' + B_2') - \frac{2\delta}{\varkappa}(A_3' + B_3')$	$-\frac{2\delta}{\varkappa}(A_2' + B_2') + \frac{2\delta}{\varkappa}(A_3' + B_3')$	$+(\bar{M}_{cb} + \bar{M}_{cd})\frac{l}{EI}$	=0
3	\		$2\delta A_3' + C_4'$	$-\frac{2\delta}{\varkappa}(A_3' + B_3')$	$+\frac{2\delta}{\varkappa}(A_3' + B_3') - C_4'$	$+(\bar{M}_{dc} + \bar{M}_{de}^{d})\frac{l}{EI}$	=0
4		symmetrisch		$C_1' + \frac{4\delta}{\varkappa^2}(A_2' + B_2') + \frac{4\delta}{\varkappa^2}(A_3' + B_3') + \gamma - (1 + \frac{\chi_2 + \chi_3}{2\varkappa\sin\alpha})\varepsilon_1^2$	$-\frac{4\delta}{\varkappa^2}(A_2' + B_2') - \frac{4\delta}{\varkappa^2}(A_3' + B_3') - \gamma + (\frac{\chi_2 + \chi_3}{2\varkappa\sin\alpha})\varepsilon_1^2$	$-[\bar{M}_{ba}^{b} - \frac{1}{\varkappa}(\bar{M}_{bc} + \bar{M}_{cb}) + \frac{1}{\varkappa}(\bar{M}_{cd} + \bar{M}_{dc}) + \bar{H}_b l + \bar{H}_c\frac{l}{2} - \bar{V}_c\frac{l}{2\tan\alpha}]\frac{l}{EI}$	=0
5			\		$\frac{4\delta}{\varkappa^2}(A_2' + B_2' + A_3' + B_3') + C_4' + \gamma - (\chi + \frac{\chi_2 + \chi_3}{2\varkappa\sin\alpha})\varepsilon_1^2$	$-[\frac{1}{\varkappa}(\bar{M}_{bc} + \bar{M}_{cb}) - \frac{1}{\varkappa}(\bar{M}_{cd} + \bar{M}_{dc}) + \bar{M}_{de}^{d} + \bar{H}_d l + \bar{H}_c\frac{l}{2} + \bar{V}_c\frac{l}{2\tan\alpha}]\frac{l}{EI}$	=0

Giebelrahmen mit eingespannten Stielfüßen

	φ_b	φ_c	φ_d	μ_I	μ_{II}	Belastungsglieder	
1	$A_1' + 2\delta A_2'$	$2\delta B_2'$	—	$-(A_1' + B_1') + \frac{2\delta}{\varkappa}(A_2' + B_2')$	$-\frac{2\delta}{\varkappa}(A_2' + B_2')$	$+(\bar{M}_{ba} + \bar{M}_{bc})\frac{l}{EI}$	=0
2	\	$2\delta(A_2' + A_3')$	$2\delta B_3'$	$+\frac{2\delta}{\varkappa}(A_2' + B_2') - \frac{2\delta}{\varkappa}(A_3' + B_3')$	$-\frac{2\delta}{\varkappa}(A_2' + B_2') + \frac{2\delta}{\varkappa}(A_3' + B_3')$	$+(\bar{M}_{cb} + \bar{M}_{cd})\frac{l}{EI}$	=0
3	\		$2\delta A_3' + A_4'$	$-\frac{2\delta}{\varkappa}(A_3' + B_3')$	$+\frac{2\delta}{\varkappa}(A_3' + B_3') - (A_4' + B_4')$	$+(\bar{M}_{dc} + \bar{M}_{de})\frac{l}{EI}$	=0
4		symmetrisch		$2(A_1' + B_1') + \frac{4\delta}{\varkappa^2}(A_2' + B_2') + \frac{4\delta}{\varkappa^2}(A_3' + B_3') + \gamma - (1 + \frac{\chi_2 + \chi_3}{2\varkappa\sin\alpha})\varepsilon_1^2$	$-\frac{4\delta}{\varkappa^2}(A_2' + B_2') - \frac{4\delta}{\varkappa^2}(A_3' + B_3') - \gamma + (\frac{\chi_2 + \chi_3}{2\varkappa\sin\alpha})\varepsilon_1^2$	$-[(\bar{M}_{ab} + \bar{M}_{ba}) - \frac{1}{\varkappa}(\bar{M}_{bc} + \bar{M}_{cb}) + \frac{1}{\varkappa}(\bar{M}_{cd} + \bar{M}_{dc}) + \bar{H}_b l + \bar{H}_c\frac{l}{2} - \bar{V}_c\frac{l}{2\tan\alpha}]\frac{l}{EI}$	=0
5			\		$\frac{4\delta}{\varkappa^2}(A_2' + B_2' + A_3' + B_3') + 2(A_4' + B_4') + \gamma - (\chi + \frac{\chi_2 + \chi_3}{2\varkappa\sin\alpha})\varepsilon_1^2$	$-[\frac{1}{\varkappa}(\bar{M}_{bc} + \bar{M}_{cb}) - \frac{1}{\varkappa}(\bar{M}_{cd} + \bar{M}_{dc}) + (\bar{M}_{de} + \bar{M}_{ed}) + \bar{H}_d l + \bar{H}_c\frac{l}{2} + \bar{V}_c\frac{l}{2\tan\alpha}]\frac{l}{EI}$	=0

Parameter: $\varkappa = \frac{l_R}{l}\cdot\tan\alpha$; $\delta = \frac{EI_R}{EI}\cdot\frac{l}{l_R}\cos\alpha$; $\chi = \frac{D_4}{D_1} = (\frac{\varepsilon_4}{\varepsilon_1})^2$; $\chi_2 = \frac{D_2}{D_1} = \frac{4\delta\sin\alpha}{\varkappa}(\frac{\varepsilon_2}{\varepsilon_1})^2$; $\chi_3 = \frac{D_3}{D_1} = \frac{4\delta\sin\alpha}{\varkappa}(\frac{\varepsilon_3}{\varepsilon_1})^2$

$\gamma = \frac{EA\cdot l^3}{EI\cdot l_R}$ (Zugband nicht vorhanden : $\gamma = 0$); $\frac{\chi_2 + \chi_3}{2\varkappa\sin\alpha} = [(\frac{\varepsilon_2}{\varepsilon_1})^2 + (\frac{\varepsilon_3}{\varepsilon_1})^2]\frac{2\delta}{\varkappa^2}$

Stabdrehwinkel: $\psi_1 = \mu_I$; $\psi_2 = -\frac{1}{\varkappa}\mu_I + \frac{1}{\varkappa}\mu_{II}$; $\psi_3 = \frac{1}{\varkappa}\mu_I - \frac{1}{\varkappa}\mu_{II}$; $\psi_4 = \mu_{II}$. $\Delta l_R = (\psi_4 - \psi_1)\cdot l$

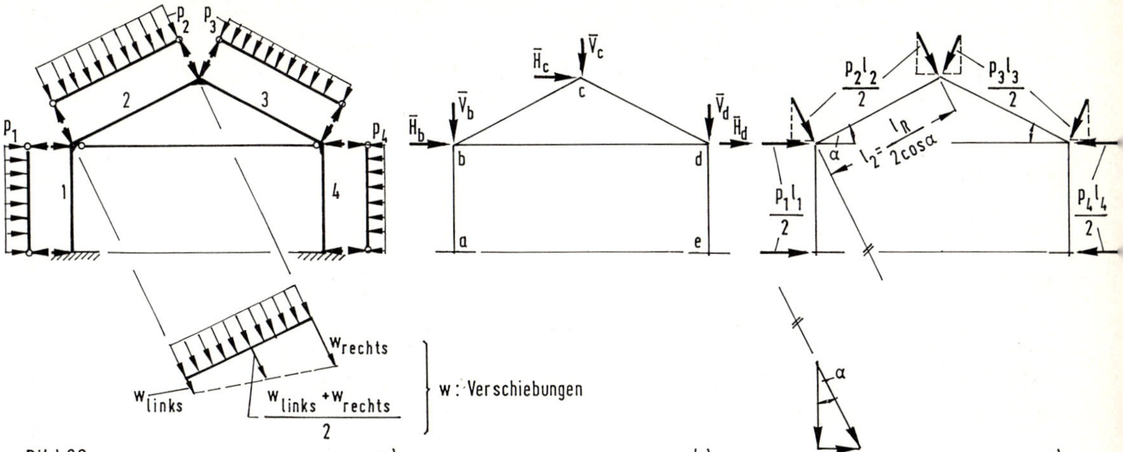

Bild 89 a) b) c)

Bei der Aufstellung der Netzgleichungen wird die virtuelle Arbeit der auf die Stäbe direkt einwirkenden Lasten über die Arbeit äquivalenter Knotenlasten erfaßt. In Bild 89a ist dargestellt, wie die virtuelle Arbeit einer Gleichstreckenlast (bzw. deren Resultierender) mit der Arbeit der Stützkräfte des zugeordneten einfachen Balkens (hier am Beispiel des Stabes 2 gezeigt) gleichgesetzt wird:

$$pl\cdot\frac{w_{links}+w_{rechts}}{2}=\frac{pl}{2}w_{links}+\frac{pl}{2}w_{rechts} \tag{319}$$

Die virtuelle Arbeit der Stablasten wird demnach über die virtuelle Arbeit der Knotenlasten erfaßt: Teilbild a zeigt die positive Definition der Gleichlasten p_1 bis p_4 und Teilbild b die positive Definition der Knotenlasten (vgl. Bild 87a). Teilbild c dient der Erläuterung, wie die Stablasten in die äquivalenten Knotenlasten umgesetzt werden:

$$\begin{aligned}
\bar{H}_b &= p_1\frac{l}{2}+p_2\frac{l_R}{4}\tan\alpha; \quad \bar{V}_b = p_2\frac{l_R}{4}\\
\bar{H}_c &= (p_2-p_3)\frac{l_R}{4}\tan\alpha; \quad \bar{V}_c = (p_2+p_3)\frac{l_R}{4}\\
\bar{H}_d &= -p_4\frac{l}{2}-p_3\frac{l_R}{4}\tan\alpha; \quad \bar{V}_d = p_3\frac{l_R}{4}
\end{aligned} \tag{320}$$

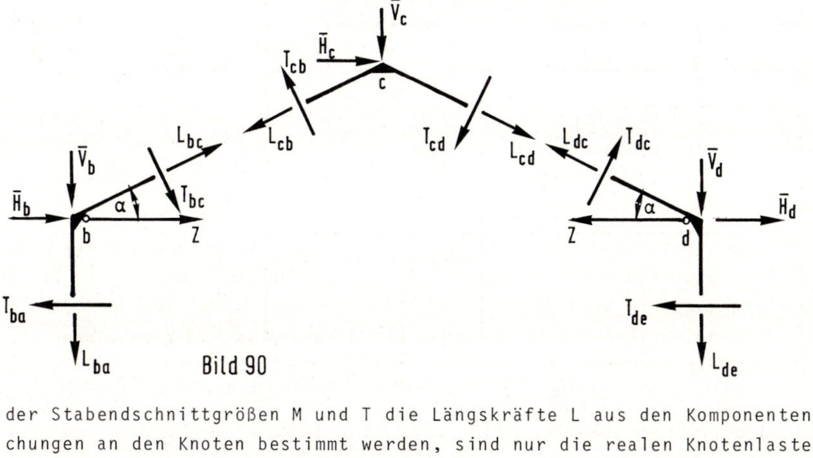

Bei diesen Lasten handelt es sich um Ersatzlasten, mittels derer die virtuelle Arbeit der direkten Stabbelastungen in die Netzgleichungen eingerechnet werden. Sie werden nur hierzu benötigt. Sollen nach Auflösung des Gleichungssystems (Tafel 7.3) und Rückrechnung der Stabendschnittgrößen M und T die Längskräfte L aus den Komponentengleichgewichtsgleichungen an den Knoten bestimmt werden, sind nur die realen Knotenlasten ($\bar{H},\bar{V}$) zu berücksichtigen, weil die Stablasten über die Belastungsglieder ($\bar{M},\bar{T}$) in die Grundformeln eingehen! Im Falle des hier behandelten Beispieles gilt (Bild 90):

$$L_{bc} = -\frac{1}{\cos\alpha}(Z + \bar{H}_b + T_{bc}\sin\alpha - T_{ba}) = -D_2;\quad L_{ba} = -(\bar{V}_b + T_{bc}\cos\alpha - L_{bc}\sin\alpha) = -D_1 \qquad (321)$$
$$L_{dc} = -\frac{1}{\cos\alpha}(Z - \bar{H}_d - T_{dc}\sin\alpha + T_{de}) = -D_3;\quad L_{de} = -(\bar{V}_d - T_{dc}\cos\alpha - L_{dc}\sin\alpha) = -D_4$$

Diese Gleichungen folgen aus $\sum H=0$ und $\sum V=0$ an den Knoten b und d. Die entsprechenden Gleichungen im Firstknoten c dienen der Kontrolle:

$$\Sigma H = 0:\quad \bar{H}_c - L_{cb}\cos\alpha + L_{cd}\cos\alpha - T_{cb}\sin\alpha - T_{cd}\sin\alpha = 0 \qquad (322)$$
$$\Sigma V = 0:\quad \bar{V}_c + L_{cb}\sin\alpha + L_{cd}\sin\alpha - T_{cb}\cos\alpha + T_{cd}\cos\alpha = 0$$

Die Rechnungen selbst werden iterativ durchgeführt: Im ersten Berechnungsschritt werden die Druckkräfte zu Null angenommen, das entspricht einer Berechnung nach Theorie I. Ordnung. Für die nunmehr sich ergebenden Druckkräfte wird die Rechnung wiederholt und das iterativ solange, bis sich die Druckkräfte nicht mehr ändern. Von Hand sind derartige Rechnungen langwierig.

7.3.3.6.3 Knicklösung ohne Berücksichtigung der Riegeldruckkraft

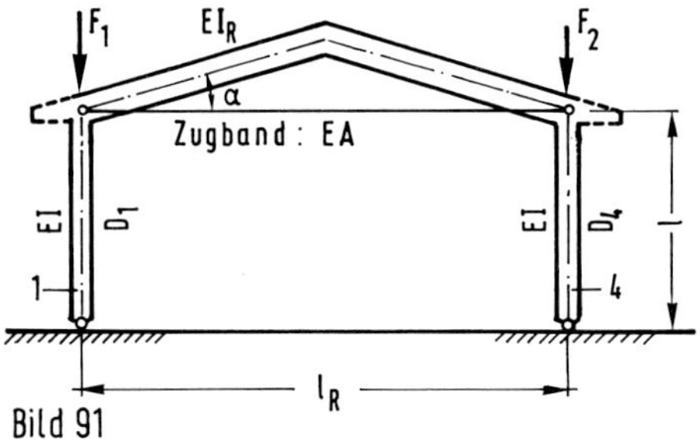

Bild 91

Bild 91 kennzeichnet die Problemstellung. Die Druckkräfte in den Stielen sind ungleich: $D_1=F_1$, $D_4=F_2$; die Druckkraft im Riegel ist Null. Dieser Fall ist in den Gleichungssystemen der Tafel 7.3 als Sonderfall enthalten. Die für die Rahmen mit Fußgelenken bzw. eingespannten Stielfüßen sich ergebenden Gleichungssysteme sind homogen. Aus Det=0 folgt die Eigenlösung=Knicklösung. Bild 92 gibt als Beispiel das Gleichungssystem für den eingespannten Giebelrahmen wieder; dabei ist berücksichtigt:

$$D_2 = D_3 = 0:\ X_2 = X_3 = 0;\quad A'_2 = A'_3 = 4,\quad B'_2 = B'_3 = 2$$

	φ_b	φ_c	φ_d	μ_I	μ_{II}	
1	$A'_1 + 8\delta$	4δ	—	$-(A'_1 + B'_1) + \frac{12\delta}{\varkappa}$	$-\frac{12\delta}{\varkappa}$	= 0
2		16δ	4δ	—	—	= 0
3			$A'_4 + 8\delta$	$-\frac{12\delta}{\varkappa}$	$-(A'_4 + B'_4) + \frac{12\delta}{\varkappa}$	= 0
4				$2(A'_1+B'_1) + \frac{48\delta}{\varkappa^2} + \gamma - \varepsilon_1^2$	$-\frac{48\delta}{\varkappa^2} - \gamma$	= 0
5					$2(A'_4+B'_4) + \frac{48\delta}{\varkappa^2} + \gamma - \chi\varepsilon_1^2$	= 0

Bild 92

In Bild 93 ist das Ergebnis der Berechnung dargestellt. Angegeben ist der Knicklängenfaktor $\beta_1=\pi/\varepsilon_{1Ki}$. Der Einfluß der Zugbandsteifigkeit geht über den Parameter

$$\gamma = \frac{EA\cdot l^3}{EI\cdot l_R} \qquad (323)$$

ein; dieser erweist sich als untergeordnet. Im Falle $F_1=F_2$ ist die Knickfigur antimetrisch, das Zugband erfährt keine Längenänderung, folglich ist der Einfluß von γ Null. (Zur Definition von γ siehe die Legende in Bild 93.)

Auf die analogen Knicklängendiagramme für zugbandlose Giebelrahmen in [1] wird hingewiesen. β_1 ist in Bild 93 über

$$\chi = \frac{D_4}{D_1} = \frac{F_2}{F_1} \qquad (324)$$

aufgetragen.

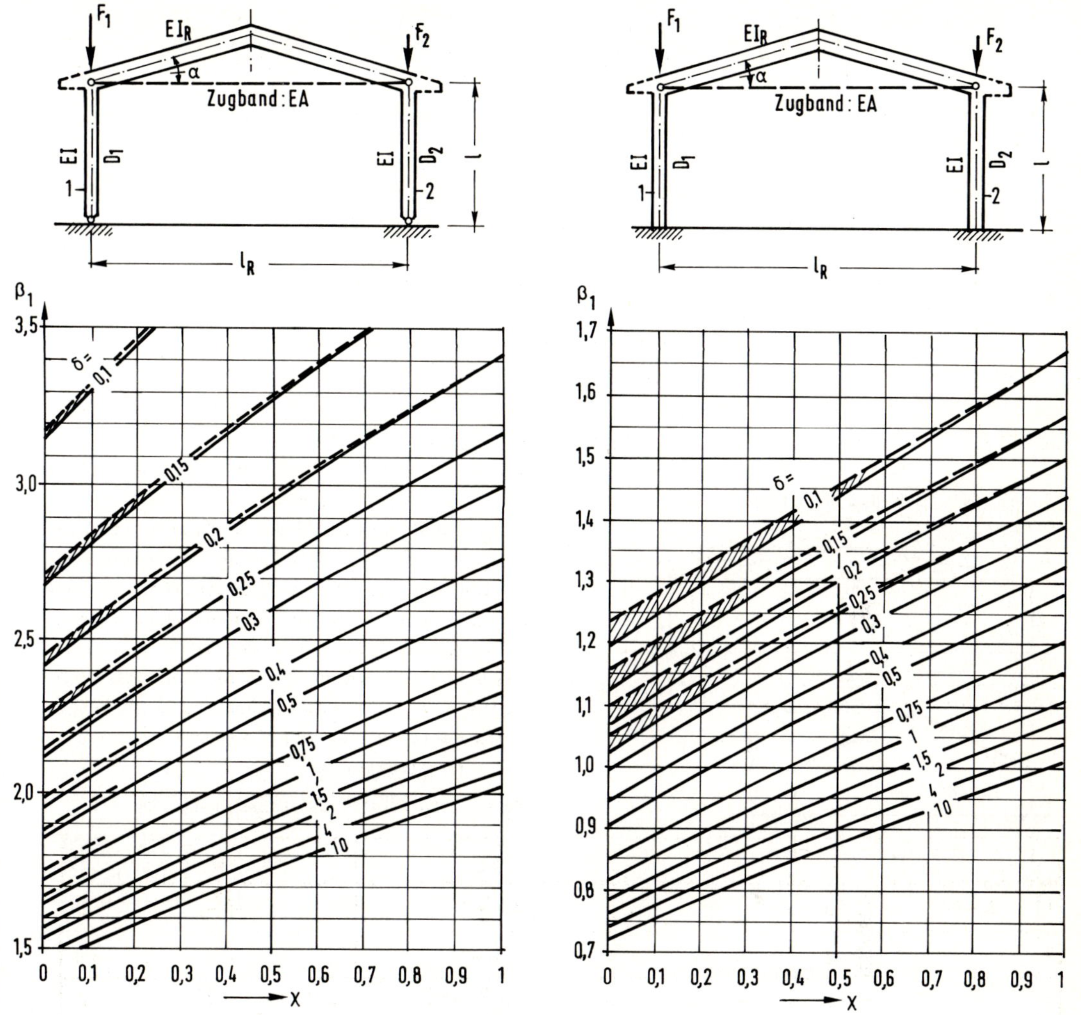

Parameter: $\varkappa = \tan\alpha \cdot \frac{l_R}{l}$, $\delta = \cos\alpha \cdot \frac{EI_R}{EI} \cdot \frac{l}{l_R}$, $\chi = \frac{F_2}{F_1}$, $\gamma = \frac{EA \cdot l^3}{EI \cdot l_R}$, Diagramme: β_1; $\beta_2 = \frac{\beta_1}{\sqrt{\chi}}$

Knicklängen: $s_{K_1} = \beta_1 l$; $s_{K_2} = \beta_2 l$

β_1 ist unabhängig von $\varkappa$; der Einfluss von γ ist gering: —— $\gamma = 1000$, ---- $\gamma = 10$

Bild 93

7.3.3.6.4 Knicklösung mit Berücksichtigung der Riegeldruckkraft (Bild 94)

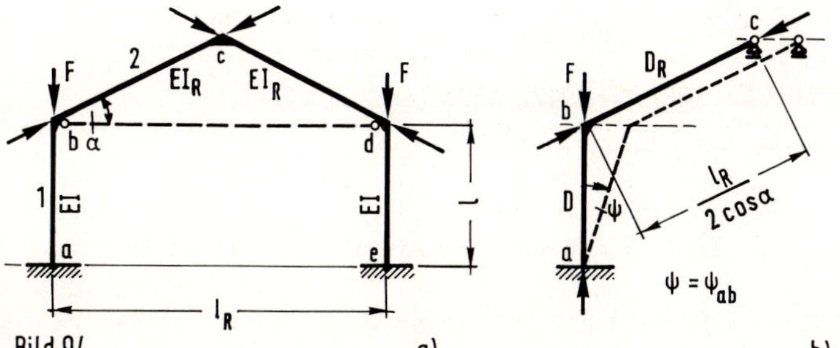

Bild 94 a) b)

Es wird eine symmetrische Druckkraftbeanspruchung im Giebelrahmen unterstellt: Im antimetrischen Knickfall ist das Moment im Firstknoten Null; dieser kann daher durch ein Gelenk ersetzt werden. Zudem erleidet der Punkt nur eine horizontale Verschiebung. Somit kann der vollständige Rahmen durch das in Bild 94b dargestellte System äquivalent ersetzt werden. Für dieses gilt m+n=1+1=2. Bezugunbekannte sind φ_b und ψ_{ab}. Drei- und Zweigelenkrahmen sind gleichwertig. - Die Gleichgewichtsgleichungen lauten:

Drei- und Zweigelenkrahmen: $$M^b_{ba} + M^b_{bc} = 0\,; \quad T^b_{ab} = 0 \tag{325}$$

Eingespannter Rahmen: $$M_{ba} + M_{bc} = 0\,; \quad T_{ab} = 0 \tag{326}$$

Nach Einsetzen der Grundformeln des Verformungsgrößenverfahrens ergeben sich nach Zwischenrechnung die auf Tafel 7.4 angeschriebenen Knickbedingungen mit den Parametern δ und μ:

$$\delta = \frac{EI_R \cdot l}{EI \cdot l_R} \cdot \cos\alpha\,; \qquad \mu = \sqrt{\frac{D_R \cdot EI_R}{D \cdot EI}} \tag{327}$$

Die Lösungen der Knickbedingungen sind auf der Tafel in Form von Knicklängendiagrammen dargestellt. Aus β_1 folgt:

$$\varepsilon_{1Ki} = \frac{\pi}{\beta_1} \tag{328}$$

Damit ist auch die Knickkraft bekannt.

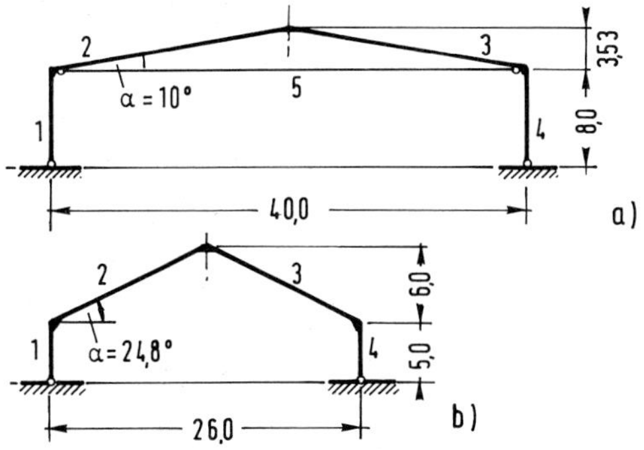

Bild 95

Die Anwendung der Tafel wird an zwei Beispielen erläutert; Bild 95 zeigt die Systeme. Im Falle a handelt es sich um einen Giebelrahmen mit Zugband und flacher Riegelneigung, demgemäß tritt eine hohe Giebeldruckkraft auf. Im Falle b hat der Rahmen kein Zugband; die Riegeldruckkraft ist relativ gering.

Fall a: Giebelrahmen mit Zugband.

Stiele: $I = 67120\,cm^4$; $D = 117$ kN; $l = 8{,}0$m

Riegel: $I_R = 48\,200\,cm^4$; $D_R = 325$ kN; $l_R = 40{,}0$m

$$\delta = \frac{48\,200 \cdot 8{,}0}{67\,120 \cdot 40{,}0} 0{,}9850 = \underline{0{,}1415}\,; \quad \mu = \sqrt{\frac{325 \cdot 48\,200}{117 \cdot 67\,120}} = \underline{1{,}41}$$

$$\beta_2 = \frac{2\delta}{\mu} \cdot \beta_1 = \frac{2 \cdot 0{,}1415}{1{,}412} \cdot \beta_1 = 0{,}2004 \cdot \beta_1$$

Zweigelenkrahmen: $\beta_1 = \underline{5{,}90}$; $\beta_2 = 0{,}2004 \cdot 5{,}90 = \underline{1{,}18}$

Eingespannter Rahmen: $\beta_1 = \underline{4{,}40}$; $\beta_2 = 0{,}2004 \cdot 4{,}40 = \underline{0{,}88}$

Für den Zweigelenkrahmen sind in [12] Knicklängentabellen enthalten; danach folgt für das vorstehende Beispiel: β_1=6,00, β_2=1,199.

Fall b: Giebelrahmen ohne Zugband. Tafel 7.4 gilt unverändert, da symmetrische Belastung unterstellt wird; die Druckkraft im Riegel wird berücksichtigt:

Stiele: $I = 48\,200\,cm^4$; $D = 86$ kN; $l = 5{,}0$m

Riegel: $I_R = 23\,130\,cm^4$; $D_R = 61$ kN; $l_R = 26{,}0$m

$$\delta = \frac{23130 \cdot 5{,}0}{48\,200 \cdot 26{,}0} 0{,}9078 = \underline{0{,}0838}\,; \quad \mu = \sqrt{\frac{61 \cdot 23130}{86 \cdot 48\,200}} = \underline{0{,}5834}$$

$$\beta_2 = \frac{2\delta}{\mu} \cdot \beta_1 = \frac{2 \cdot 0{,}0838}{0{,}5834} \beta_1 = 0{,}2872\,\beta_1$$

Zweigelenkrahmen: $\beta_1 = \underline{5{,}60}$; $\beta_2 = 0{,}2872 \cdot 5{,}60 = \underline{1{,}61}$

Eingespannter Rahmen: $\beta_1 = \underline{3{,}30}$; $\beta_2 = 0{,}2872 \cdot 3{,}30 = \underline{0{,}95}$

Nach [12] findet man für den Zweigelenkrahmen: β_1=5,59; β_2=1,61.

Berechnet man die Stielknicklänge ohne Berücksichtigung der Riegeldruckkraft, liegt man auf der unsicheren Seite.

Sind die Stieldruckkräfte unterschiedlich, wird die Knicklänge zunächst nach Tafel 7.4

Knicklängen System: Giebelrahmen

Symmetrische Belastung

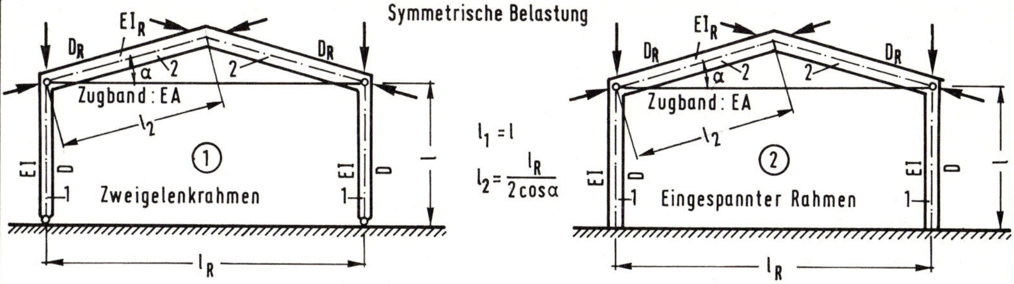

Parameter: $\delta = \frac{EI_R \cdot l}{EI \cdot l_R}\cos\alpha$, $\mu = \sqrt{\frac{D_R \cdot EI_R}{D \cdot EI}}$, System und Druckkraft symmetrisch

Knickbedingungen: $(\varepsilon_2 = \varepsilon_1 \mu / 2\delta)$; (1): $\varepsilon_1 \sin\varepsilon_1(\sin\varepsilon_2 - \varepsilon_2\cos\varepsilon_2) - 2\delta\cos\varepsilon_1\varepsilon_2^2\sin\varepsilon_2 = 0$

(2): $\sin\varepsilon_1\left\{\varepsilon_1(\sin\varepsilon_1 - \varepsilon_1\cos\varepsilon_1)\cdot(\sin\varepsilon_2 - \varepsilon_2\cos\varepsilon_2) + 2\delta[2(1-\cos\varepsilon_1) - \varepsilon_1\sin\varepsilon_1]\,\varepsilon_2^2\sin\varepsilon_2\right\} - \varepsilon_1(1-\cos\varepsilon_1)^2 \cdot$

$\cdot(\sin\varepsilon_2 - \varepsilon_2\cos\varepsilon_2) = 0$

Knicklängen: Stiel: $s_{K1} = \beta_1 l$, Riegel: $s_{K2} = \beta_2 l_2 = \beta_2 \frac{l_R}{2\cos\alpha}$; $D_{Ki1} = \frac{\pi^2 EI}{s_{K1}^2}$; $D_{Ki2} = \frac{\pi^2 EI_R}{s_{K2}^2}$; $\beta_2 = \frac{2\delta}{\mu}\beta_1$

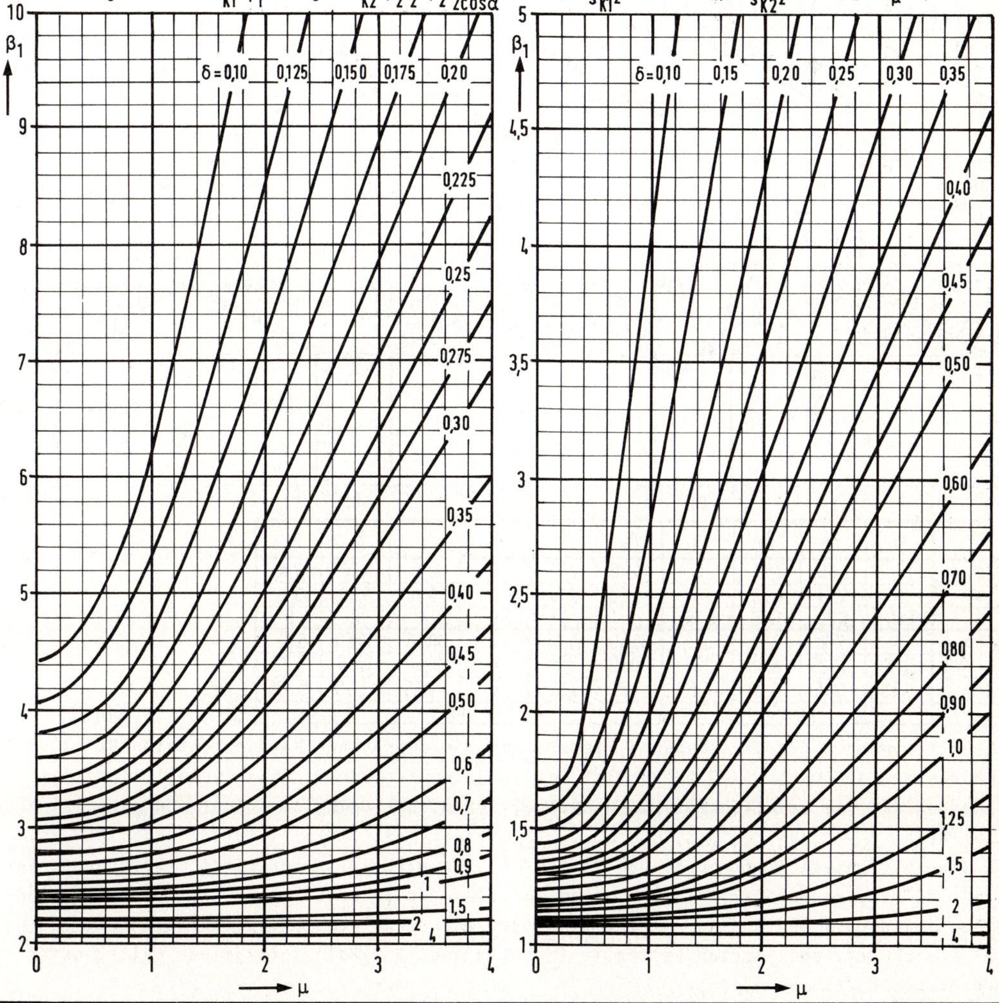

unter der Annahme gleichgroßer Kräfte bestimmt (β_1'); dieser Wert wird anschließend umgerechnet:

$$\beta_1 = \sqrt{0{,}5(1+m)}\,\beta_1' \leq \beta_1' \qquad (329)$$

Hierin ist $m=F_2/F_1(=\chi)$; zum Beweis vgl. [1].

7.3.3.6.5 Numerisches Beispiel: Lastfälle: Eigengewicht, Schnee und Wind

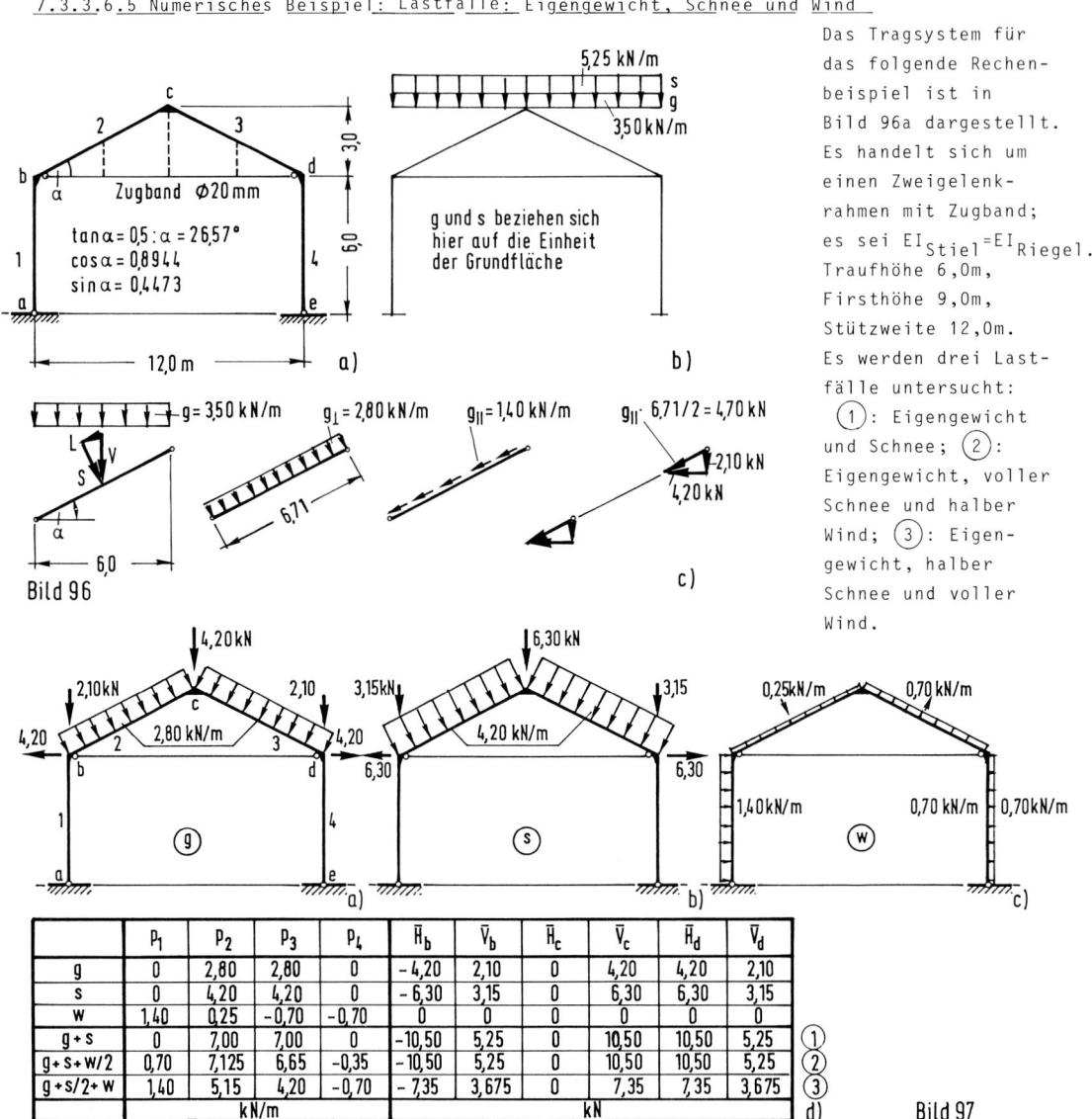

Das Tragsystem für das folgende Rechenbeispiel ist in Bild 96a dargestellt. Es handelt sich um einen Zweigelenkrahmen mit Zugband; es sei $EI_{Stiel}=EI_{Riegel}$. Traufhöhe 6,0m, Firsthöhe 9,0m, Stützweite 12,0m. Es werden drei Lastfälle untersucht: (1): Eigengewicht und Schnee; (2): Eigengewicht, voller Schnee und halber Wind; (3): Eigengewicht, halber Schnee und voller Wind.

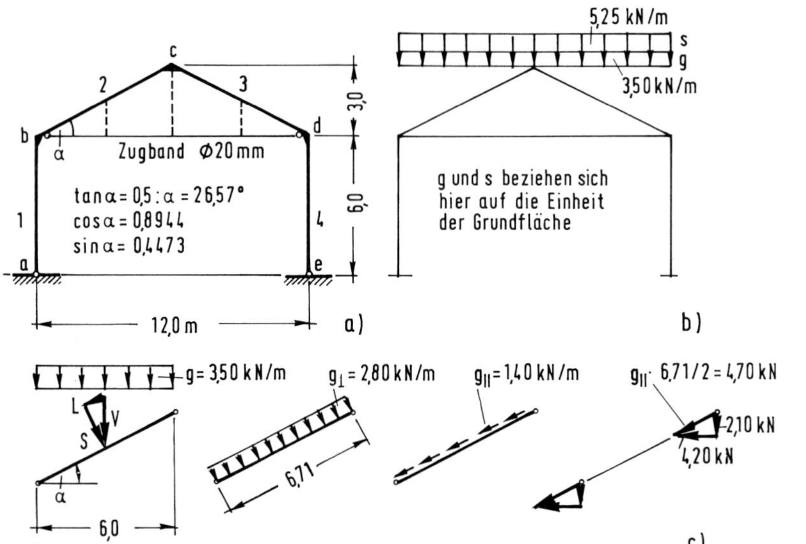

Bild 96

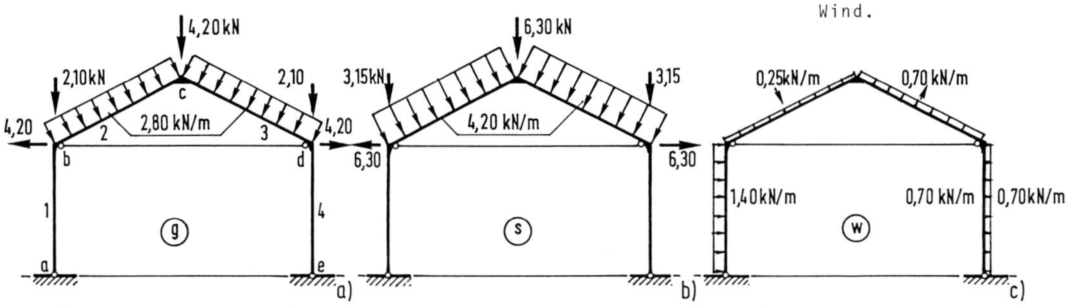

	p_1	p_2	p_3	p_4	$\bar{H}_b$	$\bar{V}_b$	$\bar{H}_c$	$\bar{V}_c$	$\bar{H}_d$	$\bar{V}_d$	
g	0	2,80	2,80	0	-4,20	2,10	0	4,20	4,20	2,10	
s	0	4,20	4,20	0	-6,30	3,15	0	6,30	6,30	3,15	
w	1,40	0,25	-0,70	-0,70	0	0	0	0	0	0	
g+s	0	7,00	7,00	0	-10,50	5,25	0	10,50	10,50	5,25	(1)
g+s+w/2	0,70	7,125	6,65	-0,35	-10,50	5,25	0	10,50	10,50	5,25	(2)
g+s/2+w	1,40	5,15	4,20	-0,70	-7,35	3,675	0	7,35	7,35	3,675	(3)
	kN/m				kN						d)

Bild 97

Als erstes werden für die schrägen Riegelstäbe die quer- und längsgerichteten Belastungskomponenten berechnet. In Bild 96c ist das Vorgehen für den Eigenlastanteil g gezeigt: g bezogen auf die Dachfläche: 3,50·0,8944=3,13kN/m. Zerlegung senkrecht und parallel zur Dachfläche: $g_{\perp}$ =0,8944·3,13=2,80kN/m, $g_{\parallel}$ =0,4473·3,13=1,40kN/m. 1,40·6,71/2=4,70kN ist die längsgerichtete Kraft an beiden Stabenden; sie wird in Knotenkräfte umgerechnet: Vertikal: 2,10kN, horizontal: 4,20kN. - Die auf diese Weise berechneten Lastbilder der Einzellastfälle g, s und w sind in Bild 97 ausgewiesen und tabellarisch aufgelistet, einschließlich der kombinierten Lastfälle (1), (2) und (3). Fall s folgt aus Fall g durch Umrechnung: 5,25/3,50=1,50.

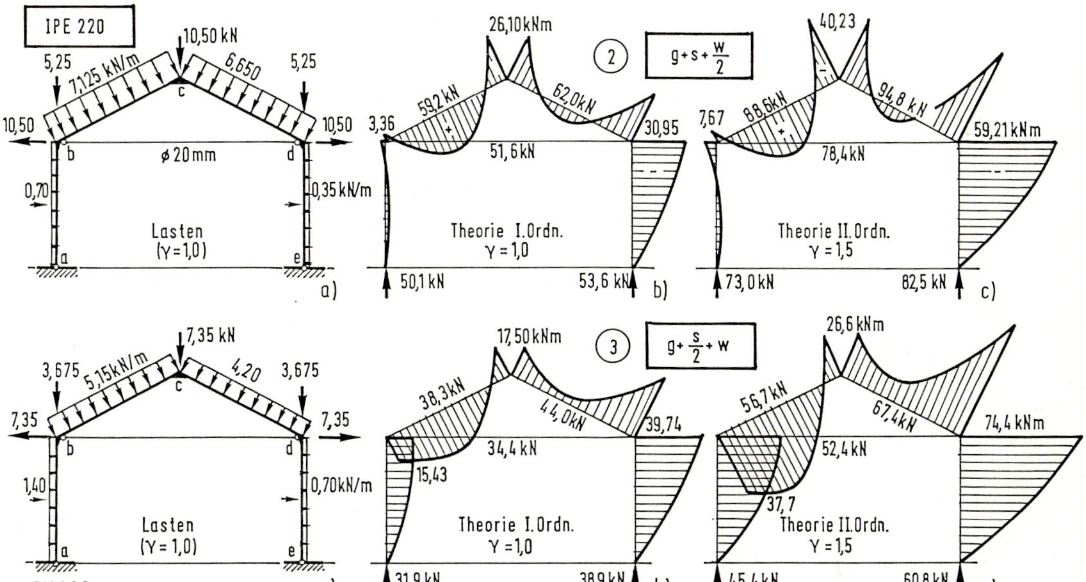

Bild 98

Mittels eines auf der Basis von Tafel 7.3 erstellten Rechenprogramms werden die Schnittgrößen berechnet. In Bild 98 sind verschiedene Ergebnisse dargestellt und zwar für einen Rahmen mit IPE220-Stäben für die Lastfälle ② und ③. In den Teilbildern a sind nochmals die Stab- und Knotenlasten für $\gamma=1{,}0$ eingetragen, (γ: Sicherheitsfaktor; $\gamma=1{,}0$ bedeutet Gebrauchslasten.) Die Teilbilder b zeigen den Verlauf des Biegemomentes für $\gamma=1{,}0$, berechnet nach Theorie I. Ordnung, und die Teilbilder c den Verlauf des Biegemomentes für $\gamma=1{,}5$, berechnet nach Theorie II. Ordnung.

Lastfall	Querschn.	Zugkraft Z im Zugband $\gamma=1{,}0$ Th. I. O.	$\gamma=1{,}7$ Th. II. O.	α	Druckkräfte $\gamma=1{,}0$ Th. I. O. D_1	D_2	D_3	D_4	μ
① g+s	IPE 270	48,50	83,30	1,01	52,5	58,4	58,4	52,5	1,055
	IPE 240	51,17	88,03	1,01	52,5	60,3	60,3	52,5	1,072
	IPE 220	52,88	91,12	1,01	52,5	61,6	61,6	52,5	1,083
	IPE 200	54,22	93,64	1,02	52,5	62,6	62,6	52,5	1,092
		kN				kN			

Lastfall	Querschn.	Rahmeneckmoment M_d $\gamma=1{,}0$ Th. I. O.	$\gamma=1{,}5$ Th. II. O.	α	Druckkräfte $\gamma=1{,}0$ Th. I. O. D_1	D_2	D_3	D_4	μ
② $g+s+\frac{w}{2}$	IPE 270	-35,45	-57,83	1,088	50,1	56,0	58,9	53,6	1,048
	IPE 240	-32,70	-56,79	1,158	50,1	57,9	60,8	53,6	1,065
	IPE 220	-30,95	-59,21	1,275	50,1	59,2	62,0	53,6	1,075
	IPE 200	-29,58	-69,22	1,560	50,1	60,1	63,0	53,6	1,084
		kNm				kN			

Lastfall	Querschn.	Rahmeneckmoment M_d $\gamma=1{,}0$ Th. I. O.	$\gamma=1{,}5$ Th. II. O.	α	Druckkräfte $\gamma=1{,}0$ Th. I. O. D_1	D_2	D_3	D_4	μ
③ $g+\frac{s}{2}+w$	IPE 270	-42,70	-69,89	1,091	31,9	36,2	41,9	38,9	1,038
	IPE 240	-40,89	-70,65	1,151	31,9	37,5	43,2	38,9	1,054
	IPE 220	-39,74	-74,00	1,241	31,9	38,3	44,0	38,9	1,064
	IPE 200	-38,87	-82,47	1,414	31,9	39,0	44,7	38,9	1,072
		kNm				kN			

Bild 99

Im Lastfall ① ergibt sich die größte Zugbandkraft, die Lasten wirken symmetrisch; in den lastfällen ② und ③ ergibt sich das größte Rahmeneckmoment im leeseitigen Traufknoten. Führt man für unterschiedliche Rahmen die Rechnungen durch, findet man für die Zugkraft Z im Zugband für g+s das in Bild 99 oben eingetragene Ergebnis: $\gamma=1{,}0$ Theorie I. Ordnung, $\gamma=1{,}7$ Theorie II. Ordnung. Im mittleren und unteren Tabellenteil sind die

Ergebnisse der Lastfälle g+s+w/2 und g+s/2+w für das maßgebende Rahmeneckmoment M_d eingetragen: $\gamma=1{,}0$ Theorie I. Ordnung, $\gamma=1{,}5$ Theorie II. Ordnung. Im erstgenannten Falle sind die Druckkräfte und im zweitgenannten die Biegemomente größer.

Ein wichtiger Indikator für den Verformungseinfluß Theorie II. Ordnung ist der Vergrößerungsfaktor α, also der Quotient Schnittgröße Theorie II. Ordnung zu Schnittgröße Theorie I. Ordnung. In Spalte 5 sind die α-Faktoren ausgewiesen. Die Zugkraft Z erweist sich hier als vom Verformungseinfluß praktisch unabhängig, beim Rahmeneckmoment ist der Verformungseinfluß ausgeprägt und zwar umso mehr je "weicher" der Rahmen ist. Insgesamt ist bei diesem Beispiel der Lastfall ③ mit vollem Wind (trotz geringerer Druckkräfte im Vergleich zum Lastfall ②) maßgebend.

7.3.3.6.6 Abschätzung des Verformungseinflusses Theorie II. Ordnung

Es soll als nächstes die Frage behandelt werden, ob sich der Verformungseinfluß (Theorie II. Ordnung) in den Lastfällen ② und ③ mittels der Formel

$$\alpha = \frac{1}{1-\frac{D}{D_{Ki}}} \quad \text{bzw.} \quad \alpha_R = \frac{1}{1-\frac{D_R}{D_{R,Ki}}} \qquad (330)$$

abschätzen läßt. Zur Beantwortung dieser Frage wird die Knickkraft für die Druckkraftverhältnisse der einzelnen Lastfälle benötigt; vgl. Abschnitt 7.3.3.6.4. Um Tafel 7.4 verwerten zu können, werden benötigt:

$$\delta = \frac{l}{l_R}\cos\alpha = \frac{6{,}0}{12{,}0}0{,}8944 = 0{,}447; \quad \mu = \sqrt{\frac{D_R}{D}}$$

Für die (für $\gamma=1{,}0$ nach Th.I.Ordn. berechneten) Druckkräfte, bezogen auf die höher beanspruchten Stäbe 3 und 4, sind die μ-Werte in Spalte 10 der Tabelle des Bildes 99 ausgewiesen. Innerhalb der Ablesegenauigkeit des Diagrammes auf Tafel 7.4 findet man (praktisch unabhängig vom Stabprofil):

$$\text{Lastfall ①} \quad \beta_4 = 2{,}82, \quad \beta_3 = 2{,}34$$
$$\text{Lastfall ②} \quad \beta_4' = 2{,}80, \quad \beta_3' = 2{,}33$$
$$\text{Lastfall ③} \quad \beta_4' = 2{,}75, \quad \beta_3' = 2{,}32$$

Wegen der ungleichen Druckkräfte in den Lastfällen ② und ③ wird gemäß G.329 gerechnet:

$$\text{Lastfall ②}: \quad \beta_4 = \sqrt{0{,}5(1+50{,}1/53{,}6)}\cdot\beta_4' = 0{,}983\cdot 2{,}80 = \underline{2{,}75}$$
$$\text{Lastfall ③}: \quad \beta_4 = \sqrt{0{,}5(1+31{,}9/38{,}9)}\cdot\beta_4' = 0{,}954\cdot 2{,}75 = \underline{2{,}60}$$

Bezogen auf die Stieldruckkraft D_4 (um $\gamma=1{,}5$ erhöht) läßt sich nunmehr $\alpha=\alpha_{Stiel}$ für

$$\text{Lastfall ②}: \quad \gamma\cdot D_4 = 1{,}5\cdot 53{,}6 = 80{,}4 \text{ kN}$$
$$\text{Lastfall ③}: \quad \gamma\cdot D_4 = 1{,}5\cdot 38{,}9 = 58{,}4 \text{ kN}$$

berechnen. In Bild 100 ist das Ergebnis ausgewiesen: Spalte 5 zeigt die α-Werte nach G.330. In Spalte 6 sind die genauen α-Werte aus dem Vergleich der Rechenergebnisse Theorie II. Ordnung zu Theorie I. Ordnung gegenübergestellt. Die Abschätzung gemäß G.330 liegt demnach auf der sicheren Seite, indes in so krasser Form, daß die Abschätzung als unbrauchbar zu bewerten ist. Bei der pauschalen Multiplikation des Gesamt-Schnittgrößenzustandes nach Th. I. Ordnung werden jene Lastanteile, die keine (der Knickfigur affine) seitlichen Verformungen bewirken, überbewertet. Die Abschätzung gemäß G.330 führt nur dann

Lastfall	Querschn	$\gamma\cdot D_4$	$D_{4,Ki}$	α_{Stiel}	$\alpha_{Th.II.O.}$
② $g+s+\frac{w}{2}$	IPE 270	80,4	441	1,22	1,09
	IPE 240		296	1,37	1,16
	IPE 220		211	1,62	1,28
	IPE 200		148	2,19	1,56
③ $g+\frac{s}{2}+w$	IPE 270	58,4	493	1,13	1,09
	IPE 240		331	1,21	1,15
	IPE 220		236	1,33	1,24
	IPE 200		165	1,55	1,41
		kN	kN		

Bild 100

zu brauchbaren Ergebnissen, wenn der Verformungszustand der einwirkenden äußeren Lasten mit dem Verformungszustand des (dem Druckkraftverhältnis zugeordneten) Knickproblems affin ist. Im vorliegenden Fall bewirkt die lotrechte Riegelbelastung hohe Eckmomente, der zugehörige Verformungszustand korrespondiert indes in gar keiner Weise mit dem Knickzustand. Im Lastfall Wind ist diese Korrespondenz vorhanden. Daraus läßt sich folgende Regel ableiten: Es wird nur der die seitliche Verschiebung bewirkende Windlastbeitrag um den α-Faktor erhöht und dieser Faktor unter Bezug auf die Druckkräfte jener lotrechten Lasten bestimmt, die der seitlichen Verschiebung richtungstreu folgen, also hier der Lasten g+s bzw. g+s/2. In Formeln lautet diese Regel:

$$\text{Lastfall } g+s+\frac{w}{2}: \quad M^{II}_{g+s+\frac{w}{2}} = \gamma\left(M^{I}_{g} + M^{I}_{s} + \alpha_{g+s} M^{I}_{\frac{w}{2}}\right) \quad \text{mit} \quad \alpha_{g+s} = \frac{1}{1-\frac{\gamma \cdot D^{I}_{g+s}}{D_{(g+s)Ki}}} \qquad (331)$$

$$\text{Lastfall } g+\frac{s}{2}+w: \quad M^{II}_{g+\frac{s}{2}+w} = \gamma\left(M^{I}_{g} + M^{I}_{\frac{s}{2}} + \alpha_{g+\frac{s}{2}} M^{I}_{w}\right) \quad \text{mit} \quad \alpha_{g+\frac{s}{2}} = \frac{1}{1-\frac{\gamma \cdot D^{I}_{g+s/2}}{D_{(g+\frac{s}{2})Ki}}} \qquad (332)$$

Durch den Index I wird deutlich gemacht, daß es sich um die Schnittgrößen des jeweiligen Teillastzustandes nach Th. I. Ordnung handelt. Die Superposition der Teillastzustände wird aus G.331/332 erkennbar: Nur der Windlastanteil wird um α erhöht. Um die vorstehende Regel zu prüfen, werden die Schnittgrößen nach Theorie I. Ordnung für $\gamma=1{,}0$ berechnet. In Bild 101 sind für vier unterschiedliche Riegel IPE270, 240, 220 und 200 das Eckmoment M_d

		M_d	D_1	D_4
g:	IPE 270	- 869	21,0	21,0
	IPE 240	- 754		
	IPE 220	- 682		
	IPE 200	- 624		
s:	IPE 270	-1303	31,5	31,5
	IPE 240	-1132		
	IPE 220	-1022		
	IPE 200	- 937		
$\frac{s}{2}$:	IPE 270	- 652	15,75	15,75
	IPE 240	- 566		
	IPE 220	-511		
	IPE 200	-469		
w:	IPE 270	-2748	4,88	2,18
	IPE 240	-2770		
	IPE 220	-2782		
	IPE 200	-2794		
$\frac{w}{2}$:	IPE 270	-1374	2,44	1,09
	IPE 240	-1385		
	IPE 220	-1391		
	IPE 200	-1397		
		kNcm	kN	

Bild 101

	Variante: I				Variante: II			
	α	M_d	M^{II}	Diff.	α	M_d	M^{II}	Diff.
② $g+s+\frac{w}{2}$:	1,22	- 5772	- 5783	- 0,19	1,23	- 5793	- 5783	+0,17
	1,37	- 5675	- 5679	- 0,07	1,38	- 5696	- 5679	+0,30
	1,62	- 5936	- 5921	+0,25	1,63	- 5957	- 5921	+0,61
	2,19	- 6931	- 6922	+0,13	2,25	- 7056	- 6922	+1,94
③ $g+\frac{s}{2}+w$:	1,13	- 6939	- 6989	- 0,72	1,15	- 7022	- 6989	+0,47
	1,21	- 7008	- 7065	- 0,81	1,24	- 7132	- 7065	+0,95
	1,33	- 7340	- 7400	- 0,81	1,37	- 7507	- 7400	+1,45
	1,55	- 8136	- 8247	- 1,36	1,63	- 8471	- 8247	+2,71
		kNcm	kNcm	% a)		kNcm	kNcm	% b)

Bild 102

und die Stieldruckkräfte D_1 und D_4 der Teilzustände g, s, s/2, w und w/2 ausgewiesen. Geht man von den α-Werten aus, die oben berechnet wurden (vgl. Bild 100), findet man die in Bild 102 als Variante I in der zweiten Spalte für die vorgenannten Profile angegebenen Momente; z.B. im Falle des Rahmens IPE270 und im Lastfall ②:

$$\text{IPE 270}: \ M_d = -1{,}5(869 + 1303 + 1{,}22 \cdot 1374) = \underline{-5772 \text{ kNcm}}$$

In Spalte 3 stehen die strengen Werte, Spalte 4 weist den relativen Fehler in Prozent aus. Der Fehler liegt im Promillebereich, er beträgt maximal 1% zur unsicheren Seite. - Legt man der Abschätzung G.331/332 zugrunde, bezieht man sich also auf die Druckkräfte

$$g+s: \ \gamma \cdot D_1 = \gamma \cdot D_4 = 1{,}5(21{,}0 + 31{,}5) = 78{,}8 \text{ kN}$$

$$g+\frac{s}{2}: \ \gamma \cdot D_1 = \gamma \cdot D_4 = 1{,}5(21{,}0 + 15{,}75) = 55{,}1 \text{ kN},$$

ergeben sich die in Bild 102 als Variante II angegebenen Ergebnisse. Hier liegt die Differenz im Prozentbereich und das stets zur sicheren Seite!

Sofern die Knickkräfte (z.B. über Knickenlängendiagramme oder -formeln) in einfacher Weise bestimmbar sind, gelingt eine zuverlässige Näherung mit Hilfe des α-Faktors. Der α-Faktor wird dabei für jene lotrechte Belastung bestimmt, die an der seitlichen Verschiebung des Rahmens beteiligt ist, multipliziert wird indes nur jene horizontale Belastung mit α, die die seitliche Verschiebung bewirkt, vgl. auch Abschnitt 7.2.4.4.

7.3.3.6.7 Fortsetzung des numerischen Beispiels: Lastfall: Vorverformungen (Imperfektionen)
In DIN 18800 T2 (11.90) wird verlangt, Druckkräfte in unverschieblichen Systemen bzw. Systembereichen mit sichelförmigen Vorverformungen w_0 zu beaufschlagen, deren Größe vom Typ der Stabprofile abhängig ist. Für Druckstäbe in verschieblichen Systemen bzw. Systembereichen ist der Ansatz einer Schrägstellung ψ_0 (Bild 29b) und in besonderen Fällen einer zusätzlichen Vorkrümmung vorgeschrieben. Mit diesen Ansätzen werden die inneren und äußeren Imperfektionen abgedeckt.

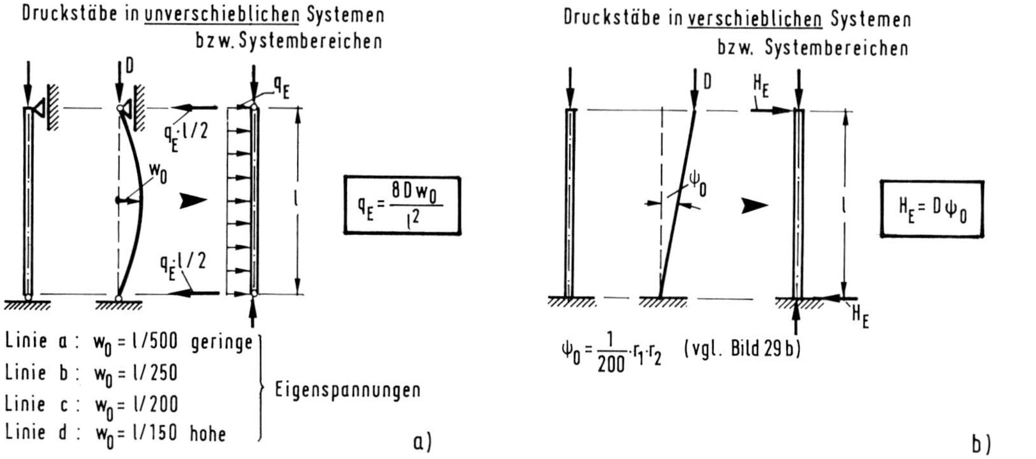

Bild 103

Man erkennt sofort, daß anstelle der Vorverformungen mit äquivalenten Ersatzkräften gerechnet werden kann; in Bild 103 sind die Ersatzkräfte für eine parabelförmige Vorkrümmung bzw. eine Schrägstellung ausgewiesen. Im erstgenannten Falle ist darauf zu achten, daß die Stabendkräfte $q_E l/2$ mit eingeprägt werden, anderenfalls würden die Gleichgewichtsgleichungen verletzt [13].

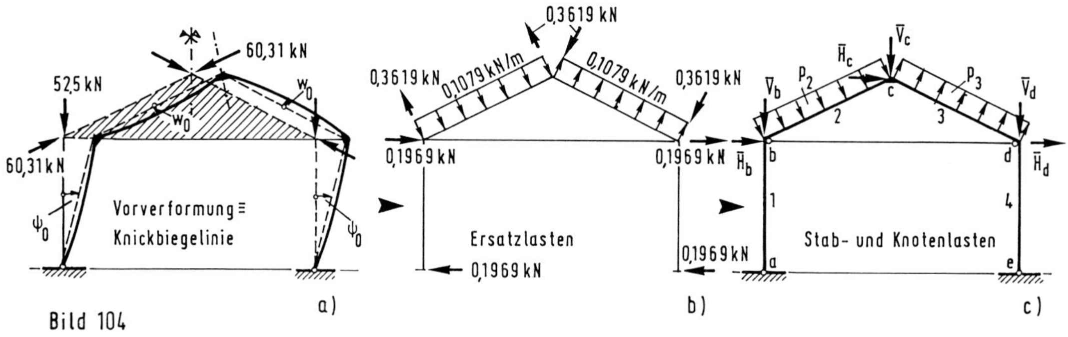

Bild 104

Für das im vorangegangenen Abschnitt behandelte Beispiel zeigt Bild 104 den Anfangsverformungszustand in Anpassung an die Knickbiegelinie; der schraffierte Bereich ist "unverschieblich", der darunter liegende "verschieblich". Als Beispiel wird ein Rahmen mit IPE-240-Profilen untersucht. Im Gebrauchszustand (γ=1,0) betragen die Druckkräfte in den Rahmenstäben nach Theorie I. Ordnung (vgl. Bild 99):

Lastfall ①: g + s : D_1 = 52,5 kN, D_2 = 60,3 kN, D_3 = 60,3 kN, D_4 = 52,5 kN

Lastfall ②: $g + s + \frac{w}{2}$: D_1 = 50,1 kN, D_2 = 58,0 kN, D_3 = 60,8 kN, D_4 = 53,6 kN

Es wird angesetzt: IPE240: $w_0=1/500$, $\psi_0=1/150$. Berechnung nach der E-Theorie: Reduktionsfaktor 0,75. Zwei Stiele: Reduktionsfaktor 0,75. Diese Ansätze entsprechen dem Entwurf zur DIN 18800 T2! Für den Lastfall (1) ergeben sich folgende Ersatzlasten:

$$H_E = 0{,}75 \cdot 0{,}75 \cdot 52{,}5/150 = \underline{0{,}1969\,\text{kN}}$$

$$q_E = 0{,}75 \cdot \frac{8 \cdot 60{,}3}{l^2} \cdot \frac{l}{500} = 0{,}75 \frac{8 \cdot 60{,}3}{6{,}71 \cdot 500} = \underline{0{,}1079\,\text{kN/m}}$$

(Für den Lastfall (2) werden dieselben Ersatzlasten zugrundegelegt.) Teilbild b zeigt die Lastverteilung und Teilbild c die für die numerische Berechnung erforderlichen Stab- und Knotenlasten. In Verbindung mit der in der Tabelle des Bildes 97d ausgewiesenen Lastwerte des Lastfalles g+s ergeben sich die für die Berechnung maßgebenden Lasten:

$p_1 = 0 + 0 = 0$ (0,7000 kN/m)
$p_2 = 7{,}00 + 0{,}1079 = 7{,}1079$ kN/m (7,2329 kN/m)
$p_3 = 7{,}00 - 0{,}1079 = 6{,}8921$ kN/m (6,5421 kN/m)
$p_4 = 0 + 0 = 0$ (-0,3500 kN/m)

$\bar{H}_b = -10{,}50 + 0{,}035 = -10{,}465$ kN (-10,465 kN)
$\bar{V}_b = 5{,}25 - 0{,}3237 = +4{,}926$ kN (+4,926 kN)
$\bar{H}_c = 0 - 0{,}3238 = -0{,}3238$ kN (-0,3238 kN)
$\bar{V}_c = 10{,}50 + 0 = +10{,}50$ kN (+10,50 kN)
$\bar{H}_d = 10{,}50 + 0{,}035 = +10{,}535$ kN (+10,535 kN)
$\bar{V}_d = 5{,}25 + 0{,}3238 = +5{,}574$ kN (+5,574 kN)

(Die Klammerwerte gelten für den Lastfall g+s+w/2.) Mit diesen Kräften kann gerechnet werden, als wären es äußere Lasten. In Bild 105 sind Teilergebnisse wiedergegeben. Ausgewiesen sind die Rahmeneckmomente und die Zugbandkraft. Bezüglich der Richtung der sichelförmigen Vorverformung der Riegelstäbe werden zwei Ansätze untersucht, vgl. die Kopfleiste in Bild 105b. Die Gegenüberstellung der nach Th. II. Ordnung berechneten Ergebnisse macht den Imperfektionseinfluß deutlich. Im Lastfall (2) beträgt der Zuwachs für das (für die Bemessung maßgebende) Eckmoment M_d: +4,3%. Im Lastfall (3), bei welchem die Druckkräfte niedriger liegen und die Windmomentenanteile relativ größer sind, beträgt der Imperfektionseinfluß: +2%. Insgesamt ist der Imperfektionseinfluß untergeordnet. (Er wurde hier - gemeinsam mit den äußeren Lasten - γ-fach eingerechnet, was an sich nicht notwendig gewesen wäre!) Wirken planmäßig äußere Horizontallasten, gilt die Aussage allgemein.

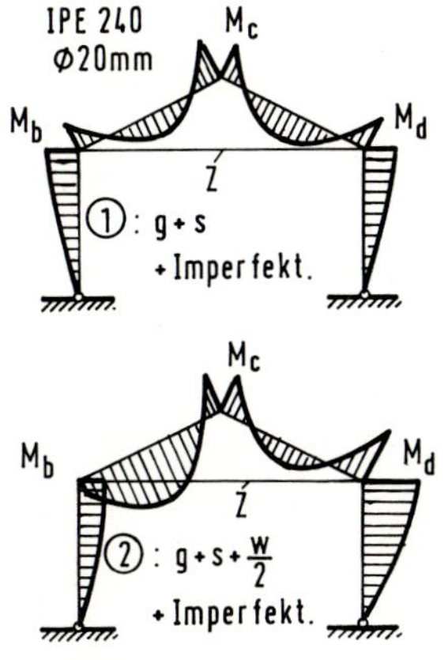

Bild 105 a)

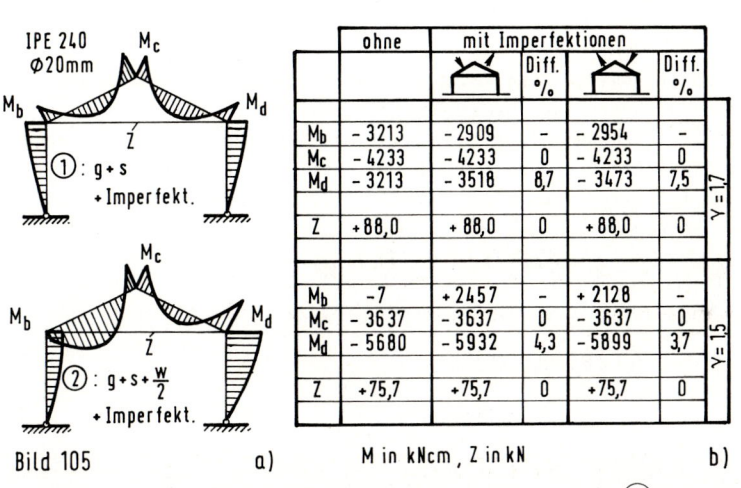

	ohne	mit Imperfektionen	Diff. %		Diff. %	
M_b	- 3213	- 2909	-	- 2954	-	γ = 1,7
M_c	- 4233	- 4233	0	- 4233	0	
M_d	- 3213	- 3518	8,7	- 3473	7,5	
Z	+ 88,0	+ 88,0	0	+ 88,0	0	
M_b	- 7	+ 2457	-	+ 2128	-	γ = 1,5
M_c	- 3637	- 3637	0	- 3637	0	
M_d	- 5680	- 5932	4,3	- 5899	3,7	
Z	+ 75,7	+ 75,7	0	+ 75,7	0	

M in kNcm, Z in kN b)

7.3.3.6.8 "Symmetrieknicken"

Auf eine Besonderheit bei Berechnungen nach Theorie II. Ordnung soll abschließend hingewiesen werden und zwar auf das sogen. "Symmetrieknicken". Dieses Problem hat eher theoretische Bedeutung. Zur Erläuterung diene das zuvor behandelte Beispiel. Unterstellt man eine streng symmetrische Belastung des symmetrischen Systems, so lassen sich - z.B. auf der Basis des auf Tafel 7.3 zusammengefaßten Algorithmus - Schnittgrößen und damit auch Druckkräfte berechnen, die über den Knickkräften liegen! In Bild 106 ist dargestellt, wie sich das System unter konstanter Riegelbelastung symmetrisch verformt; die Zunahme der Stabsehnendrehwinkel ψ_1 und ψ_4 mit ansteigendem Lastfaktor ν (Lastfall (1)) ist angegeben. Wird dagegen eine geringfügige Unsymmetrie eingeprägt, wachsen die Verformungen mit Erreichen der Knickintensität über alle Grenzen, hierzu vergleiche man die Graphen in

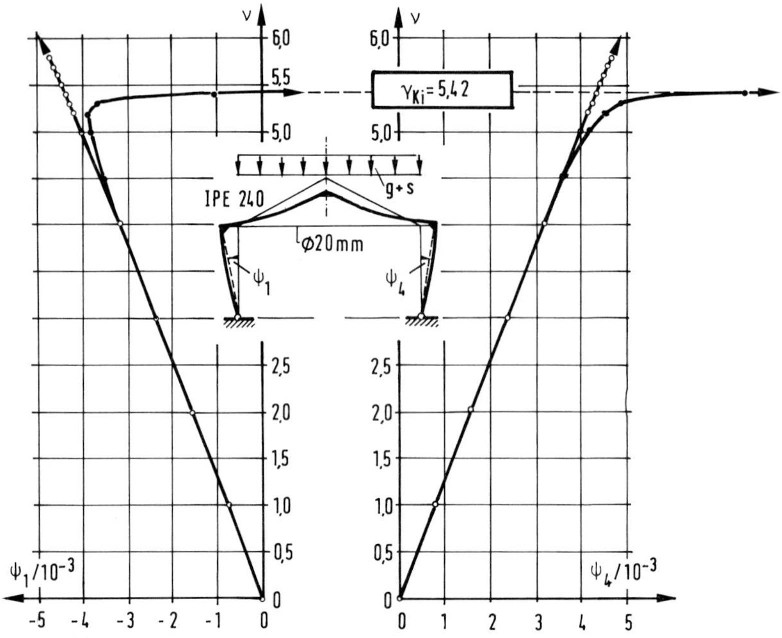

Bild 106

Bild 106 (—•—•—•—): Der "symmetrische" Ausgangszustand geht in einen "antimetrischen" Knickzustand über. Es läßt sich theoretisch beweisen, daß ein symmetrischer Spannungszustand bei Erreichen der zugeordneten Knickintensität, antimetrisch verzweigt, vgl. wegen weiterer Einzelheiten z.B. [1]: Kriterium von KLÖPPEL/LIE. Bei dem anstehenden Beispiel wurde die Druckkraft des rechten Stieles um 5°/₀₀ gegenüber der Druckkraft des linken Stieles angehoben. Aus den Graphen kann

$$\gamma_{Ki} \approx 5{,}42 : \quad D_{Ki} = 5{,}42 \cdot 52{,}5 = \underline{284\,kN}\ (D_{1Ki})$$

abgeschätzt werden. Mittels des Knicklängendiagramms findet man:

$$\beta_1 = 2{,}82\,; \quad D_{Ki} = \underline{282\,kN}$$

7.4 Mehrteilige Druckstäbe

7.4.1 Ausführungsformen - Rahmenstäbe / Gitterstäbe

Mehrteilige Druckstäbe und -stützen werden vorrangig aus Gründen der Gewichtseinsparung ausgeführt; früher waren sie sehr verbreitet. Im modernen Stahlbau werden vollwandige (einteilige) Stützen mit möglichst geringem Fertigungsaufwand bevorzugt, für mobiles Gerät werden erstere auch heute häufig eingesetzt.- Von mehrteiligen Druckstäben spricht man dann, wenn der Querschnitt mindestens eine stofffreie Achse hat. Die Teilquerschnitte werden untereinander entweder mittels

a) Bindeblechen (→ Rahmenstäbe) oder mittels

b) Streben (→ Gitterstäbe) verbunden. Bei Anordnung von Bindeblechen spricht man auch von Verrahmung (früher auch von Verschnallung). Ist eine Stoffachse vorhanden, verhält sich der Stab bei Knickung um diese wie ein vollwandiger Stab. Bei Biegung in Richtung der Verrahmung oder Vergitterung ist der Stab im Vergleich zu einer vollwandigen Ausführung schubweicher (und damit "knickweicher").

Bild 107 zeigt in den Teilbildern b/c bis g unterschiedliche Verrahmungen einer zweiteiligen Stütze aus [-Profilen. In Bild h/i ist eine vierteilige Stütze dargestellt; als Gitterstäbe werden i.a. Winkel- oder Rohrprofile verwendet. Bei vier- und mehrgurtigen Stützen ist die Einhaltung der Querschnittsform durch Querschotte (z.B.in Form von Diagonalstäben) sicherzustellen.

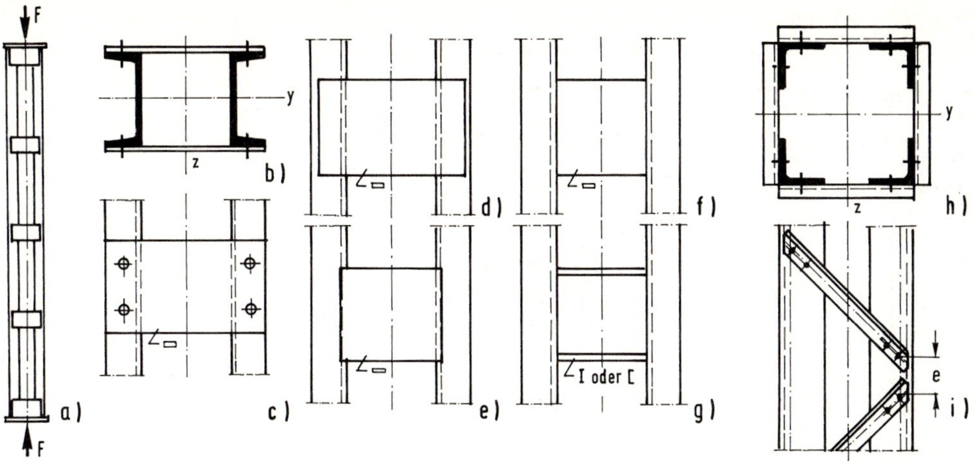

Bild 107

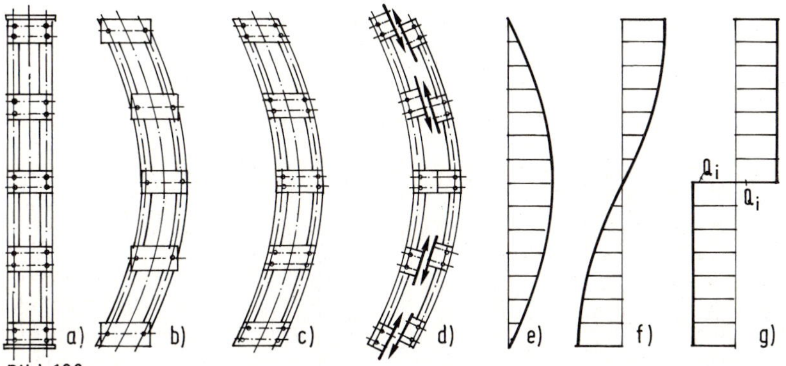

Bild 108

Zwecks Gewährleistung einer Tragwirkung als gesamtheitliche Stütze müssen die Bindebleche bzw. Gitterstäbe in ausreichender Weise an die Gurtstäbe angeschlossen sein. Bild 108 zeigt die Wirkungsweise einer Verrahmung. In Teilbild b sind die Bindebleche jeweils nur mit einer Schraube an die Gurte angeschlossen. Offensichtlich ist diese Ausführungsform wirkungslos. Aus diesem Grund sind Bindebleche mindestens mit zwei Schrauben (Nieten) anzuschließen, in diesem Fall erleiden die Bindebleche eine Biege- und Schubverformung, d.h., sie werden aktiviert, wenn der Stab ausknickt. Bild 108c verdeutlicht, daß die Bindebleche an den Stützenenden besonders wirkungsvoll sind; sie werden dort häufig auch bei Gitterstützen angeordnet. Ein Aufsetzen der Gurte auf die Fuß- und Kopfplatten ohne Endbindebleche ist unzureichend. - Die Felderzahl n ist gleich/größer 3 zu wählen, günstiger ist $n \geq 4$ oder 5. - Die Gitterstäbe (mit Neigungswinkeln zwischen 25 bis 50°) sind so anzuordnen, daß kein oder allenfalls nur ein geringer Versatz e der Schwerachsen vorhanden ist (vgl. Bild 107i), das gilt auch für die Enden der Gitterstäbe. Günstiger ist es, die Achsen zu zentrieren. - Es ist möglich, die Gurte als Profile und die Gitterstäbe als Rohre auszubilden und umgekehrt, fallweise sind besondere Knotenbleche erforderlich.

Um die Beanspruchung der Bindebleche zu veranschaulichen, werden sie zweckmäßig in Längsrichtung der Stütze geschlitzt (Bild 108d): In dem in Stabmitte liegenden Bindeblech entsteht keine gegenseitige Versetzung der Schnittufer, an den Stabenden sind die gegenseitigen Verschiebungen am größten, folglich treten hier auch die größten Kopplungskräfte auf. Da die Knickbiegelinie sinusförmig ist, ist das Biegemoment ebenfalls sinusförmig und die Querkraft cosinusförmig verteilt:

$$w(x) = f\sin\frac{\pi x}{l} \longrightarrow M = -EIw'' = -fEI\frac{\pi^2}{l^2}\sin\frac{\pi x}{l}; \quad Q = M' = -fEI\frac{\pi^3}{l^3}\cos\frac{\pi x}{l} \qquad (333)$$

Eine Annäherung der cosinusförmigen Querkraftfläche durch eine konstante Fläche liegt auf der sicheren Seite (Bild 108g).

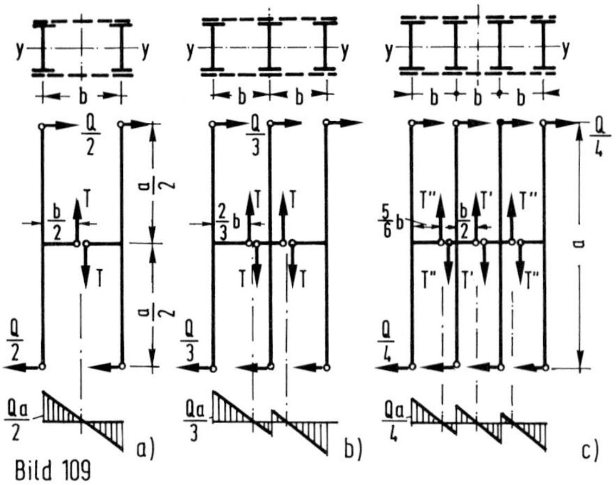
Bild 109

Ist Q die auf ein Bindeblech entfallende Querkraft und a der gegenseitige Abstand der Bindebleche, folgt die Schubkraft T gemäß der in Bild 109 dargestellten Angriffspunkte aus einfachen Gleichgewichtsgleichungen:

$$\frac{Q}{2}a - T\cdot\frac{b}{2} = 0\,:\quad T = Q\frac{a}{b} \tag{334}$$

Dreiteiliger Stab:

$$T = 0{,}5\cdot Q\frac{a}{b} \tag{335}$$

Vierteiliger Stab:

$$T' = 0{,}4Q\frac{a}{b};\quad T'' = 0{,}3Q\frac{a}{b} \tag{336}$$

Die Diagonalstabkraft eines Gitterstabes folgt aus:

$$D = \frac{Q}{\sin\alpha} \tag{337}$$

Die Kraft in einer Horizontalstrebe beträgt in diesem Falle H=Q. (Wie erwähnt, ist Q die auf eine Wandebene entfallende Querkraft.)

7.4.2 Knickkraft, Knicklänge und ideelle Schlankheit des schubweichen Stabes

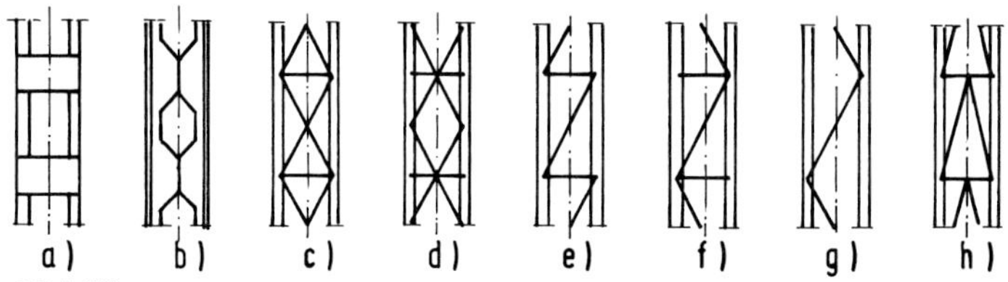
Bild 110

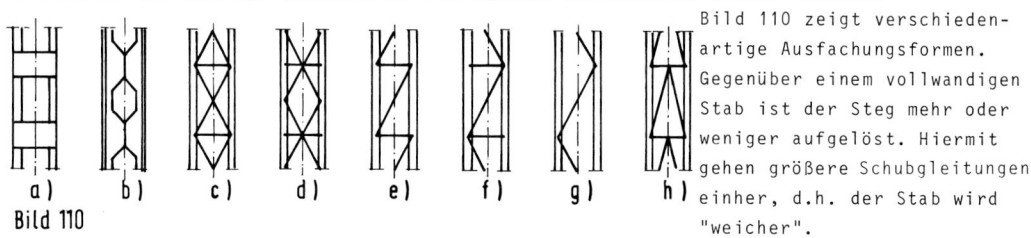

Bild 110 zeigt verschiedenartige Ausfachungsformen. Gegenüber einem vollwandigen Stab ist der Steg mehr oder weniger aufgelöst. Hiermit gehen größere Schubgleitungen einher, d.h. der Stab wird "weicher".

Wird nur die Biegeverformung berücksichtigt, beträgt die Knickkraft:

$$F_{Ki,M} = F_E = \frac{\pi^2 EI}{l^2} \qquad (E = \text{EULER}) \tag{338}$$

(Der Index M steht für Biegemomentenverformung; die Biegesteifigkeit EI baut sich allein aus den Gurtanteilen auf. Allgemeiner wäre es, π^2 durch $\varepsilon_{Ki}{}^2$ zu ersetzen, vgl. Abschnitt 7.2.2). Die Knickbiegelinie des schubstarren Stabes zeigt Bild 111b. Ein schubweicher Stab (mit im Grenzfall unendlich dehnstarren Gurten) knickt, wie es in Teilbild c dargestellt ist. Die zugehörige Knickkraft sei $F_{Ki,Q}$ (der Index Q steht für Querkraftverformung). Die gesuchte Knickkraft des biege- und schubweichen Stabes wird aufgrund einer Interaktionsüberlegung gemäß Bild 111d bestimmt. Das ergibt:

$$\frac{F_{Ki}}{F_{Ki,M}} + \frac{F_{Ki}}{F_{Ki,Q}} = 1 \longrightarrow F_{Ki} = \frac{1}{\frac{1}{F_{Ki,M}} + \frac{1}{F_{Ki,Q}}} = \frac{1}{1 + \frac{F_{Ki,M}}{F_{Ki,Q}}}\cdot F_{Ki,M} \tag{339}$$

Um $F_{Ki,Q}$ zu berechnen, wird von Bild 112 ausgegangen. Das Bild zeigt ein Stabelement der Länge $\Delta l=1$. Wirkt auf dieses Element die Querkraft Q, beträgt die (mittlere) Schubgleitung:

$$\gamma = \frac{\tau}{G} = \frac{Q}{GA_Q} \longrightarrow Q = GA_Q\gamma \tag{340}$$

Jene Querkraft, die den Winkel $\gamma=1$ hervorruft, nennt man Schubsteifigkeit S:

$$S \equiv GA_Q \tag{341}$$

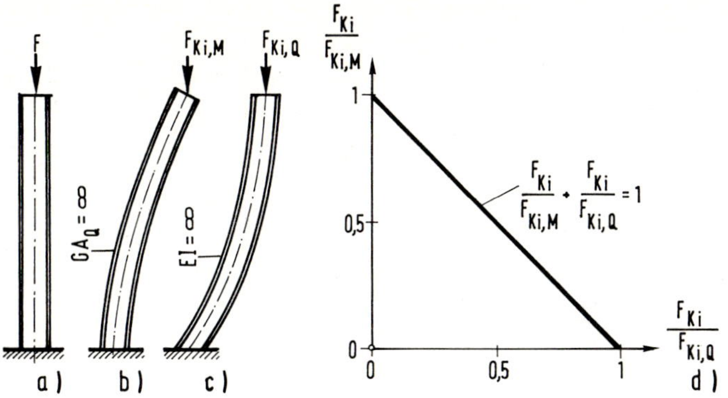

Bild 111

Da die Gurte bei dieser Überlegung als dehnstarr angesehen werden, kann sich die Knickverformung nur als transversale Querversetzung gemäß Bild 112b/c einstellen. Die "Federsteife" des Einheitselementes ist

$$C \equiv GA_Q \tag{342}$$

und damit die Knickkraft:

$$F_{Ki,Q} = GA_Q \tag{343}$$

Letzteres folgt aus der Gleichgewichtsgleichung am ausgeknickten "Stab" (Bild 112c):

$$F_{Ki,Q}\cdot\Delta - C\cdot\Delta\cdot\text{"1"} = 0 \tag{344}$$

Die Knickkraft gemäß G.343 ist unabhängig von der Länge des Gesamtstabes!

Werden $F_{Ki,M}$ und $F_{Ki,Q}$ eingesetzt, ergibt sich die Knickkraft des biege- und schubweichen Stabes zu:

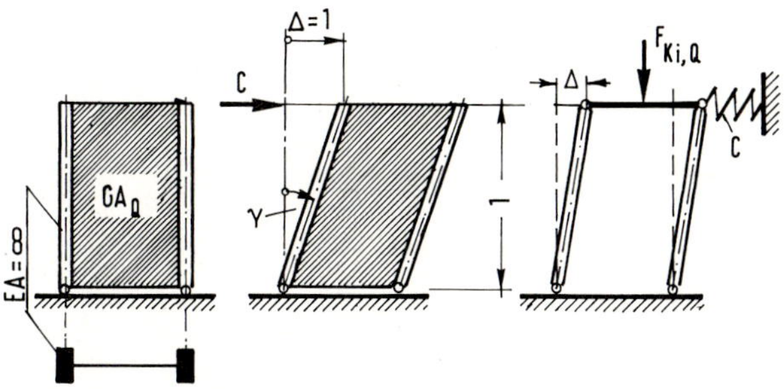

Bild 112 a) b) c)

$$F_{Ki} = \frac{1}{1+\frac{\varepsilon_{Ki}^2 EI}{l^2 GA_Q}}\cdot\frac{\varepsilon_{Ki}^2 EI}{l^2} \tag{345}$$

Die Gleichsetzung mit der Knickkraft eines schubstarren EULER-II-Ersatzstabes der Länge

$$s_K = \beta l \tag{346}$$

liefert den Knicklängenbeiwert β:

$$\beta = \frac{\pi}{\varepsilon_{Ki}}\sqrt{1+\frac{\varepsilon_{Ki}^2 EI}{l^2\,GA_Q}} \tag{347}$$

Ist der reale (mehrteilige) Druckstab selbst ein EULER-II-Stab (was der Regelfall ist), ergibt sich:

$$\varepsilon_{Ki} = \pi \quad\longrightarrow\quad \beta = \sqrt{1+\frac{\pi^2 EI}{l^2\cdot GA_Q}} \tag{348}$$

Die zugehörige ideelle Schlankheit ist wie folgt definiert:

$$\lambda_i = \frac{\beta l}{i} = \frac{l}{i}\sqrt{1+\frac{\pi^2 EI}{l^2 GA_Q}} = \lambda\cdot\sqrt{1+\frac{\pi^2 EI}{l^2 GA_Q}} = \sqrt{\lambda^2+\frac{\pi^2 EI}{l^2 GA_Q}\cdot\frac{l^2 A}{I}} = \sqrt{\lambda^2+\pi^2\frac{EA}{GA_Q}} \tag{349}$$

A ist die Querschnittsfläche des Stabes. A_Q ist von der Art der Verrahmung bzw. Vergitterung abhängig. Um die Schubsteifigkeit

$$GA_Q \equiv S \tag{350}$$

der Ausfachung zu bestimmen, wird die Querversetzung eines Gefaches der Länge a infolge der einwirkenden Querkraft Q berechnet (vgl. Bild 113). Beispielsweise findet man für den zweiteiligen Rahmen- und Gitterstab:

Rahmenstab (Bild 113a):

$$\Delta = 4\frac{Q}{3}\left(\frac{a}{4}\right)^2\frac{a}{2EI_G} + 2\frac{Q}{3}\left(\frac{a}{2}\right)^2\frac{b}{2EI_R} + Q\left(\frac{a}{b}\right)^2\frac{b}{GA_{R,Q}} \quad\longrightarrow\quad \gamma = \frac{\Delta}{a} \tag{351}$$

Der erste Term erfaßt die Biegung der Gurte (Index: G), der zweite die Biegeverformung des Bindebleches und der dritte dessen Querkraftverformung (Index: R≘Verrahmung). Die Schubsteifigkeit ist jene Querkraft, die den Schubwinkel γ=1 hervorruft:

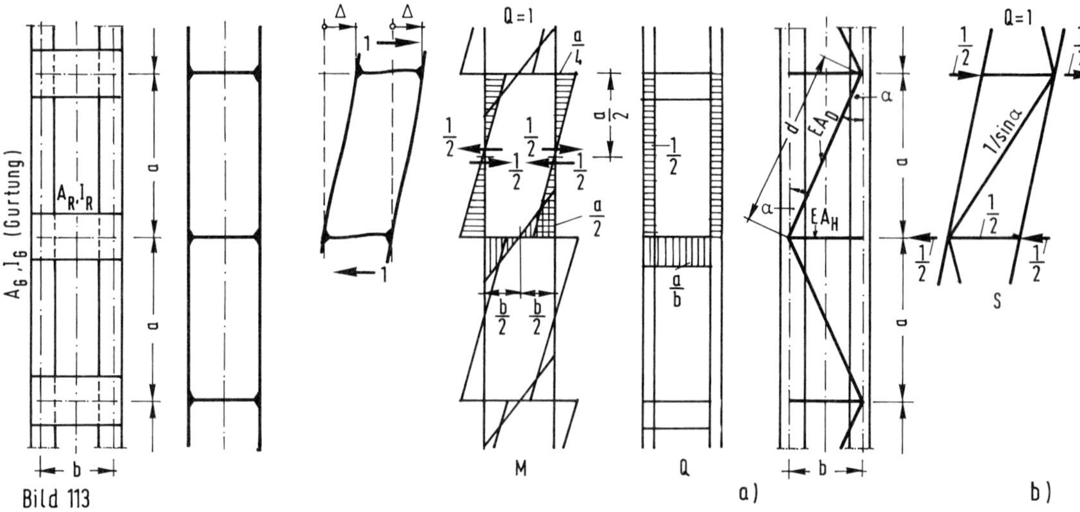

Bild 113

$$S\left(\frac{a^2}{24EI_G}+\frac{ab}{12EI_R}+\frac{a}{b}\cdot\frac{1}{GA_{R,Q}}\right)\doteq 1 \longrightarrow S \equiv GA_Q = \frac{1}{\left(\frac{a^2}{24EI_G}+\frac{ab}{12EI_R}+\frac{a}{bGA_{R,Q}}\right)} \qquad (352)$$

Werden der zweite und dritte Term unterdrückt, ergeben sich "Schubweiche" $1/GA_Q$ und ideelle Schlankheit λ_i (gemäß G.349) zu:

$$\frac{1}{S}\equiv\frac{1}{GA_Q}=\frac{a^2}{24EI_G}+\frac{ab}{12EI_R}+\frac{a}{bGA_{R,Q}}\approx\frac{a^2}{24EI_G} \longrightarrow \lambda_i=\sqrt{\lambda^2+\pi^2\cdot\frac{2EA_Ga^2}{24EI_G}}\approx\sqrt{\lambda^2+\lambda_G^2} \qquad (353)$$

Hierin ist gesetzt:

$$\frac{\pi^2}{12}\approx 1;\quad \frac{A_G}{I_G}a^2=\frac{a^2}{i_G^2}=\lambda_G^2 \qquad (354)$$

Werden die Bindeblechverformungen berücksichtigt, folgt für die ideelle Schlankheit:

$$\lambda_i=\sqrt{\lambda^2+\frac{\pi^2}{12}\lambda_G^2+\pi^2\left(\frac{abA_G}{6I_R}+2\frac{E}{G}\cdot\frac{a}{b}\cdot\frac{A_G}{A_{R,Q}}\right)} \qquad (355)$$

Gitterstab (Bild 113b): Für eine Gitterebene findet man:

$$\Delta=\Sigma S\bar{S}\frac{ds}{EA}=Q\frac{1}{\sin^2\alpha}\cdot\frac{a}{\cos\alpha}\cdot\frac{1}{EA_D} \longrightarrow \gamma=\frac{\Delta}{a}\longrightarrow S\left(\frac{1}{\sin^2\alpha}\cdot\frac{1}{\cos\alpha}\cdot\frac{1}{EA_D}\right)\doteq 1 \qquad (356)$$

A_D ist die Querschnittsfläche der Diagonalstrebe. - Schubweiche und ideelle Schlankheit betragen:

$$\frac{1}{S}\equiv\frac{1}{GA_Q}=\frac{\Delta}{a}=\frac{1}{EA_D\sin^2\alpha\cos\alpha}=\frac{d^3}{EA_Dab^2}\longrightarrow\lambda_i=\sqrt{\lambda^2+\pi^2\frac{A}{A_D}\cdot\frac{d^3}{ab^2}};\quad A=2A_G \qquad (357)$$

7.4.3 Tragsicherheitsnachweis nach DIN 4114

7.4.3.1 Nachweisform

Die Reduzierung der Knickkraft durch die Schubweichheit der Verrahmung bzw. Vergitterung wird über die Einführung der ideellen Schlankheit λ_i berücksichtigt. λ_i ist stets größer als die Schlankheit einer vollwandigen Stütze mit gleichem Trägheitsradius i und gleicher Knicklänge s_K:

$$\lambda_i \geq \lambda$$

Es werden drei Stabgruppen unterschieden (vgl. Tafel 7.5):

Stabgruppe I: Einfachsymmetrische Querschnitte mit einer stofffreien Achse (z-Achse). m ist die Anzahl der Einzelstäbe. Für Knicken um die Stoffachse (y-Achse) wird der Knicknachweis wie für einen vollwandigen (einteiligen) Stab erbracht.

Stabgruppe II: Zwei über Eck stehende Winkel.

Mehrteilige Druckstäbe mit Verrahmung und Vergitterung (DIN 4114)

Einteilige Druckstäbe

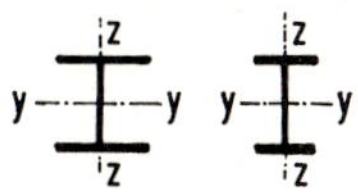

$\lambda_y = \frac{s_{Ky}}{i_y}$, $\lambda_z = \frac{s_{Kz}}{i_z}$

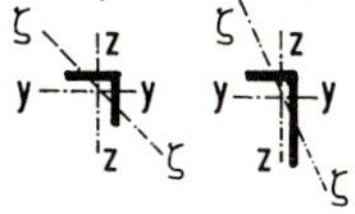

$i_\zeta = \min i$; $\lambda_\zeta = \frac{s_{K\zeta}}{i_\zeta}$

Mehrteilige Druckstäbe

Stabgruppe I

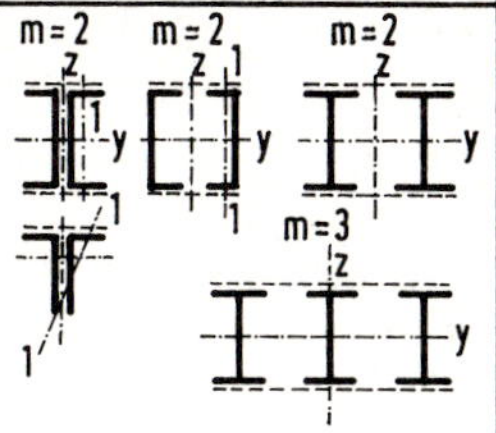

y-y: Stoffachse

z-z: stofffreie Achse

$\lambda_y = \frac{s_{Ky}}{i_y}$; $\lambda_{zi} = \sqrt{\lambda_z^2 + \frac{m}{2}\lambda_1^2}$

m: Anzahl der Stäbe in Richtung y

1-1: Minimumachse des Einzelstabes

Stabgruppe II

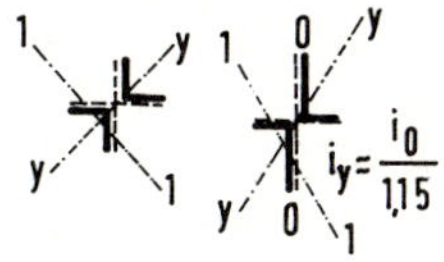

Über Eck gestellte Winkel: Nur Nachweis für λ_y erforderlich.

s_{Ky} : Mittelwert

$\lambda_y = \frac{s_{Ky}}{i_y}$

Stabgruppe III

m = 2 ; m' = 2

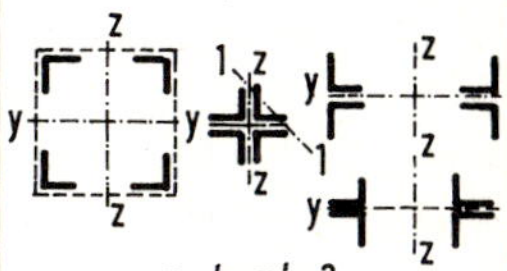

m = 4; m' = 2

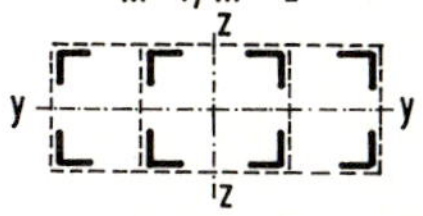

y-y, z-z: stofffreie Achsen

1-1: Minimumachse

$\lambda_{yi} = \sqrt{\lambda_y^2 + \frac{m'}{2}\lambda_{1y}^2}$

$\lambda_{zi} = \sqrt{\lambda_z^2 + \frac{m}{2}\lambda_{1z}^2}$

Rahmenstab: Gitterstäbe:

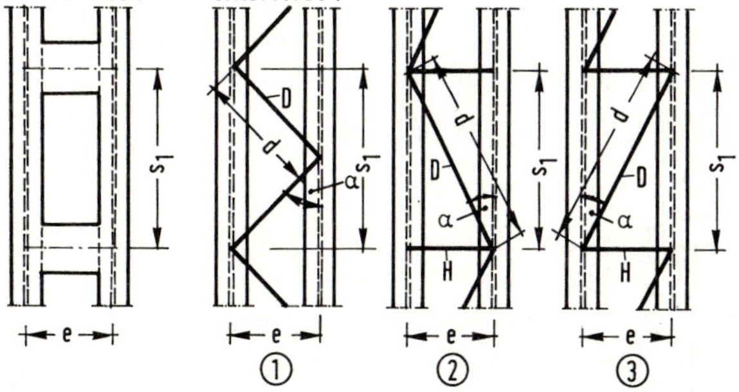

Hilfsgrösse λ_1 :

Rahmenstäbe: $\lambda_1 = \frac{s_1}{i_1}$

Gitterstäbe: $\lambda_1 = \pi \sqrt{\frac{A}{p \cdot A_D} \cdot \frac{d^3}{s_1 e^2}}$

p: Anzahl der in parallelen Ebenen nebeneinander liegenden Querverbände (DIN 4114 : z)

A_D : Querschnittsfläche einer einzelnen Diagonalen ; d : deren Netzlänge

Bedingungen:
1) Felderzahl $n \geq 3$ (Rahmenstäbe)
2) Stabgruppe II : $\lambda_1 = \frac{s_1}{i_1} \leq 50$
3) Stabgruppe I und III :

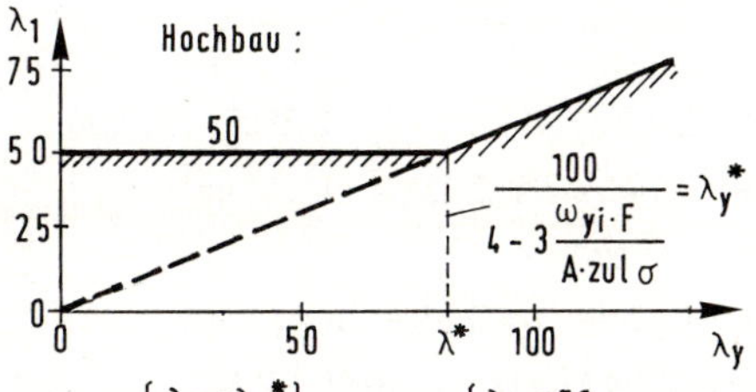

$$\frac{100}{4 - 3\frac{\omega_{yi} \cdot F}{A \cdot zul\,\sigma}} = \lambda_y^*$$

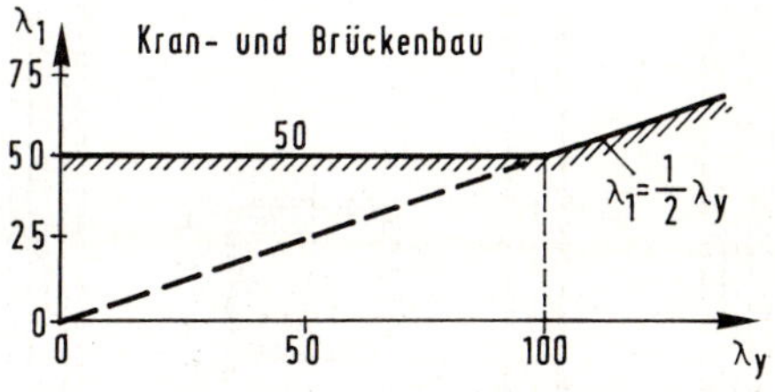

Sofern $\left\{ \begin{matrix} \lambda_y \leq \lambda_y^* \\ \lambda_y \geq \lambda_y^* \end{matrix} \right\}$ muß sein $\left\{ \begin{matrix} \lambda_1 \leq 50 \\ \lambda_1 \leq \frac{1}{2}\lambda_y (4 - 3\frac{\omega_{yi} \cdot F}{A \cdot zul\,\sigma}) \end{matrix} \right.$

Sofern $\left\{ \begin{matrix} \lambda_y \leq 100 \\ \lambda_y \geq 100 \end{matrix} \right\}$ muß sein $\left\{ \begin{matrix} \lambda_1 \leq 50 \\ \lambda_1 \leq \frac{1}{2}\lambda_y \end{matrix} \right.$

F: zentrische Druckkraft

Nachweis der Verrahmung bzw. Vergitterung:

Ideelle Querkraft: $Q_i = \frac{\omega_{zi} \cdot F}{80}$ (Hochbau), $Q_i = \frac{A \cdot zul\,\sigma}{80}$ (Kran- und Brückenbau)

Bei Rahmenstäben: Wenn $e > 20 \cdot i_1$, ist Q_i um $5(e/i_1 - 20)$ % zu erhöhen,

Rahmenstäbe: Schubkraft T ist von m abhängig, z.B.: m = 2 : $T = \frac{Q \cdot s_1}{e}$

Gitterstäbe: $D = \frac{Q_i}{p \cdot \sin\alpha}$, $\sin\alpha = \frac{e}{d}$; ② : H = 0 , ③ : $H = D \cdot \cos\alpha$

Stabgruppe III: Einfach- oder doppel-symmetrische Querschnitte mit zwei stofffreien Achsen, m ist die Anzahl der Einzelstäbe in Richtung y und m' in Richtung z.

Tafel 7.5 enthält die Rechenanweisungen nach DIN 4114 für die Bestimmung der ideellen Schlankheiten für die vorgenannten Stabgruppen. Die in den Formeln auftretenden Hilfsgrößen sind von der Ausfachungsart abhängig. Bei Rahmenstäben ist λ_1 mit der Schlankheit des einzelnen Gurtstabes identisch ($\lambda_1 = \lambda_G$). - Die Anwendung der Formeln ist an gewisse Restriktionen gebunden. Sie betreffen die Größe der gegenseitigen Spreizung: λ_1 darf gewisse Werte nicht überschreiten, anderenfalls werden die Voraussetzungen der den Formeln zugrundeliegenden Theorie verletzt.

Für die Dimensionierung der Verrahmung bzw. Vergitterung sind folgende ideelle Querkräfte anzusetzen:

Hochbau:

$$Q_i = \frac{\omega_i \cdot F}{80} \qquad (358)$$

Brücken- und Kranbau:

$$Q_i = \frac{A \, zul\sigma}{80} \qquad (359)$$

ω_i ist die zu λ_i gehörende ω-Zahl. - Ist $e > 20 i_1$, sind die Q_i-Werte bei Rahmenstäben um $5(e/i_1 - 20)$ in Prozent zu erhöhen; bei Gitterstäben ist eine solche Erhöhung nicht erforderlich. Die Erhöhung kann in Form eines Faktors ausgedrückt werden:

$$[1 + 0{,}05(\frac{e}{i_1} - 20)] = 1 + 0{,}05\frac{e}{i_1} - 1 = 0{,}05\frac{e}{i_1} \qquad (360)$$

7.4.3.2 Beispiele

Die Nachweise nach DIN 4114 basieren auf dem zulσ-Konzept. Gegenüber der Fließgrenze sind danach bei Druck- und Biegebeanspruchung folgende Sicherheiten einzuhalten:

$$St\ 37: \quad \gamma_H = 240/140 = 1{,}71; \quad \gamma_{HZ} = 240/160 = 1{,}50$$

$$St\ 52: \quad \gamma_H = 360/210 = 1{,}71; \quad \gamma_{HZ} = 360/240 = 1{,}50$$

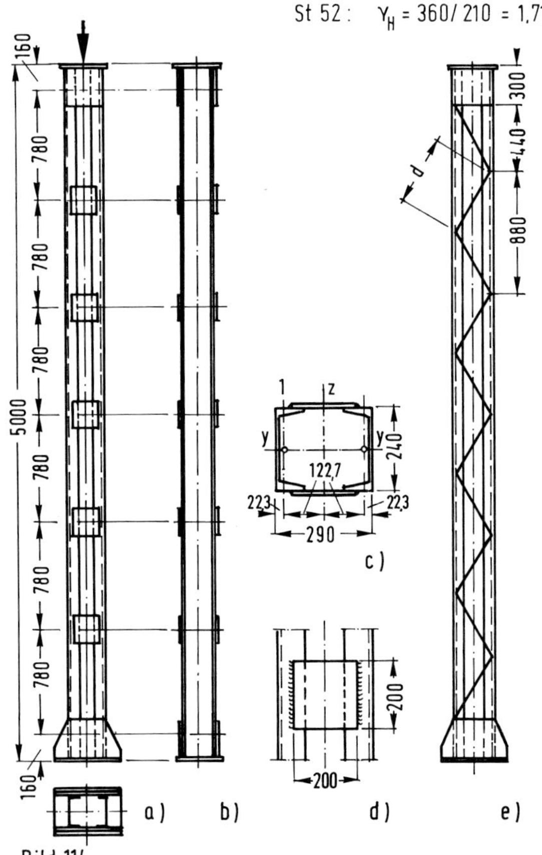

Bild 114

Um den Vergleich mit den Regelungen nach DIN 18800 T2 zu ermöglichen, wird bei den nachfolgenden Berechnungsbeispielen von γ-fachen Lasten ausgegangen!

1. Beispiel: Rahmenstütze (Bild 114a/b): Hochbaustütze 2[240-St37, Länge: 5,0m. Zentrische Druckkraft im Lastfall H:

$$F = 1{,}71 \cdot 950 = 1625\,kN$$

Berechnung der ideellen Schlankheit und ω-Nachweis:

$$A = 2 \cdot 42{,}3 = 84{,}6\,cm^2;\quad I_y = 2 \cdot 3600 = 7200\,cm^4$$

$$I_z = 2 \cdot 248 + 2 \cdot 42{,}3 \cdot 12{,}27^2 = 13\,233\,cm^4$$

$$I_1 = 248\,cm^4$$

$$i_y = 9{,}22\,cm;\quad i_z = 12{,}51\,cm;\quad i_1 = 2{,}42\,cm;$$

$$\lambda_y = 500/9{,}22 = 54;\quad \lambda_z = 500/12{,}51 = 40;$$

$$\lambda_1 = 78/2{,}42 = 32$$

$$m = 2:\quad \lambda_{zi} = \sqrt{\lambda_z^2 + \frac{m}{2}\lambda_1^2} = \sqrt{40^2 + \frac{2}{2}32^2} = 51$$

$$\omega_y = 1{,}24;\quad \omega_z = 1{,}14;\quad \omega_{zi} = 1{,}22;\quad \omega_1 = 1{,}09$$

$$\sigma_{\omega y} = 1{,}24 \cdot 1625/84{,}6 = \underline{23{,}82\,kN/cm^2 < 24\,kN/cm^2}$$

$$\sigma_{\omega zi} = 1{,}22 \cdot 1625/84{,}6 = 23{,}43\,kN/cm^2 < 24\,kN/cm^2$$

Der Schlankheitsbedingung für die Gurtstäbe wird genügt:

$$\lambda_y = 54 < \frac{100}{4 - 3\dfrac{1{,}22 \cdot 1625}{84{,}6 \cdot 24}} = 93 \longrightarrow \lambda_1 = 32 < 50$$

Als nächstes werden die Bindebleche nachgewiesen. Es werden Bleche 200·200·10 mit Überlappschweißung gewählt (vgl. Bild 115a/c). Auf ein Bindeblech entfällt:

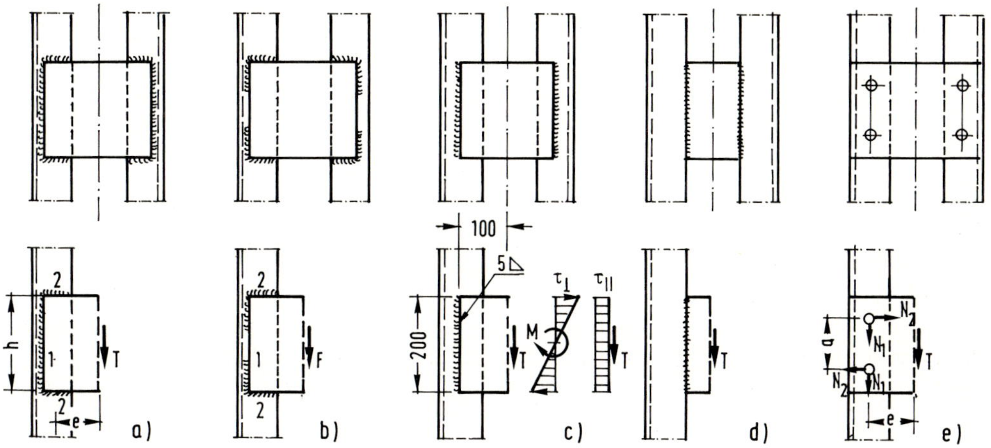

Bild 115

$$Q_i = \frac{1}{2} \cdot \frac{\omega_{zi} \cdot F}{80} = \frac{1}{2} \cdot \frac{1{,}22 \cdot 1625}{80} = \frac{1}{2} 24{,}78 = 12{,}39\,\text{kN}$$

Es wird geprüft, ob eine Erhöhung gemäß G.360 erforderlich ist:

$$20 i_1 = 20 \cdot 2{,}42 = 48{,}40\,\text{cm}; \quad e = 24{,}54\,\text{cm} < 48{,}40\,\text{cm}$$

Somit braucht Q_i nicht erhöht zu werden; die Anschlußschubkraft für ein Bindeblech beträgt:

$$T = \frac{Q_i\, s_1}{e} = \frac{12{,}39 \cdot 78}{24{,}54} = 39{,}38\,\text{kN}$$

Man beachte, daß im Vergleich zu Abschnitt 7.4.2 und Bild 113 anstelle a und b zu setzen ist:

$$a \longrightarrow s_1$$
$$b \longrightarrow e$$

In Bild 115 sind unterschiedliche Ausführungsformen für den Bindeblechanschluß dargestellt; es wird der Fall c gewählt; Schweißnahtdicke: 5mm. Nachweis der Schweißnahtspannungen:

$$Q = T = 39{,}38\,\text{kN} \longrightarrow \tau_{II} = 39{,}38/0{,}5 \cdot 20 = 3{,}94\,\text{kN/cm}^2$$
$$M = T \cdot 10 = 393{,}8\,\text{kNcm} \longrightarrow \tau_\perp = 393{,}8/(0{,}5 \cdot 20^2/6) = 11{,}82\,\text{kN/cm}^2$$
$$\sigma_V = \sqrt{3{,}94^2 + 11{,}82^2} = 12{,}46\,\text{kN/cm}^2 < 1{,}71 \cdot 13{,}5 = 23{,}09\,\text{kN/cm}^2$$

Nachweis des Bindebleches (Dicke: 10mm):

$$\sigma = 393{,}8/(1{,}0 \cdot 20^2/6) = 5{,}91\,\text{kN/cm}^2; \quad \tau = 1{,}5 \cdot 39{,}38/1{,}0 \cdot 20 = 2{,}95\,\text{kN/cm}^2$$

Im Falle eines Anschlusses gemäß Teilbild d verläuft die Berechnung entsprechend, in der Stumpfnaht entsteht infolge M eine $\sigma_\perp$-Spannung; in den Fällen a und b wird T zweckmäßig über die Naht 1 und das Moment über die Nähte 2 abgesetzt:

$$T_1 = T; \quad T_2 = Te/h \qquad (361)$$

Bei angeschraubten Bindeblechen folgt entsprechend (Teilbild e):

$$N_1 = T/2; \quad N_2 = Te/a \qquad (362)$$

Aus N_1 und N_2 wird die Resultierende gebildet.

2. Beispiel: Gitterstütze (Bild 114e): Hinsichtlich Abmessungen und Belastung entspricht die Stütze dem vorangegangenen Beispiel.

Es wird gerechnet (vgl. Tafel 7.5):

$$d = 52\,\text{cm},\ A_D = 3{,}0\,\text{cm}^2,\ s_1 = 88\,\text{cm},\ e = 24{,}54\,\text{cm}$$

$$\lambda_1 = \pi\sqrt{\frac{A}{2A_D}\cdot\frac{d^3}{s_1 e^2}} = \pi\cdot\sqrt{\frac{84{,}6\cdot 52{,}0^3}{2\cdot 3{,}0\cdot 88{,}0\cdot 24{,}54^2}} = \underline{19{,}22}$$

$$\lambda_{zi} = \sqrt{40^2 + \frac{2}{2}19{,}22^2} = 44{,}4 \longrightarrow \omega_{zi} = 1{,}16 \longrightarrow \sigma_{zi} = 1{,}16\cdot 1625/84{,}6 = 22{,}28\,\text{kN/cm}^2$$

Trotz der größeren Gefachlänge (880mm statt 780mm) ist die Tragfähigkeit etwas größer (weil eine Vergitterung steifer als eine Verrahmung ist). Die Streben und deren Anschluß sind für

$$Q_i = \frac{1}{2}\cdot\frac{1{,}16\cdot 1625}{80} = \underline{11{,}78\,\text{kN}};\quad D = \frac{Q_i}{2\cdot\sin\alpha} = \frac{11{,}78}{2\cdot 0{,}4871} = \underline{\pm 12{,}09\,\text{kN}}$$

nachzuweisen.

<u>3. Beispiel:</u> Zweiteiliger Fachwerkstab aus ungleichschenkligen Winkelprofilen

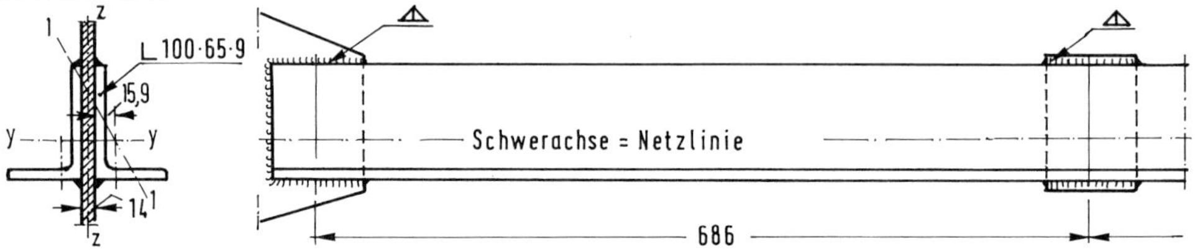

Bild 116

Gesucht ist die Tragkraft, bezogen auf die Fließgrenze. Profile: ∟100x65x9-St37; Knicklänge in beiden Richtungen 2,06m. Es werden drei Felder gewählt (n=3); Knotenblech: 14mm (Bild 116).

$$s_1 = 206/3 = 68{,}6\,\text{cm};\ i_1 = 1{,}39\,\text{cm};\ \lambda_1 = s_1/i_1 = 68{,}6/1{,}39 = 49{,}4 < 50$$

$$s_{Ky} = s_{Kz} = 206\,\text{cm};\ i_y = 3{,}15\,\text{cm};\ \lambda_y = 206/3{,}15 = \underline{64{,}4};\ \frac{1}{2}\lambda_y = 32{,}7$$

$$m = 2;\ A_1 = 14{,}2\,\text{cm}^2;\ A = 2\cdot 14{,}2 = 28{,}4\,\text{cm}^2$$

$$I_z = 2[46{,}7 + 14{,}2(0{,}70 + 1{,}59)^2] = 242{,}3\,\text{cm}^4;\quad i_z = \sqrt{242{,}3/28{,}4} = 2{,}92\,\text{cm}$$

$$\lambda_z = 206/2{,}92 = 70{,}5;\ \lambda_{zi} = \sqrt{70{,}5^2 + \frac{2}{2}49{,}4^2} = \underline{86{,}1} \longrightarrow \omega_{zi} = 1{,}64 \text{ (maßgebend)}$$

"Elasto-statische" Grenzlast:

$$F_{El} = \frac{A\,\sigma_F}{\omega_{zi}} = \frac{28{,}4\cdot 24}{1{,}64} = \underline{415{,}61\,\text{kN}}$$

Die Winkelprofile werden mittels 14mm dicker Bindebleche verbunden (verschnallt).

$$Q_i = \frac{1{,}64\cdot 415{,}6}{80} = 8{,}52\,\text{kN}$$

$$e = 1{,}4 + 2\cdot 1{,}59 = 4{,}58\,\text{cm} \longrightarrow T = 8{,}52\cdot 68{,}6/4{,}58 = 127{,}6\,\text{kN}$$

Die Schubkräfte T wirken in den Schwerachsen der Profile; in der Anschlußebene zum Binde- bzw. Knotenblech kann angesetzt werden (vgl. Bild 117):

$$T_{\text{Anschlußebene}} = \frac{7}{22{,}9}T = 39{,}0\,\text{kN}$$

Hierfür sind die Schweißnähte beidseitig nachzuweisen ($\tau_{||}$) Man liegt auf der sicheren Seite, wenn der Nachweis für die volle Schubkraft T geführt wird, was zu empfehlen ist.

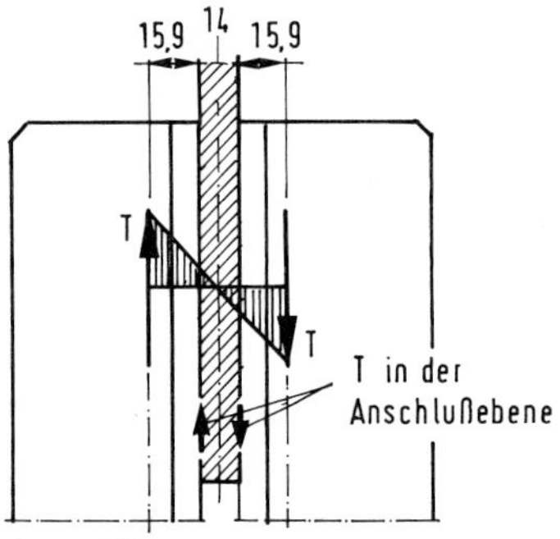

Bild 117

<u>4. Beispiel:</u> Zweiteiliger Verbandsstab mit gekreuzten Winkeln (Bild 118). Der Druckstab gehört zur Stabgruppe II. Druckkraft 43,3kN:

$$\text{Lastfall HZ}:\ F = 1{,}5\cdot 43{,}30 = 65{,}0\,\text{kN}$$

Knicklänge in der Fachwerkebene 390cm und aus der Fachwerkebene 400cm:

$$i_y = i_\eta = 2{,}29\,\text{cm};\ i_1 = i_\zeta = 1{,}17\,\text{cm};\ A = 2\cdot 6{,}91 = 13{,}82\,\text{cm}^2$$

$$s_K = \frac{1}{2}(400 + 390) = 395\,\text{cm}$$

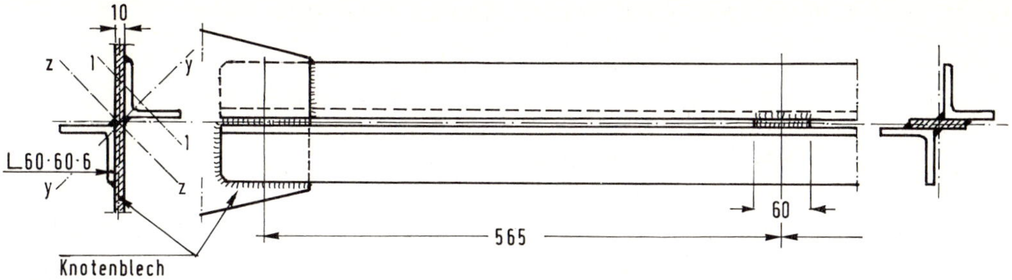

Bild 118

Der Stab wird durch 6 Bindebleche in 7 Abschnitte geteilt: $s_1 = 395/7 = 56{,}5$cm.

$$\lambda_1 = s_1/i_1 = 56{,}5/1{,}17 = 48 < 50$$

Schlankheit des Gesamtstabes um die y-Achse:

$$\lambda_{Ky} = s_{Ky}/i_y = 395/2{,}29 = 173 \longrightarrow \omega_y = 5{,}05 \longrightarrow$$

$$\omega_y \frac{F}{A} = 5{,}05 \frac{65{,}0}{13{,}82} = \underline{23{,}75\,\text{kN/cm}^2} < 24{,}0\,\text{kN/cm}^2$$

Nachweis der Schweißnähte (Dicke der Binde- und Knotenbleche: 10mm):

$$Q_i = \frac{5{,}05 \cdot 65{,}0}{80} = 4{,}10\,\text{kN}; \quad e = 1{,}0 + 2 \cdot 1{,}69 = 4{,}38\,\text{cm} \longrightarrow T = \frac{4{,}10 \cdot 56{,}5}{4{,}38} = 52{,}93\,\text{kN}$$

Länge der Bindebleche: 60mm, Schweißnahtlänge: 50mm, Schweißnahtdicke: 7mm. $A_w = 0{,}7 \cdot 5{,}0 = 3{,}5\,\text{cm}^2$:

$$\tau_{||} = \frac{52{,}93}{3{,}5} = \underline{15{,}12\,\text{kN/cm}^2}$$

7.4.4 Tragsicherheitsnachweis nach DIN 18800 T2 (11.90)

7.4.4.1 Nachweisform

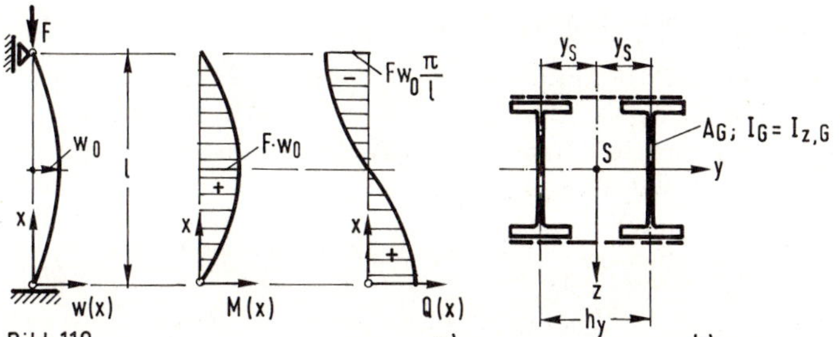

Bild 119 a) b)

Für planmäßig zentrisch gedrückte, mehrteilige Stützen ist eine Ersatzimperfektion $w_0 = l/500$ anzunehmen. Hierfür werden Biegemoment und Querkraft nach Theorie II. Ordnung berechnet. Ist die Biegelinie sinusförmig, ergibt sich das Biegemoment ebenfalls sinusförmig und die Querkraft cosinusförmig. Ist F die Druckkraft unter γ_F-ψ-facher Belastung, gilt nach Th.I.Ordnung (Bild 119a, in DIN 18800 T2 steht v_0 statt w_0):

$$M_z^I(x) = F w_0 \cdot \sin\pi \frac{x}{l} \longrightarrow \max M_z^I = F w_0 \quad (x = l/2) \tag{363}$$

$$Q_z^I(x) = F w_0 \cdot \frac{\pi}{l} \cos\pi \frac{x}{l} \longrightarrow \max Q_z^I = \pm F w_0 \cdot \frac{\pi}{l} \quad (x = 0, l) \tag{364}$$

Der Verformungseinfluß Theorie II. Ordnung wird mit Hilfe des Vergrößerungsfaktors α erfaßt:

$$\alpha = \frac{1}{1 - \frac{F}{F_{Ki}}} \tag{365}$$

Hierbei ist F_{Ki} die Knickkraft des schubweichen Stabes, vgl. G.345:

$$F_{Ki} = \frac{1}{1 + \frac{\pi^2 E I_z^*}{S_z^* l^2}} \cdot \frac{\pi^2 E I_z^*}{l^2} \tag{366}$$

Man beachte (auch in G.371, 372, 379):

$$EI_z^* = (EI_z^*)_d \equiv E_d I_z^* \text{ mit } E_d = E_k/\gamma_M = 21000/1{,}1 = \underline{19\,091\,\text{kN/cm}^2}$$

Gegenüber dem aus den Gurten des mehrteiligen Stabes gebildeten realen Trägheitsmoment

$$I_z = \Sigma(I_{zG} + A_G y_S^2) \quad (367)$$

ist I_z^* ein reduzierter Rechenwert für das "wirksame" Trägheitsmoment des Gesamtquerschnittes [2]:

Rahmenstäbe: $$I_z^* = \Sigma(\eta \cdot I_{z,G} + A_G y_S^2) \quad (368)$$

Gitterstäbe: $$I_z^* = \Sigma A_G y_S^2 \quad (369)$$

η ist in G.368 ein Korrekturwert, der von der Schlankheit des Druckstabes abhängig ist:

$$\eta = 1 \text{ für } 0 \leq \lambda_z \leq 75, \quad \eta = 2 - \frac{\lambda_z}{75} \text{ für } 75 < \lambda_z \leq 150, \ \eta = 0 \text{ für } 150 < \lambda_z \quad (370)$$

λ_z berechnet sich zu $$\lambda_z = \frac{s_{Kz}}{i_z}; \quad i_z^2 = \frac{I_z}{A} \quad (\lambda_z \equiv \lambda_{K,z})$$

(I_z nach G.367.) s_{Kz} ist die Knicklänge des Druckstabes für (globales) Knicken um die stofffreie Achse z ohne Berücksichtigung der Querkraftverformung.

Die Schubsteifigkeit S^* folgt beispielsweise für m=2 (Verband-) Ebenen zu:

- Zweigurtiger Druckstab mit 2 Bindeblechebenen: $$S_z^* = \frac{1}{\dfrac{a^2}{24EI_{z,G}} + \dfrac{ab}{24EI_B} + \dfrac{a}{2bGA_{B,Q}}} \quad (371)$$

  I_{zG} ist das Trägheitsmoment des einzelnen Gurtstabes und b der Abstand der Gurtstab-Schwerachsen ($b=2y_S$, vgl. Bild 119b). I_B ist das Trägheitsmoment und $A_{B,Q}$ die Schub-Querschnittsfläche eines Bindebleches (vgl. G.352). Der zweite und dritte Nennerterm können i.a. vernachlässigt werden; für E ist $E_d=E_k/\gamma_M$ zu setzen!

- Gitterstab mit 2 Verbandsebenen (G.357): $$S_z^* = 2 \cdot EA_D \sin^2\alpha \cdot \cos\alpha \quad (372)$$

  A_D: Querschnittsfläche eines Diagonalstabes; liegen im Gefach einer Verbandsebene ausnahmsweise zwei knicksteife Diagonalstäbe (Kreuzverband), so ist A_D die Summe der Querschnitte dieser beiden Stäbe.

Die Schnittgrößen nach Theorie II. Ordnung (unter γ_F-ψ-facher Belastung) betragen:

$$M_z^{II}(x) = \alpha \cdot M_z^I(z); \quad Q_z^{II}(x) = \alpha \cdot Q_z^I(x); \quad N^{II} = F = \text{konst} \quad (373)$$

Ausgehend von diesen Schnittgrößen werden die Beanspruchungen in den Gurtstäben, Bindeblechen und Füllstäben und deren Verbindungsmitteln berechnet. Bei einem planmäßig mittig gedrückten, beidseitig gelenkig gelagerten Stab ist i.d. Regel für die Gurte das Mittelfeld und für die Füllglieder das Endfeld maßgebend.

Die Druckkraft im höchstbeanspruchten Gurt folgt zu:

$$N_G = \frac{N^{II}}{r} + \frac{M^{II}}{W_z^*} A_G \quad (374)$$

r ist die Anzahl der Gurtstäbe und W^* das Widerstandsmoment des Gesamtquerschnittes, bezogen auf die Schwerachse des am weitesten außen liegenden Gurtes (vgl. Bild 119b):

$$W_z^* = I_z^*/y_S \quad (375)$$

Für die Druckkraft N_G wird die Gurtung auf Knicken nachgewiesen. Knicklänge ist dabei im Regelfall die Gefachhöhe. (Wegen Ausnahmen bei vierteiligen Gitterstäben mit Winkelprofilen als Eckgurte vgl. DIN 18800 T2.) - Ausgehend von der Querkraft $Q_z^{II}(x)$ werden die Bindebleche der Rahmenstäbe und die Streben der Gitterstäbe und deren Anschlüsse nachgewiesen.

Für den Nachweis der Bindebleche ist von den Formeln G.334/336 auszugehen, z.B. im Falle eines zweigurtigen Druckstabes:

$$T = \frac{Q^{II}(x) \cdot a}{h_y} \quad (376)$$

Für den Nachweis eines Diagonalstabes gilt G.337. Hierbei ist Q auf die vorhandenen Verbandsebenen (i.a. zwei) aufzuteilen. Für Rahmenstäbe ist nach DIN 18800 T2 zusätzlich

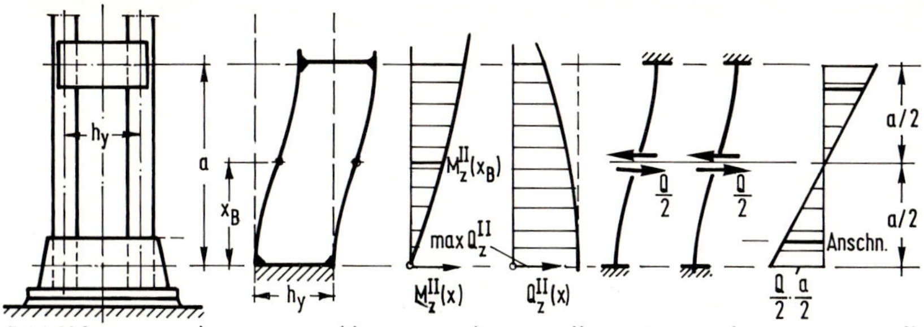

Bild 120 a) b) c) d) e) f)

der Nachweis zu führen, daß sich im höchstbeanspruchten Gefach kein kinematischer Bruchmodus unter γ_F-ψ-facher Belastung ausbildet. Das höchstbeanspruchte Gefach ist das mit der größten Querkraft, dieses liegt im Regelfall an den Stützenenden, vgl. Bild 120. Bei einer Stütze mit zweiteiligem Querschnitt wird das Modell eines Zweigelenkrahmens zugrundegelegt (Teilbild b). Für eine zweigurtige Stütze betragen Normalkraft, Biegemoment und Querkraft in den Gurtstäben (vgl. Bild 120; $x_B=a/2$):

$$N_{G1,2} = \frac{N^{II}}{2} \pm \frac{M_z^{II}(x_B)}{W_z^*} \cdot A_G \tag{377}$$

$$M_G = \frac{\max Q_z^{II}}{2} \cdot \frac{a}{2}; \quad Q_G = \frac{\max Q_z^{II}}{2} \tag{378}$$

A_G ist die Gurtstabfläche. Für das Schnittgrößentripel jedes Gurtstabes ist nachzuweisen, daß die plastische Grenztragfähigkeit des Querschnittes nicht überschritten wird, also die $(M/N/Q)_{Pl}$-Interaktionsbedingung eingehalten wird.

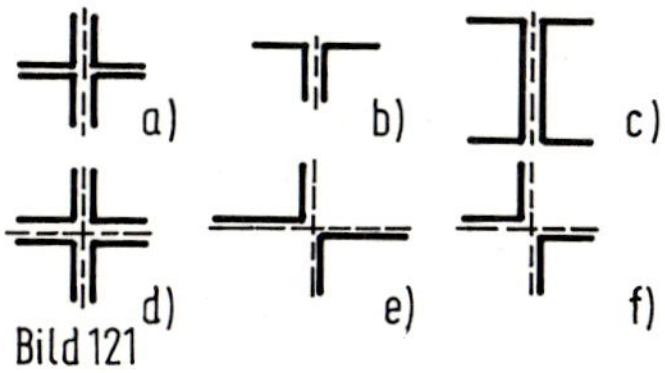

Bild 121 a) b) c) d) e) f)

Für Stäbe mit den in Bild 121 dargestellten Querschnitten gelten nach DIN 18800 T2 Vereinfachungen bzw. Sonderregelungen; danach dürfen Druckstäbe mit Querschnitten gemäß Teilbild a bis d für das Ausknicken rechtwinklig zur stofffreien Achse im Regelfall wie einteilige Druckstäbe berechnet werden.

Handelt es sich um unverschiebliche oder verschiebliche Stäbe oder Stabwerke (z.B. um Rahmen- oder Bogentragwerke), die nicht beidseitig gelenkig gelagert sind (weiteres Beispiel: unten eingespannte, oben freie Kragstütze) oder/und um Stäbe, die planmäßig auf einachsige Biegung und Längskraft beansprucht werden, so sind zunächst die Schnittgrößen nach Theorie II. Ordnung zu berechnen. Als Ersatzimperfektionen sind $w_0=l/500$ und ψ_0 nach Bild 30 anzunehmen. Es ist von der Biegetheorie des schubweichen Stabes auszugehen; die Stabkennzahlen ε berechnen sich in diesem Falle zu:

$$\varepsilon = l \cdot \sqrt{\frac{\gamma_S \cdot F}{EI_z^*}} \quad \text{mit} \quad \gamma_S = \frac{1}{1 - F/S_z^*} \tag{379}$$

l ist die Länge und I_z^* das wirksame Trägheitsmoment des einzelnen Stabelements (G.368/369). S_z^* folgt aus G.371/372. F ist die Längskraft im γ-fachen Lastzustand. Bei verschieblichen Systemen genügt i.a. eine Abschätzung des Verformungseinflusses mittels G.365 (vgl. Abschn. 7.2.4.4 und 7.3.3.6.6). Dazu muß die Knickkraft des schubweichen Systems bekannt sein! Sind die Schnittgrößen nach Th. II. Ordnung bestimmt, werden die Gurtstäbe, Bindebleche und Füllstäbe (gemäß den obigen Erläuterungen) nachgewiesen.

7.4.4.2 Beispiel: Rahmenstütze

Es wird dieselbe Stütze wie in Abschnitt 7.4.3.2 (1. Beispiel) untersucht: Rahmenstütze 2 [240-St-37, l=500cm. Planmäßig mittige Belastung mit F=1400kN (γ_F-ψ-fache Einwirkung). Bild 122 zeigt den Querschnitt.

Querschnittswerte:

$$A = 2 \cdot 42{,}3 = 84{,}6\,cm^2;\ I_y = 7200\,cm^4,\ I_z = 13233\,cm^4;\ I_{G,z} = I_1 = 248\,cm^4$$
$$i_y = 9{,}22\,cm,\ i_z = 12{,}51\,cm;\ i_{G,z} = i_1 = 2{,}42\,cm$$

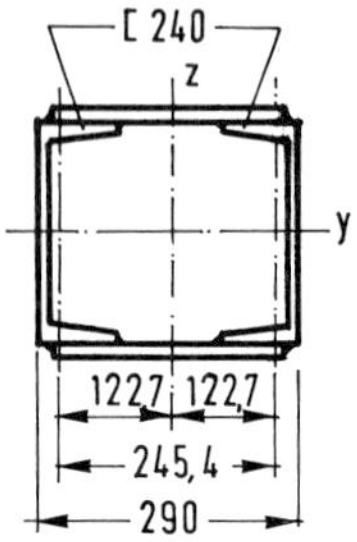

Bild 122

Knicken um die Stoffachse y:

$s_{Ky} = 500\,cm;\ \lambda_y = 500/9{,}22 = 54;\ \lambda_a = 92{,}9;\ \bar{\lambda} = 54/92{,}9 = 0{,}58 \longrightarrow \kappa = 0{,}779$ (Linie c)

$f_{y,d} = 24/1{,}1 = 21{,}8\ kN/cm^2;\ N_{Pl} = 21{,}8 \cdot 84{,}6 = 1844\ kN \longrightarrow \underline{1400\ kN < 0{,}779 \cdot 1844 = 1436\ kN}$

Knicken um die stofffreie Achse z:

$s_{Kz} = 500\,cm,\ a = 78{,}0\,cm,\ b = 24{,}54\,cm$

$\lambda_z = 500/12{,}51 = 40 < 75 \longrightarrow \eta = 1:\ I_z^* = I_z = 13233\,cm^4;\ W_z^* = 13233/12{,}27 = 1079\,cm^3$

Bindebleche ▯ 200·10 : $I_B = 1{,}0 \cdot 20^3/12 = 667\,cm^4;\ A_{B,Q} = \frac{1}{1{,}2} 1{,}0 \cdot 20 = 16{,}7\,cm^2$

$$S_z^* = \frac{21000/1{,}1}{\frac{78{,}0^2}{24 \cdot 248} + \frac{78{,}0 \cdot 24{,}54}{24 \cdot 667} + \frac{78{,}0}{2 \cdot 24{,}54 \cdot \frac{0{,}81}{2{,}1} 16{,}7}} = \frac{19090}{1{,}022 + 0{,}1196 + 0{,}2467} = \underline{13750\ kN}$$

Werden die Bindeblechverformungen nicht berücksichtigt, beträgt die Schubsteifigkeit 18679kN. Berechnung der Knickkraft und des Vergrößerungsfaktors:

$$\frac{\pi^2 (EI_z^*)_d}{l^2} = \frac{\pi^2 \cdot 19090 \cdot 13233}{500^2} = 9973\,kN:\ F_{Ki} = \frac{1}{1 + \frac{9973}{13750}} \cdot 9973 = 0{,}5796 \cdot 9973 = \underline{5780\ kN} \longrightarrow$$

$$\alpha = \frac{1}{1 - \frac{1400}{5780}} = \underline{1{,}320}$$

$w_0 = l/500 = 500/500 = 1{,}0\,cm;\ F \cdot w_0 = 1400 \cdot 1{,}0 = 1400\ kNcm$ (Imperfektionsmoment n. Th. I. Ordn.)

$\max M_z^{II} = 1{,}320 \cdot 1400 = \underline{1847\ kNcm};\ \max Q_z^{II} = 1{,}320 \cdot 1400 \cdot \frac{\pi}{500} = \underline{11{,}61};\ N^{II} = F = \underline{1400\ kN}$

$\max N_G = \frac{1400}{2} + \frac{1847}{1079} \cdot 42{,}3 = 700 + 72{,}4 = \underline{772\ kN}$

$\lambda_{G,z} = 78{,}0/2{,}42 = 32{,}2;\ \lambda_a = 92{,}9;\ \bar{\lambda} = 32{,}2/92{,}9 = 0{,}347 \approx 0{,}35 \longrightarrow \kappa = 0{,}890$ (Linie c)

$N_{Pl} = 21{,}8 \cdot 42{,}3 = \underline{922\ kN} \longrightarrow \underline{772\ kN < 0{,}890 \cdot 922 = 821\ kN}$

Auf ein Bindeblech entfällt eine maximale Querkraft von Q=11,61/2=5,81kN; die Schubkraft T beträgt:

$$T = 5{,}81 \cdot \frac{78{,}0}{24{,}54} = \underline{18{,}5\ kN}$$

Bindeblech und Schweißnahtanschluß werden wie im 1. Beispiel des Abschnitts 7.4.3.2 nachgewiesen. Bei gleichen oder größeren Abmessungen sind damit auch die Fuß- und Kopfbleche nachgewiesen.

In Höhe des ersten Bindebleches (x=16+78=94cm) beträgt die Querkraft:

$$Q(x = 94{,}0\,cm) = 5{,}81 \cdot \cos \pi \frac{94}{500} = 5{,}81 \cdot 0{,}8306 = \underline{4{,}83\ kN}$$

Im folgenden wird dem Nachweis, daß sich in den Gurtstäben keine Fließgelenkkette einstellt, die max Querkraft am Stabende zugrundegelegt; damit liegt die Rechnung auf der sicheren Seite. Das Biegemoment wird im Schnitt x_B=15+78/2=52cm berechnet:

$$M_z^{II}(x_B) = 1847 \cdot \sin \pi \frac{52}{500} = 1847 \cdot 0{,}3210 = \underline{593\ kNcm};\ N^{II} = \underline{1400\ kN}$$

$$N_{G;1,2} = \frac{1400}{2} \pm \frac{593}{1079} \cdot 42{,}3 = 700 \pm 23{,}3 = \underline{+\,723\ kN,}\ -677\ kN$$

$$M_G = \frac{11{,}61}{2} \cdot \frac{78{,}0}{2} = \underline{226\ kNcm};\ Q_G = \frac{11{,}61}{2} = \underline{5{,}81\ kN}$$

Ein elasto-statischer Spannungsnachweis ergibt:

$$\sigma = \frac{723}{42{,}3} + \frac{226}{39{,}6} = 17{,}09 + 5{,}71 = \underline{22{,}8\ kN/cm^2 > 24{,}0/1{,}1 = 21{,}8\ kN/cm^2}$$

Es wird somit die Fließgrenze überschritten. Legt man für den Nachweis den Anschnitt zum Fußbindeblech zugrunde (vgl. Bild 120f), ergibt sich:

$$M_G = \frac{11{,}61}{2} \cdot (36{,}0 - 10{,}0) = \underline{150\ kNcm} \longrightarrow$$

$$\sigma = \frac{723}{42{,}3} + \frac{150}{39{,}6} = \underline{20{,}9\ kN/cm^2 < 21{,}8\ kN/cm^2}$$

Von der Ausbildung einer Fließgelenkkette ist der Bereich noch weit entfernt. Zur M-N-Interaktion von [-Profilen vgl. Anhang A4/1/2.

7.5 Tragsicherheitsnachweis gedrückter Stäbe gegen Biegedrillknicken

7.5.1 Einführung

Wie in Abschnitt 7.2.3.1 erwähnt, sind gedrückte Stäbe und Stabwerke außer gegen Biegeknicken stets auch gegen den Grenzzustand Biegedrillknicken nachzuweisen. Der Biegedrillknicknachweis wird am isolierten, aus dem Stabwerk herausgelösten Stab geführt. Die Einbindung des Stabes im Gesamtsystem wird über die Biege-, Torsions- und Wölbrandbedingungen erfaßt.

Stäbe mit ein- oder mehrzelligem Querschnitt sind nicht biegedrillknickgefährdet, wohl alle Stäbe mit offenem Querschnitt. Das beruht auf deren geringer Drillsteifigkeit. Bild 123 zeigt derartige Querschnittsformen; sie sind in den hier gezeigten Fällen einfachsymmetrisch. Im Instabilitätsfalle tritt eine gekoppelte Biegedrillknickung auf. Diese Erscheinung kann bei exzentrisch gedrückten Stäben mit I-Profil auch als seitliches Ausknicken des gedrückten Gurtes gedeutet werden. Drillknicken (mit alleiniger Drillung) ist auf Sonderfälle (mit doppeltsymmetrischem) Querschnitt beschränkt.

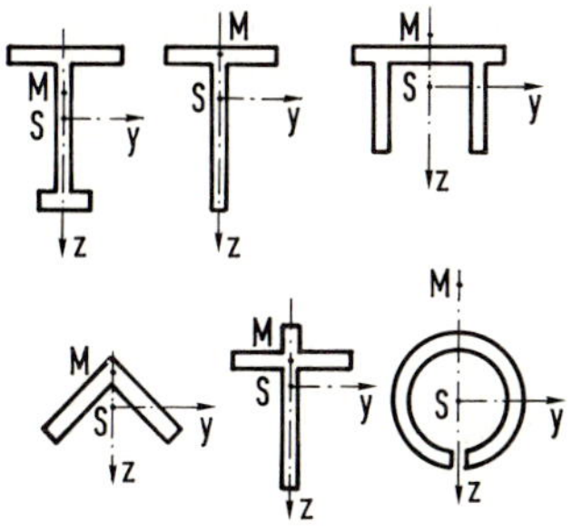

Bild 123

Das Biegedrillknickphänomen läßt sich am anschaulichsten am U-Profil erläutern (Bild 124a): Profil (A) knickt um die y-Achse, Profil (B) um die z-Achse. Im zweitgenannten Falle wird durch die seitliche Ausbiegung v an der Stelle x die Querkraft Q=F·ψ=Fv' geweckt, Bild 124b. ψ ist der lokale Drehwinkel der Stabachse und F die zentrische Druckkraft. Der Querkraft Q sind über den Querschnitt verteilte Schubspannungen zugeordnet. Deren Resultierende verläuft durch den Schubmittelpunkt M (vgl. Abschnitt 4.7). Beim Ausknicken wird demnach ein Drillmoment $Q \cdot z_M$ geweckt. $|z_M|$ ist der Abstand zwischen dem Schwerpunkt S und dem Schubmittelpunkt M. - Beim Ausknicken des Profils (A) in Richtung z liegen äußere und innere Komponente F·φ in einer Ebene, es besteht demnach kein Grund zu einer Verdrillung. Ist die Steifigkeit des U-Profiles in beiden Biegerichtungen etwa gleichgroß, läßt sich von vornherein nicht erkennen, ob Biegeknickung in der einen oder Biegedrillknickung in der anderen Richtung maßgebend ist. Beide Möglichkeiten sind in Betracht zu ziehen. Die kleinere Verzweigungskraft ist maßgebend. - Mechanisch läßt sich die Biegedrillknickinstabilität anhand Bild 124c wie folgt deuten: Zerlegt man das U-Profil in seine Einzelteile (Steg und Flansche), wird deutlich, daß deren Steifigkeiten bei Biegung um die z-Achse stark unterschiedlich sind: Die Flansche haben das Bestreben, bei einer wesentlich geringeren Druckspannung auszuknicken, als der Steg. Letzterer wirkt für das Gesamtprofil aussteifend. Knickt der Druckstab aus, verbiegen sich die Flansche stärker als der Steg; das hat eine Verdrillung zur Folge.

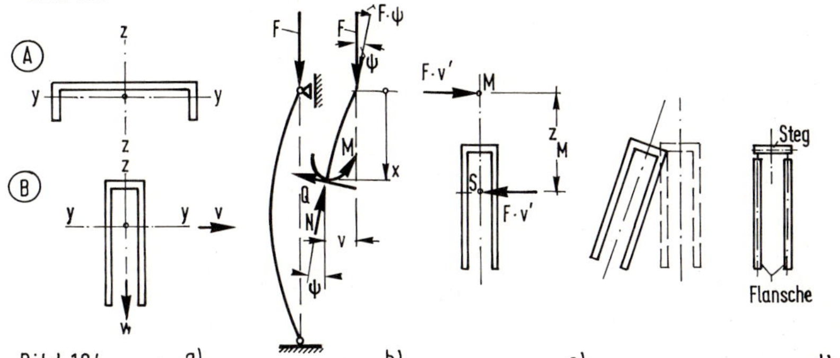

Bild 124 a) b) c) d)

Biegedrillknicken tritt nicht nur bei zentrischer sondern auch bei exzentrischer Druckkraft auf. Wegen fehlender Wölbsteifigkeit sind T-Querschnitte (T-Profile oder halbierte I-Profile) sowie Winkel- und Kreuzprofile besonders biegedrillknickgefährdet.

7.5.2 Grundgleichungen des Biegedrillknickproblems außermittig gedrückter Stäbe mit doppelt-symmetrischem Querschnitt

Für einen Biegestab unter einachsiger Biegung gilt in Theorie I. Ordnung die Grundgleichung:

$$EIw'''' = q(x) \qquad (380)$$

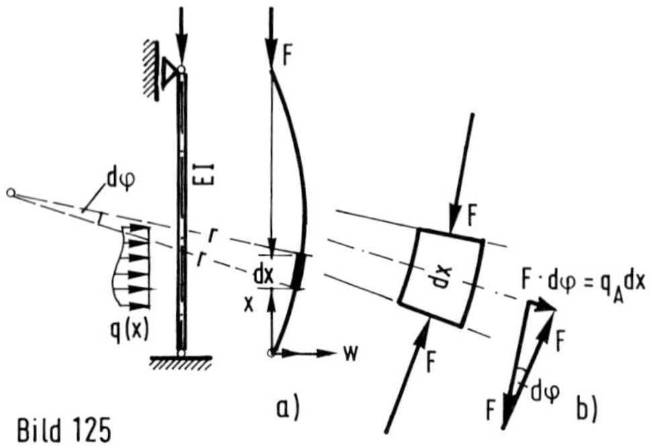

Bild 125

EI ist die Biegesteifigkeit, w(x) ist die Durchbiegung und q(x) die äußere quergerichtete Belastung je Längeneinheit (Bild 125a). Steht der Stab zusätzlich unter Druck und beträgt die Druckkraft an der Stelle x F, liegt ein Biegeproblem Theorie II. Ordnung vor. Durch die lokale Krümmung wird eine Abtriebskraft (Umlenkkraft) geweckt. Die Krümmung $\varkappa$ beträgt:

$$\varkappa = -\frac{w''}{(1+w'^2)^{3/2}} \approx -w'' \qquad (381)$$

Der von den Schnittflächen des Elementes dx eingeschlossene Winkel sei dφ, dann gilt dx=r·dφ. r ist der lokale Krümmungsradius, die Krümmung $\varkappa$ ist gleich 1/r. Die Abtriebskraft $q_A(x)$ folgt aus Bild 125b zu:

$$q_A(x)\,dx = F\,d\varphi = F\frac{1}{r}dx = F\varkappa dx = -Fw''dx \longrightarrow q_A(x) = -Fw'' \qquad (382)$$

Wird diese Kraft (je Längeneinheit) der rechten Seite von G.380 hinzugeschlagen, folgt:

$$EIw'''' = q(x) + q_A(x) = q(x) - Fw'' \longrightarrow \boxed{EIw'''' + Fw'' = q(x)} \qquad (383)$$

Das ist die Grundgleichung der Biegetheorie II. Ordnung (vgl. G.244 in Abschnitt 7.3.2). Nach demselben Konzept soll im folgenden für den exzentrisch gedrückten Stab mit doppeltsymmetrischem Querschnitt das Biegedrillknickproblem gelöst werden. Bild 126a zeigt ein

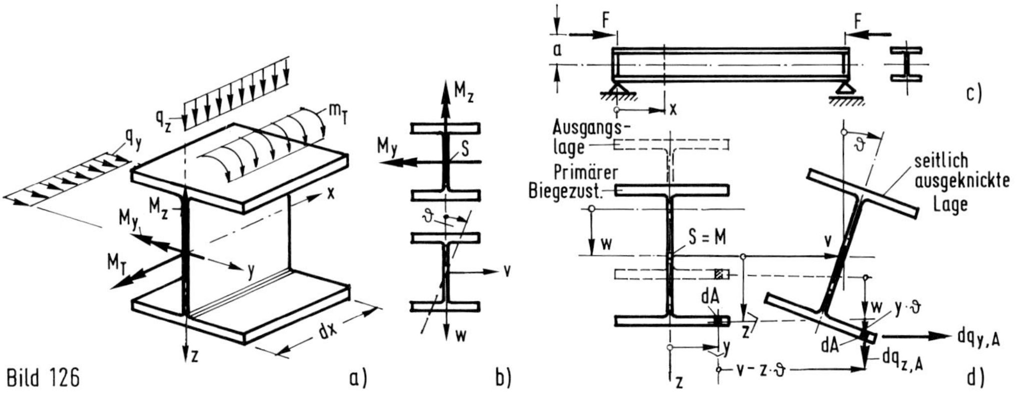

Bild 126

Stabelement der Länge dx mit den äußeren Einwirkungen q_z, q_y und m_T. In Teilbild b sind die Momente M_y, M_z und die Verformungen w, v und ϑ eingetragen. Bei einer Drillung (Torsion) werden primäre und sekundäre Spannungen geweckt (Abschnitt 4.8).

Die Grundgleichungen nach Theorie I. Ordnung lauten:

$$EI_y w'''' = q_z \qquad (384)$$

$$EI_z v'''' = q_y \qquad (385)$$

$$EC_M \vartheta'''' - GI_T \vartheta'' = m_T \qquad (386)$$

EI_y und EI_z sind die Biegesteifigkeiten für Biegung um die y- bzw. z-Achse, EC_M ist die Wölbsteifigkeit und GI_T ist die (ST-VENANTsche) Drillsteifigkeit. Der Stab werde exzentrisch gedrückt. Er erfährt dadurch eine Vorausbiegung in der Symmetrieebene. Bild 126c zeigt den Stab mit den gegengleichen Druckkräften F. In der durch den Querschnittspunkt y,z verlaufenden Faser beträgt die Normalspannung:

$$\sigma = \frac{F}{A} + \frac{M}{I_y}(-z) \qquad (387)$$

(σ ist hier als Druckspannung positiv definiert.) Tritt Biegedrillknicken aus dem primären Biegezustand heraus ein, weicht der Stab an der Stelle x um das Maß v(x) seitlich unter gleichzeitiger Drillung um das Maß $\vartheta(x)$ aus, vgl. Bild 126d. Die Faser im Querschnittspunkt y, z durchläuft eine räumlich gekrümmte Kurve. Die Verschiebungen in Richtung y und z betragen (Bild 126d):

$$+(v-z\vartheta) \quad \text{bzw.} \quad +(w+y\vartheta) \tag{388}$$

Die Abtriebskräfte der lokalen Spannungsresultierenden $\sigma \cdot dA$ in Richtung y und z folgen demgemäß zu:

$$-\underline{\sigma dA}\cdot(v-z\vartheta)'' \quad \text{bzw.} \quad -\underline{\sigma dA}\cdot(w+y\vartheta)'' \tag{389}$$

(Vgl. G.382. Das Minuszeichen ist dadurch bedingt, daß bei den hier vereinbarten Biegerichtungen von v und w die Krümmungen selbst negativ sind.) Wird über alle Querschnittselemente dA integriert, betragen die resultierenden Abtriebswirkungen, einschließlich des auf die Schwerachse (hier gleich Schubmittelpunktsachse) bezogenen Drillmomentes:

$$\downarrow q_{z,A} = \int_A -\sigma dA\cdot(w+y\vartheta)'' \tag{390}$$

$$\vec{q}_{y,A} = \int_A -\sigma dA\cdot(v-z\vartheta)'' \tag{391}$$

$$m_{T,A} = -\int_A -\sigma dA\cdot(v-z\vartheta)''\cdot z + \int_A -\sigma dA\cdot(w+y\vartheta)''\cdot y \tag{392}$$

Die Integrale verstehen sich als Flächenintegrale über den Stabquerschnitt. - Wird für σ G.387 eingesetzt, findet man:

$$q_{z,A} = -Fw''; \quad q_{y,A} = -Fv'' - M\vartheta''; \quad m_{T,A} = -Mv'' - Fi_p^2\vartheta'' \tag{393}$$

Beweis:

$$q_{z,A} = -\int_A \left(\frac{F}{A} - \frac{M}{I_y}z\right)(w''+\vartheta''y)\,dA = -\int_A \left(\frac{F}{A}w'' + \frac{F}{A}\vartheta''y - \frac{M}{I_y}w''z - \frac{M}{I_y}\vartheta''yz\right)dA = -\frac{F}{A}w''A = -Fw'' \tag{394}$$

$$q_{y,A} = -\int_A \left(\frac{F}{A} - \frac{M}{I_y}z\right)(v''-\vartheta''z)\,dA = -\int_A \left(\frac{F}{A}v'' - \frac{F}{A}\vartheta''z - \frac{M}{I_y}v''z + \frac{M}{I_y}\vartheta''z^2\right)dA = -\frac{F}{A}v''A - \frac{M}{I_y}\vartheta''I_y = -Fv'' - M\vartheta'' \tag{395}$$

Die Integrale

$$\int_A z\,dA, \quad \int_A y\,dA \quad \text{und} \int_A yz\,dA \tag{396}$$

sind hier (wegen der Beschränkung auf einen doppelt-symmetrischen Querschnitt) Null. Auf gleichem Wege wird die Richtigkeit von $m_{T,A}$ bewiesen; dabei kann der Querschnittswert

$$r_y = +\frac{1}{I_y}\int_A z(y^2+z^2)\,dA, \tag{397}$$

der sich bei der Integration ergibt, aus demselben Grund wie zuvor, Null gesetzt werden. Werden die Abtriebswirkungen (G.393) mit der äußeren Belastung des Druckstabes identifiziert (G.384-386), folgt:

$$EI_y w'''' + Fw'' = 0 \tag{398}$$

$$EI_z v'''' + Fv'' + M\vartheta'' = 0 \tag{399}$$

$$EC_M\vartheta'''' - GI_T\vartheta'' + F\cdot i_p^2\vartheta'' + Mv'' = 0 \tag{400}$$

i_p ist der polare Trägheitsradius:

$$i_p^2 = \frac{I_p}{A} = \frac{I_y+I_z}{A} \tag{401}$$

Die Gleichungen 399 und 400 sind über v und ϑ miteinander gekoppelt. Sie bilden also ein simultanes Differentialgleichungssystem. Mit der Primärverformung w (in der Symmetrieebene) besteht keine Kopplung.

Mit der vorstehend gezeigten Herleitung ist dargetan, wie das Grundgleichungssystem für das verallgemeinerte Biegedrillknickproblem bei Vorliegen einfach-symmetrischer bzw. beliebiger Querschnitte gefunden werden kann. In diesen Fällen werden die Verformungen auf die Schubmittelpunktsachse bezogen (vgl. z.B. [1] und die dort angegebene Literatur).

7.5.3 Elasto-statische Lösungen des Biegedrillknickproblems

Für den Sonderfall einer biege- und wölbfreien Lagerung (Gabellagerungen) beider Stabenden läßt sich eine geschlossene Lösung der gekoppelten Differentialgleichungen

(G.399/400) angeben. In allen anderen Fällen gelingt nur eine Näherungslösung. Der genannte Sonderfall hat die größte baupraktische Bedeutung. Die Randbedingungen an den Rändern x=0 und x=l lauten:

$$v = v'' = \vartheta = \vartheta'' = 0 \tag{402}$$

v"=0 besagt, daß die Biegespannungen bei Biegung um die z-Achse Null sind, $\vartheta''=0$, daß die Wölbspannungen Null sind. - Führt man für v(x) und ϑ(x) jeweils eine Sinusfunktion als Lösungsansatz ein

$$v(x) = a \cdot \sin \pi \frac{x}{l}\,; \quad \vartheta(x) = b \cdot \sin \pi \frac{x}{l}, \tag{403}$$

bestätigt man, daß die Randbedingungen erfüllt werden und daß das gekoppelte Differentialgleichungssystem ebenfalls für jeden Wert von x befriedigt wird:

$$a \cdot [EI_z(\tfrac{\pi}{l})^4 - F(\tfrac{\pi}{l})^2] - b \cdot M(\tfrac{\pi}{l})^2 = 0 \tag{404}$$

$$b \cdot [EC_M(\tfrac{\pi}{l})^4 + GI_T(\tfrac{\pi}{l})^2 - Fi_p^2(\tfrac{\pi}{l})^2] - a \cdot M(\tfrac{\pi}{l})^2 = 0 \tag{405}$$

Werden beide Gleichungen durch $(\pi/l)^2$ dividiert, ergibt sich:

a	b	
$EI_z(\frac{\pi}{l})^2 - F$	$-M$	$=0$
$-M$	$+EC_M(\frac{\pi}{l})^2 + GI_T - Fi_p^2$	$=0$

(406)

Knickbedingung ist Det=0, d.h. es wird die Koeffizientendeterminante gebildet und Null gesetzt:

$$(EI_z(\tfrac{\pi}{l})^2 - F)(EC_M(\tfrac{\pi}{l})^2 + GI_T - Fi_p^2) - M^2 = 0 \tag{407}$$

Von dieser Knickbedingung ausgehend, lassen sich verschiedene Sonderfälle lösen:

Fall a: Zentrisch gedrückte Stäbe

Das Primärbiegemoment M ist Null, die Knickbedingung verkürzt sich zu:

$$(F_E - F)(F_T - F) = 0 \quad \text{mit} \quad F_E = \frac{\pi^2 EI_z}{l^2}\,; \quad F_T = \frac{EC_M(\frac{\pi}{l})^2 + GI_T}{i_p^2} \quad (= F_D) \tag{408}$$

Diese Bedingung hat zwei (unabhängige) Lösungen:

$$\begin{aligned} F_{Ki} &= F_E \quad \text{Biegeknicken um die z-Achse} \\ F_{Ki} &= F_D \quad \text{Drillknicken} \end{aligned} \tag{409}$$

Es sind somit zwei Knickformen möglich. Profilform und Stablänge entscheiden darüber, welche maßgebend ist. Drillknicken (ohne Ausbiegung) tritt ein, wenn

$$\frac{F_D}{F_E} = \frac{(EC_M(\frac{\pi}{l})^2 + GI_T)l^2}{\pi^2 EI_z \cdot i_p^2} \leq 1 \tag{410}$$

ist. Das ist gleichwertig mit der Bedingung:

$$c \leq i_p \tag{411}$$

c nennt man den "Drehradius des Querschnittes":

$$c = \sqrt{\frac{C_M}{I_z} + \frac{l^2}{\pi^2} \cdot \frac{GI_T}{EI_z}} \tag{412}$$

(Ergänzender Hinweis: Der Index E steht für EULER≅Biegeknicken und der Index T für Torsion. Torsion und Drillung (Index D) sind synonym. Bei Instabilitätsproblemen spricht man üblicher Weise von Biegedrillknicken und nicht von Torsionsknicken, während es bei Spannungsproblemen gängiger ist, von Torsion, z.B. Wölbkrafttorsion, zu sprechen.)

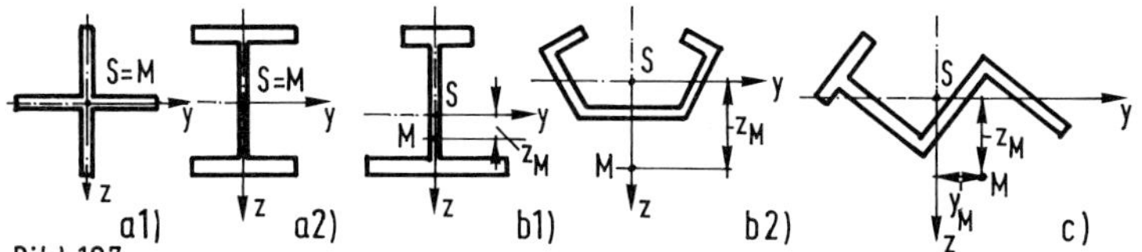

Bild 127

Zusammenfassung und Verallgemeinerung: Bei Druckstäben mit einfachsymmetrischen und unsymmetrischen Querschnitten tritt unter zentrischer Belastung stets gekoppeltes Biegedrillknicken ein. Bei einfach-symmetrischen Querschnitten beträgt die elasto-statische Biegedrillknickspannung $\sigma_{Ki}=F_{Ki}/A$:

$$\sigma_{Ki}=\frac{2}{\left(\frac{1}{\sigma_E}+\frac{1}{\sigma_T}\right)\pm\sqrt{\left(\frac{1}{\sigma_E}-\frac{1}{\sigma_T}\right)^2+\frac{4}{\sigma_E\sigma_T}\cdot\left(\frac{z_M}{i_M}\right)^2}} \qquad (413)$$

Hierin bedeuten (z-Achse ist Symmetrieachse):

$$\sigma_E=\frac{\pi^2EI_z}{l^2A},\quad \sigma_T=\frac{EC_M\left(\frac{\pi}{l}\right)^2+GI_T}{i_M^2\cdot A};\quad i_M^2=i_p^2+z_M^2,\quad i_p^2=\frac{I_p}{A}=\frac{I_y+I_z}{A} \qquad (414)$$

z_M ist der Schubmittelpunktsabstand, vgl. Bild 127b.
Im Falle punkt- und doppelt-symmetrischer Querschnitte fallen Schwerpunkt S und Schubmittelpunkt M zusammen. Demgemäß gilt (vgl. G.408/409):

$$\sigma_{Ki}=\sigma_E \text{ oder } \sigma_{Ki}=\sigma_T \quad \text{mit} \quad \sigma_E=\frac{\pi^2EI_z}{l^2A},\quad \sigma_T=\frac{EC_M\left(\frac{\pi}{l}\right)^2+GI_T}{i_p^2A} \qquad (415)$$

Im Falle unregelmäßiger (unsymmetrischer) Querschnitte gelingt keine formelmäßige Aufbereitung. Die Biegedrillknickspannung läßt sich dann aus nachstehender Knickgleichung berechnen:

$$\left(1-\frac{\sigma_{Ey}}{\sigma_{Ki}}\right)\left(1-\frac{\sigma_{Ez}}{\sigma_{Ki}}\right)\left(1-\frac{\sigma_T}{\sigma_{Ki}}\right)-\left(1-\frac{\sigma_{Ey}}{\sigma_{Ki}}\right)\left(\frac{z_M}{i_M}\right)^2-\left(1-\frac{\sigma_{Ez}}{\sigma_{Ki}}\right)\left(\frac{y_M}{i_M}\right)^2=0 \qquad (416)$$

Hierin bedeuten:

$$\sigma_{Ey}=\frac{\pi^2EI_y}{l^2A};\quad \sigma_{Ez}=\frac{\pi^2EI_z}{l^2A};\quad \sigma_T=\frac{EC_M\left(\frac{\pi}{l}\right)^2+GI_T}{i_M^2A};\quad i_M^2=i_p^2+z_M^2+y_M^2 \qquad (417)$$

Wird G.416 mit σ_{Ki}^3 durchmultipliziert, erhält man eine kubische Gleichung für σ_{Ki}. Sie hat drei Wurzeln, die niedrigste ist die maßgebende. Dabei gilt:

$$\sigma_{Ki}<\begin{cases}\sigma_{Ey}\\ \sigma_{Ez}\\ \sigma_T\end{cases} \qquad (418)$$

Fall b: Exzentrisch gedrückte Stäbe
Das Primärbiegemoment beträgt (siehe Bild 126c):

$$M=Fa \qquad (419)$$

a ist das Exzentrizitätsmaß. Die Knickbedingung lautet:

$$(F_E-F)(F_T-F)\cdot i_p^2-F^2a^2=0 \longrightarrow \frac{F}{F_E}+\frac{F}{F_T}-\frac{F^2}{F_EF_T}\left[1-\left(\frac{a}{i_p}\right)^2\right]=1 \qquad (420)$$

F_E und F_T haben dieselbe Bedeutung wie in G.408. - Wird die Gleichung gemäß

$$\frac{F}{F_E}+\frac{F}{F_T}-\frac{F^2}{F_EF_T}\left[1-\left(\frac{a}{i_p}\right)^2\right]-1=0 \qquad (421)$$

umgestellt und durch F^2 dividiert, erhält man eine quadratische Gleichung für 1/F und hieraus (nach Zwischenrechnung) die Biegedrillknickkraft für außermittig gedrückte Stäbe mit doppelt-symmetrischem Querschnitt:

$$F_{Ki}=F_E\frac{2}{\left(1+\frac{F_E}{F_T}\right)\pm\sqrt{\left(1+\frac{F_E}{F_T}\right)^2-4\frac{F_E}{F_T}\cdot\left[1-\left(\frac{a}{i_p}\right)^2\right]}}=\frac{\pi^2EI_z}{l^2}\cdot\frac{2c^2}{(c^2+i_p^2)\left(1\pm\sqrt{1-4c^2\frac{i_p^2-a^2}{(c^2+i_p^2)^2}}\right)} \qquad (422)$$

c ist der Drehradius gemäß G.412. Durch die Querschnittsfläche A dividiert, folgt die Biegedrillknickspannung.
Indem F_{Ki} mit der Knickkraft eines Ersatzstabes mit der Knicklänge s_K (Ersatzstablänge) gleich gesetzt wird, kann s_K bzw. der Knicklängenfaktor ß bestimmt werden:

$$\frac{\pi^2EI_z}{s_K^2}=\frac{\pi^2EI_z}{\beta^2l^2}\overset{!}{=}F_{Ki} \qquad (423)$$

Gleichwertig damit ist die Angabe einer ideellen Ersatz- oder Vergleichsschlankheit:

$$\lambda_{zi} = \frac{l}{i_z} \sqrt{\frac{c^2 + i_p^2}{2c^2} \left(1 \pm \sqrt{1 - 4c^2 \cdot \frac{i_p^2 - a^2}{(c^2 + i_p^2)^2}}\right)} \tag{424}$$

Auf eine Erweiterung der Theorie für einfach-symmetrische und unsymmetrische Querschnitte wird in diesem Rahmen verzichtet. Das gilt ebenso für nicht-gabelgelagerte Druckstäbe. Hierzu wird auf das Schrifttum verwiesen, z.B. auf [1].

7.5.4 Tragsicherheitsnachweis nach DIN 4114

7.5.4.1 Nachweisform

In Abhängigkeit von der Querschnittsform, den Randbedingungen und der Exzentrizität wird eine ideelle Vergleichsschlankheit berechnet, d.h. das Problem wird auf den beidseitig gelenkig gelagerten EULER-II-Ersatzstab zurückgeführt. In Abhängigkeit von der Vergleichsschlankheit λ_{Vi} wird die Knickzahl ω bestimmt und damit der Nachweis gegen die zulässige Spannung geführt. In DIN 4114 sind Formeln für die Berechnung der Vergleichsschlankheit für außermittig gedrückte Stäbe mit einfach-symmetrischem Querschnitt angegeben. Im Schrifttum findet man weitere Behelfe.

Um den rechnerischen Nachweis führen zu können, müssen zunächst die Querschnittswerte A, I_y, I_z, I_T, C_M und die Lage des Schubmittelpunktes M bestimmt werden. Im Falle exzentrischer Druckbeanspruchung ist der Querschnittswert

$$r_y = + \frac{1}{I_y} \cdot \int_A z(y^2 + z^2)\, dA \tag{425}$$

zu ermitteln. - Für die gängigen Stabprofile können die für die Berechnung benötigten Werte z_M, C_M, I_T und r_y mittels der in Bild 128 eingetragenen Formeln berechnet werden.

Querschnitt	Querschnittsform	Querschnitt	Querschnittsform
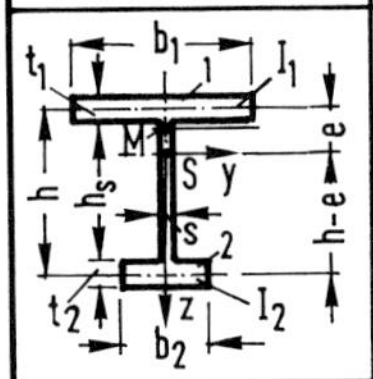	$z_M = -\frac{1}{I_z}[e I_1 - (h-e) I_2] = -e + \frac{I_2}{I_z} h$ $C_M = \frac{I_1 \cdot I_2}{I_1 + I_2} h^2 = \frac{I_1 \cdot I_2}{I_z} h^2$ $I_T = (b_1 \cdot t_1^3 + b_2 \cdot t_2^3 + h_s \cdot s^3)/3$ $r_y I_y = -\{-z_M I_z + b_1 t_1 e^3 - b_2 t_2 (h-e)^3 + \frac{s}{4}[e^4 - (h-e)^4]\}$ h_s: Steghöhe	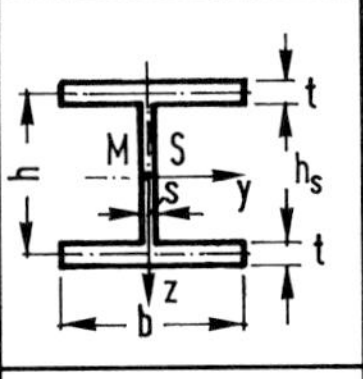	$z_M = 0$ $C_M = \frac{I_z}{4} h^2$ $I_T = (2 b t^3 + h_s s^3)/3$ $r_y = 0$
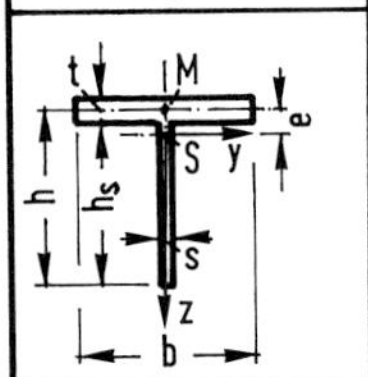	$z_M = -e$ $C_M = 0$ $I_T = (b \cdot t^3 + h_s \cdot s^3)/3$ $r_y I_y = -\{e \cdot I_z + b t \cdot e^3 + \frac{s}{4}[e^4 - (h-e)^4]\}$	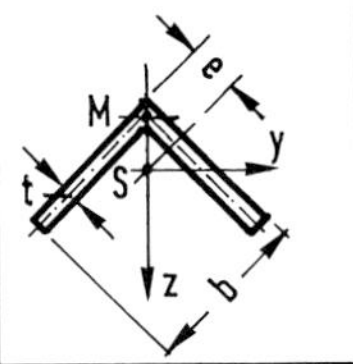	$z_M = -(e - \frac{t}{2})\sqrt{2}$ $C_M = 0$ $I_T = (2b - t) \cdot t^3/3$ $r_y = -(b - \frac{t}{2})/\sqrt{2}$
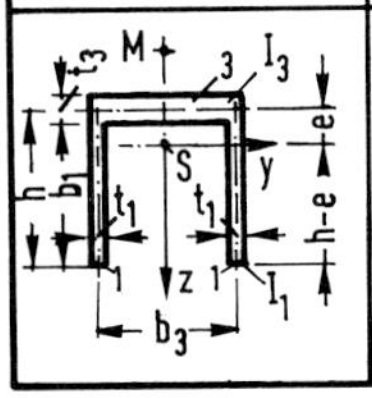	$z_M = -(e + \frac{I_1}{I_z} h)$; $I_z = 2I_1 + I_3$ $C_M = \frac{I_1^2 + 2 I_1 I_3}{I_z} \cdot \frac{h^2}{3}$ $I_T = (2 b_1 t_1^3 + b_3 t_3^3)/3$ $r_y I_y = -\{e(b_3 t_3 e^2 + I_3) + (2e - h) I_1 + \frac{t_1}{2} \cdot [e^4 - (h-e)^4]\}$	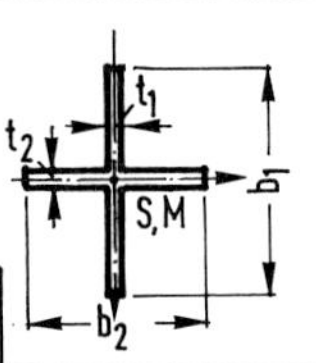	$z_M = 0$ $C_M = 0$ $I_T = (b_1 \cdot t_1^3 + b_2 \cdot t_2^3)/3$ $r_y = 0$

Bild 128

z_M und r_y sind vorzeichenbehaftet.

Für Druckstäbe mit einfach-symmetrischem Querschnitt, die in der Symmetrieebene an gegengleichen Hebelarmen a exzentrisch gedrückt werden, lautet die Formel für λ_{Vi}:

$$\lambda_{Vi} = \lambda_{zi} = \frac{\beta l}{i_z} \sqrt{\frac{c^2 + i_M^2 + a(2z_M - r_y)}{2c^2} \left\{1 \pm \sqrt{1 - \frac{4c^2 [i_p^2 - (r_y + a)a + 0{,}093(\beta^2/\beta_0^2 - 1)(a + z_M)^2]}{[c^2 + i_M^2 + a(2z_M - r_y)]^2}}\right\}} \tag{426}$$

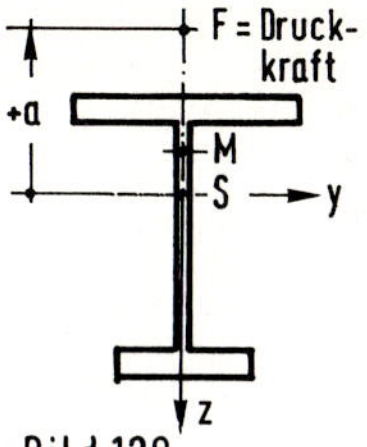

Bild 129

Man beachte die positive Definition von a in Bild 129!

$$c=\sqrt{\frac{C_M(\beta l)^2/(\beta_0 l_0)^2+0{,}039(\beta l)^2\cdot I_T}{I_z}}\;;\quad i_p=\sqrt{i_y^2+i_z^2},\quad i_M=\sqrt{i_p^2+z_M^2} \qquad (427)$$

c ist der gegenüber G.412 erweiterte Drehradius. Der Grad der Biege- und Wölbeinspannung wird mittels β bzw. β_0 erfaßt: Sind die Stabenden unverschieblich gelagert und gleich ausgebildet, gilt:

Gelenkige Lagerung: β=1; Starre Einspannung: β=0,5

Gabellagerung : β_0=1; Starre Wölbeinspannung: β_0=0,5

Für Zwischenlagerungen werden β und β_0 geschätzt. Bei angeschweißten Fuß- und Kopfplatten und einer Verschraubung mit dem Fundament bzw. Rahmenriegel kann $\beta=\beta_0\approx 0{,}8$, bei beidseitiger Verschweißung kann $\beta=\beta_0\approx 0{,}7$ gesetzt werden. Die Wölbeinspannung ist i.a. höher als die Biegeeinspannung ($\beta_0<\beta\leq 1$); im Zweifelsfalle sollten β und β_0 Eins gesetzt werden. Für (in y-Richtung) verschiebliche Druckstäbe gilt G.426 nicht; eine relativ genaue Abschätzung ist gleichwohl mittels G.426 über den vor dem Wurzelausdruck stehenden β-Wert möglich. In Abhängigkeit von den Randbedingungen kann hierfür der Knicklängenbeiwert für Biegung um die z-Achse eingeführt werden, z.B. im EULER-Fall I:β=2.

Die λ_{Vi}-Formeln für die Sonderfälle doppelt-symmetrischer Querschnitt oder/und zentrischer Druck folgen aus G.426: Doppelt-symmetrischer Querschnitt: y_M=0 und r_y=0; zentrischer Druck: a=0.

7.5.4.2 Beispiele

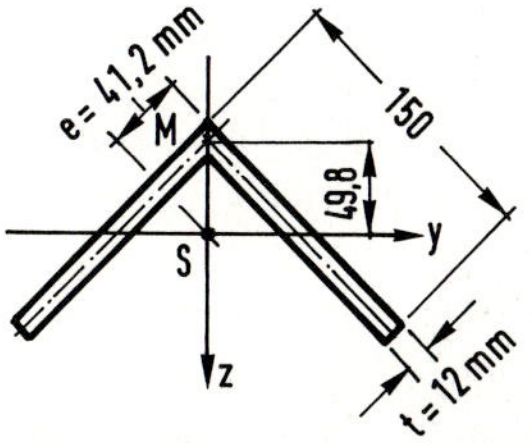

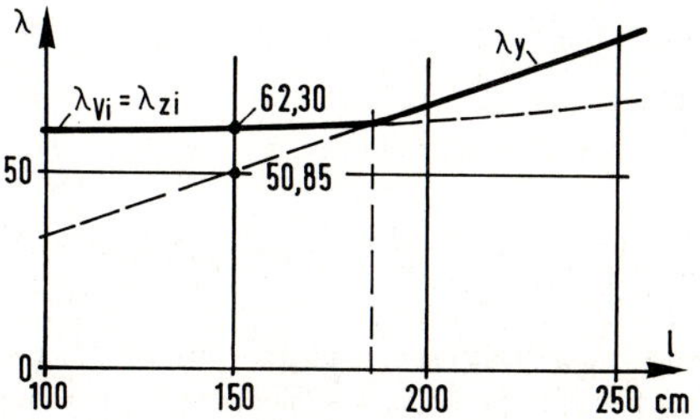

Bild 130 a) b)

1. Beispiel: Ein Winkel ∟150·150·12 wird als Füllstab eines Fachwerkes zentrisch gedrückt. Gesucht ist die Vergleichsschlankheit. Aus den Profiltafeln entnimmt man (bezogen auf das in Bild 130a dargestellte Koordinatensystem):

$$A=34{,}8\,cm^2,\ I_y=303\,cm^4,\ I_z=1170\,cm^4,\ i_y=2{,}95\,cm,\ i_z=5{,}80\,cm$$

Das Walzprofil wird durch einen scharfkantigen Winkelquerschnitt ersetzt (Bild 130a). Der Abstand des Schubmittelpunktes, der im Schnittpunkt der Schenkelmittellinien liegt, beträgt:

$$z_M=-\left(4{,}12-\frac{1{,}2}{2}\right)\sqrt{2}=\underline{-4{,}98\,cm}$$

Torsionsträgheitsmoment und Wölbwiderstand (Bild 128):

$$I_T=\frac{1}{3}\cdot 2\cdot(15{,}0-0{,}6)\cdot 1{,}2^3=\underline{16{,}59\,cm^4};\quad C_M=0$$

Für eine Stablänge von 150cm ergibt die weitere Rechnung:

$$i_p=\sqrt{2{,}95^2+5{,}80^2}=\underline{6{,}51\,cm};\ i_M=\sqrt{6{,}51^2+4{,}98^2}=\underline{8{,}19\,cm}$$

$$l=l_0=150\,cm;\ \beta=\beta_0=1:\ c=\sqrt{\frac{0{,}039\cdot 150^2\cdot 16{,}59}{1170}}=\underline{3{,}527\,cm}$$

$$\lambda_{Vi}=\lambda_z\sqrt{\frac{3{,}527^2+8{,}19^2}{2\cdot 3{,}527^2}\cdot\left\{1+\sqrt{1-\frac{4\cdot 3{,}527^2\cdot 6{,}51^2}{(3{,}527^2+8{,}19^2)^2}}\right\}}=2{,}409\cdot\lambda_z$$

$$\lambda_z=\frac{150}{5{,}80}=25{,}86\ \longrightarrow\ \lambda_{Vi}=\lambda_{zi}=2{,}409\cdot 25{,}86=\underline{62{,}30};\quad \lambda_y=\frac{150}{2{,}95}=\underline{50{,}85}$$

Demnach ist Biegedrillknicken um die z-Achse maßgebend. Wird die Rechnung für andere Knicklängen wiederholt, findet man das in Bild 130b dargestellte Ergebnis: Oberhalb l=186cm wird Biegeknicken um die y-Achse maßgebend. Wie aus der Abbildung deutlich wird, ist λ_{Vi} bis zu dieser Länge nur schwach von der Knicklänge abhängig.

2. Beispiel

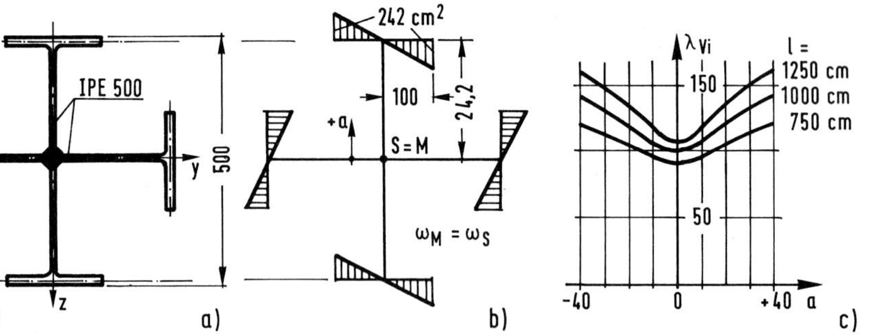

Bild 131

Für eine Stütze mit aus IPE-Profilen zusammengesetztem Kreuzquerschnitt (Bild 131a) ist die Vergleichsschlankheit gesucht; Knicklänge s_K=10,0m. - Aus den Profiltafeln folgt:

$$A = 2\cdot 116 = \underline{232\,cm^2};\; I_y = I_z = 48\,200 + 2140 = \underline{50\,340\,cm^4};\; i_y = i_z = 14{,}73\,cm$$

$$z_M = 0;\; r_y = 0;\; I_T = 2\cdot 94{,}7 = \underline{189{,}4\,cm^4};\; C_M = 2\cdot 1249\,365 = \underline{2\,498\,730\,cm^6}$$

Für alleinige Biegeknickung beträgt die Schlankheit:

$$\lambda = \frac{1000}{14{,}73} = \underline{67{,}89} = \lambda_y = \lambda_z$$

Für zentrische Druckbeanspruchung liefert G.426/27:

$$c^2 = 196{,}37\,cm^2,\; i_M^2 = 433{,}97\,cm^2 :\; \lambda_{Vi} = \underline{100{,}92}$$

Biegedrillknicken ist maßgebend. Für exzentrischen Druck zeigt Bild 131c die Abhängigkeit der Vergleichsschlankheit von der Exzentrizität a und zwar für drei Knicklängen: l=750, 1000 und 1500cm.

3. Beispiel: Druckstab mit unsymmetrischem Querschnitt (Bild 132a). Gesucht ist die Vergleichsschlankheit für unterschiedliche Außermittigkeiten und Knicklängen. Ausgehend von den Formeln in Bild 128 werden die für die Berechnung erforderlichen Querschnittswerte berechnet:

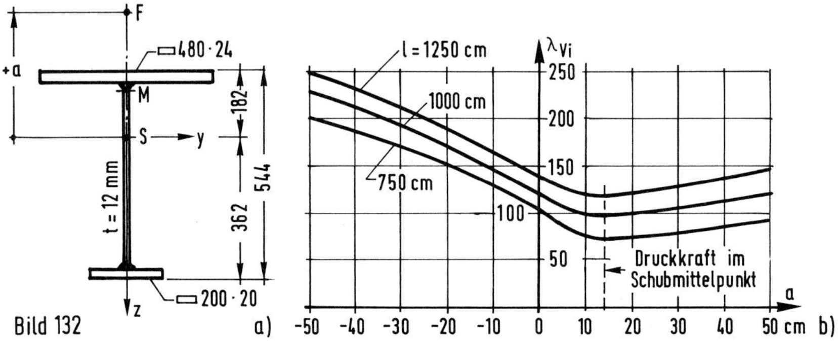

Bild 132

$$A = 215{,}2\,cm^2,\; I_y = 100\,501\,cm^4,\; I_z = 23\,459\,cm^4;\; i_y = 21{,}61\,cm;\; i_z = 10{,}44\,cm;$$

$$z_M = -14{,}04\,cm;\; r_y = 12{,}75\,cm;\; I_T = 303\,cm^4;\; C_M = 3\,426\,553\,cm^6$$

Die Vergleichsschlankheit folgt aus G.426. Hierbei ist das Pluszeichen vor der inneren Wurzel zu wählen, wenn

$$c^2 + i_M^2 + a\cdot(2z_M - r_y) > 0$$

ist, im anderen Falle gilt das Minuszeichen. In Bild 132b ist das Ergebnis der weiteren Zahlenrechnung dargestellt. Greift die Druckkraft im Schubmittelpunkt an, liegt λ_{Vi} am niedrigsten. Das gilt allgemein.

4. Beispiel: Druckstab mit [-Querschnitt. Bild 133a zeigt das [-Profil; es steht stellvertretend für ein Kaltprofil, t ist konstant (5mm). Die Länge der Profilmittellinien beträgt 80mm. Bezogen auf die Profilmittellinie des Steges wird die Schwerachse berechnet:

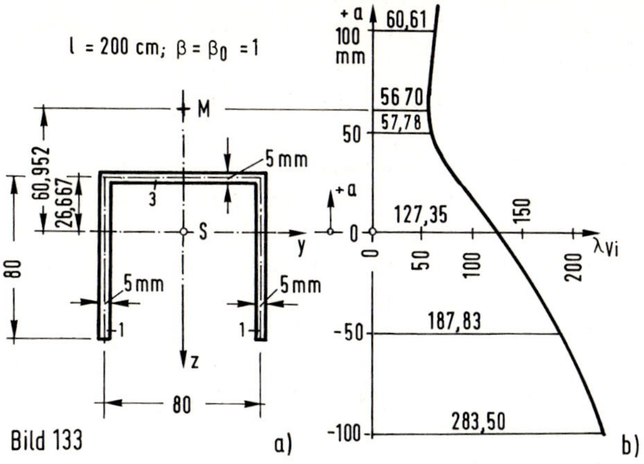

Bild 133

$A = 0{,}5\cdot(3\cdot 8{,}0) = 0{,}5\cdot 24{,}0 = \underline{12{,}0\,cm^2}$;

$e = t_1\cdot h^2/A = 0{,}5\cdot 8{,}0^2/12{,}0 = \underline{2{,}667\,cm}$

Die weiteren Querschnittswerte werden mit Hilfe der in Bild 128 zusammengestellten Formeln bestimmt:

$I_1 = 0{,}5\cdot 8{,}0\cdot 4{,}0^2 = \underline{64{,}0\ cm^4}$,

$I_3 = 0{,}5\cdot 8{,}0^3/12 = \underline{21{,}333\ cm^4}$;

$I_z = 2\cdot I_1 + I_3 = 2\cdot 64{,}0 + 21{,}333 = \underline{149{,}33\,cm^4}$

$$I_y = \underline{85{,}34\ cm^4};\quad z_M = -(2{,}667 + (64{,}0/149{,}33)\cdot 8{,}0) = \underline{-6{,}0952\,cm}$$

$$C_M = \frac{64{,}0^2 + 2\cdot 64{,}0\cdot 21{,}33}{149{,}33}\cdot\frac{8{,}0^2}{3} = \underline{390{,}09\ cm^6};\quad I_T = \frac{1}{3}\cdot 24{,}0\cdot 0{,}5^3 = \underline{1{,}00\,cm^4}$$

$$r_y\cdot I_y = -\Big\{2{,}667(8{,}0\cdot 0{,}5\cdot 2{,}667^2 + 21{,}333) + (2\cdot 2{,}667 - 8{,}0)\cdot 64{,}0 + \frac{0{,}5}{2}\cdot[2{,}667^4 - (8{,}0 - 2{,}667)^4]\Big\} = +227{,}56 \;\longrightarrow\; r_y = \underline{2{,}667\,cm}$$

Bild 133b zeigt das Ergebnis; die starke Abhängigkeit der Vergleichsschlankheit von der Exzentrizität wird hieraus deutlich.

Unabhängig von der Exzentrizität ist der Nachweis für die Normalkraft N=F

$$\omega\cdot\frac{N}{A} \le zul\sigma \qquad (428)$$

zu führen. ω ist $\lambda_{Vi} = \lambda_z$ zugeordnet; die Biegedrillknickung erfolgt um die z-Achse. Bezogen auf die z-Achse ist der Stab biegemomentenfrei. Für Biegung um die y-Achse ist das Exzentrizitätsmoment zu berücksichtigen, z.B. gemäß:

$$\omega\cdot\frac{N}{A} + 0{,}9\cdot\frac{M}{W_d} \le zul\sigma \qquad (429)$$

In diesem Falle ist ω der Schlankheit λ_y zugeordnet, und das Biegemoment ist F·a.

7.5.5 Tragsicherheitsnachweis nach DIN 18800 T2 (11.90)

Im Falle einer zentrischen Beanspruchung wird die ideelle Biegedrillknickspannung $\sigma_{Ki,z}$ bzw. Biegedrillknickkraft $N_{Ki,z}$ berechnet. Das kann z.B. mittels der Formel für die ideelle Vergleichsschlankheit λ_{Vi} (G.426 mit a=0) geschehen:

$$\sigma_{Ki,z} = \frac{\pi^2 E}{\lambda_{Vi}^2} \;\longrightarrow\; N_{Ki,z} = \sigma_{Ki,z}\cdot A \qquad (430)$$

Für E ist der Bemessungswert zu setzen: $E_d = E_k/\gamma_M = 21000/1{,}1 = 19091\,kN/cm^2$. Ausgehend von $\sigma_{Ki,z}$ wird der bezogene Schlankheitsgrad $\bar\lambda_K = \bar\lambda_z$ und der Abminderungsfaktor $\varkappa = \varkappa_z$ für Ausweichen rechtwinklig zur z-Achse ermittelt. Der Nachweis wird im übrigen wie bei zentrischer Biegeknickung erbracht (Abschnitt 7.2.3.3; Knickzahlen: Anhang A5: S.1406).

$$\bar\lambda_K = \bar\lambda_{K,z} = \bar\lambda_z = \sqrt{\frac{f_{y,d}}{\sigma_{Ki,z}}} \longrightarrow \varkappa \longrightarrow \text{Nachweis: } \frac{N}{\varkappa\cdot N_{Pl,d}} \le 1 \text{ mit } N_{Pl,d} = \beta_{y,d}\cdot A = \frac{\beta_{y,k}}{\gamma_M}\cdot A \qquad (431)$$

Beispiel: Für das in Abschnitt 7.5.4.2 untersuchte 1. Beispiel beträgt die Biegedrillknickspannung:

$$G.426:\ \lambda_{Vi} = 62{,}3 \longrightarrow \sigma_{Ki,z} = \frac{\pi^2\cdot 21000/1{,}1}{62{,}3^2} = 48{,}6\ kN/cm^2;\ St\,37:\ \bar\lambda_K = \sqrt{\frac{21{,}8}{48{,}6}} = 0{,}67 \longrightarrow$$

$$\text{Linie b: } \varkappa_z = 0{,}783 \longrightarrow \varkappa_z\cdot N_{Pl,d} = 0{,}783\cdot 21{,}8\cdot 34{,}8 = \underline{594\ kN}$$

Für Druckstäbe mit I-Querschnitt ist ein Biegedrillknicknachweis entbehrlich, weil nicht maßgebend.

Wird der Stab exzentrisch gedrückt, wird (im Gegensatz zu DIN 4114) das Problem in die Anteile Biegedrillknicken unter zentrischem Druck und Biegedrillknicken (Kippen) unter Biegung (mit anschließender Überlagerung) gesplittet, vgl. Abschnitt 7.6.4.

7.6. Tragsicherheitsnachweis biegebeanspruchter Stäbe (Träger) gegen Kippen (Biegedrillknicken

7.6.1 Einführung - Näherungsnachweis

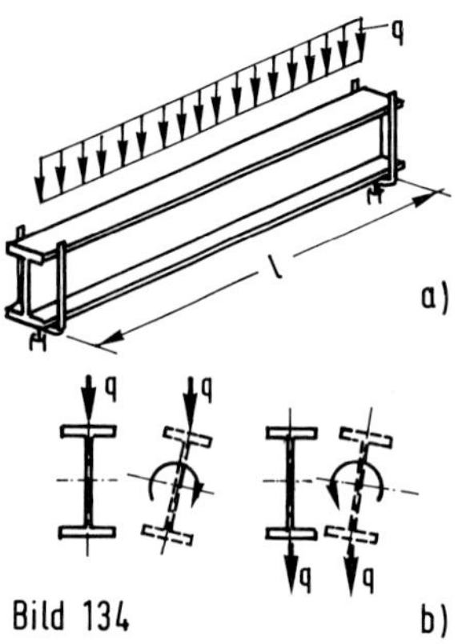

Bild 134

Unter Kippen versteht man die Instabilität einwandiger Träger infolge seitlichen Ausknickens der gedrückten Gurte aus der Biegeebene heraus. Die Kippsicherheit steigt
- mit der Seitenbiegesteifigkeit des gedrückten Gurtes und
- mit der Drill- und Wölbsteifigkeit des Trägers.

Darüber hinaus hat der Angriffsort der äußeren Querbelastung in Bezug zum Schubmittelpunkt des Trägers großen Einfluß auf die Kipptragfähigkeit: Am Obergurt angreifende Kräfte vermindern die Kippkraft, weil sie beim Auskippen ein die Verdrillung vergrößerndes (abtreibendes) Drillmoment bewirken, vgl. Bild 134. Bei am Untergurt angreifenden Lasten wird ein rücktreibendes Moment geweckt, dieses wirkt stabilisierend.
Bei Trägern konstanter Höhe ist die Verteilung der Druck- und Zugkräfte in den Gurten dem Biegemomentenverlauf affin:

$$|D| = |Z| = \frac{M}{h} \tag{432}$$

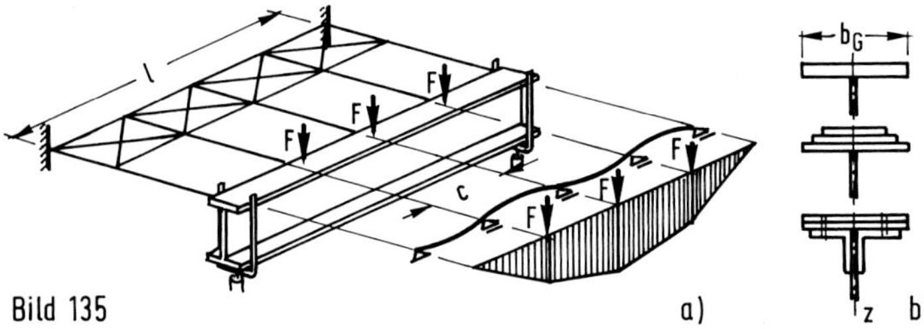

Bild 135

h ist der "innere Hebelarm" im Sinne des Abstandes zwischen den Gurtschwerpunkten. Ausgehend von dieser Überlegung läßt sich der Kippnachweis durch einen Knicknachweis am isoliert abgetrennten Druckgurt ersetzen. In dem so vereinbarten Ersatzstab ist die Druckkraft i.a. variabel. Dieser Näherungsansatz liegt auf der sicheren Seite, weil die rücktreibende Wirkung des Zuggurtes sowie Drill- und Wölbsteifigkeit nicht berücksichtigt werden.
Da der Einfluß des Lastangriffsortes nicht eingeht, kann ein Kippnachweis auf dieser Basis nur geführt werden, wenn bei oberhalb des Schubmittelpunktes einwirkenden Lasten diese in seitlich gestützten Festhaltepunkten eingetragen werden, wie in Bild 135a schematisch dargestellt. Wirken die Lasten unterhalb des Schubmittelpunktes, gilt diese Voraussetzung nicht.
Bei dem vereinfachten Nachweis wird als Querschnitt des Gurt-Druckstabes die Gurtfläche zuzüglich 1/5 der Stegfläche angesetzt. Hierfür werden A_G und $I_{G,z}$ (um die Stegachse z) berechnet (Bild 135b). Der Trägheitsradius des in Rechnung zu stellenden "Druckstabes" beträgt demnach (Index G: Gurt):

$$i_{G,z} = \sqrt{\frac{I_{G,z}}{A_G}} \tag{433}$$

Ist c der Abstand der seitlichen Festhalterungen des Druckgurtes (siehe Bild 135a), wird mit der Knicklänge $s_{K,G}=c$ die Schlankheit des Gurt-Druckstabes für seitliches Ausknicken bestimmt:

$$\lambda_{G,z} = \frac{s_{K,G}}{i_{G,z}} \tag{434}$$

Es erscheint vertretbar, wegen der Veränderlichkeit der Druckkraft und bei Bezug auf den Größtwert der Druckkraft innerhalb des Bereiches c, die Knicklänge auf

$$s_{K,G} = \beta \cdot c \tag{435}$$

abzumindern; ß ist der Knicklängenfaktor, der die Veränderlichkeit der Druckkraft im Gurt erfaßt (vgl. [1]).

Nach DIN 4114 ist der Nachweis gemäß

$$\sigma \leq zul\sigma_K = \frac{1{,}14}{\omega} zul\sigma \qquad (436)$$

zu führen. Die Erhöhung der zulässigen Spannungen um den Faktor 1,14 hat folgende Gründe: Die stabilisierende Wirkung des Zuggurtes und der Drill- und Wölbsteifigkeit wird nicht erfaßt, der Nachweis wird auf die Randbiegedruckspannungen σ und nicht auf die Gurtschwerpunktsspannungen bezogen. 1,14 entspricht dem ω-Wert für λ=40 bei St37 und λ=34 bei St52, d.h. für niedrigere als die genannten Schlankheiten ist ein Kippnachweis nicht maßgebend. Die Knickzahl ω ist in G.436 der Schlankheit des Gurtes gemäß G.434 zugeordnet. - DIN 18800 T2 (11.90) kennt dieselbe genäherte Nachweisform, sie lautet:

$$\frac{0{,}843 \cdot M_y}{\varkappa \cdot M_{Pl,y,d}} \leq 1; \quad M_{Pl,y,d} = \alpha_{Pl,y} \cdot W_y \cdot f_{y,d} = \alpha_{Pl,y} \cdot W_y \cdot \frac{f_{y,k}}{\gamma_M} \qquad (437)$$

$\varkappa$ ist der Abminderungsfaktor der Knickspannungslinie c für den bezogenen Schlankheitsgrad des Druckgurtes (wegen Ausnahmen vgl. das Regelwerk):

$$\bar{\lambda} = \frac{\lambda_{G,z}}{\lambda_a}; \; \lambda_{G,z} = \frac{s_{K,G}}{i_{G,z}} = \frac{\beta \cdot c}{i_{G,z}} = \frac{k_c \cdot c}{i_{G,z}}; \quad St\,37: \lambda_a = 92{,}9, \quad St\,52: \lambda_a = 75{,}9 \qquad (438a)$$

$\beta = k_c$ ist der Knicklängenbeiwert; er ist abhängig vom Druckkraftverlauf innerhalb der Länge c:  1,00;  0,94;  0,86;  1/(1,33-0,33$\cdot\psi$). - Eine Kippuntersuchung ist nicht erforderlich, wenn die Bedingung

$$\bar{\lambda} \leq 0{,}5 \cdot \frac{M_{Pl,y,d}}{M_y} \qquad (438b)$$

erfüllt ist.

7.6.2 Elasto-statische Lösungen des Kippproblems

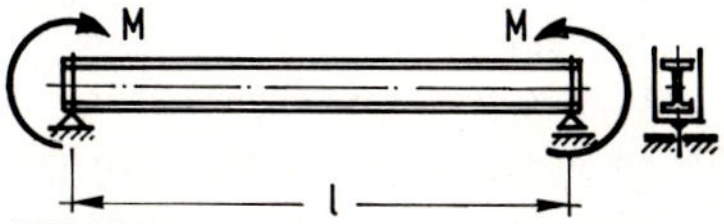

Bild 136

Ausgehend von den in Abschnitt 7.5.2 hergeleiteten Grundgleichungen für das Biegedrillknickproblem läßt sich das Kippproblem biegebeanspruchter Träger mit einfach-symmetrischem Querschnitt geschlossen lösen. Bild 136 zeigt einen solchen Träger mit gegengleichen Randmomenten M. Der Träger ist gabelgelagert.

Wird F Null gesetzt, lautet das gekoppelte Differentialgleichungssystem (vgl. G.399/400):

$$EI_z v'''' + M \cdot \vartheta'' = 0 \qquad (439)$$

$$EC_M \vartheta'''' - GI_T \cdot \vartheta'' + M v'' = 0 \qquad (440)$$

Für Gabellagerung folgt die Kippbedingung unmittelbar aus G.407:

$$\frac{\pi^2}{l^2} \cdot EI_z \cdot [EC_M (\frac{\pi}{l})^2 + GI_T] - M^2 = 0 \qquad (441)$$

Die Auflösung nach M liefert das gesuchte (ideale) Kippmoment:

$$M_{Ki} = \frac{\pi}{l} \sqrt{EI_z \cdot GI_T} \sqrt{1 + \frac{EC_M \pi^2}{GI_T \cdot l^2}} \qquad (442)$$

Im Falle wölbfreier Querschnitte (oder quasi-wölbfreier Querschnitte, wie z.B. beim Rechteckquerschnitt) ist C_M=0. In diesem Falle gilt:

$$M_{Ki} = \frac{\pi}{l} \cdot \sqrt{EI_z \cdot GI_T} \qquad (443)$$

Der zweite Term in der rechtsseitigen Wurzel von G.442 kennzeichnet den Beitrag der Wölbsteifigkeit EC_M an der Höhe des Kippmomentes. Für einen I-Querschnitt läßt sich der Beitrag wie folgt abschätzen; hierfür gilt (vgl. Bild 128):

$$I_T = \frac{1}{3}(2bt^3 + hs^3); \quad C_M = \frac{t\,b^3 h^2}{24} \qquad (444)$$

Legt man z.B. b=h und s=t zugrunde, ergibt sich mit E/G=2,59:

$$\frac{EC_M}{GI_T} \cdot \frac{\pi^2}{l^2} = 1{,}066 \frac{h^4}{t^2 l^2} \approx \frac{h^4}{t^2 l^2} \qquad (445)$$

Wählt man h=30cm und t=2,0cm, folgt für den rechtsseitigen Wurzelausdruck von G.442:

$$\begin{array}{l} l = 250\,\text{cm}: \\ l = 500\,\text{cm}: \\ l = 750\,\text{cm}: \\ l = 1000\,\text{cm}: \end{array} \sqrt{1+\frac{EC_M}{GI_T}\cdot\frac{\pi^2}{l^2}} \begin{cases} 2{,}06\ (2{,}89) \\ 1{,}35\ (1{,}69) \\ 1{,}17\ (1{,}35) \\ 1{,}10\ (1{,}21) \end{cases} \qquad (446)$$

Offensichtlich wirkt sich die Wölbsteifigkeit umso stärker aus, je kürzer der Träger ist. Geht man bei dieser Abschätzung von b=h/2 aus, ergeben sich die in G.446 angegebenen Klammerwerte.

Wie in Abschnitt 7.5.2 erläutert, tritt Biegedrillknicken bzw. Kippen aus der primären Biegeverformungsebene heraus auf. Wird die Primärbiegung berücksichtigt, gilt anstelle von G.442 (n. CHWALLA):

$$M_{Ki} = \frac{\pi}{l}\cdot\sqrt{\frac{EI_z\cdot GI_T}{(I_y - I_z)/I_y}}\cdot\sqrt{1+\frac{EC_M\pi^2}{GI_T\cdot l^2}} \qquad (447)$$

Somit ist Kippen nur möglich, wenn $I_z<I_y$ ist. Im Falle $I_z=I_y$ ergibt G.447 $M_{Ki}=\infty$, d.h. Kippen tritt nicht auf. Hieraus wird abermals deutlich, daß es darauf ankommt, kippgefährdete Träger so auszubilden, daß sie eine möglichst hohe Seitensteifigkeit aufweisen.

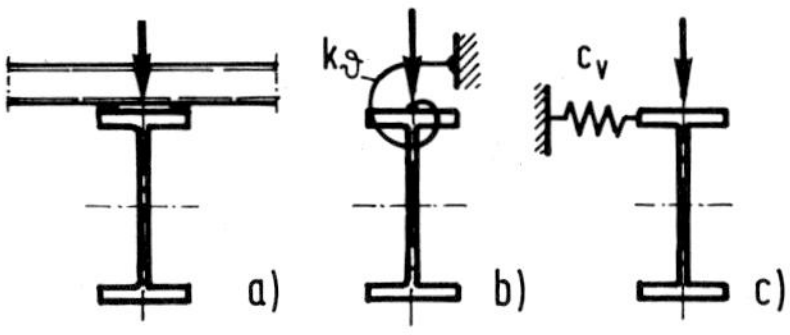

Bild 137

In vielen Fällen werden die Träger indirekt durch Dach-, Decken- oder Wandträger bzw. -platten belastet. Diese bilden i.a. eine in der Dach-, Decken- bzw. Wandebene liegende Scheibe. Insofern geht häufig von den belastenden Bauteilen gleichzeitig eine Stützwirkung aus. Sie besteht aus einer drehfederelastischen oder/und einer verschiebungsfederelastischen Halterung des belasteten Gurtes (Bild 137). Das setzt voraus, daß Decke oder Wand verformungsschlüssig mit dem Gurt verbunden sind. Die Drehfeder mit der Federkonstanten k_ϑ kann als Erhöhung der Torsionssteifigkeit GI_T und die Seitenfeder mit der Federkonstanten c_v als Erhöhung der Biegesteifigkeit EI_z gedeutet werden. Im Falle $c_v=\infty$ ist die kontinuierliche Stützung unverschieblich, man spricht dann von gebundener Kippung bzw. Biegedrillknickung. Der von derartigen Aussteifungen ausgehende Stabilisierungseffekt ist sehr hoch, was in einer Reihe von Tragversuchen mit unterschiedlichen Eindeckungen bestätigt werden konnte. Es ist indes zu beachten, daß im Montagefall solche Aussteifungen vielfach noch nicht wirksam sind.

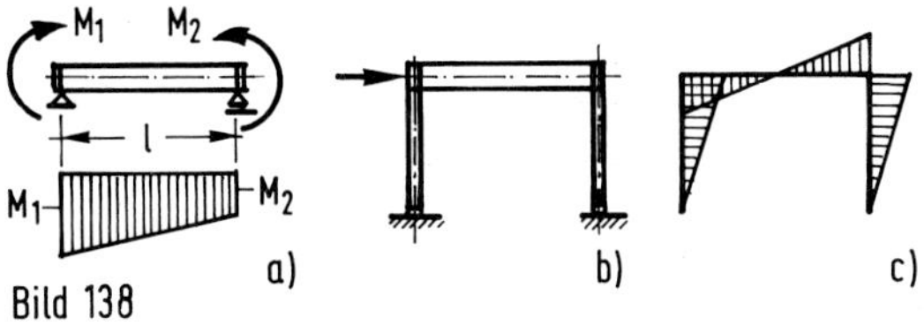

Bild 138

Ist das Biegemoment über die Länge des Trägers variabel (Bild 138), gilt in Annäherung:

$$M_{Ki} = \zeta\cdot\frac{\pi}{l}\cdot\sqrt{EI_z\cdot GI_T}\cdot\sqrt{1+\frac{EC_M\pi^2}{GI_T\cdot l^2}} \qquad (448)$$

Über die Vorzahl ζ wird der Verlauf des Biegemomentes erfaßt. In Bild 139 sind einige ζ-Zahlen eingetragen. Sie gelten für den gabelgelagerten Einfeldträger. - Mittels eines weiteren Faktors ist es möglich, die Lage des Lastangriffsortes (am Obergurt, im Schubmittelpunkt oder am Untergurt) zu berücksichtigen. Schließlich lassen sich etwaige Biege- und Wölbeinspannungen durch ß-Werte erfassen. - Für Kragträger und Durchlaufträger existieren Rechenbehelfe in Form von Formeln und Diagrammen zur Bestimmung des Kippmomentes. Eine umfassende Behandlung all dieser Fragen scheidet in diesem Rahmen aus; man vgl. z.B. [1,14] und das dort angegebene Schrifttum.

M(x)	ζ
	1,00
	1,84
	2,75
	1,35
	1,12
	1,04

Bild 139

Für den Fall des gabelgelagerten Einfeldträgers mit einfach-symmetrischem Querschnitt (Bild 140) läßt sich eine alle Einflüsse erfassende Formel für das Kippmoment M_{Ki} angeben (nach DIN 4114 bzw. CHWALLA):

$$M_{Ki} = \zeta\cdot\frac{\pi^2 EI_z}{(\beta l)^2}\left[\sqrt{\left(\beta^2\frac{e}{2} - \frac{r_y}{3} + z_M\right)^2 + c^2} - \left(\beta^2\frac{e}{2} - \frac{r_y}{3} + z_M\right)\right] \qquad (449)$$

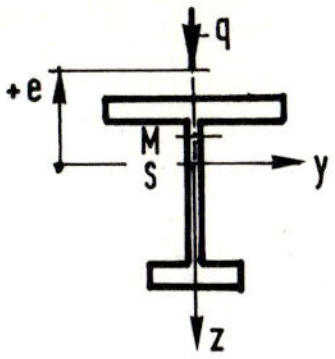

Bild 140

Hierin bedeuten:

ζ : Beiwert zur Erfassung des Biegemomenten- und damit des Druckkraftverlaufes im Gurt (Bild 139).

e : Abstand zwischen dem Lastangriffsort der Querbelastung und dem Schwerpunkt des Querschnittes (vgl. Bild 140).

z_M : Schubmittelpunktsabstand, r_y: Querschnittsstrecke (G.425), c: Drehradius (G.427); vgl. Bild 128.

β : Knicklängenfaktor in Abhängigkeit vom Biegeeinspannungsgrad: $\beta=1$ Gabellagerung, $\beta=0{,}5$ starre Einspannung.

I_z ist das Trägheitsmoment des (gesamten) Trägerquerschnittes um die z-Achse. Im Falle eines doppelt-symmetrischen Querschnittes sind z_M und r_y Null; G.449 vereinfacht sich damit zu:

$$M_{Ki} = \zeta \cdot \frac{\pi^2 E I_z}{(\beta l)^2}\left[\sqrt{(\beta^2 \cdot \frac{e}{2})^2 + c^2} - (\beta^2 \frac{e}{2})\right] \qquad (450)$$

7.6.3 Tragsicherheitsnachweis nach DIN 4114

Es wird das Kippmoment M_{Ki} für das anstehende Problem (z.B. nach G.449/450) bestimmt und, bezogen auf den Schwerpunkt des Druckgurtes, die Kippspannung σ_{Ki} berechnet. Liegt σ_{Ki} über der Proportionalitätsspannung σ_P, ist die elastische Kippspannung σ_{Ki} auf die plastische Kippspannung σ_K abzumindern. Ist σ die vorhandene Spannung im Schwerpunkt des Druckgurtes, lautet der Kippsicherheitsnachweis:

$$\frac{\sigma_{Ki}}{\sigma} \text{ bzw. } \frac{\sigma_K}{\sigma} \geq \begin{matrix} 1{,}71 & \text{Lastfall H} \\ 1{,}50 & \text{Lastfall HZ} \end{matrix} \qquad (451)$$

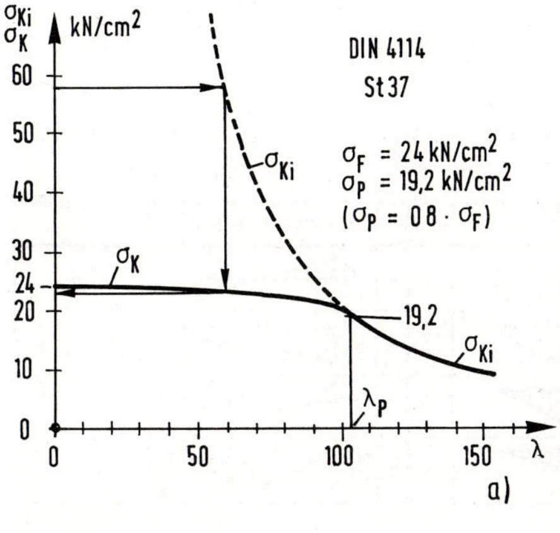

σ_{Ki}	St 37	St 52
	σ_K	
19,2	19,2	
20,0	19,8	
22,0	20,8	
24,0	21,4	
26,0	21,8	
28,0	22,1	
28,8	—	28,8
30,0	22,3	29,7
32,0	22,5	30,8
36,0	22,8	32,0
40,0	23,0	32,8
50,0	23,3	33,9
60,0	23,5	34,5
80,0	23,7	35,1
100,0	23,8	35,3
∞	24,0	36,0

kN/cm² b)

Bild 141

Die vorerwähnte Abminderung geht von der Hypothese aus, daß sich die plastischen Kippspannungen zu den elastischen verhalten wie die plastischen Knickspannungen zu den elastischen, wobei den plastischen Knickspannungen in DIN 4114 die Knicktheorie von ENGESSER/KÁRMÁN für den Rechteckquerschnitt zugrundeliegt. Bild 141a zeigt die Abminderungsvorschrift. Aus Teilbild b kann die Zuordnung

$$\sigma_{Ki} \longrightarrow \sigma_K$$

entnommen werden (Tab.7 der DIN 4114).

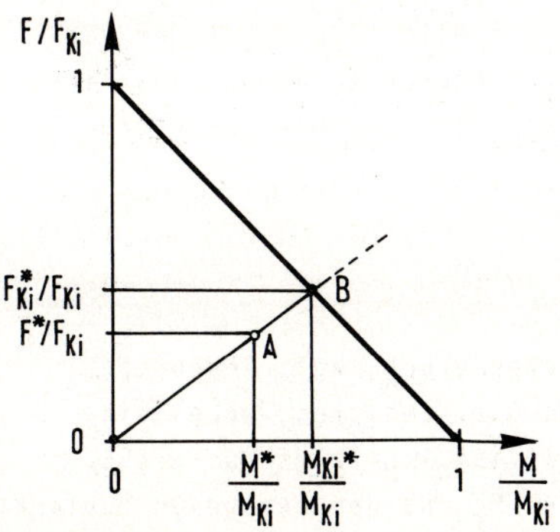

Bild 142

Für das kombinierte Problem eines unter Druck und Biegung (infolge Querbelastung) stehenden Trägers gibt DIN 4114 keine Anhalte. Da die Verformungen der jeweils einzelnen Verzweigungsprobleme affin verlaufen, können die Verzweigungslösungen in guter Näherung und auf der sicheren Seite liegend nach DUNKERLEY überlagert werden: Bild 142 zeigt das Interaktionsdiagramm. F_{Ki} sei die Biegedrillknickkraft (für zentrischen Druck) und M_{Ki} das Kippmoment. In dem Diagramm bilden die gegebene Druckkraft F^* und das gegebene Biegemoment M^* ein Wertepaar, dem (in bezogener Form) der Punkt A zugeordnet ist. Die durch 0 und A verlaufende Gerade schneidet die Abschnittsgerade im Punkt B. Das diesem Punkt zugeordnete Werte-

paar führt zur Instabilität:
$$F_{Ki}^*, M_{Ki}^*$$

(Der Stern kennzeichnet das gemeinsame Auftreten von F und M). Man bestätigt:

$$F_{Ki}^* = \frac{F_{Ki}}{1 + \frac{M^*}{F^*} \cdot \frac{F_{Ki}}{M_{Ki}}} \quad ; \quad M_{Ki}^* = \frac{M_{Ki}}{1 + \frac{F^*}{M^*} \cdot \frac{M_{Ki}}{F_{Ki}}} \tag{452}$$

Für F_{Ki}^* kann zwar

$$\lambda_{Vi} = \pi \sqrt{\frac{EA}{F_{Ki}^*}} \longrightarrow \omega \longrightarrow \sigma_\omega = \omega \cdot \frac{F^*}{A} \tag{453}$$

und für M_{Ki}^*
$$\sigma_{Ki} \longrightarrow \sigma_K$$

berechnet werden, doch gelingt es wegen der unterschiedlichen Sicherheitskonzepte, die dem Biegedrillknicknachweis und dem Kippnachweis nach DIN 4114 zugrundeliegen, nicht, einen Sicherheitsnachweis für das kombinierte Problem zu führen. Denn im ω-Nachweis ist eine Imperfektion enthalten, im Kippnachweis gemäß G.451 nicht; zudem sind die jeweiligen nominellen Sicherheiten unterschiedlich.

7.6.4 Tragsicherheitsnachweis nach DIN 18800 T2 (11.90)

Unabhängig davon, ob die Instabilität durch Druck oder Biegung ausgelöst wird, wird nur noch der Begriff Biegedrillknicken verwendet.

Biegung um die y-Achse: Der Nachweis ausreichender Tragsicherheit ist erbracht, wenn der Bedingung

$$\frac{M_y}{\varkappa_M \cdot M_{Pl,y,d}} \leq 1 \quad \text{mit} \quad M_{Pl,y,d} = \alpha_{Pl,y} \cdot W_y \cdot f_{y,d} = \alpha_{Pl,y} \cdot W_y \cdot \frac{f_{y,k}}{\gamma_M} \tag{454}$$

genügt wird. M_y ist der größte Absolutwert des Biegemomentes um die y-Achse nach Th.I. Ordnung unter $\gamma_F \cdot \psi$-facher Belastung. - Der Abminderungsfaktor $\varkappa_M$ folgt in Abhängigkeit vom bezogenen Schlankheitsgrad $\bar{\lambda}_M$ zu:

$$\varkappa_M = 1 \text{ für } \bar{\lambda}_M \leq 0{,}4 \; ; \; \varkappa_M = \left(\frac{1}{1 + \bar{\lambda}_M^{2n}}\right)^{1/n} \text{ für } \bar{\lambda}_M > 0{,}4 \quad \text{mit} \quad \bar{\lambda}_M = \sqrt{\frac{M_{Pl,y,d}}{M_y}} \tag{455}$$

	Momentenverlauf	β_{My}		Momentenverlauf	β_{My}
1	M ▬▬▬▬▬	1,1	5	M ▬▬▬ M	2,5
2	M ⌣	1,3	6	M ▬ ψM	1,8 − 0,7ψ
3	M ⌢	1,4	7	M_1 M M_2*	
4	M ▬	1,8	8	M_1 M M_2*	

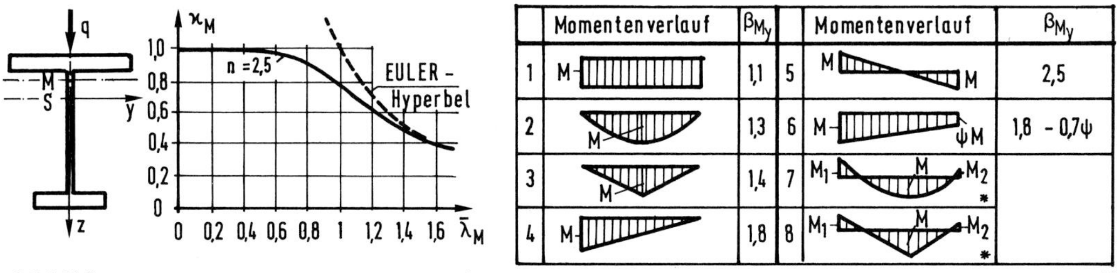

Bild 143 a) b)

Bei der Berechnung des Kippmomentes $M_{Ki,y}$ ist $E = E_d = E_k/\gamma_M$ zu setzen. n ist der sogen. Trägerbeiwert. Für gewalzte Träger gilt n=2,5, für geschweißte Träger n=2,0 und für Wabenträger n=1,5. (Wegen weiterer Einzelheiten vgl. das Regelwerk.) Bild 143a zeigt den Verlauf von $\varkappa_M$ für n=2,5 (vgl. auch Anhang A5). Die Abminderungsfaktoren $\varkappa_M$ wurden aus Versuchsergebnissen und exakten Tragfähigkeitsanalysen unter Einschluß geometrischer und struktureller Imperfektionen abgeleitet [2].

Zentrischer Druck und Biegung: Die Nachweisformel lautet:

$$\frac{N}{\varkappa_z N_{Pl,d}} + \frac{M_y}{\varkappa_M M_{Pl,y,d}} k_y \leq 1 \tag{456}$$

Der erste Term dieser Interaktionsformel erfaßt den zentrischen Druck, vgl. Abschnitt 7.5.5. Der zweite Term erfaßt die Biegung um die y-Achse des Querschnittes, wobei ein doppelt- oder einfach-symmetrischer I-Querschnitt unterstellt ist. $\varkappa_M$ folgt aus G.455. - k_y ist ein Beiwert zur Berücksichtigung des Momentenverlaufes M_y und des bezogenen Schlankheitsgrades $\bar{\lambda}_{K,z}$:

$$k_y = 1 - \frac{N}{\varkappa_z \cdot N_{Pl,d}} \cdot a_y \leq 1 \tag{457}$$

mit
$$a_y = 0{,}15 (\lambda_{K,z} \beta_{My} - 1) \leq 0{,}9 \tag{458}$$

β_{My} ist ein Momentenbeiwert, vgl. Bild 143b und das Regelwerk. Mit $k_y=1$ liegt der Nachweis stets auf der sicheren Seite.

Beziehung:

$$\beta_{M_y} \approx (1{,}05 \div 1{,}10)\zeta \tag{457}$$

Im Falle einer gegengleichen exzentrischen Druckkraft ist

$$\beta_{M_y} = 1{,}1 \tag{458}$$

zu setzen.
Wegen weiterer Einzelheiten, Vereinfachungen und Verallgemeinerungen (z.B. auf zweiachsige Biegung) wird auf DIN 18800 T2 (11.90) verwiesen.

7.6.5 Beispiele und Ergänzungen

1. Beispiel: Einfeldträger unter mittiger Einzellast. Gesucht ist die Kipptragkraft. Trägerprofil IPE500-St37; l=6,0m; Lastangriff am Obergurt; Gabellagerung ($\beta=\beta_0=1$), vgl. Bild 144a.

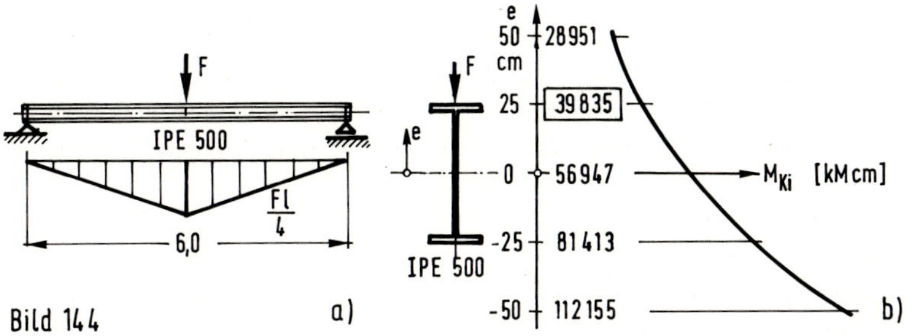

Bild 144

Das ideale Kippmoment wird mittels G.450 berechnet; die Kippspannung wird auf die Mittellinie des Druckflansches bezogen:

$$\text{IPE 500}: \; I_y = 48\,200\,\text{cm}^4,\; I_z = 2140\,\text{cm}^4,\; I_T = 89{,}7\,\text{cm}^4,\; C_M = 1249\,365\,\text{cm}^6$$

$$\text{G. 427}: \; c = \sqrt{\frac{1249365 + 0{,}039 \cdot 600^2 \cdot 89{,}7}{2140}} = 34{,}24\,\text{cm};\; e = 25{,}0\,\text{cm};\; \zeta = 1{,}35$$

$$M_{Ki,y} = 1{,}35 \cdot \frac{\pi^2 \cdot 21000 \cdot 2140}{600^2} \left[\sqrt{\left(\frac{25{,}0}{2}\right)^2 + 34{,}24^2} - \left(\frac{25{,}0}{2}\right)\right] = 39835\,\text{kNcm} = \underline{398{,}35\,\text{kNm}}$$

$$e_d = \frac{1}{2}(50{,}0 - 1{,}60) = 24{,}20\,\text{cm};\; \sigma_{Ki} = \frac{39835}{48200} \cdot 24{,}20 = \underline{20{,}00\,\text{kN/cm}^2}$$

DIN 4114: Abminderung der Kippspannung σ_{Ki} auf σ_K (Bild 141b):

$$\sigma_K = 19{,}8\,\text{kN/cm}^2 \longrightarrow M_K = \frac{\sigma_K \cdot I_y}{e_d} = \frac{19{,}8 \cdot 48200}{24{,}2} = 39\,436\,\text{kNcm} = \underline{394{,}36\,\text{kNm}}$$

$$M_K = \frac{F_K l}{4} \longrightarrow F_K = \frac{4 M_K}{l} = \frac{4 \cdot 394{,}36}{6{,}0} = \underline{\underline{263\,\text{kN}}}$$

DIN 18800 T2; Walzträger: n=2,5; 1/n=0,4:

$$M_{Pl,y,k} = 528\,\text{kNm},\; M_{Pl,y,d} = 528/1{,}1 = \underline{480\,\text{kNm}};\; M_{Ki,y,d} = 398{,}35/1{,}1 = \underline{362{,}1\,\text{kNm}}$$

$$\bar{\lambda}_M = \sqrt{\frac{480}{362{,}1}} = \underline{1{,}151} > 0{,}4 \longrightarrow \varkappa_M = \left(\frac{1}{1+1{,}151^5}\right)^{0{,}4} = \underline{0{,}643} \longrightarrow \varkappa_M \cdot M_{Pl,y,d} = 0{,}643 \cdot 480 = \underline{308{,}6\,\text{kNm}}$$

Die zugehörige Grenzkraft beträgt: F=206kN. Unter Einbeziehung der nominellen Sicherheitsfaktoren 1,7 bzw. 1,35 (γ_M=1,1 ist bereits berücksichtigt) ergibt sich:

$$\text{Lastfall H} \begin{cases} \text{DIN 4114}: \; 263/1{,}71 = 153\,\text{kN} \\ \text{DIN 18800 T2}: \; 206/1{,}35 = 156\,\text{kN} \end{cases}$$

Für eine außermittige Einzellast kann ζ aus Bild 145a und für ein Einzellastpaar aus Bild 145b abgegriffen werden. -
Von der Lastangriffshöhe geht ein sehr starker Einfluß auf die Größe des Kippmomentes aus. In Bild 144b ist M_{Ki} für unterschiedliche Lasthöhen eingetragen. Je höher die Last oberhalb der Schwerachse angreift, umso geringer ist M_{Ki}. - In dem Zusammenhang ist auf den Einfluß der Richtungstreue hinzuweisen. Wird zum Beispiel die Last über einen Pendelstab auf den Trägerobergurt abgesetzt, ist das nicht gleichbedeutend mit "Lastangriff

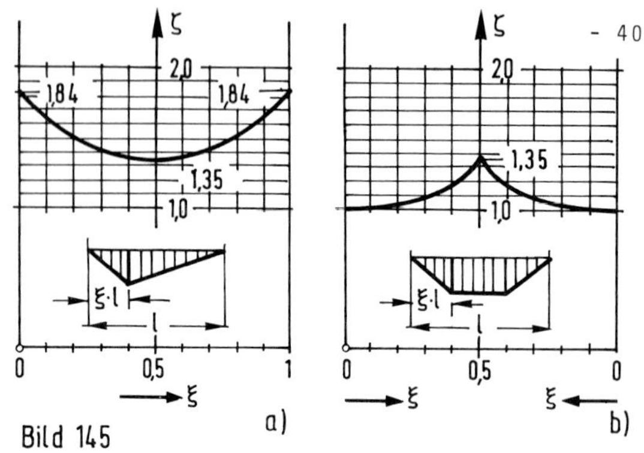

Bild 145

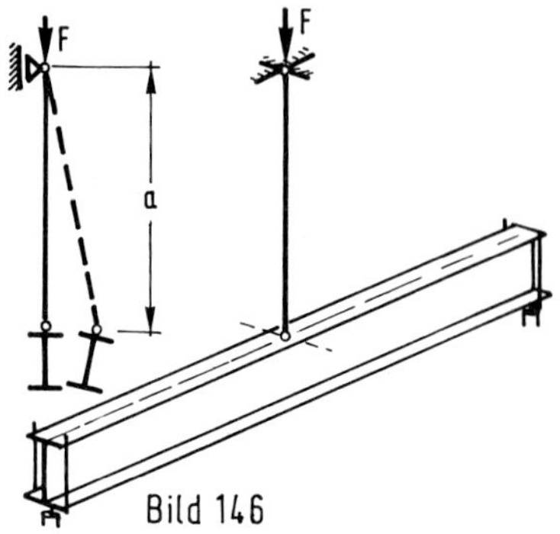

Bild 146

am Obergurt" (e=+h/2), weil sich der Pendelstab beim Auskippen schräg stellt und dadurch eine quer zum Träger gerichtete Abtriebskraft geweckt wird. Durch diesen Effekt sinkt M_{Ki} gegenüber dem Fall eines richtungstreuen Kraftangriffs stark ab! Lasteintragungen dieser Art sollten möglichst vermieden werden!

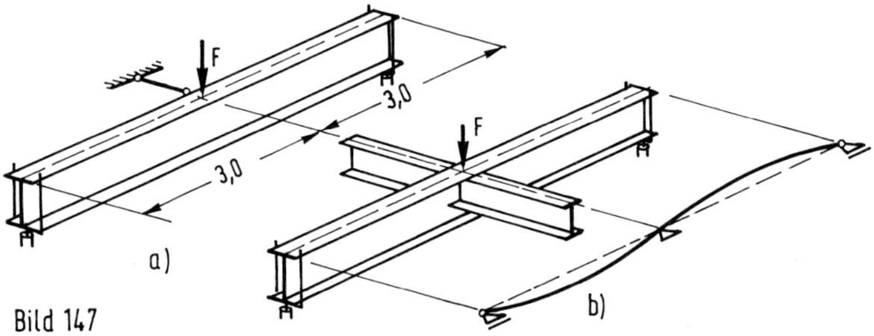

Bild 147

2. Beispiel: Einfeldträger unter mittiger Einzellast. Im Lasteinleitungspunkt wird der Träger durch die lasteinleitenden Querträger seitlich unverschieblich (gabelgelagert) gestützt, siehe Bild 147. Im übrigen gelten dieselben Angaben wie im 1. Beispiel.

Der Kippnachweis wird mittels des in DIN 4114 bzw. DIN 18800 T2 zugelassenen Näherungsverfahrens geführt, s. Abschnitt 7.6. Als erstes wird die Schlankheit des gedrückten Obergurtes berechnet (G.433/435):

$$i_{G,z} = 4{,}95\,\text{cm};\quad c = 300\,\text{cm};\quad \beta = \sqrt{\frac{1}{1{,}88}} = \underline{0{,}73}\ \text{bzw.}\ k_c = \frac{1}{1{,}33} = \underline{0{,}75} \longrightarrow s_{K,G} = 0{,}75\cdot 300 = 225\,\text{cm} \longrightarrow \lambda_{G,z} = 225/4{,}95 = 46$$

Nachweis nach DIN 4114 (G.436); $W_y = 1930\,\text{cm}^3$:

$$\text{DIN 4114:}\ \lambda = 46 \longrightarrow \omega = 1{,}18 \longrightarrow \sigma = \frac{1{,}14}{1{,}18}\cdot \text{zul}\sigma = 0{,}97\cdot\text{zul}\sigma \longrightarrow$$

$$M_K = 0{,}97\cdot\underline{\text{zul}\sigma\cdot 1{,}71}\cdot 1930 = 0{,}97\cdot 24{,}0\cdot 1930 = 44\,930\,\text{kNcm} = 449\,\text{kNm} \longrightarrow F = \underline{\underline{299\,\text{kN}}}$$

Nachweis nach DIN 18800 T2 (G.437/8):

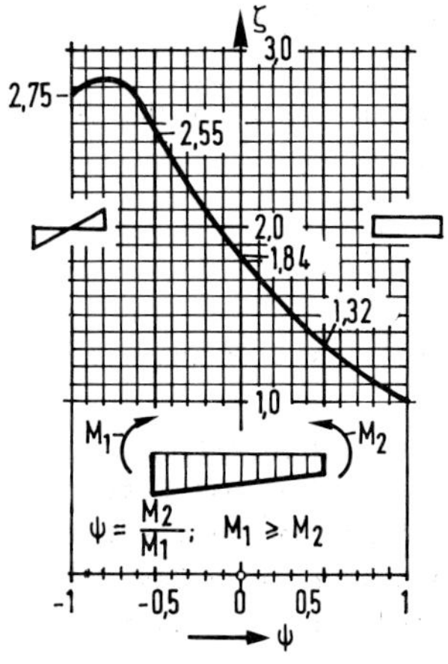

Bild 148

$$\text{DIN 18800 T2:}\ \bar\lambda_{G,z} = \frac{46}{92{,}9} = 0{,}48 \longrightarrow \varkappa_c = 0{,}828 \longrightarrow$$

$$M_y = \varkappa\cdot M_{Pl,y,d}/0{,}843 = 0{,}828\cdot 480/0{,}843 = 471\,\text{kNm} \longrightarrow F = \underline{\underline{314\,\text{kN}}}$$

Eine genauere Rechnung gelingt mittels G.448. Da der Biegemomentenverlauf dreieckförmig ist, kann ζ zu 1,84 angesetzt werden (Bild 139). (Für einen trapezförmigen Momentenverlauf kann ζ aus Bild 148 entnommen werden.) Im vorliegenden Fall liefert die Rechnung:

$$M_{Ki} = 1{,}84\,\frac{\pi}{300}\sqrt{21000\cdot 2140\cdot 8100\cdot 89{,}7}\cdot\sqrt{1+\frac{21\,000\cdot 1\,249\,365\cdot\pi^2}{8100\cdot 89{,}7\cdot 300^2}} = \underline{245\,211\,\text{kNcm}}$$

$$\text{DIN 4114:}\ \sigma_{Ki} = \frac{245\,211}{48\,200}\cdot 24{,}20 = 123{,}11\,\text{kN/cm}^2 \longrightarrow \sigma_K = 23{,}9\,\text{kN/cm}^2$$

$$M_K = 47602\,\text{kNcm} \longrightarrow F_K = \underline{\underline{317\,\text{kN}}}$$

$$\text{DIN 18\,800 T2:}\ \bar\lambda_M = \sqrt{\frac{528/1{,}1}{2\,452/1{,}1}} = 0{,}464 \longrightarrow \varkappa_M = 0{,}991$$

$$\varkappa_M\cdot M_{Pl,y,d} = 0{,}991\cdot 528/1{,}1 = \underline{476\,\text{kN}} \longrightarrow F = \underline{\underline{317\,\text{kN}}}$$

3. Beispiel: Dreifeldträger mit gleichlangen Stützweiten, l=6,0m. Trägerprofil IPE360-St37 (ungestützt). Querschnittswerte:

$$I_y = 16\,270\,\mathrm{cm}^4,\ I_z = 1040\,\mathrm{cm}^4,\ W_y = 904\,\mathrm{cm}^3,\ \alpha_{Pl} = 1{,}13;\ W_{Pl,y} = 1022\,\mathrm{cm}^3;\ I_T = 37{,}5\,\mathrm{cm}^4;\ C_M = 313\,580\,\mathrm{cm}^6$$

Es wirken folgende Gleichlasten (am Obergurt angreifend):

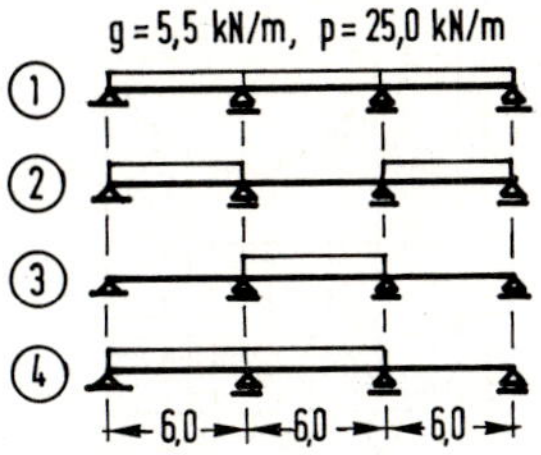

Bild 149

Eigenlast:	g = 5,5 kN/m
Verkehrslast:	p = 25,0 kN/m
Gesamtlast:	q = 30,5 kN/m

Für die in Bild 149 dargestellten Lastfälle werden die Schnittgrößen berechnet. In Bild 150 ist das Ergebnis für die Biegemomente dargestellt, die maximalen Feld- und Stützmomente sind eingetragen. - Maßgebend für den Kippnachweis ist das Endfeld. Im folgenden werden die Lastfälle (1), (2) und (4) auf Kippen untersucht. Das Bezugsmoment beträgt:

$$\frac{ql^2}{8} = \frac{30{,}5 \cdot 6{,}0^2}{8} = \underline{137{,}3\ \mathrm{kNm}}$$

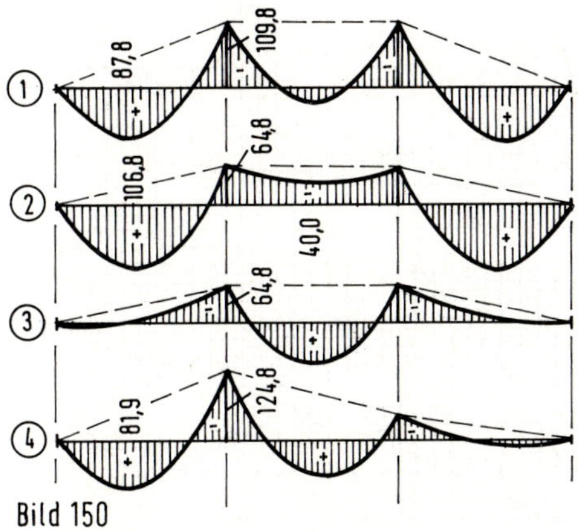

Bild 150

Der Nachweis wird mit Hilfe der Tafel 7.6 erbracht; sie gilt für doppelt-symmetrische I-Querschnitte (wegen der theoretischen Grundlagen siehe [1]). Die Kippbeiwerte γ_{Ki} sind für drei Lastangriffshöhen in Abhängigkeit vom Parameter μ und der Momentenform angegeben. Die größte Bedeutung haben die Kurven für den Fall "Lastangriff am Obergurt". Die Kippbeiwerte gelten für Gabellagerung. Real treten in den Querschnitten über den Stützen gewisse Wölbbehinderungen ein, insofern liegen die Tafelwerte auf der sicheren Seite. (Der Stützeffekt durch die Wölbbehinderung des weniger stark belasteten Nachbarfeldes ist indes nicht sehr ausgeprägt.) - Handelt es sich nicht um eine Gleichlast sondern um zwei oder mehr Einzellasten oder eine sonstwie geartete Mischbelastung, wird diese in eine Ersatzgleichlast umgerechnet:

$$\frac{q_{Ersatz}\, l^2}{8} = \max M \longrightarrow q_{Ersatz} = \frac{8 \cdot \max M}{l^2} \qquad (459)$$

Hierin bedeutet maxM das maximale Moment unter der realen Belastung für einen Einfeldträger. Wird der Durchlaufträger feldweise nur durch (in etwa mittige) Einzellasten belastet, kann wie zuvor beschrieben gerechnet werden. Es ist dann zulässig, die sich ergebenden idealen Kippmomente um den Faktor 1,2 zu erhöhen.

Ausgehend von den Stützmomenten der Lastfälle (1), (2) und (4) werden die Momentenquotienten $M_{St}/ql^2/8$ gebildet (vgl. Bild 150 und Tafel 7.6: Endfeld):

(1) : 109,8/137,3 = 0,800 = 80,0%
(2) : 64,8/137,3 = 0,472 = 47,2%
(4) : 124,8/137,3 = 0,909 = 90,9%

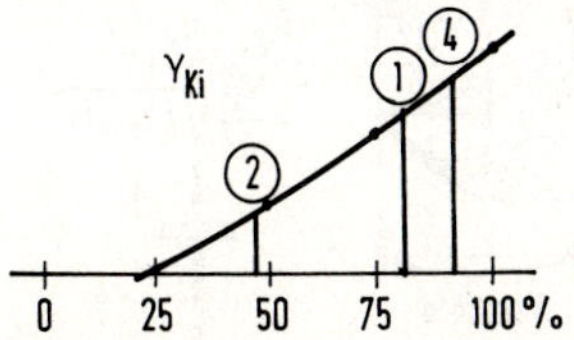

Bild 151

Der Parameter μ beträgt im vorliegenden Falle:

$$\mu = \frac{EC_M}{l^2 GI_T} = \frac{21000 \cdot 313\,580}{600^2 \cdot 8100 \cdot 37{,}5} = \underline{0{,}06022} \qquad (460)$$

Hierfür werden die γ_{Ki}-Werte aus Tafel 7.6 entnommen:

100%: $\gamma_{Ki} = 42{,}0$; 75%: $\gamma_{Ki} = 37{,}7$; 50%: $\gamma_{Ki} = 33{,}5$; 25%: $\gamma_{Ki} = 30{,}0$

Anmerkung: Das Beispiel dient dazu, die prinzipielle Anweisung für die Berechnung der Kippmomente eines Durchlaufträgers aufzuzeigen. Nach DIN 18800 T2 ist in G.461 E zu E_d und G zu G_d anzusetzen; entsprechendes gilt für $M_{Pl,y}$.

Tafel 7.6

Kippdiagramme für Ein- und Mehrfeldträger

Randfeld — Mittelfeld

100 %: Randfeld 56,0 ; Mittelfeld 97,7
75 %: Randfeld 46,1 ; Mittelfeld 61,9
50 %: Randfeld 38,5 ; Mittelfeld 44,6
25 %: Randfeld 37,8 ; Mittelfeld 34,7
0 %: Randfeld 28,3

Gabellagerung: Mittelfeld, Randfeld

$$\mu = \frac{EC_M}{l^2 \cdot GI_T}$$

$$Q_{Ki} = q_{Ki} \cdot l = \frac{\gamma_{Ki}}{l^2}\sqrt{EI_z \cdot GI_T}$$

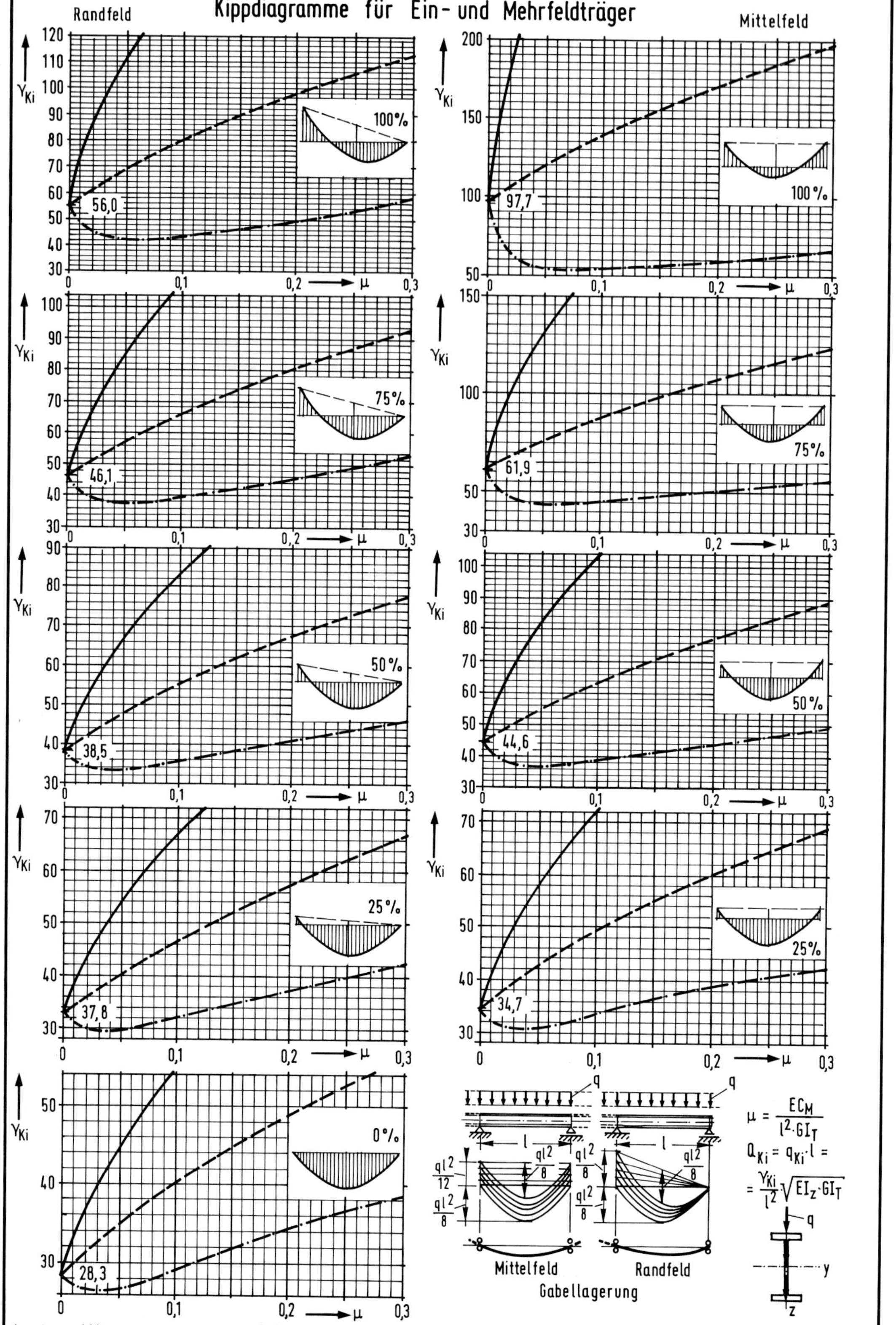

Lastangriff: ——— am Untergurt   – – – in Stegmitte   –·–·– am Obergurt (i.a. maßgebend)

Für die zuvor berechneten Prozentwerte der Fälle (1), (2) und (4) enthält man die gesuchten Kippbeiwerte zweckmäßig mittels graphischer Interpolation (Bild 151). Damit läßt sich die Kippkraft berechnen:

$$Q_{Ki} = \frac{\gamma_{Ki}}{l^2}\sqrt{EI_z\,GI_T} = \frac{\gamma_{Ki}}{600^2}\sqrt{21000\cdot 1040\cdot 8100\cdot 37{,}5} = \gamma_{Ki}\cdot 7{,}155 \qquad (461)$$

(1) $\gamma_{Ki} = 38$: $Q_{Ki} = 38\cdot 7{,}155 = 271{,}9$ kN $\rightarrow$ $q_{Ki} = 45{,}32$ kN/m
(2) $\gamma_{Ki} = 33$: $Q_{Ki} = 33\cdot 7{,}155 = 236{,}1$ kN $\rightarrow$ $q_{Ki} = 39{,}35$ kN/m
(4) $\gamma_{Ki} = 40$: $Q_{Ki} = 40\cdot 7{,}155 = 286{,}2$ kN $\rightarrow$ $q_{Ki} = 47{,}70$ kN/m

Die zugehörigen Stütz- und Feldmomente betragen:

(1) $M_{St,Ki} = 109{,}8\cdot 45{,}32/30{,}5 = \underline{163{,}2\ \text{kNm}}$; $M_{F,Ki} = 87{,}8\cdot 45{,}32/30{,}5 = \underline{130{,}5\ \text{kNm}}$
(2) $M_{St,Ki} = 64{,}8\cdot 39{,}35/30{,}5 = \underline{83{,}6\ \text{kNm}}$; $M_{F,Ki} = 106{,}8\cdot 39{,}35/30{,}5 = \underline{137{,}8\ \text{kNm}}$
(4) $M_{St,Ki} = 124{,}8\cdot 47{,}70/30{,}5 = \underline{195{,}2\ \text{kNm}}$; $M_{F,Ki} = 81{,}9\cdot 47{,}70/30{,}5 = \underline{128{,}1\ \text{kNm}}$

Plastisches Tragmoment (ohne M/Q-Interaktion):

$$\sigma_F = 24\,\text{kN/cm}^2 : M_{Pl,y} = 245{,}2\ \text{kNm} : \bar\lambda_M = \sqrt{M_{Pl,y}/M_{Ki,y}} \rightarrow \varkappa_{M\,(n=2,5)}$$

Im Einzelnen (St bedeutet Stützmoment und F Feldmoment):

(1) St: $\bar\lambda_M = 1{,}23 \rightarrow \varkappa_M = 0{,}585 \rightarrow M_{U,y} = 143{,}4$ kNm; F: $\bar\lambda_M = 1{,}37 \rightarrow \varkappa_M = 0{,}494 \rightarrow M_{U,y} = 121{,}1$ kNm
(2) St: $\bar\lambda_M = 1{,}71 \rightarrow \varkappa_M = 0{,}333 \rightarrow M_{U,y} = 81{,}7$ kNm; F: $\bar\lambda_M = 1{,}33 \rightarrow \varkappa_M = 0{,}519 \rightarrow M_{U,y} = 127{,}3$ kNm
(4) St: $\bar\lambda_M = 1{,}12 \rightarrow \varkappa_M = 0{,}666 \rightarrow M_{U,y} = 163{,}3$ kNm; F: $\bar\lambda_M = 1{,}38 \rightarrow \varkappa_M = 0{,}488 \rightarrow M_{U,y} = 119{,}7$ kNm

Nunmehr können die Tragsicherheiten γ bestimmt werden:

(1) St: $\gamma = 143{,}4/109{,}8 = 1{,}31$; F: $\gamma = 121{,}1/87{,}8 = 1{,}38$
(2) St: $\gamma = 81{,}7/64{,}8 = 1{,}26$; F: $\gamma = 127{,}3/106{,}8 = \underline{1{,}19}$ (maßgebend)
(4) St: $\gamma = 163{,}3/124{,}8 = 1{,}31$; F: $\gamma = 119{,}7/81{,}9 = 1{,}46$

Da die Biegemomente am Durchlaufträger elasto-statisch berechnet werden, ist es (nach Meinung des Verf.) nicht erforderlich, das Tragmoment im Stützenquerschnitt unter Berücksichtigung der M/Q-Interaktion anzusetzen. - Es erscheint vertretbar, die γ-Werte für St und F zu mitteln, denn der Versagenszustand kann nur unter einem einheitlichen γ-Wert eintreten. Das ergibt für den Lastfall (2): $\gamma = 1{,}23$. - Das Mittelfeld ist, im Vergleich zur Kippgefährdung der Endfelder, nicht maßgebend. Dazu müßte die Stützweite größer sein als die der Endfelder. - Für den Lastfall (2) wird der Kippnachweis für das Mittelfeld näherungsweise unter der Annahme geführt, daß das negative Biegemoment im Mittel konstant ist.

Näherung: $M \approx -(64{,}8 + 40{,}0)/2 = \underline{-52{,}4\ \text{kNm}}$

Man findet:

$$M_{Ki} = 170{,}3\ \text{kNm} \rightarrow M_{U,y} = 148{,}8\ \text{kNm};\ \gamma = 2{,}84$$

7.6.6 Elastische Drehbettung *)

7.6.6.1 Problemstellung

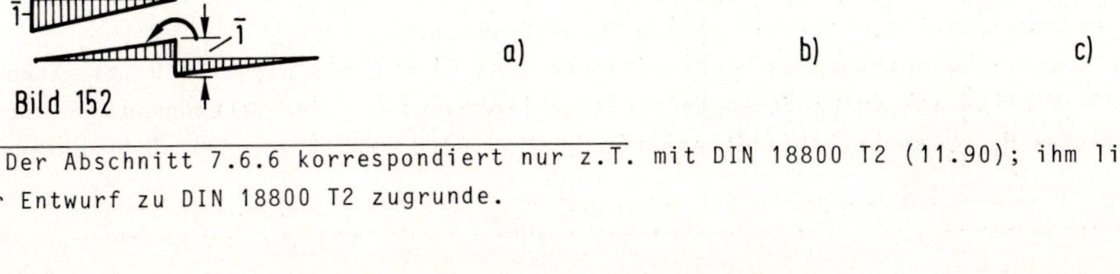

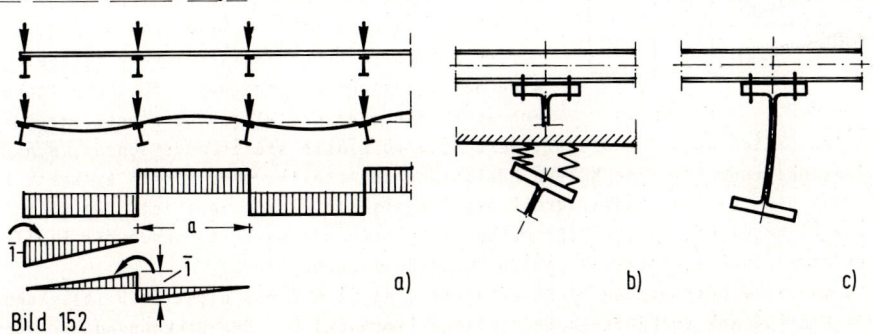

Bild 152

*) Der Abschnitt 7.6.6 korrespondiert nur z.T. mit DIN 18800 T2 (11.90); ihm liegt noch der Entwurf zu DIN 18800 T2 zugrunde.

Wie in Abschnitt 7.6.2 erwähnt, werden die biegedrillknickgefährdeten Stäbe und Träger im Regelfall durch die lasteinleitenden Bauteile dreh- und verschiebungsfederelastisch gestützt. Die Stützwirkung ist in vielen Fällen so groß, daß ein Biegedrillknicken gänzlich verhindert wird. Die hiermit im Zusammenhang stehenden Fragen sind recht komplex und durch die Forschung noch nicht restlos geklärt. Der Stützeffekt durch Dach- oder Geschoßdecken konnte durch Tragversuche bestätigt werden. Bei durchlaufenden Platten tritt zur federelastischen Stützung noch ein weiterer Rückstelleffekt hinzu, der auf der Verlagerung des Lasteinleitungspunktes beruht (Bild 153). Dieser Effekt ist schwierig zu quantifizieren und sollte sicherheitshalber nicht in Ansatz gebracht werden. Wird der Träger in einer bestimmten Höhe durchgängig seitlich unverschieblich gehalten, spricht man von gebundener Kippung. Zusätzlich kann eine drehfederelastische Bettung vorhanden sein.

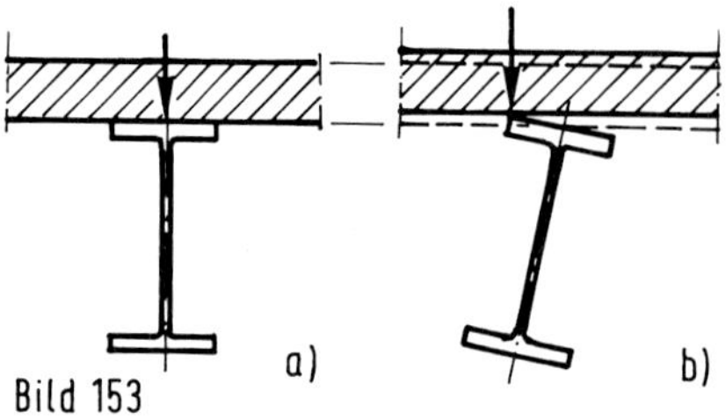

Bild 153

Die seitliche Stützung ist in vielen Fällen zwar wirksam, doch nur schwer zu bewerten. Auch ist bei durchlaufenden Trägern zu bedenken, daß der kippgefährdete Druckgurt im Feldbereich oben liegt und im Stützbereich unten liegt. Ähnliches gilt für Rahmen. Für baupraktische Nachweise wird daher (fürs erste) empfohlen, nur die drehelastische Bettung anzusetzen und im übrigen von einer freien Biegedrillknickung auszugehen. Bei der Bestimmung der Drehfederkonstanten c_ϑ sollten folgende Nachgiebigkeiten erfaßt werden (Bild 152):

1. Nachgiebigkeit der Eindeckung
2. Nachgiebigkeit der Verbindungsmittel
3. Nachgiebigkeit des Trägersteges

Für die einzelnen Beiträge werden die $c_{\vartheta,i}$-Werte bestimmt; anschließend wird c_ϑ berechnet:

$$c_\vartheta = \frac{1}{1/c_{\vartheta,1} + 1/c_{\vartheta,2} + 1/c_{\vartheta,3}} \qquad (462)$$

Liegt die vorhandene Drehfederkonstante über dem Wert "erf c_ϑ", wird Biegedrillknicken (Kippen) verhindert:

$$\text{vorh}\, c_\vartheta \geq \text{erf}\, c_\vartheta \qquad (463)$$

$$\text{erf}\, c_\vartheta = k_\vartheta \cdot \frac{M_{Pl}^2}{EI_z} \qquad (464)$$

Nachweis	Momentenverlauf	k_ϑ	M
elastisch	beliebig	0,9	max M
plastisch		4,0	M_{Pl}
		3,5	
		3,5	
	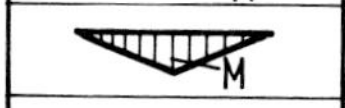	2,8	
	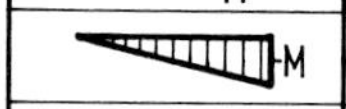	1,6	
	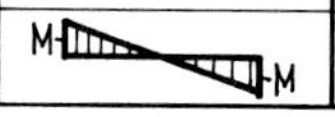	1,0	

Bild 154

Der Drehbettungsbeiwert k_ϑ ist in Bild 154 ausgewiesen; er wurde experimentell und theoretisch hergeleitet (vgl. [2] sowie DASt-Ri008 und Entw. DIN 18800 T2). erf c_ϑ hat die Bedeutung einer Mindeststeifigkeit. Die Mindeststeifigkeit wird als erreicht angesehen, wenn das Tragbiegemoment $M_{U,y}$ gleich 95% des plastischen Tragmomentes ist. Unter dieser Maßgabe wurden die k_ϑ-Beiwerte festgelegt. Wird der Tragsicherheitsnachweis für Schnittgrößen erbracht, die elasto-statisch berechnet werden, kann k_ϑ in allen Fällen zu 0,9 angesetzt werden; wird plasto-statisch gerechnet, d.h. wird die Dimensionierung auf eine höhere Auslastung abgestellt, sind höhere k_ϑ-Werte erforderlich, weil dann die Eigensteifigkeit des Trägers stark reduziert ist; das gilt insonderheit für Fließgelenk- bzw. Fließzonenbereiche. (In die k_ϑ-Werte wurde der Einfluß von Imperfektionen eingerechnet; sie gelten für Gabellagerung [2].)

Wird die erforderliche Drehbettung nicht erreicht (ist also G.463 nicht erfüllt), kann der stützende Einfluß der vorhandenen Drehbettung (vorh c_ϑ) bei der Berechnung des idealen Kippmomentes $M_{Ki,y}$ berücksichtigt werden. In [15] wird empfohlen, das so gewonnene

M_{Ki}-Moment auf 90% zu reduzieren. Im Falle einer Gabellagerung kann die Drehbettung mittels des ideellen Torsionsträgheitsmomentes

$$I_{T,id} = I_T + c_\vartheta \frac{l^2}{\pi^2 G} \longrightarrow (GI_T)_{id} = (1 + \frac{c_\vartheta l^2}{\pi^2 GI_T})\cdot GI_T = f_1 \cdot GI_T \qquad (465)$$

erfaßt werden (vgl. z.B. [14], [1]). Die hiermit verbundene Erhöhung der Torsionssteifigkeit ist i.a. beträchtlich. f_1 kennzeichnet in G.465 den Erhöhungseinfluß, der über den zweiten Term in G.465 eingeht, vgl. Bild 155e. Um den Ansatz zu prüfen, wird für einen einfeldrigen gabelgelagerten Stab unter einem konstanten äußeren Torsionsmoment m der Drehwinkel berechnet, einmal unter der Annahme einer freien Torsion und einmal unter der Annahme einer Torsion mit drehfeder-elastischer Bettung.

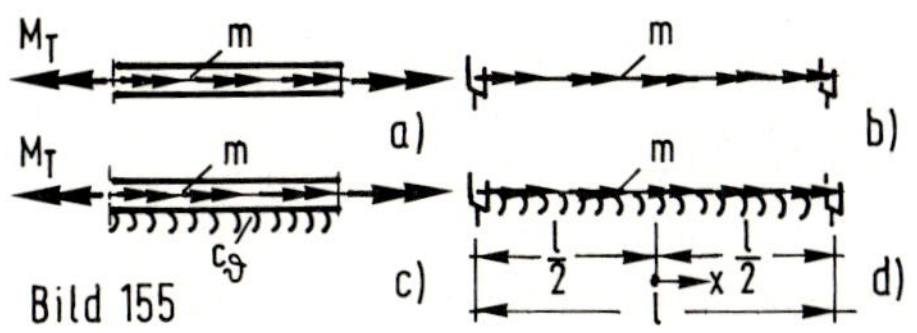

Bild 155

$\frac{c_\vartheta l^2}{GI_T}$	f_1	f_2
0	1	1
10	2,013	2,065
20	3,026	3,170
30	4,040	4,304
40	5,053	5,461
50	6,066	6,633

e)

Freie Torsion (Bild 155a/b): Differentialgleichung und Lösung:

$$\vartheta'' = -\frac{m}{GI_T} \longrightarrow \vartheta = C_1 x + C_2 - \frac{m}{GI_T}\cdot\frac{x^2}{2} \qquad (466)$$

$$\text{Randbedingungen: } x = \pm l/2: \vartheta = 0 \longrightarrow C_1 = 0,\ C_2 = \frac{m\cdot l^2}{8GI_T} \qquad (467)$$

$$\vartheta = \frac{ml^2}{8GI_T}[1 - 4(\frac{x}{l})^2] \qquad (468)$$

Torsion mit drehfeder-elastischer Bettung (Bild 155c/d): Differentialgleichung und Lösung:

$$\vartheta'' - \frac{\lambda^2}{l^2}\cdot\vartheta = -\frac{m}{GI_T} \longrightarrow \vartheta = C_3 \sinh\lambda\frac{x}{l} + C_4\cosh\lambda\frac{x}{l} + \frac{m}{c_\vartheta} \quad \text{mit } \lambda = \sqrt{\frac{c_\vartheta l^2}{GI_T}} \qquad (469)$$

$$\text{Randbedingungen: } x = \pm l/2: \vartheta = 0 \longrightarrow C_3 = 0,\ C_4 = -\frac{m}{c_\vartheta \cosh\lambda/2} \qquad (470)$$

$$\vartheta = \frac{m}{c_\vartheta}\cdot(1 - \frac{\cosh\lambda x/l}{\cosh\lambda/2}) \qquad (471)$$

In Stabmitte (x=0) werden die Drehwinkel beider Fälle gleichgesetzt: Definition von $(GI_T)_{id}$:

$$\frac{ml^2}{8(GI_T)_{id}} \stackrel{!}{=} \frac{m}{c_\vartheta}\cdot(1 - \frac{1}{\cosh\lambda/2}) \qquad (472)$$

Hieraus folgt:

$$(GI_T)_{id} = (\frac{\cosh\lambda/2}{\cosh\lambda/2 - 1}\cdot\frac{c_\vartheta l^2}{8GI_T})\cdot GI_T = f_2\cdot GI_T \qquad (473)$$

In Bild 155e ist f_2 ausgewiesen. Der Ansatz gemäß G.465 ist damit bestätigt. - Für einen Kragarm findet man auf analogem Wege:

$$(GI_T)_{id} = (\frac{\cosh\lambda}{\cosh\lambda - 1}\cdot\frac{c_\vartheta l^2}{2GI_T})GI_T \qquad (474)$$

Vorstehende Abschätzungen gelten sowohl für das Biegedrillknicken gedrückter Stäbe (Abschnitt 7.5) wie für das Kippen von Trägern.

7.6.6.2 Beispiel

Für Dachpfetten mit gleichlangen Stützweiten (l=7,20m) und Trapezprofileindeckung soll geprüft werden, ob ein Kippnachweis erforderlich ist. Stützweite der Trapezprofileindeckung: 4,0m, Höhe der Trapezprofile: 85mm, I_{ef}=90cm^4/m, durchlaufend mit Stoßdeckung. Ständige Last und Schneelast: 1,45kN/m².

Bemessung der Pfetten:

$$q = 1{,}45\cdot 4{,}0 = 5{,}80\ \text{kN/m}: \ \text{Endfeld: max}\ M = ql^2/11 = 5{,}80\cdot 7{,}20^2/11 = \underline{27{,}33\ \text{kNm}}$$

$$\text{Gewählt: IPE 200 - St37}: W_y = 194\ \text{cm}^3 \longrightarrow \sigma = 2733/194 = \underline{14{,}09\ \text{kN/cm}^2}$$

Berechnung der Drehbettungskonstante (vgl. Bild 152, G.462 und [1]):

1. Nachgiebigkeit der Eindeckung:

$$c_{\vartheta,1} = \frac{4EI_{ef}}{a} = \frac{4 \cdot 21000 \cdot 90}{400} = 18900 \frac{kNcm}{m} = \underline{189 \ kNcm/cm} \qquad (475)$$

2. Nachgiebigkeit des Trägersteges: Trägerhöhe: h, Flanschdicke: t, Stegdicke: s:

$$c_{\vartheta,2} = \frac{Es^3}{4(h-t)} = \frac{21000 \cdot 0{,}56^3}{4(20{,}0-0{,}85)} = \underline{48{,}2 \ kNcm/cm} \qquad (476)$$

3. Nachgiebigkeit der Verbindungsmittel; Ansatz: $c_{\vartheta,3} = 3 \cdot c_{\vartheta,1} = \underline{567 \ kNcm/cm}$

Gesamtfederung:

$$\text{vorh}\, c_\vartheta = \frac{1}{\frac{1}{189} + \frac{1}{48{,}2} + \frac{1}{567}} = \underline{36{,}0 \ kNcm/cm}$$

Die im Schrifttum angegebenen, aus Tragversuchen abgeleiteten Drehbettungskonstanten streuen beträchtlich.

Die Berechnungsformel ql²/11 ist der Fließgelenktheorie zuzuordnen. Der Spannungsnachweis erfolgt "elastisch". Um die Rechnung auf die sichere Seite zu legen, wird gemäß Bild 154 mit $k_\vartheta = 3{,}5$ gerechnet. (IPE200: $I_z = 142\text{cm}^4$, $W_{Pl,y} = 5295\text{kNcm}$):

$$\text{erf}\, c_\vartheta = 3{,}5 \frac{5295^2}{21000 \cdot 142} = 3{,}5 \cdot 9{,}402 = \underline{32{,}91 \ kNcm/cm}$$

Somit ist G.463 erfüllt, die Kippsicherheit ist gewährleistet.

Nach [16,17] wird die Verformung von IPE-Profilen dadurch erfaßt, daß der Drehbettungsbeiwert k_ϑ erhöht wird. Der Erhöhungsfaktor $\bar{k}_\vartheta$ für Lastangriff am Obergurt folgt aus:

$$\bar{k}_\vartheta = 1{,}03 + 5 \cdot 10^{-7} \left(\frac{h}{s}\right)^{3,5} \qquad \left(25 \le \frac{h}{s} \le 45\right) \qquad (477)$$

Für das vorliegende Beispiel ergibt sich:

$$\bar{k}_\vartheta = 1{,}03 + 5 \cdot 10^{-7} \left(\frac{20}{0{,}56}\right)^{3,5} = 1{,}17 \longrightarrow k_\vartheta = 1{,}17 \cdot 3{,}5 = 4{,}08 \longrightarrow \text{erf}\, c_\vartheta = \underline{38{,}38 \ kNcm/cm}$$

$$\text{vorh}\, c_\vartheta = \frac{1}{\frac{1}{189} + \frac{1}{567}} = \underline{142 \ kNcm/cm}$$

Somit führt diese Abschätzung zu einer sehr viel günstigeren Bewertung des Profilverformungseinflusses als dieses bei Anwendung von G.476 der Fall ist. Mit G.476 liegt die Rechnung auf der sicheren Seite.

Anmerkungen: a) Im Bauzustand sind die Pfetten ungestützt. b) Für den Lastfall Unterwind wurden in den Tragversuchen deutlich niedrigere Drehbettungskonstanten bestimmt. Hieraus ist zu schließen, daß in den aus den Versuchen für Auflast gewonnenen c_ϑ-Werten der in Bild 153 skizzierte Rückstelleffekt versteckt enthalten ist.

7.8 Beulung und Beulbiegung Theorie II. Ordnung ebener Rechteckplatten

7.8.1 Lineare Beultheorie

7.8.1.1 Statische Herleitung der Grundgleichungen

7.8.1.1.1 Definitionen - Schnittgrößen

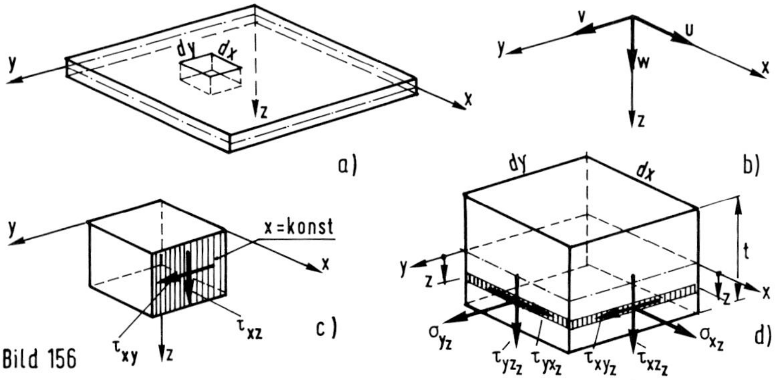

Bild 156

Bild 156 zeigt das in der Mittelebene einer Platte aufgespannte Koordinatensystem x,y und die Koordinate z. u,v und w sind die Verschiebungen in diesen Richtungen (Teilbild b). Die positive Definition der Schubspannungen geht aus Teilbild c hervor.

Im Abstand z von der Mittelebene wirken in den Schnitten x=konst und y=konst die lokalen Normal- und Schubspannungen (Teilbild d):

$$\sigma_{x_z},\ \sigma_{y_z},\ \tau_{xy_z},\ \tau_{yx_z},\ \tau_{xz_z},\ \tau_{yz_z} \qquad (478)$$

Der jeweils letzte (etwas abgesetzte) Index z weist auf die Faser z hin. Die Spannungen werden zu Schnittgrößen (Zugkräfte: positiv) zusammengefaßt:

$$N_x = \int \sigma_{x_z}\, dz;\ N_y = \int \sigma_{y_z}\, dz;\ N_{xy} = \int \tau_{xy_z}\, dz;\ N_{yx} = \int \tau_{yx_z}\, dz$$
$$Q_x = \int \tau_{xz_z}\, dz;\ \ Q_y = \int \tau_{yz_z}\, dz \qquad (479)$$
$$M_x = \int \sigma_{x_z} z\, dz;\ M_y = \int \sigma_{y_z} z\, dz;\ M_{xy} = \int \tau_{xy_z} z\, dz;\ M_{yx} = \int \tau_{yx_z} z\, dz$$

Die Integrale verstehen sich von -t/2 bis +t/2; t ist die Plattendicke. Insgesamt treten zehn Schnittgrößen auf und zwar paarweise zwei Normalkräfte, Schubkräfte, Querkräfte, Biegemomente und Drillmomente, jeweils bezogen auf die Längeneinheit der Schnittlinie.

7.8.1.1.2 Gleichgewichtsgleichungen

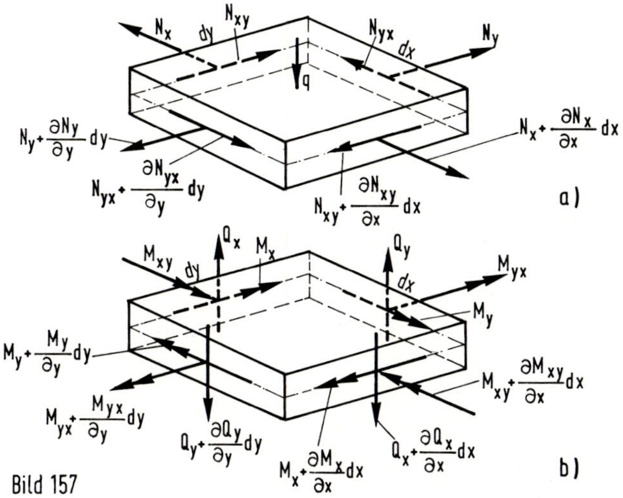

Bild 157

In Bild 157 sind die Schnittgrößen und ihre Zuwächse bei Fortschreiten um dx bzw. dy eingetragen. q=q(x,y) ist die äußere, normal zur Mittelebene gerichtete Belastung. Die Gleichgewichtsgleichungen werden am Plattenelement dx-dy unter Berücksichtigung der Verformungen (also nach Theorie II. Ordnung) aufgestellt.
Die Verschiebungen in der Mittelebene in Richtung der x-,y- und z-Achse sind u,v und w; siehe Bild 156b. Der Biegewinkel in x-Richtung ist φ und in y-Richtung ψ:

$$\varphi = w', \qquad \psi = w^{\bullet} \qquad (480)$$

( )' steht für die Ableitung nach x und ( )$^{\bullet}$ für die Ableitung nach y.
Wie in der Stabbiegetheorie II. Ordnung erweist es sich auch bei der Analyse von Flächentragwerken als zweckmäßig, Längs- und Transversalkräfte einzuführen:

$$L_x,\ L_y,\ L_{xy},\ L_{yx},\ T_x,\ T_y \qquad (481)$$

Sie sind parallel bzw. normal zur ursprünglichen (unverformten) Mittelebene orientiert. Bild 158 zeigt deren Definition, einschließlich ihrer Zuwächse. Die Verknüpfung mit den Normal-, Schub- und Querkräften geht aus Teilbild c/e hervor, z.B. in der Ebene x=konst:

$$L_x = N_x \cos\varphi - Q_x \sin\varphi = N_x - Q_x w' \approx N_x$$
$$T_x = Q_x \cos\varphi \cos\psi + N_x \sin\varphi + N_{xy} \sin\psi = Q_x + N_x w' + N_{xy} w^{\bullet} \qquad (482)$$
$$L_{xy} = N_{xy} \cos\psi - Q_x \sin\psi = N_{xy} - Q_x w^{\bullet} \approx N_{xy}$$

In der Ebene y=konst gelten analoge Beziehungen.
In nachfolgender Reihe werden die sechs Gleichgewichtsgleichungen am infinitesimalen Plattenelement formuliert:

$$\Sigma M_z = 0:\ \ L_{xy} dy\, dx - L_{yx} dx\, dy = 0:\ \ L_{xy} = L_{yx} \ \longrightarrow\ \underline{N_{xy} = N_{yx}} \qquad (483)$$

$$\Sigma K_x = 0:\ \ L_x dy - (L_x + L_x' dx) dy + L_{yx} dx - (L_{yx} + L_{yx}^{\bullet} dy) dx = 0:\ \ L_x' + L_{yx}^{\bullet} = 0 \ \longrightarrow$$
$$\underline{N_x' + N_{yx}^{\bullet} = 0} \qquad (484)$$

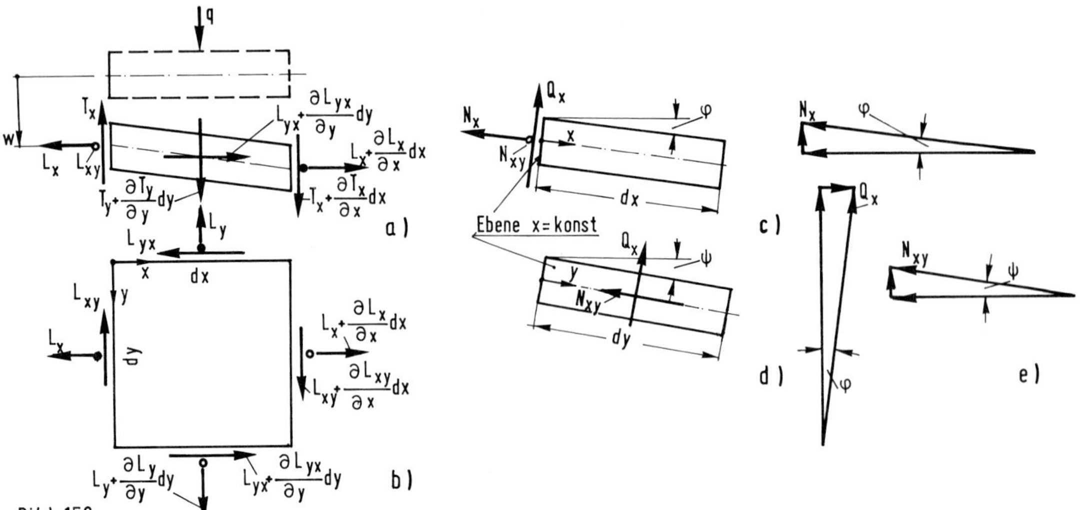

Bild 158

$$\Sigma K_y = 0: \quad \underline{\dot{N}_y + N'_{xy} = 0} \tag{485}$$

$$\Sigma K_z = 0: \quad T_x\,dy - (T_x + T'_x\,dx)dy + T_y\,dx - (T_y + \dot{T}_y\,dy)dx - q\,dx\,dy = 0: \; T'_x + \dot{T}_y + q = 0 \;\rightarrow$$

$$Q'_x + \dot{Q}_y + N_x w'' + 2N_{xy}\dot{w}' + N_y \ddot{w} + (\underbrace{N'_x + \dot{N}_{yx}}_{=0})w' + (\underbrace{\dot{N}_y + N'_{xy}}_{=0})\dot{w} + q = 0 \;\rightarrow$$

$$\underline{Q'_x + \dot{Q}_y + N_x w'' + 2N_{xy}\dot{w}' + N_y \ddot{w} + q = 0} \tag{486}$$

$$\Sigma M_y = 0: \quad M_x\,dy - (M_x + M'_x\,dx)dy + M_{yx}\,dx - (M_{yx} + \dot{M}_{yx}\,dy)dx + Q_x\,dx\,dy = 0 \;\rightarrow$$

$$\underline{M'_x + \dot{M}_{yx} - Q_x = 0} \tag{487}$$

$$\Sigma M_x = 0: \quad \underline{\dot{M}_y + M'_{xy} - Q_y = 0} \tag{488}$$

Aus den letzten beiden Gleichungen werden Q_x und Q_y freigestellt; anschließend wird nach x bzw. y differenziert:

$$Q'_x = M''_x + \dot{M}'_{yx}$$
$$\dot{Q}_y = \ddot{M}_y + \dot{M}'_{xy} \tag{489}$$

Nach Einsetzen in die Gleichgewichtsgleichung $\Sigma K_z=0$ (G.486) ergibt sich:

$$M''_x + 2\dot{M}'_{xy} + \ddot{M}_y + N_x w'' + 2N_{xy}\dot{w}' + N_y \ddot{w} + q(x,y) = 0 \tag{490}$$

Hierin ist, wegen der aus G.483 folgenden Gleichheit einander zugeordneter Schubspannungen,

$$M_{xy} = M_{yx} \tag{491}$$

berücksichtigt.

7.8.1.1.3 Elastizitätsgesetz

Das für den Biegestab geltende Elastizitätsgesetz

$$EIw'' = -M$$

wird als nächstes für die Platte hergeleitet. Zwischen Verzerrungen und Verschiebungen besteht gemäß Bild 159a der Zusammenhang:

$$\varepsilon_x = u'; \quad \varepsilon_y = \dot{v}; \quad \gamma_{xy} = v' + \dot{u} \tag{492}$$

Die Verschiebungen im Abstand z von der Mittelebene sind:

$$u_z, \; v_z, \; w_z \tag{493}$$

Zwischen diesen und den Verschiebungen u, v, w der Mittelebene bestehen folgende Formänderungsbeziehungen (Teilbild b/c):

$$u_z = u - z\varphi = u - zw'; \quad v_z = v - z\psi = v - z\dot{w}; \quad w_z \approx w \tag{494}$$

Diese kinematischen Beziehungen setzen ein Ebenbleiben der verformten Querschnitte voraus, d.h. Schubverformungen werden unterdrückt. Die Verzerrungen in der im Abstand z liegenden

Ebene ergeben sich damit zu:

$$\begin{aligned} \varepsilon_{x_z} &= u_z' = u' - z w'' \\ \varepsilon_{y_z} &= v_z^{\bullet} = v^{\bullet} - z w^{\bullet\bullet} \\ \gamma_{xy_z} &= v_z' + u_z^{\bullet} = v' + u^{\bullet} - 2 z w'^{\bullet} \end{aligned} \qquad (495)$$

Zwischen den Verzerrungen und Spannungen in der Ebene z (Faser z) gilt innerhalb des elastischen Bereiches das HOOKE-sche Gesetz (μ: Querkontraktionszahl):

$$\varepsilon_{x_z} = \frac{1}{E}(\sigma_{x_z} - \mu\sigma_{y_z}); \quad \varepsilon_{y_z} = \frac{1}{E}(\sigma_{y_z} - \mu\sigma_{x_z}); \quad \gamma_{xy_z} = \frac{1}{G}\tau_{xy_z} = \frac{2(1+\mu)}{E}\cdot\tau_{xy_z} \qquad (496)$$

E, G und μ sind bei elastisch-homogenem Material wie folgt untereinander verknüpft (vgl. Abschnitt 2.6.5.2):

$$G = \frac{E}{2(1+\mu)} \qquad (497)$$

Die Auflösung von G.496 nach den Spannungen liefert:

$$\sigma_{x_z} = \frac{E}{1-\mu^2}(\varepsilon_{x_z} + \mu\varepsilon_{y_z}); \quad \sigma_{y_z} = \frac{E}{1-\mu^2}(\varepsilon_{y_z} + \mu\varepsilon_{x_z}); \quad \tau_{xy_z} = \frac{E}{1+\mu}\cdot\frac{\gamma_{xy_z}}{2} \qquad (498)$$

Werden hierin die Verzerrungen gemäß G.495 durch die Verschiebungen ersetzt, folgt:

$$\sigma_{x_z} = \frac{E}{1-\mu^2}[(u' + \mu v^{\bullet}) - z(w'' + \mu w^{\bullet\bullet})] \qquad (499)$$

$$\sigma_{y_z} = \frac{E}{1-\mu^2}[(\mu u' + v^{\bullet}) - z(\mu w'' + w^{\bullet\bullet})] \qquad (500)$$

$$\tau_{xy_z} = \frac{E}{1-\mu^2}\cdot\frac{1-\mu}{2}(v' + u^{\bullet} - 2zw'^{\bullet}) = \frac{E}{2(1+\mu)}(v' + u^{\bullet} - 2zw'^{\bullet}) \qquad (501)$$

Die Spannungen werden in die Definitionsgleichungen der Schnittgrößen, G.479, eingesetzt, anschließend wird über die Plattendicke integriert:

$$N_x = D(u' + \mu v^{\bullet}); \quad N_y = D(\mu u' + v^{\bullet}); \quad N_{xy} = N_{yx} = D\frac{1-\mu}{2}(v' + u^{\bullet}) \qquad (502)$$

$$M_x = -K(w'' + \mu w^{\bullet\bullet}); \quad M_y = -K(\mu w'' + w^{\bullet\bullet}); \quad M_{xy} = M_{yx} = -K(1-\mu)w'^{\bullet} \qquad (503)$$

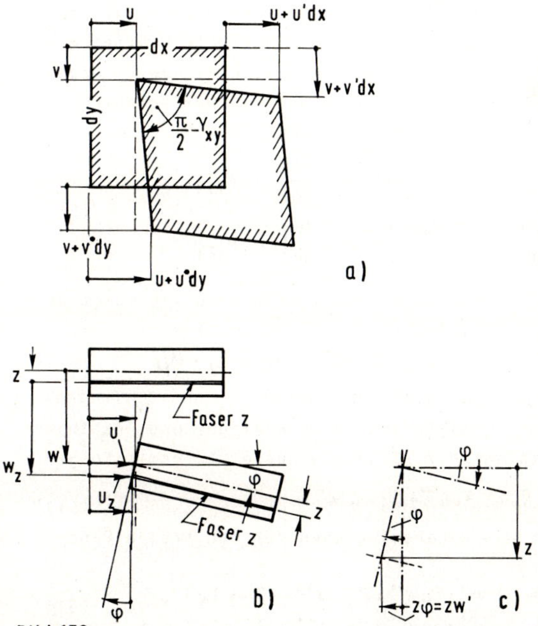

Bild 159

D ist die Dehn- und K die Biegesteifigkeit der Platte:

$$D = \frac{Et}{1-\mu^2} \; [\mathrm{N/m}]; \qquad K = \frac{Et^3}{12(1-\mu^2)} \; [\mathrm{Nm^2/m}] \qquad (504)$$

Mit G.502/3 ist das gesuchte Elastizitätsgesetz der isotropen Platte abgeleitet. In den Ausdrücken für die Normal- und Schubkräfte sind nur die Verschiebungen u und v in Richtung der Plattenebene, in jenen für die Biege- und Drillmomente ist nur die Durchbiegung quer zur Plattenebene enthalten. Wie erwähnt, ist der Schubverzerrungseinfluß in G.503 nicht erfaßt.

7.8.1.1.4 Grundgleichung Theorie II. Ordnung und Randbedingungen

Die Verknüpfung der Elastizitätsgleichungen G.503 mit der Gleichgewichtsgleichung G.490 liefert die gesuchte Grundgleichung für die seitliche Ausbiegung w:

$$-K[w'''' + \mu w^{\bullet\bullet''} + 2(1-\mu)w^{''\bullet\bullet} + \mu w^{''\bullet\bullet} + w^{\bullet\bullet\bullet\bullet}] + N_x w'' + 2N_{xy}w'^{\bullet} + N_y w^{\bullet\bullet} + q(x,y) = 0 \;\longrightarrow$$

Grundgleichung:
$$K\Delta\Delta w = N_x w'' + 2N_{xy} w'^{\bullet} + N_y w^{\bullet\bullet} + q(x,y) \tag{505}$$

Es bedeuten:
$$\Delta\Delta(\;) = (\;)'''' + 2(\;)''^{\bullet\bullet} + (\;)^{\bullet\bullet\bullet\bullet} \tag{506}$$
$$\Delta(\;) = (\;)'' + (\;)^{\bullet\bullet} \text{ (LAPLACEscher Operator)} \tag{507}$$

Wenn q=0 ist, liegt ein Beulproblem vor (Verzweigungsproblem); w ist dann die Beulverformung.

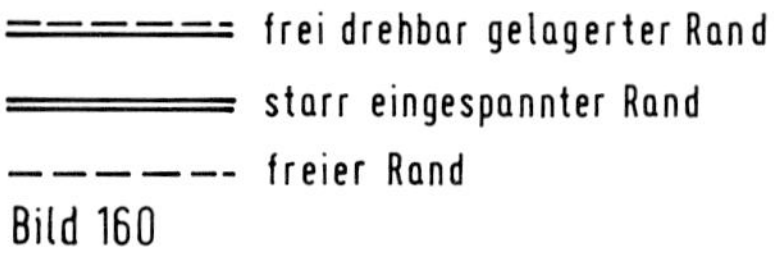

Bild 160

Die Lösungen der partiellen DGl.505 sind den Randbedingungen anzupassen; in Bild 160 sind die Symbole für die drei wichtigsten Randlagerungen dargestellt. (Die Randlagerung in Form eines Transversalkraftgelenkes hat keine praktische Bedeutung.) - Die Randbedingungen werden durch die Bezugsunbekannte w ausgedrückt:

1) Für den frei drehbar gelagerten, unverschieblichen Rand x=konst sind folgende Bedingungen einzuhalten:
$$\begin{aligned} &w = 0 \quad \text{und} \quad w^{\bullet} = w^{\bullet\bullet} = \cdots = 0, \\ &M_x = 0 \longrightarrow w'' + \mu w^{\bullet\bullet} = 0 \longrightarrow w'' = 0 \end{aligned} \tag{508}$$
Das ergibt die sogen. NAVIERschen Randbedingungen:
$$w = 0, \quad \Delta w = 0 \tag{509}$$
Für den Rand y=konst gilt die analoge Randvorschrift.

2) Bei starrer Einspannung sind einzuhalten:
$$\begin{aligned} x = \text{konst}: \quad & w = 0,\; w' = 0 \quad (\text{und } w^{\bullet} = w^{\bullet\bullet} = \cdots = 0) \\ y = \text{konst}: \quad & w = 0,\; w^{\bullet} = 0 \quad (\text{und } w' = w'' = \cdots = 0) \end{aligned} \tag{510}$$

3) Am freien Rand bedarf es der Einführung der sogen. KIRCHHOFFschen Ersatzquerkräfte; diese werden aus den Querkräften selbst und den Drillmomenten aufgebaut. Wie in Bild 161 dargestellt, werden die Drillmomente an den Stellen y und y+dy bzw. x und x+dx in infinitesimale Kräftepaare zerlegt. An den Stellen y bzw. x ergeben sich folgende Kräftedifferenzen (Teilbild c):
$$\begin{aligned} \frac{M_{xy} + M_{xy}^{\bullet}\,dy}{dy} - \frac{M_{xy}}{dy} &= M_{xy}^{\bullet}\downarrow; \\ \frac{M_{yx} + M_{yx}'\,dx}{dx} - \frac{M_{yx}}{dx} &= M_{yx}'\downarrow \end{aligned} \tag{511}$$

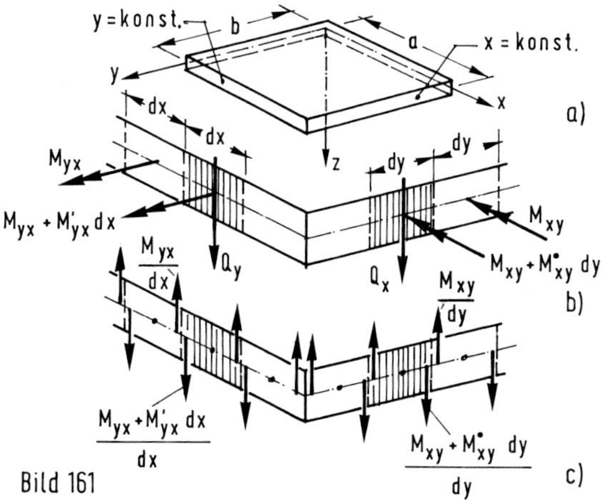

Bild 161

Die Ersatzquerkräfte sind wie folgt definiert:
$$\bar{Q}_x = Q_x + M_{xy}^{\bullet}; \quad \bar{Q}_y = Q_y + M_{yx}' \tag{512}$$
Aus G.487/488 werden Q_x und Q_y freigestellt und für die Biege- und Drillmomente (bzw. deren Ableitungen) das Elastizitätsgesetz (G.503) eingesetzt; damit folgt:
$$\bar{Q}_x = -K[w''' + (2-\mu)w'^{\bullet\bullet}]; \quad \bar{Q}_y = -K[w^{\bullet\bullet\bullet} + (2-\mu)w^{\bullet}{}''] \tag{513}$$
In Theorie I. Ordnung lassen sich nunmehr die Randbedingungen für den freien Rand formulieren:
$$\begin{aligned} x = \text{konst}: \quad M_x = 0,\; \bar{Q}_x = 0 &\longrightarrow w'' + \mu w^{\bullet\bullet} = 0;\; w''' + (2-\mu)w'^{\bullet\bullet} = 0 \\ y = \text{konst}: \quad M_y = 0,\; \bar{Q}_y = 0 &\longrightarrow w^{\bullet\bullet} + \mu w'' = 0;\; w^{\bullet\bullet\bullet} + (2-\mu)w^{\bullet}{}'' = 0 \end{aligned} \tag{514}$$
An den Ecken der freien Ränder verbleiben Eckkräfte. Fallen zwei freie Ränder zusammen, beträgt hier die Eckkraft (siehe Bild 161c):
$$A = M_{xy} + M_{yx} = 2M_{xy} = -2K(1-\mu)w'^{\bullet} \tag{515}$$

Für den hier interessierenden Fall Theorie II. Ordnung sind die Randbedingungen gemäß G.514 (bezüglich der Querkraftbedingung) zu erweitern! Sie lauten:

$$\begin{aligned} x = \text{konst}: \quad \bar{T}_x = 0: \quad & \bar{Q}_x + N_x w' + N_{xy} w^{\bullet} = 0 \\ y = \text{konst}: \quad \bar{T}_y = 0: \quad & \bar{Q}_y + N_y w^{\bullet} + N_{yx} w' = 0 \end{aligned} \tag{516}$$

$\bar{T}$ ist die Ersatz-Transversalkraft; die Richtigkeit bestätigt man sofort mittels Bild 158 und G.482b.

7.8.1.1.5 Scheibenspannungszustand

Die Normalkräfte N_x und N_y und die Schubkräfte $N_{xy}=N_{yx}$ repräsentieren den in der Plattenebene herrschenden primären Spannungs-Grundzustand:

$$N_x(x,y) = \sigma_x(x,y)\cdot t\ ; \quad N_y(x,y) = \sigma_y(x,y)\cdot t\ ; \quad N_{xy}(x,y) = \tau_{xy}(x,y)\cdot t \tag{517}$$

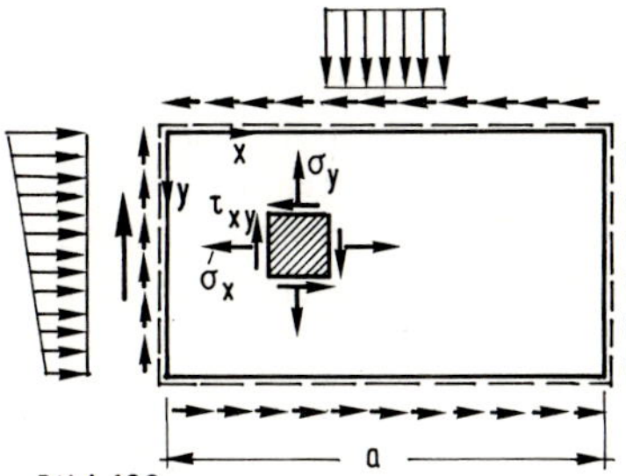

Bild 162

Die Kräfte werden durch die entlang der Plattenberandung in Richtung der Mittelebene wirkenden äußeren Randlasten hervorgerufen (Bild 162). Wenn diese Randlasten, die untereinander im Gleichgewicht stehen, unregelmäßig verteilt sind, bereitet die Berechnung des zugehörigen "Scheiben"-Spannungszustandes u.U. große Schwierigkeiten, denn die Spannungen müssen in sich (d.h. unter Wahrung der Kontinuität) verträglich sein. Ihre Kenntnis ist andererseits unabdingbar erforderlich, wenn die Grundgleichung G.505 gelöst werden soll; das gilt entsprechend für die Lösung der Beulprobleme. Zur Berechnung steht die Verträglichkeitsgleichung

$$\varepsilon_{y_z}'' + \varepsilon_{x_z}^{\bullet\bullet} - \gamma_{xy_z}^{\prime\bullet} = 0 \tag{518}$$

zur Verfügung. Ihre Gültigkeit wird durch Einsetzen von G.495 bestätigt:

$$v^{\bullet\prime\prime} - z\,w^{\bullet\bullet\prime\prime} + u^{\prime\bullet\bullet} - z\,w^{\prime\prime\bullet\bullet} - v^{\prime\prime\bullet} - u^{\bullet\bullet\prime} + 2z\,w^{\prime\bullet\prime\bullet} = 0 \tag{519}$$

Des weiteren muß der Scheibenspannungszustand den Gleichgewichtsgleichungen G.483/5 genügen. Das gelingt durch Einführung der AIRYschen Spannungsfunktion Φ. Sie ist wie folgt definiert:

$$\sigma_x = \frac{N_x}{t} = \Phi^{\bullet\bullet}\ ; \quad \sigma_y = \frac{N_y}{t} = \Phi''\ ; \quad \tau_{xy} = \frac{N_{xy}}{t} = -\Phi'^{\bullet} \tag{520}$$

Die Verzerrungen in der Mittelebene lauten in Abhängigkeit von Φ (vgl. G.496):

$$\varepsilon_x = \frac{t}{E}(\Phi^{\bullet\bullet} - \mu\Phi'')\ ; \quad \varepsilon_y = \frac{t}{E}(\Phi'' - \mu\Phi^{\bullet\bullet})\ ; \quad \gamma_{xy} = -\frac{2(1+\mu)}{E}\,t\,\Phi'^{\bullet} \tag{521}$$

Eingesetzt in die Verträglichkeitsgleichung G.519 erhält man die Grundgleichung für die Bestimmung von Φ und damit gemäß G.520 für die Berechnung des Scheibenspannungszustandes:

$$\frac{t}{E}[\Phi'''' - \mu\Phi^{\bullet\bullet\prime\prime} + \Phi^{\bullet\bullet\bullet\bullet} - \mu\Phi^{\prime\prime\bullet\bullet} + 2(1+\mu)\Phi^{\prime\bullet\prime\bullet}] = 0 \longrightarrow \boxed{\Delta\Delta\Phi = 0} \tag{522}$$

Diese sogen. Scheibengleichung ist eine (homogene) biharmonische partielle Differentialgleichung; ihre Lösungen nennt man biharmonische Funktionen; Beispiele:

$$\Phi = 1\,;\ x;\ y;\ xy;\ x^2;\ y^2;\ x^2y;\ xy^2;\ x^3;\ y^3;\ x^3y;\ xy^3;\ \cdots \tag{523}$$

$$\cos\alpha x\cdot\cosh\alpha y;\ \cosh\alpha x\cdot\cos\alpha y$$

Zur Lösung von Scheibenproblemen wird auf die Standardliteratur verwiesen [17].

Die Grundgleichungen G.505 und G.522 sind nicht miteinander gekoppelt; sie gelten nur für "kleine" Verformungen. Sollen Beanspruchungen mit "großen" (endlichen) Verformungen untersucht werden, die im sogen. überkritischen Bereich, d.h. über der Beulgrenze, liegen, sind die Grundgleichungen gekoppelt, der Scheibenspannungszustand ist dann von der Größe der Plattenverformungen abhängig; vgl. Abschnitt 7.8.4.

7.8.1.2 Energetische Herleitung der Grundgleichungen

7.8.1.2.1 Energiekriterium

Nach dem Prinzip der virtuellen Verrückung ist ein Gleichgewichtszustand vorhanden, wenn

$$\delta\Pi = 0 \tag{524}$$

ist; die Art des Gleichgewichts folgt aus dem Kriterium:

$$\delta^2\Pi \begin{matrix} > \\ = \\ < \end{matrix} 0 \quad \begin{matrix} \text{stabil} \\ \text{indifferent} \\ \text{labil} \end{matrix} \tag{525}$$

Um die Plattengleichung Theorie II. Ordnung (und die Beulgleichung) aus dem Prinzip der virtuellen Verrückung (=Prinzip vom konstanten Wert des elastischen Potentials) herleiten zu können, ist zunächst das Potential der inneren und äußeren Kräfte zu bestimmen.

7.8.1.2.2 Potential der inneren Kräfte

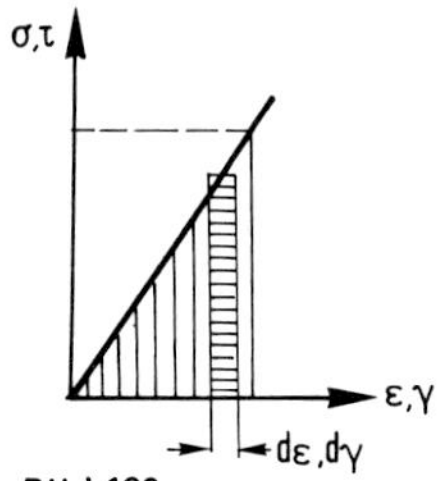

Bild 163

Die innere potentielle Energie ist gleich dem Arbeitsvermögen der inneren Kräfte in der belasteten und verformten Struktur, hier also der ausgebogenen Platte. (Dieses Arbeitsvermögen ist gleich der negativen Formänderungsarbeit, die von den inneren Kräften im Zuge des Belastungsvorganges geleistet wird.)

Es wird ein Volumenelement dV in Höhe der Faser z betrachtet; die Spannungen und Verzerrungen betragen:

$$\sigma_{x_z},\ \sigma_{y_z},\ \tau_{xy_z};\ \varepsilon_{x_z},\ \varepsilon_{y_z},\ \gamma_{xy_z} \tag{526}$$

Solange die Beanspruchungen elastisch sind, ist der Zusammenhang zwischen Spannungen und Verzerrungen proportional; die Integration über alle differentiellen Formänderungsanteile des Beanspruchungsvorganges und anschließend über alle Volumenelemente liefert die potentielle Energie der inneren Kräfte zu (Bild 163):

$$\Pi_i = +\frac{1}{2}\int_V (\sigma_{x_z}\varepsilon_{x_z} + \sigma_{y_z}\varepsilon_{y_z} + \tau_{xy_z}\gamma_{xy_z})\,dV \tag{527}$$

Für die Verzerrungen wird das HOOKEsche Gesetz, G.496, eingesetzt:

$$\Pi_i = \frac{1}{2E}\int_V [\sigma_{x_z}^2 - \mu\sigma_{x_z}\sigma_{y_z} + \sigma_{y_z}^2 - \mu\sigma_{x_z}\sigma_{y_z} + \tau_{xy_z}^2 \cdot 2(1+\mu)]\,dV \tag{528}$$

Um die innere potentielle Energie als Funktion der Plattenausbiegung w(x,y) zu beschreiben, wird das Elastizitätsgesetz G.499/501 eingeführt, wobei nur die mit w behafteten Glieder berücksichtigt werden:

$$\Pi_i = \frac{1}{2E}\int_V \Big[\frac{E^2z^2}{(1-\mu^2)^2}(w'' + \mu w^{\bullet\bullet})^2 + \frac{E^2z^2}{(1-\mu^2)^2}(w^{\bullet\bullet} + \mu w'')^2 -$$
$$-2\mu\frac{E^2z^2}{(1-\mu^2)^2}(w'' + \mu w^{\bullet\bullet})(w^{\bullet\bullet} + \mu w'') + 2(1+\mu)\frac{E^2z^2}{(1+\mu)^2}w'^{\bullet 2}\Big]dV \tag{529}$$

Nach einigen Umformungen verbleibt:

$$\Pi_i = \frac{E}{(1-\mu^2)}\int_V \Big[\frac{1}{2}(w'' + w^{\bullet\bullet})^2 - (1-\mu)(w''w^{\bullet\bullet} - w'^{\bullet 2})\Big]z^2\,dV \tag{530}$$

Wird jetzt dV=dA·dz gesetzt, wobei dA=dx·dy ein Element der Plattenmittelfläche ist, ergibt sich bei Einführung der "Plattenbiegesteifigkeit" K

$$K = \frac{Et^3}{12(1-\mu^2)} \tag{531}$$

nach Integration von G.530 zwischen den Grenzen +t/2 bis -t/2 (t: Plattendicke):

$$\Pi_i = \frac{K}{2}\int_0^a\int_0^b [(w'' + w^{\bullet\bullet})^2 - 2(1-\mu)(w''w^{\bullet\bullet} - w'^{\bullet 2})]\,dx\,dy \tag{532}$$

7.8.1.2.3 Potential der äußeren Kräfte

Das Potential der äußeren Kräfte setzt sich aus zwei Anteilen zusammen, aus dem Beitrag der äußeren Querbelastung q(x,y) und aus dem Beitrag der Randbelastung in Richtung der Plattenebene, die den Verformungseinfluß Theorie II. Ordnung bewirkt. Die potentielle Energie von q beträgt:

$$\Pi_a^{(1)} = -\int_0^a\int_0^b q(x,y)\cdot w\,dx\,dy \tag{533}$$

Sie ist negativ, da sich das Arbeitsvermögen von q(x,y) nach Durchlaufen des Verformungsweges w(x,y) um das Produkt q·w (bezogen auf das Nullniveau) verringert hat. Der Beitrag

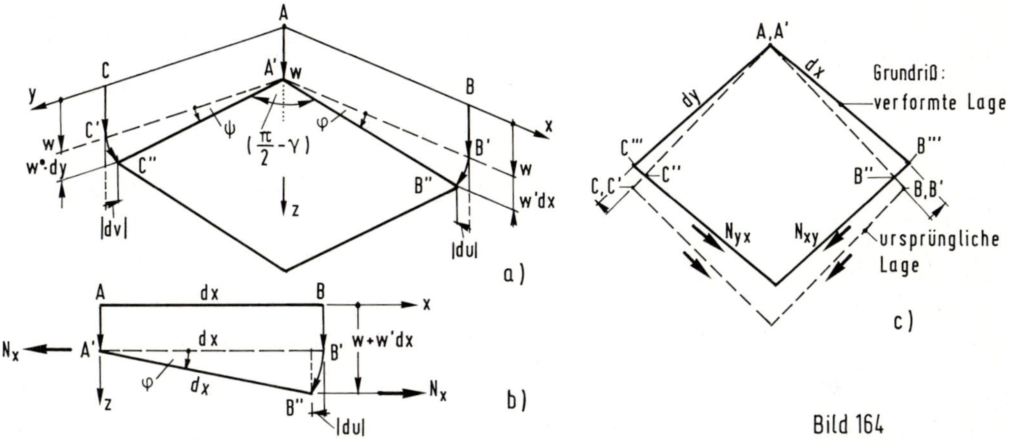

Bild 164

der in Richtung der Mittelebene wirkenden Randbelastung ($\Pi_a^{(2)}$) läßt sich unmittelbar nicht angeben, dazu müßten die zugehörigen Verschiebungen bekannt sein. Da die Randbelastung mit den inneren Normal- und Schubkräften (bei Erfüllung der Scheibengleichung) im Gleichgewicht steht, wird $\Pi_a^{(2)}$ über die inneren Normal- und Schubkräfte bestimmt. Hierbei werden (wie bei der Herleitung von Π_i) nur jene Verschiebungen von N_x, N_y und $N_{xy}=N_{yx}$ berücksichtigt, die durch die Plattenausbiegung w bedingt sind, es wird quasi eine "dehnungslose" Verzerrung unterstellt. Bild 164a zeigt ein Plattenelement dx-dy in verformter Lage. Der Punkt A verschiebt sich um w und die Punkte B und C zusätzlich um w'dx bzw. w$^\bullet$dy. Der Punkt B nimmt z.B. die neue Lage B" ein (Teilbild b). Da die Elementkantenlänge unverändert bleibt, wird der Punkt B hierbei um das Maß |du| versetzt. Entsprechendes gilt für Punkt C. Verschiebt sich B über B' nach B" in der x-z-Ebene und C über C' nach C" in der y-z-Ebene, erfährt der eingeschlossene Winkel π/2 eine Änderung um γ. Eine solche Winkelverzerrung ist voraussetzungsgemäß nicht zulässig; der Winkel π/2 soll erhalten bleiben. Somit können B und C die Positionen B" bzw. C" real nicht einnehmen, sie erleiden vielmehr (im Grundriß betrachtet, vgl. Teilbild c) Verschiebungen aus dem ursprünglichen Feld ABC in negativer y- bzw. x-Richtung heraus. Offensichtlich erleiden alle Kräfte eine Verlagerung entgegengesetzt zu ihrer positiven Richtungsdefinition. Für die Verschiebung von N_x (also in x-Richtung) ergibt sich (vgl. Teilbild b):

$$|du| = (1-\cos\varphi)dx = \tan\frac{\varphi}{2}\sin\varphi\,dx \approx \frac{\varphi}{2}\varphi\,dx = \frac{1}{2}w'^2 dx \tag{534}$$

Entsprechend folgt für die Verschiebung von N_y:

$$|dv| = \frac{1}{2}w^{\bullet 2}dy \tag{535}$$

Um die Verschiebung von N_{xy} bzw. N_{yx} zu bestimmen, wird zunächst jener Winkel berechnet, der von den Vektoren $\overrightarrow{A'B''}$ und $\overrightarrow{A'C''}$ eingeschlossen wird. In Komponentendarstellung lauten die Vektoren:

$$\overrightarrow{A'B''} = \{dx-du,\,0,\,w'dx\}\,;\quad \overrightarrow{A'C''} = \{0,\,dy-dv,\,w^\bullet dy\} \tag{536}$$

Für den Cosinus des um γ reduzierten Winkels $\pi/2$ folgt gemäß Vektorrechnung:

$$\cos(\frac{\pi}{2} - \gamma)dx\,dy = x_1x_2 + y_1y_2 + z_1z_2 = w'dx\,w^{\bullet}dy \qquad (537)$$

Die linke Seite wird entwickelt und hierbei berücksichtigt, daß γ ein kleiner Winkel ist:

$$\cos(\frac{\pi}{2} - \gamma)dx\,dy = (\cos\frac{\pi}{2}\cos\gamma + \sin\frac{\pi}{2}\sin\gamma)dx\,dy = \gamma\,dx\,dy \qquad (538)$$

Somit ist:

$$|\gamma| = w'w^{\bullet} \qquad (539)$$

Dieser Winkel kann bei der verzerrungslosen Elementverschiebung (im Sinne einer Starrkörperverschiebung) nicht auftreten; Punkt B" (und damit die Kante dy, entlang der N_{xy} angreift) muß daher in negativer y-Richtung die Verschiebung $|\gamma|\cdot dx$ oder Punkt C" muß in negativer x-Richtung die Verschiebung $|\gamma|\cdot dy$ erleiden, damit gemäß Voraussetzung gilt:

$$\sphericalangle B'''A'C''' = \frac{\pi}{2} \qquad (540)$$

Da N_x, N_y, $N_{xy}=N_{yx}$ entgegengesetzt zu ihrer positiven Richtung verschoben werden, ist ihr Energiepotential höher als im Ausgangszustand:

$$N_x:\ \Pi_a^{(2)} = \int_0^a\int_0^b N_x\,dy\,|du| = \frac{1}{2}\int_0^a\int_0^b N_x w'^2\,dy\,dx \qquad N_y:\ \Pi_a^{(2)} = \int_0^a\int_0^b N_y\,dx\,|dv| = \frac{1}{2}\int_0^a\int_0^b N_y w^{\bullet 2}\,dx\,dy \qquad (541)$$

$$N_{xy} = N_{yx}:\ \Pi_a^{(2)} = \int_0^a\int_0^b N_{xy}\,dy\,|\gamma|\,dx \overset{\text{oder}}{=} \int_0^a\int_0^b N_{yx}\,dx\,|\gamma|\,dy = \frac{1}{2}\int_0^a\int_0^b 2N_{xy}w'w^{\bullet}\,dx\,dy \qquad (542)$$

Die Summe aus $\Pi_a^{(1)}$ und $\Pi_a^{(2)}$ stellt das gesuchte Potential der äußeren Kräfte dar.

7.8.1.2.4 Gesamtpotential - Variation $\delta\Pi=0$

Das Gesamtpotential aller Kräfte folgt aus der Addition von G.533, G.541 und G.542:

$$\Pi = \frac{K}{2}\int_0^a\int_0^b[(w'' + w^{\bullet\bullet})^2 - 2(1-\mu)(w''w^{\bullet\bullet} - w'^{\bullet 2})]\,dx\,dy - \int_0^a\int_0^b q(x,y)w\,dx\,dy +$$
$$+ \frac{1}{2}\int_0^a\int_0^b[N_x w'^2 + 2N_{xy}w'w^{\bullet} + N_y w^{\bullet 2}]\,dx\,dy = \Pi(w, w', w^{\bullet}, w'', w'^{\bullet}, w^{\bullet\bullet}) \qquad (543)$$

Man nennt diesen Ausdruck das BRYAN-TIMOSHENKOsche Potential; es bildet die Grundlage für das direkte Variationsverfahren von RITZ. Hiermit lassen sich Näherungslösungen für viele Beulprobleme herleiten, die einer strengen Lösung auf der Basis der Beulgleichung (G.505, q=0) nicht zugänglich sind. Erste Lösungen stammen von TIMOSHENKO [18]. Von KLÖPPEL, SCHEER, MÖLLER [19] wurden umfangreiche Beulwerttafeln hiernach erarbeitet.
Das Potential G.543 kann auch dazu dienen, die Grundgleichung und die Randbedingungen des anstehenden Plattenbiegeproblems Theorie II. Ordnung abzuleiten. Dazu wird die erste Variation gebildet und Null gesetzt (G.524):

$$\delta\Pi = 0 \longrightarrow \delta\Pi = \frac{\partial\Pi}{\partial w}\delta w + \frac{\partial\Pi}{\partial w'}\delta w' + \frac{\partial\Pi}{\partial w^{\bullet}}\delta w^{\bullet} + \frac{\partial\Pi}{\partial w''}\delta w'' + \frac{\partial\Pi}{\partial w'^{\bullet}}\delta w'^{\bullet} + \frac{\partial\Pi}{\partial w^{\bullet\bullet}}\delta w^{\bullet\bullet} = 0 \qquad (544)$$

Die Variationen werden gliedweise ausgeführt, anschließend wird partiell integriert. Für den ersten und zweiten Term findet man nach längerer Rechnung:

$$\int_A (K\Delta\Delta w - q)\,\delta w\,dA -$$
$$- \int_0^b K[w''' + \mu w'^{\bullet\bullet} + 2(1-\mu)w'^{\bullet\bullet}]\,\delta w\Big|_{x=\text{konst}} dy + \int_0^b K(w'' + \mu w^{\bullet\bullet})\,\delta w'\Big|_{x=\text{konst}} dy -$$
$$- \int_0^a K[w^{\bullet\bullet\bullet} + \mu w''^{\bullet} + 2(1-\mu)w''^{\bullet}]\,\delta w\Big|_{y=\text{konst}} dx + \int_0^a K(w^{\bullet\bullet} + \mu w'')\,\delta w^{\bullet}\Big|_{y=\text{konst}} dx \qquad (545)$$

Am dritten Term von G.543, der den Beitrag Theorie II. Ordnung charakterisiert, soll die Vorgehensweise gezeigt werden; dieser Term setzt sich seinerseits aus drei Gliedern zusammen:

$$\text{1. Glied:}\ \frac{1}{2}\int_0^a\int_0^b N_x 2w'\delta w'\,dx\,dy = \int_0^b[\int_0^a(N_x w')\delta w'\,dx]\,dy = \int_0^b[(N_x w')\,\delta w\,|_{x=\text{konst}}]\,dy - \int_A (N_x w')'\,\delta w\,dA \qquad (546)$$

$$3.\,\text{Glied:}\ \frac{1}{2}\int_0^a\int_0^b N_y\, 2w^{\bullet}\,\delta w^{\bullet}\,dx\,dy = \int_0^a\Big[\int_0^b (N_y w^{\bullet})\delta w^{\bullet}\,dy\Big]dx = \int_0^a\Big[(N_y w^{\bullet})\,\delta w\,\Big|_{y=konst}\Big]dx - \int_A (N_y w^{\bullet})^{\bullet}\,\delta w\,dA \qquad (547)$$

$$2.\,\text{Glied:}\ \int_0^a\int_0^b N_{xy}(w^{\bullet}\,\delta w' + w'\,\delta w^{\bullet})\,dx\,dy = \int_0^b\Big[\int_0^a (N_{xy} w^{\bullet})\delta w'\,dx\Big]dy + \int_0^a\Big[\int_0^b (N_{yx} w')\,\delta w^{\bullet}\,dy\Big]dx =$$

$$= \int_0^b (N_{xy}w^{\bullet})\,\delta w\,\Big|_{x=konst} dy - \int_A (N_{xy}w^{\bullet})'\,\delta w\,dA + \int_0^a (N_{yx}w')\,\delta w\,\Big|_{y=konst} dx - \int_A (N_{yx}w')^{\bullet}\,\delta w\,dA \qquad (548)$$

Zusammenfassung:

$$-\int_A [(N_x w')' + (N_y w^{\bullet})^{\bullet} + (N_{xy}w^{\bullet})' + (N_{yx}w')^{\bullet}]\,\delta w\,dA + \int_0^b [(N_x w') + (N_{xy}w^{\bullet})]\,\delta w\,\Big|_{x=konst} dy + \int_0^a [(N_y w^{\bullet}) + (N_{yx}w')]\,\delta w\,\Big|_{y=konst} dx \qquad (549)$$

Die Glieder in der eckigen Klammer des linken Terms werden ausdifferenziert:

$$-\int_A (N_x w'' + 2N_{xy}w'^{\bullet} + N_y w^{\bullet\bullet})\,\delta w\,dA - \int_A (N_x' w' + N_y^{\bullet} w^{\bullet} + N_{xy}' w^{\bullet} + N_{yx}^{\bullet} w')\,\delta w\,dA \qquad (550)$$

Die runde Klammer im zweiten Term ist Null, wie man bei Zuhilfenahme der beiden Komponenten-Gleichgewichtsgleichungen G.484 und G.485 erkennt; oder umgekehrt geschlossen: Da $\delta w \neq 0$ ist, liefert die Variation nicht nur die Komponentengleichgewichtsgleichung in Richtung z (≘G.486) sondern auch in Richtung x und y! Zudem fallen die Randbedingungen des anstehenden Problems an. - Zusammengefaßt lautet $\delta\Pi = 0$:

$$\int_A [K\Delta\Delta w - q - (N_x w'' + 2N_{xy}w'^{\bullet} + N_y w^{\bullet\bullet}]\,\delta w\,dA -$$
$$-\int_0^b K[w''' + (2-\mu)w'^{\bullet\bullet}]\,\delta w\,\Big|_{x=konst} dy + \int_0^b K(w'' + \mu w^{\bullet\bullet})\,\delta w'\,\Big|_{x=konst} dy + \int_0^b (N_x w' + N_{xy}w^{\bullet})\,\delta w\,\Big|_{x=konst} dy -$$
$$-\int_0^a K[w^{\bullet\bullet\bullet} + (2-\mu)w''^{\bullet}]\,\delta w\,\Big|_{y=konst} dx + \int_0^a K(w^{\bullet\bullet} + \mu w'')\,\delta w^{\bullet}\,\Big|_{y=konst} dx + \int_0^a (N_y w^{\bullet} + N_{yx}w')\,\delta w\,\Big|_{y=konst} dx = 0 \qquad (551)$$

δw ist die Variation (virtuelle Verrückung) des Gleichgewichtszustandes und ist voraussetzungsgemäß verschieden von Null. Somit liefert der erste Integrand die Grundgleichung für das Beulbiegeproblem Theorie II. Ordnung (vgl. G.505).

7.8.1.2.5 Randbedingungen

Die Randterme lassen sich bei Beachtung von G.503 und G.513 wie folgt zusammenfassen:

$$\delta\int_0^b (\bar{Q}_x + N_x w' + N_{xy}w^{\bullet})\,w\,\Big|_{x=konst} dy + \delta\int_0^b M_x w'\,\Big|_{x=konst} dy + \delta\int_0^a (\bar{Q}_y + N_y w^{\bullet} + N_{yx}w')\,w\,\Big|_{y=konst} dx + \delta\int_0^a M_y\, w^{\bullet}\,\Big|_{y=konst} dx = 0 \qquad (552)$$

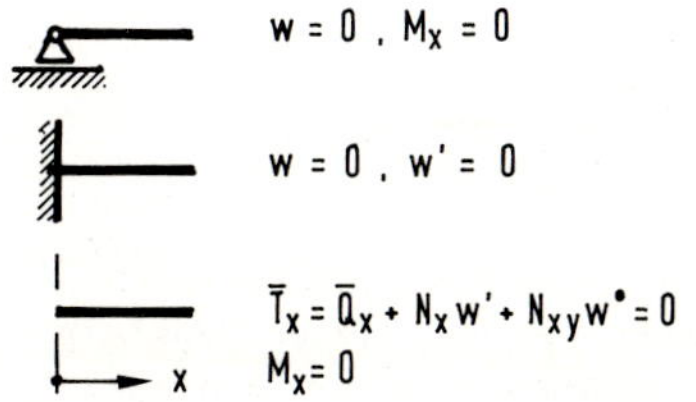

Bild 165

Bild 165 zeigt, daß den drei, in Abschnitt 7.8.1.1.4 ausführlich kommentierten Randlagerungen (1. Gelenkige Lagerung, 2. Einspannung, 3. freier Rand) genügt wird. Der vierten Randbedingung (Transversalgelenk) wird gleichfalls genügt.

7.8.2 Lösungen der linearen Beultheorie

7.8.2.1 Lösungen auf der Grundlage der Beulgleichung für Rechteckplatten mit gegengleichen konstanten Randdruckkräften

7.8.2.1.1 Einzelfeld mit freien Längsrändern (Bild 166)

Alle Plattenstreifen dy sind untereinander gleichwertig; es stellt sich nur eine einsinnig gekrümmte Beulfläche ein. Die Normalkraft N_x ist gleich der Randdruckspannung σ_1, multipliziert mit der Plattendicke t. N_y und $N_{xy}=N_{yx}$ sind Null. Die Beulgleichung verkürzt sich zu:

$$\frac{Et^3}{12(1-\mu^2)}\,w'''' = -\sigma_1 t\, w'' \qquad (553)$$

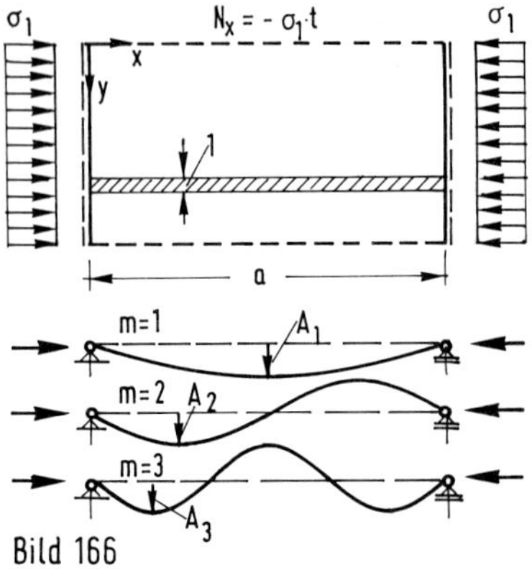

Bild 166

Das ist die Grundgleichung für das Knickproblem eines "Stabes" der Breite 1. Als Lösungsfunktion wird gewählt:

$$w(x) = A_m \sin\frac{m\pi x}{a} \qquad (m = 1, 2, 3, \ldots) \tag{554}$$

Dieser Ansatz erfüllt die Randbedingungen w=0 und $M_x=0$ an den Querrändern x=0 und x=a. Wird der Ansatz in die DGL.553 eingesetzt, folgt:

$$\frac{Et^3}{12(1-\mu^2)} A_m \left(\frac{m\pi}{a}\right)^4 \sin\frac{m\pi x}{a} = A_m \sigma_1 t \left(\frac{m\pi}{a}\right)^2 \sin\frac{m\pi x}{a} \longrightarrow$$

$$\sigma_1 = \frac{E\pi^2}{12(1-\mu^2)}\left(\frac{t}{a}\right)^2 m^2 \tag{555}$$

Der dem Betrage nach kleinste Lösungswert und damit die Beulspannung ergibt sich für m=1, also für eine Halbwelle (EULER-Fall II). m=2 bzw. m=3 liefern einen 4- bzw. 9-fachen Spannungswert; die zugeordneten (nicht maßgebenden) Biegelinien zeigt Bild 166. Die Beul- (bzw. Knick-) Spannung lautet:

$$\min\sigma_1 = \sigma_{1Ki} = \frac{E\pi^2}{12(1-\mu^2)}\left(\frac{t}{a}\right)^2 = 18980\left(\frac{t}{a}\right)^2 \tag{556}$$

Die Vorzahl 18980 gilt für Stahl, die Spannung ergibt sich dann in kN/cm².

7.8.2.1.2 Einzelfeld mit frei drehbaren, unverschieblichen Längsrändern (Bild 167)

Die Spannungen in der Platte sind:

$$\sigma_x = -\sigma_1, \quad \sigma_y = 0, \quad \tau_{xy} = 0 \tag{557}$$

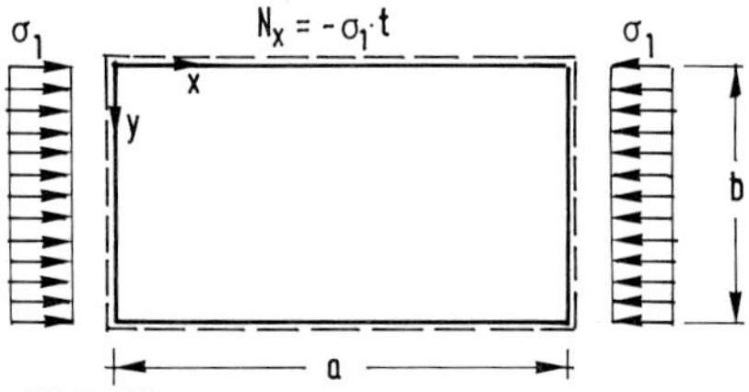

Bild 167

Die Beulgleichung lautet:

$$\frac{Et^3}{12(1-\mu^2)}(w'''' + 2w''^{\bullet\bullet} + w^{\bullet\bullet\bullet\bullet}) = -\sigma_1 t w'' \tag{558}$$

Als Lösungsfunktion wird in Anlehnung an G.554 ein Doppel-Sinusansatz gewählt. Hiermit werden die NAVIERschen Randbedingungen G.509 und die Beulgleichung für jeden Wert von x und y erfüllt:

$$w(x,y) = A_{mn} \sin\frac{m\pi x}{a} \cdot \sin\frac{n\pi y}{b} \qquad (m = 1, 2, 3 \ldots;\ n = 1, 2, 3 \ldots) \tag{559}$$

Der Ansatz wird in G.558 eingesetzt:

$$\frac{Et^3}{12(1-\mu^2)}\left[\frac{m^4\pi^4}{a^4} + 2\frac{m^2\pi^2}{a^2}\cdot\frac{n^2\pi^2}{b^2} + \frac{n^4\pi^4}{b^4}\right] = +\sigma_1 \cdot t\,\frac{m^2\pi^2}{a^2} \longrightarrow$$

$$\sigma_1 = \frac{E\pi^2}{12(1-\mu^2)}\left(\frac{t}{b}\right)^2\left[\frac{mb}{a} + n^2\frac{a}{mb}\right]^2 \tag{560}$$

Zu jeder Kombination von m und n gehört eine Lösung. Von diesen hat nur die betragkleinste praktische Bedeutung. Wie G.560 aufzeigt, ist allein n=1 maßgebend, also beult die Platte in jedem Falle nur mit einer Halbwelle in Querrichtung aus:

$$\sigma_{1Ki} = \frac{E\pi^2}{12(1-\mu^2)}\left(\frac{t}{b}\right)^2\left(\frac{mb}{a} + \frac{a}{mb}\right)^2 \tag{561}$$

Wird die Bezugsspannung

$$\sigma_e = \frac{E\pi^2}{12(1-\mu^2)}\cdot\left(\frac{t}{b}\right)^2, \tag{562}$$

das Seitenverhältnis

$$\alpha = \frac{a}{b} \tag{563}$$

und der Beulwert

$$k = \left(\frac{mb}{a} + \frac{a}{mb}\right)^2 = \left(\frac{m}{\alpha} + \frac{\alpha}{m}\right)^2 \tag{564}$$

eingeführt, gilt:

$$\boxed{\sigma_{1Ki} = k\,\sigma_e} \tag{565}$$

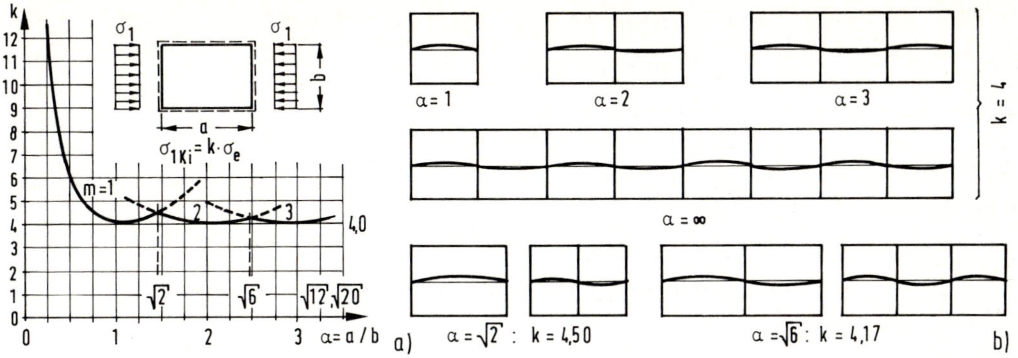

Bild 168

Zeichnet man den Beulwert k für die Halbwellen m=1,2,3.. als Funktion des Seitenverhältnisses α auf, erhält man die in Bild 168a dargestellte Kurvenschar. Maßgebend ist die untere Einhüllende ("Girlandenkurve"), deren Minima für ganzzahlige α-Werte den Beulwert k=4 aufweisen. Im Bereich $\alpha > 1$ ergeben sich geringfügig höhere Beulwerte für nichtganzzahlige α-Werte. Beispielsweise beträgt der Beulwert für $\alpha=\sqrt{2}$ und m=1 bzw. m=2: k=4,50, vgl. Bild 168b. Die vorstehende Lösung geht auf BRYAN (1891) zurück. - Für einen mit y veränderlichen σ_x-Verlauf (z.B. Biegespannungszustand in einem Stegblech) oder einen Schubspannungszustand $\tau_{xy}=\tau_{yx}$=konst lassen sich (mangels passender Lösungsansätze) keine geschlossenen Lösungen herleiten.

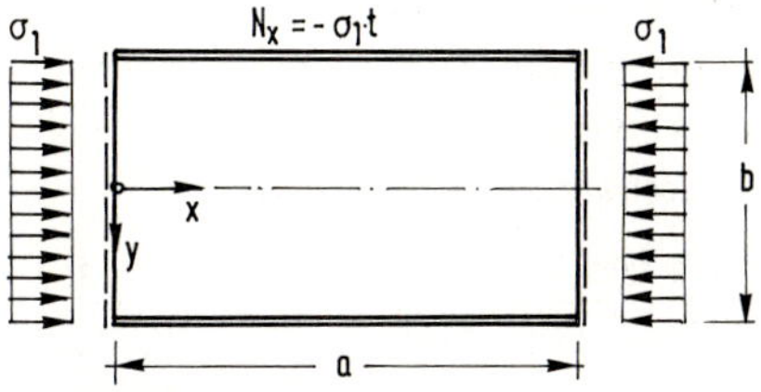

Bild 169

7.8.2.1.3 Einzelfeld mit eingespannten Längsrändern (Bild 169)

Die Beulgleichung ist mit G.558 identisch:

$$K(w'''' + 2w''^{\bullet\bullet} + w^{\bullet\bullet\bullet\bullet}) = -\sigma_1 t w'' \qquad (566)$$

K ist die Plattenbiegesteifigkeit, G.504.

Der Doppel-Sinusansatz G.559 führt nicht zum Erfolg, da die Randbedingung $w^{\bullet}=0$ entlang der eingespannten Längsränder hiermit nicht befriedigt werden kann. Es wird daher ein Produktansatz gewählt:

$$w(x,y) = w(y)\sin\frac{m\pi x}{a} \qquad (m = 1, 2, 3, \dots) \qquad (567)$$

w(y) ist hierin zunächst unbekannt. Die NAVIERschen Randbedingungen an den belasteten Querrändern werden erfüllt, gleichfalls die Beulgleichung für jeden Wert von x:

$$w^{\bullet\bullet\bullet\bullet} - 2\left(\frac{m\pi}{a}\right)^2 w^{\bullet\bullet} + \left(\frac{m\pi}{a}\right)^4 w = \frac{\sigma_1 t}{K}\left(\frac{m\pi}{a}\right)^2 w \qquad (568)$$

Vor der Lösung dieser (jetzt gewöhnlichen) Differentialgleichung für w=w(y) werden folgende Abkürzungen eingeführt (vgl. auch G.562/565):

$$\xi = \frac{x}{b},\ \eta = \frac{y}{b};\ \alpha = \frac{a}{b};\ \rho = \frac{m\pi}{\alpha};\ k = \frac{\sigma_1}{\sigma_e} \qquad (569)$$

Damit läßt sich die Differentialgleichung G.658 umformen:

$$\frac{d^4w}{b^4 d\eta^4} - 2\frac{\rho^2}{b^2}\cdot\frac{d^2w}{b^2 d\eta^2} + \frac{\rho^4}{b^4}w - \frac{k E\pi^2 t^2 12(1-\mu^2)}{12(1-\mu^2) b^2 E t^3}\, t \cdot \frac{\rho^2}{b^2} w = 0 \quad \Big| \cdot b^4 \longrightarrow$$

$$w^{\circ\circ\circ\circ} - 2\rho^2 w^{\circ\circ} + \rho^4\left(1 - \frac{\pi^2 k}{\rho^2}\right) w = 0 \qquad (570)$$

$(\ )^{\circ}$ kennzeichnet die Ableitung nach η. - Abhängig vom Klammerglied lassen sich fünf Lösungsfälle unterscheiden; im folgenden wird nur ein Lösungsfall behandelt:

Fall (1):

$$\left(1 - \frac{\pi^2 k}{\rho^2}\right) < 0 \longrightarrow k > \frac{\rho^2}{\pi^2} = \left(\frac{m}{\alpha}\right) \qquad (571)$$

Lösung:

$$w(\eta) = C_1\cosh\varphi\eta + C_2\sinh\varphi\eta + C_3\cos\psi\eta + C_4\sin\psi\eta \tag{572}$$

$$\varphi = \sqrt{\rho(\pi\sqrt{k}+\rho)}\,;\quad \psi = \sqrt{\rho(\pi\sqrt{k}-\rho)} \tag{573}$$

Um die Lösung zu bestätigen, wird der d'ALEMBERTsche Ansatz

$$w = C_j\, e^{\lambda_j\eta} \tag{574}$$

in die Differentialgleichung eingeführt; die charakteristische Gleichung (einschließlich ihrer Wurzeln) lautet:

$$\lambda_j^4 - 2\rho^2\lambda_j^2 + \rho^4\left(1 - \frac{\pi^2 k}{\rho^2}\right) = 0 \quad \text{oder} \quad (\lambda_j^2 - \rho^2)^2 = \pi^2 k\rho^2 \longrightarrow \tag{575}$$

$$1.\ (\lambda_j^2 - \rho^2) = \pi\sqrt{k}\cdot\rho \longrightarrow \lambda_j^2 = \pi\sqrt{k}\cdot\rho + \rho^2 = \rho(\pi\sqrt{k}+\rho) \longrightarrow \lambda_{1,2} \longrightarrow \varphi \tag{576}$$

$$2.\ (\rho^2 - \lambda_j^2) = \pi\sqrt{k}\cdot\rho \longrightarrow \lambda_j^2 = -\pi\sqrt{k}\cdot\rho + \rho^2 = -\rho(\pi\sqrt{k}-\rho) \longrightarrow \lambda_{3,4} \longrightarrow \psi \tag{577}$$

Um die Symmetrie bei der Formulierung der Randbedingungen auszunutzen, wird das Koordinatensystem x,y in die Plattenmitte gelegt, vgl. Bild 169. Die Randbedingungen lauten: $w=0$, $w^{\bullet}=0$. Die mit sinh und sin behafteten Teillösungen scheiden aus, sie kennzeichnen eine antimetrische Beulform in Querrichtung. Die Randbedingungen entlang der Längsränder lauten:

$$y = \pm b/2:\quad \eta = 1/2$$

$$\begin{aligned} w = 0:&\quad C_1\cosh\varphi/2 + C_3\cos\psi/2 = 0\\ w^{\bullet} = 0:&\quad C_1\varphi\sinh\varphi/2 - C_3\psi\sin\psi/2 = 0\end{aligned} \tag{579}$$

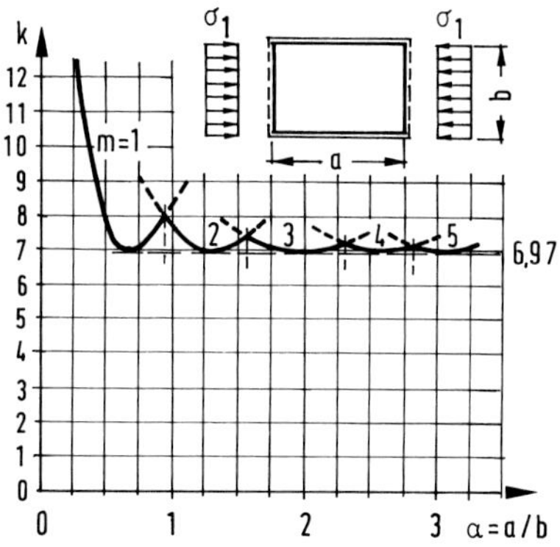

Bild 170

Wird die Nennerdeterminante dieses Gleichungssystems Null gesetzt, folgt die Beulbedingung zu:

$$\varphi\sinh\varphi/2\cdot\cos\psi/2 + \cosh\varphi/2\cdot\psi\sin\psi/2 = 0 \longrightarrow$$

$$\underline{\varphi\tanh\varphi/2 + \psi\tan\psi/2 = 0} \tag{580}$$

Die Auswertung dieser Gleichung liefert für m=1, 2, 3.. (über ρ, vgl. G.569) wieder eine Kurvenschar. Die Minima der Einhüllenden liegen in Höhe von k=6,97 (Bild 170).

Nr.	Plattentyp	k
1	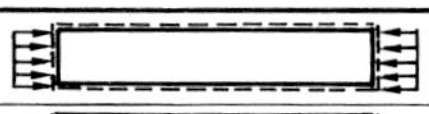	4,00
2		6,97
3	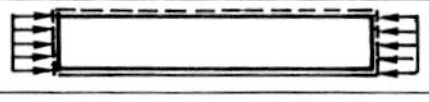	5,40
4	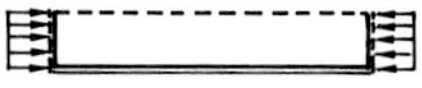	1,28
5		0,425

Bild 171

Lösungen für andere Randbedingungen sind in [1] zusammengestellt, daselbst ist auch das Verfahren der Übertragungsmatrizen aufbereitet, mit welchem in y-Richtung veränderliche Längsspannungszustände $N_x = N_x(y)$, einschließlich Längssteifen, analysiert werden können. Alle Lösungen für Platten mit σ=konst und unterschiedlicher Randlagerung streben für $\alpha=\infty$ (lange Platten) einem Grenzwert zu. Diese Beulwerte sind die Bezugsgrößen für die Breite/Dicke-Schlankheitsbegrenzungen dünnwandiger Teile gedrückter Bauglieder, vgl. Abschnitt 7.2.4.7 u. 7.8.3.6. In Bild 171 sind die Beulwert k ($\alpha=\infty$) für fünf Plattentypen zusammengestellt. – Für Randbelastungszustände mit veränderlichen Normalspannungen und Schubspannungen lassen sich auf der Grundlage der Beulgleichung keine geschlossenen Lösungen angeben. Ein Näherungsverfahren ist das Differenzenverfahren. Weitere Näherungslösungen lassen sich auf der Grundlage der direkten Variationsverfahren herleiten, insbesondere nach den Methoden von GALERKIN und RAYLEIGH/RITZ. Als weiteres wirkungsvolles Näherungsverfahren steht die Methode der finiten Elemente zur Verfügung. Eine Behandlung dieser Verfahren als auch die Lösung von Beulproblemen für andere Plattentypen, wie z.B. Kreisplatten, scheidet im Rahmen dieser Einführung aus. Wegen der großen Bedeutung werden im folgenden die Grundlagen des Verfahrens von RAYLEIGH/RITZ dargestellt. Das Verfahren basiert auf der Energiemethode und ermöglicht für umfangsgelagerte Rechteckplatten mit NAVIERschen Randbedingungen Lösungen des Beulproblems für unterschiedliche Normal- und Schubspannungszustände. Der genannte Plattentyp hat im Stahlbau große baupraktische Bedeutung. Auf derselben Grundlage lassen sich auch die Beullösungen für ausgesteifte Rechteckplatten herleiten; die Längs- und Quersteifen werden durch dimensionslose Parameter erfaßt; deren Drill- und Wölbsteifigkeit kann dabei berücksichtigt werden.

7.8.2.2 Lösungen auf der Grundlage des Energiepotentials für Rechteckplatten mit NAVIERschen Randbedingungen (RAYLEIGH/RITZ-Verfahren)

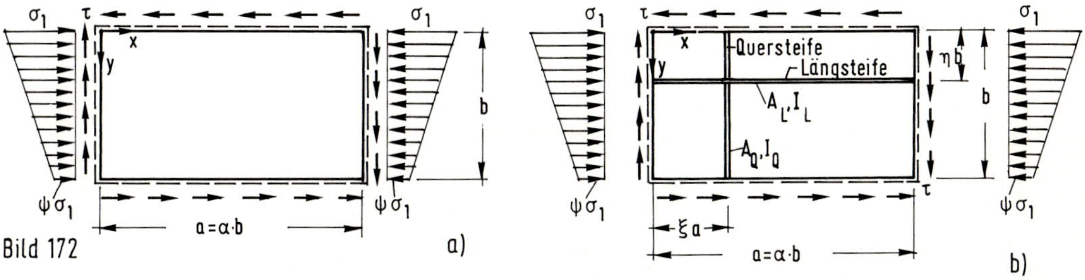

Bild 172

Bild 172a zeigt eine unversteifte und Teilbild b eine durch Rippen versteifte Rechteckplatte. Durch die linear veränderlichen Randspannungen

$$\sigma = -\sigma_1 [1 + (\psi - 1)\frac{y}{b}] \;;\; \psi = +1: \text{reiner Druck}, \quad \psi = -1: \text{reine Biegung} \tag{581}$$

und die konstanten Randschubspannungen τ werden innere Spannungen hervorgerufen, die den äußeren hinsichtlich Intensität und Verlauf entsprechen; einer gesonderten Lösung des Scheibenspannungsproblems bedarf es somit nicht. σ_1 ist die max. Randdruckspannung, ψ kennzeichnet den Verlauf der Randspannungen (Randspannungsverhältnis). Für die Beulverformung (Beulfigur) wird der Doppelreihenansatz

$$w = \sum_m \sum_n A_{mn} \sin\frac{m\pi x}{a} \cdot \sin\frac{n\pi y}{b} \qquad (m = 1,2,3\cdots,\ n = 1,2,3\cdots) \tag{582}$$

gewählt. Sämtlichen Randbedingungen (w=0, Δw=0) wird genügt. Über die Koeffizienten A_{mn} (das sind die "Amplituden" der einzelnen Reihenglieder), aus denen sich die Beulfläche aufbaut, kann noch verfügt werden:

Die Bedingung

$$\delta\Pi = 0 \tag{583}$$

für die ausgebeulte Gleichgewichtslage geht in das gewöhnliche Minimumproblem

$$\frac{\partial\Pi}{\partial A_{mn}} = 0 \qquad (m = 1,2,3\cdots,\ n = 1,2,3\cdots) \tag{584}$$

über. Das liefert ein homogenes Gleichungssystem für die m·n Unbekannten A_{mn}. Der kleinste Eigenwert der hieraus gebildeten Determinante ist der gesuchte Beulwert. Das Potential Π lautet (vgl. G.543, N_y ist Null):

$$\Pi = \frac{K}{2}\int_0^a\!\!\int_0^b [(w'' + w^{\bullet\bullet})^2 - 2(1-\mu)(w''w^{\bullet\bullet} - w'^{\bullet 2})]\,dx\,dy + \frac{t}{2}\int_0^a\!\!\int_0^b [\sigma_x w'^2 + 2\tau w' w^{\bullet}]\,dx\,dy \tag{585}$$

Es gilt: $\sigma_x = -\sigma$ gemäß G.581 und τ =konst. (Sind noch Steifen vorhanden, ist in Π deren potentielle Energie aufzunehmen.) Für w wird der Doppelreihenansatz (G.582) eingeführt, zwischen den Plattenrändern von 0 bis a bzw. 0 bis b integriert und gemäß G.584 differenziert. Diese Rechnungen sind langwierig. Für den ersten Term im ersten Integranden ist beispielsweise wie folgt vorzugehen; es wird w eingesetzt:

$$(w'' + w^{\bullet\bullet})^2 = (w'' + w^{\bullet\bullet})(w'' + w^{\bullet\bullet}) =$$

$$= [-\sum_m\sum_n (\frac{m\pi}{a})^2 A_{mn} \sin\frac{m\pi x}{a} \sin\frac{n\pi y}{b} - \sum_m\sum_n (\frac{n\pi}{b})^2 A_{mn} \sin\frac{m\pi x}{a} \sin\frac{n\pi y}{b}]^2 =$$

$$= \{-\sum_m\sum_n [(\frac{m\pi}{a})^2 + (\frac{n\pi}{b})^2] A_{mn} \sin\frac{m\pi x}{a} \sin\frac{n\pi y}{b}\}^2 = \{\cdots\}\{\cdots\} =$$

$$= \sum_m\sum_n\sum_p\sum_q [(\frac{m\pi}{a})^2 + (\frac{n\pi}{b})^2][(\frac{p\pi}{a})^2 + (\frac{q\pi}{b})^2] A_{mn} A_{pq} \sin\frac{m\pi x}{a} \sin\frac{n\pi y}{b} \sin\frac{p\pi x}{a} \sin\frac{q\pi y}{b} \tag{586}$$

Hierbei ist berücksichtigt, daß m und n in jedem Glied des Klammerproduktes die ganzzahligen Werte 1, 2, 3 ... annehmen können; dadurch entsteht eine Vierfachreihe:

$$m, n, p, q \;=\; 1, 2, 3 \cdots \tag{587}$$

In den Reihengliedern treten die Funktionen

$$\sin\frac{m\pi x}{a}\sin\frac{p\pi x}{a} \quad \text{bzw.} \quad \sin\frac{n\pi y}{b}\sin\frac{q\pi y}{b} \tag{588}$$

auf, über die gemäß G.585 von 0 bis a bzw. 0 bis b integriert werden muß. Das erste Integral läßt sich mittels der trigonometrischen Additionstheoreme umformen:

$$\int_0^a \sin\frac{m\pi x}{a}\sin\frac{p\pi x}{a}\,dx = \frac{1}{2}\int_0^a \left[\cos\frac{(m-p)\pi x}{a} - \cos\frac{(m+p)\pi x}{a}\right]dx \tag{589}$$

m und p sind voraussetzungsgemäß ganzzahlig und positiv. Bei der Lösung sind folgende Fälle zu unterscheiden:

Fall I: m=p:

$$\begin{aligned} &\frac{1}{2}\int_0^a\left(\cos 0 - \cos\frac{2m\pi x}{a}\right)dx = \frac{1}{2}\int_0^a dx - \frac{1}{2}\int_0^a \cos\frac{2m\pi x}{a}\,dx = \\ &= \frac{1}{2}[x]_0^a - \frac{1}{2}\,\frac{a}{2m\pi}\left[\sin\frac{2m\pi x}{a}\right]_0^a = \frac{1}{2}a - \frac{1}{2}\cdot\frac{a}{2m\pi}(\sin 2m\pi - \sin 0) \\ &= \frac{1}{2}a \end{aligned} \tag{590}$$

Fall II: m≠p, d.h. m±p≠0. Man überzeugt sich, daß das Integral (G.589) hierfür Null ergibt. Das ist auch ohne Rechnung erkennbar, wenn der Integrand, einmal für m±p=gerade und einmal für m±p=ungerade innerhalb der Grenzen x=0 und x=a aufgezeichnet wird. Bild 173 zeigt zwei Beispiele: Der Inhalt der jeweils gleich schraffierten Flächen hebt sich ober- und unterhalb der Nullachse auf. (Orthogonalität der trigonometrischen Funktionen.)

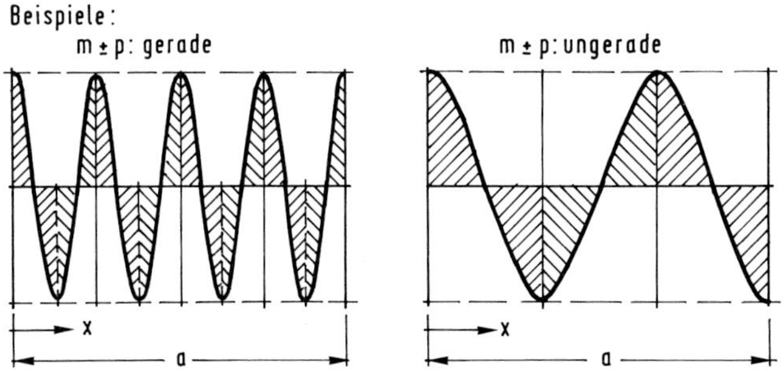

$\cos(m\pm p)\frac{\pi x}{a} = \cos 8\pi\frac{x}{a}$
z.B. m = 6, p = 2 oder
m = 9, p = 1 usf.

Bild 173 a)

$\cos(m\pm p)\frac{\pi x}{a} = \cos 3\pi\frac{x}{a}$
z.B. m = 2, p = 1 oder
m = 5, p = 2 usf.

b)

Für den zweiten Term im ersten Integranden von Π (G.585) ergibt sich ebenfalls Null: Für das Integral über das Glied $w''w^{\bullet\bullet}$ ergibt sich +a/2 bzw. +b/2 und für das Glied $-w'^{\bullet 2}$: -a/2 bzw. -b/2. Damit verkürzt sich der Beitrag aus Π_i(1. Integrand) zu:

$$\begin{aligned} \Pi_i &= \frac{K}{2}\cdot\frac{a}{2}\cdot\frac{b}{2}\sum_m\sum_n\left\{\left[\left(\frac{m\pi}{a}\right)^2 + \left(\frac{n\pi}{b}\right)^2\right]^2 A_{mn}^2\right\} = \frac{K}{2}\cdot\frac{\pi^4}{4}\cdot\frac{ab}{a^4}\sum_m\sum_n A_{mn}^2(m^2+\alpha^2 n^2)^2 = \\ &= \sigma_e\cdot\frac{\pi^2}{8}\cdot\frac{t}{\alpha^3}\cdot\sum_m\sum_n A_{mn}^2(m^2+\alpha^2 n^2)^2 \end{aligned} \tag{591}$$

Hierin ist m=p und n=q berücksichtigt. σ_e ist in G.562 und α in G.563 definiert. Π_i wird nach A_{mn} partiell differenziert (vgl. G.584) und anschließend Null gesetzt:

$$\frac{\partial\Pi_i}{\partial A_{mn}} = \sigma_e\cdot\frac{\pi^2}{4}\cdot\frac{t}{\alpha^3}A_{mn}(m^2+\alpha^2 n^2)^2 \quad (m = 1, 2, 3, \cdots \quad n = 1, 2, 3, \cdots) \tag{592}$$

Der entsprechende Beitrag aus Π_a (2. Integrand von G.585) wird analog hergeleitet. Hierbei treten folgende Integrale auf:

$$\int_0^a \sin\frac{m\pi x}{a}\cdot\cos\frac{p\pi x}{a}\,dx = \frac{1}{2}\int_0^a\left[\sin\frac{(m-p)\pi x}{a} + \sin\frac{(m+p)\pi x}{a}\right]dx \begin{cases} = 0 & \text{für } (m\pm p) \text{ gerade} \\ = \dfrac{2a}{\pi}\cdot\dfrac{m}{m^2-p^2} & \text{für } (m\pm p) \text{ ungerade} \end{cases} \tag{593}$$

$$\int_0^b y \sin\frac{n\pi y}{b} \sin\frac{q\pi y}{b} dy \begin{cases} = 0 \quad \text{für } (n+q) = \text{gerade und } n \neq q \\ = \frac{b^2}{4} \quad \text{für } n = q \\ = -4\frac{b^2}{\pi^2} \cdot \frac{nq}{(n^2-q^2)^2} \text{für } (n+q) = \text{ungerade und } n \neq q \end{cases} \tag{594}$$

Werden die Beiträge aus Π_i und Π_a zusammengefaßt, ergibt sich folgendes Gleichungssystem:

$$\frac{\partial \Pi}{\partial A_{mn}} = A_{mn} R_{mn} - A_{mn} m^2 Q \cdot k_\sigma - m^2 P k_\sigma \cdot \sum_{\substack{q \\ n+q=\text{ungerade}}} A_{mq} \frac{n \cdot q}{(n^2-q^2)^2} + T \cdot k_\tau \cdot \sum_p \sum_q A_{pq} \frac{m \cdot n \cdot p \cdot q}{(m^2-p^2)(n^2-q^2)} = 0 \quad \left.\begin{matrix} m+p \\ n+q \end{matrix}\right\} \text{ungerade} \tag{595}$$

Abkürzungen:

$$R_{mn} = (m^2 + \alpha^2 n^2)^2 ; \quad Q = \frac{\alpha^2}{2}(1+\psi) ; \quad P = \frac{8\alpha^2}{\pi^2}(1-\psi) ; \quad T = \frac{32\alpha^3}{\pi^2} \tag{596}$$

k_σ und k_τ sind die gesuchten Beulwerte:

$$\sigma_{1Ki} = k_\sigma \sigma_e ; \quad \tau_{Ki} = k_\tau \sigma_e \tag{597}$$

Für einen vorgegebenen Satz positiver Zahlen m und n wird das Gleichungssystem formuliert und aus Det$(k_\sigma, k_\tau)=0$ die Beullösung gewonnen. Zur weiteren Anwendung wird auf die Beulwerttafeln von KLÖPPEL/SCHEER/MÖLLER [19] und die von PROTTE [20] erarbeiteten Lösungen hingewiesen.

7.8.3 Baupraktische Nachweisformen auf der Basis der linearen Beultheorie

7.8.3.1 Allgemeine Hinweise

Der Beulnachweis ebener dünner Bleche, die unter Druck- oder/und Schubbeanspruchung stehen, kann nach zwei Konzepten geführt werden:

- Einhaltung eines vorgeschriebenen Sicherheitsabstandes gegenüber der idealen Beulspannung σ_{Ki} bzw. (bei gedrungenen Platten) gegenüber der "abgeminderten" Beulspannung σ_K oder
- Einhaltung eines vorgeschriebenen Sicherheitsabstandes gegenüber der realen Grenztragfähigkeit bei Zulassung überkritischer Tragzustände.

In DIN 4114, die ehemals vorrangig für den Beulnachweis der Stegbleche vollwandiger Träger konzipiert war, wurde der Nachweis nach erstgenanntem Konzept geführt, wobei das überkritische Tragvermögen der allseits gelagerten Platte durch Vorgabe relativ niedriger Sicherheitszahlen berücksichtigt wurde; an diesem Konzept wird in der DASt-Beulsicherheitsrichtlinie 012 als Regelfall festgehalten, ebenfalls in DIN 18800 T3. Auf die diesbezüglichen Nachweise wird im folgenden eingegangen.

Im Flugzeugbau war es seit jeher erforderlich, nach dem zweitgenannten Konzept (also überkritisch) zu dimensionieren: Die hier zum Einsatz kommenden dünnen Bleche bzw. Blechhäute beulen unter sehr niedrigen Spannungen aus; es war und ist ein Gebot der Wirtschaftlichkeit, die überkritischen Tragreserven zu aktivieren; für Schubbelastung wurde eigens die sogen. Zugfeldtheorie entwickelt. - Im Stahlleichtbau hat sich gleichfalls die überkritische Bemessung durchgesetzt; in Deutschland fehlte über Jahrzehnte ein einschlägiges Regelwerk; DIN 4115 (Stahlleichtbau und Stahlrohrbau im Hochbau) war diesbezüglich von Anfang an rückständig; DIN 4114 enthielt ebenfalls keine speziellen Dimensionierungsregeln für Stahlleichtbaukonstruktionen. Das hat sich mit der Einführung der DASt-Beulsicherheitsrichtlinie 012, der DIN 18800 T2 und T3 und der DIN 18807 (vgl. Abschnitt 17) sowie der DASt-Ri 016 (Nachweis dünnwandiger Kaltprofile) geändert.

Bild 174 kennzeichnet stahlbau-typische Aufgabenstellungen: Beulnachweis der Stegbleche vollwandiger Träger und der Gurtbleche kastenförmiger Träger. Die Breite b ist bei geschweißten Trägern gleich der realen Blechbreite; die gegenseitige elastische Einspannung der Bleche wird nicht berücksichtigt. Dem Beulnachweis der vorgenannten Bleche werden allseitig gelenkig gelagerte Rechteckplatten (mit NAVIERschen Randbedingungen) zugrundegelegt. Die Länge a der Platten ist gleich dem Abstand benachbarter Querschotte oder kräftiger Quersteifen, sofern deren Steifigkeit über der sogen. Mindeststeifigkeit liegt.

Im allgemeinen herrscht in den Blechen ein kombinierter σ-τ- Spannungszustand vor, der zudem in Längsrichtung der Träger variabel ist. Bild 175 verdeutlicht die Situation.

Im Bereich der Zwischenauflager durchlaufender Träger treten in den Stegblechen hohe Biegenormal- und Schubspannungen auf; diese Bereiche sind besonders beulgefährdet. Um den Beulnachweis führen zu können, bedarf es gewisser Mittelwertbildungen; vgl. Teilbild b: Treten die maximalen Biege- und Schubspannungen an gegenüberliegenden Rändern auf (was die Regel ist), so dürfen die in Feldmitte der Beulfelder vorhandenen Werte von M und Q angesetzt werden, jedoch nicht weniger als die Werte in jenen Schnitten, die den Abstand b/2 von den Rändern mit den jeweils größten σ bzw. τ -Spannungen

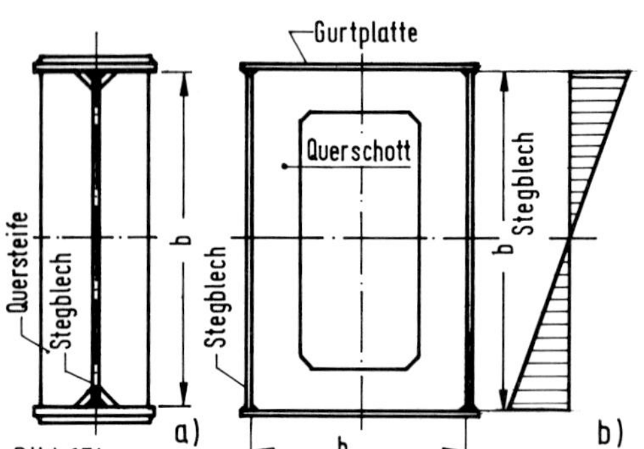

Bild 174

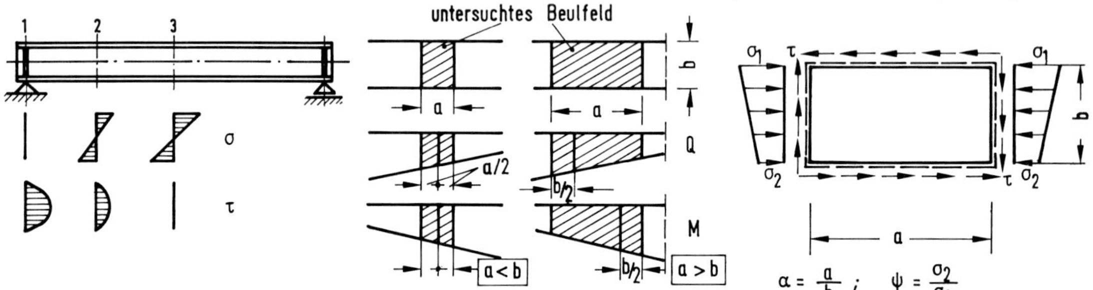

Bild 175 a) b) c)

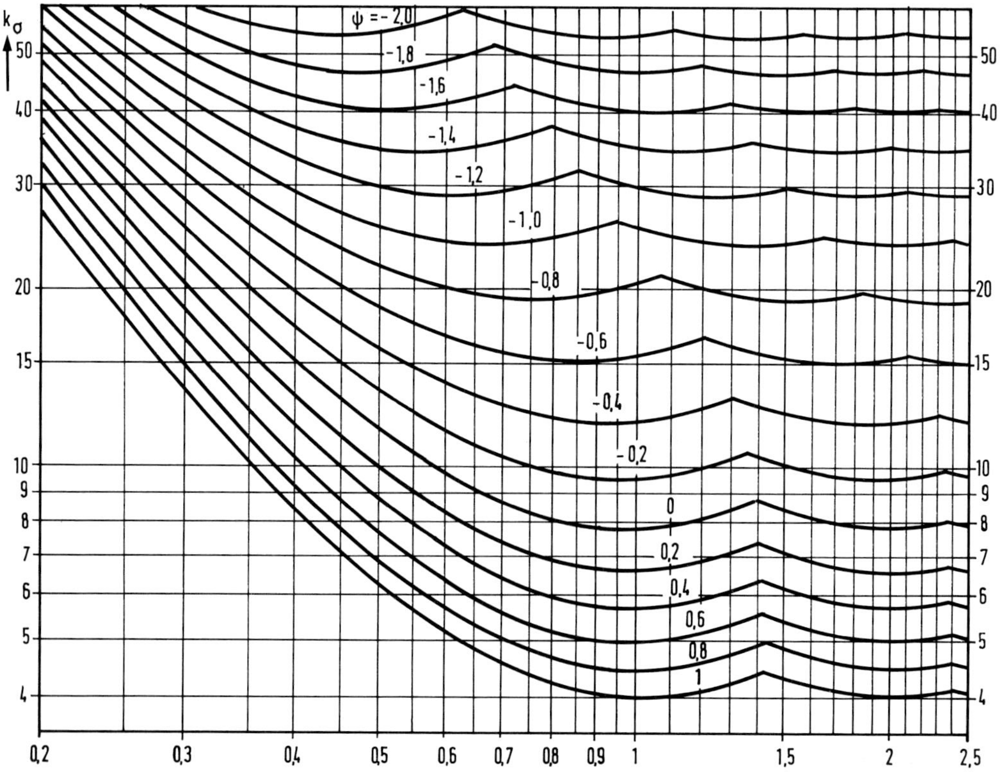

Bild 176

haben. Dieser Ansatz ist erforderlich, weil bislang nur Beulfälle mit gegengleichen Längsspannungen und konstanten Schubspannungen gelöst und aufbereitet sind. Das Standardproblem ist damit auf die unversteifte Rechteckplatte mit gegengleichen Normal- und Schubspannungen zurückgeführt; vgl. Bild 175c.

Für die Einzelwirkungen linear veränderlicher Normalspannungen und konstanter Schubspannungen sind die Beulspannungen bekannt; für den kombinierten Spannungszustand wird eine Beulvergleichsspannung bestimmt. - Die idealen Einzelbeulspannungen der unversteiften Rechteckplatte können aus Bild 176 bzw. aus Bild 177 entnommen werden. Dazu wird zunächst die Bezugsspannung

$$\sigma_e = \frac{\pi^2 E}{12(1-\mu^2)}\left(\frac{t}{b}\right)^2 \tag{598}$$

berechnet. Für E und μ ist zu setzen:

$$\text{Stahl}: E = 21000\,\text{kN/cm}^2;\quad \mu = 0{,}3$$
$$\text{Aluminium}: E = 7000\,\text{kN/cm}^2;\quad \mu = 0{,}3 \tag{599}$$

b ist die Breite und t die Dicke des Bleches. Bei Biegenormalspannungen wird die Beulspannung auf die maßgebende größte Randdruckspannung σ_1 bezogen, vgl. Bild 175c:

$$\sigma_{1Ki} = k_\sigma \sigma_e \tag{600}$$

Der Beulwert k_σ ist eine Funktion des Seitenverhältnisses

$$\alpha = \frac{a}{b} \tag{601}$$

und Spannungsverhältnisses

$$\psi = \frac{\sigma_2}{\sigma_1} \tag{602}$$

$\psi=1$ bedeutet reine Druckspannung und $\psi=-1$ reine Biegespannung k_σ kann aus Bild 176 abgegriffen werden. Für alleinige Wirkung einer Schubspannung folgt die Beulschubspannung aus:

$$\tau_{Ki} = k_\tau \sigma_e \tag{603}$$

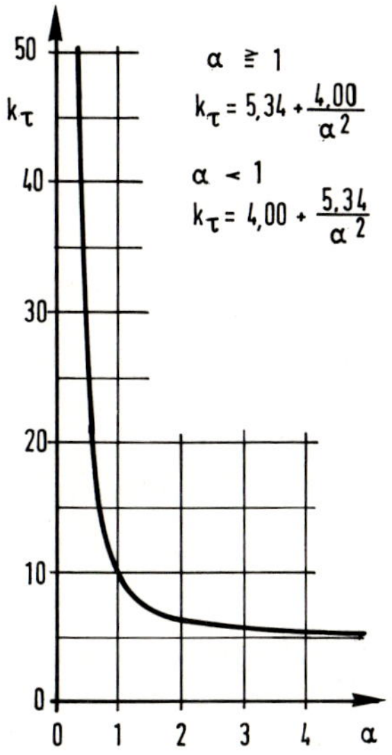

Bild 177

k_τ ist aus Bild 177 zu entnehmen.

Für andere Grundspannungsfälle (z.B. σ_y) und ausgesteifte Platten gelten G.600 und G.603 unverändert.

Den Einzelbeulspannungen liegen eine Reihe idealer Voraussetzungen zugrunde (daher der Index i): Idealelastisches Materialverhalten, ideal isotroper Werkstoff, ideal ebenes Blech ohne Eigenspannungen mit ideal mittiger Krafteinleitung. Diese Voraussetzungen sind real nicht erfüllt; es bedarf gewisser "Abminderungen".

7.8.3.2 Beulnachweis unausgesteifter Platten nach DIN 4114 (1952)

Treten gleichzeitig Normal- und Schubspannungen auf, wird die ideale Beulvergleichsspannung

$$\sigma_{VKi} = \frac{\sqrt{\sigma_1^2 + 3\tau^2}}{\frac{1+\psi}{4}\cdot\frac{\sigma_1}{\sigma_{1Ki}} + \sqrt{\left(\frac{3-\psi}{4}\cdot\frac{\sigma_1}{\sigma_{1Ki}}\right)^2 + \left(\frac{\tau}{\tau_{Ki}}\right)^2}} \tag{604}$$

bestimmt; Sonderfälle:

$$\tau = 0:\quad \sigma_{VKi} = \sigma_{1Ki}$$
$$\sigma = 0:\quad \sigma_{VKi} = \sqrt{3}\,\tau_{Ki} \tag{605}$$

Zur Berücksichtigung des realen Materialverhaltens und der inneren und äußeren Imperfektionen wird dieser Rechenwert abgemindert: $\sigma_{VKi} \rightarrow \sigma_{VK}$. σ_{VK} ist der Bezugswert für den Beulnachweis. Der Abminderungsvorschrift der DIN 4114 lag die Knicktheorie von ENGESSER/KÁRMÁN für den Druckstab mit Rechteckquerschnitt zugrunde, wobei von einer globalen σ-ε-Linie oberhalb der Proportionalitätsgrenze mit stetiger Krümmung ausgegangen wurde, die die Fließspannung σ_F für $\varepsilon=\infty$ erreicht (die Abkrümmung der σ-ε-Linie oberhalb σ_P erfaßt den abmindernden Imperfektionseinfluß; zum Eigenspannungseinfluß vgl. Abschnitt 6.1.2). Die Beulsicherheit errechnete sich aus:

$$\nu_K = \frac{\sigma_{VK}}{\sqrt{\sigma_1^2 + 3\tau^2}} \tag{606}$$

Da Stegbleche (insbesondere bei Schubbeanspruchung) im ausgebeulten Zustand merkliche Tragreserven aufweisen, waren in DIN 4114 relativ geringe Sicherheiten vorgeschrieben:

$$\begin{aligned} \text{erf}\, \nu_K &= 1{,}35 \text{ im Lastfall H} \\ \text{erf}\, \nu_K &= 1{,}25 \text{ im Lastfall HZ} \end{aligned} \qquad (607)$$

Eine Reihe von Einstürzen vollwandiger Balkenbrücken mit Kastenträgerquerschnitt in den siebziger Jahren gab Veranlassung, höhere Beulsicherheiten vorzuschreiben, insbesondere für unter konstanten Druckspannungen stehende Gurtplatten (die über keine nennenswerten überkritischen Tragreserven verfügen). Für Einzelbeulfelder galt (1973):

$$\begin{aligned} &\text{Druck oder Schub}: && \text{erf}\, \nu_K = 1{,}71\,(H); \quad = 1{,}50\,(HZ) \\ &\text{Druck und Schub}: && \text{erf}\, \nu_K = 1{,}50\,(H); \quad = 1{,}33\,(HZ) \end{aligned} \qquad (608)$$

7.8.3.3 Beulnachweis unausgesteifter Platten nach DASt-Ri 012 (1978) [21]

Grundlage ist, wie in DIN 4114, die lineare Beultheorie. Gegenüber G.604 steht eine strengere Interaktionsformel für den kombinierten Spannungszustand, einschließlich σ_y, zur Verfügung. Die "Abminderung" der idealen Beulvergleichsspannung wurde an umfangreichen Bauteilversuchen orientiert und neu geregelt: In allen Fällen, in denen die ideale Beulvergleichsspannung σ_{VKi} oberhalb des Wertes $0{,}60 \cdot \sigma_F$ liegt, ist von einer abgeminderten Beulvergleichsspannung σ_{VK} (kurz Beulspannung genannt) auszugehen:

$$\begin{aligned} \sigma_{VKi} \geq 2{,}04\,\sigma_F &: \sigma_{VK} = \sigma_F \\ 2{,}04\,\sigma_F > \sigma_{VKi} \geq 0{,}60\,\sigma_F &: \sigma_{VK} = \sigma_F \cdot \left(1{,}474 - 0{,}677 \sqrt{\frac{\sigma_F}{\sigma_{VKi}}}\right) \\ 0{,}60\,\sigma_F > \sigma_{VKi} &: \sigma_{VK} = \sigma_{VKi} \end{aligned} \qquad (609)$$

Die erforderliche rechnerische Beulsicherheit wurde in Abhängigkeit vom Spannungsverhältnis ψ neu geregelt: Für Gesamt- und Teilfelder gilt:

$$\begin{aligned} \sigma &: \text{erf}\, \nu_K = 1{,}32 + 0{,}19\,(1+\psi) \quad (H) \quad \text{bzw.} \quad = 1{,}16 + 0{,}17\,(1+\psi) \quad (HZ) \\ \tau &: \text{erf}\, \nu_K = 1{,}32 \qquad\qquad\quad\; (H) \quad \text{bzw.} \quad = 1{,}16 \qquad\qquad\qquad (HZ) \end{aligned} \qquad (610)$$

Bei gleichzeitiger Wirkung von Normal- und Schubspannungen ist erf ν_K mittels einer Interpolationsformel zu bestimmen; sie wird mit erf ν_K^* abgekürzt:

$$\text{erf}\, \nu_K^* = \sqrt{\frac{Z}{N}} \quad \text{mit} \quad Z = (\sigma_1/\sigma_{1Ki})^2 + (\tau/\tau_{Ki})^2; \quad N = \left[\frac{\sigma_1/\sigma_{1Ki}}{\text{erf}\, \nu_K(\sigma)}\right]^2 + \left[\frac{\tau/\tau_{Ki}}{\text{erf}\, \nu_K(\tau)}\right]^2 \qquad (611)$$

7.8.3.4 Beulnachweis unausgesteifter Platten nach DIN 18800 T3 (11.90)

Das Nachweisformat entspricht prinzipiell den vorangegangenen (DIN 4114, DASt Ri 012): Auf der Grundlage der linearen Beultheorie werden die Einzelbeulspannungen berechnet und bei gleichzeitiger Wirkung von Randspannungen σ_x, σ_y und τ der Tragsicherheitsnachweis mittels einer Interaktionsformel geführt. Für die hierin enthaltenen Abminderungsfaktoren $\varkappa$ gibt es gegenüber den vorgenannten Regelwerken differenziertere, an weiteren Tragversuchen orientierte Ansätze, in denen neben dem plastischen Bereich auch die Imperfektionen und das überkritische Tragvermögen bei Vorliegen schlanker Platten erfaßt sind. Für Beul-

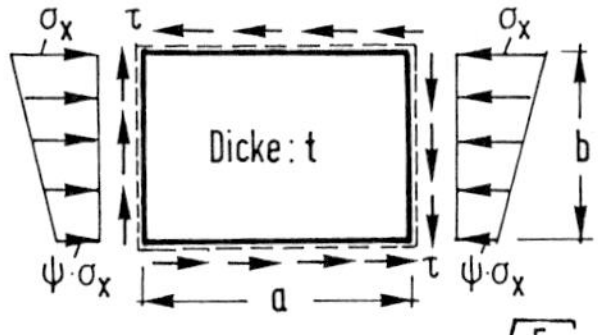

Seitenverhältnis: $\alpha = \frac{a}{b}$; Randspannungsverhältnis: ψ; Beulwerte: $k_{\sigma x}$, k_τ

$$\sigma_e = \frac{\pi^2 E}{12(1-\mu^2)}\left(\frac{t}{b}\right)^2 = 18980\left(\frac{t}{b}\right)^2 \frac{kN}{cm^2}, \quad St\,37: f_{y,k} = 24\,\frac{kN}{cm^2}, \quad St\,52: f_{y,k} = 36\,\frac{kN}{cm^2}$$

$$\lambda_a = \pi\sqrt{\frac{E}{f_{y,k}}}; \quad St\,37: \lambda_a = 92{,}9, \quad St\,52: \lambda_a = 75{,}9; \quad \gamma_M = 1{,}1; \quad c = 1{,}25 - 0{,}25\,\psi \leq 1{,}25$$

$$\sigma_x: \sigma_{xPi} = k_{\sigma x} \cdot \sigma_e \longrightarrow \lambda_{P\sigma x} = \pi\sqrt{\frac{E}{\sigma_{xPi}}} \longrightarrow \bar{\lambda}_{P\sigma x} = \frac{\lambda_{P\sigma x}}{\lambda_a} \longrightarrow \varkappa_{\sigma x} = c\left(\frac{1}{\bar{\lambda}_P} - \frac{0{,}22}{\bar{\lambda}_P^2}\right) \leq 1 \longrightarrow \sigma_{xP,R,d} = \varkappa_{\sigma x} \cdot \frac{f_{y,k}}{\gamma_M}$$

$$\tau: \tau_{Pi} = k_\tau \cdot \sigma_e \longrightarrow \lambda_{P\tau} = \pi\sqrt{\frac{E}{\tau_{Pi}\sqrt{3}}} \longrightarrow \bar{\lambda}_{P\tau} = \frac{\lambda_{P\tau}}{\lambda_a} \longrightarrow \varkappa_\tau = \frac{0{,}84}{\bar{\lambda}_P} \leq 1 \text{ für } \bar{\lambda}_P \leq 1{,}38$$

$$\varkappa_\tau = \frac{1{,}16}{\bar{\lambda}_P^2} \quad \text{für } \bar{\lambda}_P > 1{,}38 \qquad \longrightarrow \tau_{P,R,d} = \varkappa_\tau \cdot \frac{f_{y,k}}{\sqrt{3} \cdot \gamma_M}$$

Nachweis: $\left(\frac{\sigma_x}{\sigma_{xP,R,d}}\right)^{1+\varkappa_{\sigma x}^4} + \left(\frac{\tau}{\tau_{P,R,d}}\right)^{1+\varkappa_{\sigma x} \cdot \varkappa_\tau^2} \leq 1$

Gesamtfeld mit σ_x und τ

Bild 178

platten mit knickstabähnlichem Verhalten sind ergänzende Nachweise zu führen. Dadurch ist es möglich, die nominellen Sicherheitsfaktoren des DIN 18800-Konzepts auch für den Beulnachweis einheitlich anzusetzen.- In Bild 178 ist der Beulnachweis für Gesamtfelder mit σ_x- und τ-Beanspruchung zusammengefaßt. (Wegen weiterer Einzelheiten wird auf DIN 18800 T3 verwiesen.)

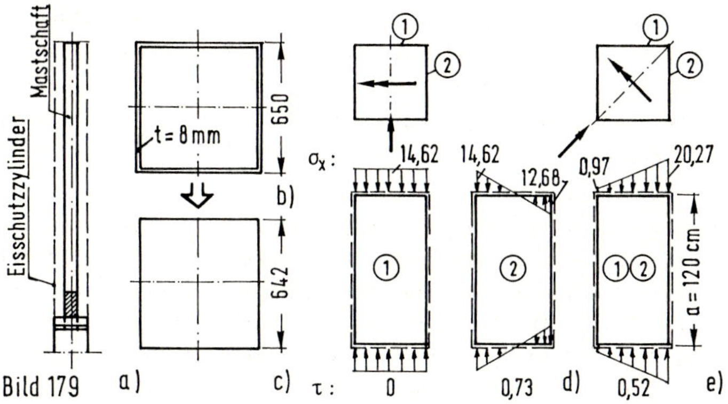

Bild 179

Beispiel: Der Antennenträger auf einem Funkturm bestehe aus einem quadratischen Kastenquerschnitt, vgl. Bild 179a/b. Außenabmessungen 650x650mm, Blechdicke t=8mm. Für den Beulnachweis wird eine Feldbreite b=650-2·4=642mm angesetzt. Im Abstand von a=1200mm liegen Querschotte. Der Mastschaft wird von einem GfK-Eisschutzzylinder umhüllt. Dadurch erhält der Tragmast aus jeder Windrichtung gleichhohe Windkräfte. Im γ_F-ψ-fachen Lastzustand seien wirksam:

$$M = 600\,\text{kNm},\quad Q = 75\,\text{kN},\quad N = 200\,\text{kN}$$

Für den quadratischen Linienquerschnitt gilt (Bild 179b/c):

$$A = 4\cdot 0{,}8\cdot 64{,}2 = \underline{205{,}4\,\text{cm}^2}$$
$$I = 2\cdot 0{,}8\cdot 64{,}2^3/12 + 2\cdot 0{,}8\cdot 64{,}2\cdot 32{,}1^2 = 35281 + 105844 = \underline{141125\,\text{cm}^4}$$

Biegung über Kante, Teilbild d:

Feld ①: $\sigma^N = -200/205{,}4 = \underline{-0{,}97\,\text{kN/cm}^2}$, $\sigma^M = -\dfrac{60\,000}{141125}\cdot 32{,}1 = \underline{-13{,}65\,\text{kN/cm}^2}$, $\sigma^N + \sigma^M = \underline{-14{,}62\,\text{kN/cm}^2}$, $\tau \approx 0$

Feld ②: $\sigma^N = \underline{-0{,}97\,\text{kN/cm}^2}$, $\sigma^M = \underline{\pm 13{,}65\,\text{kN/cm}^2}$, $\sigma^N + \sigma^M = \underline{-14{,}62\,\text{kN/cm}^2}$ bzw. $\underline{+12{,}68\,\text{kN/cm}^2}$

$$\tau = \frac{75/2}{0{,}8\cdot 64{,}2} = \underline{0{,}73\,\text{kN/cm}^2}$$

Biegung über Eck, Teilbild e:

Felder ① und ②: $\sigma^N = \underline{-0{,}97\,\text{kN/cm}^2}$, $\sigma^M = -\sqrt{2}\cdot 13{,}65 = \underline{-19{,}30\,\text{kN/cm}^2}$

$$\sigma^N + \sigma^M = \underline{-20{,}27\,\text{kN/cm}^2} \text{ bzw. } \underline{-0{,}97\,\text{kN/cm}^2},\quad \tau = \frac{\sqrt{2}\cdot 75/4}{0{,}8\cdot 64{,}2} = \underline{0{,}52\,\text{kN/cm}^2}$$

Beulnachweis: $a = 120\,\text{cm},\ b = 64{,}2\,\text{cm};\ \sigma_e = 18980\left(\dfrac{0{,}8}{64{,}2}\right)^2 = \underline{2{,}95\,\text{kN/cm}^2}$

Biegung über Kante, Feld ①:

$$\psi = +1,\ \alpha = 120/64{,}2 = 1{,}87 \rightarrow k_{\sigma_x} = 4{,}0 \rightarrow \sigma_{xPi} = 4{,}0\cdot 2{,}95 = \underline{11{,}80\,\text{kN/cm}^2};\ \lambda_{P\sigma_x} = \pi\sqrt{\frac{21000}{11{,}80}} = \underline{132{,}5} \rightarrow$$

$$\bar{\lambda}_{P\sigma_x} = \frac{132{,}5}{92{,}9} = \underline{1{,}43} \rightarrow \varkappa_{\sigma_x} = (1{,}25 - 0{,}25\cdot 1{,}0)\cdot\left(\frac{1}{1{,}43} - \frac{0{,}22}{1{,}43^2}\right) = \boxed{1{,}00}\cdot(0{,}70 - 0{,}11) = \underline{0{,}59} \rightarrow$$

$$\sigma_{xP,R,d} = 0{,}59\cdot\frac{24{,}0}{1{,}1} = \underline{12{,}91\,\text{kN/cm}^2};\ \text{Nachweis:}\quad 14{,}62/12{,}91 = \underline{\underline{1{,}132 > 1}}$$

Demnach ist die Tragsicherheit nicht ausreichend! - Auf einen Beulnachweis für Feld ②, ψ=-1, kann hier verzichtet werden.

Biegung über Eck, Felder ① und ②:

$$\psi = \frac{0{,}97}{20{,}27} = 0{,}05,\ \alpha = 1{,}87 \rightarrow k_{\sigma_x} = 7{,}6 \rightarrow \sigma_{xPi} = 7{,}6\cdot 2{,}95 = \underline{22{,}42\,\text{kN/cm}^2};\ \lambda_{P\sigma_x} = \pi\sqrt{\frac{21000}{22{,}42}} = \underline{96{,}15} \rightarrow$$

$$\bar{\lambda}_{P\sigma_x} = \frac{96{,}15}{92{,}9} = \underline{1{,}03} \rightarrow \varkappa_{\sigma_x} = (1{,}25 - 0{,}25\cdot 0{,}05)\cdot\left(\frac{1}{1{,}03} - \frac{0{,}22}{1{,}03^2}\right) = \boxed{1{,}24}\cdot(0{,}97 - 0{,}21) = \underline{0{,}95} \rightarrow$$

$$\sigma_{xP,R,d} = 0{,}95\cdot\frac{24{,}0}{1{,}1} = \underline{20{,}73\,\text{kN/cm}^2} > 20{,}27\,\text{kN/cm}^2$$

$$k_{\tau Pi} = 5{,}34 + \frac{4{,}00}{1{,}87^2} = \underline{6{,}48} \rightarrow \tau_{Pi} = 6{,}48 \cdot 2{,}95 = \underline{19{,}13\,\text{kN/cm}^2};\ \lambda_{P\tau} = \pi\sqrt{\frac{21000}{19{,}13\sqrt{3}}} = \underline{79{,}10} \rightarrow \bar{\lambda}_{P\tau} = \frac{79{,}10}{92{,}9} = \underline{0{,}85} < 1 \rightarrow$$

$$\varkappa_\tau = \frac{0{,}84}{0{,}85} = \underline{0{,}99} \rightarrow \tau_{P,R,d} = 0{,}99 \cdot \frac{24{,}0}{\sqrt{3}\cdot 1{,}1} = \underline{12{,}47\,\text{kN/cm}^2} > 0{,}52\,\text{kN/cm}^2$$

$$\text{Nachweis: } \left(\frac{20{,}27}{20{,}73}\right)^{1+0{,}95^4} + \left(\frac{0{,}52}{12{,}47}\right)^{1+0{,}95\cdot 0{,}99^2} = 0{,}9778^{1{,}815} + 0{,}0417^{1{,}931} = 0{,}9601 + 0{,}0022 = \underline{\underline{0{,}9623 < 1}}$$

Für diesen Lastfall kann demnach eine ausreichende Tragsicherheit nachgewiesen werden, obwohl die maximale Druckspannung mit 20,27kN/cm² deutlich höher liegt als im vorangegangenen Lastfall (Biegung über Kante) mit 14,62kN/cm², dafür fällt sie auf 0,97kN/cm² ab, vgl. Bild 179d/e. Der in Bild 178 ausgewiesene Faktor c übt den entscheidenden Einfluß aus:

$$c = 1{,}25 - 0{,}25\psi \leq 1{,}25$$

Über diesen Faktor wird das überkritische Tragvermögen eingefangen. Im Falle $\psi=1$ (konstante Randdruckspannung) ergibt sich c=1, d.h. das überkritische Tragverhalten ist eher gering; im Falle $\psi=-1$ (Biegespannungszustand mit gleichhohen Druck- und Zugspannungen) ergibt sich c=1,50; es darf indes nur c=1,25 angesetzt werden; das überkritische Tragvermögen ist eher hoch. Im Beispiel beträgt der Faktor c=1,00 bzw. c=1,24.- Mit Hilfe des in DIN 18800 T3 angegebenen Bildes 5 hätte man unmittelbar nachweisen können, daß die Beultragsicherheit im Lastfall σ_x=konst (Biegung über Kante) unzureichend ist. Dazu wird gebildet:

$$\bar{\sigma} = \frac{\sigma_x}{f_{y,k}/\gamma_M} = \frac{14{,}62}{21{,}8} = \underline{0{,}67}$$

Nach Bild 5 ist die Beulsicherheit ausreichend, wenn $(b/t) \leq 68$ ist ($\bar{\tau}=0$). Dieser Bedingung wird hier mit

$$(b/t)_{ist} = 64{,}2/0{,}8 = 80{,}3$$

nicht genügt. Die erforderliche Blechdicke kann aus Bild 5 gefolgert werden:

$$t_{erf} = \frac{642}{68} = \underline{9{,}44\,\text{mm}} \rightarrow \underline{10\,\text{mm}}$$

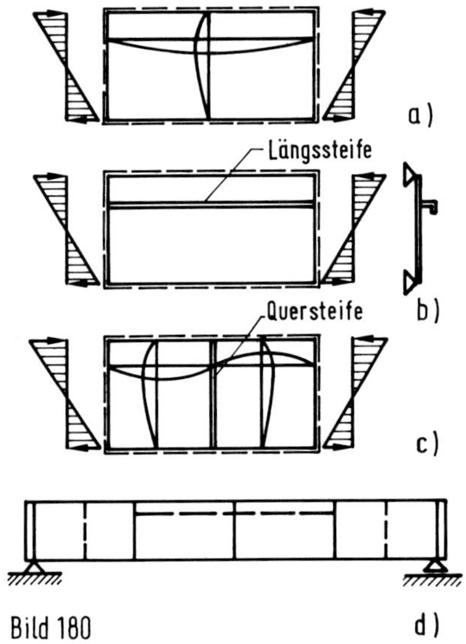

Bild 180

7.8.3.5 Ausgesteifte Rechteckplatten

Kann die erforderliche Beulsicherheit nicht nachgewiesen werden, ist entweder die Blechdicke t zu vergrößern oder es sind Beulsteifen einzuziehen. Die günstigste Anordnung der Steifen ist an der Beulfigur zu orientieren: Ein Stegblech unter Biegespannung beult mit stärkerer Ausbiegung im Biegedruckbereich aus, die rückstellenden Biegezugspannungen wirken stabilisierend. Um die Beulspannung anzuheben, ist es daher zweckmäßig, eine (oder auch mehrere) Längssteifen im Biegedruckbereich, z.B. in 2/3 oder 3/4 Höhe, anzuordnen, vgl. Bild 180a/b. Quersteifen sind in solchen Fällen weniger wirksam; sie erzwingen zwar eine zweiwellige Beulfigur (Teilbild c), deren zugehörige Beulspannung liegt aber i.a. nur geringfügig höher als die zur einwelligen gehörende. Liegt die Quersteife zufällig in der Knotenlinie des unversteiften Bleches, ist sie völlig wirkungslos. - Bei Schubbeanspruchung stellen sich Beulen mit diagonaler Ausrichtung der Beulen ein; Schrägsteifen sind am günstigsten, um die Beulspannung anzuheben; auch Quersteifen erweisen sich als wirkungsvoll. Diese Überlegungen führen zu einer Steifenanordnung, wie sie in Bild 180d für einen frei aufliegenden Träger (schematisch) dargestellt ist. Zur Steifenausbildung wird auf Abschnitt 13.2 verwiesen. Konzeptionelles Vorgehen der Steifenbemessung nach DIN 4114:

a) Die Steifen sind so zu bemessen, daß die Beulsicherheit des ausgesteiften Gesamtfeldes größer ist, als die Beulsicherheit des höchstbeanspruchten Einzelfeldes. Diese Forderung führt auf die sogenannte "Mindeststeifigkeit" für den unverschwächten Steifenquerschnitt. Die Mindeststeifigkeit ist nach der Formel

$$I^* = \gamma^* \frac{bt^3}{12(1-\mu^2)} = 0{,}092\gamma^* bt^3 \qquad (612)$$

zu berechnen; b: Breite des Gesamtbeulfeldes (Gesamthöhe des Steges); t: Dicke des Stegbleches; γ^*: Beiwert in Abhängigkeit vom Spannungstyp (σ/τ), vom Spannungsverhältnis ψ und Seitenverhältnis α sowie von der Anordnung der Steifen und vom Flächenverhältnis δ =A/bt; A: unverschwächter Steifenquerschnitt.
Bei einem gewählten Steifenträgheitsmoment, das größer I^* ist, brauchen die Beulsicherheiten nur noch für die Einzelfelder nachgewiesen zu werden, weil sich der Steifenrost bei diesem Konzept an der Ausbeulung nicht beteiligt.

b) Ausgehend von den Beulwerttafeln von KLÖPPEL/SCHEER/MÖLLER (Beulwerte ausgesteifter Rechteckplatten) wird die Beulsicherheit des versteiften Gesamtfeldes nachgewiesen. Hierbei liegt die Steifigkeit der Einzelsteifen niedriger als I^*, d.h. es tritt gesamtheitliches Beulen von Blech und Steifen ein. (Die Mindeststeifigkeit läßt sich mittels der genannten Beulwerttafeln bestimmen.)

Die DASt-Richtlinie 012 basiert im wesentlichen auf dem zweitgenannten Konzept; darüber hinaus enthält sie spezielle Regelungen für Platten mit kräftiger Längsaussteifung, bei denen sich die Einzelsteifen wie Knickstäbe verhalten und die Plattentragwirkung zurücktritt.- Bezüglich DIN 18800 T3 (11.90) vgl. das Regelwerk.

7.8.3.6 Grenzverhältnis b/t dünnwandiger Teile von Druck- und Biegegliedern

Die Einhaltung bestimmter Grenzverhältnisse b/t gedrückter Flansche, Gurte und Stege (Bild 181) ist erforderlich, damit vor Erreichen der globalen Tragfähigkeit der Stützen oder Biegeträger keine lokale Ausbeulung dieser Querschnittsteile eintritt. Anderenfalls kann die rechnerische Tragfähigkeit des Querschnittes nicht erreicht werden. In DIN 4114 wurde das Grenzverhältnis b/t so festgelegt, daß die lokale Beulsicherheit gleich oder größer der globalen Knick- bzw. Kippsicherheit ist. Dadurch ist b/t abhängig von der globalen Schlankheit λ. In der DASt-Ri 012 wurde diese Verknüpfung (allerdings auf modifizierter Grundlage) beibehalten; in der Stahlbaugrundnorm DIN 18800 T1/2 wurde sie fallengelassen (wie im EUROCODE 3). Bild 181 zeigt die Definition der Breite b.
Wegen Einzelheiten vgl. DIN 18800 T1 (11.90).

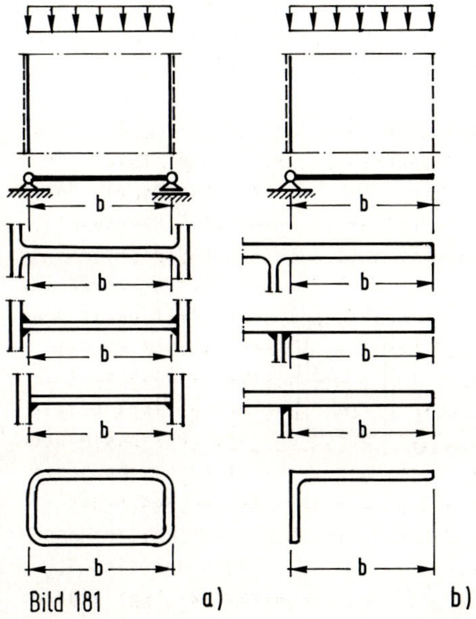

Bild 181

7.8.4 Nichtlineare Beultheorie

7.8.4.1 Grundgleichungen für große Verformungen

Die in Abschnitt 7.8.1 am verformten Plattenelement hergeleiteten Gleichgewichtsgleichungen gelten für "große" Verformungen unverändert, ebenso das Elastizitätsgesetz der Plattenbiegung. Die Längskräfte (Membrankräfte) N_x, N_{xy}, N_y sind indes bei großen Verformungen nicht mehr allein von den äußeren Randlasten sondern zusätzlich von den Verformungen abhängig. Bei den großen Verformungen handelt es sich um Ausbiegungen der Platte (nach Überschreiten der Beulgrenze) in der Größenordnung der Plattendicke oder einem Vielfachen davon. Nach Überschreiten der Beulgrenze stellt sich eine doppelt gekrümmte Biegefläche mit einer Spannungsumlagerung in Richtung der steiferen Ränder ein. Dieses gutartige Verhalten zeigen indes nur "echte" Platten; Platten mit kräftigen Längssteifen und kurze Platten (α ist klein) verhalten sich eher "knickstab-ähnlich", d.h. die "überkritische" Tragreserve ist gering.

Wie ausgeführt, sind die Membranspannungen im überkritischen Zustand von der Ausbiegung $w=w(x,y)$ abhängig; das gilt ebenfalls für die Spannungsfunktion Φ (vgl. G.520). Demgemäß lautet die Grundgleichung für den überkritischen Zustand:

$$K\Delta\Delta w - t(\Phi^{\bullet\bullet}w'' - 2\Phi'^{\bullet}w'^{\bullet} + \Phi''w^{\bullet\bullet}) - q(x,y) = 0 \qquad (622)$$

Die kinematischen Verzerrungs-Verschiebungsgleichungen werden zugeschärft, indem zu G.492 (also den Verzerrungen in der Mittelebene) die durch die Querausbiegung w hervorgerufenen Verzerrungen gemäß G.534/539 hinzu addiert werden:

$$\varepsilon_x = u' + \frac{1}{2}w'^2, \quad \varepsilon_y = v^{\bullet} + \frac{1}{2}w^{\bullet 2}, \quad \gamma_{xy} = v' + u^{\bullet} + w'w^{\bullet} \qquad (623)$$

Die Verträglichkeitsgleichung (G.518) für die Mittelebene lautet nunmehr:

$$\varepsilon_y'' + \varepsilon_x^{\bullet\bullet} - \gamma_{xy}'^{\bullet} + w''w^{\bullet\bullet} - w'^{\bullet 2} = 0 \qquad (624)$$

Man bestätigt diese Gleichung durch Einsetzen von G.623. Werden die Definitionsgleichungen für die Spannungsfunktion Φ über das HOOKEsche Gesetz (G.520/21) eingeführt, folgt nach kurzer Zwischenrechnung:

$$\frac{t}{E}\Delta\Delta\Phi + w''w^{\bullet\bullet} - w'^{\bullet 2} = 0 \qquad (625)$$

Mit den Gleichungen G.622 und G.625 ist das gesuchte, nunmehr in w und Φ gekoppelte, nichtlineare partielle Differentialgleichungssystem hergeleitet. Die Bezugsunbekannten w und Φ sind jeweils Funktionen von x und y. Auf der Grundlage dieses Gleichungssystems lassen sich überkritische Spannungs-Verformungszustände berechnen. Die Theorie geht auf v.KÁRMÁN zurück; die ersten Lösungen stammen von MARGUERRE und WOLMIR.

7.8.4.2 Quadratplatte unter konstanten Randdruckspannungen

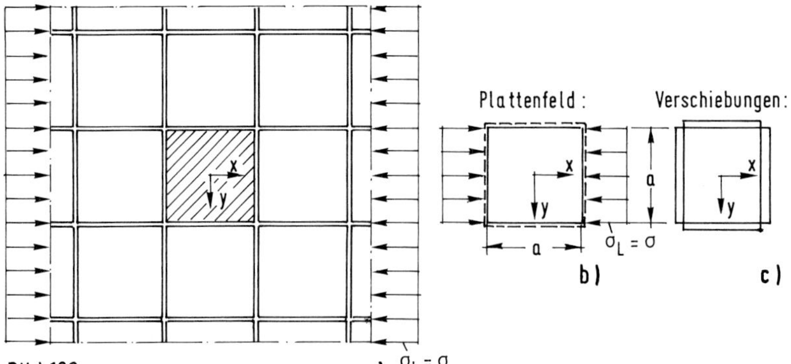

Bild 182

Bild 182 zeigt ein Blechfeld, das durch einen Rippenrost in quadratische Einzelplatten zerfällt. Die Steifigkeit des Rostes sei derart, daß er sich am Ausbeulen nicht beteiligt. Das Beulmuster ist dann schachbrettartig. Wegen der Äquivalenz der Nachbarfelder sind N_{xy} bzw. N_{yx} entlang der Ränder Null; zudem bleiben die Ränder gerade, das bedeutet:

$$\text{Ränder: } x = \pm a/2: \; u^{\bullet} = 0, \quad \text{Ränder: } y = \pm a/2: \; v' = 0 \tag{626}$$

Die äußeren Randdruckspannungen $\sigma_l = \sigma$ seien konstant (der Index L steht für Längsrichtung). Für irgendeinen Schnitt x-konst im Inneren der Platte gilt:

$$\sigma_L = -\frac{1}{a}\cdot\int_{-a/2}^{+a/2}\sigma_x\,dy = \sigma \tag{627}$$

(Man beachte: σ_x wurde in Abschnitt 7.8.1 als Zugspannung positiv eingeführt; hier ist $\sigma_L = \sigma$ als Randdruckspannung positiv.) Obwohl nur äußere Spannungen in Richtung x wirken, werden in der Platte durch deren Ausbiegung Spannungen σ_y und $\tau_{xy} = \tau_{yx}$ geweckt. Innerhalb der Platte sind diese Spannungen hinsichtlich Größe und Verlauf zunächst unbekannt. - In Querrichtung wirken keine äußeren Randspannungen (vgl. Bild 182a), somit gilt für irgendeinen Schnitt y=konst:

$$\sigma_Q = \frac{1}{a}\cdot\int_{-a/2}^{+a/2}\sigma_y\,dx = 0 \tag{628}$$

Die Lösung des im vorangegangenen Abschnitt abgeleiteten Grundgleichungssystems vollzieht sich für das vorliegende Problem prinzipiell in folgenden Schritten:

- Für die Ausbiegung w(x,y) wird ein passender Ansatz gewählt und in G.625 eingesetzt; die Gleichung wird gelöst, d.h. die zum w-Ansatz gehörende Spannungsfunktion Φ ermittelt. Damit sind auch die Spannungen in der Platte bekannt.
- Mit Hilfe von G.622 wird die Durchbiegung f in Plattenmitte bestimmt; Spannungen und Ausbiegung sind miteinander verknüpft.

Ansatz für die Ausbiegung w:

$$w = f\cos\frac{\pi x}{a}\cdot\cos\frac{\pi y}{a} \tag{629}$$

Dieser Ansatz entspricht der Beulfigur einer Quadratplatte in der linearen Beultheorie; den Randbedingungen wird genügt. Eingesetzt in G.625 folgt nach Zwischenrechnung:

$$\Delta\Delta\Phi + f^2\cdot\frac{E\pi^4}{2a^4}\left(\cos\frac{2\pi x}{a} + \cos\frac{2\pi y}{a}\right) = 0 \tag{630}$$

Die homogene Lösung gehört zum Ausgangszustand (f=0), d.h. zum Zustand $\sigma_x = -\sigma_L = -\sigma$

$$\Phi_h = -\frac{\sigma\cdot y^2}{2} \tag{631}$$

(Vgl. G.520). Die partikuläre Lösung bestätigt man zu:

$$\Phi_p = -\frac{Ef^2}{32}\left(\cos\frac{2\pi x}{a} + \cos\frac{2\pi y}{a}\right) \tag{632}$$

Die gesuchte Lösung lautet damit: $\Phi = \Phi_h + \Phi_p$ (633)

Um die noch unbekannte Durchbiegung f bestimmen zu können, wird vom GALERKINschen Verfahren ausgegangen (eine strenge Lösung über Gleichung 622 gelingt nicht). Setzt man die linke Seite von G.622 gleich $L[w,\Phi]$, lautet das Prinzip der virtuellen Verrückung:

$$\int_A L[w,\Phi]\cdot\delta w\,dA = 0, \quad dA = dx\cdot dy \tag{634}$$

Mit dem Ansatz

$$\delta w = \delta f\cdot\cos\frac{\pi x}{a}\cdot\cos\frac{\pi y}{b} \tag{635}$$

liefert G.634 nach Zwischenrechnung ($\delta f \neq 0$):

$$f\cdot\frac{K\pi^4}{a^2} - \sigma\cdot t f\cdot\frac{\pi^2}{4} + \frac{Etf^3\pi^4}{32a^2} = 0 \longrightarrow \sigma = \frac{4K\pi^2}{ta^2} + \frac{E\pi^2 f^2}{8a^2} = \sigma_{Ki} + \frac{E\pi^2 f^2}{8a^2} \tag{636}$$

K ist die Biegesteifigkeit der Platte (G.504) und σ_{Ki} die ideale Beulspannung. Das Ergebnis lautet in bezogener Form:

$$\frac{\sigma}{\sigma_{Ki}} = 1 + \frac{E\pi^2 f^2}{8a^2\sigma_{Ki}} = 1 + \frac{3(1-\mu^2)}{8}\left(\frac{f}{t}\right)^2 = 1 + 0{,}341\left(\frac{f}{t}\right)^2 \tag{637}$$

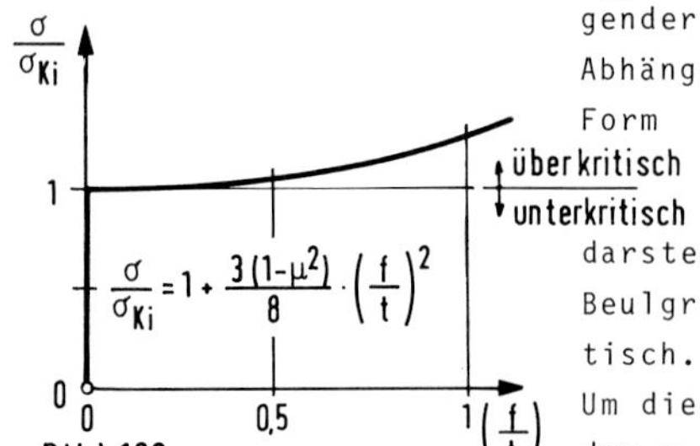

Bild 183

Die Druckspannungs-Ausbiegungsfunktion verzweigt bei $\sigma_{Ki} = 4{,}0 \cdot \sigma_e$ (vgl. Abschnitt 7.8.2.1.2). Bei weiter ansteigender Spannung ist der Verlauf parabelförmig. Man kann die Abhängigkeit der mittigen Ausbiegung f von σ auch in der Form

$$f = a \cdot \sqrt{\frac{8}{\pi^2}\left(\frac{\sigma - \sigma_{Ki}}{E}\right)} \qquad (638)$$

darstellen. Spannungs-Verformungszustände, die oberhalb der Beulgrenze liegen, nennt man, wie mehrfach erwähnt, überkritisch.

Um die Spannungen im Inneren der Platte zu bestimmen, werden σ_x und σ_y über die Spannungsfunktion Φ hergeleitet.

Für σ_x ergibt sich z.B.:

$$\sigma_x = \frac{\partial^2 \Phi}{\partial y^2} = \frac{\partial^2}{\partial y^2}\left[-\frac{\sigma y^2}{2} - \frac{Ef^2}{32}\cdot\left(\cos\frac{2\pi x}{a} + \cos\frac{2\pi y}{a}\right)\right] = -\sigma + \frac{Ef^2}{32}\cdot\left(\frac{2\pi}{a}\right)^2\cdot\cos\frac{2\pi y}{a} \qquad (639)$$

Zusammengefaßt folgt: $\sigma_x = -\sigma + (\sigma - \sigma_{Ki})\cdot\cos\frac{2\pi y}{a}$; $\sigma_y = +(\sigma - \sigma_{Ki})\cos\frac{2\pi x}{a}$ (640)

σ_x ändert sich nur mit y und σ_y nur mit x!

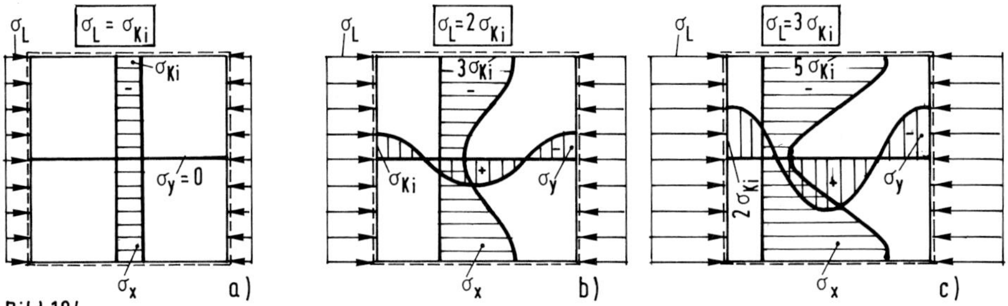

Bild 184

Bild 184 zeigt Spannungszustände für drei unterschiedliche Randspannungen: $\sigma_L = \sigma_{Ki}$, $2\sigma_{Ki}$, $3\sigma_{Ki}$. Die beiden letztgenannten Zustände sind überkritisch. In der mittleren Längsfaser bleibt die Spannung konstant: $\sigma_x = -\sigma_{Ki}$; zu den Rändern hin wachsen die Spannungen an. Durch die Stützung der Querränder werden die Fasern mit zunehmender Annäherung an diese immer steifer. In Querrichtung treten im Mittelbereich quergerichtete Zugspannungen auf. Auf der Aktivierung dieser Membranzugwirkung beruht im wesentlichen das überkritische Tragvermögen.

Mit dem eingliedrigen Ansatz für w gemäß G.629 ergibt sich τ=0. Wird die Theorie durch Einführung mehrgliedriger Ansätze zugeschärft, ergeben sich im überkritischen Zustand Schubspannungen; die Theorie wird dann komplizierter. Für das Verständnis der grundlegenden Zusammenhänge ist die vorstehende Näherung ausreichend.

Wie Versuche zeigen, ist das überkritische Tragvermögen unausgesteifter dünner Platten dann erschöpft, wenn die max Spannung an den Querrändern

$$y = \pm a/2:\ \max\sigma_x = -\sigma - (\sigma - \sigma_{Ki}) = -2\sigma + \sigma_{Ki} \qquad (641)$$

die Fließgrenze des Plattenmaterials erreicht:

$$\max\sigma_x = -\sigma_F \longrightarrow -2\sigma_U + \sigma_{Ki} = -\sigma_F \longrightarrow \sigma_U = \frac{1}{2}(\sigma_F + \sigma_{Ki}) \qquad (642)$$

σ_U ist die (mittlere Randdruck-)Grenzspannung (der Index U steht für ultimate). Wird die Grenzspannung auf σ_{Ki} bezogen, gilt:

$$\frac{\sigma_U}{\sigma_{Ki}} = \frac{1}{2}\cdot\left(1 + \frac{1}{\sigma_{Ki}/\sigma_F}\right) \qquad (643)$$

Wie Bild 185 zeigt, haben dicke Platten, die nahe der Fließgrenze beulen ($\sigma_{Ki} \approx \sigma_F$) eine relativ geringe, dünne Platten ($\sigma_{Ki} < \sigma_F$) eine relativ hohe Tragreserve (gegenüber σ_{Ki}).

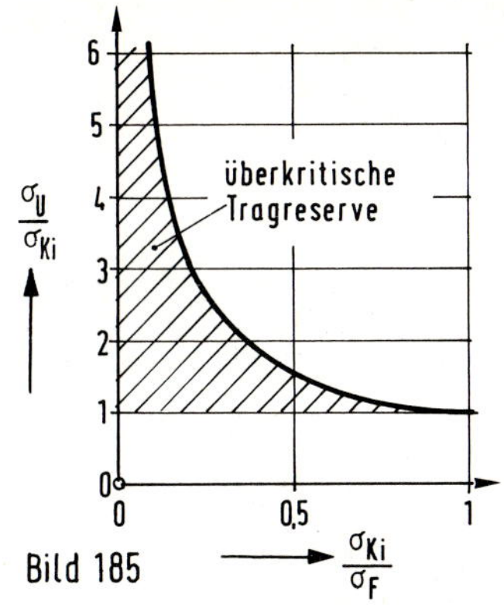

Bild 185

7.8.4.3 Konzept der wirksamen Breite

Der über die Plattenbreite b variable Verlauf der Längsspannungen σ_x legt es nahe, eine wirksame Breite b_R einzuführen. (Im Schrifttum spricht man auch von effektiver Breite.) Die wirksame Breite ist nicht mit der mitwirkenden Breite der Gurte von Biegebalken (Plattenbalken) zu verwechseln. Mit letzterer wird der durch die Schubverzerrungen in der Gurtung bewirkte Spannungsabfall erfaßt und dadurch die Gültigkeit der technischen Biegelehre hergestellt.

Bild 186a zeigt, wie die wirksame Breite definiert ist. Es wird eine Ersatzplatte der Breite b_R unter der konstanten Spannung σ_R vereinbart:

$$\sigma \cdot b = \sigma_R \cdot b_R \longrightarrow \frac{b_R}{b} = \frac{\sigma}{\sigma_R} \tag{644}$$

Das bedeutet: Im überkritischen Zustand kann die reale Platte nur mit der Breite b_R ausgenutzt werden; insofern hat der Quotient b_R/b die Bedeutung eines Ausnutzungsfaktors. Auf diesem Konzept beruht die Dimensionierung im Leichtbau (auch im Stahlleichtbau).
Im vorangegangenen Abschnitt wurde die max Randspannung für eine Quadratplatte zu

$$\max\sigma\ (= -\sigma_R\ ) = -2\sigma + \sigma_{Ki} \tag{645}$$

bestimmt; d.h.:

$$\sigma = \frac{1}{2} \cdot (\sigma_R + \sigma_{Ki}) \tag{646}$$

Wird σ in G.644 eingesetzt, folgt:

$$\frac{b_R}{b} = \frac{1}{2} \cdot \left(1 + \frac{\sigma_{Ki}}{\sigma_R}\right) \text{(MARGUERRE(1)1937)} \tag{647}$$

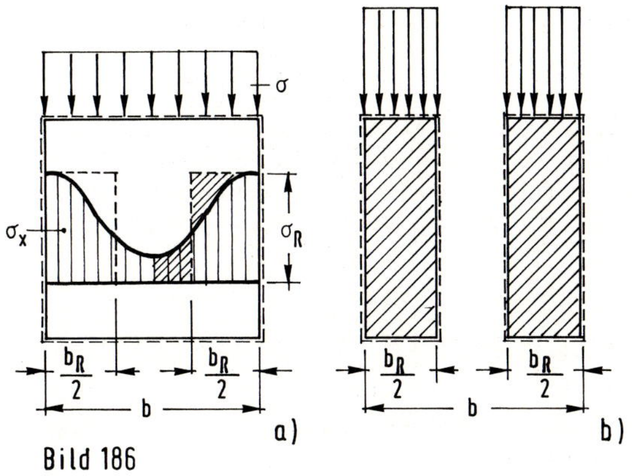

Bild 186

v.KÁRMÁN (1932) ging bei der Bestimmung der wirksamen Breite von folgender Plausibilitätsüberlegung aus: Die Beulspannung der realen Platte ist:

$$\sigma_{Ki} = k_\sigma \cdot \frac{\pi^2 E}{12(1-\mu^2)} \left(\frac{t}{b}\right)^2 \tag{648}$$

Die Beziehung wird nach b aufgelöst, das ergibt:

$$b = \frac{1}{\sqrt{\sigma_{Ki}}} \cdot \sqrt{k_\sigma \frac{\pi^2 E t^2}{12(1-\mu^2)}} \tag{649}$$

Zur Spannung σ_R der Ersatzplatte mit der Breite b_R gehöre derselbe Beulwert k_σ wie bei der Ausgangsplatte (vgl. Bild 186b). Das ergibt:

$$\sigma_R = k_\sigma \frac{\pi^2 E}{12(1-\mu^2)} \left(\frac{t}{b_R}\right)^2 \longrightarrow b_R = \frac{1}{\sqrt{\sigma_R}} \sqrt{k_\sigma \frac{\pi^2 E t^2}{12(1-\mu^2)}} \tag{650}$$

Wird b_R/b gebildet, folgt:

$$\frac{b_R}{b} = \sqrt{\frac{\sigma_{Ki}}{\sigma_R}} \longrightarrow \sigma = \frac{b_R}{b}\sigma_R = \sqrt{\sigma_{Ki}\sigma_R} \tag{651}$$

Dem v.KÁRMÁNschen Ansatz haftet eine gewisse Willkür inne. Das Ergebnis wird durch Versuche gleichwohl gut bestätigt.
Wie oben erläutert, versagt die im überkritischen Zustand tragende, unausgesteifte dünne Platte, wenn die Randfasern zu fließen beginnen. Wird die Bezugsgröße

$$\bar{\lambda} = \sqrt{\frac{\sigma_F}{\sigma_{Ki}}} \tag{652}$$

eingeführt, ergeben sich die zur Grenztragfähigkeit gehörenden wirksamen Breiten über G.644 mit $\sigma_R=\sigma_F$ für die von MARGUERRE bzw. v.KÁRMÁN angegebenen Lösungen zu:

MARGUERRE 1: $$\frac{b_{R,U}}{b} = \frac{\sigma_U}{\sigma_F} = \frac{1}{2}(1+\frac{\sigma_{Ki}}{\sigma_F}) = \frac{1}{2}(1+\frac{1}{\bar{\lambda}^2}) \qquad (653)$$

v.KÁRMÁN: $$\frac{b_{R,U}}{b} = \frac{\sigma_U}{\sigma_F} = \sqrt{\frac{\sigma_{Ki}}{\sigma_F}} = \frac{1}{\bar{\lambda}} \qquad (654)$$

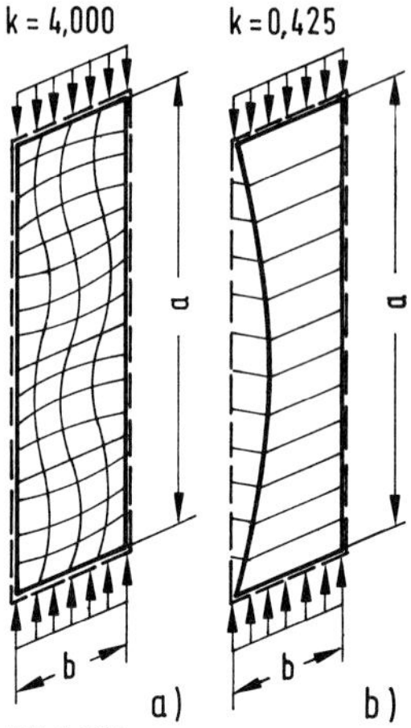

Bild 187

Für Leichtbaudimensionierungen haben die in Bild 187 dargestellten Plattenelemente die größte praktische Bedeutung. Die allseitig gelenkig gelagerte Platte beult in Längsrichtung mit Halbwellenlängen etwa gleich der Plattenbreite b, die dreiseitig gelenkig gelagerte, einseitig freie Platte beult stets nur mit einer Halbwelle gleich der Plattenlänge a. Die zugehörigen Beulwerte sind im Bild ausgewiesen, vgl. Abschnitt 7.8.2.1.3. Die Auswertung der Gleichungen 653 u. 654 ergibt:

Allseitig gelenkig gelagerte Platte (k=4,000):

MARGUERRE (1): $$\frac{\sigma_U}{\sigma_F} = \frac{1}{2}[1 + 3{,}616(\frac{E}{\sigma_F})\frac{1}{(b/t)^2}] \qquad (655)$$

v.KÁRMÁN: $$\frac{\sigma_U}{\sigma_F} = 1{,}901\sqrt{\frac{E}{\sigma_F}}\cdot\frac{1}{(b/t)} \qquad (656)$$

Dreiseitig gelenkig gelagerte, einseitig freie Platte (k=0,425):

MARGUERRE (1): $$\frac{\sigma_U}{\sigma_F} = \frac{1}{2}[1 + 0{,}3842(\frac{E}{\sigma_F})\frac{1}{(b/t)^2}] \qquad (657)$$

v.KÁRMÁN: $$\frac{\sigma_U}{\sigma_F} = 0{,}620\sqrt{\frac{E}{\sigma_F}}\cdot\frac{1}{(b/t)} \qquad (658)$$

Das "Schlankheitsverhältnis" b/t entscheidet darüber, ob es zu einem überkritischen Tragverhalten kommt oder nicht; das ist abhängig von der Fließspannung σ_F der verwendeten Stahlgüte. Wird in den vorstehenden Gleichungen $\sigma_U=\sigma_F$ gesetzt, findet man z.B. für $\sigma_F=24\,kN/cm^2$:

a) MARGUERRE (1): $$\frac{1}{1} = \frac{1}{2}[1 + 3164\frac{1}{(b/t)^2}] \longrightarrow \frac{b}{t} = 56{,}24 \quad (45{,}92) \qquad (659)$$

v.KÁRMÁN: $$\frac{1}{1} = 56{,}24\cdot\frac{1}{(b/t)} \longrightarrow \frac{b}{t} = 56{,}24 \quad (45{,}92) \qquad (660)$$

b) MARGUERRE (1): $$\frac{1}{1} = \frac{1}{2}[1 + 336{,}2\frac{1}{(b/t)^2}] \longrightarrow \frac{b}{t} = 18{,}33 \quad (14{,}97) \qquad (661)$$

v.KÁRMÁN: $$\frac{1}{1} = 18{,}33\cdot\frac{1}{b/t} \longrightarrow \frac{b}{t} = 18{,}33 \quad (14{,}97) \qquad (662)$$

Die Klammerwerte gelten für $\sigma_F=36\,kN/cm^2$. Wenn das gegebene Schlankheitsverhältnis b/t kleiner als das vorstehende Grenzverhältnis ist (dicke Platten), kommt es zu keinem überkritischen Tragverhalten, d.h. die Platte beult nicht, die Lastspannung kann bis zur Fließgrenze ansteigen. Ist b/t größer als das vorstehende Grenzverhältnis (dünne Platten), tritt vor Erreichen der Fließgrenze Beulen mit anschließendem überkritischen Tragverhalten ein. In Bild 188 sind die Gleichungen 653 und 654 über $\bar{\lambda}$ aufgetragen. Die Kurven geben die bezogenen Grenzspannungen an und weisen die überkritische Tragreserve gegenüber σ_{Ki} aus. Sie sind mit den bezogenen wirksamen Grenzbreiten identisch! Im unteren Bildteil sind die in G.659/662 angegebenen Grenzverhältnisse eingetragen, korrespondierend mit $\bar{\lambda}=1$. Die MARGUERRE (1)- und v.KÁRMÁN-Lösung differieren offensichtlich beträchtlich.
Letztere liefert geringere Grenzspannungen. Bei der Bewertung der Ergebnisse sind zwei Umstände zu berücksichtigen:

- Die plattenförmigen Elemente gedrückter Bauglieder stehen unter Eigenspannungen (infolge Walzen, Schweißen, Richten). Die σ-ε-Linie ist daher nicht ideal-elastisch/ideal-plastisch, was in der vorangegangenen Theorie unterstellt wurde, sondern (bezogen auf den Gesamtquerschnitt) oberhalb der Proportionalitätsgrenze gekrümmt.

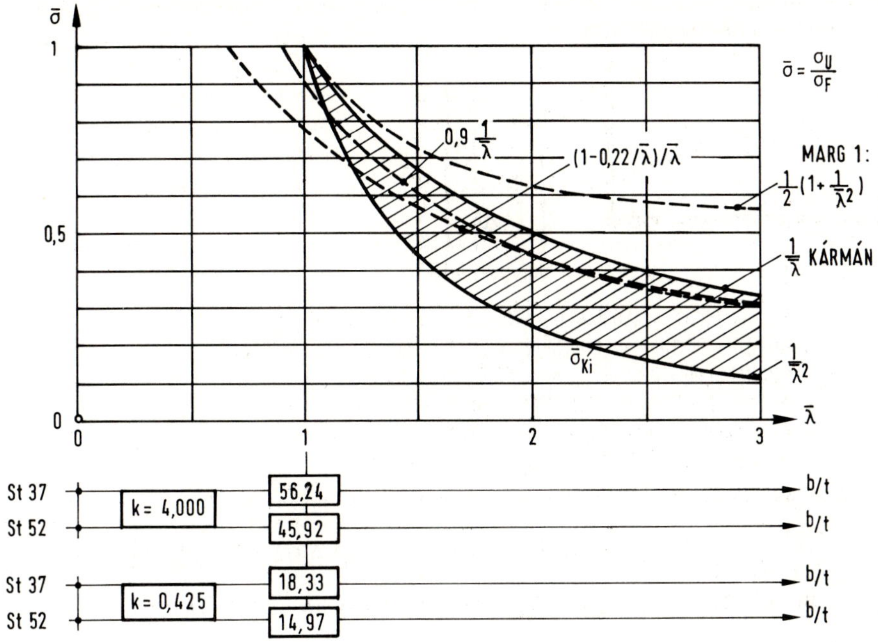

Bild 188

- Die Elemente haben Vorbeulen.

Die Eigenspannungen zählen zu den strukturellen und die Vorbeulen zu den geometrischen Imperfektionen, sie bedingen einen Abfall der wirklichen Tragspannung gegenüber der theoretischen. In der schweizerischen Stahlbaunorm SIA161 (1979) wird in Anlehnung an die auf der sicheren Seite liegende v.KÁRMÂNsche Lösung von

$$\frac{b_{R,U}}{b} = \frac{\sigma_U}{\sigma_F} = 0{,}9\sqrt{\frac{\sigma_{Ki}}{\sigma_F}} = 0{,}9\,\frac{1}{\bar{\lambda}} \qquad (663)$$

ausgegangen. Der Graph ist in Bild 188 eingezeichnet. Außerdem ist im Bild der Ansatz der amerikanischen Norm AISI (1969) dargestellt:

$$\frac{b_{R,U}}{b} = \frac{\sigma_U}{\sigma_F} = \left(1 - \frac{0{,}22}{\bar{\lambda}}\right)\cdot\frac{1}{\bar{\lambda}} \qquad (664)$$

Dieser Ansatz beruht auf Versuchen.

Sofern in dem Plattenelement

$$\frac{\tau}{\tau_{Ki}} \leq \frac{1}{3} \qquad (665)$$

ist (τ unter γ-facher Belastung), galt nach E DIN 18800 T2:

$$\frac{b'_U}{b} = \left(\frac{b_{R,U}}{b}\right) = 1{,}22\cdot\left[1 - \left(1 - 0{,}383\,\frac{t}{b}\sqrt{k_\sigma\frac{E}{\sigma_F}}\right)^2\right] \qquad (666)$$

$$= 1{,}22\cdot\left[1 - \left(1 - 0{,}403\sqrt{\frac{\sigma_{Ki}}{\sigma_F}}\right)^2\right] \qquad (667)$$

$$= 1{,}22\cdot\left[1 - (1 - 0{,}403/\bar{\lambda})^2\right] \quad \left(= \frac{\sigma_U}{\sigma_F}\right) \qquad (668)$$

Hinsichtlich der nunmehr geltenden Ansätze vgl. DIN 18800 T2 (11.90) u. DASt-Ri 016. - b' ist identisch mit b_R.

7.8.4.4 Beispiel: Kastenträger

Bild 189 zeigt den Querschnitt eines Kastenträgers. Stahlgüte St52: σ_F=36kN/cm². Querschotte sind in einem größeren gegenseitigen Abstand angeordnet; das Seitenverhältnis sei größer 1.

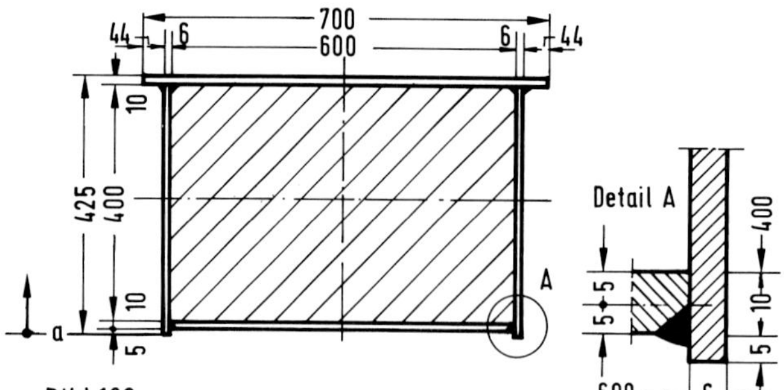

Bild 189

Als erstes werden die Querschnittswerte für den Gesamtquerschnitt berechnet und die Biegetragfähigkeit unter Bezugnahme auf die Beulspannung der Gurtplatte bestimmt. Querschnittswerte:

$$A = 70\cdot 1{,}0 + 60\cdot 1{,}0 + 2\cdot 0{,}6\cdot 41{,}5 = 70 + 60 + 49{,}8 = \underline{179{,}80\,cm^2}$$
$$S_a = 70\cdot 42{,}0 + 60\cdot 1{,}0 + 2\cdot 0{,}6\cdot 41{,}5^2/2 = 2940 + 60 + 1033 = 4033\,cm^3$$
$$e_u = 4033/179{,}80 = 22{,}43\,cm;\quad e_o = 42{,}5 - 22{,}43 = 20{,}07\,cm$$
$$I_a = 70\cdot 1{,}0^3/12 + 70\cdot 4{,}2^2 + 60\cdot 1{,}0^3/12 + 60\cdot 1{,}0^2 + 2\cdot 0{,}6\cdot 41{,}5^3/3 =$$
$$= 6 + 123\,480 + 5 + 60 + 28\,590 = 152\,141\,cm^4$$
$$I = 152\,141 - 179{,}80\cdot 22{,}43^2 = \underline{61\,683\,cm^4}$$

Beultragfähigkeit der Gurtplatte nach der DASt-Ri012; vgl. Abschnitt 7.8.3.3:

$$\sigma_e = \frac{\pi^2\cdot 21000}{12(1-0{,}3^3)}\cdot\left(\frac{1{,}0}{60}\right)^2 = \underline{5{,}272\,kN/cm^2};\quad k = 4{,}0;\quad \sigma_{Ki} = 4{,}0\cdot 5{,}272 = \underline{21{,}09\,kN/cm^2}$$

$$St\,52:\ \bar\lambda_V = \sqrt{36/21{,}09} = 1{,}307 \longrightarrow \bar\sigma_{VK} = 1/1{,}307^2 = 0{,}5853 \longrightarrow \sigma_{VK} = 21{,}09\,kN/cm^2$$

Biegetragfähigkeit:

$$M = \sigma\cdot\frac{61\,683}{20{,}07-0{,}5} = \sigma\cdot 3152 = 21{,}09\cdot 3152 = \underline{66\,474\ kNcm}$$

Als nächstes wird berechnet, welche Biegetragfähigkeit erreicht wird, wenn überkritisches Tragverhalten zugelassen wird. Die wirksame Grenzbreite wird nach G.666 berechnet:

$$b'_U = 1{,}22\left[1 - \left(1 - 0{,}383\cdot\frac{10}{600}\cdot\sqrt{4{,}0\cdot\frac{21000}{36}}\right)^2\right]600 = \underline{382\,mm};\quad b'_U/2 = 191\,mm\ (+50 = 241\,mm)$$

Bild 190 zeigt den Querschnitt mit der wirksamen Breite des überkritischen Grenzzustandes; hierfür folgt:

$$A = 48{,}2\cdot 1{,}0 + 60 + 49{,}8 = \underline{158{,}00\,cm^2}$$
$$S_a = 48{,}2\cdot 42{,}0 + 60 + 1033 = 3117\,cm^3$$
$$e_u = 3117/158{,}0 = 19{,}73\,cm;\quad e_o = 42{,}5 - 19{,}73 = 22{,}77\,cm$$
$$I_a = 48{,}2\cdot 1{,}0^3/12 + 48{,}2\cdot 42{,}0^2 + 5 + 60 + 28590 = 5 + 85\,025 + 5 + 60 + 28\,590 = 113\,685\,cm^4$$
$$I = 113\,685 - 158{,}0\cdot 19{,}73^2 = \underline{52\,180\,cm^4}$$

Die Schwerachse rückt näher an den Biegezugrand heran. Dadurch erhält die Biegedruckseite im Vergleich zur Biegezugseite höhere Spannungen.

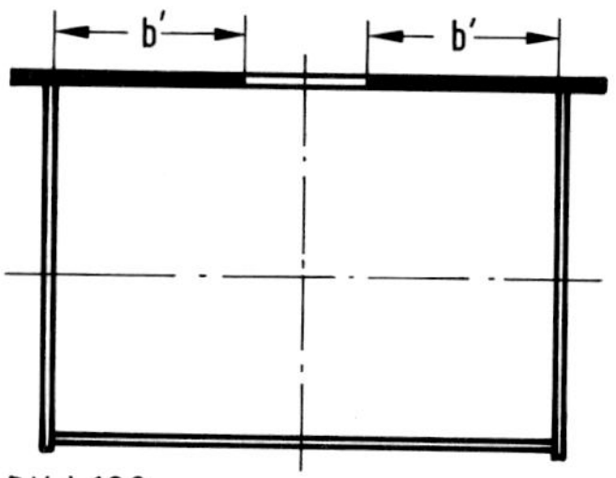

Bild 190

Hierbei wird unterstellt, daß die Stegbleche unterkritisch tragen, das heißt, daß bei Erreichen des Grenzzustandes in der Gurtplatte die Stegbleche noch nicht ausgebeult sind. Das Grenzmoment folgt zu:

$$M = 36\cdot\frac{52\,180}{22{,}77-0{,}5} = 36\cdot 2343 = \underline{84\,350\,kNcm}$$

Dieser Wert liegt um 27% über dem Grenzmoment 66474kNcm. - Bezogen auf das Fließen der Randfaser auf der Biegezugseite ergibt sich:

$$M = 36\,\frac{52\,180}{19{,}73} = 36\cdot 2645 = \underline{95\,209\,kNcm}$$

Dieser Wert ist somit nicht maßgebend. - Für den Steg ergibt sich $\psi = -0{,}84$ und bei alleiniger Biegung mit $k_\sigma = 20$: $\sigma_{VK} = 36\,kN/cm^2 = \sigma_F$. Demnach beulen die Stegbleche vor Erreichen des berechneten Grenzmomentes 84350kNcm nicht aus.

Tritt im betrachteten Querschnitt ein Biegemoment auf, das zwischen den beiden Grenzmomenten liegt und ist der zugehörige überkritische Tragzustand mit der zugehörigen wirksamen Breite gefragt, bedarf es einer Iterationsrechnung: In G.666 ist anstelle von σ_F ein Spannungswert $\sigma_{Ki} < \sigma < \sigma_F$ zu wählen und hierfür b' zu bestimmen. Wird die Spannung in der Gurtplatte nicht zu σ bestätigt, ist die Rechnung zu wiederholen, usf.

Auf die ausführlichen Erläuterungen zur DASt-Ri 016 (Bemessung und konstruktive Gestaltung von Tragwerken aus dünnwandigen kaltgeformten Bauteilen) einschl. Beispiele wird verwiesen [23].

8 Verbindungstechnik I: Schweißverbindungen

Unter Schweißen versteht man die innige Verbindung von Bauteilen durch örtliche Wärmezufuhr und Aufschmelzung. Bei den meisten Schweißverfahren wird ein Zusatzwerkstoff zugeschmolzen. Ein Schweißverfahren ist dann als gut zu bewerten, wenn die Trag- und Verformungsfähigkeit des Bauteiles als Ganzes, des Grundmaterials in der Wärmeeinflußzone und in der Schweißnaht selbst, dieselben Werte wie der ungeschweißte Werkstoff aufweisen; d.h., wenn keine Minderung der mechanischen Eigenschaften beim Schweißen eintritt. Das ist eine strenge Forderung; sie läßt sich aufgrund des hohen Entwicklungsstandes der Schweißtechnik heutigentags weitgehend erfüllen *.

8.1 Großer und kleiner Eignungsnachweis

Schweißen ist die im Stahlbau verbreiteste Verbindungstechnik (Fügetechnik), insbesondere dann, wenn in der Werkstatt gefertigt werden kann. Baustellenschweißungen erfordern wegen der atmosphärischen Einflüsse zusätzliche Schutzmaßnahmen; aus diesem Grund wird auf der Baustelle die Schraubung der Schweißung vielfach vorgezogen. Mit der Schweißtechnik sind die konstruktiven Beschränkungen der ehemals vorherrschenden Nietbauweise weitgehend aufgehoben; es lassen sich praktisch alle Verbindungen schweißen, auch solche unter Sonderbedingungen, z.B. Schweißen legierter und hochlegierter Stähle, Überschweißen von Beschichtungen, Schweißen dicker bis sehr dicker Bleche (Reaktorbau), Schweißen unter Wasser usf.

Die Schweißtechnik erfordert spezielle Kenntnisse für jeden Anwendungsfall und Erfahrung seitens der ausführenden Firmen und ihrer Schweißer. Zur Gewährleistung einer hohen Güte unterwirft sich die Industrie einer Selbstkontrolle. Hierzu erwerben die Firmen den sogenannten Eignungsnachweis. Die diesbezüglichen Anforderungen sind in DIN 18800 T7 auf der Grundlage von DIN 8563 T1 und T2 geregelt:

a) Großer Eignungsnachweis:

Der Betrieb muß über einen Schweißfachingenieur verfügen, der die Schweißaufsicht ausübt und für die Güte der Schweißarbeiten in der Werkstatt und auf der Baustelle verantwortlich ist, dadurch, daß er z.B. die richtige Wahl der Stahlgütegruppe, die schweißgerechte bauliche Ausbildung der Konstruktion bei der Anfertigung der Werkstattpläne, die technische Durchführung der Schweißarbeiten und ihre Abnahme prüft. Die einzelnen Anforderungen regelt DIN 8563 T2. - (In kleinen und mittleren Betrieben übt der Schweißfachingenieur vielfach gleichzeitig die Funktion des Sicherheitsingenieurs aus.) Das Diplom eines Schweißfachingenieurs kann an einer "Schweißtechnischen Lehr- und Versuchsanstalt (SLV)", ehemals auch bei der DB, erworben werden; neueren Datums ist das auch an amtlich anerkannten schweißtechnischen Ausbildungs- und Prüfstellen möglich. Die Richtlinien des "Deutschen Verbandes für Schweißtechnik (DVS)" [10] regeln Inhalt und Dauer der Lehrgänge. Neben dem Schweißfachingenieur kennt man noch den Schweißfachmann und Schweißtechniker; deren Anerkennung setzt ebenfalls die Absolvierung eines Lehrgangs mit Abschlußprüfung nach den Richtlinien des DVS voraus; vgl. auch [1] .

Weitere Voraussetzung für den großen Eignungsnachweis sind vorschriftsmäßige betriebliche Einrichtungen und der Einsatz von Schweißern, die in der erforderlichen Prüfungsgruppe nach DIN 8560 und im jeweilig angewendeten Schweißverfahren über eine gültige Prüfbescheinigung verfügen.

Firmen mit Großem Eignungsnachweis dürfen alle tragenden Konstruktionen mit vorwiegend ruhender Beanspruchung schweißen: Stählerne Hoch- und Tiefbauten wie Hallenkonstruktionen, Fachwerke, Skelettbauten, Tunneleinbauten; Stahlwasserbauten; Bohrtürme;

* Der hohe Standard der Schweißtechnik findet im technischen und ingenieurwissenschaftlichen Schrifttum einen breiten Niederschlag, das gilt auch für die Regelwerke mit schweißtechnischem Bezug [1-3]; deren Zahl liegt beiläufig bei 600 (DIN, ISO, TRD, AD, DVS usw.). In diesem Buch können nur die für den Stahlbau wichtigsten Grundlagen behandelt werden; auf das einschlägige monographische Schrifttum wird verwiesen [4-7] ; zur Entwicklung der Schweißtechnik vgl. [8,9].

Fördergerüste; Stahlschornsteine; Antennentragwerke; Oberirdische Tankbauwerke; Niederdruckgasbehälter. Für Tragkonstruktionen mit nicht vorwiegend ruhender Beanspruchung, wie Brücken, Krane und Kranbahnen, Turbinenfundamente, Fliegende Bauten ist der Große Eignungsnachweis in jedem Fall erforderlich, z.T. mit erweiterten Anforderungen, z.B. seitens der DB. - Die ehemals (nach DIN 4115) für das Schweißen von Rundrohren und dünnwandigen Bauteilen erforderliche Erweiterung des Großen Eignungsnachweises gilt heute nicht mehr, wohl müssen Firmen, die Rundrohre verschweißen, vom Schweißfachingenieur ausgebildete und geprüfte Rohrschweißer haben. Die erforderlichen Prüfungen für das Schweißen von Hohlprofilen sind in DIN 18808 angegeben.

b) Kleiner Eignungsnachweis:
Ein Schweißfachingenieur braucht nicht zur Verfügung zu stehen, wohl ein Schweißtechniker oder Schweißfachmann (s.o.); für die Schweißer gelten etwas geringere Anforderungen gemäß DIN 8560. - Der Anwendungsbereich ist auf geschweißte Stahlbauten mit vorwiegend ruhender Beanspruchung untergeordneter Bedeutung beschränkt, vgl. DIN 18800 T7.

Die Bescheinigungen für den Eignungsnachweis gelten höchstens 3 Jahre, dann bedarf es seitens der anerkennenden Stelle (z.B. SLV) einer Verlängerungsprüfung; die Prüfbescheinigungen der Schweißer gelten 1 Jahr *.

Nach DIN 18800 T7 gelten geschweißte Bauteile, die von Betrieben ohne Eignungsnachweis geschweißt werden, als nicht normgerecht. Die in der Praxis gelegentlich anzutreffenden Fälle, in denen tragende Stahlkonstruktionen von Firmen ohne Eignungsnachweis geschweißt werden, können aus Sicherheitsgründen nicht akzeptiert werden; sie verstoßen zudem gegen den Grundsatz eines fairen Wettbewerbs, das gilt auch im Falle einer Proforma-Benennung von Nebenunternehmern, die über einen Eignungsnachweis verfügen.

8.2 Schweißverfahren

Es werden unterschieden:
- Schmelzschweißverfahren
- Preßschweißverfahren

Bild 1 gibt eine Übersicht über die Metallschweißverfahren in Anlehnung an DIN 1910 T1 und T2.

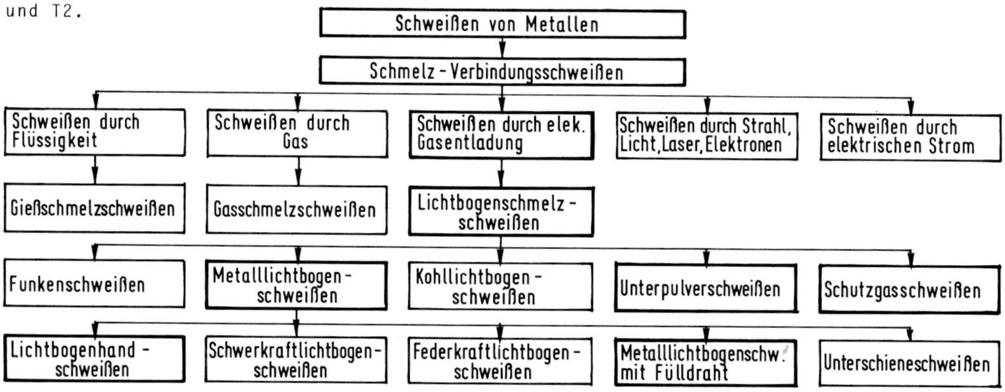

Bild 1

Günstiger (und für eine Einführung in die Belange des Stahlbaues ausreichend) ist die Übersicht gemäß Bild 2.

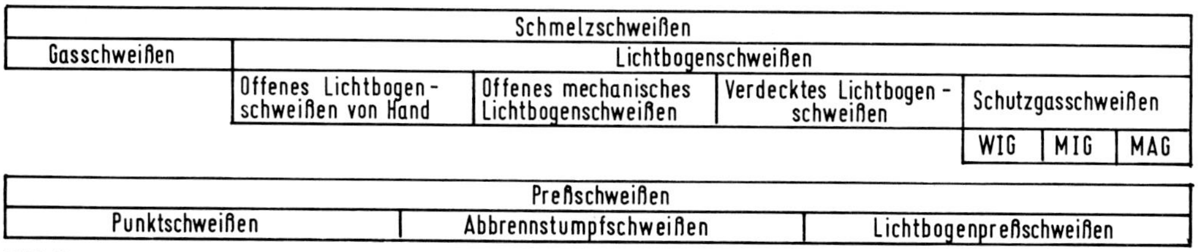

Bild 2

*) An die im Rohrleitungs-, Druckbehälter- und Reaktorbau beschäftigten Schweißer werden zusätzliche Anforderungen gestellt; Einzelheiten regelt u.a. der TÜV [12]; das gilt auch für das Schweißen von NE-Metallen (vgl. DIN 4113, DIN 8561).

Weitere Unterscheidungsmerkmale sind:

a) Handschweißen (manuelles Schweißen): Schweißgerät und Zusatzwerkstoff werden von Hand geführt;
b) Halbmaschinelles Schweißen (teilmechanisches Schweißen): Schweißgerät wird von Hand, Zusatzwerkstoff maschinell zugeführt;
c) Maschinelles Schweißen (vollmechanisches Schweißen): Schweißgerät und Zusatzwerkstoff werden maschinell zugeführt;
d) Schweißen mittels "Roboter".

Statt des Begriffes maschinell/mechanisch sind auch die Begriffe mechanisiert und automatisch gebräuchlich.
Je höher der Mechanisierungsgrad ist, umso größer ist die Gleichmäßigkeit der Ausführung und (richtige Geräteeinstellung vorausgesetzt) die Güte der Nähte, umso größer ist aber auch der investive Aufwand. Schweißroboter setzen eine serielle Fertigung voraus, sie haben im Stahlbau bislang keine nennenswerte Bedeutung erlangt.

8.2.1 Schmelzschweißen

Die zu verbindenden Bauteile werden durch örtlich begrenzten Schmelzfluß verschweißt. Die Wärme wird durch lokale Gasverbrennung (Gasschweißen) oder durch einen elektrischen Lichtbogen (Lichtbogenschweißen) eingebracht. Für kraftschlüssige Verbindungen überwiegt im Stahlbau das zweitgenannte Verfahren.

8.2.1.1 Gasschweißen (Autogenschweißen) [13,14]

Als Schweißgas kommen Sauerstoff (O_2) und Azetylen (C_2H_2), i.a. im Mischungsverhältnis 1:1 zum Einsatz. Die Gase werden dem (Schweiß-)Brenner unter Druck zugeführt, im Brenner vereinigt und gemischt. Sie verbrennen unter Bildung einer Temperatur von ca. 3100°C vor dem Mundstück des Brenners. Als Zusatzwerkstoff werden Schweißstäbe nach DIN 8554 T1 verwendet (Schweißstabsorten GI bis GVII). - Gasschweißen hat überwiegend nur noch in handwerklich geführten Betrieben Bedeutung, z.B. bei Reparaturen, sowie im industriellen Bereich bei Dünnblechschweißungen sowie im Rohrleitungsbau.

8.2.1.2 Lichtbogenschweißen (Elektroschweißen)

Als Schweißstrom wird Gleichstrom (Umformer, Gleichrichter) oder Wechselstrom (Schweißtransformator) verwendet. Geschweißt wird mit verhältnismäßig niedrigen Spannungen und hohen Stromstärken (i.M. 20-60V, 60-400A in Abhängigkeit von der Blechdicke). Zwischen der abschmelzenden Elektrode und dem Werkstück brennt ein Lichtbogen. Die Temperatur im Lichtbogen beträgt ca. 4500°C. Um Lichtbogen und Schmelzbad gegen die Atmosphäre zu schützen, bedarf es besonderer Maßnahmen, um die Aufnahme von Luftstickstoff und Luftsauerstoff zu verhindern, anderenfalls würde die Bildung von Nitriden und Oxiden die mechanischen Eigenschaften des Schweißgutes gefährlich verschlechtern. Die Schutzwirkung wird durch gasbildende Elektrodenumhüllungen, Schweißpulver oder durch Schutzgase erreicht.

a) Offenes Lichtbogenschweißen von Hand (Bild 3): Es wird mit umhüllten Elektroden geschweißt. (Nackte Elektroden ergeben schlechte Nahteigenschaften.) Die umhüllten Elektroden bestehen aus einem Kerndraht und einer Umhüllung. Der Lichtbogen spannt sich zwischen Elektrode und Werkstück. Hierbei wird die Elektrodenspitze verflüssigt, der Zusatzwerkstoff löst sich tropfenförmig ab und geht in das Schmelzbad über. Die Umhüllung wird flüssig und verdampft teilweise. Das Gas aus der Umhüllung schirmt den tropfenförmig übergehenden Zusatzwerkstoff und das Bad gegen die Luft ab. Ein Teil der Umhüllung schwimmt als flüssige Schlacke auf dem Schmelzbad, aufschwimmende Bestandteile werden von ihr gebunden und später mit der erkalteten Schlacke abgeklopft. Neben der Schutzwirkung begrenzt die Schlacke den Lichtbogenansatzpunkt in seiner Größe, stabilisiert den Tropfenübergang und wirkt beim Erkalten der Naht wärmedämmend; vgl. Teilbild b.

   Man unterscheidet folgende Umhüllungsmerkmale (DIN 1913 T1, Erläuterung der Ausgabe 1977 in [15] und der 1984-Ausgabe in [16]):
   - Umhüllungsdicke (mittel dickumhüllt, dickumhüllt);

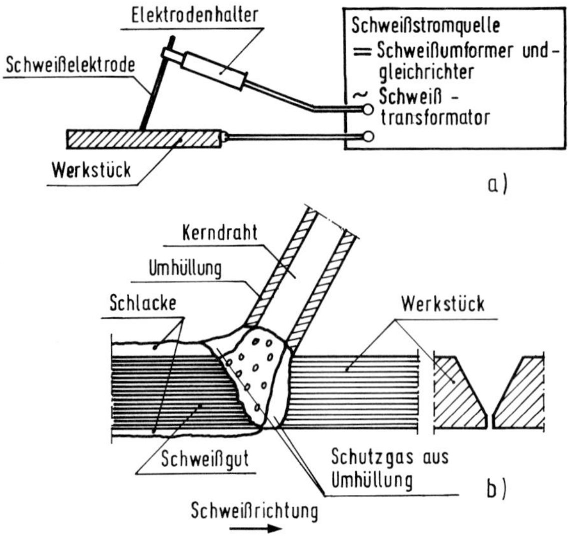

Bild 3

- Art der Umhüllung:
  A=sauerumhüllt (ehemals erzsaurer Typ, Es);
  R, RR, AR, C, R(C), RR(C)=rutil- bzw. rutilsauer- bzw. zellulose- bzw. rutilzellulose-umhüllt (ehemals titandioxidischer Typ, Ti bzw. Zellulose-Typ, Ze);
  B, B(C), RR(B)=basisch- bzw. rutilbasisch-umhüllt (ehemals kalkbasischer Typ Kb);
- Ausbringung (Gehalt von Eisenpulver in der Umhüllung).

In der Kennziffer der Elektrode sind Kurzzeichen für die Zugfestigkeit und Streckgrenze sowie Dehnung und Kerbschlagzähigkeit enthalten. Die Wahl des Elektrodentyps erfolgt in Abstimmung auf den Grundwerkstoff; vgl. wegen Einzelheiten DIN 1913 T1 und deren Klasseneinteilung.

Die rutil- bzw. rutilsauren Typen liefern sehr gute bis gute mechanische Eigenschaften, tiefen Einbrand, mittel- bis feintropfigen Übergang, gute Spaltüberbrückbarkeit, gute Zwangslagenschweißbarkeit, röntgendichte Nähte, gute mechanische Eigenschaften und vermeiden Warmrissigkeit; sie werden daher überwiegend eingesetzt. Die basischen Typen sind in allen Lagen gut schweißbar, auch für Stähle mit höherem C-Gehalt sowie für starre Konstruktionen und größere Blechdicken verwendbar, da die Neigung zu Warm- und Kaltrissigkeit sehr gering ist; es ergeben sich etwas überwölbte Nähte (wegen der Mittel- bis Grobtropfigkeit); die mechanischen Eigenschaften der Nähte, insbesondere die Zähigkeit, sind gut bis sehr gut.

Wichtig ist in allen Fällen, daß die Elektroden in trockenen, gut belüfteten und ggf. beheizten Räumen gelagert werden. Vor Gebrauch ist eine Nachtrocknung bei ca. 250°C (1/2h) erforderlich; bei hochfesten Stählen bei ca. 300 bis 350°C (2 bis 5h). Werden feuchte Elektroden verschweißt, besteht die Gefahr einer Wasserstoffversprödung und Porenbildung im Schweißgut!

	Fugenform	s [mm]	e/b	b [mm]	c [mm]	Bemerkungen
II	s, b	bis 3	e	≈s		Unterlagen zweckmäßig
		bis 5	b	≈s/2		
V	60°, s, b	3-10	e	0-3		Unterlagen zweckmäßig
		5-20	b			Wurzel ausarbeiten, Kapplage legen
X	60°, s, b	über 10	b	0÷3		Auch unterschiedliche Flankenhöhen, z.B. 2/3-X-Naht
Y	60°, c, s, b	über 10	b	0-3	2-4	Wurzel ausarbeiten, Kapplage legen
U	10°, s, c, b	über	e	≈2	≈2	Nur in Sonderfällen für kleinere Dicken
		12	b	0-3	≈3	Wurzel ausarbeiten, Kapplage legen
K	45÷60°, s, b	über 10	b	0-4		Auch 2/3-K-Naht möglich

In Anlehnung an DIN 8551 T1; e: einseitig, b: beidseitig

Bild 4

Form und Vorbereitung der Schweißnähte sind in DIN 8531 T1 genormt; daselbst werden 17 Nahtformen unterschieden; Bild 4 enthält eine Auswahl; wichtige Kennmaße sind Flankenwinkel, Spaltbreite b und Steghöhe c. Die Fugenform ist von der Dicke s des Werkstückes abhängig. - Bei mehrlagigen Nähten können unterschiedliche Elektrodentypen verwendet werden; es werden unterschieden: Wurzellage, Füllage und Decklage; sowie beim Gegenschweißen: Kapplage, siehe Bild 4; vgl. auch [17,18].

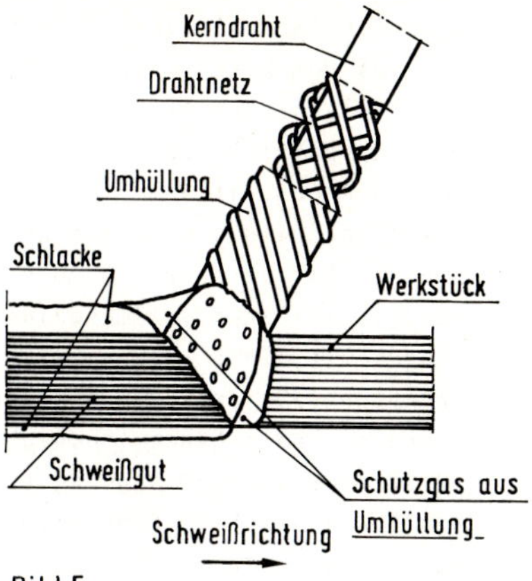

Bild 5

b) Offenes mechanisiertes Lichtbogenschweißen (Bild 5): Das Verfahren arbeitet halbmaschinell: Von einer Rolle wird eine Netzmantelelektrode abgespult. Der Kerndraht ist von einem Maschendraht aus dünnen Drähten umgeben, über welches der Schweißstrom im Schweißkopf der Schweißanlage dem Kerndraht zugeführt wird. Das Drahtnetz ist in eine schutzgasbildende Umhüllung eingebettet. - Das Verfahren hat heute keine Bedeutung mehr und ist durch die Schutzgasschweißverfahren verdrängt worden.

c) Verdecktes Lichtbogenschweißen:

c1) Unter-Pulver-Schweißen (UP) (Bild 6) [19]
Das Verfahren arbeitet maschinell: Der Lichtbogen brennt unter einer Pulverschicht (DIN 8557) und schmilzt dabei einen in der Fuge liegenden Nacktdraht ab, der von einer Spule zugeführt wird. Das Schweißpulver muß absolut trocken sein (s.o.). Das Pulver schmilzt zum Teil auf und bildet eine Schlacke. Das nicht verbrauchte Pulver wird abgesaugt (es sollte vor der Wiederverwendung abermals getrocknet werden) vgl. Bild 6. Das Pulver stabilisiert den Lichtbogen und schirmt das Schmelzbad von der Atmosphäre ab; auch wird die Wärmeabstrahlung verlangsamt. Das UP-Verfahren ist insbesondere für lange Nähte und dicke Bleche geeignet, bis s=15mm ist Einlagenschweißung möglich. In jedem Falle ist eine w-Schweißposition erforderlich. Der Schweißdraht hat einen Durchmesser von 1,6 bis 12mm; vgl. DIN 8557. Die Fugenformen werden nach DIN 8551 T4 gewählt, die Flankenwinkel sind steiler und die Stege höher als beim Stabelektrodenschweißen. Das Verfahren zeichnet sich durch tiefen Einbrand, sichere Wurzelerfassung und hohe Abschmelzleistung aus.

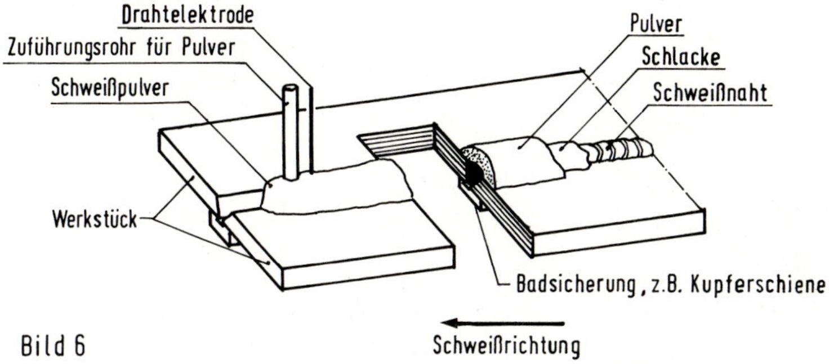

Bild 6

c2) Unterschienen-Schweißen: Ein umhüllter Schweißdraht wird in die vorbereitete Schweißfuge gelegt, mit einem Papierstreifen abgedeckt und durch eine Schiene aus nichtmagnetischem Metall (Kupfer) festgehalten. Der Elektrodendraht wird an einem Ende gezündet. Im Vergleich zum UP-Verfahren ist die technische Bedeutung im Stahlbau gering.

d) Schutzgasschweißen (vgl. auch DIN 1910 T4 [20-23]):
Der Lichtbogen brennt unter Schutzgasabschirmung; hierdurch wird jeglicher Luftzutritt zum Schmelzbad verhindert; die Bildung einer Schlacke entfällt und damit auch die Notwendigkeit, diese abzuklopfen und die Naht zu bürsten. Auch entfällt für den Schweißer das Ansetzen neuer Stabelektroden: Dadurch läßt sich insgesamt eine höhere Schweißleistung erreichen, allerdings sind die Schutzgasverfahren im wesentlichen an die Werkstatt gebunden, weil Wind, wie auf der Baustelle nur schwer zu verhindern, die Schutzgasglocke zerstören kann. Die Schweißnahtformen sind in DIN 8551 T1 geregelt. Um eine Korrosion des Schweißdrahtes zu vermeiden, ist er trocken zu lagern. Die Schweißzusätze für das Schutzgasschweißen sind in DIN 8559 T1 und die Schutzgase in DIN 32526 vereinbart.

d1) Wolfram-Inertgas-Schweißen (WIG) (Bild 7): Der Strom wird über eine Wolfram-Elektrode geleitet (Schmelzpunkt von Wolfram: 3382°C, die Wolfram-Elektrode ist kein Zusatzwerkstoff). Der Zusatzwerkstoff wird seitlich in den Lichtbogen zwischen Elektrode und

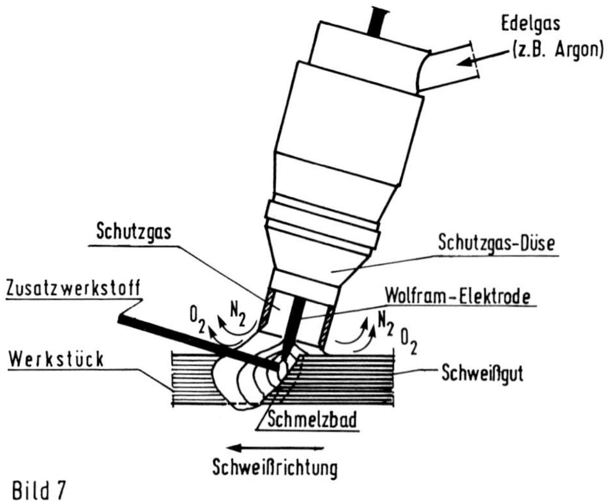

Bild 7

Werkstück geführt. Wolfram-Elektrode und Schmelzbad werden von dem aus dem Düsenkranz austretenden Edelgas (Inertes Gas=einatomig) umspült: Argon, in Sonderfällen Argon mit Helium-Zusatz. Hierdurch wird die Luft abgedrängt. Das Verfahren wird von Hand, halb- oder vollmaschinell eingesetzt. Im Stahlbau hat es Bedeutung für sehr dünne Bleche (Bördel- und I-Nähte, auch ohne Zusatzwerkstoff) aus unlegiertem Stahl, auch im Rohrleitungsbau (niedrig legierte Stähle) sowie im Behälterbau bei Verwendung hochlegierter Stähle.

d2) Metall-Inertgas-Schweißen (MIG), (Bild 8a): Als Schutzgas dient Argon und Helium (30 bis 70%). Der Lichtbogen brennt zwischen Drahtelektrode und Werkstück. Anwendung: Hochlegierte Stähle des Behälter- und Apparatebaues; Aluminiumbau.

d3) Metall-Aktivgas-Schweißen (MAG), (Bild 8a): Als Schutzgase kommen Kohlensäure (CO_2) oder Mischgase (CO_2, Ar, O_2) zum Einsatz, vgl. Bild 8a. Aktivgase sind im Unterschied zu den Inertgasen mehratomig. Das MAG-Schweißen hat im Stahlbau wegen seiner hohen Abschmelzleistung große Bedeutung erlangt, insbesondere für die unlegierten Baustähle; es ist in allen Schweißpositionen anwendbar, auch bei Zwangslagen. Auch zeichnet sich das Verfahren durch tiefen Einbrand und gute Spaltüberbrückung aus. Durch gezielte Zusammensetzung der Schutzgase läßt sich ein feintropfiger Übergang mit relativ glatter Nahtoberfläche erreichen (z.B. neben der in Bild 8a (Mitte) angegebenen Mischung: 82% Argon und 18% CO_2). Verbreitet wird auch 92% Argon und 8% O_2 eingesetzt. Reines CO_2-Schweißen liefert relativ grobschuppige, überwölbte Nähte. Der hiermit verbundene Kerbeinfluß ist größer.

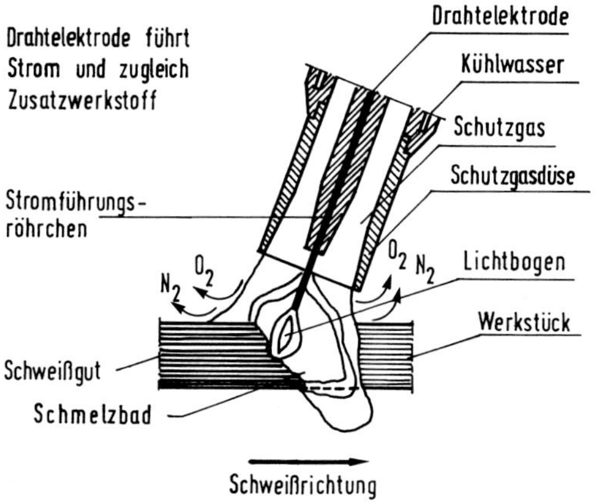

	Argon	90% Argon 5% CO_2, 5% O_2	CO_2
Einbrandtiefe	gering	kleiner	größer
Nahtaussehen	breiter, glatt	glatt	überwölbt, grob
Spritzerbildung	gering	gering	groß

Bild 8a

Der Vorteil des MAG-Schweißens unter CO_2 liegt im günstigen Preis des Gases; es tritt indes eine erhebliche Spritzerbildung am Werkstück auf, demgemäß fällt Arbeitszeit an, um diese Spritzer wegzuputzen. Wird mit Mischgas und hohem Argon-Anteil geschweißt, entfällt die Spritzerbildung, das Mischgas ist indes teurer. Die jeweiligen Nachteile umgeht ein neues Verfahren, MAGCI-Verfahren genannt, C steht für Kohlendioyxd und I für Inertgas. Hierbei werden CO_2 und Argon nicht gemischt sondern der Schweißpistole getrennt zugeführt (vgl. Bild 8b). CO_2 bildet den äußeren Schutzschirm. Der Vorteil

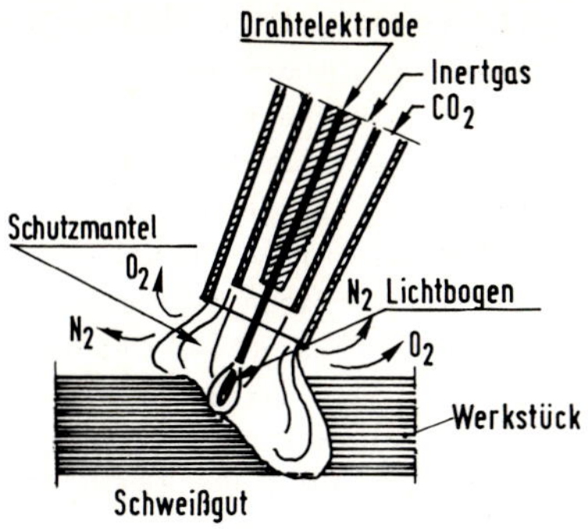

Bild 8b

liegt in der völligen Spritzerfreiheit bei gleicher Feintropfigkeit und der vergleichsweise billigeren Schutzgaszusammensetzung: 85% CO_2+15% Argon. Zudem werden höhere Zähigkeit und Schweißgeschwindigkeit erreicht. Eine weitere Neuerung ist die sogen. Impulstechnik.

Neben dem MAG-Schweißen mit Massivdrähten existiert das MAG-Schweißen mit Fülldrahtelektroden mit rutilsaurer bzw. basischer Schlackencharakteristik (DIN 8556) sowie schlackenlosen Metallpulver-Fülldrähten.- Des weiteren wird auf die MAG-Impulsschweißtechnik hingewiesen.

8.2.2 Preßschweißen

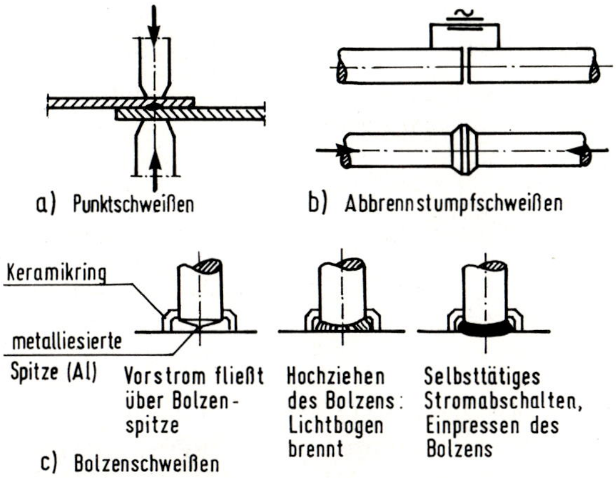

Bild 9

Punktschweißen und Abbrennstumpfschweißen gehören zur Technik des Widerstandsschweißens.

Beim Punktschweißen werden überlappende Bleche in Schweißpunkten verbunden (Bild 9a). Zur Punktschweißelektrodenform vgl. DIN 44750 T1 und T2 sowie DIN 44753. Die Elektroden bedürfen einer intensiven Kühlung. Die Einstellung der Punktschweißmaschine muß regelmäßig kontrolliert werden. - Beim Abbrennstumpfschweißen werden die Bauteile unter Strom gesetzt; bei Annäherung zündet der Lichtbogen, bei Berührung gehen die gegenseitigen Flächen in einen teigigen Zustand über, sie werden dann aufeinander gepreßt und dabei lokal gestaucht (Bild 9b). - Für Stahlverbundkonstruktionen werden Bolzendübel mit einem Setzgerät auf die Trägergurte aufgeschweißt. Zwischen Bolzen und Werkstück wird ein kurzzeitiger Lichtbogen gezündet (Hubzündung); nach Aufschmelzung beider Seiten wird der Bolzen in das Schmelzbad eingetaucht und der Strom abgeschaltet: Bolzenschweißen (Bild 9c). Die Schweißstelle ist während des Schweißens von einem Keramikring umgeben, der die Atmosphäre abschirmt, den Lichtbogen konzentriert und den Schmelzwulst formt; er wird nach dem Schweißen entfernt. Die Lieferbedingungen sind in DIN 32500 geregelt.

8.3 Konstruktive Ausbildung der Schweißnähte

8.3.1 Brennschneiden (Thermisches Schneiden; DIN 2310) [24]

Die Nahtberandungen (Kanten) werden entweder spanabhebend oder mittels Brennschneiden hergestellt, letzteres wird bevorzugt eingesetzt. Brenngase sind Acetylen, Propan, Stadt- oder Erdgas; als Schneidgas dient Sauerstoff mit 2 bis 5 bar Überdruck. Wenn die Werkstoffoberflächen frei von Zunder, Rost und Rückständen sind, lassen sich hohe Schnittgüten erreichen, eine gewisse Riefenbildung ist nicht ganz zu vermeiden. Es lassen sich Dicken über 100mm schneiden, ab 50mm ist auf etwa 100 bis 150°C, ab 100mm auf 150 bis 200°C vorzuwärmen: Durch das Vorwärmen wird einerseits eine stärkere Aufhärtung der Schnittkanten vermieden und andererseits eine höhere Schnittgeschwindigkeit erreicht. Die Schnittgeschwindigkeit beträgt z.B. ca. 60cm/min bei s=10mm und 30cm/min bei s=50mm. Bei Bauteilen, die vorwiegend ruhend beansprucht werden, müssen die Schnittflächen mindestens der Gütegruppe II nach DIN 2310 T1 oder T4 entsprechen, bei Bauteilen für nicht vorwiegend ruhende Beanspruchung wird Gütegruppe I nach T3 oder T4 verlangt [24] (DIN 18800 T7); ggf. wird die Schnittkante abgearbeitet (Abschleifen der Schnittriefen und -kerben). - Durch Schrägstellung der Brennerdüse lassen sich die gewünschten Nahtflanken herstellen (auch in einem Schneidgang). Die autogenen Brennschneidemaschinen werden entweder photoelektrisch oder numerisch gesteuert. Durch Schachtelung der Werkstücke gleicher Werkstoffgüte und -dicke versucht man die Blechausnutzung so optimal wie möglich zu gestalten. Zudem wirken sich die Lage der Anschnittstelle und die Schnittfolge auf die Fertigungskosten aus. Neben dem Autogenschneiden ist das Plasma-Schmelzschneiden bekannt. Es arbeitet mit einem eingeschnürten Lichtbogen; in diesem Lichtbogen werden mehratomige Gase dissoziiert und teilweise ionisiert, einatomige Gase teilweise ionisiert. Der so erzeugte Plasmastrahl weist eine hohe Temperatur und kinetische Energie auf, der Werkstoff verdampft teilweise.

8.3.2 Nahtformen (Nahtarten)

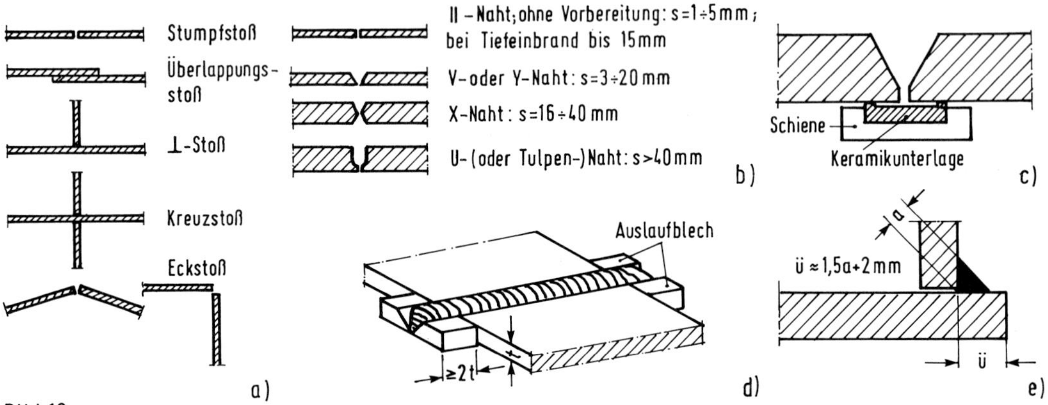

Bild 10

Die Fuge zwischen zwei Bauteilen, die mittels einer Schweißnaht überbrückt (geschlossen) wird, nennt man Stoß; Bild 10a zeigt unterschiedliche Stoßformen. Davon zu unterscheiden sind die Fugenformen der Schweißnähte selbst. Werden Bleche gleicher oder ungleicher Dicke bündig verbunden, spricht man von Stumpfstößen, die Nähte heißen dann Stumpfnähte. Die Fugenform ist von der Blechdicke und vom Schweißverfahren abhängig (Abschnitt 8.2.1). Bild 10b gibt allgemeine Hinweise, maßgebend ist DIN 8551 T1. Die in Teilbild b ausgewiesenen Blechdicken sind Empfehlungen, geringere Blechdicken sind möglich. Dicke Nähte werden mehrlagig aufgebaut. Die Wurzellage wird in der Regel von der Rückseite her ausgearbeitet und gegengeschweißt: Kapplage. Bei Stumpfnähten sind i.a. Badsicherungen erforderlich, um ein Durchbrechen der Naht durch den Fugenspalt zu verhindern, auch wird das Schmelzbad der Wurzellage gegen die Luft abgeschirmt. Die Sicherung besteht z.B. aus Keramikplättchen, die in einer Schiene liegen (Bild 10c). Eine Modifikation hierzu besteht im Auflegen von Schweißpulver unter dem Spalt, auf das Legen einer Kapplage kann dann verzichtet werden. - Beim Stumpfstoß von Blechen und insbesondere Breitflachstählen (z.B. für die Gurte von geschweißten Trägern) sind beidseitig Auslaufbleche anzuklemmen, um die Naht über die Blechberandung hinwegführen zu können, anschließend werden sie abgearbeitet und glatt berandet (Bild 10d); anderenfalls gelingt keine kraterfreie Ausführung; bei nicht vorwiegend ruhend beanspruchten Bauteilen ist die Maßnahme unbedingt einzuhalten, ein Anpunkten der Auslaufbleche sollte dann unterbleiben. I- und Kreuzstöße werden als Kehl- oder K-Nähte oder als Mischformen ausgeführt. Bild 11 zeigt derartige Nahtformen, angestrebt wird eine Flachnaht. Kehlnähte sind billiger als K-Nähte herzustellen (trotz des i.a. größeren Nahtvolumens), weil die Fugenvorbereitung entfällt. Der Spannungszustand ist bei

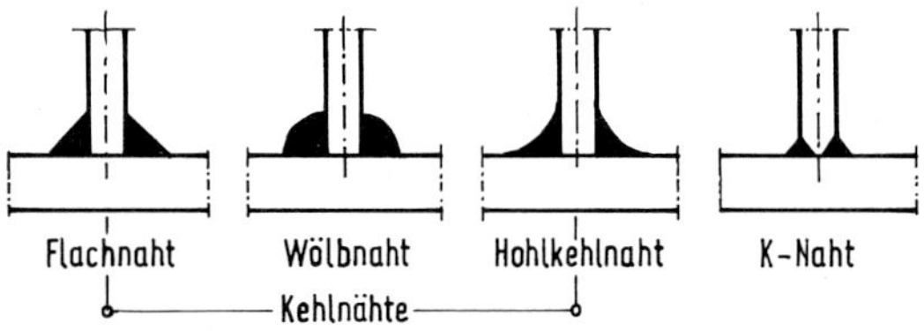

Bild 11

Kehlnähten ungleichförmiger als bei K-Nähten: Es tritt an der Wurzel eine Kerbspannungsspitze auf. Bei Kehlnähten ist keine Badsicherung erforderlich, wohl i.a. bei K-Nähten. Wichtig bei Kehlnähten ist ein genügender Einbrand bis zum Wurzelpunkt. Zudem ist es zweckmäßig (insbesondere bei nicht vorwiegend ruhender Beanspruchung) einen ca. 1mm dicken Spalt vorzusehen, dadurch stellen sich geringere Kerb- und Schrumpfeigenspannungen ein.

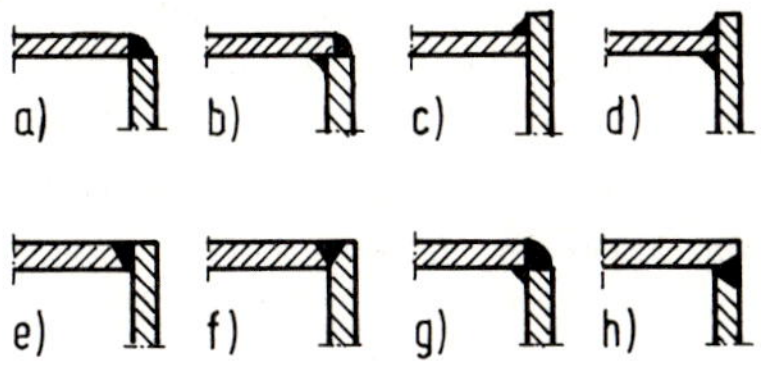

Bild 12

Liegt die Kehlnaht am Rand eines Werkstückes, ist ein Überstand ü vorzusehen (Bild 10e).
Bild 12 zeigt Eckstöße von Blechen.
Auf die Ausführungsrichtlinien in DIN 18800 T7 wird hingewiesen, auch bezüglich Maßhaltigkeit der Nähte.

8.3.3 Schweißeigenspannungen (Schrumpfspannungen)

Man unterscheidet Eigenspannungen I., II. u. III. Art. Hier interessieren aussschließlich die makroskopischen Eigenspannungen I. Art, die beim Schweißen in den Bauteilen aufgebaut werden. Eigenspannungen II. und III. Art sind solche, die zwischen oder in den Kristallen selbst auftreten.

Schweißen stellt wegen der örtlich konzentrierten Wärmezufuhr eine äußerst inhomogene Wärmebehandlung dar. Die punktuell über die Rekristallisationstemperatur erwärmte, rotwarme Schweißzone wird durch die starre Umgebung an der Ausdehnung behindert und dadurch plastisch gestaucht. Bei der Erkaltung sind die Fasern um diese Stauchung quasi zu kurz, sie erfahren eine Streckung und damit mehr oder weniger hohe örtliche Zugeigenspannungen, denen aus Gleichgewichtsgründen Druckeigenspannungen außerhalb der Schweißnaht gegenüberstehen. Da die Streckgrenze des Schweißwerkstoffes i.a. über der des Grundwerkstoffes liegt, können im Nahtbereich Zugeigenspannungen verbleiben, die über der Streckgrenze des Grundmaterials liegen. Der Querschnittseinfluß ist gering, maßgebender ist die Steifigkeit des Bauteils. In Kastenprofilen treten z.B. höhere Schweißeigenspannungen auf als in I- und T-Profilen. Außerdem werden Höhe und Verteilung der Schweißeigenspannungen vom Schweißverfahren, von der Nahtfolge und Nahtdicke beeinflußt.

Entlang brenngeschnittener Kanten verbleiben ebenfalls Eigenspannungen.

Ausführliche Angaben über Entstehung, Messung, Berechnung und Auswirkung von Schweißeigenspannungen findet man in [26-28]; die Bestimmung und Bewertung der Schweißeigenspannungen war im Stahlbau seit Einführung der Schweißtechnik Gegenstand diverser Untersuchungen [30-36]. Die Technik des Spannungsfreiglühens wurde früh entwickelt [37]. Die Auswirkungen von Eigenspannungen lassen sich wie folgt zusammenfassen:

- Es entstehen Schrumpfungen und Verwerfungen. Durch Einhaltung bestimmter Schweißfolgen (die ggf. in Schweißfolgeplänen festgehalten werden) können die Schweißverzüge klein und dadurch vorgegebene Fertigungstoleranzen eingehalten werden. Wärmeeinbringung und Schweißvolumen sind möglichst gering zu halten: Der Fugenöffnungswinkel sollte auf das technologisch geringste Maß und die Dicke der Kehlnähte auf das rechnerisch erforderliche Maß beschränkt werden; kreuzende Nähte sind möglichst zu vermeiden. Zur Abschätzung der Größe der Verwerfungen vgl. [38].
- Den Eigenspannungen überlagern sich die Spannungen aus den äußeren Einwirkungen. Wegen des Fließvermögens der Baustähle sind sie bei vorwiegend ruhender Beanspruchung unbedenklich. Für die Aufrechterhaltung des Gleichgewichtszustandes zwischen den inneren und äußeren Kräften sind sie ohne Belang.
- Eine Ausnahme bilden druckbeanspruchte Bauteile, z.B. geschweißte Stützen. Da die Plastizierung früher einsetzt, sind die Bauteile "weicher" als im eigenspannungsfreien Zustand. Durch die verringerte Steifigkeit sinkt die Knick-, Kipp- und Beultragfähigkeit.
- Bei Spannungszyklen liegen die Spitzenspannungen höher als es den Nennspannungen entspricht, die Ermüdungsfestigkeit ist daher umso geringer je höher die Eigenspannungen im Bauteil sind.
- Eigenspannungen steigern die Sprödbruchgefahr (vgl. den folgenden Abschnitt).

8.4 Sicherheit geschweißter Bauteile

8.4.1 Sicherheitsaspekte

Bei der Schweißung treten im Grundmaterial Gefügeumwandlungen und Änderungen der mechanischen Eigenschaften im Nahbereich der Schweißnaht ein; im Bauteil entstehen Eigenspannungen. Die Sicherheit geschweißter Bauteile ist von folgenden Aspekten her zu beurteilen:

a) Werkstoff- und beanspruchungsabhängige Aspekte,
b) Konstruktionsabhängige Aspekte und
c) Fertigungsabhängige Aspekte.

Besondere Bedeutung kommt der Schweißeignung des Stahles zu. Damit im Zusammenhang steht auch der Ausgangszustand des Grundmaterials (kaltverformt, wärmebehandelt).

8.4.2 Wärmeeinflußzone (WEZ)

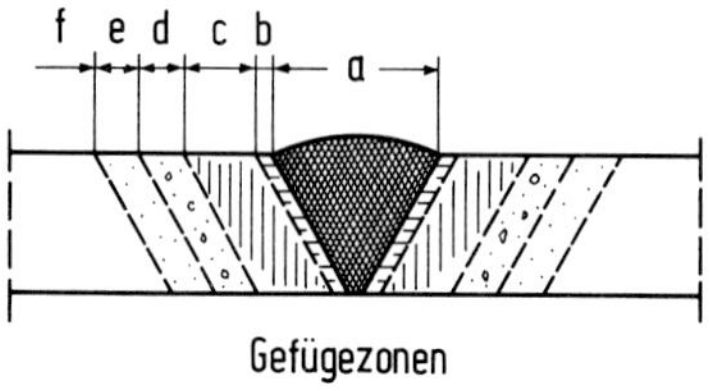

Bild 13

Beim Schweißen bilden sich mehrere Gefügezonen im Nahfeld der Naht; die Übergänge sind fließend (Bild 13).
Zone a: Gußgefüge (Mikrogefüge) des eingebrachten Schweißgutes; bei Mehrlagenschweißung ist das Schweißgut von Umkörnungsgefüge durchsetzt.
Zone b: Einbrandzone (aufgeschmolzenes Grundmaterial = Schmelzlinie).
Zone a und b befinden sich beim Schweißen in geschmolzenem Zustand, das Gefüge ist relativ homogen.
Zone c: Dieser Bereich wird beim Schweißen bis nahe an den Schmelzpunkt erhitzt; man spricht von der Wärmeeinflußzone (WEZ). In dieser Zone kann es zu Gefügeumwandlungen und Grobkornbildungen kommen. Festigkeit, Zähigkeit und Rißverhalten des Werkstoffes in dieser Zone haben für die Sicherheit der Schweißnaht die größte Bedeutung und werden maßgeblich von der Abkühlgeschwindigkeit bestimmt; die Breite der WEZ ist verfahrensabhängig.
Zone d: In diesem Bereich treten feinkörnige Umkristallisationen auf.
Zone e: Umkristallisationen finden nicht mehr statt, allenfalls geringe Umwandlungen, z.B. Zusammenballungen des Perlits.
Zone f: Unverändertes Grundgefüge

Das Ausmaß der Gefügeumwandlungen und die hiermit verbundenen Änderungen der mechanischen Eigenschaften in der WEZ sind von den Schweißbedingungen abhängig; hiermit werden u.a. umschrieben: Schweißverfahren, Streckenenergie, Aufheiztemperatur und Verweildauer, Abkühlgeschwindigkeit, Blechdicke, Nahtart. Die Schweißbedingungen sind so aufeinander abzustimmen, daß die Schweißverbindung der zu erwartenden Beanspruchung standhält, d.h. daß ihre Beanspruchbarkeit der des Grundwerkstoffes entspricht, ggf. in einem bestimmten Verhältnis zu ihr steht.

Die Schweißeignung (auch Schweißbarkeit, vgl. DIN 8528) der Stähle ist unterschiedlich; sie bestimmt die erforderlichen Maßnahmen zwecks Einstellung optimaler Schweißbedingungen; der Wärmebehandlung kommt in dem Zusammenhang allergrößte Bedeutung zu: Durch Vorwärmen oder/und Nachwärmen lassen sich die Gefügeumwandlungen, insbesondere die Bildung von Hartgefüge in der WEZ, graduell mindern; durch Normalglühen (Normalisieren) bei Temperaturen oberhalb der Ac_3-Linie läßt sich die Grobkornbildung teilweise oder ganz rückgängig machen. Hartgefüge- und Grobkornbildung verursachen einen Zähigkeitsverlust; sie sind die wichtigsten Einflußgrößen bei der Beurteilung der Schweißsicherheit.

8.4.3 Das Sprödbruchproblem

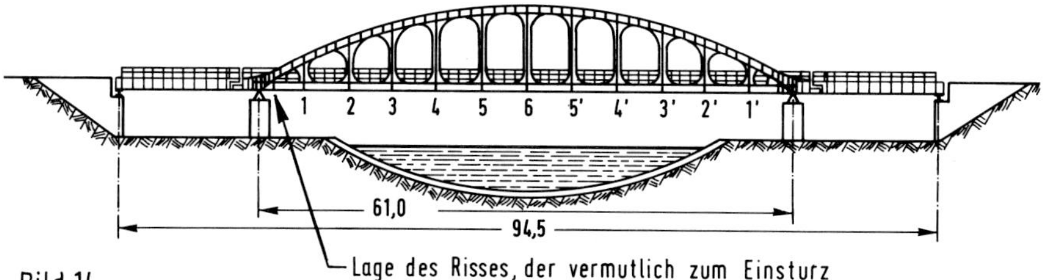

Bild 14

Neben dem Verformungsbruch, verursacht durch statische Überbeanspruchung, und dem Dauerbruch, verursacht durch dynamische Ermüdung, ist der Sprödbruch der im Stahlbau gefürchteste Bruchtyp. Spektakuläre Sprödbrüche in der Einführungsphase der Schweißtechnik in den dreißiger und vierziger Jahren waren: Berliner Zoobrücke, Rüdersdorfer Straßenbrücke, mehrere belgische Kanalbrücken (Bild 14), diverse amerikanische Liberty-Schiffe. Bild 15 zeigt einen Sprödbruch-Schadensfall jüngeren Datums an einem Kugelgasbehälter; vgl. auch [40].

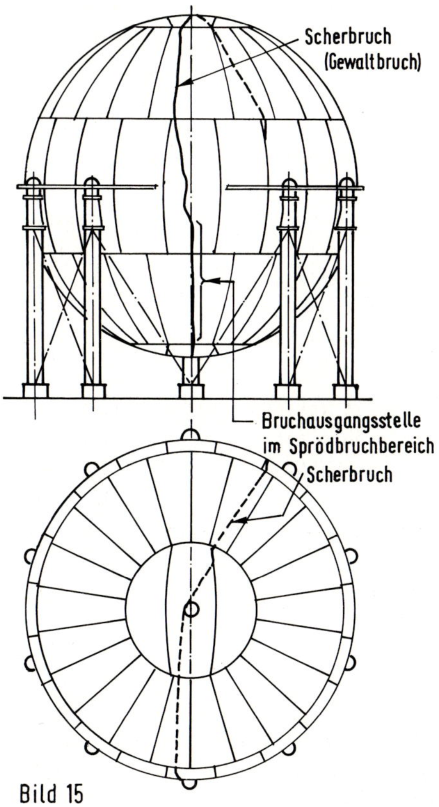

Bild 15

Der Verformungsbruch hat ein grobsehniges Aussehen mit Scherlippen und weist i.a. eine starke Einschnürung des Bruchquerschnittes auf (man spricht daher auch vom Scher- oder Gewaltbruch).

Der Dauerbruch weist eine feinkörnige, verformungsarme Anrißbruchfläche und eine plastische Restbruchfläche, zerklüftet mit Einschnürungen, auf.

Der Sprödbruch (auch Trennbruch) ist meist vollständig verformungsfrei und von feinkörnigem, glatten Aussehen. Der Sprödbruch tritt plötzlich und ohne Ankündigung ein.

Ein Sprödbruch ist dann zu befürchten, wenn die plastische Verformungsfähigkeit des Stahles, die bei Baustählen unter normalen Bedingungen wegen deren ausgeprägter Zähigkeit vorhanden ist, infolge werkstoff- oder/und beanspruchungsabhängiger Faktoren eingeschränkt oder gar ausgeschaltet ist; in solchen Fällen verhält sich Stahl spröde.

Werkstoffabhängige Faktoren sind:

- Sprödigkeit des Grundwerkstoffes a priori (hochfeste Sonderstähle, Gußeisen; fehlerhafte Wärmebehandlung),
- Versprödung infolge Schweißung: Aufhärtung, Alterung, Grobkornbildung.

Beanspruchungsabhängige Faktoren sind:

- Mehrachsige (Zug-) Spannungszustände (aus äußerer Belastung), insbesondere bei größeren Wanddicken, Kerbspannungen, Eigenspannungen (Schweißnahtanhäufungen),
- Tiefe Temperaturen,
- Schlag- oder stoßartige Beanspruchungen.

8.4.4 Werkstoffabhängige Einflüsse auf die Sicherheit geschweißter Bauteile (Einflüsse auf die Verformungsfähigkeit)

8.4.4.1 Rißarten beim Abkühlen der Schweißnaht

Die Schweißbarkeit eines Stahles ist i.a. davon abhängig, wie sich Schweißgut und wärmebeeinflußte Zone (WEZ) unter den während der Erstarrungsphase vorhandenen behinderten Verformungsbedingungen verhalten, ob Rißneigung besteht oder nicht. Es werden Warm- und Schrumpfrisse unterschieden:

- Warmrisse können im Schweißgut während des Erstarrens dann entstehen, wenn gewisse Korngrenzensubstanzen mit niedrigerer Schmelztemperatur angereichert auftreten. Diese können aus dem aufgeschmolzenen Grundmaterial stammen. Hierzu gehört insbesondere Schwefel. Liegt eine solche niedrigschmelzende Substanz zwischen den bereits erstarrten Körnern, besitzt dieser Bereich bei der Abkühlschrumpfung eine zu geringe Festigkeit; es entstehen Warmrisse (Erstarrungsrisse), bevorzugt bei großvolumigen Einlagennähten in Nahtmitte, wo die zuletzt erstarrende Restschmelze die größte Verunreinigung aufweist. In schweißgeeigneten Stählen darf der Schwefelgehalt bestimmte Grenzwerte nicht überschreiten (0,05%). - Warmrisse können auch beim Wiederaufschmelzen im Zuge von Mehrlagenschweissungen auftreten. Warmrisse entstehen immer dicht unterhalb der Schmelztemperatur, man spricht daher auch von Heißrissen. Durch Manganzugabe wird Schwefel zu Mangansulfid gebunden, das einen Schmelzpunkt bei einer Temperatur von 1610°C hat; dadurch kann die Neigung zur Warmrißbildung weitgehend ausgeschaltet werden.

- Schrumpfrisse treten bei niedrigeren Abkühltemperaturen auf (unterhalb ca. 400°C), wenn die plastische Verformungsfähigkeit nicht ausreicht, um den lokalen Schrumpfungen beim Abkühlen zu folgen; das kann der Fall sein, wenn das Grundmaterial in der WEZ infolge Seigerungen, Grobkornbildung (infolge Kaltverformung), Alterung (nach vorangegangener Wärmebehandlung) oder extremer Aufhärtung nicht ausreichend zäh ist. Ggf. entstehen nur Mikroanrisse. Aus solchen können sich bei der künftigen Nutzung (bei sich ungünstig überlagernden Betriebsbeanspruchungen) Sprödbrüche entwickeln; Voraussetzung sind sie indes nicht. Auch können solche Anrisse die Bildung von Ermüdungsrissen bei Dauerbeanspruchung begünstigen.

Wird mit feuchten Elektroden oder feuchtem Schweißpulver geschweißt, besteht die Gefahr von Kaltrissen infolge Wasserstoffversprödung; Molekularer Wasserstoff bewirkt am Entstehungsort einen hohen dreiachsigen Zugspannungszustand im Kristallgitter, welcher einen spröden Trennbruch auslösen kann, entweder bereits beim Erstarren oder verzögert, insbesondere bei höherfesten Werkstoffen und/oder mehrachsigen Betriebsspannungen.

8.4.4.2 Zähigkeit schweißgeeigneter Stähle

Wie erläutert, wird vom Grundmaterial ausreichende Zähigkeit verlangt, anderenfalls kann das Material den lokalen Verzerrungen während der Schweißung plastisch nicht folgen. Bruchdehnung, Einschnürung und Kerbschlagzähigkeit sind die wichtigsten Zähigkeitsmaße; Hinweise geben auch Härtemessungen. Der Aufschweißbiegeversuch dient der Feststellung des Rißauffangvermögens (Rißzähigkeit); darüber hinaus stehen bruchmechanische Prüfverfahren zur Verfügung.

Als Anhalte gelten folgende Kriterien für das Grundmaterial:

Bruchdehnung A (δ) am Proportionalstab:

$A > 20\ \%$: Schweißeignung gut

$20\ \% > A > 10\ \%$: Schweißeignung noch befriedigend

$10\ \% > A$: Schweißeignung unbefriedigend

Kerbschlagarbeit A_V an der ISO-V-Probe (bei der niedrigsten Betriebstemperatur):

$A_V > 65$ J : Schweißeignung gut

$65\ J > A_V > 30$ J : Schweißeignung noch befriedigend

$30\ J > A_V$: Schweißeignung unbefriedigend; vgl. zur Entwicklung der Prüfverfahren zwecks Nachweis der Sprödbruchneigung [41-43].

Aufschweißbiegeversuch: Verformungsfähigkeit und Schweißeignung ist gegeben, wenn sich bei einem Biegewinkel von 90° Anrisse nicht weiter als 20mm in den Grundwerkstoff fortpflanzen. Nach DIN 4100 war der Aufschweißbiegeversuch erforderlich, wenn folgende Blechdicken verarbeitet werden sollten: St37: s>30mm, St52: s>25mm; nach DIN 18800 T1 (03.83) für St37-2, St37-3 und St52-3: s>30mm. In Ausgabe 11.90 wird der Versuch nicht mehr verlangt

8.4.4.3 Desoxidations- und Vergießungsart (Seigerungen)

Seigerungen sind hohe Anreicherungen von P-, S- und C-Gehalten (Blockseigerung). Die Verformungsfähigkeit sinkt insbesondere mit zunehmenden P- und C-Konzentrationen. Wird eine Seigerungszone angeschmolzen, können sich lokale plastische Verformungen hier nicht ausbilden. Es entstehen Risse, in ungünstigen Fällen kommt es zu einem spröden Aufreißen des ganzen Profils entlang der Seigerungszone, ggf. erst bei der Nutzung.

Wie in Abschnitt 2.6.4.3/4 erläutert, können die Ausgangskonzentrationen von P, S und C in Seigerungszonen um das zwei- bis dreifache angereichert sein. Durch Zugabe von Feinkornbildnern kann die Entmischung verringert bis unterdrückt werden. Nach der Desoxidationsart werden unterschieden:

U : Unberuhigter Stahl : Ausgeprägte Seigerungen,

R : Beruhigter Stahl (Si) : Schwach ausgeprägte Seigerungen,

RR: Doppelt- (oder stark) beruhigter Stahl (Si, Al) : Keine Seigerungen.

Stumpfnähte erfordern mindestens beruhigten Stahl; bei Kehlnähten, die nur die seigerungsfreie Randzone aufschmelzen ("Speckschicht"), ist auch Verwendung von unberuhigtem Stahl möglich, gleichwohl letzterer praktisch kaum noch hergestellt und eingesetzt wird.
Durch die Beruhigung werden insgesamt drei Effekte erzielt:

- Schrumpfrisse im Seigerungsbereich werden beim Schweißen vermieden,
- die Neigung zur Grobkornalterung und -bildung wird verringert (siehe später),
- die Bildung von Lunkern beim Blockguß wird vermieden. Werden Lunker bei unzureichendem Abtrennen der Blockköpfe in das Blech oder Profil eingewalzt, entstehen in der Mittelebene Dopplungen, d.h. nicht miteinander (metallisch-innig) verbundene (in Blechen und Breitflachstählen ggf. großflächig auftretende) Bereiche. Im Dopplungsbereich hat ein solches Produkt in Dickenrichtung keine Festigkeit.

8.4.4.4 Terrassenbruch

Das Formänderungsvermögen von Walzerzeugnissen ist in Dickenrichtung i.a. geringer als in Längs- und Querrichtung (auch dann, wenn keine Dopplungen vorliegen). Diese Richtungsabhängigkeit (Anisotropie) der mechanischen Eigenschaften beruht einerseits auf der zeiligen, geschichteten Struktur des Materials infolge Auswalzung und andererseits auf der hierbei entstehenden schichtweisen Ausprägung nichtmetallischer Einschlüsse in Form von Sulfiden, Oxiden und Silikaten. Entsteht im Bauteil eine Beanspruchung in Dickenrichtung (Bild 16)

- infolge Schrumpfung bei ⊥-, Kreuz- oder Schrägstößen und/oder
- infolge der äußeren Einwirkung

kann es zu Brüchen in der Ebene der plättchen- oder zeilenförmigen Einschlüsse kommen, die ein terrassen- bzw. lamellenförmiges Aussehen haben. Man spricht daher von Terrassen- oder Lamellenbrüchen (lamellar tearing). Die DASt-Richtlinie 014 zeigt werkstofforientierte, konstruktive und fertigungstechnische Maßnah-

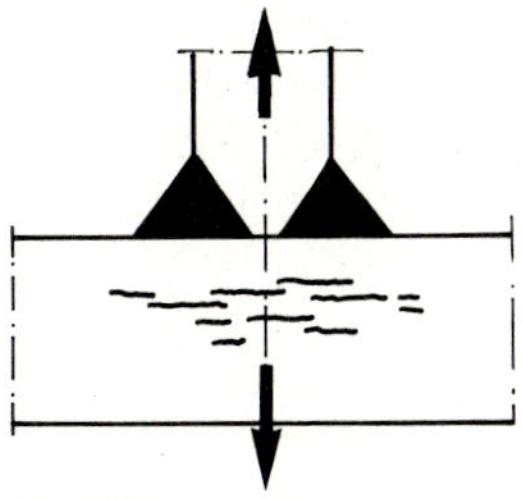

Bild 16

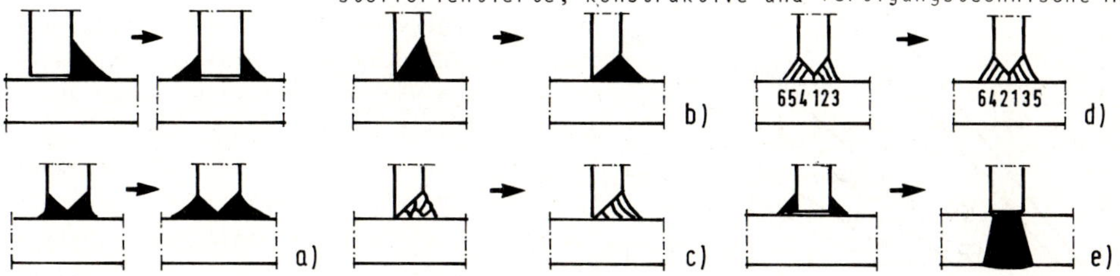

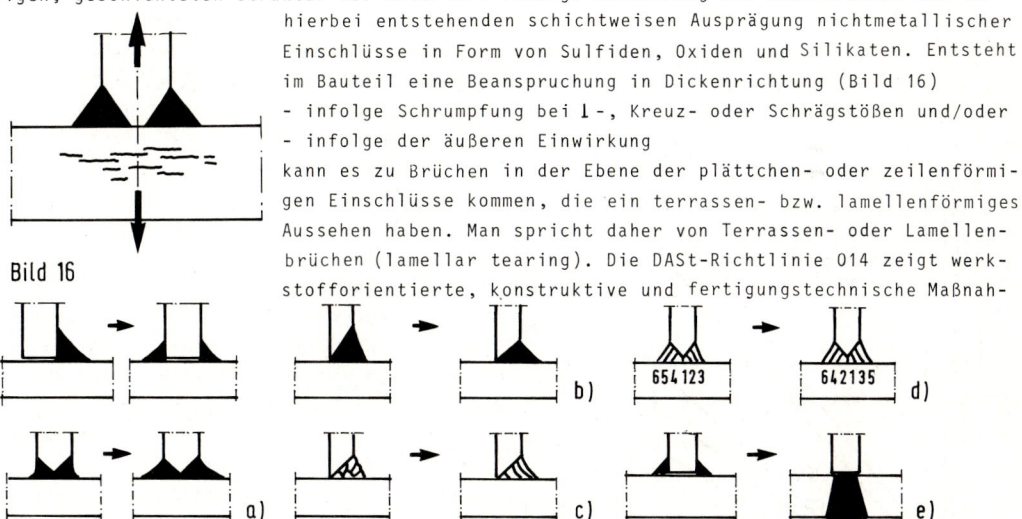

Bild 17

men auf, um derartige Brüche zu vermeiden, vgl. auch [44,45]. Die konstruktiven Maßnahmen sind folgende (siehe Bild 17): Schweißnähte an der Walzoberfläche möglichst großflächig halten (a), Nahtvolumen möglichst klein halten (b), Schweißen mit geringerer Raupenzahl (c), symmetrische Nahtformen mit symmetrischer Nahtfolge (d), Anschluß aller Teile mittels einer Naht (e). Durch Vorwärmen wird die Schrumpfung auf einen größeren Bereich ausgedehnt und dadurch das Auftreten größerer Spannungsgradienten in Dickenrichtung gemildert.

8.4.4.5 Abschreckhärtung (Aufhärtung)

Bei rascher Abkühlung entsteht in der WEZ Hartgefüge (Martensit); dieses besitzt neben hoher Härte eine höhere Festigkeit, indes eine stark verminderte Verformungsfähigkeit. Die Ausbildung dieses aufgehärteten Gefüges ist vom Anteil der Legierungs- und Begleitelemente und insbesondere von der Abkühlgeschwindigkeit in der WEZ abhängig (Abschreckwirkung). Die Abkühlgeschwindigkeit ist u.a. von der Schweißvorschubgeschwindigkeit, von der Art der Wärmeabfuhr (zwei- oder dreidimensional), damit von der Blechdicke, Nahtform und Umgebungstemperatur abhängig. Eine zu schnelle Abkühlung kann durch Vorwärmen, Warmhalten während der Schweißung, Nachwärmen (oder deren Kombination) gemildert bis unterbunden werden. Eine gewisse Aufhärtung ist indes praktisch nie ganz zu vermeiden.

Kriterien zur Beurteilung der Aufhärtung liefert die Härtemessung. Als Höchstwerte in der WEZ gelten folgende Anhalte (für unlegierte Stähle):

Härte < 300 HV 10	gute Verformungsfähigkeit, keine Rißgefahr
300 HV 10 < Härte < 350 HV 10	meist noch ausreichende Verformungsfähigkeit
350 HV 10 < Härte	Verformungsfähigkeit nicht ausreichend

(Härtewerte in N/mm²: Multiplikation mit 10.)

a) Kohlenstoff

Der Gehalt an Kohlenstoff bestimmt die sogen. kritische Abkühlgeschwindigkeit. Bei Überschreiten der unteren kritischen Abkühlgeschwindigkeit entsteht erstmals Martensit, bei Überschreiten der oberen entsteht nahezu ausschließlich Martensit. Bild 18 zeigt die Abhängigkeit: Mit steigendem C-Gehalt steigt bei festgehaltener Abkühlzeit der prozentuale Martensitgehalt und damit die Härte. Als Abkühlzeit ist die Dauer der Abkühlung von ca. 800 auf 500°C definiert, vgl. später. In DIN 17100 ist der Grenzwert für C mit 0,22 Gew.% angegeben. Beträgt C=0,20% und hat sich 50% Martensit gebildet, beträgt die Härte 330HV10 (3300N/mm²), bei 100% Martensit ca. 450HV10 (4500N/mm²).

b) Begleit- und Legierungselemente (Kohlenstoffäquivalent)

Die Festigkeit der Stähle wird durch Steigerung des Kohlenstoffgehaltes und des Gehaltes an Begleitstoffen (z.B. Mangan) oder Legierungselementen angehoben. Das hat jedoch zur Folge, daß die Neigung zur Aufhärtung beim Schweißen erhöht wird, d.h. die kritische Abkühlgeschwindigkeit wird durch Mn und Ni, Cr, Mo, Va, Cu gesenkt. Mangan trägt am stärksten zur Härtbarkeit bei, vgl. hierzu Bild 18.

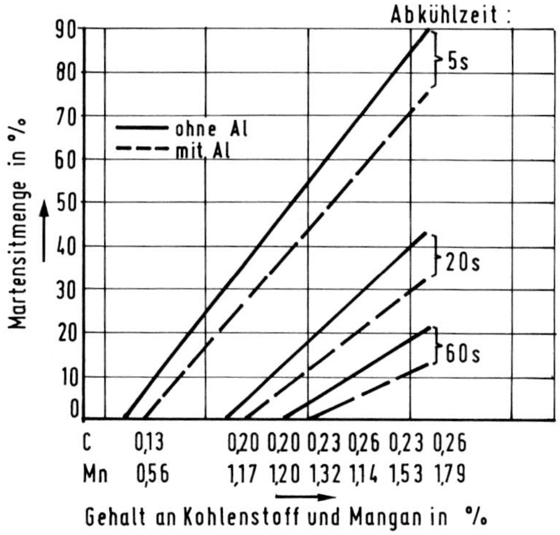

Bild 18

Beispiel: Abkühlzeit 5s:
C=0,13%, Mn=0,56% : ca. 5% Martensit
C=0,26%, Mn=1,79% : ca. 85% Martensit

Das Bild zeigt, daß bei Aluminiumberuhigung (Feinkornbildung ≘ Feinkornbaustahl) eine etwas geringere Martensitmenge gebildet wird. Diese Verringerung der Härtbarkeit mit abnehmender Korngröße wirkt sich in der WEZ wegen der damit verbundenen größeren Verformungsfähigkeit positiv aus und ist letztlich der Grund für die relativ gute Schweißeignung der Feinkornbaustähle (trotz deren teilweise relativ hohen Legierungsanteilen). Mittels des sogen. Kohlenstoffäquivalents versucht man, die Aufhärtungsneigung niedriglegierter Stähle (Legierungsbestandteil < 5%) in der WEZ und damit deren Schweißeignung zu erfassen. Für dieses Äquivalent existieren unterschiedliche Ansätze, z.B.:

$$C_{äq} = C + \frac{Mn}{6} + \frac{Ni}{15} + \frac{Cr}{5} + \frac{Mo}{4} + \frac{Cu}{13} \left(+\frac{P}{2}\right) \text{ in } \% \qquad (1)$$

$$C_{äq} = C + \frac{Mn}{6} + \frac{Ni}{20} + \frac{Cr}{10} + \frac{Mo}{50} + \frac{Cu}{40} + \frac{V}{10} \text{ in } \% \qquad (2)$$

$$C_{äq} = C + \frac{Mn}{6} + \frac{Ni}{15} + \frac{Cr}{5} + \frac{Mo}{5} + \frac{Cu}{15} + \frac{V}{5} \text{ in } \% \qquad (3)$$

Die letztgenannte Formel die gebräuchlichste (vgl. EN 10025, 01.91). Für unlegierte Stähle gilt die Kurzformel:

$$C_{äq} = C + \frac{Mn}{6} \text{ in } \% \qquad (4)$$

Beispiel: St52-3: C=0,22%, Mn=1,5%: Cäq=0,47; St37-2: Cäq ≈ 0,27, Stahl HIV: Cäq ≈ 0,45.
(Die Gehalte sind in den Formeln in Gewichtsprozent einzuführen.)

Ehemals wurden bei Verwendung der ersten Formel keine besonderen Maßnahmen für erforderlich gehalten und galt das Verschweißen beliebiger Elektroden als zulässig, wenn folgende Blechdicken d nicht überschritten wurden:

Cäq	Elektrodendurchmesser mm	Blechdicke in mm: Stumpfnähte 6	12	25	50	Kehlnähte 6	12	25	50
0,40	3,25	0	0	0	150	0	0	100	200
	4	0	0	0	0	0	0	0	150
	5	0	0	0	0	0	0	0	100
	6	0	0	0	0	0	0	0	100
0,45	3,25	0	0	150	250	0	100	250	300
	4	0	0	100	200	0	0	200	250
	5	0	0	0	150	0	0	100	200
	6	0	0	0	100	0	0	0	150
0,50	3,25	0	0	250	350	0	150	350	(450)
	4	0	0	150	300	0	100	250	400
	5	0	0	100	200	0	0	200	350
	6	0	0	0	150	0	0	150	300
0,55	3,25	0	150	400	(550)	100	300	(550)	—
	4	0	0	300	(450)	0	200	(450)	—
	5	0	0	150	350	0	100	350	(600)
	6	0	0	150	300	0	0	300	(600)
0,60	3,25	150	400	—	—	350	—	—	—
	4	100	250	—	—	250	(600)	—	—
	5	0	100	(500)	(600)	150	300	(600)	—
	6	0	0	350	(500)	0	150	(500)	—

—: Die notwendige Vorwärmtemperatur liegt so hoch, daß sie praktisch nicht anwendbar ist.

Bild 19

- Hochbau : Cäq=0,40%, d=40mm
- Brückenbau St37: Cäq=0,40%, d=25mm
  St52: Cäq=0,43%, d=25mm
- Rohrleitungsbau: Cäq=0,43%

Bei Überschreiten dieser Werte wurden folgende Vorwärmtemperaturen empfohlen (mit der Tendenz zu höheren Temperaturen bei zunehmender Wanddicke zwecks Vermehrung des Wärmestaues):

Cäq bis 0,45% : 100°C
Cäq 0,45 bis 0,60% : 150÷250°C
Cäq über 0,60% : 300÷400°C

Real sind die Zusammenhänge verwickelt; die Vorwärmtemperatur ist u.a. in Abhängigkeit vom Elektrodendurchmesser, der Blechdicke und Nahtart einzustellen, weil diese Größen die Abkühlgeschwindigkeit mitbestimmen. Das führt auf Richtwerte gemäß Bild 19 [46]. Gegen die Verwendung des Kohlenstoffäquivalents gibt es Einwände. Hierbei wird darauf hingewiesen, daß die Schweißeignung eines Stahles vorrangig von seiner Rißempfindlichkeit abhängig ist und weniger von seiner Neigung zur Härtebildung. Rißempfindlichkeit beruht auf mangelnder Zähigkeit, diese geht nicht immer mit hoher Härte einher; bei zwei Gefügearten gleicher Zähigkeit ist jene rißempfindlicher, die die geringere Festigkeit (und Härte) aufweist [47].

Ein erweitertes Kohlenstoffäquivalent ist der sogen. Pc-Parameter [48]:

$$Pc = C + \frac{Mn}{20} + \frac{Si}{30} + \frac{Cu}{20} + \frac{Ni}{60} + \frac{Cr}{20} + \frac{Mo}{15} + \frac{V}{10} + 5B + \frac{d \text{ in mm}}{600} + \frac{H \text{ in cc/100g}}{60} \quad (5)$$

Hierin sind die Elemente in Gewichtsprozent einzuführen. d ist die Blechdicke in mm und H der Wasserstoffgehalt im Schweißgut (1 bis 5cc/100g). Die Vorwärmtemperatur ist in Abhängigkeit von Pc zu

$$T_0 = 1440\,Pc - 392 \quad (\text{in °C}) \quad (6)$$

einzustellen. Im praktischen Anwendungsfall ist H nicht bekannt. Geht man bei sorgfältiger Vorkehrung von 1 bis 2 cc/100g aus, ermöglicht das erweiterte Äquivalent die Blechdicke zu berücksichtigen. Vgl. in dem Zusammenhang auch SEW 088 Bl.2 (Wasserstoff im Schweißgut).

Ein einfaches Klassifizierungsverfahren, das alle Einflüsse erfaßt, um die Schweißeignung und die geplanten Vorwärmmaßnahmen bewerten zu können, (und das allgemein anerkannt wäre) existiert bis dato nicht (und kann es wohl auch nicht geben). Für unlegierte und niedriglegierte Stähle können obige Richtwerte gleichwohl empfohlen werden, weil sie eher auf der sicheren Seite liegen; gezieltere Anhalte lassen sich aus dem ZTU-Schaubild folgern.

c) ZTU-Schaubild (Bild 20)

Eine vertiefte Bewertung der Schweißeignung eines Stahles gelingt mit dem auf ROSE [48] zurückgehenden Zeit-Temperatur-Umwandlungsschaubild (ZTU), weil hiermit die sich einstellenden Änderungen des Gefüges und die hierbei entstehende Härte, in Abhängigkeit von der Abkühlzeit, bestimmt werden kann. Dazu muß für den zu beurteilenden Stahl das zugeordnete ZTU-Schaubild als auch die verfahrensabhängige Abkühlzeit in der WEZ bekannt sein (Bild 20). Das Schaubild ist in Richtung der eingezeichneten Abkühlkurven zu lesen, beginnend von der Austenitisierungstemperatur. In dem Schaubild sind verschiedene Gefügebereiche eingegrenzt. Auf der Abszisse ist die Abkühlzeit in Sekunden von der A_3-Temperatur (ca. 800-850°C) angegeben. Besondere Bedeutung kommt der Abkühlzeit von 800 auf 500°C zu, weil sich inner-

ZTU-Schaubilder-Feinkornbaustähle-Austenitisierungstemp.: 1300°C

In den Härtediagrammen bedeuten: ——— Härte —·—·— Ferrit (F) —·— Perlit (P) - - - - Bainit (B = Zw) — — — Martensit (M)
(nach WEVER u. ROSE)

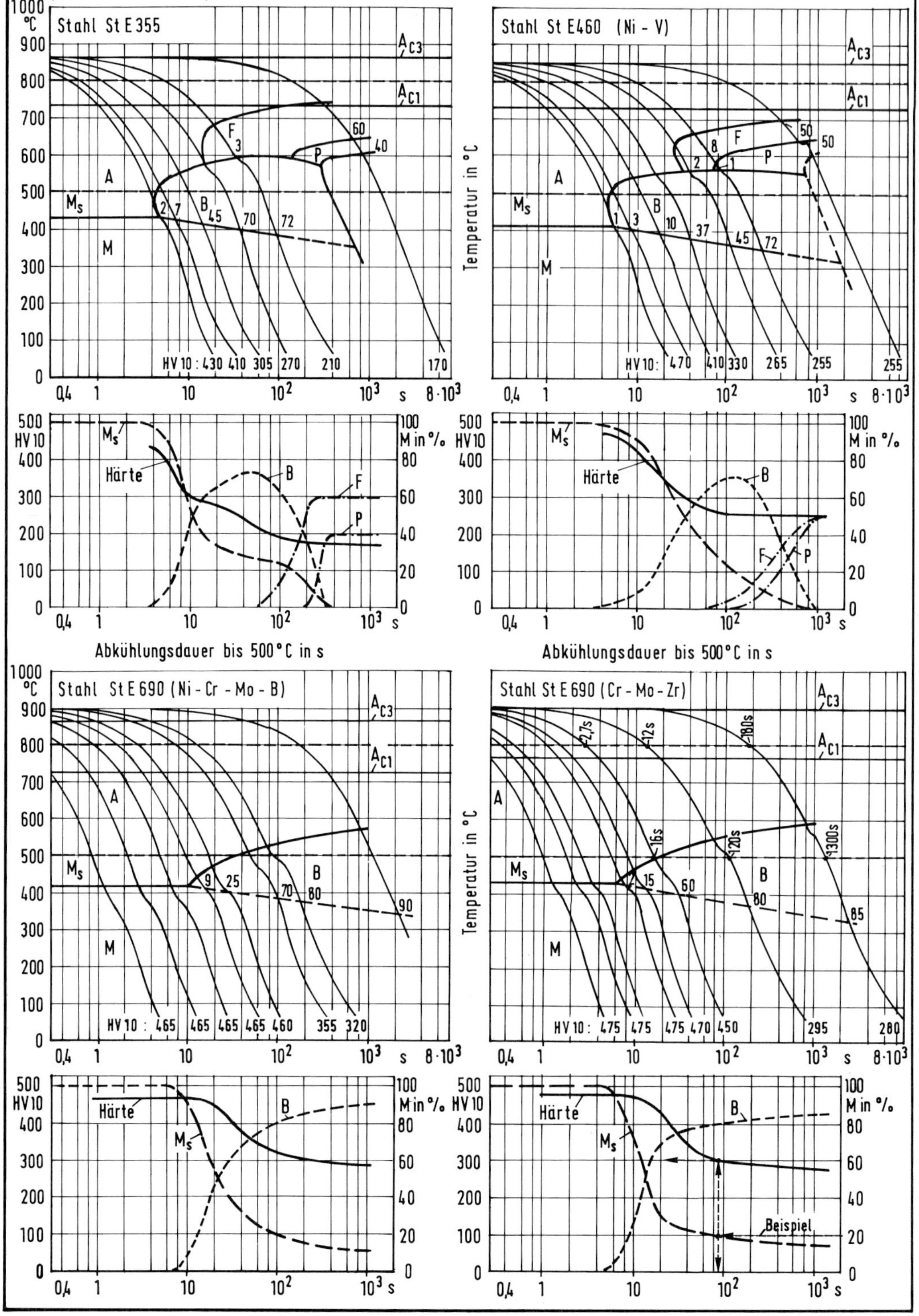

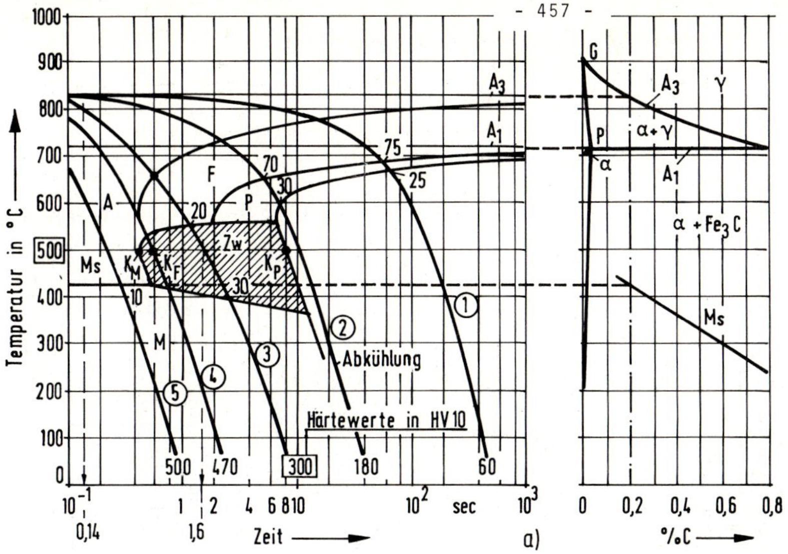

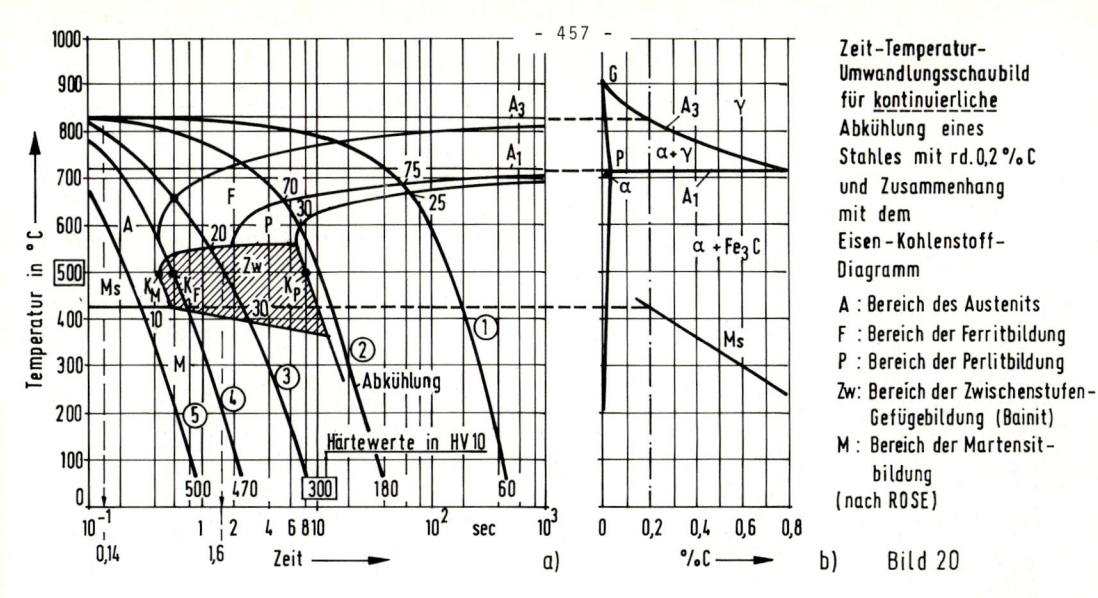

Zeit-Temperatur-Umwandlungsschaubild für kontinuierliche Abkühlung eines Stahles mit rd. 0,2 %C und Zusammenhang mit dem Eisen-Kohlenstoff-Diagramm

A : Bereich des Austenits
F : Bereich der Ferritbildung
P : Bereich der Perlitbildung
Zw: Bereich der Zwischenstufen-Gefügebildung (Bainit)
M : Bereich der Martensitbildung
(nach ROSE)

Bild 20

halb dieses Temperaturbereiches die wesentlichsten Gefügeänderungen einstellen. Diese Abkühlzeit wird mit $t_{8/5}$ abgekürzt.

Die an den Abkühlkurven vor dem Verlassen der einzelnen Umwandlungsbereiche eingeschriebenen Zahlen geben die Menge des jeweils gebildeten Gefügebestandteiles in % an. Die Martensitmenge ergibt sich als Differenz der Summe dieser Bestandteile zu 100%. Am Ende der Abkühlkurven sind die nach Abkühlung auf Raumtemperatur erreichten Härtewerte in HV10 eingetragen.

Beispiel (Bild 20): Kurve ③: Der Austenit wandelt sich nach 0,6s bei 650°C zunächst in Ferrit um, davon entsteht 20%, anschließend tritt Umwandlung in Zwischenstufengefüge ein, davon bildet sich 30%, so daß schließlich 100-20-30=50% Martensit entsteht. Die Härte beträgt 300HV10. Die Abkühlzeit auf 800°C beträgt ca. 0,14s und auf 500°C ca. 1,6s; somit ist $t_{8/5} \approx 1{,}5$s.

Aus dem ZTU-Schaubild ist zu entnehmen, daß mit zunehmender Abkühlgeschwindigkeit (Linksverschiebung) sowohl die Phasengrenze der Ferritausscheidung als auch die Umwandlungsgrenze zur Perlitbildung zu niedrigeren Temperaturen verschoben wird, vgl. Kurve ① und ②. Ist die Abkühlgeschwindigkeit derart, daß die Abkühlkurve durch den Punkt K_P oder linksseitig davon verläuft, tritt eine zusätzliche Umwandlung ein, die als Zwischenstufe bezeichnet wird (Kurve ③). Bei weiter steigender Abkühlgeschwindigkeit, die links vom Punkt K_F verläuft, werden Ferrit- und Perlitbildung ganz unterdrückt, es entsteht allein Zwischenstufengefüge, Kurve ④. Bei einer Abkühlung gemäß Kurve ⑤ sind alle Umwandlungen bis auf die des Martensits unterdrückt.

Auf Tafel 8.1 sind die ZTU-Schaubilder für vier hochfeste Feinkornbaustähle zusammengestellt [50]; das jeweils darunter liegende Diagramm gibt die Höhe der Gefügeanteile in % und die Härtewerte in HV10 in Abhängigkeit von der Abkühlzeit auf 500°C an.

d) Berechnung der Abkühlzeit im Schweißnahtbereich

Bild 21 zeigt den experimentell ermittelten Temperaturverlauf im Schmelzgut und in der WEZ und dessen Abfall mit der Zeit [47]. Aus Teilbild b geht die Definition der Abkühlzeit $t_{8/5}$ nochmals hervor. Hierbei wird unterstellt, daß die Schweißraupen an ruhender Luft abkühlen und die gesamte zugeführte Energie durch den Grundwerkstoff abgeleitet wird, also keine Abstrahlung eintritt. - Bei der theoretischen Lösung der Wärmeleitung infolge einer wandernden punktförmigen Wärmequelle ist zwischen dreidimensionaler und zweidimensionaler Wärmeleitung zu unterscheiden. Die Abkühlzeiten $t_{8/5}$ in s lassen sich hierfür formelmäßig angeben:

dreidimensional:
$$t_{8/5} = \frac{\eta}{2\pi\lambda} \cdot \frac{UI}{v} \cdot \left(\frac{1}{500-T_0} - \frac{1}{800-T_0}\right) \qquad (7)$$

zweidimensional: $$t_{8/5} = \frac{\eta^2}{4\pi\lambda\rho c} \cdot \left(\frac{UI}{v}\right)^2 \cdot \frac{1}{d^2}\left[\left(\frac{1}{500-T_0}\right)^2 - \left(\frac{1}{800-T_0}\right)^2\right] \quad (8)$$

Hierin bedeuten: U Lichtbogenspannung (V), I Schweißstrom (A), v Schweißgeschwindigkeit (cm/s), T_0 Arbeitstemperatur, fallweise Vorwärmtemperatur (°C). Weiter bedeuten: ρ Dichte (g/cm³), λ Wärmeleitzahl des Stahles (J/s cm °C), c spezfifische Wärme (J/g °C), η thermischer Wirkungsgrad.

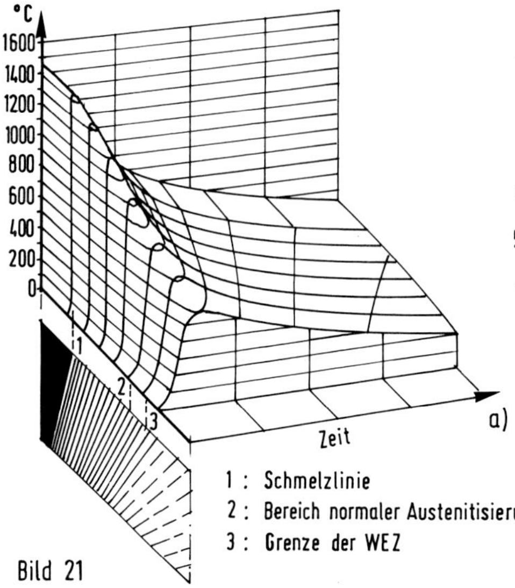

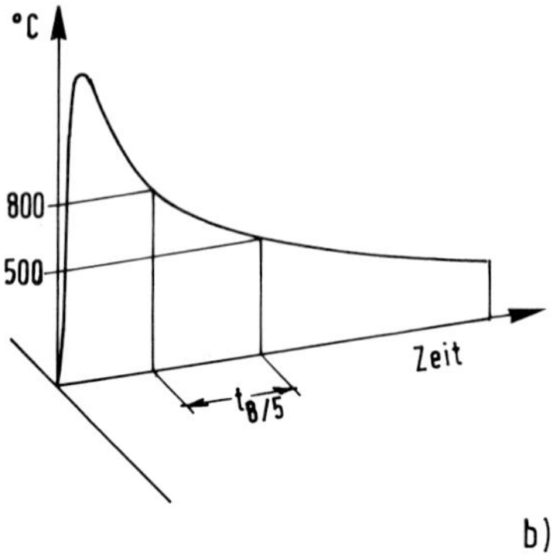

Bild 21

d ist die Blechdicke in cm. Bei dicken Blechen wird i.a. dreidimensionale, bei dünnen zweidimensionale Wärmeleitung vorliegen. Die Frage, welche im Einzelfall vorliegt, läßt sich dadurch beantworten, daß $t_{8/5}$ nach beiden Formeln berechnet wird, der größere Wert hat allein physikalische Bedeutung. Die Übergangsdicke $d_{\ddot{U}}$ (in cm) für den Übergang von dreidimensionaler zu zweidimensionaler Wärmeleitung erhält man durch Gleichsetzung von G.7 und G.8 und Auflösung nach der Blechdicke:

$$d_{\ddot{U}} = \sqrt{\frac{\eta E}{2\rho c}\cdot\left(\frac{1}{500-T_0} + \frac{1}{800-T_0}\right)}\;;\quad E = \frac{UI}{v} \text{ in } \frac{J}{cm} \quad (9)$$

E bezeichnet man als Streckenenergie. - Aufgrund umfangreicher Versuche haben UWER und DEGENKOLBE [47,51] die werkstoff- und verfahrensabhängigen Einflußgrößen bestimmt; die Formeln sind in Bild 22 zusammengestellt. η' erfaßt den thermischen Wirkungsgrad des

dreidimensional: $$t_{8/5} = (0{,}67 - 5\cdot10^{-4}\cdot T_0)\cdot\eta'\cdot E\cdot\left(\frac{1}{500-T_0} - \frac{1}{800-T_0}\right)F_3$$

zweidimensional: $$t_{8/5} = (0{,}043 - 4{,}3\cdot10^{-5}\cdot T_0)\cdot\frac{\eta'^2\cdot E^2}{d^2}\cdot\left[\left(\frac{1}{500-T_0}\right)^2 - \left(\frac{1}{800-T_0}\right)^2\right]F_2$$

Schweißverfahren	η'
Unterpulverschweißen	1,0
Lichtbogenhandschweißen (Ti)	0,9
Lichtbogenhandschweißen (Kb)	0,8
MAG-CO_2-Schweißen	0,85
MIG-Argon-Schweißen	0,70
WIG-Argon-Schweißen	0,65

d : Blechdicke in cm
T_0: Arbeitstemperatur in °C

Nahtart	F_3	F_2
Auftragraupe	1,0	1,0
1. und 2. Kehlnaht am T- oder Kreuzstoß	0,67	0,45÷0,67
3. und 4. Kehlnaht am Kreuzstoß	0,67	0,30÷0,67
Kehlnaht am Eckstoß	0,67	0,67÷0,9
Kehlnaht am Überlappstoß	0,67	0,70
Wurzellage von V-Nähten (60°, s=3mm)	1,0÷1,2	≈1,0
Wurzellage von X-Nähten (50°, s=3mm)	0,70	≈1,0
Mittellagen von V- und X-Nähten	0,8÷1,0	≈1,0
Decklage von V- und X-Nähten	0,9÷1,0	1,0
I-Naht, "Lage-Gegenlage-" Schweißung	-+-	1,0

Bild 22

Schweißverfahrens; die Faktoren F sind vom Schweißnahttyp abhängig.
Übergangsblechdicke:

$$d_{\ddot{U}} = \sqrt{\frac{0{,}043 - 4{,}3\cdot10^{-5}T_0}{0{,}67 - 5\cdot10^{-4}T_0}\eta' E\left(\frac{1}{500-T_0} + \frac{1}{800-T_0}\right)} \quad (10)$$

e) Anwendungsbeispiel

Mittels des ZTU-Schaubildes sollen die optimalen Schweißbedingungen (insbesondere die Vorwärmtemperaturen) für das Schweißen einer Stumpfnaht in V-Form für ein 30mm dickes Blech aus StE690 bestimmt werden. Chemische Zusammensetzung:

C	Si	Mn	P	S	Al	Cr	Mo	Zr	
0,17	0,66	0,90	0,018	0,013	0,027	0,85	0,34	0,10	%

Berechnung des Kohlenstoffäquivalents (nach G.3):

$$C_{äq} = 0{,}17 + 0{,}90/6 + 0{,}85/5 + 0{,}34/5 = \underline{0{,}56}$$

Die Tabelle in Bild 19 liefert folgende Anhalte für die Vorwärmtemperatur; $C_{äq}$=0,55%, d=30mm:

Elektrode 4 mm : $T_0 \approx 330$ °C

Elektrode 5 mm : $T_0 \approx 180$ °C

Liegt das Kohlenstoffäquivalent über 0,55%, steigen die empfohlenen T_0-Werte sprunghaft an.

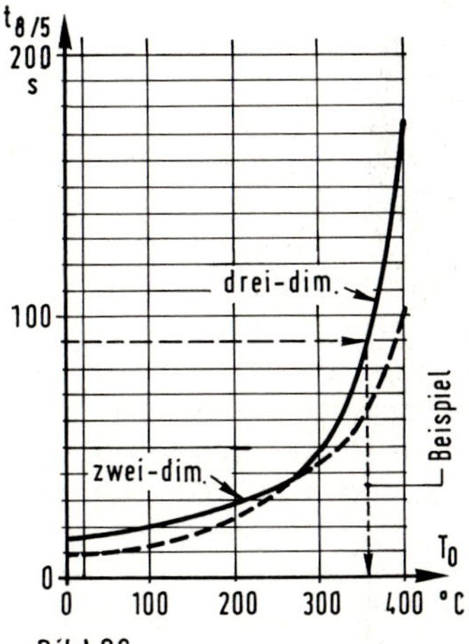

Bild 23

Berechnung von $t_{8/5}$: Stumpfnaht, Wurzellage: F_3=1,1; F_2=1. Es wird gewählt MAG: η'=0,85; E=30000J/cm. Die Auswertung der in Bild 22 eingetragenen Formeln ergibt:

T_0	$t_{8/5}$ dreidim.	$t_{8/5}$ zweidim.
20	14,8	8,2
100	18,6	11,8
200	26,7	20,8
300	43,8	45,7
400	98,8	174
°C	s	s

Bild 23 zeigt den Verlauf; bis T_0=270°C liegt eine zweidimensionale, darüber eine dreidimensionale Wärmeableitung vor. Aus dem ZTU-Bild für den Feinkornbaustahl StE690 (Cr-Mo-Zr) kann man entnehmen (Tafel 8.1):

280 HV : $t_{8/5}$ = 1300 - 180 = 1120s
295 HV : $t_{8/5}$ = 120 - 12 = 108s
450 HV : $t_{8/5}$ = 16 - 2,7 = 13,3s

Zugelassen sei 20% Martensit ≙ Härte 300HV10 → Abkühldauer auf 500°C: 90s. Aus Bild 23 folgt: T_0=360°C. Das ist technologisch zwar noch möglich, orientiert an der DASt-Ri011 indes zu hoch; daselbst werden für StE690 je nach Blechdicke 80 bis 150°C empfohlen. - Läßt man in dem Beispiel 30% Martensit ≙ Härte 430HV10 zu, folgt t=20s: T_0=100°C. Durch eine erhöhte Streckenenergie kann T_0 reduziert werden. Vereinfachte Analysen gelingen mit [47,51c,52], (daselbst vgl. weitere Beispiele) und mittels des Stahl-Eisen-Werkstoffblattes 088-76, Beiblatt 1 (Anhang zu DASt-Ri011, siehe auch [53,54]); bei StE460 sollte $t_{8/5}$ zwischen 6 bis 25s und bei StE690 zwischen 10 bis 20s liegen. Legt man T_0 =150°C fest, folgt daraus die einzustellende Streckenenergie [53]. - Zur Frage der Übertragbarkeit der ZTU-Abkühlcharakteristik auf den Abkühlverlauf beim Schweißen vgl. [1]; inzwischen wurden spezielle Schweiß-ZTU-Schaubilder erstellt [55].

8.4.4.6 Alterung - Reckalterung

Unter Alterung versteht man eine Änderung der mechanischen Eigenschaften, insonderheit (bei der Beurteilung der Schweißsicherheit) jene Zunahme der Festigkeit bzw. Abnahme der Zähigkeit (also eine Versprödung), die bei un- und niedriglegierten Stählen durch Stickstoff verursacht wird (Luftstickstoffaufnahme bei Erschmelzung oder/und Schweißung). Liegt der N-Gehalt unter 0,009%, unterbleibt die Alterung. Durch Aluminiumberuhigung läßt sich Stickstoff weitgehend abbinden. - Ursache der Alterungssprödigkeit, die erst nach Wochen oder Monaten eintritt, ist eine Blockierung der Versetzungen durch Diffusion und Anlagerung der Stickstoffatome an den Fehlstellen des Kristallgitters. Durch eine Kaltverformung (z.B. fallweise verursacht durch die letzten Walzstiche) wird die Alterungsversprödung ausgeprägter, weil durch die hiermit verbundene Grobkornbildung die Diffusion des Stickstoffs erleichtert wird (Reckalterung) [55,56]. Wird der kaltverformte Bereich auf Werte um 250 bis 350°C erwärmt, tritt die Versprödung in wenigen Minuten ein: Künstliche (Reck-) Alterung (im Gegensatz zur natürlichen), die Diffusionsvorgänge werden dann zusätzlich beschleunigt; gerade das tritt beim Schweißen alterungsgefährdeter Stähle ein. Da die höheren Stahlgütegruppen der DIN 17100 sinkende N-Gehalte aufweisen, sind sie weniger alterungsgefährdet und somit schweißgeeigneter.

8.4.4.7 Grobkornbildung

Es sind zwei Aspekte zu unterscheiden: Grobkornbildung durch Schweißung und Grobkornbildung durch Kaltverformung:

- Mit zunehmender Verweildauer oberhalb 700 bis 900°C neigen alle Stähle zur Grobkornbildung; das ist der Grund dafür, daß sich in jeder WEZ eine Grobkornzone ausbildet. Sie ist umso ausgedehnter, je größer die Wärmeeinbringung und je geringer die Schweißgeschwindigkeit ist. Die Verformungsfähigkeit ist bei gröberem Korn geringer als bei feinem bis mittlerem (letzteres ist der Normalzustand der Stähle). Werden mehrere Lagen geschweißt, wird die Grobkornbildung der mittleren Lagen durch die folgenden teilweise wieder beseitigt.
- Bei einer Kaltverformung (z.B. bei der Herstellung von Kaltprofilen) wird das Korn gestreckt und gröber, die Festigkeit gesteigert, die plastische Verformungsfähigkeit vermindert (ggf. entsteht zusätzlich Alterungsversprödung, siehe oben). Die Schweißbarkeit der kaltgeformten Zonen ist nicht mehr gesichert, beim Schweißen können, wegen der verminderten Verformungsfähigkeit, Risse auftreten [57-59].

Soll in kaltgeformten Bereichen ausreichende Schweißbarkeit gewährleistet sein, ist der kaltgeformte Stahl vor dem Schweißen zu normalisieren (normalzuglühen). Wird nicht normalisiert, darf in den kaltgeformten Bereichen einschließlich der angrenzenden Flächen der Breite 5t nur geschweißt werden, wenn die in Bild 24 angegebenen Bedingungen in Abhängigkeit von der Dehnung ε oder bei Biegeumformungen vom Verhältnis Biegeradius r der inneren Rundung zur Blechdicke t eingehalten sind (DIN 18800 T1). Die Randdehnung berechnet sich bei scharfer (plastischer) Biegung zu:

	1 max t in mm	2 min (r/t)	3 max ε in %
1	50	10	4,76
2	24	3	14,29
3	12	2	20,00
4	8	1,5	25,00
5	4*)	1	33,33
6	< 4*)	1	33,33

*) Für Bauteile aus St 37-3 darf dieser Wert auf 6 mm erhöht werden

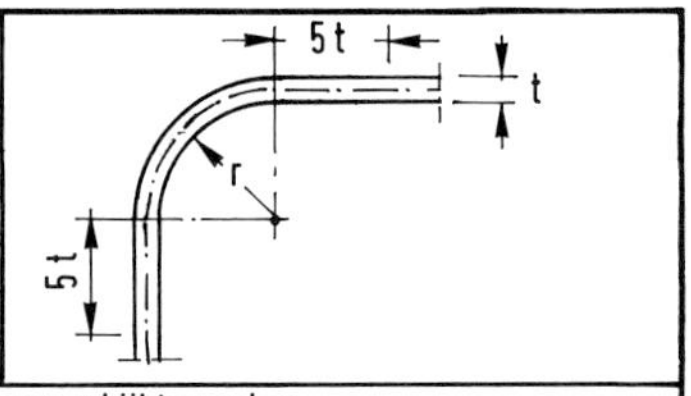

Bild 24 (nach DIN 18800 T1,11.90)

$$\varepsilon = \frac{1}{2\frac{r}{t}+1} \qquad (11)$$

Muß eine bestimmte Dehnung eingehalten werden, gilt für das zulässige r/t-Verhältnis:

$$\frac{r}{t} = \frac{1}{2}\cdot\frac{1-\varepsilon}{\varepsilon} \qquad (12)$$

r und t gemäß Bild 24.

Durch das Normalisieren wird die durch die Kaltverformung entstandene grobe und zeilige Kornstruktur wieder in eine feinkörnige umgewandelt. Das geschieht durch Glühen bei Temperaturen etwa 20 bis 50°C oberhalb der Ac_3-Linie; Zeitdauer: Mindestens 30min bzw. 2min je mm Wanddicke. In vielen Fällen wird das Produkt bereits im Stahlwerk normalisiert; bei Rechteckhohlprofilen, die aus Rundrohren durch Kaltumformung hergestellt werden, ist das heute der Regelfall.

8.4.5 Beanspruchungsabhängige Einflüsse auf die Sicherheit geschweißter Bauteile

Unter einachsiger Beanspruchung fließt ein zäher Stahl bei Erreichen der Streckgrenze (Fließgrenze) aus. Das Erreichen der Bruchgrenze geht mit großer Bruchdehnung und Einschnürung einher. Das Volumen bleibt beim plastischen Ausfließen konstant.

Bei zwei- und dreiachsiger Beanspruchung wird das plastische Verformungsvermögen reduziert, das gilt insbesondere bei allseitiger Zugbeanspruchung. Bild 25 zeigt das RÜHLsche Ver-

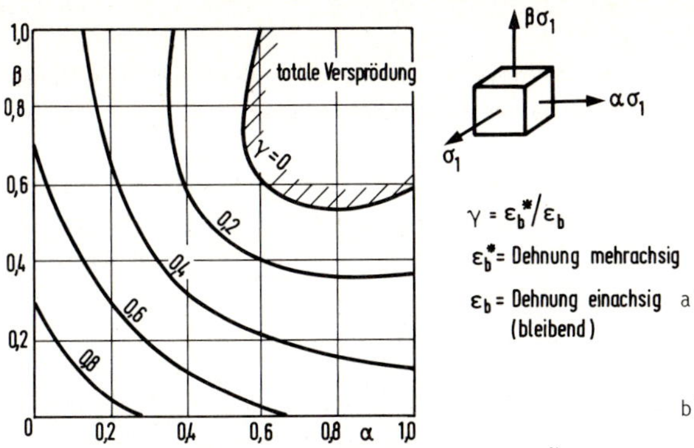

Versprödung durch Verformungsbehinderung (nach RÜHL)

Bild 25

sprödungsdiagramm. Hieraus erkennt man, daß sich Stahl unter dreiachsiger Zugbeanspruchung, bei der die Spannungen in zwei Richtungen 60% der dritten betragen, wie ein vollständig spröder Werkstoff verhält [42b]. - Mehrachsige Spannungszustände können folgende Ursachen haben:

a) Lastspannungen (in Stegblechen, Gurtungen, Fahrbahnblechen, Knoten-Anschluß- und Krafteinleitungsbereichen),
b) Spannungskonzentrationen im Bereich von Kerben, Einschnürungen, Dicken- oder Konturänderungen,
c) Eigenspannungen. Wie in Abschnitt 8.3.3 dargelegt, sind mehrachsige Eigenspannungen besonders bei geschweißten Konstruktionen mit großen Wanddicken und hohen Steifigkeiten zu erwarten; auch in Bereichen sich häufender Schweißnähte.

Die Spannungen gemäß a) sind planmäßig und berechenbar; zweiachsige Spannungszustände treten regelmäßig auf; dreiachsige Spannungszustände (insbesondere mit Zugspannungen in Dickenrichtung) sollten konstruktiv vermieden werden. - Lokale Spannungskonzentrationen sind i.a. auch dreiachsig (Punkt b): Durch Vermeidung von scharfen einspringenden Ecken und schroffen Übergängen und eine bauliche Detaildurchbildung mit dem Ziel einer kontinuierlichen Kraftüberleitung läßt sich die Konstruktion wesentlich verbessern, sowohl hinsichtlich der Sprödbruchsicherheit als auch der Ermüdungssicherheit.
Sind aufgrund der konstruktiven Ausbildung hohe Eigenspannungen zu erwarten und nicht zu umgehen, lassen sich diese zur Vermeidung von Sprödbrüchen nach Fertigstellung des Bauteils durch Spannungsarmglühen beseitigen. Das Bauteil wird dabei (zweckmäßig als Ganzes) unterhalb der untersten Umwandlungstemperatur, Ac_1, also bei unlegierten und niedriglegierten Stählen im Bereich 580°C bis 650°C geglüht. Die Temperatur wird mindestens 30min bzw. pro 1mm Wanddicke 2 Minuten gehalten; anschließend wird langsam abgekühlt, 2,5°C/min. Für große sperrige Bauteile stehen Großöfen zur Verfügung. Es ist auch möglich, Eigenspannungen örtlich abzubauen, z.B. im Bereich von Rundnähten an Rohren oder Behältern; das muß auf einer Breite von ca. 10 bis 15t (t: Wanddicke) geschehen. Im Kessel- und Druckbehälterbau ist das Spannungsarmglühen ab Wanddicken t=30mm und bei bestimmter chemischer Zusammensetzung der Stähle vorgeschrieben. - Die Wirkung des Spannungsarmglühens beruht auf der Abnahme der Festigkeit (Streckgrenze) mit zunehmender Temperatur. In Höhe der Glühtemperatur ist die Streckgrenze fast auf Null abgesunken, die Eigenspannungen fließen aus. (Durch das Spannungsarmglühen wird zudem die Zähigkeit in der WEZ verbessert).

Zu den unter Punkt a bis c genannten beanspruchungsabhängigen Einflüssen auf die Sprödbruchsicherheit treten noch drei weitere hinzu:

d) Mit abnehmender Temperatur verspröden alle unlegierten und niedriglegierten Stähle. Je feinkörniger der Stahl, bei umso tieferer Temperatur setzt die Versprödung ein. Die Wahl des zum Einsatz kommenden Stahles muß sich daher an der tiefsten Betriebstemperatur orientieren; wesentlich ist eine ausreichende Kerbschlagzähigkeit. Für den Bau von Anlagen der Kälteindustrie stehen kaltzähe Stähle zur Verfügung (Abschnitt 2.7.8).
e) Schlagartige Beanspruchungen lösen im Bauteil Stoßwellen aus. In Bereichen verminderter Verformungsfähigkeit vermag das Material den schnellen Verzerrungsänderungen plastisch nicht zu folgen, was zur Auslösung eines Sprödbruchs führen kann.
f) Länger andauernde energiereiche Neutronenbestrahlung, wie bei kerntechnischen Anlagen, führt zu Versprödung.

Für die unlegierten Baustähle nach DIN 17100 enthält die DASt-Ri09 ein Klassifizierungssystem für die Wahl der geeigneten Stahlgütegruppe; bei deren Beachtung ist eine Sprödbruchgefahr auszuschließen (Abschnitt 8.5.).

8.4.6 Konstruktions- und herstellungsabhängige Einflüsse auf die Sicherheit geschweißter Bauteile

Die vorangegangenen Abschnitte enthielten bereits diverse Hinweise und Regeln für schweißgerechte Konstruktions- und Herstellungstechniken. Im folgenden werden die wichtigsten Gesichtspunkte zusammengefaßt (vgl. auch [60/61]):

- Gut ausgebildete Schweißer, einwandfreies Gerät, Ausstattung des Betriebes mit Spann-, Dreh- und Wendevorrichtungen zur Vermeidung von Zwangslagenschweißungen, richtige Wahl der Stähle und Zusatzwerkstoffe, ggf. abgestimmte und kontrollierte Vor- und Nachwärmung;
- Einsatz trockener Elektroden und trockenen Schweißpulvers sowie rostfreier Schweißdrähte;
- vorherige Säuberung des Werkstückes von Anstrichen, Rost, Schmutz usw. Das Überschweißen von Fertigungsbeschichtungen ist möglich, vgl. DASt-Ri006, wenn bestimmte Auflagen (orientiert an der sogen. Prozentporenfläche) eingehalten werden. Das Überschweißen von Zinkbeschichtungen ist ebenfalls möglich, wenn keine hohe Nahtgüte gefordert ist.

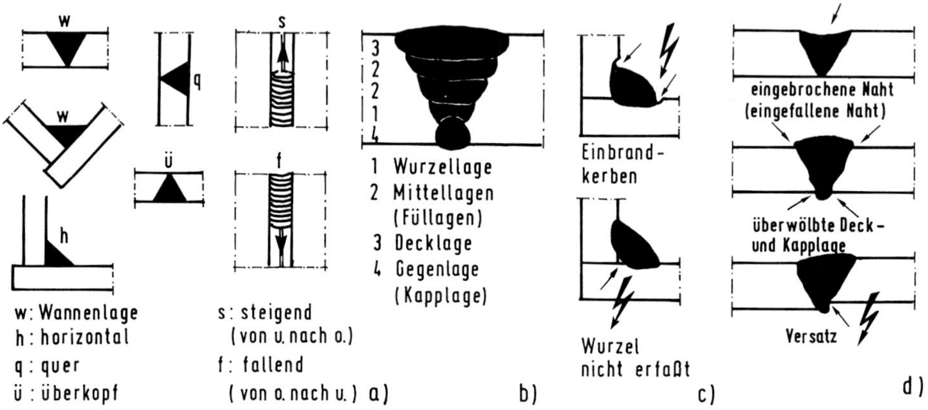

Bild 26

- vollständiges Entfernen der Schlacke (abklopfen und bürsten) bei Mehrlagenschweißungen, anderenfalls entstehen Einschlüsse;
- Abschirmung der Atmosphäre, anderenfalls entstehen Gasporen (auch bei feuchten Elektroden), deren Bildung durch eine zu schnelle Abkühlung (zu hohe Vorschubgeschwindigkeit) gefördert wird;
- Vermeidung von zu großen und tiefen Schweißbädern, anderenfalls besteht Warmrißneigung;
- auf die Dicke der Elektroden abgestimmte Wärmeeinbringung (Streckenenergie), richtige Einstellung der Schweißdaten, richtige Stellung der Schweißelektroden und Berücksichtigung der magnetischen Blasrichtung;
- günstige Schweißposition, hierauf abgestimmter Nahtaufbau (vgl. Bild 26a);
- richtige Schweißfolge nach Schweißfolgeplan (zwecks Minimierung der Verwerfungen (Verziehungen) und Eigenspannungen); zuerst Stumpfnähte, dann Kehlnähte schweißen.
- Genügender Einbrand, d.h. durchgängiges Aufschmelzen der Nahtflanken, anderenfalls entstehen Bindefehler; Erfassung der Wurzel, i.a. Legen einer Kapplage (Teilbild b);
- Vermeidung von Einbrandkerben, eingefallenen oder stark überhöhten Nähten, Kantenversatz (Teilbild c und d) und Endkratern;
- Einhaltung der Sollmaße; keine dickeren Nähte als rechnerisch erforderlich;
- Vermeidung von eingebrochenen Endkratern und gehäuften Ansätzen; Vermeidung von Zündstellen (weil hier punktförmige Aufhärtung mit reduzierter Dauerfestigkeit, auch nach Abschleifung!), Vermeidung von Schweißspritzern.

In DIN 8524 sind die Fehlerarten geordnet, in T1 für Schmelzschweißverbindungen. Unterschieden werden Risse, Hohlräume (Poren), feste Einschlüsse, Bindefehler, Formfehler und sonstige Fehler. In DIN 8563 (Sicherung der Güte von Schweißarbeiten) sind allgemeine Grundsätze, Anforderungen an den Betrieb und Bewertungsgruppen für Schweißverbindungen zusammengestellt [62]. Große Bedeutung hat vor Ort der Arbeits- und Gesundheitsschutz [4,17,18,22,63-65]; in der Bundesrepublik Deutschland sind ca. 220 000 Schweißer tätig (1985).

8.5 Schweißeignung der Stähle (vgl. auch Abschnitt 2.7)

8.5.1 Allgemeine Hinweise [1,66-73]

Stähle gelten dann als schweißgeeignet, wenn während des Schweißens weder Warm- noch Schrumpfrisse auftreten und beim Schweißen keine zu hohe Aufhärtung mit Reduzierung der Verformungsfähigkeit in der WEZ und dadurch eine Sprödbruchgefährdung entsteht; Einzelheiten enthält Abschnitt 8.4. Vorwärmung ist die wichtigste Technologie, um einer Aufhärtung zu begegnen. Das gilt umso mehr, je dicker das Werkstück ist. - Die einschlägigen Regelwerke enthalten Hinweise (DIN-Gütevorschriften und -Lieferbedingungen, Stahl-Eisen-Werkstoffblätter (SEW), DASt-Richtlinien). Darüber hinaus sind die Verarbeitungsrichtlinien der Hersteller zu beachten.

- Baustähle nach DIN 17100: Die Stähle St37-2, St37-3 und St52-3 sind gut schweißgeeignet; es werden gewährleistet: C≤0,20%, S≤0,05%, P≤0,05% und N≤0,01%. Die DASt-Ri009 enthält Empfehlungen zur Wahl der Stahlgütegruppen sowie Hinweise zum Schweißen in kaltverformten Bereichen (Abschnitt 8.5.2). Wenn der C-Gehalt bei St52-3 an der oberen Toleranzgrenze liegt, können Schwierigkeiten beim Schweißen auftreten, insbesondere dann, wenn ein mißlungener Feinkornbaustahl StE355 (mit DIN17100 genügenden Gewährleistungsmerkmalen) als St52-3 geliefert wird. Aus diesem Grund sind ergänzend zu DIN 17100 beim St52-3 folgende Höchstwerte bei der Schmelzanalyse einzuhalten: Nb≤0,02%, Ti≤0,02%, V≤0,03%. Höhere Werte sind zulässig (Nb≤0,05%, Ti≤0,05%, V≤0,10%), dann darf der C-Gehalt 0,18% und die Erzeugnisdicke 30mm nicht überschreiten. - Die (Maschinen-)Baustähle St50-2, St60-2 und St70-2 sind für Schmelzschweißungen nicht vorgesehen, St50-2 ist bedingt schweißgeeignet. - Für Bleche und Breitflachstähle, die in geschweißten Bauteilen auf Zug oder Biegezug beansprucht werden, muß ein Aufschweißbiegeversuch durchgeführt werden, wenn die Dicke über 30mm liegt.
- Feinkornbaustähle nach DIN 17102: Die Stähle sind schweißgeeignet, das gilt auch für die höherfesten Stähle bis StE690. Abhängig von der Stahlsorte sind besondere Bedingungen beim Schweißen einzuhalten; Einzelheiten enthält: DASt-Ri011 und SEW088/089. Bis zu folgenden Dicken ist Vorwärmen bei den normalgeglühten Feinkornstählen entbehrlich: Mindeststreckgrenze 355N/mm²: 30mm, 460N/mm²: 20mm, 500N/mm²: 12,5mm. Bei den flüssigkeitsvergüteten Feinkornbaustählen ist praktisch immer eine Vorwärmung erforderlich (vgl. DASt-Ri011 mit Zulassungsbescheid Nr. Z30-89.1); siehe auch Abschnitt 8.4.4.5.
- Wetterfeste Baustähle nach DASt-Ri007 und SEW087: Die Stähle entsprechen hinsichtlich Schweißeignung den zugeordneten Stählen nach DIN 17100. Für das Schweißen stehen artgleiche Elektroden zur Verfügung. Bei Mehrlagenschweißungen genügt es, die Außenlagen (Deck- und Wurzellagen) mit wetterfesten Schweißzusatzwerkstoffen zu verschweißen.
- Nichtrostende Stähle nach DIN 17440 und SEW400: Bei der Erwärmung von Chrom-Nickelstählen auf 500°C (z.B. in den Randzonen von Schweißnähten) hat der Kohlenstoff die Tendenz Chrom-Karbide zu bilden. Das führt zu einer Chromverarmung. Bei einer Unterschreitung des Chromgehaltes unter 12% verliert der Stahl seine Korrosionsbeständigkeit; die Chromverarmung tritt an den Grenzen der Kristallkörner ein. Das hat hier eine interkristalline Korrosion zur Folge. Durch Zulegieren von Titan und Niob, die zu Kohlenstoff (C) eine höhere Affinität als Chrom haben, wird die Erscheinung vermieden. Nur bei Stählen mit einem C-Gehalt bis 0,07% und Dicken bis 6mm kann auf die Stabilisierungselemente Ti und Nb verzichtet werden, wenn nichtrostende Stähle verschweißt werden sollen. Bei den vollaustenitischen Stählen und Legierungen besteht eine gewisse Heißrißanfälligkeit; hierauf ist Rücksicht zu nehmen. - Die Elektroden sind auf den Grundwerkstoff abzustimmen (DIN 17440). - Die austenitischen und ferritisch-austenitischen Stähle mit C-Gehalten bis 0,12% sind i.a. gut schweißbar, Vorwärmen ist nicht erforderlich. Auf den Zulassungsbescheid Z30.1-44 wird hingewiesen, vgl. auch [74-76]. Da der Temperaturausdehnungskoeffizient α_t größer als bei normalen Stählen ist, treten beim Schweißen größere Wärmeverziehungen auf. Um Verwerfungen zu vermeiden, kommt einer richtigen Schweißfolge besondere Bedeutung zu.

Hinsichtlich der Hohlprofile nach DIN 17119, DIN 17120 und DIN 17121 gelten dieselben Hinweise wie für die Baustähle nach DIN 17100, bezüglich der Hohlprofile nach DIN 17125,

DIN 17123 und DIN 17124 gelten dieselben Hinweise wie für die Feinkornbaustähle. - Bei der Prüfung der Schweißeignung der warmfesten Stähle, der kaltzähen Stähle, der Vergütungsstähle, der Einsatzstähle und von Stahlguß sind die einschlägigen Regelwerke zu beachten, sie sind in Abschnitt 2.7 aufgelistet.
Bei der Schweißung von Altstahl (z.B. bei Umbaumaßnahmen) ist Vorsicht geboten: Das bis Ende des letzten Jahrhunderts gefertigte Schweißeisen (Puddel-Stahl; vgl. Abschnitt 2.1) ist nicht schweißgeeignet. Es hat eine stark anisotrope Struktur und bis zu 3% nichtmetallische Einschlüsse. Auch das nach dem Bessemer-Verfahren erschmolzene Flußeisen ist nur nach Eignungsprüfung schweißbar. Schweißgeeignete Stähle standen erst ab 1935 zur Verfügung; zur Einführung des Stahles St52 vgl. [77]. Nach dem II. Weltkrieg wurde vielfach Schrotteisen verwertet. - Zur Schweißproblematik von Alteisen siehe [78,79].

8.5.2 Wahl der Stahlgütegruppe

Nach DIN 17100 stehen für die allgemeinen Baustähle zwei Gütegruppen zur Wahl (ehemals drei): Für St37: 2 und 3 (2U, 2R und 3RR), für St52: 3 (3RR), vgl. Abschnitt 2.6.4.4.
Zur Gewährleistung ausreichender Sprödbruchsicherheit wurde ein Klassifizierungssystem entwickelt, das auf Arbeiten von KLÖPPEL [80] und BIERETT [81] beruht und als DASt-Ri009 "Empfehlungen zur Wahl der Stahlgütegruppen für geschweißte Stahlbauten" (04.73) bauaufsichtlich eingeführt wurde [82].
In Bild 27 ist das Klassifizierungssystem zusammengefaßt. Es enthält die wichtigsten Einflußgrößen zur Beurteilung der Sprödbruchgefährdung, vgl. Abschnitt 8.4.3 bis 8.4.5:

- Eigenspannungszustand: niedrig, mittel, hoch, abhängig von Ausmaß und Höhe der (mehrachsigen Zug-) Eigenspannungskonzentration des zu bewertenden Bauteiles (Teilbild a).
- Art der Beanspruchung (Druck oder Zug) infolge der Gebrauchslast und tiefste Betriebstemperatur (Teilbild b). Zudem geht die Bedeutung des Bauteils im Hinblick auf die Folgewirkungen eines Sprödbruchversagens ein.
- Materialdicke des Bauteils im zu bewertenden Schweißnahtbereich.

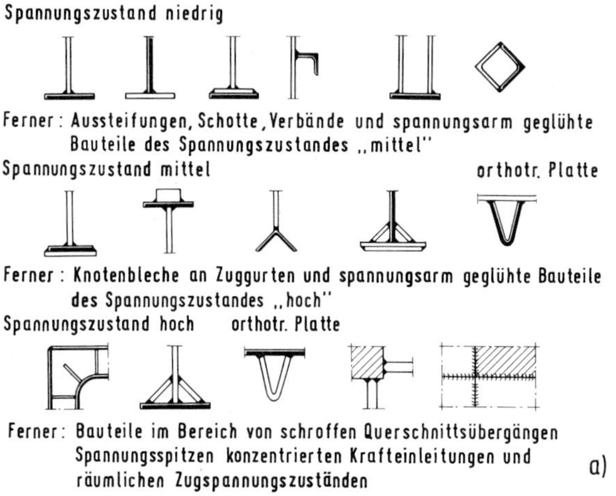

a)

Bestimmung der Klassifizierungsstufen

Spannungszustand	Bedeutung des Bauteils	Druck: bis -10°	Druck: von -10° bis -30°	Zug: bis -10°	Zug: von -10° bis -30°
hoch	1.Ordnung	IV	III	II	I
	2.Ordnung	V	IV	III	II
mittel	1.Ordnung	V	IV	III	II
	2.Ordnung	V	V	IV	III
niedrig	1.Ordnung	V	V	IV	III
	2.Ordnung	V	V	V	IV

(Beanspruchung bei Gebrauchslast: Druck / Zug; Temperatur)

b)

Bestimmung der Stahlgütegruppe

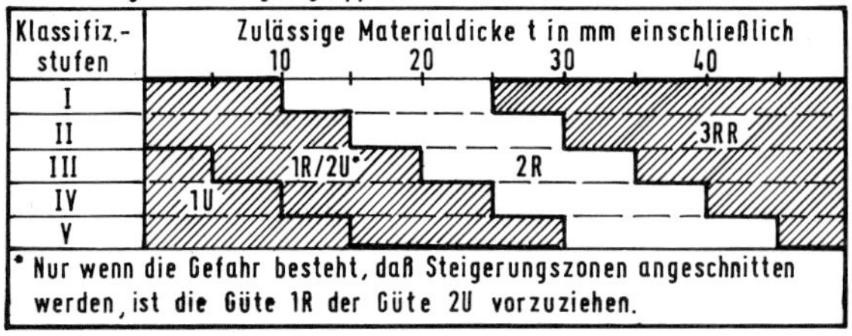

Bild 27 c)

Stähle der Gütegruppe 1 sind nach DIN 17100 (01.80) nicht mehr vorgesehen, der Bereich 1U und 1R ist daher in Teilbild c dem Bereich 2U zuzuordnen.

8.6 Prüfung der Schweißnähte

Es werden unterschieden:

zerstörende Prüfung - zerstörungsfreie Prüfung

Zerstörende Prüfungen werden im Rahmen wissenschaftlicher Forschung und Entwicklung, bei der Klärung von Schadensfällen, bei der Prüfung von Schweißern (für den Eignungsnachweis) und laufenden Gütekontrollen (z.B. bei Punktschweißungen) angestellt: Zugversuche, Faltversuche, Kerbschlagversuche, Bauteil-Großversuche in Verbindung mit DMS-Technik, Reißlackaufnahmen und Verformungsmessungen, Berstversuche an Druckbehältern usf. - Sie werden durch licht- und elektronenmikroskopische Verfahren [83] ergänzt. Diese haben große Bedeutung bei der Schadensanalyse; vgl. hierzu auch die VDI-Richtlinienreihe Schadensanalyse Bl. 1 bis 5. - Zur Prüfung der Lamellenrißanfälligkeit von Kohlenstoff- und Kohlenstoff-Mangan-Stählen wurden spezielle Prüfverfahren entwickelt [84]. Für die Qualitätsprüfung geschweißter Bauteile wurden zerstörungsfreie Prüfverfahren entwickelt. Sie kommen bei hochbeanspruchten Schweißnähten zum Einsatz, deren Güte für die Sicherheit der Gesamtkonstruktion große Bedeutung hat, insbesondere bei Dickblechschweißungen: Brückenbau, Kranbau, Rohrleitungsbau, Behälterbau, Reaktorbau usf. - Im wesentlichen geht es vor dem Verschweißen um die Feststellung von Dopplungen in Flacherzeugnissen, Lunkern in Stahlgußteilen und nach dem Schweißen um das Erkennen von Poren, Schlackeneinschlüssen, Bindefehlern, Schrumpf- und Kaltrissen in den Schweißnähten und in den wärmebeeinflußten Nahbereichen der Nähte. Durch Messung und von Augenschein lassen sich die Nahtdicken bestimmen und Einbrandkerben, Wurzelfehler, ungleichförmige Raupenbildungen, Schweißspritzer, Rostnarben feststellen.

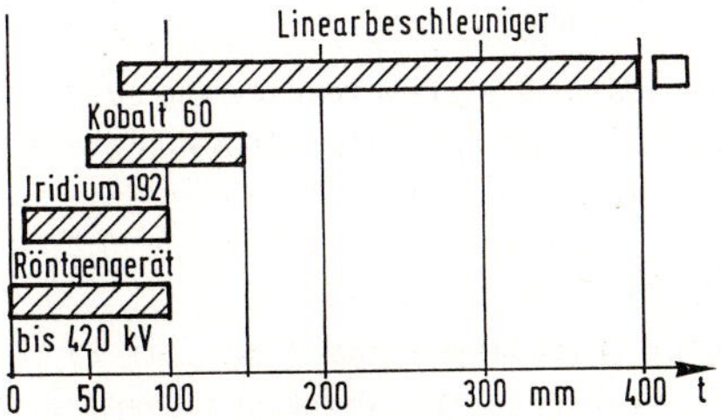

Bild 28

Die wichtigsten zerstörungsfreien Prüfverfahren sind: Durchstrahlungsprüfungen, Ultraschallprüfungen.

a) Durchstrahlungsprüfungen: Im unteren Wanddickenbereich kommen Röntgengeräte bis 420kV zum Einsatz. Zur Aufnahmetechnik und Fehlerkennzeichnung vgl. DIN 54111 u. DIN 54109. Die Auswertung der Aufnahmen wird i.a. nach der IIW-Kartei vorgenommen (IIW: International Institut of Welding) [85]. Den Fehlergruppen sind bestimmte Farben zugeordnet:

Schwarz: Fehlerlos
Blau: Geringfügige Fehler: Poren, Schlackeneinschlüsse, Einbrandkerben
Grün: Abweichungen von der fehlerfreien Naht: Zusätzliche Wurzelfehler
Braun: Erhebliche Abweichungen: Zusätzliche Bindefehler
Rot: Sehr erhebliche Abweichungen: Zusätzliche Risse

Neben dem Röntgenstrahler kommt für Wanddicken bis ca. 100mm auch der radioaktive Strahler Ir192 zum Einsatz, bis ca. 150mm der radioaktive Strahler Co60 und für sehr große Wanddicken der Linearbeschleuniger, vgl. Bild 28. Bei allen Durchstrahlungsverfahren sind die Strahlenschutzbestimmungen zu beachten!

b) Ultraschallprüfungen (nach DIN 54119): Die Bestimmung von Fehlern (s.o.) nach Lage und Länge geschieht mittels Durchschallung. Die Beurteilung der Registrierungen und die Zulässigkeitstolerierung bei Aufdeckung von Fehlern ist schwierig zu objektivieren. Bei der Prüfung der Schweißnähte an Druckbehältern ist das AD-Merkblatt HP5/3 anzuwenden. In jedem Falle sind langjährige Prüferfahrungen erforderlich. Hingewiesen wird auf DIN 54126 (Anforderungen an Prüfsysteme und Prüfgegenstände), DIN 54124 (Eigenschaften der Prüfgeräte), DIN 54125 (Spezielle Fragen der Schweißnahtprüfungen); vgl. auch [86].

- Magnetpulverprüfverfahren zur Erkennung von Oberflächenrissen
- Farbeindringverfahren zur Erkennung von Oberflächenrissen
- Rißtiefenprüfverfahren durch Potentialmessung zur Tiefenvermessung bereits erkannter Risse

Wegen weiterer Einzelheiten vgl. [1] und das dort angegebene Schrifttum.

8.7 Tragsicherheitsnachweis der Schweißverbindungen

8.7.1 Real- und Nennbeanspruchung - Rechnerischer Nachweis

Die Beanspruchungen in Stumpf- und Kehlnähten unterscheiden sich grundsätzlich, demgemäß auch ihre Berechnung; sie werden daher im folgenden getrennt behandelt. (Die Berechnung der realen Spannungen, insbesondere in Kehlnähten, ist ein schwieriges Problem; vgl. hierzu ältere [87] und jüngere Arbeiten [88-91].)

8.7.1.1 Stumpfnähte

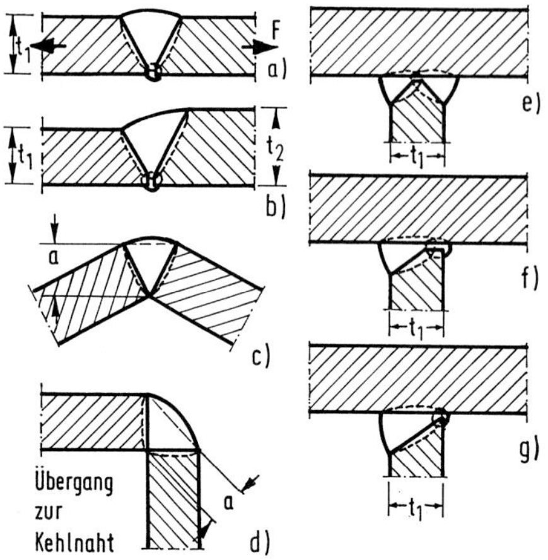

Bild 29 (Fortsetzung nächste Seite)

Unter Stumpfnähten werden im vorliegenden Zusammenhang alle vollständig durchgeschweißten (oder gegengeschweißten) Nähte verstanden, also die eigentlichen Stumpfnähte in I-, V-, X-, U-Form (siehe Bild 10b und Bild 29a/d) als auch die D(oppel)-HV-Nähte (K-Nähte, Teilbild e) und die HV-Nähte (Teilbild f/g); HV steht für halbe V-Naht. In einer in diesem Sinne definierten Stumpfnaht tritt dieselbe Normal- und Schubspannung wie im unmittelbar angrenzenden Grundmaterial auf. Insofern bedarf es hinsichtlich der Berechnung keiner ergänzenden Angaben. Die maßgebende rechnerische Dicke der Naht ist an der geringeren Dicke des angrenzenden Materials zu orientieren:

$$a = \min t \qquad (13)$$

Die rechnerische Nahtlänge l ist gleich der Gesamtlänge der Naht; die Hinweise zu Bild 10d sind in diesem Zusammenhang zu beachten. Bei einer zentrisch beanspruchten Stumpfnaht beträgt die maßgebende Schweißnahtfläche:

$$A_w = a \cdot l \longrightarrow \sigma_w = \sigma_\perp = F/A_w \qquad (14)$$

(w$\hat{=}$welding). Wird eine Naht ohne Auslaufbleche geschweißt (Bild 10d), ist l ggf. um 2a zu reduzieren (das ist allenfalls bei vorwiegend ruhend beanspruchten Konstruktionen zulässig). Das Symbol $\perp$ in G.14 besagt, daß die Normalspannung senkrecht zur Naht orientiert ist. - Werden Halsnähte von Vollwandträgern mit DHV- oder HV-Nähten ausgeführt (Teilbild e bis g), treten in diesen längsorientierte (also parallel zur Naht gerichtete) Normalspannungen $\sigma_{||}$ und Schubspannungen $\tau_{||}$ auf:

$$\sigma_w = \sigma_{||} = \frac{N}{A} \pm \frac{M}{I} \cdot z\,; \quad \tau_w = \tau_{||} = \frac{QS}{It_1} \qquad (15)$$

A, I beziehen sich auf den Trägerquerschnitt, S ist das statische Moment des außerhalb der Halsnaht liegenden Querschnittsteils. - Sofern es sich um Nähte von Eckstößen handelt, die eine Beanspruchung gemäß G.15 erhalten, ist als rechnerische Dicke a die Länge der Winkelhalbierenden (bis zur Verbindungslinie der äußeren Kanten) zu wählen (Teilbild 29c/d). Die der Bemessung zugrundezulegenden Tragspannungen sind den einschlägigen Regelwerken zu entnehmen (für vorwiegend ruhende Beanspruchung ist DIN 18800 T1 maßgebend), sie stimmen mit den entsprechenden Werten für das Grundmaterial überein. - Beim Nachweis vorwiegend nicht ruhend beanspruchter Nähte ist zu beachten, daß bei unbearbeiteten Nähten (sogen. Stumpfnähte in Normalgüte) entlang der Einbrandkerben der Deck- und Kapplagen gewisse Spannungserhöhungen infolge Kerbwirkung auftreten (Bild 29h/l), die die Ermüdungsfestigkeit des Grundmaterials herabsetzen. Beim Tragsicherheitsnachweis wird auch in diesem Falle von einer gleichförmig verteilten (konstanten) Nennspannung ausgegangen, z.B. im Sinne von G.14. Die Minderung der Ermüdungsfestigkeit wird durch reduzierte zulässige Dauer- bzw. Betriebsfestigkeitsspannungen berücksichtigt (Abschnitt 3). Durch Abschleifen der überwölbten Deck- bzw. Kapplagen erhält man eine Stumpfnaht in Sondergüte (Teilbild k). Bei wechselnder Blechdicke ist es bei größerem Blechüberstand (Δt ca.$\geq$3mm) erforderlich, die überstehende Kante abzuarbeiten, etwa 1:3 bis 1:5, vgl. Teilbild l. Auf Abschnitt 13.4.2 wird in dem Zusammenhang hingewiesen.

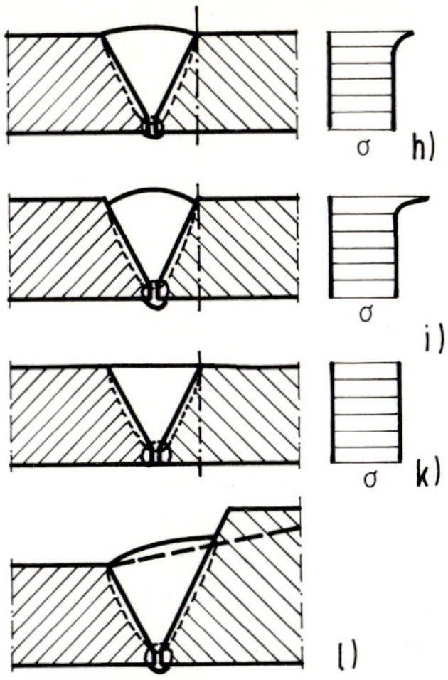

Bild 29

Bei stumpfgestoßenen Biegeträgern (Bild 30a/b) und bei biegesteifen Anschlüssen mit DHV- oder HV-Nähten (Teilbilder c/e) sind A_w und I_w der Stoß- bzw. Anschlußnähte mit den Querschnittswerten A und I des Trägerprofils identisch; Voraussetzung ist eine volle Ausfüllung der Profilfläche. Im Steg- und Ausrundungsbereich von Walzträgern sind derartige Schweißungen schwierig auszuführen, bei Stumpfstößen aber unumgänglich.

8.7.1.2 Kehlnähte

Die Beanspruchung in Kehlnähten ist im Vergleich zu Stumpfnähten verwickelter; die Kräfte müssen über einen Versatz abgetragen werden. Es liegt i.a. ein mehrachsiger Spannungszustand vor; an der Wurzel treten hohe Kerbspannungen auf. Trotz der in Dicken- und Längsrichtung der Nähte ungleichförmig verteilten Spannungen wird beim Tragsicherheitsnachweis mit gleichförmig verteilten (konstanten) Spannungen gerechnet. Es wird von der Vorstellung ausgegangen, daß sich im Bruchzustand gleichförmig ausplastizierte Nähte einstellen. Auf der Basis dieser Vorstellung wurden die ertragbaren Spannungen bei den Versuchen bestimmt. Bei nicht vorwiegend ruhender Beanspruchung sind für Kehlnähte wegen der ausgeprägten Kerbwirkung vergleichsweise geringe Dauer- bzw. Betriebsfestigkeitsspannungen zugelassen. Hier sollte man stets um eine ermüdungsgerechte Detailausbildung bemüht sein.

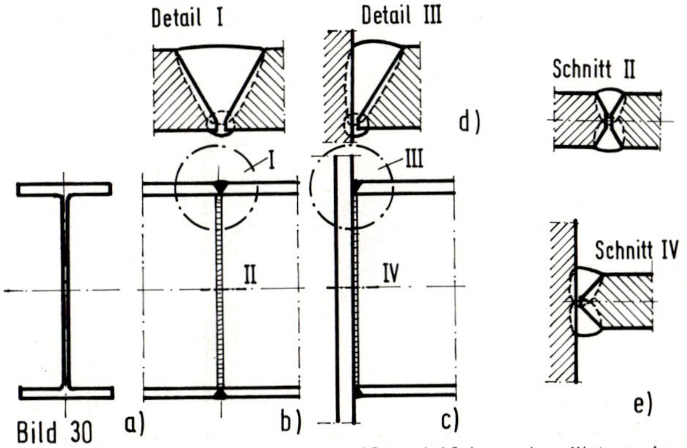

Bild 30

Die Kehlnähte müssen mindestens den theoretischen Wurzelpunkt erfassen; die rechnerische Nahtdicke a ist dann gleich der Höhe des eingeschriebenen gleichseitigen Dreiecks; Bild 31a: Doppelkehlnaht, b: Kehlnaht. Ein tieferer Einbrand darf nach Verfahrensprüfung (DIN 18800 T7) berücksichtigt werden. Möglich sind auch sogen. versenkte Kehlnähte (z.B. bei Halsnähten); hierbei handelt es sich um nicht voll durchgeschweißte K-Nähte mit einem verbleibenden Steg der Breite c. Man nennt sie D(oppelt)-HY- oder HY-Nähte. Schließlich gibt es noch die sogen. versenkten Kehlnähte, bei denen die Naht etwas weiter nach außen gezogen ist (Bild 31c). Wegen des Ansatzes der rechnerischen Nahtdicke vgl. DIN 18800 T1.

Aus schweißtechnischen Gründen sind bei Kehlnähten folgende Grenzwerte einzuhalten:

$$\min a \geq 2\,\text{mm} \qquad (16)$$

bzw.

$$\min a \geq \sqrt{\max t} - 0{,}5 \qquad (17)$$

$$\max a \leq 0{,}7 \cdot \min t \qquad (18)$$

(a und t in mm). Die rechnerische Länge ist gleich der Wurzellänge. (Zum Ansatz gemäß G.17 vgl. [92]). Bei den Nachweisen geht man von der Annahme aus, daß die Kehlnähte in ihren Wurzellinien konzentriert sind.

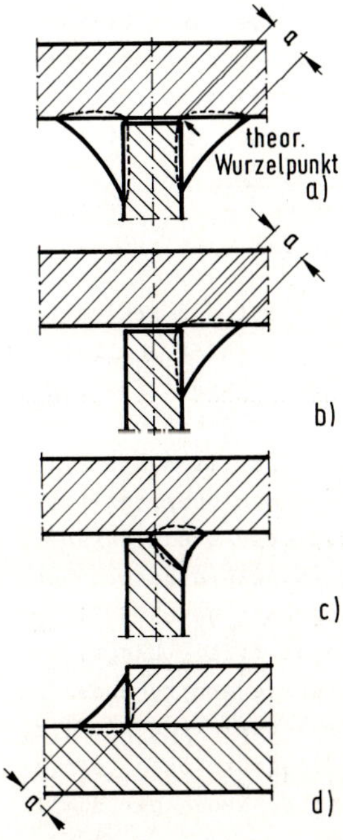

Bild 31

Vorrangig geeignet sind Kehlnähte für die Abtragung von Schubkräften längs und quer zur Nahtrichtung. Bild 32a zeigt diesen Fall; hinsichtlich der Lage werden Flanken- und Stirnkehlnähte unterschieden. In Teilbild b ist die Schnittebene zwischen Lasche und Grundblech dargestellt. Hier treten Schubspannungen, parallel bzw. senkrecht zur Naht auf:

$$\tau_{\parallel} \text{ und } \tau_{\perp}$$

Teilbild c zeigt eine Bruchform entlang der Kanten der Lasche; hier treten Spannungen

$$\tau_{\parallel} \text{ und } \sigma_{\perp}$$

auf. Der reale Bruch liegt dazwischen. Nachgewiesen wird die Verbindung gemäß:

$$\tau_w = \tau_{\parallel} = \tau_{\perp} = \frac{F}{\Sigma A_w} = \frac{F}{\Sigma a \cdot l} \tag{19}$$

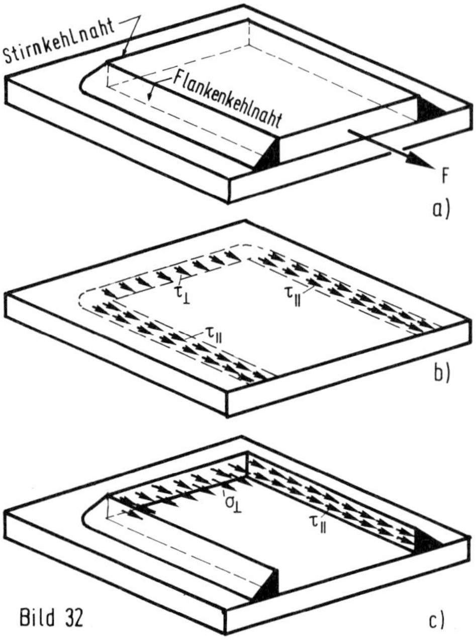

Bild 32

Unabhängig von den realen Spannungen wird mit einer über alle Nähte gemittelten Nennspannung gerechnet. Diese Annahme setzt die Einhaltung gewisser minimaler und maximaler bezogener Nahtlängen voraus (DIN 18800 T1).

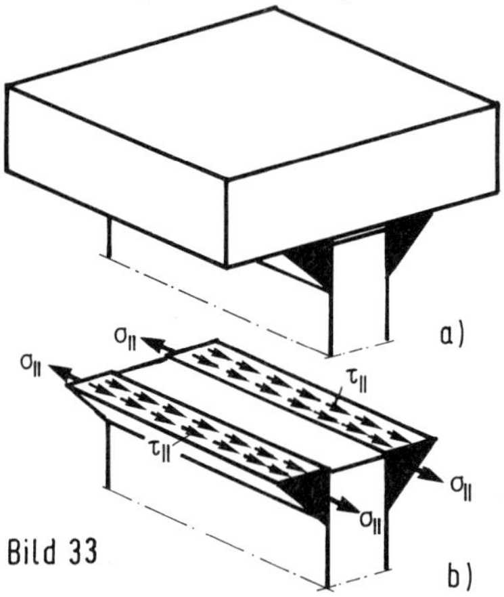

Bild 33

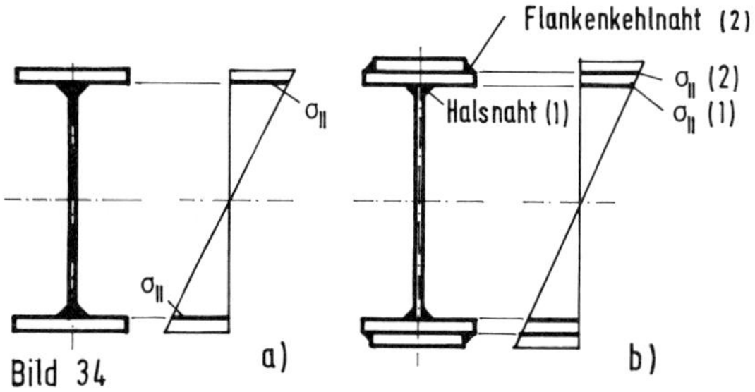

Bild 34

Werden Halsnähte als Kehlnähte ausgeführt, erhalten diese dieselbe Normalspannung $\sigma_{\parallel}$ wie die benachbarten Fasern des Grundprofils. Gleichzeitig treten Schubspannungen $\tau_{\parallel}$ auf (Bild 33):

$$\sigma_w = \sigma_{\parallel} = \frac{N}{A} \pm \frac{M}{I} z \tag{20}$$

$$\tau_w = \tau_{\parallel} = \frac{QS}{I\,\Sigma a} \tag{21*}$$

Σa ist i.a. $2a$; a ist die Kehlnahtdicke. Bild 34a zeigt, in welcher Faser $\sigma_{\parallel}$ auftritt. Die Gleichungen 20/21 gelten unverändert für den Nachweis von Flankenkehlnähten zum Anschluß zusätzlicher Gurtplatten (Teilbild b). S ist das statische Moment des jeweils anzuschließenden Querschnittsteiles. Wird die Halsnaht (und/oder die Flankenkehlnaht) nicht durchgeführt (unterbrochene Längsnaht) erhöht sich die Schubspannung gemäß G.21 im Verhältnis (e+l)/l; e ist die nahtfreie Länge. Solche Nähte sind bei nicht vorwiegend ruhender Beanspruchung wegen der hohen Kerbwirkung nicht zugelassen. Sie sind auch bei Konstruktionen, die der freien Witterung ausgesetzt sind, wegen der damit

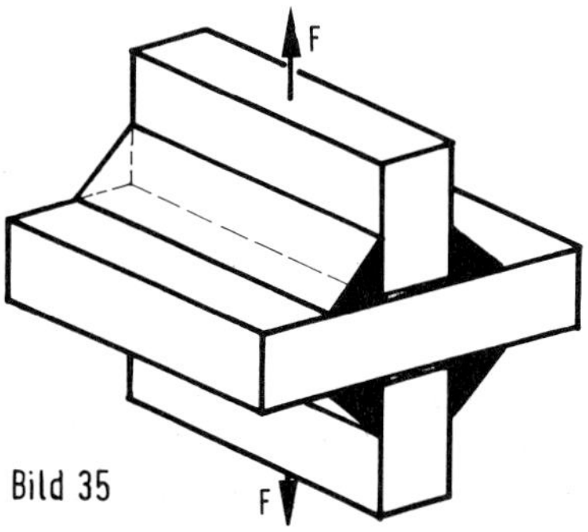

Bild 35

*) Im Gegensatz zu DIN 18800 T1 (11.90) wird die Querkraft hier nicht mit V sondern mit Q abgekürzt.

verbundenen Korrosionsgefährdung nicht zu empfehlen.
Wird ein Kreuzstoß mit Kehlnähten ausgeführt (Bild 35), sind zwei Bruchformen möglich (Bild 36):

a) In der Ebene zwischen den Schweißnähten und dem Querblech, es treten Spannungen $\sigma_\perp$ auf oder

b) in den Ebenen zwischen den Schweißnähten und dem Längsblech, es treten Schubspannungen $\tau_\perp$ auf.

Real tritt der Bruch in Richtung der Winkelhalbierenden ein (Bild 36c); die Spannung wird rechnerisch zu

$$\sigma_w = \sigma_\perp = \frac{F}{l \cdot \Sigma a} \qquad (22)$$

bestimmt (s.u. Abschnitt 8.7.1.4).
Vom Standpunkt der Ermüdungsfestigkeit ist der Kreuzstoß mit Doppelkehlnähten ein besonders starker Kerbfall: In den vier Wurzelpunkten treten extrem hohe Kerbspannungen auf;

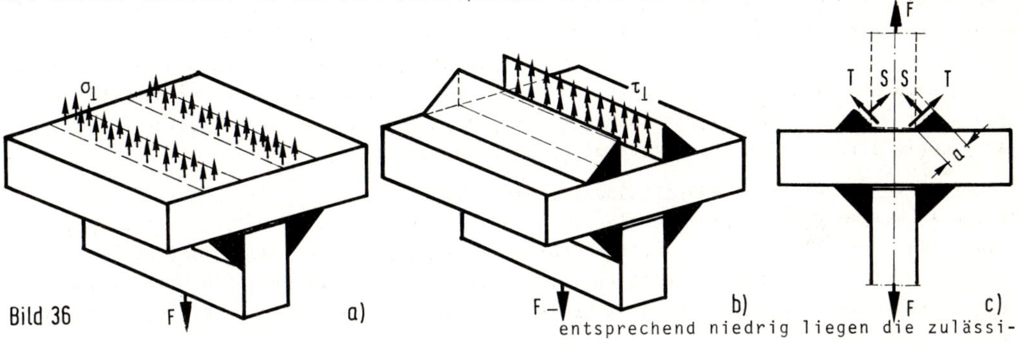

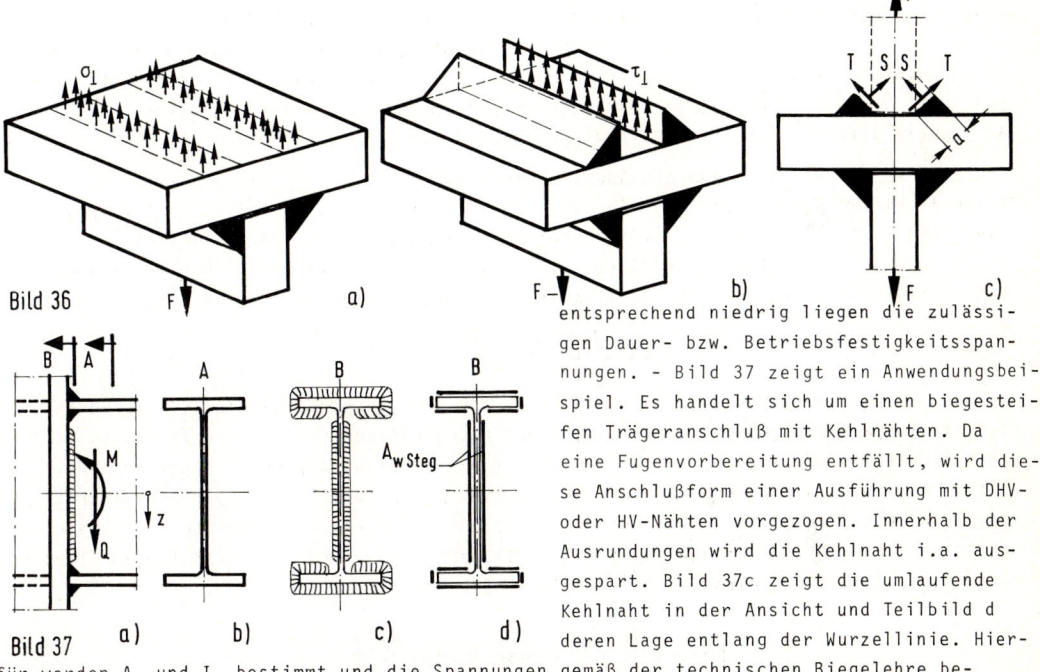

Bild 36

entsprechend niedrig liegen die zulässigen Dauer- bzw. Betriebsfestigkeitsspannungen. - Bild 37 zeigt ein Anwendungsbeispiel. Es handelt sich um einen biegesteifen Trägeranschluß mit Kehlnähten. Da eine Fugenvorbereitung entfällt, wird diese Anschlußform einer Ausführung mit DHV- oder HV-Nähten vorgezogen. Innerhalb der Ausrundungen wird die Kehlnaht i.a. ausgespart. Bild 37c zeigt die umlaufende Kehlnaht in der Ansicht und Teilbild d deren Lage entlang der Wurzellinie. Hierfür werden A_w und I_w bestimmt und die Spannungen gemäß der technischen Biegelehre berechnet:

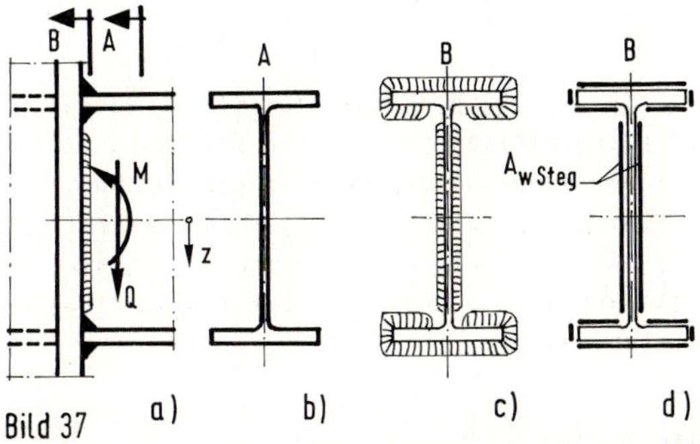

Bild 37

$$\sigma_w = \sigma_\perp = \frac{N}{A_w} \pm \frac{M}{I_w} \cdot z \qquad (23)$$

Die Querkraft wird jenen Anschlußnähten zugewiesen, die aufgrund ihrer Lage bevorzugt zu ihrer Übertragung in der Lage sind. Das ist hier die Doppelkehlnaht des Trägersteges: $A_{w Steg}$.

8.7.1.3 Kombination von Stumpf- und Kehlnähten

In Bild 38 sind zwei Beispiele dargestellt: Trägersteg und Druckgurt sind mittels Kehlnähten angeschlossen; der Zuggurt ist im Falle a mittels einer Stumpfnaht mit der Stütze verbunden; im Falle b ist der Zuggurt nach Schlitzung des Stützenflansches an den Steg der Stütze direkt angeschlossen. In der Schnittebene zwischen Riegel und Stütze ergibt sich das in Teilbild c bzw. d dargestellte Schweißnahtbild. Es ist einfach-symmetrisch. Die Schwerachse der Schweißnaht-Anschlußfläche wird i.a. nicht mit der Schwerachse des Trägerprofils übereinstimmen; das sollte indes grundsätzlich angestrebt werden. Die Steifigkeit der Stumpfnähte ist i.a. höher als die Steifigkeit der Kehlnähte (für die erstgenannten ist der E-Modul, für die zweitgenannten der G-Modul maßgebend), dennoch ist es

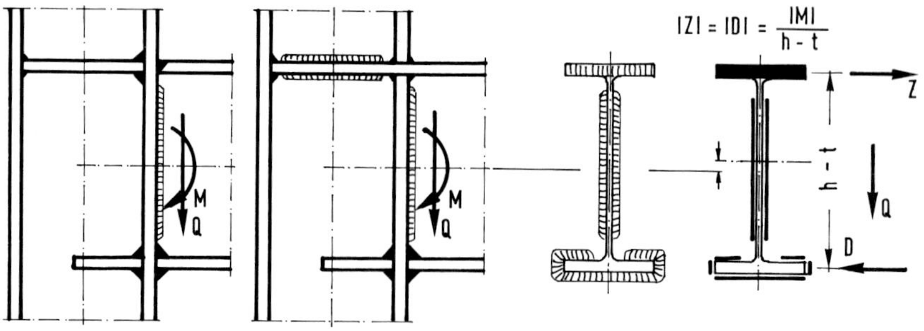

Bild 38 a) b) c) d)

üblich, A_w und I_w aus den Nahtanteilen der Stumpf- und Kehlnähte gemeinsam aufzubauen. (Ehemals existierten Sonderregelungen: Als zul. Spannungen waren die Werte für Kehlnähte anzusetzen). In Teilbild d ist angedeutet, wie der Nachweis näherungsweise geführt werden kann: Das Biegemoment wird den Flanschen (Gurten) und die Querkraft dem Steg zugewiesen; hierfür werden die anteiligen Schweißnahtspannungen berechnet. Bei einem nicht vorwiegend ruhend beanspruchten Anschluß sollte von dieser Möglichkeit kein Gebrauch gemacht werden, denn sonst wird der kombinierte Spannungszustand am Ende der Stegnähte unterschätzt; dieser Hinweis gilt auch für den Anschluß gemäß Bild 37d.

8.7.1.4 Zusammengesetzte (mehrachsige) Beanspruchung

Treten in Nahtbereichen Spannungen $\sigma_\perp$, $\sigma_\parallel$, $\tau_\perp$, $\tau_\parallel$ gleichzeitig auf, stellt sich die Frage nach deren Überlagerung. Beim Nachweis der Bauteile selbst ist die Vergleichsspannung σ_V zu bilden (vgl. Abschnitt 4.10). Die Berechnung eines solchen Vergleichswertes ist nach DIN 18800 T1 auch bei Schweißverbindungen erforderlich; die Formel lautet:

$$\sigma_V = \sqrt{\sigma_\perp^2 + \tau_\perp^2 + \tau_\parallel^2} \qquad (24)$$

Sie basiert auf Versuchen, vgl. [5,88,93]; $\sigma_\parallel$ braucht nicht berücksichtigt zu werden. Wird ein Trägeranschluß im Sinne von Bild 38d nachgewiesen, braucht der Vergleichswert nicht ermittelt zu werden. Diese Regelung gilt für vorwiegend ruhende Beanspruchung. Mittels G.24 kann die Berechnungsform von σ_w bzw. τ_w in Kehlnähten, quer zur Nahtrichtung (wie in Kreuzstößen) geprüft werden. Bild 36c zeigt die Schnittebenen durch die Kehlnähte und die normalen und tangentialen Kraftkomponenten S und T; daraus folgen die Spannungen $\sigma_\perp$ und $\tau_\perp$ der realen Bruchfläche je Längeneinheit:

$$S = T = \frac{F}{2}\frac{\sqrt{2}}{2} = \frac{\sqrt{2}}{4}F \longrightarrow \sigma_\perp = \tau_\perp = \frac{\sqrt{2}}{4}\frac{F}{a} \qquad (25)$$

Hierfür wird der Vergleichswert bestimmt:

$$\sigma_V = \sqrt{\sigma_\perp^2 + \tau_\perp^2} = \sqrt{2\frac{2}{16}\frac{F^2}{a^2}} = \frac{F}{2a} \qquad (26)$$

Somit sind die in G.22 und 23 angeschriebenen Spannungen $\sigma_w = \sigma_\perp$ eigentlich Spannungen im Sinne eines Vergleichswertes. Es wäre demnach verfehlt, wie folgt zu rechnen:

$$\sigma_\perp = \tau_\perp = \frac{F}{2a} \longrightarrow \sigma_V = \frac{F}{\sqrt{2}\,a} \qquad (27)$$

In den ersten Ausgaben der DIN 4100 (Geschweißte Stahlbauten) wurde der Vergleichswert nach der Hauptspannungshypothese berechnet, weil man ein eher sprödes Bruchverhalten unterstellte. Dieser Ansatz wurde in der DV848 (Geschweißte Eisenbahnbrücken) bis zu deren Ablösung durch die DS804 beibehalten; hierbei handelt es sich um nicht vorwiegend ruhend belastete Tragwerke. Bei Halsnähten zur Verbindung der Stegbleche und Gurte, für die durchlaufenden Flankenkehlnähte zur Verbindung der Gurtplatten untereinander, für die Stegblechquer- und Längsstöße sowie für die Trägeranschlüsse war der Nachweis

$$\max\sigma_h = \frac{1}{2}(\sigma_x \pm \sqrt{\sigma_x^2 + 4\tau^2}) \leq \text{zul}\,\sigma_D \qquad (28)$$

zu führen; zul σ_D war (je nach Verbindungstyp) unterschiedlichen Kerbfällen zugeordnet. Für räumliche Spannungszustände galt:

$$\max\sigma_h = \frac{1}{2}(\sigma_x + \sigma_y) \pm \sqrt{(\sigma_x - \sigma_y)^2 + 4\tau^2} \leq \mathrm{zul}\sigma_D \tag{29}$$

Nach DIN 15018 (Krane; 1984) ist nachzuweisen:

$$\left(\frac{\sigma_x}{\mathrm{zul}\sigma_x}\right)^2 + \left(\frac{\sigma_y}{\mathrm{zul}\sigma_y}\right)^2 - \left(\frac{\sigma_x\,\sigma_y}{\mathrm{zul}\sigma_x \cdot \mathrm{zul}\sigma_y}\right) + \left(\frac{\tau}{\mathrm{zul}\tau}\right)^2 \leq 1{,}1 \tag{30}$$

Nach DS804 (Eisenbahnbrücken; 1983) gilt eine ähnliche Interaktionsformel:

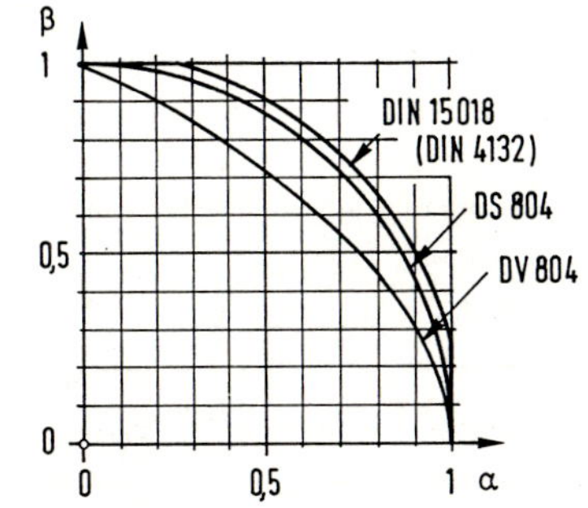

Bild 39 $\alpha = \frac{\sigma_x}{\mathrm{zul}\sigma_x}$, $\beta = \frac{\tau}{\mathrm{zul}\tau}$

$$\left(\frac{\sigma_x}{\mathrm{zul}\sigma_x}\right)^2 + \left(\frac{\sigma_y}{\mathrm{zul}\sigma_y}\right)^2 - \frac{0{,}8\cdot\sigma_x\,\sigma_y}{\mathrm{zul}\sigma_x\cdot\mathrm{zul}\sigma_y} + \left(\frac{\tau}{\mathrm{zul}\tau}\right)^2 \leq 1 \tag{31}$$

Zulσ und zulτ sind die dem Kerbfall zugeordneten zulässigen Betriebsfestigkeitsspannungen, z.B.:

$$\mathrm{zul}\sigma = \mathrm{zul}\sigma_{Be} \tag{32}$$

Treten nur die Spannungen σ_x und τ auf, läßt sich G.29 in folgende Interaktionsbeziehung umformen:

$$\frac{1}{2}\left(\frac{\sigma_x}{\mathrm{zul}\sigma} \pm \sqrt{\left(\frac{\sigma_x}{\mathrm{zul}\sigma}\right)^2 + 4\left(\frac{\tau}{\mathrm{zul}\sigma}\right)^2}\right) \leq 1 \tag{33}$$

$$\mathrm{zul}\sigma = \mathrm{zul}\sigma_D \tag{34}$$

G.30 und G.31 lauten in diesem Falle:

G.30: $$\left(\frac{\sigma_x}{\mathrm{zul}\sigma_x}\right)^2 + \left(\frac{\tau}{\mathrm{zul}\tau}\right)^2 \leq 1{,}1 \tag{35}$$

G.31: $$\left(\frac{\sigma_x}{\mathrm{zul}\sigma_x}\right)^2 + \left(\frac{\tau}{\mathrm{zul}\tau}\right)^2 \leq 1 \tag{36}$$

Bild 39 zeigt die Graphen dieser Interaktionsformeln, die wegen der unterschiedlich zulässigen Spannungen nur einen bedingten Vergleich erlauben. Eine fundierte wissenschaftliche Abklärung des hier angesprochenen Problemkreises steht, insbesondere bei Ermüdungsbeanspruchung, bis heute aus; vgl. auch die Abschnitte 21.5.3, 21.2.5, 28.2.4/5

8.7.1.5 Kennzeichnung und Sinnbilder der Schweißnähte

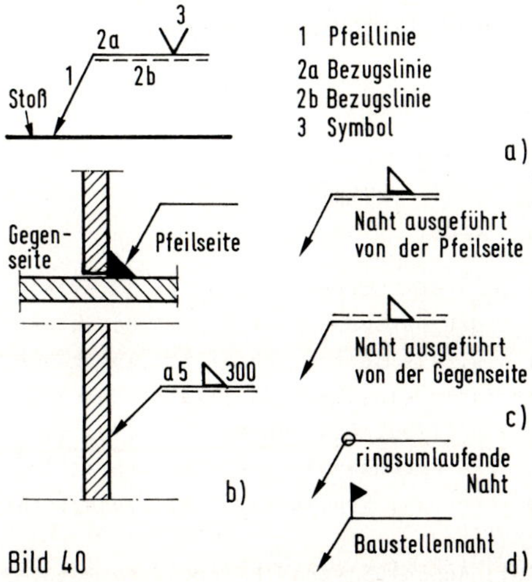

Bild 40

Nach DIN 1912 werden zwei Arten der Kennzeichnung von Schweißnähten unterschieden: Die illustrierende und die symbolhafte, vgl. Bild 40/41. Letztere wird bei der Anfertigung der technischen Zeichnungen verwandt; neben dem Schweißnahtsymbol wird bei allen Kehlnähten die Schweißnahtdicke (und ggf. die Länge) vermerkt. In Bild 41 sind die Symbole für die wichtigsten Nahtarten nach DIN 1915 T5 (12.87) zusammengestellt.

8.7.1.6 Berechnungsbeispiele

Im folgenden wird der Tragsicherheitsnachweis für verschiedene Schweißverbindungen geführt. Es wird vorwiegend ruhende Beanspruchung unterstellt; maßgebend ist demgemäß:

DIN 18800 T1 (03.81): Zul σ - Konzept, Fortschreibung von DIN 4100 (12.68); Zulässige Spannungen:

	St 37		St 52		
	H	HZ	H	HZ	
Stumpfnähte	16,0	18,0	24,0	27,0	kN/cm²
Kehlnähte, einschließlich σ_V	13,5	15,0	17,0	19,0	

Wegen Einzelheiten siehe DIN 18800 T1 (03.81)

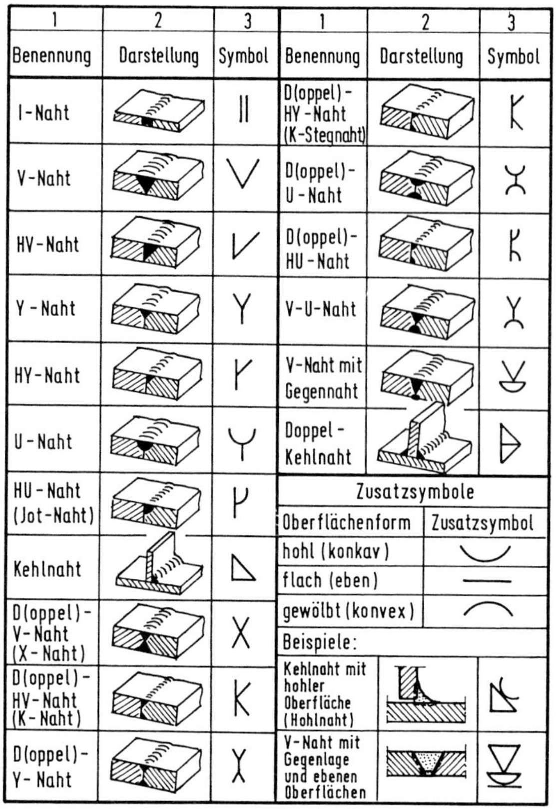

1	2	3	1	2	3
Benennung	Darstellung	Symbol	Benennung	Darstellung	Symbol
I-Naht		∥	D(oppel)-HY-Naht (K-Stegnaht)		K
V-Naht		V	D(oppel)-U-Naht		X
HV-Naht		V	D(oppel)-HU-Naht		K
Y-Naht		Y	V-U-Naht		Y
HY-Naht		Y	V-Naht mit Gegennaht		
U-Naht		Y	Doppel-Kehlnaht		
HU-Naht (Jot-Naht)		P	Zusatzsymbole		
			Oberflächenform	Zusatzsymbol	
Kehlnaht		△	hohl (konkav)		⌣
			flach (eben)		—
			gewölbt (konvex)		⌢
			Beispiele:		
D(oppel)-V-Naht (X-Naht)		X	Kehlnaht mit hohler Oberfläche (Hohlnaht)		
D(oppel)-HV-Naht (K-Naht)		K			
D(oppel)-Y-Naht		X	V-Naht mit Gegenlage und ebenen Oberflächen		

Bild 41

α_w nach Bild 42. Für Schweißnähte in Bauteilen mit Erzeugnisdicken über 40mm darf für $f_{y,k}$ der charakteristische Wert der Streckgrenze für Erzeugnisdicken ≤ 40mm angesetzt werden. Somit gilt für die Grenzschweißnahtspannung der Stahlsorten St37 bzw. St52 in allen Fällen:

Die für Stumpfnähte angegebenen Werte für Zug und Biegezug gelten nur dann, wenn die Nahtgüte nachgewiesen wird (Freiheit von Rissen, Biege- und Wurzelfehlern).

DIN 18800 T1 (11.90): Unter γ_F-ψ-fachen Einwirkungen ist nachzuweisen, daß die rechnerische (Nenn-)Spannung in der Schweißnaht der Bedingung

$$\sigma_V = \sigma_{w,V} = \sqrt{\sigma_\perp^2 + \tau_\perp^2 + \tau_\parallel^2} \leq \sigma_{w,R,d} \quad (37)$$

genügt. Die Grenzschweißnahtspannung ist von der Nahtart, Nahtgüte, der Art der Beanspruchung und von der Stahlsorte des Bauteils abhängig:

$$\sigma_{w,R,d} = \alpha_w \cdot f_{y,d} = \alpha_w \cdot f_{y,k}/\gamma_M ; \quad \gamma_M = 1,1 \quad (38)$$

Nahtart	Nahtgüte	Beanspruch.	α_w St 37-2 St 37-3	α_w St 52-3
Beispiele:	alle Nahtgüten	Druck	1,0	1,0
	Nahtgüte nachgewies.	Zug		
	Nahtgüte nicht nachg.			
Beispiele:	alle Nahtgüten	Druck/Zug	0,95	0,80
alle Nahtarten		Schub		

Bild 42 (nach DIN 18800 T1, 11.90)

$$\text{St 37-2, St 37-3}: \sigma_{w,R,d} = \alpha_w \frac{24}{1,1} = \alpha_w \, 21,8 \quad \text{kN/cm}^2 \quad (39)$$
$$\text{St 52-3}: \sigma_{w,R,d} = \alpha_w \frac{36}{1,1} = \alpha_w \, 32,7$$

In DIN 18800 T1 (03.81) ist der Umrechnungsfaktor (α_w) für Schub für St37 zu 13,5/16,0 =0,84 und für St52 zu 17,0/24,0=0,71 angesetzt. Mit den Faktoren 0,95 bzw. 0,80 in der Ausgabe Nov. 90 wurde diese Regelung modifiziert, d.h. die Beanspruchbarkeit angehoben; dies war aufgrund von Versuchen möglich, das setzt indes eine hohe Qualitätssicherung der Schweißausführung voraus. Den folgenden Beispielen liegt DIN 18800 T1 (11.90) im Sinne des Nachweises Elastisch-Elastisch zugrunde. Die Rechenanweisungen gelten analog für nicht vorwiegend ruhend beanspruchte Bauteile (Kranbau, Brückenbau), allerdings nach dem zulσ_{Be}-Konzept.

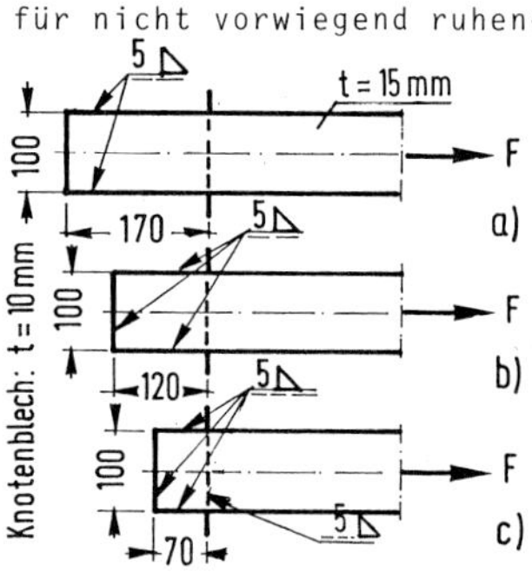

1. Beispiel (Bild 43): Anschluß eines Flacheisens (St37-2) mittels Kehlnähten. Im γ_F-ψ-fachen Lastzustand beträgt die Anschlußkraft F:

$F = 320 \, \text{kN}$

Nachweis des Stabes:

$A = 1,5 \cdot 10,0 = 15,0 \, \text{cm}^2$

$\sigma = 320/15,0 = 21,3 \, \text{kN/cm}^2 < 21,8 \, \text{kN/cm}^2$

Fall a: Es wird eine Kehlnahtdicke a=5mm gewählt; die Zugkraft F wird über zwei Flankenkehlnähte l=170mm abgesetzt. Überprüfung der konstruktiven Auslegung für überlappende

Bild 43

Kehlnahtanschlüsse; vgl. G.16/17/18:

$$a = 5\,mm > min\,a = 2\,mm \quad bzw. \geq \sqrt{max\,t} - 0{,}5 = 3{,}37\,mm$$

$$a = 5\,mm < max\,a = 0{,}7 \cdot min\,t = 0{,}7 \cdot 10 = 7\,mm$$

Kehlnähte dürfen rechnerisch nur angesetzt werden, wenn $l \geq 6 \cdot a$ bzw. $l \geq 30mm$ gilt. In unmittelbaren Laschen- und Stabanschlüssen ist als rechnerische Schweißnahtlänge l der einzelnen Flankenkehlnähte $150 \cdot a$ zulässig. Beide Regelungen bedeuten gegenüber DIN 18800 T1, Ausg. 03.81, eine erhebliche Erweiterung; nach der Norm war einzuhalten: $min\,l = 15 \cdot a$ und $max\,l = 100 \cdot a$. (Der Verf. empfiehlt, den letztgenannten Richtwert anzuwenden.) Für das Beispiel gilt:

$$l = 170\,mm > min\,l = 6a = 6 \cdot 5 = 30\,mm \quad bzw. \geq 30\,mm$$

$$l = 170\,mm < max\,l = 150a = 150 \cdot 5 = 750\,mm$$

Die Auslegung ist in Ordnung. Für die $\tau_{||}$-Spannungen folgt:

$$A_w = 2 \cdot 0{,}5 \cdot 17 = 17{,}0\,cm^2$$

$$\tau_{||} = \frac{320}{17{,}0} = \underline{18{,}8\,kN/cm^2} < 0{,}95 \cdot 21{,}8 = 20{,}7\,kN/cm^2$$

Der Anschluß läßt sich verkürzen, wenn neben den Flankenkehlnähten eine Stirnkehlnaht angeordnet wird (Fall b) und noch weiter, wenn eine umlaufende Kehlnaht gelegt wird (Fall c). Den vorstehenden Bedingungen wird genügt. Die Schweißnahtflächen betragen in beiden Fällen unverändert 17cm².

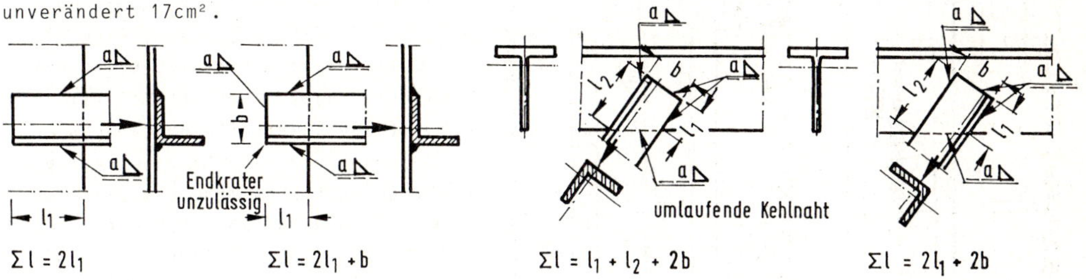

Bild 44 a) b) c) d)

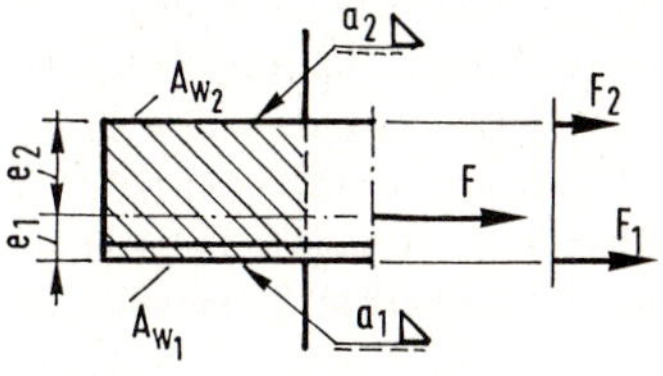

Bild 45

Handelt es sich nicht um Flachstähle oder symmetrische Profile (z.B. um einen |[-Anschluß), sondern um Winkelprofile, dürfen die Momente aus der Außermittigkeit des Schweißnahtanschlusses unberücksichtigt bleiben, wenn die rechnerische Schweißnahtlänge gemäß Bild 44 bestimmt wird. Wie Bild 45 zeigt, erhält die dem abstehenden Winkelschenkel benachbarte Kehlnaht einen höheren Kraftanteil als die gegenüberliegende, wenn man das "Hebelgesetz" anwendet. Geht man von der Vorstellung aus, daß sich der anliegende Winkelschenkel (im Bild schraffiert) parallel in Richtung der Stabachse verschiebt, erleiden die Kehlnähte eine gleich große Gleitung γ und damit eine gleich große Schubspannung $\tau = G \cdot \gamma$. Dieser Modellvorstellung liegen letztlich die Ansätze in Bild 44a bis c zugrunde (insbesondere im Zustand des Ausfließens); für den in Bild 44d gezeigten Fall läßt sie sich nicht voll aufrecht erhalten. Im Zweifelsfall sollte man das in Bild 45 aufgezeigte Prinzip anwenden (Erfüllung der Gleichgewichts- und Verträglichkeitsgleichungen, vgl. hierzu auch das 9. Beispiel).

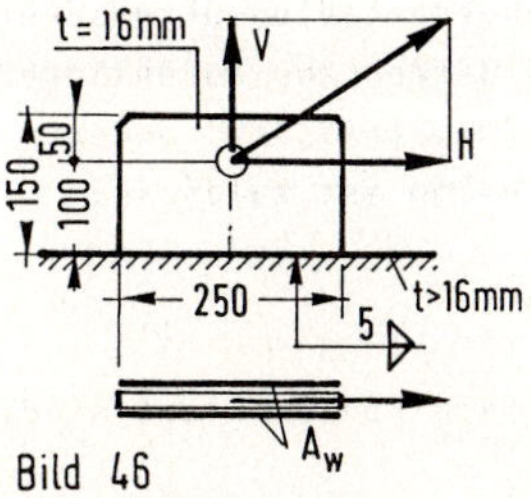

Bild 46

2. Beispiel (Bild 46): Anschluß eines Augenbleches (St52-3) mittels Kehlnähten; unter γ_F-ψ-fachen Lasten wirkt:

$$H = 200\,kN, \quad V = 135\,kN$$

Es wird eine Doppelkehlnaht mit a=5mm und l=250mm gewählt; Überprüfung der konstruktiven Auslegung:

$$\frac{l}{a} = \frac{250}{5} = 50 \begin{matrix} <150 \\ >6 \end{matrix} \quad ; \quad \frac{a}{t} = \frac{5}{16} = 0{,}31 < 0{,}7$$

Die Ausbildung ist in Ordnung. In der Anschlußebene wirken:

$$M = 200 \cdot 10 = 2000\,kNcm$$

$$Q = 200\,kN, \quad N = 135\,kN$$

Fläche und Widerstandsmoment der Schweißnaht betragen:

$$A_w = 2 \cdot 0{,}5 \cdot 25 = 25\,cm^2$$
$$W_w = 2 \cdot 0{,}5 \cdot 25^2/6 = 104\,cm^3$$

Nach Berechnung von $\sigma_\perp$ (infolge N und M mittels G.20) und $\tau_{||}$ (infolge Q mittels G.21) wird der Vergleichswert σ_V am Ende der Naht bestimmt:

$$\sigma_\perp = \frac{135}{25} \pm \frac{2000}{104} = 5{,}40 \pm 19{,}23 = {}^{+24{,}63}_{-13{,}83}\,kN/cm^2$$

$$\tau_{||} = \frac{200}{25} = \underline{8{,}00\,kN/cm^2};\ \sigma_V = \sqrt{24{,}63^2 + 8{,}00^2} = 25{,}9\,kN/cm^2 < 0{,}8 \cdot 32{,}7 = 26{,}2\,kN/cm^2$$

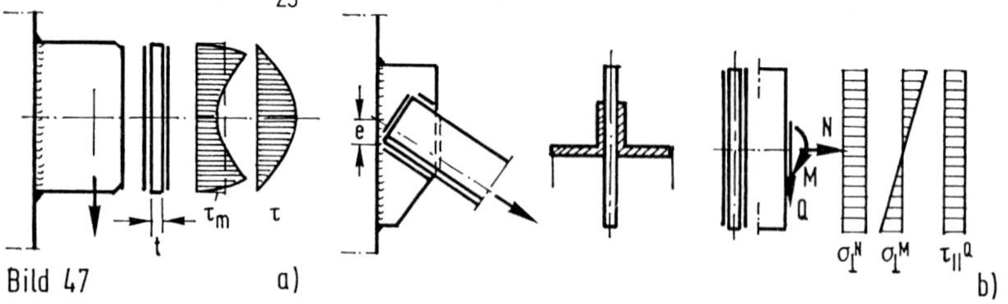

Bild 47

Der Anschluß der Augenlasche wird hier mit $\tau_{||} = Q/A_w$ als gemittelte Schubspannung nachgewiesen und folgerichtig an den Enden der Naht der Vergleichswert berechnet, vgl. G.19 und den zugehörigen Kommentar. Genau betrachtet ist die Schubspannung am Nahtende Null, unmittelbar benachbart erreicht sie indes ihren Höchstwert; insofern ist die σ_V-Berechnung gerechtfertigt. Der Ansatz einer parabelförmigen Schubspannungsverteilung (im Sinne der Biegetheorie eines Rechteckbalkens) ist eher verfehlt, da das Bauteil, an welches die Lasche angeschweißt wird, keine korrespondierende Verzerrung aufweist; im Gegenteil, in Höhe der Nahtenden tritt ein Verzerrungssprung ein, der die hohen

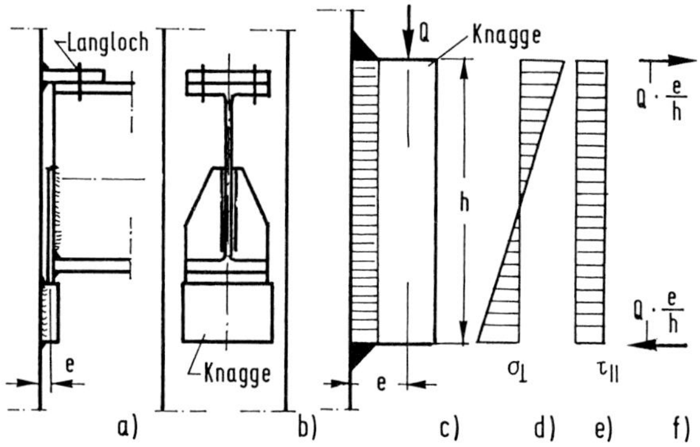

Bild 48

Schubspannungen verursacht, vgl. Bild 47a. Analoges gilt z.B. für die Anschlußnaht eines Knotenbleches an ein anderes Bauteil (Bild 47b). Bild 48 zeigt ein weiteres Beispiel: Auflagerung eines Trägers auf eine Knagge. Sowohl für das Stirnblech, das auf der Knagge aufliegt, wie für die Knagge selbst, wird man die parallel zur Endquerkraft liegenden Nähte zur Abtragung heranziehen und hierfür gemittelte $\tau_{||}$-Spannungen berechnen. Im Falle der Knagge tritt eine geringe Exzentrizität auf, vgl. Bild 48a und c. Hierdurch werden $\sigma_\perp$-Spannungen ausgelöst; entsprechend muß ein σ_V-Wert berechnet werden. Zweckmäßig und zulässig ist es in solchen Fällen, das Exzentrizitätsmoment den waagerechten Kehlnähten über den Hebelarm h zuzuordnen und hierfür in diesen Nähten die Spannung $\sigma_\perp = \tau_\perp$ zu berechnen. Dann kann die Bestimmung eines Vergleichswertes in den lotrechten Nähten (da nur $\tau_{||}$-beansprucht) entfallen.

IPE 300 St 37-2

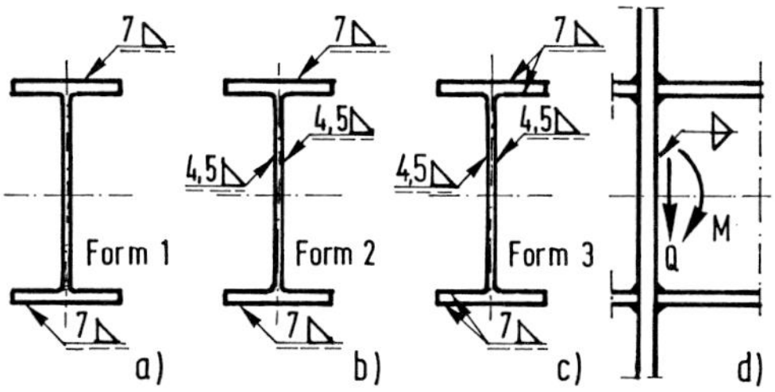

Bild 49

<u>3. Beispiel</u> (Bild 49): Biegesteifer Trägeranschluß mittels Kehlnähten (im Sinne von Bild 37a): $M = 70\,kNm$, $Q = 200\,kN$ ($\gamma_F - \psi$ - facher Lastfall)

Es werden drei Ausführungsvarianten untersucht:

<u>Form 1</u> (Teilbild a): Es werden nur außenliegende Flanschkehlnähte (a=7mm, t=10,7mm) gelegt; die gewählte Nahtdicke a=7mm ist zulässig:

$$\frac{a}{t} = \frac{7}{10{,}7} = 0{,}65 < 0{,}7$$

Bei der Rechnung wird angenommen, daß die Kehlnähte in der Wurzellinie konzentriert sind. Es folgt:

$$A_w = 2 \cdot 0{,}7 \cdot 15 = 21\,cm^2;\ I_w = 2 \cdot 0{,}7 \cdot 15 \cdot 15{,}0^2 = 4725\,cm^4$$
$$W_w = 4725/15{,}0 = 315\,cm^3$$

Da die Steganschlußnähte fehlen, ist ein Anschluß in der vorliegenden Form verfehlt und unzulässig. Die Flanschnähte sind wegen der Nachgiebigkeit der Flansche zur Aufnahme der Querkraft (=Schubspannungsresultierende im Steg) nicht geeignet, der Beanspruchungszustand wäre völlig unübersichtlich.

Form 2 (Teilbild b): Es wird entlang des Steges eine Doppelkehlnaht gelegt, a=4,5mm, l=239mm; die Rundungen bleiben ausgespart. Prüfung der Nahtdicke:

$$a = 4{,}5\,\text{mm},\quad l = 239\,\text{mm};\quad \frac{a}{t} = \frac{4{,}5}{7{,}1} = 0{,}63 < 0{,}7$$

Die Begrenzung der Nahtlänge braucht nicht nachgewiesen zu werden, da eine gleichförmige, etwa konstante Schubspannung über die Anschlußlänge sichergestellt ist. Es wird gerechnet:

$$A_w = 21 + 2\cdot 0{,}45\cdot 23{,}9 = 42{,}5\,\text{cm}^2;\quad I_w = 4725 + 2\cdot 0{,}45\cdot 23{,}9^3/12 = 4725 + 1024 = 5749\,\text{cm}^4$$
$$W_w = 5749/15{,}0 = 383\,\text{cm}^3$$

Randspannung: $$\sigma_\perp = \pm\frac{7000}{383} = \underline{18{,}28\,\text{kN/cm}^2} < 0{,}95\cdot 21{,}8 = 20{,}7\,\text{kN/cm}^2$$

Am Ende der Steg-Doppelkehlnaht (Punkt Ⓔ) betragen $\sigma_\perp$ und die Schubspannung $\tau_{\parallel}$ (Bild 50):

$$l/2 = 119{,}5\,\text{mm}:\quad \sigma_\perp = \pm 18{,}28\,\frac{11{,}95}{15{,}0} = 14{,}56\,\text{kN/cm}^2$$

$$A_{w,\text{Steg}} = 2\cdot 0{,}45\cdot 23{,}9 = 21{,}5\,\text{cm}^2 \longrightarrow \tau_{\parallel} = 200/21{,}5 = 9{,}30\,\text{kN/cm}^2$$

Vergleichswert im Punkt Ⓔ: $$\sigma_V = \sqrt{14{,}56^2 + 9{,}30^2} = \underline{17{,}28\,\text{kN/cm}^2} < 20{,}7\,\text{kN/cm}^2$$

Auf die Bildung von σ_V darf verzichtet werden, wenn M allein von den Flanschnähten und Q allein von der Stegnaht aufgenommen werden kann (Bild 50). Diese Möglichkeit wird geprüft:

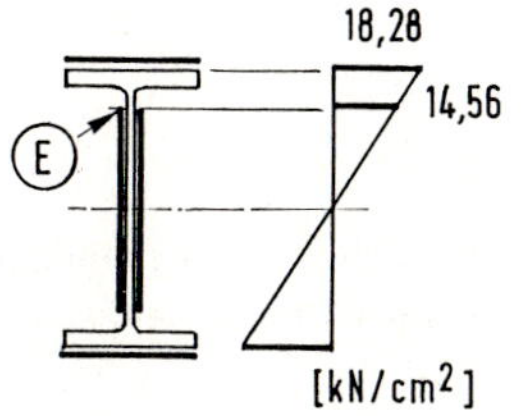

Bild 50

$$M:\ \sigma_\perp = \pm\frac{7000}{315} = \underline{22{,}22\,\text{kN/cm}^2} > 20{,}7\,\text{kN/cm}^2$$

Somit führt diese Nachweisform nicht zum Erfolg.

Form 3 (Teilbild c): Entlang der Innenseite der Flansche werden zusätzliche Kehlnähte gelegt (a=7mm, l=50mm):

$$A_w = 42{,}5 + 4\cdot 0{,}5\cdot 5{,}0 = 52{,}5\,\text{cm}^2$$
$$I_w = 5749 + 4\cdot 0{,}5\cdot 5{,}0\cdot(15 - 1{,}07)^2 = 5749 + 1940 = 7689\,\text{cm}^4$$
$$W_w = 7689/15 = 512{,}63\,\text{cm}^3$$

Das aufnehmbare Anschlußmoment für γ_F-ψ-fache Lasten folgt zu: $M = 512{,}63\cdot 20{,}7 = 10611\,\text{kNcm}$

Im Punkt Ⓔ beträgt $\sigma_\perp$:

$$\sigma_\perp = \pm 20{,}7\cdot\frac{11{,}95}{15} = 16{,}49\,\text{kN/cm}^2$$

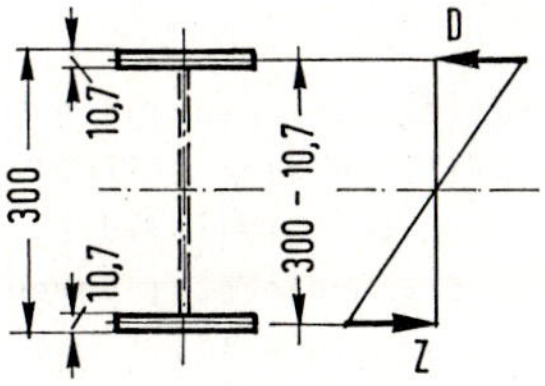

Bild 51

Für eine unveränderte Querkraft Q=200kN (s.o.) folgt:

$$\sigma_V = \sqrt{16{,}49^2 + 9{,}30^2} = \underline{18{,}93\,\text{kN/cm}^2} < 20{,}7\,\text{kN/cm}^2$$

Vorstehende Nachweise sind normgerecht. Eine Näherungsabschätzung besteht darin, die Flanschgurtkräfte über den inneren Hebelarm (h-t) zu bestimmen (Bild 51):

$$Z = D = \frac{M}{(h-t)} = \frac{7000}{30-1{,}07} = \frac{7000}{28{,}93} = 242\,\text{kN}$$

Für die Form 2 folgt damit: $$A_{w,\text{Flansch}} = 0{,}7\cdot 15 = 10{,}50\,\text{cm}^2 \longrightarrow \sigma_\perp = \frac{242}{10{,}5} = 23{,}05\,\text{kN/cm}^2 > 20{,}7\,\text{kN/cm}^2$$

Diese Berechnungsform liegt auf der sicheren Seite, sie ist indes unwirtschaftlich. Die Querkraft wird der Stegnaht zugewiesen; die Berechnung von σ_V kann entfallen (s.o.). Bei der Abtragung der Querkraft über die Stegnähte handelt es sich um eine kontinuierliche Krafteinleitung. Eine obere Begrenzung der Schweißnahtlänge braucht hier nicht eingehalten zu werden. Wie Bild 52a zeigt, ist die Schubspannung τ über die gesamte Steghöhe relativ gleichverteilt vorhanden. Eine Längenbegrenzung der Schweißnaht wäre verfehlt.

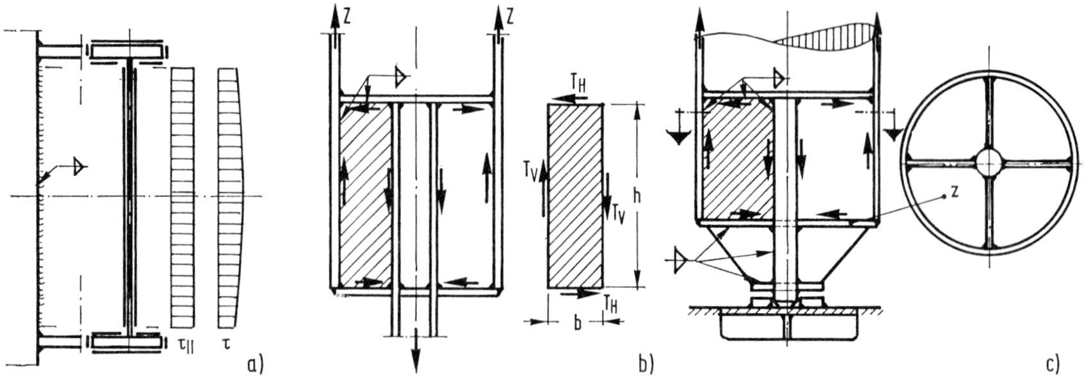

Bild 52

Bild 52b zeigt ein weiteres Beispiel für eine stetige Krafteinleitung. In den schraffierten Blechen treten hohe Schubspannungen auf. Werden die Kehlnähte gleich dick ausgeführt, ergeben sich gleich hohe Schubspannungen:

$$T_V = Z; \quad T_H h - T_V b = 0 \longrightarrow \quad T_H = T_V \frac{b}{h}; \quad \tau_H = \frac{T_H}{a \cdot b} = \frac{T_V}{a \cdot h}; \quad \tau_V = \frac{T_V}{a \cdot h} \longrightarrow \tau_H = \tau_V = \tau$$

Bild 52c zeigt ein weiteres Beispiel; hier verteilt sich die lotrechte Kraft auf vier Schubbleche. Die als z gekennzeichneten Bleche müssen als letzte eingeschweißt werden.

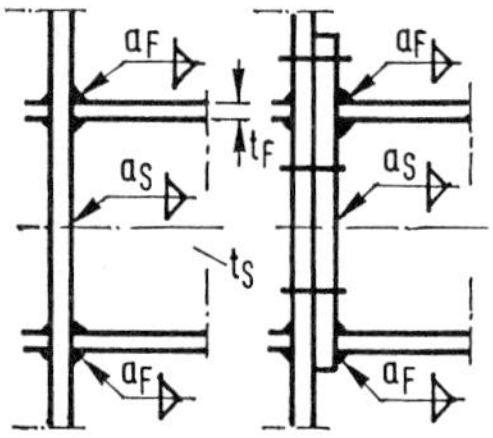

Bild 53

Der Anschluß eines Walzträgers mit I-Querschnitt (DIN 1025 und ähnliche, auch geschweißte) darf ohne weiteren Tragsicherheitsnachweis ausgeführt werden, wenn folgende Dicken der Doppelkehlnähte gewählt werden (vgl. Bild 53):

$$\underline{\text{St 37}}: \; a_F \geq 0{,}5 \cdot t_F; \quad a_S \geq 0{,}5 \cdot t_S$$

$$\underline{\text{St 52}}: \; a_F \geq 0{,}7 \cdot t_F; \quad a_S \geq 0{,}7 \cdot t_S$$

Diese Regelung basiert auf Tragversuchen.

Das zuvor behandelte Beispiel (Bild 49, Form 3) genügt vorstehenden Bedingungen. Elasto- und plastostatisches Tragmoment betragen (St37):

$$M_{El} = 24{,}0 \cdot 557 = 13\,368\,\text{kNcm} = \underline{133{,}7\,\text{kNm}}$$

$$M_{Pl} = 1{,}13 \cdot 133{,}7 = \underline{151{,}1\,\text{kNm}}$$

Geht man von M_{El} aus, ergibt sich folgende Randspannung (s.o.):

$$\sigma_\perp = \pm \frac{13\,368}{512{,}63} = 26{,}08\,\text{kN/cm}^2 > 0{,}95 \cdot 21{,}8 = 20{,}7\,\text{kN/cm}^2$$

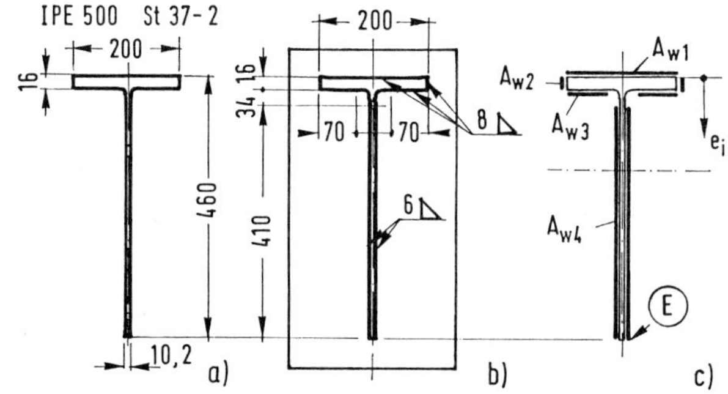

Nr i	A_{wi} cm²	e_i cm	$A_{wi} \cdot e_i$ cm³	$e_i - e_S$ cm	$A_{wi}(e_i - e_S)^2$ cm⁴
1	0,8 · 20 = 16,00	0	0	- 16,14	4168
2	2 · 0,8 · 1,6 = 2,56	0,8	2,05	- 15,34	602
3	2 · 0,8 · 7 = 11,20	1,6	17,92	- 14,14	2239
4	2 · 0,6 · 41 = 49,20	25,5	1254,6	+ 9,36	4310
Σ	78,66	-	1274,6	-	11319

$e_S = 1274{,}6 \,/\, 78{,}66 = \underline{16{,}14\ \text{cm}}$

d)

Bild 54

4. Beispiel (Bild 54): Anschluß eines T-förmigen Profils an eine Stirnplatte mittels Kehlnähten. Teilbild b zeigt die Lage der Kehlnähte; deren theoretische Wurzellinie fällt mit der Profilumrandung zusammen, Teilbild c. Die Ausrundung bleibt ausgespart. Die Schnittgrößen in der Anschlußebene betragen im γ_F-ψ-fachen Lastzustand:

$$M = 84\,\text{kNm}, \quad Q = 280\,\text{kN}$$

Die Tabelle in Teilbild d enthält die Berechnung der Schwerlinie der Schweißnaht-Anschlußfläche. Für deren Trägheitsmoment folgt:

$$I_w = \Sigma I_{wi} + \Sigma A_{wi}(e_i - e_S)^2 =$$

$$= 2 \cdot 0{,}6 \frac{41^3}{12} + 11\,319 = 18211\,\text{cm}^4$$

(Die Schwerachse des Grundprofils liegt im Abstand 14,0cm von der oberen Kante entfernt; e_s=16,14cm stimmt damit näherungsweise überein. Querschnittsfläche und Trägheitsmoment des Grundprofils: A=79,2cm², I=17640cm^4). Die Randspannungen und die Schubspannung in der Stegnaht ($A_{w,Steg}$=49,2cm²) ergeben sich zu:

$$\sigma_{1o} = +\frac{8400}{18\,211}\cdot 16{,}14 = 7{,}44\,kN/cm^2,\quad \sigma_{1u} = -\frac{8400}{18211}\cdot 29{,}86\,kN/cm^2,\quad \tau_{\|} = \frac{280}{49{,}2} = 5{,}69\,kN/cm^2$$

Am unteren Ende der Steg-Doppelkehlnaht (Punkt (E)) wird σ_V berechnet:

$$\sigma_V = \sqrt{13{,}77^2 + 5{,}69^2} = \underline{14{,}90\,kN/cm^2} < 0{,}95\cdot 21{,}8 = 20{,}7\,kN/cm^2$$

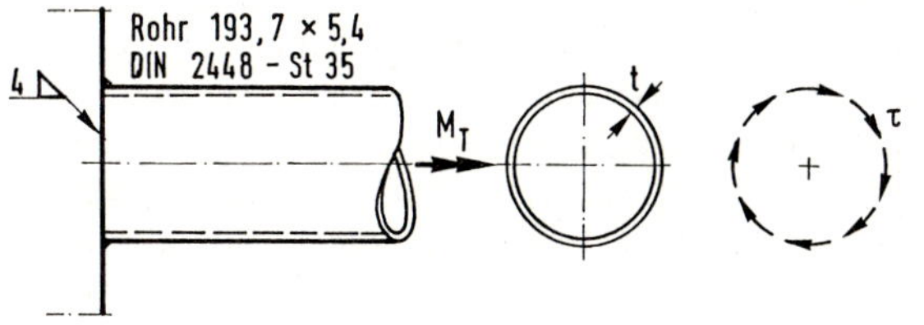

Bild 55

5. Beispiel (Bild 55): Anschluß eines torsionsbeanspruchten Rohres mittels Kehlnähten.

Das Torsionsmoment M_T verursacht einen geschlossenen Schubfluß. Ist r der Radius bis zur Kreislinie, entlang welcher der Schubfluß T je Längeneinheit wirkt, gilt:

$$M_T = T\cdot 2\pi r\cdot r = 2\pi r^2 T = 2A^* T$$

Wird diese Gleichung nach T aufgelöst, folgt die 1. BREDTsche Formel (vgl. Abschnitt 4.8.2.2):

$$T = \frac{M_T}{2A^*}$$

Das Anschluß-Torsionsmoment betrage (im γ_F-ψ-fachen Lastzustand):

$$M_T = 36{,}0\,kNm$$

Es wird eine Kehlnaht a=4mm gewählt. Die Empfehlung max a=0,7·5,4=3,8mm wird geringfügig überschritten. Nachweis der Schweißnaht:

$$A_w^* = \pi\frac{19{,}37^2}{4} = 294{,}7\,cm^2 \longrightarrow \tau_{\|} = \frac{3600}{2\cdot 294{,}7\cdot 0{,}4} = \underline{15{,}27\,kN/cm^2} < 0{,}95\cdot 21{,}8 = 20{,}7\,kN/cm^2$$

Wirken weitere Schnittgrößen (M,Q,N), sind hierfür die Spannungen wie bei einem dünnwandigen Rohrquerschnitt zu berechnen (siehe Abschnitt 4.4) und mit den zuvor berechneten Schubspannungen zu überlagern und für verschiedene Fasern der σ_V-Wert zu bilden.

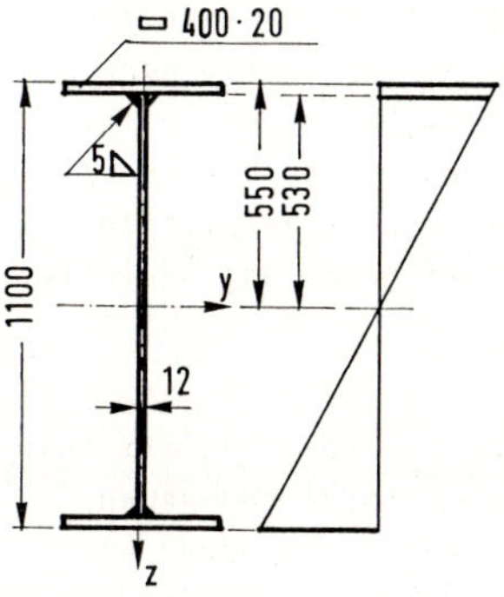

Bild 56

6. Beispiel (Bild 56): Nachweis der Halsnähte bei einem geschweißten Vollwandträger; St37-2. Schnittgrößen im γ_F-ψ-fachen Lastzustand: $M = 1400\,kNm,\ Q = 1650\,kN$

Für den Trägerquerschnitt findet man:

$$I_y = 586000\,cm^4;\ W_y = 10670\,cm^3$$

Die Längsspannungen $\sigma_{\|}$ in den Halsnähten brauchen nach DIN 18800 T1 nicht nachgewiesen zu werden.

Nach Berechnung des statischen Momentes der Gurtplatte 400·20 werden die Schubspannungen bestimmt:

$$S = 2\cdot 40\cdot 54 = 4320\,cm^3$$

$$\tau_{\|} = \frac{1650\cdot 4320}{586000\cdot 2\cdot 0{,}5} = \underline{12{,}16\,kN/cm^2} < 20{,}7\,kN/cm^2$$

Ein σ_V-Nachweis ist nicht erforderlich.

7. Beispiel (Bild 57): Nachweis der Hals- und Flankenkehlnähte eines geschweißten Trägers; St37-2. Schnittgrößen im γ_F-ψ-fachen Lastzustand:

$$M = -400\,kNm,\quad Q = 350\,kN$$

Für den zusammengesetzten Trägerquerschnitt wird die Schwerachse bestimmt, vgl. die Tabelle in Bild 57. Bezogen auf die untere Kante beträgt das Trägheitsmoment:

$$I = 278064 + 7246 = 285\,310\,cm^4$$

Umrechnung auf die Schwerachse: $I_y = 285310 - 224{,}5\cdot 30{,}89^2 = 71094\,cm^4$

Bezogen auf die Schwerachse werden die statischen Momente für die mittels der Nähte (1), (2) und (3) angeschlossenen Querschnittsteile berechnet:

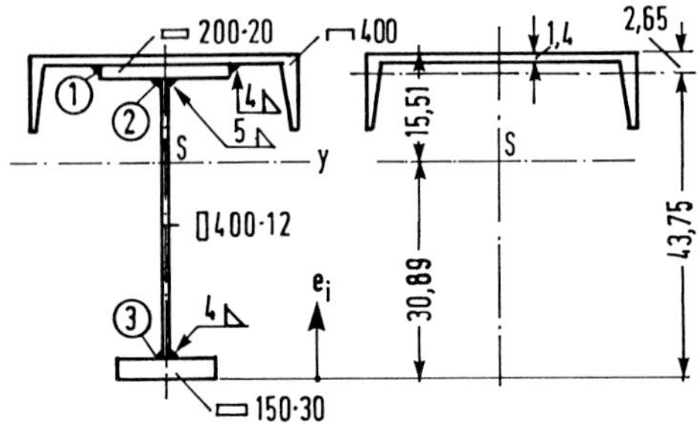

Bauteil	A_i cm^2	e_i cm	$A_i \cdot e_i$ cm^3	$A_i \cdot e_i^2$ cm^4	I_i cm^4
⊓ 400	91,5	43,75	4003	175131	846
▭ 200·20	40,0	44,0	1760	77440	-
▯ 400·12	48,0	23,0	1104	25392	6400
▭ 150·30	45,0	1,5	67,5	101	-
Σ	224,5		6934,5	278064	7246

$e_S = 6934{,}5/224{,}5 = 30{,}89$ cm

Bild 57

$S_1 = 91{,}5\,(15{,}51 - 2{,}65) = 1177\,cm^3$

$S_2 = 1177 + 40 \cdot 13{,}11 = 1177 + 524 = 1701\,cm^3$

$S_3 = 45{,}0 \cdot (30{,}89 - 1{,}5) = 1323\,cm^3$

$1\colon\ \sigma_{||} = +\dfrac{40000}{71094}\,14{,}11 = +7{,}94\,kN/cm^2;\quad \tau_{||} = \dfrac{350 \cdot 1177}{71094 \cdot 2 \cdot 0{,}4} = 7{,}24\,kN/cm^2$

$2\colon\ \sigma_{||} = +\dfrac{40000}{71094}\,12{,}11 = +6{,}81\,kN/cm^2;\quad \tau_{||} = \dfrac{350 \cdot 1701}{71094 \cdot 2 \cdot 0{,}5} = \underline{8{,}37\,kN/cm^2}$

$3\colon\ \sigma_{||} = -\dfrac{40000}{71094} \cdot 27{,}89 = \underline{-15{,}69\,kN/cm^2};\quad \tau_{||} = \dfrac{350 \cdot 1323}{71094 \cdot 2 \cdot 0{,}4} = 8{,}14\,kN/cm^2$

Die zulässige Schubspannung $0{,}9 \cdot 21{,}8 = 20{,}7\,kN/cm^2$ wird eingehalten; ein σ_V-Nachweis ist entbehrlich. Beim Nachweis des Trägers ist dagegen der Vergleichsspannungsnachweis in Höhe der Halsnähte zu führen; es ergibt sich: $\sigma_V = 21{,}6\,kN/cm^2 < 21{,}8\,kN/cm^2$. Für andere Träger-Querschnittsformen verläuft die Rechnung entsprechend. Bei strenger Betrachtung gibt es bei der Berechnung von $\tau_{||}$ gewisse Probleme, wenn es sich um geschlossene Querschnitte handelt. - Bild 58a

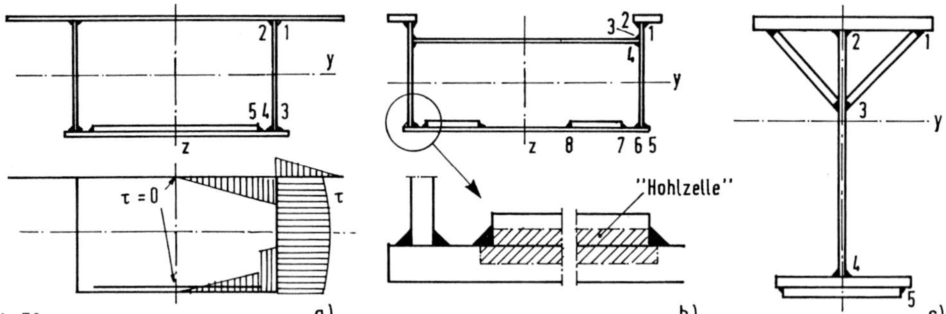

Bild 58

zeigt einen Hohlkastenquerschnitt. Bei Biegung um die y-Achse kann der Querschnitt entlang der Symmetrie-Achse aufgetrennt werden, da hier τ Null ist. Damit lassen sich die statischen Momente aller Querschnittsteile und die Schubspannungen $\tau_{||}$ eindeutig berechnen (einschließlich der Naht (5)). - Anders liegen die Verhältnisse im Falle des in Teilbild b dargestellten Querschnitts. Hier lassen sich die $\tau_{||}$-Spannungen in den Nähten (7) und (8) mit elementaren Mitteln nicht exakt bestimmen. Die beidseitigen Zulageplatten bilden über die Schweißnähte mit dem zugeordneten Untergurtblech zwei geschlossene Zellen. Die resultierende Schubkraft

$$T = \frac{QS}{I}$$

in den beiden Anschlußnähten einer Zulageplatte, also in den Nähten (7) und (8), ist zwar bekannt (S ist das statische Moment einer Zulageplatte), es kann aber nicht angegeben werden, wie sich T auf die Nähte (7) und (8) verteilt. Hierzu bedarf es strengerer Berechnungen (Abschnitt 26). Auf diesen Aufwand verzichtet man im Regelfall in der Praxis; $\tau_{||}$ wird als Mittelwert bestimmt:

$$\tau_{||} \approx T/(a_7 + a_8)$$

Real stellt sich um die "Hohlzelle" ein zusätzlicher geschlossener Schubfluß ein: Die Spannungen in den Nähten sind daher ungleich. In Fällen, wie im vorliegenden, sind die hiermit verbundenen Differenzen indes sehr gering. - Anders liegen die Verhältnisse bei Trägerformen mit vergleichsweise großen Querschnittszellen. So stellt die Berechnung der Schubspannungen in den Nähten (1) und (2) des in Teilbild c dargestellten Profils im Sinne der vorstehenden Abschätzung eine zu grobe (und damit unzulässige) Näherung dar. - Für die Fälle: Biegung um die z-Achse und Torsion ist in allen drei Fällen eine strenge Berechnung des Schubflusses in den Nähten erforderlich (Abschnitte 26 und 27)!

8. Beispiel (Bild 59): Verstärkung eines Trägersteges im Stützbereich eines Durchlaufträgers durch eingeschweißte Zusatzstege. Bild 59 zeigt verschiedene Varianten. Die Lösungen c und d sind vorzuziehen: Die Zusatzbleche werden entlang der Ränder in die Rundungen eingepaßt. Das ist aufwendig. Über dem Auflager lassen sich Steifen (Rippen) einziehen. Das ist zur Aussteifung des Steges im Falle a nur einseitig möglich, im Falle b läßt sich der mittige Steg nicht aussteifen (Beulgefahr!). Hier wird aus Übungsgründen Fall a nachgewiesen; der Nachweis für die Fälle b/d erfolgt analog. - Die Schnittgrößen im γ_F-ψ-fachen Lastzustand betragen:

$$M = -400\,\text{kNm},\quad Q = 800\,\text{kN}$$

Für das Grundprofil HE360B wird die zugelassene Grenzschubspannung überschritten:

$$\sigma = \frac{40\,000}{2400} = 16{,}67\,\text{kN/cm}^2;\quad \tau = \frac{800\cdot 1340}{43190\cdot 1{,}25} = \underline{19{,}86\,\text{kN/cm}^2} > \frac{24}{\sqrt{3}\cdot 1{,}1} = 12{,}6\,\text{kN/cm}^2$$

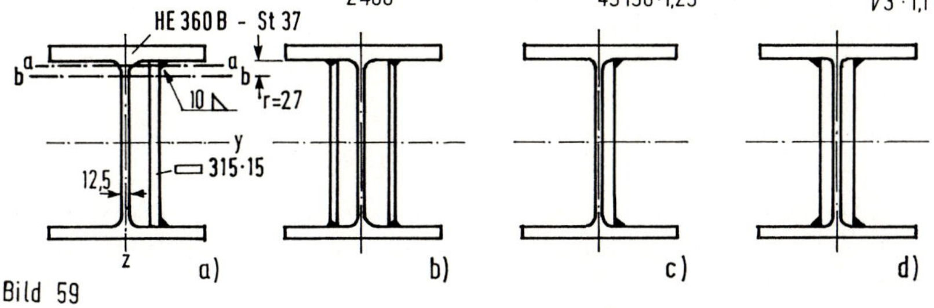

Bild 59

Verstärkung durch ein Zulageblech, Dicke 15mm (Lösung a). Es werden die Spannungen in zwei Schnitten berechnet; Schnitt a durch den Rundungsbereich und die Kehlnaht, Schnitt b durch Steg und Blech. Für den Querschnitt gilt:

$$I = 43190 + 1{,}5\cdot 31{,}5^3/12 = 47097\,\text{cm}^4;\quad W = 47097/18 = 2617\,\text{cm}^3$$

Schnitt a-a: $S_a = 30\cdot 2{,}25\cdot 16{,}88 = 1139\,\text{cm}^3$

$$\sigma = \frac{40000}{2617} = \underline{15{,}28\,\text{kN/cm}^2} < 21{,}8\,\text{kN/cm}^2$$

$$\sigma_a = \frac{40000}{47097}\cdot(18{,}0 - 2{,}25) = 13{,}38\,\text{kN/cm}^2,\quad \tau_a = \frac{800\cdot 1139}{47097\cdot(1{,}25+1{,}5)} = 7{,}17\,\text{kN/cm}^2$$

In der Schweißnaht a=10mm ist σ_a mit $\sigma_{||}$ und τ_a mit $\tau_{||}$ identisch. $\tau_{||}$ ist kleiner als die zulässige Tragspannung (20,7kN/cm²); ein σ_V-Nachweis ist entbehrlich.

Schnitt b-b: $S_b = 1340 - 1{,}25\left(\frac{18 - 2{,}25 - 2{,}7}{2}\right)^2 + 1{,}5\cdot 2{,}7(18 - 2{,}25 - 2{,}7/2) = 1340 - 213 + 58 = 1185\,\text{cm}^3$

$$\sigma_b = \frac{40000}{47097}\cdot(18{,}0 - 2{,}25 - 2{,}7) = 10{,}23\,\text{kN/cm}^2,\quad \tau_b = \frac{800\cdot 1185}{47097\cdot(1{,}25+1{,}5)} = 7{,}32\,\text{kN/cm}^2$$

$$\sigma_V = \sqrt{10{,}23^2 + 3\cdot 7{,}32^2} = \underline{16{,}29\,\text{kN/cm}^2} < \frac{24{,}0}{1{,}1} = 21{,}8\,\text{kN/cm}^2$$

Bei Nachweisen dieser Art ist zu beachten, daß i.a. über dem Auflager hohe quergerichtete Druckspannungen in den Steg und über die Nähte in das oder in die Zulagebleche eingetragen werden (vgl. Abschnitt 4.10). Somit treten in den Nähten auch $\sigma_\perp$-Spannungen auf. Werden die Bleche eingepaßt, wird die Auflagerkraft über Kontakt abgesetzt.

9. Beispiel (Bild 60): Überlappungs-Anschluß eines [-Profils mittels Kehlnähten. An den Enden der Nähte treten hohe Spannungsspitzen auf; für Konstruktionen mit nicht vorwiegend ruhender Beanspruchung ist eine Anschlußform, wie in Bild 60 dargestellt, nicht empfehlenswert. - Anschnittgrößen unter γ_F-ψ-fachen Lasten (vgl. Teilbild a):

$$M = 30\,\text{kNm},\quad Q = 120\,\text{kN}$$

Im Zentrum der rechteckigen Überlappungsfläche beträgt das Moment (Bild 60a):

$$M = 30 + 120\cdot 0{,}075 = 39{,}0\,\text{kNm}$$

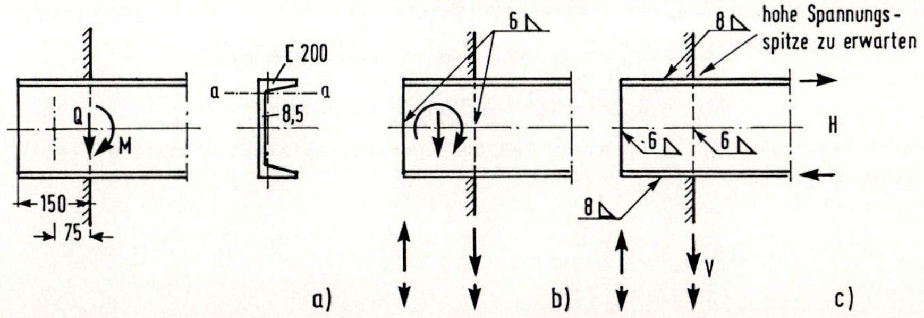

Bild 60

Es werden zwei Fälle untersucht, I: Es werden nur vertikale Kehlnähte gelegt, II: Es wird eine umlaufende Kehlnaht geschweißt.

Fall I: Vertikale Kehlnähte, a=6mm (Teilbild b). Überprüfung der Nahtdicke:

$$\frac{a}{t} = \frac{6}{8{,}5} = 0{,}71 \approx 0{,}7$$

Bei der Berechnung der Schweißnahtflächen wird beidseitig je ein Endkrater der Länge a abgezogen:

$$A_w = 0{,}6 \cdot (20 - 2 \cdot 0{,}6) = 11{,}28\,\text{cm}^2$$

Innenseitig wird die größere Vertikalkomponente abgesetzt; hierfür wird $\tau_{\parallel}$ berechnet:

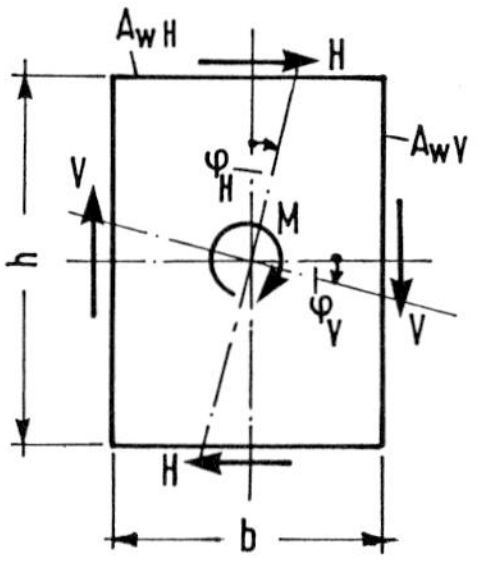

Bild 61

$$V = 3900/15 = 120/2 = 260 \pm 60 = 320\,\text{kN (max)}$$

$$\tau_{\parallel} = \frac{320}{11{,}28} = 28{,}37\,\text{kN/cm}^2 > 0{,}95 \cdot 21{,}8 = 20{,}7\,\text{kN/cm}^2$$

Die zugelassene Grenzspannung wird überschritten. Die Umsetzung des Momentes in die Vertikalnähte ist bei dieser Ausführungsform unklar; zudem entstehen im Steg des [-Profils sehr hohe Schubspannungen ([200: $I=1910\text{cm}^4$, $S_a=114\text{cm}^3$, s=8,5mm):

$$\max\tau = \frac{320 \cdot 114}{1910 \cdot 0{,}85} = 20{,}47\,\text{kN/cm}^2 > \frac{24}{\sqrt{3} \cdot 1{,}1} = 12{,}6\,\text{kN/cm}^2$$

Fall II: Es werden vertikale und horizontale Nähte angeordnet. Da die Naht umlaufend geschweißt werden kann, ist ein Abzug von Endkratern nicht erforderlich. Schweißnahtflächen (vgl. Bild 60c und 61):

$$A_{wV} = 0{,}6 \cdot 20 = 12{,}0\,\text{cm}^2; \quad A_{wH} = 0{,}8 \cdot 15 = 12{,}0\,\text{cm}^2$$

Das Moment setzt sich in vertikale und horizontale Kräfte um. Diesen zwei Unbekannten werden zwei Gleichungen gegenübergestellt (b=15cm, h=20cm):

Gleichgewichtsgleichung: $M = V \cdot 15 + H \cdot 20$

Verzerrungsgleichung: $\varphi_V = \varphi_H \longrightarrow \gamma_V/15 = \gamma_H/20$

Die Verzerrungsgleichung unterstellt, daß sich die rechteckige Stegfläche starr verhält und sich um den Winkel $\varphi = \varphi_V = \varphi_H$ dreht. γ ist die Schubgleitung in den Nähten. Durch die Gleitung werden Schubspannungen geweckt; das ergibt:

$$\gamma = \frac{\tau}{G}: \qquad \frac{\tau_V}{15} = \frac{\tau_H}{20} \longrightarrow \tau_V = \tau_H \frac{15}{20}$$

Vertikal- und Horizontalkraft betragen:

$$V = \tau_V \cdot A_{wV}; \quad H = \tau_H \cdot A_{wH}$$

Ausgehend von der Gleichgewichtsgleichung folgt damit:

$$M = \tau_V A_{wV} \cdot 15 + \tau_H A_{wH} \cdot 20 = (\tau_H \tfrac{15}{20}) \cdot 12{,}0 \cdot 15 + \tau_H \cdot 12{,}0 \cdot 20 = \tau_H (135 + 240) = 375\,\tau_H \longrightarrow$$

$$\tau_H = (\tau_{H\parallel} =) \frac{M}{375} = \frac{3900}{375} = \underline{10{,}40\,\text{kN/cm}^2} < 20{,}7\,\text{kN/cm}^2$$

$$\tau_V = 10{,}40/20 \pm 60/12 = 7{,}80 + 5{,}00 = \underline{12{,}80\,\text{kN/cm}^2} < 20{,}7\,\text{kN/cm}^2$$

Die zulässigen Schweißnahtspannungen werden eingehalten. Im Steg des [-Profils treten hohe Schubspannungen auf. Die Kraft H wird über eine Länge von 15cm im Steg abgesetzt; die Dicke des Steges beträgt 0,85cm. Damit ergibt sich eine Schubspannung von:

$$H = 10{,}40 \cdot 12{,}0 = 124{,}80\,\text{kN} \longrightarrow \tau = 124{,}80/15 \cdot 0{,}85 = \underline{9{,}79\,\text{kN/cm}^2}$$

Die Kraft V wird über eine Länge von 20cm im Steg abgesetzt:

$$V = 12{,}80 \cdot 12{,}0 = 153{,}60\,\text{kN} \longrightarrow \tau = 153{,}60/20 \cdot 0{,}85 = 9{,}04\,\text{kN/cm}^2$$

Für den Vergleichsspannungsnachweis wird die Schubspannung im Steg zu ca. 9,8kN/cm² abgeschätzt (Mittelwert). Ausgehend von der Biegespannung am Rand wird die Biegespannung entlang der inneren Flanschberandung berechnet (Schnitt a-a in Bild 60a); Widerstandsmoment: W=191cm³ für diese Faser:

$$\sigma_{Rand} = \frac{3000}{191} = 15{,}71\,\text{kN/cm}^2; \quad \sigma_a = 15{,}71 \cdot \frac{151}{200} = 11{,}86\,\text{kN/cm}^2$$

$$\sigma_V = \sqrt{11{,}86^2 + 3 \cdot 9{,}8^2} = \underline{20{,}71\,\text{kN/cm}^2} < 21{,}8\,\text{kN/cm}^2$$

10. Beispiel (Bild 55): Anschluß eines IPE200-Zugstabes an ein Knotenblech (10mm). Zugkraft Z im γ_F-ψ-fachen Lastfall: Z=540kN.

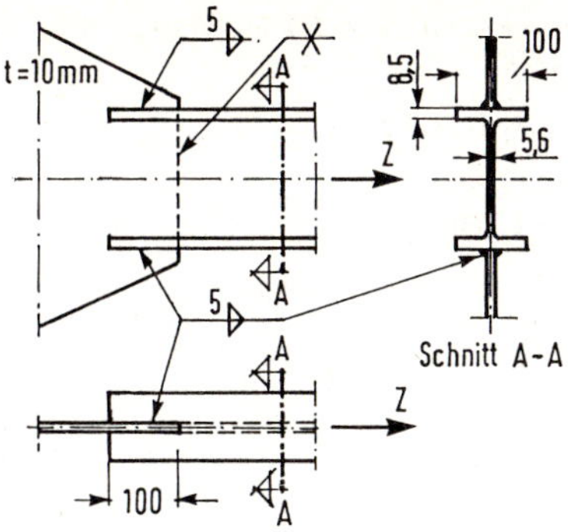

Bild 62

Wie Bild 62 zeigt, werden die Flansche des I-Profils in der Ebene des Steges geschlitzt und der Steg des Profils herausgetrennt; Schlitzbreite: 10mm, Schlitztiefe: 100mm. Die Flansche übergreifen das Knotenblech und werden mittels Kehlnähten angeschlossen, der Steg wird mittels einer Stumpfnaht mit dem Knotenblech verschweißt.

Die Zugkraft Z wird auf die Flansche und auf den Steg des IPE200-Profils aufgeteilt:

$$A_{Flansch} = 0{,}85\cdot 10 = 8{,}5\,\text{cm}^2$$

$$Z_{Flansch} = \frac{8{,}5}{28{,}5}\cdot 540 = 161{,}1\,\text{kN},\quad Z_{Steg} = 540 - 2\cdot 161{,}1 = 217{,}8\,\text{kN}$$

Summe: 2·161,1+217,8=540kN. Durch die Schlitzung werden die Flansche und damit das Profil geschwächt; bezogen auf einen Flansch folgt:

$$\sigma = 161{,}1/7{,}65 = 20{,}26\,\text{kN/cm}^2 < 21{,}8\,\text{kN/cm}^2$$

Kehlnähte a=5mm; Überprüfung der Dicke:

$$\frac{a}{t} = \frac{5}{8{,}5} = 0{,}59 < 0{,}7;\qquad \frac{l}{a} = \frac{10}{0{,}5} = 20 > 3$$

Stumpfnahtdicke a=5,6mm=Dicke des Profilsteges. Aus den Kehlnähten und der Stumpfnaht wird die Schweißnahtfläche additiv zusammengesetzt:

$$A_w = A_{w,Fl} + A_{w,St} = 2\cdot 2\cdot 0{,}5\cdot 10 + 0{,}56(20 - 2\cdot 0{,}85) = 20{,}00 + 10{,}25 = 30{,}25\,\text{cm}^2 \longrightarrow$$

$$\sigma_w = \tau_w = \frac{540}{30{,}25} = \underline{17{,}85\,\text{kN/cm}^2} < 0{,}95\cdot 21{,}8 = 20{,}7\,\text{kN/cm}^2$$

Wird die anteilige Zugkraft im Steg über die Stumpfnaht abgetragen, ergibt sich

$$\sigma_w = \frac{217{,}8}{10{,}25} = 21{,}25\,\text{kN/cm}^2 < 21{,}8\,\text{kN/cm}^2$$

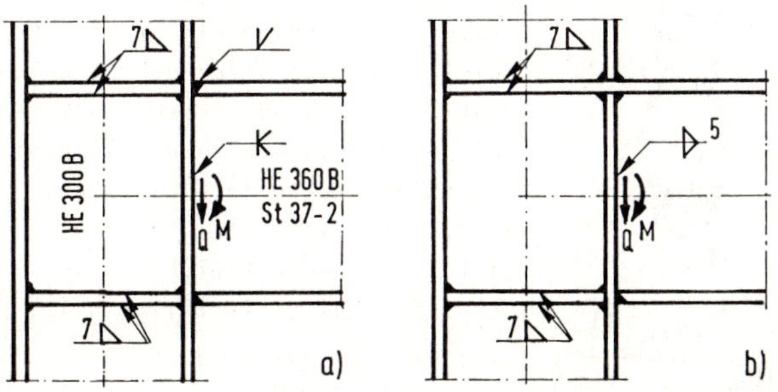

Bild 63

11. Beispiel (Bild 63): Rahmenecke ohne Eckaussteifung. In Bild 63 sind zwei Varianten dargestellt. Anschlußschnittgrößen im γ_F-ψ-fachen Lastzustand: $M = 480\,\text{kNm}$, $Q = 300\,\text{kN}$

Zunächst werden die Spannungen im Riegel berechnet. Profil: HE360B

$$W = 2400\,\text{cm}^3:\quad \sigma = \frac{48000}{2400} = \underline{20{,}00\,\text{kN/cm}^2} < \frac{24}{1{,}1} = 21{,}8\,\text{kN/cm}^2$$

$$A_{St} = 1{,}25(36{,}0 - 2{,}25) = 42{,}19\,\text{cm}^2:\quad \tau_m = \frac{300}{42{,}19} = \underline{7{,}11\,\text{kN/cm}^2} < \frac{21{,}8}{\sqrt{3}} = 12{,}6\,\text{kN/cm}^2$$

In Höhe des Ausrundungsbeginns wird die Vergleichsspannung nachgewiesen:

$$\sigma = 20{,}00(18{,}0 - 2{,}25 - 2{,}7)/18{,}0 = \underline{14{,}50\,\text{kN/cm}^2}$$

$$\sigma_v = \sqrt{14{,}50^2 + 3\cdot 7{,}11^2} = \underline{19{,}02\,\text{kN/cm}^2} < 21{,}8\,\text{kN/cm}^2$$

Variante a: Es wird ein Stumpfstoß ausgebildet (Teilbild a). Der Profilquerschnitt wird voll durch eine Stumpfnaht ersetzt. Es darf 21,8kN/cm² (α_w=1) angesetzt werden, wenn die Nahtgüte auf Risse, Binde- und Wurzelfehler nachgewiesen wird. Ein solcher Nachweis ist bei der vorliegenden V- bzw. K-Naht mittels Durchstrahlung oder Durchschallung technisch praktisch nicht durchführbar; daher ist nur 0,95·21,8=20,7kN/cm² zulässig. Das bedeutet, daß der Anschluß gerade in der Lage wäre, die Anschlußschnittgrößen zu übertragen. Die hohe Zugbeanspruchung im Stützenflansch quer zur Walzrichtung ist gleichwohl ungünstig.

Variante b: Der Zugflansch des Riegels wird in der Stegebene geschlitzt und der Steg und untere Druckflansch auf eine Tiefe von ca. 280mm abgetrennt. Außerdem wird der Innenflansch beidseitig jeweils bis zum Stützensteg eingeschnitten. Die Verbindung ist sehr aufwendig. - Der zugbeanspruchte Riegelflansch wird durch die Schlitzung geschwächt:

$$(A-\Delta A)_{Fl} = (30 - 1{,}25)\cdot 2{,}25 = 64{,}69\,cm^2$$

Es wird die Zugkraft im Flansch bestimmt und die Zugspannung berechnet; hierbei werden die Querschnittswerte des ungeschwächten Riegelprofils zugrundegelegt:

$$I_{Fl} = 30\cdot 2{,}25\cdot 16{,}875^2 = 19\,222\,cm^4\ ;\ I = 43190\,cm^4$$

$$M_{St} = 480\cdot\frac{19222}{43190} = 213{,}6\,kNm,\quad Z_{St} = \frac{213{,}6}{0{,}16875} = 1266\,kN,\quad \sigma_{St} = \frac{1266}{64{,}69} = \underline{19{,}57\,kN/cm^2}$$

Diese Spannung ist ein Mittelwert. Die Randspannung beträgt:

$$\sigma = 19{,}57\cdot 18{,}0/16{,}875 = \underline{20{,}87\,kN/cm^2} < 21{,}8\,kN/cm^2$$

Tatsächlich wird ein Teil der Zugkraft über die Doppelkehlnähte abgetragen; doch sollte man diese Tragwirkung wegen der ungleich höheren Steifigkeit des durchgehenden Flansches nicht ansetzen. Insofern haben die Doppelkehlnähte eher die Funktion von Heftnähten und werden daher zu a=4mm gewählt. Auf der Biegedruckseite kann die Tragspannung in der Schweißnaht zu 21,8kN/cm² angesetzt werden. Die Abtragung der Querkraft erfolgt über die Doppelkehlnähte a=5mm. Die Zugkraft im Zugflansch wird über zwei Doppelkehlnähte a=7mm in den Stützensteg abgesetzt (die Ausrundungen werden ausgeschweißt).

$$\tau_{||} = \frac{1266}{4\cdot 0{,}7\cdot 26{,}2} = \underline{17{,}26\,kN/cm^2} < \underline{20{,}7\,kN/cm^2}$$

Im Stützensteg treten innerhalb des Anschlußbereiches hohe Schubspannungen auf, vgl. Abschnitt 14.3.6. Der Anschluß ist insgesamt hochbeansprucht. Es ist daher günstiger, Eckaussteifungen vorzusehen; der Anschluß wird dadurch sowohl tragfähiger wie auch steifer (vgl. Abschnitt 14.3.1). Wird die in Bild 53 eingetragene Anweisung umgesetzt (Variante c), ergibt sich die am wenigsten aufwendige Lösung. Sie ist mit DIN 18800 T1 (11.90) möglich geworden und nunmehr vorzuziehen.
Hinweise zur schweißgerechten Detailausbildung geben SAHMEL u. VEIT [94]; vgl. auch die Abschnitte 12 bis 15.

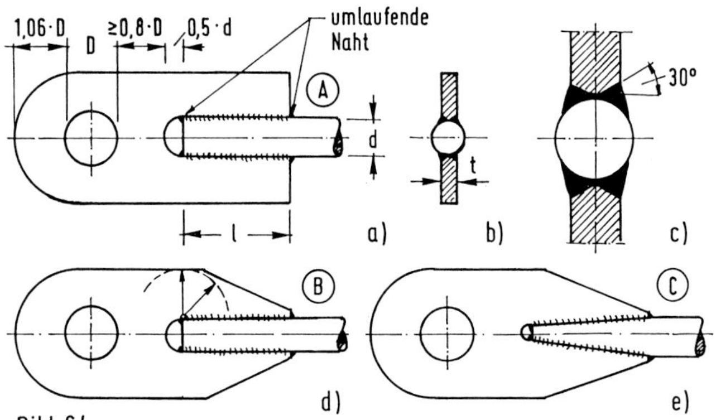

Bild 64

12. Beispiel: Anschluß eines Rundstabes an ein Augenblech. Bild 64 zeigt drei Varianten; der Schweißnahtanschluß wird zweckmäßig mittels einer durchgeschweißten Naht gefertigt (Teilbild b/c), über diese wird die Kraft übertragen (a=t). Wird eine gleichförmige Schubspannung unterstellt, gilt:

$$\tau_{||} = \frac{F}{2al},\quad a = t$$

Dieser Ansatz ist bei vorwiegend ruhender Beanspruchung zulässig und üblich. Der reale Schubspannungsverlauf ist gleichwohl alles andere als konstant, sondern in Abhängigkeit von der Augenblechform mehr oder weniger veränderlich. Im Falle der Ausführung (A) stellen sich wegen des extremen Steifigkeitssprunges hohe Kerbspitzen im Übergang zwischen Rundstab und Blech ein; bei Ausführung (B) fallen sie geringer aus, Ausführung (C) mit Schäftung von Rundstab und Blech ist am günstigsten. Die zuletzt genannte Ausführung scheidet wegen des hohen Fertigungsaufwandes i.a. aus, Ausführung (B) wird empfohlen.
Bild 65 zeigt (schematisch) die Ursache für die Kerbspannungen auf: Im Übergang vom Rundstab zum Blech wird die Dehnung im Rundstab $\varepsilon = \sigma/E = F/EA$ abrupt durch das Blech behindert. Läuft das Blech an dieser Stelle aus, ist es nachgiebiger, die Kerbspannungen fallen deutlich niedriger aus. - Auch am Ende des Rundstabes stellen sich Kerbspannungen ein. Es empfiehlt sich daher, eine halbkreisförmige Ausnehmung vorzusehen und die Schweißnaht um die Ecken herum zu

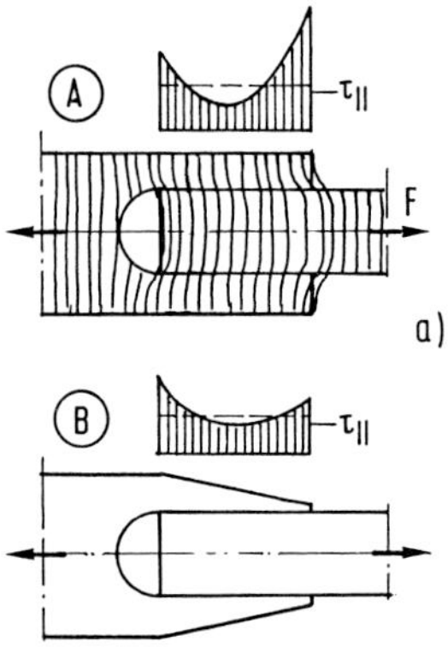

Bild 65

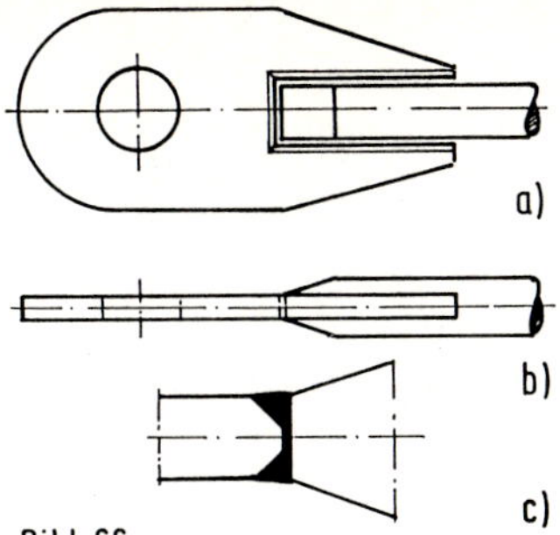

Bild 66

führen. Da die Dehnung im beidseitigen Augenblechbereich am Rundstabende ebenfalls abrupt behindert wird, stellen sich auch an diesen Stellen Kerbspannungen ein, vgl. Bild 65a/b. Will man auch diese unterdrücken, ist das Ende des Rundstabes stumpf an das Blech mit einer versenkten Naht anzuschweissen. (Das Legen von Kehlnähten zur Überbrückung des Spalts verhindert nur scheinbar die im Inneren auftretenden Kerbspannungen.) Siehe im einzelnen Bild 66.

Der stumpfe Anschluß eines Rundstabes an ein Bauteil mit einer umlaufenden Kehlnaht ist möglich, sorgfältige Ausführung vorausgesetzt (Bild 67a). Für Rundstab und Schweißnaht gilt:
$$\sigma = \frac{F}{A} = \frac{F}{\pi d^2/4} \leq f_{y,d}; \quad \sigma_\perp = \frac{F}{A_w} = \frac{F}{a \cdot d\pi} \leq \alpha_w \cdot f_{y,d}$$

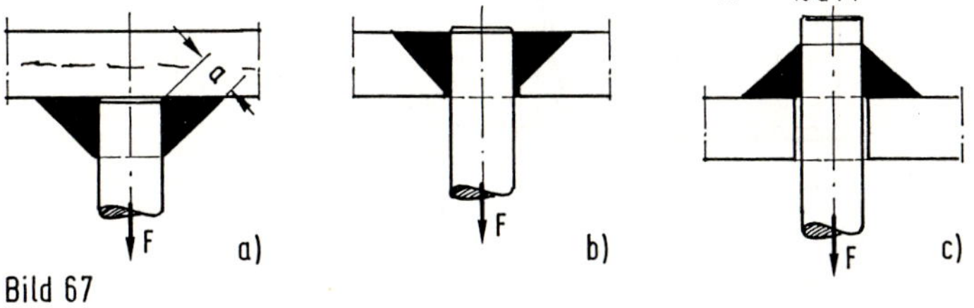

Bild 67

Wird F aus beiden Gleichungen freigestellt und gleichgesetzt, ergibt sich für die Schweißnahtdicke:
$$a = \frac{d}{4\alpha_w}$$

Nachteilig ist an der in Bild 67a gezeigten Lösung, daß der Anschlußbereich auf Zug quer zur Werkstoffdicke beansprucht wird; auch die Naht wird auf Zug beansprucht. Durch die Wahl einer Kehlnaht wird ein relativ großer Bereich erfaßt, was bezüglich der Querzugspannungen im Blech günstig ist, vgl. Abschnitt 8.4.4.4. Die Lösungen in den Teilbildern b und c sind vorzuziehen; in den Nähten tritt ein Druck-Schubspannungszustand auf; es werden höhere Tragfähigkeiten erreicht. Die Nahtformen sind in DIN 4099 für den Anschluß von Bewehrungsstählen geregelt, ebenso deren Überlapp- und Laschenstoß.

8.8 Zur Theorie der Kehlnähte

8.8.1 Verteilung der Schubkraft in Kehlnähten

Frühzeitig wurde versucht, die Beanspruchung in Kehlnähten analytisch zu ermitteln [87a,c]. Die hierzu entwickelte Theorie gilt innerhalb des elastischen Bereiches. Sie vermag die statische Tragfähigkeit nicht anzugeben, wohl lassen sich auf der Basis ihrer Ergebnisse Einsichten hinsichtlich der wirksamen Länge einerseits und der Spannungsspitzen am Ende der Nähte andererseits gewinnen. Die Theorie hat auch in der Klebetechnik Bedeutung.

Bild 68 zeigt die Problemstellung: Zwei Laschen unterschiedlichen Querschnitts werden durch Flankenkehlnähte konstanter Dicke a miteinander verschweißt. Auf die Verbindung wirkt die Zugkraft F, vgl. Teilbild a. In den Schweißnähten wird die Schubkraft T geweckt. Innerhalb der Übertragungslänge l wird in den Laschen 1 und 2 die Zugkraft F abgesetzt; an der Stelle x beträgt die Zugkraft in der Lasche 1 S_1 und in der Lasche 2 S_2. T, S_1 und S_2 sind innerhalb der Länge l variabel, d.h. Funktionen von x. Gesucht sind Größe und Verlauf dieser Kräfte. Es wird elastisches Verhalten unterstellt:

$$T = T(x), \quad S_1 = S_1(x), \quad S_2 = S_2(x) \qquad (40)$$

Aus den Laschen wird jeweils ein Element der Länge dx herausgetrennt und die Kräfte angetragen; die Schubkräfte an der Stelle x sind gleichgroß: $T_1 = T_2 = T$.

Im Schnitt x gilt die Gleichgewichtsgleichung:
$$S_1 + S_2 = F \qquad (41)$$

Die Summe der Zugkräfte in den beiden Laschen ist gleich der äußeren Zugkraft F. An den Elementen gelten nachstehende Gleichgewichtsgleichungen (vgl. die Teilbilder b und c):

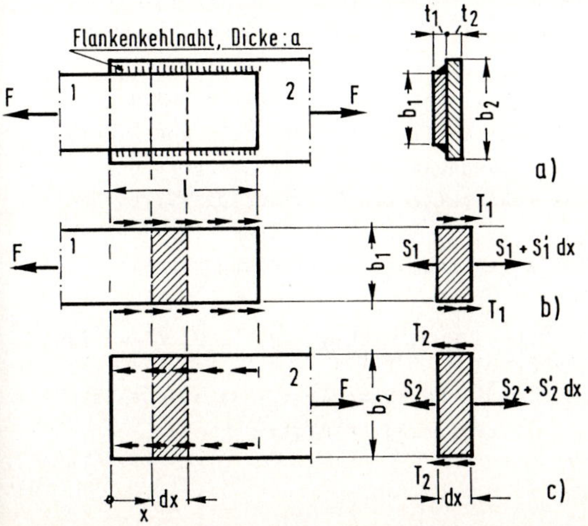

Bild 68

$$\text{Lasche 1: } 2T dx + S_1' dx = 0 \longrightarrow 2T + S_1' = 0 \longrightarrow T = -\frac{S_1'}{2}$$
$$\text{Lasche 2: } 2T dx - S_2' dx = 0 \longrightarrow 2T - S_2' = 0 \longrightarrow T = +\frac{S_2'}{2} \qquad (42)$$

Der Strich bedeutet die Ableitung nach x. Die Schubkraft $T=T_2$ wird bei der breiteren Lasche 2 an die Ränder verlegt. S_1 wird im folgenden als Bezugskraft gewählt.

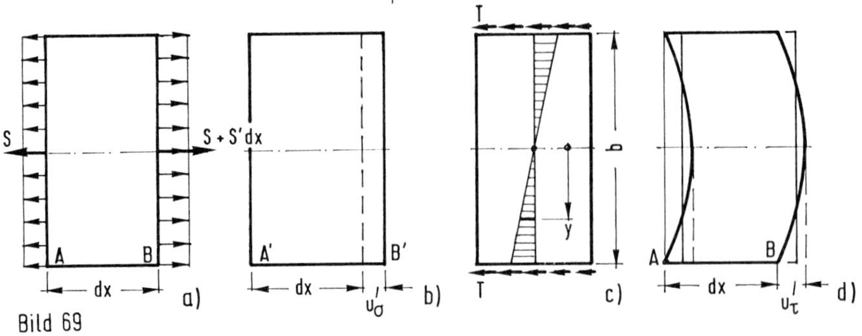

Bild 69

Die an den Elementen 1 und 2 angreifenden Normal- und Schubkräfte verursachen eine Verzerrung derselben. Die Verteilung der Normal- bzw. Schubspannungen über die Laschenbreite innerhalb des Übertragungsbereiches ist unbekannt und mit elementaren Mitteln nicht bestimmbar. Von der Normalspannung σ kann angenommen werden, daß sie etwa konstant über die Laschenbreite verteilt ist, die Verteilung der Schubspannung ist dann geradlinig verschränkt, vgl. Bild 69 a und c. Auf der Grundlage dieser Annahme lassen sich Längenänderung und Schubverwölbung der Elemente 1 und 2 der Länge dx in einfacher Weise angeben (vgl. Teilbild b und d):

Längenänderung u_ε:

$$u_\varepsilon = \frac{S}{EA}dx + \frac{1}{2}\left(\frac{S'dx}{EA}dx\right) \approx \frac{S}{EA}dx \qquad (43)$$

Die Schubverwölbung u_τ: Die Randschubspannung beträgt $\tau = T/t$, im Abstand y von der Achse gilt:

$$\tau(y) = \frac{T}{t} \cdot \frac{y}{b/2} \qquad (44)$$

Die Schubgleitung ist demgemäß:

$$\gamma(y) = \frac{\tau(y)}{G} = \frac{T}{Gt} \cdot \frac{y}{b/2} \qquad (45)$$

Wird von y=0 bis y=b/2 integriert, ergibt sich die gegenseitige Gesamtverwölbung zu:

$$u_\gamma = \int_0^{b/2} \gamma \, dy = \frac{T}{Gt} \cdot \frac{2}{b} \int_0^{b/2} y \, dy = \frac{T}{Gt} \cdot \frac{2}{b}\left[\frac{y^2}{2}\right]_0^{b/2} = \frac{T}{Gt} \cdot \frac{b}{4} \qquad (46)$$

Die Länge der Randlinie A-B bleibt unverändert (Bild 69). Da τ in Längsrichtung x (wie σ) veränderlich ist, tritt eine gegenseitige Verwölbungsänderung bei Fortschreiten um dx ein:

$$u_\gamma' dx = \frac{T'}{Gt} \cdot \frac{b}{4} dx \qquad (47)$$

Im Rahmen der Näherungstheorie wird hiervon (im Sinne einer Mittelung) nur 2/3 angesetzt:

$$\frac{2}{3} u' dx = \frac{T'}{Gt} \cdot \frac{b}{6} dx \qquad (48)$$

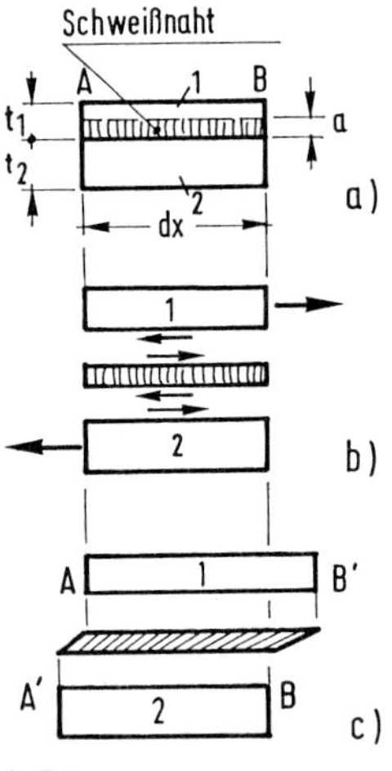

Bild 70

Bild 70a zeigt eine Seitenansicht des unbelasteten Elementes der Länge dx mit den beiden Laschen und der Schweißnaht; in Teilbild b sind die Einzelteile getrennt und in Teilbild c mit verzerrter Schweißnaht dargestellt; die Elemente 1 und 2 erleiden eine unterschiedliche Längenänderung. Die Verzerrungen sind so dargestellt, wie sie real auftreten; mit der positiven Definition von T_1 bzw. T_2 und S_1, S_2 korrespondieren sie nicht in allen Fällen. Wird die Längenänderung in Richtung x positiv eingeführt, gilt:

$$+S_1: \frac{S_1}{EA_1}dx; \quad +S_2: \frac{S_2}{EA_2}dx; \quad +T_1: \frac{T_1'}{Gt_1} \cdot \frac{b_1}{6}dx; \quad +T_2: -\frac{T_2'}{Gt_2} \cdot \frac{b_2}{6}dx \qquad (49)$$

In der Schweißnaht tritt die Schubspannung $\tau_w = T/a$ auf. a ist die Schweißnahtdicke. Die Verzerrung beträgt:

$$\gamma_w = \frac{T}{Ga} \qquad (50)$$

Die gegenseitige (mittlere) Verschiebung ist:

$$u_w = \gamma_w a = \frac{T}{G} \tag{51}$$

Infolge der Änderung von T innerhalb dx beträgt die gegenseitige Änderung von u_w:

$$u_w' dx = \frac{T'}{G} dx \tag{52}$$

Auf die Schweißnaht wirken T_1 und T_2 gemäß ihrer positiven Definition (vgl. Bild 68b) entgegengesetzt zu dem Verformungsansatz nach Bild 70b/c. Für die gegenseitige Verformung der Anschlußufer gilt demgemäß:

$$\left(\frac{S_1}{EA_1}dx + \frac{T_1'}{Gt_1}\cdot\frac{b_1}{6}dx\right) - \left(\frac{S_2}{EA_2}dx - \frac{T_2'}{Gt_2}\cdot\frac{b_2}{6}dx\right) = -\frac{T'}{G}dx \tag{53}$$

Mit

$$T_1 = T_2 = T \tag{54}$$

$$S_2 = F - S_1 \tag{55}$$

und der Gleichgewichtsgleichung G.42

$$T = -\frac{S_1'}{2} \longrightarrow T' = -\frac{S_1''}{2} \tag{56}$$

folgt aus dieser Verträglichkeitsgleichung

$$\left(\frac{S_1}{EA_1} - \frac{S_2}{EA_2}\right) + \frac{T'}{G}\left(1 + \frac{b_1}{6t_1} + \frac{b_2}{6t_2}\right) = 0 \tag{57}$$

mit der Abkürzung

$$\frac{1}{K} = \frac{1}{2G}\left(1 + \frac{b_1}{6t_1} + \frac{b_2}{6t_2}\right) \tag{58}$$

die gesuchte Grundgleichung des Problems [95]:

$$S_1'' - \frac{K}{E}\cdot\frac{A_1 + A_2}{A_1 A_2}\cdot S_1 = -\frac{K}{EA_2}F \tag{59}$$

Bild 71 möge die Aufstellung der Verformungsgleichung nochmals verdeutlichen.

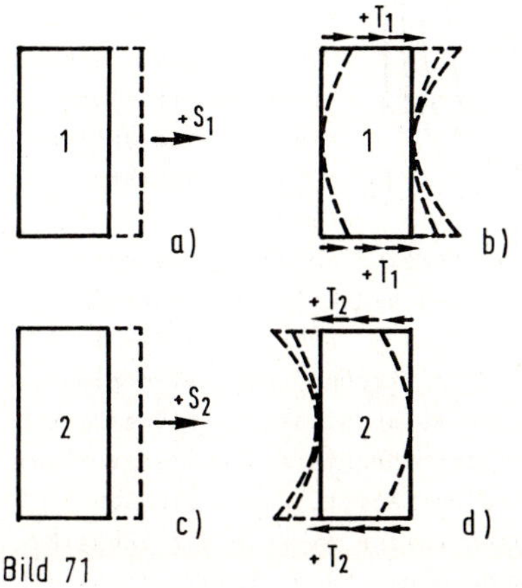

Bild 71

G.59 ist eine lineare Differentialgleichung 2. Ordnung; mit dem Parameter

$$\lambda = \sqrt{\frac{K}{E}\cdot\frac{A_1 + A_2}{A_1 A_2}} \tag{60}$$

nimmt sie die Form

$$S_1'' - \lambda^2 \cdot S_1 = \frac{K}{EA_2}F \tag{61}$$

an. Die vollständige Lösung lautet:

$$S_1 = C_1 \sinh\lambda x + C_2 \cosh\lambda x + \frac{A_1}{A_1 + A_2}F \tag{62}$$

Um die Freiwerte C_1 und C_2 zu bestimmen, werden die Randbedingungen: $x = 0: \; S_1 = F$

$$x = l: \; S_1 = 0 \tag{63}$$

eingeführt. Nach kurzer Zwischenrechnung folgt:

$$S_1 = \left[1 + \frac{A_2}{A_1}\cosh\lambda x - \frac{1 + \frac{A_2}{A_1}\cosh\lambda l}{\sinh\lambda l}\sinh\lambda x\right]\frac{A_1}{A_1 + A_2}\cdot F \; ; \quad S_2 = F - S_1 \tag{64}$$

$$T = -\frac{\lambda}{2}\left[\frac{A_2}{A_1}\sinh\lambda x - \frac{1 + \frac{A_2}{A_1}\cosh\lambda l}{\sinh\lambda l}\cosh\lambda x\right]\frac{A_1}{A_1 + A_2}F$$

8.8.2 Experimenteller Befund

Bild 72 zeigt den Anschlußbereich eines Prüfkörpers, bestehend aus einer Mittellasche mit dem Querschnitt 130·30 und zwei Außenlaschen mit den Querschnitten 110·12. Um die Theorie anwenden zu können, ist von der Mittellasche nur die halbe Querschnittsfläche anzusetzen. Somit gilt:

$b_1 = 10{,}0\,cm$, $t_1 = 1{,}2\,cm$; $\quad A_1 = 12{,}0\,cm^2$, $A_2 = 19{,}5\,cm^2$

$b_2 = 13\,cm$, $t_2 = 1{,}5\,cm$

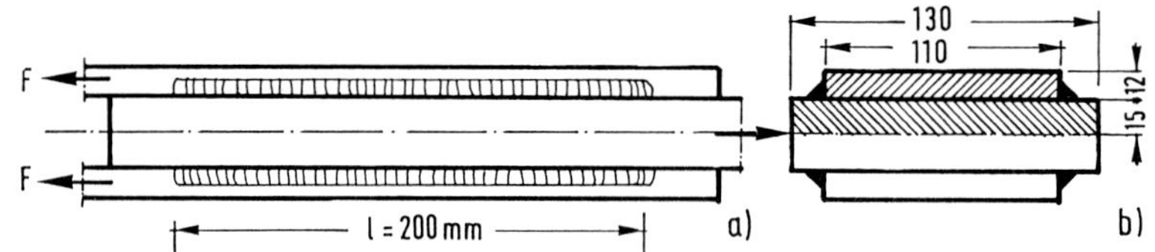

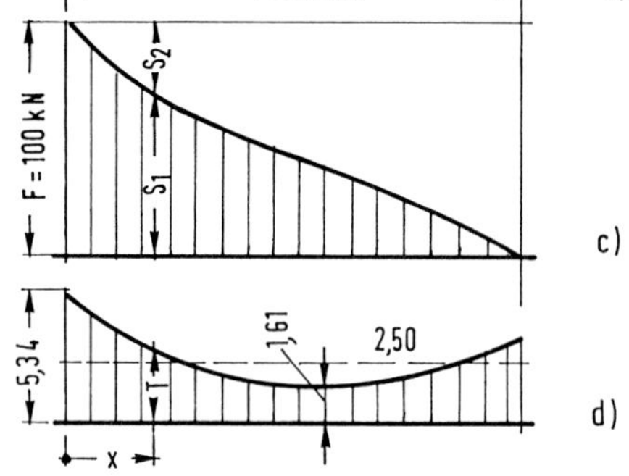

Bild 72

Die Nahtlänge beträgt $l = 20{,}0\,\text{cm}$

Hiermit folgt: $\frac{1}{K} = \frac{4{,}966}{E}$; $K = \frac{E}{4{,}966}$;

$\lambda = 0{,}16464\ \frac{1}{\text{cm}}$; $\underline{\lambda l = 3{,}293}$

In Bild 72c ist der Verlauf von S_1 und S_2 (Ergänzung zu F=100kN) gemäß G.64 eingezeichnet. Teilbild d zeigt den Verlauf der Schubkraft T. Gegenüber dem Mittelwert 100/2·20,0=2,5kN/cm² stellt sich an den Enden der Schweißnaht eine deutliche Erhöhung ein (obgleich der Verlauf der Zugkräfte in den Laschen (dem Augenschein nach) näherungsweise geradlinig ist. Je größer die Schlankheit der Schweißnaht l/a ist, umso ungleichförmiger ist die Spannungsverteilung.

Eine direkte Messung der Schubkraft ist nicht möglich. Bild 73a zeigt die Lage der auf dem Prüfkörper aufgeklebten Dehnmeßstreifen (DMS) und Teilbild b die gemessene Spannungsverteilung quer zur Lasche in sechs Schnitten. Daraus wird erkennbar, daß zu den Rändern hin eine Spannungserhöhung gegenüber dem Mittelwert eintritt. Am Beginn der Schweißnähte (Schnitt B) ist die Spannungskonzentration am höchsten; vgl. Teilbild c. Bildet man die mittlere Zugkraft in den Schnitten A bis F, erhält man das in Teilbild d skizzierte Ergebnis: S_1; wird hieraus die Schubkraft abgeschätzt, findet man den sich nach der Theorie ergebenden Verlauf näherungsweise bestätigt, wobei die Schubspannungskonzentration am Ende der Schweißnähte eher noch etwas höher liegt als es die Theorie voraussagt (hier nicht wiedergegeben).-

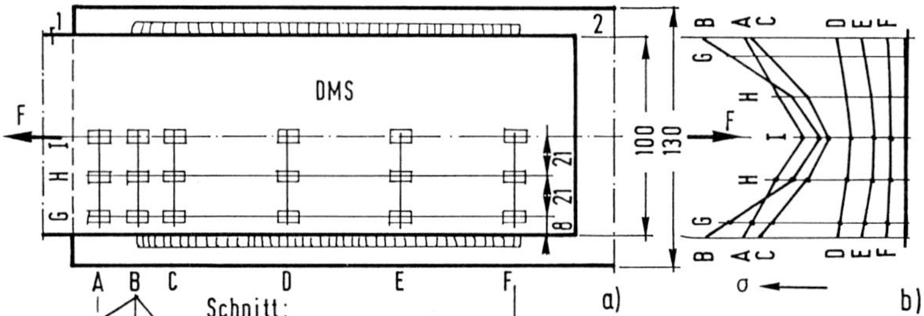

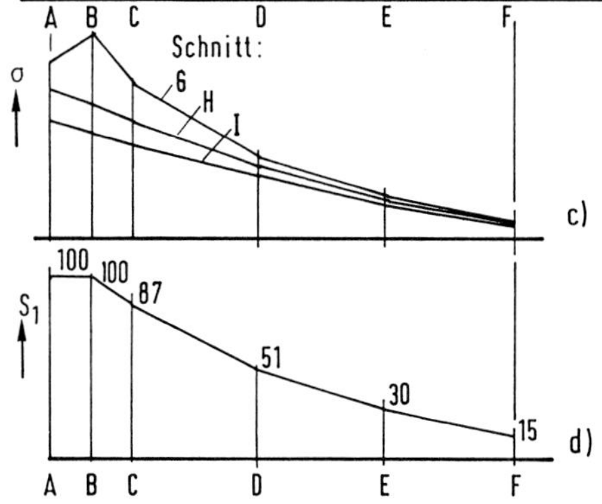

Bild 73

In Bild 74 ist das Ergebnis von vier Tragversuchen dargestellt: Die Prüfkörper unterschieden sich in der Länge der Kehlnähte; die Kehlnahtdicke betrug in allen Fällen a_{ist}= 5,5mm. Nur im Falle des Prüfkörpers ① trat der Bruch in der Schweißverbindung ein: A_w=4·0,55·5,0=11cm² (l/a_{soll}=50/5=10). Ein Fließbereich ist an der F-Δl-Kurve nicht erkennbar.

Bruchspannung: τ_U=560/11=51kN/cm². In den Fällen ② bis ④ versagten die Außenlaschen;

A=2·1,2·10=24cm²: 2 : σ_F=32kN/cm², σ_U=38kN/cm²

3 : σ_F=32kN/cm², σ_U=40kN/cm²

4 : σ_F=31kN/cm², σ_U=41kN/cm²

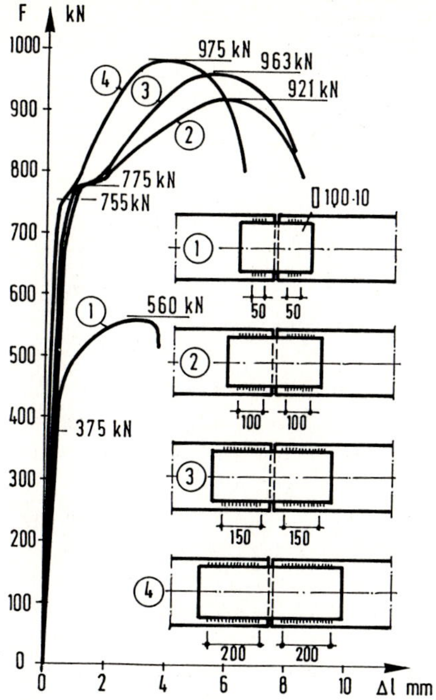

Bild 74

Mechanische Werte der Außenlaschen nach Zugversuch (DIN 50145):

R_p=305N/mm²; R_m=472N/mm², A=35%, Z=52%.

Geht man bei der Beurteilung der Tragspannung in den Kehlnähten des Prüfkörpers (1) von der Kraft 375kN aus, ab der die F-Δl-Kurve eine progressive Nichtlinearität aufweist, folgt 375/11=34,1kN/cm², was über der Fließgrenze des Grundmaterials liegt.

9 Verbindungstechnik II: Schrauben- und Nietverbindungen

9.1 SL- und GV-Verbindungen - Grundsätzliche Unterscheidungsmerkmale *

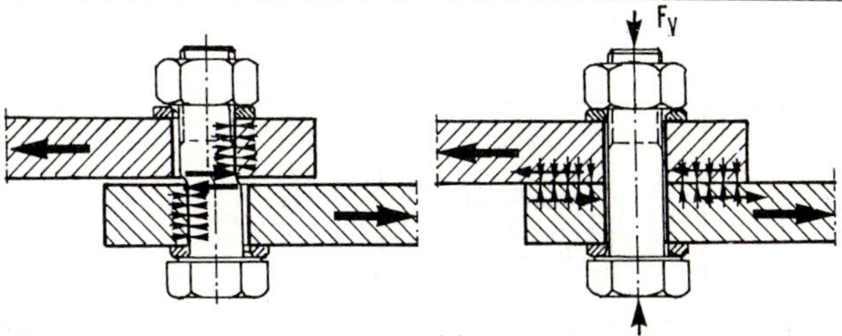

a) SL-Verbindung b) GV-Verbindung

Bild 1

Die bis in die zwanziger Jahre des 20. Jhdts. vorherrschende Niettechnik wurde seither praktisch vollständig durch die Techniken des Schweißens und Schraubens verdrängt. Da ein beträchtlicher Anteil der heutigen Hoch- und Brückenbauten aus Nietkonstruktionen besteht, ist es notwendig, die Niettechnik in die folgende Darstellung aufzunehmen. - Niete und Schrauben werden aus speziellen Stählen gefertigt. Die Entwicklung hochfester Schrauben hat die Technik der Schraubenverbindungen im Maschinen- und Stahlbau stark beeinflußt und zu ganz neuen Verbindungsformen geführt. - Schrauben zählen zu den lösbaren Verbindungen.
Nach der Wirkungsweise (als Scherverbindung) werden unterschieden:

a) SL-/SLP-Verbindungen unter Verwendung von
Nieten oder
normal- und hochfesten Schrauben bzw. Paßschrauben (ohne Vorspannung):
Die zu verbindenden Teile stehen unter Anpreßdruck, der entweder auf der Schrumpfung der glühend geschlagenen Niete oder auf der handfesten Vorspannung der Schraubenmuttern beruht. Nach Überwindung des relativ geringen Reibungswiderstandes in den Kontaktflächen werden die Niet- bzw. Schraubenschäfte in den Ebenen der Kontaktflächen lokal auf Abscheren und die Leibungen der Löcher in den zu verbindenden Teilen auf Lochleibungspressung (Lochwanddruck) beansprucht. - Nietlöcher werden durch die gestauchten Niete weitgehend satt ausgefüllt; der unter Last eintretende Schlupf ist gering. Das gilt auch bei Verwendung von Paßschrauben. Beim Einsatz von Nieten oder Paßschrauben spricht man daher von SLP-Verbindungen. Werden Schrauben mit Lochspiel eingebaut (was mit einem bedeutend geringeren Fertigungsaufwand verbunden ist), spricht man von SL-Verbindungen (Scher- Lochleibungsverbindungen). Infolge der unter steigender Belastung eintretenden scherenden und pressenden Beanspruchung und des sich hierbei einstellenden Lochschlupfes weisen SL-Verbindungen eine relativ große Nachgiebigkeit auf; SLP-Verbindungen verhalten sich deutlich starrer. Werden bei Verwendung hochfester Schrauben diese planmäßig vorgespannt, spricht man von einer SLV oder SLVP-Verbindung.

b) GV-/GVP-Verbindungen unter Verwendung von
vorgespannten hochfesten Schrauben bzw. Paßschrauben oder
Schließringbolzen (vgl. Abschnitt 11).
Durch planmäßige Vorspannung der Schrauben werden die zu verbindenden Teile aufeinander gepreßt; zur Erhöhung des Reibbeiwertes werden die Berührungsflächen zuvor gestrahlt und i.a. mit einem gleitfesten Anstrich versehen. Dadurch entsteht in den Kontaktflächen ein Reibungsverbund, der im Gebrauchszustand eine kraftschlüssige starre Verbindung ergibt. Sie ist hinsichtlich Steifigkeit mit der Schweißung vergleichbar, das gilt in Sonderheit bei Einsatz vorgespannter hochfester Paßschrauben.

Früher wurde die Strahlung überwiegend auf der Baustelle, kurz vor dem Zusammenbau, durchgeführt; heute wird i.a. in der Werkstatt gestrahlt. Der Herstellungsaufwand der GV- und GVP-Verbindungen ist beträchtlich; sie werden daher eher selten eingesetzt. Bedeutung haben sie vor allem im Brückenbau, was auf der hohen Ermüdungsfestigkeit dieser Verbindungsform beruht.

* Anmerkung: Umfassende Darstellungen zur Technik der Schraubenverbindungen geben VALTINAT [1] u. KULAK/FISHER/STRUIK [2]; solche mit maschinenbaulicher Orientierung findet man in [3-6].

Mit ca. 80-90% stellen heute die hochfesten Schrauben ohne oder mit planmäßiger Vorspannung die verbreiteste (weil wirtschaftlichste) Schraubenverbindungsvorm dar. Neben der Wirkungsweise als Scherverbindung sind vorgespannte hochfeste Schrauben auch zur Übertragung achsialer Zugkräfte hervorragend geeignet. - Die vorstehend charakterisierten Verbindungstechniken sind hinsichtlich Fertigung und Wirkungsweise grundverschieden; sie werden daher im folgenden getrennt behandelt, vgl. Abschnitt 9.3 und 9.4.

9.2 Werkstoffe - Normung

Güte und Abmessungen der Verbindungsmittel sind umfassend genormt [7,8].

9.2.1 Niete

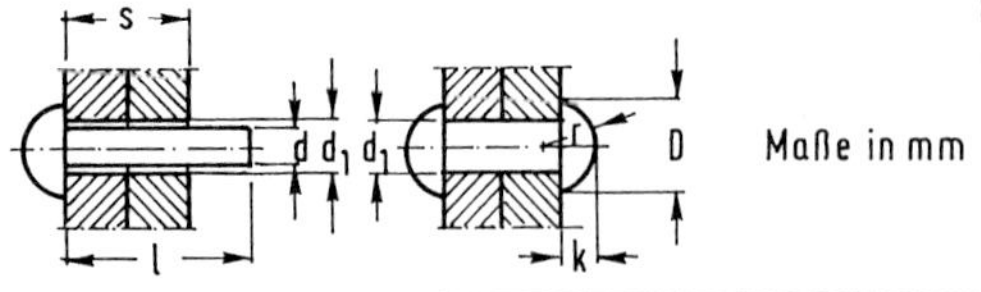

Rohnietdurchm.	d	10	12	14	16	18	20	22	24	27	30	33
Kopfdurchm.	D	16	19	22	25	28	32	36	40	43	48	53
Kopfhöhe	k	6,5	7,5	9	10	11,5	13	14	16	17	19	21
Kopfrundung	r	8	9,5	11	13	14,5	16,5	18,5	20,5	22	24,5	27
Nietlochd.	d_1	11	13	15	17	19	21	23	25	28	31	34

Halbrundniete nach DIN 124

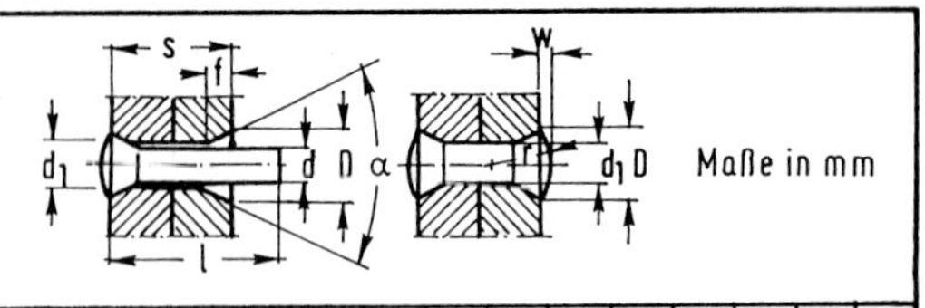

Rohnietdurchm.	d	10	12	14	16	18	20	22	24	26	30	33
Senkwinkel α		75°					60°				45°	
Kopfdurchm.	D	14,5	18	21,5	26	30	31,5	34,5	38	42	42,5	46,5
Senktiefe	t	23	33	43	59	72	91	100	113	122	139	151
Rundungshöhe	w	1	1	1	1	1	1	2	2	2	2	2
Kopfrundung	r	27	41	58	85	113	124,5	75,5	91	111	114	136
Nietlochd.	d_1	11	13	15	17	19	21	23	25	28	31	34

Bild 2 a) Halbrundniete nach DIN 124; b) Senkniete nach DIN 302

Vorwiegend kommen (bzw. kamen) Halbrundniete nach DIN 124 zum Einsatz, Senkniete (Linsensenkkopfniete) nach DIN 302 T2 seltener (vgl. Bild 2). Der warm geschlagene Niet kühlt sich rasch ab. Hiermit ist eine gewisse Aufhärtung verbunden. Die Streckgrenze des Nietwerkstoffes liegt daher etwas niedriger als die Streckgrenze des Grundwerkstoffes (DIN 17111):

Grundwerkstoff	Nietwerkstoff
St 37	USt 36 : β_S = 205 N/mm²; β_Z = 330 ÷ 440 N/mm²
St 52	RSt 38 : β_S = 225 N/mm²; β_Z = 370 ÷ 470 N/mm²

Die Werkstoffgüte wird nach DIN 1605 geprüft.- Vom Nietwerkstoff wird hohe Zähigkeit verlangt, damit der Niet ohne Rißbildung in nietwarmem Zustand bis auf ein Drittel seiner Länge zusammengestaucht werden kann. - Für große Klemmlängen wurden Niete mit verstärktem Schaft ausgeführt, für Sonderzwecke auch solche mit gedrehtem Schaft.

9.2.2 Schrauben

Das in der Technik zum Einsatz kommende Schraubensortiment ist hinsichtlich Qualitätseigenschaften und Abmessungen außerordentlich groß. Zur Sicherstellung der Gewindepassigkeit war von Anfang an eine umfassende Normung geboten (DIN 267 T1 bis T15); derzeit werden die DIN-Normen in DIN-ISO-Normen überführt (ISO: International Standard Organisation). Wichtige Kennzeichen sind Gewinde, Durchmesser, Schraubenform, Klemmlänge. Für den Stahlbau kommen zum Einsatz: Sechskantschrauben nach DIN 7990 (normalfeste Schrauben) und DIN 6914 (hochfeste Schrauben), Sechskant-Paßschrauben nach DIN 7968 (normalfeste Paßschrauben) und DIN 7999 (hochfeste Paßschrauben) sowie Senkschrauben nach DIN 7969. Muttern und Scheiben sind (auf die Schrauben abgestimmt) ebenfalls genormt, vgl. Tafel 9.1. - Im selben Bauwerk sollten nicht zu viele unterschiedliche Schrauben hinsichtlich Durchmesser und Güte zum Einsatz kommen (Verwechslungsgefahr!). Ca. 20% der Kosten entfallen bei Schrau-

Schrauben		Festigkeitsklassen 3.6	4.6	4.8	5.6	5.8	6.8	8.8 (≤M16)	8.8 (>M16)	10.9	12.9
Bruchfestigkeit β_Z N/mm²	nom	300	400		500		600	800	800	1000	1200
	min	330	400	420	500	520	600	800	830	1040	1220
Streckgrenze β_S N/mm²	nom	180	240	320	300	400	480	-	-	-	-
0,2-Dehngrenze $\beta_{0,2}$ N/mm²	min	-	-	-	-	-	-	640	660	900	1100
Bruchdehnung δ_5	min	25	22	14	20	10	8	12	12	9	8
Vickershärte HV	min	95	120	130	155	160	190	230	255	310	372
	max	220					250	300	336	382	434
Brinellhärte HB	min	90	114	124	147	152	181	219	242	295	353
	max	209					238	285	319	363	412
Kerbschlagarbeit in Joule	min	-			25	-		30	30	20	15
Ehemalige Benennung		4 A	4 D	4 S	5 D	5 S	6 S	8 G		10 K	12 K

Bild 3

benverbindungen auf den Preis der Schrauben selbst, 80% auf den Beschaffungs-, Lager- und Montageaufwand. Die Festigkeitsklassen sind in DIN-ISO 898 T1 genormt, deren Geltungsbereich umfaßt die normalen Anwendungsbedingungen für unlegierte und legierte Stähle mit Gewindedurchmesser bis 39mm, an welche keine speziellen Anforderungen hinsichtlich Warmfestigkeit über 300°C und Kaltzähigkeit unter -50°C gestellt werden. Bild 3 weist die mechanischen Eigenschaften der Schraubenstähle aus und zwar eingeteilt in die Festigkeitsklassen 3.6 bis 12.9. Die erste Zahl kennzeichnet die Mindestbruchfestigkeit in N/mm² (multipliziert mit 100), die zweite das Verhältnis der Streckgrenze zur Festigkeit, z.B.:

$$\text{Festigkeitsklasse 10.9:}\quad \beta_Z = 10\cdot 100 = 1000\,\text{N/mm}^2$$
$$\beta_S = 0{,}9\cdot 1000 = 900\,\text{N/mm}^2\quad(\beta_{0,2})$$

Wegen des mehrachsigen Spannungszustandes, insbesondere im Übergangsquerschnitt vom Schaft zum Schraubenkopf und im Gewindebereich, werden ausreichende Zähigkeit verlangt. Neben Stahlschrauben in den Güten gemäß DIN-ISO 898 gibt es solche aus wetterfestem Stahl und legierten Stählen: säure- und rostbeständig (DIN 267 T11), warmfest und kaltzäh. Stahlbauschrauben werden überwiegend mittels Kaltumformung hergestellt; Bild 4 zeigt den Werdegang einer Schraube. Schrauben der Festigkeitsklasse 8.8 und höher werden vergütet; das gilt auch für die entsprechenden Muttern. Die Vergütung besteht aus Härten und Anlassen. Vor der Kaltverformung wird der Stahl auf ausreichende Verformbarkeit geglüht (Weichglühen, ca. 16 bis 25 Stunden, zur Erzielung einer niedrigen Festigkeit und eines homogenen Gefüges). - Wie erwähnt, existieren neben den Festigkeitsnormen diverse Maßnormen (Form, Gewinde, Gewindeauslauf, Toleranzen, Kennzeichnung, Lieferart, Beschichtung usf.).- Tafel 9.1 vermittelt einen Überblick über die im Stahlbau zum Einsatz kommenden Sechskantschrauben. (Nach Werksnormen werden auch Schrauben M33 geliefert; Vorspannung mit F_V=430kN.) - Die Schraubenkopfhöhe der normalen Schrauben beträgt etwa 0,7d, die Höhe der Schraubenmuttern ist mit ca. 0,8d etwas größer, um eine ausreichende Abstreiffestigkeit sicherzustellen. Paßschrauben haben im Vergleich zu normalen Schrauben einen 1mm dickeren Schaft, was beim Tragfähigkeitsnachweis berücksichtigt wird. Hochfeste Schrauben haben einen vergrößerten Kopf- und Mutterdurchmesser (d.h. eine vergrößerte Schlüsselweite), um die Vorspannung einprägen zu können und um die Pressung unter Kopf und Mutter bei der Vorspannung zu reduzieren; außerdem ist der Übergang vom Schaft zum Kopf zur Minderung der Kerbspannungen ausgerundet. - Die den Schrauben entsprechenden Festigkeitsklassen für die Muttern (4,5,8 und 10) sind in DIN-ISO 898 T2 genormt.

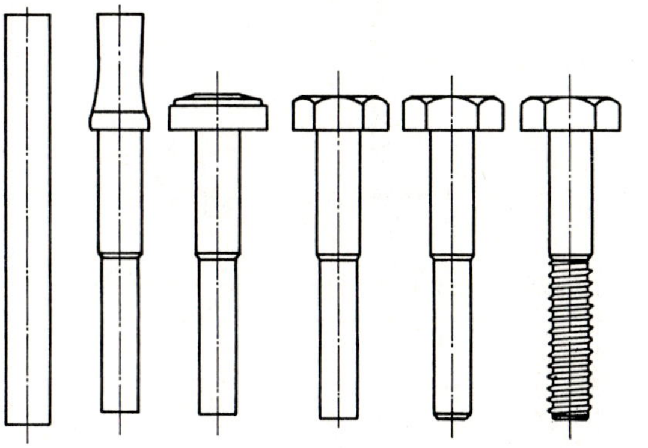

Werdegang einer Sechskantschraube **Bild 4**

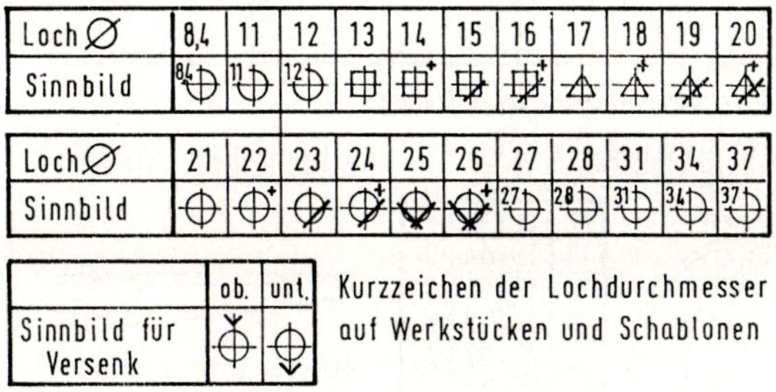
Loch Ø
8,4
11
12
13
14
15
16
17
18
19
20
Sinnbild
Loch Ø
21
22
23
24
25
26
27
28
31
34
37
Sinnbild
ob.
unt.
Sinnbild für Versenk

Kurzzeichen der Lochdurchmesser auf Werkstücken und Schablonen

Bild 5

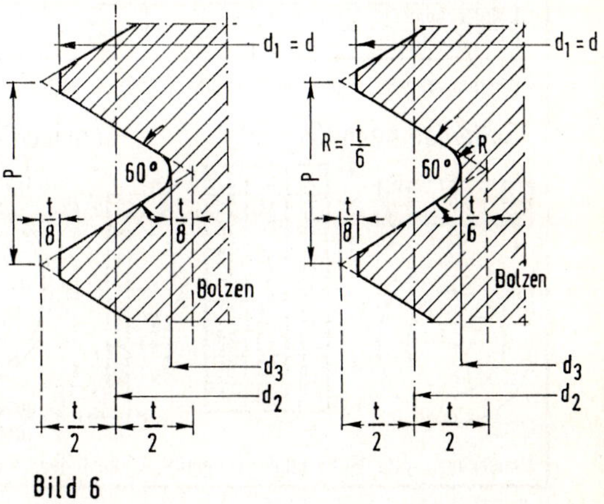

Bild 6

Auf den Werkstücken werden die Löcher mittels Körner markiert (sofern nicht NC-gesteuerte Bohr- oder Stanzmaschinen verwendet werden). Für die Lochdurchmesser existieren Sinnbilder, vgl. Bild 5. - Die Löcher werden gebohrt oder gestanzt; Löcher für Paßschrauben werden

Schraubentafel

1. Sechskantschrauben nach DIN 7990

(normalfeste Schraube)
Festigkeitsklasse 4.6, 5.6

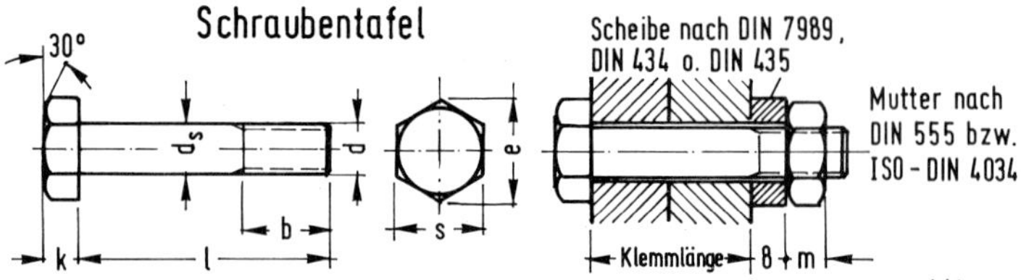

nicht genormt

Bezeichnung		M 12	M 16	M 20	M 22	M 24	M 27	M 30	M 36
Gewindedurchmesser	$d = d_s$	12	16	20	22	24	27	30	36
Gewindelänge	b	17,75	21	23,5	25,5	26	29	30,5	
Gewindesteigung	P	1,75	2	2,5	2,5	3	3	3,5	4
Eckmaß	min e	19,85 | 20,88	26,17	32,95	37,29 | 35,03	39,55	45,20	50,85	
Kopfhöhe	k	8	10	13	14	15	17	19	
Mutterhöhe	m	10	13	16	18	19	22	24	29
Schlüsselweite	s	18 | 19	24	30	34 | 32	36	41	46	55

2. Sechskantschrauben nach DIN 7968

(normalfeste Paßschraube)
Festigkeitsklasse 5.6

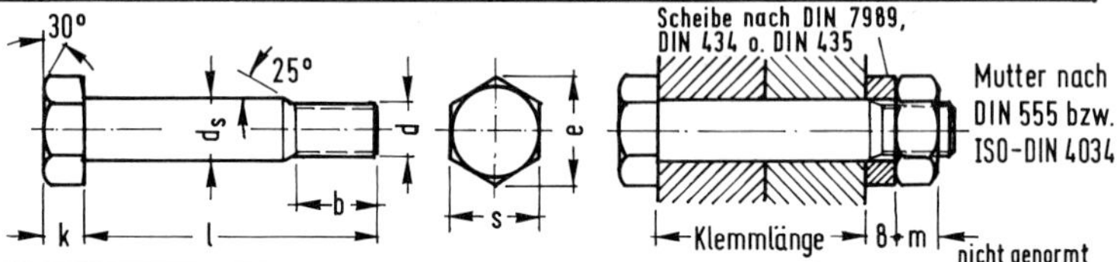

nicht genormt

Bezeichnung		M 12	M 16	M 20	M 22	M 24	M 27	M 30	M 36
Gewindedurchmesser	d	12	16	20	22	24	27	30	36
Schaftdurchmesser	d_s	13	17	21	23	25	28	31	
Gewindelänge	b	17,12	20,5	23,75	25,75	26,5	29,5	31,25	
Gewindesteigung	P	1,75	2	2,5	2,5	3	3	3,5	4
Eckmaß	min e	19,85 | 20,88	26,17	32,95	37,29 | 35,03	39,55	45,20	50,85	
Kopfhöhe	k	8	10	13	14	15	17	19	
Mutterhöhe	m	10	13	16	18	19	22	24	29
Schlüsselweite	s	18 | 19	24	30	34 | 32	36	41	46	55

3. Sechskantschrauben nach DIN 6914

(hochfeste Schraube)
HV-Schraube 8.8, 10.9

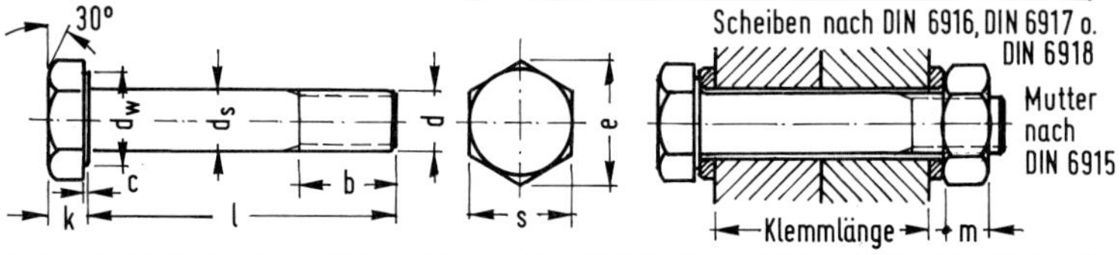

Bezeichnung		M 12	M 16	M 20	M 22	M 24	M 27	M 30	M 36
Gewindedurchmesser	$d = d_s$	12	16	20	22	24	27	30	36
Gewindelänge	b	21 | 23	26 | 28	31 | 33	32 | 34	34 | 37	37 | 39	40 | 42	48 | 50
Gewindesteigung	P	1,75	2	2,5	2,5	3	3	3,5	4
	d_w	20	25	30	34	39	43,5	47,5	57
	c	0,4 ÷ 0,6	0,4 ÷ 0,6	0,4 ÷ 0,8	0,4 ÷ 0,8	0,4 ÷ 0,8	0,4 ÷ 0,8	0,4 ÷ 0,8	0,4 ÷ 0,8
Eckmaß	min e	23,91	29,56	35,03	39,55	45,20	50,85	55,37	66,44
Kopfhöhe	k	8	10	13	14	15	17	19	23
Mutterhöhe	m	10	13	16	18	19	22	24	29
Schlüsselweite	s	22	27	32	36	41	46	50	60

Benennung, z.B.: Sechskantschraube DIN 6914 - M 20 x 100 (l = 100 mm Nennlänge; siehe DIN)

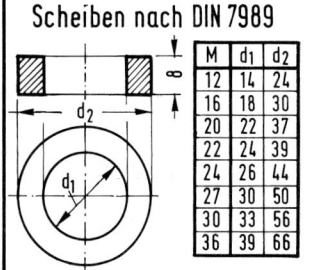

Scheiben nach DIN 7989

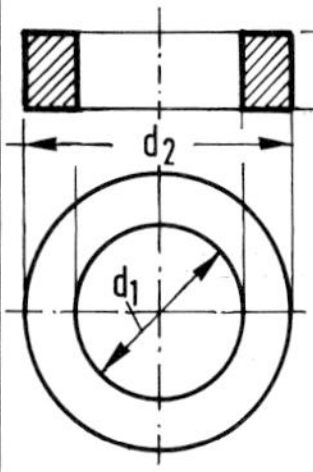

M	d_1	d_2
12	14	24
16	18	30
20	22	37
22	24	39
24	26	44
27	30	50
30	33	56
36	39	66

Scheiben nach DIN 6916

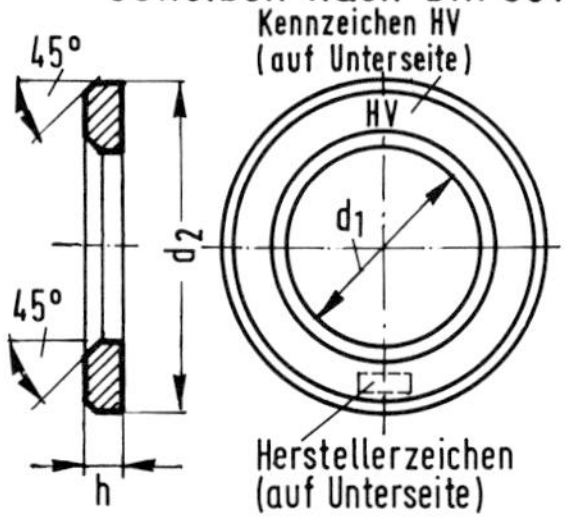

M	d_1	d_2	h
12	13	24	3
16	17	30	4
20	21	37	4
22	23	39	4
24	25	44	4
27	28	50	5
30	31	56	5
36	37	66	6

Keilscheiben (Vierkant)

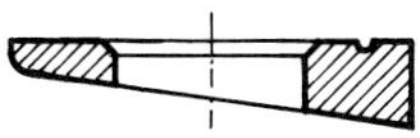

DIN 6917 für I-Profile
Neigung ◁ 14%
DIN 6918 für [-Profile
Neigung ◁ 8% bzw. 5%

Anmerkung: Alle Maße sind Nennmaße. Klemmlängen siehe DIN 7990, DIN 7968, DIN 6914

i.a. nach dem Bohren bzw. Stanzen aufgerieben (vgl. die folgenden Abschnitte). Schrauben sind (im Gegensatz zu Nieten) auch zur Abtragung achsialer Zugkräfte geeignet. Der Spannungsnachweis wird unter bezug auf den sogen. Spannungsquerschnitt A_{Sp} geführt. Hierbei handelt es sich um einen (fiktiven) Rechenwert. Bild 6 zeigt das ehemals gültige metrische und das heute gültige metrische ISO-Gewinde (DIN-ISO 898 T1 und DIN 13). Für jeden Gewindedurchmesser existieren das sogen. (grobe) Regelgewinde und mehrere Feingewinde, z.B. M36: Regelgewinde P=4mm, Feingewinde P=3,2 und 1,5mm. P ist die Gewindesteigung, vgl. Bild 6. Die Vorzahl M besagt: Metrisch. Der Spannungsquerschnitt berechnet sich (per Definition) zu:

$$A_S = \frac{\pi}{4}\left(\frac{d_2 + d_3}{2}\right)^2 \qquad (1)$$

d_2: Nennflankendurchmesser, d_3: Nennkerndurchmesser. Der Kernquerschnitt beträgt:

$$A_K = \frac{\pi}{4} d_3^2 \qquad (2)$$

(Ehemals wurden die Zugspannungen im Gewindebereich von Schrauben und Schraubenankern unter bezug auf A_K berechnet.)

Beispiel: M36x4 (Bild 6b):

$$d_2 = d + 2\frac{t}{8} - 2\frac{t}{2} = d - \frac{3}{4}t \qquad (3)$$

$$d_3 = d + 2\frac{t}{8} - 2t + 2\frac{t}{6} = d - \frac{17}{12}t \qquad (4)$$

$d=d_1$ ist der Durchmesser gemäß Benennung. Der Flankenneigungswinkel beträgt einheitlich 30°; d.h.:

$$t = P/(2\cdot\tan 30°) = P/1{,}155 = 4/1{,}155 = \underline{3{,}46\,\text{mm}} \qquad (5)$$

Damit folgt:

$$\left.\begin{aligned} d_2 &= 36 - \frac{3}{4}3{,}46 = \underline{33{,}40\,\text{mm}} & A_S &= \frac{\pi}{4}\left(\frac{3{,}340 + 3{,}109}{2}\right)^2 = \underline{8{,}17\,\text{cm}^2} \\ d_3 &= 36 - \frac{17}{12}3{,}46 = \underline{31{,}09\,\text{mm}} & & \\ d_2 &= d - 0{,}6495P,\quad d_3 = d - 1{,}2265P & A_K &= \frac{\pi}{4}\cdot 3{,}109^2 = \underline{7{,}59\,\text{cm}^2}\ (93\%\ \text{von}\ A_S) \end{aligned}\right\} \qquad (6)$$

(Neben dem metrischen ISO-Gewinde haben das metrische ISO-Trapezgewinde (DIN 103) und das Whitworth-Rohrgewinde (DIN 259) Bedeutung; darüber hinaus gibt es weitere Gewindeformen, z.B. das Sägegewinde (DIN 513), das Rundgewinde (DIN 405) u.a.

9.3 SL- und SLP-Verbindungen

9.3.1 Fertigung der Nietverbindungen [9]

Mittels der Niettechnik wurden in früherer Zeit schwierigste Konstruktionen gefertigt (Wolkenkratzer, Türme, Großbrücken, Behälter, Rohrleitungen (auch für Druckbetrieb)). Der Vorteil der Nietverbindung (gegenüber der Schweißverbindung) besteht darin, daß an das Grundmaterial keine besonderen Anforderungen gestellt werden müssen. Diesem Vorteil stehen aber mehrere entscheidende Nachteile gegenüber, die die Nietverbindung im Stahlbau letztlich vollständig verdrängt haben:

a) Für Stöße und Verbindungen bedarf es stets zusätzlicher Laschen und Anschlußwinkel, was konstruktive Beschränkungen und nicht unbedingt ein gutes Aussehen zur Folge hat. Zudem sind Nietkonstruktionen korrosionsgefährdeter und schwieriger zu beschichten und zu unterhalten als Schweißkonstruktionen.

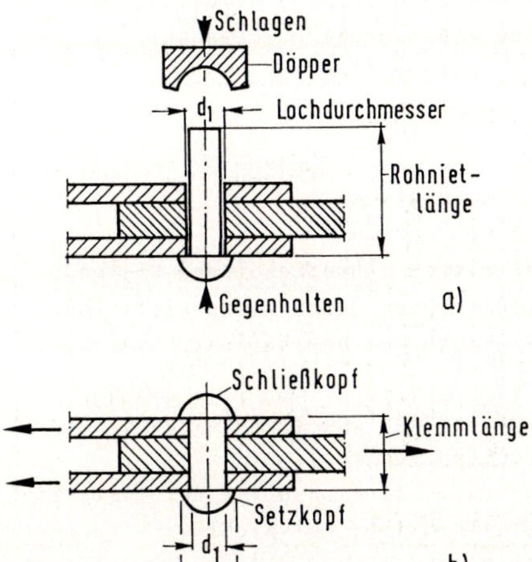

Bild 7

b) Durch die Nietlöcher wird der Querschnitt geschwächt, das Konstruktionsgewicht ist insgesamt höher als bei geschweißten Konstruktionen

c) Das Schlagen der Niete erfordert einen hohen Arbeitsaufwand und qualifizierte Fachkräfte; die Lärmbelästigung ist beträchtlich. (Diese Nachteile gelten z.T. auch für Schraubenverbindungen. Da im Vergleich zum Schweißen keine so hohen Anforderungen an die Qualifikation der Fachkräfte gestellt werden müssen, ist in Zukunft eher mit einem steigenden Einsatz von Schraubenverbindungen zu rechnen.)

Die Arbeitsgänge beim Schlagen eines Nietes sind (Bild 7):

a) Der Rohniet, bestehend aus Schaft und Setzkopf, wird im Nietofen weißrot geglüht.
b) Der glühende Niet wird in das Nietloch eingetrieben (bei großen Nieten evtl. mit dem Vorschlaghammer). Der Durchmesser des Nietloches ist 1mm größer als der des Rohnietes. Vor dem Eintreiben wird der Niet mit der Drahtbürste entzundert.
c) Der Setzkopf wird mit einem Setzkopfdöpper festgehalten (Gegen- oder Vorhalter). Der zweite Nietkopf, Schließkopf) wird durch den Döpper (Schließkopfdöpper) geformt. Hierzu dient ein mit Preßluft betriebener Niethammer.

Eine gut eingearbeitete Nietmannschaft benötigt ca. 10 bis 20sec für das Schlagen eines Nietes (Zeitbedarf für das Einführen des Nietes und Fertigung des Schließkopfes). Die Schaftlänge des Rohnietes wird so gewählt, daß für die Stauchung des Schaftes innerhalb des Nietloches und für die Bildung des Schließkopfes genügend Material zur Verfügung steht. Aus den Tabellen der DIN 124 und DIN 302 wird die Rohnietlänge in Abhängigkeit von der Klemmlänge und vom Durchmesser entnommen.

Anhaltswerte: Maschinennietung : $l = s + \frac{4}{3}d$ Handnietung: $l = s + \frac{7}{4}d$ (7/8)

l: Schaftlänge, s: Klemmlänge, d: Nietdurchmesser. - Oberhalb l=5d wird die Nietung schwieriger, weil die Niete dann dazu neigen, innerhalb des Loches auszubrechen (auszuknicken). Dann besteht die Gefahr, daß eine satte Ausfüllung des Nietloches nicht mehr einwandfrei gelingt. Das hat ein Absinken der Klemmwirkung zur Folge. - Bei großen Klemmlängen ergeben verstärkte Niete eine bessere Nietlochausfüllung. Mit gedrehten Nieten und konischem Anlauf lassen sich Klemmlängen bis 9,5d fertigen [10,11].

Die Löcher werden gebohrt oder gestanzt; in zugbeanspruchten Bauteilen über 12mm Dicke sind die gestanzten Löcher (mit Reibahlen) um mindestens 2mm aufzureiben. Die Kanten der Lochränder sind zu entgraten ("Bartentgraten") und leicht zu brechen. - Die Nietköpfe müssen mittig zur Schaftachse sitzen und gut anliegen; fester Sitz wird durch Abklopfen mit dem Niethammer kontrolliert. Die Nietköpfe dürfen selbstverständlich keine Risse aufweisen (DIN 18800 T7, Abschn. 3.3.2.2).

Die Nietung soll innerhalb der Rotglut abgeschlossen sein, damit der Niet im fertig geschlagenen Zustand abkühlt. Hierbei verkürzt sich der Niet und klemmt die zu verbindenden Teile zusammen. Eine feste Klemmung ist insbesondere aus Korrosionsschutzgründen wichtig. Beim Abkühlen durchläuft der Nietstahl die γ-α-Phase; hiermit ist eine Volumenvergrößerung verbunden, wodurch die Längsschrumpfung etwas reduziert wird. - Bei einer Abkühlung um 100K (nach Fertigstellung des Schließkopfes) beträgt die Zugspannung (wenn eine vollständige Verhinderung der Schrumpfung unterstellt wird):

$$\sigma = \varepsilon \cdot E = 0{,}000012 \cdot 100 \cdot 210000 = \underline{250\ N/mm^2}$$

Tatsächlich verhält sich das eingeklemmte Blechpaket nicht starr; gleichwohl wird beim Nieten im Regelfall die Streckgrenze des Nietwerkstoffes erreicht.

Tragende Verbindungen müssen mit mindestens zwei Nieten ausgeführt werden ("ein Niet ist kein Niet"). Das hat Fertigungs- und Festigkeitsgründe: Bevor ein Niet geschlagen werden kann, müssen die Teile zunächst mit mindestens einer Schraube zusammengefügt werden. Verbindungen mit einem Niet neigen zum Klaffen, insbesondere bei größerer Exzentrizität; der Niet stellt sich schief, er erhält Zug, die Verbindung lockert sich.

9.3.2 Fertigung der SL- und SLP-Schraubenverbindungen

Schraubenverbindungen werden gewählt,
a) wenn die Verbindung lösbar bleiben soll (z.B. mobiles Gerät),
b) wenn Montagestöße nicht geschweißt werden können,
c) wenn bei beengten oder ungünstigen Fertigungsverhältnissen Schweißen (oder Nieten) nicht möglich ist (ehemals auch dann, wenn große Klemmlängen durch Niete nicht überbrückt werden konnten oder der Nietlärm zu groß war, auch bei der Reparatur von Nietverbindungen),
d) wenn Werkstoffe vorliegen, die ein Schweißen nicht erlauben (und ehemals, wenn der Werkstoff die schlagende Beanspruchung beim Nieten nicht vertrug).

Die Löcher werden gebohrt oder gestanzt. In zugbeanspruchten Bereichen ist das gestanzte Loch um 2mm aufzureiben, wenn die Blechdicke größer als 12mm ist; bei nicht vorwiegend ruhender Beanspruchung gilt das grundsätzlich für alle Blechdicken, weil anderenfalls die infolge Stanzen der Löcher aufgerauhten und z.T. geringfügig angerissenen Lochränder eine reduzierte Ermüdungsfestigkeit aufweisen. Ein Aufreiben empfiehlt sich auch deshalb (insbesondere bei größeren Blechdicken und bei künftig zu erwartenden tieferen Betriebstemperaturen), um einer gewissen Sprödbruchanfälligkeit im Bereich der Schubanrisse der gestanzten Lochwandungen vorzubeugen [12,13].

Wie erwähnt, kommen für SL- und SLP-Verbindungen normal- und hochfeste Sechskant- bzw. Sechskantpaßschrauben zum Einsatz; in Ergänzung zu Tafel 9.1 weist Bild 8 die Abmessungen hochfester Paßschrauben nach DIN 7999 aus.

Sechskantschrauben nach DIN 7999

(hochfeste Paßschraube)

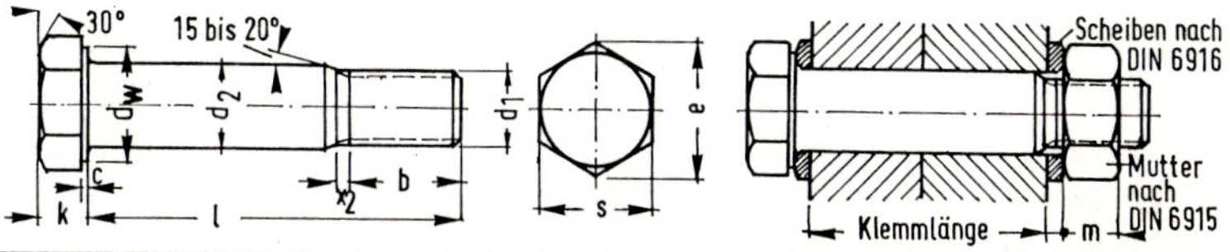

Bezeichnung		M 12	M 16	M 20	M 22	M 24	M 27	M 30	M 36
Gewindedurchmesser	d_1	12	16	20	22	24	27	30	36
Schaftdurchmesser	d_2	13	17	21	23	25	28	31	37
Gewindelänge	b/y	18,5/6,5	22/7,5	26/8,5	28/8,5	29,5/10	32,5/10	35/11,5	
	d_w	19	25	32	34	39	43,5	47,5	57
	c	0,4 ÷ 0,6	0,4 ÷ 0,6	0,4 ÷ 0,8	0,4 ÷ 0,8	0,4 ÷ 0,8	0,4 ÷ 0,8	0,4 ÷ 0,8	0,4 ÷ 0,8
Eckmaß	min e	22,78	29,59	37,29	39,55	45,20	50,85	55,37	66,44
Kopfhöhe	k	8	10	13	14	15	17	19	23

Bild 8

Bei Schrauben ohne Paßsitz darf das Lochspiel 2mm betragen, es ist dann mit größerem Schlupf zu rechnen; im Regelfall wird ein Lochspiel von 1mm vorgegeben. (Normalfeste (rohe) Schrauben dienen häufig auch als Heftschrauben bei der Montage.) - Schrauben mit Paßsitz haben einen exakt zylindrischen Schaft mit maximaler negativer Abweichung ISO h11 nach DIN 7182. Für die maximale positive Abweichung des Loches vom Nennmaß ist ISO H11 einzuhalten. Das Lochspiel darf nicht größer als 0,3mm sein. Die Löcher für Paßschrauben werden gemeinsam (auf-) gebohrt und aufgerieben.

Im Stahlhochbau kommen Schrauben ohne Paßsitz dann zum Einsatz, wenn gewisse Nachgiebigkeiten unbedenklich sind; im Brückenbau nur für untergeordnete, nichttragende Bauteile (DS 804).- Bei Anschlüssen und Stößen in seitenverschieblichen Rahmen darf das Lochspiel maximal nur 1mm betragen (Gebot der Stabilität). - Für formschlüssige Verbindungen werden Paßschrauben verwendet, z.B. auch bei hohen Funktürmen und -masten, um die Formänderungen im Gebrauchszustand gering zu halten (DIN 4131, Abschn. 7.1.4).

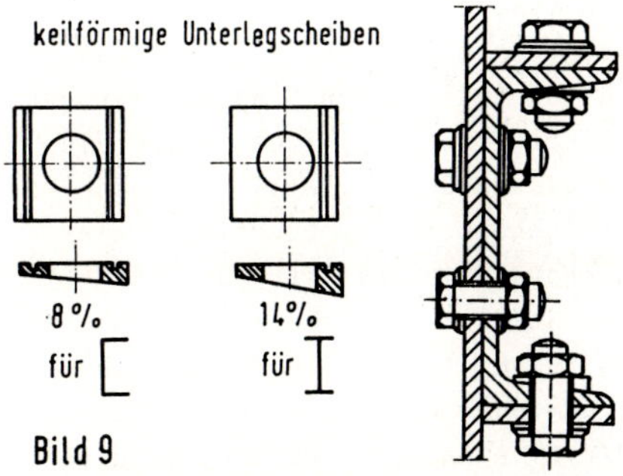

Bild 9

Die in SL- bzw. SLP-Verbindungen eingesetzten hochfesten Schrauben haben die Güte 8.8 oder 10.9. (Die hochfeste Schraube der Güte 8.8 wurde mit DIN 18800 T1 (11.90) eingeführt.)

Unter den Muttern müssen grundsätzlich Unterlegscheiben angeordnet werden; ihre Dicke beträgt bei den normalfesten Schrauben einheitlich 8mm (DIN 7989). Bei hochfesten Schrauben ist die Dicke variabel, in diesem Falle wird auch unter dem Kopf eine Scheibe angeordnet (DIN 6916); die Scheiben haben innenseitig eine Anfasung, um die Ausrundung zwischen Schaft und Kopf aufzunehmen, vgl. Tafel 9.1.

Es ist grundsätzlich günstig und anzustreben, daß das Gewinde innerhalb der mutterseitigen Scheibe endet, anderenfalls ragt das Gewinde in das Loch hinein. Das ist nach DIN 18800 T7 bei vorwiegend ruhender Beanspruchung zulässig, allerdings darf das Gewinde nur so weit in das zu verbindende Bauteil hineinragen, daß die Ist-Länge des darin verbleibenden Schraubenschaftes mindestens 40% des Schraubenschaftdurchmessers beträgt. - Schaft- und Gewindelänge werden vom Konstrukteur in Abhängigkeit von der Klemmlänge festgelegt: DIN 7990, DIN 7968, DIN 6914, DIN 7999. Anschlüsse an die schrägen Flansche von [-Walzprofilen erfordern zum Ausgleich der Neigung keilförmige Unterlegscheiben nach DIN 435, bei hochfesten Schrauben nach DIN 6918, Bild 9. - Bei nicht vorwiegend ruhender (dynami-

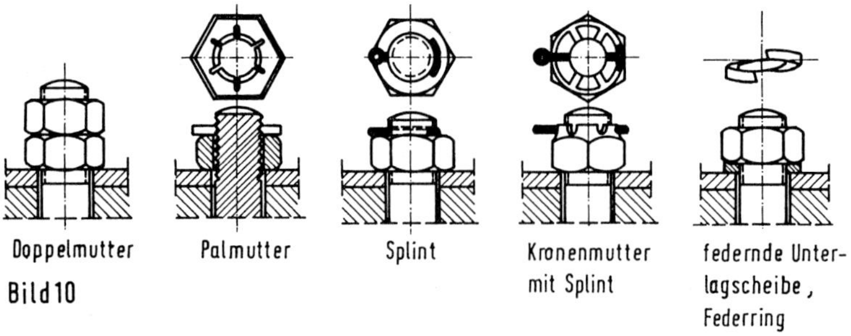

Bild 10

scher Beanspruchung (Erschütterungen, Schwingungen, Stöße) neigen Schraubenmuttern zum selbsttätigen Lösen. Bild 10 zeigt verschiedene Sicherungstechniken: Doppelmutter (Kontermutter), die durch gegenseitige Verspannung wirkt; die ähnlich wirkende Palmutter; Splintsicherungen ohne und mit Kronenmutter; sowie federnde Unterlegscheiben oder Federringe.- Im Stahlhochbau wird die Mutter gelegentlich durch punktförmiges Anschweißen gesichert (angepunktet), dann ist die Mutter ohne Schädigung des Gewindes nicht mehr lösbar. Von dieser Sicherung sollte i.a. kein Gebrauch gemacht werden, insbesondere nicht bei 8.8- und 10.9-Schrauben. Verbreitet ist auch die Sicherung der Mutter durch Klebung: Hierbei wird das Schraubengewinde mit einer geringen Menge des Klebers benetzt; dieser härtet unter Luftabschluß und bei Metallkontakt in den Gewindegängen aus. Bei dem Kleber handelt es sich um einen modifizierten Methacrylatester. Es gibt Spezialvarianten, die auch auf leicht geölter Oberfläche einsetzbar sind. Schließlich ist es möglich die Muttern zu verstemmen.
Vorgespannte Schrauben bedürfen keiner zusätzlichen Sicherung.
Im Maschinenbau hat die Muttersicherung im Hinblick auf die Gefahr einer Vibrationslockerung große Bedeutung [14,15]. Hier kommen, neben den vorgenannten Sicherungsformen, zunehmend mechanisch sichernde Schrauben zum Einsatz. Die Auflageflächen von Schraubenkopf und Mutter weisen eine bestimmte Profilierung auf. Die bisher übliche Sägezahnprofilierung (die Zähne stehen in Losdrehrichtung) ist im Hinblick auf die scharfe Kerbwirkung der beschädigten Oberfläche ungünstig. Es wurde daher eine neue Profilierung mit runden Rippen entwickelt: Das Gegenmaterial wird geglättet und gehärtet, eine Kerbwirkung ist praktisch ausgeschaltet. Nachteil dieses Schraubentyps ohne Unterlegscheiben ist der Umstand, daß insbesondere die im Mutterbereich liegende Beschichtung beim Anziehen beschädigt oder gar zerstört wird. Von solchen Schadstellen geht eine erhöhte Korrosionsgefahr aus. Zudem neigt die Schraube zu einem gewissen Setzen, weil sich die Profilierung infolge Kriechens in die Oberfläche eingräbt. Bei Rundrippenprofilierung ist dieser Effekt sehr gering. Für den Stahlbau hat dieser Schraubentyp keine Bedeutung (Bild 11). Soll ein überstehender Schraubenkopf vermieden werden, können Senkschrauben nach DIN 7969 eingesetzt werden, Bild 12.

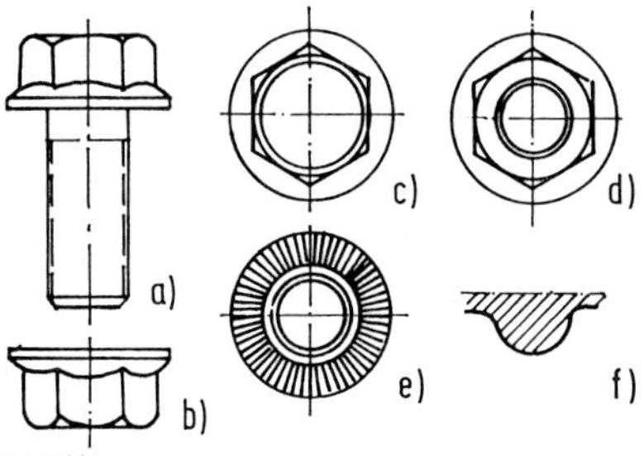

Bild 11

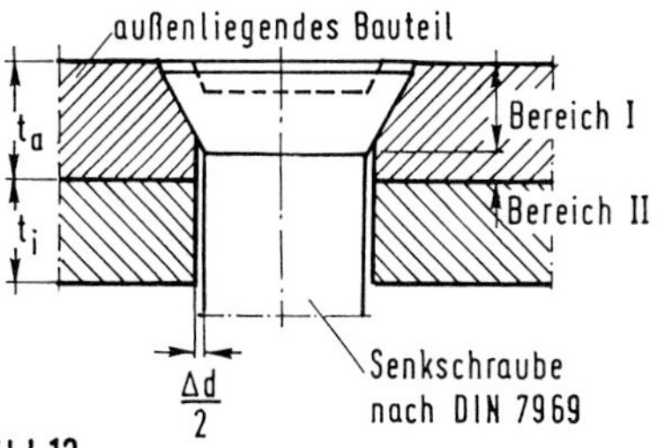

Bild 12

Das Lochspiel Δd darf maximal nur 1mm betragen, da Senkschrauben zu größerer Nachgiebigkeit infolge Kopfdrehung neigen. Auf einen gründlichen Korrosionsschutz der Schraubenköpfe und -muttern ist besondere Sorgfalt zu verwenden. Die Berührungsflächen erhalten eine Zwischenbeschichtung (z.B. Zinkstaub-, Eisenoxid- oder Bleimennige-Anstrich). (Der gleitfeste Anstrich bei GV- und GVP-Verbindungen erfüllt gleichzeitig die Aufgabe einer Korrosionsbeschichtung.) Schraubenkopf und -mutter erhalten dieselbe Beschichtung wie die Konstruktion selbst, ggf. einen zusätzlichen Anstrich. Verbreitet ist der Einsatz feuerverzinkter

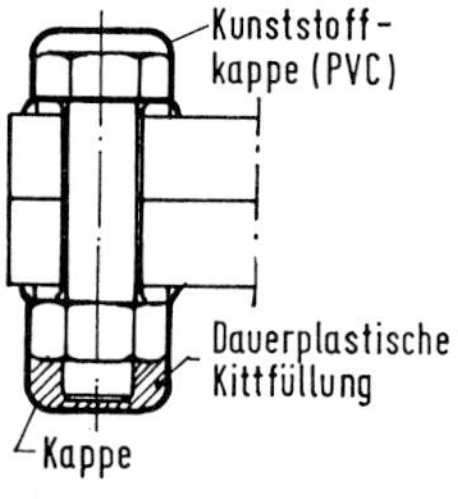

Bild 13

Schrauben (50÷70µm). Hierbei dürfen nur komplette Garnituren (Schraube und Mutter) von ein und demselben Hersteller verwendet werden, um die Gängigkeit sicherzustellen; das Gewinde ist mit Molybdändisulfid (MoS_2) zu behandeln. Beim Anziehen der Schrauben ist eine gewisse Beschädigung der Feuerverzinkung an Mutter und Kopf nicht ganz zu vermeiden; ggf. ist ein anschließender Antrich (z.B. mittels Zinkstaubfarbe) anzuraten. - Gelegentlich werden bei hohen Anforderungen Kunststoffkappen auf Mutter und Kopf aufgesetzt (vgl. Bild 13.

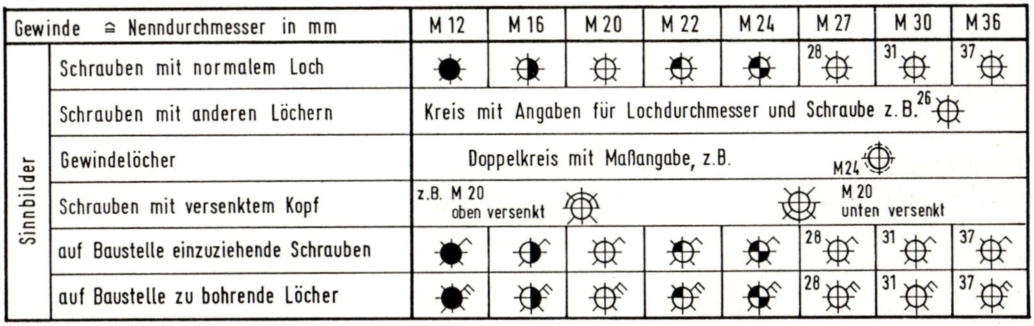
Gewinde ≙ Nenndurchmesser in mm
M 12
M 16
M 20
M 22
M 24
M 27
M 30
M 36
Sinnbilder
Schrauben mit normalem Loch
28
31
37
Schrauben mit anderen Löchern
Kreis mit Angaben für Lochdurchmesser und Schraube z.B. 26
Gewindelöcher
Doppelkreis mit Maßangabe, z.B.
M24
Schrauben mit versenktem Kopf
z.B. M 20 oben versenkt
M 20 unten versenkt
auf Baustelle einzuziehende Schrauben
auf Baustelle zu bohrende Löcher

Bild 14

Die auf Zeichnungen zu verwendenden Sinnbilder nach DIN 407 sind in Bild 14 dargestellt. Nach DIN-ISO 5261 (02.85) sind für eingebaute Schrauben neue Symbole maßgebend, vgl. Bild 15. Sie sind weniger zeichnungsaufwendig als die bislang gebräuchlichen. Der Durchmesser der Löcher wird in der Nähe des Symbols eingetragen. Die Bezeichnung der Schrauben soll mit ihren DIN-Bezeichnungen übereinstimmen. Die Bezeichnung von Löchern oder Schrauben, die sich auf eine Gruppe gleicher Verbindungselemente bezieht, braucht nur an einem äußeren Element (mit Hinweispfeil) angebracht zu werden; in diesem Fall soll die Anzahl der Löcher oder Schrauben, die die Gruppe bilden, vor der Bezeichnung eingetragen werden (z.B. 10M16 DIN 7990).

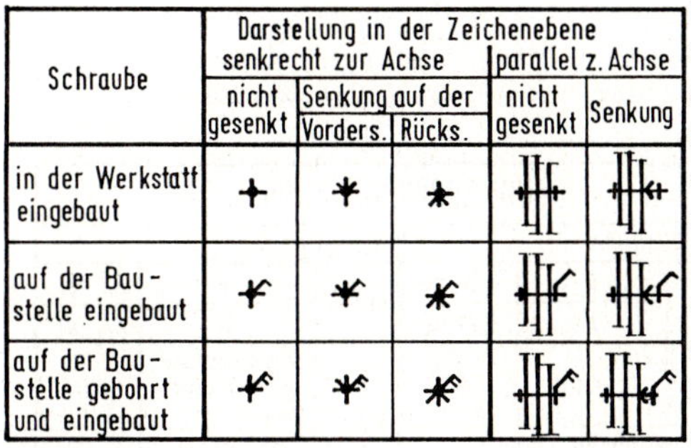
Schraube
Darstellung in der Zeichenebene
senkrecht zur Achse
parallel z. Achse
nicht gesenkt
Senkung auf der
Vorders.
Rücks.
nicht gesenkt
Senkung
in der Werkstatt eingebaut
auf der Baustelle eingebaut
auf der Baustelle gebohrt und eingebaut

Bild 15

9.3.3 Durchmesser und Anordnung der Niete und Schrauben

Durchmesser und Klemmlänge der Niete und Schrauben müssen auf die Dicke der zu verbindenden Teile sinnvoll abgestimmt sein.

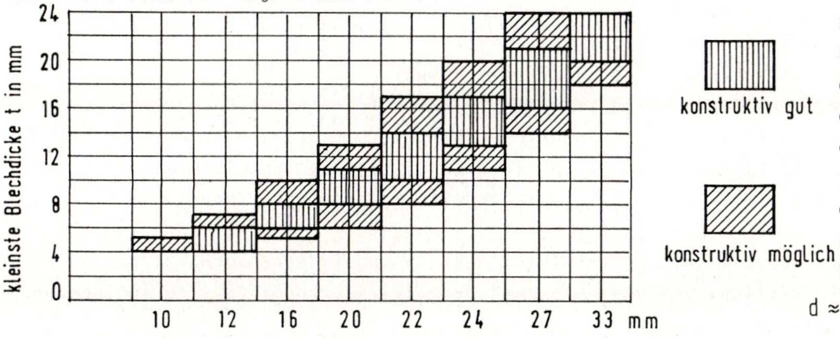

Bild 16 Schraubenschaft- bzw. Nietlochdurchmesser

Die Wahl der Niet- bzw. Schraubendurchmesser ist an der kleinsten Blechdicke t der zu verbindenden Teile zu orientieren; als Konstruktionsregel hat sich bewährt:

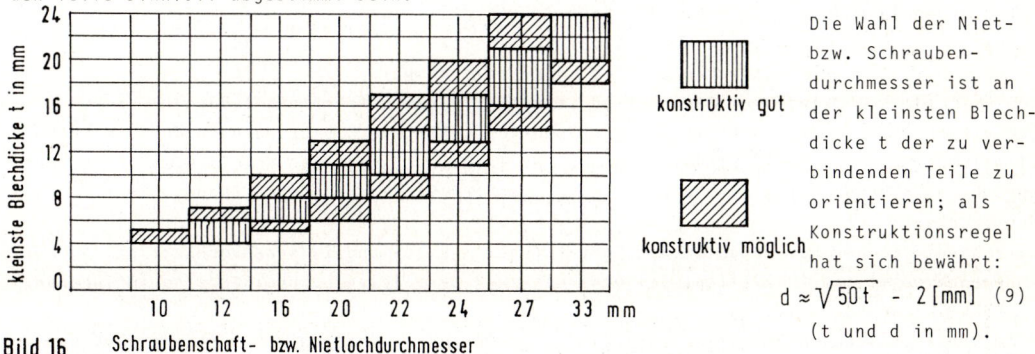

$$d \approx \sqrt{50t} - 2\,[\text{mm}] \qquad (9)$$

(t und d in mm).

Bild 16 enthält die Empfehlungen nach DIN 18800 T1 (03.83).

Wie in Abschnitt 9.3.1 erläutert, ist die maximale Klemmlänge der Niete begrenzt, anderenfalls ist eine satte Ausfüllung des Nietloches auf die ganze Länge nicht gewährleistet. Die zulässigen Klemmlängen betragen:

$$\left.\begin{array}{lll} \text{Normale Niete (Halbrundniete nach DIN 124)} : & 0{,}20d^2 & (4{,}5\,d) \\ \text{Verstärkte Niete} : & 0{,}25d^2 & (5{,}5\,d) \\ \text{Besonders verstärkte und abgedrehte N.} : & 0{,}30d^2 & (6{,}5\,d) \end{array}\right\} \qquad (10)$$

Der jeweils erste Wert gilt für den Brückenbau nach DS804; d ist der Lochdurchmesser des geschlagenen Nietes in mm (vgl. auch DIN 18809).
Die Schrauben werden in abgestuften Längen geliefert; die zugeordneten Klemmlängen sind in DIN 7990, DIN 7968, DIN 6914 und DIN 7999 für die Sechskantschrauben und in DIN 7969 für die Senkschrauben genormt.

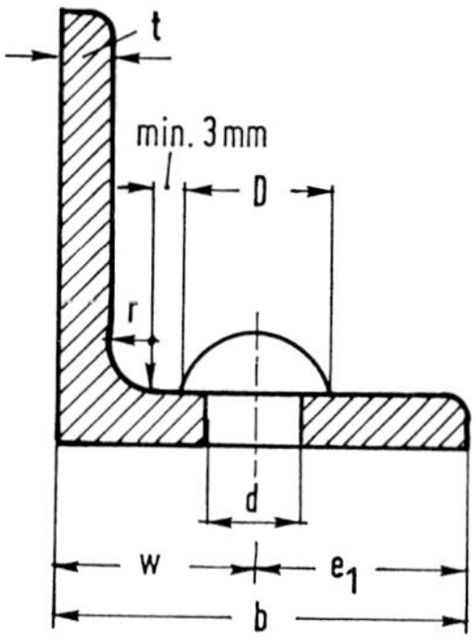

Bild 17

In den Profilnormen sind Lochdurchmesser und Lochrißlinien (Wurzelmaße w) vereinbart: Anreißmaße von Form- und Stabstählen in DIN 997, DIN 998 und DIN 999. Bei Einhaltung dieser Maße ist eine einwandfreie Ausführung gesichert. Lassen sich, z.B. beim Verbinden unterschiedlicher Profile, die Wurzelmaße w nicht einhalten, werden folgende Mindestwerte ampfohlen; vgl. Bild 17

$$\min w = t + r + 3 + 0{,}8 \cdot d\,[\mathrm{mm}] \qquad (11)$$

Bei einem Nietabstand e=1,5d von der Lochachse zum freien Rand besteht zwischen min w und minimaler Schenkelbreite b folgende Restriktion:

$$\min b = \min w + e = t + r + 3 + 2{,}3 \cdot d\,[\mathrm{mm}] \qquad (12)$$

Bei Schrauben ist die vorstehende Überlegung am Scheibenaußendurchmesser zu orientieren; die Scheibe darf nicht in den Ausrundungsbereich des Profils zu liegen kommen. Wird kopfseitig keine Scheibe gelegt, ist das Maß e bzw. s des Schraubenkopfes zu beachten (vgl. Tafel 9.1). Im übrigen werden die kleinsten Lochabstände durch die Größe des Niethammerkopfes (Döppers) und bei den Schrauben durch die Schlüsselmaße bestimmt. Darüber hinaus sind die in den Vorschriften aufgrund von Festigkeitsversuchen so festgelegt, daß die in den Bemessungsregeln angesetzten Grenzkräfte erreicht werden können, ohne daß das Material vorzeitig ausreißt.

DIN 18800 T1 (03.81)					
Randabstände			Lochabstände		
min	∥	$2 \cdot d_L$	min	∥ und ⊥	$3 \cdot d_L$
	⊥	$1{,}5 \cdot d_L$			
max	∥ und ⊥	$3 \cdot d_L$ oder $6 \cdot t$	max	im Druckbereich oder für Beulsteifen	$6 \cdot d_L$ oder $12 \cdot t$
				im Zugbereich o. für Heftung im Druckber.	$10 \cdot d_L$ oder $20 \cdot d_L$

DIN 18800 T1 (11.90)					
Randabstände			Lochabstände		
min *)	∥	$1{,}2 \cdot d_L$	min	∥	$2{,}2 \cdot d_L$
	⊥	$1{,}2 \cdot d_L$		⊥	$2{,}4 \cdot d_L$
max	∥ und ⊥	$3 \cdot d_L$ oder $6 \cdot t$	max	zur Sicherung gegen lokales Beulen	$6 \cdot d_L$ oder $12 \cdot t$
*) bei gestanzten Löchern min Randabstand: $1{,}5 \cdot d_L$ min Lochabstand: $3{,}0 \cdot d_L$				wenn lokale Beulgefahr nicht besteht	$10 \cdot d_L$ oder $20 \cdot t$

Legende: ∥ : parallel zur Kraftrichtung, ⊥ : senkrecht zur Kraftrichtung, d_L: Lochdurchmesser, t: Dicke des dünnsten der außenliegenden Teile der Verbindung; für versteifte Ränder 8t statt 6t

Bild 18

Für die Regelabstände gilt nach DIN 18800 T1 (03.81):

Kleinster gegenseitiger Lochabstand	3d
Kleinster Randabstand in Kraftrichtung	2d
Kleinster Randabstand senkrecht zur Kraftrichtung	1,5d

Diese Regelwerte galten auch in den Vorgängervorschriften. Die Neuausgabe der DIN 18800 T1 (11.90) läßt geringere Kleinstabstände zu. In Bild 18 sind die Anweisungen der beiden Normen gegenübergestellt. - Die Einhaltung "größter Rand- und Lochabstände" dient folgenden Zwecken:

- Verhinderung der Korrosion in der Kontaktfuge im Rand- und Zwischenlochbereich; dieser Bereich neigt zum Aufklaffen. Bei mehr als zwei parallelen Lochreihen sind im Inneren größere Abstände zulässig.
- Im Druckbereich von Bauteilen soll ein Ausbeulen der Blechlamellen verhindert werden.

Im übrigen gelten folgende Grundsätze:

a) Für Anschlüsse und Stöße sind möglichst geringe Abstände zu wählen, um die Knotenbleche und Laschen klein halten zu können. Die Teile liegen dann dicht aufeinander, ein Eindringen von Feuchtigkeit wird verhindert.

b) Die Löcher sollten möglichst regelmäßig angeordnet sein; dadurch stellt sich ein günstiger "Kraftfluß" ein; die Fertigung wird zudem erleichtert. Es sind symmetrische Stoßausbildungen vorzuziehen und Exzentrizitäten in Anschlüssen zu vermeiden; das läßt sich konstruktiv nicht immer erreichen.

9.3.4 Tragverhalten bei Scher-, Lochleibungs- und Zugbeanspruchung

Bei der Belastung einer SL- oder SLP-Verbindung tritt nach Überwindung des Haftreibungswiderstandes ein ruckartiger Schlupf ein. Bis zu diesem Lastniveau verhält sich die Verbindung elastisch. Die Reibungskraft kommt bei Nieten durch die Schrumpfwirkung und bei Schrauben durch den handfesten Anzug der Muttern zustande. Nach Eintreten des Schlupfes liegt der Schaft an der Lochwandung an, die eigentliche Scher—Lochleibungsbeanspruchung setzt ein. Der Schlupf ist meist etwas größer, als es dem Lochspiel entspricht. Bei weiterer Laststeigerung ist das Verhalten zunächst elastisch und wird zunehmend plastisch. Die Verbindung bricht entweder durch Abscheren der Niete bzw. Schrauben oder durch Aufreißen des Grundmaterials, vgl. Bild 19. - Bei Paßschrauben ist der Schlupf kaum wahrnehmbar, die Verbindung verhält sich relativ starr Bei Einsatz hochfester Schrauben (Güte 8.8 oder 10.9) werden höhere Tragkräfte als bei Schrauben der Güte 4.6 und 5.6 erreicht, wenn Bolzenabscheren maßgebend ist.

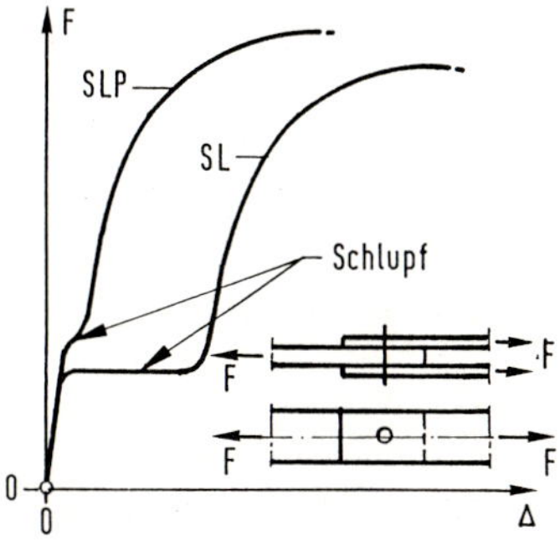

Bild 19

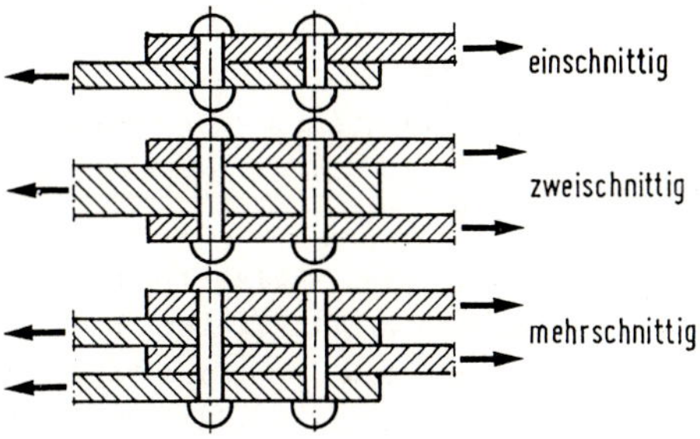

Bild 20

Zusammenfassung: Die Tragkraft einer SL- bzw. SLP-Verbindung wird durch folgende Versagensformen bestimmt:

a) Abscheren des Niet- bzw. Schraubenschaftes; maßgebend ist der Schaftdurchmesser A_{Sch}; ragt das Gewinde in die Scherfuge hinein, ist der Spannungsquerschnitt A_{Sp} maßgebend.
b) Stauchung und Ausquetschen des Grundmaterials an den Lochleibungen; maßgebend sind Schaftdurchmesser und Blechdicke.
c) Versagen des lochgeschwächten Grundquerschnittes (Nettoquerschnitt) bei Zugbeanspruchung.

Jede dieser Möglichkeiten muß im Rahmen des Tragsicherheitsnachweises berücksichtigt werden. Die konstruktive Ausbildung (Schnittigkeit) bestimmt im wesentlichen die Versagensform; der Begriff der Schnittigkeit ist in Bild 20 erläutert. - Beim Nachweis des zugbeanspruchten Grundquerschnittes ist die ungünstigste Bruchlinie zu bestimmen (vgl. auch Abschnitt 4.2.2 und 2.6.5.5.6 und [16]).

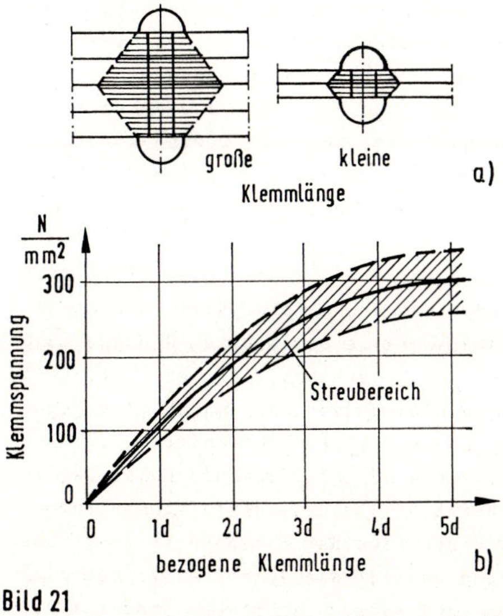

Bild 21

Als die Schweißtechnik als Fügeverfahren noch nicht zur Verfügung stand, spielte die Klemmwirkung der Niete im Behälter- und Rohrleitungsbau eine große Rolle, weil bei derartigen baulichen Anlagen nicht nur eine ausreichende Tragsicherheit sondern auch eine vollständige Dichtigkeit durch die Nietverbindung zu gewährleisten war. Wie in Abschnitt 9.3.1 erläutert, entsteht durch die Nietschrumpfung eine Vorspannung im Niet, die i.a. die Streckgrenze des Nietwerkstoffes erreicht. Bei großer Klemmlänge verhält sich das eingeklemmte Material steifer als bei geringer Klemmlänge, weil sich ein größerer Bereich des Materials der Zusammendrückung widersetzt (Bild 21a). Daher steigt die Klemmspannung mit der Klemmlänge. Für den Einzelniet gilt etwa die in Teilbild b angegebene Gesetzmäßigkeit. Der Gleitwiderstand in den Kontaktflächen ist der Klemmkraft proportional. Für eine trockene, anstrichfreie, un-

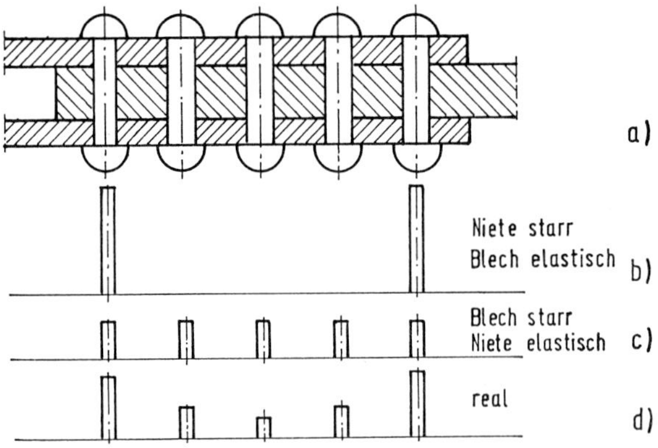

Bild 22

behandelte Oberfläche normaler Walzrauhigkeit kann ein Reibkoeffizient ca. 0,2÷0,3 angesetzt werden. Daraus kann jene Kraft abgeschätzt werden, unter der die Nietverbindung gleitet (schlupft). - Bei handfest angezogenen Schrauben ist die Klemmwirkung geringer als bei Nieten, d.h. die Gleitkraft liegt niedriger. - Die Beanspruchung mehrerer hintereinander liegender Niete oder Schrauben ist (innerhalb des elastischen Bereiches) ein statisch unbestimmtes Problem, vgl. Abschnitt 9.5.7. Die reale Beanspruchung liegt zwischen den Grenzfällen:

- Die Niet- bzw. Schraubenschäfte sind starr, die Bleche elastisch: Nur die an den Enden liegenden Schäfte übertragen die Anschlußkraft,
- die Bleche sind starr, die Niet- bzw. Schraubenschäfte sind elastisch: Alle Schäfte werden gleich hoch beansprucht (vgl. Bild 22). Real stellt sich bei ansteigender Last zunächst in den Endnieten bzw. Endschrauben ein Schlupf ein, unter weiter ansteigender Last gleichen sich die Kräfte zunehmend einander an. Dem Erreichen des Bruches gehen große (plastische) Verformungen voraus, im Versagenszustand sind die Einzelkräfte nahezu gleich groß.

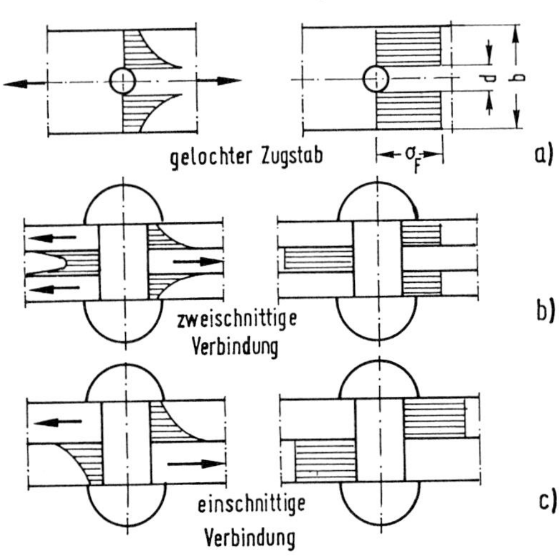

Bild 23

Analoges gilt für den Spannungszustand im gelochten Grundmaterial: Innerhalb des elastischen Bereiches tritt (unter Gebrauchslasten) ein inhomogener Kerbspannungszustand im Umfeld der Löcher auf; vgl. Abschnitt 2.6.5.5.6. Mit ansteigender Lastintensität fließen die Spannungsspitzen an den Lochrändern aus. Bild 23 zeigt die Beanspruchung im elastischen und plastischen (voll durchplastizierten) Bereich (in schematisierter Darstellung). Beim Nachweis der Verbindungsmittel und des Grundmaterials unter vorwiegend ruhender Beanspruchung wird von der Vorstellung einer vollen Durchplastizierung ausgegangen, d.h. es werden gemittelte Nennspannungen berechnet und den zugelassenen Tragspannungen gegenübergestellt. Letztere wurden aufgrund von Tragversuchen unter derselben Annahme bestimmt und in den Regelwerken festgeschrieben.

Im Falle einer nicht vorwiegend ruhenden Beanspruchung (Kranbau, Brückenbau) wirkt sich der Loch- bzw. Kerbeinfluß auf die Ermüdungsfestigkeit des Grund- bzw. Niet- und Schraubenmaterials mindernd aus. Dennoch werden auch in diesem Falle gemittelte Nennspannungen berechnet. Der Ermüdungseinfluß wird über die zulässigen Dauer- bzw. Betriebsfestigkeitsspannungen erfaßt: Für den Lochstab bzw. die Scher-Lochleibungsbeanspruchung sind gegenüber statischer Einwirkung abgeminderte Tragspannungen anzusetzen (Abschnitt 3.7.3). - Eine planmäßige Zugbeanspruchung der Niete sollte durch eine entsprechende konstruktive Ausbildung möglichst vermieden werden. Wie in Abschnitt 9.3.1 ausgeführt, stehen fachgerecht geschlagene Niete unter einer Spannung, die in der Nähe der Fließgrenze liegt oder sie erreicht. Bei einer zusätzlichen Zugbeanspruchung besteht die Gefahr einer überelastischen Anstrengung und einer damit einhergehenden Lockerung. - Schrauben sind zur Aufnahme achsialer Zugkräfte geeignet, insbesondere bei Verwendung hochfester Schrauben und planmäßiger Vorspannung. Die Ermüdungsfestigkeit im Gewinde ist gering, der Abfall gegenüber der (statischen) Zugfestigkeit ist bei hochfesten Schrauben relativ hoch (vgl. Abschnitt 9.7).

9.3.5 Tragsicherheitsnachweise der SL- und SLP-Verbindungen

9.3.5.1 Nachweis bei vorwiegend ruhender Belastung

Nach DIN 18800 T1 (03.81) wird der Nachweis nach dem Konzept der zulässigen Spannungen erbracht. Die zulässigen Spannungen basieren auf Versuchen, deren Durchführung z.T. Jahrzehnte zurückliegt. Nach DIN 18800 T1 (11.90) wird der Tragsicherheitsnachweis unter γ_F-ψ-fachen Einwirkungen erbracht. Die Beanspruchung wird nach beiden Regelwerken prinzipiell gleich ermittelt.

Nachweis nach DIN 18800 T1 (03.81): Ist Q die Anschlußkraft (unter 1,0-facher Gebrauchslast im Lastfall H bzw. HZ), ist die Sicherheit gegen Versagen durch Abscheren gemäß

$$\tau_a = \frac{F}{m \cdot n \cdot A_a} \leq \text{zul}\,\tau_a \qquad \text{mit} \quad A_a = \frac{\pi \cdot d^2}{4} \tag{13}$$

nachzuweisen. τ_a ist die Scherspannung und zul τ_a die zulässige Scherspannung. A_a ist die Scherfläche; weiter bedeuten: m: Schnittigkeit (Anzahl der Scherfugen), n: Anzahl der Schrauben bzw. Niete in der Verbindung.

Die Sicherheit gegen Lochleibungsversagen ist gemäß

$$\sigma_l = \frac{F}{n \cdot A_l} \leq \text{zul}\,\sigma_l \qquad \text{mit} \quad A_l = d \cdot \min \Sigma t \tag{14}$$

nachzuweisen. A_l ist die Lochleibungsfläche. Bei Paßschrauben wird der um 1mm dickere Schraubenschaft bei der Berechnung von A_a und A_l berücksichtigt. Die Abscher- und Lochleibungsspannungen werden als (konstante) Nennspannungen bestimmt, entsprechend wurden die Tragversuche ausgewertet. In Bild 24 sind die zulässigen Spannungen zusammengefaßt (einschl. DASt-Ri 011 für hochfeste Feinkornbaustähle). Die zul. Abscherspannungen sind von der Festigkeit des Niet- bzw. Schraubenwerkstoffes und die zul. Lochleibungsspannungen von der Festigkeit des Grundmaterials abhängig. Die zulässigen Spannungen für Abscheren und Lochleibung standen ehemals im Verhältnis 1:2 zueinander; sie wurden durch Rückrechnung aus den Tragversuchen bei Einhaltung der "kleinsten Rand- und Lochabstände" unter Einschluß einer Sicherheit festgelegt, einschließlich einer Sicherheit gegen-

			zul τ_a in N/mm²		zul σ_l in N/mm² St 37		St 52		St E 460		St E 690	
Verbindungstyp			H	HZ	H	HZ	H	HZ	H	HZ	H	HZ
SL	DIN 7990, 4.6		112	126								
	DIN 7969, 4.6		112	126								
	DIN 7990, 5.6		168	192	280	320	420	480				
	DIN 7969, 5.6		168	192								
	DIN 6914 10.9	1)	240	270					540	610	710	800
		2)			380	430	570	645	710	800	940	1050
SLP	DIN 7968, 4.6		140	160								
	DIN 124, St 36		140	160								
	DIN 7968, 5.6		210	240	320	360	480	540				
	DIN 124, St 44		210	240								
	DIN 7999 10.9	1)	280	320					620	700	820	920
		2)			420	470	630	710	810	910	1070	1200

1) Ohne Vorspannung, 2) Vorspannung $\geq 0{,}5\,F_V$ (ohne Überprüfung), bei St E 460 und St E 690: Volle Vorspannung

DIN 7990: Normalfeste Schraube, DIN 7968: Normalfeste Paßschraube, DIN 7969: Senkschraube
DIN 6914: Hochfeste Schraube, DIN 7999: Hochfeste Paßschraube
DIN 124: Rundkopfniete (für Senkniete nach DIN 302 gelten dieselben Werte)

Bild 24

Tafel 9.2

Grenzkrafttabelle: DIN 18800 T1 (11.1990)

Grenzabscherkraft in kN je einschnittige Scherfuge

Sechskantschrauben

Schraube						M12	M16	M20	M22	M24	M27	M30	M36
Querschnitt in cm^2	Schaftquerschnitt: Schraube				A_{Sch}	1,131	2,01	3,14	3,80	4,52	5,73	7,07	10,18
	Schaftquerschnitt: Paßschraube				A_{Sch}	1,327	2,27	3,46	4,15	4,91	6,16	7,55	10,75
	Spannungsquerschnitt				A_{Sp}	0,843	1,57	2,45	3,03	3,53	4,59	5,61	8,17
	Kernquerschnitt				A_K	0,763	1,44	2,25	2,82	3,24	4,27	5,17	7,59
FK	$f_{u,b,k}$	α_a	$\frac{\alpha_a \cdot f_{u,b,k}}{\gamma_M}$	Typ	Scherfuge liegt im	Grenzabscherkraft: $V_{a,R,d} = \frac{\alpha_a \cdot f_{u,b,k}}{\gamma_M} \cdot A$ ①							
4.6	40	0,60	21,82	S	Schaft	24,7	43,9	68,5	82,9	98,6	125,0	154,3	222,1
					Gewinde	18,4	34,3	53,5	66,1	77,0	100,2	122,4	178,3
5.6	50	0,60	27,27	S	Schaft	30,9	54,8	85,6	103,6	123,3	156,3	192,8	277,6
					Gewinde	23,0	42,8	66,8	82,6	96,3	125,2	153,0	222,8
				P	Schaft	36,2	61,9	94,4	113,2	133,9	168,0	205,9	293,2
					Gewinde	23,0	42,8	66,8	82,6	96,3	125,2	153,0	222,8
8.8	80	0,60	43,64	S	Schaft	49,4	87,7	137,0	165,8	197,2	250,0	308,5	444,2
					Gewinde	36,8	68,5	106,9	132,2	154,0	200,3	244,8	355,5
				P	Schaft	57,9	99,1	151,0	181,1	214,3	268,8	329,5	469,1
					Gewinde	36,8	68,5	106,9	132,2	154,0	200,3	244,8	355,5
10.9	100	0,55	50,00	S	Schaft	56,6	100,5	157,0	190,0	226,0	286,5	353,5	509,0
					Gewinde	42,2	78,5	122,5	151,5	176,5	229,5	280,5	408,5
				P	Schaft	66,4	113,5	173,0	207,5	244,5	308,0	377,5	537,5
					Gewinde	42,2	78,5	122,5	151,5	176,5	229,5	280,5	408,5
	$\frac{kN}{cm^2}$		$\frac{kN}{cm^2}$	S: Schraube P: Paßschraube		kN							

Niete

Niet					12	16	20	22	24	27	30	36
Schaftdurchmesser des Rohniets in mm					12	16	20	22	24	27	30	36
Durchmesser des Nietlochs in mm (= Fertigniet)					13	17	21	23	25	28	31	37
tragende Schaftquerschnittsfläche in cm^2					1,327	2,27	3,46	4,15	4,91	6,16	7,55	10,75
W.St.	$f_{u,b,k}$	α_a	$\frac{\alpha_a \cdot f_{u,b,k}}{\gamma_M}$	Scherfuge liegt im	Grenzabscherkraft: $V_{a,R,d} = \frac{\alpha_a \cdot f_{u,b,k}}{\gamma_M} \cdot A$ ①							
USt36	33	0,60	18,00	Schaft	23,9	40,9	62,3	74,7	88,4	110,9	135,9	193,5
RSt38	37	0,60	20,18	Schaft	26,8	45,8	69,8	83,8	99,1	124,3	152,4	217,0
	$\frac{kN}{cm^2}$		$\frac{kN}{cm^2}$		kN							

Grenzlochleibungkraft in kN für 10mm tragende Materialdicke (beispielhaft für α_l = 1, 2 und 3)

Sechskantschrauben und Niete

Schraube						M12	M16	M20	M22	M24	M27	M30	M36
Schaftdurchmesser in mm				Schraube	d_{Sch}	12	16	20	22	24	27	30	36
				Paßschraube	d_{Sch}	13	17	21	23	25	28	31	37
W.St.	$f_{y,k}$	α_l	$\frac{\alpha_l \cdot f_{y,k}}{\gamma_M}$	t	Schraubentyp	Grenzlochleibungskraft: $V_{l,R,d} = \frac{\alpha_l \cdot f_{y,k}}{\gamma_M} \cdot t \cdot d_{Sch}$ ②							
St 37	24	1,0	21,82	1,0	S	26,2	34,9	43,6	48,0	52,4	58,9	65,5	78,6
					P	28,4	37,1	45,8	50,2	54,6	61,1	67,6	80,7
St 52	36		32,73		S	39,3	52,4	65,5	72,0	78,6	88,4	98,2	117,8
					P	42,6	55,6	68,7	75,3	81,8	91,6	101,5	121,1
St 37	24	2,0	43,64	1,0	S	52,4	69,8	87,3	96,0	104,7	117,8	130,9	157,1
					P	56,7	74,2	91,6	100,4	109,1	122,2	135,3	161,5
St 52	36		65,45		S	78,6	104,7	130,9	144,0	157,1	176,7	196,4	235,6
					P	85,1	111,3	137,5	150,5	163,6	183,3	202,9	242,2
St 37	24	3,0	65,45	1,0	S	78,6	104,7	130,9	144,0	157,1	176,7	196,4	235,6
					P	85,1	111,3	137,5	150,5	163,6	183,3	202,9	242,2
St 52	36		98,18		S	117,8	157,1	196,4	216,0	235,6	265,1	294,5	353,5
					P	127,6	166,9	206,2	225,8	245,5	274,9	304,4	363,3
	$\frac{kN}{cm^2}$		$\frac{kN}{cm^2}$	cm	S: Schraube P: Paßschraube/Niet	kN							

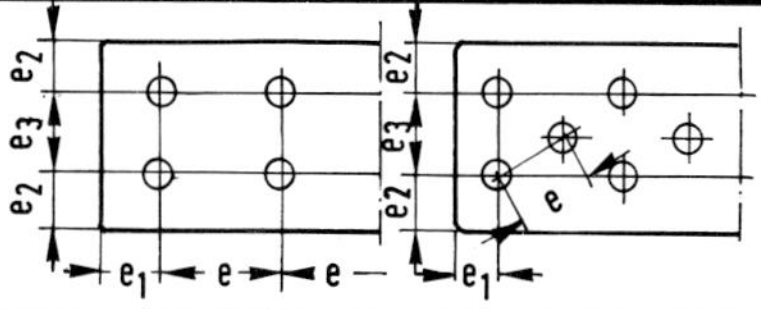

min e_1 = 1,2 · d_L
min e_2 = 1,2 · d_L
min e_3 = 2,4 · d_L
min e = 2,2 · d_L

$e_2 \geq 1{,}5 d_L$ und $e_3 \geq 3{,}0 d_L$	$\alpha_l = 1{,}10\, e_1/d_L - 0{,}30 \leq 3{,}0$ $\alpha_l = 1{,}08\, e/d_L - 0{,}77 \leq 3{,}0$
$e_2 = 1{,}2 d_L$ und $e_3 = 2{,}4 d_L$	$\alpha_l = 0{,}73\, e_1/d_L - 0{,}20 \leq 2{,}0$ $\alpha_l = 0{,}72\, e/d_L - 0{,}51 \leq 2{,}0$

Rechnerisch: max e_1 = 3,0 d_L ; max e = 3,5 d_L

über unzulässiger Nachgiebigkeit. Bedingt durch die hinzugekommenen unterschiedlichen Paarungen: Stahlgüte des Schrauben- und Grundmaterials ist der Quotient $zul\tau_a/zul\sigma_1$ in den heutigen Vorschriften von 1:2 verschieden, vgl. Bild 24.
Die Klemmlänge sollte bei zweischnittiger Verbindung auf 5d begrenzt sein, anderenfalls tritt zur Scher- zunehmend eine Biegebeanspruchung hinzu, die durch die zulässigen τ_a-Werte allein nicht ausreichend abgedeckt ist. - Die Gesamttragkraft sinkt mit steigender Anzahl der hintereinander liegenden Schrauben/Niete (gegenüber der Summe der Einzeltragkräfte); deren Anzahl ist daher auf 6 beschränkt.
Wenn sich eine Zugbeanspruchung in Nieten konstruktiv nicht umgehen läßt, darf als zulässige Zugspannung angesetzt werden: Niete aus U St 36:
$zul\sigma_Z$=48N/mm², Niete aus R St 38: $zul\sigma_Z$=72N/mm². - Die Zugspannung im Gewindebereich von Schrauben (einschließlich Zuganker) wird unter bezug auf den Spannungsquerschnitt A_{Sp} (G.1) berechnet. Nach DIN 18800 T1 (03.81) sind folgende Zugspannungen zugelassen (wobei eine Überlagerung mit den Scherspannungen nicht erforderlich ist):

Schraubengüte 4.6 : $zul\sigma_Z$ = 110 N/mm² (H) bzw. 125 N/mm² (HZ)
Schraubengüte 5.6 : $zul\sigma_Z$ = 150 N/mm² (H) bzw. 170 N/mm² (HZ)
Schraubengüte 10.9 : $zul\sigma_Z$ = 360 N/mm² (H) bzw. 410 N/mm² (HZ)

$$zul\,Z = zul\sigma_Z\,A_{Sp} \tag{15}$$

Bezogen auf die Streckgrenze werden durch die zul. Spannungen folgende Sicherheiten im Lastfall H eingehalten: Schraubengüte 4.6:2,2; 5.6:2,0; 10.9:2,5. Das sind im Vergleich zu der Sicherheit 1,5(H), die von der zul. Zugspannung des Grundmaterials gegen die Streckgrenze eingehalten wird, relativ hohe Faktoren. Der Grund liegt in dem Kerbspannungseinfluß des Gewindes und der hiermit verbundenen eingeschränkten Duktilität im Gewindebereich. Durch das Anziehen der Schraube wird zudem eine Torsionsanstrengung eingeprägt.

Nachweis nach DIN 18800 T1 (11.90):

Werkstoff	$f_{y,b,k}$	$f_{u,b,k}$
U St 36	20,5	33,0
R St 38	22,5	37,0
	kN/cm²	

Bild 25

F-Klasse	$f_{y,b,k}$	$f_{u,b,k}$
4.6	24,0	40,0
5.6	30,0	50,0
8.8	64,0	80,0
10.9	90,0	100,0
	kN/cm²	

Bild 26

Die charakteristischen Werte für Niete aus den Werkstoffen USt36 bzw. RSt38 sind in Bild 25 und jene für die Schraubenfestigkeitsklassen 4.6, 5.6, 8.8 und 10.9 in Bild 26 ausgewiesen. Die Bemessungswerte folgen hieraus durch Anwendung des Sicherheitsfaktors γ_M=1,1.
Beim Nachweis werden zunächst unter Wahrung des Gleichgewichts und der Verformungsverträglichkeit die Kräfte in den einzelnen Querschnittsteilen und anschließend in jeder einzelnen Schraube bestimmt; dann wird für jeden Niet bzw. jede Schraube der Tragsicherheitsnachweis erbracht. Bei unmittelbaren Laschen- und Stabanschlüssen dürfen in Kraftrichtung hintereinander liegend höchstens 8 Niete bzw. Schrauben für den Nachweis berücksichtigt werden (es empfiehlt sich eine Beschränkung auf 6, s.o.).
Die Nachweisformel zur Absicherung gegen Bolzenabscheren lautet:

$$V_a \leq V_{a,R,d} \quad \text{mit} \quad V_{a,R,d} = A\cdot\tau_{a,R,d} = A\cdot\alpha_a\cdot\frac{f_{u,b,k}}{\gamma_M} \tag{16}$$

A ist die Scherfläche. Liegt der glatte Teil des Schraubenschaftes in der Scherfuge, ist für A der Schaftquerschnitt, liegt das Gewinde in der Scherfuge (was u.a. wegen der damit verbundenen Nachgiebigkeit vermieden werden sollte), ist für A der Spannungsquerschnitt anzusetzen. Für α_a gilt:

Festigkeitsklassen 4.6, 5.6 u. 8.8: α_a=0,60; Festigkeitsklasse 10.9 α_a=0,55

Der Faktor liefert, multipliziert mit der Zugfestigkeit des Bolzenmaterials, die Abscherfestigkeit und liegt in der Größenordnung $1/\sqrt{3}$=0,58. - Auf Tafel 9.2 sind die Grenzabscherkräfte je einschnittige Scherfuge ausgewiesen.- Wie ausgeführt, sind in DIN 18800 T1 (11.90) geringere "kleinste" Rand- und Lochabstände im Vergleich zur Vorgängernorm zugelassen. Aufgrund umfangreicher Versuche konnte die Berechnung der Grenzlochleibungskraft vom jeweiligen Rand- bzw. Lochabstand der betrachteten Schraube geregelt werden (allerdings mit dem Nachteil eines größeren Aufwandes beim Tragsicherheitsnachweis). Die Nachweisformel gegen Lochleibungsversagen lautet:

$$V_l \leq V_{l,R,d} \quad \text{mit} \quad V_{l,R,d} = t\cdot d_{Sch}\cdot\sigma_{l,R,d} = t\cdot d_{Sch}\cdot\alpha_l\cdot\frac{f_{y,k}}{\gamma_M} \tag{17}$$

t ist die Blechdicke und d_{sch} der Schaftdurchmesser. $f_{y,k}$ ist der charakteristische Wert für die Streckgrenze des Grundwerkstoffes (St37, St52, vgl. Abschnitt 4.1). Der α_1-Faktor ist abstandsabhängig und auf Tafel 9.2 ausgewiesen. Wegen Einzelheiten vgl. DIN 18800 T1 (11.90).

Liegt eine Zugbeanspruchung einer Schraube vor, lautet die Nachweisformel gegen Bruch der Schraube:

$$N \leq N_{R,d} \text{ mit } N_{R,d} = A_{Sch} \cdot \sigma_{1,R,d} \text{ bzw. } N_{R,d} = A_{Sp} \cdot \sigma_{2,R,d} \qquad (18)$$

Der kleinere Wert ist maßgebend. Es bedeuten:

$$\sigma_{1,R,d} = \frac{f_{y,b,k}}{1{,}1\,\gamma_M}; \qquad \sigma_{2,R,d} = \frac{f_{u,b,k}}{1{,}25\,\gamma_M} \qquad (19)$$

Für Gewindestangen, Schrauben mit Gewinde bis annähernd zum Kopf und aufgeschweißte Gewindebolzen ist in G.18 anstelle des Schaftquerschnittes A_{Sch} der Spannungsquerschnitt A_{Sp} einzusetzen.

Bei Zug und Abscheren ist einzuhalten:

$$\left(\frac{N}{N_{R,d}}\right)^2 + \left(\frac{V}{V_{a,R,d}}\right)^2 \leq 1 \qquad (20)$$

Bei der Bestimmung von $N_{R,d}$ ist derjenige Querschnitt zugrundezulegen, der in der Scherfuge liegt. Nach [3] ist die Interaktionsbeziehung G.20 durch Versuche gut belegt.

9.3.5.2 Nachweis bei nicht vorwiegend ruhender Belastung

Die Nennspannungen werden gemäß G.13 und 14 berechnet und den zulässigen Dauer- bzw. Betriebsfestigkeitsspannungen der DIN 15018 und DIN 4132 (für den Kranbau) und der DS 804 (für den Eisenbahnbrückenbau) gegenübergestellt.

Wie ausgeführt, ist die Ermüdungsfestigkeit im Gewinde von zugbeanspruchten Schrauben gering. Bei schwellender Beanspruchung empfiehlt sich der Einsatz hochfester Schrauben mit planmäßer Vorspannung. Zum Nachweis vgl. Abschnitte 9.6 und 9.7.

9.3.5.3 Beispiele zum Tragsicherheitsnachweis nach DIN 18800 T1 (11.90)

Vorbemerkung: Neben der abstandsabhängigen Regelung des Lochleibungsnachweises enthält DIN 18800 T1 (11.90) gegenüber allen vorangegangenen Stahlbaunormen insofern eine weitere Neuerung, als daß die Beanspruchbarkeiten der einzelnen Schrauben innerhalb einer Verbindung überlagert werden dürfen; das gilt sowohl jeweils für die Grenzabscherkräfte der Schrauben innerhalb einer Verbindung als auch für die Grenzlochleibungskräfte der Schrauben innerhalb eines Anschlusses (wenn die einzelnen Schraubenkräfte beim Nachweis auf Abscheren berücksichtigt werden). Schließlich darf die Beanspruchbarkeit der Verbindung als Summe der Beanspruchbarkeiten der einzelnen Schrauben angesetzt werden. Wird davon abweichend eine gleichmäßige Aufteilung der Kräfte auf die einzelnen Schrauben unterstellt, liegt der Nachweis auf der sicheren Seite, weil sich der Nachweis dann an jener Schraube orientiert, die die geringste Grenzkraft aufweist, wobei hierbei entweder Abscheren oder Lochbruch in den beteiligten Blechen in der jeweiligen Kraftrichtung maßgebend ist. Eine Überlagerung der Schraubengrenzkräfte einer Verbindung unterstellt, daß alle Schrauben ein großes plastisches Verformungsvermögen aufweisen und eine oder mehrere Schrauben, die bereits ihre Grenztragfähigkeit erreicht haben, diese im Zuge der weiteren plastischen Verformungen solange halten, bis alle weiteren (zunächst weniger hoch beanspruchten) Schrauben in ihrer Tragfähigkeit erschöpft sind. Nun ist die Verformungsfähigkeit auf Abscheren eines Bolzens eher gering, sie liegt bei ca. 1/5 des Schaftdurchmessers (oder weniger), bei Lochbruch (Ovalisierung und Lochaufreißen) ist sie eher groß. Im Zweifelsfalle empfiehlt sich, sich beim Nachweis auf die sichere Seite zu legen, s.o. Dann ist auch gewährleistet, daß nicht bereits unter Gebrauchslasten erste plastische Verformungen innerhalb der Schraubenverbindung auftreten. Bei der Behandlung der Beispiele werden im folgenden jeweils zwei Vorgehensweisen aufgezeigt:

Variante I: Die Tragfähigkeit der Verbindung gilt als erschöpft, wenn unter der Annahme einer gleichmäßigen Kraftaufteilung die Grenzkraft in der am höchsten beanspruchten Schraube erreicht ist.

Variante II: Die Tragfähigkeit der Verbindung ist die Summe der maßgebenden Grenzkräfte aller Einzelschrauben.

1. Beispiel: Stoß eines Zugstabes ▯ 160·20, St37, mittels beidseitiger Laschen und Paßschrauben. Im γ_F-ψ-fachen Bemessungsfall betrage die Zugkraft N=600kN. Die Löcher werden gebohrt und gemeinsam aufgerieben. Gewählte Paßschrauben M20 nach DIN 7968. Es handelt sich um eine zweischnittige SLP-Verbindung (Bild 27).

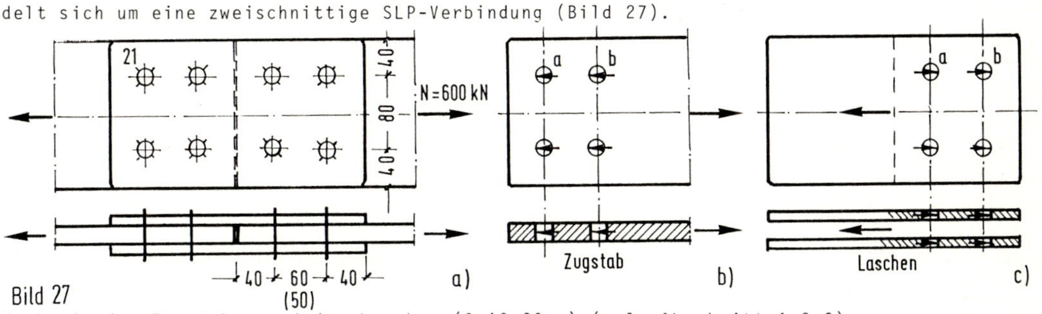

Bild 27

Nachweis des Zugstabes und der Laschen (2·10=20mm) (vgl. Abschnitt 4.2.2):

$$A_{Brutto} = A = 16{,}0 \cdot 2{,}0 = \underline{32{,}0\,cm^2};\quad A_{Netto} = A - \Delta A = 32{,}0 - 2 \cdot 2{,}1 \cdot 2{,}0 = 32{,}0 - 8{,}4 = \underline{23{,}6\,cm^2}$$

$$A_{Brutto}/A_{Netto} = 32{,}0/23{,}6 = 1{,}36 > 1{,}2: \text{Nachweis erforderlich}$$

$$N_{R,d} = \frac{A_{Netto} \cdot f_{u,k}}{1{,}25 \cdot \gamma_M} = \frac{23{,}6 \cdot 36{,}0}{1{,}25 \cdot 1{,}1} = \underline{618\,kN > 600\,kN}$$

Nachweis der Schraubenverbindung; Berechnungsvariante I: Kraft pro Schraube (jeweils beidseitig der Stoßfuge): 600/4=150kN.

Scherbeanspruchung in den Schrauben: Paßschrauben M20-5.6, Scherfugen im Schaft, zweischnittig (m=2).

$$A_{Sch} = \pi \cdot 2{,}1^2/4 = 3{,}46\,cm^2;\quad \alpha_a = 0{,}6;\quad f_{u,b,k} = 50\,kN/cm^2$$

$$V_{a,R,d} = \frac{0{,}6 \cdot 50}{1{,}1} \cdot 3{,}46 = 94{,}4\,kN,\quad m = 2:\ \Sigma V_{a,R,d} = 2 \cdot 94{,}4 = \underline{189\,kN > 150\,kN}$$

Lochleibungsbeanspruchung im Zugstab: St37, $f_{y,k}$=24kN/cm². Als erstes wird geprüft, ob die Kleinstabstände eingehalten werden (vgl. Tafel 9.2 unten, links):

$$e_1 = 40\,mm > \min e_1 = 1{,}2 \cdot d_L = 1{,}2 \cdot 21 = 25{,}2\,mm$$
$$e_2 = 40\,mm > \min e_2 = 1{,}2 \cdot d_L = 1{,}2 \cdot 21 = 25{,}2\,mm$$
$$e_3 = 80\,mm > \min e_3 = 2{,}4 \cdot d_L = 2{,}4 \cdot 21 = 50{,}4\,mm$$
$$e = 60\,mm > \min e = 2{,}2 \cdot d_L = 2{,}2 \cdot 21 = 46{,}2\,mm$$

Die gewählte Ausführung ist konstruktiv in Ordnung. - Bestimmung der α_l-Faktoren:

$$e_2 = 40\,mm > 1{,}5 d_L = 1{,}5 \cdot 21 = 31{,}5\,mm$$
$$e_3 = 80\,mm > 3{,}0 d_L = 3{,}0 \cdot 21 = 63{,}0\,mm$$

Damit folgt für die Schrauben a und b (vgl. Tafel 9.2 unten, rechts):

Schraube a: $\alpha_l = 1{,}10 \cdot \frac{40}{21} - 0{,}30 = \underline{1{,}80} < 3{,}0 \longrightarrow V_{l,R,d} = \frac{1{,}80 \cdot 24{,}0}{1{,}1} \cdot 2{,}1 \cdot 2{,}0 = \underline{165\,kN}\ (= \Sigma V_{l,R,d})\ \underline{> 150\,kN}$

Schraube b: $\alpha_l = 1{,}08 \cdot \frac{60}{21} - 0{,}77 = \underline{2{,}32} < 3{,}0 \longrightarrow V_{l,R,d} = \frac{2{,}32 \cdot 24{,}0}{1{,}1} \cdot 2{,}1 \cdot 2{,}0 = \underline{213\,kN}$

Lochleibungsbeanspruchung in den Laschen: St37, $f_{y,k}$=24kN/cm². Es wird die Laschendicke zu 10mm gewählt; die Summe der Dicken (2·10=20mm) ist gleich der Dicke des Zugstabes. Mit dem Nachweis der Lochleibungstragfähigkeit im Zugstab ist damit auch der Nachweis in den Laschen erbracht (wobei Schraube a in der Lasche der Schraube b im Zugstab entspricht, vice versa).

Nachweis der Schraubenverbindung; Berechnungsvariante II:

Beanspruchbarkeit des Schraubenpaares a im Zugstab (entspricht b in den Laschen): Maßgebend ist die Grenzlochleibungskraft 165kN pro Schraube.

Beanspruchbarkeit des Schraubenpaares b im Zugstab (entspricht a in den Laschen): Maßgebend ist die Grenzabscherkraft 189kN pro zweischnittig beanspruchte Schraube. Die Summe der Beanspruchbarkeiten der einzelnen Schrauben beträgt:

$$2 \cdot 165 + 2 \cdot 189 = 330 + 378 = \underline{708\,kN > 600\,kN}$$

Im Sinne der Berechnungsvariante I beträgt die Beanspruchbarkeit der Verbindung: 4·165=660kN>600kN.

Anmerkung: Weisen die Laschen im Vergleich zum Zugstab eine unterschiedliche Gesamtdicke oder/und unterschiedliche Randabstände auf, sind die maßgebenden Lochleibungsbeanspruchbarkeiten der Schrauben in den jeweils entgegengesetzten Richtungen im Zugstab und in den Laschen zu bestimmen.

Die Grenzlochleibungskraft der Schraube b liegt mit 213kN ca. 30% über jener der maßgebenden Schraube a. Um eine gleichhohe Auslastung zu erzielen, kann der Lochabstand e verringert werden; gewählt: e=50mm>46,2mm; damit gilt für Schraube b:

$$\alpha_l = 1{,}08\,\frac{50}{21} - 0{,}77 = \underline{1{,}80}$$

Dieser α_l-Wert ist gleich dem α_l-Wert der Schraube a.
Setzt man die α_l-Formeln für Rand- und Lochabstand einander gleich, folgt:

$$e = 1{,}02\cdot e_1 + 0{,}44\cdot d_L \qquad (21)$$

Wird e_1 vereinbart und e nach dieser Formel gewählt, erhält man eine gleichhohe Lochleibungsbeanspruchbarkeit der Außen- und Innenschraube. e_1/d_L sollte in diesem Falle nicht kleiner 1,75 gewählt werden, um der Bedingung $\min e/d_L = 2{,}2$ zu genügen. - Wird umgekehrt verfahren, d.h. e vereinbart und e_1 gemäß

$$e_1 = 0{,}98\cdot e - 0{,}42\cdot d_L \qquad (22)$$

gewählt, ergibt sich wiederum eine gleichhohe Lochleibungstragfähigkeit der Schrauben. Die Einhaltung der Bedingung $\min e/d_L = 2{,}2$ sichert dabei, daß der Bedingung $\min e_1/d_L \geq 1{,}2$ genügt wird. Merkregel:

$$e = e_1 + 0{,}45\cdot d_L\,; \quad e_1 = e - 0{,}40\cdot d_L \qquad (23)$$

Indem die Bolzen- und Lochleibungstragfähigkeiten gleichgesetzt werden, erhält man weitere Hinweise zur optimalen Auslegung der Verbindung.

2. Beispiel: Anschluß einer Zugstange Ø30 mittels Knotenblech an den Flansch eines HE140A-Stützenprofils. Der Anschluß erfolgt im Stützenfuß; das Profil kann hier als drehstarr angesehen werden. Im γ_F-ψ-fachen Lastfall betrage die Zugkraft in der Stange N=135kN, vgl. Bild 28. Gewählt: SLP-Verbindung.

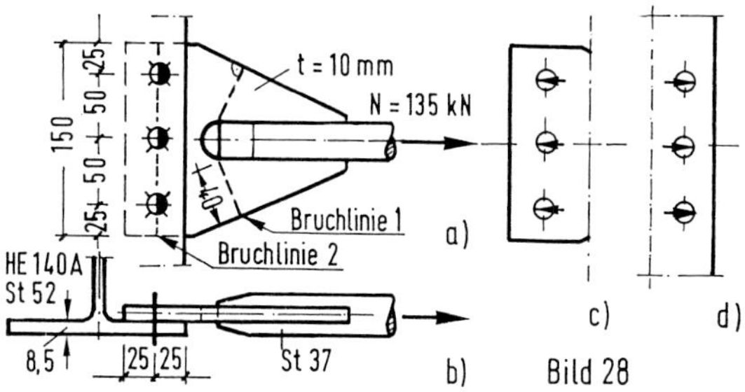

Bild 28

Nachweis der Zugstange (St37)

$$A = \pi\,3{,}0^2/4 = 7{,}07\,cm^2; \quad f_{y,d} = 24{,}0/1{,}1 = 21{,}82\,kN/cm^2;$$

$$N_{R,d} = 7{,}07\cdot 21{,}82 = \underline{154\,kN > 135\,kN}$$

Nachweis des Knotenbleches am Ende der Rundstange (Bruchlinie 1):

$$A \approx 2\cdot 4{,}0\cdot 1{,}0 = 8{,}0\,cm^2; \quad N_{R,d} = 8{,}0\cdot 21{,}82 = 175\,kN > 135\,kN$$

Nachweis entlang der Schraubenreihe (Bruchlinie 2):

$$A - \Delta A = 1{,}0(15{,}0 - 3\cdot 1{,}7) = 9{,}9\,cm^2 > 8{,}0\,cm^2$$

Nachweis der Schraubenverbindung; Berechnungsvariante I: Kraft pro Schraube: 135/3=45kN.

Scherbeanspruchung in den Schrauben: Paßschrauben M16-5.6, Scherfugen im Schaft; einschnittig (m=1).

$$A_{Sch} = \pi\,1{,}7^2/4 = 2{,}27\,cm^2; \quad \alpha_a = 0{,}6; \quad f_{u,b,k} = 50\,kN/cm^2 \longrightarrow V_{a,R,d} = \frac{0{,}6\cdot 50}{1{,}1}\cdot 2{,}27 = \underline{61{,}9\,kN > 45\,kN}$$

Lochleibungsbeanspruchung im Knotenblech: t=10mm, St37, $f_{y,k}$=24kN/cm² (Bild 28c):
Überprüfung der konstruktiven Auslegung:

$$e_1 = 25\,mm > \min e_1 = 1{,}2\cdot d_L = 1{,}2\cdot 17 = 20{,}4\,mm$$
$$e_2 = 25\,mm > \min e_2 = 1{,}2\cdot d_L = 1{,}2\cdot 17 = 20{,}4\,mm$$
$$e_3 = 50\,mm > \min e_3 = 2{,}4\cdot d_L = 2{,}4\cdot 17 = 40{,}8\,mm$$

Die gewählten Lochabstände sind zulässig. - Lochleibungstragfähigkeit in der Schraube a:

$$e_2/d_L = 25/17 = 1{,}47 \begin{smallmatrix} <1{,}5 \\ >1{,}2 \end{smallmatrix}; \quad e_3/d_L = 50/17 = 2{,}94 \begin{smallmatrix} <3{,}0 \\ >2{,}4 \end{smallmatrix}$$

Die α_l-Faktoren ergeben sich zu:

$$\text{für } e_2 = 1{,}2d_L \text{ u. } e_3 = 2{,}4d_L \longrightarrow \alpha_l = 0{,}73\cdot\frac{25}{17} - 0{,}20 = 1{,}07 - 0{,}20 = \underline{0{,}87}$$

$$\text{für } e_2 = 1{,}5d_L \text{ u. } e_3 = 3{,}0\,d_L \longrightarrow \alpha_l = 1{,}10\cdot\frac{25}{17} - 0{,}30 = 1{,}62 - 0{,}30 = \underline{1{,}32}$$

Interpolation:
$$\frac{1{,}47-1{,}20}{1{,}50-1{,}20} = \frac{0{,}27}{0{,}30} = \underline{0{,}90} \quad \text{bzw.} \quad \frac{2{,}94-2{,}40}{3{,}00-2{,}40} = \frac{0{,}54}{0{,}60} = \underline{0{,}90}$$

(Der kleinere Wert ist maßgebend; hier sind beide gleich.)

$$\alpha_l = 0{,}87 + (1{,}32-0{,}87)\cdot 0{,}90 = 0{,}87+0{,}41 = \underline{1{,}28} < 3{,}0$$

$$V_{l,R,d} = \frac{1{,}28\cdot 24{,}0}{1{,}1}\cdot 1{,}0\cdot 1{,}7 = \underline{47{,}4\,\text{kN} > 45\,\text{kN}}$$

Schraube b hat dieselbe Tragfähigkeit.

<u>Lochleibungsbeanspruchung im Flansch des HE140A-Profils</u>: t=8,5mm, St52, $f_{y,k}$=36kN/cm², (Bild 28d): (Konstruktive Auslegung i.O., s.o.). Für die bezogenen Abstände senkrecht zur Kraftrichtung gilt:

$$e_2/d_L = \infty/d_L = \infty\,;\quad e_3/d_L = 50/17 = 2{,}94 \begin{smallmatrix}<3{,}0\\>2{,}4\end{smallmatrix} \longrightarrow \alpha_l = \underline{1{,}28}\ \text{(s.o.)}$$

$$V_{l,R,d} = \frac{1{,}28\cdot 36{,}0}{1{,}1}\cdot 0{,}85\cdot 1{,}7 = \underline{60{,}5\,\text{kN} > 45\,\text{kN}}$$

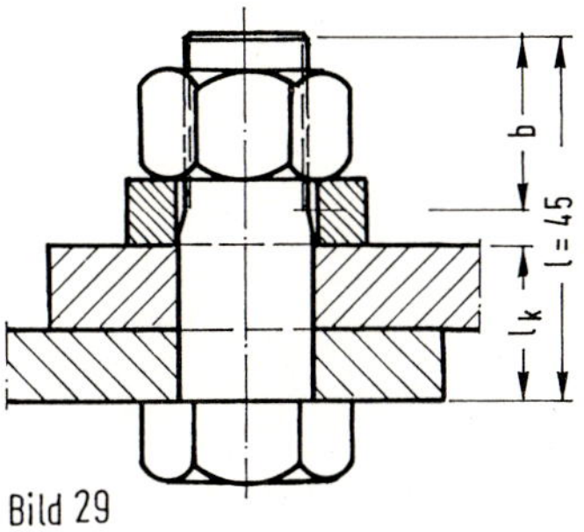

Bild 29

Das ist hier die Grenzabscherkraft der Schraube b. Die Tragkraft der Schraube a ist wegen der einseitig höheren Stützung größer; eine Berechnung dieser Erhöhung ist nach dem Regelwerk DIN 18800 T1 (11.90) nicht möglich, deren Berücksichtigung wäre auch nicht sinnvoll.

<u>Nachweis der Schraubenverbindung; Berechnungsvariante II</u>: Da die Schrauben nebeneinander und nicht hintereinander liegen, ergibt sich gegenüber Berechnungsvariante I kein eigentlicher Unterschied. Maßgebend ist in beiden Richtungen Lochbruchversagen: Knotenblech (St37): 3·47,4=142,2kN>135kN; Stützenflansch (St52): 3·60,5=181,5kN>135kN.

<u>Anmerkung:</u> Bei einschnittig <u>ungestützten</u> Verbindungen ist DIN 18800 T1, Element 807, zu beachten!

Bild 29 zeigt die einschnittige Schraube; die Klemmlänge beträgt:

$$l_k = 10+8{,}5 = 18{,}5\,\text{mm} \begin{smallmatrix}>16\,\text{mm}\\<20\,\text{mm}\end{smallmatrix} \longrightarrow l = 45\,\text{mm gewählt}$$

Die Länge der Schraube wird aus der in DIN 7068 enthaltenen Tabelle in Abhängigkeit von l_k entnommen. Das Gewinde endet innerhalb der 8mm dicken Unterlegscheibe.

<u>3. Beispiel</u>: Anschluß einer ⅃L Strebe (2⅃L55x6) an ein 12mm dickes Knotenblech, St37; vgl. Bild 30. Die Zugkraft unter γ_F-ψ-fachen Bemessungslasten betrage N=175kN. Es wird eine SL-Verbindung mit 3 Schrauben M16 gewählt, d_L=17mm.

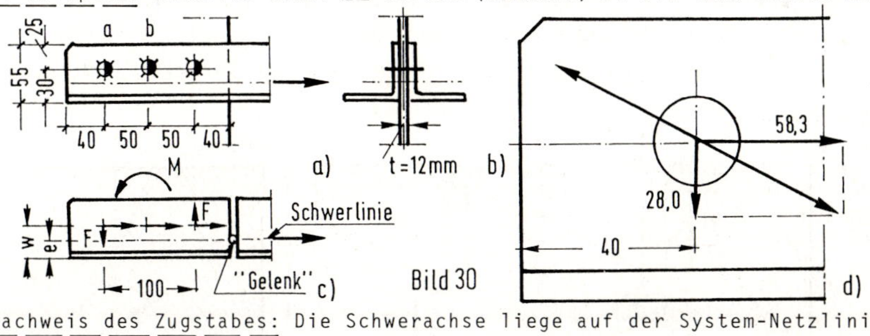

Bild 30

<u>Nachweis des Zugstabes:</u> Die Schwerachse liege auf der System-Netzlinie, der Stab bleibt momentenfrei (vgl. Abschnitt 15.3.2). Wenn die Zugkraft bei einem Winkelquerschnitt durch unmittelbaren Anschluß eines Winkelschenkels eingeleitet wird und mindestens 2 Schrauben in Kraftrichtung hintereinander liegen, darf nach DIN 18801 die Außermittigkeit unberücksichtigt bleiben, sofern die aus der mittig gedachten Längskraft stammende Zugspannung den Wert 0,8·zulσ (im Sinne DIN 18800 T1, 03.81) nicht übersteigt. Dieser Ansatz wird analog berücksichtigt:

$$A-\Delta A = 2(6{,}31-0{,}6\cdot 1{,}7) = 2(6{,}31-1{,}02) = 2\cdot 5{,}29 = \underline{10{,}58\,\text{cm}^2}$$

Von
$$f_{y,k} = \frac{24{,}0}{1{,}1} = 21{,}82\,\text{kN/cm}^2$$

wird 80% angesetzt:
$$N_{R,d} = 0{,}8\cdot 21{,}82\cdot 10{,}58 = \underline{184\,\text{kN} > 175\,\text{kN}}$$

<u>Nachweis der Schraubenverbindung; Berechnungsvariante I:</u> Kraft pro Schraube: 175/3=58,3kN. Infolge der Exzentrizität Wurzelmaß w minus Schwerpunktabstand e entsteht ein Anschlußmoment, das auf das Knotenblech abgesetzt wird, sofern dieses starr fixiert ist. Bild 30c zeigt das Berechnungsmodell. Das Moment folgt aus:

$$w-e = 3{,}00-1{,}56 = 1{,}44\,\text{cm} \longrightarrow M = 175\cdot 1{,}44 = 252\,\text{kNcm}$$

Das Moment wird über den Hebelarm 2·5,0=10,0cm abgesetzt:

$$F = \pm M/9{,}0 = 252/100 = 25{,}2\ kN \longrightarrow N = \sqrt{58{,}3^2 + 25{,}2^2} = \underline{63{,}5\ kN}$$

N ist die resultierende Kraft in den beiden außen liegenden Schrauben; hierfür wird ausreichende Tragfähigkeit nachgewiesen.

Scherbeanspruchung in den Schrauben: Schrauben M16-4.6, Scherfugen im Schaft, zweischnittig (m=2).

$$A_a = A_{Sch} = \pi 1{,}6^2/4 = 2{,}01\,cm^2;\quad \alpha_a = 0{,}6;\quad f_{u,b,k} = 40{,}0\ kN/cm^2 \longrightarrow V_{a,R,d} = 2\cdot\frac{0{,}6\cdot 40}{1{,}1}\cdot 2{,}01 = \underline{87{,}7\ kN > 63{,}5\ kN}$$

Lochleibungsbeanspruchung in den Winkelschenkeln: Die resultierende Schraubenkraft verläuft in der vorderen Schraube nicht in Stablängsrichtung sondern unter einem Winkel. Bild 30d verdeutlicht, daß es im vorliegenden Falle dennoch gerechtfertigt ist, von den auf die Längsrichtung bezogenen Abständen auszugehen:

$$e_1 = 40\ mm > \min e_1 = 1{,}2\cdot d_L = 1{,}2\cdot 17 = 20{,}4\ mm$$
$$e_2 = 25\ mm > \min e_2 = 1{,}2\cdot d_L = 1{,}2\cdot 17 = 20{,}4\ mm$$
$$e = 50\ mm > \min e = 2{,}2\cdot d_L = 2{,}2\cdot 17 = 37{,}4\ mm$$

Für Schraube a (hier maßgebend) berechnet sich der α_l-Wert zu:

$$\frac{e_2}{d_L} = \frac{25}{17} = 1{,}47 \longrightarrow \begin{array}{l} e_2/d_L = 1{,}2:\ \alpha_l = 0{,}73\cdot\frac{40}{17} - 0{,}20 = \underline{1{,}52} \\ e_2/d_L = 1{,}5:\ \alpha_l = 1{,}10\cdot\frac{40}{17} - 0{,}30 = \underline{2{,}29} \end{array} \quad \text{Interpolation:}\ \frac{1{,}47-1{,}20}{1{,}50-1{,}20} = 0{,}90$$

$$\alpha_l = 1{,}52 + 0{,}90\cdot(2{,}29 - 1{,}52) = 1{,}52 + 0{,}69 = \underline{2{,}21} \longrightarrow V_{l,R,d} = \frac{2{,}21\cdot 24{,}0}{1{,}1}\cdot(2\cdot 0{,}6)\cdot 1{,}6 = 92{,}6\ kN > 63{,}5\ kN$$

Lochleibungsbeanspruchung im Knotenblech, t=12mm: Da t=12mm gleich der zweifachen Schenkeldicke (2·6=12mm) und $e_2/d_L = \infty$ ist, erübrigt sich ein weiterer Nachweis.

Nachweis der Schraubenverbindung; Berechnungsvariante II:

Die Grenzlochleibungskraft der Schraube b ist höher als die der Schraube a (e=50mm):

$$\frac{e_2}{d_L} = \frac{25}{17} = 1{,}47 \longrightarrow \begin{array}{l} e_2/d_L = 1{,}2:\ \alpha_l = 0{,}72\cdot\frac{50}{17} - 0{,}51 = 1{,}61 \\ e_2/d_L = 1{,}5:\ \alpha_l = 1{,}08\cdot\frac{50}{17} - 0{,}77 = 2{,}41 \end{array} \quad \text{Interpolation:}\ \frac{1{,}47-1{,}20}{1{,}50-1{,}20} = 0{,}90$$

$$\alpha_l = 1{,}61 + 0{,}90(2{,}41 - 1{,}61) = \underline{2{,}33} \longrightarrow V_{l,R,d} = \frac{2{,}33\cdot 24{,}0}{1{,}1}(2\cdot 0{,}6)\cdot 1{,}6 = \underline{97{,}6\ kN}$$

Maßgebend bleibt die Grenzscherkraft in der zweischnittig beanspruchten Schraube (87,8kN); gegenüber Berechnungsvariante I besteht kein Unterschied. Außerdem vermag die Schraube b aufgrund ihrer Lage an der Aufnahme des Exzentrizitätsmomentes nicht zu beteiligen.

Anmerkungen:

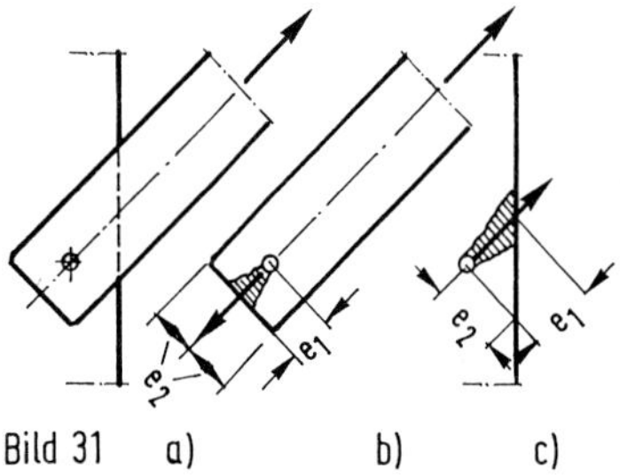

Bild 31

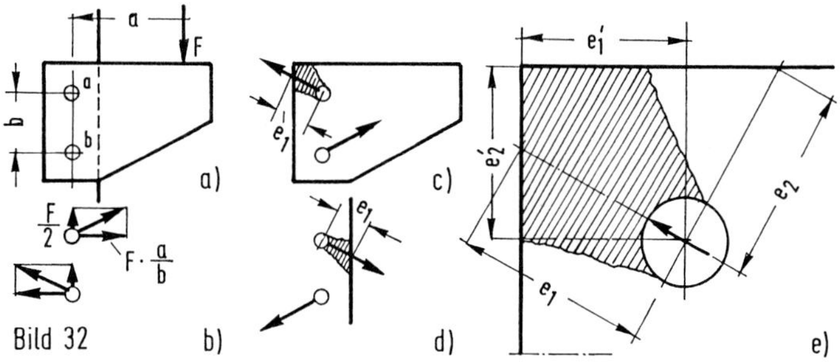

Bild 32

Im Gegensatz zu den ehemals gültigen Normen verlangt der in DIN 18800 T1 (11.90) geregelte abstandsabhängige Lochleibungsnachweis hinsichtlich der möglichen Versagensformen eine

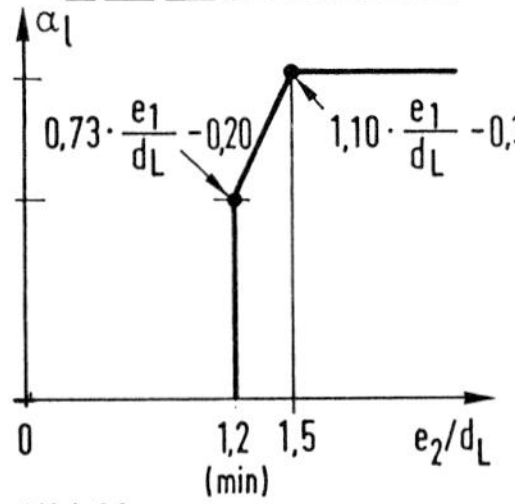

Bild 33

jeweils getrennte Betrachtung der an der Kraftabtragung beteiligten Teile. Hierbei ist es zweckmäßig, sich über die zu erwartenden Lochbruchformen eine (plausible) Vorstellung zu machen, wie dieses in den Bildern 31 und 32 angedeutet ist: Bild 31: Die Stirntiefen e_1 in Kraftrichtung lassen sich im Stab und im Knotenblech jeweils relativ einfach angeben; vgl. die schraffierten Lochbruchbilder. Schwieriger ist die Angabe des seitlichen Randabstandes e_2. Von diesem geht ein wesentlicher Stützeffekt aus; das gilt insbesondere im Bereich $1{,}2 \le e_2/d_L \le 1{,}5$, vgl. Bild 33. Die Interpolationsformel für α_l lautet für diese Spanne:

$$\alpha_l = (0{,}73\frac{e_1}{d_L} - 0{,}20) + (1{,}23\underline{3}\frac{e_1}{d_L} - 0{,}33\underline{3})\cdot(\frac{e_2}{d_L} - 1{,}2) \qquad (1{,}2 \le \frac{e_2}{d_L} \le 1{,}5)$$

Es ist ratsam, e_2 eher kleiner abzuschätzen, als es den geometrischen Abständen entspricht. Man liegt in jedem Falle auf der sicheren Seite, wenn für e_2 der Normalen-Abstand zwischen Loch und benachbartem Rand gewählt wird. Bild 32: Das Moment M=F·a ruft die gegengleichen Kräfte Fa/b hervor, die mit F/2 zur resultierenden Schraubenkraft zusammenzusetzen sind. Im Konsolblechbereich tritt vor der Schraube a die höchste Lochbruchbeanspruchung auf (Teilbild c). Formal wäre es zulässig, von e_1 und e_2 gemäß Teilbild e auszugehen; auf der sicheren Seite liegt die Rechnung, wenn für e_1 und e_2 die im Bild mit e_1' und e_2' bezeichneten Normalenabstände angesetzt werden.

Bild 33 verdeutlicht, daß es stets günstig ist, das Abstandsverhältnis $e_2/d_L > 1{,}5$ (und $e_3/d_L > 3{,}0$) zu wählen; sobald man darunter liegt, kommt es zu einem starken Abfall der Lochleibungstragfähigkeit.

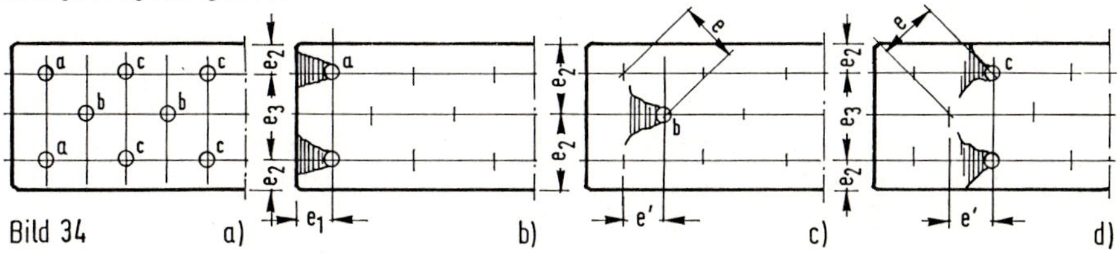

Bild 34

Handelt es sich um eine Gruppe mit versetzten Schrauben, sind drei mögliche Lochbruchversagensformen zu unterscheiden; sie sind in Bild 34 mit a, b und c bezeichnet. Während der Ansatz der Randabstände relativ sicher ist, treten Probleme beim Ansatz von e der hinter der ersten Schraubenreihe liegenden Schrauben auf. In solchen Fällen empfiehlt sich das in den Teilbildern c und d eingetragene Maß als e zu wählen, also nicht den Abstand bis zu der in Kraftrichtung jeweils vorgelagerten Schraube. Mit der Wahl von e liegt man auf der sicheren Seite.

4. Beispiel: Anschluß eines I-Trägers an eine I-Stütze (St37), (Bild 35): Im γ_F-ψ-fachen Lastzustand betrage die Anschlußquerkraft Q=400kN. Es wird eine SL-Verbindung 4 M20-8.8 gewählt.- Um die Schraubenlagerhaltung zu vereinfachen, werden für einfachere Hochbaukonstruktionen vielfach Schrauben mit (bis zum Kopf) durchgehenden Gewinde eingesetzt. Davon wird im folgenden ausgegangen, d.h. die Scherfuge liegt im Gewindebereich, Lochdurchmesser d_L=22mm.

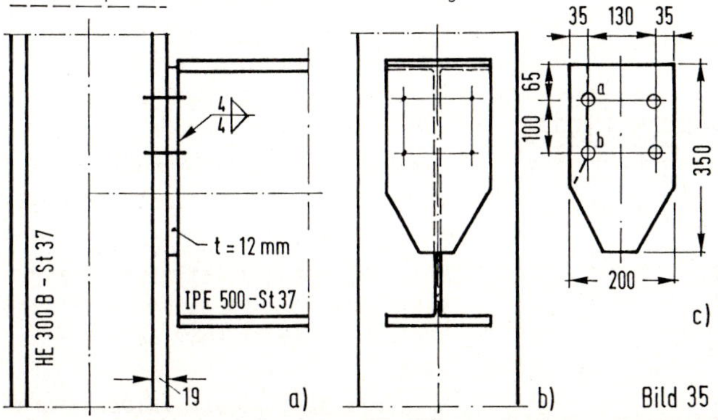

Bild 35

Nachweis der Schraubenverbindung: Berechnungsvariante I: Auf jede der vier Schrauben entfällt: 400/4=100kN.

Scherbeanspruchung der Schrauben: Spannungsquerschnitt im Gewinde und Nachweis:

$$\text{M20}: A_{Sp} = 2{,}45\,\text{cm}^2;\ \text{FK } 8.8: \alpha_a = 0{,}60:\ V_{a,R,d} = \frac{0{,}60\cdot 80}{1{,}1}\cdot 2{,}45 = \underline{106{,}9\text{ kN} > 100\text{kN}}$$

Lochleibungsbeanspruchung: Maßgebend ist das Stirnblech mit t=12mm (Stützenflanschdicke 19mm und e_2 größer als im Stirnblech). Man überzeugt sich, daß die konstruktiven Auflagen hinsichtlich der zulässigen Kleinstabstände von den in Teilbild c eingetragenen Maßen eingehalten werden. Nachweis:

$$e_2/d_L = 35/22 = 1{,}59 > 1{,}5;\quad e_3/d_L = 130/22 = 5{,}91 > 3$$

$$\text{Schraube a}: \alpha_l = 1{,}10\cdot\frac{65}{22} - 0{,}30 = \underline{2{,}95} < 3{,}0;\ \text{Schraube b}: \alpha_l = 1{,}08\cdot\frac{100}{22} - 0{,}77 = 4{,}14 > \underline{3{,}0}$$

Schraube a ist maßgebend:

$$V_{l,R,d} = \frac{2{,}95\cdot 24}{1{,}1}\,1{,}2\cdot 2{,}0 = \underline{154\text{ kN} > 100\text{kN}}$$

Nachweis des Stirnbleches: Das Stirnblech wird mit Doppelkehlnähten an den Trägersteg angeschweißt. Die Kraft wird über die Höhe der Stirnplatte (350mm) gleichmäßig abgesetzt, Stegblechdicke s=10,2mm. (Vgl. Abschnitt 4.3.2, G.57):

$$\tau = \frac{400}{1{,}0 \cdot 35} = \underline{11{,}4\ \text{kN/cm}^2} < \tau_{R,d} = \frac{24}{\sqrt{3} \cdot 1{,}1} = \underline{12{,}6\ \text{kN/cm}^2}$$

Schubspannungsnachweis in der Stirnplatte entlang einer vertikalen Lochreihe: A=1,2·(23-2·2,2)=22,3cm² → τ=200/22,3=9,0kN/cm².

Nachweis der Kehlnähte: Nahtdicke 4mm. (Vgl. Abschnitt 8.7.1.6):

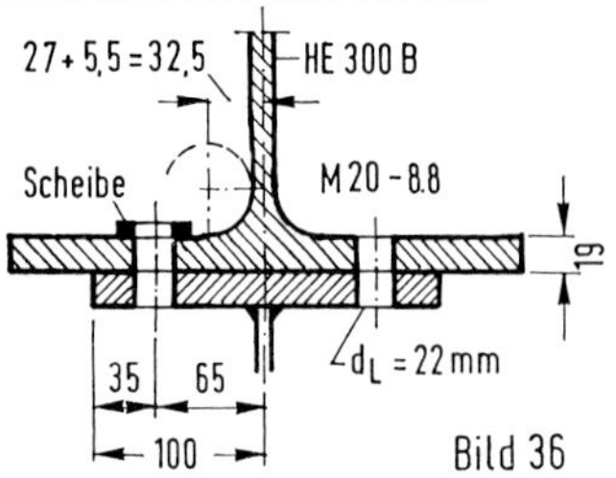

Bild 36

$$a = 4\text{mm};\ A_w = 2 \cdot 0{,}4 \cdot 34 = \underline{27{,}2\ \text{cm}^2} \longrightarrow$$

$$\tau_{\parallel} = \frac{400}{27{,}2} = \underline{14{,}7\ \text{kN/cm}^2} < \sigma_{w,R,d} = \frac{0{,}95 \cdot 24}{1{,}1} = \underline{20{,}7\ \text{kN/cm}^2}$$

In Bild 36 ist die Lage der Unterlegscheiben im Anschlußbereich von Stützenflansch und Stirnblech dargestellt. Man erkennt, daß die Unterlegscheiben außerhalb der Steg-Flansch-Ausrundung des Stützenprofils liegen.

Nachweis der Schraubenverbindung: Berechnungsvariante II:
Die Grenzlochleibungskraft der Schraube b beträgt:

$$V_{l,R,d} = \frac{3{,}00 \cdot 24{,}0}{1{,}1} 1{,}2 \cdot 2{,}0 = \underline{157\ \text{kN}}$$

Einschließlich Schraube a gilt: 2·154+2·157=308+314=622kN. Maßgebend ist die Summe der Grenzabscherkräfte mit 4·106,9=427,6kN. Somit ergibt sich keine Änderung gegenüber Berechnungsvariante I.

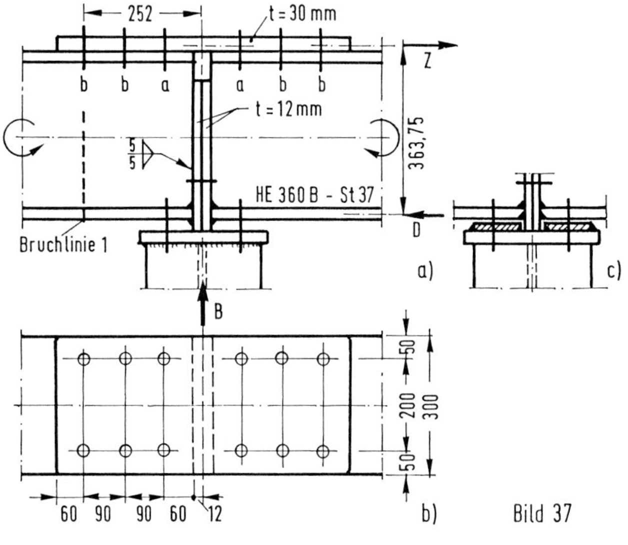

Bild 37

5. Beispiel: Biegesteifer Stoß eines I-Trägers über einer Stütze, St37: Unter γ_F-ψ-facher Bemessungslast gelte: Stützmoment: M=-600kNm, Auflagerkraft: B=2·425=850kN, Gleichlast auf dem Träger: q=100kN/m. Es wird die in Bild 37 gezeigte Ausführung gewählt. Der Zugflansch wird durch eine Lasche gestoßen: SLP-Verbindung mit jeweils 6 Schrauben M27-10.9 zu beiden Seiten des Stosses. Auf der Druckseite wird ein Kontaktstoß gewählt, der durch zwei Schrauben konstruktiv gesichert wird.

Nachweis des Trägers in der Bruchlinie 1: Abstand zwischen Stoßfuge und Bruchlinie: 252mm. Biegemoment in der Ebene der Bruchlinie und Nachweis (vgl. Abschnitt 4.2.2):

$$M = -600 + 425 \cdot 0{,}252 - 100 \cdot 0{,}252^2/2 = -600 + 107{,}10 - 3{,}18 = \underline{-496{,}08\ \text{kNm}}$$

$$I - \Delta I = 43190 - 2 \cdot 2{,}8 \cdot 2{,}25 \cdot 16{,}875^2 = 43190 - 3588 = \underline{39602\ \text{cm}^4}$$

$$\sigma = \frac{49608}{39602} \cdot 18 = \underline{22{,}6\text{kN/cm}^2} < \sigma_{R,d} = \frac{36}{1{,}25 \cdot 1{,}1} = \underline{26{,}2\ \text{kN/cm}^2}$$

Nachweis der Zuglasche, t=30mm: Der innere Hebelarm zwischen Mitte Druckflansch und Mitte Zuglasche beträgt:

$$360 - \frac{22{,}5}{2} + \frac{30}{2} = 363{,}75\ \text{mm} \approx \underline{0{,}36\text{m}}$$

Nachweis:

$$Z = D = \frac{600}{0{,}36} = \underline{1667\ \text{kN}}$$

$$A - \Delta A = (30 - 2 \cdot 2{,}8) \cdot 3{,}0 = \underline{73{,}20\ \text{cm}^2} \longrightarrow \quad \sigma = \frac{1667}{73{,}20} = \underline{22{,}8\ \text{kN/cm}^2 < 26{,}2\ \text{kN/cm}^2}$$

Nachweis der Schraubenverbindung: Berechnungsvariante I: Die Laschenkraft Z=1667kN wird auf die sechs Schrauben gleichmäßig verteilt: 1667/6=278kN.

Scherbeanspruchung der Schrauben (Scherfuge liege nicht im Gewindebereich):

$$A_{Sch} = 2{,}8^2 \cdot \pi/4 = \underline{6{,}16\,cm^2};\ \text{FK: 10.9}:\ \underline{\alpha_a = 0{,}55} \longrightarrow \quad V_{a,R,d} = \frac{0{,}55 \cdot 100}{1{,}1} \cdot 6{,}16 = \underline{308\,kN > 278\,kN}$$

Lochleibungsbeanspruchung im Trägerflansch: t=22,5mm, d_L=28mm.
Prüfung der Abstandsverhältnisse (Bild 37b):

$$\begin{aligned} e_1/d_L &= 60/28 = 2{,}14 > \min e_1/d_L = 1{,}2 \quad >1{,}5 \quad <3{,}0 \\ e_2/d_L &= 50/28 = 1{,}79 > \min e_2/d_L = 1{,}2 \\ e_3/d_L &= 200/28 = 7{,}14 > \min e_3/d_L = 2{,}4 \quad >3{,}0 \\ e/d_L &= 90/28 = 3{,}21 > \min e/d_L = 2{,}2 \quad <3{,}5 \end{aligned}$$

Die Auslegung ist in Ordnung.

$$\text{Schraube a: } \alpha_l = 1{,}10 \cdot 2{,}14 - 0{,}30 = \underline{2{,}05}\ \text{(maßgebend)}$$

$$\text{Schraube b: } \alpha_l = 1{,}08 \cdot 3{,}21 - 0{,}77 = 2{,}70$$

$$V_{l,R,d} = \frac{2{,}05 \cdot 24}{1{,}1} \cdot 2{,}25 \cdot 2{,}8 = \underline{\underline{282\,kN > 278\,kN}}$$

Die Lochleibungsbeanspruchung in der Lasche (t=30mm) ist wegen des doppelt-symmetrischen Schraubenbildes nicht maßgebend.

Druckkontakt (vgl. DIN 18800 T1 (11.90, Abschnitt 8.6)): Die Flansche werden plan bearbeitet und die Kontakt-Stirnbleche, t=12mm, mittels Kehlnähten angeschweißt. Druckkraft im Flansch D=1667kN.

$$A_{Flansch} = 2{,}25 \cdot 3{,}0 = 67{,}5\,kN/cm^2 \longrightarrow \quad \sigma = \frac{1667}{67{,}5} = \underline{24{,}7\,kN/cm^2 < 26{,}2\,kN/cm^2}$$

Anschluß der Kontakt-Stirnbleche an die Stege der HE360B-Profile mittels Kehlnähten, a=5mm, l_w=275mm:

$$\tau_{||} = \frac{425}{2 \cdot 0{,}5 \cdot 27{,}5} = \underline{15{,}5\,kN/cm^2} < \frac{0{,}95 \cdot 24}{1{,}1} = \underline{20{,}7\,kN/cm^2}$$

Schubspannungen im Steg der HE360B-Profile:

$$\tau = \frac{425}{1{,}25 \cdot 27{,}5} = \underline{12{,}4\,kN/cm^2} < \tau_{R,d} = \frac{24}{\sqrt{3} \cdot 1{,}1} = \underline{12{,}6\,kN/cm^2}$$

Da die Druckkontaktkraft allein vom Druckflansch aufgenommen wird, ist ein Vergleichsspannungsnachweis im Steg entbehrlich.

Zwischen den Stirnblechen und zwischen Unterflansch und Stützenkopfplatte werden Schrauben M16 konstruktiv angeordnet. Sofern mit Horizontalkräften zu rechnen ist (auch Stabilisierungskräfte!), sind Stützknaggen anzuordnen, vgl. Bild 37c.

Nachweis der Schraubenverbindung: Berechnungsvariante II:
Die Grenzlochleibungskraft in der Schraube b beträgt:

$$V_{l,R,d} = \frac{2{,}70 \cdot 24}{1{,}1} \cdot 2{,}25 \cdot 2{,}8 = \underline{371\,kN}$$

Maßgebend ist Bolzenabscheren. Die Summe der Grenzkräfte beträgt: 2·282+4·308=564+1232=1796kN>1667kN. Das setzt einen Mischbruch voraus. Variante I ergibt als Beanspruchbarkeit der Schraubengruppe: 6·282=1692kN>1667kN.

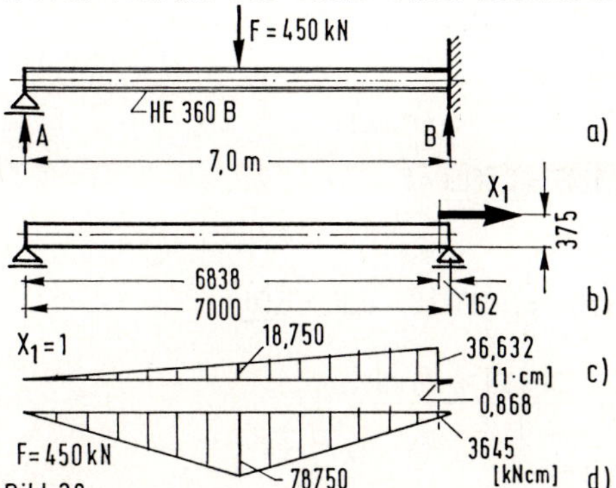

Bild 38

Um den Einfluß des Schraubenschlupfes auf die Größe des Biegemomentes zu prüfen, wird das in Bild 38 skizzierte Problem gelöst. Für das Einspannmoment folgt:

$$M_S = -\frac{3}{16} \cdot 450\,7{,}0 = \underline{590{,}6\,kNm}$$

Das Problem steht stellvertretend für einen Zweifeldträger mit einem Trägerstoß gemäß Bild 37. Die Zugkraft in der Lasche wird als statisch Unbestimmte X_1 vereinbart, Teilbild b. Die Lasche hat den Querschnitt 3·30=90cm². Sie greife im Schwerpunkt des Schraubenbildes an;

damit beträgt ihre rechnerische Länge bis zur Stoßfuge: 12+60+90=162mm; die Teilbilder c und d zeigen die Momentenflächen im Grundsystem. Im einzelnen ergibt die Rechnung (auf deren detaillierte Wiedergabe wird verzichtet):

$$\delta_{10} = -5{,}6857 \cdot 10^{-1}\,\text{cm}, \quad \delta_{11} = 3{,}45805 \cdot 10^{-4}\,\text{cm/kN}$$

Für den Schraubenschlupf der SLP-Verbindung wird nach DIN 18809 (09.87, Abschn. 5.4.2) 0,2mm für die Schraubengruppe angesetzt; das ergibt:

$$\delta_{10} = -5{,}4857 \cdot 10^{-1}\,\text{cm}$$

Laschenkraft und Stützmoment:

ohne Schlupf: $X_1 = 1644\,\text{kN}, \quad M_S = \underline{-616{,}5\,\text{kNm}}$

mit Schlupf : $X_1 = 1586\,\text{kN}, \quad M_S = \underline{-594{,}8\,\text{kNm}}$

Wegen des im Vergleich zur Trägerhöhe (bzw. Flanschabstand) größeren Hebelarms bis zur Lasche ergibt sich im Falle des schlupffreien Anschlusses ein etwas höheres Stützmoment als 590,6kNm. Durch den Schlupf fällt es etwas ab. Die Einflüsse kompensieren sich. In DIN 18800 T1 (11.90) heißt es im Element 733 (Anmerkung 1): "Bei Durchlaufträgern, die über der Innenstütze mittels Flanschlaschen gestoßen sind, kann die Durchlaufträgerwirkung durch zur Trägerhöhe relativ großes Lochspiel stark beeinträchtigt werden". Bei Außenlaschen mit Paßschrauben ist das offensichtlich nicht der Fall. Das Problem wird relevanter, wenn der Stoß mittels Innenlaschen überbrückt wird.

6. Beispiel: Schraubenverbindung einer Anschlußkonstruktion, St37 (Bild 39): Der Bolzenanschluß ist keine Schraubenverbindung, vgl. Abschnitt 10.

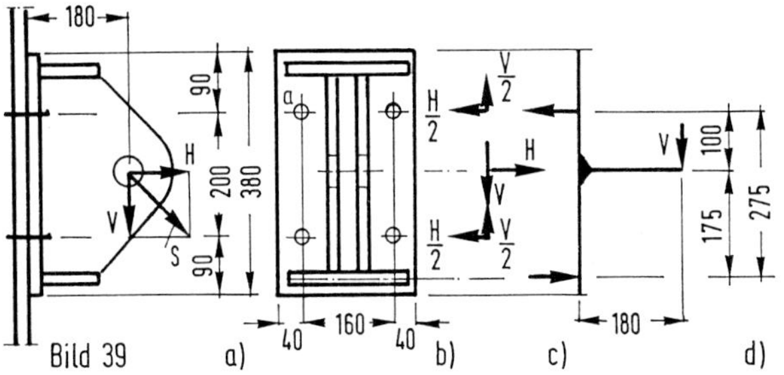

Bild 39

Im Bemessungsfall werde V=H=300kN abgesetzt. Es wird eine SL-Verbindung 4 M24-8.8, d_L=25mm, gewählt. Schraube a ist maßgebend (Berechnungsvariante I). Scherkraft infolge V: 300/4=75kN, Zugkraft infolge H: 300/4=75kN; Zugkraft infolge M=V·0,18=300·0,18=54kNm: Als Druckpunkt wird die Mittellinie des horizontalen Stützbleches gewählt. Der innere Hebelarm beträgt (vgl. Teilbild d): 275mm. Damit folgt: 54/2·0,275=98,2kN. Summe der Zugkräfte: 75+98,2=173,2kN. Die Scherfuge liege außerhalb des Gewindes.

Scherbeanspruchung:

$$\alpha_a = 0{,}6; \quad f_{u,b,k} = 80\,\text{kN/cm}^2; \quad A_{Sch} = 4{,}52\,\text{cm}^2$$

$$V_{a,R,d} = \frac{0{,}6 \cdot 80}{1{,}1} \cdot 4{,}52 = \underline{197{,}2\,\text{kN} > 75\,\text{kN}}$$

Zugbeanspruchung: Berechnung der Grenztragkräfte im Schaft und im Gewinde (G.18):

$$1\ (\text{Schaft}):\ f_{y,b,k} = 64\,\text{kN/cm}^2 \longrightarrow \sigma_{1,R,d} = \frac{64}{1{,}1 \cdot 1{,}1} = 52{,}9\,\text{kN/cm}^2 \longrightarrow N_{R,d} = 4{,}52 \cdot 52{,}9 = 239{,}1\,\text{kN}$$

$$2\ (\text{Gewinde}):\ f_{u,b,k} = 80\,\text{kN/cm}^2 \longrightarrow \sigma_{2,R,d} = \frac{80}{1{,}25 \cdot 1{,}1} = 58{,}2\,\text{kN/cm}^2 \longrightarrow N_{R,d} = 3{,}53 \cdot 58{,}2 = \underline{205{,}5\,\text{kN}}$$

Nachweis:

$$\underline{205{,}5\,\text{kN} > 173{,}2\,\text{kN}}$$

Überlagerung der Scher- und Zugbeanspruchung im Schaft (=Scherfuge):

$$\left(\frac{75}{197{,}2}\right)^2 + \left(\frac{173{,}2}{239{,}1}\right)^2 = 0{,}1446 + 0{,}5247 = \underline{0{,}6693 < 1}$$

Lochleibungsbeanspruchung im Anschlußblech, t=16mm:

$$e_1/d_L = 90/25 = 3{,}6 > \underline{3{,}0}; \quad e_2/d_L = \frac{40}{25} = 1{,}6 > 1{,}5; \quad \alpha_l = 1{,}10 \cdot 3{,}0 - 0{,}30 = \underline{3{,}00}$$

$$V_{l,R,d} = \frac{3{,}0 \cdot 24}{1{,}1} \cdot 2{,}4 \cdot 1{,}6 = 157{,}1 \cdot 1{,}6 = \underline{251{,}4\,\text{kN} \gg 75\,\text{kN}}$$

Auf weitere Nachweise wird in diesem Rahmen verzichtet.

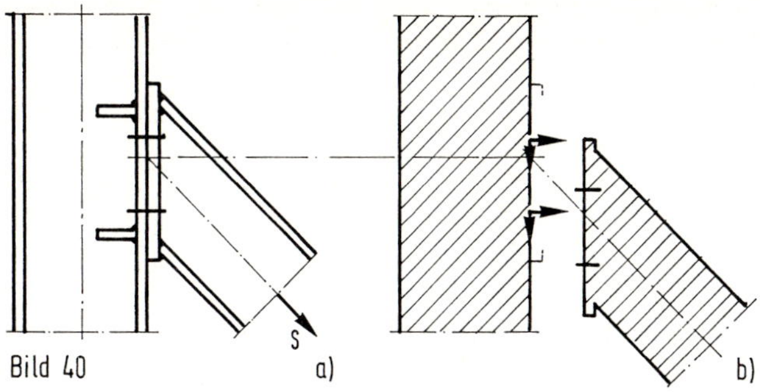

Bild 40 a) b)

Anmerkung: Soll eine Zugstrebe in Form eines I- oder [-Profils über eine Kopfplatte angeschlossen werden, wie in Bild 40 dargestellt, läßt sich wegen des spitzen Zwickels kein symmetrischer Schraubenanschluß ausbilden. Um die Biegebeanspruchung in der Kopfplatte zu minimieren, wird man die Schrauben so nahe wie möglich an die Flansche legen. In Fällen wie diesen stellt sich die Frage, ob die Exzentrizität zwischen dem Schwerpunkt des Schraubenbildes und der Stabachse berücksichtigt werden muß. Deutet man die Anschlußteile als starre Scheiben, die sich (im Versagensfall) translatorisch zueinander verschieben (Teilbild b), erkennt man, daß die Scher- und Zugbeanspruchung in allen Schrauben gleichgroß ist; Bild 41 möge den Sachverhalt verdeutlichen: Die höhere Zugbeanspruchung erhält die Schraube mit der geringeren Exzentrizität, der Unterschied im Vergleich zur anderen Schraube ist indes gering. (Vgl. 2. Beispiel in Abschnitt 9.4.4.3.)

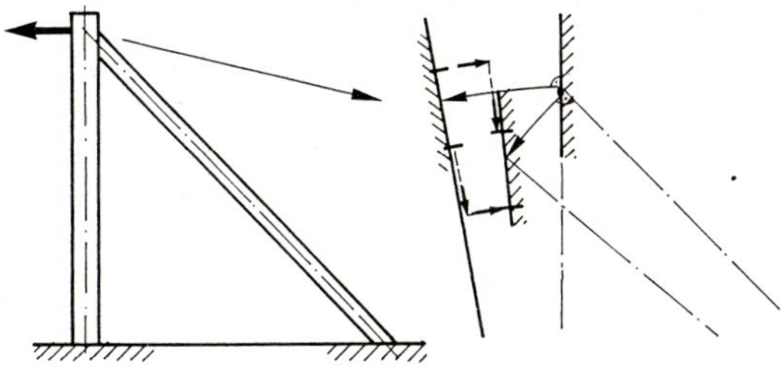

Bild 41 a) b)

9.4 GV- und GVP-Verbindungen

Gleitfeste Verbindungen werden mittels planmäßig vorgespannter Schrauben ausgeführt. Die Vorspannung der Schrauben wird sehr hoch eingestellt; die Streckgrenze des Schraubenmaterials wird nahezu erreicht. Es werden hochfeste Schrauben der Güte 10.9 verwendet*).
Die Schraubenköpfe und Muttern sind größer als bei den normalfesten Schrauben (Abschnitt 9.2.2). Für die Anordnung der Schrauben, die Wahl der Durchmesser und Klemmlängen und die Fertigung der Löcher gelten die Ausführungen des Abschnittes 9.3.2 unverändert.

9.4.1 Fertigung der GV- und GVP-Verbindungen [22-34]

Nach Einprägung der Vorspannung stehen die zu verbindenden Teile unter Druck, die Schrauben unter Zug. In der Kontaktfläche entsteht ein Reibschluß, d.h. eine Haftreibung durch Mikroverzahnung. Diese ist vom Lochspiel unabhängig, ein gewisses Lochspiel (z.B. 2mm) ist daher unbedenklich. - Der Reibbeiwert ist von der Beschaffenheit der Kontaktflächen abhängig. Bei GV- und GVP-Verbindungen werden diese gezielt behandelt.
Der Bestimmung des Reibbeiwertes μ wurden diverse experimentelle Untersuchungen gewidmet; wegen der ausgeprägten Abhängigkeit des μ-Wertes von der Oberflächenrauhigkeit der Reibpartner streuen die mitgeteilten Werte nicht unbeträchtlich. Bei St52 liegen die Werte etwas höher als bei St37 (was auf der größeren Härte des St52 beruht), doch ist die Erhöhung nur schwach signifikant. - Bei unbehandelter Walzhaut liegt μ zwischen 0,25 bis 0,35, bei Reinigung mit Drahtbürste gilt der obere Wert. Bei Strahlung mittels Flamme oder Strahlmitteln (Stahlgußkies, ehemals auch Quarzsand) wird μ=0,50 bis 0,65 erreicht. Dieser Wertebereich gilt ebenfalls bei anschließender Auftragung einer gleitfesten Beschichtung. Bei verzinkter Oberfläche wird nur 0,10 bis 0,15 erreicht; diese geringen Werte gelten auch für Beschichtungen auf Leinöl- oder Kunstharzbasis! Bei den vorstehenden Werten handelt es sich um Mittelwerte; der Variationskoeffizient beträgt etwa 0,06 bis 0,08; genauere Angaben findet man in [3,22,23,31,32,33,35].

*) In DIN 18800 T1 (11.90) ist nicht explizit ausgewiesen, ob auch Schrauben der Güte 8.8 für GV- und GVP-Verbindungen eingesetzt werden können. In DIN 18800 T7 fehlen dazu Angaben für die einzuprägenden Vorspannkräfte. Zweckmäßig ist die Beschränkung auf 10.9 Schrauben.

Die Strahlung mittels Flamme oder Strahlmitteln bewirkt eine Reinigung und Aufrauhung der Oberfläche. Flammstrahlen ist aus der Sicht der Fertigung einfacher: Der Brenner wird mit ca. 30% Sauerstoffüberschuß eingestellt und die Vorschubgeschwindigkeit zu 1 bis 2m/min gewählt. - Ein zu langes Strahlen, insbesondere mit zu feinen Strahlmitteln, ist ungünstig, weil dann die Gefahr besteht, daß die Oberfläche geglättet wird.

Die Entwicklung der gleitfesten Schraubenverbindungen basiert in der Bundesrepublik Deutschland in erster Linie auf Versuchen von STEINHARDT, MÖHLER und VALTINAT [22,23] sowie von KLÖPPEL und SEEGER [36,37]. Dem Entwicklungsstand folgend wurden die Berechnungsanweisungen in den sogen. "HV-Richtlinien" des DASt fortgeschrieben: 1. Ausg. (1956), 2. Ausg. (1963), 3. Ausg. (1974), 4. Ausg. (1976): DASt-Ri 010 (Anwendung hochfester Schrauben im Stahlbau). Nunmehr maßgebend ist DIN 18800 T1 und T7. Als Rechenwert für μ war für flamm- und sandgestrahlte Flächen ehemals festgelegt:

$$1956, 1963: \quad St\,37: \ \mu = 0{,}45; \quad St\,52: \ \mu = 0{,}60$$
$$1974: \quad St\,37: \ \mu = 0{,}50; \quad St\,52: \ \mu = 0{,}55$$

Heute gilt einheitlich $\mu=0{,}5$. - Dieser Rechenwert setzt voraus, daß die Reibflächen im Augenblick der Verschraubung trocken und frei von Rost, Staub, Öl und Farbe sind. Ggf. vorhandener Flugrost, der sich nach dem Strahlen (oder gleitfestem Anstrich) niedergeschlagen hat, ist mittels Drahtbürste zu beseitigen. Nach der Oberflächenbehandlung dürfen Bohrwasser oder Öl zum Aufreiben der Löcher nicht verwendet werden. - Scheiben und Gewinde sind vor dem Einbau leicht zu fetten oder zu besprühen. Verunreinigungen der Kontaktflächen sind dabei unbedingt zu vermeiden! Grundsätzlich empfiehlt sich eine Strahlung und ein gleitfester Anstrich im Werk, ggf. mit einer anschließenden Folienabdeckung. Die gleitfesten Beschichtungsstoffe sind relativ teuer und erlauben nur eine zeitlich beschränkte Bevorratung. Sie müssen den Technischen Lieferbedingungen (TL) Nr. 918300, Blatt 85, der DB entsprechen. Die darin unter Abschnitt 21 geforderten Reibbeiwerte müssen durch ein Zeugnis einer anerkannten Materialprüfanstalt belegt sein; diese Prüfung ist mindestens im Abstand von 3 Jahren zu wiederholen. Bei den gleitfesten Anstrichen handelt es sich um Alkali-Silikat-Zinkstaubfarben. Wenn durch Versuche belegbar, dürfen nach DIN 18800 T1 (11.90) auch Reibbeiwerte $>0{,}5$ angewendet werden.

Es wurden auch schon VK-Verbindungen (vorgespannte und geklebte Schraubenverbindungen) getestet. Hierbei wurden die Verbindungsflächen mit einem Zweikomponentenkleber, der mit Stahlkies oder Korund gemagert war, versehen; die Einlagerungen wirken wie kleine Dübel, wodurch sich die übertragbaren Reibkräfte gegenüber einer normalen GV-Verbindung verdoppeln ließen. Wegen des hohen Fertigungsaufwandes haben sich solche Entwicklungen nicht durchgesetzt.

Für die Vorspannung der Schrauben (im Regelfall von der Mutter her) kommen folgende Techniken zum Einsatz:

a) Drehmomentenschlüssel per Hand (Drehmomentenverfahren)
b) Elektrisch oder pneumatisch betriebene Verschraubungsgeräte (Drehimpulsverfahren)
c) Nach dem Aufbringen eines bestimmten Voranziehmomentes wird die Mutter (oder der Kopf) um einen vorgegebenen Drehwinkel weiter angezogen (Drehwinkelverfahren).

Die erforderlichen Vorspannkräfte, Drehmomente und Drehwinkel sind in DIN 18800 T7 festgelegt. Bei allen Verfahren wird die Vorspannung indirekt gemessen. Die Drehwinkelmethode ist genauer; beim Drehmomenten- und Drehimpulsverfahren ist mit Streuungen, von ± 10 bis $\pm 15\%$ zu rechnen. Die Geräte müssen regelmäßig geeicht (kalibriert) werden. Die Abhängigkeit der Vorspannkraft F_V vom Anziehmoment M_V läßt sich experimentell bestimmen:

$$F_V = \frac{M_V}{kd} \tag{24}$$

d ist der Schraubendurchmesser und k ein summarischer Reibfaktor, der die Reibung im Gewinde und zwischen Mutter und Unterlegscheibe erfaßt. Unterschiedliche Schraubenformen (Gewindesteigungen) bedingen unterschiedliche k-Faktoren. (Da sich die Schraubenformen im Laufe der Zeit geändert hatten, waren in den verschiedenen "HV-Richtlinien" unterschiedliche k-Werte verankert.)

Betrachtet man z.B. die hochfeste Schraube M16, sind zur Erzielung der nach der DASt-Ri010 bzw. DIN 18800 T7 geforderten Vorspannkraft $F_V=100\,kN$ folgende Anziehmomente aufzubringen:

a) Schraube, MoS_2-geschmiert : $M_V = 0{,}250\,kNm = 25\,kNcm$

b) Schraube, leicht geölt : $M_V = 0{,}350\,kNm = 35\,kNcm$

Hieraus kann auf folgende k-Faktoren geschlossen werden:

a) $k = 25/100 \cdot 1{,}6 = \underline{0{,}156}$; b) $k = 35/100 \cdot 1{,}6 = \underline{0{,}219}$

Zur Vorspannkraft F_V=100kN gehört eine Nennspannung im Spannungsquerschnitt des Gewindes von $\sigma=100/1{,}57=64\,N/cm^2=640\,N/mm^2 \approx 0{,}75 \cdot \beta_S$. - Beim Anziehen der Schrauben werden zusätzlich zu den Zugspannungen Torsionsschubspannungen eingeprägt. Letztere fallen bei kürzeren Schrauben höher als bei längeren aus. Bedingt durch die Torsion ist die Anstrengung der Schraube höher, als es die Zugspannung aus der Vorspannkraft allein erkennen läßt. Wenn F_V den Wert $0{,}7 \cdot \beta_S A_{Sp}$ annimmt, erreicht die aus Zug und Torsion zusammengesetzte Vergleichsspannung etwa den Wert $0{,}9 \cdot \beta_S \cdot A_{Sp}$. Unter F_V=100kN beträgt die Spannung einer M16-Schraube im Spannungsquerschnitt: 64kN/cm², das ist 71% von 90kN/cm² (s.o.). Daraus wird erkennbar, wie die Normenwerte F_V vereinbart wurden. - Würde man eine MoS_2-geschmierte Schraube fälschlicher Weise wie eine leicht geölte Schraube mit 0,350kNm vorspannen, wäre die Beanspruchung real (im vorbehandelten Beispiel):

$$F_V = \frac{35}{0{,}156 \cdot 1{,}6} = 140\,kN \longrightarrow \sigma = 89{,}2\,kN/cm^2 = 892\,N/mm^2 \approx \beta_S$$

Die Schraube wäre also überelastisch angezogen.

In [39] wird über eine Schraubenmomenten-Meßvorrichtung berichtet, mit der die Aufteilung des Anzugsmomentes M_V der Schraube in das Reibungsmoment M_K unter dem Schraubenkopf und in das Reibungsmoment M_G im Gewinde gemessen werden kann. Die Messungen zeigen, daß erhebliche Abweichungen vom Sollwert der Vorspannkraft auftreten können, und daß diese stark von den jeweiligen Reibungsverhältnissen an der Kopfauflage und im Gewinde abhängen; vgl. hierzu auch [6].

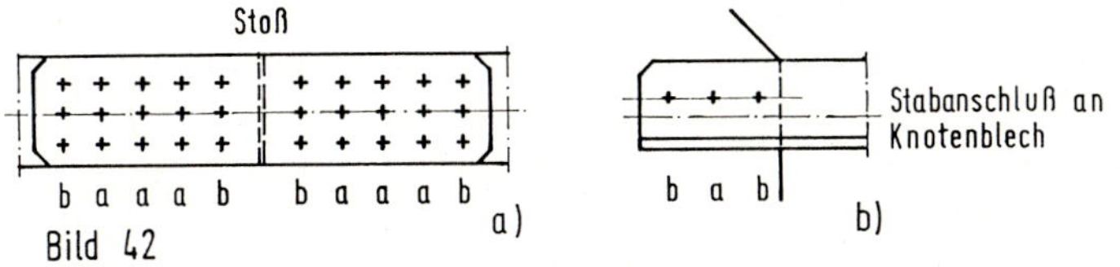

Bild 42

Bei großen Schraubenbildern werden zunächst die inneren Schrauben angezogen, damit die Bauteile der Querquetschung zwangfrei folgen können. In Bild 42 sind dieses die Schrauben a. Bei größeren Schraubenbildern sind die Schrauben in überspringender Reihenfolge (bezogen auf die beidseitigen Anschlußbereiche) zunächst bis zu 60% des Sollwertes vorzuspannen; die endgültige Vorspannung wird in einem zweiten Arbeitsgang aufgebracht.

Nach dem Anziehen aller Schrauben werden 5% einer Kontrolle unterzogen. Früher wurde bei der Drehmomentenmethode das Lösemoment geprüft. Da beim Anziehen der Schrauben die Rauhigkeit im Gewinde und zwischen Mutter und Scheibe geglättet wird, ist das Lösemoment geringer als das Anzugsmoment. Das Lösemoment täuscht eine zu geringe Vorspannung vor. Wird die Kontrolle hieran orientiert, besteht die Gefahr, daß die Schrauben überzogen werden. Diese Gefahr besteht grundsätzlich bei leichtgängigen Schrauben, die mittels des Drehmomentenverfahrens vorgespannt werden.- Heutigentags wird das Anziehmoment durch ein Weiteranziehen mit einem dem Verfahren entsprechenden Prüfgerät geprüft. Art und Umfang der Kontrolle sind in DIN 18800 T7 geregelt.

Neben den oben erwähnten und heute üblichen Vorspanntechniken wurden weitere entwickelt: Bild 43 zeigt eine in den USA verwendete Unterlegscheibe [40]. Sie besitzt eine Reihe von gestanzten Erhebungen, die durch die Klemmkraft beim Anziehen der Schraube um ein bestimmtes Maß zurückgedrängt werden. Der verbleibende Spalt kann mit einer Lehre geprüft werden. Sobald der Spalt zwar noch vorhanden ist, die Lehre aber nicht mehr hineinpaßt, hat die Schraube die richtige Vorspannung.- Des weiteren steht ein Vorspannmeßgerät zur Verfügung, mit welchem die Dehnung der Schraube nach dem Vorspannen mittels Ultraschall in Achsrichtung des Schraubenschaftes gemessen werden kann.

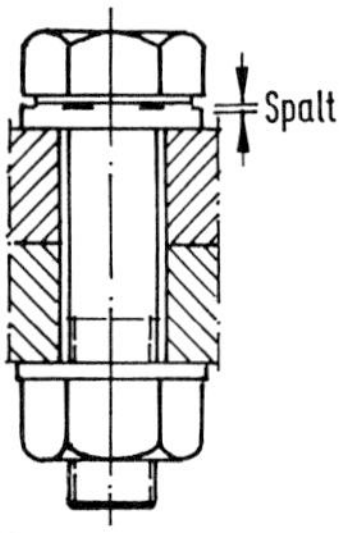

Bild 43

Erwähnt sei in diesem Zusammenhang die in den USA und in Japan eingesetzte sogen. "Twist-off-Schraube", vgl. Bild 44. Mit Hilfe eines speziellen Anziehgerätes wird die Mutter und das überstehende, profilierte Schaftende zur Aufbringung des Anziehmomentes gleichzeitig gefaßt. Unter einer bestimmten Zugkraft (=Vorspannkraft) reißt das Schaftende an der Sollbruchstelle (Bild 44). Die Vorteile liegen auf der Hand: Ein Gegenhalten erübrigt sich, ebenso ein Überprüfen der Vorspannkraft, die Kraftanstrengung ist, verglichen mit den gängigen Vorspanntechniken, geringer. Nachteilig ist die frisch erzeugte Sollbruchfläche; sie ist schwierig gegen Korrosion zu schützen. Diesen Nachteil haben auch die Schließringbolzen, vgl. Abschnitt 11.

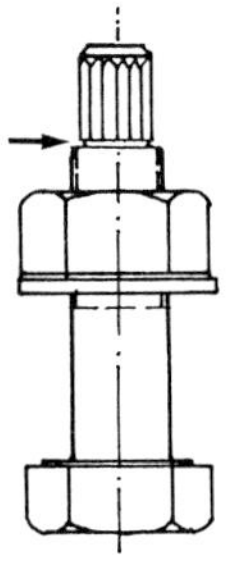

Bild 44

Ein gewisses Problem vorgespannter Schraubenverbindungen bildet der Einfluß der Paßgenauigkeit auf die Größe der Pressungskräfte. Wenn nämlich durch Walztoleranzen, Schweißverformungen, Fertigungsmängel bedingte Klaffungen durch Beiziehen der Schrauben überbrückt werden müssen, besteht die Gefahr, daß die Vorspannkräfte abwandern. Im Falle des in Bild 45 gezeigten Beispieles müssen bei Spalten $\Delta t \geq 2$mm Zwischenfutter (nach örtlicher Aufmessung) eingelegt werden. Sie sind auf beiden Seiten vorzubehandeln. Beim Anschluß von Fachwerkstäben zwischen zweiwandigen Knotenblechen entsteht durch Materialentnahme im Steg eine größere Nachgiebigkeit, so daß ein Beiziehen eher möglich ist (Bild 45b). Wichtig ist auch, daß die zu verbindenden Teile planparallel zueinander liegen ($\leq 2\%$), anderenfalls er-

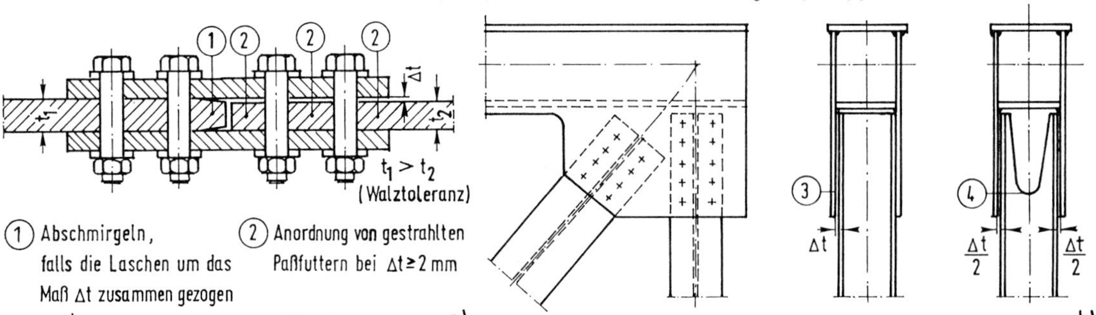

① Abschmirgeln, falls die Laschen um das Maß Δt zusammen gezogen werden

② Anordnung von gestrahlten Paßfuttern bei $\Delta t \geq 2$ mm

Bild 45 a) b)

hält die Schraube eine empfindliche Biegung. Das gilt besonders bei Flanschverbindungen. Stärkere Winkelklaffungen dürfen nicht überspannt werden. Ein Ausgleich über Kugel-Kalotten-Unterlegscheiben ist in solchen Fällen zwar möglich, doch sollte von einer solchen Lösung abgesehen werden.

Werden die Berührungsflächen nicht beschichtet, also in metallisch blankem, aufgerauhtem Zustand verschraubt, besteht im Nahbereich der Schraube keine Korrosionsgefahr, wohl in größerem Abstand, da sich hier (im ungünstigsten Falle) eine klaffende Fuge bilden kann. Der Korrosionsschutz ist daher sorgfältig aufzubringen: Alle Fugen und Übergänge an den Schraubenköpfen, Muttern, Unterlegscheiben sind satt mit Grundanstrich zu versehen, ggf. zuvor mit Blei zu verstemmen.

Aufgrund eingehender Versuche kann die feuerverzinkte hochfeste Schraube wie die schwarze Schraube eingesetzt werden. Hinsichtlich der Gewindepassungen sind gewisse Maßnahmen erforderlich, um die Gängigkeit und die planmäßige Vorspannung sicherzustellen:

a) Schraubengewinde wird belassen, Muttergewinde wird mit einem Übermaß gefertigt

b) Muttergewinde wird belassen, Schraubengewinde wird mit einem Untermaß gefertigt.

Es dürfen nur aufeinander abgestimmte Garnituren eingesetzt werden. Zudem sind stets das Gewinde der Schraube und die Unterlegscheibe (auf der Seite, auf der angezogen wird) mit Molybdändisulfid zu schmieren (MoS_2: Molykote); vgl. im einzelnen [41-49].

9.4.2 Tragverhalten und Versagensformen bei Scher- und Lochleibungsbeanspruchung

Wird die Belastung einer GV- oder GVP-Verbindung von Null bis zum Bruch gesteigert, durchläuft sie verschiedene Phasen. - Solange die Kraft unter der Gleitkraft V_g

$$V_g = m \cdot n \cdot \mu \cdot F_V \tag{25}$$

liegt, verhält sich die Verbindung praktisch starr. In G.25 bedeuten: m Schnittigkeit, n Schraubenanzahl, μ Reibbeiwert. - Die flächige Pressung im Umfeld der Schrauben hat zur Folge, daß bereits ein Teil der Kraft jeweils vor den Schrauben und damit auch vor der vordersten (kraftseitigen) Schraube durch Reibschluß übertragen wird. Die bei SL- und SLP-Verbindungen an den Lochrändern auftretenden hohen Kerbspannungen (Bild 46a) entstehen bei gleitfesten vorgespannten Verbindungen nicht. Da bei nicht vorwiegend ruhend belasteten Konstruktionen die Beanspruchung im Gebrauchslastzustand unter der Gleitkraft liegt, wirkt sich die Unterdrückung der Lochkerbspannungen sehr günstig auf die Ermüdungsfestigkeit aus; ein Dauer- bzw. Betriebsfestigkeitsnachweis ist daher bei GV- und GVP-Verbindungen nicht erforderlich. Das gilt ebenfalls für die Schrauben selbst. Bild 46b zeigt den Spannungszustand im Nettoquerschnitt vor dem Gleiten: (A) kennzeichnet den Kraftanteil im Stab und (B) den durch Reibschluß auf die Laschen übertragenen. - Bei Anschlüssen mit mehreren hintereinander liegenden Schrauben stellt sich zunächst ein ausgeprägt ungleichförmiger Beanspruchungszustand ein (vgl. Bild 22 und die schematische Verdeutlichung in Bild 47). Diese ungleichförmige Beanspruchung bewirkt, daß bereits unter einer Last, die geringer als die Summe der Einzelgleitkräfte gemäß G.25 ist, die äußeren Schrauben zu gleiten beginnen. Mit steigender Last werden die mittleren Schrauben zunehmend aktiviert. Nach dem Gleiten liegen die Schraubenschäfte an den Lochleibungen an; von jetzt ab wird der Scher-Lochleibungswiderstand zusätzlich geweckt. Die Reibungskraft bleibt erhalten. Der gleichförmige Spannungszustand ändert sich zunächst nicht (Bild 46c). Die ertragbaren Lochleibungsspannungen liegen wegen der Vorspannungspressung quer zur Blechdicke in diesem Zustand höher als bei nicht vorgespannten Schrauben. Unter weiterer Laststeigerung tritt schließlich Fließen im Nettoquerschnitt ein. Hiermit geht eine Quereinschnürung einher: Die Vorspannung sinkt rapide ab. Das Tragverhalten geht zunehmend in das Verhalten einer SL- bzw. SLP-Verbindung über. Das gilt auch für die Beanspruchung im Grundmaterial. Die Schraubenkräfte gleichen sich immer mehr einander an. Im Bruchzustand erhalten die mittleren Schrauben gleichwohl nur ca. 60 bis 70% der Scherkraft der Randschrauben; die zulässige Anzahl der hintereinander liegenden Schrauben in Stößen ist daher beschränkt (s.o.).

Bei Druckbeanspruchung wird die Vorspannung durch Querstauchung erhöht (um ca. 20%), die Gleitkraft steigt durch diesen Effekt, vgl. Abschnitt 2.6.5.5.8.

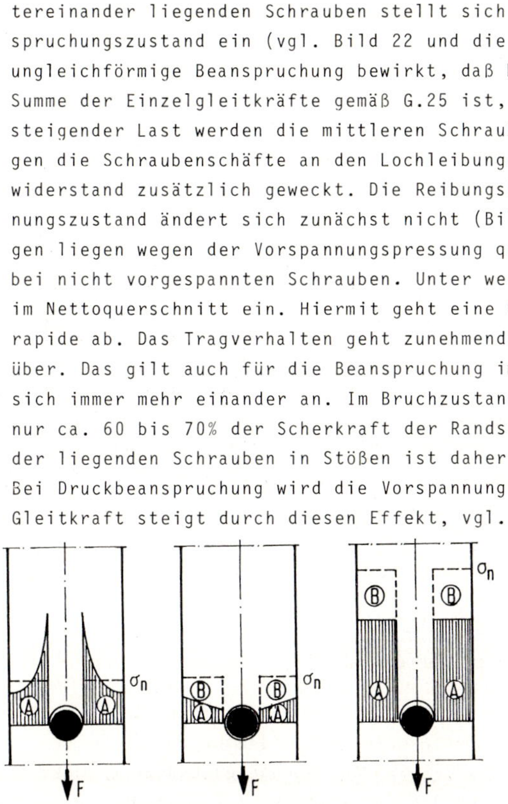

Bild 46 a) b) c)

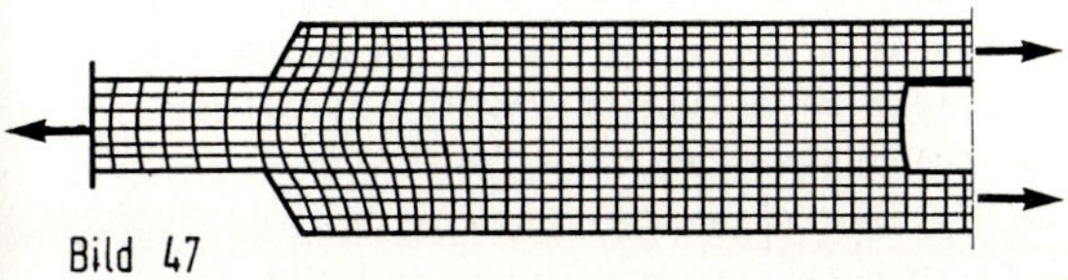

Bild 47

Zusammenfassung: 1. Durch die reibschlüssig-flächenförmige Kraftabtragung wird das Auftreten höherer Kerbspannungen unter Gebrauchlasten verhindert; die Ermüdungsfestigkeit der Verbindung erreicht nahezu das Niveau des ungelochten Grundmaterials. 2. Die Gleitkraft liegt höher als bei SL- und SLP- bzw. VSL- und VSLP-Verbindungen. GV- und GVP-Verbindungen haben dort Bedeutung, wo beim Nachweis der Gebrauchstauglichkeit schlupffreie Verbindungen und solche hoher Dichtigkeit gefordert sind; eine SLP-Verbindung wird die Steifigkeitsforderungen gleichwohl i.a. auch erfüllen. 3. Durch die Vorspannung ist ein selbsttätiges Lösen der Muttern auszuschließen. Im Bruchzustand erreichen GV- und GVP- (wie auch VSL- bzw. VSLP-)Verbindungen praktisch keine höhere Tragfähigkeit als die zugeordneten SL- bzw. SLP-Verbindungen. Diesen Eindruck vermittelten die ehemaligen HV-Richtlinien (auch DIN 18800 T1 (03.81) und DS804)).

9.4.3 Tragverhalten und Versagensform bei Zugbeanspruchung

Hochfeste Schrauben sind in der Lage und geeignet, hohe (äußere) Zugkräfte in Richtung der Schraubenachse aufzunehmen, wenn sie voll vorgespannt sind. Diese Voraussetzung ist wesentlich! Die Vorspannkraft F_V in der Schraube wird dabei nicht etwa um die Intensität Z der äußeren Zugkraft gesteigert, sondern i.a. nur geringfügig, was sich insbesondere bei nicht vorwiegend ruhender Beanspruchung auf die Ermüdungsfestigkeit der Schrauben sehr günstig auswirkt. Dieses gutartige Verhalten vorgespannter Schraubenverbindungen wird im Maschinenbau (Motorenbau) planmäßig ausgenützt; es ermöglicht auch im Stahlbau einen neuen Typ von Stößen und Anschlüssen: Stirn- und Kopfplattenstöße bzw. -anschlüsse (Abschnitt 14.3.7).

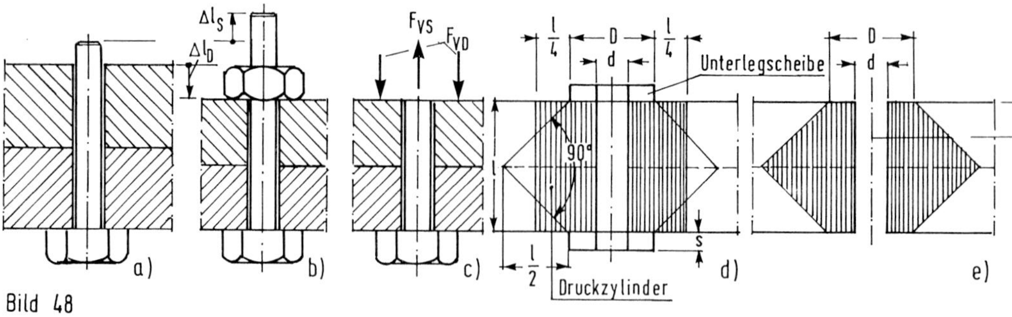

Bild 48

Beim Vorspannen einer Schraube wird der Schraubenschaft gelängt und der vorgespannte Druckquerschnitt gestaucht (vgl. die schematische Darstellung in Bild 48a/b). Die Längung der Schraube beträgt:

$$\Delta l_S = \frac{F_V \cdot l}{EA_{Sch}} = \frac{F_V}{\frac{EA_{Sch}}{l}} = \frac{F_V}{C_S} \qquad (26)$$

F_V: Vorspannkraft, l: Klemmlänge, E: Elastizitätsmodul, A_{Sch}: Schaftquerschnitt der Schraube, C_S kann als Federkonstante der Schraube gedeutet werden. Ist der Schaftquerschnitt nicht einheitlich (wie bei Dehnschrauben, vgl. Bild 85a), berechnet sich C_S zu:

$$\frac{1}{C_S} = \frac{1}{C_1} + \frac{1}{C_2} + \frac{1}{C_3} + \cdots \qquad (27)$$

Diese Zuschärfung ist ggf. auch einzurechnen, wenn zwischen dem vollen Schaft- und dem schwächeren Gewindequerschnitt unterschieden werden soll.
Die Stauchung der gedrückten Zwischenlage ist vom "mitwirkenden Druckquerschnitt" abhängig; bezüglich dieses Querschnittes bedarf es einer Rechenannahme. Mit dem in Bild 48d dargestellten Ersatzzylinder folgt für die Zusammendrückung:

$$\Delta l_D = \frac{F_V}{\frac{EA_D}{l}} = \frac{F_V}{C_D} \qquad (28)$$

Im einzelnen (Bild 48d):

$$\Delta l_D = \frac{F_V \cdot 2s}{E\frac{\pi}{4}(D^2 - d^2)} + \frac{F_V l}{E\frac{\pi}{4}[(D + \frac{l}{2})^2 - d^2]} \qquad (29)$$

Der erste Term erfaßt die Zusammendrückung der Unterlegscheiben (s ist deren Dicke, vgl. Tafel 9.1), der zweite Term gibt die Verkürzung der eingeklemmten Bleche an.
Wirkt auf die vorgespannte Verbindung in Richtung der Schraubenachse eine äußere Zugkraft Z (Betriebskraft, Bild 49a), setzt sich Z z.T. auf die Schraube und z.T. auf den gestauchten Druckquerschnitt ab. Es tritt eine innere Kräfteumlagerung ein, die sich als einfach-statisch unbestimmtes Problem berechnen läßt:
Im folgenden bedeuten:
F'_{VS}: Zugkraft in der Schraube
F'_{VD}: Druckkraft im Klemmquerschnitt bei Einwirkung von Z. Im Falle Z=0 gilt (Bild 48c):

$$F_{VD} = F_{VS} = F_V \qquad (30)$$

Aus Bild 49b folgt die Gleichgewichtsgleichung:

$$F'_{VS} - (F'_{VD} + Z) = 0 \longrightarrow F'_{VD} = F'_{VS} - Z \qquad (31)$$

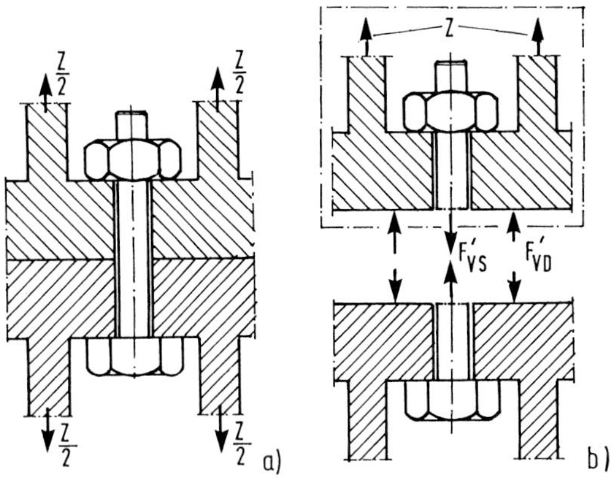

Bild 49

In den vorstehenden Vereinbarungen sind F_{VS} bzw. F'_{VS} als Zugkräfte und F_{VD} bzw. F'_{VD} als Druckkräfte positiv definiert.
Ausgehend vom Zustand Z=0 erfahren Schraubenschaft und Klemmquerschnitt folgende Längung, wenn Z wirksam wird, d.h. wenn F_{VS} auf F'_{VS} anwächst und F_{VD} auf F'_{VD} absinkt:

$$|\Delta_S| = \frac{F'_{VS} - F_V}{F_V}\cdot \Delta l_S \quad ; \quad |\Delta_D| = \frac{F_V - F'_{VD}}{F_V}\cdot \Delta l_D \tag{32}$$

Aus der Gleichsetzung dieser Terme folgt mit G.31:

$$(F'_{VS} - F_V)\Delta l_S = (F_V - F'_{VD})\Delta l_D$$
$$= (F_V - F'_{VS} + Z)\cdot \Delta l_D \longrightarrow F'_{VS} = F_V + Z\cdot\frac{\Delta l_D}{\Delta l_S + \Delta l_D} \tag{33}$$

Beispiel: M24: A_{Sch}=4,52cm² (Schaftquerschnitt), Vorspannkraft: F_V=220kN; Dicke des geklemmten Querschnittes: 60mm, Klemmlänge einschließlich zwei Scheiben: 60+2·4=68mm, s=4mm, d=25mm, D=44mm. G.26 und G 29 liefern:

$$\Delta l_S = \frac{220\cdot 6{,}8}{2{,}1\cdot 10^4\cdot 4{,}52} = \underline{1{,}576\cdot 10^{-2}\,\text{cm}}$$

$$\Delta l_D = \frac{220}{\frac{\pi}{4}\,2{,}1\cdot 10^4}\left[\frac{2\cdot 0{,}4}{4{,}4^2 - 2{,}5^2} + \frac{6}{(4{,}4+\frac{6}{2})^2 - 2{,}5^2}\right] = 1{,}334\cdot 10^{-2}[6{,}102\cdot 10^{-2} + 1{,}237\cdot 10^{-1}] = \underline{0{,}2464\cdot 10^{-2}\,\text{cm}}$$

Auf die Verbindung wirke die Zugkraft Z=0,7·F_V=0,7·220=154kN. Die Schraubenkraft erhöht sich gegenüber der ursprünglichen Vorspannkraft gemäß G.33 auf:

$$F'_{VS} = 220 + 154\,\frac{0{,}2464\cdot 10^{-2}}{1{,}576\cdot 10^{-2} + 0{,}2464\cdot 10^{-2}} = 220 + 20{,}8 = \underline{240{,}8\text{ kN}}$$

Die Erhöhung beträgt demnach nur etwa 10%. Im Klemmquerschnitt verbleibt die Druckkraft (G.31):

$$F'_{VD} = 240{,}8 - 154 = 86{,}8\text{ kN}$$

Die Klemmkraft bleibt somit erhalten, wenn auch reduziert, was sich natürlich auf die Reibschluß-Tragfähigkeit auswirkt.
Ist der geklemmte Querschnitt doppelt so dick (120mm), ergibt sich:

$$\Delta l_S \approx \frac{12{,}8}{6{,}8}1{,}576\cdot 10^{-2} = 2{,}967\cdot 10^{-2}\text{cm}\,;\quad \Delta l_D = 0{,}4114\cdot 10^{-3}\text{cm}\,;\quad F'_{VS} = \underline{239{,}7\text{ kN}}$$

Der Zuwachs der Schraubenkraft ist also umso geringer, je größer die Klemmlänge und damit der Druckkörper ist.

Zusammenfassung: In einer vorgespannten Schraube wird bei Einwirkung einer äußeren Zugkraft Z nur ein Teil hiervon über die Schraube abgesetzt. Entsprechend gering ist die Zugschwellbeanspruchung im Gebrauchslastbereich bei nicht vorwiegend ruhender Belastung. Die Ermüdungsfestigkeit liegt dadurch deutlich höher als bei nicht vorgespannten Schrauben (auf diese setzt sich die äußere Zugkraft in voller Höhe ab). Unter ansteigender Zugkraft Z wird die Vorspannkraft im Druckkörper irgendwann auf Null abgebaut, die Schraube versagt schließlich durch Bruch (i.a. im Gewindebereich oder durch Mutterabstreifen). Unter γ_F-ψ-fachen Bemessungslasten wird die Schraube daher wie im nicht vorgespannten Falle nachgewiesen (Abschn. 9.3.5.1). Bei nicht vorwiegend ruhender Belastung wird die Zugschwellbeanspruchung in der Schraube bestimmt und hierfür der Ermüdungsnachweis geführt (Abschnitt 9.7). Vorstehende Hinweise gelten identisch für VSL- bzw. VSLP-Verbindungen.- Infolge der äußeren Zugkraft Z wird die Reibungs-Gleitkraft in einer GV- bzw. GVP-Verbindung abgebaut, was im Rahmen eines Gebrauchstauglichkeitsnachweises zu berücksichtigen ist.

9.4.4 Tragsicherheitsnachweis der GV- und GVP-Verbindungen

9.4.4.1 Nachweis bei vorwiegend ruhender Belastung

Wie ausgeführt, unterscheiden sich die Nachweiskonzepte der Regelwerke DIN 18800 T1, Ausgabe 03.81 und 11.90, bei den GV- und GVP-Verbindungen in signifikanter Weise.

Nachweis nach DIN 18800 T1 (03.81):

Die zulässige Tragkraft einer als GV-Verbindung wirkenden Schraube mit einem Lochspiel bis 2mm beträgt unter Gebrauchslasten:

$$\text{zul}\,Q_{GV} = \frac{\mu F_V}{\nu_G} \tag{34}$$

Der Reibbeiwert wird einheitlich zu 0,5 angesetzt (s.o.). F_V ist die Vorspannkraft und ν_G der Sicherheitsbeiwert gegen Gleiten: ν_G=1,25 (H) bzw. 1,10 (HZ). Bei einem Lochspiel max 3mm ist die zul. Tragkraft auf 80% zu reduzieren. - Für GVP-Schrauben ($\Delta d \leq 0{,}3$mm) gilt:

$$\text{zul}\,Q_{GVP} = 0{,}5 \cdot \text{zul}Q_{SLP} + \text{zul}\,Q_{GV} \tag{35}$$

Zul Q_{SLP} ist die zulässige Schraubentragkraft als SLP-Verbindung. In allen Fällen ist der Lochleibungsdruck (ohne Berücksichtigung der Reibung) nachzuweisen. Hiermit soll u.a. erreicht werden, daß die Bauteildicken und Schraubendurchmesser sinnvoll aufeinander abgestimmt sind. Ein Nachweis auf Abscheren ist nicht erforderlich.- Um ein ausgewogenes Verhältnis Blechdicke/Schraubendurchmesser sicherzustellen, ist ein Lochleibungsnachweis zu führen. Hierbei sind folgende zulässige Spannungen zulσ_l einzuhalten: St37: 480N/mm² (H), 540N/mm² (HZ); St52: 720N/mm² (H), 810N/mm² (HZ).

Beim Nachweis der Schrauben darf angenommen werden, daß 40% von zul Q_{GV} bzw. zul Q_{GVP} derjenigen Schrauben, die im betrachteten Nettoquerschnitt der Verbindung (Querschnitt mit Lochabzug) liegen, durch Reibschluß bereits angeschlossen sind. Dabei durfte ehemals (DASt-Ri010, 1974) bei

GV-Verbindungen nicht mehr als 20% und bei
GVP-Verbindungen nicht mehr als 10%

der anzuschließenden Gesamtkraft als Kraftvorabzug angesetzt werden. Diese Regel ist nach wie vor nach DS804 für den Brückenbau maßgebend (und auch sinnvoll).

Wirkt auf die GV- bzw. GVP-Verbindung zusätzlich eine äußere Zugkraft, wird die Gleitkraft infolge Reduzierung der Klemmkraft in der Reibfuge abgebaut. Das im vorangegangenen Abschnitt dargelegte Tragverhalten ist solange gültig, wie eine Restpressung zwischen den Berührungsflächen als Klemmwirkung verbleibt. Diese Voraussetzung ist durch Begrenzung der rechnerisch zulässigen Zugkraft Z auf

$$\text{zul}\,Z_H = 0{,}7 \cdot F_V, \quad \text{zul}\,Z_{HZ} = 0{,}8 \cdot F_V \tag{36}$$

sichergestellt. Hierbei werden gängig proportionierte Klemmdicken im Verhältnis zum Schraubendurchmesser unterstellt. Werden vorstehende Werte unter Gebrauchslasten eingehalten, bedarf es keines weiteren Nachweises der Schrauben, auch nicht der Vergrößerung der Pressung in den Auflagerflächen von Schraubenkopf und Mutter.

Da die Klemmkraft bei einer zusätzlichen Zugbeanspruchung in der vorgespannten Schraubenverbindung absinkt, muß die zulässige Reibschlußkraft reduziert werden: Nach DIN 18800 T1 (03.81) sind bei voller Ausnutzung der zulässigen Zugkräfte gemäß G.36 nachstehende Formeln für die übertragbaren Kräfte senkrecht zur Richtung der Schraubenachse anzuwenden:

$$\text{zul}\,Q_{GV,Z} = 0{,}2 \cdot \text{zul}\,Q_{GV} \tag{37a}$$

$$\text{zul}\,Q_{GVP,Z} = 0{,}5 \cdot \text{zul}Q_{SLP} + 0{,}2 \cdot \text{zul}Q_{GV} \tag{37b}$$

Bei geringeren Zugkräften darf geradlinig zwischen den Werten 0,2 und 1 interpoliert werden:

$$\text{zul}\,Q_{GV,Z} = \left(0{,}2 + 0{,}8\,\frac{\text{zul}\,Z - Z}{\text{zul}\,Z}\right)\text{zul}\,Q_{GV} \tag{38a}$$

$$\text{zul}\,Q_{GVP,Z} = 0{,}5 \cdot \text{zul}\,Q_{SLP} + \text{zul}\,Q_{GV,Z} \tag{38b}$$

Umformung:

$$\text{zul}\,Q_{GV,Z} = 0{,}2 \cdot \text{zul}\,Q_{GV} + 0{,}8 \cdot \text{zul}\,Q_{GV} \cdot \frac{\text{zul}Z - Z}{\text{zul}\,Z} = \underline{\text{zul}\,Q_{GV} - 0{,}8 \cdot \frac{Z}{\text{zul}\,Z}\,\text{zul}\,Q_{GV}} \tag{39a}$$

$$\text{zul}\,Q_{GVP,Z} = 0{,}5 \cdot \text{zul}\,Q_{SLP} + 0{,}2 \cdot \text{zul}\,Q_{GV} + 0{,}8\,\text{zul}\,Q_{GV} \cdot \frac{\text{zul}Z - Z}{\text{zul}Z} = \underline{\text{zul}Q_{GVP} - 0{,}8 \cdot \frac{Z}{\text{zul}\,Z} \cdot \text{zul}Q_{GV}} \tag{39b}$$

Anmerkung: Ein unbeabsichtigtes überelastisches Anziehen vorgespannter Schrauben ist bei Verbindungen, die nur auf Abscheren beansprucht werden, relativ unbedenklich, wohl, wenn eine planmäßige Zugkraft auftritt, weil die Schraube die Vorspannkraft dann durch bleibende Dehnung abbaut. Die Sollvorspannkraft sollte daher bei solchen Verbindungen sorgfältig eingehalten werden, um im Gebrauchszustand ein elastisches Verhalten sicherzustellen. Dem dient auch die Begrenzung von zul Z gemäß G.36.

Nachweis nach DIN 18800 T1 (11.90):

Der Tragsicherheitsnachweis der GV- bzw. GVP-Verbindungen wird unter γ_F-ψ-facher Bemessungslasten wie bei SL- bzw. SLP-Verbindungen geführt, Abschnitt 9.3.5.1/3. Das gilt auch bei Hinzutreten einer äußeren Zugkraft. Der Nachweis ist am Bruchversagen orientiert. Im Bruchzustand ist die Vorspannung infolge der dem Bruch vorausgehenden plastischen Verformungen in den Anschlußteilen (weitgehend) abgebaut. Bei dicken Blechen erfolgt dieser Abbau erst kurz vor dem (Scher-)Bruch der Bolzen. Aus diesem Grunde darf bei GV- und GVP-Verbindungen eine erhöhte Grenzlochleibungskraft $V_{l,R,d}$ angesetzt werden, wenn die Grenznormalspannung

$$\sigma_{R,d} = f_{y,d} = \frac{f_{y,k}}{\gamma_M} \quad (\gamma_M = 1{,}1) \tag{40}$$

im Nettoquerschnitt des Bauteiles beim Tragsicherheitsnachweis nicht erreicht wird, vgl. Abschnitt 4.2.2. Als erhöhte Grenzlochleibungskraft darf angesetzt werden:

$$V_{l,R,d} = (\alpha_l + 0{,}5)\,t \cdot d_{Sch} f_{y,k}/\gamma_M \quad \text{bzw.} \quad V_{l,R,d} = 3{,}0\,t \cdot d_{Sch} f_{y,k}/\gamma_M \tag{41}$$

Der kleinere Wert ist maßgebend; d.h. $(\alpha_l + 0{,}5)$ darf rechnerisch nicht höher als 3,0 sein. Soll im Rahmen des Gebrauchstauglichkeitsnachweises ($\gamma_M = 1$; $\psi = 1$) die Einhaltung der Grenzgleitkraft nachgewiesen werden, ist zu rechnen:

$$V_g \leq V_{g,R,d} \quad \text{mit} \quad V_{g,R,d} = \mu F_V \cdot \frac{1 - Z/F_V}{1{,}15 \cdot \gamma_M} \;;\; \mu = 0{,}5;\; \gamma_M = 1{,}0 \tag{42}$$

Z ist die anteilige Zugkraft in der betrachteten Schraube (ohne Berücksichtigung der in Abschnitt 9.4.3 erläuterten Kraftumlagerung).

9.4.4.2 Nachweis bei nicht vorwiegend ruhender Belastung

Bei nicht vorwiegend ruhender Beanspruchung sind nach DS804 (für Eisenbahnbrücken) beim Nachweis von zulQ_{GV} (G.34/35) erhöhte Gleitsicherheiten einzuhalten: $\nu_G = 1{,}40$(H) bzw. 1,25 (HZ). Das führt auf geringere zulässige Tragkräfte (1,25/1,40=0,89, 1,10/1,25=0,88). Außerdem gilt anstelle von G.36:

$$\text{zul}\, Z_H = 0{,}6\, F_V, \quad \text{zul}\, Z_{HZ} = 0{,}7\, F_V \tag{43}$$

Ein Betriebsfestigkeitsnachweis der Schrauben ist nicht erforderlich; für den Nachweis im Nettoquerschnitt ist Kerbgruppe WII maßgebend; vgl. im einzelnen DS804.- Vorstehende Anmerkungen gelten für Krane und Kranbahnen sinngemäß (DIN 15018, DIN 4132).
Für den Betriebsfestigkeitsnachweis zugbeanspruchter Schrauben enthält DIN 18800 T1 (11.90) im Element 811 eine spezielle Regelung; vgl. hierzu Abschnitt 9.7.

9.4.4.3 Beispiele zum Tragsicherheitsnachweis

Wie bereits in Abschnitt 9.3.5 ausgeführt, sind die Schrauben für die anteiligen Kräfte der einzelnen angeschlossenen Querschnittsteile nachzuweisen. Die anteiligen Kräfte ergeben sich aus den auf die Querschnittsteile entfallenden Kraft- und Momentenkomponenten der Schnittgrößen.

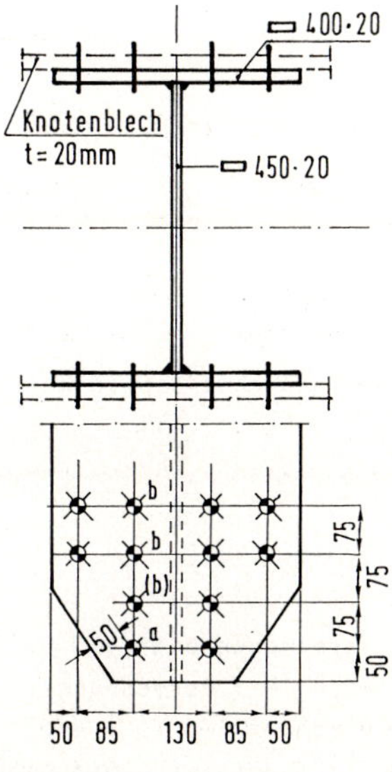

Bild 50

1. Beispiel: Anschluß einer Verbandsstrebe mit I-Querschnitt an zwei Knotenbleche, t=20mm, St37 (Bild 50). Es werden aus Vergleichsgründen die Nachweise nach DIN 18800 T1 Ausgabe 03.81 und 11.90 geführt.

Nachweis nach DIN 18800 T1 (03.81): Im Lastfall HZ betrage die Zugkraft im Verbandsstab: N=4200kN. Gewählt wird eine GVP-Verbindung gewählt: 24 M24 - 10.9 $F_V = 220\,\text{kN}$

Auf die Einzelschraube entfällt: 4200/24=175kN.
Tragkraft pro Schraube (G.34/35), vgl. auch Bild 24 u. G.13:

$$\text{zul}\, Q_{GV} = \frac{0{,}5 \cdot 220}{1{,}10} = 100\,\text{kN}; \quad \text{zul}\, Q_{SLP} = 4{,}91 \cdot 32{,}0 = 157{,}1\,\text{kN}$$

$$\text{zul}\, Q_{GVP} = 100 + 0{,}5 \cdot 157{,}1 = 178{,}5\,\text{kN} > 175\,\text{kN}$$

$$\sigma_l = 175/2{,}5 \cdot 2{,}0 = 35\,\text{kN/cm}^2 < \text{zul}\,\sigma_l = 54\,\text{kN/cm}^2$$

Beim Nachweis des Stabquerschnittes darf bei vorgespannten gleitfesten Schrauben davon ausgegangen werden, daß vor der ersten Schraubenreihe ein Teil der Kraft mittels Reibschluß vorgebunden ist und zwar pro Schraube:

$$\Delta Q = 40\%\ \text{von zul}\, Q_{GV} \;:\; \Delta Q = 8 \cdot 0{,}4 \cdot 100 = 320\,\text{kN}$$

Das ergibt:
$$A = 2\cdot 40\cdot 2 + 45\cdot 2 = 250\,cm^2;\ \Delta A = 8\cdot 2{,}5\cdot 2{,}0 = 40\,cm^2$$
$$A - \Delta A = 250 - 40 = 210\,cm^2 \longrightarrow$$
$$\sigma = \frac{4200-320}{210} = \underline{18{,}48\,kN/cm^2} \approx zul\sigma = 18{,}0\,kN/cm^2$$

Die zul. Spannung wird geringfügig überschritten.- Man beachte: Beim vorstehenden Nachweis wird unterstellt, daß der Steg des I-Querschnittes voll wirksam ist und daß die anteilige Kraft im Steg innerhalb der Anschlußlänge (3·75=225mm) über die Doppelkehlnähte in die Gurte und von hier über die Schrauben abgeführt wird. Das setzt eine gewisse Anschlußlänge voraus. Aus diesem Grund sind vier Schraubenreihen hintereinander angeordnet, anstelle von drei möglichen (2·3·4=24). Die Doppelkehlnähte sind im Anschlußbereich für die im Steg wirkende Kraft
$$N_{Steg} = \frac{90}{250}\cdot 4200 = 1512\,kN$$
auszulegen!

Nachweis nach DIN 18800 T1 (11.90): Zugkraft im γ_F-ψ-fachen Bemessungsfall: N=1,35·4200=5670kN.

Nachweis des Stabes in der maßgebenden Bruchlinie, s.o.: Bruttoquerschnitt A=250cm², Nettoquerschnitt 210cm². A_{Brutto}/A_{Netto}=250/210=1,19<1,2. Der Lochabzug braucht nicht berücksichtigt zu werden (vgl. Abschnitt 4.2.2):
$$\sigma = \frac{5640}{250} = 22{,}7\,kN/cm^2 > \frac{24{,}0}{1{,}1} = 21{,}8\,kN/cm^2$$
Alternativ:
$$\sigma = \frac{5640}{210} = 26{,}9\,kN/cm^2 \approx \frac{36{,}0}{1{,}25\cdot 1{,}1} = 26{,}2\,kN/cm^2$$

Im Nettoquerschnitt wird mit 26,9kN/cm² die Grenznormalspannung
$$\sigma_{R,d} = f_{y,d} = \frac{24{,}0}{1{,}1} = 21{,}8\,kN/cm^2$$
deutlich überschritten. Die erhöhte Grenzlochleibungskraft nach G.41 darf daher nicht angesetzt werden!

Nachweis der Schraubenverbindung, Berechnungsvariante I: Auf die Einzelschraube entfällt: 5670/24=236kN. Die Abstände liegen über den zulässigen Kleinstabständen.

Scherbeanspruchung in den Schrauben: Paßschrauben mit Scherfuge im Schaft, einschnittig:
$$A_{Sch} = 4{,}91\,cm^2\ ;\ \alpha_a = 0{,}55\ ;\ V_{a,R,d} = \frac{0{,}55\cdot 100}{1{,}1}\cdot 4{,}91 = \underline{245\,kN > 236\,kN}$$

Lochleibungsbeanspruchung im Gurt (Schraube a):
$$e_1/d_L = 50/25 = 2{,}0 > 1{,}2 \quad < 3{,}0$$
$$e_2/d_L = 50/25 = 2{,}0 > 1{,}2 > 1{,}5$$
$$e_3/d_L = 130/25 = 5{,}2 > 2{,}4 > 3{,}0$$
$$e/d_L = 7{,}5/25 = 3{,}0 > 2{,}2 \quad < 3{,}5$$

$$\text{Schraube a: } \alpha_l = 1{,}10\cdot 2{,}0 - 0{,}3 = \underline{1{,}90};\quad \text{Schraube b: } \alpha_l = 1{,}08\cdot 3{,}0 - 0{,}77 = 2{,}47$$

Schraube a ist maßgebend (t=20mm):
$$V_{l,R,d} = \frac{1{,}90\cdot 24}{1{,}1}\cdot 2{,}0\cdot 2{,}5 = \underline{207\,kN < 236\,kN}$$
Das bedeutet: Die Lochleibungtragfähigkeit ist nicht ausreichend; ein Nachweis nach Berechnungsvariante I führt nicht zum Erfolg.

Nachweis der Schraubenverbindung, Berechnungsvariante II:
Die Grenzlochleibungskraft der Schraube b beträgt:
$$V_{l,R,d} = \frac{2{,}47\cdot 24}{1{,}1}\cdot 2{,}0\cdot 2{,}5 = 269\,kN$$

Bolzenabscheren (245kN) ist maßgebend. Die Beanspruchbarkeit der Verbindung beträgt (4 Schrauben a + 20 Schrauben b): 4·207+20·245=828+4900=5728kN>5670kN. Mit Berechnungsvariante II kann demnach ausreichende Tragfähigkeit nachgewiesen werden.

2. Beispiel: Anschluß einer Zugstrebe mittels Kopfplatte an einen Stützenflansch mit hochfesten Schrauben als GVP-Verbindung; Schrauben M24, Stahl St37. Die Strebe bildet mit der Stütze einen Winkel von 45°, Bild 51.

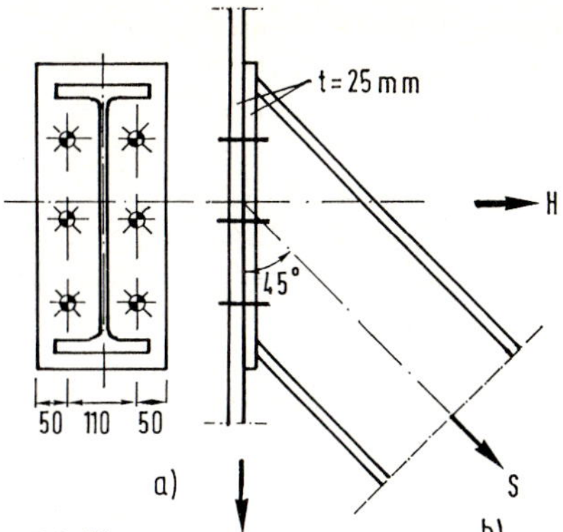

Bild 51

<u>Nachweis nach DIN 18800 T1 (03.81):</u> Im Lastfall H betragen Vertikal- und Horizontalkraft 600kN.

gewählt: $\boxed{6\,M24-10.9}$ $F_V = 220\,kN$

Übertragung von H (G.36):

$$Z = 600/6 = 100\,kN < zul\,Z = 0{,}7\cdot 220 = 154\,kN$$

Übertragung von V: Die zulässige Gleitkraft erfährt durch die Zugkraft eine Abminderung (G.38b u. 39b). Für zul Q_{GV} und zul Q_{GVP} findet man:

$$zul\,Q_{GV} = 88\,kN, \quad zul\,Q_{GVP} = 156{,}5\,kN$$

$$zul\,Q_{GVP,Z} = zul\,Q_{GVP} - 0{,}8\,\frac{Z}{zul\,Z}\,zul\,Q_{GV}$$

$$= 156{,}5 - 0{,}8\cdot\frac{100}{154}\cdot 88{,}0 = 156{,}5 - 45{,}7 = 110{,}8\,kN$$

Nachweis: $V = 100\,kN < zul\,Q_{GVP,Z} = 110{,}8\,kN$ $\qquad \sigma_l = 100/2{,}5\cdot 2{,}0 = 20{,}0\,kN/cm^2 < zul\,\sigma_l = 48{,}0\,kN/cm^2$

Zur Dimensionierung der Kopfplatte vgl. Abschnitt 14.3.7. Der Stützenflansch bedarf i.a. einer Verrippung.

<u>Nachweis nach DIN 18800 T1 (11.90):</u> Es wird angesetzt: V=H=1,5·600=900kN. Man überzeugt sich, daß die im Regelwerk angegebenen kleinstzulässigen Abstandsverhältnisse eingehalten werden und auch die Grenzleibungskraft der Einzelschraube größer als die Kraft pro Schraube ist: 900/6=150kN. (In Fällen wie dem vorliegenden empfiehlt es sich, von G.41 keinen Gebrauch zu machen, da die Kopfplatte nicht nur auf Zug sondern auch auf Biegung beansprucht wird, zudem ist der Anschluß einschnittig.)

Scher-Zug-Beanspruchung: Die Scherfuge liegt im Schaft:

$$A_{Sch} = 4{,}91\,cm^2;\ \alpha_a = 0{,}55:\ V_{a,R,d} = \frac{0{,}55\cdot 100}{1{,}1}\cdot 4{,}91 = 245{,}5\,kN > 150\,kN$$

$$N_{R,d} = 4{,}91\,\frac{90}{1{,}1\cdot 1{,}1} = 365{,}2\,kN > 150\,kN;\quad N_{R,d} = 3{,}53\,\frac{100}{1{,}25\cdot 1{,}1} = 257{,}0\,kN > 150\,kN$$

Überlagerung:

$$\left(\frac{150}{245{,}5}\right)^2 + \left(\frac{150}{365{,}2}\right)^2 = 0{,}373 + 0{,}169 = 0{,}542 < 1$$

Die Gebrauchslast betrage: V=H=600kN. Gleitkraft der einzelnen Schraube:

$$V_{g,R,} = 0{,}5\cdot 220\cdot\frac{1-100/220}{1{,}15\cdot 1{,}0} = 52{,}2\,kN < 100\,kN$$

Demnach wird die Gleitkraft im Gebrauchslastzustand überschritten. Die Verwendung einer GVP-Verbindung macht hier keinen Sinn; diese Aussage kann, einschließlich der GV-Verbindungsform, auf den gesamten Stahlhochbau übertragen werden. Wenn eine hohe Steifigkeit in der Verbindung verlangt wird, ist eine SLP-Verbindung einer GV-/GVP-Verbindung praktisch gleichwertig. Sofern Zug in den Schrauben auftritt, wählt man eine VSL- bzw. VSLP-Verbindung unter Verwendung von 10.9 HV-Schrauben. - Volle Berechtigung haben GV-Verbindungen wegen deren hoher Ermüdungsfestigkeit bei nicht vorwiegend ruhender Belastung, z.B. im Brückenbau. GVP-Verbindungen geben hier dann Sinn, wenn neben einer hohen Ermüdungsfestigkeit gleichzeitig eine statische Grenztragfähigkeit wie bei einer SLP-Verbindung angestrebt wird.

9.5 Versuche zum Tragverhalten von Schraubenverbindungen

9.5.1 Vorbemerkungen

Abhängig von Dicke und Festigkeit der Bauteile und von Anzahl, Anordnung, Durchmesser, Festigkeit, Schnittigkeit der Schrauben stellen sich unterschiedliche Verformungs- und Brucharten der Verbindung ein: das Tragverhalten ist insgesamt komplex und läßt sich nur experimentell klären. Im Zuge der Beratungen der neuen Regelwerke EUROCODE 3 und DIN 18800 T1 (11.90) wurden Versuchsrecherchen [78,79] und ergänzende Versuche und Sicherheitsanalysen [80,81] durchgeführt. Da das neue Sicherheitskonzept an der Grenztragfähigkeit orientiert ist, hat die GV- und GVP-Verbindung eine Neubewertung erfahren. Die zulässigen Tragkräfte der GV- und GVP-Verbindungen waren in den ehemaligen HV-Richtlinien (auch in DIN 18800 T1 (03.81)) an der Gleitkraft (offensichtlich ohne Bezug auf die Bruchkraft)

orientiert. Eine Studie der verschiedenen ehemals durchgeführten Versuchsprogramme läßt zudem erkennen, daß die Schlußfolgerungen immer nur aus speziellen Programmen mit speziellen Prüfkörperformen gezogen wurden, z.B.: [17,18,22,23,36,37 und 32,57,58]). Ein alle Faktoren erfassendes Versuchsprogramm war und ist aus Zeit- und Kostengründen nicht durchführbar. In der 1. u. 2. Aufl. dieses Buches hat der Verf. aufgezeigt, daß das an der Grenztragfähigkeit orientierte Sicherheitsniveau der in DIN 18800 T1 (03.81) geregelten Nachweise recht uneinheitlich ist, mit einer deutlichen Überschätzung der Tragfähigkeit der GVP-Verbindung (nach wie vor in DS804); im Lastfall H liegt die Bruchsicherheit dieser Verbindung im Mittel bei Werten um 1,7.
Zum Tragverhalten einschnittiger ungestützter Schraubenverbindungen vgl. [50] und zur planmäßigen Biegebeanspruchung der Schraubenbolzen [82].
Im folgenden wird anhand von fünf Versuchsprojekten das Tragverhalten unterschiedlicher Schraubenverbindungen erläutert und unter Bezug auf DIN 18800 T1 (11.90) kommentiert, vgl. auch Abschnitt 9.6.4.5.

9.5.2 Projekt 1: Zug- und Scherversuche an Schraubenbolzen, Teil I

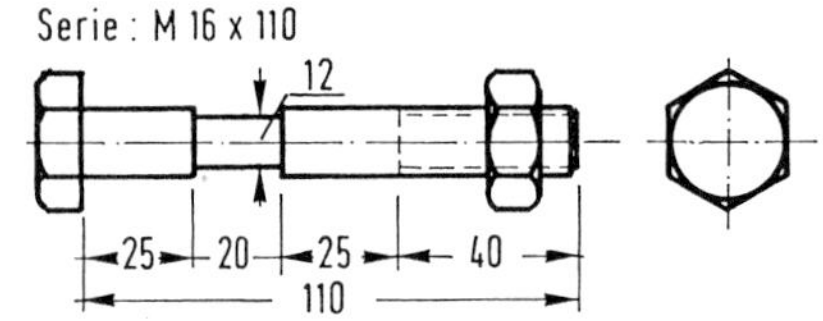

Bild 52

Um die Grenzabschertragfähigkeit zu prüfen, wurden Zug- und Abscherversuche an Schrauben durchgeführt. Die Schrauben wurden vom Fachhandel bezogen.

① Zugversuche an Schrauben
② Zugversuche an Schrauben mit abgedrehtem Schaft, Bild 52
③ Scherversuche (zweischnittig)

In Bild 53 ist das Versuchsergebnis zusammengefaßt:

Serie	M	Güte	Zustand	Herstell. Marke	① Z_u	① G/M	① $\sigma_u = Z_u/A_{Sp}$	② $\sigma_u = Z_u/A$	② mittl σ_u	③ $\tau_u = V_u/A$	③ mittl τ_u	$\alpha_a = \frac{\text{mittl}\,\tau_u}{\text{mittl}\,\sigma_u}$	Mittelw.	
1	M 12	4.6	gv	BOESNER	35,0	G	415	531	526,0	336	340,5	0,65	0,69	weicher Schnitt
					35,3	G	419	521		345				
		6.8	gv	M	55,8	G	662	573	573,0	388	388,0	0,68		
		8.8	gv	LOBO	80,7	M	957	969	957,0	686	696,0	0,73		
					83,2	G	987	945		706				
		10.9	s	GRAEKA	92,7	G	1100	1142	1149,0	794	781,0	0,68		
					94,7	G	1123	1156		768				
2	M 16	4.6	gv	BD	102	G	650	564	570,0	339	339,0	0,59	0,57	scharfer Schnitt
					103	G	656	576		339				
		8.8	gv	Peiner	132	M	841	945	927,0	506	513,5	0,55		
					131	M	834	909		518				
		10.9	s	Verbus	187	M	1191	1159	1157,5	636	634,5	0,55		
					185	M	1178	1156		633				
		10.9	fv	Peiner *)	156	M	994	1066	1056,5	630	614,5	0,58		
					134	M	854	1047		599				

Legende: gv: galvanisch verzinkt, fv: feuerverzinkt, s: schwarz; *) HV-Schraube

Bild 53

Schrauben M12 und M16, Festigkeitsklasse 4.6, 6.8, 8.8, 10.9. Es bedeutet: Z_u=Zugbruchkraft in kN. Versagen trat entweder durch Bruch im Gewinde (G) oder durch Abstreifen der Mutter (M) vom Gewinde ein; letzteres überwog bei den höherfesten Schrauben. Bild 54 zeigt das Maschinendiagramm eines weggesteuerten Versuches; die dem Versagen vorangehende Duktilität ist gering. Die Grenzzugspannung σ_u ist in Bild 53 ① unter Bezug auf den Spannungsquerschnitt ausgewiesen. Es fällt auf, daß bei der feuerverzinkten HV-Schraube die Nennbruchgrenze (1000N/mm²) nicht erreicht wurde. Aus der Versuchsserie ② entnimmt man, daß die Nennzugfestigkeit des Bolzenwerkstoffes in allen Fällen erreicht wurde (Ausnahme Schraube 6.8:573N/mm²<600N/mm², deutlich geringer als beim Bruch im Gewinde).

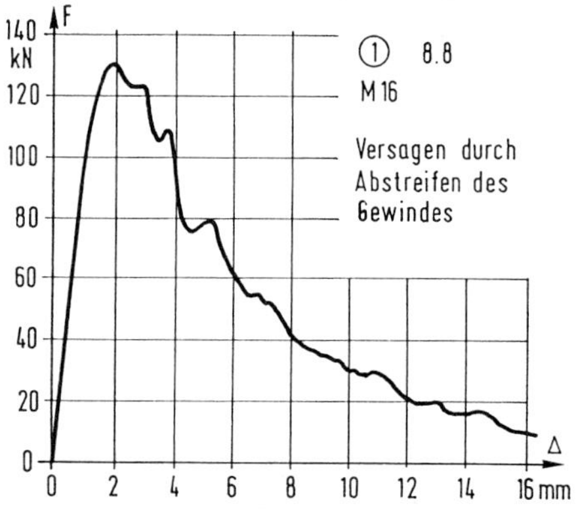

Bild 54

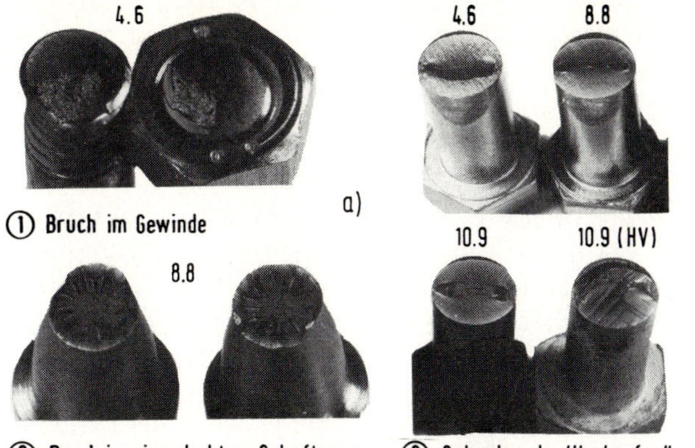

① Bruch im Gewinde

② Bruch im eingedrehten Schaftquerschnitt

③ Scherbruch ("scharfer" Schnitt)

Bild 55

Bild 55a zeigt die (relativ verformungsarme) Bruchfläche im Gewinde und Teilbild b die Zugbruchfläche im abgedrehten Schaftbereich mit eingeschnürtem Querschnitt. - Die Abscherversuche (Serie ③) wurden mit zwei unterschiedlichen Schervorrichtungen durchgeführt, in Bild 53 durch "weicher" und "scharfer" Schnitt gekennzeichnet. Im erstgenannten Falle war das Grundmaterial der Schervorrichtung nicht gehärtet: Es traten Plastizierungen ein; die Bolzen bogen sich etwas durch, hierdurch wurden Längsspannungen geweckt. Im zweitgenannten Falle war die Schervorrichtung gehärtet, die Bolzen wurden scharf geschnitten. Bezogen auf die Bolzenzugfestigkeit der Serie ② ergeben sich die in Bild 53 ausgewiesenen α_a-Werte; α_a liegt bei "scharfem" Schnitt niedriger als bei "weichem", vgl. Mittelwerte 0,69 bzw. 0,57. Ein "scharfer" Schnitt liegt in realen Konstruktionen bei dicken Außenlaschen (mit hoher Festigkeit), ein "weicher" bei dünnen Außenlaschen (mit geringer Festigkeit), vor.

9.5.3 Projekt 2: Zug- und Scherversuche an Schraubenbolzen, Teil II

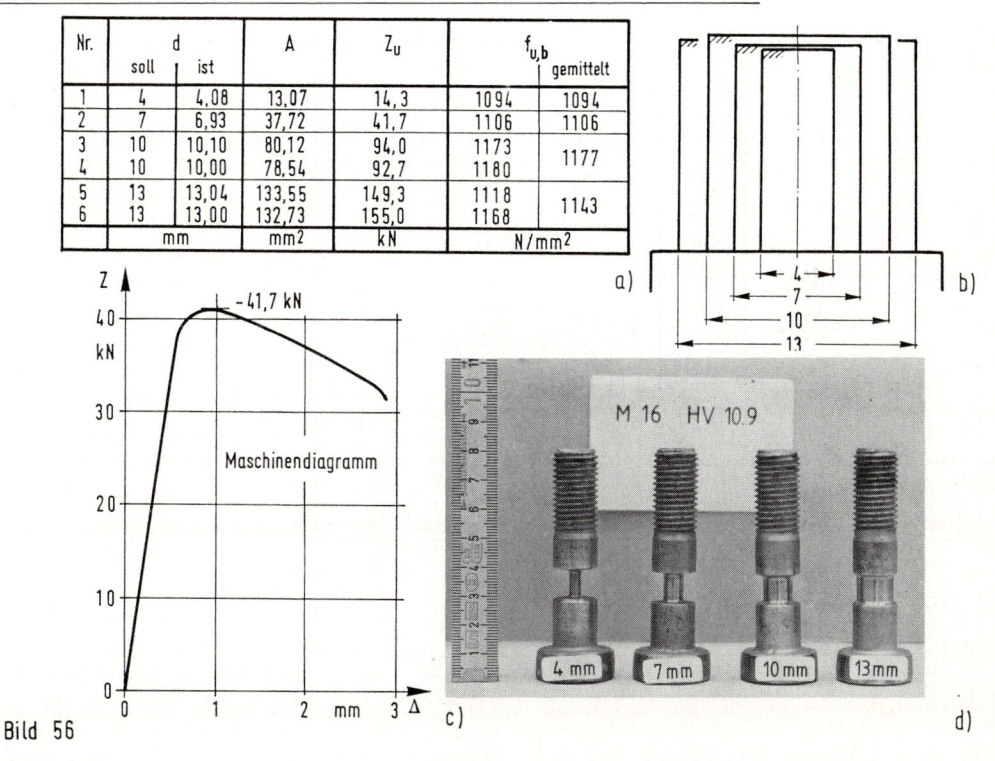

Nr.	d soll	d ist	A	Z_u	$f_{u,b}$	$f_{u,b}$ gemittelt
1	4	4,08	13,07	14,3	1094	1094
2	7	6,93	37,72	41,7	1106	1106
3	10	10,10	80,12	94,0	1173	1177
4	10	10,00	78,54	92,7	1180	
5	13	13,04	133,55	149,3	1118	1143
6	13	13,00	132,73	155,0	1168	
	mm	mm	mm²	kN	N/mm²	N/mm²

a)

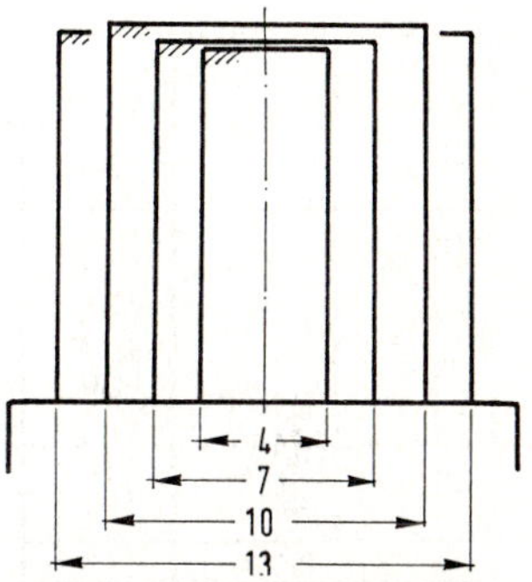

b)

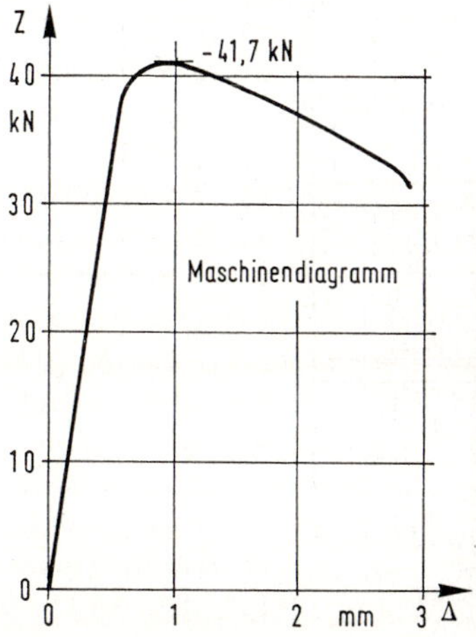

c)

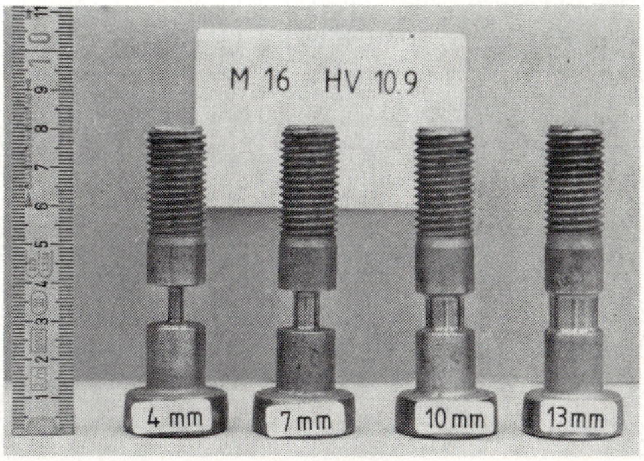

d)

Bild 56

Um zu prüfen, wie die Zugfestigkeit innerhalb eines Schraubenbolzens verteilt ist, wurden Schrauben M16-10.9 unterschiedlich abgedreht. Bild 56a/b zeigt das Versuchsergebnis. Teilbild c zeigt beispielhaft ein Maschinendiagramm und Teilbild d die abgedrehten Schrauben. Offensichtlich schwankt die Festigkeit innerhalb des Schaftquerschnittes nur gering; die ermittelten Werte liegen oberhalb von 1000N/mm². Mit dem Bolzenmaterial wurden Tragversuche an SL- und VSL-Verbindungen durchgeführt; hierbei trat auch Versagen durch Abscheren ein (vgl. folgenden Abschnitt). Bezogen auf den Festigkeitswert 1140N/mm² wurden folgende

α_a-Werte ermittelt: 0,57; 0,62; 0,63; 0,56; 0,62; 0,62; 0,55; 0,63; 0,54; 0,57; 0,55; 0,57; 0,58; 0,58. Mittelwert 0,59. Nach DIN 18800 T1 (11.90) ist für Schrauben 10.9 ein α_a-Wert 0,55 anzusetzen. Das Versuchsergebnis bestätigt diesen Wert (auch weitere Versuche des Verfassers; das gilt ebenso für α_a=0,60 bei Schrauben mit niedrigerer Festigkeitsklasse).

9.5.4 Projekt 3: Tragversuche an SL- und VSL-Verbindungen

Wie ausgeführt, wurde der Lochleibungsnachweis in DIN 18800 T1 (11.90) neu geregelt: Im Vergleich zu den Vorgängervorschriften ist die Grenzlochleibungskraft in Abhängigkeit vom Rand- bzw. Lochabstand zu bestimmen. Um diese Regelung zu prüfen, hat der Verf. Tragversuche an zweischnittigen SL- und VSL-Verbindungen, Stahlsorte St37 und St52, durchgeführt [83]. Es wurden Ein- und Zweischraubenverbindungen geprüft, Schrauben M16-10.9, d_L=17mm, Lochspiel Δd=1mm. Für das Material der Außenlaschen wurde nach DIN 50145 bestimmt; vgl. Abschnitt 2.6.5.2:

$$\text{St 37: } R_p = 250\,\text{N/mm}^2;\ R_m = 411\,\text{N/mm}^2;\ A = 38\,\%;\ Z = 57\,\%$$

$$\text{St 52: } R_p = 410\,\text{N/mm}^2;\ R_m = 562\,\text{N/mm}^2;\ A = 33\,\%;\ Z = 66\,\%$$

In Bild 57 ist das Versuchsergebnis ausgewiesen, es handelt sich um vier Serien mit insgesamt 56 Versuchen. v ist der Abstand vom Laschenrand bis zum Lochrand; demgemäß ist e_1=v+8,5mm. F_u ist die im Versuch ermittelte Grenzkraft in kN. L bedeutet Versagen durch Lochaufreißen, S Versagen durch Bolzenabscheren. Bild 58 zeigt typische Lochbruchformen; die Grenzkraft ist in signifikanter Weise vom stirnseitigen Randabstand abhängig. Bild 59 zeigt die Kraftverschiebungskurve des Versuches Nr. 5, wobei die Längenänderung mit zwei induktiven Wegaufnehmern mit einer Meßbasis von 120mm aufgenommen wurde. Der Schlupf, der etwas größer als Δd ist, geht aus dem Diagramm hervor.- Wie der Tabelle des Bildes 57 zu entnehmen ist, wirkt sich eine Vorspannung in keiner Erhöhung der Grenzkraft aus, vergleichbare Prüfkörper vorausgesetzt, z.B. Nr. 33/34, 35/36, 40/41, 42/43. Die Bruchbilder sind auch jeweils gleich; in Bild 60 ist das Ergebnis der Versuche Nr. 35/36 gegenübergestellt. Die Gleitkraft wird durch die Vorspannung angehoben; der Schraubenschlupf ist ohne und mit Vorspannung gleichgroß; Vorspannung nach DIN 18800 T7.

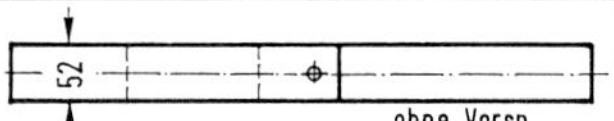

Serie	Stahl	Nr.	v	L/S	F_u	A_l	$(\alpha_{a,u})$ $\alpha_{l,u}$	o/m
1. Serie	St 37	1	1,55	L	65	2,72	0,581	o
		2	3,88	L	97	2,72	0,868	
		3	8,6	L	129	2,75	1,141	
		4	12,4	L	160	2,72	1,431	
		5	17,5	L	185	2,72	1,655	
		6	21,6	S	251		(0,57)	
		7	26,1	L	262	2,70	2,361	
		8	29,0	S	272		0,62	
		9	34,7	S	279		0,63	
	St 52	10	0,90	L	64,6	2,66	0,432	o
		11	3,45	L	107	2,67	0,713	
		12	5,9	L	133	2,61	0,907	
		13	8,1	L	152	2,66	1,017	
		14	9,4	L	176	2,64	1,186	
		15	13,4	L	222	2,64	1,496	
		16	15,4	S	249		(0,56)	
		17	18,1	L	252	2,61	1,718	
		18	19,6	S	274		(0,62)	
		19	25,7	S	274		(0 62)	

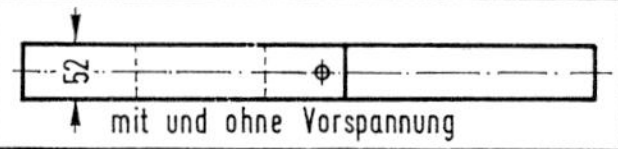

Serie	Stahl	Nr.	v	L/S	F_u	A_l	$(\alpha_{a,u})$ $\alpha_{l,u}$	o/m
2. Serie	St 37	32	5,6	L	108	2,72	0,966	m
		33	12,3	L	164	2,66	1,500	m
		34	12,0	L	168	2,67	1,531	o
		35	17,9	L	205	2,69	1,854	m
		36	18,0	L	208	2,69	1,881	o
		37	23,7	S	248		(0,54)	m
		38	24,0	S	263		(0,57)	o
	St 52	39	3,7	L	127	2,62	0,863	m
		40	7,8	L	170	2,66	1,137	m
		41	7,8	L	166	2,64	1,119	o
		42	12,0	L	205	2,64	1,382	m
		43	12,6	L	204	2,64	1,375	o
		44	16,4	S	254		(0,55)	m
			mm		kN	cm²		

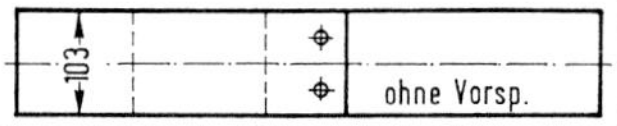

Nr.	v	L/S	F_u	$A_l/2$	$(\alpha_{a,u})$ $\alpha_{l,u}$	o/m
20	8,5	L	276	2,72	1,234	o
21	10,2	L	284	2,72	1,270	
22	13,5	L	346	2,72	1,548	
23	17,6	L	415	2,72	1,856	
24	20,0	L	429	2,72	1,919	
25	24 5	S	486		(0,55)	
26	5,4	L	275	2,66	0,920	o
27	8,3	L	342	2,66	1,144	
28	10,7	L	395	2,66	1,321	
29	13,4	L	482	2,66	1,612	
30	14,7	L	494	2,66	1,646	
31	17,8	S	556		(0,63)	

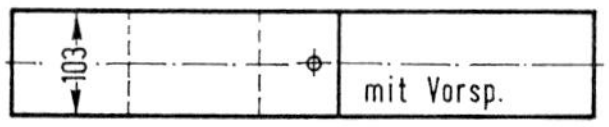

Nr.	v	L/S	F_u	$A_l/2$	$(\alpha_{a,u})$ $\alpha_{l,u}$	o/m
45	5,3	L	122	2,70	1,099	m
46	9,8	L	161	2,72	1,440	
47	15,6	L	204	2,66	1,866	
48	19,6	L	228	2,67	2,078	
49	25,1	S	259		(0,57)	
50	29,9	S	268		(0,58)	
51	2,95	L	115	2,66	0,769	m
52	5,7	L	155	2,64	1,045	
53	8,4	L	179	2,64	1,206	
54	11,9	L	220	2,64	1,483	
55	14,3	L	240	2,64	1,630	
56	17,8	S	268		(0,58)	
	mm		kN	cm²		

Legende: L: Lochleibungsbruch; S: Scherbruch; m: mit Vorspannung; o: ohne Vorspannung

Bild 57

Es bestehen zwei Möglichkeiten, um die Grenzlochleibungskräfte auszuwerten:

1. Bezug auf die Zugfestigkeit oder
2. Bezug auf die Streckgrenze des Laschenmaterials. Wie die Bruchbilder und Kraft-Verschiebungsdiagramme zeigen, ist Lochaufreißen vom Typ her ein Bruchversagen und kein

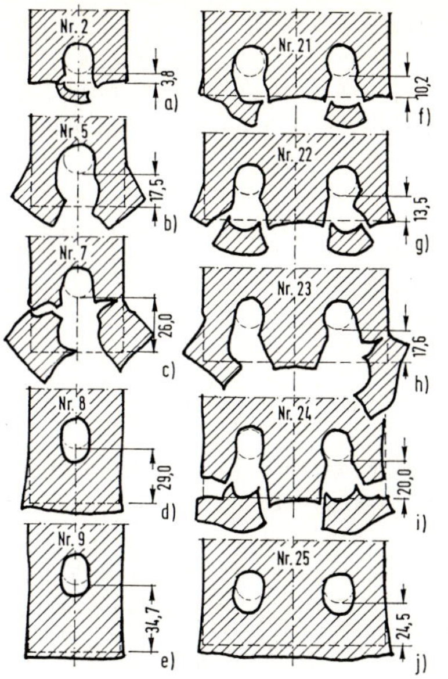

Bild 58

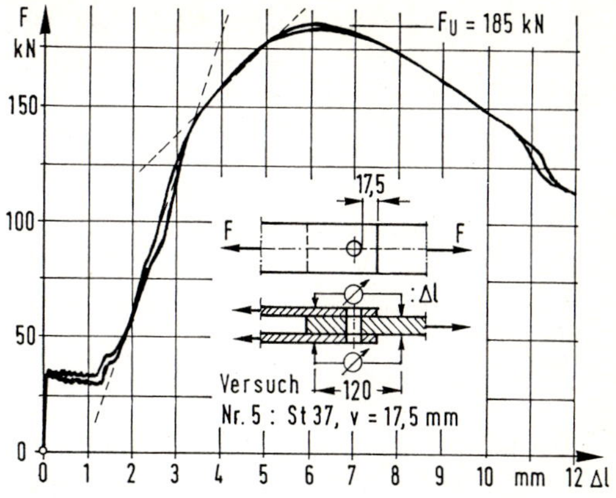

Bild 59

Fließversagen, ähnlich dem Versagen infolge Bolzenabscheren. Im Gegensatz zu letzterem gehen mit dem Lochbruch größere Lochovalisierungen und Laschenverformungen einher.

Wird die Auswertung gemäß Alternative 1, also unter Bezug auf die Zugfestigkeit, durchgeführt, ergibt sich das in Bild 61 dargestellte Ergebnis.

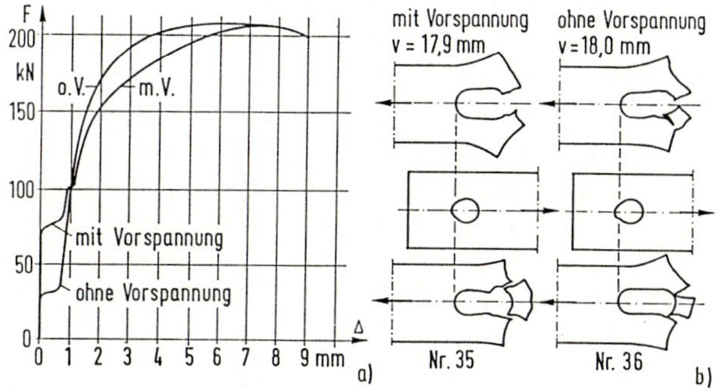

Bild 60

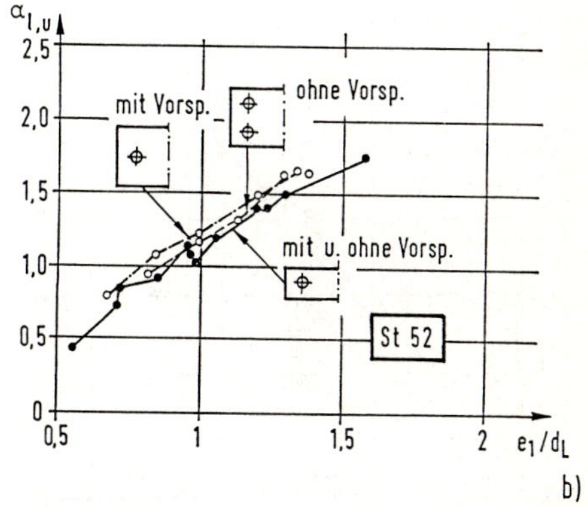

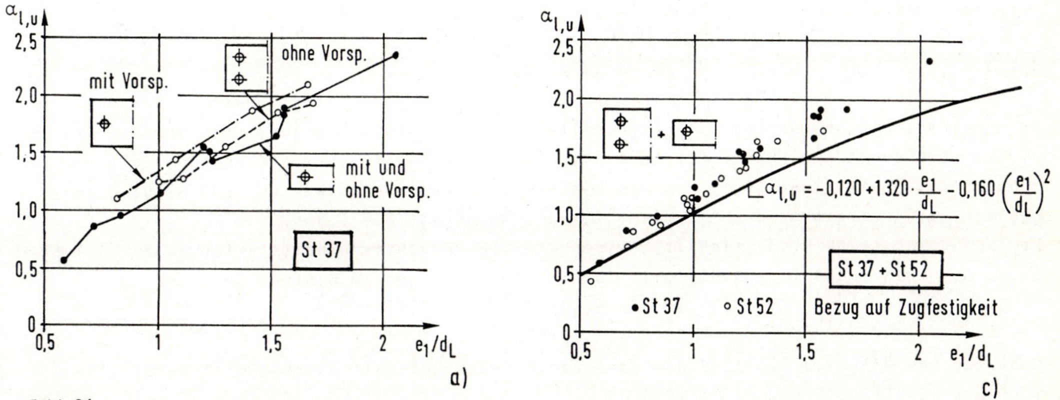

Bild 61

Aufgetragen ist $\alpha_{l,u}$ über dem Randabstandsverhältnis e_1/d_L.
Aus dem Bild entnimmt man:

- Schmale Prüfkörper mit <u>einer</u> Schraube, $e_2/d_L=1,5$: Die Versuchwerte liegen am niedrigsten
- Breite Prüfkörper mit <u>zwei</u> Schrauben, $e_2/d_L=1,5$, $e_3/d_L=3,0$: Die Versuchswerte liegen etwas höher.

Der Unterschied ist insgesamt marginal; wie Teilbild c zu entnehmen ist, können die Versuchswerte für St37 und St52 und für beide Prüfkörperformen einer Grundgesamtheit zugeordnet werden. Oberhalb eines bezogenen Randabstandes $e_1/d_L=1,5$ bis 1,9 ist Versagen durch Bolzenabscheren maßgebend. Die α_l- und α_a-Werte (letztere in Klammern) sind in der Tabelle des Bildes 57 ausgewiesen.

- Breite Prüfkörper mit <u>einer</u> Schraube, $e_2/d_L=3,0$: die Versuchswerte liegen etwas höher; das beruht auf der größeren seitlichen Stützwirkung. Die Erhöhung ist bei den St37-Prüfkörpern etwas größer als bei jenen aus St52.

Das Versuchsergebnis legt es nahe, die Grenzlochleibungskraft unter Bezug auf die Zugfestigkeit zu vereinbaren, wie im Entwurf des EUROCODE 3 geschehen. Statt dessen wurde in DIN 18800 T1 (11.90) der Bezug auf die Streckgrenze gewählt (Alternative 2). Werden die Versuchsergebnisse Nr. 1 bis 30 auf die Streckgrenze bezogen, erhält man das in Bild 62 dargestellte Ergebnis. Die Versuchswerte St37 und St52 bilden keine Grundgesamtheit! Für $e_2/d_L=1,5$ und $e_3/d_L=3,0$ lautet die α_l-Formel nach DIN 18800 T1 (11.90):

$$\alpha_l = 1{,}10\,\frac{e_1}{d_L} - 0{,}30 \leq 3{,}0$$

Die zugehörige Gerade ist in Bild 62 eingezeichnet. Eine Deutung als untere Fraktile der Versuchswerte ist nicht möglich. Es stellt sich damit die Frage, ob nicht eine Regelung in DIN 18800 T1 (11.90) unter Bezug auf die Zugfestigkeit des Grundmaterials bei Kalibrierung am Sicherheitsniveau der SLP-Verbindung der DIN 18800 T1 (03.81) geeigneter gewesen wäre; Vorschlag ($e_2/d_L \geq 1,5$; $e_3/d_L \geq 3,0$):

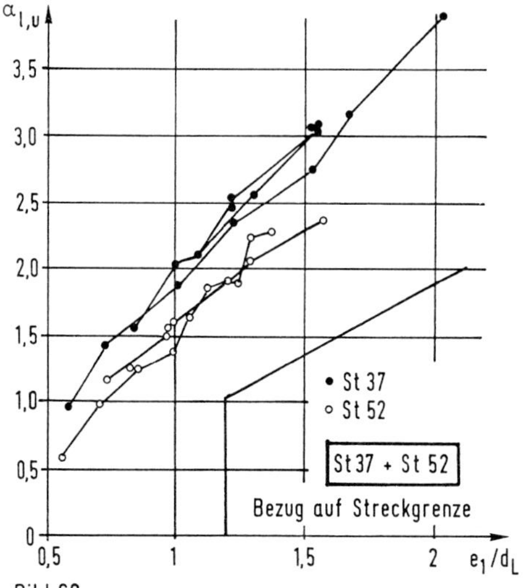

Bild 62

$$\alpha_l = -0{,}120 + 0{,}132\left(\frac{e_1}{d_L}\right) - 0{,}160\left(\frac{e_1}{d_L}\right)^2 \leq 2{,}40 \qquad (44)$$

$$V_{l,R,d} = \frac{\alpha_l \cdot f_{u,k}}{1{,}25 \cdot \gamma_m} \cdot t\, d_{Sch} \qquad (45)$$

Die zur α_l-Formel gehörende Kurve ist in Bild 61c eingezeichnet. Wie sich zeigen läßt, erfaßt sie das Tragverhalten hintereinander liegender Schrauben ebenfalls recht zutreffend, dann ist in G.45 e_1 durch e zu ersetzen; Voraussetzung: min $e=2,4 \cdot d_L$.
Für $e_2=1,2d_L$ und $e_3=2,4d_L$ wäre α_l auf 70% zu reduzieren und für Zwischenwerte zu interpolieren.
Der Vorschlag wäre durch weitere Versuche zu untermauern. Die Begrenzung $e/d_L \geq 2,4$ sollte n.M.d.V. nicht unterschritten werden. Bei zu dichter Lochanordnung wächst der Kerbfaktor α_K an, was mit einem stärkeren Abfall der Ermüdungsfestigkeit einhergeht. Bei den bislang gültigen Kleinstwerten $e_1/d_L=2,0$; $e_2/d_L=1,5$ und $e/d_L=3,0$ beträgt α_K ca. 1,5 bis 1,7, vgl. Abschnitt 2.6.5.5.6.
Der Vorschlag gemäß G.45 beinhaltet einen globalen Bruchsicherheitsfaktor $1,25 \cdot 1,1 \cdot 1,50 = 2,06$. Nach DIN 18800 T1 (03.81) gilt für SLP-Verbindungen im Lastfall H:

St 37: $1,88 \cdot 370/320 = 2,17$

St 52: $1,88 \cdot 520/480 = 2,04$

Geht man von $\psi \cdot \gamma_F = 0,9 \cdot 1,5 = 1,35$ und dem zugeordneten Lastfall HZ aus, gilt $1,25 \cdot 1,1 \cdot 1,35 = 1,86$ und 1,93 (St37) bzw. 1,81 (St52).

9.5.5 Projekt 4: Vergleichende Tragversuche an SL-, SLP-, GV- und GVP-Verbindungen

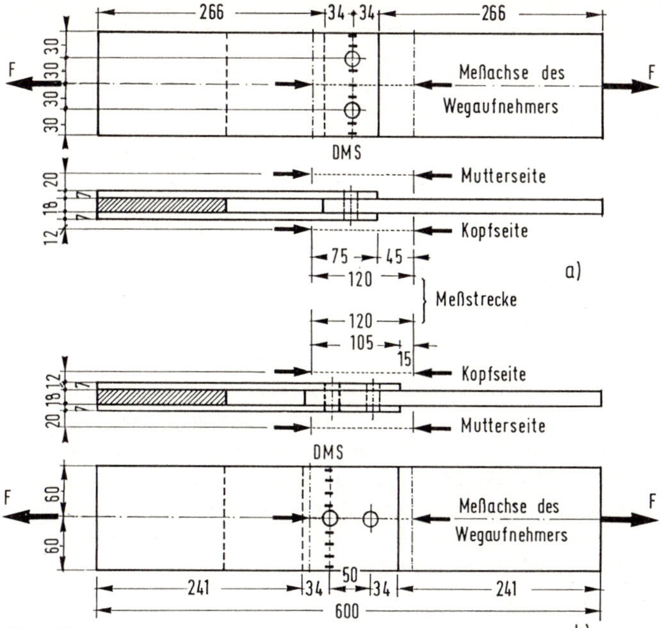

Bild 63

Serie	Blechdicke Soll	Blechdicke Ist	R_m	R_{eH} N/mm²	R_{eL}	A %	Z %
①	7,0	7,5	527	374	368	31	67
	18,0	18,0	548	395	389	31	65
②	7,0	6,5	553	363	347	29	65
	18,0	18,0	575	414	409	30	62

Bild 64

1	2	3	4	5	6	7	8	9	10	11	12
Serie	Verbindungstyp	Schraubengüte	Zahl der Prüfkörper nebeneinander	Zahl der Prüfkörper hintereinander	Gleitflächenbehandlung	Tragkräfte [kN] Schrauben liegen nebeneinander zügig	nebeneinander zeitverzögert	hintereinander zügig	hintereinander zeitverzögert	Bruchbild nebeneinander	Bruchbild hintereinander
						kN					
①	SL	4.6	2	2	-	217	215	219	223	a	a
	SLP	5.6	2	2	-	335	334	333	349	a	a
	SL	10.9	2	2	-	528	500	465	502	b	b
	SLP	10.9	2	2	-	576	589	540	543	b	c
	GV	10.9	2	2	b	477	519	444	472	b	b
	GVP	10.9	2	2	b	552	570	529	521	b	c
②	GV	10.9	1	1	a	446	-	407	-	d	e
			1	1	b	404	-	395	-	d	e
			1	1	c	414	-	433	-	d	e
			1	1	d	429	-	407	-	d	e
	GVP	10.9	1	1	a	450	-	423	-	d	e
			1	1	b	427	-	422	-	d	e
			1	1	c	437	-	435	-	d	e
			1	1	d	453	-	448	-	d	e

Legende zu Spalte 6:
a) unbehandelt
b) gestrahlt mit Quarzsand (laborseitig)
c) gestrahlt mit Stahlkies } durch Stahlbaufirma
d) wie c) mit gleitfestem Anstrich } (TL 918300 Bl. 85)

Bild 65

Um das Tragverhalten der SL- und SLP-Verbindungen auf der einen und der GV- und GVP-Verbindungen auf der anderen Seite zu prüfen und deren Grenztragfähigkeit zu bestimmen, wurden Versuche an Probekörpern durchgeführt, die bezüglich Material, Schraubendurchmesser und Form jeweils identisch waren, so daß ein unmittelbarer Vergleich möglich war [51]: Zweischnittige Verbindungen mit neben- und hintereinander liegenden Schrauben M16 in unterschiedlicher Güte. Bei den SL- und GV-Verbindungen waren die Löcher mit 17mm gebohrt, d.h. Δd=1mm, bei den SLP- und GVP-Verbindungen betrug das Lochspiel ≤ 0,3mm. Stahlgüte des Laschenmaterials St52. Die Soll- und Istdicken der Bleche und deren mechanische Werte (nach DIN 50145) sind in Bild 64 angegeben. Bild 63 zeigt die beiden Prüfkörperformen sowie die Lage der Dehnmeßstreifen (DMS) in der Bruchlinie und die Anordnung der induktiven Wegaufnehmer auf beiden Seiten der Prüfkörper für die Schlupfmessungen (Meßlänge 120mm). Das Versuchsergebnis an den insgesamt 40 Prüfkörpern ist in Bild 65 tabellarisch ausgewiesen. Verbindungstyp, Schraubengüte und Anzahl der Prüfkörper beider Probenformen mit neben- und hintereinander liegenden Schrauben sind in den Spalten 2 bis 6 eingetragen. Die SL- und SLP-Verbindungen wurden handfest verschraubt, die GV- und GV-Verbindungen mittels eines geeichten Momentenschlüssels vorgespannt: Serie ①: Je eine Verbindung Gewinde leicht geölt (M=350Nm) bzw. mit MoS_2 geschmiert (M=250 Nm); Serie ②: Gewinde geölt (M=300Nm). Bei Serie ① ergab eine Überprüfung der Vorspannung nach einem Jahr in allen

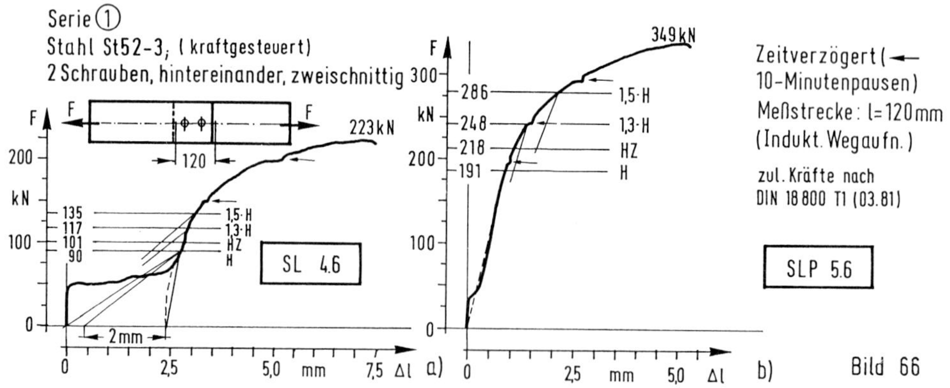

Bild 66

Fällen keinen Vorspannverlust. Serie ② diente der Untersuchung des Einflusses der Gleitflächenbehandlung (Spalte 6). Die Bilder 66 bis 68 zeigen Kraft-Verschiebungsdiagramme ausgewählter Versuche der Serie ① mit jeweils zwei hintereinander liegenden Schrauben. In diese sind die zulässigen Tragkräfte nach DIN 18800 T1 (03.81) für die Lastfälle H und HZ sowie die 1,3- und 1,5-fachen zul. Tragkräfte des Lastfalles H eingezeichnet. Die Versuche wurden kraftgeregelt gesteuert, ein Versuch zügig und ein Versuch zeitverzögert mit 10minütigen Pausen; wie die Werte der erreichten Grenzkräfte in Bild 65 (Spalte 7/8 bzw. 9/10) zeigen, ist ein signifikanter Unterschied nicht vorhanden.

Der Schlupf der SL-Verbindungen stellte sich bei den Versuchen mit hörbarem Ruck ein und ist größer als das planmäßige Lochspiel Δd=1mm; der Grund hierfür liegt in einer gewissen Verbiegung der Bolzen und deren geringer Einpressung in das Laschenmaterial. Bild 66 verdeutlicht den großen Steifigkeitsunterschied einer SL- bzw. SLP-Verbindung (Versagen durch Bolzenabscheren).

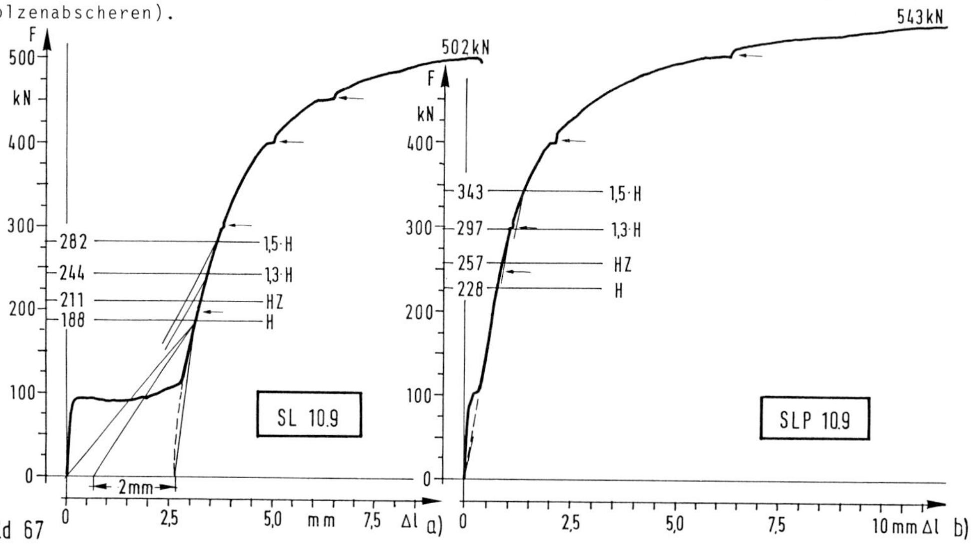

Bild 67

Bild 67 bestätigt den Befund bei Einsatz von 10.9 HV-Schrauben (Versagen durch Lochbruch bzw. Mischbruch, eine Schraube Abscheren, eine Schraube Lochausreißen). Aus den Bildern erkennt man, daß die zulässigen Tragkräfte über der Gleitkraft der Verbindung liegen. - Einen direkten Vergleich einer SL- bzw. SLP-Verbindung mit einer (bis auf die gleitfeste Vorbehandlung und Vorspannung) identischen GV- bzw. GVP-Verbindung erlaubt Bild 68. Bis auf das Schlupfverhalten sind die F-Δl-Kurven weitgehend gleich, die Grenzkräfte zeigen keinen signifikanten Unterschied:

Bild 67: SL 10.9: F_U = 502 kN , SLP 10.9 : F_U = 543 kN

Bild 68: GV 10.9: F_U = 472 kN , GVP 10.9 : F_U = 529 kN

Die jeweilige Verbindung als GV- bzw. GVP-Verbindung weist geringere Tragkräfte aus; dieses Ergebnis wurde bei den Versuchen (mit einer Ausnahme) in allen Fällen festgestellt, vgl. Bild 65, Spalten 7 bis 10.
In Bild 69 ist das Aussehen eines Mischbruches dokumentiert: linkerseits SLP-Verbindung,

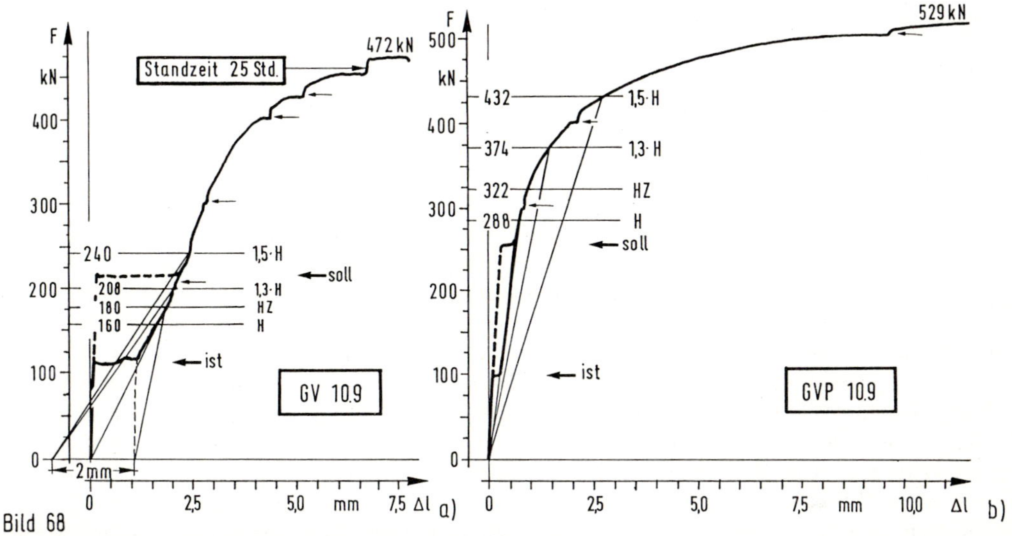

Bild 68

rechterseits GVP-Verbindung (die gleitfeste Behandlung ist im Foto zu erkennen). Bild 70 vermittelt einen Eindruck von der Anordnung der induktiven Wegaufnehmer.
Wie den Diagrammen des Bildes 68 zu entnehmen ist, glitten die GV- und GVP-Verbindung unter einer Kraft, die nur unbedeutend über den Gleitkräften der SL- und SLP-Verbindungen mit Schrauben der Güte 10.9 lagen; dieser Befund galt für die ganze Serie ①. Die Formel für die rechnerisch zulässige Gleitkraft, die der Berechnung der zulässigen Tragkräfte nach DIN 18800 T1 (03.81) zugrundeliegt, lautet:

$$\text{zul}\,Q_{GV} = \frac{\mu}{\nu_G} F_V \qquad (46)$$

F_V: Vorspannkraft, μ=0,5: Reibbeiwert, ν_G: Gleitsicherheit ($\nu_{G,H}$=1,25, $\nu_{G,Hz}$=1,10). Die Versuche der Serie ① ergaben eine mittlere Gleitkraft von 105kN (mit Schwankungen zwischen 95 und 115kN). Bei Ansatz von F_V=100kN läßt sich daraus folgender (mittlerer) Reibbeiwert be-

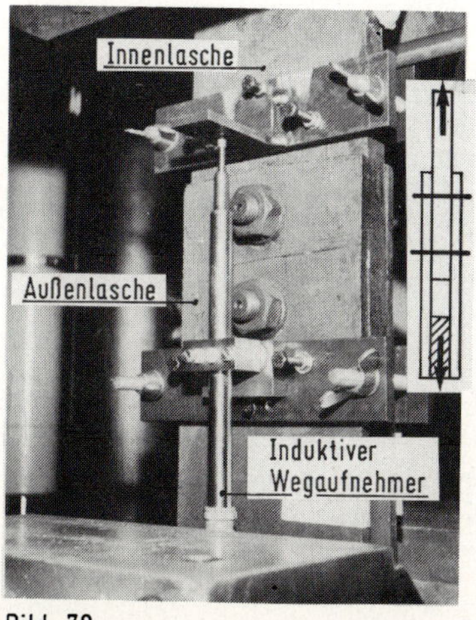

Bild 70

stimmen:

$$F_G = \mu \cdot 2 \cdot 2 \cdot 100 = 105 \longrightarrow \mu = 0{,}2625$$

Dieser Reibbeiwert ist nur halb so groß wie der Normwert! - Für die mit Quarzsand gestrahlten Gleitflächen wurden nach DIN 4768 T1 folgende "gemittelte" Rauhtiefen (vor dem Zusammenbau) mit Hilfe eines Rauhigkeitsmeßgerätes bestimmt:

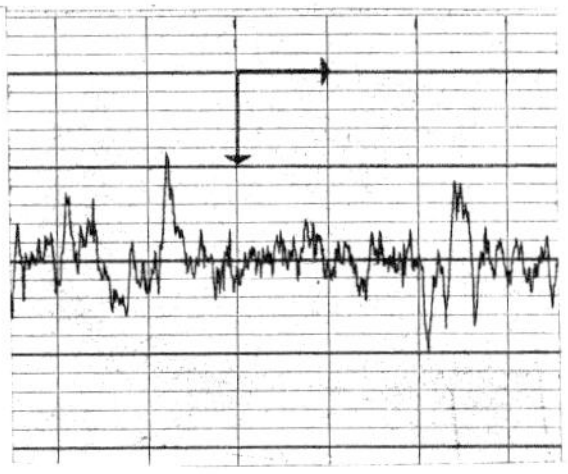

Bild 71

Seitenbleche (7mm), Mittelwert: 43,99
Standardabweichung: 3,79
Mittelbleche (18mm), Mittelwert: 66,61
Standardabweichung: 10,52

Bild 71 zeigt ein Rauhigkeitsprofil.
Um den Grund für den geringen μ-Versuchswert zu finden, wurde für die GV- und GVP-Verbindungen eine identische Versuchsserie geprüft: Serie ②. Die Tragkräfte sind in Bild 65 ausgewiesen; aus den Gleitkräften der GV-Verbindungen lassen sich folgende Reibbeiwerte ableiten (vgl. die Legende von Bild 65):

a) unbehandelt:	0,55(n), o,50(h)	(n): Schrauben nebeneinander
b) gestrahlt mit Quarzsand:	0,30(n), 0,26(h)	
c) gestrahlt mit Stahlkies:	0,43(n), 0,51(h)	(h): Schrauben hintereinander
d) wie c) und gleitfestem Anstrich:	0,51(n), (0,41)(h)	

Somit ergab sich auch bei dieser Versuchsserie für die mit Quarzsand gestrahlten Prüfkörper nur ca. der halbe Normwert; das ungünstige Ergebnis der Serie ① fand damit eine Erklärung bzw. Bestätigung.

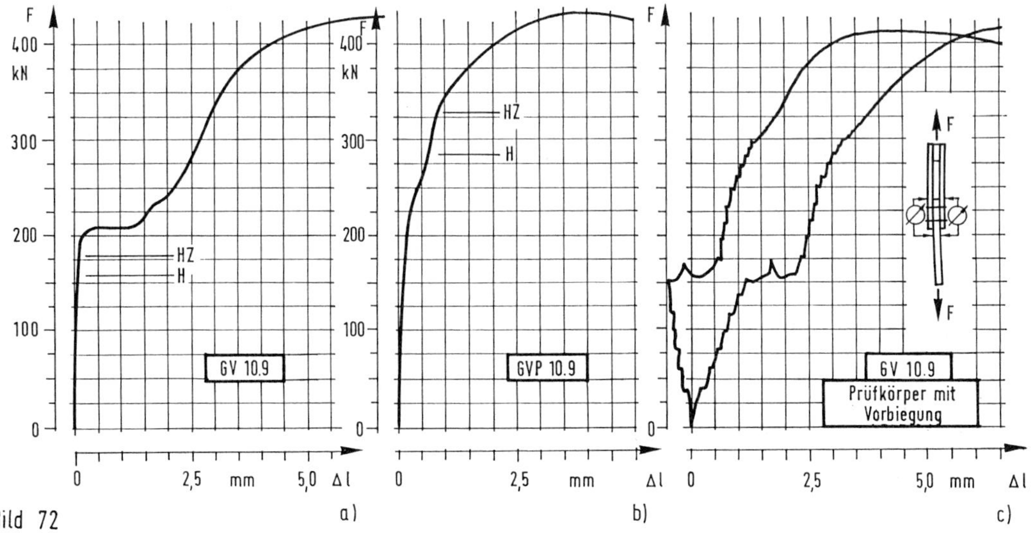

Bild 72

Bild 72a/b zeigt zwei weitere beispielhafte Kraft-Verschiebungsdiagramme für eine GV- und eine GVP-Verbindung; im letzterwähnten Falle ist die Gleitkraft nur schwach zu identifizieren (μ etwa 0,6). - Die "zulässige" Tragkraft nach DIN 18800 T1 (03.81) liegt bei den GVP-Verbindungen in allen Fällen über der Gleitkraft!

Bild 72c zeigt, wie sich ein Prüfkörper verhält, der eine Vorbiegung aufweist; diese wird ruckweise mit steigender Last in den Gleitflächen zum Ausgleich gebracht. Die zum Reibschlupf gehörende Kraft sinkt dadurch etwas ab.

Zusammenfassende Bewertung des Versuchsergebnisses:

- Haltepausen wirken sich auf die statische Grenzkraft nicht aus (auch bei mehrfacher Entlastung auf Null; hier nicht wiedergegeben).
- Verbindungen mit zwei nebeneinander liegenden Schrauben weisen etwas höhere Grenzkräfte als solche mit zwei hintereinander liegenden Schrauben auf ($e_1/d_L=2{,}0$; $e/d_L=3{,}0$); gemittelt über alle Versuchsergebnisse etwa 7%.

- Die Bruchbilder der GV- und GVP-Verbindungen der Serien ① und ② sind wegen der unterschiedlichen Ist-Dicken und Festigkeiten der Laschen nicht gleichartig; die in der Tabelle des Bildes 65 angegebenen Kürzel (Spalten 11 und 12) bedeuten:
  a) Beide Schrauben zweischnittig abgeschert,
  b) beide Schrauben einschnittig abgeschert, Lasche auf der anderen Seite ausgebogen, starke Lochaufweitung,
  c) stirnseitiger Lochausriß der vorderen Schraube, hintere Schraube einseitig abgeschert,
  d) Lochausriß der nebeneinander liegenden Schrauben,
  e) Lochausriß der hintereinander liegenden Schrauben.
- Die Grenztragfähigkeit der GV- bzw. GVP-Verbindungen ist praktisch unabhängig von der Gleitflächenbehandlung (Serie ②; bei Serie ① liegt deren Grenztragfähigkeit unter derjenigen der SL- bzw. SLP-Verbindungen (Schraubengüte 10.9))!
- Berechnet man aus den Grenzkräften der Serie ② für die Prüfkörper mit nebeneinander liegenden Schrauben (Versagen durch Lochbruch) den α_l-Wert unter Bezug auf die Zugfestigkeit der Außenlaschen (Bild 64), folgt:

$$\text{GV:}\ \alpha_l = \frac{V_{l,u}}{2\cdot 55{,}3\cdot(2\cdot 0{,}65)\cdot 1{,}6} = \frac{V_{l,u}}{230{,}1}\ ;\quad \text{GVP:}\ \alpha_l = \frac{V_{l,u}}{2\cdot 55{,}3\cdot(2\cdot 0{,}65)\cdot 1{,}6} = \frac{V_{l,u}}{244{,}4}$$

GV: α_l = 1,94; 1,76; 1,80; 1,86 (Mittelwert: 1,84)
GVP: α_l = 1,84; 1,75; 1,79; 1,85 (Mittelwert: 1,81) (1,83)

Bei Bezug auf die Streckgrenze ($f_y = R_{e,H} = 363\,N/mm^2$ ergeben sich um den Faktor 553/363= 1,52-fach höhere Werte (1,52·1,83=2,78). Nach DIN 18800 T1 (11.90) gilt für e_2/d_L=1,76, e_3/d_L=3,53 und e_1/d_L=2,0 der α_l-Wert:

$$\alpha_l = 1{,}10\cdot\frac{e_1}{d_L} - 0{,}30 = 2{,}20 - 0{,}30 = \underline{1{,}90}$$

Dieses Ergebnis verdeutlicht, daß sich die α_l-Werte des Grenzlochleibungsnachweises der DIN 18800 T1 (11.90) eigentlich auf die Zugfestigkeit des Laschenmaterials beziehen und durch den normativen Bezug auf die Streckgrenze eine zusätzliche Sicherheit (über γ_M hinaus) eingearbeitet worden ist. Letzteres ist richtig, weil dem Bruchversagen große plastische Lochaufweitungen vorausgehen. Aus Gründen der Transparenz wäre ein Vorgehen im Sinne von G.45 (wie dieses beim Nachweis auf Abscheren geschehen ist) n.M.d.V. empfehlenswerter gewesen; vgl. Bewertungen zu Projekt 3 (Abschnitt 9.5.4).

9.5.6 Projekt 5: Abschertragfähigkeit mehrerer hintereinander liegender Schrauben

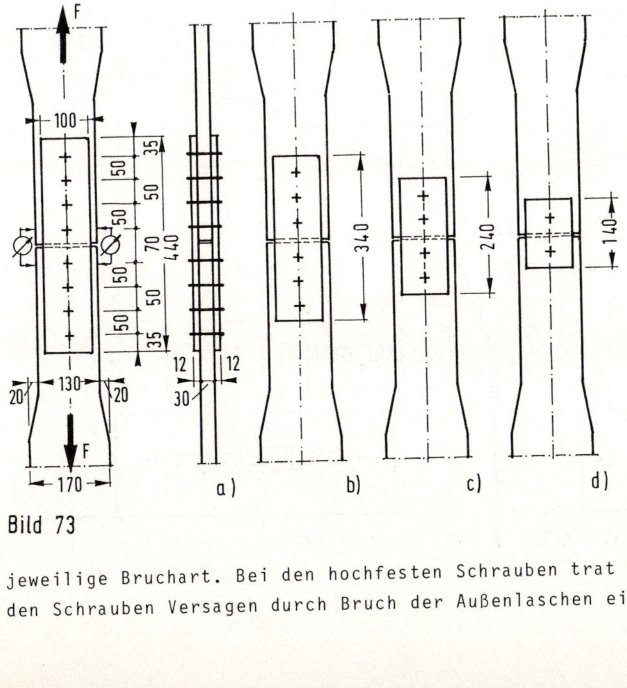

Bild 73

Um das gemeinsame Tragverhalten hintereinander liegender Schrauben zu prüfen, wurde das in Bild 73 dargestellte Versuchsprogramm aufgelegt: Grundmaterial St37-2 (mechanische Werte: Bild 74), Schrauben M16 in unterschiedlicher Güte:

SL: 4.6
SLP: 5.6
GV und GVP: 10.9

Vorspannkraft 100kN, Anziehmoment 0,25kNm. GV- und GVP-Verbindungen: Stahlkiesstrahlung und gleitfester Anstrich, Anzahl der Prüfkörper 4x4=16. In Bild 75 sind in Spalte 3 die im Versuch ermittelten Tragkräfte ausgewiesen und in Spalte 4 die jeweilige Bruchart. Bei den hochfesten Schrauben trat bei 3 bzw. 4 hintereinander liegenden Schrauben Versagen durch Bruch der Außenlaschen ein: $A-\Delta A = 2\cdot 1{,}2\cdot(10{,}0-1{,}7) = 19{,}9\,cm^2$:

1	2	3	4
		Versuch	
Anzahl der Schrauben	Typ der Verbindung	Tragkraft in kN	Bruchart
1	SL	112	S
	SLP	172	S
	GV	263	S
	GVP	311	S
2	SL	211	S
	SLP	351	S
	GV	522	S
	GVP	632	S
3	SL	355	S
	SLP	520	S
	GV	756	S
	GVP	917	L
4	SL	480	S
	SLP	687	S
	GV	913	L
	GVP	924	L

Legende zu Spalte 4
S: Abscheren der Schrauben
L: Bruch der Laschen

Bild 75

Teil	R_e N/mm²	R_m	A %	Z
Innenstab	305	471	35	53
Laschen	266	426	37	60

Bild 74

1	2	3	4
Typ	Zahl	Gleitkraft in kN	Reibbeiwert μ
GV	1	110 ÷ 130	0,55 ÷ 0,65
	2	270 ÷ 300	0,68 ÷ 0,75
	3	300 ÷ 380	0,50 ÷ 0,63
	4	445	0,56
GVP	1	90	0,45
	3	325	0,54

Bild 76 (Spalte 2: Zahl der Schrauben)

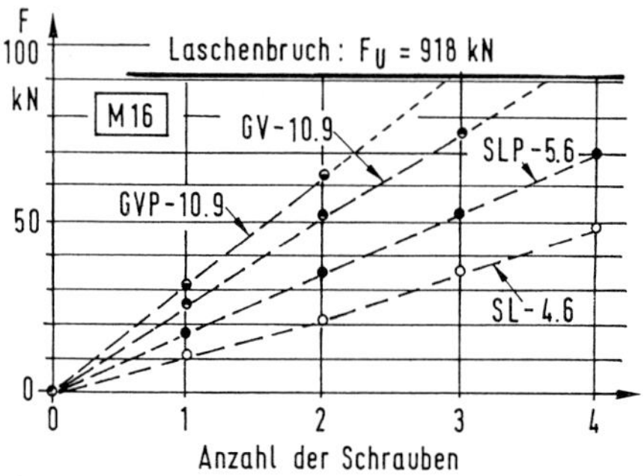

Bild 78

Grenzspannung in der Bruchlinie durch die Schrauben: 918/19,9= 46,1kN/cm². Diese Spannung liegt etwas höher als der Festigkeitswert des Zugversuchs R_m=42,6kN/cm². Bild 77 zeigt für die Prüfkörper mit drei hintereinander liegenden Schrauben die Kraft-Verschiebungsdiagramme (Wegsteuerung). Bei der GV-Verbindung stellte sich ein gemeinsamer Schlupf sämtlicher Schrauben ein, während des Gleitens fiel die Kraft etwas ab; demnach ist eine untere und obere Gleitkraft auszumachen; vgl. Bild 77c. Bei der GVP-Verbindung ist die Gleitkraft nur unscharf zu identifizieren. In Bild 76 sind die Reibbeiwerte, die im Versuch ermittelt wurden, eingetragen; sie gelten jeweils für die untere Gleitkraft und liegen in allen Fällen über dem Wert 0,5. - Die in Bild 77 eingetragenen Werte zulF geben die Hö-

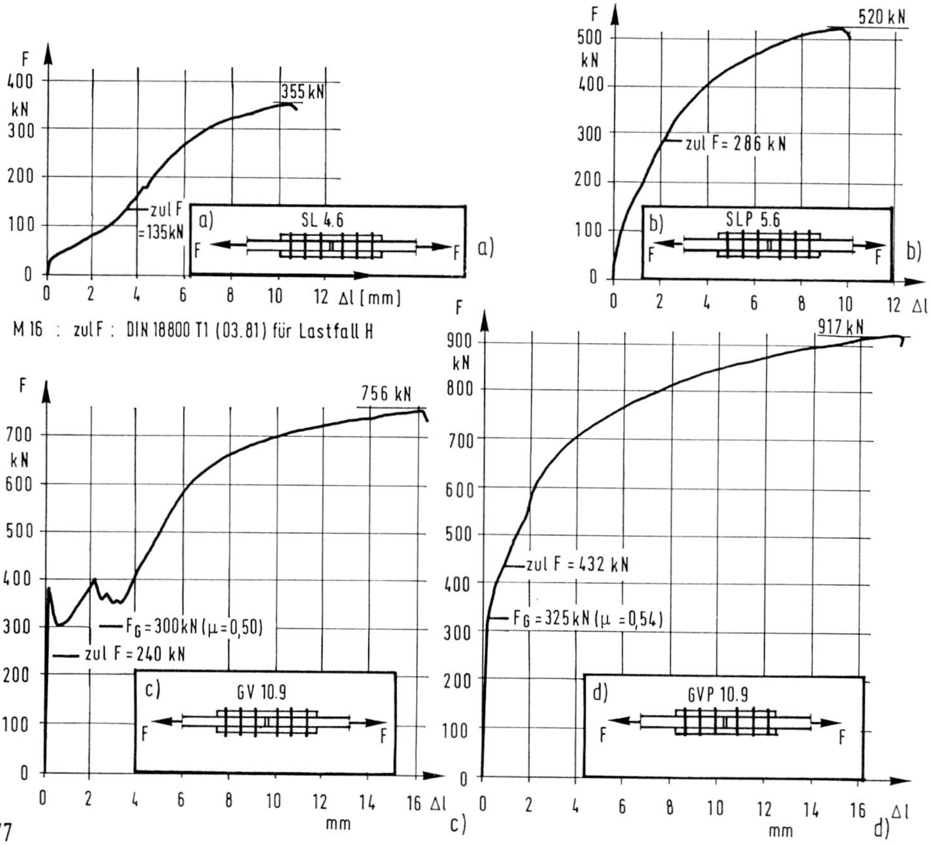

Bild 77

he der nach DIN 18800 T1 (03.81) zugelassenen Tragkräfte des Lastfalles H wieder. In Bild 78 sind die Tragkräfte über der Anzahl der hintereinander liegenden Schrauben eingetragen; man erkennt eine nahezu geradlinige Zunahme der Grenzabscherkräfte mit der Anzahl der Schrauben.

9.5.7 Schraubenverbindungen als diskontinuierliche Scherverbindung

9.5.7.1 Elasto-statische Theorie

Wie in Abschnitt 9.3.4 erläutert, stellen sich innerhalb des elastischen Bereiches (unter Gebrauchslasten) bei mehr als zwei hintereinander liegenden Schrauben ungleichförmige Schraubenkräfte ein; die relative Verteilung der Kräfte zueinander ist von der Dehnsteifigkeit der Laschen und der Steifigkeit der Schrauben (SLP) abhängig. Im Schrifttum wurden dieser Frage diverse Untersuchungen gewidmet, u.a. in [53-56]. Das Problem einer einschnittigen Laschenverbindung (Bild 79a/b) kann schematisch gemäß Teilbild c/d gedeutet werden. Da sich innerhalb des Schraubenanschlusses die Kräfte in den Laschen sukzessive absetzen, ist die Längenänderung der Laschen zwischen den Schrauben ungleich. Das ist der Grund für die unterschiedlich hohe Beanspruchung der Schrauben selbst. Um das statisch unbestimmte Problem zu lösen, wird das in Teilbild f dargestellte statisch-bestimmte Grundsystem eingeführt. Die Zustände $X_i=0$ und $X_i=1$ lassen sich dafür in einfacher Weise angeben. EA_1 bzw. EA_2 sind die Dehnsteifigkeiten der beiden Laschen, K sei der Verschiebungsmodul einer Schraube; er sei für jede Schraube gleichgroß. Die δ_{ik}-Werte und die Elastizitätsgleichungen lauten:

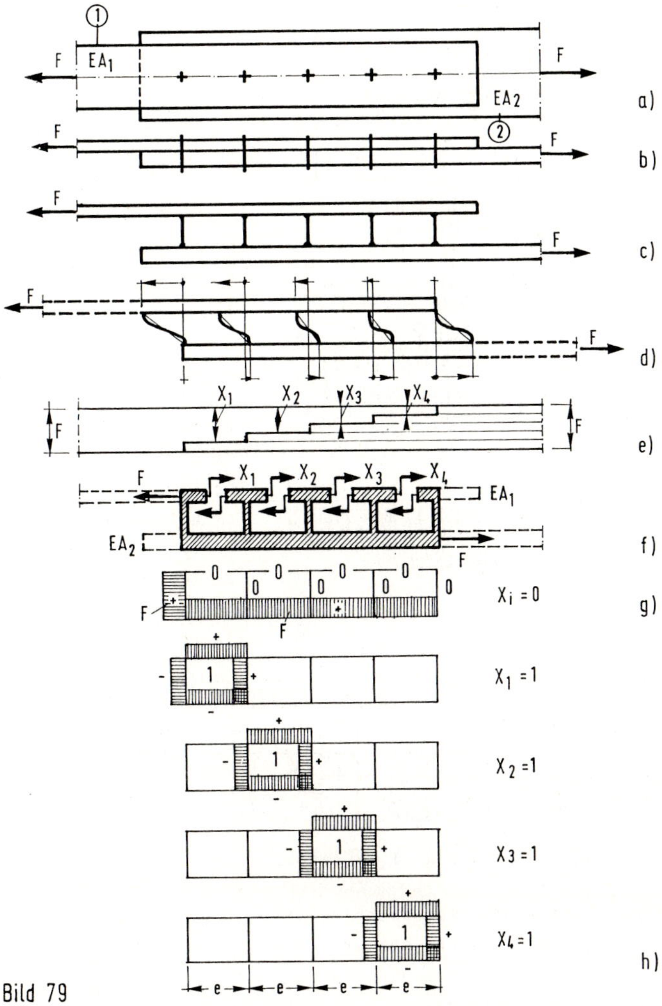

Bild 79

$$\text{Grundzustand: } X_i = 0 \; : \delta_{10} = -\frac{F}{K} - \frac{F}{EA_2}e \,; \; \delta_{20} = \delta_{30} = \delta_{40} = -\frac{F}{EA_2}e \tag{47}$$

$$\text{Zustand } X = 1 : \quad \delta_{11} = 2\frac{1}{K} + \frac{e}{EA_1} + \frac{e}{EA_2} \,; \delta_{21} = -\frac{1}{K} \tag{48}$$

	X_1	X_2	X_3	X_4	F	
1	$\frac{2}{K}+\frac{e}{EA_1}+\frac{e}{EA_2}$	$-\frac{1}{K}$	—	—	$-\frac{1}{K}-\frac{1}{EA_2}e$	=0
2	$-\frac{1}{K}$	$\frac{2}{K}+\frac{e}{EA_1}+\frac{e}{EA_2}$	$-\frac{1}{K}$		$-\frac{1}{EA_2}e$	=0
3	—	$-\frac{1}{K}$	$\frac{2}{K}+\frac{e}{EA_1}+\frac{e}{EA_2}$	$-\frac{1}{K}$	$-\frac{1}{EA_2}e$	=0
4	—	—	$-\frac{1}{K}$	$\frac{2}{K}+\frac{e}{EA_1}+\frac{e}{EA_2}$	$-\frac{1}{EA_2}e$	=0

(49)

Es werden sämtliche Zeilen durch EA_2 dividiert, damit lautet das Gleichungssystem:

	X_1	X_2	X_3	X_4	F	
1	2a + b + e	- a	0	0	-(a + b)	=0
2	-a	2a + b + e	- a	0	- e	=0
3	0	- a	2a + b + e	- a	- e	=0
4	0	0	- a	2a + b + e	- e	=0

(50)

Hierin bedeuten:

$$a = \frac{EA_2}{K}; \quad b = \frac{EA_2}{EA_1}e; \quad e\text{: Abstand} \qquad (51)$$

a und b haben (wie e) die Dimension einer Länge.

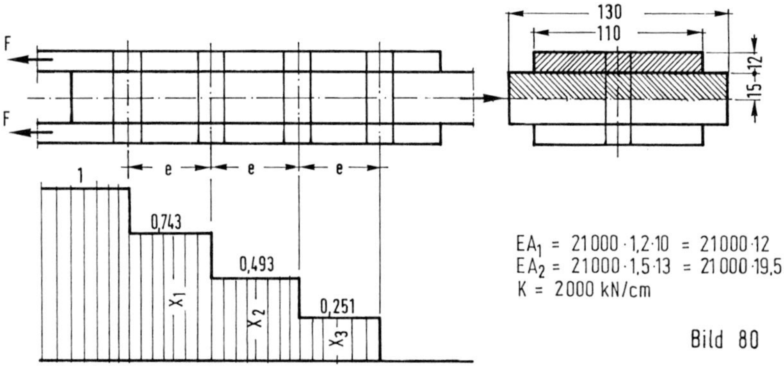

Bild 80

Beispiel: Zweischnittige Laschenverbindung, vgl. Bild 80. Die Mittellasche wird nur zur Hälfte berücksKchtigt. Damit ergeben sich die im Bild eingetragenen Dehnsteifigkeiten. Der im Bild angegebene Verformungsmodul der Schrauben ist ein Schätzwert.

Das Gleichungssystem wird ausgewertet und gelöst:

$$a = \frac{21000 \cdot 19{,}5}{2000} = \underline{204{,}75\,cm}; \quad b = \frac{19{,}5}{12} \cdot 5 = \underline{8{,}13\,cm}; \quad e = \underline{5{,}0\,cm}$$

	X_1	X_2	X_3	F	
1	422,63	-204,75	0	-212,88	=0
2	-204,75	422,63	- 204,75	-5,0	=0
3	0	- 204,75	422,63	- 5,0	=0

Lösung: $X_1 = 0{,}743$; $X_2 = 0{,}493$; $X_3 = 0{,}251$

Offensichtlich ist bei vorstehenden Annahmen die Abtragung relativ gleichförmig. Der Ansatz des Verschiebungsmoduls K ist unsicher und entzieht sich eigentlich einer theoretischen Herleitung.

9.5.7.2 Experimenteller Befund

Bild 52 zeigt die Lage der Dehnmeßstreifen auf einem Prüfkörper, der dem Versuchprojekt Nr. 5 entspricht; vgl. auch Abschnitt 9.5.6. In Teilbild b ist die in vier Querschnitten (A, B, C und D) der Außenlasche gemessene Spannungsverteilung aufgetragen. Die Spannungen sind offensichtlich ungleichförmig verteilt, auch bereits im Schnitt A vor dem ersten Loch. Im Schnitt D treten sogar unmittelbar frontseitig vor der letzten Schraube Druckspannungen auf. Bestimmt man den Mittelwert für die vier Schnitte, ergibt sich der in Teilbild c eingetragene Zugkraftverlauf in der Lasche. Hieraus folgt, daß die dritte Schraube den höchsten Anteil der Anschlußkraft übernimmt. Das kann im vorliegenden Fall darauf beruhen, daß es sich um eine SL-Verbindung handelt: Wegen des Lochspiels haben die Schrauben keinen

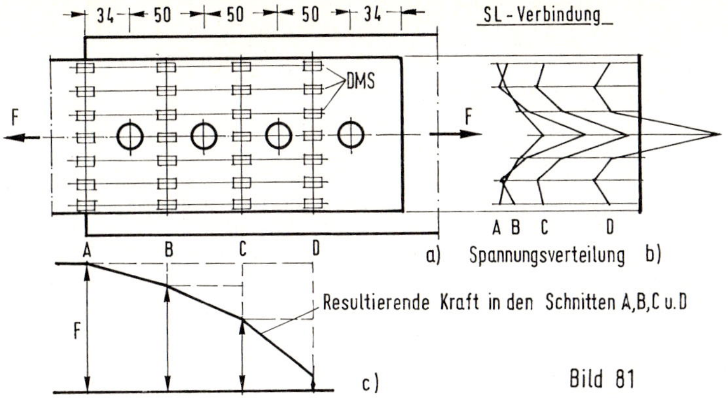

Bild 81

Paßsitz; je nach (zufälliger) Passigkeit werden die Schrauben unterschiedlich aktiviert. Die Theorie gemäß Abschnitt 9.5.7.1 unterstellt, daß alle Schrauben gleichförmig verformungs- und kraftschlüssig beansprucht werden; insofern vermag sie die Verhältnisse allenfalls bei SLP-Verbindungen zu beschreiben.

Bild 82 zeigt die Spannungsverteilung in den Schnitten A und B für die vier Verbindungsarten SL, SLP, GV und GVP. Die Spannungen liegen im elastischen Bereich. Die Spannungsverteilungen der GV- und GVP-Verbindung sind weniger gleichförmig als erwartet, gleichwohl liegen die Spannungen etwas niedriger als bei der SL- und SLP-Verbindung, was auf der Vorbindung durch die gleitfeste Vorspannung beruht.

Für die Beurteilung der Grenztragfähigkeit sind die Ergebnisse nicht relevant. Im Grenzzustand kommt es im Zuge der plastischen Verformungen zu einer Vergleichmäßigung der Schraubenbeanspruchung. Das setzt ein hohes Verformungsvermögen des Grundmaterials und der Schrauben voraus.

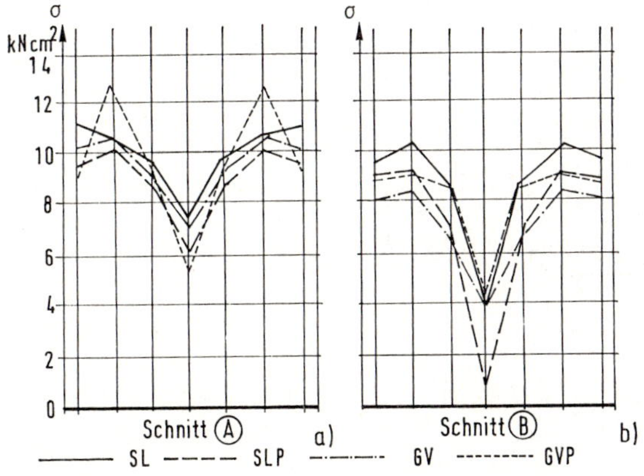

Bild 82

9.6 Vorgespannte Schraubenverbindungen bei zentrischer und exzentrischer Zugbeanspruchung

9.6.1 Vorbemerkung

In Abschnitt 9.4.3 wurde bereits darauf hingewiesen und gezeigt, daß es bei planmäßiger Zugbeanspruchung von Schraubenverbindungen empfehlenswert ist, die Schrauben vorzuspannen. Diese Empfehlung ist nicht an die Voraussetzung einer gleitfesten Vorbehandlung gebunden, sie gilt allgemein: Es ist zudem in solchen Fällen zweckmäßig, hochfeste Schrauben (10.9) einzusetzen, um eine hohe Zugtragfähigkeit der Verbindung zu erreichen. Liegt eine vorwiegend nicht ruhende Zugbeanspruchung vor, sollte grundsätzlich eine planmäßige Vorspannung vorgesehen werden. In diesem Falle wird nämlich, wie in Abschnitt 9.4.3 gezeigt, nur ein Bruchteil der äußeren Zugkraft Z auf die Schrauben abgesetzt. Entsprechend gering sind die Spannungsamplituden in der Schraube; die Ermüdungsfestigkeit der Schraubenverbindung wird dadurch wesentlich gesteigert; zur Ermüdungsfestigkeit der Schrauben vgl. Abschnitt 9.7

9.6.2 Verspannungsdreieck

Die Berechnung der in Abschnitt 9.4.3. gezeigten Kräfteumlagerung in Schraube und Klemmkörper bei Einwirkung einer äußeren Zugkraft Z wird im folgenden zugeschärft und verallgemeinert. Dabei wird die Federwirkung der Schraube und des Druckkörpers betrachtet; diese Betrachtungsweise wurde bereits mit G.26 bis 28 angedeutet. Die Federkonstanten werden durch Ansatz der Einheitskraft $F=\bar{1}$ berechnet:

Schraube: Federkonstante:
$$C_S = \frac{EA_S}{l_S} \quad (A_S : A_{Schraubenschaft}) \tag{52}$$

Unterlegscheibe (Bild 48d):
$$\Delta l_{D1} = \frac{s}{E\frac{\pi}{4}(D^2-d^2)}\cdot\bar{1} = \frac{1}{C_{D1}}\bar{1} \longrightarrow C_{D1} = \frac{E(D^2-d^2)\pi}{4s} \tag{53}$$

Druckkörper: Es wird der in Bild 48e dargestellte Klemmkörper in Form zweier Kegelstümpfe zugrundegelegt; für dessen Querschnittsfläche im Abstand x von der Außenkante gilt:

$$A_D = [(\frac{D}{2} + x)^2 - (\frac{d}{2})^2]\pi \tag{54}$$

Die Verkürzung des Druckkörpers unter der Kraft $\bar{1}$ berechnet sich zu:

$$\Delta l_{D2} = 2\int_0^{l/2} \varepsilon\, dx = 2\int_0^{l/2} \frac{\sigma}{E} dx = 2\int_0^{l/2} \frac{\bar{1}}{EA_D} dx = \frac{2}{E\pi}\int_0^{l/2} \frac{dx}{[(\frac{D}{2}+x)^2 - (\frac{d}{2})^2]} = \frac{2}{E\pi d}\cdot \ln(\frac{D+l-d}{D+l+d}\cdot\frac{D+d}{D-d}) = \frac{1}{C_{D2}}\bar{1} \tag{55}$$

Hieraus folgt die Federkonstante des Druckkörpers durch Umkehrung:

$$C_{D2} = \frac{E\pi}{2\ln(\frac{D+l-d}{D+l+d}\cdot\frac{D+d}{D-d})}\cdot d \tag{56}$$

Für den Klemmquerschnitt ergibt sich damit C_D zu (Hintereinanderschaltung von drei Federn):

$$C_D = \frac{1}{\frac{1}{C_{D1}} + \frac{1}{C_{D1}} + \frac{1}{C_{D2}}} \tag{57}$$

Beispiel (vgl. Abschnitt 9.4.3):

$$C_S = \frac{2{,}1\cdot 10^4\cdot 4{,}52}{6{,}8} = \underline{13\,959\ \text{kN/cm}} \qquad C_{D1} = \frac{2{,}1\cdot 10^4\,(4{,}4^2 - 2{,}5^2)\pi}{4\cdot 0{,}4} = \underline{540\,570\ \text{kN/cm}}$$

$$C_{D2} = \frac{2{,}1\cdot 10^4\cdot\pi}{2\ln(\frac{4{,}4+6-2{,}5}{4{,}4+6+2{,}5}\cdot\frac{4{,}4+2{,}5}{4{,}4-2{,}5})}\cdot 2{,}5 = \underline{103\,148\ \text{kN/cm}}$$

Für den Kreiszylinderansatz gilt: $C_{D2} = 133\,348$ kN/cm

G.57 ergibt zusammengefaßt:

$$C_D = 74\,657\ \text{kN/cm} \quad (89\,293\ \text{kN/cm})$$

Die Betriebskraft Z=154kN greift am Schraubenkopf an, sie setzt sich im Verhältnis der Federzahlen auf Schraube und Klemmkörper ab (vgl. Abschnitt 9.4.3):

$$F'_{VS} = F_V + \frac{C_S}{C_S + C_D}\cdot Z = 220 + \frac{13\,959}{13\,959 + 74\,657}\cdot 154 = 220 + 24{,}3 = \underline{244{,}3\ \text{kN}},\ Z_S = 24{,}3\ \text{kN} \tag{58a}$$

$$F'_{VD} = F_V - \frac{C_D}{C_S + C_D}\cdot Z = 220 - \frac{74\,657}{13\,959 + 74\,657}\cdot 154 = 220 - 129{,}7 = \underline{90{,}3\ \text{kN}},\ Z_D = 129{,}7\ \text{kN} \tag{58b}$$

Die Unterschiede gegenüber Abschnitt 9.4.3 beruhen auf dem unterschiedlichen Ansatz des Klemmkörpers; daselbst: F'_{VS}=240,8kN; F'_{VD}=86,8kN.

Die Änderung der Kräfte in Schraube und Klemmkörper wird zweckmäßig im sogenannten Verspannungsdreieck dargestellt (Bild 83): Im F-Δl-Diagramm sind die Federlinien der S- und D-Feder dargestellt, wenn die Vorspannkraft F_V aufgebracht ist. Im Bild ist beispielhaft unterstellt, daß sich die Zugkraft Z dreimal in voller Höhe auf- und abbaut; sie setzt sich jeweils in Z_S und Z_D um, wobei die Schwankungen Z_S (also in der Schraube) relativ gering sind.

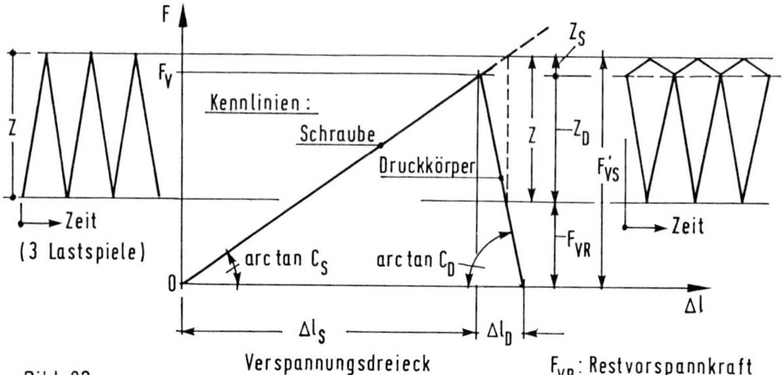

Bild 83

Die vorangegangenen Herleitungen gehen davon aus, daß die äußere Kraft an Schraubenkopf und -mutter angreift. Dieser Ansatz ist für die Schraube am ungünstigsten. Die andere Annahme ist die, daß die äußere Zugkraft Z in Höhe der mittigen Trennfuge abgesetzt wird, dann gilt:

$$F'_{VS} = 0; \quad F'_{VD} = F_V - Z \tag{59}$$

Für das obige Beispiel folgt in diesem Falle: F'_{VD}=220-154=66kN; d.h. eine Klaffung tritt auch bei dieser Annahme nicht auf. Die realen Verhältnisse liegen zwischen G.58 und G.59, näher bei G.58.

Erreicht die Zugkraft eine Größe, unter der sich

$$F'_{VD} = 0 \quad \text{d.h.} \; Z_D = F_V \tag{60}$$

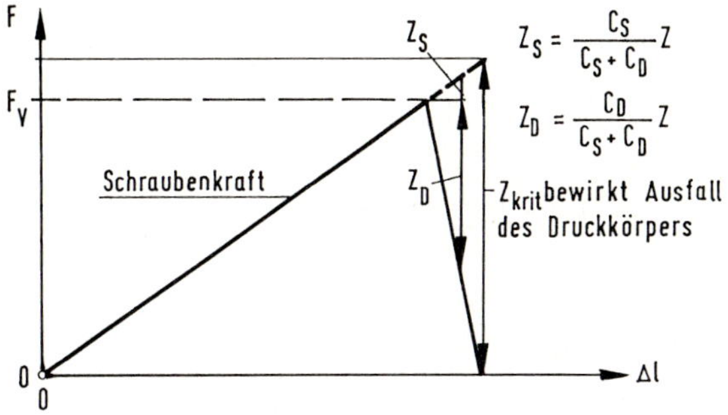

Bild 84

ergibt, fällt der Druckkörper aus (vgl. Bild 84). In diesem Augenblick tritt eine sprunghafte Änderung des Systems ein (System veränderlicher Gliederung). Die zugehörige kritische Zugkraft Z folgt aus G.58b zu:

$$Z_{krit} = \frac{C_S + C_D}{C_D} \cdot F_V \tag{61}$$

Hierzu gehört:

$$Z_{S,krit} = \frac{C_S}{C_S + C_D} Z_{krit} = \frac{C_S}{C_D} F_V \longrightarrow F'_{VS,krit} = \left(1 + \frac{C_S}{C_D}\right) F_V = Z_{krit} \tag{62}$$

Bei weiterer Steigerung von Z, setzt sich Z voll auf die S-Feder (=Schraube) ab, das System reagiert jetzt wesentlich weicher.- Wie erwähnt, wirkt sich das vorstehend kommentierte, gutartige Verhalten vorgespannter Schrauben bei achsialer äußerer Zugbeanspruchung sehr positiv auf die Ermüdungsfestigkeit der Schrauben aus. Die Ermüdungsfestigkeit ist im Gewindebereich wegen des hier vorhandenen Kerbeinflusses gering (vgl. Abschnitt 9.7).

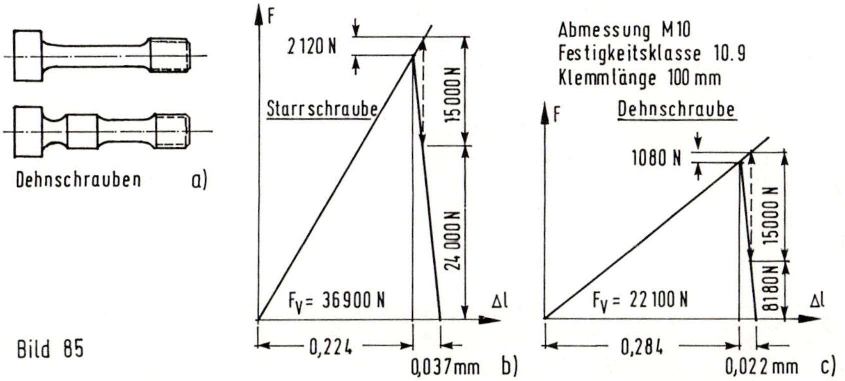

Bild 85

Für maschinenbauliche Zwecke werden Spezialschrauben eingesetzt (sogen. Dehnschrauben, vgl. Bild 85a), die bewußt einen schlanken Schaft aufweisen (ggf. mit zwischengeschalteten Führungszylinderbereichen), um deren Federkonstante klein zu halten; dadurch fällt die anteilige Kraft Z_S geringer aus. Bild 85b/c zeigt eine vergleichende Gegenüberstellung. Im Maschinen-, Behälter- und Rohrleitungsbau hat die vorgespannte hochfeste Schraube für die Sicherheit der Anlagen große Bedeutung [4-6,59].

Ausführlich wird das anstehende Problem aus maschinenbaulicher Sicht in der VDI-Richtlinie 2230 behandelt (vgl. auch die dort angegebene Literatur). Als Druckkörper wird ein Hohlzylinder angesetzt: Der zugehörige Außendurchmesser wurde aufgrund von Versuchen empirisch festgelegt. Für die Dehnsteifigkeit des Ersatzzylinders gilt:

$$EA_D = E\frac{\pi}{4}\left[\left(D + \frac{l}{10}\right)^2 - d^2\right] \tag{63}$$

Zur Bedeutung von D, d und l wird auf Bild 48 verwiesen. Die Formel entspricht dem Nenner des zweiten Terms in G.29: Anstelle 1/2 ist 1/10 zu setzen. Die Gültigkeit ist an die Bedingung l≤8d gebunden. Außerdem muß im Umfeld der Schraube mindestens eine Plattenfläche mit einem Durchmesser 3D zur Verfügung stehen (D: Scheibendurchmesser).

Anhand des in Abschnitt 9.4.3 berechneten Beispieles werden die verschiedenen Ansätze für EA_D miteinander verglichen (D=44mm, d=25mm, l=60mm):

Gleichung G.29: $EA_D = 2{,}1\cdot 10^4 \frac{\pi}{4}\left[(4{,}4 + \frac{6{,}0}{2})^2 - 2{,}5^2\right] = \underline{800093\ kN}$; $C_D = \frac{EA_D}{l} = \underline{133\,348\ kN/cm}$

Gleichung G.63: $EA_D = 2{,}1\cdot 10^4 \frac{\pi}{4}\left[(4{,}4 + \frac{6{,}0}{10})^2 - 2{,}5^2\right] = \underline{309\,250\ kN}$; $C_D = \frac{EA_D}{l} = \underline{51\,542\ kN/cm}$

Gleichung G.56: $C_D = \underline{103148\ kN/cm}$

Bezogen auf die VDI-Ri-2230-Formel (G.63) wird die Steifigkeit gemäß G.29 und G.56 überschätzt. Will man sich bei der Berechnung auf die sichere Seite legen, empfiehlt sich die Anwendung von G.63 auch für stahlbauliche Zwecke. Es sei abschließend erwähnt, daß die vorstehenden Bemerkungen auch im Hinblick auf die Sicherung der Schraubenmuttern gegen selbsttätiges Lösen wichtig sind, insbesondere bei dynamischer Beanspruchung. Bei vorgespannten Schrauben sind im Stahlbau keine zusätzlichen Sicherungen erforderlich. Siehe zu diesem Problemkreis [15].

9.6.3 Federmodell bei vorgespannten Stoß- und Verankerungskonstruktionen

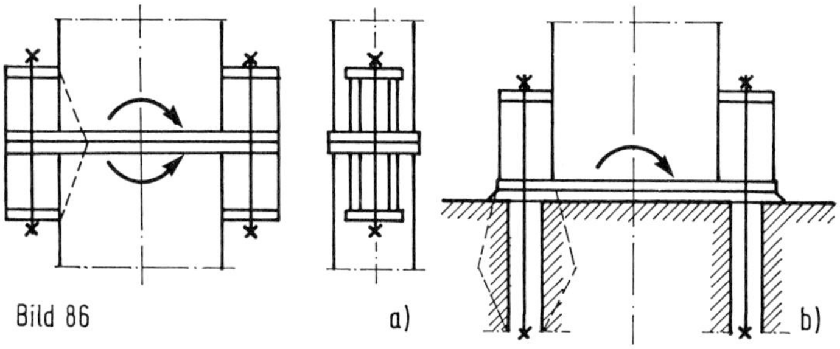

Bild 86 a) b)

Eine gezielte konstruktive Verwertung des gutartigen Tragverhaltens vorgespannter Schrauben ist für stahlbauliche Zwecke durchaus möglich. Bild 86 zeigt zwei Beispiele. Der gutartige Effekt kann gezielt verbessert werden, wenn ein möglichst grosser Druckkörper zwischen Mutter und Verankerung eingeschaltet wird. Bezüglich der Abmessungen des rechnerisch anzusetzenden Druckkörpers bedarf es dabei plausibler Ansätze. Auf der sicheren Seite liegend wird man

- den Angriffspunkt der äußeren Kraft Z möglichst in die Nähe der Schraubenenden legen und
- den Druckkörper rechnerisch eher etwas geringer veranschlagen.

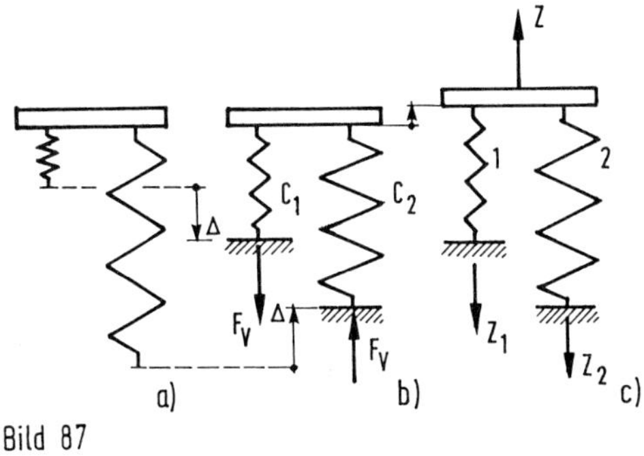

Bild 87

Eine hilfreiche Modellvorstellung ist folgende: Der spannungslose Zustand sei durch Bild 87a gekennzeichnet, d.h. die Mutter ist handfest (kraftschlüssig) angezogen. Dem Vorspannungszustand entspricht Teilbild b: Der Querbalken sei lagefest, beide Federenden werden um denselben Betrag verschoben. Der Querbalken wird mit dem Angriffspunkt der äußeren Kraft Z identifiziert; dadurch werden C_1 und C_2 vom Angriffspunkt von Z abhängig. (Indizierung mit 1 und 2 statt mit S und D.) Bestehen C_1 und C_2 jeweils aus mehreren Federn, sind sie nach den Gesetzen der Federschaltung zusammenzusetzen. Unter der Wirkung von Z gilt (vgl. Bild 87c):

$$\Delta_1 = \frac{Z_1}{C_1} = \frac{pZ}{C_1} \; ; \qquad \Delta_2 = \frac{Z_2}{C_2} = \frac{qZ}{C_2} \qquad (64)$$

p und q kennzeichnen jene Anteile von Z, die auf die Federn entfallen. Wegen p+q=1 folgt aus $\Delta_1 = \Delta_2$:

$$p = \frac{1}{1 + \frac{C_2}{C_1}} \; ; \qquad q = \frac{1}{1 + \frac{C_1}{C_2}} \qquad (65)$$

Offensichtlich ist es zulässig, eine neue Feder zu vereinbaren und zwar gemäß:

$$\Delta_1 = \frac{pZ}{C_1} = \frac{Z}{C_1'} \; ; \; C_1' = C_1 + C_2 ; \qquad \Delta_2 = \frac{qZ}{C_2} = \frac{Z}{C_2'} , \quad C_2' = C_2 + C_1 \qquad (66)$$

Mit dieser Feder $C_{neu}=C_1+C_2$ wird der Lastfall Z am einfachen Federmodell (Bild 88b) weiter berechnet; d.h derartige Federn werden z.B. in das kombinierte Gesamtfedermodell einer Stoßverbindung oder einer Fußkonstruktion im Sinne von Bild 86 für jede Schraube jeweils einzeln eingebunden und hiermit die Schraubenkräfte und Druckpressungen infolge einer "nicht vorgespannten" Verbindung (ohne Fugenklaffung) untersucht. Die Gültigkeit ist dabei an die Bedingung gebunden, daß die Federkraft $F'_{VD}>0$ ist, daß also noch eine Restvorspannkraft in der (Druck-) Feder 2 verbleibt. Ist Z in der Ersatzfeder bekannt, folgen die realen Kräfte in Schraube und Druckstück zu:

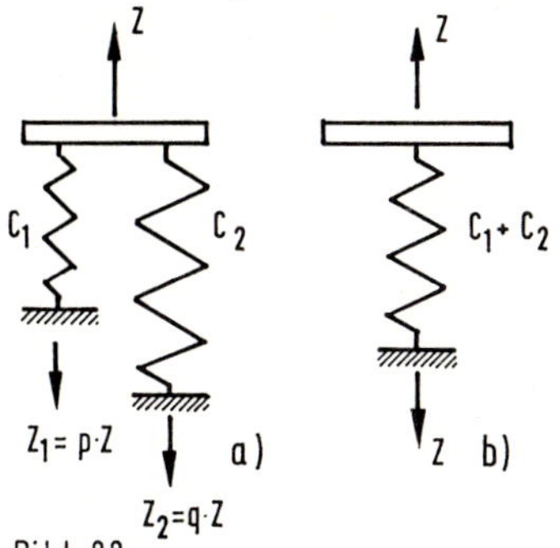

Bild 88

$$F'_{VS} = F_V + Z_1 = F_V + p \cdot Z\,;\quad F'_{VD} = F_V - Z_2 = F_V - q \cdot Z \qquad (67)$$

p und q folgen aus G.65 [60].

9.6.4 Stirnplatten- und Flanschverbindungen

9.6.4.1 Allgemeines

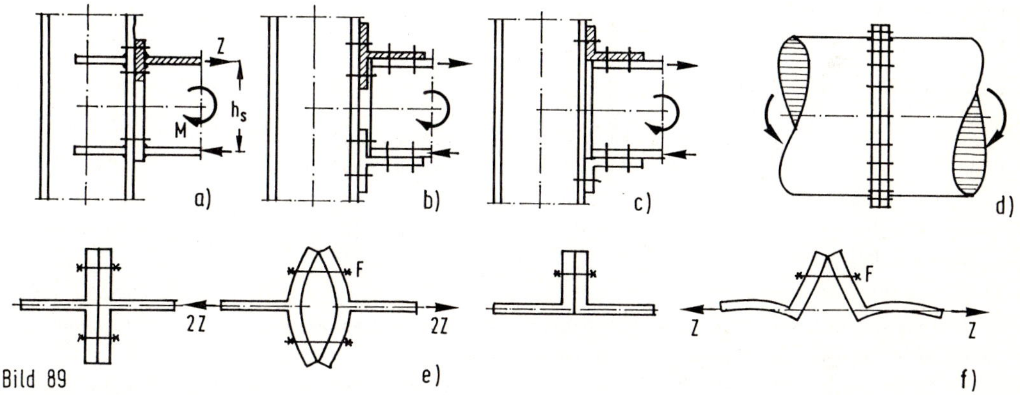

Bild 89

Mit der Verfügbarkeit der hochfesten Schraube und der Beherrschung der zugehörigen Vorspanntechnik entstanden im Laufe der Jahrzehnte neue Verbindungsformen. Bild 89a/b zeigt Beispiele aus dem Stahlhochbau in Form biegesteifer Trägeranschlüsse: Das über den statischen Hebelarm h_s abgesetzte Moment verursacht Zug- und Druckkräfte in den Trägergurten. Die Kraft im Zuggurt wird über die benachbarten Schrauben auf den Stützenflansch übertragen. Am verbreitetesten ist die Ausführung mit einer Stirnplatte gemäß Teilbild a (vgl. Abschnitt 14.3.7). - Im Rohrleitungs- und Behälterbau ist die geschraubte Ringflanschverbindung verbreitet (Bild 89d). Ringflansche kommen auch für Montagestöße von Stahlschornsteinen und ähnlichen Konstruktionen zum Einsatz.

Nach der Tragwirkung werden ⊥- und L-Modelle unterschieden. Die Schrauben werden nach Durchmesser und Anzahl so dimensioniert, daß die Verbindung unter Gebrauchslast nicht klafft, d.h. daß eine Restvorspannung verbleibt. - Im Bruchzustand klafft dagegen die Verbindung, es kommt zu einer Verbiegung der Anschlußbereiche, was mit einer Hebelwirkung auf die Schrauben einhergeht, vgl. Bild 89e/f. Entweder versagen die Schrauben durch Abreißen oder es versagen die Anschlußbleche bzw. -flansche durch übergroße Verformungen und Scherbruch. - Im folgenden wird das L-Modell analysiert; die Ergebnisse können auf das ⊥-Modell übertragen werden [61].

9.6.4.2 Elasto-statische Theorie des L-Modells

Bild 90a zeigt das L-Modell. Auf die Schraube entfällt die Zugkraft Z. Gesucht ist die Zugkraft in der Schraube. Im Ausgangszustand sei sie mit F_V vorgespannt. Teilbild b/c zeigt die modellmäßige Idealisierung. Die Anbindung des Stirnbleches (mit der Dicke t) an das Zugblech (mit der Dicke s) wird durch eine Drehfeder mit der Federkonstanten K und die Klemmwirkung der Schraube durch eine Verschiebungsfeder mit der Federkonstanten C ersetzt. Letztere setzt sich in Form einer Parallelschaltung aus der Feder der Schraube (C_S) und der Feder des unter Druck stehenden Klemmkörpers (C_D) zusammen, vgl. den vorangegangenen Abschnitt 9.6.3:

$$C = C_S + C_D \tag{68}$$

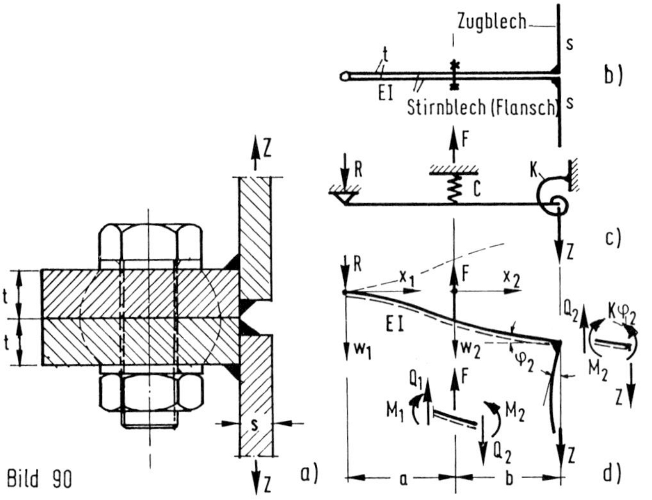

Bild 90

Es wird unterstellt, daß sich die in Bild 90d skizzierte Biegelinie einstellt, die Bleche stützen sich am Rand gegenseitig ab; hierbei tritt die Randkraft R auf. Die Kraft F in der Feder bewirkt eine Erhöhung der Schraubenkraft (gegenüber der Vorspannkraft)

$$F'_{VS} = F_V + pF \tag{69}$$

und eine Reduzierung der Klemmkraft in der Kontaktfuge:

$$F'_{VD} = F_V - qF \tag{70}$$

p und q bedeuten (Abschnitt 9.6.3):

$$p = \frac{1}{1 + C_D/C_S} = \frac{C_S}{C_D + C_S} = \frac{C_S}{C}; \quad q = \frac{1}{1 + C_S/C_D} = \frac{C_D}{C_S + C_D} = \frac{C_D}{C} \tag{71}$$

Wenn F'_{VD} Null wird, tritt eine Gliederung des Tragsystems ein. Dann wirkt nur noch die Schraube mit der Federkonstanten C_S. Wenn sich die Bleche in diesem Zustand noch am Rand abstützen, gilt:

$$F_{Schraube} = F > Z \tag{72}$$

Real vollzieht sich der Systemübergang nicht sprunghaft sondern stetig, die Schraubenklemmung wird sukzessive von der Zugseite her geöffnet.
Ausgehend von den in Bild 90d dargestellten Koordinatensystemen $w_1 = w_1(x_1)$ und $w_2 = w_2(x_2)$ wird das Biegeproblem gelöst. w ist die Durchbiegung; allgemein gilt:

$$w_1 = C_1 x_1^3 + C_2 x_1^2 + C_3 x_1 + C_4; \quad w_2 = C_5 x_2^3 + C_6 x_2^2 + C_7 x_2 + C_8 \tag{73}$$

$$\varphi = w'; \quad M = -EIw''; \quad Q = -EIw''' \tag{74}$$

Den 8 Freiwerten C_1 bis C_8 und der Unbekannten F stehen 8+1=9 Bedingungsgleichungen gegenüber. Ist F bestimmt, ist auch die Randkraft R bekannt:

$$R - F + Z = 0 \longrightarrow R = F - Z \tag{75}$$

Die Rand- und Übergangsbedingungen lauten:

$$\begin{array}{llll} 1.\ x_1 = 0: & w_1 = 0 & 5.\ x_1 = a,\ x_2 = 0: & w_1 = w_2 \\ 2.\ x_1 = 0: & M_1 = 0 & 6.\ x_1 = a,\ x_2 = 0: & \varphi_1 = \varphi_2 \\ 3.\ x_2 = b: & M_2 - K\cdot\varphi_2 = 0 & 7.\ x_1 = a,\ x_2 = 0: & M_1 - M_2 = 0 \\ 4.\ x_2 = b: & Q_2 - Z = 0 & 8.\ x_1 = a,\ x_2 = 0: & Q_1 - Q_2 + F = 0 \end{array} \tag{76}$$

Zudem gilt wegen $Q_1 = -R$ gemäß G.75:

$$x_1 = 0: \ -Q_1 - F + Z = 0 \tag{77}$$

Die 9. Bestimmungsgleichung lautet:

$$F = 2\, w_1(x_1 = a)\cdot C = 2 w_2(x_2 = 0)\cdot C \tag{78}$$

C ist die Federkonstante; die Federlängung ist gleich dem doppelten Verschiebungsbetrag (vgl. Bild 90d).
Die Freiwerte ergeben sich nach längerer Rechnung zu:

$$C_1=\frac{1}{6b^2}(\alpha-\beta);\; C_2=C_4=0;\; C_3=(1+\frac{2}{\varepsilon})\frac{\beta}{2}-(\alpha-\beta)(1+\frac{1}{\varepsilon}+\frac{\gamma}{2})\gamma$$
$$C_5=-\frac{1}{6b^2}\beta\;;\; C_6=\frac{1}{2b}(\alpha-\beta)\gamma\;;\; C_7=(1+\frac{2}{\varepsilon})\frac{\beta}{2}-(\alpha-\beta)(1+\frac{1}{\varepsilon})\gamma \tag{79}$$
$$C_8=[(1+\frac{2}{\varepsilon})\frac{\beta}{2}-(\alpha-\beta)(1+\frac{1}{\varepsilon}+\frac{\gamma}{3})\gamma]a$$

Für F findet man:
$$F=\alpha\cdot\frac{EI}{b^2} \tag{80}$$

Parameter:
$$\alpha=\frac{[\frac{1}{2}+\frac{1}{\varepsilon}+(1+\frac{1}{\varepsilon}+\frac{\gamma}{3})\gamma]\delta}{1+(1+\frac{1}{\varepsilon}+\frac{\gamma}{3})\gamma\delta}\beta \tag{81}$$
$$\beta=\frac{Zb^2}{EI};\quad \gamma=\frac{a}{b};\quad \delta=\frac{2C\cdot ab^2}{EI};\quad \varepsilon=\frac{Kb}{EI} \tag{82}$$

F steigt proportional mit der äußeren Zugkraft Z an. Der Bruchterm vor ß in G.81 kennzeichnet die Steigung. - EI ist die Biegesteifigkeit der Stirnplatte mit der Dicke t innerhalb der auf die Schraube entfallenden effektiven Breite. - Die Verschiebung des Kraftangriffspunktes folgt aus $w_2(x_2=b)$ in bezogener Form zu:
$$\frac{w_2(x_2=b)}{b}=(\frac{1}{3}+\frac{1}{\varepsilon})\beta+(\beta-\frac{\alpha}{2})(1+\frac{2}{\varepsilon})\gamma-(\alpha-\beta)(1+\frac{1}{\varepsilon}+\frac{\gamma}{3})\gamma^2 \tag{83}$$

Die gesamte Klaffung beträgt:
$$2\cdot w_2(x_2=b) \tag{84}$$

Das Biegemoment an der Stelle $x_1=a$ ist:
$$M_1(x_1=a)=M_2(x_2=0)=-R\cdot a=-(F-Z)a \tag{85}$$

Das Biegemoment an der Stelle $x_2=b$ beträgt:
$$M_2(x_2=b)=-Fa+Z(a+b) \tag{86}$$

Der Fall des ⊥-Modells ist mit $K=\infty$, also mit $1/\varepsilon=0$, in der vorstehenden Lösung enthalten. Anstelle G.81 gilt:
$$\alpha=\frac{[\frac{1}{2}+(1+\frac{\gamma}{3})\gamma]\delta}{1+(1+\frac{\gamma}{3})\gamma\delta}\beta\quad \text{(in } \beta \text{ ist } Z=\frac{Z'}{2} \text{ zu setzen)} \tag{87}$$

Die Rechnung vollzieht sich in folgenden Schritten: System: EI, $C=C_S+C_D$, K, γ, δ, ε; Belastung: Z, ß, α, F, F'_{VS}, F'_{VD}; Prüfung ob $F'_{VD}\gtrless 0$. Ist F'_{VD} kleiner Null, ist die Rechnung mit $C=C_S$ zu wiederholen, dann klafft die Verbindung am Ort der Schraube. Im neuen System ist $R\geq 0$ zu prüfen. Ist R kleiner Null, ist der Kontakt am Rand aufgehoben, es gilt F=Z. Stets ist außerdem zu prüfen, ob die Beanspruchung noch im elastischen Bereich liegt. Das ist die Voraussetzung für die Gültigkeit der Theorie. Zweckmäßig werden, beginnend mit Z=0 steigende Werte für Z durchgerechnet, um die vollständige Funktion F=F(Z) einschließlich der elastischen Grenzkraft bestimmen zu können. - Durch die Neigung der Flansche wird der Schraubenschaft über die anliegende Mutter und den anliegenden Schraubenkopf auf Biegung beansprucht. Die hiermit verbundene drehfeder-elastische Rückstellwirkung ist in der vorstehenden Theorie nicht berücksichtigt.

9.6.4.3 Plasto-statische Theorie des L-Modells

Die Grenztragfähigkeit des L-Modells wird a) von der Tragfähigkeit der Schraube oder b) von der Tragfähigkeit der Anschlußflansche bestimmt. Welcher Versagensmechanismus maßgebend ist, läßt sich von vornherein nicht erkennen. Bild 91a verdeutlicht die Grundaufgabe. Die Tragfähigkeit der Schraube beträgt:
$$F_{Pl}=\beta_Z A_{Sp};\quad \beta_Z=f_{b,u} \tag{88}$$

β_Z ist die Zugfestigkeit des Schraubenwerkstoffes, A_{Sp} ist der Spannungsquerschnitt. Ggf. ist es angezeigt, mit der Fließtraglast $\beta_S\cdot A_{Sp}$ zu rechnen. Im Grenzzustand tritt eine mehr oder weniger große Verbiegung der Flansche ein, über Schraubenkopf und -mutter wird da-

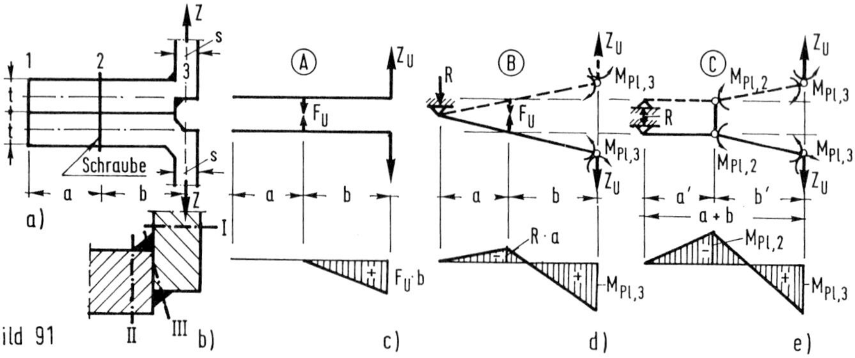

Bild 91

durch auch die Schraube verbogen. Diese Biegungsbeanspruchung überlagert sich der Zugbeanspruchung. Sie läßt sich nur schwer quantifizieren und wird im folgenden nicht erfaßt. Die Tragfähigkeit der Flansche wird durch die plastischen Tragmomente im Schnitt 2 (Lochquerschnitt) und im Schnitt 3 (Übergangsquerschnitt zwischen Flansch und Zugblech) bestimmt. Da Schraubenkopf und Mutter das Schraubenloch übergreifen, läßt sich die Lage des Fließgelenkes an dieser Stelle nicht genau lokalisieren. Das Fließgelenk bildet sich, wie Versuche zeigen, eher etwas versetzt zur Schraubenachse aus. - Bezüglich der Lage des Fließgelenkes an der Übergangsstelle zum Zugblech sind drei Schnitte zu verfolgen, vgl. Bild 91b: Schnitt durch das Zugblech (I), Schnitt durch das Flanschblech (II), Schnitt durch die Schweißnähte (III). Im Schnitt I ist eine M/N-Interaktion, im Schnitt II eine M/Q-Interaktion und im Schnitt III eine M/N/Q-Interaktion zu berücksichtigen. Maßgebend im Schnitt 3 ist das kleinste der Tragmomente:

$$M_{Pl,3} \quad : \quad I: M_{Pl,M/N,I} \qquad II: M_{Pl,M/Q,II} \qquad III: M_{Pl,M/N/Q,III} \tag{89}$$

Wird unterstellt, daß sämtliche Grenztragfähigkeiten bekannt sind, lassen sich für die Verbindung drei Versagensmodi (kinematische Ketten) angeben. (Z_U ist die gesuchte Grenzkraft der Verbindung.):

(A): Bei einer im Vergleich zur Tragfähigkeit der Flansche schwachen Schraube (Bild 91c) ist Schraubenbruch maßgebend:

$$Z_U = F_U = F_{Pl} \tag{90}$$

Die Verbindung klafft; im Anschnitt tritt das Moment $F_U \cdot b$ auf. Dieser Versagensmodus tritt nur dann ein, wenn $F_U \cdot b < M_{Pl,3}$ ist.

(B): Ist das nicht der Fall, bildet sich im Schnitt 3 ein Fließgelenk aus. Die Flansche liegen auf den Außenrändern auf, hier wird die Randkraft R geweckt (Bild 91d). Im Versagenszustand gelten zwei Gleichgewichtsgleichungen:

$$Z_U - F_U + R = 0 \longrightarrow R = F_U - Z_U = F_{Pl} - Z_U \tag{91}$$

$$Ra - Z_U b + M_{Pl,3} = 0 \longrightarrow Z_U = \frac{F_{Pl} a + M_{Pl,3}}{a + b} \tag{92}$$

Dieser Zustand ist an die Voraussetzung $R \cdot a < M_{Pl,2}$ gebunden.

(C): Ist das nicht der Fall, bildet sich vor Erreichen der Grenztragkraft der Schraube im Flansch ein Fließgelenk aus (Schnitt 2). Im Versagenszustand bricht die Schraube selbst nicht (Bild 91e):

$$Z_U = \frac{M_{Pl,2} + M_{Pl,3}}{b} \tag{93}$$

Ggf. ist anstelle von b der Abstand b' einzuführen. - Das Moment $M_{Pl,2}$ löst eine Randkraft aus; wo sie genau zu lokalisieren ist, bleibt unbestimmt. Beträgt der Abstand zum Schnitt 2 a', so ist $R = M_{Pl,2}/a'$.

Soll die Grenzkraft der Verbindung bestimmt werden, sind alle drei Versagensmöglichkeiten zu prüfen. - Das ⊥-Modell ist als Sonderfall enthalten, vgl. auch Abschnitt 14.3.7.

9.6.4.4 Beispiel (Bild 92)

Schraube: M16-10.9, $A_{Schraubenschaft} = 2{,}01\,cm^2$, $l_S = 2 \cdot 20 + 2 \cdot 4 = 48\,mm$, $F_V = 101\,kN$; Schraubenloch: d=17mm; Scheibe: D=30mm, s=4mm; Flansch: t=20mm, a=30mm, b=25+5=30mm; Zugblech: s=10mm, $l_S = 160\,mm$, Einflußbreite c=160mm.

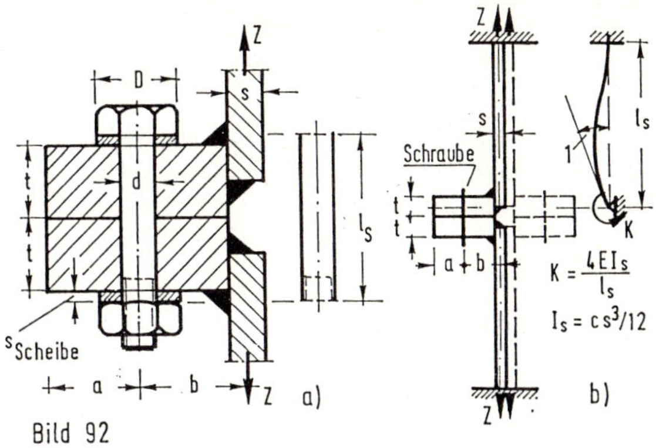

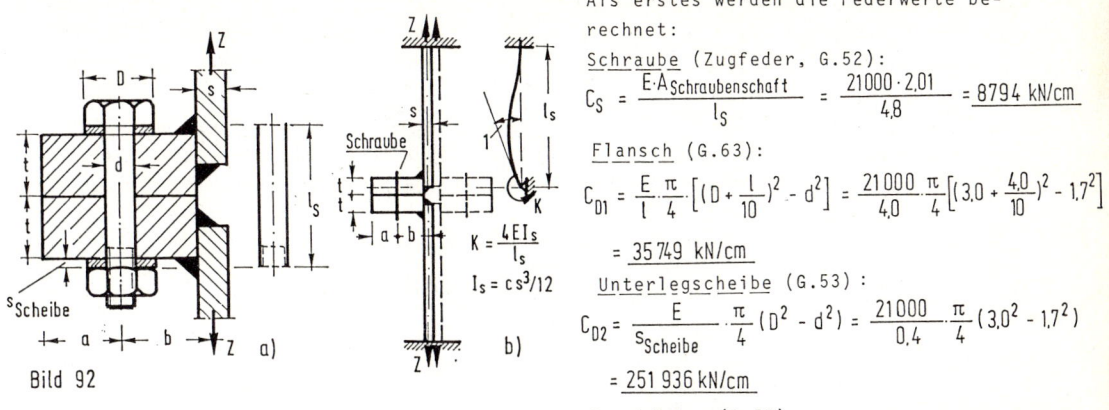

Bild 92

Als erstes werden die Federwerte berechnet:

Schraube (Zugfeder, G.52):

$$C_S = \frac{E \cdot A_{Schraubenschaft}}{l_S} = \frac{21000 \cdot 2{,}01}{4{,}8} = \underline{8794 \text{ kN/cm}}$$

Flansch (G.63):

$$C_{D1} = \frac{E}{l} \cdot \frac{\pi}{4} \cdot \left[\left(D + \frac{l}{10}\right)^2 - d^2\right] = \frac{21000}{4{,}0} \cdot \frac{\pi}{4}\left[\left(3{,}0 + \frac{4{,}0}{10}\right)^2 - 1{,}7^2\right]$$

$$= \underline{35\,749 \text{ kN/cm}}$$

Unterlegscheibe (G.53):

$$C_{D2} = \frac{E}{s_{Scheibe}} \cdot \frac{\pi}{4}(D^2 - d^2) = \frac{21000}{0{,}4} \cdot \frac{\pi}{4}(3{,}0^2 - 1{,}7^2)$$

$$= \underline{251\,936 \text{ kN/cm}}$$

Druckfeder (G.57):

$$C_D = \frac{1}{\frac{1}{C_{D1}} + 2 \cdot \frac{1}{C_{D2}}} = \frac{1}{\frac{1}{35\,749} + 2 \cdot \frac{1}{251\,936}} = \underline{27\,846 \text{ kN/cm}}$$

Feder (G.66/68):

$$C = C_S + C_D = 8794 + 27846 = \underline{36\,640 \text{ kN/cm}}$$

Flansch (Biegesteifigkeit):

$$EI = E\frac{c \cdot t^3}{12} = 21000\,\frac{16{,}0 \cdot 2{,}0^3}{12} = \underline{224\,000 \text{ kN cm}^2}$$

Anschlußblech (Drehfeder):

$$K = \frac{4\,EI_s}{l_s} = \frac{4 \cdot 21000 \cdot 16{,}0 \cdot 1{,}0^3/12}{16{,}0} = \underline{7000 \text{ kNcm}}$$

Parameter (G.82b,c,d):

$$\gamma = \frac{a}{b} = \frac{3{,}0}{3{,}0} = \underline{1}; \quad \gamma/3 = \underline{0{,}3333}$$

$$\delta = \frac{2 \cdot C \cdot a \cdot b^2}{EI} = \frac{2 \cdot 36\,640 \cdot 3{,}0 \cdot 3{,}0^2}{224\,000} = \underline{8{,}83}$$

$$\varepsilon = \frac{K \cdot b}{EI} = \frac{7000 \cdot 3{,}0}{224\,000} = \underline{0{,}09375}; \quad 1/\varepsilon = \underline{10{,}667}$$

Gegeben sei die äußere Zugkraft

$$\boxed{Z = 50 \text{ kN}}$$

Nunmehr werden α und β berechnet (G.82a und G.81):

$$\beta = \frac{Zb^2}{EI} = \frac{50 \cdot 3{,}0^2}{224\,000} = \underline{2{,}009 \cdot 10^{-3} = 0{,}002009}$$

$$\alpha = \frac{[0{,}5 + 10{,}667 + (1 + 10{,}667 + 0{,}3333) \cdot 1{,}0] \cdot 8{,}83}{1 + (1 + 10{,}667 + 0{,}3333) \cdot 1 \cdot 8{,}83}\, 2{,}009 \cdot 10^{-3} = \underline{0{,}003844}$$

Die über die Schraube abgesetzte Zugkraft folgt damit zu:

$$F = \alpha \cdot \frac{EI}{b^2} = 0{,}003844\,\frac{224\,000}{3{,}0^2} = \underline{95{,}67 \text{ kN}}$$

Die resultierenden Kräfte in Schraube und Druckkörper betragen (G.67):

$$F'_{VS} = F_V + \frac{C_S}{C} F = 101 + \frac{8\,794}{36\,640} \cdot 95{,}67 = \underline{123{,}96 \text{ kN}}$$

$$F'_{VD} = F_V - \frac{C_D}{C} F = 101 - \frac{27\,846}{36\,640} \cdot 95{,}67 = \underline{28{,}29 \text{ kN}} > 0$$

Spannung in der Schraube: $\sigma = 123{,}96/1{,}57 = 78{,}96 \text{ kN/cm}^2$. Dieser Wert liegt unter der Streckgrenze der 10.9-Schraube: 90,0kN/cm². - Für die Biegespannungen in Flansch und Zugblech findet man (vgl. Bild 90):

$$x_2 = 0: \quad M_2(x_2 = 0) = -\frac{EI}{b}(\alpha - \beta)\gamma = -\frac{224\,000}{3{,}0}(0{,}003844 - 0{,}002009) \cdot 1 = \underline{-137{,}01 \text{ kNcm}}$$

$$W = (16{,}0 - 1{,}7) \cdot 2{,}0^2/6 = 9{,}53 \text{ cm}^3 \quad \longrightarrow \quad \sigma = \mp 137{,}01/9{,}53 = \underline{14{,}23 \text{ kN/cm}^2}$$

$$x_2 = b: \quad M(x_2 = b) = -\frac{EI}{b}[(\alpha - \beta)\gamma - \beta] = -\frac{224\,000}{3{,}0}[(0{,}003844 - 0{,}002009) \cdot 1 - 0{,}002009] = \underline{+12{,}99 \text{ kNcm}}$$

$$A = 16{,}0 \cdot 1{,}0 = 16{,}0 \text{ cm}^2; \quad W = 16{,}0 \cdot 1{,}0^2/6 = 2{,}67 \text{ cm}^3 \quad \longrightarrow \quad \sigma = +\frac{50}{16} \pm \frac{12{,}99}{2{,}67} = 3{,}13 \pm 4{,}87 = \underline{8{,}0 \text{ kN/cm}^2}$$

Die Beanspruchungen liegen im elastischen Bereich . - Für Z=69,5kN wird F'_{VD} Null. Unter dieser Last beträgt die Kraft in der Schraube F'_{VS}=132,90kN; die zugeordnete Spannung liegt immer noch im elastischen Bereich. Das gilt auch für die Beanspruchungen in Flansch und Zugblech. Bei weiterer Steigerung wirkt nur noch C_S als Feder. Die Kraft in der Schraube steigt mit einem steileren Gradienten an, vgl. Tafel 9.3 (Diagramm links oben). Mit Erreichen von Z=80kN wird die Fließgrenze im Flansch erreicht. Oberhalb dieses Lastniveaus stellt sich ein verwickelter plastischer Tragzustand ein, der schließlich in den plastischen Grenzzustand übergeht.

Berechnung der plasto-statischen Grenzkraft (St52, σ_F=36kN/cm²):

Schraube (G.90): $N_{Pl} = \beta_Z A_{Sp} = 100 \cdot 1{,}57 = \underline{157\,kN} = F_{Pl}$

Flansch, Schnitt 2: $M_{Pl,2} = \sigma_F \cdot W_{Pl,2} = 36(16{,}0 - 1{,}7) \cdot 2{,}0^2/4 = \underline{515\,kNcm}$

Zugblech, Schnitt 3: $M_{Pl,3} = \sigma_F \cdot W_{Pl,3} = 36 \cdot 16 \cdot 1{,}0^2/4 = \underline{144 kNcm}$; $N_{Pl,3} = \sigma_F \cdot A = 36 \cdot 16{,}0 \cdot 1{,}0 = \underline{576\,kN}$

Versagensmodus (A) (G.90): $Z_U = \underline{157\,kN}$

Versagensmodus (B) (G.92): $Z_U = \frac{157 \cdot 3{,}0 + 144}{3{,}0 + 3{,}0} = \underline{\underline{102\,kN}}$

Versagensmodus (C) (G.93): $Z_U = (515 + 144)/3{,}0 = \underline{220 kN}$

Versagensmodus (B) ist maßgebend. Wird die M/N-Interaktion im Schnitt 3 gemäß

$$M_{Pl,3,M/N} = [1 - (\frac{N}{N_{Pl}})^2] \cdot M_{Pl,3} \quad (N = Z_U) \tag{94}$$

eingerechnet, folgt nach kurzer Iteration:

$$Z_U = \underline{\underline{101\,kN}}$$

Die Randkraft beträgt im Versagenszustand:

$$R = 157 - 101 = \underline{56\,kN}$$

Bei einem Tragversuch mit dem in Bild 92b dargestellten Prüfkörper versagte die Verbindung nach Art des Bruchmodus (B) unter der Zugkraft:

$$Z_U = \underline{\underline{100\,kN}}$$

Ein identischer Prüfkörper mit beidseitiger Verrippung versagte unter:

$$Z_U = \underline{\underline{132\,kN}}$$

Zur Berechnung von Kopf- und Flanschverbindungen wurden im Schrifttum diverse theoretische und experimentelle Untersuchungen veröffentlicht, vgl. u.a. [62-74,3-6,57] und das dort angegebene Schrifttum sowie die VDI-Richtlinie 2230. Zur Bruchlinientheorie der Anschlußplatten und Flansche siehe insbesondere [67-69 u. 74].

9.6.4.5 Experimenteller Befund

Für die in Bild 93 aufgelisteten Prüfkörper wurden Tragversuche durchgeführt. Die Kraft in der Schraube wurde mittels Dehnmeßstreifen (DMS) bestimmt; der Meßdraht wurde durch zwei Bohrungen im Kopf hindurch geführt. Prüfkörper (1) stimmt mit dem im vorangegangenen Abschnitt behandelten Beispiel überein. Auf Tafel 9.3 ist das Ergebnis der Versuche zusammengefaßt. Hieraus geht hervor, daß die Theorie zunächst einen stärkeren Anstieg

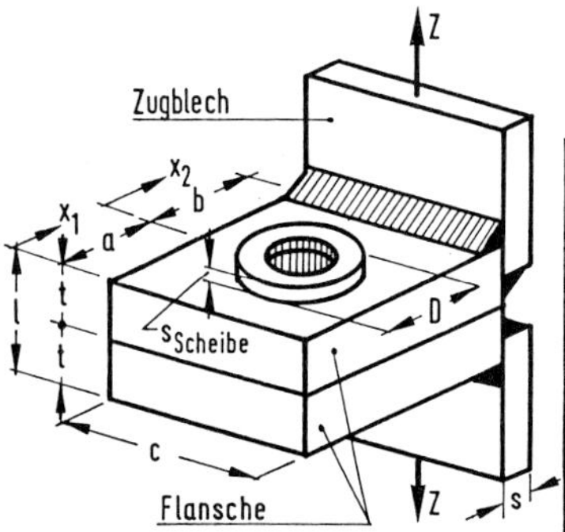

a)

Abmessungen der Versuchskörper Nr.(1)÷(5) und Ergebnis nach Theorie und Versuch. l_s = Länge des Zugbleches bis zur Einspannung

Prüfkörp.	Flansche				Schraube						Zugblech			Grenzkraft Z_U unverrippt			Grenzkraft Z_U verrippt
	t	l	a	b	M	A	F_V	d	D	s_{Sch}	s	c	l_s	nach Theorie		im Versuch	im Versuch
(1)	20	40	30	30	16	2,01	101	17	30	4	10	160	160	101	B	100	132
(2)	30	60	45	40	24	3,80	214	25	44	4	10	160	160	216	B	222	307
(3)	50	100	50	45	30	7,07	353	31	56	5	10	160	160	382	B	363	376
(4)	50	100	50	50	30	7,07	309	31	56	5	20	160	160	403	B	386	—
(5)	10	20	45	40	24	3,80	209	25	44	4	10	160	160	—	–	153	—
—	mm				—	cm	kN	mm			mm			kN	–	kN	kN

b)

Bild 93

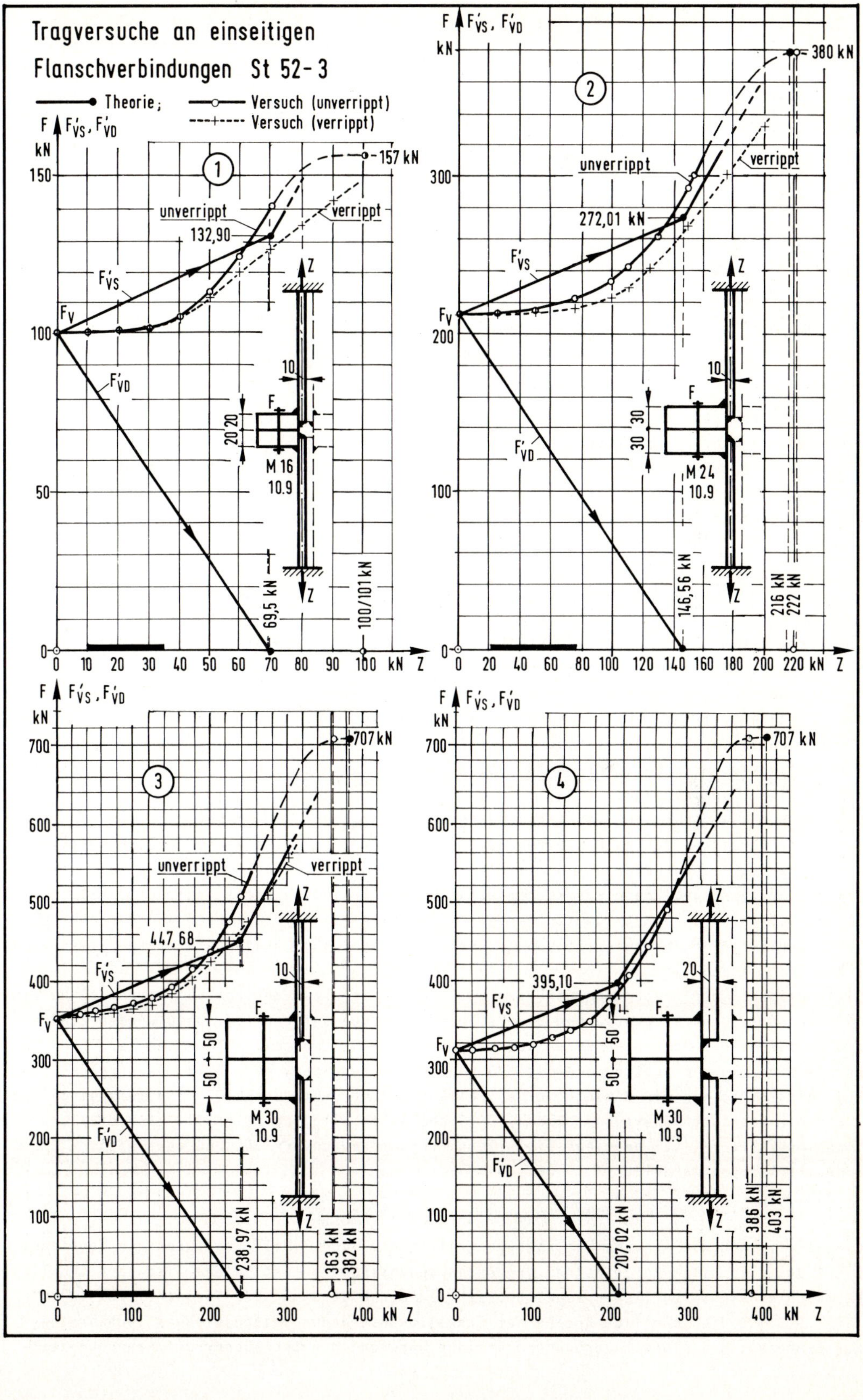
Tragversuche an einseitigen Flanschverbindungen St 52-3
Theorie; Versuch (unverrippt) Versuch (verrippt)
F F'_{VS}, F'_{VD} kN
1
unverrippt
verrippt
132,90
157 kN
F'_{VS}
F_V
F'_{VD}
M 16 10.9
69,5 kN
100/101 kN
kN Z
2
unverrippt
verrippt
272,01 kN
380 kN
M 24 10.9
146,56 kN
216 kN
222 kN
3
unverrippt
verrippt
447,68
707 kN
M 30 10.9
238,97 kN
363 kN
382 kN
4
395,10
707 kN
M 30 10.9
207,02 kN
386 kN
403 kN

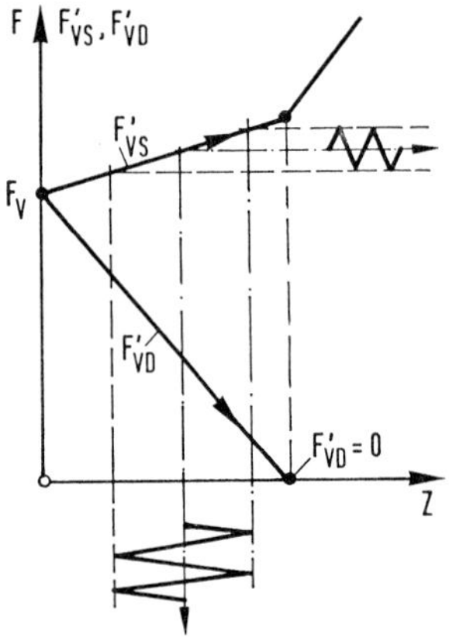

Bild 94

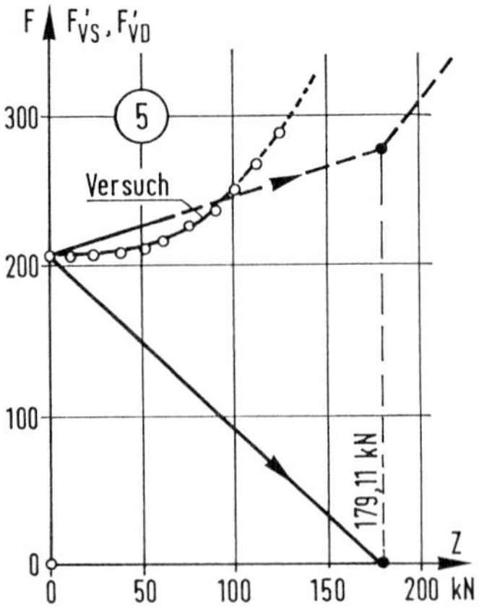

Bild 95

der Schraubenkraft vorhersagt, als im Versuch gemessen wurde, sie liegt demnach auf der sicheren Seite: Wird die Verbindung einer nicht vorwiegend ruhenden Belastung unterworfen, wird die Ermüdungsbeanspruchung in der Schraube etwas überschätzt (vgl. Bild 94). Die Verbindung sollte so bemessen werden, daß gegenüber jener Kraft, unter der F'_{VD} Null wird, im Gebrauchszustand noch eine Sicherheit eingehalten wird. Oberhalb der zu $F'_{VD}=0$ gehörenden Zugkraft Z stimmen die gemessenen Gradienten in den Versuchen mit den gerechneten gut überein (vgl. Tafel 9.3). In den Diagrammen der Tafel ist als maximale Schraubenzugkraft der Rechenwert für die Bruchkraft eingetragen. Die tatsächlich realisierten Schraubenbruchkräfte bleiben unbekannt. Von Bedeutung ist die Übereinstimmung der gerechneten mit der im Versuch erreichten Grenzkraft der Verbindung.
Bild 93b enthält (rechterseits) die Gegenüberstellung:

Nr.① : gerechnet : $Z_U=101$ kN , gemessen : $Z_U=100$ kN (0%)
Nr.② : gerechnet : $Z_U=216$ kN , gemessen : $Z_U=222$ kN (+3%)
Nr.③ : gerechnet : $Z_U=382$ kN , gemessen : $Z_U=363$ kN (-5%)
Nr.④ : gerechnet : $Z_U=403$ kN , gemessen : $Z_U=386$ kN (-4%)

Die Übereinstimmung ist zufriedenstellend. Gegenüber der rechnerischen Grenzkraft Z_U sollte eine Gesamtsicherheit von ca. 1,7 eingehalten werden. - Wird die Flanschverbindung durch Rippen ausgesteift, hat das im elastischen Bereich nur einen geringen Einfluß auf die Schraubenkraft wie entsprechende Versuche gezeigt haben (vgl. die gestrichelten Linien in den Diagrammen der Versuche Nr.① bis ③ auf Tafel 9.3. Auf die Grenzkraft ist der Einfluß ausgeprägter, vgl. Bild 93b, allerdings umso geringer, je dicker und damit steifer die Flansche sind.
Bei der Bemessung nach dem vorstehend aufgezeigten Konzept ist sicherzustellen, daß nicht schon vor Erreichen der zu $F'_{VD}=0$ gehörenden Zugkraft Z der elastische Bereich verlassen wird. Dazu ist es notwendig, daß die Flansche eine ausreichende Dicke aufweisen. Der als Versuch Nr.⑤ ausgebildete Prüfkörper erfüllte die Bedingung nicht (vgl. Bild 93). Die Flanschdicken waren mit t=10mm zu gering; Bild 95 zeigt die gemessenen und gerechneten Schraubenkräfte in Abhängigkeit von Z. Bereits unter Z=50kN traten die ersten Plastizierungen im Flansch ein.
Die Prüfkörper der zuvor kommentierten Versuche ① bis ③ (unverrippt und verrippt) wurden vor den statischen Tragversuchen Dauerschwingversuchen unterworfen. Dazu wurden zunächst die Kräfte in den Schrauben unter dem eingeprägten Anziehmoment M gemessen (pro Prüfkörper je eine "leicht geölte" und mit "MoS_2 geschmierte" Schraube). Bild 96a/c zeigt das Ergebnis. Hätte man die Momente in den Fällen "leicht geölt" nach DIN 18800 T7 eingeprägt, wären die Schrauben überzogen worden. Die Tabelle in Bild 96d zeigt die eingestellten Vorspannkräfte F_V(ist) der jeweilig beiden Prüfkörper (unverrippt und verrippt). - Die Schwellbelastung wurde zu

$$\min Z / F_{V,soll} = 0{,}10 \quad \text{und} \quad \max Z / F_{V,soll} = 0{,}35$$

eingestellt und die Abnahme der Vorspannkraft nach 1 und 2 Mill. Lastwechseln gemessen. Die Tabelle in Bild 96d zeigt den prozentualen Vorspannverlust; dieser ist nach 1 Mill. Lastwechseln im wesentlichen abgeschlossen. In den Diagrammen der Versuche ① bis ③ auf Tafel 9.3 ist die jeweilige Breite der Schwellbeanspruchung eingezeichnet (Schwärzung der Z-Achse); die hiermit verbundene geringe Änderung der Schraubenkraft kann unmittelbar abgelesen werden. In den Schrauben traten keine Ermüdungsrisse auf. - Der Vorspannverlust erwies sich als frequenzunabhängig, auch wurde kein von der Art der Schraubenschmierung abhängiger Trend festgestellt.

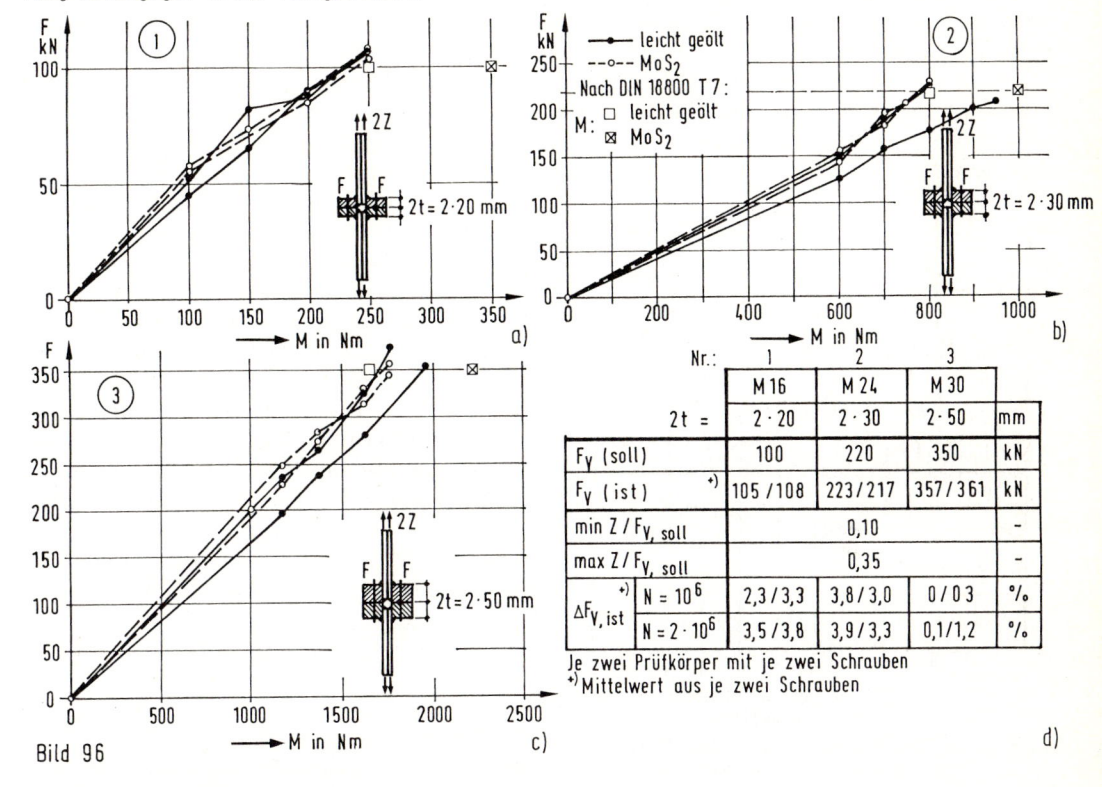

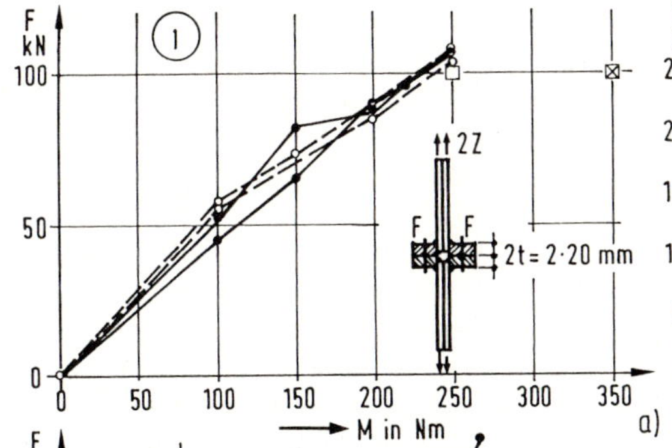

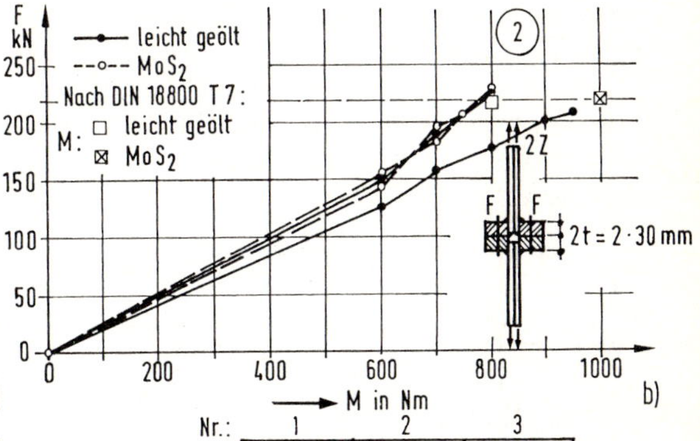

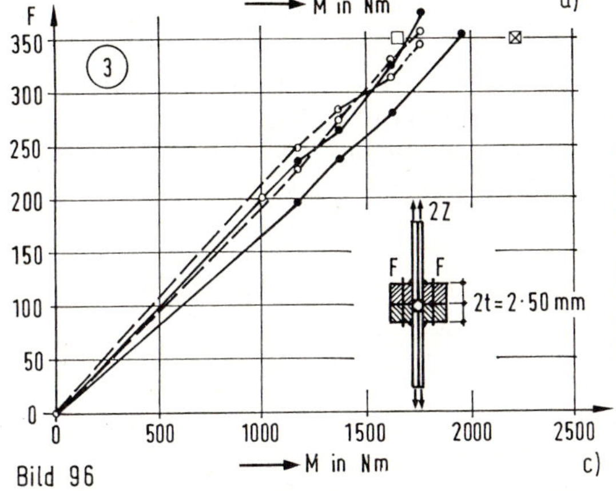

Nr.:		1	2	3	
		M 16	M 24	M 30	
2t =		2·20	2·30	2·50	mm
F_Y (soll)		100	220	350	kN
F_Y (ist) +)		105/108	223/217	357/361	kN
min $Z/F_{Y,\,soll}$		0,10			-
max $Z/F_{Y,\,soll}$		0,35			-
$\Delta F_{Y,\,ist}$ +)	$N = 10^6$	2,3/3,3	3,8/3,0	0/03	%
	$N = 2\cdot 10^6$	3,5/3,8	3,9/3,3	0,1/1,2	%

Je zwei Prüfkörper mit je zwei Schrauben
+) Mittelwert aus je zwei Schrauben

d)

Bild 96

9.6.4.6 Ergänzende Anmerkungen

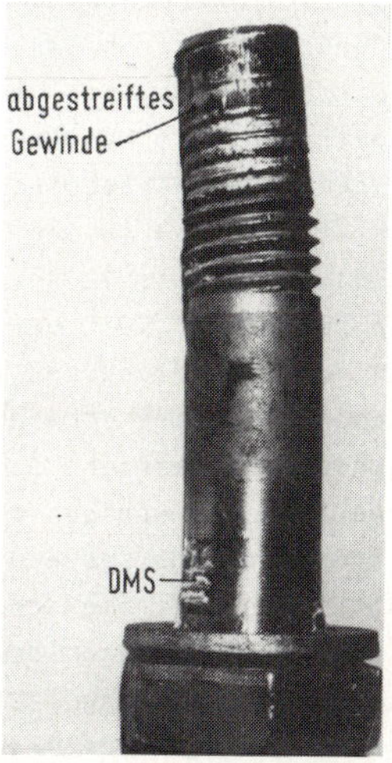

Bild 98

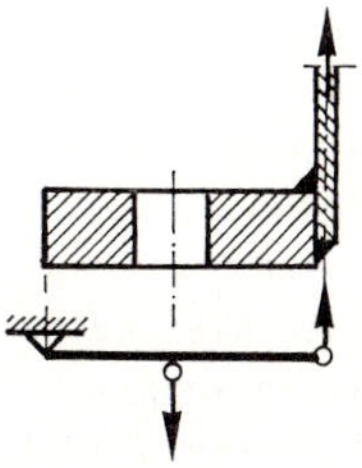

Bild 97

Im Anschluß an das im vorangegangenen Abschnitt erläuterte Programm wurde v.Verf. eine weitere Versuchsserie geprüft, wobei ein Teil der Prüfkörper extreme Imperfektionen in Form eines Winkelspaltes zwischen den Flanschen und eines Luftspaltes zwischen Flansch und Anschlußblech aufwiesen [84]. Sowohl die Berechnungsanweisungen für das elasto-statische wie für das plasto-statische Tragverhalten (Abschnitte 9.6.4.2/3) konnten voll bestätigt werden. Die Imperfektionen wirkten sich nur mäßig auf die erreichten Grenzkräfte aus. Die Biegemomente in den Schrauben wurden gemessen. Innerhalb des elastischen Bereiches erfahren sie, wie die Schraubenzugkräfte, nur eine geringe Zunahme. Auf den plastischen Grenzzustand wirkten sie sich nicht aus. Bei den geprüften (relativ dicken) Flanschen ($t = 1{,}25 \cdot d_{Schraube}$) war stets Versagensmodus (B) maßgebend. Die stützende Wirkung durch das sich im Anschlußblech ausbildende plastische Moment $M_{Pl,3}$ war sehr gering. Das in Bild 97 dargestellte Rechenmodell erwies sich für die Berechnung der Grenzkraft als zutreffend (das galt auch für die Bestimmung des elasto-statischen Tragverhaltens).

Ein Befund war typisch: In allen Fällen versagten die Schrauben nicht durch Bruch im Gewinde, sondern durch Gewindeabstreifen, vgl. Bild 98. Offensichtlich kommt es bei dieser Art der Beanspruchung infolge der hohen Zugkraft zu einer Querkontraktion der Schraube im Gewindebereich, dadurch wird dieser schlanker, die Verzahnung wird schwächer. Die im Gewindeanlauf vorhandene Biegung infolge Schrägstellung der Flansche mag einen vorzeitigen Beginn des Mutterabstreifens begünstigen. - Insgesamt vermutet d.Verf., daß durch eine geringe Vergrößerung der Mutternhöhe um ca. einen Gewindegang, die Zugtragfähigkeit der HV-Schrauben 10.9 in Verbindungen mit Kopfplatten- und Flanschverschraubungen verbessert werden könnte.

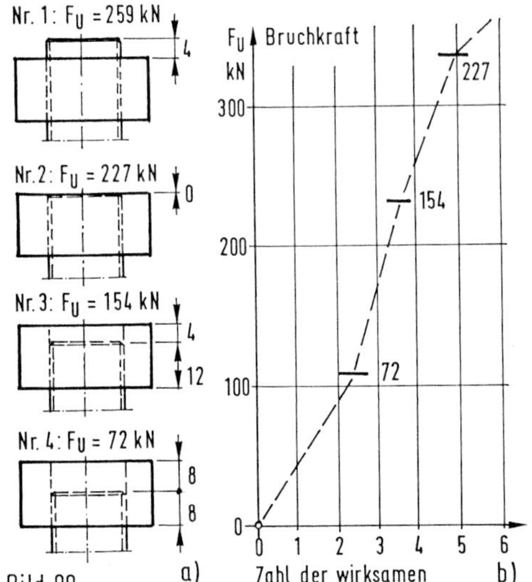

Bild 99

Um den Einfluß der wirksamen Gewindegänge auf die erreichbare Zugkraft aufzuzeigen, wurden Schrauben in einem Zuggeschirr geprüft (Bild 99). Selbst bei einem Überstand von 4mm versagte die Schraube durch Gewindeabstreifen, Versuch Nr. 1, F_U=259kN. Bei bündigem Sitz wurde F_U=227kN erreicht (Nr. 2). Bild 99b zeigt das weitere Versuchsergebnis. Es handelte sich um feuerverzinkte HV-Schrauben M20-130mm, Güte 10.9 jeweils als Komplettgarnitur. - Abwürgversuche zeigten ein entsprechendes Ergebnis. Über weitere aufschlußreiche Versuche zur Frage der Tragfähigkeit zugbeanspruchter hochfester Schrauben wird in [70,85] berichtet.

9.7 Ermüdungsfestigkeit achsial beanspruchter Schrauben

Die Dauerfestigkeit von Stahlbauschrauben unter achsialer Beanspruchung wird praktisch ausschließlich durch die Höhe der Kerbwirkungszahl β_K des Gewindes bestimmt (vgl. Abschn. 3.7.2.2, s.[4-6,59,70,75-77,85,86]); auch kommt der Kerbwirkungszahl des Überganges von Schaft zum Schraubenkopf Bedeutung zu. Der Ausgangspunkt der Dauerbrüche liegt in den meisten Fällen im ersten (in das Muttergewinde eingeschnittenen) Bolzengewindegang; hier ist die Kerbwirkungszahl am höchsten, sie kann bis zu β_K=5 bis 8 betragen. Das bedeutet, daß die Dauerfestigkeit des Gewindes nur ca. 15-20% der Dauerfestigkeit des glatten Schaftes beträgt. Eine günstige Mutternform, die einen gleichförmigen Kraftübergang in den Bolzen bewirkt, vermag die Dauerfestigkeit im Gewinde merklich zu steigern (20 bis 100%).

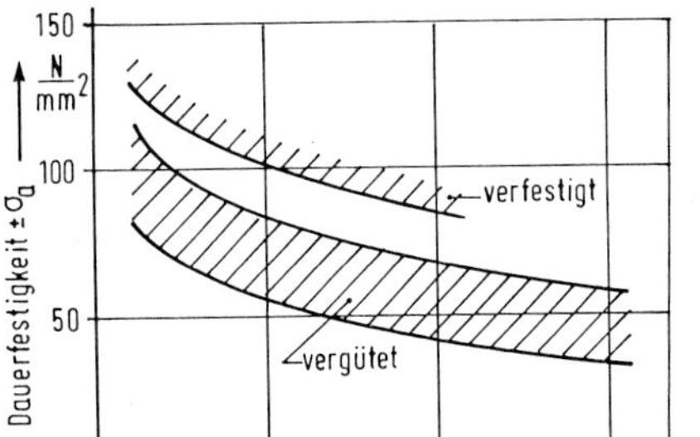

Bild 100

Die Versuche zeigen, daß die Dauerfestigkeit vom Gewindenenndurchmesser und von der Behandlungsart abhängig ist, vgl. Bild 100. Die ertragbare Schwingungsamplitude sinkt mit ansteigendem Durchmesser. Somit sind mehrere kleine Schrauben (Bolzen) wenigen grossen vorzuziehen. - Eine Kaltverfestigung des Gewindeganges (nachgerollt, gerollt) steigert die Schwingfestigkeit, das gilt indes nur, wenn sie nach dem Vergüten erfolgt. Der umgekehrte Arbeitsgang läßt die Dauerfestigkeit um bis zu 50% wieder absinken. Wegen des großen Kerbeinflusses ist die ertragbare Dauerfestigkeitsamplitude von der Mittelspannung weitgehend unabhängig und damit auch von einer etwaig aufgebrachten Vorspannung. Dieser Sachverhalt ist sehr wesentlich! In Abschnitt 9.4.3 wurde gezeigt, daß eine vorgespannte Schraubenverbindung bei Einwirkung einer zusätzlichen äußeren Zugkraft insofern sehr gutartig reagiert, als nur ein kleiner Anteil auf die Schraube abgesetzt wird. Dieser Anteil ist umso geringer, je weicher der verspannende Teil (Schraube, Bolzen) und je steifer die vorgespannten Teile sind.

Wie das SMITH-Diagramm in Bild 101 zeigt, ist die ertragbare Spannungsamplitude $\sigma_a = \Delta\sigma/2$ von der Güte des Schraubengrundmaterials nahezu unabhängig und sinkt nur schwach mit der Mittelspannung σ_m; bei kaltverfestigtem Gewinde ist die Abhängigkeit von σ_m etwas ausgeprägter. Vergütet=schlußvergütet bedeutet, daß das Schraubengewinde zunächst gerollt (kaltgeformt) und anschliessend vergütet worden ist. Wird das so (vor-)gefertigte Gewinde gerollt=schlußgerollt, läßt sich die Ermüdungsfestigkeit durch den Aufbau von Druckeigenspannungen im Gewindegrund bedeutend steigern. Die Angaben in Bild 101 haben die Bedeutung von Mittelwerten ($P_Ü$=50%) für $N_D=2\cdot10^6$; sie beruhen auf einer Literaturstudie des Verfs., u.a. auf VDI-Ri 2230 und gelten für nicht feuerverzinkte Schrauben mit vorrangig maschinenbaulicher Orientierung. Systematische Versuchsrecherchen und ergänzende Versuche [85] lassen erkennen, daß die Dauerfestigkeitswerte zugschwellbeanspruchter Stahlbauschrauben eher niedriger liegen; Bild 102 zeigt das Ergebnis von WÖHLER-Versuchen an schwarzen und feuerverzinkten Schrauben M20, 10.9 nach DIN 6914 (HV-Schrauben, schlußvergütet) mit σ_m=653N/mm²; bezogen auf den Spannungsquerschnitt bedeutet das $\sigma_m=\sigma_V=0{,}7\cdot\beta_{0,2}$ [85]. Hieraus folgt für $N_D=2{,}8\cdot10^6$: σ_a=38,2N/mm² für schwarze und für $N_D=1{,}8\cdot10^6$: σ_a=33,9N/mm² für feuerverzinkte Schrauben. Zusammenfassung:

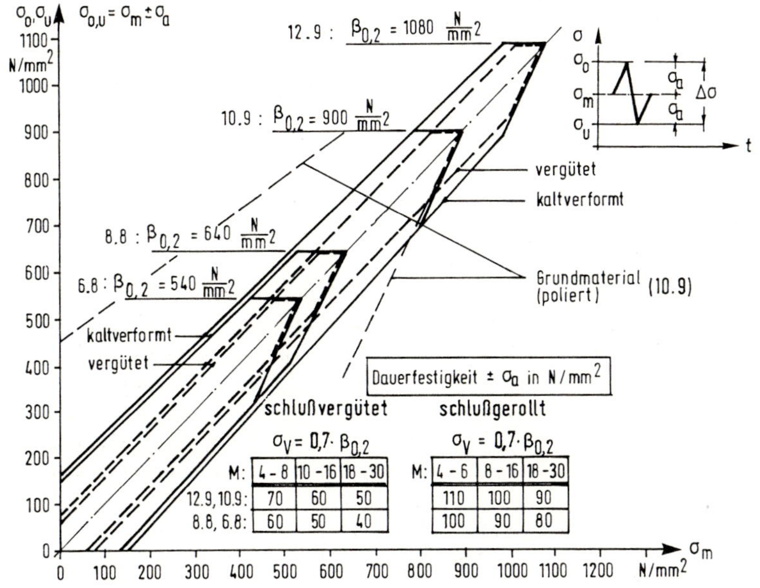

Bild 101

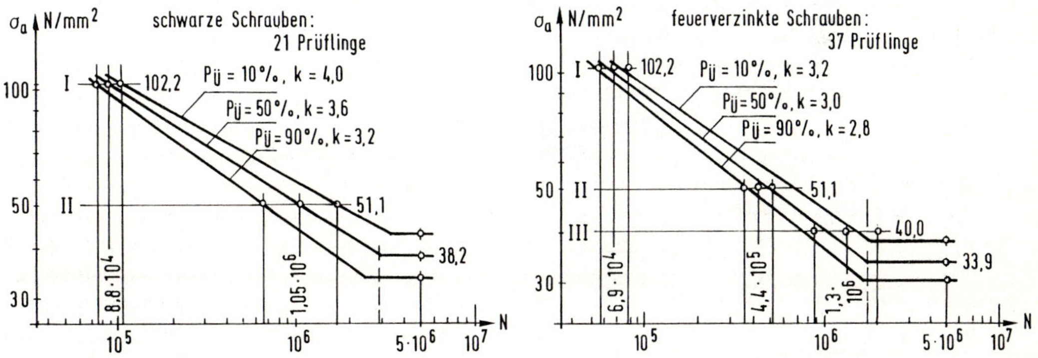

Bild 102 (nach LACHER) a) b)

- Durch eine Feuerverzinkung sinkt die Dauerfestigkeit; der Abfall kann bis zu 15% betragen [42,43]; das beruht auf der Sprödigkeit der Eisenzinklegierung im Gewinde-Kerbgrund, vgl. Abschnitt 19.2.4.3.
- Schrauben mit (scharf) geschnittenem Gewinde sind für achsiale Zugschwingbeanspruchung wegen deren geringer Ermüdungsfestigkeit ungeeignet, bei Feuerverzinkung besteht die Gefahr eines weiteren Dauerfestigkeitsabfalls infolge Lötbrüchigkeit. Aus diesem Grund sollten die in [86] mitgeteilten Versuchsergebnisse, die mit einer Ausnahme für Schrauben mit geschnittenem Gewinde bei gleichzeitig relativ großem Durchmesser (33 bis 50mm) gelten, nicht verwertet werden. (Offensichtlich ist das in einigen Regelwerken geschehen

bzw. beabsichtigt, z.B. in EUROCODE 3, Normvorlage DIN 18800 T6; die Orientierung an den diesbezüglichen amerikanischen Versuchen ist verfehlt, weil deren stahlbauliche Ausführungen nicht den hierzulande anzuwendenden Regeln der Technik entsprechen; vgl. dazu auch die Ausführungen in Abschnitt 3.7.3.2 und 3.7.5.6.)

- Relativ geringe Oberflächenbeschädigungen im Gewindegrund (Kerbe mit Aufwerfung) bewirken einen deutlichen Dauerfestigkeitsabfall [87]. Bei planmäßig auf Zugschwellen beanspruchten Schrauben und Ankern empfiehlt sich ein sorgsamer Umgang bei Lagerung, Transport und Montage.

In DIN 18800 T1 (11.90) ist in Element 741 (Betriebsfestigkeit) ein Abgrenzungskriterium für $\Delta\sigma$ enthalten. Unterhalb dessen ist ein Betriebsfestigkeitsnachweis entbehrlich:

$$\Delta\sigma < 26\,\mathrm{N/mm^2}, \quad N < 5\cdot 10^6\cdot\left(\frac{26}{\Delta\sigma}\right)^3 \quad \text{mit } \Delta\sigma \text{ in N/mm}^2$$

Dieses Kriterium ist am ungünstigsten Kerbfall orientiert, der auftreten kann: Schrauben unter zentrischer Zugbeanspruchung, Kerbfallklasse 36 nach EUROCODE 3. Das entsprechende Kriterium findet man auch in DIN 4133 (11.91, Anhang B) für Stahlschornsteine. Ursprung ist eine ECCS-Empfehlung aus dem Jahre 1985 [88], vgl. Bild 103; sie gilt für $P_Ü$=97,3%, Schrauben schwarz und feuerverzinkt. Für N=5·10^6 bedeutet das eine ertragbare Schwingamplitude von σ_a=13N/mm² und für N=2·10^6: σ_a=18N/mm². Wegen der oben erwähnten Orientierung liegen die genannten Werte, einschl. des Kriteriums, zu niedrig. Statt dessen empfiehlt der Verf.:

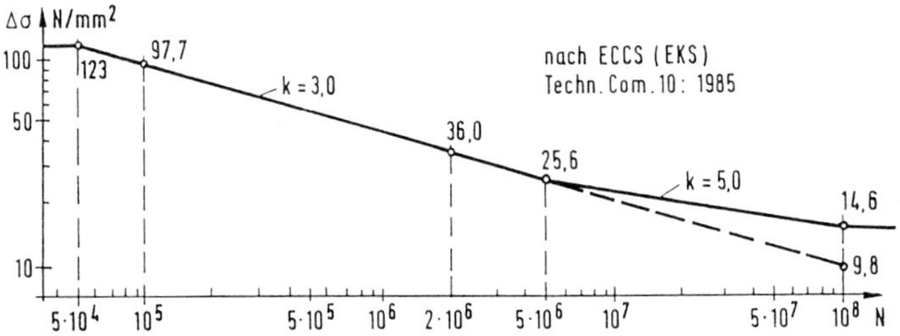

Bild 103

$$\Delta\sigma_Z = \Delta\sigma_D\left(\frac{N_D}{N_Z}\right)^{1/k} \text{bzw.} \quad N_Z = \frac{N_D}{\left(\frac{\Delta\sigma_Z}{\Delta\sigma_D}\right)^k}$$

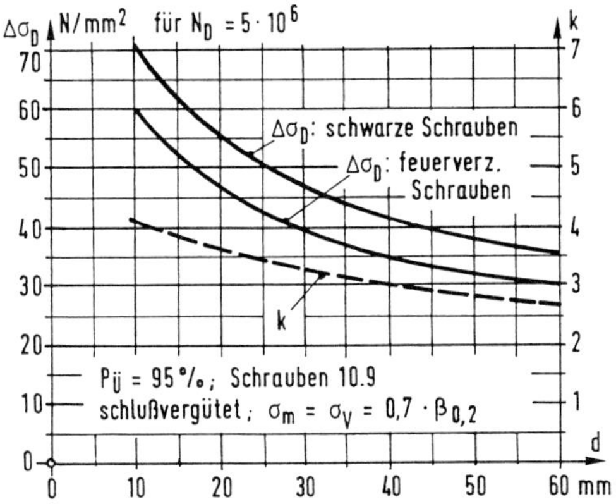

Bild 104

(Wegen der Benennungen vgl. Abschnitt 2.6.5.6.2.) Für N_D=5·10^6 können $\Delta\sigma_D$ und k aus Bild 104 in Abhängigkeit vom Bolzendurchmesser entnommen werden. Die Angaben liegen eher auf der sicheren Seite und beinhalten eine gewisse Reduktion der Ermüdungsfestigkeit infolge der bei der Vorspannung der Mutter eingeprägten Torsionsbeanspruchung des Bolzenschaftes. Durch weitere Versuche wäre der Vorschlag zu überprüfen; eine umfassende Abklärung durch die Forschung steht noch aus; das zeigen auch die z.T. stärker divergierenden Regeln in den nationalen und internationalen Vorschriften.

Auf Zug beanspruchte <u>nicht vorgespannte</u> Schrauben sollten in dynamisch belasteten Konstruktionen grundsätzlich vermieden werden; das gilt auch in vorrangig windbelasteten turmartigen Bauwerken. Um den Betriebsfestigkeitsnachweis bei <u>vorgespannten</u> Schrauben (etwa unter Verwendung der Angaben in Bild 104) führen zu können, müssen zunächst die Schraubenkräfte nach Abschnitt 9.6 berechnet werden.

<u>Beispiel</u>: <u>Kopfplattenstoß in einem Kranbahnträger</u> (Bild 105a)

Bei durchlaufenden Kranbahnträgern ist das max Stützmoment i.a. deutlich geringer als das für die Bemessung maßgebende Feldmoment; vgl. Abschn. 21.5.4.3. Aus diesem Grunde macht es Sinn, einen fallweise erforderlichen Trägerstoß über einem Zwischenauflager anzuordnen.- Im vorliegenden Beispiel betrage das max Stützmoment M=-190kNm (im Feld: M=+320kNm).
Es wird die in Bild 105b/c skizzierte Ausführung mit 50mm dicken Kopfplatten und 4 M27-10.9 Schrauben auf der Biegezugseite gewählt, A_{Sp}=4,59cm², F_V=290kN. Bei der Anordnung der

Schrauben ist darauf zu achten, daß die Nuß des Momentenschlüssels auf die Mutter aufgesetzt werden kann. Für das in Teilbild c angegebene Berechnungsmodell beträgt der innere Hebelarm:

$$h = 290 - 0{,}5 \cdot 22{,}5 = 279\,\text{mm} = \underline{0{,}279\,\text{m}}$$

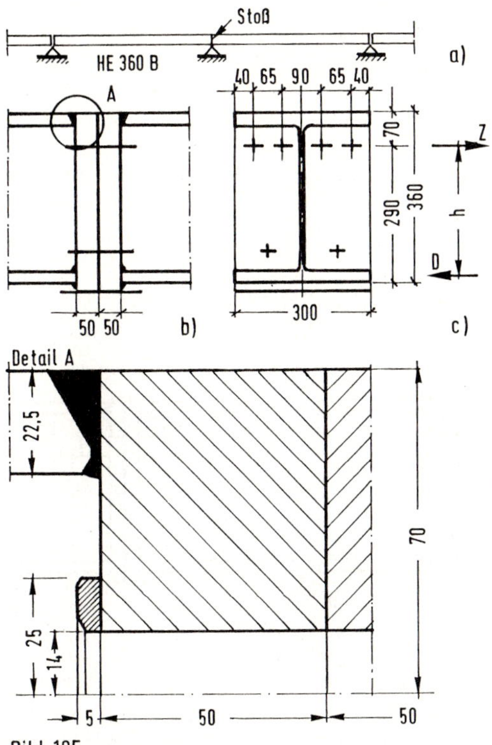

Bild 105

Die große Kopfplattendicke rechtfertigt die Annahme, daß sich die Zugkraft zu gleichen Teilen auf die vier Schrauben absetzt:

$$Z = \frac{190}{4 \cdot 0{,}279} = \underline{170{,}3\,\text{kN}}; \quad 170{,}3/290 = \underline{0{,}59}$$

Ausgehend von G.52/53/63 wird gerechnet (vgl. Teilbild d):

Schraube:

$$EA_S = 21000 \frac{\pi}{4} 2{,}7^2 = 120\,236\,\text{kN}$$

$$C_S = \frac{120\,236}{11{,}0} = \underline{10\,930\,\text{kN/cm}} = C_1$$

Scheibe:

$$EA_{D_1} = 21000 \frac{\pi}{4} (5{,}0^2 - 2{,}8^2) = 283\,026\,\text{kN}$$

$$C_{D_1} = \frac{283026}{0{,}5} = \underline{566\,052\,\text{kN/cm}}$$

Druckkörper:

$$EA_{D_2} = 21000 \frac{\pi}{4} [(5{,}0 + \frac{10{,}0}{10})^2 - 2{,}8^2] = 464\,453\,\text{kN}$$

$$C_{D_2} = \frac{464\,453}{10{,}0} = \underline{46\,445\,\text{kN/m}}$$

$$C_D = \frac{1}{2 \cdot \frac{1}{566\,052} + \frac{1}{46445}} = \underline{39\,900\,\text{kN/cm}} = C_2$$

$$p = \frac{1}{1 + \frac{39\,900}{10\,930}} = 0{,}22 \longrightarrow p \cdot Z = 0{,}22 \cdot 170{,}3 = \underline{37{,}5\,\text{kN}}$$

Maximale Schraubenkraft:

$$F'_{VS} = F_V + p \cdot Z = 290 + 37{,}5 = \underline{327{,}5\,\text{kN}}$$

Für die max Spannung im Spannungsquerschnitt der Schraube ergibt sich:

$$\max\sigma = 327{,}5/4{,}59 = 71{,}4\,\text{kN/cm}^2 = \underline{714\,\text{N/mm}^2}; \quad \beta_{0,2} = 900\,\text{N/mm}^2; \quad 900/714 = 1{,}26$$

Der Kran falle in die Beanspruchungsgruppe B4 nach DIN 15018 mit dem Spannungskollektiv S_2 und einem max Spannungsspielbereich $N_2 = 6 \cdot 10^5$. Die Gruppe wird für den Kranbahnträger übernommen (vgl. DIN 4132). Mit jedem Arbeitsspiel des Kranes geht eine Kranfahrt einher. Beim Überfahren des Zweifeldträgers tritt das Stützmoment zweimal auf; es baut sich allerdings nicht jeweils von Null aus auf. Wird dieses dennoch unterstellt, liegt die Rechnung mit

$$\Delta\hat{\sigma} = \frac{37{,}5}{4{,}59} = 8{,}17\,\text{kN/cm}^2 = \underline{81{,}7\,\text{N/mm}^2}$$

$$\hat{N} = 2 \cdot 6 \cdot 10^5 = \underline{1{,}2 \cdot 10^6}$$

auf der sicheren Seite. - Aus Bild 104 folgt für eine schwarze Schraube M27:

$$\Delta\sigma_D = 49\,\text{N/mm}^2 \text{ für } N_D = 5 \cdot 10^6; \quad k = 3{,}4$$

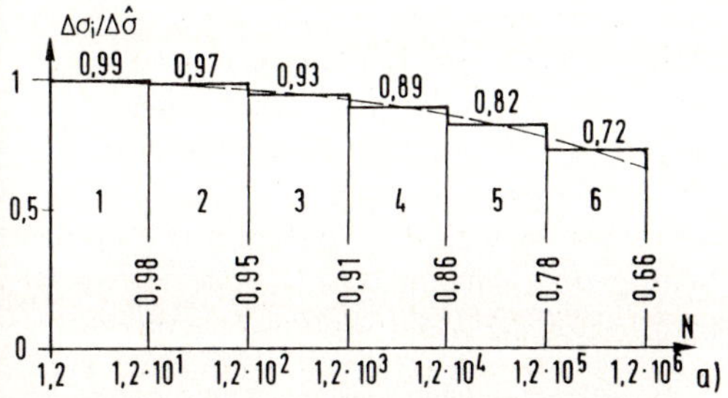

1	2	3	4	5	6
i	n_i	$\Delta\sigma_i$	$\gamma \cdot \Delta\sigma_i$	N_i	n_i/N_i
1	12	80,9	97,1	488 800	0,000 025
2	108	79,2	95,0	526 500	0,000 205
3	1 080	76,0	91,2	604 900	0,001 785
4	10 800	72,7	87,2	704 500	0,015 33
5	108 000	67,0	80,5	924 600	0,116 8
6	1 080 000	58,8	70,6	1 444 000	0,747 9
Σ	$1{,}2 \cdot 10^6$	N/mm²		Σ	0,88 < 1

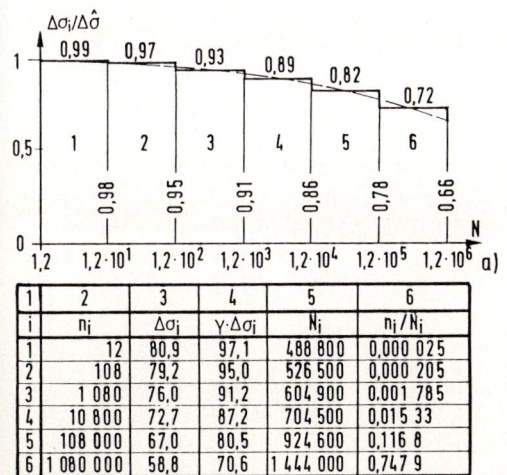

b)

Bild 106

Bild 106a zeigt die Kollektivform S_2, über $N = 1{,}2 \cdot 10^6$ aufgetragen, siehe Abschnitt 3.7.5.1 (Bild 99). Der kontinuierliche Kollektivverlauf wird durch einen abgestuften angenähert. Die Lastwechselzahl pro Stufe i ist in der Tabelle des Teilbildes b eingetragen: Spalte 2. Spalte 3 enthält die abgestuften Spannungsschwingbreiten; sie werden um den Sicherheitsfaktor $\gamma = 1{,}2$ angehoben: Spalte 4.

Für diese Spannungen werden die zugehörigen Lastwechselzahlen der $P_Ü$=95%-Fraktile berechnet:

$$N_i = \frac{N_D}{\left(\frac{\gamma \cdot \Delta\sigma_i}{\Delta\sigma_D}\right)^k} = \frac{5 \cdot 10^6}{\left(\frac{\gamma \cdot \Delta\sigma_i}{49}\right)^{3,4}}$$

Diese Lastwechselzahlen sind in Spalte 5 ausgewiesen. In Spalte 6 sind die Schädigungsbeiträge eingetragen; deren Summe ergibt den Schädigungskoeffizienten

$$S = \sum_{i=1}^{6} \frac{n_i}{N_i} = \underline{0{,}88 < 1} \qquad (1/0{,}88 = 1{,}14)$$

Da S kleiner 1 ist, ist die Auslegung sicher. Hierbei ist zu berücksichtigen, daß neben dem Sicherheitsfaktor 1,2, mit dem die Spannungsspannen multipliziert werden, weitere Sicherheitselemente enthalten sind:

- Bezug auf die $P_Ü$=95%-Fraktile
- Volle Spannungsschwingbreite pro Lastspiel bei Verdoppelung der Lastspielzahl

Entscheidend für die Sicherheit ist, daß die Kopfplatten vor dem Verschrauben exakt planparallel zueinander und vollflächig aufeinander liegen.

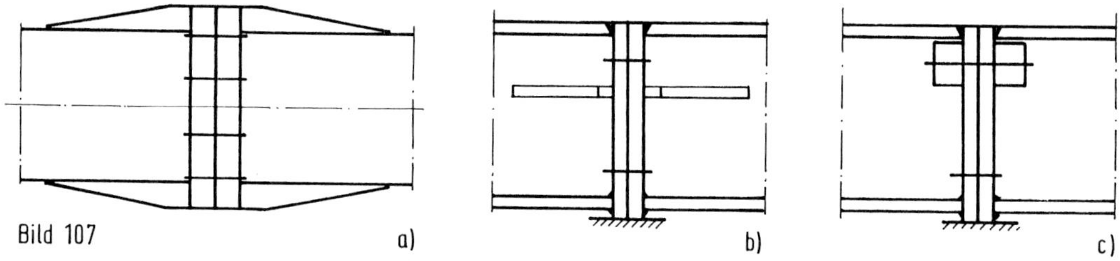

Bild 107

Wie ausgeführt, bereitet die Anordnung der vier Schrauben wegen der beengten Platzverhältnisse Schwierigkeiten; ggf. wird man die Stirnplatten breiter ausführen und die Ränder durch angeschäftete Bleche aussteifen (Bild 107a). Die Stirnbleche müssen auf jeden Fall frei von Dopplungen und lamellaren Einschlüssen sein (vgl. Abschn. 8.4.4.4). Dünnere Stirnplatten sind diesbezüglich günstiger, allerdings mit dem Nachteil, daß der vorgespannte Druckkörper kleiner ausfällt; eine Versteifung ist bei dünneren Kopfplatten anzuraten (Teilbild b). Günstiger ist die Anordnung von dicken Unterlagblechen, sie steifen die Kopfplatte aus und vergrößern zudem den Druckkörper, Teilbild c.

10 Verbindungstechnik III: Bolzenverbindungen mit Augenlaschen

10.1 Einsatzbereiche - Allgemeine Hinweise

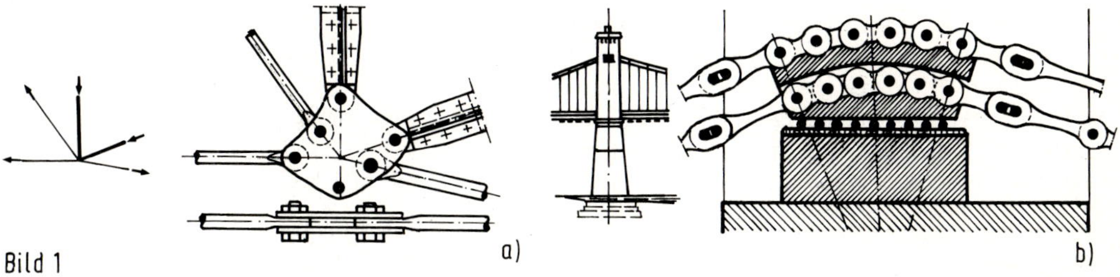

Bild 1

In der Frühzeit des Eisenbaues wurden Augenstäbe mit Bolzen relativ häufig eingesetzt, z.B.

- bei Fachwerken des Hoch- und Brückenbaues, um die rechnerische Annahme gelenkiger Knotenpunkte zu erfüllen (Bild 1a) oder
- bei Hänge- und Zügelgurtbrücken mit Flachstabketten als Traggurte (Bild 1b: Elbbrücke in Tetschen, 1854, l=119m). Dieser Brückentyp gehört mit zu den ältesten (vgl. Abschnitt 1.3); er war auch im amerikanischen Brückenbau sehr verbreitet, weshalb die dort gemachten Erfahrungen die späteren Dimensionierungsanweisungen auch in Europa stark beeinflußten [1÷3]. Im 20. Jhd. gebaute Kettenbrücken waren: Elisabeth-Brücke über die Donau in Budapest (1903, l=290m), Rheinbrücke Köln-Deutz (1920, l=185m).

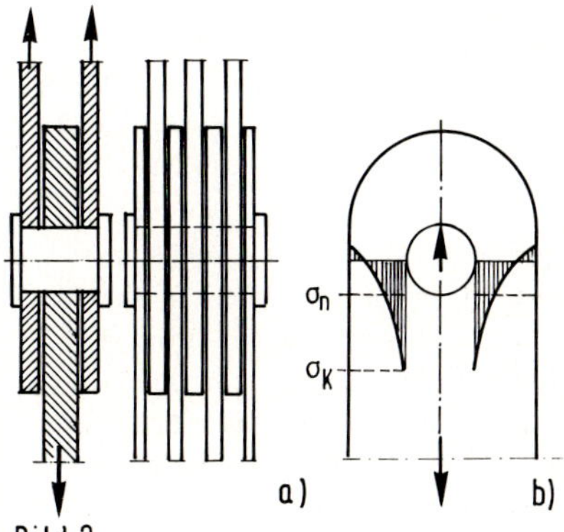

Bild 2

Der Vorteil der Bolzenverbindung liegt in der einfachen Fertigung. Bei dieser Verbindung handelt es sich indes um das typische Beispiel einer nicht ausfallsicheren Konstruktion: Ein Versagen der Verbindung, sei es des Augenstabes oder des Bolzens, löst i.a. den Einsturz des ganzen Bauwerkes aus. Auch treten Probleme im Zusammenhang mit dem Korrosionsschutz auf, Inspektion und Unterhaltung sind schwierig. - Bild 2a zeigt eine zwei- bzw. sechsschnittige Bolzenverbindung. In Teilbild b ist der Spannungsverlauf in den Wangenquerschnitten dargestellt: Am Lochrand treten hohe Spannungsspitzen auf (Kerbspannungen), die vor allem die Ermüdungsfestigkeit bestimmen.

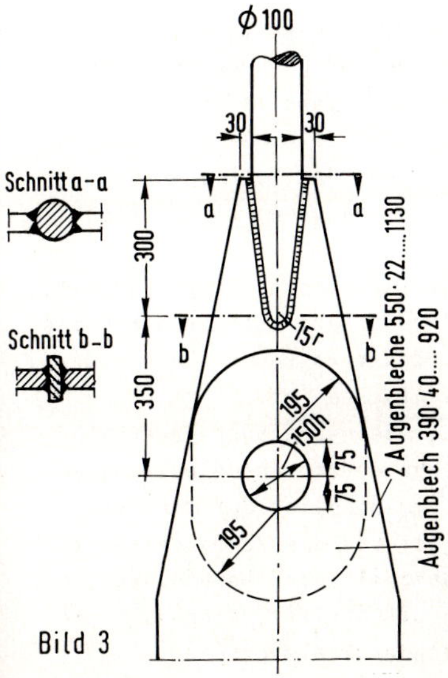

Bild 3

Im modernen Stahlbau werden Gelenkbolzen-Verbindungen dann eingesetzt,

- wenn ein häufiges und einfaches Lösen der Verbindung verlangt wird, beispielsweise bei Schal- und Gerüstkonstruktionen, fliegenden Bauten, mobilem Gerät, wie Brücken- und Übersetzmittel im Pionier- und Behelfsbrückenbau oder
- wenn eine gewisse Drehfähigkeit der Verbindung gefordert wird, ggf. nur während der Montage, z.B. beim Anschluß von Seilen und Stangen wie bei Seilnetzkonstruktionen, abgespannten Masten und Schornsteinen oder bei Zugstangen für Hänge- und Stabbogenbrücken mit angehängter Fahrbahn (Bild 3). Hierbei ist zu bedenken, daß die Drehung des Bolzens im Auge ein Drehmoment am Bolzen vor-

aussetzt, um die Reibung zu überwinden. Es ist ein Trugschluß anzunehmen, das anschliessende Zugglied sei momentenfrei. Je biegeweicher das Zugglied ist, z.B. im Falle von Seilen, umso geringer stellt sich das Reibmoment zwischen Bolzen und Auge ein.

Liegt die Bolzenachse nicht winkelrecht zur Längsachse (schiefe Bohrung), kann es bei schwellender Beanspruchung zu einem seitlichen Verrutschen des Bolzens kommen; eine alleinige Splintsicherung ist nicht ausreichend; zweckmäßiger sind Schraubenbolzen, bei denen das Gewinde innerhalb einer dickeren Unterlegscheibe endet und Mutter und Bolzen gemeinsam durchbohrt und durch einen Splint gesichert werden. Bei nichtlösbaren Bolzen werden die Köpfe auch aufgestaucht, vgl. Bild 2.

Stahlgelenkketten für Kettengetriebe zählen zu den Maschinenelementen, vgl. [4] und DIN 19804/5 (Stahlwasserbau). Die Laschen werden in diesem Fall aus Vergütungsstählen nach DIN 17200 und die Bolzen aus legierten Einsatzstählen nach DIN 17210 gefertigt.

Bolzenverbindungen dürfen nicht mit Schrauben- oder Nietverbindungen verwechselt und nicht als solche nachgewiesen werden! Im Gegensatz zu diesen fehlt bei Bolzenverbindungen die mit dem Anziehen der Mutter bzw. mit der Schrumpfung der Niete einhergehende Preßklemmung der Bleche; ein gewisses Spiel zwischen den Laschen ist i.a. erwünscht, um ein einfaches Lösen der Verbindung oder die angestrebte Drehfähigkeit zu gewährleisten. Bedingt durch das Laschenspiel erhält der Bolzen eine Biegebeanspruchung, die zur scherenden Beanspruchung hinzutritt. - Da der Bolzen das Loch nicht satt ausfüllt, wird der Augenstab im Ringbereich auf Biegung beansprucht. Diese Beanspruchung tritt zusätzlich zur Lochleibungspressung auf. Je größer das Spiel zwischen Bolzen und Bohrung ist, umso ausgeprägter ist die Biegebeanspruchung, denn je größer das Spiel ist, umso punktueller wird die Kraft stirnseitig abgesetzt. Bei satter Ausfüllung des Loches geht vom Bolzen eine stützende Wirkung aus, die Biegespannungen sind dann geringer, vgl. Bild 4. Da sich das Loch schon bei geringster Beanspruchung ovalisiert, wird der Bolzen bei passigem Sitz unter Last eingeklemmt, die gegenseitige Drehung von Auge und Bolzen wird be- oder ganz verhindert.-

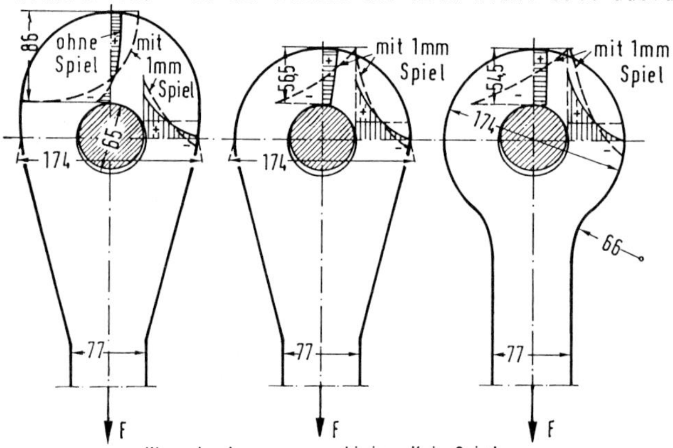

Hinweis: Ausgezogene Linien: Kein Spiel

Der große Einfluß des Lochspiels auf die Dehnungen und Spannungen konnte frühzeitig von MATHAR [5] experimentell aufgezeigt werden; Bild 4 zeigt die von ihm gefundenen Ergebnisse an drei Augenstabformen im Wangen- bzw. Scheitelquerschnitt, jeweils ohne und mit Lochspiel (1,6%). Aus der Gegenüberstellung geht der günstige Einfluß einer vergrößerten Scheiteltiefe auf die Spannungen im Wangenquerschnitt hervor.- Bei der Bemessung der Augenbleche sind zwei Aufgaben zu unterscheiden:

a) Bestimmung der statischen Tragfähigkeit, die an der Bruchgrenze oder an der Größe der auftretenden Verformung (Lochaufweitung) zu orientieren ist.
b) Bestimmung der Beanspruchung innerhalb des elastischen Bereiches; dieser Aspekt interessiert im Hinblick auf die Ermüdungsfestigkeit und die Gebrauchstauglichkeit (Drehfähigkeit) der Verbindung.

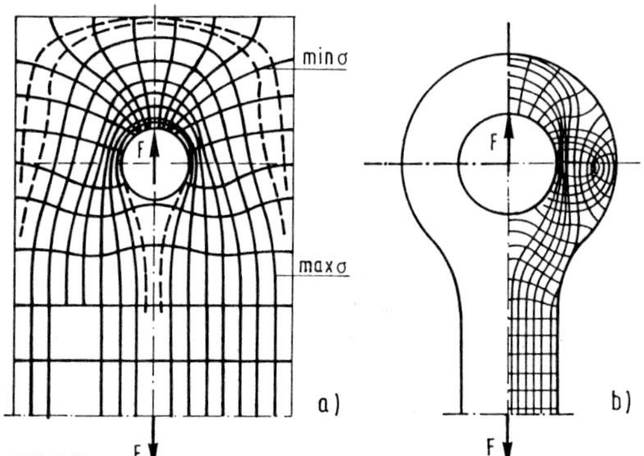

Bild 5

Was die Aufgabe b) betrifft, gibt es folgende Möglichkeiten der Analyse:

1. Dehnungsmessungen [5-8],
2. Spannungsoptische Messungen [9-11],

3. Elasto-statische Berechnungen, entweder auf der Grundlage der Stabstatik als Ringträger mit starker Krümmung [12-19], nach der Scheibentheorie [20,21] oder mittels der Methode der finiten Elemente (FEM).

Bild 5 zeigt die Hauptspannungslinien für zwei unterschiedliche Augenstabformen, die spannungsoptisch ermittelt wurden [9,10]. Man erkennt, wie die Hauptzugspannungslinien das Auge (quasi als Seilstränge) umschließen. Der starke Anstieg der Kerbspannungen bei relativ geringer Zunahme des Lochspiels konnte mit Hilfe dieser Meßmethode aufgezeigt werden [11].

10.2 Grenztragfähigkeit von Augenstab und Bolzen

10.2.1 Vorbemerkungen

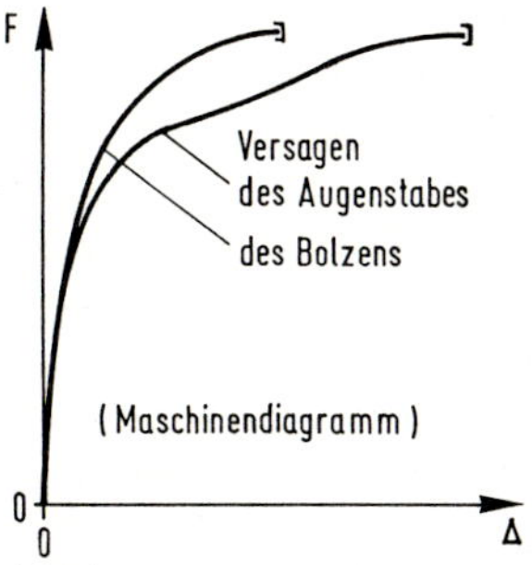

Bild 6

Wird ein Augenstab mit Bolzen einem Zugversuch unterworfen, stellen sich Kraft-Verschiebungskurven, wie in Bild 6 dargestellt, ein. Ein Fließplateau ist nicht zu erkennen. Tritt Versagen bei relativ starkem Bolzen im Augenstab ein, kommt es zu größeren Verformungen. Ist der Bolzen der schwächere Teil, ist die Bruchverformung eher geringer, vor allem dann, wenn Scherung gegenüber Biegung überwiegt; letzteres ist bei vergleichsweise dicken Laschen gegeben, in die sich der Bolzen im Zuge der Biegeverformung einspannt. - Beim Zugversuch lassen sich zwei Kraftniveaus ausmachen (vgl. auch Bild 13):

- Fließkraft: Es treten in der Kontaktfläche des Laschenauges sowie in den Wangenbereichen der Lasche (vom Auge ausgehend) erste bleibende Verformungen auf;
- Bruchkraft: Es tritt entweder ein Wangenbruch (bei relativ größerer Scheiteltiefe) oder ein Scheitelbruch ein. In beiden Fällen gehen mit dem Bruch i.a. große Lochaufweitungen und Bolzenverbiegungen einher, außerdem Einschnürungen der Wangenbereiche und ausgedehnte plastizierte Zonen. Bei im Vergleich zur Laschendicke geringem Bolzendurchmesser verbiegen sich die Laschen nach außen; in Verbindung mit der Bolzenbiegung tritt Versagen ein, vgl. Bild 7.

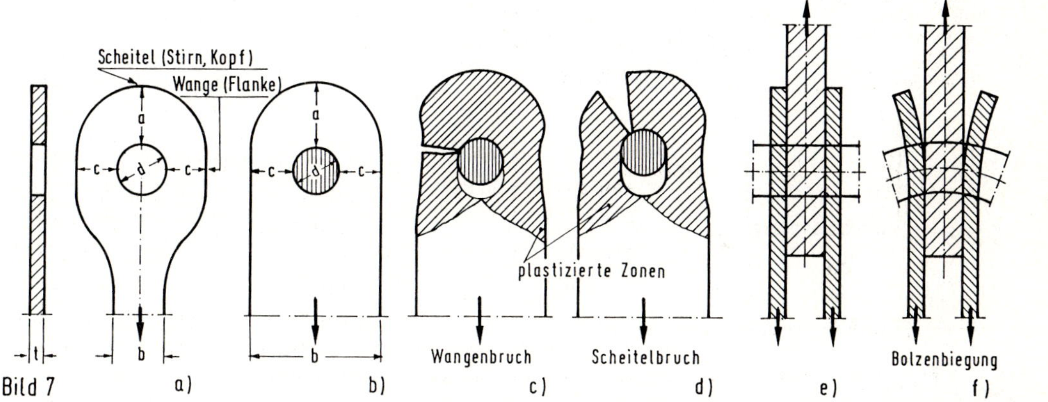

Bild 7

Offensichtlich ist es wichtig, daß Augenlasche und Bolzendurchmesser ausgewogen zu einander dimensioniert sind, das gilt auch für die Größe des relativen Lochspiels. Bei der Fließ- und Bruchkraft handelt es sich um keine genau definierten Margen. Sie sind im Falle einer versuchsmäßigen Bestimmung in Abhängigkeit vom Einsatzzweck zu vereinbaren.

10.2.2 Ehemalige Bemessungsansätze für Augenbleche

Schon frühzeitig wurden Tragversuche durchgeführt; Bild 8 zeigt hieraus gewonnene Empfehlungen, wie sie einst im europäischen und amerikanischen Brückenbau verwertet wurden. Sie entstanden aus der Forderung, daß das Auge dieselbe Tragfähigkeit wie der Stabquerschnitt ($A=b\cdot t$) haben sollte: COOPER [1,2]: $d/b=1$; $c/b=0,5$; $a/b=0,75$. (Wegen der Benennungen (a,b,c,d) vgl. Bild 7a/b.)

Quelle	d/b	c/b	a/b
Budapester SZECHENYI-Kettenbrücke (1849)	0,44	0,53	0,68
GERBER	0,55	0,55	0,75
Budapester Elisabethbrücke (1903)	0,67	0,58	0,75
Berkeley	0,75	0,63	1
PENCOYD-Works, Phoenixville Comp.	-	0,67	0,67
Baltimore-Bridge-Comp.	-	0,75	0,75
Amerikanische Brückenbauvorschriften (1930)	(0,88)	0,69	0,69

Bild 8

Von WINKLER stammt die Empfehlung (1)

$$a = \frac{b}{2} + \frac{2}{3}d; \quad c = \frac{b}{2} + \frac{1}{3}d$$

und von HÄSELER: (2)

$$a = \frac{b}{2} + \frac{5}{8}d; \quad c = \frac{b}{2} + \frac{1}{6}d$$

Die Empfehlung von WINKLER wurde später von SCHAPER [22] aufgegriffen und gelangte auf diesem Wege als Konstruktionsanweisung in die Regelwerke DIN 4131 und DIN 4133: Die Fließkraft im Stab der Breite b und Dicke t beträgt (vgl. Bild 7a/b):

$$S_F = \sigma_F\, b\, t \longrightarrow b = \frac{S_F}{\sigma_F\, t} \qquad (3)$$

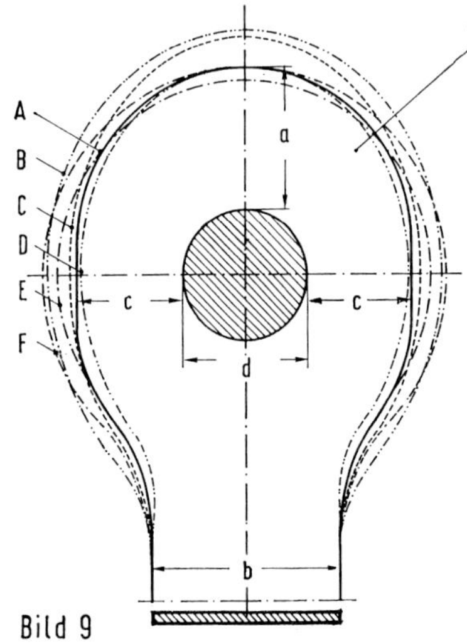

Legende: A : Auge der Budapester Kettenbrücke
B : Auge nach WINKLER
C : " " HÄSELER
D : " " GERBER
E : " " PENCOYD-Works
F : " " Baltimore-Bridge-Comp.

Bild 9

Wird b in G.1 eingesetzt, ergibt sich:

$$a = \frac{S_F}{2\sigma_F t} + \frac{2}{3}d; \quad c = \frac{S_F}{2\sigma_F t} + \frac{1}{3}d \qquad (4)$$

Bezogen auf die Gebrauchslast gilt:

$$a \geq \frac{S}{2t \cdot zul\sigma} + \frac{2}{3}d; \quad c \geq \frac{S}{2t \cdot zul\sigma} + \frac{1}{3}d \qquad (5)$$

Nach diesen Formeln ausgebildete Augenstäbe ergeben eine ausgewogene Dimensionierung und haben sich bewährt. In Bild 9 sind verschiedene Augenstabformen zusammengestellt, wie sie sich aufgrund der ehemaligen Anweisungen (Bild 8 u. G.1/2) ergeben.

10.2.3 Bemessungsansatz für Bolzen

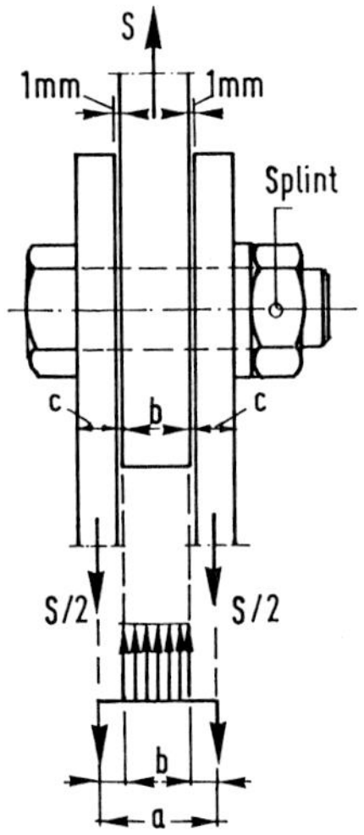

Bild 10

Wie oben erwähnt, sind die Bolzen auf Biegung und Abscheren nachzuweisen. Die Höhe der Biegungsbeanspruchung wird stark vom Laschenspiel beeinflußt. Bei Annahme eines zu beiden Seiten des Mittelbleches gleichgroßen Laschenspiels und mit den Bezeichnungen des Bildes 10 folgt für max M:

$$\max M = \frac{S}{2}\cdot\frac{a}{2} - \frac{S}{b}\cdot\frac{b^2}{8} = S\frac{2a-b}{8} \qquad (6)$$

Ist das Laschenspiel beidseitig gleichgroß und z.B. gleich 1mm, ist a=b+c+2 und damit:

$$\max M = S\frac{b+2c+4}{8} \qquad (7)$$

Im Falle b=2c ist:

$$\max M = S\frac{c+1}{2} \qquad (8)$$

(a,b und c sind in mm einzuführen; der Ansatz des Laschenspiels ist in jedem Einzelfall zu prüfen!). Das Widerstandsmoment eines Bolzens beträgt:

$$W = \pi\frac{d^3}{32} \qquad (9)$$

d: Bolzendurchmesser. Im Bolzen ist neben der Biegerandspannung die Scher-(Schub-)Spannung nachzuweisen. Die Scherspannung wird als Mittelwert berechnet, vgl. den folgenden Abschnitt. Die vorstehend erläuterte Spannungsberechnung nach der technischen Biegelehre stellt für den kurzen Bolzen eine Näherung dar.

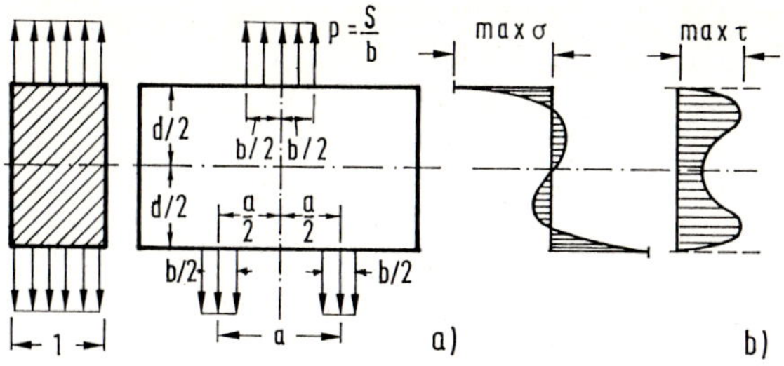

Bild 11

Von BLEICH [23,24] wurde eine elastizitätstheoretische Analyse als Scheibenproblem an einem gedrungenen Rechteckbalken durchgeführt (Bild 11). Nach seinem Vorschlag werden die so ermittelten maximalen Spannungen auf einen runden Bolzen umgerechnet (d: Bolzendurchmesser; a und b gemäß Bild 11); das ergibt:

$$\max\sigma = \frac{M}{W} + \frac{2}{3}1{,}27\frac{S}{bd}\arctan(0{,}42\frac{d}{b}) \qquad (10)$$

$$\max\tau = [1{,}10 + 0{,}02(\frac{d}{a})^2 + \frac{1}{4}\arctan(\frac{a}{d})]\frac{S}{2A} \qquad (11)$$

$$W = \frac{\pi d^3}{32};\quad A = \frac{\pi d^2}{4}$$

In [25] wird über Vergleichsuntersuchungen nach der Methode der finiten Elemente berichtet; danach liefert eine Spannungsberechnung nach der technischen Biegetheorie ausreichend zutreffende Ergebnisse (d.h. ein Nachweis nach G.10/11 ist entbehrlich, vgl. auch Abschnitt 10.2.6).

10.2.4 Statische Tragversuche

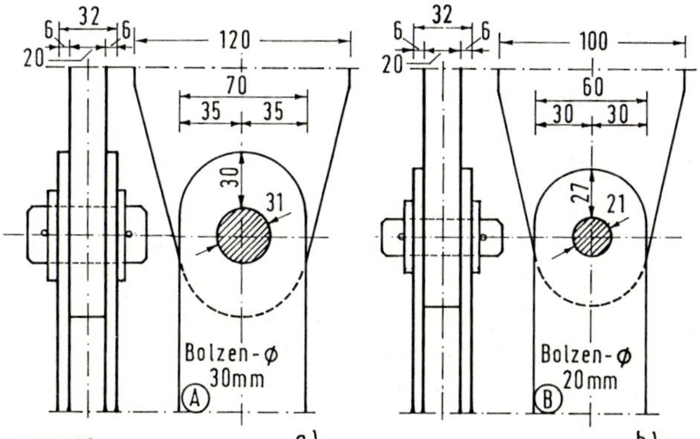

Bild 12

Löst man die Formeln G.5 nach zulS bei Einhaltung der zulässigen Zugspannung auf, folgt alternativ:

$$\text{zul}S = (a - \frac{2}{3}d)\,2t\cdot\text{zul}\sigma \quad \text{bzw.}$$
$$\text{zul}S = (c - \frac{1}{3}d)\,2t\cdot\text{zul}\sigma \qquad (12)$$

Aus der Gleichsetzung erhält man die zugehörige "Optimalbedingung":

$$a = c + \frac{1}{3}d \qquad (13)$$

Um die Dimensionierungsvorgaben gemäß G.5 zu prüfen, wurden vom Verf. Tragversuche durchgeführt [26], dabei wurden zwei Augenstabformen, einmal mit starkem und einmal mit schwachem Bolzen geprüft; beide Stabformen genügen der Bedingung G.5. Bild 12 zeigt die Prüfkörper: c=0,5(70-31)=19,5mm bzw. 0,5(60-21)=19,5mm, t=6mm. Wird als zulässige Spannung für das verwendete Laschenmaterial St37: zul σ=18,0kN/cm² (Lastfall HZ im Sinne des ehemaligen Sicherheitskonzepts) angesetzt, findet man, ausgehend von G.12/13:

Ⓐ: Bolzen 30mm; d=31mm; $a = 19{,}5 + 31{,}0/3 = 29{,}8$mm (gew.: 30,0mm): $\text{zul}S = (2{,}98 - \frac{2}{3}3{,}1)\cdot 2\cdot 0{,}6\cdot 18{,}0 = 19{,}73$ kN

Ⓑ: Bolzen 20 mm; d=21mm; $a = 19{,}5 + 21{,}0/3 = 26{,}5$mm (gew.: 27,0mm): $\text{zul}S = (2{,}65 - \frac{2}{3}2{,}1)\cdot 2\cdot 0{,}6\cdot 18{,}0 = 27{,}00$ kN

Bezogen auf zwei Bleche (je 6mm) folgt: Ⓐ: $\underline{\text{zul}S} = 2\cdot 19{,}73 = \underline{39{,}5\text{ kN}}$, Ⓑ: $\underline{\text{zul}S} = 2\cdot 27{,}00 = \underline{54{,}0\text{ kN}}$

Bild 13 zeigt die Kraft-Weg-Diagramme der Prüfmaschine für je zwei Prüfkörper. Die Bruchkräfte betrugen i.M. ca. 220kN bzw. 175kN. Die zuvor berechneten zulässigen Tragkräfte 39,5 bzw. 54,0kN sind in den Diagrammen eingetragen. Unter diesen Kräften traten in den Laschen erste sichtbare Fließzonen und in den Augen bleibende Verformungen auf, auch erste Eindrückungen in den Bolzen, das galt insbesondere für den Prüfkörper Ⓑ. Rechnet man die zulässigen Tragkräfte auf die Ist-Streckgrenze (290N/mm³ anstelle 240N/mm²) der Laschen um, folgt: Ⓐ: $\underline{\text{zul}S' = 47{,}7\text{ kN}}$, Ⓑ: $\underline{\text{zul}S' = 65{,}3\text{ kN}}$

Bezogen auf die Bruchkräfte ergeben sich folgende Sicherheiten (HZ):

Ⓐ Bolzen 30mm: $\gamma = 220/47{,}7 = 4{,}61$

Ⓑ Bolzen 20mm: $\gamma = 175/65{,}3 = 2{,}68$

Bei der Augenlasche mit dem 20mm Bolzen versagte der Bolzen (mit einer Versagensform etwa wie in Bild 7f dargestellt). - Offensichtlich führt eine Dimensionierung, die sich allein an den Formeln G.5 orientiert, zu recht ungleichen Sicherheiten, zudem auf das paradoxe Ergebnis, daß die zulässige Tragkraft der Augenlasche mit dem stärkeren Bolzen niedriger liegt als bei der Lasche mit dem schwächeren Bolzen (s.o.). Insofern konnten die ehemaligen Anweisungen in den Regelwerken DIN 4131 und DIN 4133 nicht voll befriedigen; das galt auch für die hierin enthaltene Auflage, daß bei einer Auslegung aufgrund von Versuchen mindestens eine 2,3-fache Sicherheit gegen Bruch einzuhalten war, ohne das Bruchkriterium zu definieren. Wichtig ist, daß eine bestimmte Sicherheit gegenüber einer bleibenden Vorformung des Auges eingehalten wird. - Die zuvor diskutierte Beurteilung der Sicherheit fällt anders aus, wenn die Bolzenbeanspruchung auf Biegung, Abscheren und Lochleibung einbezogen wird:

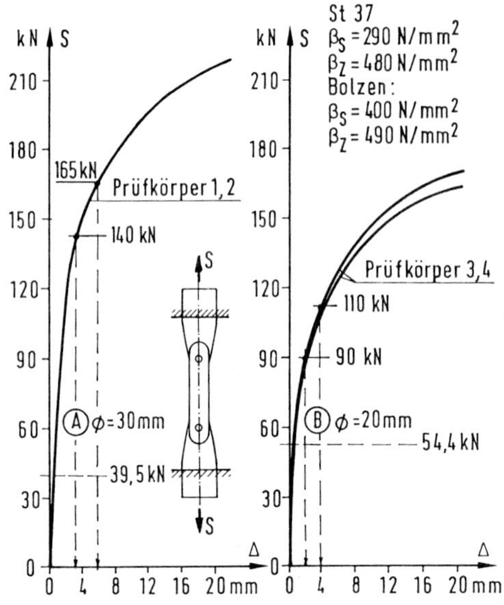

Bild 13

Widerstandsmomente, Scher- und Lochleibungsflächen der Bolzen betragen:

$$\phi\,30\,\text{mm}:\quad W = 2{,}651\,\text{cm}^3;\ A_a = 7{,}07\,\text{cm}^2;\ A_l = 3{,}60\,\text{cm}^2$$
$$\phi\,20\,\text{mm}:\quad W = 0{,}785\,\text{cm}^3;\ A_a = 3{,}14\,\text{cm}^2;\ A_l = 2{,}40\,\text{cm}^2$$

Für Bolzenbiegung und -abscheren enthält DIN 18800 T1 (03.81) keine Angaben; bezogen auf die Ist-Streckgrenzen des Bolzen- und Laschenmaterials wird für die folgende Bewertung vereinbart (vgl. die Angaben in Bild 13):

$$\beta_{S,\text{Bolzen}} = 400\,\text{N/mm}^2:\ \text{zul}\,\sigma_b = 0{,}75\cdot 40{,}0/1{,}33 = 22{,}5\,\text{kN/cm}^2$$
$$\text{zul}\,\tau_a = \frac{22{,}5}{\sqrt{3}} = 13{,}0\,\text{kN/cm}^2$$
$$\beta_{S,\text{Lasche}} = 290\,\text{N/mm}^2:\ \text{zul}\,\sigma_l = 0{,}75\cdot 32\,\frac{29{,}0}{24{,}0} = 29{,}0\,\text{kN/cm}^2$$

$32{,}0\ \text{kN/cm}^2$ ist die zul. Lochleibungsspannung für St37 im Lastfall HZ. In allen Fällen werden somit nur 75% der zul. Spannungen gemäß Norm angesetzt.

Biegung: Es werden drei Laschenspiele untersucht: 0,1 und 2mm. Ausgehend von G.8 wird gerechnet (a nach Bild 10):

$$\left.\begin{array}{l} a = 26\,\text{mm}:\ \max M = 0{,}575\,S \\ a = 27\,\text{mm}:\ \max M = 0{,}600\,S \\ a = 28\,\text{mm}:\ \max M = 0{,}625\,S \end{array}\right\}\ \sigma = \frac{M}{W} \longrightarrow \text{zul}\,S = \begin{array}{c|c} \phi\,30 & \phi\,20 \\ \hline 103{,}8 & 30{,}8 \\ 99{,}4 & 29{,}5 \\ 95{,}4 & 28{,}3 \end{array}\ \text{kN}$$

$$\phi\,30:\ 95 \div 104\,\text{kN} > \underline{47{,}7\,\text{kN}}$$
$$\phi\,20:\ \underline{28 \div 31\,\text{kN}} < 65{,}3\,\text{kN}$$

Abscheren: $\phi\,30\,\text{mm}:\ \text{zul}\,S = \underline{184{,}2\,\text{kN}};\quad \phi\,20\,\text{mm}:\ \text{zul}\,S = \underline{81{,}7\,\text{kN}}$

Lochleibung: $\phi\,30\,\text{mm}:\ \text{zul}\,S = \underline{104{,}4\,\text{kN}};\quad \phi\,20\,\text{mm}:\ \text{zul}\,S = \underline{69{,}6\,\text{kN}}$

(Bei der vorliegenden Versuchsauswertung beziehen sich die zulässigen Tragkräfte auf die Ist-Streckgrenzen.) Wie vorstehende Werte zeigen, ist Abscheren und Lochleibung nicht maßgebend. Wird die Biegebeanspruchung der Bolzen in die Sicherheitsbewertung einbezogen, folgt:

Ⓐ: Bolzen 30 mm : $\text{zul}\,S = 47{,}7\,\text{kN} \longrightarrow \gamma = 220/47{,}7 = 4{,}61$

Ⓑ: Bolzen 20 mm : $\text{zul}\,S = 28 \div 31\,\text{kN} \longrightarrow \gamma = 175/29{,}5 = 5{,}93$

Im Falle Ⓐ ist der Augenlaschennachweis und im Falle Ⓑ der Bolzennachweis (auf Biegung) maßgebend; das korrespondiert mit den Versagensformen im Versuch. Vorstehende Sicherheiten besagen nicht viel, denn bei den Versuchen traten im Bruchzustand extrem große Verformungen (in der Größenordnung des halben Lochdurchmessers) auf. Orientiert man die Sicherheit an einem Lastniveau, unter welchem die Gesamtverformung 10% des Lochdurchmessers betrug, also bei den Zugversuchen an einer Lochaufweitung von 3 bzw. 2mm, ergibt sich:

Ⓐ : Bolzen 30 mm: $\gamma = 165/47{,}7 = 3{,}46$; Ⓑ: Bolzen 20mm: $\gamma = 110/29{,}5 = 3{,}73$

Werden nur 5%, also 1,5 bzw. 1mm angesetzt, folgt:

Ⓐ : Bolzen 20 mm: $\gamma = 140/47{,}7 = 2{,}94$; Ⓑ: Bolzen 20 mm: $\gamma = 90/29{,}5 = 3{,}05$

(Die den Verformungen zugeordneten Kräfte können aus Bild 13a/b abgelesen werden; daselbst gilt Δ für zwei Bolzen!) - Insgesamt kann festgestellt werden, daß die nach obigen Ansätzen (G.5, G.6-9) und zul. Spannungen dimensionierten Augenstäbe und Bolzen eine ausreichende Sicherheit (auch gegen bleibende Verformungen von Auge und Bolzen) aufweisen.

10.2.5 Tragsicherheitsnachweis nach DIN 18800 T1 (11.90)

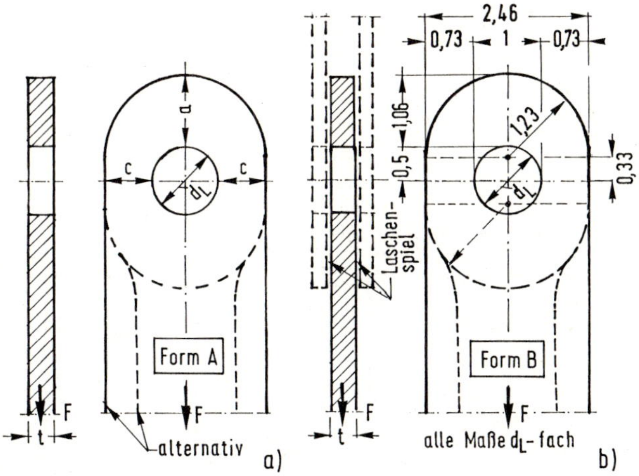

Bild 14

In den Stahlbau-Grundnormen DIN 1050, DIN 18800 T1 (03.81) fehlten bislang Bemessungshinweise für Augenstäbe mit Bolzen. Wie erwähnt, enthielten die Normen DIN 4131 (03.68) und DIN 4133 (08.73) Anweisungen mit gleichlautendem Wortlaut: "Bei Augenstäben, deren Lochränder planmäßig nicht unter der Klemmwirkung eines Verbindungsmittels stehen, sind die maßgeblichen Schnitte wie folgt zu bemessen, sofern nicht die 2,3-fache Sicherheit gegen Bruch durch Versuche nachgewiesen wird": G.5 in Verbindung mit Bild 7a/b. (Für den Nachweis der Bolzen fehlten Angaben.) Die neue Grundnorm DIN 18800 T1 enthält für Augenstäbe die bisherige DIN 4131/DIN 4133-Empfehlung:

$$a \geq \text{grenz}\, a = \frac{F}{2t \cdot f_{y,k}/\gamma_M} + \frac{2}{3} d_L \; ; \quad c \geq \text{grenz}\, c = \frac{F}{2t \cdot f_{y,k}/\gamma_M} + \frac{1}{3} d_L \qquad (14)$$

Hierin ist F die auf den Augenstab entfallende (anteilige) Kraft im Bemessungslastfall und $f_{y,k}$ der charakteristische Wert für die Streckgrenze des Materials. Vorstehende Anweisung folgt aus G.5, wenn der dem zulσ-Konzept zugrundeliegende globale Sicherheitsfaktor gesplittet wird:

$$a = \frac{\text{zul}\, S}{2t \cdot \text{zul}\sigma} + \frac{2}{3} d = \frac{\text{zul}\, S}{2t \beta_S / \gamma_F \cdot \gamma_M} + \frac{2}{3} d = \frac{\gamma_F \cdot \text{zul}\, S}{2t \beta_S / \gamma_M} + \frac{2}{3} d = \frac{S}{2t \beta_S / \gamma_M} + \frac{2}{3} d \qquad (15)$$

$$(\gamma_F = 1{,}35 \,;\, \gamma_M = 1{,}1 \; : \; \gamma_F \cdot \gamma_M = 1{,}35 \cdot 1{,}1 = 1{,}49 \approx 1{,}5)$$

Mit S=F, $\beta_S = f_{y,k}$ und $d = d_L$ folgt G.14a.

Bild 14 zeigt die in DIN 18800 T1 (11.90) angegebenen Augenstabformen für zweischnittige Verbindungen. Der rechtsseitig dargestellten Form B liegt eine an der Ermüdungsfestigkeit orientierte Optimierung zugrunde, vgl. Abschnitt 10.3.1. Sie beinhaltet für die Dicke des Mittelblechs und den hierauf abgestimmten Lochdurchmesser die weiteren Empfehlungen:

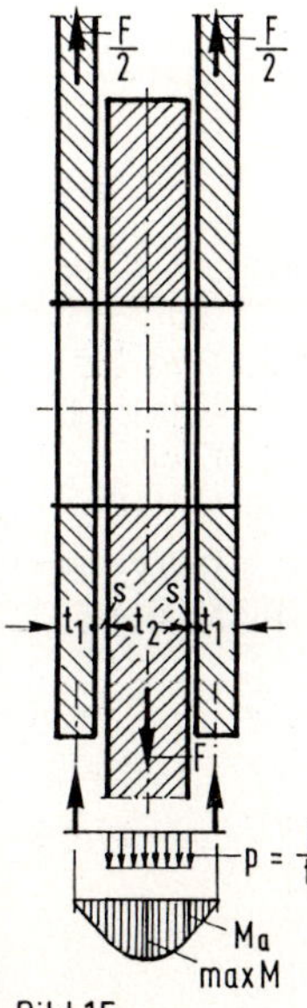

Bild 15

$$\text{grenz}\, t = 0{,}7 \sqrt{\frac{F}{f_{y,k}/\gamma_M}} \; ; \quad \text{grenz}\, d_L = 2{,}5 \cdot \text{grenz}\, t \qquad (16/17)$$

Der Nachweis auf Lochleibung ist wie bei einer Schraubenverbindung zu führen, vgl. Abschnitt 9.3.5.1. Dabei ist für Bolzen mit einem Lochspiel $\Delta d \leq 0{,}1 \cdot d_L$, höchstens jedoch 3mm, die Grenzlochleibungskraft zu

$$V_{l,R,d} = \frac{1{,}5 \cdot f_{y,k}}{\gamma_M} \cdot t \cdot d_{Sch} \qquad (18)$$

zu ermitteln. Der Nachweis auf Abscheren ist ebenfalls wie bei einer Schraubenverbindung zu führen.

Für Bolzen mit einem Lochspiel $\Delta d \leq 0{,}1 \cdot d_L$, höchstens jedoch 3mm, ist das Grenzbiegemoment nach der Formel

$$M_{R,d} = W_{Sch} \cdot \frac{f_{y,b,k}}{1{,}25\, \gamma_M} \qquad (19)$$

zu berechnen und der Tragsicherheitsnachweis gemäß

$$M \leq M_{R,d} \qquad (20)$$

zu führen. Für M ist das max Biegemoment in Bolzenmitte anzusetzen, vgl. G.7:

$$\max M = \frac{F}{8}\cdot(2t_1 + t_2 + 4s) \qquad (21)$$

Die Dicke des Mittelbleches ist t_2 und die der Außenbleche t_1; s ist das Laschenspiel (Bild 15). In der Laschenfuge ist die Scher- und Biegebeanspruchung zu überlagern; Nachweis:

$$\left(\frac{V_a}{V_{a,R,d}}\right)^2 + \left(\frac{M_a}{M_{a,R,d}}\right)^2 \leq 1\,; \quad V_a = \frac{F}{2}\,; \quad M_a = \frac{F}{4}(t_1 + 2s) \qquad (22)$$

Von der Empfehlung G.16/17 kann abgewichen werden. Wird sie befolgt, erhält man ein ausgewogenes d/t-Verhältnis. Die Tragfähigkeitsanforderungen bezüglich Bolzenbiegung und -abscheren sowie Lochleibung lassen sich dann i.a. ohne Probleme erfüllen; das hat zudem den Vorteil, daß Bolzen und Auge unter Gebrauchslasten keine plastischen Verformungen erleiden.

10.2.6 Beispiel zum Tragsicherheitsnachweis nach DIN 18800 T1 (11.90)

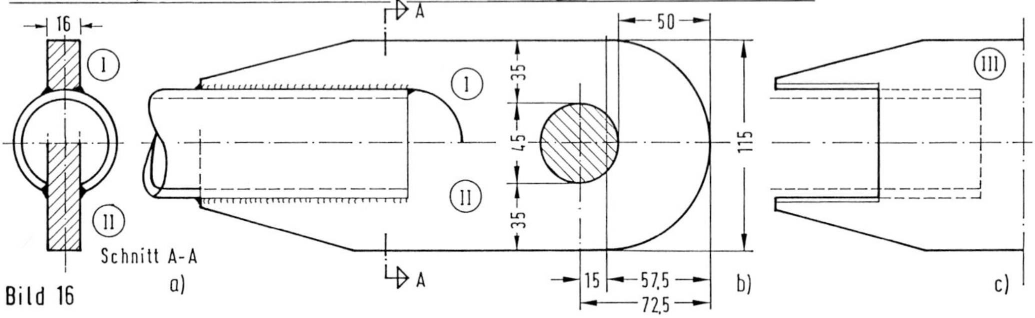

Bild 16

Ein Rohr 60x5, St37, ist am Ende mit einem Augenblech St52 auszustatten. Die Zugkraft beträgt im γ_F-ψ-fachen Lastzustand: 175kN.

Nachweis des Rohres: $A = \frac{\pi}{4}(6{,}00^2 - 5{,}00^2) = 8{,}64\,\text{cm}^2 \longrightarrow \sigma = \frac{175}{8{,}64} = \underline{20{,}3\,\text{kN/cm}^2 < \sigma_{R,d} = \frac{24}{1{,}1} = 21{,}8\,\text{kN/cm}^2}$

Bild 16 zeigt drei Anschlußvarianten. Nachweis des Augenbleches: Ausführung (I); Dicke t=16mm:

$$A = (11{,}5 - 6{,}0)\cdot 1{,}6 = 8{,}80\,\text{cm}^2 \longrightarrow \sigma = \frac{175}{8{,}80} = \underline{19{,}9\,\text{kN/cm}^2} < \sigma_{R,d} = \frac{36}{1{,}1} = \underline{32{,}7\,\text{kN/cm}^2}$$

Für die Ausbildung des Auges wird Form B gemäß Bild 14b gewählt (G.16/17):

$$\text{grenz } t = 0{,}7\cdot\sqrt{\frac{175}{36{,}0/1{,}1}} = 1{,}62\,\text{cm}, \quad \text{gewählt: } 16\,\text{mm}$$

$$\text{grenz } d_L = 2{,}5\cdot 1{,}62 = 4{,}05\,\text{cm}, \quad \text{gewählt: } 45\,\text{mm}$$

$$a = 1{,}06\cdot 45 = 47{,}7\,\text{mm}, \quad \text{gewählt: } 50\,\text{mm}$$

$$c = 0{,}73\cdot 45 = 32{,}9\,\text{mm}, \quad \text{gewählt: } 35\,\text{mm}$$

Überprüfung der Dimensionsierungsanweisungen G.14:

$$a = 5{,}0\,\text{cm} > \text{grenz } a = \frac{175}{2\cdot 1{,}6\cdot 36{,}0/1{,}1} + \frac{2}{3}\cdot 4{,}5 = 1{,}67 + 3{,}00 = 4{,}67\,\text{cm}$$

$$c = 3{,}5\,\text{cm} > \text{grenz } c = \frac{175}{2\cdot 1{,}6\cdot 36{,}0/1{,}1} + \frac{1}{3}\cdot 4{,}5 = 1{,}67 + 1{,}50 = 3{,}17\,\text{cm}$$

Beide Bedingungen sind erfüllt. - Bei Ausführung der Variante (I) wird das Rohr vom Augenblech gabelartig übergriffen. Bei Variante (II) wird das Rohr geschlitzt und das Augenblech eingeschoben. (Zum Schweißnahtanschluß wird auf Abschnitt 8 verwiesen.) Vom Verf. durchgeführte Dauerfestigkeitsversuche haben gezeigt, daß die Ausführungsvariante (II) wegen der mit der Rohrschwächung einhergehenden Kerbwirkung ungünstiger als Variante (I) ist. Vom Standpunkt der Ermüdungsfestigkeit dürfte Variante (III) (Bild 16c), die eine Kombination von (I) und (II) darstellt, am günstigsten sein.

Lochleibungsbeanspruchung im Augenblech (G.18); Bolzendurchmesser d=44mm:

$$V_l = \underline{175\,\text{kN}} < V_{l,R,d} = \frac{1{,}5\cdot 36}{1{,}1}\cdot 1{,}6\cdot 4{,}4 = \underline{346\,\text{kN}}$$

Abscherbeanspruchung des Bolzens, St52, $f_{u,b,k}$=51kN/cm²; α_a=0,55; A_{Sch}=15,21cm²:

$$V_a = \frac{175}{2} = \underline{87{,}5\,\text{kN}} < V_{a,R,d} = \frac{0{,}55\cdot 51}{1{,}1}\cdot 15{,}21 = \underline{388\,\text{kN}}$$

Bolzenbiegebeanspruchung, Laschenspiel s=1mm; t_1=8mm, t_2=t=16mm (G.19/22):

$$\max M = \frac{175}{8}(2\cdot 0{,}8 + 1{,}6 + 4\cdot 0{,}1) = \underline{78{,}8\,\text{kNcm}}\,; \quad W_{Sch} = \frac{\pi\cdot 4{,}4^3}{32} = 8{,}36\,\text{cm}^3$$

$$M_{R,d} = 8{,}36\cdot\frac{36}{1{,}25\cdot 1{,}1} = \underline{219\,\text{kNcm}}$$

In der Fuge betragen Querkraft und Moment:

$$V_a = \frac{175}{2} = 87{,}5\,\text{kN};\quad M_a = \frac{175}{4}(0{,}8 + 2\cdot 0{,}1) = 43{,}8\,\text{kNcm}$$

Da $V_a/V_{a,R,d}<0{,}25$ und $M_a/M_{a,R,d}<0{,}25$, ist der Nachweis gemäß G.22 entbehrlich.

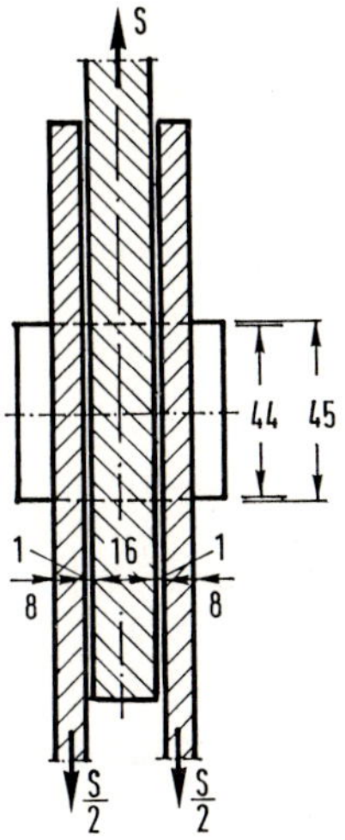

Bild 17

Die Gebrauchslast betrage 175/1,35=130kN; hierfür liefert die BLEICH-sche Formel G.10, die im elastischen Bereich gilt:

$$M = 58{,}5\,\text{kNcm}:\quad \max\sigma = \frac{58{,}5}{8{,}36} + \frac{2}{3}\cdot 1{,}27\cdot\frac{130}{1{,}6\cdot 4{,}4}\cdot\arctan\left(0{,}42\cdot\frac{4{,}4}{1{,}6}\right) = 7{,}00 + 13{,}44 = \underline{20{,}4\,\text{kN/cm}^2}$$

Für $\max\tau$ ergibt sich: 5,96kN/cm². - $\max\sigma$ ist eine am Rand auftretende lokale Spannungsspitze, vgl. Bild 11b; sie sollte unter Gebrauchslasten die Fließspannung nicht überschreiten, was hier der Fall ist. Ist das dennoch der Fall, ist mit gewissen lokalen Plastizierungen zu rechnen, die vom Standpunkt der Gebrauchstauglichkeit (z.B. Drehfähigkeit und Lösbarkeit) gleichwohl i.a. unbedenklich sind. -

10.2.7 Ergänzende Hinweise zur konstruktiven und rechnerischen Auslegung

Neben der Ausbildung des Augenbereiches und Bolzens kommt auch der Gestaltung des Anschlusses an das eigentliche Zugglied (Stab oder Seil) Bedeutung zu. Zum Schweißnahtanschluß an Stäbe vgl. Abschnitt 8.7.1.6 (12. Beispiel) und zum Anschluß an Seile mittels Ankerköpfen vgl. Abschnitt 16.1.2. - Bild 18 zeigt unterschiedliche Lösungen für Augenstabformen und Anschlüsse an das Zugglied (die gegenseitig ausgetauscht werden können).

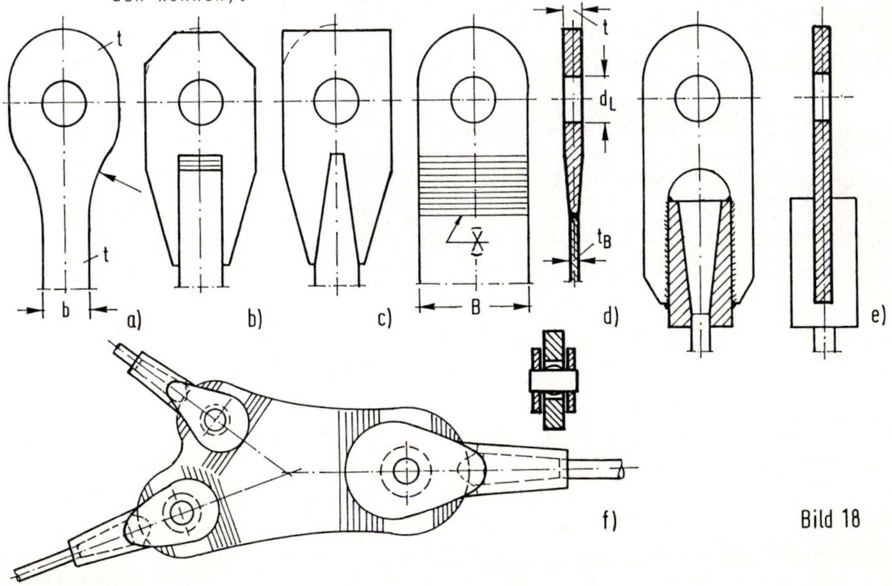

Bild 18

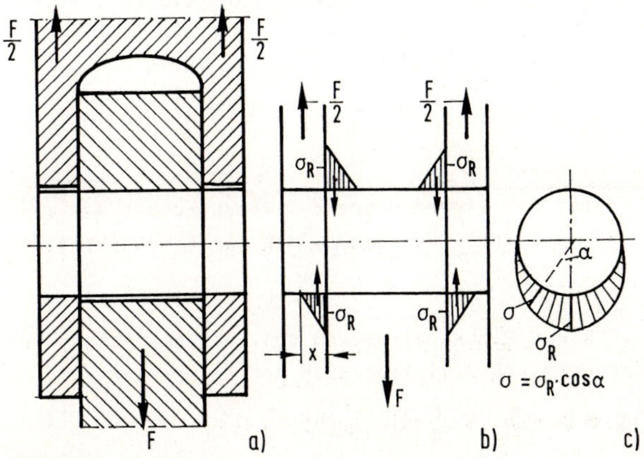

Bild 19

Beim Anschluß an Seile handelt es sich i.a. um Hülsen aus Stahlguß mit integriertem Auge. Bild 18e zeigt eine Ausführung als Schweißkonstruktion, wobei der zylindrische Verankerungskopf gegossen oder aus zylindrischem Vollmaterial ausgearbeitet wird; vor und während der Verschweißung wird eine Vorwärmtemperatur von ca. 150°C eingestellt. In die Augen von Umlenkkonstruktionen für Seilnetzwerke müssen ggf. Kardangelenke integriert werden (vgl. Bild 18f); die Maße a und c (stirnseitig und seitlich vom Auge) sollten auch in solchen Fällen eingehalten werden (G.14).

Es gibt Fälle, in denen das Mittelblech aus konstruktiven Gründen viel breiter ausgeführt werden muß als es statisch erforderlich ist. In solchen Fällen erhält der Bolzen eine große Länge. Eine Auslegung im Sinne von Bild 10 (G.7 bzw. 21) ist dann nicht mehr sinnvoll. Infolge der Bolzenbiegung kommt es beidseitig der Laschenfuge zu einer Auflagerung auf die Kanten. Hierbei wird angenommen, daß das Lochspiel so groß ist, daß sich keine Einspannung in den Außenlaschen einstellt. Wird die Randspannung mit σ_R und die Tiefe der Druckpressung mit x abgekürzt, findet man bei Annahme einer geradlinigen Spannungsverteilung für die in der Außenlasche wirksame Zugkraft F/2:

$$\frac{1}{2}\cdot F = \frac{1}{2}\sigma_R\cdot d\cdot x \longrightarrow x = \frac{F}{\sigma_R\cdot d} \qquad (23)$$

Der Ansatz geht davon aus, daß die Kantenspannung σ_R über die ganze Breite des Bolzendurchmessers konstant ist. Geht man stattdessen von einer cosinus-förmigen Verteilung aus (Bild 19c), ergibt sich:

$$\frac{1}{2}\cdot F = \frac{\pi}{8}\sigma_R\cdot d\cdot x \longrightarrow x = \frac{4}{\pi}\cdot\frac{F}{\sigma_R\cdot d} \qquad (24)$$

Mit der Tiefe x ist der Schwerpunkt der Spannungsdreiecke bekannt. In diesen wirkt F/2 und das Biegemoment kann im Bolzen berechnet werden. Die Rechnung gilt solange, wie $\sigma_R \le \sigma_F$ oder/und $x \le t_{\text{Außenlasche}}$ ist. Wie die Rechnung bei Überschreiten dieser Grenzen zu erweitern ist, läßt sich unschwer überblicken.

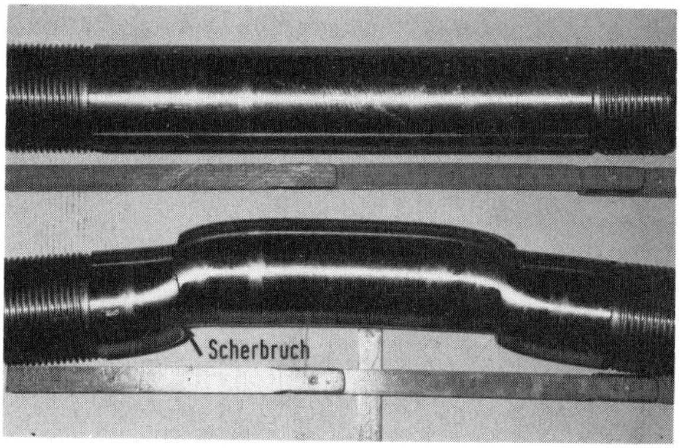

a)

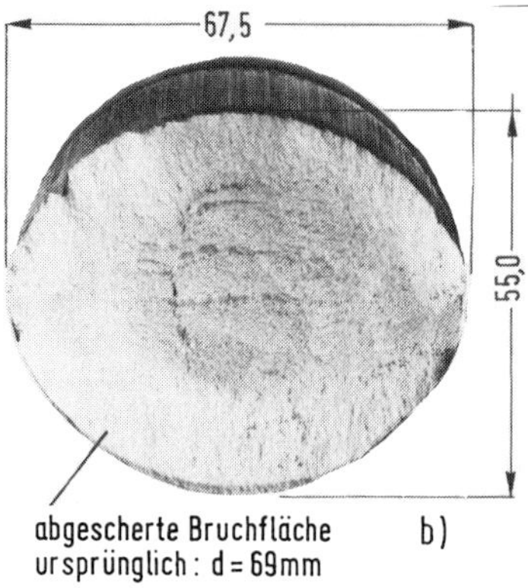

b)

Bild 20

Bild 20 zeigt das Versuchsergebnis mit einem Bolzen d=69mm und d_L=70mm. Infolge der Bolzenbiegung kam es unter hohen Lasten zu einer Einspannung in den Außenaugen und hier zu einer plastischen Biegeverformung. Der Bolzen erlitt innerhalb des Loches des Außen- und Innenteils eine Querverformung und nahm einen elliptischen Querschnitt an; in der Scherfläche betrugen die Halbachsen 67,5/60mm und in Bolzenmitte 68/67,5mm. Durch diese Verjüngung vergrößerte sich das Lochspiel. Hierdurch konnte sich eine wesentlich größere Verbiegung einstellen, als es dem ursprünglichen Lochspiel von 1mm entsprach. Legt man dem Versagen allein Bolzenabscheren (ohne Ansatz einer überlagerten Biegung) zugrunde, läßt sich daraus ein α_a-Wert 0,61 (bezogen auf die Zugfestigkeit des Bolzenwerkstoffes) rückrechnen. Bild 20b zeigt die Scherbruchfläche. Man erkennt einen blanken Einscherbereich von ca. 6 bis 7mm (ca. 10% von d) und die eigentliche Bruchfläche mit stumpfem rauhen Aussehen.

10.3 Ermüdungsfestigkeitsnachweis

10.3.1 Experimentelle Ermittlung der Kerbfaktoren

Zur Frage der Ermüdungsfestigkeit von Augenlaschen liegen mehrere Untersuchungen mit maschinenbaulicher Orientierung vor [27,28,8]. Die Versuche zeigen, daß die Ermüdungsfestigkeit in konkurrierender Weise

- vom Kerbspannungszustand im Wangenbereich und
- vom Schädigungsgrad durch Reibkorrosion in den Flankenbereichen des Loches abhängig ist.

Aufgrund einer Literaturrecherche (insbesondere [10,29]) läßt sich der Kerbfaktor zu

$$\alpha_K = 3{,}4\left(\frac{c}{a}\right)^{0{,}2}\cdot\left(\frac{c}{d}\right)^{0{,}5} \quad \text{(etwa gültig im Bereich } 0{,}8 < \frac{c}{a} < 1{,}1 \text{ und } 0{,}6 < \frac{c}{d} < 1{,}3\text{)} \qquad (25)$$

abschätzen. Bild 21a zeigt die Übereinstimmung der nach dieser Formel berechneten Kerbfaktoren mit den von KUNTZSCH [8] aus Dehnungsmessungen bestimmten Werten. Die Übereinstimmung ist offensichtlich gut.

In der Luftfahrtindustrie existieren Nachweisregeln, nach denen der Kerbfaktor α_K für den Augenstab mit Paßsitz bestimmt und das Lochspiel über einen Erhöhungsfaktor erfaßt wird.

	c/a	c/d	α_K Formel (16)	α_K Messungen Bolzenspiel 0%	2%
A	1	0,625	2,69	2,44	2,68
B	0,833	0,625	2,59	2,36	2,89
C	0,833	0,625	2,59	2,36	2,68
D	0,667	0,625	2,48	2,34	2,94
E	0,667	0,625	2,48	2,40	2,45

a)

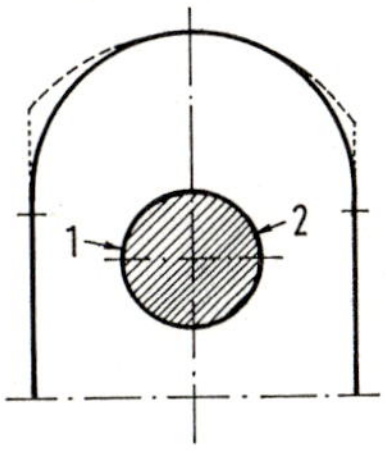

b)

Bevorzugte Rißlage:
1: Bolzenspiel = 0
2: Bolzenspiel ≠ 0

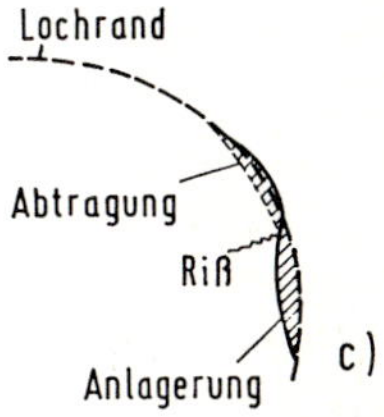

c)

Bild 21

Für die so ermittelte Lochkerbspannung wird der Ermüdungsnachweis unter Bezug auf die vom glatten, ungekerbten Stab ertragene Spannung geführt.

Für die in Bild 12a/b dargestellten Prüfkörperformen wurde vom Verf. einheitlich als Dauerfestigkeit eine Nennspannung von ca. 105N/mm² gefunden ([30]:St37; $\varkappa$=0,1; ohne und mit Lochspiel; statische Bruchversuche an Durchläuferprüfkörpern ließen einen schwachen Trainiereffekt erkennen). Die Kerbfaktoren der Prüfkörperlaschen folgen aus G.25 zu:

$$\text{Bolzen}\,\phi 30:\ c/a = 19{,}5/30 = 0{,}650;\ c/d = 19{,}5/31 = 0{,}629:\quad \alpha_K = 2{,}47$$
$$\text{Bolzen}\,\phi 20:\ c/a = 19{,}5/27 = 0{,}722;\ c/d = 19{,}5/21 = 0{,}929:\quad \alpha_K = 3{,}07$$

Bei den Dauerversuchen war eine α_K-Abhängigkeit nur schwach zu erkennen. Setzt man für den im Versuch verwendeten Stahl St37 $\Delta\sigma$=275N/mm² ($\varkappa$=0, ungekerbt) und für α_K als Mittelwert 2,75 an, folgt für den Lochstab $\Delta\sigma$=275/2,75=100N/mm², was gut mit dem zuvor genannten Versuchsergebnis übereinstimmt (105N/mm²).

Von KUNTZSCH [8] wurde gezeigt, daß die Ermüdung (insbesondere bei Paßsitz) durch Reibkorrosion ausgelöst wird: Durch die gegenseitige Verschiebung (Reibung) von Bolzen und Lochwandung wird ständig Material abgetragen und in Form von Oxiden abgelagert, vgl. Bild 21b/c. Durch Schmierung (MoS_2) ließ sich die Ermüdungsfestigkeit deutlich steigern.

Werden Augenstäbe in Stahlkonstruktionen mit dynamischen Lastanteilen eingesetzt (z.B. in Straßenbrücken oder in windbeanspruchten Konstruktionen, wenngleich als vorwiegend ruhend belastet eingestuft), ist eine Verbesserung der Dimensionierungsformeln G.5 möglich, wenn für alle Augen ein einheitlicher α_K-Wert vorgegeben wird. Wird G.25 nach c/a aufgelöst und mit G.13 verknüpft, folgt bei Vorgabe von α_K=2,7:

$$\left(\frac{c}{a}\right) = \left(\frac{\alpha_K}{3{,}4}\right)^5 \cdot \left(\frac{d}{c}\right)^{2{,}5} = 0{,}3158\left(\frac{d}{c}\right)^{2{,}5} \longrightarrow a = 3{,}166\,c\left(\frac{c}{d}\right)^{2{,}5} \longrightarrow$$
$$c + \frac{1}{3}d \overset{!}{=} 3{,}166\,c\left(\frac{c}{d}\right)^{2{,}5} \longrightarrow \left(\frac{c}{d}\right) - 3{,}166\left(\frac{c}{d}\right)^{3{,}5} + \frac{1}{3} = 0 \longrightarrow$$

$$\boxed{\text{Empfehlung:}\ \frac{c}{d} = 0{,}73;\quad \frac{a}{d} = 1{,}06;\quad \frac{c}{a} = 0{,}67} \qquad (26)$$

Ausgehend von G.12 folgt:

$$\text{zul}\,S = \left(a - \frac{2}{3}d\right)2t\cdot\text{zul}\sigma = 2\left(1{,}06 - \frac{2}{3}\right)dt\cdot\text{zul}\sigma = 0{,}79\cdot dt\cdot\text{zul}\sigma \longrightarrow$$
$$\text{Lochdurchmesser:}\quad d = \frac{S}{0{,}79\cdot t\cdot \text{zul}\sigma} \qquad (27)$$

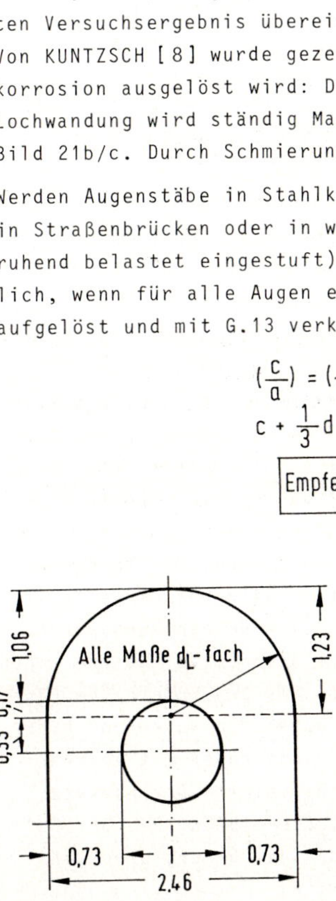

Bild 22

Hierin ist S die auf die Augenlasche mit der Dicke t entfallende anteilige Kraft. Bild 22 zeigt die Augenform gemäß Empfehlung G.26. Sie entspricht der Form B nach DIN 18800 T1 (11.90). Aus G.27 leitet sich G.16/17 mit der Empfehlung d=2,5·t ab. (Im Entwurf des EUROCODE 3 wurde sie im wesentlichen übernommen.)

10.3.2 Analytische Ermittlung der Kerbfaktoren

Alle bisherigen Bemühungen, den Spannungszustand analytisch zu berechnen, konnten zu keinem voll befriedigenden Ergebnis führen. Das hat zwei Gründe: Bezüglich der Druckverteilung zwischen Bolzen und Auge (und der Zugverteilung zwischen Auge und Stab) bedarf es gewisser Annahmen; sie sind in Abhängigkeit von der Größe des Spiels zu wählen. Bei Paßsitz ist die Mitwirkung des Bolzens zu erfassen. Wenn ein Spiel vorhanden ist, verbreitert sich die Kontaktfläche mit steigender Last, es liegt ein System veränderlicher Gliederung vor: Die Spannungen nehmen nichtlinear unter steigender Last zu (auch wenn die Beanspruchung selbst noch im elastischen Bereich liegt).

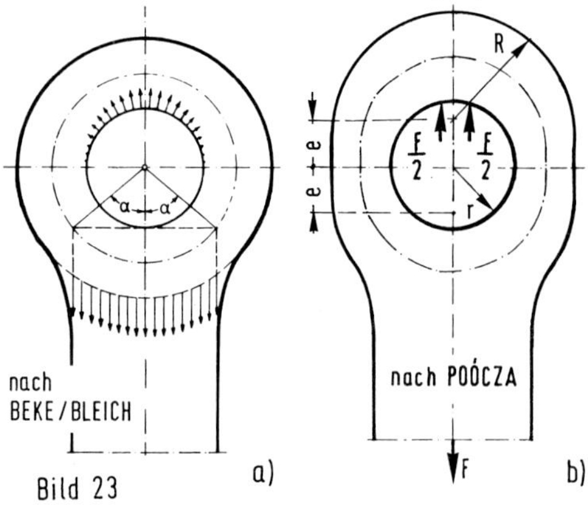

Bild 23

Bild 23a zeigt das Berechnungsmodell nach BEKE [16] mit cosinus-förmiger Pressungsverteilung im Auge, die auf einen geschlossenen Ring einwirkt; von BERNHARD [17] wurde ein eingespannter Halbkreisbogen mit stirnseitigen Einzellasten untersucht. POÓCZA [18] berechnete den Einfluß einer vergrößerten Stirntiefe. In Bild 24 sind die von ihm auf diese Weise bestimmten Kerbfaktoren für die Wangenspannungen in Abhängigkeit von den Parametern

$$\frac{R-r}{R+r} \quad \text{und} \quad 1+\frac{e}{R-r} \qquad (28)$$

wiedergegeben:

$$\sigma_K = \alpha_K \cdot \sigma_n \qquad (29)$$

σ_n ist die mittlere Nennspannung im Wangenquerschnitt.- Von SZAKÁCSI [19] wurde die Behinderung der Augenverformung durch den Bolzen berücksichtigt; diese Untersuchung hat, wie die von POÓCZA, eher für maschinenbauliche Zwecke (Stangenköpfe) Bedeutung. - Für Bolzenverbindungen mit Haftsitz lieferte die scheibentheoretische Untersuchung von REISSNER/STRAUCH [20] eine recht gute Übereinstimmung mit Meßergebnissen. Von KUNTZSCH [8] wurden die analytischen Verfahren zusammengestellt und an einem Beispiel verglichen; die Unterschiede in den Resultaten sind groß; Übereinstimmungen mit Messungen sollten nicht überbewertet werden; für die Beurteilung der statischen und dynamischen Festigkeit ist es nach wie vor am zweckmäßigsten und sichersten, von experimentellen Befunden auszugehen.

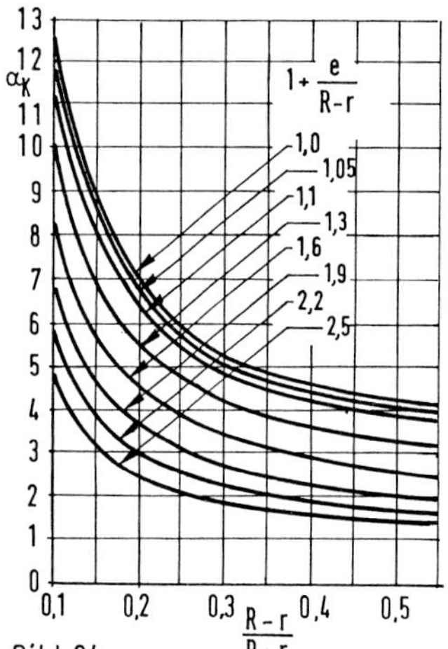

Bild 24

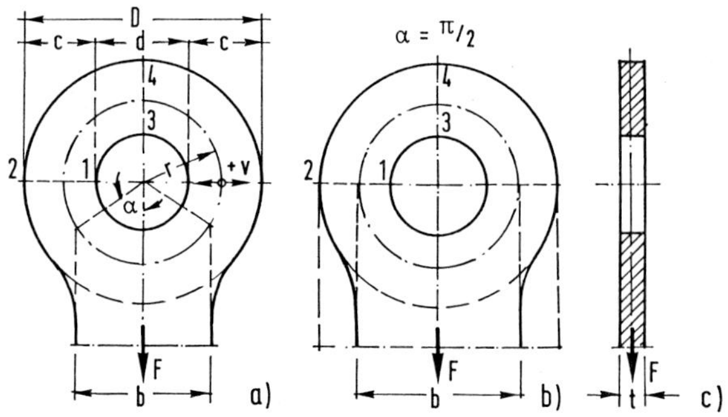

Bild 25

In der Praxis findet die von BEKE/BLEICH [23/24] angegebenen Spannungsformel für die Berechnung der Augenstäbe seit Jahrzehnten breite Anwendung, insbesondere bei maschinenbaulicher Orientierung. Das Berechnungsmodell ist in Bild 23a dargestellt. Es handelt sich um ein Rundauge ohne vergrößerte Stirntiefe. Solche Augen kommen ggf. als Scharniere zum Einsatz. Der Augenstab wurde von BEKE/BLEICH als Ringträger mit starker Krümmung analysiert. Der Winkel α kennzeichnet das Verhältnis der Stabbreite b zum Durchmesser D, siehe Bild 25a. Der Fall $\alpha=\pi/2$ wurde von BLEICH mit der Stabform b=d gleichgesetzt, obwohl das streng genommen nicht richtig ist (wohl liegt diese Annahme auf der sicheren Seite).

Ist F die auf den Augenstab entfallende Kraft, ist wie folgt zu rechnen (Bild 25):

$$\alpha \text{ (Winkel)} \qquad (30)$$

$$\beta = \frac{\frac{1}{A}\left[\frac{\alpha}{\sin\alpha} - \cos\alpha + (\pi-\alpha)\sin\alpha\right] - \frac{r^2}{Z}\left[\frac{\alpha}{\sin\alpha} + 3\cos\alpha - 2(\pi-\alpha)\sin\alpha + \frac{16}{\pi}\right]}{8\pi\left(\frac{1}{A} + \frac{r^2}{Z}\right)} \qquad (31)$$

$$\gamma = \frac{1}{2\pi}\left(\frac{1}{2} - \frac{\sin^2\alpha}{3}\right) \qquad (32)$$

Der Winkel α folgt aus: $\sin\alpha = b/2r = b/(c+d)$, denn $r = \frac{1}{2}(c+d)$ (33)

Weiter bedeuten: $A = c \cdot t;\ Z = r^2 \cdot \left(r \cdot \ln\frac{r + c/2}{r - c/2} - c\right)t;$ t: Blechdicke (34)

Die Spannungen im "Ringträger" berechnen sich aus (vgl. Abschnitt 26.9):

$$\sigma = \frac{F}{A}\left(\frac{\sin\alpha}{4} - \beta\right) - \frac{Mv}{Z}\cdot\frac{r}{r+v} \qquad (35)$$

v wird von der Ringachse nach außen positiv gezählt (Bild 24a); d.h.: Außenrand: v=+c/2; Innenrand: v=-c/2. - Für den Flanken- und Stirnquerschnitt beträgt das Moment:

Flankenquerschnitt (1-2): $M = Fr \cdot \left(\frac{1}{2} + \beta - \frac{\sin\alpha}{4}\right)$ (36)

Stirnquerschnitt (3-4): $M = -Fr\left(\frac{\sin\alpha}{4} + \gamma - \beta - \frac{1}{\pi}\right)$ (37)

Es zeigt sich, daß in der Faser 1 stets die höchste Spannung (Zugspannung) auftritt. Sie hat die Bedeutung einer Kerbspannung. Um die Spannungsberechnung zu erleichtern, wird der Formelsatz diagrammäßig aufbereitet. Als Parameter werden vereinbart:

Parameter: α und $\delta = d/D$ (38)

Nachdem die Nennspannung im Flankenquerschnitt berechnet ist

$$\sigma_n = \frac{F}{2A} = \frac{F}{2c \cdot t} \qquad (39)$$

wird α_K dem Diagramm des Bildes 26 entnommen und die Kerbspannung an der Stelle 1 berechnet:

$$\sigma_K = \alpha_K \cdot \sigma_n \qquad (40)$$

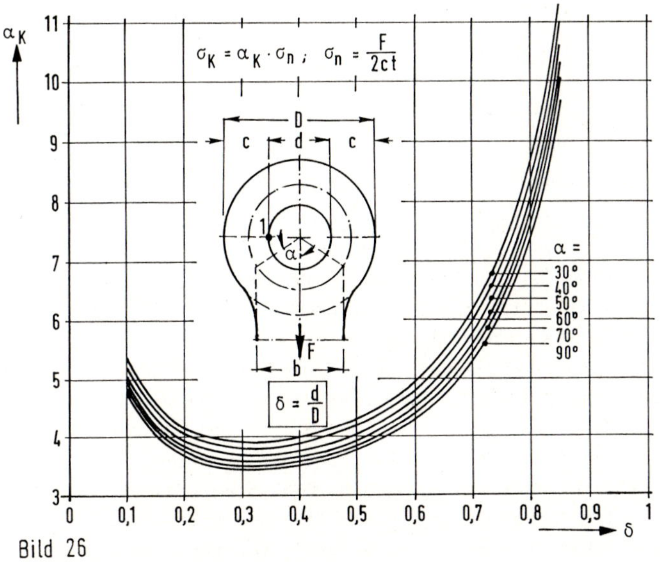

Bild 26

Wie das Diagramm zeigt, liegt der Kerbspannungsfaktor α_K für die gängigen Rundaugen im Bereich zwischen 3,5 und 4 und dürfte in dieser Größenordnung die Verhältnisse etwa richtig treffen. Vergleicht man das Ergebnis mit dem Diagramm von POÓCZA (Bild 24; e=o), folgt:

$\delta = 0{,}3 \longrightarrow \alpha_K = \underline{3{,}5 \div 3{,}9}$; $(R-r)/(R+r) = (1-\delta)/(1+\delta) = 0{,}54 \longrightarrow \alpha_K = \underline{4{,}1}$

G.25 ergibt: $c/a = 1;\ c/d = (1-\delta)/2\delta\ :\ \delta = 0{,}3 \longrightarrow c/d = 1{,}17 \longrightarrow \alpha_K = \underline{3{,}68}$

Durch eine größere Stirntiefe (etwa gemäß der Empfehlung nach G.26 bzw. Bild 22) kann die Randspannung im Punkt 1 bedeutend gesenkt werden (vgl. auch Bild 24, e>0); so sollte grundsätzlich konstruiert werden.

10.3.3 Nachweisformat

Nach aller Erfahrung ist der Bolzen bei richtiger statischer Auslegung nicht ermüdungsbruchgefährdet. Bezüglich des Augenstabes ist eine gewisse Orientierung an der Dauer- bzw. Betriebsfestigkeit von Blechen mit Schraubenlochung möglich. Auf der anderen Seite ist ein Augenstab eine Einbolzenverbindung ohne Redundanz, es fehlt die Klemmwirkung der Schrauben, die relative Bewegung des Bolzens im Auge verursacht Reibkorrosion. Zudem ist der Kerbfaktor stets größer als bei einer Schraubenverbindung mit gängigen Rand- und Lochabständen.

Als Nachweisformat bietet sich folgendes Vorgehen an :

a) Berechnung bzw. Abschätzung des Kerbfaktors α_K, z.B. nach G.25 oder für Rundaugen nach Bild 25.

b) Ausgehend von der Dauerfestigkeit des ungelochten Grundmaterials (mit gestrahlter Oberfläche und üblicher Beschichtung) Bestimmung der Ermüdungsfestigkeit im Sinne des "Konzepts der Gestaltfestigkeit", vgl. Abschnitt 3.7.2:

$$\Delta\sigma_n \leq \text{zul}\Delta\sigma_{Gest} = \frac{k_1 \cdot k_2 \cdot k_3}{\beta_K \cdot \varphi} \cdot \frac{\Delta\sigma_D}{\gamma_D} \qquad (41)$$

Setzt man $\varphi=1$ (Stoßzahl), $k_1=1$ (Oberflächenzahl, da Bezug auf die Dauerfestigkeit stahlbau-üblicher Oberflächen), $k_2=1$ (Größenzahl, da Augenstab als Kleinbauteil), $k_3=1$ (Formzahl), $\gamma_D=1{,}5$ (Sicherheitszahl bei Bezug auf die 50% Fraktile für $\Delta\sigma_D$, $P_Ü=50\%$; nicht-ausfallsichere Verbindung):

$$\Delta\sigma_n \leq \text{zul}\,\Delta\sigma_{Gest} = \frac{\Delta\sigma_D}{\beta_K \cdot \gamma_D}, \quad \gamma_D = 1{,}5 \qquad (42)$$

Für die Kerbwirkungszahl β_K wird bei Verwendung von St37 und St52 gesetzt:

$$\beta_K = \eta_K \cdot (\alpha_K - 1) + 1 = 0{,}5(\alpha_K - 1) + 1 \qquad (43)$$

<u>Beispiel:</u> Augenstabform B nach DIN 18800 T1 (11.90) : G.25 : $\alpha_K=2{,}68$. In G.25 ist ein gewisses Bolzenspiel berücksichtigt:

$$\beta_K = 0{,}5(2{,}68 - 1) + 1 = \underline{1{,}84}$$

Grundmaterial:

$$\varkappa = 0 \;:\; \text{St 37}: \Delta\sigma_{D,50\%} = 250\,\text{N/mm}^2, \quad \text{St 52}: \Delta\sigma_{D,50\%} = 325\,\text{N/mm}^2$$

$$\varkappa = 0{,}2 : \text{St 37}: \Delta\sigma_{D,50\%} = 225\,\text{N/mm}^2, \quad \text{St 52}: \Delta\sigma_{D,50\%} = 300\,\text{N/mm}^2$$

Gegeben sei St37, $\varkappa=0{,}2$:

$$\text{zul}\Delta\sigma_{Gest} = \frac{225}{1{,}84 \cdot 1{,}5} = 81\,\text{N/mm}^2$$

Nimmt man auf die TGL 19340 [31] Bezug, berechnet sich die Kerbwirkungszahl nach der Formel:

$$\beta_K = \left[0{,}40 \cdot \left(2\frac{c}{d} + 1\right) + 0{,}003 \frac{\sigma_U}{\text{N/mm}^2}\right] \frac{2\frac{c}{d} + 1}{2\frac{c}{d} + \frac{a}{d}} \qquad (44)$$

Hierin ist ein Lochspiel von 1,5% erfaßt; bei 3% ist β_K um 10% zu erhöhen. Für die Augenstabform B ergibt sich mit $\sigma_U=360\,\text{N/mm}^2$ für St37 und $\sigma_U=510\,\text{N/mm}^2$:

$$\text{St 37}: \beta_K = \underline{1{,}74} \qquad \text{St 52}: \beta_K = \underline{2{,}16}$$

Wird auf die Berücksichtigung der in [31] angegebenen Oberflächen- und Größenzahl verzichtet, kann β_K unmittelbar angesetzt werden, G.42; in [31] wird als Sicherheitszahl $\gamma_D=1{,}5$ gewählt.

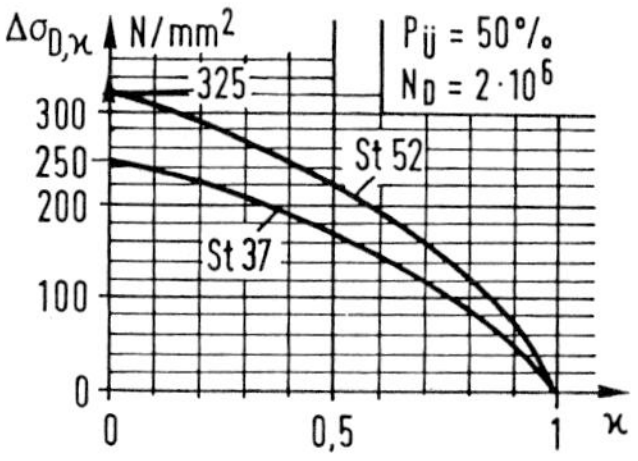

Bild 27

<u>Empfehlungen für den Betriebsfestigkeitsnachweis:</u>

- Berechnung von β_K nach G.26/43 oder G.44
- Bestimmung von $\Delta\sigma_{D,\varkappa}$ für St37 und St52 aus Bild 27
- Berechnung der Zeitfestigkeit für den Bereich $10^5 \leq N_Z \leq 2 \cdot 10^6$ mittels der Formel:

$$\Delta\sigma_{Z,\varkappa} = \Delta\sigma_{D,\varkappa} \cdot \left(\frac{N_D}{N_Z}\right)^{\frac{1}{k}} \qquad (45)$$

mit $k = 6{,}5$ (St 37), $k = 10{,}5$ (St 52)

<u>Beispiel:</u> Augenstabform B, St52, $\varkappa=0{,}2$: Aus Bild 27 liest man ab: $\Delta\sigma_{D,\varkappa=0,2}=300\,\text{N/mm}^2$

$$\text{zul}\Delta\sigma_{Gest} = \frac{300}{1{,}84 \cdot 1{,}5} = \underline{109\,\text{N/mm}^2}$$

Gesucht sei die zulässige Zeitfestigkeit für $N_Z=10^5$:

$$\Delta\sigma_{Z,\varkappa=0,2} = 300 \cdot \left(\frac{2 \cdot 10^6}{10^5}\right)^{\frac{1}{10,5}} = 399\,\text{N/mm}^2\,; \quad \text{zul}\,\Delta\sigma_{Gest} = \frac{399}{1{,}84 \cdot 1{,}5} = \underline{144\,\text{N/mm}^2}$$

Ggf. sollte der Sicherheitsfaktor wegen der insgesamt im Nachweiskonzept liegenden Unsicherheit größer als 1,5 gewählt werden. Eine alle Umstände abklärende wissenschaftliche Untersuchung steht nach wie vor aus. Im Zweifelsfalle empfehlen sich Dauerversuche an der zum Einsatz kommenden Augenform.

11 Verbindungstechnik IV: Sondertechniken

11.1 Vorbemerkungen

Die in den vorangegangenen Abschnitten behandelten Verbindungstechniken Schweißen und Schrauben kommen im konstruktiven Stahlbau vorwiegend zum Einsatz. Darüberhinaus gibt es eine große Zahl von Sondertechniken, die für spezielle Anwendungen entwickelt wurden; dabei ist zwischen solchen zu unterscheiden, die nur zur Heftung bzw. Festhalterung dienen und solchen, die planmäßig eine tragende Funktion übernehmen. Sofern sich letztgenannte nach den bauaufsichtlich eingeführten Regelwerken nicht ausbilden und bemessen lassen, bedarf es eines vom Institut für Bautechnik in Berlin (IfBt) erteilten Zulassungsbescheides, der nach Beratungen im zuständigen Sachverständigenausschuß und Eignungsversuchen dem Antragsteller ausgehändigt wird. Existiert keine derartige allgem. bauaufsichtliche Zulassung (oder kein Prüfzeichen), ist um eine Zulassung im Einzelfall bei jener untersten Baubehörde einzugeben, in deren Zuständigkeit die Baumaßnahme fällt.
In den folgenden Abschnitten können nur einige wenige Sondertechniken vorgestellt werden, vgl. auch [1,2]. - Alle mit dem Gerüst- und Hochregallagerbau in Verbindung stehenden Fügeverfahren bleiben ausgeklammert, hierzu wird auf [3-8] und die dort zitierte Literatur verwiesen. (Hingewiesen wird in dem Zusammenhang auch auf den Vorschlag eines sogen. "Lastdosierers" [9], ein Bauglied, das bei einer bestimmten Last anspricht, sich plastisch verformt und dadurch, z.B. bei mehrstieligen Gerüstjochen, für eine gleichmäßigere Lastabtragung sorgt.) - Weiters bleiben im folgenden die diversen Lösungen für die Knotenausbildung von Raumtragwerken unberücksichtigt; z.B. der MERO-Knoten u.a. - Ein noch nicht voll ausgeschöpfter Anwendungsbereich dürfte in der Verwendung von Stahlgußteilen für unterschiedliche Verbindungsformen liegen, vgl. z.B. [10-12], insbesondere dann, wenn ein Serieneinsatz möglich ist. - Bei Neuentwicklungen sind Patent- und Schutzrechte zu beachten.

11.2 Punktschweißen

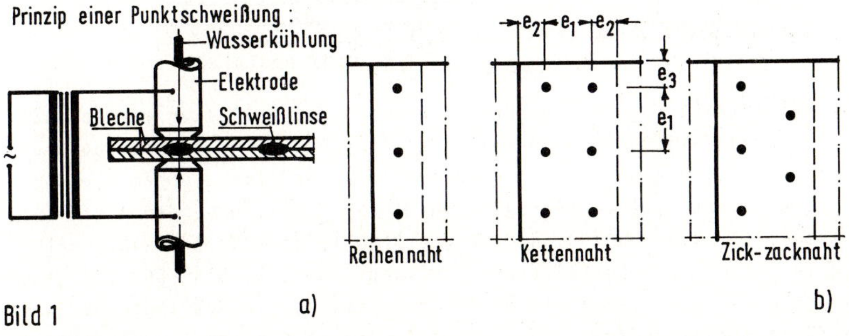

Bild 1

Das Verschweißen sehr dünner Bleche (t<2mm) läßt sich mittels der Elektroden- oder Schutzgasschweißverfahren nur schwer beherrschen. Eine typische Schweißverbindungsform dünner Bleche ist das Punktschweißen sich überlappender Bleche (Überlappschweißung, Bild 1). Ehemals nach DIN 4115 (Stahlleichtbau und Stahlrohrbau im Hochbau), ist es nunmehr nach DIN 18801 (Stahlhochbau, 09.83) für Kraft- und Heftverbindungen zugelassen und geregelt. In Kraftrichtung sind mindestens 2 Schweißpunkte anzuordnen, es dürfen nicht mehr als drei Teile durch Punktschweissung verbunden werden (in DIN 4115 war die Summe der Blechdicken auf 15mm begrenzt, möglich sind 60mm bei 20mm Einzeldicke). Bei Punktschweißungen werden in der Festigkeitsberechnung die Scher- und Lochleibungsspannungen vereinfacht wie bei SL-Verbindungen nachgewiesen. Hierbei wird der Durchmesser d der Schweißpunkte vom Hersteller durch Vorversuche festgelegt. In der Berechnung darf d zu

$$d \leq 5\sqrt{t} \quad [\mathrm{mm}] \tag{1}$$

angesetzt werden. Hierin ist t die kleinste Blechdicke der zu verbindenden Teile in mm. Als zulässige Spannungen sind einzuhalten:

Abscheren:	$0{,}65 \cdot \text{zul}\sigma$
Lochleibung einschnittige Verbindung:	$1{,}8 \cdot \text{zul}\sigma$
zweischnittige Verbindung:	$2{,}5 \cdot \text{zul}\sigma$

Zulσ ist die zulässige Zugspannung der zu verbindenden Teile (nach DIN 18800 T1 (03.81)). In Kraftrichtung dürfen nur 5 Schweißpunkte hintereinander rechnerisch berücksichtigt werden. - Wegen der einzuhaltenden Abstände der Schweißpunkte wird auf DIN 18801 verwiesen, für Kraftverbindungen gilt:

Abstand e_1 der Schweißpunkte untereinander: $3d \leq e_1 \leq 6d$
Randabstand e_2 in Kraftrichtung: $2{,}5d \leq e_2 \leq 5d$
Randabstand e_3 rechtwinklig zur Kraftrichtung: $2d \leq e_3 \leq 4d$

Für jede in der Fertigung eingesetzte Punktschweißmaschine hat die Schweißaufsicht die günstigsten Schweißbedingungen (Stromstärke, Preßdruck, Schweißzeit, Elektrode) zum einwandfreien Erreichen der konstruktionsmäßig vorgeschriebenen Punktdurchmesser festzulegen.
Beim Punktschweißen werden Ströme kurzer Dauer und hoher Intensität über (wassergekühlte) Kupferelektroden (vgl. DIN 44759 u. DIN 44750) mit balliger Spitze in die flächig aufeinander liegenden Bleche eingetragen. Bei zu eng liegenden Schweißpunkten kann es zu einem Nebenschluß über bereits geschweißte Punkte kommen. Moderne Maschinen verfügen über eine elektronische Steuerung der Schaltung, die die Vorpreßzeit, Stromzeit und Nachpreßzeit regelt.
Von Buckelschweißen spricht man, wenn am Werkstück (z.B. an Anschweißmuttern) vorgeformte Buckel vorhanden sind, über die der Lichtbogen gezündet wird und die dann eingepreßt werden. Das Punktschweißen ist im schweißtechnischen Schrifttum ausführlich dokumentiert, vgl. u.a. [13-16].

11.3 Bolzenschweißen

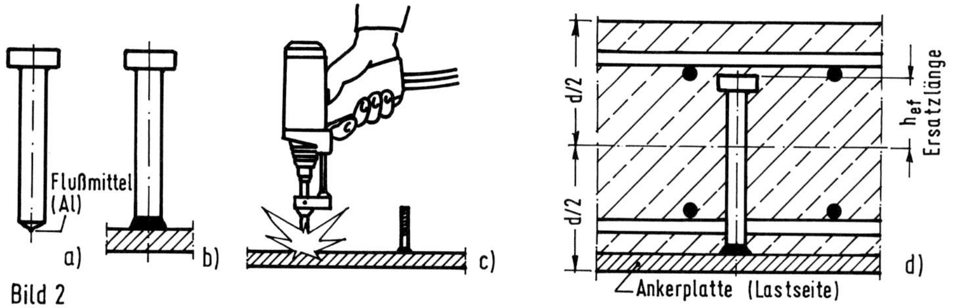

Bild 2

Um Stahlbauteile an Betonkonstruktionen zu verankern, werden häufig Platten mit Kopfbolzendübel (nach DIN 32500 T3) eingesetzt; sie dienen auch als Schubdübel im Stahlverbundbau. Die Bolzen bestehen aus St 37-3, sie werden aus Rundstäben kaltgeformt und haben einen aufgestauchten Kopf. Die Mindeststreckgrenze beträgt 350N/mm². Die Bolzen werden mittels Lichtbogenschweißung mit Spitz- bzw. Hubzündung auf die Stahlteile aufgeschweißt, vgl. Bild 2a/c. Die Technik ist in den DVS-Merkblättern 0902 und 0905 bzw. DIN 8563 T10 geregelt. Für Einbau und Tragsicherheitsnachweis existieren Zulassungsbescheide des IfBt. Darin sind die zulässigen Kräfte für zentrischen Zug, Querzug und Schrägzug für den Einzelbolzen bzw. die Bolzengruppe in Abhängigkeit von den Achs- und Randabständen, der Betonfestigkeit und vom Verankerungsort festgelegt. Liegt die Ankerplatte im Bereich einer Betonzugzone (Biegezug), ist der Bolzen in die Betondruckzone hineinzuführen (Bild 2d). Weiters sind die Ankerkräfte vom Typ der Belastung (statisch/dynamisch) abhängig. Die zul. Spannungen für die Bolzen selbst sind in DIN 18800 T1 (03.81) geregelt *. Die Angaben basieren auf umfangreichen Eignungsversuchen. Es ist auch möglich, Gewindebolzen (nach DIN 32500 T1, siehe Bild 2c) nach dem selben Verfahren zu setzen, mit dem Vorteil, daß eine Lochschwächung im Bauteil entfällt. Hiermit können dann z.B. Fassadenelemente, Verglasungssprossen, Abdeckungen usw. befestigt werden. Vgl. zur Technik [17]. - Es ist auch möglich, die Bolzen von Hand mittels Kehlnaht anzuschweißen; dann gilt DIN 18800 T1. - Für Gründungszwecke im Freileitungsbau wurden Hülsenanker entwickelt [18]; siehe diesbezüglich auch DIN 57210/VDE 0210 (Abschn. 9.3.1.4).

* In DIN 18800 T1 (11.90) ist der Tragsicherheitsnachweis in den Elementen 411 und 835 geregelt.

11.4 Schweißen von Kranschienenstößen

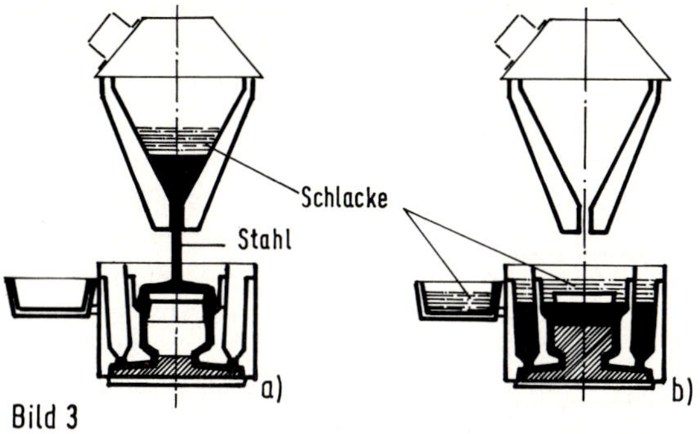

Bild 3

Am verbreitetsten ist das sogen. Thermit-Schmelzschweißverfahren (Aluminothermisches Schweißverfahren). Es nutzt die hohe Affinität des Aluminiums zum Sauerstoff aus, um Eisenoxid zu reduzieren. Die exotherm verlaufende Eisen-Thermit-Reaktion folgt der Gleichung

$$Fe_2O_3 + 2Al \longrightarrow 2Fe + Al_2O_3 + 761 \cdot 10^3\ J$$

Die Arbeitsschritte zum Verschweißen von Kranschienen sind:

a) Gerades Ausrichten der Schienenenden mit einer Schweißlücke von 20mm,
b) Anordnung einer Spezial-Keramikleiste unter der Lücke und Unterstampfen der Schweißstelle mit Formsand. Ansetzen von zwei, dem Schienenprofil angepaßte Formhälften,
c) Vorwärmen der Schienenenden mit Spezialbrenner, z.B. mit Propan/Sauerstoff auf etwa 1000°C; Dauer: 8min (75A-Profil), 15min (120A-Profil),
d) Einguß des heißflüssigen Stahles aus einem Tiegel in die Lücke; die Schienenenden werden bis zum Schmelzfluß erhitzt und miteinander verschweißt.

Als Grundbestandteile werden vorab im Schmelztiegel Eisenoxid und Aluminium geringer Korngröße sowie zur Dämpfung der Reaktion gekörnte Stahlpartikel und Legierungselemente wie C, Mn, Cr, V, Mo u.a. eingebracht und mit einem Spezial-Zündstab punktförmig entzündet. Die Reaktion läuft in wenigen Sekunden ab; die etwa 2500°C heißen Reaktionsprodukte trennen sich, wobei die spezifisch leichtere Schlacke (Al_2O_3) auf dem Eisen schwimmt. Nach Erstarren des Stahles (6 bis 8min) werden die Formstücke zerstört und Fahrfläche und -kante eben geschliffen.

Das Verfahren wird auch zum Verschweißen lückenloser Bahnschienen eingesetzt [19]. Es eignet sich auch für Großreparaturen, wenn große Mengen Schweißgut eingebracht werden müssen.

Außer dem Thermit-Schweißen ist auch ein Lichtbogenschweißen von Kranschienen möglich, insbesondere bei Reparaturen. Hierzu wird eine Schweißlücke von 12mm beim 45A- bzw. 20mm beim 120A-Profil vorgesehen und ein ca. 1,5mm dickes Unterlegblech mit Kupferauflage angeordnet. Zunächst wird der Schienenfuß, dann werden Schienensteg und -kopf durch Viellagenschweißung verschweißt. Schienensteg und -kopf werden durch Kupferformen eingekleidet. Wegen des hohen C-Gehaltes des Schienenstahles (min β_Z=600N/mm²) werden die Schienenenden vorab auf 250°C vorgewärmt und langsam abgekühlt; vgl. auch [20].

Weitere Möglichkeiten zum Schienenschweißen sind das Gasschweißen [21] und das Abbrennstumpfschweißen [22].

11.5 Schließringbolzen

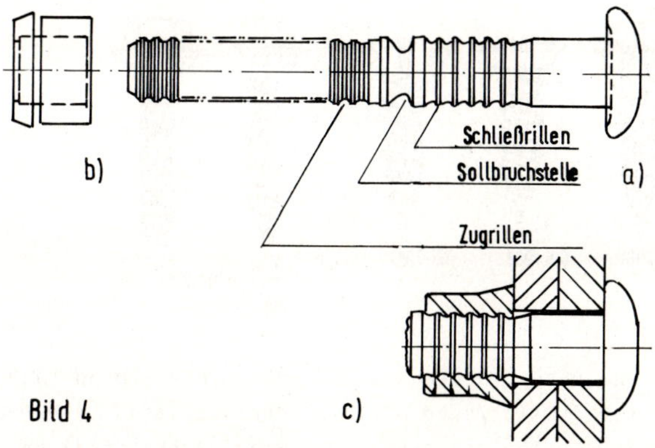

Bild 4

Schließringbolzen gehören aufgrund ihrer Wirkungsweise zu den GV-Verbindungen. Sie bestehen aus einem Bolzen mit einem Schließring (Bild 4a und b). Der Schließring wird über den Bolzen gezogen. Mittels eines hydraulisch gesteuerten Anziehgerätes, das sich auf dem Schließring abstützt, wird der Bolzen vorgespannt, wobei ein Greifer in die Rillen des Schaftes eingepreßt wird. Unter definierter Kraft reißt der Bolzen an der Sollbruchstelle ab. Der Schließring wird beim Vorspannen in die Schließrillen eingepreßt und kaltgestaucht (Bild 4c). Die zu verbindenden Teile sind nun-

mehr aufeinandergepreßt, die Verbindung wirkt über Reibungsschluß. Die Tragfähigkeit entspricht einer GV-Schraubenverbindung.
Anwendung und Berechnung sind in der DASt-Richtlinie 001 für Verbindungen mit Schließringbolzen im Anwendungsbereich des Stahlhochbaues mit vorwiegend ruhender Belastung geregelt. - Der Bolzendurchmesser beträgt 12, 16, 18, 20, 22, 24 oder 27mm, Güte 8.8.
Die Oberflächen der zu verbindenden Teile müssen wie die GV-Verbindungen vorbehandelt werden. Wird hierauf verzichtet, können Schließringbolzen auch im Sinne einer SL-Verbindung eingesetzt werden.

	zul Q				Fv	zul Z
Bolzen-durchmesser	Zulässige übertragbare Kraft je Bolzen und Reibfläche (GV-Verb.)				Vorspann-kraft	Zulässige achsiale Zugkraft
	St 37		St 52			
	H	HZ	H	HZ		
12 (1/2)"	15,0	17,0	20,0	23,0	47	28,5
16 (2/3)"	28,5	32,5	38,0	43,0	89	53,5
18 (3/4)"	36,5	41,0	48,5	55,0	115	70,0
20 -	45,0	51,0	59,5	67,5	140	85,0
22 (7/8)"	55,0	63,0	73,5	83,5	173	105,0
24 (1,0)"	63,5	72,5	85,0	96,5	199	120,0
27 -	84,0	95,5	112,0	127,0	263	155,0
mm	kN				kN	kN

Bild 5

Bild 5 enthält einige Angaben aus der DASt-Richtlinie für den Einsatz als GV-Verbindung. - Wirkt in Richtung der Bolzenachse eine zusätzliche Zugkraft Z, so ist - analog wie bei GV-Verbindungen - die je Reibfläche und Bolzen zulässige übertragbare Kraft auf

$$\text{zul}\,Q_Z = \text{zul}\,Q\,(1 - 0{,}6 \cdot \frac{Z}{\text{zul}\,Z}) \qquad (2)$$

abzumindern.

Der Vorteil der Schließringbolzenverbindung liegt in der hohen Bolzensetzgeschwindigkeit. Im Gegensatz zur vorgespannten Schraube bleibt der Schaft torsionsfrei. Nachteilig ist zu bewerten, daß die Verbindung nicht lösbar ist und daß sich die rauhe Sollbruchstelle nur schwer beschichten läßt, ggf. ist sie zuvor glatt abzuschleifen.

11.6 Blindniete

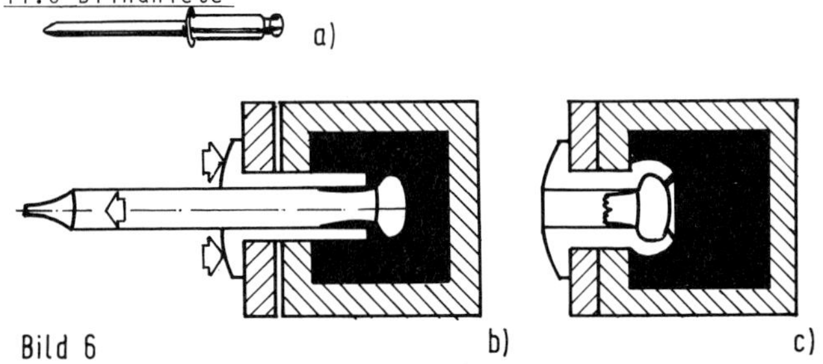

Bild 6

Das Nieten von Blindnieten ähnelt im Prinzip dem Setzen von Schließringbolzen; auch hierbei ist ein Nieten ohne Gegenhalten möglich. Es existieren verschiedene Nietformen und Techniken. Sie sind besonders geeignet für Vernietungen an geschlossenen Hohlkörpern, wie Profile, Rohre und Behälter aber auch zum einseitigen Anschließen von (Profil-) Blechen an Träger. Vor dem Nieten sind die Löcher zu bohren (vgl. Bild 6). Die zulässige Scherkraft ist von der Blechdicke abhängig und beträgt 1 bis 3kN.
Blindniete dienen auch zum Schließen von Überlappstößen von Stahlprofilblechtafeln.

11.7 Selbstschneidende Blechschrauben

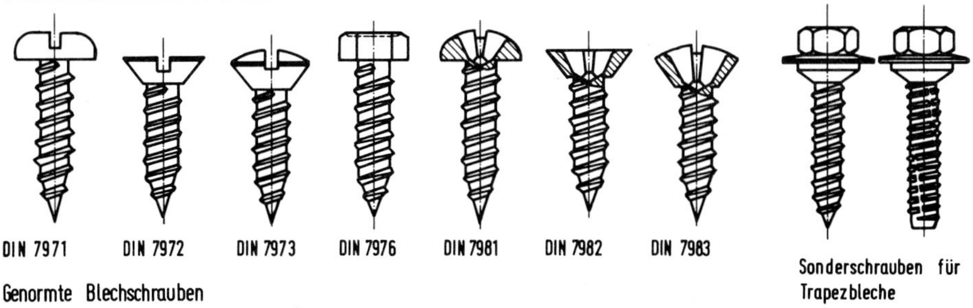

Bild 7

Bei der Montage von Stahlprofilblechen für Dach-, Decken- und Wandelemente kommen (neben Setzbolzen) Stahlblechschrauben zum Einsatz (Bild 7 und 8). Die Schrauben sind in der Lage, sich in einem vorgebohrten Loch das Gewinde selbst zu schneiden, wobei Werkstoffdicke (bis 8mm) und -festigkeit den Bohrdurchmesser bestimmen. Neben den Normschrauben wurden

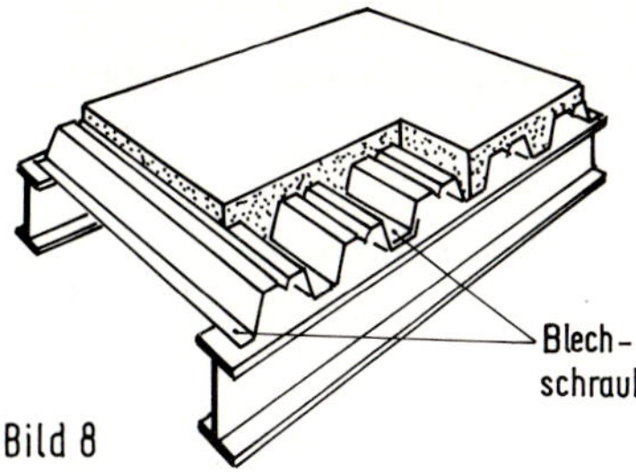

Bild 8

Spezialschrauben entwickelt (Bild 7). Die Schrauben werden maschinell mit vorgegebenem Anzugsmoment gesetzt. - Die Gewindeoberflächen müssen mindestens 40% härter sein als das Material, in welches das Gewinde eingeschnitten werden soll. Das wird durch eine Einsatzhärtung der Schraubenoberflächen erreicht. Hiermit ist eine Versprödung verbunden, die Schrauben haben keine Fließeigenschaften. - Die Tragfähigkeit ist von der Blechdicke abhängig; sie liegt z.B. bei einer M6-Schraube im Bereich zwischen 2 und 5kN.

Das Korrosionsproblem ist bei Blechschrauben schwierig zu lösen. Beschichtungen kommen nicht in Frage, weil diese beim Einschrauben zerstört würden. Die Industrie bietet zwei Lösungen an:

a) Schrauben aus rostfreiem Edelstahl nach DIN 17440, z.B. aus X5CrNi18 9 oder X5CrNiMo1810, Güte nach DIN 267, Bl.11, mit aufgerolltem Gewinde.

b) Schrauben aus einsatzgehärtetem Stahl mit einfacher oder doppelter Kadmierung.

Setzbolzen bestehen aus einem Spitzbolzen mit Kopf und Rodellen. Sie werden mit einem speziellen Werkzeug in Stahlbleche geringer Dicke eingetrieben (ehemals geschossen). Hiermit lassen sich ebenfalls Stahlbleche befestigen. - Vgl. auch Abschnitt 17.3.

11.8 Dübel

Dübel kommen in erster Linie zum Einsatz, um Stahlbauteile in Beton- und Mauerwerk zu verankern. Industrieseitig werden die verschiedenartigsten Dübelformen angeboten. Dübel werden in folgende Gruppen unterteilt:

Gruppe A: Metalldübel (Spreizdübel): Spreizkraft durch Anziehen einer Schraube (Bild 9a und b), z.T. ist spezielles Bohr- und Setzgerät erforderlich;

Gruppe B: Metalldübel (Spreizdübel): Spreizkraft durch Einschlagen eines Konus;

Gruppe C: Metalldübel (Selbstbohrdübel);

Gruppe D: Dübel aus Kunststoff (Bild 9c);

Gruppe E: Klebeanker auf Kunstharzbasis und Injektionsanker (Bild 9d).

Metallspreizdübel bestehen aus galvanisch verzinktem oder rostfreiem Stahl mit kraft- oder wegkontrollierter zwangsweiser Spreizung. Die Verbindung erfolgt durch Sechskantschrauben oder Gewindebolzen (M6 bis M22). - Werkstoff der Kunststoffdübel ist z.B. Polyamid.

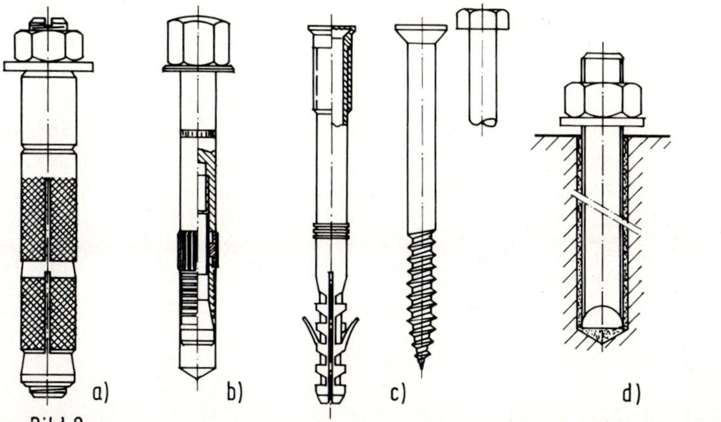

Bild 9

Die Dübel werden nach den einschlägigen Zulassungsbescheiden des IfBt eingebaut und bemessen. Die zulässigen Anschlußkräfte für Zug, Abscheren (Querzug) und Schrägzug sind aufgrund von Versuchen für jeden Winkel gleichgroß. Die Dübel werden nach der Höhe der abzutragenden Kräfte ausgewählt, für große Kräfte kommen sogen. Schwerlastanker mit zul. Tragkräften über 10kN zum Einsatz. Es gibt Dübel, die auch in Zug- bzw. Biegezugzonen der Betonkonstruktion verankert werden dürfen, z.B. mit reduzierten zul. Tragkräften.

Klebeanker (Verbundanker) bestehen aus einem Rundstahl mit aufgerolltem Gewinde, Mutter und Unterlegscheibe; der Durchmesser des Ankers liegt zwischen 8 und 30mm. - In das Bohrloch wird der Gewindestab mittels eines Schlagbohrgerätes eingetrieben. Zuvor wird das Bohrloch mit einem Reaktionsharzmörtel gefüllt, der aus einer Glasampulle entnommen und in das gebohrte Loch eingeführt wird. Der Reaktionsharzmörtel (Kleber) besteht aus Quarzzuschlagstoff, Reaktionsharz und Härtestäbchen. Die zulässigen Tragkräfte sind wieder vom Durchmesser, von der Betongüte und von den gegenseitigen Abständen der Dübel abhängig. Zwecks weiterführenden Schrifttums vergleiche [24].

11.9 Trägerklemmen

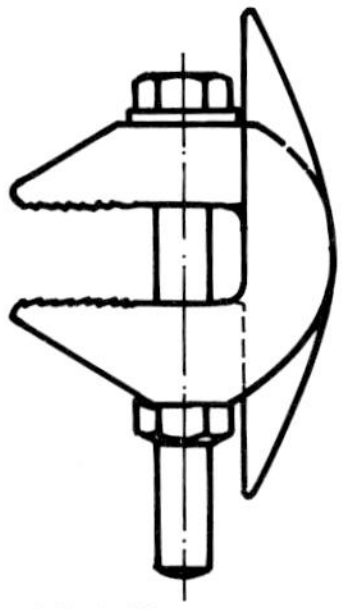

Bild 10

Trägerklemmen kommen für kraftschlüssige Verbindungen von Stahlbauteilen bei den unterschiedlichsten Montagen, z.T. auf der Baustelle aber auch in der Werkstatt (zum Verklammern von Werkstücken vor dem Schweißen) zum Einsatz. Die beiden Teile einer Klemme bestehen aus dem Klemmschenkel und Klemmschnabel, sie werden durch eine (hochfeste) Schraube angezogen, vgl. Bild 10. Beim Heftklemmen genügt ein handfestes Anziehen der Schraube, bei kraftabtragenden Klemmen wird die Schraube mittels Drehmomentenschlüssel oder Schlagschrauber vorgespannt. Die Tragkraft in der Ebene der Klemmbacken ist von der Höhe der Reibkraft und damit von der Oberflächenbeschaffenheit der zusammengeklemmten Teile abhängig. Einzelheiten zum Einsatz und zur Bemessung der Trägerklemmen (auch Flanschklemmen genannt) regeln die Zulassungsbescheide des IfBt; zum Tragverhalten vergleiche [25].

11.10 Metallkleben [26-30]

Neben Schweißen und Schrauben zählt das Kleben zu den wichtigsten Fügeverfahren in der Technik. Als Vorteile sind zu nennen: Fügbarkeit unterschiedlicher Materialien, flächige Kraftübertragung ohne Gefügeänderung oder Schwächung des Grundmaterials, dichte Fugen, höhere Dämpfungskapazität (Dämmung von Geräuschen und Schwingungen). Nachteile sind:
Im Vergleich zum metallischen Grundmaterial geringe bis mäßige Festigkeit (die bei Wärmeeinwirkung, etwa ab 100°C, stark absinkt), Alterung mit Festigkeitsabfall (um 10 bis 30%), Klebefuge ist anfällig gegen Chemikalien und Feuchtigkeit. Die Auswirkungen sind stark vom jeweils verwendeten Kleber abhängig, so gibt es z.B. auch warmfeste Kleber. Einfach und sicher zu handhabende zerstörungsfreie Prüfmethoden stehen nicht zur Verfügung bzw. befinden sich in der Entwicklung.
Die Klebewirkung beruht auf Adhäsion (Haftung des Klebstoffes auf der Fügefläche) und Kohäsion (Haftung der Klebstoffmoleküle untereinander). Die Fügeflächen werden nach Reinigung gebürstet, geschmirgelt oder gestrahlt (zwecks Aufrauhung), ggf. anschließend gebeizt, mit Klebstoff benetzt, zueinander fixiert und mit oder ohne Druck und/oder ohne oder unter mäßiger Erwärmung gebunden. I.a. ist eine längere Aushärtezeit (12-36h) erforderlich. Es werden physikalisch und chemisch abbindende Klebstoffe sowie Kalt- und Warmkleber unterschieden, sie basieren heute überwiegend auf Kunststoffbasis. Vgl. zur Einteilung DIN 16920 und zur Verarbeitung DIN 16921 sowie die VDI-Richtlinie 2229 (Metallkleben). Die verschiedenen Prüfverfahren sind in DIN 53281 bis DIN 53293 geregelt.

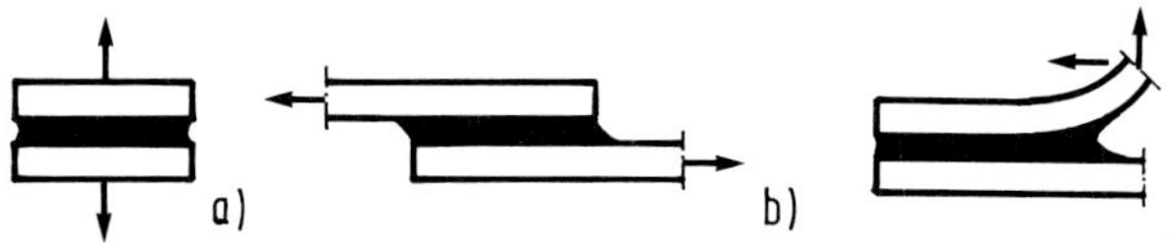

Bild 11

Hinsichtlich der Beanspruchung werden unterschieden (Bild 11):
- Zug (Teilbild a)
- Scheren (Zugscheren; Teilbild b)
- Schälen (Teilbild c).

Die zuletztgenannte Beanspruchung ist die ungünstigste und sollte konstruktiv unbedingt vermieden werden. Bei einer einschnittigen (ungestützten) Scherverbindung tritt infolge der Exzentrizität ein Versatzmoment auf, das die Ränder auf Zug (≡ Schälen) beansprucht (daher Zugscheren).

Die verbreiteteste Verbindungsform ist der Überlappstoß. In der Klebefuge tritt ein ungleichförmiger Scherspannungszustand auf (Bild 12a/b), mit Spannungsspitzen an den Enden. Je größer die Überlappungslänge zur Blechdicke ist, umso ungleichförmiger sind die τ-Span

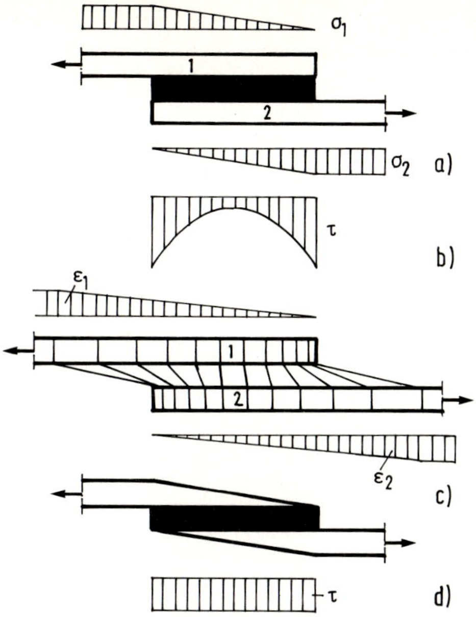

Bild 12

nungen verteilt. In Bild 12c ist angedeutet, auf welchem Umstand diese ungleichförmige Verteilung beruht: Die Dehnungen nehmen in den Blechen vom Beginn der Klebung auf Null ab, beidseitig aber jeweils entgegengesetzt; diese Verzerrungsunterschiede müssen von der Klebefuge ausgeglichen werden. Günstig ist daher eine Anschäftung der Bleche (Bild 12d). - Die Klebstoffe vermögen Spannungsspitzen z.T. durch Plastizierung und Kriechen (schon bei Raumtemperatur) abzubauen. Die Zugscherfestigkeit beträgt (i.M.) 20N/mm², bei Kaltklebern liegt sie niedriger, bei Warmklebern höher. Die Ermüdungsfestigkeit liegt (wiederum unterschiedlich in Abhängigkeit vom Klebertyp) bei 20 bis 60% der statischen Werte, vgl. u.a. [31-37]. Der Wärmeausdehnungskoeffizient der Klebstoffe beträgt i.M. $50\cdot10^{-6}$ (statt $12\cdot10^{-6}$ bei Stahl und $25\cdot10^{-6}$ bei Aluminium). Die Klebetechnik ist im wesentlichen auf das Fügen von (Dünn-) Blechen beschränkt. Sie hat im konstruktiven Stahlbau bislang keine große praktische Bedeutung erlangt: Die Verarbeitung ist relativ aufwendig, der Zeitstandeinfluß ist nur unsicher zu bewerten (Umgebungseinfluß, Brandeinwirkung, Alterung). Wo eine serielle Fertigung von Leichtbauteilen durchgeführt wird (Schicht- und Sandwichbauweise) hat die Klebetechnik praktische Bedeutung. (In der zivilen Luftfahrt werden ca. 70% der Nähte geklebt, der Rest genietet und geschweißt.) Im Stahlbau gibt es Anwendungen beim Kleben von Schraubenmuttern (gegen selbsttätiges Lösen) und bei Klebedübeln, auch wurden mittels hochfester Schrauben vorgespannte Klebverbindungen getestet [38]; in [39] wird über eine geklebte Fachwerkbrücke berichtet.

12 Stützen

12.1 Einführung

Unter Stützen versteht man Bauglieder, die vorrangig zur Abtragung lotrechter Lasten dienen. Neben der Druckbeanspruchung tritt in vielen Fällen eine mehr oder minder große Biegebeanspruchung hinzu, z.B. bei auskragenden eingespannten Stützen oder bei Rahmen; im letztgenannten Falle spricht man von Stielen bzw. Rahmenstielen. Das Beanspruchungsverhältnis Druck zu Biegung bestimmt die zweckmäßigste Querschnittsform, die Ausbildung der Kopf- und Fußkonstruktion und die Wahl fallweise erforderlicher Stöße. Es werden somit unterschieden:

- Stützen mit planmäßig mittiger Druckbeanspruchung (Pendelstützen; Geschoßstützen in Hochbaukonstruktionen, wenn sie durch stabilisierende Verbände oder massive Kerne als unverschieblich angesehen werden können),
- Stützen mit planmäßiger Druck- und Biegebeanspruchung.

Im erstgenannten Falle ist stets zu prüfen, ob die Voraussetzung der planmäßig mittigen Druckbeanspruchung konstruktiv erfüllt ist, ggf. sind Zentrierelemente an den Enden vorzusehen. Vielfach lassen sich die Träger nicht zentrisch anschließen, dann entstehen Exzentrizitätsmomente, insbesondere in den Randstützen; diese müssen rechnerisch verfolgt werden.

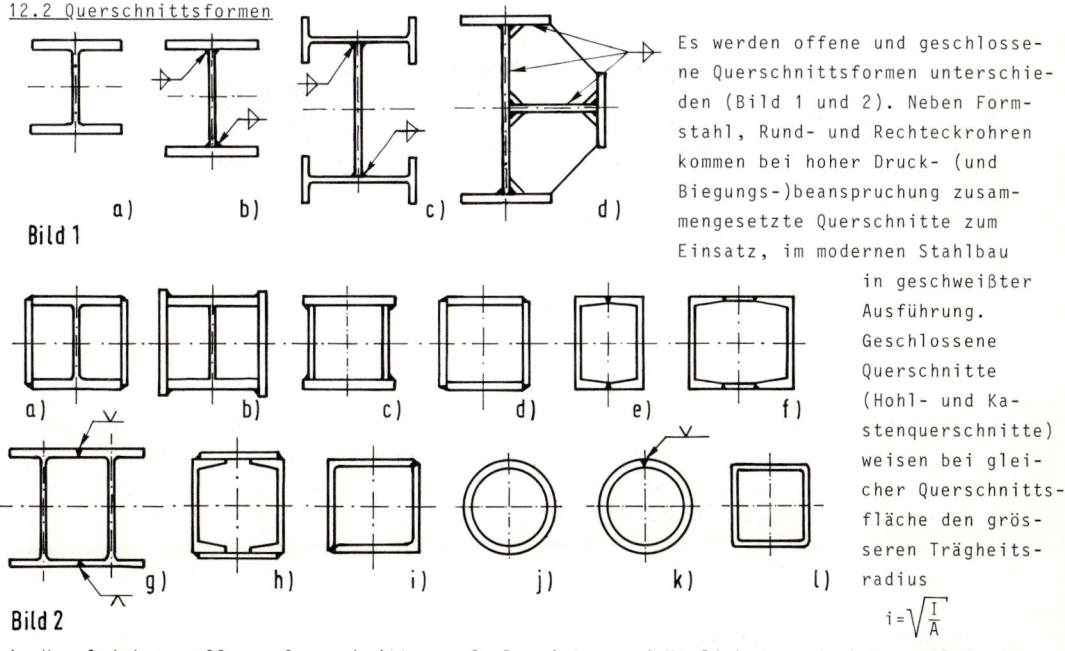

12.2 Querschnittsformen

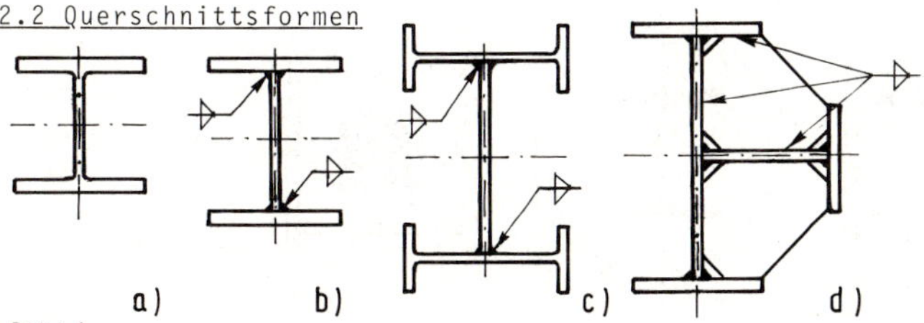

Bild 1

Es werden offene und geschlossene Querschnittsformen unterschieden (Bild 1 und 2). Neben Formstahl, Rund- und Rechteckrohren kommen bei hoher Druck- (und Biegungs-)beanspruchung zusammengesetzte Querschnitte zum Einsatz, im modernen Stahlbau in geschweißter Ausführung. Geschlossene Querschnitte (Hohl- und Kastenquerschnitte) weisen bei gleicher Querschnittsfläche den grösseren Trägheitsradius

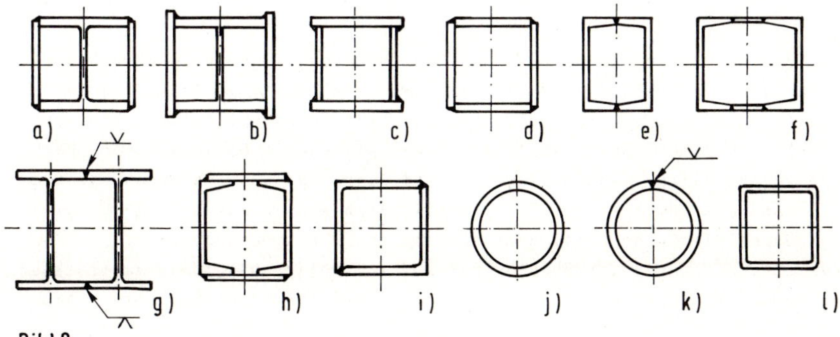

Bild 2

$$i=\sqrt{\frac{I}{A}}$$

im Vergleich zu offenen Querschnitten auf. Das ist grundsätzlich anzustreben, weil damit die Schlankheit $\lambda=s_K/i$ geringer ausfällt. Offene Querschnitte haben auf der anderen Seite den Vorteil, daß sich Trägeranschlüsse einfacher ausführen und näher an die Stützenachse heranführen lassen, dadurch entstehen geringere Exzentrizitäten.

Zur Einhaltung der Querschnittstreue und zur Stabilisierung der dünnwandigen Teile gegen lokales Beulen werden bei großen Stützenquerschnitten Querschotte eingebaut, vgl. Bild 1d, das gilt auch für Kastenstützen.

Anmerkungen zu Bild 1: Von den I-Profilen sind Breitflanschträger (HE-A, HE-B, HE-M) günstiger als IPE-Profile, weil I_y und I_z ausgeglichener sind. Bei zentrischer Druckbeanspruchung und gleichgroßer Knicklänge in beiden Richtungen ergeben I-Profile keine opti-

male Ausnutzung, in solchen Fällen ist ein Querschnitt mit $I_y = I_z$ anzustreben.
Anmerkungen zu Bild 2: Bei vorwiegender Druckbeanspruchung sind geschlossene Querschnitte günstiger, gleichwohl werden auch in solchen Fällen häufig I-Profile vorgezogen, weil Rohrmaterial teurer als Formstahl ist und bei zusammengesetzten Hohlquerschnitten erhebliche Kosten für die Schweißung anfallen. Im jeweiligen Einzelfalle ist zu prüfen, ob diese Mehrkosten durch das geringere Konstruktionsgewicht aufgewogen werden. Vielfach sind auch andere Gründe für die Querschnittswahl maßgebend, z.B. gestalterische, brandschutztechnische, installationstechnische, Minimierung des Platzbedarfs, usf. - Zur Vermeidung der Innenkorrosion sind Hohlstützen luftdicht zu verschweißen.

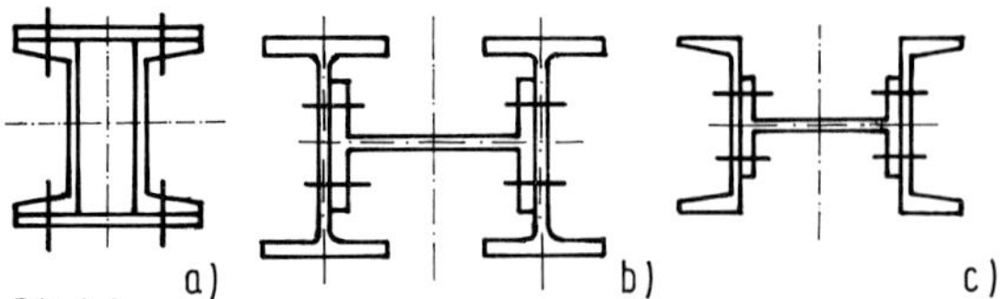

Bild 3

Zum Vergleich mit den geschweißten Profilen sind in Bild 3 genietete Stützenprofile dargestellt, wie sie ehemals zur Ausführung kamen. - Neben vollwandigen Stützen kommen solche mit Ausfachungen in Form von Verrahmungen und Vergitterungen zum Einsatz (Abschnitt 7.4); derartige Stützen wurden früher verbreitet im Geschoßbau eingesetzt, was heute wegen der hohen Fertigungskosten nur selten geschieht. Auch waren gußeiserne Druckstützen verbreitet (ehemals DIN 1051). Im modernen Stahlbau werden zunehmend Verbundstützen wegen der hohen Tragfähigkeit und des hiermit verbundenen geringen Platzbedarfs gewählt und das in zwei Ausführungsformen (Bild 4):

- Hohlprofilstützen mit Rund- oder Rechteckrohren und Betonfüllung,
- Betonstützen mit einbetoniertem Formstahl.

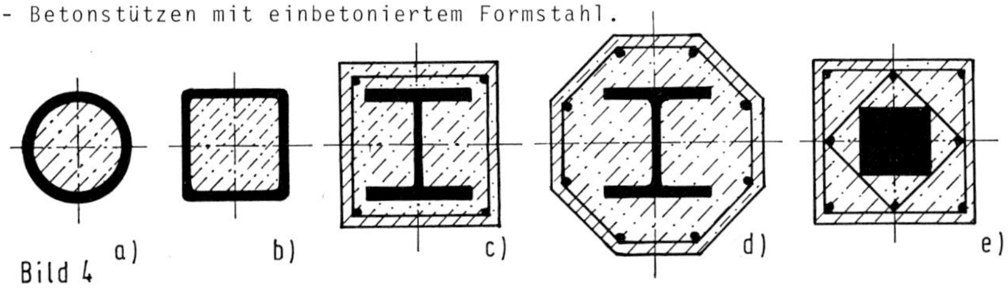

Bild 4

Im zweitgenannten Falle wird den Brandschutzforderungen durch die Betonummantelung gleichzeitig genügt.
Bezüglich der Tragfähigkeitsnachweise von Verbundstützen wird auf Abschnitt 18.5 verwiesen.

12.3 Stützenstöße

Da die Länge der Walzprofile (mit ca. 12 bis 15m) begrenzt ist, sind bei großen Stützenlängen Stöße erforderlich. Im Geschoßbau nehmen die Druckkräfte von oben nach unten zu, die Stützenquerschnitte werden den veränderlichen Druckkräften angepaßt. Die Stöße liegen z.B. in jedem 2. oder 3. Geschoß. Bei Einhaltung (etwa) gleicher Außenabmessungen kann die Abstufung durch veränderliche Wanddicken, z.B. bei Rohr- und Kastenstützen, oder durch Wahl von HE-M, HE-B und HE-A Profilen erfolgen. Schließlich können zusätzliche Lamellen aufgeschweißt und dadurch das Grundprofil geschoßweise verstärkt werden.
Für Stützen in unverschieblichen Geschoßbauten mit ausschließlich planmäßig zentrischer Druckbeanspruchung kommen Kontaktstöße zur Ausführung, dabei sind drei Fälle zu unterscheiden:

a) Der Stoß liegt am Fuß oder am Kopf der Stütze, d.h. in Höhe der unverschieblichen Geschoßdecken und damit im Wendepunkt der Knickbiegelinie;
b) der Stoß liegt im äußeren Viertel der (Geschoß-)Höhe;
c) der Stoß liegt im Mittelbereich der Stütze.

Fall a: Unter der Voraussetzung, daß die Endquerschnitte winkelrecht bearbeitet (plangefräst) werden und zudem eine ausreichend dicke Fuß- und ggf. Kopfplatte angeordnet wird, brauchen die Verbindungsmittel nur für 10% der Stützenkraft bemessen zu werden. Das ist der anzustrebende Regelfall, wobei zur Verbindung der Stütze mit der Fuß- bzw. Kopfplatte Kehlnähte gewählt werden.
Fall b: Stoßdeckungsteile und Verbindungsmittel brauchen nur für 50% der Stützenkraft nachgewiesen zu werden.

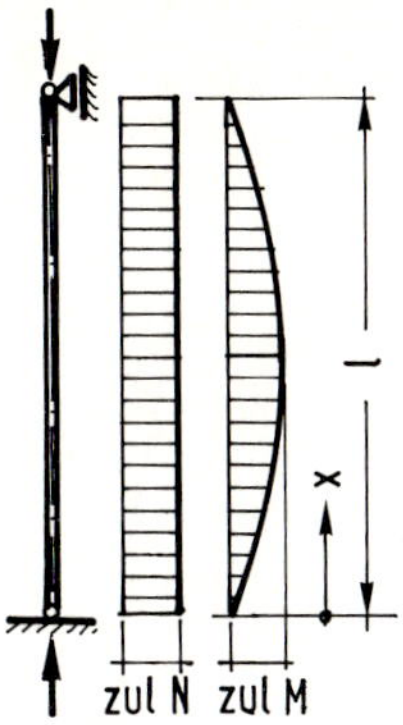

Bild 5

Fall c: Nachweis der Stoßdeckung für die volle Stützenkraft.
In den Fällen b und c ist wichtig, daß die "Knicktragfähigkeit" durch den Stoß nicht reduziert wird. Die Stoßdeckung ist somit auf ausreichende Steifigkeit auszulegen. Um dieser Bedingung zu genügen, empfiehlt es sich, ein Biegemoment einzurechnen. Empfehlung für Fall b und c: Die Stoßdeckung wird für zwei Lastfälle nachgewiesen:

1. Lastfall: Nachweis als Kontaktstoß für 0,5·N (Fall b) bzw. N (Fall c) und M=0,
2. Lastfall: Nachweis als Biegestoß für das (zul) Tragmoment (und N=0). Über die Länge der Stütze wird z.B. ein parabelförmiger Verlauf angenommen (vgl. Bild 5):

$$M = 4(1-\xi)\xi \cdot \text{zul}M \quad \text{mit} \quad \xi = x/l \tag{1}$$

Liegt der Stoß beispielsweise im Viertelspunkt (ξ=0,25) folgt:

$$M = 4(1-0{,}25)\cdot 0{,}25\cdot \text{zul}M = 0{,}75\cdot \text{zul}M \tag{2}$$

Der Stoß wäre demnach (im 2. Lastfall) für 75% von zul M und N=0 auszulegen. In Grenzen ist es möglich, von einem gegenüber zul M reduzierten Ersatzmoment auszugehen. Mit vorstehender Empfehlung liegt man auf der sicheren Seite. Es ist auch möglich, eine sichelförmige Vorkrümmung e (im Sinne einer Imperfektion) anzunehmen und hierfür das Exzentrizitätsmoment max M=N·e in Stützenmitte zu bestimmen. Für die Umrechnung auf andere Stoßquerschnitte gilt G.1. - Zum rechnerischen Nachweis von Kontaktstößen siehe [1].

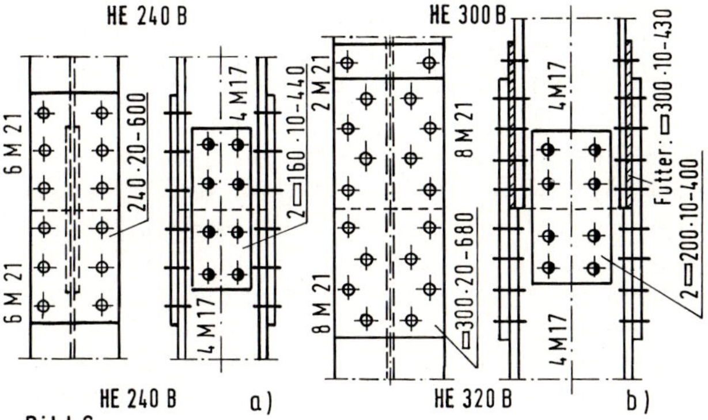

Bild 6

Bei Werkstattstößen werden Vollstöße durch Stumpfnähte geschlossen, sofern die Profile (etwa) deckungsgleich sind. Bei Hohlprofil- und Kastenstützen werden in solchen Fällen vorab schmale Flacheisen wurzelseitig angeheftet, wenn ein Gegenschweißen nicht möglich ist. Auch empfiehlt es sich, Winkel oder Bleche hilfsweise zum Zwecke einer vorübergehenden Fixierung und gegenseitigen Zentrierung anzuordnen. Das ist in jedem Falle zu empfehlen, wenn Vollstöße mittels Stumpfnähten als Montagestöße ausgeführt werden sollen, ggf. ist eine Durchstrahlung erforderlich. - Als Montagestöße werden gelegentlich auch geschraubte Stöße mit Flansch- und Steglaschen (in Anlehnung an die ehemalige Nietbauweise) ausgeführt, siehe Bild 6. Sind in solchen Fällen Profil- oder Dickensprünge vorhanden, bedarf es zum Ausgleich besonderer Futterbleche, vgl. Teilbild b. Bezüglich des Nachweises geschraubter Stöße wird auf Abschnitt 13 verwiesen. - Verbreitet sind auch Stöße mittels Kopfplatten, siehe folgend.

Sind die zu stoßenden Profile im Falle geschweißter Stöße nicht deckungsgleich, gibt es zwei Möglichkeiten, um den Sprung auszugleichen:

a) Es werden kontinuierliche Übergänge konstruiert, wie in Bild 7 skizziert, z.B. durch Einschweißen eines (oder zweier) dreieckförmiger Bleche in den Steg oder durch Einfügen eines trapezförmigen Zwischenteils; derartige Maßnahmen sind aufwendig. Bei schärferen Knicken, wie in Teilbild c gezeigt, werden Querbleche zur Aufnahme der Umlenkkräfte angeordnet; die Kräfte folgen aus einfachen Gleichgewichtsbetrachtungen (Teilbild d).
b) Es werden (dicke) Zwischenbleche angeordnet; sie lassen eine gewisse Profilabstufung

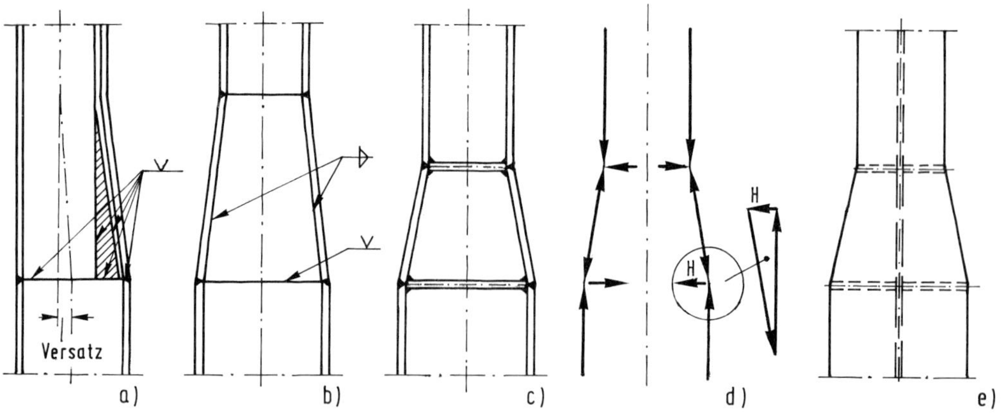

Bild 7

zu (vgl. Bild 8b). Bei größeren Abstufungen sind in Verlängerung der Flansche (Gurte) Rippen anzuordnen. Bei geschraubten Stößen sind zwei Stoßplatten vorzusehen: Man spricht dann von einem Kopfplattenstoß (Bild 8e).

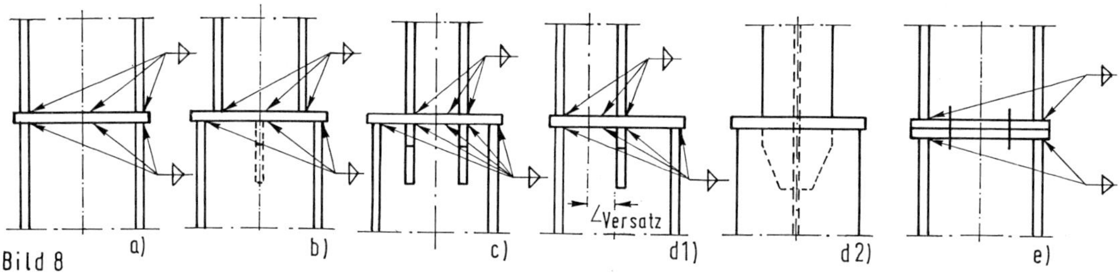

Bild 8

Die unter b) genannten Stoßformen kommen vorrangig für Stöße an den Enden von Stützen zur Ausführung; wie oben erwähnt, brauchen die Schweißnähte (Kehlnähte) in solchen Fällen nur für 10% der Stützenkraft nachgewiesen zu werden, sofern die Stützenenden winkelrecht geschnitten und eben sind; bei Profilsprüngen sind die Zwischenbleche konstruktiv dicker zu wählen. In Bild 9 ist angedeutet, wie solche Bleche dimensioniert werden können: Ist F die anteilige Kraft im Flansch der aufgehenden Stütze und e die Exzentrizität (Abstand der Flanschmittellinien), beträgt das Moment in der Platte (auf der sicheren Seite liegend): M=Fe. Die mitwirkende Breite wird zu $b_m=(b_u+b_o)/2$ abgeschätzt; das Widerstandsmoment ist $b_m t^2/6$.

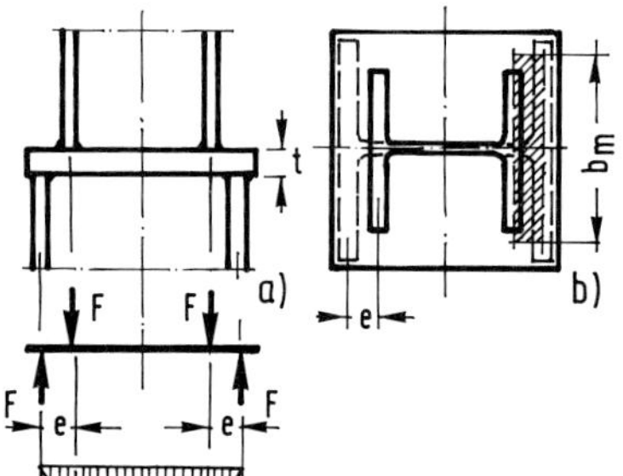

Bild 9

Bei Stützen mit planmäßiger Druck- und Biegungsbeanspruchung (also insbesondere bei allen Stützen in verschieblichen Systemen, z.B. bei Rahmenstielen) sind grundsätzlich Kraftstöße anzuordnen: Deckungsteile und Verbindungsmittel sind für die Schnittgrößen an der Stoßstelle nachzuweisen. Liegt der Stoß im Bereich von Momenten- oder Querkraftnullpunkten, empfiehlt sich ein Nachweis für die halbe Tragfähigkeit des Profils; im Mittelbereich von Knicklängen sollte ggf. ein Flächenstoß angeordnet werden, um eine durchgängige Steifigkeit sicherzustellen; vgl. hierzu obige Ausführungen.

12.4 Stützenfußkonstruktionen

12.4.1 Konstruktive Ausbildung

Stützenfüße übertragen die Stützenkräfte aus dem Stützenschaft auf die Fundamente. Die Fußplatten sind so zu dimensionieren, daß die zulässigen Betonpressungen eingehalten werden. - Die Ausbildung der Fußkonstruktion ist von der Beanspruchungsart abhängig:

a) Stützen mit planmäßig zentrischer Druckbeanspruchung in unverschieblichen Tragwerken (Geschoßbauten): Obwohl der Fußpunkt statisch als Gelenk angesehen wird, wird kein Gelenk konstruktiv realisiert, weil eine Winkeldrehung planmäßig nicht eintritt. Es wird eine lastverteilende Fußplatte ausgebildet und eine Montageverankerung (vgl. Abschnitt 12.4.2.5) vorgesehen. Die Fußplatte wird mit Mörtel nach endgültiger Ausrichtung des Stützenfußes unterfüllt. Diese Unterfüllung muß vollständig und vollflächig erfolgen, anderenfalls wird die Stützenkraft exzentrisch abgesetzt, was ein hohes (unplanmäßiges) Exzentrizitätsmoment in der Stütze zur Folge hat! - Bei geringen Stützenkräften genügt i.a. die Anordnung einer unausgesteiften Fußplatte, vgl. Bild 10; das wird vielfach

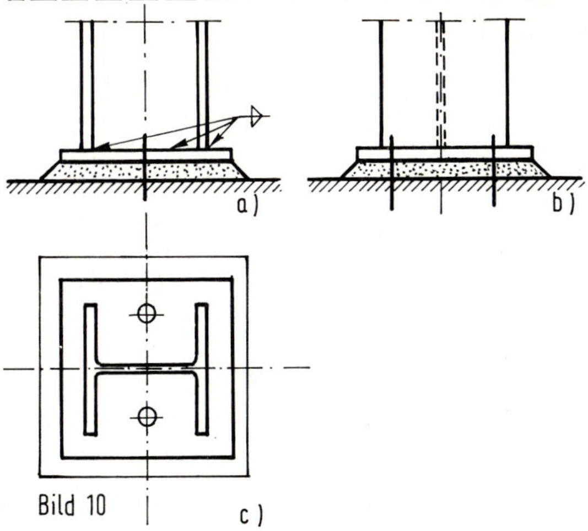

Bild 10

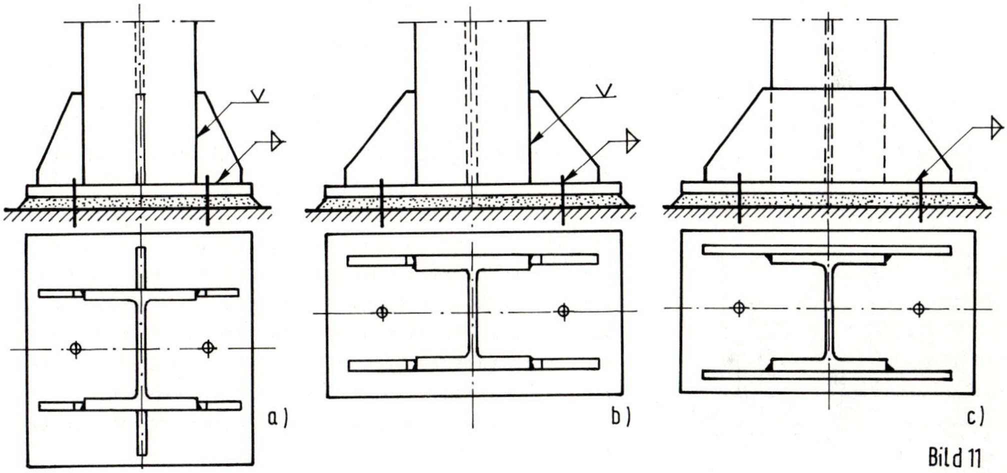

Bild 11

auch bei höheren Stützenkräften mit entsprechend dickeren Platten und hochfestem Beton angestrebt, um die Fertigungskosten niedrig zu halten. - Bei großen Stützenkräften oder/und weniger tragfähigem Unterbeton sind zur Aussteifung der Fußplatten Aussteifungsrippen (Bild 11a/b) oder Schaftbleche (Teilbild c) erforderlich. Die Fußplatten können quadratisch oder rechteckig sein. - Bild 12 zeigt ausgesteifte Fußplatten von Rohrstützen. Auch in diesen Fällen werden unausgesteifte kreisförmige Fußplatten bevorzugt. - Bild 13 zeigt mögliche Fußplattenausbildungen für Stützen aus Quadrat- oder Rechteckrohrprofilen. Im Falle a sind Winkelprofile und im Falle b Rippen angeschweißt.

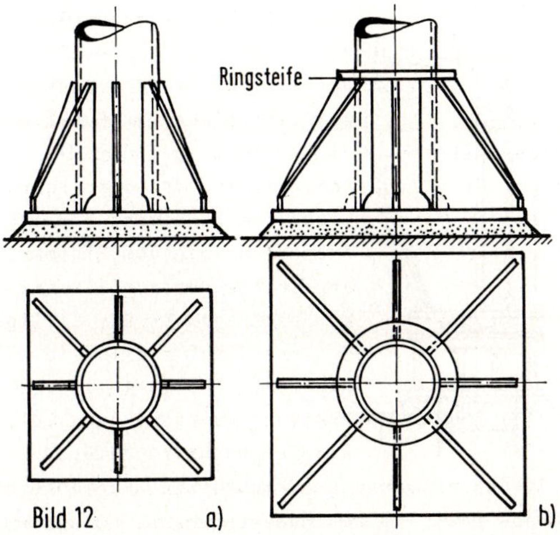

Bild 12

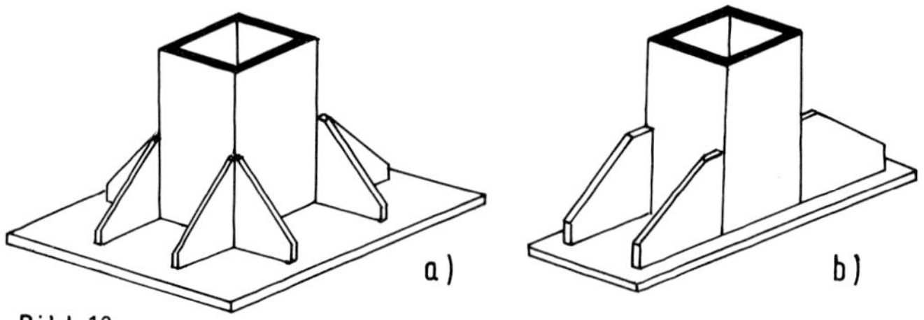

Bild 13

Bei sehr hohen Druckkräften und wenig tragfähigem Unterbau (z.B. alte Bausubstanz, Mauerwerk) sind große lastverteilende Fußplatten oder ggf. Trägerrostkonstruktionen erforderlich, vgl. Bild 14. Letzteres kann auch im Zuge von Bauhilfsmaß-

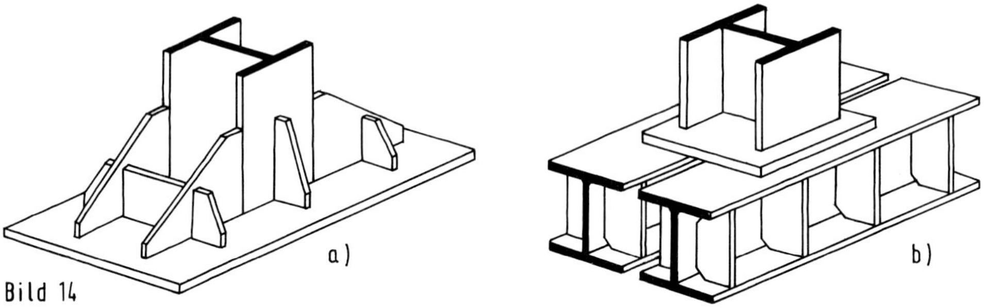

Bild 14

nahmen notwendig sein, wenn die zentrisch belastete Stütze direkt auf tragfähigem Boden aufgestellt werden soll. In solchen Fällen werden indes im Regelfall Hilfsfundamente angeordnet.

b) Stützen und Stiele mit Fußgelenken: Dieser Fall liegt z.B. bei zentrisch beanspruchten Pendelstützen in verschieblichen Tragwerken oder bei Rahmenstielen mit Fußgelenk vor: Im Fußpunkt tritt eine planmäßige Winkeldrehung auf. In solchen Fällen muß das Gelenk konstruktiv realisiert werden, anderenfalls entsteht eine Exzentrizitätsbeanspruchung. Ein echtes Bolzengelenk, wie in Bild 15 skizziert, wird nur selten ausgeführt, ggf. bei leichten Hallenrahmen, wenn im Stützenfuß eine größere Zugkraft auftritt. Üblicher sind Gelenke mit balligem Zentrierstück und Knaggen, wie in Bild 16 dargestellt. Treten Zugkräfte auf, ist der Stielfuß durch Anker gegen Abheben zu sichern. In den Teilbildern b und c sind Trägerroste zur Verteilung der Punktlasten angeordnet. Im Falle des Teilbildes c ist eine Schubrippe zum Fundament hin angeordnet, um die vom Stützenfuß abgesetzte Horizontalkraft zu übertragen. - Das ballige Zentrierstück stellt ein Wälzlager dar. Es wird auf HERTZsche Pressung nachgewiesen; vgl. hierzu Abschnitt 25.6.3.

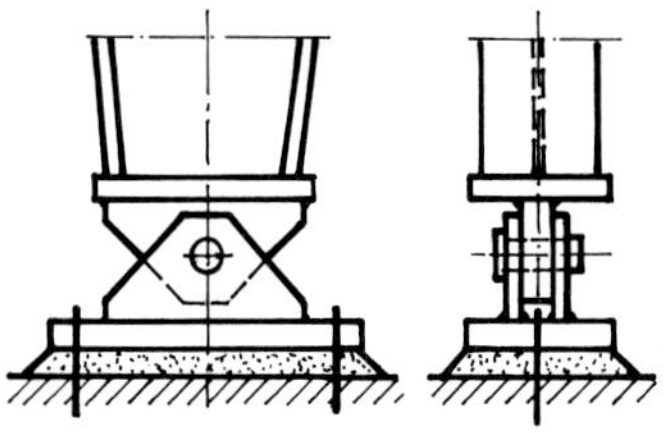

Bild 15

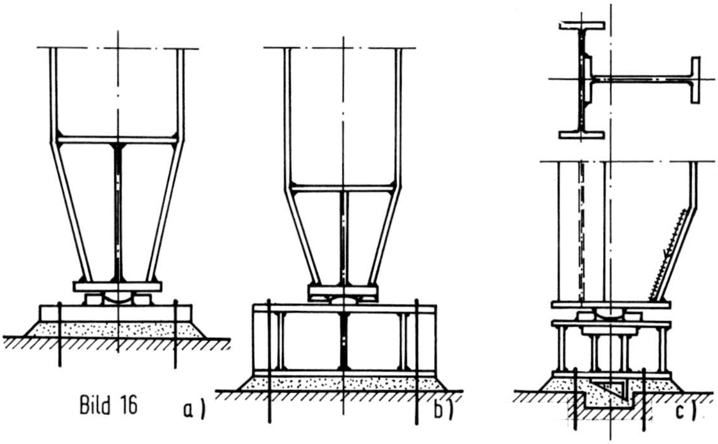

Bild 16

c) Stützen mit starrer Einspannung: Stützen mit Fußeinspannung (Kragstützen, Rahmenstiele mit Fußeinspannung) erhalten eine möglichst große Basis in der Momentenebene, um unter Verwendung von Zugankern das Einspannungsmoment über den sich so ergebenden inneren Hebelarm abtragen zu können. Stützeneinspannungen mittels dicker Fußplatten, wie in Bild 17

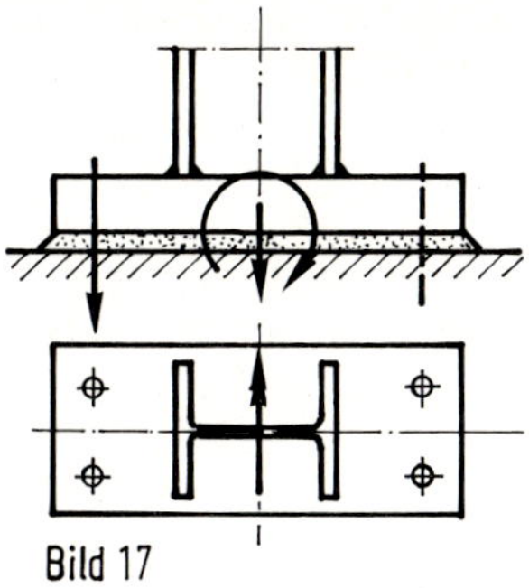

Bild 17

skizziert, kommen nur für relativ geringe Einspannungsmomente in Frage. Bedingt durch die Verbiegung der Platte kommt nur eine drehfederelastische Einspannung zustande. Die Dicke derartiger Fußplatten ist auf t=80mm beschränkt. - Bei hohen Einspannungsmomenten bedarf es kräftiger Fußträger (Fußtraversen), nicht nur, um das Moment von der Stütze auf das Fundament absetzen zu können, sondern auch, um eine möglichst verformungsfreie, starre Einspannung zu realisieren, damit die Voraussetzungen der statischen Berechnung erfüllt werden. Wird nur eine drehelastische Einspannung konstruktiv verwirklicht, wirkt sich das in einer (ungewollten) Vergrößerung der Schnittgrößen an anderen Stellen des Tragwerkes und in einer Vergrößerung der Knicklängen aus; insgesamt ergeben sich dann größere Verformungen der aufgehenden Konstruktion, der Einfluß Theorie II.Ordnung ist ausgeprägter.

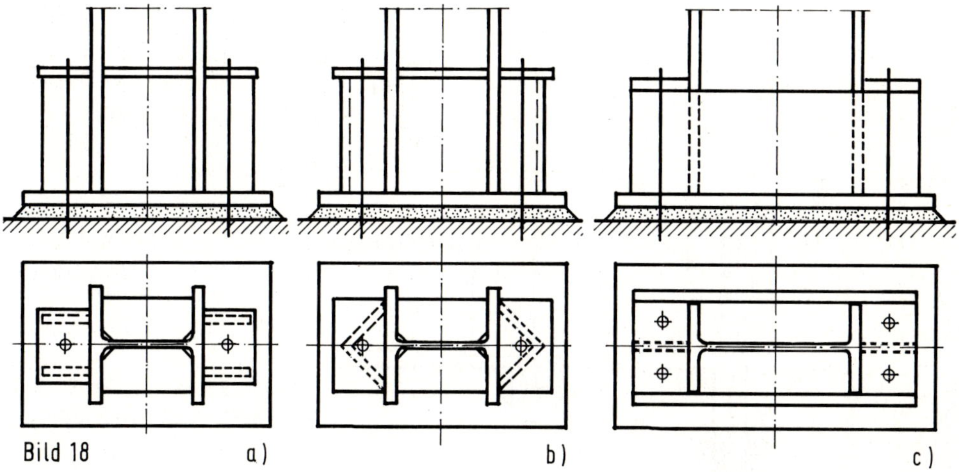

Bild 18

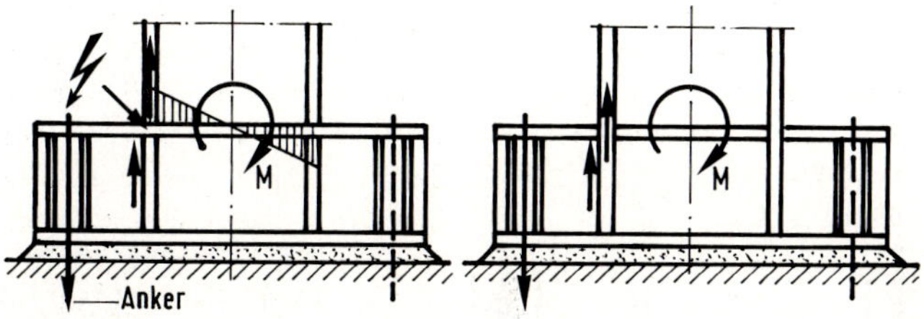

Bild 19

Bild 18 zeigt konstruktive Lösungen für geringe bis hohe Momentenbeanspruchung. Fußausbildungen gemäß Teilbild a und b kommen in dieser Form auch für Stiele mit hohen Zugkräften (bei turmartigen Hochbauten) zum Einsatz.

Ausführungen, wie in Bild 19a dargestellt, bei welchen die Stützen stumpf mit dem Fußträger verschweißt werden, sind weniger gut, weil die Flanschzugkräfte über die Gurtung des Fußträgers abgesetzt werden und in diesen daher hohe Querzugspannungen in Dickenrichtung auftreten; günstiger sind Ausführungen gemäß Teilbild b.

Treten in Stützenfüßen planmäßige Querkräfte auf, ist deren sichere Abtragung auf das Fundament nachzuweisen. In Grenzen ist es zulässig, die Kraft allein über Reibung abzusetzen. Als Reibbeiwert zwischen Fußplatte und Mörtelbett ist f=0,3 anzusetzen, dabei ist max|Q| und min|N| zu kombinieren und die vorgeschriebene Sicherheit gegen Gleiten einzuhalten. - Bei größeren Querkräften sind Schubstücke, z.B. in Form kurzer Profilstücke, anzuordnen. Es ist nicht zulässig, diese Aufgabe den Ankern zu übertragen.
Bild 20a zeigt den Fußpunkt einer leichten Hallenstütze. In solchen Fällen ist es vertretbar, die Verbandsstreben am Stützenflansch anzuschließen, auch wenn damit eine geringe Exzentrizität verbunden ist. Eine Zentrierung des Verbandes ist grundsätzlich günstiger

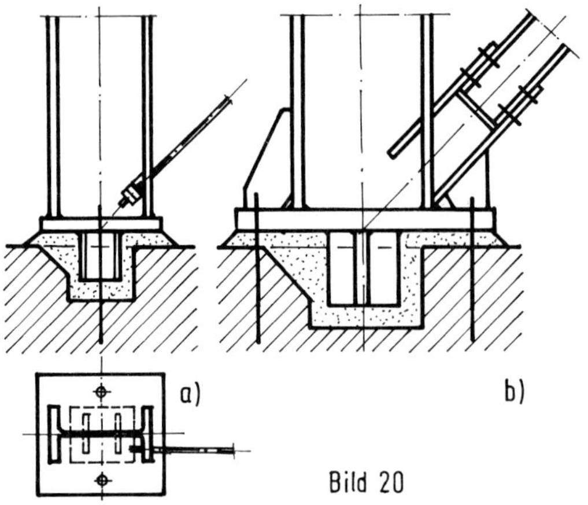

Bild 20

und bei hoher Beanspruchung auch notwendig. In Bild 20b ist hierfür als Beispiel ein Stützenfuß mit einem I-Verbandsanschluß dargestellt. Die Horizontalkraft wird in diesem Fall über ein Schubkreuz abgesetzt. Diese Ausführung gewährleistet eine einwandfreie Verfüllung der Ausnehmung im Betonfundament. Um den Schacht ist eine Ringbewehrung anzuordnen.

Die Pressung des Schubstückes gegen den Beton und die Beanspruchung in den Anschlußnähten zwischen Schubstück und Fußplatte werden mit elementaren Ansätzen nachgewiesen.

Bild 21 zeigt ein weiteres Beispiel: Es handelt sich um den eingespannten Stützenfuß einer schweren Kastenstütze. Die Ankerbasis beträgt 5000mm. Der Fußträger ist unterhalb der Stützengurte punktuell aufgelagert. Hier sind dicke Lagerbleche erforderlich. Zur Abtragung der Seitenkräfte dienen Schubkreuze.

Die Seitenbleche der Kastenstütze sind mittels Stumpfnähten mit den dickeren Seitenblechen der kastenförmigen Fußtraverse verschweißt.

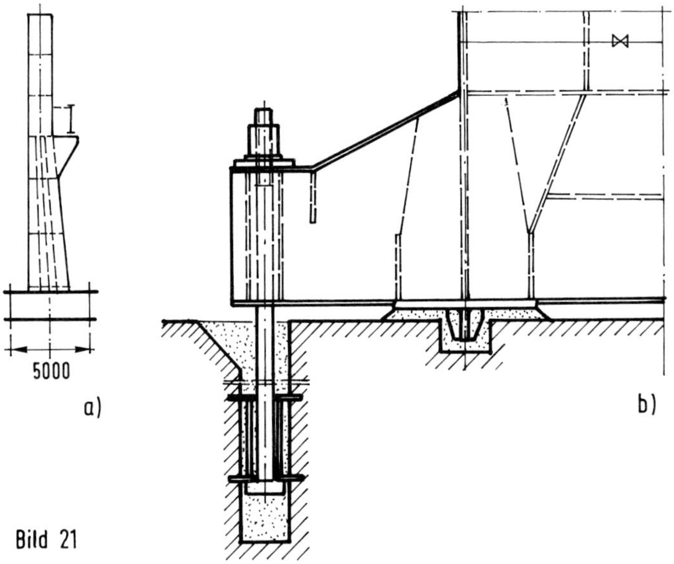

Bild 21

12.4.2 Berechnung der Fußkonstruktionen

12.4.2.1 Pressung - Druck- und Ankerkräfte

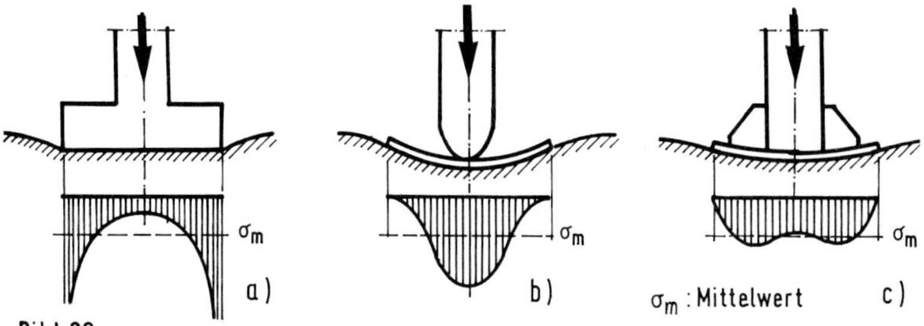

Bild 22

Die Pressungsverteilung unter Fußplatten ist vorrangig von der Steifigkeit der Fußkonstruktion abhängig: Unter der Voraussetzung elastischen Verhaltens stellen sich bei zentrischer Belastung die in Bild 22 skizzierten Pressungen in Abhängigkeit von der Biegesteifigkeit der Fußkonstruktion ein. Um eine möglichst gleichförmige Pressungsverteilung, wie sie beim Tragsicherheitsnachweis unterstellt wird, zu erreichen, muß die Fußkonstruktion ausreichend steif ausgebildet sein, dann ist eine Pressungsverteilung gemäß Bild 22c zu erwarten. Gewisse gegenüber dem Mittelwert höher ausfallende Pressungen sind unbedenklich. Bezüglich der Fußkonstruktion liegt die Annahme einer konstanten Pressung auf der sicheren Seite, weil die reale Pressung zu den Rän-

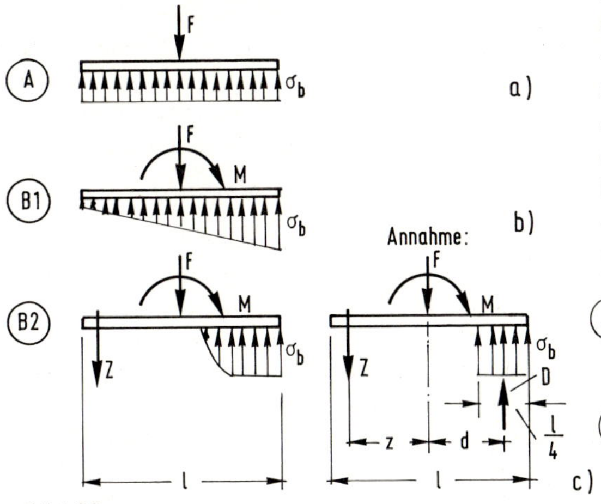

Bild 23

dern hin abfällt und daher die Beanspruchung in der Fußkonstruktion geringer ausfällt. - Unter der Fußplatte wird in jedem Falle eine 3 bis 5cm dicke Mörtelfuge angeordnet. Hierdurch werden die Unebenheiten der Fundamentoberkante ausgeglichen.
Die Pressungsverteilung erfährt dadurch auch eine Vergleichmäßigung.
Bezüglich der Beanspruchungsart sind drei Fälle zu unterscheiden (vgl. Bild 23):

(A:) Zentrische Belastung:

$$\sigma_b = \frac{F}{A} \tag{3}$$

(B1:) Exzentrische Belastung, geringe Exzentrizität; die Resultierende liegt innerhalb des Kernquerschnittes der Fußplatte:

$$\sigma_b = \frac{F}{A} \pm \frac{M}{W} \tag{4}$$

A und W sind Fläche bzw. Widerstandsmoment der Fußplatte.

(B2:) Exzentrische Belastung, große Exzentrizität; die Resultierende liegt außerhalb des Kernquerschnittes der Fußplatte. Das ist bei eingespannten Stützen mit planmäßigem Einspannungsmoment der Regelfall. In solchen Fällen wird immer eine Verankerung vorgesehen. Auf der Zugseite stellt sich eine klaffende Fuge ein, deren Ausdehnung ist u.a. von der Nachgiebigkeit der Verankerung abhängig. Durch Vorspannen der Anker kann die Klaffung überdrückt werden. Die realen Beanspruchungen sind recht komplex; einen groben Anhalt über die Größe der Druckpressungen und Ankerkräfte erhält man aus einfachen Gleichgewichtsbetrachtungen: Auf der Druckseite wird über eine Länge von 1/4 ein Kontakt zwischen Fußplatte und Fundament mit näherungsweise konstanter Pressung angesetzt, vgl. Bild 23c, rechts. Damit liegt der innere Hebelarm h=z+d fest; Druckkraft D und Zugkraft Z können berechnet werden:

$$D = \frac{M + F\cdot z}{h}\,;\quad Z = \frac{M - F\cdot d}{h} = D - F;\quad h = z + d \tag{5}$$

Die Pressungen im Druckbereich und die Zugspannungen in der Verankerung können nunmehr bestimmt werden. Für Z liegt die Rechnung auf der sicheren Seite, da sich real ein etwas größerer innerer Hebelarm einstellt. Hinsichtlich der Höhe der Betonpressung liegt der Ansatz einer konstanten Spannung auf der unsicheren Seite. Wie in Abschnitt 12.4.3.3 gezeigt wird, sollte die maximale Randdruckpressung aus diesem Grund um den Faktor 1,5 erhöht werden:

$$\sigma_b = 1{,}5\frac{D}{b\cdot l/4} \tag{6}$$

In Abschnitt 13.4.3 werden die Ansätze, einschließlich Berücksichtigung einer Ankervorspannung, zugeschärft.

Gelten F und M und die hieraus folgenden Kräfte D und Z im γ_F-ψ-fachen Lastzustand, empfiehlt es sich, diese um den Faktor $\gamma_F\cdot\psi$ (z.B. 1,5·0,9=1,35) auf das Niveau der Gebrauchslasten (im Sinne von DIN 18800 T1, 03.81) umzurechnen. Hierfür gelten die im folgenden angegebenen zul. Betonpressungen und zul. Bodenpressungen. Beim Nachweis der Stahlbauteile wird entsprechend mit zul. Stahlspannungen gerechnet, z.B. im Falle St37:

$$\text{zul}\,\sigma = \frac{f_{y,k}}{\gamma_M\cdot\gamma_F\cdot\psi} = \frac{24}{1{,}1\cdot 1{,}5\cdot 0{,}9} = 16\,\text{kN/cm}^2$$

Die in diesem Abschnitt folgenden Beispiele werden unter dieser Voraussetzung erbracht. Eine Angleichung an DIN 18800 T1 (11.90) wird dann möglich sein, wenn das neue Sicherheitskonzept auch im Massivbau und Grundbau eingeführt ist.

Die zulässige Betonpressung unter Gebrauchslasten beträgt:

$$\text{zul}\,\sigma_b = \frac{\beta_R}{\gamma} \tag{7}$$

β_R ist der Rechenwert für die Festigkeit des Fundamentbetons; γ ist die Sicherheitszahl, letztere ist u.a. davon abhängig, ob das Fundament bewehrt ist oder nicht (vgl. Bild 24). Bei bewehrten Fundamenten ist es möglich, die höhere zulässige Teilflächenpressung nach DIN 1045, Abschn. 17.3.3 anzusetzen:

$$\text{zul}\,\sigma_b = \frac{\beta_R}{2{,}1}\sqrt{\frac{A}{A_1}} \leq 1{,}4\,\beta_R \tag{8}$$

Wird hiervon Gebrauch gemacht, ist die vorgeschriebene Spaltzugbewehrung einzubringen und mindestens B15 zu verwenden. Bei Fundamenten wird die erhöhte zulässige Teilflächenpressung i.a. nicht angesetzt, wohl aber bei Auflagerbänken von Brückenwiderlagern und -pfeilern zur Abtragung der Lagerkräfte (Abschnitt 25.6). Bei dünnen Zementmörtelfugen dürfen dieselben zulässigen Druckspannungen wie für den Unterbeton angesetzt werden; das setzt indes voraus, daß das Verhältnis der kleinsten tragenden Fugenbreite zur Fugendicke gleich/größer 7 ist, was bei Fußplatten i.a. eingehalten wird.

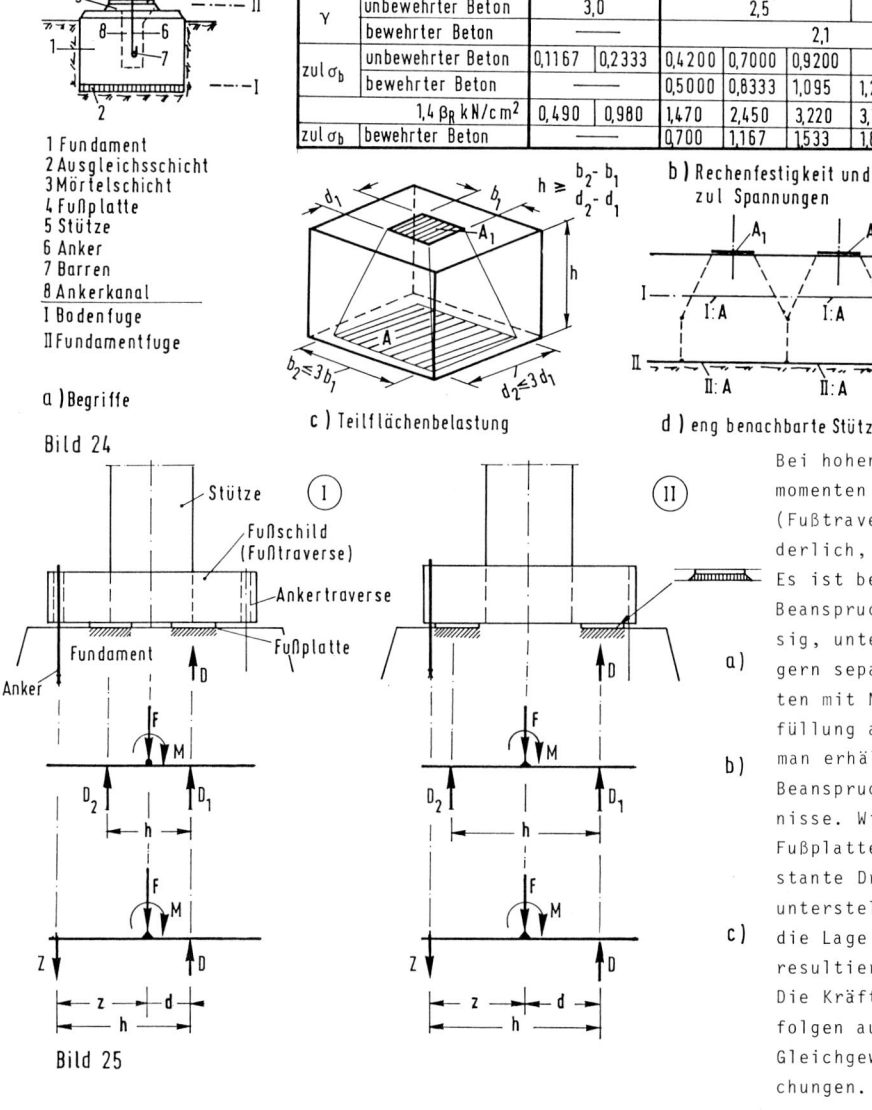

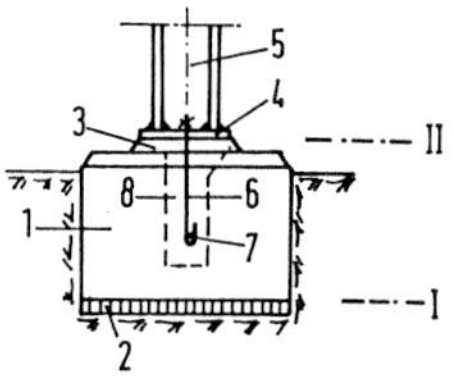

1 Fundament
2 Ausgleichsschicht
3 Mörtelschicht
4 Fußplatte
5 Stütze
6 Anker
7 Barren
8 Ankerkanal
I Bodenfuge
II Fundamentfuge

a) Begriffe

		B 5	B 10	B 15	B 25	B 35	B 45	B 55
Rechenfestigkeit: β_R kN/cm²		0,350	0,700	1,050	1,750	2,300	2,700	3,000
γ	unbewehrter Beton	3,0		2,5			——	
	bewehrter Beton	——		2,1				
zul σ_b	unbewehrter Beton	0,1167	0,2333	0,4200	0,7000	0,9200	——	
	bewehrter Beton	——		0,5000	0,8333	1,095	1,285	1,428
1,4 β_R kN/cm²		0,490	0,980	1,470	2,450	3,220	3,780	4,200
zul σ_b	bewehrter Beton	——		0,700	1,167	1,533	1,800	2,000

b) Rechenfestigkeit und zul Spannungen

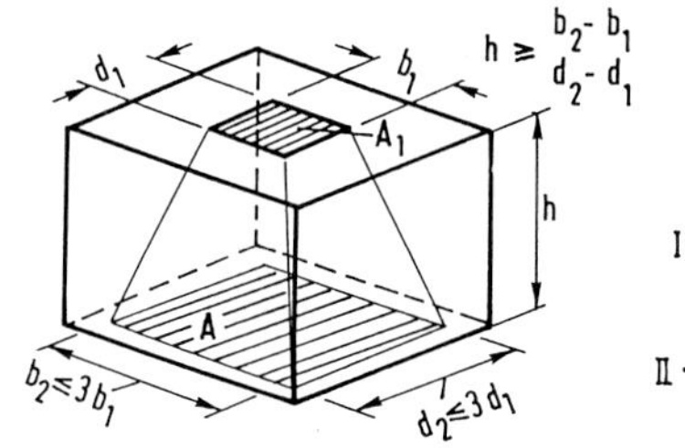

c) Teilflächenbelastung

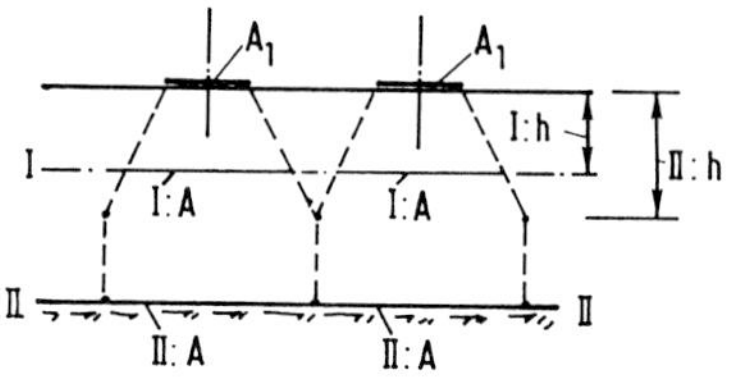

d) eng benachbarte Stützen

Bild 24

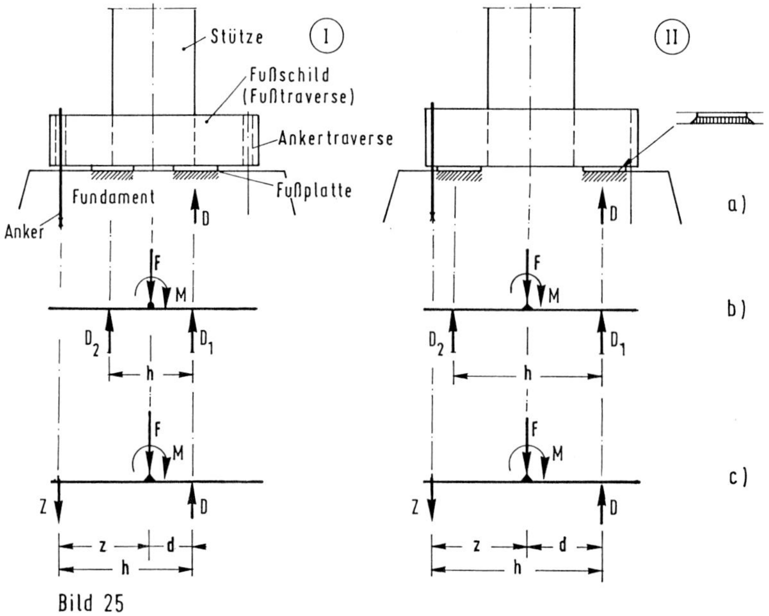

Bild 25

Bei hohen Einspannmomenten sind Fußträger (Fußtraversen) erforderlich, vgl. Bild 25. Es ist bei sehr hoher Beanspruchung zweckmäßig, unter diesen Trägern separate Fußplatten mit Mörtelunterfüllung anzuordnen; man erhält dann klare Beanspruchungsverhältnisse. Wird unter der Fußplatte eine konstante Druckpressung unterstellt, liegt die Lage der Druckresultierenden D fest. Die Kräfte D und Z folgen aus einfachen Gleichgewichtsgleichungen.

a)

b)

c)

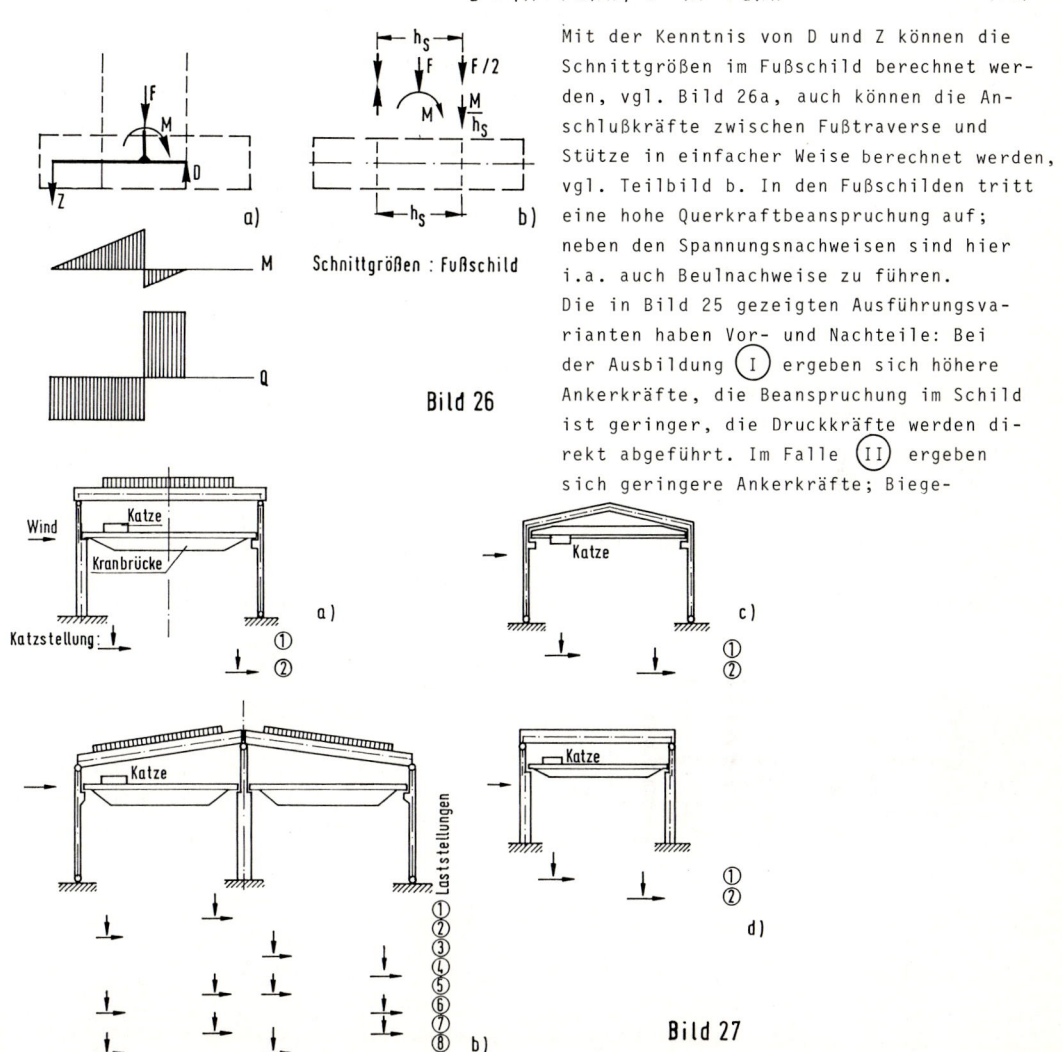

In Bild 25 sind zwei Fälle unterschieden: Geringe und große Exzentrizität (Teilbild b und c), im erstgenannten Falle treten nur Druckkräfte auf, im zweitgenannten Falle Druck- und Ankerkräfte; das ist der Regelfall.

Geringe Exzentrizität: $D_1 = F/2 + M/h;\ D_2 = F/2 - M/h$ (9)

Große Exzentrizität: $D = (M + F \cdot z)/h;\ Z = (M - F \cdot d)/h$ (10)

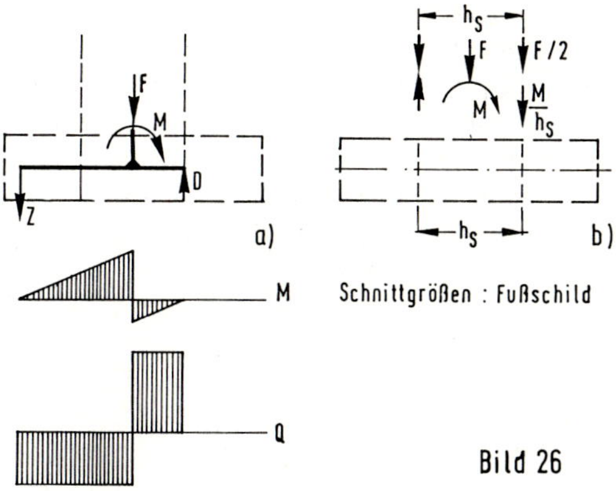

Bild 26

Mit der Kenntnis von D und Z können die Schnittgrößen im Fußschild berechnet werden, vgl. Bild 26a, auch können die Anschlußkräfte zwischen Fußtraverse und Stütze in einfacher Weise berechnet werden, vgl. Teilbild b. In den Fußschilden tritt eine hohe Querkraftbeanspruchung auf; neben den Spannungsnachweisen sind hier i.a. auch Beulnachweise zu führen.

Die in Bild 25 gezeigten Ausführungsvarianten haben Vor- und Nachteile: Bei der Ausbildung (I) ergeben sich höhere Ankerkräfte, die Beanspruchung im Schild ist geringer, die Druckkräfte werden direkt abgeführt. Im Falle (II) ergeben sich geringere Ankerkräfte; Biege-

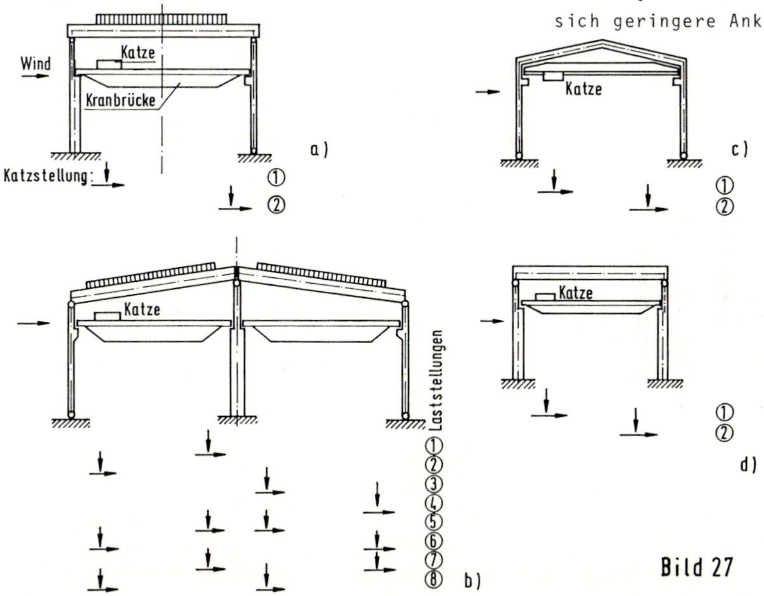

Bild 27

und Schubbeanspruchung (auch die der Anschlußmittel zur Stütze) sind erheblich höher als bei Ausführung (I).

Beim Nachweis der Stützenfußkonstruktionen gehören maximale Druckkraft und maximales Einspannungsmoment i.a. nicht zum selben Lastfall: Die Nachweise sind jeweils für einander zugeordnete Anschlußgrößen zu führen. Die größten Pressungen ergeben sich i.a. für max F und min M und die größten Ankerkräfte für min F und max M. Bei Hallen sind die Anschlußgrößen für die verschiedenen Lastfälle zunächst zusammenzustellen; das gilt in Sonderheit für Kranhallen, wenn sie mehrschiffig sind und/oder mehrere Laufkrane betrieben werden (Bild 27).

12.4.2.2 Fußplatten

Die Abmessungen der Fußplatten und der fallweise erforderlichen Aussteifungen werden durch die Größe von F und M einerseits und die Höhe der zulässigen Betonpressungen andererseits bestimmt. - Um den Fertigungsaufwand möglichst gering zu halten, werden unausgesteifte Fußplatten bevorzugt. Derartige Fußausbildungen haben zudem den Vorteil, daß ihre Kon-

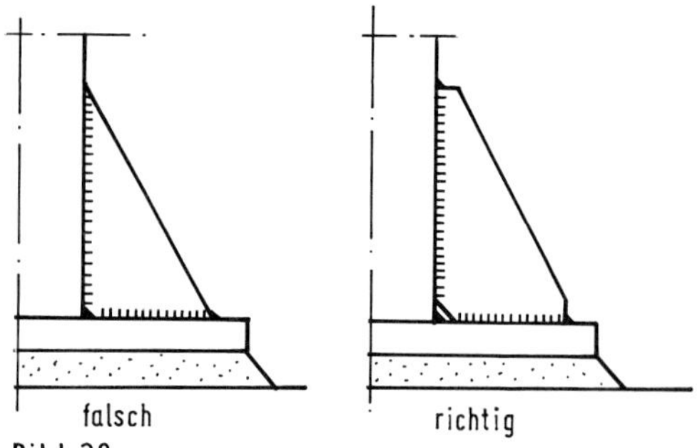

Bild 28

struktionshöhe gering ist. Aussteifungen in Form von Rippen und Schaftblechen oder Schilden behindern die Nutzung in der Nähe der Stützenfüße; sie werden daher i.a. so angeordnet, daß sie unterhalb des Nutzungsniveaus liegen (z.B. unter dem Hallenboden). Liegen die Stützen im Freien, wird die Oberkante des Betonsockels ca. 15 bis 25cm oberhalb des Terrains angeordnet. – Ergibt die Bemessung der unausgesteiften Platte eine zu große Dicke (die mit den Stützenabmessungen in keinem ausgewogenen Verhältnis steht), sind Versteifungen in Form von Rippen oder Schaftblechen erforderlich. - Rippen werden grunsätzlich mit gebrochenen Ecken ausgeführt, um die Schweißnähte um diese einwandfrei herumführen zu können. Ein spitzer Auslauf läßt sich nicht verschweißen, weil die Spitze beim Schweißen wegschmilzt (vgl. Bild 28).

Als Fußplatten kommen Breitflachstähle nach DIN 59200 zum Einsatz. Es ist daher zweckmäßig, Dicke und Breite entsprechend abgestuft zu wählen: Dicke: 20, 25, 30, 35, 40, 45, 50, 55, 60, 65, 70, 75, 80mm, Breite: 300, 320, 340, 350, 360, 380, 400, 450, 500, 550 usf. mit 50mm Abstufung. Es ist günstig, die Fußplatten eines bestimmten Projektes einheitlich breit zu wählen. Neben Breitflachstählen werden brenngeschnittene Bleche verwendet. In Abhängigkeit von der Fußausbildung geht man beim rechnerischen Nachweis je nach Beanspruchungsfall von der Modellvorstellung kragstreifenförmiger, balkenförmiger oder plattenförmiger Elemente aus. Die nachfolgenden Erläuterungen unterstellen eine konstante Pressung, wie sie bei mittiger Druckkraft (in Annäherung) auftritt (vgl. Abschnitt 12.4.2.1). Bei ungleichförmiger Pressung (im Falle außermittigen Drucks) sind die Anweisungen sinngemäß zu erweitern.

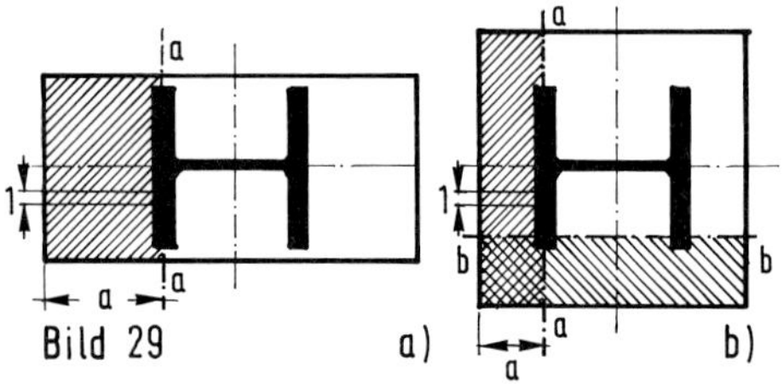

Bild 29

a) Bei kragstreifenförmigen Elementen wird das maximale Biegemoment zu

$$M = \frac{p \cdot 1 \cdot a^2}{2} = p\frac{a^2}{2} \qquad (11)$$

berechnet (Bild 29a). Es gilt für die Breite "1"; a ist die Länge der auskragenden Platte und p=σ die gegen die Fußplatte von unten einwirkende Pressung. Für den Streifen der Breite "1" wird das Widerstandsmoment bestimmt:

$$W = \frac{1 \cdot t^2}{6} \qquad (12)$$

Damit folgt:

$$\sigma = \frac{M}{W} = p \cdot 3\frac{a^2}{t^2} \qquad (13)$$

Umgekehrt kann die erforderliche Blechdicke t aus

$$\text{erf } t = a \cdot \sqrt{3\frac{p}{\text{zul}\sigma}} \qquad (14)$$

berechnet werden. Hierin ist zulσ die zulässige Stahlspannung der Fußplatte. Gelten die Schnittgrößen für γ-fache Lasten, ist anstelle von zulσ die Fließgrenze einzusetzen, s.o.- Es ist zweckmäßig, die Einhaltung einer bestimmten bezogenen Durchbiegung des Plattenrandes nachzuweisen, z.B. f=a/n mit n=500. Diese Bedingung liefert, wenn eine starre Einspannung des Kragstreifens unterstellt wird, folgende erforderliche Plattendicke t:

$$f = \frac{p \cdot 1 \cdot a^4}{8EI} = \frac{a}{n}; \quad I = \frac{1 \cdot t^3}{12} \longrightarrow \text{erf } t = a \cdot \sqrt[3]{n\frac{3}{2}\frac{p}{E}} \qquad (15)$$

Tritt, wie in Bild 29b dargestellt, eine Biegung in zwei Richtungen auf, werden für zwei gedachte Schnittlinien die Kragmomente bestimmt und diese im Schnittpunkt geometrisch addiert; vgl. die Beispiele im folgenden Abschnitt.

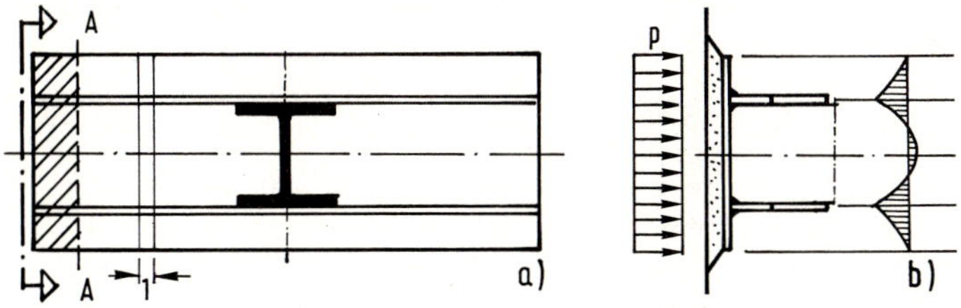

Bild 30

b) <u>Balkenförmige</u> Elemente liegen vielfach bei Fußkonstruktionen mit Schaftblechen längerer Erstreckung vor. Wie aus Bild 30 zu erkennen, handelt es sich um Einfeldbalken mit beidseitigen Kragarmen. Für das in Bild 31 dargestellte System betragen Stütz- und Feldmoment (wieder für einen Streifen der Breite "1"):

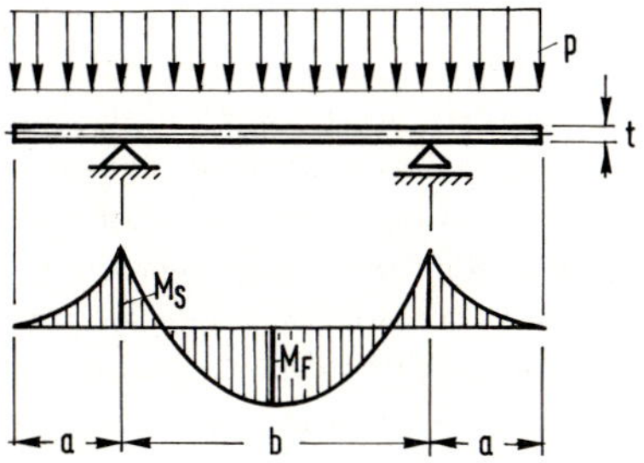

Bild 31

$$M_S = \frac{pa^2}{2}\ ; \quad M_F = -p\left(\frac{b^2}{8} - \frac{a^2}{2}\right) \tag{16}$$

Aus der Bedingung

$$|M_S| = |M_F| \tag{17}$$

folgt das günstigste Längenverhältnis:

$$a = 0{,}354\,b \tag{18}$$

c) Bei <u>plattenförmigen</u> Elementen ist zu prüfen, ob sie entlang der Berandung als gelenkig gelagert oder als eingespannt einzustufen sind. Im Falle der in Bild 32a dargestellten kastenförmigen Stütze ist eine allseits gelenkige Lagerung anzunehmen, wenn kein Plattenüberstand vorhanden ist, und eine allseitig eingespannte, wenn ein solcher vorhanden ist (Teilbild b). Es ist zweckmäßig, sich die Verformungsfigur zu vergegenwärtigen. Entlang einer Symmetrielinie liegt starre Einspannung vor. Der Überstand einer Kragplatte kann so ausgelegt werden, daß das Kragmoment gleich dem anschließenden Platteneinspannmoment ist. Dieser Auslegungsansatz unterstellt daß, dann entlang der Auflagerkontaktlinie kein Drehwinkel auftritt. Es können auch drei- oder zweiseitig gelagerte Platten auftreten. Wenn sich die Platten entlang einer Stützkante auf der anderen Seite fortsetzen, kann entlang dieser Stützkante i.a. eine starre Einspannung unterstellt werden. Auf den Tafeln 12.1 und 12.2 sind in Abhängigkeit vom Seitenverhältnis α=a/b Momentenbeiwerte k angegeben und zwar für jene Momente, die in den Bildern eingezeichnet sind. Die Beiwerte gelten für die Querkontraktionszahl μ=0,3, also für Stahl. (Die im Schrifttum angegebenen Werte gelten vielfach für μ=0 oder μ=0,167 und stellen insofern Näherungen dar (z.B. die Tafeln von CZERNY [2])). - Sind im Vergleich zu den Plattenabmessungen kleine Ankerlöcher vorhanden, kann die Lochschwächung auf die Höhe der Plattenmomente unberücksichtigt bleiben. (Das gilt nicht für die im Zusammenhang mit Bild 47 erläuterten Löcher!). - Mit der Kenntnis der Plattenmomente (je Längeneinheit) können die Spannungen berechnet und die Tragsicherheit nachgewiesen werden. Verformungsbedingungen brauchen bei balken- und plattenförmigen Elementen i.a. nicht eingerechnet zu werden, weil diese bei spannungsmäßiger Auslegung aufgrund ihrer Struktur genügend steif ausfallen.

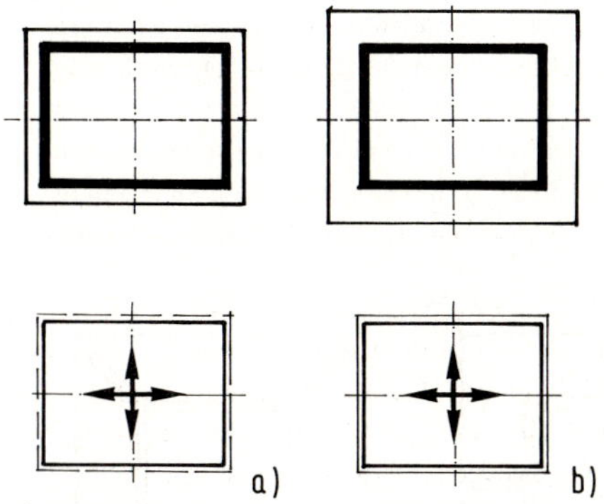

Bild 32

Die vorstehenden Anweisungen liefern ausreichend tragfähige und steife Fußplatten, so daß sich eine etwa gleichförmige Betonpressung einstellt. Real wird die Pressung zu den Rändern hin abfallen, weshalb die Anweisungen insgesamt auf der sicheren Seite liegen (zudem tritt durch Kriechen im Laufe der Zeit ein Abbau von Spannungskonzentrationen im Beton ein). - Da die maximalen Momente bei plattenförmigen Elementen nur lokal auftreten und gewisse Plastizierungen unbedenklich sind, ist es vertretbar, den Nachweisen (gemäß c) das plastische Widerstandsmoment zugrundezulegen:

$$W_{Pl} = 1{,}5 \cdot W_{El} \tag{19}$$

Bei den unter a) und b) behandelten Elementen sollte man davon wegen der fehlenden Möglichkeit einer Momentenumlagerung absehen, oder es ist das reduzierte plastische Widerstandsmoment

$$W_{Pl,M/Q} = W_{Pl}\sqrt{1 - \left(\frac{Q}{Q_{Pl}}\right)^2} \tag{20}$$

zugrunde zu legen.

12.4.2.3 Aussteifungen - Rippen

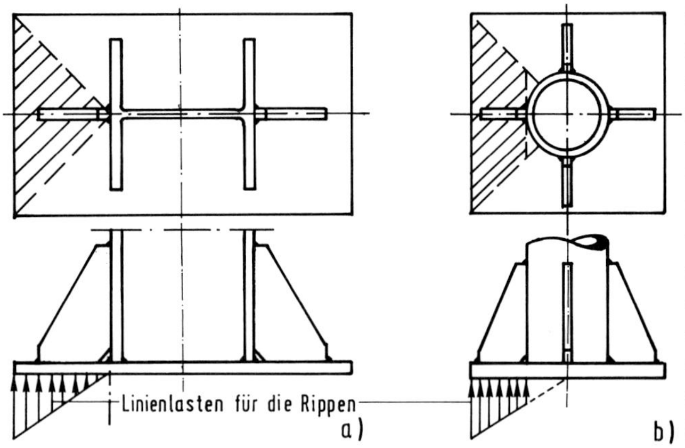

Bild 33

Die Aussteifungen werden so angeordnet, daß die Beanspruchungen in den einzelnen Elementen der Fußplatte möglichst gleichhoch ausfallen. Mit der Wahl der Aussteifungen liegen deren Einzugsflächen fest. Bild 33 zeigt, wie die Einflußflächen bestimmt werden und welche Lastbilder sich hieraus für die einzelnen Verrippungen ergeben. Sind Schaftbleche vorhanden, ist sinngemäß vorzugehen. Für die sich auf diese Weise ergebenden Kräfte werden die Aussteifungen, (ggf. unter Einbeziehung der Fuß-

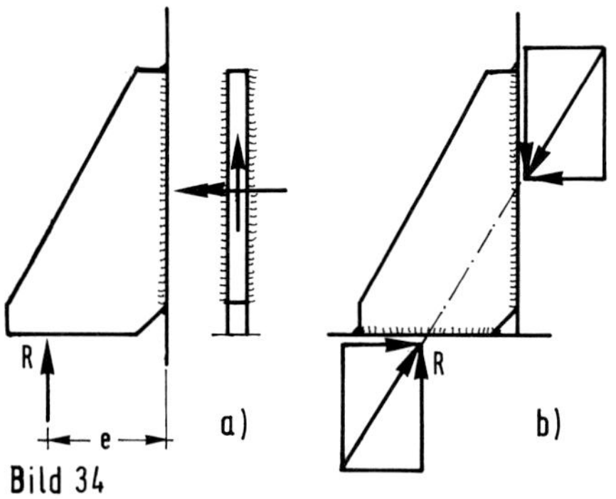

Bild 34

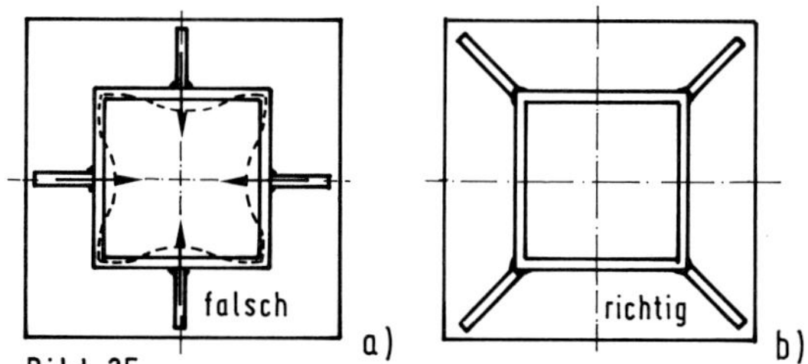

Bild 35

platte in den tragenden Querschnitt) mit elementaren statischen Ansätzen nachgewiesen. - Für die Berechnung des Rippenanschlusses gibt es zwei Betrachungsweisen (Bild 34): Die Rippe wird als Konsole aufgefaßt (die auf dem Kopf steht) oder sie wird als schräge Strebe begriffen.

Bei der konstruktiven Ausbildung ist darauf zu achten, daß sich die Rippen abstützen und die ihnen zugewiesenen Kräfte auch abgesetzt werden können. Eine Ausführung gemäß Bild 35a ist offensichtlich falsch.

12.4.2.4 Beispiele und Ergänzungen

1. Beispiel: Fußplatte für eine Quadratrohrstütze □ 220·220·14 aus St37

Bewehrter Fundamentbeton B25. Zentrische Stützenkraft F=1450kN im Lastfall H.

Es wird eine Fußplatte 420·420·45 gewählt (Bild 36). Die Betonpressung beträgt:

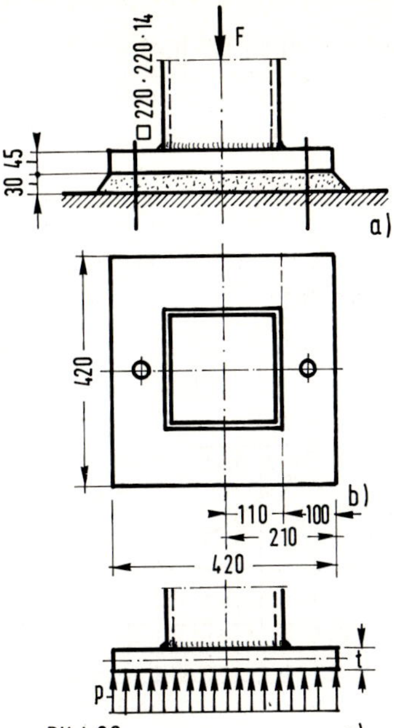

Bild 36

$$\sigma_b = p = \frac{1450}{42 \cdot 42} = \underline{0{,}822\,kN/cm^2} < \underline{0{,}833\,kN/cm^2}$$

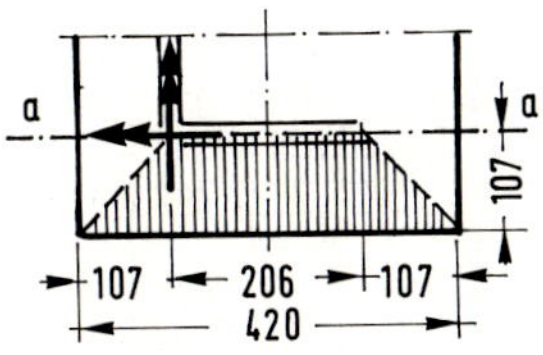

Bild 37

Für die entlang einer Wandmittellinie des Quadratrohres verlaufende Stützkante a wird die Fußplatte nachgewiesen, vgl. Bild 29. Dazu wird das Moment für den trapezförmigen Einflußbereich berechnet und anschliessend auf die gesamte Länge der Linie a-a umgerechnet (Bild 37):

$$M = 0{,}822 \cdot 20{,}6 \frac{10{,}7^2}{2} + 2 \cdot 0{,}822 \cdot 10{,}7 \frac{10{,}7^2}{3} = 969 + 671 = \underline{1640\,kNcm}$$

$$\frac{M}{42} = \frac{1640}{42} = \underline{39{,}05\,kNcm/cm}$$

Der Nachbarbereich liefert dieselbe Beanspruchung. Für das resultierende Moment wird der Spannungsnachweis geführt:

$$M' = \sqrt{2} \cdot 39{,}05 = \underline{55{,}06\,kNcm/cm}$$

$$W = 1 \cdot \frac{4{,}5^2}{6} = \underline{3{,}38\,cm^3/cm}\,; \quad \sigma = \frac{55{,}06}{3{,}38} = \underline{16{,}31\,kN/cm^2} \approx zul\sigma = 16\,kN/cm^2$$

Abschätzung der Durchbiegung:

$$I = \frac{1 \cdot 4{,}5^3}{12} = 7{,}594\,cm^4/cm\,; \quad f = \frac{0{,}822 \cdot 10{,}7^4}{8 \cdot 21000 \cdot 7{,}594} = 8{,}45 \cdot 10^{-3}cm = 8{,}45 \cdot 10^{-2}mm \approx 0{,}1mm$$

Wird der mittige (innerhalb des Quadratrohres liegende) Bereich der Fußplatte als allseitig eingespannte Quadratplatte begriffen, folgt mit Tafel 12.1:

$$\alpha = 1 \longrightarrow k_S = 0{,}051 \longrightarrow M_S = 0{,}051 \cdot 0{,}822 \cdot 20{,}6^2 = \underline{17{,}8\,kNcm/cm}$$

Wie zu erwarten, ist dieses Moment für die Bemessung nicht maßgebend. Das Stützenprofil wird winkelrecht geschnitten und plan bearbeitet. Damit braucht die Schweißnaht nur für 10% der Stützenkraft nachgewiesen zu werden. Es wird eine umlaufende Kehlnaht mit a=3mm gewählt:

$$\tau_\perp = \frac{0{,}1 \cdot 1450}{4 \cdot 22{,}0 \cdot 0{,}3} = \underline{5{,}49\,kN/cm^2} < 13{,}5\,kN/cm^2$$

<u>2. Beispiel:</u> Fußplatte für eine Rohrstütze 177,8·8 aus Stahl St37

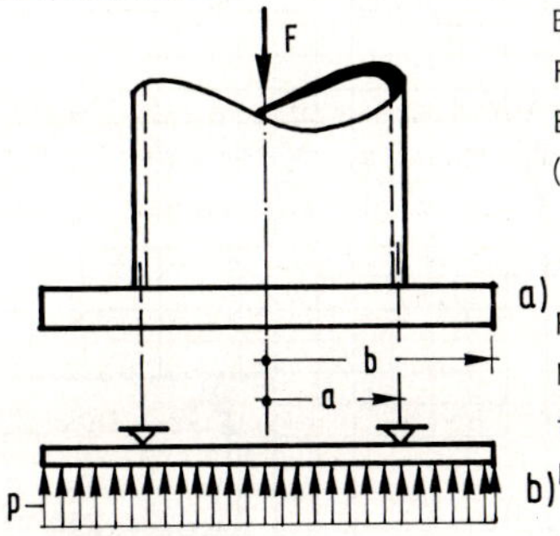

Bild 38

Bewehrter Fundamentbeton B25. Zentrische Stützenkraft F=500kN im Lastfall H.
Es wird eine kreisförmige Fußplatte Ø 300·25 gewählt (Bild 38). Die Betonpressung beträgt:

$$A = \frac{\pi}{4}\, 30^2 = 707\,cm^2 \longrightarrow \sigma = \frac{500}{707} = 0{,}71\,kN/cm^2 < 0{,}833\,kN/cm^2$$

Für die Fußplatte wird die Biegungsbeanspruchung nach der Kreisplattentheorie bestimmt. Es gelten folgende Berechnungsformeln, wenn mit β das Verhältnis b/a abgekürzt wird (vgl. Bild 38a):

$$\beta = \frac{b}{a} > 1 \tag{21}$$

Im Zentrum:

$$M_r = M_\varphi = -\frac{pa^2}{16}\left[(1+3\mu)\beta^2 + 2(1-\mu) - 4(1+\mu)\beta^2 \ln\beta\right] \tag{22}$$

Plattenbiegemomente - Vierseitig und zweiseitig gestützte Rechteckplatten

für den elasto-statischen Nachweis von Fußplatten

$\mu = 0{,}3$; $\alpha = a/b$

Gleichlast: p

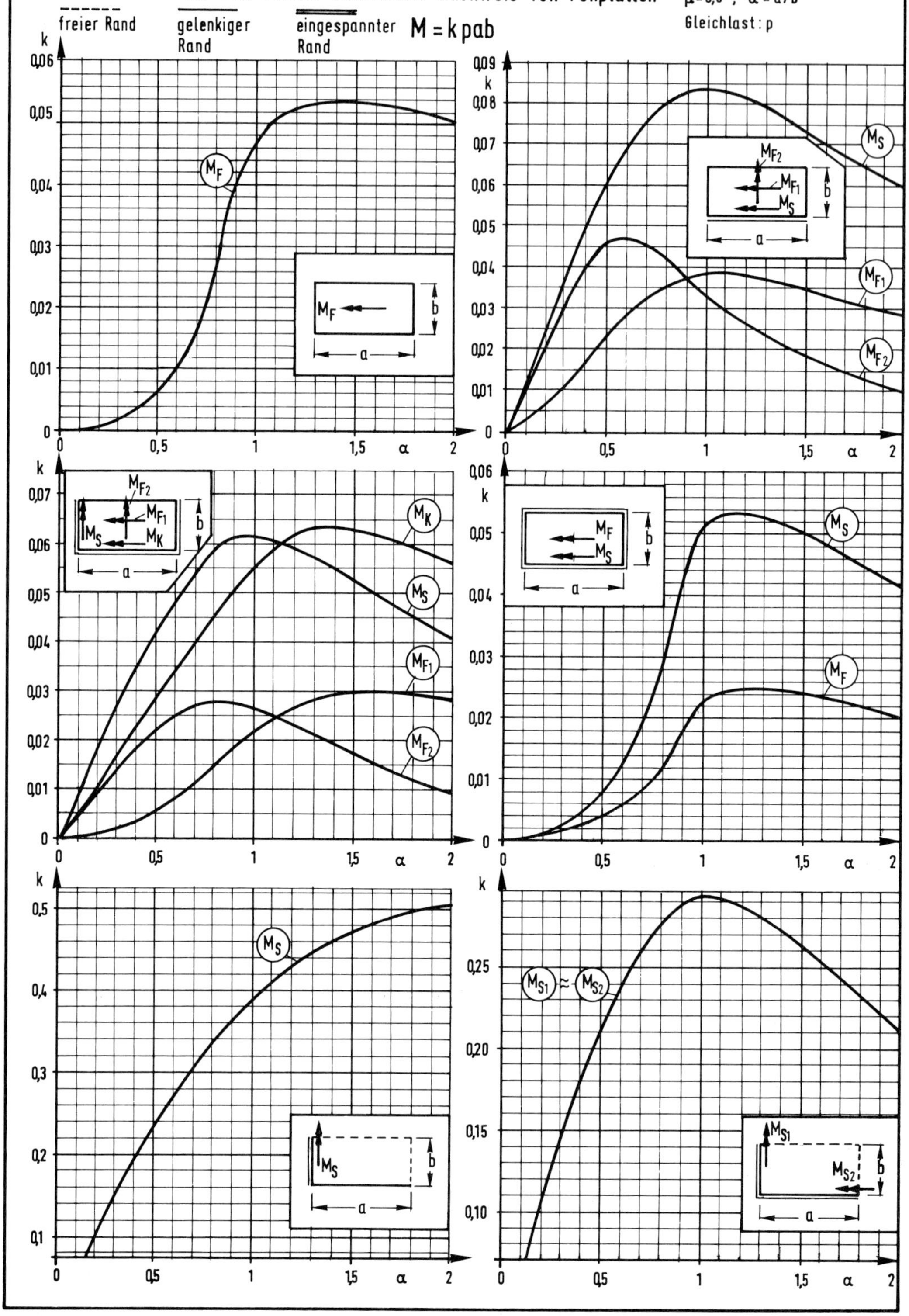

Plattenbiegemomente - Dreiseitig gestützte Rechteckplatten

für den elasto-statischen Nachweis von Fußplatten $\mu = 0{,}3$; $\alpha = a/b$

Gleichlast: p

Legende: vgl. Tafel 12.1

$M = k\,p\,a\,b$

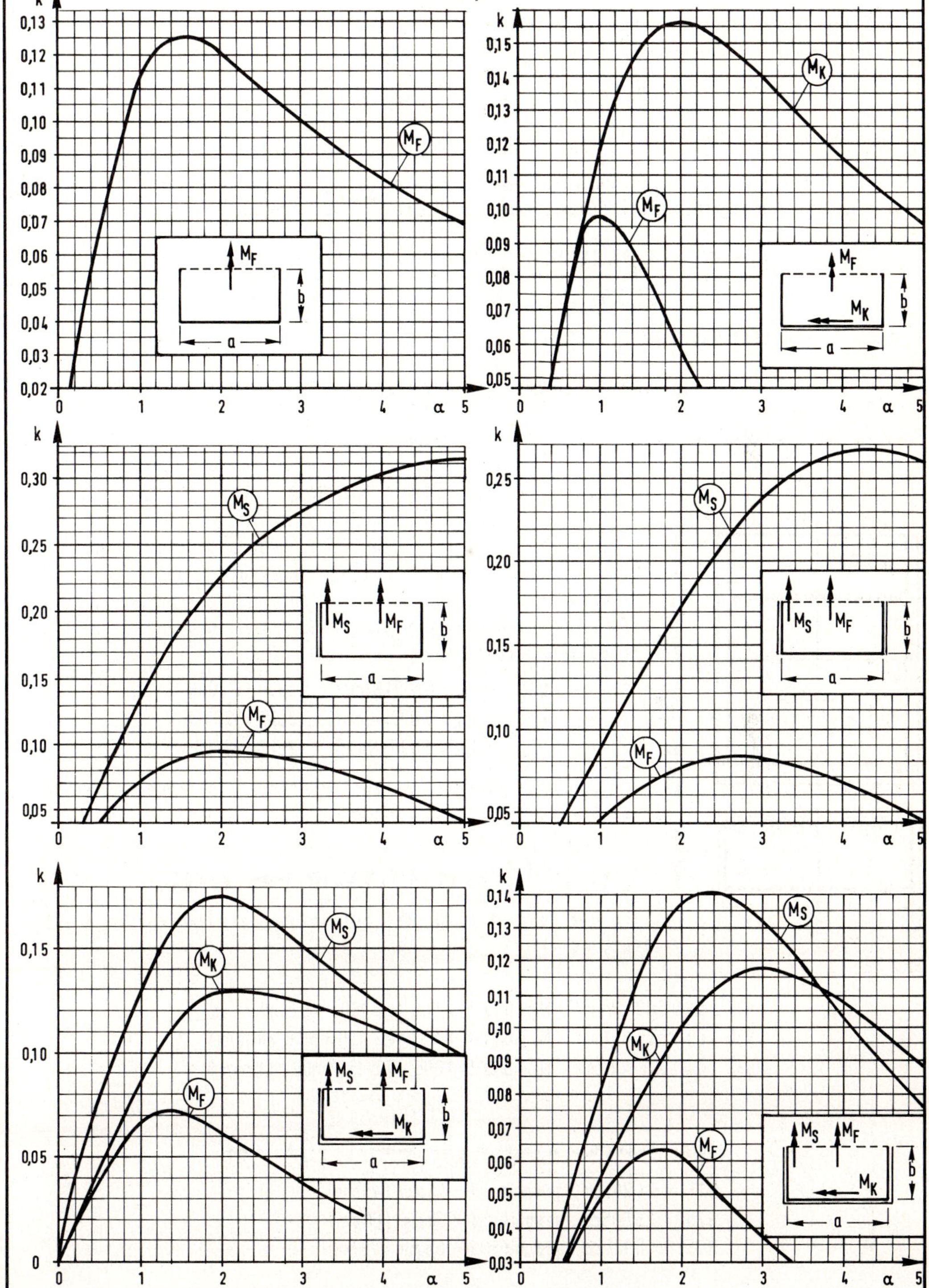

Entlang der ringförmigen Auflagerung:

$$M_r = -\frac{pa^2}{16}[(1+3\mu)(\beta^2-1) - 4(1+\mu)\beta^2 \ln\beta] \quad (23)$$

$$M_\varphi = -\frac{pa^2}{16}[(1+3\mu)(\beta^2-1) + 2(1-\mu) - 4(1+\mu)\beta^2 \ln\beta] \quad (24)$$

M_r ist das Radialmoment und M_φ das orthogonal dazu orientierte Tangentialmoment in Umfangsrichtung. μ ist die Querkontraktionszahl. Für Stahl gilt μ=0,30; damit folgt:

$$(1+3\mu) = 1{,}90;\quad 2(1-\mu) = 1{,}40;\quad 4(1+\mu) = 5{,}20 \quad (25)$$

Für das Beispiel ergibt sich im Zentrum der Platte:

$$a = (177{,}8-8)/2 = 84{,}90\,\text{mm} \longrightarrow a = 8{,}49\,\text{cm}$$
$$b = 300/2 = 150\,\text{mm} \longrightarrow b = 15{,}0\,\text{cm} \longrightarrow \beta = \frac{15{,}0}{8{,}49} = \underline{1{,}77}$$

$$M_r = M_\varphi = -\frac{0{,}71\cdot 8{,}49^2}{16}[1{,}90\cdot 1{,}77^2 + 1{,}40 - 5{,}20\cdot 1{,}77^2 \ln 1{,}77] =$$
$$= -3{,}20[5{,}95 + 1{,}40 - 9{,}30] = +3{,}20\cdot 1{,}95 = \underline{6{,}25\,\text{kNcm/cm}}$$

Entlang der Auflagerung findet man:

$$M_r = \underline{+16{,}79\,\text{kNcm/cm}};\quad M_\varphi = \underline{+12{,}32\,\text{kNcm/cm}}$$

Demnach ist M_r maßgebend; Spannungsnachweis (t=25mm):

$$W = 1\frac{2{,}5^2}{6} = 1{,}04\,\text{cm}^3 \longrightarrow \sigma_r = \frac{16{,}79}{1{,}04} = 16{,}12\,\text{kN/cm}^2$$

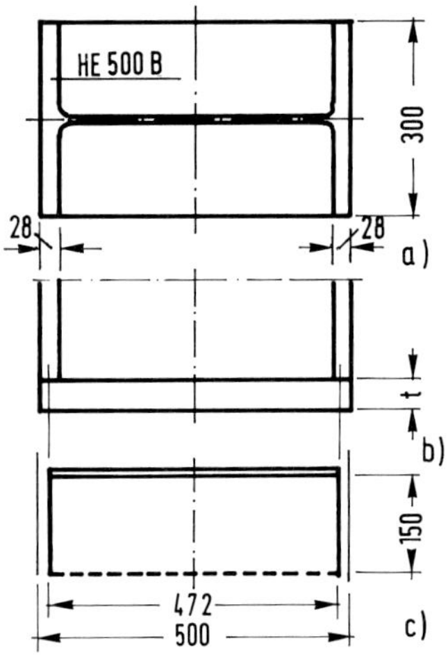

Bild 39

3. Beispiel: Bündige Fußplatte für HE500B-Stütze aus St37 (Bild 39). Die Fußplatte hat die Abmessungen 300·500mm. Die Aufstandsfläche beträgt A=30·50=1500cm². Der Fundamentbeton wird bewehrt, die zulässigen Tragkräfte betragen für drei unterschiedliche Betongüten:

B 15: $\text{zul}\sigma_b = 0{,}500\,\text{kN/cm}^2$: $\text{zul}F = 750\,\text{kN}$
B 25: $\text{zul}\sigma_b = 0{,}833\,\text{kN/cm}^2$: $\text{zul}F = 1250\,\text{kN}$
B 35: $\text{zul}\sigma_b = 1{,}095\,\text{kN/cm}^2$: $\text{zul}F = 1643\,\text{kN}$

Die Fußplatte zerfällt in zwei dreiseitig gelagerte Teilplatten, entlang des Steges ist eine starre Einspannung vorhanden (Bild 39c):

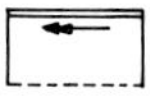
$$\alpha = a/b = 47{,}2/15 = 3{,}147 \longrightarrow k_K = \underline{0{,}137}$$

Wird die Fußplatte für die zulässigen Betonpressungen ausgelegt, folgt:

B15 : $p = 0{,}500\,\text{kN/cm}^2$: $M_K = 0{,}1375\cdot 0{,}500\cdot 47{,}2\cdot 15{,}0 = 48{,}5\,\text{kNcm/cm}$
B25 : $p = 0{,}833\,\text{kN/cm}^2$: $M_K = 0{,}1375\cdot 0{,}833\cdot 47{,}2\cdot 15{,}0 = 80{,}8\,\text{kNcm/cm}$
B35 : $p = 1{,}095\,\text{kN/cm}^2$: $M_K = 0{,}1375\cdot 1{,}095\cdot 47{,}2\cdot 15{,}0 = 106{,}2\,\text{kNcm/cm}$

$$\text{zul}\sigma = 16\,\text{kN/cm}^2;\quad W = \frac{1\cdot t^2}{6} = \frac{M}{\text{zul}\sigma} \longrightarrow t = \sqrt{\frac{3}{8}M} \longrightarrow$$

B 15: $t = 4{,}265\,\text{cm}$, gewählt: $t = 45\,\text{mm}$ (45mm)
B 25: $t = 5{,}505\,\text{cm}$, gewählt: $t = 60\,\text{mm}$ (60mm)
B 35: $t = 6{,}161\,\text{cm}$, gewählt: $t = 65\,\text{mm}$ (70mm)

Die Klammerwerte ergeben sich nach [3].

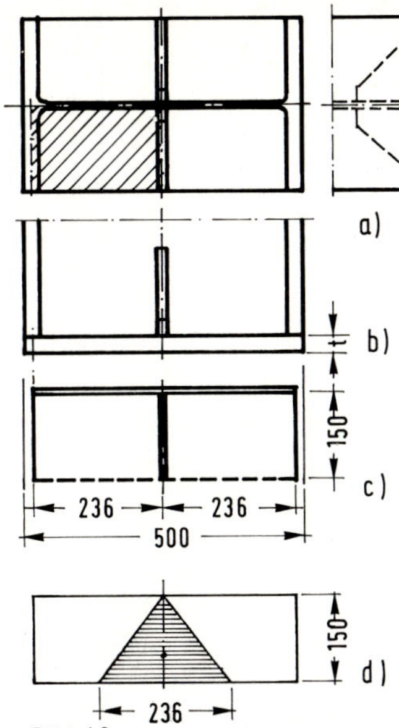

Bild 40

Es wird geprüft, wie sich eine mittige Verrippung auf die Dicke der Fußplatte auswirkt. Dazu wird die Platte mit der höchsten Beanspruchung untersucht. Die Fußplatte zerfällt jetzt in vier gleiche Plattenelemente; es ergibt sich (Bild 40):

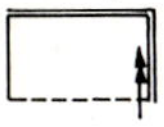

$$\alpha = 23{,}6/15 = 1{,}573 \longrightarrow k_S = \underline{0{,}166}$$

$$\text{B 35}: p = 1{,}095\ \text{kN/cm}^2 : M_S = 0{,}166 \cdot 1{,}095 \cdot 23{,}6 \cdot 15{,}0 = 64{,}35\ \text{kNcm/cm} :$$

$$t = 4{,}912\,\text{cm},\ \text{gewählt}: t = 50\,\text{mm}$$

Somit läßt sich eine Reduzierung von 65mm auf 50mm erreichen.

Die Pressung beträgt 1,095kN/cm²; die Lastintensität am Rand der Rippe folgt aus dem Einflußbereich gemäß Bild 40d zu:

$$q = 1{,}095 \cdot 23{,}6 = 25{,}84\ \text{kN/cm}$$

Bild 41a zeigt die (als Konsole aufgefaßte) Rippe mit der dreieckförmigen Lastverteilung. Die Resultierende

$$R = \frac{1}{2} \cdot 25{,}84 \cdot 15{,}0 = 193{,}8\ \text{kN}$$

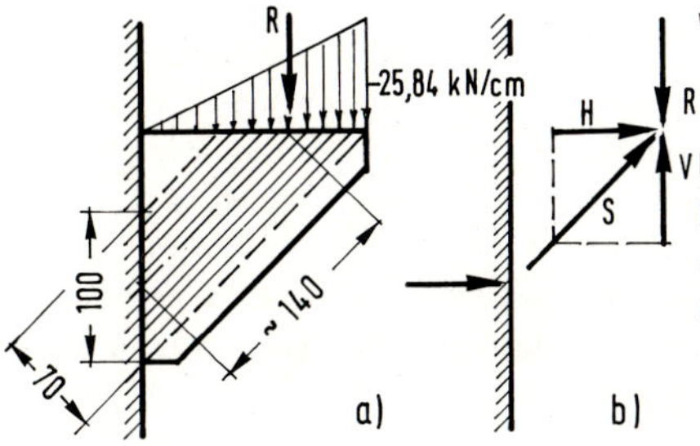

Bild 41

wird gemäß Teilbild b zerlegt:

$$V = H = 193{,}8\ \text{kN};\quad S = \sqrt{2} \cdot 193{,}8 = 274{,}1\ \text{kN}$$

Die Rippe wird als "Strebe" aufgefaßt, vgl. auch Bild 34. Über die zugeordnete Schweißnahtfläche (beidseitig Kehlnähte mit a=10mm) wird die Kraft abgetragen. Hierbei treten Schubspannungen senkrecht und in Richtung der Schweißnaht auf. Es ergibt sich:

$$A_w = 2 \cdot 10 \cdot 1{,}0 = 20{,}0\ \text{cm}^2 \longrightarrow \tau_\perp = \tau_\parallel = 193{,}8/20{,}0 = 9{,}69\ \text{kN/cm}^2$$

$$\sigma_V = \sqrt{\tau_\perp^2 + \tau_\parallel^2} = \underline{13{,}70\ \text{kN/cm}^2} \approx 13{,}5\ \text{kN/cm}^2$$

Für die "Strebe" wird ein Knicknachweis geführt (hier nach DIN 4114 (1952)). Dicke der Rippe: t=20mm. Ein solcher Nachweis liegt beträchtlich auf der sicheren Seite:

$$A = 2{,}0 \cdot 7{,}0 = 14{,}0\ \text{cm}^2;\ I = 7{,}0 \cdot 2{,}0^3/12 = 4{,}67\ \text{cm}^4;\ i = \sqrt{\frac{4{,}67}{14{,}0}} = 0{,}58\ \text{cm};\ s_K = 14\ \text{cm} \longrightarrow$$

$$\lambda = \frac{14}{0{,}58} = 24 \longrightarrow \omega_{St37} = 1{,}05 \longrightarrow \sigma_\omega = 1{,}05 \cdot 274{,}1/14{,}0 = \underline{20{,}56\ \text{kN/cm}^2};\ \gamma = 24{,}0/20{,}56 = 1{,}17$$

<u>4. Beispiel</u>: Überstehende Fußplatte für eine HE160B-Stütze aus Stahl St37.

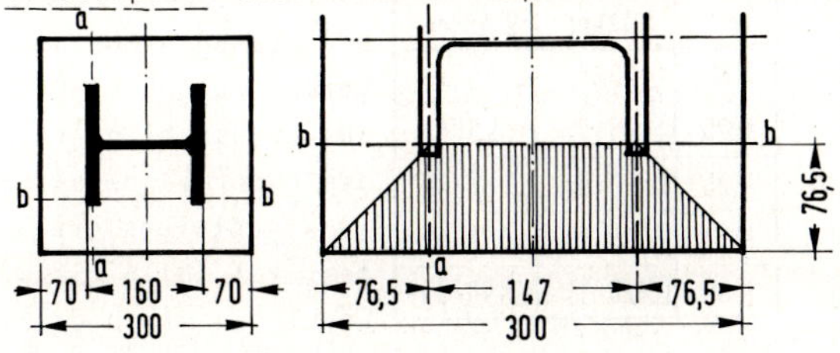

Bild 42 a) b)

Als Fußplatte auf bewehrtem Beton B35 wird 300·300·40 gewählt, vgl. Bild 42a. Die zulässige Druckkraft beträgt:

$$A = 30 \cdot 30 = 900\ \text{cm}^2 \longrightarrow$$

$$\text{B 35}: \text{zul}\,\sigma_b = 1{,}095\ \text{kN/cm}^2 : \text{zul}\,F = \underline{986\ \text{kN}}$$

Hierfür wird die Fußplatte nachgewiesen. Für das Moment entlang der Linien a-a und b-b folgt:

$$M = 1{,}095 \cdot 14{,}7 \frac{7{,}65^2}{2} + 2 \cdot 1{,}095 \cdot 7{,}65 \frac{7{,}65^2}{3} = 471 + 327 = \underline{798\ \text{kNcm}} \longrightarrow M/30{,}0 = 798/30{,}0 = 26{,}60\ \text{kNcm/cm}$$

Überlagerung mit dem Moment in der orthogonalen Schnittlinie und Spannungsnachweis:

$$M' = \sqrt{2} \cdot 26{,}60 = 37{,}51\ \text{kNcm/cm} \longrightarrow W = \frac{1 \cdot 4{,}0^2}{6} = 2{,}67\ \text{cm}^3 \longrightarrow \sigma = \frac{37{,}51}{2{,}67} = 14{,}05\ \text{kN/cm}^2 < 16\ \text{kN/cm}^2$$

12.4.2.5 Montageanker

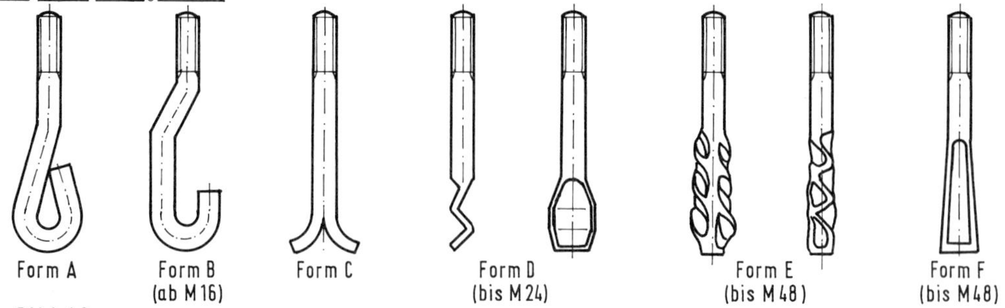

Bild 43

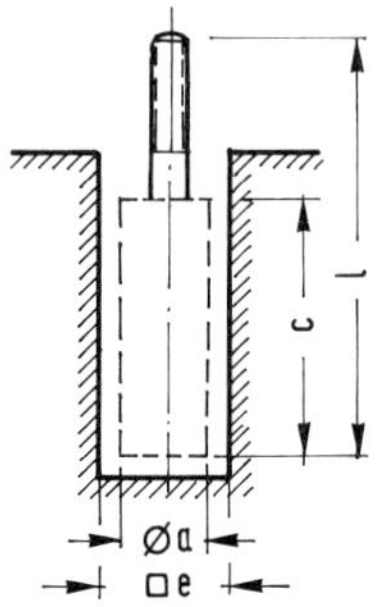

Bild 44

d	max a	max c	min e
M8	25	55	35
M10	32	55	45
M12	40	70	55
M16	55	90	70
M20	65	110	85
M24	80	130	100
M30	100	160	120
M36	120	190	140
M42	140	230	160
M48	160	260	180
M56	185	290	210
M64	210	340	250
M72	250	370	290

Maße in mm

Zur Sicherung der Stahlkonstruktion während der Montage bedarf es sogen. Montageverankerungen. Die Kräfte ergeben sich aus den Lasten der verschiedenen Bauzustände. Die Verankerungen verbleiben im Fundament. Ergeben sich bei der Berechnung der Bauzustände keine Zugkräfte in den Ankern, werden die Anker in Abstimmung auf die Abmessungen der Stützen- bzw. Fußkonstruktion gewählt. - Werden planmäßige Zuganker für die Nutzungsphase eingebaut, dienen diese im Regelfall gleichzeitig als Montageanker.

Bild 43 zeigt Steinschrauben nach DIN 529; dargestellt sind übliche Schaftformen. In Abhängigkeit vom Durchmesser liegen die Regellängen zwischen l=80 bis 3200mm und die Gewinde zwischen M8 bis M72x6. Wird nichts angegeben, werden die Schrauben in der Güte 3.6 geliefert; höhere Güten (4.6, 5.6) sind gesondert auszuweisen. Ausreißkräfte sind in der Norm nicht angegeben, sie sind von der Einbettung abhängig. Die in Bild 44 angegebenen Maße a, c und e sind von der Schaftform der gewählten Steinschraube abhängig. Werden die in der Tabelle angegeben Maße eingehalten, ist eine passende Unterbringung aller Steinschraubenformen in der Ausnehmung sichergestellt.

Steinschrauben der dargestellten Form als einfache Hakenanker oder Pratzen kommen i.a. nur für untergeordnete Zwecke zum Einsatz und dann mit geringem Durchmesser für kleine Stützenfüße; ähnliches gilt für Dübel (vgl. Abschnitt 11). Insgesamt sollte man die Montageverankerung (auch bei fehlender rechnerischer Zugkraft) konstruktiv nicht unterdimensionieren; man darf nicht übersehen, daß bei der Montage (und während der Nutzung) unplanmäßige Beanspruchungen auftreten können (z.B. Anprall eines Fahrzeuges gegen die Stütze, Aufprall eines am Kranhaken hängenden Montageteils, Schieflage von Stützen vor dem Ausrichten o.ä.).

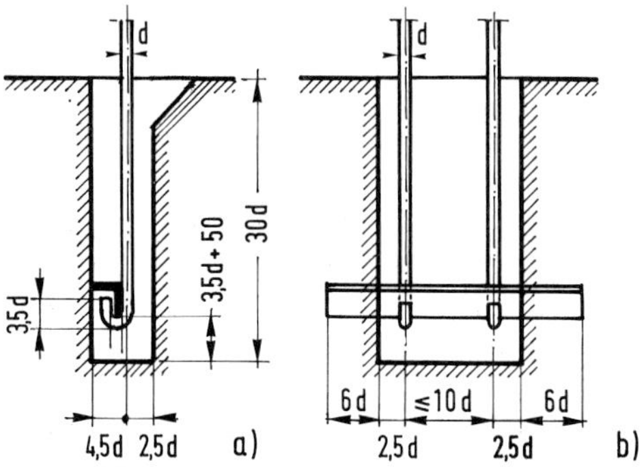

d	1 Anker	2 Anker
M16	∟60·6	∟80·8
M20	∟75·7	∟90·9
M24	∟90·9	∟110·10
M27	∟110·10	∟130·12
M30	∟120·11	∟150·14

c)

Bild 45

Die Standard-Montageverankerung besteht aus Rundstahlankern, die unter einbetonierte Winkeleisen greifen, vgl. Bild 45a/b. Es werden ein oder zwei Anker pro Ankerschacht angeordnet. In [4] wurden Regelausführungen entwickelt. Die in Teilbild c ausgewiesenen

Winkel können als Konstruktionsanhalt dienen. - Die Stützenfüße werden zunächst auf Platten oder Keilen aufgesetzt. Nach dem Ausrichten werden die Ankerschächte mit Vergußbeton (evtl. Mörtel) aufgefüllt und die Fußplatten satt unterstopft (ausgegossen). Die Ankerschächte werden am oberen Rand i.a. mit einer Schräge versehen, um das Einbringen des Vergußbetons zu erleichtern. Bei größeren Fußplatten werden in diese ggf. Einfüllöcher gebohrt. - Bei Fundamenten im Freien müssen die Schächte vor dem Betoieren (durch unverschiebbare Kappen) gegen das Eindringen von Regenwasser (und Schmutz) geschützt werden (im Winter besteht anderenfalls die Gefahr einer Sprengwirkung, wenn das Wasser gefriert; derartige Schadensfälle sind schon bekannt geworden). Vor dem Verfüllen sind die Schächte (ggf. mit Druckluft) zu säubern. Der Verfüllbeton ist gut zu verdichten.

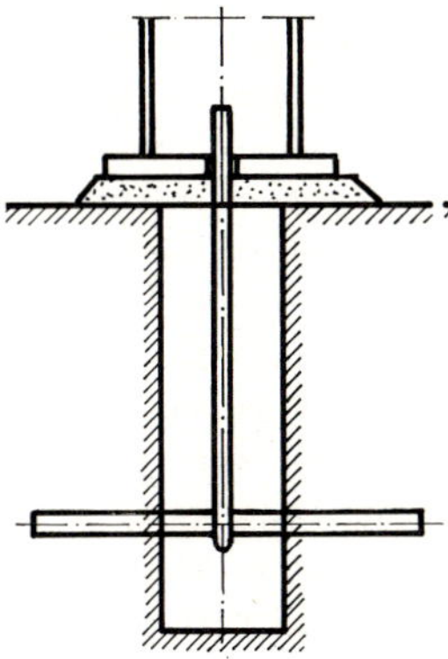

Bild 46

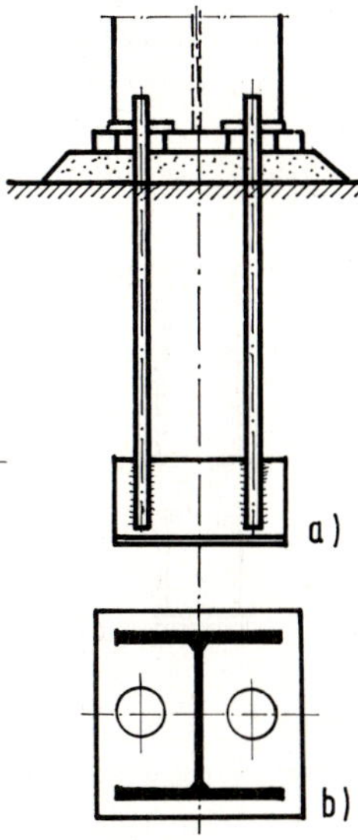

Bild 47

Bild 46 zeigt eine alternative Montageverankerung mit einem Rundeisen als Barren. Hiermit lassen sich nur geringe Ankerkräfte aufnehmen.

In Bild 47 ist eine weitere Verankerungsform dargestellt [3]. Sie besteht aus zwei Rundstählen mit unten angeschweißtem Winkelprofil. Der Anker wird bei der Herstellung des Fundamentes einbetoniert. Eine solche Ausführung ist möglich, wenn geringe Ausführungstoleranzen (fundamentseitig etwa bis ±15mm) gewährleistet werden können. Die Fußplatte erhält größere Bohrungen (60 bis 70mm), um unvermeidbare Ungenauigkeiten auszugleichen. Die Löcher werden mit dicken Scheiben überbrückt. Regelausführungen sind in [3] typisiert. - Wegen der übergroßen Lochschwächungen kann von einer Plattenwirkung bei der Bemessung der Fußplattendicke nurmehr bedingt ausgegangen werden.

12.4.2.6 Zuganker

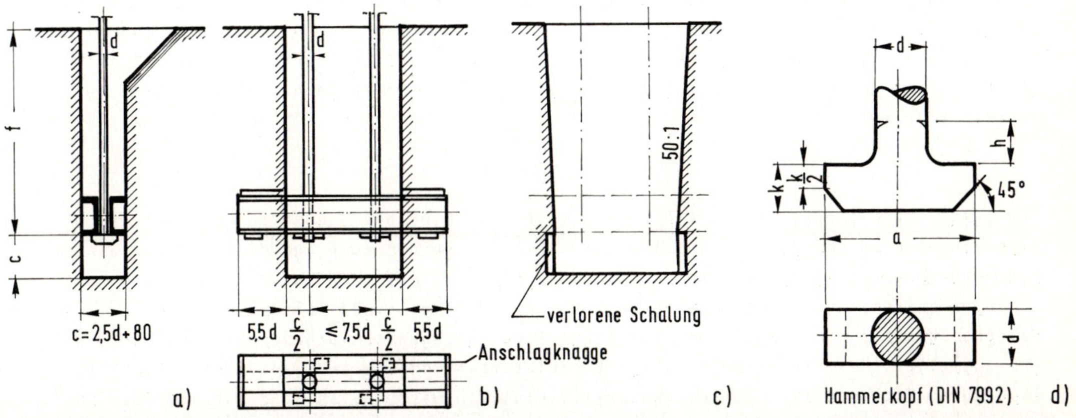

	M 24	M 30	M 36	M 42	M 48	M 56	M 64	M 72×6	M 80×6	M 90×6	M 100×6
1 Anker	][65	][65	][80	][100	][120	][120	][140	][140	][160	][160	][180
2 Anker	][80	][100	][120	][140	][160	][180	][200	][220	][240	][260	][300
p	3	3,5	4	4,5	5	5,5	6	6	6	6	6
A_{Sp}	3,52	5,61	8,17	11,20	14,70	20,30	26,80	34,60	43,44	55,91	69,95

Bild 48 e)

Für geringere Zugkräfte werden Hakenanker mit Winkelprofilen als Ankerbarren gewählt (wie im vorangegangenen Abschnitt behandelt); für höhere Ankerkräfte kommen Anker mit Hammerkopf nach DIN 7992 (oder DIN 188) und parallel liegende][-Barren zum Einsatz (Bild 48). Die Hammerkopfschrauben werden nach dem Einführen zwischen die Barren um 90° bis zum Anschlag an angeheftete Knaggen gedreht. Am oberen (stirnseitigen) Ende markiert eine Kerbe die richtige Lage des Ankers. - Auch bei dieser Verankerungsart werden ein oder zwei Anker pro Schacht ausgeführt; im zweitgenannten Falle sind kräftige Barren erforderlich, vgl. die Anhalte in Bild 48e. Die dicken Stege der [-Profile kommen der hohen Schubbeanspruchung in den relativ kurzen Barren entgegen. - Bezüglich der Abdeckung der Schächte, Säuberung und Verdichtung des Verfüllbetons gelten dieselben Hinweise wie im vorangegangenen Abschnitt.

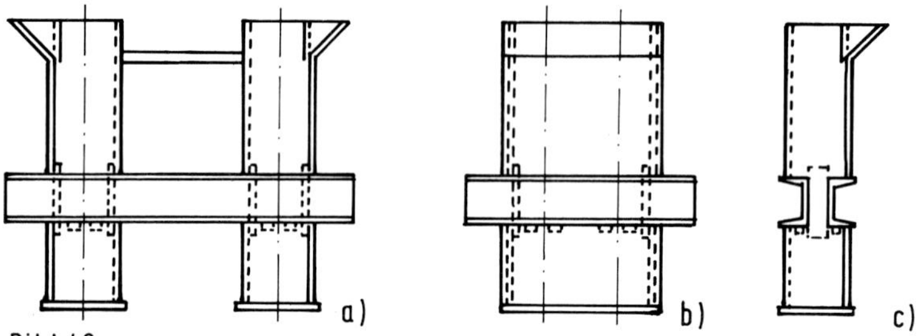

Bild 49

Die Schalung der Schächte ist aufwendig. Zumindest in einer Richtung erhalten sie eine leichte Neigung, um die Schalung anschliessend einfacher ausbauen zu können. Hinsichtlich der festen Lage des Verfüllpfropfens ist eine solche Konizität nicht günstig; günstiger wäre eine Erweiterung des Schachtes nach unten hin. - Um den Schalungsaufwand zu umgehen, werden auch aus Stahlblech gefertigte Kästen mit den integrierten Barren an die Baustelle geliefert und nach Ausrichten komplett einbetoniert; vgl. Bild 49. Die Dicke der Bleche wird zu 4 bis 5mm gewählt. Wird nichts anderes vereinbart, werden die Hammerkopfschrauben in der Güte 3.6 geliefert. Die Auslegung bezieht sich auf den Spannungsquerschnitt A_{Sp} (vgl. Bild 48e). Die Länge der Anker richtet sich nach der Größe des Fundamentes. Bei unbewehrten oder schwachbewehrten Fundamenten sollten die Barren möglichst tief sitzen, um einen großen Bereich des Fundamentes als passive Gegenlast zu erfassen. Im anderen Falle ist das Fundament geeignet zu bewehren.

Eine Verankerung über Haftung allein ist nicht üblich, denn während der Montage ist ein solcher Anker nicht wirksam. Wird dennoch eine Haftverankerung vorgesehen und der Anker bei der Herstellung des Fundamentes nicht mit einbetoniert, sollte sich der Ankerschacht nach unten konisch erweitern, um eine ausreichende Verkeilung sicherzustellen (etwa 15:1); das Fundament ist mit einer Ringbewehrung zu versehen. Die erforderliche Ankerlänge berechnet sich zu:

$$l = \frac{Z}{n \pi d \cdot \text{zul}\tau} \qquad (26)$$

Für zulτ ist bei glatter Oberfläche nach DIN 1045 0,04 bis 0,05kN/cm² anzusetzen. Die sich hiernach ergebenden Längen sind beträchtlich, so daß auch aus diesem Grund eine reine Haftverankerung i.a. ausscheidet. - Wie an früherer Stelle erwähnt, ist das Einbetonieren von hoch belasteten, schweren Zugankern vor der Montage nicht üblich, weil die i.a. erzielba Paßgenauigkeit nicht genügt, um eine maßhaltige Montage der aufgehenden Konstruktion sicherzustellen. Das ist allenfalls bei Einzelstützen möglich und dann auch üblich. (Diese Anmerkung gilt auch für Freileitungsmaste, Flutlichtmaste, Stahlschornsteine oder ähnliche Konstruktionen.) Die Anker werden in solchen Fällen mit Hilfe von Schablonen (ggf. beidseitig am Kopf und Fuß der Anker) eingebaut, arretiert und einbetoniert. Die Ankerlöcher in der Schablone und Fußplatte werden deckungsgleich gebohrt. - Horizontalkräfte dürfen den Ankern planmäßig nicht zugewiesen werden. Sie werden entweder über Reibung abgesetzt (bei überwiegendem Zug nicht möglich) oder über eigens angeschweißte Schubstücke, vgl. z.B. Bild 20/21.

12.4.2.7 Beispiel

Eingespannter Stützenfuß: Stütze HE200B aus Stahl St37; Schnittgrößen im Lastfall HZ: vgl. die Anmerkungen in Abschnitt 12.4.2.1.

$$V = 70\,kN, \quad H = 15\,kN, \quad M = 60\,kNm$$

Anschluß der Stütze an die Traversenwinkel ⌐⌐200·100·10 (vgl. Bild 50a und b): Es werden außenliegende Kehlnähte angeordnet. Deren gegenseitiger Abstand beträgt 200mm=20cm:

$$F = \frac{70}{2} \pm \frac{6000}{20} = 35 \pm 300 = \underline{335\,kN}$$

Spannungsnachweis:

$$a = 6\,mm: \; A_w = 0{,}6 \cdot 20 = 12{,}0\,cm^2:$$

$$\tau_{\parallel} = \frac{335}{2 \cdot 12{,}0} = 13{,}96\,kN/cm^2 < 15{,}0\,kN/cm^2$$

Nachweis der Fußtraverse: Die Winkel werden mit der 20mm dicken Fußplatte verschweißt, damit erhält man den in Bild 51 dargestellten Querschnitt:

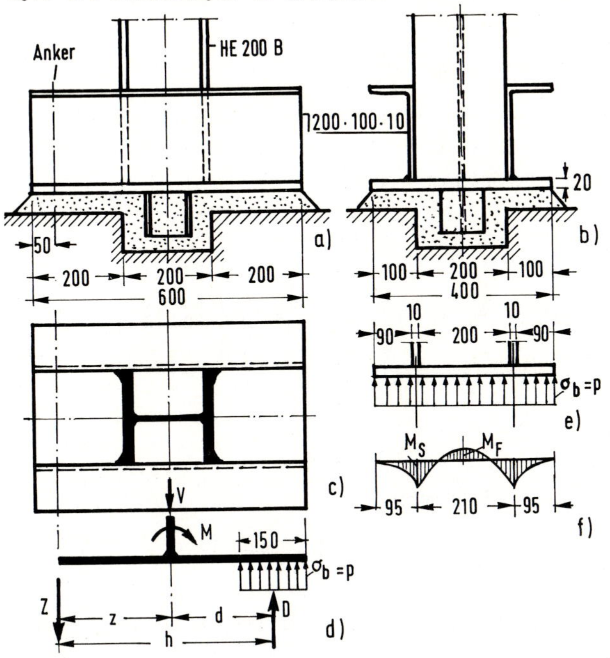

Bild 50

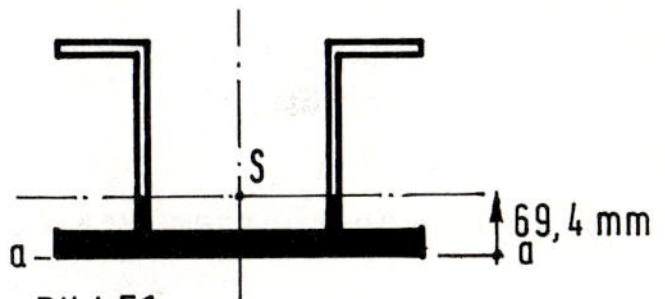

Bild 51

Ausgehend von der unteren Kante werden die Querschnittswerte berechnet:

$$A = 2{,}0 \cdot 40 + 2 \cdot 29{,}2 = 80{,}0 + 58{,}4 = \underline{138{,}4\,cm^2}$$

$$e = \frac{80{,}0 \cdot 1{,}0 + 58{,}4\,(2{,}0 + 13{,}07)}{138{,}4} = \frac{960{,}09}{138{,}4} = \underline{6{,}94\,cm}$$

$$I_a = \frac{40{,}0 \cdot 2{,}0^3}{3} + 58{,}4 \cdot 15{,}07^2 + 2 \cdot 1220 = 1067 + 13263 + 2440 = \underline{16770\,cm^4}$$

$$I = 16770 - 138{,}4 \cdot 6{,}94^2 = \underline{10104\,cm^4}; \; W_u = \frac{10104}{6{,}94} = \underline{1456\,cm^3}, \; W_o = \frac{10104}{15{,}06} = \underline{671\,cm^3}$$

Zug- und Druckkraft betragen (vgl. die Anweisungen in Abschnitt 12.4.2.1 und Bild 23):

$$60{,}0/4 = 15{,}0\,cm \longrightarrow d = 22{,}5\,cm, \; z = 25\,cm, \; h = 47{,}5\,cm$$

$$D = \frac{M + Vz}{h} = \frac{6000 + 70 \cdot 25}{47{,}5} = \underline{163{,}2\,kN}, \quad Z = \frac{M - Vd}{h} = \frac{6000 - 70 \cdot 22{,}5}{47{,}5} = \underline{93{,}2\,kN}$$

Eine Berechnung nach den Anweisungen in Abschnitt 12.4.3.1/3 ergibt: Länge der Druckzone 15,9cm; Ankerkraft Z=86kN, Randpressung: $\sigma_b = 0{,}75 \cdot 0{,}49 = 0{,}37\,kN/cm^2$.

Im Anschnitt zur Stütze ergeben sich folgende Schnittgrößen in der Traverse (Bild 50c/d):

Vom Anker her: $M = 93{,}2 \cdot 15 = \underline{1398\,kNcm}, \; Q = \underline{93{,}2\,kN}$

Vom Druckpunkt her: $M = 163{,}2 \cdot 12{,}5 = \underline{2040\,kNcm}, \; Q = \underline{163{,}2\,kN}$

Biegespannungen: $\sigma_u = 2040/1456 = 1{,}40\,kN/cm^2; \; \sigma_o = 2040/671 = 3{,}04\,kN/cm^2$

Diese Spannungen sind noch mit den lokalen Biegespannungen in der Fußplatte zu überlagern, vgl. folgend. - Schubspannungen:

$$\max S = 80{,}0\,(6{,}94 - 1{,}0) + 2 \cdot 1{,}0\,\frac{(6{,}94 - 2{,}0)^2}{2} = 475{,}2 + 24{,}4 = \underline{499{,}6\,cm^3}$$

$$\max \tau = \frac{Q \cdot S}{I \cdot t} = \frac{163{,}2 \cdot 499{,}6}{10104 \cdot 2 \cdot 1{,}0} = \underline{4{,}03\,kN/cm^2}$$

Nachweis der Halsnaht zwischen den Winkeln und der Fußplatte (a=5mm):

$$S = \underline{475{,}2\ \text{cm}^3}\ ; \quad \tau_{||} = \frac{163{,}2 \cdot 475{,}2}{10104 \cdot 2 \cdot 0{,}5} = \underline{7{,}68\ \text{kN/cm}^2}$$

Nachweis der Betonpressung:

$$\sigma_b = \frac{163{,}2}{40 \cdot 15} = \underline{0{,}27\ \text{kN/cm}^2} < 0{,}50\ \text{kN/cm}^2 \quad (\text{B } 15)$$

Randdruckpressung (vgl. G.6):

$$\sigma_b = 1{,}5 \cdot 0{,}27 = \underline{0{,}41\ \text{kN/cm}^2} < 0{,}50\ \text{kN/cm}^2 \quad (\text{B } 15)$$

Nachweis des Ankers:

$$\text{Stahlgüte: } 4.6 \ : \ \text{zul}\,\sigma_z = 12{,}5\ \text{kN/cm}^2$$

$$\text{erf } A_S = \frac{93{,}2}{12{,}5} = 7{,}46\ \text{cm}^2 \longrightarrow \underline{\text{M } 36 \times 4}\ : \ A_S = 8{,}17\ \text{cm}^2\ ; \ \sigma_z = \frac{93{,}2}{8{,}17} = \underline{11{,}41\ \text{kN/cm}^2}$$

Nachweis der Fußplatte: Es werden zwei Modellvarianten geprüft:

a) Balkenförmiges Element (Bild 50e und f):

$$M_S = 0{,}27 \frac{9{,}5^2}{2} = \underline{+\,12{,}18\ \text{kNcm/cm}}$$

$$M_F = +\,12{,}18 - \frac{0{,}27 \cdot 21{,}0^2}{8} = 12{,}18 - 14{,}88 = \underline{-\,2{,}70\ \text{kNcm/cm}}$$

$$t = 20\ \text{mm}: \ W = \frac{1 \cdot 2{,}0^2}{6} = 0{,}67\ \text{cm}^3 \longrightarrow \sigma = \frac{12{,}18}{0{,}67} = \underline{18{,}27\ \text{kN/cm}^2} \approx 18{,}0\ \text{kN/cm}^2$$

b) Dreiseitig gelagertes Plattenelement (vgl. die Aufsicht auf die Fußplatte in Bild 50c):

$$\left.\begin{matrix} a = 210\ \text{mm} \\ b = 207{,}5\ \text{mm} \end{matrix}\right\} \ \alpha = \frac{a}{b} = \frac{210}{207{,}5} = 1{,}01 \longrightarrow k_S = 0{,}082$$

$$M_S = 0{,}082 \cdot 0{,}27 \cdot 21{,}0 \cdot 20{,}75 = \underline{9{,}65\ \text{kNcm/cm}}$$

Es wird mit dem gemäß a) ermittelten, auf der sicheren Seite liegenden Spannungswert weiter gerechnet:

Unterseite:

$$\sigma_V = \sqrt{1{,}40^2 + 18{,}27^2 - 1{,}40 \cdot 18{,}27 + 3 \cdot 0{,}91^2} = \underline{17{,}68\ \text{kN/cm}^2}$$

Oberseite:

$$\sigma_V = \sqrt{1{,}00^2 + 18{,}27^2 + 1{,}00 \cdot 18{,}27 + 3 \cdot 0{,}91^2} = \underline{18{,}86\ \text{kN/cm}^2}$$

(Schubspannung im Anschnitt der überstehenden Fußplatte: 0,91 kN/cm².)

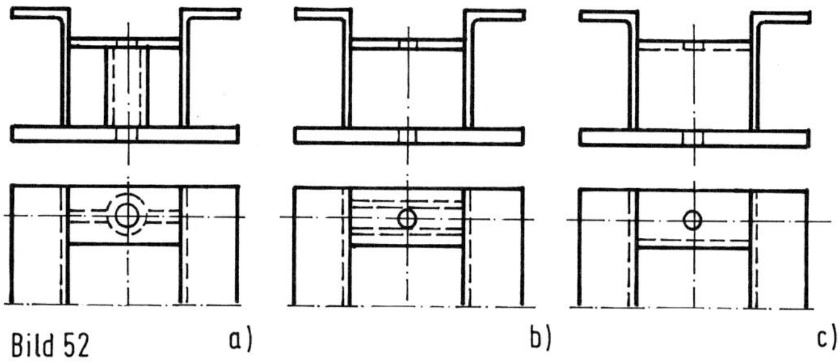

Bild 52

Um die Ankerkraft auf die Traverse absetzen zu können, ist eine Zwischenverrippung erforderlich; Bild 52 zeigt drei unterschiedliche konstruktive Lösungen. Im Falle a wird ein Rohrstutzen in die Rippe integriert, oberhalb wird ein Flachblech mit Lochbohrung aufgeschweißt. Ähnlich ist die Lösung im Falle b, hier werden zwei stehende Bleche als Rippen zwischen die Traversenwinkel gelegt. Im Falle c wird ein ungleichschenkliger Winkel eingeschweißt.

Es wird Variante a gewählt: Blech ▯ 150·16, Anschluß mittels Kehlnähten, a=5mm:

$$Z = 93{,}2\ \text{kN}: \ A = 1{,}6 \cdot 15 = 24\ \text{cm}^2\ ; \ \tau = \frac{93{,}2/2}{24} = \underline{1{,}94\ \text{kN/cm}^2};$$

$$a = 5\ \text{mm}: \tau_{||} = \frac{93{,}2/2}{15 \cdot 2 \cdot 0{,}5} = \underline{3{,}11\ \text{kN/cm}^2}$$

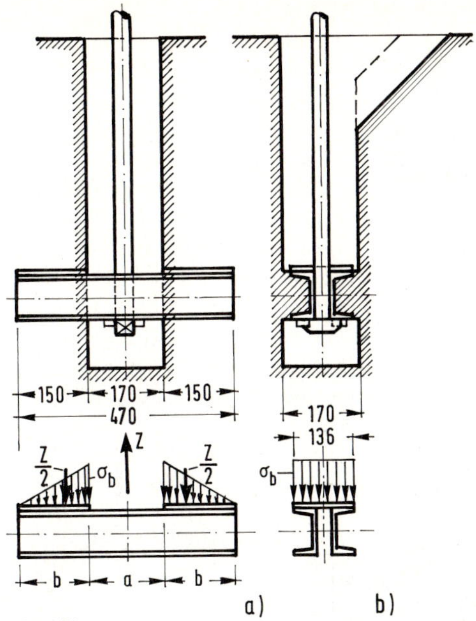

Bild 53

Nachweis der Ankerbarren (Bild 53). Gewählt:

$$][100: \; W = 2 \cdot 41{,}2 = 82{,}4\,\text{cm}^3; \quad \underline{Z = 93{,}2\,\text{kN}}$$

Unter der Annahme einer dreieckförmigen Pressungsverteilung ergibt sich:

$$\frac{1}{2}\sigma_b \cdot 15{,}0 \cdot 13{,}6 = \frac{Z}{2} \longrightarrow$$

$$\sigma_b = \frac{Z}{15{,}0 \cdot 13{,}6} = \frac{93{,}2}{15{,}0 \cdot 13{,}6} = 0{,}46\,\text{kN/cm}^2$$

(Die zul. Druckspannung beträgt: 0,5kN/cm²; der Ansatz einer erhöhten zulässigen Pressung durch Ausschöpfung der Teilflächenbelastung ist unsicher, weil die maximale Pressung direkt an der Kante auftritt. Nach Verguß des Schachtes tritt eine allseitige Stützung, auch des Barrens, ein; eine in Grenzen erhöhte zulässige Spannung σ_b ist vertretbar.)

Biege- und Schubspannungen im Barren:

$$l = a + 2\frac{b}{3}: \quad M = \frac{Zl}{4} = \frac{Z}{4}\left(a + 2\frac{b}{3}\right) = \frac{93{,}2}{4}\left(17{,}0 + 2\frac{15{,}0}{3}\right) = \underline{629{,}1\,\text{kNcm}}$$

$$W = 82{,}4\,\text{cm}^3: \quad \sigma = \frac{629{,}1}{82{,}4} = \underline{7{,}63\,\text{kN/cm}^2} < 18{,}0\,\text{kN/cm}^2$$

$$A_{St} = 2 \cdot 0{,}6 \cdot 10 = 12{,}0\,\text{cm}^2: \quad \tau = \frac{93{,}2/2}{12{,}0} = \underline{3{,}88\,\text{kN/cm}^2} < 10{,}4\,\text{kN/cm}^2$$

(Auf den Nachweis der Vergleichsspannung kann verzichtet werden.)

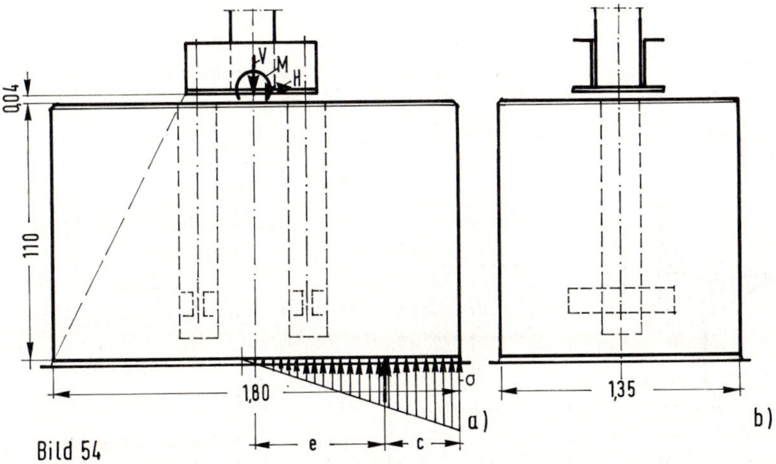

Bild 54

Unter der Fußplatte wird eine 40mm dicke Mörtelschicht angeordnet. Bild 54 zeigt das Fundament, Maße in m. Das Fundament liegt nicht im Grundwasser, d.h. ein Auftrieb ist nicht wirksam.

Da Fundamente im wesentlichen nur konstruktiv bewehrt werden, wird die Betondichte nur zu 2300kg/m³ angesetzt; das ergibt:

$$G = 23 \cdot 1{,}80 \cdot 1{,}35 \cdot 1{,}10 = 61{,}48\,\text{kN}$$

In der Fundamentfuge wirken:

$$V = 70 + 61{,}48 = \underline{131{,}48\,\text{kN}}, \quad H = \underline{15\,\text{kN}}, \quad M = 60 + 15(1{,}10 + 0{,}04) = 60 + 17{,}10 = \underline{77{,}10\,\text{kNm}}$$

Nachweis gegen Umkippen:

$$e = \frac{77{,}10}{131{,}48} = \underline{0{,}59\,\text{m}}; \quad \nu_K = \frac{131{,}48 \cdot 0{,}90}{77{,}10} = \frac{118{,}33}{77{,}10} = \underline{1{,}53 > 1{,}5}$$

Kantenpressung:

$$c = 0{,}90 - 0{,}59 = 0{,}31\,\text{m}; \quad 3 \cdot 0{,}31 = \underline{0{,}93\,\text{m}} > 0{,}90\,\text{m}$$

$$\sigma = \frac{2}{3}\cdot\frac{131{,}48}{c \cdot b} = \frac{2}{3}\cdot\frac{131{,}48}{31{,}0 \cdot 135} = \underline{0{,}02094\,\text{kN/cm}^2}$$

12.4.3 Stützenverankerungen ohne und mit Vorspannung der Anker

12.4.3.1 Nicht vorgespannte Verankerungen

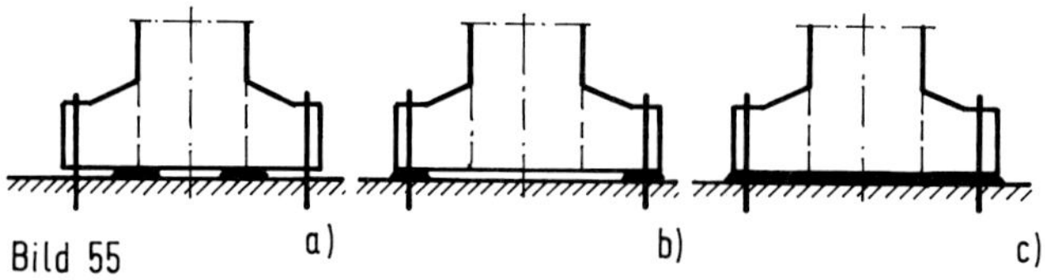

Bild 55

Bezüglich der Fußausbildung eingespannter Stützen gibt es prinzipiell drei Lösungen; sie sind in Bild 55 dargestellt. Die Fälle a und b wurden in Abschnitt 12.4.2.1 bereits behandelt, vgl. Bild 25 und G.9/10. Bei diesen Lösungen ergeben sich definierte Auflagerbereiche in der Fundamentfuge; im übrigen Bereich wird, z.B. mittels Hartschaumplatten, ein Zutritt des Vergußmörtels verhindert. Die Beanspruchungsverhältnisse sind damit relativ eindeutig: Wegen der begrenzten Auflagerbereiche ist die Annahme einer gleichmäßigen (gemittelten) Pressung gerechtfertigt. Für unsymmetrische Fußausbildung lassen sich die Berechnungsformeln in einfacher Weise modifizieren.

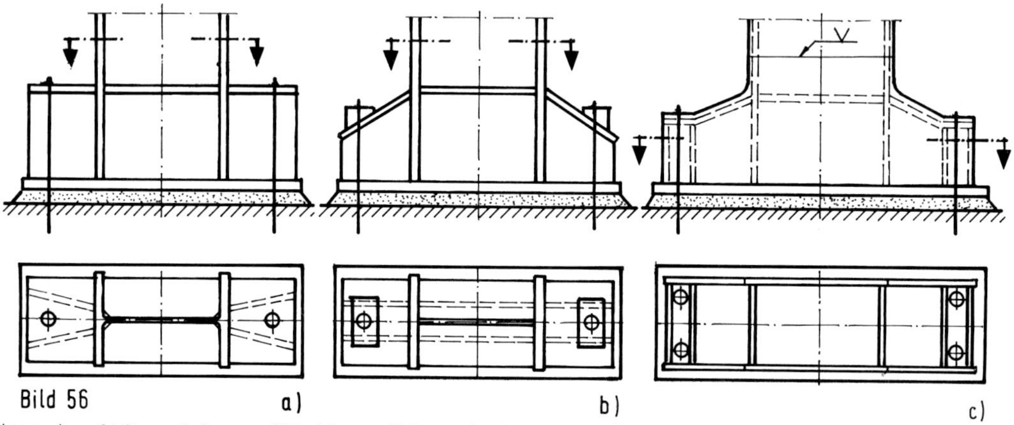

Bild 56

Wenn der Stützenfuß ganzflächig aufliegt (vgl. Bild 56), sind die Beanspruchungsverhältnisse weniger eindeutig. Die zu Fall (B2) in Bild 23c empfohlene Berechnungsweise (G.5) ist als eine i.a. ausreichende Abschätzung zu begreifen. Die Schwierigkeiten, die einer "genaueren" Berechnung entgegenstehen, sollen im folgenden verdeutlicht werden:

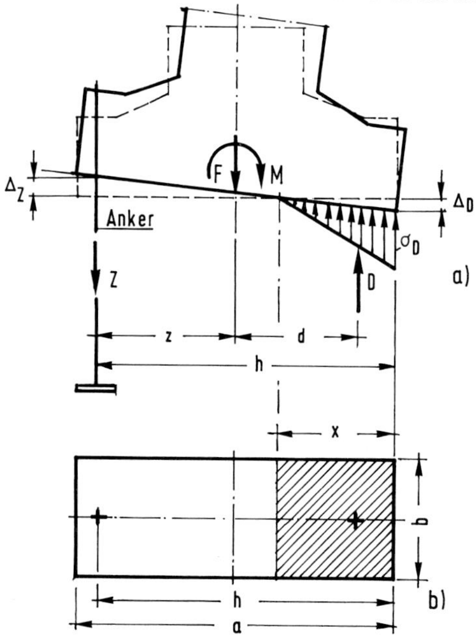

Bild 57

Bild 57 zeigt einen vollflächig aufliegenden Stützenfuß im Zustand einer gedachten Drehung mit Klaffung. Die druckseitige Aussenkante drückt sich um das Maß Δ_D ein, der Anker längt sich um das Maß Δ_Z. Wenn unterstellt wird, daß der Stützenfuß starr ist, gilt die Verformungsbeziehung:

$$\frac{\Delta_D}{x} = \frac{\Delta_Z}{h - x} \tag{27}$$

x ist die Länge der gedrückten Zone, h ist der Abstand von der gedrückten Kante bis zum Anker. Δ_Z ist die Ankerdehnung, multipliziert mit der "wirksamen" Ankerlänge. Für Δ_D läßt sich kein plausibler Wert herleiten; in diesen Wert müßte die Verformung des gesamten Fundamentkörpers (und der Fußkonstruktion selbst) einbezogen werden. Anstelle der Vorformungsbeziehung G.27 wird daher die Verzerrungsbeziehung

$$\frac{\varepsilon_b}{x} = \frac{\varepsilon_z}{h-x} \tag{28}$$

eingeführt. ε_b ist die Betonrandstauchung und ε_z die Zugdehnung an der Ankerstelle. Dieser Ansatz bedeutet, daß die Ankerlänge zu Null angenommen wird. Die Fundamentfuge wird quasi als Stahlbetonquerschnitt begriffen. Diese Annahme liegt aus zwei Gründen für die Ankerbemessung auf der sicheren Seite und kann daher akzeptiert werden:

a) Durch die (real vorhandene) endliche Länge des Ankers ist dessen Längung größer als berechnet, damit auch die Tiefe der klaffenden Fuge und der innere Hebelarm zwischen D und Z.
b) Real ist die Druckpressung (im Bruchzustand) völliger verteilt als hier (mit einem dreieckigen Verlauf) unterstellt, dadurch liegt die Druckresultierende in Wirklichkeit weiter außen, d.h. der innere Hebelarm ist abermals größer.

Hinsichtlich einer zutreffenden Bestimmung der Randdruckspannung σ_b dürften sich a) und b) gegenseitig kompensieren, so daß sich σ_b real nicht viel größer einstellen wird, als auf der Basis des geradlinigen Dehnungsansatzes G.28 berechnet. Der Ansatz ist daher für die Herleitung eines Berechnungsalgorithmus für vollflächig aufliegende Stützenfüße geeignet. Dabei wird von dem in Bild 58 skizzierten (unsymmetrischen) Fuß ausgegangen. Bezogen auf Z und D lauten die Gleichgewichtsgleichungen:

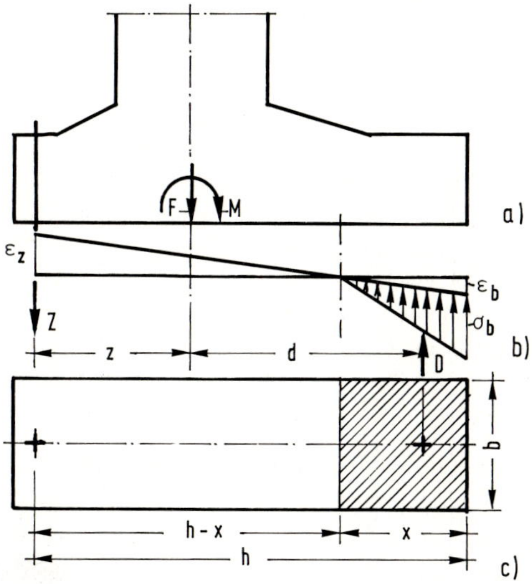

Bild 58

$$Fz + M - D(z+d) = 0 \tag{29}$$
$$Fd - M + Z(z+d) = 0 \tag{30}$$

Beide Gleichungen werden durch F dividiert und die Lastexzentrizität

$$e = \frac{M}{F} \tag{31}$$

eingeführt:

$$z + e = \frac{D}{F}(z+d) \longrightarrow F = \frac{D(z+d)}{z+e}$$
$$d - e = -\frac{Z}{F}(z+d) \longrightarrow F = -\frac{Z(z+d)}{d-e} \tag{32a/b}$$

Mit

$$\varepsilon_b = \frac{\sigma_b}{E_b}, \quad \varepsilon_z = \frac{\sigma_z}{E}; \quad \frac{E}{E_b} = n \tag{33}$$

lautet die Verzerrungsbeziehung G.28:

$$\frac{\sigma_b}{\sigma_z} = \frac{1}{n} \cdot \frac{x}{h-x} \longrightarrow \sigma_z = n\left(\frac{h-x}{x}\right)\sigma_b \tag{34}$$

Für Z, D und d folgen (vgl. Bild 58):

$$Z = A\sigma_z = An\left(\frac{h-x}{x}\right)\sigma_b, \; D = \frac{1}{2}\sigma_b \cdot bx; \; d = h - z - \frac{x}{3} \tag{35}$$

Die Gleichsetzung der Gln. 32a/b und deren Verknüpfung mit den vorstehenden Beziehungen (d.h. die Verknüpfung der Gleichgewichtsgleichungen mit der Verzerrungsgleichung) liefert nach kurzer Umformung:

$$\frac{D}{z+e} = -\frac{Z}{d-e} \longrightarrow D(d-e) = -Z(z+e) \longrightarrow$$
$$x^3 - 3(h-z-e)x^2 - \frac{6nA}{b}(z+e)(h-x) = 0 \tag{36}$$

Mittels dieser Gleichung ist die Tiefe x des gedrückten Bereiches zu bestimmen; dazu sind h, z, b, A und n vorzugeben, e zu berechnen und die kubische Gleichung (z.B. auf dem Probierweg) zu lösen. Ist x bekannt, folgen σ_b und Z aus:

$$\sigma_b = \frac{2F(e+z)}{bx(h-x/3)}; \quad Z = F\frac{e+z-h+x/3}{(h-x/3)} \tag{37}$$

Dieses Berechnungskonzept wurde bereits von BLEICH [5] angegeben; daselbst sind auch Entwurfsformeln für h und den Ankerquerschnitt A zu finden. Anstelle dieser Entwurfsbehelfe kommt man mittels Abschätzungen nach Bild 23c zu einer schnelleren und recht zutreffenden Vorbemessung, vgl. das Beispiel in Abschnitt 12.4.3.3.

Den Genauigkeitsgrad des vorstehenden Berechnungskonzeptes sollte man wegen der oben geschilderten unsicheren Ansätze nicht überbewerten. Da die Rechnung für die Ankerkraft auf der sicheren Seite liegt und den Gleichgewichtsgleichungen genügt wird, kann es gleichwohl empfohlen werden. - In [1] wird eine Bemessung als Betonverbundquerschnitt nach DIN 1045 empfohlen; d.h. es wird von einem Bruchzustand mit dem völligen Parabel-Rechteckdiagramm ausgegangen. Der innere Hebelarm wird hierbei im Gebrauchszustand überschätzt.

12.4.3.2 Vorgespannte Verankerungen

In der zuvor zitierten Quelle schreibt BLEICH [5]:"Es wurde vielfach versucht, bei der Bemessung der Anker auch die Vorspannung derselben, die durch das Anziehen der Schraubenmuttern entsteht, in Rechnung zu stellen. Abgesehen davon, daß sich die Größe dieser Vorspannung nicht einmal annähernd angeben läßt, ist das Vorhandensein einer Vorspannung ohne jeden Einfluß auf die Sicherheit des Bauwerkes, da diese einmalig auftretende Spannung, die keinem Wechsel unterliegt, in der gleichen Weise gewertet werden kann, wie Zwängungsspannungen im Bauwerk, die von der Montage herrühren. Die Mitberücksichtigung einer Vorspannung im Anker würde insbesondere bei kleinen Ankerkräften unnütz große Ankerquerschnitte verlangen". Diese Aussagen sind aus heutigem Verständnis nicht haltbar, denn, wie von der vorgespannten, achsial beanspruchten Schraubenverbindung her bekannt, wird die Ermüdungsfestigkeit der Anker durch deren Vorspannung verbessert, d.h. die Sicherheit, insbesondere bei nicht vorwiegend ruhender Belastung, deutlich gesteigert. Das für vorgespannte Schrauben entwickelte Berechnungskonzept kann auf Stützenfußverankerungen unmittelbar übertragen werden (vgl. Abschnitt 9.4.3).

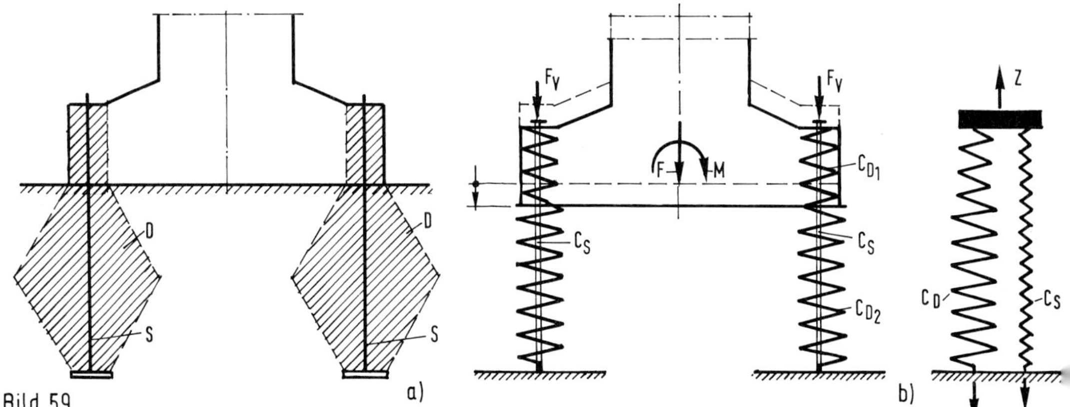

Bild 59

Die prinzipielle Vorgehensweise zeigt Bild 59. In Teilbild a ist der Stützenfuß beidseitig mit fiktiven Druckkörpern, die sich aus Teilen der Fußkonstruktion und des Fundamentkörpers zusammensetzen (D) und den im Zentrum derselben liegenden Ankerschrauben (S) dargestellt. Die Druckkörper bilden sich bei der Vorspannung der Anker aus. Für den Vorspannungszustand gilt:

$$F_{VD} = F_{VS} = F_V \tag{38}$$

Die Kraft im Druckkörper F_{VD} und in der Ankerschraube F_{VZ} ist nach dem Vorspannen gleich der Vorspannkraft F_V. In Teilbild b ist das Problem weiter idealisiert: Der Druckkörper wird durch eine Druckfeder mit der Federkonstanten C_D und die Verankerung durch eine Zugfeder mit der Federkonstanten C_S ersetzt. Durch die Vorspannung wird die C_D-Feder eingedrückt und die C_S-Feder gelängt. Wirkt auf dieses Federsystem eine äußere Zugkraft Z (nach einem der oben angegebenen Verfahren berechnet), setzt sich diese z.T. auf die Druckfeder und z.T. auf die Zugfeder ab, vgl. Abschnitt 9.4.3. Die Vorspannkraft in der C_S-Feder (also im Anker) erhöht sich auf den Wert:

$$F'_{VS} = F_V + Z\frac{C_S}{C_D + C_S} \quad (39)$$

Die Vorspannkraft in der Druckfeder vermindert sich auf den Wert:

$$F'_{VD} = F_V - Z\frac{C_D}{C_D + C_S} \quad (40)$$

Die gemeinsame Tragwirkung in dem durch die Vorspannung geschaffenen Federsystem besteht nur solange, wie $F'_{VD}>0$ ist, anderenfalls tritt eine klaffende Fuge auf, die Wirkung der Druckfeder setzt aus, d.h. es tritt eine Systemänderung ein. Demnach muß gelten:

$$Z \leq \frac{C_D + C_S}{C_D}\cdot F_V \quad (41)$$

(Einschließlich eines Sicherheitszuschlages von ca. 10 bis 20%)
Bei der praktischen Umsetzung des vorstehenden Konzeptes sind folgende Hinweise zu beachten: Bezüglich der Druckfeder bedarf es plausibler Ansätze; hier sollte man sich auf die sichere Seite legen und den Druckkörper eher kleiner wählen und den Kriecheinfluß berücksichtigen (vgl. das Beispiel im folgenden Abschnitt). Damit sich der Druckkörper ausbilden kann, darf der Anker vor dem Vorspannen (im Ankerschacht) nicht einbetoniert werden. Andererseits verbietet sich eine Vorspannung bei nicht satt verfülltem und gut verdichtetem Ankerschacht. Diese gegensätzlichen Forderungen lassen sich nur erfüllen, wenn der Anker mit einem übergestülpten, ca. 3 bis 5mm dicken Schlauch ausgestattet und in dieser Form einbetoniert wird. Nach Einbau, Ausrichtung, Ausfüllung des Ankerschachtes mit Beton und dessen ausreichender Erhärtung kann vorgespannt werden. Der Schlauch verhindert eine Absetzung der Ankerkraft über Haftung; diese wird am Ankerende abgetragen; das gilt auch bei Wirksamwerden der Betriebskraft Z. Ohne Schlauch wäre das nicht sichergestellt, die Kraft würde in unbekannter Weise über Haftung abgesetzt, d.h. der Anker wäre real kürzer (und damit steifer) und C_S größer als rechnerisch zugrundegelegt. Das ist sogar gefährlich, denn es würde sich ein bedeutend größerer Anteil von Z über den Anker abtragen als es G.39 entspricht. Würde im Grenzfall die Ankerlänge auf Null zurückgehen, träfe die gesamte Betriebskraft auf den Anker:

$$F'_{VS} = F_V + Z \quad (42)$$

was zu einer Überbeanspruchung des Ankers (mit sofortigem Verlust der Vorspannung und Lockerung der Fußeinspannung) führen könnte. Werden vorstehende Hinweise beachtet, wird die Fußverankerung durch eine Vorspannung verbessert. Ist mit einer höheren Zugschwellbeanspruchung zu rechnen, sollte so verfahren werden. (Der Schlauch übernimmt für den Ankerbereich innerhalb der Fußkonstruktion (oberhalb des Fundamentes) zusätzlich eine Korrosionsschutzfunktion.)

12.4.3.3 Beispiele und Ergänzungen

1. Beispiel: Verankerung einer eingespannten Stütze HE280B mittels dicker Fußplatte (Bild 60). Schnittgrößen und Exzentrizität in der Fundamentfuge:

$$M = 110\,\text{kNm},\; F = N = 231\,\text{kN (Druck)};\; e = 11000/231 = \underline{47{,}6\,\text{cm}}$$

Es wird eine Fußplatte mit den Abmessungen 600x300x60 gewählt, vgl. Bild 60a. Bezugnehmend auf die in Bild 58 eingetragenen Definitionen gilt:

$$h = 54\,\text{cm},\; z = 24\,\text{cm},\; b = 30\,\text{cm};$$

$$\text{Anker: } 2\,\phi\,30\cdot3{,}5-4{,}6,\quad A = 2\cdot3{,}0^2\pi/4 = 14{,}14\,\text{cm}^2$$

Gleichung für die Bestimmung der gedrückten Fuge (G.36):

$$x^3 - 3(54-24-47{,}6)x^2 - \frac{6\cdot7\cdot14{,}14}{30}(24+47{,}6)\cdot(54-x) = 0 \longrightarrow$$

$$x^3 + 52{,}80x^2 - 1417{,}39\cdot(54-x) = 0;\quad \text{Lösung: } \underline{x = 23{,}7\,\text{cm}}$$

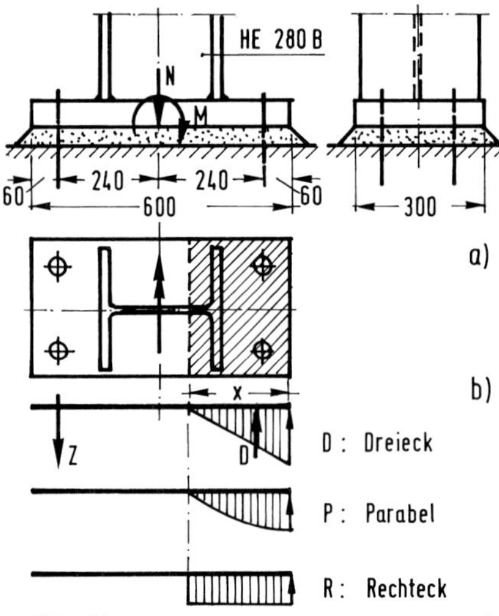

Bild 60

Randspannung und Ankerkraft ergeben sich zu (G.37):

$$\sigma_b = \frac{2\cdot 231\cdot(47{,}6+24)}{30\cdot 23{,}7\cdot(54-23{,}7/3)} = \underline{1{,}009\ \text{kN/cm}^2}\,;$$

$$Z = 231\,\frac{47{,}6+24-54+23{,}7/3}{54-23{,}7/3} = \underline{128\ \text{kN}}$$

Gemäß Voraussetzung ist die Druckpressung geradlinig verteilt. Dieser Ansatz liegt bezüglich max σ_b extrem auf der sicheren Seite. Bedingt durch das nichtlineare Arbeitsgesetz des Betons und die Nachgiebigkeit der Fußkonstruktion ist eine parabelförmige Pressungsverteilung realistischer. Eine Umrechnung der dreieckförmigen Pressung in eine parabelförmige erscheint vertretbar (vgl. Bild 60c):

$$D = \frac{1}{2}\sigma_{b,D}\cdot x\,b = \frac{2}{3}\sigma_{b,P}\,x\,b \longrightarrow \underline{\sigma_{b,P} = 0{,}75\,\sigma_{b,D}} \qquad (43)$$

Bei dieser Abschätzung wird x belassen. - Die in Abschnitt 12.4.2.1 unterstellte konstante Spannungsverteilung liegt auf der unsicheren Seite. Wird dieser Ansatz ebenfalls auf eine parabelförmige Pressungsverteilung umgerechnet, ergibt sich:

$$D = \sigma_{b,R}\,x\,b = \frac{2}{3}\sigma_{b,P}\cdot x\,b \longrightarrow \underline{\sigma_{b,P} = 1{,}50\,\sigma_{b,R}} \qquad (44)$$

G.43 wird auf die oben berechnete max Randdruckpressung angewendet:

$$\sigma_b = 0{,}75\cdot 1{,}009 = 0{,}757\ \text{kN/cm}^2,\quad Z = 128\ \text{kN}$$

(Für dasselbe Beispiel wird in [1] eine Ankerkraft Z=126kN berechnet, wobei in dem Falle zul σ_b=0,833kN/cm² zugrundegelegt wird (Analogie zur Stahlbetonbemessung)).

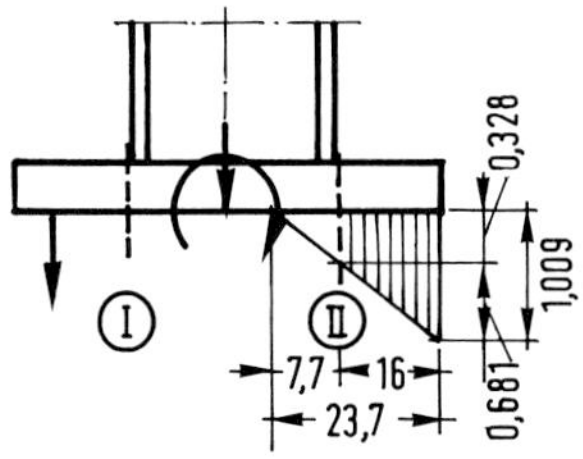

Bild 61

Bemessung der Fußplatte: Maßgebend sind die Anschnitte zur Stütze. Ausgehend von der dreieckförmigen Pressungsverteilung folgt (vgl. Bild 61):

$$\text{Anschnitt I}: \ M = 128\cdot 10 = 1280\ \text{kNcm}$$

$$\text{Anschnitt II}: \ M = (0{,}328\cdot 16^2/2 + 0{,}681\cdot 16^2/3)\cdot 30 = \underline{3003\ \text{kNcm}}$$

Spannungsnachweis (t=60mm):

$$t = 60\ \text{mm}: \ W = 30\cdot 6{,}0^2/6 = 180\ \text{cm}^3 \longrightarrow \sigma = 3003/180 = \underline{16{,}7\ \text{kN/cm}^2}$$

Nachweis des Ankers:

$$\text{M 30}: \ A_S = 5{,}61\ \text{cm}^2: \ \sigma_Z = \frac{128}{2\cdot 5{,}61} = \underline{11{,}41\ \text{kN/cm}^2}$$

Die zulässigen Spannungen nach DIN 18800 T1 (03.81) für Lastfall HZ werden eingehalten.

2. Beispiel: Unsymmetrischer Stützenfuß (Bild 62). Konstruktionen in Form einer unsymmetrischen Fußausbildung sind gelegentlich nicht zu vermeiden, wenn die Platzverhältnisse wegen vorhandener benachbarter Bausubstanz beengt sind. Sie können auch bei stark unterschiedlichen Wechselmomenten angezeigt sein.

Schnittgrößen und Exzentrizität:

$$M = \pm\, 460\ \text{kNm},\ F = N = 400\ \text{kN};\ e = \pm\, 46\,000/400 = \underline{115\ \text{cm}}$$

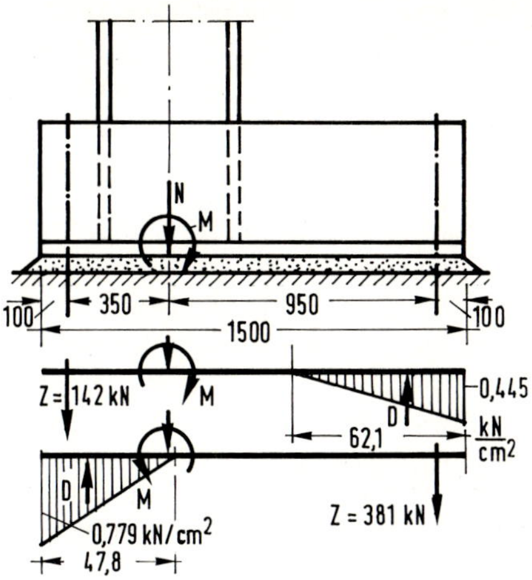

Bild 62

Mit

$$h = 140\,cm,\ z = 35\,cm \curvearrowright \text{ bzw. } z = 95\,cm \curvearrowleft;\ b = 50\,cm;$$

$$\text{Ankerfläche } A = 36{,}2\,cm^2$$

liefert die Bestimmungsgleichung für die gedrückte Fuge

$\curvearrowright$ $x = 62{,}1\,cm$, $Z = 142\,kN$, $\sigma_b = 0{,}75 \cdot 0{,}445 = \underline{0{,}334\ kN/cm^2}$
$\curvearrowleft$ $x = 47{,}8\,cm$, $Z = 381\,kN$, $\sigma_b = 0{,}75 \cdot 0{,}779 = \underline{0{,}584\ kN/cm^2}$

Die Randspannungen sind gemäß G.43 auf 75% reduziert.

3. Beispiel: Symmetrischer Stützenfuß (Bild 63)
Auf das Fundament sind die Schnittgrößen

$$M = 1100\,kNm,\ N = 550\,kN \quad (\text{Lastfall HZ})$$

abzusetzen. - Es werden zwei Berechnungsvarianten auf Übereinstimmung geprüft.

a) Näherung nach Abschnitt 12.4.2.1.
Nach Bild 23 gilt:

$$d = 67{,}5\,cm,\ z = 80\,cm,\ h = 147{,}5\,cm$$

Auswertung von G.5:

$$D = \frac{110\,000 + 550 \cdot 80}{147{,}5} = \underline{1044\ kN}$$

$$Z = \frac{110\,000 - 550 \cdot 67{,}5}{147{,}5} = \underline{494\ kN}$$

$$\sigma_b = \frac{1044}{60 \cdot 45} = \underline{0{,}38\ kN/cm^2}$$

$$\sigma_z = \frac{494}{2 \cdot 14{,}7} = \underline{16{,}80\ kN/cm^2}$$

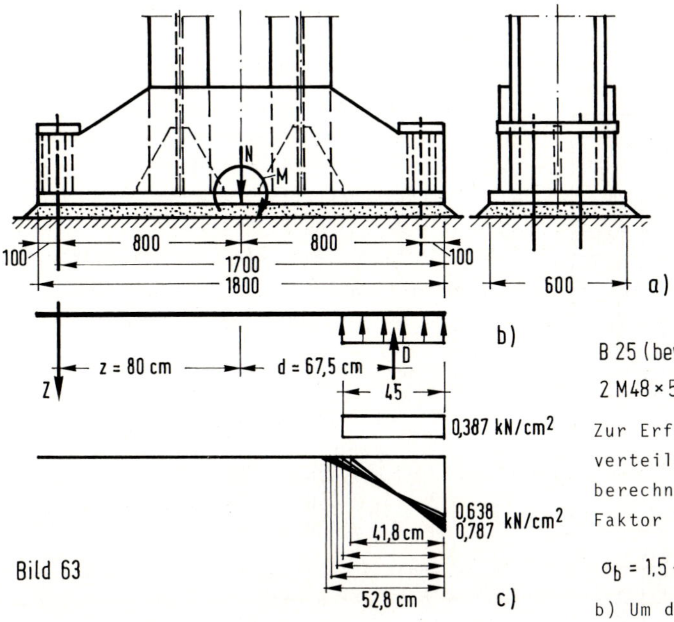

Bild 63

Beton und Anker:

B 25 (bewehrt): zul $\sigma_b = 0{,}8333\ kN/cm^2$;
2 M48×5 - 5.6 :

Zur Erfassung der realen Pressungsverteilung am Rand wird der zuvor berechnete Wert gemäß G.44 um den Faktor 1,5 erhöht:

$$\sigma_b = 1{,}5 \cdot 0{,}387 = \underline{0{,}581\ kN/cm^2}$$

b) Um den Einfluß des Steifequotienten $n = E_{st}/E_b$ zu prüfen, werden Ankerkraft und Betonpressung für fünf n-Werte berechnet. Ausgangswerte für G.36:

$$h = 170\,cm,\ b = 60\,cm,\ z = 80\,cm;\quad A = 2 \cdot 4{,}8^2\,\pi/4 = 36{,}2\,cm^2$$
$$e = 110\,000/550 = 200\,cm$$

Auswertung (einschließlich Berücksichtigung von G.43):

$n = 5$: $x = 41{,}8\,cm$, $Z = 437\,kN$, $\sigma_b = 0{,}787\,kN/cm^2$ $\quad (0{,}75 \cdot 0{,}787 = 0{,}590\,kN/cm^2)$
$n = 6$: $x = 45{,}0\,cm$, $Z = 444\,kN$, $\sigma_b = 0{,}736\,kN/cm^2$ $\quad (0{,}75 \cdot 0{,}736 = 0{,}552\,kN/cm^2)$
$\underline{n = 7:\ x = 47{,}9\,cm,\ Z = 450\,kN,\ \sigma_b = 0{,}696\,kN/cm^2}$ $\quad (0{,}75 \cdot 0{,}696 = 0{,}522\,kN/cm^2)$
$n = 8$: $x = 50{,}5\,cm$, $Z = 455\,kN$, $\sigma_b = 0{,}664\,kN/cm^2$ $\quad (0{,}75 \cdot 0{,}664 = 0{,}498\,kN/cm^2)$
$n = 9$: $x = 52{,}8\,cm$, $Z = 461\,kN$, $\sigma_b = 0{,}638\,kN/cm^2$ $\quad (0{,}75 \cdot 0{,}638 = 0{,}479\,kN/cm^2)$

Der Vergleich mit a) ergibt: 1. Die mittels des Näherungsansatzes G.5 berechnete Zugkraft (494kN) liegt höher, somit auf der sicheren Seite. 2. Der um den Faktor 1,5 erhöhte Spannungswert für die Betonrandpressung korrespondiert mit dem um den Faktor 0,75 verringerten Wert der "genaueren" Berechnung. Insgesamt kann die Abschätzung nach Abschnitt 12.4.2.1 bei Beachtung von G.44 empfohlen werden; das zeigen auch weitere (hier nicht wiedergegebene) Vergleichsberechnungen.

Erweiterung der Aufgabenstellung: Die Anker sollen vorgespannt werden. Als maximale Vorspannung für die Stahlgüten 4.6 und 5.6 wird v. Verf. empfohlen:

$$\text{Güte 4.6}: \max \sigma_V = 15\ \text{kN/cm}^2$$
$$\text{Güte 5.6}: \max \sigma_V = 20\ \text{kN/cm}^2$$

Im vorliegenden Beispiel wird pro Ankerseite gewählt ($2\Phi 48 \times 5$ - 5.6):

$$F_V = 450\ \text{kN}: \quad \sigma = 450/2 \cdot 14{,}7 = \underline{15{,}3\ \text{kN/cm}^2 < 20\ \text{kN/cm}^2}$$

Als "Druckfeder" wird ein Betonzylinder von 50cm Durchmesser angesetzt, Länge 120cm. Der Zuganker ist ca. 30cm länger.

$$E_D = E_b = 3000\ \text{kN/cm}^2\ (n = 7);\ d = 50\text{cm}: A_D = 50^2\pi/4 = 1964\ \text{cm}^2;\ l_D = 120\ \text{cm}$$
$$E_S = 21\,000\ \text{kN/cm}^2;\ 2\Phi 48 \times 5: A_S = 2 \cdot 18{,}10 = 36{,}2\ \text{cm}^2;\ l_S = 150\ \text{cm}$$

Die Federkonstanten betragen hierfür:

$$C_D = \frac{3000 \cdot 1964}{120} = 49\,100 \approx \underline{50000\ \text{kN/cm}}; \quad C_S = \frac{21000 \cdot 36{,}2}{150} = 5068 \approx \underline{5000\ \text{kN/cm}}$$

$$C_D + C_S = 55\,000\ \text{kN/cm};\ C_S/(C_D + C_S) = \underline{0{,}0909}$$

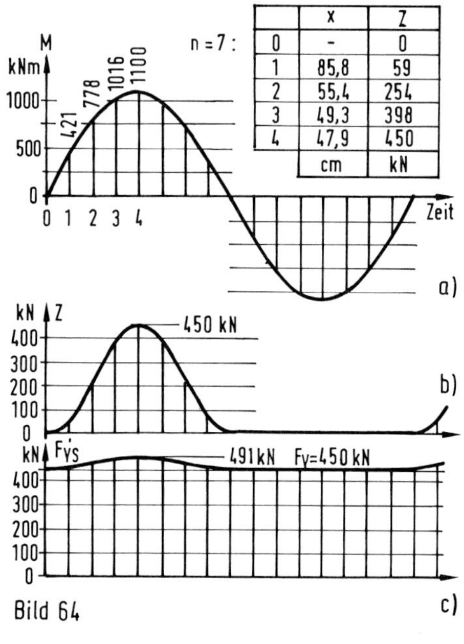

n = 7:

	x	Z
0	-	0
1	85,8	59
2	55,4	254
3	49,3	398
4	47,9	450
	cm	kN

Bild 64

Es wird eine harmonische (sinusförmige) zeitliche Änderung des Einspannmomentes angesetzt. Für n=7 weist Bild 64a den Verlauf von M und die zugehörige Ankerzugkraft aus. Teilbild b zeigt die zeitliche Änderung von Z; die Änderung ist nicht-harmonisch. Die Ankerkraft berechnet sich gemäß G.39 zu:

$$F'_{VS} = F_V + Z \cdot \frac{C_S}{C_S + C_D} = F_V + 0{,}0909 \cdot Z$$

Im einzelnen:

$$0:\ F'_{VS} = 450 + 0 = 450\ \text{kN}$$
$$1:\ F'_{VS} = 450 + 5 = 455\ \text{kN}$$
$$2:\ F'_{VS} = 450 + 23 = 473\ \text{kN}$$
$$3:\ F'_{VS} = 450 + 36 = 486\ \text{kN}$$
$$4:\ F'_{VS} = 450 + 41 = 491\ \text{kN}$$

Die geringen Schwankungen der Ankerkraft werden aus Bild 64c deutlich und damit auch die günstige Auswirkung einer planmäßigen Vorspannung auf die Ermüdungsfestigkeit der Anker (im Gewindebereich). Als Höhe für die Vorspannkraft wird v.V. max Z empfohlen. Im vorliegenden Beispiel wird dieser Empfehlung gefolgt. Spannungsnachweis für den Anker:

$$\sigma_Z = 491/2 \cdot 14{,}7 = \underline{16{,}7\ \text{kN/cm}^2}$$

Überprüfung, ob die Fundamentfuge bei Einwirkung von max Z überdrückt bleibt (G.41):

$$\max Z \leq \frac{C_D + C_S}{C_D} \cdot F_V: \quad 450 < \frac{55000}{50000} \cdot 450 \quad \text{(erfüllt)}$$

Aus der Formel ist erkennbar, daß die Bedingung bei Einhaltung von $F_V \geq \max Z$ stets erfüllt ist.

Die vorstehende Berechnung bedarf noch folgender Erweiterungen bzw. Zuschärfungen:

- Die Konstruktion des Fußträgers ist mit plausiblen Ansätzen in C_D einzubeziehen;
- Der Betondruckkörper innerhalb des Fundamentes ist in Abhängigkeit von den Abmessungen des Fundamentes und der Barrenkonstruktion genauer zu erfassen. Hier sollte man indes eher einen zu kleinen ("mitwirkenden") Druckkörper ansetzen, um auf der sicheren Seite zu liegen;
- Ein Spannkraftverlust infolge Kriechens ist ggf. zu berücksichtigen. Man vergleiche zu dem Problemkreis Abschnitt 23.2.10.4. Wichtig ist in jedem Falle, daß der Anker über die ganze Länge derart mit einem Schlauch (oder ähnlich) umhüllt ist, daß die Vorspannkraft in voller Höhe über den Ankerbarren abgesetzt wird. Das sollte über die Längenänderung bei der Vorspannung überprüft werden.

12.4.4 Köcherfundamente

12.4.4.1 Allgemeines

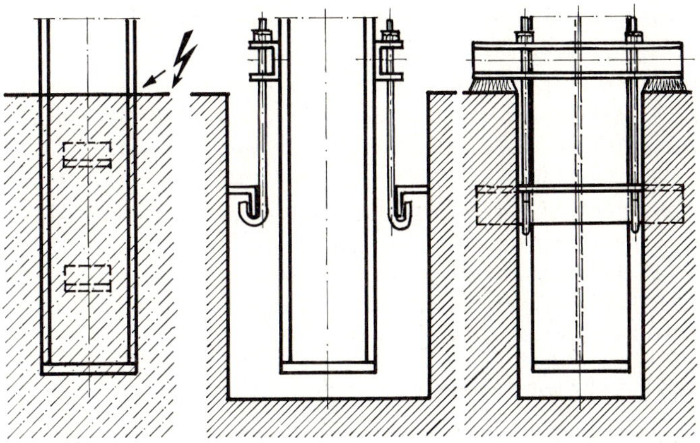

Bild 65 a) b)

Bei Köcherfundamenten (auch Hülsen- oder Becherfundamente genannt) wird das Stützenprofil in einen (i.a. rechteckigen) Schacht, den Köcher" oder die "Hülse", eingeführt. Nach Ausrichten der Stütze wird der Schacht mit Beton ausgefüllt. Es sollte ein schwindarmer Beton sein, der mittels Rüttelung gut verdichtet wird, damit der Raum allseits, auch unter der Fußplatte und fallweise vorhandener Verbundmittel, satt ausgefüllt wird. - Im eingebauten Zustand wird ein hoher Einspanngrad erreicht. Die Verankerungsform ist gleichwohl nicht frei von Problemen:

- Die Stütze ist nur durch Abtrennen demontierbar.
- Der Beton schließt Oberkante Fundament bündig mit dem Stützenprofil ab; die Übergangsstelle ist korrosionsanfällig und schwierig zu unterhalten, vgl. Bild 65a, das gilt in Sonderheit für Stützen im Freien.
- Die Einführung der Stütze in den Schacht ist zwar einfach, die vorläufige Stützung und Sicherung während der Montage dagegen schwierig. Das gilt auch für deren Ausrichtung in horizontaler und vertikaler Richtung. Gewisse Zurüstungen sind deshalb erforderlich und ggf. anschließend nach Fertigstellung wieder abzutrennen; vgl. Bild 65b.
- Während der Montage ist die Einspannwirkung gering. Besondere Montageverbände sind anzuraten, diese behindern evtl. die notwendige Ausrichtung. Die Sicherung der Stütze durch Verkeilen im Schacht ist unzureichend; es sind schon hierauf beruhende Montageunfälle bekannt geworden.
- Im Regelfall kommen nur I-Profile als Stützen für eine Köcherfundierung in Frage; Hohlprofilstützen wären zunächst bis über OK Fundament auszubetonieren. (Die Anordnung von Betonierlöchern im unteren Bereich in der Erwartung, daß durch diese der Beton im Inneren der Stütze von unten nach oben aufsteigt, ist wegen der fehlenden Kontrollmöglichkeit problematisch.) Kastenstützen mit Aussteifungen im Inneren sind möglich.
- Die Beanspruchungsverhältnisse im Fundament und im Stützenprofil sind relativ unklar. Im Steg des I-Profils treten innerhalb des Einspannbereiches hohe Schubspannungen auf.

12.4.4.2 Berechnungshinweise

Die vertikale Druckkraft wird über die Fußplatte und über Haftung abgesetzt. Ggf. sind zusätzlich Dübel erforderlich, z.B. in Form aufgeschweißter Winkel, Vierkant- oder Kopfbolzendübel oder angeschweißter Bewehrungseisen. Innerhalb des Köchers wird das Stützenprofil nur gestrahlt, also walzrauh einbetoniert. Die Horizontalkraft H und das Einspannungsmoment M werden innerhalb der Einspanntiefe abgetragen. Wird das Stützenprofil voll einbetoniert, lassen sich zunächst nur Plausibilitätsvermutungen über die auftretenden Beanspruchungen anstellen. Liegt ein unausgesteiftes I-Profil, wie in Bild 66a skizziert, gegen Beton an, stellt sich eine Pressungsverteilung mit starker Konzentration in der Stegebene ein, da sich der anliegende Flansch durch Verbiegung z.T. der Mitwirkung entzieht. Sind die Kammern zwischen den Flanschen ausbetoniert (Teilbild b), wird der druckseitige Flansch gestützt, die frontseitige Pressung wird vergleichmäßigt; der rechnerische Ansatz einer konstanten Pressung erscheint daher gerechtfertigt. Die nach DIN 1045 zugelassene höhere Teilflächenpressung sollte nicht angesetzt werden; sie ist quasi durch den Ansatz einer konstanten Anlagepressung vorweggenommen. (Eine Stützwirkung in Richtung der freien Fundamentoberkante ist zudem nicht vorhanden.) Hinsichtlich der Pressungsverteilung in Richtung der Einspanntiefe sind unterschiedliche Ansätze möglich. Üblich ist die Annahme einer dreieckigen Pressungsverteilung am Rand [6]; von BÄR [7] wurde in Anlehnung an die Stahlbetonbemessung nach DIN 1045 eine parabelförmige Pressung vorgeschlagen, was eine kontroverse Diskussion hervorgerufen hat [8]. Ist D die Druckresultierende, zeigt Bild 67 deren Lage bei dreieck- bzw. parabelförmigem Pressungsverlauf. Ist a die Länge der Pressungserstreckung und b die Breite gilt:

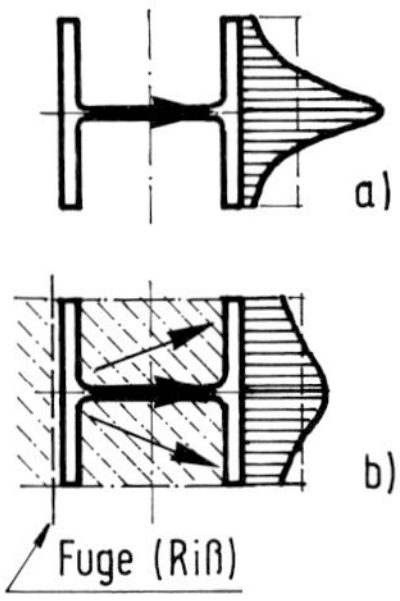

Bild 66

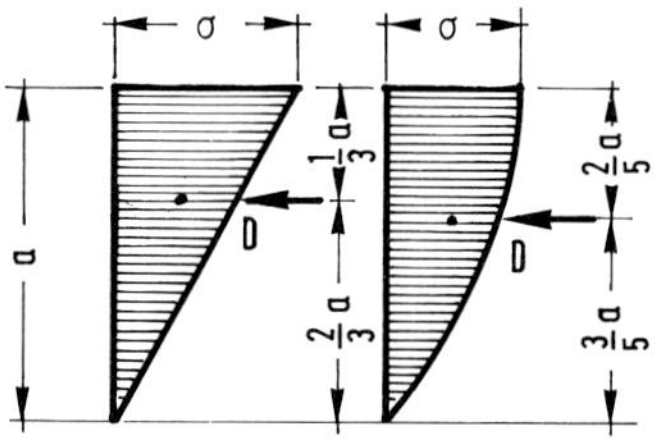

Bild 67

$$\text{Dreieck: } D = \frac{1}{2}\cdot\sigma\cdot a b \longrightarrow \sigma = 2\cdot\frac{D}{ab} \qquad (45)$$

$$\text{Parabel: } D = \frac{2}{3}\cdot\sigma\cdot a b \longrightarrow \sigma = 1{,}5\cdot\frac{D}{ab} \qquad (46)$$

σ ist die Randspannung (siehe Bild 67).

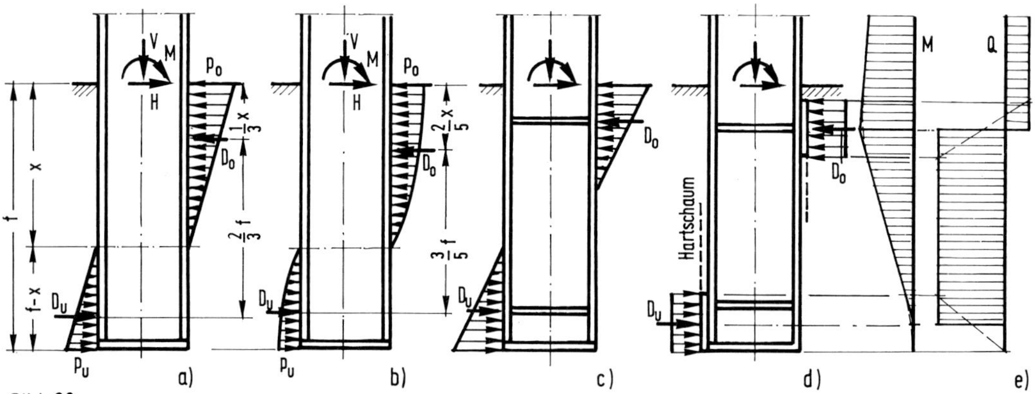

Bild 68

Um einen Anhalt über die Auswirkung unterschiedlicher Pressungsansätze zu erhalten, wird die Einbindelänge f für die in Bild 68a und b skizzierten Pressungsverteilungen berechnet, wobei (unter Gebrauchslast) die zulässige Betonspannung am oberen Rand eingehalten wird. Es wird eine geradlinige Verteilung der Stauchung des anliegenden Betons unterstellt, das bedeutet, das Stützenprofil wird als starr angesehen. Untere und obere Randpressung sind dadurch miteinander verknüpft:

$$\frac{\varepsilon_u}{(f-x)} = \frac{\varepsilon_o}{x} \longrightarrow \varepsilon_u = \frac{(f-x)}{x}\varepsilon_o \longrightarrow p_u = \frac{(f-x)}{x}p_o \qquad (47)$$

x ist die Länge des oberen und f-x ist die Länge des unteren Druckbereiches, vgl. die Abbildungen.

Fall a: Dreieckige Druckpressung (Bild 68a):

Bezogen auf die Druckresultierenden D_o und D_u werden die Momentengleichgewichtsgleichungen formuliert:

$$M + H\frac{x}{3} - D_u\frac{2}{3}f = 0$$
$$M + H[f - \frac{1}{3}(f-x)] - D_o\frac{2}{3}f = 0 \qquad (48)$$

Mit
$$D_u = \frac{1}{2}p_u(f-x)b; \quad D_o = \frac{1}{2}p_o x b \qquad (49)$$

und der Beziehung G.47 folgt nach Zwischenrechnung die erforderliche Einspanntiefe f zu:

$$f = \frac{2H}{p_o b}[1 + \sqrt{1 + \frac{3}{2}\cdot\frac{M\cdot p_o b}{H^2}}] \qquad (50)$$

p_o ist mit der zulässigen Betonpressung gleichzusetzen. Für die Lage der Spannungsnulllinie erhält man:

$$x = \frac{(M + \frac{2}{3}Hf)}{(M + \frac{1}{2}Hf)}\cdot\frac{f}{2} \qquad (51)$$

Fall b: Parabelförmige Druckpressung (Bild 68b):

Die Gleichgewichtsgleichungen lauten (wieder bezogen auf D_o bzw. D_u):

$$M + H\frac{2}{5}x - D_u\frac{3}{5}f = 0$$
$$M + H[f - \frac{2}{5}(f-x)] - D_o\frac{3}{5}f = 0 \qquad (52)$$

Mit

$$D_u = \frac{2}{3}p_u(f-x)b; \quad D_o = \frac{2}{3}p_o x b \qquad (53)$$

und G.47 folgt nach längerer Zwischenrechnung die Bestimmungsgleichung für die erforderliche Einbindelänge f:

$$2(5\frac{M}{H} + 2f)(\frac{p_o b f}{H} - 1)\left[\sqrt{1 + \frac{(5\frac{M}{H} + 3f)f}{(5\frac{M}{H} + 2f)^2}} - 1\right] - (5\frac{M}{H} + 3f) = 0 \qquad (54)$$

Die Spannungsnullinie errechnet sich aus:

$$x = \frac{(5\frac{M}{H} + 3f)}{(\frac{p_o b f}{H} - 1)f}\cdot\frac{f}{2} \qquad (55)$$

Vorstehende Ansätze sind mehr oder weniger willkürlich. Real ist das Stützenprofil (einschließlich der Verbundwirkung des eingekammerten Betons) nicht starr sondern biegsam, wobei aus der Querkraftschubgleitung ein gewisser Verformungsbeitrag resultiert. Es ist daher anzunehmen, daß sich die Pressungsverteilung zu den Enden hin konzentriert, wie in Bild 68c angedeutet, insbesondere dann, wenn das Stützenprofil eine zusätzliche Verrippung erhält; eine völlige Pressungsverteilung im Mittelbereich, wie bei Fall b unterstellt, ist real nicht zu erwarten und liegt auf der unsicheren Seite; sie ist daher abzulehnen (und damit auch der Vorschlag nach BÄR [7]). - Man erhält relativ klare Beanspruchungsverhältnisse, wenn im oberen und unteren Druckbereich Anlageflächen definierter Länge vorgesehen werden und ein Kontakt des Betons im übrigen Bereich durch aufgeklebte Hartschaumplatten verhindert wird. Bild 68d zeigt das Prinzip einer solchen Lösung. Die Momenten- und Querkraftfläche im Stützenprofil läßt sich eindeutig berechnen, nachdem D_o und D_u mittels elementarer Gleichgewichtsgleichungen bestimmt sind. Diese Lösung hat indessen zwei wesentliche Nachteile: 1. Eine Abtragung der Vertikalkraft über Haftung entfällt; die gesamte Kraft muß über die Fußplatte abgesetzt werden. Bei Auftreten von Zugkräften ist eine besondere Sicherung vorzusehen; 2. Eine gewisse Lockerung ist nicht ganz auszuschließen, das Eindringen von Feuchtigkeit (oder gar Wasser) in die Fuge zwischen Stützenprofil und Beton wäre schädlich und ist unbedingt zu verhindern.

12.4.4.3 Beispiel

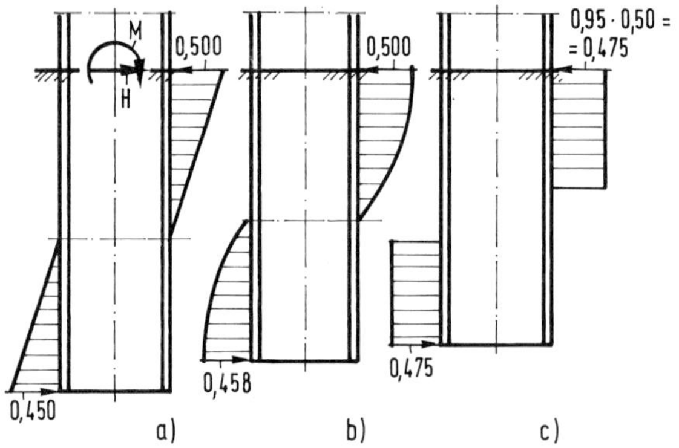

Bild 69

Um die Anweisungen des vorangegangenen Abschnittes zu prüfen, wird ein Beispiel berechnet. Stützenprofil HE200A. Die Anschlußgrößen Oberkante Fundament betragen im Lastfall H:

$$M = 43\,kNm, \quad H = 29\,kN, \quad (V = 5{,}8\,kN)$$

Fundament (vgl. Bild 24):

Beton B15 (bewehrt) : $\beta_R = 1{,}05\,kN/cm^2$:

$$zul\sigma = 1{,}05/2{,}1 = 0{,}500\ kN/cm^2$$

Es werden die erforderlichen Einspanntiefen f für den behandelten Fall einer dreieckförmigen und parabelförmigen Pressungsverteilung berechnet (Bild 69a/b):

Fall a: Dreieckförmiger Pressungsverlauf (G.50):

$$f = \frac{2 \cdot 29{,}0}{0{,}500 \cdot 20}\left[1 + \sqrt{1 + \frac{3}{2} \cdot \frac{4300 \cdot 0{,}500 \cdot 20}{29{,}0^2}}\right] = \underline{56{,}92\,cm};\ x = 29{,}99\,cm;\ p_u = 0{,}450\ kN/cm^2$$

Fall b: Parabelförmiger Pressungsverlauf (G.54): Die Auswertung der Bestimmungsgleichung ergibt:

$$\underline{f = 51{,}34\,cm};\ x = 26{,}80\,cm;\ p_u = 0{,}458\,kN/cm^2$$

(Die Konvergenzeigenschaft der Bestimmungsgleichung für f ist ungünstig, d.h. sie reagiert auf Änderungen von f empfindlich.)

Als weitere Berechnungsvariante wird der BÄR'sche Vorschlag geprüft [7]; die Berechnungsformel für f ist dimensionsgebunden! Es ist mit kN und cm zu rechnen.

Fall c: Berechnungsvorschlag nach BÄR:

$$f = \frac{1{,}0965 \cdot H}{zul\sigma_b \cdot b} + \sqrt{\frac{4{,}3860 \cdot M}{zul\sigma_b \cdot b} + \left(\frac{1{,}5351 \cdot H}{zul\sigma_b \cdot b}\right)^2}$$

$$= \frac{1{,}0965 \cdot 29{,}0}{0{,}500 \cdot 20} + \sqrt{\frac{4{,}3860 \cdot 4300}{0{,}500 \cdot 20} + \left(\frac{1{,}5351 \cdot 29{,}0}{0{,}500 \cdot 20}\right)^2} = \underline{46{,}84\ cm}$$

$$x = 0{,}5 f + \frac{H}{1{,}52 \cdot zul\sigma_b \cdot b} = 0{,}5 \cdot 46{,}84 + \frac{29}{1{,}52 \cdot 0{,}500 \cdot 20} = 25{,}33\,cm$$

$$p_u = p_o = 0{,}500\ kN/cm^2 \quad (= zul\sigma_b)$$

Nachdem die Einspanntiefe bestimmt ist und die Pressungsverteilung festliegt, lassen sich M und Q innerhalb f berechnen und die Spannungen (σ, τ, σ_V) bestimmen. Wie erläutert, bleibt bei den vorbehandelten Berechnungsansätzen eine Mitwirkung der Betonhaftung unberücksichtigt. Bild 70 zeigt ein Berechnungsmodell, bei welchem im oberen Bereich der Einspannung zur Abtragung der Horizontalkraft H eine Abstützung über die Höhe a angenommen wird, im übrigen Bereich wird der Steg der Stütze (gedanklich) als nicht vorhanden unterstellt. Das Moment wird über Haftung (außenseitig) abgetragen: Für a folgt:

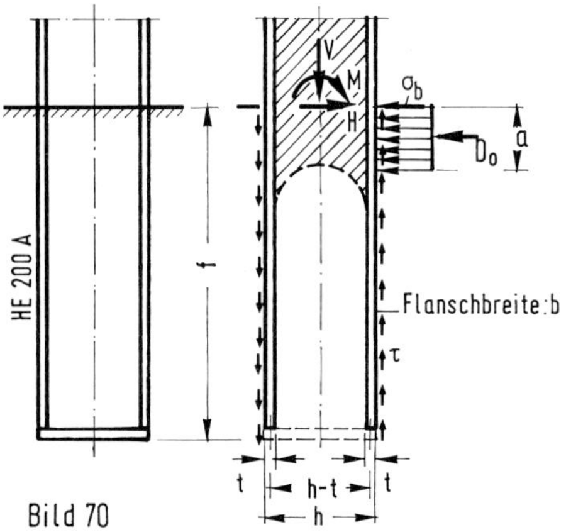

Bild 70

$$D_o = H = a \cdot b \cdot zul\sigma_b \longrightarrow a = \frac{H}{zul\sigma_b \cdot b} \qquad (56)$$

Haftspannungen, wenn eine konstante Verteilung angesetzt wird:

$$\tau = \left(\frac{V}{2} \pm \frac{M + Ha/2}{h - t}\right) \cdot \frac{1}{b \cdot f} \qquad (57)$$

Wird die Einbindetiefe f=56,92cm des Falles a gewählt, folgt:

$$a = \frac{29}{0{,}500 \cdot 20} = 2{,}9\,\text{cm}\;; \quad \tau = \left(\frac{58}{2} \pm \frac{4300 + 29 \cdot 2{,}9/2}{19{,}0 - 1{,}0}\right)\frac{1}{20 \cdot 56{,}92} = \frac{270}{20 \cdot 56{,}92} = \underline{0{,}24\,\text{kN/cm}^2}$$

Als zul. Haftspannung (rauhe Walzoberfläche gegen Beton) erscheint zulτ =0,040kN/cm² vertretbar. Dieser Wert wird deutlich überschritten. Daraus kann gefolgert werden, daß (zumindest im oberen Einspannbereich) die Kontaktfläche infolge Überschreitung der Haftung aufreißt. Real wird sich eine kombinierte Tragwirkung aus Pressung und Haftung einstellen.

12.4.4.4 Berechnungsmodell: Elastisch gebetteter Balken

Zur Berechnung der Einsenkung (Durchbiegung), des Biegungsmomentes und der Querkraft des im Betonfundament "elastisch gebetteten" Stützenprofils kann von folgenden Formeln ausgegangen werden:

$$w(x) = A \cdot \alpha(x) + B \cdot \beta(x) \tag{58}$$

$$M(x) = \frac{Cb}{s^2}[A \cdot \gamma(x) + B \cdot \delta(x)]\;; \quad Q(x) = \frac{Cb}{s}[A \cdot \beta(x) + B \cdot \gamma(x)] \tag{59}$$

Abkürzungen:

$$\alpha(x) = \cosh sx \cdot \cos sx\;; \quad \beta(x) = \frac{1}{2}(\cosh sx \cdot \sin sx + \sinh sx \cdot \cos sx)$$

$$\gamma(x) = \frac{1}{2}\sinh sx \cdot \sin sx\;; \quad \delta(x) = \frac{1}{4}(\cosh sx \cdot \sin sx - \sinh sx \cdot \cos sx) \tag{60}$$

$$A = -\frac{s}{Cb} \cdot [\gamma(f) \cdot M \cdot s + \delta(f) \cdot H]/N\;; \quad B = +\frac{s}{Cb} \cdot [\beta(f) \cdot M \cdot s + \gamma(f) \cdot H]/N \tag{61}$$

$$N = \gamma^2(f) - \beta(f) \cdot \delta(f) \tag{62}$$

Es bedeuten:

$$s = \sqrt[4]{\frac{C \cdot b}{4EI}} \tag{63}$$

C: Bettungsziffer des Betons [kN/cm²/cm=kN/cm³], b: Breite des Trägers, EI: Biegesteifigkeit des Trägers; M und H sind Biegemoment und Horizontalkraft am Anschnitt, f ist die Einbindetiefe; x wird vom unteren (freien) Ende aus gemessen.

Zum Berechnungsmodell "Elastische Bettung" vgl. [9]. - Für das im vorangegangenen Abschnitt behandelte Beispiel (HE200A) werden die Formeln ausgewertet:

$$M = 4300\,\text{kNcm},\; H = 29\,\text{kN}\;;\; b = 20\,\text{cm},\; EI = 21000 \cdot 3690 = 7{,}75 \cdot 10^7\,\text{kNcm}^2;\; f = 56{,}92\,\text{cm}$$

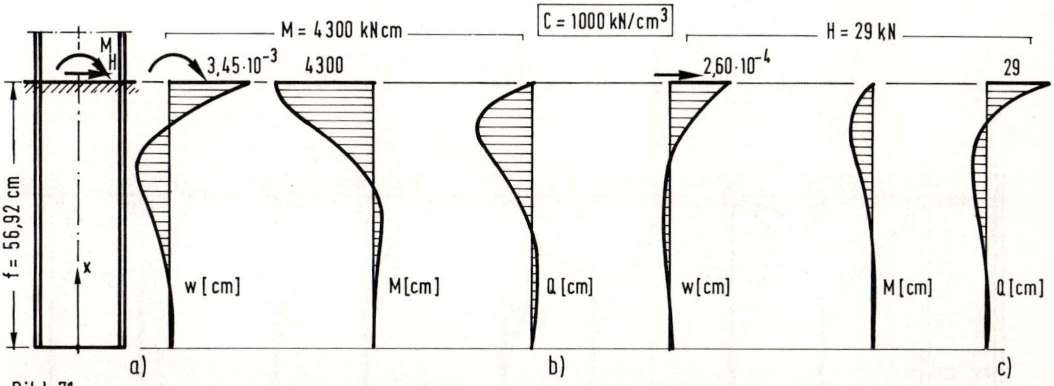

Bild 71

In Bild 71 ist das Ergebnis für die Bettungsziffer C=1000kN/cm³ dargestellt, getrennt für M=4300kNcm (Teilbild b) und für H=29kN (Teilbild c). Aus der Durchbiegung w folgt die Pressungsverteilung. Offensichtlich tritt am Rand eine vergleichsweise hohe Pressung auf, hier: 1000(0,00345+0,00026)=3,71kN/cm². Dieser Wert ist deutlich größer als zul σ_b. - Biegemoment und Querkraft klingen relativ rasch ab. Die maximale Querkraft tritt in einem gewissen Abstand unterhalb des Anschnittes auf und beträgt (aus der kombinierten Belastung von M und H) ein Vielfaches der Anschnittquerkraft H.

Sie erreicht umso höhere Werte, je größer die Bettungsziffer ist, weil sich das Moment dann über einen kürzeren inneren Hebelarm absetzt.
Die Größe der Bettungsziffer läßt sich nur grob abschätzen, zumal das Profil nach Verguß allseits gestützt ist. Um die Auswirkung unterschiedlicher Ansätze zu prüfen, wird die Randpressung und maximale Querkraft für fünf verschiedene Bettungsziffern berechnet:

	Randpressung			max. Querkraft		
C	a)	b)	c)	a)	b)	c)
200	1,72	1,72	1,73	165	165	167
400	2,39	2,39	2,39	197	197	197
600	2,91	2,91	2,91	219	219	220
800	3,34	3,34	3,34	234	235	238
1000	3,71	3,72	3,72	249	249	250
kN/cm³	kN/cm²			kN		

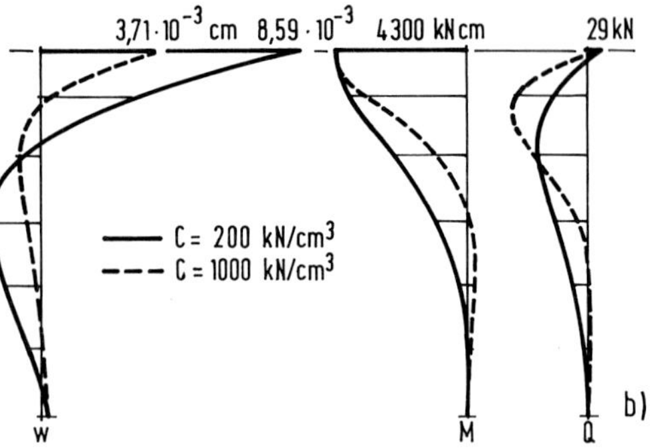

Bild 72

C=200, 400, 600, 800 und 1000kN/cm³. Bild 72 weist das Ergebnis aus, wobei für die Länge f die drei im vorangegangenen Abschnitt ermittelten Werte angesetzt sind:

$$\text{a) } f = 56{,}92\,\text{cm}$$
$$\text{b) } f = 51{,}34\,\text{cm}$$
$$\text{c) } f = 46{,}84\,\text{cm}$$

Aus der Gegenüberstellung geht hervor, daß die Randdruckpressung (und die maximale Querkraft) praktisch unabhängig von der Einbindetiefe f sind. Die zul. Betonpressung (0,500kN/cm²) wird in allen Fällen überschritten. Das gilt auch für die zulässige Schubspannung im Steg. Beispielsweise erhält man für Q=240kN als mittlere Schubspannung:

$$\tau = \frac{240}{0{,}65\,(19{,}0-1{,}0)} = \underline{20{,}5\,\text{kN/cm}^2}$$

Hierbei ist natürlich zu bedenken, daß durch die Ausfüllung der Profilkammern mit Beton eine Art Stahlverbundquerschnitt zustandekommt und sich der Beton innerhalb des Profils an der Abtragung der Querkraft beteiligt.
Die Fragwürdigkeit der in Abschnitt 12.4.4.2 behandelten Ansätze und aller in der Literatur vorgeschlagenen Nachweismethoden wird aus vorstehenden Ergebnissen deutlich. Das gilt auch für die typisierten Lösungen in [3]. Um das zu verdeutlichen, werden die in den Tragfähigkeitstafeln [3] für das Profil HE360B angegebenen Fälle f=180cm, 150cm, 120cm und 90cm nachgerechnet. Dabei werden für M und H die hierfür zugelassenen Werte angesetzt. Sie sind in Bild 73 in der Kopfleiste eingetragen. Das Bild zeigt den Verlauf von M und Q für die Bettungszahlen C=200 und 1000kN/cm³. Es wird deutlich, daß der Ab-

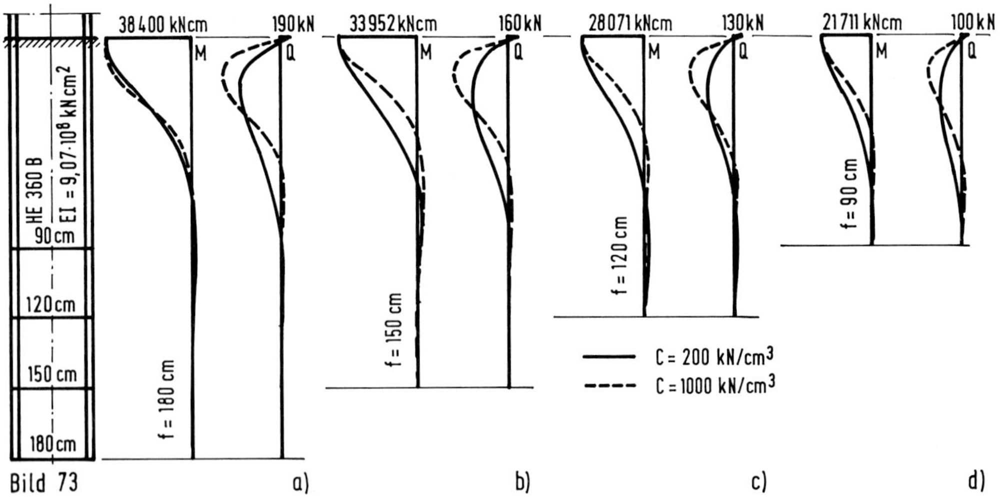

Bild 73

klingbereich relativ unabhängig von der Einbindetiefe ist. Eine Einbindetiefe über etwa 3·h hinaus (h: Profilhöhe) ist unwirksam, was auch mechanisch plausibel ist. - Aus Bild 73 ist erkennbar, daß das Biegemoment auf 50 bis 60% abgeklungen ist, wo die Querkraft ihren höchsten Wert erreicht. max Q tritt etwa im Abstand 0,5 bis 0,75·h unterhalb des Anschnittes auf. - Bei den in [3] angegebenen Ausführungen mit den großen Einbindelängen werden die zulässigen Spannungen (für Beton und Stahl) z.T. erheblich überschritten.

12.4.4.5 Tragversuche und Folgerungen

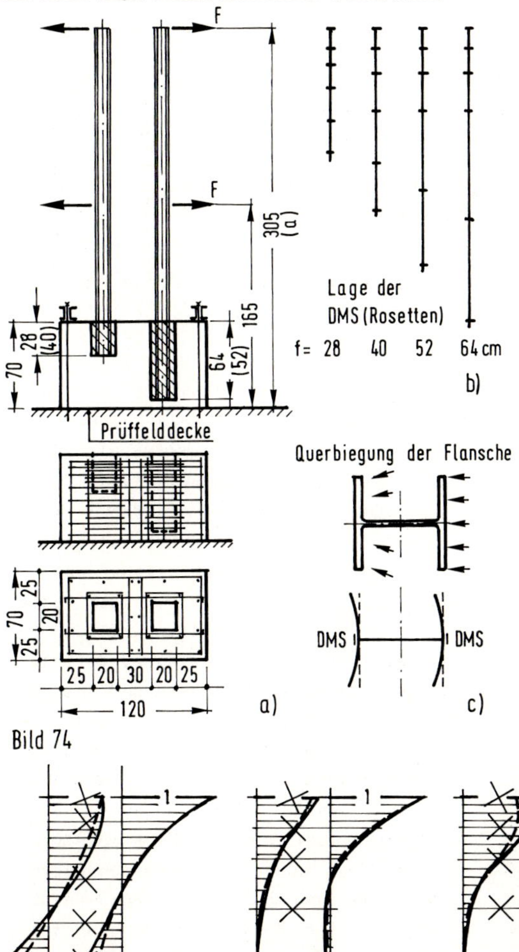

Bild 74

Um die Beanspruchungsverhältnisse in Köcherfundamenten zu klären, wurden Versuche mit einbetonierten I-Profilen in Stahlbetonfundamenten durchgeführt [10]: HE120B, St37: R_p=295N/mm², R_m=430N/mm², A=33%, Z=62%; Betonkörper in B35, $\beta_{W,28}$=41N/mm², Füllbeton in B25, $\beta_{W,28}$=33N/mm². Bild 74a zeigt einen der beiden Betonkörper. Es wurden vier Einbindetiefen geprüft:

f = 28 cm = 2,33 · h
f = 40 cm = 3,33 · h
f = 52 cm = 4,33 · h
f = 64 cm = 5,33 · h

h ist die Höhe des Profils, hier h=12cm. Jeder Stahlträger wurde innerhalb des Köcherbereiches mit Dehnmeßstreifen (DMS) beklebt (je 64 Meßstellen); Bild 74b zeigt deren Lage. Zum Schutz der auf den Flanschaußenflächen liegenden DMS wurden kleine U-Schienen zwecks Abdeckung angeordnet. Die beiden oberen Bewehrungslagen wurden beidseitig der Köcheröffnungen ebenfalls mit DMS beklebt (je 16 Meßstellen). Nach Verdrahtung wurde betoniert, die Stahlprofile wurden eine Woche nach Abbinden der Betonkörper einbetoniert. - Versuchsbefund:

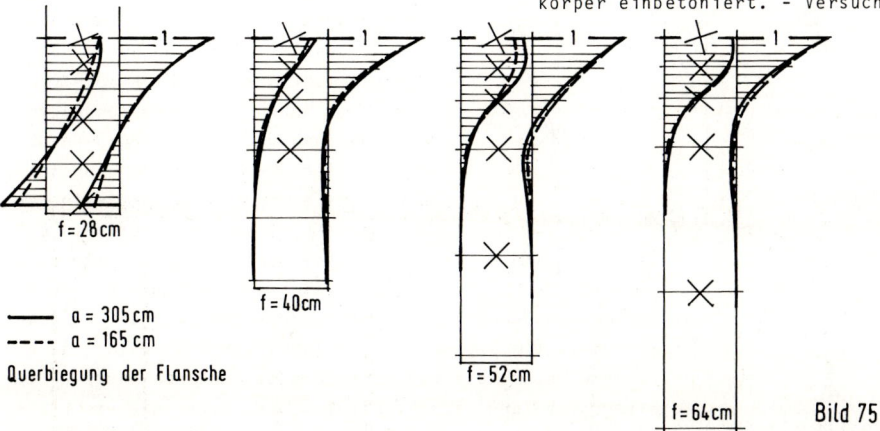

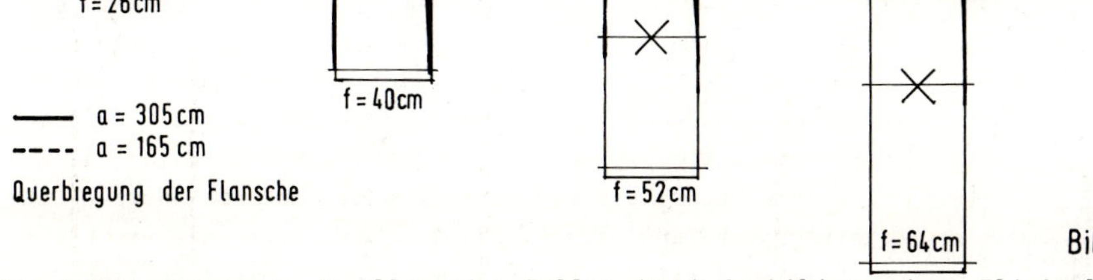

Bild 75

Die Träger versagten in allen vier Fällen durch Ausbildung eines Fließgelenkes in Höhe der Einspannung. Der Beton blieb unzerstört. Der Steg der Profile wurde im plastischen Versagenszustand in Höhe des Anschnittes ca. 2mm gestaucht, dadurch bildete sich ein Riß auf der Biegezugseite zwischen Profil und Beton (das Profil war nicht verrippt). Der Zugflansch wurde unter weiter ansteigender Belastung aufgrund seiner plastischen Streckung aus dem Beton herausgezogen. Ein Bruch (z.B. in Form eines druckseitigen Heraussprengens des Betons) war selbst bei starker Abknickung des Profils nicht zu erreichen. Um es zu

wiederholen: Bis zum Erreichen der plastischen Grenztragfähigkeit des Profils zeigte der Füllbeton keinerlei Risse oder Abplatzungen.
Da die Flansche in der Stegebene mit Rosetten beklebt waren, konnte die Querbiegung der Flansche gemessen werden. Hieraus kann näherungsweise auf die Pressungsverteilung über die Einbindetiefe geschlossen werden (vgl. Bild 74c). In Bild 75 ist das Ergebnis dargestellt. Die Querbiegungsbeanspruchung ist auf den maximalen Wert in Höhe des Anschnittes (biegedruckseitig) bezogen (auf eins normiert). Es ist erkennbar, daß sich der rückwärtige Flansch an der Abtragung beteiligt, wobei die Pressungsverteilung hier etwas völliger ist, was auf der frontseitigen Kraftausstrahlung beruhen dürfte. Aus demselben Grund reicht die Pressungsverteilung etwas tiefer als beim biegedruckseitigen Flansch. Bei dem Profil mit 28cm Einbindetiefe entspricht die Pressungsverteilung in Annäherung der eines starren Balkens (vgl. Bild 68a), bei den größeren Einbindetiefen dominiert das Berechnungsmodell eines elastisch gebetteten Balkens.

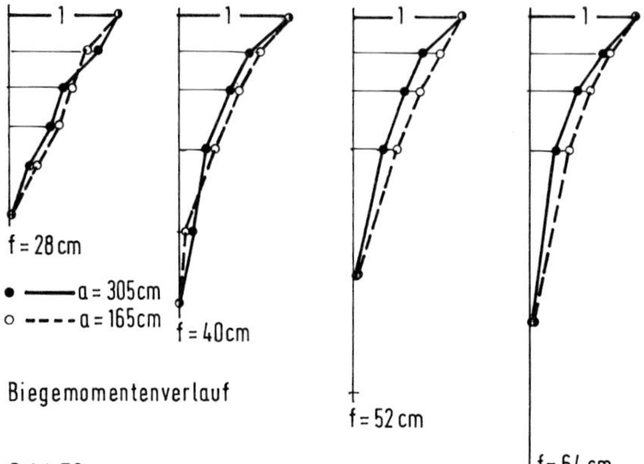

Bild 76

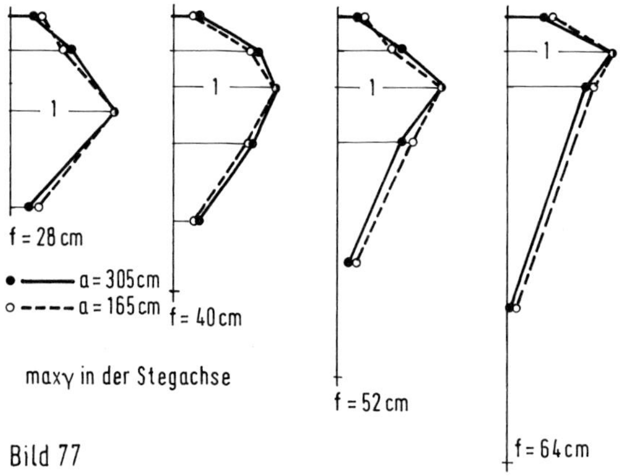

Bild 77

Das wird auch deutlich, wenn aus den Längsdehnungen der Flansche auf den Verlauf des Biegemomentes geschlossen wird. Bild 76 zeigt das Ergebnis (wiederum in normierter Darstellung). Bis zu einer Tiefe von 3·h sind die Spannungen praktisch auf Null abgeklungen; unterhalb dieses Niveaus sind demnach auch keine Tragwirkungen aus Haftung vorhanden. - Bild 77 zeigt die Verteilung der max. Schubverzerrungen in der Stegachse (hier sind die Meßwerte auf den jeweils höchsten Wert normiert und geradlinig miteinander verbunden). Hieraus kann ab einem gewissen Abstand unterhalb des Anschnittes auf den Querkraftverlauf geschlossen werden. In Höhe und etwas unterhalb des Anschnittes treten erhebliche Druckspannungen senkrecht zur Trägerachse im Steg auf. Das erkennt man an der Lage der Hauptspannungen (Bild 75). Ab einem Abstand von ca. 0,5·h bis 1,0·h unterhalb der Oberkante haben die Hauptspannungen eine Neigung von ca. 45°, ein Zeichen, daß ab hier Querkraftbiegung dominiert. - Die Profile wurden auf der Basis der Theorie des elastisch gebetteten Balkens nachgerechnet. Für die Träger mit größerer Einbindetiefe (f>3h) konnte das Berechnungsmodell des elastisch gebetteten Balkens prinzipiell bestätigt werden, es gelang allerdings nicht, eine für alle Berechnungsergebnisse gültige Bettungskonstante abzuleiten. Sie kann es auch nicht geben, denn, wie in [11] zu recht ausgeführt, ist der Bettungsmodul C nicht konstant sondern variabel, wobei C zum freien Rand hin nach einer nicht bekannten Funktion wegen der zunehmend geringeren Stützwirkung abnimmt. Jede diesbezügliche Annahme ist spekulativ und damit auch jede hierauf basierende Rechnung.

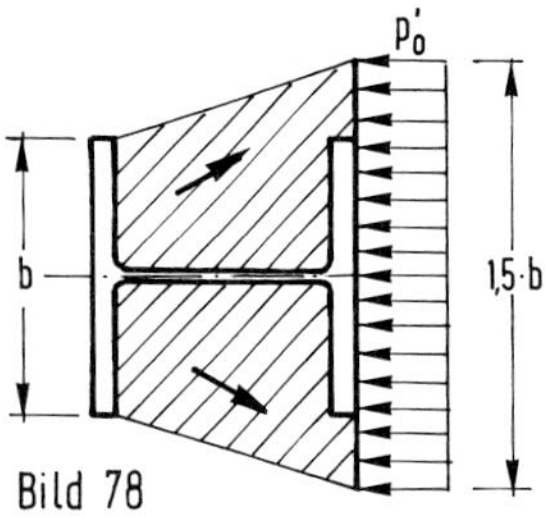

Bild 78

Aufgrund der durchgeführten Untersuchungen empfiehlt der Verfasser folgendes Vorgehen:

Da eine Einbindetiefe, die über 2,5 bis 3·h hinausgeht, wirkungslos ist, sollte sie auch nicht größer ausgeführt werden. Als Einbindetiefe wird 3·h empfohlen. Hierfür werden Betonpressung und Beanspruchung im Träger nachgewiesen und zwar nach dem in Bild 68a angegebenen Modell. Mittels G.51 wird x bestimmt, damit ist die Pressungsverteilung bekannt. Biegemoment und Querkraft lassen sich berechnen. Hinsichtlich des Nachweises der Betonpressung erscheint die in Bild 78 skizzierte Annahme gerechtfertigt. Sie geht davon aus, daß sich der rückwärtige Flansch durch die starre Einkammerung an der Aufnahme der Kontaktkraft beteiligt (im Vergleich zum vorderen Flansch mit 50%, bezogen auf die Resultierende mit 33%). Die Betonpressung wird (am oberen Rand) zu $p_0/1{,}5$ bestimmt. Auf ausreichende und richtige Bewehrungsführung beidseitig des Köcherschachtes ist zu achten, die Bewehrung sollte dicht unter der Oberkante konzentriert sein.

Beispiel: Es wird der Versuch mit f=28cm und der Lastangriffshöhe 165-70=95cm über Oberkante Fundamentkörper nachgerechnet. Das Fließgelenk tritt etwas unterhalb der Einspannung auf; Annahme: h/2=12/2=6cm. Wirksamer Hebelarm: 95+6=101cm.

$$\text{HE 120B}:\ W = 144\,\text{cm}^3,\ W_{Pl} = 165\,\text{cm}^3,\ A_{Steg} = 7{,}09\,\text{cm}^2$$

$$\sigma_F = R_p = 29{,}5\,\text{kN/cm}^2 : M_{Pl} = 4868\,\text{kNcm};\ Q_{Pl} = 121\,\text{kN}$$

$$\text{M/Q-Interaktion: (nach DASt-Ri 008)}\quad \frac{M_{Pl,M/Q}}{M_{Pl}} + 0{,}3\cdot\frac{Q_{Pl,M/Q}}{Q_{Pl}} = 1{,}1$$

$$M_{Pl,M/Q} = H_{Pl}\cdot 101,\quad Q_{Pl,M/Q} = H_{Pl} \longrightarrow \frac{H_{Pl}\cdot 101}{4868} + 0{,}3\frac{H_{Pl}}{121} = 1{,}1 \longrightarrow H_{Pl} = \underline{\underline{47{,}35\,\text{kN}}}$$

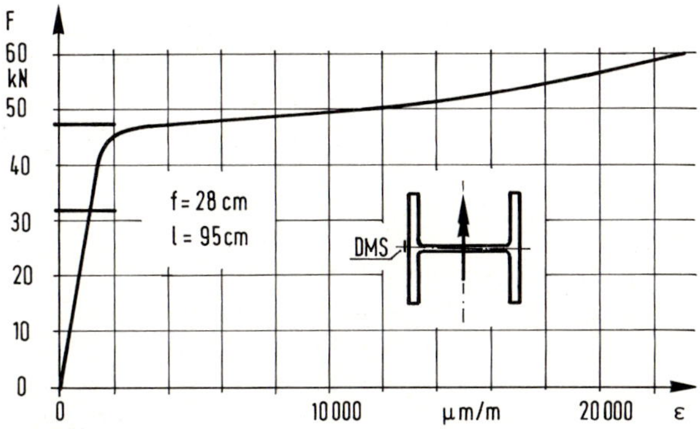

Bild 79

In Bild 79 ist eine der zahlreich gemessenen Kraft-Dehnungsverläufe dargestellt. Der zuvor ermittelte Rechenwert für die plastische Grenzkraft stimmt mit dem Meßergebnis überein. (Für die anderen Einspanntiefen ergaben sich identische Ergebnisse für H_{Pl}.)
Es wird ein Sicherheitsfaktor 1,5 angenommen. Damit ergibt sich eine zulässige Horizontalkraft von:

$$\underline{\text{zul}\,H = 31{,}57\,\text{kN}}$$

Hierfür wird die Köchereinspannung berechnet:

$$H = \underline{31{,}57\,\text{kN}},\quad M = 31{,}57\cdot 95 = \underline{2999\,\text{kNcm}};\quad \text{G.51}: x = \underline{14{,}60\,\text{cm}}$$

$$D_0 = \left[M + \frac{H}{3}(2f + x)\right]\frac{3}{2\cdot f} = \underline{200{,}5\,\text{kN}};\quad p_0 = \frac{2D_0}{x\cdot b} = 2{,}29\,\text{kN/cm}^2;\quad p_0' = \frac{p_0}{1{,}5} = \underline{1{,}53\,\text{kN/cm}^2}$$

Die zulässige Betonpressung wird am Rand überschritten; H=31,57kN kann als zulässige Horizontalkraft nicht aufgenommen werden: f=28cm=2,33·h ist als Einspanntiefe für praktische Ausführungen auch etwas zu gering. Wird von obiger Empfehlung (f=3·h) ausgegangen, folgt:

$$f = 3\cdot h = 3\cdot 12 = \underline{36\,\text{cm}};\ x = \underline{18{,}95\,\text{cm}};\ D_0 = \underline{164{,}8\,\text{kN}};\ p_0 = \underline{1{,}45\,\text{kN/cm}^2};\ p_0' = \underline{0{,}97\,\text{kN/cm}^2}$$

In Bild 80a ist die Pressungsverteilung eingetragen. Im Abstand y unterhalb der Einspannebene gilt:

$$p(y) = \frac{x-y}{x}p_0$$
$$Q(y) = H_0 - [p_0 + p(y)]\cdot b\frac{y}{2} \qquad (64)$$
$$M(y) = M_0 + H_0 y - [p_0 + 0{,}5\cdot p(y)]\cdot b\frac{y^2}{3}$$

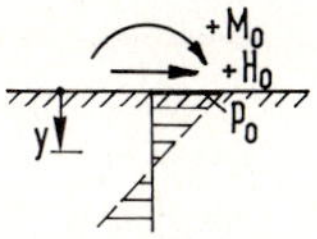

In Bild 80b ist der Querkraftverlauf und in Teilbild c der Biegemomentenverlauf eingetragen. Wo p(y) Null ist, erreicht die Querkraft ihren höchsten Wert. Beim Spannungsnachweis des Stahlprofiles kann beim Schubnachweis die in Bild 78 zum Ausdruck kommende Tragweise berücksichtigt werden. Nach M.d.V. ist es zulässig, Q auf 66% abzumindern und hier-

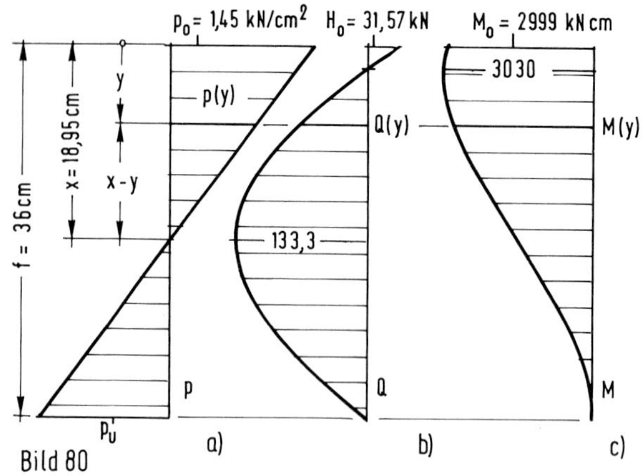

Bild 80

für den Schubnachweis im Steg zu führen:

$0{,}66 \cdot 133{,}3 = 89$ kN : $\tau_m = 89/7{,}09 = \underline{12{,}55 \text{ kN/cm}^2}$

Innerhalb der Länge x ist der Vergleichspannungsnachweis zu führen. - Vorstehende Empfehlungen dürften etwas auf der sicheren Seite liegen, da real ein Verbundprofil vorhanden ist. Über f=3·h hinaus, ist das Balkenmodell nicht vertretbar!

13 Vollwandträger

Als Träger kommen im Regelfall Walzprofile (ggf. mit Gurtplattenverstärkung) zum Einsatz. Zur Abtragung hoher Lasten werden geschweißte Vollwandträger eingesetzt, auch dann, wenn bestimmte funktionale Aufgaben erfüllt werden sollen. - Bei Trägern überwiegt die Beanspruchung auf Querkraftbiegung.

13.1 Walzträger

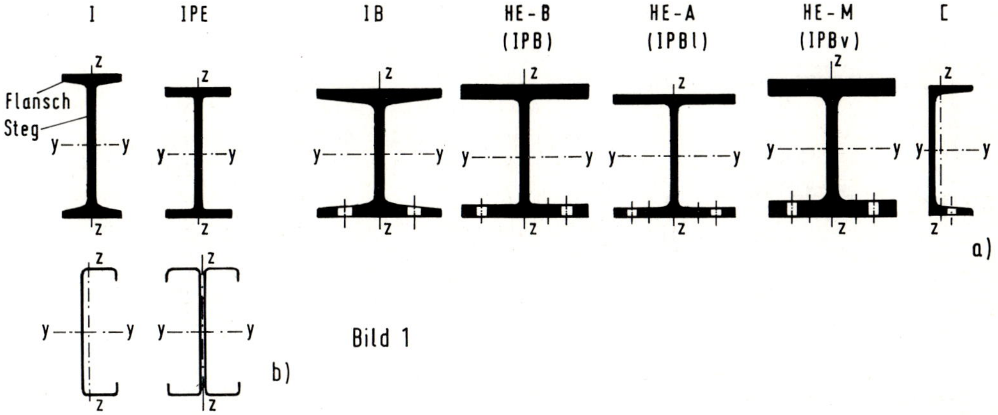

Bild 1

Im Stahlhochbau wird der Einsatz von Walzprofilen gegenüber geschweißten Trägern bevorzugt, weil damit geringere Werkstattkosten verbunden sind. Wegen der sprunghaften Stufung der Widerstandsmomente von Profil zu Profil ist eine optimale Bemessung dadurch nicht immer möglich. Die Stege sind vergleichsweise dick, weshalb das Gewicht bei gleicher Tragfähigkeit i.a. höher als bei geschweißten Trägern ist. Bild 1 zeigt unterschiedliche Walzprofile. Neben den warmgewalzten werden kaltgewalzte (oder kalt abgekantete) Profile für die verschiedensten Sonderzwecke gefertigt (Stahlleichtbau).

Das früher in großem Umfang verwendete I-Normalprofil wird nicht mehr gewalzt; es wurde - beginnend in den 50er Jahren - zunehmend durch das IPE-Profil (EUROPA-Profil) verdrängt.

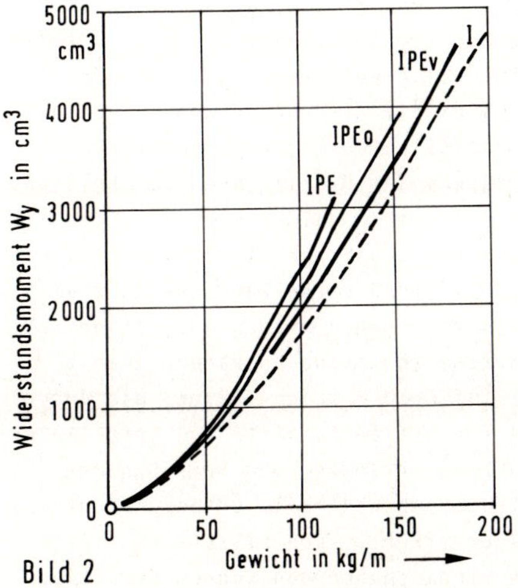

Bild 2

Das IPE-Profil hat gegenüber dem I-Profil folgende Vorteile:

a) Parallele Flansche: Schräge Unterlegscheiben entfallen; Verbände und Stoßlaschen lassen sich einfacher anbringen.

b) Die Tragfähigkeitsquotienten W_y/A und W_z/A sind größer (vgl. Bild 2). Damit sind Gewichtseinsparungen verbunden; auch sind die Profile bei gleicher Tragfähigkeit steifer.

c) Die Flansche sind bei gleicher Trägerhöhe breiter: Die Tragfähigkeit um die z-Achse ist höher, damit auch die Kipp- und Seitensteifigkeit.

Die Stege der IPE-Profile sind relativ dünn. Wegen der schnellen Abkühlung der dünnen Stege beim Walzen, konnten die IPE-Profile erst gewalzt werden, als sich im Zuge der Weiterentwicklung der Walztechnik die Walzgeschwindigkeit merklich steigern ließ. - In Ergänzung zur genormten IPE-Reihe werden die nicht-genormte IPEo- und IPEv-Reihe gewalzt. IPEo (o$\hat{=}$optimal): Die W_y-Werte decken Zwischenwerte der IPE-Reihe ab. IPEv (v$\hat{=}$verstärkt): Die Profile weisen, wie die IPEo-Profile, dickere Stege auf.

Neben den IPE-Profilen finden breitflanschige Profile breiteste Anwendung. Die IB-Reihe mit schrägen Flanschen wird nicht mehr gewalzt. - Für Biegeglieder werden die HE-A-(IPBl-)- und HE-B-(IPB-) Reihe bevorzugt. Die HE-M-(IPBv)-Reihe kommt vorrangig für schwere Stützen zum Einsatz (l$\hat{=}$leicht, v$\hat{=}$verstärkt). Bei der HE-B-Reihe sind Breite und Höhe bis zum HE300B-Profil gleichgroß, oberhalb bleibt die Breite b=300mm konstant. Bei der HE-A- und HE-M-Reihe entspricht die Benennung nicht den Abmessungen: Beispiele:

HE 300 A (IPBl 300) $h = 310\,mm$, $b = 300\,mm$; $A = 113\,cm^2$
HE 300 B (IPB 300) $h = 300\,mm$, $b = 300\,mm$; $A = 149\,cm^2$
HE 300 M (IPBv 300) $h = 340\,mm$, $b = 310\,mm$; $A = 303\,cm^2$

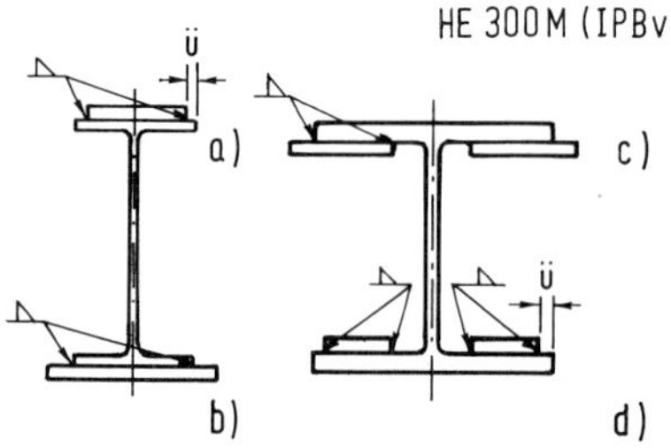

Bild 3

Durch aufgeschweißte Gurtplatten (Lamellen) läßt sich die Tragfähigkeit der Walzprofile erhöhen. Bild 3 zeigt Ausführungsvarianten. Die Varianten c und d sind schweißtechnisch ungünstig; sie kommen allenfalls bei (nachträglichen) Verstärkungen infrage, wenn die Profilträgerhöhe beibehalten werden muß. Um die Flankenkehlnähte einwandfrei schweißen zu können, ist ein Mindestüberstand

$$ü = 2{,}4a + 5 \quad \text{oder} \quad ü = 3a \quad (\text{in mm}) \qquad (1)$$

vorzusehen (Bild 3a); a ist die Kehlnahtdicke.

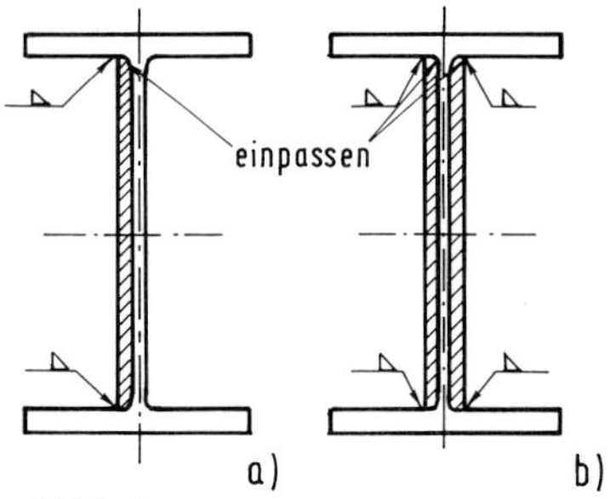

Bild 4

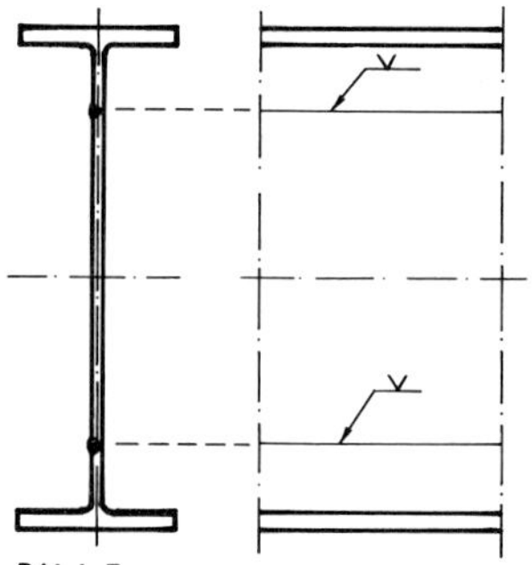

Bild 5

Wird bei kurzen Trägern mit hoher Querkraftbeanspruchung die Schubtragfähigkeit im Steg überschritten, ist eine Stegverstärkung durch eingepaßte Bleche erforderlich (Bild 4). Die Steglaschen sind in die Rundungen einzupassen; wegen der Aufschmelzgefahr von Seigerungszonen ist mindestens beruhigter Stahl zu verwenden. - Durch Trennen von I-Profilen und anschließendes Verschweißen lassen sich weitere Trägerformen gewinnen. Halbierte (coupierte) I-Profile können von den Stahlwerken auf Bestellung bezogen werden; anderenfalls werden die Stege der Profile brenngeschnitten, seltener gesägt. Bei dem in Bild 5 dargestellten Träger liegt zwischen den coupierten I-Profilen ein eingeschweißtes Blech; dessen Dicke kann geringer als die I-Profilstegdicke gewählt werden. Derartige Trägerformen werden z.B. für Kranbahnträger gewählt (vgl. Abschnitt 21). Bild 6 zeigt Träger, die durch schräge oder sägezahnartige Schnitte und anschließendes Verschwenken bzw. Versetzen und Verschweißen entstehen. Den Trägertyp nach Bild 6c bezeichnet man als Wabenträger (früher auch LITZKA-Träger). Wegen der großen Stegausnehmungen können derartige Träger (und ähnliche) nicht nach der elasto-statischen

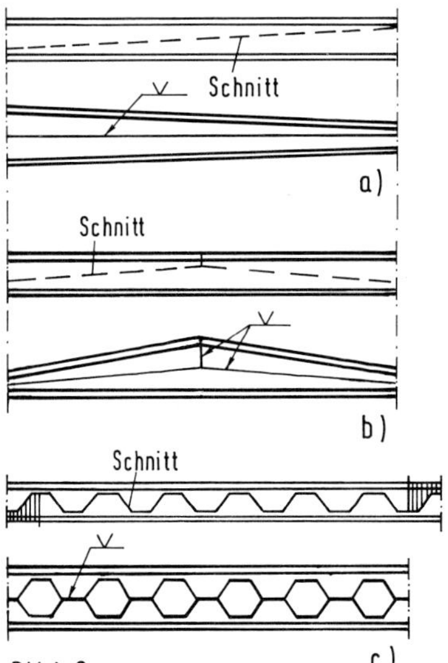

Bild 6

Biegetheorie bemessen werden; ihr Tragverhalten ähnelt dem eines VIERENDEEL-Trägerrahmens, vgl. Abschnitt 13.6.4. Für vorgenannte Träger ist beruhigter Stahl zu verwenden. Der Herstellungsaufwand ist beträchtlich, u.a. wegen der meist erforderlichen Richtarbeiten.

13.2 Geschweißte Vollwandträger (Querschnittsformen - Steifen)

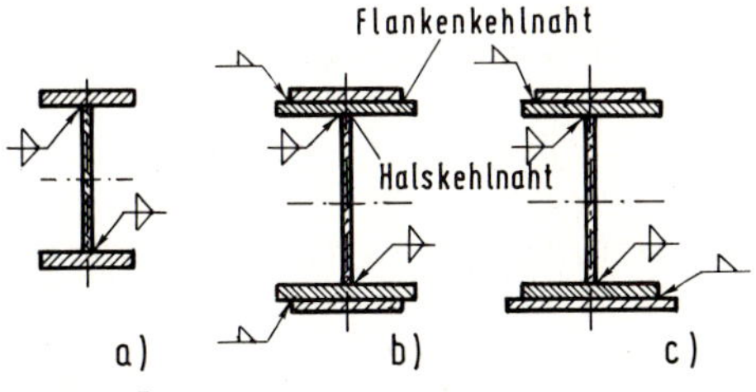

Bild 7

Wenn Walzträger für bestimmte Aufgaben nicht ausreichen oder zu unwirtschaftlich sind, werden geschweißte (früher genietete) Träger hergestellt. Sie lassen sich an den Verwendungszweck und an die Beanspruchung optimal anpassen, wobei die Optimierung nicht nur am Gewicht sondern auch an den Herstellungskosten, insb. am Schneid- und Schweißaufwand, zu orientieren ist. Im Brückenbau kommen ausschließlich geschweißte Träger zum Einsatz; Ausnahme: Einbetonierte Walzträger bei kurzen Eisenbahnbrücken; vgl. Abschnitt 25.2.1. Als Gurtbleche werden im Regelfall Breitflachstähle und für die Stege zugeschnittene Bleche verwendet. Die Träger werden ggf. mit (spannungsfreier) Überhöhung gefertigt. Ausführungen gemäß Bild 8 sind grundsätzlich falsch und zu verwerfen ("geschweißte Nietkonstruktionen"). - Es lassen sich praktisch alle Formen schweißgerecht realisieren: Offene und geschlossene Querschnitte, mehrlagige "Gurtpakete", Gurte und Stege mit über die Trägerlänge veränderlicher Dicke, veränderliche Trägerhöhe, gekrümmte Träger.

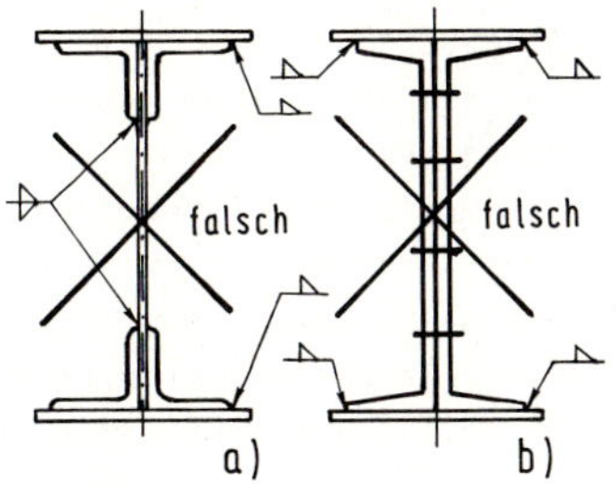

Bild 8

Die Gurtplatten werden mittels Doppelkehlnaht, K-Naht oder K-Stegnaht an das Stegblech angeschlossen; bezüglich ihrer Lage nennt man sie Halsnähte. Mehrlagige Gurtplatten werden in der Regel mittels Kehlnähten miteinander verbunden, man nennt diese Nähte Flankennähte, vgl. Bild 7. Die in Bild 7c gezeigte unsymmetrische Anordnung der Gurtplatten wird man nur ausnahmsweise wählen (wenn z.B. ein Verschwenken der Träger beim Schweißen nicht möglich ist). - Träger kurzer Spannweite werden i.a. mit konstantem Querschnitt ausgeführt, bei Trägern größerer und großer Spannweite ist es wirtschaftlicher, die Tragfähigkeit an die Beanspruchung anzupassen (im Brückenbau geschieht das praktisch immer). Das kann erreicht werden

- bei konstanter Trägerhöhe durch Zulage von Gurtplatten oder/und durch wechselnde Gurtplattendicken oder
- durch eine veränderliche Trägerhöhe, zudem können Anzahl und Dicke der Gurtplatten variieren.

Diese Konzeption entspricht einer elasto-statischen Bemessung mit Momenten- und Querkraftdeckung; vgl. Abschnitt 13.3.1.

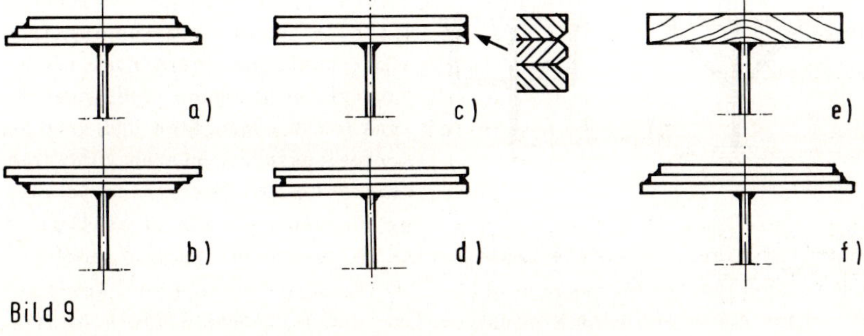

Bild 9

Die in Bild 9 skizzierten Gurtausbildungen sind wie folgt zu beurteilen:
Teilbild a: Schweißtechnisch günstiger; die Flankenkehlnähte können um die Gurtplattenenden in einem Zuge als Stirnkehlnähte herumgeführt werden.
Teilbild b: Statisch günstiger; der Übergang von der Flanken- zur Stirnkehlnaht ist schwierig, weil sich die Nahtlage ändert.
Teilbild c: Fertigungsaufwendig wegen der Fugenvorbereitung. (Ggf. kann auf eine Schweißfugenvorbereitung verzichtet werden, dann ist mit Tiefeinbrandelektroden zu schweißen; Eignungsversuche erforderlich!).
Teilbild d: Ungünstig: Schlechte Schweißbarkeit, erschwerter Anstrich, schmutz- und korrosionsanfällig.
Es dürfen nur Gurtplatten mit begrenzter Dicke verschweißt werden: In dicken Gurtplatten wird die Schweißwärme schneller abgeleitet, die Abkühlgeschwindigkeit ist höher, es kommt zu Aufhärtungen. Außerdem entsteht ein mehrachsiger Eigenspannungszustand. Die Sprödbruchgefahr ist umso größer, je dicker die Bleche sind und je höher die Festigkeit ist (vgl. Abschnitt 8.4). Aus diesen Gründen ist die Dicke begrenzt: St37: maxt=50mm, St52: maxt=30mm(50mm). Bei dickeren Blechen ist vorzuwärmen. Vom Standpunkt der Sprödbruchsicherheit sind mehrlagige Gurtpakete günstiger (Bild 9e/f); aus Kostengründen werden dicke Platten angestrebt. Zwischen diesen beiden divergierenden Forderungen ist ein Kompromiß zu finden. Die einschlägigen Vorschriften sind zu beachten; vgl. DIN 18800 T1, 11.90 (516).
Wie in Abschnitt 3.8 behandelt, sind "Kraftfluß" und Kerbeinfluß bei der K-Naht günstiger als bei der Kehlnaht. Andererseits ist die lokale Wärmeeinbringung bei der K-Naht größer. Bei der K-Naht ist das Wärmefeld günstiger, weil ein gewisser Wärmestau beim Schweißen eintritt. Bei Abwägung der verschiedenen Einflüsse sind Kehl- und K-Nähte hinsichtlich der Sprödsicherheit gleichwertig zu beurteilen. - Die Verwendung halbierter I-Profile hat den Vorteil, daß die Halsnaht im Bereich des im Vergleich zum Flansch dünneren Steges liegt und dadurch der Wärmestau an dieser Stelle sich sehr günstig auswirkt (Bild 10a).

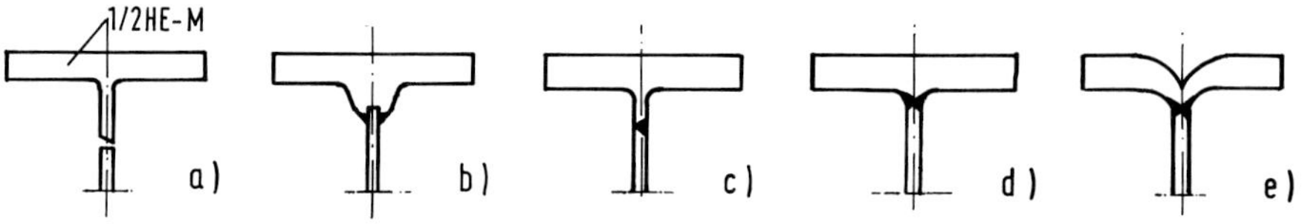

Bild 10

Um einerseits dickere Gurtplatten einsetzen zu können und andererseits einen Wärmestau und damit geringere Abkühlgeschwindigkeiten zu erreichen, wurden ehemals Sonderprofile entwickelt (Bild 10): b) Nasenprofil (DHH): Einfacher Zusammenbau, schweißtechnisch gut; c) St-Profil (KRUPP): Schwierigerer Zusammenbau, schweißtechnisch günstig; d) Wulstflachprofil (DÖRNEN): Schwierigerer Zusammenbau, Sprödbruchsicherheit praktisch nicht verbessert; e) BUCK-Profil: Konstruktiv ungünstig, schweißtechnisch günstig. Sämtliche Profile werden inzwischen nicht mehr gewalzt!

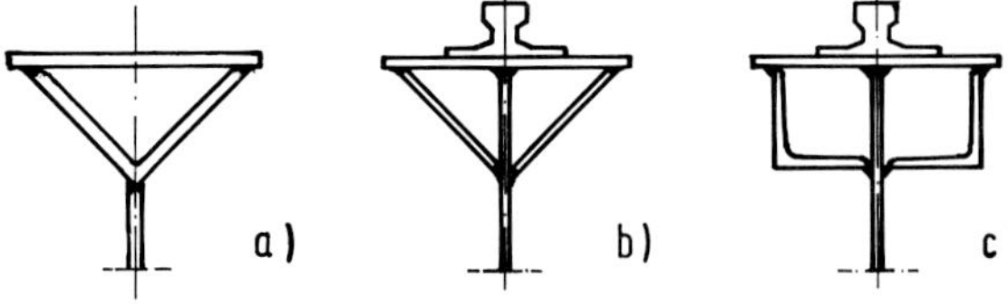

Bild 11

Bild 11 zeigt geschweißte Sonderformen. Die Ausführungsformen b und c sind wegen der höheren Torsionssteifigkeit des Obergurtes für Kranbahnträger geeignet. Die Innenräume sind nicht zugänglich und daher aus Korrosionsschutzgründen luftdicht abzuschließen. Nachteile: Schwierige Stoßdeckung; nur einseitige Nähte möglich, Ausnahme: Halsnähte, für diese besteht aber keine spätere Kontrollmöglichkeit; insgesamt hoher Schweißaufwand.
Einwandige Vollwandträger haben nur eine geringe Seiten- und Torsionssteifigkeit;

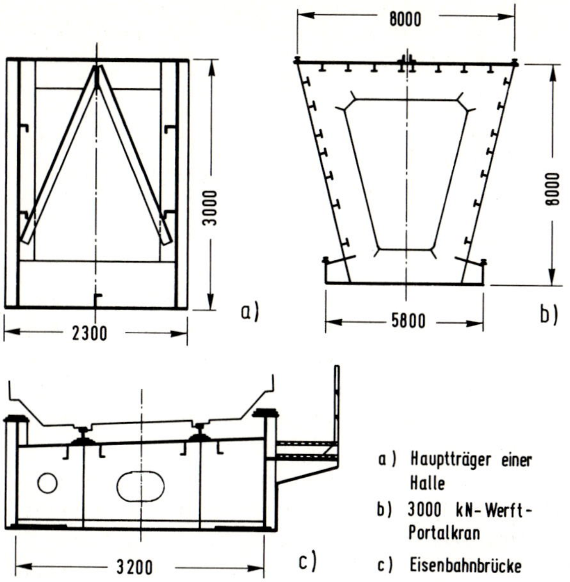

a) Hauptträger einer Halle
b) 3000 kN-Werft-Portalkran
c) Eisenbahnbrücke

Bild 12

geschlossene Querschnitte in Form von Kastenquerschnitten erreichen hohe Torsionssteifigkeiten. Bild 12 zeigt Beispiele. Dem Korrosionsschutz der Innenräume solcher Kastenträger ist besonderes Augenmerk zu schenken. Nicht begehbare Hohlräume sind luftdicht auszubilden; nach Aufzehren des Sauerstoffs ist dann jede weitere Korrosion unterbunden.

Bei mehrwandigen offenen oder geschlossenen Querschnitten werden Querschotte zur Aussteifung eingezogen. Nur so kommt eine gesamtheitliche Tragwirkung des Querschnittes zustande, anderenfalls würde der Querschnitt durch Querverformungen seine Querschnittsform verlieren, Überbeanspruchungen, insbesondere in den Schweißnähten zwischen den Stegen und Gurten, wären die Folge. Das gilt in Sonderheit bei einseitiger Belastung der Träger. Die Querschotte können fachwerkartig in Form eines Querverbandes (Bild 12a), rahmenartig (Bild 12b) oder vollwandig (Bild 12c) ausgeführt werden. Damit der Träger im Inneren begehbar ist, erhalten die Querschotte Mannlöcher. Schließlich dienen die Querschotte auch zur Beulaussteifung sowie zur Krafteinleitung über Auflagern und bei Anschlüssen von Querträgern und Konsolen.

Bei einwandigen Trägern übernehmen Quersteifen diese Aufgabe, z.B. Auflagersteifen. Bei hohen Stützkräften werden diese Steifen zwischen Auflagergurt und Stegblech eingepaßt. - Bild 13 zeigt unterschiedliche Quersteifen zur Beulaussteifung. Die in Teilbild a dargestellte Steife ist die Regelform im Stahlhochbau: Die Steife wird am Ober- und Untergurt angeschweißt, insbesondere am Druckgurt (zur Sicherung der Gurtplatten gegen Beulung). Durch Eckausnehmungen wird erreicht, daß sich die querlaufenden Kehlnähte nicht mit den längslaufenden Halsnähten kreuzen. Bei runder Ausnehmung kann die Anschlußnaht am Steifenende innerhalb der Ausnehmung um diese herumgeführt werden. Das gelingt bei schräg geschnittenen Ausnehmungen nur bedingt; außerdem ist in diesem Falle mit größeren Kerbspannungen und Korrosionsansatz zu rechnen. Bei vorwiegend nicht ruhender Beanspruchung werden auf der Biegezugseite größere Eckausnehmungen vorgesehen, weil im Zugbereich quer zur Kraftrichtung angeschweißte Steifen hohe Kerbspannungen und damit ein merkliches Absinken der Ermüdungsfestigkeit bewirken: Kranbahnträger und Brückenträger: Bild 13b/d.

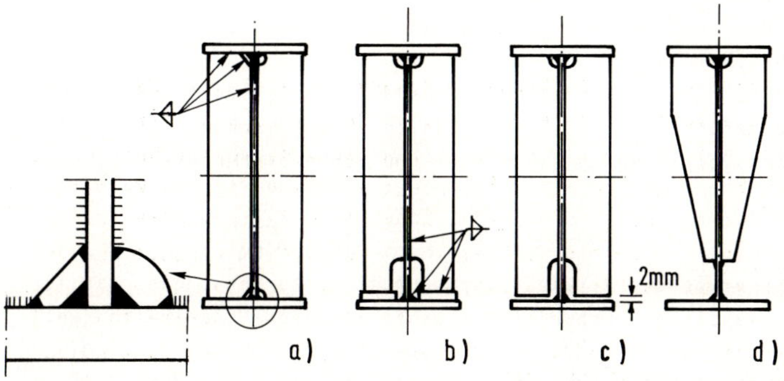

Bild 13

Bild 14 zeigt unterschiedliche Formen einseitiger Quer- und Längsbeulsteifen: Flachprofile, Flach-Wulstprofile, T-Profile, Trapezprofile; letztere sind wegen der hohen Torsions-

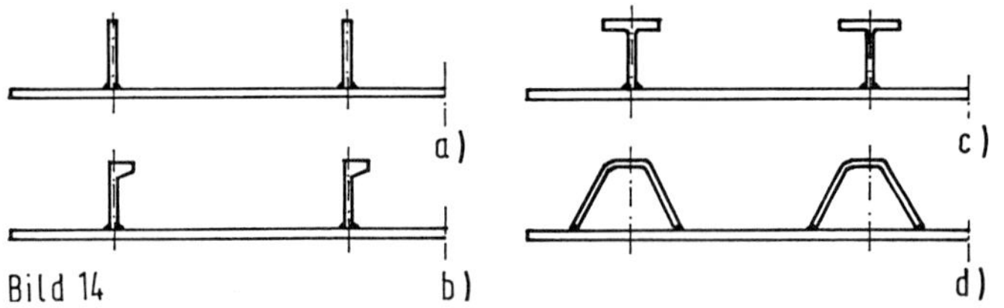

Bild 14

steifigkeit besonders wirksam.
Beidseitige Steifenanordnungen werden seltener ausgeführt; bei sehr dünnem Stegblech sind sie dann ggf. geringfügig versetzt anzuordnen.

13.3 Auslegung und Berechnung von Vollwandträgern

13.3.1 Nachweis der Tragsicherheit - Bemessung

Die elasto- und plasto-statischen Berechnungs- und Nachweisverfahren für Vollwandträger werden in verschiedenen Kapiteln dieses Buches behandelt; dem Nachweis einer ausreichenden Kipp- und Beulsicherheit kommt dabei besondere Bedeutung zu (Abschnitt 7.6. u. 7.8).

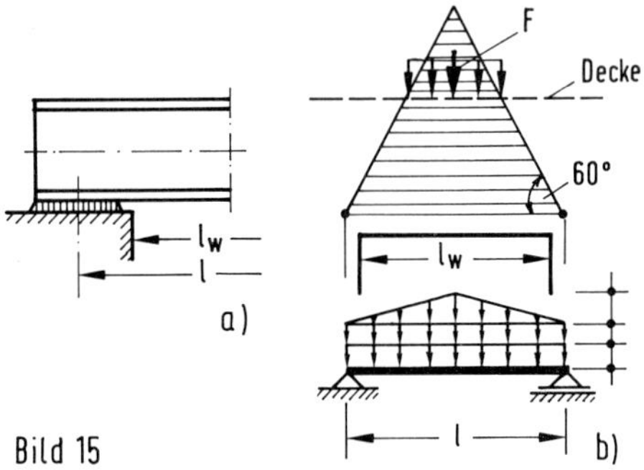

Bild 15

Die Spannweite der Träger liegt i.a. aufgrund der beidseitigen Lager bzw. Anschlüsse fest. Bei Lagerung unmittelbar auf Mauerwerk oder Beton darf als Stützweite die um 1/20, mindestens aber um 12cm vergrößerte lichte Weite l_w angenommen werden (vgl. Bild 15a):

$$l = 1{,}05 \cdot l_w \quad \text{bzw.} \quad l = l_w + 0{,}12\,[\mathrm{m}] \qquad (2)$$

Derartige Träger kommen als Sturz- oder Abfangeträger zum Einsatz. Sofern sich das abzufangende Mauerwerk beidseitig über die lichte Öffnung hinaus fortsetzt und somit eine Gewölbewirkung zustande kommt, braucht beim Nachweis des Sturzträgers nur ein dreieckiger Mauerwerksbereich der Breite l mit beidseitiger Begrenzung unter einem Winkel von 60° berücksichtigt zu werden. Sofern in diesen Bereich die Decke eines darüberliegenden Geschosses oder Daches fällt, wird die anteilige Last F auf die Spannweite l umgelegt. In diesem Falle ergibt sich das in Bild 15b dargestellte Lastbild aus der Eigenlast des Sturzträgers, aus der umgelegten Deckenlast (F/l) und aus der Mauerlast; vgl. auch DIN 1053.

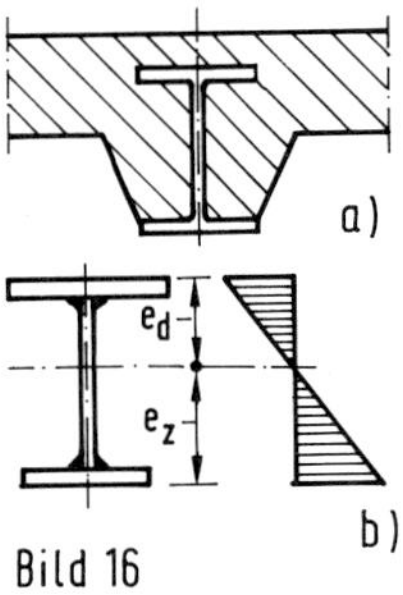

Bild 16

Wird der Tragsicherheitsnachweis auf elasto-statischer Grundlage geführt, sind z.B. bei einfachsymmetrischen Trägern mit einachsiger Biegung die Biege- und Schubspannungen

$$\sigma = \frac{M}{I} \cdot z, \quad \tau = \frac{QS}{It} = \frac{Q}{A_{Steg}} \qquad (3)$$

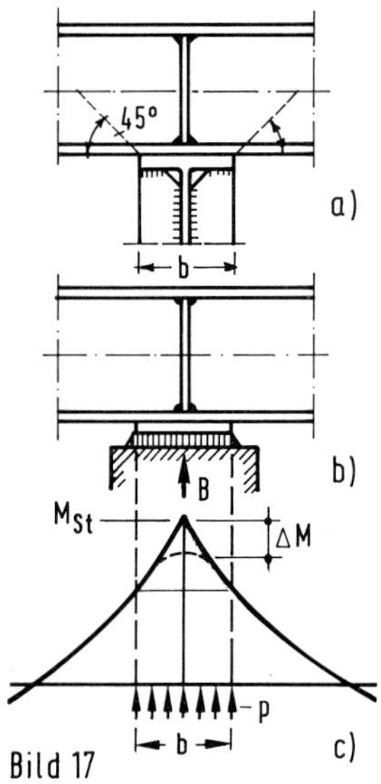

Bild 17

und hieraus die Vergleichsspannungen σ_V zu berechnen. Das ist die klassische Nachweisform (wegen weiterer Einzelheiten vgl. Abschnitt 4). Nach dem zulσ-Konzept (DIN 18 800 T1, 03.81) sind im Hinblick auf den Stabilitätsnachweis für jene Teile, die in der Biegedruckzone liegen, geringere Spannungen als in der Biegezugzone zugelassen. Sofern der Druckgurt über die ganze Länge seitlich gehalten ist, wie z.B. bei einbetonierten Trägern (Bild 16a), sind dieselben zulässigen Spannungen wie auf der Zugseite anzusetzen. Wegen der ungleich hohen zulässigen Spannungen auf der Biegezug- und Biegedruckseite ist bei ungestütztem Druckgurt (auch zur Erhöhung der Kipptragfähigkeit) eine unsymmetrische Querschnittsform mit größerem Druckgurt günstiger (Bild 16b). Das läßt sich nur bei geschweißten Trägern realisieren. - Bei Lochschwächungen im Zuggurt ist das maßgebende

Widerstandsmoment zu

$$W_{mz} = \frac{I - \Delta I}{e_z} \qquad (4)$$

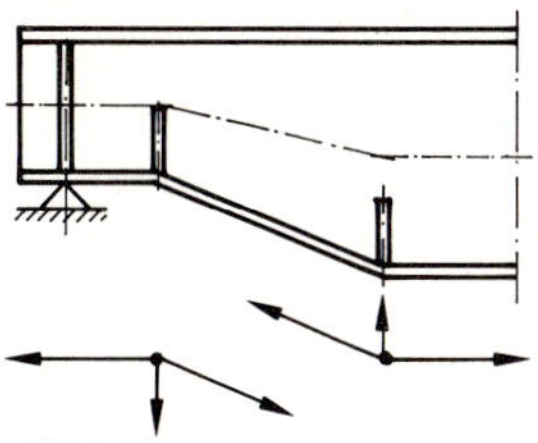

Bild 18

zu berechnen; ΔI ist dabei auf die Schwerachse des ungeschwächten Grundquerschnittes zu beziehen.
Bei elasto-statischem Nachweis folgen M und Q aus der statischen Berechnung. Bei Durchlaufträgern kann das Stützmoment über Zwischenlagern um

$$\Delta M = \frac{B\,b}{8} \qquad (5)$$

abgemindert werden, vgl. Bild 17. Begründung:

$$p = \frac{B}{b} \longrightarrow \Delta M = p\frac{b}{2}\cdot\frac{b}{4} = p\frac{b^2}{8} = B\frac{b}{8} \qquad (6)$$

Diese Abminderung ist nur zulässig, wenn das Lager über die Breite b ausreichend steif ist und sich damit über die Breite b eine Flächenlagerung einstellt. Inwieweit eine darüber hinausgehende Lastausbreitung unter 45° angesetzt werden kann, ist im Einzelfall zu prüfen. Bei Schneidenlagerung ist dieser Ansatz möglich; b ergibt sich dann zu h, wenn h die Trägerhöhe ist. Bei Walzprofilen ist dieser Ansatz durch Versuche abgesichert; bei hochstegigen geschweißten Trägern ist die Zulässigkeit zu prüfen. (Zur Frage steifenloser Auflagerung vgl. Abschnitt 14.) - Bei elasto-statischer Auslegung ist es (insbesondere bei geschweißten Vollwandträgern) zweckmäßig, durch Variation der Trägerhöhe oder/und der Gurt- und Stegbleche die Tragfähigkeit an die wirksamen Schnittgrößen anzupassen. Das gilt vorrangig für weitgespannte Träger. Im Brückenbau ist diese Vorgehensweise der Regelfall, s.u. - Sofern die Gurtung eines Trägers Knicke aufweist (Bild 18) und am Ort der Knickpunkte keine Quersteifen liegen, ist es i.a. notwendig, an diesen Stellen Rippen einzuschweißen, um die Gurtumlenkkräfte an die Stege abzusetzen und dadurch eine Querbiegung der Gurte zu unterbinden. Am günstigsten liegen die Rippen in Richtung der Winkelhalbierenden. Die Umlenkkräfte folgen aus einfachen Kraftecken. - Im Bereich abgeschrägter (gevouteter) Gurte erfahren die nach der technischen Biegelehre berechneten Biege- und Schubspannungen eine Änderung, vgl. Abschnitt 26.7. Bei den üblichen Abschrägungen ist die hiermit verbundene Erhöhung der Biegerandspannungen untergeordnet. -

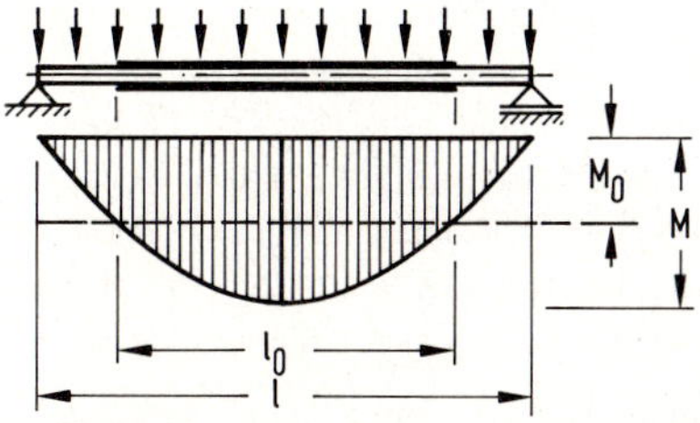

Bild 19

Die Anpassung der Tragfähigkeit an die wirksamen Schnittgrößen M und Q bezeichnet man als Momenten- bzw. Querkraftdeckung. Sie kann rechnerisch oder zeichnerisch geführt werden, die Momentendeckung ggf. getrennt für beide Gurte. Beträgt z.B. bei einem Einfeldträger der Länge l unter Gleichlast das max. Biegemoment M und ist M_0 das aufnehmbare Moment des Grundquerschnittes ($M_0 < M$), so ist über die Länge l_0

$$l_0 = l\cdot\sqrt{1 - \frac{M_0}{M}} \qquad (7)$$

im Mittelbereich des Trägers eine Verstärkung erforderlich (siehe Bild 19). Die Schnittpunkte der Momentenfläche mit der Horizontalen M_0 bezeichnet man als die theoretischen oder rechnerischen (Gurtplatten-)Enden. Über diese Schnittpunkte hinaus ist die Gurtplatte beidseitig vorzubinden. Im Falle einer Schraubung kann die zweite Schraubenreihe mit dem theoretischen Gurtplattenende zusammenfallen, eine Schraubenreihe ist vorzubinden. Das Lochspiel geschraubter Endanschlüsse darf höchstens 1mm betragen; vgl. DIN 18800 T1 (11.90). Bild 20 zeigt die prinzipielle Vorgehensweise bei einem Durchlaufträger. Die Teilbilder b und c geben die Momenten- bzw. Querkraftgrenzlinie wieder. - Der Vergleichsspannungsnachweis ist für Spannungen zu führen, die zu denselben Lastfällen gehören. Werden die Spannungen der jeweiligen Grenzlinien für M und Q überlagert, liegt die Rechnung auf der sicheren Seite. - Den Nachweis der Querkraftdeckung wird man i.a. gemeinsam mit dem

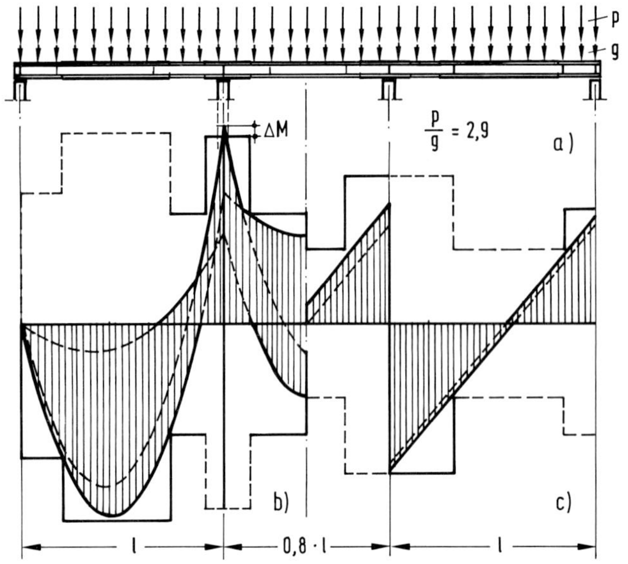

Bild 20

Vergleichsspannungs- und Beulnachweis führen.
Wie erwähnt, lohnt sich die Auslegung der Träger in enger Anpassung an die Schnittgrößen (insbesondere an die Momentengrenzlinie) nur bei weitgespannten Trägern, z.B. bei hoch belasteten Hochbauträgern oder Brükkenträgern, wenn ohnehin eine geschweißte Ausführung notwendig ist. Bei der Masse der Hochbauträger kurzer bis mittlerer Spannweite, für die IPE- und HE-Walzträger ausreichen, wird i.a. darauf zwecks Minimierung des Fertigungsaufwandes verzichtet. Wird der Tragsicherheitsnachweis auf plasto-statischer Grundlage geführt, stellt sich das Problem einer Momenten- bzw. Querkraftdeckung nicht, im Gegenteil, bei dieser Berechnungsform wird aufgrund der Fließeigenschaften des Baustoffes Stahl die erhöhte Tragfähigkeit nach Plastizierung und Momentenumlagerung ausgeschöpft. Sie ist nur bei statisch unbestimmt gelagerten Durchlaufträgern vorhanden (Systemreserve): Über den Zwischenlagern und in den Feldern stellen sich stark plastizierte Zonen (Fließgelenke) ein. Der Nachweis wird entweder mittels der Momentenformeln

$$M = \frac{ql^2}{11} \text{ (Endfelder)}; \quad M = \frac{ql^2}{16} \text{ (Innenstützen, Innenfelder)} \tag{8}$$

und Ansatz des elastischen Widerstandsmomentes für Deckenträger, Pfetten, Unterzüge (DIN 18 801, 09.83) oder (strenger) nach der Methode der Fließgelenke oder Fließzonen geführt (Abschnitt 6).

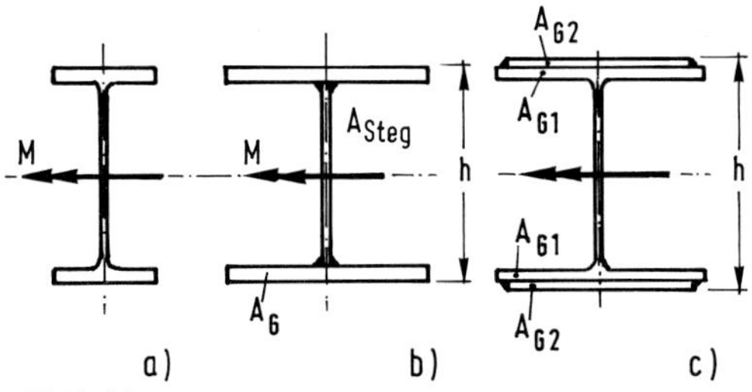

Bild 21

Im Gegensatz zum Stahlbetonbau, wo vorrangig Rechteck- und Plattenbalkenquerschnitte zum Einsatz kommen, für die dann Bemessungsbehelfe ausgearbeitet und bereitgestellt werden können, treten im Stahlbau die unterschiedlichsten Querschnittsformen auf. Die Bemessung von Walzprofilen ist einfach: Ist M das Bemessungsmoment, folgt das erforderliche Widerstandsmoment zu:

$$\text{erf}\,W = \frac{M}{\text{zul}\,\sigma} \tag{9}$$

Gehört M zum γ-fachen Lastniveau, ist mit σ_F anstelle zulσ zu rechnen. Das passende Profil kann den Profiltafeln entnommen werden.
Bei geschweißten Vollwandträgern (Bild 21b) wird die Fläche einer Gurtplatte zu

$$\text{erf}\,A_G \approx 0{,}9\,\frac{M/h}{\text{zul}\,\sigma} \tag{10}$$

abgeschätzt, h ist die Trägerhöhe. Soll ein Walzquerschnitt durch zusätzliche Gurtlamellen verstärkt werden (Teilbild c), läßt sich deren Fläche mittels der Formel

$$\text{erf}\,A_{G2} \approx \frac{M/h}{\text{zul}\,\sigma} - 0{,}85\,A_{G1} \tag{11}$$

abschätzen.

Erläuterung:

$$\max\sigma = \frac{M}{I}\cdot\frac{h}{2} \longrightarrow I = \frac{M}{zul\sigma}\cdot\frac{h}{2};\quad I \approx 2[A_{G2}(\frac{h}{2})^2 + A_{G1}(0{,}9\cdot\frac{h}{2})^2] \tag{12}$$

Der vorstehende Ansatz für das Trägheitsmoment der Gurtung ist zu hoch, das Zuviel wird durch die Vernachlässigung des Steges kompensiert. Nach A_{G2} aufgelöst, folgt G. 11. Neben vorstehenden Formeln lassen sich andere herleiten, z.B. anstelle von G.10:

$$\text{erf}\,A_G \approx \frac{M/h}{zul\sigma} - 0{,}15\,A_{Steg} \tag{13}$$

Die im Schrifttum angegebenen Formeln und Rechenanweisungen für die Bemessung zusammengesetzter Querschnitte haben sich als wenig praktikabel erwiesen [1-3]; nach Programmierung können sie gleichwohl gute Dienste leisten. - Anschließend an die Bemessung ist in jedem Falle der Tragsicherheitsnachweis, z.B. als Spannungsnachweis, zu führen; nur dieser wird in die statische Berechnung aufgenommen.

Ein für die Trägerauslegung wichtiger Parameter ist das h/l-Verhältnis (Trägerhöhe zu Spannweite). Es umfaßt etwa den Bereich von 1/10 bis 1/40. Soll der Träger im Hinblick auf seine Gebrauchsfähigkeit hohe Steifigkeit aufweisen, ist er gedrungener auszubilden, im anderen Falle kann er schlanker ausgeführt werden, wobei die zu erwartende Durchbiegung durch eine Überhöhung vorab kompensiert werden kann. Anhalte für Einfeldträger: Stahlhochbau: h=l/20 bis l/35; Straßenbrücken: h=l/15 bis l/25; Eisenbahnbrücken: h=l/10 bis l/15. Bei Durchlaufträgern sind um den Faktor ca. 1,2 größere Schlankheiten möglich (und ggf. noch höhere, insbesondere bei hochfesten Stahlsorten), Stegdicke ca. h/100. Sehr schlanke Träger sind verformungsweich und schwingungsanfällig! (Vgl. den folgenden Abschnitt.) - Werden Träger in unterschiedlichen Stahlgüten ausgeführt, z.B. Gurte in St52 und Steg in St37, spricht man von Hybrid-Trägern.

13.3.2 Formänderungsnachweis

13.3.2.1 Beschränkung der Durchbiegung

In Abschnitt 3 ist begründet, warum zur Sicherstellung der Gebrauchstauglichkeit die Formänderungen beschränkt werden müssen. In solchen Fällen ist nicht die Tragfähigkeit der Querschnitte sondern die Biegesteifigkeit EI für die Auslegung maßgebend. Da E stahlsortenunabhängig ist, kann die Steifigkeitsforderung nur über die Höhe des Trägheitsmomentes erfüllt werden. (Aluminium hat einen E-Modul, der nur ein Drittel des E-Moduls von Stahl ausmacht (7000kN/cm² statt 21000kN/cm²); daher kommt dem Formänderungsnachweis bei Aluminiumkonstruktionen eine noch größere Bedeutung als bei Stahlkonstruktionen zu.)
Neben dem Durchbiegungsnachweis, für den in den folgenden Abschnitten Rechenbehelfe zusammengestellt sind, ist gelegentlich auch der Nachweis zu führen, daß eine bestimmte lokale Krümmung

$$\varkappa = \frac{M}{EI} \tag{14}$$

nicht überschritten werden darf (z.B. bei der Aufstellung von Maschinen, Motoren o.ä.). Zum Querkraftverformungseinfluß auf die Durchbiegung vgl. Abschn. 26.8 u. [4].

13.3.2.2 Verfahren der W-Gewichte

Dem Verfahren der W-Gewichte (MOHRsches Analogie-Verfahren) kommt in Verbindung mit den ω-Zahlen nach MÜLLER-BRESLAU für Berechnungen von Hand besondere Bedeutung zu. Das Verfahren kommt insbesondere bei der Durchbiegungsberechnung von Trägern mit variabler Biegesteifigkeit zur Anwendung. Es beruht auf der Analogie der Differentialgleichungen:

$$w'' = -\frac{M}{EI} - \alpha_t\frac{\Delta t}{h} \longleftrightarrow \bar{M}'' = \bar{p} \tag{15}$$

Die linksseitige Differentialgleichung charakerisiert das reale Verformungsproblem infolge M und Δt, die rechtsseitige das adjungierte Problem (Gleichgewicht am Biegestab). Faßt man

$$-\frac{M(x)}{EI(x)} - \alpha_t\cdot\frac{\Delta t(x)}{h(x)} \tag{16}$$

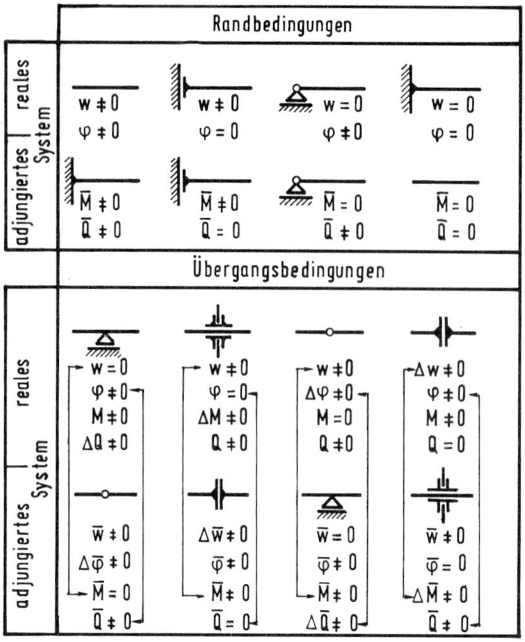

Bild 22

als fiktive Belastung $\bar{p}(x)$ auf, ist das hierfür berechnete Biegungsmoment $\bar{M}(x)$ mit der gesuchten Biegeverformung $w(x)$ identisch. Diese Analogie führt indes nur dann zum richtigen Ergebnis, wenn auch die Rand- und Übergangsbedingungen hinsichtlich $w(x)$ und $\bar{M}(x)$ übereinstimmen. Dazu ist dem realen System das adjungierte System zuzuordnen (vgl. Bild 22), derart, daß deren Rand- und Übergangsbedingungen so beschaffen sind, daß den korrespondierenden Bedingungen des realen Systems genügt wird. Beispielsweise können sich an einem freien Stabende Durchbiegung w und Biegedrehwinkel φ frei einstellen, demgemäß muß die Randbedingung des adjungierten Systems hier so beschaffen sein, daß sich $\bar{M}$ und $\bar{Q}$ frei einstellen können, also verschieden von Null sind. Die weiteren Zuordnungen gehen aus Bild 22 hervor, w ist $\bar{M}$ und φ ist $\bar{Q}$ zugeordnet.

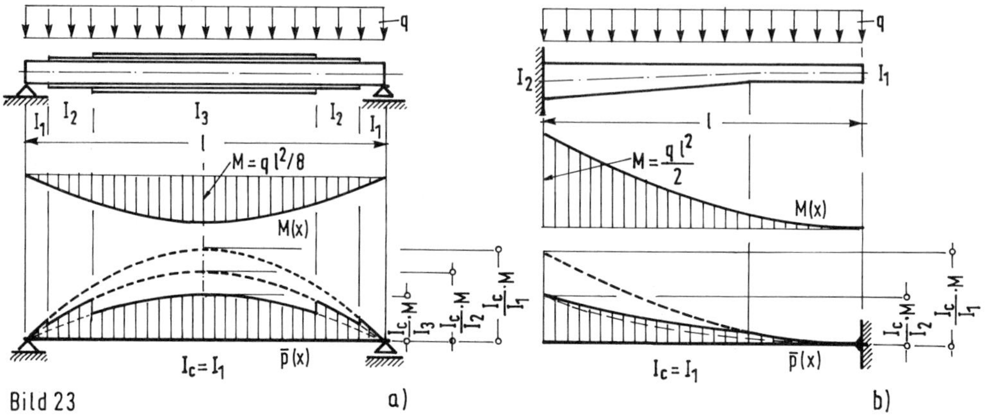

Bild 23

Bild 23 veranschaulicht die Vorgehensweise am Beispiel eines Einfeldträgers mit sprunghaft veränderlicher und am Beispiel eines Kragträgers mit stetig veränderlicher Biegesteifigkeit. Im zweitgenannten Falle ist die MOHRsche Belastung $\bar{p}(x)$ am Ersatzträger (adjungierter Träger) mit seitenvertauschten Randbedingungen angesetzt; im erstgenannten Falle sind realer und adjungierter Träger identisch.
Bei veränderlicher Biegesteifigkeit $EI(x)$ ergibt sich ein unregelmäßiges Lastbild. Es ist daher zweckmäßig, als MOHRsche Belastung die $I_c/I(x)$-fach verzerrte Momentenfläche (bzw. "Temperaturbelastung") zu wählen, also von der Analogie

$$EI_c w'' = -\frac{I_c}{I(x)}M(x) - EI_c\alpha_t\frac{\Delta t}{h(x)} \longleftrightarrow \bar{M}'' = \bar{p} \qquad (17)$$

auszugehen. Dann ist die so ermittelte $\bar{M}$-Fläche mit der EI_c-fachen Biegelinie identisch. Die $\bar{p}$-Belastung wird zweckmäßig in äquivalente Einzellasten zerlegt (das sind die sogen. W-Gewichte). Bild 24 enthält die Formeln für eine lineare und parabolische Approximation. -

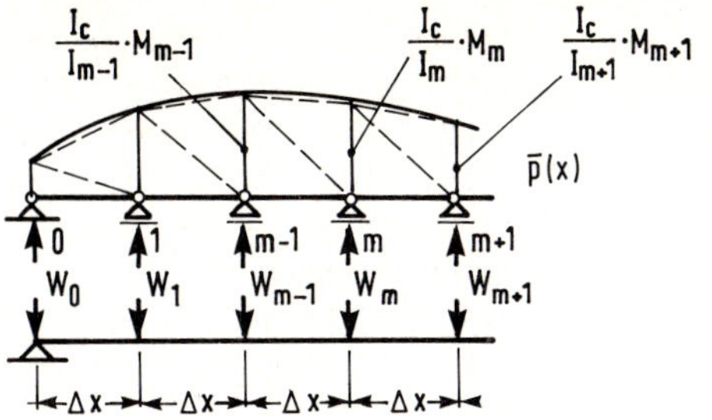

Lineare Approximation über ein Unterelement Δx (Trapez-Formeln):

$$W_0 = \frac{\Delta x}{6} \cdot \left(2 \cdot \frac{I_c}{I_0} \cdot M_0 + \frac{I_c}{I_1} \cdot M_1 \right)$$

$$W_m = \frac{\Delta x}{6} \cdot \left(\frac{I_c}{I_{m-1}} \cdot M_{m-1} + 4 \cdot \frac{I_c}{I_m} \cdot M_m + \frac{I_c}{I_{m+1}} \cdot M_{m+1} \right)$$

$$W_n = \frac{\Delta x}{6} \cdot \left(\frac{I_c}{I_{n-1}} \cdot M_{n-1} + 2 \cdot \frac{I_c}{I_n} \cdot M_n \right)$$

Parabolische Approximation über jeweils zwei Unterelemente Δx (Parabel-Formeln):

$$W_0 = \frac{\Delta x}{12} \cdot \left(3{,}5 \cdot \frac{I_c}{I_0} \cdot M_0 + 3 \cdot \frac{I_c}{I_1} \cdot M_1 - 0{,}5 \cdot \frac{I_c}{I_2} \cdot M_2 \right)$$

$$W_m = \frac{\Delta x}{12} \cdot \left(\frac{I_c}{I_{m-1}} \cdot M_{m-1} + 10 \cdot \frac{I_c}{I_m} \cdot M_m + \frac{I_c}{I_{m+1}} \cdot M_{m+1} \right)$$

$$W_n = \frac{\Delta x}{12} \cdot \left(-0{,}5 \cdot \frac{I_c}{I_{n-2}} \cdot M_{n-2} + 3 \cdot \frac{I_c}{I_{n-1}} \cdot M_{n-1} + 3{,}5 \cdot \frac{I_c}{I_n} \cdot M_n \right)$$

Bild 24

Sind Sprungstellen im $\bar{p}$-Verlauf vorhanden, sind diese Stellen bei jeweiligem Bezug auf die beidseitigen Nachbarelemente als Randstellen zu behandeln; das gilt auch für Knicke im $\bar{p}$-Verlauf, wenn von den Formeln mit parabolischer Approximation ausgegangen wird. Die an den Unstetigkeitsstellen berechneten "Rand-W-Gewichte" der beidseitigen Nachbarelemente werden anschließend addiert. Für eine kubische Approximation über jeweils drei Elemente ergibt sich für das "W_m-Gewicht" dieselbe Formel wie bei parabolischer Approximation; die Randformel für W_0 lautet:

$$W_0 = \frac{\Delta x}{360}\left(97 \frac{I_c}{I_0} M_0 + 114 \frac{I_c}{I_1} M_1 - 39 \frac{I_c}{I_2} M_2 + 8 \frac{I_c}{I_3} M_3\right) \qquad (18)$$

Die Randformel für W_n ist davon abhängig, welcher Rest verbleibt, wenn die Zahl n der Intervalle durch 3 geteilt wird; im Falle:

$$\text{Rest 0:} \quad W_n = \frac{\Delta x}{360}\left(8 \frac{I_c}{I_{n-3}} M_{n-3} - 39 \frac{I_c}{I_{n-2}} M_{n-2} + 114 \frac{I_c}{I_{n-1}} M_{n-1} + 97 \frac{I_c}{I_n} M_n\right)$$

$$\text{Rest 1:} \quad W_n = \frac{\Delta x}{72}\left(-2 \frac{I_c}{I_{n-4}} M_{n-4} + 9 \frac{I_c}{I_{n-3}} M_{n-3} - 18 \frac{I_c}{I_{n-2}} M_{n-2} + 29 \frac{I_c}{I_{n-1}} M_{n-1} + 18 \frac{I_c}{I_n} M_n\right) \qquad (19)$$

$$\text{Rest 2:} \quad W_n = \frac{\Delta x}{360}\left(8 \frac{I_c}{I_{n-5}} M_{n-5} - 36 \frac{I_c}{I_{n-4}} M_{n-4} + 72 \frac{I_c}{I_{n-3}} M_{n-3} - 95 \frac{I_c}{I_{n-2}} M_{n-2} + 138 \frac{I_c}{I_{n-1}} M_{n-1} + 93 \frac{I_c}{I_n} M_n\right)$$

Sind die Intervallängen ungleich, werden W_0 und W_n unter der Annahme einer linearen Approximation und W_m mittels modifizierter Formeln berechnet ($\Delta x_m = a$, $\Delta x_{m+1} = b$):

$$W_m = \frac{1}{6}\left(a \frac{I_c}{I_{m-1}} M_{m-1} + 2(a+b) \frac{I_c}{I_m} M_m + b \frac{I_c}{I_{m+1}} M_{m+1}\right) \qquad (20)$$

Parabolische Approximation:

$$W_m = \frac{1}{12}\left(\frac{a^2 + ab - b^2}{a} \cdot \frac{I_c}{I_{m-1}} M_{m-1} + \frac{(a+b)(a^2 + 3ab + b^2)}{ab} \cdot \frac{I_c}{I_m} M_m + \frac{-a^2 + ab + b^2}{b} \cdot \frac{I_c}{I_{m+1}} M_{m+1}\right) \qquad (21)$$

13.3.2.3 Träger mit konstanter Biegesteifigkeit

Im folgenden werden verschiedene Behelfe zusammengestellt, um die Größtdurchbiegung zu bestimmen. Hierbei wird nur der Biegemomentenbeitrag erfaßt; zur Bestimmung des Verformungsanteiles aus der Querkraftbeanspruchung (Schubgleitung) vgl. Abschnitt 26.8.

a) Einfeldträger unter Gleichlast

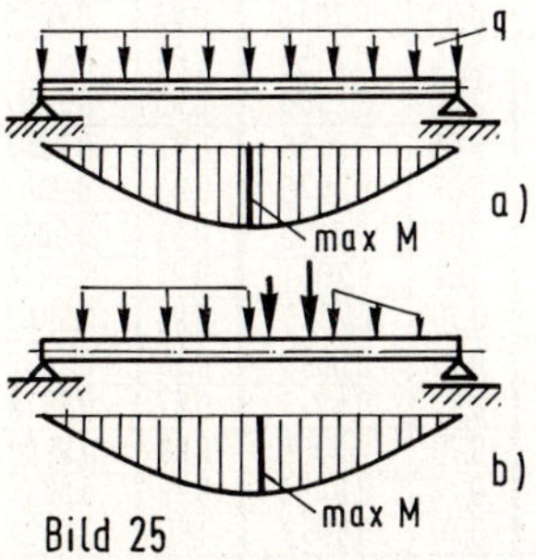

Bild 25

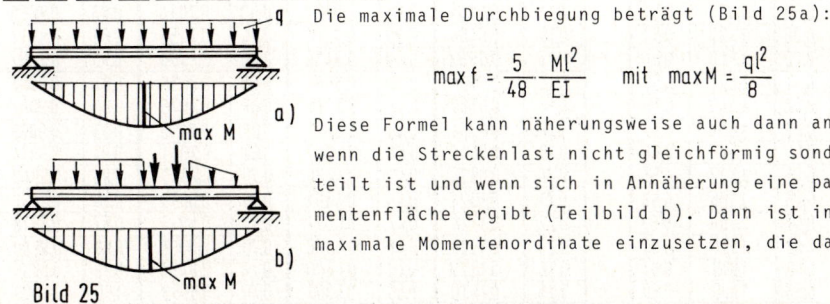

Die maximale Durchbiegung beträgt (Bild 25a):

$$\max f = \frac{5}{48} \frac{Ml^2}{EI} \quad \text{mit} \quad \max M = \frac{ql^2}{8} \qquad (22)$$

Diese Formel kann näherungsweise auch dann angewendet werden, wenn die Streckenlast nicht gleichförmig sondern gemischt verteilt ist und wenn sich in Annäherung eine parabelförmige Momentenfläche ergibt (Teilbild b). Dann ist in G.22 für M die maximale Momentenordinate einzusetzen, die dann i.a. nicht in

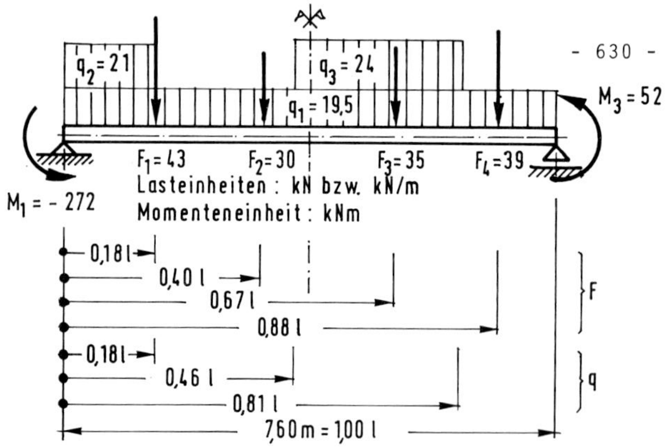

Bild 26

Feldmitte auftritt. Eine noch weitergehende Näherung besteht darin, für M das Moment in Feldmitte einzusetzen. Auch diese Näherung ist in der Regel ausreichend genau.

b) Einfeldträger mit Einzel- und Gleichstreckenlasten und Randmomenten

Eine gegenüber a) genauere Berechnung gelingt mittels der in Bild 27 zusammengestellten Einflußzahlen für Einzellasten und

Trägerdurchbiegung

Berechnung von vorh f und erf I für stählerne Ein- und Mehrfeldträger

Definition der Belastung (beispielhaft) für ein Einzel- oder Teilfeld :

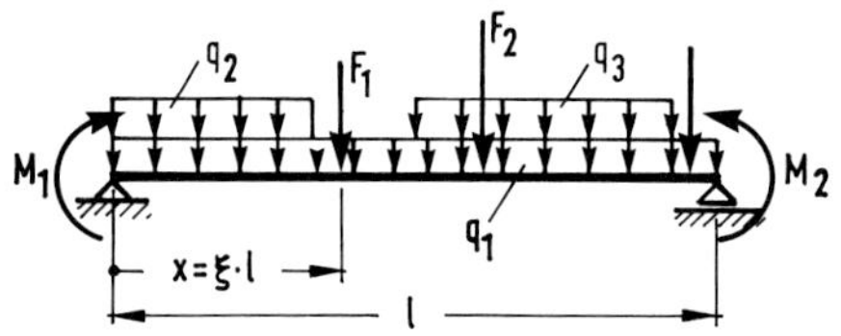

$R = q\,l$	: Gleichförmige Vollast q	= . . . .
$R = (\alpha_q^R - \alpha_q^L)\,q\,l$	: Streckenlast q	= . . . .
$R = \alpha_F\,F$	: Einzellast F	= . . . .
$R = \frac{4{,}8\,M}{l}$	: Randmoment M	= . . . .
		ΣR

Einheiten: F [kN]
q [kN/m]
M [kNm]
l [m]
R [kN]
I [cm⁴]
f [cm]

R : rechter , L : linker Rand

R ist ein resultierender Bezugswert für die Belastung in der Einheit kN

$$\text{vorh } f = 0{,}62 \cdot \frac{\Sigma R\, l^3}{\text{vorh } I}$$

zul f = l/200 : $\text{erf } I = 1{,}24\, \Sigma R\, l^2$

zul f = l/300 : $\text{erf } I = 1{,}86\, \Sigma R\, l^2$

zul f = l/500 : $\text{erf } I = 3{,}10\, \Sigma R\, l^2$

Einzellasten F[kN]					
$\xi = \frac{x}{l}$	$\alpha = \alpha_F$	$\xi = \frac{x}{l}$	$\xi = \frac{x}{l}$	$\alpha = \alpha_F$	$\xi = \frac{x}{l}$
0,01	0,048	0,99	0,26	1,136	0,74
0,02	0,096	0,98	0,27	1,170	0,73
0,03	0,142	0,97	0,28	1,204	0,72
0,04	0,192	0,96	0,29	1,236	0,71
0,05	0,239	0,95	0,30	1,267	0,70
0,06	0,287	0,94	0,31	1,297	0,69
0,07	0,334	0,93	0,32	1,326	0,68
0,08	0,381	0,92	0,33	1,354	0,67
0,09	0,427	0,91	0,34	1,380	0,66
0,10	0,474	0,90	0,35	1,406	0,65
0,11	0,519	0,89	0,36	1,429	0,64
0,12	0,565	0,88	0,37	1,452	0,63
0,13	0,610	0,87	0,38	1,473	0,62
0,14	0,654	0,86	0,39	1,492	0,61
0,15	0,698	0,85	0,40	1,510	0,60
0,16	0,742	0,84	0,41	1,527	0,59
0,17	0,785	0,83	0,42	1,542	0,58
0,18	0,827	0,82	0,43	1,555	0,57
0,19	0,868	0,81	0,44	1,567	0,56
0,20	0,909	0,80	0,45	1,577	0,55
0,21	0,949	0,79	0,46	1,585	0,54
0,22	0,988	0,78	0,47	1,592	0,53
0,23	1,026	0,77	0,48	1,596	0,52
0,24	1,064	0,76	0,49	1,599	0,51
0,25	1,100	0,75	0,50	1,600	0,50

Gleichlasten q [kN/m]							
$\xi = \frac{x}{l}$	$\alpha = \alpha_q$	$\xi = \frac{x}{l}$	$\alpha = \alpha_q$	$\xi = \frac{x}{l}$	$\alpha = \alpha_q$	$\xi = \frac{x}{l}$	$\alpha = \alpha_q$
0,01	0,0002	0,26	0,1549	0,51	0,5160	0,76	0,8671
0,02	0,0010	0,27	0,1665	0,52	0,5320	0,77	0,8775
0,03	0,0022	0,28	0,1783	0,53	0,5479	0,78	0,8876
0,04	0,0038	0,29	0,1905	0,54	0,5638	0,79	0,8973
0,05	0,0060	0,30	0,2030	0,55	0,5796	0,80	0,9066
0,06	0,0086	0,31	0,2159	0,56	0,5953	0,81	0,9154
0,07	0,0117	0,32	0,2290	0,57	0,6109	0,82	0,9239
0,08	0,0152	0,33	0,2424	0,58	0,6264	0,83	0,9320
0,09	0,0193	0,34	0,2561	0,59	0,6416	0,84	0,9396
0,10	0,0238	0,35	0,2700	0,60	0,6570	0,85	0,9468
0,11	0,0288	0,36	0,2842	0,61	0,6720	0,86	0,9556
0,12	0,0342	0,37	0,2986	0,62	0,6868	0,87	0,9599
0,13	0,0401	0,38	0,3132	0,63	0,7014	0,88	0,9658
0,14	0,0464	0,39	0,3280	0,64	0,7158	0,89	0,9712
0,15	0,0532	0,40	0,3430	0,65	0,7300	0,90	0,9762
0,16	0,0604	0,41	0,3584	0,66	0,7439	0,91	0,9807
0,17	0,0680	0,42	0,3736	0,67	0,7576	0,92	0,9847
0,18	0,0761	0,43	0,3891	0,68	0,7710	0,93	0,9883
0,19	0,0846	0,44	0,4047	0,69	0,7841	0,94	0,9914
0,20	0,0934	0,45	0,4204	0,70	0,7970	0,95	0,9940
0,21	0,1027	0,46	0,4362	0,71	0,8095	0,96	0,9962
0,22	0,1124	0,47	0,4521	0,72	0,8217	0,97	0,9978
0,23	0,1225	0,48	0,4680	0,73	0,8335	0,98	0,9990
0,24	0,1329	0,49	0,4840	0,74	0,8451	0,99	0,9998
0,25	0,1438	0,50	0,5000	0,75	0,8563	1,00	1,0000

Bild 27

bereichsweise verteilter Gleichstreckenlasten. Hierbei wird nicht die max. Durchbiegung exakt, sondern die Durchbiegung in Feldmitte bestimmt. Für Einzel- und Gleichlasten beträgt der Fehler gegenüber dem maximalen Biegepfeil höchstens 2,57%; der Ort der Größtdurchbiegung liegt höchstens 0,077l von der Trägermitte entfernt. Diese Anmerkung gilt nicht bei Vorhandensein negativer Randmomente oder solcher mit unterschiedlichen Vorzeichen. Dominiert dieser Fall, sollte deren Durchbiegung separat exakt berechnet werden, s.u. Die Einflußzahlen wurden von [5] übernommen; auf analoger Basis beruhen die Rechenanweisungen in [6]; in [7] auch für bereichsweise vorhandene Dreieckslasten.
Die Handhabung der Tafel wird an dem in Bild 26 dargestellten Beispiel erläutert (man beachte die vorgeschriebenen Einheiten!).
Zunächst werden für die Einzellasten und die Ränder der Gleichstreckenlasten die bezogenen Abstände vom linken Rand bestimmt: $\xi = x/l$; sie sind in Bild 26 ausgewiesen. Als nächstes werden die auf der Tafel des Bildes 27 angeschriebenen R-Größen berechnet. Dazu werden die α_F und α_q-Zahlen in Abhängigkeit von ξ den Tabellen entnommen:

Gleichstreckenlast	q_1:		$=19{,}5\cdot 7{,}6$	$=148{,}2$ kN
Streckenlast	q_2:	$\xi^R = 0{,}18$: $\alpha^R = 0{,}0761$		
		$\xi^L = 0{,}00$: $\alpha^L = 0$		
		$(\alpha^R - \alpha^L)q_2 = 0{,}0761\cdot 21 =$	$1{,}6\cdot 7{,}6$	$= 12{,}2$ "
Streckenlast	q_3:	$\xi^R = 0{,}81$: $\alpha^R = 0{,}9154$		
		$\xi^L = 0{,}46$: $\alpha^L = 0{,}4362$		
		$(\alpha^R - \alpha^L)q_3 = 0{,}4792\cdot 24 =$	$11{,}5\cdot 7{,}6$	$= 87{,}4$ "
Einzellasten	F_1:	$\xi = 0{,}18$: $\alpha F_1 = 0{,}827\cdot 43$		$= 35{,}5$ "
	F_2:	$\xi = 0{,}40$: $\alpha F_2 = 1{,}510\cdot 30$		$= 45{,}3$ "
	F_3:	$\xi = 0{,}67$: $\alpha F_3 = 1{,}354\cdot 35$		$= 47{,}4$ "
	F_4:	$\xi = 0{,}88$: $\alpha F_4 = 0{,}565\cdot 39$		$= 22{,}0$ "
Stützmomente	$4{,}8(M_1+M_2)/l$	$= 4{,}8(-272+52)/7{,}6$		$= -139{,}0$ "
				$R = 259$ kN

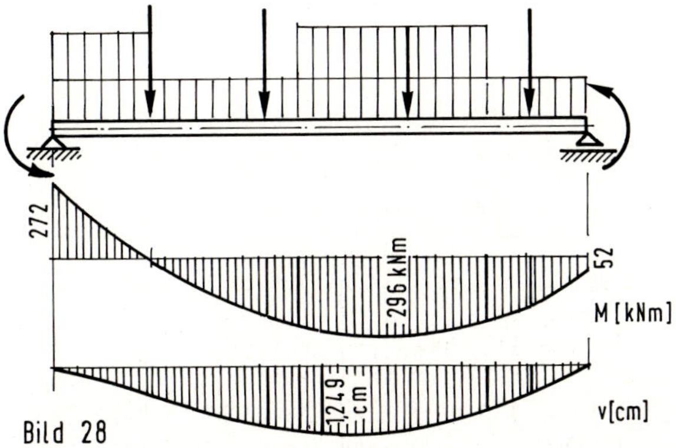

Bild 28

Für die Durchbiegung folgt, wenn das vorhandene Trägheitsmoment

$$\text{vorh}\, I = \underline{56\,480\,\text{cm}^4}$$

beträgt:

$$\text{vorh} f = 0{,}62 \frac{Rl^3}{\text{vorh}\, I} = 0{,}62 \frac{259\cdot 7{,}6^3}{56\,480} = \underline{1{,}25\,\text{cm}}$$

Umkehrung der Aufgabenstellung: Es sei 1/500 einzuhalten, d.h.:

$$\text{zul} f = 760/500 = 1{,}52\,\text{cm}:$$

$$\text{erf}\, I = 3{,}10\cdot Rl^2 = 3{,}10\cdot 259\cdot 7{,}60^2 = 46\,375\,\text{cm}^4$$

Um das Ergebnis zu prüfen, wird die exakte Biegelinie berechnet; Bild 28 zeigt das Ergebnis: Die Übereinstimmung ist vollständig.
Wie unter a) erwähnt, bietet Formel 22 eine noch einfachere Berechnungsmöglichkeit: Es wird zunächst das max Feldmoment ohne Einwirkung der Randmomente bestimmt; dieses beträgt im vorliegenden Beispiel (unter der Einzellast F_3): 375kNm. Hierfür ergibt G.22:

$$f = \frac{5}{48}\cdot\frac{37\,500\cdot 760^2}{21\,000\cdot 56\,480} = \underline{1{,}902\,\text{cm}}$$

Die Durchbiegung in Feldmitte für die Randmomente wird nach der Formel

$$f = \frac{1}{16}\cdot\frac{(M_1 + M_2)l^2}{EI} \qquad (23)$$

bestimmt:

$$f = \frac{1}{16}\cdot\frac{(-27\,200 + 5200)\cdot 760^2}{21\,000\cdot 56\,480} = \underline{-0{,}670\,\text{cm}}$$

Summe:

$$\Sigma f = 1{,}902 - 0{,}670 = \underline{1{,}232\,\text{cm}}$$

Die Abweichung vom exakten Wert beträgt 1%. - Mit den vorstehenden Anweisungen ist gezeigt, wie auch die Felddurchbiegung von Durchlaufträgern in einfacher Weise ermittelt werden kann.

c) Einfeld-, Krag- und Durchlaufträger mit unterschiedlichen Lasten

Mit Hilfe der auf Tafel 13.1 zusammengestellten Formeln kann die max. Durchbiegung bzw. (zwecks Einhaltung eines bestimmten Durchbiegungsverhältnisses) das erforderliche Trägheitsmoment berechnet werden. Man beachte, daß die Zahlenrechnungen dimensionsgebunden durchzuführen sind!

d) Berechnung der Durchbiegung aus den Randspannungen

Sind im Rahmen des Spannungsnachweises die Biegerandspannungen (unter Gebrauchslast) bekannt, lassen sich die Durchbiegungen nach der Formel

$$f = \gamma \frac{\sigma l^2}{h} \qquad (24)$$

bestimmen. Diese Formel ist dimensionsgebunden und gilt nur für Stahlträger. Es ist einzusetzen:

σ: Biegerandspannung in kN/cm², l: Stützweite in m , h: Trägerhöhe in cm.

f ergibt sich dann in cm! Der Beiwert γ ist last- und systemabhängig und kann ebenfalls aus Tafel 13.1 entnommen werden. - Die Formel kommt wie folgt zustande: Für den Einfeldträger unter Gleichlast gilt beispielsweise:

$$f = \frac{5}{384}\cdot\frac{ql^4}{EI} = \frac{5}{384}\cdot\frac{8\,\max M\cdot l^2}{E\cdot W\cdot h/2} = \frac{5\cdot 8\cdot 2}{384}\cdot\frac{\max\sigma}{E}\cdot\frac{l^2}{h} = \frac{80}{384}\cdot\frac{\sigma}{21000}\cdot\frac{l^2 100^2}{h} = 0{,}0992\frac{\sigma l^2}{h} \approx 0{,}1\frac{\sigma l^2}{h} \qquad (25)$$

Für Träger mit näherungsweise parabelförmigem Biegemomentenverlauf gilt für die Vorzahl in G.25:

Einfeldträger:	0,10	(26)
Kragträger:	0,25	
Endfeld von Durchlaufträgern:	0,09	
Mittelfeld von Durchlaufträgern:	0,06	

13.3.2.4 Träger mit variabler Biegesteifigkeit (Bild 29)

Die Berechnung der Durchbiegung geht entweder von der Gleichung der elastischen Linie

$$w'' = -\frac{M(x)}{EI(x)} \qquad (27)$$

oder von der Grundgleichung der Stabbiegetheorie aus:

$$[EI(x)w'']'' = q(x) \qquad (28)$$

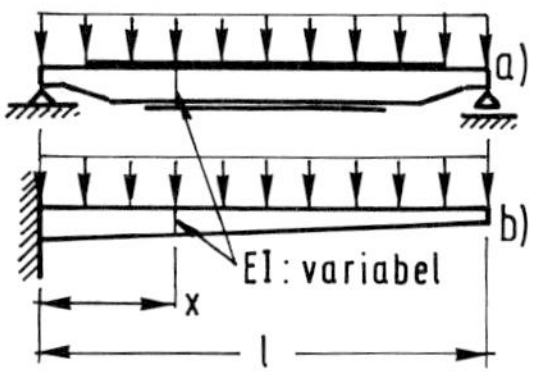

Bild 29

Eine analytisch strenge Lösung ist auf Sonderfälle beschränkt [8-10]. - Die Aufbereitung von Rechenbehelfen ist wegen der Parametervielfalt hinsichtlich Steifigkeitsverlauf und -verhältnisse schwierig. I.a. wird man ein Computerprogramm einsetzen. Für Träger auf zwei Stützen liefert die Formel

$$\max f = 1{,}1\frac{5}{48}\cdot\frac{Ml^2}{EI} \qquad (I \mathrel{\hat=} \max I) \qquad (29)$$

anstelle von G.22 eine sehr zutreffende Abschätzung. Auch ist es möglich, einen Mittelwert für I zu wählen und hiermit gemäß Abschnitt 13.3.2.3 weiter zu rechnen.

Von BLEICH [11] wurden Formeln für Träger mit variabler Biegesteifigkeit hergeleitet, insbesondere für sogen. "Träger gleichen Widerstandes"; das sind Träger, bei denen der Querschnitt dem Verlauf des Biegemomentes vermöge Momentendeckung (weitgehend) genau angepaßt ist. Eine solche Dimensionierung ist bei großen Stützweiten und hohen Belastungen, insbesondere im Brückenbau, aus wirtschaftlichen Gründen üblich (vgl. Abschnitt 13.3.1: Momentendeckung).

Bild 30a zeigt einen Träger mit (näherungsweise) gleichbleibender Höhe; die Anpassung an den Momentenverlauf geschieht durch zusätzliche Gurtplatten oder Dickenabstufung der

Trägerdurchbiegung

Berechnung von vorh f und erf I stählerner Ein- und Mehrfeldträger

$\text{vorh } f = \alpha \cdot \frac{M l^2}{\text{vorh } I}$ [cm] (1) $\text{erf } I = \beta M l$ [cm⁴] (2)

In Abhängigkeit von System und Belastungsbild werden die Beiwerte α und β der Tafel entnommen. β ist abhängig vom geforderten Durchbiegungsverhältnis: $f \leq l/200$, $l/300$ bzw. $l/500$.

Einheiten: M Bezugsmoment (max Feldmoment) [kNm] (bei Durchlaufträgern im Endfeld)
l Stützweite [m]
I Trägheitsmoment [cm^4] (Abkürzungen: vorh: vorhanden; erf: erforderlich)

Die Durchbiegung kann auch mittels $\text{vorh } f = \gamma \frac{\sigma l^2}{h}$ berechnet werden. σ: Biegerandspannung in Feldmitte [kN/cm^2]
h: Trägerhöhe [cm]

Fall	Belastungsbild	M	α	β l/200 l/300 l/500	γ	Fall	Belastungsbild	M	α	β l/200 l/300 l/500	γ
1	q; Q = ql	$\frac{1}{8}Ql$	4,96	9,92 14,88 24,80	0,0992	16	q; l; Q = ql	0,0703Ql	3,66	7,32 10,98 18,30	0,0732
2	q; Q = 0,5ql	$\frac{1}{6}Ql$	4,76	9,52 14,28 23,80	0,0952	17	q; Q = ql	0,0960Ql	4,58	9,16 13,74 22,90	0,0916
3	q; Q = 0,5ql	$\frac{1}{12}Ql$	5,35	10,70 16,05 26,75	0,1070	18	F; l/2 l/2	0,203 Fl	3,52	7,03 10,54 17,57	0,0703
4	q; Q = 0,5ql	$\frac{2}{9\sqrt{3}}Ql$	4,84	9,68 14,50 24,20	0,0968	19	F F; l/2 l/2	0,156 Fl	2,85	5,69 8,54 14,22	0,0569
5	F F F F; l/5 l/5 l/5 l/5 l/5	$\frac{3}{5}Fl$	5,00	10,00 15,00 25,00	0,1000	20	F F F F; l/3 l/3 l/3	0,222 Fl	3,17	6,34 9,51 15,85	0,0634
6	F F F; l/5 l/5 l/5 l/5	$\frac{1}{2}Fl$	4,72	9,43 14,13 23,55	0,0943	21	q; l; Q = ql	0,079 Ql	4,03	8,06 12,09 20,15	0,0806
7	F F; l/3 l/3 l/3	$\frac{1}{3}Fl$	5,07	10,14 15,21 25,35	0,1014	22	q; Q = ql	0,098 Ql	4,72	9,44 14,16 23,60	0,0944
8	F F F F; l/8 l/4 l/4 l/4 l/8	$\frac{1}{2}Fl$	4,69	9,38 14,07 23,45	0,0938	23	F; l/2 l/2	0,199 Fl	3,48	6,96 10,48 17,40	0,0696
9	F F F; l/6 l/3 l/3 l/6	$\frac{5}{12}Fl$	4,67	9,34 14,01 23,35	0,0934	24	F F F; l/2 l/2	0,168 Fl	3,06	6,11 9,16 15,27	0,0611
10	F F; l/4 l/2 l/4	$\frac{1}{4}Fl$	5,46	10,92 16,38 27,30	0,1092	25	F F FF F FF F FF F; l/3 l/3 l/3	0,239 Fl	3,61	7,21 10,81 18,02	0,0721
11	F; l/2 l/2	$\frac{1}{4}Fl$	3,97	7,94 11,91 19,85	0,0794	26	q; l; Q = ql	0,0417 Ql	2,98	5,95 8,93 14,87	0,0595
12	F; l/4 3/4·l	$\frac{3}{16}F$	3,65	7,30 11,00 18,20	0,0730	27	q; Q = ql	0,077 Ql	4,33	8,65 12,97 21,63	0,0865
13	M	M 1)	2,98	5,96 8,94 14,90	-	28	F; l/2 l/2	0,171 Fl	3,05	6,10 9,15 15,25	0,0610
14	q; Q = ql	$\frac{1}{2}Ql$ 2)	11,90	23,80 35,70 59,50	0,2380	29	F F F	0,125 Fl	1,98	3,96 5,94 9,90	0,0396
15	F; l	Fl 2)	15,87	31,70 47,60 79,30	0,3170	30	FF FF FF FF; l/3 l/3 l/3	0,111 Fl	2,65	5,30 7,95 13,25	0,0530

1) Randmoment
2) Einspannmoment
} in Formel (1) bzw. (2) einsetzen

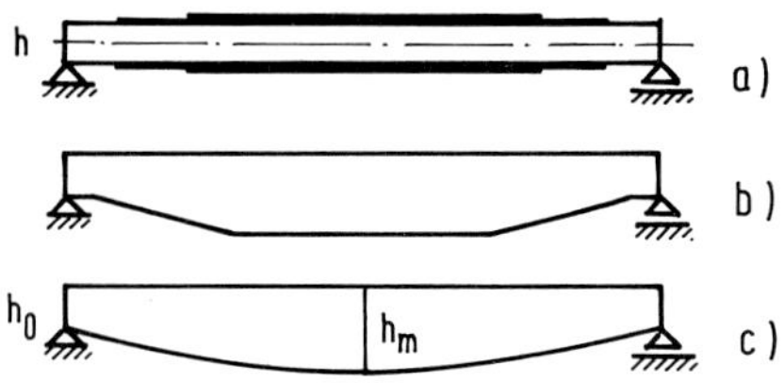

Bild 30

Gurte. Die Träger der Teilbilder b und c haben eine veränderliche Höhe mit konstanten Gurtflächen; vielfach wird die Fläche der Gurte auch noch variiert. Im folgenden werden für die Trägerformen a) und b/c) Berechnungsformeln zusammengestellt.

a) Einfeldträger gleichen Widerstandes mit konstanter Höhe (Bild 30a)

Die Randspannung $\sigma = M/W$ ist gemäß Voraussetzung konstant; somit gilt:

$$W = \frac{I}{h/2} \longrightarrow \frac{M}{I} = \frac{2\sigma}{h} \tag{30}$$

Eingesetzt in G.27 folgt:

$$w'' = -\frac{2\sigma}{Eh} \; (= \text{konst}; \; \sigma \text{ i.a. zul}\sigma) \tag{31}$$

Die Integration für den Einfeldträger mit den Randbedingungen w=0 für x=0 und x=l ergibt:

$$w = \frac{\sigma}{Eh} x(l-x) \tag{32}$$

Für x=l/2 findet man die max Durchbiegung zu:

$$\max f = \frac{\sigma l^2}{4Eh} \tag{33}$$

Mit $E = 21\,000\,\text{kN/cm}^2$ und für St37 bzw. St52 folgt beispielsweise (zulσ-Konzept):

$$\begin{aligned} &\text{St 37: zul}\sigma = 14\ \text{kN/cm}^2: \quad f = 1{,}67\frac{l^2}{h} \\ &\text{St 52: zul}\sigma = 21\ \text{kN/cm}^2: \quad f = 2{,}50\frac{l^2}{h} \end{aligned} \quad (f \text{ in cm, } l \text{ in m, } h \text{ in cm}) \tag{34}$$

Diese Formeln entsprechen G.24/26; letztere ergibt für die angegebenen Spannungen die Vorzahlen 1,40 (statt 1,67) bzw. 2,10 (statt 2,50): Es ist plausibel, daß eine Trägeroptimierung mittels Momentendeckung eine größere elastische Durchbiegung zur Folge hat, als eine Dimensionierung mit EI=konst über die gesamte Trägerlänge.

b) Einfeldträger gleichen Widerstandes mit veränderlicher Höhe

Die Trägerhöhe beträgt an den Enden h_0 und nehme gegen die Mitte parabelförmig auf h_m zu; Bild 30c. Mit dem Parameter

$$\alpha = \sqrt{\frac{h_m}{h_m - h_0}} \tag{35}$$

findet man nach längerer Rechnung für die Mittendurchbiegung:

$$\max f = \alpha^2\left(\log\frac{\alpha^2}{\alpha^2-1} - \frac{1}{\alpha}\log\frac{\alpha+1}{\alpha-1}\right)\frac{\sigma l^2}{4Eh_m} = \beta \cdot \frac{\sigma l^2}{4Eh_m} \tag{36}$$

Über den Beiwert β geht das Verhältnis der Trägerhöhen (gegenüber G.33) ein. Beispielsweise ergibt sich für $h_m/h_0 = 2$: $\beta = 1{,}107$. Mit $\beta = 1{,}05 \div 1{,}10$ wird in baupraktischen Fällen der Einfluß einer veränderlichen Trägerhöhe gegenüber einem Träger mit konstanter Höhe in etwa zutreffend erfaßt, vgl. G.29.

Aus den vorangegangenen Unterabschnitten a) und b) kann der Schluß gezogen werden, daß Träger mit variabler Biegesteifigkeit wie solche mit konstanter Biegesteifigkeit (nach Abschnitt 13.3.2.3) berechnet werden können, wenn die gemittelte Ersatzbiegesteifigkeit zu $(1/1{,}1 \approx 0{,}9) \cdot \max EI$ angesetzt wird.

c) Einfeldträger mit veränderlicher Biegesteifigkeit ohne Anpassung an den Momentenverlauf unter einer Gleichlast q

Die mittige Durchbiegung beträgt:

$$\max f = \left(1 + \frac{3}{25}\gamma\right)\frac{5}{48}\cdot\frac{Ml^2}{EI_m} \tag{37}$$

Hierin bedeutet:

$$\gamma = \frac{I_m - I_0}{I_0} \qquad (38)$$

I_m: Trägheitsmoment in Trägermitte, I_0: Trägheitsmoment an den Trägerenden.
Wie in G.36 kann diese Formel auch dann angewendet werden, wenn der Momentenverlauf nicht streng sondern nur näherungsweise parabelförmig ist, dann ist für M das max Feldmoment einzusetzen. (Die Formel unterstellt, daß der Reziprokwert von I(x) einer quadratischen Parabel folgt.)

13.4 Trägerstöße

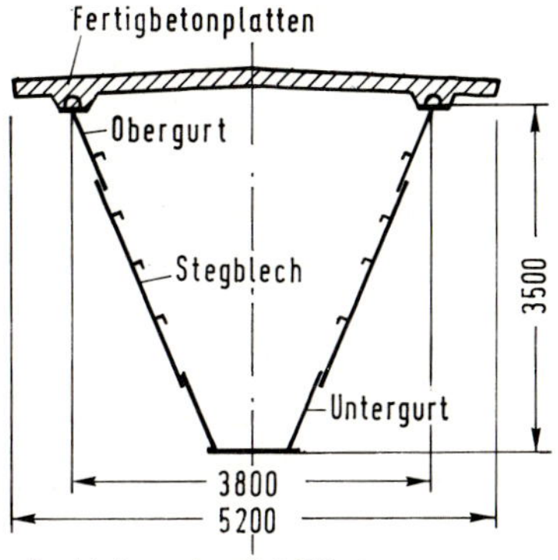

Dachträger des Hbf München
(Feldquerschnitt)
Bild 31

13.4.1 Allgemeines

Trägerstöße sind aus zwei Gründen erforderlich:

a) Die Profillängen und Blechabmessungen sind begrenzt;
b) Transport und Montage erlauben nur beschränkte Maße und Gewichte.

Am Beispiel des Dachträgers der Bahnhofshalle des Hbf München läßt sich die Notwendigkeit von Trägerstößen verdeutlichen (Bild 31): Die Länge der Dachbinder (Zweifeldträger) beträgt 2x70=140m. Ober- und Untergurte wurden zu je 20m Länge in der Werkstatt gefertigt und antransportiert. Vor München wurden sie auf einem Bauplatz zu 20m langen Trägersektionen zusammengeschweißt und in den Bahnhof eingefahren (Gewicht: 17 bis 25t). Die Sektionen untereinander wurden mittels hochfester Schrauben gleitfest verbunden (Montagestöße). Die Stegbleche bestehen aus St37, Dicke t=6, 8 umd 10mm; die Gurte bestehen aus St52. Als Verbindungsart der Längsstöße wurden Überlappstöße mittels Kehlnähten gewählt. Im Feldbereich wurden Fertigbetonplatten, Breite 1,658m, nach Montage der Stahlträger, aufgelegt und die Nischen für die Verbunddübel vergossen; es handelt sich somit um einen Stahlverbundquerschnitt.

Man unterscheidet Werkstattstöße und Montagestöße.

Werkstattstöße sind durch die beschränkten Längen der Walzerzeugnisse bedingt; Regellängen: I- und [-Stahl 6-15m; L- und T-Stahl 6-12m; Breitflachstahl 4-12m, Breite 150mm bis 1250mm. Überlängen sind gegen Aufpreis lieferbar, auch mit Vorkrümmungen. Die Stöße der einzelnen Trägerteile (Flansche, Gurte, Steg) liegen bei geschweißten Vollwandträgern im Falle von Werkstattstößen i.a. an unterschiedlichen Stellen.

Montagestöße (auch Baustellen-, Voll-, Gesamt- oder Universalstöße genannt) sind durch Verlade-, Transport-, Montage- und Gewichtsbeschränkungen bedingt. Beim Transport sind Lichtraumprofil und Kurvenkrümmungen auf Eisenbahnen und Straßen sowie die Tragkräfte der Hebezeuge und Transportmittel zu berücksichtigen.

13.4.2 Geschweißte Trägerstöße

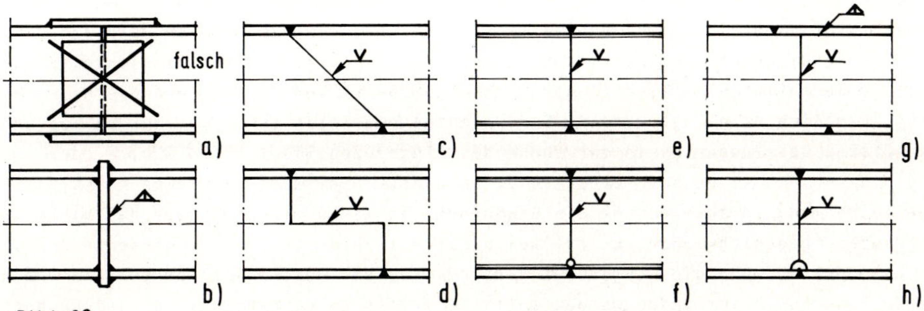

Bild 32

In der Werkstatt gefertigte Stöße werden i.a. geschweißt, auf der Baustelle gefertigte Stöße werden auch geschweißt, häufiger geschraubt. Beim schweißgerechten Werkstattstoß werden die Einzelteile senkrecht zur Achse stumpf gestoßen. Durch einen Stumpfstoß erzielt man einen weitgehend ungestörten "Kraftfluß"; das sollte stets angestrebt werden, insbesondere bei Konstruktionen für nicht vorwiegend ruhende Beanspruchung. Stumpfstöße erfordern mindestens Stahlgütegruppe 2 (siehe Abschnitt 8.5.2).
Eine Stoßdeckung mit aufgeschweißten Stoßlaschen ist eine von der Nietbauweise übernommene falsche Bauweise: Der Spannungszustand ist insgesamt unklar, es treten hohe Schweißeigenspannungen auf (Bild 32a). - Die Anordnung einer zwischenliegenden Stoßplatte mit beidseitig profilumfahrender Kehlnaht (oder K- bzw. K-Stegnaht) ist ebenfalls nicht unproblematisch: Bei Dopplungen oder Lamellartrennungen in der Platte besteht Aufreißgefahr senkrecht zur Walzrichtung (Teilbild b). - Die Ausführung von Schräg- oder Zick-Zack-Stumpfnähten im Steg gilt als veraltet (Teilbilder c und d). Derartige Nähte wurden ehemals gelegentlich ausgeführt; dabei ging man davon aus, daß durch eine schräge oder versetzte Lage des Stoßes eine höhere Sicherheit zu erreichen sei. Diese Vorstellung ist irrig, denn wenn sich auf der Biegezugseite im Stumpfstoß ein Anriß (aus welchen Gründen auch immer) ausbildet, ist die Sicherheit an dieser Stelle allein davon abhängig, ob der Grundwerkstoff (in der WEZ) fähig ist, den Riß aufzufangen oder nicht. Bei verminderter Verformungszähigkeit kommt es zu einer Rißfortpflanzung (im ungünstigsten Falle zu einem Sprödbruch), ganz gleich, ob sich die anschließende Naht im Steg senkrecht oder schräg fortsetzt. - Die Ausführung eines durchgehenden Trägerstoßes gilt beim heutigen Stand der Schweißtechnik als fertigungs- und beanspruchungsgerecht. Hinsichtlich der Ausführung solcher Stöße sind gleichwohl gewisse Auflagen zu beachten:

a) Stumpfstoß in Formstählen (Bild 32e): Vom Grundsatz her sollten auf Zug- und Biegezug beanspruchte Stumpfstöße in Formstählen, wie I- und [-Profilen, vermieden werden. Das gilt auch für Stabstähle, wie T- und L-Profile. Wenn sie dennoch ausgeführt werden müssen, sind die Nähte sorgfältig vorzubereiten. Die Schweißung im Herzbereich der Flansche ist schwierig; hier ergibt sich eine Anhäufung von Schweißwerkstoff, insbesondere bei dicken Flanschen und [-Profilen. Es wurden auch schon Bohrungen in der Hohlkehle zwischen Steg und Flansch vorgeschlagen, um ein Gegenschweißen des Flansches zu ermöglichen. Die hierdurch entstehende lokale Störung des Spannungszustandes ist ungünstig (insbesondere bei nicht vorwiegend ruhender Beanspruchung); außerdem ist die Stelle schmutz- und korrosionsanfällig (Teilbild f). - Auf die DASt-Richtlinie 009 "Empfehlungen zur Wahl der Stahlgütegruppen für geschweißte Stahlbauten" wird hingewiesen. Es sollte mindestens beruhigter, bei dicken Flanschen doppeltberuhigter Stahl verwendet werden. Ggf. empfiehlt es sich, im Zugbereich die Stumpfnaht zu durchstrahlen; das setzt eine Bohrung gemäß Teilbild f voraus. - Im Vergleich zum Grundmaterial gelten für die Schweißnaht in jedem Falle geringere Tragspannungen; eine volle Ausnutzung des Profils an der Stoßstelle ist damit nicht möglich; die Stoßstelle sollte daher innerhalb niedrig beanspruchter Bereiche liegen (vgl. DIN 18800 T1, 11.90, (830)).
b) Stumpfstoß in geschweißten Vollwandträgern (Bild 32g): Beim durchgehenden Stumpfstoß ist zu beachten, daß sich durch die Kreuzung der Stumpfnaht mit den Halsnähten eine Schweißnahthäufung ergibt. Ein gegenseitiger Versatz der Nähte, wie in Bild 32g dargestellt, ist deshalb beim Werkstattstoß anzustreben, vielfach ergibt er sich ganz von selbst. Die Gurtplatten sollten in der Werkstatt zuerst verschweißt und die Halsnähte zum Steg anschließend gelegt werden. Sofern entgegengesetzt gefertigt werden muß und der Stumpfstoß des Zuggurtes in der Ebene des Stegstoßes liegt (Bild 32h) - oder auch außerhalb davon -, ist es ggf. zweckmäßig, an dieser Stelle im Steg eine halbkreisförmige Ausnehmung vorzusehen, um die Stumpfnaht in der Gurtplatte über die ganze Breite auskreuzen, gegenschweißen und fallweise durchstrahlen zu können. Diese Lösung ist auch dann günstig, wenn die Stumpfnaht nur vom Steg her geschweißt werden kann und ein Schweißen "überkopf" vermieden werden soll. Es treten dabei dann aber dieselben Nachteile hinsichtlich der Kerbwirkung auf, wie oben im Zusammenhang mit Bild 32f besprochen.

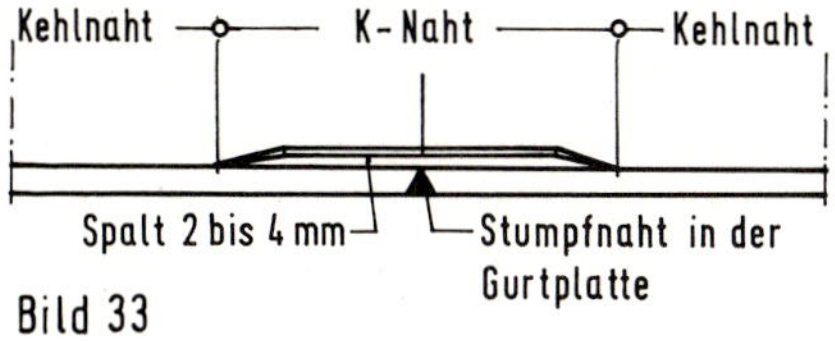

Bild 33

Zweckmäßig ist es in solchen Fällen (also z.B. immer bei Montagevollstößen), die Halsnähte beidseitig der Stoßstelle jeweils über eine Länge von etwa 150 bis 250mm als K-Nähte auszuführen (Bild 33). Dazu wird die Berandung des Stegbleches mit flachen Übergängen und einer K-Nahtfuge angefast. Erst nach Legen der Stumpfnaht im Gurt (einschließlich Abschleifen, Gegenschweißen und Durchstrahlen) wird die Fuge zum Stegblech geschlossen. Die mit dem Legen der Stumpfnaht in der Gurtplatte einhergehende Schrumpfung verteilt sich bei diesem Vorgehen über eine größere Länge der Gurtplatte; die sich einstellenden Eigenspannungen fallen dadurch geringer aus.

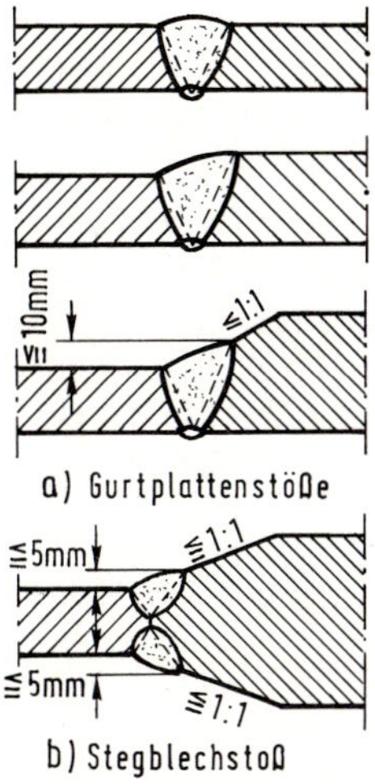

Bild 34

Die Anpassung der Gurte an die Momentenbeanspruchung kann entweder durch eine variable Dicke oder eine veränderliche Anzahl der Gurtplatten geschehen. Im Regelfall werden die Gurtplatten mittels V-Nähten gestoßen (Bild 34a). Ändert sich die Dicke zweier Gurtplatten (oder Stegbleche), so dürfen Dickenunterschiede unter 10mm in der Naht ausgeglichen werden, bei größeren Dickenunterschieden sind die vorstehenden Kanten mit einer Neigung 1:1 oder flacher zu brechen, vgl. Bild 34b. Soll bei wechselnder Gurtplattendicke die Außenkontur durchgehend erhalten bleiben, ist die Berandung des Stegbleches entsprechend zuzuschneiden. - Die Nähte von Stößen aufeinander liegender Gurtplatten sind - wie oben erwähnt - nach Möglichkeit vor dem Zusammenbau je für sich zu verschweißen und in der gemeinsamen Ebene blecheben zu bearbeiten. Die Stoßstellen können versetzt oder übereinander liegen. - Bei Montagestößen liegen die Stumpfstöße bei mehreren übereinanderliegenden Gurtplatten zwangsweise an derselben Stelle. Vor dem Verschweißen werden sie durch Stirnfugennähte untereinander verbunden; zudem bedarf es besonderer Fugenvorbereitungen. Bild 35 zeigt Beispiele. Die Stirnfugennähte

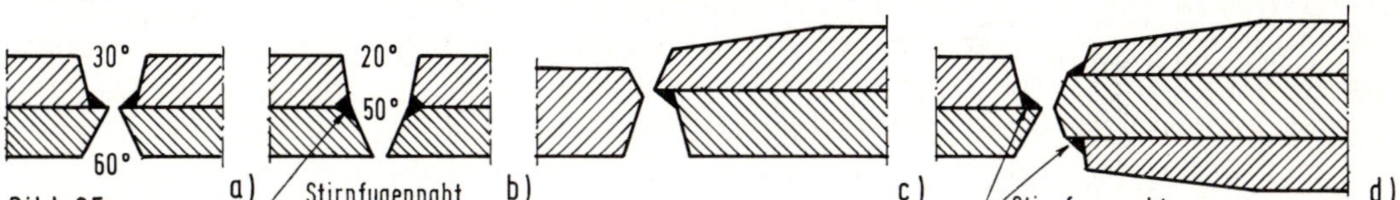

Bild 35

müssen ausreichend dick ausgeführt sein (etwa a=5 bis 8mm), damit sie beim Legen der eigentlichen Stumpfnähte nicht (bis zur Wurzel) wieder aufgeschmolzen werden; in diesem Falle würden die Gurtplatten aufklaffen. Gurtplattenstöße dieser Art erfordern große Sorgfalt und werden i.a. mit einer Maßnahme gemäß Bild 33 kombiniert.

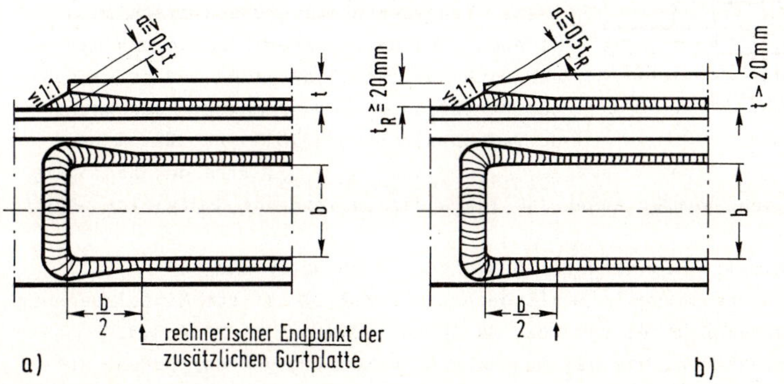

Bild 36

Am Ende zusätzlicher Gurtplatten sind die Flankenkehlnähte um die Stirnseiten herumzuführen. Die stirnseitige Naht nennt man Stirnflankennaht. Jede zusätzliche Gurtplatte ist mit einer gewissen Länge über den rechnerisch erforderlichen Endpunkt hinaus zu verlängern. Diese zusätzliche Verlängerung wird gleich der halben Gurtplattenbreite gewählt.

Bild 36 zeigt schweißgerechte Ausführungen in Abhängigkeit von der Gurtplattendicke. Die Flankenkehlnaht wird über die Länge b/2 auf 0,5·t aufgedickt, Neigung 1:1 oder flacher. Die Ecken der Gurtplatte werden gebrochen. Durch diese Vorbindung ist sichergestellt, daß die zusätzliche Gurtplatte im Abstand b/2 voll wirksam ist.
Ergänzend sei erwähnt, daß bei Trägern unter nicht vorwiegend ruhender Beanspruchung, wie im Kranbahn- und Brückenbau, wegen des von den querlaufenden Stirnkehlnähten ausgehenden scharfen Kerbeinflusses, strengere Auflagen gelten, vgl. DS804. - Steg-Längsstöße werden i.a. als Stumpfstöße ausgebildet. Ob ein Überlappstoß wirtschaftlicher ist, muß im Einzelfall geprüft werden: Bei dieser Stoßform bedarf es bei Montagestößen i.a. einer Vorheftung mittels einer Heftschraubenreihe. Es sind zwei Kehlnähte erforderlich; jede ist für die volle Schubkraft nachzuweisen. Die Überlappbreite beträgt etwa 50 bis 100mm. Solche Nähte wurden und werden sowohl für den Längsstoß von Trägerstegen als für die Längsstöße von Kastenträgergurten ausgeführt. Für Konstruktionen mit nicht vorwiegend ruhender Beanspruchung sind sie wegen der erhöhten Kerbwirkung weniger geeignet. Bei der Ausbildung der Steifen ist der Achs- bzw. Blechversatz zu berücksichtigen. Insgesamt ist der Überlappstoß etwas korrosionsgefährdeter und schwieriger zu unterhalten, insbesondere dann, wenn Heftschrauben erforderlich sind und in der Konstruktion verbleiben.

13.4.3 Geschraubte Trägerstöße

Geschraubte Stöße kommen praktisch ausschließlich als Montagestöße zum Einsatz. (Die ehemals in der Nietbauweise entwickelten Ausführungs- und Berechnungsgrundsätze können übernommen werden; früher mußten auch Werkstattstöße genietet werden.) Die einzelnen Teile (Gurtplatten, Stegblech) sind nach Möglichkeit unmittelbar, je für sich und für die anteilige Kraft zu stoßen. Im Falle

$$A_{\text{Stoßlasche}} \geq A_{\text{Profil}} \quad \text{und} \quad I_{\text{Stoßlasche}} \geq I_{\text{Profil}} \tag{39}$$

spricht man von einem Flächenstoß, wenn gleichzeitig die volle Querschnittstragfähigkeit durch Verbindungsmittel abgedeckt wird. Ein solcher Flächenstoß war früher vorgeschrieben. Heute werden die Querschnittsteile und Verbindungsmittel der Stoßlaschen für die lokal wirksamen Schnittgrößen ausgelegt: Kraftstoß. Es ist dabei darauf zu achten, insbesondere bei Stößen im Bereich von Momenten- oder Querkraftnullpunkten, daß die Stoßdeckung für eine ausreichende Steifigkeit und Tragfähigkeit ausgebildet wird. - Neben den nachstehend behandelten Laschenstößen kommen, insbesondere für Walzträger, Kopfplattenstöße mit hochfesten Schrauben zum Einsatz; vgl. hierzu Abschnitt 14.

13.4.3.1 Gurtplattenstöße

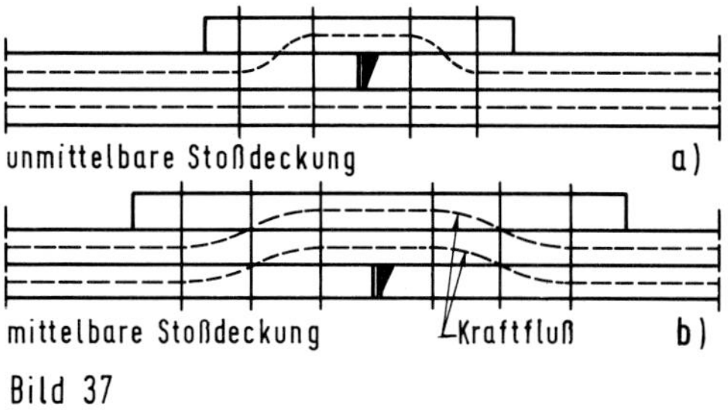

Bild 37

Zur Stoßdeckung dienen Stoßlaschen. Man unterscheidet unmittelbare (direkte) und mittelbare (indirekte) Stoßdeckung, vgl. Bild 37. Bei unmittelbarer Stoßdeckung liegt die Stoßlasche direkt über der Fuge, diese Stoßdeckung ist grundsätzlich anzustreben. Bei mittelbarer Stoßdeckung befinden sich zwischen Stoßlasche und zu stoßendem Gurtblech eine oder mehrere durchgehende Zwischenlagen (Teilbild b). Wählt man $A_{\text{Stoßlasche}}=A_{\text{Gurtplatte}}$, wird der Bedingung G.39 genügt, weil die Stoßlasche weiter außen liegt als die zu stoßende Gurtplatte. Die Anzahl der Schrauben wird bei

- Flächendeckung auf die maximale Tragkraft der gestoßenen Gurtplatte und bei
- Kraftdeckung auf die vorhandene maximale Kraft bezogen: $S=\sigma\cdot A$, σ ist die Mittelspannung in der Gurtplatte, A ist deren Fläche; vgl. das Beispiel in Abschnitt 13.4.3.3.

Bild 38 zeigt sogenannte Stufenstöße, die bei Montagestößen mehrlagiger Gurtpakete auftreten: a) Symmetrischer Stufenstoß, unmittelbare Stoßdeckung sämtlicher Fugen,

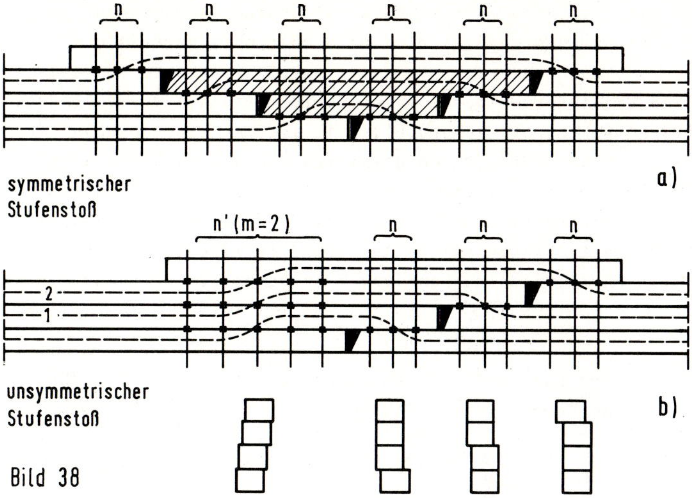

Bild 38

b) Unsymmetrischer Stufenstoß, linksseitig mittelbare, rechtsseitig unmittelbare Stoßdeckung. Wie aus dem unteren Bildteil hervorgeht, werden die Schraubenschäfte bei mittelbarer Stoßdeckung in sämtlichen Schnitten beansprucht, bei unmittelbarer Stoßdeckung jeweils nur in einem Schnitt. Wegen der größeren Nachgiebigkeit im erstgenannten Falle wird die rechnerisch erforderliche Schraubenzahl n auf n' erhöht:

$$n' = (1 + 0{,}3m)n \tag{40}$$

m ist die Anzahl der Zwischenlagen. In Bild 38b ist m=2. Haben im betrachteten Stoß die Gurtplatten unterschiedliche Dicke, sind Futterstücke erforderlich; sie gelten bei mehr als 6mm Dicke als Zwischenlage. In GVP-Verbindungen mit vorgespannten hochfesten Paßschrauben, bedarf es keiner Erhöhung der Schraubenzahl von n auf n'. - Gurtplatten sind an den Enden mit mindestens zwei Schraubenreihen vorzubinden, davon kann die zweite mit dem rechnerischen Ende der Gurtplatte zusammenfallen; vgl. DIN 18800 T1, 11.90 (511).

13.4.3.2 Stegblechstöße

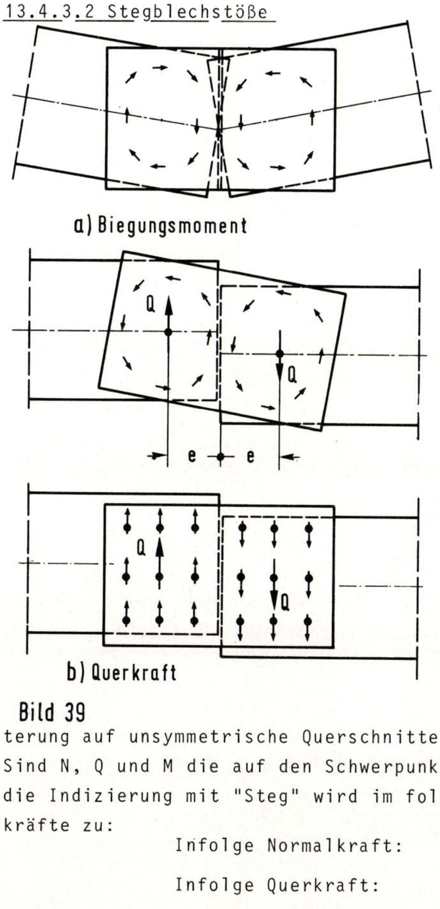

a) Biegungsmoment

b) Querkraft

Bild 39

Ein Stegblechstoß unterliegt i.a. mindestens einer zweifachen Beanspruchung (Bild 39). Erstens ist das anteilige, auf das Stegblech entfallende Biegemoment abzusetzen:

$$M\frac{I_{Steg}}{I} \tag{41a}$$

Zweitens ist die gesamte Querkraft zu übertragen. Ist Q die Querkraft an der Stoßstelle, entsteht durch den Versatz der Anschlußmittel gegenüber der Fuge das Moment

$$\pm Qe \tag{41b}$$

e ist der Abstand zwischen der Stoßfuge und dem Schwerpunkt des Schraubenbildes; das anzuschliessende Moment beträgt damit:

$$M_{Steg} = M\frac{I_{Steg}}{I} \pm Qe \tag{42}$$

Sofern eine Normalkraft wirkt, ist deren Steganteil als dritter Beitrag zu decken:

$$N_{Steg} = N\frac{A_{Steg}}{A} \tag{43}$$

Zur Herleitung der G.41a und 43 und ihrer Erweiterung auf unsymmetrische Querschnitte vgl. Abschnitt 4.2.7 u. 4.4 (1. Beispiel). Sind N, Q und M die auf den Schwerpunkt des Schraubenbildes bezogenen Anschlußgrößen (auf die Indizierung mit "Steg" wird im folgenden verzichtet), berechnen sich die Schraubenkräfte zu:

Infolge Normalkraft: $$N_i^N = N/n \tag{44}$$

Infolge Querkraft: $$N_i^Q = Q/n \tag{45}$$

N_i^N wirkt in Längsrichtung und N_i^Q in Querrichtung des Stegbleches (vgl. Bild 39b). n ist die Anzahl der Schrauben je Stoßseite (in Bild 39 ist n=9). Mit vorstehenden Formeln wird unterstellt, daß sich die Anschlußkräfte gleichförmig auf alle Schrauben verteilen.
Um die Schraubenkräfte infolge M zu berechnen, wird die am weitesten vom Schwerpunkt des Schraubenbildes entfernte Schraube eines der beiden Schraubenbilder links oder rechts von der Stoßfuge betrachtet. Sie wird am höchsten beansprucht, weil sie bei einer Drehung des (als starr betrachteten) Stoßbleches die größte Verformung erleidet. Sie erhält die Nummer "1". Unter der Annahme, daß die Schraubenkräfte vom Schwerpunkt des Schraubenbildes aus geradlinig verteilt sind, gilt für irgendeine Schraube i in bezug zur Schraube 1:

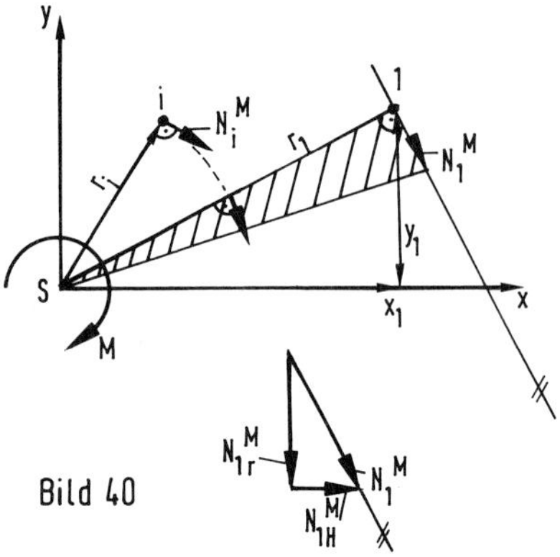

Bild 40

$$\frac{N_i^M}{N_1^M} = \frac{r_i}{r_1} \quad \longrightarrow \quad N_i^M = N_1^M \frac{r_i}{r_1} \tag{46}$$

Wird über alle Schraubenkräfte summiert, folgt für das Moment (vgl. Bild 40):

$$M = \sum_{i=1}^{n} N_i^M \cdot r_i = \sum_{i=1}^{n} N_1^M \cdot \frac{r_i^2}{r_1} = \frac{N_1^M}{r_1} \sum_{i=1}^{n} r_i^2 \quad \longrightarrow \quad N_1^M = M \frac{r_1}{\sum\limits_{i=1}^{n} r_i^2} \tag{47}$$

Alle Schraubenkräfte stehen senkrecht auf den zugehörigen Radiusvektoren. i ist die Laufvariable und n die Anzahl der Schrauben. Die Kraft N_1^M wird in ihre horizontale und vertikale Komponente zerlegt:

$$N_{1H}^M = N_1^M \cdot \frac{y_1}{r_1} = M \cdot \frac{y_1}{\sum\limits_{i=1}^{n} r_i^2} \; ; \qquad N_{1V}^M = N_1^M \cdot \frac{x_1}{r_1} = M \cdot \frac{x_1}{\sum\limits_{i=1}^{n} r_i^2} \tag{48}$$

(Der Nenner in diesen Formeln wird gelegentlich auch mit $I_p = \sum^{n} r_i^2$ abgekürzt.) Die maßgebende größte Schraubenkraft erhält man unter Berücksichtigung der Komponentenrichtungen mittels vektorieller Addition:

$$N_1 = \sqrt{\left(\frac{N}{n} + N_{1H}^M\right)^2 + \left(\frac{Q}{n} + N_{1V}^M\right)^2} \tag{49}$$

Die Beanspruchung der Schrauben ist im Regelfall zweischnittig.

Für hohe schmale Schraubenbilder läßt sich unter Vernachlässigung der vertikalen Komponenten N_{iV}^M und bei gleichen Lochabständen e und gleichen Schraubendurchmessern d eine vereinfachte Rechenanweisung herleiten. Ausgehend von G.47 ergibt sich für eine Schraubenreihe:

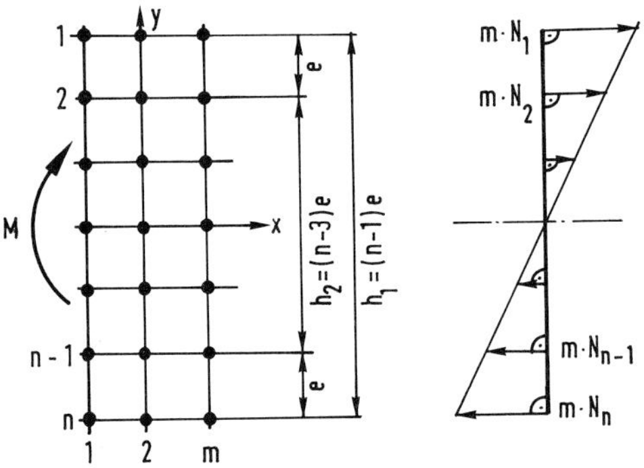

Bild 41

$$M = N_1^M \cdot \frac{\sum r_i^2}{r_1} = N_1^M \cdot \frac{\sum (x_i^2 + y_i^2)}{\sqrt{x_1^2 + y_1^2}} \approx N_1^M \cdot \frac{\sum y_i^2}{y_1} \tag{50}$$

Mit

$$y_i = \frac{h_i}{2}, \quad y_1 = \frac{h_1}{2} \tag{51}$$

(vgl. Bild 41), worin h_i der <u>gegenseitige</u> Abstand zugeordneter Schraubenreihen i ist, folgt:

$$M = N_1^M \cdot \frac{\sum h_i^2}{2 h_1} \tag{52}$$

Ist m die Zahl der parallel nebeneinander liegenden Schraubenreihen, gilt:

$$M = N_1^M \cdot m \cdot \frac{\sum h_i^2}{2 h_1} \quad \longrightarrow \quad N_1^M = \frac{M}{h_1} \cdot \frac{2 h_1^2}{m \sum\limits_{i=1}^{n} h_i^2} = \frac{M}{h_1} f_p \quad (p = \text{parallel}) \tag{53}$$

Anzahl der Schrauben oder Niete in der längeren Reihe	Schraubung oder Nietung						
	einreihig	zweireihig		dreireihig		vierreihig	
	f_1	f_{2v}	f_{2p}	f_{3v}	f_{3p}	f_{4v}	f_{4p}
2	1,00000	1,00000	0,50000	0,50000	0,33333	0,50000	0,25000
3	1,00000	0,80000	0,50000	0,44444	0,33333	0,40000	0,25000
4	0,90000	0,64286	0,45000	0,37500	0,30000	0,32143	0,22500
5	0,80000	0,53333	0,40000	0,32000	0,26667	0,26667	0,20000
6	0,71429	0,45455	0,35714	0,27776	0,23810	0,22727	0,17857
7	0,64286	0,39560	0,32143	0,24490	0,21429	0,19780	0,16071
8	0,58333	0,35000	0,29167	0,21875	0,19444	0,17500	0,14583
9	0,53333	0,31373	0,26667	0,19753	0,17778	0,15686	0,13333
10	0,49091	0,28421	0,24545	0,18000	0,16364	0,14210	0,12273
11	0,45455	0,25974	0,22727	0,16529	0,15152	0,12987	0,11364
12	0,42308	0,23915	0,21154	0,15278	0,14103	0,11957	0,10577
13	0,39560	0,22154	0,19780	0,14201	0,13187	0,11077	0,09890
14	0,37143	0,20635	0,18572	0,13265	0,12381	0,10318	0,09286
15	0,35000	0,19310	0,17500	0,12444	0,11667	0,09655	0,08750
16	0,33088	0,18145	0,16544	0,11717	0,11029	0,09073	0,08272
17	0,31373	0,17112	0,15686	0,11073	0,10458	0,08556	0,07843
18	0,29826	0,16190	0,14912	0,10494	0,09942	0,08095	0,07456
19	0,28421	0,15363	0,14210	0,09972	0,09474	0,07682	0,07105
20	0,27143	0,14615	0,13571	0,09500	0,09048	0,07308	0,06786
21	0,25974	0,13937	0,12987	0,09070	0,08658	0,06969	0,06494
22	0,24901	0,13319	0,12451	0,08678	0,08300	0,06660	0,06225
23	0,23913	0,12754	0,11957	0,08318	0,07971	0,06377	0,05978
24	0,23000	0,12234	0,11500	0,07986	0,07667	0,06117	0,05750
25	0,22154	0,11755	0,11077	0,07680	0,07385	0,05878	0,05538
26	0,21368	0,11312	0,10684	0,07396	0,07123	0,05656	0,05342
27	0,20635	0,10901	0,10318	0,07133	0,06878	0,05451	0,05159
28	0,19951	0,10519	0,09975	0,06888	0,06650	0,06260	0,04988
29	0,19310	0,10163	0,09655	0,06659	0,06437	0,05082	0,04828
30	0,18710	0,09830	0,09355	0,06444	0,06237	0,04915	0,04677
31	0,18145	0,09519	0,09073	0,06243	0,06048	0,04760	0,04536
32	0,17614	0,09226	0,08807	0,06055	0,05871	0,04613	0,04403
33	0,17112	0,08951	0,08556	0,05877	0,05704	0,04475	0,04278
34	0,16639	0,08692	0,08319	0,05709	0,05546	0,04346	0,04160
35	0,16190	0,08447	0,08075	0,05551	0,05397	0,04224	0,04048
36	0,15766	0,08216	0,07883	0,05401	0,05255	0,04108	0,03941
37	0,15363	0,07997	0,07682	0,05259	0,05121	0,03998	0,03841
38	0,14980	0,07789	0,07490	0,05125	0,04993	0,03895	0,03745
39	0,14615	0,07592	0,07308	0,04997	0,04872	0,03796	0,03654
40	0,14268	0,07405	0,07134	0,04875	0,04756	0,03703	0,03567
41	0,13937	0,07227	0,06969	0,04759	0,04646	0,03614	0,03484
42	0,13621	0,07057	0,06811	0,04649	0,04540	0,03528	0,03405
43	0,13319	0,06895	0,06660	0,04543	0,04440	0,03447	0,03330
44	0,13030	0,06740	0,06515	0,04442	0,04341	0,03370	0,03258
45	0,12754	0,06592	0,06377	0,04346	0,04251	0,03296	0,03108
46	0,12488	0,06450	0,06244	0,04253	0,04163	0,03225	0,03122
47	0,12234	0,06314	0,06117	0,04105	0,04078	0,03157	0,03059
48	0,11990	0,06184	0,05995	0,04080	0,03997	0,03092	0,02997
49	0,11755	0,06069	0,05878	0,03998	0,03918	0,03030	0,02939
50	0,11530	0,06939	0,05765	0,03920	0,03843	0,02970	0,02882

Bild 42

n ist hier die Schraubenanzahl einer Reihe! Für m=1 läßt sich f_{1p} als Summenwert einer geometrischen Reihe darstellen ($h_1 = (n-1)e$):

$$f_{1p} = \frac{2h_1^2}{\sum\limits_{i=1}^{n} h_i^2} =$$

$$= \frac{2(n-1)^2 \cdot e^2}{(n-1)^2 \cdot e^2 + (n-3)^2 e^2 + (n-5)^2 e^2 + \cdots} =$$

$$= \frac{6(n-1)}{n(n+1)}; \quad f_{mp} = \frac{f_{1p}}{m} \qquad (54)$$

Für versetzt nebeneinander liegende Schraubenreihen läßt sich ein entsprechender f-Wert ableiten: f_{mv}, (v≙versetzt). In der Tabelle des Bildes 42 sind die f_{mp}- und f_{mv}-Werte tabelliert. Damit kann die maximale Randschraubenkraft infolge Biegemomentenbeanspruchung berechnet werden:

$$N_1^M = \frac{M}{h_1} f \qquad (55)$$

Gemäß Definition hat N_1^M die Richtung der Trägerachse. Anstelle G.49 gilt demnach:

$$N_1 = \sqrt{\left(\frac{N}{n} + N_1^M\right)^2 + \left(\frac{Q}{n}\right)^2} \qquad (56)$$

Die Stoßlaschen werden für die anteiligen Schnittgrößen -unter Berücksichtigung der Lochschwächungen- nachgewiesen; sie sollten grundsätzlich die gesamte Stegblechhöhe erfassen.

13.4.3.3 Beispiel: Geschraubter Vollstoß eines Hochbauträgers

Ein Walzprofil HE450B (IPB450) aus St37 ist für folgende Schnittgrößen unter γ_F-ψ-facher Einwirkung zu stoßen:

$$M = 400\,kNm, \quad Q = -200\,kN, \quad N = 1350\,kN \text{ (Zug)}$$

a) Anteilige Schnittgrößen

HE 450 B : $A = \underline{218\,cm^2}$; $I = \underline{79890\,cm^4}$

$A_{Steg} = 1{,}4(45{,}0 - 2 \cdot 2{,}6) = 1{,}4 \cdot 39{,}8 = \underline{55{,}72\,cm^2}$, $I_{Steg} = 1{,}4 \cdot 39{,}8^3/12 = \underline{7355\,cm^4}$

$A_{Flansch} = 218 - 55{,}72 = \underline{162{,}28\,cm^2}$

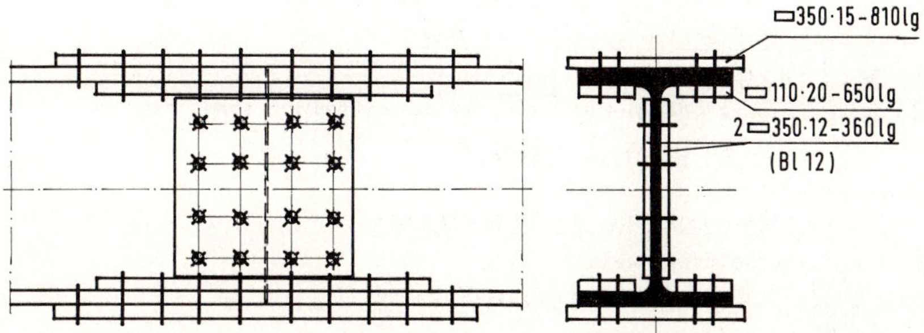

a) Ansicht b) Schnitt Bild 43

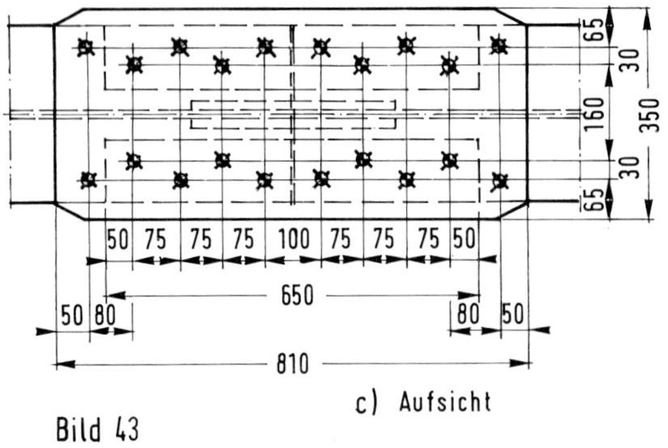

Bild 43

Bild 43 zeigt den Entwurf der Stoßausbildung; in Bild 44 ist der Stegblechstoß vermaßt. Gegenüber der Stoßfuge beträgt der Abstand des Schwerpunktes des Schraubenbildes:

$$e = 50 + 80/2 = 90\,\text{mm}\ (0{,}09\,\text{m})$$

Vgl. hierzu auch Bild 39. Ausgehend von den Formeln G.41 bis 45 werden die von der Stegverlaschung aufzunehmenden Schnittgrößen berechnet. Die auf die Flansche entfallenden anteiligen Größen ergeben sich als Differenz zu den Gesamtschnittgrößen:

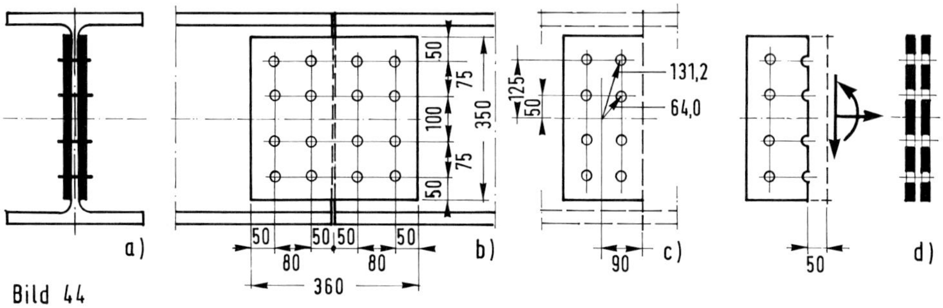

Bild 44

$$M_{Steg} = 400 \cdot 7355/79890 + 200 \cdot 0{,}09 = 36{,}8 + 18{,}0 = \underline{54{,}8\,\text{kNm}};\quad M_{Flansch} = 400 - 36{,}8 = \underline{363{,}2\,\text{kNm}}$$

$$Q_{Steg} = \underline{200\,\text{kN}};\quad N_{Steg} = 1350 \cdot 55{,}72/218 = \underline{345{,}1\,\text{kN}};\quad N_{Flansch} = 1350 - 345{,}1 = \underline{1004{,}9\,\text{kN}}$$

b) Stegblechstoß; b1) Nachweis der Verschraubung (Bild 44c):

$$N_1^N = 345{,}1/8 = \underline{43{,}1\,\text{kN}};\quad N_1^Q = 200/8 = \underline{25{,}0\,\text{kN}}$$

$$N_1^M = 5480 \cdot \frac{13{,}1}{4(13{,}1^2 + 6{,}4^2)} = \underline{84{,}4\,\text{kN}};\quad N_{1H}^M = 84{,}4 \cdot \frac{125}{131{,}2} = \underline{80{,}4\,\text{kN}};\quad N_{1V}^M = 84{,}4 \cdot \frac{40}{131{,}2} = \underline{25{,}7\,\text{kN}}$$

$$N_1 = \sqrt{(\underbrace{43{,}1 + 80{,}4}_{123{,}5})^2 + (\underbrace{25{,}0 + 25{,}7}_{50{,}7})^2} = \underline{133{,}5\,\text{kN}}$$

Gewählt: Paßschrauben M24-5.6. Nachweis auf Abscheren und Lochleibungsbruch im Stegblech

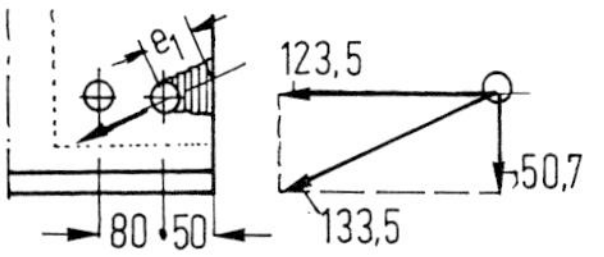

(Stegdicke 14mm), d_L=25mm, vgl. Abschnitt 9.3.5.2 und Tafel 9.2:

$$V_a = 133{,}5/2 = \underline{66{,}7\,\text{kN}} < V_{a,R,d} = \underline{133{,}9\,\text{kN}}$$

Die Abstände e_1, e_2, e_3 und e sind größer als die Mindestwerte. Für die Bestimmung von α_l wird e_1 zu 50mm und e zu 80mm angesetzt, real sind sie etwas größer. Maßgebend ist:

$$\alpha_l = 1{,}10 \cdot \frac{50}{25} - 0{,}30 = 2{,}20 - 0{,}30 = \underline{1{,}90} \longrightarrow V_l = \underline{133{,}5\,\text{kN}} < V_{l,R,d} = 1{,}90 \cdot 1{,}4 \cdot 54{,}6 = \underline{145{,}2\,\text{kN}}$$

b2) Nachweis der Stoßlaschen; hier 12mm, vgl. Bild 44d:

$$A - \Delta A = 2(1{,}2 \cdot 35 - 4 \cdot 1{,}2 \cdot 2{,}5) = 2(42{,}0 - 12{,}0) = \underline{60\,\text{cm}^2}$$

$$I - \Delta I = 2(1{,}2 \cdot 35^3/12 - 2 \cdot 1{,}2 \cdot 2{,}5 \cdot 5{,}0^2 - 2 \cdot 1{,}2 \cdot 2{,}5 \cdot 12{,}5^2) = 2(4288 - 150 - 938) = 2 \cdot 3200 = \underline{6400\,\text{cm}^4}$$

$$W = 6400/17{,}5 = \underline{365{,}7\,\text{cm}^3}$$

Moment in der Lochbruchlinie:

$$M = 36{,}8 + 200 \cdot 0{,}05 = 36{,}8 + 10{,}0 = \underline{46{,}8\,\text{kNm}}$$

Spannungsnachweis (Tragsicherheitsnachweis):

$$\sigma = \frac{345{,}1}{60} \pm \frac{4680}{365{,}7} = +5{,}75 \pm 12{,}80 = +18{,}55\,\text{kN/cm}^2,\quad \tau = \frac{200}{60} = 3{,}30\,\text{kN/cm}^2$$

$$\sigma_V = \sqrt{18{,}55^2 + 3 \cdot 3{,}30^2} = \underline{19{,}4\,\text{kN/cm}^2} < \frac{24}{1{,}1} = \underline{21{,}8\,\text{kN/cm}^2}$$

c) Stoß der Trägerflansche. Im oberen bzw. unteren Trägerflansch treten folgende Kräfte auf: Infolge N:

$N^N = 1004{,}9/2 = \underline{502{,}5\,kN}$

Infolge M: $N^M = \pm 363{,}2/(0{,}450 - 0{,}026) = \underline{\pm 856{,}6\,kN}$

Summe: $N = 502{,}5 + 856{,}6 = \underline{1359{,}1\,kN}$

Als alternative Berechnungsform für N^M kann von der Biegespannung des Gesamtquerschnittes ausgegangen werden. In der Schwerachse des Flansches beträgt diese Spannung:

$$\sigma_{Flanschmitte} = \pm \frac{40000}{79890}(22{,}5-1{,}3) = \pm 10{,}62\,kN/cm^2 \longrightarrow$$

$$N^M = \pm 10{,}62\,(162{,}28/2) = \pm \underline{861{,}7\,kN} \text{(statt 856,6 kN)};\ N = \underline{1364{,}2\,kN}$$

N^N wird im Verhältnis der Querschnittsflächen auf die äußere und innere Verlaschung aufgeteilt, N^M wird im Verhältnis der statischen Momente verteilt (siehe Bild 43b und Bild 45).

Außenlasche ▭ 350·15: $A = 1{,}5 \cdot 35 = \underline{52{,}5\,cm^2};\ S = 52{,}5 \cdot 23{,}25 = \underline{1221\,cm^3}$

Innenlasche 2 ▭ 110·20: $A = 2 \cdot 2{,}0 \cdot 11 = \underline{44{,}0\,cm^2};\ S = 44{,}0 \cdot 18{,}90 = \underline{832\,cm^3}$

Aufteilung von N^N und N^M: $\Sigma A = 52{,}5 + 44{,}0 = \underline{96{,}5\,cm^2};\ \Sigma S = 1221 + 832 = \underline{2053\,cm^3}$

$$\text{Außenlasche: } N = 502{,}5 \cdot 52{,}5/96{,}5 + 861{,}7 \cdot 1221/2053 = 273{,}4 + 512{,}5 = \underline{785{,}9\,kN}$$

$$\text{Innenlasche: } N = 502{,}5 \cdot 44{,}0/96{,}5 + 861{,}7 \cdot 832/2053 = 229{,}1 + 349{,}2 = \underline{578{,}3\,kN}$$

Gewählt: Paßschruaben M24-5.6:

Nachweis der Außenlasche: 10 Schrauben M24

$$V_a = 785{,}9/10 = \underline{78{,}6\,kN} < 133{,}9\,kN;\ A - \Delta A = 1{,}5 \cdot 35 - 2 \cdot 1{,}5 \cdot 2{,}5 = 45{,}0\,cm^2:\ \sigma = \frac{785{,}9}{45{,}0} = \underline{17{,}5\,kN/cm^2} < 21{,}8\,kN/cm^2$$

Nachweis der Innenlaschen: 8 Schrauben M24

$$V_a = 578{,}3/8 = \underline{72{,}3\,kN} < 133{,}9\,kN;\ A - \Delta A = 2(2{,}0 \cdot 11{,}0 - 2{,}0 \cdot 2{,}5) = 34{,}0\,cm^2:\ \sigma = \frac{578{,}3}{34{,}0} = 17{,}0\,kN/cm^2$$

In der Außenfaser beträgt die Spannung:

$$\sigma = 17{,}5 \cdot 24{,}0/23{,}25 = \underline{18{,}1\,kN/cm^2}$$

Lochleibungskraft im Flansch (Flanschdicke: 26mm):

$$V_l = 78{,}6 + 72{,}3 = \underline{150{,}9\,kN}$$

$$e_1 = 50\,mm:\ \alpha_l = 1{,}10 \cdot \frac{50}{25} - 0{,}30 = 1{,}90 \longrightarrow V_{l,R,d} = 1{,}90 \cdot 2{,}6 \cdot 54{,}6 = \underline{269{,}7\,kN};\quad e \approx 75\,mm:\ \alpha = 1{,}08 \frac{75}{25} - 0{,}77 = 2{,}47$$

Lochleibungsnachweis in den Laschen nicht maßgebend:

$$e_2/d_L = 40/25 = 1{,}6 > 1{,}2 > 1{,}5$$

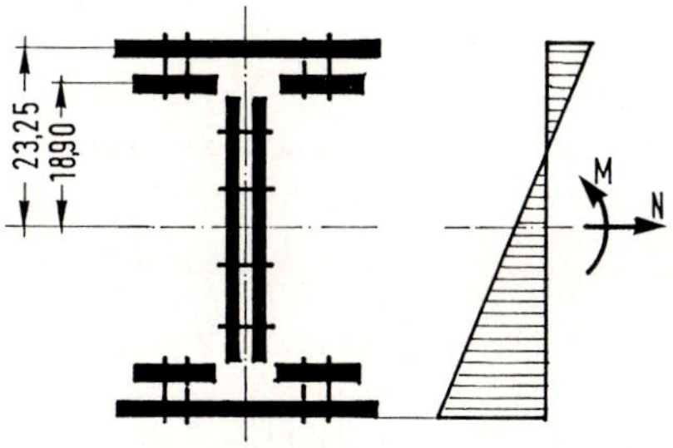

Bild 45

d) Alternativer Nachweis der Stegverlaschung: Vom gesamten Laschenquerschnitt werden Querschnittsfläche und Trägheitsmoment berechnet (siehe Bild 45):

Ohne Zwischenrechnung:

$$A - \Delta A = \underline{218\,cm^2};\quad I - \Delta I = \underline{79341\,cm^4}$$

$$N = 1350\,kN,\quad M = 400 + 200 \cdot 0{,}05 = 400 + 10 = \underline{410\,kNm}$$

Spannungsnachweis (Außenfaser):

$$\sigma = + \frac{1350}{218} \pm \frac{41000}{79341}(22{,}5 + 1{,}5) =$$

$$= + 6{,}19 \pm 12{,}40 = \underline{+ 18{,}6\,kN/cm^2} < 21{,}8\,kN/cm^2$$

Weist man den Grundquerschnitt nach, findet man maxσ = 21,1 kN/cm² < 21,8 kN/cm².

13.5 Geschraubte (genietete) Vollwandträger

Vollwandträger mit durchgehend angeschraubten Gurten kommen praktisch nicht vor. In der ehemaligen Nietbauweise war diese Trägerform die Standardausführung: Bild 46 gibt Hinweise zur Benennung der Einzelteile und zur konstruktiven Ausführung derartiger Nietträger. Die Klemmlänge s begrenzt die Anzahl der Gurtplatten; max s ca. 4,5d (vgl. Abschnitt 9.3.1). s ist einschließlich der Gurtwinkelschenkeldicken und eventuell erforderlicher Stoßlaschen zu messen. Als Richtwert für die maximale Anzahl der Gurtplatten gilt: Im Bereich positiver Feldmomente: 3, im Bereich negativer Stützmomente: 4. Die Schenkeldicke

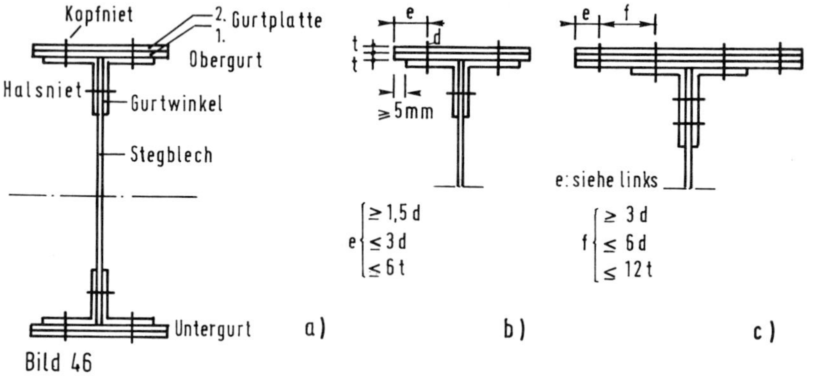

Bild 46

der Gurtwinkel sollte nicht unter 8mm liegen, normal sind 10 oder 12mm. Faustformel für die Gurtwinkelbreite: $h_{Steg}/40+60$ mm. Das Gurtwinkelprofil sollte nicht kleiner als L 80·80·8 bzw. L 80·120·8 sein, um die Nietung bewerkstelligen zu können. Gleichschenklige Gurtwinkel sind ungleichschenkligen vorzuziehen. Bei Verwendung von ungleichschenkligen Winkeln hat die ⅂Γ-Anordnung den Vorteil eines größeren Trägheitsmomentes. Die ⅂Γ-Anordnung ist dennoch üblicher, weil dadurch eine engere Nietteilung zum Anschluß dicker Gurtplattenpakete möglich ist (Bild 46c). - Gurtplattendicke und Schenkelbreite stimmen i.a. näherungsweise überein. Die Gurtplatten (auch Lamellen genannt) werden aus Breitflachstählen hergestellt, die Stege aus Blechen. Da das Blech wegen der Schnittungenauigkeit meist nicht geradlinig berandet ist, wird zweckmäßig ein Untermaß von 2-3mm vorgesehen, damit die erste Gurtplatte unbehindert auf die Gurtwinkel aufgelegt werden kann (Bild 47a). Bei Eintragung von konzentrierten Lasten (z.B. bei Kranbahnträgern) wird das Stegblech zunächst mit einem geringen Überstand gegenüber den Gurtwinkeln gefertigt und anschließend planeben abgearbeitet, damit die Kräfte direkt über Kontakt auf das Stegblech übergehen und die Niete nicht zusätzlich beansprucht werden (Bild 47b). Um die Schubkräfte in das Stegblech absetzen zu können, kann es wegen der hohen Lochleibungsbeanspruchung erforderlich sein, Beibleche anzuordnen (Bild 47c).

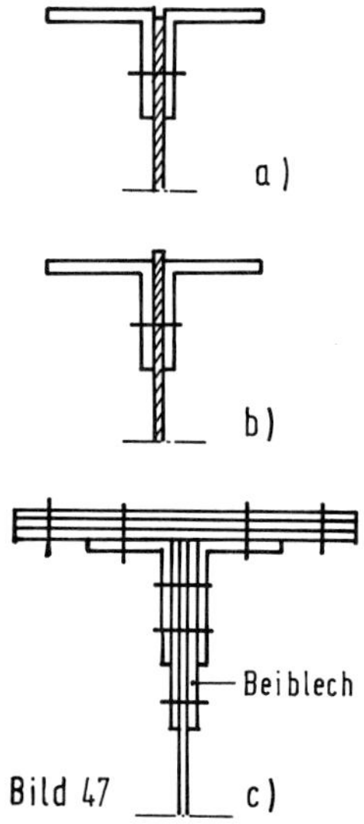

Bild 47

Genietete Vollwandträger haben gegenüber geschweißten folgende Nachteile: a) Es sind Gurtwinkel erforderlich, der Schwerpunkt der Gurte liegt weiter innen, b) die Anpassungsfähigkeit ist geringer (z.B. bei Krümmungen oder Schiefwinkeligkeit), c) die Nietlochabzüge sind beträchtlich, d) es sind mehr Einzelteile erforderlich, die Korrosionsanfälligkeit ist größer, e) der Fertigungsaufwand ist höher, die Unterhaltung ist schwieriger. Geschweißte Träger sind i.M. etwa 15 bis 30% leichter und kostenmäßig etwa 5 bis 25% billiger. Es sind allerdings höherwertigere Stahlgüten einzusetzen. Die Fugenbereiche der aufeinander liegenden Bleche und Winkel sind Ansatzpunkte für Korrosion. Die in Bild 46b/c angegebenen Maße e dienen insbesondere dazu, das Auftreten klaffender Fugen beim Nieten zu vermeiden; derartige Fugen lassen sich auf Dauer nur schwer abdichten.

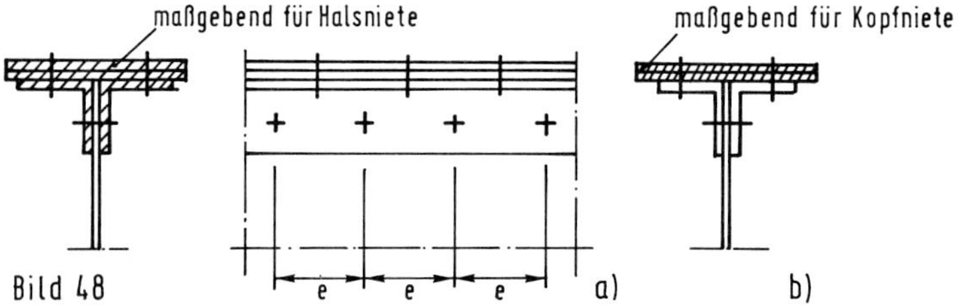

Bild 48

Über die Kopf- und Halsniete werden die Längsschubkräfte zwischen den Gurtplatten und Gurtwinkeln übertragen. Bezogen auf die Längeneinheit beträgt die Schubkraft T:

$$T = \frac{QS}{I} \quad [kN/cm] \quad (57)$$

Hierin ist Q die Querkraft im betrachteten Trägerschnitt, S ist das Statische Moment des anzuschließenden Gurtteiles (schraffierte Flächen in Bild 48) und I das Trägheitsmoment des Gesamtquerschnittes ohne Lochabzug. Pro Niet (Schraube) beträgt die Schubkraft (in einreihigen Halsnieten, Bild 48a):

$$N_Q = Te = \frac{Q \cdot S}{I} e \leq \text{zul } N \qquad (58)$$

Der erforderliche gegenseitige Abstand folgt hieraus zu:

$$\text{erf } e = \frac{\text{zul} N \cdot I}{Q \cdot S} \qquad (59)$$

Da Q variabel ist, wird e abschnittsweise abgestuft gewählt. - Die Kopfniete werden analog berechnet. Da deren anzuschließendes Statisches Moment kleiner als für die Halsniete ist, ergibt sich erf e größer als bei den Halsnieten, sofern derselbe Nietdurchmesser gewählt wird, was üblich ist. Fallen in den Einflußbereich einer konzentrierten Kraft m Niete, tritt pro Halsniet die quergerichtete Kraft

$$N_F = \frac{F}{m} \qquad (60)$$

auf, die mit N_Q zu überlagern ist:

$$N = \sqrt{N_Q^2 + N_F^2} \qquad (61)$$

Die Länge der Gurtplatten wird mittels Momentendeckung bestimmt, vgl. Abschnitt 13.3.1. Die Gurtwinkel werden mittels eingepaßter Winkel gestoßen, zweckmäßig mittels eines gleichflächigen Winkelprofils mit geringerer Schenkelbreite und größerer Schenkeldicke als das Grundprofil. Bezüglich Stoß der Gurt- und Stegbleche vgl. Abschnitt 13.4.3. Ein Stegblechstoß gemäß Bild 49a ist unzureichend und führt zu einer Überbeanspruchung der Gurtwinkel, die Teilbilder b unc c zeigen richtige Lösungen.

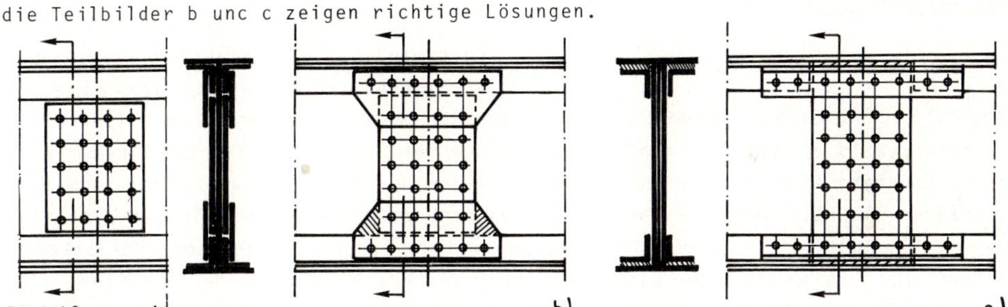

Bild 49 a) b) c)

13.6 Sonderfragen

13.6.1 Steifenlose Walzträger

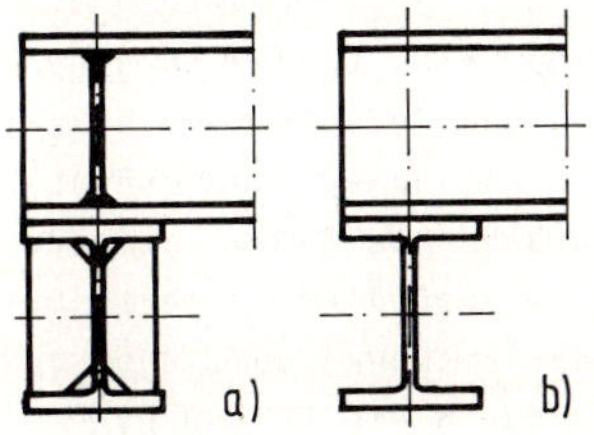

Bild 50 a) b)

Walzträger haben vergleichsweise dicke Stege. (Das galt in besonderem Maße für die ehemalige Normalprofil-I-Reihe.) Wie umfangreiche Versuchsreihen gezeigt haben, vermögen Walzträger konzentrierte Lasten, auch über End- und Zwischenlagern, ohne besondere Steifen (oder Rippen) sicher aufzunehmen. Bild 50a zeigt die herkömmliche Konstruktionsform und Teilbild b die steifenlose Ausführung. Mit dem Wegfall der Steifen sind erhebliche Minderungen der Herstellungskosten verbunden. Wegen weiterer Einzelheiten vgl. Abschnitt 14.4 u. DIN 18800 T1, 11.90 (744).

13.6.2 Träger mit dünnen Stegen

Aus dem Bestreben heraus, die Material- und Fertigungskosten zu senken, wurden für die Zwecke des Stahlhochbaues geschweißte Vollwandträger mit (sehr) dünnen Stegen entwickelt. Die Gurte sind vergleichsweise kräftig ausgebildet. Dadurch erhält diese Trägerform den Charakter eines Zweipunktquerschnittes, vgl. Bild 51a. Bei der Abtragung der Lasten geht

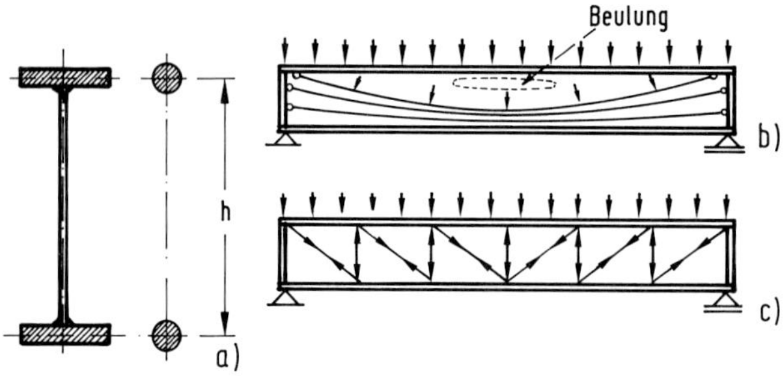

Bild 51

man von zwei unterschiedlichen Modellvorstellungen aus (über den Lagern werden in jedem Falle Steifen angeordnet):

- Träger ohne Quersteifen im Feldbereich (Bild 51b). Die Tragwirkung des Stegbleches entspricht im ausgebeulten Zustand einer Unterspannung, wobei diese Unterspannung aus dem Unterzug und dem im Biegezugbereich liegenden Stegblech besteht. Im Biegedruckbereich bildet sich eine langgestreckte Beule aus. Bild 52a zeigt die zugehörige Trägerform: Zur "Verankerung" der Unterspannung sind zwei Auflagersteifen angeordnet. Im Feldbereich wird die Beulung im Biegedruckbereich durch Ansatz einer "wirksamen" Breite erfaßt (vgl. Abschnitt 7.8.4.3) [17-19].

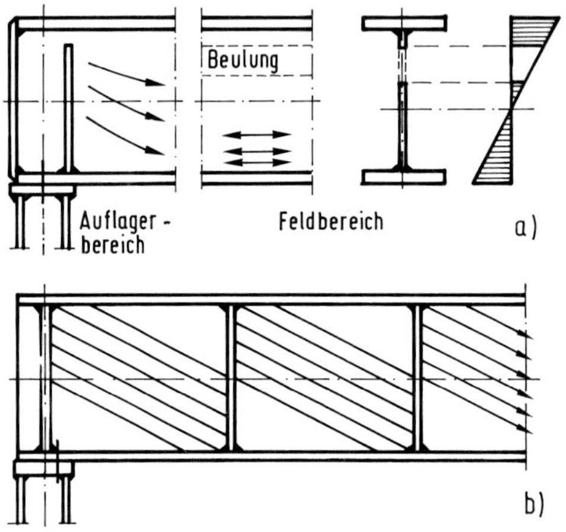

Bild 52

- Träger mit Quersteifen im Feldbereich (Bild 51c). Gegenüber der zuvor erläuterten Trägerform ist die Tragfähigkeit bedeutend höher. Anstelle eines Beulnachweises nach der elasto-statischen Beultheorie wird beim Tragfähigkeitsnachweis von der Vorstellung diagonal orientierter Zugfelder ausgegangen; die Tragsicherheit wird auf diesen ausgebeulten überkritischen Tragzustand bezogen. Die Tragwirkung entspricht einem Fachwerk mit fallenden Streben; die Quersteifen bilden die Druckpfosten (Bild 51c). In Bild 52b ist die Lage der Zugfelder in schematischer Form dargestellt, diese sind z.T. an den Gurten, z.T. an den Pfosten "verankert", womit, insbesondere im Gurt, eine Zusatzbeanspruchung verbunden ist. Dieses Tragmodell ist durch Versuche gut bestätigt [20-22], vgl. DASt-Ri015 (08.90): Träger mit schlanken Stegen.

Gewisse Probleme bereitet bei der Dimensionierung die Definition und formelmäßige, alle Umstände berücksichtigende Beschreibung des Grenzzustandes und der Ansatz der Sicherheitszahl. Im Gebrauchszustand sollte der Träger frei von Stegbeulen sein. Bei der gängigen Auslegung der Träger mit einem Beulnachweis auf der Grundlage der elasto-statischen Beultheorie, wird das überkritische Tragvermögen über die beanspruchungsabhängige Sicherheitszahl eingefangen.

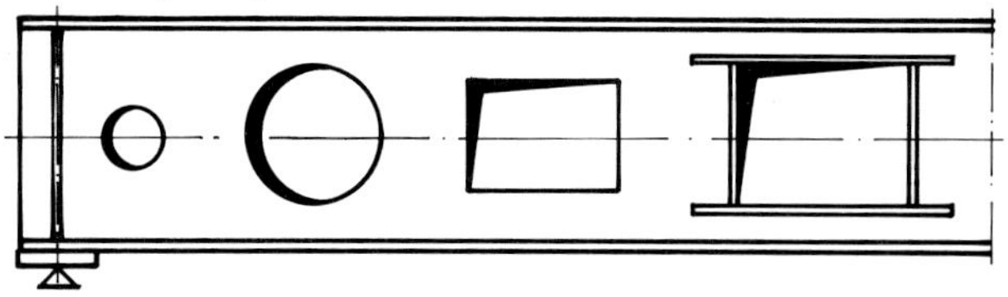
Bild 53

13.6.3 Träger mit Stegdurchbrüchen

Im Geschoß- und Industriebau bedarf es vielfach kleinerer oder größerer Stegdurchbrüche, um Installationen der verschiedensten Art, wie Klimakanäle, Rohrleitungen u.a. quer zur Trägerlage durch die Träger hindurchführen zu können (Bild 53). Hierbei stellt sich die Frage, bis zu welcher Größe derartige Durchbrüche unverstärkt vorgenommen werden können und falls Verstärkungen eingezogen werden, wie sie nachzuweisen sind. Die hiermit zusammenhängenden Fragen lassen sich allgemein nicht beantworten, sondern nur in Verbindung mit der Lage der Durchbrüche innerhalb des Trägers und der hier wirksamen Querkraftbeanspruchung. Da die Querkraft über den Steg abgesetzt wird, ist beim Schubspannungsnachweis in jedem Falle die reduzierte

Stegfläche anzusetzen. Im eingeengten Querschnitt kommt es zudem zu lokalen Normalspannungserhöhungen infolge der Kerbwirkung. Bei vorwiegend ruhender Beanspruchung haben die Spannungserhöhungen aus der Kerb- und Umlenkwirkung keine nennenswerte Bedeutung, gleichwohl ist ein Einfluß auf die Beultragfähigkeit des geschwächten Stegbleches nicht auszuschließen. - Sofern bei Trägern unter nicht vorwiegend ruhender Belastung derartige Stegöffnungen unvermeidlich sind, sollten nur gerundete Ecken ausgeführt und beim Ermüdungsnachweis auf elasto-statischer Grundlage die Spannungserhöhung durch einen Kerbfaktor erfaßt werden. - Beim Formänderungsnachweis ist ggf. der erhöhte Schubgleitungseinfluß durch einen Zuschlag zum Querkraftverformungsbeitrag zu erfassen. -

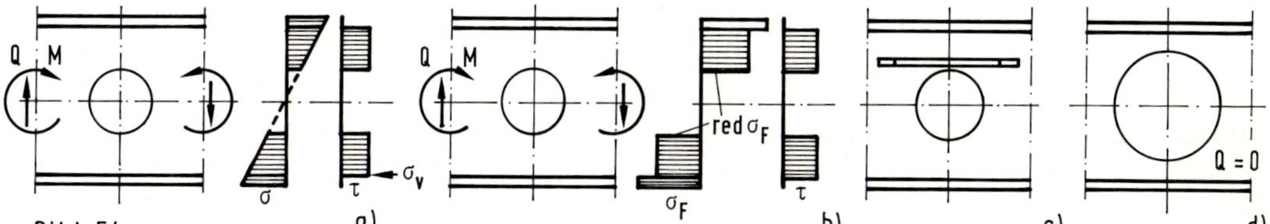

Bild 54

Bild 54a zeigt, wie beim elasto-statischen Nachweis die Spannungen im Nettoquerschnitt zu berechnen sind. Die plasto-statische Tragfähigkeit folgt aus den in Teilbild b dargestellten Spannungsblöcken. Wegen weiterer Einzelheiten vgl. Abschnitt 13.6.6. - Es ist zu prüfen, ob die Biegedruckzone ausreichend beulsteif ist; im Zweifelsfalle ist eine Längssteife einzuziehen (Bild 54c). - Bei Vorhandensein sehr großer Löcher kann der Nachweis nicht mehr nach der technischen Biegelehre geführt werden, allenfalls in schubkraftfreien (oder nahezu schubkraftfreien) Bereichen (Bild 54d). In allen anderen Fällen ist zu bedenken, daß sich der erhöhten lokalen Beanspruchung im geschwächten Querschnitt eine globale Zusatzbeanspruchung überlagert, insbesondere bei rechteckigen Ausschnitten (Bild 53, rechterseits und Bild 55b). Die Querkraft kann über den Ausschnitt hinweg nur durch Aktivierung einer Rahmenwirkung (VIERENDEEL-Tragwirkung) abgesetzt werden; Bild 55c zeigt, wie sich im Grenzzustand beidseitig des Loches in den Gurten Fließgelenke ausbilden. Ggf. ist es zweckmäßig und zur Gewährleistung der lokalen Beulsicherheit notwendig, vertikale Steifen beidseitig der Ausnehmung anzuordnen. Mit dem so gebildeten Modell ist ein zuverlässiger Nachweis möglich, vgl. Abschnitt 13.6.6.

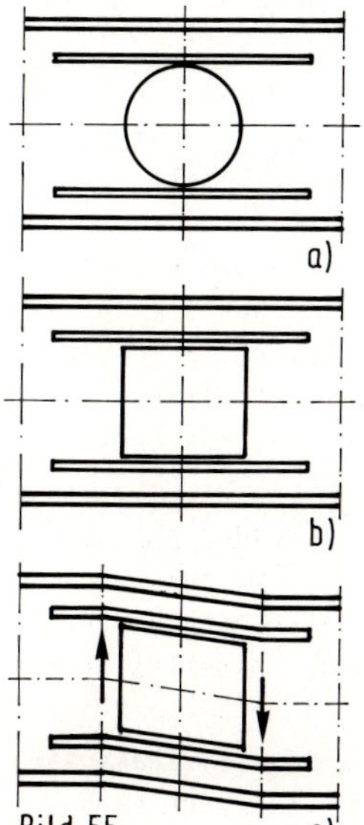

Bild 55

13.6.4 Wabenträger

Durch einen Zick-Zack-Schnitt der Walzträgerstege, ein seitliches Versetzen um die halbe Schnitteinheit und erneutes Verschweißen lassen sich sogen. Wabenträger herstellen (Bild 6). Die Trägerhöhe verhält sich zur Höhe des Grundprofils wie 1,3 bis 1,5, die Restgurthöhe zur Trägerhöhe wie 0,15 bis 0,30. So gefertigte Träger haben eine wesentlich erhöhte Steifigkeit und Tragfähigkeit im Vergleich zum Grundprofil. Die Erhöhungen betragen ca. 120 bis 150% und sind u.a. vom Typ des Grundprofils abhängig (IPE,HE). Durch Einschweißen von Flachblechen ist eine weitere Erhöhung der Steifigkeit und Tragfähigkeit möglich (Bild 56). - Der Wabenträger ist indes nur bei großer Schlankheit mit dominierender Biegebeanspruchung, großer Stückzahl und weitgehender mechanischer Fertigung wirtschaftlich. Für gedrungene Träger mit hoher Querkraftbeanspruchung ist der Wabenträger ungeeignet, weil infolge der Stegschwächungen hohe Zusatzbeanspruchungen in den Gurten auftreten. Das Einschweißen von Stegverstärkungen oder das Ausfüllen der Öffnungen durch Paßbleche in Bereichen

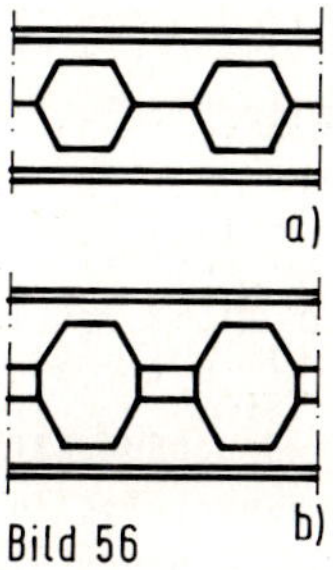

Bild 56

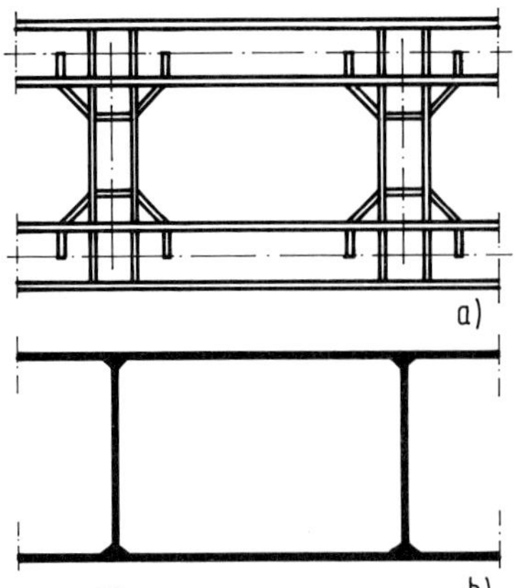

Bild 57

hoher Querkräfte ist zwar möglich, doch geht die Wirtschaftlichkeit dieser Trägerform dadurch wieder verloren. Ein Nachweis der Wabenträger nach der technischen Biegetheorie im Sinne von $\sigma = M/W$ für den Gesamtquerschnitt ist nicht möglich, die Tragfähigkeit wird mittels plastostatischer Modelle nachgewiesen, vgl. Abschnitt 13.6.6.

13.6.5 Rahmenträger (Bild 57)

In Sonderfällen werden (neben Vollwand- und Fachwerkträgern) auch Rahmenträger (VIERENDEEL-Träger) ausgeführt; vor Jahrzehnten auch für Brücken, im modernen Stahlbau nur dann, wenn bestimmte funktionale oder architektonische Forderungen zu erfüllen sind, z.B. bei überdachten Fußgängerbrücken oder ähnlichen Bauvorhaben [23]. Der Material- und Fertigungsaufwand ist hoch, die Tragwirkung ist nicht optimal. Die Berechnung solcher Rahmenträger ist Gegenstand der Baustatik. Aufgrund genäherter Modellvorstellungen gelingt eine recht zutreffende Abschätzung der elasto- und plasto-statischen Tragfähigkeit; vgl. den folgenden Abschnitt.

13.6.6 Näherungsweise Abschätzung der VIERENDEEL-Rahmentragwirkung

Aus den vorangegangenen Abschnitten wird deutlich, daß es bei (im Vergleich zur Trägerhöhe) großen und langen Stegausschnitten notwendig ist, die sich einstellende Rahmenwirkung im Bereich der Durchbrüche zu erfassen und die hiermit verbundene Beanspruchung nachzuweisen, das gleiche gilt für Wabenträger. Dabei ist es näherungsweise zulässig, die Momentennullpunkte in die Mitte der einzelnen Gurtabschnitte und Pfosten zu verlegen.

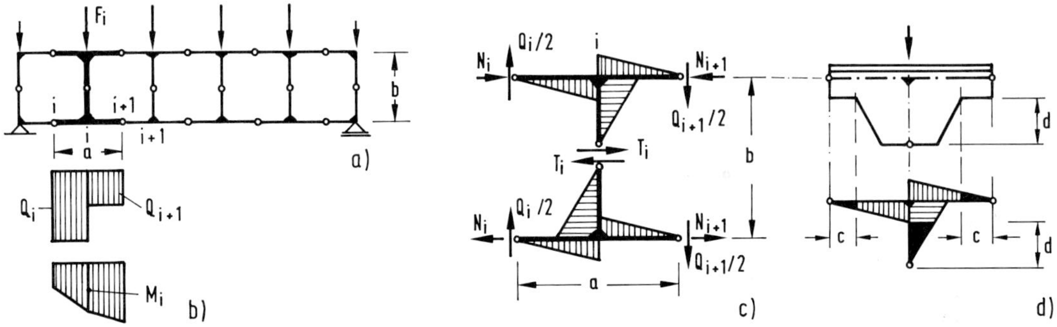

Bild 58

Sie sind mit Gelenken gleichwertig (Bild 58a). Zunächst wird für den Gesamtträger der Querkraft- und Biegemomentenverlauf bestimmt (Teilbild b). Aus dem Rahmenträger wird ein Segment der Länge a herausgetrennt, die in den Gelenken wirkenden Kräfte lassen sich aus einfachen Gleichgewichtsgleichungen berechnen (Teilbild c), z.B.:

$$N_i = \frac{M_{i-1} + M_i}{2b}; \quad N_{i+1} = \frac{M_i + M_{i+1}}{2b}; \quad T_i = \left(\frac{Q_i}{2} + \frac{Q_{i+1}}{2}\right)\frac{a}{b} \qquad (62)$$

b ist der Abstand der Gurtachsen. T ist die (max) Schubkraft in der Schwerachse des Rahmenträgers. Bild 58d zeigt, wie z.B. für einen Wabenträger die Anschnittmomente zu bestimmen sind. Die Normal-, Schub- und Vergleichsspannungen lassen sich damit berechnen (die Schubspannungen als konstante Mittelwerte). - Soll die Durchbiegung eines Rahmenträgers berechnet werden (oder liegt ein statisch unbestimmtes System vor), ist von der Arbeitsgleichung auszugehen. Für die Querschnittswerte der Gurte und Pfosten sind ggf. Mittelwerte anzusetzen. Wegen weiterer Einzelheiten vgl. z.B. KANNING [24/25] und [26-29]. Von PITTNER [30] wurden für Wabenträger Kerbfaktoren ermittelt, getrennt für den Normal-

und Biegespannungsanteil:

$$\sigma = \alpha_N \frac{N}{A} \pm \alpha_M \frac{M}{W} \qquad (63)$$

Die plasto-statische Grenztragfähigkeit wird im wesentlichen von zwei Versagensformen bestimmt:

a) Im Anschnitt der Gurte an die Knoten bilden sich Fließgelenke; es entsteht ein lokaler Mechanismus in Form eines Gelenkvierecks,

b) in einem Pfosten tritt ein Schubbruch ein; diese Versagensform ist nur bei realen Rahmen- und bei Wabenträgern (nicht bei Vollwandträgern mit Stegausnehmung) möglich.

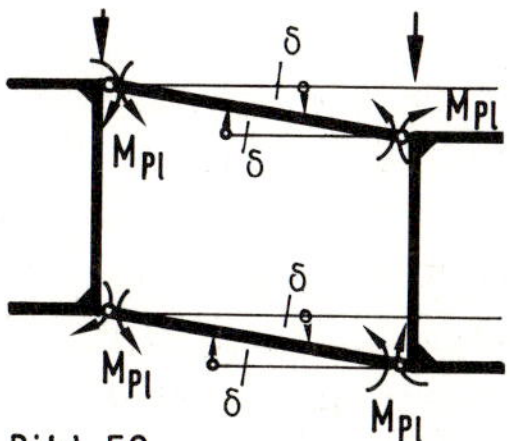

Bild 59

Bild 59 zeigt die Gelenkkette zu a). Bei der Berechnung der Tragkraft nach der Fließgelenktheorie muß die M-N-Q-Interaktion in den Fließgelenken berücksichtigt werden.

Der Querschnitt im Fließgelenk hat in vielen Fällen eine T-Form (Teilbild 60a). Bei der Bestimmung der plastischen Tragfähigkeit sind zwei Fälle zu unterscheiden:

Fall a: Die Nullinie liegt im Steg des T-Querschnittes (Teilbild c),

Fall b: Die Nullinie liegt im Flansch des T-Querschnittes (Teilbild d). In der Schwerachse des T-Querschnittes (=Schwerachse der

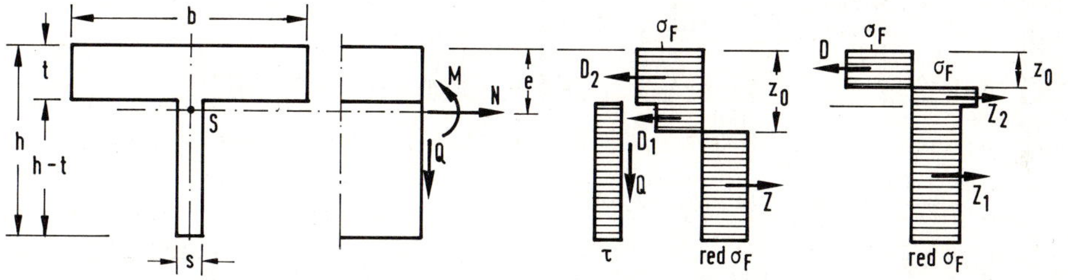

Bild 60 a) b) c) d)

Gurtung des Rahmenträgers) wirken M, N und Q; der Abstand vom oberen Trägerrand sei gleich e (Bild 60b). Die Lage der Spannungsnullinie werde ebenfalls vom oberen Rand aus gemessen; dieser Abstand sei gleich z_0 (Bild 60c/d). - Die Querkraft wird vom Steg aufgenommen, die Fließgrenze wird hier reduziert:

$$\mathrm{red}\,\sigma_F = \sqrt{\sigma_F^2 - 3\tau^2} \qquad (64)$$

τ ist die mittlere Schubspannung:

$$\tau = \frac{Q}{(h-t)s} \qquad (65)$$

Die Resultierenden der einzelnen Spannungsblöcke und deren Abstand vom oberen Rand betragen:

Fall a: ($z_0 \geq t$) (Bild 60c):

$$Z = \mathrm{red}\,\sigma_F (h - z_0)s; \qquad z_Z = (h + z_0)/2$$
$$D_1 = \mathrm{red}\,\sigma_F (z_0 - t)s; \qquad z_{D_1} = (t + z_0)/2 \qquad (66)$$
$$D_2 = \sigma_F \cdot bt; \qquad z_{D_2} = t/2$$

Fall b: ($z_0 < t$) (Bild 60d):

$$Z_1 = \mathrm{red}\,\sigma_F (h - t)s; \qquad z_{Z_1} = (h + t)/2$$
$$Z_2 = \sigma_F (t - z_0)b; \qquad z_{Z_2} = (t + z_0)/2 \qquad (67)$$
$$D = \sigma_F b\, z_0; \qquad z_D = z_0/2$$

Die plastische Grenztragfähigkeit wird in folgenden Schritten bestimmt:

1. Es wird
$$Q_{Pl} = \frac{\sigma_F}{\sqrt{3}}(h-t)s \qquad (68)$$
berechnet und ein Q-Wert zwischen Q=0 und Q_{Pl} vorgegeben; hierfür folgt τ und redσ_F gemäß G.65 bzw. 64.

2. Es wird ein N-Wert vorgegeben und die Lage der Spannungsnullinie ermittelt. Von vornherein ist dabei nicht erkennbar, ob Fall a oder Fall b maßgebend ist. Die Bestimmungsgleichungen für z_0 lauten (ΣN=N); vgl. Bild 60c/d:

$$\text{Fall a:} \quad Z - D_1 - D_2 = N \qquad (69a)$$
$$\text{Fall b:} \quad Z_1 + Z_2 - D = N \qquad (69b)$$

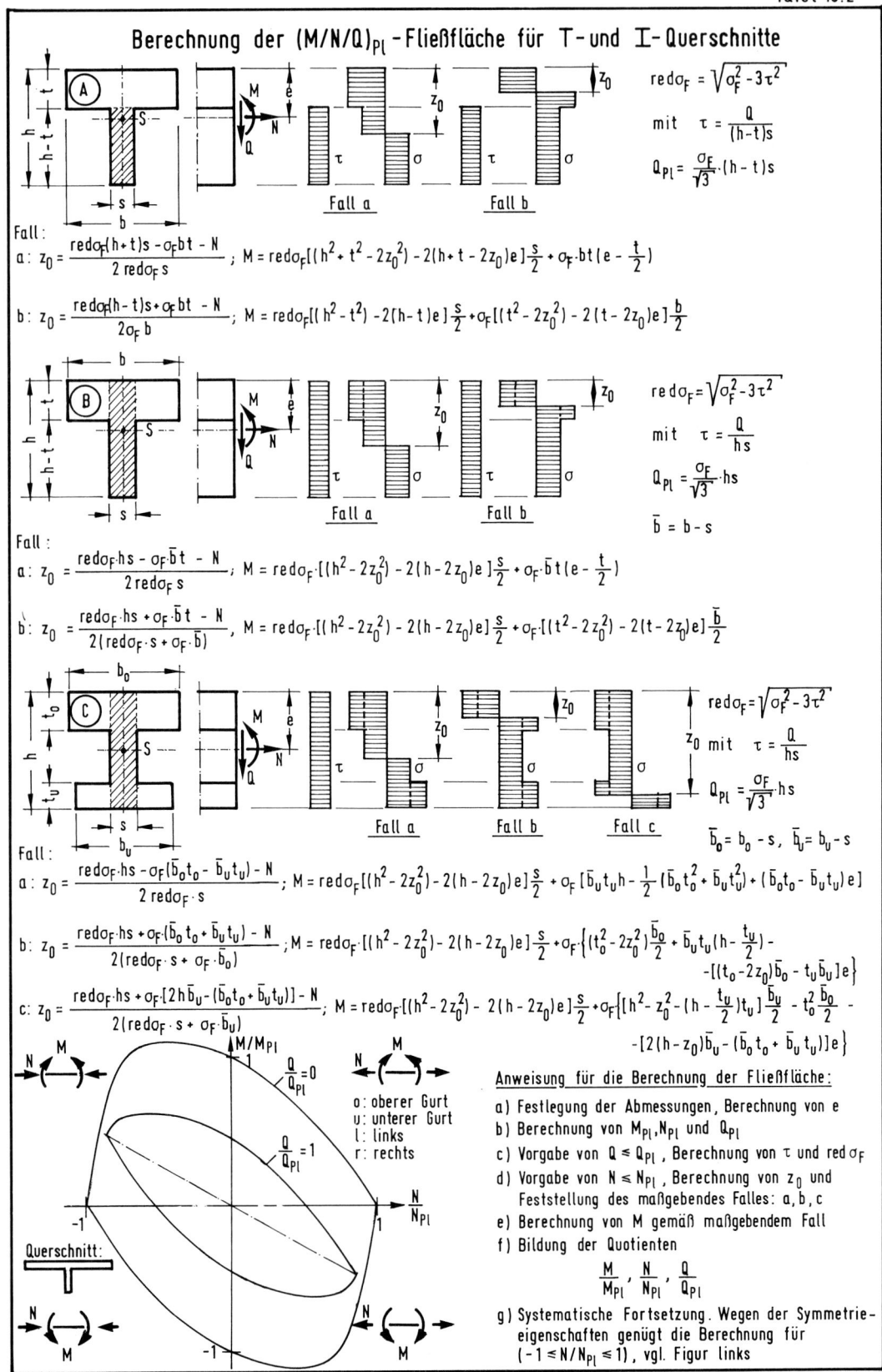

Berechnung der $(M/N/Q)_{Pl}$ - Fließfläche für T- und I-Querschnitte

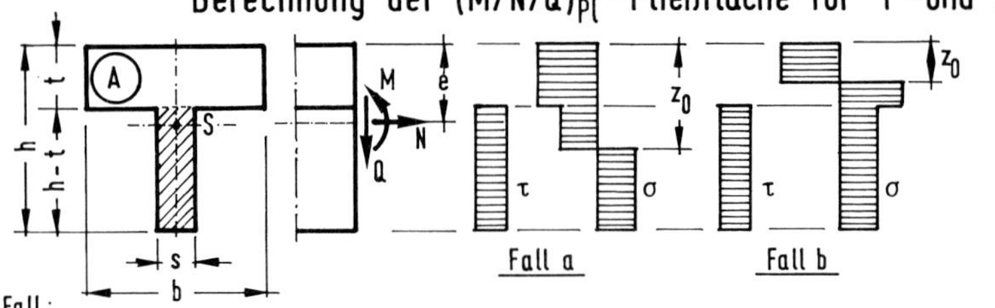

$\mathrm{red}\sigma_F = \sqrt{\sigma_F^2 - 3\tau^2}$

mit $\tau = \dfrac{Q}{(h-t)s}$

$Q_{Pl} = \dfrac{\sigma_F}{\sqrt{3}} \cdot (h-t)s$

Fall:

a: $z_0 = \dfrac{\mathrm{red}\sigma_F (h+t)s - \sigma_F bt - N}{2\,\mathrm{red}\sigma_F\, s}$; $M = \mathrm{red}\sigma_F[(h^2 + t^2 - 2z_0^2) - 2(h + t - 2z_0)e]\dfrac{s}{2} + \sigma_F \cdot bt(e - \dfrac{t}{2})$

b: $z_0 = \dfrac{\mathrm{red}\sigma_F (h-t)s + \sigma_F bt - N}{2\sigma_F b}$; $M = \mathrm{red}\sigma_F[(h^2 - t^2) - 2(h-t)e]\dfrac{s}{2} + \sigma_F[(t^2 - 2z_0^2) - 2(t - 2z_0)e]\dfrac{b}{2}$

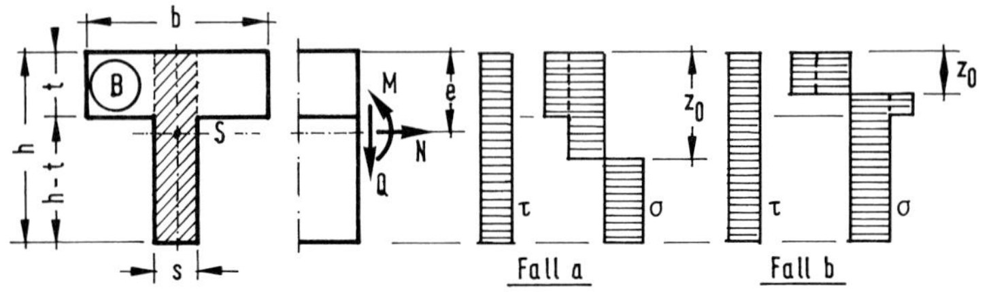

$\mathrm{red}\sigma_F = \sqrt{\sigma_F^2 - 3\tau^2}$

mit $\tau = \dfrac{Q}{hs}$

$Q_{Pl} = \dfrac{\sigma_F}{\sqrt{3}} \cdot hs$

$\bar{b} = b - s$

Fall:

a: $z_0 = \dfrac{\mathrm{red}\sigma_F \cdot hs - \sigma_F \cdot \bar{b}t - N}{2\,\mathrm{red}\sigma_F\, s}$; $M = \mathrm{red}\sigma_F \cdot [(h^2 - 2z_0^2) - 2(h - 2z_0)e]\dfrac{s}{2} + \sigma_F \cdot \bar{b}t(e - \dfrac{t}{2})$

b: $z_0 = \dfrac{\mathrm{red}\sigma_F \cdot hs + \sigma_F \cdot \bar{b}t - N}{2(\mathrm{red}\sigma_F \cdot s + \sigma_F \cdot \bar{b})}$, $M = \mathrm{red}\sigma_F \cdot [(h^2 - 2z_0^2) - 2(h - 2z_0)e]\dfrac{s}{2} + \sigma_F \cdot [(t^2 - 2z_0^2) - 2(t - 2z_0)e]\dfrac{\bar{b}}{2}$

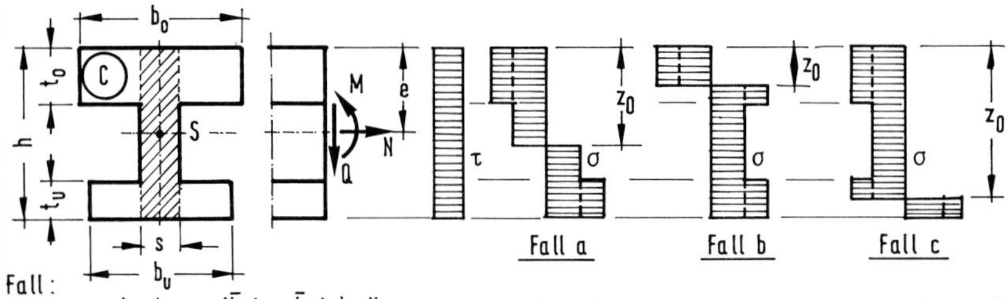

$\mathrm{red}\sigma_F = \sqrt{\sigma_F^2 - 3\tau^2}$

z_0 mit $\tau = \dfrac{Q}{hs}$

$Q_{Pl} = \dfrac{\sigma_F}{\sqrt{3}} \cdot hs$

$\bar{b}_o = b_o - s$, $\bar{b}_u = b_u - s$

Fall:

a: $z_0 = \dfrac{\mathrm{red}\sigma_F \cdot hs - \sigma_F(\bar{b}_o t_o - \bar{b}_u t_u) - N}{2\,\mathrm{red}\sigma_F \cdot s}$; $M = \mathrm{red}\sigma_F[(h^2 - 2z_0^2) - 2(h - 2z_0)e]\dfrac{s}{2} + \sigma_F[\bar{b}_u t_u h - \dfrac{1}{2}(\bar{b}_o t_o^2 + \bar{b}_u t_u^2) + (\bar{b}_o t_o - \bar{b}_u t_u)e]$

b: $z_0 = \dfrac{\mathrm{red}\sigma_F \cdot hs + \sigma_F \cdot (\bar{b}_o t_o + \bar{b}_u t_u) - N}{2(\mathrm{red}\sigma_F \cdot s + \sigma_F \cdot \bar{b}_o)}$; $M = \mathrm{red}\sigma_F \cdot [(h^2 - 2z_0^2) - 2(h - 2z_0)e]\dfrac{s}{2} + \sigma_F \cdot \{(t_o^2 - 2z_0^2)\dfrac{\bar{b}_o}{2} + \bar{b}_u t_u(h - \dfrac{t_u}{2}) - [(t_o - 2z_0)\bar{b}_o - t_u\bar{b}_u]e\}$

c: $z_0 = \dfrac{\mathrm{red}\sigma_F \cdot hs + \sigma_F \cdot [2h\bar{b}_u - (\bar{b}_o t_o + \bar{b}_u t_u)] - N}{2(\mathrm{red}\sigma_F \cdot s + \sigma_F \cdot \bar{b}_u)}$; $M = \mathrm{red}\sigma_F[(h^2 - 2z_0^2) - 2(h - 2z_0)e]\dfrac{s}{2} + \sigma_F\{[h^2 - z_0^2 - (h - \dfrac{t_u}{2})t_u]\dfrac{\bar{b}_u}{2} - t_o^2\dfrac{\bar{b}_o}{2} - [2(h - z_0)\bar{b}_u - (\bar{b}_o t_o + \bar{b}_u t_u)]e\}$

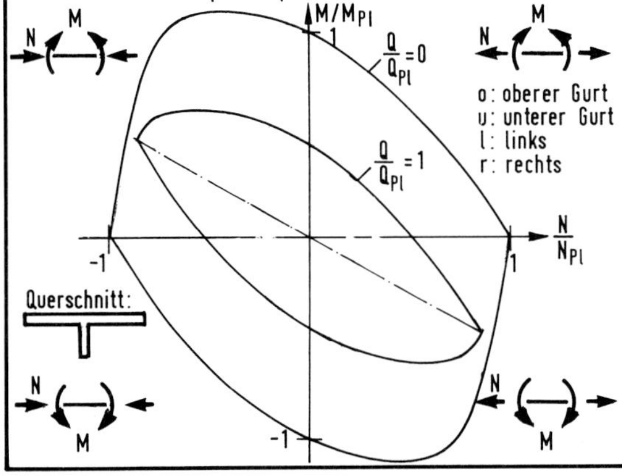

Anweisung für die Berechnung der Fließfläche:

a) Festlegung der Abmessungen, Berechnung von e

b) Berechnung von M_{Pl}, N_{Pl} und Q_{Pl}

c) Vorgabe von $Q \leq Q_{Pl}$, Berechnung von τ und $\mathrm{red}\sigma_F$

d) Vorgabe von $N \leq N_{Pl}$, Berechnung von z_0 und Feststellung des maßgebendes Falles: a, b, c

e) Berechnung von M gemäß maßgebendem Fall

f) Bildung der Quotienten

$$\frac{M}{M_{Pl}}, \frac{N}{N_{Pl}}, \frac{Q}{Q_{Pl}}$$

g) Systematische Fortsetzung. Wegen der Symmetrieeigenschaften genügt die Berechnung für $(-1 \leq N/N_{Pl} \leq 1)$, vgl. Figur links

3. Es wird (nach Kenntnis des maßgebenden Falles) aus der zugeordneten Gleichgewichtsgleichung

$$\text{Fall a: } (M + Ne) = Z \cdot z_Z - D_1 \cdot z_{D_1} - D_2 \cdot z_{D_2} \quad (70a)$$

$$\text{Fall b: } (M + Ne) = Z_1 \cdot z_{Z_1} + Z_2 \cdot z_{Z_2} - D \cdot z_D \quad (70b)$$

das Moment M freigestellt; damit ist das Tripel

$$(M/N/Q)_{Pl} \quad (71)$$

bekannt.

4. Durch mehrmalige Wiederholung findet man die vollständige Fließfläche. Die Schnittgrößen M, N und Q stehen im Fließgelenk in einem ganz bestimmten Verhältnis zueinander. Es genügt, für dieses Verhältnis das zugeordnete Tripel zu bestimmen und hiermit nachzuweisen, daß der γ-fache Lastzustand nicht größer als der plastische Grenzzustand ist, wobei in jedem Fließgelenk der Viergelenkkette (Bild 59a) ein anderes $(M/N/Q)_{Pl}$-Tripel maßgebend ist.

Die Rechnungen können recht langwierig ausfallen; es empfiehlt sich daher eine Computerberechnung. Auf Tafel 13.2 sind die hierfür erforderlichen Formeln zusammengestellt. Für T-Querschnitte sind zwei Berechnungsvarianten angegeben: Im Falle (A) wird nur die eigentliche Stegfläche zur Aufnahme der Querkraft angesetzt, im Falle (B) reicht sie über die gesamte Höhe. Wie Tragversuche gezeigt haben, kann stets von Fall (B) ausgegangen werden. - Sind entlang rechteckiger Stegausnehmungen Längssteifen eingeschweißt (Bild 55), handelt es sich in den Fließgelenken um I-Querschnitte, ggf. mit unterschiedlichen Gurtflächen. Für diese Querschnittsform enthält Tafel 13.2 ebenfalls die erforderlichen Formeln, wobei auch in diesem Falle die gesamte Querschnittshöhe zur Aufnahme der Querkraft angesetzt werden kann: Fall C [31]. Mit den Formeln lassen sich die vollständigen Fließflächen bestimmen. In Abschnitt 13.6.7.2 wird ein Beispiel berechnet.

13.6.7 Tragversuche an Trägern mit Stegausnehmungen und Berechnungsvorschlag

13.6.7.1 Experimenteller Befund [31,32]

Tragversuche an IPE-Walzprofilträgern mit unterschiedlichen Stegausnehmungen ergaben im Vergleich zu den theoretisch berechneten stets höhere Tragfähigkeiten. Das im vorange-

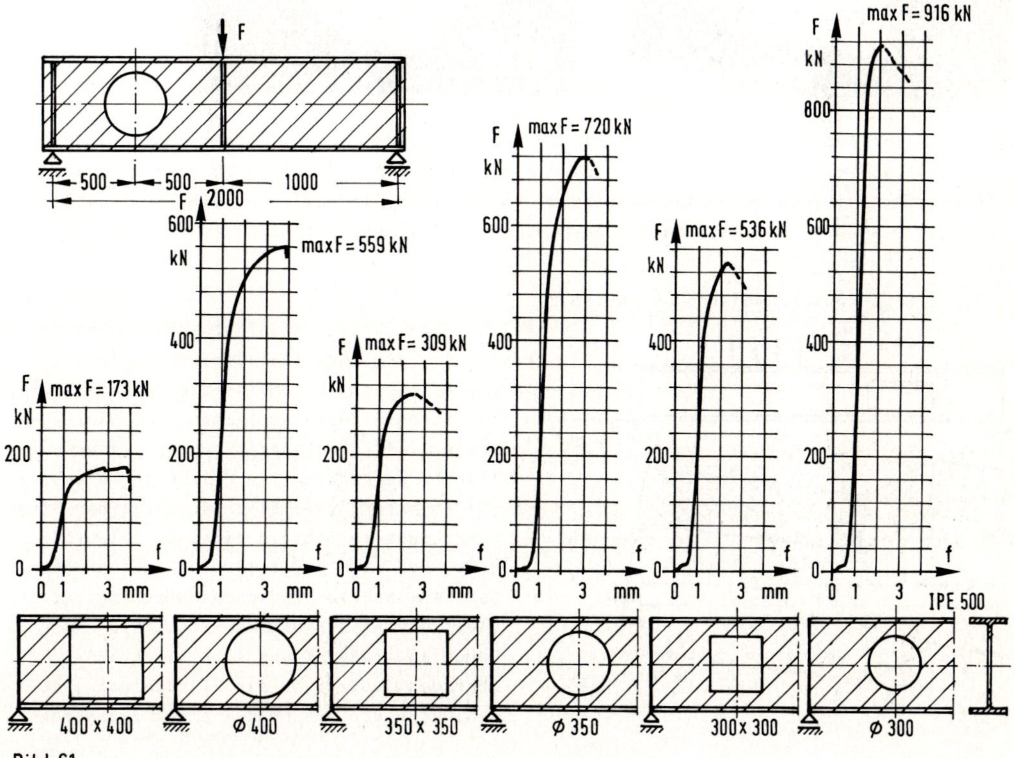

Bild 61

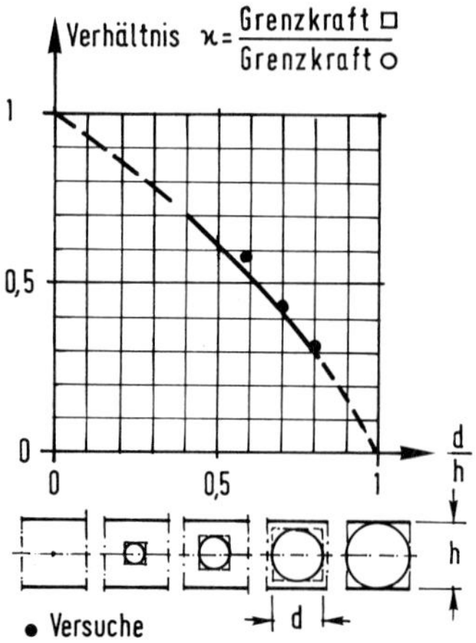

Bild 62

gangenen Abschnitt beschriebene Verfahren zur Bestimmung der plasto-statischen Tragkraft liegt somit auf der sicheren Seite. Bild 61 zeigt das Ergebnis einer Versuchsserie mit IPE500-Trägern kurzer Spannweite. Dargestellt sind die Last-Durchbiegungsdiagramme der Prüfmaschine; es handelte sich um Versuche mit Trägern der Stahlsorte St37-2. Wie erkennbar, liegt die Tragfähigkeit von Trägern mit kreisrundem Ausschnitt z.T. erheblich über solchen mit quadratischem Ausschnitt, dessen Kantenlänge gleich dem Kreisdurchmesser ist. Das ist plausibel. Der Unterschied ist umso ausgeprägter, je größer die Ausnehmung im Verhältnis zur Steghöhe ist. Aus den Versuchen läßt sich das in Bild 62 dargestellte Tragfähigkeitsverhältnis ableiten; es kann zur Abschätzung der Grenztragfähigkeit bei Vorhandensein kreisrunder Ausnehmungen herangezogen werden: Dazu wird zunächst die Tragfähigkeit für eine quadratische Öffnung bestimmt und diese anschließend im Verhältnis $1/\varkappa$ hochgerechnet; hierbei sollte $\varkappa$ nur für den in Bild 62 durch die Versuche abgesicherten d/h-Bereich angesetzt werden.
Die Versuche haben gezeigt, daß unterhalb gewisser Ausschnittsabmessungen die Minderung der Querkrafttragfähigkeit nicht mehr berücksichtigt werden braucht. Bei quadratischen Ausnehmungen etwa ab $d/h \leq 0,2$ und bei kreisrunden etwa ab $d/h \leq 0,3$; h bedeutet die Trägerhöhe (das gilt auch für Bild 62).

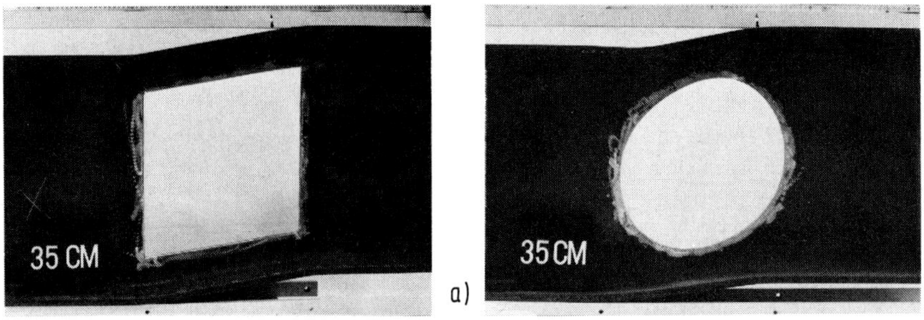

Bild 63

Bild 63 zeigt fotographische Aufnahmen von zwei Versuchsträgern im Versagenszustand. Am Träger mit quadratischer Stegöffnung sind die Fließgelenke deutlich zu erkennen. Bei Trägern mit kreisförmiger Ausnehmung kommt es zu einer Fließgelenkbildung erst nach einer gewissen Ovalisierung bzw. Streckung des Loches. Der Ansatz eines Versagensmodells ist hier schwierig.

13.6.7.2 Berechnungsanweisung und Beispiel

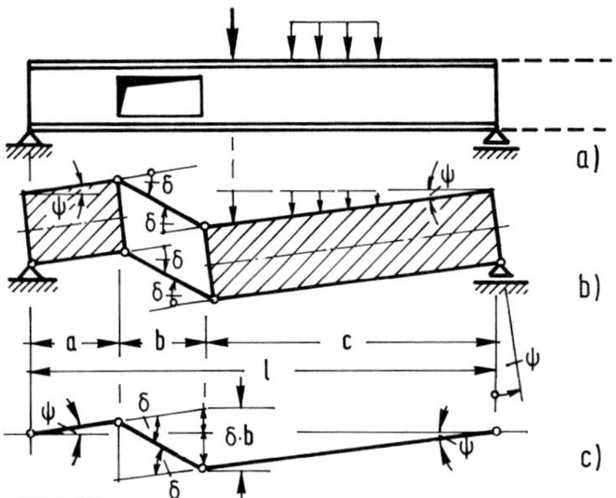

Bild 64

Bei der Berechnung der plasto-statischen Tragfähigkeit sind zwei Teilaufgaben zu lösen:

1. Für das Gesamtsystem ist die maßgebende kinematische Kette zu bestimmen. Bei Einfeldträgern ist der kinematische Bruchmodus erreicht, wenn sich vier Fließgelenke ausgebildet haben, vgl. Bild 64. Liegt der Stegdurchbruch im Endfeld eines Durchlaufträgers, muß sich zusätzlich ein Gelenk über der benachbarten Zwischenstütze einstellen. Liegt die Ausnehmung im Mittelfeld eines Durchlaufträgers, muß sich beidseitig über den Stützen je ein Fließgelenk ausbilden. Wird der Bruchmodus einer zugeordneten

virtuellen Verrückung unterworfen, besteht zwischen dem Drehwinkel δ in den Fließgelenken und dem Drehwinkel ψ der Trägerachse ein leicht zu überblickender Zusammenhang (vgl. Bild 64c):

$$\psi(a+b)+\psi c=\delta\cdot b \longrightarrow \psi=\frac{b}{l}\delta \tag{72}$$

b ist der gegenseitige Abstand der Fließgelenke in Längsrichtung des Trägers, also die Weite der Öffnung. Mit der Kenntnis von ψ können auch die Verschiebungen der äußeren Lasten angegeben werden. Fallweise vorhandene Fließgelenke über Zwischenstützen (bei Durchlaufträgern) erleiden die virtuelle Drehung ψ. Damit kann die Arbeitsgleichung formuliert werden (vgl. Abschnitt 6). Ist die äußere Last (bezogen auf Bild 64a) linksseitig von der Stegöffnung konzentriert, ist die gegenläufige Kette zu untersuchen. Sind mehrere Ausnehmungen in einem Feld (oder in mehreren Feldern) vorhanden, sind alle möglichen Versagensmodi nach dem Probierverfahren zu analysieren. Der Bruchmodus mit der geringsten Tragfähigkeit ist der maßgebende. Handel es sich um Ausnehmungen in Rahmenriegeln, ist entsprechend vorzugehen.

2. Im Versagenszustand ist in jedem Fließgelenk ein anderes Tripel $(M/N/Q)_{Pl}$ wirksam. Es empfiehlt sich, die vollständige Fließfläche für den speziellen T- oder I-Querschnitt zu bestimmen; das maßgebende Tripel liegt auf dieser Fläche. N und Q werden bestimmt (bzw. abgeschätzt), dann kann

$$\text{red } M_{Pl}=M_{Pl,M/N/Q}$$

für jedes der vier Fließgelenke abgegriffen werden. Die Berechnung der Tragfähigkeit läuft auf eine Iterationsrechnung hinaus.

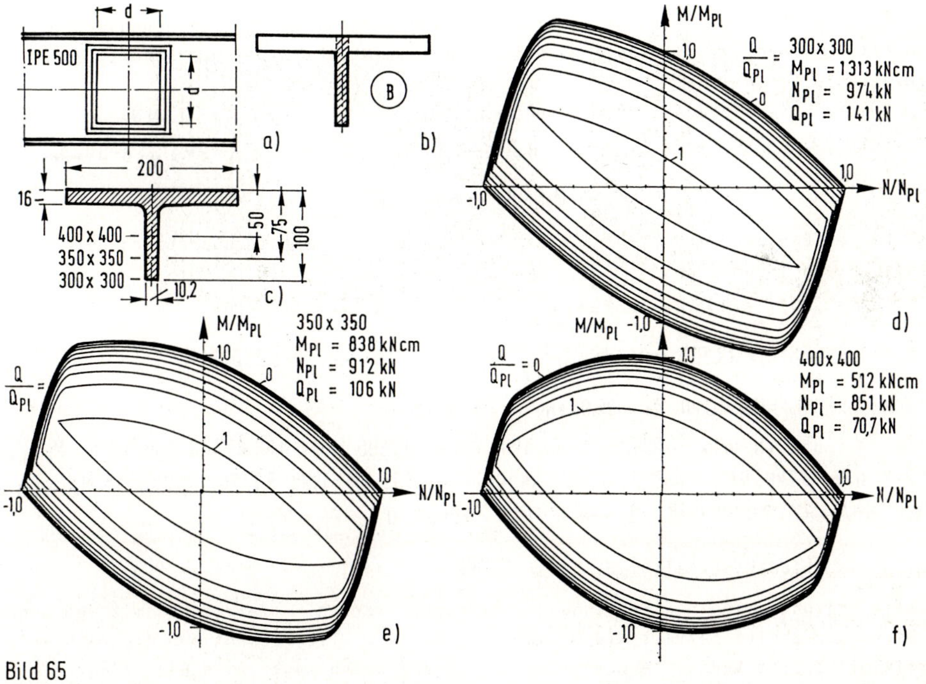

Bild 65

Bild 65 zeigt als Beispiel die Fließflächen für die T-förmigen Restquerschnitte eines IPE500-Trägers für drei unterschiedliche Stegöffnungen (300, 350 und 400mm). Ihnen liegt das Modell (B) zugrunde, vgl. Tafel 13.2. Die plastischen Grenzschnittgrößen betragen (σ_F=24kN/cm²):

Ausschnitt 300x300 : M_{Pl}=1313kNcm, N_{Pl}=974kN, Q_{Pl}=141kN
Ausschnitt 350x350 : M_{Pl}= 838kNcm, N_{Pl}=912kN, Q_{Pl}=106kN
Ausschnitt 400x400 : M_{Pl}= 512kNcm, N_{Pl}=851kN, Q_{Pl}= 71kN

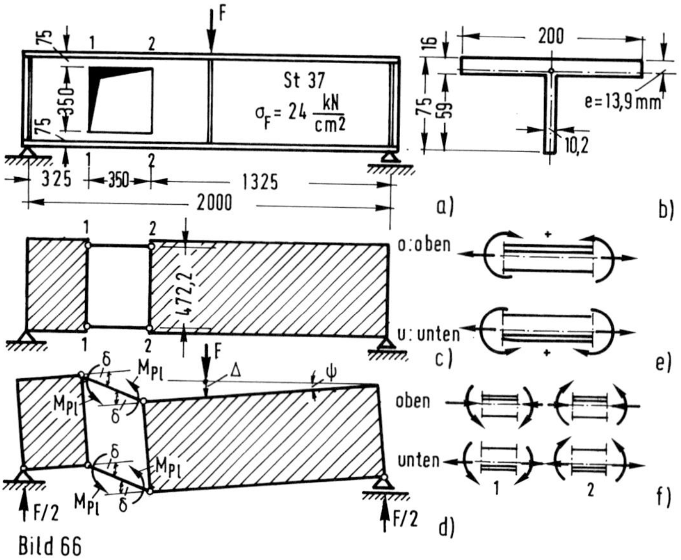

Bild 66

Es wird der in Bild 66a dargestellte Versuchsträger mit quadratischem Ausschnitt (350x350) nachgerechnet. Teilbild b zeigt den Gurtquerschnitt im Bereich der Ausnehmung, die Schwerachse liegt im Abstand e=1,39cm vom Rand entfernt. Der innere Hebelarm zwischen den Gurtschwerachsen beträgt: 50-2·1,39=47,22cm. - Die Lage der Fließgelenke ist in Teilbild c eingezeichnet. Nach G.72 folgt mit l=200cm und b=35cm:

$$\psi = \frac{b}{l}\cdot\delta = \frac{35}{200}\cdot\delta = 0{,}175\cdot\delta$$

δ dient als Bezugsverformung der virtuellen Verrückung. Für die Verschiebung der mittigen Einzellast gilt:

$$\Delta = 100\psi = 100\cdot 0{,}175\,\delta = 17{,}5\,\delta$$

Die Richtung der Fließmomente ist in Bild 66d eingetragen. Bei der Berechnung der reduzierten Fließmomente ist die positive Definition von M und N am T-Querschnitt zu berücksichtigen, vgl. Teilbild e.

Für den Träger ohne Stegausnehmung findet man die Tragkraft zu F_{Pl}=937,3kN:

$$Q_{Pl} = 661{,}6\,kN,\; M_{Pl} = 52\,805\,kNcm;\; M_{Pl,M/Q} = (1{,}1 - 0{,}3\cdot\frac{F/2}{Q_{Pl}})M_{Pl};\; \Delta = 100\delta;\; PdV:\; F\cdot\Delta - 2M_{Pl,M/Q}\cdot\delta = 0 \longrightarrow$$

$$F\cdot 100 - 2(1{,}1 - 0{,}3\frac{F/2}{Q_{Pl}})M_{Pl} = 0 \longrightarrow \underline{F_{Pl} = 937{,}3\,kN}$$

Von F=250kN ausgehend, wird die Tragkraft für den Träger mit Stegausnehmung berechnet. In den Schnitten 1 und 2 gilt:

$$\text{Schnitt 1-1: } M = \frac{F}{2}\cdot 32{,}5 = 16{,}25\cdot F \longrightarrow N = \pm\frac{M}{47{,}22} = \underline{\pm 0{,}3441\cdot F};\; Q = \frac{1}{2}\cdot\frac{F}{2} = \underline{0{,}2500\cdot F}$$

$$\text{Schnitt 2-2: } M = \frac{F}{2}\cdot 67{,}5 = 33{,}75\,F \longrightarrow N = \pm\frac{M}{47{,}22} = \underline{\pm 0{,}7147\cdot F};\; Q = \frac{1}{2}\cdot\frac{F}{2} = \underline{0{,}2500\cdot F}$$

$$M_{Pl} = 837{,}96\,kNcm,\; N_{Pl} = 912{,}43\,kN,\; Q_{Pl} = 106{,}00\,kN;\qquad F = 250\,kN$$

$$\text{Schnitt 1-1: } N = \pm 86{,}03\,kN,\; N/N_{Pl} = \underline{0{,}09428};\; Q = 62{,}5\,kN,\; Q/Q_{Pl} = \underline{0{,}5896}:\; M = 0{,}82\cdot 837{,}96 = \underline{687\,kNcm} = M_{Pl,M/N/Q}$$

$$\text{Schnitt 2-2: } N = \pm 178{,}7\,kN,\; N/N_{Pl} = 0{,}1952;\; Q = 62{,}5\,kN,\; Q/Q_{Pl} = 0{,}5896:\; M = 0{,}95\cdot 837{,}96 = \underline{796\,kNcm} = M_{Pl,M/N/Q}$$

$$PdV:\; F\cdot\Delta - (687 + 687 + 796 + 796)\cdot\delta = 0 \longrightarrow F\cdot 17{,}5\cdot\delta - 2966\cdot\delta = 0:\quad \underline{F_{Pl} = 169\,kN}$$

Ausgehend von F=180kN, erhält man: $\underline{F_{Pl} = 179\,kN}$

Mit diesem Ergebnis kann die Berechnung abgebrochen werden. - Verglichen mit dem ungeschwächten Querschnitt beträgt die Grenzkraft nur 19%. - Vergleicht man die rechnerische Tragkraft mit der im Versuch ermittelten Grenzkraft 309kN (vgl. Bild 61), liegt der Rechenwert beträchtlich unter dem Versuchswert. Hierbei ist folgendes zu berücksichtigen:

1. Die Festigkeitswerte der Versuchsträger betrugen: Obere Streckgrenze: 309N/mm², untere Streckgrenze: 260N/mm² und Bruchgrenze: 396N/mm². Wird die rechnerische Tragkraft im Verhältnis 308/240=1,28 bzw. 260/240=1,08 hochgerechnet, folgt 229kN bzw. 194kN. Wird unter bezug auf die Bruchgrenze des Materials umgerechnet, ergibt sich: 295kN, was am besten mit dem Versuchswert (309kN) übereinstimmt.
2. Die Kraftverschiebungsdiagramme der Versuche weisen kein Fließplateau auf, vgl. Bild 61; es handelt sich eher um ein "sprödes" Versagen. In den Fließgelenken tritt bis zum Er-

reichen der Grenzkraft eine große Rotation auf:

$$\delta = \frac{l}{b}\psi = \frac{200}{35}\psi = 5{,}71\psi \quad (b \rightarrow 0 : \delta \rightarrow \infty)$$

Während der Rotation wird der Verfestigungsbereich alsbald aktiviert. Bei den Versuchen traten in den auf Zug beanspruchten Ecken der quadratischen Ausnehmungen bei Erreichen des Grenzkraftniveaus tiefe Einrisse ein (bis 40mm). Hieraus folgt, daß die bei den Versuchen ermittelten Grenzkräfte Bruchkräfte waren und keine Tragkräfte im Sinne der Fließgelenktheorie. Diese Einsicht korrespondiert mit 1. (Bei der praktischen Ausführung sollten die Ecken quadratischer und rechteckiger Ausnehmungen ausgerundet sein. Am günstigsten ist es, zunächst die Ecken zu bohren und dann zu schneiden.)

Wie oben erwähnt, erfaßt das Fließgelenkmodell die Tragfähigkeit stets auf der sicheren Seite liegend. Das konnte auch durch Nachrechnung von Versuchsträgern mit ausgesteiften Stegdurchbrüchen bestätigt werden.

Wird die M-N-Q-Interaktion nicht berücksichtigt, ergibt sich für die in Bild 61 gezeigten Versuchsträger mit quadratischer Ausnehmung:

$$400 \times 400: \; b = 40\text{cm}, l = 200\text{cm}: \psi = 0{,}200\delta, \; \Delta = 20{,}0\delta: \; F \cdot 20{,}0 - 4 \cdot 512{,}50 = 0: \quad F_{Pl} = 102{,}5 \text{ kN}$$

$$350 \times 350: \; b = 35\text{cm}, l = 200\text{cm}: \psi = 0{,}175\delta, \; \Delta = 17{,}5\delta: \; F \cdot 17{,}5 - 4 \cdot 837{,}96 = 0: \quad F_{Pl} = 191{,}5 \text{ kN}$$

$$300 \times 300: \; b = 30\text{cm}, l = 200\text{cm}: \psi = 0{,}150\delta, \; \Delta = 15{,}0\delta: \; F \cdot 15{,}0 - 4 \cdot 1313{,}34 = 0: \quad F_{Pl} = 350{,}2 \text{ kN}$$

Der abmindernde Einfluß aus der M-N-Q-Interaktion liegt in der Größenordnung 10-15%.

Als praktische Rechenanweisung wird empfohlen:

1. Ausgehend von der Streckgrenze des Materials wird die Grenzkraft nach der Fließgelenktheorie <u>ohne</u> Berücksichtigung der M-N-Q-Interaktion berechnet und die in diesem Falle erforderliche Sicherheit eingehalten, oder
2. ausgehend von der Zugfestigkeit des Materials wird die Grenzkraft nach der Fließgelenktheorie <u>mit</u> Berücksichtigung der M-N-Q-Interaktion berechnet und mindestens eine Sicherheit von 2,0 eingehalten.

Vorstehende Hinweise betreffen die Berechnung der Grenztragfähigkeit ohne Berücksichtigung des Stegbeulens. Bei hohen Stegen geringer Dicke (insbesondere bei geschweißten Trägern mit Stegdurchbrüchen) geht das Versagen mit Stegbeulen einher, vor allem bei Durchbrüchen mit Kreisform, weil hier vergleichsweise hohe Grenzkräfte erreicht werden (vgl. Bild 61). In solchen Fällen sollten beidseitig Vertikalsteifen angeordnet werden. - Auf jüngere Arbeiten zu diesem Komplex wird abschließend verwiesen [33-36].

14 Gelenkige und biegesteife Anschlußkonstruktionen

14.1 Allgemeine Konstruktionshinweise

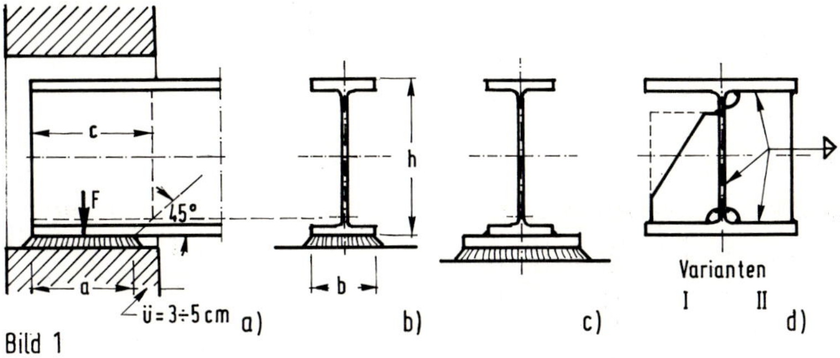

Bild 1

a) Trägerauflager auf Mauerwerk- und Betonwänden

Um eine gleichförmige Auflagerpressung zu erreichen, wird zwischen Mauerwerk oder Beton eine Mörtelschicht von 20 bis 30mm Dicke vorgesehen (Bild 1a). Die Auflagerlänge a wählt man etwa zu:

$$a \approx h/3 + 100 \text{ [mm]} \tag{1}$$

Bei Auflagerung auf Mauerwerk läßt man den Mörtel 30 bis 50mm vor der Kante enden. Ergibt sich eine zu hohe Auflagerpressung

$$\sigma = \frac{F}{a\,b} \tag{2}$$

(insbesondere bei Mauerwerk), ist eine lastverteilende Lagerplatte anzuordnen (Teilbild c). Bei Auflagerung auf Mauerwerk kann es auch zweckmäßig sein, mehrere Lagen Klinkerstein oder einen Betonstein vorzusehen, um die Auflagerkraft F auf einen größeren Bereich zu verteilen; die Lastverteilung im Mauerwerk wird zu 60° angenommen (DIN 1053). Innerhalb des Trägers wird eine Lastausstrahlung von 45° angesetzt und bei Walzträgern am Beginn der Ausrundung nachgewiesen, daß die zulässige Druckspannung eingehalten wird, darüberhinaus wird ggf. ein "Knicknachweis" des Trägersteges geführt. Sofern erforderlich, werden Auflagersteifen (Rippen), insbesondere bei breitflanschigen Trägern, angeordnet; Bild 1d zeigt Varianten. Man erhält dadurch eine gleichmäßigere Auflagerpressung, die Flanschbiegung wird in Grenzen gehalten und der Steg gegen örtliches Ausknicken bzw. Ausbeulen gesichert. - Nach jüngeren Tragkraftversuchen kann bei Einhaltung bestimmter Restriktionen auf die Anordnung von Auflagersteifen verzichtet werden (vgl. Abschnitt 14.4).- Die vorstehenden Anmerkungen gelten für den Stahlhochbau: Auf die Realisierung eines längsverschieblichen Lagers kann hier im Regelfall verzichtet werden, da die Last- und Temperaturverschiebungen gering sind. Vielfach werden bei Auflagerung auf Wänden zu deren Aussteifung Schrauben, Dübel oder Pratzen vorgesehen vgl. Abschnitt 12.4.2.5. - Bei weitgespannten Trägern kann es notwendig sein, längsverschiebliche Lager, z.B. Neopreneverformungslager oder Gleitlager anzuordnen, um unplanmäßige Beanspruchungen der Wände (lokal und global) zu vermeiden. (Im Brückenbau werden grundsätzlich spezielle Lager eingesetzt, vgl. Abschnitt 25.6.)

b) Trägerauflager untereinander

Die einfachste Lagerung ergibt sich, wenn die Träger im Auflager- bzw. Kreuzungspunkt aufeinander gelegt werden; sie werden dann im Kreuzungspunkt in den jeweiligen Stegebenen mit Auflagersteifen ausgestattet; bei bestimmten Walzträgerprofilen kann darauf verzichtet werden (vgl. Abschnitt 14.4). Bild 2 zeigt Trägerauflager mit Ausklinkungen und Zentrierstücken; der Schnitt I-I bedarf eines besonderen Spannungsnachweises! - Wird auf eine Zentrierung verzichtet, erhält der Unterzug aus der Durchbiegung bzw. Auflagerdrehung des aufliegenden Trägers eine Torsionsbeanspruchung. Bei steifen Trägern ist der Drehwinkel gering und zudem immer begrenzt, so daß i.a. auf eine Zentrierung verzichtet werden kann.

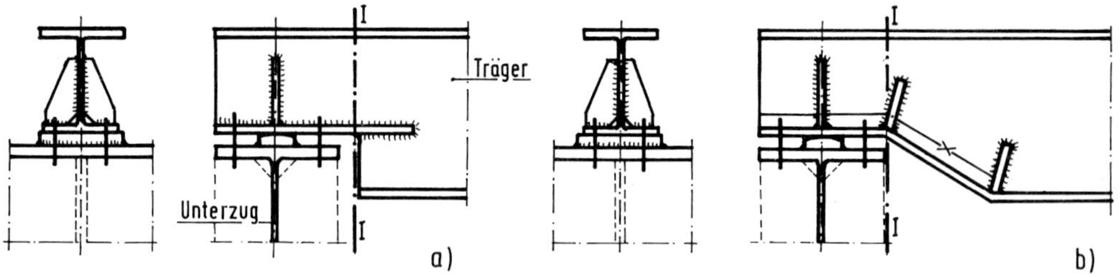

Bild 2

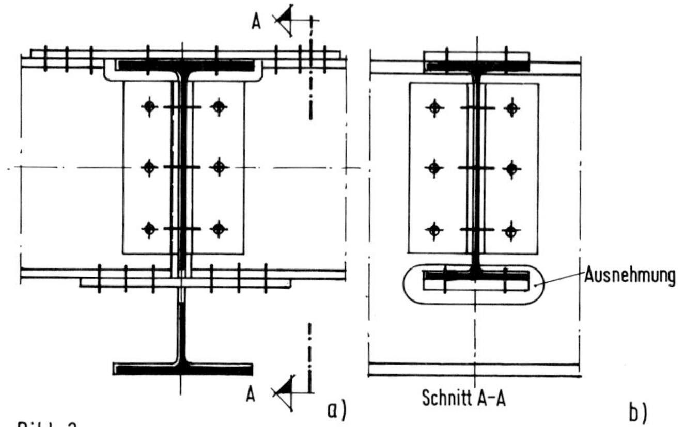

Bild 3

Bei Trägern, die sich in gleicher Höhe kreuzen und die als Durchlaufträger konzipiert sind, sind die im Biegezugbereich liegenden Obergurte zugfest miteinander zu verbinden. Bild 3 zeigt eine geschraubte Ausführungsform. Um die Stoßlasche des Untergurtes durch den Steg des höheren Trägers hindurchführen zu können, erhält dieser eine Ausnehmung (Teilbild 3b). Es ist indes auch möglich, die Druckkräfte der Untergurte durch eingepaßte Futterstücke zu übertragen. Die Durchbindelaschen der Ober- und Untergurte nennt man "Konti"-Laschen (Kontinuitätslaschen), um die kontinuierliche (knickfreie) Tragwirkung zu betonen. Im allgemeinen Trägerbau wird auf die Ausbildung derartiger Anschlußkonstruktionen i.a. verzichtet und "gelenkige" Anschlüsse bevorzugt.

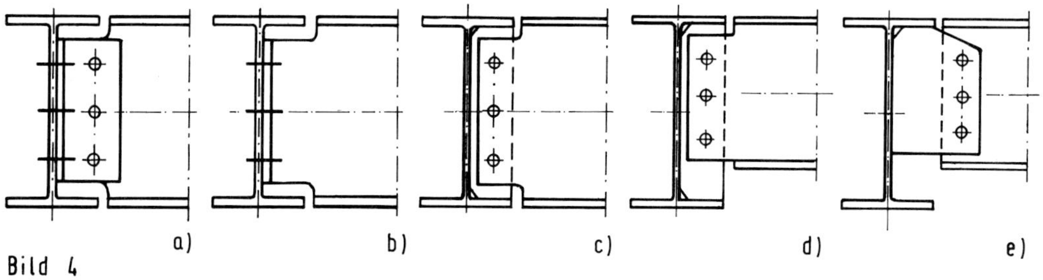

Bild 4

Bild 4 zeigt Beispiele. Verbreitet ist die Verwendung von Doppelwinkeln und Stirnplatten (Teilbild a und b, vgl. auch Abschnitt 14.2.1 und 14.2.2). Die Lösungen gemäß Teilbild c bis e sind weniger verbreitet, es werden Auflagersteifen mit Bohrungen eingeschweißt, der Träger wird nur einseitig angeschlossen. Die in Teilbild e dargestellte Anschlußform hat den Nachteil einer relativ großen Anschlußexzentrizität, dafür den Vorteil, daß auf Trägerausklinkungen verzichtet werden kann; sie kommt wohl nur bei beidseitigem Trägeranschluß in Betracht. Nachteilig ist bei dieser Lösung auch, daß die eingesetzten Anschlußbleche über das Trägerprofil seitlich hinausragen, was den Versand (Stapelung und Transport) behindert.

c) <u>Trägerauflager auf Stützen</u>

Die konstruktive Realisierung "gelenkiger" Trägerauflagerung auf Stützen wird in einfachster Form durch bündige Auflagerung auf die Kopfplatten der Stützen bewerkstelligt (Bild 5a/b). In dieser Weise kann bei unverschieblichen Systemen und bei Zwischenstützungen von Durchlaufträgern mit etwa gleichlangen Nachbarfeldern verfahren werden. Treffen

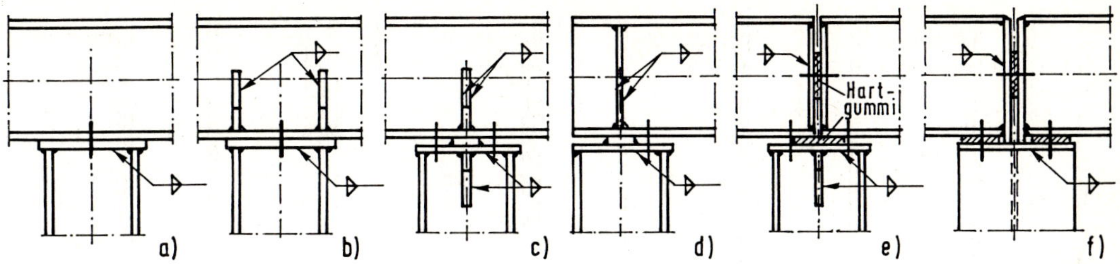

Bild 5

diese Voraussetzungen nicht zu und/oder ist an den Stützstellen mit größeren Winkeldrehungen der Träger zu rechnen, werden die Stützen bei bündiger (flächiger) Auflagerung (unplanmäßig) exzentrisch beansprucht. In solchen Fällen sind die Stützen für das Exzentrizitätsmoment nachzuweisen oder (günstiger) es sind Zentrierelemente vorzusehen. Die Träger erhalten an dieser Stelle Steifen (Bild 5c/f); ggf. ist es zweckmäßig, den Steg der Stützen mittels Rippen auszusteifen; vgl. Bild 5c und e.

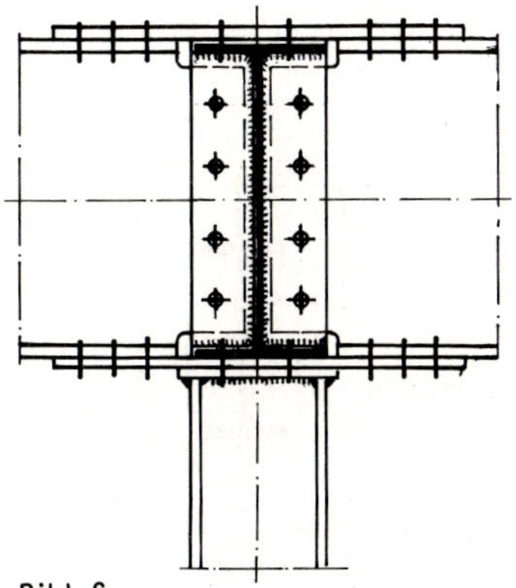

Bild 6

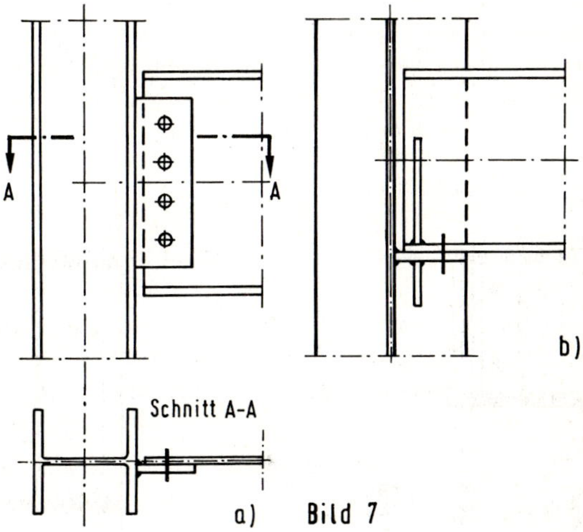

Bild 7

Bild 6 zeigt eine Trägerkreuzung über einer Stütze; zur Sicherstellung der Durchlaufträgerwirkung sind Kontilaschen angeordnet (s.o.).

d) Trägeranschluß an Stützen

Sofern keine biegesteife (rahmenartige) Verbindung vorgesehen ist (vgl. hierzu Abschnitt 14.3), sondern ein "gelenkiger" Anschluß, gibt es verschiedene Ausführungsvarianten, die vorrangig nach der Größe der Ausmittigkeit zu beurteilen sind. Bild 7 zeigt zwei Varianten, sie sind eher als Sonderformen zu bezeichnen: In Teilbild a wird der Träger an eine angeschweißte Lasche angeschraubt, in Teilbild b ist zwischen die Stützenflansche eine Auflagerplatte eingeschweißt, die ihrerseits durch einen Steg ausgesteift ist. Der Träger wird auf die Platte aufgelagert; es handelt sich bei dieser Ausbildung um keine Gabellagerung, was beim Kippnachweis zu berücksichtigen ist! Auch können erhebliche Montageprobleme bei fixierten Stützenabständen auftreten, wenn die Träger auf der Gegenseite entsprechend aufgelagert werden sollen!

Bild 8 zeigt Anschlußformen, die üblich sind; das gilt insbesondere für die in Teilbild a und b gezeigten Ausführungen (Abschnitt 14.2.1 und 14.2.2). Die in den Teilbildern c bis f gezeigten Anschlüsse unter Verwendung von Knaggen lassen sich einfach montieren; die Träger werden durch Schrauben und Distanzstücke in ihrer Lage fixiert, um ein Abgleiten (auch im Brandfalle) zu verhindern. - Die Bilder 9 und 10 zeigen Beispiele: In Bild 9 liegen zwei Träger auf gleicher Höhe, sie werden mittels Kopfplatten angeschlossen. In Bild 10 laufen drei Träger im Anschlußpunkt zusammen. Der schwere Träger (HE500B) wird direkt

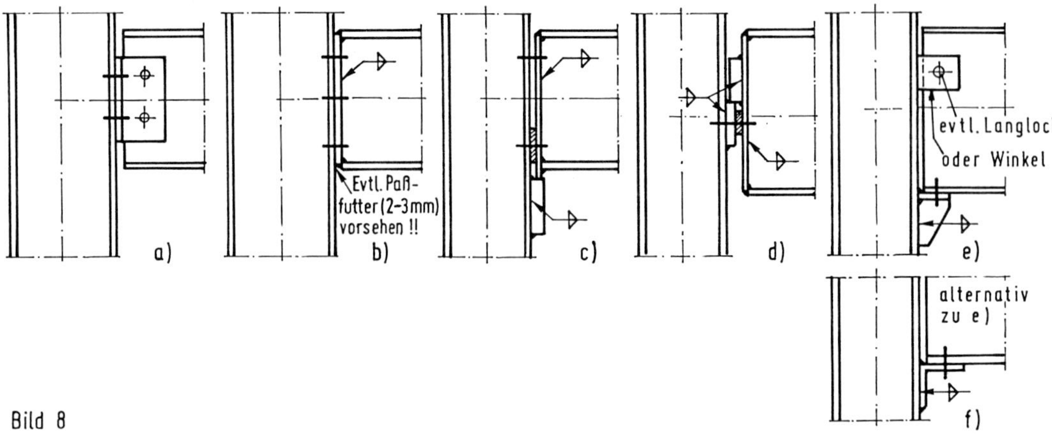

Bild 8

an den Stützensteg herangeführt und auf eine angeschraubte Knagge aufgelagert, oberhalb davon wird der Träger durch zwei kleine Stirnbleche mit dem Stützensteg verbunden.
Zur Abdeckung von Maßtoleranzen und Schweißverzügen werden die Träger vielfach von vornherein mit einem Untermaß hergestellt und Futterbleche vorgehalten; das gilt insbesondere bei Anschlüssen mittels Stirnplatten.

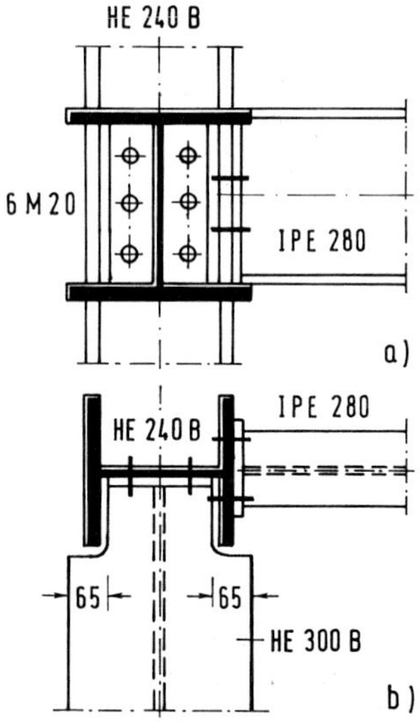

Bild 9

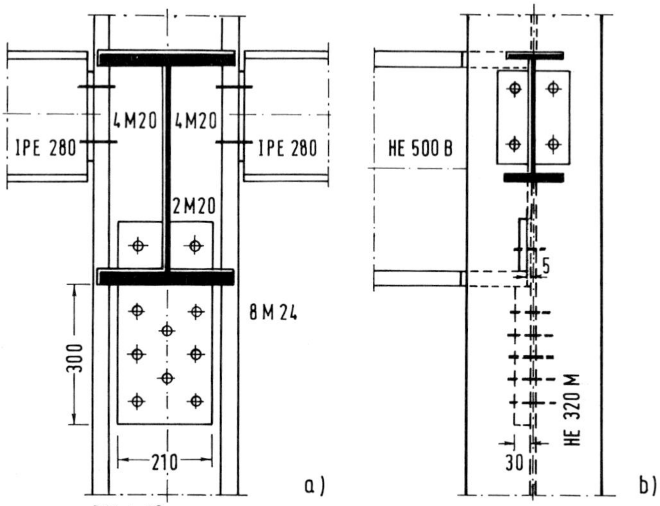

Bild 10

e) Trägerauflager auf Konsolen

In Bild 11 sind verschiedene Konsolausführungen dargestellt: Die Bilder a bis f zeigen Beispiele für geringere Auflagerkräfte. Die Konsolen werden aus Blechen zusammengeschweißt, möglich ist auch die Verwendung von coupierten Walzprofilen. Zur Aussteifung des Stützenflansches wird in Verlängerung zur oberen Konsolplatte eine Verrippung der Stütze vorgesehen. Bild 11g zeigt eine Konsole zur Auflagerung eines Kranbahnträgers; in Teilbild h ist angedeutet, wie das darüberliegende T-Stück in den Anschlußquerschnitt integriert werden kann. Das Stegblech der Konsole ist im Anschlußbereich in den Steg der Stütze eingebunden; eine derartige (recht aufwendige) Ausführung kommt dann in Frage, wenn es sich um eine geschweißte Stütze handelt und das Stegblech der Konsole zwecks Abtragung der Querkraft dicker ausfällt als das Stegblech der Stütze. Im Teilbild i ist das Auflagerblech der Konsole durch den Stützenflansch hindurchgeführt; auch derartige Ausführungen

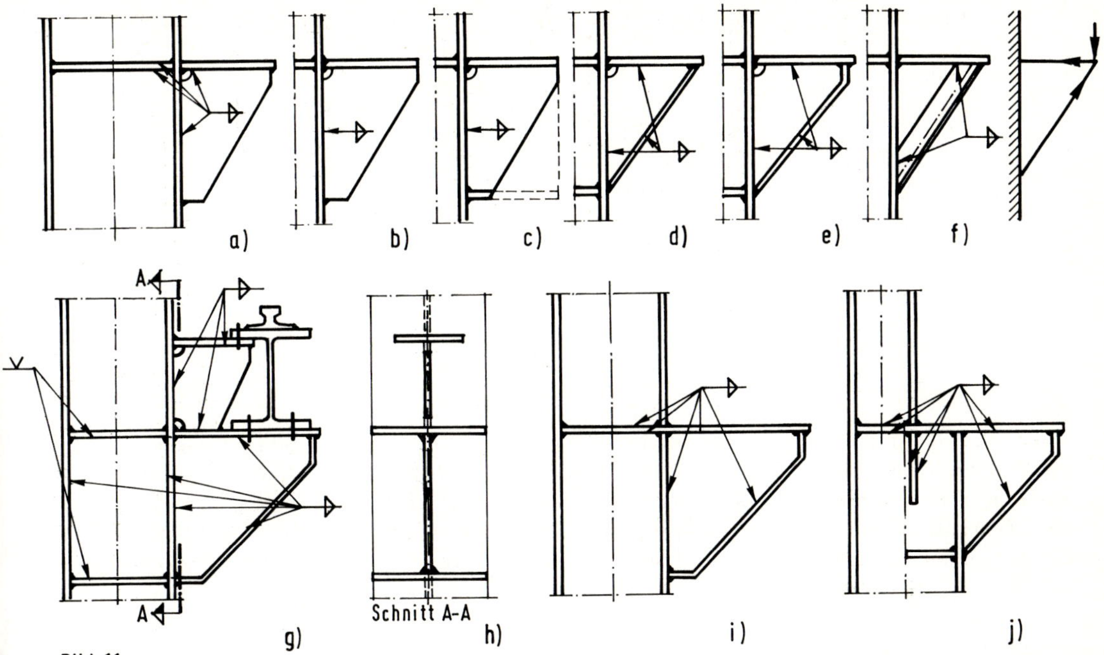

Bild 11

sind aufwendig. Eine Ausführung gemäß Teilbild 11j ist bei Kranhallen verbreitet. Die aufgehende Stütze oberhalb der Konsole dient zur Abtragung der Dachlasten und kann daher schwächer ausgebildet werden.

14.2 Querkraftbeanspruchte Trägeranschlüsse

14.2.1 Anschluß mittels Doppelwinkel (vgl. z.B. [2/3])

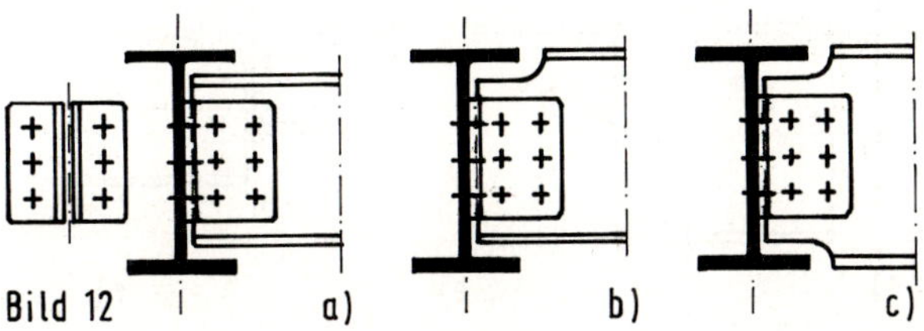

Bild 12

Der Anschluß von Trägern an Stützen und Unterzüge mittels angeschraubter Winkel ist aus der Nietbauweise entstanden. Die Anschlußform ist nach wie vor verbreitet und im DStV-DASt-Ringbuch "Typisierte Verbindungen im Stahlhochbau" [1] standardisiert worden. Der Katalogbearbeitung gingen Reihenversuche voraus. Bild 12 zeigt Beispiele. Liegen die Träger oberseitig auf gleicher Höhe, werden die Träger ausgeklinkt. Maßgebend für den Nachweis des Schraubanschlusses am Träger ist die Größe der Anschlußkraft Q_T=A und des Exzentrizitätsmomentes $M=Q_T \cdot e$. e ist der Abstand zwischen der Anschlußebene und dem Schwerpunkt des Schraubenbildes; vgl. Bild 13. Die Schraubenkräfte werden in analoger Erweiterung zu Abschnitt 13.4.3.2 berechnet: Die Anschlußquerkraft Q_T wird gleichmäßig auf alle Schrauben verteilt:

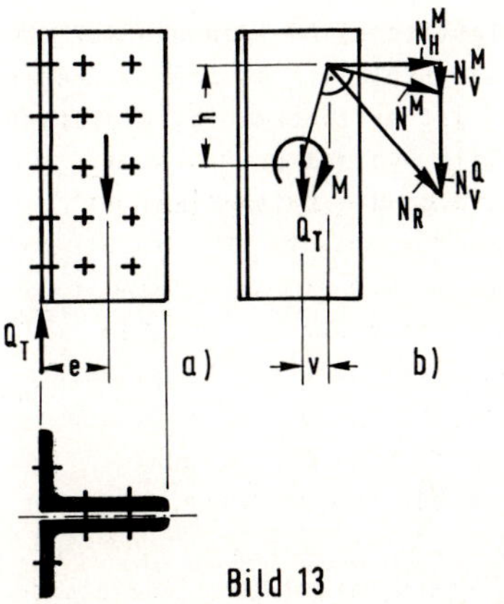

Bild 13

$$N_V^Q = \frac{Q_T}{n} \tag{3}$$

n ist die Schraubenanzahl; die Indizes V und H bedeuten vertikal und horizontal. Infolge des Exzentrizitätsmomentes entstehen folgende Komponenten:

$$N_H{}^M = \frac{Mh}{I_p} = Q_T \cdot \frac{eh}{I_p} \; ; \; N_V{}^M = \frac{Mv}{I_p} = Q_T \cdot \frac{ev}{I_p} \tag{4}$$

I_p bedeutet:

$$I_p = \sum_{i=1}^{n} r_i^2 \tag{5}$$

Die Resultierende beträgt, vgl. Bild 13b:

$$N_R = \sqrt{(N_V{}^Q + N_V{}^M)^2 + (N_H{}^M)^2} \tag{6}$$

Aus der Gleichsetzung von N_R mit der zulässigen Tragkraft einer Schraube findet man die zulässige Anschlußquerkraft zu*:

$$\text{zul}\, Q_T = \frac{\text{zul} N_{SL}}{\sqrt{\left(\frac{1}{n} + \frac{ev}{I_p}\right)^2 + \left(\frac{eh}{I_p}\right)^2}} \tag{7}$$

v und h beziehen sich auf die am weitesten vom Schwerpunkt des Schraubenbildes entfernt liegende Schraube. - Für die an der Stütze oder am Unterzugsteg anliegenden Schrauben erübrigt sich ein Nachweis, wenn die Schraubenanzahl gleichgroß gewählt wird, weil das Exzentrizitätsmoment entfällt. Aufgrund neuerer Versuche [4] wurde indes aufgezeigt, daß bei hohen Schraubenbildern sich ein Einspanngrad von ca. 5 bis 10% des Starreinspannmomentes einstellt und dadurch die im Zugbereich liegenden Schrauben relativ hohe zusätzliche Zugkräfte erhalten, insbesondere dann, wenn ungleichschenklige Winkel verwendet werden und der längere Schenkel am Trägersteg anliegt. - Bei ausgeklinkten Trägern ist der Querschnitt an der Ausschnittberandung nachzuweisen; vgl. Abschnitt 14.2.3.

14.2.2 Anschluß mittels Stirnplatte

Bild 14 zeigt verschiedene Ausführungsvarianten. Fertigungsbedingte Toleranzen werden zweckmäßig durch Vorgabe von Minuslängen (2 bis 3mm pro Träger) und Bereitstellung von Futterblechen kompensiert. Der Vorteil der Anschlußform liegt in der guten Zentriermöglichkeit ohne Auftreten eines Exzentrizitätsmomentes. Der Stirnplattenanschluß kann daher

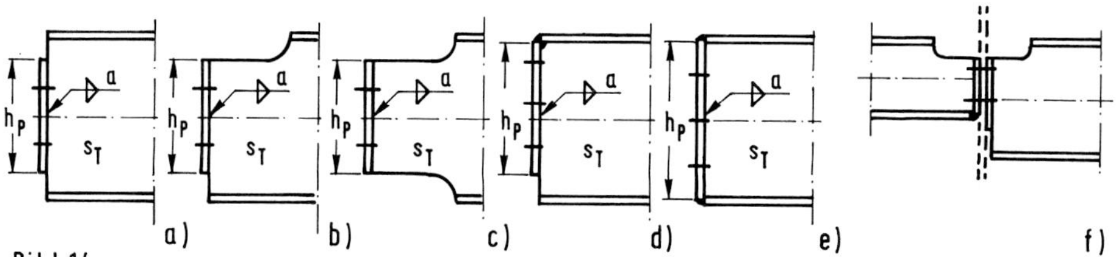

Bild 14

beim Nachweis der Kehlnähte als nur querkraftbeansprucht betrachtet werden. Ist das Anschlußbauteil (Stütze, Unterzug) sehr steif, tritt eine (elastische) Einspannung auf. Um in solchen Fällen eine quergerichtete (Zug-)Beanspruchung der Kehlnähte am oberen Trägersteg und ein Einreißen der Nähte an den Enden zu vermeiden, ist es zweckmäßig, die Stirnplatte mit dem oberen Trägerflansch zu verschweißen, vgl. Bild 14d und e.

Die Höhe der zulässigen Anschlußquerkraft Q_T folgt aus nachfolgenden Kriterien:

a) Tragfähigkeit des Trägersteges:

$$\text{zul}\, Q_T = \text{zul}\tau \cdot h_p\, s_T \tag{8}$$

h_p: Höhe der Stirnplatte; s_T: Stegdicke des Trägersteges

b) Tragfähigkeit der Kehlnähte:

$$\text{zul}\, Q_T = \text{zul}\tau_w\, 2 h_p\, a \tag{9}$$

---

* Allen Nachweisen dieses Abschnittes liegt noch DIN 18800 T1 (03.81) zugrunde.

Die nutzbare Nahtlänge l_w ist gleich der Stirnplattenhöhe. Wird die Stirnplatte einseitig oder beidseitig mit den Trägerflanschen verschweißt (Bild 14d/e), darf auch in diesen Fällen $l_w = h_p$ angesetzt werden, wenn die Stirnplatte in der Ausrundung zwischen Trägerflansch und -steg durchgehend mit der Dicke a verschweißt wird; ein mindestens beruhigter Stahl wird hierbei vorausgesetzt.

c) Tragfähigkeit der Anschlußschrauben (Anzahl der Schrauben: n):

$$\text{zul}\,Q_T = n \cdot N_{SL} \qquad (10)$$

Hierbei ist auch die Lochleibungsbeanspruchung im Stützenflansch oder im Steg des Unterzuges zu berücksichtigen, insbesondere dann, wenn sich bei einem Anschluß an einen Unterzug der Träger auf der Gegenseite fortsetzt und dadurch die Schrauben zweischnittig beansprucht werden.

14.2.3 Ausklinkungen

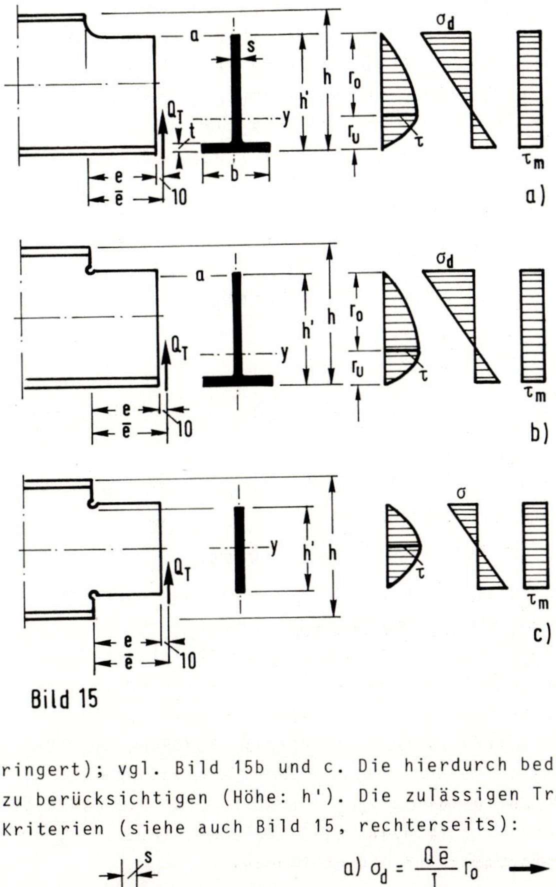

Bild 15

Sofern Ausklinkungen erforderlich sind, berechnet sich die zulässige Anschlußquerkraft aus der zulässigen Tragkraft des geschwächten Querschnittes. Im Ausklinkungsanschnitt wirken die Querkraft Q und das Exzentrizitätsmoment M (Bild 15):

$$Q = Q_T \qquad M = Q_T \bar{e} = Q_T(e + 10) \qquad (11)$$

(10mm: Zuschlag für Stirnplattendicke)

Für den T-förmigen Querschnitt werden folgende Werte berechnet (Bild 16):

$$\left.\begin{aligned} A &= s(h'-t) + bt; \quad A_{Steg} = sh' \\ S_a &= \frac{s(h'-t)^2}{2} + bt(h' - \frac{t}{2}) \\ r_o &= S_a/A; \quad r_u = h' - r_o \\ I_a &= \frac{s(h'-t)^3}{3} + bt(h'-\frac{t}{2})^2 + \frac{bt^3}{12} \\ I &= I_a - Ar_o^2 \quad (= I_y) \\ S &= \frac{sr_o^2}{2} \quad (= S_y = \max S) \end{aligned}\right\} \qquad (12)$$

r: Randabstand, o: oben, u: unten.

Sofern die Ausklinkung mittels gerader Schnitte gefertigt wird, wird zweckmäßig zunächst ein Loch gebohrt (dadurch wird zudem der Kerbeinfluß verringert); vgl. Bild 15b und c. Die hierdurch bedingte Reduzierung des tragenden Steges ist zu berücksichtigen (Höhe: h'). Die zulässigen Tragkräfte berechnen sich aus folgenden Kriterien (siehe auch Bild 15, rechterseits):

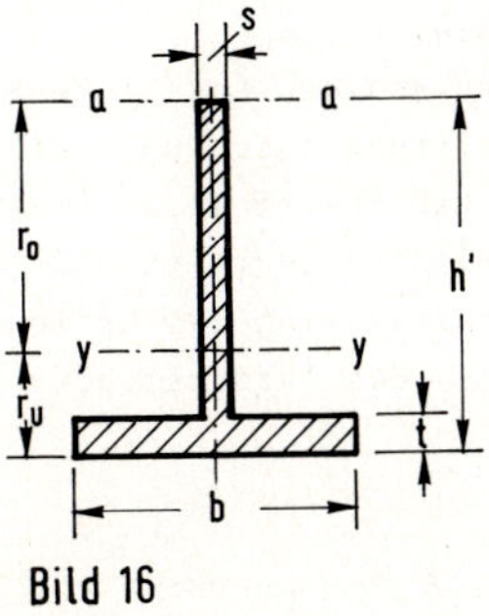

Bild 16

$$\text{a)}\ \sigma_d = \frac{Q\bar{e}}{I} r_o \longrightarrow \text{zul}\,Q_T = \text{zul}\,\sigma_d \cdot \frac{I}{\bar{e}\, r_o} \qquad (13)$$

$$\text{b)}\ \tau = \frac{QS}{Is} \longrightarrow \text{zul}\,Q_T = \text{zul}\,\tau \cdot I \frac{s}{S} \qquad (14)$$

$$\text{c)}\ \tau_m = \frac{Q}{A_{Steg}} \longrightarrow \text{zul}\,Q_T = \text{zul}\,\tau \cdot sh' \qquad (15)$$

$$\text{d)}\ \sigma_V = \sqrt{\sigma_d^2 + 3\tau_m^2} \longrightarrow \text{zul}\,Q_T = \frac{\text{zul}\,\sigma_V}{\sqrt{(\frac{\bar{e}\, r_o}{I})^2 + 3(\frac{1}{A_{Steg}})^2}} \qquad (16)$$

14.2.4 Beispiele und Ergänzungen

1. Beispiel: Anschluß eines IPE600-Profils (St37) mittels Doppelwinkel

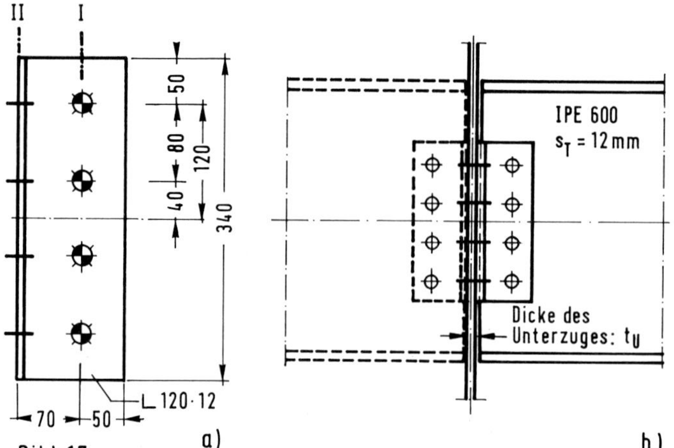

Bild 17

Gewählt: Winkel 2 L 120·12 und Schrauben 4 M24-4.6 (Bild 17a). Gesucht ist die zulässige Anschlußquerkraft zul Q_T im Lastfall H für zul τ_a=11,2kN/cm² und zul σ_l=30,0kN/cm². Maßgebend ist Schnitt I. Bei einseitigem Anschluß an einen Unterzug oder an einen Stützenflansch liegt im Schnitt II eine einschnittige Verbindung vor; da in diesem Schnitt die Beanspruchung aus dem Exzentrizitätsmoment entfällt, ist bei gleicher Schraubenanzahl und bei gleichem Schraubendurchmesser wie in Schnitt I die Beanspruchung im Schnitt II geringer und daher nicht maßgebend.

$$A_a = 2\cdot\frac{\pi\cdot 2{,}4^2}{4} = 2\cdot 4{,}52\ \text{cm}^2;\quad s_T = 12\ \text{mm}: A_l = 1{,}2\cdot 2{,}4 = 2{,}88\ \text{cm}^2$$

$$\text{zul}\,N_a = 11{,}2\cdot 2\cdot 4{,}52 = 101{,}2\ \text{kN};\quad \text{zul}\,N_l = 30{,}0\cdot 2{,}88 = 86{,}4\ \text{kN} = \text{zul}\,N_{SL}$$

$$n = 4,\quad e = 7{,}0\ \text{cm},\quad v = 0,\quad h = 12{,}0\ \text{cm};\quad I_p = 2(4{,}0^2 + 12{,}0^2) = 2(16 + 144) = 320\ \text{cm}^2$$

$$\text{zul}\,Q_T = \frac{86{,}4}{\sqrt{(\frac{1}{4} + 0)^2 + (\frac{7{,}0\cdot 12{,}0}{320})^2}} = \frac{86{,}4}{0{,}3625} = \underline{238{,}5\ \text{kN}}$$

Im DStV-DASt-Typenkatalog wird dieser Wert aufgrund der Versuchsbefunde um 5% angehoben:

$$\text{zul}\,Q_T = 1{,}05\cdot 238{,}5 = \underline{250{,}3\ \text{kN}}$$

Bei beidseitigem Trägeranschluß an einen Unterzug (Bild 17b) ist die Lochleibungspressung im Steg des Unterzuges zu prüfen; Bestimmung der Grenzblechdicke:

$$N_l = 30{,}0\cdot t_G\cdot 2{,}4 = 72{,}0\,t_G \longrightarrow 2\cdot 4\cdot 72{,}0\,t_G \overset{!}{=} 2\cdot 238{,}5 \longrightarrow t_G = 0{,}83\ \text{cm}$$

Ist die Dicke des Unterzuges geringer als t_G, kann die zuvor berechnete Anschlußkraft von beiden Seiten (also insgesamt 2·238,5=477kN) nicht abgesetzt werden.

Es kommen (rohe) Schrauben nach DIN 7990 zum Einsatz. Ein gewisses Lochspiel ist durchaus erwünscht, um eine zu hohe Einspannwirkung, insbesondere bei größerer Schraubenanzahl, zu vermeiden.

2. Beispiel: Anschluß eines IPE400-Profils (St37) mittels Stirnplatte h_p=290mm, t_p=10mm und Schrauben 2x4M20-4.6 (Bild 18a). Gesucht ist die zulässige Anschlußquerkraft zul Q_T im Lastfall H für zul τ =9,2kN/cm² für das Grundmaterial, zul τ_w=13,5kN/cm² für die Kehlnähte und zul τ_a=11,2kN/cm², zul σ_l=30,0kN/cm² für die Schrauben.

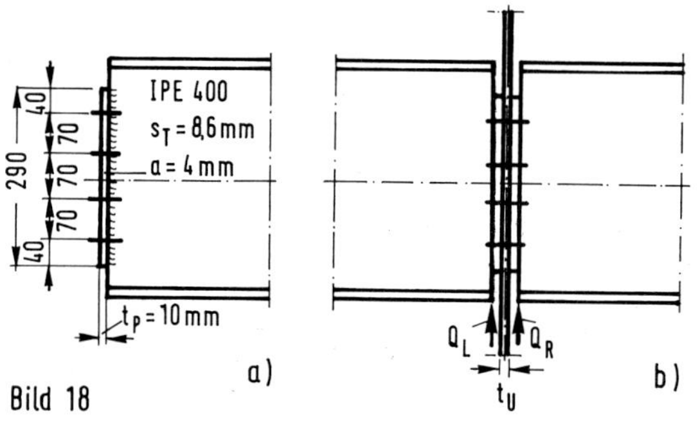

Bild 18

Es werden die zulässigen Anschlußwerte für einen einseitigen Anschluß nach den Formeln G.8/10 (Abschnitt 14.2.2) berechnet. Der kleinste Wert ist maßgebend. Hier erweist sich das Kriterium a (Abscheren des Trägersteges) als maßgebend.

$$a)\ zul\,Q_T = 9{,}2\cdot 29{,}0\cdot 0{,}86 = \underline{229\ kN}$$

$$b)\ zul\,Q_T = 13{,}5\cdot 2\cdot 29{,}0\cdot 0{,}4 = \underline{313\ kN}$$

$$c)\ A_a = \frac{\pi\cdot 2{,}0^2}{4} = 3{,}14\,cm^2;\quad t_P = 10\,mm:\ A_l = 1{,}0\cdot 2{,}0 = 2{,}0\,cm^2$$

$$zul\,N_a = 11{,}2\cdot 3{,}14 = 35{,}2\,kN = N_{SL};\quad zul\,N_l = 30{,}0\cdot 2{,}0 = 60{,}0\,kN$$

$$zul\,Q_T = 2\cdot 4\cdot 35{,}2 = \underline{282\,kN}$$

Bei beidseitigem Anschluß an einen Unterzug mit der Stegdicke t_U=8mm (vgl. Teilbild b), ergibt sich als Summe der zulässigen Anschlußkräfte:

$$A_l = 0{,}8\cdot 2{,}0 = 1{,}6\,cm^2:\quad zul\,N_l = 30{,}0\cdot 1{,}6 = 48{,}0\,kN$$

$$zul(Q_L + Q_R) = 2\cdot 4\cdot 48 = \underline{384\,kN}$$

3. Beispiel: Einseitige Ausklinkung eines IPE400-Profils (St37)

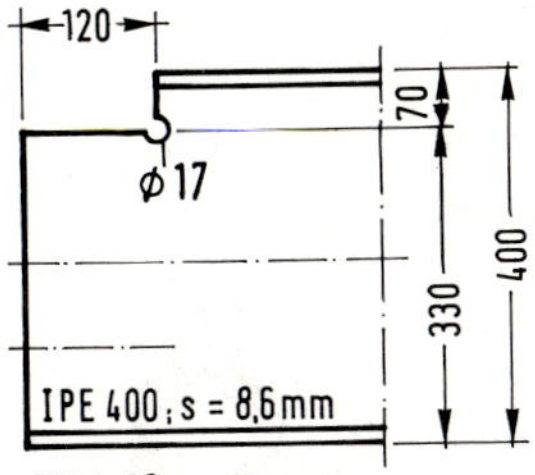

Bild 19

Bild 19 zeigt die Ausklinkung. Gesucht ist die zulässige Anschlußquerkraft zul Q_T im Lastfall H. Es wird gemäß Abschnitt 14.2.3 berechnet:

$$h' = 400 - 70 - 17/2 = 321{,}5\,mm,\quad s = 8{,}6\,mm$$

$$t = 13{,}5\,mm,\quad b = 180\,mm:$$

$$A = 0{,}86(32{,}15 - 1{,}35) + 18{,}0\cdot 1{,}35 = 26{,}5 + 24{,}3 = \underline{50{,}8\,cm^2}$$

$$A_{Steg} = 0{,}86\cdot 32{,}15 = \underline{27{,}7\,cm^2}$$

Die Anschlußquerkraft wird für zulσ_d=14kN/cm², zulτ=9,2kN/cm², zul σ_V=1,1·16=17,6kN/cm² ermittelt. Als zulässige Druckspannung wird nur 14kN/cm² angesetzt, um der Beulgefahr im dünnwandigen Stegblech im Bereich des Ausschnittes Rechnung zu tragen. Die weitere Rechnung ergibt:

$$S_a = \frac{0{,}86(32{,}15-1{,}35)^2}{2} + 18{,}0\cdot 1{,}35\left(32{,}15 - \frac{1{,}35}{2}\right) = 408 + 765 = \underline{1173\,cm^3};\quad r_0 = \frac{1173}{50{,}8} = \underline{23{,}09\,cm}$$

$$I_a = \frac{0{,}86(32{,}15-1{,}35)^3}{3} + 18{,}0\cdot 1{,}35\left(32{,}15 - \frac{1{,}35}{2}\right)^2 + \frac{18{,}0\cdot 1{,}35^3}{12} = 8376 + 24073 + 4 = \underline{32453\,cm^4}$$

$$I = 32\,453 - 50{,}8\cdot 23{,}09^2 = \underline{5369\,cm^4};\quad max\,S = 0{,}86\frac{23{,}09^2}{2} = \underline{229\,cm^3}$$

Mit

$$zul\sigma_d = 14\,kN/cm^2,\quad zul\tau = 9{,}2\,kN/cm^2,\quad zul\sigma_V = 1{,}1\cdot 16 = 17{,}6\,kN/cm^2$$

ergeben G.13/16:

$$a)\ \bar{e} = 120 + 10 = 130\,mm:\ zul\,Q_T = 14{,}0\cdot 5369/13{,}0\cdot 23{,}09 = \underline{250{,}4\,kN}$$

$$b)\ zul\,Q_T = 9{,}2\cdot 5369\cdot 0{,}86/229 = \underline{185\,kN}\quad (\cdot 1{,}1 = 204\,kN)$$

$$c)\ zul\,Q_T = 9{,}2\cdot 0{,}86\cdot 32{,}15 = \underline{254{,}4\,kN}$$

$$d)\ zul\,Q_T = \frac{17{,}6}{\sqrt{\left(\frac{13{,}0\cdot 23{,}09}{5369}\right)^2 + 3\left(\frac{1}{27{,}7}\right)^2}} = \underline{209{,}8\,kN}$$

Maßgebend ist Kriterium b. In [1] wird eine um 10% höhere Schubspannung zugelassen.

14.3 Biegesteife Anschlüsse und Rahmenecken

14.3.1 Konstruktive Ausbildung von Rahmenecken - Geschweißte Ausführung

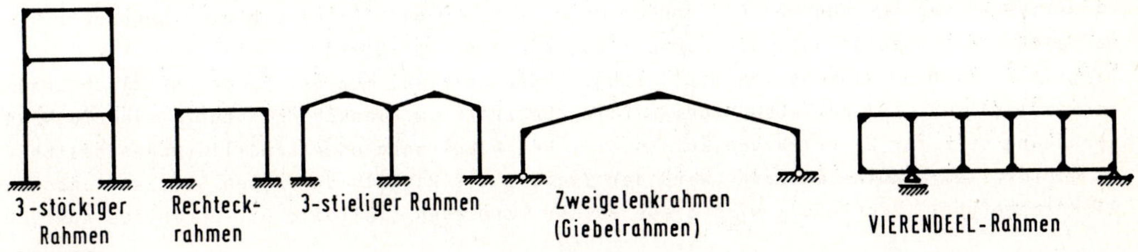

Bild 20

Die biegesteife Verbindung der Stäbe in einem Rahmenknoten ist konstruktiv so auszubilden, daß unter Belastung keine gegenseitigen Winkeldrehungen auftreten. Der Knoten gilt dann als biegestarr. Unter dieser Voraussetzung wird der Rahmen im Regelfall berechnet und der Stabilitätsnachweis geführt. Um die Steifigkeitsforderung zu erfüllen, sind i.a. Eckaussteifungen erforderlich, insbesondere bei geschraubten Rahmenecken. Der Überstand bei Stirnplattenverbindungen mit vorgespannten hochfesten Schrauben kann auch als Eckaussteifung gedeutet werden. Zur Stützung der Riegel- und Stützenflansche werden Rippen eingeschweißt. Steifenlose Ausführungen weisen eine größere Nachgiebigkeit auf (Abschnitt 14.4).

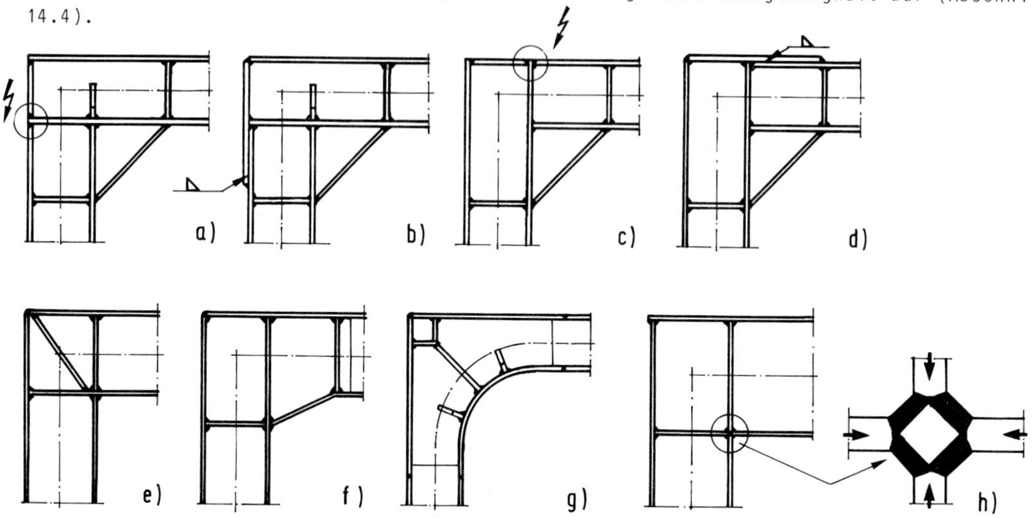

Bild 21

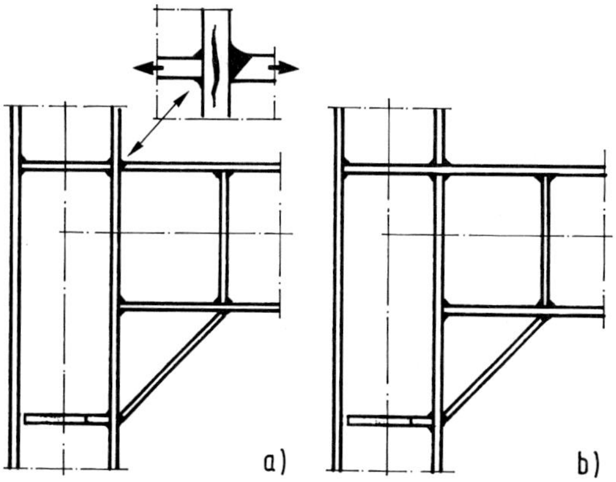

Bild 22

Bild 21 zeigt unterschiedliche Rahmenecken in geschweißter Ausführung. In den Fällen a und b werden die Riegel auf die Stiele aufgelegt, in den Fällen c und d an diese seitlich herangeführt. Die erstgenannten Varianten sind der Regelfall. Die eingekreisten Bereiche stellen Schwachpunkte dar, weil hier eine hohe Zugbeanspruchung quer zur Blechdicke auftritt. Durch die Anordnung einer Zuglasche kann diese Beanspruchung umgangen werden. Die Fälle a bis d sind typische Lösungen für Rahmenecken mit Walzprofilen. Die Rippen brauchen nicht über die ganze Steghöhe geführt zu werden, im Gegenteil, es ist günstiger, sie etwas außerhalb der Trägerachse enden zu lassen.- Die Teilbilder e bis g zeigen Rahmenecken vollgeschweißter Rahmenkonstruktionen, d.h. von Rahmen mit geschweißten Riegel- und Stützenprofilen; ggf. kann es zweckmäßig sein, im Rahmeneck ein dickeres Stegblech anzuordnen, hier treten sehr hohe Schubspannungen auf; vgl. Abschnitt 14.3.6. Auf die konstruktive Lösung des inneren Eckpunktes beim Rahmen gemäß Teilbild h wird besonders hingewiesen: Im Kreuzungspunkt der Gurte liegt ein Vierkant-Stahl.

Handelt es sich um Rahmenecken mit durchgehenden Stielen, muß der Riegel seitlich angeschweißt werden. Bei der Lösung gemäß Bild 22a tritt im Flansch der Stütze eine Zugbeanspruchung quer zur Walzrichtung auf (s.o.): Bei Dopplungen oder Lamellierungen besteht an dieser Stelle Aufreißgefahr. Wird der Zuggurt des Riegels durch den Stützenflansch hindurchgeführt (Gabelung), wird diese Gefahr vermieden (Teilbild b). Derartige Ausfüh-

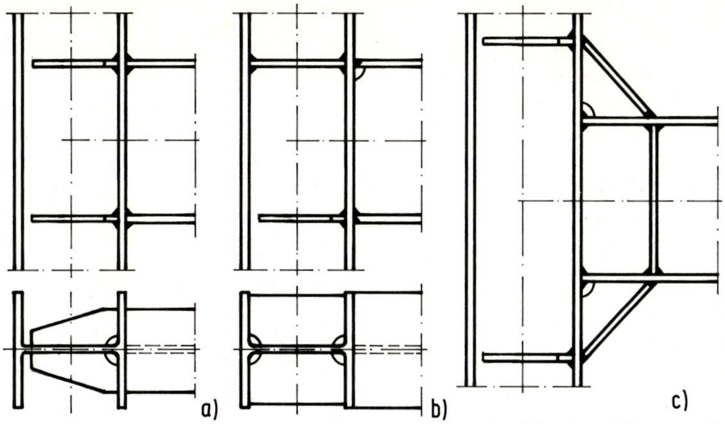

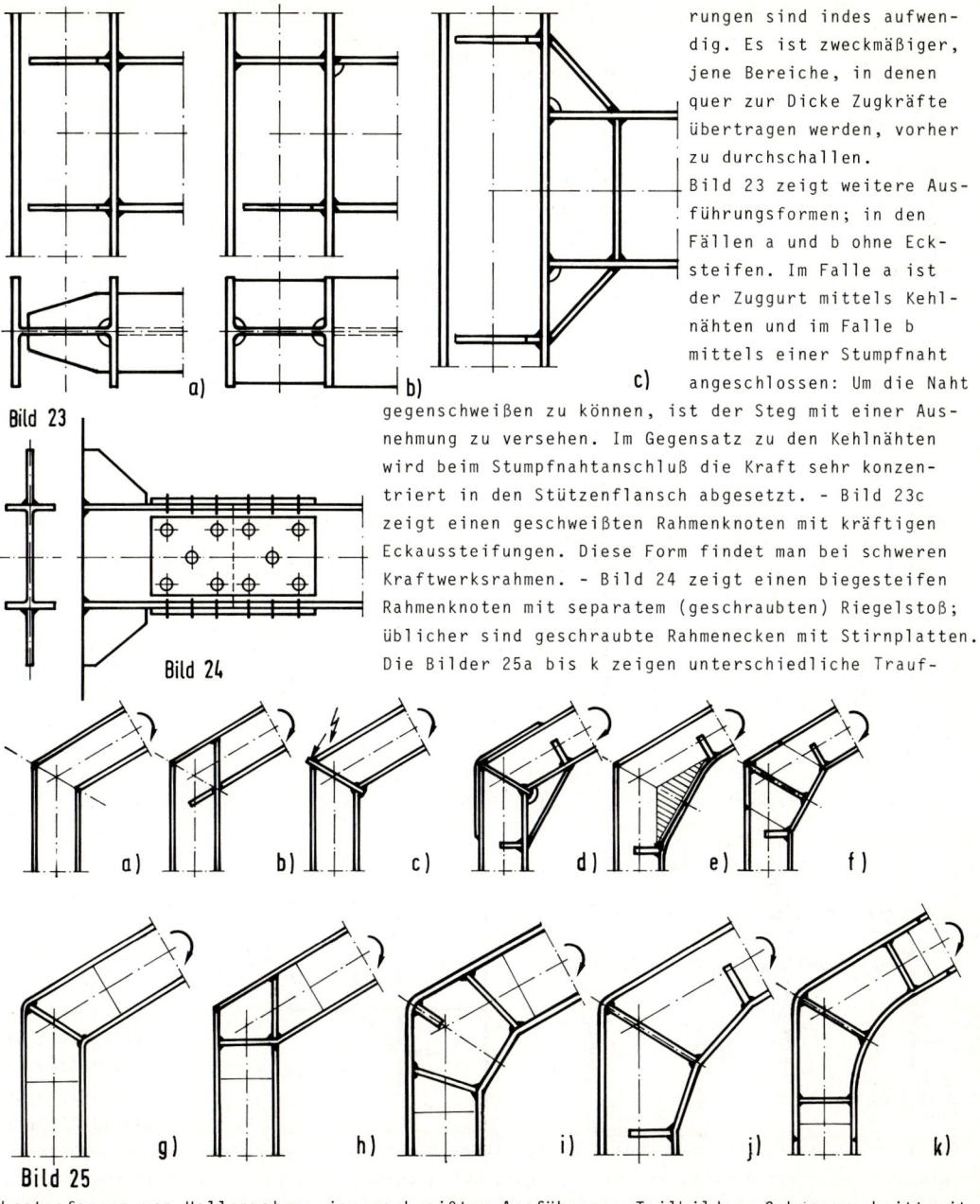

Bild 23

rungen sind indes aufwendig. Es ist zweckmäßiger, jene Bereiche, in denen quer zur Dicke Zugkräfte übertragen werden, vorher zu durchschallen.
Bild 23 zeigt weitere Ausführungsformen; in den Fällen a und b ohne Ecksteifen. Im Falle a ist der Zuggurt mittels Kehlnähten und im Falle b mittels einer Stumpfnaht angeschlossen: Um die Naht gegenschweißen zu können, ist der Steg mit einer Ausnehmung zu versehen. Im Gegensatz zu den Kehlnähten wird beim Stumpfnahtanschluß die Kraft sehr konzentriert in den Stützenflansch abgesetzt. - Bild 23c zeigt einen geschweißten Rahmenknoten mit kräftigen Eckaussteifungen. Diese Form findet man bei schweren Kraftwerksrahmen. - Bild 24 zeigt einen biegesteifen Rahmenknoten mit separatem (geschraubten) Riegelstoß; üblicher sind geschraubte Rahmenecken mit Stirnplatten. Die Bilder 25a bis k zeigen unterschiedliche Trauf-

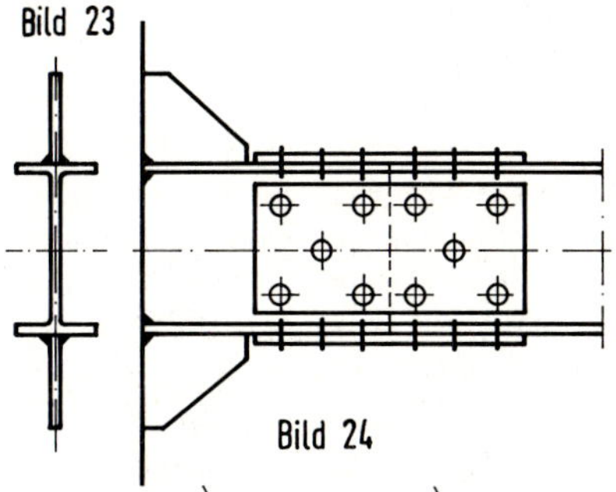

Bild 24

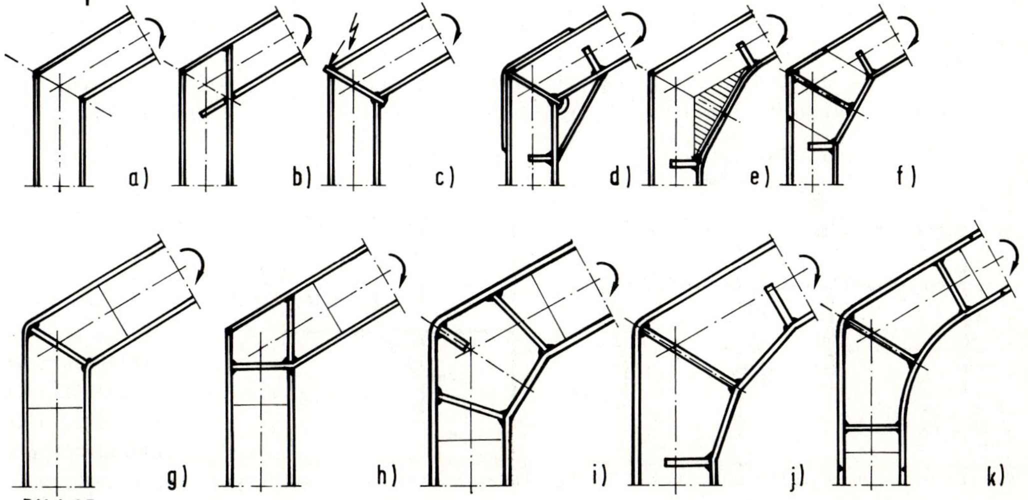

Bild 25

knotenformen von Hallenrahmen in geschweißter Ausführung: Teilbild a: Gehrungsschnitt mit Stumpfnaht für geringe Beanspruchung; Teilbild b: Zugflansch des Riegels übergreift den Stiel; Teilbild c: Stoßplatte im Gehrungsschnitt, nur nach Prüfung der Blechfestigkeit in Dickenrichtung empfehlenswert; Teilbild d: Zuglasche zum Stoß der Zugkräfte in den äußeren Gurten ("geschweißte Nietkonstruktion", wegen der unklaren Beanspruchung weniger gut); Teilbild e: Vergrößerung des inneren Hebelarms durch Anordnung einer dreieckförmigen Eckaussteifung (hier durch eingeschweißtes Eckblech); Teilbilder f bis k: Eckausbildungen für höhere Beanspruchungen, z.T. mit stärkerem (eingeschweißten) Stegblech im Eckbereich.
Bild 26 zeigt verschiedene Firstknoten von Hallenrahmen. - In allen Fällen sollten an Stellen, an denen die (Zug-)Gurtung einen Knick aufweist, Rippen zur Aufnahme der Umlenkkräfte angeordnet werden, vgl. folgenden Abschnitt.

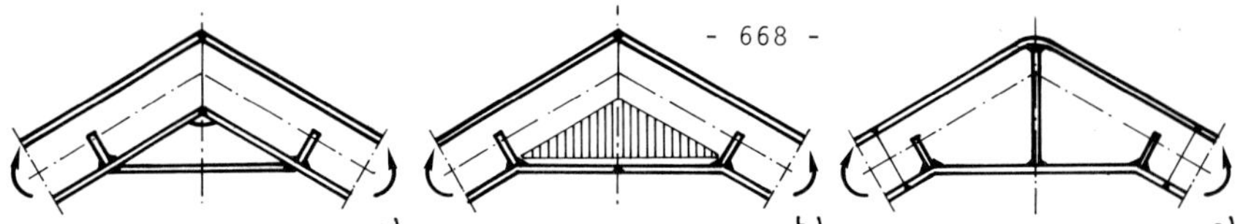

Bild 26

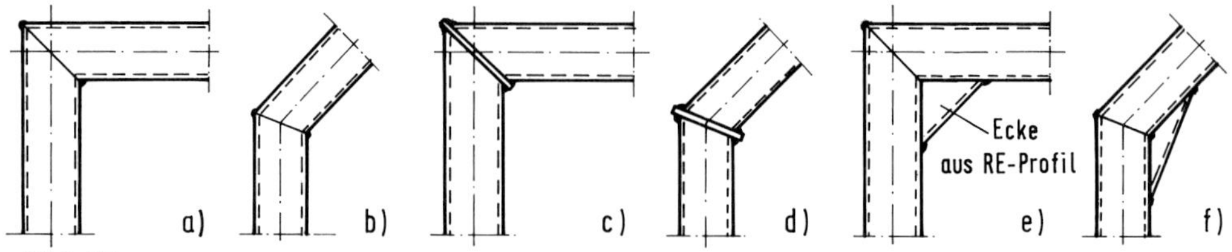

Bild 27

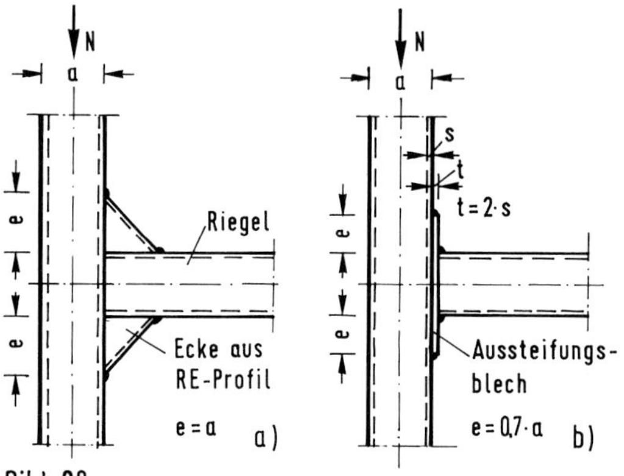

Bild 28

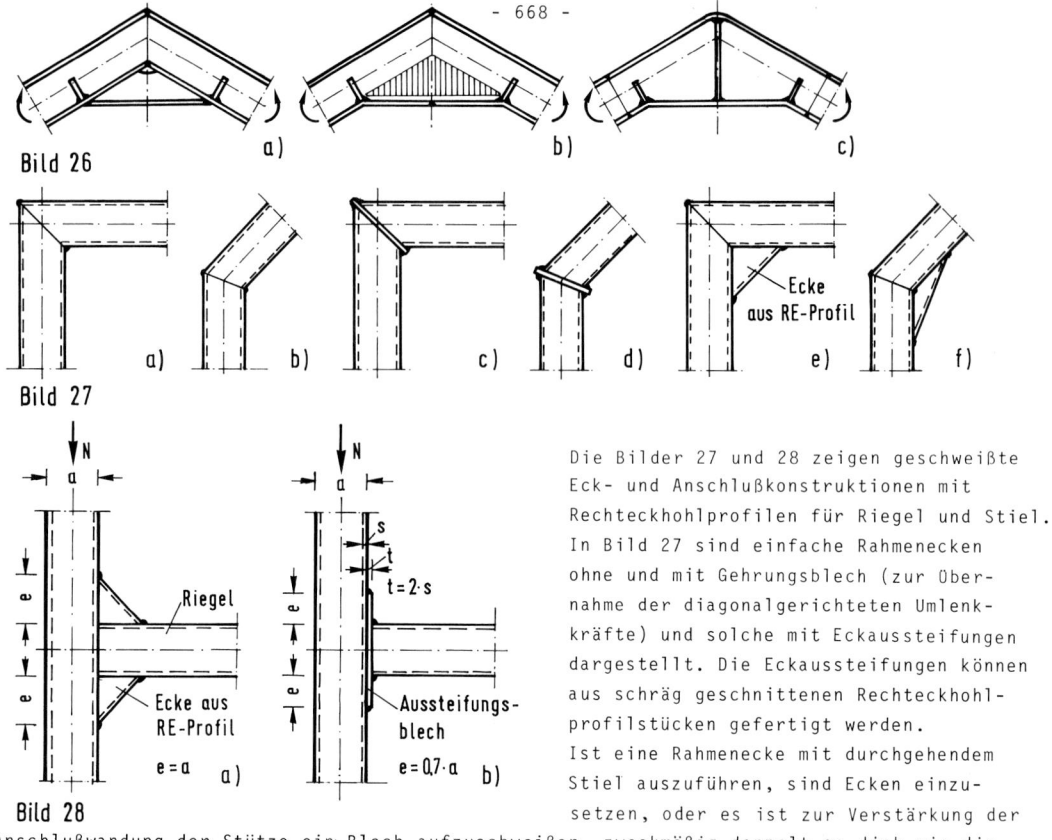

Die Bilder 27 und 28 zeigen geschweißte Eck- und Anschlußkonstruktionen mit Rechteckhohlprofilen für Riegel und Stiel. In Bild 27 sind einfache Rahmenecken ohne und mit Gehrungsblech (zur Übernahme der diagonalgerichteten Umlenkkräfte) und solche mit Eckaussteifungen dargestellt. Die Eckaussteifungen können aus schräg geschnittenen Rechteckhohlprofilstücken gefertigt werden.
Ist eine Rahmenecke mit durchgehendem Stiel auszuführen, sind Ecken einzusetzen, oder es ist zur Verstärkung der Anschlußwandung der Stütze ein Blech aufzuschweißen, zweckmäßig doppelt so dick wie die Profilwandung des Rechteckrohres. - Zur Ausführung und Bemessung vgl. DIN 18808.

14.3.2 Aussteifungsrippen

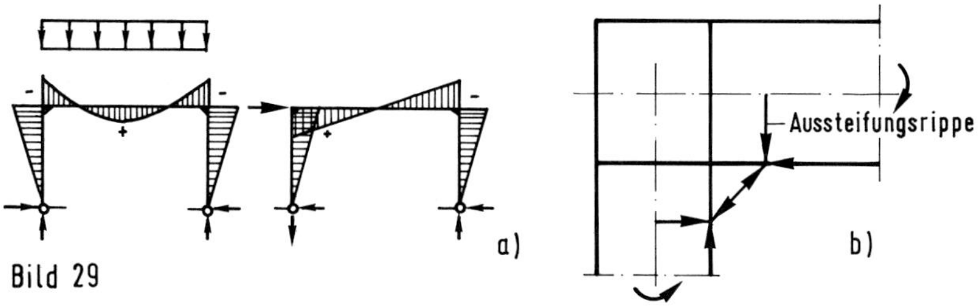

Bild 29

Am Ort eines Gurtknickes ist immer eine Rippe (oder Steife) erforderlich, um die an dieser Stelle auftretende Umlenkkraft in Richtung der Winkelhalbierenden abzutragen. Anderenfalls kommt es an dieser Stelle zu einer höheren Gurtbiegebeanspruchung und -verformung, was eine größere Ecknachgiebigkeit zur Folge hat. Bei kontinuierlicher Krümmung sind mehrere Radialrippen erforderlich. - Bild 29a zeigt einen Rechteckrahmen unter Gleichlast und Windlast. Die Gleichlast bewirkt negative Riegelendmomente, d.h. die außenliegenden Gurte erhalten Zug, die inneren Druck. Infolge Wind wird luvseitig ein positives und leeseitig ein negatives Rahmeneckmoment geweckt. Im luvseitigen Rahmeneck subtrahieren sich die Momente, bei überwiegendem Windmoment kann hier sogar ein positives Eckmoment auftreten, im leeseitigen Rahmeneck addieren sich die Momente (Bild 29a). Die Gurtung im Rahmeneck läßt man i.a. durchlaufen, ggf. nur in Form einer Verrippung.
Zur Erhöhung des inneren Hebelarmes und der Steifigkeit werden Eck-Vouten angeordnet:
Zur Abtragung der Umlenkkraft im Schnittpunkt der inneren Gurtung mit dem Gurtblech der Ecke werden Aussteifungsrippen eingeschweißt (Bild 29b); diese müssen nicht unbedingt bis zur gegenüberliegenden Gurtung durchlaufen und nicht in jedem Falle mit der Winkelhalbierenden zusammenfallen.

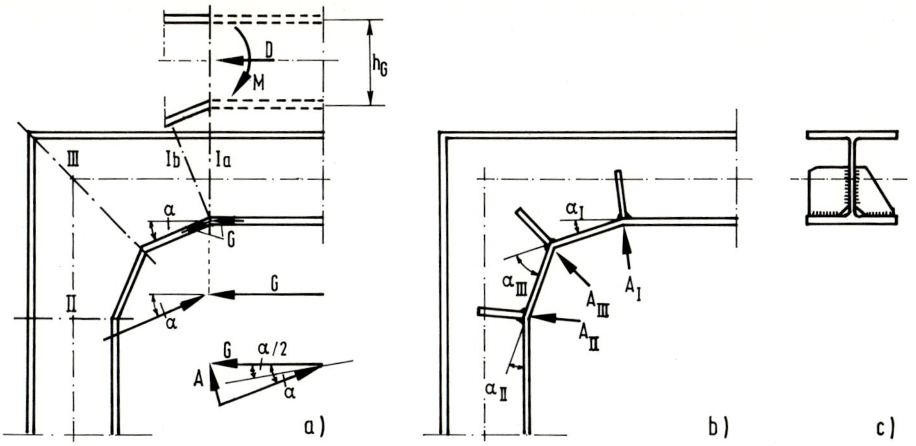

Bild 30

Wird die Rahmenecke als Schweißkonstruktion mit geknicktem Innengurt ausgebildet, wie in Bild 30 dargestellt, müssen in den Knickpunkten Rippen eingezogen werden. Tritt z.B. im Riegel im Schnitt I das Biegungsmoment M und die Druckkraft D auf (Bild 30a) beträgt die untere Riegelgurtkraft etwa:

$$G \approx \frac{D}{2} + \frac{M}{h_G} \tag{17}$$

h_G ist der Mittenabstand der Gurte im Schnitt Ia. In dem schräg anlaufenden Nachbargurt kann die Gurtkraft gleichgroß angesetzt werden. Ist α der Knickwinkel, beträgt die Abtriebskraft A (Umlenkkraft) in Richtung der Winkelhalbierenden zwischen den Schnitten Ia und Ib:

$$A = 2G\sin\frac{\alpha}{2} \quad (= A_I) \tag{18}$$

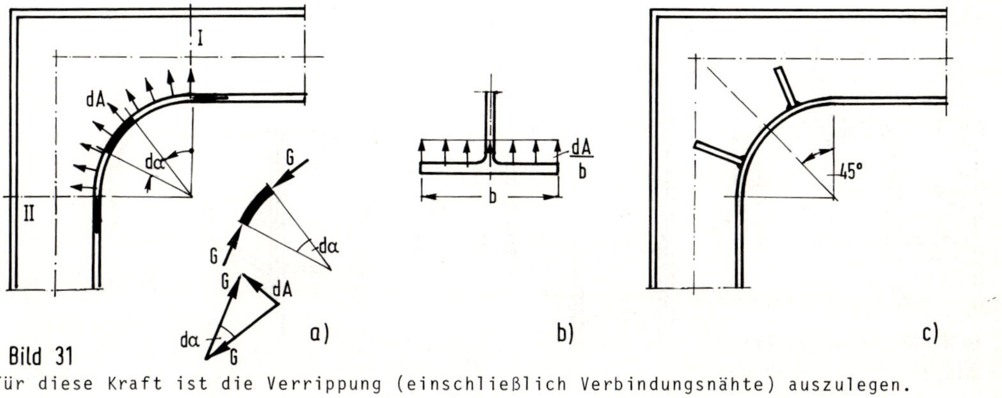

Bild 31

Für diese Kraft ist die Verrippung (einschließlich Verbindungsnähte) auszulegen. Erhält die innere Rahmenecke eine kreisförmige Ausrundung, kann die Verrippung wie folgt nachgewiesen werden (Bild 31): Es werden zunächst in den Anschnitten I und II die Gurtkräfte der Innengurtung berechnet. Als Näherung wird unterstellt, daß deren Mittelwert über die kreisförmige Gurtlänge wirksam ist: G. Dann ergibt sich folgende kontinuierliche Abtriebskraft (Bild 31a):

$$dA = G\,d\alpha \tag{19}$$

Diese Kraft verteilt sich auf die Gurtbreite b und bewirkt eine Querbiegung der auskragenden Gurtbleche (Teilbild b). Durch das Einziehen von Radialrippen kann diese Biegebeanspruchung weitgehend aufgehoben werden. Bei nicht zu weitem Abstand der Rippen voneinander kann für jede Rippe eine resultierende Abtriebskraft (ohne Berücksichtigung der Richtungsänderung von dA) näherungsweise zu

$$A \approx \int_{\alpha_R} G\,d\alpha = G\,\hat{\alpha}_R \tag{20}$$

abgeschätzt werden. Hierin kennzeichnet α_R den Einflußbereich der Rippe, z.B. bei $\alpha_R = 45° \hat{=} \pi/4$ (Teilbild c):

$$A \approx G\frac{\pi}{4} \tag{21}$$

Es ist vertretbar, einen Teil der Abtriebskraft dem Steg direkt zuzuweisen und die beidseitigen Rippen für die Restkraft nachzuweisen. - Infolge der Krümmung stellt sich ein krummliniger Biegespannungszustand in der Ecke ein, d.h. die innere Gurtkraft G ergibt sich real höher als nach G.17 und das umso mehr, je stärker die Krümmung ist. (Die Biegetheorie des stark gekrümmten Stabes wird in Abschnitt 26.9 behandelt.)

14.3.3 Anschlußschnittgrößen

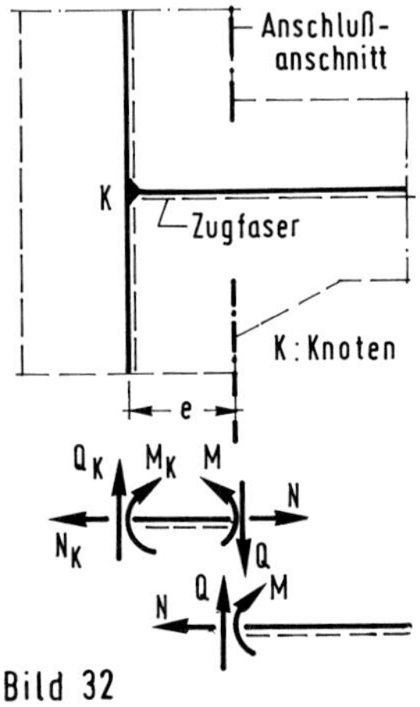

Bild 32

Die aus der statischen Berechnung folgenden Schnittgrößen M_K, Q_K und N_K, bezogen auf den ideellen Knotenpunkt K, werden auf die Anschlußebene umgerechnet. In Bild 32 ist ein Riegelanschluß an eine Stütze dargestellt. Ist e der Abstand des Anschlußanschnittes von der Systemachse, gilt:

$$M = M_K + Q_K e\,;\quad Q = Q_K\,;\quad N = N_K \tag{22}$$

Für diese Schnittgrößen wird der Anschluß nachgewiesen, entweder als Schweißanschluß (vgl. Abschnitt 8.7) oder als Schraubanschluß. Zur Aufnahme des Anschlußmomentes ist ein möglichst großer Hebelarm anzustreben, z.B. durch Anordnung einer Zuglasche, durch Konzentration der Schrauben auf der Zugseite und/oder durch Ausbildung einer Ecksteife (Voute). - Es können Schrauben ohne oder mit planmäßiger Vorspannung eingesetzt werden. Der Anschluß der Träger an die Stirnplatte ist als Schweißanschluß nachzuweisen.

14.3.4 Geschraubter Stirnplattenanschluß mit Zuglasche

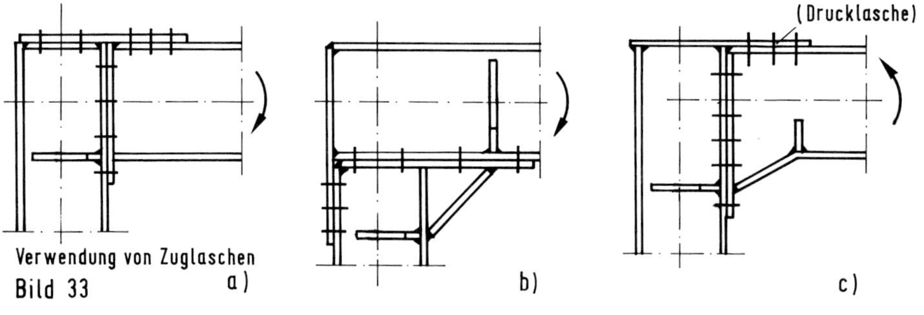

Verwendung von Zuglaschen

Bild 33

Durch die Anordnung von Zuglaschen erhält man eine Rahmenecke hoher Steifigkeit (Bild 33). Der Laschenquerschnitt überwiegt gegenüber den im Zugbereich liegenden Schraubenquerschnitten; auf deren Mitwirkung wird beim Nachweis des Anschlusses i.a. verzichtet, zumal deren anteiliger Beitrag unsicher ist.

Der Druckpunkt wird aufgrund der konstruktiven Ausbildung geschätzt, vgl. Bild 34; damit liegt der innere Hebelarm h fest. Die Gleichgewichtsgleichungen liefern:

$$M + Nd = Z \cdot h \longrightarrow Z = \frac{M + Nd}{h} \tag{23}$$

$$D = Z - N \tag{24}$$

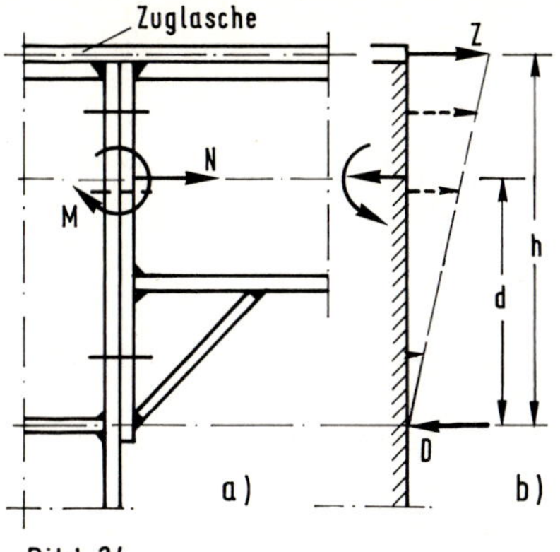

Bild 34

M ist positiv im Sinne der in Teilbild a dargestellten Wirkungsrichtung. Z ist die Zugkraft in der Zuglasche. Tritt im Anschlußquerschnitt ein positives Moment auf (vgl. Bild 33c), stellt die Lasche den Druckpunkt dar, jetzt werden die Schrauben im unteren Bereich auf Zug aktiviert (vgl. folgenden Abschnitt).
Die Querkraft wird über die Anschlußschrauben der Stirnplatte abgesetzt, ggf. nur über jene, die im Biegedruckbereich liegen.
Wird die Zuglasche ihrerseits mittels Schrauben angeschlossen, ist die Lochschwächung beim Nachweis der Lasche zu berücksichtigen. Es sind Paßschrauben zu verwenden, möglich ist auch eine GV- oder GVP-Verbindung. Zum Nachweis des Druckpunktes vgl. den folgenden Abschnitt.

14.3.5 Geschraubter Stirnplattenanschluß ohne Zuglasche

14.3.5.1 Vorgabe des Druckpunktes

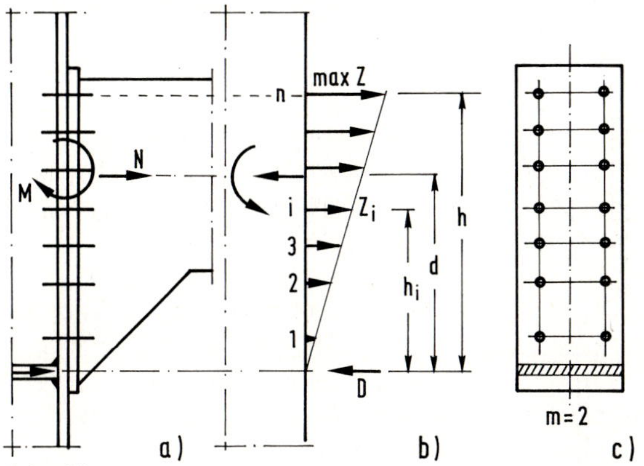

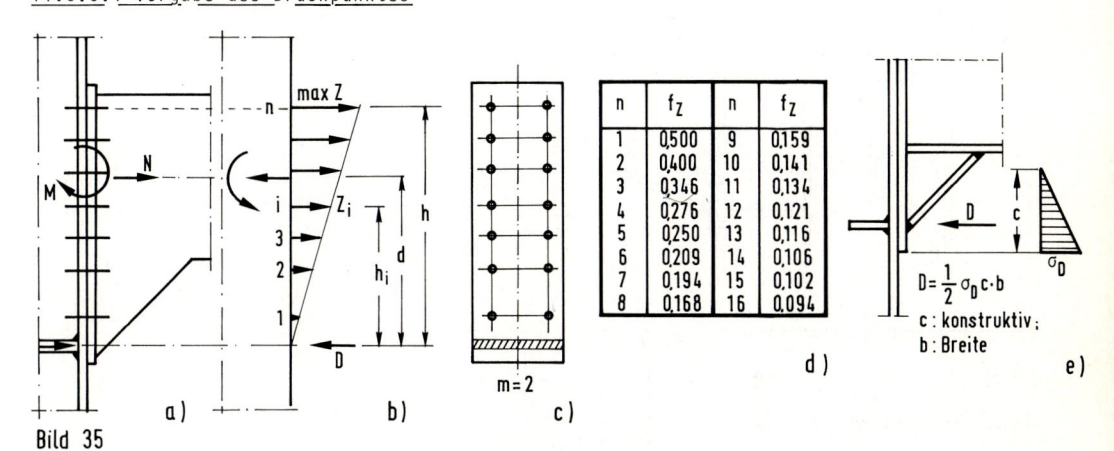

n	f_Z	n	f_Z
1	0,500	9	0,159
2	0,400	10	0,141
3	0,346	11	0,134
4	0,276	12	0,121
5	0,250	13	0,116
6	0,209	14	0,106
7	0,194	15	0,102
8	0,168	16	0,094

d)

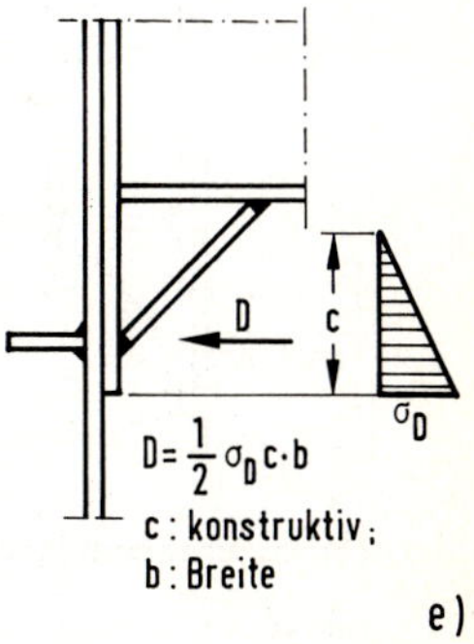

Bild 35

Für den in Bild 35a schematisch dargestellten Anschluß läßt sich ein genäherter Nachweis führen, wenn sich ein Druckpunkt aufgrund der konstruktiven Ausbildung angeben läßt. Das ist immer dann der Fall, wenn in Verlängerung der Druckgurtung eine Rippe vorhanden ist, vgl. z.B. Bild 36. Dieser Druckpunkt wird als Kontakt-Drehpunkt aufgefaßt (Bild 35a/b) und von hier aus eine geradlinige Verteilung der Schrauben-Zugkräfte Z_i angenommen. (Die Schrauben sind voraussetzungsgemäß nicht vorgespannt.) In Bild 35 ist die Wirkungsweise von M so angesetzt, daß der Druckpunkt unten liegt. - Bezogen auf diesen Druckpunkt gilt:

Äußeres Moment : $$M + Nd \tag{25}$$

Inneres Moment : $$\sum_{i=1}^{n} m Z_i h_i \tag{26}$$

m ist die Anzahl der nebeneinander liegenden Schraubenreihen; i.a. ist m=2 (Teilbild c). Bei Annahme geradlinig verteilter Schraubenkräfte gilt:

$$\frac{Z_i}{\max Z} = \frac{h_i}{h} \longrightarrow Z_i = \max Z \frac{h_i}{h} \tag{27}$$

Mit G.25/26 folgt:

$$M + Nd = m\sum_{i=1}^{n} \max Z \frac{h_i^2}{h} \longrightarrow \max Z = \frac{M+Nd}{h}\cdot\frac{1}{m\sum_{i=1}^{n}\left(\frac{h_i}{h}\right)^2} = \frac{M+Nd}{h}\cdot f_Z \tag{28}$$

f_Z ist ein dimensionsloser Kennwert:

$$f_Z = \frac{1}{m\sum_{i=1}^{n}\left(\frac{h_i}{h}\right)^2} \tag{29}$$

In Bild 35d ist dieser Kennwert für m=2 und n=1 bis 16 ausgewertet, wobei ein konstanter gegenseitiger Schraubenabstand e unterstellt ist (h=n·e). Ist e nicht konstant, ist f_Z gemäß G.29 auszuwerten.

Die resultierende Druckkraft D im Druckpunkt folgt aus:

$$\sum_{i=1}^{n} m Z_i - D = N \longrightarrow D = m\sum_{i=1}^{n} Z_i - N = \frac{\max Z}{h} m \sum_{i=1}^{n} h_i - N \tag{30}$$

Die Druckpressungsfläche wird aufgrund der konstruktiven Gegebenheiten geschätzt, vgl. Teilbild e. Ist c deren Erstreckung und b die Breite dieser Druckzone, folgt für die Randdruckspannung unter der Annahme einer dreieckförmigen Verteilung:

$$D = \frac{1}{2}\sigma_D c b \longrightarrow \sigma_D = \frac{2D}{cb} \tag{31}$$

In Abschnitt 14.3.5.4 werden vorstehende Ansätze kommentiert.

14.3.5.2 Bestimmung des Druckzentrums nach dem Verfahren von SCHINEIS

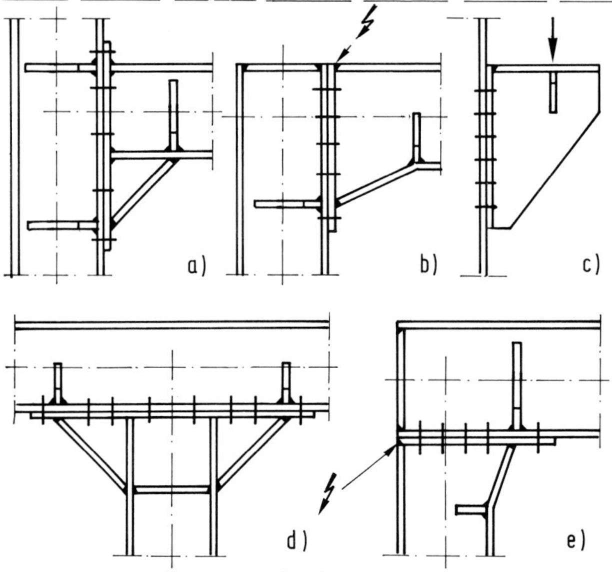

Ohne Verwendung von Zug- und Drucklaschen

Bild 36

Bild 36 zeigt verschiedene Anschlußkonstruktionen unter Verwendung von Stirnplatten und SL- und SLP-Schrauben. Eine Zuglasche ist nicht vorhanden; in den Fällen a, b, d und e kann der Nachweis der Schrauben nach den Anweisungen des vorangegangenen Abschnittes geführt werden. Im Falle des Konsolanschlusses (Teilbild c) ist das nicht ohne weiteres möglich, weil sich kein definitiver Druckpunkt angeben läßt.

Für die Berechnung geschraubter Rahmenecken wurden im Schrifttum verschiedene Berechnungsverfahren vorgeschlagen:

a) Verfahren von SAHMEL/ROTH [5,6]: Das Verfahren unterstellt in der Anschlußebene einen geradlinigen Verzerrungszustand (Dehnungszustand), sowohl für die Schrauben und eine fallweise vorhandene Lasche auf der Biegezugseite einerseits wie für die Biegedruckseite andererseits. Dieser Ansatz führt auf eine kubische Gleichung für die Tiefe der klaffenden Fuge. Ansätze dieser Art halten einer strengen Prüfung nicht Stand, weil sich infolge der unterschiedlichen Steifigkeit der Schrauben (und Lasche) und der Druckzone kein geradliniger Verzerrungszustand innerhalb der Anschlußfuge einstellt, allenfalls in Annäherung ein geradliniger Verformungszustand; es liegt kein Verbundquerschnitt vor!

b) Verfahren von BEER [7]: Hierbei wird unter derselben Voraussetzung wie unter a) mit Spannungen an einem Ersatzquerschnitt gerechnet. Die Schrauben werden zu einem stellvertretenden Zugquerschnitt zusammengefaßt. - Grundsätzlich gilt derselbe Einwand wie unter a), vgl. Abschnitt 14.3.5.4.

Eine gewisse Berechtigung haben die Verfahren dann, wenn sich wegen Fehlens einer Druckgurtung oder -verrippung kein Druckpunkt angeben läßt (s.o. und Bild 37). Für diese Fälle wird im folgenden das von SCHINEIS [8] aufbereitete Verfahren wiedergegeben, vgl. auch [9].

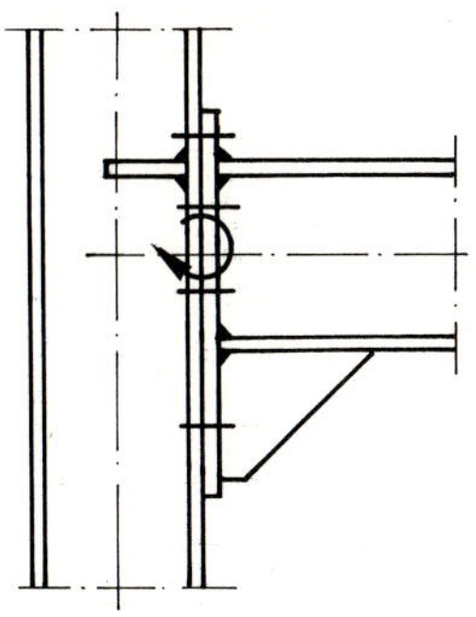

Bild 37

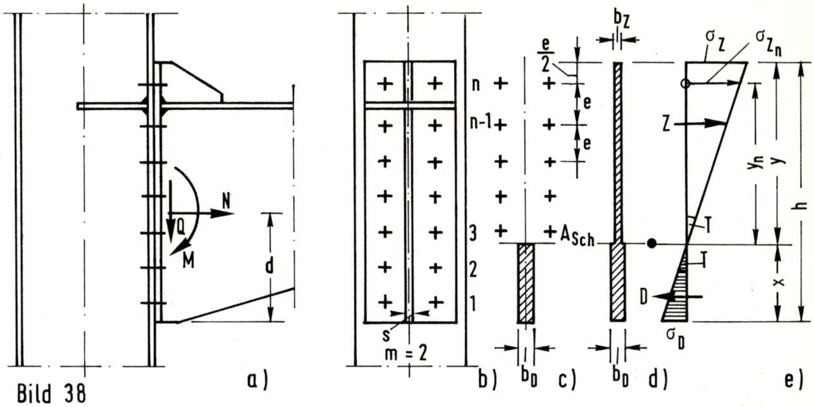

Bild 38

Bild 38a zeigt den Anschlußquerschnitt mit (etwa) gleichgroßen gegenseitigen Schraubenabständen e im Zugbereich. Die Schraubenflächen werden auf der Zugseite in ein äquivalentes Blech der Dicke b_Z umgerechnet:

$$b_Z = m \cdot A_{Schaft}/e \tag{32}$$

m ist die Anzahl der nebeneinander liegenden Schraubenreihen (i.a. ist m=2); A_{Schaft} ist der Schaftquerschnitt einer Schraube und e der gegenseitige Schraubenabstand, der als konstant oder zumindest als etwa konstant vorausgesetzt wird (ggf. ist ein Mittelwert zu bilden). - Auf der Biegedruckseite wird eine Ersatzbreite b_D angesetzt, z.B.: b_D=2s, wobei s die Stegdicke ist. Mit diesem Ansatz wird der Verformungsnachgiebigkeit der Stirnplatte und des Anschlußflansches Rechnung getragen. Teilbild d zeigt den Ersatzquerschnitt und Teilbild e den geradlinig angenommenen Spannungsverlauf. Die Lage der Spannungsnullinien ist unbekannt. Mit den Spannungsresultierenden

$$Z = \frac{1}{2} b_Z y \sigma_Z \; ; \; D = \frac{1}{2} b_D x \sigma_D \tag{33}$$

lauten die Gleichgewichtsgleichungen:

$$\Sigma N = 0: \quad N = Z - D = \frac{1}{2} b_Z y \sigma_Z - \frac{1}{2} b_D x \sigma_D = \frac{T}{2}(b_Z y^2 - b_D x^2) \tag{34}$$

Hierin bedeutet T die Neigung des "Spannungsdiagramms", vgl. Bild 38e:

$$\sigma_Z = Ty \; ; \; \sigma_D = Tx \tag{35}$$

x und y sind die Randabstände von der Nullinie aus. Z, D und σ_Z, σ_D werden hier als Absolutgrößen behandelt. Aus G.34 folgt:

$$T = \frac{2N}{(b_Z y^2 - b_D x^2)} \tag{36}$$

Die Momentengleichgewichtsgleichung wird auf die Spannungsnullinie bezogen:

$$\Sigma M = 0: \; M + N(d-x) = Z\frac{2}{3}y + D\frac{2}{3}x = \frac{1}{2} b_Z y \sigma_Z \frac{2}{3} y + \frac{1}{2} b_D x \sigma_D \frac{2}{3} x = \frac{T}{3}(b_Z y^3 + b_D x^3) \tag{37}$$

Hieraus folgt:

$$T = \frac{3(M + Nd) - 3Nx}{b_Z y^3 + b_D x^3} = \frac{M + N(d-x)}{\frac{1}{3}(b_Z y^3 + b_D x^3)} \tag{38}$$

Die Gleichsetzung von G.36 mit G.38 liefert die gesuchte Bestimmungsgleichung für die Tiefe x der Druckzone, wenn noch x+y=h beachtet wird (Teilbild e).
Für die Koordinate x=ξh ergibt sich eine kubische Bestimmungsgleichung:

$$a\xi^3 + b\xi^2 + c\xi + d = 0 \qquad (39)$$

Abkürzungen:

$$a = \delta - \gamma\ ;\ b = 3\alpha - 3\beta\ ;\ c = 3\gamma - 6\alpha\ ;\ d = 3\alpha - 2\gamma$$
$$\alpha = (M + Nd)\frac{b_Z}{h}\ ;\ \beta = (M + Nd)\frac{b_D}{h}\ ;\ \gamma = N b_Z\ ;\ \delta = N b_D \qquad (40)$$

Die kubische Gleichung wird zweckmäßig iterativ gelöst. Dazu wird die Gleichung umgestellt:

$$A + B\xi^3 + C\xi^2 = \xi \qquad (41)$$

Hierin bedeuten:

$$A = -\frac{d}{c}\ ;\ B = -\frac{a}{c}\ ;\ C = -\frac{b}{c} \qquad (42)$$

In die linke Gleichungsseite wird ein geschätzter ξ-Wert eingesetzt, z.B. 0,3...0,4; damit ergibt sich ein verbesserter Wert ξ, usf. Mit der Kenntnis von ξ ist die Lage der Nullinie bekannt. Die Spannungen werden dann mit $x=\xi h$ und $y=(1-\xi)h$ aus

$$\sigma_Z = Ty = \frac{M + N(d-x)}{\frac{1}{3}(b_Z y^3 + b_D x^3)}\,y = \frac{M + N(d-x)}{I_n}\,y\ ;\ \sigma_D = Tx = \frac{M + N(d-x)}{I_n}\,x \qquad (43)$$

berechnet; hierin bedeutet:

$$I_n = \frac{1}{3}(b_Z y^3 + b_D x^3) \qquad (44)$$

In Höhe der am weitesten außen liegenden Schraubenfaser (laufende Nummer n) beträgt die Zugspannung und die zugeordnete Zugkraft (vgl. Teilbild e):

$$\sigma_{Zn} = \frac{M + N(d-x)}{I_n}\,y_n\ ;\quad Z_n = A_{Sch}\,\sigma_{Zn} \qquad (45)$$

Im Sonderfall N=0 geht die kubische Bestimmungsgleichung (G.41) in eine quadratische über:

$$A = 0{,}5\ ;\ B = 0\ ;\ C = 0{,}5(1 - \beta/\alpha) = 0{,}5(1 - b_D/b_Z) \qquad (46)$$

$$\frac{1}{2}\left[1 + \left(1 - \frac{b_D}{b_Z}\right)\xi^2\right] = \xi \qquad (47)$$

14.3.5.3 Beispiele

1. Beispiel: Anschluß einer Konsole

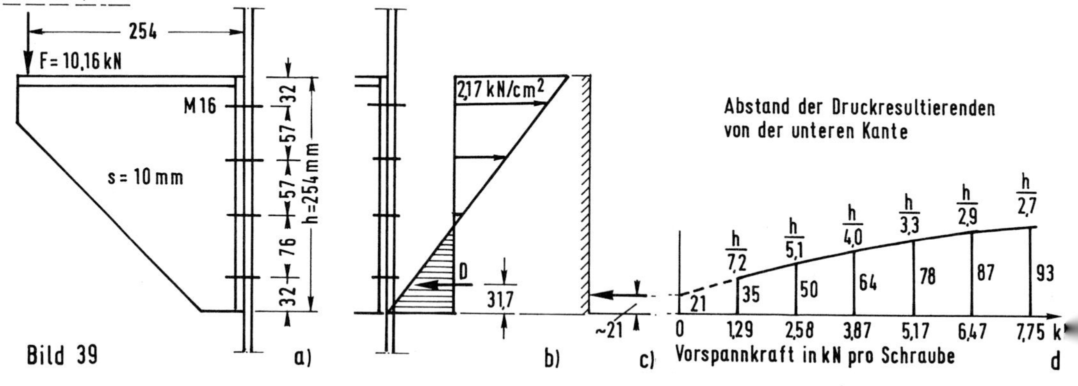

Bild 39

Das im vorangegangenen Abschnitt entwickelte Berechnungskonzept wird durch Nachrechnung eines Versuchsergebnisses überprüft. Bild 39a zeigt den Versuchskörper [10]. Der Anschluß wird nur durch ein Moment beansprucht, folglich ist von G.47 auszugehen:

$$m = 2,\ \ M16: A_{Schaft} = 2{,}01\,cm^2,\ \ b_Z = 2\cdot 2{,}01/5{,}7 = 0{,}705\,cm,\ \ b_D = 2\cdot 1{,}0 = 2{,}0\,cm$$

Die Breite der Druckzone wird zu 2·s angesetzt (s.o.). Ausgehend von den Gleichungen G.47/44/43 ergibt sich:

$$\frac{1}{2}(1-1{,}837\cdot\xi^2)=\xi\ ;\quad \text{Lösung: } \underline{\xi=0{,}373}$$

$$x=0{,}373\cdot 25{,}4=\underline{9{,}47\,cm},\quad y=0{,}627\cdot 25{,}4=\underline{15{,}93\,cm}$$

$$I_n=\frac{1}{3}(0{,}705\cdot 15{,}93^3+2{,}0\cdot 9{,}47^3)=\frac{1}{3}(2850+1699)=\underline{1516\,cm^4}$$

$$\sigma_D=\frac{10{,}16\cdot 25{,}4}{1516}\cdot 9{,}47=\underline{1{,}61\,kN/cm^2}\ ;\ \sigma_{Zn}=\frac{10{,}16\cdot 25{,}4}{1516}\cdot(15{,}93-3{,}2)=\underline{2{,}17\,kN/cm^2}$$

Schraubenkraft: $Z_n=2{,}17\cdot 2{,}01=\underline{4{,}36\,kN}$

Druckkraftresultierende: $D=\frac{1}{2}1{,}61\cdot 2{,}0\cdot 9{,}47=\underline{15{,}25\,kN}$

Trägt man die Werte des zitierten Versuchsberichtes auf (bei diesen Versuchen wurden unterschiedliche Vorspannkräfte aufgebracht) und extrapoliert auf den Fall Vorspannkraft Null, erhält man den Abstand der Druckresultierenden vom unteren Rand zu 21mm (vgl. Bild 39c/d). Nach der Rechnung ergibt sich x/3=94,7/3=32mm. Als Druckkraft wurde im Versuch D=15kN bestimmt, was mit dem Rechenwert gut übereinstimmt. - In der Wahl der Druckzonenbreite liegt eine gewisse Unsicherheit. Wählt man diese im Beispiel anstelle 2s zu 4s, folgt

$$\xi=0{,}296\ ;\ x=7{,}52\,cm,\ y=17{,}88\,cm:\ I_n=1910\,cm^4,\ \sigma_D=\underline{1{,}02\,kN/cm^2}\ ;\ \sigma_{Zn}=\underline{1{,}98\,kN/cm^2}$$

$$\underline{Z_n=3{,}98\,kN};\qquad \underline{D}=0{,}5\cdot 1{,}02\cdot 4{,}0\cdot 7{,}52=\underline{15{,}34\ kN}$$

Die Druckkraftresultierende liegt im Abstand 75,2/3=25,1mm vom unteren Rand entfernt. - Zur Auslegung der Kopfplattendicke vgl. Abschnitt 14.3.5.4.

2. Beispiel: Rahmenecke

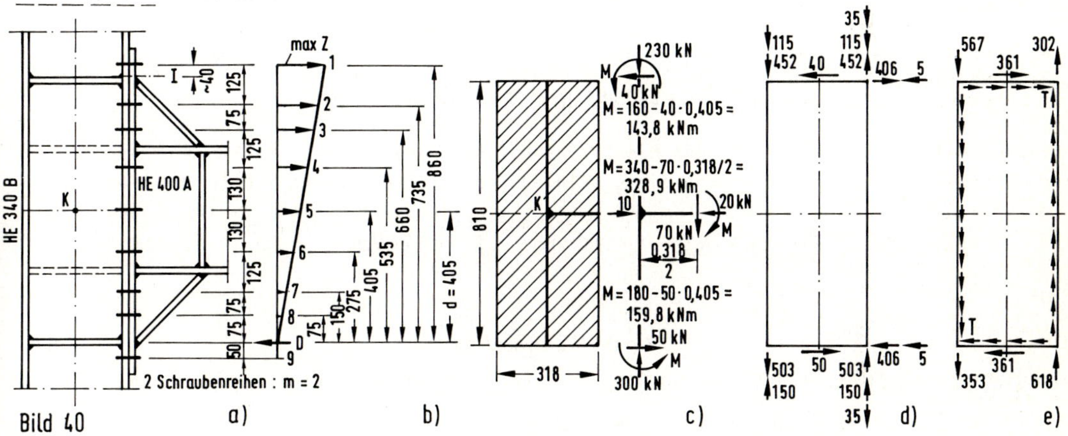

Bild 40

Bild 40a zeigt eine Rahmenecke mit durchlaufendem Stiel und seitlich angeschlossenem Riegel. - Die Schnittgrößen M, Q und N sind in Bild 41 ausgewiesen. Die Werte gelten für den ideellen Knotenpunkt K (= Schnittpunkt der Systemachsen). Sie werden gemäß G.22 auf den Anschnitt im Abstand e=0,17m umgerechnet:

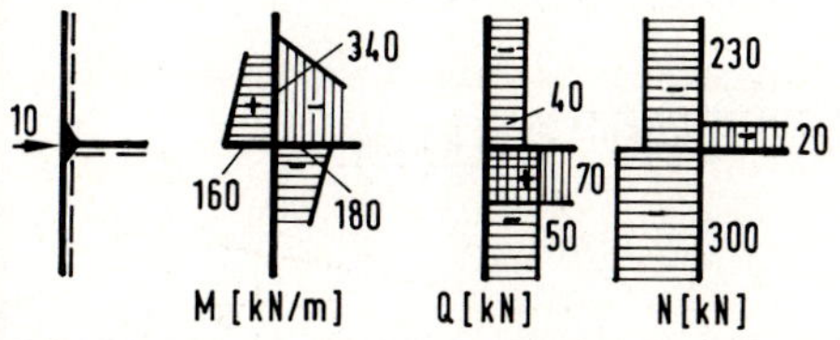

Bild 41

$$M_K=-340\,kNm,\ Q_K=70\,kN,\ N_K=-20\,kN \longrightarrow$$

$$M=-340+70\cdot 0{,}17=-340+11{,}90=\underline{-328{,}10\,kNm},\ Q=\underline{70\,kN},\ N=\underline{-20\,kN}$$

N ist eine Druckkraft.

Für die gewählte Ausführung (Bild 40a) werden - bezogen auf den in Höhe der Stützenrippe angenommenen Druckpunkt, vgl. Abschnitt 14.3.5.1 - die Schraubenabstände bestimmt. In der Tabelle des Bildes 42 ist die Berechnung von

$$\sum_{i=1}^{n=8}\left(\frac{h_i}{h}\right)^2=3{,}0685$$

gezeigt. G.28 liefert damit (m=2; d=40,5cm, h=86,0cm):

$$\max Z=\frac{32810-20\cdot 40{,}5}{86}\cdot\frac{1}{2\cdot 3{,}0685}=\frac{372{,}09}{2\cdot 3{,}0685}=\underline{60{,}63\,kN}$$

i	h_i	$(h_i/h)^2$
1	86,0	1,0000
2	73,5	0,7304
3	66,0	0,5890
4	53,5	0,3870
5	40,5	0,2218
6	27,5	0,1023
7	15,0	0,0304
n = 8	7,5	0,0076
–	–	3,0685

Bild 42

Bestimmung der max Randdruckpressung (G.31):

$$\sum_{i=1}^{n=8} h_i = 369{,}5\,\text{cm} \longrightarrow D = \frac{60{,}63}{86{,}0} \cdot 2 \cdot 369{,}5 + 20 = 521 + 20 = \underline{541\ \text{kN}}$$

Kopfplatte: b=30cm, c=15cm (vgl. Bild 35e):

$$\sigma_D = \frac{2 \cdot 541}{15 \cdot 30} = \underline{2{,}40\ \text{kN/cm}^2}$$

Nachweis der überstehenden Stirnplatte, Dicke 30mm: Biegemoment im Anschlußquerschnitt I und Spannungsnachweis (vgl. Bild 40a):

$$M = 2 \cdot 60{,}63 \cdot 4{,}0 = \underline{485\ \text{kNcm}};\quad t = 3{,}0\,\text{cm},\quad W = \frac{30 \cdot 3{,}0^2}{6} = 45\,\text{cm}^3;\quad \sigma = \frac{485}{45} = \underline{10{,}8\ \text{kN/cm}^2}$$

Werden nur die obersten vier Schrauben angesetzt, ergibt sich: maxZ=68,7kN, D=466kN. Vgl. zu den Rechenansätzen die Anmerkungen in Abschnitt 14.3.5.4. –

In den Eckblechen der Rahmenecken treten hohe Schubspannungen auf. Sie lassen sich wie folgt berechnen (vgl. Abschnitt 14.3.6): Zunächst wird die Größe des Eckbleches vereinbart: Höhe gleich Abstand der Stielrippen (810mm), Breite gleich Abstand der Flanschmittellinien (340-21,5=318,5mm). Bild 40c zeigt die Schnittgrößen entlang der Blechränder in der jeweiligen realen Wirkungsrichtung; sie bilden ein Gleichgewichtssystem. Es wird unterstellt, daß sich das Riegelanschnittmoment über den Hebelarm 81,0cm auf die Rippen des Stieles absetzt, das ergibt das Kräftepaar:

$$F = \frac{32\,890}{81} = \underline{406\ \text{kN}}$$

Die Anschnittmomente im Stiel werden über den Hebelarm 31,8cm in Kräftepaare zerlegt; vgl. Bild 40c:

$$F = \frac{14\,380}{31{,}8} = \underline{452\ \text{kN}}\quad \text{bzw.}\quad F = \frac{15\,980}{31{,}8} = \underline{503\ \text{kN}}$$

Entsprechend werden die Normal- und Querkräfte auf die Ränder verteilt. Aus den Anschnittresultierenden lassen sich nunmehr die gesuchten Schubkräfte berechnen (vgl. Bild 40d/e):

$$\text{horizontal: } T = \frac{361}{31{,}8} = \underline{11{,}4\ \text{kN/cm}};\quad \text{vertikal: } T = \frac{567+353}{81{,}0} = \underline{11{,}4\ \text{kN/cm}},\quad T = \frac{302+618}{81{,}0} = \underline{11{,}4\ \text{kN/cm}}$$

Schubspannungen (Stegdicke 12mm):

$$\tau = 11{,}4/1{,}2 = \underline{9{,}50\ \text{kN/cm}^2}$$

Nachweis der Vergleichsspannungen im Stegblech der Stielanschnitte; Biegespannungen:

$$\text{HE 340 B}:\quad A = 171\,\text{cm}^2,\quad W = 2160\,\text{cm}^3$$

$$\text{oben: } \sigma = -\frac{230}{171} \pm \frac{14\,380}{2160} \cdot \frac{15{,}9}{17{,}0} = -1{,}35 \pm 6{,}23 = \underline{-7{,}58\ \text{kN/cm}^2}$$

$$\text{unten: } \sigma = -\frac{300}{171} \pm \frac{15\,980}{2160} \cdot \frac{15{,}9}{17{,}0} = -1{,}75 \pm 6{,}92 = \underline{-8{,}67\ \text{kN/cm}^2}$$

Vergleichsspannungen:

$$\text{oben: } \sigma_V = \sqrt{7{,}58^2 + 3 \cdot 9{,}50^2} = \underline{18{,}1\ \text{kN/cm}^2};\quad \text{unten: } \sigma_V = \sqrt{8{,}67^2 + 3 \cdot 9{,}50^2} = \underline{18{,}6\ \text{kN/cm}^2}$$

Zur Frage des Beulnachweises vgl. Abschnitt 14.3.6.

14.3.5.4 Anmerkungen zu den Nachweisverfahren

a) Die in den Abschnitten 14.3.5.1 und 14.3.5.2 entwickelten Verfahren sind am elastischen Verhalten orientiert, das gilt insonderheit für die postulierte Geradlinigkeit der Schraubenkräfte. Wie erwähnt, liegt zwar in Annäherung ein geradliniger Klaffungszustand vor, dagegen kein geradliniger Verzerrungs- und Spannungszustand, denn im Gegensatz zum Druckbereich haben die Schrauben eine endliche Länge. Die in Anlehnung an die Stahlbetonbemessung entwickelten Verfahren [11-14] sind somit für nicht vorgespannte Stirnplattenanschlüsse vom Ansatz her nicht haltbar, wohl gelten sie in Annäherung für Stirnplatten mit vorgespannten Schrauben innerhalb des elastischen Bereiches, solange sich keine Klaffung einstellt.

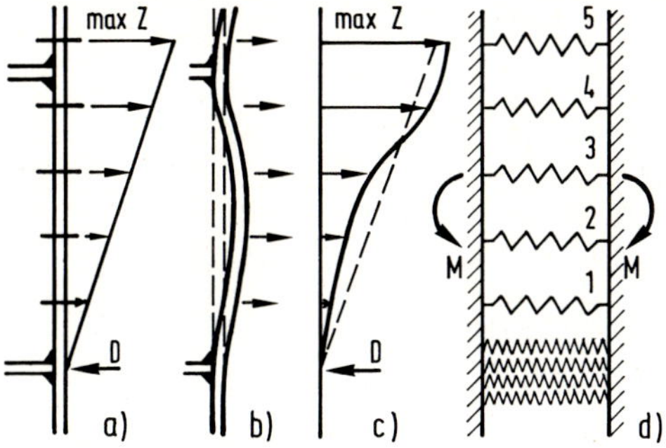

Bild 43

Die in den Abschnitten 14.3.5.1/2 dargestellten Verfahren unterstellen zudem eine ausreichend hohe Steifigkeit der Flansche und Kopfplatten, damit sich die in Bild 43a skizzierte geradlinige Verteilung der Schraubenkräfte einstellen kann. Real tritt infolge der Ausbiegung der Anschlußbleche (über welche die Schrauben die Kräfte weiterleiten) eine Kräfteumlagerung in Richtung der ausgesteiften Bereiche ein, vgl. Teilbild b und c. Es ist daher vom Standpunkt der Sicherheit anzuraten, Schrauben in nur ungenügend ausgesteiften Bereichen rechnerisch unberücksichtigt zu lassen (und sie daher in solchen Bereichen auch nicht anzuordnen). Dasselbe gilt für Schrauben in der Nähe der Druckzone (sie werden zur Abtragung der Querkräfte herangezogen). Wie alle Tragversuche zeigen, übernehmen die beidseitig des Zugflansches liegenden Schrauben den Hauptanteil der Zugkraft. - Wollte man die Nachgiebigkeit der Anschlußbleche und Schrauben im Rahmen einer elasto-statischen Analyse berücksichtigen, müßte man von dem in Bild 43d skizzierten Federmodell ausgehen, wobei die Federkonstanten strenggenommen untereinander über die Plattenverformungen gekoppelt sind. Selbst bei Annahme unabhängiger Federn ist das Problem als statisch unbestimmte Aufgabe sehr verwickelt. Bei dynamisch hoch beanspruchten Anschlüssen kann es ggf. erforderlich sein, solche Analysen durchzuführen, um den Ermüdungsnachweis zuverlässig führen zu können. Dann sind die Schrauben aber unbedingt planmäßig vorzuspannen, vgl. Abschnitt 9.4.3 und 9.6/7.

b) Neben dem Nachweis der Schrauben sind stets auch die Anschlußnähte und -bleche nachzuweisen. Die Blechdicke sollte bei zweireihiger Schraubenanordnung gleich dem 1,0-fachen und bei vierreihiger Anordnung gleich dem 1,25-fachen Schraubendurchmesser gewählt werden. Hierbei handelt es sich um Anhalte. Bei enger Verrippung sind geringere Dicken möglich. -

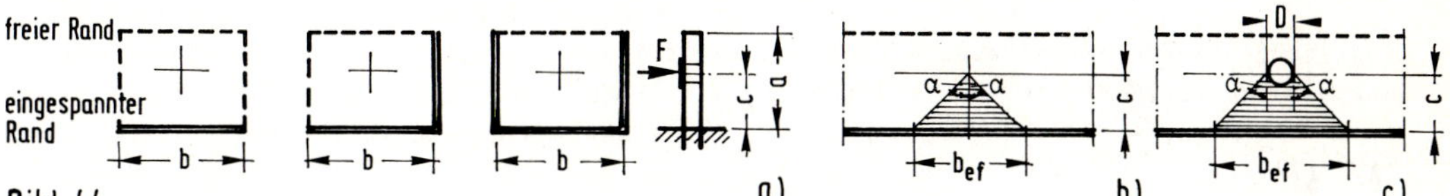

Bild 44

Die Beanspruchung in den punktförmig durch die Schraubenkräfte auf Biegung belasteten Blechen (Kopfplatten und Flansche) ist vorrangig von der Art der Lagerung, also der Aussteifung (Verrippung) abhängig. Bild 44a zeigt Beispiele in Form unterschiedlich gelagerter Platten (weitere sind möglich). Folgende Umstände erschweren eine strenge Berechnung:
1. Die Plattenelemente erfahren durch die Schraubenlöcher eine Schwächung, diese wird durch den übergreifenden Kopf der Schraube bzw. die übergreifende Mutter z.T. ausgeglichen.
2. Im Sinne der Plattentheorie handelt es sich bei den Elementen eher um "dicke" Platten, zudem tritt eine hohe Schubbeanspruchung auf. Exakte Analysen scheiden aus. Ein praktikabler Behelf besteht z.B. darin, vom Zentrum der Schraube aus eine "Kraftstrahlung" unter $2\cdot\alpha=2\cdot 45°=90°$ in Richtung des eingespannten Randes anzunehmen, vgl. Bild 44b. Unter Einschluß des Durchmessers D der Unterlegscheibe ergibt sich damit die "effektive" Breite zu (Bild 44c):

$$b_{ef} = D + 2c \tag{48}$$

Hierin ist c die "Kraglänge" von der Schraubenkraft F bis zum Einspannanschnitt (vgl. Teilbild a). Eine genauere Abschätzung ist [15] :

$$b_{ef} = D + 2c\cdot\tan\alpha \quad \text{mit} \quad \alpha = \pi(1-\frac{c}{4a})/3 \quad (\text{gültig für } 0{,}3 \leq \frac{c}{a} \leq 1) \tag{49}$$

a ist der Abstand vom freien bis zum eingespannten Rand. Nunmehr wird gerechnet:

$$M = Fc; \quad W = b_{ef} t^2/6; \quad \sigma = \pm M/W \tag{50}$$

b_{ef} darf natürlich nicht größer als die reale geometrische Breite des auf eine Schraube entfallenden Einflußbereiches angesetzt werden. - Für das in Abschnitt 14.3.5.3 berechnete 2. Beispiel liefert die Rechnung mit Z=60,63kN pro Schraube, a=80mm, c=40mm, D=40mm, t=30mm:

$$\alpha = \pi(1 - \frac{40}{4\cdot 80})/3 = 0{,}916 \longrightarrow \alpha^\circ = 52{,}5^\circ \longrightarrow \tan\alpha = 1{,}30 \longrightarrow b_{ef} = 40 + 2\cdot 40\cdot 1{,}30 = \underline{144\,mm}$$

$$W = 14{,}4\cdot 3{,}0^2/6 = 21{,}6\,cm^3 \longrightarrow \sigma = 60{,}63\cdot 4{,}0/21{,}6 = \underline{11{,}23\ kN/cm^2}$$

(Im Beispiel wurde mit 150mm (halbe Breite der Kopfplatte) gerechnet.)
Vorstehende Abschätzung (G.48/49) gilt für Kragplatten. Für andere Plattenlagerungen lassen sich keine vergleichbar einfachen Ansätze angeben. In solchen Fällen ist es zweckmäßig, für die Schraubenkraft plausible "Kraftstrahlungen" in zwei oder mehreren Richtungen unter Berücksichtigung der Steifigkeitsverhältnisse zu wählen.

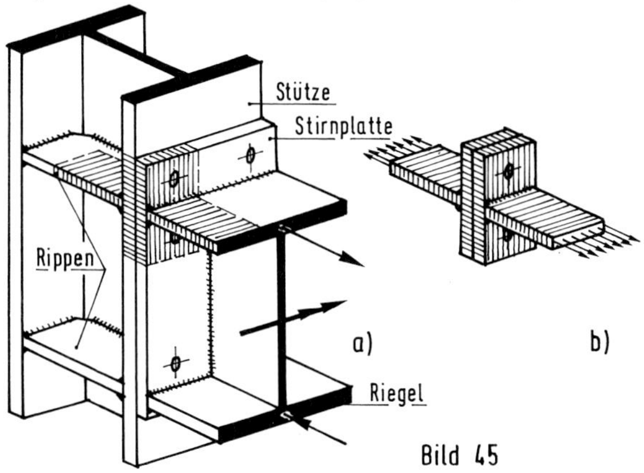

Bild 45

c) Die vorangegangenen Anmerkungen a) und b) gelten (im Zusammenhang mit den Abschnitten 14.3.5.1/2) für nicht-vorgespannte Stirnplatten-Verbindungen. Werden hochfeste Schrauben eingesetzt und diese voll vorgespannt (was grundsätzlich zu empfehlen ist), kommt es zu einer interaktiven Beanspruchung in den Schrauben und in den Anschlußblechen. Ein getrennter Nachweis, zunächst für die Schrauben, anschließend für das Kopfblech und ggf. den Stützenflansch, ist nicht möglich. Genau betrachtet gilt diese Einschränkung auch für nicht-vorgespannte Anschlüsse. - Bild 45a zeigt einen biegesteifen Riegelanschluß mit überstehender Stirnplatte. In Verlängerung der Trägerflansche ist die Stütze durch Rippen ausgesteift. Schneidet man den schraffierten Bereich gedanklich heraus, erhält man das in Teilbild b dargestellte T-Modell. Für dieses Modell liegen experimentelle und theoretische Untersuchungen vor [16-20]. In Abhängigkeit von der Kopfplattendicke und vom Schraubendurchmesser existieren für den (plastischen) Grenzzustand drei Versagensmechanismen (Bild 46):

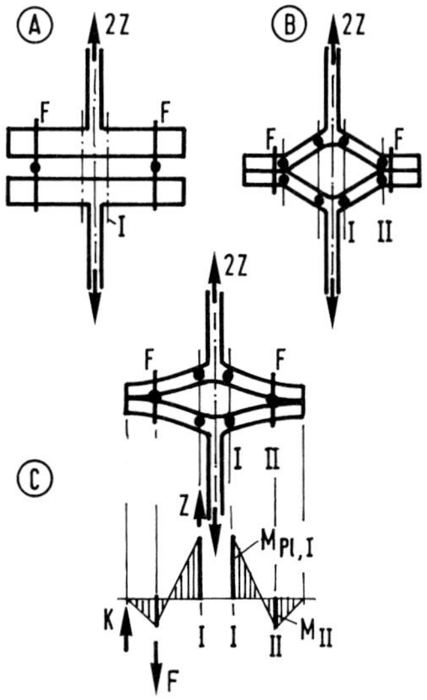

Bild 46

Fall Ⓐ: Starke Kopfplatten und/oder schwache Schrauben
Fall Ⓑ: Schwache Kopfplatten und/oder starke Schrauben
Fall Ⓒ: Ausgewogene Bemessung von Kopfplatte und Schrauben

Im folgenden wird eine äußere Kraft von 2Z unterstellt, d.h. auf die Einzelschraube entfällt Z. Die den drei Grenzzuständen zugeordneten Tragkräfte der Verbindung lassen sich wie folgt berechnen:

Fall Ⓐ: Es stellt sich eine klaffende Fuge ein. Die Bruchkraft der Schraube beträgt:

$$F_U = \beta_Z A_{Sp} \tag{51}$$

β_Z ist die Zugfestigkeit des Schraubenmaterials, A_{Sp} ist der Spannungsquerschnitt. (Ggf. wird die Tragfähigkeit mit dem

Erreichen der Streckgrenze gleichgesetzt). Die Tragkraft der Verbindung beträgt:

$$Z_U = F_U \qquad (52)$$

Voraussetzung ist, daß sich im Anschnitt I zwischen Kopfplatte und Steg kein Fließgelenk bildet:

$$M_I < M_{Pl} \;\; (M_{Pl,M/Q}) \qquad (53)$$

Das bedeutet, im Grenzzustand trägt die Kopfplatte elastisch.

Fall (B): In den Kopfplatten bilden sich Fließgelanke, bevor die Schrauben versagen. Im Schnitt II ist M_{Pl} wegen der Lochschwächung geringer als im Schnitt I; andererseits kommt es im Schnitt II zu einer Stützung durch die Schraube, so daß die Fließlinie etwas innerhalb der Schraube liegt. In Bild 47 ist die zum Grenzzustand gehörende Momentenfläche dargestellt, wobei deren Verlauf außerhalb der Schrauben unbestimmt ist. In diesem Bereich verbleibt eine Flächenpressung in der Kontaktfuge; rechnerisch wird deren Wirkung durch eine Kontaktkraft K am Rand ersetzt. Die Tragkraft der Verbindung folgt aus der Gleichgewichtsgleichung $\Sigma M=0$ für den Elementbereich zwischen den Fließgelenken in den Schnitten I und II, vgl. Bild 47:

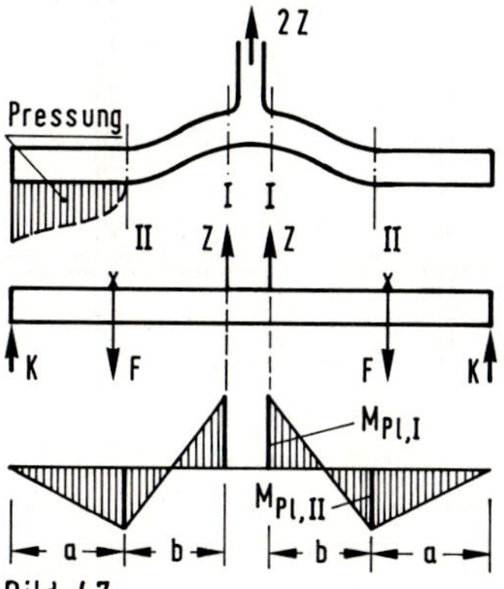

Bild 47

$$Z_U b - (M_{Pl,I} + M_{Pl,II}) = 0 \longrightarrow Z_U = (M_{Pl,I} + M_{Pl,II})/b \qquad (54)$$

Die Tragmomente in den Fließgelenken sind von der Höhe der wirksamen Querkraft abhängig, diese ist gleich Z:

$$M_{Pl,M/Q} = M_{Pl}\sqrt{1 - \left(\frac{Q}{Q_{Pl}}\right)^2} \qquad (55)$$

Q ist gleich F_U, insofern gelingt die Berechnung von F_U aus G.54 nur implizit. -
In jedem Falle ist zu prüfen, ob sich der Versagensmechanismus (B) auch tatsächlich einstellt. Dazu werden K und F (also die Kontaktkraft und Schraubenkraft) des unterstellten Grenzzustandes bestimmt:

$$K_U a - M_{Pl,II} = 0 \longrightarrow K_U = M_{Pl,II}/a; \qquad Z_U + K_U = F_U \longrightarrow F_U = \frac{M_{Pl,I} + M_{Pl,II}}{b} + \frac{M_{Pl,II}}{a} \qquad (56)$$

Ist F_U kleiner als die Bruchkraft der Schraube (also geringer als die rechte Seite von G.51), ist Fall (B) tatsächlich maßgebend.

Fall (C): Im Grenzzustand hat sich im Schnitt II noch kein vollständiges Fließgelenk ausgebildet, wohl wird die Bruchkraft der Schraube erreicht. Die Fuge klafft bis zum Rand, hier liegen die Kopfplatten auf Kontakt. Damit ist eine Hebelwirkung verbunden. Die Schraubenkraft ist größer Z, es gilt:

$$F = Z + K > Z \qquad (57)$$

Im Sinne der Fließgelenktheorie ist die Kopfplatte zwischen dem Rand und der Schnittlinie I elastisch, das Problem ist statisch unbestimmt. Die Zugkraft in der Schraube folgt aus der Verformungsbedingung, daß die Längung der Schraube gleich der Verbiegung der sich abhebenden Kopfplatte ist. - Unterstellt man $M_{II}=M_{Pl}$ (also eine übervollständige Fließgelenkfigur), läßt sich Z_U (auf der sicheren Seite liegend) zu

$$Z_U = \beta_Z A_S - M_{Pl,II}/a \qquad (58)$$

berechnen; vgl. Abschnitt 14.3.7.3, Punkt c.

14.3.6 Spannungs- und Beulnachweis der Rahmeneckbleche

Im Stegblech der Rahmenecken tritt ein ebener mehrachsiger (Scheiben-)Spannungszustand σ_x, σ_y, $\tau_{xy} = \tau_{yx}$ auf. Bedingt durch die Umsetzung der Schnittgrößen vom Riegel auf den Stiel (vice versa) stellen sich im Eckblech hohe Schubspannungen ein. Das Eckblech ist

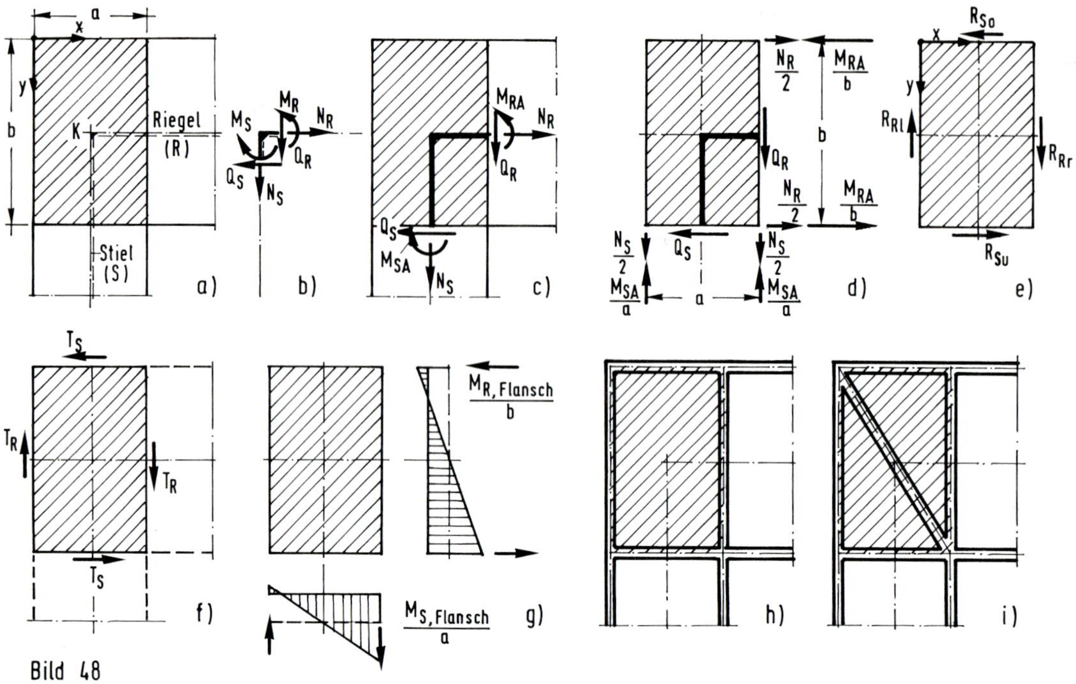

Bild 48

gegen Beulen nachzuweisen. Ein die Verhältnisse gut treffender Schub- und Beulnachweis gelingt auf folgende Weise: Bezogen auf die Flansch- (bzw. Gurt-) Mittellinien werden die Seitenabmessungen a und b festgelegt. Im ideellen Knotenpunkt K wirken die Schnittgrößen (Bild 48a/b):

$$\text{Riegel (R)}: M_R, Q_R, N_R, \quad \text{Stiel (S)}: M_S, Q_S, N_S \tag{59}$$

Die Schnittgrößen sind über die Gleichgewichtsgleichungen

$$M_R = M_S = M \quad ; \quad Q_R = -N_S \quad ; \quad N_R = Q_S \tag{60}$$

miteinander verknüpft. - Das Knotenmoment wird auf den Riegel- bzw. Stielanschnitt (A) umgerechnet, Teilbild c:

$$\begin{aligned} &\text{Riegelanschnitt (RA)}: \quad M_{RA} = M + Q_R\frac{a}{2} \; ; \quad Q_{RA} = Q_R \, , \quad N_{RA} = N_R \\ &\text{Stielanschnitt (SA)}: \quad M_{SA} = M - Q_S\frac{b}{2} \; ; \quad Q_{SA} = Q_S \, , \quad N_{SA} = N_S \end{aligned} \tag{61}$$

Gedanklich wird unterstellt, daß das Eckblech nur schubsteif ist. Die Anschnittmomente M_{RA} und M_{SA} und Anschnittnormalkräfte $N_{RA}=N_R$ und $N_{SA}=N_S$ werden den Flanschen zugewiesen; mit dieser Annahme lassen sich folgende Resultierenden R zusammenfassen (vgl. Teilbild d und e; die Indizes bedeuten: o: oben, u: unten, l: links, r: rechts):

$$R_{So} = \frac{M_{RA}}{b} - \frac{N_R}{2} = \frac{M}{b} + Q_R\frac{a}{2b} - \frac{N_R}{2} \; ; \; R_{Su} = \frac{M_{RA}}{b} + \frac{N_R}{2} - Q_S = \frac{M}{b} + Q_R\frac{a}{2b} + \frac{N_R}{2} - Q_S \tag{62}$$

$$R_{Rl} = \frac{M_{SA}}{a} - \frac{N_S}{2} = \frac{M}{a} - Q_S\frac{b}{2a} - \frac{N_S}{2} \; ; \; R_{Rr} = \frac{M_{SA}}{a} + \frac{N_S}{2} + Q_R = \frac{M}{a} - Q_S\frac{b}{2a} + \frac{N_S}{2} + Q_R \tag{63}$$

Diese Kräfte werden gleichförmig auf die Ränder des Eckbleches als Schubkräfte abgesetzt und G.60 beachtet:

$$T_{So} = \frac{R_{So}}{a} = \frac{M}{ab} + \frac{Q_R}{2b} - \frac{N_R}{2a} \; ; \; T_{Su} = \frac{R_{Su}}{a} = \frac{M}{ab} + \frac{Q_R}{2b} + \frac{N_R}{2a} - \frac{Q_S}{a} = \frac{M}{ab} + \frac{Q_R}{2b} - \frac{N_R}{2a} \tag{64}$$

$$T_{Rl} = \frac{R_{Rl}}{b} = \frac{M}{ab} - \frac{Q_S}{2a} - \frac{N_S}{2b} \; ; \; T_{Rr} = \frac{R_{Rr}}{b} = \frac{M}{ab} - \frac{Q_S}{2a} + \frac{N_S}{2b} + \frac{Q_R}{b} = \frac{M}{ab} - \frac{Q_S}{2a} - \frac{N_S}{2b} \tag{65}$$

Demnach gilt:

$$T_{So} = T_{Su} = T_{Rl} = T_{Rr} = T \tag{66}$$

Das muß so sein, wie man sofort mittels der Momentengleichgewichtsgleichung

$$T_R \cdot a \cdot b = T_S \cdot b \cdot a \longrightarrow T_R = T_S = T \tag{67}$$

bestätigt. Die Schubspannungen im Eckblech sind konstant:

$$\tau = \frac{T}{t} \tag{68}$$

Für diesen Schubspannungszustand wird der Schub- und Beulnachweis geführt. Normalspannungen aus den Steganteilen von M_R, N_R und M_S, N_S brauchen nicht berücksichtigt zu werden, sie sind quasi durch äquivalente Schubspannungen ersetzt. Insofern sind alle Beiträge erfaßt. Das ist die Folgerung aus der oben postulierten Annahme: (Das Eckblech ist nur schubsteif). Zur scheibentheoretisch strengen Lösung vgl. z.B. [21-23].

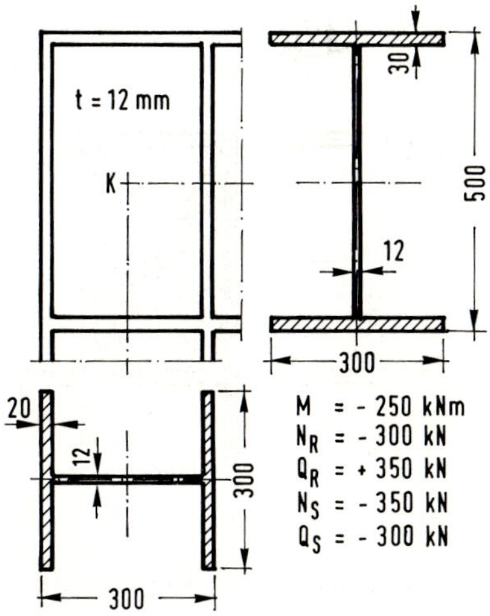

Bild 49

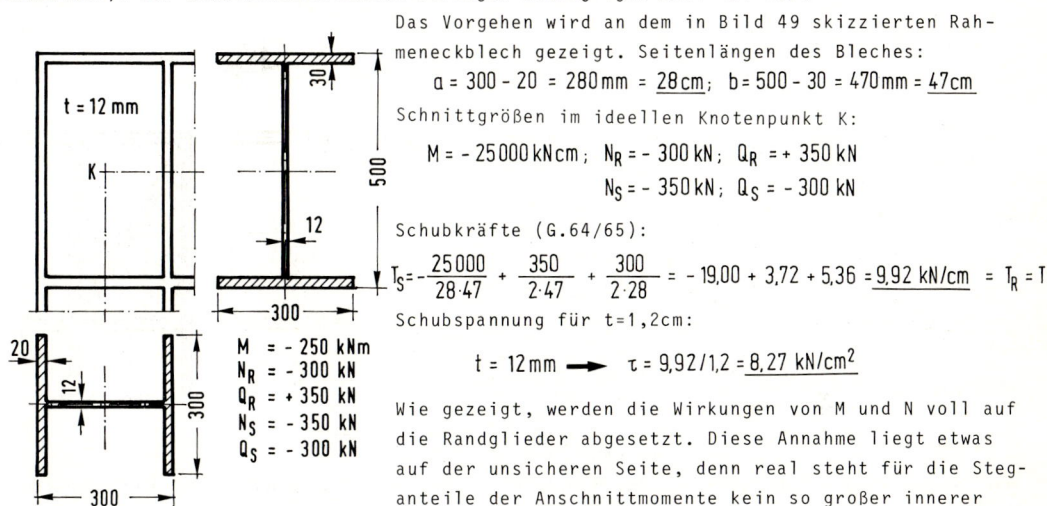

Das Vorgehen wird an dem in Bild 49 skizzierten Rahmeneckblech gezeigt. Seitenlängen des Bleches:

$$a = 300 - 20 = 280\,mm = \underline{28\,cm};\quad b = 500 - 30 = 470\,mm = \underline{47\,cm}$$

Schnittgrößen im ideellen Knotenpunkt K:

$$M = -25000\,kNcm;\quad N_R = -300\,kN;\quad Q_R = +350\,kN$$
$$N_S = -350\,kN;\quad Q_S = -300\,kN$$

Schubkräfte (G.64/65):

$$T_S = -\frac{25000}{28\cdot 47} + \frac{350}{2\cdot 47} + \frac{300}{2\cdot 28} = -19{,}00 + 3{,}72 + 5{,}36 = \underline{9{,}92\ kN/cm} = T_R = T$$

Schubspannung für t=1,2cm:

$$t = 12\,mm \longrightarrow \tau = 9{,}92/1{,}2 = \underline{8{,}27\ kN/cm^2}$$

Wie gezeigt, werden die Wirkungen von M und N voll auf die Randglieder abgesetzt. Diese Annahme liegt etwas auf der unsicheren Seite, denn real steht für die Steganteile der Anschnittmomente kein so großer innerer Hebelarm zur Verfügung, das heißt, real treten Normalspannungen in den Anschnitten auf. (Es wird empfohlen, diese beim Spannungsnachweis zu berücksichtigen.)

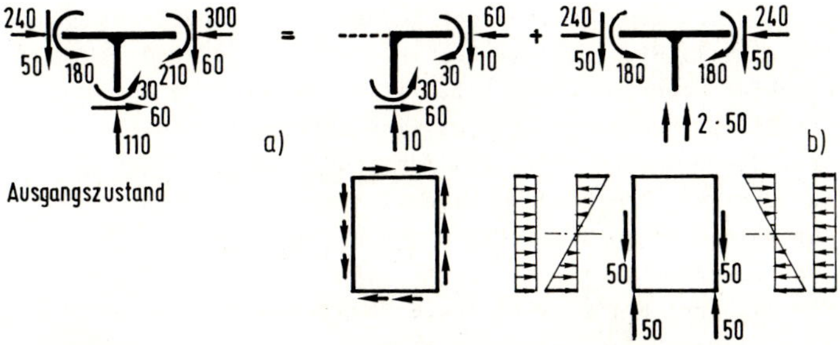

Bild 50 Umlenkwirkung + Durchlaufwirkung c)

Bei T- und +-Knoten liegen die Verhältnisse etwas anders als beim Γ-Knoten: Jene Schnittgrößenanteile, die über den Knoten hinweg untereinander im Gleichgewicht stehen, bewirken keine Schubspannungen aus der Umlenkwirkung. Die von ihnen ausgehenden (auf das Eckblech anteilig entfallenden) Normalspannungen sind getrennt zu bestimmen und mit den τ-Spannungen aus der Umlenkwirkung zu überlagern; Bild 50 zeigt die prinzipielle Vorgehensweise. Die Einzelwirkungen sind zu überlagern, d.h., es ist σ_V zu bilden und beim Beulsicherheitsnachweis die Beulvergleichsspannung zu berechnen.

Wird von NAVIERscher Randlagerung ausgegangen (allseits gelenkig und unverschieblich gelagert), liegt der Beulnachweis beträchtlich auf der sicheren Seite, denn das Eckblech ist im Regelfall allseits in die Flansche und Rippen eingespannt. Es handelt sich um eine elastische Einspannung. Es erscheint vertretbar, als Beulwerte das Mittel der Beulwerte für allseitig gelenkige und allseitig eingespannte Lagerung anzusetzen; Beulwerte z.B. nach [23].

Bei dünnen Eckblechen und dominierenden Schubspannungen aus der Umlenkwirkung ist es bei unzureichender Beulsicherheit erforderlich, das Eckblech zu verstärken oder durch eine Diagonalstrebe auszusteifen (Bild 48i). Theoretische Lösungen hierzu liegen von PROTTE [24] und EBEL [25] vor. Es wird empfohlen, den Stabilitätsnachweis wie folgt zu führen:

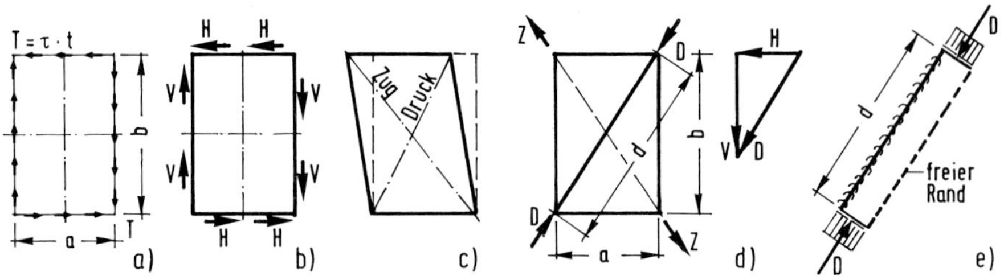

Bild 51

Die Steife wird in Richtung der Druckdiagonale gelegt, deren Lage erkennt man, wenn die Schubkräfte zweier benachbarter Ränder zu Resultanten zusammengefaßt werden. Auch läßt das schubverzerrte Eckblech das Zug- und Druckfeld erkennen, vgl. Bild 51c.
Die Schubkräfte T bauen die Horizontalkraft H und Vertikalkraft V auf (Bild 51a/b):

$$H = T\cdot\frac{a}{2}\,,\quad V = T\cdot\frac{b}{2} \tag{69}$$

Ist D die Diagonalstabkraft und d die Länge der Diagonalen, ergibt der Vergleich der Knotengeometrie mit dem Krafteck (siehe Teilbild d):

$$\frac{D}{d} = \frac{H}{a} = \frac{V}{b} \tag{70}$$

Mit G.69 folgt:

$$\frac{D}{d} = \frac{T\cdot a}{2a} = \frac{T\cdot b}{2b} = T \;\longrightarrow\; D = T\frac{d}{2} \tag{71}$$

Die Steife wird auf Knicken aus der Blechebene heraus nachgewiesen; Ansatz für die Knicklänge:

$$s_K \approx (0{,}5 \div 0{,}7)d \tag{72}$$

Außerdem ist nachzuweisen, daß das Blech der Steife nicht ausbeult. Es handelt sich um ein dreiseitig gelagertes Beulfeld (Bild 51e). Der am Eckblech anliegende Rand ist hier elastisch eingespannt. Wird gelenkige Lagerung angesetzt, liegt die Rechnung auf der sicheren Seite; Beulwerte vgl. [23]. - Anmerkung: In G.69 wird unterstellt, daß sich die Schubkräfte zur einen Hälfte über die Diagonalsteife und zur anderen Hälfte über das sich im Eckblech ausbildende Zugfeld absetzen. In welchem realen Verhältnis die Kräfte aufgenommen werden, ist unbekannt. Wegen der hohen Steifigkeit der Diagonalstrebe kann davon ausgegangen werden, daß sie einen höheren Anteil der Kräfte auf sich zieht als das Zugfeld. Die Rechnung liegt auf der sicheren Seite, wenn anstelle G.69 mit $H = T\cdot a$ und $V = T\cdot b$ und konsequenter Weise anstelle G.71 mit $D = T\cdot d$ gerechnet wird.

14.3.7 Biegesteife Stirnplattenanschlüsse mit vorgespannten hochfesten Schrauben

14.3.7.1 Regelausführungen nach dem DStV-DASt-Typenkatalog [1]

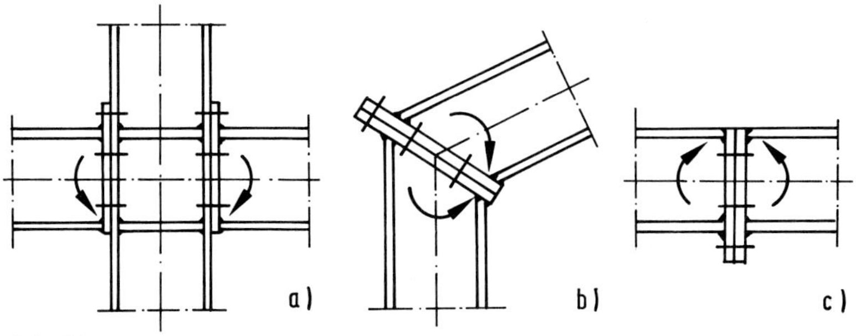

Bild 52

Für biegesteife Anschlüsse und Trägerstöße bieten Stirnplatten-Anschlüsse unter Verwendung vorgespannter hochfester Schrauben bei der Konstruktion, Herstellung und Montage große Vorteile, z.B.:
Gerade Trennschnitte, keine Schweißnahtfugenvorbereitung für die Kehlnähte, keine gleitfeste Vorbehandlung der Berührungsflächen. Über vergleichsweise dicke Kopfplatten wird

die hohe Zugfestigkeit der hochfesten Schrauben bei der Absetzung bzw. Übertragung der Momente ausgenützt. Auf Eckaussteifungen kann im Regelfall verzichtet werden. Bild 52 zeigt typische Ausführungsformen. Der Einsatz solcher Verbindungen war erst nach Einführung der hochfesten Schrauben (in der Güte 10.9) und nach eingehenden Tragversuchen und Klärung des Tragverhaltens möglich [26-28]. Als Ergebnis dieser Versuche wurde ein Katalog von Regelausführungen erstellt und durch ein Berechnungsverfahren für solche Stirnplatten-Verbindungen ergänzt, die von den Regelausführungen abweichen.

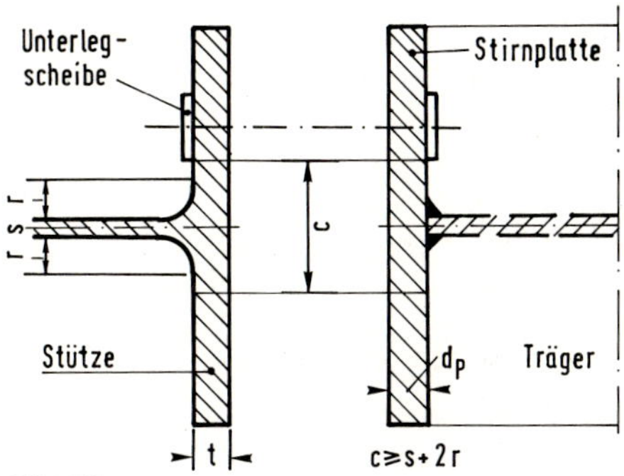

Bild 53

Die Tabellen mit den Regelausführungen des Typenkatalogs sind an gewisse Voraussetzungen gebunden:

a) Vorwiegend ruhende Beanspruchung der zu verbindenden Bauteile;
b) Walzträger und Stirnplatten aus St37-2 oder St37-3;
c) Verwendung hochfester Schrauben der Güte 10.9 mit voller Vorspannung;
d) Die Regelabmessungen sind einzuhalten, das gilt insonderheit für die Dicke der Stirnplatten. - Die Regelabmessungen beziehen sich auf den anzuschließenden Träger und sind auf diesen abgestimmt. Für den Stützenflansch, an den der Träger angeschlossen wird, sind in jedem Fall ergänzende Nachweise zu führen (vgl. den folgenden Abschnitt). Der gegenseitige Abstand der Schrauben ist so festzulegen, daß die Unterlegscheiben nicht in den Bereich der Ausrundungen zwischen Steg und Flansch der Stütze fallen, d.h. sie müssen außerhalb des in Bild 53 mit c ausgewiesenen Bereiches liegen;
e) Es ist zwischen Anschlüssen mit überstehender und solchen mit bündiger Stirnplatte zu unterscheiden (vgl. Bild 54a und b). Überstehende Stirnplatten sind wesentlich tragfähiger und verformungssteifer als bündige, sie erreichen unter dem vollen Tragmoment fast dieselbe Verformungssteifigkeit wie der Träger selbst; auf die Berücksichtigung einer Anschlußnachgiebigkeit bei Spannungs- und Tragkraftberechnungen nach Th.II.Ordn. kann bei dieser Lösung verzichtet werden, ebenso bei der Berechnung statisch unbestimmter Tragwerke. Bei bündigen Kopfplatten ist es notwendig, die Nachgiebigkeit einzurechnen. Für seitenverschiebliche (stabilitätsempfindliche) Rahmen sollten nur Stirnplatten-Verbindungen mit überstehenden Stirnplatten zum Einsatz kommen.
f) Bei wechselnden Momentenrichtungen in einem Anschlußquerschnitt (Windlastfall!) ist die Tragfähigkeit für beide Richtungen zu prüfen (vgl. Bild 54c).

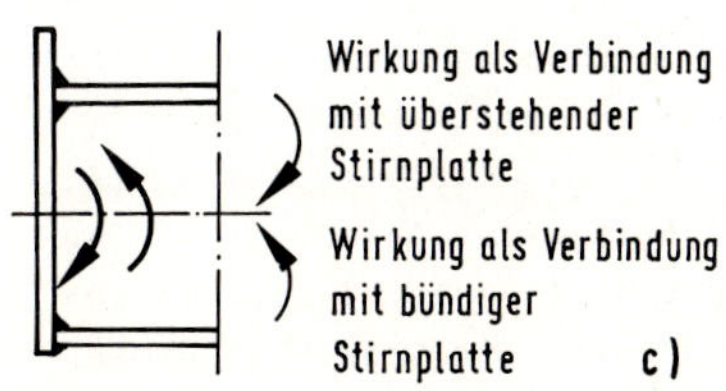

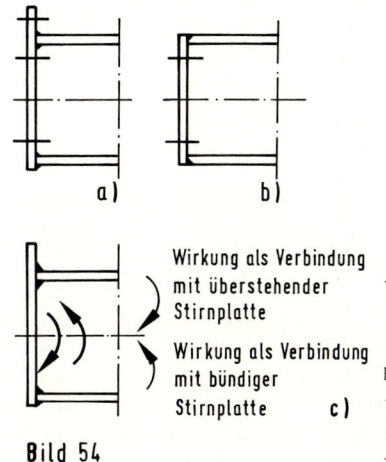

Bild 54

Bei Beachtung der vorstehenden Voraussetzungen und der im folgenden Abschnitt enthaltenen Konstruktionsregeln (insbesondere die Stützenflansche im Anschlußbereich betreffend), können die Tragfähigkeitstafeln des Typenkatalogs unmittelbar Anwendung finden.

14.3.7.2 Beanspruchung und Ausbildung der Stützenflansche von Rahmenstielen

Das Moment des Trägers wird (einschließlich des Momentenanteiles im Steg) in ein Kräftepaar zerlegt. Die Zugkraft Z_T wird über die dem Zugflansch benachbarten Schrauben und die Druckkraft D_T über Kontaktpressung abgesetzt (Index T: Träger). - Der dem Anschluß zugewandte Stützenflansch erhält neben der Beanspruchung als Bestandteil der Stütze (Druck und Biegung) eine zusätzliche lokale Biegebeanspruchung aus dem Trägeranschluß, die der Biegungsbeanspruchung in der Stirnplatte ähnlich ist. Bild 55 zeigt die Verformungen im Bereich eines rippenversteiften bzw. unversteiften Stützenflansches (in überzeichneter Form). Die Tragversuche haben gezeigt, erstens, daß der Stützenflansch dünner als die Stirnplatte ausgeführt werden kann und zweitens, daß die (globalen) Normalspannungen in der Stütze keinen wesentlichen Einfluß auf die Grenztragfähigkeit des Flansches haben, vice versa. Mit abnehmender Dicke des Stützenflansches sinkt die Anschlußsteifigkeit; damit sinkt auch die Gesamttragfähigkeit und Stabilität der Konstruktion. Diese Anmerkung gilt für rippenlose Flansche in noch stärkerem Maße; vgl. die Verformungsfiguren in Bild 55:

Die Schraubenkräfte beanspruchen die Stützenflansche auf Biegung, bei verripptem Anschluß kann eine Einspannung entlang des Stützensteges und der Aussteifungsrippen angenommen werden (Teilbild a). Beim rippenlosen Querschnitt besteht lediglich entlang des Stützensteges eine Einspannung (Teilbild b).

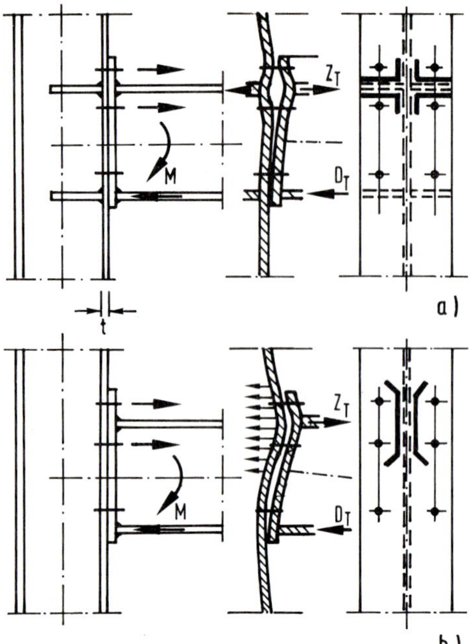

Bild 55

Die in Bild 56 ausgewiesenen Konstruktionsregeln für die Mindestdicke t der Stützenflansche beruhen auf den erwähnten Tragversuchen; die Mindestdicken sind am Nenndurchmesser der Schrauben orientiert.

Anschlußart		Form der Stirnplatte	Mindestdicke t des Stützenflansches – Vertikale Schraubenreihen 2	Mindestdicke t des Stützenflansches – Vertikale Schraubenreihen 4
Ausgesteifter Anschluß	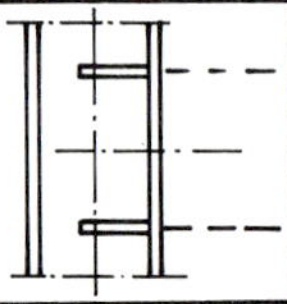	überstehend	0,8 d	1,0 d
		bündig	1,0 d	1,25d
Rippenloser Anschluß	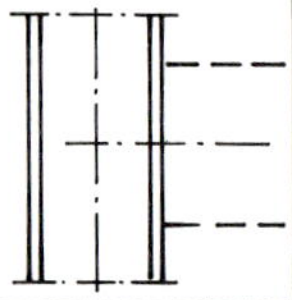	überstehend	1,1d	1,4d
		bündig	1,0d	1,3d

d: Nenndurchmesser der Schraube

Bild 56

Wird die Mindestdicke t für den Stützenflansch nach der Tabelle des Bildes 56 nicht eingehalten, sind folgende bauliche Maßnahmen möglich:

a) Rippenloser Anschluß: Im Bereich der Trägerflansche werden Rippen eingeschweißt, damit erhält man einen verrippten Anschluß mit geringeren Mindestdicken, vgl. Tabelle in Bild 56.

b) Rippenversteifter Anschluß: Im Zugbereich werden zusätzliche Futterplatten unter die Schrauben gemäß Bild 57 gelegt. Die Futter sind unter Berücksichtigung der Maße a_F und a_1 so groß wie möglich zu wählen. Die Mindestdicke d_F sollte d_P betragen, wobei d_P die Dicke der Stirnplatte ist. Der Stützenflansch ist außerdem auf Abscheren, z.B. bei überstehender Stirnplatte für $Z_T/2$, zwischen oberer Schraubenreihe und Aussteifung nach-

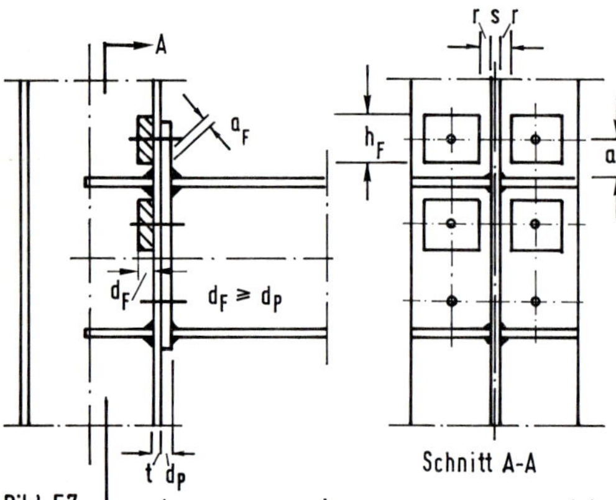

Bild 57

zuweisen. Der Stützensteg ist im Bereich des Trägeranschlusses für Z_T auf Zug nachzuweisen. Zur Berechnung von Z_T wird auf den folgenden Abschnitt verwiesen.

14.3.7.3 Berechnungsanweisungen

Im Rahmen der für den DStV-DASt-Typenkatalog durchgeführten Tragversuche wurde ein Berechnungsverfahren für die Regelverbindungen und solche Verbindungen entwickelt, die von den Regelausführungen abweichen. Die zuvor dargelegten allgemeinen Grundsätze sind in jedem Falle zu beachten. Unter Beschränkung auf Verbindungen mit überstehender Stirnplatte ist wie folgt zu verfahren (die Anschlußgrößen M_A und Q_A seien gegeben, sie werden den zulässigen gegenübergestellt):

a) Berechnung von zul M_A und zul Q_A aus der Tragfähigkeit der Schrauben

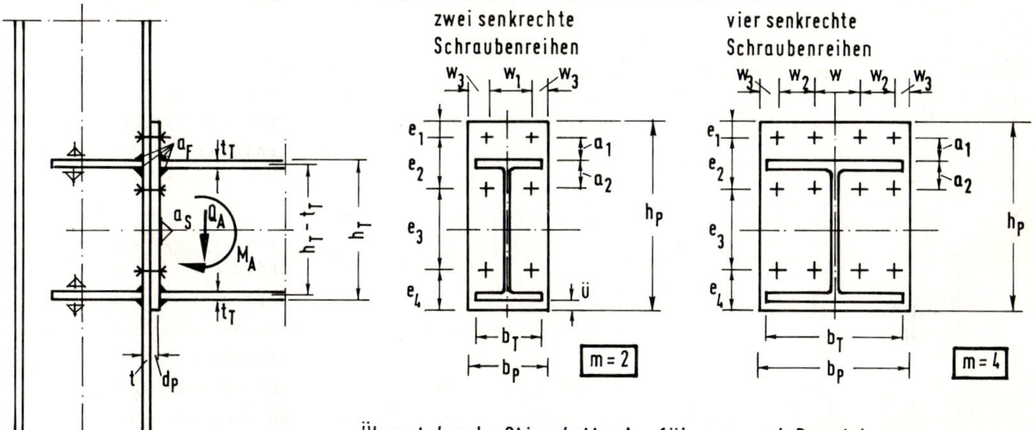

Überstehende Stirnplatte, Ausführung und Bezeichnungen

h_T	Trägerhöhe (T: Träger)
t_T	Flanschdicke des Trägers
h_T-t_T:	statischer Hebelarm
a_F:	Kehlnahtdicke: Flansch
a_S:	Kehlnahtdicke: Steg
Q_A:	Querkraft
M_A:	Biegemoment

	m = 2	m = 4
zulM_A	$4 \cdot$ zulF $\cdot (h_T - t_T)$	$(4 + 0{,}8 \cdot 4) \cdot$ zulF $\cdot (h_T - t_T)$
zulQ_A	$2 \cdot$ zulN_{SL}	$4 \cdot$ zulN_{SL}

zulF = $0{,}8/0{,}9 \cdot F_V$: Zulässige Zugkraft pro Schraube
zulN_{SL} = zulässige Scher- bzw. Lochleibungskraft pro Schraube
im Lastfall H bzw. HZ

Bild 58

Zul M_A und zul Q_A werden nach den Rechenanweisungen der in Bild 58 angegebenen Tabelle bestimmt. Der Ansatz der zulässigen Zugkräfte für die voll vorgespannte Schraube zu 0,8 bzw. $0{,}9 \cdot F_V$ (im Lastfall H bzw. HZ) war aufgrund der durchgeführten Tragversuche vertretbar, weil bei den Versuchen unter einer dem Gebrauchszustand entsprechenden Beanspruchung keine Klaffungen auftraten. Die Anweisungen für die Berechnung von zul M_A unterstellen, daß die am Zugflansch liegenden Schrauben die vom Moment abgesetzte Zugkraft zu gleichen Teilen übernehmen. Die gesamte Zugkraft beträgt mit dem inneren Hebelarm h_T-t_T:

$$Z_T = \frac{M_A}{h_T - t_T} \tag{73}$$

Die gleichgroße Druckkraft D_T wird durch Kontakt in Höhe des Druckflansches abgesetzt. Bei Anordnung von vier Schraubenreihen ergibt sich als Folge der unvermeidlich größeren Verformungen von Stirnplatte und Stützenflansch eine ungleichförmige Beanspruchung in den Zugschrauben. Aus diesem Grund werden die außenliegenden Schrauben nur zu 80% ihrer Tragfähigkeit berücksichtigt. - Für die Abtragung der Querkraft werden die im Druckbereich liegenden Schrauben in Ansatz gebracht. - Die in dem Berechnungskonzept zum Ausdruck kommende Annahme, daß die Übertragung des Biegemomentes vornehmlich über die Flansche erfolgt, setzt voraus, daß der anzuschließende oder zu stoßende Träger die Bedingung

$$\frac{I_{Steg}}{I_{Träger}} \leq 0{,}15 \qquad (74)$$

erfüllt; Walzträger genügen dieser Bedingung. - Die Größe von zul M_A bzw. zul Q_A nach den Rechenanweisungen des Bildes 58 ist an der Tragfähigkeit der Schrauben im Gebrauchszustand orientiert. Ein zweites Kriterium für zul M_A ist die Tragfähigkeit der Stirnplatte, vgl. Unterabschnitt c.

b) Bemessung der Schweißnähte zwischen Träger und Stirnplatte

Die Schweißnähte, mit denen die Trägerflansche an die Stirnplatte angeschlossen werden, werden als Kehlnähte ausgeführt. Bei überstehenden Stirnplatten bewirken sie einen günstigeren "Kraftfluß" als K-Nähte, weil die Zugkraft Z_T über einen größeren Bereich abgesetzt wird. Die Nähte werden so bemessen, daß die zulässigen Tragspannungen eingehalten werden. - Die Tragversuche mit Trägern aus Walzprofilen haben gezeigt, daß bei überstehenden Stirnplatten die Kehlnähte mit $a_F \geq 0{,}5 \cdot t_T$ das volle Tragmoment des Trägers mit ausreichender Sicherheit übertragen. (Das gleiche kann für geschweißte Träger mit vergleichbaren Abmessungen wie Walzträger erwartet werden.)

c) Berechnung von zul M_A aus der Tragfähigkeit der Stirnplatte

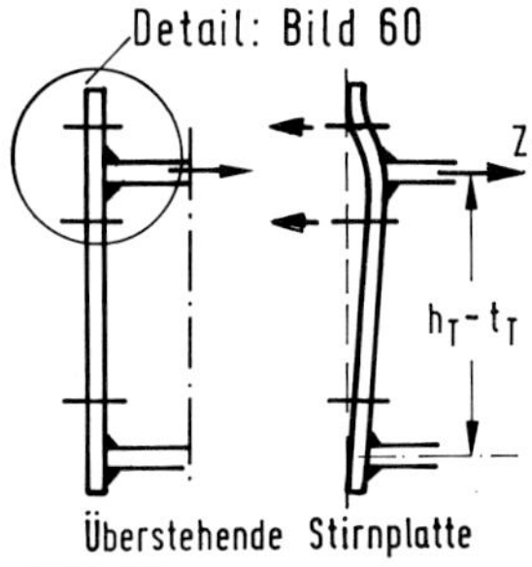

Bild 59

Für die Berechnung der Stirnplattenbeanspruchung wird das in Bild 59 dargestellte Berechnungsmodell zugrundegelegt; es gilt für überkragende Stirnplatten, man spricht vom T-Modell, (vgl. Abschnitt 14.3.5.4). Die folgende Darstellung schließt sich an [1] an. Die Zugkraft

$$Z_T = \frac{M_A}{h_T - t_T} \qquad (75)$$

wird vom Zugflansch zu gleichen Teilen über die anliegenden Kehlnähte übertragen.

Bild 60 zeigt den überstehenden Stirnplattenbereich in vergrößertem Maßstab. Rechterseits ist die ausgebogene Stirnplatte und der zugeordnete Momentenverlauf skizziert. Der Zugkraft $Z_T/2$ und der Kontaktkraft K am äußeren Rand wirken die Schraubenzugkräfte $m \cdot F$ entgegen. Es wird ein Grenzzustand unterstellt, bei dem sich in den Schnitten I und II je ein Fließgelenk in der Stirnplatte ausbildet (Fall (B) gemäß Bild 46). Aufgrund der Tragversuche werden, abweichend von den geometrischen Hebelarmen, "rechnerische" Hebelarme eingeführt (vgl. Bild 60):

$$c_1 = a_1 - \frac{\sqrt{2}}{3} a_F - \frac{1}{4}(D + d_P) \qquad (76)$$

$$c_3 = e_1 \qquad (77)$$

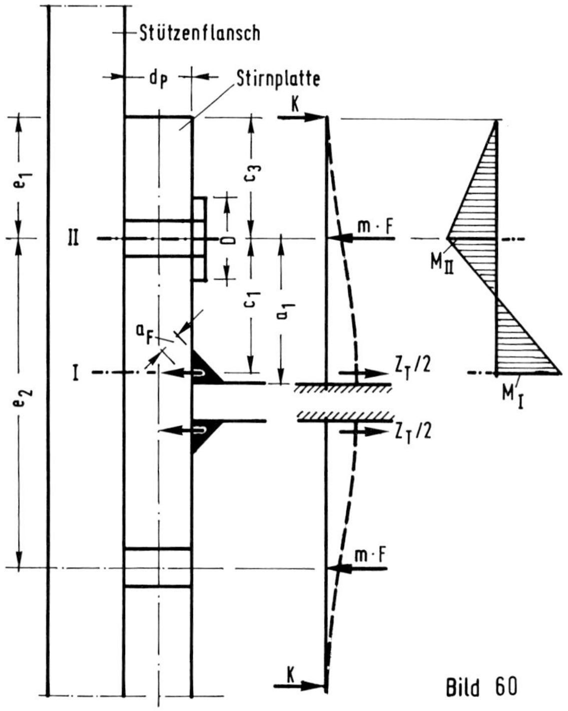

Bild 60

c_1 ist ein verkürzter Hebelarm zwischen $Z_T/2$ und der Schraubenachse; c_3 ist der Hebelarm der Kontaktkraft K bis zur Schraubenachse. a_F ist die Dicke der beidseitig des Zugflansches liegenden Kehlnähte, D ist der Durchmesser der Unterlegscheibe und d_P die Dicke der Stirnplatte. Der letzte Term von c_1 erfaßt die Klemmwirkung der Schraube.-

a_1, e_1 sowie D und d_P sind aufgrund der gewählten Abmessungen gegeben. Die Gleichgewichtsgleichungen lauten:

Kräfte:

$$\frac{Z_T}{2} - mF + K = 0 \tag{78}$$

Momente:

$$\frac{Z_T}{2} c_1 - (M_I + M_{II}) = 0 \tag{79}$$

$$K c_3 - M_{II} = 0 \tag{80}$$

Als Grenzmomente in den Schnitten I und II werden die Fließmomente der Querschnitte (unter Vernachlässigung der M/Q-Interaktion) angesetzt:

$$M_{Pl,I} = \frac{1{,}1}{4} b_P d_P^2 \sigma_F ; \quad M_{Pl,II} = \frac{1{,}1}{4} (b_P - md) d_P^2 \sigma_F \tag{81}$$

Im Schnitt II ist die Lochschwächung berücksichtigt, d ist der Lochdurchmesser. Mit dem Faktor 1,1 wird der stützende Einfluß der behinderten Querdehnung abgeschätzt. - Die plastische Querkrafttragfähigkeit ist:

$$Q_{Pl} = b_P d_P \frac{\sigma_F}{\sqrt{3}} \tag{82}$$

Hierin ist die Lochschwächung wegen der stützenden Wirkung der Schrauben vernachlässigt. Für den betrachteten Grenzzustand (bei dem sich in den Schnitten I und II ein volles Fließgelenk ausbildet) folgt der zugehörige Z_T-Wert zu (G.79):

$$Z_T = 2(M_{Pl,I} + M_{Pl,II})/c_1 \qquad \left(\text{Bedingung: } \frac{Z_T}{2} \leq Q_{Pl}\right) \tag{83}$$

Die Kontaktkraft beträgt (G.80):

$$K = M_{Pl,II}/c_3 \quad (\text{Bedingung: } K \leq Q_{Pl}) \tag{84}$$

Der unterstellte Grenzzustand tritt nur dann ein, wenn

$$\frac{Z_T}{2} + K \tag{85}$$

geringer als die Tragfähigkeit der Schrauben, d.h. geringer als

$$m \cdot F_Z = m \cdot A_S \beta_Z \qquad (m \cdot F_U) \tag{86}$$

ist. Hierin ist A_S der Spannungsquerschnitt der Schrauben und β_Z deren Zugfestigkeit. Bei der Schraubengüte 10.9 beträgt $\beta_Z = 100\,kN/cm^2$. Ist $(Z_T/2+K)$ gemäß G.85 größer als die Tragfähigkeit der Schrauben, ist diese maßgebend; der zugehörige Z_T-Wert folgt dann aus G.78 mit G.84 zu:

$$Z_T = 2(mF_Z - M_{Pl,II}/c_3) \tag{87}$$

Bei diesem Ansatz wird gemäß Bild 46 angenommen, daß der Versagensmechanismus (C) mit $M_{II} = M_{Pl}$ eintritt. Hiermit liegt die Rechnung in jedem Fall auf der sicheren Seite.
Mit Z_T gemäß G.83 bzw. G.87 (der kleinere Wert ist maßgebend) folgt:

$$\text{zul}\,M_A = Z_T(h_T - t_T)/\gamma \tag{88}$$

γ ist der Sicherheitsfaktor: $\gamma = 1{,}7$ im Lastfall H und 1,5 im Lastfall HZ.

14.3.7.4 Beispiele

1. Beispiel: Biegesteifer Stoß eines IPE 400-Profils (St37), Bild 61

Gewählt: Schrauben M20-10.9, volle Vorspannung $F_V = 160\,kN$. Gesucht ist zul M_A und zul Q_A im Lastfall H.

a) Kriterium: Tragfähigkeit der Schrauben (Bild 58):

$$\text{zul}F = 0{,}8 \cdot 160 = \underline{128{,}0\,kN}, \quad \text{zul}\,Q_{SL} = \underline{75{,}4\,kN} \text{ (einschnittig)}$$

$$h_T - t_T = 400 - 13{,}5 = 386{,}5\,mm = \underline{0{,}3865\,m} \longrightarrow \text{zul}M_A = 4 \cdot 128{,}0 \cdot 0{,}3865 = \underline{197{,}9\,kNm}$$

$$\text{zul}\,Q_A = 2 \cdot 75{,}4 = \underline{150{,}8\,kN}$$

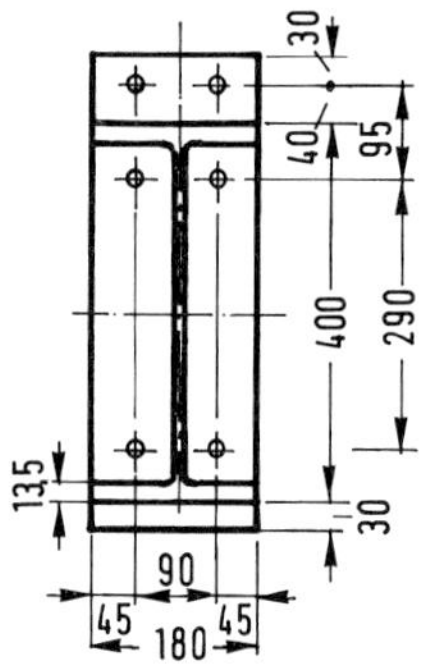

Bild 61

b) Kriterium: Tragfähigkeit der Stirnplatte:

In Abhängigkeit vom Stirnplattentyp und der Schraubenanzahl m wird in [1] als Stirnplattendicke d_p empfohlen:

$$\begin{array}{llll} \text{Stirnplatte, überstehend,} & m=2: & d_p = 1{,}00\,d \\ \quad " \qquad\qquad " & m=4: & d_p = 1{,}25\,d \\ \quad " \qquad \text{bündig,} & m=2: & d_p = 1{,}50\,d \\ \quad " \qquad\qquad " & m=4: & d_p = 1{,}70\,d \end{array} \tag{89}$$

d ist der Nenndurchmesser der Schrauben. d_p ist auf volle 5mm aufzurunden, als Mindestdicke ist d_p=15mm zu wählen. Bei überstehenden Stirnplatten ist im Falle einer K-Naht die Dicke gemäß G.89 um 10mm zu erhöhen. - Im vorliegenden Beispiel wird d_p=20mm gewählt; im einzelnen folgt (vgl. G.76/82):

$$a_F = 7\,\text{mm} > t_T/2;\ a_1 = 40\,\text{mm},\ e_1 = 30\,\text{mm};\ D = 37\,\text{mm};\ \ d_p = 20\,\text{mm},\ b_p = 180\,\text{mm}$$

$$c_1 = 40 - \frac{\sqrt{2}}{3}7 - \frac{1}{4}(37+20) = \underline{22{,}45\,\text{mm}},\ c_3 = e_1 = \underline{30\,\text{mm}}$$

$$\text{M 20}:\ A_S = 2{,}45\,\text{cm}^2;\ F_Z = 2{,}45 \cdot 100 = \underline{245\,\text{kN}}$$

$$M_{Pl,I} = \frac{1{,}1}{4} \cdot 18{,}0 \cdot 2{,}0^2 \cdot 24 = \underline{475\,\text{kNcm}};\ \ M_{Pl,II} = \frac{1{,}1}{4} \cdot (18{,}0 - 2 \cdot 2{,}1) \cdot 2{,}0^2 \cdot 24 = \underline{364\,\text{kNcm}}$$

$$Q_{Pl} = 18{,}0 \cdot 2{,}0 \cdot \frac{24}{\sqrt{3}} = \underline{499\,\text{kN}}$$

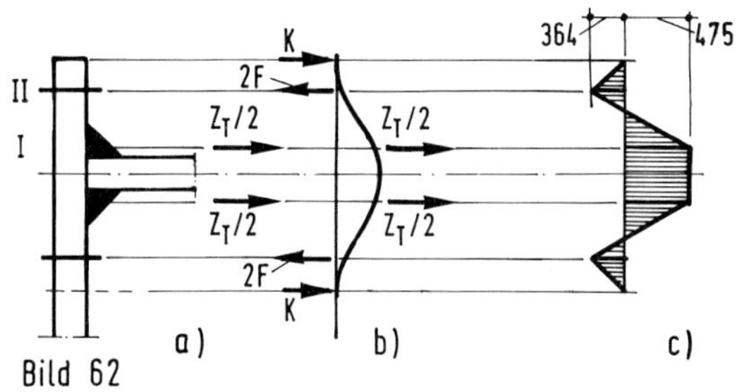

Bild 62

Bild 62 zeigt den unterstellten Grenzzustand; weitere Berechnung nach G.83/85:

$$Z_T = 2(475 + 364)/2{,}245 = \underline{747\,\text{kN}}$$

$$\left(\frac{747}{2} = 374\,\text{kN} < 499\,\text{kN, erfüllt}\right)$$

$$K = 364/3{,}0 = \underline{121\,\text{kN}}\ \ (121 < 499\,\text{kN, erfüllt})$$

$$\frac{Z_T}{2} + K = 374 + 121 = \underline{495} > 2 \cdot 245 = \underline{490\,\text{kN}}$$

Somit ist Z_T nach G.87 maßgebend:

$$Z_T = 2(2 \cdot 245 - 364/3{,}0) = 737\,\text{kN} \longrightarrow \text{zul}M_{A,LI} = 737(40{,}0 - 1{,}35)/1{,}7 = 16750\,\text{kNcm} = \underline{167{,}50\,\text{kNm}}$$

<u>2. Beispiel:</u> Biegesteife Rahmenecke eines Giebelrahmens als Stirnplattenstoß

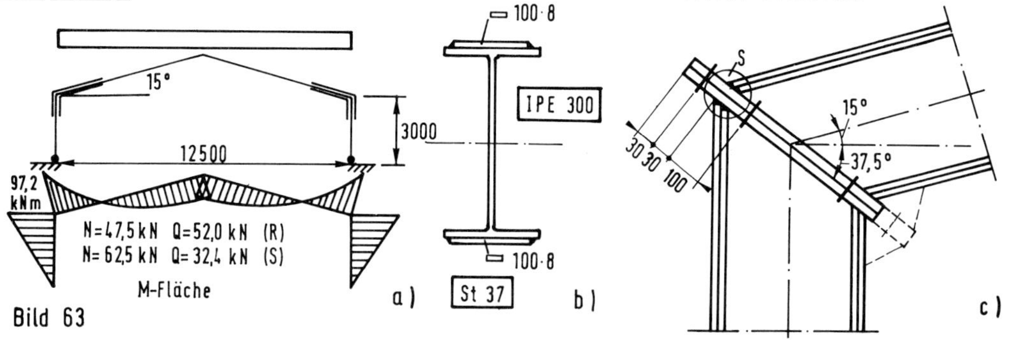

Bild 63

Bild 63 zeigt den Rahmen, einschließlich der Schnittgrößen in der Rahmenecke im Lastfall H. Im Eckbereich ist das Grundprofil (IPE300-St37) durch aufgeschweißte Lamellen verstärkt. Ohne diese Verstärkung ist das IPE-Profil nicht ausreichend:

$$\text{IPE 300}:\ W = 557\,\text{cm}^3 \longrightarrow \sigma_M = \pm\frac{9\,720}{557} = 17{,}45\,\text{kN/cm}^2$$

Spannungsnachweis für das verstärkte Profil (Teilbild b):

$$A = 53{,}8 + 2 \cdot 0{,}8 \cdot 10 = 53{,}8 + 16 = \underline{69{,}8\,\text{cm}^2},\ \ I = 8\,360 + 2 \cdot 0{,}8 \cdot 10 \cdot 15{,}4^2 = 8360 + 3795 = \underline{12\,155\,\text{cm}^4}$$

$$W = 12\,155/15{,}8 = 769{,}3\,\text{cm}^3$$

$$\sigma = -\frac{62{,}5}{69{,}8} \pm \frac{9\,720}{769{,}3} = -0{,}90 \pm 12{,}63 = \underline{-13{,}53\,\text{kN/cm}^2}$$

Die Querschnittsfläche der verstärkten Gurtung und der gegenseitige Schwerpunktabstand betragen: Flanschfläche:

$$A_{Fl} = 1{,}07 \cdot 15 + 0{,}8 \cdot 10 = 16{,}05 + 8{,}00 = \underline{24{,}05\,\text{cm}^2}$$

Gegenseitiger Abstand:

$$2(16{,}05 \cdot 14{,}47 + 8{,}0 \cdot 15{,}4)/24{,}05 = \underline{29{,}56\,\text{cm}}$$

Der Stirnplattenstoß wird in die Winkelhalbierende gelegt (Teilbild c). Der innere Hebelarm zwischen den Gurtschwerpunkten in der Winkelhalbierenden beträgt:

$$h_T - t_T = 29{,}56/\cos 37{,}5° = 37{,}3\,\text{cm} = \underline{0{,}373\,\text{m}}$$

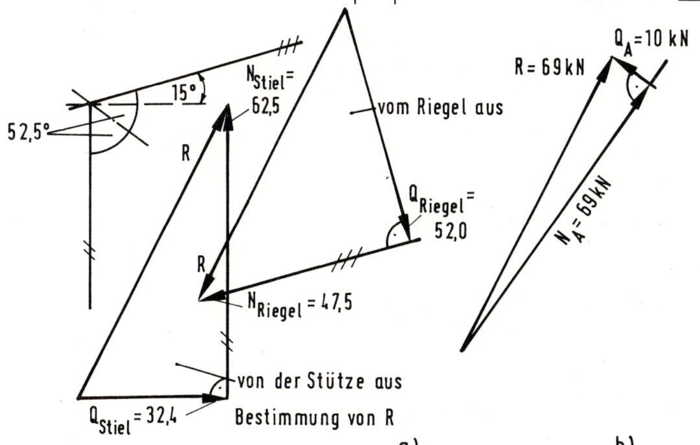

Bild 64

Die Schnittkräfte N und Q im Riegel- bzw. Stielanschnitt werden in Richtung der Winkelhalbierenden und senkrecht dazu zerlegt. Dazu wird zunächst die Resultierende R aus den beiden Schnittkräften gebildet (Bild 64a), anschließend wird R in die genannten Richtungen zerlegt (Teilbild b), das liefert N_A und Q_A. N_A ergibt sich als Druckkraft senkrecht zur Stoßfuge, Q_A ist mit 10kN relativ gering und wird von den im Biegedruckbereich des Stoßes liegenden Schrauben aufgenommen (ohne weiteren Nachweis).

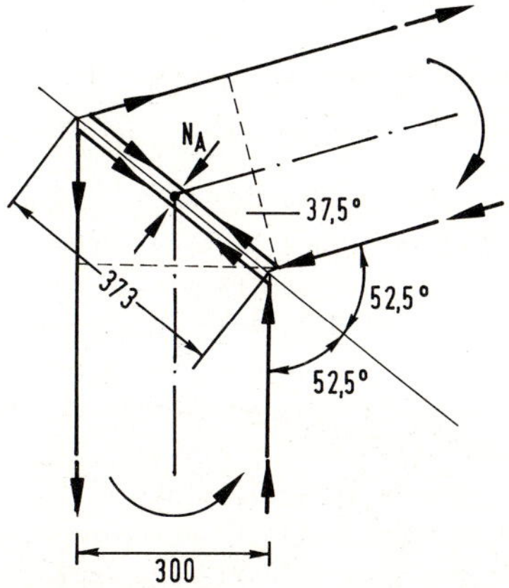

Bild 65

Zusammengefaßt:

$$M_A = M = 97{,}2\,\text{kNm}\,;\quad N_A = 69\,\text{kN}\,;\quad Q_A = 10\,\text{kN}$$

M_A wird über den inneren Hebelarm 0,373m in ein Kräftepaar zerlegt (Bild 65), dem überlagert sich jeweils $N_A/2$:

$$Z = +\frac{97{,}2}{0{,}373} - \frac{69}{2} = 260{,}9 - 34{,}5 = \underline{226\,\text{kN}}$$

Wie aus Bild 63c erkennbar, hat das innere Schraubenpaar von der Schwerachse der Gurtung einen größeren Abstand als das äußere; das ist konstruktionsbedingt. Das äußere Schraubenpaar wird dadurch höher beansprucht als das innere. Die Kraft im äußeren sei Z_a. Nach dem Hebelgesetz folgt:

$$Z_a = \frac{10}{13} Z = \frac{10}{13} 226 = \underline{174\,\text{kN}} \;\text{(für zwei Schrauben)}$$

Nachweis für den <u>Gebrauchszustand:</u>

$$\text{M 20 - 10.9}:\; F_V = 160\,\text{kN},\quad \text{zul}\,F = 0{,}7 \cdot 160 = \underline{112\,\text{kN}} > \frac{174}{2} = \underline{87\,\text{kN}}$$

(Als zulässige Zugkraft wird 70% der Vorspannkraft angesetzt; gemäß Bild 58 wäre 80% möglich.)

Als Anschlußnähte kommen (versenkte) Stumpfnähte zur Ausführung (Bild 66). Dazu werden die Stirnplatten zunächst an das Grundprofil angeschweißt, anschließend werden die Verstärkungslamellen angeschlossen. Spannungsnachweis in der Schweißnaht (auf der sicheren Seite liegend):

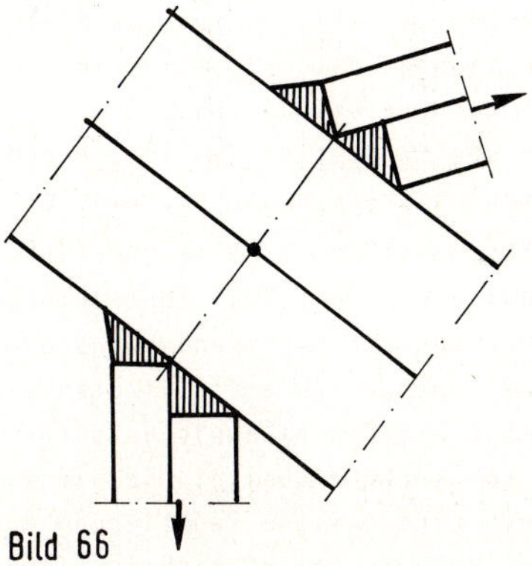

Bild 66

$$Z_w = \frac{97{,}2}{0{,}2956} = 329\,\text{kN} \longrightarrow \sigma_w = 1{,}1 \cdot \frac{329}{24{,}05} = \underline{15{,}05\,\text{kN/cm}^2}$$

1,1 ist ein frei gewählter Erhöhungsfaktor, um die Spannungserhöhung in der Randfaser zu erfassen. - Tragsicherheitsnachweis im Grenzzustand (G.76/77):

$$a_F = 0;\ D = 37\,\text{mm};\ d_p = 20\,\text{mm};\ b_p = 150\,\text{mm}$$

$$c_1 = 30 - \frac{1}{4}(37 + 20) = 30 - 14{,}25 = \underline{15{,}75\,\text{mm}},\ c_3 = \underline{30\,\text{mm}}$$

M	D
12	24
16	30
20	37
22	39
24	44
27	50
30	56
36	66
–	mm

Bild 67

D ist der Durchmesser der Unterlegscheibe, M20:D=37mm, vgl. Bild 67. - Querschnittstragfähigkeiten (σ_F=24kN/cm²; G.81/82):

$$M_{Pl,I} = \frac{1{,}1}{4}\cdot 15{,}0\cdot 2{,}0^2\cdot 24 = \underline{396\,\text{kNcm}},\quad M_{Pl,II} = \frac{1{,}1}{4}\cdot(15{,}0 - 2\cdot 2{,}1)\cdot 2{,}0^2\cdot 24 = \underline{285\,\text{kNcm}}$$

Hiermit folgt (G.83/84):

$$Q_{Pl} = 15{,}0\cdot 2{,}0\cdot\frac{24}{\sqrt{3}} = \underline{416\,\text{kN}}$$

$$Z_T = 2(396 + 285)/1{,}575 = 865\,\text{kN}\quad \left(\frac{865}{2} = 432\,\text{kN} > 416\,\text{kN}\right);\ K = 285/3{,}0 = 95\,\text{kN}$$

Demnach ist Q_{Pl} maßgebend. - Nachweis, orientiert an der Tragfähigkeit der Stirnplatte; Sicherheitsfaktor 1,7:

$$\frac{Q_{Pl}}{\gamma} \geq Z_a \longrightarrow \frac{416}{1{,}7} = \underline{244\,\text{kN} > 174\,\text{kN}}\ \text{(erfüllt)}$$

Tragfähigkeit der Schrauben (G.86):

$$M20:\ A_S = 2{,}45\,\text{cm}^2\ :\ m\cdot F_Z = 2\cdot 2{,}45\cdot 100 = \underline{490\,\text{kN}}$$

Es wird geprüft (G.85/86):

$$Z_T = 2(490 - 285/3{,}0) = 2(490 - 95) = \underline{790\,\text{kN}}$$

Von der Tragfähigkeit der Schrauben ausgehend, folgt für das außen liegende Schraubenpaar (G.87):

$$\frac{Z_T}{2} = 490 - 285/3{,}0 = 490 - 95 = \underline{395\,\text{kN}}$$

Nachweis, orientiert an der Tragfähigkeit der Schrauben, Sicherheitsfaktor 1,7:

$$\frac{Z_T/2}{\gamma} \geq Z_a \longrightarrow \frac{395}{1{,}7} = \underline{232\,\text{kN} > 174\,\text{kN}}\ \text{(erfüllt)}$$

Offensichtlich sind der Schraubendurchmesser und die Stirnplattendicke mit d_p=20mm eher reichlich gewählt. Das hat den Vorteil, daß die Rahmenecke eine hohe Verformungssteifigkeit aufweist. - Im Lastfall HZ gelten andere Schnittgrößen; hier kann sich deren Richtung ändern, diese Möglichkeit ist stets zu prüfen.

14.4 Steifenlose Anschlußkonstruktionen

Traditionell gilt im Stahlbau der Grundsatz: Wo punktuell konzentrierte Kräfte eingetragen werden, sind Steifen oder Rippen einzubauen, um lokales Versagen, z.B. Stegkrüppeln oder -beulen, zu verhindern. Dieser Grundsatz gilt insbesondere für Konstruktionen aus höherfestem Stahl (St52, ESt355) und hochfestem Stahl (ESt460, ESt690), denn Träger aus solchen Stählen vermögen wegen ihrer hohen Festigkeit hohe Lasten bei gleichzeitig großer Schlankheit zu übernehmen, dadurch ergeben sich hohe Auflagerkräfte und bei Rahmenriegeln hohe Anschlußmomente, so daß die Auflager- und Rahmeneckbereiche besonders ausgesteift werden müssen, um eine Überbeanspruchung und eine übermäßige lokale Nachgiebigkeit zu unterbinden. Das gilt in Sonderheit für geschweißte Vollwandträger aus solchen höher- und hochfesten Stählen; bei diesen fallen die Steg- und Flanschdicken i.a. geringer als bei vergleichbaren Walzprofilen aus. Über ein durch Versuche bestätigtes Rechenmodell für den Nachweis derartiger Steifen, z.B. für brückenbauliche Konstruktionen (Bild 68), wird in [29] berichtet. Danach soll im Lasteinleitungsbereich von Trägern mit schlanken Stegen mindestens eine Lagersteife über die volle Steghöhe geführt und auch am freien Gurt angeschlossen werden; Doppelkehlnähte sind mit $2a_w \geq s$ bzw. $\geq t_{Steife}$ ausreichend.

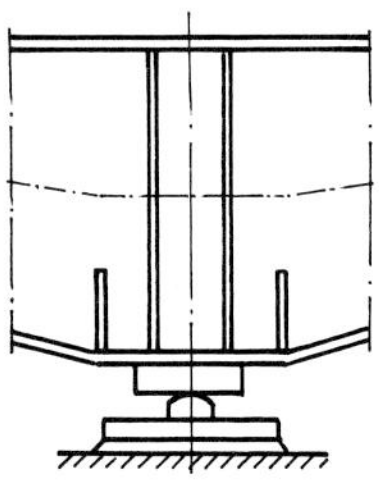

Bild 68

Eine Abweichung von dem oben formulierten Grundsatz ist dort notwendig, wo die Einzellasten veränderlich sind, wie bei Kranbahnträgern oder beim Trägervorschub bei Brückenmontagen. Im Lasteinleitungsbereich tritt im Steg ein ebener Spannungszustand auf. Wird der Tragsicherheitsnachweis als Beulnachweis geführt (vgl. Abschnitt 21.5.4.5.4), liegt die Rechnung damit auf der sicheren Seite, wie die Nachrechnung von Versuchen gezeigt hat [30-32]. Das könnte durch eine gewisse Reduzierung der erf. rechn. Beulsicherheit berücksichtigt werden. Schon aus Gründen der Betriebsfestigkeit hält der Verf. eine zu starke Ausmagerung der Stegbleche von geschweißten hochstegigen Kranbahnträger im radlastnahen Bereich nicht für empfehlenswert. Handelt es sich um Kranbahnträger aus Walzprofilen, ist dieser Gesichtspunkt weniger relevant und ein Bezug auf die plastische Grenzlast (s.u.) bzw. Krüppellast [30-32] vertretbar. Diesebezügliche Regeln fehlen bis dato, z.B. in DIN 4132.

Die hier zu behandelnden steifenlosen Anschlußkonstruktionen beziehen sich vorrangig auf Träger aus St37 und hier insbesondere auf warm gewalzte Profile. Bei diesen im Stahlhochbau überwiegend eingesetzten Profilen treten wegen deren geringeren Festigkeit keine so

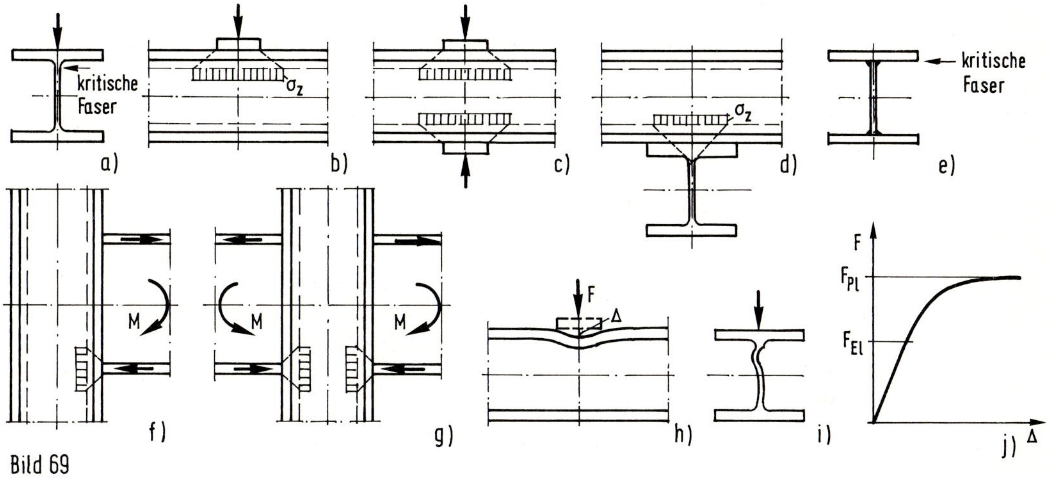

Bild 69

hohen Auflagerkräfte und Einspannmomente auf, so daß, wie umfangreiche Versuchsreihen gezeigt haben, in vielen Fällen auf Steifen (Rippen) verzichtet werden kann. Hierbei sind zwei Grundfälle zu unterscheiden [33]:

1. Einleitung von Kräften quer zur Trägerachse, einseitig oder beidseitig (Bild 69a/c). Bei einseitiger Lasteinleitung kann es sich z.B. um Trägerauflager oder Trägerkreuzungen handeln (Bild 69d). Die kritische Faser liegt bei Walzprofilen entlang des Übergangs vom ausgerundeten Halsbereich zum Steg und bei geschweißten Trägern entlang der Halsnaht (Bild 69e). Bei letzteren ist die Lastverteilungslänge geringer als bei Walzprofilen.
2. Einleitung von Biegemomenten in Rahmenecken , z.B. steifenlose Riegel-Stützen-Verbindungen, einseitig oder beidseitig (Bild 69f/g). Auf die hiermit im Zusammenhang stehenden Fragen wurde bereits im Abschnitt 14.3.7.2 bei der Ausbildung von biegesteifen Trägeranschlüssen über Kopfplatten an unverripptem Stützenflansch hingewiesen; vgl. u.a. [34-37]. Bei dieser Anschlußform darf man nicht übersehen, daß infolge der steifenlosen Übertragung der Anschlußmomente im Vergleich zu ausgesteiften Rahmenecken eine größere Nachgiebigkeit vorhanden ist, was sich auf die (globale) Grenztragfähigkeit des Gesamtsystems mindernd auswirkt (insbesondere, wenn ein Nachweis nach Theorie II. Ordnung erforderlich ist und die Auslegung auf die plasto-statische Grenztragfähigkeit Bezug nimmt). Es existieren Vorschläge, um die Nachgiebigkeit der unversteiften Rahmenecke durch Federmodelle zu erfassen. Ein diesbezüglich durch Versuche abgesichertes Berechnungsverfahren wird in [38] vorgestellt.

Im folgenden wird auf den 1. Grundfall eingegangen; er wird künftig in DIN 18800 T1 geregelt sein. - Trägt man die Kraft-Verschiebungskurven F-Δ, wie sie in Versuchen gefunden wurden, auf (Bild 69h), erhält man das im Teilbild j dargestellte typische Tragverhalten [39,40]. Es lassen sich zwei Level unterscheiden:

1. Das Verhalten ist solange elastisch, bis im Steg unterhalb der Lasteinleitungsstelle erstmals die Fließgrenze erreicht wird: F_{El} (Elastische Grenzkraft).
2. Bei weiterer Laststeigerung bildet sich eine größere Fließzone im Steg aus, alsbald tritt Versagen ein: F_{Pl} (Plastische Grenzkraft). Dieses Versagen besteht entweder in einem Stegquetschen, in einem lokalen Stegkrüppeln (Bild 69i) oder in einem gesamtheitlichen Stegbeulen.

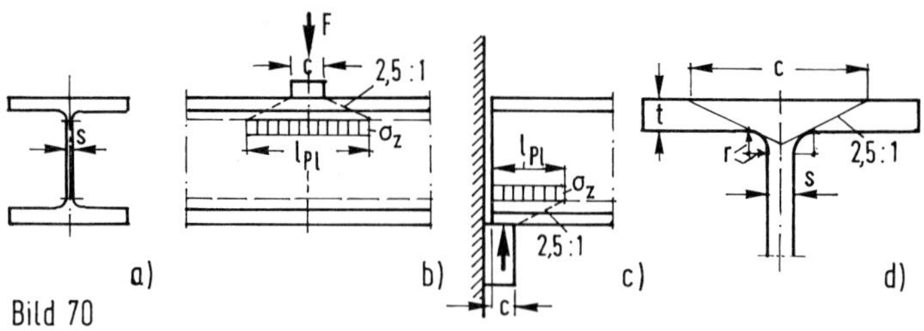

Bild 70

Zur Berechnung der elastischen und plastischen Grenztragfähigkeit wurden verschiedene, an den Versuchsergebnissen orientierte Berechnungsmodelle entwickelt; vgl. [41,42]. Hier interessieren die Modelle zur Bestimmung der plasto-statischen Grenzkraft; gegenüber dieser muß (vorwiegend ruhende Beanspruchung vorausgesetzt) eine ausreichende Sicherheit eingehalten werden. Wie die Versuche zeigen, kann eine Verteilungslänge l_{Pl} im Grenzzustand angesetzt werden, die sich bei Annahme einer Kraftausbreitung unter der Neigung 2,5:1 ergibt. Über diese Länge wird $\sigma_z = \sigma_F$ = konst angenommen. Ist c die Breite der Lasteinleitung selbst, ergeben sich folgende Grenzkräfte (Bild 70a/b):

Walzprofile (t: Flanschdicke, r: Ausrundungsradius): $l_{Pl} = c + 5(t + r)$

Geschweißte Profile (t: Gurtdicke, a: Kehlnahtdicke): $l_{Pl} = c + 5(t + a)$

$$\left.\begin{matrix} l_{Pl} = c + 5(t+r) \\ l_{Pl} = c + 5(t+a) \end{matrix}\right\} F_{Pl} = \sigma_F \cdot l_{Pl} \cdot s \qquad (90)$$

s ist die Stegdicke. - Handelt es sich um ein Endauflager, z.B. auf einer Knagge (Bild 70c), steht:

$$l_{Pl} = c + 2{,}5(t + r) \text{ bzw. } l_{Pl} = c + 2{,}5(t + a) \qquad (91)$$

Im Falle einer Trägerkreuzung kann die Lastbreite c ebenfalls unter der Annahme einer Kraftausstrahlung 2,5:1 berechnet werden (Bild 70d); das führt auf:

$$c = s + 5t + 1{,}6r \qquad (92)$$

In solchen Fällen ist für beide Träger F_{Pl} zu berechnen, der kleinere Wert ist maßgebend.-

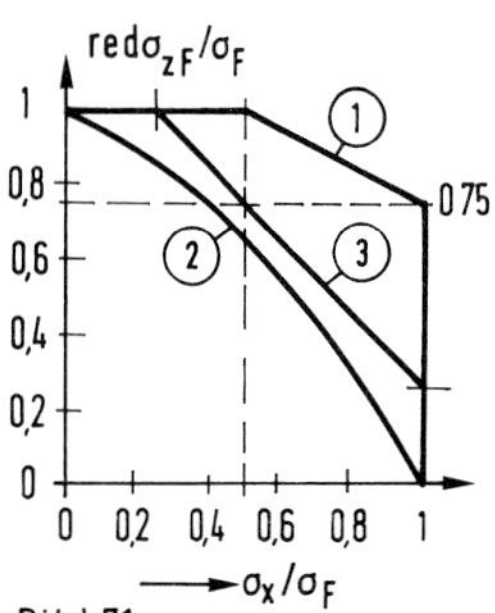

Bild 71

Über Zwischenstützen oder bei Trägerkreuzungen tritt an der Lasteinleitungsstelle in Richtung der kritischen Faser neben σ_z gleichzeitig eine Längsspannung σ_x auf. Ist σ_x eine Druckspannung, braucht deren Einfluß auf die Grenztragfähigkeit nicht berücksichtigt zu werden. Das konnte durch Versuche bestätigt werden. Anders ist es, wenn σ_x eine Zugspannung ist. In Bild 71 gibt Kurve ① die in solchen Fällen nach [41,42] anzuwendende Interaktionsvorschrift wieder. Setzt man die Fließbedingung nach v.MISES an (τ=0), folgt:

$$\sigma_V = \sqrt{\sigma_x^2 + \sigma_z^2 - \sigma_x \sigma_z} = \sigma_F \longrightarrow \frac{\text{red}\,\sigma_{zF}}{\sigma_F} = \frac{1}{2}\cdot\frac{\sigma_x}{\sigma_F} + \sqrt{1 - \frac{3}{4}\left(\frac{\sigma_x}{\sigma_F}\right)^2} \qquad (93)$$

Hierin ist σ_x (als Zugspannung) negativ einzuführen: Kurve ② in Bild 71. In [43] wird eine Interaktionsvorschrift gemäß ③ empfohlen, was gegenüber ① plausibler erscheint.- Die Versagensmodi Stegkrüppeln und -beulen sind bei IPE- und HE-Profilen aus St37 nicht maßgebend [42]. - Für Stegkrüppeln wird in [41] folgende Formel zur Berechnung der Grenzkraft angegeben:

$$F_U = 0{,}80 \cdot s^2 \sqrt{\sigma_F \cdot E} \cdot (1 + 0{,}064 \cdot L/s) \qquad (94)$$

L ist ein Kennwert:

$$L = \alpha \cdot \sqrt[4]{\frac{4(h - 2t - 2r)bt^2}{12 s}} \qquad (95)$$

Für Walzprofile ist α=1,25 und für geschweißte Profile α=1,00 zu setzen; in G.95 ist im letztgenannten Fall r durch a zu ersetzen.-

In [1,44] sind die Tragfähigkeiten warmgewalzter Profile aus St37 bei steifenloser Lasteinleitung vertafelt.

In DIN 18800 T1 (11.90) ist das in Bild 70 mit den Formeln 90 bis 92 angegebene Nachweisverfahren geregelt (Element 744).

15 Fachwerkträger

15.1 Allgemeine Gestaltungs- und Berechnungsgrundsätze

Fachwerke kommen in vielfältiger Form zum Einsatz:

a) für Haupt-, Quer- und Längsträger im Hoch-, Kran- und Brückenbau,

b) für Verbände zur Stabilisierung der Tragwerke,

c) für Vergitterungen von mehrteiligen Stützen, Masten und Türmen.

Im folgenden werden Fachwerke vorrangig im Sinne von a), also als aufgelöste Biegeträger behandelt.

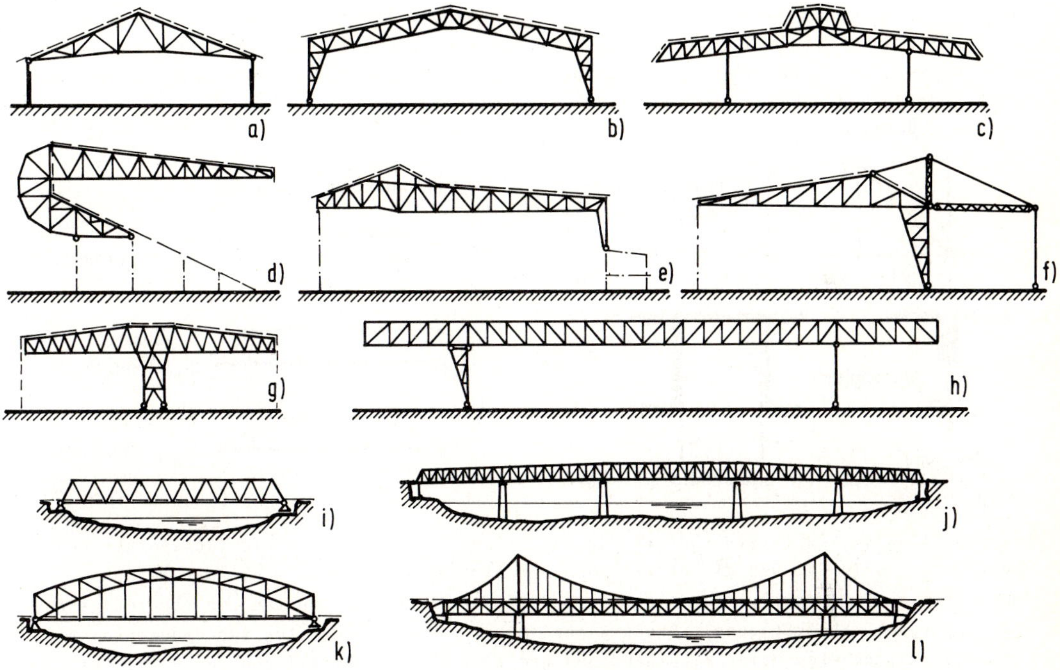

Bild 1 Hochbau: a) Binder; b) Zweigelenkrahmen; c) Einhüftiger Rahmen; d) Kragträger (Stadionüberdachung); e) Einhüftiger Rahmen (Hangar); f) Kragsystem mit Rückverankerung (Hangar); g) Doppelter Kragarm (Hangar). — Kranbau: h) Einhüftiger Rahmen (Verladebrücke). — Brückenbau: i) Einfeldträger, j) Durchlaufträger; k) Bogen mit Zugbänd; l) Versteifungsträger einer Hängebrücke (Maßstab unterschiedlich)

Bild 1 zeigt Fachwerke für verschiedenartige Tragsysteme (in stark unterschiedlichem Maßstab). Als statische Systeme sind dieselben wie bei vollwandigen Tragstrukturen bekannt: Einfeld- und Kragträger, Durchlaufträger ohne und mit Zwischengelenken (GERBER-Träger), Versteifungsträger für Bogen- und Hängebrücken, Rahmen- und Bogenträger. Eine Reihe ehemals üblicher Formen wird heute nicht mehr ausgeführt. - Als Vor- und Nachteile der Fachwerkbauweise (gegenüber der Vollwandbauweise) sind zu nennen:

Vorteile: a) Einsparung an Konstruktionsstahl, wirkt sich günstig auf die Materialkosten aus;

b) Geringeres Gewicht, wirkt sich günstig auf die Unterkonstruktion (bis in die Fundamente) aus. Dieser Vorteil kommt auch der Montage zugute, insbesondere bei mobilem Gerät (Gerüste: Rüstbinder und Rüststützen, Joche; Behelfs- und Pionierbrücken; Fliegende Bauten). Wegen des geringeren Gewichts werden Fachwerke bevorzugt bei großen bis sehr großen Stützweiten im Hoch- und Brückenbau eingesetzt;

c) Geringere Windangriffsfläche bei Masten, Türmen und Brücken;
d) Günstigere Belichtungsverhältnisse bei Hallen. Im Geschoßbau kann die Installation unterdeck relativ unbehindert verlegt werden.

Nachteile: a) Höherer Lohnanteil bei der Fertigung;
b) Höhere Korrosionsgefährdung, schwierigere Unterhaltung; die Sicherheit im Brandfalle ist geringer;
c) Geringere plastische Tragreserven.

Der im Vergleich zu früheren Jahrzehnten zurückgegangene Einsatz von einachsig abtragenden Fachwerkträgern beruht hierzulande auf den hohen anteiligen Lohnkosten bei der Fertigung und Unterhaltung. In Ländern mit niedrigerem Lohnniveau sind Fachwerkträger immer noch relativ verbreitet. Fachwerkträger in Leichtbauweise und solche unter Verwendung von Rohr- und Rechteckrohren sowie Fachwerke als Raumtragwerke haben auch in Ländern mit hohem Lohnniveau nach wie vor große wirtschaftliche Bedeutung, insbesondere bei Typisierung. Bei Raumtragwerken schlägt die Einsparung an Materialkosten wegen der Kontinuumswirkung entscheidend durch, auch lassen sich konstruktiv interessante und ästhetisch ansprechende Strukturen auf diese Weise ausbilden.

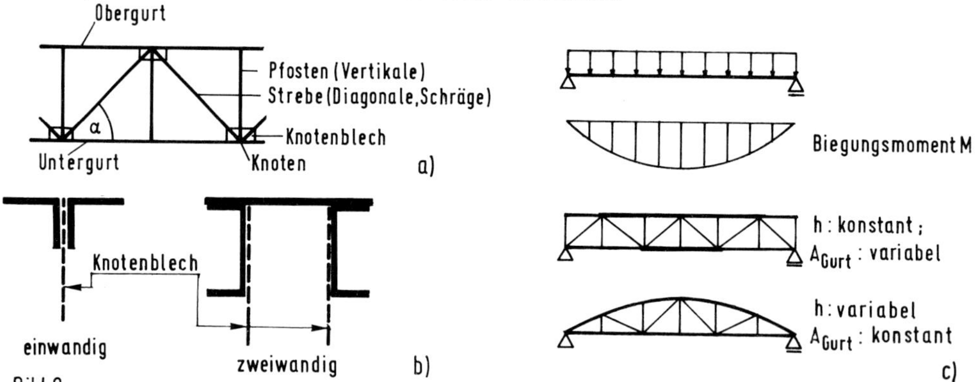

Bild 2

Man unterscheidet Gurtstäbe (Gurte) und Wandstäbe (auch Füllstäbe oder Nebenstäbe genannt), vgl. Bild 2a. Den Winkel zwischen den Streben und Gurten wählt man zwischen 40 bis 65°. Kleine Winkel ergeben schleifende Schnitte mit den Gurten und schwierige Anschlüsse (große Knotenbleche). Große Winkel haben kleine Feldweiten und dadurch dichte Wandungen mit höherem Materialaufwand und größerer Windangriffsfläche zur Folge. Bei einer Knotenblechebene spricht man von einwandigen, bei zwei Knotenblechebenen von zweiwandigen Fachwerken (Teilbild b). Bei einwandiger Ausführung werden die Anschlußmittel zweischnittig beansprucht, das ist wirtschaftlicher und führt zu kurzen Anschlüssen. Zweiwandige Fachwerke erlauben größere Gurtquerschnitte; letztere lassen sich optimaler ausbilden, insbesondere hinsichtlich gleichhoher Knicktragfähigkeit in Richtung beider Querschnittsachsen.

Wie bei Vollwandträgern gilt auch bei Fachwerkträgern der Grundsatz: Je größer die Spannweite des Trägers und damit seine Eigenlast im Vergleich zur Nutz- bzw. Verkehrslast ist, umso eher ist es zweckmäßig, Form und Gliederung des Tragsystems dem Verlauf des Biegungsmomentes und der Querkraft anzupassen. Diese Forderung läßt sich bei Fachwerken ent-

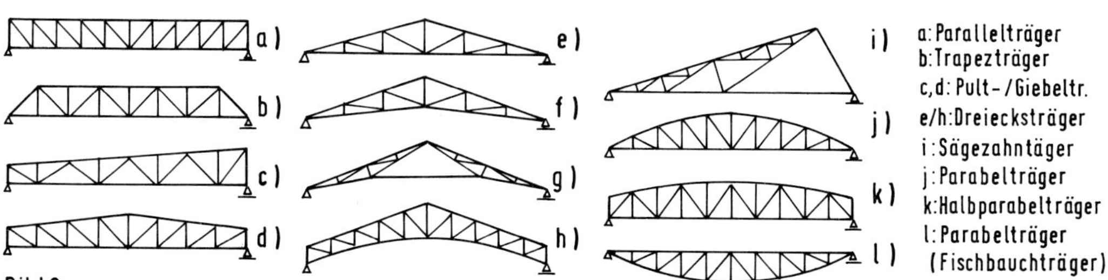

Bild 3

weder durch eine veränderliche Trägerhöhe oder durch veränderliche Stabquerschnitte in enger Anpassung an die Momentenbeanspruchung (→ Gurte) bzw. an die Querkraftbeanspruchung (→ Wandstäbe) erfüllen. Bild 2c verdeutlicht das Prinzip. Die strenge Anwendung des Grundsatzes führt allerdings zu ästhetisch wenig befriedigenden Lösungen (wie häufig in der Frühzeit des Eisenbrückenbaues anzutreffen; vgl. Abschn. 1.3). - In Bild 3 sind die Benennungen unterschiedlicher Trägerformen, orientiert an der Umrißform, angeschrieben. Bild 4 zeigt unterschiedliche Ausfachungsformen: Strebenfachwerke mit fallenden und steigenden Streben werden wegen der klaren, gleichförmigen Gliederung bevorzugt (Teilbild a); die Strebenneigung wird zu 50 bis 65° gewählt. - Um bei größeren Spannweiten (und somit größeren Trägerhöhen) im Falle von Hallenbindern die Dachpfetten und im Falle von Brückenträgern die Querträger enger anordnen zu können, werden Pfosten eingezogen (Teilbild b und c); die Strebenneigung wird dann zu 45 bis 55° gewählt. (Solche Strebenfachwerke kommen auch als Verbände zum Einsatz; Teilbild f.) Bei sehr großen Fachwerkkonstruktionen sind ggf. Hilfsfachwerke erforderlich (Teilbild d und e). Durch Pfosten wird die Knicklänge der Druckgurte gegen Knicken in der Fachwerkebene verringert (i.a. halbiert), vgl.

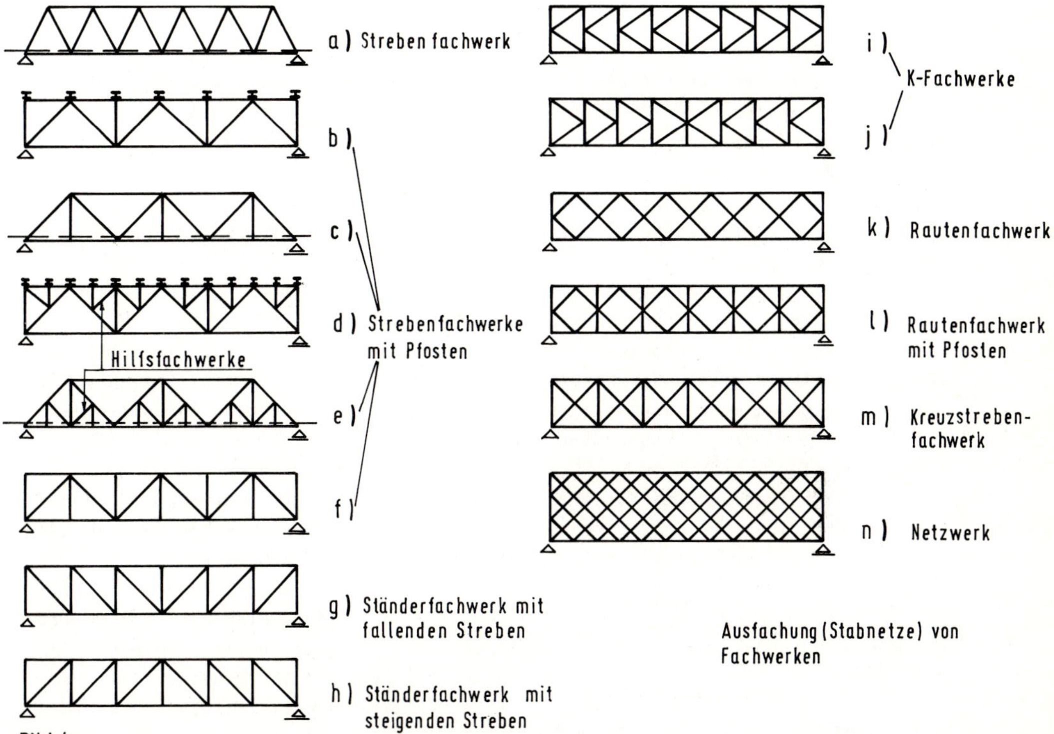

Bild 4

Teilbild f. - Ständerfachwerke mit fallenden oder steigenden Streben ($\alpha = 45°$) werden sowohl für Haupttragwerke wie für Verbände gewählt (Teilbild g und h). Träger mit fallenden Streben sind geeigneter (Knicklänge der Pfostenstäbe ist geringer). - K-Fachwerke und Rautenfachwerke kommen im modernen Stahlbau vorrangig als Verbände zum Einsatz (Teilbild i bis k), letztere bei mobilen Brücken auch als Hauptträger. Engmaschige (mehrstöckige) Rautenträger in Form von Netzwerken werden nicht mehr ausgeführt. Die in den Teilbildern l und m dargestellten Systeme dienen ausschließlich Verbandszwecken ($\alpha = 45°$), z.B. bei Masten und Türmen, vgl. Abschnitt 24.3.

Fachwerke werden im Regelfall nach der Gelenktheorie berechnet; hierbei wird unterstellt, daß sich die Netzlinien punktförmig in reibungsfreien Knotengelenken schneiden. Diese Voraussetzung läßt sich konstruktiv nicht verwirklichen: Real sind die Stäbe in den Knoten drehelastisch bis biegesteif miteinander verschweißt, verschraubt oder - heute nur noch selten - vernietet. Die Anordnung von Knotenblechen betont die biegesteife Verbindung. Infolge der Stablängenänderungen verformt sich das Fachwerk als Ganzes. Die Behinderung der Stabdrehungen in den Knotenpunkten ruft Nebenspannungen in allen Stäben hervor. Diese fallen umso höher aus, je steifer die Füllstäbe und Knotenpunkte sind und je engmaschiger die Ausfachung ist. Die Dicke der Stäbe in der Fachwerkebene sollte nicht größer als 1/10 der Stablänge sein. - Bei Fachwerken des Hochbaues ist ein Nebenspannungsnachweis wegen der i.a. geringen Größe der Nebenspannungen (5 bis 20% der Nennspannungen) nicht notwendig: Bei voller Durchplastizierung geht das Fachwerk im Grenzzustand in das der Berechnung zugrunde gelegte Gelenksystem über; die Nebenspannungen fließen aus; zur Aufrechterhaltung des Gleichgewichtes sind die Nebenspannungen nicht erforderlich. Wird dennoch ein Nachweis erbracht (als Rahmen-Stabwerk), darf der Sicherheitsfaktor reduziert werden. - Bei dynamisch beanspruchten Fachwerken (Kranbahnträger, Eisenbahn- und Straßenbrücken) ist eine Nebenspannungsberechnung ggf. angezeigt, um den Einfluß der Nebenspannungen auf die Betriebsfestigkeit im Anschlußquerschnitt der Wandstäbe an die Gurte erfassen zu können. In den letztgenannten Fällen sind grundsätzlich möglichst kerbfreie bzw. -gemilderte Knotenpunkte auszubilden. Bei engmaschigen Fachwerken (Rautenträger, Netzwerke) ist eine Nebenspannungsberechnung immer dann erforderlich, wenn sie als Hauptträger eingesetzt werden [1-5]; vgl. auch Abschnitt 25.5.9.

Wie bei Vollwandträgern größerer Spannweite wird auch bei Fachwerkträgern stets eine Überhöhung der spannungsfreien Urform eingeplant. Sie wird zweckmäßig für die Eigenlast und einen gewissen Nutzlastanteil ausgelegt, z.B. für g + p/2. Der Durchbiegungsbeitrag der Wandstäbe ist i.a. gering (10 bis 20%). - Da Fachwerkstäbe nur zur Aufnahme von Zug- und Druckkräften konzipiert und geeignet sind, sind die äußeren Lasten in den Knotenpunkten zu zentrieren, d.h. die Pfetten bei Dachbindern oder die Querträger bei Brücken sind in die Knotenpunkte zu legen.

Sind die Stabkräfte für die maßgebenden Lastkombinationen bestimmt, werden die Zugstäbe unter Berücksichtigung etwaiger Lochschwächungen und die Druckstäbe auf Knicken (ggf. Biegedrillknicken!) nachgewiesen und zwar in der Fachwerkebene und quer dazu. Für die Gurtstäbe ist die Knicklänge gleich der Netzlänge zu wählen. Da die Füllstäbe in den um vieles steiferen Gurtstäben mehr oder weniger starr eingespannt sind, kann für diese der Knicklängenbeiwert β kleiner 1 angenommen werden; er beträgt etwa 0,8 bis 0,9; maßbend ist DIN 18800 T2.

Die infolge der Stabeigenlast bei waagerecht oder schräg liegenden Stäben auftretenden Biegespannungen sind i.a. gering und können vernachlässigt werden. Bei Druckstäben ist (bei größerer horizontaler Projektionslänge) das Biegemoment infolge der Stabeigenlast zu berücksichtigen. - Bei geschweißten und kaltgewalzten Querschnittsformen ist für die dünnwandigen Teile gedrückter Stäbe ein Beulnachweis zu führen; das kann durch Einhaltung von max (b/t)-Grenzwerten geschehen; vgl. Abschnitt 7.8.3.6. -

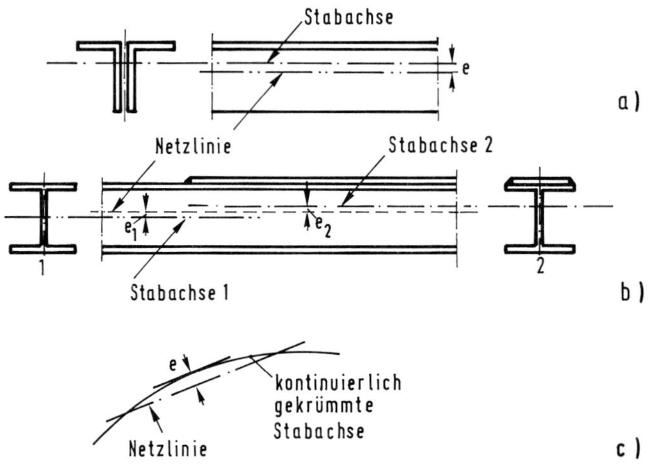

Bild 5

Bei nicht vorwiegend ruhend belasteten Konstruktionen (Kranbahnträger und Brücken) ist die Einhaltung der Betriebsfestigkeit nachzuweisen (DIN 4132, DIN 15018, DS804, künftig DIN 18800 T6). - Die Gurtstäbe sind i.a. durchgehende Stäbe, so daß ihre Ausbildung und Bemessung nicht für einen Stab allein, sondern nur im Zusammenhang mit den Nachbarstäben möglich ist. Die Füllstäbe können relativ unabhängig von den Nachbarstäben ausgebildet werden. Bei der konstruktiven Ausbildung ist darauf zu achten, daß die Schwerachsen der Stäbe möglichst exakt mit den Netzlinien übereinstimmen. Das führt bei einfach-symmetrischen Querschnitten mit Schraub- oder Nietanschluß zu unvermeidbaren Exzentrizitäten (vgl. Bild 5a und Abschnitt 15.3.2). - Bei veränderlichen Gurtquerschnitten (zwecks Anpassung an die Gurtkräfte) ist die gemittelte Schwerlinie mit der Netzlinie zu decken (Bild 5b). Aus konstruktiven Gründen wird die Außenkante der Gurtung vielfach auf gleicher Höhe durchgeführt; das hat dann größere Exzentrizitäten zur Folge. Weitere konstruktionsbedingte Exzentrizitäten entstehen bei gekrümmten Stäben (Bild 5c). Zusatzspannungen, die infolge von Exzentrizitäten entstehen, sind keine Nebenspannungen! Es handelt sich um planmäßige Beanspruchungen, die beim Tragsicherheitsnachweis zu berücksichtigen sind, im Hochbau sind Ausnahmen zugelassen, auch bei Verbänden; vgl. zu diesem Problemkreis Abschnitt 15.4.

15.2 Geschweißte Fachwerke des Stahlhochbaues

15.2.1 Querschnittsformen

Vollständig geschweißte Fachwerke wurden im Gegensatz zu vollständig geschweißten Vollwandträgern zunächst nur zögernd hergestellt, da befürchtet wurde, daß die Summe aus den Nebenspannungen (in den starr verschweißten Knotenpunkten), den Schweißeigenspannungen und den Kerbspannungen zu lokal hohen Spannungsspitzen und als Folge davon zu Sprödbrüchen führen könnte. Bei Baustählen mit ausgeprägtem Fließvermögen werden die Spannungsspitzen durch Plastizierung abgebaut, so daß - auch aufgrund der bisherigen Erfahrungen - keine Bedenken gegen den Einsatz vollgeschweißter Fachwerke im Hochbau bestehen. Bei Fachwerken des Kran- und Brückenbaues ist große Sorgfalt auf eine Minimierung der Kerbwirkungen und Schweißeigenspannungen zu legen.

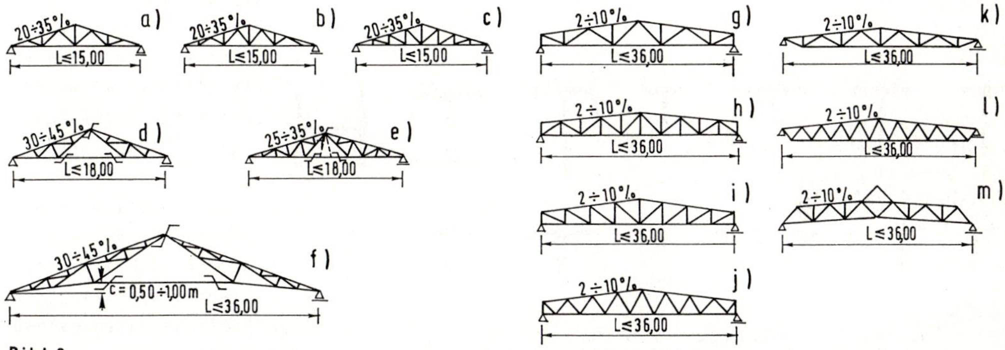

Bild 6

Ein wichtiger Einsatzbereich geschweißter Fachwerke sind Hallenbinder; Bild 6 zeigt verschiedene Tragsysteme und die jeweils zugeordneten Spannweiten und Dachneigungen. Hallenbinder wurden anfänglich überwiegend als "geschweißte Nietkonstruktion" ausgeführt. Bild 7 zeigt ein solches Beispiel: Wie in der ehemaligen Nietbauweise sind die Gurt- und Wandstäbe als Doppelwinkel ausgebildet und mittels relativ großer Knotenbleche miteinander verbunden. Material- und Schweißaufwand sind erheblich. Gegenüber einer genieteten Bauweise entfällt der Lochabzug in den Zugstäben; auch kann die Schwerachse mit der Netzlinie zusammengelegt werden. Diesen Vorteilen stehen indes eklatante Nachteile gegenüber:

a) Höhere Korrosionsgefahr in den Zwischenräumen; Anstrich und Beschichtung sind hier schwierig. Die Vorschriften geben deshalb für parallel liegende Profile Mindestabstände an; können diese nicht eingehalten werden, sind die Zwischenräume zu futtern (Bild 8).

b) Hohe Kerbwirkung, insbesondere entlang der Quernähte (quer zur Stabachse) und an den Nahtenden. Zudem bewirken die relativ großen Knotenbleche eine starre Stabeinspannung mit hohen Nebenspannungen.

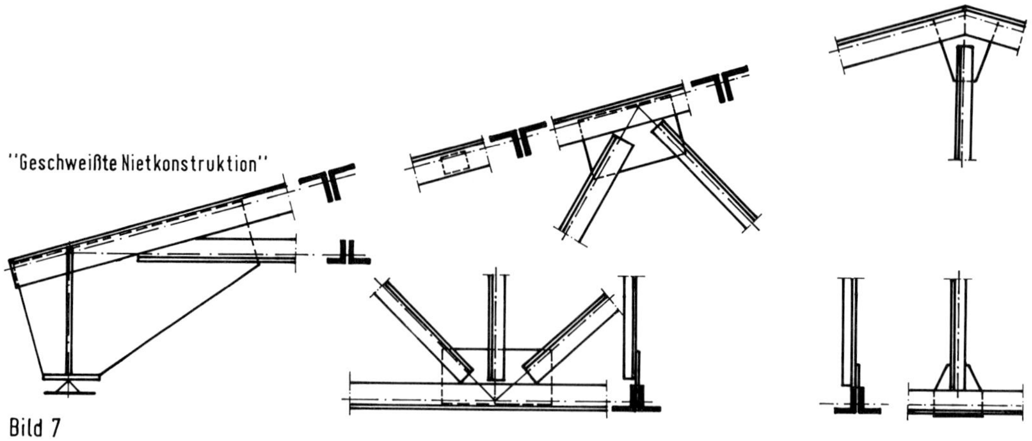

Bild 7

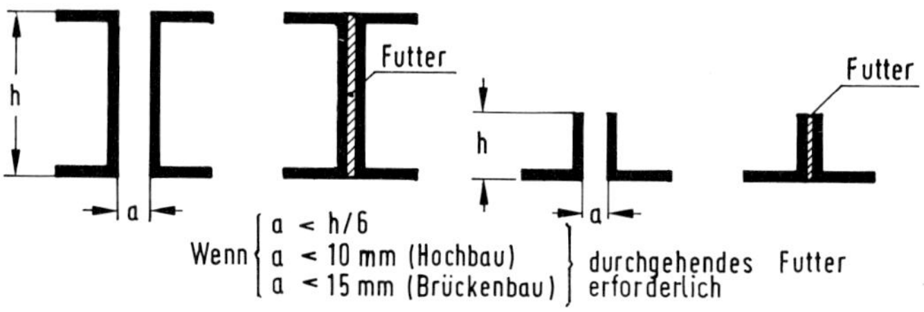

Bild 8

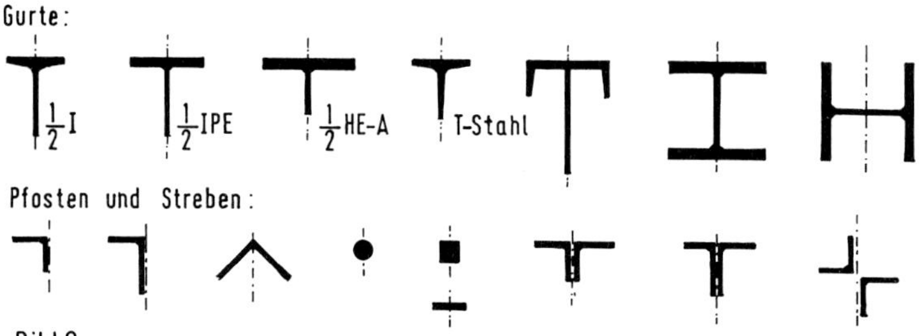

Bild 9

Aus vorgenannten Gründen ist eine Ausbildung gemäß Bild 7 nicht schweißgerecht. Schweißgerechte Fachwerke des Hochbaues sollten möglichst aus einteiligen Profilen mit Stumpfnahtverbindungen bestehen, das gilt in Sonderheit für die Gurtstäbe. Bild 9 zeigt Beispiele. Die Stäbe können in unterschiedlicher Weise miteinander kombiniert werden. Besonders schweißgerecht sind Gurte mit T-Querschnitten, z.B. halbierte I-Profile oder aus Flachstahl zusammengeschweißte T-Profile. Die (Biegedrill-)Knickkraft von Druckstäben mit T-Querschnitt ist allerdings vergleichsweise gering; auch ist ein bestimmtes b/t-Verhältnis der gedrückten Flansche und Stege zwecks ausreichender Sicherheit gegen lokales Beulen einzuhalten. - In den in Bild 10a und b dargestellten Fällen bestehen die Streben aus Doppelwinkeln. Im Falle a ist zur Vergrößerung der Anschlußlänge ein kleines Knotenblech angeschweißt, im Falle b ist ein Knotenblech in den Steg des I-Querschnittes eingesetzt. Die Verwendung von über Eck liegenden Winkeln als Streben bietet wirtschaftliche Vorteile (Teilbild b). Möglich ist auch der Einsatz von gleichschenkligen Winkeln, die am Ende entlang der Kante geschlitzt sind und das Knotenblech übergreifen (Teilbild c). Es lassen sich auch andere, entsprechend geschlitzte Profile, z.B. Rohre, auf diese Weise einsetzen.

Ein Knoten <u>ohne</u> Knotenblech ist am günstigsten. Der Knoten ist dann relativ biegeweich, die Nebenspannungen entsprechend gering. Teilbild d zeigt eine solche Lösung; die Füllstäbe bestehen in diesem Fall ebenfalls aus T-Profilen; aus dem Profil wird der Steg endseitig herausgetrennt, so daß ein Stumpfstoß mit dem Steg des Gurtprofils zustande kommt. Die übergreifenden Flansche werden mittels Kehlnähten angeschweißt. An den Auflagerknoten sind bei dieser Lösung Knotenbleche zur Lastabtragung erforderlich (Teilbilder e bis g).

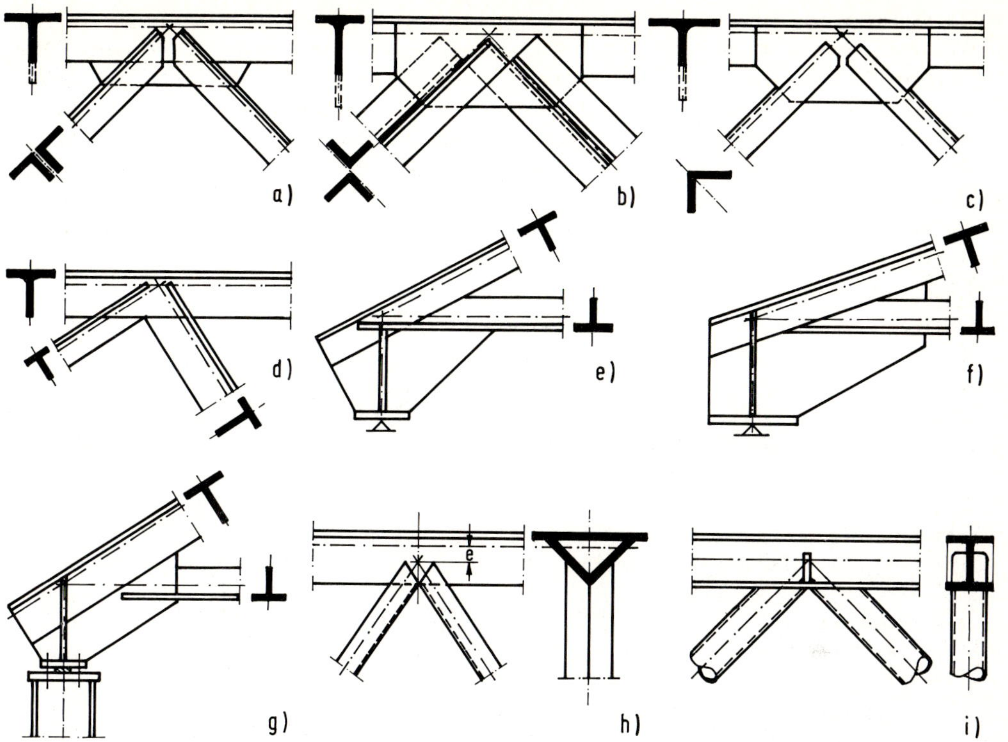

Bild 10

Teilbild h zeigt eine weitere Lösung ohne Knotenblech; es tritt in diesem Falle ein Fehlerhebel auf, das ist ungünstig; der Spannungszustand in den Winkelschenkeln der Gurtung ist zudem unklar. - Die Verwendung von I-Profilen als Gurte ist - insbesondere bei schwe-

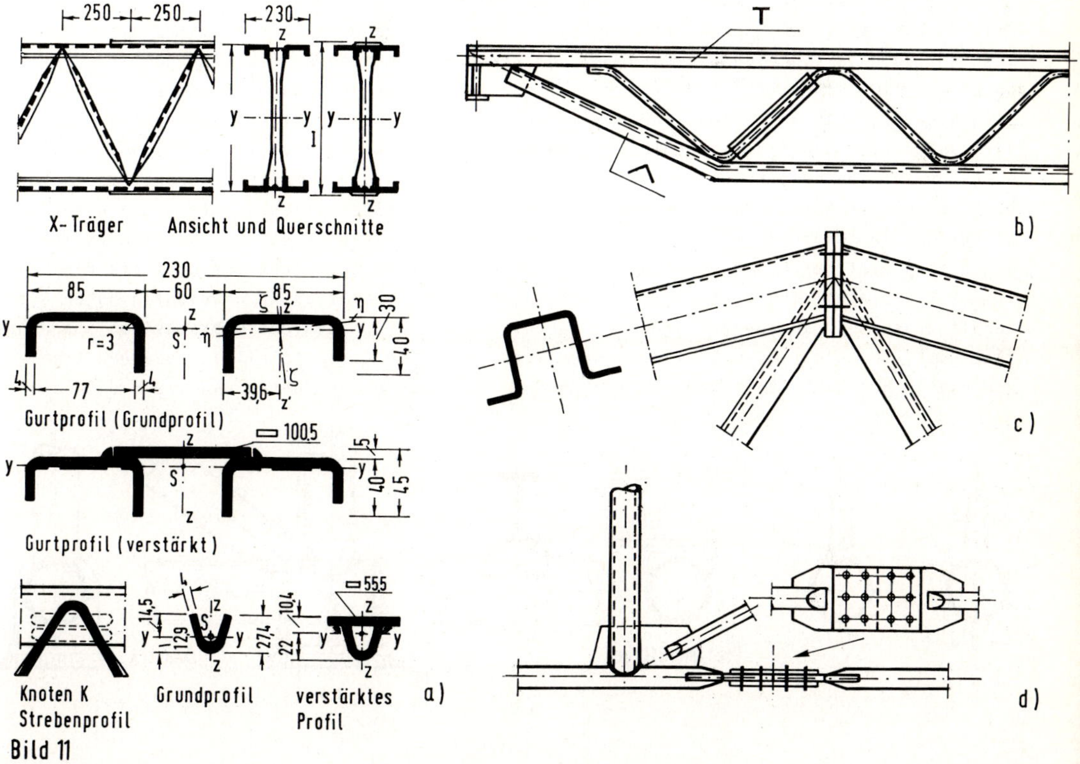

Bild 11

ren Fachwerkträgern - recht verbreitet. Bild 10i zeigt den Anschluß von Rohren als Streben; möglich sind auch andere Profile. Der Anschlußflansch des I-Profils wird zweckmäßig durch eine Rippe ausgesteift; bei schmalen Flanschen kann darauf ggf. verzichtet werden. - Wirtschaftliche Bedeutung haben auch Fachwerke des Stahlleichtbaues. Bild 11a zeigt einen typengeprüften X-Träger, der in einer automatisierten Anlage aus abgekanteten Profilen gefertigt wird. Teilbild b zeigt einen sogenannten R-Träger. In Teilbild c bestehen die Stäbe aus abgekanteten ⊓-Profilen. Im Falle d werden Rohre für die Druckstreben und Rundstähle für die Zugstreben verwendet; besondere Knotenbleche und Stoßlaschen sind dann unvermeidlich. - Darüberhinaus gibt es weitere Varianten.

15.2.2 Fachwerke aus Rundrohren

Verbreitete Anwendung fanden und finden Fachwerke mit Rohrprofilen, auch im Mast- und Turmbau, Kranbau und z.B. bei Fußgänger- und Rohrleitungsbrücken.
Rundrohre werden als geschweißte oder nahtlose Stahlrohre geliefert (Abschn. 2.5.1 u. 2.7.6). Der Tonnenpreis für Rohrstahl ist höher als für Stab- und Formstahl, dennoch werden Rohrfachwerke wegen mancher Vorteile Fachwerken mit profilierten Stäben vorgezogen. Als Vorteile sind zu nennen:

a) Der Rundrohrquerschnitt ist für zentrische Druckbeanspruchung die günstigste Querschnittsform (gefolgt vom Quadratrohr); in DIN 4114 gelten für den Knicknachweis einteiliger Druckstäbe reduzierte ω-Zahlen (vgl. Abschnitt 7.2.3.2 und 7.2.3.3).
b) Die Angriffsfläche gegenüber korrosiven Einflüssen ist im Vergleich zu offenen Querschnitten geringer; Beschichtung und Wartung sind einfacher. Im Vergleich zu gleichartigen Profilstahlkonstruktionen ist die Oberfläche um 30 bis 40 % geringer, was sich beim Anstrich in einer erheblichen Einsparung an Farbe und Zeitaufwand auswirkt. Hohlprofile werden zweckmäßig luftdicht verschweißt; nach Aufzehren des Luftsauerstoffs im Inneren kommt die Korrosion hier zum Stillstand. Bei Feuerverzinkung sind Entlüftungslöcher vorzusehen (auch bei betongefüllten Rohren zum Dampfdruckausgleich im Brandfalle).
c) Der aerodynamische Beiwert ist geringer als bei kantigen Profilen, andererseits sind Stäbe mit Rundquerschnitt querschwingungsgefährdet.

Die Wirtschaftlichkeit der Rohrfachwerke wird entscheidend von der Ausbildung der Knoten bestimmt. Die Verschneidungskurven bei unmittelbarer Verbindung (Überlappung) sind komplizierte Kegelschnitte, insbesondere bei mehrfacher Durchdringung. In modern ausgestatteten Stahlbau-Anstalten stehen Brennschneidemaschinen zur Verfügung, die die Durchdringungskurven und die Schweißfasen in einem Arbeitsgang vollautomatisch schneiden. - Die Grundaufgabe beim Konstruieren mit dünnwandigen Rohrquerschnitten besteht darin, die Querbiegung der Rohrwandung so gering wie möglich zu halten, also punkt- und linienförmige Krafteinleitungen zu vermeiden! Bei unmittelbar miteinander verbundenen Rundrohren (Bild 12a) darf der Rohrdurchmesser des kleineren Rohres (d) nicht geringer als ein bestimmter Bruchteil des größeren (D) sein, anderenfalls kommt es zu unzulässig hohen Querverbiegungen der Wandung des größeren Rohres mit hohen Spitzen des mehrachsigen Spannungszustandes. (Nach der ehemals maßgebenden Vorschrift DIN 4115 (Stahlleichtbau und Stahlrohrbau im Hochbau, 1969) war $d/D \geq 0{,}25$ bei untergeordneten Rohren und $d/D \geq 0{,}40$ bei

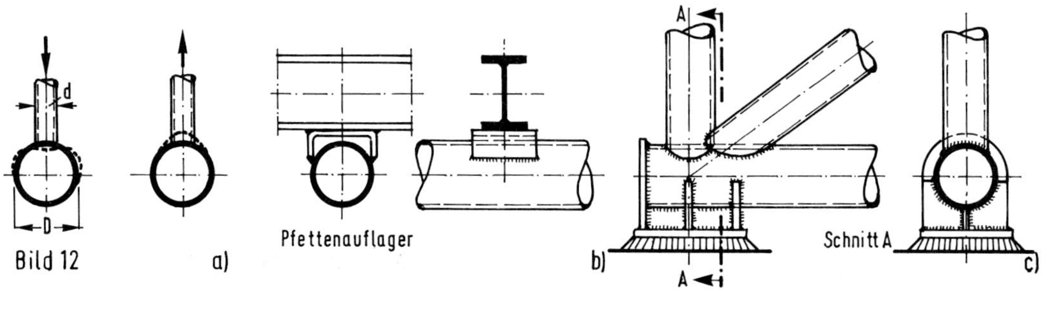

Bild 12

Tragrohren einzuhalten.) - Im Bereich von Pfettenauflagen bedarf es konstruktiver Maßnahmen zur Lastverteilung (Bild 12b). - Dasselbe gilt für den Bereich von Auflagerpunkten (Teilbild c). - Eine Knotenpunktsausbildung mit Knotenblech ist keine gute Lösung, das gilt insbesondere für solche, die in Bild 13a dargestellt sind: Hierbei wird die

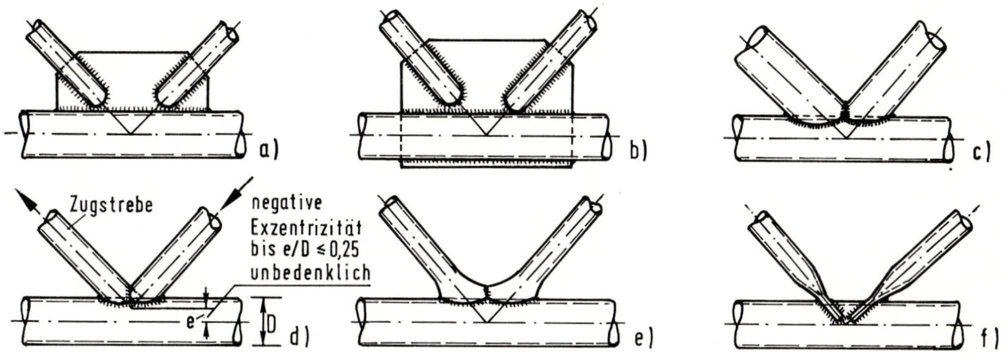

Bild 13

Kraft linienförmig auf die Rohrwandung abgesetzt, hiermit ist eine extrem ungünstige Biegungsbeanspruchung der Rohrwandung verbunden. Auch werden die Kräfte punktförmig an den Enden der Knotenbleche herausgezogen. Eine Ausführung gemäß Bild 13b ist zwar günstiger, weil die hohe Querbiegungsbeanspruchung der Rohrwandung entfällt, die Schlitzung des Gurtrohres bedeutet indes eine erhebliche Schwächung, auch ist der Fertigungsaufwand beträchtlich. Der direkte Anschluß der Rohre untereinander (ohne Knotenblech) ist grundsätzlich vorzuziehen: Besonders günstig sind solche Lösungen, bei denen sich die Füllstäbe an den Enden durchdringen (überlappen) und miteinander verschweißt werden (Teilbild c), weil hierdurch ein Ausgleich der horizontalen und vertikalen Strebenkraftkomponenten innerhalb der Überlappung erreicht wird; die Wandung des Gurtrohres wird dann von dieser Aufgabe entlastet. Um dieses Ziel zu erreichen, nimmt man bei Rohren mit stark unterschiedlichen Durchmessern eine negative Exzentrizität $e/D \leq 0{,}25$ in Kauf (Bild 13d). Die Zugstrebe wird mit dem Gurtrohr voll verbunden. Rohre mit annähernd gleichem Außendurchmesser sind günstiger, das läßt sich durch eine entsprechende Abstufung der Wanddicken erreichen. - Sollen die Systemlinien zusammenfallen, ist bei dünneren Strebenrohren ein Spalt unvermeidlich. Die Fertigung ist dann zwar einfacher, aber die Beanspruchung in der Wandung des Gurtrohres ungünstiger. Bild 13e zeigt, wie durch Aufstülpung der Rohrenden auch in solchen Fällen eine gegenseitige Verbindung und eine größere Anschlußfläche erreicht werden kann. Die Aufstülpung erfolgt durch Kaltumformung. Der Aufwand ist erheblich. Die in Teilbild f gezeigte Lösung ergibt eine gute Stützung der Gurtrohrwandung, der Kraftausgleich muß allerdings vollständig über die Wandung erfolgen!

Wie oben erwähnt, war ehemals DIN 4115 für die Ausbildung und Berechnung der Rohrfachwerke maßgebend. Es waren Winkel kleiner als 30° zwischen den Rohren nicht zulässig, um eine einwandfreie Verschweißung der Rohre untereinander sicherzustellen. Beim Nachweis der Schweißnaht war unabhängig von deren Lage die Rohrfläche als rechnerische Schweißnahtfläche anzusetzen. Als zulässige Spannung war $0{,}65 \cdot \mathrm{zul}\sigma$ zu wählen; zulσ bezog sich auf das Rohrmaterial. Später wurde der Wert auf $0{,}90 \cdot \mathrm{zul}\sigma$ für Zug und $1{,}0 \cdot \mathrm{zul}\sigma$ für Druck angehoben. (Diese Anhebung wurde nur solchen Stahlbauanstalten zugebilligt, die einen besonderen Schweißbefähigungsnachweis erbringen konnten.) In DIN 18808 (Tragwerke aus Hohlprofilen unter vorwiegend ruhender Beanspruchung, 10.84) ist ein anderes Nachweiskonzept verankert: Für die Stäbe ist der Normalspannungsnachweis zu führen: $\sigma \leq \mathrm{zul}\sigma$. Eines rechnerischen Schweißnahtnachweises bedarf es nicht; dabei sind folgende Bedingungen einzuhalten: Bei aufgesetzten Rohren mit Wanddicken $t \leq 3$ mm muß die Schweißnahtdicke gleich der Rohrwanddicke sein ($a = t$), bei Wanddicken $t > 3$ mm muß die Schweißnahtdicke mindestens gleich der "reduzierten" Wanddicke des aufgesetzten Rohres sein ($a \geq$ red t). red t berechnet sich zu:

$$\text{red}\, t = t \cdot \frac{\text{vorh}\sigma}{\text{zul}\sigma} \tag{1}$$

Wird die zulässige Spannung im Rohr ausgenutzt, ist red t=t. Im übrigen sind eine Reihe von konstruktiven Auflagen einzuhalten, um die Gestaltfestigkeit im Knotenbereich zu gewährleisten; das betrifft insbesondere das Verhältnis der Gurtstabdicke T zur Füllstabwanddicke t:

$$\text{vorh}\left(\frac{T}{t}\right) \geq \text{erf}\left(\frac{T}{t}\right) \tag{2}$$

(In DIN 18808: Durchlaufender (Gurt-)Stab: t_0 statt T und d_0 statt D, vgl. Bild 14 rechts.) Für die rechte Seite gelten bestimmte, aus Tragversuchen abgeleitete Anweisungen, die vom Durchmesserverhältnis d/D abhängen und davon, ob ein Spalt vorhanden ist (vgl. hierzu DIN 18808). DIN 18808 gilt für folgende, versuchstechnisch abgesicherte Bereiche:

$$d \leq 500\,\text{mm};\; t \geq 1{,}5\,\text{mm};\quad \text{St}\,37: t \leq 30\,\text{mm};\; \text{St}\,52: t \leq 25\,\text{mm} \tag{3}$$

Bei abweichenden Verhältnissen sind ergänzende Nachweise (z.B. über Versuche) zu führen. Solange die bezogene pos. bzw. neg. Exzentrizität kleiner/gleich 0,25 ist, brauchen die Zusatzmomente nicht berücksichtigt zu werden. - Der Knicknachweis ist nach DIN 18800 T2 zu führen, zudem sind bei Druckstäben zur Vermeidung lokalen Beulens folgende d/t-Verhältnisse einzuhalten:

$$\text{St}\,37: d/t \leq 100;\quad \text{St}\,52: d/t \leq 67 \tag{4}$$

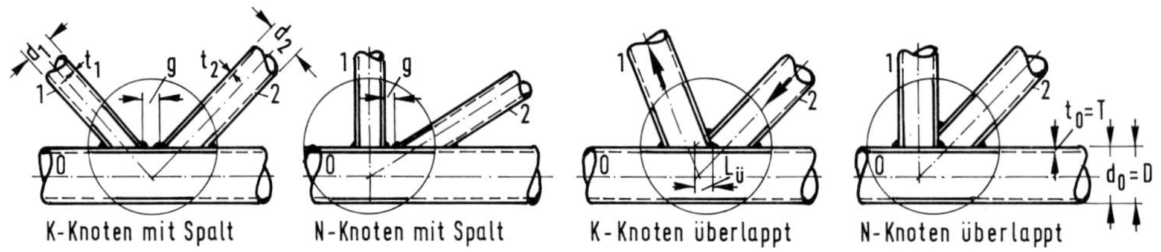

Bild 14

Stöße von Rohren werden zweckmäßig als Stumpfstöße ausgebildet. Da die Wurzel nicht gegengeschweißt werden kann, empfiehlt sich die Anordnung eines Nippels in Form eines passigen Einlagestutzens mit einer Länge etwa gleich dem Rohrdurchmesser. Hierdurch wird ein Einbrechen der Naht vermieden und ein gutes Durchschweißen der Stumpfnaht ermöglicht (Bild 15a). Stöße mit einer Überschiebemuffe stellen zwar eine statisch gute aber eine ästhetisch weniger befriedigende Lösung dar, Teilbild b. Bei gedrückten Rohren sollte die Gesamtlänge der Stoßmuffe gleich dem 3,5-fachen Rohrdurchmesser sein und die gleiche Querschnittsfläche wie das Grundrohr haben. Die Anordnung einer Stoßplatte ist wegen der indirekten Kraftübertragung und Zugbeanspruchung in Dickenrichtung weniger gut (Teilbild c). Für Stöße von Rohren mit ungleichem Durchmesser zeigen die Teilbilder d bis f mögliche Lösungen; bei Anordnung einer Zwischenplatte ist für diese eine größere Dicke und als Schweißnaht eine HV-Naht zu wählen. Es ist auch möglich, das größere Rohr auf den Durch-

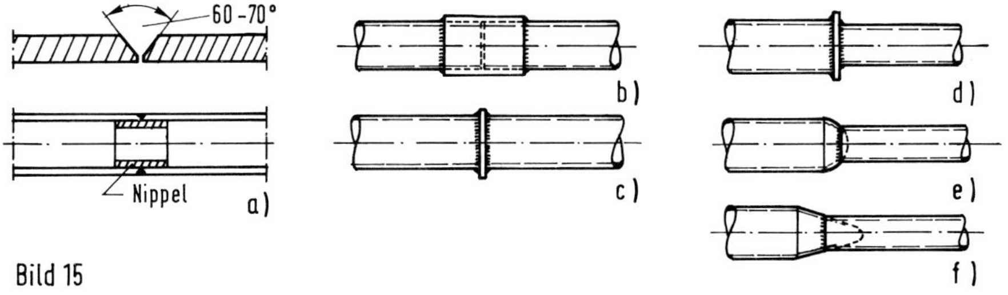

Bild 15

messer des kleineren umzuformen. - Zwischenplatten werden i.a. auch bei Gehrungsstößen angeordnet. Bei geschraubten Rohrstößen werden ebenfalls beidseitig angeschweißte, überstehende Stirnplatten gewählt und der überstehende Kragen ggf. verrippt.

15.2.3 Fachwerke aus Rechteckrohren

Rechteckhohlprofile bieten gegenüber Rundrohrprofilen noch größere gestalterische und konstruktive Vorteile. Die Verarbeitung ist zudem wesentlich einfacher und wirtschaftlicher. Mittels Trennscheiben oder Kaltsägen werden die Profile geschnitten, entweder senkrecht zur Profilachse oder unter Gehrung; die Schnittflächen sind eben. Aus vorgenannten Gründen hat das Rechteckhohlprofil das Rundrohrprofil z.T. verdrängt, insbesondere bei Fachwerken wegen der einfacheren Knotenausbildung. Rechteckhohlprofile werden durch Warm- oder Kaltumformen aus Rundrohren hergestellt. Die Rohre durchlaufen dabei mehrere Profilwalzengerüste. - Bei kaltgeformten Profilen ist die Schweißbarkeit entlang der Kanten eingeschränkt. Wegen des hohen Verformungsgrades sind die Kantenbereiche bei Anschweißung alterungs- und sprödbruchanfällig (vgl. Abschnitt 8.4.4.7); es werden daher heutzutage im Regelfall bei Normalisierungstemperatur warm umgeformte Rechteckhohlprofile geliefert. -

Als die RE-Rohre auf den Markt kamen, waren zunächst weder die techn. Lieferbedingungen noch die Berechnungs- und Gestaltungsgrundsätze in Normen geregelt. Beides ist inzwischen geschehen. Für Berechnung und Gestaltung wurden zunächst die Grundsätze der DIN 4115 übernommen (vgl. den vorangegangenen Abschnitt) und durch bauaufsichtliche Sonderregelungen ergänzt. Das geschah in Form zweier Runderlasse des Innenministeriums von Nordrhein-Westfalen:

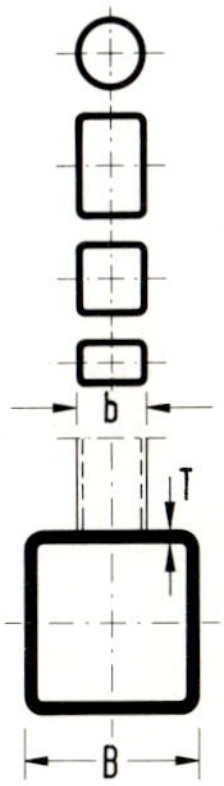

Bild 16

a) Runderlaß vom 04.02.1972: Für einteilige Druckstäbe aus Rechteckhohlprofilen durften die ω-Zahlen der einteiligen Rundrohre verwendet werden, wenn folgende Voraussetzungen erfüllt waren:
   1) $t \leq 1/6$ der größeren Seitenabmessungen (t:Wanddicke)
   2) $a:b \leq 7:3$; (a ist die größere und b die kleinere Seitenabmessung)
   3) $\lambda \leq 75$: $a/t \leq 60 - 15(b/a)^2$
      $\lambda > 75$: $a/t \leq [0{,}8 - 0{,}2(b/a)^2]\cdot\lambda$

   (5)

   λ ist der Schlankheitsgrad des Stabes. Mit der letzten Vorgabe wird ausreichende Sicherheit gegen lokales Beulen gewährleistet.

b) Runderlaß vom 15.03.1974:
   1) Auf der Anschlußseite ist das Verhältnis Wanddicke zu Profilbreite des (untergelegten) Gurtrohres zu $T/B \geq 1:33$ bei St37 und zu $T/B \geq 1:25$ bei St 52 einzuhalten (vgl. Bild 16).
   2) Bei unmittelbarer Verbindung unterschiedlicher Profile ist $b/B > 0{,}4$ einzuhalten (vgl. Bild 16).

Die Konsequenz dieser Anweisungen sind Streben und Pfosten mit geringer Wanddicke und großen Kantenbreiten und Gurte mit größerer Wanddicke und geringeren Breiten, um möglichst $b/B = 1$ zu erreichen. Dann ergeben sich große Anschlußflächen, was grundsätzlich anzustreben ist.

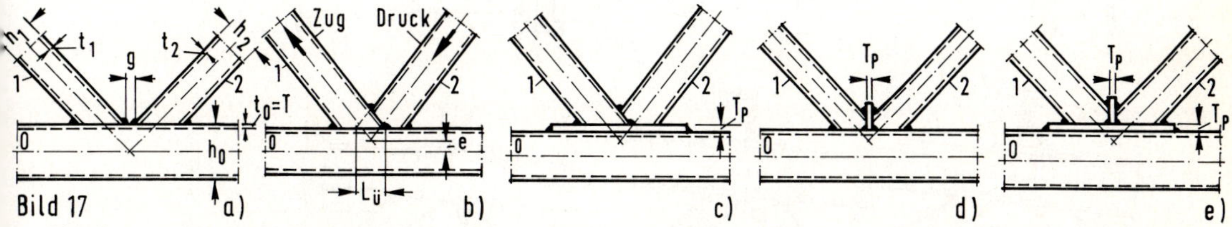

Bild 17

Die Verwendung von Rechteckhohlprofilen in Fachwerken setzte in stärkerem Maße erst Ende der 60er Jahre ein, nachdem durch Versuche die Gestaltfestigkeitsprobleme der Anschlußknoten geklärt werden konnten. Der Spannungszustand ist einer Berechnung - wie bei Rundrohren - nur schwer zugänglich; innerhalb des elastischen Bereiches sind Berechnungen nach der Finite-Element-Methode möglich, auch lassen sich durch Reißlack- oder Feindeh-

nungsmessungen Aufschlüsse über die Beanspruchung gewinnen. Um die reale Grenztragfähigkeit zu bestimmen, bedarf es indes Versuche in Bauteilgröße. Diese wurden in umfassender Weise von MANG und Mitarbeitern [6,7] durchgeführt und kommentiert; auch liegen umfangreiche ausländische Versuchsergebnisse vor [8,9]. Die Ergebnisse haben sich in DIN 18808 (Tragwerke aus Hohlprofilen unter vorwiegend ruhender Beanspruchung, 10.84) niedergeschlagen (vgl. auch den vorangegangenen Abschnitt und zu den Benennungen Bild 17).
Die Gestaltfestigkeit der Knoten wird noch stärker als bei Rundrohrknoten von der Beanspruchung der Wandung bestimmt, weil die Anschlußwandung ein ebenes Blech ist und die Schalen- bzw. Gewölbewirkung des Rundrohres entfällt. Wie oben erwähnt, sollten die Gurtprofile möglichst mit größerer Wanddicke und kleinerer Wandbreite ausgeführt werden. Bild 17a zeigt einen Knoten mit zentrierten Stabachsen und einem Spalt der Weite g. Die Spaltweite sollte so gering wie möglich gewählt werden; günstiger ist eine Überlappung (Teilbild b). Bis zu einer bezogenen Exzentrizität 0,25 brauchen Exzentrizitätsmomente nicht nachgewiesen zu werden. – Im Gegensatz zu Rundrohren lassen sich beanspruchungsgerechte Versteifungen ausführen: Teilbild c: Unterlegblech, hier mit Überlappung, Teilbild d: Zwischenblech, Teilbild e: Unterlegblech mit Zwischenblech.

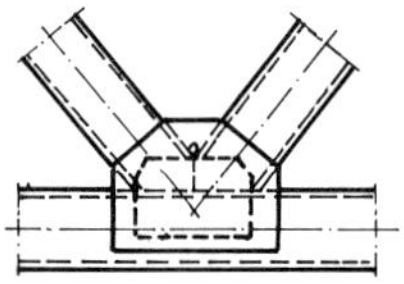

Bild 18

Eine weitere Variante zeigt Bild 18. Hierbei werden beidseitig Knotenbleche aufgeschweißt. Diese Lösung setzt gleiche Profilbreiten der angeschlossenen Stäbe voraus. Die Lösung ist insgesamt als weniger gut zu bewerten. Die Anordnung eines Blechpflasters (gestrichelt in Bild 18) ist unzureichend.
Für die in Bild 17 dargestellten Fälle enthält DIN 18808 ausführliche Nachweisregeln; sie laufen auf die im vorangegangenen Abschnitt erwähnte Erfüllung der Konstruktionsvorschrift G.2 hinaus, die an folgende, durch Versuche belegte Anwendungsbereiche gebunden ist: h und b≤400mm ; 0,5≤h/b≤2,0 ; t≥1,5mm ; St37: t≤30mm, St52: t≤25 mm; bei Druck: St37: b/t≤43, St52: b/t≤36. Mit der b/t-Vorschrift wird ausreichende Beulsicherheit gewährleistet.

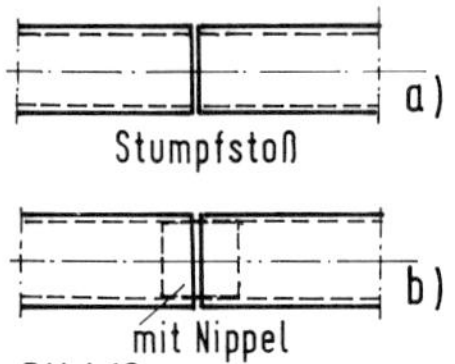

Bild 19

Stöße werden stumpf verschweißt, sofern sie deckungsgleich sind (Bild 19). Stöße ungleicher Profile sind zu vermeiden; vgl. die Anmerkungen zu Bild 15.
Bild 20 zeigt in den Teilbildern a bis d unterschiedliche Lösungen für den Auflagerbereich von Fachwerken mit Rechteckrohren. Durch das an der Stirnseite der Gurtung aufgeschweißte Blech erhält das Rohr im Auflagerbereich eine Aussteifung. - In den Teilbildern e bis g sind Pfettenauflagerpunkte skizziert.

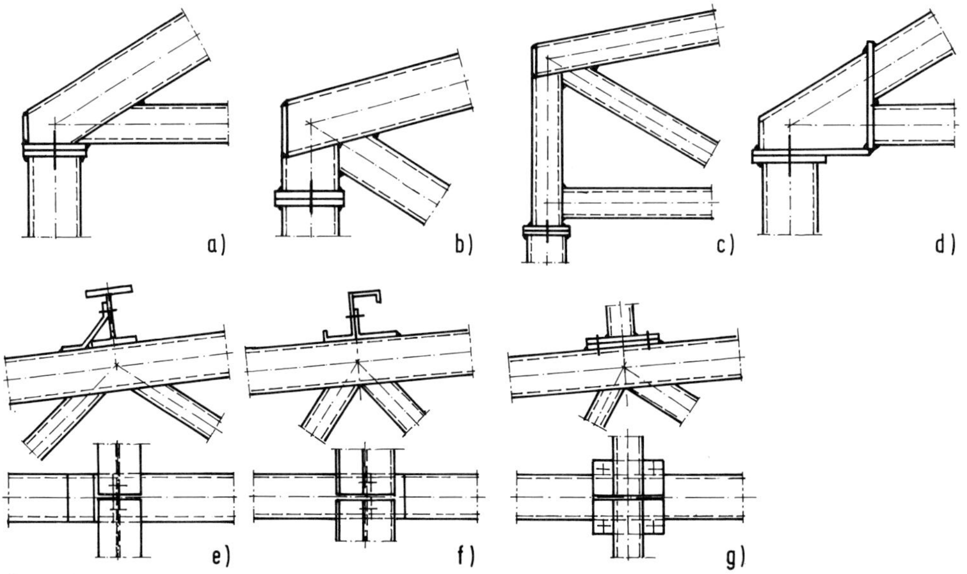

Bild 20

15.3 Geschraubte (genietete) Fachwerke - Geschraubte Anschlüsse

15.3.1 Querschnittsformen

Fachwerke mit geschraubten Anschlüssen werden nur selten ausgeführt, z.B. bei mobilem Gerät (Rüstkonstruktionen, Behelfskonstruktionen u.a.); auch Verbände werden häufiger verschraubt. Genietete Fachwerke kommen nicht mehr zum Einsatz; gleichwohl bilden sie noch einen Teil des heutigen Baubestandes, sowohl im Hoch- wie im Brückenbau; gelegentlich sind hieran Änderungen und Verstärkungen auszuführen. - Zur Verbindung der Stäbe sind Knotenbleche erforderlich, ihre Dicke wird ca. 25 % stärker als die Dicke der angrenzenden Schenkel bzw. Stege der Gurtstäbe gewählt. Bei Fachwerken geringer Stützweite und Belastung genügt i.a. eine Knotenblechebene (einwandig), bei schweren Fachwerken sind zwei Ebenen erforderlich (zweiwandig). Bild 21 zeigt typische Stabquerschnitte ein- und zweiwandiger Fachwerke der ehemaligen Nietbauweise.

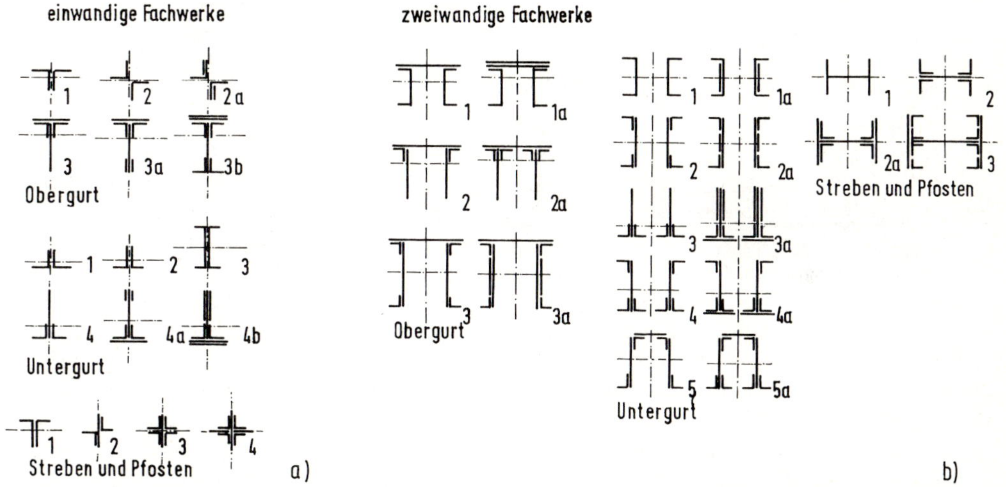

Bild 21

Für einwandige Gurtstäbe ist der Doppelwinkel am gebräuchlichsten, wobei jeweils die geringste Schenkeldicke gewählt wird, weil dadurch die Lochschwächung bei Zugstäben am geringsten ausfällt und sich bei Druckstäben der maßgebende Trägheitsradius i als vergleichsweise am größten ergibt. Auch steht dann immer ein geeignetes Stoßprofil zur Verfügung. Anhaltswert für die Querschnittsfläche bei einwandiger Ausführung mit Doppelwinkel: A=30 bis 150cm². Für Knicken in der Fachwerkebene wirkt der Stab als Vollstab, aus der Trägerebene heraus als zweiteiliger Stab. In den Drittelspunkten sind Bindebleche mit zwei Nieten (bei Schlankheiten $\lambda > 100$ sind zweckmäßig mehrere Bindebleche) vorzusehen. Auch bei Zugstäben sind Bindebleche zur Erzielung einer ausreichenden Seitensteifigkeit des Gesamtstabes erforderlich, mindestens eines in Stabmitte. Die Wahl von Kreuzquerschnitten, die aus über Eck stehenden Winkeln bestehen, bietet folgende Vorteile: Größere Bindebleche (vgl. Bild 21a, Typ 2 für Obergurte, sowie für Streben und Pfosten). Bei Obergurten mit Kreuzquerschnitt ist die Pfettenauflagerung schwierig. Zum Knicknachweis der zweiteiligen Winkelstäbe vgl. Abschnitt 7.4. - Querschnittsflächen bis ca. 600cm² können noch als zusammengesetzte einwandige Stäbe ausgeführt werden, vgl. Bild 21a, Typ 3 und 4, wobei in Anpassung an die Stabkräfte eine stabweise veränderliche Verstärkung möglich ist. Gurtquerschnitte mit A>ca. 600cm² lassen sich nur zweiwandig realisieren (Bild 21b).

15.3.2 Knotenbleche und Anschlüsse

Knotenbleche sollten eine möglichst einfache Form mit zwei parallelen Seiten haben, um Schneidarbeit und Verschnitt gering zu halten (Bild 22a). Einspringende Ecken sind zu vermeiden (Kerbspannungen!). Eine volle Stoßdeckung von Gurtstäben durch Knotenbleche sollte vermieden werden, anderenfalls besteht die Gefahr, daß das ohnehin unter einem zweiachsigen Spannungszustand stehende Knotenblech überbeansprucht wird. Wohl ist es möglich, das Knotenblech zu einer teilweisen Stoßdeckung heranzuziehen: Für die abstehenden Schenkel wird eine eigene Stoßlasche vorgesehen (Bild 22b). Die Stoßdeckung der anliegenden Schenkel wird dem Knotenblech zugewiesen; beim Nachweis des Knotenbleches darf die technische Biegelehre als grobe Näherung Anwendung finden. Dabei geht man von folgenden Ansätzen aus:

a) Die Stabkräfte werden zu gleichen Teilen von den Verbindungsmitteln abgesetzt.

b) Die Spannungen berechnen sich gemäß: $\sigma = \frac{S}{A} \pm \frac{Se}{I} \cdot z$

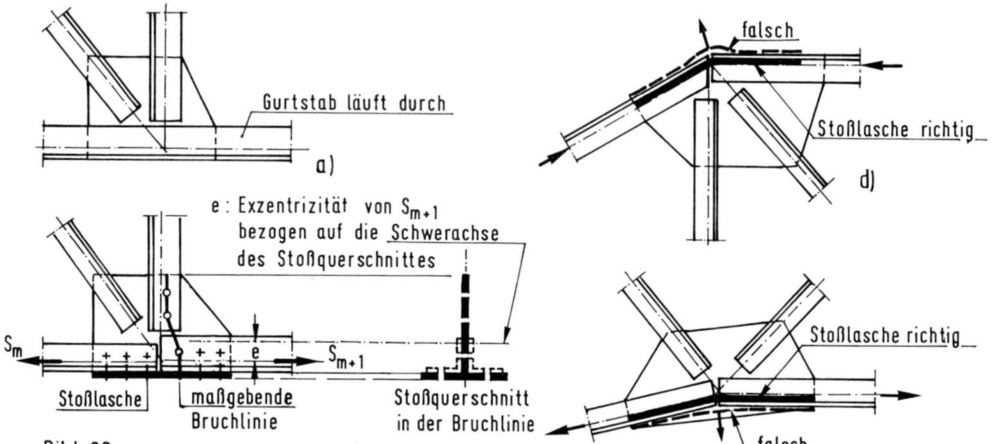

Bild 22

Hierbei wird, wie in Bild 22b angedeutet, ein Tragquerschnitt zu Grunde gelegt, der durch eine Bruchlinie im Blech verläuft. Ggf. sind mehrere Bruchlinien zu untersuchen. Bezogen auf die Schwerachse des Stoßquerschnittes (einschließlich Stoßlasche; siehe Teilbild c) wird das Exzentrizitätsmoment berechnet, e ist die Exzentrizität. - Bei Anordnung von Stoßlaschen in Knickpunkten der Gurtung ist das Entstehen abtreibender Umlenkkräfte bei der konstruktiven Durchbildung des Knotens zu berücksichtigen. Die Laschen sind so anzuordnen, daß sie durch die Umlenkkraft an die abstehenden Schenkel herangedrückt werden; vgl. Bild 21d und e. Noch günstiger sind Stoßwinkel, um die abstehenden Schenkel (oder Flansche) im Umlenkpunkt auszusteifen. - (Zur Verteilung der Anschlußkräfte in Knotenblechen, die mittels FEM berechnet wurden, vgl. [10].)

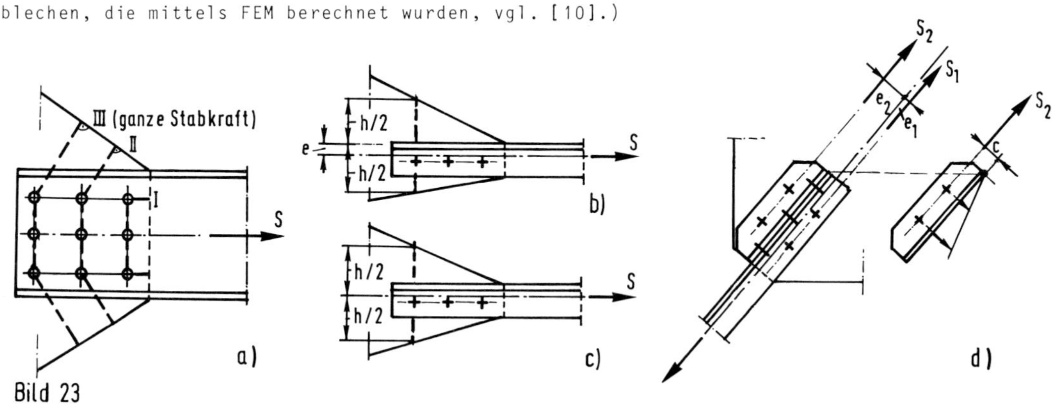

Bild 23

Stäbe mit symmetrischem Querschnitt werden symmetrisch angeschlossen; Bild 23a zeigt ein Beispiel mit den maßgebenden Bruchlinien im Knotenblech. Bei ausmittigem Anschluß, bezogen auf die Schwerachse des Stabes, ist das Exzentrizitätsmoment beim Nachweis des Knotenbleches einzurechnen (Teilbild b). Durch geeignete Formgebung des Knotenbleches gelingt es, die Exzentrizität zu minimieren (Teilbild c). Um die Anschlußlänge bei Füllstäben kurz zu halten, werden gelegentlich Beiwinkel angeordnet, Bild 23d. Dadurch kann

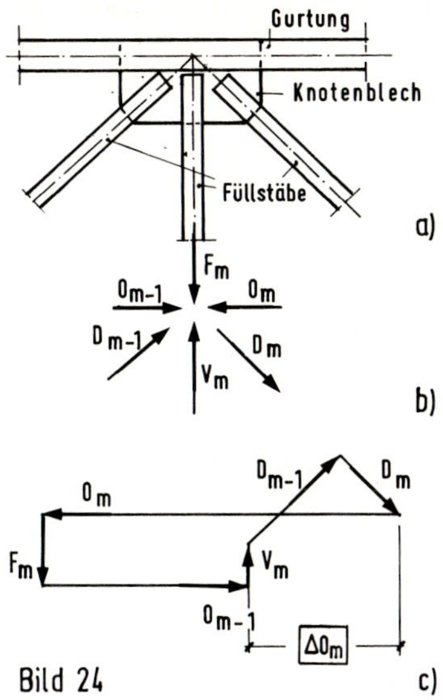

Bild 24

bei ⅃L-Stäben der Anschluß besser auf die Stabachse zentriert werden. Um die Anschlußmittel des Beiwinkels voll in Rechnung stellen zu können, ist zwischen Stab und Beiwinkel die Anzahl der Beiwinkel-Verbindungsmittel um 50 % zu erhöhen; dadurch wird die Verbindung zwischen Beiwinkel und Stab ausreichend steif.- Beim Anschluß der Gurte an die Knotenbleche braucht nur die anteilige Kraft der Füllstäbe (also nur die Gurtkraftdifferenz, die von den Füllstäben abgesetzt wird) angeschlossen zu werden. Gemäß Bild 24 ist das ΔO_m.
Bei mehrteiligen Gurtstäben sind jene Teile, die an einem Knoten enden, über diesen hinaus zu führen und mit der anteiligen Kraft vorzubinden, damit im theoretischen Knotenpunkt der verstärkte Querschnitt voll zur Verfügung steht.
Der Schraub- bzw. Nietanschluß von ⅃L-Stäben an Knotenbleche bereitet gewisse Probleme.
Es gibt zwei Lösungen (Bild 25):

a) Die Schwerachsen fallen mit den Netzlinien (Systemlinien) zusammen.

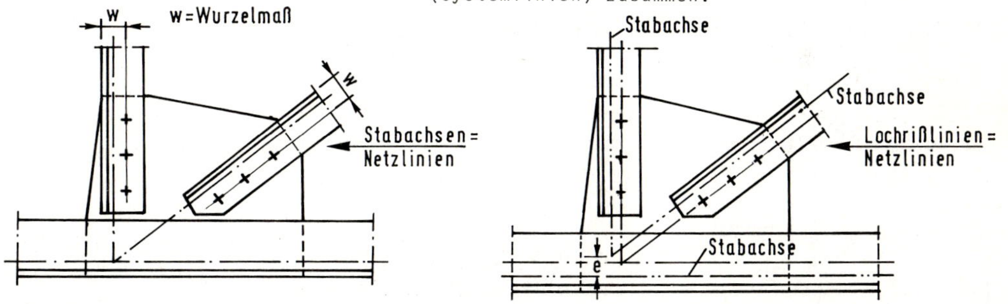

Bild 25 a) b)

b) Die Lochrißlinien fallen mit den Netzlinien zusammen. Diese Lösung ist bei den Gurtstäben grundsätzlich zu vermeiden, was immer möglich ist, anderenfalls wird der Knoten durch das Moment $\Delta S \cdot e$ belastet. ΔS ist die Gurtkraftdifferenz. Dieses Moment verteilt sich entsprechend den Steifigkeiten anteilig auf die im Knoten einbindenden Stäbe!
Für die Füllstäbe ist die Lösung b ebenfalls weniger gut und sollte auch hier vermieden werden.

Die Vor- und Nachteile beider Lösungen sind in Bild 26 veranschaulicht:

a) Der Stab bleibt momentenfrei, im Anschluß tritt ein Exzentrizitätsmoment $S \cdot e$ auf; e ist der Abstand zwischen Stabachse und Lochrißlinie. Das Moment verursacht quergerichtete Kräfte in den Anschlußmitteln.
b) Die Anschlußmittel werden nur durch längsgerichtete Kräfte beansprucht. Der Stab erhält über die ganze Länge das Exzentrizitätsmoment $S \cdot e$; die hierdurch verursachten Biegespannungen sind keine Nebenspannungen!

Wie im folgenden Abschnitt gezeigt wird, gelten die am Beispiel von Bild 26 erläuterten Vorteile des Falles a) nur, wenn das Anschlußblech starr gehalten ist. Handelt es sich um das Knotenblech eines Fachwerkes, setzt sich das Ausmittigkeitsmoment auf die anschließenden Stäbe ab. Im Stahlhochbau (DIN 18801, 09.83) ist das Ausmittigkeitsmoment beim Nachweis des Stabes zu berücksichtigen, beim Nachweis der Verbindungen kann es unberücksichtigt bleiben. Bei Verbandsstäben braucht es (auch beim Nachweis des Stabes selbst) nicht berücksichtigt zu werden. - Bei Verwendung nur eines Winkels als Zugstab gilt nach DIN 18801 eine Sonderregelung (vgl. daselbst).
Im Zweifelsfall empfiehlt es sich, die Höhe der durch die Ausmittigkeit entstehenden

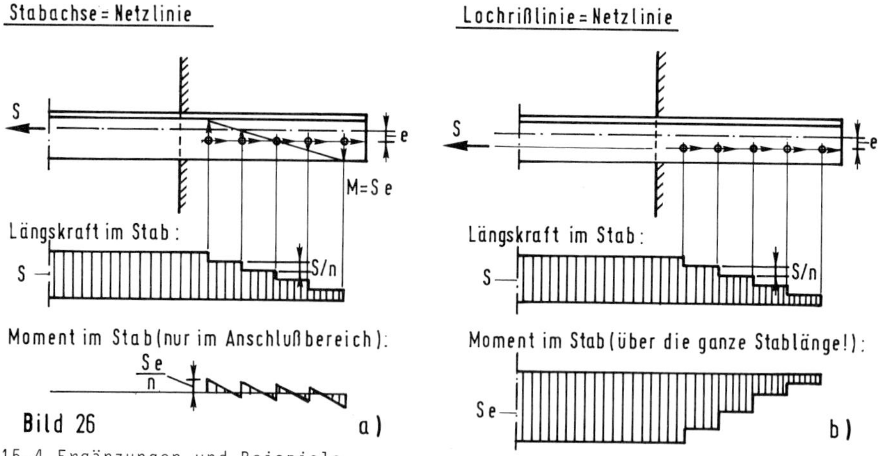

Bild 26

Beanspruchung, auch in den Verbindungsmitteln, zu verfolgen. Das gilt insonderheit dann, wenn eine nicht vorwiegend ruhende Belastung vorliegt wie im Kran- und Brückenbau.

15.4 Ergänzungen und Beispiele

15.4.1 Fachwerke mit Kopfplattenanschluß der Füllstäbe

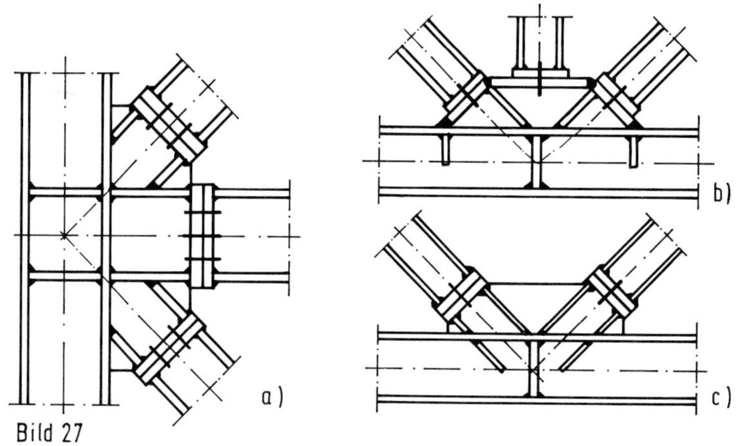

Bild 27

In jüngerer Zeit werden Fachwerke unter Verwendung von I-Profilen ausgeführt, bei denen die Füllstäbe mittels Kopfplatten und hochfesten, vorgespannten Schrauben an die Knoten angeschlossen werden. Bild 27 zeigt Beispiele. Im Falle des Bildes 27a handelt es sich um Knoten eines Kesselgerüstes. In allen Fällen gelingt eine exakte Zentrierung; die Verschraubung (mittels Momentenschlüssel) ist einfach auszuführen. Die Länge der Füllstäbe muß genau eingehalten sein, auch sind die Stirnbleche genau winkelrecht anzuschweißen, ggf. im Winkel der Überhöhungsform. Der Werkstattaufwand ist beträchtlich. Die Knoten fallen sehr steif aus.

15.4.2 Spannungen im Anschlußbereich geschraubter ⅃L-Stäbe

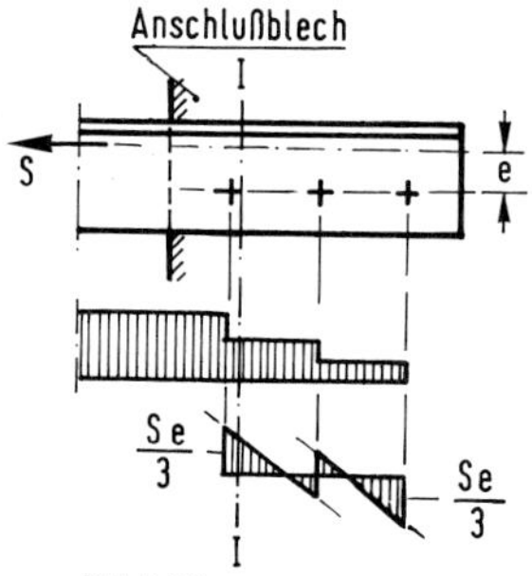

Bild 28

Es wird die in Abschnitt 15.3.2 empfohlene Anordnung untersucht: Stabachse und Netzlinie fallen zusammen. Sofern das Anschlußblech starr ist, ist der Stab momentenfrei. Lediglich im Anschlußbereich tritt Biegung auf. Bild 28 zeigt ein Beispiel; die Zugkraft wird über drei Schrauben abgesetzt. Das größte Randmoment tritt am Ort der am weitesten vorgelagerten Schraube (innenseitig) auf. Die Normalkraft ist in diesem Schnitt (I-I) anteilig reduziert. Die Spannung beträgt:

$$\sigma = \frac{2}{3}\frac{S}{A} + \frac{Se}{3}\cdot\frac{1}{W} = \frac{S}{A}\left(\frac{2}{3} + \frac{1}{3}\cdot\frac{A}{W}e\right) = \frac{S}{A}\left(\frac{2}{3} + \frac{1}{3}\cdot\frac{e}{k}\right) \qquad (6)$$

k ist die Kernweite des Stabquerschnittes. e ist stets kleiner als k. Setzt man e=k, folgt:

$$\sigma = \frac{S}{A} \qquad (7)$$

Somit wächst bei der Stablage: Stabachse = Netzlinie und starrem Anschlußblech die Spannung nicht über den Nennspannungswert an. Voraussetzung ist, daß mindestens zwei Schrauben vorhanden sind und, wie gesagt, daß das Anschlußblech starr ist. Beim praktischen Nachweis ist für A die durch das Schraubenloch geschwächte Querschnittsfläche anzusetzen!

15.4.3 Zusatzmomente bei ⅃L-Füllstäben in Fachwerken

Es wird der Fall untersucht, daß die Stabachsen der Füllstäbe mit den Netzlinien zusammenfallen, die Schraubenanschlüsse liegen dann exzentrisch. - Liegen sich zwei Stäbe mit ge-

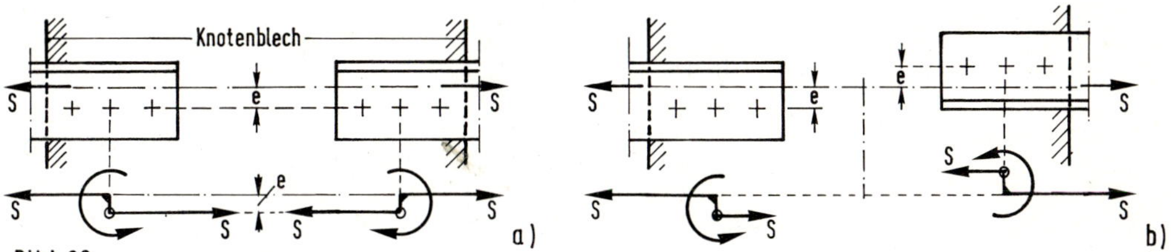

Bild 29

gengleichen Exzentrizitäten gegenüber, heben sich die Momente S·e innerhalb des Knotenbleches gegenseitig auf, das Knotenblech überträgt das Moment, die Stäbe bleiben momentenfrei, vgl. Bild 29a. Dieser Fall ist gleichbedeutend mit einem starren Knotenblech. Liegen die Stäbe verschwenkt zueinander (Teilbild b), wird auf das Knotenblech das Moment 2·S·e abgesetzt. Die Stäbe bleiben nur dann momentenfrei, wenn das Knotenblech starr gehalten wird. Das ist bei einem Fachwerkknotenblech nicht der Fall. Das Moment setzt sich auf die Anschlußstäbe ab, die Stäbe erhalten planmäßige Biegung! - Um einen Eindruck von der Größenordnung dieser Beanspruchung zu gewinnen, wird ein Beispiel untersucht. Bild 30 zeigt vier Ständerfachwerke unterschiedlicher Spannweite mit zur Mitte fallenden Streben.

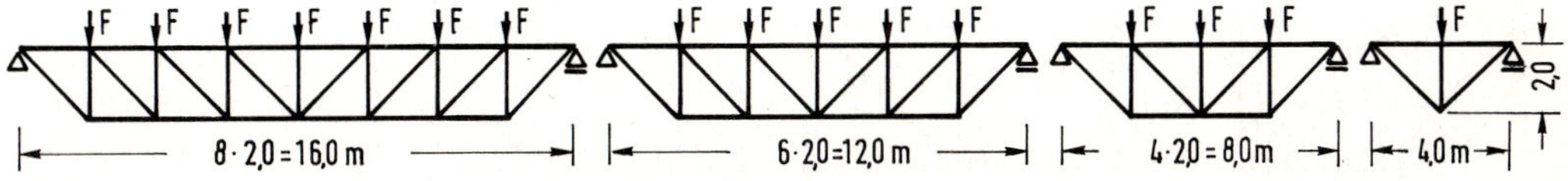

Bild 30

Die Kräfte greifen in den Obergurtknotenpunkten an. Die auf die Einzellasten verteilte Gesamtbelastung betrage in allen Fällen 700kN. Hierfür werden die Fachwerke als Gelenksystem berechnet und unter Ausnutzung der zulässigen Spannungen (nach DIN 18800 T1,03.81) bemessen: Lastfall H, St37. Bild 31 zeigt das Ergebnis.

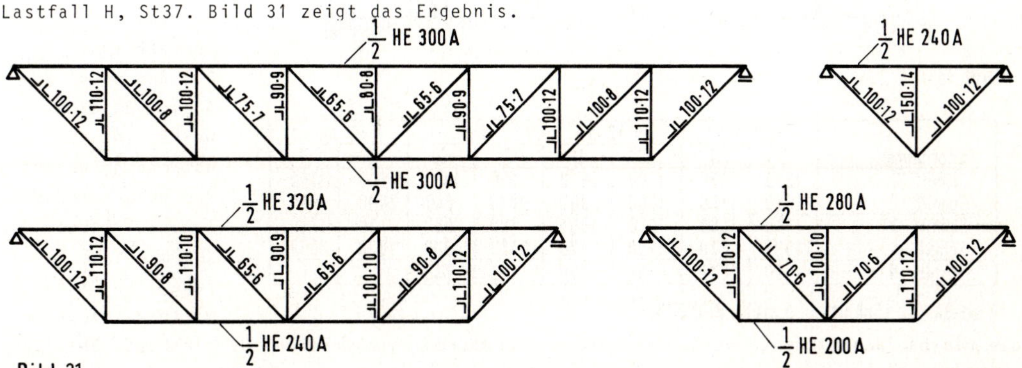

Bild 31

Unter der Annahme, daß die Schwerachsen der⅃L-Stäbe mit den Systemlinien zusammenfallen, werden für jeden Knoten das resultierende Ausmittigkeitsmoment bestimmt und hierfür (z.B. mittels der Momentenausgleichsverfahren von KANI oder CROSS) die Stabmomente berechnet. In Bild 32 ist beispielhaft für den Auflagerknoten und den dazu benachbarten Knoten gezeigt, wie die Knotenmomente für den Momentenausgleich bestimmt werden. Hinsichtlich der Lage der abstehenden Winkelschenkel der Pfosten sind zwei Anordnungen möglich:

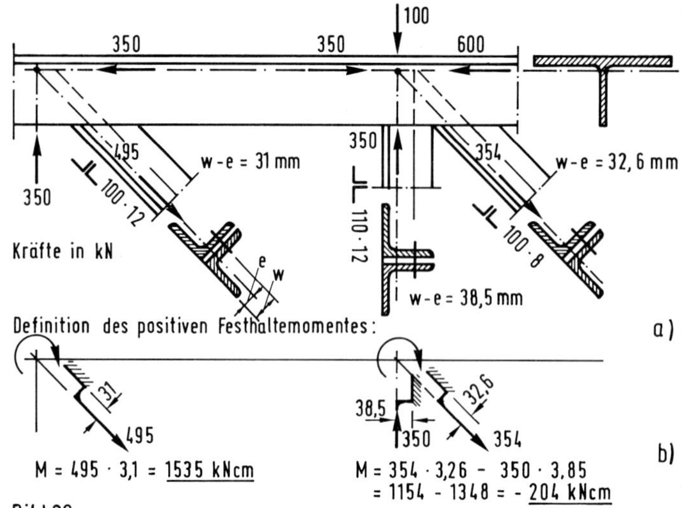

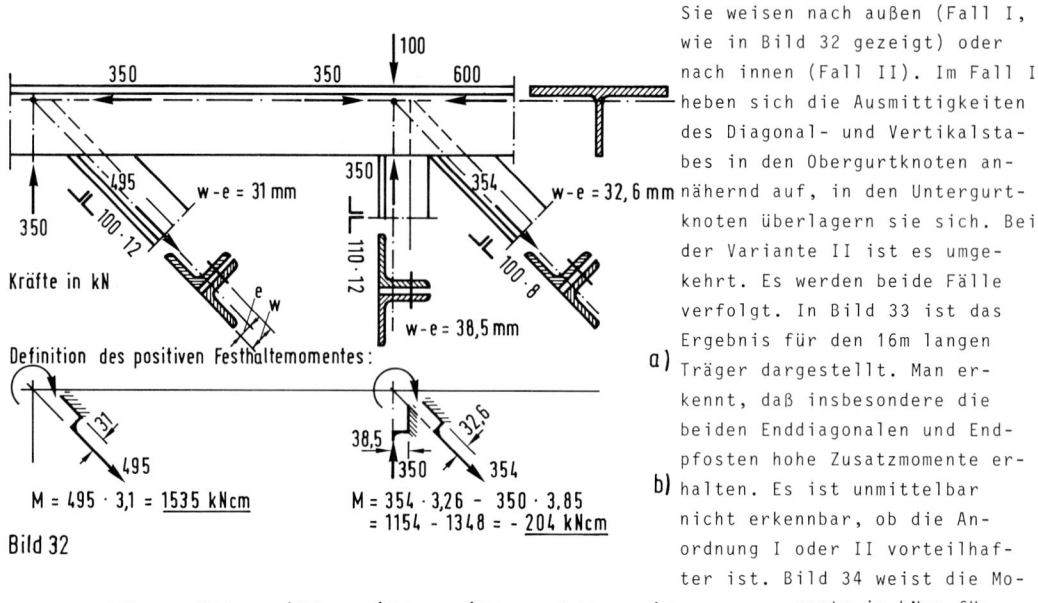

Bild 32

Sie weisen nach außen (Fall I, wie in Bild 32 gezeigt) oder nach innen (Fall II). Im Fall I heben sich die Ausmittigkeiten des Diagonal- und Vertikalstabes in den Obergurtknoten annähernd auf, in den Untergurtknoten überlagern sie sich. Bei der Variante II ist es umgekehrt. Es werden beide Fälle verfolgt. In Bild 33 ist das Ergebnis für den 16m langen Träger dargestellt. Man erkennt, daß insbesondere die beiden Enddiagonalen und Endpfosten hohe Zusatzmomente erhalten. Es ist unmittelbar nicht erkennbar, ob die Anordnung I oder II vorteilhafter ist. Bild 34 weist die Momente in kNcm für fünf Schnitte aus. In erster Linie interessieren die Momente in den Nebenstäben, also in den Schnitten 1 bis 4. Auch diese Zusammenstellung läßt keinen nennenswerten Vorteil einer der beiden Varianten erkennen. Variante I wird in der Praxis bevorzugt. Je geringer die Spannweite, umso höher fallen die Biegemomente aus.

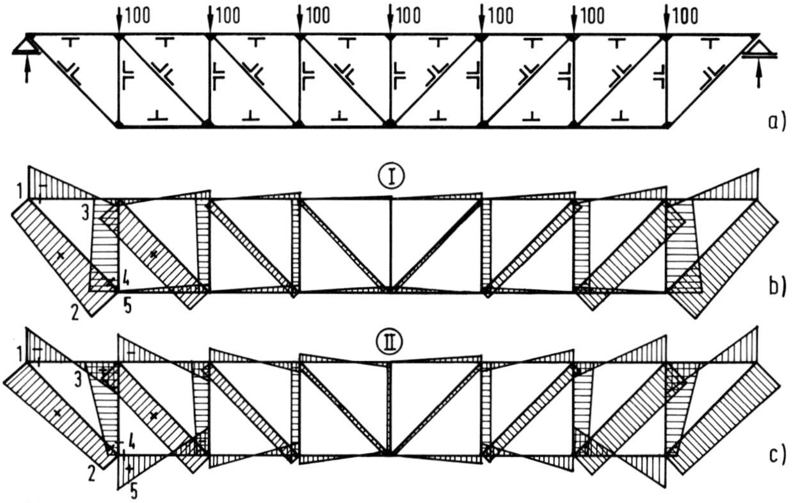

Bild 33

Bei der praktischen Auslegung eines Fachwerkes ist es nicht notwendig, derartige Rechnungen anzustellen. Es genügt, die JL-Füllstäbe für die jeweilige Stabausmitte nachzuweisen,

Anordnung:	l = 16 m I	l = 16 m II	l = 12 m I	l = 12 m II	l = 8 m I	l = 8 m II	l = 4 m I	l = 4 m II
Schnitt 1	1230	1560	1100	1540	910	1380	300	1180
Schnitt 2	1650	1100	1700	900	1770	840	2830	1030
Schnitt 3	1170	1480	1010	1600	790	1660	1720	1720
Schnitt 4	1500	470	1620	20	1780	300	1800	1800
Schnitt 5	150	1570	80	920	10	540	-	-

Bild 34 (Schnitt 1-5 siehe Bild 33b/c)

die realen Zusatzmomente werden in dieser Größenordnung auftreten. Da die Gurtstäbe i.a. ungleich stärker sind, sind in diesen die Zusatzspannungen i.a. relativ gering. (Die gelegentlich zu hörende Meinung, in Fachwerken mit zentrierten JL-Nebenstäben würden keine Ausmittgkeitsmomente auftreten, ist offensichtlich irrig.)

<u>15.4.4 Ausmittigkeitsbeanspruchung bei exzentrisch liegenden Zugstreben</u>

Bild 35 zeigt eine bei schweren Hallenbindern des Stahlhochbaues anzutreffende Ausführungsform. Es sind zwei Knotenbleche erforderlich, ggf. sind Futterbleche vorzusehen. Die Kno-

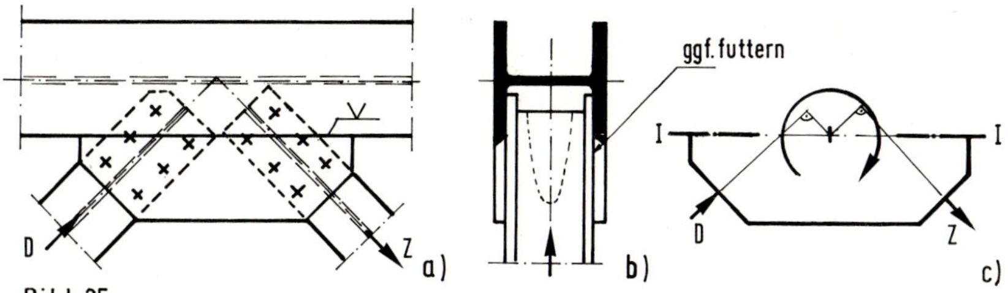

Bild 35

tenbleche werden mittels Stumpfnähten an die Gurtflansche angeschweißt. In Teilbild c ist angedeutet, wie dieser Anschluß (Schnitt I-I) nachzuweisen ist. Die Ausführung ist einwandfrei, gleichwohl fertigungsaufwendig, denn es sind hinsichtlich des gegenseitigen Abstandes und der planparallelen Lage der Knotenbleche strenge Toleranzforderungen zu erfüllen. Es werden daher einfachere Ausführungen angestrebt, Bild 36 zeigt ein Beispiel und zwar den Obergurtknoten eines Ständerfachwerkes. Die Druckpfosten werden zwischen die Flansche der H-Gurtprofile eingeführt und mittels Kehlnähten angeschweißt; als Zugstreben werden außen Flachstähle aufgeschweißt. Knotenbleche sind nicht erforderlich.

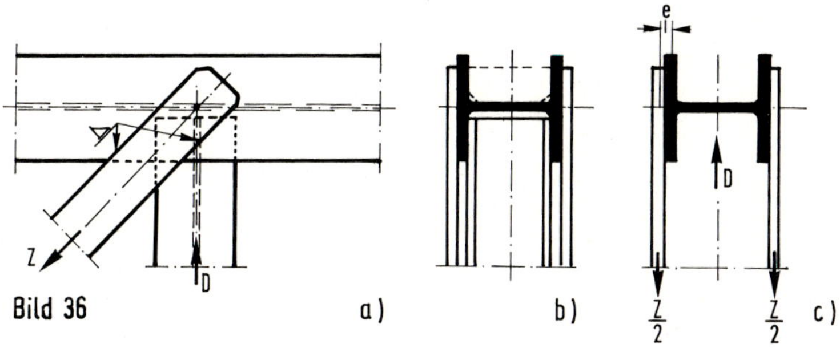

Bild 36

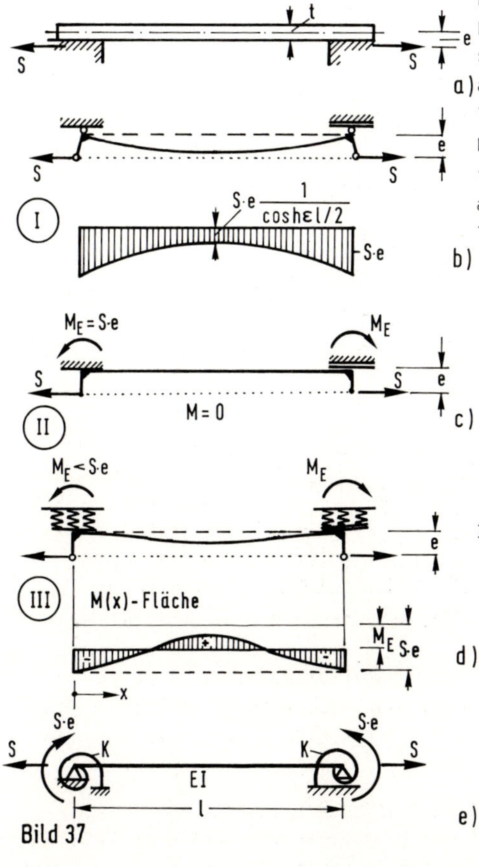

Bild 37

Durch die ausmittige Lage der Zugstreben tritt in diesen und im Anschluß eine Zusatzbeanspruchung auf, vgl. Bild 36b und c. Es lassen sich drei Fälle unterscheiden (Bild 37):

I: Es wird ein gelenkiger Anschluß unterstellt. Dann tritt im Anschlußpunkt das volle Exzentrizitätsmoment am Stabende auf. Infolge der Ausbiegung des Zugstabes verringert sich das Moment zur Feldmitte hin (Teilbild b).

II: Es wird ein starrer Anschluß unterstellt. Das Moment wird voll vom Anschluß aufgenommen, der Stab bleibt momentenfrei (Teilbild c).

III: Der Anschluß ist drehelastisch; es tritt die in Teilbild d skizzierte Momentenbeanspruchung im Zugstab und im Anschluß auf. Nach Theorie II. Ordnung ergibt sich das Anschlußmoment zu:

$$M = M(x=0) = Se\frac{\sinh\varepsilon/2}{\sinh\varepsilon/2 + \alpha\varepsilon\cosh\varepsilon/2} \qquad (8)$$

Das Moment in Feldmitte beträgt:

$$M = M(x=l/2) = Se\frac{\alpha\varepsilon}{\sinh\varepsilon/2 + \alpha\varepsilon\cosh\varepsilon/2} \qquad (9)$$

Es bedeuten (vgl. Bild 37e):

$$\varepsilon = l\sqrt{\frac{S}{EI}}, \quad \alpha = \frac{EI}{Kl} \qquad (10)$$

S: Zugkraft, EI: Biegesteifigkeit der Zugstrebe, l: Länge, K: Drehfederkonstante.

Schätzt man die Drehfederkonstante für praktische Ausführungen ab, erkennt man einen hohen Einspannungsgrad. Das Ausmittigkeitsmoment wird nahezu vollständig im Anschluß aufgenommen und mit dem Gegenmoment über den Gurtstab zum Ausgleich gebracht. Ggf. ist es zweckmäßig, eine Rippe einzuschweißen (vgl. Bild 36b). Die Zugstrebe bleibt dann praktisch momentenfrei. In den Kehlnähten des Zugstabanschlusses treten $\tau_{\perp}$ -Spannungen auf, sie sollten stets für $S \cdot e = (Z/2) \cdot e$ berechnet werden (vgl. Bild 36c).

16 Seile und Seilwerke

16.1 Seile, Bündel und Kabel

16.1.1 Seildraht

Seildraht wird aus beruhigt vergossenen Kohlenstoff-Stählen nach DIN 17140 T1 oder aus Cr-Ni-legierten, rost- und säurebeständigen Stählen (Austeniten; DIN 17440) hergestellt. Die Kohlenstoff-Stähle haben einen C-Gehalt zwischen 0,5% bis 0,9% (i.a. zwischen 0,7% bis 0,8%), worauf u.a. die hohe Festigkeit beruht. Bei den C-Stählen werden folgende Fertigungsstadien unterschieden: Halbzeug (Knüppel) → Warmwalzen bis herunter auf 6 bis 8mm Durchmesser und Wärmebehandlung. Letztere besteht aus dem sogen. Patentieren, d.h. Glühen des Stahles oberhalb der Ac_3-Linie (somit bei ca. 800°C) und anschließendem Abschrecken im Bleibad (ca. 560°C) mit nachfolgendem (langsamen) Abkühlen an der Luft. Dieses Produkt nennt man Walzdraht, es hat ein ferritisch-lamellar-perlitisches Gefüge. Es ist für den sich anschließenden Umformungsprozeß besonders geeignet und erhält dabei eine hohe Festigkeit → Kaltumformung (Kaltziehen oder Kaltwalzen in mehreren Zügen bzw. Stichen): Dieses Produkt nennt man Stahldraht (DIN 2078 T2, DIN 1653). Runddrähte werden i.a. nur gezogen, Profildrähte gewalzt. Die Festigkeit (R_m, $R_{p0,2}$) wird durch die Kaltverfestigung zu Lasten der Zähigkeit gesteigert. Der Verformungsgrad beträgt 60 bis 80% und ergibt Drahtfestigkeiten zwischen 1200N/mm² bis 2000N/mm² (und höher). Durch die Kaltumformung bauen sich im Draht Eigenspannungen auf, die durch Anlassen abgebaut werden können. Ein wichtiges Fertigungskriterium ist die Oberflächengüte, insbesondere im Hinblick auf die Dauerfestigkeit. - Die Verformbarkeit der Drähte wird im Hin- und Herbiegeversuch (DIN 51211) und im Verwindeversuch (DIN 51212) geprüft. - Die Einzeldrähte werden verzinkt, entweder vor dem Kaltumformen oder am fertigen Draht (DIN 1548, DIN 51213) [1].

16.1.2 Seilarten - Seilendausbildung [2-4]

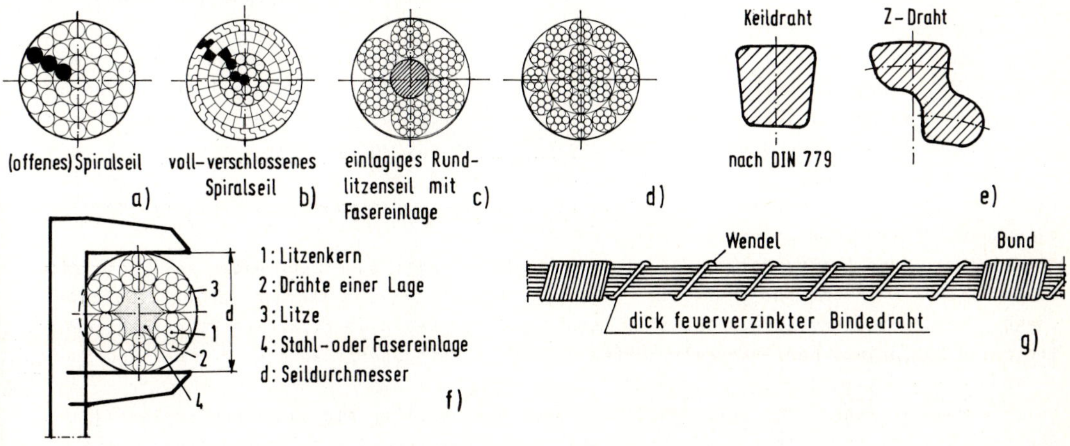

Bild 1

Seile entstanden zunächst für den Einsatz in der Fördertechnik; Hanfseile hatten eine zu geringe Tragkraft, Ketten eine zu geringe Ausfallsicherheit (das schwächste Glied bestimmt die Tragfähigkeit einer Kette) und ein zu hohes Eigengewicht. - Man unterscheidet stehende und laufende Seile; siehe auch DIN 3051. Als Tragseile haben nur die erstgenannten in der Bautechnik Bedeutung: (Offene) Spiralseile, verschlossene Spiralseile und vollverschlossene Spiralseile sowie Paralleldrahtbündel. Laufende Seile sind i.a. Litzenseile für die Fördertechnik; vgl. Bild 1c und d. Erwähnt seien auch Montage-, Abschlepp-, Ankerseile und weitere, z.B. Freileitungsseile. Eine Litze besteht aus einem Kerndraht und mehreren Drahtlagen, meist viellagig aus dünnen Drähten. Die Litzen werden ihrerseits um eine

Kernlitze oder um einen Hanfkern geschlagen, vgl. auch Teilbild f. Hierdurch wird hohe Flexibilität und Dehnfähigkeit erreicht; der Füllungsgrad ist niedrig, der Korrosionsschutz schwierig, das Seil ist mit Schmiermitteln verfüllt, um die Biegefähigkeit zu verbessern und Reibung und Verschleiß zu verringern. Als Tragseile sind Litzenseile wegen deren geringen E-Moduls weniger geeignet, auch wegen der ungünstigen Korrosionsstandzeit, allenfalls für vorübergehenden (mobilen) Einsatz, dann aber nur mit Stahleinlage (SE). - Als Tragseile werden im Stahlbau überwiegend Spiralseile (geschlagene Seile) und Paralleldrahtbündel eingesetzt. Spiralseile bestehen aus einer oder mehreren Lagen von Drähten, die schraubenlinienförmig um einen Kerndraht geschlagen (verlitzt) sind. (Offene) Spiralseile bestehen nur aus Runddrähten und kommen dann zum Einsatz, wenn an Steifigkeit und Korrosionsschutz keine hohen Anforderungen gestellt werden; verschlossene Spiralseile bestehen in der äußersten Lage aus Rund- und Taillendrähten; sie werden nur selten eingesetzt. Vollverschlossene Spiralseile haben eine oder mehrere äußere Lagen aus Formdrähten (Keil- oder Z-Drähte, vgl. Bild 1e). Die aus relativ steifen Formdrahtlagen gebildeten Lagen erlauben höhere lokale Querpressungen als offene und verschlossene Spiralseile. Das ist neben der Dichtigkeit und der hiermit verbundenen wesentlich geringeren Korrosionsanfälligkeit der bedeutende Vorteil dieser Seilart, zudem haben sie einen hohen Füllungsgrad und eine vergleichsweise hohe Dehnsteifigkeit, andererseits sind sie sehr steif und schwerer zu handhaben. - Paralleldrahtbündel bestehen aus bis zu 350 parallel liegenden Runddrähten, Durchmesser 5 bis 7mm; sie werden kontinuierlich oder in Abständen zu einem Bündel zusammengefaßt (Bild 1g) und mittels Schablonen am Montageort gefertigt. Zusätzlich erhalten sie i.a. noch eine weitere Schutzrohrummantelung. Paralleldrahtlitzenbündel bestehen aus 7-drähtigen Litzen, die parallel zur Bündelachse verlaufen. - Bild 2 enthält Definitionen gemäß DIN 3051 T2. Kreuzschlagseile werden wegen ihrer geringeren Drehungsanfälligkeit Gleichschlagseilen vorgezogen. Drehungsarm heißt ein Seil, wenn es sich unter Last nicht oder nur wenig um seine Achse dreht und spannungsarm, wenn die aus der Verseilung herrührende elastische Rückfederung ganz oder nahezu ganz beseitigt ist, letzteres läßt sich bei Spiralseilen nur bedingt erreichen, eher bei Litzenseilen, weil diese eine (plastische) Vor- oder Nachverformung erfahren.

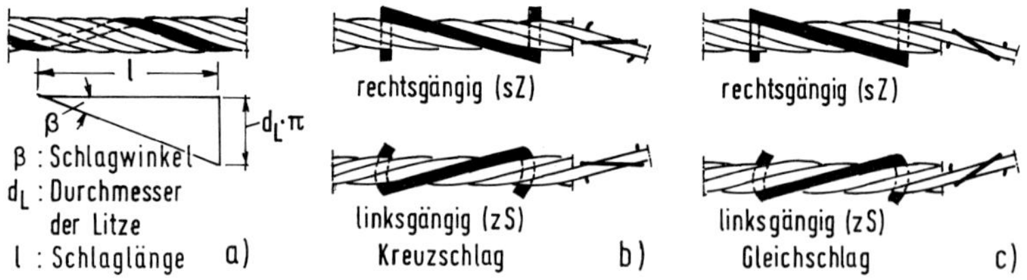

Bild 2

Alle Drähte eines Seiles sollen die gleiche Nennfestigkeit β_N haben, diese soll bei Tragseilen 1770N/mm² nicht überschreiten *. Bei höherer Festigkeit ist die Zähigkeit unzureichend, die Spannungsrißkorrosionsanfälligkeit zu groß und die ertragbare Dauerfestigkeit (relativ) zu gering. Für Tragseile dürfen nur Drähte eingesetzt werden, die der Bedingung $0{,}7\text{mm} \leq d \leq 7\text{mm}$ genügen; für Formdrähte gilt $3\text{mm} \leq h \leq 7\text{mm}$.

Seile werden in Rohr- oder Korbverseilmaschinen hergestellt, die aus einem rotierenden Abwickler, einem Verseilkorb und dem Verseilpunkt bestehen. Die größten Anlagen dieser Art vermögen Seile mit einem Durchmesser bis 310mm herzustellen, verschlossene Seile bis 180mm. Derartige Seile werden in der Meerestechnik für Verankerungen eingesetzt. - Das Verseilen vollverschlossener Seile erfordert Formdrähte hoher Fertigungsgenauigkeit; bei Untermaß wird eine nur unzureichende Dichtigkeit erreicht, bei Übermaß entstehen geschlossene Ringe, die ein gleichmäßiges, reibungsfreies Aufeinanderpressen der einzelnen Lagen zu einem quasihomogenen Tragquerschnitt verhindern; Keildrähte werden aus diesem Grund zunehmend seltener verseilt.

Der Einsatz von Seilen erfordert diverses Zubehör (Beschläge). Der Endausbildung zum Zwecke der Verankerung kommt dabei besondere Bedeutung zu. Stählerne Verankerungsköpfe

---

*Für die im Brückenbau eingesetzten Seile ist die Nennfestigkeit auf 1570N/mm² begrenzt (DIN 18809, 09.87).

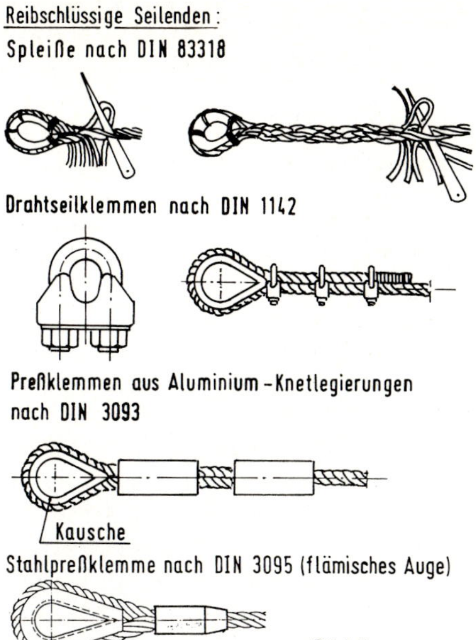

Bild 3

(Bild 4) werden aus Stahlguß nach DIN 17182, SEW835, SEW685 und SEW515 oder aus geschmiedetem Stahl nach DIN 17100, DIN 17135 oder DIN 17200 gefertigt. Die Verankerungsköpfe sind einer Magnetpulver- und Ultraschallprüfung zu unterziehen.- Gespleißte Seilenden kommen für tragende Seile praktisch nicht vor (ehemals maßgebend DIN 83318, vgl. Bild 3), inzwischen ersetzt durch DIN 3089, zur Tragfähigkeit siehe [5]). Es werden reibschlüssige- und Vergußverankerungen unterschieden. Zu den reibschlüssigen Verankerungen zählen (Kauschen nach DIN 3090 oder DIN 3091):

- Verbindungen mit Seilklemmen und Kauschen (Bild 3). Die Klemmen bestehen aus dem Klemmbügel, der Klemmbacke und zwei Bundmuttern. Die Klemmgröße ist vom Seildurchmesser abhängig. Die Teile kommen galvanisch verzinkt oder chromatiert zum Einsatz. Die Anzahl der Klemmen richtet sich nach dem Seildurchmesser und damit nach der Tragkraft. (Die nach DIN 1142 (01.82) angegebene Anzahl ist gemäß DIN 18800 T1 um 1 zu erhöhen.) Die erste Klemme ist dicht hinter der Kausche anzuordnen; gegenseitiger Abstand ≥ Klemmbreite. Der Bügel sitzt auf dem unbeanspruchten Seilende [6].
- Verbindungen mit Preßklemmen und Kauschen (nur für Kreuzschlagseile) aus Aluminium-Knetlegierungen nach DIN 3093 T1/2 (nur für dünndrähtige Spiralseile, Drahtdurchmesser ≤ 2,2mm, Seildurchmesser ≤ 30mm, geeignet) und solche mit Stahlpreßklemmen nach DIN 3095 T1/2, vgl. Bild 3. Letztere stellt im Hinblick auf die Belastbarkeit eine besonders hochwertige Seilendverbindung dar; Stahlpreßklemme nach DIN 18135. Neben den in Bild 3 gezeigten

Verankerungsköpfe nach DIN 18800 T1 (11.90)

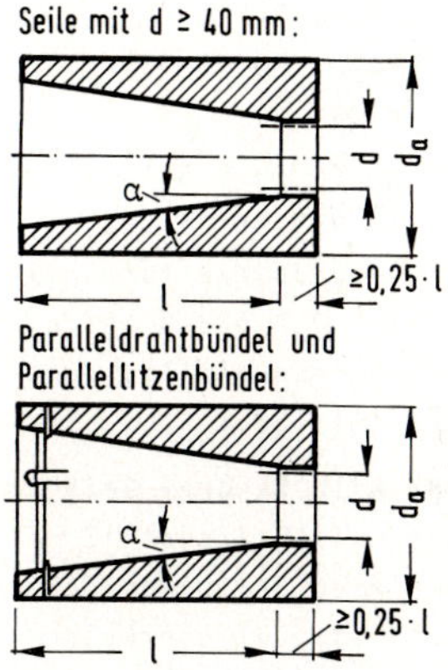

$5° < \alpha < 9°$

$d_a = (0{,}3 \cdot \frac{f_{y,D}}{f_y} + 1{,}9) \cdot d$

- d: Seilnenndurchmesser
- d_D: größter Drahtdurchmesser
- f_y: Streckgrenze der Verankerungsköpfe
- $f_{y,D}$: Streckgrenze der Drähte
- l: 5d bzw. 50 d_D < l < 7d bei Drahtseilen mit weniger als 50 Drähten

Bild 4

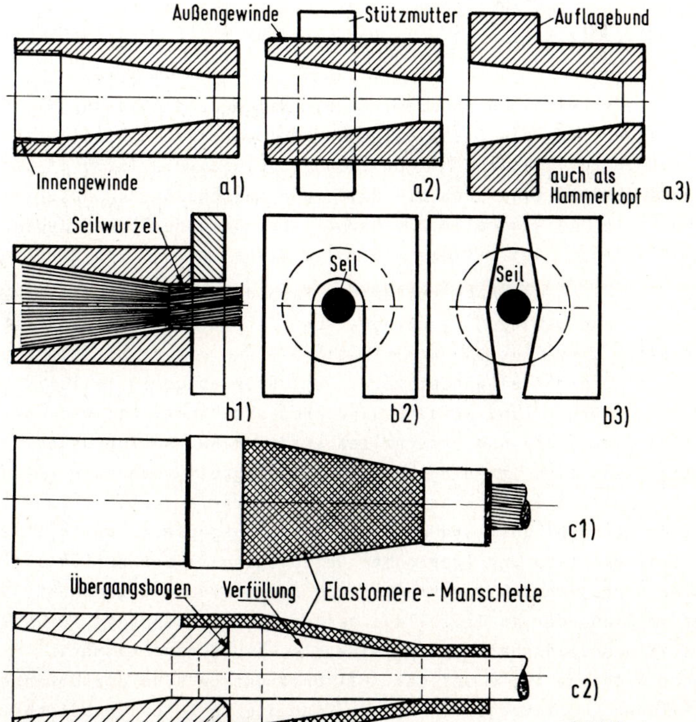

Bild 5

Preßklemmen mit Kauschen gibt es zylindrische Stahlpreßstücke mit aufgedrehtem Gewinde, angeschweißtem Auge oder angeschmiedeter Gabel (nicht genormt, auf Anfrage beim Seilhersteller. Zur Verankerung von vollverschlossenen Spiralseilen dürfen Kauschen und Klemmen nicht verwendet werden.

- Verbindungen mit Seilschlössern, z.B. nach DIN 15315, wie sie für Seile von Aufzuganlagen zum Einsatz kommen. Sie bestehen aus einem Seilschloßgehäuse und einem Seilkeil, der mittels eines Splints gesichert wird.

Reibschlüssige Verbindungen kommen vorrangig bei biegsamen Rundlitzenseilen und dünneren (offenen) Spiralseilen (mit insgesamt geringer Tragkraft) zum Einsatz. Für solche mit hoher Tragkraft, z.B. im Brückenbau, werden ausschließlich Vergußverankerungen mit Seilkopf verwendet; Seil und Kopf liegen zentrisch zueinander (im Gegensatz zu den Kauschenverbindungen). Den Verankerungskopf nennt man auch Seilhülse oder Seilschuh; Bild 4 enthält Anhalte nach DIN 18800 T1, vgl. auch DIN 3092 T1 und DIN 83313 (Seilhülsen). Es werden Metall- und Kunststoffverguß unterschieden: Das Seil wird abgebunden und die Drähte zu einem Besen aufgefächert. Ein Umbiegen der Drahtenden zu kleinen Haken ergibt keine höhere Tragkraft [7], im Gegenteil, durch die eng liegenden Haken wird der Verguß behindert. Zum Vergießen müssen Seilkopf und Seil so ausgerichtet werden, daß die Achsen eine gemeinsame Lotrechte bilden. <u>Metallverguß:</u> Als Vergußwerkstoffe kommen Blei-Zinn-Legierungen (Weißmetall) sowie Zink- oder Zinnlegierungen zum Einsatz (DIN 3092 T1). Bewährt hat sich auch die Feinzinklegierung Z610 nach DIN 1743. Die Gießtemperatur ist abhängig vom Vergußmetall und liegt zwischen 350 bis 490°C; eine Gefügeänderung des Drahtmaterials tritt bei dieser Temperatur noch nicht ein. Die Seilhülse wird vor dem Verguß auf 225 bis 325°C (abhängig von der Gießtemperatur) vorgewärmt. Der Seilbesen wird vor dem Verguß speziell gereinigt, entfettet und vorbehandelt.

Beim Erkalten des konischen Gußkörpers tritt eine gewisse Volumenverringerung ein, die Seilkraft wird über Keilwirkung und Reibung (Haftung) übertragen. Für die Berechnung der Hülsenspannungen existieren verschiedene Ansätze [8,9]. Nach DIN 18800 T1 ist die Beanspruchbarkeit der Verankerungsköpfe durch Versuche oder Berechnung zu bestimmen, letzteres im Sinne eines dickwandigen Rohres mit Innendruck, vgl. im einzelnen das Regelwerk. <u>Kunststoffverguß:</u> Der Vergußwerkstoff besteht aus Epoxidharz als Bindemittel für die eingelagerten Stahlkügelchen mit einem Durchmesser von 1 bis 2mm als Traggerüst und einem Füller (z.B. Zinkstaub). Das Epoxidharz hat eine Aushärttemperatur von ca. 100°C; vgl. DIN 3092 T2.

(Auf die einschlägigen Angaben für die Halte- und Abspannseile bei Kranen in DIN 15018 T1 und T2 und für die Drahtseile für Seilantriebe im Stahlwasserbau in DIN 19704 und DIN 19705 wird ergänzend hingewiesen; vgl. auch DIN 15020 T1 und T2 (Grundsätze für Seiltriebe). Schäkel sind nach DIN 82101 und Seilhülsen für Ankerseile nach DIN 83313 auszuführen. - In [1] sind alle DIN-Normen über Drahtseile und Zubehör zusammengestellt. Zum Thema "laufende" Seile siehe [10-13] und zur Prüfung von Drahtseilen [14,15].)

Für die Lagerung der Ankerköpfe innerhalb der Tragkonstruktion zeigt Bild 5a drei Beispiele: 1 Innengewinde, 2 Außengewinde mit Stützmutter, 3 Auflagebund als Bestandteil des Kopfes; diese Ausführung ist auch als Hammerkopf mit einer schmaleren Seite möglich, der um 90° gedreht eingebaut wird. Ausführungen gemäß Teilbild b, wie sie üblicherweise ausgeführt wurden (und werden) sind eher problematisch, weil die Seilwurzel nur unzureichend eingesehen und unterhalten werden kann; Ausführungen dieser Art sind extrem ungünstig, wenn sich im Anlagebereich Feuchtigkeit (oder gar stehendes Wasser) ansammeln kann. Teilbild c zeigt einen Vorschlag des Verfs. unter Verwendung einer Elastomere-Manschette; der Hohlraum wird dauerelastisch ausgepreßt. Durch eine solche Maßnahme wird der Steifigkeitssprung (gegenüber Seilbiegung im Verankerungsbereich) gemildert, ein absoluter Korrosionsschutz erreicht und die Seildämpfung erhöht. Die Kraftübertragung erfolgt im Sinne der in Teilbild a dargestellten Lösungen. Zum UV- und Ozonschutz wird die Elastomeremanschette durch eine Blechhaube eingekammert.

Weitere wichtige Teile bei der Seilkonstruktion sind die Umlenklager der Seile, z.B. in den Pylonen von Schrägseilbrücken, oder die Seil- und Kabelschellen, z.B. zum Anschluß

der Hänger bei Hängebrücken; DIN 18800 T1 enthält hierzu die erforderlichen Konstruktions- und Berechnungshinweise.
Größte Bedeutung für die Lebensdauer eines Seiles hat der Korrosionsschutz der Drähte, des Seilinneren, der Seiloberfläche und Seilverankerung. Bei Brückenseilen werden ein Haft-, zwei Grund- und zwei Deckbeschichtungen aufgebracht, möglich ist auch das Einkammern in Polyethylen- oder Stahlwellrohre; im übrigen vgl. Abschnitt 19.2.5.

16.1.3 Querschnittsfläche, Gewicht und Tragkraft von Seilen

Als Seildurchmesser d ist der Durchmesser des das Seil umschreibenden Kreises definiert, vgl. Bild 1f. Der metallische Seilquerschnitt A_m ist die Summe aller Einzeldrahtquerschnitte. A_m berechnet sich zu:

$$A_m = f \cdot \frac{\pi d^2}{4} \ [\text{mm}^2]; \ \text{Seilnenndurchmesser d in mm} \qquad (1)$$

f ist der Füllfaktor und von der Seilart abhängig; vgl. DIN 3051 und DIN 18800 T1; Rundlitzenseile: 0,55; offene Spiralseile: 0,73÷0,77; vollverschlossene Spiralseile: 0,81÷0,86. Die Eigenlast eines Seiles wird rechnerisch mittels des Eigenlastfaktors w bestimmt:

$$g_k = w \cdot A_m \qquad (2)$$

Für den Eigenlastfaktor $w \cdot 10^4$ in $kN/m \cdot mm^2$ enthält DIN 18800 T1 Anhalte: Rundlitzenseile mit Stahleinlage: 0,93; offene Spiralseile: 0,83; vollverschlossene Spiralseile: 0,83. w wird durch Messung bestimmt; w erfaßt den Gewichtsanteil der Drähte und des Korrosionsschutzes. <u>Beispiel</u>: Vollverschlossenes Spiralseil d=48mm mit Runddrahtkern und drei Lagen Profildrähte (Bild 1b): f=0,88:

$$A_m = 0{,}88 \cdot \frac{\pi \cdot 48^2}{4} = 1592{,}4\,\text{mm}^2; \quad g_k = \frac{0{,}83}{10^4} \cdot 1592{,}4 = 0{,}1322\,\text{kN/m}$$

$g_k = 0{,}1322\,\text{kN/m} = 132{,}2\,\text{N/m} \mathrel{\hat{=}} 13{,}2\,\text{kg/m}$. Die Wichte (ehemals spezifisches Gewicht) des Seiles ist:

$$\gamma = \frac{g_k\,[\text{N/m}]}{A_m[\text{cm}^2] \cdot 100} = \frac{132{,}2}{15{,}924 \cdot 100} = 0{,}083001\,\text{N/cm}^3$$

Die Dichte ρ folgt hieraus zu:

$$\rho = \frac{\gamma}{9{,}81} \approx \frac{\gamma}{10} = \frac{0{,}083001}{10} = 0{,}0083001\,\text{kg/cm}^3$$

Die Nennfestigkeit β_N der Einzeldrähte ist deren (garantierte) Mindestfestigkeit, also jene Zugfestigkeit, die ein Einzeldraht bei einem Zugversuch mindestens aufweisen muß. Wird diese Nennfestigkeit mit A_m multipliziert, erhält man die rechnerische Bruchkraft des Seiles (Z_r). Dieser Wert darf beim Tragsicherheitsnachweis nicht unmittelbar Verwendung finden, weil den Drähten beim Schlagen zum Seil Längs-, Biege- und Torsionsspannungen eingeprägt werden und außerdem in den Drähten unter Last nicht nur achsiale Zugspannungen auftreten, vielmehr recht komplizierte Zusatzbeanspruchungen durch die schraubenförmige Lage der Drähte (Querpressungen, Sekundärbiegungen, Reibungen) hervorgerufen werden; auch ist die Verseilung ungleichmäßig (zur Seiltheorie siehe z.B. [2,16]). Vorstehend genannte Umstände haben zur Folge, daß die wirkliche Bruchkraft des Seiles kleiner als Z_r ist. Sie wird mittels des sogen. Verseilfaktors k_s und des Verlustfaktors k_e berechnet. k_s ist ein Verlustfaktor, der im wesentlichen von der Konstruktion des Seiles, von der Verseilungsart der Litzen und der Festigkeit der Drähte selbst abhängt; k_s sinkt mit zunehmender Drahtzahl und zunehmender Drahtfestigkeit. In DIN 3051 und DIN 18800 T1 ist k_s in Abhängigkeit von der Seilart angegeben. Anhalte für k_s: Rundlitzenseile: 0,70÷0,84; offene Spiralseile: 0,87÷0,90; vollverschlossene Spiralseile: 0,95. k_e erfaßt den durch die Art der Endverankerung verursachten Tragkraftverlust. k_s und k_e werden aus Versuchen bestimmt. Anhalte für k_e: Metallischer Drahtseilverguß: k_e=1,00; Kugel-Kunststoff-Verguß: k_e=1,00; Stahlpreßklemme (DIN 3095): k_e=1,00; Aluminiumpreßklemme (DIN 3093): k_e=0,90; Drahtseilklemme (DIN 1142): k_e=0,85. Die sogen. wirkliche Bruchkraft berechnet sich damit zu:

$$Z_w = k_s k_e A_m \cdot \beta_N \qquad (3)$$

Fortsetzung des Beispieles: Nennfestigkeit der Drähte $\beta_N = 1470\,\text{N/mm}^2$, Vergußankerung:

$$Z_w = 0{,}95 \cdot 100 \cdot 1592{,}4 \cdot 1470 = 2{,}224 \cdot 10^6\,\text{N} = 2{,}224 \cdot 10^3\,\text{kN} = \underline{2224\,\text{kN}}$$

16.1.4 Tragsicherheitsnachweis bei vorwiegend ruhender Belastung

Nachweis nach DIN 18800 T1 (03.81): Konzept des zul. Spannungen, vgl. auch DIN 18801 (09.83) und DIN 18809 (09.87). Danach beträgt die zulässige Seilkraft bzw. zulässige Spannung:

$$\text{zul}\,Z = Z_w/\gamma \longrightarrow \text{zul}\,\sigma = \text{zul}\,Z/A_m \tag{4}$$

Der Sicherheitsfaktor γ ist vom Lastfall (H,HZ,HS) abhängig.

Nachweis nach DIN 18800 T1 (11.90): Konzept der Teilsicherheitsfaktoren. Für die Zugkraft Z unter γ_F-ψ-fachen Einwirkungen ist nachzuweisen:

$$Z \le Z_{R,d} \tag{5}$$

$Z_{R,d}$ ist die Grenzzugkraft. Für Seile folgt $Z_{R,d}$ alternativ aus

$$Z_{R,d} = \frac{Z_{B,k}}{1{,}5 \cdot \gamma_M} \quad \text{bzw.} \quad Z_{R,d} = \frac{Z_{D,k}}{\gamma_M} \quad (\gamma_M = 1{,}1) \tag{6}$$

Der kleinere Wert ist maßgebend. - $Z_{B,k}$ ist der charakteristische Wert der Bruchkraft. Er wird entweder aus Versuchen an ausreichend vielen Probestücken mit der vorgesehenen Endverankerung im Sinne einer 5%-Fraktile oder rechnerisch bestimmt:

$$\text{cal}\,Z_{B,k} = k_s k_e A_m \cdot f_{u,k} \tag{7}$$

$f_{u,k}$ ist der charakteristische Wert der Zugfestigkeit der Drähte, was der Nennfestigkeit β_N entspricht. $f_{u,k}$ ist nach DIN 18800 T1 auf 1770N/mm^2 begrenzt. cal $Z_{B,k}$ ist identisch mit Z_w nach Gleichung (3). $Z_{D,k}$ ist die Dehnkraft. Sie wird ebenfalls experimentell bestimmt und ist gleichbedeutend mit der 0,2% Dehngrenze. Hiermit soll nachgewiesen werden, daß sich das Seil auch unter - kurzzeitig wirkend gedachter - γ_F-facher Einwirkung elastisch verhält und sich somit keine Lastumlagerung auf andere Bauteile ergibt. Bei vollverschlossenen Spiralseilen ist die Dehnkraft $\geq$ 0,66 Bruchkraft und deshalb für den Nachweis nicht maßgebend.

Fortsetzung des Beispieles:

$$\text{cal}\,Z_{B,k} \equiv Z_w = 2224\,\text{kN} \longrightarrow Z_{R,d} = \frac{2224}{1{,}5 \cdot 1{,}1} = 1348\,\text{kN}$$

Wird von γ_F=1,35 ausgegangen, wird im Vergleich zum ursprünglichen Konzept die globale Sicherheit

$$\gamma = \gamma_F \gamma_M \cdot 1{,}5 = 1{,}35 \cdot 1{,}1 \cdot 1{,}5 = \underline{2{,}23}$$

eingehalten, was mit der ehemaligen Regelung übereinstimmt.

Hinsichtlich des Querpressungsnachweises der Seile im Anschlußbereich von Klemmen und Schellen sowie an Umlenklagern vgl. DIN 18800 T1; das gilt ebenfalls für den Gleitnachweis von Klemmen, Schellen und Seilen auf Sattellagern.

16.1.5 Tragsicherheitsnachweis bei nicht vorwiegend ruhender Belastung

16.1.5.1 Allgemeine Hinweise

Die ertragbare Schwingweite des hochfesten Drahtmaterials liegt im Bereich $\Delta\sigma$=250 bis 350N/mm², sie beträgt somit nur ca. 15 bis 25% der statischen Zugfestigkeit. Lokale Herstellungsfehler an den Drähten (Anrisse und Aufrauhungen infolge Kaltverformung und Beizung) und Lötstellen bewirken wegen ihres Kerbeinflusses eine (ggf. erhebliche) Abminderung der Ermüdungsfestigkeit. Das gilt auch für Beschädigungen, die während der Montage oder Nutzung auftreten und insbesondere für korrosive Einflüsse (Korrosionsnarben, Schwingungsrißkorrosion). Die Bestimmung der Schwingfestigkeit von Drähten ist wegen der Einspannproblematik in der Prüfmaschine schwierig [17-20].

Die ertragbare Schwingbreite des Einzeldrahtes ist für Bemessungszwecke nicht maßgebend, sondern die des Seiles mit der zur Ausführung kommenden Verankerungs-, Klemmen- und Lagerkonstruktion. Deren bauliche Ausbildung bestimmt die Dauerfestigkeit maßgebend; dabei ist zwischen dem ersten Drahtbruch und dem vollständigen Seilbruch zu unterscheiden.

Seile mit Seilkopf: Die ersten Drahtbrüche treten i.a. an der Übergangsstelle zum Seilkopf (Vergußkörper) auf, meist in der 2. oder 3. Lage. Gründe hierfür sind: Lokale Biegespannungen der Einzeldrähte, bei verschlossenen Seilen insbesondere der außen liegenden steifen Formdrähte; ungleichmäßige Einbettung; hohe Querpressung der Drähte und Reibung der kreuzweise liegenden Drähte infolge der gegenseitigen Verschiebung der Einzeldrähte zueinander, hiervon dürfte der stärkste Einfluß ausgehen (Reibkorrosion), denn bei seilkopfverankerten Paralleldrahtbündeln treten die Ermüdungsbrüche überwiegend in der freien Strecke auf. - Weitere Drahtbrüche folgen dem ersten Bruch i.a. in dessen Nähe, bedingt durch die verstärkte gegenseitige Bewegung der Drähte an dieser Stelle (Infektionsbrüche). Im Versuch stellt man mit wachsender Zahl der Drahtbrüche eine Zunahme der Temperatur fest, ein Hinweis auf eine Steigerung der Reibung an den einzelnen Bruchstellen.

Klemmen und Sattellager: Prinzipiell gelten dieselben Überlegungen wie zuvor, der Querpressungs- und Einschnürungseinfluß dominiert noch stärker.

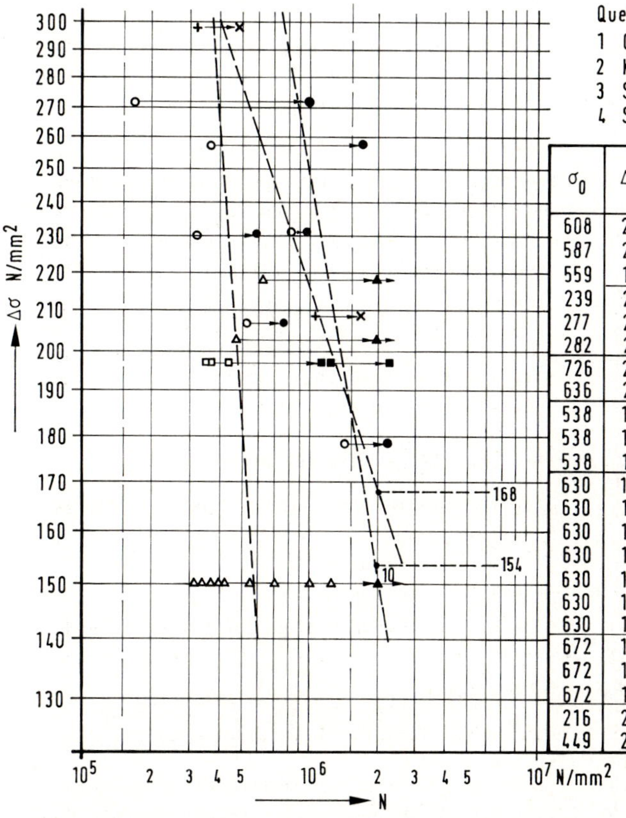

Quelle:
1 GRAF u. BRENNER ○ ●
2 KLINGENBERG u. PLUM + ×
3 SIEVERS u. GÖRTZ □ ■
4 SAUL u. ANDRÄ △ ▲

σ_0	$\Delta\sigma$	$\varkappa$	N: 1. Drahtbruch	N: Seilbruch *	Zahl der Drahtbr.	Quelle
608	230	0,62	310000	588000	21	1
587	207	0,65	520000	753000	51	
559	179	0,68	1451000	2103000	27	
239	231	0,03	808000	980000	205	
277	258	0,07	365000	1627000	113	
282	272	0,04	160000	971000	112	
726	299	0,59	335000	498000	61	2
636	209	0,67	1100000	1613000	139	
538	196	0,64	387000	1087100	-	3
538	196	0,64	370000	1188000	-	
538	196	0,64	428000	2194000	-	
630	150	0,76	336000	$2\cdot10^6$	30	4
630	150	0,76	1251000	"	4	
630	150	0,76	360000	"	122	
630	150	0,76	310000	"	57	
630	150	0,76	399000	"	65	
630	150	0,76	396000	"	30	
630	150	0,76	540000	"	28	
672	150	0,78	1000000	"	16	
672	150	0,78	19000	"	86	
672	150	0,78	704000	"	47	
216	203	0,06	494009	"	13	
449	219	0,51	625000	"	46	

* bzw. Abbruch des Versuchs

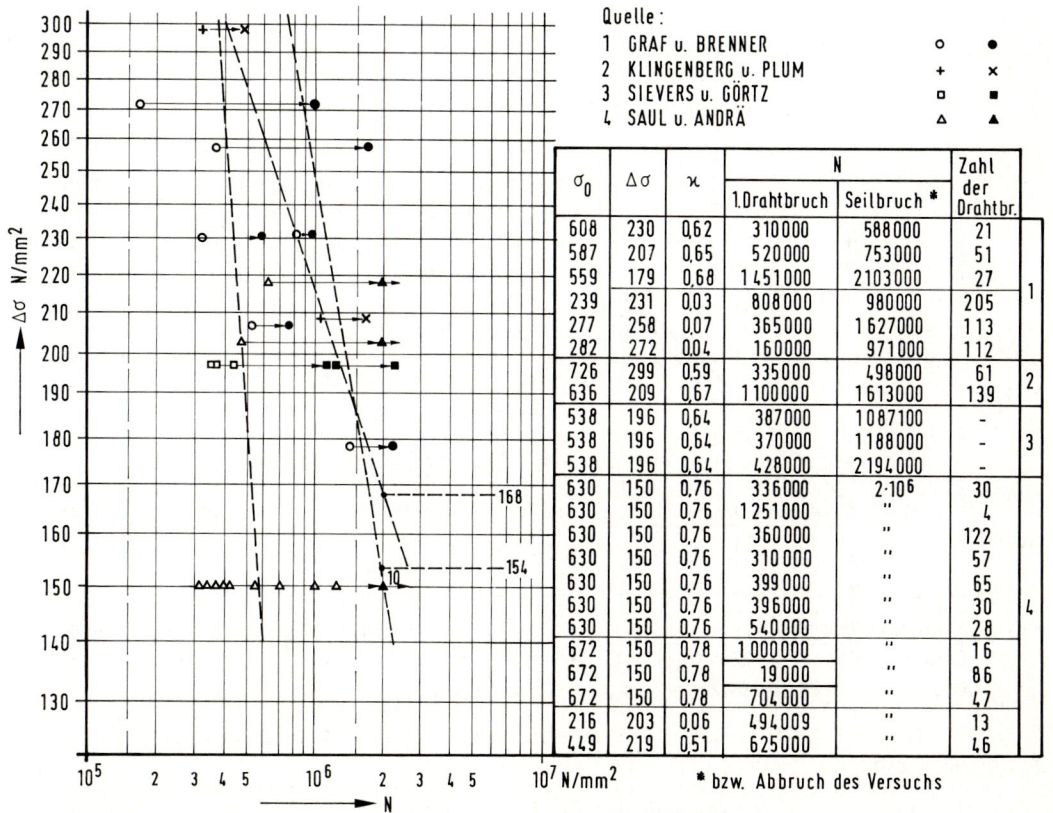

Bild 6

Konstruktive Gegenmaßnahmen: Sorgfältige Ausbildung der Seilverankerung und insbesondere des Seilkopfvergusses, Abrunden des Hülsenauslaufes und der Berandung von Klemmbeschlägen und Sattellagern (am günstigsten in Form einer Klothoide), Polieren der Lagerflächen, Einlegen von Weichmetallblechen und -stangen (auf beidseitigen Schutzanstrich zur Vermeidung elektrolytischer Reaktionen achten). Entscheidend ist ein einwandfreier und langlebiger Korrosionsschutz, insbesondere in den Verankerungsbereichen, Vermeidung von unbelüfteten Räumen und Wasserständen in diesen Bereichen sowie von Beschädigungen bei der Montage und Nutzung (Anprallschutz).

16.1.5.2 Versuchsbefund

In Bild 6 sind Ergebnisse von Dauerfestigkeitsversuchen an verschlossenen Seilen (ohne Querpressung) zusammengestellt [7,21-23]; Zugfestigkeit des Drahtmaterials ca. 1500N/mm².

Die $\Delta\sigma$-Werte sind für Seile mit unterschiedlichem Aufbau und Durchmesser kumuliert, auch gelten die $\Delta\sigma$-Werte für unterschiedliche Oberspannungen σ_0 und Spannungsverhältnisse $\varkappa$. Letzteres ist nur bedingt zulässig, da bei Oberspannungen, die (bei den Versuchen) größenmäßig 30-40% der Drahtfestigkeit betrugen, eine $\varkappa$-Abhängigkeit vorhanden ist, d.h. es tritt eine Abnahme von $\Delta\sigma$ mit steigender Oberspannung ein.
Die Regressionsrechnung liefert für Seilbruch (bzw. Abbruch des Versuches):

Minimierung der log$\Delta\sigma$-Abstände : $\Delta\sigma = 168\,N/mm^2$; $k = 2{,}75$

Minimierung der logN -Abstände : $\Delta\sigma = 153\,N/mm^2$; $k = 1{,}44$

Wie das WÖHLER-Diagramm und die tabellarische Zusammenstellung erkennen lassen, ist die Spanne zwischen erstem Drahtbruch und Seilbruch sehr unterschiedlich, wobei die Definition des Seilbruchs wegen der stark unterschiedlichen Drahtbruchanzahlen uneinheitlich ist. Insgesamt ergibt sich ein heterogenes Bild.
Erhalten die verschlossenen Seile im Versuch eine zusätzliche Querpressung, tritt ein Abfall der $\Delta\sigma$-Werte ein [24].
Paralleldrahtbündel liefern etwas günstigere Werte als verschlossene Seile [7]. Man vergleiche zur Thematik auch [25]. - Die Dauerfestigkeit von laufenden Seilen wird z.T. von anderen Gesichtspunkten bestimmt, siehe z.B. [10-13] und DIN 15018.

16.1.5.3 Nachweisform nach DIN 1073/DIN 18809

Für den baulichen Einsatz von vollverschlossenen Tragseilen im Straßenbrückenbau wurden in DIN 1073 folgende zulässigen Doppelspannungsamplituden (Schwingweiten) $\Delta\sigma$ vereinbart; vgl. Bild 7:

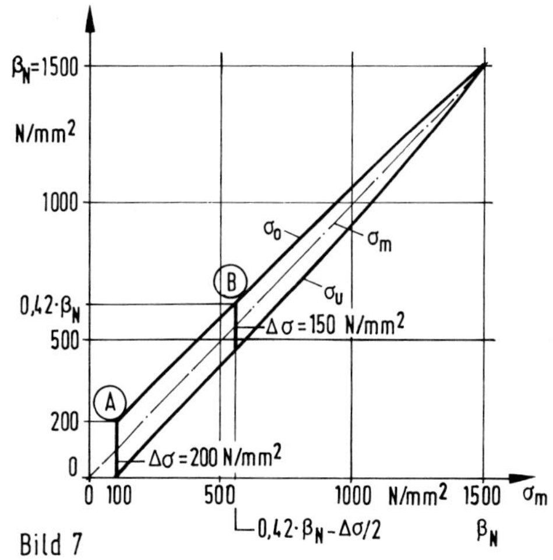

Bild 7

$$\sigma_0 = 200\,N/mm^2 : \Delta\sigma = 200\,N/mm^2 \quad (d.h.\ \sigma_u = 0) \qquad (8)$$
$$\sigma_0 = zul\sigma_H = 0{,}42\beta_N : \Delta\sigma = 150\,N/mm^2$$

Zwischen den σ_0-Grenzwerten wurde σ_0 als von σ_m geradlinig-abhängig angesetzt, vgl. die Punkte A und B in Bild 7:

$$\sigma_0 = a \cdot \sigma_m + b \quad \text{(Geradengleichung für } \sigma_0\text{)} \qquad (9)$$

a und b sind unbekannt; sie lassen sich berechnen, indem für die Grenzmarken A und B G.9 angeschrieben wird:

$$200 = a \cdot 100 + b$$
$$0{,}42\,\beta_N = a(0{,}42 \cdot \beta_N - 75) + b \qquad (10)$$

Die Auflösung nach a und b ergibt:

$$a = \frac{200 - 0{,}42\beta_N}{175 - 0{,}42\beta_N}; \quad b = 200 - \frac{200 - 0{,}42\beta_N}{175 - 0{,}42\beta_N}100 \qquad (11)$$

Weiter gilt gemäß Definition (vgl. Abschnitt 2.6.5.6.2):

$$\varkappa = \frac{\sigma_u}{\sigma_0} \longrightarrow \sigma_m = \frac{\sigma_0 + \sigma_u}{2} = \frac{(1+\varkappa)}{2}\sigma_0 \qquad (12)$$

a, b und σ_m werden in G.9 eingesetzt; nach kurzer Rechnung folgt:

$$(zul\sigma_D =)\quad \sigma_0 = \frac{200}{1 - \dfrac{\beta_N - 476{,}2}{\beta_N - 357{,}1}\varkappa} \qquad (13)$$

Wortlaut in DIN 1073: "Aufgrund von Dauerschwingversuchen an verschlossenen Seilen können mit Sicherheit die in G.13 angegebenen Schwingweiten zugelassen werden."
Für unterschiedliche Drahtfestigkeiten β_N (1200, 1300, 1400, 1500, 1600N/mm²) läßt sich aus G.13 die zulässige Oberspannung (=zul Dauerfestigkeit) in Abhängigkeit vom Spannungsverhältnis $\varkappa$ bestimmen. Zur Vereinfachung wurde in DIN 1073 für alle Drahtfestigkeiten β_N zu 1500N/mm² angesetzt; Ergebnis:

$$\underline{zul\sigma_O} \equiv \underline{zul\sigma_D} = \frac{200}{1-0{,}816\varkappa} \quad \text{für} \quad \varkappa < 1{,}116 - \frac{531{,}5}{\beta_N}$$
$$\underline{zul\sigma_D} = zul\sigma_H = 0{,}42\beta_N \text{ für } \varkappa \geq 1116 - \frac{531{,}5}{\beta_N} \tag{14}$$

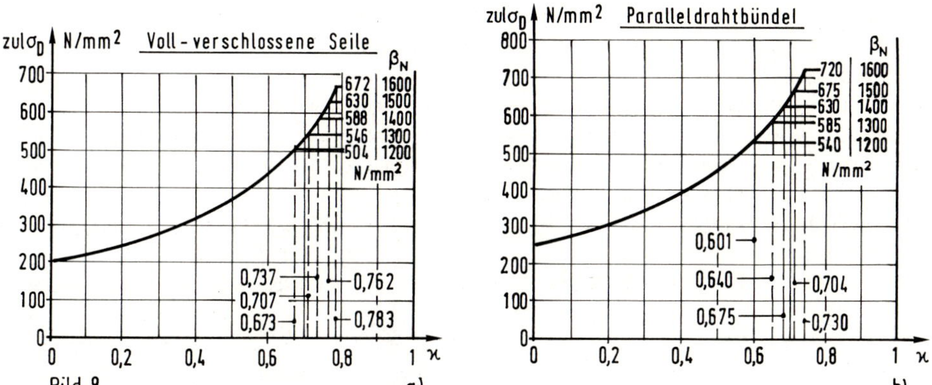

Bild 8

Für Paralleldrahtbündel wurde in DIN 1073 entsprechend verfahren; die zu G.8 analogen zul. Schwingbreiten wurden zu 250N/mm² bzw. 200N/mm² angesetzt. - In den Dauerfestigkeitsdiagrammen des Bildes 8 sind die zul. Spannungen σ_D nach oben durch die zul. Spannungen des Lastfalles H begrenzt.

Nach der Folgenorm DIN 18809 ist für vollverschlossene Seile und Paralleldrahtbündel der Betriebsfestigkeitsnachweis nach dem $\Delta\sigma$-Konzept zu führen. Verkehrslasten nach DIN 1072 sind mit ihrem 0,5-fachen Wert, Schienenfahrzeuge mit ihrem 1,0-fachen Wert zu berücksichtigen. Für die so ermittelte Schwingbreite ist durch eine ausreichende Anzahl von Versuchen nachzuweisen, daß das Seil einschließlich der für das Bauwerk vorgesehenen Seilverbindung $2\cdot10^6$ Lastwechsel mit einer um den Faktor 1,15 vergrößerten Schwingbreite ertragen kann. Ein Versuch gilt als bestanden, wenn die wirkliche Bruchkraft (vgl. Abschnitt 16.1.3) nach dem Dauerschwingversuch gegenüber der im Bauwerk maximal auftretenden Last eine Sicherheit von $\gamma = 2{,}2$ aufweist. Die wirkliche Bruchkraft darf jedoch nicht mehr als 25% unter der rechnerischen Bruchkraft liegen. Bereits vorliegende, vergleichbare Versuche können als Nachweis verwendet werden.

Wie aus Bild 7 erkennbar, ist $\Delta\sigma$ innerhalb des Betriebsbereiches nur geringfügig von der Mittelspannung abhängig. Die Schwingbreite $\Delta\sigma$ folgt aus:

$$(zul\,\Delta\sigma =)\quad \Delta\sigma = \sigma_O - \sigma_U = \sigma_O - \varkappa\sigma_O = (1-\varkappa)\sigma_O \tag{15}$$

σ_O nach G.13 in Abhängigkeit von $\varkappa$. Die Nachweisformel lautet:

$$1{,}15\cdot vorh\,\Delta\sigma \leq zul\,\Delta\sigma(\varkappa) \tag{16}$$

Hiermit allein läßt sich nach DIN 18809 der Nachweis nicht führen, denn, wie ausgeführt, ist zusätzlich der Nachweis zu erbringen, daß die wirkliche Bruchkraft nach dem Dauerschwingversuch mindestens 2,2mal so hoch wie die maximale Seilkraft ist. (Eine strenge Regel!)

16.1.6 Dehnverhalten der Seile - Verformungsmodul

Das σ-ε-Diagramm eines Seiles ist nichtlinear, wenn σ zu Z/A_m und ε zu $\Delta l/l$ bestimmt wird. In Bild 9a ist das Spannungsdehnungsverhalten eines hochfesten Seildrahtes und eines (aus solchen Drähten aufgebauten) Litzenseiles gegenübergestellt; hieraus ist erkennbar, daß die Steigung beim Litzenseil geringer ist und daß nach Entlastung ein Verformungsbeitrag verbleibt. Erst nach mehreren Zyklen stellt sich ein stabiles Verhalten ein.

Der elastische Anteil der Längenänderung besteht aus der elastischen Dehnung der Drähte (E=190000 bis 210000N/mm²) und der elastischen Querfederung der Drahtlagen; letztere bewirkt insbesondere die Nichtlinearität, ebenso die schrittweise Aktivierung der einzelnen

Drahtlagen (bei unterschiedlichem Verseilungsgrad). Je geringer die Steifigkeit des Seilkernes (im Grenzfall Fasereinlage) und je feingliedriger und mehrlitziger das Seil aufgebaut ist, umso nachgiebiger (weicher) ist das Seil.
Der sich nach mehrmaliger Belastung einstellende bleibende Anteil der Längenänderung (man nennt ihn Seilreck), ist außer vom Seilaufbau auch von der Herstellungsgüte und dem Anlieferungszustand abhängig (Klaffung der Seildrähte beim Aufrollen auf die Seiltrommel (Haspel), im ungünstigsten Falle Aufbrechen des Drahtverbandes). Abhängig vom Seiltyp ist der Seilreck erst nach 10 bis 30 Lastwechseln abgebaut. In vielen Fällen, insbesondere bei brückenbaulichem Einsatz, werden die Seile vor der Montage vorgereckt, ganz läßt sich der Seilreck dadurch nicht beseitigen. Bei abgespannten Konstruktionen des Hochbaues wird vielfach nach einer gewissen Standzeit nachgespannt, z.B. nach einem Jahr. Wegen des Seilrecks sind Seile als Verbandsglieder (z.B. in Dach- oder Wandverbänden) nicht geeignet; bei mobilen und fliegenden Bauten sind Nachspannelemente (Spannschlösser) vorzusehen.

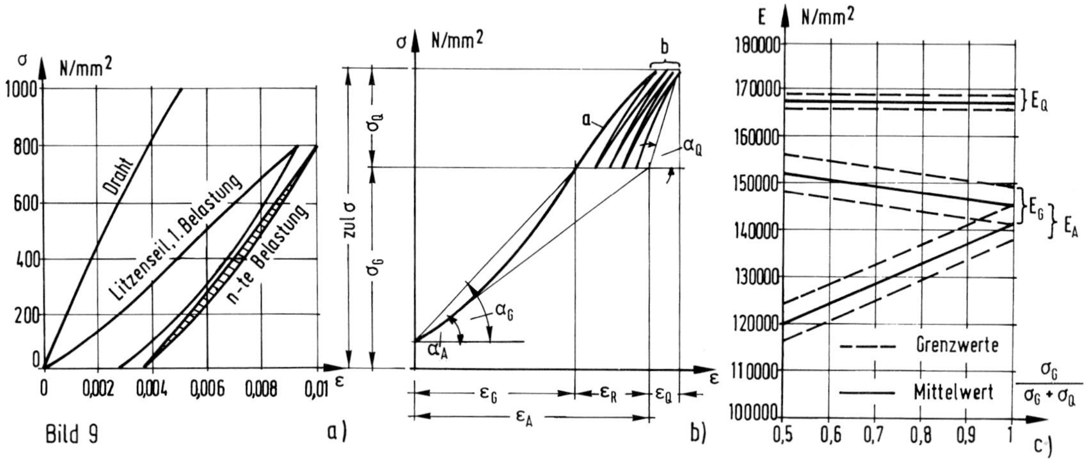

Bild 9

Seile, die unter hoher Dauerlast stehen, neigen zum Kriechen; beteiligt ist ein gewisses Drahtkriechen und ein Kriechen der Seilendausbildungen, z.B. ein Kriechen der Drähte im Vergußkegel. Der Kriechbeitrag ist sehr gering und braucht bei der statischen Berechnung nicht berücksichtigt zu werden.
Die Definition des E-Moduls ist nicht einheitlich geregelt; der E-Modul kann sich eigentlich nur auf den "Arbeitsbereich" des Seiles beziehen, wobei streng genommen zwischen Bauzustand, Gebrauchszustand und Bruchzustand zu unterscheiden ist; man spricht daher richtigerweise nicht vom Elastizitätsmodul sondern vom Verformungsmodul.
In DIN 18800 T1 sind E-Moduli im Sinne von Mittelwerten vereinbart; es handelt sich um Rechenwerte: Rundlitzenseile E=90 000 bis 120 000N/mm²; offene Spiralseile E=150 000N/mm²; vollverschlossene Spiralseile E=170 000N/mm²; Paralleldrahtbündel E=200 000N/mm²; Parallellitzenbündel E=190 000N/mm². Paralleldrahtbündel sind weitgehend seilreckfrei, sie haben die höchste Steifigkeit. In der Größe der Eigendämpfung sind sie indes den Spiralseilen unterlegen sowohl bezüglich dehnender wie biegender Beanspruchung; quantitative Angaben fehlen.
Die Temperaturdehnzahl der Seile kann wie für das stählerne Vollmaterial angesetzt werden. Für brückenbauliche Aufgaben ist in DIN 18800 T1 (11.90) ein genaueres Verfahren angegeben, u den Verformungsmodul vollverschlossener, nicht vorgereckter Seile zu bestimmen (von DIN 1073 bzw. DIN 18809, Straßenbrücken, übernommen). Ausgegangen wird dabei von einer Grundspannung von 40N/mm², da sich erfahrungsgemäß erst von dieser Spannung aufwärts ein gesetzmäßiges Verhalten erkennen läßt; vgl. Bild 9b: Eine erstmalige Beanspruchung liefert die Linie a, wird das Seil im Spannungsbereich σ_Q wiederholt gespannt und entspannt, ergeben sich die Linien b. Für das unter der Spannung infolge ständiger Last (G) stehende Seil, stellt sich nach diesen Lastwiederholungen die Dehnung ε_A ein. Für das Ablängen der Seile ist dieser Wert (orientiert am eingespielten Endzustand) maßgebend:

$$E_A = \frac{\sigma_G - 40}{\varepsilon_A} \qquad (17)$$

Verformungsmodul für die Erstbeanspruchung ist:

$$E_G = \frac{\sigma_G - 40}{\varepsilon_G} \qquad (18)$$

Der Verformungsmodul für die Bauzustände liegt zwischen E_A und E_G. - Nach 10 bis 12 Schwingspielen verhält sich ein vollverschlossenes Seil praktisch elastisch. Im Verkehrsbereich ergibt sich der E-Modul zu:

$$E_Q = \frac{\sigma_Q}{\varepsilon_Q} \qquad (19)$$

Für Seile mit einer Schlaglänge gleich dem 9- bis 12-fachen Durchmesser der jeweiligen Drahtlage (vgl. Bild 1/2) wurden in DIN 18809 die in Bild 9c angegebenen Werte als Anhalt vereinbart, wobei die Werte nach der Herstellung der Seile im Versuch zu bestätigen sind. Bei Kurzversuchen mit Versuchsstücken < 8m Länge werden Seilreck und Seilkriechen nicht ausreichend erfaßt; es empfiehlt sich, die aufgrund solcher Versuche erhaltenen E_A-Werte für die Ablängung um 0,10 bis 0,15mm/m zu vergrößern.
Ggf. ist es empfehlenswert, Sensitivitätsberechnungen mit unterschiedlichen E-Moduli für die einzelnen Zustände durchzuführen.
In DIN 18800 T1 (11.90) wurde, wie erwähnt, Bild 9c als Anhalt für die Verformungsmoduli vollverschlossener (nicht vorgereckter) Spiralseile übernommen.

16.2. Stangen (Spannstahlstangen als Zugglieder)

16.2.1 Allgemeines

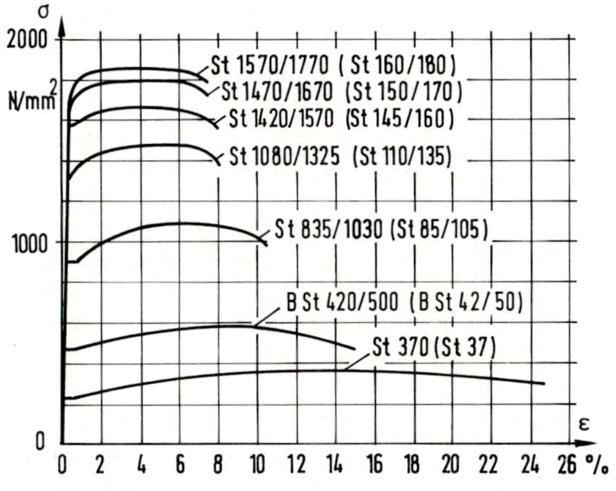

Bild 10

Wegen der hohen Festigkeit werden gelegentlich Spannstahl-Stangen als Zugglieder gewählt, sowohl für vorübergehenden als auch für verbleibenden Einsatz. Mit durchgehendem Sondergewinde ausgestattete Stähle kommen einer Montage mit Hubcharakter entgegen. - Spannstahl wurde als Spannmittel für den Spannbetonbau entwickelt. Gegen dessen Einsatz außerhalb dieser Bauweise, z.B. für Zugglieder von Rahmen und Bögen, für Anker u.a. Zwecke, bestehen keine Bedenken, wenn bestimmte Auflagen, insbesondere hinsichtlich des Korrosions- und Brandschutzes, eingehalten werden [26]. Wegen der Verankerung und fallweise erforderlicher Koppelungen, empfiehlt es sich, nur Stabstahl-Stangen (und keine Drähte und Litzen) zu wählen. Die Einhaltung dieser Empfehlung wird im folgenden unterstellt, dann kommen Stähle in der Güte St835/1030(St85/110) oder St1080/1325(St110/135) in Betracht, vgl. Bild 10: Die Streckgrenze $\beta_S(\beta_{0,2})$ liegt dicht oberhalb der Elastizitätsgrenze ($\beta_{0,01} \approx 0,87 \cdot \beta_S$). Die Stähle werden warmgewalzt, gereckt (0,3 bis 1%) und angelassen (bei ca. 270°); die Stabstähle sind entweder glatt mit aufgerolltem Endgewinde oder mit durchgehenden, warmgewalzten (doppelgängigen) Gewinderippen ausgestattet; Legierungsbestandteile sind C, Si, Mn und evtl. Cr. Die Stähle sind nicht schweißbar. Der Spannungsverlust infolge Relaxation ist gering (σ=zulσ bei 1000h: ca. 0,5 bis 1,5%).

16.2.2 Vorwiegend ruhende Beanspruchung

Die Bemessung bei vorwiegend ruhender Belastung wird an der Bruchgrenze β_Z bzw. Streckgrenze β_S orientiert: zulσ =0,55·β_Z bzw. 0,75·β_S im 1,0-fachen Gebrauchszustand. Sofern mit γ-fachen Lasten gerechnet wird, ist der Nachweis gegen die γ·zulσ-Spannungen zu führen. Da nur bauaufsichtlich zugelassene Stähle eingesetzt werden, gelten die zulässigen Spannungen auch für deren Verankerungen und Koppelungen. Auf [26] wird hingewiesen sowie einige Regelungen in DIN 18800 T1 (11.90).

16.2.3 Nicht vorwiegend ruhende Beanspruchung [27]

Die Dauerfestigkeit (Schwingfestigkeit) liegt deutlich unter der (statischen) Bruchfestigkeit (wie von den hochfesten Feinkornbaustählen und Schraubenstählen bekannt). - Die Dauerschwingversuche an Spannstählen werden i.a. mit zwei verschiedenen Oberspannungen durchgeführt (Zugschwellversuche):

$$\begin{aligned} &a)\quad \sigma_0 = 0{,}55\beta_Z \quad \text{bzw.}\quad \sigma_0 = 0{,}75\beta_S \quad (\sigma_0 = \text{zul}\,\sigma) \\ &b)\quad \sigma_0 = (0{,}8 \div 0{,}9)\beta_Z \end{aligned} \tag{20}$$

Der Wert gemäß a) dient zur Ermittlung der Dauerfestigkeit bei Ausnutzung der zul. Spannungen für den Spannstahl unter Gebrauchslast, der Wert gemäß b) erlaubt die Aufzeichnung des SMITH-Diagramms; er trägt darüber hinaus der Tatsache Rechnung, daß die in den Krümmungen des Spanngliedverlaufes auftretenden Spannungserhöhungen wesentlich über zulσ liegen. Für den ungestörten Spannstahl (außerhalb der Verankerung) sind die $\Delta\sigma = 2\sigma_A$-Werte in den Zulassungsbescheiden der Spannstähle ausgewiesen:

$$\begin{aligned} &\text{St } 835/1030:\ \Delta\sigma = 390/330\ \text{N/mm}^2\ (\text{glatt}) \quad = 230/200\ \text{N/mm}^2\ (\text{gerippt}) \\ &\text{St } 1080/1325:\ \Delta\sigma = 310/270\ \text{N/mm}^2\ (\text{glatt}) \quad = 250/170\ \text{N/mm}^2\ (\text{gerippt}) \end{aligned} \tag{21}$$

Die in den Bescheiden und im Schrifttum angegebenen Werte stimmen nicht voll überein. Der Formeinfluß ist ausgeprägt, $\Delta\sigma$ erfährt infolge der Gewinderippen gegenüber einem glatten Stab eine Abminderung; im Bereich eines aufgerollten Endgewindes liegt $\Delta\sigma$ noch niedriger. Bei allen Spannstahlsorten ist die Mittelspannungsabhängigkeit gering; sie nimmt mit zunehmendem Kerbeinfluß (Rippen, Gewinde) weiter ab. Die Schwingfestigkeit liegt in Verankerungs- und Koppelungsbereichen erheblich unter den Werten des freien Stabbereiches, wobei der Abfall bei Stählen mit Profilierung geringer ist. Im Mittel liegt $\Delta\sigma$ je nach konstruktiver Ankerausbildung zwischen $\Delta\sigma$ = 110N/mm² (Schraubanker) und 80N/mm² (Keilverankerung) unabhängig von der Stahlsorte. Der Grund für diesen Abfall liegt in den Relativverschiebungen zwischen Spannstab und Ankerkörper, die infolge der hiermit verbundenen Reibung eine vorzeitige Schädigung bewirken.

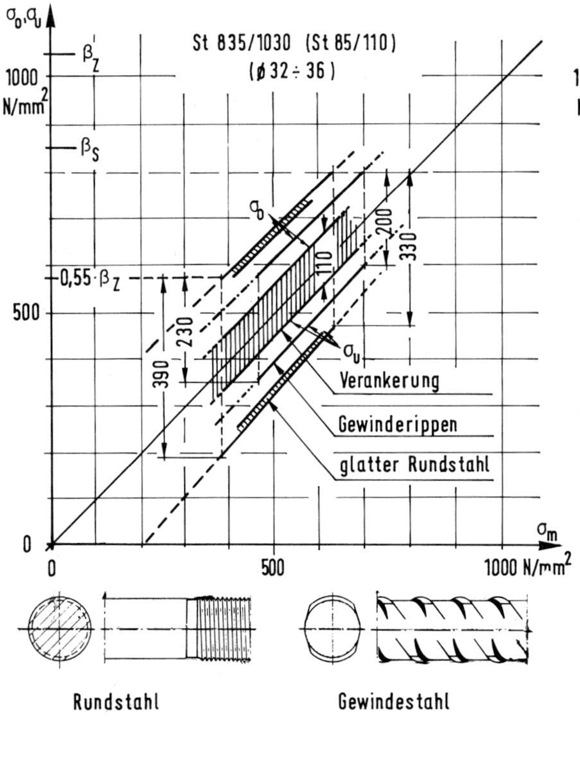

Bild 11

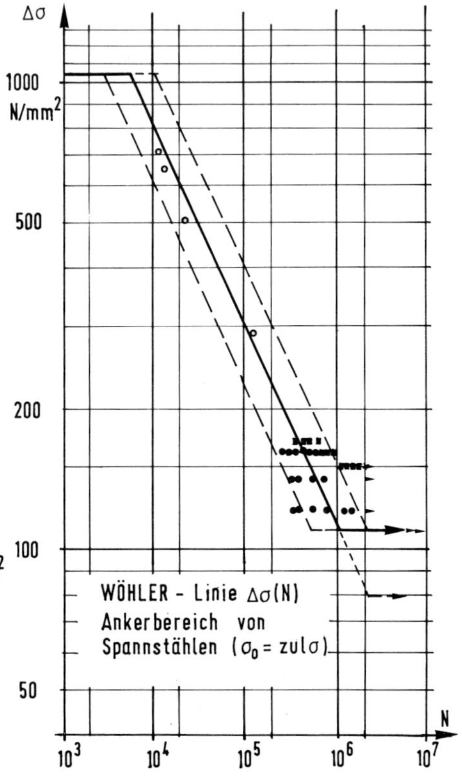

Bild 12

Bei durch Witterungseinflüsse verursachten Korrosionsnarben und -poren tritt ein weiterer Abfall der Dauerfestigkeit, insbesondere innerhalb der freien Länge, ein. Bei korrosiven Umgebungsbedingungen wird der Abfall beschleunigt, bei stark korrosivem Medium besteht die Gefahr einer Spannungsrißkorrosion, die in Verbindung mit einer Schwingbeanspruchung zu spröden Brüchen führt. Spannstähle, die nicht einbetoniert werden, bedürfen daher bei Dauereinsatz eines wirksamen Korrosionsschutzes [26].

In einbetoniertem Zustand tritt der Dauerbruch im Rißbereich des Betons auf; an dieser Stelle löst sich der Verbund, es tritt eine Reibung zwischen Beton und der Stahloberfläche ein: Bei Rippenstählen tritt keine Abminderung ein, bei Rundstählen wird $\Delta\sigma$ auf etwa 85% reduziert [28]. - Da bei voller Vorspannung in Spannbetonbauwerken (Zustand I) die rechnerischen Spannungsdifferenzen etwa 100N/mm², real im Mittel 40N/mm² betragen (Straßenbrücken), wird die zul. Schwingweite ($0{,}7\cdot\Delta\sigma$) eingehalten. Bei teilweiser Vorspannung ist die Schwingbruchgefährdung ernster zu nehmen. Das gilt natürlich insbesondere bei Verwendung von Spannstahl außerhalb des Spannbetonbaues. Je länger das Zugglied, umso geringer ist die Sicherheit. Ist nur ein Zugglied vorhanden, ist die Ausfallsicherheit gering. - Bild 11 zeigt beispielhaft das SMITH-Diagramm für den Stahl St835/1030(St85/110). In Bild 12 ist die WÖHLER-Linie für Spannstahl-Verankerungen dargestellt, wie sie sich aufgrund von veröffentlichten [29] und nicht veröffentlichten Versuchsbefunden (praktisch unabhängig von der Spannstahlsorte) ergibt. Je höher zulσ , umso geringer ist die zugeordnete Zeitfestigkeitslastwechselzahl, die zum Bruch führt; das ist der Grund, warum der Verfasser von der Verwendung von Spannstahl mit Festigkeiten größer 1325N/mm² als Zugglieder außerhalb des Spannbetonbaues abrät. - Zur Entwicklung der Spannstähle vgl. u.a. [30-32].

16.3 Seilstatik *)

16.3.1 Herleitung der Seilgleichung für das ebene Seil

Es wird ein durchhängendes Seil mit unterschiedlich hohen Aufhängepunkten im statischen Gleichgewichtszustand unter lotrechten Lasten betrachtet. Zur Beschreibung der Seilkurve wird ein Koordinatensystem x, y aufgespannt, mit den Koordinaten x_a, y_a und x_b, y_b der Ankerpunkte A und B; vgl. Bild 13a. Das Seil sei biegeschlaff (Idealseil); es vermag nur Zugkräfte aufzunehmen. Die Seilkraft ist veränderlich: $S=S(x)$.

In Abhängigkeit von der Art der Montage werden drei Vorgehensweisen bei der statischen Behandlung unterschieden:

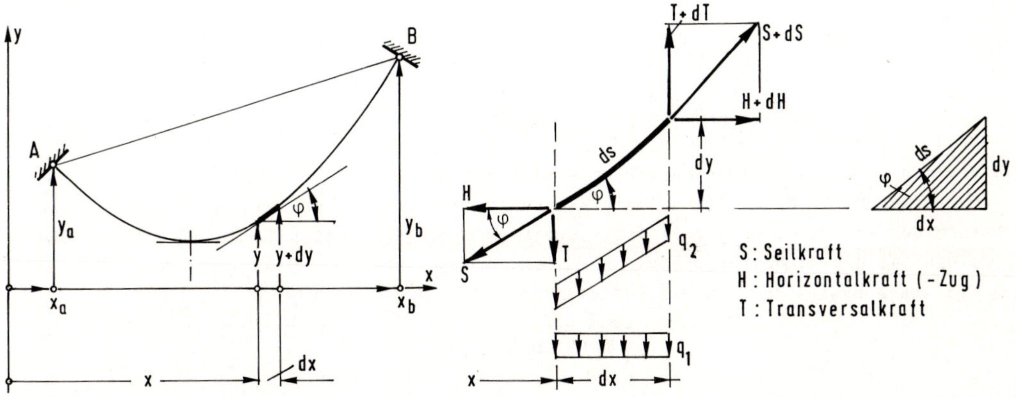

Bild 13 a) b) c)

*) Die Statik des Einzelseils ist seit Jahrhunderten Gegenstand wissenschaftlicher Untersuchungen (GALILEI, BERNOULLI, LEIBNITZ, HUYGENS). Der Einfluß der Dehnung wurde von RANKINE (1858) für das Parabel- und von ROUTH (1891) für das Katenoidseil untersucht. Der weitere Ausbau der Seilstatik geht u.a. auf WEIL [33], SCHLEICHER [34], STÜSSI [35] und viele andere zurück, u.a. [36-38].

a) Ein im spannungslosen Zustand, am Boden ausgelegtes Seil wird abgelängt (ggf. vorgereckt), mit Seilverankerungen versehen und anschließend in den Ankerpunkten A und B eingehängt. Der Durchhang ergibt sich dann zwangsläufig einschließlich des Dehnungsdurchhanges infolge der Längung des Seiles. Die Ablängung des Seiles kann natürlich so erfolgen, daß sich ein bestimmter Durchhang oder eine bestimmte max Zugkraft im Seil einstellt.

b) In das Seil oder am Ende des Seils wird eine Spannvorrichtung eingebaut, über welche die Länge des Seiles und damit der Durchhang und/oder die Kraft (z.B. über ein Dynamometer) einjustiert wird. Diese Einmessung wird ggf. später überprüft und durch Nachspannen korrigiert, um die durch Seilreck eingetretenen Änderungen auszugleichen.

c) Das Seil wird einseitig verankert und auf der anderen Seite über eine Rolle geführt und mit einem Gewicht ballastiert. Dann ist die Seilkraft an der Rolle gleich der Gewichtskraft und damit für alle Zeiten unveränderlich; es liegt ein statisch bestimmter Gleichgewichtszustand vor.

Um die Seilgleichung herzuleiten, wird aus dem Seil ein Element der Länge ds herausgetrennt und die Schnittgrößen T und H (einschließlich der infinitesimalen Zuwächse am rechten Schnittufer) eingetragen, Bild 13b. T ist die lotrechte und H die waagerechte Komponente der Seilkraft S. Es werden zwei (lotrecht wirkende) Lastarten unterschieden:

$q_1 = q_1(x)$: Konstante Streckenlast, bezogen auf die Längeneinheit der Projektion,

$q_2 = q_2(x)$: Konstante Streckenlast, bezogen auf die Längeneinheit der Seillinie.

An dem Seilelement werden die Gleichgewichtsgleichungen formuliert:

$$\Sigma H = 0: \quad H - (H + dH) = 0 \longrightarrow dH = 0 \longrightarrow H = \text{konst} \tag{22}$$

Die horizontale Komponente der Seilkraft S(x) ist somit an jeder Schnittstelle gleichgroß, man nennt sie "Horizontalzug" des Seiles.

$$\Sigma M = 0: \quad T dx - H dy = 0 \longrightarrow T = Hy' \longrightarrow T' = Hy'' \tag{23}$$

Fall 1: q_1:

$$\Sigma T = 0: \quad T - (T + dT) + q_1 dx = 0 \longrightarrow T' = q_1(x) \tag{24}$$

Verknüpfung von G.23 und 24:

$$Hy'' = q_1(x) \tag{25}$$

Fall 2: q_2:

$$\Sigma T = 0: \quad T - (T + dT) + q_2 ds = 0 \longrightarrow T' = q_2(x)\frac{ds}{dx} \tag{26}$$

Gemäß Bild 13c ist:

$$ds = \sqrt{dx^2 + dy^2} = dx\sqrt{1 + y'^2} \tag{27}$$

Verknüpfung von G.23, G.26 u. G.27:

$$Hy'' = q_2(x)\sqrt{1 + y'^2} \tag{28}$$

Die Seillinie für die beiden Lastarten erhält man durch Lösen der Differentialgleichungen G.25 bzw. G.28. Die Differentialgleichungen sind von 2. Ordnung, deren Lösungsfunktionen bauen sich somit aus zwei Teillösungen mit den Freiwerten C_1 und C_2 auf: C_1 und C_2 folgen aus den Randbedingungen.

Die Seillänge ergibt sich mittels Integration (ausgehend von G.27):

$$L = \int_l \sqrt{1 + y'^2}\, dx \tag{29}$$

Die Beziehungen zwischen der Vertikalkomponenten T(x), dem Horizontalzug H und der Seilkraft S(x) lauten:

$$T(x) = H \cdot \tan\varphi = H \cdot y'(x) \tag{30}$$

$$S(x) = \sqrt{H^2 + T^2(x)} = H\sqrt{1 + y'^2(x)} = H\sqrt{1 + \tan^2\varphi} = \frac{H}{\cos\varphi} \tag{31}$$

φ ist der lokale Neigungswinkel des Seiles, vgl. Bild 13.

16.3.2 Parabel

16.3.2.1 Allgemeine Lösung der Grundgleichung

Die Differentialgleichung lautet (G.25):

$$Hy'' = q_1(x) \qquad (32)$$

Es wird der Sonderfall $\boxed{q_1(x) = q = \text{konst}} \longrightarrow Hy'' = q = \text{konst}$ (33)

gelöst; auf die Indizierung mit 1 wird im folgenden verzichtet. Die Lösung ist elementar und ergibt sich nach zweimaliger Integration zu:

$$y = \frac{1}{H}\iint q(x)\,dx\,dx + C_1 x + C_2 = \frac{q}{2H}x^2 + C_1 x + C_2 \qquad (34)$$

Die Seillinie ist demnach eine (quadratische) Parabel; unbekannt sind die Bestimmungsstücke C_1, C_2 und H. Es werden nachfolgend die Fälle gleichhohe und ungleichhohe Aufhängepunkte behandelt.

16.3.2.2 Gleichhohe Aufhängepunkte

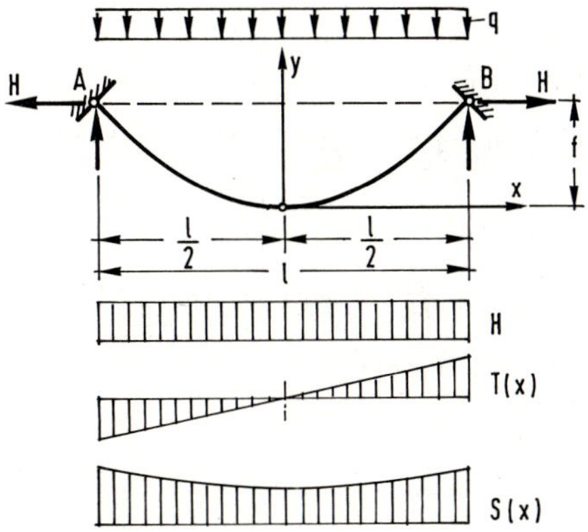

Bild 14

Die Seillinie ist symmetrisch. Der Ursprung des Koordinatensystems wird in den Tiefpunkt gelegt; vgl. Bild 14. - Aus den Bedingungen y=0 und y'=0 für x=0 ergeben sich C_1 und C_2 zu Null. Somit lautet die Lösungsfunktion und ihre Ableitung:

$$y = \frac{q}{2H}x^2, \quad y' = \frac{q}{H}x \qquad (35)$$

H ist noch unbestimmt. Der Stich des durchhängenden Seiles sei f, dann gilt:

$$x = \frac{l}{2}: \quad y = f = \frac{q}{2H}\left(\frac{l}{2}\right)^2 = \frac{ql^2}{8H} \longrightarrow H = \frac{ql^2}{8f} \longrightarrow \qquad (36)$$

$$y = 4\frac{f}{l^2}x^2 \qquad (37)$$

Offensichtlich folgt H aus dem Balkenbiegemoment $ql^2/8$, dividiert durch f.

Transversal- und Seilkraft folgen aus G.30/31:

$$T(x) = Hy' = H\frac{q}{H}x = qx; \quad \max T = T\left(x = \frac{l}{2}\right) = q\frac{l}{2} \qquad (38)$$

$$S(x) = H\sqrt{1+y'^2} = H\sqrt{1+\left(\frac{q}{H}\right)^2 x^2} = \sqrt{H^2 + q^2x^2} = q\sqrt{\left(\frac{H}{q}\right)^2 + x^2} = q\sqrt{\frac{l^4}{64f^2} + x^2} \qquad (39)$$

$$\max S = S\left(x = \frac{l}{2}\right) = q\frac{l}{2}\cdot\sqrt{1 + \frac{1}{16}\left(\frac{l}{f}\right)^2} \qquad (40)$$

$$S(x=0) = \frac{ql^2}{8f} = H = \min S \qquad (41)$$

Berechnung der Seillänge L (G.29):

$$L = \int_{-l/2}^{+l/2}\sqrt{1+y'^2}\,dx = \int_{-l/2}^{+l/2}\sqrt{1+\left(\frac{q}{H}\right)^2 x^2}\,dx \qquad (42)$$

Es wird die Substitution

$$x = \frac{H}{q}\sinh u; \quad dx = \frac{H}{q}\cosh u\,du; \quad u = \operatorname{arc\,sinh}\frac{x}{H/q} \qquad (43)$$

eingeführt; hiermit folgt für L:

$$L = \int\sqrt{1+\sinh^2 u}\cdot\frac{H}{q}\cosh u\,du = \frac{H}{q}\int\cosh^2 u\,du = \frac{1}{2}\cdot\frac{H}{q}\cdot(u + \sinh u\cdot\cosh u) =$$

$$= \frac{1}{2}\frac{H}{q}\left[\operatorname{arc\,sinh}\frac{x}{H/2} + \frac{x}{H/2}\cdot\sqrt{1+\left(\frac{x}{H/2}\right)^2}\,\right]_{-l/2}^{+l/2} \qquad (44)$$

Die Grenzen werden eingesetzt und die Formel umgestellt:

$$L = \frac{l}{2}\sqrt{1+(\frac{ql}{2H})^2} + \frac{H}{q}\operatorname{arcsinh}(\frac{ql}{2H}) \qquad (45)$$

Günstiger für die Berechnung ist folgende Formel:

$$L = \frac{l}{2}\sqrt{1+(\frac{ql}{2H})^2} + \frac{H}{q}\left\{\ln[(\frac{ql}{2H}) + \sqrt{1+(\frac{ql}{2H})^2}\,]\right\} \qquad (46)$$

Sie folgt aus G.45 bei Beachtung von:

$$\operatorname{arcsinh} x = \ln(x + \sqrt{1+x^2}) \qquad (47)$$

Handelt es sich um ein flach gespanntes Seil, kann die Seillängenformel nach Reihenentwicklung wie folgt angenähert werden:

$$L = l[1 + \frac{8}{3}(\frac{f}{l})^2 - \frac{32}{5}(\frac{f}{l})^4 + \frac{256}{7}(\frac{f}{l})^6 - \dots] \approx l\cdot[1 + \frac{8}{3}(\frac{f}{l})^2] \qquad (48)$$

Beispiel:

$l = 600\,m,\ f = 150\,m,\ q = 1\,kN/m$

$H = \frac{ql^2}{8f} = \frac{1\cdot 600^2}{8\cdot 150} = \underline{300\,kN};\ y = 4\frac{150}{600^2}x^2 = \underline{0,0016667x^2}$

$\max T = q\frac{l}{2} = 1\cdot\frac{600}{2} = \underline{300\,kN};\ \max S = \sqrt{H^2 + \max T^2} = \sqrt{2}\cdot 300 = \underline{426\,kN}$

$\max S = 1\cdot\frac{600}{2}\sqrt{1 + \frac{1}{16}(\frac{600}{150})^2} = \underline{426\,kN}$

$\frac{ql}{2H} = \frac{1\cdot 600}{2\cdot 300} = 1,0:\ L = \frac{600}{2}\sqrt{1+1^2} + \frac{300}{1}\ln(1+\sqrt{1+1^2}) = (\sqrt{2} + 0,88137)300 = \underline{688,68\,m}$

Wird die Länge des Seiles mittels G.48 approximativ berechnet, ergibt sich:

$f/l = 0,250:\ L = 600(1 + \frac{8}{3}0,250^2 - \frac{32}{5}0,250^4 + \frac{256}{7}0,250^6)$

$= 600(1 + 0,16667 - 0,02500 + 0,0089286) = 1,1506\cdot 600 = \underline{690,36\,m}$

16.3.2.3 Ungleichhohe Aufhängepunkte

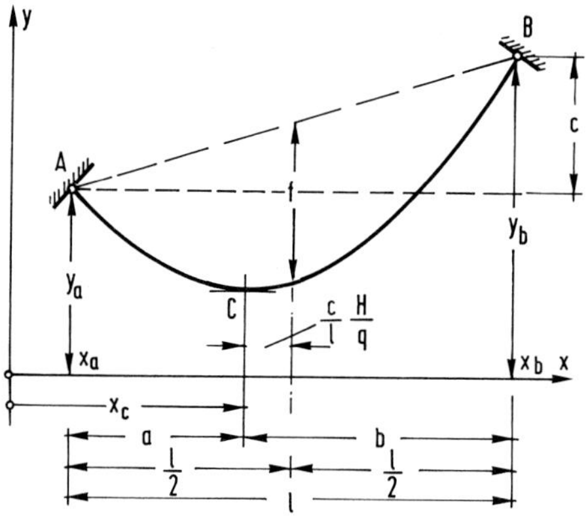

Bild 15

Die Koordinaten der Aufhängepunkte seien x_a, y_a und x_b, y_b, vgl. Bild 15. Es wird von der allgemeinen Lösung (G.34) ausgegangen. Um die Freiwerte C_1 und C_2 zu berechnen, werden die Randbedingungen

$$x = x_a:\ y = y_a;\quad x = x_b:\ y = y_b \qquad (49)$$

formuliert. Das ergibt zwei Gleichungen für die beiden Freiwerte C_1 und C_2; deren Lösung lautet:

$$C_1 = \frac{y_b - y_a}{x_b - x_a} - \frac{x_b^2 - x_a^2}{x_b - x_a}\cdot\frac{q}{2H}; \qquad (50)$$

$$C_2 = \frac{y_a x_b - y_b x_a}{x_b - x_a} + x_a x_b\frac{q}{2H} \qquad (51)$$

Wenn man noch

$$l = x_b - x_a \qquad (52)$$

berücksichtigt, findet man die Lösungsfunktion zu:

$$y = [x^2 - (x_a + x_b)x + x_a x_b]\frac{q}{2H} + (y_b - y_a)\frac{x}{l} + \frac{y_a x_b - y_b x_a}{l} \qquad (53)$$

$$y' = [2x - (x_a + x_b)]\frac{q}{2H} + \frac{y_b - y_a}{l} \qquad (54)$$

Nunmehr lassen sich auch T(x) und S(x) gemäß G.30/31 berechnen; H ist noch unbestimmt. Um die Lage des Tiefpunktes C zu finden, wird y' Null gesetzt und diese Gleichung nach x aufgelöst; das ergibt (x_c):

$$x_c = \frac{1}{2}(x_a + x_b) - \frac{y_b - y_a}{l}\cdot\frac{H}{q} = \frac{1}{2}(x_a + x_b) - \frac{Hc}{ql} \tag{55}$$

Der Höhenunterschied der Punkte A und B sei $c = y_b - y_a$. Das erste Glied der vorstehenden Gleichung kennzeichnet die Mitte zwischen A und B. Der Abstand des Tiefpunktes C von dieser Mitte (D) ist demnach:

$$\frac{Hc}{ql} \tag{56}$$

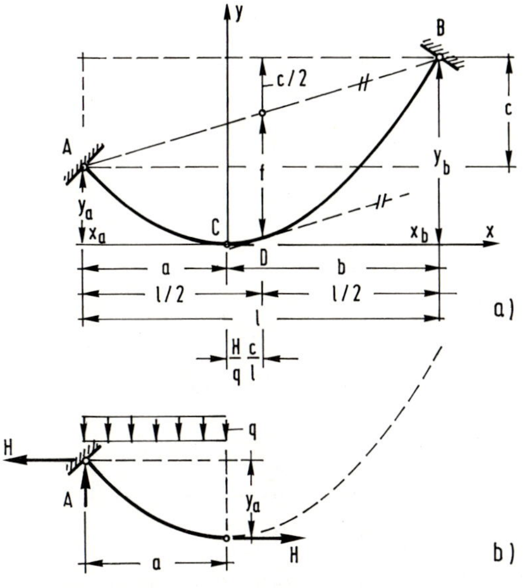

Bild 16

Es ist zweckmäßig, das Koordinatensystem derart zu transformieren, daß der Ursprung in den Punkt C zu liegen kommt (Bild 16a). Die Gleichung der Seillinie lautet jetzt:

$$y = \frac{q}{2H}x^2 \tag{57}$$

Den Aufhängepunkten A und B werden in diesem Koordinatensystem die <u>neuen</u> Koordinaten x_a, y_a und x_b, y_b zugeordnet. Der horizontale Abstand von C nach A bzw. B beträgt (siehe G.55):

$$a = \frac{l}{2} - \frac{Hc}{ql}, \quad b = \frac{l}{2} + \frac{Hc}{ql} \tag{58}$$

Der Abstand der Verbindungslinie AB vom Mittelpunkt D wird als Stich definiert, vgl. Bild 16a. Dieses Maß folgt aus der Geometrie der Figur zu:

$$f = y_a + \frac{c}{2} - \frac{Hc^2}{2ql^2} \quad \text{bzw.} \quad f = y_b - \frac{c}{2} - \frac{Hc^2}{2ql^2}$$

Somit gilt für f:

$$f = \frac{y_a + y_b}{2} - \frac{Hc^2}{2ql^2} \tag{59}$$

Man überzeugt sich sofort, daß die Seillinie an der Stelle $x = \frac{H}{q}\cdot\frac{c}{l}$ dieselbe Neigung wie die Neigung der Verbindungslinie AB hat:

$$y' = 2\frac{q}{2H}x \longrightarrow y'\left(\frac{Hc}{ql}\right) = 2\frac{q}{2H}\cdot\frac{H}{q}\cdot\frac{c}{l} = \frac{c}{l} \tag{60}$$

Die lotrechten Auflagerkräfte in den Aufhängepunkten betragen:

$$A = qa, \quad B = qb \tag{61}$$

(T(x) ist im Punkt C Null!) - Durch das Seil wird im Tiefpunkt C ein Schnitt gelegt (Bild 16b) und H angetragen. Die Momentengleichgewichtsgleichung lautet:

$$Hy_a - q\frac{a^2}{2} = 0 \tag{62}$$

Für a wird G.58 eingesetzt; nach kurzer Rechnung erhält man eine quadratische Bestimmungsgleichung für H:

$$H^2 - (y_a + y_b)q\frac{l^2}{c^2}H + \frac{l^4}{c^2}\cdot\frac{q^2}{4} = 0 \tag{63}$$

Lösung:

$$H = (y_a + y_b \mp 2\sqrt{y_a y_b})\frac{ql^2}{2c^2} \tag{64}$$

Wird H aus G.59 frei gestellt und mit dieser Beziehung gleichgesetzt, erhält man nach kurzer Rechnung:

$$f = \frac{1}{4}(\sqrt{y_a} \pm \sqrt{y_b})^2 \qquad (65)$$

y_a und y_b liegen gemäß G.57 fest. Das obere Vorzeichen gilt für den Fall, daß der Tiefpunkt C zwischen den Aufhängepunkten liegt, das untere für den Fall, daß C außerhalb liegt. Durch die Verknüpfung von G.65 mit G.64 bestätigt man sofort:

$$H = \frac{ql^2}{8f} \quad \text{bzw.} \quad f = \frac{ql^2}{8H} \qquad (66)$$

1. Beispiel: Im Ausgangskoordinatensystem (Bild 15) lauten die Koordinaten der Abspannpunkte:

$$A: x_a = 100\,m,\; y_a = 200\,m;\quad B: x_b = 850\,m,\; y_b = 387{,}5\,m$$

$$l = x_b - x_a = 750\,m,\quad c = 187{,}5\,m;\quad q = 1\,kN/m$$

Die Problemstellung kann unterschiedlich sein (s.o.); z.B.:

- Es wird H vorgegeben, daraus folgen Seillinie und Tiefpunkt oder,
- es wird der Tiefpunkt C vorgegeben (um einen bestimmten lotrechten Abstand einzuhalten) daraus folgt H.

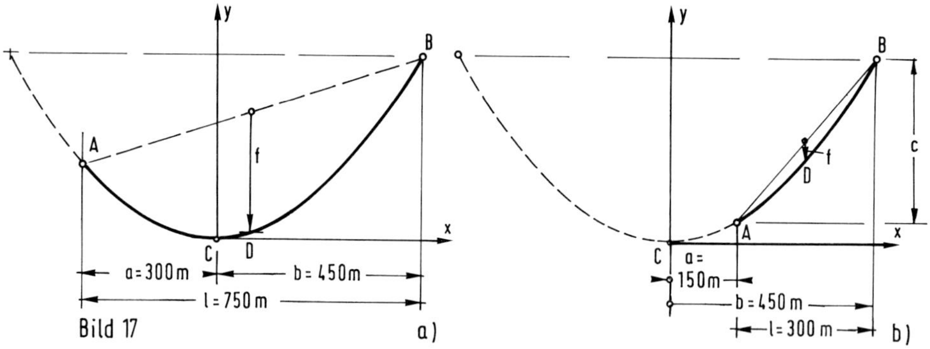

Bild 17

Es wird H mit 300kN angesetzt; der Abstand zwischen C und D folgt gemäß G.56 zu:

$$\frac{Hc}{ql} = \frac{360}{1}\cdot\frac{187{,}5}{750} = \underline{75\,m}$$

a und b berechnen sich aus G.58: $a = 375 - 75 = 300\,m,\; b = 375 + 75 = 450\,m$

Es wird im Sinne von Bild 16 ein neues Koordinatensystem vereinbart; vgl. Bild 17a:

$$A: x_a = -a = \underline{-300\,m},\quad B: x_b = +b = \underline{+450\,m}$$

Die zugehörigen Ordinaten ergeben sich aus G.57 zu:

$$A: y_a = \frac{1}{2\cdot 300}(-300)^2 = \underline{150\,m},\quad B: y_b = \frac{1}{2\cdot 300}450^2 = \underline{337{,}5\,m}$$

Für f folgt aus G.59:

$$f = \frac{150 + 337{,}5}{2} - \frac{300\cdot 187{,}5^2}{2\cdot 1\cdot 750^2} = 243{,}75 - 9{,}375 = \underline{234{,}375\,m}$$

oder aus G.65:

$$f = \frac{1}{4}(\sqrt{150} + \sqrt{337{,}5})^2 = \underline{234{,}375\,m}$$

Mit G.64 bestätigt man:

$$H = (150 + 337{,}5 - 2\sqrt{150\cdot 337{,}5})\frac{1\cdot 750^2}{2\cdot 187{,}5^2} = \underline{300\,kN}$$

Um die Seillänge zu bestimmen, wird von G.45/46 oder 48 ausgegangen, indem zunächst die Länge zwischen A und C und dann zwischen B und C bestimmt wird. Dazu denkt man sich zwei symmetrische Seilkurven, von deren Länge nimmt man je die Hälfte:

$$\text{Teilstück AC: } l_E = 2a = 2\cdot 300 = \underline{600\,m};\quad \frac{ql}{2H} = \frac{1\cdot 600}{2\cdot 300} = \underline{1}$$

$$L_E = \frac{600}{2}\sqrt{1+1^2} + \frac{300}{1}\cdot \ln[1 + \sqrt{1+1^2}] = \sqrt{2}\cdot 300 + 0{,}881374\cdot 300 = \underline{688{,}676\,m}$$

$$\text{Teilstück BC: } l_E = 2b = 2 \cdot 450 = \underline{900\,m}; \quad \frac{ql}{2H} = \frac{1 \cdot 900}{2 \cdot 300} = \underline{1{,}5}$$

$$L_E = \frac{900}{2} \cdot \sqrt{1 + 1{,}5^2} + \frac{300}{1} \cdot \ln[1{,}5 + \sqrt{1 + 1{,}5^2}] = 1{,}80278 \cdot 450 + 1{,}19476 \cdot 300 = \underline{1169{,}68\,m}$$

Die jeweils halbe Länge ist 344,338m bzw. 584,839m und die Summe:

$$\underline{L = 929{,}177\,m}$$

2. Beispiel: Gegeben sind A und B gemäß Bild 17b mit q=1kN/m; d.h.:

$$l = 300\,m, \quad c = y_b - y_a = 300\,m$$

Wird H vorgegeben, folgt damit f. Wird f vorgegeben, folgt damit H, jeweils aus G.66, z.B:

$$H = 300\,kN: \; f = 1 \cdot 300^2 / 8 \cdot 300 = 37{,}5\,m$$

$$f = 37{,}5\,m: \; H = 300\,kN$$

Um die Länge berechnen zu können, ist es günstig, die symmetrische Ergänzung zu bestimmen, insbesondere deren Tiefpunkt und damit das in diesem Punkt aufgespannte Koordinatensystem. Es wird von G.58 ausgegangen:

$$a = \frac{300}{2} - \frac{300}{1} \cdot \frac{300}{300} = -150\,m; \quad b = \frac{300}{2} + \frac{300}{1} \cdot \frac{300}{300} = 450\,m$$

Der Abstand des Tiefpunktes von den Ankerpunkten ergibt sich aus G.57:

$$y_a = \frac{1}{2 \cdot 300} \cdot (-150)^2 = \underline{37{,}5\,m}, \quad y_b = \frac{1}{2 \cdot 300} \cdot 450^2 = \underline{337{,}5\,m}$$

Jetzt lassen sich die Längen der Teilstücke AC und BC berechnen; die Differenz ist die Seillänge L:

Teilstück AC : 156,034 m

Teilstück BC : 584,839 m

Differenz : $\underline{L = 428{,}805\,m}$

Die Berechnungen werden schwieriger, wenn ein abgelängtes Seil zwischen zwei Ankerpunkte eingehängt wird oder unter Einhaltung eines vorgeschriebenen Durchhanges die Aufhängepunkte gesucht sind oder die zul Tragkraft gegeben ist und die Geometrie unter gewissen Restriktionen gesucht ist (usw.). Für diese Aufgaben lassen sich keine handlichen Formeln angeben. Zweckmäßig geht man so vor, daß zunächst ein dehnstarres Seil unterstellt wird, dann wird aus den obigen Formeln ein Algorithmus zusammengestellt, mittels dessen durch Iteration die Lösung gefunden wird. Anschließend wird eine Korrektur einprogrammiert, um den Verformungseinfluß zu berücksichtigen (s.u.). -

Eine weitere Wahlmöglichkeit für das Korrdinatensystem besteht darin, den Ursprung in den unteren (linken) Aufhängepunkt zu legen. Aus der allgemeinen Lösung G.34 folgt mit den Randbedingungen

$$x = 0: y = 0; \quad x = l: y = c \tag{67}$$

die Funktion der Seillinie und deren Ableitung zu:

$$y = \frac{c}{l}x - \frac{q}{2H}(l - x)x; \quad y' = \frac{c}{l} - \frac{q}{2H}(l - 2x) \tag{68}$$

Man bestätigt sofort:

$$f = \frac{c}{2} - y\left(\frac{l}{2}\right) = \frac{ql^2}{8H} \tag{69}$$

A und B ergeben sich gemäß G.61. Aus G.31 folgt:

$$S(0) = H\sqrt{1 + \left(\frac{c}{l} - \frac{ql}{2H}\right)^2}; \quad S(l) = H\sqrt{1 + \left(\frac{c}{l} + \frac{ql}{2H}\right)^2} \tag{70}$$

Die Seillänge wird zweckmäßig wieder nach dem Zusammensetzverfahren berechnet.

16.3.3 Katenoide (Kettenlinie)

16.3.3.1 Allgemeine Lösung der Grundgleichung

Die Differentialgleichung lautet (vgl. Abschnitt 16.3.1, G.28):

$$Hy'' = q_2(x)\sqrt{1 + y'^2} \tag{71}$$

Es wird der Sonderfall

$$\boxed{q_2(x) = q = \text{konst}} \tag{72}$$

gelöst; q ist die Eigenlast des Seiles je Längeneinheit, ggf. einschließlich der Last eines konstanten Eisbehanges:

$$Hy'' = q\sqrt{1 + y'^2} \tag{73}$$

Es wird die Substitution y'=u eingeführt, damit lautet G.73:

$$Hu' = q\sqrt{1 + u^2} \longrightarrow \frac{du}{\sqrt{1+u^2}} = \frac{q}{H}\,dx \tag{74}$$

Die Lösung dieser Differentialgleichung ist:

$$\ln(u + \sqrt{1 + u^2}) = \frac{q}{H}x + C_1 \longrightarrow u + \sqrt{1 + u^2} = e^{(\frac{q}{H}x + C_1)} \longrightarrow$$
$$y' + \sqrt{1 + y'^2} = e^{(\frac{q}{H}x + C_1)} \tag{75}$$

Die Lösung bestätigt man durch Differentiation nach x; bekanntlich ist:

$$\frac{d(\ln x)}{dx} = \frac{1}{x} \tag{76}$$

Der Kehrwert von G.75 lautet:

$$\frac{1}{y' + \sqrt{1 + y'^2}} = e^{-(\frac{q}{H}x + C_1)} \tag{77}$$

Es wird die Differenz von G.75 und G.77 gebildet, das ergibt:

$$2y' = e^{(\frac{q}{H}x + C_1)} - e^{-(\frac{q}{H}x + C_1)} \longrightarrow y' = \frac{1}{2}\,[e^{(\frac{q}{H}x + C_1)} - e^{-(\frac{q}{H}x + C_1)}] \tag{78}$$

Integration:

$$y = \frac{H}{2q}\,[e^{(\frac{q}{H}x + C_1)} + e^{-(\frac{q}{H}x + C_1)}] + C_2 \tag{79}$$

Unbekannte Bestimmungsstücke sind wieder C_1, C_2 und H. Es werden nachfolgend die Fälle gleichhohe und ungleichhohe Aufhängepunkte gelöst.

16.3.3.2 Gleichhohe Aufhängepunkte

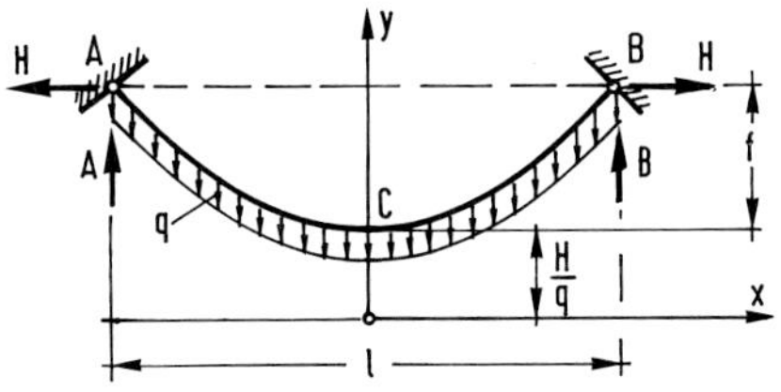

Bild 18

Die Seillinie ist symmetrisch; der Ursprung des Koodinatensystems wird so gelegt, daß der Tiefpunkt C die Koordinaten 0 und H/q hat (Bild 18). Dann ergeben sich C_1 und C_2 zu Null und die Gleichung der Seilkurve lautet:

$$y = \frac{H/q}{2}\left(e^{\frac{x}{H/q}} + e^{-\frac{x}{H/q}}\right) = \frac{H}{q}\cosh\frac{x}{H/q} \tag{80}$$

$$= \frac{H}{q}\left(1 + \frac{x^2}{2!(H/q)^2} + \frac{x^4}{4!(H/q)^4} + \cdots\right) \tag{81}$$

$$y' = \sinh\frac{x}{H/q} = \frac{x}{H/q} + \frac{x^3}{3!(H/q)^3} + \cdots \tag{82}$$

Wird von den Reihenentwicklungen jeweils nur das erste Glied berücksichtigt, ergibt sich die Gleichung der Parabel (im hier vereinbarten Koordinatensystem, vgl. G.35) zu:

$$y = \frac{H}{q} + \frac{q}{2H}x^2; \quad y' = \frac{q}{H}x \tag{83}$$

Für flach gespannte Seile stellt die Parabel eine sehr gute Annäherung dar. - Der Seilstich beträgt (vgl. Bild 18):

$$f = y(\tfrac{l}{2}) - \frac{H}{q} = \frac{H}{q}\left(\cosh\frac{l/2}{H/q} - 1\right) = \frac{ql^2}{8H} + \frac{q^3l^4}{384\cdot H^3} + \frac{q^5l^6}{46080\cdot H^5} + \cdots \tag{84}$$

Der erste Reihenterm stimmt mit G.36 überein, was wiederum der Annäherung der Katenoide durch eine Parabel entspricht.

Um T(x) und S(x) zu berechnen, wird von G.30/31 ausgegangen:

$$T(x) = Hy' = H\sinh\frac{x}{H/q} \tag{85}$$

$$S(x) = \sqrt{H^2 + T(x)^2} = \sqrt{H^2 + H^2\sinh^2\frac{x}{H/q}} = H\cosh\frac{x}{H/q} = qy \tag{86}$$

Im Aufgängepunkt betragen Seilkraft und vertikale Stützkraft:

$$S(\frac{l}{2}) = H\cosh\frac{l/2}{H/q} = q(\frac{H}{q} + f); \qquad A = T(\frac{l}{2}) = H\sinh\frac{l/2}{H/q} \tag{87}$$

Berechnung der Seillänge (G.29):

$$L = \int_{-l/2}^{+l/2}\sqrt{1+y'^2}\,dx = \int_{-l/2}^{+l/2}\sqrt{1+\sinh^2\frac{x}{H/q}}\,dx = \int_{-l/2}^{+l/2}\cosh\frac{x}{H/q}\,dx = \frac{H}{q}\sinh\frac{x}{H/q}\Bigg|_{-l/2}^{+l/2} \longrightarrow$$

$$L = 2\frac{H}{q}\sinh\frac{l/2}{H/q} = l(1 + \frac{q^2l^2}{24H^2} + \frac{q^4l^4}{1920H^4} + \cdots) \tag{88}$$

In Verbindung mit G.84 bestätigt man hieraus die Näherungsformel G.48 für die Länge des flach gespannten Parabelseiles.

Wie plausibel, beträgt die vertikale Auflagerkraft:

$$A = T(\frac{l}{2}) = q\frac{L}{2} \tag{89}$$

Die vorstehenden Formeln setzen voraus, daß H bekannt ist, z.B. durch gezielte Einstellung (Messung) an einem Aufhängepunkt. - Soll ein bestimmter Durchhang f eingehalten werden, so läßt sich diese Aufgabe nur iterativ lösen: Ausgangspunkt ist G.84: H wird solange variiert, bis die Gleichung erfüllt ist. Als Anfangswert verwendet man zweckmäßig den ersten Reihenterm. - Ist L vorgegeben, wird von G.88 ausgegangen. Die Anmerkungen am Schluß von Abschnitt 16.3.2.3 gelten hier entsprechend.

1. Beispiel: l=600m, q=1kN/m. Der Horizontalzug H wird zu 300kN eingestellt, Annäherung der Seillinie mit H/q=300m durch eine Parabel (G.83):

$$y = 300 + \frac{x^2}{600}; \qquad y' = \frac{x}{300}$$

Exakte Lösung (G.80):

$$y = 300\cosh\frac{x}{300}$$

Seilstich, exakt und genähert (G.84):

$$f = 300(\cosh\frac{300}{300} - 1) = 300(\cosh 1 - 1) = 0{,}5431\cdot 300 = \underline{162{,}93\,m}$$

$$f = \frac{600^2}{8}\cdot\frac{1}{300} + \frac{600^4}{384}\cdot\frac{1^3}{300^3} + \frac{600^6}{46080}\cdot\frac{1^5}{300^5} = 150{,}00 + 12{,}50 + 0{,}417 = \underline{162{,}92\,m}$$

Die Näherung gemäß G.84 berücksichtigt drei Reihenglieder. - Seillänge, einschließlich Näherung (G.88):

$$L = 2\cdot 300\cdot\sinh\frac{300}{300} = 600\cdot 1{,}1752 = \underline{705{,}12\,m}$$

$$L = 600(1 + \frac{600^2}{24}\cdot\frac{1^2}{300^2} + \frac{600^4}{1920}\cdot\frac{1^4}{300^2}) = 600(1 + 0{,}16667 + 0{,}00833) = 600\cdot 1{,}1750 = \underline{705{,}00\,m}$$

Vertikale Auflagerkraft (G.89):

$$A = T(\frac{l}{2}) = 1\frac{705{,}12}{2} = \underline{352{,}56\,kN}$$

Maximale Seilkraft

$$S = \sqrt{H^2 + A^2} = \sqrt{300^2 + 352{,}56^2} = \underline{462{,}92\,kN}$$

oder mittels G.86:

$$S(\frac{l}{2}) = q\cdot y(\frac{l}{2}) = q(\frac{H}{q} + f) = 1(300 + 162{,}93) = \underline{462{,}92\,kN}$$

2. Beispiel: l=600m, q=1kN/m. Es soll das Seil so eingehängt werden, daß hierbei der Durchhang f=150m eingehalten wird. Die Bestimmungsgleichung (G.84) ist von transzendentem Typ:

$$f = \frac{H}{q}(\cosh\frac{l/2}{H/q} - 1) \longrightarrow 150 = \frac{H}{1}(\cosh\frac{300}{H/1} - 1)$$

Ausgangswert:

1. Schritt: $H = 300\,kN$: $f = \frac{300}{1}(\cosh 1 - 1) = 300(1{,}543081 - 1) = 162{,}9248\ m$

2. Schritt: $H = 310\,kN$: $f = \frac{310}{1}(\cosh 0{,}967742 - 1) = 310(1{,}505967 - 1) = 156{,}8499\ m$

3. Schritt: $H = 320\,kN$: $f = \frac{320}{1}(\cosh 0{,}937500 - 1) = 320(1{,}472598 - 1) = 151{,}2312\ m$

4. Schritt: $H = 322\,kN$: $f = \frac{322}{2}(\cosh 0{,}931677 - 1) = 322(1{,}466328 - 1) = 150{,}1576\ m$

Die Lösung kann auch graphisch oder mittels Regula falsi usw. berechnet werden; dasselbe gilt für G.88, wenn L vorgegeben ist.

16.3.3.3 Zur Annäherung der Katenoide durch eine Parabel

Zur Bewertung werden zwei Parameter vereinbart:

$$m = \frac{H/q}{l/2} = \frac{2H}{ql}\ ; \quad n_f = \frac{f}{l} \tag{90}$$

Hiermit lauten die Beziehungen zwischen Durchhang f und Horizontalzug H in dimensionsloser Form:

Katenoide (G.84):

$$n_f = \frac{m}{2}\left(\cosh\frac{1}{m} - 1\right) \tag{91}$$

Parabel (G.36):

$$n_f = \frac{1}{4m} \tag{92}$$

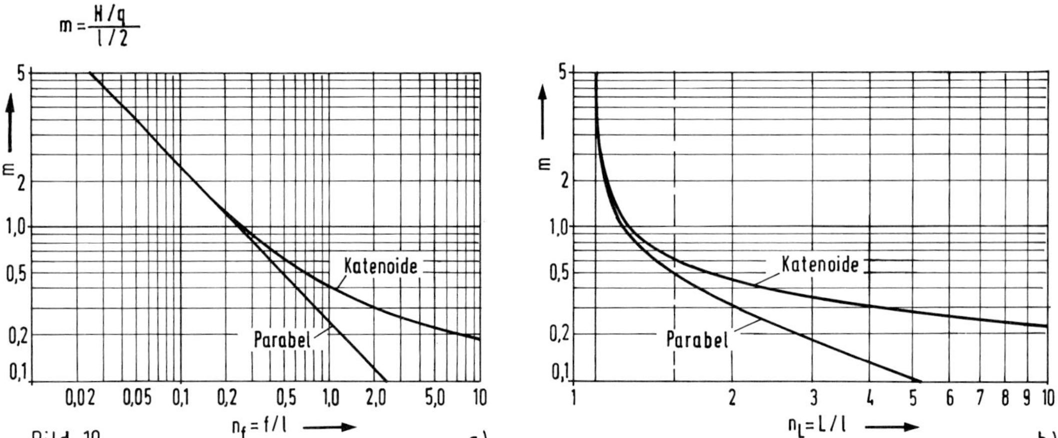

Bild 19

Bild 19 zeigt den Kurvenverlauf m als Funktion von n_f [39], also die Abhängigkeit zwischen H und f. - Die entsprechenden Beziehungen zwischen der Seillänge L und dem Horizontalzug H lauten, wenn noch

$$n_L = \frac{L}{l} \tag{93}$$

eingeführt wird:

Katenoide (G.88):

$$n_L = m \cdot \sinh\frac{1}{m} \tag{94}$$

Parabel (G.46):

$$n_L = \frac{1}{2}\sqrt{1 + \left(\frac{1}{m}\right)^2} + \frac{m}{2}\cdot\ln\left(\frac{1}{m} + \sqrt{1 + \left(\frac{1}{m}\right)^2}\right) \tag{95}$$

In Teilbild b sind diese Funktionen gegenübergestellt. - Aus Bild a erkennt man, daß erst oberhalb $f/l \approx 0{,}12$ erkennbare Abweichungen im Horizontalzug und damit in der Seilkraft auftreten. Vergleicht man für den zugeordneten m-Wert die Unterschiede im Kennwert n_L, so stellt man eine geringfügige Abweichung fest, d.h. die Seillänge ist sensitiver. - Zur Bewertung der Parabelnäherung wird gelegentlich auch der dimensionslose Parameter ql/H gewählt [40-42], das entspricht 2/m gemäß G.90. Im Ergebnis entsprechen die Bewertungen Bild 19. Insbesondere ist es zulässig, für alle in der Bautechnik eingesetzten Seilabspannungen und vergleichbar straff geführte Seile von der Parabelnäherung auszugehen. Bei großem Durchhangverhältnis f/l, wie z.B. bei Freileitungen, ist die Näherung nicht mehr vertretbar: Abschnitt 16.3.4.6.

Die Dehnung über die Länge eines Seiles ist veränderlich. Der hiermit verbundene Einfluß auf die Gleichgeweichtlinie ist sehr gering und ohne praktische Bedeutung [43,44].

16.3.3.4 Ungleichhohe Aufhängepunkte

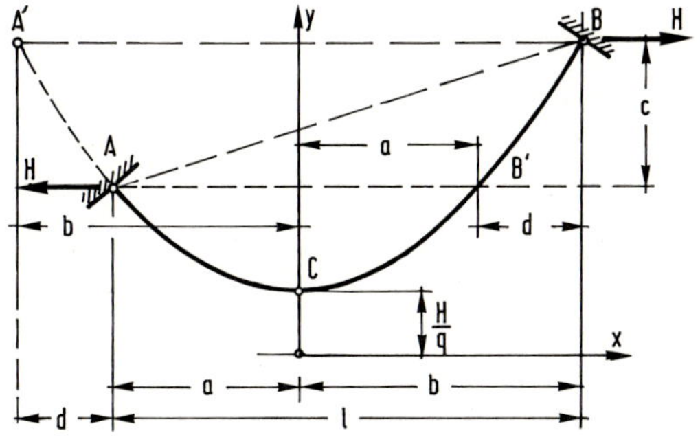

Bild 20

Es gibt verschiedene Möglichkeiten, um das Koordinatensystem in Bezug zur Seillinie, z.B. in Bezug zum Tiefpunkt C, zu orientieren. Zunächst wird eine Orientierung gemäß Bild 20 gewählt. Gleichung G.80 gilt unverändert:

$$y = \frac{H}{q}\cosh\frac{x}{H/q} \tag{96}$$

Vom Tiefpunkt C aus haben die Aufhängepunkte A und B die Abstände a und b, (vgl. auch Bild 16a). Zu A gehört der symmetrische Gegenpunkt B' und zu B der Gegenpunkt A'. Der Höhenunterschied von A und B sei c. Die Differenz b-a wird mit d abgekürzt. c beträgt:

$$c = \frac{H}{q}\left(\cosh\frac{b}{H/q} - \cosh\frac{a}{H/q}\right) \tag{97}$$

Weiter gilt:

$$l = 2a + d \longrightarrow a = (l-d)/2\;;\quad l = 2b - d \longrightarrow b = (l+d)/2 \tag{98}$$

Werden a und b in G.97 eingesetzt, folgt unter Verwendung der Additionstheoreme für die hyperbolischen Funktionen:

$$c = \frac{2H}{q}\sinh\frac{l}{2H/q}\sinh\frac{d}{2H/q} \longrightarrow \sinh\frac{d}{2H/q} = \frac{c}{\frac{2H}{q}\sinh\frac{l}{2H/q}} \tag{99}$$

Das ist die Bestimmungsgleichung für d. Mit d liegt die Ergänzungsspannweite l+d fest und die einzelnen Seilabschnitte (d.h. a und b) können berechnet werden. G.99 läßt sich wie folgt umformen:

$$\frac{d}{2H/q} = \operatorname{arc\,sinh}\frac{c}{\frac{2H}{q}\sinh\frac{l}{2H/q}} \longrightarrow d = \frac{2H}{q}\operatorname{arc\,sinh}\frac{c}{\frac{2H}{q}\sinh\frac{l}{2H/q}} \tag{100}$$

Mit der Kenntnis von a und b kann die Seillänge berechnet werden (vgl. G.88):

$$L = L_{AC} + L_{CB} = \frac{H}{q}\left(\sinh\frac{a}{H/q} + \sinh\frac{b}{H/q}\right) = \sqrt{c^2 + \left(2\frac{H}{q}\sinh\frac{l}{2H/q}\right)^2} \tag{101}$$

Für die Seilkraft gilt G.86 unverändert:

$$S = q \cdot y \tag{102}$$

Die Auflagerkräfte betragen:

$$A = H\sinh\frac{a}{H/q}\;;\quad B = H\sinh\frac{b}{H/q} \tag{103}$$

In den Formeln wird unterstellt, daß H vermöge Einmessung bekannt ist. Das ist der Regelfall. Soll eine bestimmte Geometrie eingehalten werden, z.B. eine bestimmte Höhe des Tiefpunktes C oder eine bestimmte Seillänge L, so lassen sich die hierfür aus obigen Beziehungen herzuleitenden Bestimmungsgleichungen nur numerisch-iterativ lösen.

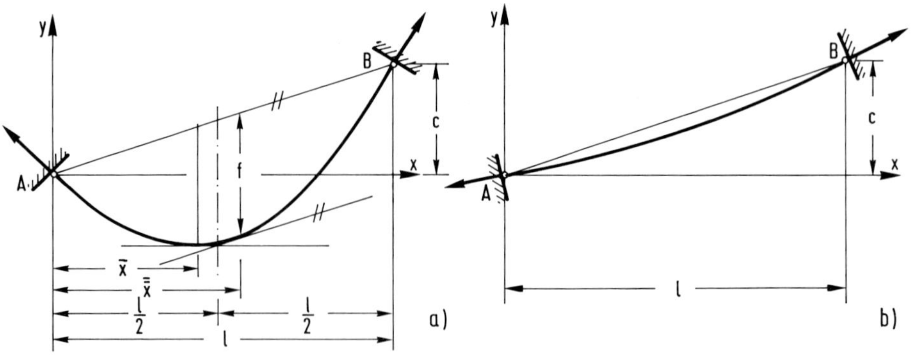

Bild 21

Für die Behandlung von Abspannproblemen bietet die in Bild 21 dargestellte Lage des Koordinatensystems Vorteile. Der Ursprung liegt im linken (unteren) Abspannpunkt. Um die Seillinie in diesem Koordinatensystem zu beschreiben, wird das Koordinatensystem gemäß Bild 20 zunächst um a nach links verschoben und dann um

$$\frac{H}{q}\cosh\frac{a}{H/q} \tag{104}$$

angehoben:

$$y=\frac{H}{q}\left(\cosh\frac{x-a}{H/q}-\cosh\frac{a}{H/q}\right) \tag{105}$$

a hat hierin jetzt die Bedeutung eines Freiwertes. An der Stelle x=l ist y=c. Ausgehend von G.99 lautet die Bestimmungsgleichung für a (wenn d=l-2a beachtet wird):

$$\sinh\frac{l-2a}{2H/q}=\frac{c}{\frac{2H}{q}\sinh\frac{l}{2H/q}} \tag{106}$$

Die Formel kann analog zu G.100 weiter umgeformt werden. - Die Seillänge folgt aus G.101. - Für die Seilkraft findet man:

$$S=H\cosh\frac{x-a}{H/q}=qy+H\cosh\frac{a}{H/q} \tag{107}$$

Im oberen Aufhängepunkt B ist S am größten. Die vertikalen Auflagerkräfte A und B betragen:

$$A=H\sinh\frac{a}{H/q}\;;\quad B=H\sinh\frac{l-a}{H/q} \tag{108}$$

Der Tiefpunkt liegt an der Stelle x=a; das erkennt man an:

$$y'=\sinh\frac{\bar{x}-a}{H/q}=0 \longrightarrow \bar{x}=a \tag{109}$$

Der Seilstich f ist gemäß Definition die maximale Seilordinate, bezogen auf die Sehne. Der zugehörige geometrische Ort folgt aus:

$$y'=\sinh\frac{\bar{\bar{x}}-a}{H/q}=\frac{c}{l} \longrightarrow \bar{\bar{x}} \tag{110}$$

Ist $\bar{\bar{x}}$ bekannt, berechnet sich f zu:

$$f=\frac{c}{l}\bar{\bar{x}}-\frac{H}{q}\left(\cosh\frac{\bar{\bar{x}}-a}{H/q}-\cosh\frac{a}{H/q}\right) \tag{111}$$

Man beachte: In G.99 kann d, in G.106 a und in G.110 $\bar{\bar{x}}$ explizit angeschrieben werden, wenn

$$\operatorname{arc\,sinh} x=\ln\left(x+\sqrt{1+x^2}\right) \tag{112}$$

beachtet wird.

Beispiel: l=750m, c=187,5m, q=1,0kN/m. Es wird H=300kN eingestellt. Aus G.99 folgt:

$$d=\frac{2\cdot 300}{1{,}0}\operatorname{arc\,sinh}\frac{187{,}5}{\frac{2\cdot 300}{1{,}0}\sinh\frac{750}{2\cdot 300/1{,}0}}=600\cdot\operatorname{arc\,sinh}0{,}195078=600\cdot 0{,}193862=\underline{116{,}32\,m}$$

$$a=(l-d)/2=(750-116{,}32)=\underline{316{,}84\,m};\quad b=(l+d)/2=(750+116{,}32)/2=\underline{433{,}16\,m}$$

Länge nach G.101: $L=\frac{300}{1{,}0}\left(\sinh\frac{316{,}84}{300/1{,}0}+\sinh\frac{433{,}16}{300/1{,}0}\right)=300\cdot(1{,}263716+2{,}000518)=\underline{979{,}27\,m}$

Auflagerkräfte nach G.108: $A=300\cdot 1{,}263716=\underline{379{,}11\,kN}$, $B=300\cdot 2{,}000518=\underline{600{,}15\,kN}$

Umstellung auf das Koordinatensystem gemäß Bild 21: Aus G.106 folgt:

$$a = \frac{l}{2} - \frac{H}{q}\left(\operatorname{arcsinh}\frac{c}{\frac{2H}{q}\sinh\frac{l}{2H/q}}\right) = \frac{l}{2} - \frac{d}{2} = \frac{1}{2}(l-d) = \underline{316{,}84\,m}$$

Aus G.110 berechnet sich der geometrische Ort des Seilstichs:

$$\bar{\bar{x}} = \frac{H}{q}\operatorname{arcsinh}\frac{c}{l} + a = \frac{300}{1{,}0}\operatorname{arcsinh}\frac{187{,}5}{750} + 316{,}84 = 300\cdot 0{,}247466 + 316{,}84 = \underline{391{,}08\,m}$$

Somit liegt der maximale Stich um $\bar{\bar{x}} - l/2 = 391{,}08 - 375{,}00 = \underline{16{,}08\,m}$ von der Seilmitte entfernt. f folgt aus G.111 zu:

$$f = \frac{187{,}5}{750}\cdot 391{,}08 - \frac{300}{1{,}0}\left(\cosh\frac{391{,}08-316{,}84}{300/1{,}0} - \cosh\frac{316{,}84}{300/1{,}0}\right) = 97{,}77 + 174{,}22 = \underline{271{,}99\,m}$$

16.3.4 Beispiele und Ergänzungen

Die in den vorangegangenen Abschnitten analysierten Gleichgewichtslagen des ebenen Seiles mit gleichhohen und ungleichhohen Aufhängepunkten bilden die Grundlage für die meisten seilstatischen Aufgabenstellungen. Sie genügen indes keineswegs, um die vielfältigen, in der Baupraxis auftretenden Probleme beim Einsatz von Seilen zu lösen. Aus statischer Sicht interessiert dabei vor allem das Kraft-Verformungsverhalten (d.h. die Steifigkeit) der Seile in ihrer Eigenschaft als integraler Bestandteil der Gesamtkonstruktion. Da dem Seil jegliche Biegesteifigkeit fehlt, vermag es als isoliertes Seil zusätzliche Lasten nur durch Übergang in eine neue, mit der Gesamtbelastung im Einklang stehende, Gleichgewichtslage aufzunehmen. Der Übergang in diese neue Lage geht mit "großen" Verformungen einher, insbesondere bei unsymmetrischen Zusatzlasten. Das Superpositionsgesetz ist nicht gültig. Das gilt auch dann, wenn z.B. die zur Gleichgewichtslage gehörende Belastung eine Erhöhung erfährt, die Seilform also erhalten bleibt. Denn infolge der Änderung des Seilstichs tritt eine nichtlineare Seilkraftänderung ein (obwohl das Spannungsdehnungsverhalten elastisch ist). Man spricht von kinematisch nichtlinearem Kraft-Verformungsverhalten. Insofern ist die Statik der Seile und Seilwerke der Theorie III. Ordnung zuzuordnen. - Wenn es sich um flach gespannte Seile handelt, kann die Seilkurve (die streng eine Katenoide ist) als Parabel angenähert werden. Abschnitt 16.3.3.3 enthält Anhalte, ab welchem Stichverhältnis diese Näherung zulässig ist. Die Näherung bietet große formale Vorteile, z.B. bei Seilbindern, Seilabspannungen, Schrägseilbrücken, Hängebrücken u.a. Es gibt aber auch Fälle, in denen die Parabelnäherung nicht vertretbar ist, z.B. bei Freileitungen. - Eine umfassende Behandlung der mit der Verwendung von Seilen im Stahlbau verbundenen statischen Probleme scheidet in diesem Rahmen aus. Im folgenden werden die in den vorangegangenen Abschnitten hergeleiteten theoretischen Grundlagen erweitert, wobei zunächst speziell das Kraft-Verformungsverhalten des Einzelseiles interessiert. (In anderen Kapiteln wird die Seilstatik für bestimmte Anwendungsbereiche des Hoch- und Brückenbaues erweitert; vgl. Abschnitte 24.5 u. 25.5.5).

16.3.4.1 Polygonalseile unter Einzellasten

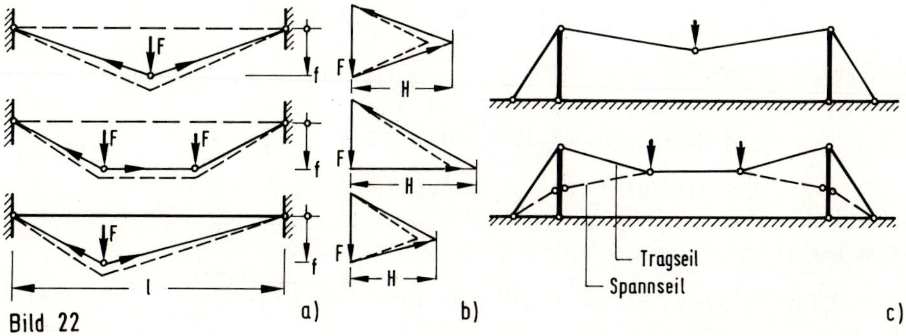

Bild 22

Wirkt auf ein Seil, das zwischen zwei Festpunkten eingehängt ist, eine oder mehrere Einzellasten ein und wird der Einfluß des Seileigengewichts vernachlässigt, stellt sich eine polygonale Seillinie ein. Wird zudem die Längenänderung vernachlässigt, also ein dehnstarres Seil unterstellt ($EA=\infty$), folgt die Lage des Seilpolygons aus einfachen Gleichge-

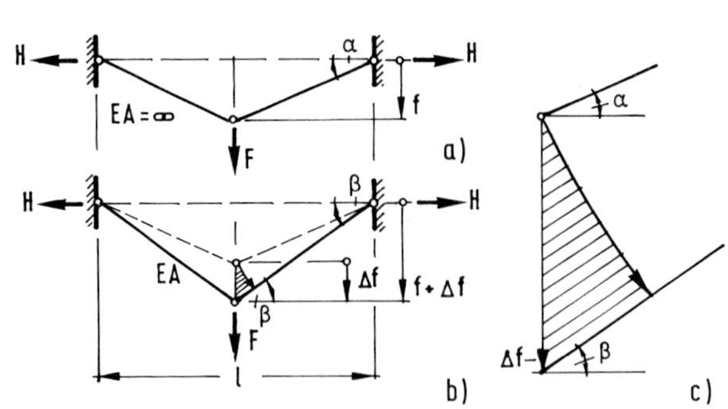

Bild 23

wichtsgleichungen (Bild 22a/b). Das gilt auch für schräg liegende Seile mit ungleichhohen Ankerpunkten. Seilkraft und Seilzug (in Richtung der Sehne) lassen sich graphisch oder rechnerisch ermitteln. Die Berechnung der Verformungen (Seillängung und Durchhangsänderung) ist (z.B. mittels des Arbeitssatzes) ebenfalls elementar, wenn lineares Kraft-Verformungsverhalten unterstellt wird. Aus Bild 22b ist indes erkennbar, daß Seilkraft und Seilzug (hier Horizontalzug) durch die eintretende Vergrößerung des Durchhanges eine Abminderung erfahren. Mit der Annahme $EA=\infty$ liegt die Rechnung offenbar auf der sicheren Seite. - Für das verformte Seilpolygon kann die Seilkraft iterativ bestimmt werden, indem zunächst von $EA=\infty$ ausgegangen wird, anschließend die verformte Lage bestimmt, hierfür die geänderte Seilkraft berechnet und entsprechend fortgefahren wird. Derartige iterative Lösungen sind ggf. auch bei elastisch nachgiebigen Aufhängepunkten oder Seil-Stab-Konstruktionen empfehlenswert (zweckmäßig nach EDV-Aufbereitung). Analytische Verfahren erweisen sich i.a. als sehr verwickelt. Das sei an dem in Bild 23a skizzierten Problem gezeigt. Im Falle $EA=\infty$ gilt bezüglich der Geometrie:

$$\tan\alpha = \frac{f}{l/2} \longrightarrow f = \frac{l}{2}\tan\alpha; \quad \sin\alpha = \frac{f}{\sqrt{f^2+(l/2)^2}} \tag{113}$$

l ist der gegenseitige Abstand der Aufhängepunkte, f der Seilstich und α der Neigungswinkel. Horizontalzug H und Seilkraft S betragen:

$$H = \frac{Fl}{4f} = \frac{F}{2\tan\alpha}; \quad S = \frac{F}{2\sin\alpha} \tag{114}$$

F ist die mittige Einzellast.

Im Falle $EA \neq \infty$ gilt (Bild 23b):

$$\tan\beta = \frac{f+\Delta f}{l/2} \longrightarrow f+\Delta f = \frac{l}{2}\tan\beta; \quad \sin\beta = \frac{f+\Delta f}{(1+\frac{S}{EA})\sqrt{f^2+(l/2)^2}} \tag{115}$$

Die elastische Längung ist hierin erfaßt. H und S ergeben sich zu:

$$H = \frac{Fl}{4(f+\Delta f)} = \frac{F}{2\tan\beta}; \quad S = \frac{F}{2\sin\beta} = \frac{(1+\frac{S}{EA})\sqrt{f^2+(l/2)^2}}{2(f+\Delta f)}\cdot F \tag{116a/b}$$

Zwischen dem Urzustand und dem verformten Zustand gilt folgende kinematische Verknüpfung (Bild 23b/c):

$$\sqrt{(f+\Delta f)^2+(l/2)^2} - \sqrt{f^2+(l/2)^2} = \frac{S}{EA}\sqrt{f^2+(l/2)^2} \tag{117}$$

Mit den Gleichungen G.116b und G.117 stehen zwei Gleichungen für zwei Unbekannte (S und Δf) zur Verfügung. Nach Umformung lauten sie:

$$\begin{aligned} &2\frac{S}{F}(f+\Delta f) - (1+\frac{S}{EA})\sqrt{f^2+(l/2)^2} = 0 \\ &\sqrt{(f+\Delta f)^2+(l/2)^2} - (1+\frac{S}{EA})\sqrt{f^2+(l/2)^2} = 0 \end{aligned} \tag{118}$$

Die Gleichungen lassen sich ineinander überführen, das ergibt eine Bestimmungsgleichung für die Seilkraft S:

$$\sqrt{\left[\frac{F}{2S}(1+\frac{S}{EA})\sqrt{f^2+(l/2)^2}\right]^2+(l/2)^2} - (1+\frac{S}{EA})\sqrt{f^2+(l/2)^2} = 0 \tag{119}$$

Die Durchhangsänderung folgt nach Berechnung von S aus:

$$\Delta f = \frac{F}{2S}(1+\frac{S}{EA})\sqrt{f^2+(l/2)^2} - f \tag{120}$$

Beispiel (Bild 24):

$$l = 10\,m,\ A_{Seil} = 0{,}5\,cm^2;\ E_{Seil} = 16\,000\ kN/cm^2 \longrightarrow EA = 8000\ kN$$

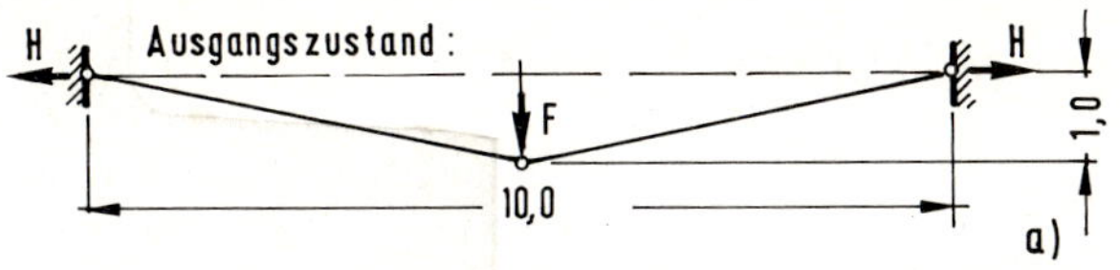

EA	F	1,0	3,0	5,0	10,0	15,0	20,0	
∞	S	2,55	7,65	12,75	25,50	38,24	50,99	kN
8000	S	2,53	7,48	12,29	23,80	34,69	45,08	kN
8000	Δf	≈0	0,0233	0,0392	0,0744	0,1072	0,1375	m

b)

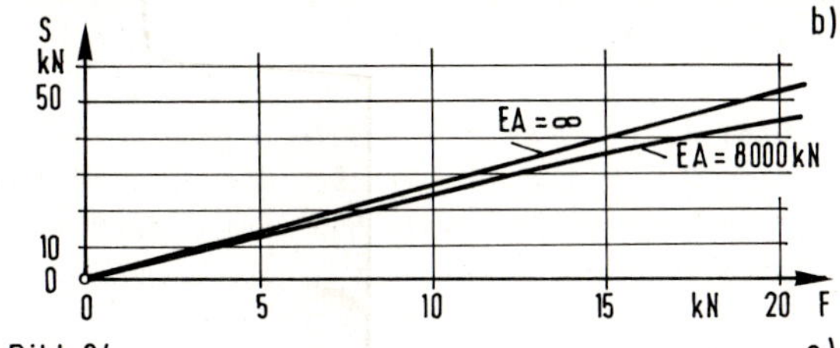

Bild 24

Bild 24b weist das Ergebnis der Berechnung tabellarisch aus, Teilbild c zeigt, wie die Seilkraft für das dehnweiche Seil unterlinear anwächst. Wie erkennbar, sind die Bestimmungsgleichungen hochgradig nichtlinear. Bei mehreren Einzellasten oder einer anderen Seilführung werden die Rechnungen verwickelt. Das gilt verstärkt dann, wenn der Eigengewichtsdurchhang der Seile (zwischen den Einzellasten) berücksichtigt werden muß. Letzteres ist indes in den meisten Fällen, z.B. bei Seilnetzkonstruktionen, nicht notwendig. Bei diesen Konstruktionen handelt es sich um Scharen von Seilen mit gegenläufiger Krümmung, die in den Kreuzungspunkten miteinander verbunden sind. Zwischen diesen Koppelstellen ist die Seillänge so kurz, daß der Durchhangseinfluß vernachlässigbar ist und somit von polygonal geführten Seilen ausgegangen werden kann. Das Seileigengewicht wird anteilig in den Kreuzungspunkten den hier konzentrierten Einzelkräften (aus den Dachlasten) hinzugeschlagen. Durch die gegensinnige Krümmung der Seile und deren Vorspannung erhält das Seilnetz seine Steifigkeit. Bild 25 zeigt das Elementarmodell in Form zweier Seile, die sich mittig kreuzen. Seil A-A ist das Tragseil und Seil B-B das Spannseil. Wird im Kreuzungspunkt eine Einzellast F abgesetzt, steigt die Kraft im Tragseil an, im Spannseil nimmt sie ab. Es handelt sich um ein einfach statisch-unbestimmtes Problem. Die Umlagerung der Seilkräfte im Trag- und Spannseil läßt sich nur dadurch realistisch analysieren, daß die nichtlineare Kinematik erfaßt wird (s.o.). Diese Aussage gilt für Seilnetze allgemein.

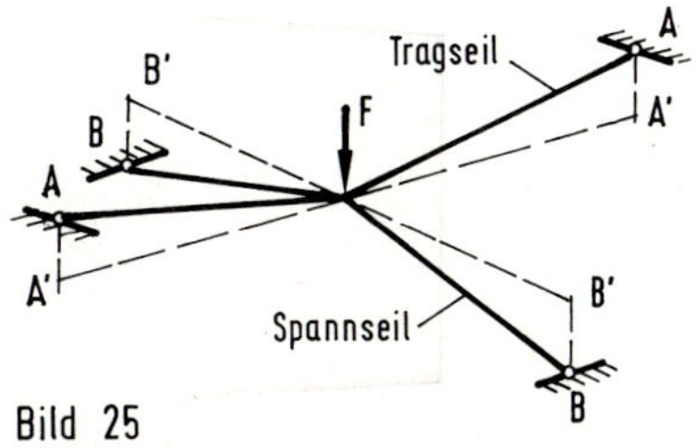

Bild 25

Die Stabilisierung von Seilwerken durch Spannseile kann auch bei ebenen Seilwerken notwendig sein, z.B. bei Seilbindern oder leichten Hängebrücken (z.B. Rohrleitungsbrücken), vgl. Bild 22c. Derartige Tragwerke reagieren auf unsymmetrische Lasten mit großen Verformungen. Durch eine Gegen-Verspannung werden sie für bautechnische Zwecke überhaupt erst brauchbar. Bei den großen Hängebrücken übernimmt diese Aufgabe der Versteifungsträger (Abschnitt 25.5.6).

Im Hallenbau kommen gelegentlich - bezogen auf den Grundriß - zentralsymmetrisch strukturierte Systeme zum Einsatz. Die Seile kreuzen sich im Mittelpunkt, ggf. in einem Kronenring. Bild 26a zeigt den prinzipiellen Aufbau (einschließlich Definition der Winkel α und β). Ist m die Anzahl der Radialseile, gilt:

$$\alpha = \frac{2\pi}{m}; \quad \beta = \frac{m-2}{m}\pi; \quad \beta/2 = \frac{m-2}{2m}\pi \qquad (121)$$

Seilkraft, Horizontalzug und Druckkraft im umlaufenden (polygonalen) Druckring folgen aus einfachen Gleichgewichtsgleichungen (vgl. Teilbilder b, c, d):

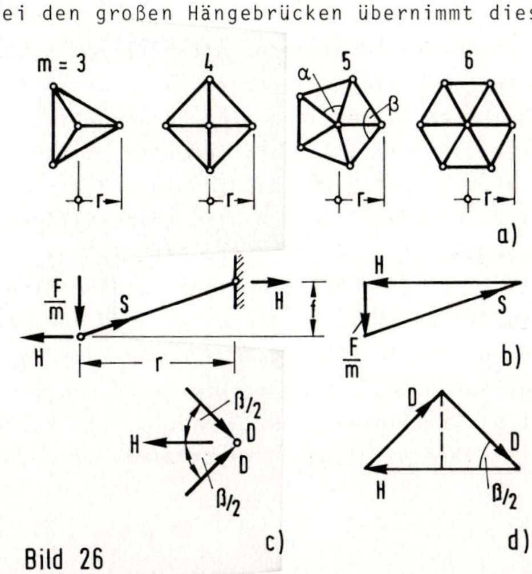

Bild 26

$$S = \frac{F}{m} \cdot \frac{r}{f} \sqrt{1 + \left(\frac{f}{r}\right)^2} \qquad (122)$$

$$H = \frac{F}{m} \cdot \frac{r}{f} \qquad (123)$$

$$D = \frac{H}{2} \cdot \frac{1}{\cos\left(\frac{\beta}{2}\right)} \qquad (124)$$

Der Einfluß der Dehnsteifigkeit ist, wie oben angedeutet, einzurechnen; das gilt insbesondere für verspannte Radialnetze. Wegen der großen Länge der Radialseile kann es erforderlich sein, deren Eigengewichtsdurchhang auf die Steifigkeit zu berücksichtigen. Das geschieht zweckmäßig mit Hilfe des Durchhangmoduls (Abschnitt 16.3.4.8).

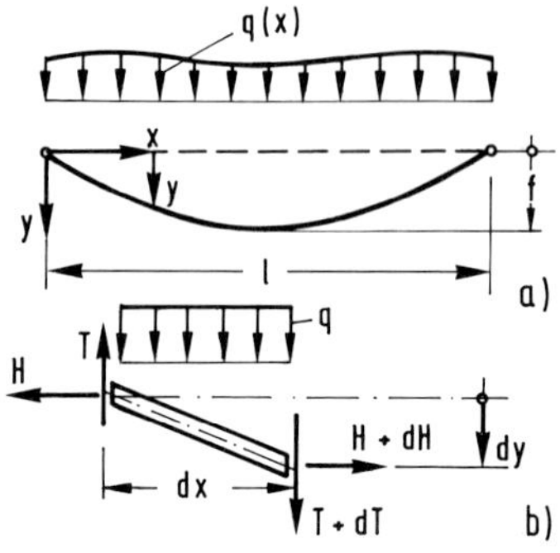

Bild 27

16.3.4.2 Flach gespannte Seile unter symmetrischer Belastung

Bei flach gespannten Seilen, d.h. geringem Seilstichverhältnis ($f/l \leq 0{,}1$) kann die Streckenlast $q(x)$ näherungsweise auf die laufende Einheit der Seilsehne bezogen werden, vgl. Bild 27. Im Gegensatz zu dem in Abschnitt 16.3.2.2 verwendeten Koordinatensystem ist es in vielen Fällen günstiger, von dem in Bild 27 definierten Koordinatensystem auszugehen. x ist die Längskoordinate in Richtung der Sehne und y die Seilkoordinate senkrecht dazu. $q(x)$ wirkt in Richtung von y. Aus den Gleichgewichtsgleichungen folgt die Seilgleichung (vgl. Abschnitt 16.3.1):

$$\begin{aligned} \Sigma H = 0 &: \; H = \text{konst} \\ \Sigma M = 0 &: \; T\,dx - H\,dy = 0 \longrightarrow T = H y' \longrightarrow T' = H y'' \\ \Sigma V = 0 &: \; T - (T + dT) - q\,dx = 0 \longrightarrow T' = -q(x) \end{aligned} \qquad (125)$$

Die Verknüpfung der zweiten und dritten Gleichung liefert die Seilgleichung:

$$H y'' = -q(x) \longrightarrow y'' = -\frac{q(x)}{H} \qquad (126)$$

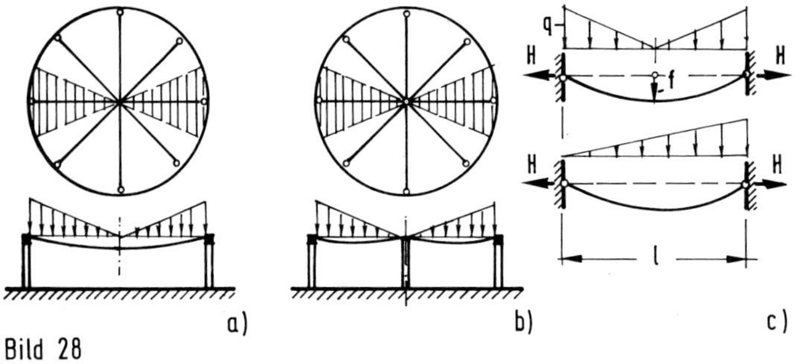

Bild 28

Wie in Abschnitt 16.3.2 gezeigt, ist die Seilkurve für q=konst eine quadratische Parabel. Gelegentlich treten auch andere Lastarten auf, z.B. dreieckförmige. Bild 28 zeigt Beispiele: Es handelt sich um Rundhallen mit einem frei durchhängenden Radialnetz (Teilbild a) bzw. einem Radialnetz mit mittigem Stützmast (Teilbild b). Denkt man sich im zweitgenannten Falle die Seile schräg nach unten zum Boden geführt und hier verankert, erhält man eine zentralsymmetrische Zeltkonstruktion.

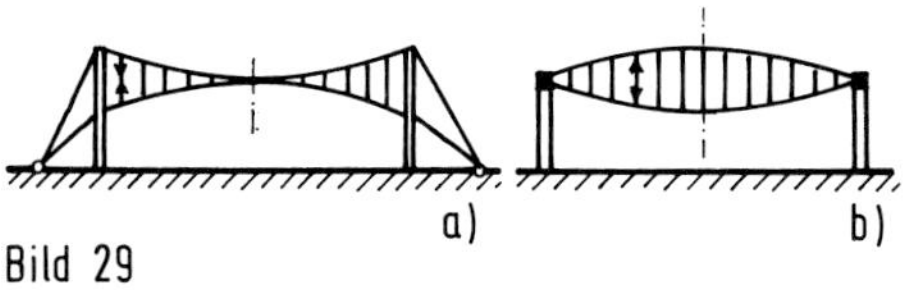

Bild 29

Systeme mit derart schlaff geführten Seilen sind i.a. zu weich (zu nachgiebig und aerodynamisch instabil), so daß eine gegenseitige Verspannung erforderlich ist. Bild 29 zeigt die prinzipiellen Möglichkeiten in Form einer gegenseitigen Stützung durch Zug- bzw. Druckstäbe. Die Seile haben dann - genau betrachtet - keinen stetigen sondern einen polyonalen Verlauf (s.o.). Die Struktur wird gleichwohl so gewählt, daß die Stützpunkte auf (gedachten) Seillinien, z.B. Parabeln, liegen. Der polygonale Verlauf wird quasi zu einem stetigen verschmiert, das ermöglicht dann i.a. eine geschlossene Lösung der statischen Aufgabe.

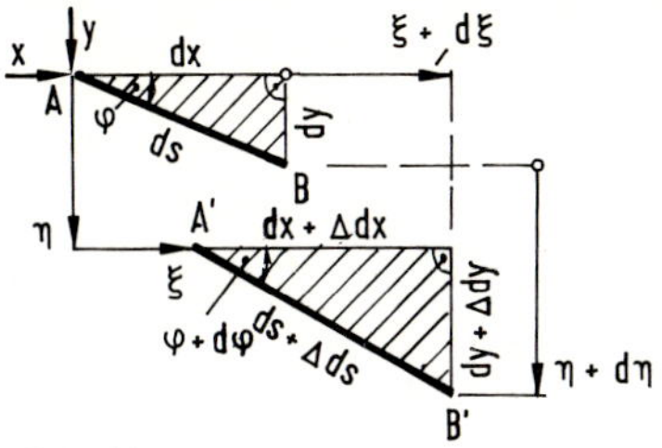

Bild 30

Die Verformung eines ebenen Seiles läßt sich durch zwei Komponenten beschreiben: ξ : Verschiebung in Richtung x, η : Verschiebung in Richtung y. Bild 30 zeigt ein infinitesimales Element der Länge ds mit den Seitenlängen dx und dy. Nach Eintreten der Verformung nimmt das Seilelement eine neue Lage ein, die Länge wächst auf ds+Δds an. Die Änderung der Seitenlängen beträgt Δdx und Δdy, vgl. Bild 30. Die Verschiebung des Punktes A nach A' wird durch die Komponenten ξ,η und die Verschiebung des Punktes B nach B' durch die Komponenten $\xi+d\xi$ und $\eta+d\eta$ beschrieben. Aus der Figur liest man ab:

$$dx + \xi + d\xi = \xi + dx + \Delta dx \longrightarrow \Delta dx = d\xi$$
$$dy + \eta + d\eta = \eta + dy + \Delta dy \longrightarrow \Delta dy = d\eta \qquad (127)$$

Für die schraffierten Dreiecke wird der Satz des PYTHAGORAS angeschrieben:
Vor der Verformung:

$$dx^2 + dy^2 = ds^2 \qquad (128)$$

Nach der Verformung:

$$(dx + \Delta dx)^2 + (dy + \Delta dy)^2 = (ds + \Delta ds)^2 \longrightarrow dx\,d\xi + dy\,d\eta = ds\,\Delta ds \qquad (129)$$

(Glieder höherer Kleinheitsordnung sind in G.129 unterdrückt.) Ist η bekannt, ergibt sich ξ aus:

$$d\xi = \Delta ds \cdot \frac{ds}{dx} - d\eta \cdot \frac{dy}{dx} = \frac{ds}{dx} \cdot \Delta ds - y' d\eta \qquad (130)$$

Δds ist die Längenänderung. Ist S die <u>Zunahme</u> der Seilkraft und t die <u>Zunahme</u> der Temperatur, gilt:

$$\Delta ds = \varepsilon\, ds = \frac{S}{EA} ds + \alpha_t \cdot t\, ds \qquad (131)$$

Im Falle Δds=0 (dehnungslose Verformung), folgt aus G.130:

$$d\xi = -y' d\eta \longrightarrow \xi = -\int y' d\eta + C = -y'\eta + \int y''\eta\, dx + C \qquad (132)$$

C ergibt sich aus der Bedingung, daß (bei starren Aufhängepunkten) die Länge der Seilsehne nach der Verformung unverändert bleibt. Sind die Haltepunkte nachgiebig, erfährt die Seilsehne eine von der Seilkraftzunahme abhängige Verkürzung.
G.132 gilt allgemein, d.h. auch für Seile mit großem Durchhang. Bei Seilen mit geringem Durchhang, kann ds/dx zu

$$\frac{ds}{dx} = \frac{1}{\cos\varphi} \approx 1 \qquad (133)$$

angenähert werden; dann gilt:

$$d\xi = \Delta ds - y' d\eta = \left(\frac{S}{EA} + \alpha_t t\right) ds - y' d\eta \longrightarrow \xi = \int \left(\frac{S}{EA} + \alpha_t t\right) ds - y'\eta + \int y''\eta\, dx + C \qquad (134)$$

<u>Beispiel</u>: Flach gespanntes Seil unter Gleichlast q. Die Seillinie ist eine Parabel. Das folgt unmittelbar aus der Differentialgleichung G.126:

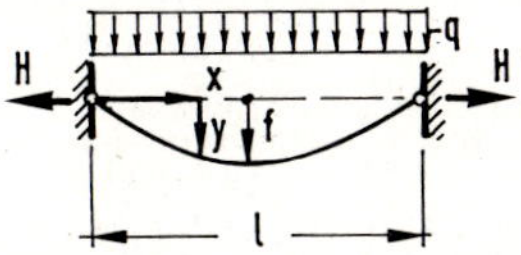

Bild 31

$$y'' = -\frac{q}{H} \longrightarrow y' = -\frac{q}{H}x + C_1 \;;\; y = -\frac{q}{H}x^2 + C_1 x + C_2 \qquad (135)$$

Für ein Seil mit gleichhohen Aufhängepunkten (Bild 31) gilt:

$$y = 4f\left(1 - \frac{x}{l}\right)\frac{x}{l} \qquad (136)$$

$$H = \frac{ql^2}{8f} = \frac{ql}{8n} = \min S, \qquad \max S = H\sqrt{1 + 16n^2} \qquad (137)$$

Hierin ist n der bezogene Seilstich:

$$n = \frac{f}{l} \qquad (138)$$

Für die Länge der flachen Seillinie gilt genähert (G.48):

$$L = l\left(1 + \frac{8}{3}n^2\right) \qquad (139)$$

Infolge der Seilkraftzunahme S vergrößert sich die Seillänge um:

$$\Delta L = \int_0^L \frac{S}{EA}\,ds \tag{140}$$

Mit

$$\frac{ds}{dx} = \frac{1}{\cos\varphi} \quad \text{und} \quad S = \frac{H}{\cos\varphi} \tag{141}$$

folgt:

$$\Delta L = \int_0^l \frac{S}{EA}\cdot\frac{ds}{dx}\,dx = \int_0^l \frac{H}{EA}\cdot\frac{1}{\cos^2\varphi}\,dx = \frac{H}{EA}\cdot\int_0^l \frac{1}{\cos^2\varphi} \approx \frac{Hl}{EA}(1+\frac{16}{3}n^2) \tag{142}$$

Für den Temperaturlastfall folgt entsprechend:

$$\Delta L = \alpha_t t\cdot L = \alpha_t t l\cdot(1+\frac{8}{3}n^2) \tag{143}$$

Einen Näherungswert für die Durchhangsänderung findet man vermittelst:

$$\frac{dL}{df} = \frac{d}{df}(L) = \frac{d}{df}[l(1+\frac{8}{3}\frac{f^2}{l^2})] = \frac{8}{3}\cdot\frac{2f}{l} = \frac{16}{3}\frac{f}{l} = \frac{16}{3}n \tag{144}$$

Somit:

$$\Delta f \approx \frac{3}{16n}\cdot\Delta L = \frac{3}{16n}[\frac{Hl}{EA}(1+\frac{16}{3}n^2) + \alpha_t t l(1+\frac{8}{3}n^2)] \tag{145}$$

Unterstellt man, daß $\eta(x)$ parabelförmig ist,

$$\eta = \eta(x) = 4\Delta f(1-\frac{x}{l})\frac{x}{l}, \tag{146}$$

erleiden alle Seilpunkte eine lotrechte Durchsenkung, d.h. $\xi(x)=0$.

Beispiel: Auf ein (parabelförmig) durchhängendes Seil mit l=10m, f=1,0m, EA=8000kN wirke die Gleichlast q=2,0kN/m und die Temperaturerhöhung t=35°C ein. Gesucht ist die Vergrößerung des Durchhangs. Das bezogene Stichverhältnis beträgt:

$$n = \frac{f}{l} = \frac{1{,}0}{10} = 0{,}100$$

Der Horizontalzug folgt zu: H=25kN. - Die Auswertung von G.145 ergibt:

Infolge q: $\Delta f = \frac{3}{16\cdot 0{,}100}[\frac{25\cdot 10}{8000}(1+\frac{16}{3}\cdot 0{,}100^2)] = 0{,}0617\text{ m} = \underline{61{,}7\text{mm}}$ (H = 23,55 kN)

Infolge t: $\Delta f = \frac{3}{16\cdot 0{,}100}[12\cdot 10^{-6}\cdot 35\cdot 10(1+\frac{8}{3}\cdot 0{,}100^2)] = 0{,}0081\text{m} = \underline{8{,}1\text{mm}}$

Vorstehende Näherung unterstellt, daß die Seilkraft durch die Verformung nicht beeinflußt wird. Das ist real nicht der Fall (s.o.). Wie die Rechnung zugeschärft werden kann, wird in Abschnitt 16.3.4.4 gezeigt.

Weist die Belastung Unstetigkeiten auf, ist das Seil in Seilelemente mit jeweils stetigen Lastanteilen zu zerlegen. Der Seilzug ist konstant. An jeder Unstetigkeitsstelle gelten die Übergangsbedingungen (Bild 32):

$$y_{links} = y_{rechts}\,; \quad T_{links} - T_{rechts} - F = 0 \tag{147}$$

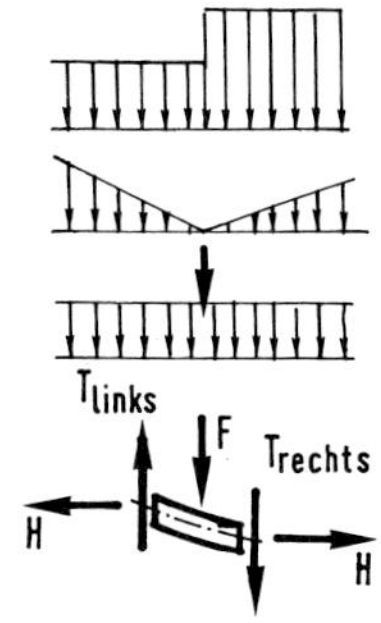

Bild 32

Hiermit läßt sich die Seillinie, ausgehend von der allgemeinen Lösung der Seilgleichung (G.25), herleiten.

Für die in Bild 28c dargestellte symmetrische Dreiecksbelastung folgt z.B.:

$$y = 2f[1-3(\frac{x}{l}) + 6(\frac{x}{l})^2 - 4(\frac{x}{l})^3] \quad \text{(rechtsseitig)}$$

$$H = \frac{ql^2}{24f} = \frac{ql}{24n}; \quad \max S = H\sqrt{1+36n^2}\,; \quad L = l(1+\frac{18}{5}n^2) \tag{148}$$

$$\Delta L = \frac{Hl}{EA}(1+\frac{36}{5}n^2) + \alpha_t t l(1+\frac{18}{5}n^2)$$

$$\Delta f = \frac{5}{36n}\cdot\Delta L$$

16.3.4.3 Flach gespannte Seile unter unsymmetrischer Belastung

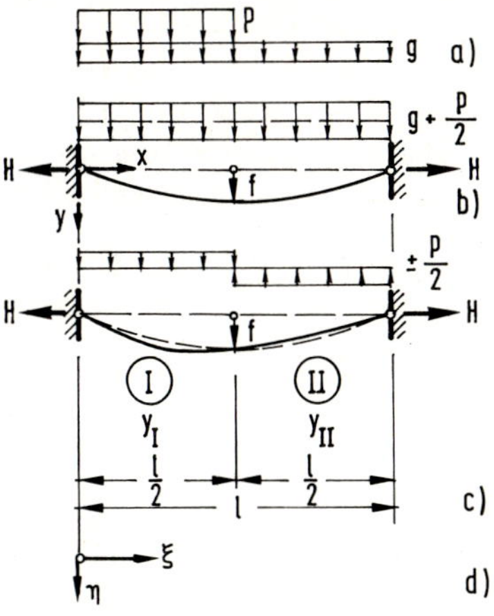

Bild 33

Wie erwähnt, reagieren Seile, die im Grundzustand symmetrisch belastet sind, sehr empfindlich auf eine zusätzliche einseitige Belastung. Eine solche Belastung kann in einen symmetrischen und antimetrischen Anteil gesplittet werden. Der Seilzug infolge g+p/2 beträgt (Bild 33a):

$$H = H_g + H_p = \frac{(g+p/2)l^2}{8f} \tag{149}$$

Der antimetrische Lastanteil ±p/2 bewirkt keine Änderung von H, d.h. infolge ±p/2 tritt eine dehnungslose Verformung aus der symmetrischen Gleichgewichtslage heraus ein, vgl. Bild 33a/c. Gesucht sind die Verschiebungskomponenten ξ und η. Um diese Aufgabe zu lösen, wird zunächst die Seillinie für das vollständige unsymmetrische Lastbild gemäß Teilbild a berechnet. Wegen der Unstetigkeit in Seilmitte, wird die Seillinie getrennt für die linke und rechte Hälfte bestimmt, d.h. es sind insgesamt vier Freiwerte zu berechnen. Von der so ermittelten Seillinie wird die parabelförmige Seillinie des symmetrischen Ausgangszustandes subtrahiert, das ergibt $\eta(x)$. Anschließend wird mittels G.132 die horizontale Verschiebungskomponente ξ berechnet. Diese Rechnung erweist sich als langwierig. Das Ergebnis lautet:

$$y_I = \frac{4g(x^2 - lx) + p(4x^2 - 3lx)}{8H}; \qquad y_{II} = \frac{4g(x^2 - lx) + p(lx - l^2)}{8H} \tag{150}$$

$$\eta_I = \frac{1}{1+\beta}\cdot\frac{p}{g}\cdot f(1 - 2\frac{x}{l})\frac{x}{l}; \qquad \eta_{II} = -\frac{1}{1+\beta}\cdot\frac{p}{g}\cdot f(1 - 3\frac{x}{l} + 2\frac{x^2}{l^2}) \tag{151}$$

$$\xi_I = -\frac{4}{1+\beta}\cdot\frac{p}{g}\cdot\frac{f^2}{l}(1 - 3\frac{x}{l} + \frac{8}{3}\frac{x^2}{l^2})\frac{x}{l}; \quad \xi_{II} = -\frac{4}{1+\beta}\cdot\frac{p}{g}\cdot\frac{f^2}{l}(\frac{2}{3} - 3\frac{x}{l} + 5\frac{x^2}{l^2} - \frac{8}{3}\frac{x^3}{l^3}) \tag{152}$$

Hierin bedeutet:

$$\beta = \frac{p}{2g} = \frac{H_p}{H_g} \quad (H_p \text{ infolge } p/2) \tag{153}$$

Bild 34 zeigt den Verlauf der Verschiebungskomponenten. η verläuft antimetrisch, ξ ist symmetrisch und ist - wie zu erwarten - durchgängig negativ. η ist in Bild 34 auf f und ξ auf f^2/l bezogen.

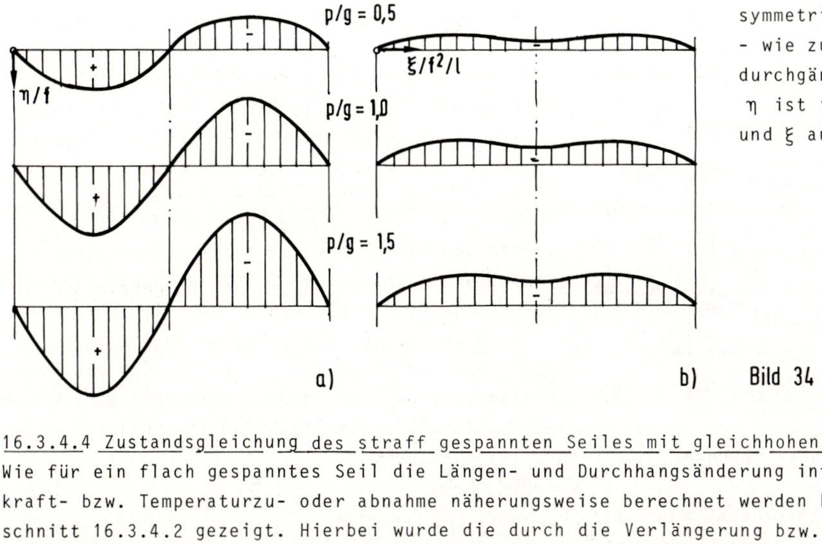

Bild 34

16.3.4.4 Zustandsgleichung des straff gespannten Seiles mit gleichhohen Aufhängepunkten

Wie für ein flach gespanntes Seil die Längen- und Durchhangsänderung infolge einer Seilkraft- bzw. Temperaturzu- oder abnahme näherungsweise berechnet werden kann, wurde in Abschnitt 16.3.4.2 gezeigt. Hierbei wurde die durch die Verlängerung bzw. Verkürzung des Seiles eintretende Seilkraftänderung nicht berücksichtigt. Will man diese Abhängigkeit erfassen, ist die nichtlineare Kinematik der Seilverformungen in die Analyse einzubeziehen. Der Nichtlinearitätseffekt ist umso ausgeprägter, je flacher das Seil a priori gespannt ist. In vielen Fällen ist es notwendig, diesen Effekt zu berücksichtigen, z.B. bei den Seilbündeln abgespannter Maste oder bei Schrägseilbrücken.

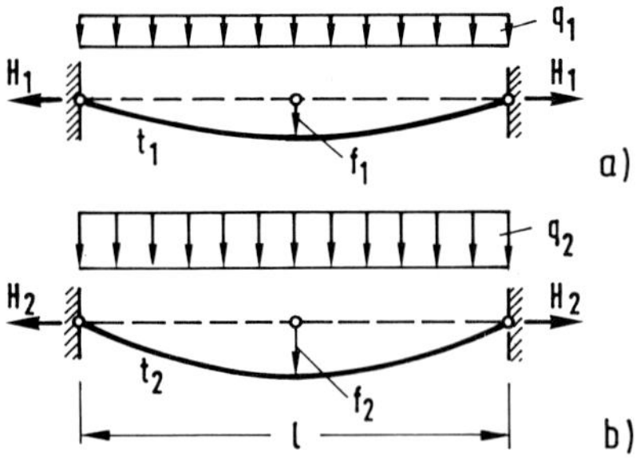

Bild 35

Bild 35 zeigt die Grundaufgabe: Im Ausgangszustand unter der Belastung q_1 und der Temperatur t_1 betrage der Seilstich f_1, der Horizontalzug H_1 und die Seilkraft S_1 ($\approx H_1$). Im Folgezustand sei die Belastung auf q_2 und die Temperatur auf t_2 angestiegen. Stich und Horizontalzug betragen jetzt f_2 bzw. H_2 ($S_2 \approx H_2$).

$$H_1 = \frac{q_1 l^2}{8 f_1} \ (\approx S_1); \quad H_2 = \frac{q_2 l^2}{8 f_2} \ (\approx S_2) \tag{154}$$

Die Seillänge der beiden Zustände folgt gemäß G.48 näherungsweise aus:

$$L_1 = l\left[1 + \frac{8}{3}\left(\frac{f_1}{l}\right)^2\right] = l\left[1 + \frac{q_1^2 l^2}{24 H_1^2}\right]; \quad L_2 = l\left[1 + \frac{8}{3}\left(\frac{f_2}{l}\right)^2\right] = l\left[1 + \frac{q_2^2 l^2}{24 H_2^2}\right] \tag{155a/b}$$

Für die (kinematische) Längendifferenz ergibt sich damit:

$$\Delta L = L_2 - L_1 = \frac{l^3}{24}\left[\left(\frac{q_2}{H_2}\right)^2 - \left(\frac{q_1}{H_1}\right)^2\right] = \frac{l^3}{24}\left[\left(\frac{\gamma_2}{\sigma_2}\right)^2 - \left(\frac{\gamma_1}{\sigma_1}\right)^2\right] \tag{156}$$

Hierin ist:

$$\gamma = q/A_m \text{(Seilwichte)}; \quad \sigma = S/A_m \approx H/A_m \ \text{(Seilspannung)} \tag{157}$$

A_m ist der metallische Seilquerschnitt. - Die (physikalische) Längenänderung infolge der Seilkraft- und Temperaturzunahme beträgt (HOOKEsches Gesetz):

$$\Delta L = \left[\frac{\sigma_2 - \sigma_1}{E} + \alpha_t (t_2 - t_1)\right] \cdot l \tag{158}$$

Auch dieser Ausdruck stellt (weil auf l bezogen) eine Näherung dar. - Die Gleichsetzung von G.156 und G.158 ergibt nach kurzer Umformung:

$$\left(\frac{\sigma_2}{\sigma_1}\right)^3 + \left[\frac{E\gamma_1^2 l^2}{24\,\sigma_1^3} + \frac{E}{\sigma_1}\alpha_t \cdot (t_2 - t_1) - 1\right]\left(\frac{\sigma_2}{\sigma_1}\right)^2 - \frac{E\gamma_2^2 l^2}{24\,\sigma_1^3} = 0 \tag{159}$$

Das ist die sogen. Zustandsgleichung des flachen Seiles mit starren Aufhängepunkten. Es handelt sich um eine Gleichung dritten Grades für σ_2, sie wird zweckmäßig iterativ gelöst.

Eine federelastische Nachgiebigkeit der Aufhängepunkte läßt sich unschwer einarbeiten, vgl. Bild 36. Ist C die Federkonstante, beträgt die Verkürzung der Basislänge infolge der Zunahme des Horizontalzuges H:

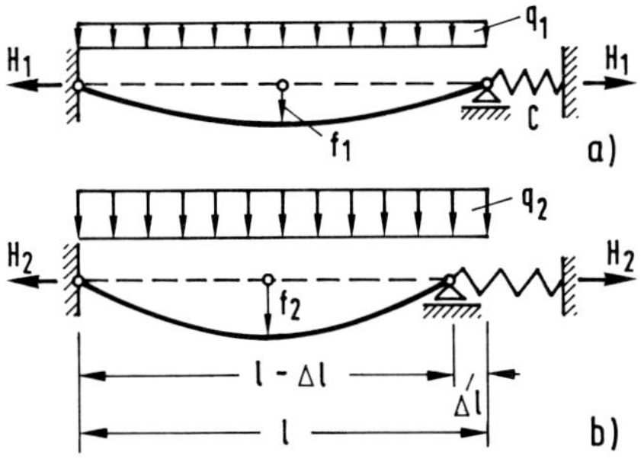

Bild 36

$$\Delta l = \frac{H_2 - H_1}{C} = \frac{A_m}{C}(\sigma_2 - \sigma_1) \tag{160}$$

In G.155b ist l durch l-Δl zu ersetzen. Im übrigen wird wie gezeigt vorgegangen. Der nichtlineare Charakter der sich auf diese Weise ergebenden Bestimmungsgleichung ist im Vergleich zu G.159 noch ausgeprägter. Die Gleichung läßt sich nur iterativ (z.B. nach dem Verfahren Regula falsi) lösen.

Beispiel: Ein Litzenseil nach DIN 3060 mit Fasereinlage, Durchmesser d=7mm, wird über eine Länge von l=52m mit einem Stich f=0,15m zwischen zwei starre Aufhängepunkte gespannt. Als E-Modul wird angesetzt:

$$E = 10000 \text{ kN/cm}^2$$

Seilwichte und Seilspannung betragen:

$$q_1 = g = 0{,}170 \text{ kg/m} = 1{,}7 \text{ N/m} = 1{,}7 \cdot 10^{-3} \text{kN/m} = 1{,}7 \cdot 10^{-5} \text{kN/cm}$$

$$\text{DIN 3051, T3}: \ f = 0{,}4550 \longrightarrow A_m = 0{,}4550 \cdot 0{,}7^2 \pi/4 = \underline{0{,}1751 \text{ cm}^2}$$

$$\gamma_1 = 1{,}7\cdot10^{-5}/0{,}1751 = \underline{9{,}708\cdot10^{-5}\ \mathrm{kN/cm^3}}$$

$$S_1 = 1{,}7\cdot10^{-3}\cdot52^2/8\cdot0{,}15 = \underline{3{,}83\ \mathrm{kN}}\ :\ \sigma_1 = 3{,}83/0{,}1751 = \underline{21{,}88\ \mathrm{kN/cm^2}}$$

Im Folgezustand betrage q_2: $q_2 = 6{,}33\cdot10^{-5}$ kN/cm $\longrightarrow$ $\gamma_2 = 36{,}17\cdot10^{-5}$ kN/cm³

Mit $x = \sigma_2/\sigma_1$ lautet die Bestimmungsgleichung:

$$x^3 - 0{,}98986x^2 - 0{,}140718 = 0$$

$$\text{Lösung: } x = 1{,}104 \longrightarrow \sigma_2 = 1{,}104\sigma_1$$

Obwohl die Belastung um den Faktor 6,33/1,70=3,72 ansteigt, wächst die Seilspannung nur um den Faktor 1,104. Das beruht auf der Durchhangzunahme; sie beträgt:

$$\Delta f = \frac{l^2}{8}\left(\frac{\gamma_2}{\sigma_2} - \frac{\gamma_1}{\sigma_1}\right) = \frac{5200^2}{8}\cdot\left(\frac{36{,}17\cdot10^{-5}}{1{,}104\cdot21{,}88} - \frac{9{,}708\cdot10^{-5}}{21{,}88}\right) = \underline{35{,}615\ \mathrm{cm}}$$

Der Gesamtstich stellt sich damit zu

$$f_2 = 15 + 35{,}615 = \underline{50{,}615\ \mathrm{cm}}$$

ein. H_2 bestätigt man zu 4,23kN, das ist der 1,104-fache Wert von H_1=3,83kN

Wie die Ableitung zeigt, stellt die Zustandsgleichung G.159 eine Näherung dar. Es gibt diverse Möglichkeiten der Zuschärfung, z.B. dadurch, daß in der Formel für L noch höhere Reihenglieder berücksichtigt werden oder von der strengen Längenformel für die Katenoide ausgegangen wird. Auch ist eine Zuschärfung dadurch möglich, daß in G.150 der Einfluß der veränderlichen Seilkraft innerhalb des Seiles auf die Größe der resultierenden elastischen Längenänderung erfaßt wird. Für flach gespannte Seile bedarf es dieser Zuschärfungen nicht. Handelt es sich dagegen um Seile mit sehr großem Durchhang, sind sie ggf. einzurechnen.

16.3.4.5 Zustandsgleichung des straff gespannten Seiles mit ungleichhohen Aufhängepunkten

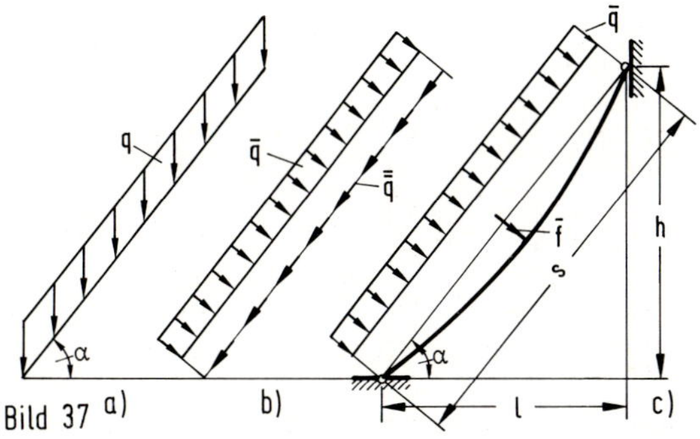

Bild 37

Bild 37 zeigt ein straff gespanntes Seil mit zwei ungleichhohen Aufhängepunkten. Die Basislänge sei l, der Höhenunterschied h und der Neigungswinkel der Sehne α. Die Sehnenlänge beträgt:

$$s = \sqrt{l^2 + h^2} \tag{161}$$

Eine dem vorangegangenen Abschnitt hinsichtlich der Strenge der Herleitung entsprechende Zustandsgleichung gewinnt man mit folgenden Näherungsannahmen: Ist q die lotrechte Seillast je Längeneinheit, betragen deren quergerichtete Komponente $\bar{q}$ und längsgerichtete Komponente $\bar{\bar{q}}$ (vgl. Bild 37a/b):

$$\bar{q} = q\cdot\cos\alpha\ ;\quad \bar{\bar{q}} = q\cdot\sin\alpha \tag{162}$$

q wird somit auf die Einheit der Seilsehne bezogen. Bleibt der Einfluß der zweitgenannten Belastungskomponente auf die Form der Seillinie außer Betracht, ist die Seillinie eine Parabel mit der Basis s und dem Stich $\bar{f}$ (quer zur Seilsehne gemessen, Bild 37c). - Wie man sich überzeugt, kann die Zustandsgleichung des vorangegangenen Abschnittes übernommen werden, es ist lediglich l durch s und γ durch $\bar{\gamma}$ zu ersetzen:

$$\bar{\gamma}_1 = \frac{\bar{q}_1}{A_m}\ ;\quad \bar{\gamma}_2 = \frac{\bar{q}_2}{A_m} \tag{163}$$

$$\left(\frac{\sigma_2}{\sigma_1}\right)^3 + \left[\frac{E\bar{\gamma}_1^2 s^2}{24\sigma_1^3} + \frac{E}{\sigma_1}\alpha_t(t_2 - t_1) - 1\right]\left(\frac{\sigma_2}{\sigma_1}\right)^2 - \frac{E\bar{\gamma}_2^2 s^2}{24\sigma_1^3} = 0 \tag{164}$$

Wie ausgeführt, gilt die Gleichung nur für straff gespannte Seile mit $\bar{f}/s \le 0{,}10$. Zuschärfungen sind möglich und für Seile mit großem Stichverhältnis ggf. erforderlich.

16.3.4.6 Hinweise zur Berechnung von Freileitungen

Freileitungen dienen der Übertragung elektrischer Energie. Die üblichen Spannungen betragen 1, 10, 20, 30, 110, 220 und 380 kV. Ab 110kV kommen praktisch ausschließlich Stahlgittermaste als Träger der Leiter zum Einsatz. Das Mastkopfbild wird durch die elektrischen Sicherheitsabstände der Leiter als Funktion der Nennspannung U_N bestimmt. Bild 38 zeigt Hochspannungsmaste mit Leiter in einer, zwei bzw. drei Ebenen. Das Erdseil dient dem Blitz-

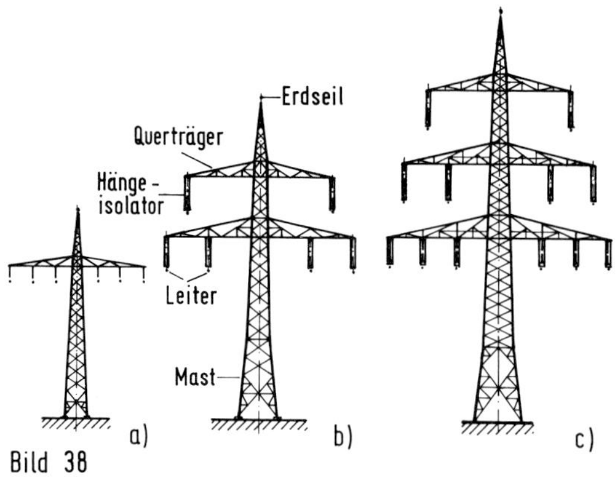

Bild 38

schutz der Leitung. Es werden Trag-, Winkeltrag-, Winkel-, Abspann-, End-, Kreuzungs- und Abzweigungsmaste unterschieden. Als Leiter kommen Einmetall-, Zweimetall-, Verbund- und Hohlseile sowie Bündelseile zum Einsatz, bestehend aus Stahl, Kupfer, Aluminium und weiteren Legierungen. Zul. Höchst-, Mittel- und Dauerzugfestigkeit, Wichte, Wärmedehnungszahl und Elastizitätsmodul sind vom Leitermaterial abhängig. Einzelheiten sind in DIN 57210/VDE0210 geregelt. Weitere wichtige Bauteile sind Armaturen, Seilbinder und Isolatoren [45-47]. Leiter und Leiterzubehörteile sind umfassend genormt; vgl. vorstehend zitierte Regelwerke. Die Durchhangkurve der Leiter ist eine Katenoide (Kettenlinie), vgl. Abschnitt 16.3.3. Für das in Bild 39 dargestellte Koordinatensystem lautet die Gleichung der Seilkurve:

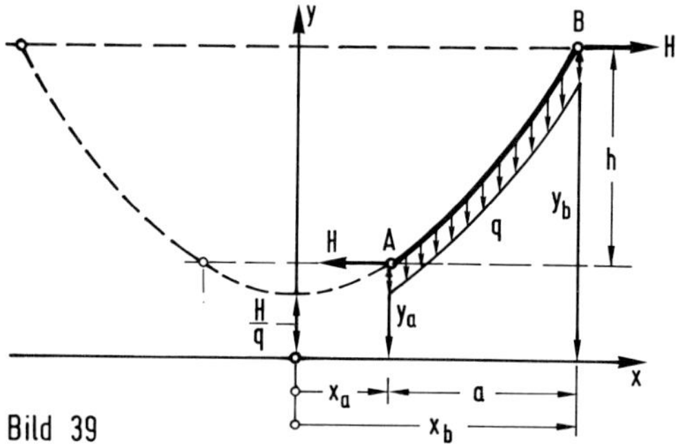

Bild 39

$$y = \frac{H}{q} \cdot \cosh \frac{x}{H/q} \qquad (165)$$

Wie im Freileitungsbau üblich, wird mit a die Spannweite zwischen zwei Stützpunkten und mit h deren Höhenunterschied bezeichnet (Bild 39). Sind $a = x_b - x_a$ und $h = y_b - y_a$ gegeben, findet man die Lage des dem Leiterabschnitt zugeordneten Koordinatensystems, speziell den Abstand x_a vom Ursprung, mit den für hyperbolische Funktionen geltenden Additionstheoremen nach kurzer Umformung aus

$$h = \frac{H}{q}\left(\cosh \frac{x_b}{H/q} - \cos \frac{x_a}{H/q}\right) = \frac{2H}{q} \sinh \frac{x_b + x_a}{2H/q} \cdot \sinh \frac{x_b - x_a}{2H/q} = \frac{2H}{q} \sinh \frac{a}{2H/q} \cdot \sinh \frac{a + 2x_a}{2H/q}$$

zu:

$$x_a = \frac{H}{q} \operatorname{arc\,sinh}\left(\frac{h}{2H/q} \cdot \frac{1}{\sinh \frac{a}{2H/q}}\right) - \frac{a}{2} \qquad (166)$$

Ergibt sich x_a positiv, liegt der Ursprung des Koordinatensystems linkerseits, im anderen Falle rechterseits vom unteren Aufhängepunkt A. Im übrigen vgl. Abschnitt 16.3.3.
Die Anforderungen an die mechanische Bemessung der Leiter sind in DIN 57210/VDE0210 (Bau von Starkstromfreileitungen mit Nennspannungen über 1kV) festgelegt. Die Neufassung weist gegenüber dem Vorläuferregelwerk (VDE0210, 05.69) Weiterungen auf. (Bis 1kV ist DIN 57211/VDE0211 maßgebend). - Es sind folgende Einwirkungen anzusetzen:

- Eigenlast (Längengewichtskraft)
- normale Zusatzlast (Rauhreif, Eislast, Schneelast)
- erhöhte Zusatzlast (sofern aufgrund der topographischen und meterologischen Bedingungen erforderlich)
- Windlast
- Temperatur (-20, -5, +5, +10°C)

Die normale Zusatzlast ist zu

$$(5 + 0{,}1d)\ \text{N je m Leiter} \qquad (167)$$

anzunehmen (Leiterdurchmesser d in mm), die erhöhte als der hiervon zwei- oder dreifache Wert. Für Isolatoren beträgt die normale Zusatzlast 50N je m Kettenlänge. Aus den Einwirkungen werden Lastfälle zusammengestellt. Im Tiefpunkt darf z.B. die Horizontalkomponente der Leiterzugspannung die zul. Höchstzugspannung des verwendeten Leitermaterials in folgenden Lastfällen nicht überschreiten:

- bei -20°C ohne Zusatzlast und ohne Windlast
- bei -5°C mit normaler Zusatzlast, ohne Windlast
- bei +5°C mit Windlast und ohne Zusatzlast

Die Leiterzugspannung darf die zul. Höchstzugspannung an den Aufhängepunkten um nicht mehr als 5% überschreiten (ein Nachweis, der sich bei einem Durchhangverhältnis $\leq 0{,}04$ erübrigt). Für die Einhaltung der zul. Dauer- und der zul. Mittelzugspannung gelten andere Lastkombinationen.

Als größter Durchhang gilt der größere der Werte, der sich bei -5°C und normaler Zusatzlast oder bei +40°C ohne Zusatzlast ergibt. Bei Leitungen, die auch im Sommer eine hohe Strombelastung aufweisen, ist bei der Ermittlung des größten Durchhanges mit einer von +40°C abweichenden höheren Leitertemperatur zu rechnen. Der Durchhangnachweis hat insbesondere große Bedeutung bei der Einhaltung der vorgeschriebenen Abstände zu kreuzenden Objekten (Straßen, Eisenbahnlinien u.a.).

Die verschiedenen Lastfälle werden mit Hilfe der Zustandsgleichung untersucht. Für Freileitungen mit gleichhohen Aufhängepunkten wird die in Abschnitt 16.3.4.4 abgeleitete Zustandsgleichung zweckmäßig umgestellt:

$$\sigma_1^3 + \left[\frac{E\gamma_2^2 a^2}{24\sigma_2^2} - E\alpha_t(t_2 - t_1) - \sigma_2\right]\sigma_1^2 - \frac{E\gamma_1^2 a^2}{24} = 0 \qquad (168)$$

Ist beispielsweise die zulässige Höchstzugspannung (σ_2) gegeben und der Durchhang beim Verlegen gesucht, wird zunächst die Verlegespannung (σ_1) berechnet und hieraus der Durchhang bestimmt. Zu σ_2 gehört γ_2 und t_2 zu σ_1 gehört $\gamma_1 = \gamma_g$ und t_1 (z.B. 15°C: Verlegetemperatur). Die Seile werden über Rollen gezogen und nach Einmessung angeklemmt. Da die zulässige Höchstzugspannung für verschiedene Lastfälle einzuhalten ist, ist es zweckmäßig, vorab zu prüfen, welcher Fall maßgebend ist. Auch diese Frage läßt sich mit G.168 beantworten. Bezüglich der beiden Temperaturen -20°C und -5°C folgt z.B.:

$$t_1 = -20\,°\mathrm{C}: \gamma_1 = \gamma_g : \text{Seileigenlast}; \quad t_2 = -5\,°\mathrm{C}: \gamma_2 = \gamma_g + \gamma_z : \text{Seileigen- und Zusatzlast} \qquad (169)$$

Werden die Werte in G.168 eingeführt, $\sigma_1 = \sigma_2 = \sigma$ (zul. Höchstzugspannung) gesetzt und die Gleichung nach der Spannweite a aufgelöst, erhält man die sogen. kritische Spannweite:

$$a_{krit} = \sigma\sqrt{\frac{24\alpha_t(t_2 - t_1)}{\gamma_2^2 - \gamma_1^2}} \qquad (170)$$

$$t_1 = -20\,°\mathrm{C} \text{ und } t_2 = -5\,°\mathrm{C}: \quad a_{krit} = 18{,}97\,\sigma\sqrt{\frac{\alpha_t}{\gamma_2^2 - \gamma_1^2}} \qquad (171)$$

Im Falle $a \leq a_{krit}$ ist t=-20°C ohne Zusatzlast, im Falle $a > a_{krit}$ ist t=-5°C mit Zusatzlast maßgebend. - Ist σ_1 aus G.168 bestimmt, folgt der max Seilstich für die Seilverlegung zu:

$$f = \frac{\sigma_1}{\gamma_1}\cosh\frac{a\gamma_1}{2\sigma_1} \qquad (172)$$

Die Berechnung der Freileitungen wird heutigentags mittels Computer durchgeführt. (Dabei wird eine Gesamtoptimierung unter Berücksichtigung der Herstellungs- und Betriebskosten angestrebt.) Die ehemals zur Reduzierung des numerischen Rechenaufwandes entwickelten Verfahren [45-47] haben an Bedeutung verloren. Moderne Programme erfassen die unterschiedlichsten Einflüsse [48,49]:

- Ungleichohe Aufhängepunkte;
- Auslenkung der Hängeisolatoren und Erfassung des gesamten Leiterstranges zwischen zwei Festpunkten. Damit ist auch die Untersuchung feldweise unterschiedlicher Eislasten möglich;
- Regulierzustand der Hängeisolatoren vor dem Einklemmen (Lagerung auf Rollen) und nach dem Einklemmen;

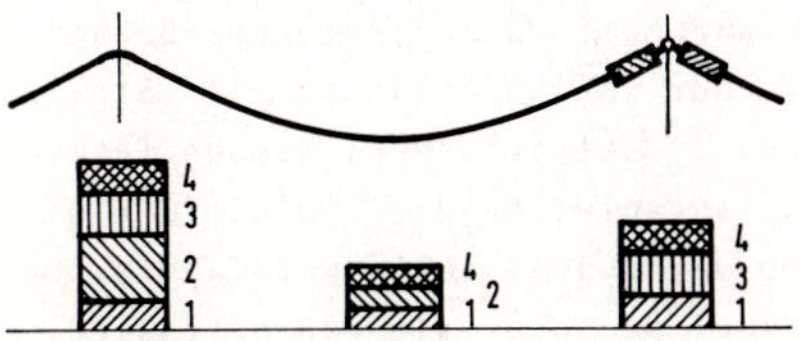

1: Statische Zugspannung
2: Statische Biegespannung aus der Krümmung
3: Klemmspannung
4: Wechselbiegespannung (bei Schwingungen)

Bild 40

- Seilkriechen (Aluminiumseile!) unter der Mittelzugspannung.

Bild 40 zeigt, an welchen Stellen, welche realen Beanspruchungen mit etwa welchen Anteilen in den Leitern auftreten [50]. Die Rechnung mittels der Zustandsgleichung wirft die statische Zugspannung aus. Mit dem Nachweis der zul. Dauerzugfestigkeit werden die Einflüsse 2 und 3 und mit dem Nachweis der zul. Mittelzugfestigkeit die Wechselbiegebeanspruchung (also Einfluß 4) infolge der durch den Wind ausgelösten Leiterschwingungen (und damit auch der Ermüdungsfestigkeitsnachweis) indirekt erfaßt. Wegen weiterer Hinweise vgl. [51-53].

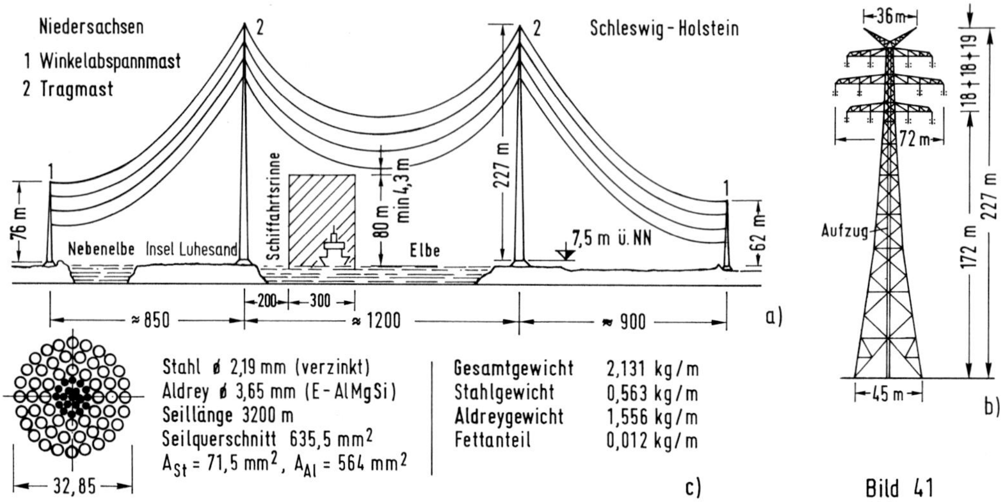

Bild 41

Bild 41 enthält Angaben zur 380-kV-Elbekreuzung, die 1978 errichtet wurde [54]. Zum Einsatz kamen Verbundseile. Die Mittelzugspannung wurde mit 71,5N/mm² gewählt, was bezogen auf die rechnerische Bruchspannung von 402N/mm² 17,8% bedeutet. Weitere Rechenwerte: E-Modul 68 000N/mm², α_t=19,4·10^{-6}1/K, Dauerzugfestigkeit 283 N/mm², Zugfestigkeit 402N/mm².

16.3.4.7 Hinweise zur Berechnung von Fahrleitungen

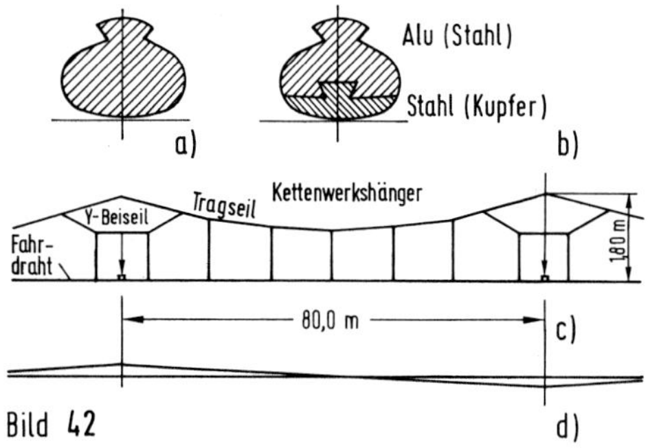

Bild 42

Elektrische Bahnen benötigen Fahrleitungen. Der Fahrdraht besteht i.a. aus hartgezogenem Elektrolytkupfer. Es kommt Rillendraht zum Einsatz, ggf. in Form eines Bimetalldrahtes, Bild 42a/b. Der Fahrdraht wird (im Grundriß) so verlegt, daß die Schleifstücke der Stromabnehmer gleichmäßig abgenützt werden. Das gelingt durch eine Zick-Zack-Lage. - Für die Trag- und Abspannkonstruktionen werden unterschiedliche Spiral- und Litzenseile eingesetzt. Hinzu treten Armaturen, Ausleger und Maste aller Art. Für Bahnen mit geringer Fahrgeschwindigkeit (Straßenbahn, Industriebahnen) kommen festverankerte Fahrleitungen zum Einsatz (H ist variabel: Zustandsgleichung): Einfachfahrleitungen mit Spannweiten von 25 bis 30m. Bei Eisenbahnen werden sogen. Kettenwerkfahrleitungen (ein- oder mehrfach) gebaut, l=60 bis 80m, vgl. Bild 42c. Je höher die Fahrgeschwindigkeit ist, umso stärker wird die Abspannung vermascht und umso kürzer ist die Spannweite, um eine sichere Stromabnahme zu gewährleisten. Durch Radspannwerke wird eine konstante Horizontalkraft eingetragen. Der Fahrdrahtverschleiß ist bei der Auslegung zu berücksichtigen. Es werden ähnliche Lastfälle wie bei den Freileitungen untersucht. Da die Fahrleitungen geringe Spannweiten haben und flach gespannt sind, genügt für die Seilstatik die Parabelannäherung. Hochkettenwerkfahrleitungen erfordern eine besondere statische Analyse, die die gemeinsame Tragwirkung von Tragseil und Fahrdraht und deren gegenseitige Beeinflussung erfaßt [55,56].

16.3.4.8 Halte- und Abspannseile von Kranen (Fördertechnik)

In der Fördertechnik werden die unterschiedlichsten Seile eingesetzt. Die Antriebsseile (Katzseile, Hubseile usf.), die über Rollen geführt werden, unterliegen als "laufende" Seile der maschinenbaulichen Auslegung (DIN 15020, DIN 15001, DIN 15111, [10-13, 57-59]). Die in ihnen wirkenden Kräfte folgen aus den Hublasten (einschl. Trägheitswirkungen) und aus den Antriebsleitungen der Aggregate. Die diesbezüglichen Probleme und Aufgaben fallen in das Gebiet der Fördertechnik. Bild 43a zeigt den prinzipiellen Aufbau eines Turmkran-Auslegers und Bild b das System eines Strebenderricks für Brückenmontagen [60].
Die Halte- und Abspannseile gehören als "stehende" Seile zur Tragkonstruktion,

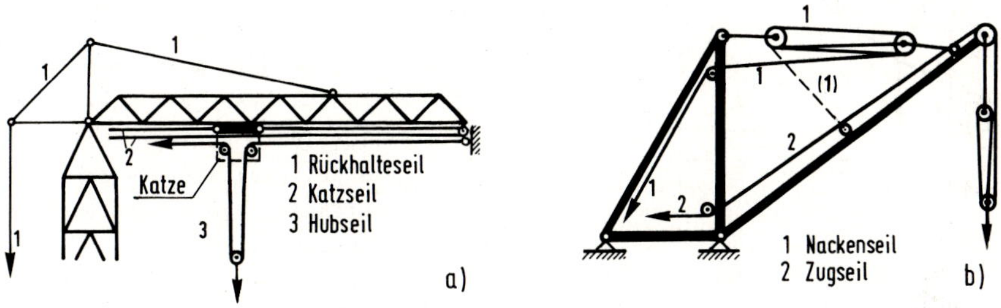

Bild 43

dabei sind i.a. jene Tragwerksteile, in die Seile integriert sind, innerlich statisch bestimmt, so daß sich die Seilkräfte für die verschiedenen Arbeitsstellungen allein aus Gleichgewichtsgleichungen herleiten lassen. Der Einfluß der Verformungen auf die Größe Schnittgrößen ist ggf. zu berücksichtigen (Th. II. Ordnung oder Th. III. Ordnung). Bei der Berechnung der anteiligen Verformungen aus der Seildehnung ist der Elastizitätsmodul in Abhängigkeit von der Machart des Seiles anzusetzen (vgl. auch Abschnitt 16.1.6). Infolge wachsender Ausreckung tritt im Laufe der Betriebszeit eine gewisse Versteifung der Seile ein. Ggf. ist es zweckmäßig, den Verformungseinfluß mit unteren und oberen Werten des E-Moduls durchzuführen. Nach DIN 15018 (Krane) ist anzusetzen:

Litzenseile mit Hanfseele	:	E = 90 000 - 120 000 N/mm²
Litzenseile mit Stahlseele	:	E = 100 000 - 130 000 N/mm²
Spiralseile (einschl. verschlossene Seile)	:	E = 140 000 - 170 000 N/mm²

Ungereckte Seile besitzen eine gewisse Restwelligkeit, hier liegt der E-Modul im Anfangsstadium ggf. erheblich niedriger. Zur Technik des Vorreckens vgl. z.B. [2,61].

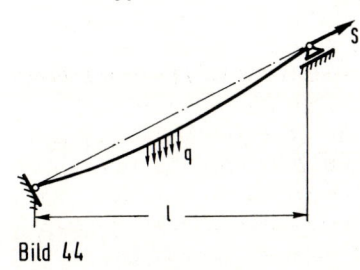

Bild 44

Bei langen Seilen ist der Durchhangeinfluß auf die Seilsteifigkeit (in Richtung der Sehne, analog wie z.B. bei Masten und Brücken) zu berücksichtigen. Das wird zweckmäßig mittels eines ideellen (fiktiven, scheinbaren) E-Moduls E_i bewerkstelligt, den man richtigerweise Durchhangmodul nennen sollte. Er berechnet sich zu:

$$E_i = \frac{E_e}{1 + \frac{q^2 \cdot l^2}{24} \cdot \frac{S_1 + S_2}{S_1^2 \cdot S_2^2} \cdot E_e A_m} \qquad (173)$$

q ist die Eigenlast pro Längeneinheit des Seiles, E_e=E ist der Elastizitätsmodul (s.o.) und A_m der metallische Querschnitt. l ist die Länge der horizontalen Projektion. E_i ist der Mittelwert des Durchhangmoduls innerhalb des "Arbeitsbereiches" zwischen der unteren Seilkraft S_1 und der oberen Seilkraft S_2. Führt man die Spannung $\sigma = S/A_m$ und Wichte pro Längeneinheit ein ($\gamma = q/A_m$), kann anstelle von G.173 auch geschrieben werden:

$$E_i = \frac{E_e}{1 + \frac{\gamma^2 \cdot l^2}{24} \cdot \frac{\sigma_1 + \sigma_2}{\sigma_1^2 \sigma_2^2} E_e} \qquad (174)$$

(Zur Herleitung wird auf Abschnitt 25.5.5.2 verwiesen.) Der Einfluß der Durchhangänderung ist bis zu Seillängen von ca. 50m vernachlässigbar gering. - Die Höhe der zulässigen Spannungen für den allgemeinen Spannungsnachweis und Betriebsfestigkeitsnachweis ist für Halte- und Abspannseile in DIN 15018 T1 (Abschn.8) geregelt.

16.3.4.9 Schrägseile mit Einzellasten

Wird ein Seil durch eine oder mehrere Einzellasten beansprucht, die gegenüber der Seileigenlast überwiegen, stellt sich näherungsweise eine polygonale Seillinie ein.

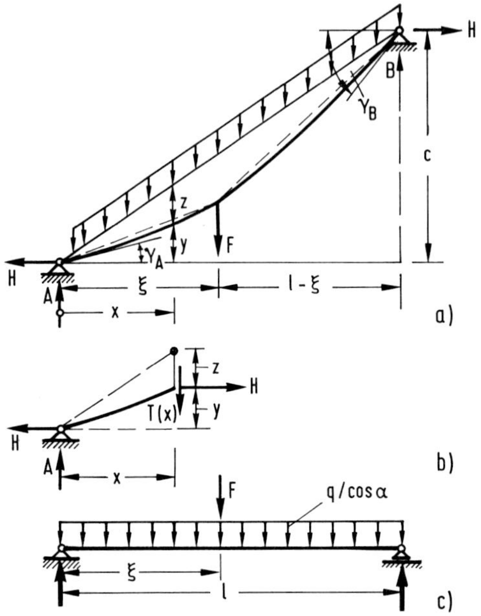

Bild 45

Der Eigengewichtsdurchhang zwischen den Seilknickpunkten ist gering. - Unter der Voraussetzung, daß nur lotrechte Lasten wirken und der Horizontalzug H (z.B. vermöge Gewichtsvorspannung) unabhängig von der Höhe der äußeren Lasten konstant ist, sei die Seillinie gesucht. Zunächst wird das Seil mit einer Einzellast analysiert, vgl. Bild 45. q wird auf die laufende Einheit der Seilsehne bezogen. y ist die Seilordinate von der Horizontalen aus, z ist die Seilordinate von der Seilsehne aus. Die Momentengleichgewichtsgleichungen für die Aufhängepunkte ergeben:

$$B:\quad Al + Hc - \frac{ql}{\cos\alpha}\frac{l}{2} - F(l-\xi) = 0 \quad \longrightarrow$$

$$A = \frac{q}{\cos\alpha}\frac{l}{2} + F\left(1-\frac{\xi}{l}\right) - H\frac{c}{l} \qquad (175)$$

$$A:\quad Bl - Hc - \frac{ql}{\cos\alpha}\frac{l}{2} - F\xi = 0 \quad \longrightarrow$$

$$B = \frac{q}{\cos\alpha}\frac{l}{2} + F\frac{\xi}{l} + H\frac{c}{l} \qquad (176)$$

l ist der Abstand und c der Höhenunterschied der Aufhängepunkte. F ist die Einzellast und ξ deren Abstand vom unteren linken Verankerungspunkt. Die vertikale Seilkraftkomponente an der Stelle x wird mit T(x) abgekürzt: Transversalkraft. Für den linken und rechten Bereich gilt:

$$x \le \xi:\quad T(x) = A - \frac{q}{\cos\alpha}x = \frac{q}{\cos\alpha}\left(\frac{l}{2}-x\right) + F\left(1-\frac{\xi}{l}\right) - H\frac{c}{l} \qquad (177)$$

$$x > \xi:\quad T(x) = A - \frac{q}{\cos\alpha}x - F = \frac{q}{\cos\alpha}\left(\frac{l}{2}-x\right) - F\frac{\xi}{l} - H\frac{c}{l} \qquad (178)$$

Die Seilkraft beträgt:

$$S(x) = \sqrt{H^2 + T^2(x)} \qquad (179)$$

Wird die Gleichgewichtsgleichung ΣM=0 für den links der Schnittstelle x liegenden Bereich angeschrieben (vgl. Bild 45b), ergibt sich:

$$Ax + Hy - \frac{qx}{\cos\alpha}\frac{x}{2} = 0 \quad \longrightarrow \quad Hy = -Ax + \frac{q}{\cos\alpha}\frac{x^2}{2} \qquad (180)$$

Wird für A G.175 eingeführt, folgt nach kurzer Rechnung:

$$H\cdot z = \frac{q}{\cos\alpha}\cdot\frac{(l-x)x}{2} + F\left(1-\frac{\xi}{l}\right)x \qquad (181)$$

Wie erwähnt, ist z der Seilstich gegenüber der Sehne:

$$z = \left(c\frac{x}{l} - y\right) \qquad (182)$$

Rechterseits von G.181 steht der Ausdruck für das Biegemoment eines einfachen Balkens der Länge l, der durch q/cosα und die Einzellast F im Abstand ξ belastet wird, vgl. Bild 45c. Somit gilt:

$$\boxed{z(x) = \frac{M(x)}{H}} \quad \text{bzw.} \quad H = \frac{M(x)}{z(x)} \qquad (183)$$

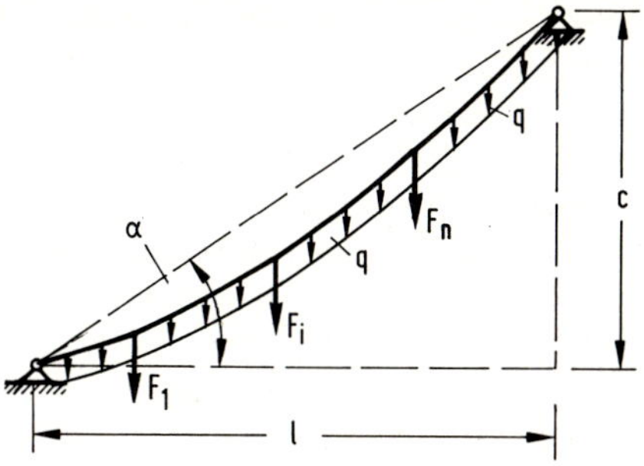

Bild 46

Da H konstant ist, sind z(x) und M(x) affin zueinander. Der größte Durchhang f=max z tritt an der Stelle max M auf. T(x) ist gleich der Querkraft Q(x) des Ersatzträgers, reduziert um Hc/l, vgl. G.177/178.

Der Neigungswinkel γ der Seillinie gegenüber der Horizontalen beträgt an der Stelle x:

$$\tan\gamma = \frac{c}{l} - \frac{dz(x)}{dx} = \frac{c}{l} - \frac{dM(x)}{H \cdot dx} = \frac{c}{l} - \frac{Q(x)}{H} \qquad (184)$$

Die vorstehend hergeleitete Analogie zwischen einem Seil und einem einfachen Balken gilt auch dann, wenn mehrere Einzellasten oder eine andere Streckenlast auf das Seil einwirkt; Voraussetzung ist, daß sie lotrecht gerichtet sind. Sofern das Seil straff gespannt ist, gilt die Analogie auch für $q/\cos\alpha$ allein (Parabelnäherung):

$$z(x) = \frac{q}{\cos\alpha} \cdot \frac{(l-x)x}{2H}; \qquad f = \max z = \frac{q}{\cos\alpha} \cdot \frac{l^2}{8H} \qquad (185)$$

Die Neigungswinkel gegenüber der Horizontalen an den Seilenden betragen (siehe auch Bild 45a):

$$\tan\gamma_A = \frac{c}{l} - \frac{ql}{2\cos\alpha H}; \quad \tan\gamma_B = \frac{c}{l} + \frac{ql}{2\cos\alpha H} \qquad (186)$$

Stützgrößen:

$$A = \frac{ql}{2\cos\alpha} - H\frac{c}{l}; \quad B = \frac{ql}{2\cos\alpha} + H\frac{c}{l} \qquad (187)$$

Transversalkraft:

$$T(x) = \frac{q}{\cos\alpha}\left(\frac{l}{2} - x\right) - H\frac{c}{l} \qquad (188)$$

Die Seilkraft berechnet sich gemäß G.179.

Die Gleichgewichtsform eines nur durch sein Eigengewicht belasteten Seiles wird in der Fördertechnik als Leerseillinie bezeichnet, unter zusätzlicher Einzellast (oder Einzellasten) als Vollseillinie. Von dieser interessiert insbesondere der Durchhang unter der Last. Die Kurve dieser Durchhänge ist die sogen. Lastwegkurve; bei mehreren Einzellasten die Lastwegumhüllende. - Setzt man in G.181 $x=\xi$, läßt sich die Seilordinate unter der Einzellast berechnen:

$$H \cdot \max z = \frac{q}{\cos\alpha} \cdot \frac{(l-\xi)\xi}{2} + F\left(1 - \frac{\xi}{l}\right)\xi \longrightarrow f = \max z = \frac{1}{H}\left(\frac{q}{2\cos\alpha} + \frac{F}{l}\right)(l-\xi)\xi \qquad (189)$$

ξ gibt die variable Laststellung an ($0 \le \xi \le 1$). Die Lastwegkurve ist eine Parabel. Für mittige Laststellung folgt ($\xi = 1/2$):

$$\max f = \frac{1}{H}\left(\frac{ql^2}{8\cos\alpha} + \frac{Fl}{4}\right) \qquad (190)$$

Die Erweiterung auf mehrere lotrechte Einzellasten ist wiederum elementar.

16.3.4.10 Hinweise zur Berechnung von Seilbahnen

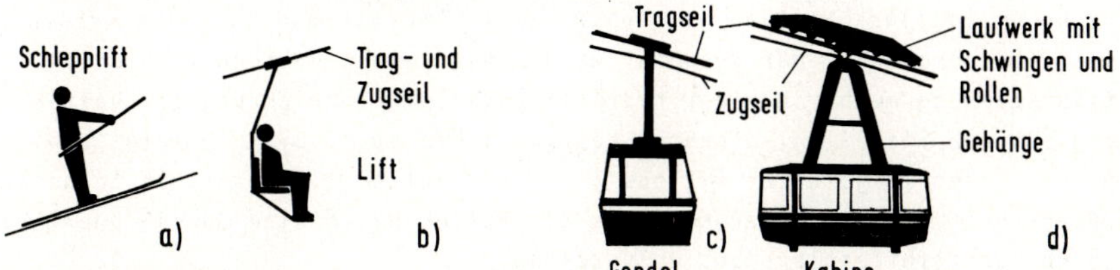

Bild 47 (schematisch)

Bild 47 vermittelt einen schematischen Überblick über die verschiedenen Seilbahnsysteme, wie sie vor allem für die Erschließung der Skigebiete im Gebirge zum Einsatz kommen.

In den Fällen b) bis d) handelt es sich um Seilschwebebahnen: Sessel, Gondeln, Kabinen hängen an Tragseilen. Neben diesem Bahntyp gibt es noch die sogen. Standseilbahnen, bei denen die Wagen (häufig im Pendelverkehr) auf Schienen fahren und von Seilen gezogen werden. Schließlich gibt es noch die Hängeseilbahnen; hier fahren die Wagen auf Hängeschienen. (Schleppliftanlagen zählen zu den Standseilbahnen, Bild 47a).

Mit Seilschwebebahnen (kurz Seilbahnen) lassen sich große Höhenunterschiede, auch in schwierigstem Gebirge, überwinden. Neben den Personenbahnen kommen auch Materialbahnen (häufig in Gebieten mit unterentwickelter Verkehrsinfrastruktur) zum Einsatz. Hierbei wird Material in Kübeln (Kippkästen) über große Entfernungen (bis 50km, dann mit Zwischenstationen) transportiert, mit Leistungen bis 2500t/h und automatischem Betrieb [62].

Es werden Ein- und Zweiseilbahnen unterschieden, vgl. Bild 48.

Bei Einseilbahnen wird ein umlaufendes Endlosseil an den Enden über je eine Scheibe über unterschiedliche Stützen und Kuppengerüste mit Rollenbatterien geführt. Eine Endscheibe ist fest verankert, die andere verschieblich gelagert, wobei an dieses Lager

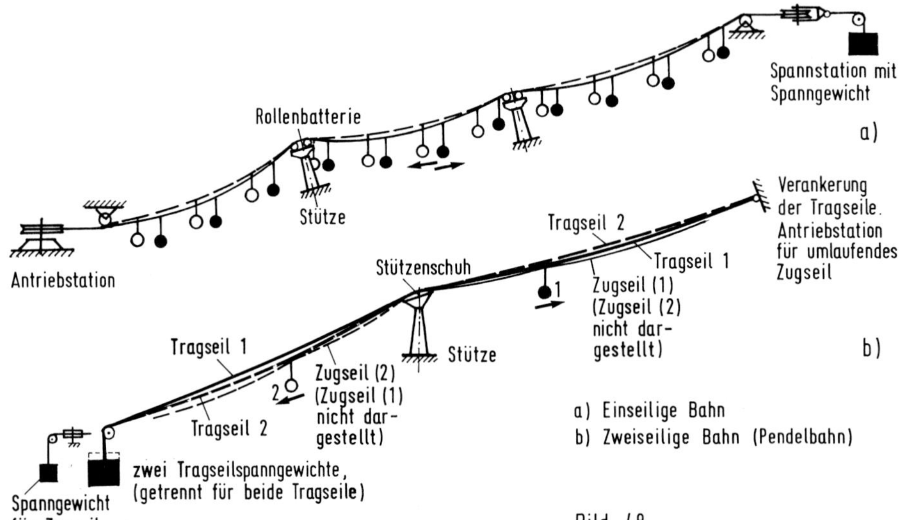

Bild 48

ein Seil befestigt ist. Dieses Seil wird über eine Umlenkrolle geführt und mittels eines Gewichtes ballastiert. Dadurch erhält der Seilstrang seine Spannung. Das Seil ist Trag- und Zugseil in einem. Das aufwärts führende Seil ist i.a. stärker belastet als das abwärtsführende, dadurch stellen sich unterschiedliche Durchhänge ein. Die Sessel oder Gondeln sind entweder am Seil fest fixiert oder mittels unterschiedlicher Apparate angeklemmt, dann können sie am Ende über Weichen abgekuppelt werden. Die Klemmapparate haben eine Feder in Form einer Tellerfedersäule oder Schraubenfeder, um die Verringerung des Seildurchmessers infolge Erhöhung der Seilkraft bei der Bergfahrt zu kompensieren.

Bild 49 zeigt das Schema einer solchen Kopplung, sowie eine Seilfangeinrichtung, die heute fast überall neben der Trag-Rollenbatterie angeordnet wird. Ggf. werden Antrieb und Spannvorrichtung in einer Station vereinigt. Antriebsmotor und -scheibe werden dann auf einem Schlitten angeordnet, der gespannt wird. Bei kleinen Anlagen wird anstelle einer Gewichtsvorspannung auch mit einer hydraulischen Spannvorrichtung gearbeitet. Die Fahrgeschwindigkeit von Einseilumlaufbahnen beträgt 4 bis 5m/s. Bild 50 zeigt typische Stützenformen; es werden Tragstützen mit positivem und solche mit negativem Sehnenknickwinkel sowie Niederhaltestützen unterschieden. Die Rollen haben eine Gummi- oder (heute überwiegend) eine Kunststoffeinlage aus Polyurethan.

Bei Zweiseilbahnen fahren die Gondeln, Kabinen oder Wagen (Kübel) auf einem Tragseil (ggf. auf zwei) und werden von einem oder zwei Zugseilen gezogen. Zugseile sind i.a. Endlosseile ggf. mit größerem Durchmesser im oberen Teil (Zugseil) und mit geringerem im unteren Teil (Gegenseil). In Verbindung mit zwei Tragseilsträngen werden Kabinenbahnen

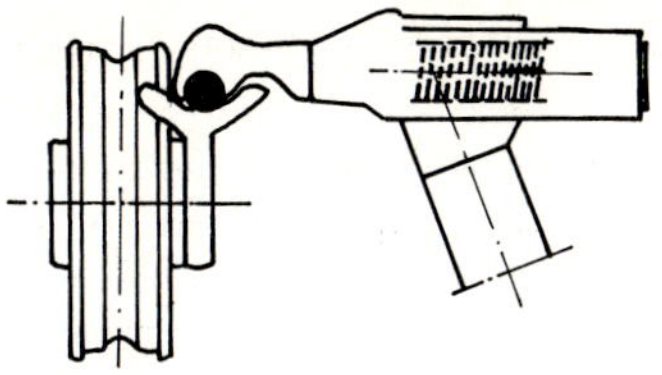

Bild 49

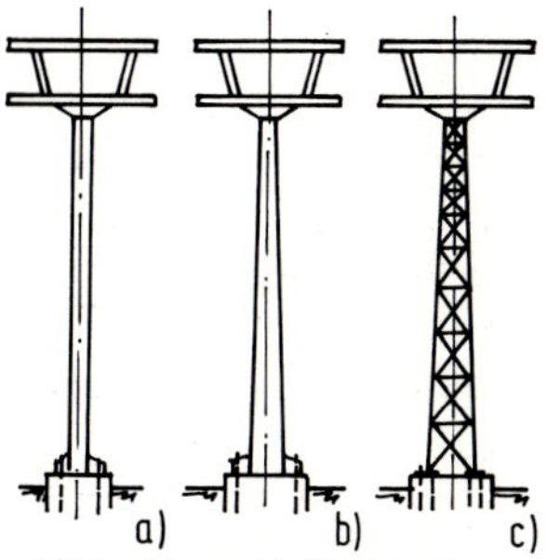

a) Rohrstütze, b) Blechkastenstütze, c) Gitterfachwerkstütze

Bild 50

in der Regel im Pendelverkehr betrieben. Die Kabinen hängen vermöge eines Gehänges in Form einer Vollwand- oder Fachwerkkonstruktion an dem Laufwerk, das die Last über Schwingen auf mehrere Rollen absetzt. Es werden Steigungen bis 1:1, freie Spannweiten bis 2000m und Kabinengrößen bis 200 Personen erreicht. Die Sicherheit wird u.a. ganz wesentlich von der Betriebsfestigkeit des Gehänges bestimmt [63]. Häufig sind Zwischenstützen mit festen oder beweglichen Auflagerschuhen erforderlich. Die Stützen erreichen z.T. beträchtliche Höhen, bis 100m, vgl. Bild 51. Üblich sind Fachwerktürme, dabei ergeben sich vielfach schwierige Gründungsprobleme [64]. Bild 52 zeigt eine Vierpersonen-Gondel. Gondelverkehr wird i.a. umlaufend betrieben.

Sowohl die Tragseilstränge wie das Zugseil (und ggf. das Hilfszugseil) werden jeweils einzeln durch Gewichte gespannt. Insofern sind auch hier die Seillinien statisch bestimmt. Der Einfluß der Rollenreibung ist gering. Im Laufwerk ist eine Fangbremse eingebaut, die bei Bruch des Zuggliedes greift. Dieser Fall ist als Ausnahmefall gesondert nachzuweisen. Im Moment des Zugseilbruches treten im Tragseil und in der Kabine bzw. Gondel dynamische Zusatzbeanspruchungen auf [65,66]. Der Seilbahnbau ist eine spezielle Technik mit vielen Besonderheiten; verwiesen wird auf die Monographie von CZITARY [16] und die Beiträge in [67]. Ähnliche Verhältnisse wie bei Seilbahnen liegen bei Kabelkranen vor (Bild 53). Sie werden mit Feststützen, ggf. abgespannt, oder schwenkbaren Masten, ortsfest oder radial- oder parallelverfahrbar ausgeführt. Kabelkrane gehören wie Seilbahnen zur Fördertechnik [68-70]. Im Gegensatz zu Seilschwebebahnen sind die Tragkabel bei Kabelkranen in der Regel beidseitig fest verankert. Das Stichverhältnis wird zu $f/l \approx 0{,}055-0{,}065$ gewählt. Das Fahrseil wird über Seilreiter geführt, die am Tragkabel angeklemmt sind. Das gilt auch für das Hubseil und fallweise für das Schließseil bei Greiferbetrieb (Bild 53). Fahr-, Hub- und Schließseil erhalten einzeln eine Gewichtsvorspannung.

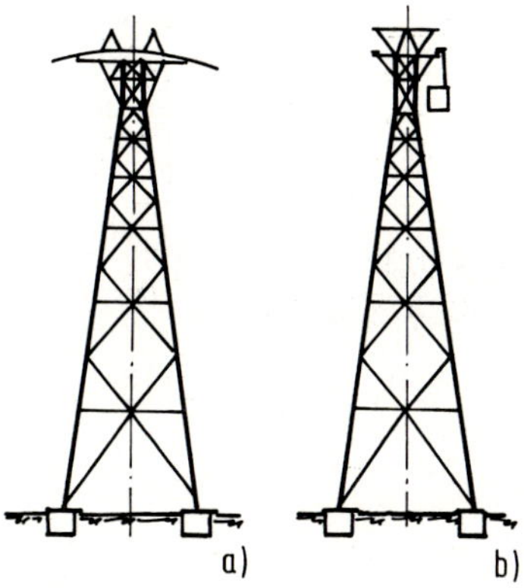

Bild 51

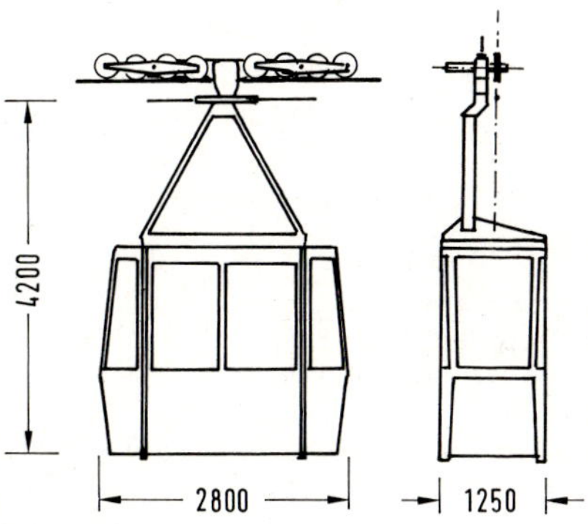

Bild 52

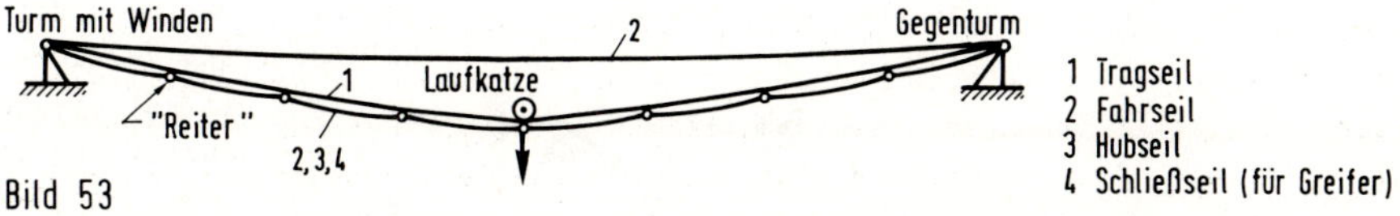

Bild 53

Als Tragkabel kommen für große Anlagen voll verschlossene Seile mit mindestens zwei Z-Drahtlagen und Runddrahtkern zur Ausführung, für kleine Anlagen auch Spiralseile aus Runddrähten. Als Zugseile werden Litzenseile, vielfach in Seale- oder Warrington-Konstruktionsart eingesetzt, (z.B. mit 114 oder 216 Einzeldrähten; Durchmesser 20 bis 50mm, bei Kabel-

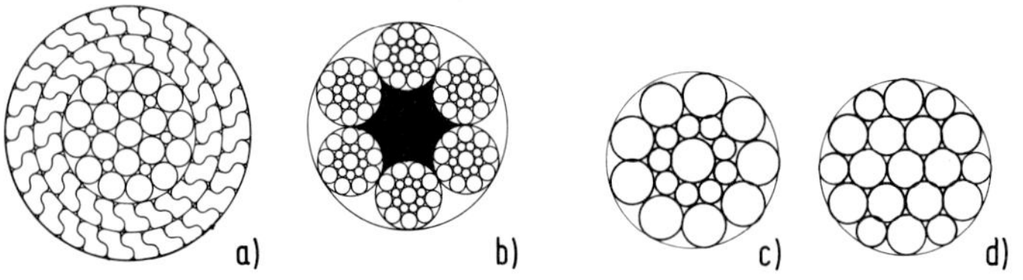

Bild 54

kranen bis 90mm). Bild 54a zeigt ein voll verschlossenes Seil mit zwei Z-Drahtlagen und Bild 54b ein Litzenseil mit Fasereinlage. Die Nennfestigkeit der Runddrähte wird i.a. zu 1960N/mm² seltener zu 2060 oder 2160N/mm² eingestellt. Die Teilbilder c und d zeigen die Seale- bzw. Warrington-Litze. Sie weisen eine Parallelverseilung und eine vergleichsweise hohe Materialdichte auf. Die Seile werden nicht nur auf Zug sondern auch auf Querpressung mit lokaler Biegung beansprucht [16,57,71,72]. Der laufenden Seilprüfung kommt große Bedeutung für die Betriebssicherheit zu [73]. Zur Berechnung der Seiltrommeln und Speichenscheiben vgl. [74,75].

Der Tragsicherheitsnachweis von Seilschwebebahnen (Seile, Stützen, Spann- und Antriebsstationen) beinhaltet mancherlei Besonderheiten [16].

Die Berechnung von Einseilbahnen ist vergleichsweise elementar, da eine definierte Seilspannung vorgegeben ist. Die Angaben von Abschnitt 16.3.4.9 können unmittelbar übernommen werden. Bei eng liegenden Einzellasten (Sessel- und Gondellifte) können diese als Gleichlast verschmiert werden. Es sind alle möglichen Belegungen zu untersuchen, um die minimalen und maximalen Seilhöhenlagen in allen Feldern und die entsprechenden Geometrien an den Stützen und Stationen für die Rollenkonstruktionen zu kennen. Auch werden die extremalen Stützenlasten für den Nachweis der Stützen benötigt. Hierbei wird ggf. von der Näherung der Einzellastverschmierung abgesehen und die vom Seil abgesetzten Kräfte unter Berücksichtigung der tatsächlichen Einzellaststellungen bestimmt [76]. - Im Falle einer Lastverschmierung beträgt der Neigungswinkel eines Seiles gegenüber der Horizontalen (vgl. G.186):

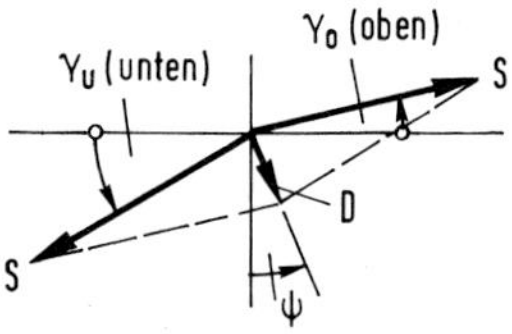

Bild 55

$$\tan\gamma_{u,o} = \frac{c}{l} \mp \frac{ql}{2\cos\alpha \cdot H} = \frac{c}{l} \mp 4\frac{f}{l} \qquad (191)$$

Aus den Seilkräften zu beiden Seiten der Stütze wird die in Richtung der Winkelhalbierenden gerichtete Komponente bestimmt (Bild 55):

$$D = 2S \cdot \sin\frac{\gamma_u - \gamma_o}{2}, \quad \psi = \frac{\gamma_u + \gamma_o}{2} \qquad (192)$$

Damit kann die Rollenbatterie, die Quertraverse und Stütze bemessen werden. - Um die in Abschnitt 16.3.4.9 dargelegte Berechnungstheorie anwenden zu können, muß die Horizontalkomponente in den einzelnen Feldern der Seilbahn bekannt sein. Mit Hilfe von Bild 56 läßt sie sich wie folgt berechnen: In Höhe der Spannstation ist die Seilkraft S=G. Wird die Rollenreibung vernachlässigt, beträgt die Seilkraft an irgendeiner Stelle:

$$S = G + qh \qquad (193)$$

q ist die Seileigenlast (einschl. Einzellastverschmierung) und h die Höhe gegenüber der Spannstation. G.193 folgt unmittelbar aus G.86. In Mitte des Feldes i sei die Seilhöhe h_i. Die (mittlere) Seilkraft be-

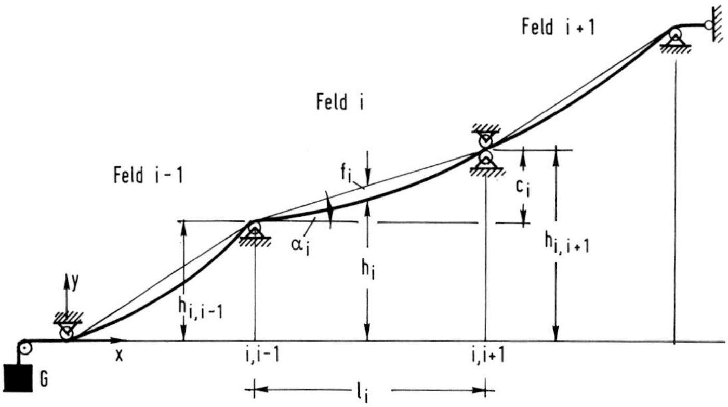

Bild 56

trägt demnach an dieser Stelle:

$$S_i = G + qh_i = G + qh_{i,i-1} + q(\frac{c_i}{2} + f_i) \qquad (194)$$

Da $f_i \ll c_i/2$ ist, kann gesetzt werden:

$$S_i = G + q(h_{i,i-1} + \frac{c_i}{2}) \qquad (195)$$

$h_{i,i-1}$ ist die Seilhöhe am niedrigeren Seilende. Die Seilneigung in Feldmitte ist:

$$\tan\alpha_i = \frac{c_i}{l_i} \qquad (196)$$

Somit beträgt die Horizontalkraft im Feld i:

$$H_i = S_i \cos\alpha_i \qquad (197)$$

Alles weitere folgt aus Abschnitt 16.3.4.9. Eine feldweise unterschiedliche Lastbelegung kann in G.194 bzw. 195 berücksichtigt werden, auch können Reibungskräfte eingerechnet werden. Wird bei der Untersuchung der Einzelfelder mit den realen Einzellaststellungen gerechnet, ist jeweils zu prüfen, ob sich noch sämtliche Einzellasten auf dem Ersatzträger befinden oder nicht. Bei kuppelbaren Einzellasten sind ggf. auch ungleiche Abstände zu berücksichtigen.

Wegen der Gewichtsvorspannung der Einzelseile lassen sich Zweiseilbahnen ebenfalls vergleichsweise einfach berechnen: Das System ist statisch bestimmt.

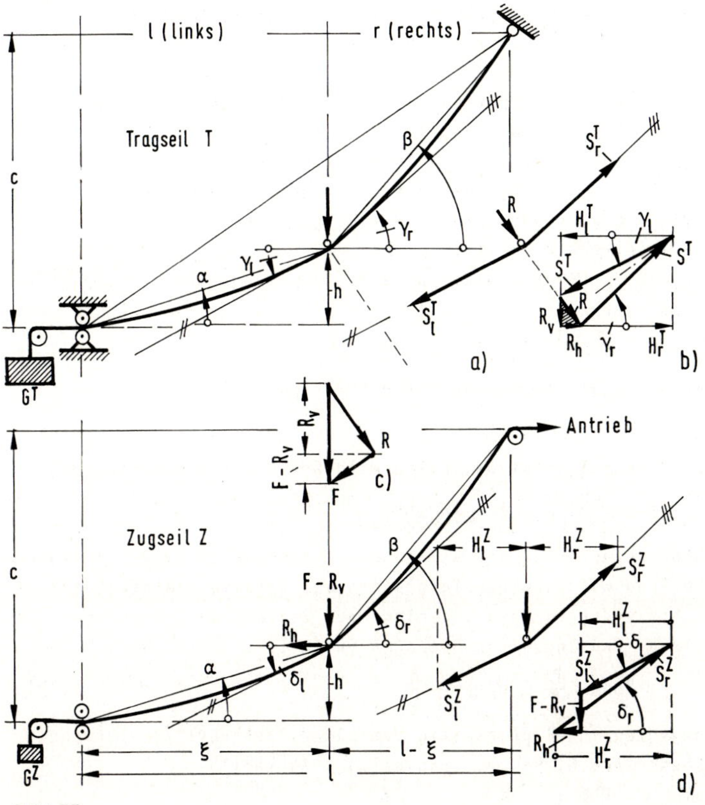

Bild 57

Trag- und Zugseil sind über das Fahrwerk der Kabine miteinander gekoppelt, d.h. Geometrie und Seilkräfte des Trag- und Zugseiles beeinflussen sich gegenseitig. Geht man von der in Bild 57a skizzierten Geometrie des Tragseiles mit den beidseitig der Einzellast vorhandenen Seilneigungswinkeln γ_l (links) und γ_r (rechts) aus und wird das Fahrwerk durch eine Einzelrolle ersetzt (auf welche die lotrechte Einzellast F wirkt), so ist dieser Zustand einsichtiger Weise alleine nicht stabil, die Kabine würde abwärts rollen; durch das Zugseil wird das verhindert. Die Rollenkraft R werde auf das Tragseil reibungsfrei abgesetzt. Die Rollenkraft wirkt demgemäß am Lastort "radial" auf das Tragseil ein, die Kräfte im Tragseil sind beidseitig gleichgroß. Würde eine Reibungskraft ("tangential") wirksam sein, würden sich die Kräfte im Tragseil um diese Kraft voneinander unterscheiden. Somit gilt für die Seilkräfte im Tragseil (siehe auch Bild 57b):

$$S_l^T = S_r^T = S^T \qquad (198)$$

(Index T: Tragseil, Z: Zugseil.) Der Horizontalzug im Tragseil ist beidseitig ungleich:

$$H_l^T = S^T \cdot \cos\gamma_l \,; \quad H_r^T = S^T \cdot \cos\gamma_r \tag{199}$$

Die radial abgesetzte Rollenkraft R bildet mit den Tragseilkräften ein geschlossenes Krafteck. Der von S_l^T und S_r^T eingeschlossene Winkel beträgt $\gamma_r - \gamma_l$. Somit gilt (vgl. Bild 57b):

$$R = 2S^T \cdot \sin\frac{\gamma_r - \gamma_l}{2} \tag{200}$$

Die horizontale und vertikale Komponente von R betragen:

$$R_h = H_l^T - H_r^T = S^T(\cos\gamma_l - \cos\gamma_r); \quad R_v = S^T(\sin\gamma_r - \sin\gamma_l) \tag{201}$$

Der Überschuß $F-R_v$ wird vom Zugseil übernommen; außerdem wirkt auf dieses die horizontale Kraftkomponente R_h. Das ist die statische Verknüpfungsbedingung.

Bezüglich Betrieb des Zugseiles gibt es drei Möglichkeiten:

a) Das Zugseil besteht nur aus einem einseitig aufwärts gerichteten Seil, das von einer Winde auf der Bergstation gezogen wird. Ein solcher Betrieb ist unsicher.

b) Das Zugseil besteht aus einem durchgehenden Seil konstanten Querschnitts, das auf der Bergstation gezogen und an der Talstation mittels eines Gewichtes gespannt wird. Das Spanngewicht betrage G^Z (das Spanngewicht des Tragseiles betrage G^T). Dieser Fall ist der Regelfall, er ist in Bild 48b dargestellt.

c) Die Ausführung entspricht grundsätzlich dem Fall b) mit dem Unterschied, daß das unterhalb der Kabine liegende Zugseil (das sogen. Gegenseil) wegen der geringeren Beanspruchung mit einem geringeren Querschnitt ausgestattet wird. Es hat somit ein geringeres Eigengewicht als das obere Zugseil.

Das Zugseil greift an der Kabine ober- oder unterhalb des Laufwerkes an, letzteres ist üblicher. Im Hinblick auf die Statik des Gesamtsystems macht man keinen Fehler, wenn man unterstellt, daß das Zugseil an der Nabe, also im Mittelpunkt der Rolle angreift und wenn man außerdem annimmt, daß die Seilführungen an den Enden denen des Tragseiles entsprechen. Zuschärfungen sind möglich aber ohne jede Auswirkung.

Wie oben ausgeführt, beträgt die lotrechte Auflast auf das Zugseil $F-R_v$.

Die Horizontalkraftkomponenten des Zugseiles unterscheiden sich beidseitig der Rollenanklemmung um die Kraft R_h; sie betragen:

$$H_l^Z = S_l^Z \cdot \cos\delta_l \,; \quad H_r^Z = H_l^Z + R_h = S_l^Z \cdot \cos\delta_l + R_h = S_r^Z \cdot \cos\delta_r \tag{202}$$

Als geometrische Verknüpfungsbedingung gilt am Angriffsort der Einzellast:

$$h^T = h^Z = h \tag{203}$$

h ist die Höhe der Rolle in bezug zur Talstation, siehe Bild 57. - Als gegeben werden vorausgesetzt:

$$l,\ c,\ F,\ G^T,\ G^Z,\ q^T,\ q^Z \text{ und Laststellung } \xi$$

l ist der Abstand und c der Höhenunterschied der Stationen. F ist die gesamte lotrechte Kabinenlast; die jeweilige Stellung wird von der Talstation aus gemessen. G steht für die Schwerkraft der Gegengewichte und q für die Eigenlast der Seile.

Die Sehnenneigungswinkel des Trag- und Zugseiles betragen (Bild 57):

$$\tan\alpha = \frac{h}{\xi}\,; \quad \tan\beta = \frac{c-h}{l-\xi} \tag{204}$$

Nunmehr lassen sich die Endtangentenwinkel beidseitig des Einzellastangriffes berechnen (vgl. Abschnitt 16.3.4.9, insbesondere G.186; γ: Tragseil, δ: Zugseil):

$$\tan\gamma_l = \frac{h}{\xi} + \frac{q^T\xi}{2\cos\alpha \cdot H_l^T} = \frac{h}{\xi} + \frac{q^T\xi}{2\cos\alpha \cdot S^T\cos\gamma_l} \tag{205}$$

$$\tan\gamma_r = \frac{c-h}{l-\xi} - \frac{q^T(l-\xi)}{2\cos\beta \cdot H_r^T} = \frac{c-h}{l-\xi} - \frac{q^T(l-\xi)}{2\cos\beta \cdot S^T\cos\gamma_r} \tag{206}$$

$$\tan\delta_l = \frac{h}{\xi} + \frac{q^Z\xi}{2\cos\alpha \cdot H_l^Z} = \frac{h}{\xi} + \frac{q^Z\xi}{2\cos\alpha \cdot S_l^Z\cos\delta_l} \tag{207}$$

$$\tan\delta_r = \frac{c-h}{l-\xi} - \frac{q^Z(l-\xi)}{2\cos\beta \cdot H_r^Z} = \frac{c-h}{l-\xi} - \frac{q^Z(l-\xi)}{2\cos\beta(S_l^Z\cdot\cos\delta_l + R_h)} \tag{208}$$

Mit jeder dieser Gleichungen werden die Gleichgewichtsgleichungen seilabschnittsweise erfüllt.

Ausgehend von der talseitigen Spannstation betragen die Seilkräfte am Ort der Kabine:

$$S^T = G^T + h\cdot q^T \tag{209}$$

$$S_l^Z = G^Z + h\cdot q^Z \longrightarrow H_l^Z = S_l^Z\cdot\cos\delta_l\,; \quad S_r^Z = H_r^Z/\cos\delta_r \tag{210}$$

Für G.207 und 208 kann man somit auch schreiben:

$$\tan\delta_l = \frac{h}{\xi} + \frac{q^Z\xi}{2\cos\alpha\cdot S_l^Z\cos\delta_l} \tag{211}$$

$$\tan\delta_r = \frac{c-h}{l-\xi} - \frac{q^Z(l-\xi)}{2\cos\beta\cdot[S_l^Z\cdot\cos\delta_l + S^T(\cos\gamma_l - \cos\gamma_r)]} \tag{212}$$

Der Berechnungsalgorithmus ist wie folgt aufzubauen:

Vorgabe: $l, c, q^T, q^Z, G^T, G^Z, F, \xi$ (variabel)

Annahme: h

Berechnen: α und β mittels G.204, S^T mittels G.209, S_l^Z mittels G.210, γ_l aus G.205, γ_r aus G.206, δ_l aus G.211, δ_r aus G.212, H_l^Z und S_r^Z aus G.210. Anschließend wird die statische Verknüpfungsbedingung überprüft:

$$H_r^Z\cdot\tan\delta_r - H_l^Z\cdot\tan\delta_l = F - R_v \longrightarrow$$
$$H_r^Z\cdot\tan\delta_r - H_l^Z\cdot\tan\delta_l - [F - S^T\cdot(\sin\gamma_r - \sin\gamma_l)] = 0 \tag{213}$$

Ist die Bedingung erfüllt, war h richtig gewählt, wenn nicht, ist für h eine neue Annahme zu treffen. Der Algorithmus wird zweckmäßig für eine Computerberechnung programmiert und h z.B. mittels Regula falsi systematisch bestimmt. Für unterschiedliche ξ findet man die Lastwegkurve und alle anderen Größen, so daß das System optimiert werden kann. Die Erweiterung für den Fall, daß Zwischenstützen vorhanden sind, ist elementar. Mit vorstehendem Berechnungsverfahren steht eine Alternative zu [16,77] zur Verfügung. Die Berechnung der Winkel γ_l, γ_r und δ_l aus den Gleichungen 205, 206 und 211 gelingt mittels Regula falsi (von α bzw. β ausgehend) oder durch explizite Auflösung der trigonometrischen Gleichungen.

ξ	167	334	500	666	833	m
h	39,80	96,70	170,70	262,40	372,35	m
f	43,7	70,3	79,3	70,6	44,15	m
S^T	280	285	292	301	312	kN
S_l^Z	25,8	26,9	28,4	30,3	32,5	kN
S_r^Z	33,4	36,3	39,4	42,7	46,2	kN

Bild 58

Beispiel [16]:

$l = 1000\,m$, $c = 500\,m$; $F = 25\,kN$
$q^T = 0{,}10\,kN/m$, $q^Z = 0{,}02\,kN/m$
$G^T = 275\,kN$, $G^Z = 25\,kN$

In Bild 58 ist das Ergebnis zusammengefaßt. f ist der Stich am Lastangriffsort, von der Sehne aus gemessen, die von der Tal- zur Bergstation gespannt ist. Die Seilkräfte an der Bergstation sind damit auch bekannt; auch lassen sich die Wege der Spanngewichte berechnen. Wegen Zuschärfungen (die Seillinie ist eine Katenoide und keine Parabel) vgl. [77], siehe auch [35]. Zur Dynamik bei Laufwerksbremsung siehe [65,66] und [78].

Bild 59 faßt die wichtigsten Kenndaten der Zugspitzseilbahn zusammen [79]. Sie wurde im Jahre 1962 in Betrieb genommen: 2 Kabinen mit einem Fassungsvermögen je Kabine von 44+1=45 Personen, max Fahrgeschwindigkeit 10m/s. 2 Tragseile 46mm, vollverschlossen, je 4700m lang; 2 Zugseile 28mm, Seale-Machart, je 9000m lang. Spanngewicht je Tragseil 46500kg, Spanngewicht je Zugseil 26000kg. Kabine leer: 3100kg, Kabine voll 6400kg. Seilsicherheit des Tragseiles 3,5 und des Zugseiles 3,1.

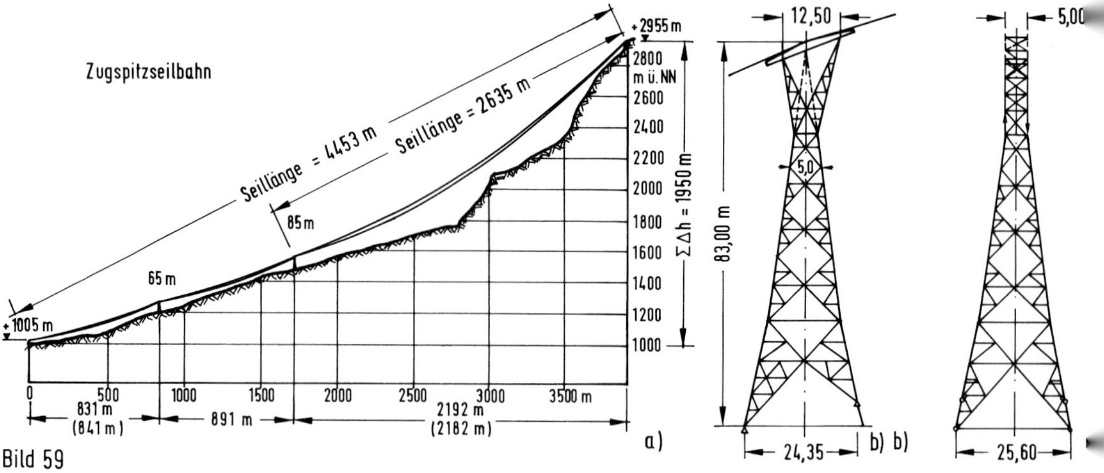

Zugspitzseilbahn
Seillänge = 4453 m
Seillänge = 2635 m
85 m
65 m
+2955 m
+1005 m
2800
m ü. NN
2600
2400
2200
2000
1800
1600
1400
1200
1000
ΣΔh = 1950 m
0
500
1000
1500
2000
2500
3000
3500 m
831 m
(841 m)
891 m
2192 m
(2182 m)
a)
12,50
5,0
83,00 m
24,35
b)
5,00
25,60
b)

Bild 59

17 Trapezprofil-Bauweise

17.1 Einführung

Die Trapezprofil-Bauweise gehört zum "Stahlleichtbau". Der Anwendungsbereich des Stahlleichtbaues ist nicht genau definiert. Gemeint ist die Verwendung von leichten dünnwandigen Bauteilen aus Stahl (z.B. dünnwandigen Kaltprofilen oder Trapezblechen) aber auch von leichten Strukturen, z.B. von Raumfachwerken oder Seilwerken. Unter "Leichtbau" versteht man das Bauen mit Aluminiumlegierungen (DIN 4113) und faserverstärkten Kunststoffen. Ziel des Stahlleichtbaues ist die Minimierung des Materialeinsatzes. Wegen der Dünnwandigkeit der Bauteile (im mm-Bereich) verliert die technische Biegetheorie z.T. ihre Gültigkeit. Eine wirtschaftliche Dimensionierung gelingt nur, wenn in den unter Druck oder Biegedruck stehenden Bereichen "überkritisches" Tragverhalten, d.h. (unter Gebrauchslasten) ein Tragen in ausgebeultem Zustand zugelassen wird. (Diese Bemessungspraxis ist im Flugzeugbau seit Jahrzehnten üblich.) Darüberhinaus erfordern dünnwandige Konstruktionen besondere Verbindungstechniken. Verständlicherweise hat ein wirkungsvoller Korrosionsschutz für die dünnwandigen Blechkonstruktionen hinsichtlich Gebrauchs- und Tragsicherheit große Bedeutung.

17.2 Zum Tragverhalten dünnwandiger Bauteile im überkritischen Bereich

Wie in Abschn. 7.8.4 erläutert, vermögen dünnwandige Plattenstreifen, die unter Druck ausbeulen, bei weiterer Laststeigerung "überkritisch" zu tragen. Die Tragfähigkeit des ausgebeulten Bleches erreicht ggf. ein Mehrfaches der elasto-statischen Beulspannung:

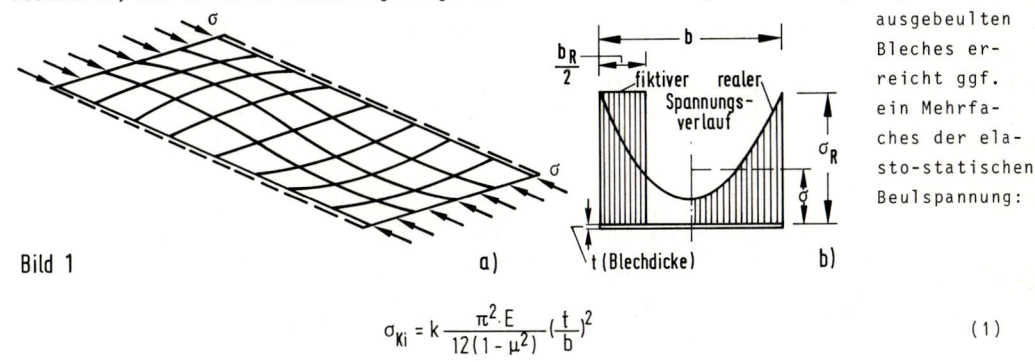

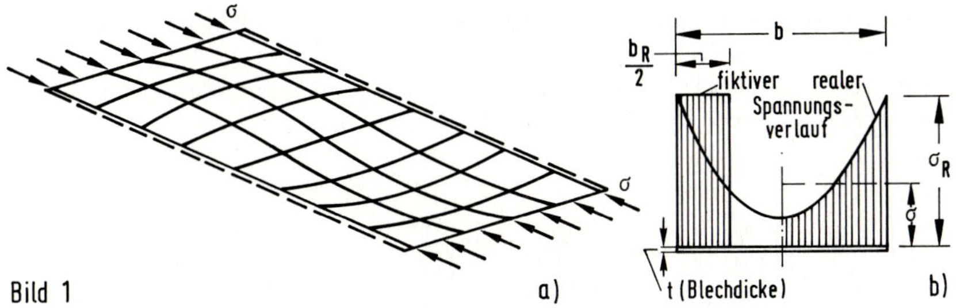

Bild 1

$$\sigma_{Ki} = k \frac{\pi^2 \cdot E}{12(1-\mu^2)} \left(\frac{t}{b}\right)^2 \qquad (1)$$

Dieser Sachverhalt wurde nicht nur theoretisch sondern auch in unzähligen Versuchen nachgewiesen. Innerhalb des ausgebeulten Bleches stellt sich ein inhomogener Spannungszustand ein: Wird die Beulgrenze gemäß G.1 überschritten, erfahren die Spannungen im "weichen" mittigen Bereich des Plattenstreifens bei weiterer Laststeigerung gegenüber der Beulspannung σ_{Ki} keine nennenswerte Steigerung. Je näher die betrachteten "Längsfasern" an den "steiferen" Rändern liegen, umso höhere Spannungen ($>\sigma_{Ki}$) können aufgenommen werden. Entlang der unverschieblichen Längsränder kann die Spannung bis zur Fließgrenze ansteigen. - In Längsrichtung des Plattenstreifens stellt sich eine mehrwellige Beulfigur mit etwa quadratischem Beulmuster ein (Bild 1a). Wird in Längsrichtung des Plattenstreifens mittig eine Sicke einprofiliert, wirkt diese wie eine Beulsteife. Die Beulspannung des Bleches läßt sich dadurch wirkungsvoll steigern, der überkritische Spannungszustand ist im Mittel gleichförmiger. Handelt es sich um einen Plattenstreifen mit einem freien (verschieblichen) Längsrand, kann die Beultragfähigkeit durch eine Randbördelung bedeutend angehoben werden. Die Wirtschaftlichkeit eines Profils wird durch die Art der Profilierung maßgebend bestimmt. Das gilt auch für die Stege, die der Gefahr des Schubbeulens und Stegkrüppelns unterliegen. - Bild 1b zeigt die Spannungsverteilung in einem Plattenstreifen im überkritischen Zustand. Je größer die Schlankheit b/t ist, umso inhomogener sind die Spannungen über die Breite der Platte gegenüber der mittleren Spannung σ verteilt. Die Randspannungen betragen σ_R. Wie in Abschn. 7.8.4 ausgeführt, wird der reale Spannungszustand durch einen fiktiven ersetzt. Hierbei wird ein Spannungszustand mit $\sigma = \sigma_R =$ konst über die wirksame (effektive) Breite $b_R (= b_i = b_{ef})$ angesetzt. Außerhalb der wirksamen Breite ist die Spannung Null, vgl. Bild 1b. Mit dem sich auf diese Weise ergebenden Querschnitt wird nach den Regeln der technischen Biegetheorie weiter gerechnet. Wegen des Querschnittsverlustes innerhalb des gedrückten, stark ausgebeulten Bereiches verlagert sich die Schwerachse des (Rest)-Querschnittes näher zum Biegezugrand. Bild 2 zeigt Beispiele; in Teilbild c ist im Druckbereich eine mittige Sicke vorhanden. Da sie der mehrwelligen Beulbiegelinie in Längsrichtung des Profils einen Biegewiderstand entgegensetzt, wirkt sie wie eine Beulsteife. Das Konzept der wirksamen Breite wurde von v.KÁRMÁN eingeführt und später von WINTER auf der Basis umfangreicher Versuche für den Stahlleichtbau weiter ausgearbeitet. Die hierauf aufbauende amerikanische "Specification for the Design of Cold-Formed Steel Structural Members (Part 1-III, 1968-1972), wurde 1976 als "Handbuch für die Berechnung kaltgeformter Stahlbauteile" [1] in deutscher Übersetzung herausgegeben. Im neuen Regelwerk DIN 18807 "Trapezprofile im Hochbau, Stahltrapezprofile" hat das Konzept der wirksamen Breite als allgemein bauaufsichtlich zugelassenes Berechnungsverfahren erstmals Eingang in die hiesige Praxis gefunden, basierend auf der wissenschaftlichen Bearbeitung von BAEHRE [2], JUNGBLUTH [3], SCHARDT/STREHL [4-7] u.a.

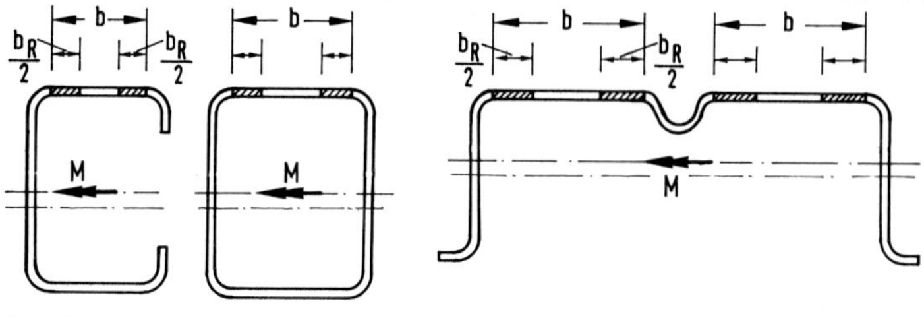

Bild 2 a) b) c)

Für die Berechnung der wirksamen Breite existieren verschiedene Ansätze. Für den beidseitig gestützten Plattenstreifen unter konstanter Druckspannung (Beulwert k=4) gilt beispielsweise ($\sigma_R \geq \sigma_{Ki}$):

Nach v. KÁRMÁN:

$$\frac{b_R}{b} = \sqrt{\frac{\sigma_{Ki}}{\sigma_R}} \quad \longrightarrow \quad \frac{b_R}{t} = 1{,}901 \cdot \sqrt{\frac{E}{\sigma_R}} \qquad (2)$$

Nach WINTER:

$$\frac{b_R}{b} = \left(1 - 0{,}22 \cdot \sqrt{\frac{\sigma_{Ki}}{\sigma_R}}\right) \cdot \sqrt{\frac{\sigma_{Ki}}{\sigma_R}} \quad \longrightarrow \quad \frac{b_R}{t} = 1{,}901 \cdot \left(1 - 0{,}418 \frac{t}{b} \cdot \sqrt{\frac{E}{\sigma_R}}\right) \cdot \sqrt{\frac{E}{\sigma_R}} \qquad (3)$$

Dieser Ansatz korrespondiert mit DIN 18807 T1 für die effektive Breite der Druckgurte von Trapezprofilen ($\lambda > 1{,}27$):

$$\frac{b_R}{b} = 1{,}9\left(1 - \frac{0{,}42}{\lambda}\right)\frac{1}{\lambda} \quad \text{mit} \quad \lambda = \frac{b}{t}\sqrt{\frac{\sigma_R}{E}} \qquad (4)$$

Nach DIN 18800 T2: $\left(\text{für } \frac{b}{t} > 1{,}33 \cdot \sqrt{\frac{E}{\sigma_R}}\right)$

$$\frac{b_R}{b} = 1{,}22\left[1 - \left(1 - 0{,}403\sqrt{\frac{\sigma_{Ki}}{\sigma_R}}\right)^2\right] \quad \text{bzw.} \quad \frac{b_R}{b} = 1{,}22\left[1 - \left(1 - 0{,}766\frac{t}{b} \cdot \sqrt{\frac{E}{\sigma_R}}\right)^2\right] \qquad (5)$$

Die Grenztragfähigkeit eines Profils ist gegeben, wenn die Randspannung σ_R die Fließgrenze (Streckgrenze) erreicht. Dabei ist zu prüfen, ob nicht schon vorher die Spannungen im Biegezugbereich die Fließgrenze erreicht haben; eine gewisse Plastizierung in den Steg hinein ist hier vertretbar; die hiermit verbundene Mehrung des Tragvermögens ist indes gering. Die mit der Kaltwalzung verbundene Anhebung der Streckgrenze (Kaltverfestigung) darf genutzt werden.

Da die Spannungsberechnung die Kenntnis des wirksamen Querschnittes voraussetzt, dieser über G.2 bis 5 aber von der Höhe der im überkritischen Tragzustand erreichten Randspannung σ_R abhängig ist, gelingt die Spannungsberechnung für ein gegebenes Biegemoment nur auf iterativem Wege!

Neben den zuvor angeschriebenen Formeln für die wirksame Bereite b_R gibt es weitere, die

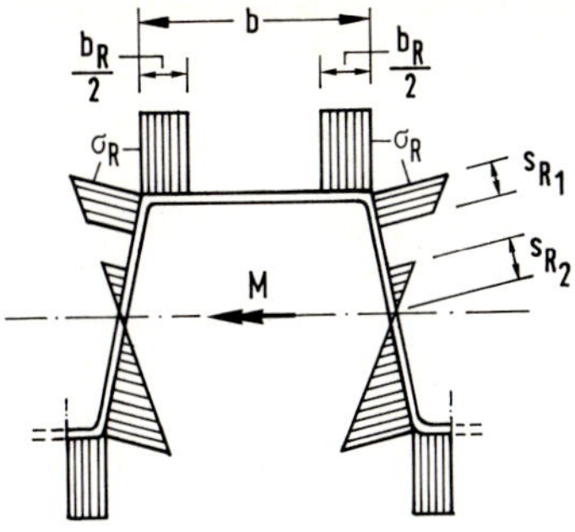

Bild 3

- von den Randbedingungen des Plattenstreifens (gelenkiger Rand, starr eingespannter Rand, freier Rand) und
- von dem Spannungszustand (Druckspannung, Biegespannung, Schubspannung, Kombination aus diesen)

abhängig sind. Sie wurden praktisch ausschließlich aus Versuchen abgeleitet.
Bild 3 zeigt ein Beispiel: Sowohl für den Biegedruckgurt wie für den im Biegedruckbereich liegenden Steg sind jeweils effektive Breiten zu bestimmen. Das Bild zeigt den fiktiven Spannungszustand für den so entstandenen Restquerschnitt. Für die im Steg liegenden wirksamen Breiten gilt nach DIN 18807 T1:

$$\frac{s_{R1}}{t} = 0{,}76\sqrt{\frac{E}{\sigma_R}}\ ;\quad s_{R_2} = 1{,}5\cdot s_{R_1} \qquad (6)$$

Wegen weiterer Einzelheiten wird auf DIN 18807 T1 verwiesen, z.B. auf die Erfassung der Randzonen in Abhängigkeit vom Eckausrundungsradius oder auf den Einfluß der Gurt- und Stegsicken. Je nach Aussteifungsgrad kann eine starre oder nachgiebige Sickenstützung angesetzt werden. Der zweitgenannte Fall wird durch eine reduzierte Blechdicke im Sicken- bzw. Versatzbereich erfaßt. Diese Reduktion ist von der kritischen Normalkraft (Knickkraft) der Gurt- und Stegsicken abhängig.
Von der zuvor erläuterten überkritischen Tragfähigkeit dünnwandiger Blechbereiche für die Berechnung der aufnehmbaren Profilbiegemomente sind jene Ansätze zu unterscheiden, mittels derer die Tragfähigkeit schubbeanspruchter Querschnittsteile (also die aufnehmbare Querkraft) berechnet werden. Für die Höhe der aufnehmbaren Auflagerkraft ist der Grenzzustand "Stegkrüppeln" maßgebend. Auch hierfür gibt DIN 18807 T1 die erforderlichen Berechnungsformeln für Stege ohne und mit Sicken an. Schließlich ist in DIN 18807 T1 auch eine Interaktionsregel bei gleichzeitiger Beanspruchung durch Biegemomente und Auflagerkräfte angegeben. Es handelt sich in allen Fällen um halbempirische Rechenanweisungen; sie sind in [8] erläutert. Es ist als bedeutender Fortschritt zu werten, daß nunmehr mit DIN 18807 T1 ein praktikables Verfahren für die rechnerische Bestimmung der Tragfähigkeit von Stahltrapezprofilen zur Verfügung steht. Die in den Zulassungsbescheiden der Stahltrapezprofile angegebenen Tragfähigkeiten beruhen vorrangig auf Versuchen. Durchführung und Auswertung von Tragversuchen sind in Teil 2 der DIN 18807 geregelt. vgl. Abschnitt 17.5.2.

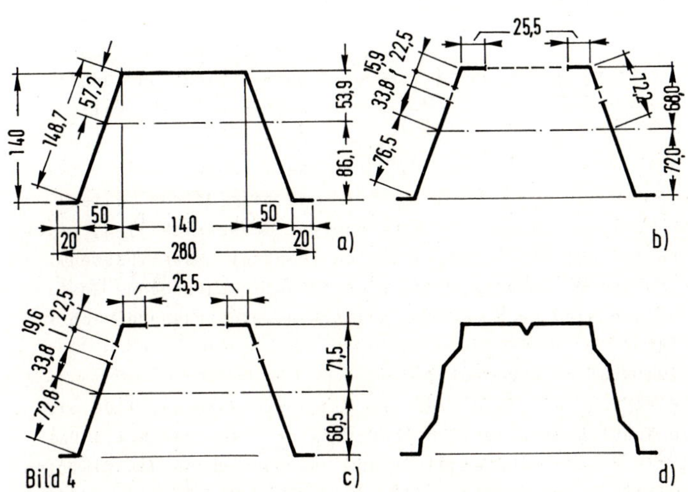

Bild 4

Um das Berechnungskonzept der "wirksamen" Breite zu zeigen, wird ein Beispiel berechnet. Bild 4a zeigt das Profil (hier eine Rippe) mit den Maßen in mm, bezogen auf die Wandmittellinie. Die (Kernblech-)Dicke betrage t=1mm. Gesucht sei die Momententragfähigkeit. Diese ist erreicht, wenn am Biegedruck- oder Biegezugrand die Streckgrenze erreicht wird. Diese betrage hier β_S=24kN/cm², real werden die Bleche mit Streckgrenzen von 28, 32 bis 35kN/cm² eingesetzt.

Wie angedeutet, bedarf es einer Iterationsberechnung, um den maßgebenden Querschnitt zu bestimmen. Für den Vollquerschnitt gilt:

$$A = 0{,}1\cdot(2\cdot 2{,}0 + 2\cdot 14{,}87 + 14{,}0) = 4{,}774\,\text{cm}^2;\ e_u = 0{,}1\cdot(2\cdot 14{,}87\cdot 7{,}0 + 14{,}0\cdot 14{,}0)/4{,}774 = 8{,}61\,\text{cm},\ e_o = 5{,}39\,\text{cm}$$

Die Randspannung σ_R wird gleich der Streckgrenze gesetzt. Das ergibt folgende wirksame Breiten (G.4 u. 6):

$$\sigma_R = 24\,kN/cm^2: \ \lambda = \frac{140}{1}\sqrt{\frac{24}{21000}} = 4{,}73 > 1{,}27 \longrightarrow \frac{b_R}{b} = 1{,}9\left(1 - \frac{0{,}42}{4{,}73}\right)\cdot\frac{1}{4{,}73} = 0{,}37 \longrightarrow b_R = 51\,mm$$

$$\frac{s_{R1}}{t} = 0{,}76\sqrt{\frac{21000}{24}} = 22{,}48 \longrightarrow s_{R_1} = 22{,}48\cdot 1{,}0 = 22{,}48\,mm\,;\, s_{R_2} = 1{,}5\cdot 22{,}48 = 33{,}8\,mm$$

Die Summe aus den beiden wirksamen Breiten s_R beträgt 22,5+33,8=56,3mm, das ergibt gegenüber 57,2mm praktisch keine Abminderung (vgl. Bild 4a); im ersten Iterationsschritt wird daher auf die Einrechnung einer Stegreduktion verzichtet.

1. Iterationsschritt:

$$A = 0{,}1\cdot(2\cdot 2{,}0 + 2\cdot 14{,}87 + 5{,}1) = 3{,}884\,cm^2\,;\ e_u = 0{,}1\cdot(2\cdot 14{,}87\cdot 7{,}0 + 5{,}1\cdot 14)/3{,}884 = 7{,}20\,cm,\ e_o = 6{,}80\,cm$$

Der Biegedruckbereich hat sich vergrößert, demgemäß müssen die wirksamen Breiten im Stegbereich eingerechnet werden, vgl. Bild 4b.

2. Iterationsschritt:

$$A = 3{,}566\,cm^2\,;\ e_u = 6{,}848\,cm,\ e_o = 7{,}152\,cm \quad (\text{Teilbild c})$$

3. Iterationsschritt:

$$A = 3{,}492\,cm^2;\ e_u = 6{,}777\,cm,\ e_o = 7{,}223\,cm;\ I = 86{,}76\,cm^4,\ W_u = 12{,}80\,cm^3,\ W_o = 12{,}01\,cm^3$$

Maßgebend ist der (obere) Biegedruckrand, denn W_o ist geringer als W_u:

$$M = 12{,}01\cdot 24 = 288\,kNcm,\ \text{bezogen auf 1m Breite}:\ M = \frac{288}{0{,}28} = \underline{1029\,kNcm/m}$$

Um das zulässige Tragmoment zu erhalten, ist noch der Sicherheitsfaktor einzurechnen. Es leuchtet ein, daß die Tragfähigkeit wirkungsvoll gesteigert werden kann, wenn Sicken, wie in Bild 4d dargestellt, eingeprägt werden. Die liegen dort, wo sich im unausgesteiften Blech, die Beulen einstellen würden.

17.3 Herstellung der Trapezbleche - Profiltypen

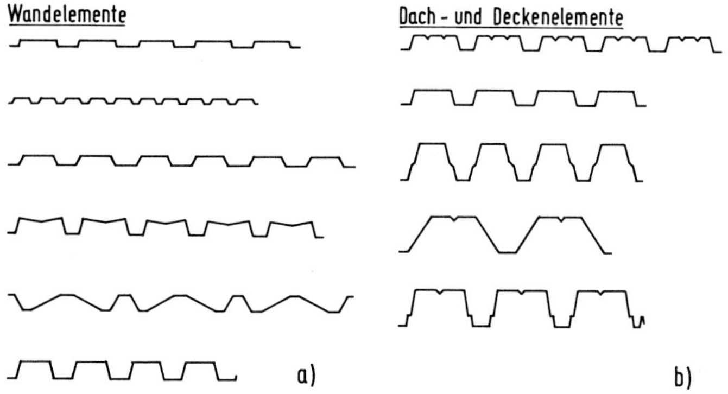

Bild 5

Trapezprofile sind großflächige, relativ leichte, aus dünnen Blechen (Feinblechen) profilierte Fertigteile mit parallelen, trapezförmigen Rippen; Beispiele enthält Bild 5. Sie kommen als raumabschließende und tragende Dach-, Wand- und Deckenelemente zum Einsatz. Sie befinden sich in ständiger Weiterentwicklung. Etwa 60 bis 70% der raumabschließenden Bauteile bestehen heutzutage bei Wirtschaftsbauten (Industriehallen, Lagerhallen, Großmärkten) und Sportbauten aus Stahltrapezprofilen (einschl. Massivbauten). Sie ermöglichen eine einfache und schnelle Montage und eine formal-ansprechende Gestaltung. Die raumabschließende Funktion wird nach bauphysikalischen, die tragende nach statischen Grundsätzen ausgelegt [9].

Die Stahltrapezprofile werden zweistufig hergestellt:

a) Ausgangsprodukt ist ebenes Blechband nach DIN 1762 T2. Ausgangsbreite ca. 1100 bis 1500mm. Dieses Breitband wird zunächst kontinuierlich feuerverzinkt (sendzimiert): Das Band wird durch eine Schutzgaszone an den Zinkkessel heran- und dann durch das flüssige Zink hindurchgeführt. Durch geringfügigen Zusatz von Aluminium wird die Bildung spröder Eisen-Zink-Legierungsschichten unterdrückt, so daß eine Umformung der Bleche mit kleinen Abkantradien (bis herunter zur zweifachen Blechdicke) wegen der guten Haftung der dünnen Zinkbeschichtung (10 bis 25µm) möglich ist (Zinkauflagegruppe 275 nach DIN 17162 T2;

10µm ≘70g/m²). Im Gegensatz zur Tafelverzinkung nennt man die vorbeschriebene Verzinkungsart auch Schmelztauchen. (Entlang Montage-Schnittkanten tritt eine kathodische Schutzwirkung ein, d.h. der Stahl überzieht sich mit einer Zinkschicht. Der hierfür erforderliche Zink wird aus den benachbarten Oberflächen abgezogen. Diese Selbstschutzwirkung ist bis Blechdicken t=1,5mm sichergestellt.) Der Endlosverzinkung folgt eine Endlosbeschichtung: In Beschichtungsanlagen wird das ebene verzinkte Band nach vorangegangener gründlicher Reinigung kontinuierlich mit Kunststoff beschichtet, 25µm Schichtdicke. Die Kunststoffbeschichtung bewirkt einerseits einen zusätzlichen Korrosionsschutz und dient andererseits der Farbgestaltung. Das kunststoffbeschichtete Blech ist kaltprofilierbar. Die Beschichtung besteht aus aufgewaltzen, wärmehärtenden Polymeren in Form von Duroplasten (10-30µm) oder Thermoplasten (20-300µm) oder aus Laminaten (Folien, 75-300µm) aus Acryl, PVC oder PVF. Zur Prüfung der Umformbarkeit der Feinbleche und der Deckbeschichtungen stehen spezielle Verfahren zur Verfügung. Am zweckmäßigsten haben sich Prüfwalzen mit unterschiedlicher Walzenausrundung (bis zur Scharfkantigkeit) erwiesen.

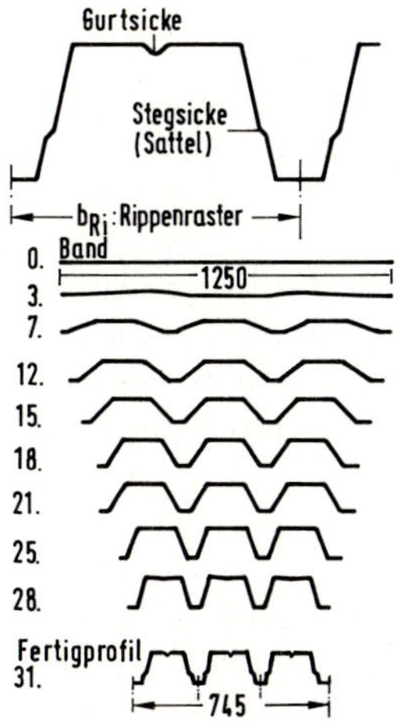

Bild 6

b) Das verzinkte (und fallweise kunststoffbeschichtete) Band wird in einem kontinuierlichen Durchlaufverfahren in Rollumformern mittels einer großen Zahl hintereinander liegender Walzensätze (bis zu 32 Walzen) zu dem gewünschten Querschnitt kaltprofiliert und in Längen bis max 25 m nach Bestellung angelängt, gestapelt, verpackt und versandt. Die Standardlänge beträgt 9,0m. Übergroße Längen erschweren Transport und Montage; auch steigt das Verlegerisiko bei Wind wegen der großen Segelfläche. Da sich senkrechte Stege nur schwierig walzen lassen, werden die Stege schräg gewalzt, dadurch entsteht die typische Trapezform (vgl. Bild 6). Jede Profilart benötigt einen zugehörigen Walzensatz. Die Nenndickenabstufungen betragen t_N=0,50; 0,63; 0,75; 0,88; 1,00; 1,13; 1,25; 1,50; 1,75; 2,00mm (einschließlich Zinkauflage). Die Kerndicke beträgt ca. $t_K=t_N-2\cdot 0,02$mm (± Toleranz). - Die Höhe der Profile liegt zwischen 10 und 160mm, bei jüngeren Entwicklungen werden 210mm erreicht. Die Breite der Profile liegt zwischen ca. 600 bis 1000mm. Die Mindeststreckgrenzen der Bleche betragen 280 bzw. 320N/mm², bei den jüngst entwickelten Profiltypen mit sehr hoher Tragkraft beträgt die Streckgrenze 350N/mm². - Wegen der einzuhaltenden Toleranzen (Profilabweichungen) und Korrosionsschutzauflagen vgl. DIN 18807 T1 und hinsichtlich der einzuhaltenden Mindestblechdicken in Abhängigkeit vom Anwendungsbereich DIN 18807 T3. Wie erwähnt, befinden sich die Trapezprofile in einer ständigen Weiterentwicklung (Bild 7). Auf die 1. Generation mit einfacher Profilierung folgte die 2. Generation mit Sickenversteifungen in den Gurten und Stegen für größere Profilhöhen. Dieser Profiltyp findet heute für tragende Profile breiteste Anwendung. Eine 3. Generation ist in der Entwicklung bzw. im Einsatz; vgl. Bild 8: Jedes Profil besteht nur aus einer Rippe (Breite 750mm), Höhe bis 210mm. Die Streckgrenze beträgt 350N/mm². Es lassen sich Spannweiten bei Dächern bis 10m überbrücken. Das in Bild 8 gezeigte Dachelement ist das ESTEL-Trapezprofil TRP200. Der Obergurt ist quer zur Spannrichtung profiliert. Er ist dadurch in der Lage, auch in Querrichtung Lasten auf die Stege zu übertragen. In die Obergurte können Öffnungen bis 450x1200mm (ohne Tragfähigkeitsverlust) ohne zusätzliche aussteifende Maßnahmen für Dachdurchbrüche eingeschnitten werden. Bei längeren Öffnungen (>1200mm) sind Aussteifungsbleche zur Kippstabilisierung der Stege im Öffnungsbereich erforderlich. Wegen der großen Rippenbreite bedarf es zur Lasteinleitung in die tragende Unterkonstruktion besonderer Stützelemente (Bild 8c). - Wegen weiterer Einzelheiten wird auf die einschlägigen Zulassungen verwiesen.

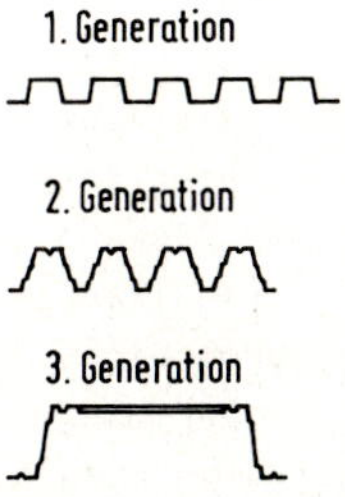

Bild 7

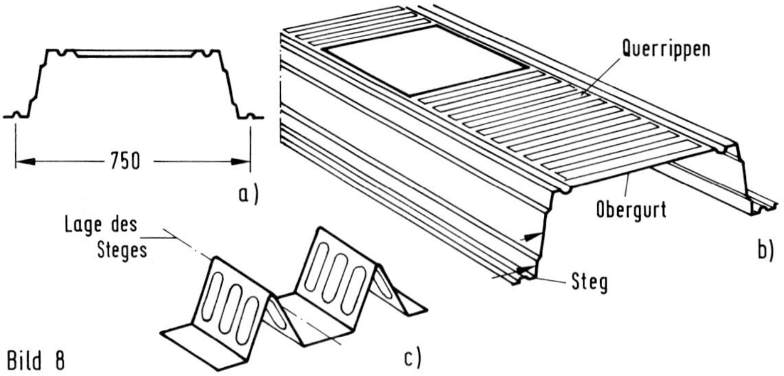

Bild 8

Neben den einschaligen Ausführungen (wie zuvor beschrieben) kommen für raumabschließende Aufgaben auch zweischalige Elemente zum Einsatz, indem z.B. Trapezprofile mit ebenen Blechen oder mit gleichen Partnern mittels Punktschweißung miteinander verbunden werden (Bild 9).

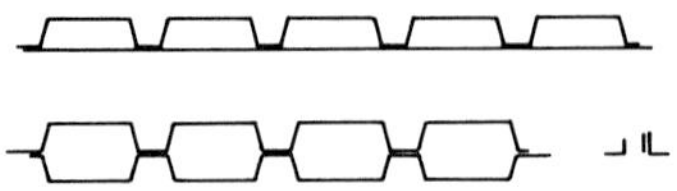

Bild 9

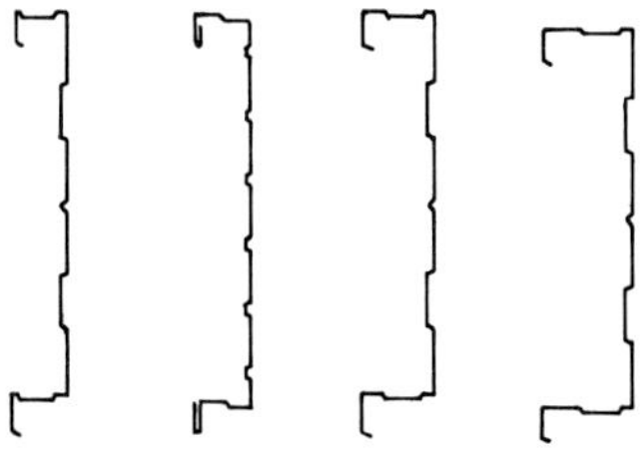

Bild 10

Eine weitere Variante sind sogen. Kassettenprofile (Bild 10) zur Fertigung von Kassettenwänden. Sie werden in der im Bild gezeigten Stellung übereinander an den Stützen befestigt und bilden so eine geschlossene Wand. In die kastenförmigen halboffenen Räume werden Dämmstoffe (zum Wärme- und Schallschutz) gelegt (Dämmstoffdicke = max Kassettentiefe). Anschließend werden vertikal stehende Trapezprofile als Außenschale an den Kassettenprofilen befestigt.- Zur Erfüllung bestimmter Schallschutzaufgaben stehen sogen. Akustikprofile mit Lochperforierungen zur Verfügung. Die Abmessungen entsprechen den Regelausführungen der Stahltrapezprofile. Die Tragfähigkeit erfährt durch die Perforierung eine gewisse Minderung.

Eine weitere Variante sind aus profilierten, oberflächenveredelten Stahlfeinblechen gefertigte Sandwich-Elemente. Sie sind zweischalig. Zwischen den Schalen befindet sich ein Polyurethan-Hartschaumkern. Art und Einstellung des Hartschaumes bestimmen die Wärmedämmeigenschaften. Bild 11 zeigt ein so gefertigtes Dachelement (hier HOESCH-ISOdach TL). Das raumseitige untere Blech ist entweder eben oder weist eine schwache Linierung bzw. Sickung auf. Die außenseitige Schale ist ein Trapezprofil mit t_N=0,75; 0,88 oder 1,00mm Dicke. Die Kernschicht übernimmt die Wärmedämmung. Sie ist schubsteif mit den Schalen verbunden, es handelt sich somit um ein Verbundbauteil. Es werden Stützweiten bei Einfeldträgern bis 3,40m und bei Mehrfeldträgern bis 4,20m erreicht. Bei der Bestimmung der Biegemomententragfähigkeit wird nur die Tragfähigkeit des Trapezprofils angesetzt. Infolge der unterschiedlichen Temperatur in der Außen- und Innenschale entstehen Zwängungsspannungen, die z.T. infolge Kernkriechens abgebaut werden. Wegen Einzelheiten, z.B. Ausbildung der

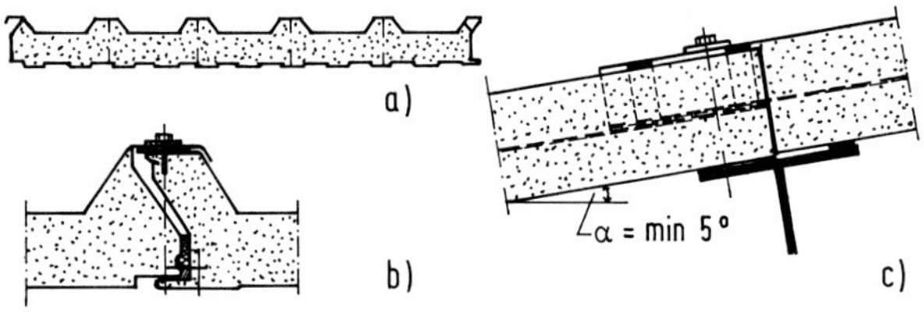

Bild 11

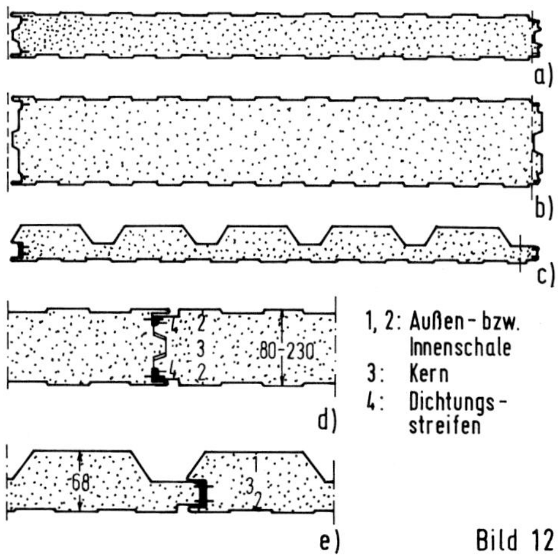

Bild 12

Quer- und Längsstöße und Mindestdachneigung (vgl. Bild 11), wird auf die Zulassungsbescheide und Firmeninformationen verwiesen. Das gilt auch für andere Sandwich-Paneele, z.B. solche für Außenwände (Bild 12). Die Elemente sind völlig dampfdicht, einschließlich der (vorgefalzten) Stoßfugen, was durch eingefügte elastische Dichtungsstreifen erreicht wird. Neben den Paneelen mit Hartschaumstoff gibt es auch solche (für raumabschließende Aufgaben) mit Gipsplatten, Sperrholz- und Holzfaserplatten, Leichtbeton, Mineral- und Glaswolleplatten als Ergänzungsmaterial.

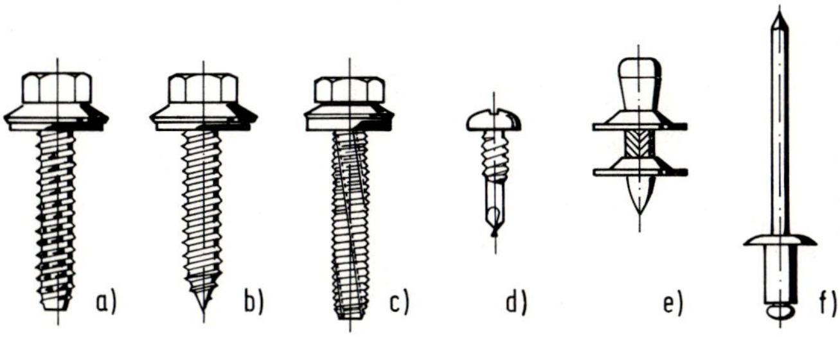

Bild 13

Für die Befestigung der Stahltrapezprofile auf der Unterkonstruktion und der Bleche untereinander stehen spezielle Verbindungsmittel zur Verfügung; vgl. auch Abschnitt 11.6./7. Bild 13 zeigt die wichtigsten Techniken: Die in den Teilbildern dargestellten Schrauben formen sich im genau vorgebohrten Loch spanlos (in den Fällen a und b) oder spanabhebend (im Falle c) das Gewinde (Ø 6-8mm). Die Schraube b heißt Blechtreibschraube und kommt nur zum Einsatz, wenn die Dicke der Unterkonstruktion ≤ 2mm ist, z.B. zur Befestigung von Stahlprofilen an Stahlkassettenprofile (s.o.). Die Schraube a heißt "gewindefurchende" und die Schraube c "selbstschneidende" Schraube. - Teilbild d zeigt eine sogen. Bohrschraube; sie ist in der Lage sich das Kernloch selbst zu bohren. Sie dient zur Verbindung von Profiltafeln untereinander, z.B. in Längsstößen und zur Befestigung auf Unterkonstruktionen geringer Dicke ≤ 13mm (Unterkonstruktion + Profiltafel). - Teilbild e zeigt einen Setzbolzen, bestehend auf dem eigentlichen Stahlbolzen (Ø4,5mm) und zwei Rondellen Ø12 bzw. 15mm. Hiermit lassen sich Bleche auf Unterkonstruktionen befestigen. Deren Materialdicke muß mindestens 6mm betragen. Der Bolzen wird mit Hilfe eines speziellen Bolzensetzgerätes mit Zweihandbedienung eingebracht. Die notwendige Ladungsstärke der Treibkartusche richtet sich nach der Materialdicke. - Teilbild f zeigt einen Blindniet (vor dem Setzen). Blindniete werden bevorzugt zur Verbindung der Bleche untereinander eingesetzt, gegebenenfalls bei geringer Materialdicke auch mit der Unterkonstruktion. Der eigentliche Niet besteht aus Edelstahl, Aluminium oder anderen Legierungen; der Nietdorn besteht aus Stahl. Das Prinzip der Nietung zeigt Bild 14: Zur Nietung bedarf es eines besonderen Setzgerätes. Der Nietdurchmesser beträgt 4 bis 6mm. - Die Tragfähigkeiten der verschiedenen Verbindungsmittel wurden nach Versuchen in Zulassungsbescheiden des IfBt geregelt (künftig in DIN 18007 T4). Die Tragkräfte sind vorrangig von der Blechdicke abhängig. In den Bescheiden sind zulässige Scherkräfte und zulässige Zugkräfte angegeben. - Neben den genannten kommt als weitere Verbindungstechnik die Punktschweißung zur Anwendung; deren Bedeutung ist für die Trapezprofil-Bauweise wegen der hiermit verbundenen Schweiß- und Korrosionsprobleme gering. - Die den Zulassungen zugrundeliegenden Versuche und Sicherheitsüberlegungen sind in [10,12-15] dokumentiert.

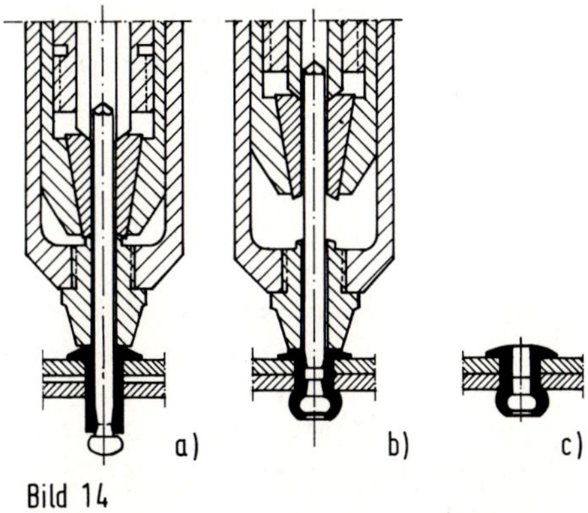

Bild 14

Neben den Stahltrapezprofilen und Verbindungsmitteln bedarf es bei der konstruktiven Ausbildung der Wand-, Dach- und Deckensysteme noch diverser Formteile, wie Attika-, Ortgang-, First-, Rinnenprofile und vieler weiterer. Hinzu treten sogen. Profilfüller, Dichtungsbänder usf.

17.4 Statische Funktion der Stahltrapezprofile

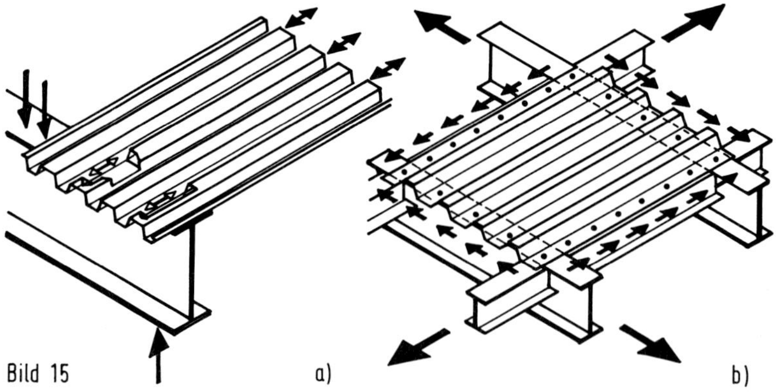

Bild 15

Die statische Funktion der Stahltrapezprofile ist dreifach:

a) Jede Rippe wirkt als Biegeträger, gesamtheitlich entsteht eine in Richtung der Rippen tragende Platte. Die Tragfähigkeit in Querrichtung ist praktisch Null. Der Einsatz der Profile als Einfeldträger ist unwirtschaftlich. Die Profile werden daher praktisch ausschließlich als durchlaufende Mehrfeldträger eingeplant. Die Profile lassen sich in Längsrichtung biegesteif stoßen. Bei Zweifeldträgern ist die 1,25-fache Erhöhung der Stützkraft gegenüber einer statisch bestimmten Lagerung zu berücksichtigen, ggf. werden die Querstöße versetzt angeordnet.

b) In der Dach- oder Wandebene wirkt die aufgespannte Blechfläche wie eine Scheibe, die, insbesondere in Dächern, die Druckgurte von Vollwand- oder Fachwerkträgern gegen seitliches Ausweichen (Kippen) stabilisiert. Bei Verwendung von I-Profilen bis 200mm Höhe ist ein Kippnachweis entbehrlich. In Richtung der Rippen können Längskräfte übertragen werden (Bild 15a).

c) Die Bleche vermögen (als Ersatz für Diagonalverbände) das Gebäude in den Dach- und Wandebenen auszusteifen; man spricht dann von der Schubfeldwirkung. Schubfelder kommen dadurch zustande, daß die Bleche entlang der Feldränder auf Riegeln aufliegen und mit diesen durchgängig befestigt sind, vgl. Bild 15b. Schubfelder sind sorgfältig zu konstruieren und zu montieren. Für den Bauzustand bedarf es besonderer Montageverbände.

17.5 Verwendung der Trapezprofile als lastabtragende Biegeglieder

17.5.1 Zur Optimierung der Profilform

Wie im vorangegangenen Abschnitt unter Punkt a) erwähnt, werden die Stahltrapezprofile vorrangig als durchlaufende Biegeglieder eingesetzt. Demgemäß ist zwischen Biegung im Feld- und Stützbereich zu unterscheiden. Die Querschnittsprofilierung ist unsymmetrisch (vgl. Bild 5b). Die Profile werden so verlegt, daß die schmale Gurtung auf der Unterkonstruktion aufliegt (sogen. Positivlage). Dadurch ergibt sich folgendes Tragverhalten:

- Feldbereich: Da die Nullinie hoch liegt, stellt sich im unterkritischen Zustand eine relativ geringe Druckspannung im breiteren Obergurt ein. Bei sickenlosem Druckgurt fällt der größte Teil des Bleches unter ansteigender Last infolge Beulung aus, die Nullinie sinkt im überkritischen Zustand stark ab; die Tragwirkung ist nicht optimal. Liegt im Druckgurt eine Sicke, wirkt im günstigsten Fall die gesamte Obergurtbreite bis zum Erreichen der Streckgrenze mit. Real fällt ein Teil des breiteren Druckgurtes aus. Optimal ist der Querschnitt dann, wenn die Nullinie im Grenzzustand in halber Höhe liegt, ggf. wird noch eine gewisse Plastizierung im Biegezugbereich des Steges zugelassen (Bild 16).

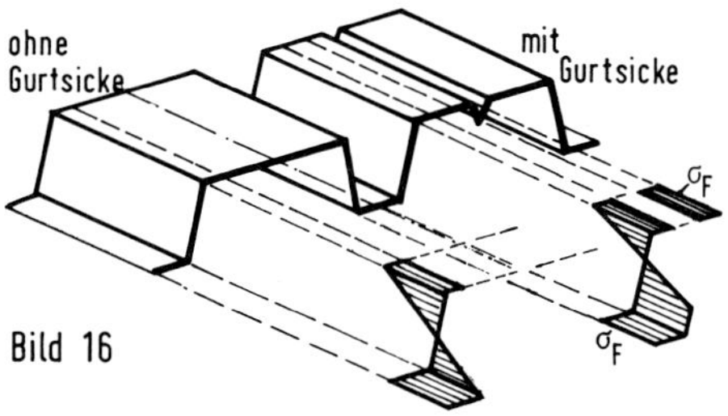

Bild 16

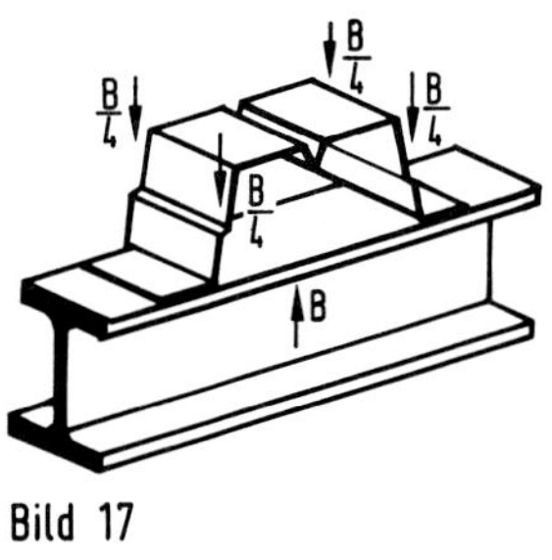

Bild 17

- Stützbereich: Bei negativem Stützmoment treten die Biegedruckspannungen im Untergurt auf. Zusätzlich wirkt an den Stützstellen eine lokal konzentrierte Kantenpressung. Ist B die Auflagerkraft pro Rippe, wird am Rand jedes Steges B/4 mehr oder weniger punktförmig abgesetzt (Bild 17). Um dieser doppelten (zweiachsigen) Druckbeanspruchung zu begegnen, wird der Untergurt konstruktiv schmaler als der Obergurt ausgebildet. In den Steg werden i.a. 1 oder 2 Stegsicken zur Erhöhung der Biegedruck-Schubbeulsteifigkeit in Form von Versätzen einprofiliert, die Untergurte erhalten vielfach auch eine Sickung.

Die optimierten Profilquerschnitte wurden im wesentlichen im Rahmen von Tragversuchen, also experimentell, gefunden bzw. bestätigt.

17.5.2 Bestimmung der Tragfähigkeit mittels Versuchen

Die Tragversuche werden i.a. mit den üblicherweise verwendeten Trapezprofilen der Nennblechdicken 0,75; 0,88 und 1,00mm durchgeführt. Auf die größeren und kleineren Blechdicken werden die Versuchsergebnisse extrapoliert. Die Einzelheiten der Versuchsdurchführung und -auswertung sind in DIN 18807 T2 beschrieben.

Für die Bemessung der Profile ist im Regelfall die Tragfähigkeit im Stützbereich maßgebend. Biege- und Schubbeanspruchung überlagern sich an dieser Stelle. Die Tragversuche werden an Einfeldträgern mit mittiger Einzellast durchgeführt, wobei eine Mindestkrafteinleitungsbreite b eingehalten wird. Der Grenzzustand ist erreicht, wenn sichtbare plastische Verformungen eintreten. Bei langen Trägern überwiegt die Biege-, bei kurzen Trägern die Schubbeanspruchung.

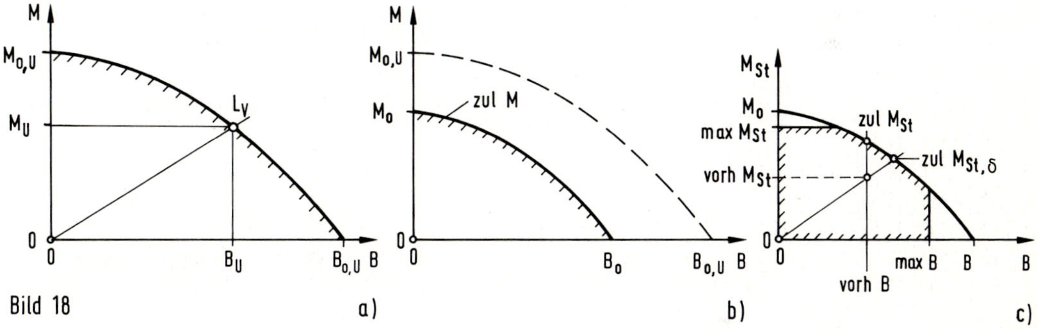

Bild 18

Ist L_V die Länge des Versuchsträgers und B die mittige Einzellast, beträgt das max Biegemoment:

$$M = B\frac{L_V}{4} \qquad (7)$$

Der Quotient:

$$\frac{M}{B} = \frac{L_V}{4} \qquad (8)$$

kennzeichnet die Interaktion. Für ein bestimmtes Profil mit der Dicke t_N und der Einleitungsbreite b läßt sich im Versuch für eine bestimmte Stützweite L_V das dem Grenzzustand zugeordnete Wertepaar

$$M_U,\ B_U \qquad (9)$$

bestimmen (U≙ultimate≙Grenzzustand). Die untere Einhüllende (bzw. Fraktile) einer systematischen Versuchsreihe (mit variierter Stützweite) stellt die gesuchte Interaktionskurve dar. $M_{o,U}$ ist B=0 und $B_{o,U}$ ist M=0 zugeordnet (o steht für oberer Wert), vgl. Bild 18a. Der Verlauf der Interaktionskurve wird durch eine empirische Funktion angenähert:

$$\left(\frac{M_U}{M_{0,U}}\right) + \left(\frac{B_U}{B_{0,U}}\right)^{\alpha} = 1 \longrightarrow M_U = \left[1 - \left(\frac{B_U}{B_{0U}}\right)^{\alpha}\right] \cdot M_{0,U} \qquad (10)$$

α ist ein Formfaktor. Im Rahmen der bisherigen Zulassungen wurde der Sicherheitsfaktor auf die Eckwerte $M_{o,U}$ und $B_{o,U}$ bezogen; hiermit folgt (Bild 18b):

$$M_0 = \frac{M_{0,U}}{\gamma};\ B_0 = \frac{B_{0,U}}{\gamma} \longrightarrow \text{zul}\,M = \left[1 - \left(\frac{B}{B_0}\right)^{\alpha}\right] \cdot M_0 \qquad (11)$$

B ist beim Durchlaufträger die Stützkraft im Gebrauchszustand. Bei den älteren (noch nicht voll optimierten) Profilen galt α=1 (lineare Interaktion). Bei den neueren Profilen gilt α=2 (quadratische Interaktion). Wird zulM mit dem zulässigen Stützmoment $zulM_{St}=M_{St}$ identifiziert, läßt sich G.11 auch wie folgt anschreiben:

$$M_{St} = M_0 - \left(\frac{B}{B_0} \cdot M_0^{\frac{1}{\alpha}}\right)^{\alpha} = M_0 - \left[\frac{B}{\frac{B_0}{M_0^{1/\alpha}}}\right]^{\alpha} = M_0 - \left(\frac{B}{C_\alpha}\right)^{\alpha} \quad \text{mit} \quad C_\alpha = \frac{B_0}{M_0^{1/\alpha}} \tag{12}$$

Es gilt:

$$\alpha = 1: \quad M_{St} = M_0 - \frac{B}{C_1}\ ; \quad C_1 = \frac{B_0}{M_0} \tag{13}$$

$$\alpha = 2: \quad M_{St} = M_0 - \left(\frac{B}{C_2}\right)^2 ; \quad C_2 = \frac{B_0}{\sqrt{M_0}} \tag{14}$$

M_0 und C ($=C_\alpha$) sind relativ stark von der Zwischenauflagerbreite b abhängig. Bild 19 zeigt die Tragfähigkeitstafel eines bestimmten Profiltyps für eine Beanspruchung in Positivlage. (Für die entgegengesetzte Lastrichtung, z.B. für Windsog, gilt eine andere Tafel; in dem Falle ist α in den meisten Fällen gleich eins.) In der Tragfähigkeitstafel sind die Werte M_0 und C für b=60mm und b=140mm angegeben. Für Zwischenwerte von b darf

Trapezprofil (3-fach) Höhe 130, Positivlage				Feld-bereich	End-auflager	Zwischenauflager (Stützbereich) $zul\ M_{St} = M_0 - \left(\frac{vorh\ B}{C}\right)^{\alpha} \le max\ M_{St}$							
					min a = 40 mm	min b = Mindestauflagerbreite							
						min b_1 = 60 mm; α = 2				min b_2 = 140 mm; α = 2			
t_N	g	A	I_{ef}	zul M_F	zul A	M_0	C	max M_{St}	max B	M_0	C	max M_{St}	max B
mm	kN/m²	cm²/m	cm⁴/m	kNm/m	kN/m	kNm/m	$\sqrt{kN}$/m	kNm/m	kN/m	kNm/m	$\sqrt{kN}$/m	kNm/m	kNm
0,75	0,103	12,2	264	5,24	5,41	7,05	6,22	7,05	13,51	8,39	6,98	7,75	16,36
0,88	0,121	14,5	310	6,83	7,88	9,12	7,21	9,12	18,55	10,20	8,75	9,75	22,45
1,00	0,138	16,5	353	8,44	10,01	11,12	9,13	11,12	23,20	12,16	10,56	11,65	28,07
1,13	0,156	18,8	399	10,14	12,47	12,81	10,68	12,81	29,35	13,81	12,74	13,40	35,25
1,25	0,172	20,8	441	11,72	14,73	14,32	12,11	14,32	35,04	15,33	14,73	15,08	41,87
1,50	0,207	25,1	530	14,99	19,82	17,41	15,41	17,41	46,87	18,50	18,86	18,50	55,67

Bild 19

interpoliert werden. Die in der Tafel angegebenen Werte $maxM_{St}$ und maxB kennzeichnen die (durch die Versuche abgesicherten) zulässigen maximalen Beanspruchungen. Damit ergibt sich der in Bild 18c schraffierte zulässige Interaktionsbereich.
Die in der Tafel ausgewiesenen Werte $zulM_F$ und zulA wurden entsprechend ermittelt. (Im Lastfall HZ dürfen die zulässigen Stützkräfte und Tragmomente um den Faktor 1,125 erhöht werden.) Das effektive Trägheitsmoment I_{ef} für den Durchbiegungsnachweis wurde ebenfalls experimentell bestimmt.
Nach dem künftigen Sicherheitskonzept mit γ-fachen Lasten wird der Tragsicherheitsnachweis auf die ertragbaren Auflagerkräfte und Biegemomente abgestellt sein. In dieser Weise ist DIN 18807 konzipiert. Prinzipiell bleibt der Nachweis im Vergleich zu den Regelungen in den Zulassungsbescheiden unverändert, gleichwohl sind die Regelungen nicht in allen Einzelheiten deckungsgleich.

17.5.3 Ergänzende Angaben zum Tragsicherheitsnachweis und zur baulichen Ausbildung

Die Stütz- und Schnittgrößen werden nach der Elasto-Statik berechnet. Anschließend wird nachgewiesen, daß die zulässigen Werte für A,B,M_F und M_{St} eingehalten werden. Die Stützmomente dürfen nicht abgerundet werden (weil die $zulM_{St}$-Werte beim Versuch auf die Spitzwerte der Momente bezogen wurden). Die negativen Momente bei Gerberträgern und Kragträgern sind um 33% zu erhöhen. Als Stützweite gilt im Regelfall der Mittenabstand der benachbarten Unterkonstruktion, bzw. lichte Weite plus beidseitiger halber Auflagerbreite (wobei die rechnerisch erforderlichen Werte für a und b angesetzt werden dürfen). Die Auflagerbreite darf bei Endauflagern a=40mm betragen, wenn die Profiltafeln unmittelbar nach dem

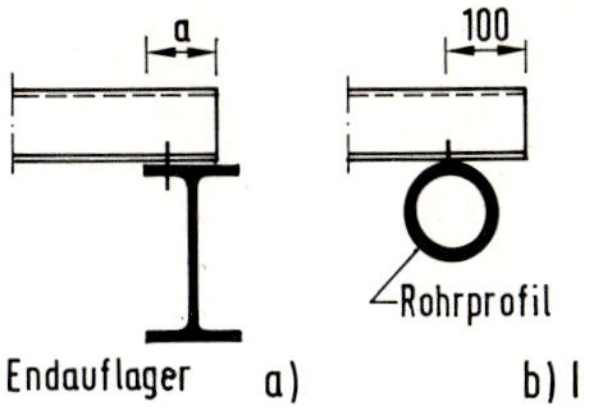

Bild 20

Verlegen befestigt werden, vgl. Bild 20a. Endauflager sind an jedem anliegenden Gurt mit der Unterkonstruktion zu verbinden. Aus montagetechnischen Gründen empfiehlt es sich, am Endauflager einen Überstand ü einzuhalten, derart, daß gilt:

$$a + ü \geq 40 + h/4 \qquad (15)$$

a ist die rechnerisch erforderliche Auflagerbreite (a≥40mm) und h die Profilhöhe. Die Auflagerung auf einem Rohr bedeutet eine Schneidenlagerung; wird ein Überstand von 100mm eingehalten, darf zulA aus den Tragfähigkeitstafeln für mina=40mm entnommen werden. Als Mindest-Zwischenauflagerbreite ist b=60mm einzuhalten. Bei durchlaufendem Profil ist mindestens jeder 2. anliegende Gurt mit dem Träger zu verbinden (Bild 21a). Bei unterbrochenem Profil ist jede Rippe mit der Unterkonstruktion zu befestigen (Teilbilder b bis d), die beidseitigen Profilenden sind dann wie Endauflager zu behandeln.

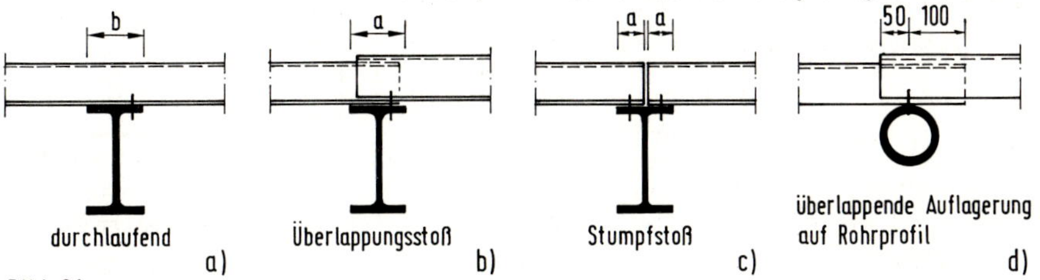

Bild 21

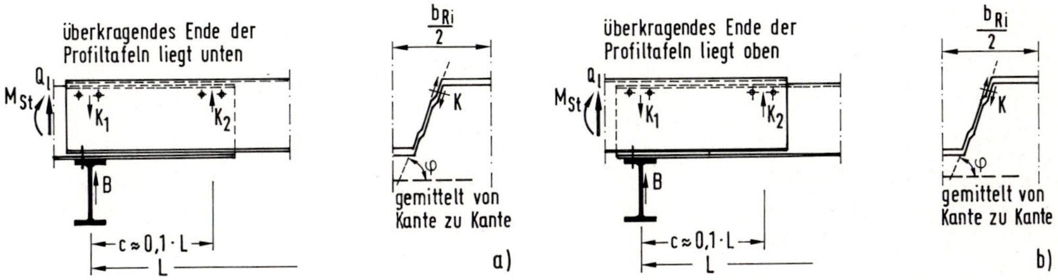

Bild 22

Es ist konstruktiv möglich und zulässig, biegesteife Querstöße auszubilden. Dabei sind die in Bild 22 dargestellten Fälle zu unterscheiden: Das überkragende Ende der Profiltafel liegt unten oder oben. Das Stützmoment (ggf. einschließlich des Versatzmomentes aus Q) wird über den inneren Hebelarm c der Überlappung auf jeweils zwei Verbindungsmittel abgesetzt. Die Überlappungslänge wird zu ca. L/10 gewählt. Sind M_{St} und Q Stützmoment bzw. Querkraft, bezogen auf die Einheitsbreite 1m, entfällt auf eine halbe Rippenbreite, d.h. auf jeden einzelnen Steg:

$$M_{St} \cdot b_{Ri}/2 \quad \text{bzw.} \quad Q \cdot b_{Ri}/2 \qquad (16)$$

Mit φ als dem Neigungswinkel der Profilstege ergibt sich die Kraft K für den Nachweis der jeweils 2 Verbindungsmittel pro Steg zu:

$$K = \frac{|M_{St}|}{2c \cdot \sin\varphi} b_{Ri} \quad \text{bzw.} \quad K = \frac{|M_{St} + Q \cdot c|}{2c \cdot \sin\varphi} b_{Ri} \qquad (17a,b)$$

G.17a gilt für Fall a und G.17b für Fall b (Bild 22). Für die Verbindungsmittel sind bestimmte Rand- und Lochabstände einzuhalten: Randabstände in Richtung der K-Kräfte ≥3d bzw. ≥20mm; Randabstände rechtwinklig zur Kraftrichtung ≥30mm; Lochabstände ≥4d bzw. ≥40mm bzw. ≤10d. - Statisch wirksame biegesteife Stöße sind nur über Stützbereichen zulässig. Die Längsstöße zwischen den Profiltafeln sind durch Verbindungsmittel zu schließen, für den Abstand der Verbindungsmittel gilt:

$$50\,\text{mm} \leq e_L \leq 666\,\text{mm} \qquad (18)$$

Längsstöße werden als Überlapp- oder als Falzverbindung ausgeführt.

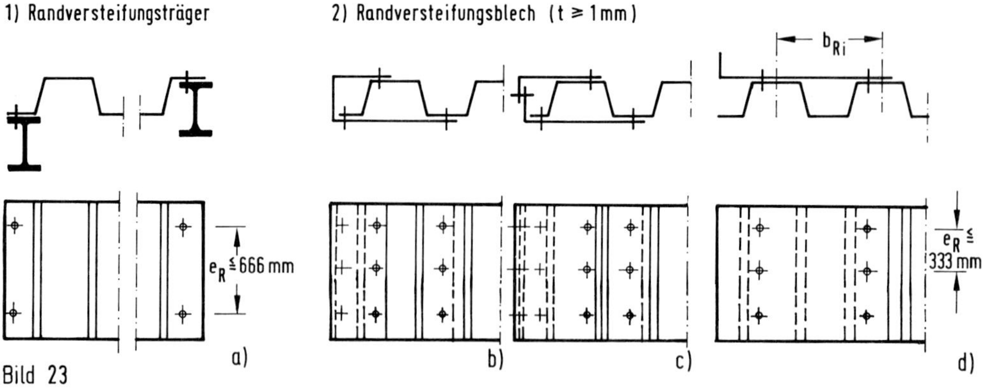

Bild 23

An den Längsrändern sind die Trapezprofile durchgehend zu befestigen. Bild 23a zeigt Befestigungen an Randträgern; konstruktiv ist einzuhalten:

$$50\text{mm} \leq e_R \leq 666\text{mm} \tag{19}$$

Die Teilbilder b,c und d zeigen Randbefestigungen unter Verwendung von Randversteifungsblechen, hierfür gilt:

$$50\text{mm} \leq e_R \leq 333\text{mm} \tag{20}$$

Die konstruktiv einzuhaltenden Randabstände der Verbindungsmittel betragen:
Längsrand der Profiltafel: e≥1,5d bzw. ≥ 10mm; Querrand der Profiltafel: e≥2,0d bzw. ≥ 20mm. d ist in allen Fällen der Lochdurchmesser. - Für Schubfelder gelten z.T. strengere Forderungen für den Abstand der Verbindungsmittel.
Alle im Zusammenhang mit dem Einsatz von Stahltrapezprofilen stehenden Regelungen (z.B. Nachweis der Profile mit der Möglichkeit einer Momentenumlagerung im Grenzzustand, Nachweis der Randbereiche von kleinen und großen Öffnungen und deren konstruktive Ausbildung) können in diesem Rahmen nicht behandelt werden. Hierzu wird auf die bauaufsichtlichen Zulassungen und die zugehörigen Firmenprospekte, auf DIN 18807 und die einschlägige Literatur [10,11,16] verwiesen.

17.5.4 Durchbiegungsnachweis

In Abhängigkeit vom Anwendungsfall sind unterschiedliche Durchbiegungsbeschränkungen zu beachten, z.B.: Bei Dächern unter Vollast: Warmdach L/300, Kaltdach L/150, bei Wänden unter Windlast L/150, bei ausbetonierten Geschoßdecken unter Verkehrslast im untersuchten Feld L/300, bei allen anderen Geschoßdecken L/500. Der Berechnung ist die effektive Biegesteifigkeit EI_{ef} mit E=21000kN/cm² zugrundegelegen.

17.5.5 Beispiel: Hallenflachdach als Warmdach

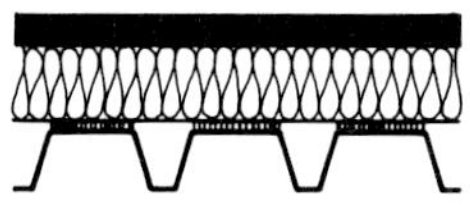
Bild 24

Bei Warmdächern liegen die tragenden Profile innen. Sie sind daher nur geringen Temperaturdifferenzen ausgesetzt. Es bedarf keiner besonderen Dehnfugen. - Das Flachdach habe die Dachneigung Null. Demgemäß muß der Lastfall "Wassersack" berücksichtigt werden.
1. Lastaufstellung: Bild 24 zeigt den Dachaufbau:

Eigenlast des Profils (aus Vorbemessung)		0,120	kN/m²
Dachhaut, 3-lagig, einschl. Klebung		0,170	"
8cm Hartschaum 8·0,004		0,032	"
beidseitige Papierkaschierung u. Klebung		0,020	"
Korrosionsschutz (Bitumenanstrich)		0,010	"
	g =	0,352	"
Schneelast, Zone II, h > 500m/< 600 m ü.NN	s =	0,900	"
	q =	1,252	"

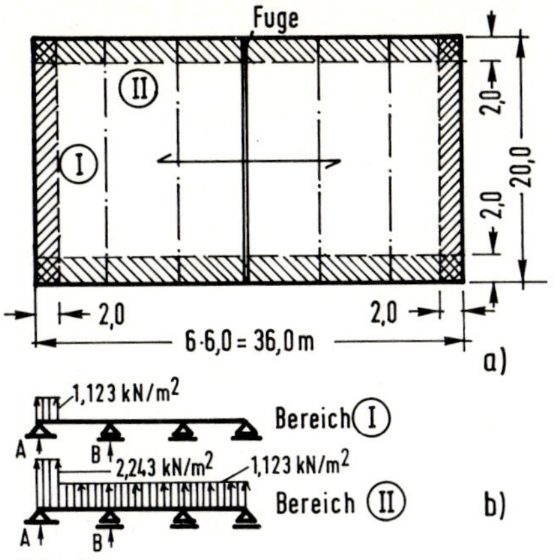

Bild 25

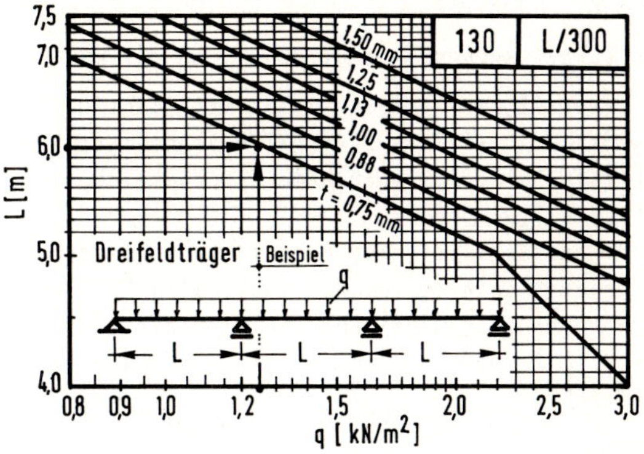

Bild 26

Wassersack infolge Durchbiegung

Windlast: Staudruck $q = 0,8\ kN/m^2$; Windsog:

- Normalbereich	0,4 · 0,8 =	w = 0,32 kN/m²
- Randbereich	(0,4 + 1,4) · 0,8	w = 1,44 "
- Eckbereich	(0,4 + 1,4 + 1,4) · 0,8	w = 2,56 "

2. Vorbemessung mit Hilfe eines herstellerseitigen Diagramms (Bild 26):

Bei Warmdächern mit bituminöser Dachhaut ist L/300 einzuhalten. Aus dem Bemessungsdiagramm für ein Profil mit der Höhe h=130mm entnimmt man für einen Dreifeldträger mit L=6,0m (vgl. auch Bild 25) und q=1,250kN/m² eine erforderliche Nennblechdicke von t_N=0,75mm. Im folgenden wird mit t_N=0,88mm weiter gerechnet.

3. Schnittgrößen: 1,252 · 6,0 = 7,51; 1,252 · 6,0² = 45,07

$$A = 0,400 \cdot 7,51 = 3,00\ kN/m,\ B = 1,099 \cdot 7,51 = 8,24\ kN/m;\ M_F = 0,080 \cdot 45,07 = 3,60\ kNm/m,\ M_{St} = -0,100 \cdot 45,07 = -4,60\ kNm/m$$

4. Tragsicherheitsnachweis: Die Endauflagerbreite a sei ≥40mm und die Zwischenauflagerbreite b≥140mm. Aus der Profiltafel für h=130mm folgt (Bild 19):

$$t_N = 0,88mm:\ zul\,A = 7,88 kN/m;\ zul\,M_F = 6,83\,kNm/m;\ max\,B = 22,45\,kN/m,\ max\,M_{St} = 9,75\,kNm/m$$

$$M_0 = 10,20\,kNm/m,\ C = 8,75\sqrt{kN}/m \longrightarrow zul\,M_{St} = 10,20 - \left(\frac{8,24}{8,75}\right)^2 = 10,20 - 0,89 = 9,31\,kNm/m$$

Somit werden alle zulässigen Tragfähigkeitswerte eingehalten.

5. Durchbiegungsnachweis: (vgl. Tafel 13.1):

$$I_{ef} = 310\,cm^4/m:\ vor\,f = 4,0\,\frac{M_F[kNm] \cdot l^2[m]}{I_{ef}} = 4,0\,\frac{3,60 \cdot 6,0^2}{310} = 1,67cm < \frac{600}{300} = 2,00cm$$

Für ein Blech t_N=0,75mm ergibt sich vorh f = 1,96 cm.

6. Lastfall "Wassersack":

Im Lastfall "Wassersack" wird die Durchbiegung aus Eigen- und Wasserlast berechnet; das erfordert eine kurze Iterationsrechnung: Die größte Durchbiegung tritt im Endfeld auf. Eine Wasserlast von 1m Höhe beträgt 10 kN/m². Infolge der veränderlichen Durchbiegung ist auch die Wasserlast veränderlich. Um die Rechnung zu vereinfachen, wird die veränderliche Wasserlast in eine äquivalent - konstante umgerechnet. Die Ersatzgleichlast wird aus der Bedingung bestimmt, daß die Feldmomente eines parabelförmig und gleichförmig belasteten Einfeldträgers gleichgroß sind:

$$\text{Parabellast: } M_P = \frac{5}{48} q_P l^2;\ \text{Rechtecklast: } M_R = \frac{1}{8} q_R l^2 \longrightarrow q_R = 0,833 q_P$$

Wird von f=1,67cm ausgegangen (s.o.), folgt:

$$q_P = 0,0167 \cdot 10 = 0,167\,kN/m^2 \longrightarrow q_R = 0,139\,kN/m^2 \longrightarrow q = g + q_R = 0,352 + 0,139 = 0,491\,kN/m^2$$

Hiermit ergibt sich:

$$f = \frac{0{,}491}{1{,}252} \cdot 1{,}67 = 0{,}655\,\text{cm} \longrightarrow q_P = 0{,}00655 \cdot 10 = 0{,}0655\,\text{kN/m}^2 \longrightarrow q_R = 0{,}0546\,\text{kN/m}^2$$

Nach kurzer Rechnung folgt: $q = 0{,}4\,\text{kN/m}^2 < 1{,}252\,\text{kN/m}^2$

Der Lastfall "Wassersack" ist somit nicht maßgebend. - Geht man davon aus, daß sich der Wassersack zusätzlich zur vollen Schneelast einstellt, ergibt sich f=1,93cm und q=1,444kN/m². In diesem Falle ist t_N=0,88mm erforderlich.

7. Lastfall Windsog:

Dieser Lastfall ist maßgebend für die Dimensionierung der Verbindungsmittel in den Rand- und Eckbereichen des Daches (vgl. Bild 25). 90% der Eigenlast darf als Gegenlast angesetzt werden. Im Normalbereich wird der Windsog (etwa) zu Null kompensiert. - Die Auflagerkräfte A und B werden unter der Annahme statisch bestimmter Lagerung berechnet (Bild 25b):

Bereich (I) : $q = -1{,}440 + 0{,}9 \cdot 0{,}352 = -1{,}123\,\text{kN/m}^2 \longrightarrow A = -1{,}87\,\text{kN/m},\ B = -0{,}37\,\text{kN/m}$

Bereich (II) : $q = -2{,}560 + 0{,}9 \cdot 0{,}352 = -2{,}243\,\text{kN/m}^2 \longrightarrow A = -5{,}24\,\text{kN/m},\ B = -7{,}12\,\text{kN/m}$

$q = -1{,}123\,\text{kN/m}^2$ (ggf. Erhöhung von B um ca. 10%: Durchlaufträger)

Die Kräfte (pro laufende m) werden auf eine Rippenbreite, hier 0,275m, umgerechnet und die erforderliche Anzahl der Verbindungsmittel in Abhängigkeit von der zulässigen Zugkraft Z bestimmt. In den Randbereichen genügt i.a. ein Verbindungsmittel pro Rippe, in den Eckbereichen sind meist zwei erforderlich. Werden die Verbindungsmittel, wie in Schubfeldern, gleichzeitig auf Zug und Abscheren beansprucht, sind den Nachweisen reduzierte Tragkräfte zugrundezulegen (lineare Interaktion); vgl. das Beispiel in Abschnitt 17.6.4.

Anmerkung: Die in Bild 25a dargestellte Dachfuge ist aus konstruktiven Gründen nicht erforderlich, im Gegenteil, aus Kontinuitätsgründen ist es günstiger, die Fuge als biegesteifen Querstoß mit Überdeckung auszuführen, auch um Dampfdiffusionsdichtigkeit herstellen und fallweise vorhandene Toleranzen ausgleichen zu können.

17.6 Verwendung der Trapezprofile als Schubfelder

17.6.1 Tragwirkung und konstruktive Ausbildung der Schubfelder

Wie in Abschnitt 17.4, Punkt c erwähnt, können die Trapezprofile in den Dach- und Wandebenen zur Aussteifung des Bauwerkes herangezogen werden. Voraussetzung dafür ist, daß sie als Schubfelder ausgebildet sind. Das erfordert einen gewissen (insgesamt geringen) Mehraufwand. Dieser betrifft fallweise zusätzlich erforderliche Rand- und Lasteinleitungsträger und zusätzliche Verbindungsmittel.

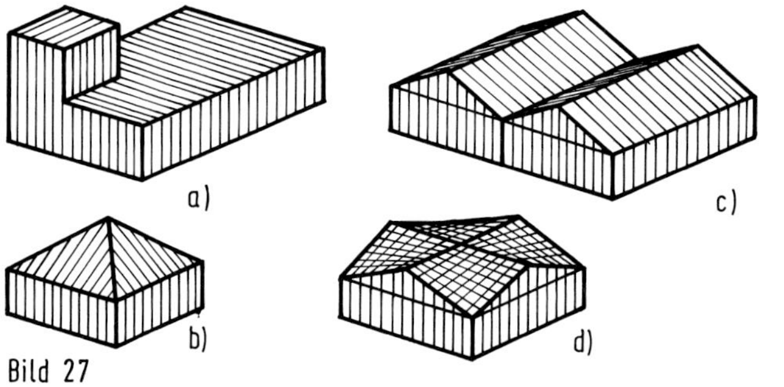

Bild 27

Neben der Aussteifung konventionell konstruierter Hochbauten (Bild 27a) ermöglichen Schubfelder eigenständige Bauformen, wie in Bild 27b bis c dargestellt. Es handelt sich um Faltwerks- bzw. Schalenbauten. Teilbild b zeigt einen einfachen Baukörper, bei welchem die äußere Schale gleichzeitig die raumabschließende wie tragende Funktion übernimmt, so daß ein stützenloser Innenraum entsteht, das gilt auch für die in den Teilbildern c und d dargestellten Bauformen. Im Falle des in Bild c gezeigten Faltwerkes geben die in den gebrochenen Dachebenen liegenden Blechfelder die parallel zur Dachebene wirkenden Lasten als Schubkräfte an die Giebelriegel ab. Die hierbei entstehenden Druckkräfte werden über die Zugbänder in den Giebelwänden zum Ausgleich gebracht. Das Dach ruht in diesem Beispiel also nicht auf Pfetten und Bindern oder Rahmen sondern trägt als Faltwerk. Da die Blechtafeln einer Verwindung praktisch keinen Widerstand entgegensetzen, lassen sich mit ihnen hyperbolische Flächen formen. Durch Aneinanderfügen solcher Flächen entstehen sogen. Hyparschalen mit geradlinigen Erzeugenden (vgl. Bild 27d, [17-20]). Da die Schubfelder originärer Bestandteil der Tragstruktur sind, bedarf es beim Bau zunächst eigener Montageverbände. Nach Realisierung der Schubfeldwirkung können sie wieder entfernt werden. Bauliche Änderungen an den Dach- und Wandebenen sind nicht ohne weiteres möglich, weil es sich um einen Eingriff in die statische Struktur handelt. Öffnungen in den Schubfeldern sind Störstellen, sie werden gleichwohl statisch beherrscht und erfordern gewisse Randversteifungen. Schubfelder, die ausschließlich der Bauwerksaussteifung dienen (das ist der Regelfall), sollten dort angeordnet werden, wo keine Öffnungen liegen. - Wichtige Ansätze zur Konstruktion von Schubfeldern kamen aus Großbritannien von BRYAN und DAVIES [21-23]; auf die ECCS-Empfehlungen [24] wird hingewiesen.

17.6.2 Einführung in die Schubfeldtheorie

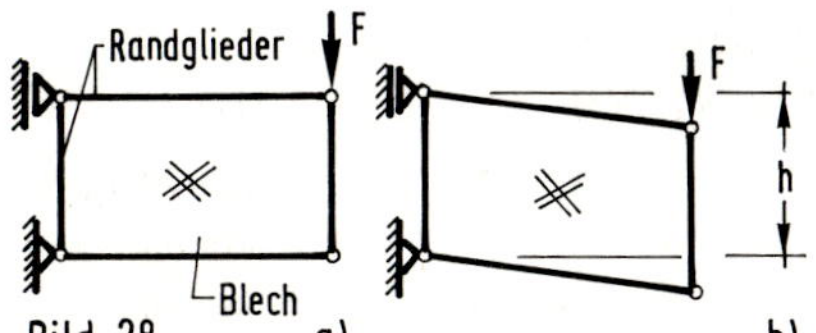

Bild 28

Die Schubfeldtheorie wurde für die Zwecke des Flugzeugbaues entwickelt [25,26]. Danach besteht ein Schubfeld aus zwei Unterstrukturen und zwar aus

- dem Blechfeld, das nur Schubkräfte übertragen kann und
- den Randgliedern, die nur Längskräfte übertragen können (Bild 28). (Die Randglieder werden im folgenden auch als Gurte bezeichnet.)

Schubfelder sind überwiegend rechteckig; das Blech muß umlaufend mit den Randgliedern diskontinuierlich (mittels Nieten oder Schrauben) oder kontinuierlich (mittels Klebung) verbunden sein. Bei Trapezprofilschubfeldern liegt der erstgenannte Fall vor. Die Randglieder bilden ohne Schubblech ein labiles Gelenkviereck. Das in Bild 28 dargestellte Schubfeld kann als hochstegiger, gedrungener Kragträger gedeutet werden. Für diesen wird angenommen, daß die Schubkraft T über die Höhe h konstant verteilt ist. Ist zudem die Blechdicke t innerhalb des Schubfeldes konstant, gilt:

$$T = \frac{Q}{h} \longrightarrow \tau = \frac{T}{t} \tag{21}$$

Q ist die Querkraft, sie ist hier gleich der äußeren Kraft F. Des weiteren wird angenommen, daß das Moment nur von den Gurten abgetragen wird:

$$S = \pm\frac{M}{h} \longrightarrow \sigma = \frac{S}{A} \quad (A = A_{Gurt}) \tag{22}$$

Bild 28b zeigt das Schubfeld im verformten Zustand. Die Durchsenkung resultiert vorrangig aus der Schubverzerrung des Bleches. Der Verformungsbeitrag der Randglieder ist i.a. vergleichsweise gering.

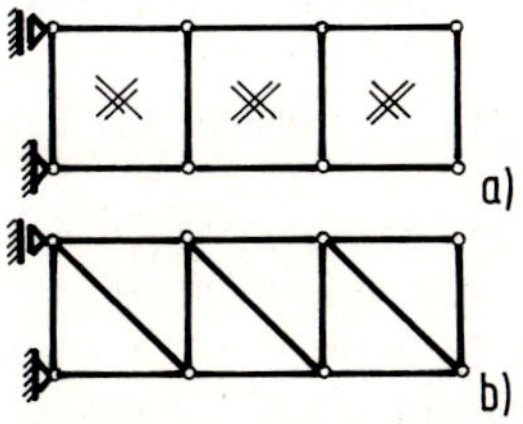

Bild 29

Offensichtlich ist ein Schubfeld mit rechteckigen Flächen einem Gelenkfachwerk mit Diagonalstreben äquivalent (Bild 29). Das Schubblech übernimmt die Aufgabe der Diagonalen. Es besteht allerdings insofern ein Unterschied, als beim Fachwerk die Stabkräfte in den Gelenkknoten zum Ausgleich gebracht werden, während beim Schubfeld die Schubkräfte kontinuierlich auf die Gurte abgesetzt werden. In Bild 30a ist die positive Definition der Schubkräfte T und Gurtkräfte S eingetragen. Aus Gründen des Momentengleichgewichts sind den quergerichteten Schubkräften gleichgroße längsgerichtete zugeordnet. Da unterstellt wird, daß die Schubkräfte konstant verteilt sind (G.21), ergeben sich linear verteilte Gurtkräfte, wie in Bild 30b angedeutet. Diese Annahme verstößt gegen den Verträglichkeitsgrundsatz und stellt insofern eine Näherung dar: Die Länge der Schubfeldränder bleibt nämlich bei der Schubgleitung des Feldes unverändert, während die Randgurte infolge der wirksamen Gurtkräfte S eine Längenänderung erfahren. Demgemäß liegt eine Unverträglichkeit entlang der Randlinien vor, was zur Folge

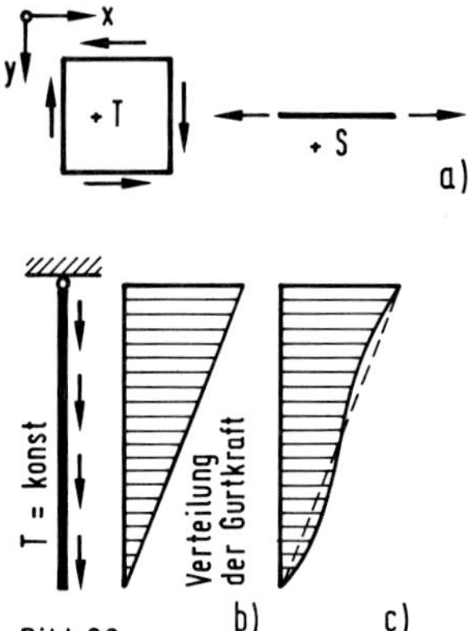

Bild 30

hat, daß die Gurtkräfte real eine von der linearen abweichende Verteilung aufweisen und die Schubbleche selbst entlang der Randzonen gewisse Normalspannungen erhalten und sich die Schubspannungen daher nicht konstant einstellen können.
Diese Abweichungen von den Annahmen des Schubfeldschemas sind bei genügender Dünnwandigkeit bzw. Schubnachgiebigkeit der Bleche und hoher Dehnsteifigkeit der Gurte gering. Gerade das trifft für Trapezprofil-Schubfelder zu. Diese Aussage läßt sich theoretisch untermauern, worauf hier verzichtet wird.
Gemäß der Fachwerkanalogie gibt es statisch-bestimmte und statisch-unbestimmte Schubfelder. Das Abzählkriterium für die statische Bestimmtheit kann von der Fachwerkstatik übernommen werden. Auf Schubfelder übertragen lautet das Kriterium:

$$n = a + s + b - 2k \begin{cases} < 0 & \text{statisch unterbestimmt (labil)} \\ = 0 & \text{statisch bestimmt} \\ > 0 & \text{statisch unbestimmt} \end{cases} \qquad (23)$$

a ist die Anzahl der Auflagerreaktionen. Bei äußerlich statisch-bestimmter Lagerung ist a=3. s ist die Anzahl der Gurtstäbe und b die Anzahl der Bleche. (In der Fachwerkstatik werden s und b zu s zusammengefaßt.) k ist die Anzahl der Knoten. In ebenen Systemen stehen in jedem der k Knoten zwei Komponentengleichgewichtsgleichungen ($\Sigma V=0, \Sigma H=0$) als Bestimmungsgleichungen für die (a+s+b) Unbekannten zur Verfügung. Das ergibt das Kriterium G.23.

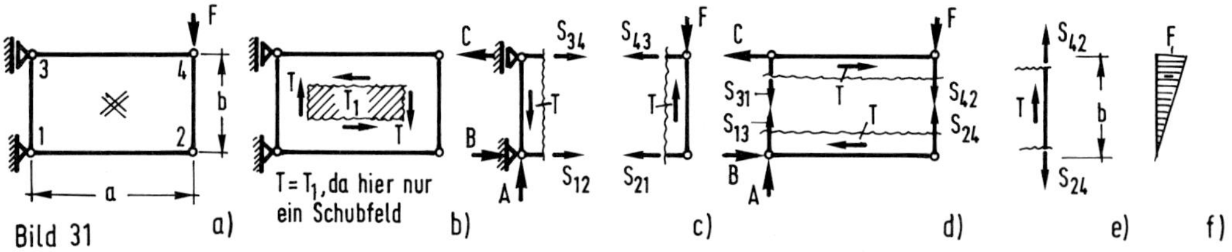

Bild 31

Um ein statisch-bestimmtes Schubfeld berechnen zu können, muß es (wie in der Fachwerkstatik) durch Schnitte zerlegt bzw. abgebrochen werden. Bild 31 zeigt die prinzipielle Vorgehensweise:

a) Die Knoten werden durchnumeriert. Die an die Knoten anschließenden Gurtkräfte S erhalten eine Doppelindizierung. Der erste Index kennzeichnet den anliegenden, der zweite den abliegenden Knoten.
b) Die Schubfelder werden durchnumeriert. Jedem Schubfeld ist eine bestimmte Schubkraft T zugeordnet; zur positiven Definition vgl. Bild 30a.
c) Entlang der Gurte werden Schnitte gelegt und die Knoten-, Schub- und Gurtkräfte angetragen (vgl. Bild 31c/e).
d) Als erstes werden die Auflagerkräfte bestimmt und dann sukzessive die Schub- und Gurtkräfte am abgebrochenen System berechnet.

Die Umsetzung dieser Anweisungen sei für das in Bild 31 dargestellte Beispiel gezeigt:
Stützkräfte:

$$A = F; \; B = C = Fa/b$$

Für den Gurtstab 2-4 ergibt die Gleichgewichtsgleichung $\Sigma V=0$ (Bild 31d,c,e):

$$F + S_{42} = 0 \longrightarrow S_{42} = -F; \quad F - T \cdot b = 0 \longrightarrow \boxed{T = F/b}$$

$$S_{24} - S_{42} - T \cdot b = 0 \longrightarrow S_{24} = S_{42} + T \cdot b = -F + F = 0$$

In Teilbild f ist der Verlauf der Stabkraft im Gurt 2-4 dargestellt (von F auf Null abnehmende Druckkraft). Entsprechend ist fortzufahren, Bild 32 zeigt das Ergebnis. Die Berechnung ist offensichtlich elementar. Das soll an dem in Bild 33a dargestellten System nochmals gezeigt werden: Der Schubfeldträger wird durch eine Einzellast F=9,0kN

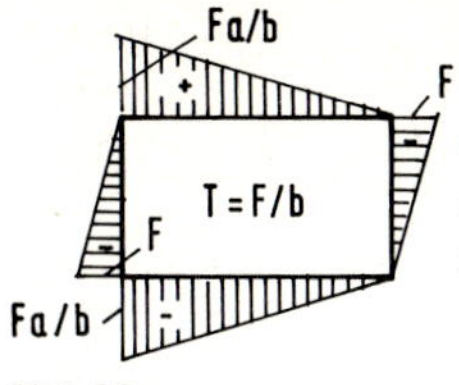

Bild 32

im Knoten 6 belastet. Die Auflagerkräfte betragen A=6,0kN und B=3,0kN. Teilbild b zeigt die positive Definition der Schubkräfte T_1 bis T_3 und zwar einerseits wie sie auf das Schubblech wirken und andererseits als Gegenkräfte auf die Randstäbe. Beidseitig der Pfosten werden Schnitte gelegt und die Gleichgewichtsgleichungen $\Sigma V=0$ formuliert (Teilbild c):

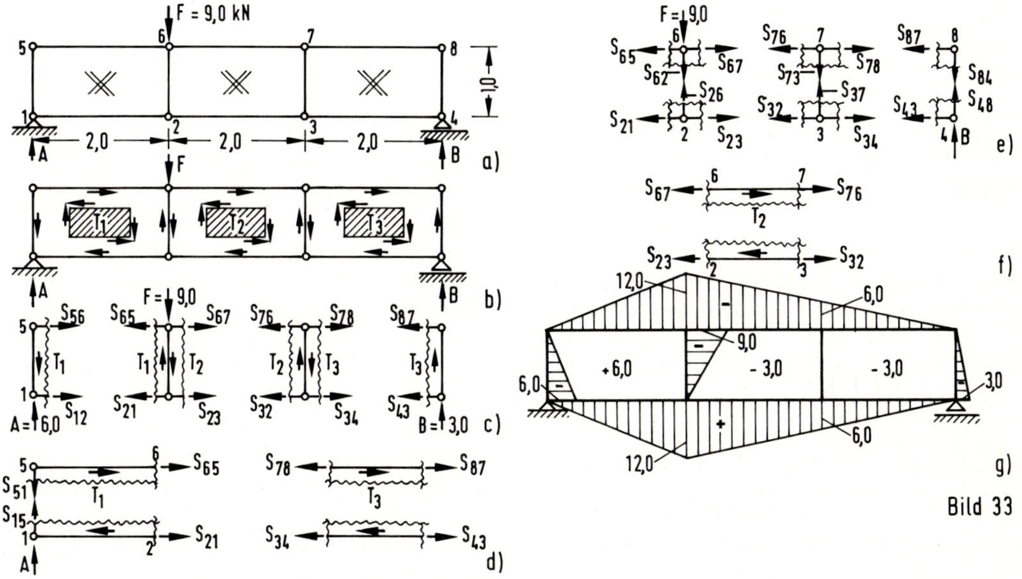

Bild 33

$$\text{Stab 1-5: } A - T_1 \cdot 1{,}0 = 0 \;:\; T_1 = A/1{,}0 = 6{,}0/1{,}0 = \underline{6{,}0\ \text{kN/m}}$$

$$\text{Stab 2-6: } (T_1 - T_2) \cdot 1{,}0 - F = 0 \;:\; T_2 = -F/1{,}0 + T_1 \;:$$

$$T_2 = -9{,}0/1{,}0 + 6{,}0 = -9{,}0 + 6{,}0 = \underline{-3{,}0\ \text{kN/m}}$$

$$\text{Stab 3-7: } (T_2 - T_3) \cdot 1{,}0 = 0 \;:\; T_3 = T_2 = \underline{-3{,}0\ \text{kN/m}}$$

$$\text{Stab 4-8: } B + T_3 \cdot 1{,}0 = 0 \;:\; 3{,}0 - 3{,}0 \cdot 1{,}0 = 0$$

Als nächstes werden um die einzelnen Knoten und Stäbe Rundschnitte gelegt und die Komponentengleichgewichtsgleichungen formuliert. Entlang der Stäbe wirken die zuvor berechneten Schubkräfte (Bild 33c/d):

$$\text{Knoten 1: } S_{15} + A = 0 \;:\; S_{15} = -A = \underline{-6{,}0\ \text{kN}};\; S_{12} = \underline{0}$$

$$\text{Knoten 5: } S_{51} = \underline{0};\; S_{56} = \underline{0}$$

$$\text{Stab 1-2: } S_{21} - T_1 \cdot 2{,}0 = 0 \;:\; S_{21} = +T_1 \cdot 2{,}0 = 6{,}0 \cdot 2{,}0 = \underline{12{,}0\ \text{kN}}$$

$$\text{Stab 5-6: } S_{65} + T_1 \cdot 2{,}0 = 0 \;:\; S_{65} = -T_1 \cdot 2{,}0 = -6{,}0 \cdot 2{,}0 = \underline{-12{,}0\ \text{kN}}$$

Entsprechend wird die Rechnung fortgesetzt, Bild 33g zeigt das Ergebnis.

Die Formänderungen eines Schubfeldes werden in analoger Erweiterung zur Fachwerkstatik berechnet: In Richtung der gesuchten Verschiebung wird die virtuelle Kraft $\bar{F}=\bar{1}$ eingeprägt und hierfür die Kräfte $\bar{S}$ und $\bar{T}$ berechnet. Bild 34a zeigt ein Element dx-dy des Schubfeldes, auf welches die virtuelle Schubkraft $\bar{T}$ wirkt. Wird nunmehr der wirkliche Lastzustand aufgebracht, leisten die virtuellen inneren Kräfte $\bar{S}$ und $\bar{T}$ folgende Arbeiten:

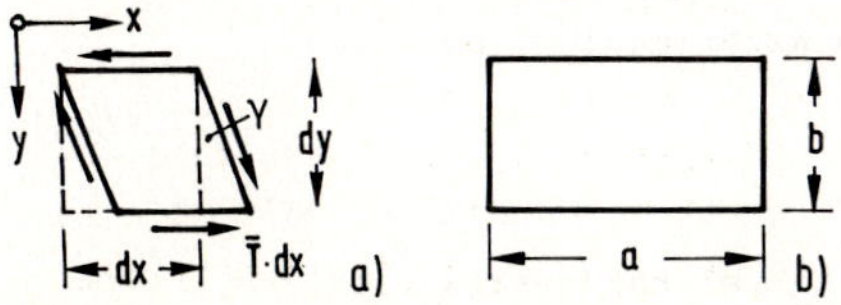

Bild 34

Virtuelle Arbeit eines Gurtstabelementes ds infolge der durch die Stabkraft S hervorgerufenen Dehnung ε:

$$\bar{S}\cdot\varepsilon\, ds = \bar{S}\cdot\frac{\sigma}{E}ds = \bar{S}\,\frac{S}{EA}\,ds \tag{24}$$

Virtuelle Arbeit eines Schubblechelementes dx-dy infolge der durch die Schubkraft T hervorgerufenen Gleitung γ (Bild 34a):

$$\bar{T}dx\cdot\gamma dy = \bar{T}\frac{\tau}{G}dx\,dy = \bar{T}\cdot\frac{\tau t}{Gt}dx\,dy = \bar{T}\frac{T}{Gt}dx\,dy \tag{25}$$

Wird über das gesamte Feld mit den Abmessungen a und b integriert (Bild 34b), ergibt sich (wegen T=konst und $\bar{T}$=konst):

$$\int_0^a\int_0^b \frac{T\bar{T}}{Gt}dx\,dy = \frac{T\bar{T}}{Gt}ab \qquad \left(G = \frac{E}{2(1+\mu)}\right) \tag{26}$$

Ist δ die Verschiebung in Richtung des virtuellen Hilfsangriffs, folgt aus der Bedingung, daß die Summe der inneren virtuellen Arbeiten gleich der äußeren virtuellen Arbeit (der Hilfskraft $\bar{1}$) ist:

$$\bar{1}\cdot\delta = \Sigma\int\frac{S\bar{S}}{EA}ds + \Sigma\,\frac{T\bar{T}}{Gt}ab \tag{27}$$

Die erste Summe erstreckt sich über alle Gurtstäbe, die zweite über alle Schubfelder. Im erstgenannten Falle ist bei der Berechnung zu berücksichtigen, daß S bzw. $\bar{S}$ einen dreieckförmigen oder trapezförmigen Verlauf haben (vgl. Bild 33g). -

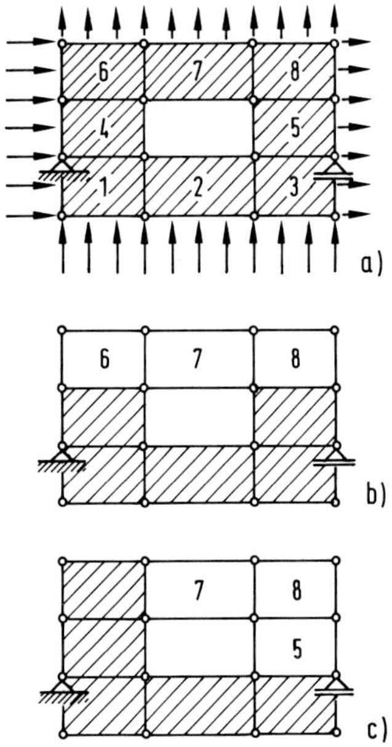

Bild 35

Ist das Schubfeld innerlich statisch-unbestimmt, wird es in ein statisch-bestimmtes Grundsystem überführt. Es erweist sich als zweckmäßig, Schubkräfte als Überzählige einzuführen. Die weitere Rechnung entspricht dem Kraftgrößenverfahren. Die Verschiebungsgrößen werden gemäß G.27 berechnet.

Sind im statisch-unbestimmten System die Formänderungen gesucht, kann vom Reduktionssatz Gebrauch gemacht werden (Abschnitt 5.4.3.4).

Bild 35a zeigt ein statisch-bestimmt gelagertes Schubfeld. Es sei ein Flachdach über einem Gebäude mit einem innen liegenden Lichthof. Das Abzählkriterium (G.23) ergibt:

a=3, s=24, b=8, k=16 : n=3+24+8-2·16=35-32=3

Somit ist das System innerlich dreifach statisch-unbestimmt. Die Wahl des in Teilbild b dargestellten Grundsystems wäre falsch, weil dieses im oberen Bereich labil und im unteren einfach statisch-unbestimmt ist. Teilbild c zeigt ein richtig gewähltes Grundsystem.

17.6.3 Anwendung der Schubfeldtheorie auf Stahltrapezprofile

Wie erwähnt, wurde die Schubfeldtheorie ursprünglich für die Berechnung von Flugzeugstrukturen mit dünnen Blechbeplankungen und Längs- und Querstringern entwickelt. Es stellt sich nun die Frage, wie die Theorie auf Trapezblechfelder übertragen werden kann. Trapezbleche erleiden gegenüber ebenen Blechen gleicher Dicke wesentlich größere Schubgleitungen, d.h. sie sind wesentlich schubweicher. Dies wird durch die Einführung eines ideellen Schubmoduls erfaßt. Dieser ist von der Profilgeometrie und der Länge des Schubfeldes abhängig. Dabei wird das Produkt Gt als ideeller Schubmodul S bezeichnet; S wird experimentell bestimmt:

$$S = \frac{10^4}{K_1 + \frac{K_2}{L_S}}\ [\text{kN/m}] \tag{28}$$

In den Profiltafeln sind die Beiwerte K_1 [m/kN] und K_2 [m²/kN] ausgewiesen.

L_S ist die Schubfeldlänge in m in Richtung der Profilierung. Die Gültigkeit der Formel ist an die Bedingung $L_S \geq \min L_S$ gebunden; $\min L_S$ ist ebenfalls in den Profiltafeln ausgewiesen. Wird die Bedingung eingehalten, kann von einer gleichverteilten Schubkraft T ausgegangen werden, hierfür gilt G.28. Ist die Bedingung nicht erfüllt, bedarf es einer modifizierten Berechnung von S; hierzu wird auf die Zulassungsbescheide bzw. DIN 18807 verwiesen. Die wissenschaftlichen Grundlagen wurden von SCHARDT u. STREHL [5,6] erarbeitet, in [7] auch für Trapezbleche mit Perforation.

Um die Größenordnung von S beurteilen zu können, wird ein Beispiel berechnet: Für eine Blechdicke von $t_K=t_N-0{,}04=1{,}00-0{,}04=0{,}96\,mm=0{,}096\,cm$ beträgt das Produkt Gt für ein ebenes Blech:

$$Gt = 8100 \cdot 0{,}096 = 778\ kN/cm = \underline{77800\ kN/m}$$

Für ein Trapezblech mit $t_N=1{,}00\,mm$, $L_S=6{,}0\,m$, Profilhöhe 130mm folgt beispielsweise:

$$K_1 = 0{,}215\ m/kN;\quad K_2 = 27{,}7\ m^2/kN:\quad S = \frac{10^4}{0{,}215+\frac{27{,}7}{6{,}0}} = \underline{2070\ kN/m}$$

Somit beträgt die Schubsteifigkeit nur 1/40 im Vergleich zum ebenen (unausgebeulten) Blech. Mit der Kenntnis von $S \hat{=} Gt$ können Formänderungen (mittels G.27) berechnet und damit auch statisch-unbestimmte Schubfelder analysiert werden.

Bei statisch-bestimmten Schubfeldern berechnen sich die Schubflüsse T nach dem im vorangegangenen Abschnitt erläuterten Schema. Der Tragsicherheitsnachweis lautet:

$$T \leq \mathrm{zul}\,T_1\,,\quad T \leq \mathrm{zul}\,T_2\,,\quad T \leq \mathrm{zul}\,T_3 \qquad (29)$$

Es sind somit drei Einzelnachweise zu führen. Dadurch wird das Schubfeld gegen drei unterschiedliche Versagensformen abgesichert [27,5,10]:

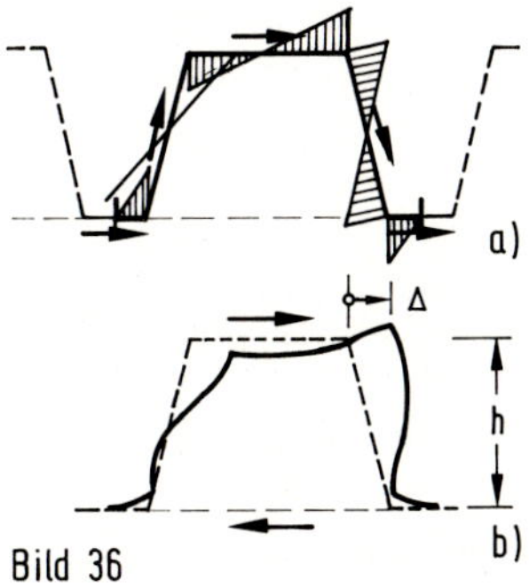

Bild 36

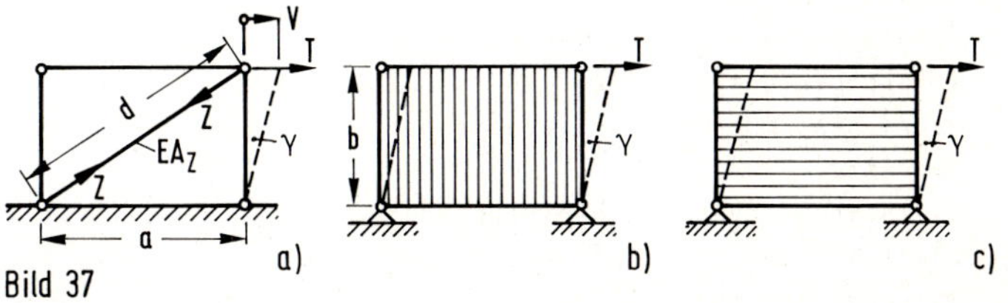

Bild 37

<u>zul T_1:</u> Die Ableitung der Schubkräfte geht mit Querbiegemomenten einher. An den Profilkanten treten die höchsten Momente auf (Bild 36a). zul T_1 ist jene Schubkraft, unter welcher in den Randfasern der Blechkanten die Streckgrenze erreicht wird.

<u>zul T_2:</u> Die Querbiegemomente verursachen eine Verbiegung der Trapezprofile (Bild 36b). Sofern auf dem Dach eine bituminös aufgeklebte Isolierung mit Dachhaut aufliegt, verträgt diese nur eine bestimmte Relativverschiebung. Sie ist in Bild 36b mit Δ bezeichnet. Bis zu Relativverschiebungen h/20 ist bei Wärmdächern nicht mit Schäden zu rechnen. h ist die Profilhöhe. Jene Schubkraft, die $\Delta = h/20$ hervorruft, ist zul T_2; auch sie wurde bzw. wird experimentell an Großversuchen im Maßstab 1:1 bestimmt. Darüberhinaus ist es möglich, zul T_1 und zul T_2 theoretisch zu ermitteln [5-7].

<u>zul T_3:</u> Um die Gesamtverformung des Schubfeldes zu begrenzen, ist eine bestimmte Schubsteifigkeit einzuhalten. Dabei wird gefordert, daß der Gleitwinkel unter Vollast den Wert 1/750 nicht übersteigt. Diese Forderung wurde aus einem Vergleich mit der Verschiebung eines Verbandsgefaches abgeleitet. Bild 37a zeigt ein Verbandsfeld mit einer Diagonalstrebe. Ist T die Querkraft, beträgt die Zugkraft in der Strebe:

$$Z = T \cdot \frac{d}{a} \qquad (30)$$

Seitliche Auslenkung v und Drehwinkel γ betragen hierfür (Bild 37a):

$$v = Z\frac{d^2}{a\,EA_Z} \longrightarrow \gamma = \frac{v}{b} = Z\frac{d^2}{abEA_Z} = \frac{\sigma_Z}{E}\cdot\frac{a^2+b^2}{ab} = \frac{\sigma_Z}{E}\cdot\left(\frac{a}{b}+\frac{b}{a}\right) \qquad (31)$$

Wird für die Strebe zulσ=14kN/cm² zugelassen und ein quadratisches Gefach unterstellt, folgt:

$$\gamma = \frac{14}{21000}\cdot(1+1) = \frac{28}{21000} = \frac{1}{750} \qquad (32)$$

Der Nachweis für zul T_3 kann entfallen, wenn die vorhandene Schubfeldlänge L_S größer als L_G ist. L_G ist die sogen. Grenzschubfeldlänge und in den Profiltafeln angegeben.

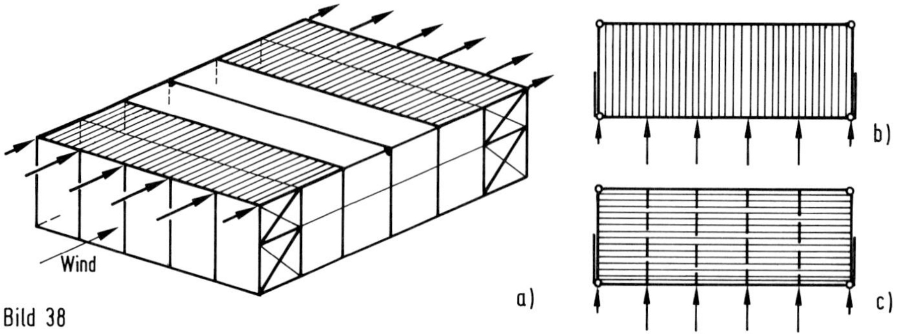

Bild 38

Bei der statischen und konstruktiven Bearbeitung von Schubfeldern sind eine Reihe von zusätzlichen Gesichtspunkten zu beachten (vgl. die Zulassungsbescheide, DIN 18807 und das einschlägige Schrifttum):

a) Die von außen in das Schubfeld eingeprägten Lasten sind i.a. Einzelkräfte. Hierbei ist zu unterscheiden, ob sie in Richtung der Profilierung oder senkrecht dazu eingeleitet werden. Im zweitgenannten Falle bedarf es besonderer Lasteinleitungsträger (Bild 38c). Im erstgenannten Falle sind solche erforderlich, wenn die Höhe der Einzellasten über einem bestimmten, profilabhängigen Wert liegt (vgl. das 1. Beispiel im folgenden Abschnitt).

b) Die Scherkräfte S in den Verbindungsmitteln folgen aus den Schubkräften T, mulitpliziert mit der Einflußlänge. I.a. treten gleichzeitig Zugkräfte Z aus Windsog auf. Der Nachweis ist für die kombinierte Beanspruchung zu führen. - Es sind bestimmte Mindestanzahlen und -abstände einzuhalten.

c) Aus der Schubfeldwirkung resultieren noch zusätzliche Stegkräfte V_S an den Querrändern, die den Auflagerkräften zu überlagern sind.

Die Stahltrapezprofile bewirken eine drehelastische Einspannung der Träger der Unterkonstruktion und stabilisieren diese gegen Kippen (Biegedrillknicken). Werden sie als Schubfeld ausgebildet, tritt noch ein weiterer Stützeffekt in der Ebene der Trägerflansche hinzu [7].

17.6.4 Beispiele

1. Beispiel: Schubfeld eines Hallendaches (Bild 39)

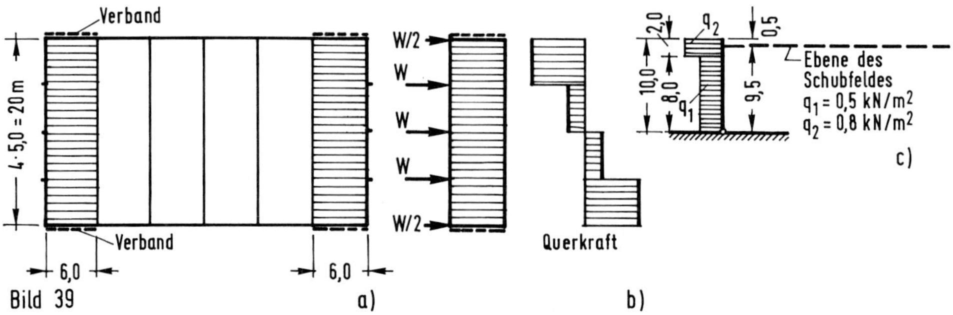

Bild 39

Das Beispiel stimmt mit dem in Abschnitt 17.5.5 berechneten überein. Die Hallenhöhe bis Oberkante Attika betrage 10,0m, das Schubfeld liegt in 9,5m Höhe. Bild 39a zeigt den Grundriß des Daches. Es wird zunächst davon ausgegangen, daß die Ausbildung je eines Binderfeldes an den Hallenenden als Schubfeld ausreichend ist. Die Kräfte werden auf die in den Endfeldern der Längswände liegenden Verbände abgetragen; hierbei kann es sich wiederum um Schubfelder handeln.

Berechnung der Windkräfte: Winddruck (c=0,8), vgl. Bild 39c (Windsog: c=0,4).

$$w = (0{,}8 \cdot 0{,}5 \cdot 8{,}0 \cdot 4{,}0 + 0{,}8 \cdot 0{,}8 \cdot 2{,}0 \cdot 9{,}0)/9{,}5 = (12{,}80 + 11{,}52)/9{,}5 = 2{,}56\ \text{kN/m} \longrightarrow W = 2{,}56 \cdot 5{,}0 = \underline{12{,}80\ \text{kN}}$$

Für das hier zum Einsatz kommende Trapezprofil (h=130mm, t_N=0,88mm) bei Befestigung in "Normalausführung" gelte:

$$\min L_S = 4{,}5\,\text{m},\ \underline{\text{zul}\,T_1 = 2{,}05\ \text{kN/m}},\ \underline{\text{zul}\,T_2 = 2{,}21\ \text{kN/m}},\ L_G = 6{,}2\,\text{m},\ K_1 = 0{,}245\ \text{m/kN},\ K_2 = 38{,}6\ \text{m}^2\text{kN},\ K_3 = 0{,}51$$

Da $L_S < L_G$ ist, muß zulT_3 nachgewiesen werden. Für S folgt (G.28):

$$S = \frac{10^4}{0{,}245 + \frac{38{,}6}{6{,}0}} = 1497\ \text{kN/m} \longrightarrow \text{zul}\,T_3 = \frac{1497}{750} = \underline{2{,}00\ \text{kN/m}}$$

Die Schubkräfte betragen (vgl. Bild 39b):

$$\text{Randfelder: } Q = 1{,}5 \cdot 12{,}80 = 19{,}20\ \text{kN} \longrightarrow \text{vorh}\,T = 19{,}20/6{,}0 = \underline{3{,}20\ \text{kN/m}}$$
$$\text{Mittelfelder: } Q = 0{,}5 \cdot 12{,}80 = 6{,}40\ \text{kN} \longrightarrow \text{vorh}\,T = 6{,}40/6{,}0 = 1{,}07\ \text{kN/m}$$

Somit werden die zulässigen Schubkräfte in den Randfeldern nicht eingehalten. Eine Befestigung in Sonderausführung ergibt auch keine Lösung, da in diesem Falle zulT_2 niedriger liegt als im Falle einer Normalausführung! - In Bild 40 sind die Befestigungsarten "Normalausführung" und "Sonderausführung" gegenübergestellt. Um im vorliegenden Beispiel die Schubkräfte übertragen zu können, werden jeweils zwei Binderfelder als Schubfelder ausgebildet. Dann ist L_S=12,0m und größer als L_G. zulT_3 ist nicht maßgebend. Die max Schubkraft beträgt in den Randfeldern:

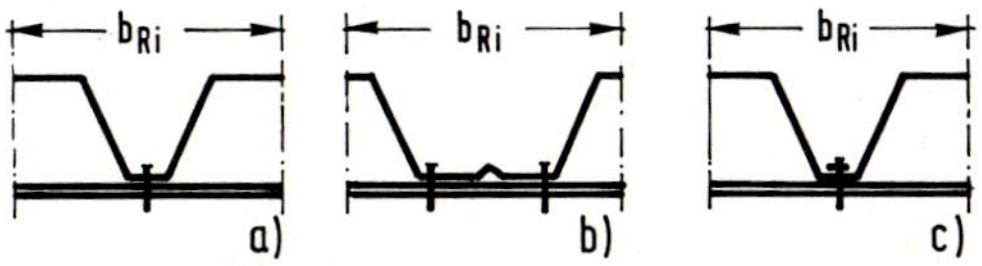

a: Normalausführung
b und c: Sonderausführung, im Falle c mit runder oder quadratischer Unterlegscheibe
Bild 40

$$\text{vorh}\,T = \underline{1{,}60\ \text{kN/m}} \qquad (< 2{,}05\ \text{kN/m})$$

Die zulässigen Schubkräfte werden nunmehr eingehalten. - Es wäre auch möglich gewesen, es bei einem Binderfeld zu belassen und dafür in den Randfeldern dickere Bleche gleicher Höhe einzubauen.

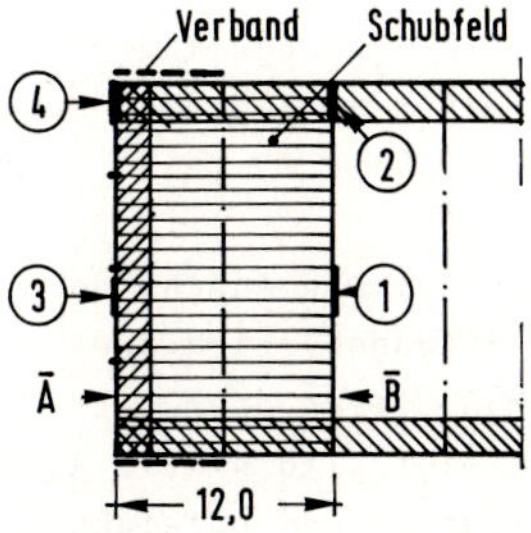

Bild 41

Die Stegkontaktkräfte je lfd.m Querrand betragen:

$$V_S = K_3 \cdot \text{vorh}\,T = 0{,}51 \cdot 1{,}60 = \underline{0{,}82\ \text{kN/m}}$$

Diese Kräfte sind der Auflagerkraft A am äußeren Querrand und der Stützkraft B am inneren Querrand des Schubfeldes zu überlagern (Bild 41). Bei den überlagerten Kräften handelt es sich jetzt um Kräfte im Lastfall HZ:

$$\text{vorh}\bar{A} = \text{vorh}\,A + V_S = 3{,}00 + 0{,}82 = 3{,}82\ \text{kN/m} < 1{,}125 \cdot 7{,}88\ \text{kN/m}$$
$$\text{vorh}\bar{B} = \text{vorh}\,B + V_S = 8{,}24 + 0{,}82 = 9{,}06\ \text{kN/m} < 1{,}125 \cdot 22{,}45\ \text{kN/m}$$

Als nächstes werden die Verbindungsmittel nachgewiesen; hierbei sind folgende Nachweise zu führen:

- entlang der Längsstöße für vorh T (Scheren),
- entlang der Längsränder für vorh T (Scheren), einschließlich Randverstärkungsbleche,
- entlang der Querränder für vorh T (Scheren), für Windsog und V_S (Zug) und entlang des äußeren Querrandes für die Einzelkräfte W=12,80kN aus den in der Giebelwand liegenden Stützen (Scheren): Lasteinleitung.

Längsstöße: Es werden gewählt: Blindniete Ø5mm, zulässige Scherkraft für eine Blechdicke von 0,88mm: zulS=0,85kN. Mindestabstand:

$$e_L = 0{,}85/1{,}60 = 0{,}53\ \text{m} \longrightarrow \text{gew.: } e_L = 500\ \text{mm}$$

Längs- und Querränder: Es werden gewählt: Sechskantschrauben nach DIN 7976, Gewinde B3, Ø5,7mm: Zulässige Scher- und Zugkraft für eine Blechdicke von 0,88mm: zulS=2,50kN, zulZ=2,00kN.

Längsränder, Mindestabstand:

$$e_L = 2{,}50/1{,}60 = 1{,}56\ \text{m} \longrightarrow \text{gew.: } e_L = 666\text{mm} \longrightarrow S = 0{,}666 \cdot 1{,}60 = \underline{1{,}07\ \text{kN}}$$

Entlang der Querränder wird jede Rippe mit der Unterkonstruktion befestigt; Rippenabstand 275mm. Die Scherkraft pro Rippe beträgt:

$$S = 0{,}275 \cdot 1{,}60 = \underline{0{,}44\ \text{kN}}$$

In den Ecken des Schubfeldes gilt:

$$S = \sqrt{(0{,}5 \cdot 1{,}07)^2 + (0{,}5 \cdot 0{,}44)^2} = \underline{0{,}58\ \text{kN}}$$

Die Zugkräfte infolge Windsog sind innerhalb der Dachfläche unterschiedlich hoch, vgl. Bild 25 und Bild 41. Sie betragen pro Rippe für die verschiedenen Anschlußbereiche (vgl. das Beispiel in Abschnitt 17.5.5):

$$① : Z = 0{,}275 \cdot 0{,}37 = \underline{0{,}10\ \text{kN}},\ ② : Z = 0{,}275 \cdot 7{,}12 = \underline{1{,}96\ \text{kN}},\ ③ : Z = 0{,}275 \cdot 1{,}87 = \underline{0{,}51\ \text{kN}},\ ④ : Z = 0{,}275 \cdot 5{,}24 = \underline{1{,}44\ \text{kN}}$$

Diesen Kräften ist jeweils (auf der sicheren Seite liegend)

$$0{,}275\ V_S = 0{,}275 \cdot 0{,}82 = \underline{0{,}23\ \text{kN}}$$

zu überlagern. Für die kombinierte S/Z-Beanspruchung ist zu prüfen, ob eine Schraube pro Rippe ausreicht oder deren Anzahl erhöht werden muß. Letzteres ist offensichtlich in den Bereichen ② und ④ der Fall. - Die zulässigen Tragkräfte bei kombinierter Beanspruchung werden unter der Annahme einer linearen Interaktion bestimmt, vgl. Bild 42:

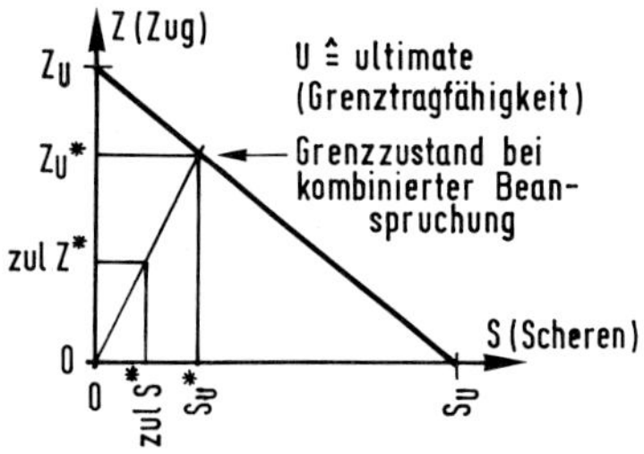

Bild 42

$$\text{zul}\,S^* = \frac{\text{zul}\,S}{1 + \frac{Z}{S} \cdot \frac{\text{zul}\,S}{\text{zul}\,Z}} \quad \text{bzw.} \quad \text{zul}\,Z^* = \frac{\text{zul}\,Z}{1 + \frac{S}{Z} \cdot \frac{\text{zul}\,Z}{\text{zul}\,S}}$$

Die kombinierte Beanspruchung wird durch den hochgestellten Stern gekennzeichnet. Für den Bereich ② gilt im vorliegenden Beispiel:

$$S = \underline{0{,}44\ \text{kN}},\quad Z = 1{,}96 + 0{,}23 = \underline{2{,}19\ \text{kN}}$$

Es werden zwei Schrauben gewählt, das bedeutet pro Rippe:

$$\text{zul}\,S = 2 \cdot 2{,}50 = 5{,}00\ \text{kN} \quad \text{zul}\,S^* = \frac{5{,}00}{1 + \frac{2{,}19}{0{,}44} \cdot \frac{4{,}0}{5{,}0}} = 0{,}14 \cdot 5{,}0 = \underline{0{,}69\ \text{kN}};\quad \text{zul}\,Z^* = \frac{4{,}00}{1 + \frac{0{,}44}{2{,}19} \cdot \frac{4{,}00}{5{,}00}} = 0{,}86 \cdot 4{,}0 = \underline{3{,}45\ \text{kN}}$$
$$\text{zul}\,Z = 2 \cdot 2{,}00 = 4{,}00\ \text{kN}$$

Befestigungsart	zul Z'
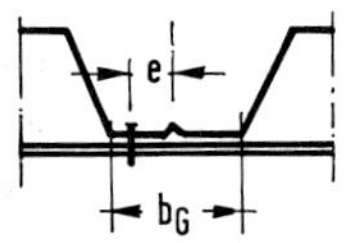 $b_G \leq 150$ mm, $t_N < 1{,}25$ mm, $e > \frac{b_G}{4}$	$0{,}9 \cdot \text{zul}\,Z$

Bild 43

Es sei darauf hingewiesen, daß die zulässigen Zugkräfte für einige Befestigungsformen abgemindert worden sind [15], z.B. bei breiten anliegenden Gurten und einem Verbindungsmittel. Bild 43 zeigt hierzu ein Beispiel, vgl. auch [16].

Als letztes ist noch die erforderliche Anzahl der Verbindungsmittel im Lasteinleitungsbereich der Giebelstützen zu bestimmen. Muß dieses über Lasteinleitungsträger geschehen, zeigt Bild 44 die Ausführungsvarianten. Die Teilbilder a und b zeigen Lasteinleitungsträger, die in Richtung der Trapezprofile liegen. Sie sind entweder am Obergurt der Profile oder am

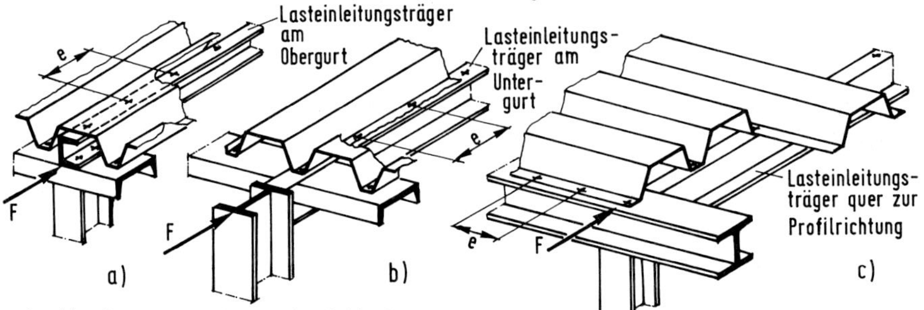

Bild 44 (nach den Zulassungsbescheiden)

Untergurt befestigt. Teilbild c zeigt einen Lasteinleitungsträger, der quer zur Profilrichtung verläuft. In jedem Falle sind die Lasteinleitungsträger über die gesamte Tiefe des Schubfeldes zu erstrecken, also von Randträger zu Randträger.
Im vorliegenden Beispiel beträgt die pro Giebelstütze abgesetzte Kraft W=12,80kN. Das ergibt die erforderliche Schraubenanzahl:

$$n = 12{,}80/2{,}50 = 5{,}12 = 6 \text{ Stück}$$

Selbst wenn es möglich wäre, die Schraubenanzahl lokal ohne Lasteinleitungsträger unterzubringen, stellt sich die Frage, ob das im Hinblick auf die Tragfähigkeit des Trapezprofiles zulässig ist. Hierzu enthalten die Zulassungsbescheide zulässige Kräfte, die aus Versuchen abgeleitet wurden. Sie sind abhängig von der Einleitungslänge a_E. Die Definition von a_E geht aus Bild 45 hervor. Teilbild b zeigt die Aufsicht auf zwei unterschiedliche Lasteinleitungsbereiche, links mit einer, rechts mit zwei Schraubenreihen. a_R ist der Randabstand des 1. Verbindungsmittels vom Blechrand ($a_R \geq 30$mm), a_E ist der Abstand des letzten Verbindungsmittels vom Blechrand. n ist die Anzahl der Verbindungsmittel. zulF ist unabhängig davon, ob die Verbindungsmittel in Normal- oder Sonderausführung gesetzt werden, weil es sich um eine reine Scherbeanspruchung in Profilrichtung handelt. Für das im vorliegenden Beispiel verwendete Trapezprofil mit t_N=0,88mm gilt:

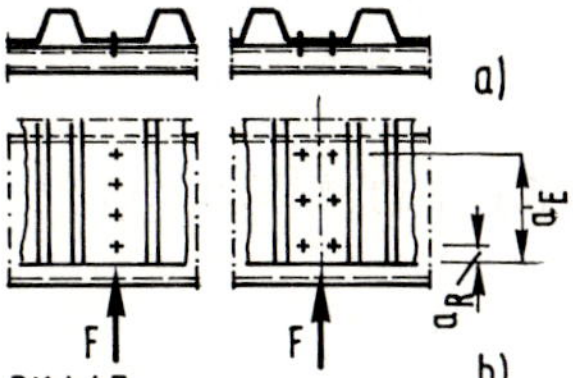

Bild 45

Einleitungslänge $a_E \geq 130$ mm : zul F = 10,6 kN
" $a_E \geq 280$ mm : zul F = 14,2 kN

Da die Breite des auf der Unterkonstruktion aufliegenden Rippengurtes beim vorliegenden Profil nur 40mm beträgt und somit zwei Schraubenreihen nicht nebeneinander angeordnet werden können, muß davon ausgegangen werden, daß die Kraft W=12,80kN über eine Rippe nicht abgesetzt werden kann. Da der Randträger im Lasteinleitungsbereich durchläuft, kommt es zu einer gewissen Verteilung der Einzelkraft auf die Nachbarrippen (vgl. Bild 46). Für die Mindestanzahl der Verbindungsmittel und die Mindest-Einleitungslängen gilt:

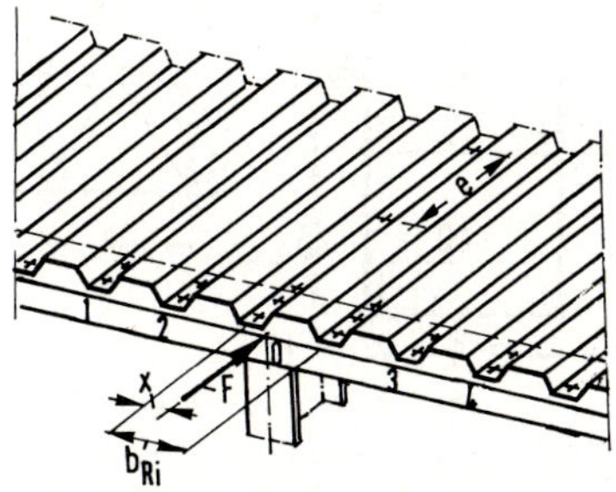

Bild 46

Rippe 0 : $n \geq 3$, $a_E \geq 130$mm
Rippen 1, 2, 3, 4 : $n \geq 2$, $a_E \geq 80$mm

Fällt die Richtung der äußeren Kraft mit der Achse einer Tiefsicke zusammen, ist das in Bild 46 angegebene Maß x Null. Hiervon sollte bei der rechnerischen Auslegung ausgegangen werden. Dann stehen rechnerisch eine Rippe 0 und die beiden Nachbarrippen 1,2 und 3,4 zur Absetzung der äußeren Einzellast F zur Verfügung. Für die Nachbarrippen kann als zulässige Einleitungskraft, die für $a_E \geq 130$mm angegebene Größe zulF (hier 10,6kN) nach dem Verteilungsgesetz 0,5+1+1+0,5 angenommen werden. Legt man für die Rippe 0 ebenfalls diese Einleitungskraft zugrunde, folgt:

$$(0{,}5 + 1 + \underline{1} + 1 + 0{,}5)\,\text{zul}\,F_{130} = 4 \cdot \text{zul}\,F_{130} = 4 \cdot 10{,}6 = \underline{42{,}4\,\text{kN} > 12{,}80\,\text{kN}}$$

Verteilt man die äußere Kraft F nach demselben Verteilungsgesetz, entfällt auf die Rippen 1 und 4: 0,5/4=0,125·F und auf die Rippen 2,3 und 0: 1/4=0,250·F. Das bedeutet hier:

$$0{,}125 \cdot 12{,}80 = 1{,}60\,\text{kN};\quad 0{,}250 \cdot 12{,}80 = 3{,}20\,\text{kN}$$

Mit den oben angegebenen Mindestanzahlen wird i.a. die Übertragung dieser Kräfte möglich sein. Es ist dabei aber noch zu berücksichtigen, daß die Verbindungsmittel quer zu der hier betrachteten Kraftrichtung aus der Schubfeldwirkung Scherkräfte erhalten. Die resultierende Scherkraft ergibt sich durch geometrische Addition. Schließlich treten noch die Zugkräfte aus Windsog hinzu. Die Giebelstiele liegen hier im Windsogbereich ③, somit treten pro Rippe folgende Kräfte auf (hier Rippe 0 mit drei Schrauben):

$$Z = 0{,}51 + 0{,}23 = \underline{0{,}74\,kN},\; S_T = 0{,}44\,kN,\; S_F = 3{,}20\,kN \longrightarrow S = \sqrt{0{,}44^2 + 3{,}20^2} = \underline{3{,}23\,kN}$$

$$\text{Pro Schraube: } Z = 0{,}74/3 = \underline{0{,}25\,kN},\; S = 3{,}23/3 = \underline{1{,}08\,kN}$$

Der weitere Nachweis erfolgt nach G.33

Ergänzende Anmerkung: 1. Neben den Windlasten sind i.a. noch Stabilisierungskräfte zu berücksichtigen. 2. Beim Nachweis der Randträger sind die Beanspruchungen aus der Schubfeldwirkung einzurechnen. In den Randträgern der Längsseiten treten im vorliegenden Beispiel (je nach Anordnung der Wandverbände)

$$6 \cdot 1{,}60 = 9{,}60\,kN \text{ oder } 12 \cdot 1{,}6 = 19{,}2\,kN$$

auf. - Die max Zug- und Druckkräfte in den Gurten der Querränder betragen:

$$\max M = \underline{128\,kNm} \longrightarrow N = \pm \max M/h = 128/12{,}0 = \underline{\pm 10{,}67\,kN}$$

Auf der Windsogseite sind die Kräfte halb so groß.

Um die max Verformung des Schubfeldes in der Dachebene zu bestimmen, wird mittig die Hilfskraft $\bar{1}$ eingeprägt. Die zugehörigen Schubkräfte betragen:

$$\bar{T} = \pm 0{,}50/12{,}0 = \underline{\pm 0{,}04167\ 1/m}$$

Aus dem Verformungsbeitrag des Schubfeldes allein folgt (G.27):

$$\left.\begin{matrix} a = 5{,}0\,m;\; b = 6{,}0\,m;\; S = 1497\,kN/m \\ \text{Randfelder: } T = 1{,}600\,kN/m \\ \text{Mittelfelder: } T = 0{,}535\,kN/m \end{matrix}\right\} \delta = \Sigma \frac{T\bar{T}}{S} \cdot ab = 2\left[\frac{(1{,}600 + 0{,}535) \cdot 0{,}04167}{1497}\right] \cdot 5{,}0 \cdot 6{,}0 = \underline{0{,}003566\,m} = \underline{3{,}566\,mm}$$

Das Ergebnis verdeutlicht die große Steifigkeit des Schubfeldes.

2. Beispiel: Schubfeld über einem Hallenbau mit unregelmäßigem Grundriß

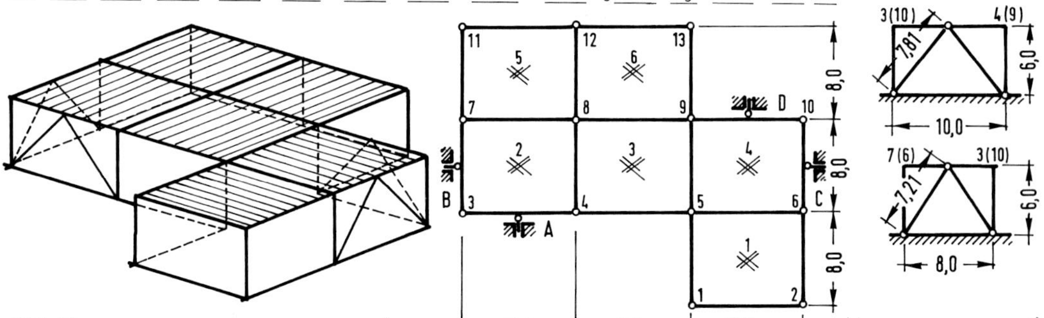

Bild 47 a) b) c)

Bild 47a zeigt das Tragwerk. Es wird durch vier Wandverbände stabilisiert. Aus Gründen der Übersichtlichkeit werden vereinheitlichte Ansätze gewählt:

Schubsteifigkeit ($S = Gt$): Feld 1 und 4: $S = 3000\,kN/m$, Felder 2, 3, 5, 6: $S = 4000\,kN/m$

Dehnsteifigkeit sämtlicher Randglieder: $EA = 1 \cdot 10^6\,kN$, Dehnsteifigkeit der Verbandsdiagonalen: $EA = 0{,}5 \cdot 10^6\,kN$.

Das System ist äußerlich und innerlich je einfach statisch-unbestimmt, also insgesamt zweifach statisch-unbestimmt:

$$a = 4,\; s = 9 + 9 = 18,\; b = 6;\; k = 13:\; a = 4 + 18 + 6 - 2 \cdot 13 = 28 - 26 = 2$$

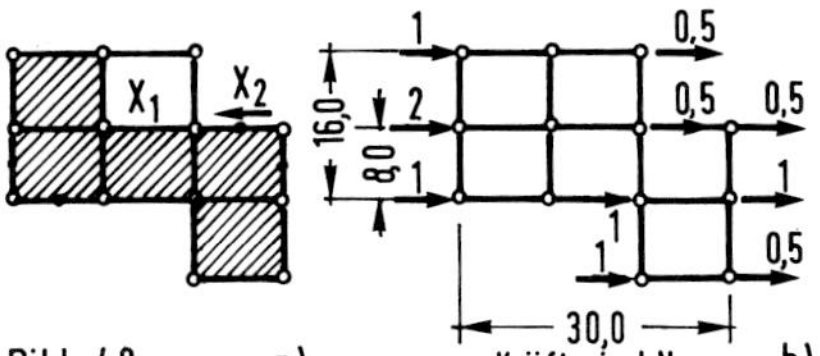

Bild 48 a) b)

Als Überzählige werden eingeführt: Schubkraft im Feld 6 und Stützkraft im Verband der Wandebene 9-10 (Bild 48a). Es wirke auf das Tragwerk die in Bild 48b dargestellte Belastung in Form von luv- und leeseitigen Einzelkräften.

Das Schubfeld wird in folgenden Schritten berechnet:

1. Berechnung der Schnittgrößen im statisch-bestimmten Grundsystem infolge der einwirkenden Lasten

Als erstes werden die Auflagerkräfte A, B und C bestimmt. Das sind die in den Verbandsebenen wirkenden Stützkräfte. Senkrecht zu den Verbandebenen können keine Kräfte aufge-

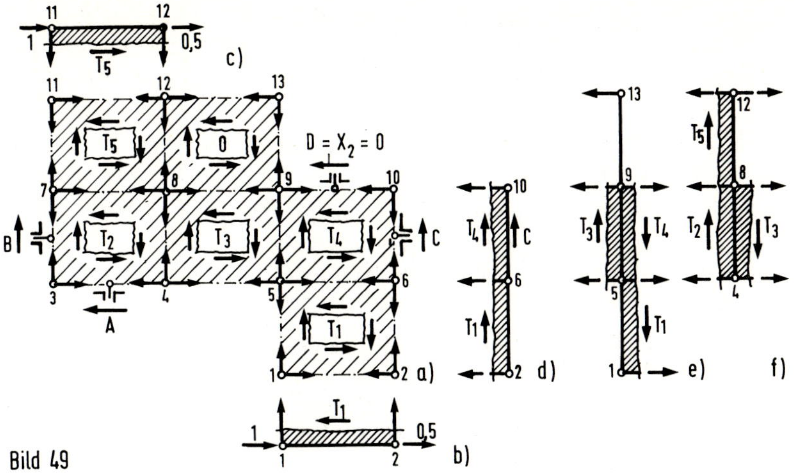

Bild 49

nommen werden. In Bild 49a sind die Lagerreaktionen eingetragen. Anschließend werden sämtliche Schubkräfte bestimmt, indem das Schubfeld abgebrochen wird. Schließlich werden die Gurtkräfte, also die Längskräfte in den Randgliedern berechnet. Im Einzelnen:

Die Momentengleichgewichtsgleichung um den Knoten 3 ergibt (Bild 48b):

$$(1+0{,}5)\cdot 16{,}0 + (2+0{,}5+0{,}5)\cdot 8{,}0 - (1+0{,}5)\cdot 8{,}0 - C\cdot 30{,}0 = 0 \longrightarrow \underline{C = +1{,}20\,\text{kN}}\,;\ \underline{B = -1{,}20\,\text{kN}}$$

Aus der Komponentengleichgewichtsgleichung in Richtung der äußeren Einzellasten folgt:

$$A = (1+2+1+1+1) + (0{,}5+0{,}5+0{,}5+1+0{,}5) = 6+3 = \underline{+9{,}0\,\text{kN}}$$

Durch sukzessiven Abbruch des Schubfeldes werden die Schubkräfte berechnet, vgl. die Teilbilder b, c, d, e und f:

$$T_1\cdot 10{,}0 - 1 - 0{,}5 = 0 \longrightarrow T_1 = \underline{0{,}150\,\text{kN/m}};\ T_5\cdot 10{,}0 + 1 + 0{,}5 = 0 \longrightarrow T_5 = \underline{-0{,}150\,\text{kN/m}}$$

$$T_1\cdot 8{,}0 + T_4\cdot 8{,}0 + C = 0 \longrightarrow T_4 = -C/8{,}0 - T_1 = -1{,}20/8{,}0 - 0{,}150 = -0{,}150 - 0{,}150 = \underline{-0{,}300\,\text{kN/m}}$$

$$T_3\cdot 8{,}0 - T_4\cdot 8{,}0 - T_1\cdot 8{,}0 = 0 \longrightarrow T_3 = T_1 + T_4 = 0{,}150 - 0{,}300 = \underline{-0{,}150\,\text{kN/m}}$$

$$T_2\cdot 8{,}0 + T_5\cdot 8{,}0 - T_3\cdot 8{,}0 = 0:\ T_2 = T_3 - T_5 = -0{,}150 + 0{,}150 = 0$$

Zusammenfassung:

$$T_1 = 0{,}150\,\text{kN/m};\ T_2 = 0;\ T_3 = -0{,}150\,\text{kN/m};\ T_4 = -0{,}300\,\text{kN/m};\ T_5 = -0{,}150\,\text{kN/m}$$

Die Bestimmung der Gurtkräfte ist nunmehr elementar, wenngleich etwas langwierig.

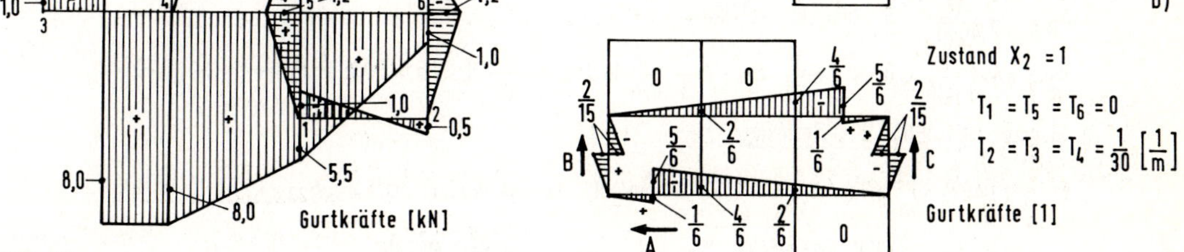

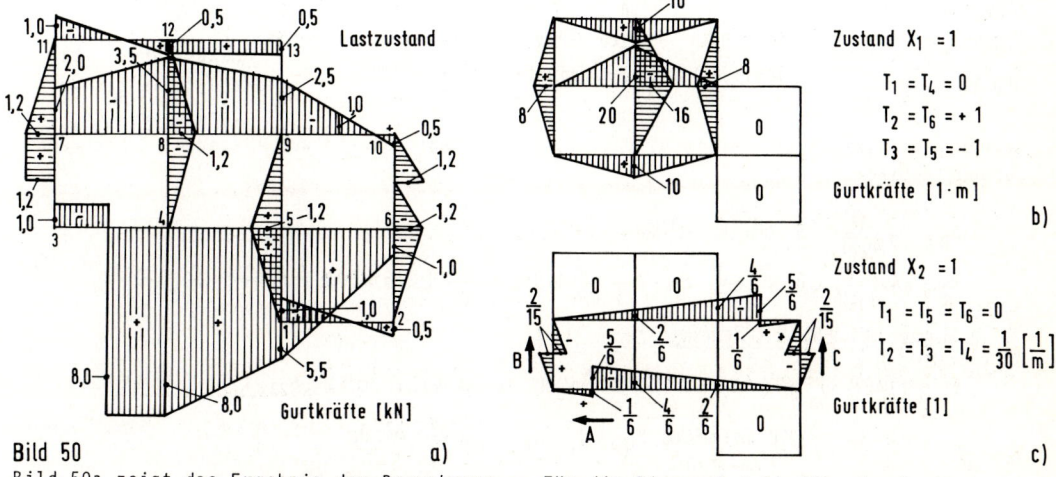

Bild 50

Bild 50a zeigt das Ergebnis der Berechnung. - Für die Diagonalstabkräfte der Verbände A, B und C folgt (vgl. Bild 47c):

$$\text{Verband A:}\ A = 9{,}0\,\text{kN} \longrightarrow D_A = \pm\frac{7{,}81}{10{,}00}A = \pm 0{,}781\cdot 9{,}0 = \underline{\pm 7{,}029\,\text{kN}}$$

$$\text{Verband B:}\ D_B = \underline{\mp 1{,}082\,\text{kN}},\quad \text{Verband C:}\ D_C = \underline{\pm 1{,}082\,\text{kN}}$$

2. Berechnung des statisch bestimmten Grundsystems für die Zustände $X_1=1$ und $X_2=1$

$X_1=1$: Infolge $T_6=X_1=1$ wird im Stab 12-13 eine Zugkraft aufgebaut. Im Knoten 12 beträgt sie $1\cdot 10=10{,}0$m. Im Knoten 11 ist die Stabkraft Null. Im Stab 11-12 fällt die Zugkraft vom Knoten 12 auf den Knoten 11 linear auf Null ab, folglich wirkt im Feld 5 die Schubkraft $T_5=-1$. Zusammengefaßt:

$$T_2=+1,\quad T_3=-1,\quad T_5=-1,\quad T_6=X_1=+1$$

In den Felder 1 und 4 wird keine Schubkraft geweckt. Die Gurtkräfte sind in Bild 50b angegeben. Es handelt sich um einen Selbstspannungszustand, die Auflagerkräfte sind Null.

$X_2=1$: X_2 ist die vom Verband D aufgenommene Stützkraft (Bild 48a). Zunächst werden A, B und C infolge $X_2=1$ berechnet:

$$A=-1;\quad X_2\cdot 8{,}0+C\cdot 30{,}0=0 \longrightarrow C=-\frac{4}{15};\quad B=+\frac{4}{15}$$

Die Schubkräfte in den Feldern 1,5 und 6 sind Null. T_2 folgt aus:

$$B-T_2\cdot 8{,}0=0 \longrightarrow T_2=B/8{,}0=\frac{4}{15\cdot 8{,}0}=\underline{\frac{1}{30}\left[\frac{1}{m}\right]} \longrightarrow T_3=T_4=\underline{\frac{1}{30}\left[\frac{1}{m}\right]}$$

Die Kräfte in den Randgliedern ergeben sich nunmehr wieder durch Schnittlegen und Anschreiben der Gleichgewichtsgleichungen. Bild 50c weist das Ergebnis aus. Die Kräfte in den Diagonalstäben der Verbände betragen:

$$\text{Verband A: } A=-1:\ D_A=\mp 0{,}781\cdot A=\underline{\pm 0{,}781};\quad \text{Verband B: } D_B=\underline{\pm 0{,}240}$$

$$\text{Verband C: } D_C=\underline{\mp 0{,}240};\quad \text{Verband D: } D_D=\underline{\mp 0{,}781}$$

3. Berechnung der Verschiebungsgrößen und Statisch-Unbestimmten

Die Verschiebungsgrößen werden mittels G.27 berechnet. - Wie eingangs angegeben, gilt:

$$Gt=S:\ \text{Felder 1,4: } \underline{S=3000\,kN/m},\quad \text{Felder 2,3,5,6: } \underline{S=4000\,kN/m}$$

$$EA:\ \text{Gurte: } \underline{EA=1\cdot 10^6 kN},\quad \text{Diagonal-Verbandsstäbe: } \underline{EA=0{,}5\cdot 10^6 kN}$$

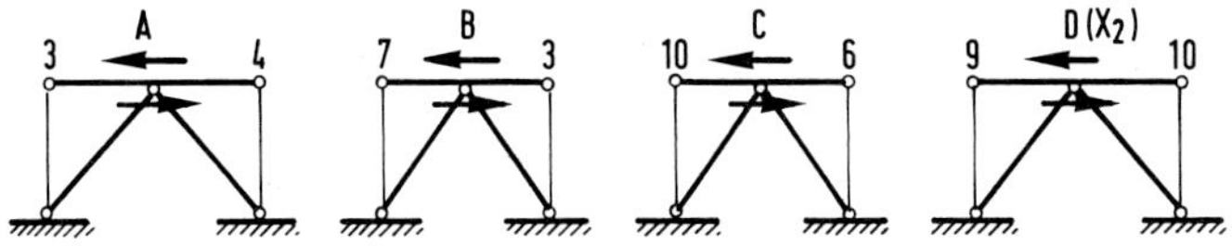

Lastzustand:	+7,029	-7,029	-1,082	+1,082	+1,082	-1,082	0	0
Zustand $X_1=1$:	0	0	0	0	0	0	0	0
Zustand $X_2=1$:	-0,781	+0,781	+0,240	-0,240	-0,240	+0,240	+0,781	-0,781

Bild 51 Kräfte in den Verbandsdiagonalen

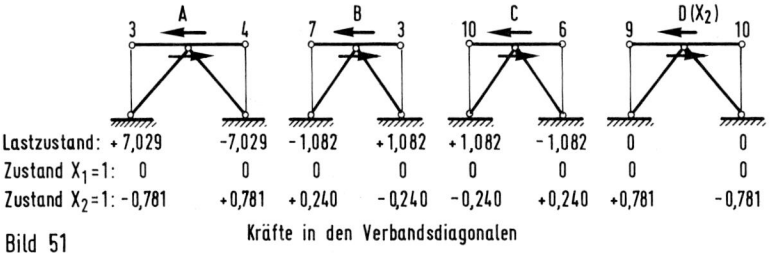

Die Abmessungen der Schubbleche und Stäbe sind in Bild 47 eingetragen. - Die Indizes S, G, V bedeuten im folgenden: S: Schubfeld, G: Gurtstäbe, V: Verbandsstäbe. - Die Kräfte in den Verbandsstäben der Zustände $X=0$, $X_1=1$, $X_2=1$ sind in Bild 51 zusammengefaßt. Die (etwas längeren) Zahlenrechnungen liefern:

$$\delta_{11,S}=4\cdot\frac{1^2}{4000}\cdot 10\cdot 8=80{,}0\cdot 10^{-3}\,m^3/kN$$

$$\delta_{11,G}=4\cdot\frac{1}{3}\cdot\frac{10^2}{10^6}\cdot 10{,}0+4\cdot\frac{1}{3}\cdot\frac{8^2}{10^6}\cdot 8{,}0+2\cdot\frac{1}{3}\cdot\frac{20^2}{10^6}\cdot 10{,}0+2\cdot\frac{1}{3}\cdot\frac{16^2}{10^6}\cdot 8{,}0=6{,}0480\cdot 10^{-3}\,m^3/kN;\quad \delta_{11,V}=0$$

$$\text{Summe: } \underline{\delta_{11}=86{,}048\cdot 10^{-3}\,m^3/kN}$$

$$\delta_{22,S}=7{,}4074\cdot 10^{-5}\,m/kN;\ \delta_{22,G}=1{,}1761\cdot 10^{-5}\,m/kN;\ \delta_{22,V}=4{,}1432\cdot 10^{-5}\,m/kN:\ \underline{\delta_{22}=1{,}273\cdot 10^{-4}\,m/kN}$$

$$\delta_{12,S}=0;\ \delta_{12,G}=1{,}178\cdot 10^{-5}\,m^2/kN;\ \delta_{12,V}=0:\ \underline{\delta_{12}=1{,}178\cdot 10^{-5}\,m^2/kN}$$

$$\delta_{10,S}=6{,}0\cdot 10^{-3}\,m^2;\ \delta_{10,G}=1{,}4571\cdot 10^{-3}\,m^2;\ \delta_{10,V}=0:\ \underline{\delta_{10}=7{,}457\cdot 10^{-3}\,m^2}$$

$$\delta_{20,S}=-3{,}667\cdot 10^{-4}\,m;\ \delta_{20,G}=-0{,}4596\cdot 10^{-4}\,m;\ \delta_{20,V}=-1{,}8647\cdot 10^{-4}\,m:\ \underline{\delta_{20}=-5{,}991\cdot 10^{-4}\,m}$$

Gleichungssystem und Lösung lauten:

$$\left.\begin{aligned} 86{,}048\cdot 10^{-3}X_1 + 1{,}178\cdot 10^{-5}X_2 + 7{,}457\cdot 10^{-3} &= 0 \\ 1{,}178\cdot 10^{-5}X_1 + 1{,}273\cdot 10^{-4}X_2 - 5{,}991\cdot 10^{-4} &= 0 \end{aligned}\right\} \quad \underline{X_1 = -0{,}08731\ \frac{kN}{m}}\ ;\ \underline{X_2 = 4{,}714\ kN}$$

4. Berechnung der endgültigen Schnittgrößen

Die Überlagerung ergibt:

Auflagerkräfte und Diagonalstabkräfte:

$$\begin{aligned} A &= 9{,}00 + 0 - 1\cdot 4{,}714 = +4{,}286\ kN &\rightarrow\ D_A &= \pm 3{,}347\ kN \\ B &= -1{,}20 + 0 + 0{,}2667\ 4{,}714 = +0{,}057\ kN &\rightarrow\ D_B &= \mp 0{,}041\ kN \\ C &= +1{,}20 + 0 - 0{,}2667\ 4{,}714 = -0{,}057\ kN &\rightarrow\ D_C &= \pm 0{,}041\ kN \\ D &= 0 + 0 + 1\cdot 4{,}714 = +4{,}714\ kN &\rightarrow\ D_D &= \pm 3{,}682\ kN \end{aligned}$$

Schubkräfte:

$$T_1 = 0{,}150 + 0\cdot -0{,}08731 + 0\cdot 4{,}714 = +0{,}1500\ kN/m;\ T_2 = +0{,}0698\ kN/m;\ T_3 = +0{,}0944\ kN/m;\ T_4 = -0{,}1429\ kN/m$$

$$T_5 = -0{,}0627\ kN/m;\ T_6 = -0{,}0873\ kN/m$$

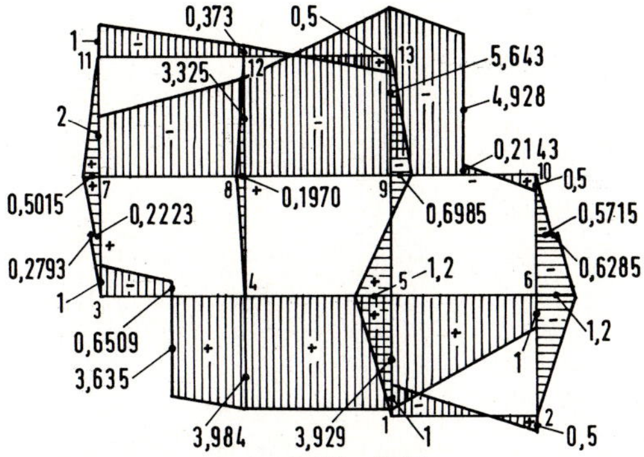

Bild 52

Die endgültigen Stabkräfte in den Randgliedern der Schubfelder sind in Bild 52 zusammengefaßt. - Damit sind sämtliche Kräfte berechnet; die Bleche, Stäbe und Verbindungsmittel können bemessen werden. In [28] sind weitere Beispiele enthalten.

17.7 Kaltprofile

Wie in Abschnitt 17.1 erwähnt, versteht man unter Stahlleichtbau neben dem Einsatz von Stahltrapezprofilen die Verwendung von Kaltprofilen, die durch Abkanten oder Kaltwalzen aus Blechen geformt werden (Abschnitt 2.5.6); sie wurden z.T. durch die Entwicklungen im Flugzeug- und Kraftfahrzeugbau initiiert [29-32]. Verstärkte Anstöße gingen von Zeiten großer Stahlknappheit aus [33,34], der eigentliche Durchbruch gelang erst auf der Basis industrieller Massenfertigung [35]. Einen umfassenden Überblick über die technologische Entwicklung gab WUPPERMANN [36]. - Für Dachträger und -pfetten wurden industrieseitig verschiedenartige Systeme entwickelt. Hierfür existieren bauaufsichtliche Zulassungen durch das Institut für Bautechnik (IfBt); zum Einsatz solcher Systeme vgl. [37]. - Mit der DASt-Richtlinie 016 steht seit 1988 ein Regelwerk zur "Bemessung und konstruktiven Gestaltung von Tragwerken aus dünnwandigen kaltgeformten Bauteilen" zur Verfügung; auf den zugehörigen, in der Stahlbau-Verlagsgesellschaft veröffentlichten Kommentar wird besonders hingewiesen.

18 Stahlverbundbauweise

18.1 Allgemeine Einführung

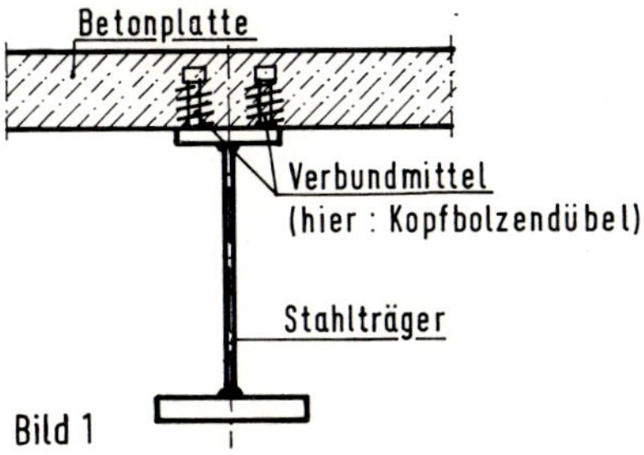

Bild 1

In der Stahlverbundbauweise wirken Stahl- und Betonbauteile planmäßig zusammen. Stahl und Beton werden beanspruchungs-, d.h. werkstoffgerecht eingesetzt: Im Stahlteil wird die hohe Zug- und Biegezugtragfähigkeit und im (preiswerten) Beton die hohe Druckfestigkeit (ohne Abminderungen durch Beulen und Kippen) ausgenützt. Bild 1 zeigt die typischen Teile eines Stahlverbundträgers, der vom Trägertyp her den Plattenbalken zuzuordnen ist. Stahl- und Betonteil werden mittels sogen. Verbundmittel schub- und zugfest miteinander gekoppelt. Als Verbundmittel werden heutzutage überwiegend Kopfbolzendübel eingesetzt. Sie übernehmen die Schubkräfte in der Verbundfuge und verhindern zudem ein Abheben der Betonplatte vom Stahlträger. - Die Betonplatte übernimmt i.a. zusätzlich die Funktion einer quer zum Träger liegenden, lastabtragenden Geschoß- oder Dachdecke (Hochbau) oder Fahrbahnplatte (Brückenbau). Außerdem wirkt sie als aussteifende Scheibe zur Abtragung der Wind- und Stabilisierungskräfte.

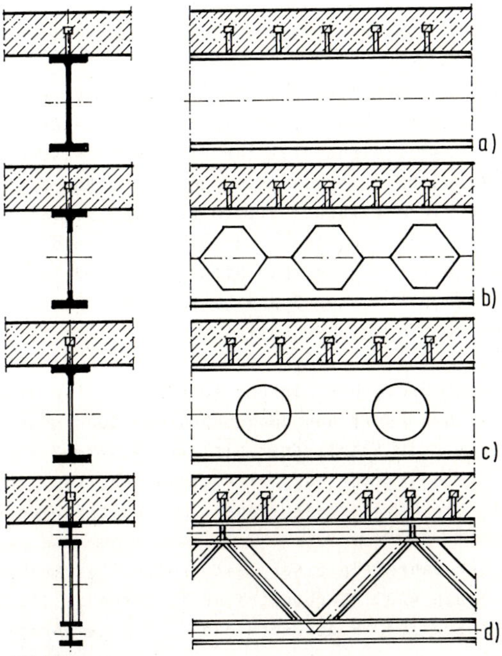

Bild 2

Die Montage kann schnell (und bei Verwendung von Betonfertigteilen weitgehend trocken) erfolgen. Dabei läßt sich ein kosten- und termingünstiger Bauablauf erzielen. Die Stahlbauteile können vorgefertigt und vormontiert werden (auch bei winterlichem Wetter); die Stahlbauteile sind industriell gefertigt und relativ leicht, die Montage erfolgt paßgenau. Während des Baues übernehmen die Stahlbauteile z.T. die Aufgaben der Rüstung (und ggf. die der Schalungsträger bei Ortbetonfertigung). Die Stahlträger sind entweder vollwandig oder fachwerkartig. Im Hochbau kommen vorwiegend Walzträger zum Einsatz, vgl. Bild 2a/c, ggf. mit Ausnehmungen im Steg, um die Installation unterdeck quer zur Trägerlage führen zu können. Bild 2d zeigt einen Fachwerkträger. Es ist in solchen Fällen auch möglich, auf den Obergurt zu verzichten und an den Obergurtknoten nur eine Platte zur Aufnahme der Dübel vorzusehen, dann ist allerdings eine Bauhilfsunterstützung notwendig.

Stahlverbundträger erreichen eine hohe Tragfähigkeit und Steifigkeit, die Bauhöhe kann

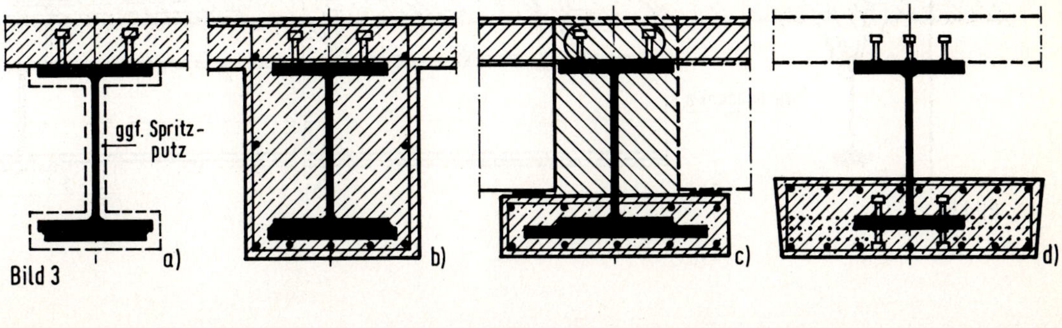

Bild 3

gedrungen gehalten werden. Zudem werden von der Betonplatte bauphysikalische Aufgaben übernommen (erhöhter Schall-, Wärme- und Brandschutz). Neben Ortbeton werden auch Fertigbetonlösungen ausgeführt, außerdem werden industrieseitig Stahlverbundfertigteilträger angeboten. Bild 3 zeigt Beispiele. So werden z.B. Stahlträger mit angeschweißten Verstärkungslamellen und aufgeschweißten Dübeln katalogmäßig geliefert, die offen oder in einbetoniertem Zustand eingesetzt werden (Bild 3a/b). Auch gibt es solche mit betont breiten Untergurten, auf welche die Querträger aufgesetzt werden können (Bild 3c). Schließlich gibt es solche, die mit starker Spannbewehrung im Untergurt geliefert werden. Bild 3d zeigt den prinzipiellen Querschnitt eines solchen Trägers mit den Spanndrähten (PREFLEX-Doppelverbundträger): Der Druckflansch erhält eine Verstärkung durch eine Ort- oder Fertigbetonplatte. Der Stahlträger erhält eine Vorspannung durch Vorbiegung und der Betonuntergurt zusätzlich eine Spanndrahtvorspannung, so daß dieser unter Gebrauchslasten mitwirkt. - Der Einsatz der vorgenannten Sonderlösungen (und weiterer) ist durch allgemeine bauaufsichtliche Zulassungen (durch das IfBt Berlin) geregelt.

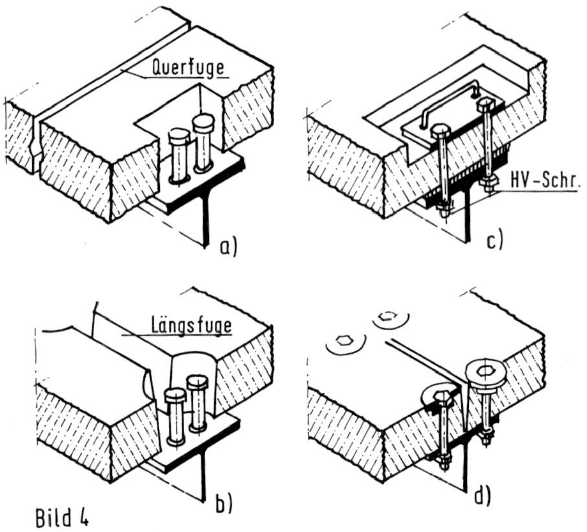

Bild 4

Wie erwähnt, kommen Verbundträger auch mit Fertigbetonplatten zum Einsatz, ggf. auf einem Mörtelbett verlegt. An den Dübelstellen werden Aussparungen in den Platten vorgesehen, die später durch Vergußbeton geschlossen werden. Das gleiche gilt für die Fugen zwischen den Platten. Der Vergußbeton sollte möglichst schwindarm sein. (Es wurde auch schon Klebemörtel eingesetzt.) Die Bilder 4a und b zeigen einen Verbund mittels Kopfbolzendübel. Die Bewehrung greift aus der Platte z.T. in die Aussparung hinein und wird ggf. um die Dübel herumgeführt. Dadurch erhält man eine innige Verbindung. Die Bilder 4c und d zeigen Lösungen, bei denen die Fertigbetonplatten mittels hochfester Schrauben auf dem Obergurt unter Vorspannung aufgeschraubt werden. Man spricht in solchen Fällen von (dübellosem) Reibungsverbund (Bild 4d; KRUPP-MONTEX-System).

Im Industriebau wird häufig auf die Aktivierung einer Verbundwirkung zwischen Betonplatte und Stahlträger verzichtet, um im Zuge von möglichen künftigen Umbaumaßnahmen Deckendurchbrüche ausführen zu können. - Im Brückenbau werden die Stahlträger als geschweißte Vollwandträger mit kräftigen Zuggurten ausgeführt. Der betonseitige Gurt wird klein gehalten, er dient vorrangig zur Aufnahme der Verbundmittel. Die Stahlträger liegen im Schutz der deckseitigen Fahrbahnplatte aus Beton.

Die Stahlverbundbauweise wurde ab Ende der 40iger Jahre (in einer Zeit großer Stahlknappheit) entwickelt. Seinerzeit wurde das Regelwerk DIN 4239 "Verbundträger im Hochbau" (1956) erarbeitet. Bild 5 zeigt ein typisches Beispiel für den in der Norm und in dem seinerzei-

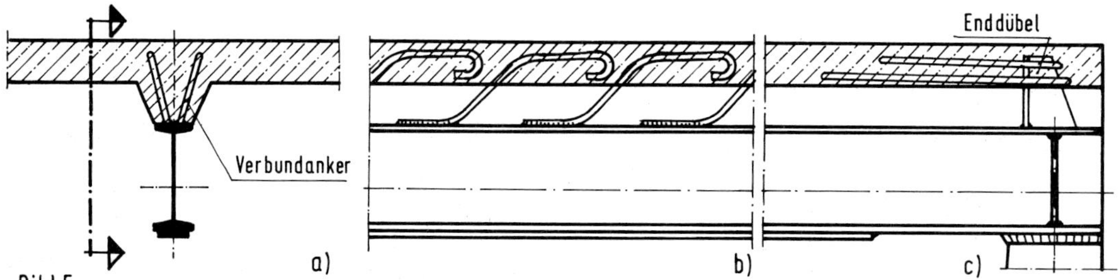

Bild 5

tigen Merkblatt 267 der Beratungsstelle für Stahlverwendung geregelten Stahlverbundträger im Hochbau: Um den inneren Hebelarm zu vergrößern, wurden Aufstelzungen der Betonplatte vorgeschlagen. Als Verbundmittel dienten Block- oder Profilformdübel mit zusätzlichen Hakenschlaufen oder aufgebogenen und angeschweißten Schrägeisen. An den Enden waren kräftige Enddübel vorzusehen. Es liegt auf der Hand, daß der mit der Fertigung derartiger Stahlverbundträger verbundene Schweiß-, Schalungs- und Bewehrungsaufwand sehr hoch war, so daß sich dieser Trägertyp nicht durchsetzen konnte, das bewirkte zudem der konstruktive Aufwand zur Erfüllung der Brandschutzforderungen für den Stahlträger.
Im Brückenbau wurde die Stahlverbundbauweise mit Beginn der 50iger Jahre bei unzähligen Vorhaben angewandt, vorrangig bei Straßen- und Wegbrücken. Maßgebend war hierfür zunächst DIN 1078 "Verbundstraßenbrücken" (1955). Für den Dienstbereich der DB galten bzw. gelten Sondervorschriften. Die Stahlersparnis betrug gegenüber der ehemaligen Bauweise mit Buckelblechen und nichttragender Betonfahrbahn 15 bis 50%. Die Einsparung wurde indes z.T. durch den Aufwand für das Aufschweißen der Verbundmittel und die aufwendigere Bewehrung sowie eine fallweise erforderliche Vorspannung der Betonplatte (im Bereich negativer Stützmomente) kompensiert. Die statische Berechnung derartiger Brückenkonstruktionen ist nicht einfach, u.a. wegen der Notwendigkeit, die inneren Spannungsumlagerungen infolge Schwindens und Kriechens des Betons berücksichtigen zu müssen. Wegen der hohen Eigenlast der Betonplatte wurde bzw. wird im Brückenbau bei großen Spannweiten die unmittelbar befahrene orthotrope Fahrbahnplatte bevorzugt, vgl. auch Abschnitt 25.3.3.

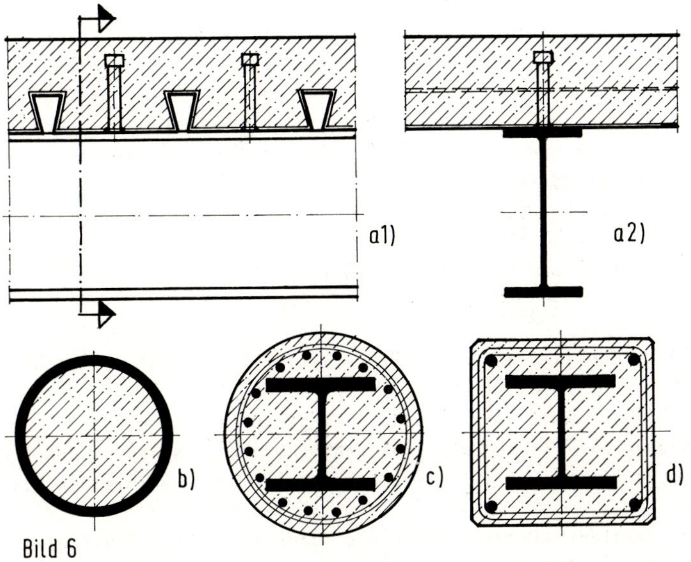

Bild 6

Im Hochbau haben sich in jüngerer Zeit zwei neue Entwicklungen durchgesetzt (Bild 6):
- Verbunddecken mit Stahlprofilblech und Verbundträger mit diesem Plattentyp als Obergurt, Bild 6a.
- Verbundstützen in zwei Varianten, 1. in Form von Hohlprofilstützen mit Betonfüllung (Bild 6b), 2. in Form von Betonstützen mit einbetoniertem Walzprofil (Bild 6c/d).

Im Falle der Stahlprofil-Verbunddecken dient das Profilblech gleichzeitig als Schalung und z.T. als Bewehrung sowie bei bestimmten Profilformen (wie in Bild 6a1 dargestellt), als Verankerungssystem für untergehängte Installationen und Unterdecken. - Stahlverbundstützen lassen sich trotz hoher Druckkräfte sehr schlank ausführen. Dadurch läßt sich ein günstiges Verhältnis von Konstruktionsfläche (Stützenquerschnittsfläche) zur Nutzfläche erreichen, auch sind durchgehend gleiche Stützenabmessungen über viele Geschosse möglich.
Die zuvor angesprochenen Neuentwicklungen basieren in der Bundesrepublik Deutschland in erster Linie auf Forschungsarbeiten von ROIK und BODE und deren Mitarbeitern. Hiermit im Zusammenhang steht auch die 1974 erstmals veröffentlichte und 1981 überarbeitete Herausgabe der "Richtlinien für die Bemessung und Ausführung von Stahlverbundträgern". Die Herausgabe einer neuen Richtlinie war seinerzeit wegen der Neubearbeitung der DIN 1045 und der Spannbetonrichtlinien notwendig geworden. Mit der neuen Stahlverbundrichtlinie wurde der (plasto-statische) Tragsicherheitsnachweis unter Grenzlasten eingeführt. Da der Zusammenhang zwischen Lasten und Spannungen bei Stahlverbundträgern nichtlinear ist, ver-

mag eine elasto-statische Berechnung (unter Gebrauchslasten) die Sicherheit nicht befriedgend zu beschreiben. Die Nichtlinearität beruht auf den Kriechumlagerungen einerseits und den unterschiedlichen Montage- und Vorspannzuständen andererseits. Die Regelwerke DIN 4239 und DIN 1078 kannten nur den elasto-statischen Nachweis mit zulässigen Spannungen; auf dieser Basis wurden seinerzeit auch die Verbundmittel dimensioniert.
Nach den neuen Stahlverbundrichtlinien genügt für Hochbauträger ein Nachweis der plastischen Grenztragsicherheit. Bei Brückenkonstruktionen ist zur Sicherstellung der Gebrauchsfähigkeit zusätzlich ein elasto-statischer Nachweis einschließlich Berücksichtigung von Schwinden und Kriechen erforderlich. Diese Konzeption wird auch im neuen Regelwerk für die Stahlverbundbauweise (in DIN 18806) übernommen und ist auch Grundlage des EUROCODE 4 ("Verbundkonstruktionen aus Stahl und Beton"), von dem 1984 der erste Entwurf veröffentlicht worden ist.
Den unbestreitbaren statischen, konstruktiven, bauphysikalischen und damit insgesamt wirtschaftlichen Vorteilen der Stahlverbundbauweise stehen gewisse Problematiken (im Vergleich zur reinen Stahlbauweise) gegenüber:

- Stahl ist ein elastischer Festkörper mit konstanten (zeitunabhängigen) Materialkennwerten, Beton ist ein visko-elastischer Festkörper mit zeitabhängigen Materialkennwerten. Die Betonkennwerte sind zudem sowohl im elastischen wie plastischen Bereich weniger scharf als bei Stahl. Das visko-elastische Verhalten besteht in Kriechen und Relaxation. Unter Kriechen versteht man die mit der Zeit sich einstellende Zunahme der Stauchung des Betons unter konstanter Druckspannung und unter Relaxation die sich mit der Zeit einstellende Abnahme der Druckspannung unter einer eingeprägten, konstant gehaltenen Stauchung. Bei Stahlverbundkonstruktionen liegen die Verhältnisse zwischen Kriechen und Relaxation. Da Kriechen überwiegt, verwendet man diesen Begriff, um die Umlagerung und den Abbau der Last-, Zwang- und Eigenspannungen zu kennzeichnen: Der Beton entzieht sich der Ausgangsbeanspruchung, die Stahlteile werden aus Gleichgewichtsgründen stärker herangezogen. - Einschließlich Kriechen beträgt die Stauchung

  $$(1+\varphi)\varepsilon_{b,El} \tag{1}$$

  demgemäß kann der Kriecheinfluß durch den abgeminderteren E-Modul

  $$E_{b,El}/(1+\varphi) \tag{2}$$

  abgeschätzt werden. φ ist die Kriechzahl und $E_{b,El}$ der "elastische" E-Modul des Betons unter Kurzzeitbeanspruchung.
  Unter Schwinden versteht man die Volumenminderung beim Austrocknen des unbelasteten Betons infolge Feuchtigkeitsabgabe. Die mit dem Kriechen und Schwinden einhergehenden Probleme werden heute statisch beherrscht; bei der Vorgabe ihrer Kennwerte verbleiben i.a. gewisse Unsicherheiten.
- Stahlverbundbauten in Ortbeton zählen, wie Massivbauten allgemein, zu den nicht-demontierbaren Konstruktionen. Sie lassen sich nur durch gewaltsame Zerstörung abbauen. Die Entfernung der Bausubstanz wird eines Tages schwierig sein, eine Wiederverwendung des einbetonierten Stahles (einschl. Einschmelzen) nach Abbruch wird i.a. nicht möglich sein.
- Bekanntlich zählt Beton (wie alle anderen Werkstoffe auch) zu den nicht alterungsbeständigen Baustoffen, vorrangig, wenn die freie Oberfläche einer Bewitterung ausgesetzt ist: Das die Bewehrung schützende alkalische Kalziumhydroxid im Beton wird von der Oberfläche her bei Einwirken sauren Niederschlags und von Luftkohlensäure neutralisiert. Diese Karbonatisierung dringt im Laufe der Zeit tiefer in den Beton ein und verursacht im ungünsigsten Fall eine Korrosion der Armierung. Tausalz beschleunigt den Vorgang. Hiervon sind vorrangig Brücken (und deren Betonfahrbahnen) betroffen. Durch dichten Beton, größere Überdeckung, sorgfältige Dichtung (im Fahrbahnbereich) und ggf. Versiegelung freier Betonoberflächen kann den Alterungsgefährdungen wirkungsvoll begegnet werden. Im Hochbau spielt diese Problematik i.a. keine Rolle.

Die Stahlverbundbauweise bietet noch innovative Entwicklungsmöglichkeiten, z.B. durch die Verwendung von Leichtbeton.

18.2 Elasto-statische Berechnung (Nachweis der Gebrauchsfähigkeit)

18.2.1 Berechnungsgrundlagen

Es wird unterstellt, daß Stahlträger und Betonplatte kontinuierlich miteinander verbunden sind. Da die Dehnungen in der Verbundfuge der beiden Bauteile gleichgroß sind, verhalten sich die Spannungen hier vor Eintritt von Kriechen und Schwinden wie die Elastizitätsmoduli; die Gültigkeit des HOOKEschen Gesetzes wird vorausgesetzt. Unter Biegung gelte die BERNOULLI-Hypothese vom Ebenbleiben der Querschnitte, das impliziert die Annahme eines starren Verbunds. Die Betonplatte trage im Zustand I (ungerissen). Bekanntlich verhält sich Beton streng genommen nicht-linear (Parabel-Rechteck-Diagramm!); dennoch wird Linearität unterstellt und mit "wirksamen" Elastizitätsmoduli gerechnet ($E_{b,0}$ nach DIN 1045):

B 25	:	E_b	=	3000 kN/cm²
B 35	:	E_b	=	3400 kN/cm²
B 45	:	E_b	=	3700 kN/cm²
B 55	:	E_b	=	3900 kN/cm²
Stahl	:	E_{st}	=	21000 kN/cm²

Eine elasto-statische Berechnung unter Gebrauchslasten ist notwendig, um die Gebrauchsfähigkeit der Konstruktion sicherzustellen (Einhaltung der zulässigen Spannungen, Einhaltung der zulässigen schiefen Hauptzugspannungen, Beschränkung der Rißbreiten im Beton, Beschränkung der Durchbiegung). Die Einflüsse aus Kriechen und Schwinden sind dabei zu berücksichtigen. (Ehemals galt mit dem elasto-statischen Nachweis auch die Tragsicherheit als nachgewiesen. Ein auf elasto-statischer Basis zu führender Beulnachweis setzt ebenfalls eine elasto-statische Berechnung der Schnittgrößen voraus.)

18.2.2 Verteilungsgrößen (ohne Einfluß aus Kriechen und Schwinden)

18.2.2.1 Äußerlich statisch-bestimmte Systeme

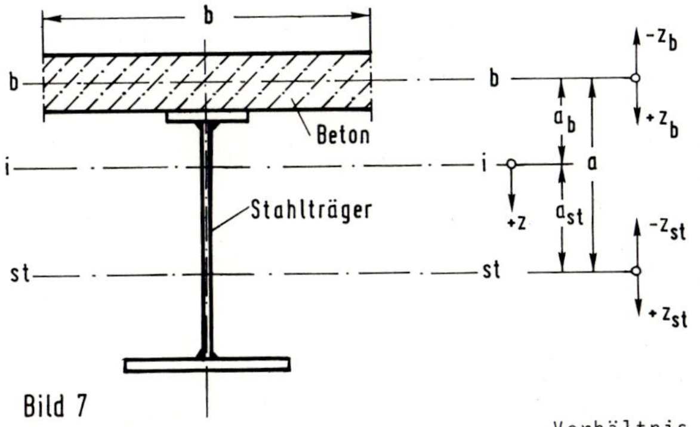

Bild 7

Bild 7 zeigt einen Verbundquerschnitt. Zur Kennzeichnung der Werkstoffe Stahl und Beton werden die Indizes st und b verwandt. Es bedeuten:

A_{st} : Fläche des Stahlträgers

I_{st} : Trägheitsmoment des Stahlträgers, bezogen auf die Stahlträger-Schwerachse st

A_b : Fläche des Betonquerschnitts

I_b : Trägheitsmoment des Betonquerschnitts, bezogen auf die Betonschwerachse b.

Verhältnis der E-Moduli von Stahl und Beton:

$$n_0 = \frac{E_{st}}{E_{b,0}} \tag{3}$$

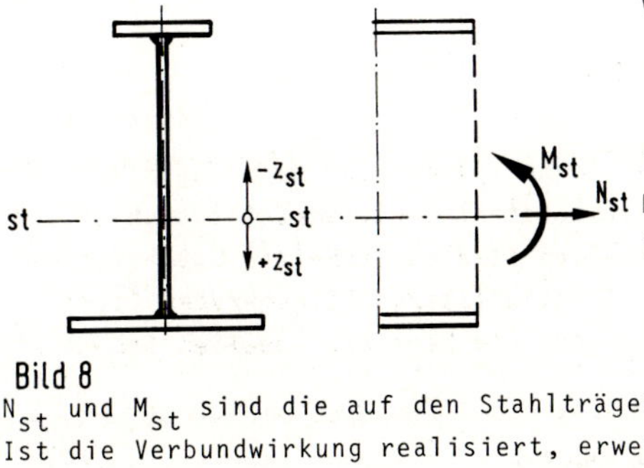

Bild 8

Ist noch keine Verbundwirkung vorhanden (vor Abbinden des Betons), berechnen sich die Spannungen im Stahlträger zu (Bild 8):

$$\sigma_{st} = + \frac{N_{st}}{A_{st}} + \frac{M_{st}}{I_{st}} z_{st} \tag{4}$$

N_{st} und M_{st} sind die auf den Stahlträger entfallenden Schnittgrößen (z.B. im Bauzustand). Ist die Verbundwirkung realisiert, erweist es sich für die Spannungsnachweise als zweckmäßig, die auf die ideelle Schwerachse des Verbundquerschnittes orientierten Schnittgrössen N und M in äquivalente Teilschnittgrößen zu zerlegen und zwar jeweils bezogen auf die Schwerachse des Beton- bzw. Stahlträgerquerschnittes; man nennt sie Verteilungsgrößen. Nachfolgend werden die Fälle

a) es wirkt nur eine Normalkraft,

b) es wirkt nur ein Biegemoment

getrennt behandelt.

Fall a: Normalkraft N (Zugkraft); Bild 9

Die äquivalenten Schnittgrößen sind N_b und N_{st}. Um sie zu bestimmen, wird eine Gleichgewichtsgleichung und eine Verzerrungsgleichung formuliert, vgl. Bild 9:

$$N_b + N_{st} = N \quad (5)$$

$$\varepsilon_b = \varepsilon_{st} \quad (6)$$

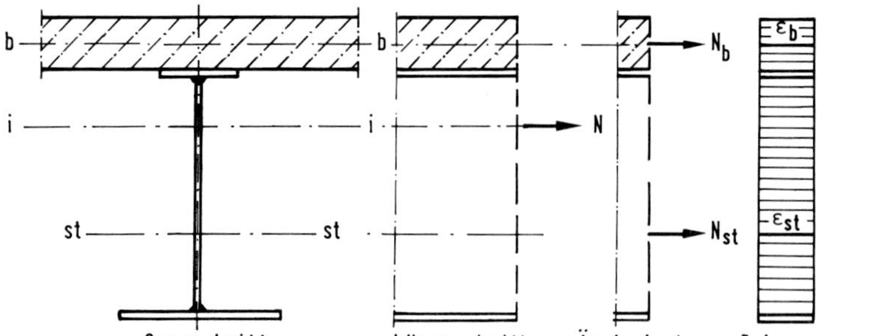

Bild 9

N und ε werden als Zugspannung bzw. -dehnung positiv eingeführt. Das HOOKEsche Gesetz lautet:

$$\varepsilon_b = \frac{\sigma_b}{E_b} = \frac{N_b}{E_b A_b} \quad (7)$$

$$\varepsilon_{st} = \frac{\sigma_{st}}{E_{st}} = \frac{N_{st}}{E_{st} A_{st}} \quad (7)$$

Werden diese Beziehungen in die Verzerrungsbedingung G.6 eingesetzt, folgt:

$$\frac{N_b}{E_b A_b} = \frac{N_{st}}{E_{st} A_{st}} \longrightarrow N_{st} = N_b \frac{E_{st} A_{st}}{E_b A_b} \quad (8)$$

Die Verknüpfung mit der Gleichgewichtsgleichung G.5 ergibt:

$$N_b + N_b \frac{E_{st} A_{st}}{E_b A_b} = N \longrightarrow N_b = \frac{E_b A_b}{E_{st} A_{st} + E_b A_b} N \quad (9)$$

Es wird die "reduzierte" Betonfläche

$$A_{b,0} = \frac{A_b}{n_0} \quad (10)$$

eingeführt; damit folgt für G.9:

$$N_b = \frac{\frac{E_b}{E_{st}} A_b}{A_{st} + \frac{E_b}{E_{st}} A_b} N = \frac{A_{b,0}}{A_{st} + A_{b,0}} N \quad (11)$$

Weiter wird die ideelle Querschnittsfläche $A_{i,0}$ vereinbart:

$$A_{i,0} = A_{st} + A_{b,0} = A_{st} + \frac{A_b}{n_0} \quad (12)$$

Damit berechnen sich N_b und N_{st} schließlich zu:

$$N_{b,0} = \frac{A_{b,0}}{A_{i,0}} N; \quad N_{st,0} = \frac{A_{st}}{A_{i,0}} N \quad (13)$$

Der eingeführte Index 0 soll auf den Zeitpunkt t=0 (ohne Kriech- und Schwindeinfluß) hinweisen. Da die Dehnungen über den Gesamtquerschnitt konstant sind, verteilt sich die Normalkraft N im Verhältnis der Flächen auf den Beton- und Stahlquerschnitt, wobei für den Betonteil - wegen des um den Faktor n_0 geringeren Elastizitätsmoduls gegenüber Stahl - die reduzierte Querschnittsfläche $A_{b,0}$ eingesetzt wird. Die Lage der ideellen Schwerachse des Gesamtquerschnittes liegt damit auch fest:

$$a_b = a \frac{A_{st}}{A_{i,0}}; \quad a_{st} = a \frac{A_{b,0}}{A_{i,0}}; \quad a_b + a_{st} = a \quad (14)$$

Fall b: Biegemoment M; Bild 10

Gesucht sind die vier Verteilungsgrößen N_b und M_b, N_{st} und M_{st}. Es werden zwei Gleichgewichtsgleichungen und zwei Verzerrungsgleichungen formuliert (Bild 10). Gleichgewichtsgleichungen:

$$1) \quad N_b + N_{st} = 0 \quad (15)$$

$$2) \quad M_b + M_{st} + N_{st} a = M \quad (16)$$

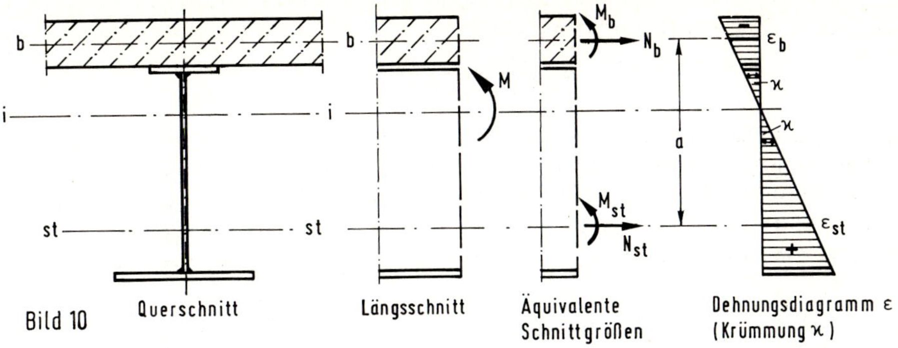

Bild 10

Verzerrungsgleichungen:

$$3)\quad \varkappa_b = \varkappa_{st} \tag{17}$$

$$4)\quad -\varepsilon_b + \varepsilon_{st} = \varkappa \cdot a \tag{18}$$

HOOKEsches Gesetz:

$$\varepsilon_b = \frac{N_b}{E_b A_b}; \quad \varepsilon_{st} = \frac{N_{st}}{E_{st} A_{st}}; \quad \varkappa_b = \frac{M_b}{E_b I_b}; \quad \varkappa_{st} = \frac{M_{st}}{E_{st} I_{st}} \tag{19}$$

Hiermit lauten die Verzerrungsbedingungen:

$$\frac{M_b}{E_b I_b} = \frac{M_{st}}{E_{st} I_{st}}; \qquad -\frac{N_b}{E_b A_b} + \frac{N_{st}}{E_{st} A_{st}} = a\frac{M_{st}}{E_{st} I_{st}} \tag{20}$$

Die Verknüpfung mit den Gleichgewichtsgleichungen G.15/16 liefert nach Zwischenrechnung:

$$N_{b,0} = -\frac{S_{i,0}}{I_{i,0}} M; \quad N_{st,0} = +\frac{S_{i,0}}{I_{i,0}} M \tag{21}$$

$$M_{b,0} = +\frac{I_{b,0}}{I_{i,0}} M; \quad M_{st,0} = +\frac{I_{st}}{I_{i,0}} M \tag{22}$$

In diesen Formeln bedeuten:

$$A_{i,0} = A_{b,0} + A_{st}; \quad A_{b,0} = A_b / n_0 \tag{23}$$

$$I_{i,0} = I_{b,0} + I_{st} + a^2 \frac{A_{b,0} A_{st}}{A_{i,0}}; \quad I_{b,0} = I_b / n_0 \tag{24}$$

$$S_{i,0} = a\frac{A_{b,0} A_{st}}{A_{i,0}} \tag{25}$$

Sind die Verteilungsgrößen $N_{b,0}$, $N_{st,0}$, $M_{b,0}$ und $M_{st,0}$ für die Fälle a und b bestimmt, berechnen sich die Spannungen für den Beton- und Stahlquerschnitt getrennt zu:

$$\sigma_{b,0} = \frac{N_{b,0}}{A_b} + \frac{M_{b,0}}{I_b} z_b; \quad \sigma_{st,0} = \frac{N_{st,0}}{A_{st}} + \frac{M_{st,0}}{I_{st}} z_{st} \tag{26}$$

(<u>Beachte</u>: Bei den Spannungsnachweisen ist mit den realen Querschnittswerten zu rechnen. Die reduzierten Querschnittswerte dienen lediglich dazu, die geringere Steife des Betons im Verhältnis zum Stahl zu erfassen.)

Der Zeitpunkt t=0 wird mit dem Wirksamwerden von N und M gleichgesetzt; vgl. das Beispiel in Abschnitt 18.2.5.2.

18.2.2.2 Äußerlich statisch-unbestimmte Systeme

Zum Zeitpunkt t=0 sind alle Verformungen elastisch. Ist das Tragwerk m-fach statisch unbestimmt, werden m Überzählige als Unbekannte eingeführt. Abhängig davon, ob der Stahlträger allein oder der Verbundträger nach Abbinden des Betons wirksam ist, folgen die statisch Unbestimmten

$$X_u \; (X_{u,0};\; u = 1,2,\ldots m) \tag{27}$$

aus der Lösung des Gleichungssystems

$$\sum_{u=1}^{m} X_u \delta_{vu} + \delta_{v,B} = 0 \qquad (v = 1,2,\ldots m), \tag{28}$$

wobei im erstgenannten Falle von $E_{st}A_{st}$, $E_{st}I_{st}$ und im zweitgenannten Falle von $E_{st}A_{i,0}$, $E_{st}I_{i,0}$ bei der Berechnung der Verformungsgrößen

$$\delta = \int \frac{N\bar{N}}{EA} ds + \int \frac{M\bar{M}}{EI} ds \tag{29}$$

auszugehen ist. Der Index B steht in G.28 für Belastung. In G.29 ist fallweise der Beitrag einer Temperaturänderung oder eines Temperaturgradienten aufzunehmen. - Sind die Schnittgrößen N und M im statisch unbestimmten System nach vorangegangener Überlagerung der Teilzustände ermittelt, lassen sich die Verteilungsgrößen für den Beton- und Stahlquerschnitt nach den Formeln des Abschnittes 18.2.2.1 berechnen; vgl. das Beispiel in Abschnitt 18.2.5.3.

18.2.3 Kriechen und Schwinden des Betons

18.2.3.1 Einführung

Wirken Druckspannungen auf Beton, überlagern sich den anfänglichen elastischen Stauchungen

$$\varepsilon_{b,0} = \frac{\sigma_{b,0}}{E_{b,0}} \tag{30}$$

weitere zeitabhängige Stauchungen, so daß zum Zeitpunkt t gilt:

$$\varepsilon_{b,t} = \varepsilon_{b,0} + \varepsilon_{b,k} = \varepsilon_{b,0}(1 + \varphi_t) \tag{31}$$

Im wesentlichen ist diese als Kriechen bezeichnete Erscheinung nach etwa einem Jahr abgeschlossen. φ_t ist die Kriechzahl und φ_∞ das Endkriechmaß:

$$\varepsilon_{b,\infty} = \varepsilon_{b,0}(1 + \varphi_\infty) \tag{32}$$

Kriechen wird durch eine Reihe von Faktoren beeinflußt: Je später die Belastung aufgebracht wird (d.h. je mehr sich der erhärtende Beton verfestigt hat), umso geringer ist der Kriecheinfluß. Deshalb ist es zweckmäßig, möglichst spät auszurüsten bzw. bei vorgespannten Konstruktionen, die Vorspannmaßnahmen zu einem möglichst späten Zeitpunkt durchzuführen. Je dichter der Beton ist (d.h. je besser die Kornverteilung und je gringer der Wassergehalt sind), umso geringer ist der Kriecheinfluß. Höhere Luftfeuchtigkeit hat ebenfalls kleinere Kriechzahlen zur Folge; man wird den jungen Beton daher möglichst lange feucht halten und ihn vor schneller Austrocknung schützen; in der warmen Jahreszeit kann das durch Sprengen oder durch Abdecken des Betons mit Strohmatten, die laufend feucht gehalten werden, geschehen. In ungünstigsten Fällen kann die Kriechstauchung den 4- bis 5-fachen Wert der elastischen erreichen.

	Lagerungsart	φ_∞ nach DIN 4227 (alt)	
1	in Wasser	0,5 K - 1,0 K	Ermäßigung von φ_∞ um
2	in sehr feuchter Luft	1,5 K - 2,0 K	10% | 20%
3	allgemein im Freien	2,0 K - 3,0 K	wenn kleinste Bauwerksabmessung d
4	in trockener Luft	2,5 K - 4,0 K	d ≥ 0,75 m | d ≥ 1,50 m

zu 2: z.B. in unmittelbarer Nähe von Gewässern
zu 4: z.B. in trockenen Innenräumen

Über den Faktor K wird die Festigkeit zum Zeitpunkt der Aufbringung der Dauerlast erfaßt.

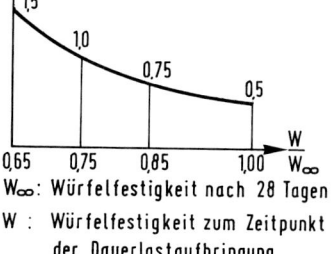

a)

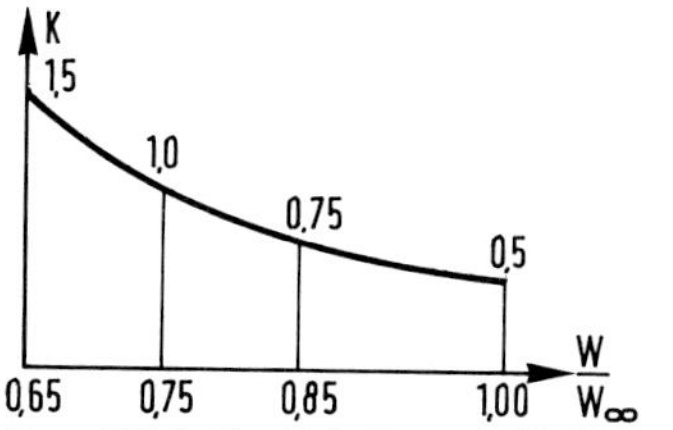

W∞: Würfelfestigkeit nach 28 Tagen
W : Würfelfestigkeit zum Zeitpunkt der Dauerlastaufbringung

b)

Bild 11

Die sehr übersichtliche Ermittlung von φ_∞ nach der ehemals gültigen Spannbeton-Norm DIN 4227 ist in Bild 11 zusammengestellt: Lagerung und Umfeld, Bauwerksabmessungen und Würfelfestigkeit zum Zeitpunkt der Aufbringung der Dauerlast sind hierin erfaßt. -
Neben der Kriecherscheinung zeigt Beton eine weitere ungünstige Eigenschaft, die sich, ähnlich wie das Kriechen, auf den Spannungszustand auswirkt, gemeint ist das Schwinden, d.h. eine Verkürzung des Betons (im spannungslosen Zustand) infolge Austrocknung. Die größten Schwindeinflüsse entstehen, a) wenn bei Beginn des Abbinde- und Erhärtungsvorganges hohe Temperaturen und geringe Luftfeuchtigkeit vorhanden sind, b) bei hohem Zement-

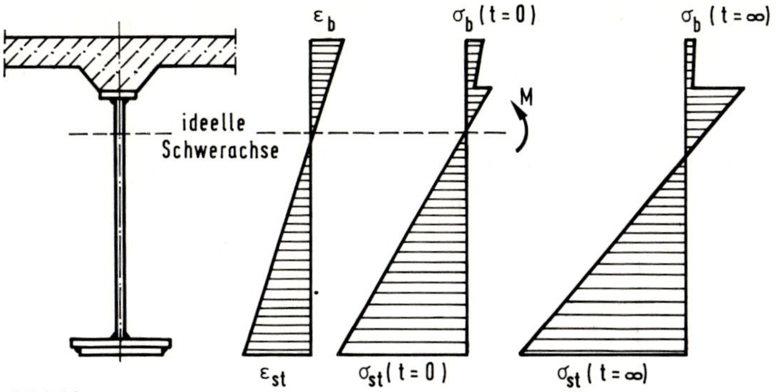

Bild 12 Typische Spannungsbilder vor und nach dem Kriechen

gehalt, c) bei hochwertigem Zement, d) bei hohem Wasserzusatz und e) bei ungünstiger Körnung der Zuschlagstoffe. Beim Zusammentreffen ungünstigster Verhältnisse kann eine Schwindverkürzung $\varepsilon_{s,\infty} = 40 \cdot 10^{-5} = 0{,}4$mm/m eintreten. $\varepsilon_{s,\infty}$ nennt man das Endschwindmaß.

Steht ein Betonteil innerhalb eines Stahlverbundquerschnittes unter Druckspannungen (und tritt zudem Schwinden auf), entzieht sich der Beton zum Teil infolge der Kriech- und Schwindverkürzung der Mitwirkung. Der Stahlquerschnitt übernimmt aus Gleichgewichtsgründen einen entsprechend höheren Anteil, d.h. mit der Zeit tritt eine Umlagerung des Spannungszustandes vom Beton- zum Stahlquerschnitt ein, vgl. Bild 12.

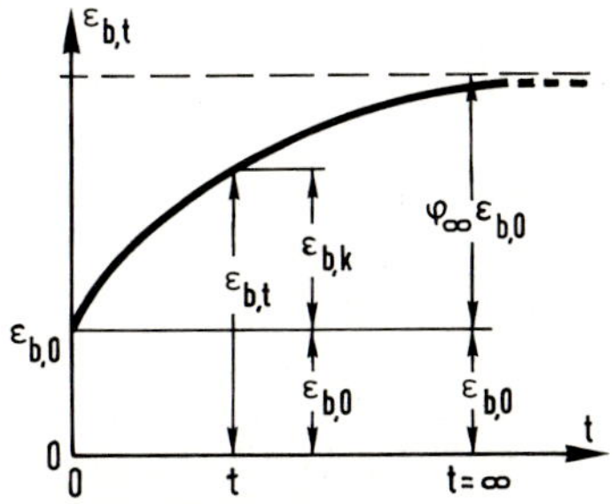

Bild 13

Bild 13 zeigt den qualitativen Verlauf der Betonstauchung, der sich, von der elastischen Anfangsstauchung $\varepsilon_{b,0}$ ausgehend, zunächst schnell und dann immer langsamer einem Endwert asymptotisch nähert. Der Verlauf ist im Bild über der Zeit t aufgetragen.

Für den zeitlichen Verlauf des Schwindens kann in erster Näherung ein zum Kriechen affiner Verlauf angenommen werden:

$$\varepsilon_{s,t} = \frac{\varepsilon_{s,\infty}}{\varphi_\infty} \cdot \varphi_t \tag{33}$$

Durch diesen Ansatz gelingt es, die Einflüsse des Kriechens und Schwindens gemeinsam zu analysieren.

18.2.3.2 Neuere Kriech- und Schwindansätze

Wie im vorangegangenen Abschnitt ausgeführt, ist die Kriechzahl $\varphi_t = \varphi_t(t)$ durch

$$\varepsilon_{b,t} = \varepsilon_{b,0} + \varepsilon_{b,0} \cdot \varphi_t = \varepsilon_{b,0}(1 + \varphi_t) \tag{34}$$

definiert. Man spricht auch von der Kriechfunktion.

Der von DISCHINGER (1936 [1]) eingeführte differentielle Kriechansatz lautet:

$$\frac{d\varepsilon_{b,k}}{dt} = \frac{\sigma_{b,k}}{E_b} \cdot \frac{d\varphi_t}{dt} + \frac{d\sigma_{b,k}}{dt} \cdot \frac{1}{E_b} \tag{35}$$

Dieser Ansatz beschreibt den Verlauf der Kriechverzerrungen innerhalb des Zeitintervalles dt unter einer kriecherzeugenden Spannung. Die Spannung beträgt zum Zeitpunkt t $\sigma_{b,k}$ und bewirkt demgemäß den ersten Anteil im Kriechansatz, denn innerhalb dt erfährt φ_t eine Änderung um $d\varphi_t$. Da die Spannung innerhalb des Intervalles selbst eine Änderung erfährt, ist hiermit sowohl eine elastische Verzerrung (das ist der zweite Anteil in G.35) wie eine Kriechverzerrrung verbunden:

$$\frac{d\sigma_{b,k}}{E_b} \cdot \frac{d\varphi_t}{dt} \tag{36}$$

Dieser Beitrag ist gegenüber den vorangegangenen eine Größenordnung kleiner und wird daher vernachlässigt. Auf der Basis vorstehenden Kriechansatzes werden im folgenden Abschnitt die Kriechumlagerungen innerhalb eines Stahlverbundquerschnittes berechnet. Dabei erscheint das Zeitdifferential dt nicht mehr explizit, es wird vielmehr durch das Kriechdifferential $d\varphi_t$ umschrieben. Dazu wird G.35 mit dt multipliziert und durch $d\varphi_t$ dividiert:

$$\frac{d\varepsilon_{bk}}{d\varphi_t} = \frac{\sigma_{bk}}{E_b} + \frac{d\sigma_{bk}}{d\varphi_t} \cdot \frac{1}{E_b} \tag{37}$$

Zu den Voraussetzungen und Grenzen des differentiellen Kriechansatzes (G.35) vgl. [2], der Ansatz ist in Bild 14a nochmals veranschaulicht. - Nach neueren Erkenntnissen trifft das in Bild 14b dargestellte Kriechgesetz das rheologische Verhalten des Betons zutreffender. Diese Erkenntnis basiert auf umfangreichen Forschungsarbeiten der Vergangenheit; wegen Einzelheiten wird auf [3] verwiesen. Aus den Kriechversuchen ist bekannt, daß sich ein Teil der Kriechverformungen bei Entlastung wieder rückbildet. Demzufolge wird φ_t gesplittet (Bild 14b):

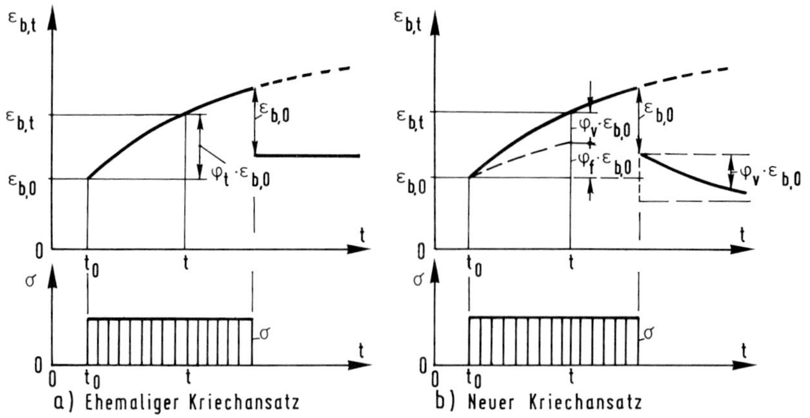

Bild 14

$$\varphi_t = \varphi_f + \varphi_v \tag{38}$$

Es bedeuten:

φ_f : Irreversibles Kriechfließen (plastisch, bleibend),

φ_v : Reversibles Rückkriechen (verzögert elastisch).

Bild 15 zeigt, wie die Anteile gemäß den Spannbetonvorschriften angesetzt werden:

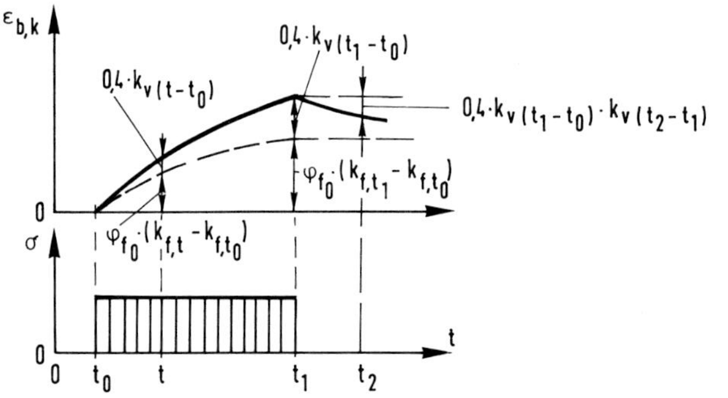

Bild 15

$$\varphi_f = \varphi_{f0} \cdot (k_{f,t} - k_{f,t_0}) \tag{39}$$

$$\varphi_v = 0{,}4 \cdot k_{v(t-t_0)} \tag{40}$$

φ_{f0} ist die Grundfließzahl, sie ist von der Lage des Bauteiles (feucht-trocken) und vom Konsistenzbereich des Betons abhängig und liegt im Bereich 0,60 bis 3,75. k_f ist ein Beiwert für den zeitlichen Ablauf des Fließens unter Berücksichtigung der wirksamen Körperdicke und des wirksamen Alters beim Aufbringen der Spannung (zum Zeitpunkt t_0). t ist das wirksame Alter des Betons zum untersuchten Zeitpunkt und damit $t-t_0$ die wirksame Dauer der Einwirkung der Spannung. k_v ist ein Beiwert zur Erfassung des zeitlichen Ablaufes der verzögert elastischen Verformung, er liegt zwischen 0,3 bis 1. Wenn sich der zu untersuchende Kriechprozeß über mehr als 3 Monate erstreckt, darf vereinfachend $k_{v(t-t_0)}=1$ gesetzt werden. - Für das Schwindmaß zum Zeitpunkt t gilt:

$$\varepsilon_{s,t} = \varepsilon_{s,0} \cdot (k_{s,t} - k_{s,0}) \tag{41}$$

Das Grundschwindmaß ist in Abhängigkeit von der Lage des Bauteiles und der Betonkonsistenz zu $12{,}5 \cdot 10^{-5}$ bis $50{,}0 \cdot 10^{-5}$ anzusetzen. (Wegen Einzelheiten vgl. die Regelwerke des Massivbaues, auch EUROCODE 4).

Für Stahlverbundträger ist derselbe Kriechansatz wie im Spannbeton anzuwenden. Für baupraktische Zwecke existieren zwei Anpassungsvorschläge. Sie sind so konzipiert, daß der neue Kriechansatz auf den alten zurückgeführt werden kann:

Vorschlag von TROST: Die verzögert elastische Verformung wird zur elastischen hinzugeschlagen.

Das bedingt einen reduzierten E-Modul:

$$E_{b,v} = \frac{E_{b,0}}{1 + 0{,}4 k_{v(t-t_0)}} \approx \frac{E_{b,0}}{1{,}4} \tag{42}$$

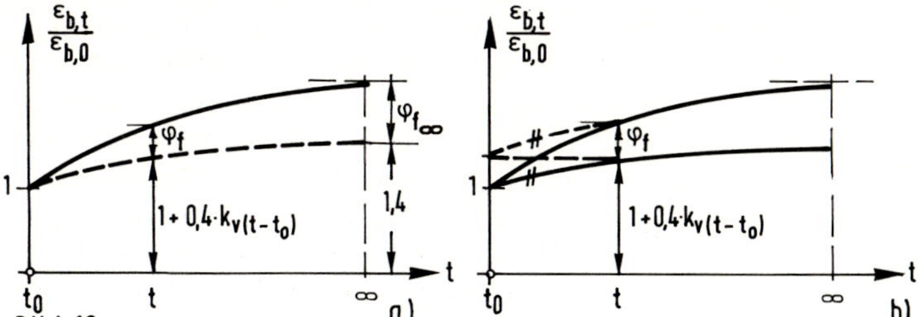

Bild 16

(Vgl. Bild 16a). Dadurch erhält man eine mit der Zeit anwachsende (erhöhte) elastische Verformung. Dieser "zeitabhängigen elastischen" Verzerrung (gestrichelte Linie in Bild 16a) wird die eigentlich "plastische" Kriechverformung überlagert. Sie vollzieht sich mit der reduzierten Kriechzahl:

$$\varphi_{t,v} = \frac{\varphi_t}{1+0,4\,k_{v(t-t_0)}} \approx \frac{\varphi_t}{1,4} \qquad (43)$$

Diese Ansätze implizieren eine Proportionalität der zeitlichen Verläufe von φ_f und φ_v.
Vorschlag von RÜSCH-JUNGWIRTH: Wie zuvor wird die verzögert elastische Verformung der elastischen hinzugeschlagen. Das bedingt für den Zeitpunkt t den reduzierten E-Modul:

$$E_{b,v} = \frac{E_{b,0}}{1+0,4\,k_{v(t-t_0)}} \approx \frac{E_{b,0}}{1,4} \qquad (44)$$

Nunmehr wird unterstellt, daß die zugeordnete Verzerrung von Anfang an vorhanden war. Um das Kriechmaß φ_t zum Zeitpunkt t zu erreichen, bedarf es eines (fiktiven) Kriechvorganges mit der Kriechzahl:

$$\varphi_{t,v} = \frac{\varphi_{f,0}\cdot(k_{f,t}-k_{f,t_0})}{1+0,4\,k_{v(t-t_0)}} \approx \frac{\varphi_{f,0}\cdot(k_{f,t}-k_{f,t_0})}{1,4} \qquad (45)$$

Mit den Ansätzen G.42 bis 45 ist die formale Übereinstimmung mit dem klassischen Kriechgesetz hergestellt. In den Ableitungen des folgenden Abschnittes ist $E_{b,0}$ durch $E_{b,v}$ und φ_t durch $\varphi_{t,v}$ (für die untersuchte Zeitdauer $(t-t_0)$ zu ersetzen). Im Falle

$$(t - t_0) \geq 3 \text{ Monate} \qquad (46)$$

darf von den jeweils rechtsseitig angeschriebenen Näherungsansätzen ausgegangen werden.- Ergänzend sei erwähnt, daß das Kriechen auch durch eine algebraische Beziehung beschrieben werden kann:

$$\varepsilon_{b,t} = \frac{\sigma_{b,0}}{E_{b,0}}(1+\varphi_t) + \frac{\sigma_{b,t}-\sigma_{b,0}}{E_{b,0}}(1+\rho\varphi_t) \qquad (47)$$

Dieser Ansatz wurde von TROST [2] aus der Anwendung des Superpositionsgesetzes für den viskoelastischen Festkörper Beton hergeleitet. Der Relaxationsbeiwert ρ beschreibt die Abminderung der Kriechfähigkeit des alternden Betons, die für spätere Spannungsänderungen im Vergleich zu der Endkriechzahl für eine Ausgangsbeanspruchung gültig ist.

18.2.4 Umlagerungsgrößen infolge Kriechens und Schwindens

18.2.4.1 Äußerlich statisch-bestimmte Systeme

Durch Kriechen und Schwinden werden die Betonspannungen - dem Betrage nach - verringert und die Stahlspannungen vergrößert; d.h. die zum Zeitpunkt t=0 berechneten Verteilungsgrößen erfahren Änderungen. Diese Änderungen werden durch den Index k (für Kriechen) gekennzeichnet. Die Umlagerungsgrößen bauen sich von Null bis zu ihrem Endwert auf (Bild 17a):

$$N_{b,k};\ M_{b,k};\ N_{st,k};\ M_{st,k} \qquad (48)$$

Zur positiven Definition vergleiche Teilbild b. Der Kriech- und Schwindeinfluß wird als selbständiger Lastfall begriffen. Es wird i.a. unterstellt, daß die kriecherzeugende Dauerlast von t=0 bis t (t=∞) ohne Unterbrechung mit konstanter Intensität wirkt.
Das Ausmaß der Umlagerung hängt im wesentlichen vom Endkriechmaß und Endschwindmaß ab.
Die zeitliche Änderung ist zunächst unbekannt.

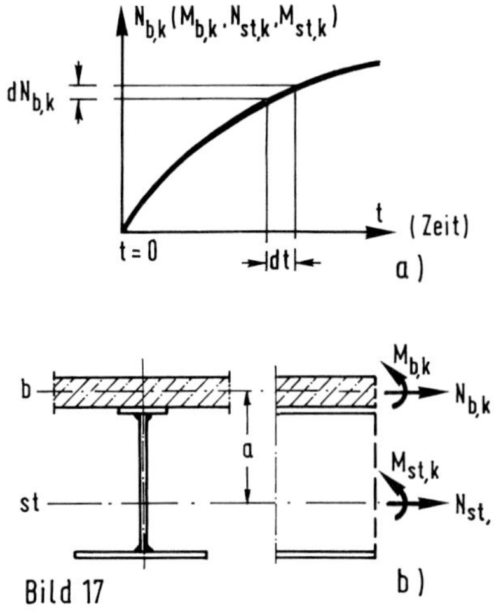

Bild 17

Die strenge Theorie der Kriech- und Schwindumlagerungen ist schwierig; sie führt auf ein simultanes Integrodifferentialgleichungssystem für die in G.48 zusammengefaßten zeitabhängigen Unbekannten. Die strenge Lösung gelang KUNERT im Jahre 1955 [4]. Zur Theorie der Kriech- und Schwindumlagerungen existiert eine große Zahl von Einzelbeiträgen [5-15] und zusammenfassenden Darstellungen in Buchform [16-20]. Eine umfassende Behandlung des Themas scheidet in diesem Rahmen aus; für baupraktische Nachweise reichen die im folgenden dargelegten Anweisungen, sie basieren auf der von SATTLER [20] ausgearbeiteten Theorie. Diese Theorie geht von dem differentiellen Kriechansatz G.35 aus und erlaubt (nach M.d.V.) einen besonders guten Einblick in die analytischen Grundlagen; auch erlaubt sie leistungsfähige Erweiterungen für EDV-Rechnungen [21,22]. Eine gewisse Schwäche haftet der Theorie an, weil der differentielle Kriechansatz nicht ganz widerspruchsfrei ist. Diese Schwäche umgeht die von TROST [23] für Stahlverbundträger ausgearbeitete Umlagerungstheorie, die auf dem algebraischen Kriechansatz G.47 basiert, vgl. auch [24]. Sie ist auch für eine EDV-Aufbereitung geeignet [25]. Daneben gibt es noch ein drittes (älteres) Verfahren von FRITZ u. WIPPEL [26,27] und weitere Varianten [28].

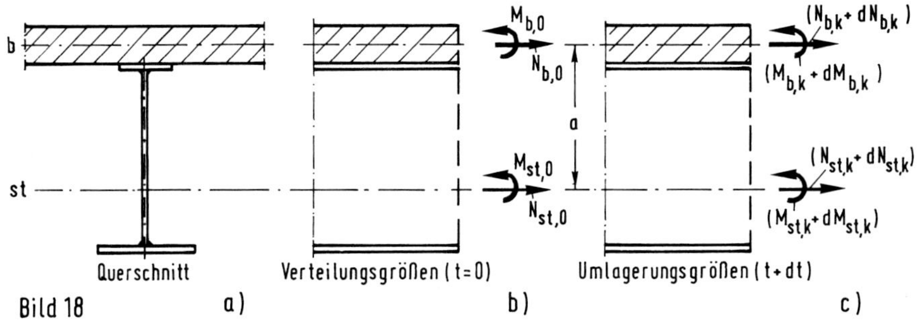

Bild 18

Die Verteilungsgrößen des Ausgangszustandes t=0 werden als bekannt vorausgesetzt, sie bleiben während des betrachteten Zeitraumes konstant. Gesucht sind die Umlagerungsgrößen, die sich von t=0 bis t aufbauen und ihren Endwert zum Zeitpunkt $t=\infty$ erreichen (Bild 17a). Zum Zeitpunkt t gelten die Gleichgewichtsgleichungen (Bild 17b):

$$1)\quad N_{b,k} + N_{st,k} = 0 \longrightarrow N_{st,k} = -N_{b,k} \tag{49}$$

$$2)\quad M_{b,k} + M_{st,k} + N_{st,k}\cdot a = 0 \longrightarrow M_{st,k} = -M_{b,k} - N_{st,k}\cdot a = -M_{b,k} + N_{b,k}\cdot a \tag{50}$$

Der durch Kriechen und Schwinden bewirkte Umlagerungszustand ist ein Selbstspannungszustand. Für die Änderungen der Umlagerungsgrößen während des Zeitintervalles dt gilt entsprechend (Bild 18c):

$$1a)\quad dN_{b,k} = -dN_{st,k} \tag{51}$$

$$2a)\quad dM_{st,k} = -dM_{b,k} + dN_{b,k}\cdot a \tag{52}$$

Neben diesen beiden Gleichgewichtsgleichungen werden noch zwei Verzerrungsgleichungen für das Zeitintervall dt aufgestellt. Innerhalb dieses Zeitintervalles ändert sich die Kriechzahl $\varphi_t(t)$ um $d\varphi_t$. Bild 19 zeigt ein Balkenelement der Länge dx=1 zum Zeitpunkt $\boxed{t}$ und zum Zeitpunkt $\boxed{t+dt}$. Der Querschnitt ist zu beiden Zeitpunkten eben; während des Zeitraumes dt erfährt das Element eine Verkürzung und Krümmung. Die Definition der positiven Verschiebungen und Drehungen ist im Bild eingezeichnet. (N_b und N_{st} sind als Zugkräfte positiv definiert!)

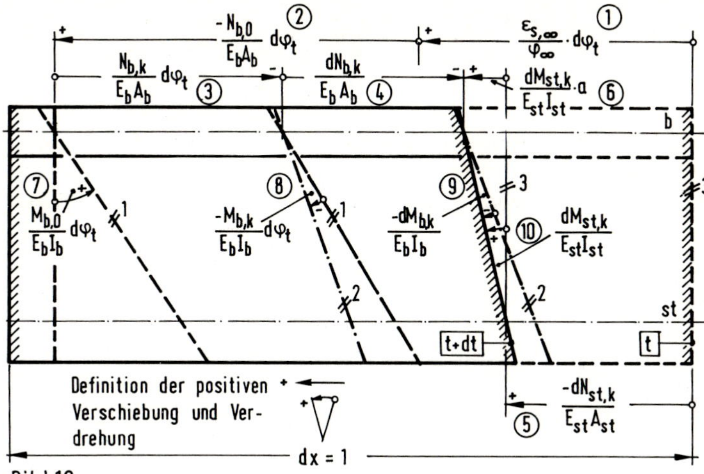

Bild 19

Bezogen auf die Schwerachse des Betonquerschnittes treten folgende Längenänderungen des Betonquerschnittes innerhalb dt ein:

① Schwindverkürzung

② Kriechverkürzung infolge der Druckkraft $-N_{b,0}$

③ Kriechverlängerung infolge der zum Zeitpunkt t aufgebauten Kraft $N_{b,k}$ (Abminderung der Druckkraft = Zugkraft)

④ Elastische Verlängerung infolge der (während des Zeitintervalles neu hinzu tretenden) Änderung von $N_{b,k}$, also infolge $dN_{b,k}$. - Die Kriechverlängerung infolge $dN_{b,k}$

$$\frac{dN_{b,k}}{E_b A_b} d\varphi_t$$

wird als Größe höherer Kleinheitsordnung vernachlässigt.

Diesen Längenänderungen der Betonplatte stehen folgende des Stahlträgers gegenüber (bezogen auf die Schwerachse des Betonquerschnittes):

⑤ Elastische Verkürzung infolge $dN_{st,k}$

⑥ Elastische Verkürzung infolge $dM_{st,k}$

Die Krümmungsänderungen des Betonquerschnittes während des Zeitintervalles betragen:

⑦ Kriechkrümmung infolge $M_{b,0}$

⑧ Kriechkrümmung infolge des zum Zeitpunkt t aufgebauten Momentes $M_{b,k}$

⑨ Elastische Krümmung infolge $dM_{b,k}$. - Die Kriechkrümmung infolge $dM_{b,k}$ wird wiederum vernachlässigt:

$$\frac{dM_{b,k}}{E_b I_b} d\varphi_t$$

Diesen Krümmungsänderungen steht folgende Krümmungsänderung des Stahlquerschnittes gegenüber:

⑩ Elastische Krümmung infolge $dM_{st,k}$

Die Beiträge ⑤, ⑥ und ⑩ müssen sich (quasi zwangsweise) einstellen, um die Verträglichkeit zu gewährleisten. Zusammenfassung:

$$3)\quad \frac{\varepsilon_{s,\infty}}{\varphi_\infty} d\varphi_t + \frac{-N_{b,0}}{E_b A_b} d\varphi_t - \frac{N_{b,k}}{E_b A_b} d\varphi_t - \frac{dN_{b,k}}{E_b A_b} = \frac{-dN_{st,k}}{E_{st} A_{st}} + \frac{dM_{st,k}}{E_{st} I_{st}} a \tag{53}$$

$$4)\quad \frac{M_{b,0}}{E_b I_b} d\varphi_t - \frac{-M_{b,k}}{E_b I_b} d\varphi_t - \frac{-dM_{b,k}}{E_b I_b} = \frac{dM_{st,k}}{E_{st} I_{st}} \tag{54}$$

Mit den Gleichungen 1a, 2a, 3 und 4 stehen vier Gleichungen für die Bestimmung der vier unbekannten Umlagerungsgrößen zur Verfügung (G.51-54). In der Gleichgewichtsgleichung G.52 wird das Glied

$$dM_{b,k} \quad \text{gegenüber} \quad dN_{b,k} \cdot a$$

(da i.a. ein bis zwei Größenordnungen kleiner) vernachlässigt. Mit dieser Näherung gelingt eine Entkoppelung; die Gleichgewichtsgleichungen lauten nunmehr:

$$dN_{b,k} = -\,dN_{st,k}\,; \qquad dM_{st,k} = dN_{b,k} \cdot a \tag{55}$$

Die Gleichungen werden mit der ersten Verträglichkeitsgleichung verknüpft; nach längerer Zwischenrechnung findet man eine Differentialgleichung für $N_{b,k}$:

$$\frac{dN_{b,k}}{d\varphi_t} + \frac{A_{st} I_{st}}{A_{i,0}(I_{i,0} - I_{b,0})}(N_{b,k} + N_{b,0}) - \frac{A_{st} I_{st}}{A_{i,0}(I_{i,0} - I_{b,0})} E_{st} A_{b,0} \cdot \frac{\varepsilon_{s,\infty}}{\varphi_\infty} = 0 \tag{56}$$

Wird $I_{b,0}$ im Nenner gegenüber $I_{i,0}$ unterdrückt, gilt genähert:

$$\frac{dN_{b,k}}{d\varphi_t} + \frac{A_{st}I_{st}}{A_{i,0}I_{i,0}}(N_{b,k} + N_{b,0}) - \frac{A_{st}I_{st}}{A_{i,0}I_{i,0}} E_{st}A_{b,0}\frac{\varepsilon_{s,\infty}}{\varphi_\infty} = 0 \qquad (57)$$

Es werden folgende Abkürzungen vereinbart:

$$\alpha_0 = \frac{A_{st}I_{st}}{A_{i,0}I_{i,0}} \quad \text{(Umlagerungswert)} \qquad (58)$$

$$N_S = \frac{\varepsilon_{s,\infty}}{\varphi_\infty} E_{st}A_{b,0} \quad \text{(Schwindkraft)} \qquad (59)$$

Damit lautet die Differentialgleichung:

$$\frac{dN_{b,k}}{d\varphi_t} + \alpha_0 \cdot N_{b,k} - \alpha_0(N_S - N_{b,0}) = 0 \qquad (60)$$

Lösung:

$$N_{b,k} = (N_S - N_{b,0})(1 - e^{-\alpha_0\varphi_t}) \qquad (61)$$

$$N_{st,k} = -N_{b,k} \qquad (62)$$

Aus G.61 und G.50 folgt (mit der oben begründeten Näherung: $M_{b,k} \ll N_{b,k}a$):

$$M_{st,k} = N_{b,k} \cdot a = a(N_S - N_{b,0})(1 - e^{-\alpha_0\varphi_t}) \qquad (63)$$

Diese Gleichung wird nach $d\varphi_t$ differenziert:

$$\frac{dM_{st,k}}{d\varphi_t} = a(N_S - N_{b,0})\alpha_0 \cdot e^{-\alpha_0\varphi_t} \qquad (64)$$

Wird dieser Ausdruck in die zweite Verträglichkeitsgleichung eingesetzt (G.54), findet man eine Differentialgleichung für $M_{b,k}$:

$$\frac{M_{b,k}}{E_bI_b} + \frac{dM_{b,k}}{d\varphi_t} \cdot \frac{1}{E_bI_b} + \frac{M_{b,0}}{E_bI_b} = \frac{a}{E_{st}I_{st}}(N_S - N_{b,0})\alpha_0 e^{-\alpha_0\varphi_t} \qquad (65)$$

Umordnung:

$$\frac{dM_{b,k}}{d\varphi_t} + M_{b,k} - a(N_S - N_{b,0})\alpha_0 \cdot e^{-\alpha_0\varphi_t}\frac{I_{b,0}}{I_{st}} + M_{b,0} = 0 \qquad (66)$$

Die Lösung dieser Differentialgleichung lautet:

$$M_{b,k} = -M_{b,0}(1 - e^{-\varphi_t}) + a(N_S - N_{b,0}) \cdot \frac{I_{b,0}}{I_{st}} \cdot \frac{\alpha_0}{1-\alpha_0}(e^{-\alpha_0\varphi_t} - e^{-\varphi_t}) \qquad (67)$$

Damit sind alle Umlagerungsgrößen bekannt. - Als Anhalt für den Gültigkeitsbereich der vorstehenden Formeln kann der Kennwert

$$j_0 = \frac{A_{b,0}I_{b,0}}{A_{st}I_{st}} \qquad (68)$$

dienen. Die Näherungstheorie liefert sehr genaue Werte, wenn die Bedingung

$$j_0 \ll 0{,}2 \qquad (69)$$

erfüllt ist, d.h. bei relativ großem Stahlträgeranteil im Vergleich zum Betonquerschnitt. Die Spannungen infolge der Umlagerungsgrößen berechnen sich wieder mit Hilfe der realen Querschnittswerte:

$$\sigma_{b,k} = \frac{N_{b,k}}{A_b} + \frac{M_{b,k}}{I_b}z_b\,; \quad \sigma_{st,k} = \frac{N_{st,k}}{A_{st}} + \frac{M_{st,k}}{I_{st}}z_{st} \qquad (70)$$

Durch Überlagerung mit den Spannungen des Ausgangszustandes (t=0) erhält man die Spannungen zum Zeitpunkt t:

$$\sigma_{b,t} = \sigma_{b,0} + \sigma_{b,k}\,; \quad \sigma_{st,t} = \sigma_{st,0} + \sigma_{st,k} \qquad (71)$$

Zur Frage der kriech- bzw. nicht-kriecherzeugenden Verteilungsgrößen und zum Problem späterer System- und Belastungsänderungen vergleiche die Ausführungen im folgenden Abschnitt.

18.2.4.2 Äußerlich statisch-umbestimmte Systeme

Wie in Abschnitt 18.2.2.2 erläutert, werden die statisch unbestimmten $X_{u,0}$ für die zum Zeitpunkt t=0 einwirkenden äußeren Lasten einschließlich Temperatureinfluß und Widerlagerverschiebung zweckmäßig nach dem Kraftgrößenverfahren berechnet, wobei für den Verbundträger mit den ideellen Dehn- bzw. Biegesteifigkeiten gerechnet wird. Der Systemverträglichkeit wird damit zum Zeitpunkt t=0 genügt (die Klaffungen des statisch bestimmten Grundsystems werden aufgehoben).

Unterliegt ein statisch unbestimmtes Verbundsystem dem Kriecheinfluß, erfahren die (zunächst im Zeitpunkt t=0 systemverträglichen) Verteilungsgrößen eine Änderung. Berechnet man diese Umlagerung nach den Anweisungen des Abschnittes 18.2.4.1, ergibt sich ein umgelagerter Schnittgrößenzustand, der <u>nicht</u> verträglich ist: Die Kriechumlagerungen können sich, bedingt durch die statisch unbestimmte Lagerung, nicht frei entwickeln, sie sind an die Zwangsbindungen des statisch unbestimmten Systems gebunden!

Die Berechnung wird in drei Schritten durchgeführt:

a) Berechnung des statisch unbestimmten Systems zum Zeitpunkt t=0 gemäß Abschnitt 18.2.2.2. Belastung (einschließlich Temperatur) und Widerlagerverschiebung sind damit erfaßt: B+W. Für die Schnittgrößen dieses Zustandes werden die Verteilungsgrößen nach G.13 und G.21/22 berechnet: $N_{b,0}$; $N_{st,0}$; $M_{b,0}$; $M_{st,0}$.

b) Für diese Verteilungsgrößen werden sodann die Umlagerungsgrößen nach Abschnitt 18.2.4.1 bestimmt; der Schwindeinfluß wird mit erfaßt: B+W+S: $N_{b,k}$; $N_{st,k}$; $M_{b,k}$; $M_{st,k}$. Dabei werden nur jene Verteilungsgrößen der Kriechumlagerung unterworfen, die für den betrachteten Zeitraum zu kriecherzeugenden Dauerlasten gehören. Kurzwirkende Lasten verursachen kein Kriechen. Somit ist es ggf. erforderlich, die Verteilungsgrößen in kriecherzeugende und nicht-kriecherzeugende zu splitten.

c) Der gemäß b) berechnete Zustand ist nicht verformungsverträglich. Es ist daher notwendig, jene statisch Unbestimmten X_{u,φ_t} zu berechnen, die die Verformungsverträglichkeit herstellen. Dieser Korrekturzustand unterliegt seinerseits dem Kriecheinfluß. Die strenge Lösung ist schwierig und führt auf die Lösung eines simultanen Integrodifferentialgleichungssystems. Aufgrund theoretischer und numerischer Untersuchungen wurde von SATTLER [20] erkannt, daß die zeitabhängigen statisch unbestimmten Größen X_{u,φ_t} und damit alle Schnittgrößen dieses Zwängungszustandes <u>proportional</u> zu φ_t auf den Endwert X_{u,φ_∞} anwachsen:

$$X_{u,\varphi_t} = \frac{\varphi_t}{\varphi_\infty} X_{u,\varphi_\infty} \quad (u = 1, 2, \cdots m) \tag{72}$$

Mit diesem Ansatz gelingt eine verhältnismäßig einfache Lösung:

c1) Für die unter b) berechneten Umlagerungsgrößen werden die Klaffungen am statisch bestimmten Grundsystem ermittelt. Diese Berechnung wird zweckmäßig am Stahlträger durchgeführt, weil dieser während der gesamten Kriechphase elastisch bleibt:

$$\delta_{st,u,k} = \int N_{st,k} \cdot N_u \cdot \frac{ds}{E_{st} A_{st}} + \int M_{st,k} \cdot M_u \cdot \frac{ds}{E_{st} I_{st}} \tag{73}$$

D.h., die virtuellen Hilsangriffe werden am Stahlträger allein angesetzt; die gegenseitigen Verformungen sind mit denen am Verbundträger identisch:

$$\delta_{u,k} \equiv \delta_{st,u,k} \tag{74}$$

Mit G.73 sind die Belastungsgrößen des statisch unbestimmten Zwangsproblems bekannt.

c2) Im Schwerpunkt i werden die Einheitsgrößen $X_{u,\varphi_\infty} = 1$ angesetzt und hierfür am Grundsystem N_{u,φ_∞} und M_{u,φ_∞} für u=1,2...m bestimmt und anschließend die zugehörigen Verteilungsgrößen berechnet (G.13 u. G.21/22). Die zugehörigen Umlagerungsgrößen infolge Kriechen (ohne Schwinden) dürfen nun aber nicht nach Abschnitt 18.2.4.1 ermittelt werden, weil diese für zeitlich konstante Einwirkungen gelten. Es bedarf vielmehr besonderer Formeln, die den zeitlich veränderlichen Aufbau der Zwangsgrößen (G.72) erfassen. Diese Formeln lassen sich relativ einfach - analog zu Abschnitt 18.2.4.1 - ableiten. (Auf diese Ableitung wird hier verzichtet; vgl. wegen Einzelheiten [20].)

Die Formeln lauten:

$$N_{b,k} = -N_{b,0} \frac{1}{\alpha_0 \varphi_t} [\alpha_0 \varphi_t - (1 - e^{\alpha_0 \varphi_t})] = -N_{st,k} \tag{75}$$

$$M_{b,k} = -M_{b,0} \frac{\varphi_t - (1 - e^{-\varphi_t})}{\varphi_t} - a \cdot N_{b,0} \frac{I_{b,0}}{I_{st}} \cdot \frac{\alpha_0 e^{-\varphi_t} - e^{-\alpha_0 \varphi_t} + (1 - \alpha_0)}{\varphi_t \cdot (1 - \alpha_0)} \tag{76}$$

$$M_{st,k} = N_{b,k} \cdot a \tag{77}$$

Die gegenseitigen Klaffungen werden nunmehr als Formänderungsintegrale für die (überlagerten) Verteilungsgrößen ($N_{b,0}$ usw.) und die Umlagerungsgrößen ($N_{b,k}$ usw.) der Zustände $X_{u,\varphi_\infty}=1$ berechnet, wobei diese Rechnungen zweckmäßigerweise wieder am Stahlträgerquerschnitt (entsprechend G.73) erfolgen.

c3) Die Elastizitätsgleichungen werden formuliert. Die Koeffizienten der linksseitigen Matrix werden von c2

$$\delta_{uv,\varphi_\infty}$$

und die Belastungswerte von c1 übernommen:

$$\delta_{u,k,\varphi_\infty} \equiv \delta_{u,k}$$

Nach Lösung des Gleichungssystems und Kenntnis von X_{u,φ_∞} werden die Schnittgrößen des Zwangszustandes am statisch unbestimmten System berechnet.

d) Die Schnittgrößen des Endzustandes zum Zeitpunkt t (z.B. $t=\infty$) folgen aus der Überlagerung: a) + b) + c).

Der Berechnungsaufwand ist erheblich. Die zur Bildung der δ-Werte erforderlichen Integrationen werden zweckmäßig numerisch bewerkstelligt, z.B. mit Hilfe der Trapez- oder SIMPSON-Formel (vgl. Abschnitt 5.4.3.2.).

Alle vorangegangenen Anweisungen setzen voraus, daß der kriecherzeugende Lastzustand dauernd einwirkt. Das ist bei praktischen Aufgabenstellungen (insbesondere im Brückenbau, z.B. bei längerer Bauzeit) häufig nicht der Fall. Auch kommt es vor, daß sich das System im Laufe der Zeit (bedingt durch den sukzessiven Ausbau) ändert. In solchen Fällen ist es erforderlich, die einzelnen Zustände je für sich zu analysieren und anschließend zu superponieren, wobei $E_{b,v}$ und $\varphi_{t,v}$ den einzelnen Zeitdauern (über die Ansätze gemäß G.42/43 bzw. G.44/45) zuzuordnen sind.

Handelt es sich um das einfachere Problem eines zum Zeitpunkt t=0 vollständig fertiggestellten Verbundsystems mit gleichzeitiger Aufbringung der Belastung, genügt i.a. die Berechnung folgender Lastfälle:

- Eigenlasten, einschl. Ausbaulasten, Vorspannung durch Montagemaßnahmen oder/und Spannglieder,
- Kriechen (bis $t=\infty$), Schwinden,
- Verkehrslasten (hiervon ggf. ein Prozentsatz bis $t=\infty$ als dauernd wirkend), Temperatur.

Maßgebend sind die Vorschriften, insbesondere des Brückenbaues.

18.2.5 Berechnungsbeispiele

18.2.5.1 Ansatz der mitwirkenden Breite

Stahlverbundträger sind vom Typ her Plattenbalken. Die mitwirkende Plattenbreite des Betongurtes wird nach den einschlägigen Regelwerken des Stahlbetonbaues festgelegt.

18.2.5.2 Statisch-bestimmt gelagerter Einfeldträger

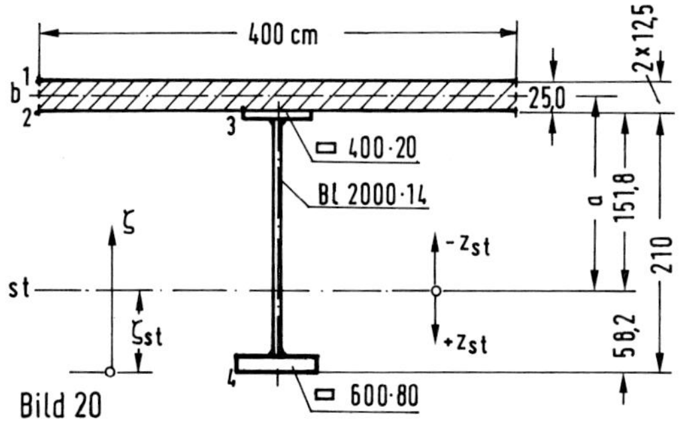

Bild 20

Der Stahlverbundquerschnitt ist in Bild 20 dargestellt. Gesucht sind die Spannungen im Gebrauchszustand in den Zeitpunkten t=0 und $t=\infty$.

a) Berechnung der Querschnittswerte

Ansatz für n_0:

$$n_0 = \frac{E_{st}}{E_{b,0}} = 7$$

Betonquerschnitt:

$$A_b = 400 \cdot 25 = 10000\ cm^2$$
$$I_b = 400 \cdot 25^3/12 = 520830\ cm^4$$
$$A_{b,0} = A_b/n_0 = 10000/7 = 1430\ cm^2$$
$$I_{b,0} = I_b/n_0 = 520830/7 = 74400\ cm^4$$

Querschnitt	A_{st} cm^2	ζ cm	$A_{st}\cdot\zeta$ cm^3	z_{st} cm	I_{st} cm^4	$A_{st}\cdot z_{st}^2$ cm^4	I_{st} cm^4
400·20	80	209,0	16720	-150,8	27	1820000	1820000
2000·14	280	108,0	30240	-49,8	933000	694000	1627000
600·80	480	4,0	1920	+54,2	2560	1410000	1413000
Σ	$A_{st}=840\,cm^2$		$48880\,cm^3$				$I_{st}=4860000\,cm^4$

Bild 21

Stahlquerschnitt: Die Lage der Schwerachse st-st und die Querschnittswerte werden tabellarisch bestimmt (Bild 21):

$$\zeta_{st} = \frac{48\,800}{840} = 52{,}8\,cm$$

Verbundquerschnitt (G.23/25):

$$A_{i,0} = A_{b,0} + A_{st} = 1430 + 840 = 2270\,cm^2;\quad a = 151{,}8 + 12{,}5 = 164{,}3\,cm$$

$$a_b = 164{,}3 \cdot 840/2270 = 60{,}8\,cm;\quad a_{st} = 103{,}5\,cm$$

$$S_{i,0} = a \cdot \frac{A_{b0} A_{st}}{A_{i,0}} = 164{,}3 \cdot \frac{1430 \cdot 840}{2270} = 87000\,cm^3$$

$$I_{i,0} = I_{b,0} + I_{st} + a \cdot S_{i,0} = 74\,400 + 4\,860\,000 + 164{,}3 \cdot 87000 = 19\,234\,400\,cm^4$$

b) Spannungen zum Zeitpunkt t=0:

Für die in Bild 22 dargestellten Lastfälle (I) bis (V) und für die darin für die Trägermitte m angegebenen Biegemomente dieser Lastfälle werden die Spannungen in den Querschnittsfasern 1 bis 4 bestimmt (vgl. Bild 20). Die Lastfälle (I) bis (III) wirken auf den Stahlträger; die Lastfälle (IV) und (V) wirken auf den Verbundträger. (Auf die Indizierung mit "0" wird im folgenden verzichtet.)

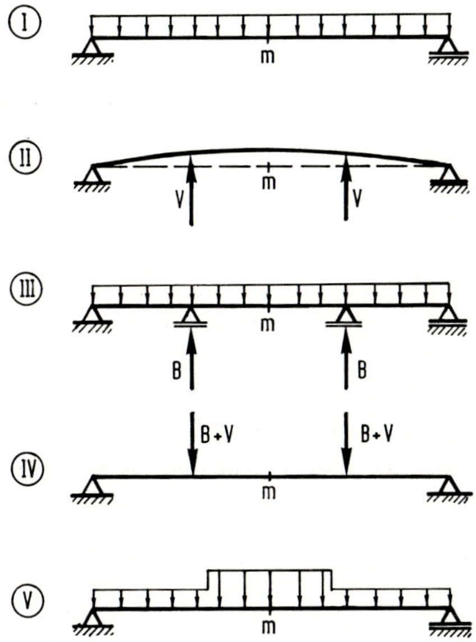

(I) Biegemoment in „m" aus dem Eigengewicht des Stahlträgers: M = + 340 kNm;

(II) Biegemoment in „m" infolge Vorspannung durch Montagemaßnahmen: M = -2000 kNm;

(III) Biegemoment in „m" infolge Eigengewicht der Betonplatte: M = + 36 kNm;

(IV) Biegemoment in „m" infolge Entfernen der Montagestützen: M = + 3450 kNm;

(V) Biegemoment aus Straßenbelag, Eigenlast und Verkehrslast: M = + 12000 kNm;

Bild 22

Lastfälle (I) bis (III):

$$\text{I:}\quad \sigma_3 = -\frac{34000}{4\,860\,000} \cdot 151{,}8 = -1{,}062\,kN/cm^2;\quad \sigma_4 = 0{,}407\,kN/cm^2$$

$$\text{II:}\quad \sigma_3 = +\frac{200\,000}{4\,860\,000} \cdot 151{,}8 = +6{,}247\,kN/cm^2;\quad \sigma_4 = -2{,}395\,kN/cm^2$$

$$\text{III:}\quad \sigma_3 = -\frac{3600}{4\,860\,000} \cdot 151{,}8 = -0{,}112\,kN/cm^2;\quad \sigma_4 = +0{,}043\,kN/cm^2$$

Lastfall (IV): Es werden die Verteilungsgrößen bestimmt (G.21/22) und die Spannungen berechnet (G.26):

$$N_b = -\frac{87\,000}{19\,234\,400} \cdot 345000 = -1560\,kN;\quad N_{st} = +1560\,kN$$

$$M_b = +\frac{74\,000}{19\,234\,400} \cdot 345000 = +1310\,kNcm;\quad M_{st} = \frac{4\,860\,000}{19\,234\,000} \cdot 345000 = +87200\,kNcm$$

$$\sigma_1 = -\frac{1560}{10\,000} - \frac{1310}{520\,830} \cdot 12{,}5 = -0{,}156 - 0{,}031 = -0{,}187\,kN/cm^2$$

$$\sigma_2 = -0{,}1560 + 0{,}031 = -0{,}125\,kN/cm^2$$

$$\sigma_3 = +\frac{1560}{840} - \frac{87000}{4\,860\,000} \cdot 151{,}8 = +1{,}857 - 2{,}717 = -0{,}860\ \mathrm{kN/cm^2}$$

$$\sigma_4 = +1{,}857 + \frac{87000}{4\,860\,000} \cdot 58{,}2 = +1{,}857 + 1{,}042 = +2{,}899\ \mathrm{kN/cm^2}$$

Lastfall (V): Berechnung wie im Lastfall (IV) oder Umrechnung im Verhältnis:

$12000/3450 = 3{,}478$

Spannungen:

$\sigma_1 = -0{,}650,\quad \sigma_2 = -0{,}435,\quad \sigma_3 = -2{,}991,\quad \sigma_4 = +10{,}080\ \mathrm{kN/cm^2}$

Superposition:

$\sigma_1 =$ — — — $-0{,}187\ -0{,}650 = -0{,}837\ \mathrm{kN/cm^2}$

$\sigma_2 =$ — — — $-0{,}125\ -0{,}435 = -0{,}560\ \mathrm{kN/cm^2}$

$\sigma_3 = -1{,}062 + 6{,}247 - 0{,}112 - 0{,}860 - 2{,}991 = +1{,}220\ \mathrm{kN/cm^2}$

$\sigma_4 = +0{,}407 - 2{,}395 + 0{,}043 + 2{,}899 + 10{,}080 = +10{,}220\ \mathrm{kN/cm^2}$

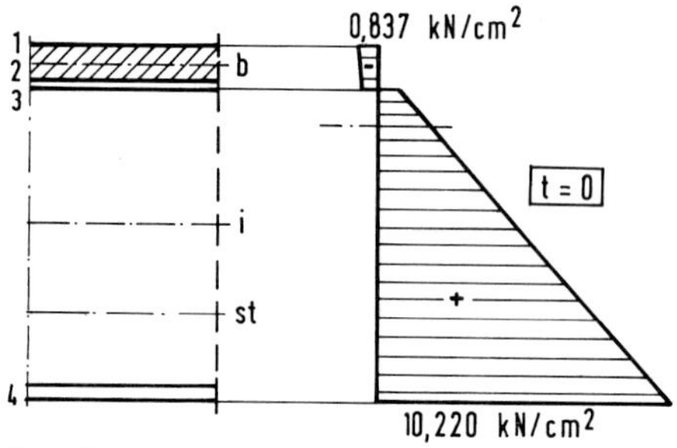

Bild 23

Bild 23 zeigt den superponierten Spannungszustand.

Die resultierenden Verteilungsgrößen $N_{b,0}$ und $M_{b,0}$ betragen (vgl. oben):

$$N_{b,0} = -1560 - 5426 = -6986\ \mathrm{kN}$$

$$M_{b,0} = +1310 + 4556 = 5866\ \mathrm{kNcm}$$

c) <u>Spannungen zum Zeitpunkt $t=\infty$:</u>

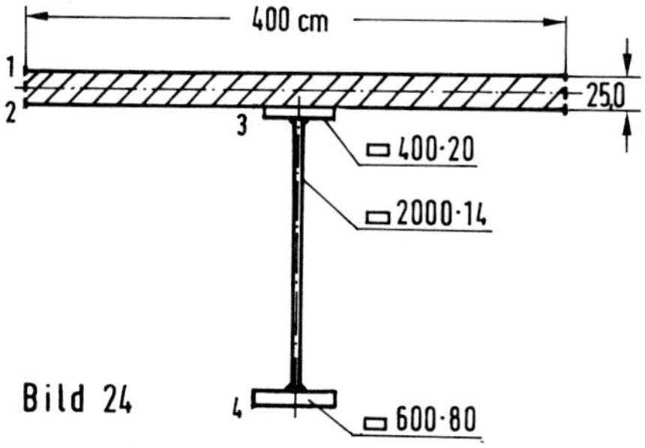

Bild 24

Es wird hier beispielhaft angenommen, daß die zuvor berechneten Verteilungsgrößen kriecherzeugende Dauergrößen sind.

Ansätze: Endkriechmaß: $\varphi_\infty = 1{,}875$

Endschwindmaß: $\varepsilon_{s\infty} = 20 \cdot 10^{-5}$

(Es wird demnach unterstellt, daß die Zeitpunkte Abbau der Hilfsstützen und Einsetzen der Verkehrslast zusammenfallen und zudem, daß die Verkehrslast in voller Höhe durchgängig vorhanden ist.)

Überprüfung der Bedingungen G.68:

$$j_0 = \frac{A_{b,0} \cdot I_{b,0}}{A_{st} \cdot I_{st}} = \frac{1430 \cdot 74\,000}{840 \cdot 4860\,000} = 0{,}0259 \ll 0{,}2$$

e-Funktionen:

$$\alpha_0 = \frac{A_{st} I_{st}}{A_{i,0} I_{i,0}} = \frac{840 \cdot 4\,860\,000}{2270 \cdot 19\,234\,000} = 0{,}0935 \longrightarrow \alpha_0 \varphi_\infty = 0{,}0935 \cdot 1{,}875 = 0{,}1753 \longrightarrow$$

$$e^{-\alpha_0 \varphi_\infty} = 0{,}839;\quad e^{-\varphi_\infty} = 0{,}153$$

Schwindkraft:

$$N_S = \frac{\varepsilon_\infty}{\varphi_\infty} E_{st} A_{b,0} = \frac{20 \cdot 10^{-5}}{1{,}875} \cdot 21000 \cdot 1430 = 3203\ \mathrm{kN}$$

Umlagerungsgrößen (G.61/62/63/67):

$$N_{b,k} = (3203 + 6986)(1 - 0{,}839) = 1640\ \mathrm{kN},\qquad N_{st,k} = -N_{b,k} = -1640\ \mathrm{kN}$$

$$M_{st,k} = a \cdot N_{b,k} = 164{,}3 \cdot 1640 = 269\,452\ \mathrm{kNcm}$$

$$M_{b,k} = -5866(1 - 0{,}153) + 164{,}3\left[(3203 + 6986)\frac{74\,400}{4\,860\,000} \cdot \frac{0{,}0935}{(1 - 0{,}0935)}\right](0{,}839 - 0{,}153) =$$

$$= -4968 + 1813 = -3155\ \mathrm{kNcm}$$

Hiermit ergeben sich in den Randfasern folgende Spannungen:

$$\sigma_1 = +\frac{1640}{10\,000} + \frac{3155}{520\,830} \cdot 12{,}5 = +0{,}164 + 0{,}076 = +0{,}240\ \mathrm{kN/cm^2}$$

$$\sigma_2 = +0{,}164 - 0{,}076 = +0{,}088\ \mathrm{kN/cm^2}$$

$$\sigma_3 = -\frac{1640}{840} - \frac{269\,452}{4\,860\,000}\cdot 151{,}8 = -1{,}952 - 8{,}416 = -10{,}368 \text{ kN/cm}^2$$

$$\sigma_4 = -1{,}952 + \frac{269\,452}{4\,860\,000}\cdot 58{,}2 = -1{,}952 + 3{,}227 = +1{,}275 \text{ kN/cm}^2$$

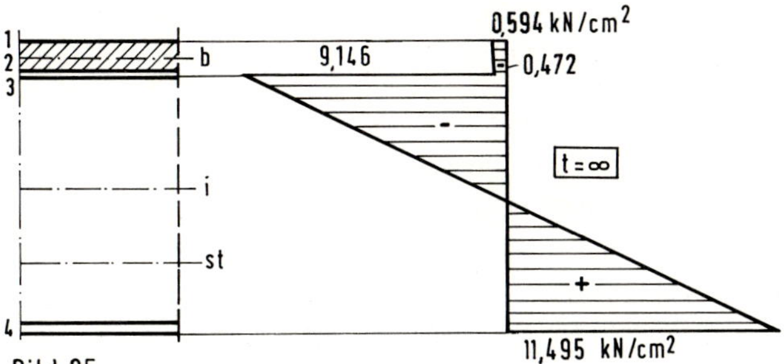

Bild 25

Die Spannungen werden mit den Spannungen zum Zeitpunkt t=0 überlagert:

$$\sigma_1 = -0{,}837 + 0{,}240 = -0{,}594 \text{ kN/cm}^2$$
$$\sigma_2 = -0{,}560 + 0{,}088 = -0{,}472 \text{ kN/cm}^2$$
$$\sigma_3 = +1{,}220 - 10{,}368 = -9{,}146 \text{ kN/cm}^2$$
$$\sigma_4 = +10{,}220 + 1{,}275 = +11{,}495 \text{ kN/cm}^2$$

Bild 25 zeigt das Ergebnis. Der Vergleich mit Bild 23 macht die Umlagerung deutlich. - Für die Betonspannungen ist der Zeitpunkt t=0 und für die Stahlspannungen der Zeitpunkt t=∞ maßgebend (diese Aussage gilt für statisch-bestimmte Träger).

18.2.5.3 Statisch-unbestimmt gelagerter Zweifeldträger

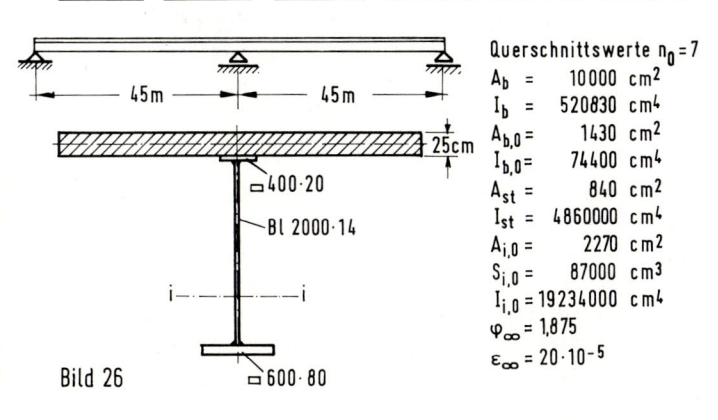

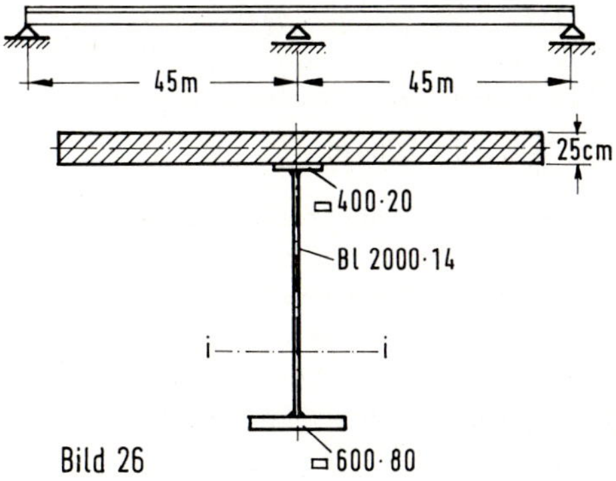

Bild 26

Querschnittswerte $n_0=7$

A_b =	10000	cm²
I_b =	520830	cm⁴
$A_{b,0}$ =	1430	cm²
$I_{b,0}$ =	74400	cm⁴
A_{st} =	840	cm²
I_{st} =	4860000	cm⁴
$A_{i,0}$ =	2270	cm²
$S_{i,0}$ =	87000	cm³
$I_{i,0}$ =	19234000	cm⁴
φ_∞ =	1,875	
ε_∞ =	$20\cdot 10^{-5}$	

Es wird derselbe Querschnitt wie im vorangegangenen Abschnitt zugrundegelegt. Die Einzelfeldstützweite des Zweifeldträgers beträgt l=45m, vgl. Bild 26.

Bei der Herstellung wird der Träger kontinuierlich unterstützt; während des Bauzustandes entstehen demach keine Schnittgrößen. (Im anderen Falle wäre entsprechend dem vorangegangenen Beispiel vorzugehen.)

Mit der Demontage der Unterstützung, d.h. mit dem Freisetzen des Verbundträgers, wird gleichzeitig eine Absenkung des Mittelauflagers vorgenommen. (Der Träger muß demgemäß mit einer spannungsfreien Überhöhung eingebaut werden.) Durch diese Vorspannmaßnahme werden das negative Stützmoment und damit die hier auftretenden Zugspannungen im Betonquerschnitt überdrückt.

Lastansätze:

Eigengewicht : $g = 40$ kN/m
Nutzlast : $p = 30$ kN/m
$q = g + p = 70$ kN/m

Im Beispiel wird p=konst für die gesamte Trägerlänge angenommen und zudem unterstellt, daß p eine kriecherzeugende Dauerlast ist. Wie oben erwähnt, ist bei baupraktischen Rechnungen zu splitten!

Absenkung des Mittelauflagers (Widerlagerverschiebung): 25cm. Die Querschnittswerte sind in Bild 26 eingetragen; der Trägerquerschnitt sei (aus Gründen der Rechenvereinfachung) über die gesamte Trägerlänge konstant; das ist nicht der Regelfall.

a) Berechnung der Schnittgrößen zum Zeitpunkt t=0:

Als statisch Unbestimmte wird das Moment über dem Mittelauflager gewählt.

Lastfall B: q=g+p=70kN/m. Max. Feldmoment:

$$\frac{q\,l^2}{8} = \frac{70\cdot 45^2}{8} = \underline{17\,720 \text{ kNm}}$$

$$EI\delta_{11} = 2\cdot\frac{1}{3}\cdot 1^2\cdot 45 = \underline{30\text{m}}$$

$$EI\delta_{1B} = 2\cdot\frac{1}{3}\cdot 1\cdot 17720\cdot 45 = \underline{531\,600 \text{ kNm}^2}$$

$$X_{1,B} = -\frac{531\,600}{30} = \underline{-17\,720 \text{ kNm}}$$

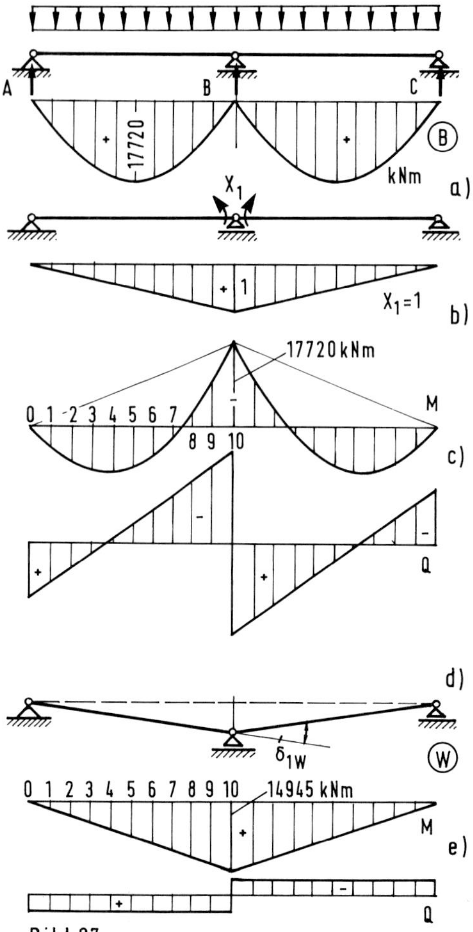

Bild 27

$$A = \frac{70 \cdot 45}{2} - \frac{17\,720}{45} = \underline{1181{,}2 \text{ kN}}$$

$$B = 2 \cdot 1969 = \underline{3938 \text{ kN}}$$

Bild 27c zeigt die Momenten- und Querkraftfläche am statisch-unbestimmten System für den Lastfall B.

<u>Lastfall W</u>: Absenkung des Mittelauflagers: 0,25m

Die (bezogene) Biegesteifigkeit des Verbundträgers beträgt:

$$EI_c = E_{st} I_{i,0} = \underline{40{,}4 \cdot 10^6 \text{ kNm}^2}$$

Damit folgt:

$$\delta_{1W} = -\frac{2 \cdot 0{,}25}{45} = \underline{-0{,}0111 \text{ m/m}}$$

$$EI_c \delta_{1W} = -40{,}4 \cdot 10^6 \cdot 0{,}0111 = \underline{-448\,400 \text{ kNm}^2}$$

$$X_{1,W} = \frac{448\,400}{30} = \underline{+14945 \text{ kNm}}$$

$$A = 14945/45 = \underline{332{,}1 \text{ kN}}; \; B = \underline{-664{,}2 \text{ kN}}$$

Bild 27e zeigt die Momenten- und Querkraftfläche für den Lastfall W. Die mittige Auflagerkraft infolge alleiniger Eigenlast beträgt:

$$B_g = \frac{40}{70} \cdot 3938 = 2250 \text{ kN}$$

Die Absenkung kann somit ohne zusätzlichen Kraftaufwand (allein mittels der Eigenlast des Trägers) bewerkstelligt werden. Getrennt für die Biegemomente infolge B und W werden die Verteilungsgrößen mittels der Formeln G.21/22 bestimmt; hierzu werden folgende Quotienten benötigt:

$$\frac{S_{i,0}}{I_{i,0}} = 4{,}523 \cdot 10^{-3} \text{cm}^{-1} = 0{,}4523 \frac{1}{\text{m}}; \; \frac{I_{b,0}}{I_{i,0}} = 3{,}868 \cdot 10^{-3}; \; \frac{I_{st}}{I_{i,0}} = 2{,}527 \cdot 10^{-1}$$

Nunmehr werden berechnet:

$$N_{b,0} = -0{,}4523\,M = -N_{st,0}; \; M_{b,0} = +0{,}003868\,M; \; M_{st,0} = +0{,}2527\,M$$

Schnitt	Lastfall B (q = 70 kN/m)					Lastfall W (w = 25 cm)				
	M kNm	$N_{b,0}$ kN	$N_{st,0}$ kN	$M_{b,0}$ kNm	$M_{st,0}$ kNm	M kNm	$N_{b,0}$ kN	$N_{st,0}$ kN	$M_{b,0}$ kNm	$M_{st,0}$ kNm
0	0	0	0	0	0	0	0	0	0	0
1	+ 4607	- 2080	+ 2080	+ 17,8	+ 1164	+ 1495	- 680	+ 680	+ 5,8	+ 378
2	+ 7796	- 3530	+ 3530	+ 30,2	+ 1970	+ 2989	- 1350	+ 1350	+ 11,6	+ 755
3	+ 9568	- 4330	+ 4330	+ 37,0	+ 2418	+ 4484	- 2030	+ 2030	+ 17,3	+ 1133
4	+ 9923	- 4490	+ 4490	+ 38,4	+ 2507	+ 5978	- 2700	+ 2700	+ 23,1	+ 1511
5	+ 8859	- 4000	+ 4000	+ 34,3	+ 2238	+ 7473	- 3380	+ 3380	+ 28,9	+ 1888
6	+ 6379	- 2890	+ 2890	+ 24,7	+ 1612	+ 8967	- 4060	+ 4060	+ 34,7	+ 2266
7	+ 2481	- 1120	+ 1120	+ 9,6	+ 627	+ 10462	- 4730	+ 4730	+ 40,5	+ 2644
8	- 2835	+ 1280	- 1280	- 11,0	- 716	+ 11956	- 5400	+ 5400	+ 46,2	+ 3021
9	- 9568	+ 4330	- 4330	- 37,0	- 2418	+ 13451	- 6080	+ 6080	+ 52,0	+ 3399
10	- 17720	+ 8080	- 8080	- 68,5	- 4478	+ 14945	- 6760	+ 6760	+ 57,8	+ 3777

Bild 28 a) b)

Bild 28 weist das Ergebnis aus. - Anschließend werden die Lastfälle B und W überlagert. Bild 29 zeigt das Ergebnis in tabellarischer Zusammenstellung. In Bild 30 ist der Graph des Verteilungsmomentes $M_{st,0}$ dargestellt; das negative Stützmoment des Lastfalles B wird weitgehend überdrückt.

Schnitt	Summe: B+W; t=0			
	$N_{b,0}$ kN	$N_{st,0}$ kN	$M_{b,0}$ kNm	$M_{st,0}$ kNm
0	0	0	0	0
1	- 2760	+ 2760	+ 23,6	+ 1542
2	- 4880	+ 4880	+ 41,8	+ 2725
3	- 6360	+ 6360	+ 54,3	+ 3551
4	- 7190	+ 7190	+ 61,5	+ 4018
5	- 7380	+ 7380	+ 63,2	+ 4126
6	- 6950	+ 6950	+ 59,4	+ 3838
7	- 5850	+ 5850	+ 50,1	+ 3271
8	- 4120	+ 4120	+ 35,2	+ 2305
9	- 1750	+ 1750	+ 15,0	+ 981
10	+ 1320	- 1320	- 10,7	- 701

Bild 29

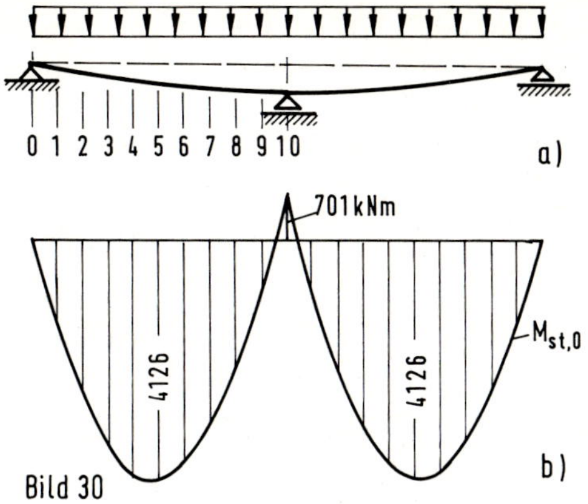

Bild 30

b) Berechnung der Umlagerungsgrößen:

Schwinden wird mit eingerechnet. Da von denselben Kriech- und Schwindansätzen wie im vorangegangenen Abschnitt ausgegangen wird, kann von dort übernommen werden:

$$\varphi_\infty = 1{,}875\,;\quad \varepsilon_{s,\infty} = 20\cdot 10^{-5} \longrightarrow \quad N_S = 3203\,\text{kN},\ \alpha_0 = 0{,}0935,\ (1 - e^{-\alpha_0\varphi_\infty}) = 0{,}161,\ (1 - e^{-\varphi_\infty}) = 0{,}847$$

Der gegenseitige Abstand der Schwerachsen st und b beträgt a=1,6431m. Die Berechnungsformeln (gemäß G.61/67) lauten:

$$N_{b,k} = (N_S - N_{b,0})(1 - e^{-\alpha_0\varphi_\infty}) = (3203 - N_{b,0})\cdot 0{,}161 = 516 - 0{,}161\cdot N_{b,0}$$

$$N_{st,k} = -N_{b,k}$$

$$M_{b,k} = -M_{b,0}(1 - e^{-\varphi_\infty}) + a\cdot(N_S - N_{b,0})\frac{I_{b,0}}{I_{st}}\cdot\frac{\alpha_0}{1-\alpha_0}(e^{-\alpha_0\varphi_\infty} - e^{-\varphi_\infty}) =$$
$$= -0{,}847\cdot M_{b,0} + 5{,}71 - 1{,}782\cdot 10^{-3}\cdot N_{b,0}$$

$$M_{st,k} = N_{b,k}\cdot a = N_{b,k}\cdot 1{,}6431$$

Für jeden Schnitt werden die Formeln ausgewertet; für den Schnitt 5 ergibt sich z.B. mit $N_{b,0}$=-7380kN und $M_{b,0}$=+63,2kNm (siehe Bild 29):

$$N_{b,k} = 516 + 0{,}161\cdot 7380 = 516 + 1188 = \underline{1703\ \text{kN}} = -N_{st,k}$$

$$M_{b,k} = -0{,}847\cdot 63{,}2 + 5{,}71 + 0{,}001782\cdot 7380 = -53{,}5 + 5{,}71 + 13{,}2 = \underline{-34{,}59\,\text{kNm}}$$

$$M_{st,k} = 1704\cdot 1{,}6431 = \underline{2793\ \text{kNm}}$$

Das Ergebnis der Umlagerung (einschließlich Schwinden) ist in Bild 31 ausgewiesen.

Schnitt	Umlagerung von B+W+S; t=∞			
	$N_{b,k}$ kN	$N_{st,k}$ kN	$M_{b,k}$ kNm	$M_{st,k}$ kNm
0	+ 515	- 515	+ 5,7	+ 845
1	+ 960	- 960	- 9,4	+ 1579
2	+ 1301	- 1301	- 21,0	+ 2134
3	+ 1539	- 1539	- 29,0	+ 2524
4	+ 1673	- 1673	- 33,6	+ 2744
5	+ 1703	- 1703	- 34,6	+ 2793
6	+ 1634	- 1634	- 32,2	+ 2680
7	+ 1457	- 1457	- 26,3	+ 2390
8	+ 1179	- 1179	- 16,8	+ 1934
9	- 797	+ 797	- 3,9	+ 1308
10	- 303	+ 303	+ 12,4	+ 497

Bild 31

c) Berechnung der Zwängungsgrößen am statisch-unbestimmten System:

Wie in Abschnitt 18.2.4.2 erläutert, ist der zuvor berechnete Umlagerungszustand nicht systemverträglich.

c1) Berechnung der Klaffung der Querschnittsufer über der Mittelstütze aus den Umlagerungsgrößen $N_{st,k}$ und $M_{st,k}$ gemäß G.73. Da der am Stahlträger angreifende virtuelle Hilfsangriff nur ein Biegemoment bewirkt, vereinfacht sich die Formel zu:

$$\delta_{st,u,k} = \int M_{st,k}\, M_u \cdot \frac{ds}{E_{st} I_{st}}$$

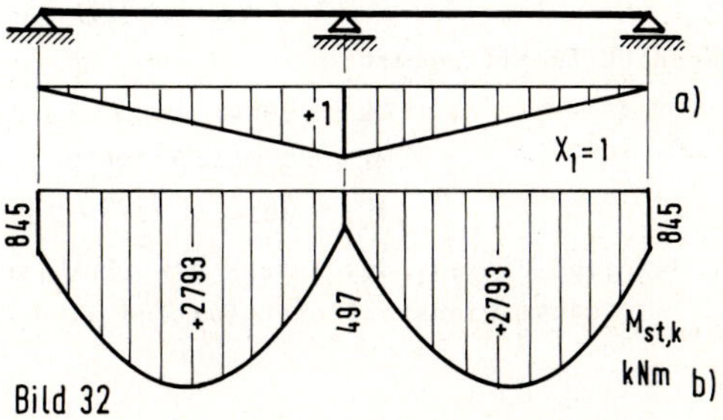

Bild 32

Bild 32 zeigt den Momentenverlauf für den virtuellen Hilfsangriff $X_1=1$ und die Umlagerungsgröße: $M_{st,k}$ (rechte Spalte des Bildes 31). Die Überlagerung der beiden Momentenflächen liefert:

$$\delta_{st,1,k}$$

Es wird numerisch mittels der Trapezformel integriert; es ergibt sich (auf die Wiedergabe der Zahlenrechnung wird verzichtet):

$$E_{st} I_{st}\, \delta_{st,1,k} = 90\,861 \text{ kNm}^2$$

Dieser Wert wird umgerechnet:

$$E_{st}\, I_{i,0}\, \delta_{st,1,k} = 90861 \cdot \frac{19\,234\,000}{4\,860\,000} = 90861 \cdot 3{,}958 = \underline{359594 \text{ kNm}^2}$$

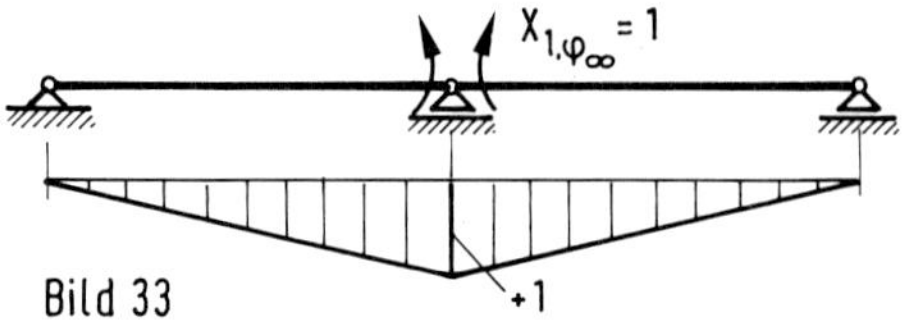

Bild 33

c2) Für $X_{1,\varphi_\infty}=1$ am Gesamtquerschnitt werden zunächst die Verteilungsgrößen berechnet, vgl. a):

$$N_{b,0} = -0{,}4523 M_{X_{1,\varphi_\infty}} = -N_{st,0}\,;\quad M_{b,0} = +0{,}003868 M_{X_{1,\varphi_\infty}}$$

$$M_{st,0} = +0{,}2527 M_{X_{1,\varphi_\infty}}$$

Im Schnitt 10 über der Mittelstütze ist $M_{X_{1,\varphi_\infty}}=1$; an dieser Stelle betragen demnach die Verteilungsgrößen:

$$N_{b,0} = -0{,}4523 = -N_{st,0}\,;\; M_{b,0} = +0{,}003868\,;\; M_{st,0} = +0{,}2527$$

Die Verteilungsgrößen in allen anderen Schnitten ergeben sich durch lineare Verzerrung (Bild 33); das gilt auch für die zugehörigen Umlagerungsgrößen. Somit braucht der Umlagerungszustand nur für den Schnitt 10 nach G.75/77 berechnet zu werden:

$$N_{b,k} = -N_{b,0} \cdot \frac{1}{\alpha_0 \varphi_\infty}[\alpha_0 \varphi_\infty - (1-e^{-\alpha_0 \varphi_\infty})] = -0{,}08157\, N_{b,0} = -N_{st,k}$$

$$M_{b,k} = -M_{b,0}\,\frac{\varphi_\infty - (1-e^{-\varphi_\infty})}{\varphi_\infty} - a \cdot N_{b,0} \cdot \frac{I_{b,0}}{I_{st}} \cdot \frac{\alpha_0 e^{-\varphi_\infty} - e^{-\alpha_0 \varphi_\infty} + (1-\alpha_0)}{\varphi_\infty \cdot (1-\alpha\;)}$$

$$= -0{,}5483\, M_{b,0} - 0{,}001212\, N_{b,0}$$

$$M_{st,k} = N_{b,k} \cdot a = N_{b,k} \cdot 1{,}6431$$

Im einzelnen folgt:

$$N_{b,k} = +0{,}08157 \cdot 0{,}4523 = +0{,}03689;\; M_{b,k} = -0{,}5483 \cdot 0{,}003868 + 0{,}001212 \cdot 0{,}4523 =$$
$$= -0{,}002121 + 0{,}000548 = -0{,}001573;\; M_{st,k} = 0{,}03689 \cdot 1{,}6431 = 0{,}06061$$

Überlagerung für den Stahlträger:

$$M_{st,X_{1,\varphi_\infty}} = M_{st,0} + M_{st,k} = +0{,}2527 + 0{,}06061 = +0{,}3133$$

Es wird $EI\delta_{11}$ berechnet; hier gemäß:

$$E_{st} \cdot I_{st} \cdot \delta_{st,X_{1,\varphi_\infty}} = 2 \cdot \frac{1}{3} \cdot 0{,}3133 \cdot 1 \cdot 45 = \underline{9{,}398 \text{ m}} \longrightarrow E_{st} \cdot I_{i,0} \cdot \delta_{st,X_{1,\varphi_\infty}} = 3{,}959 \cdot 9{,}398 = \underline{37{,}21 \text{ m}}$$

(Ist I_{st} variabel, sind die Verteilungs- und Umlagerungsgrößen in allen Schnitten zu berechnen; $E_{st} \cdot I_{st} \cdot \delta_{st}$ folgt dann mittels numerischer Integration.)

Das Belastungsglied lautet (s.o.):

$$E_{st} \cdot I_{i,0} \cdot \delta_{st,1,k} = \underline{359\,594 \text{ kNm}^2}$$

Die statisch Umbestimmte X_{1,φ_∞}, die zum Zeitpunkt $t=\infty$ die durch Kriechen bedingte Klaffung am statisch bestimmten Grundsystem wieder schließt, folgt damit zu:

$$X_{1,\varphi_\infty} = -\frac{359549}{37{,}21} = \underline{-9664 \text{kNm}}$$

Im Schnitt 10 gilt damit:

$$N_b = -9664(-0{,}4523 + 0{,}03689) = \underline{+4015 \text{ kN}} = -N_{st}$$

$$M_b = -9664(+0{,}003868 - 0{,}001573) = \underline{-22{,}18 \text{ kNm}}$$

$$M_{st} = -9664(+0{,}2527 + 0{,}06061) = \underline{-3028 \text{ kNm}}$$

Bild 34a gibt die auf den Beton- bzw. Stahlteil bezogenen Schnittgrößen infolge $X_{1,\varphi_\infty}=-9664$kNm wieder. Dieser Zustand wird mit den Werten aus Bild 31 überlagert, womit

Schnitt	X_{1,φ_∞} = -9664 kNm				Summe B+W+S ; t=∞			
	N_b kN	N_{st} kN	M_b kNm	M_{st} kNm	$N_{b,k}$ kN	$N_{st,k}$ kN	$M_{b,k}$ kNm	$M_{st,k}$ kNm
0	0	0	0	0	+ 515	- 515	+ 5,7	+ 845
1	+ 402	- 402	- 2,2	- 303	+1362	-1362	-11,6	+1276
2	+ 803	- 802	- 4,4	- 606	+2104	-2104	-25,4	+1528
3	+1205	-1205	- 6,7	- 908	+2744	-2744	-35,7	+1616
4	+1606	-1606	- 8,9	-1211	+3279	-3279	-42,5	+1533
5	+2008	-2008	-11,1	-1514	+3711	-3711	-45,7	+1279
6	+2409	-2409	-13,3	-1817	+4043	-4043	-45,5	+ 863
7	+2811	-2811	-15,5	-2120	+4268	-4268	-41,8	+ 270
8	+3212	-3212	-17,8	-2422	+4391	-4391	-34,6	- 488
9	+3614	-3614	-20,0	-2725	+2817	-2817	-23,9	-1417
10	+4015	-4015	-22,2	-3028	+3712	-3712	- 9,8	-2531

Bild 34 a) b)

Schnitt	Summe B+W+S; t=∞			
	$N_{b,t}$ kN	$N_{st,t}$ kN	$M_{b,t}$ kNm	$M_{st,t}$ kNm
0	+ 515	- 515	+ 5,7	+ 845
1	- 1398	+ 1398	+ 12,0	+ 2818
2	- 2776	+ 2776	+ 16,8	+ 4253
3	- 3616	+ 3616	+ 18,6	+ 5167
4	- 3911	+ 3911	+ 19,0	+ 5551
5	- 3669	+ 3669	+ 17,5	+ 5405
6	- 2907	+ 2907	+ 13,9	+ 4701
7	- 1586	+ 1586	+ 8,3	+ 3541
8	+ 271	- 271	+ 0,6	+ 1817
9	+ 1067	- 1067	- 8,9	- 436
10	+ 5032	- 5032	- 20,5	- 3232

Bild 35

der verträgliche Kriechzustand gefunden ist: Tabelle in Bild 34b. Wird dieser Kriech-Umlagerungszustand mit dem Zustand t=0 überlagert (Bild 29), findet man schließlich die endgültigen anteiligen Schnittgrößen zum Zeitpunkt t=∞.

Das Ergebnis ist in Bild 35 tabellarisch zusammengestellt.

Als letztes werden die Spannungen berechnet. In Bild 36 sind die Spannungszustände für den Schnitt 5 in Feldmitte und für den Schnitt 10 über der Stütze dargestellt. Die Zugrandspannung im Beton beträgt im Schnitt 10 zum Zeitpunkt t=0: +0,158kN/cm² und zum Zeitpunkt t=∞ :+0,522kN/cm²; sie ist also angewachsen. Das ist eine Folge der Kriechstauchungen und der damit verbundenen grösseren Durchbiegung im Feldbereich. Sofern über der Stütze unzulässig hohe Zuspannungen im Beton auftreten, ist eine noch größere Widerlagerverschiebung vorzusehen oder es sind Spannglieder in der Betonplatte einzubauen und diese vorzuspannen.

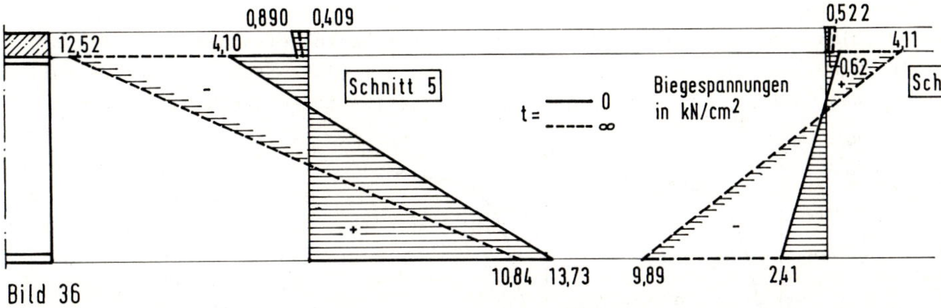

Bild 36

18.2.6 Schlaffe Bewehrung und Vorspannung der Betonplatte durch Spannglieder [29]

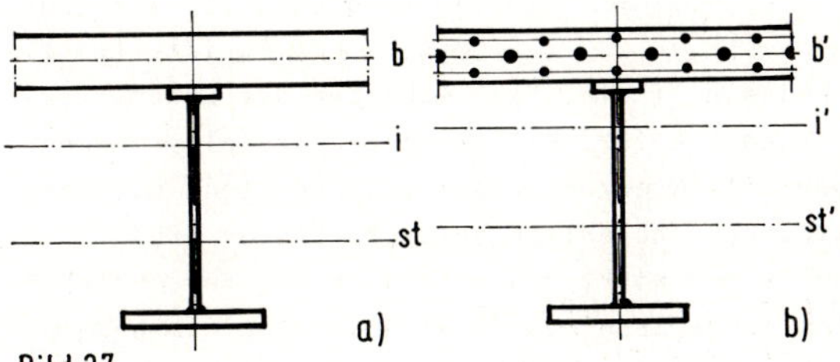

Bild 37

Quer zur Trägerlängsrichtung dient der Betongurt (mit einer entsprechenden Biege- und Schubbewehrung) als lastabtragende Platte. In Längsrichtung des Verbundträgers liegt demgemäß eine (Quer-) Bewehrung. Diese darf in die Querschnittswerte einbezogen werden, die Bewehrungseisen gehören dann zum Stahlquerschnitt. Das gilt auch für etwaige Spannstahlquerschnitte. Durch die Einbeziehung der Bewehrung erfährt die Lage der Schwerachse st des Stahlquerschnittes eine Änderung, damit auch die ideelle Schwerachse i und die auf st und i bezogenen Querschnittswerte. Zur Unterscheidung wird ein Strich gesetzt (vgl. Bild 37a/b): i'

$$A'_{i,0}\ ,\ S'_{i,0}\ ,\ I'_{i,0}$$

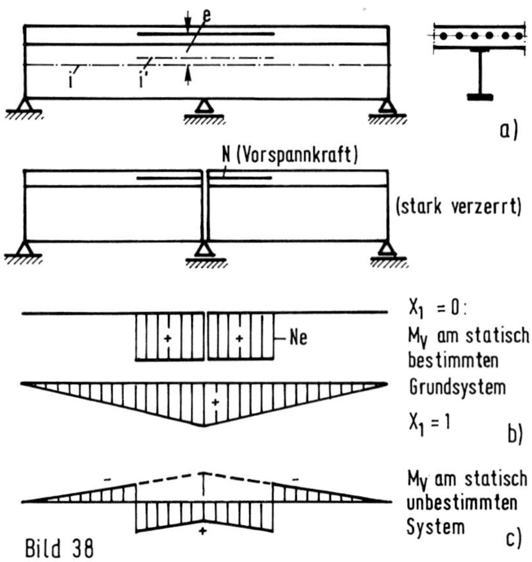

Bild 38

Im übrigen bleibt die in den Abschnitten 18.2.1 bis 18.2.5 hergeleitete Theorie unverändert gültig.
Die Berechnung des Lastfalles Vorspannung wird in bekannter Weise durchgeführt. Das sei an dem in Bild 38 dargestellten Durchlaufträger erläutert: Die Vorspannung wirkt zum Zeitpunkt t=0 auf den Verbundquerschnitt ohne Inrechnungstellung der Spannbewehrung (ggf. einschl. schlaffer Bewehrung). Diesem Zustand sei die Fläche A_i zugeordnet. Nach dem Vorspannen und Auspressen der Ankerkanäle wirkt A_i' (für die Lastfälle Ausbaulasten, Verkehrslasten und Kriechen). Bei der Berechnung der Formänderungsintegrale ist demgemäß darauf zu achten, daß I lastfallabhängig ist: $I_{i,0}$ oder $I_{i,0}'$.
Im übrigen ist die Vorspannung mittels Spannglieder (neben der Vorspannung durch eingeprägte Verformungen) ein eigenständiger Lastfall. Bild 38a zeigt den Vorspannzustand zum Zeitpunkt t=0, die Spannbewehrung liegt gegenüber der Achse i um das Maß e exzentrisch, hierfür wird die Momentenfläche der Vorspannzustände (für t=0) am statisch-unbestimmten System berechnet, wie in Bild 38b/c angedeutet. Anschließend wird $I_{i,0}'$ unter Bezug auf i' ermittelt; hiermit werden die Folgelastfälle analysiert.

18.3 Plasto-statische Berechnung der Stahlverbundträger (Nachweis der Tragsicherheit)

18.3.1 Sicherheitsfragen

Die Einhaltung zulässiger Spannungen (im elasto-statisch berechneten Gebrauchszustand) läßt die reale Sicherheit gegenüber der Grenztragfähigkeit einer Stahlverbundkonstruktion nicht erkennen. Das läßt sich an dem in Bild 39 skizzierten Einfeldträger, der auf dreierlei Weise als Stahlverbundträger hergestellt wird, erläutern. Teilbild a: Der Träger wird ohne Unterstützung montiert. Infolge der Frischbetonlast erhält der Stahlträger eine Vorbelastung. Das zugehörige max Moment sei M_g. Da die Steifigkeit des Stahlträgers (im Vergleich zum Verbundträger) gering ist, tritt

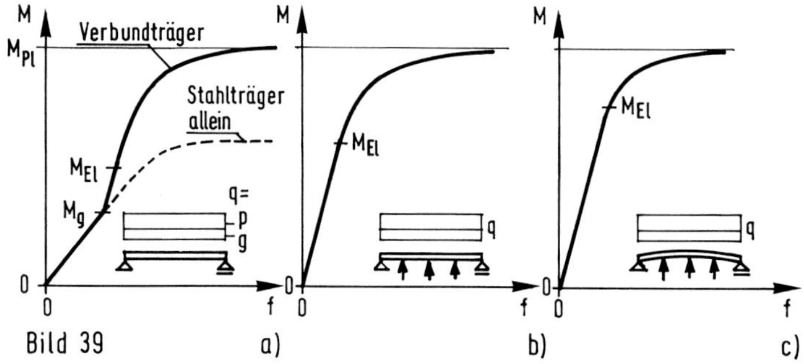

Bild 39

unter der Eigenlast eine relativ große Durchbiegung f ein. Nach Abbinden des Betons verhält sich der Träger bei weiterer Laststeigerung steifer. Mit Erreichen des plastischen Tragmomentes M_{Pl} wächst die Durchbiegung über alle Grenzen, was gleichbedeutend mit dem Einsturz ist. Teilbild b: Der Stahlträger wird kontinuierlich unterstützt, er erhält beim Betonieren keinerlei Beanspruchung. Der Träger wirkt von Anfang an als Verbundträger und ist demgemäß wesentlich steifer. Das elastische Grenzmoment wird unter einem höheren Lastniveau erreicht. Nach Überschreiten von M_{El} wird das M-f-Verhalten nichtlinear. Die Tragfähigkeit liegt indes auf demselben Niveau wie zuvor. Teilbild c: Der Stahlträger wird vor dem Betonieren durch Anheben vorgespannt, M_{El} liegt höher als im Falle b, das plastische Tragmoment wird durch die Vorspannung nicht angehoben. Hieraus folgt: Im Gebrauchszustand treten infolge der unterschiedlichen Herstellung unterschiedliche Spannungen im Stahlträger und im Betongurt auf. Sie werden, wie in Abschnitt 18.2 gezeigt, durch Schwinden und Kriechen umgelagert. Die Grenztragfähigkeit ist bei allen drei Herstellungsverfahren gleichgroß. Bei Laststeigerung über die elastische Grenztragfähigkeit hinaus plastizieren die Eigenspannungen heraus; im Bruchzustand betragen die Dehnungen ein Vielfaches der (elastischen) Dehnungen der durch Vorspannung und Kriechen verursachten Eigenspannungen. Letztere haben deshalb keinen Einfluß auf die reale Tragfähigkeit.

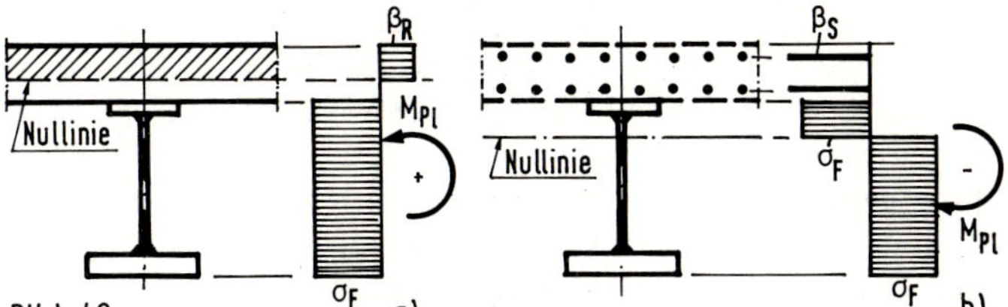

Bild 40

Die plastische Grenztragfähigkeit eines Stahlverbundträgers wird - wie bei reinen Stahlträgern - unter der Hypothese einer vollen Durchplastizierung berechnet, d.h. es wird von einem Spannungszustand (im Fließgelenk) ausgegangen, bei welchem sich im Beton- und Stahlteil konstante Spannungen $\sigma_b=\beta_R$ bzw. $\sigma_{st}=\sigma_F$ einstellen. β_R ist die Rechenfestigkeit des Betons und σ_F die Fließgrenze des Stahls (Bild 40a). Im Falle einer negativen Biegemomentenbeanspruchung dürfen die in der Biegezugzone liegenden Stahleinlagen berücksichtigt werden (Bild 40b), vorausgesetzt, sie sind in den anschließenden Druckbereichen ausreichend verankert. Der Ansatz einer vollen Durchplastizierung ist an folgende Voraussetzungen gebunden:

1. Vor Erreichen der vollen Durchplastizierung tritt in den unter Druck stehenden Querschnittsteilen des Stahlträgers kein örtliches Beulen ein oder allgemeiner ausgedrückt: Bei der Rotation des Querschnittes im Fließgelenk sinkt das innere Tragmoment nicht unter M_{Pl} ab (auch wenn sich fallweise Beulen einstellen). Dieser Voraussetzung kommt im Bereich negativer Stützmomente große Bedeutung zu. Da hier die Bewehrung berücksichtigt wird, steht ein großer Teil des Stahlträgers unter Druck.
2. Die Rißbreiten in der unter Zug stehenden Betonplatte dürfen vorgeschriebene Werte nicht überschreiten.

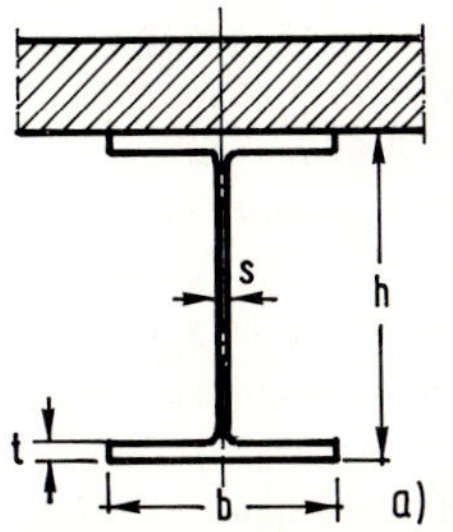

Flansch b/t		Steg h/s		
St37	St52	Bedingung	St37	St52
17	14	$\frac{\lvert N\rvert}{A\sigma_F} \leq 0{,}27$	$70(1-1{,}4\frac{\lvert N\rvert}{A\sigma_F})$	$56(1-1{,}4\frac{\lvert N\rvert}{A\sigma_F})$
		$\frac{\lvert N\rvert}{A\sigma_F} > 0{,}27$	43	35

b)

Bild 41 (nach DASt-Ri 008 (03.73))

Im Einzelnen:

Zu 1: Nach der Stahlverbundträger-Richtlinie (1981) ist der Auflage einer ausreichenden Beulsicherheit dadurch zu genügen, daß die Schlankheitsverhältnisse b/t der DASt-Ri008 (1973; Traglastrichtlinie) eingehalten werden, vgl. Bild 41. Liegt die Spannungsnullinie im Steg, ist N die resultierende Druckkraft im Steg und A die Stegfläche. Mit den Anweisungen des Bildes 41 läßt sich überprüfen,

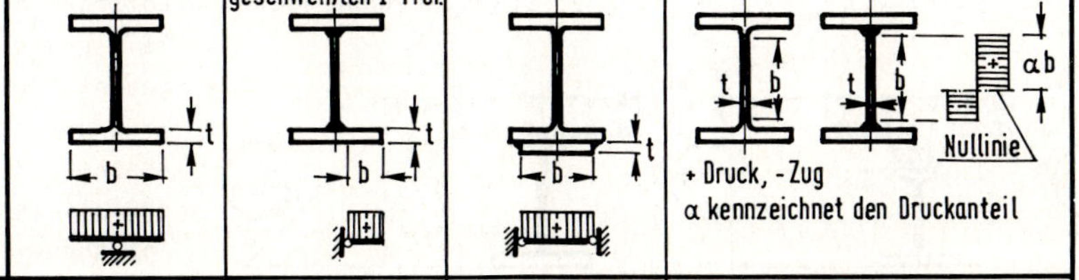

	Flansche von I-Profilen	Überstand der Flansche von geschweißten I-Prof.	Verstärkungslamellen	Stegbleche
Klasse 1	16δ	7,5δ	24δ	30δ/α
Klasse 2	20δ	9δ	32δ	33δ/α
Klasse 3	30δ	14δ	42δ	wie EUROCODE 3

Bild 42 (nach Entwurf EUROCODE 4 (10.84)) $\delta=\sqrt{235/\sigma_F}$ σ_F in N/mm²

ob die b/t-Verhältnisse der Flansche (Gurte) bzw. h/s-Verhältnisse der Stege eingehalten werden. Werden Gurte verstärkt, müssen die Lamellen die Bedingung b/t≤34 (St37) bzw. b/t≤28 (St52) erfüllen. b bedeutet dabei die Breite der zusätzlichen Gurtplatte zwischen den Flankenkehlnähten. - Aufgrund neuerer Untersuchungen werden größere Schlankheiten zugelassen. In Bild 42 ist die Regelung nach dem Entwurf des EUROCODE 4 (Stahlverbundkonstruktionen) zusammengefaßt. Danach werden drei Klassen unterschieden (vgl. auch Abschnitt 6.4 und Abschnitt 7.8.3.6):

Klasse 1: Der Querschnitt vermag durchzuplastizieren und besitzt zudem eine solche Rotationskapazität wie sie zur Ausbildung einer vollständigen Fließgelenkkette notwendig ist. Klasse 2: Der Querschnitt vermag durchzuplastizieren, hat aber keine Rotationskapazität. Klasse 3: Die Fließgrenze kann druckseitig erreicht werden, ohne daß Beulen eintritt. Bild 42 gibt die maximalen b/t-Verhältnisse der drei Klassen an. Inwieweit diese Ansätze in die künftige Grundnorm für Stahlverbundträger übernommen werden, bleibt abzuwarten.

Zu 2: Wie erläutert, darf die im Betongurt liegende Bewehrung im Bereich negativer Stützmomente bei der Berechnung des plastischen Grenzmomentes berücksichtigt werden, wenn sie in den Druckzonen ausreichend verankert ist. Der Betongurt reißt in der Zugzone auf. Es ist sicherzustellen, daß die Risse gleichmäßig und fein verteilt auftreten. Grundsätzlich maßgebend für den Nachweis der Rissebeschränkung ist DIN 1045; der Nachweis kann nur geführt werden, wenn die (elasto-statische) Beanspruchung unter Gebrauchslast berechnet und bekannt ist. Das ist bei vorwiegend nicht ruhender Beanspruchung (wie im Brückenbau) immer notwendig. Bei vorwiegend ruhend beanspruchten, nicht vorgespannten Stahlverbundträgern kann der Nachweis entfallen, wenn der Stabdurchmesser d_s der Längsbewehrung in Abhängigkeit vom Bewehrungsgrad μ_z kleiner oder gleich der in Bild 43 dargestellten Grenzdurchmesser ist. Dabei wird zwischen Betongurten ohne und mit Aufstelzungen (bis zu einer Höhe gleich der Dicke der Betonplatte) unterschieden. μ_z ist der auf den gesamten Betongurt bezogene Bewehrungsgrad der äußeren Bewehrungslage. Der Querschnitt der dem Stahlträger näher gelegenen Bewehrungslage in Längsrichtung muß mindestens 2/3 der Mindestbewehrung der äußeren Lage sein. Das Diagramm in Bild 43 gilt unter der Voraussetzung doppelt symmetrischer Stahlträgerquerschnitte und gerippter Betonstähle. Es wird damit sichergestellt, daß die Rißweiten kleiner 0,4mm bleiben. Treffen die Voraussetzungen nicht zu, ist der Nachweis der Rißweitenbeschränkung nach DIN 1045 zu führen. (Vgl. auch die Stahlverbundträger-Richtlinie, Abschnitt 9.2 u. [30-32])

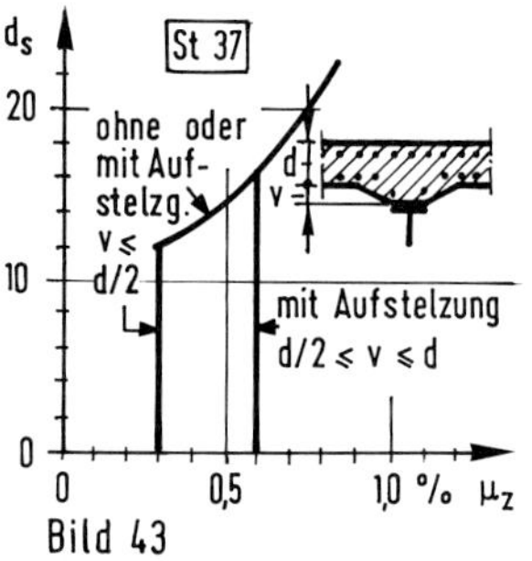

Bild 43

Stahlverbundträger des Hochbaues, die sowohl die Bedingungen des Bildes 41 bzw. 42 (Klasse 1) und des Bildes 43 erfüllen, dürfen nach der Fließgelenktheorie berechnet werden, d.h. es darf von einem vollen plastischen Momentenausgleich ausgegangen werden. Werden die Bedingungen nicht erfüllt (das gilt i.a. für die Stahlverbundträger des Brückenbaues mit geschweißten Vollwandquerschnitten), darf das Erreichen eines vollplastizierten Zustandes nicht angesetzt werden. Es ist dann von der sogen. rechnerischen Grenztragfähigkeit auszugehen. Sie wird unter der Annahme eines geradlinigen Spannungsverlaufes bei Vorgabe bestimmter Grenzdehnungen bestimmt: Bild 44 zeigt, wie die Grenzdehnungen anzunehmen sind:

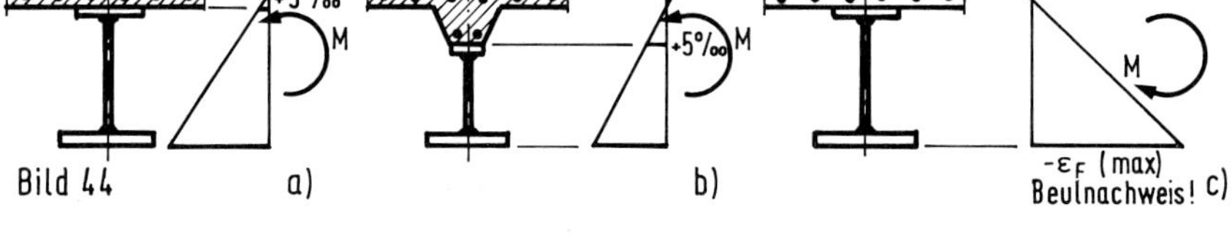

Bild 44

a) Beton: Als max Betonranddruckstauchung darf -3,5‰ angesetzt werden. Sofern bei Druckkraft mit geringer Ausmitte der ganze Verbundquerschnitt unter Druck steht, ist die Betonranddruckstauchung auf

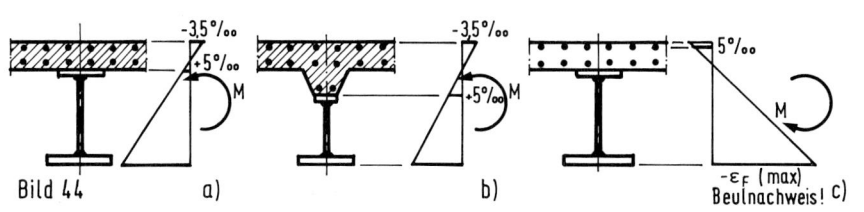

$$\varepsilon_b = -3{,}5\text{‰} - 0{,}75\,\varepsilon_a \tag{78}$$

zu begrenzen. ε_a ist die Randdehnung des weniger gedrückten Gurtes, sie ist stets negativ einzusetzen. Für mittigen Druck gilt demnach $\varepsilon_a = -2$‰.
Um eine sichere Schubübertragung zu gewährleisten, ist als max Betondehnung 5‰ einzuhalten. Das gilt sowohl für die gemeinsame Fuge zwischen Stahlträger und Betonplatte (also für den Bereich der Verbundmittel), wie für die Fasern der im Zugbereich liegenden Bewehrungseisen, vgl. Bild 44.
b) Stahlträger: Die Druckstauchung ist aus Stabilitätsgründen auf $-\varepsilon_F$ zu begrenzen; ggf. können bei Einhaltung der b/t-Verhältnisse nach Bild 42 auch höhere Werte angesetzt werden. Die Zugdehnung ist unbegrenzt.
c) Stahleinlagen: Stauchung und Dehnung sind unbegrenzt.
Unter Vorgabe vorstehender Dehnungsgrenzmarken wird die Grenztragfähigkeit bestimmt. Das erfordert i.a. mehrere Iterationsschritte, dabei werden im Regelfall nicht alle Marken erreicht. - In Anlehnung an die Berechnung von Spannbetonkonstruktionen wird die Grenztragfähigkeit der Stahlverbund-Konstruktion nach der Elastizitätstheorie unter γ-facher Belastung berechnet. Dann wird nachgewiesen, daß in allen Balkenbereichen die Summe der Feld- und Stützmomente kleiner als die absolute Summe der Grenztragfähigkeiten ist. Wie erwähnt, kommt dieser Nachweis vor allem im Brückenbau zum Tragen. Im Hochbau kann praktisch immer davon ausgegangen werden, daß die Voraussetzungen der Fließgelenkmethode erfüllt sind.

18.3.2 Berechnungsgrundlagen für den Nachweis der plastischen Grenztragfähigkeit

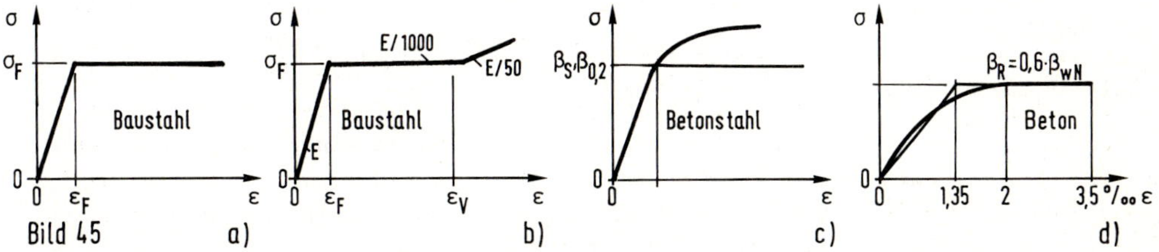

Bild 45

Für den Nachweis der plastischen Grenztragfähigkeit von Stahlverbundquerschnitten dürfen folgende Annahmen unterstellt werden:
a) Starrer Verbund zwischen Stahlträger und Betongurt, Ebenbleiben der Querschnitte.
b) Ideal-elastisches/ideal-plastisches Spannungsdehnungsgesetz für Baustahl und Betonstahl (Bild 45a und c). Baustahl: σ_F, Betonstahl: β_S bzw. $\beta_{0,2}$. Bild 45b zeigt, wie im Falle einer Computerberechnung das σ-ε-Gesetz für Baustahl (nach dem Entwurf des EUROCODE 4) angesetzt werden darf.
c) Rechenfestigkeit des Betons: $\beta_R = 0{,}6\cdot\beta_{wN}$ (Bild 45d).
d) Keine Mitwirkung des Betons auf Zug.

18.3.3 Platisches Tragmoment M_{Pl}

Bei der Berechnung der plasto-statischen Grenzmomente sind vier Fälle zu unterscheiden (Bild 46 bis 49):
Positives Biegemoment: Der Betongurt liegt in der Biegedruckzone; Unterfälle: a: Nullinie liegt im Betongurt, b: Nullinie liegt im oberen Trägerflansch, c: Nullinie liegt im Trägersteg.
Negatives Biegemoment: Der Betongurt liegt in der Biegezugzone; die Bewehrung in der Betonplatte darf berücksichtigt werden (s.o.): Fall d.
Um den maßgebenden Fall aufzufinden, werden zunächst für den Beton- und Stahlquerschnitt die Schwerachsen bestimmt. Von der oberen Berandung der Betonplatte aus wird z_{st} bis zum Schwerpunkt des Stahlträgers und z_e bis zu den Fasern der Stahleinlagen gemessen. z_0 sei der Abstand bis zur gesuchten Spannungsnullinie. Zug- und Druckkräfte werden im folgenden als Absolutgrößen eingeführt.

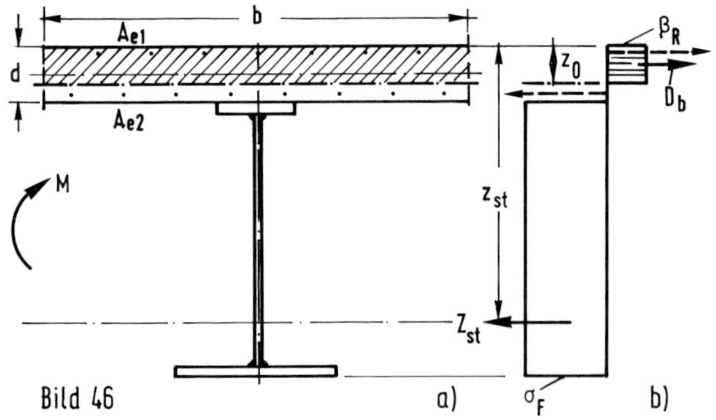

Bild 46

Fall a: Nullinie liegt im Betongurt (Bild 46): Zug- und Druckkraft betragen:

$$Z_{st} = A_{st}\sigma_F \qquad (79)$$

$$D_b = b \cdot z_0 \cdot \beta_R \qquad (80)$$

Aus der Bedingung, daß die Summe aller Normalkräfte Null ist, folgt die gesuchte Lage der Nullinie:

$$\Sigma N = 0: \quad Z_{st} = D_b \longrightarrow z_0 = \frac{A_{st}\sigma_F}{b \cdot \beta_R} \qquad (81)$$

Das plastische Grenzmoment beträgt:

$$M_{Pl} = Z_{st}\left(z_{st} - \frac{z_0}{2}\right) \qquad (82)$$

Für den Fall, daß die Bewehrung berücksichtigt werden soll und die Nullinie beispielsweise zwischen den beiden Bewehrungslagen liegt (Bild 46a), gilt:

$$Z_{st} = A_{st}\sigma_F; \quad Z_{e2} = A_{e2}\sigma_{Fe}; \quad D_b = \beta_R b \cdot z_0; \quad D_{e1} = A_{e1}\sigma_{Fe} \qquad (83)$$

$$\Sigma N = 0: \quad Z = D \longrightarrow z_0 = \frac{A_{st}\sigma_F + A_{e2}\sigma_{Fe} - A_{e1}\sigma_{Fe}}{b \cdot \beta_R}; \quad \text{Bedingung: } 0 \leq z_0 \leq d \qquad (84)$$

(Mit σ_{Fe} ist die Streckgrenze der Stahleinlagen abgekürzt: β_S bzw. $\beta_{0,2}$.) Ist $A_{e1} = A_{e2}$, geht G.84 in G.81 über. Für das plastische Grenzmoment folgt:

$$M_{Pl} = Z_{st} \cdot \left(z_{st} - \frac{z_0}{2}\right) + Z_{e2} \cdot \left(z_{e2} - \frac{z_0}{2}\right) + D_{e1} \cdot \left(\frac{z_0}{2} - z_{e1}\right) \qquad (85)$$

Fall a sollte grundsätzlich angestrebt werden.

Fall b: Nullinie liegt im oberen Trägerflansch (Bild 47):

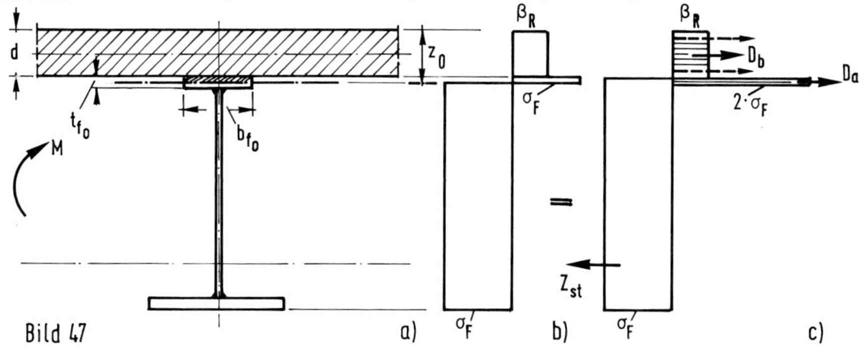

Bild 47

Anstelle des realen Spannungsbildes (Bild 47b) wird von einem modifizierten Spannungsverlauf ausgegangen: Teilbild c. Hierbei steht der gesamte Stahlträgerquerschnitt unter konstanter Zugfließspannung. Zum Ausgleich muß oberhalb der Nullinie eine zweifache Druckfließspannung angesetzt werden. Im Einzelnen:

$$Z_{st} = A_{st}\sigma_F; \quad D_b = \beta_R b d; \quad D_a = 2\sigma_F b_{f_0} \cdot (z_0 - d) \qquad (86)$$

$$\Sigma N = 0: \quad Z_{st} = D_b + D_a \longrightarrow z_0 = d + \frac{Z_{st} - D_b}{2\sigma_F b_{f_0}}; \quad \text{Bedingung: } d \leq z_0 \leq d + t_{f_0} \qquad (87)$$

$$M_{Pl} = Z_{st}\left(z_{st} - \frac{d}{2}\right) - D_a\left(d + \frac{z_0 - d}{2} - \frac{d}{2}\right) = Z_{st}\left(z_{st} - \frac{d}{2}\right) - D_a \frac{z_0}{2} \qquad (88)$$

Einrechnung der Bewehrung wie im Fall a.

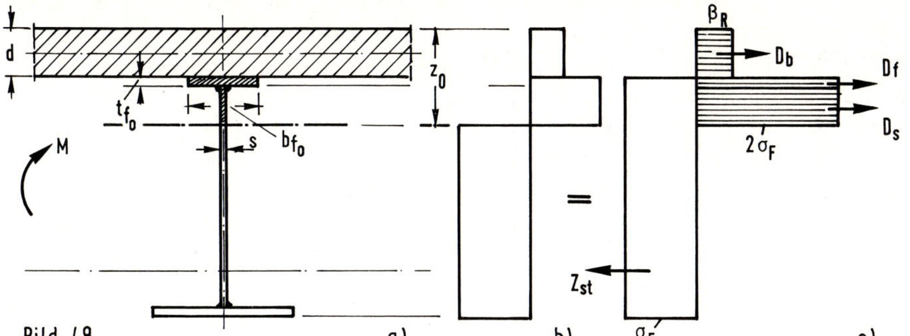

Bild 48

Fall c: Nullinie liegt im Steg des Stahlträgers (Bild 48). Die Vorgehensweise entspricht Fall b: Als erstes wird wieder die Lage der Nullinie bestimmt:

$$Z_{st} = A_{st}\sigma_F;\ D_b = \beta_R b d;\ D_f = 2\sigma_F b_{f_0} \cdot t_{f_0};\ D_s = 2\sigma_F s(z_0 - d - t_{f_0}) \qquad (89)$$

$$\Sigma N = 0:\ Z_{st} = D_b + D_f + D_s \longrightarrow z_0 = d + t_{f_0} + \frac{Z_{st} - D_b - D_f}{2\sigma_F s};\ \text{Bedingung: } d + t_{f_0} \leq z_0 \qquad (90)$$

Plastisches Grenzmoment:

$$M_{Pl} = Z_{st}(z_{st} - \frac{d}{2}) - D_f(d + \frac{t_{f_0}}{2} - \frac{d}{2}) - D_s(d + t_{f_0} + \frac{z_0 - d - t_{f_0}}{2} - \frac{d}{2})$$
$$= Z_{st}(z_{st} - \frac{d}{2}) - D_f \cdot (\frac{d + t_{f_0}}{2}) - D_s \cdot (\frac{t_{f_0} + z_0}{2}) \qquad (91)$$

Einrechnung der Bewehrung wie im Fall a.

Fall d: Negatives Biegemoment, die Nullinie liegt im Steg des Stahlträgers (Bild 49). Eine ausreichende Verankerung der Stahleinlagen sei sichergestellt.

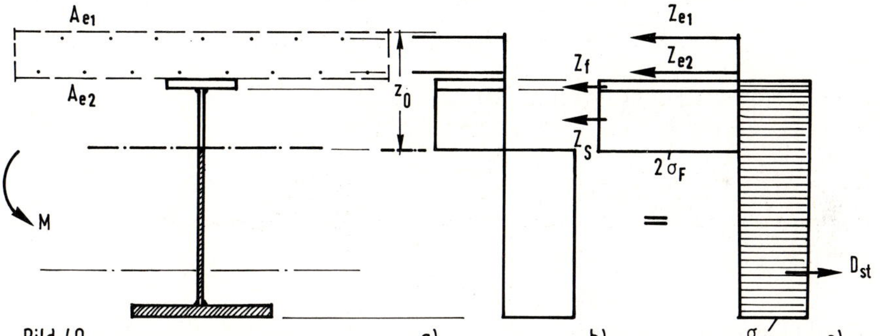

Bild 49

Für das fiktive Spannungsbild (Teilbild c) werden die Resultierenden der einzelnen Spannungsblöcke bestimmt:

$$D_{st} = A_{st}\sigma_F;\ Z_{e1} = \sigma_{F_e} A_{e1};\ Z_{e2} = \sigma_{F_e} A_{e2};\ Z_f = 2\sigma_F b_{f_0} \cdot t_{f_0};\ Z_s = 2\sigma_F s \cdot (z_0 - d - t_{f_0}) \qquad (92)$$

Berechnung der Nullinie und des plastischen Tragmomentes:

$$\Sigma N = 0:\ D_{st} = Z_{e1} + Z_{e2} + Z_f + Z_s \longrightarrow z_0 = d + t_{f_0} + \frac{D_{st} - Z_{e1} - Z_{e2} - Z_f}{2\sigma_F s} \qquad (93)$$

$$M_{Pl} = D_{st}\, z_{st} - Z_{e1}\, z_{e1} - Z_{e2} z_{e2} - Z_f\, z_f - Z_s\, z_s \qquad (94)$$

(Die letztgenannte Gleichung ist unter Bezug auf die obere Kante des Betongurtes formuliert; so hätte man auch in den Fällen a bis c verfahren können.) Für den Fall, daß die Spannungsnullinie im oberen Flansch oder bei hohem Bewehrungsanteil außerhalb des Stahl-

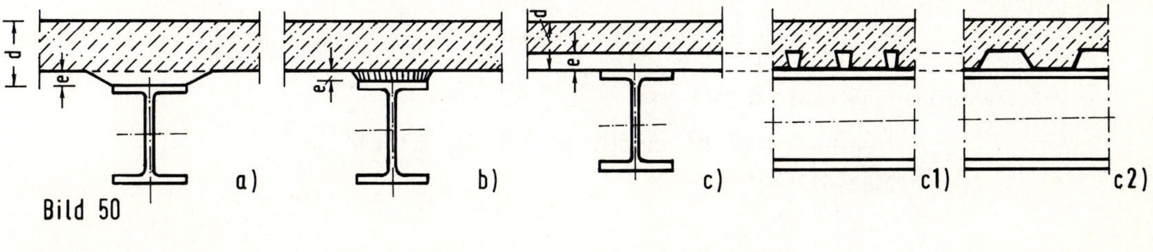

Bild 50

trägers liegt, gelten andere Formeln, die leicht herzuleiten sind. Das gilt auch dann, wenn neben dem Biegemoment noch eine Normalkraft wirksam ist; dann wird $M_{Pl,M/N}$ bestimmt [31,33]. Im Falle lokaler Aufstelzungen des Betongurtes oder eines Mörtelbettes ist deren Höhe e von der Gesamthöhe d (Oberkante Stahlträger bis Oberkante Betongurt, vgl. Bild 50a/b) abzuziehen. Das gilt auch, wenn der Betongurt mittels profilierter Bleche hergestellt wird (Bild 50c). Fall a bleibt gültig, solange $z_0<d-e$ ist. In den Fällen b (Bild 47) und c (Bild 48) ist bei Verwendung von Profilblechen

$$D_b = \beta_R \cdot b(d-e) \tag{95}$$

zu setzen. Alles andere bleibt unverändert.

18.3.4 Plastisches Tragmoment doppeltsymmetrischer Walzprofile

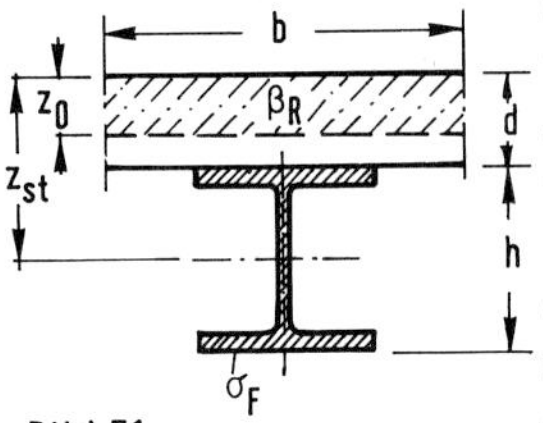

Bild 51

Kommen doppeltsymmetrische Profile zum Einsatz, kann die erforderliche Querschnittsfläche des Stahlträgers explizit bemessen werden. Das ist der Standardfall im Hochbau, wo vorrangig Walzprofile verwendet werden. Es wird dabei vorausgesetzt, daß die Nullinie im Betongurt liegt (Fall a gemäß Abschnitt 18.3.3). Die Dicke d der Betonplatte liegt i.a. aufgrund der Deckenbemessung fest. Bild 51 zeigt einen solchen Fall (wobei die Breite b des Betongurtes real ein Vielfaches der Trägerbreite beträgt). Es gilt:

$$z_{st} = d + \frac{h}{2}; \quad z_0 = \frac{A_{st}\sigma_F}{b \cdot \beta_R} \tag{96}$$

M_γ sei das erforderliche Tragmoment (im γ-fachen Lastzustand). Dann folgt:

$$M_{Pl} = A_{st}\sigma_F z_{st} - \beta_R b \cdot z_0 \frac{z_0}{2} = \sigma_F\left(d + \frac{h}{2}\right)A_{st} - \frac{\sigma_F^2}{2 \cdot b \cdot \beta_R}A_{st}^2 \stackrel{!}{=} M_\gamma \tag{97}$$

Gesucht ist die Querschnittsfläche A_{st}. Die Umformung der Gleichung führt auf eine quadratische Gleichung für A_{st}:

$$\left(\frac{\sigma_F}{bd\beta_R}\right)^2 A_{st}^2 - 2\left(1 + \frac{h}{2d}\right)\left(\frac{\sigma_F}{bd\beta_R}\right)A_{st} + \frac{2M_\gamma}{bd^2\beta_R} = 0 \tag{98}$$

Auflösung der Gleichung:

$$\left(\frac{\sigma_F}{bd\beta_R}\right)A_{st} = \left(1 + \frac{h}{2d}\right) - \sqrt{\left(1 + \frac{h}{2d}\right)^2 - \frac{2M_\gamma}{bd^2\beta_R}} \tag{99}$$

Bei der Auswertung ist zu prüfen, ob der Anwendungsbereich

$$z_0 \leq d \quad \text{bzw.} \leq (d-e) \tag{100}$$

eingehalten wird (letzteres im Falle Bild 50 a,b).

Bei der Anwendung von G.99 ist die Höhe des Stahlträgers zunächst zu schätzen. I.a. läuft die Bemessung auf eine Iterationsrechnung hinaus; in [31] sind Bemessungsdiagramme enthalten. - Bei der Vorbemessung ist es zweckmäßig, z_0=d anzunehmen. Die Druckresultierende liegt dann im Schwerpunkt der Betonplatte:

$$\sigma_F A_{st}\left(\frac{h}{2} + \frac{d}{2}\right) \stackrel{!}{=} M_\gamma \longrightarrow A_{st} = \frac{2M_\gamma}{\sigma_F(h+d)} \tag{101}$$

Ggf. ist im Nenner h+d+e statt h+d zu setzen.

Beispiel: Gesucht sei das IPE-Profil für einen Stahlverbundträger mit einer Profilblechdecke für M_γ=320kNm. Bild 52a zeigt den Querschnitt: Beton B35, Stahl St37. Die Höhe des Stahlträgers wird zu h=300mm geschätzt. Hiermit lautet die rechte Seite von G.99:

$$\left(1 + \frac{30}{2 \cdot 14}\right) - \sqrt{\left(1 + \frac{30}{2 \cdot 14}\right)^2 - \frac{2 \cdot 32000}{240 \cdot 14^2 2{,}1}} = 2{,}0714 - \sqrt{4{,}2908 - 0{,}6479} = \underline{0{,}1628}$$

Die weitere Auswertung gemäß G.99 ergibt:

$$A_{st} = \frac{0{,}1628}{\frac{24}{240 \cdot 14 \cdot 2{,}1}} = 47{,}86\,\text{cm}^2, \text{ gewählt: IPE 300: } A_{st} = 53{,}8\,\text{cm}^2$$

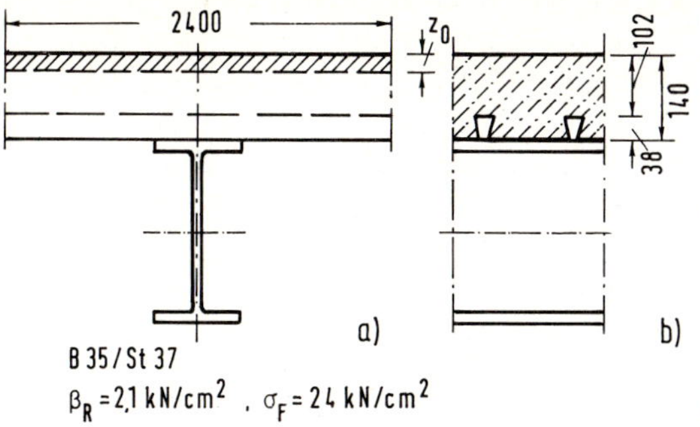

Bild 52

Das Profil IPEa300 ist mit A_{st}=46,5cm² etwas zu schwach. - Der Gültigkeitsbereich wird überprüft (vgl. G.96 und G.100):

$$z_0 = \frac{53{,}8 \cdot 24}{240 \cdot 2{,}1} = 2{,}56\,cm < 10{,}2\,cm = d - e$$

Plastisches Tragmoment:

$$M_{Pl} = 24 \cdot 53{,}8 \left(14 + 15 - \frac{2{,}56}{2}\right) = 35\,792\,kNcm$$

$$= \underline{358\,kNm} > \underline{320\,kNm}$$

Für die in Abschnitt 18.3.3 behandelten Fälle b) und c) lassen sich ebenfalls explizite Bemessungsformeln für doppelt-symmetrische Stahlträgerprofile angeben; deren praktische Bedeutung ist relativ gering; vgl. z.B. [31]. - Wird bei negativem Biegemoment die in der Zugzone liegende Bewehrung berücksichtigt, ist gemäß Abschnitt 18.3.3, Fall d, vorzugehen.

18.3.5 M/Q-Interaktion

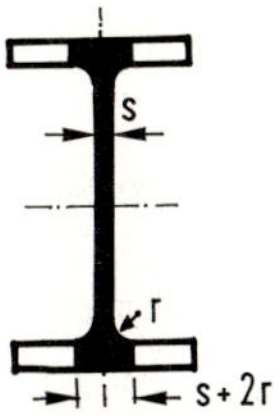

Bild 53

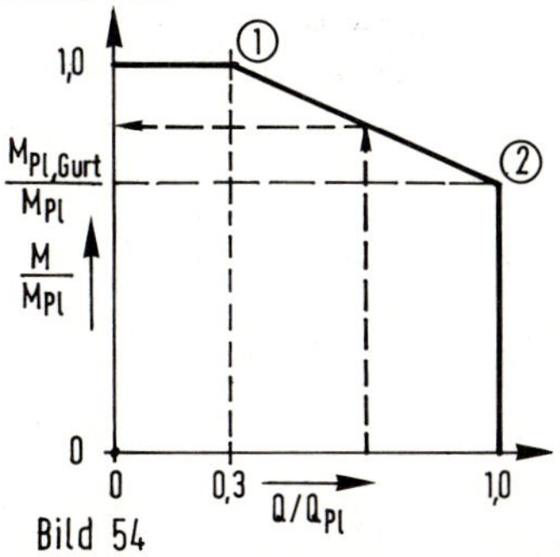

Bild 54

Wirken in einem Querschnitt gleichzeitig Biegemoment und Querkraft, erfährt das plastische Tragmoment eine Abminderung. Das abgeminderte Tragmoment $M_{Pl,M/Q}$ wird nach dem in Abschnitt 6.3.7.3 erläuterten Konzept berechnet, was immer dann erforderlich ist, wenn

$$Q > 0{,}3 \cdot Q_{Pl} \quad \text{mit} \quad Q_{Pl} = A_{Steg} \cdot \frac{\sigma_F}{\sqrt{3}} \tag{102}$$

ist. Nach der Stahlverbundträger-Richtlinie ist wie folgt vorzugehen:

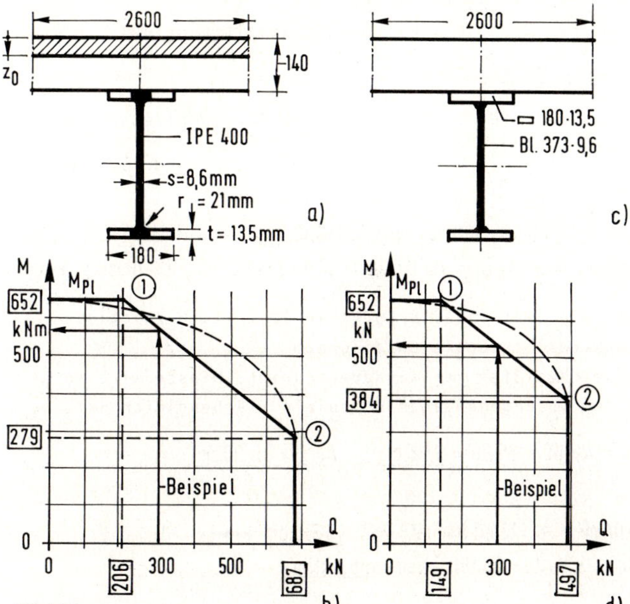

Bild 55

a) Bei Walzprofilen darf die Stegfläche A_{Steg} gleich der in Bild 53 angelegten Fläche angesetzt werden. Für die Berechnung des plastischen Momentes steht dann nur noch die Restfläche der Flansche zur Verfügung. Auf der sicheren Seite liegend darf das Interaktionsdiagramm wie in Bild 54 dargestellt berechnet werden: Der Eckpunkt ① ist dem Wertepaar M_{Pl} und $0{,}3 \cdot Q_{Pl}$ zugeordnet. Der Punkt ② ist $M_{Pl,Gurt}$ und Q_{Pl} zugeordnet. Bei der Berechnung von $M_{Pl,Gurt}$ werden nur die Flanschrestflächen berücksichtigt; die Stegfläche dient zur Abtragung von Q_{Pl}. Mit den Eckpunkten ① und ② liegt das Interaktionsdiagramm fest: Bild 54.

b) Bei geschweißten <u>doppelt-symmetrischen</u> Querschnitten wird genauso vorgegangen wie bei Walzprofilen. Bei der Berechnung von A_{Steg} darf nur die reale Stegfläche angesetzt werden.

c) Bei geschweißten einfach-symmetrischen Querschnitten wird für den Steg die reduzierte Fließspannung

$$\sigma_{F,Steg} = \sigma_F \sqrt{1 - 3\left(\frac{\tau}{\sigma_F}\right)^2} = \sigma_F \cdot \sqrt{1 - \left(\frac{Q}{Q_{Pl}}\right)^2} \qquad (103)$$

bestimmt und mit dieser Spannung weiter gerechnet. Das läuft auf eine Iterationsrechnung hinaus. Es ist auch möglich, die Stegdicke zu reduzieren:

$$s_{red} = s \cdot \sqrt{1 - \left(\frac{Q}{Q_{Pl}}\right)^2} \qquad (104)$$

Das ist zweckmäßiger, weil dann die Rechenanweisungen der Abschnitte 18.3.3 und 18.3.4 unverändert übernommen werden können. (Q_{Pl} wird für die unverschwächte Stegfläche bestimmt.)

Der M/Q-Interaktion kommt insbesondere im Bereich negativer Stützmomente große Bedeutung zu (Fall d in Abschnitt 18.3.3), da hier i.a. eine hohe Biegemomentenbeanspruchung mit einer hohen Querkraftbeanspruchung zusammenfällt.

18.3.6 Beispiele

1. Beispiel: Stahlverbundträger mit Walzprofil IPE400 (St37). Bild 55a zeigt den Querschnitt des Trägers. Gesucht ist das plastische Grenzmoment.

$$\text{IPE 400}: A = \underline{84{,}5\,cm^2};\; A_{Steg} = A - 2[b - (s + 2r)]t = 84{,}5 - 2[18{,}0 - (0{,}86 + 2\cdot 2{,}1)]\cdot 1{,}35 = 84{,}5 - 34{,}94 = \underline{49{,}56\,cm^2}$$

Ohne M/Q-Interaktion (G.81/82):

$$\sigma_F = 24\,kN/cm^2,\; \beta_R = 2{,}1\,kN/cm^2:\; z_0 = 24{,}0\cdot 84{,}5/2{,}1\cdot 260 = \underline{3{,}71\,cm} \longrightarrow$$

$$M_{Pl} = 24\cdot 84{,}5\cdot(14{,}0 + 20{,}0 - 3{,}71/2) = 2028\cdot 32{,}15 = 65190\,kNcm = \underline{652\,kNm}$$

Mit M/Q-Interaktion: Die Querschnittsfläche des Stahlträgers beträgt ohne den Steganteil: 34,94cm²; damit folgt:

$$Q_{Pl} = \frac{24}{\sqrt{3}}\cdot 49{,}56 = 13{,}86\cdot 49{,}56 = \underline{686{,}72\,kN};\quad 0{,}3\cdot Q_{Pl} = 206\,kN$$

$$z_0 = 24{,}0\cdot 34{,}94/2{,}1\cdot 260 = \underline{1{,}54\,cm} \longrightarrow M_{Pl,M/Q}^{Gurt} = 24{,}0\cdot 34{,}94\,(14{,}0 + 20{,}0 - 1{,}54/2) = 839\cdot 33{,}23 = 27865\,kNcm = \underline{279\,kNm}$$

Die Eckpunkte (1) und (2) lassen sich damit im Interaktionsdiagramm eintragen. In Bild 55b ist das Ergebnis ausgewiesen. Für Q=300kN liest man beispielsweise ab:

$$M_{Pl,M/Q} = \underline{585\,kNm}$$

Ein genauerer Wert läßt sich bestimmen, wenn für Q=300kN die reduzierten Fließspannungen im Bereich der Stegfläche berechnet und von G.81 ausgegangen wird:

$$Q = 300\,kN \longrightarrow \tau = 300/49{,}56 = 6{,}05\,kN/cm^2 \longrightarrow \sigma_{F,Steg} = 24{,}0\sqrt{1 - 3\left(\frac{6{,}05}{24{,}0}\right)^2} = \underline{21{,}59\,kN/cm^2}$$

$$D_b = 2{,}1\cdot 260\cdot z_0 = \underline{546{,}0\cdot z_0};\quad Z_{st} = 24{,}0\cdot 34{,}94 + 21{,}59\cdot 49{,}56 = 838{,}6 + 1070{,}0 = \underline{1908{,}6\,kN}$$

$$D_b = Z_{st} \longrightarrow 546{,}0\cdot z_0 = 1908{,}6 \longrightarrow z_0 = \underline{3{,}50\,cm} \longrightarrow M_{Pl,M/Q} = 1908{,}6(14{,}0 + 20{,}0 - 3{,}50/2) = 61552\,kNcm = \underline{615\,kNm}$$

Dieser Wert liegt ca. 5% über 585kNm. Die gestrichelte Kurve in Teilbild b zeigt das auf vorstehende Weise ermittelte ("exakte") Interaktionsdiagramm.

2. Beispiel: Stahlverbundträger mit geschweißtem Vollwandquerschnitt. Dieser wird so gewählt, daß er mit dem IPE400-Profil des vorangegangenen Beispiels flächengleich ist, vgl. Bild 55c.

$$A = 2\cdot 18{,}0\cdot 1{,}35 + 37{,}3\cdot 0{,}9625 = 48{,}60 + 35{,}90 = \underline{84{,}5\,cm^2},\quad A_{Steg} = \underline{35{,}90\,cm^2}$$

Ohne M/Q-Interaktion:

$$\sigma_F = 24{,}0\,kN/cm^2;\; \beta_R = 2{,}1\,kN/cm^2:\; z_0 = 24{,}0\cdot 84{,}5/2{,}1\cdot 260 = \underline{3{,}714\,cm} \longrightarrow$$

$$M_{Pl,M/Q} = 24{,}0\cdot 84{,}5(14{,}0 + 20{,}0 - 3{,}71/2) = 65180\,kNcm = \underline{652\,kNm}$$

Mit M/Q-Interaktion:

$$Q_{Pl} = 13{,}86\cdot 35{,}90 = 497{,}57\,kN;\; 0{,}3\cdot Q_{Pl} = 149\,kN$$

$$z_0 = 24\cdot 48{,}6/2{,}1\cdot 260 = 2{,}14\,cm \longrightarrow M_{Pl,M/Q} = 24\cdot 48{,}6\,(14{,}0 + 20{,}0 - 2{,}14/2) = \underline{384\,kNm}$$

Das Interaktionsdiagramm ist in Bild 55d dargestellt. Für Q=300kN erhält man:

$$\underline{M_{Pl,M/Q} = 540\,\text{kNm}}$$

Der genauere Wert ergibt sich zu:

$$\tau = 300/35{,}90 = 8{,}36\,\text{kN/cm}^2 \rightarrow \sigma_{F,Steg} = 24{,}0\sqrt{1-3\left(\frac{8{,}36}{24{,}0}\right)^2} = 19{,}14\,\text{kN/cm}^2$$

$$D_b = 2{,}1\cdot 260\cdot z_0 = \underline{546{,}0\cdot z_0}\,;\; Z_{st} = 24{,}0\cdot 48{,}6 + 19{,}14\cdot 35{,}90 = 1166{,}4 + 687{,}1 = \underline{1853\,\text{kN}} \rightarrow z_0 = 1853/546{,}0 = \underline{3{,}39\,\text{cm}} \rightarrow$$

$$M_{Pl,M/Q} = 1853(14{,}0 + 20{,}0 - 3{,}39/2) = 59857\,\text{kNcm} = \underline{599\,\text{kNm}}$$

18.3.7 Verbundsicherung

18.3.7.1 Erforderliche Anzahl der Verbundmittel

Um die Verbundwirkung zwischen Stahlträger und Betongurt zu realisieren, ist zur Aufnahme der Schubkräfte eine ausreichend große Zahl von Verbundmitteln einzubauen. Es werden unterschieden:

a) Verbund durch Dübel oder Anker: 1. Kopfbolzendübel, 2. Blockdübel oder Dübel aus ausgesteiften Profilstählen, 3. Hakenanker

b) Reibungsverbund

Die Tragfähigkeit der Verbundmittel wurde in Bruchversuchen bestimmt. Demgemäß wird die Anzahl der Verbundmittel auch für den plastischen Grenzzustand bemessen. Dabei ist nachzuweisen, daß die Gesamtanzahl der Verbundmittel bereichsweise zur Einleitung der maximalen Längskraft im Betongurt ausreicht. Diese ist gleich dem Integral über die Längsschubkraft in der Fuge zwischen Stahlträger und Betongurt. Bild 56 verdeutlicht das prinzipielle Vorgehen, um die erforderliche Anzahl der Verbundmittel bei Ein- und Mehrfeld-

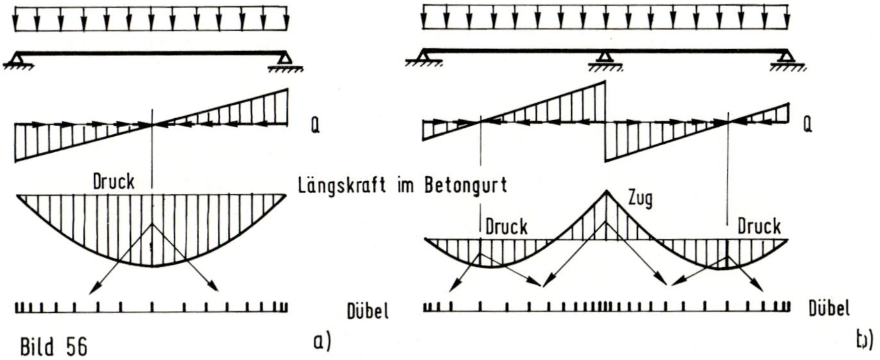

Bild 56

trägern zu bestimmen (wobei hier durchgängig konstante Querschnitte unterstellt sind). Im Falle eines Einfeldträgers ist die maximale Längskraft im Betongurt (in Feldmitte) gleich den über die linke bzw. rechte Trägerhälfte erstreckten Integralen über die Schubkräfte. Ist demnach die max Gurtlängskraft im Grenzzustand bekannt, wird sie durch die Grenzkraft des einzelnen Verbundmittels dividiert. Das ergibt die erforderliche Anzahl n_{Pl} je Trägerhälfte. Bei Durchlaufträgern ist prinzipiell genauso vorzugehen. Die Summe aus der max Druckkraft im Betongurt (im Feld) und der max Zugkraft in der Bewehrung (über der Stütze) muß durch Dübel in dem Zwischenbereich eingeleitet werden. Die Verteilung der Verbundmittel ist dem Querkraftverlauf anzupassen (Bild 56). Wird die Biegetragfähigkeit des Querschnittes nicht voll ausgeschöpft, d.h. ist M im γ-fachen Lastzustand kleiner M_{Pl}, ist es erlaubt, n_{Pl} im Verhältnis M zu M_{Pl} umzurechnen.

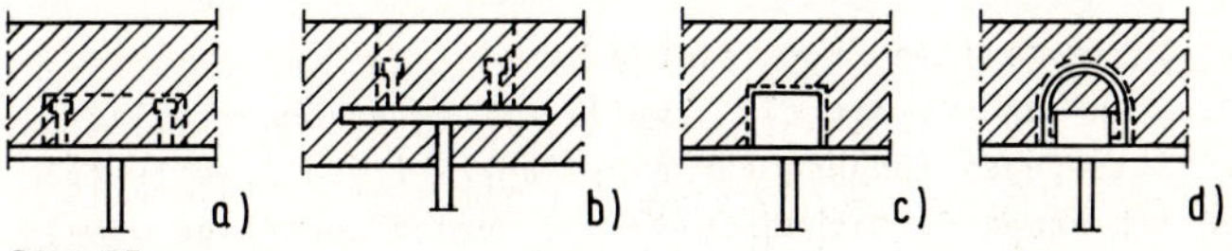

Bild 57

Im Bereich der Dübel treten hohe lokale Beanspruchungen im Beton auf. Um ein Versagen in Form eines örtlichen Ausbrechens zu verhindern, werden die Schubspannungen entlang der kürzesten Dübelumrißlinie unter rechnerischer Grenzlast nachgewiesen, vgl. Bild 57. Bei Überschreiten der zulässigen Grenzwerte müssen die Hauptzugkräfte durch schlaffe Bewehrung aufgenommen werden.

Es ist grundsätzlich günstiger, die Dübel kleiner zu halten und dafür enger zu setzen als umgekehrt. Hierdurch wird eine gleichförmige Eintragung der Schubkräfte erreicht. Wenige große Dübel haben hohe punktförmige Kräfte und Verformungen zur Folge. - An den Trägerenden ist eine verstärkte Verdübelung vorzusehen. Auch ist hier i.a. eine Querbewehrung im Betongurt in Richtung der Hauptzugspannungen erforderlich, um ein Ausreißen der Betonplatte zu verhindern.

18.3.7.2 Kopfbolzendübel

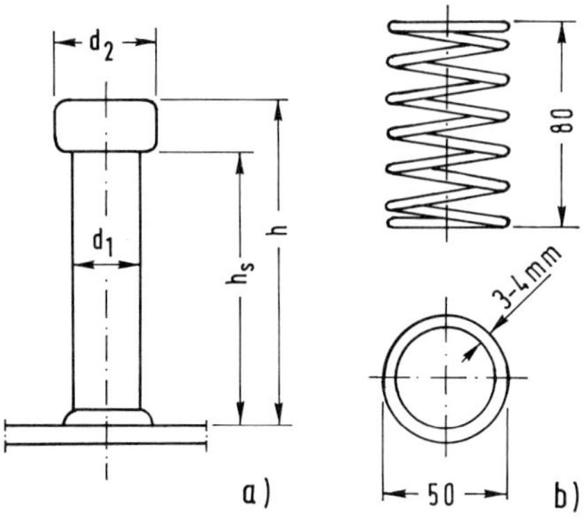

Bild 58

Die Dübel werden mittels eines speziell entwickelten Lichtbogenschweißverfahrens auf dem Stahlgurt aufgeschweißt (Abschnitt 8.2.2 u. 11.3). Wegen der Einfachheit des Herstellungsverfahrens sind Bolzendübel allen anderen Verbundmitteln überlegen. Die Güte der Bolzenschweißung läßt sich durch Sicht- und Klangproben oder durch Umbiegen einzelner Bolzen prüfen. Die Dübel werden i.a. in der Stahlbauwerkstatt gesetzt.

Bei Ausbildung der Bolzen mit Kopf übernehmen diese gleichzeitig die Sicherung gegen Abheben. Bei Bolzen ohne Kopf sind angeschweißte Ringschlaufen zwischenzuschalten, deren Anzahl sollte 10% der Dübelanzahl betragen.

Die gegenseitigen Abstände der Dübel dürfen folgende Werte nicht unterschreiten:

$$\begin{array}{ll} \text{in Kraftrichtung} & \min e = 5 \cdot d_1 \\ \text{quer zur Kraftrichtung} & \min e = 2{,}5 \cdot d_1 \end{array} \qquad (105)$$

d_1 ist der Schaftdurchmesser (vgl. Bild 58). Der Rechenwert für die Dübelschubtragfähigkeit beträgt bei vorwiegend ruhender Belastung (alternativ):

$$\max D_s \begin{cases} \leq \alpha \cdot 0{,}25 \cdot d_1^2 \sqrt{\beta_{wN} \cdot E_b} & (106) \\ \leq 0{,}7 \cdot \sigma_F \cdot \dfrac{\pi d_1^2}{4} = 0{,}55 \cdot d_1^2 \sigma_F & (107) \end{cases}$$

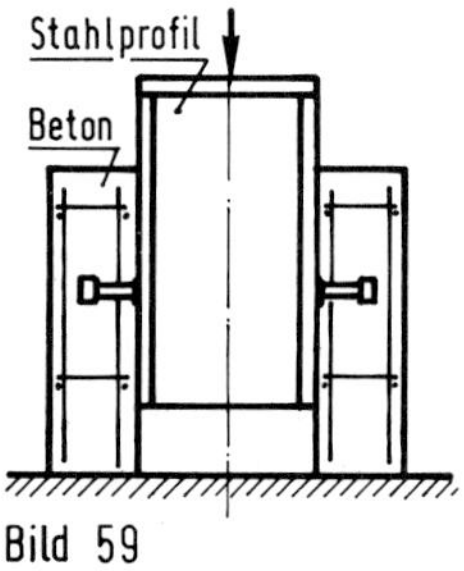

Bild 59

Mit G.106 wird die Beton- und mit G.107 die Dübeltragfähigkeit erfaßt. - In G.106 bedeuten: β_{wN}: Nennfestigkeit, E_b: E-Modul des Betons. Der Koeffizient α ist von der Schlankheit des Dübels abhängig; für $d_1 \leq 23$mm gilt:

$$\begin{array}{ll} h/d_1 = 3 & : \alpha = 0{,}85 \\ h/d_1 = 4{,}2 & : \alpha = 1 \end{array} \qquad (108)$$

Für Zwischenwerte von h/d_1 kann α geradlinig interpoliert werden. Werden Wendel angeordnet (Bild 58), darf max D_s um 15% erhöht werden. Voraussetzung ist hierfür eine einwandfreie Ausfüllung der Wendel mit Beton. - σ_F ist in G.107 die Streckgrenze des Bolzenmaterials. Sie darf nicht höher als 35kN/cm² angesetzt werden.- Bei Bauwerken mit vorwiegend nicht ruhender Belastung ist max D_s gemäß G.106/107 auf 2/3 zu reduzieren. Bild 59 zeigt die Versuchsanordnung, um die Dübeltragfähigkeit möglichst wirklichkeitsgetreu zu bestimmen, vgl. [34,35].

18.3.7.3 Blockdübel und Dübel aus ausgesteiften Profilstählen

Bild 60 zeigt Beispiele (in der Seiten- und Aufsicht), jeweils mit einer Ankerschlaufe. Letztere sind zur Sicherung der Platte gegen Abheben für eine Zugkraft von jeweils 10% der Schubkraft zu bemessen. Wegen des hohen Fertigungsaufwandes werden derartige Dübel nur noch selten verwendet.

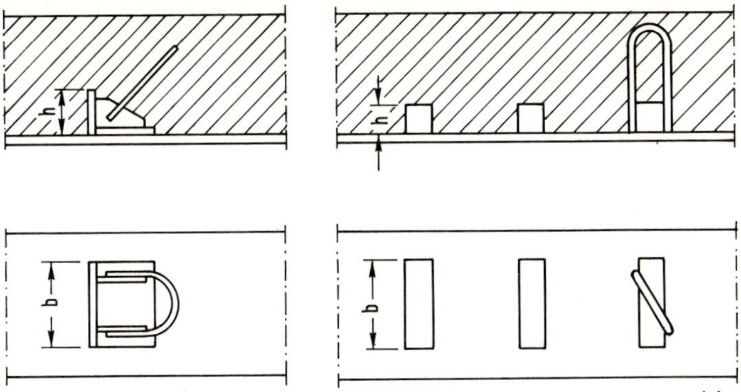

Bild 60 a) b)

Für Bauteile unter vorwiegend ruhender Belastung ist unter rechnerischer Bruchlast nachzuweisen, daß die Betonpressung σ_1 in der Dübelstirnfläche den Wert

$$\sigma_1 = \beta_R \sqrt{\frac{A}{A_{Dü}}} \leq 1{,}6 \cdot \beta_{wN} \qquad (109)$$

nicht überschreitet; $\beta_R = 0{,}6 \cdot \beta_{wN}$. $A_{Dü}$ ist die Dübelstirnfläche. Zur Bestimmung von A wird eine Vergrößerung der Dübeldruckfläche unter einem Winkel $\tan\alpha = 1/5$ bis zum nächsten Dübel angenommen (Bild 61). Die Fläche A muß mindestens den dreifachen Betrag der Dübelfläche $A_{Dü}$ erreichen.
Für Brücken ist σ_1 auf 2/3 abzumindern. Die Anschlußnähte der Dübel werden nach den einschlägigen Vorschriften nachgewiesen.

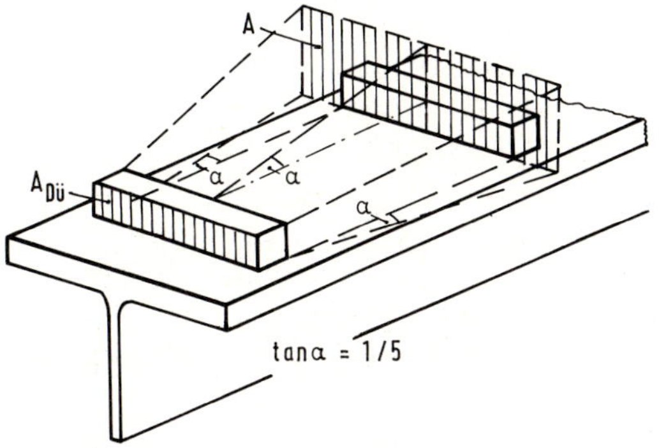

Bild 61

18.3.7.4 Hakenanker (Bild 62)
Hakenanker kommen wegen ihres hohen Fertigungsaufwandes praktisch nicht mehr zum Einsatz, früher waren sie sehr verbreitet. Die aufnehmbare Schubkraft beträgt:

$$\max D_S = \beta_S A_e \qquad (110)$$

β_S ist die Streckgrenze und A_e die Querschnittsfläche des Ankers. Für max D_S ist die Schweißnaht nachzuweisen.

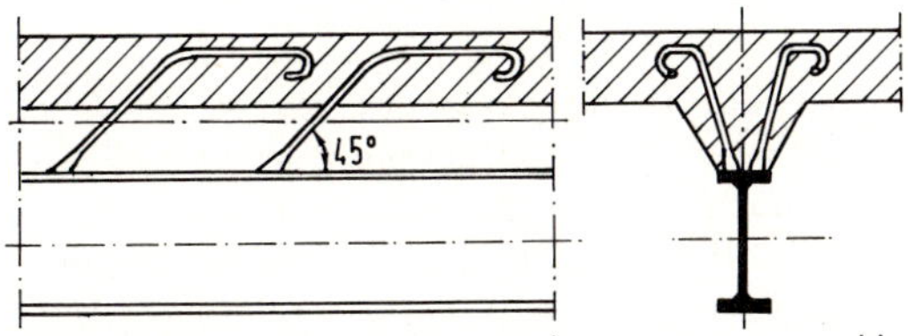

Bild 62 a) b)

18.3.7.5 Ergänzungen
Neben den zuvor behandelten Verbundsicherungen, die auf der "Schertragfähigkeit" der stählernen Verbundmittel und der "Lochleibungstragfähigkeit" des Betons beruhen, kennt man noch den Reibungsverbund. Hierbei werden Fertigbetonplatten mittels hochfester Schrauben auf dem Stahlträgerobergurt aufgeklemmt. Die Schrauben erhalten eine planmäßige Vorspannung (vgl. Bild 4b u. d). Um das Schraubenloch wird zur Aufnahme der Spaltzugkräfte eine Wendel angeordnet. Die Konstruktion ist demontierbar. Bei Brücken werden die Betonplatten auf dem Stahlträger auf einem Mörtelbett verlegt. Im Hochbau können sie auch "trocken" verlegt werden; die einzuhaltenden Toleranzen sind durch Eignungsversuche zu klären. - Der Reibbeiwert zwischen Stahlträgerobergurt und Betonplatte beträgt mindestens 0,5. Der Spannkraftverlust durch Kriechen und Schwinden beträgt ca. 30 bis 40%; er kann z.T. durch Überspannen der Schrauben kompensiert werden, zweckmäßiger ist es (sofern es der Baufortschritt zuläßt) nachzuspannen. Über Versuche wird in [30,36-38] und über Ausführungen in [39,40]berichtet.
Als Verdübelungsgrad wurde in den vorangegangenen Abschnitten ein Starrverbund unterstellt. Daneben kennt man den sogen. Teilverbund.

a) b) c)
Bild 63 (schematisch)

Hierbei wird im Grenzzustand eine gewisse gegenseitige Verschiebung des Betongurtes gegenüber dem Stahlträgerobergurt akzeptiert. Die Dübelanzahl ist verringert. Bild 63 zeigt die Verdübelungsgrade: Kein Verbund, Teilverbund, Starrverbund. Nach der Verbundträgerrichtlinie muß der Verdübelungsgrad mindestens 50% betragen; wegen Einzelheiten vgl. z.B. [30,31].

18.3.8 Schubdeckung im Betongurt

Neben die Nachweise auf Tragfähigkeit der Querschnitte und Verbundmittel tritt noch der Nachweis der vollen Schubdeckung im Betongurt im rechnerischen Bruchzustand, wobei die quer zum Träger verlaufende Bewehrung eingerechnet werden darf sowie der Nachweis der Hauptzugspannungen im Betongurt. Diese Nachweise werden nach den Regeln des Stahlbetonbaues geführt.

Eine alle Aspekte umfassende Darstellung scheidet in diesem Rahmen aus. Auf das einschlägige Schrifttum, u.a. auf [41-56], wird verwiesen.

18.4 Stahlverbunddecken

18.4.1 Konstruktive Ausbildung

Stahlverbunddecken sind den Ortbetondecken des Stahlbetonbaues zuzuordnen. Sie bestehen aus Profilblechen und Aufbeton, die Rippen verlaufen in Spannrichtung. (Zur Fertigung der kaltgewalzten Bleche siehe Abschnitt 17). Es sind unterschiedliche Deckensysteme

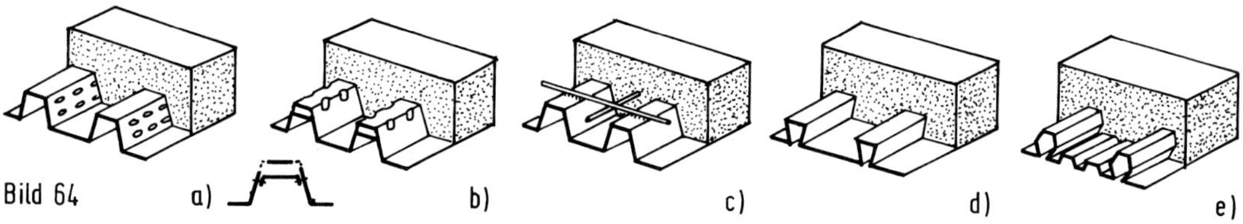

Bild 64

im Einsatz (Bild 64). Zwischen Blech und Beton kommt es zu einem Haftverbund. Dieser kann in gewissen Fällen (im Grenzzustand) zur Verbundsicherung herangezogen werden. Zusätzlich bedarf es i.a. weiterer Verbundsicherungen. Bild 64 zeigt Beispiele: Im Falle a sind Noppen in das Profilblech eingewalzt, die wie kleine Dübel wirken; möglich sind auch Sicken quer oder schräg zur Profilrichtung. Im Falle b sind Löcher eingestanzt, durch die der Frischbeton beim Betonieren in die durch ein zweites Blech gebildete Kammer eindringt. Hierdurch entsteht eine Verdübelung. Möglich sind auch kleine Beton-Fertigteildübel, die in Blechaussparungen sitzen. Im Fall c ist eine Mattenbewehrung auf das Blech aufgeschweißt. Schließlich gibt es Bleche mit einer speziellen "unterschnittenen" Geometrie (Bild 64d/e), bei der durch die verklammernde Wirkung ein Abheben des Bleches verhindert wird und ein zuverlässiger Haftverbund entsteht. Durch die schwalbenschwanzförmige Ausbildung der Rippen besteht die Möglichkeit, Installationen und Unterdecken in einfacher Weise anzuhängen. (Hierzulande sind derzeit nur die Systeme b (RESO-Decke) und d (HOLORIB-HOESCH) bauaufsichtlich zugelassen.) Um die Verbundwirkung (im Grenzzustand) dauerhaft zu sichern, bedarf es besonderer Endverankerungen in Form von Kopfbolzendübeln oder Blechverformungsankern (Bild 65a/b). Bei der Bemessung dieser Verankerungen geht man vom sogen. "Bogen-Zugband-Modell" aus (Bild 65c). Die Endverankerung wird (sofern durch Versuche gesichert) aus dem Haftverbund und den Enddübeln additiv aufgebaut. - Die besonderen Merkmale der Stahlverbunddecken lassen sich wie folgt zusammenfassen:

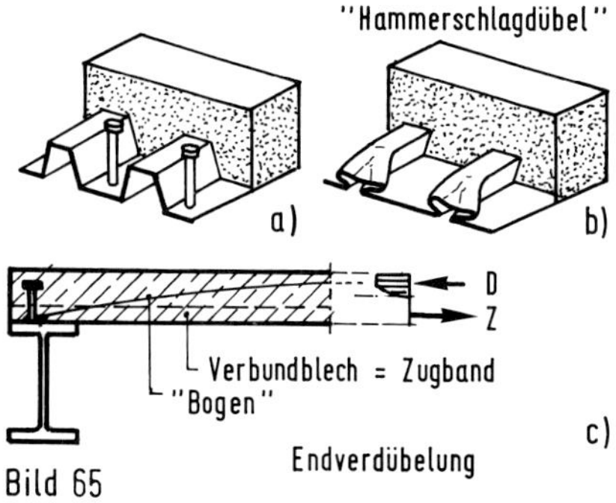

Bild 65

1. Die Profilbleche dienen als Schalung für den Aufbeton. Sie können nach dem Verlegen und Befestigen (z.B. mit selbstfurchenden Schrauben oder Setzbolzen) begangen werden.

Anschließend wird die Bewehrung verlegt und betoniert. Wenn bei großen Spannweiten die Tragfähigkeit zur Aufnahme des Frischbetons nicht ausreicht, ist eine Abstützung (durch Rüstträger) vorzusehen, vgl. z.B. [48]. Zur Bemessung der Profildecken für den nassen Aufbeton und Montagelast wird auf Abschnitt 17 verwiesen. Da große Profillängen zur Verfügung stehen (bis 18m), können mehrere Felder als Durchlaufträger überbrückt werden, womit ein zügiger Baufortschritt verbunden ist. Die Blechtafeln können von zwei Mann von Hand getragen und verlegt werden.

2. Die Profilbleche dienen im Bereich positiver Feldmomente nach Abbinden des Betons als Bewehrung der Deckenplatte. Über den Zwischenstützen muß eine zusätzliche Bewehrung eingelegt werden. Außerdem bedarf es einer Schwindbewehrung zur Rissebeschränkung und (insbesondere bei konzentrierten Lasten) einer Querbewehrung. Da das Blech feuerverzinkt (und ggf. einseitig zusätzlich kunststoffbeschichtet) ist, ist unterseitig ein ausreichender Korrosionsschutz der "Bewehrung" vorhanden.
3. Die Betonplatte kann als Druckgurt des unterstützenden Stahlverbundträgers herangezogen werden. Hierbei werden in den Tiefpunkten Kopfbolzendübel gesetzt. Die Tiefsicken müssen dazu ausreichend breit sein. Gegenüber G.106/107 tritt eine Reduzierung der Dübeltragfähigkeit ein [57], vgl. DIN 18806 T200.
4. Wie jede andere Massivdecke auch kann eine Stahlverbunddecke als horizontale Tragscheibe zur Abtragung der Horizontalkräfte herangezogen werden.

18.4.2 Bemessung

Stahlverbunddecken werden derzeit ausschließlich auf der Grundlage allgem. bauaufsichtlicher Zulassungen eingesetzt. (Im EUROCODE 4 sind Verbunddecken geregelt, das gilt auch künftig für DIN 18806). Für die Deckenbemessung im Feldbereich wurden firmenseitig spezielle k_h-Tafeln entwickelt. Bei der Bemessung der Bewehrung im Stützbereich ist die Reduzierung der Betondruckzone durch die Sicken zu berücksichtigen. Da eine Schubbewehrung fehlt, muß ein Schubspannungsnachweis (nach DIN 1045, Abschn. 17.5) geführt werden. Die Endverankerung wird für

$$Z = \mathrm{erf}\,A_e \cdot \sigma_F \qquad (111)$$

ausgelegt (vgl. Bild 65c).

18.4.3 Beispiel: Geschoßdecke über drei Felder; Stützweite 3,40m; Unterzug als Einfeldträger mit 7,20m Spannweite. Es wird ein HOLORIB-HOESCH-Profil E38V, t_N=0,75mm, σ_F=28kN/cm² mit schwalbenschwanzförmigen Sicken gewählt (Bild 66). Die Dicke der Decke beträgt 12cm und die Betongüte B25. (Es zeigt sich, daß im Lastfall "Montage" eine mittige Abstützung notwendig ist; auf den Nachweis wird hier verzichtet.) Im Gebrauchszustand wirken folgende Lasten: Eigenlast g=3,0kN/m², Verkehrslast p=4,0kN/m², q=g+p=7,0kN/m². Die Schnittgrößen werden nach der Elastizitätstheorie berechnet (siehe Bild 67):

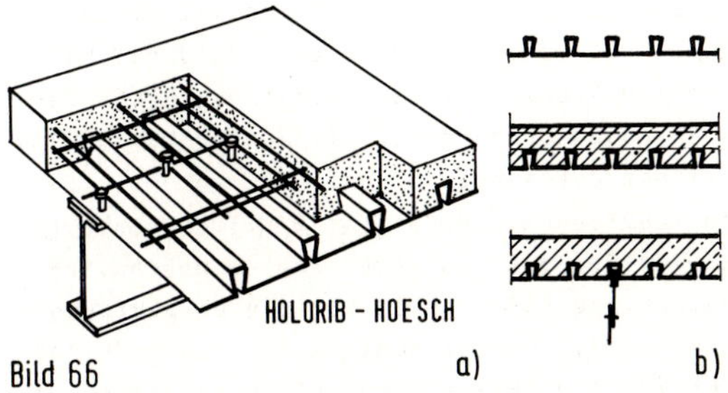

Bild 66

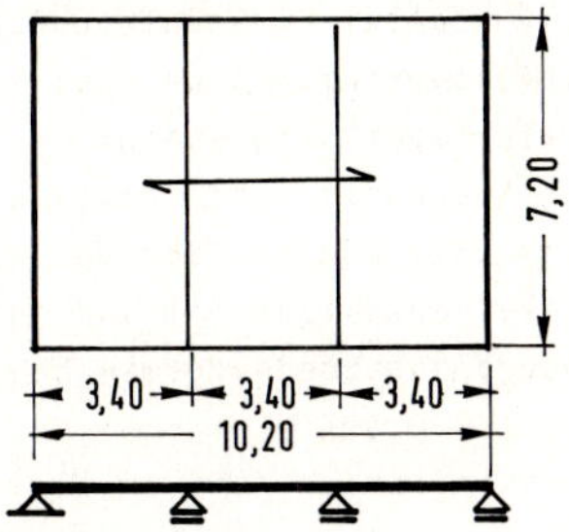

Bild 67

$$\max M_F = 0{,}08 \cdot 3{,}0 \cdot 3{,}4^2 + 0{,}101 \cdot 4{,}0 \cdot 3{,}4^2 = 7{,}45 \text{ kNm/m}$$
$$\max M_S = 0{,}10 \cdot 3{,}0 \cdot 3{,}4^2 + 0{,}117 \cdot 4{,}0 \cdot 3{,}4^2 = 8{,}90 \text{ kNm/m}$$
$$\max B = 1{,}10 \cdot 3{,}0 \cdot 3{,}4 + 1{,}2 \cdot 4{,}0 \cdot 3{,}4 = 27{,}5 \text{ kN/m}$$

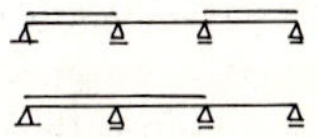

Feldbereich: Für den Nachweis der "Blech"-Bewehrung stehen firmenseitige Bemessungstafeln zur Verfügung. Dabei entscheidet die Lage der Nullinie darüber, welcher Anteil des Profilbleches in die Bewehrung eingeht; vgl. Bild 68a,b und c. Im vorliegenden Beispiel zeigt sich, daß Fall c maßgebend ist. - Die Bemessung der Bewehrung über der Stütze geht von dem modifiziertem k_h-Faktor aus: β_x ist ein Reduktionsfaktor,

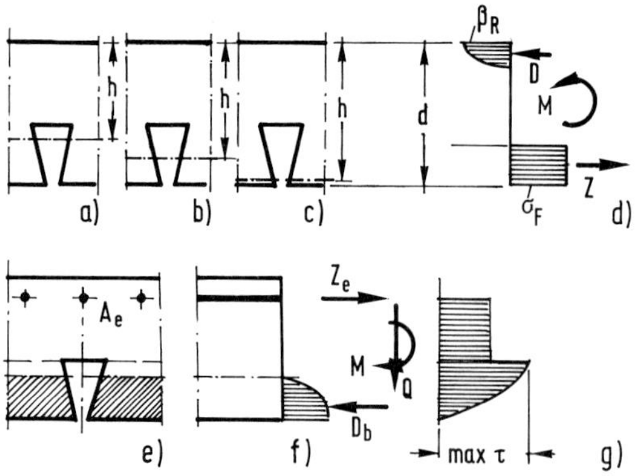

Bild 68

$$k_h = \frac{h_s}{\sqrt{\frac{M}{\beta_x b}}} \qquad (112)$$

der den Flächenausfall in der unteren Biegedruckzone durch die hier vorhandenen Sickenöffnungen erfaßt. Er liegt im Bereich 0,85 bis 0,92. - Die Dicke des Aufbetons über dem Blech beträgt 8,2cm. Es sind mindestens 5cm und eine Schwindbewehrung $\geq$1,0cm²/m einzuhalten. - Die höchste Schubspannung tritt in Höhe der größten Schwächung auf, vgl. Bild 68g. Zul τ_{011}=0,05kN/cm² nach DIN 1045 wird hier eingehalten. Die Endverankerung folgt aus G.111. Die zulässigen Rechenwerte für den Flächenverbund und den Blechverformungsanker betragen für das hier verwendete Profil (E38V, t_N=0,75mm): Flächenverbund 32,0kN/m², Blechverformungsanker: 20,9kN. Die anrechenbare Scherkraftlänge für den Haftverbund kann im Endfeld zu 0,4·l abgeschätzt werden. - Bei der Berechnung der Decke darf die begrenzte Momentenumlagerungsmöglichkeit nach DIN 1045 eingerechnet werden, d.h. das max Stützmoment (hier 8,90kNm/m) darf auf 85% reduziert werden, entsprechend erhöht sich das Feldmoment, doch bleibt es i.a. unter max M_F (hier 7,45kNm/m). - Der Durchbiegungsnachweis ist nach DIN 1045, Abschnitt 17.7 zu führen, dabei ist die statische Deckenhöhe im Falle Bild 68c gleich d !
(Auf die einschlägigen Firmenprospekte und Zulassungen in der jeweils gültigen Fassung wird verwiesen; weitere Informationen können u.a. aus [58-62a] bezogen werden; in [62b] wird über einen neuen Dübeltyp berichtet).

18.5 Stahlverbundstützen

18.5.1 Konstruktive Ausbildung

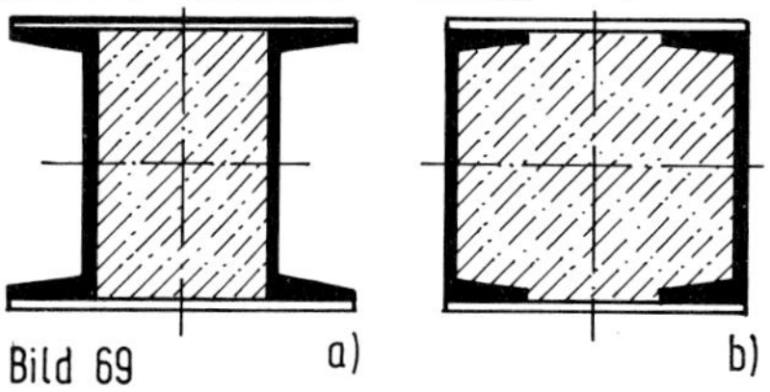

Bild 69

Der Einsatz von Verbundstützen ist seit Jahrzehnten bekannt [63,64]; so war z.B. der Bau mittig belasteter zweiteiliger Stahlstützen mit Betonkern nach DIN 1050 (07.68) zugelassen (Bild 69) und hierfür ein Nachweisverfahren auf der Basis der ω-Zahlen angegeben; dieser Stützentyp konnte sich indes nicht durchsetzen.
Aufgrund umfangreicher Forschungsarbeiten von KLÖPPEL und GODER [65] und insbesondere von ROIK, BODE, WAGENKNECHT und BERGMANN u.a. [66-73] konnten das statische Tragverhalten mittig und außermittig gedrückter Verbundstützen geklärt und Erfahrungen mit diesem Stützentyp bei diversen Bauvorhaben gesammelt werden [74-76]. Auf dieser Basis wurde, unter Einbeziehung ausländischer Forschungsergebnisse [66,67] DIN 18806 T1 (03.84) erarbeitet. Im Ausland finden Verbundstützen seit Jahrzehnten breiten Einsatz, vor allem im Stahlhochbau (Hochhäuser, Wolkenkratzer). Wegen ihres hervorragenden Dissipationsverhaltens werden Stahlverbundstützen verbreitet in erdbebengefährdeten Regionen (z.B. in Japan) eingesetzt.
Im folgenden werden die in Bild 70 angegebenen Varianten a bis f behandelt. Die Teilbilder g und h zeigen sogen. Kernblockstützen mit quadratischem [77] bzw. rundem [78] Vollprofilkern. In Teilbild i ist eine Hohlprofilstütze mit einbetoniertem Walzprofil und in Bild k eine nur teilweise geschlossene Verbundstütze dargestellt; diese Sonderformen befinden sich (neben anderen) noch im Forschungsstadium.
Die Verbundstützen lassen sich im wesentlichen in zwei Gruppen einteilen:
- Verbundstützen in Form ausbetonierter Hohlprofile (Bild 70a/b),
- Verbundstützen in Form einbetonierter Stahlprofile (Bild 70c/f).

Durch variable Wanddicke und Profilhöhe gelingt es, die Außenabmessungen von Hochbaustützen über viele Geschosse konstant zu halten; in den obersten Geschossen ggf. als reine Beton- oder Stahlstützen.

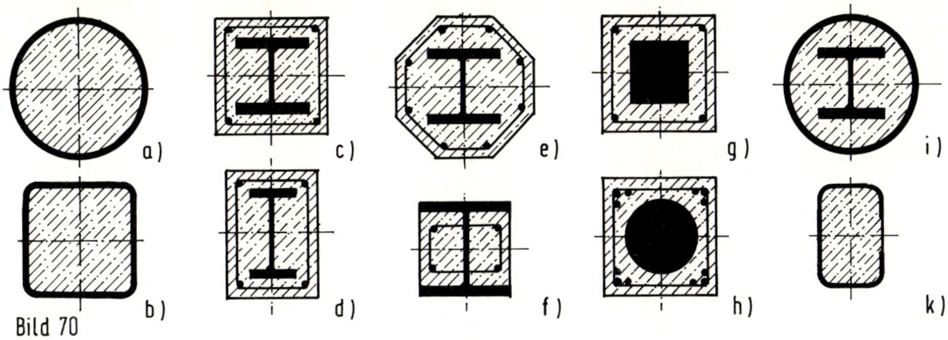

Bild 70

Hohlprofilstützen werden unter Verwendung nahtloser oder längs- bzw. spiralgeschweißter runder, quadratischer oder rechteckiger Rohre hergestellt. Bei den Rundrohrstützen tritt durch die erhöhte Druckfestigkeit des infolge Umschnürungswirkung in dreiachsigem Druckspannungszustand stehenden Betons eine zusätzliche Tragfähigkeitsmehrung ein. Dieser Effekt tritt erst bei hoher Auslastung der Stütze ein, denn wegen der größeren Querdehnungszahl von Stahl (μ=0,3) gegenüber Beton (μ=0,10 bis 0,15) tritt zunächst eine stärkere Aufdehnung des Stahlrohres ein; in der Fuge Stahl/Beton bilden sich Zugspannungen aus, die Fuge reißt z.T. auf. Bei 70 bis 80% der einachsigen Betonfestigkeit nimmt die Querdehnungszahl des Betons zu, sie steigt auf μ=0,3 und schließlich auf μ=0,5 (hydrostatischer Zustand), jetzt wirkt sich die Umschnürungswirkung voll aus. - Bei Hohlprofilstützen bedarf es keiner besonderen Schalung, auch keiner zusätzlichen Längsbewehrung. Die Beultragfähigkeit des umschließenden Rohres wird durch die Betonfüllung angehoben; es kann dadurch nur ein (plastisches) Beulen nach außen eintreten. Die Feuerwiderstandsdauer wird durch die Betonfüllung gleichfalls erhöht. Stahlbaumäßige Anschlüsse lassen sich in einfacher Weise ausführen. Um die Kräfte in den Betonkern einzuleiten, bedarf es besonderer konstruktiver Maßnahmen an den Stützenenden. Hohlprofilstützen sind besonders vorteilhaft bei zentrischer Druckkraft, also im Geschoßbau mit Stabilisierungskern oder im unterirdischen Verkehrsbau, z.B. U-Bahnbau, auch bei Brückenpfeilern mit hoher Druckbelastung. Bei geringer Wanddicke, Verwendung von St37 und hochfestem Beton ist der Einsatz besonders wirtschaftlich, weil die Tragfähigkeitssteigerung dann relativ hoch ist.

Bei Verbundstützen mit einbetoniertem Walzprofil lassen sich ebenfalls hohe Tragfähigkeiten bei gleichzeitig großer Schlankheit erreichen. Dieser Stützentyp erreicht zudem eine hohe Biegetragfähigkeit bei Biegung um die starke Achse des einbetonierten I-Profils. Die kritische Beulspannung der dünnwandigen Teile (Flansche und Steg) wird durch die Betonumhüllung so erhöht, daß sich ein Beulnachweis erübrigt. Die Feuerwiderstandsdauer wird entscheidend angehoben. Diesem Umstand verdankt der Stützentyp seine Entstehung und seinen zunehmend verbreiteten Einsatz. Für das einbetonierte Stahlprofil bedarf es keines besonderen Korrosionsschutzes. Der Anprallschutz für das Stahlprofil wird durch die Betonummantelung gleichfalls verbessert.

Insgesamt lassen sich schlanke Stützen mit geringeren Querschnittsabmessungen als bei reinen Betonstützen realisieren (höhere Querschnittstragfähigkeit, höhere Steifigkeit), was eine größere nutzbare Gebäudegrundfläche zur Folge hat. Eine Fertigung im Werk als Fertigteilstützen (einschließlich Typisierung) ist möglich; das Transport- (bzw. Montage-) Gewicht ist indes beträchtlich.

Bevor die Verbundstützen und deren hohe Tragfähigkeit für die Baupraxis zugelassen werden konnten, waren verschiedene Probleme zu lösen:

- Entwicklung eines baupraktischen Bemessungsverfahrens und dessen experimentelle Absicherung, derart, daß es mit den Regelverfahren für Stahlstützen auf der einen (DIN 18800 T2) und für Betonstützen auf der anderen Seite (DIN 1045) korrespondiert und zwar sowohl für planmäßig mittigen wie außermittigen Druck;

- Klärung des Langzeitverhaltens, insbesondere des Kriecheinflusses auf die Kräfteumlagerung innerhalb der Stütze;
- konstruktive Ausbildung der Fuß- und Kopfausbildung, in Sonderheit in den Krafteinleitungsbereichen;
- Bestimmung der Feuerwiderstandsdauer.

18.5.2 Berechnungsgrundlagen (DIN 18806 T1)

Es kommt Normalbeton mindestens der Festigkeitsklasse B25 zum Einsatz und als Stahlsorten St37 und St52. Der Einsatz hochfester Stähle ist nicht wirtschaftlich. Es wird verlangt, daß δ gemäß G.113 zwischen 0,2 und 0,9 liegt.

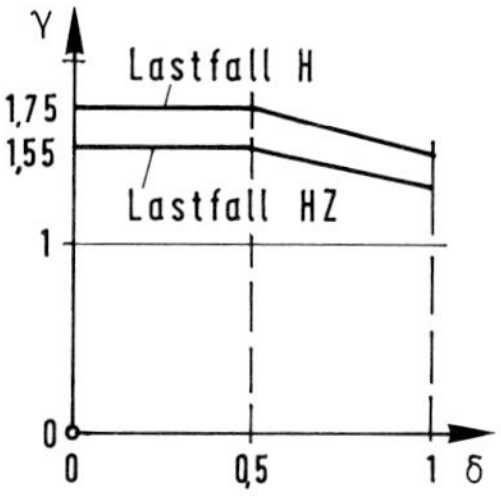

Bild 71

Der Tragsicherheitsnachweis wird gegenüber den Schnittgrößen unter γ-fachen Lasten erbracht; dabei ist im Lastfall Hauptlasten (H) $\gamma = 1{,}7$ und im Lastfall Haupt- und Zusatzlasten (HZ) $\gamma = 1{,}5$ einzuhalten.

Im Entwurf zu DIN 18806 T1 waren gleitende Sicherheitszahlen vereinbart worden (Bild 71), um den Anschluß an das Stahlbau- bzw. Massivbauregelwerk für die Fälle einer reinen Stahlstütze bzw. einer reinen Stahlbetonstütze herzustellen. Dabei war die Sicherheitszahl γ in Abhängigkeit von

$$\delta = \frac{N_{Pl,a}}{N_{Pl}} \qquad (113)$$

gemäß Bild 71 anzusetzen. Es bedeuten:

$$N_{Pl,b} = A_b \beta_R \quad \text{(Beton)}$$
$$N_{Pl,a} = A_a \beta_{S,a} \quad \text{(Hohlprofilstahl, Profilstahl)} \qquad (114)$$
$$N_{Pl,s} = A_s \beta_{S,s} \quad \text{(Betonstahl, Längsbewehrung)}$$

Das sind die plastischen Tragfähigkeiten jener Querschnittsanteile, aus denen sich die Stütze zusammensetzt. Die Quetschlast beträgt:

$$N_{Pl} = N_{Pl,b} + N_{Pl,a} + N_{Pl,s} \qquad (115)$$

Für die Rechenfestigkeit des Betons ist zu setzen (β_{wN}: Nennfestigkeit):

Stützen mit ausbetoniertem Hohlprofil: $\beta_R = 0{,}7\,\beta_{wN}$ (116)

Stützen mit einbetoniertem Profilstahl: $\beta_R = 0{,}6\,\beta_{wN}$

$\delta = 0$ bedeutet: Reine Betonstütze, $\delta = 1$: Reine Stahlstütze. I.a. ist $\delta < 0{,}5$.

Wie bereits erwähnt, bedürfen Hohlprofilstützen keiner zusätzlichen Bewehrung. Hinsichtlich der Wanddicke t sind die in Bild 72a eingetragenen Schlankheitsbegrenzungen einzuhalten, um ein Beulen der Wandungen auszuschließen. Die Regeln basieren auf Versuchen und lauten in allgemeiner Form:

	$\frac{d}{s} \le$ St 37	$\frac{d}{s} \le$ St 52	
Hohlprofil (Kreis), d	84	68	$N_{Pl} = A_b \cdot \beta_{RL} + A_a \cdot \beta_{SL}$ $\beta_{RL} = \beta_R \left(1 + \eta_1 \frac{s}{d} \cdot \frac{\beta_{S,a}}{\beta_R}\right)$
Hohlprofil (Rechteck), d	51	42	$\beta_{SL} = \eta_2 \cdot \beta_{S,a}$

$\frac{e}{d} \le \frac{1}{8}$:	$\frac{e}{d} > \frac{1}{8}$:
η_1 und η_2 aus Tabelle rechts	$\eta_1 = 0$, $\eta_2 = 1$

$\frac{s_K}{d}$	η_1	η_2
0	4,72	0,75
5	3,20	0,80
10	1,91	0,85
15	0,90	0,90
20	0,24	0,95
25	0	1,00

Bild 72 a) s: Wanddicke

Zwischenwerte: Geradlinige Interpolation b)

- ACI-Richtlinie (American Concrete Institut); $\beta_{S,a}$ in N/mm²:

$$\text{(Kreis)}\; d/s \le 1300/\sqrt{\beta_{S,a}} \qquad \text{(Rechteck)}\; d/s \le 800/\sqrt{\beta_{S,a}} \qquad (117)$$

- Entwurf DIN 18806 T1:

$$\text{(Kreis)}\; d/s \le \sqrt{8 E_a/\beta_{S,a}} \qquad \text{(Rechteck)}\; d/s \le \sqrt{3 E_a/\beta_{S,a}} \qquad (118)$$

(Mit dem Index a wird Profilstahl gekennzeichnet. Man überzeugt sich, daß die Formeln identisch sind.)

Im Sonderfall betongefüllter Verbundstützen mit Rundrohren und vorrangig zentrischer Belastung darf die erhöhte Betonfestigkeit infolge Umschnürungswirkung in Rechnung gestellt werden. Hierbei ist N_{Pl} gemäß Bild 72b zu berechnen. e ist die Lastexzentrizität und $\bar{\lambda}$ die bezogene Schlankheit der Stütze, vgl. G.129. Die Regelung kann auch für das vereinfachte Nachweisverfahren nach Abschnitt 18.5.4 angewendet werden.

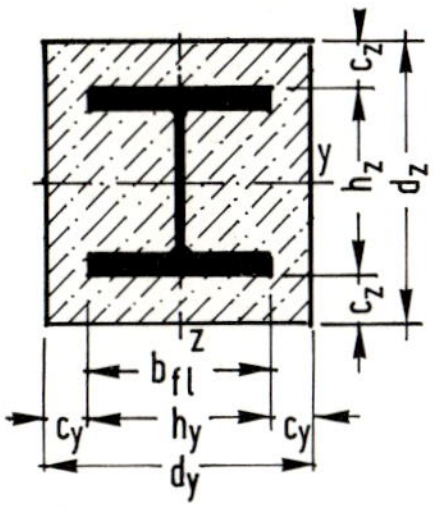

Bild 73

Die Vorgaben gemäß G.114/115 gelten bei Verbundstützen mit einbetoniertem Profil unter der Voraussetzung, daß die Betonüberdeckung mindestens 4cm beträgt. Im Bereich der Profilflansche ist

$$c \geq \frac{b_{fl}}{6} = \frac{h_y}{6} \qquad (119)$$

einzuhalten, um ein Abplatzen der Betonschale auszuschließen (Bild 73). Zudem sind bezüglich der Längs- und Bügelbewehrung bestimmte Auflagen einzuhalten, vgl. DIN 18806 T1.

In jedem Falle ist es bei Stahlverbundstützen wichtig, daß der Hohlraum bzw. die Kammern zwischen Flansche und Steg vollständig ausbetoniert sind, insbesondere auch an den Enden und im Bereich der Lasteinleitungen. - Bei der in Bild 70f gezeigten Sonderform werden nur die Kammern des Stahlprofils ausbetoniert. Sie werden durch Bügel bewehrt, die durch vorgebohrte Löcher im Steg hindurchgesteckt werden. Möglich ist auch ein Anschweißen der Bügel an den Steg.

18.5.3 Berechnung der Tragfähigkeit nach strengen Verfahren (mittels EDV)

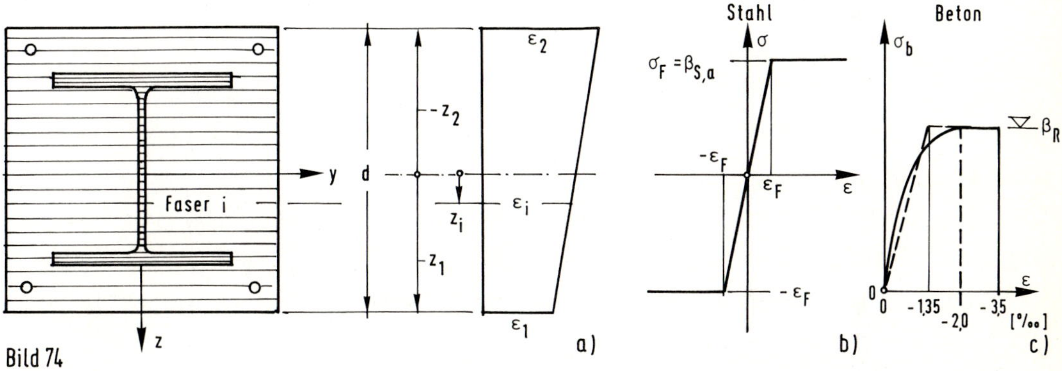

Bild 74

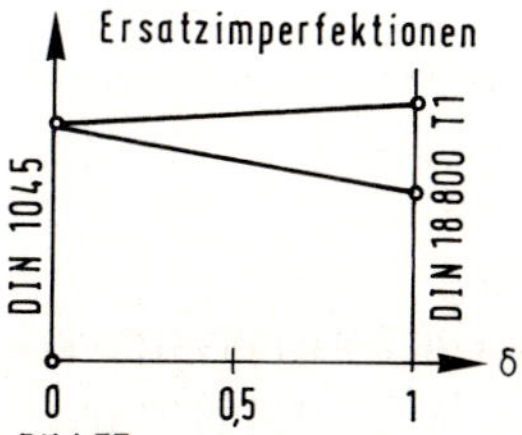

Bild 75

Unter der Annahme der BERNOULLI-Hypothese und eines schlupflosen Verbundes zwischen Beton und Stahl wird die Tragfähigkeit nach Theorie II. Ordnung berechnet; dabei sind strukturelle und geometrische Imperfektionen nach DIN 18800 T2 zu berücksichtigen. Sie werden zu Ersatzimperfektionen zusammengefaßt. Im Entwurf zu DIN 18806 T1 waren diese gemäß Bild 75 in Abhängigkeit von δ anzusetzen.

Die Ausbreitung der plastischen Zonen im Stahlprofil und der gerissenen Zonen im Beton werden im Zuge der Laststeigerung verfolgt. Derartige Rechnungen setzen ein leistungsfähiges Computerprogramm voraus; dessen Grundlagen sind in Bild 74 angedeutet [68-70]. Das Langzeitverhalten (Kriechen) des Beton ist nach den Regeln in DIN 18806 T1 zu berücksichtigen.

18.5.4 Berechnung der Tragfähigkeit nach einem vereinfachten Verfahren

Das Verfahren gilt für unverschiebliche und verschiebliche Stützen und ist in DIN 18806 T1 ausgewiesen. - Die Schnittgrößen werden unter γ-fachen Lasten nach der Elastizitätstheorie II. Ordnung berechnet. Es ist nachzuweisen, daß die so berechneten Schnittgrößen N, M_y und M_z kleiner als die aufnehmbaren sind. Das vereinfachte Verfahren ist nur bei Einhaltung folgender Restriktionen abgesichert:

1. $0{,}2 \leq \delta \leq 0{,}9$ (120)
2. $\mu \leq 3\%$ $(\mu = A_s/(A_b + A_s))$ (121)
3. $\bar{\lambda} \leq 2$ (bei einbetonierten Profilen: $\delta \leq 0{,}5$) (122)
4. Sofern die Betonüberdeckung c_y bzw. c_z nach Bild 73 den Wert 4cm überschreitet, darf als tragender Querschnitt rechnerisch

$$\max c_y = 0{,}4\,h_y \quad \text{und} \quad \max c_z = 0{,}3\,h_z \tag{123}$$

angesetzt werden, vgl. Bild 76. Aus wirtschaftlichen Gründen ist es i.a. sinnvoll, diese Werte einzuhalten.

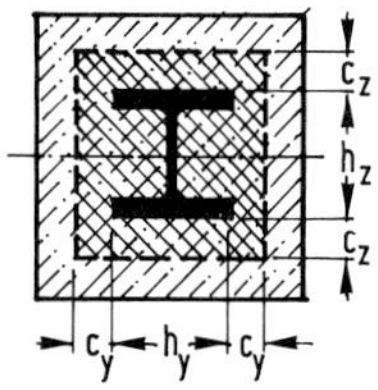

Bild 76

5. Das Verhältnis von Querschnittshöhe zu Querschnittsbreite muß zwischen

$$0{,}2 \leq d_y/d_z \leq 5 \tag{124}$$

liegen. Die Profile können gewalzt oder aus Teilen geschweißt sein.

18.5.4.1 Planmäßig mittiger Druck

Der Nachweis wird in folgenden Schritten geführt:

a) Es wird die Verzweigungskraft (Knickkraft) berechnet:

$$N_{Ki} = \frac{\pi^2 (EI)_w}{s_K^2} = \frac{\pi^2}{s_K^2}(EI_a + E_{bi} I_b + EI_s) \tag{125}$$

Hierin ist E_{bi} ein ideeller Elastizitätsmodul, der das Langzeitverhalten des Betons, also den Kriecheinfluß pauschaliert erfaßt. Nach dem Entwurf der DIN 18806 T1 (09.81) war zu setzen:

Kurzzeitbelastung:

Ausbetonierte Hohlprofilstütze: $E_{bi} = 700\beta_R = 700 \cdot 0{,}7\beta_{wN} = 490\beta_{wN}$

Einbetonierter Profilstahl: $E_{bi} = 700\beta_R = 700 \cdot 0{,}6\beta_{wN} = 420\beta_{wN}$

Langzeitbelastung: (126)

Ausbetonierte Hohlprofilstütze: $E_{bi} = 350\beta_R = 350 \cdot 0{,}7\beta_{wN} = 245\beta_{wN}$

Einbetonierter Profilstahl: $E_{bi} = 350\beta_R = 350 \cdot 0{,}6\beta_{wN} = 210\beta_{wN}$

Setzt sich die Belastung gemischt aus Lang- und Kurzzeitanteilen zusammen, durfte interpoliert werden.

Nach DIN 18806 T1 (03.84) ist bei Kurzzeitbelastung mit

$$E_{bi} = 500\,\beta_{wN} \tag{127}$$

und bei Langzeitbelastung und Verzicht auf einen genaueren Nachweis mit

$$E_{bi} = 250\,\beta_{wN} \tag{128}$$

zu rechnen.

Wirkt nur ein Teil als ständige Last, darf linear interpoliert werden.

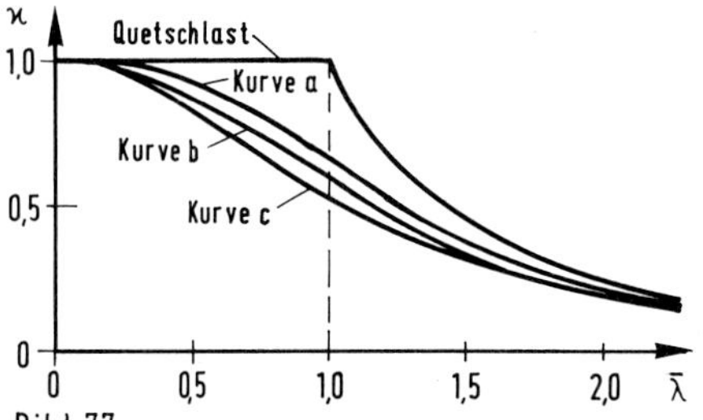

Bild 77

b) Es wird die Quetschlast N_{Pl} nach G.115 unter Berücksichtigung von Bild 72 berechnet.

c) Für die bezogene Schlankheit

$$\bar{\lambda} = \sqrt{\frac{N_{Pl}}{N_{Ki}}} \tag{129}$$

wird der Knickfaktor $\varkappa$ bestimmt (vgl. Abschnitt 7.2.3.3 und Bild 77). Maßgebende Knickspannungslinien sind:

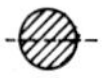 Knickspannungslinie a
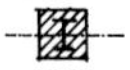 Knickspannungslinie b (130)
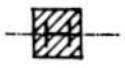 Knickspannungslinie c

Die Grenzkraft beträgt: $N_{Kr} = (N_U) = \varkappa N_{Pl}$ (131)

Über $\varkappa$ wird u.a. der Imperfektionseinfluß eingefangen. Es ist also nicht notwendig, ein zusätzliches Exzentrizitätsmoment einzurechnen.

18.5.4.2 Beispiel: Mittig gedrückte Hohlprofilstütze (Bild 78)

Bild 78

Rohr 219,1 × 4,5 DIN 2458 - St 37; Beton B 35 ($\beta_{wN}=3{,}5\,kN/cm^2$)

Gesucht ist die zul. Druckbelastung im Lastfall H (γ=1,7).

Rohr: $A_a = 30{,}3\,cm^2$, $I_a = 1750\,cm^4$

Beton: $A_b = 21{,}01^2\pi/4 = 347\,cm^2$; $I_b = 21{,}01^4\pi/64 = 9\,547\,cm^4$

Rohr: $\beta_{S,a} = 24\,kN/cm^2$, Beton: $\beta_R = 0{,}7\cdot 3{,}5 = 2{,}45\,kN/cm^2$

Überprüfung der Wanddicke (G.117/118 bzw. Bild 72a):

$$\sqrt{8E_a/\beta_{S,a}} = \sqrt{8\cdot 21000/24} = 84 \quad \text{bzw.} \quad 411/\sqrt{24} = 84 \longrightarrow d/s = 219{,}1/4{,}5 = \underline{49 < 84} \quad \text{(erfüllt)}$$

Die Stütze ist unverschieblich, die Knicklänge ist gleich der Stockwerkshöhe (hier Parkhaus): s_K=270cm.

Quetschlast (ohne Berücksichtigung der Umschnürungswirkung: o.U.):

$$N_{Pl} = A_b\beta_R + A_a\beta_{S,a} = 347\cdot 2{,}45 + 30{,}3\cdot 24 = 850 + 727 = \underline{1577\,kN} \longrightarrow \delta = 727/1577 = \underline{0{,}46} \begin{matrix} >0{,}2 \\ <0{,}9 \end{matrix}$$

Quetschlast (mit Berücksichtigung der Umschnürungswirkung: m.U.):

$$e = 0;\quad s_K/d = 270/21{,}91 = 12{,}31;\quad s/d = 4{,}5/219{,}1 = 0{,}02054$$

$$\text{Interpolation: } \eta_1 = 1{,}91 - \frac{2{,}31}{5{,}0}\cdot 1{,}01 = 1{,}91 - 0{,}47 = \underline{1{,}44};\quad \eta_2 = 0{,}85 + \frac{2{,}31}{5{,}0}\cdot 0{,}05 = \underline{0{,}87}$$

$$\beta_{RL} = 2{,}45(1 + 1{,}44\cdot 0{,}02054\cdot 24/2{,}45) = \underline{3{,}16\,kN/cm^2};\quad \beta_{SL} = 0{,}87\cdot 24 = \underline{20{,}88\,kN/cm^2}$$

$$N_{Pl} = A_b\beta_{RL} + A_a\beta_{SL} = 347\cdot 3{,}16 + 30{,}3\cdot 20{,}88 = 1097 + 633 = \underline{1730\,kN};\quad \delta = 633/1730 = \underline{0{,}37} \begin{matrix} >0{,}2 \\ <0{,}9 \end{matrix}$$

Es gelte:

$$\frac{N_{\text{ständig wirkend}}}{N_{\text{gesamt}}} = 0{,}62 \longrightarrow E_{bi} = (500 - 0{,}62\cdot 250)\cdot 3{,}5 = 1208\,kN/cm^2$$

Knickkraft der Stütze: $N_{Ki} = \frac{\pi^2}{270^2}(21000\cdot 1750 + 1208\cdot 9547) = \underline{6537\,kN}$

$$\left.\begin{matrix} \text{o.U.}: \bar\lambda = \sqrt{1577/6537} = 0{,}4912 \approx 0{,}50 \longrightarrow \varkappa_a = 0{,}924 \\ \text{m.U.}: \bar\lambda = \sqrt{1730/6537} = 0{,}5144 \approx 0{,}52 \longrightarrow \varkappa_a = 0{,}916 \end{matrix}\right\} < 2$$

Da $\bar\lambda < 2$ ist, ist das vereinfachte Verfahren zulässig. Damit folgt:

$$\text{o.U.}: N_{Kr} = 0{,}924\cdot 1577 = \underline{1457\,kN} \longrightarrow \text{zul}\,N = \underline{857\,kN}$$

$$\text{m.U.}: N_{Kr} = 0{,}916\cdot 1730 = \underline{1585\,kN} \longrightarrow \text{zul}\,N = \underline{932\,kN}$$

18.5.4.3 Planmäßig außermittiger Druck

Basierend auf umfangreichen Computeranalysen gemäß Abschnitt 18.5.3 [68-70] wurden für Druck und einachsige Biegung M-N-Interaktions-Tragfähigkeitsdiagramme erstellt. Kurvenparameter ist δ (G.113). Bild 79a zeigt eine derartige Interaktionskurve in normierter Darstellung.

Beim Tragsicherheitsnachweis wird zunächst unter der Annahme einer zentrischen Belastung der Quotient $\varkappa = N_{Kr}/N_{Pl}$ gemäß Abschnitt 18.5.4.1 berechnet. Das liefert im Interaktionsdiagramm das Niveau AB (vgl. Teilbild a). Die zum Punkt A gehörende Momententragfähigkeit wird durch das zu N_{Kr} gehörende Imperfektionsmoment aufgezehrt. Für eine Druckkraft $N<N_{Kr}$ nimmt das Imperfektionsmoment (etwa) linear mit N ab, demgemäß steht für das planmäßige Biegemoment die im Interaktionsdiagramm schraffierte Momententragfähigkeit noch zur Verfügung. Diese Abschätzung (gemäß Teilbild a) liegt auf der sicheren Seite. Beim praktischen Tragsicherheitsnachweis werden für das γ-fache Lastniveau die Druckkraft N und das Biegemoment M (nach Theorie II. Ordnung) berechnet, der Quotient N/N_{Pl} gebildet und

$$M \leq 0{,}9\,s\,M_{Pl} \qquad (132)$$

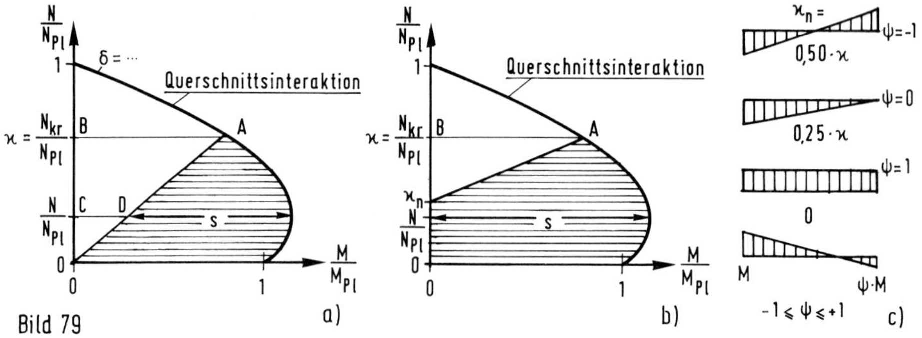

Bild 79

nachgewiesen. s wird dem Interaktionsdiagramm entnommen. Werte s>1,0 dürfen nur für Schnittgrößen N und M in Rechnung gestellt werden, die zum selben Lastfall gehören. Mit dem Faktor 0,9 in G.132 wird berücksichtigt, daß bei der Berechnung der Interaktionsdiagramme eine Dehnungsbeschränkung am Biegedruckrand nicht berücksichtigt wurde.
Wenn der Biegemomentenverlauf nicht konstant ist, kann der zur Aufnahme des Momentes zur Verfügung stehende (schraffierte) Bereich im Interaktionsdiagramm vergrößert werden (Bild 79b). Der Grundwert $\varkappa_n$ für die Erhöhung folgt aus:

$$\varkappa_n = \frac{1-\psi}{4}\cdot\varkappa \qquad (133)$$

ψ ist das Verhältnis der Randmomente nach Theorie I. Ordnung, vgl. Bild 79c.
In Zweifelsfällen ist $\varkappa_n$ gleich Null zu setzen.
Um den Nachweis gemäß G.132 führen zu können, wird das plastische Grenzmoment des Stützenquerschnittes benötigt. Für betongefüllte Rund- und Rechteckrohre ist das mit elementaren Mitteln nicht möglich. Von BODE wurden Momentenbeiwerte berechnet und vertafelt. Bild 80 enthält die Beiwerte für Rundstützen. Hiermit folgt:

$$M_{Pl} = \overline{m}\,\frac{1}{6}(d_a^3 - d_i^3)\,\beta_{S,a} \qquad (134)$$

Für quadratische und rechteckige Stützen enthält Tafel 18.1 die erforderlichen Beiwerte.
Für rechteckige Verbundstützen mit einbetoniertem Walzprofil wird M_{Pl} in Erweiterung zu Abschnitt 18.3.3 berechnet. Wegen weiterer Einzelheiten (z.B. Nachweis für Druck und zweiachsige Biegung) wird auf DIN 18806 T1 und [33,72,73] verwiesen.

St 37 : $\beta_{S,a}$ = 240 N/mm²					St 52 : $\beta_{S,a}$ = 360 N/mm²				
d_a/s	$\overline{m}$				d_a/s	$\overline{m}$			
	B 25	B 35	B 45	B 55		B 25	B 35	B 45	B 55
10	1,0337	1,0452	1,0556	1,0653	10	1,0234	1,0317	1,0396	1,0470
15	1,0560	1,0733	1,0886	1,1022	15	1,0396	1,0528	1,0649	1,0760
20	1,0757	1,0974	1,1160	1,1322	20	1,0545	1,0717	1,0870	1,1007
25	1,0933	1,1182	1,1391	1,1569	25	1,0683	1,0886	1,1063	1,1220
30	1,1091	1,1365	1,1590	1,1779	30	1,0809	1,1039	1,1235	1,1405
40	1,1363	1,1671	1,1915	1,2117	40	1,1035	1,1303	1,1526	1,1715
50	1,1591	1,1919	1,2174	1,2380	50	1,1231	1,1527	1.1766	1,1966
60	1.1785	1,2126	1,2385	1.2593	60	1,1403	1,1718	1,1968	1.2173
80	1,2103	1,2454	1,2715	1,2921	80	1,1694	1,2031	1,2293	1,2502
100	1,2353	1,2706	1,2964	1,3164	100	1,1931	1,2280	1,2545	1,2754

Bild 80 s: Wanddicke

18.5.4.4 Beispiel: Außermittig gedrückte Stütze mit einbetoniertem Walzprofil

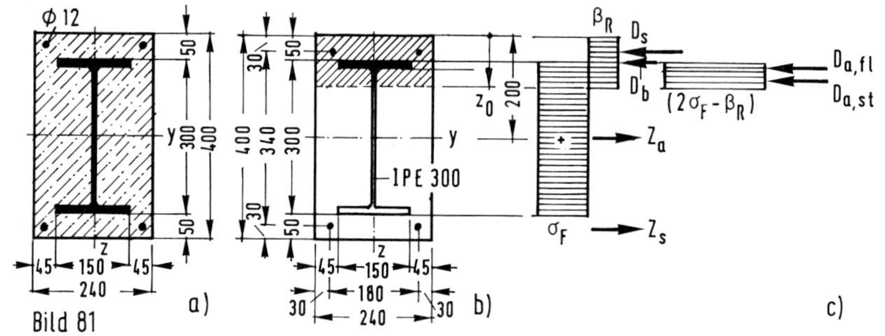

Bild 81

Momentenbeiwerte für die Berechnung von M_{Pl}

Plastische Biegemomenten-Grenztragfähigkeit von betongefüllten Hohlprofil-Verbundstützen aus Rechteckrohren; nach ROIK-BODE

$M_{Pl} = \overline{m}\,\frac{1}{4}\,(h_a^2 b_a - h_i^2 b_i)\,\beta_{Sa}$; $\gamma = h_a/s$; $\delta = b_a/h_a$

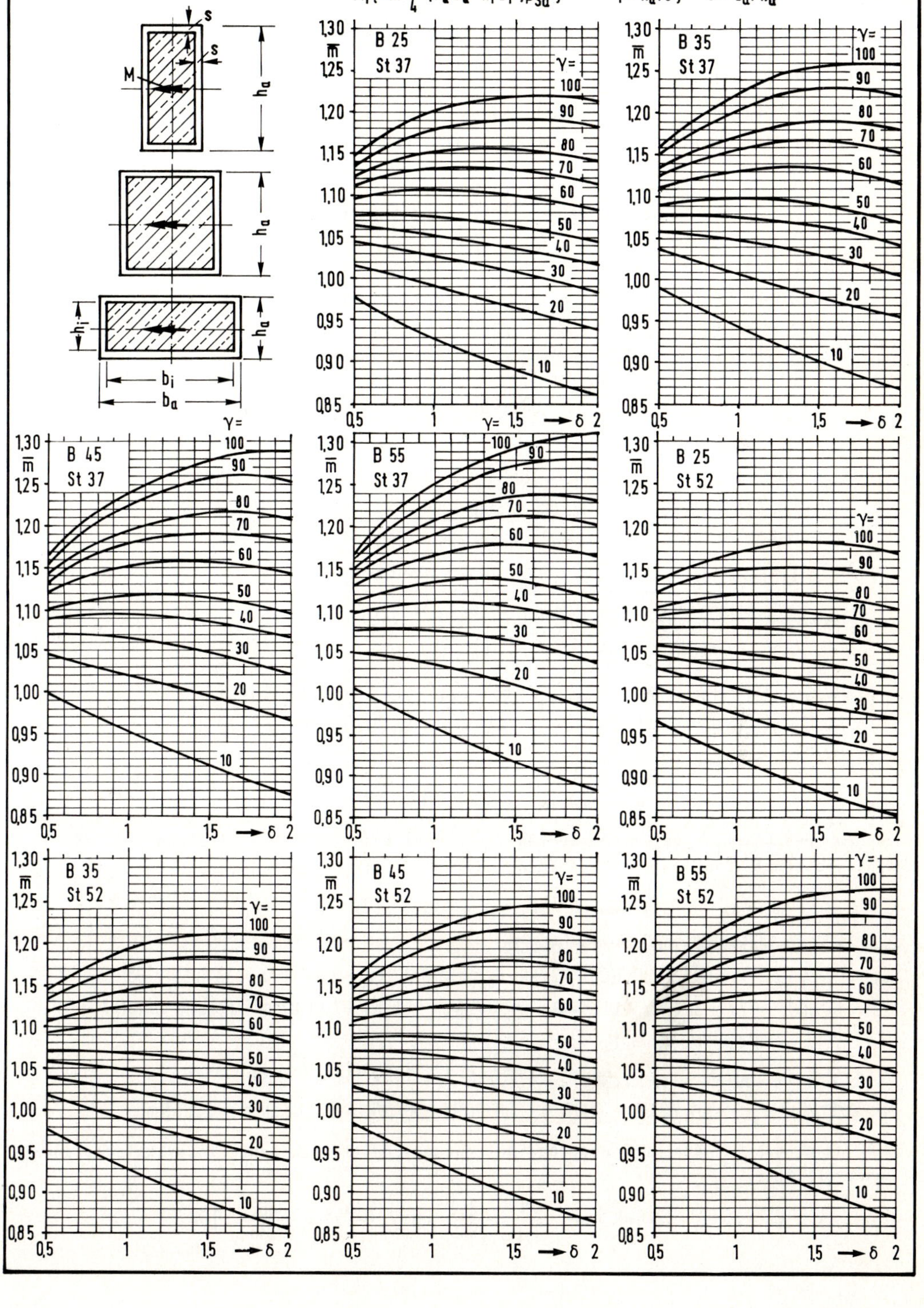

Gegeben sei der in Bild 81a dargestellte Stützenquerschnitt, Knicklänge $s_{Ky} = s_{Kz} = 400$cm. Im Lastfall HZ wirken ($\psi = 1$): $N = 827$ kN, $M = 155$ kNm (konst.)

Vorgaben:

Profilstahl: IPE 300 - St 37 $\longrightarrow \beta_{S,a} = 24$ kN/cm^2

Beton: B45 $\longrightarrow \beta_R = 0{,}6 \cdot 4{,}5 = 2{,}7$ kN/cm^2

Betonstahl: B St 420/500 $\longrightarrow \beta_{S,s} = 42$ kN/cm^2

Überprüfung der Überdeckung (G.119):

$$b_{fl} = h_y = 15{,}0\,\text{cm};\quad \frac{h_y}{6} = \frac{15{,}0}{6} = 2{,}5\,\text{cm};\quad \text{vorh}\,c_z = 5{,}0\,\text{cm} \begin{array}{l} > 2{,}5\,\text{cm} \\ > 4{,}0\,\text{cm} \end{array};\quad \text{vorh}\,c_y = 4{,}5\,\text{cm} > 4{,}0\,\text{cm}$$

Die Anwendung des vereinfachten Verfahrens setzt voraus, daß die Bedingungen gemäß G.123 eingehalten werden:

$$\begin{array}{l} \max c_y = 0{,}4 \cdot h_y = 0{,}4 \cdot 15 = 6{,}0\,\text{cm} > 4{,}5\,\text{cm} \\ \max c_z = 0{,}3 \cdot h_z = 0{,}3 \cdot 30 = 9{,}0\,\text{cm} > 5{,}0\,\text{cm} \end{array} \quad \text{(erfüllt)}$$

Berechnung der Quetschlast (G.115):

$$A_b = 24 \cdot 40 - 53{,}8 - 4{,}52 = \underline{902\,\text{cm}^2};\ A_a = \underline{53{,}8\,\text{cm}^2};\ A_s = 4 \cdot 1{,}2^2 \pi/4 = 4 \cdot 1{,}13 = \underline{4{,}52\,\text{cm}^2};$$

$$N_{Pl} = 902 \cdot 2{,}70 + 53{,}8 \cdot 24 + 4{,}52 \cdot 42 = 2435 + 1291 + 190 = \underline{3916\,\text{kN}} \longrightarrow \delta = 1291/3916 = 0{,}33 \begin{array}{l} > 0{,}2 \\ < 0{,}9 \end{array}$$

Bewehrungsgrad (G.121):

$$\mu = \frac{A_s}{A_b + A_s} = \frac{4{,}52}{902 + 4{,}5} = 0{,}005 = \underline{0{,}5\,\% < 3\,\%}$$

Knicktragfähigkeit (G.125-131):

$$I_{a,y} = 8360\,\text{cm}^4;\ I_{a,z} = 604\,\text{cm}^4;\ I_{s,y} = 4 \cdot 1{,}13 \cdot 17^2 = 1306\,\text{cm}^4;\ I_{s,z} = 4 \cdot 1{,}13 \cdot 9{,}0^2 = 366\,\text{cm}^4$$

$$I_{b,y} = 24 \cdot 40^3/12 - 8360 - 1306 = 128000 - 8360 - 1306 = \underline{118334\,\text{cm}^4}$$

$$I_{b,z} = 40 \cdot 24^3/12 - 604 - 366 = 46080 - 604 - 366 = \underline{45110\,\text{cm}^4}$$

$$N_{ständ.}/N_{gesamt} = 0{,}75:\ E_{bi} = (500 - 0{,}75 \cdot 250) \cdot 4{,}5 = \underline{1406\,\text{kN/cm}^2}$$

$$N_{Ki,y} = \frac{\pi^2}{400^2}[21000(8360 + 1306) + 1406 \cdot 118334] = \underline{22784\,\text{kN}}$$

$$N_{Ki,z} = \frac{\pi^2}{400^2}[21000(604 + 366) + 1406 \cdot 45110] = \underline{5169\,\text{kN}}$$

$$\bar{\lambda}_y = \sqrt{3916/22784} = 0{,}41 \longrightarrow \varkappa_b = 0{,}92 \longrightarrow N_{Kr,y} = 0{,}92 \cdot 3916 = \underline{3602\,\text{kN}}$$

$$\bar{\lambda}_z = \sqrt{3916/5169} = 0{,}87 \longrightarrow \varkappa_c = 0{,}62 \longrightarrow N_{Kr,z} = 0{,}62 \cdot 3916 = \underline{2428\,\text{kN}}$$

Knickung um die z-Achse ($\gamma_{HZ} = 1{,}5$):

$$\gamma \cdot N = 1{,}50 \cdot 8{,}27 = \underline{1240\,\text{kN} < 2428\,\text{kN}}$$

Berechnung des plastischen Grenzmomentes: Ausgehend von Bild 81b/c wird zunächst die Nullinie bestimmt. Dabei wird angenommen, daß sie im Stegbereich liegt:

$$Z_a + Z_s = D_b + D_s + D_{a,fl} + D_{a,st} \longrightarrow Z_a = D_b + D_{a,fl} + D_{a,st} \quad (Z_s = D_s)$$

$$Z_a = 24 \cdot 53{,}8 = \underline{1291\,\text{kN}},\ D_b = 2{,}7 \cdot 24 \cdot z_0 = \underline{64{,}80\,z_0}$$

$$D_{a,fl} = (2 \cdot 24 - 2{,}7)\,15 \cdot 1{,}07 = 45{,}30 \cdot 16{,}05 = \underline{727\,\text{kN}},\ D_{a,st} = 45{,}3 \cdot 0{,}71(z_0 - 5{,}0 - 1{,}07) = \underline{32{,}16\,z_0 - 195}$$

$$1291 = 64{,}80 \cdot z_0 + 727 + 32{,}16 \cdot z_0 - 195 \longrightarrow \underline{z_0 = 7{,}83\,\text{cm}} > 5{,}0 + 1{,}07 = 6{,}07\,\text{cm (Annahme zutreff.)}$$

Als nächstes wird M_{Pl} berechnet:

$$Z_a = \underline{1291\,\text{kN}};\ D_b = \underline{507\,\text{kN}};\ D_{a,fl} = \underline{727\,\text{kN}};\ D_{a,st} = \underline{56{,}8\,\text{kN}};\ Z_s = D_s = 2 \cdot 1{,}13 \cdot 42 = \underline{95\,\text{kN}}$$

$$M_{Pl} = 1291 \cdot 20 + 95 \cdot 37 - 507 \cdot 7{,}83/2 - 727 \cdot 5{,}54 - 56{,}8 \cdot 6{,}95 - 95 \cdot 3{,}0 = 22642\,\text{kNcm} = \underline{226\,\text{kNm}}$$

Bild 82 zeigt das für den vorliegenden Stützenquerschnitt maßgebende Interaktionsdiagramm. Es wird gebildet:

$$\gamma N = 1{,}5 \cdot 827 = 1240\,\text{kN} \longrightarrow \frac{\gamma N}{N_{Pl}} = \frac{1240}{3916} = \underline{0{,}32};\quad \frac{N_{Kr,y}}{N_{Pl}} = \frac{3602}{3916} = \underline{0{,}92}$$

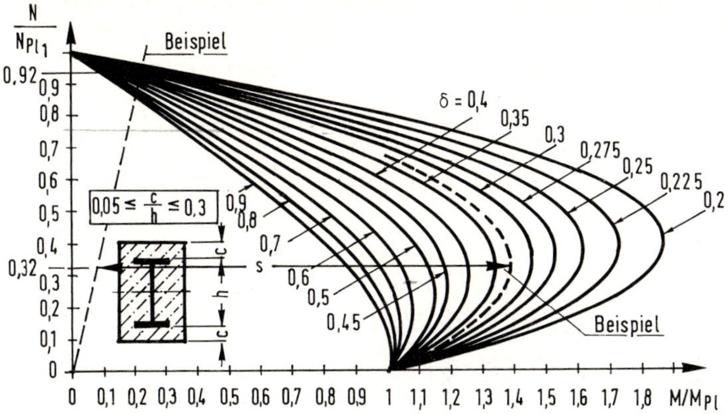

Bild 82

Die beiden Quotienten sind auf der Ordinatenachse abgetragen. Gemäß der Anweisung nach Bild 79a (ψ=+1) findet man für δ =0,33: s=1,32. M und N gehören zum selben Lastfall, es darf daher mit s=1,32>1 gerechnet werden. Für die rechte Seite der Nachweisgleichung (G.132) folgt:

$$0{,}9 \cdot 1{,}32 \cdot 226{,}42 = \underline{269\ \text{kNm}}$$

Der Einfluß Theorie II. Ordnung wird mittels des Verformungsfaktors abgeschätzt: $F = \gamma \cdot N = 1{,}50 \cdot 827 = 1240$ kN (vgl. in Abschnitt 7.2.4.4: Bild 32):

$$\alpha = \frac{1 + 0{,}273 F/F_{Ki}}{1 - \frac{F}{F_{Ki}}} = \frac{1 + 0{,}273 \cdot 1240/22\,784}{1 - \frac{1240}{22\,784}} = \underline{1{,}07}$$

Tragsicherheitsnachweis:

$$\alpha \cdot (\gamma \cdot M) = 1{,}07 \cdot 1{,}50 \cdot 155 = \boxed{250\ \text{kNm} < 269\ \text{kNm}}$$

18.5.4.5 Querkraftschub

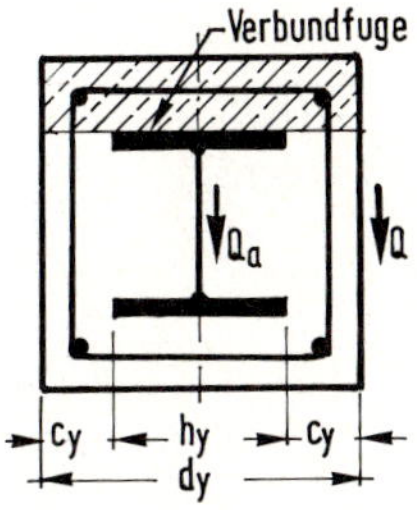

Bild 83

Treten (z.B. bei verschieblichen Verbundstützen) planmäßige Querkräfte auf, werden zunächst die auf den Stahlbetonteil und das Stahlprofil entfallenden Querkraftanteile im Verhältnis der Grenzmomente bestimmt:

$$\text{Betonteil: } Q_b = Q \cdot \frac{M_{Pl,b}}{M_{Pl}} \quad \text{Stahlteil: } Q_a = Q - Q_b \tag{135}$$

$M_{Pl,b}$ ist das vollplastische Moment des Stahlbetonteils. Sofern Q_a größer als $0{,}3 \cdot Q_{Pl,a}$ ist, ist der Nachweis für das Stahlprofil gemäß Abschnitt 18.3.5 zu führen. - In der Verbundfuge (Bild 83) ist die Schubtragfähigkeit nach DIN 18806 T1 nachzuweisen.

18.5.4.6 Krafteinleitungsbereiche

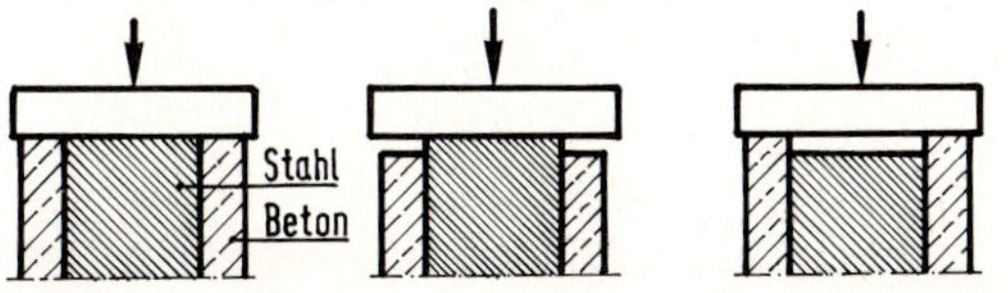

Bild 84 a) b) c)

Große Bedeutung für die planmäßige Tragwirkung der Verbundstützen haben die Krafteinleitungsbereiche. Bild 84 zeigt die drei möglichen Lasteinleitungen: Im Falle a wird die Kraft über eine starre Platte auf das planebene Ende der Stütze abgesetzt.

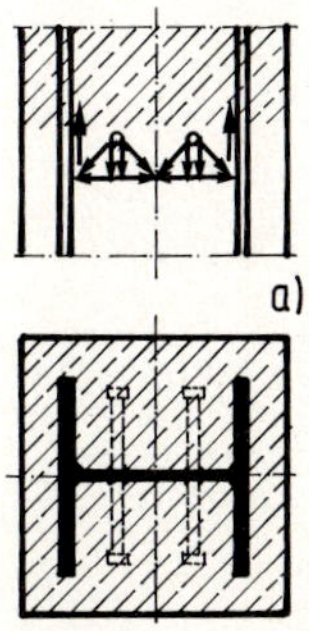

Bild 85 a) b)

Durch das Schwinden des Betons entstehen Schubspannungen zwischen Stahlprofil und Beton. In Hohlprofilstützen hält sich die Feuchtigkeit dauerhafter als bei Stützen mit einbetoniertem Profil. Im Falle b wird die Kraft voll auf das Stahlprofil abgesetzt, über Verbundmittel erhält der Beton die anteilige Kraft; im Falle c ist es umgekehrt. Die Schubkräfte berechnen sich aus der Differenz der plastischen Teilschnittgrößen. Nach DIN 18806 T1 ist der Nachweis der Verbundmittel auch im Gebrauchszustand (γ=1) unter Berücksichtigung von Kriechen und Schwinden zu führen. Im Falle b entstehen die größten Schubkräfte zum Zeitpunkt t=0 und im Falle c zum Zeitpunkt $t=\infty$. Als Verbundmittel werden Kopfbolzendübel eingesetzt. Im Krafteinleitungsbereich bedarf es bei einbetonierten Profilen einer engen Umbügelung. - Bei an den Stegen von I-Profilen angeschweißten Kopfbolzendübeln entstehen Spreizkräfte innerhalb der Betonkammern, die

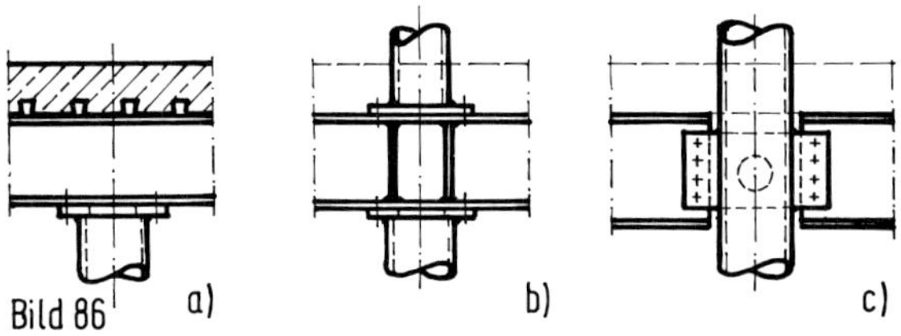

Bild 86

Reibungskräfte an den Innenseiten der Flansche auslösen, diese dürfen zur Krafteinleitung mit herangezogen werden (vgl. Bild 85 aus DIN 18806 T1 und [35]). Bild 86 zeigt Anschlußkonstruktionen für Hohlprofilstützen und Bild 87 für Stahlverbundstützen mit einbetoniertem Profil. Im Falle des Bildes 87c handelt es sich um eine Pilzkopflösung zum Anschluß einer Stahlbetondecke (sogen. GEILINGER Pilzkopf).

Zur brandschutztechnischen Auslegung von Stahlverbundkonstruktionen siehe Abschnitt 19.3.6.2.

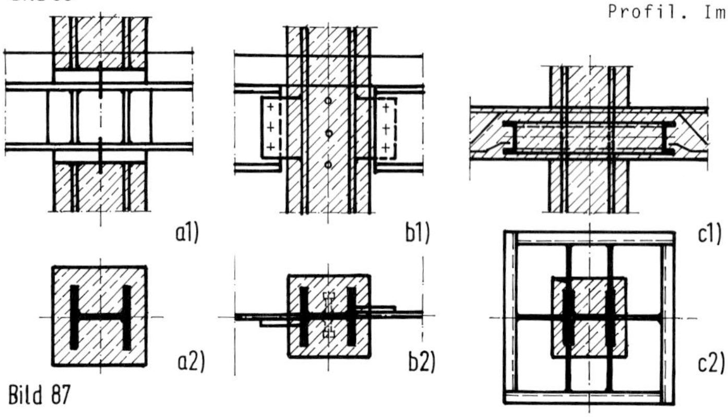

Bild 87

19 Korrosionsschutz - Brandschutz

19.1 Vorbemerkungen

Beim Entwurf einer baulichen Anlage sind neben der Trag- und Gebrauchssicherheit ausreichende Dauerhaftigkeit und bauphysikalische Eignung nachzuweisen. Hierunter wird ein ganzer Komplex unterschiedlicher (teilweise ineinander greifender) Anforderungen verstanden, u.a.:

- Korrosionsschutz
- Brandschutz
- Blitzschutz
- Wärmeschutz (gegen winterliche Kälte und sommerliche Wärme)
- Feuchteschutz (Schlagregenschutz-Tauwasserschutz)
- Schall-, Lärm- und Erschütterungsschutz

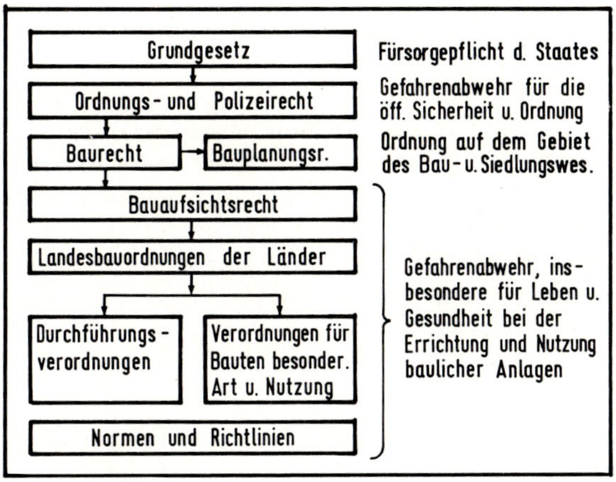

Bild 1 (n. KLOSE)

Die verschiedenen Schutzgebote sind vom Planenden nach dem Grundsatz "Schutz nach Maß" durch bauliche Maßnahmen so zu erfüllen, daß sich für den Besitzer und Betreiber der baulichen Anlage jetzt und künftig infolge der unterschiedlichen klimatischen und betrieblichen Belastungen keine materiellen Schäden ergeben, vor allem aber, daß Gefährdungen für Leben und Gesundheit jener Menschen, die die bauliche Anlage errichten und nutzen, und jener, die nur unbeteiligte Dritte sind, abgewendet werden. Für den letztgenannten Fall legt der Staat die Anforderungen der verschiedenen Maßnahmen fest, die Bauaufsicht überwacht ihre Einhaltung (vgl. Abschnitte 3.1/3 u. Bild 1).

- Korrosion ist im Anfangsstadium ein ästhetisches Problem, bei fortgeschrittener Korrosion kann die Gebrauchstauglichkeit und letztlich die Sicherheit der tragenden Konstruktion betroffen sein. In DIN 18800 T1 heißt es: "Stahlbauten müssen zur Vermeidung von Korrosionsschäden geschützt werden. Während der Nutzungsdauer darf keine Beeinträchtigung der erforderlichen Tragsicherheit durch Korrosion eintreten. Die Konstruktion soll so ausgebildet werden, daß Korrosionsschäden weitgehend vermieden, frühzeitig erkannt und Erhaltungsmaßnahmen während der Nutzungsdauer einfach durchgeführt werden können".
- Von einem Schadenfeuer geht meist eine erhöhte Allgemeingefahr aus. Daher bedarf es vorbeugender planerischer und baulicher Maßnahmen, um einer solchen Katastrophe zu begegnen. In der Bundesrepublik Deutschland belaufen sich die jährlichen Brandschäden auf ca. 3 Mrd DM (ohne Folgeschäden), ca. 700 Menschen büßen dabei ihr Leben ein. Die Rate ist eher steigend. In den Bauordnungen und Brandschutzgesetzen der Länder ist der vorbeugende (Verhütung von Bränden und Brandgefahren) und der abwehrende Brandschutz (Schutz von Menschen und Sachen im Brandfalle) geregelt. Die Feuerwehr ist als Beteiligungsbehörde im Baugenehmigungsverfahren bei der Beurteilung der Bauanträge eingeschaltet, ihr obliegt zudem der örtliche Brandschutz. Die Gemeinden sind verpflichtet, bauliche Anlagen besonderer Art und Nutzung alle 2 bis 3 Jahre im Rahmen der Brandverhütungsschau zu überprüfen. Die "Allgemeinen Anforderungen" sind in den Länderbauordnungen festgelegt. "Bauliche Anlagen sowie andere Anlagen und Einrichtungen sind so anzuordnen, zu errichten, zu ändern und zu unterhalten, daß die öffentliche Sicherheit und Ordnung, insbesondere Leben und Gesundheit nicht gefährdet werden.." und weiter: "Bauliche Anlagen sowie andere Anlagen und Einrichtungen müssen unter Berücksichtigung insbesondere

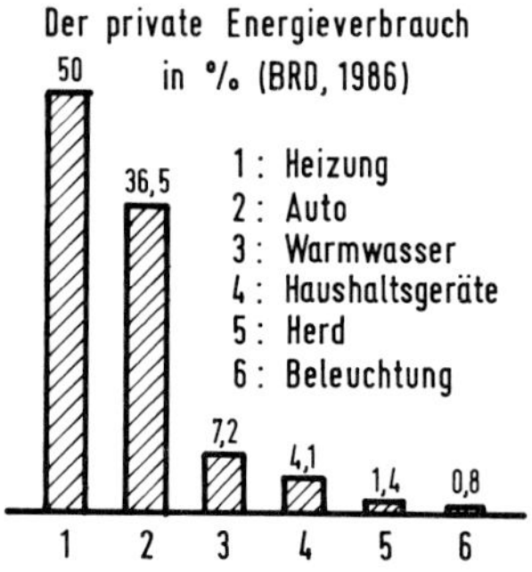

Bild 2 (Quelle: BMFT)

- der Brennbarkeit der Baustoffe
- der Feuerwiderstandsdauer der Bauteile
- der Dichtigkeit der Verschlüsse und Öffnungen
- der Anordnung der Rettungswege

so beschaffen sein, daß der Entstehung eines Brandes und Ausbreitung von Feuer und Rauch vorgebeugt wird und bei einem Brand die Rettung von Menschen und Tieren sowie wirksame Löscharbeiten möglich sind." - Der Blitzschutz dient vorrangig der Verhinderung von Bränden aber auch dem Funktionsschutz elektrischer Anlagen aller Art.

• Die bauphysikalischen Schutzgebote des Wärme-, Feuchte- und Schallschutzes sind von anderer Kategorie; der Schutz der Gesundheit steht auch hier im Vordergrund. Lärm zählt mit zu den schlimmsten Umweltbelästigungen. Doch sind es nicht allein die Anforderungen der Benutzer an behagliche Wohn- und vertretbare Arbeitsbedingungen, die der Bauphysik einen so hohen Stellenwert verleihen: Ein richtig ausgelegter Wärme- und Feuchteschutz dient einerseits dem langlebigen Erhalt der Bausubstanz und andererseits der Einsparung von Heizkosten (vgl. Bild 2), was im Hinblick auf vergangene und künftige Energiekrisen im Gesamtinteresse des Staates liegt; diesem Ziel dient u.a. das Energieeinsparungsgesetz, die Wärmeschutzverordnung und die Heizungsanlagenverordnung.

19.2 Korrosionsschutz

19.2.1 Korrosion

Eisen gehört zu den unedlen Metallen. Korrosion von Eisenwerkstoffen heißt Rosten. Wegen des hiermit verbundenen Materialabtrags wird die Tragfähigkeit reduziert. Das gilt umso mehr, je dünnwandiger die Teile sind (Stahlleichtbau). Zudem kann die Tragfähigkeit durch Spannungsrißkorrosion (SRK) oder/und Schwingungsrißkorrosion (SWRK) gefährdet sein. Schließlich wird i.a. die Gebrauchsfähigkeit beeinträchtigt. Das Aussehen wird durch Rosten verschandelt, was dem Image der Stahlbauweise schadet. - Unterschieden wird die chemische Korrosion, bei welcher Eisen bei hohen Temperaturen oxidiert (Zunderbildung = Walzhaut), und die elektrochemische Korrosion. Letztere hat vorrangig baupraktische Bedeutung. Dabei werden unterschieden: Flächenkorrosion (einschl. Mulden-, Loch-, Spaltkorrosion) und Kontaktkorrosion. Durch Korrosionsschutzmaßnahmen muß die Dauerhaftigkeit sichergestellt (ggf. nach einer gewissen Zeitspanne erneuert) werden. Hierzu kann im Stahlbau auf das neunteilige Regelwerk DIN 55928 (Korrosionsschutz von Stahlbauten durch Beschichtungen und Überzüge) und weitere zurückgegriffen werden [1], u.a.: DIN 18364 (Korrosionsschutzarbeiten an Stahl- und Aluminiumbauten, VOB, Teil C), DASt-Ri 006 (Überschweißen von Fertigungsbeschichtungen (FB) im Stahlbau). Von der Deutschen Bundesbahn (DM) wurde Teil 9 der DIN 55928 (Bindemittel und Pigmente für Beschichtungsstoffe) nicht eingeführt, dafür gilt TL 918300 (Technische Lieferbedingungen für Antrichstoffe); die im Teil VI enthaltenen, den Stahlbau betreffenden TL-Blätter, werden vielfach auch für Bauvorhaben, die nicht in den DB-Bereich fallen, angewendet. Schließlich steht ein umfangreiches technisch-wissenschaftliches Schrifttum zur Verfügung, z.B.[2-10]; zu Kosten-Nutzen-Fragen und Begleitkosten infolge Umweltauflagen vgl. [11,12]. Auf die "Richtlinien zur Anwendung der DIN 55928 (RiA)" und die "Richtlinien für umweltgerechte Planung und Ausführung von Korrosionsschutzarbeiten an Stahlbauten (RUK)", die vom Bundesminister für Verkehr erlassen wurden, wird ergänzend hingewiesen. In der RiA sind Beispiele geeigneter Korrosionsschutzsysteme für die unterschiedlichsten Bauteilbereiche von Brücken zusammengestellt.

19.2.1.1 Flächenkorrosion, insbesondere in der Atmosphäre

Unter Flächenkorrosion wird die elektrochemische, materialabtragende Korrosion verstanden, entweder in der freien Atmosphäre, im Boden oder im Wasser (DIN 55928 T1). Die atmosphärische Korrosion ist an einen Elektrolyten in Form eines Wasserfilms auf der Oberfläche gebunden. Strukturunterschiede im Stahlgefüge und von außen herangeführte Verunreinigungen bewirken Potentialunterschiede im Metall bzw. gegenüber dem wässerigen,

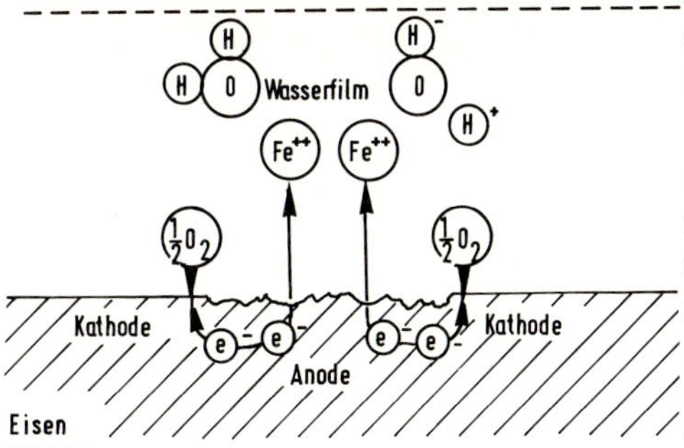

Bild 3

elektrisch leitenden Korrosionsmedium. Eisen wird aus dem Verband in Form positiver Eisen-(II)-Ionen gelöst (anodische Reaktion, Bild 1):

$$Fe \rightarrow Fe^{++} + 2e^- \qquad (1)$$

Die im Eisen verbleibenden Elektronen laden das Eisen gegenüber dem Wasserfilm negativ auf. Ein weiteres Herauslösen von Eisen-(II)-Ionen wäre damit unterbunden, wenn nicht freier (atmosphärischer) Sauerstoff mit Wasser und den frei gewordenen Elektronen negative Hydroxylionen bilden würde:

$$\frac{1}{2}O_2 + H_2O + 2e^- \rightarrow 2OH^- \qquad (2)$$

Diese kathodische Reaktion vollzieht sich örtlich getrennt von der anodischen (vgl. Bild 1). Die gegensätzlich geladenen Teilchen Fe^{++} und $2OH^-$ gehen über die Zwischenbindung Eisenhydroxid schließlich in FeOOH bzw. $Fe(OH)_3$ über:

$$Fe^{++} + 2OH^- \rightarrow Fe(OH)_2 \qquad (3)$$

$$2Fe(OH)_2 + \frac{1}{2}O_2 \rightarrow 2FeOOH + H_2O \quad \text{und/oder} \quad 2Fe(OH)_2 + \frac{1}{2}O_2 + H_2O \rightarrow 2Fe(OH)_3 = Fe_2O_3 \cdot 3H_2O \qquad (4a,b)$$

Das oxidische Eisen ist gegenüber dem metallischen energieärmer und dadurch thermodynamisch stabiler. - Die sich zunächst bildende, verdichtete Rostschicht ist festhaftend, bei weiterer Korrosion wird sie locker und blättert von der Oberfläche ab. Dabei bieten die losen Rostschichten gute Kondensationsbedingungen für Wasserdampf (Kondenswasser), wodurch das Rosten progressiv fortschreitet. Fehlt ein elektrolytischer Feuchtigkeitsfilm (wie in trockenen Innenräumen), unterbleibt das Rosten. Das ist unterhalb einer relativen Luftfeuchtigkeit von 60-65% der Fall. Ab 70% wird der erforderliche Wasserbedarf hinreichend gedeckt, ab 80% besteht erhöhte Rostgefahr. - Sulfate und Chloride beschleunigen den Rostvorgang wesentlich; Schwefeldioxid (SO_2) tritt in Industrienähe und in städtischen Bereichen infolge Abgasen und Rauch fossiler Verbrennungsprodukte verstärkt auf. Chloride treten besonders in Meeresnähe und im Bereich von Salzbergwerken und chemischer Industrie auf. - Die Wirkung von SO_2 kommt dadurch zustande, daß sich im Wasserfilm (Elektrolyt) Schwefelsäure bildet:

$$SO_2 + \frac{1}{2}O_2 + H_2O \rightarrow H_2SO_4 \qquad (5)$$

Diese greift das Eisen an, es bildet sich Eisen-(II)-Sulfat):

$$Fe + H_2SO_4 + \frac{1}{2}O_2 \rightarrow FeSO_4 + H_2O \qquad (6)$$

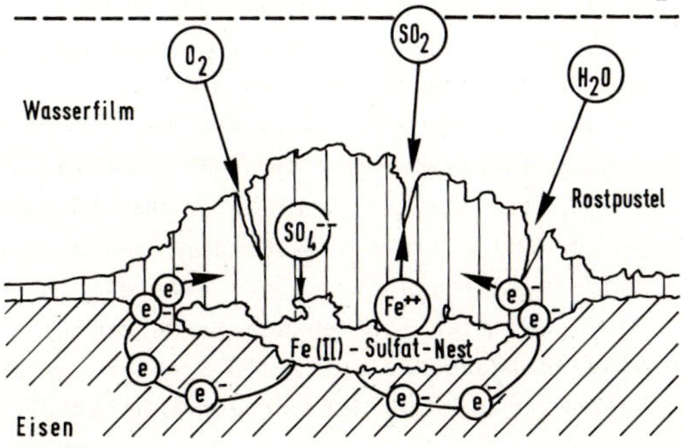

Bild 4

Das Eisen-(II)-Sulfat wird vom Sauerstoff zu Eisen-(III)-Sulfat oxidiert und hydrolysiert zu Rost und Schwefelsäure:

$$2FeSO_4 + \frac{1}{2}O_2 + 3H_2O \rightarrow 2FeOOH + 2H_2SO_4 \qquad (7)$$

Demnach wird Schwefelsäure wieder frei, sodaß neues Eisen aus dem Metallverband in Lösung gehen und zu Rost umgesetzt werden kann. Das Eisen-(II)-Sulfat wirkt wie ein Katalysator. Dieses ist in Form vieler einzelner Nester unter punktförmigen Rostpusteln konzentriert. Diese Sulfatnester, deren Durchmesser bis zu 1mm beträgt, stellen die Anode dar, während die Randgebiete und vor allem die sich über die Sulfatnester häufenden elektronenleitenden Eisen-(II)-(III)-Verbindungen die Kathode bilden. Bild 2 zeigt den prinzipiellen Schnitt durch eine solche Roststelle.

Den Umwelteinfluß, orientiert am Gehalt von SO_2 und Schadstoffen, charakterisiert folgende Stufung (vgl. auch DIN 55928 T1):

Landatmosphäre (L) : 5- 70µm
Stadtatmosphäre (S) : 30- 801m
Industrieatmosphäre (I): 40-170µm
Meeresatmosphäre (M) : 60-250µm

Die Zahlenwerte umschreiben die jährliche Abrostrate unlegierter Stähle, die der freien Bewitterung ungeschützt ausgesetzt sind. - Sehr hoher Aggressivität können Chemie- oder Feuerungsanlagen der Industrie, insbesondere bei hohen Betriebstemperaturen, z.B. Stahlschornsteine, ausgesetzt sein. Das gilt besonders für rauchgasführende Rohre; mit am extremsten liegen die Verhältnisse bei Müllverbrennungsanlagen. Dann handelt es sich im eigentlichen Sinne nicht mehr um atmosphärische Korrosion sondern um Sonderbeanspruchungen. Das gilt auch für Korrosion im Boden (Rohrleitungen, Tankanlagen, Tunnel-, Stollen-, Schachtbau) und im Wasser (Süßwasser-Salzwasser; Stahlwasserbau, Spundwandbau, Meerestechnik) [13-16].

Ist der Korrosionsabtrag örtlich unterschiedlich, spricht man von Muldenkorrosion, bei Lochfraß von Lochkorrosion. Örtlich verstärkte Korrosion in Spalten und Fugen nennt man Spaltkorrosion. Da das Volumen von Rost größer ist als von Eisen, kann es zu einer Sprengwirkung kommen, z.B. zwischen Lamellen. In Spalten hält sich die Feuchtigkeit länger als auf einer glatten Oberfläche.

Durch korrosionsgerechte Gestaltung läßt sich ein wirkungsvoller Beitrag zum Schutz gegen atmosphäre Korrosion leisten (DIN 55928, T2): Die Stahlkonstruktion sollte möglichst glatt und wenig gegliedert, gut zugänglich für Ausführung, Prüfung und Instandhaltung des Korrosionsschutzes und so ausgebildet sein, daß Schmutzablagerungen und Wassersäcke vermieden werden. Spalte, Schlitze, Fugen sind zu verschließen. Hohlräume, Hohlkästen und Hohlbauteile, die offen sind, müssen innenseitig einen geeigneten Korrosionschutz erhalten und gut belüftet sein, um Kondenswasserbildung zu begegnen und ein schnelles Austrocknen zu ermöglichen. Das gilt besonders, wenn eine Beregung im Inneren möglich ist, dann sind ausreichende Entwässerungsöffnungen vorzusehen. Luftdicht verschlossene Bauteile benötigen keinen innenseitigen Korrosionsschutz.

19.2.1.2 Kontaktkorrosion

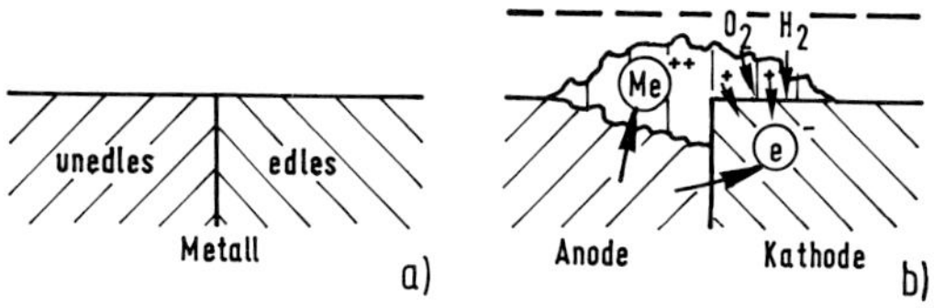

Bild 5

Befinden sich unterschiedliche Metalle in Kontakt, kommt es infolge der unterschiedlichen elektrischen Potentiale zu einem Elektrodenstrom vom unedleren Metall (der Anode) zum edleren Metall (der Kathode). Bei Vorhandensein von Feuchtigkeit (Elektrolyt), korrodiert das unedlere Metall, indem Metallionen in den Elektrolyten übergehen, wobei die Korrosion vom Wasserstoff- oder Sauerstofftyp ist, vgl. Bild 3. Der elektrolytische Lösungsdruck ist abhängig von der Stellung der Metalle innerhalb der elektrochemischen Spannungsreihe : (edel) Au, Ag, Cu, (H^+), Pb, Ni, Fe, Cr, Zn, Al, Ti, Mg (unedel). Die Potentialdifferenz wird vom Umfeld (Temperatur, Elektrolyt- und Oxidtyp) und den Legierungsbestandteilen der beteiligten Metalle beeinflußt. Insofern kann die ideale Spannungsreihe zur Frage einer Kontaktkorrosionsgefahr allein nicht herangezogen werden. Unlegierter (und niedriglegierter) Stahl erleidet in Kontakt mit Cu, Pb, Ni aber auch mit Cr, Ti und hochlegierten Stählen stärkere, mit Al mäßigere Kontaktkorrosion; hochlegierte Stähle sind weitgehend stabil. Als Schutzmaßnahme sind isolierende Zwischenschichten vorzusehen. Wie gesagt: Voraussetzung für Kontaktkorrosion ist das Vorhandensein eines Elektrolyten.

19.2.2 Fertigungsbeschichtungen (FB) - Walzstahlkonservierung

Gegenüber der ehemaligen Fertigungsfolge: 1. Brennschneiden, 2. Fügen (Schweißen), 3. Strahlen, 4. Beschichten ist überwiegend die Folge: 1. Strahlen, 2. Fertigungsbeschichten, 3. Brennschneiden, 4. Fügen (Schweißen), 5. Beschichten getreten [17,18]. Fertigungsbeschichtungen haben die Aufgabe, die Stahlbauteile bei Transport, Lagerung und Bearbeitung im Fertigungsbetrieb vor Korrosion zu schätzen. Sie werden unter Verwendung spezieller

Fertigungsbeschichtungsstoffe (FB-Stoffe) in automatischen Strahl- und Spritzdurchlaufanlagen aufgebracht. Die Mittelrauhtiefe soll nach der Strahlung zwischen 6,3 bis 12,5µm und die Trockenschichtdicke der Fertigungsbeschichtung zwischen 15 bis 25µm liegen (1µm= 0,001mm).

Voraussetzung für die Einführung der Fertigungsbeschichtung war:

a) Keine Beeinträchtigung des Brennschneidens.
b) Keine Beeinträchtigung des Schweißens: Bei Schichtdicken bis 25µm und guter Belüftung sind Gesundheitsschäden für den Schweißer infolge der verdampfenden Beschichtung auszuschließen. Auch tritt dann i.a. keine Verschlechterung der schweißtechnischen Ausführung und der Schweißnahtgüte hinsichtlich statischer und dynamischer Festigkeit ein. Die zuletzt genannte Aussage ist eng mit der Porenbildung in der Schweißnaht nach Überschweißen der Fertigungsbeschichtung verknüpft. Das Schweißen von Stumpfnähten und brenngeschnittenen Fugenflanken ist problemlos, in Kehlnähten ist eine höhere Porenanzahl zu erwarten, insbesondere in einlagigen. In dem DVS-Merkblatt 0501 ist die Prüfung der Porenneigung beim Überschweißen von Fertigungsbeschichtungen geregelt, ergänzt durch die DASt-Ri 006; hierin sind die Abmessungen für eine Arbeitsprobe für Kehlnähte festgelegt. Nach Überschweißung der FB wird die Probe gebrochen, die anteilige Porenfläche ermittelt und hiernach das Schweißergebnis bewertet. Der Nachweis einer ausreichenden Schweißnahtgüte gilt als erbracht, wenn die ermittelte Prozentporenfläche $\leq 7\%$ bei Bauteilen mit vorwiegend ruhender und $\leq 4\%$ bei Bauteilen mit nicht vorwiegend ruhender Beanspruchung ist.
c) Keine Beeinträchtigung der Haftung für die folgenden Beschichtungen.

19.2.3 Korrosionsschutz durch Beschichtungen

19.2.3.1 Vorbereitung der Stahloberfläche

Voraussetzung für ein gutes Haften und eine einwandfreie Schutzwirkung einer Beschichtung ist völlige Sauberkeit des Untergrundes. Vor der Beschichtung ist die Stahloberfläche von arteigenen Schichten (Walzhaut, Rost) und von artfremden Verunreinigungen (Wasser, Staub, Fette, alte Anstriche u.ä.) zu säubern, das gilt insbesondere bei Ausbesserungsarbeiten oder Aufbringen eines neuen Korrosionsschutzes.

Verfahrenstechniken:

a) Mechanische Verfahren: 1. von Hand (Abschaben, Abbürsten, Abschleifen), 2. maschinell (rotierende Drahtbürsten, Schleifgeräte, Klopf- und Schlagwerkzeuge). Beide Verfahren sind sehr arbeitsintensiv und insgesamt nicht sehr effektiv; eine Reinigung artfremder Schmutzfilme gelingt kaum, auch besteht die Gefahr lokaler Beschädigungen (Kratzer). 3. Strahlen mit metallischen oder nicht-metallischen Strahlmitteln (nach DIN 8201). Hiermit gelingt eine gründliche und wirtschaftliche Entrostung und Reinigung. Auch in Ecken und engen Bereichen wird eine metallisch blanke Oberfläche erzielt. Die Mindestdicke der Stahlteile sollte 4mm betragen, insbesondere beim Schleuderstrahlen in Durchlaufanlagen. Daneben gibt es das Druckluftstrahlen (in Strahlkabinen oder Strahlhallen, im Freien nur bei Schutz der Umgebung), das Saugkopfstrahlen und das Naßstrahlen. Als Strahlmittel werden überwiegend Stahlkies, Stahlschrott, Drahtkorn, Korund u.a. verwendet [19-23]. Ehemals wurde überwiegend mit Sand (Quarzsand) gestrahlt, was inzwischen, wegen der hiermit verbundenen Silikosegefahr, verboten ist (Staublunge).
b) Flammstrahlen: Mit einem Injektor-Kammbrenner wird durch Beflammung Rost und Walzhaut gelockert und anschließend intensiv maschinell nachgebürstet. Das Verfahren eignet sich besonders gut zum Entfernen alter Beschichtungen und in Fällen, in denen durch mechanisches Strahlen eine unzumutbare Umweltbelastung zu befürchten ist. Der Brenner wird mit Azetylen-Sauerstoffgas betrieben, Vorschub bis 5m/min bei 50 bis 250mm Breite. Die Oberfläche erwärmt sich auf 80 bis 120°C; Mindestdicke der Stahlteile 4 bis 5mm.
c) Chemische Verfahren: 1. Beizen: Rost und Walzhaut werden durch Eintauchen der Teile in Säure entfernt (4-20%ige Schwefelsäure; 5-15%ige Salzsäure). Anschließend wird mit Wasser oder alkalischen Lösungen (z.B. Natronlauge) gespült (neutralisiert). 2. Verwendung von Pasten und Rostumwandlern; dieses Verfahren ist für den Stahlbau unzulässig,

weil es aufgrund aller Erfahrungen für Langschutzwirkungen ungeeignet ist.

d) Abwittern: Hierunter versteht man das Abwittern des Zunders, anschließend Reinigung nach a, b oder c.

Die Reinheit der Materialoberfläche wird durch die Reinheitsgrade Sa1, Sa2, Sa2 1/2 und Sa3 gekennzeichnet (DIN 55928, T4); für die Prüfung stehen fotographische Vergleichsmuster in der Norm zur Verfügung. Im Regelfall wird Sa2 1/2 verlangt: Zunder, Rost und Beschichtungen sind soweit entfernt, daß Reste auf der Stahloberfläche lediglich als leichte Schattierungen infolge Tönung von Poren sichtbar bleiben. Die mittlere Rauhtiefe sollte 50µm betragen. Bei zu großer Rauhtiefe werden die Spitzen der rauhen Oberfläche nur mäßig bedeckt, bei zu geringer Rauhtiefe ist die Haftung der Beschichtung weniger fest.

19.2.3.2 Wirkung und Zusammensetzung der Beschichtung

Die Wirkung einer Beschichtung ist zweifach:

a) passivierende, d.h. rost-verhindernde Wirkung auf der Stahloberfläche,

b) abschirmende Wirkung gegenüber der Atmosphäre (bzw. Erdreich oder Wasser u.a.).

Entsprechend dieser Aufgabenstellung werden Grundbeschichtung (GB) und Deckbeschichtung (DB) unterschieden. I.a. besteht ein normales Korrosionsschutzsystem aus zwei Grund- und zwei Deckbeschichtungen. Jede Beschichtung besteht aus einem Bindemittel und aus Pigmenten. Von der Grundbeschichtung (Grundierung) wird gute Benetz- und Eindringfähigkeit (und damit gute Haftfähigkeit) sowie eine gute passivierende Wirkung erwartet; diese Aufgabe übernehmen die Pigmente wie Bleimennige, Calziumplumbat, Zinkphosphat, Zinkchromat, Zinkstaub u.a. Die Deckbeschichtung dient dem Schutz und der Sicherung der Grundbeschichtung gegen äußere Einflüsse (Wasserfestigkeit, Unempfindlichkeit gegen UV-Strahlung und chemische Einflüsse). Als Bindemittel steht ein großes Sortiment zur Verfügung (DIN 55928, T5 u. T9): Öl-, Kunstharz-, Clorkautschuk-, Epoxidharz-, Polyurethan-, Silikatbasis u.a. Nicht alle Bindemittel und Pigmente sind kombinierbar. Die Bindemittel bestimmen die zulässigen Topf- und Mindestwartezeiten zwischen den einzelnen Beschichtungen. Die Grundbeschichtungen werden grundsätzlich in der Stahlbauanstalt aufgebracht, ggf. auch eine Deckschicht. Die Schichten werden mit farblich differenzierten Tönungen aufgetragen. Es gibt Dünnbeschichtungen (ca. 40µm pro Schicht) und Dickbeschichtungen (ca. 80µm pro Schicht, ggf. mehr). Die Dickenangabe bezieht sich auf den Trockenzustand. Anhaltswerte für die Dicke des Gesamtsystems: Landatmosphäre 140µm, Stadtatmosphäre 180µm, Industrieatmosphäre 180-250µm, Meeresatmosphäre 200µm. DIN 55928, T5 enthält Beispiele bewährter Korrosionsschutzsysteme (einschl. für Stahlwasserbauten). Es gibt keine absolut diffusionsdichten Beschichtungen; gegenüber Wasserdampf und Sauerstoff verbleibt eine geringe Durchlässigkeit; deshalb ist es wichtig, daß die Beschichtungen ausreichend dick, und die Schichten untereinander und gegenüber der Oberfläche innig und gut haften, anderenfalls setzt vorzeitige Unterrostung ein.

19.2.3.3 Applikation und Prüfung der Beschichtung

Für das Aufbringen der Beschichtungen (Applikation) kommen folgende Techniken zum Einsatz:

a) Streichen mit Pinsel (für die Grundbeschichtung anzuraten) und Rollen.

b) Luftloses Hochdruckspritzen (Airless-Spritzen); hierbei werden normale, unverdünnte Beschichtungsstoffe unter hohem Druck (100 bis 450 bar) verdüst.

c) Druckluftspritzen unter Zerstäubung des Beschichtungsstoffes; die Druckluft muß öl- und wasserfrei sein.

Zu bevorzugen sind die Techniken a und b. - Zwischen den einzelnen Beschichtungen muß ausreichend Zeit zum Trocknen sein. Innerhalb der Wartezeiten sich niederschlagende Feuchtigkeit, Staub u.a. sind vor dem folgenden Anstrich zu entfernen. Das vollständige Abtrocknen einer Beregung sollte abgewartet werden. Die Beschichtungen sollten nur innerhalb der Oberflächentemperaturen von 5 bis 50°C und unterhalb einer relativen Feuchtigkeit von 85% aufgebracht werden. Eine Applikation bei ungünstiger Witterung ist meist der Grund für vorzeitig eintretende Korrosionsschäden.

Durch beschichtungsgerechtes Konstruieren lassen sich Schwachstellen vermeiden bzw. mindern. Solche Schwachstellen sind: Vorstehende Teile (Kanten, Schrauben, Niete u.ä.),

Fugen, Ecken, Rinnen. An den vorstehenden Teilen fällt die Beschichtung dünner aus, weil sich der nasse Anstrichfilm hier wegen der Oberflächenspannung zurückzieht. An solchen Stellen ist eine zusätzliche Beschichtung empfehlenswert (Kantenschutzbeschichtung, ggf. dickflüssiger). - Die Prüfung der Beschichtungen umfaßt Schichtdicke, Porenhäufigkeit sowie Haftung und Verbund der Schichten. Hierfür stehen spezielle Prüfverfahren und -geräte zur Verfügung [1]; vgl. auch DIN 55928, T6 u. T7.

19.2.4 Korrosionsschutz durch Überzüge - Stückverzinkung

Es werden unterschieden: 1. Stückverzinken: Eintauchen der Teile in ein Zinkbad. Bei Kleinteilen (z.B. Schrauben) geschieht das mittels Körben; anschließend werden die Teile in einer Zentrifuge geschleudert und ggf. in einem Wasserbad gekühlt, um ein Zusammenkleben zu verhindern. - 2. Bandverzinken von Bändern (b≥600mm) und Bandstahl (b<600mm) in einem kontinuierlichen Schmelztauchverfahren, z.B. von Breitband für Stahltrapezprofile, vgl. Abschnitt 17.3. - 3. Drahtverzinken, z.B. Stahldraht für Stahlseile, vgl. DIN 1548.

19.2.4.1 Verfahrenstechnik beim Stückverzinken (Feuerverzinken) [24]

Die i.a. unbehandelten (ungestrahlten) Stahlteile durchlaufen folgende Stationen in der Verzinkerei:

a) Beizbad: In einem Säurebad (z.B. 10%ige Salzsäure) werden Walzhaut und Rost abgebeizt. Ist das angelieferte Material stark verunreinigt (Öle, Fette, Farbreste), ist es vom Anlieferer zuvor zu reinigen, z.B. zu strahlen;
b) Spülbad: Die beim Beizen entstandenen Eisensalze werden abgewaschen;
c) Flußmittelbad (Fluxen): Das Verzinkungsgut erhält einen dünnen Überzug aus Zinkchlorid und Ammoniumchlorid; sie bewirken eine Reaktionsfeinreinigung der Oberfläche;
d) Trockenofen: Der Flußmittelfilm wird getrocknet und das Verzinkungsgut aufgeheizt:
e) Verzinkungsbad bei 450°C, Tauchdauer 1,5 bis 5min. Die Stahlteile nehmen die Verzinkungstemperatur an. Es entstehen metallisch-innige Eisenzinklegierungen unterschiedlicher Dicke und Härte (Bild 6). Beim Herausziehen der Teile aus dem Bad verbleibt i.a. eine deckende Reinzinkschicht mit dem typischen silbrigen Aussehen (Bild 6a). Die Gesamtschichtdicke ist von der Tauchzeit und insbesondere vom Si-Gehalt des Stahles abhängig. Oberhalb 0,20% Si tritt eine stärkere Reaktion auf (St52 und hochfeste Stähle; Si-haltiger Schweißelektrodenstahl!). Dickere Teile halten die Wärme länger, so daß sich i.a. eine dickere Eisenzinklegierungsschicht - bis zum völligen Aufzehren der Reinzinkschicht - bildet: grau-stumpfes Aussehen (Bild 6b) [25].

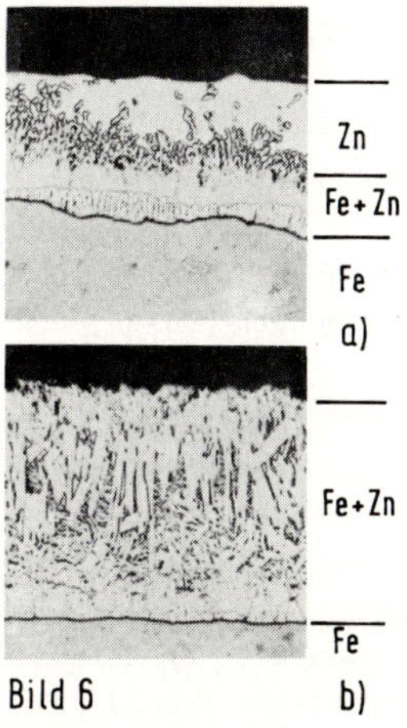

Bild 6

Die zulässigen Größtabmessungen der zu verzinkenden Teile hängen von der Größe der Verzinkungskessel ab; sie betragen bis 20m Länge, 2m Breite und 2,20m Tiefe. Durch wechselseitiges Schrägtauchen lassen sich bei einem 20m langen Kessel bis zu 35m lange Teile verarbeiten. - Die von der Witterung unabhängige, industrielle Verzinkungstechnik gewährleistet gleichmäßig hohe Güte, auch im Bereich von Fugen, Winkeln, Löchern usf. Dennoch sind gewisse Regeln beim Konstruieren zu beachten ("Verzinkungsgerechtes Konstruieren" [26]):

- Toträume, die bei den verschiedenen Tauchvorgängen nicht luftfrei sind, werden nur unvollständig benetzt; die Güte der Verzinkung fällt an solchen Stellen schlecht aus.
- Hohlkörper (z.B. Rohrkonstruktionen) müssen Zu- und Abluftbohrungen haben, um eine einwandfreie Innenverzinkung zu gewährleisten. Bei Lufteinschluß besteht Explosionsgefahr!
- Aufeinanderliegende Stahlteile werden nicht verzinkt.
- Beim Aufheizen des Materials tritt eine Längenänderung ein, gleichzeitig sinkt die Streckgrenze. Bei unterschiedlichen Materialdicken und asymmetrischen Formen besteht die Gefahr, daß sich die Bauteile wegen der unterschiedlichen Abkühlung verziehen. Auch kann der Abbau der Schweißeigenspannungen infolge der verringerten Streckgrenze Verzüge auslösen.

19.2.4.2 Korrosionsschutzwirkung [27,28]

Die Zinkschichtdicken werden in µm oder in g/m² gemessen; Umrechnungsfaktor 7 (7,14), z.B.: 100µm≙700g/m². DIN 50976 gibt folgende mittlere Mindest-Zinkauflagen in Abhängigkeit von der Materialdicke an:

Zinkauflage < 1mm : 50 µm (~360 g/m²
1mm ≤ Zinkauflage < 3mm : 55 µm (~400 g/m²)
3mm ≤ Zinkauflage < 6mm : 70 µm (~500 g/m²)
6mm ≤ Zinkauflage < ∞ : 85 µm (~610 g/m²)

I.a. entstehen beim Verzinken größere Schichtdicken, insbesondere bei größeren Wandicken.

Belastung a: außen i: innen		jährl. Abtragung Durchschn. µm	Mittel
a	Landatm.	1,3 - 2,5	1,9
	Stadtatm.	1,9 - 5,2	3,5
	Industriea.	6,4 - 13,8	10,1
	Meeresa.	2,2 - 7,2	4,7
i	–	–	1,5

a)

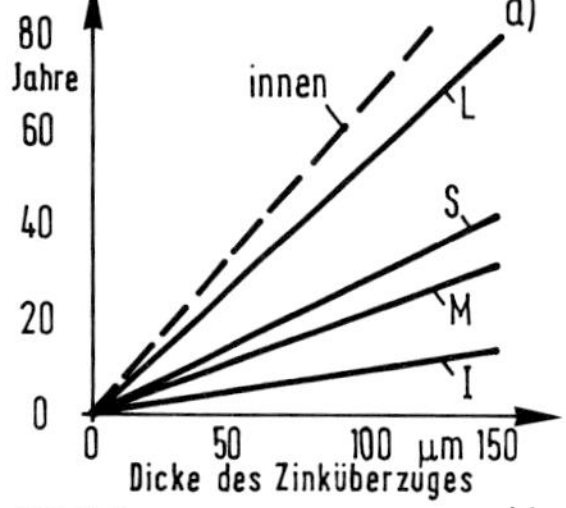

Bild 7 b)

Die jährliche Abtragungsrate ist von der Beanspruchung abhängig (L,S,I,M) und davon, ob die verzinkte Oberfläche der freien Bewitterung (Regen, Wind) ausgesetzt ist oder nicht (a: außen, i: innen), vgl. Bild 7a. Die Zinkschicht wird linear mit der Zeit abgetragen, Bild 7b vermittelt einen Anhalt über die mittlere Schutzdauer von Zinküberzügen. Bei kleinen Beschädigungen der Zinkschicht (Kratzer) tritt lokal ein elektrochemischer Abbau des benachbarten Zinks ein; der Abtrag überzieht die freie Stahlfläche (vgl. Bild 3, Zink ist unedler als Eisen).

Durch zusätzliche Beschichtung läßt sich die Korrosionsschutzdauer merklich steigern: Duplex-System [29,30]. Der Steigerungsfaktor für die Schutzwirkung beträgt 1,5 bis 2,5, bezogen auf die Summe der Schutzwirkung der Einzelsysteme: Der Zinküberzug schließt eine Unterrostung der Beschichtung aus, die Beschichtung verhindert eine Abtragung des Zinks. Die Problematik besteht in einer ausreichenden und langdauernden Haftung der Beschichtung; DIN 55928 T5 enthält Empfehlungen. Es wird i.a. eine (haftvermittelnde) Grund- und eine diese schützende Deckbeschichtung aufgebracht. Abgewitterte Verzinkungen (noch ohne Roststellen) sind wegen ihrer Rauhigkeit nach Reinigung als Untergrund geeignet.

19.2.4.3 Der Einfluß der Feuerverzinkung auf die mechanischen Eigenschaften

Die sich auf der Stahloberfläche bildenden Eisenzinklegierungen sind relativ hart und spröde. Eine Verschlechterung der Zähigkeit und Festigkeit un- und niedriglegierter Stähle konnte in Versuchen dennoch nicht festgestellt werden, auch keine Neigung zur Rißbildung bei hohen durch Schweißen oder Kaltverformung hervorgerufenen Zugspannungen [31-35]. Der Einfluß der Feuerverzinkung ist allenfalls nur schwach signifikant und vom Standpunkt der Sicherheit nicht relevant. Bei zur Alterung neigenden Stählen wird diese durch die Feuerverzinkung vorweggenommen und das Streckgrenzenverhältnis zu Lasten der Zähigkeit etwas angehoben [33], das kann bei den Bau- und Feinkornbaustählen des Stahlbaues indes nicht eintreten. Vorstehende Aussagen gelten ebenfalls für geschweißte und anschließend feuerverzinkte Bauteile [36].

Bezüglich der Dauerfestigkeit des feuerverzinkten Grundmaterials liegen die Verhältnisse (entgegen ersten Befunden [33,37]) etwa anders, vgl. die in [38] bewerteten schwedischen Versuche [39] und [40]. Vermutlich begünstigen feine Risse in der Eisenzinklegierungsschicht den Dauerbruchanriß, auch bei (im Vergleich zu schwarzem Material) niedrigeren Spannungsniveaus. Die Dauerfestigkeit liegt ca. 20% niedriger. Bei gekerbten Bauteilen (Lochbohrung, Schweißung) ist ein Abfall der Dauerfestigkeit an Kleinproben nicht feststellbar [38] (wohl schwach bei Stumpfnähten in Sondergüte [39]), weil der konstruktive Kerbfall dominiert. Bei der Übertragung auf geschweißte Großbauteile ist folgendes zu bedenken: Es ist möglich, daß die Dauerfestigkeit durch den Abbau der Schweißeigenspannungen beim Feuerverzinken im Vergleich zu unverzinkten Großbauteilen verbessert wird, vielleicht ist auch das Gegenteil der Fall, daß in Bereichen hoher Schweißeigenspannungen Zink in tiefere Oberflächenschichten eindringt und hierdurch der Metallverbund geschwächt wird ("Lötbrüchigkeit"), so daß die Ermüdungsfestigkeit negativ beeinfluß wird. Diesbezüglich fehlen Versuche. Positiv ist in jedem Falle, daß durch eine Feuerverzinkung ein wirkungsvoller und langdauernder Korrosionsschutz erreicht und die Ermüdungsfestigkeit nicht durch frühzeitige Rostnarbenbildung abfällt. Gegen die Feuerverzinkung von Fußgänger- und Strassenbrücken bestehen keine Bedenken, bezüglich Eisenbahnbrücken und hochbeanspruchter Krankonstruktionen besteht noch eine gewisse Unsicherheit.

19.2.4.4 Überschweißen von Zinküberzügen

Beim Überschweißen einer Feuerverzinkung schmilzt und verdampft der Zink; der Schweißvorgang wird technisch beherrscht [41]. Der zinkoxidhaltige Rauch muß abgesaugt werden. Das Schweißbad ist gleichwohl schlecht zu beobachten. Die Schweißgeschwindigkeit ist etwas zu reduzieren, für die Wurzellage sind Elektroden mit langsam erstarrendem Schlackenfluß zu empfehlen. Das abgebrannte Umfeld und die Schweißnaht sind sorgfältig und gleichwertig zu schützen: a) Zinkstaubbeschichtung, etwa 1,5- bis 2-fache Dicke des erforderlichen Zinküberzuges, b) Thermisches Spritzen mit Zink (Spritzverzinken, DIN 8565), 1,5-fache Dicke, c) Auftragen von Loten, Weichlote nach DIN 1707, für kleine Flächen geeignet, 1,0-fache Dicke; vgl. zur Beständigkeit der Maßnahmen [42]. - Die mechanischen Eigenschaften für statische Beanspruchung werden nicht verschlechtert [43,44], wohl die dynamischen, insbesondere die Dauerfestigkeit einlagiger Kehlnähte [38].

19.2.4.5 Feuerverzinkte Schrauben

Verzinkte Schrauben werden heutzutage in großem Umfang eingesetzt, entweder feuer- oder galvanisch verzinkt, bei letzteren fällt die Schichtdicke i.a. geringer aus. DIN 267 T10 regelt die Schraubenabmessungen, um die Paßfähigkeit der Gewinde (wegen der Zinkauflage) zu gewährleisten. Bei hochfesten Schrauben bis zur Festigkeitsklasse 10.9 dürfen nur komplette Garnituren (Schraube, Mutter, Unterlegscheiben) von ein- und demselben Hersteller eingebaut werden. Bei planmäßiger Vorspannung müssen die Gewinde mit Molybdändisulfid (MoS_2) geschmiert werden, anderenfalls werden nur 75% (oder weniger) als Vorspannkraft erreicht [45-47]. - Wie Versuche an 10.9 Schrauben (M16 u. M30) gezeigt haben [45,46], werden Kerbschlagzähigkeit, Streckgrenze und Zugfestigkeit durch das Feuerverzinken nicht abgemindert, die Dauerfestigkeit liegt dagegen ca. 15% niedriger (bei galvanischer Verzinkung - in saurem wie alkalischem Bad - wurde kein Abfall festgestellt). Der zusätzliche Vorspannverlust bei schwingender Beanspruchung ist unbedeutend (er beträgt bei $N=10^6$ Lastwechsel insgesamt ca. 2-4%). - In der Einführungsphase der feuerverzinkten hochfesten Schraube sind Brüche infolge Wasserstoffversprödung bekannt geworden; dieses Werkstoffproblem gilt inzwischen als gelöst. - Bei GV- und GVP-Verbindungen sind die Reibflächen vorab zu behandeln, üblich sind reibfeste Alkali-Silikat-Zinkstaubanstriche, mit denen eine Reibzahl $\mu=0{,}5$ erreicht wird [47,48].

19.2.5 Korrosionsschutz von Seilen

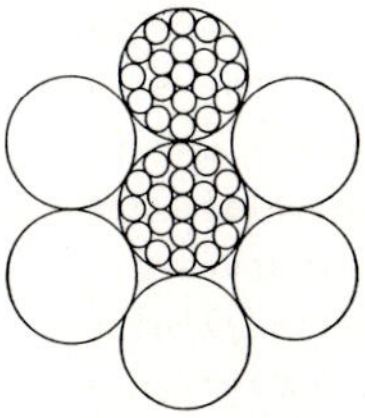

Bild 8 Rundlitzenseil

Ein aus vielen Drähten aufgebautes Seil hat den Vorteil, daß der Bruch eines oder mehrerer Einzeldrähte nicht zum Bruch des ganzen Seiles führt. Versagen tritt erst ein, wenn ein großer Anteil der Drähte gebrochen ist: Redundantes System. Diesem Vorteil steht der Nachteil gegenüber, daß die Oberfläche aller Drähte im Verhältnis zur metallischen Querschnittsfläche groß ist. Dieses Verhältnis ist umso ungünstiger, je größer die Anzahl und damit je dünner die Einzeldrähte sind. Daher sollte der Drahtdurchmesser "stehender" Seile (vgl. Abschnitt 16.1.2), die als Abspannseile der freien Bewitterung ausgesetzt sind, gewisse Mindestdicken nicht unterschreiten. Hierzu ein Beispiel: Bild 8 zeigt ein Rundlitzenseil 6x19 mit Stahleinlage. Der Einzeldrahtdurchmesser betrage 1mm. Der Seilquerschnitt ergibt sich zu $105mm^2$, eine gleichgroße metallische Querschnittsfläche weist ein Rundstab mit d=11,56mm auf. Die Oberfläche der Einzeldrähte beträgt 418mm, die des Rundstabes 36mm, d.h. die Oberfläche der Seildrähte ist ca. 11,5-mal so groß! Ein weiterer Gesichtspunkt ist, daß der Zustand der im Kern liegenden Drähte nur schwer zu prüfen ist und einmal eingetretene Korrosionsschäden praktisch nicht zu beheben sind. Einem einwandfreien und wirksamen Korrosionsschutz kommt daher große Bedeutung zu, das gilt in besonderem Maße im Bereich der Verankerungs- und Umlenkkonstruktionen. Vollverschlossene Seile sind wesentlich günstiger als offene. Sie kommen daher bei erhöhten Korrosionsschutzansprüchen, wie beim Bau von Schrägseilbrücken, hohen Masten und Schornsteinen und in der Meerestechnik zum Einsatz (vgl. Abschnitt 16.1.2). Grundsätzlich werden heutzutage nur noch verzinkte Drähte verseilt; sie durchlaufen bis zu sieben Tauchungen, dabei wächst eine umso größere Schichtdicke, je größer der Drahtdurchmesser ist; sie sollte mindestens 40µm betragen. Selbst vollverschlossene Seile mit einer oder mehreren Decklagen aus Z-Drähten sind nicht völlig luft- und wasserdicht. Deshalb bedarf es eines wirksamen inneren und äußeren Korrosionsschutzes. Der innere Schutz besteht entweder aus Zinkstaub-, Zinkchromat-, Bitumen- oder Teerpechanstrichmassen oder aus Seilfett, der äußere Schutz aus einer Beschichtung, mindestens aus je einer Grund- und einer Deckbeschichtung, bei höheren Ansprüchen aus je zwei, so daß in der Summe mindestens 350µm erreicht werden. Werden mehrere Seile zu kompakten Kabeln gebündelt, sind die Hohlräume und Spalte satt auszufüllen (zu injizieren). Alle Stoffe müssen untereinander verträglich, säurefrei, darüberhinaus hochelastisch und temperaturbeständig sein. Möglich sind auch Kunststoffüberzüge oder das Einkammern in Hüllrohre, die mit Kunststoff ausgepreßt werden. Anschlußbereiche sind so auszubilden, daß Schmutz- und Feuchtigkeitsansammlungen vermieden werden; jede Form einer ständigen Durchfeuchtung ist gefährlich. Seile bzw. Kabel sollten durchgehend zugänglich sein, um Prüfung und Nachbesserungen des Korrosionsschutzes durchführen zu können. - Auf die "Richtlinien für den Korrosionsschutz von Seilen und Kabeln im Brückenbau (RKS-Seile)" wird verwiesen; diese Richtlinien enthalten ausführliche Prüfvorschriften.

19.2.6 Weitere Korrosionsschutzmaßnahmen

Neben den (in den vorangegangenen Abschnitten 19.2.2 bis 19.2.4 behandelten) passiven Korrosionsschutzmaßnahmen durch Beschichtungen oder/und Überzüge, unterscheidet man noch die aktiven Korrosionsschutzmaßnahmen:

a) Kathodischer Korrosionsschutz: Hierbei wird an den Stahl ein Schutzstrom (Gleichstrom) angelegt; es handelt sich also um einen aktiven elektrischen Angriff. Der Schutzstrom wirkt dem Korrosionsstrom entgegen. Der Stahl wird dadurch gegenüber dem Elektrolyten zur Kathode. Geeignet ist das Verfahren bei Stahlteilen, die im Wasser (Süßwasser, Meerwasser) oder Erdreich liegen und zwar als zusätzlicher Korrosionsschutz, z.B. bei Rohrleitungen, Behältern, Spundwänden, die durch Beschichtungen passiv geschützt sind. Treten in solchen Schutzschichten lokale Fehlstellen auf, führt das zu Lochkorrosion. Bei kathodischem Korrosionsschutz wird das verhindert, ohne daß die (unbekannten) Fehlstellen aufgedeckt werden müssen. Die Schutzstromdichte (mA/m^2) wird in Abhängigkeit von der Dicke und Beschaffenheit der Schutzbeschichtung gewählt, vgl. [49-51].
b) Verwendung von wetterfestem Stahl (WT-Stahl), vgl. Abschnitt 2.7.4: Die Stähle sind niedriglegiert (Cu, Cr, Ni). Auf der Oberfläche bildet sich bei Bewitterung nach 1 bis 3 Jahren eine unlösliche, dichte und stabile Deckschicht aus Kupfer-, Chrom- und Nickelverbindungen in Form von Sulfaten, Hydroxiden, Karbonaten, Phosphaten und Silikaten, die sich im Lauf der Zeit dunkelbraun bis schwarz färbt. Sie ist selbst bei SO_2-Beaufschlagung stabil. Bei stark aggressiver Industrie- und Meeresatmosphäre und permanent hoher Luftfeuchtigkeit oder Durchfeuchtung ist der Korrosionsschutz nicht ausreichend und beständig genug; in solchen Fällen kann WT-Stahl nicht empfohlen werden. Handelt es sich um Normalatmosphäre mit frischer Bewitterung aller Teile (ohne Bildung von Wassersäcken oder -nischen, die nur langsam oder nie austrocknen), ist der WT-Stahl auch in mitteleuropäischen Breiten eine interessante Alternative. Der Rostfluß während der Anfangsphase der Deckschichtbildung ist gezielt abzuleiten, um Verschmutzungen im Umfeld der korrodierenden Stahloberfläche zu vermeiden. Der WT-Stahl ist besonders dort geeignet, wo dieser Aspekt keine Rolle spielt.
c) Verwendung von nichtrostendem Stahl: vgl. Abschnitt 2.7.5: Nichtrostende Stähle sind (hoch-) legiert (Cr, Ni, Mo u.a.) und gegen atmosphärischen Angriff, auch bei erhöhter Aggressivität, rostbeständig und gegenüber verschiedenen wässrigen Lösungen chemisch

resistent; vgl. u.a. [52-56]. Gewisse Sorten sind bei Chloridbeanspruchung spannungsrißgefährdet, vgl. Abschnitt 19.2.7, das gilt nicht bei Einsatz in Meeresatmosphäre.

d) Rostzuschlag: Wird bei Anlagen mit begrenzter Standzeit ein Abrosten und eine hiermit verbundene Verringerung der tragenden Querschnitte akzeptiert, wird a priori ein Rostzuschlag eingeplant. Ein solches Vorgehen ist z.B. bei Stahlschornsteinen (DIN 4133) möglich und zulässig.

19.2.7 Spannungsrißkorrosion (SRK) und Schwingungsrißkorrosion (SWRK)

Voraussetzungen für das Auftreten von Spannungsrißkorrosion sind:

a) Das Bauteil steht unter (hohen) Zugspannungen. Hierbei kann es sich um Betriebsbeanspruchungen oder Zugeigenspannungen (Kaltverformung, Schweißen) oder deren Überlagerung handeln.

b) Es liegt ein für SRK empfindlicher Werkstoff vor, bei welchem sich auf der Oberfläche ein Anriß in Form einer lokalen Passiv- oder Deckschichtunterbrechung gebildet hat. Dieser Anriß kann durch lokale Korrosion (Lochfraß) oder, wie bei der Schwingungsrißkorrosion, durch eine (im mikroskopischen Bereich liegende) Aufrauhung der Oberfläche (Ex- und Intrusien) initiiert sein. Natürlich kann es sich auch um einen Ermüdungsanriß handeln, der von einer Kerbe oder Rostnarbe seinen Ausgang nimmt.

c) Es ist ein spezifischer Elektrolyt vorhanden, der die Korrosion im Rißgrund hervorruft: Die Spannungsspitze an der Rißfront ruft lokale Plastizierungen mit einer erhöhten Versetzungsdichte hervor; dieser Bereich wird bevorzugt anodisch aufgelöst, wodurch der Riß weiter wächst. Die Rißwachstumsgeschwindigkeit steigt progressiv, bis bei Überlastung der Restfläche eine spröde, verformungslose Trennung und damit ein unangekündigter Bruch eintritt.

Die Rißkorrosion erfolgt entweder interkristallin (entlang der Korngrenzen) oder transkristallin (quer durch die Körner hindurch; vgl. Bild 9). Die Phänomene werden nicht in allen Einzelheiten begriffen; für die Prüfung der Stähle auf Beständigkeit gegen Spannungsrißkorrosion wurden Prüfnormen entwickelt: DIN 50922, DIN 50915, DIN 50914 u. DIN 50921. Es handelt sich um Zeitstandversuche mit einer konstanten Zugspannung in einem korrosiven Medium.

Bild 9 (St.u.E.1982)

Neben der zuvor erläuterten anodischen Spannungsrißkorrosion kennt man die kathodische (oder wasserstoffinduzierte) Spannungsrißkorrosion, bei welcher atomarer Wasserstoff, der beim kathodischen Teilprozeß der Korrosionsreaktion frei wird, in das Metallgitter eindringt. Hierdurch können Risse im Zusammenwirken mit inneren und äußeren Spannungen hervorgerufen werden. - Wie erwähnt, sind die Wirkzusammenhänge der SRK kompliziert und komplex und sind Gegenstand der Forschung [57-59]; besonders anfällig sind offensichtlich Chrom-Nickel-(Molybdän-) Stähle bei cloridionenhaltiger Baufschlagung, wobei erhöhte oder hohe Temperaturen die Reißzeit verkürzen [60]. Über aus solchen Stählen gefertigte Behälter, Anlagen und Rohrleitungen (auch hochfeste Schrauben der Klasse 12.9) liegen Schadensberichte vor [61]. Gefährdet sind, wie ein folgenschwerer Einsturz der untergehängten Stahlbetondecke in einer Schwimmhalle gezeigt hat (1985), nichtrostende Stähle, wenn sich auf diesen oberhalb einer Luftfeuchtigkeit von 60-70% in der Luft enthaltene Chlorverbindungen ablagern und haften bleiben. Der Elektrolytfilm reichert sich zu Salzsäure an, die eine chloridinduzierte SKR auslösen kann [62]; der Zulassungsbescheid für nichtrostende Stähle (Z 30.1-44) wurde aus diesem Grund ergänzt [63]. In solchen Fällen sind Nickellegierungen mit der Werkstoff-Nr. 2.4610 (NiMo16Cr16Ti) oder 2.4856 (NiCr22Mo9N6) einzusetzen, die höchste Korrosionsbeständigkeit, auch in oxidierenden, chloridreichen und sauren Medien aufweisen.

19.3 Brandschutz

19.3.1 Allgemeine Hinweise

Bei einem Brand werden die technologischen und mechanischen Eigenschaften der beflammten Baustoffe infolge Erhitzung verschlechtert. Der Feuerwiderstand der raumabschließenden und der Tragwiderstand der tragenden Bauteile (Decken, Wände, Stützen) sinken dadurch ab,

bis bei einer bestimmten Branddauer der Widerstand verloren geht und der Einsturz einsetzt. Die Erhitzung und die mit der Bildung von Gasen und Rauch verbundene Sichtbehinderung bedeuten Lebensgefahr durch Erstickung, Vergiftung und Verbrennung. Nicht unmittelbar im Brandbereich liegende Materialien können durch die sich ausbreitenden Gase beschädigt werden; insbesondere führt Kunststoffverbrennung zu Salzsäurebildung.
Man unterscheidet den primären Brandschutz (Schutz von Personen) und den sekundären Brandschutz (Abwehr materiellen Schadens); erstgenannter hat absoluten Vorrang, zweitgenannter hat u.a. Bedeutung im Verhältnis Bauherr/Sachversicherer. Einen totalen Brandschutz gibt es nicht; die baulichen und betrieblichen Brandschutzmaßnahmen sollen die Wirkung des Brandes zeitlich begrenzen, derart, daß Rettungs-, Sicherungs- und Löschmaßnahmen durchgeführt werden können. Dabei bedarf jede Maßnahme einer getrennten, objektbezogenen Beurteilung, wobei als wichtigste Kriterien zu nennen sind: a) Zahl der möglicherweise betroffenen Menschen (Kaufhäuser, Versammlungsräume, Theater, Vergnügungsstätten), b) Beweglichkeit der Menschen im Gebäude (Schulen, Krankenhäuser, Altersheime), c) Brandbelastung (Kaufhäuser, Wohnungshäuser, Lagerhäuser), d) Höhe des Gebäudes (Hochhäuser) sowie Ausdehnung und bauliche Verdichtung.
Es werden unterschieden:

- aktiver Brandschutz: Bekämpfung des Brandes durch die Feuerwehr,
- passiver (vorbeugender betrieblicher und baulicher) Brandschutz: Verhütung bzw. Eindämmung des Brandes.

Zum vorbeugenden betrieblichen Brandschutz zählen: a) Brandmeldeanlagen, die einen brandauslösenden Schwelbrand detektieren; es handelt sich um Rauch-, Wärme- oder Flammenmelder, die einen Alarm auslösen und die ggf. die Lüftungsanlage abschalten, Schutztüren schließen oder andere Funktionen automatisch übernehmen. b) Sprinkleranlagen, die als ortsfeste Feuerlöschanlagen einen Brandherd in unmittelbarer Nähe selbsttätig bekämpfen, um den Brand einzudämmen. Die Ansprechtemperatur kann aufgabenbezogen eingestellt werden, z.B. 70°C; pro Düse werden ca. $12m^2$ geschützt, der Wasserverbrauch beträgt 60 bis 100 l pro Minute.
c) Handfeuermelder und Wandlöschposten.

Zum vorbeugenden baulichen Brandschutz zählen:

a) Maßnahmen zur Erhaltung der Standsicherheit der Bauteile während des Brandes, um Flucht und Rettung der im Gebäude bei Ausbruch des Brandes befindlichen Personen sicherzustellen. Das gelingt dadurch, daß die Bauteile eine bestimmte, von der Risikosituation abhängige Feuerwiderstandsdauer F besitzen. Diese ist für alle relevanten Teile in den Landesbauordnungen und in ergänzenden Verordnungen für bauliche Anlagen besonderer Art und Nutzung bindend festgelegt.
b) Abtrennung und Unterteilung eines Gebäudes in Brandabschnitte (um die Ausbreitung eines Feuers im Gebäude zu begrenzen bzw. zu verzögern) durch Anordnung von feuerbeständigen Trennwänden und Brandwänden sowie Einhaltung ausreichend großer gegenseitiger Gebäudeabstände, um einen Feuersprung auf andere Gebäudeteile bzw. Gebäude zu verhindern. Als Brandabschnitte sind Räume, Raum- oder Gebäudegruppen definiert, die durch Wände und/ oder Decken mindestens der Feuerwiderstandsklasse F90 (feuerbeständig) voneinander getrennt sind. Die Brandwände werden zweckmäßig 60 bis 80cm über die Dachebene hinaus hoch geführt. Bei der Bemessung der Brandabschnitte ist die Möglichkeit einer getrennten Lagerung von Gütern unterschiedlichen Brandverhaltens zu prüfen, ggf. ist eine getrennte Auslagerung zu erwägen. Gefährdete Lager- und Betriebsbereiche sollten in der Nähe von Außenwänden liegen. - Elektrische und haustechnische Anlagen und Öffnungen sind so auszubilden und zu sichern, daß Feuer und Rauch nicht in andere Brandabschnitte und Geschosse übertragen werden kann (Feuerschutzabschlüsse, Abschottungen für Kabel und Leitungen).
c) Anlage gesicherter Flucht- und Rettungswese (intakt bleibende Fluchtflure und Treppenhäuser (gegenseitiger Abstand kleiner 25 bis 35m, je nach Art und Nutzung des Gebäudes)), Rauchabzugsvorrichtungen in Treppenhäusern, Fluchtbalkone, -treppen und -leitern (letztere fallweise bei Altbauten).

d) Anlage freier Zufahrten für Löschfahrzeuge, Anlage von Löschwasserhydranten, ggf. mit Ringleitungssystem. Ein rechteckiger Gebäudegrundriß ist einem flächengleichen quadratischen vorzuziehen; die Wurfweite eines C-Strahlrohres beträgt 27m bei 50m WS.

Weiter sind die feuerpolizeilichen Auflagen und Vorschriften für die Ausführung von Heizungs- und elektrischen Anlagen aller Art und die Einschränkungen bei der Lagerung brennbaren und explosiven Materials zu beachten.

Die unter a) genannten Maßnahmen fallen in den Aufgabenbereich des im konstruktiven Ingenieurbau tätigen Bauingenieurs; sie werden im folgenden ausschließlich behandelt, wobei nur die Grundlagen dargestellt werden können; ergänzende Ausführungen findet man z.B. in [64-67].

19.3.2 Brandverlauf und Brandbelastung - DIN 18230

Das Brandgeschehen (Dauer und Höhe der Temperatur) ist zufallsbedingt und von Fall zu Fall verschieden; der Verlauf wird von der Menge, von Art und Verteilung des brennbaren Materials, von der Brandraumgeometrie, von der Luftzufuhr und den thermischen Eigenschaften der abschließenden Bauteile bestimmt. Man unterscheidet drei Phasen:

a) Entstehungsphase (Schwelbrand, Aufheizung, Feuersprung),
b) Vollbrandphase mit meist schnellem Anstieg der Temperatur auf 1000°C, in Extremfällen bis 1200°C und mehr,
c) Abkühlphase.

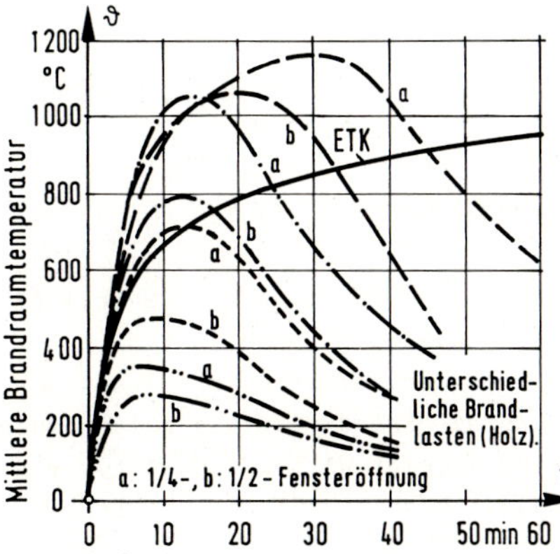

Bild 10

Zur Formulierung der normativen Brandschutzanforderungen wurde eine Einheitstemperaturzeitkurve (ETK) vereinbart (genormt in DIN 4102 T2, international in ISO 834), sie ist in Bild 10 im Vergleich mit gemessenen Temperaturverläufen dargestellt [68] und offensichtlich als Mittelung zu begreifen. Sie wird in Brandprüfständen zur Ermittlung der Feuerwiderstandsdauer von Bauteilen nachgefahren, wobei Zylinder zur Lastsimulierung der tragenden Bauteile integriert sind. Derartige Prüfstände bzw. Brandversuche sind aufwendig, sie können z.B. in Berlin (BAM), Braunschweig (TU), Dortmund (MPA), Stuttgart (U-MPA) oder Metz (EKS) [69] durchgeführt werden. Dank intensiver Forschungen in den zurückliegenden Jahrzehnten ist Brand als Lastfall berechenbar geworden; doch können die Forschungen noch keinesfalls als abgeschlossen gelten [70]. Eine quantitative Aussage über die Brandgefährdung und die hiernach erforderlichen Maßnahmen setzt die Kenntnis der Brandlasten voraus. Es wird unterschieden zwischen

a) der immobilen (unbeweglichen) Brandlast (Ausbaubrandlast), herrührend von den konstruktions- und raumabschließenden und technischen Ausbauteilen und b) der mobilen (beweglichen) Brandlast (Nutzbrandlast), abhängig von der Einrichtung und den Lager- und Betriebsstoffen. Unter der Brandlast versteht man jene Wärmemenge, die beim vollständigen Verbrennen aller brennbaren Stoffe (in einem Brandabschnitt) entsteht:

$$\Sigma M_i \cdot H_{ui} \qquad (8)$$

M_i ist die Masse (Menge) des Stoffes i in kg und H_{ui} der zugehörige Heizwert in MJ/kg.

Anmerkung: Die SI-Einheit für die Wärmemenge ist J (Joule); aus Zweckmäßigkeitsgründen wird mit MJ (Megajoule=10^6J) gerechnet. Die Umrechnung der ehemals üblichen Einheiten lautet: 1Mcal=4,187MJ, 1kWh=3,600MJ. - Heizwerte der einzelnen Stoffe sind in DIN 51900 T2 und im Beiblatt 1 zu DIN 18230 T1 angegeben. - Als Brandbelastung ist die auf der Fläche des Brandbekämpfungsabschnittes A bezogene Brandlast definiert:

$$q = \frac{\Sigma M_i \cdot H_{ui}}{A} \qquad (9)$$

Nach Messungen gelten als Mittelwerte für Brandbelastungen in MJ/m² folgende Anhalte: Wohnungen: 400 (im Keller 900), Schulen: 250, Krankenhäuser, Anstalten, Altersheime: 350, Büros, Datenverarbeitung: 450, Apotheken, Drogerien: 1000, Buchhandlungen: 1200,

Bibliotheken 1700, Buchdruckereien und -bindereien: 1500, Kleiderfabriken: 700, Möbelfabriken: 1250, Farben- und Lackfabriken: 4000. Im Einzelfall können die Brandbelastungen hiervon beträchtlich abweichen. Der Variationskoeffizient liegt in der Größenordnung 0,6 bis 0,8.

Der q-Wert nach G.9 gibt zwar einen Hinweis auf die zu erwartende Brandintensität, stellt aber allein noch kein Maß für eine Brandschutzbemessung dar, wesentlich ist nämlich, wie sich die Brandbelastung im Falle eines Brandes auswirkt. Hierzu gibt es in der Vornorm DIN 18230 (Baulicher Brandschutz im Industriebau) für brandschutztechnische Bemessungen von Produktions- u. Lagerbetrieben einen Vorschlag; die Norm wurde im Jahre 1964 erstmals veröffentlicht und 1968, 1978 und 1982 fortgeschrieben. Danach wird eine rechnerische Brandbelastung

$$q_R = \frac{\Sigma M_i \cdot H_{ui} \cdot m_i \cdot \psi_i}{A} \qquad (10)$$

bestimmt, worin m_i der Abbrandfaktor der einzelnen brennbaren Stoffe und ψ_i ein Kombinationsbeiwert ist. m erfaßt das Brandverhalten der brennbaren Stoffe in der jeweiligen Art, Form, Verteilung, Lagerungsdichte und Feuchte; der Wert wird experimentell nach DIN 18230 T2 bestimmt; im Beiblatt 1 zu Teil 1 sind m-Faktoren (bei Feststoffen in Abhängigkeit von der Lagerungsdichte) angegeben. Bei dichter Packung liegt m zwischen 0,2 bis 0,3, bei loser Schüttung in der Nähe von 1. ψ berücksichtigt die Auswirkungen beim Zusammenwirken von ungeschützten und geschützten Stoffen. Für die ungeschützten Stoffe gilt $\psi=1$, für die geschützten $\psi<1$. Der Schutz kann z.B. in einer wärmedämmenden Isolierung ohne oder mit Kühlung bestehen; für Flüssigkeiten in Leitungen oder Behältern gelten besondere ψ-Bewertungen. Mittels q_R kann nach DIN 18230 die sogen. äquivalente Branddauer

$$t_ä = q_R \cdot c \cdot w \qquad (11)$$

und hieraus die rechnerisch erforderliche Feuerwiderstandsdauer der Bauteile

$$\text{erf}\, t_F = t_ä \cdot \gamma \cdot \gamma_{nb} \qquad (12)$$

ermittelt werden. Die äquivalente Branddauer $t_ä$ in min gibt an, wie lange ein Bauteil ETK-brandbeansprucht werden muß, damit etwa dieselbe Einwirkung wie beim vorgegebenen (natürlichen) Brand erzielt wird. c erfaßt in G.11 den Einfluß des Wärmeeindringverhaltens der Umfassungsbauteile, also die von den umgebenden Wänden aus der Brandbelastung aufgenommene Wärmemenge und w die Ventilationsbedingungen im Brandraum. w heißt Wärmeabzugsfaktor und ist insbesondere von dem Verhältnis der bewerteten Öffnungsfläche zur Fläche des Brandbekämpfungsabschnittes abhängig. Der hiermit verbundene Einfluß ist beträchtlich. Rauch- und Wärmeabzugsanlagen (RWA) in eingeschossigen Hallen sind sehr wirksam, ihre Bemessung ist in DIN 18232 genormt. Nach selbsttätiger Öffnung wird Brandrauch und -wärme abgeführt und die seitliche Brandausbreitung verlangsamt (Bild 11). Die Wirkung wird durch Brandschürzen verbessert. Die Rettungswege werden durch eine RWA länger frei gehalten, die Brandbekämpfung wird erleichtert. - Bei Öffnungen in den Wänden ist w größer, bei solchen im Dach mit Entlüftung kleiner. - γ ist in G.12 ein Sicherheitsfaktor, der von den Sicherheitsanforderungen der einzelnen Bauteile abhängt (Größenordnung 0,55 bis 1,45) und γ_{nb} ein Zusatzbeiwert (<1), der berücksichtigt, ob eine Feuerlöschanlage (z.B. Sprinkleranlage) oder/und eine Werksfeuerwehr vorhanden ist. - Nach Ermittlung von erf t_F wird die Nennfeuerwiderstandsdauer der erforderlichen Feuerwiderstandsklasse nach DIN 4102 T2 zugeordnet, z.B.: $60 < \text{erf}\, t_F \leq 90\,\text{min} \rightarrow$ F90. In [71] wird die Vorgehensweise anhand von Formblättern für Brandschutzberechnungen von Hallen erläutert, vgl. auch [72-74]. DIN 18230 ist zwar bauaufsichtlich noch nicht eingeführt, sie kann gleichwohl als Beurteilungskriterium und Entscheidungshilfe bei brandschutztechnischen Auslegungen herangezogen werden, insbesondere für solche Bauten, für die die Bauordnung Ausnahmeregelungen zuläßt. Das trifft häufig für Stahlhallen im Industriebau zu. Diesbezüglich wird DIN 18230 von den Baubehörden und Brandversicherern anerkannt.

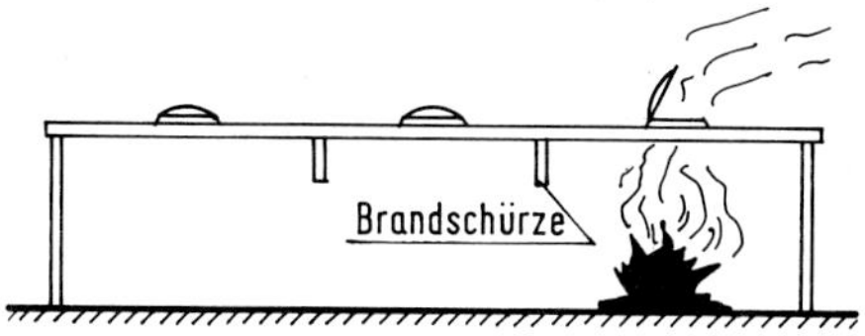

Bild 11 (RWA, Prinzip)

19.3.3 Verhalten ungeschützter und geschützter Bauteile und Systeme bei Brandeinwirkung

Unter Wärmeeinwirkung entstehen in einer Konstruktion Dehnungen und Krümmungen, die ihrerseits Verformungen und Zwängungen zur Folge haben. Hierdurch können bereits Beschädigungen und Zerstörungen eintreten. Träger können von ihren Lagern abrutschen, insbesondere wenn die Auflagertiefe gering ist, wie bei Knaggenlagern. Alle Teile sind daher kraftschlüssig miteinander zu verbinden, auch wenn im Normalzustand keine Kräfte auftreten.

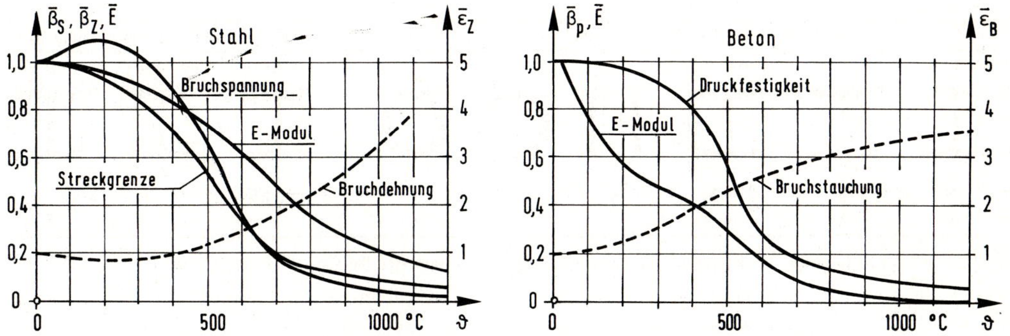

Bild 12 (n. KORDINA): Mechanische Werte, bezogen auf Raumtemperatur (schematisch)

Mit steigender Temperatur ändern sich die mechanischen und thermischen Eigenschaften der Konstruktionsbaustoffe, vgl. Bild 12 [75-78]. Bei Stahl steigt die Beweglichkeit der Versetzungen innerhalb der Kristallkörner, die Verformungsfähigkeit nimmt zu und die Festigkeit ab. Die durch Kaltverformung oder/und Wärmebehandlung bewirkte Festigkeitsteigerung geht ab ca. 400°C zunehmend verloren. Der prozentuale Abfall der Streckgrenze ist bei den nachbehandelten Stählen größer als bei den naturharten. Die Wärmeleitfähigkeit sinkt und die Wärmekapazität steigt. Das Hochtemperaturverhalten von Beton ist stark von der Zuschlagart abhängig; Festigkeit und Steife sinken auch hier bei Temperaturerhöhung; die Wärmeleitfähigkeit fällt und die Wärmekapazität steigt. Die Wärmeleitfähigkeit von Beton liegt dem Betrage nach wesentlich niedriger als bei Stahl (Bild 13a), ebenso die Temperaturleitzahl; die spez. Wärmekapazität liegt dagegen deutlich höher. Diese Zusammenhänge sind wichtig für die Schutzfunktion, die Beton auf einbetonierte Stahlteile (z.B. in Stahlverbundkonstruktionen) auszuüben in der Lage ist. Ein Schutz durch Betonummantelung oder Ummauerung zählt zu den "schweren", ein Schutz durch Brandschutzputze und Brandschutzplatten zu den "leichten" Ummantelungen.

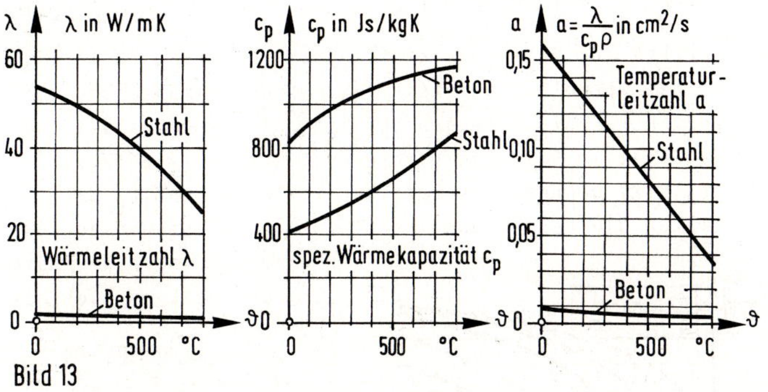

Bild 13

Will man die Wirkung einer Ummantelung auf die Verlangsamung der Temperaturerhöhung der Stahlbauteile beurteilen bzw. berechnen, kann von folgenden, auf der sicheren Seite liegenden Annahmen ausgegangen werden:

- Wegen der Dünnwandigkeit der Stahlprofile wird die Temperatur über die Dicke der Profile als gleichförmig verteilt angenommen. Die Wärmekapazität der Ummantelung und der Wärmeübergangswiderstand vom Heißgas auf die Ummantelung und von der Ummantelung auf das Stahlprofil werden vernachlässigt. Dann gilt für den Wärmeübergang durch die Ummantelung hindurch: $k=\lambda/d$, λ ist die Wärmeleitzahl und d die Dicke der Ummantelung (Bekleidung, Isolierung).

- Die der Beflammung bzw. Aufheizung ausgesetzte Oberfläche des Stahlbauteils im Verhältnis zum Volumen bestimmt die Aufheizdauer: Je größer dieses Verhältnis ist, umso schneller steigt die Temperatur im Bauteil an, vice versa: Je größer das Stahlvolumen, umso größer ist die Speicherfähigkeit und umso langsamer steigt die Temperatur an. Allgemein: Dünnwandige Querschnitte erwärmen sich schneller als dicke; offene Querschnitte erwärmen sich schneller als geschlossene, d.h. jeweils erstere erreichen eine höhere Widerstandsdauer.

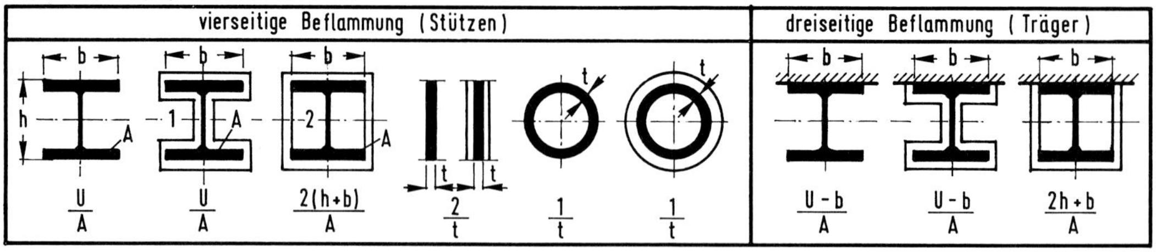

Bild 14 (1: profilfolgende, 2: kastenförmige Ummantelung; U: beflammter Umfang, A: Nennquerschnitt)

Zur Kennzeichnung der Beflammung bzw. Aufheizung wird der Profilfaktor U/A [1/m] verwandt. Hierin ist U die der Erwärmung ausgesetzte Oberfläche und A das Profilvolumen, jeweils je Längeneinheit. Werden U und A in cm gemessen, ist 100·U/A zu bilden. Bild 14 zeigt, wie der Profilfaktor zu berechnen ist. Hieraus geht hervor, daß U bei profilfolgender Ummantelung gleich der Profilabwicklung und bei kastenförmiger Ummantelung gleich der inneren Kastenabwicklung ist. Bei dreiseitig beklammten Trägern wird der dem Feuer zugekehrte Flansch am stärksten erhitzt. Für diesen Trägerflansch wird daher U/A - neben den Formeln in Bild 14 - modifiziert berechnet und zwar zu 2/t; hierin ist t die Dicke des Flansches. Der größere U/A-Wert ist maßgebend. Bei einem Profilvergleich ist jenes Profil gefährdeter, das den größeren U/A-Wert aufweist. (U/A-Profiltafeln sind im Stahlbaukalender enthalten.)

- Die Temperaturerhöhung im Stahlprofil $\Delta\vartheta_S$ während des Zeitinterfalls ΔT beträgt näherungsweise:

$$\Delta\vartheta_S = \frac{\lambda/d}{c \cdot \rho} \cdot \frac{U}{A} \cdot (\vartheta - \vartheta_S) \cdot \Delta T \qquad (13)$$

Die spezifische Wärmekapazität c [J/kgK] des Stahles ist temperaturabhängig (Bild 13). Das trifft im allgemeinen auch für die Wärmeleitfähigkeit λ[W/mK] der Ummantelung (mit der Dicke d) zu. Da die Abhängigkeit nur schwach ausgeprägt ist, wird λ meist als temperaturunabhängig angenommen. ρ bedeutet in G.13 die Dichte des Stahles (=7850kg/m³). ϑ ist die Brandtemperatur (nach der ETK) während des Zeitintervalles ΔT und ϑ_S die Stahltemperatur. Als Zeitintervall für die Berechnung ist ΔT zu 0,5min anzunehmen. Die Temperatur nach der Normbrandkurve kann nach der Formel

$$(\vartheta - 20°) = 345 \cdot \log(8T+1) \qquad (14)$$

berechnet werden, ϑ in °C; T ist die Zeit in Minuten (vgl. Bild 10). Bild 15 zeigt das Ergebnis einer solchen Rechnung für zwei unterschiedliche Profilfaktoren: U/A=150 und 300 1/m [79,80]. Man erkennt, wie die Temperaturerhöhung im Stahlprofil durch die Ummantelung gegenüber der Temperatur der ETK verzögert wird und das einsichtigerweise umso mehr, je dicker die Ummantelung bzw. je geringer deren Wärmeleitfähigkeit ist. Das drückt sich in dem Quotienten d/λ aus. Beispiele für λ in W/m²K: Mineralfaser (gespritzt): 0,10; Perlite-, Vermimulite- und Asbestsilikat-Platten: 0,15; Fibersilikat-Platten: 0,20; Mineralfaserplatten: 0,25; Gipsplatten: 0,30.

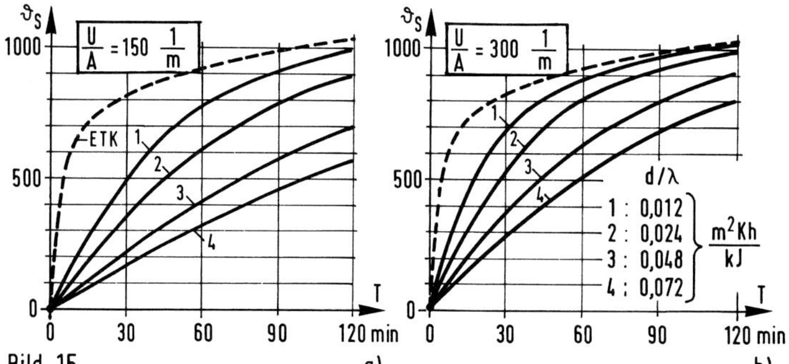

Bild 15

- Unter ansteigender Temperatur sinken Elastizitätsmodul E und Streckgrenze β_S (Fließgrenze σ_F), vgl. Bild 12a und Bild 16 [81]. Die unter äußerer Last stehende Konstruktion verformt sich zunehmend. Die Verformungsgeschwindigkeit nimmt irgendwann einen kritischen Wert an; alsbald erfolgt der Einsturz. Der zur Brandzeit vorhandene Ausnutzungsgrad hat auf die zugehörige kritische Stahltemperatur und damit auf den Zeitpunkt des Versagens großen Einfluß. Unterstellt man in den maßgebenden Querschnittsteilen eine volle Ausnutzung, die der Ausschöpfung der zulässigen Spannungen im Lastfall H für Zug, Druck und Biegung entspricht, kann die kritische Temperatur für St37 und St52 einheitlich zu 500°C angenommen werden. Hiervon ist im Regelfall bei der brandschutztechnischen Bemessung auszugehen (DIN 4102 T4). Würde der Ausnutzungsgrad nur die Hälfte betragen (also $0{,}5\cdot \text{zul}\sigma_H$), liegt die kritische Temperatur ca. 100°C höher. (Die Feuerwiderstandsdauer ist jene Zeit, nach der das Bauteil (unter voller Ausnutzung) auf die kritische Temperatur erwärmt ist.)

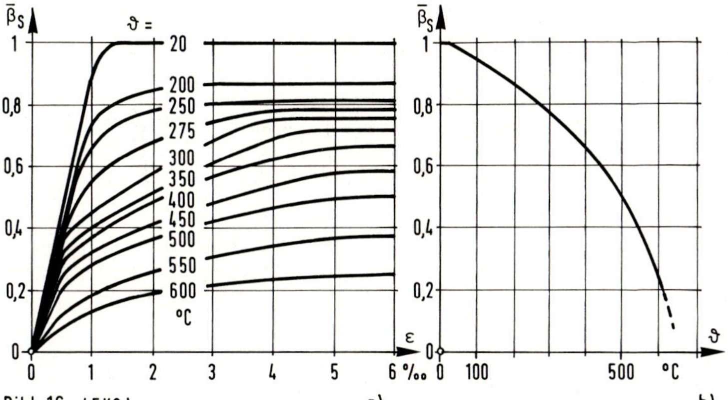

Bild 16 (EKS)

Ausgehend von dem vorstehend erläuterten Konzept wurden Bemessungshilfen entwickelt, mittels derer die erforderliche Ummantelung zur Erziehung einer bestimmten Feuerwiderstandsdauer ermittelt werden kann [79-81]. DIN 4102 T4 läßt diese Vorgehensweise ausdrücklich zu. (Dabei dürfen bei Putzbekleidungen die Mindestbekleidungsdicken d verringert werden, wenn die Tragfähigkeit der Stahlbauteile a priori nicht voll ausgenutzt wird.) Die in DIN 4102 T4 enthaltenen klassifizierten Bekleidungen für Stahlbauteile (Stahlträger, Stahlstützen) basieren auf demselben Konzept, unterstützt durch Brandversuche; das gilt auch für industrieseitig entwickelte Schutzsysteme. - Zur experimentellen und theoretischen Bestimmung der Tragfähigkeit von Stahlbauteilen und ganzer Systeme unter Brandeinwirkung vgl. [82-95].

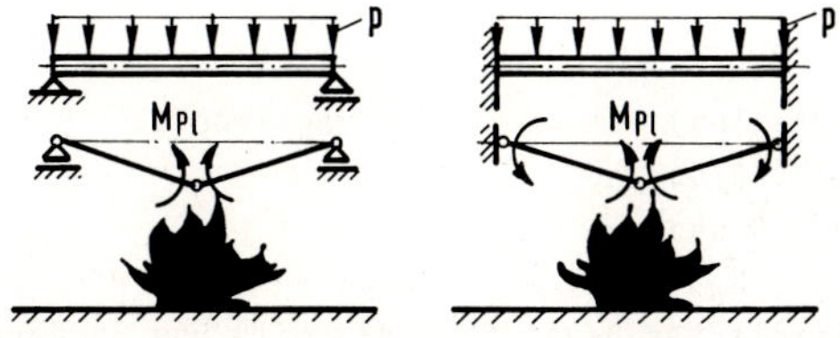

Bild 17

Wie in Abschnitt 6 erläutert, ist die Tragfähigkeit eines biegebeanspruchten Trägers erreicht, wenn sich ein kinematischer Bruchmodus ausbildet. Ein statisch bestimmt gelagertes System versagt nach Ausbildung eines Fließgelenkes, statisch unbestimmte Systeme versagen nach Ausbildung von zwei oder mehreren Gelenken (Bild 17). Für einen mit einer Gleichlast p belasteten Einfeldträger berechnen sich die elasto-und plasto-statischen Grenztragfähigkeiten zu (Abschnitt 6.3.2/4):

a) beidseitig gelenkige Lagerung (Bild 17a):
$$p_{El} = \frac{8\,M_{El}}{l^2};\quad p_{Pl} = \frac{8\,M_{Pl}}{l^2} \qquad (15)$$

b) beidseitig eingespannte Lagerung (Bild 17b):
$$p_{El} = \frac{12\,M_{El}}{l^2};\quad p_{Pl} = \frac{16\,M_{Pl}}{l^2} \qquad (16)$$

Die plastische Tragreserve beträgt demnach in beiden Fällen:
$$\text{a)}\ \frac{p_{Pl}}{p_{El}} = \frac{M_{Pl}}{M_{El}} = \alpha_{Pl};\quad \text{b)}\ \frac{p_{Pl}}{p_{El}} = \frac{M_{Pl}}{M_{El}}\cdot\frac{16}{12} = \alpha_{Pl}\cdot\beta_{Pl}\ \text{mit}\ \beta_{Pl} = 1{,}333 \qquad (17a,b)$$

α_{Pl} ist die Querschnittsreserve (bei I-Profilen i.M. 1,14), β_{Pl} ist die Systemreserve. β_{Pl} ist in starkem Maße vom System und der Lastanordnung abhängig. (In DIN 4102 T4 entspricht $f=\alpha_{Pl}$ und $\varkappa=\beta_{Pl}$). Bei der Festlegung der kritischen Stahltemperatur und damit der Feuerwiderstandsdauer kann auf die plasto-statische Grenztragfähigkeit bezug genommen werden. Die für Normaltemperatur geltenden Werte α_{Pl} und β_{Pl} bleiben für Hochtemperatur unverändert gültig. Unterstellt man im Brandfalle eine Belastung des Tragwerkes, die der "vollen Auslastung" entspricht, ist beim Ansatz der temperaturabhängigen Streckgrenze die Einrechnung eines Sicherheitsfaktors nicht erforderlich. Dieser Grundsatz ist in DIN 4102 T4 verankert, die hierin vereinbarte kritische Temperatur critT=500°C entspricht nämlich dem Quotienten (vgl. Bild 18):

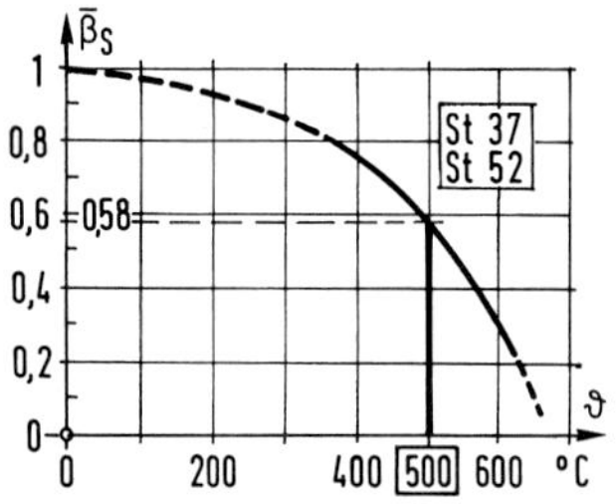

Bild 18 (0,58 = 1/1,71)

$$\frac{P}{P_{Pl}} = 0{,}58 = \frac{1}{1{,}71} \qquad (18)$$

1,71 ist die nach der DASt-Richtlinie 008 vorgeschriebene Sicherheitszahl im Lastfall H. Wird bei einer elasto-statischen Trägerbemessung von zulσ=16 bzw. 24kN/cm² für St37 bzw. St52 ausgegangen, bedeutet das im Normalzustand eine Sicherheitszahl von 24/16=1,5 bzw. 36/24=1,5 gegenüber dem Erreichen der Fließgrenze am Biegezug- bzw. Biegedruckrand. Rechnet man die plastische Querschnittsreserve von α_{Pl} =1,14 für Walzprofile ein, wird bei statisch bestimmter Lagerung real

$$1{,}5 \cdot 1{,}14 = 1{,}71$$

eingehalten. Auf diese Sicherheit bezieht sich DIN 4102 T4. (Zum Faktor $\varkappa=\beta_{Pl}$ heißt es: "Beiwert für das statische System, der bei der Bemessung nach dieser Norm mit $\varkappa$=1 anzusetzen ist".) Soll eine fallweise statisch unbestimmte Lagerung berücksichtigt werden, kann die kritische Temperatur für

$$\frac{1}{1{,}71} \cdot \frac{1}{\beta_{Pl}} = \frac{0{,}58}{\beta_{Pl}} \qquad (19)$$

aus Bild 18 entnommen werden. Für β_{Pl}=1,33 bedeutet das beispielsweise:

$$\frac{0{,}58}{1{,}33} = 0{,}44 \longrightarrow \text{crit}\vartheta_S = 560\,°\text{C}$$

Das ist gegenüber 500°C ein $\Delta\vartheta_S$ von 60°C (60K) und kann demgemäß in einer Verringerung der Bekleidungsdicke berücksichtigt werden.
Nach der anstehenden Umstellung der Stahlbaugrundnorm auf ein neues Sicherheitskonzept wird es notwendig sein, die derzeitige Regelung in DIN 4102 T4 (Anhang C) zu überarbeiten. Hierbei sollten gleichzeitig die derzeit wenig präzisen Ausführungen für Stahlstützen zugeschärft und brandschutztechnische Bemessungsregeln für Verbundkonstruktionen aufgenommen werden.)

19.3.4 DIN 4102

DIN 4102: (Brandverhalten von Baustoffen und Bauteilen) ist wie folgt gegliedert:

- Teil 1 : Baustoffe; Begriffe, Anforderungen und Prüfungen
- Teil 2 : Bauteile; Begriffe, Anforderungen und Prüfungen
- Teil 3 : Brandwände und nichttragende Außenwände; Begriffe, Anforderungen und Prüfungen
- Teil 4 : Zusammenstellung und Anwendung klassifizierter Baustoffe, Bauteile und Sonderbauteile
- Teil 5 : Feuerschutzabschlüsse, Abschlüsse in Fahrschachtwänden und gegen Feuer widerstandsfähige Verglasungen; Begriffe, Anforderungen und Prüfungen
- Teil 6 : Lüftungsleitungen; Begriffe, Anforderungen und Prüfungen
- Teil 7 : Bedachungen; Begriffe, Anforderungen und Prüfungen
- Teil 8 : Kleinprüfstand
- Teil 11: Rohrummantelungen, Rohrabschottungen, Installationsschächte und -kanäle sowie Abschlüsse ihrer Revisionsöffnungen; Begriffe, Anforderungen und Prüfungen

In Teil 1 werden die Baustoffe in die nichtbrennbaren (Klasse A) und in die brennbaren (Klasse B) nach ihrem Brandverhalten hinsichtlich Entflammbarkeit, Flammausbreitung, Wärmeentwicklung, Rauch- und Gasentwicklung eingeteilt; dabei gelten als Baustoffe neben den Konstruktionsbaustoffen wie Stahl, Beton, Mauerwerk, Holz, u.a. Platten und bahnen-

Baustoff-klasse	Bauaufsichtliche Benennung
A	nicht brennbare Baustoffe
A 1	Baustoffe ohne brennbare Anteile (z. B. Stahl, Mauerwerk, Beton)
A 2	Baustoffe mit geringen brennbaren Anteilen (z.B. Gipskartonplatten)
B	brennbare Baustoffe
B 1	schwerentflammbare Baustoffe (z.B. imprägnierte Holzbauteile)
B 2	normalentflammbare Baustoffe (z.B. Holzbohlen)
B 3	leichtentflammbare Baustoffe (z.B. Papier, Folien)

Bild 19

Bauaufsichtliche Benennung	Feuerwider-standsklasse	Feuerwider-standsdauer in Minuten
feuerhemmend	F 30	≥ 30
	F 60	≥ 60
feuerbeständig	F 90	≥ 90
	F 120	≥ 120
hochfeuerbeständig	F 180	≥ 180

Bild 20

förmige Materialien, Bekleidungen, Beschichtungen, Rohre und Formstücke. Die Baustoffklasse muß durch Prüfzeugnis bzw. Prüfzeichen nachgewiesen werden. In Teil 4 der Norm sind eine Reihe von Baustoffen klassifiziert, zur Benennung vgl. Bild 19. - Sofern das Brandverhalten nicht offensichtlich ist, besteht eine Kennzeichnungspflicht, z.B.: DIN 4102-B1. Ist zusätzlich das Zeichen PAIII angegeben, bedeutet das, daß ein Prüfzeichen (des IfBt) vorliegt. In Teil 2 werden die brandschutztechnischen Begriffe, Anforderungen und Prüfungen für Bauteile festgelegt; als Bauteile gelten u.a. Wände, Stützen, Decken, Unterzüge, Treppen. Die Einteilung erfolgt in Feuerwiderstandsklassen in Abhängigkeit von der Feuerwiderstandsdauer (Bild 20): Während der Feuerwiderstandsdauer behalten die Bauteile ihre Funktion bei, ohne anschließend noch gebrauchsfähig sein zu müssen: Tragende Bauteile versagen nicht unter Gebrauchslast, raumabschließende Bauteile lassen den Durchtritt des Feuers nicht zu, ebenso nicht das Entzünden von Stoffen an ihrer Rückseite. Die Prüfung erfolgt im Brandversuch unter ETK-Belastung und gleichzeitiger Funktionsbeanspruchung: Biege- oder Druckbelastung bei tragenden Bauteilen, Kugelschlagversuch bei raumabschließenden Bauteilen, Löschwasserversuch bei Stützen; bei letzterem dürfen die Bekleidungen bei Stahlstützen oder die lotrechten Bewehrungsstäbe bei Stahlbetonstützen mit ihrer Verbügelung oder Umschnürung nicht in gefahrdrohender Weise freigelegt werden. In Teil 4 der Norm sind eine große Zahl von Bauteilen klassifiziert (speziell in Abschnitt 6 Stahlbauteile: Träger, Stützen, Decken). - Zur klassifizierenden Benennung der Bauteile (z.B. zur Definition von Brandschutzforderungen in Bauordnungen) werden Kurzzeichen verwendet:

F( )-B   F( )-AB   F( )-A

F( ) steht für die Feuerwiderstandklasse. Die angehängten Kürzel bedeuten (vgl. DIN 4102 T4):

A:	Baustoffklasse der wesentlichen Teile:	A,	übrige Bestandteile:	A
AB:	"	A,	"	B
B:	"	B,	"	B

Zu den wesentlichen Teilen gehören alle tragenden oder aussteifenden Teile, bei raumabschließenden Bauteilen eine in Bauteilebene durchgehende Schicht, die bei Prüfung nach DIN 4102 nicht zerstört werden darf.

In Teil 3 sind die Brandwände und nichttragenden Außenwände geregelt. Brandwände müssen aus Baustoffen der Klasse A bestehen, sie müssen bei mittiger und ausmittiger Belastung mindestens F90 erreichen und auch nach Stoßbelastung noch standsicher und raumabschließend sein, zudem darf auf der dem Feuer abgekehrten Seite die Temperaturerhöhung im Mittel nicht mehr als 140K und maximal nicht mehr als 180K betragen. Zu den nichttragenden Außenwänden (die nicht zur Aussteifung dienen) zählen auch Schürzen und Brüstungen, die den Überschlagsweg des Feuers an der Außenseite von Gebäuden vergrößern. - Für Außenwände gilt eine abgeminderte Einheits-Temperaturzeitkurve. - Auch für Bauteile vorgenannter Art enthält Teil 4 der Norm klassifizierte Lösungen.

Wegen weiterer Einzelheiten wird auf DIN 4102, die einschlägige Literatur und die Firmenschriften verwiesen.

19.3.5 Bauaufsichtliche Brandschutzforderungen [96]

Wie in Abschnitt 19.1 erwähnt, sind die Brandschutzanforderungen in den Landesbauordnungen, orientiert an der Musterbauordnung (MBO), festgelegt. Sie haben Gesetzescharakter (wie alle bauaufsichtlich eingeführten Vorschriften). Aufgrund dieser Gesetze werden Rechtsverordnungen erlassen, die (in dem hier interessierenden Zusammenhang) die Anforderungen an den baulichen Brandschutz näher bestimmen. Darüberhinaus bestehen Rechtsvorschriften für Gebäude besonderer Art und Nutzung (vgl. Bild 1): Geschäftshausverordnung, Versammlungsstättenverordnung, Garangenverordnung, Krankenhausverordnung, Gaststättenverordnung, Schulbaurichtlinie, Hochhausrichtlinie. Eine Industriebauverordnung ist in Vorbereitung. Der Brandschutz in Kernkraftwerken ist in KTA 2102 geregelt.

Gebäude - Klasse				
1	2	3	4	5
Wohngebäude frei-stehend	Wohngebäude mit geringer Höhe Anleiterbarkeit H ≤ 8 m OKF ≤ 7 m	Gebäude mit geringer Höhe Anleiterbarkeit H ≤ 8 m OKF ≤ 7 m	Sonstige Gebäude H > 8 m OKF > 7m	Hochhäuser 1 Aufenthaltsraum OKF > 22 m
1 WE	≤ 2 WE	≥ 3 WE	≤ 22 m	

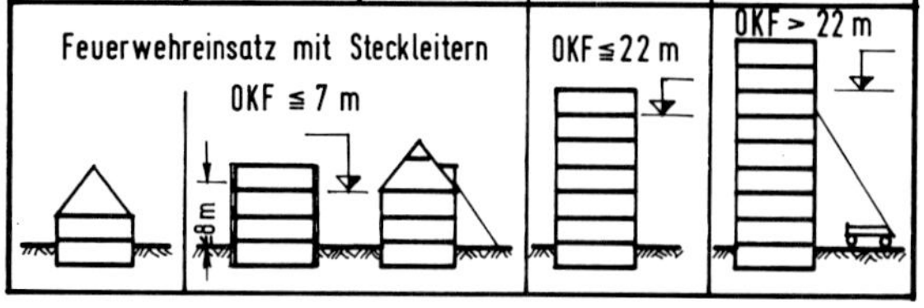

Bild 21

Gebäudeklasse		1	2	3	4
Bauteil - Baustoff		Wohngebäude frei-stehend 1WE	Wohngebäude mit geringer Höhe (OKF ≤ 7 m) ≤2 WE	Gebäude mit geringer Höhe (OKF ≤ 7 m) ≤3WE	sonstige Gebäude außer Hochhäuser
Tragende Wände	Dach	0	0 1)	0 1)	0 1)
	Sonstige	0	F 30 - B	F 30 - AB 2)	F 90 - AB
	Keller	0	F 30 - AB	F 90 - AB	F 90 - AB
Nichttrag. Außenwände		0	0	0	Ao. F30-B
Außenwand - Bekleidungen		0	0 B2 ← geeign. Maßnahm.	0	B1
Gebäude - abschlußwände		0	F 90 - AB 4)	BW F 90 - AB	BW
Decken	Dach	0	0 1)	0 1)	0 1)
	Sonstige	0	F 30 - B	F 30 - AB	F 90 - AB
	Keller	0	F 30 - B	F 90 - AB	F 90 - AB

Gebäudeklasse		1	2	3	4
Gebäudetrennwände - 40 m Gebäudeabschnitte		-	(F 90 - AB)	BW F 90 - AB	BW
Wohnungstrennwände	Dach	-	F 30 - B	F 30 - B	F 30 - B
	Sonstige	-	F 30 - B	F 60 - AB	F 90 - AB
Treppenraum	Dach	-	0	0	0
	Decke	-	0	F 30 - AB	F 90 - AB
	Wände	-	0	F 90 - AB	Bauart BW
	Bekleidung	-	0	A	A
Treppen	trag. Teile	-	0	0	F 90 - A
allgemein zugängliche Flure als Rettungswege	Wände	-	-	F 30 - B	F 30 - AB F 30 - B/A
	Bekleidung	-	-	0	A
Offene Gänge vor Außenwänden	Wände, Deck	-	-	0	F 90 - AB
	Bekleidung	-	-	0	A

1)	Bei giebelständigen Gebäuden - Dach von innen	F 30 - B
2)	Bei Gebäuden mit ≤ 2 Geschossen über OKT	F 30 - B
3)	Bei Gebäuden mit ≤ 2 Geschossen über OKT	F 30 - B
	Bei Gebäuden mit ≤ 3 Geschossen über OKT	F 30 - B/A

Bild 22 (LBO NRW) 4) (F30 - B) + (F 90 - B)

Die Novellierung der Landesbauordnungen an die neue Musterbauordnung (MBO) von 1981 ist z.T. erfolgt, z.T. in Arbeit; vgl. [97]. Bild 21/22 zeigt die Gebäudeklassen und faßt die Anforderungen für den Hochbau (LBO NRW) zusammen. Bild 21 zeigt die Einteilung der Gebäude in fünf Klassen, u.a. in Abhängigkeit von der Anleiterbarkeitshöhe H=8m (Oberkante Fußboden OKF=7m); WE bedeutet Wohnungseinheit. In Bild 22 links sind die Brandschutzanforderungen an normale Bauteile und im Bildteil rechts an besondere Bauteile zusammengestellt. Wichtig ist, daß die Mindestanforderungen je Geschoß für Wände (einschl. Stützen) und Decken jeweils gleichgeschaltet sind.

Eine ausführliche Behandlung scheidet in diesem Rahmen aus; im Einzelfall sind die Landesbauordnungen, die Durchführungs- und Sonderverordnungen, die einschlägigen Techn. Baubestimmungen und Verwaltungsvorschriften sowie das kommentierende Schrifttum zu sichten [98-103].

19.3.6 Maßnahmen des baulichen Brandschutzes

Die Brandschutzplanung erfolgt in zwei Schritten:

1. Festlegung der Brandschutzanforderungen. Soweit es sich um "normale" Hochbauten handelt, sind die in Abschnitt 19.3.5 erwähnten Landesbauordnungen unmittelbar bindend. Soweit es sich um Bauten besonderer Art und Nutzung, z.B. Industriebauten, handelt, sind die zugeordneten Rechtsvorschriften maßgebend; gerade solche Bauten werden häufig in Stahl errichtet. Für jedes Objekt sollte ein spezielles Brandschutzkonzept entwickelt werden, das die Besonderheiten der baulichen Anlage und Nutzung berücksichtigt. Hierzu angepaßt sind die Anforderungen zu definieren.
2. Erfüllung der Anforderungen durch die in DIN 4102 T4 klassifizierten Baustoffe und Bauteile, durch die von der Industrie entwickelten und zugelassenen Schutzsysteme oder durch Maßnahmen mit bauaufsichtlicher Zustimmung im Einzelfall (z.B. wassergefüllte Stützen, Stahlverbundbauweise).

19.3.6.1 Schutzmaßnahmen (Übersicht) [105,106]

Unbekleidete Stahlteile erreichen eine Feuerwiderstandsdauer von 10 bis 20 Minuten, bekleidete bis 180 Minuten (und mehr), abhängig von Art und Dicke der Bekleidung. Die Bekleidung besteht aus nicht brennbaren Baustoffen, die eine gute Beständigkeit bei hohen Temperaturen aufweisen. Als Feuerwiderstandsklassen sind in DIN 4102: F30, F90, F120 und F180 definiert. Die Klassen F30 (feuerhemmend) und F90 (feuerbeständig) haben die größte bauaufsichtliche Bedeutung, vgl. Bild 22.

Es wurden spezielle Baustoffe für Feuerschutzbekleidungen entwickelt, z.B.: Perlite wird aus einem vulkanischen Aluminium-Silikat-Gestein gewonnen, indem das zu Granulat gebrochene Gestein bei ca. 1100°C schockartig erhitzt wird; das Volumen expandiert dabei auf das 10 bis 20-fache. Vermiculite wird aus einem Aluminium-Magnesium-Silikat-Gestein (Glimmer) durch Hochtemperaturerhitzung gewonnen, wobei das Volumen auf das 20-fache aufbläht. Beide Stoffe weisen eine hohe Dämmfähigkeit auf und sind mit ρ=60 bis 120kg/m³ sehr leicht. Daneben haben Gips- und Mineralfaserstoffe unterschiedlicher Art und Verarbeitung brandschutztechnische Bedeutung. Asbesthaltige Baustoffe wurden ehemals verbreitet eingesetzt, ihre Verwendung ist inzwischen untersagt. Man unterscheidet direkte und indirekte Schutzsysteme. - Wichtig ist, daß die Stöße, Fugen (zu Nachbarbauteilen) und Befestigungen sorgfältig ausgebildet werden. - Im Einzelnen:

a) Ummauerung (insbesondere von Stützen) mit Ziegeln nach DIN 105, Kalksandsteinen nach DIN 106 oder Gasbetonsteinen nach DIN 4165/66. Einbetonieren von Stützen und Trägern (zusammen mit der Ortbetondecke) oder Aufbringen von Beton im Torkret-Verfahren mit Einlage von Maschendraht oder Baustahlgewebe.
b) Plattenförmige Ummantelungen aus ein- oder mehrlagigen Gipskartonplatten (DIN 18180), Perlite- oder Vermiculite-Platten,

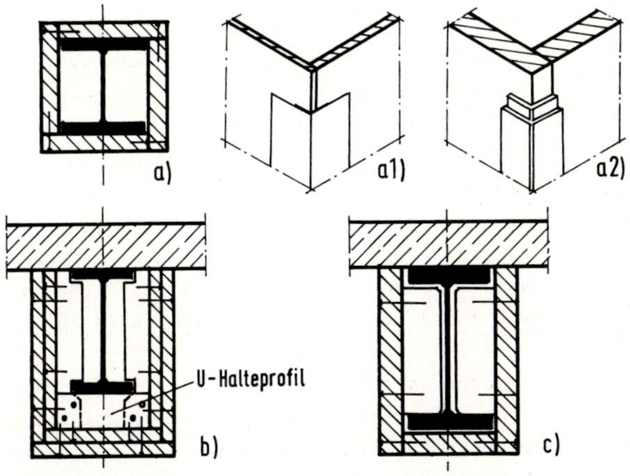

Bild 23

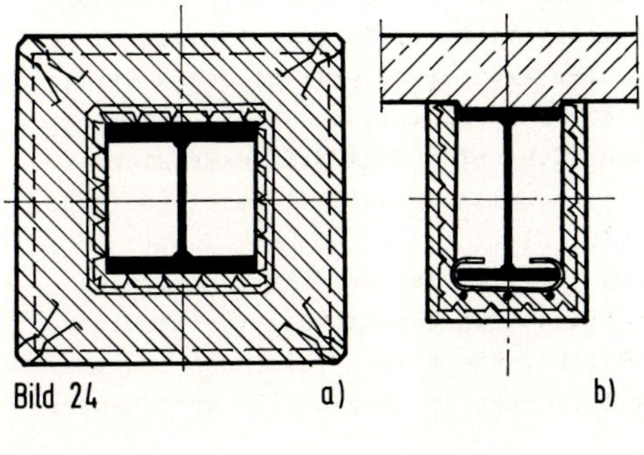
Bild 24 a) b)

Formteilen aus Gips u.a. Das Material läßt sich zimmermannsmäßig bearbeiten. Die Platten werden durch Schrauben, Nägel, Klammern miteinander verbunden; möglich ist auch das Fügen mittels feuerfester Spezialkleber. Plattenstöße werden hinterlegt. Als Korrosionsschutz für das Stahlteil genügt i.a. eine Grundbeschichtung. Derartige Systeme sind z.T. in DIN 4102, T4 klassifiziert. Die Dicke d wird in Abhängigkeit vom U/A-Faktor festgelegt. Bild 23 zeigt Beispiele für Stützen- und Trägerummantelungen. Zu den plattenförmigen Ummantelungen zählen auch Mineralfaserplatten, die auf der Außenseite mit Glasfasergewebe kaschiert sind. Sie werden um den I-Träger geklappt und an diesem befestigt

c) Putze auf Putzträgern aus Rippenstreckmetall, Streckmetall oder Drahtgewebe, Putze aus Zement-, Kalk- oder Gipsmörtel, Perlite- oder Vermiculite-Putze oder Gemischputze (Bild 24). Der Putz wird i.a. mehrlagig auf dem Putzträger aufgetragen, Dicke bei Stützen 15 bis 65mm, bei Trägern 5 bis 25mm; Korrosionsschutz wie bei b.

d) Putze ohne Putzträger, profilfolgend auf dem Stahlteil aufgetragen. Es werden zementgebundene Putze aus geblähtem Vermiculite oder Mineralfasern verwendet. Sie werden aufgespritzt, man spricht daher von Spritzputzen. Korrosionsschutz und Haftung erfordern besondere Beachtung. Die beste Haftung erreicht man, wenn der Putz auf einer gestrahlten Stahloberfläche aufgebracht wird, doch ist dann der Korrosionsschutz ggf. unzureichend. Bei Aufspritzen des Putzes auf einer Korrosionsschutzbeschichtung besteht die Gefahr der Verseifung, insbesondere bei zusätzlicher Verwendung von Haftvermittlern im Putz. Als Korrosionsschutz sollten daher schwerverseifbare Anstriche, z. B. Zinkchromat auf der Basis von Alky- oder Acrylharz verwendet werden; die Zulassungen der Putze schreiben eine Naßprobe vor, um die Verträglichkeit des Spritzputzes mit der Beschichtung zu prüfen. Die Putze werden mehrlagig aufgebracht. Hiermit ist eine Verschmutzung des Umfeldes verbunden, es sollte, z.B. durch Folien geschützt werden. Wegen der Beständigkeit gegen Feuchtigkeit wird auf die Zulassungsbescheide verwiesen.

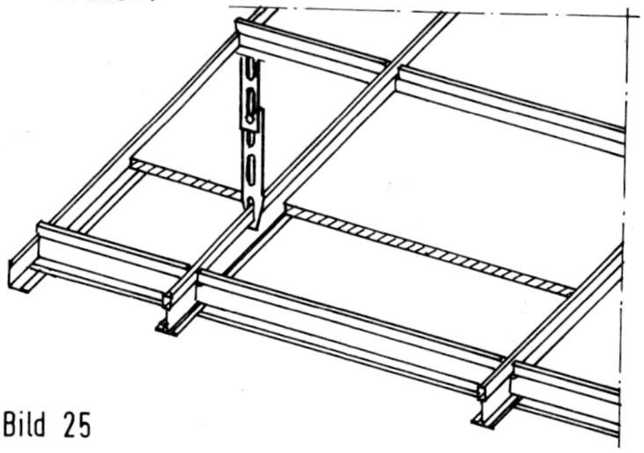

Bild 25

e) Abschirmung der tragenden Stahlbauteile im Decken- und Dachbereich durch Unterdecken; sie erfüllen i.a. gleichzeitig raumakustische, wärmetechnische und gestalterische Aufgaben. Es handelt sich entweder um Unterdecken mit vorgefertigten Platten oder um geputzte Unterdecken auf Putzträgern, die an unterschiedlichen (sichtbaren oder unsichtbaren Abhängekonstruktionen (Metallschienen) befestigt sind, vgl. Bild 25 (und Stahlbaukalender).

f) Dämmschichtbildende Beschichtungen auf organischer oder anorganischer Basis, die bei Hitzebildung vermittelst eines Treibmaterials zu einer mikroporösen Dämmschicht bis zu 4cm Dicke aufblähen. Es wird eine Schutzwirkung F30 erreicht (bezüglich Stahlleichtbauteile vgl. Zulassungen). Der Aufbau der Gesamtbeschichtung besteht aus der Grundbeschichtung, dem dämmschichtbildenden Anstrich und der Deckbeschichtung. Erst- und letztgenannte Beschichtungen übernehmen den Korrosionsschutz. Es bedarf einer Mindestauftragsmenge an dämmschichtbildendem Material. Die Auftragung erfolgt durch Streichen oder Spritzen; die Trockendicke liegt zwischen 700 bis 900µm. Wichtig ist die Verträglichkeit mit der Grund- und Deckbeschichtung, d.h. eine gute Haftbeständigkeit. Die Beschichtungen sind feuchtigkeitsempfindlich; inzwischen gibt es auch eine zugelassene Beschichtung für Außenbauteile; vgl. [108,109].

Die vorgenannten Schutzsysteme sind entweder in DIN 4102 T4 oder in IfBt-Zulassungen geregelt. Zudem existieren ausführliche Firmenschriften. Zum Brandschutz von Stahlprofildecken und Bedachungen allgemein vgl. u.a. [109,110]. Die beiden folgenden Schutzsysteme bedürfen z.Zt. noch einer bauaufsichtlichen Zulassung im Einzelfall; ggf. genügt eine gutachtliche Stellungnahme eines staatlich anerkannten Prüfinstituts mit einschlägiger brandschutztechnischer Erfahrung, die wie ein Prüfzeugnis im Sinne von DIN 4102 T2 behandelt wird [110].

g) Wassergefüllte Stahlprofile. In einem System unbekleideter Stahlhohlprofile zirkuliert Wasser als Kühlmittel. Bei Beflammung und Erhitzung setzt ein Umlauf infolge der unterschiedlichen Dichte ein, die Wärme wird abgeführt. Im Hochpunkt des Systems befindet sich ein Behälter, der gleichzeitig Ausdehnungs-, Ausdampf- und Vorratsgefäß ist. Für das einwandfreie Funktionieren sind ausreichend dimensionierte Rohrquerschnitte und eine ausreichende Wasserbevorratung wichtig. Bei guter Funktion steigt die Stahltemperatur nicht über 200 bis 300°C, bleibt also deutlich unter der kritischen Temperatur. Als Frost- und Korrosionsschutzmittel wird dem Wasser z.B. Kaliumkarbonat oder Kaliumnitrat beigegeben. Weltweit wurden bisher ca. 40 Gebäude auf diese Weise geschützt [112-118].

h) Stahlverbundbauweise (vgl. folgenden Abschnitt)

Ergänzend wird auf die Feuer- bzw. Rauchschutztüren ohne und mit Brandschutzglas, auf die Feuerschutzverkleidungen und Abschottungen für Kabel- und Lüftungskanäle und Installationsschächte und die zugehörigen Regelungen in DIN 4102 und den Zulassungen verwiesen [119-123].

19.3.6.2 Stahlverbundbauweise mit brandschutztechnischer Auslegung

Die Tragfähigkeit der Stahlverbundbauteile, wie Stahlverbunddecken, -träger und -stützen, setzt sich anteilig aus den Tragfähigkeiten der Stahl- und Betonteile zusammen (Abschnitt 18); das gilt auch im Lastfall Brand. Dabei übernimmt der Beton wegen seiner im Vergleich zu Stahl geringeren Wärmeleitfähigkeit und höheren Wärmespeicherkapazität die Schutzfunktion, vgl. Bild 13. Die Schutzfunktion muß so ausgelegt sein, daß im Lastfall Brand innerhalb der geforderten Feuerwiderstandsdauer eine mindestens 1,0fache Sicherheit (trotz vollständigen Verzichts auf konventionelle Brandschutzmaßnahmen) verbleibt, auch dann, wenn sichtbare Stahloberflächen vorhanden sind. Aufgrund intensiver, seit Mitte der 70iger Jahre durchgeführter Forschungen, konnten die Kenntnisse über das Tragverhalten von Stahlverbundteilen im Brandfall umfassend erweitert und experimentell gesicherte Berechnungs- und Konstruktionsanweisungen erarbeitet werden [124]. Der hiermit verbundene Innovationsschub ist so groß, daß er in diesem Rahmen nur in seinen Grundzügen dargestellt werden kann; auf das einschlägige Schrifttum wird verwiesen (vgl. die folgenden Literaturangaben).

Decken: Bild 26a und b zeigt den konventionellen Brandschutz von Stahlprofildecken mit Aufbeton durch Spritzputz bzw. eine untergehängte Decke. Im erstgenannten Falle ist es wichtig, daß eine gute Haftung erreicht wird. Die Teilbilder c und d zeigen ungeschützte Decken. Es handelt sich auch hierbei nicht um Stahlverbunddecken sondern um Stahltrapezdecken mit

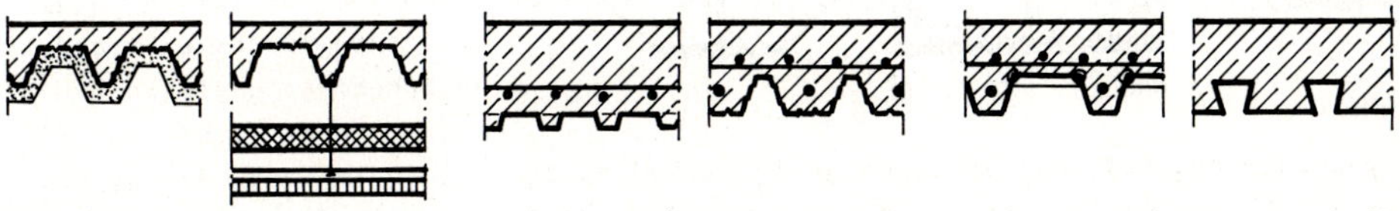

Bild 26 a) b) c) d) e) f)

Aufbeton. Im Falle c besteht die Bewehrung aus Baustahlgewebe, im Falle d aus Längseisen in den Rippen; es handelt sich um Stahlbetondecken. Das Stahltrapezprofil dient als verlorene Schalung. Derartige Decken werden nach DIN 1045 bzw. DIN 4102 T2 u. T4 für den Normal- bzw. Brandfall ausgelegt. Der Beton schützt die Bewehrung im Brandfall. Das Stahlblech fängt unterseitig abplatzenden Beton ab, ein bedeutender Schutzeffekt bei der aktiven Brandbekämpfung. Die Bilder 26e und f zeigen echte Stahlverbunddecken (vgl. Abschnitt 18.4); im Falle e wird die Feuerbeständigkeit durch eine zusätzliche Bewehrung erreicht (RESO-Decke); im Falle f verhindern die schmalen, schwalbenschwanzförmigen Spalte eine stärkere Erwärmung der im Spalt liegenden Blechteile, die dadurch im Brandfall als Zugbewehrung verbleiben.

Die obere Bewehrung wird bei durchlaufenden Decken für den Brandfall wie bei Stahlbetonplatten nach DIN 4102 ausgelegt; vgl. [125].

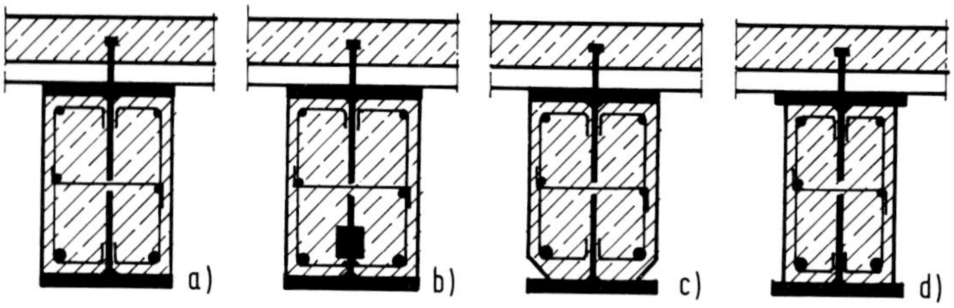

Bild 27 (n. MUESS)

Träger: Bild 27 zeigt Stahlverbundträger mit einer Stahlverbunddecke als Obergurt. Nur die Kammern sind ausbetoniert, sie werden durch am Steg angeschweißte oder durch den Steg hindurch gesteckte Bügel und Längseisen gesichert. Sie werden in Horizontallage am Boden wechselseitig betoniert (Schalung ist nicht erforderlich) und dann eingebaut [126-128]. Bei Beflammung der ungeschützten Unterflansche sinkt deren Tragfähigkeit im Brandfall alsbald ab, der innenliegende Steg und die Bewehrung werden vom Beton geschützt und übernehmen die Tragfunktion; ggf. werden zur Steigerung der Tragfähigkeit Verstärkungslaschen angeordnet Bild 27b.

Stützen: Das Tragverhalten von Stahlverbundstützen ist in starkem Maße davon abhängig, ob es sich um Hohlprofilstützen oder Verbundstützen mit einbetoniertem Walzprofil handelt (Abschnitt 18.5).

Bei Hohlprofilstützen erwärmt sich das Stahlprofil relativ rasch, die Festigkeit fällt entsprechend schnell ab. Es tritt eine Kraftumlagerung auf den Betonkern ein; die Umlagerung ist umso ausgeprägter, je höher der Stahlanteil an der gesamten Verbundstütze ist. Zudem dehnt sich das äußere Rohr gegenüber dem Betonkern aus, was ein Beulen des Hohlprofils auslösen kann. Die Tragfähigkeit beruht im Brandfall allein auf der Tragfähigkeit des Betonkerns, eine zusätzliche Längsbewehrung vermag sie zu steigern, es sollte μ=1,5%, besser 3% vorgesehen werden. Die Anschlußkräfte aus den Trägern sollten nicht allein auf das Hohlprofil sondern den Gesamtquerschnitt abgesetzt werden. An den Fuß- und Kopfbereichen sind Dampfaustrittsöffnungen vorzusehen [129,130]. - Bei Stahlverbundstützen mit einbetoniertem Stahlprofil verhindert die allseitige Betonumhüllung eine schnelle Aufwärmung des Stahlprofils; bei den Stahlprofilen kann es sich um I-Profile, um Sonderprofile (Bild 28) oder z.B. um Vollprofile (Kernprofilstützen) handeln. Als Sonderprofile wurden auch Strangpreßprofile vorgeschlagen und geprüft [131,132]. Bei längerer Beflammung stellt sich innerhalb des Querschnittes eine zunehmend ungleichförmige Temperaturverteilung ein, die innere Zwängungen auslöst. Das Versagen geht mit Beulerscheinungen am Steg oder an den Flanschen einher; es sollten daher möglichst massige, dickwandige Profile eingesetzt werden. Die Betonüberdeckung sollte mindestens 5cm betragen; Bewehrungsstahl in den Außenbereichen ist nicht vorteilhaft. Wichtig ist eine geeignete Umbügelung, um ein Ablösen der Betondeckung von den Flanschen zu verhindern [133]. Der eigentliche Fortschritt besteht in der Verwendung von feuerbeständigen Stahlverbundstützen mit ungeschützten Stahlflächen, wie bei I-Stützen mit Kammerbeton (Bild 29a) oder Kreuzprofilstützen (Bild 29b). Hier fallen, wie im Falle der ungeschützten Stahlverbundträger erläutert (Bild 27), bei Beflammung die außen liegenden ungeschützten Teile aus. Im Brandfall steht nur noch der Kernbereich zur Verfügung. Derartige Stützen erreichen im Brandversuch hohe Widerstandsdauern. Es wurden Rechenverfahren entwickelt, mittels derer die ungleichförmige Erwärmung des Verbundquerschnittes infolge ETK-Belastung ermittelt werden kann. Hieraus folgt die sukzessive Tragfähigkeitsabnahme innerhalb der einzelnen Querschnittsbereiche und daraus die Tragfähigkeit als Funktion der Branddauer. Derartige Simulationsrechnungen werden auf dem Computer durchgeführt, vgl. zu den Grundlagen [134-136]. Bild 30 zeigt

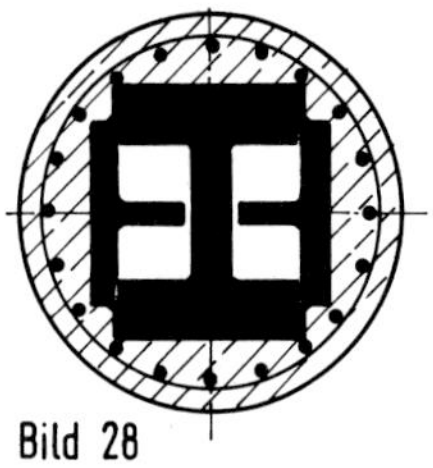

Bild 28

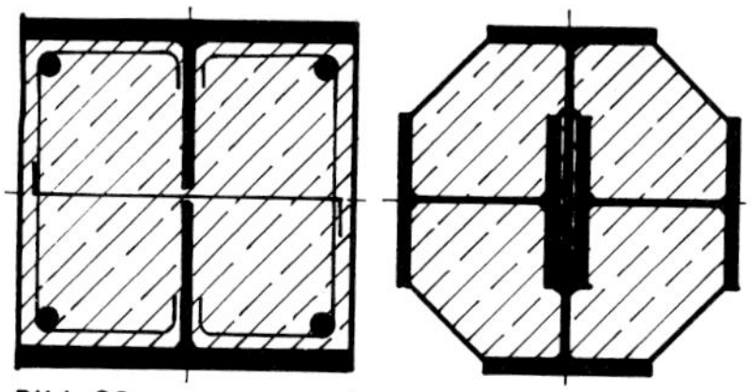

Bild 29 a) b)

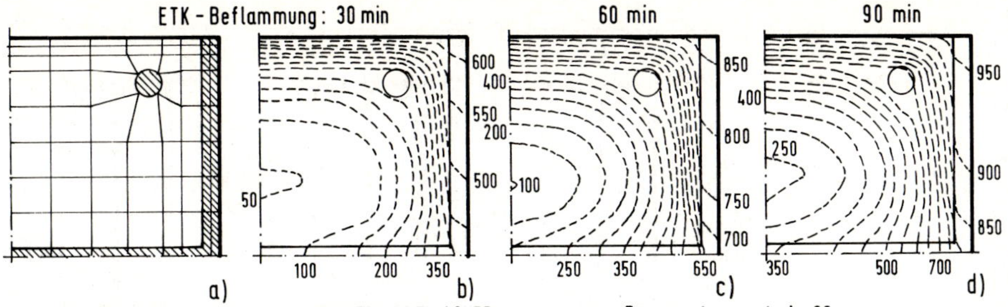

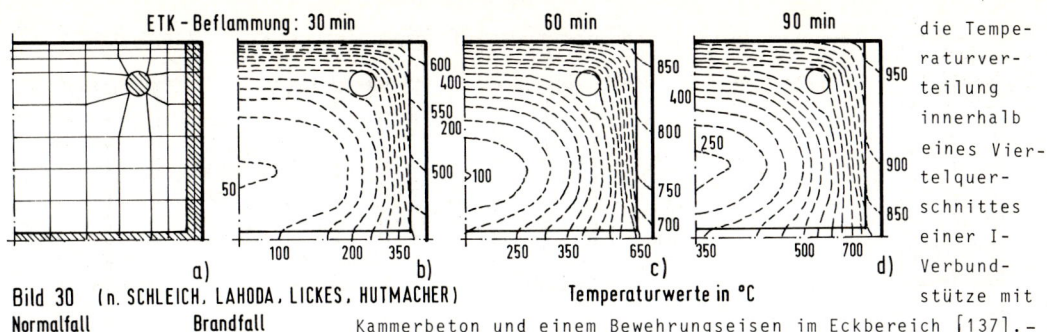

Bild 30 (n. SCHLEICH, LAHODA, LICKES, HUTMACHER) Temperaturwerte in °C

die Temperaturverteilung innerhalb eines Viertelquerschnittes einer I-Verbundstütze mit Kammerbeton und einem Bewehrungseisen im Eckbereich [137].- Für die baupraktische Bemessung wurden Näherungsverfahren entwickelt, mittels derer die Tragfähigkeit bzw. Feuerwiderstandsdauer im Brandfall berechnet werden kann. Bild 31 zeigt eine mögliche Vorgehensweise, indem die außenliegenden Flansche und oberflächennahen Betonanteile weggeschnitten werden, vgl. [138-139]. Es kann davon ausgegangen werden, daß die vorstehend kommentierten Auslegungsstrategien von Stahlverbundkonstruktionen im Brandfalle in Regelwerke einmünden werden; dabei wird man die 1985 in einem Großbrandversuch an einem Demonstrationsbauvorhaben gewonnenen Ergebnisse einarbeiten [140]. Besondere Beachtung erfordern die Anschlußkonstruktionen.

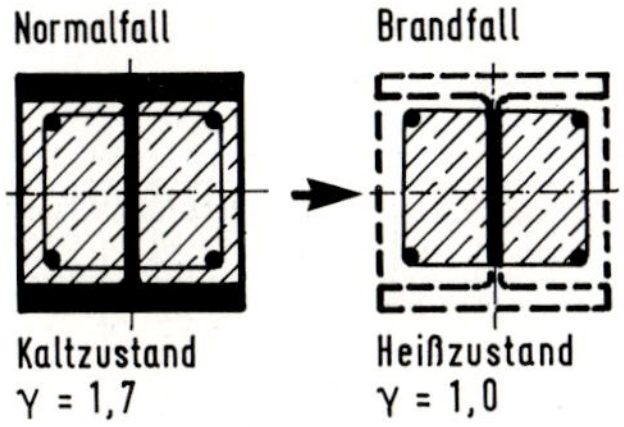

Bild 31

		Feuerwiderstandsklasse Benennung F 30-A	F 60-A	F 90-A	F 120-A	F 180-A
	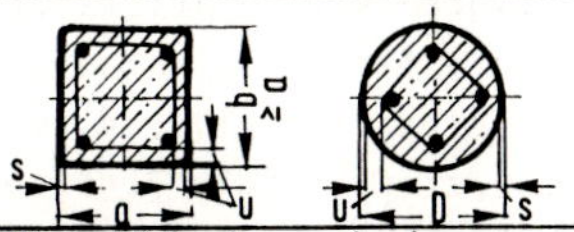 Hohlprofil-Verbundstützen. Ausnutzungsgrad 0,7 (HZ)					
1	Mindestdicke bzw. -durchmesser a bzw. D in mm	220	260	400	450	500
2	zugehöriger Mindestbewehrungsgrad A_s/A_b in %	3,0	6,0	6,0	6,0	6,0
3	zugehöriger Mindestachsabstand bei Längsbewehrung u in mm	25	30	40	50	60
	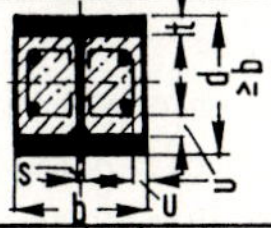 Stahlprofil-Verbundstützen mit Kammerbeton. Ausnutzungsgrad 0,7 (HZ)					
1	Mindestbreite b in mm	200	300	300	keine ausreichende Prüferfahrungen	
2	zugehöriger Mindestachsabstand der Längsbewehrung u in mm	35	40	50		
3	zugehöriges Mindestverhältnis Steg-/Flansch-Dicke s/t	0,6	0,6	0,7		
	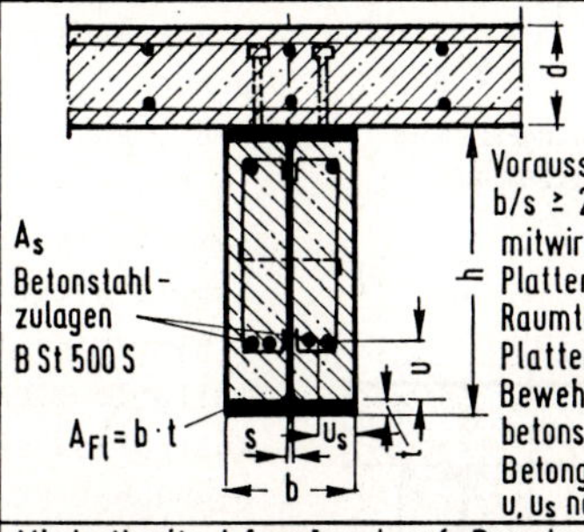 Voraussetzungen: b/s ≥ 20; t/s ≤ 2; mitwirkende Plattenbreite bei Raumtemperatur: $b_m \leq 5$ m; Plattendicke d ≥ 15 cm; Bewehrungsgehalt des Kammerbetons μ ≤ 5 %; Betongüte ≥ B 25; u, u_s nach Bild 35. Verbundträger mit Zulagebewehrung und ausbetoniertem Kammerbeton. Ausnutzungsgrad 0,7 (H)					
	Mindestbreite b [mm] und erf. Bewehrung im Verhältnis zur Flanschfläche (A_s/A_{Fl})					keine ausreich. Prüferfahrungen
1	bei zugehöriger Profilhöhe h ≥ 0,9 · b	80/-	200/0,2	250/0,7	300/0,7	
2	bei zugehöriger Profilhöhe h ≥ 1,5 · b	80/-	200/-	200/0,6	300/0,4	
3	bei zugehöriger Profilhöhe h ≥ 2,0 · b	70/-	150/-	200/0,4	300/0,3	
4	bei zugehöriger Profilhöhe h ≥ 3,0 · b	60/-	120/-	200/-	300/-	

Bild 32 (n. IfBt-Mitt. 19 (1988), S. 104 - 109)

Inzwischen wurden im Amtl. Teil der IfBt-Mitt. 19 (1988) Regelanweisungen für eine feuerfeste Auslegung von Stahlverbundstützen und -trägern veröffentlicht, vgl. Bilder 32 bis 36. Sie gelten für Walzprofile und vergleichbare geschweißte Profile und können analog zu den in DIN 4102 T4 (03.81) genormten Brandschutzmaßnahmen ohne Einschaltung eines Gutachters

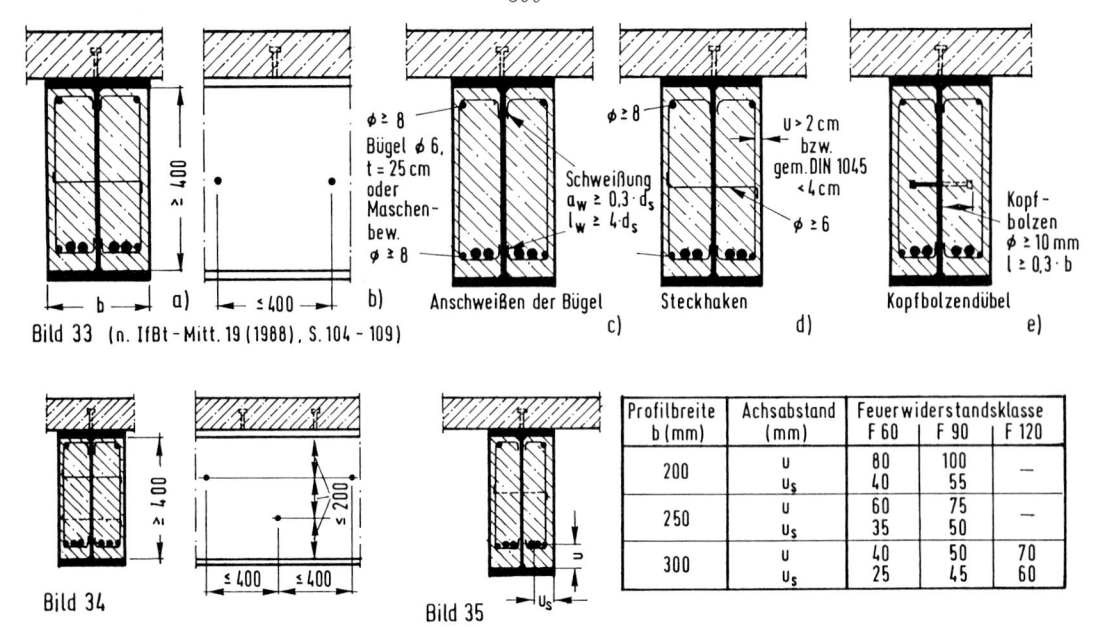

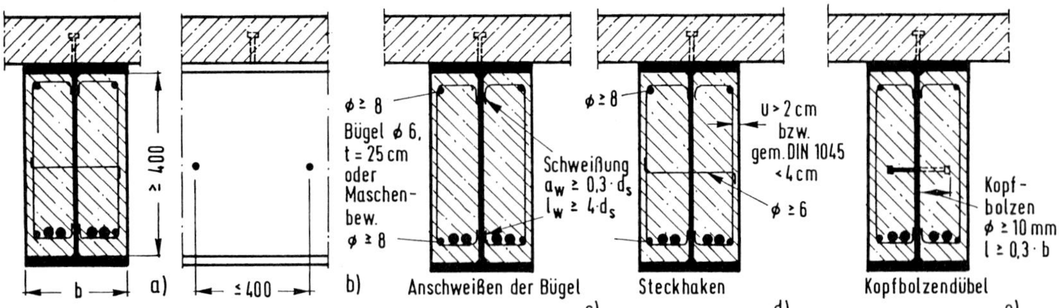

Bild 33 (n. IfBt-Mitt. 19 (1988), S. 104 - 109)

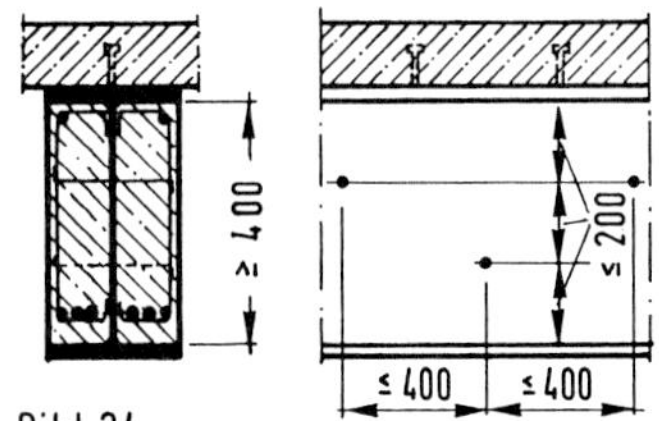

Bild 34

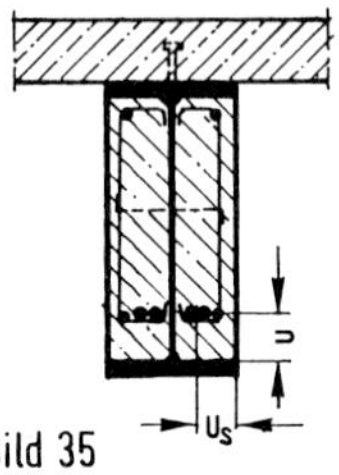

Bild 35

Profilbreite b (mm)	Achsabstand (mm)	Feuerwiderstandsklasse F 60	F 90	F 120
200	u	80	100	–
	u_s	40	55	
250	u	60	75	–
	u_s	35	50	
300	u	40	50	70
	u_s	25	45	60

eingesetzt werden. Bild 32 gibt einen Auszug für den Ausnutzungsgrad a=0,7 wieder; die hierbei erreichbaren Feuerwiderstandsklassen gehen aus der Tabelle hervor. Die Bilder 33 bis 35 enthalten diverse konstruktive Auflagen für feuerfeste Stahlverbundträger; sie betreffen die Profilhöhe und -breite, die Bewehrung der Längs- und Zusatzeisen, die Bügel und Steckhaken und insbesondere die Überdeckungen bzw. Mindestachsabstände für die Zusatzbewehrung im Kammerbeton (Bild 35). Bild 36 zeigt vier unterschiedliche Trägeranschlüsse unter Verwendung von Knaggen und Laschen. Sofern diese angeschweißt werden, ist für die Tragsicherheit im Brandfall ein ausreichender Schutz wichtig. Dieser wird in Teilbild a durch Kopfbolzen erreicht, die durch Löcher in der Rohrwandung im Beton verankert sind. Für einen Schraubenanschluß an Laschen ist zunächst ein Hohlraum frei zu halten, der anschliessend ausgegossen wird (in den Teilbildern b, c und d kreuzweise schraffiert). Wegen Einzelheiten wird auf den Originalbeitrag und das Verbundbau-Brandschutz-Handbuch von HASS, MEYER-OTTENS und QUAST (1989) verwiesen.

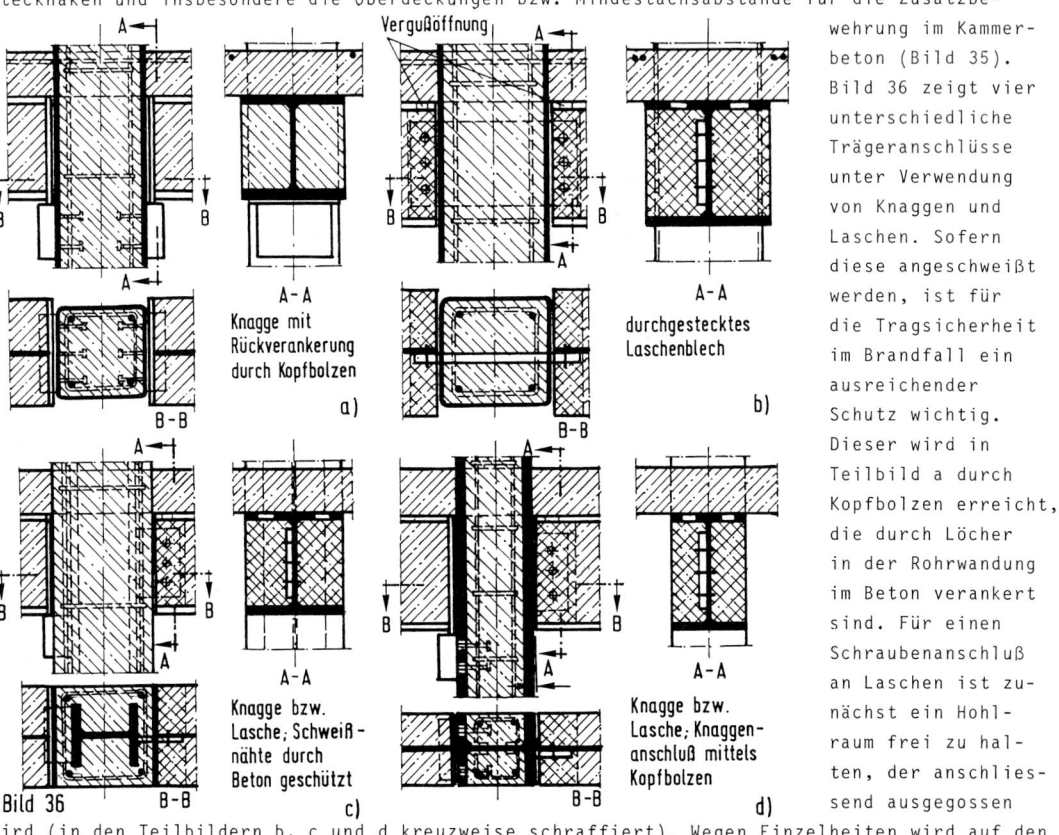

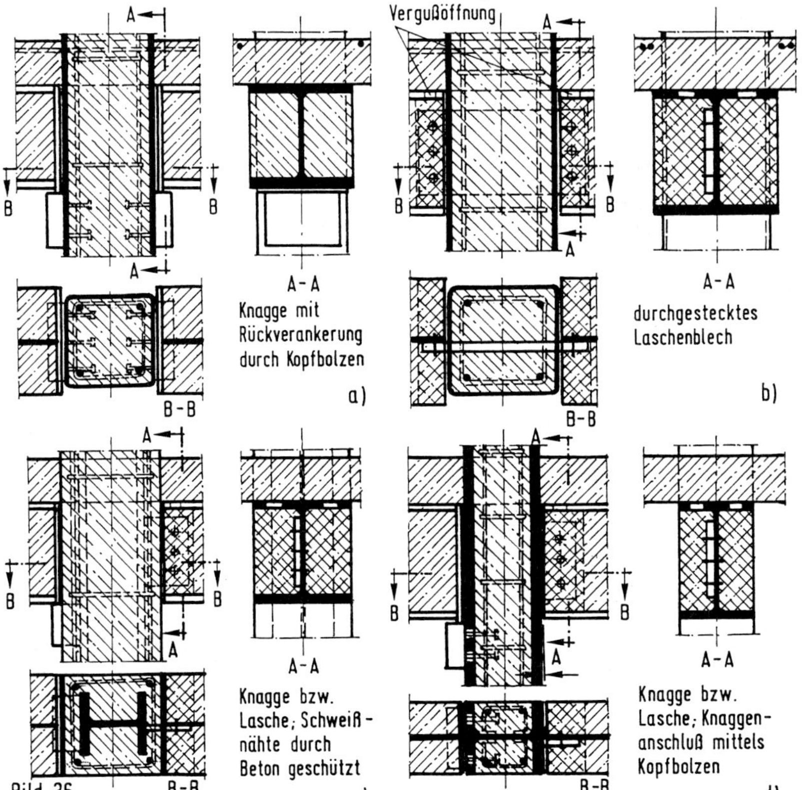

Bild 36

20 Stahlhochbau *)

20.1 Toleranz- und Modulordnung

Stahlbau ist seiner Natur nach Fertigteilbau; das gilt insbesondere im Zusammenwirken mit anderen Gewerken, z.B. dem Ausbau. Die Bauteile des Tragwerkes werden in der Stahlbauanstalt "millimetergenau" gefertigt und anschließend montiert. Planen und Bauen mit vorgefertigten Bauteilen ist nur möglich, wenn eine verbindliche Maßordnung eingehalten wird, das gilt sowohl für die Bauteile der tragenden Primärkonstruktion wie für die Bauteile der raumabschließenden Sekundärkonstruktion.

Die Maßordnung setzt sich zusammen aus der

- Toleranzordnung, d.h. der Begrenzung von Maßabweichungen, um die vorgefertigten Bauteile einwandfrei zusammenfügen zu können, und der
- Modulordnung, um genormte und serielle Fabrikate, insbesondere des Ausbaues, einsetzen zu können.

20.1.1 Toleranzordnung im Maschinenbau

Wie einzusehen, hatte die Toleranzordnung im Maschinenbau von Anfang an große Bedeutung, werden hier doch die Erzeugnisse in Arbeitsteilung von verschiedenen Herstellern in großer Stückzahl gefertigt. Die ersten Paßsysteme entstanden nach der Jahrhundertwende und deren erste Vereinheitlichung im Jahre 1928. Heute existiert ein eigenes, mit den ISO-Normen übereinstimmendes DIN-Regelwerk. In vielen Fällen wird bei der Stahlbau-Fertigung hierauf bezug genommen. (Für das von den Walzwerken bezogene Halbzeug (Form- und Stabstahl, Breitflachstahl, Bleche und Bänder, Rohre) existieren eigene Liefernormen; in diesen sind die einzuhaltenden Toleranzen wie Dicken-, Form-, Parallelitätsabweichungen, vereinbart [15,16].)

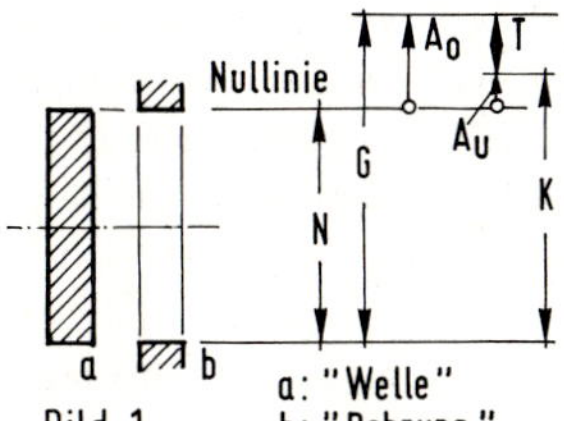

Bild 1

In der Toleranzordnung des Maschinenbaues [17] wird unter "Welle" ein Außenmaß und unter "Bohrung" ein Innenmaß verstanden, vgl. Bild 1. Es werden u.a. unterschieden (DIN 7182 T1):

a) Nennmaß ': N wird vom Konstrukteur vorgegeben; das Nennmaß liegt dem Festigkeitsnachweis und der Konstruktionszeichnung zugrunde.

b) Istmaß I: I ist das gefertigte, durch Messung feststellbare Maß. Aus Gründen der Montierbarkeit, Tragsicherheit und Gebrauchstauglichkeit (Funktionsfähigkeit) muß es sich innerhalb der vorgeschriebenen

c) Maßtoleranz T bewegen.

Die algebraische Differenz des Nennmaßes N zum Größtmaß G heißt Abmaß A_o, die zum Kleinstmaß K heißt Abmaß A_u. A_o und A_u werden von der Nullinie aus nach außen positiv gemessen. Die Maßtoleranz T ist die Differenz A_o-A_u, vgl. Bild 1. Im allgemeinen ist A_o eine positive und A_u eine negative Zahl, dann ist T deren algebraische Summe, im Sinne von:

$$T = {}^{+A_o}_{-A_u} \qquad (1)$$

* Eine umfassende Behandlung des Themas "Stahlhochbau" scheidet in diesem Rahmen aus; das ist auch nicht notwendig, stehen doch sehr gute Monographien zur Verfügung [1-6]. Zudem wurden in den vorangegangenen Abschnitten bereits diverse Themen aus dem Stahlhochbau behandelt. Im folgenden werden daher nur einige wenige ergänzende Fragen aufgegriffen und bearbeitet, im übrigen wird auf das Schrifttum verwiesen, das gilt insbesondere für die im Hochbau so wichtigen Gebiete Bauphysik (winter- und sommerlicher Wärmeschutz, Schallschutz, Erschütterungsschutz, Belichtung und Beleuchtung, Ent- und Belüftung), Baukonstruktion (Dächer, Decken, Wände, Fassaden, Fenster, Türen und Tore [7-9]) und Haustechnik [10]. Auch kann auf die vielfältigen Probleme des Industriebaues nicht eingegangen werden; hierzu wird auf [11-13] und die "Arbeitsblätter der Arbeitsgemeinschaft Industriebau (AGI)" [14] verwiesen.

Die Paarung A_o und A_u kennzeichnet die Passung. I.a. wird bei einer Welle ein Abmaß A_u und bei einer Bohrung ein Abmaß A_o toleriert, es liegt dann eine Spielpassung vor, im anderen Falle eine Preßpassung.

Das Toleranzfeld ist durch Größt- und Kleinstmaße begrenzt. Die gestufte Lage des Toleranzfeldes wird bei Außenmaßen (Wellen) durch einen Kleinbuchstaben und bei Innenmaßen

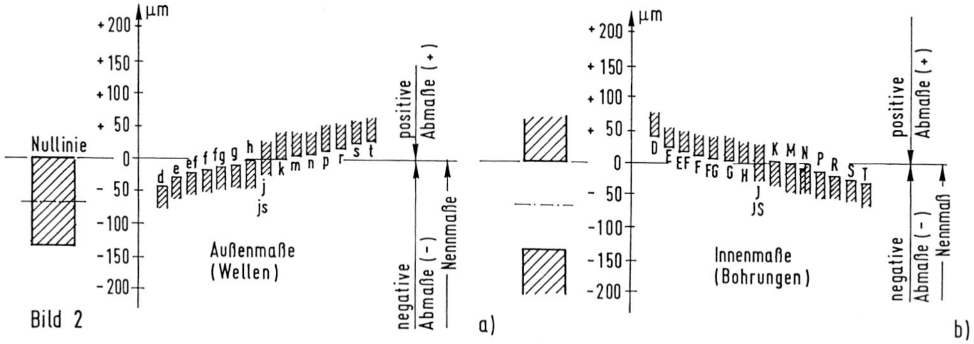

Bild 2

(Bohrungen) durch einen Großbuchstaben gekennzeichnet. Bild 2 zeigt beispielhaft die Lage der Toleranzfelder nach DIN 7150 T1, dargestellt für den Nennmaßbereich 6 bis 10mm. Für andere Nennmaßbereiche gelten andere Toleranzfelder. Das Feld h/H bezieht sich immer auf die Einhaltung des Nennmaßes N. Eine Passung wird durch Angabe der beiden Kurzzeichen beschrieben; an erster Stelle steht das zum Innenmaß (zur Bohrung) gehörende Kurzzeichen, die beigefügte Ziffer kennzeichnet die Qualität. Mit steigender Ziffer wird die Toleranz gröber. Die IT-Qualitäten umfassen die Toleranzreihen 01 bis 18. Jeder Reihe ist innerhalb der einzelnen Nennmaßbereiche [in mm] eine Toleranz [in µm] zugeordnet, vgl. DIN 7151 sowie DIN 7152, DIN 7157, DIN 7160, DIN 7161 u. DIN 7172 und die hierin enthaltenen umfangreichen Tabellen. H7 läßt z.B. erkennen, daß es sich um ein an der Nullinie beginnendes und einseitig nach Plus liegendes Toleranzfeld der 7. Qualität für ein Innenmaß (Bohrung) handelt. - In DIN 18800 T7 (Stahlbauten; Herstellen, 05.83) heißt es beispielsweise im Abschnitt 3.3.1.5: "Bei Verwendung von Paßschrauben ist beim Herstellen der Schraubenlöcher ein Toleranzfeld von H11 nach DIN 7154 T1 (ISO-Passungen für Einheitsbohrungen, 08.66) einzuhalten". Demnach sind für die Nennmaßbereiche >10-18mm, >18-30mm und >30-50mm folgende Abmaße einzuhalten: 110µm=0,11mm, 130µm=0,13mm bzw. 160µm=0,16mm.

Zur Regelung der Form- und Lagetoleranzen siehe DIN 7184.

Toleranz steht für zulässige Maßtoleranz, d.h. es sind die vereinbarten Abmasse zulässig. Wird die Toleranz nicht eingehalten, ist nachzubessern oder das gefertigte Teil zu verwerfen.

20.1.2 Toleranzordnung im Hochbau

Bei jeder Fertigung und Montage von baulichen Anlagen sind gewisse Ungenauigkeiten unvermeidlich. Die vereinbarten Toleranzen sollen die Abweichungen von den Sollmaßen nach Größe, Gestalt und Lage der Bauteile begrenzen, damit ein funktionsgerechtes Zusammenfügen der Roh- und Ausbauteile ohne Anpaß- und Nacharbeiten möglich ist.

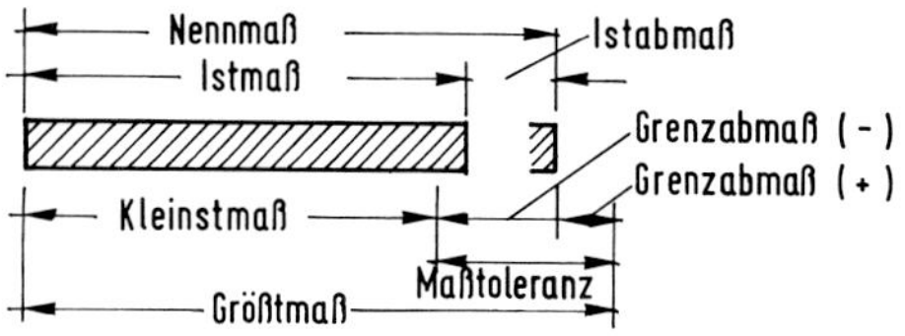

Bild 3

In DIN 18201 (12.84) sind Begriffe, Grundsätze, Anwendung und Prüfung der Toleranzen im Bauwesen geregelt. Bild 3 faßt die wichtigsten Begriffe zusammen. Neben der Maßtoleranz als Differenz zwischen Größt- und Kleinstmaß werden noch die Ebenheits- und Winkeltoleranz unterschieden.

In DIN 18202 (05.86) sind die Toleranzen baustoffunabhängig vereinbart und zwar als Grenzabmaße für Bauwerks- und Bauteiltoleranzen und als Stichmaße für Winkel- und Ebenheitstoleranzen. Bild 4 enthält die Grenzabmaße für das Bauwerk und seine Teile, sie sind von den Nennmaßen abhängig. Hinsichtlich der Ebenheits- und Winkeltoleranzen vgl. DIN 18202.

	Bauwerk und Bauwerksteile	Grenzabmaße in mm bei Nennmaßen bis 3 m	6 m	15 m	30 m	über 30 m
1	Längen, Breiten, Achsen und Raster im Grundriß	± 12	± 16	± 20	± 24	± 30
2	Höhen am Bauwerk, z.B. Geschoßhöhen, Podesthöhen	± 16	± 16	± 20	± 30	± 30
3	Lichte Maße im Grundriß zwischen Bauteilen	± 16	± 20	± 24	± 30	-
4	Lichte Höhenmaße auch unter Balken und Unterzügen	± 20	± 20	± 30	-	-
5	Öffnungen als Aussparungen für Fenster, Türen, Einbauelemente	± 12	± 16	-	-	-
6	Öffnungen wie zuvor, jedoch mit oberflächenfertigen Leibungen	± 10	± 12	-	-	-

Bild 4 (DIN 18202)

Für vorgefertigte Teile sind die im Hochbau einzuhaltenden Toleranzen in DIN 18203 geregelt (T1: Stahlbeton, T2: Stahl, T3: Holz). Die im Teil 2 (05.86) angegebenen Grenzabmaße gelten für vorgefertigte Bauteile aus Stahl, wie Stützen, Träger, Binder und Tafeln (Wände, Decken und Dächer), nicht dagegen für Walzprofilabmessungen und großflächige Bauelemente aus Stahlblech wie Stahltrapezprofile; für letztere ist DIN 18807 maßgebend. In Bild 5 sind die Grenzabmaße für Längen, Breiten, Höhen und Diagonalen sowie Querschnittabmessungen angegeben. (In der Vorgängernorm waren die Grenzabmaße nach zwei Genauigkeitsklassen (A und B) unterschieden.)

Grenzabmaße in mm bei Nennmaßen in mm bis 2000	4000	8000	12000	16000	über 16000
± 1	± 2	± 3	± 4	± 5	± 6

Bild 5 (DIN 18203 T2, 05.86)

Zum Thema Toleranzen im Hochbau wird ergänzend auf [18-20] und auf DIN 18200 (Überwachung (Güteüberwachung) von Baustoffen, Bauteilen und Bauarten; Allgemeine Grundsätze, 12.86) verwiesen.

20.1.3 Modulordnung

Die Modulordnung dient der bautechnischen Standardisierung und Rationalisierung ohne die planerische und gestalterische Vielfalt einzuengen. - In der Vergangenheit galt das sogen. "Oktaeder"-System, das mit 5m beginnend, jeweils durch zwei geteilt wurde (5,00m → 2,50m → 1,25m → 0,625m → 0,3125m → ..). In Anlehnung an die entsprechende ISO-Regelung (1970) wurde DIN 18000 (Modulordnung im Bauwesen; 05.84, mit Beiblatt) erarbeitet. Die Norm gilt gleichermaßen für das Bauwerk als Ganzes wie für seine Teile. Es werden geometrische und maßliche Festlegungen unterschieden.

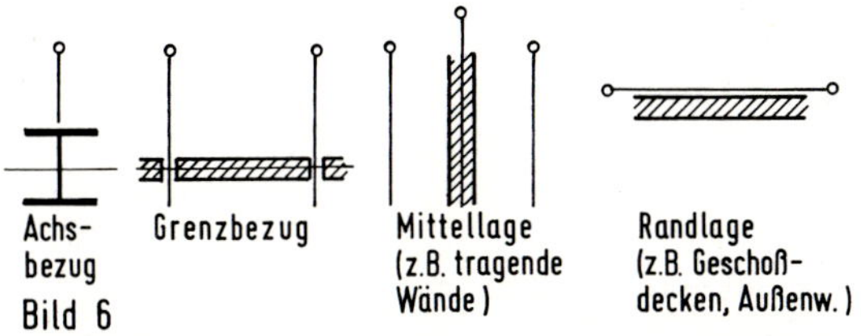

Bild 6

Geometrische Festlegungen:
Das Koordinatensystem besteht aus rechtwinklig zueinander angeordneten Ebenen. Deren Abstände sind die sogen. Koordinationsmaße. Ein Koordinationsmaß ist in der Regel ein Vielfaches eines Moduls. Vom Koordinationsmaß werden die Nennmaße (Sollmaße, s.o.) abgeleitet. Dem Koordinatensystem werden Koordinationsräume (z.B. von Bauteilen) nach unterschiedlichen Bezugsarten zugeordnet, hier werden unterschieden (Bild 6): Achsbezug, Grenzbezug sowie Mittellage, Randlage.

Maßliche Festlegungen: Grundmodul ist nach DIN 18000 M=100mm; M ist die kleinste Einheit der Modulordnung. Multimoduln sind ausgewählte Vielfache des Grundmoduls M und zwar 3M=300mm, 6M=600mm und 12M=1200mm. Vorzugszahlen sind die begrenzten Folgen der Vielfachen von Moduln; Vorzugszahlen sind: 1, 2, 3 bis 30 mal M; 1, 2, 3 bis 30 mal 3M; 1, 2, 3 bis 20 mal 6M und 1, 2, 3 usw. mal 12M. Dabei sollen nach Möglichkeit die Vorzugsmaße der Reihe 12M verwendet werden: 1,2m-2,4m-3,6m-4,8-6,0m ... Ergänzungsmaße sind genormte Maße kleiner M. Ihre Werte, die sich zu M ergänzen sollen, sind 25mm, 50mm und 75mm.

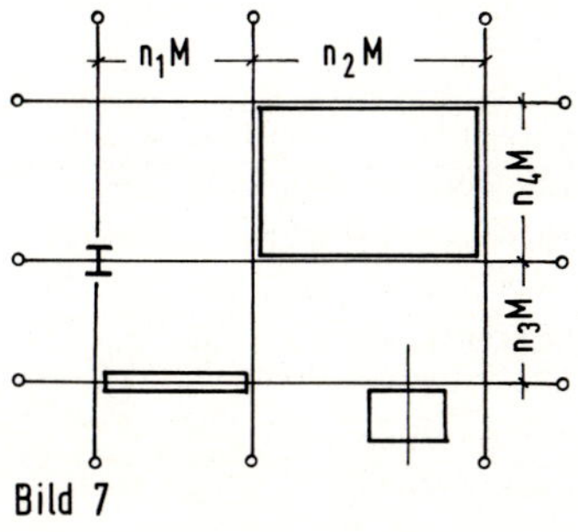

Bild 7

Im Beiblatt zu DIN 18000 wird die Anwendung der Modulordnung erläutert, insbesondere auch die Lage von Bau-

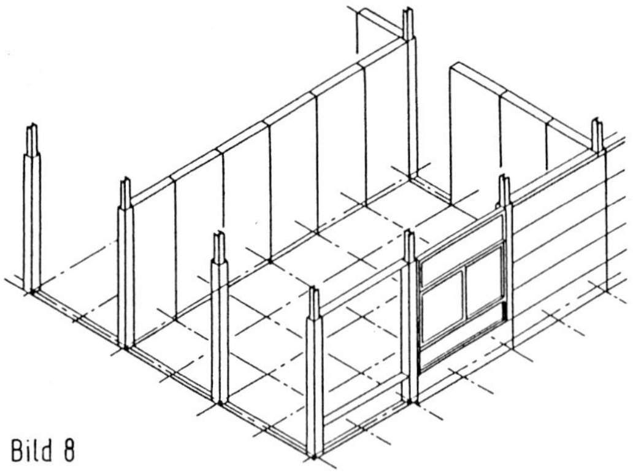

Bild 8

werksteilen und Bauteilen im Koordinatensystem, vgl. die schematische Darstellung in Bild 7. Beim Entwurf werden die Ebenen des Koordinatensystems aus einem modularen Raumraster ausgewählt. Eine Gliederung in versetzte Teilsysteme ist möglich. Es ist z.B. möglich, das Tragwerksraster um das modulare Maß v gegenüber dem Wandraster versetzt zu wählen. Im Stahlhallen- und Stahlskelettbau ist es vielfach üblich, die Stützen in den raumabschließenden Ausbau einzubeziehen, dann fallen die Raster des Tragwerkes und Ausbaues zusammen, vgl. Bild 8 [21].

20.2 Bewegungsfugen

Bei Bauwerken mit größeren Abmessungen bedarf es der Anordnung von Bewegungsfugen an geeigneter Stelle. Sie dienen dazu, die Verformungen innerhalb des Bauwerkes infolge von Temperatur- und Feuchtigkeitseinflüssen (bei Massivbaukonstruktionen auch infolge Kriech- und Schwindeinflüssen) und aus Setzungsunterschieden auszugleichen; man unterscheidet Dehnungs- und Setzungsfugen. Durch die Anordnung der Fugen sollen Zwängungen und Schäden (Risse) vermieden werden. Ggf. ist zwischen Bau- und Nutzphase zu unterscheiden. Der Abstand der Dehnungsfugen ist von der Lage des Festpunktes (Verformungsruhepunktes) abhängig. Zweckmäßig liegt dieser in der Bauwerksmitte. Die zu erwartenden witterungsbedingten, täglichen und jährlichen Temperaturdehnungen sind davon abhängig, ob das Gebäude allseits gedämmt ist oder nicht. Im erstgenannten Falle ist eine Wärmedämmung in Dach und Wand vorhanden, es ist dann von ca. $\Delta T=15°C$ als mittlerer Temperaturdifferenz zwischen Sommer und Winter auszugehen. Bei ungedämmten und offenen Gebäuden ist $\Delta T=40°C$ anzusetzen. Bei gedämmten Gebäuden, deren Tragwerk als Rahmenkonstruktion ausgeführt wird, kann als Fugenabstand 40 bis 50m angenommen werden, besteht das Tragwerk aus einem Stabilisierungskern bzw. -verband mit "angependelten" Stützen sind doppelt so große Abstände möglich; infolge der Schiefstellung der Pendelstäbe treten dann Abtriebskräfte auf (vgl. Bild 26 in Abschnitt 7). - Bei Hallen sind größere Abstände möglich, bei starken Temperatureinflüssen etwa 50, bei geringen 80 bis 100m. Für die Dächer kann es angebracht sein, die Fugen enger zu legen, da sie größeren klimatischen Temperatureinwirkungen ausgesetzt sind, z.B. bei Flachdächern. - Statisch zerfällt das Gebäude durch die Fugen in getrennte Tragwerksteile; sie müssen je für sich nach allen Richtungen standsicher sein. - Bei Bauten mit hoher Brandlast ist es notwendig, die Fugen enger zu legen, Abstand z.B. 25 bis 35m. - Handelt es sich um Gebäude mit hohen akustischen Ansprüchen, ist es ggf. notwendig, im Inneren Gebäudefugen anzuordnen und die Bauwerksteile ineinander verschachtelt getrennt zu fundieren, um Körperschallübertragungen weitgehend auszuschließen. Das gilt auch bei strengen Anforderungen an den Erschütterungsschutz. - Auf das Regelwerk DIN 4141 T3 (Lager im Bauwesen; Lagerung für Hochbauten) wird in dem Zusammenhang hingewiesen, außerdem auf DIN 18195 T2 u. T8 (Bauwerksabdichtungen, T8 über Bewegungsfugen; 08.83) u. [22].

20.3 Belastungs- und Berechnungsgrundlagen

20.3.1 Allgemeines

Die Belastungen auf Stahlhochbaukonstruktionen können im Regelfall als "vorwiegend ruhend" eingestuft werden. Der Tragsicherheitsnachweis kann auf elasto- oder plasto-statischer Grundlage geführt werden; als maßgebendes Regelwerk ist DIN 18801 (Stahlhochbau; Bemessung, Konstruktion, Herstellung; 09.83) einschließlich der Grundnormen anzuwenden. Wo "vorwiegend nicht ruhende" Lasten auftreten, ist ein Betriebsfestigkeitsnachweis zu führen, z.B. bei Kranbahnen, vgl. Abschnitt 21.

Die Lastannahmen sind nach DIN 1055 (Lastannahmen für Bauten) zusammenzustellen:

- Teil 1 (05.78): Eigenlasten für Baustoffe und Bauteile. Lagerstoffe

- Teil 3 (06.71): Verkehrslasten. Es werden lotrechte und waagerechte Lasten unterschieden. Bei mehrgeschossigen Bauten dürfen Abminderungen eingerechnet werden, um die Unwahrscheinlichkeit einer vollen Verkehrslast in allen Geschossen zu berücksichtigen. - Im Industriebau sind i.a. Sonderlasten nach Angabe des Auftraggebers anzusetzen, u.U. auch dynamische Zuschläge aus Maschinenbetrieb.
- Teil 4 (08.86): Windlasten (bei nicht schwingungsanfälligen Bauwerken); vgl. folgenden Abschnitt.
- Teil 5 (06.75): Schnee- und Eislasten. Als Rechenwert s für die Schneelast ist anzusetzen:

$$s = k_s s_0 \qquad (2)$$

Die Regelschneelast s_0 ist abhängig von der Schneelastzone; es werden vier Zonen (I bis IV) unterschieden. - Der Beiwert k_s ist von der Dachneigung α abhängig:

$$\alpha \leq 30° : k_s = 1$$
$$\alpha > 30° : k_s = 1 - (\alpha - 30)/40° \qquad (3)$$
$$\alpha \geq 70° : k_s = 0$$

Bei Satteldächern ist als zusätzlicher Lastfall eine einseitige Schneelast auf einer Dachhälfte mit s/2 zu untersuchen. Das kann in gewissen Fällen zu höheren Beanspruchungen als im Lastfall volle Schneelast führen, z.B. in den Füllstäben von Fachwerkbindern. - Bei Dächern bis 45° Neigung genügt es, die Lastfallkombinationen

$$1)\ s + w/2 \qquad (4)$$
$$2)\ w + s/2$$

(jeweils als Lastfall H) nachzuweisen. Hierbei handelt es sich um eine "Kann"-Vorschrift, um die Berechnung zu vereinfachen. Sollen die höheren zulässigen Spannungen des Lastfalles HZ ausgenützt werden, sind Wind und Schnee mit ihren vollen Regelwerten anzunehmen. - Sofern bei stufen- und faltförmigen Dächern Schneesackbildungen oder Schneeverwehungen möglich sind, sind sie (unter der Annahme, daß die Schneelastsumme gleich bleibt) zu berücksichtigen.

Erdbeben ist nach DIN 4149 nachzuweisen.

20.3.2 Windbelastung

Wegen der großen Bedeutung der Windbelastung auf die Tragsicherheit von Hochbauten (insbesondere bei turmartigen) wird hierauf im folgenden etwas ausführlicher eingegangen; umfassendere Darstellungen findet man in [23-28].

20.3.2.1 Orkanwind

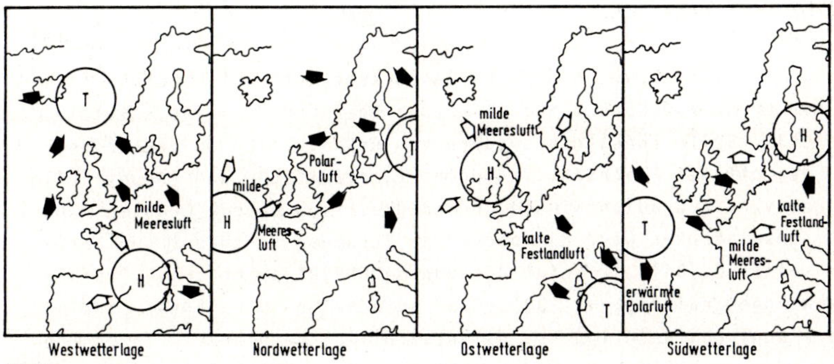

Bild 9

Die Tragwerke sind so auszulegen, daß sie gegen Orkanwind ausreichend tragsicher sind, d.h. sie sollen einen solchen Wind sowohl global ohne Einsturz wie lokal ohne Schäden überstehen können. Die starken Sturmtiefs entwickeln sich in den mittleren Breiten Europas, wenn Polar- und Subtropenstrahlstrom zusammentreffen. Im Tiefdruckgebiet wird die Luft nach oben verfrachtet, infolge der Corioliskraft entsteht eine Linkszirkulation, im Hochdruckgebiet ist es umgekehrt. Bild 9 zeigt typische Wetterlagen in Mitteleuropa. Die Westwetterlage ist die häufigste. Während dieser entstehen die geschilderten Sturmtieflagen mit den höchsten Windgeschwindigkeiten. Böige Föhnstürme im Voralpenraum erreichen in seltenen

Fällen ähnlich hohe Spitzenwerte, i.a. allerdings nur im unmittelbaren Vorgebirgsbereich.- Gewitter entstehen, wenn im Sommer eine i.a. aus westlichen Richtungen eindringende Kaltluft auf mit Wasserdampf angereicherte Warmluft trifft. Bei einer solchen Gewitterlage können sich stark turbulente Sturmböen entwickeln, gelegentlich auch Tromben (Windhosen). Sie treten in Mitteleuropa selten und dann nur lokal begrenzt auf, ihre Wirkung ist vielfach verheerend. Die in ihrem Zentrum wirkenden Kräfte werden durch die Windlastvorschriften nicht abgedeckt.

20.3.2.2 Atmosphärische Grenzschicht

Infolge der Reibung durch die Bodenrauhigkeit der Erdoberfläche wird die Luftströmung in Bodennähe verzögert. Jene Luftschicht der Höhe h_G, innerhalb derer die Windgeschwindigkeit durch Reibung merklich beeinflußt wird, heißt Reibungsschicht, auch atmosphärische Grenzschicht. h_G beträgt ca. 300 bis 600m. Innerhalb dieser Grenzschicht liegen die Bauwerke. - In der Metereologie werden zwei Arten von Windmesser (Anemometer) verwendet, solche, die einen Mittelwert liefern (vielfach für eine Stunde oder 10 Minuten) und solche, die die tatsächlich erreichten Werte aufzeichnen (Böenschreiber). Deren Meßgenauigkeit ist durch die Eigenträgheit des Aufnehmers (i.a. Schalenkreuz) begrenzt. Insofern stellt auch in solchen Fällen jede Messung eine geräteabhängige Mittelung über 2 bis 5 Sekunden dar. Als Meßhöhe über weithin freiem Gelände wurde international 10m vereinbart.

Gebiet v =	20	25	30	35	40	45 [m/s]
Berggipfel	75,5	32,2	13,9	5,5	1,7	0,2
Deutsche Bucht und Küste	44,1	12,0	3,0	0,6	0,1	0,0
Nordwest - Deutschland	31,1	7,3	1,5	0,2	0,0	
Mittel -, Süddeutschland	8,5	1,4	0,3	0,1	0,0	

Durchschnittliche Zahl der Tage im Jahr mit Böengeschwindigkeiten $\geqq$ v [m/s]

Bild 10 (n. CASPAR)

Im europäischen Raum treten die höchsten Windgeschwindigkeiten im Norden (Skandinavien, Britannien, Nordseeküste) auf. Mit Verlagerung nach dem Süden (und von Westen nach Osten) liegen die erreichten Höchstwerte niedriger. Im Mittel- und Hochgebirge nehmen sie (infolge des Einschnüreffektes) wieder hohe bis sehr hohe Werte an (Faktor 1,6 bis 1,8).

Windstärke		Mittel m/s	mit Böen m/s
0	Windstille	0 - 0,2	0,6
1	Leichter Zug	0,3 - 1,5	3,3
2	Flaue Brise	1,6 - 3,3	6,6
3	Leichte Brise	3,4 - 5,4	10,0
4	Mäßige Brise	5,5 - 7,9	13,9
5	Frische Brise	8,0 - 10,7	18,1
6	Steife Brise	10,8 - 13,8	22,5
7	Harter Wind	13,9 - 17,1	27,2
8	Sturmwind	17,2 - 20,7	32,0
9	Sturm	20,8 - 24,4	37,2
10	Starker Sturm	24,5 - 28,4	42,6
11	Schwerer Sturm	28,5 - 32,6	48,1
12	Orkan	32,7 - 36,9	51,2
13 ÷ 17	Orkan	37,0 - > 56	

Bild 11

Bild 10 zeigt eine Auswertung von CASPAR [29]. - Auf Berggipfeln und an der Nordseeküste kann eine Windgeschwindigkeit von ca. 50m/s als in Spitzenböen auftretender 50 Jahres-Wert angesehen werden. - Ist die Geschwindigkeit in V=km/h angegeben, wird sie gemäß $v=0{,}278\cdot V$ in m/s umgerechnet. - Bild 11 gibt die BEAUFORT-Skala wieder, das Mittel bezieht sich auf ca. 10 Minuten. - Bei Stürmen mit Windgeschwindigkeiten größer als ca. 10m/s (10-Minuten-Mittel in 10m Höhe) kann die Zunahme der mittleren Geschwindigkeit mit ansteigender Höhe h mittels des Potenzgesetzes

$$v = v_G \cdot \left(\frac{h}{h_G}\right)^{\alpha} \tag{5}$$

beschrieben werden. Das Gesetz geht auf HELLMANN (1915) zurück, der für h<15m über Grund $\alpha=0{,}25$ und für $15<h\leq 250$m über Grund $\alpha=0{,}20$ ansetzte. Tatsächlich ist α keine universelle Konstante sondern vom Rauhigkeitsgrad der Erdoberfläche abhängig (freie See, offenes Flachland, Waldgebiet, städtische und industrielle Bebauung). In G.5 bedeutet v_G die Gradientwindgeschwindigkeit und h_G die Gradienthöhe. Je höher die Rauhigkeit, umso stärker wird die bodennahe Strömung verzögert und umso höher reicht der Reibungseinfluß. Bild 12 zeigt die von DAVENPORT angegebenen Profile für die mittlere Stundenwindgeschwindigkeit [30]. Gradienthöhe und α-Exponent sind in Bild 13 ausgewiesen. Der Rauhigkeitseinfluß ist offentsichtlich ausgeprägt. Inzwischen wurden diverse Modifizierungen bezüglich h_G und α vorgeschlagen; die Grenzschicht- und Turbulenztheorie liefert anstelle G.5 ein logarithmisches Gesetz.

Es sei nochmals betont (weil vielfach falsch interpretiert), G.5 (und Bild 12/13) beschreibt das Profil der mittleren Windgeschwindigkeit und nicht das Profil der Böenwindgeschwindigkeit. Ein solches Momentanprofil gibt es streng betrachtet nicht. Es ist vielmehr so, daß sich der mittleren Windströmung turbulente Windgeschwindigkeitsschwankungen

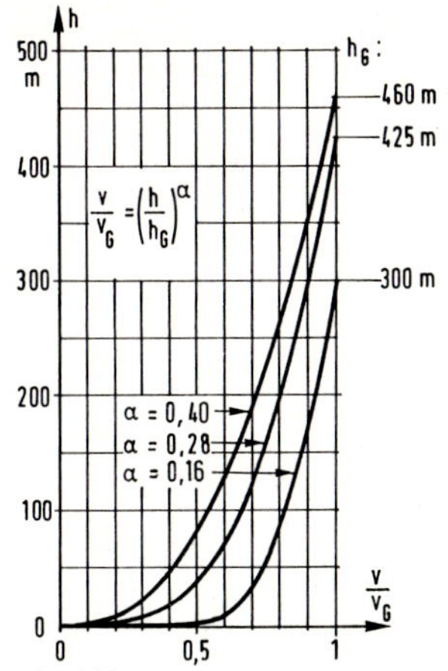

Bild 12

Geländebeschaffenheit	h_G [m]	α
Flaches, offenes Gelände	300	0,16
Rauh bewaldetes Gelände, Außenbezirke von Städten	425	0,28
Stark bebaute städt. Zentren	460	0,40

Bild 13

überlagern. Bedingt durch die Abnahme des Rauhigkeitseinflusses nimmt die Intensität der Turbulenz mit der Höhe ab. Die Einhüllende der in Böen erreichten Spitzengeschwindigkeiten ergibt das Böenwindgeschwindigkeitsprofil, es liegt den Staudruckansätzen zugrunde. Bezogen auf das Stundenmittel liegen die Spitzengeschwindigkeiten um den Faktor 1,7 bis 1,9 höher, bezogen auf das 10-Minutenmittel um den Faktor 1,4, jeweils für eine 5 Sekundenbö. - Für das Böenwindgeschwindigkeitsprofil gilt ein zu G.5 analoger Ansatz. Der Exponent liegt im Bereich zwischen 0,10 bis 0,12, im Mittel bei 0,11. Das zugeordnete Staudruckprofil ist demgemäß durch den Exponenten 0,22 gekennzeichnet (denn der Staudruck steigt mit der Geschwindigkeit zum Quadrat).

20.3.2.3 Berechnungswind - Lastannahmen

Für den Ansatz der Windlast werden zwei Angaben benötigt: a) Staudruckprofil und b) Grundstaudruck in Terrainhöhe.

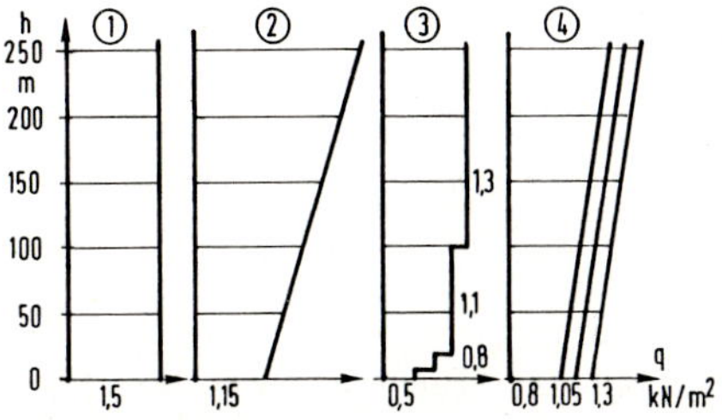

①: Preußen (ehemals), ②: Sachsen (ehemals)
③: DIN 1055 T4 (1938, 1986), ④: Schornsteine, Türme, Maste

Bild 14

Der Ansatz eines "realistischen" Staudruckprofils, etwa im Sinne eines Potenzgesetzes, ist wenig praktikabel. Es bedarf daher einer normativen Festlegung, die die Belastungsverhältnisse etwa zutreffend erfaßt und gleichzeitig einfach ist. Diese Voraussetzung erfüllt das abgetreppte Staudruckprofil der DIN 1055 T4 aus dem Jahre 1938. Es wurde in die Ausgabe 1986 übernommen, vgl. Bild 14; das war vertretbar:

1. In der Zeit seit 1938 ist kein Fall bekannt geworden, bei dem ein normaler Hochbau durch Windeinwirkung zum Einsturz gebracht worden ist. Wohl sind Windschäden in großer Zahl aufgetreten; sie beruhten überwiegend darauf, daß die lokalen Sogspitzen im Bereich von Ecken und Kanten bei der Dimensionierung der Dach- und Wandbauteile und ihrer Befestigungen in diesen Bereichen nicht berücksichtigt worden waren. Das geschieht inzwischen durch hohe Sogbeiwerte für solche gefährdeten Bereiche.
2. Für Bauwerke, die (bei gleichzeitig geringem Eigengewicht) große Höhen erreichen, gelten windzonenabhängige erhöhte Windlasten (Stahlschornsteine, Türme, Maste).

(Auf die Erläuterungen zu DIN 1055 T4 (08.86) wird in dem Zusammenhang hingewiesen.)

20.3.2.4 Staudruck und Druckverteilung

Das Geschwindigkeits- und Druckfeld bei der Umströmung eines Baukörpers ist i.a. dreidimensional, vielfach ist es mit dem Auftreten von instationären Effekten verbunden und so verwickelt, daß sich das Strömungsumfeld auf theoretischer Basis allein nicht beschreiben läßt. Zur Klärung der Phänomene und insbesondere zur Bestimmung der Druckbeiwerte sind Versuche im Windkanal unumgänglich. - Die Annahme einer idealen Strömung, die frei von innerer und äußerer Reibung ist, trifft physikalisch nicht zu, dennoch lassen sich die Druckverhältnisse im luvseitigen Stauraum und in den Flankenbereichen mit dieser Annahme in guter Annäherung beschreiben, weil sich die (sehr geringe) Viskosität der Luft hier nicht auswirkt; im leeseitigen, stark verwirbelten Nachlauf ist das allerdings nicht möglich. - In vielen Fällen kann von einer ebenen Strömung ausgegangen werden, wenn der umströmte Körper in einer Richtung eine größere Erstreckung aufweist. Bild 15 zeigt zwei Beispiele, wobei hier von einer idealen Strömung (schematisch) ausgegangen ist; wie gesagt, versagt die Theorie des idealen Fluids im Strömungsnachlauf.

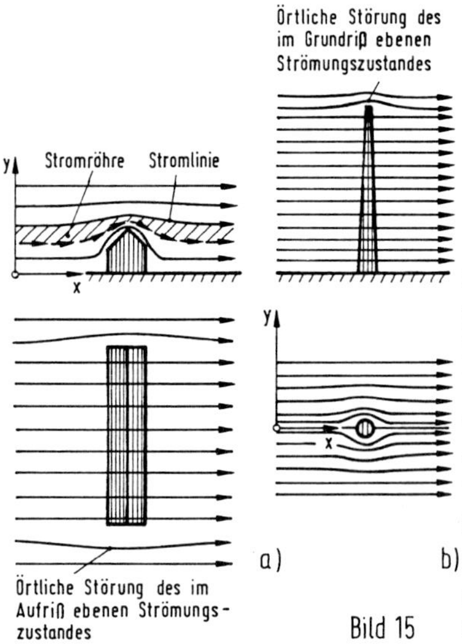

Bild 15

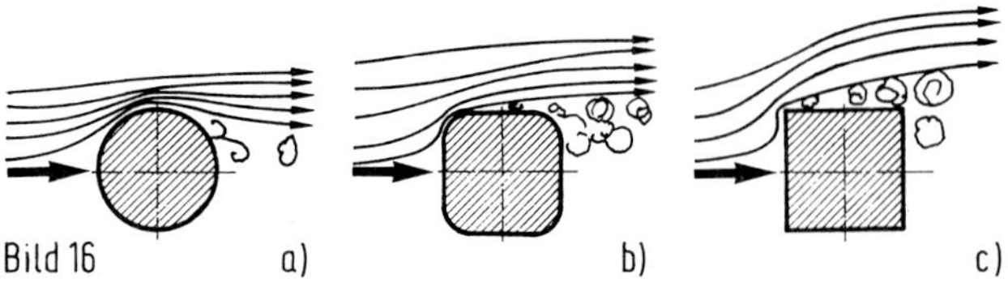

Bild 16

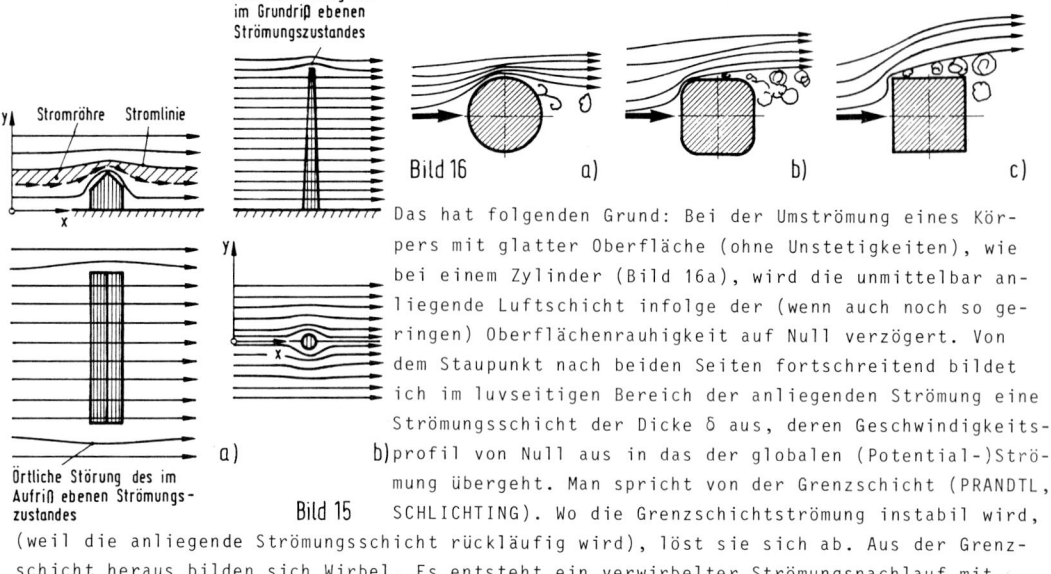

Das hat folgenden Grund: Bei der Umströmung eines Körpers mit glatter Oberfläche (ohne Unstetigkeiten), wie bei einem Zylinder (Bild 16a), wird die unmittelbar anliegende Luftschicht infolge der (wenn auch noch so geringen) Oberflächenrauhigkeit auf Null verzögert. Von dem Staupunkt nach beiden Seiten fortschreitend bildet ich im luvseitigen Bereich der anliegenden Strömung eine Strömungsschicht der Dicke δ aus, deren Geschwindigkeitsprofil von Null aus in das der globalen (Potential-)Strömung übergeht. Man spricht von der Grenzschicht (PRANDTL, SCHLICHTING). Wo die Grenzschichtströmung instabil wird, (weil die anliegende Strömungsschicht rückläufig wird), löst sie sich ab. Aus der Grenzschicht heraus bilden sich Wirbel. Es entsteht ein verwirbelter Strömungsnachlauf mit einer gegenüber der ungestörten Anströmgeschwindigkeit verzögerten Abströmgeschwindigkeit. Hinter einem kreisförmigen Zylinder bildet sich eine alternierende Wirbelstraße (KÁRMÁNsche Wirbelstraße); hierdurch können Querschwingungen verursacht werden (vgl. Abschnitt 23.3.4). Dabei werden vier verschiedene, von der REYNOLDS-Zahl abhängige Strömungszustände unterschieden. Sie bestimmen das Strömungs- und Druckfeld um den Zylinder. Der aerodynamische Beiwert ist daher bei zylindrischen (und vergleichbaren) Objekten von der REYNOLDS-Zahl abhängig, vgl. Abschnitt 23.2.3. - An Unstetigkeitsstellen (Kanten) tritt immer eine mehr oder weniger scharf ausgeprägte Ablösung auf (Bild 16c). Man spricht dann von Abreißprofilen, in solchen Fällen ist der aerodynamische Beiwert unabhängig von der REYNOLDS-Zahl.

Der Strömungswiderstand entsteht zum einen durch den luv- und leeseitigen Druckunterschied und zum anderen durch die Reibungskräfte, die von der Luft tangential auf die Oberfläche ausgeübt werden; der zweitgenannte Beitrag ist i.a. vernachlässigbar gering.

Um den Begriff des Staudruckes zu erläutern, wird von der idealen, ebenen Strömung ausgegangen. Im Sonderfall einer stationären Strömung gilt die BERNOULLI-Gleichung (1738):

$$g \cdot y + \frac{p}{\rho} + \frac{v^2}{2} = \text{konst} \tag{6}$$

Es bedeuten: g: Erdbeschleunigung, y: Höhe über dem Vergleichsniveau (vgl. Bild 15a), p: Druck, ρ: Dichte der Luft, v: Geschwindigkeit in Richtung der Stromlinie. Werden jegliche Energieverluste ausgeschlossen, sind folgende Energieformen möglich: mgy: Potentielle Energie, mp/ρ: Druckenergie, $mv^2/2$: Kinetische Energie. m ist die Masse des Luftpartikels. Wird G.6 mit m durchmultipliziert, erkennt man, daß die Summe der Energieformen konstant ist, wie es sein muß.

Wird ein symmetrischer Körper angeströmt (etwa wie in Bild 16), wird die Geschwindigkeit des in der Symmetrieebene liegenden Stromfadens im Staupunkt (0) auf Null abgebremst. Bezeichnet man Geschwindigkeit und (barometrischen) Druck im ungestörten Bereich vor dem Körper mit v_∞ und p_∞, gilt gemäß G.6 (y sei konstant):

$$p_0 + 0 = p_\infty + \rho \frac{v_\infty^2}{2} \tag{7}$$

Der Druckanstieg gegenüber p_∞ beträgt demnach im Staupunkt:

$$q \equiv \Delta p_0 = p_0 - p_\infty = \rho \frac{v_\infty^2}{2} \tag{8}$$

Das ist der Staudruck q (man spricht auch vom Geschwindigkeitsdruck). q wächst mit dem Quadrat der ungestörten Anströmgeschwindigkeit und ist der größtmögliche Druckanstieg.

Bei der Umströmung verengen sich die Stromröhren infolge Verdrängung, die Geschwindigkeit nimmt hier zu. Im Nachbarbereich der Staulinie ist v>0 und daher $\Delta p<q$. Im Bereich von Kanten ist $v \gg v_\infty$ und daher $\Delta p \ll p_\infty$: Es tritt ein hoher Unterdruck (Sog) ein. Bei einem Dach wirkt der Sog als Auftrieb, der das Dach abzuheben trachtet. Zusammengefaßt: Außerhalb des Staupunktes ist $v\neq 0$ und daher:

$$\Delta p = p - p_\infty = \rho\frac{v_\infty^2}{2} - \rho\frac{v^2}{2} < \Delta p_0 \qquad (9)$$

Für Δp schreibt man p und meint damit die Druckänderung gegenüber dem allseitig wirkenden barometrischen Druck:

$$p = [1-(\frac{v}{v_\infty})^2]q \longrightarrow p = cq \qquad (10)$$

c ist der lokale Druck-Sog-Beiwert; er wird experimentell im Windkanalversuch bestimmt. - Mit ρ=1,25kg/m³ (+10°C) folgt für q, wenn v in m/s eingeführt wird:

$$q = 1{,}25\cdot\frac{v^2}{2} = \frac{v^2}{1{,}6}\ [\frac{kg}{m^3}\cdot\frac{m^2}{s^2} = \frac{kg\,m}{s^2}\cdot\frac{1}{m^2} = \frac{N}{m^2}] \qquad (11)$$

Wird

$$q = \frac{v^2}{1600} \qquad (12)$$

gerechnet, ergibt sich der Staudruck in kN/m². - Die Luftdichte nimmt mit der Höhe über NN ab, andererseits sinkt die Temperatur, dadurch steigt die Luftdichte an. Beide Einflüsse kompensieren sich etwa, so daß einheitlich mit ρ =konst. gerechnet werden kann.

20.3.2.5 Aerodynamische Druck- und Kraftbeiwerte

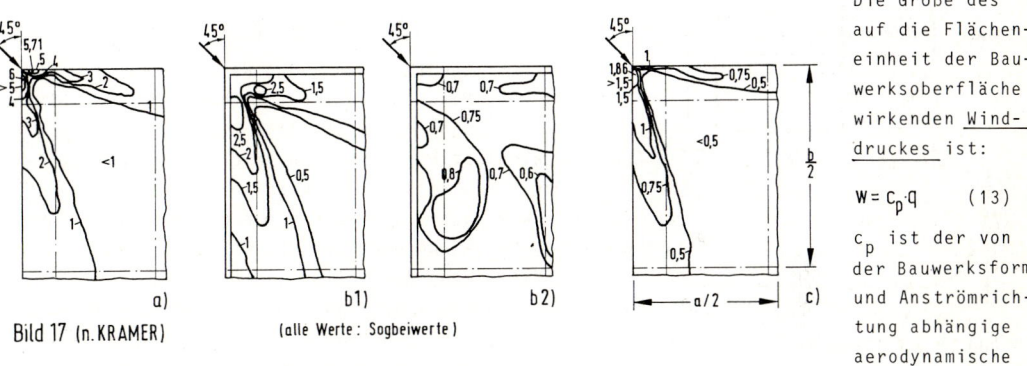

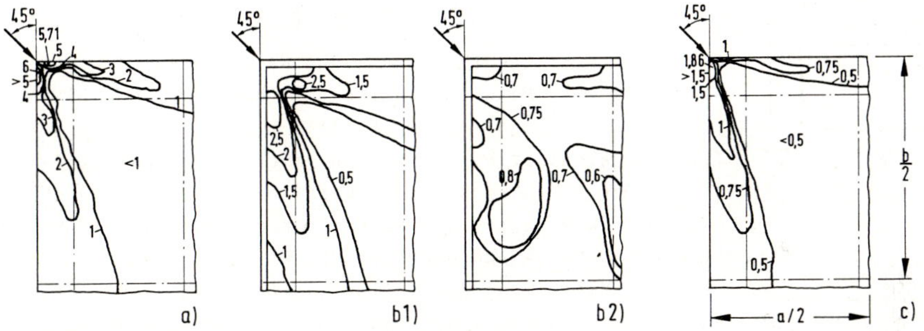

Bild 17 (n. KRAMER) (alle Werte: Sogbeiwerte)

Die Größe des auf die Flächeneinheit der Bauwerksoberfläche wirkenden Winddruckes ist:

$$W = c_p \cdot q \qquad (13)$$

c_p ist der von der Bauwerksform und Anströmrichtung abhängige aerodynamische Druckbeiwert. Der Druck wirkt senkrecht zur Fläche. c_p wird im Windkanal bestimmt und ist über der Fläche i.a. stark veränderlich. Die in den Beiwert-Sammlungen angegebenen Werte sind Mittelwerte innerhalb der gekennzeichneten Bereiche. Wie ausgeführt, treten entlang der Schnittkanten von Wand- und Dachflächen hohe Sogspitzen auf. Die höchsten Sogkräfte ergeben sich bei Wind über Eck. Bild 17 zeigt hierzu ein Beispiel [31]: Es handelt sich um die Aufsicht auf einen kubischen Baukörper mit Flachdach mit den Grundrißabmessungen axb, im Bild sind die Sogverteilungen in dem luvseitigen Dachviertel dargestellt: Im Teilbild a wird an der Ecke c_p=-6 erreicht! Die Teilbilder b1 und b2 zeigen, wie durch eine umlaufende Attika die Sogverteilung beeinfluß werden kann. Im Falle b1) beträgt das Überstandsverhältnis ü/a 1,3% und im Falle b2) 2,6%. Werden die Versuche anstelle in einer glatten Strömung in einer turbulenten gefahren, ergeben sich durchweg geringere Sogkräfte (vgl. Teilbild c mit Teilbild a). Bei der Durchführung von Windkanalversuchen kommt es offensichtlich darauf an, den Baukörper genau nachzubilden, insbesondere, wenn in Kanten- und Eckbereichen die lokalen Sogbeiwerte bestimmt werden sollen.- Die Größe der resultierenden Windlast am Gesamtbauwerk ist:

$$W = c_f\, q\, A \qquad (14)$$

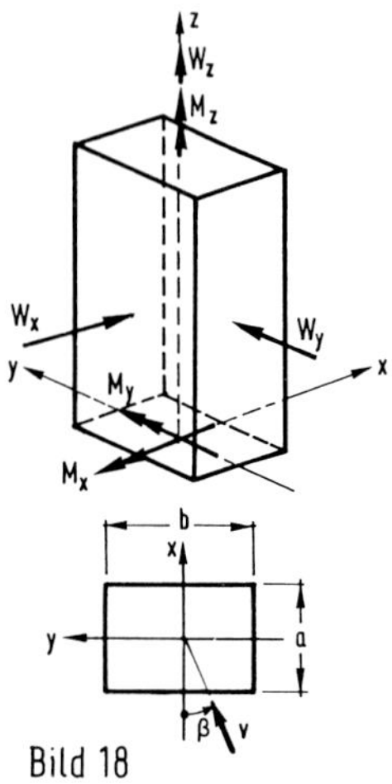

Bild 18

c_f ist der aerodynamische Kraftbeiwert und A die Bezugsfläche. Für regelmäßige Baukörper enthält DIN 1055 T4 die für den statischen Nachweis erforderlichen c_f-Werte. Dabei ist i.a. zu prüfen, ob Wind über Kante oder Wind über Eck maßgebend ist. Zur Berücksichtigung einer möglichen Exzentrizität des Lastangriffs in Bezug zur z-Achse, ist eine Ausmitte der Windlastresultierenden anzunehmen.

Bei einer unregelmäßigen Struktur, die sich aus mehreren einfachen Körpern zusammensetzt, kann der Widerstand durch Addition der Widerstände der Teilkörper ermittelt werden; das setzt voraus, daß sich die Strömungsfelder der Teilkörper nicht wesentlich gegenseitig beeinflussen. In wichtigen Fällen, in denen die Windlast die Auslegung des Bauwerkes bestimmt, sind Windkanalversuche angebracht. Dann ist es zweckmäßig, alle drei Kraft- und Momentenkomponenten für einen umlaufenden Windrichtungswinkel auszumessen, vgl. Bild 18. - Durch die Kraftbeiwerte werden die durch normale Oberflächenrauhigkeiten geweckten Reibungskräfte mit erfaßt. Bei sehr rauhen Oberflächen (Wellplatten, Trapezbleche) sollte der Reibungseinfluß erfaßt werden (c_{fr}=0,05). -

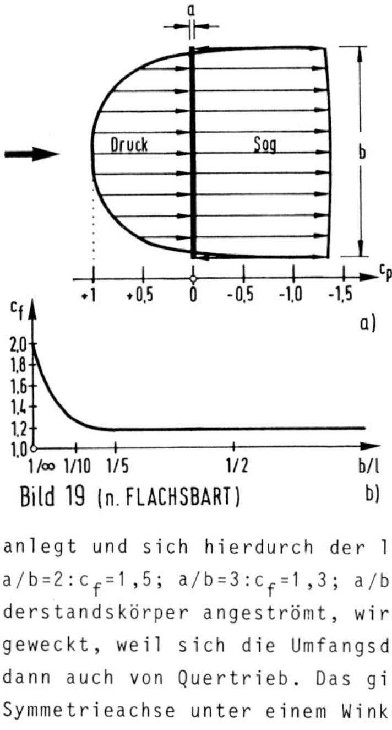

Bild 19 (n. FLACHSBART)

Bei der Umströmung eines dünnen, unendlich langen Plattenstreifens stellt sich der in Bild 19a dargestellte Druckzustand ein. Die Summe aus Druck und Sog liefert den gesamten Strömungsdruck. Der Kraftbeiwert beträgt:

$$c_f = 1{,}95 \div 2{,}05, \text{ i.M. } 2{,}0 \tag{15}$$

Für kürzere Plattenstreifen sinkt der Wert auf 1,2 ab, siehe Teilbild b, da durch die Umströmung der Schmalkanten luv- und leeseitig ein Druckabfall eintritt. Insofern liefert der ebene Strömungszustand immer die höchste Belastung. Der Streckungseinfluß wird in DIN 1055 T4 durch einen ψ-Faktor erfaßt, abhängig von der sogen. "effektiven" Streckung. Je gedrungener das Objekt, umso geringer ist ψ, weil die Umströmung dann allseitig (räumlich) erfolgt. Läßt man die Dicke a der Platte (in Strömungsrichtung) anwachsen, entsteht ein Kubus, der Kraftbeiwert sinkt, da sich die Strömung nach anfänglicher Ablösung wieder anlegt und sich hierdurch der leeseitige Sogbereich schmaler einstellt: a/b=1:c_f=1,9; a/b=2:c_f=1,5; a/b=3:c_f=1,3; a/b=4:c_f=1,0. - Wird ein zur Windrichtung unsymmetrischer Widerstandskörper angeströmt, wird eine Kraft in Strömungsrichtung und eine Kraft quer dazu geweckt, weil sich die Umfangsdruckverteilung ebenfalls unsymmetrisch einstellt; man spricht dann auch von Quertrieb. Das gilt ebenfalls, wenn ein symmetrischer Körper gegenüber der Symmetrieachse unter einem Winkel schräg angeströmt wird. Die Beiwerttabellen in DIN 1055 T4 enthalten detailierte Angaben; viele gehen auf die umfangreichen Messungen von FLACHSBART [32] zurück, vgl. auch [33,34]. - Bei ebenen einwandigen Fachwerkträgern ist c_f vom Völligkeitsgrad φ der Ausfachung abhängig:

$$\varphi = \frac{A}{A_u} \tag{16}$$

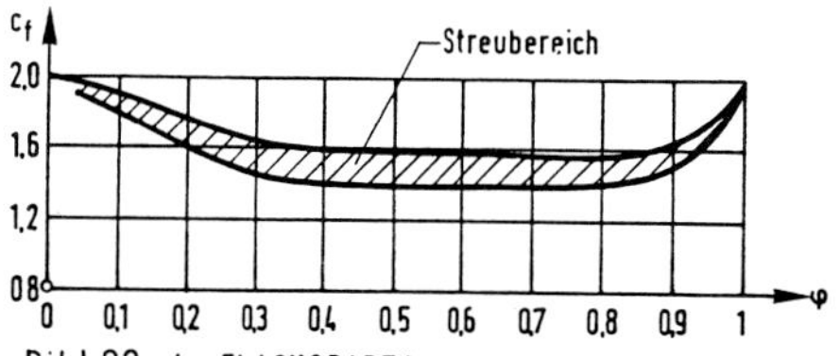

Bild 20 (n. FLACHSBART)

A ist die Gesamtfläche der Stäbe und Knotenbleche (quasi die Schattenfläche) und A_u die Umrißfläche. Bild 20 zeigt die Abhängigkeit des c_f-Wertes von φ für eine ebene Umströmung. Bei hintereinander liegenden Fachwerken tritt eine gegenseitige Abschattung ein. Im aerodynamischen Nachlauf des luvseitigen Körpers herrscht Unterdruck, die Geschwindigkeit ist verzögert, die Kraft auf den folgenden Körper ist dadurch geringer. Der abschirmende Einfluß reicht relativ weit. Der Abschattungsfaktor η ist vom Abstandsverhältnis abhängig, vgl. DIN 1055 T4. Eine Abschattung stellt sich auch bei räumlichen Fachwerken mit drei, vier und mehr Gurten ein. In diesen Fällen kann ein resultierender c_f-Wert angegeben werden, der von der Windrichtung abhängig ist. Handelt es sich um Fachwerke aus Rundrohren, ist c_f zusätzlich von der REYNOLDs-Zahl abhängig (s.o.), was gleichbedeutend mit $2{,}667\cdot10^6\cdot d\cdot\sqrt{q}$ ist, vgl. Abschnitt 23.2.3.

20.3.2.6 Beispiel: Windlast auf ein turmartiges Bauwerk

Bild 21 zeigt das Tragwerk. Höhe über OK Fundament 32m, quadratischer Grundriß, Achsabstand der Stützen 5,0x5,0m, K-Windverbände in allen vier Ebenen, Außenwände mit Wellplatten nach DIN 274, Außenabmessungen im Grundriß 5,6x5,6m.

Es werden zwei Lastfälle untersucht: Wind über Kante (Teilbild b) und Wind über Eck (Teilbild e).

Wind über Kante: Die Verteilung des Druckbeiwertes c_p über dem Umfang ist in Teilbild c dargestellt. Hierfür ergeben sich (einschließlich des Faktors 1,25 zur Abdeckung lokal höherer Böendrücke) die Windlasten für die Wandriegel. Die Verbindungsmittel für die Wandplatten im Bereich der Kanten sind für die gestrichelt eingezeichneten Sogwirkungen nachzuweisen. Als Kraftbeiwert c_f für die Berechnung des Gesamtbauwerkes wird $c_{fx}=0{,}8+0{,}5=1{,}3$ angesetzt. (Nach DIN 1055 T4 (1938) war für turmartige Bauwerke $c_f=1{,}6$ anzunehmen; als turmartig galten Bauwerke mit einem Höhe-zu-Breite-Verhältnis $h/b\geq5$; im vorliegenden Beispiel gilt $h/b=33/5{,}6=5{,}9$; vgl. die folgende Anmerkung.) Die Welligkeit der Wandoberfläche wird durch den Reibungsbeiwert $c_{fr}=0{,}05$ berücksichtigt und die Ungleichförmigkeit in der Druckverteilung durch die bezogene Exzentrizität $0{,}1:e=0{,}1\cdot5{,}6=0{,}56$m. Auf die windparallelen Tragebenen entfallen demnach anteilig (vgl. Bild 21d): 60 bzw. 40% der Windlast. Für die Ebenen 1-2 und 3-4 folgt:

$$\text{Ebene 1-2}: W=(0{,}6\cdot1{,}3\cdot5{,}6+0{,}05\cdot5{,}6)\cdot q=(0{,}78+0{,}05)\cdot5{,}6q=\underline{4{,}65q}$$
$$\text{Ebene 3-4}: W=(0{,}4\cdot1{,}3\cdot5{,}6+0{,}05\cdot5{,}6)\cdot q=(0{,}52+0{,}05)\cdot5{,}6q=\underline{3{,}19q}$$

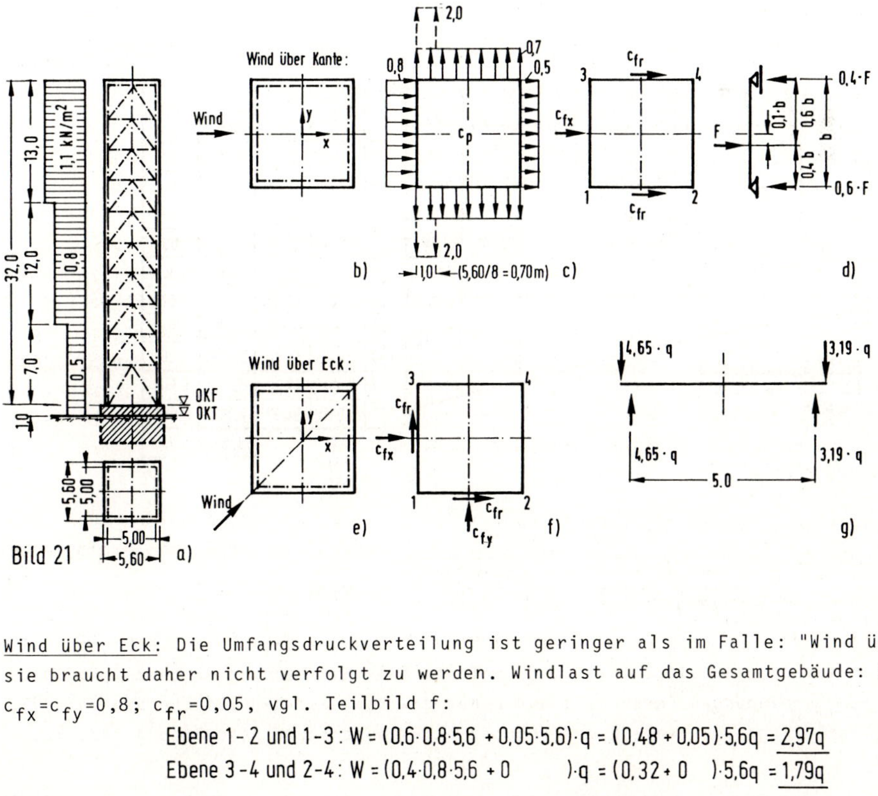

Bild 21

Wind über Eck: Die Umfangsdruckverteilung ist geringer als im Falle: "Wind über Kante"; sie braucht daher nicht verfolgt zu werden. Windlast auf das Gesamtgebäude: Kraftbeiwerte: $c_{fx}=c_{fy}=0{,}8$; $c_{fr}=0{,}05$, vgl. Teilbild f:

$$\text{Ebene 1-2 und 1-3}: W=(0{,}6\cdot0{,}8\cdot5{,}6+0{,}05\cdot5{,}6)\cdot q=(0{,}48+0{,}05)\cdot5{,}6q=\underline{2{,}97q}$$
$$\text{Ebene 3-4 und 2-4}: W=(0{,}4\cdot0{,}8\cdot5{,}6+0\qquad)\cdot q=(0{,}32+0\quad)\cdot5{,}6q=\underline{1{,}79q}$$

Die für die Ebenen berechneten Lasten werden den Verbänden direkt zugeordnet (Teilbild g). Für die Verbandsdimensionierung ist Wind über Kante, für die Eckstiele und deren Verankerung (auf Zug) ist Wind über Eck maßgebend. - Querkraft und Moment in Höhe OK Fundament betragen (für Einheitsbreite):

$$Q = (1{,}1 \cdot 13{,}0 + 0{,}8 \cdot 12{,}0 + 0{,}5 \cdot 7{,}0) \cdot 1{,}0 = 14{,}30 + 9{,}60 + 3{,}50 = \underline{27{,}40\,\text{kN}}$$

$$M = 14{,}30 \cdot 25{,}5 + 9{,}60 \cdot 13{,}0 + 3{,}50 \cdot 3{,}5 = 364{,}65 + 124{,}80 + 12{,}25 = \underline{501{,}70\,\text{kNm}}$$

Wind über Kante: Stütze 1: $S = 4{,}65 \cdot 501{,}70/5{,}0 = \underline{467\,\text{kN}}$

Wind über Eck: Stütze 1: $S = (2{,}97 + 2{,}97) \cdot 501{,}70/5{,}0 = \underline{596\,\text{kN}}$ (maßgebend)

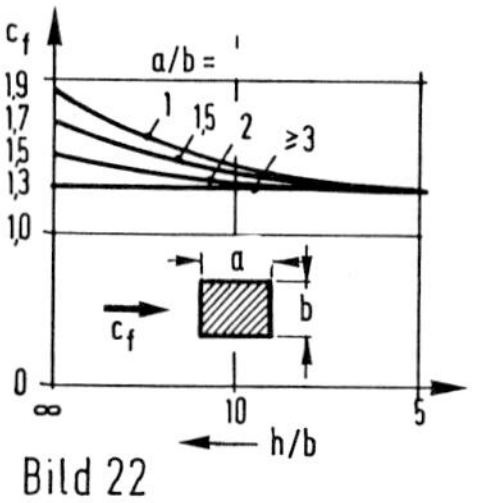

Bild 22

Anmerkung: Für turmartige Bauwerke mit h/b>5 enthält DIN 1055 T4 für c_f keine Angaben. Wie aus Bild 22 hervorgeht, ist der Anstieg von c_f zunächst sehr schwach, erst ab h/b=10 tritt eine merkliche Steigerung ein. Im Falle des vorliegenden Beispieles trifft c_f=1,3 die Verhältnisse ausreichend, ggf. ist eine 5%ige Erhöhung einzurechnen. In dem c_f-Wert der DIN 1055 T4 (1938) für turmartige Bauwerke (1,6) war ein Böfaktor pauschal enthalten. Nach DIN 1055 T4 (1986) ist bei turmartigen Bauwerken zu prüfen, ob sie schwingungsanfällig sind oder nicht. Im erstgenannten Falle ist ein Böenreaktionsfaktor einzurechnen. Dieser Nachweis wird im folgenden für das Beispiel erbracht: Das Bauwerk besteht aus leichten Geschoßbühnen mit Treppen und Geländern. Die Eigenlasten werden geschoßweise berechnet (was hier im einzelnen nicht wiedergegeben wird). Die Grundfrequenz wird mittels der MORLEIGH-Formel bestimmt (vgl. Abschnitt 23.3.2). Dazu wird das Tragwerk um 90° in die Horizontale verschwenkt (Bild 23a). G_j sind die Eigenlasten pro Geschoß. Nach Berechnung der Stabkräfte S werden geschoßweise virtuelle Kräfte $\bar{F}=\bar{1}$ angesetzt und jeweils die zugehörigen Stabkräfte S bestimmt. Damit lassen sich dann für die Punkte 1 bis 10 die Durchbiegungen y berechnen (vgl. Abschnitt 5.4.3.1):

$$y = \Sigma \frac{S\bar{S}}{EA} s \tag{17}$$

In Bild 23b ist das Ergebnis der Rechnung ausgewiesen, einschließlich der Produkte $G_j \cdot y_j$

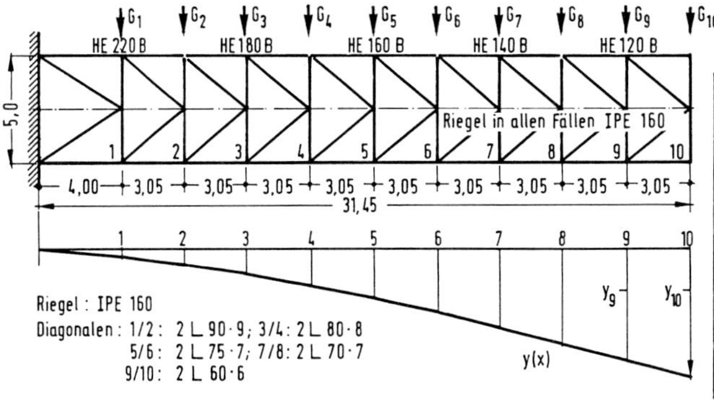

Bild 23 a)

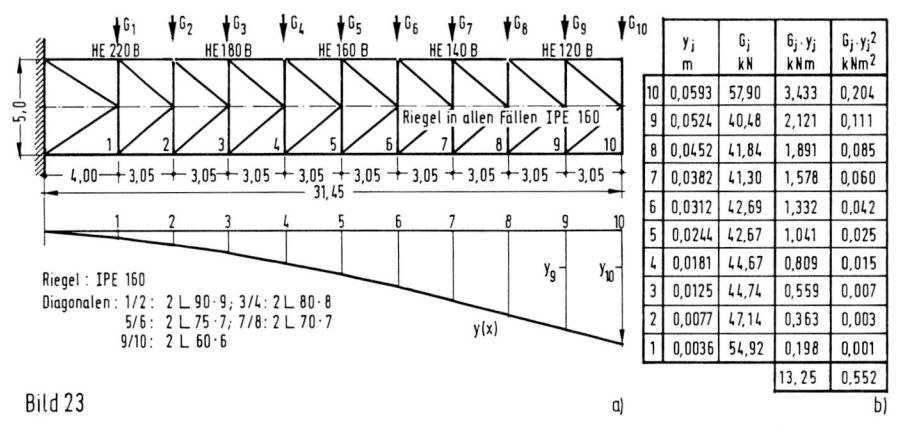

	y_j m	G_j kN	$G_j \cdot y_j$ kNm	$G_j \cdot y_j^2$ kNm²
10	0,0593	57,90	3,433	0,204
9	0,0524	40,48	2,121	0,111
8	0,0452	41,84	1,891	0,085
7	0,0382	41,30	1,578	0,060
6	0,0312	42,69	1,332	0,042
5	0,0244	42,67	1,041	0,025
4	0,0181	44,67	0,809	0,015
3	0,0125	44,74	0,559	0,007
2	0,0077	47,14	0,363	0,003
1	0,0036	54,92	0,198	0,001
			13,25	0,552

b)

und $G_j \cdot y_j^2$. Die Eigenfrequenz folgt damit zu:

$$f = \frac{1}{2\pi}\sqrt{\frac{g\,\Sigma G_j \cdot y_j}{\Sigma G_j \cdot y_j^2}} = \frac{1}{2\pi}\sqrt{\frac{9{,}81 \cdot 13{,}25}{0{,}552}} = \underline{2{,}44\,\text{Hz}}$$

Die hohe Eigenfrequenz beruht hier auf dem leichten Aufbau des Gebäudes. Die Eigenschwingzeit beträgt: T=1/f=1/2,44=0,41s. Infolge drehelastischer Einspannung im Boden, Nachgiebigkeiten in den Verbindungen (hier SLP) und einer gewissen auf den Zwischenbühnen vorhandenen Nutzlast, liegt die reale Eigenfrequenz etwas niedriger; Abschätzung f=2,2Hz,

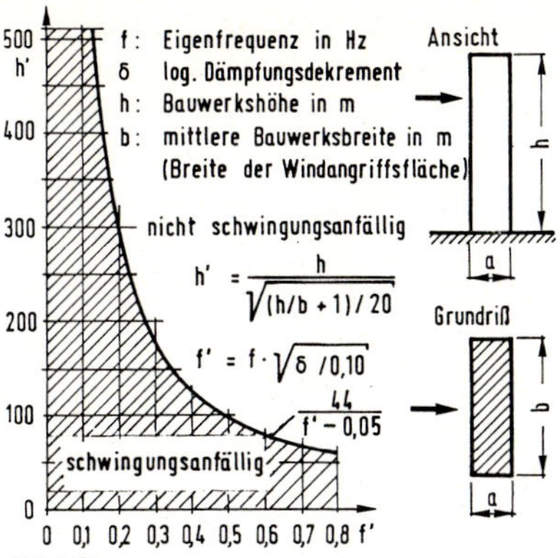

Bild 24

T=0,45s. - Als log. Dämpfungsdekrement wird δ=0,03 gewählt, Zuschlag für Ausbau δ=0,01, Summe δ=0,04. Die nach dem Kriterium der DIN 1055 T4 benötigten Werte h' und f' betragen:

$$h' = \frac{32{,}0}{\sqrt{(32{,}0/5{,}6+1)/20}} = \underline{55\,m}, \quad f' = 2{,}2\cdot\sqrt{0{,}04/0{,}10} = \underline{1{,}4\,Hz}$$

Aus Bild 24 folgt: 55m ist größer als 44/(1,4-0,05)=33, das Tragwerk ist somit als "nicht schwingungsanfällig" einzustufen.

Wäre das Bauwerk anstelle leichter Gitterrostbühnen mit ca. 20cm dicken Betondecken zuzüglich Estrich ausgestattet (z.B. mit Stahlverbunddecken) und unterstellt man eine gleichbleibende Dimensionierung des Tragwerkes, läßt sich damit pro Geschoß eine Eigenlast 165kN statt i.M. 45kN abschätzen. Die Eigenlastdurchbiegung erhöht sich damit um den Faktor 165/45=3,7, d.h.:

$$f \approx 2{,}2\sqrt{\frac{3{,}7}{3{,}7^2}} = \underline{1{,}14\,Hz}; \quad f' = 1{,}4\,\frac{1{,}14}{2{,}2} = \underline{0{,}73\,Hz}$$

Das Bauwerk ist jetzt "schwingungsfällig". DIN 1055 T4 (08.86) gibt keine Hinweise, wie in solchen Fällen der Böenreaktionsfaktor zu ermitteln ist. Der Verfasser empfiehlt von den in Bild 67, Abschnitt 23, angegebenen Diagrammen auszugehen. Danach ergibt sich für (T=0,88s, δ=0,04): RAUSCH: 1,05; SCHLAICH: 1,08; PETERSEN: 1,09.

20.3.2.7 Beispiel: Windlast auf Satteldächer

Das Satteldach ist im Hallenbau sehr verbreitet. In der ehemals gültigen Windvorschrift DIN 1055 T4 (1938) war der aerodynamische Beiwert für das Dachtragwerk luvseitig zu $c=(1{,}2\cdot\sin\alpha-0{,}4)$ und leeseitig zu $c=-0{,}4$ (letzteres unabhängig von der Dachneigung α) anzusetzen. Das bedeutete, daß für die luvseitige Dachfläche im Falle α >19,47° Sog und im Falle α<19,47° Druck wirkte; im Falle α=19,47° war die luvseitige Dachfläche lastfrei. Bei Satteldachbindern, wie in Bild 25 dargestellt, ergab das folgende Resultierenden (pro Einheitslänge Dach):

$$W_{luv} = \frac{3\sin\alpha - 1}{5\cos\alpha}\,ql\,; \quad W_{lee} = \frac{1}{5\cos\alpha}\,ql \qquad (18)$$

Hierin ist q der Staudruck. Liegt ein Staudrucksprung innerhalb der Dachfläche, ist für q ein gewichteter Mittelwert anzusetzen. Für die Auflagerkräfte folgt, unabhängig vom Ort des beweglichen Lagers (vgl. Bild 25):

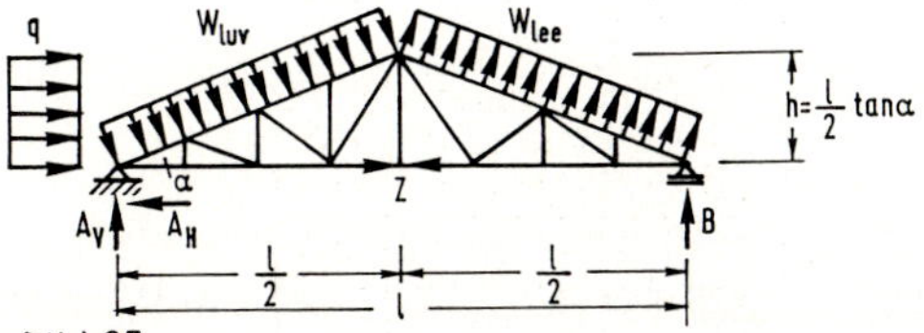

Bild 25

$$A_V = \frac{1}{20}[3\sin\alpha(3-\tan^2\alpha)-4]\cdot ql\,; \quad A_H = \frac{3}{5}\sin\alpha\,\tan\alpha\cdot ql$$

$$B = \frac{1}{20}[3\sin\alpha(1+\tan^2\alpha)-4]\cdot ql \qquad (19)$$

l ist die Spannweite des Binders. Für die Zugkraft F im Untergurt ergibt sich:

Festes Lager luvseitig: $$Z = \frac{1}{20\cdot\tan\alpha}[3\sin\alpha\cdot(1+\tan^2\alpha)-2(1-\tan^2\alpha)]\cdot ql \qquad (20)$$

Festes Lager leeseitig: $$Z = \frac{1}{20\cdot\tan\alpha}[3\sin\alpha(1-3\cdot\tan^2\alpha)-2(1-\tan^2\alpha)]\cdot ql \qquad (21)$$

Die Formeln folgen aus einfachen Gleichgewichtsgleichungen.

Nach der nunmehr gültigen DIN 1055 T4 (1986) ist ein modifizierter Ansatz für Satteldächer maßgebend; vgl. Bild 26. Innerhalb des Bereiches 25°≤α≤40° sind luvseitig stets zwei Fälle zu untersuchen (α in Winkelgrad):

$$\begin{aligned} c_{luv} &= -0{,}6 && (0° \le \alpha < 25°)\\ c_{luv} &= 0{,}02\alpha - 0{,}20 \text{ oder } -0{,}6 && (25° \le \alpha \le 40°)\\ c_{luv} &= 0{,}02\alpha - 0{,}20 && (40° < \alpha < 50°)\\ c_{luv} &= 0{,}8 && (50° \le \alpha \le 90°)\end{aligned} \qquad (22)$$

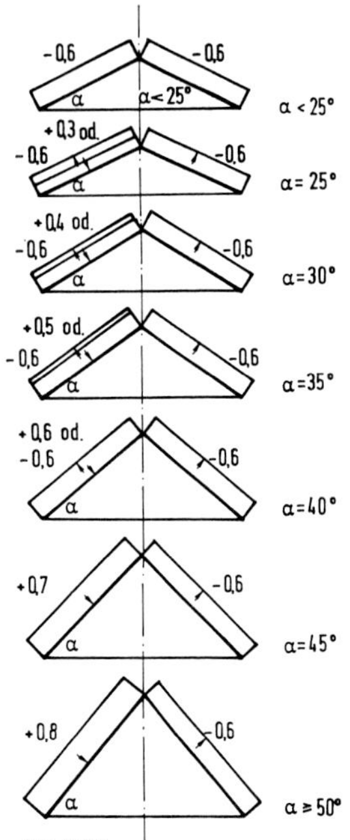

Bild 26

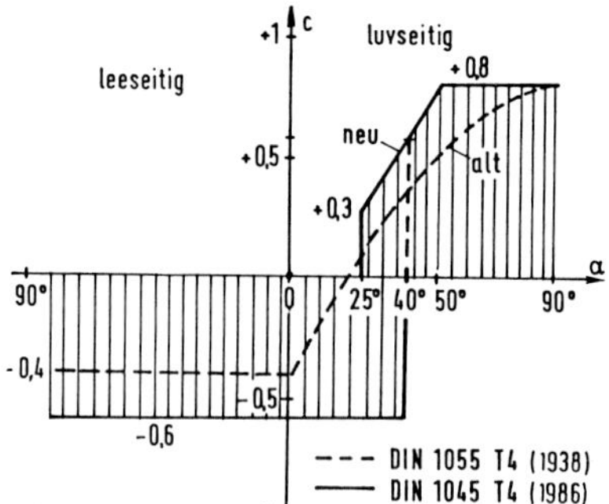

Bild 27

In Bild 26 sind Lastbilder (beispielhaft) zusammengestellt. Leeseitig ist bis α=75° stets -0,6 anzusetzen. In Bild 27 sind die aerodynamischen Beiwerte der alten und neuen Vorschrift gegenübergestellt. Offensichtlich liefert die neue Vorschrift eine Erhöhung der Lastansätze und für den α-Bereich von 25 bis 40° eine Mehrung an Rechenaufwand.

Für Satteldachbinder ergeben sich mit den neuen Druck-Sog-Verteilungen folgende Windlastresultierenden, Auflagerreaktionen und Zugkräfte Z (vgl. Bild 25):

$\boxed{0° \leq \alpha < 25°}$:

$$W_{luv} = W_{lee} = -\frac{0{,}3}{\cos\alpha}\cdot ql\,;\quad A_V = B = -0{,}3\,ql\,;\quad A_H = 0.\quad Z = -\frac{0{,}3}{\tan 2\alpha}ql \quad \text{(Druck!)} \tag{23}$$

$\boxed{25° \leq \alpha < 50°}$ $c = c_{luv}$, vgl. oben

$$W_{luv} = \frac{c}{2\cdot\cos\alpha}\cdot ql\,;\quad W_{lee} = -\frac{0{,}3}{\cos\alpha}\cdot ql$$

$$A_V = \frac{1}{8}\cdot\left(4c - \frac{c+0{,}6}{\cos^2\alpha}\right)ql\,;\quad A_H = -\frac{c+0{,}6}{2}\tan\alpha\cdot ql\,;\quad B = \frac{1}{8}\cdot\left(\frac{c+0{,}6}{\cos^2\alpha} - 2{,}4\right)\cdot ql \tag{24}$$

$$Z = \frac{1}{8\cdot\tan\alpha}\cdot\left(\frac{c+1{,}8}{\cos^2\alpha} - 2{,}4\right)\cdot ql$$

$$Z = \frac{1}{8\cdot\tan\alpha}\left(4c - \frac{3c+0{,}6}{\cos^2\alpha}\right)ql$$

Im Bereich 25° ≤ α ≤ 40° sind stets zwei Windlastverteilungen gemäß G.22b zu untersuchen.

Bei der Bemessung der einzelnen Tragglieder wie Sparren, Pfetten, Wandriegel, Wandstiele, Fassadenelemente ist vom 1,25-fachen Wert der Druck-Sog-Verteilung auszugehen, wenn die Einflußfläche dieser Tragglieder geringer als 15% jener Einzugsfläche ist, über die der Beiwert gemittelt wurde.

20.4 Tragwerke des Stahlhochbaues (Grundformen)

20.4.1 Stabilisierung der Tragwerke

Die Tragkonstruktionen des Hochbaues bauen sich aus Stützen und Trägern auf. Zur Sicherstellung der Standfestigkeit bedarf es aussteifender Bauteile; sie stabilisieren das Tragwerk gegen die horizontal wirkenden Kräfte. Dabei werden unterschieden:

a) Äußere Horizontalkräfte wie Wind, Erddruck, Massenkräfte aus Kranfahren und Maschinenwirkungen, Stöße, Explosions- und Erdbebenwirkungen;
b) Innere Horizontalkräfte infolge Lotabweichungen (Schiefstellungen) und Vorkrümmungen bei gedrückten Baugliedern.

Die aussteifenden Bauteile werden für die Summe aus beiden Wirkungen (ggf. gewichtet) ausgelegt. I.a. überwiegt der unter a) genannte Einfluß. Es gibt aber auch Fälle, in denen die Konstruktion keine Lasten nach a) erhält, z.B. keine Windlasten, wie bei Haus-in-Haus-Konstruktionen, Hochregallagern u.a. In solchen Fällen ist es erforderlich, über die unter b) benannten Einflüsse hinaus, Ersatzhorizontalkräfte anzunehmen, um eine ausreichende Seitensteifigkeit der Konstruktion sicherzustellen. Über deren Höhe ist im Einzelfall zu entscheiden, vgl. Abschnitt 3.5.7.

Die Konstruktionen bauen sich im Regelfall aus vertikal stehenden und horizontal liegenden Tragebenen auf. Zu den erstgenannten zählen die Außen- und Innenwände einschließlich der Stützen, zu den zweitgenannten die Dächer und Decken einschließlich der Träger. Demgemäß werden vertikal und horizontal wirkende aussteifende Bauteile und nach deren statischem System

- Rahmen
- Verbände (mit Fachwerkstruktur)
- Scheiben, ggf. gegliedert, in Form von Schubfeldern, massiven Decken und Wänden und Aussteifungskernen (Schächte)

sowie Kombinationen hieraus unterschieden.

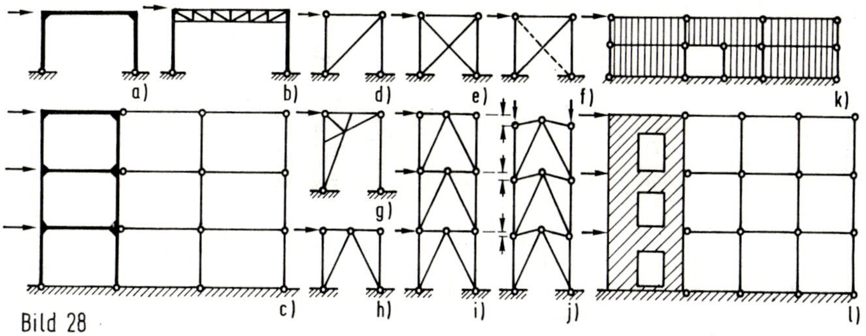

Bild 28

Bild 28 zeigt Beispiele für vertikal aussteifende Bauteile. Die Teilbilder a bis c zeigen Rahmen; im Falle b ist der Riegel ein Fachwerkträger, dessen Ober- und Untergurt kraftschlüssig mit den Stielen verbunden ist; im Falle c sind an den dreistöckigen Rahmen Pendelstützenstränge angekoppelt. - In den Teilbildern d bis j sind Verbände dargestellt. Ist nur eine Strebe innerhalb eines Stockwerkes vorhanden und soll der Verband für beide Richtungen wirksam sein, muß die Strebe zug- und drucksteif sein. Kreuzverbände mit zug- und drucksteifen Stäben werden (zumindest im Hallenbau) seltener ausgeführt, i.a. sind sie nur zugsteif, d.h. sie wirken je nach Richtung der Horizontalkraft immer nur als Zugstreben. Erhält die nicht-knicksteife Strebe Druck, weicht sie geringfügig aus, die Kraft setzt sich dann alleine über die andere Strebe ab (Teilbild f). - Teilbild g zeigt ein Joch und Teilbild h einen K-Verband. In solchen Fällen müssen stets sämtliche Streben knicksteif ausgebildet sein. - Treten in den Stielen hohe Druckkräfte auf, z.B. bei Kraftwerken, werden bevorzugt K-Verbände gewählt. Ein solcher Verband vermag nämlich der Verkürzung der Stiele (infolge Druckstauchung) auszuweichen und bleibt dadurch frei von Druckkräften (vgl. Teilbild i und j und [35], Abschnitt 6.6.3). - Die Teilbilder k und l zeigen Aussteifungen in Form von Scheiben: k) Schubwand aus Trapezprofilen (s. Abschnitt 17.6), l) Stahlbetonwand (z.B. Stabilisierungskern mit Treppenhaus-, Fahrstuhl- und Versorgungsschacht).

Rahmen sind eigentlich nur bei Bauten geringer Höhe, z.B. im Hallenbau, wirtschaftlich. Sie sind zudem relativ "weich", d.h. es treten vergleichsweise große Verformungen auf. Sie haben andererseits gegenüber Verbänden den Vorteil, daß die Ebenen nicht durch aussteifende Bauteile behindert werden.

20.4.2 Grundformen des Hallenbaues

Stahlhallen kommen für die verschiedenartigsten Zwecke zum Einsatz: Industrie, Handel, Gewerbe, Landwirtschaft, Sport, Ausstellungs- und Messewesen. Ihre Vorteile liegen (wie im Stahlhochbau insgesamt) in der kurzen, witterungsunabhängigen Montagezeit, in den vergleichsweise geringen Fundamentabmessungen, in großen stützenfreien Nutzflächen, in der guten Anpassungsfähigkeit an die Fertigungsabläufe und Nutzungen und in den relativ einfachen Erweiterungs- und Veränderungsmöglichkeiten. Der Variantenreichtum ist groß.

Im Regelfall haben Hallen einen rechteckigen Grundriß mit längerer Erstreckung. Nach der Anzahl der unter einem Dach vereinigten Teile unterscheidet man ein- und mehrschiffige Hallen (vgl. die schematischen Darstellungen in Bild 29).

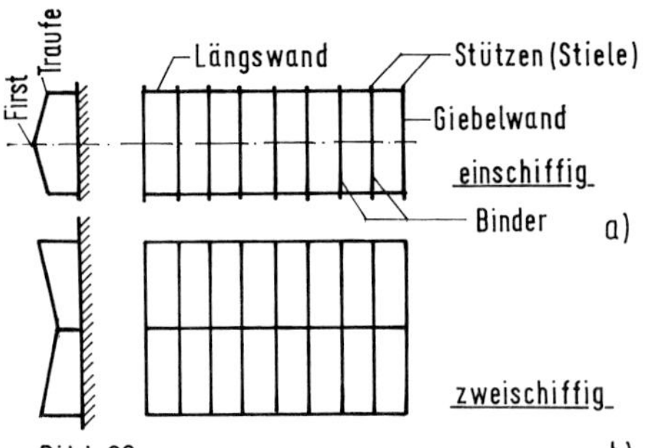

Bild 29

Als Tragwerk wird in Querrichtung vielfach ein Rahmensystem gewählt. Bild 30 zeigt verschiedene Grundformen. Rahmen mit Fußgelenk werden bevorzugt, weil dadurch die Fundamentabmessungen geringer als bei eingespannten Stielen ausfallen. Auch bedarf es bei eingespannten Stielen aufwendigerer Fußkonstruktionen. Rahmen mit Fußgelenk haben andererseits den Nachteil, daß der Stahlverbrauch höher liegt: Die plasto-statisch aktivierbare Systemreserve ist gering, auch sind sie etwas "weicher". Im Einzelnen zu Bild 30:

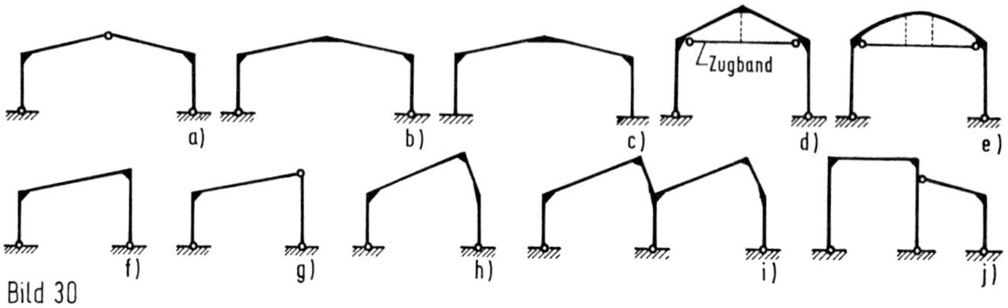

Bild 30

a) Dreigelenkrahmen, b) Zweigelenkrahmen, c) Eingespannter Rahmen (in allen Fällen Giebelrahmen). Höherstielige Rahmen mit geknicktem oder gekrümmtem Riegel erhalten i.a. ein Zugband, um den Horizontalzug bereits in Traufhöhe aufnehmen zu können. Das kann auch bei normalen Rahmen, insbesondere bei großen Spannweiten und/oder schlechten Baugrundverhältnissen zweckmäßig sein, dann wird das Zugband in die Höhe der Fußgelenke gelegt und korrosionsgeschützt eingeerdet. In diesem Zusammenhang sind auch die Möglichkeiten einer Vorspannung durch besondere Zugglieder zu erwähnen [36-40]. Die Bilder 30f bis i zeigen (der Form nach) Pult- bzw. Sägezahn- (auch Shed-)Rahmen. Teilbild j steht stellvertretend für eine der unzähligen Mischformen.

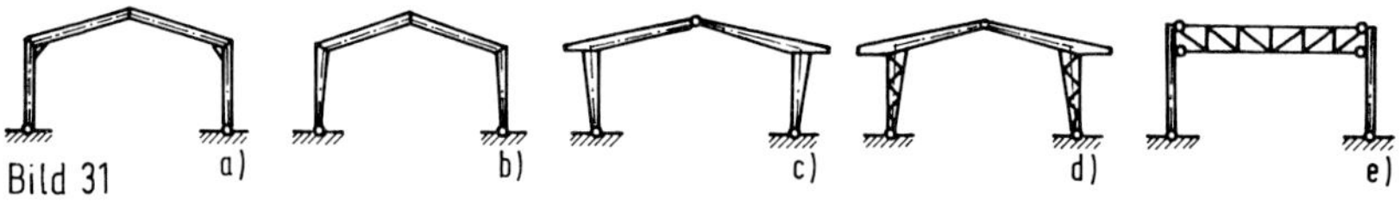

Bild 31

Die Stiele und Riegel können eine konstante oder konisch-veränderliche Form haben, vollwandig oder ausgefacht sein (Bild 31); auch diesbezüglich gibt es unzählige Varianten.

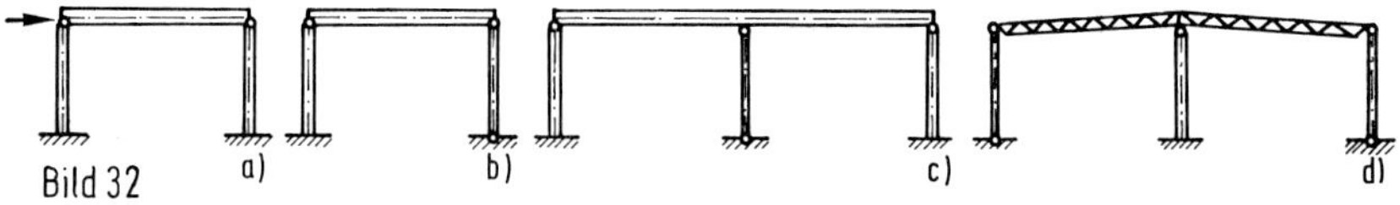

Bild 32

Bild 32 zeigt Hallensysteme mit eingespannten Stützen. An die Stützenköpfe sind die Riegel (Binder) gelenkig angeschlossen. Über die Binder beteiligen sich alle Stützen an der Abtragung der Horizontallasten (sofern sie nicht Pendelstäbe sind), es liegen dann statisch unbestimmte Systeme vor. Dieser Hallentyp wird eher bei größeren Hallen (mit mittelschwerem bis schwerem Kranbetrieb) gewählt, vgl. Abschnitt 21. Bei größeren Spannweiten werden die Dachträger dann häufig als Fachwerkbinder ausgeführt. Systeme gemäß c) werden selten, Systeme gemäß d) häufiger eingesetzt, ggf. auch mit mehrfacher Kopplung. Angependelte Stiele erhöhen den Verformungseinfluß Theorie II. Ordnung auf die Stabilisierungsstütze (d.h. deren Knicklänge fällt höher aus [35]).

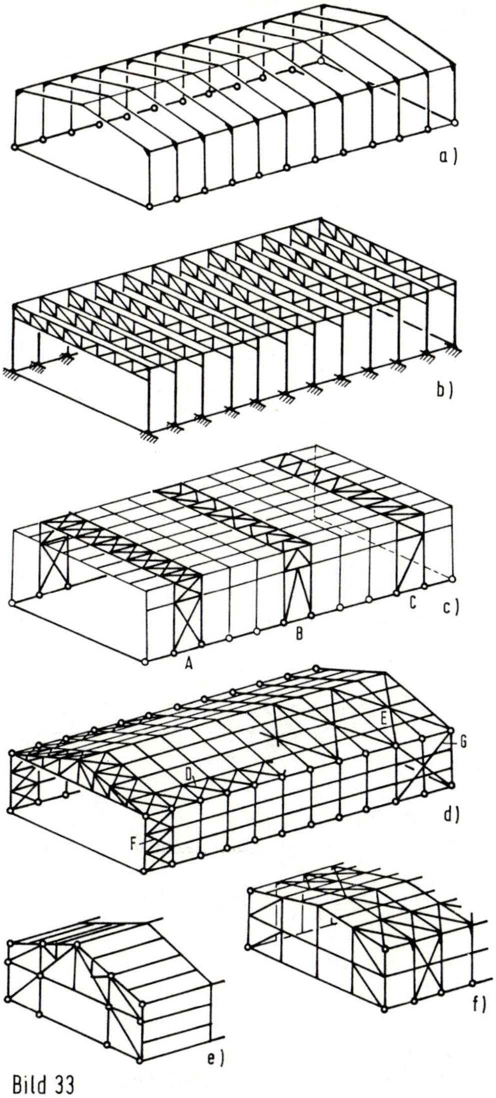

Bild 33

Wird die Halle in Querrichtung durch Rahmen oder eingespannte Stiele stabilisiert, bedarf es in Längsrichtung zusätzlicher aussteifender Bauteile. Die in Bild 33a und b skizzierten Hallenrahmen stehen stellvertretend für die zuvor charakterisierten Grundformen. Bild 33c zeigt, wie durch Einziehen eines horizontalen Dachverbandes und zweier vertikaler Wandverbände die Längsaussteifung erfolgen kann. Im Bild sind drei unterschiedliche Verbandsformen dargestellt. Die Obergurte der Binder bzw. die Stützen einerseits und die Pfetten bzw. Wandriegel andererseits sind als Verbandsgurte bzw. -pfosten in den Verband integriert. Es bedarf daher nur noch zusätzlicher Streben (Diagonalen). Eine Zentrierung der Stabachsen ist dabei i.a. nicht möglich, gleichwohl sollte sie bei der baulichen Durchbildung weitgehend angestrebt werden. Die Verbände werden ins erste oder zweite Feld gelegt. Letzteres geschieht häufiger, da das zweite i.a. ein Normalfeld, wie alle folgenden, ist; der Verband kann dann beidseitig gleichartig ausgeführt werden, was in der Giebelebene (wo die Pfetten und Wandriegel enden) häufig nicht möglich ist. Mehr als 4 Felder, allenfalls 5, sollten nicht verbandsfrei gehalten werden. Die Verbände dienen i.a. gleichzeitig als Montageverbände, ggf. sind von letzteren zusätzliche erforderlich (die nach Fertigstellung wieder demontiert werden).

Bild 33d zeigt eine Halle, bei der sämtliche Stützen Pendelstäbe mit aufliegenden Dreiecksbindern sind. In diesem Falle ist die Halle in Quer- und Längsrichtung durch Verbände zu stabilisieren. Zur Queraussteifung wird in die Dachebene ein Verband eingezogen; im Bild sind zwei Varianten skizziert. D: Verband entlang der Traufe, E: Verband übergreift die gesamte Dachfläche. Die Auflagerreaktionen dieser Verbände werden an den Enden der Halle auf die Giebelwände abgesetzt, die ihrerseits einen Verband erhalten, Teilbild e. Für die Aussteifung in Längsrichtung bedarf es ebenfalls Verbände. In Teilbild d sind mit F und G zwei Varianten skizziert (D bzw. E im Dach zugeordnet). Um den Wind senkrecht auf die Giebelwand aufnehmen zu können, ist es bei großen Toröffnungen i.a. erforderlich, über die ganze Breite der Frontseite oberhalb der Toröffnung einen Windträger mit horizontaler Ausrichtung einzubauen (gegen den sich das Tor abstützen kann). Im Inneren der Halle wird dieser Träger manchmal als Laufsteg ausgebildet, ggf. gemeinsam mit den Stegen in Längsrichtung parallel zu einer fallweise vorhandenen Kranbahn.

Die Giebelwände von Hallen mit Rahmen (wie in Bild 33a/b dargestellt) werden in der Regel nicht als Rahmen ausgeführt (also nicht wie in den Abbildungen skizziert), sondern als selbständige Konstruktionen mit Wandständern und Riegeln. Die Wand selbst erhält dann eine Verbandsaussteifung (Bild 33f).

Welche Verbände im einzelnen gewählt werden, ist von vielen Faktoren abhängig: Es sind möglichst kurze Wege bei der Lastabtragung anzustreben. Die Art der Montage ist ebenfalls mitbestimmend, auch, wie die Wände durch Tore, Türen und Fensterbänder gegliedert sind. Zudem bestimmen Lage und Anzahl der Dehnfugen die Verbandsform. Schließlich kann es für die Wahl der Verbandsform eine Rolle spielen, ob eine künftige Erweiterung geplant ist oder nicht. In jedem Falle ist es wichtig, daß alle Kräfte aus den äußeren Lasten bis in die Fundamente verfolgt werden, dabei sind im Regelfall drei Windrichtungen zu untersuchen: Wind über die Seiten und Wind über Eck. Die Zusatzbeanspruchung in den Pfetten, Wandriegeln und deren Anschlüssen aus der Verbandswirkung ist nachzuweisen. Das gilt insbesondere, wenn die Stäbe Druck erhalten.

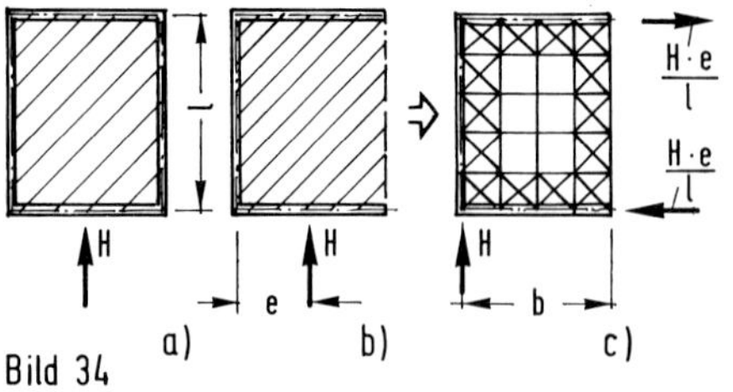

Bild 34

Die vorangegangenen Erläuterungen zur Hallenstabilisierung gingen von der Vorstellung aus, daß alle vier Umfassungswände als stabilisierende Ebenen ausgebildet sind (Bild 34a). Handelt es sich um eine nur dreiseitig geschlossene Halle, gelingt eine Stabilisierung dadurch, daß das Dach als Scheibe ausgebildet wird (Bild 34b/c). Die Horizontalkraft H wird in die gleichgerichtete Wand verlagert und das Moment H·e über den Hebelarm l (das ist der Abstand der beiden anderen Wände) auf diese als Kräftepaar zerlegt. Der Dachverband ist für die Schubkraft T=H·e/lb auszulegen. Neben dem in Teilbild c skizzierten Verbandsschema ist es ggf. günstiger, einen gesamtheitlichen Diagonalverband einzuziehen.

Mit dem vorstehenden Beispiel ist aufgezeigt, daß es bei der Strukturierung der stabilisierende Bauteile häufig notwendig ist, "räumlich" zu denken. Hierzu ein zweites Beispiel:

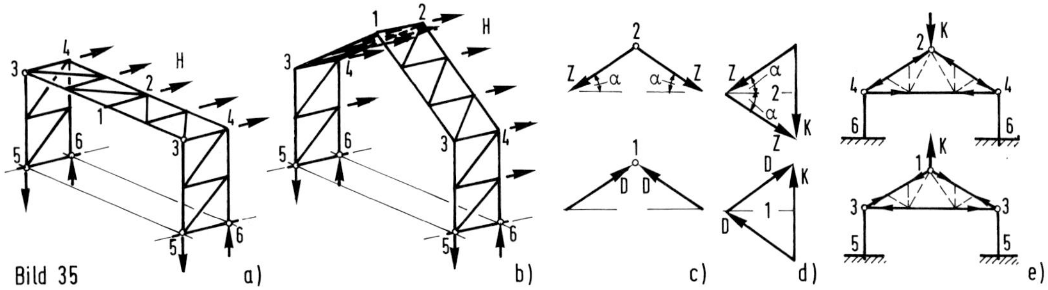

Bild 35

Bild 35a zeigt den Verband einer Halle mit Flachdach. Die auf den horizontal liegenden Dachverband treffenden H-Kräfte werden in den Endpunkten 3 auf die beidseitigen Wandverbände abgesetzt; besondere Probleme treten hierbei nicht auf. Anders ist es im Falle des in Teilbild b skizzierten Verbandes, der in geneigten Dachebenen liegt und im First geknickt ist. Teilbild c zeigt die Gurtstäbe im First und die in ihnen wirkenden Kräfte Z bzw. D. Deren vertikale Komponenten betragen K=2Z·sinα bzw. 2Dsinα (Teilbild d). Diese Kräfte belasten die zugeordneten Tragwerke: In Teilbild e ist unterstellt, daß es sich um Fachwerkbinder handelt; es könnten auch Rahmen sein. Die Berechnung kann so durchgeführt werden, daß zunächst der Dachverband in die Ebene geklappt wird und hierfür die Stabkräfte berechnet werden. Die Auflagerkräfte werden (in den Punkten 3/4) den beidseitigen Wandverbänden zugewiesen. Dann werden die Firstkräfte K bestimmt und anschließend weitergeleitet. Natürlich ist es auch möglich, den Dach- und Wandverband einschließlich der beiden Binder von vornherein als räumliches Stabsystem zu analysieren.

Als drittes Beispiel wird die in Bild 36a dargestellte Shedhalle betrachtet. Die dunklen Dachflächen sind nach Süden und die Glasflächen nach Norden gerichtet (um störende Schattenbildungen zu vermeiden). Die Tragstruktur derartiger Hallen kann sehr unterschiedlich sein, es handelt sich i.a. um ein mehrschiffiges Hallensystem. Teilbild b1 zeigt durchlaufende Rahmen mit Fußgelenken, Teilbild b2 eingespannte Stiele mit Gelenkriegel (es sind zwei Varianten dargestellt) und Teilbild b3 Stützen mit Fachwerkbindern. Um die Stützweite zu vergrößern, können Fachwerke als Unterzüge eingezogen werden, die 2 bis 4 Sheds tragen; in Teilbild b4 werden 2 Sheds abgefangen; die Fachwerkbinder liegen außer-

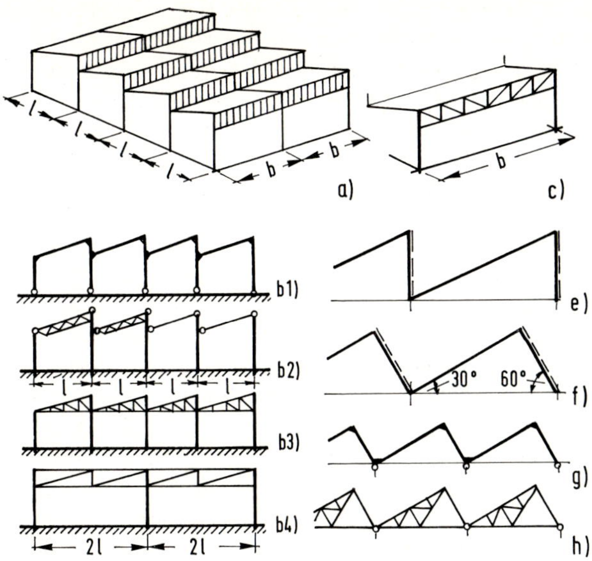

Bild 36

halb der Halle. Es ist auch möglich, die Unterzüge innerhalb der Halle anzuordnen; dann werden sie i.a. vollwandig ausgeführt. In den Fällen b1 bis b3 wird die Stützweite l nicht größer als 10 bis 12m gewählt, anderenfalls liegen die Lichtbänder zu weit auseinander und ist die Ausleuchtung der Halle durch Tageslicht zu ungleichmäßig; bei niedrigen Hallen wird aus diesem Grund eher 6 bis 9m als Stützweite l gewählt. - Die Spannweite b wird durch Pfetten überbrückt. - Bei einer Abfangung gemäß Teilbild b4 sind große Überdachungen möglich. Das gelingt auch in Querrichtung, indem in die Glasfläche ein Fachwerkträger (ggf. ein VIERENDEEL-Träger) integriert wird, vgl. Bild 36c. Dann werden in Längsrichtung Sparren zur Abtragung der dunklen Dachfläche angeordnet. Schließlich ist eine Kombination von b4 und c möglich, das führt auf große stützenfreie Nutzflächen. - Die Anordnung und Lage der Verbände ist davon abhängig, wie die Stiele ausgebildet sind, ob als Bestandteile von Rahmen, als eingespannte Stützen oder als Pendelstäbe. Im letztgenannten Falle bedarf es einer sorgfältigen Verbandstrukturierung. Der Verband ist dann als Raumfachwerk (ggf. als Faltwerk) auszubilden und zu berechnen. - Neben den senkrecht stehenden Glasbändern sind solche mit geneigter Lage möglich und üblich (vgl. Bild 36e/f; die Teilbilder g/h zeigen mögliche Tragwerksformen, vgl. u.a. [1,11-13, 41-43].
Neben den zuvor behandelten Grundformen des Hallenbaues gibt es unzählige Sonderformen mit z.T. sehr individuellem Zuschnitt, z.B. für Bahnhofshallen, Flugzeughangars, Sporthallen und Messehallen [44-58]. Für letztere kommen neben ebenen Rahmen und Fachwerken solche räumlicher Struktur, insbesondere Raumfachwerke aus elementierten Stäben und Knoten, eben oder gekrümmt [64-86] und Seiltragwerke aller Art [88-104] zum Einsatz. Auf die diesbezüglichen mannigfaltigen Varianten und ihre Berechnung kann hier nicht eingegangen werden.

20.4.3 Grundformen des Geschoßbaues

Im Gegensatz zu Hallen, die mehr oder minder große Räume eingeschossig überdachen, versteht man unter Geschoßbauten mehrgeschossige Gebäude, z.B. mehrstöckige Wohnungs-, Verwaltungs-, Geschäfts-, Krankenhäuser usf. Erreichen sie große Höhen, spricht man von Hochhäusern (oder Wolkenkratzern). Sie bestehen aus Außen- und Innenstützen als vertikale Tragglieder und Riegeln (Unterzügen) als horizontale Tragglieder zur Abtragung der Dach- und Deckenlasten.

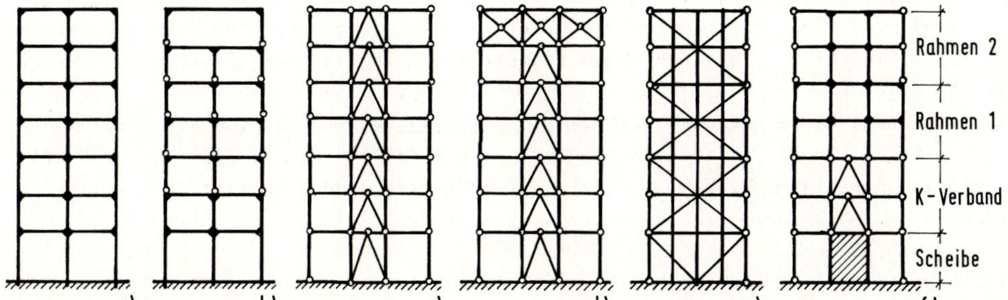

Bild 37

Zur Stabilisierung von Geschoßbauten stehen unterschiedliche Möglichkeiten zur Verfügung (Bild 37): a) Geschoßrahmen, b) Gelenkrahmen, die übereinander stehen, c) Scheiben oder Verbände. Letztere sind steifer und i.a. wirtschaftlicher. Es können auch Querverbände eingezogen werden, wie in Bild 37d dargestellt. Dadurch werden die Außenstützen in die stabilisierende Struktur integriert. Ein solcher Verband kann z.B. in einem Installationsgeschoß untergebracht werden; solche sind in Hochhäusern vielfach notwendig. Es kann auch über die gesamte Außenfläche ein Verband gelegt werden, entweder mit klein- oder großflächiger Ausfachung (Bild 37e). Schließlich gibt es die sogen. Röhren-Hochhäuser mit einer Außen- und Innenröhre. Die quadratischen oder rechteckigen Röhren bestehen aus eng nebeneinander stehenden Stützen, die in jedem Geschoß durch einen kräftigen Riegel miteinander verbunden sind; mit diesem System wurden bislang die größten Höhen erreicht. - Natürlich ist es auch möglich, die Stabilisierung in gemischter Form, sowohl stockwerksweise, als auch parallel nebeneinander liegend, zu bewerkstelligen (Bild 37f). (Ausführlichere Angaben findet man u.a. in [1,2], ausgeführte Geschoßbauten werden in [107-117] beschrieben.)

20.4.4 Stabilisierungskräfte infolge Tragwerksimperfektionen

Die Schnittgrößen in den aussteifenden Bauteilen die infolge der "äußeren" Horizontalkräfte (z.B. Wind) hervorgerufen werden, werden nach den gängigen baustatischen Verfahren berechnet. Das gilt ebenso für die Abtragung der "inneren" Horizontalkräfte, sie entstehen durch Imperfektionen, also Formabweichungen von der Sollage, wenn gleichzeitig Druckkräfte wirksam sind. Das kann z.B. bei einem einfachen Rahmen dadurch geschehen, daß der Rahmen (im Sinne eines zusätzlichen Lastfalles) mit der Horizontalkraft $V\cdot\psi_0$ belastet wird. V ist die lotrechte Auflast und ψ_0 die Vorverformung, also die unplanmäßige, baupraktisch unvermeidbare Imperfektion in Form einer Schiefstellung der Rahmenstiele. - Die Vorgehensweise sei an zwei Beispielen erläutert:

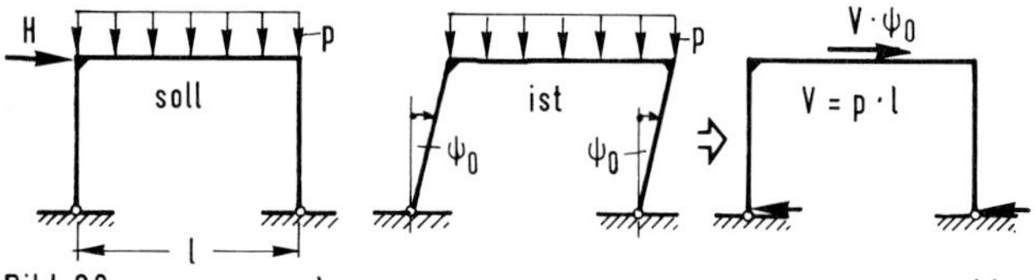

Bild 38

20.4.4.1 Stabilisierung eines Stützenstranges (Bild 39)

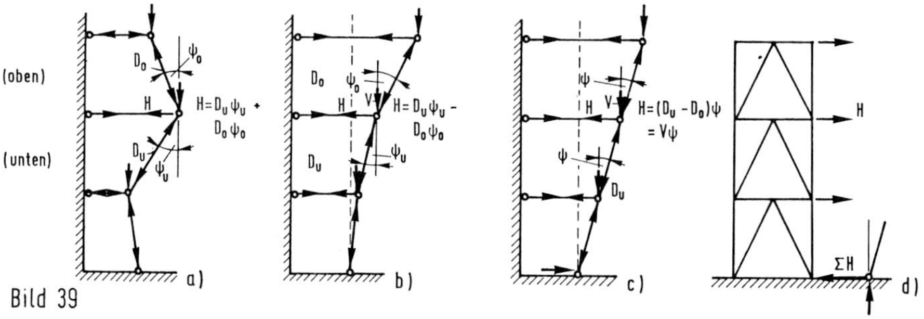

Bild 39

Bild 39 zeigt lotrecht übereinander stehende Pendelstützen, die unterschiedliche Vorverformungen (Schrägstellungen) aufweisen. (Auf die Indizierung mit 0 wird verzichtet.) Die Pendelstützen werden durch Horizontalstäbe gehalten, die sich gegen ein aussteifendes Bauteil abstützen. Das sei hier ein K-Verband (Teilbild d). Es sind zwei Fälle zu unterscheiden:

1. Die Pendelstützen weisen stockwerksweise gegensinnige Lotabweichungen auf (Teilbild a). Betragen die Druckkräfte in zwei übereinander stehenden Stützen D_o bzw. D_u (o: oben, u: unten) und die Winkel ψ_o bzw. ψ_u, folgt die resultierende Unlenkkraft im Knickpunkt zu:

$$H = D_u\psi_u + D_o\psi_o \qquad (25)$$

   H ist die Haltekraft. Die Umlenkkräfte addieren sich; dieser Fall ist i.a. maßgebend für die Auslegung der Haltestäbe und deren Verbindungen.

2. Die Pendelstützen weisen in allen Stockwerken gleichsinnige Lotabweichungen auf (Teilbild b). Die Umlenkkräfte subtrahieren sich:

$$H = D_u\psi_u - D_o\psi_o \quad (D_u > D_o) \tag{26}$$

Die Haltekräfte haben alle dieselbe Richtung. Daher ist dieser Fall für die Auslegung des vertikalen Bauteiles, also hier des K-Verbandes, maßgebend. Ist die Lotabweichung durchgehend konstant, gilt (Teilbild c):

$$H = (D_u - D_o)\psi = V\psi \tag{27}$$

V ist die im betrachteten Stockwerk auf den Stützenstrang abgesetzte Vertikalkraft. Hat das aussteifende Bauteil n Stützenstränge zu stabilisieren, ist H n-fach zu nehmen oder V ist mit der gesamten lotrechten Auflast des Geschosses zu identifizieren.

Die Haltekräfte H bilden mit der an der Basis abgesetzten Horizontalkraft ein Gleichgewichtssystem (daher spricht man auch von "inneren" Horizontalkräften). Über das Fundament brauchen sie auf den Boden nicht abgesetzt zu werden, vgl. Bild 39d.

20.4.4.2 Stabilisierung des Druckgurtes eines Fachwerkbinders (Bild 40)

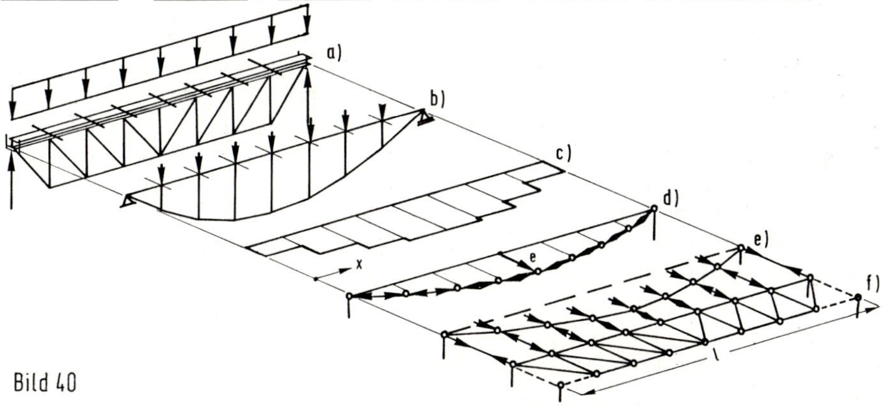

Bild 40

Bild 40 zeigt einen Fachwerkbinder. Obergurtseitig werden vertikale Kräfte (z.B. über Pfetten) abgesetzt. Teilbild b zeigt den Verlauf des Biegemomentes; hieraus folgen die Druckkräfte im Obergurt (Teilbild c). Die Sprünge im Kraftverlauf entsprechen den von den Streben abgesetzten Gurtkraftkomponenten. - Denkt man sich den Obergurt seitlich um das Maß e verschoben und unterstellt man (fiktiv) Gelenke an den Orten der Pfettenauflager, entsteht eine labile Gelenkkette (Teilbild d). Sie werde über die Pfetten durch einen in der Obergurtebene liegenden Verband stabilisiert (Teilbild e/f). Bedingt durch die im Obergurt wirkende Druckkraft entstehen in den Knickpunkten der Gelenkkette Umlenkkräfte (Abtriebskräfte), die über die Pfetten an den Verband weitergeleitet werden. Dieser ist das aussteifende Bauteil. In den Pfetten treten Druckkräfte und in den Traufpfetten Zugkräfte auf. (Bei entgegengesetzter Formabweichung ist es umgekehrt.) Es herrscht somit in der horizontalen Ebene ein innerer Gleichgewichtszustand vor. Eine Abtragung der Umlenkkräfte (über die vertikal aussteifenden Bauteile) auf den Baugrund ist nicht erforderlich.

Unterstellt man eine sinusförmige Formabweichung mit der Maximalordinate e, beträgt deren Krümmung:

$$v'' = -e\cdot\frac{\pi^2}{l^2}\cdot\sin\pi\frac{x}{l} \tag{28}$$

l ist die Spannweite des Binders, vgl. Bild 40a. - Im Falle einer parabelförmigen Formabweichung gilt:

$$v'' = -e\frac{8}{l^2} \quad (= \text{konst.}) \tag{29}$$

v=v(x) ist die Formabweichung (Vorverformung); auf die Indizierung mit 0 wird verzichtet, s.o. Geht man von einer parabelförmigen Formabweichung aus und unterstellt man im Obergurt anstelle der veränderlichen eine konstante Druckkraft S, beträgt die kontinuierliche Umlenkkraft:

$$-Sv'' = Se\frac{8}{l^2} \tag{30}$$

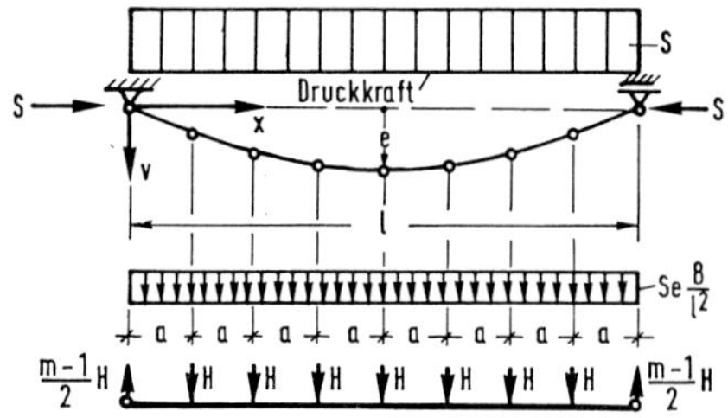

Bild 40a

Auf jeden Stützpunkt (also jede Pfette) trifft die Kraft

$$H = Se\frac{8}{l^2}\cdot\frac{l}{m} = \frac{8S}{m}\cdot\frac{e}{l}, \tag{31}$$

wenn die Trägerlänge l in m Unterlängen a=l/m zerfällt (Bild 40a). Hat der Verband n Binder zu stabilisieren, wirkt in jedem Strang n·H. Die Auflagerkraft des Verbandes beträgt infolge dieses Imperfektionslastfalles:

$$n\cdot\frac{m-1}{2}\cdot H \tag{32}$$

Für diese Kraft sind die Randpfetten auszulegen, die Innenpfetten für n·H. Die Beanspruchung aus der äußeren Belastung tritt natürlich noch hinzu.
Durch die Vernachlässigung der Eigenbiegesteifigkeit des Obergurtes gegen seitliche Verbiegung und die Annahme S=konst liegt die Rechnung auf der sicheren Seite.

Ergänzende Anmerkungen:

a) Die Annahme, daß alle zu stabilisierenden Stränge eine einsinnige Formabweichung aufweisen, ist unrealistisch (es sei, die zu stabilisierende Ebene weist von haus aus eine Neigung auf). Im Regelfall ist davon auszugehen, daß sich die Imperfektionen mit steigender Zahl der Stränge ausmitteln, vgl. Abschnitt 3.5.7.
b) Die oben hergeleiteten H_i-Kräfte sind Kräfte nach Theorie I. Ordnung. Durch ihre Wirkung und die der äußeren H_a-Kräfte erfährt das aussteifende Bauteil eine Verbiegung. Diese Verbiegung ruft neuerliche Abtriebskräfte hervor. Es handelt sich um ein Verformungsproblem Th. II. Ordnung. Sofern die Verbiegungen infolge H_a und H_i zur Vorverformung affin ist, kann der Effekt Theorie II. Ordnung in zutreffender Weise mit Hilfe des Verformungsfaktors α erfaßt werden, vgl. [35, Abschnitt 6.5.1]:

$$\alpha = \frac{1}{1-S/S_{Ki}} \tag{33}$$

S_{Ki} ist die Knickkraft des aussteifenden Systems.

20.5 Ausbau

Hochbauten lassen sich in die Primär-, Sekundär- und Tertiärkonstruktion gliedern. Zur Primärkonstruktion zählen alle tragenden und aussteifenden Teile; bei Hallen sind dieses die Dachelemente und -pfetten oder -sparren, die Wandelemente und -riegel, die Rahmen oder Binder mit den Stützen, Verbänden und Fundamenten; bei den Geschoßbauten sind es die Dach- und Geschoßdecken mit den Unterzügen, die Außen- und Innenwände, die Versorgungsschächte, die Stützen, Verbände und Fundamente und schließlich die Treppen. Zur Sekundärkonstruktion zählen alle raumabschließenden Bauteile, sofern sie nicht von Bauteilen der Primärkonstruktion mit erfüllt werden (u.a. auch Türen, Tore, Fenster usf.), ferner alle Bauteile mit bauphysikalischer Aufgabenstellung. Zur Tertiärkonstruktion schließlich gehört die gesamte Haustechnik (Frisch- und Abwasser, Heizung, Klimatisierung, Elektroinstallation usw.).
Auf die Fülle der Probleme und baulichen Lösungen kann hier nicht eingegangen werden, sie fallen überwiegend in den Aufgabenbereich des Architekten. Die Baustoffindustrie bietet ein großes Sortiment für alle Bereiche an, auf die HEINZE-Baudokumentation [118] und die Druckschriften der Industrie wird verwiesen.

20.6 Treppen

20.6.1 Allgemeine Entwurfs- und Berechnungshinweise

Treppen aus Stahl lassen sich sehr unterschiedlich ausbilden [119-121]. Bei Entwurf und Berechnung sind eine Reihe unterschiedlicher Aufgaben zu lösen. Die vertikalen Lasten auf die Stufen und Treppenläufe und die horizontalen Lasten auf die Geländerholme (Holmdruck) sind in DIN 1055 T3 geregelt. Erstgenannte liegen höher als bei den Geschoßdecken, weil extreme Lastkumulierungen (z.B. während des Baues, bei Umbauten, bei Umzügen oder in Notfallsituationen) möglich sind und der Tragstruktur im allgemeinen die Möglichkeit zu einer Lastumlagerung fehlt.

Treppen dienen der Erschließung von Gebäuden und bilden im Gefahrenfall, insbesondere bei Brand, einen wichtigen Teil des Rettungsweges. In der Musterbauordnung (MBO), in den hieran orientierten Landesbauordnungen und den zugeordneten Durchführungsverordnungen ist festgelegt, wie Treppen anzuordnen und auszuführen sind. In der MBO heißt es u.a.:

- Jedes nicht zu ebener Erde liegende Geschoß und der benutzbare Dachraum eines Gebäudes müssen über mindestens eine Treppe zugänglich sein ("notwendige" Treppe); weitere Treppen können gefordert werden, wenn die Rettung von Menschen im Brandfalle nicht auf andere Weise möglich ist.
- Die tragenden Teile notwendiger Treppen sind bei Gebäuden mit mehr als zwei Vollgeschossen aus nicht brennbarem Material herzustellen. Bei Gebäuden mit mehr als fünf Vollgeschossen müssen sie feuerbeständig sein.

Um eine gute Begehbarkeit der Treppe sicherzustellen, sind gewisse Mindestmaße und Regeln einzuhalten:

- Die Auftrittiefe a soll nicht kleiner als 26cm sein, bei Wendeltreppen an der schmalsten Stelle nicht kleiner als 10cm.
- Das Steigungsmaß s soll nicht größer als 19cm sein; das Steigungsverhältnis soll über die ganze Lauflinie konstant sein.
- Nach höchstens 18 Stufen ist ein Treppenabsatz (Podest) anzuordnen, Breite gleich der Treppenbreite, mindestens 1,0m.
- Als Mindestmaß für die Laufbreite ist 1,0m, in Hochhäusern 1,25m (ggf. breiter) einzuhalten (Ausnahme: In Wohngebäuden mit ≤ 2WE:0,8/0,9m).
- Die Mindesthöhe für Geländer ist 0,9m, bei einer Absturzhöhe ≥ 12,0m: 1,1m. Die Geländerhöhe wird an der Vorderkante der Stufe gemessen. Die Handläufe sollen fest und griffgerecht, die Trittstufen und Podeste trittsicher sein. Die Durchgangshöhe soll mindestens 2,0m betragen.

Auf DIN 18064 (Treppen; Begriffe) und DIN 18065 (Gebäudetreppen; Hauptmaße) wird hingewiesen. Für Sonderbauten (Hochhäuser, Geschäftshäuser, Versammlungsstätten, Büro- und Verwaltungsgebäude, Krankenhäuser, Alterspflegeheime, Schulen, Sportstätten, Arbeitsstätten, Fliegende Bauten) gelten besondere Vorschriften, auch für die Ausbildung der Treppen. Bedeutung hat in dem Zusammenhang auch DIN 18024 T2 (Bauliche Maßnahmen für Behinderte und alte Menschen im öffentlichen Bereich).

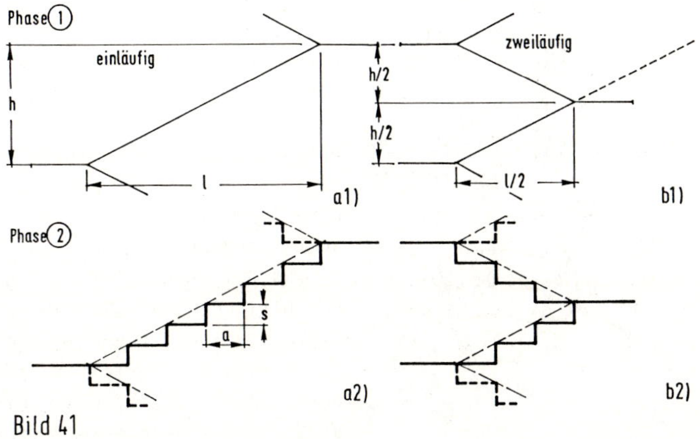

Bild 41

Der Entwurf einer geradläufigen Treppe vollzieht sich in zwei Phasen (Bild 41). Wichtige Maße sind dabei die Geschoßhöhe h und die Lauflänge l. Nach der Modulordnung sollte die Geschoßhöhe bis 36M in 1M-Sprüngen anwachsen (M=10mm); z.B.: h=2,7; 2,8; 2,9m usf. Die Treppenlauflänge sollte in 3M-Sprüngen anwachsen. In der Phase (1) wird die Steigungshöhe s (der Stufen) festgelegt:

$$s = h/n \leq 19\text{cm} \qquad (34)$$

n ist die Anzahl der Steigungen. Als angenehm zu gehen gilt das Kriterium a+2s=63cm. Umgestellt folgt:

$$a = 63 - 2 \cdot s \geq 26\text{cm} \qquad (35)$$

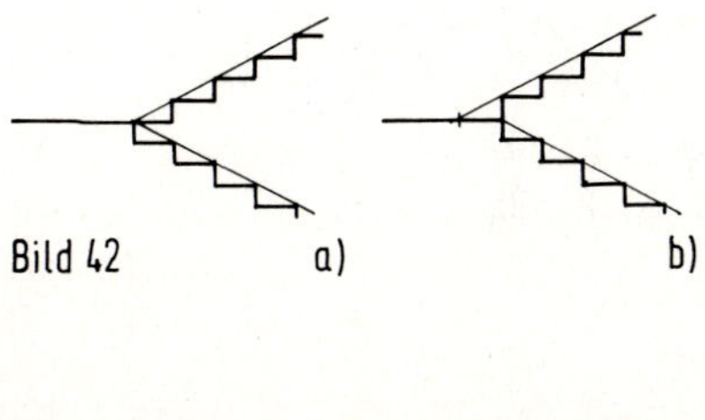

Bild 42

Die Treppenlauflänge ergibt sich damit zu $l = n \cdot a$. Da dieses Maß die Forderung der Modulordnung im Regelfall nicht erfüllen wird, sind s und a zu modifizieren (Phase (2)); als ideales Steigungsmaß gilt 17/29 und als weitere Bequemlichkeitsregel a-s=12. - Der Schnittpunkt der Lauflinien wird vielfach versetzt gewählt (Bild 42). Bei den geradläufigen Treppen werden Zweiwangentreppen mit zwischengespannten Stufen,

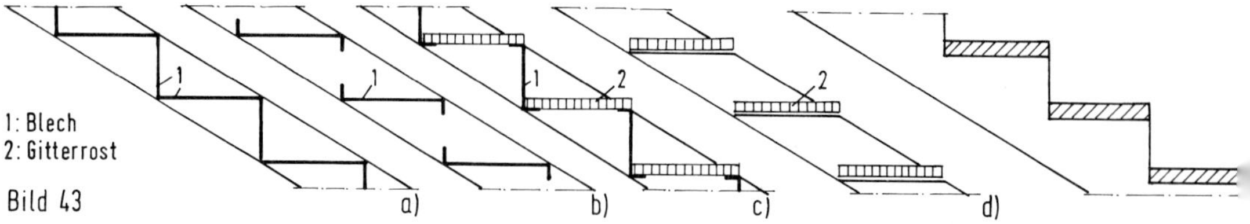

Bild 43

Zwei- und Einholmtreppen mit aufgesattelten Stufen und Sondertreppen (Kragtreppen, Hängetreppen) unterschieden. Bild 43 zeigt unterschiedliche Stufenausbildungen. Einfache Industrietreppen bestehen i.a. aus [-Wangen und Stufen aus Blech oder Gitterrosten: DIN 24530/3. Bei den gewendelten Treppen werden Spindel- und Wendeltreppen unterschieden. Im erstgenannten Falle sind die selbsttragenden Stufen als Kragträger an einer Mittelsäule befestigt. Die Berechnung bereitet keine grundsätzlichen Probleme, vgl. z.B. [122]. Anders ist es bei den Wendeltreppen mit Treppenauge. Sie werden entweder als Einholmtreppen mit einem gewendelten torsionssteifen Laufträger und aufgesetzten Stufen oder als Zweiwangenträger mit zwischengespannten Stufen ausgeführt. Zum Entwurf der Treppen vgl. z.B. [5]. Die Berechnung solcher Treppen ist nicht einfach.

20.6.2 Berechnung gewendelter Einholmtreppen

Aufbauend auf einer Arbeit von FUCHSSTEINER [123] im Jahre 1954 wurden weitere Beiträge zur Wendeltreppenberechnung vorgelegt. Orientiert an einer Erweiterung des Verfahrens von FUCHSSTEINER durch SCHNEIDER [124] wird im folgenden die Berechnung der gewendelten Einholmtreppe mit beidseitiger Scharniergelenklagerung gezeigt.

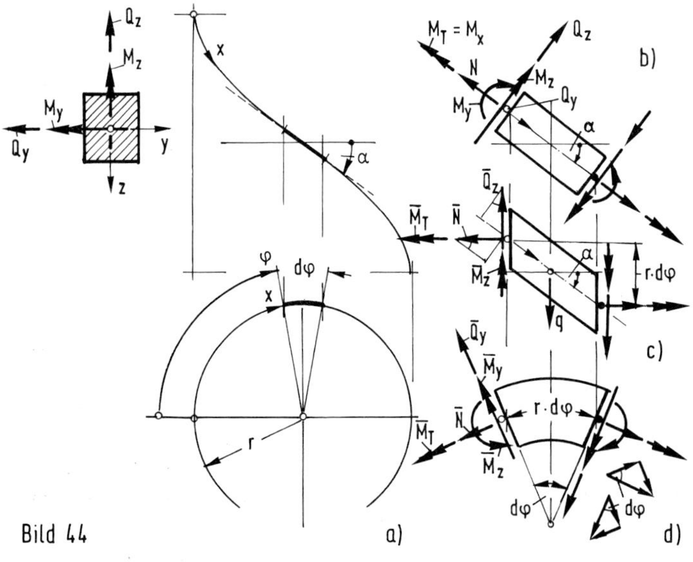

Bild 44

Der Wendelträger hat eine Schraubenlinienform mit konstanter Steigung. Bild 44a zeigt Ansicht und Aufsicht auf die Achse des Trägers mit dem Radius r. Der Träger wird zweckmäßig mit einem torsionssteifen Querschnitt ausgeführt. Bild 44a zeigt einen Lauf von $\varphi=0$ bis $\varphi=\pi$, der Ursprung von φ liegt im Hochpunkt. Der Neigungswinkel (Steigungswinkel) ist α. Teilbild b zeigt eine Seitenansicht mit den Schnittgrößen N, Q_z, Q_y, $M_x=M_T$, M_y und M_z. Um die Aufstellung der Gleichgewichtsgleichungen und die weitere theoretische Aufbereitung zu erleichtern, werden Hilfsschnittgrößen eingeführt. Sie werden im folgenden durch einen Querschnitt markiert. Sie beziehen sich nicht auf den zur Stabachse senkrechten Querschnitt sondern auf den vertikalen Schnitt, vgl. Bild 44c/d. Wie zu erkennen, liegt der Schnitt $\varphi+d\varphi$ gegenüber dem Schnitt φ um das Maß $r\cdot d\varphi\cdot\tan\alpha$ tiefer.

Die Verknüpfung der Schnittgrößen mit den Ersatzschnittgrößen lautet (Bild 44b/d):

$$N=\bar{N}\cos\alpha+\bar{Q}_z\sin\alpha;\quad Q_z=-\bar{N}\sin\alpha+\bar{Q}_z\cos\alpha;\quad Q_y=\bar{Q}_y \tag{36}$$

$$M_T=\bar{M}_T\cos\alpha+\bar{M}_z\sin\alpha;\quad M_z=-\bar{M}_T\sin\alpha+\bar{M}_z\cos\alpha;\quad M_y=\bar{M}_y \tag{37}$$

Mit den Ersatzschnittgrößen wird im folgenden weiter gerechnet. Sind sie bekannt, lassen sich die für die Bemessung maßgebenden Schnittgrößen aus G.36/37 berechnen.

Die Gleichgewichtsgleichungen werden anhand von Bild 44c/d angeschrieben. Dabei wird unterstellt, daß nur eine lotrechte Streckenlast q wirkt (bezogen auf die Grundfläche). Um deren exzentrischen Angriff zu erfassen, wird noch ein äußeres Drillmoment m_T eingerechnet (Bild 45). In den Teilbildern c/d sind die Ersatzschnittgrößen im Schnitt φ notiert, im Schnitt $\varphi + d\varphi$ tritt jeweils ein infinitesimaler Zuwachs dazu, $\bar{N}+d\bar{N}$ usf. Bei der Aufstellung der Gleichgewichtsgleichungen wird ein infinitesimales Element der Länge $r \cdot d\varphi$ betrachtet; demgemäß kann gesetzt werden: $\sin d\varphi \rightarrow d\varphi$, $\cos d\varphi \rightarrow 1$. Es werden zunächst die Komponenten-, anschließend die Momentengleichgewichtsgleichungen angeschrieben (tangential, radial, vertikal):

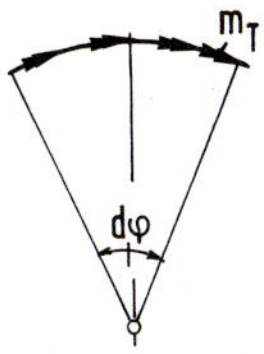

Bild 45

$$\bar{N} - (\bar{N} + d\bar{N})\cos d\varphi + (\bar{Q}_y + d\bar{Q}_y)\sin d\varphi = 0 \quad \rightarrow \quad -d\bar{N} + \bar{Q}_y d\varphi = 0 \tag{38}$$

$$\bar{Q}_y - (\bar{Q}_y + d\bar{Q}_y)\cos d\varphi - (\bar{N} + d\bar{N})\sin d\varphi = 0 \quad \rightarrow \quad -d\bar{Q}_y - \bar{N} d\varphi = 0 \tag{39}$$

$$\bar{Q}_z - (\bar{Q}_z + d\bar{Q}_z) - q r d\varphi = 0 \quad \rightarrow \quad -d\bar{Q}_z - q r d\varphi = 0 \tag{40}$$

Momentengleichgewichtsgleichungen:

$$\bar{M}_T - (\bar{M}_T + d\bar{M}_T)\cos d\varphi + (\bar{M}_y + d\bar{M}_y)\sin d\varphi + (\bar{Q}_y + d\bar{Q}_y)\cos d\varphi\, r d\varphi \tan\alpha - m_T r\, d\varphi = 0 \quad \rightarrow$$

$$\bar{M}_y - (\bar{M}_y + d\bar{M}_y)\cos d\varphi - (\bar{M}_T + d\bar{M}_T)\sin d\varphi + (\bar{Q}_z + d\bar{Q}_z) r d\varphi - (\bar{N} + d\bar{N})\cos d\varphi\, r d\varphi \tan\alpha = 0 \quad \rightarrow$$

$$\bar{M}_z - (\bar{M}_z + d\bar{M}_z) - (\bar{Q}_y + d\bar{Q}_y)\cos d\varphi\, r d\varphi = 0 \quad \rightarrow$$

$$-d\bar{M}_T + \bar{M}_y d\varphi + \bar{Q}_y r \tan\alpha\, d\varphi - m_T r\, d\varphi = 0 \tag{41}$$

$$-d\bar{M}_y - \bar{M}_T d\varphi + \bar{Q}_z r\, d\varphi - \bar{N} r \tan\alpha\, d\varphi = 0 \tag{42}$$

$$-d\bar{M}_z - \bar{Q}_y r d\varphi = 0 \tag{43}$$

Zusammengefaßt: $(\ )' = d(\ )/d\varphi$

$$\begin{aligned} &\bar{N}' - \bar{Q}_y = 0 \\ &\bar{Q}_y' + \bar{N} = 0 \\ &\bar{Q}_z' + q r = 0 \\ &\bar{M}_T' - \bar{M}_y - \bar{Q}_y r \tan\alpha + m_T r = 0 \\ &\bar{M}_y' + \bar{M}_T - \bar{Q}_z r + \bar{N} r \tan\alpha = 0 \\ &\bar{M}_z' + \bar{Q}_y r = 0 \end{aligned} \tag{44}$$

Die von FUCHSSTEINER [123] angegebene Lösung lautet:

$$\begin{aligned} &\bar{Q}_z = -r\int_0^{\varphi} q\, d\varphi - \frac{1}{r} \cdot X_1 \sin\alpha, \quad \bar{Q}_y = \frac{1}{r}(X_5 \cos\varphi + X_3 \sin\varphi), \quad \bar{N} = \frac{1}{r}(X_5 \sin\varphi - X_3 \cos\varphi) \\ &\bar{M}_y = f(\varphi) + X_4 \sin\varphi + X_6 \cos\varphi + \tan\alpha(X_3 \varphi \cdot \cos\varphi - X_5 \varphi \cdot \sin\varphi), \quad \bar{M}_z = \cos\alpha(X_1 + X_2) - X_5 \sin\varphi + X_3 \cos\varphi \\ &\bar{M}_T = -f'(\varphi) - r^2\int_0^{\varphi} q\, d\varphi - X_4 \cos\varphi + X_6 \sin\varphi - \sin\alpha X_1 + \tan\alpha(X_3 \varphi \cdot \sin\varphi + X_5 \varphi \cdot \cos\varphi) \end{aligned} \tag{45}$$

wobei f( ) eine Funktion ist, die der Differentialgleichung

$$f''(\varphi) + f(\varphi) + q r^2 - m_T r = 0 \tag{46}$$

genügen muß. Wird die Wendeltreppe mit der Breite b gleichmäßig belastet, wirkt die Last exzentrisch am Hebelarm e:

$$e = \frac{b^2}{12 r} \tag{47}$$

Die auf die Grundrißlinie bezogene Streckenlast setzt sich aus der Eigenlast g und der Verkehrslast p zusammen, damit beträgt m_T:

$$m_T = -q e \tag{48}$$

Gleichung G.46 lautet:

$$f''(\varphi) + f(\varphi) = -q r \cdot (r + e) \tag{49}$$

Lösung:

$$f(\varphi) = -q r (r + e); \quad f'(\varphi) = 0 \tag{50}$$

Das Lösungssystem enthält sechs Freiwerte X_1 bis X_6; sie haben die Bedeutung von Überzähligen.

Die beidseitig starr eingespannte Treppe ist 6-fach statisch-unbestimmt; die Theorie wurde in [123] ausgearbeitet, in [125] auch für eine elastische Einspannung. - Die Einspannung um die y-Achse wird in vielen Fällen gering sein, z.B. beim Anschluß des Laufträgers an

I-Träger. Dann handelt es sich um eine Scharnierlagerung. Dieser Fall wird im folgenden dargestellt [124]. Zweckmäßig wird dazu der Ursprung der φ-Koordinate zwischen die beiden Enden gelegt; der Winkel betrage φ_0 (Bild 46). Wird die Randbedingung $M_y=0$ für beide Enden formuliert, folgt aus G.37/45:

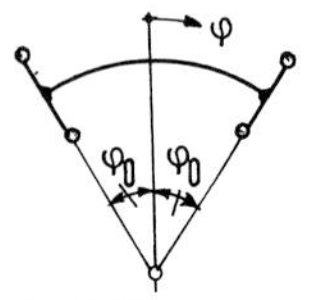
Bild 46

$$X_4 = -\tan\alpha \frac{\varphi_0}{\tan\varphi_0} X_3; \quad X_6 = \frac{qr(r+e)}{\cos\varphi_0} + \tan\alpha \cdot X_5 \varphi_0 \tan\varphi_0 \tag{51}$$

Nunmehr können alle Schnittgrößen gemäß G.36/37 in Abhängigkeit von X_1, X_2, X_3, X_5 und q angeschrieben werden; symbolisch:

$$\begin{bmatrix} N \\ Q_y \\ Q_z \\ M_T \\ M_y \\ M_z \end{bmatrix} = \left[X_1, X_2, X_3, X_5; q \right] \tag{52}$$

Hieraus folgen unmittelbar die Schnittgrößen der Einheitszustände $X_1=1$, $X_2=1$, $X_3=1$, $X_5=1$ und $X_i=0$, $q \neq 0$. Nunmehr lassen sich die δ_{ik}-Werte berechnen:

$$\delta_{ik} = \int \frac{M_y \tilde{M}_y}{EI_y} ds + \int \frac{M_z \tilde{M}_z}{EI_z} ds + \int \frac{M_T \tilde{M}_T}{GI_T} ds; \quad ds = \frac{r\,d\varphi}{\cos\alpha} \tag{53}$$

Die Auflösung des Gleichungssystems liefert X_1, X_2, X_3 und X_5. Über G.51 sind dann auch X_4 und X_6 und schließlich über G.45 und G.35/37 sämtliche Schnittgrößen als Funktion von φ bekannt. Die Aufgabe ist damit gelöst. Im einzelnen erweisen sich die Zwischenrechnungen als langwierig. Es zeigt sich, daß diverse δ_{ik}-Werte Null sind, was wiederum auf

$$X_1 = X_2 = X_3 = X_4 = 0 \tag{54}$$

führt! Somit ist es nur noch notwendig, δ_{55} und δ_{50} zu bestimmen, um X_5 zu berechnen:

$$X_5 = -\frac{\delta_{50}}{\delta_{55}} \tag{55}$$

X_6 folgt aus:

$$X_6 = \frac{qr(r+e)}{\cos\varphi_0} + \tan\alpha \cdot X_5 \varphi_0 \cdot \tan\varphi_0 \tag{56}$$

Im einzelnen gilt:

$$\begin{aligned}\delta_{55} = {} & \tan\alpha(\tan\alpha \cdot J_4 - 2 \cdot \tan\alpha\, \varphi_0 \tan\varphi_0 J_5) + (\tan\alpha\, \varphi_0 \tan\varphi_0)^2 J_2 + c[a_1(a_1 J_3 + 2\sin\alpha \cdot \tan\alpha J_5) + (\sin\alpha \cdot \tan\alpha)^2 \cdot J_1] + \\ & + d \sin^2\alpha \cdot [J_1 + (\varphi_0 \tan\varphi_0 - 1) \cdot [2J_5 + (\varphi_0 \tan\varphi_0 - 1) J_3]\end{aligned} \tag{57}$$

$$\begin{aligned}\frac{\delta_{50}}{qr^2} = {} & a_4 \cdot \frac{\tan\alpha}{\cos\varphi}[-J_5 + \varphi_0 \cdot \tan\varphi_0 \cdot J_2 + \cos\varphi_0 \cdot J_7 - \varphi_0 \cdot \sin\varphi_0 \cdot J_8] - \frac{d}{2}\sin 2\alpha [J_6 + (\varphi_0 \cdot \tan\varphi_0 - 1) \cdot J_7 - \frac{a_4}{\cos\varphi_0}[J_5 + (\varphi_0 \tan\varphi_0 - 1) \cdot J_3]] - \\ & - c \cdot \sin\alpha\, [a_1 \cdot J_7 + \sin\alpha \cdot \tan\alpha \cdot J_6 - \frac{a_4}{\cos\varphi_0}(a_1 \cdot J_3 + \sin\alpha \cdot \tan\alpha \cdot J_5)]\end{aligned} \tag{58}$$

$$\begin{aligned} & a_1 = \sin\alpha \cdot \varphi_0 \cdot \tan\alpha \cdot \tan\varphi_0 + \cos\alpha\,, \quad a_2 = \varphi_0 \cdot \sin\alpha \cdot \tan\varphi_0 - \sin\alpha\,, \quad a_3 = c \cdot \sin^2\alpha + d \cdot \cos^2\alpha\,, \quad a_4 = 1 + \frac{e}{r}\,, \quad a_5 = c \cdot \sin\alpha \cdot a_1 + d \cdot \cos\alpha \cdot a_2 \\ & c = \frac{J_y}{J_z}\,, \quad d = \frac{EJ_y}{GJ_T}\end{aligned} \tag{59}$$

$$\begin{aligned} & J_1 = [\frac{\varphi_0^2}{3} + (\varphi_0^2 - \frac{1}{2}) \cdot \sin\varphi_0 \cos\varphi_0 + \frac{\varphi_0}{2}(1 - 2\sin^2\varphi_0)], \quad J_2 = \varphi_0 + \sin\varphi_0 \cos\varphi_0, \quad J_3 = \varphi_0 - \sin\varphi_0 \cos\varphi_0 \\ & J_4 = [\frac{\varphi_0^2}{3} - (\varphi_0^2 - \frac{1}{2}) \cdot \sin\varphi_0 \cos\varphi_0 - \frac{\varphi_0}{2}(1 - 2\sin^2\varphi_0)], \quad J_5 = -\frac{1}{2} \cdot (\varphi_0 - \sin\varphi_0 \cos\varphi_0 - 2\varphi_0 \sin^2\varphi_0) \\ & J_6 = 2[2\varphi_0 \cos\varphi_0 + (\varphi_0^2 - 2)\sin\varphi_0], \quad J_7 = 2(\sin\varphi_0 - \varphi_0 \cos\varphi_0), \quad J_8 = 2\sin\varphi_0\end{aligned} \tag{60}$$

Bezüglich des Sonderfalles $2\varphi_0=180°$ vgl. [124]; daselbst ist auch die Lösung für die Randbedingungen einseitig eingespannt/einseitig Scharniergelenk angegeben. - Die Theorie der gewendelten Zweiwangentreppe wurde von FLEGEL [126-129] ausgearbeitet. Zur allgem. Theorie der Wendelfläche siehe [130] und zur Wendeltreppe über elliptischem Grundriß [131]. Neben den analytisch strengen Lösungen besteht heutzutage natürlich auch die Möglichkeit, gewendelte Treppen mit Hilfe räumlicher Stabwerksprogramme zu berechnen.

21 Kranbahnen

21.1 Kranhallen

21.1.1 Hallen für leichten Kranbetrieb

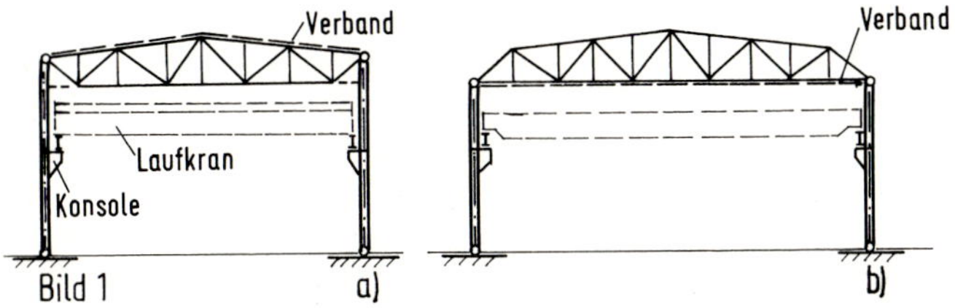

Bild 1

Bild 1 zeigt zwei Tragsysteme für Lager- oder Fertigungshallen in älterer Bauart: In den Hallenschiffen verkehren Laufkrane (Brückenkrane) auf Kranbahnen. Die Kranschienen liegen auf Kranbahnträgern, die von Stütze zu Stütze durchlaufen und i.a. auf Konsolen aufliegen. Die Tragkonstruktion der Halle hat neben den Schnee- und Windlasten auch die Kranlasten abzutragen; dieses sind: Eigengewichts- und Hublasten, Massen- und Führungskräfte aus den Bewegungen der Katze und des Kranes. Konstruktion und Statik der Kranhallen werden wesentlich von den Kranlasten bestimmt. Die Systeme in Bild 1 bestehen aus Pendelstützen mit Fachwerkbindern.

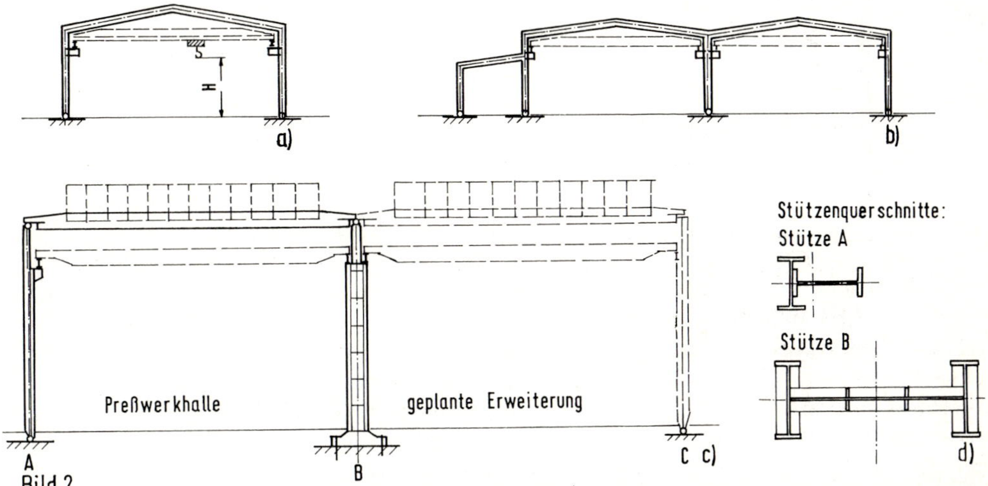

Bild 2

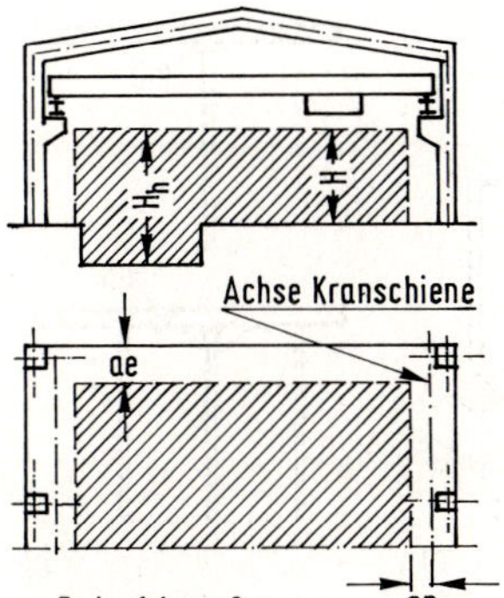

ae: Endanfahrmaß
an: seitl. Anfahrmaß

Bild 3

Zur Stabilisierung der Halle sind Verbände erforderlich, welche die Kräfte bis an die (in den Giebelwänden liegenden) Verbände weiterleiten. Bei der Halle gemäß Bild 1a liegt der Verband in der Obergurtebene, im Falle b in der Untergurtebene des Dachbinders. Derartige Ausführungen sind im modernen Stahlbau nicht mehr üblich, stattdessen werden Rahmenkonstruktionen oder Tragsysteme mit eingespannten Stützen und fallweise angekoppelten Pendelstützen bevorzugt. Diese Systeme sind i.a. steifer; die Kräfte werden in der Rahmenebene (auf direktem Wege) abgeleitet. Das Fahrverhalten der Krane ist günstiger. - Es werden ein, zwei- und mehrschiffige Hallen unterschieden. (Die Preßwerkhalle in Bild 2c wurde zunächst einschiffig gebaut und Stütze B im Hinblick auf eine künftige Erweiterung für einen zweischiffigen Betrieb bemessen.) Ggf. werden auch zwei oder mehrere Krane auf einer Fahrbahn betrieben. Höhe, Spannweite und Länge der Hallenschiffe richten sich nach den Bedürfnissen des Bauherren, das gilt auch für den Krantyp und dessen Tragkraft. Die Nutzhöhe wird durch die Hakenhöhe H bestimmt; auf Gruben oder Einbauten ist Rücksicht zu nehmen. Die von Kran und Katze überstrichene Arbeitsfläche wird durch die Anfahrmaße (Anschlagmaße) bestimmt, vgl. Bild 3. Zur Auswahl der Krane vgl. [1] und VDI-Ri3302 und 2350. Gegenüber allen beweglichen Teilen von Kran und Katze sind Sicherheitsabstände einzuhalten (≥500mm), vgl. die Unfallverhütungsvorschriften (UVV) der Berufsgenossenschaften, Teil VBG9. Sie dienen der Sicherheit des Personals, welches Wartungs- und Reparaturarbeiten durchführt [2,3].

21.1.2 Hallen für schweren Kranbetrieb

Die Werkshallen der Hüttenindustrie zählen zu den Hallen mit schwerem Kranbetrieb. In derartigen Hallen werden die verschiedenartigsten Krane als Produktionsmittel eingesetzt. Hauptsächlich handelt es sich dabei um Brückenkrane. Beispielsweise kann die Anzahl der Krane in einem Hüttenwerk mit einer jährlichen Rohstahlerzeugung von 5 Mill. t: tausend betragen und die laufende Länge Kranbahnträger: 100km, wobei ca. 10km durch Radlasten von 500kN und ca. 15km durch Radlasten zwischen 200 bis 500kN beaufschlagt werden. Einwandfrei konstruierte Kranbahnträger sind Voraussetzung für einen ungestörten Betrieb des Werkes. - Bild 4 zeigt den Grundriß eines Stahlwerkes in Form einer mehrschiffigen Halle. In jeder Halle verkehren ein oder zwei Brückenkrane. Gießkrane erreichen Gesamtgewichte bis zu 450t (4500kN). In der Vergangenheit kam es immer wieder vor, daß Schäden in Form von Schweißnahtrissen in den Halsnähten der unmittelbar befahrenen Obergurte auftraten, vielfach im Nahfeld der Quersteifenanschlüsse. Bild 5 zeigt den Rißfortschritt von Schweißnahtanrissen im Stegblech eines Kranbahnträgers einer Stripperkranbahn, die sich innerhalb eines Jahres gebildet hatten (es wurden fünf Kontrollmessungen durchgeführt). Teilbild b zeigt typische Rißstellen im Halsnaht- und Quersteifenanschlußbereich [4].

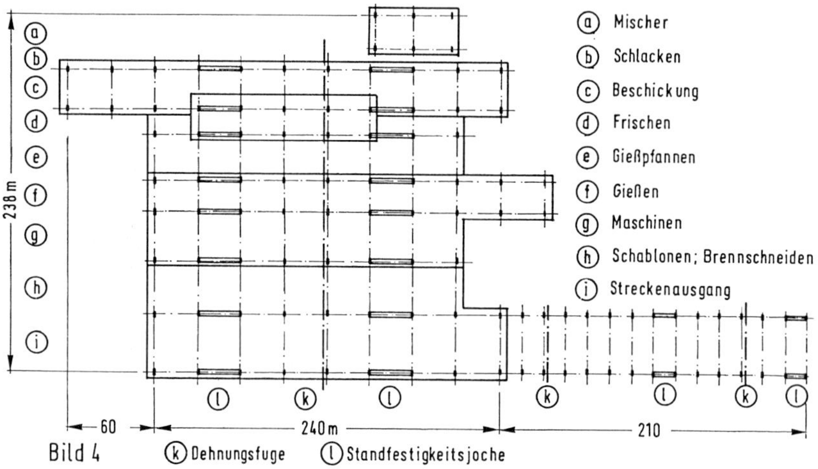

Bild 4

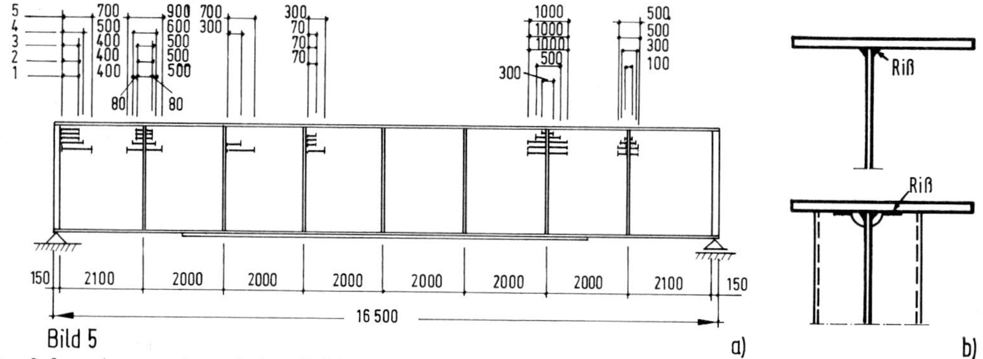

Bild 5

Im folgenden werden einige Hallen der Hüttenindustrie beispielhaft vorgestellt, um die verschiedenen Tragwerksformen zu erläutern.

a) Halle eines Stahlwerkes [5]

Die Stabilität der in Bild 6 dargestellten, vierschiffigen Halle wird durch Zweigelenkrahmen (D-K-J-L und F-G-H) sichergestellt. Die übrigen vollwandigen Stützen und ausgefachten Riegel sind gelenkig angekoppelt: Statisch bestimmte Systeme wurden und werden in Bergsenkungsgebieten bevorzugt. Aufgrund markscheiderischer Angaben werden in derartigen Gebieten die relativen Verformungen des Systems ermittelt. Diese Angaben betreffen die zu

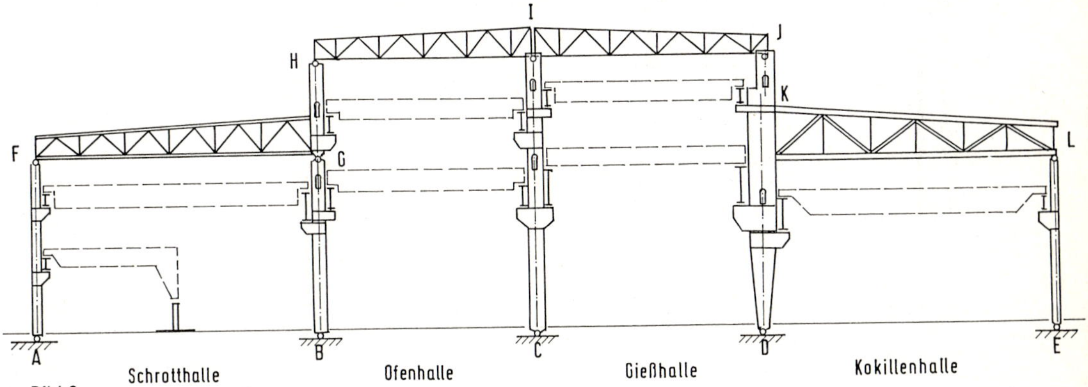

Bild 6

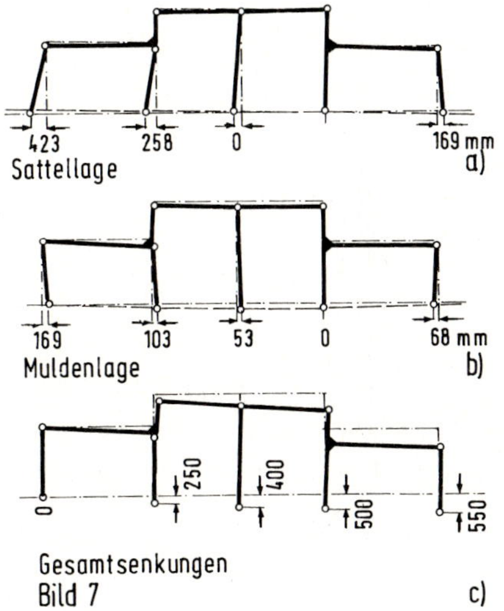

Bild 7

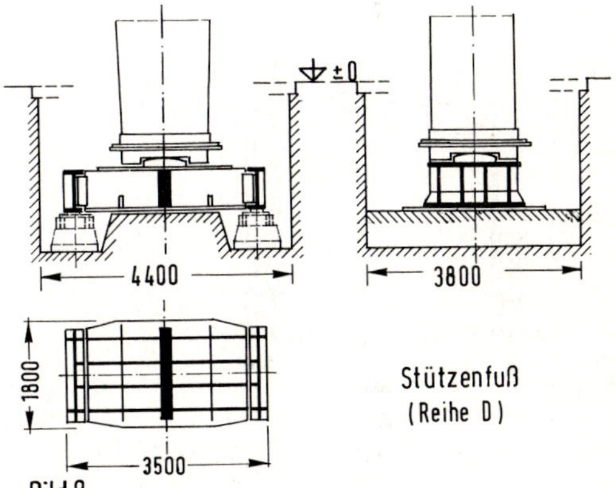

Bild 8

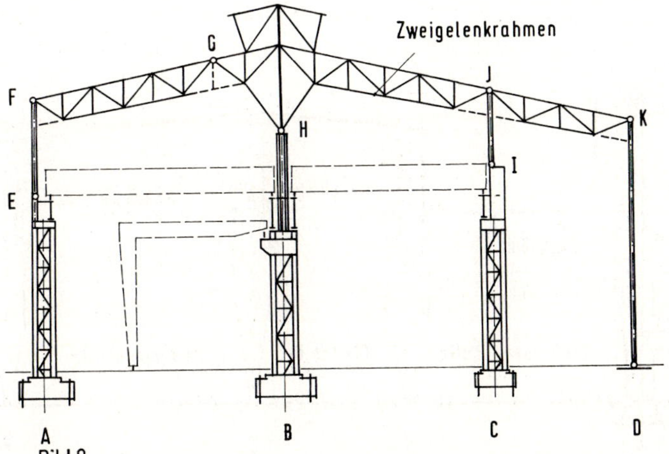

Bild 9

erwartenden Längungen (5°/oo), Verkürzungen (2°/oo), Mulden- und Sattellagen (R≈5000 bis 15000 m); die Klammerwerte sind Beispiele. Bild 7 zeigt die extremen Verschiebungslagen, die für die hier betrachtete Hallenkonstruktion angesetzt wurden. - In Hallenlängsrichtung läßt sich eine statisch bestimmte Lagerung i.a. nicht realisieren, die inneren Zwängungskräfte sind dann nachzuweisen. - Die konstruktive Auslegung muß auf die zu erwartenden Verformungen Rücksicht nehmen, insbesondere durch den Einbau von Ausrichtmöglichkeiten an den Stützenfüßen und Kranbahnträgerauflagern. Die Ausrichtmaßnahmen sind so zu konzipieren, daß nur kurzdauernde Betriebsunterbrechungen eintreten. Quergefälle und Spurveränderungen beeinträchtigen den Betrieb von Kran und Krankatze; sie werden daher regelmäßig vermessen. - Bild 8 zeigt den Stützenfuß des in Bild 6 dargestellten Rahmenstieles der Reihe D. Das Gelenk ruht auf einem Trägerrost, der mit Hilfe hydraulischer Pressen angehoben werden kann. Zum Höhenausgleich werden zwischen der unteren und oberen Lagerplatte und dem Trägerrost Paßplatten eingelegt. Der Stützenfuß läßt sich nach allen drei Richtungen justieren. - Systeme der in Bild 6 gezeigten Art haben den Nachteil einer relativ großen Nachgiebigkeit. Die Kräfte durchlaufen das ganze Tragwerk, damit sind stets Spurveränderungen der Kranbahnen verbunden.

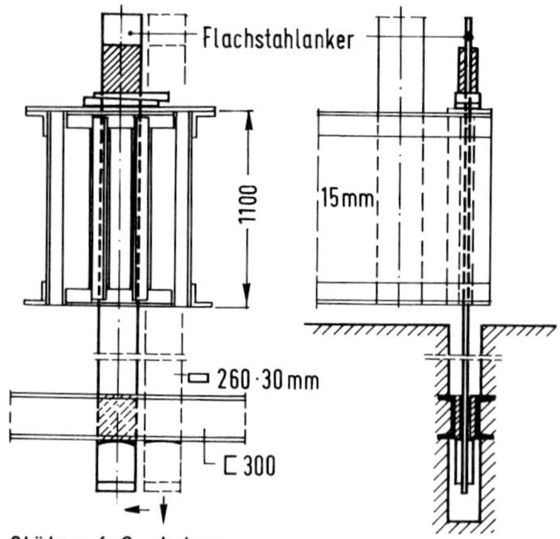

Stützenfuß-Anker
Bild 10

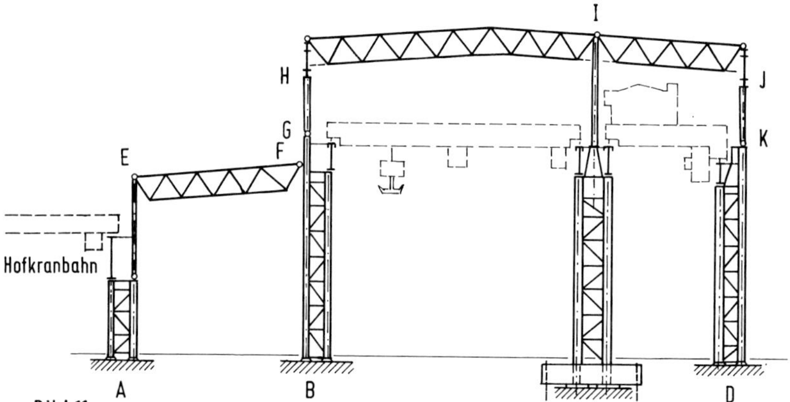

Bild 11

b) Halle eines Stahlwerkes [6]

Die in Bild 9 dargestellte Hallenkonstruktion ist - wie die zuvor vorgestellte - älterer Bauart. Die Standfestigkeit wird durch eingespannte Stützen sichergestellt, sie setzen sich in Reihe A und C in aufgependelten Stielen fort; in Reihe D stehen ebenfalls Pendelstützen. Die Dachkonstruktion wird durch den Zweigelenkrahmen H-J-I (einhüftiger Rahmen) stabilisiert; H ist ein Festpunkt. Die eingespannten Stützen sind zweiteilig vergittert. Die hohen Einspannungsmomente bedingen große Fuß-

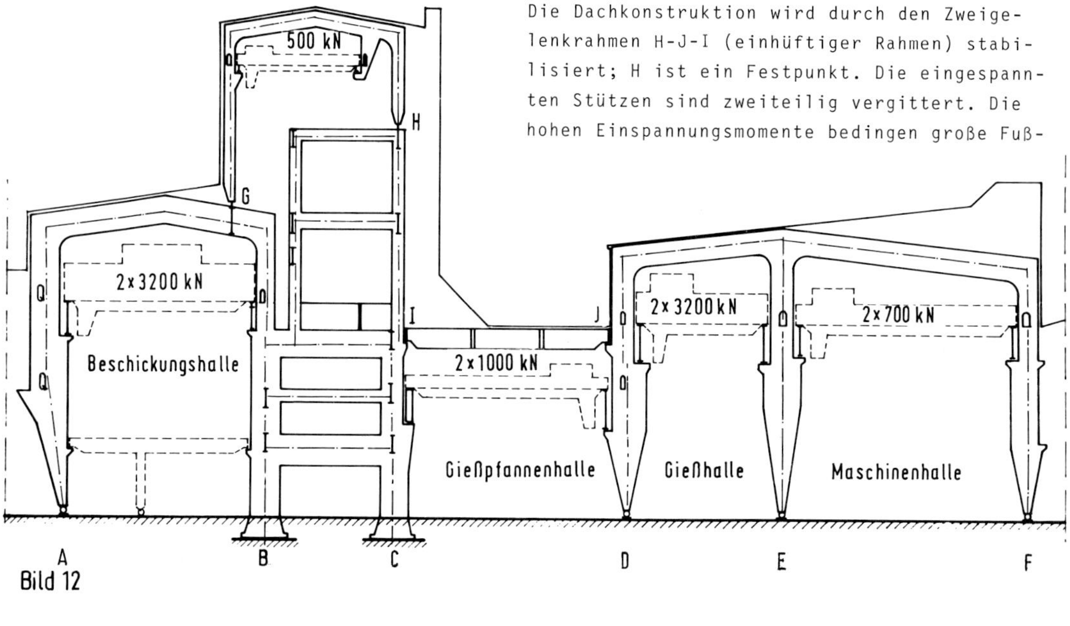

Bild 12

konstruktionen. Bild 10 zeigt die Verwendung von Flachstahlankern für die Fußtraversen; zur Berechnung vgl. Abschnitt 12.4.2. Die Anker werden seitlich der Anschlagknaggen am Steg der Ankerbarren eingeführt und dann seitlich versetzt, sodaß die Knaggen am Ankerbarren auf Kontakt anliegen. Nach Ausrichten der Stützen werden die Anker mittels geschlitzter Keile gegen die Knaggen am oberen Ende der Anker und gegen die Fußtraverse fest angezogen. - Im heutigen Stahlbau werden i.a. Hammerkopfschrauben eingesetzt.

c) Halle eines Stahlwerkes [7]

Das in Bild 11 dargestellte System ist ebenfalls statisch bestimmt. Die Dachkonstruktion gibt die H-Kräfte im Festpunkt I ab. In der Reihe B und D ist die Dachkonstruktion aufgependelt. Die Brückenkrane werden nur in der Achse C geführt, der Stützenfuß dieser Reihe fällt entsprechend kräftig aus.

d) Halle eines Stahlwerkes [8]

Bild 12 zeigt den Teilquerschnitt eines Stahlwerkes moderner Bauweise: Die Stützen B und C sind eingespannt, die Stützen A, D, E und F sind mit Kugelgelenken (Topflager) ausgeführt, wobei hier zum Ausgleich von Setzungen eine Hubmöglichkeit von 100 mm vorgesehen wurde; die Gelenklager sind für 18000kN ausgelegt, die eingespannten Stützen für 60000kN. Die Tragwerksrahmen sind in geschweißter Kastenbauweise ausgeführt, sie besitzen eine große Steifigkeit; die Stützenfüße der eingespannten Stützen sind mit Beton ausgefühlt. Die Kastenstützen haben z.B. eine Dicke von 3,5 bis 5,0m, eine Breite von 1,6m und Wanddicken bis zu 80mm. Insgesamt wurden bei diesem Hüttenwerk 43000t Stahl verbaut. - Die Tragkraft einiger Krane ist im Bild ausgewiesen.

Wegen weiterer Bauwerksbeschreibungen ausgeführter Hallen wird auf [9-11] verwiesen.

21.1.3 Längsverbände

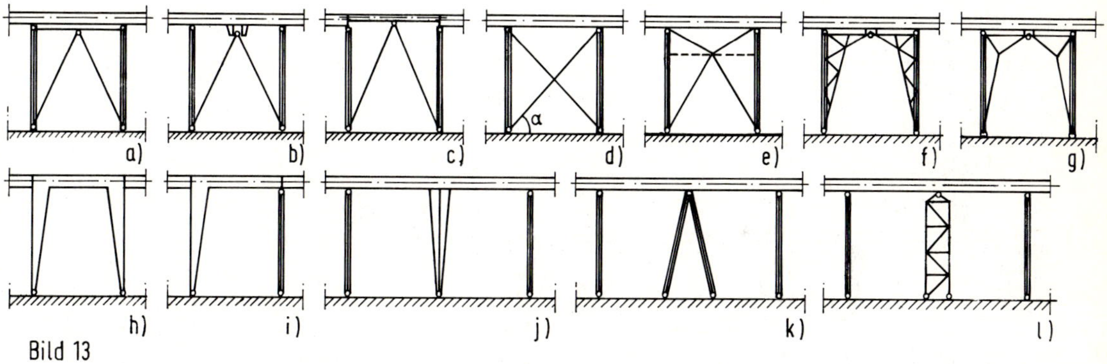

Bild 13

Zur Sicherstellung der Längsstabilität und zur Aufnahme der Antriebs- und Bremskräfte (und fallweise der auf die Giebelwände der Halle anfallenden Windkräfte) ist in jeder Kranbahnträgerebene zwischen den Dehnfugen der Halle mindestens ein Verbandsfeld anzuordnen. Um klare Tragverhältnisse zu erzielen, werden der Kranbahnträger und die Verbandskonstruktion getrennt, vgl. Bild 13a,b,f und g; bei diesen Lösungen wird mittig eine vertikal verschiebliche Konsolabtragung vorgesehen. Die Lösung c ist ungünstig; hier dienen die Streben des Verbandes gleichzeitig als Auflager für den Kranbahnträger. Bei gekreuzten Diagonalen (Teilbild d) berechnet sich die Strebenkraft zu:

$$S = \pm \frac{H}{2\cos\alpha} \qquad (1)$$

Bei nur zugsteifer Ausbildung der Streben gilt:

$$S = + \frac{H}{\cos\alpha} \qquad (2)$$

Ein K-Verband behindert den Querverkehr unter der Kranbahnträgerebene hindurch weniger als ein Kreuzverband; aus diesem Grund ist bei der Lösung gemäß Teilbild e der Knoten höher gelegt; um diesen gegen Ausknicken aus der Tragebene zu stabilisieren, ist ein Horizontalträger erforderlich. Verbreitet sind Rahmenjoche (Portale), weil hierbei der Querverkehr am wenigsten behindert wird (Teilbild f und g). Bei den Lösungen gemäß Bild h bis l wird der Kranbahnträger in die Stabilisierungskonstruktion integriert; derartige Konstruktionen sind relativ aufwendig. Wegen der unterschiedlichen Steifigkeit wird das Laufverhalten der Krane in diesem Bereich zudem ungünstig beeinträchtigt; Instandsetzungsmaßnahmen (Auswechseln beschädigter Kranbahnträger) sind schwieriger durchzuführen.

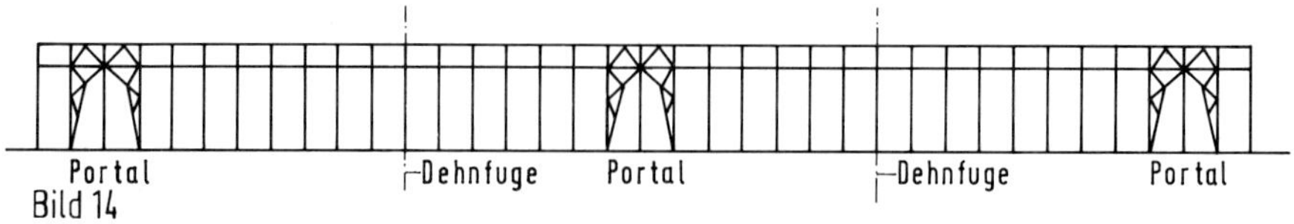

Bild 14

Bild 14 zeigt eine Halle mit ca. 300m Länge, die durch zwei Dehnfugen in drei Abschnitte gegliedert ist.

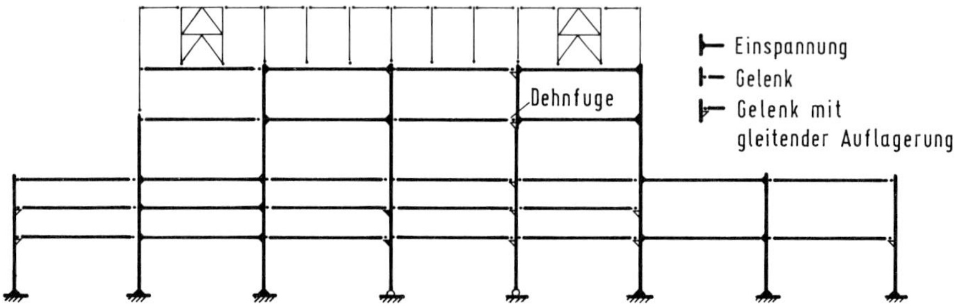

Bild 15

Bild 15 zeigt eine andere Konzeption einer Längsaussteifung ohne jegliche Verbände (Ausnahme: Dachgeschoß); die Aussteifung wird hier durch unterschiedlich strukturierte Rahmen erreicht.

21.2 Brückenkrane

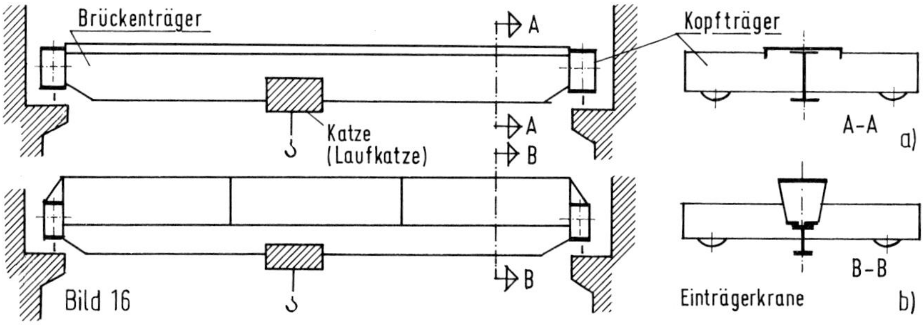

Bild 16

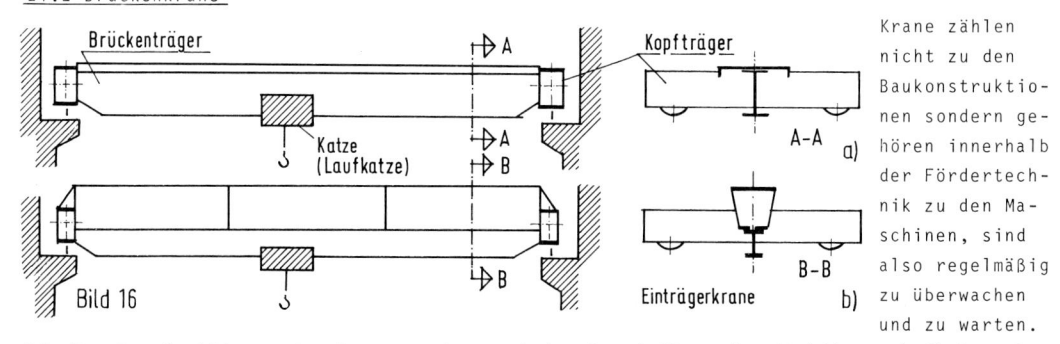

Krane zählen nicht zu den Baukonstruktionen sondern gehören innerhalb der Fördertechnik zu den Maschinen, sind also regelmäßig zu überwachen und zu warten. Die Tragkonstruktionen der Krane werden nach den Grundsätzen der Stahlbautechnik berechnet und ausgeführt. Aus der Sicht der Fördertechnik zählen die Brückenkrane zu den Unstetigförderern. Bei geringer Tragkraft und Spannweite kommen Einträgerkrane mit Unterflanschkatzen zur Ausführung. Bild 16 zeigt Beispiele in etwas schematischer Darstellung. Bei höherer Beanspruchung kommen Zweiträgerkrane mit Zweischienen-oberflanschkatzen zum Einsatz. Bild 17 zeigt zwei Querschnitte, im Fall a handelt es sich um I-, im Fall b um Kastenträger. Die Brückenträger binden beidseitig in sogenannte Kopfträger ein, in diesen liegen die Laufräder des Kranfahrwerkes (vgl. Bild 16 und 17). Die Industrie bietet Standardausführungen für unterschiedliche Spannweiten, Tragkräfte und Arbeitsge-

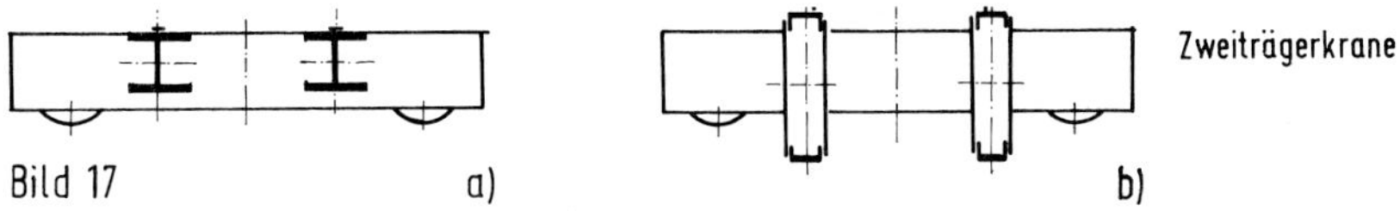

Bild 17

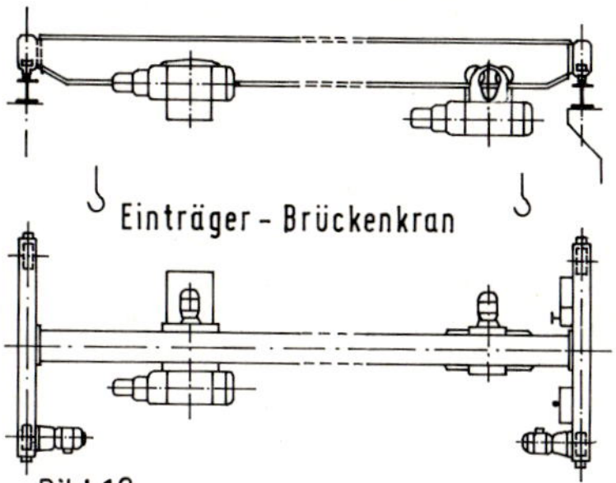

Bild 18 a)

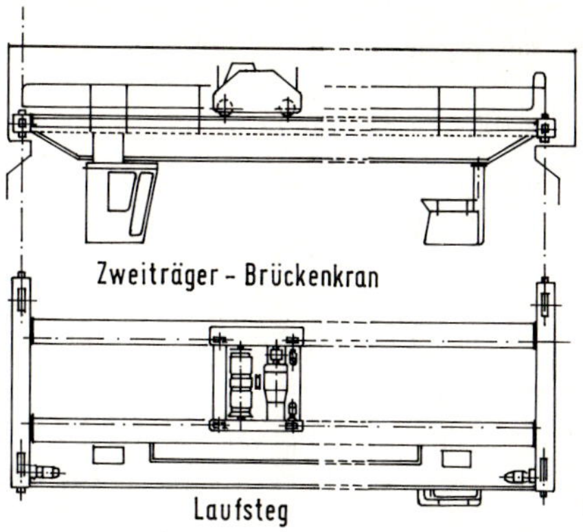

b)

schwindigkeiten katalogmäßig an; Bild 18 zeigt Beispiele. Kleine Krane werden flur-, große Krane korbgesteuert. Der Korb (die Kabine) ist i.a. an der Brücke befestigt, bei großen Spannweiten auch an der Katze. Auf dem Brückenträger ist i.a. ein Laufsteg mit Geländer

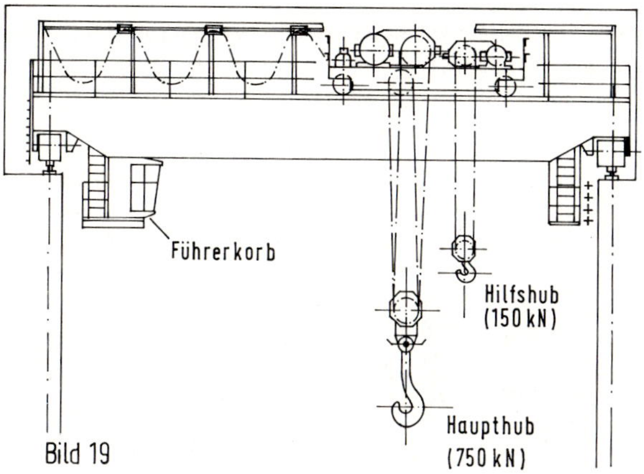

Bild 19

angeordnet, vgl. auch Bild 19. - Traglasten und Arbeitsgeschwindigkeiten für Brückenkrane mit Motorantrieb sind in DIN 15021 und DIN 15022 genormt: Hubgeschwindigkeit 1 bis 31,5m/min, Kranfahrgeschwindigkeit 25 bis 160m/min, Hubhöhen 8 bis 32m. Eine Beschränkung der Durchbiegung der Kranbrücke ist nach DIN 15018 nicht verlangt; es wird

$$\text{zul} f \approx \frac{l}{500} \div \frac{l}{800} \qquad (3)$$

empfohlen, anderenfalls sind gewisse Schwingungen der Brücke bei den Hub- und Fahrbewegungen von Katze und Kran nicht auszuschließen.

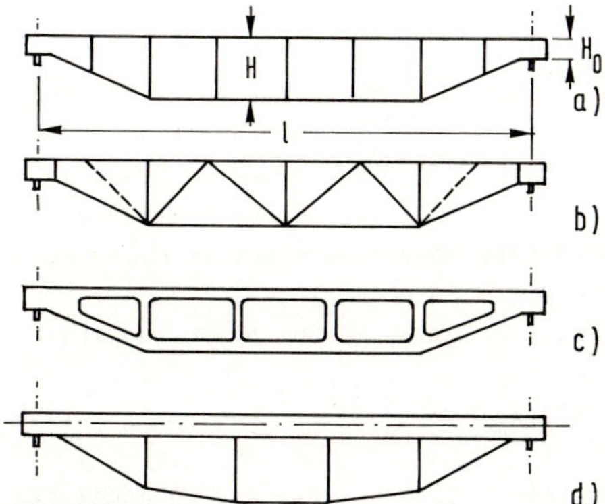

Bild 20

Ist l die Spannweite, wird der Kranradabstand zu 1/6 bis 1/8 gewählt, die Trägerhöhe zu 1/15, an den Enden zu $H_0 \approx 0{,}5 \cdot H$. Bild 20 zeigt unterschiedliche Ausführungsformen für den Brückenträger. Der Vollwandträger wird bevorzugt. Der Fachwerkträger hat den Vorteil eines etwas geringeren Eigengewichts und eines geringeren Windwiderstandes, was sich bei Hofkranbahnen günstig auswirkt. Nachteilig ist die geringere Ermüdungsfestigkeit in den Knotenbereichen, insbesondere im Obergurt. Aus diesem Grund scheiden Trägerformen gemäß Teilbild c und d praktisch aus. - Gemäß DIN 15018 ist der Kran vor Inbetriebnahme einer Probe- (Prüf-) Belastung zu unterwerfen und zwar in Form einer ruhenden Überlast in ungünstigster Stellung. Überlastfaktor: Hubklasse H1 und H2: 1,33, Hubklasse H3 und H4: 1,50.

Die Brückenkrane in Hüttenwerken sind schwere Maschinen mit hoher Hubtragkraft. Bild 21a zeigt einen Gießkran mit insgesamt acht hintereinander liegenden Laufrädern, die paarweise in Radschwingen zusammengefaßt sind. - Bei spurkranzfreien Rädern werden separate

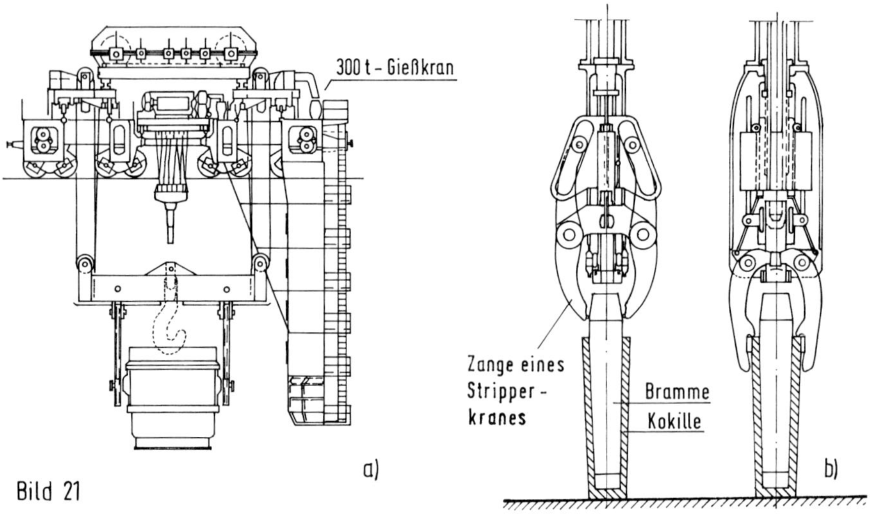

Bild 21

Führungsrollen angeordnet und zwar so weit wie möglich außen, um einen großen Führungshebelarm zu erhalten; vgl. Abschnitt 21.5.2.4. - Kranbahnträger, auf denen Stripperkrane verkehren, erfahren eine außerordentlich harte Dauerbeanspruchung, weil bei jedem Arbeitsgang die nahezu gleichhohe Beanspruchung auftritt: Mit Hilfe des in einem starren Schachtgerüst geführten Stripperbaumes wird die Kokille angehoben; mit dem Stößel (Stempel) wird die Bramme aus der Gießform herausgedrückt (Strippen ≘ Trennen von Block und Kokille), vgl. Bild 21b.

21.3 Kranschienen

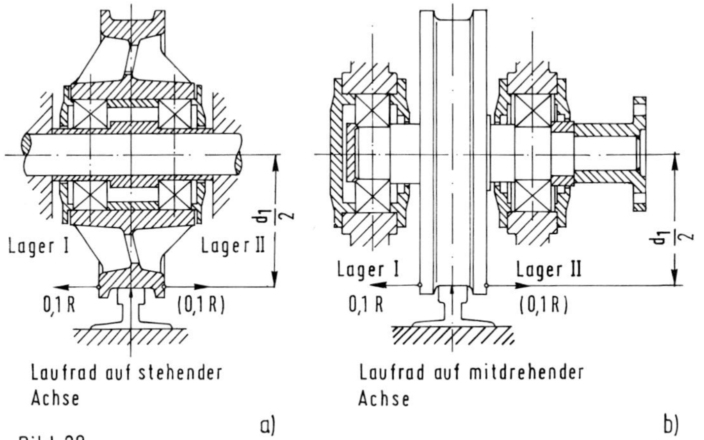

Bild 22

Die Laufräder werden meist aus Gußstahl (GS) oder Gußeisen (GGG), bei kleinen Rädern auch aus Kunststoff hergestellt. - Es werden Laufräder mit Spurkränzen (wie in Bild 22) und solche ohne Spurkränze (dann mit separaten, horizontal liegenden Führungsrollen) unterschieden. Räder mit Spurkränzen weisen eine etwas höhere Reibung und dadurch einen etwas höheren Verschleiß auf. Um den Verschleiß zu mindern, werden die seitlichen Schienenflächen vielfach (vom Kran aus) selbsttätig geschmiert.

Es werden folgende Kranschienen unterschieden (Bild 23):

a) Flachstahlschienen für kleine bis mittlere Raddrücke (50x30, 50x40, 60x30, 60x40, 60x50, 70x50)

b) bis f) Profilschienen für mittlere bis hohe Raddrücke:

b) A-Kranschiene mit Fußflansch nach DIN 536, Bl. 1;

c) F-Kranschiene nach DIN 536, Bl. 2, für spurkranzlose Laufräder; dieser Typ kommt für schwere Hüttenwerkskrane mit großen Raddrücken zum Einsatz;

d) Sonder-Kranschiene Q (quadratisch) und R (rechteckig) für schweren bis schwersten Betrieb; nicht genormt;

e) KS-Kranschiene. Dieses Schienenprofil sollte die Formen A und F ersetzen, der zugehörige Entwurf DIN 15087 wurde wieder zurückgezogen. Das Profil war durch eine schwach ballige Lauffläche gekennzeichnet, um den Raddruck zu zentrieren.

f) Eisenbahnschiene, hier Profil S33. Eisenbahnschienen kommen als Kranbahnschienen im Regelfall nicht zum Einsatz (sie dient hier Vergleichszwecken); wohl werden Bahnschienen (DIN 5902, Bl. 2) für Beton- oder Schwellenlagerungen von Außenkranlaufbahnen (z.B. Kaikranbahnen) eingesetzt. Sie werden wie Eisenbahnschienen befestigt. Es wurden auch schon Sonderprofile mit dickerem Steg gefertigt und eingesetzt.

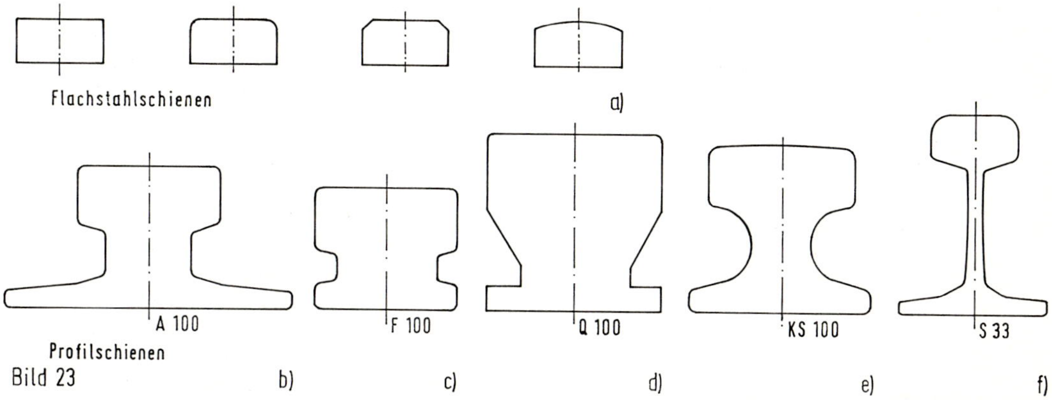

Bild 23

Schienen bestehen aus einem verschleißfesten Stahl; die Bruchfestigkeit liegt zwischen 590 bis 880 N/mm²; möglich ist auch die Verwendung eines Baustahles nach DIN 17100 (insbesondere für Flachstahlschienen, z.B. St60 oder St52-3). Die Schienen werden nach DIN 15070 (Krane, Berechnungsgrundlagen für Laufräder) dimensioniert und zwar nach halbempirischen Ansätzen, die auf der Theorie der HERTZschen Pressung aufbauen. Für die Paarung Laufrad/Schiene wird bestimmt:

$$\text{zul}\,p = \frac{p_0^2}{0{,}35E} \quad \text{wobei} \quad E = \frac{2E_1 \cdot E_2}{E_1 + E_2}, \quad p_0 \approx \frac{1}{3} \cdot HB \quad (\text{HB Brinellhärte}) \tag{4}$$

Aus dem minimalen und maximalen Raddruck wird ein Rechenwert gebildet:

$$F_R = \frac{\min F_R + 2 \cdot \max F_R}{3} \tag{5}$$

Der Raddurchmesser folgt zu:

$$D = \frac{F_R}{\text{zul}\,p \cdot b \cdot c_2 \cdot c_3} \tag{6}$$

b ist die wirksame Radbreite, c_2 und c_3 sind Beiwerte in Abhängigkeit von Laufraddrehzahl und Betriebsdauer (vgl. DIN ´5070).-
Ist s die Spurweite in m, so sind bei der Schienenverlegung auf dem Kranbahnträger folgende Genauigkeitsforderungen (gemäß DIN 4132) einzuhalten: $s \leq 15$m: $\Delta s = \pm 5$mm, $s > 15$m: $\Delta s = \pm 0{,}25 \cdot (s-15)$mm; vgl. DIN 4132, Abschn. 5.7 sowie VDI-Ri 3576.

Wird die Kranschiene mit dem Kranbahnträger durchgehend verbunden (verschweißt, selten verschraubt, früher angenietet), kann sie statisch in den Trägerquerschnitt einbezogen werden; dabei ist eine 25%ige Abnutzung des Schienenkopfes zu berücksichtigen*. Soll die Schiene statisch nicht mit herangezogen werden, aber durch Heftschweißung angeschlossen werden, ist die Naht für die auftretende Schubkraft zu bemessen. Unterbrochene Schweißnähte sind wegen der hiermit verbundenen Kerbwirkung zu vermeiden. - Voraussetzung einer statischen Mitwirkung aufgeschweißter Schienen ist deren Schweißbarkeit im Sinne von DIN 18800 T1; es kann z.B. St52-3 (und nicht der an sich verschleißfestere Stahl St60) geschweißt werden.
Werden die Schienenstöße nicht durch Schweißung geschlossen (Thermit- oder Lichtbogenschweissung, vgl. Abschnitt 11.4), sind sie möglichst mit Schrägschnitten auszubilden. Querlücken verursachen beim Überfahren Stöße und Verschleiß. Derartige Stöße sollten gegenüber dem Stoß des Kranbahnträgers versetzt angeordnet werden. Bei schwimmender Schienenlagerung (vgl. folgend) ist der Klemmplattenabstand im Stoßbereich zu 200 bis 250mm zu wählen,

* Querschnittswerte: Anhang A1 (S.1400).

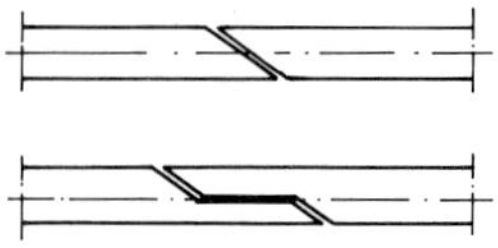

Ausführungsformen von Schienenstößen
Bild 24

ggf. ist eine beidseitige Führungsbandage vorzusehen, um an der Stoßstelle eine versatzfreie Flucht der Schiene sicherzustellen. In Bild 25 sind verschiedene Schienenauflagerungen skizziert. In Teilbild a ist die Schiene unter Verwendung von Keilscheiben aufgeschraubt, im Falle b aufgeklemmt. Günstiger ist es in solchen Fällen, ein Schleißblech unterzulegen oder, was bei hochbeanspruchten Schienen die Regel ist, eine elastische Unterlage in Form einer Kunststoff- oder Gummilamelle (mit Spezialgewebeeinlage, ca. 6mm dick). Bei derartigen Klemmausführungen spricht man von einer

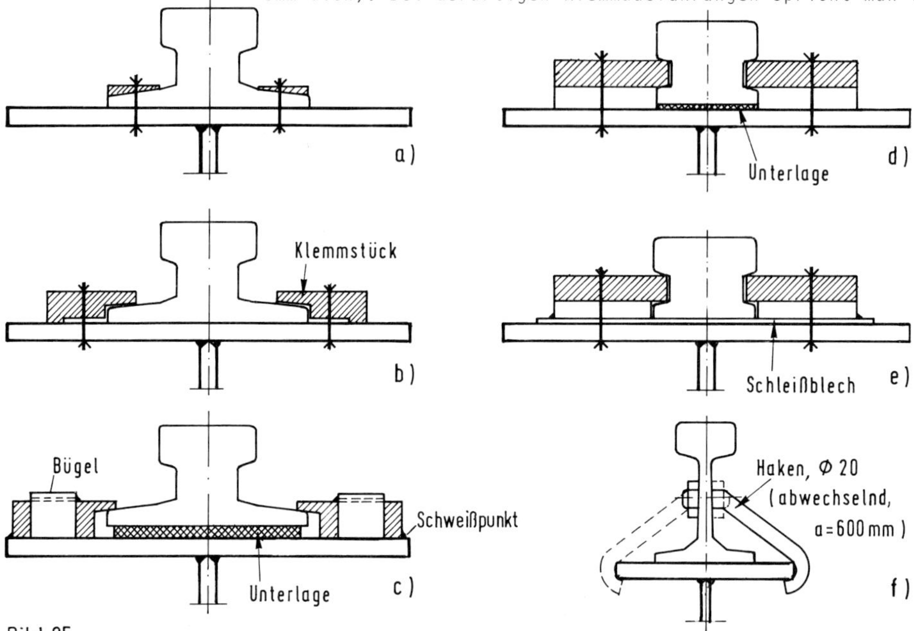

Bild 25

schwimmenden Lagerung, die Schiene "wandert". Zwischen den Klemmstücken werden Arretierstücke (Führungsleisten oder -knaggen aus Flachstahl) angeordnet, deren gegenseitiger Abstand wird zu 1000 bis 1500mm gewählt. Die Verwendung von Elastik-Unterlagen bringt folgende Vorteile mit sich: Geräusch- und Stoßdämmung, höherer Reibwiderstand zwischen Schiene und Trägerobergurt, Verringerung der Beanspruchung im Obergurt des Kranbahnträgers, Verminderung des Verschleisses von Schiene und Radsatz, Schienenbrüche sind seltener. - Bild 26 zeigt einen Kranbahnträgerobergurt älterer Bauart, bei welchem die Klemmen auf einem separaten Verschleißblech angeordnet sind. - Bild 27 zeigt eine patentierte Klemme mit einem Schrägloch. Hiermit ist es möglich, Montagetoleranzen (±5mm) durch die seitliche Verstellmöglichkeit auszugleichen. Der Schienenfuß wird zudem durch aufvulkanisierte Neoprenestützen elastisch vorgespannt. Gemeinsam mit der Neoprene-Unterlage (ballig oder profiliert) wird eine Schallisolierung und gute Lastverteilung bewirkt. - Derartige Klemmen kommen auch für Schienenauflagerungen auf Betonbanketten (kontinuierlich oder diskontinuierlich) zur Anwendung.

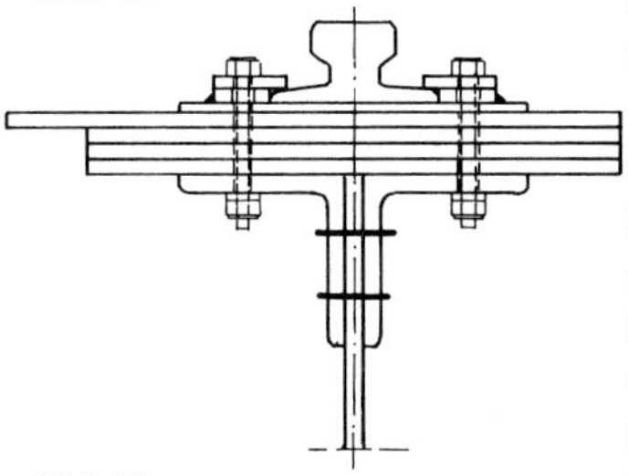

Bild 26

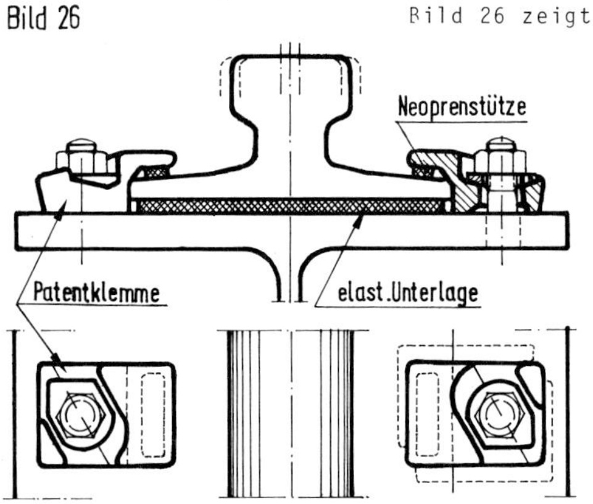

Bild 27

21.4 Kranbahnträger - Konstruktive Gestaltung

21.4.1 Kranbahnträger für leichten Betrieb

Als Kranbahnträger kommen vorrangig HE-A und HE-B Profile zum Einsatz. Dabei werden Zwei- oder Mehrfeldträger zwecks Minimierung der Durchbiegung bevorzugt (obwohl die Träger infolge der Durchlaufwirkung eine Wechselbeanspruchung erfahren). Bei Mehrfeldträgern ist es günstig, das Endfeld stärker auszubilden. z.B. durch einen Sprung von einem HE-A auf ein HE-B Profil. Der Stoß über der ersten Zwischenstütze ist indes aufwendig und nur schwierig ermüdungsgerecht auszubilden, so daß im Regelfall ein konstantes Profil durchgeführt wird.

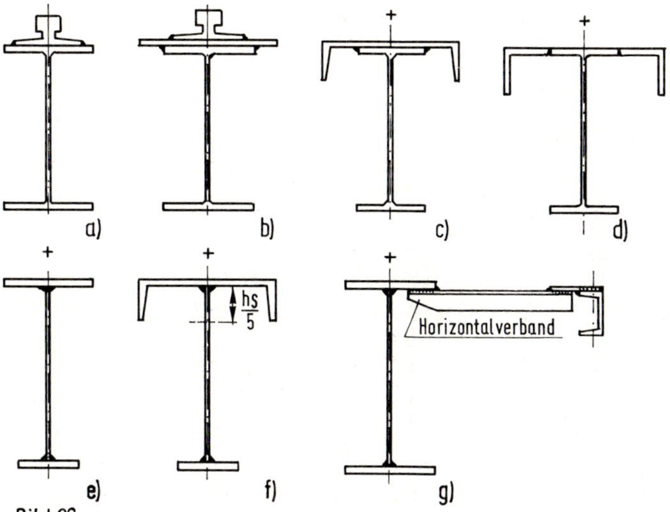

Bild 28

Bild 28 zeigt verschiedene einwandige Trägerformen. Zur Abtragung der Seitenkräfte erhalten die Träger im Obergurtbereich eine größere Seitensteifigkeit. Werden Walzträger verwendet, sind ggf. zusätzliche Gurtplatten, [- oder Winkelprofile erforderlich, vgl. Bild 28a bis d. Geschweißte Träger erhalten von vornherein einen breiteren Gurt (Teilbild e und f). Bei großen Seitenkräften und Spannweiten wird ein Horizontalträger angeordnet (vgl. auch Abschnitt 21.4.2). Der Ausbildung der Obergurte ist besonderes Augenmerk zu widmen; vgl. Bild 29: Bei genieteten Trägern erhalten die Halsniete quergerichtete Kräfte aus dem Raddruck (Teilbild a). Zweckmäßig wird das Stegblech planeben gehobelt oder mit einem 1 bis 2mm hohen Überstand versehen, dadurch wird eine Kontaktübertragung der Raddrücke erreicht (Teilbild b). Wird die Halsnaht geschweißter Kranbahnträger als Doppelkehlnaht ausgeführt, entstehen sehr hohe Kerbspannungen; dieser Umstand schlägt sich in sehr niedrigen zul Betriebsfestigkeitsspannungen nieder (Teilbild c). Ein planebenes Hobeln ist zweckmäßig. Günstiger ist das Legen von K-Nähten. Bei Doppelkehlnähten besteht auch die Gefahr von Schrumpfverformungen, derart, daß sich die Gurtplatte auf die Stegkanten auflegt; vgl. Teilbild d. Es kann zweckmäßig sein, in die Gurtplatte durch einseitiges Erwärmen eine Gegenkrümmung einzuprägen.

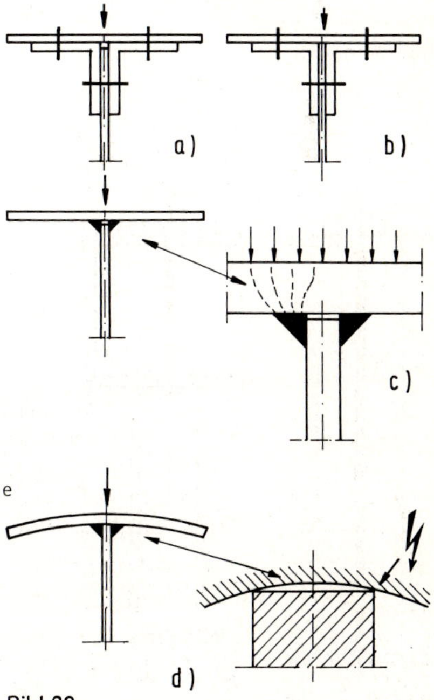

Bild 29

Der Spannungsnachweis einwandiger Kranbahnträger (ohne Horizontalträger) ist eine schwierige Aufgabe: Infolge der vertikalen und horizontalen Kräfte, die über die Schiene eingeleitet werden, entsteht doppelte Biegung und (Wölbkraft-)Torsion im Träger. Die Torsion wird durch Radlastexzentrizität erhöht. In Längsrichtung des Trägers werden

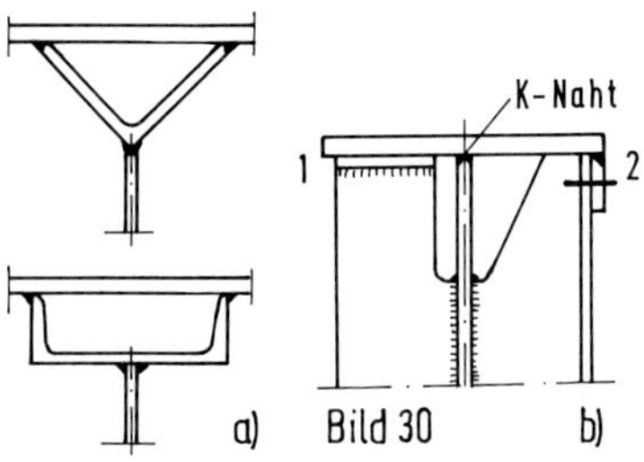

Bild 30

Normalkräfte durch Antrieb und Bremsen geweckt. Querbiegung und Torsion bewirken eine Ausbiegung und Verdrillung des Trägers, es liegt demnach ein Kippbiegeproblem Theorie II. Ordnung vor. - Ausführungen gemäß Bild 30a sind unbrauchbar; die Torsionssteifigkeit ist zwar stark erhöht, doch fehlt die Möglichkeit der direkten Radlastabtragung. - Kranbahnträger für leichten Betrieb werden häufig als Durchlaufträger ausgebildet. Dadurch ist die Laufruhe des Brückenkrans günstig; nachteilig ist dann allerdings, daß im Träger eine Wechselbeanspruchung auftritt ($\varkappa<0$). Im Bereich negativer Stützmomente ist es günstig, die Steifen nicht an das Obergurtblech anzuschweißen; Bild 30b zeigt zwei Ausführungsvorschläge.

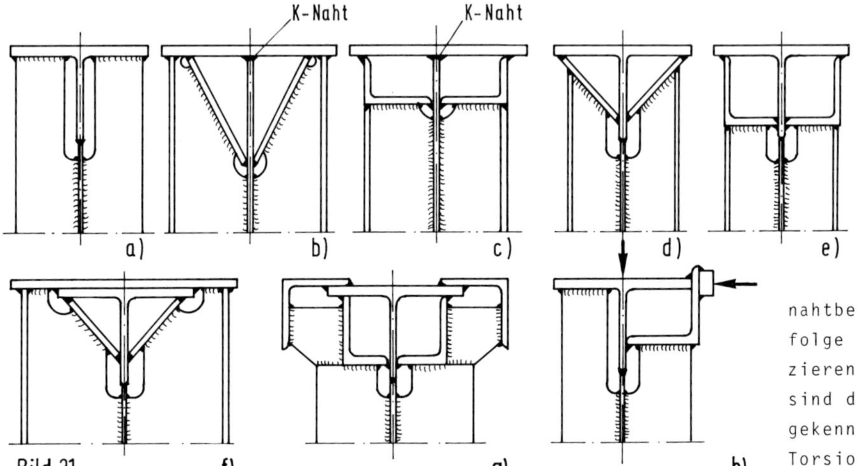

Bild 31

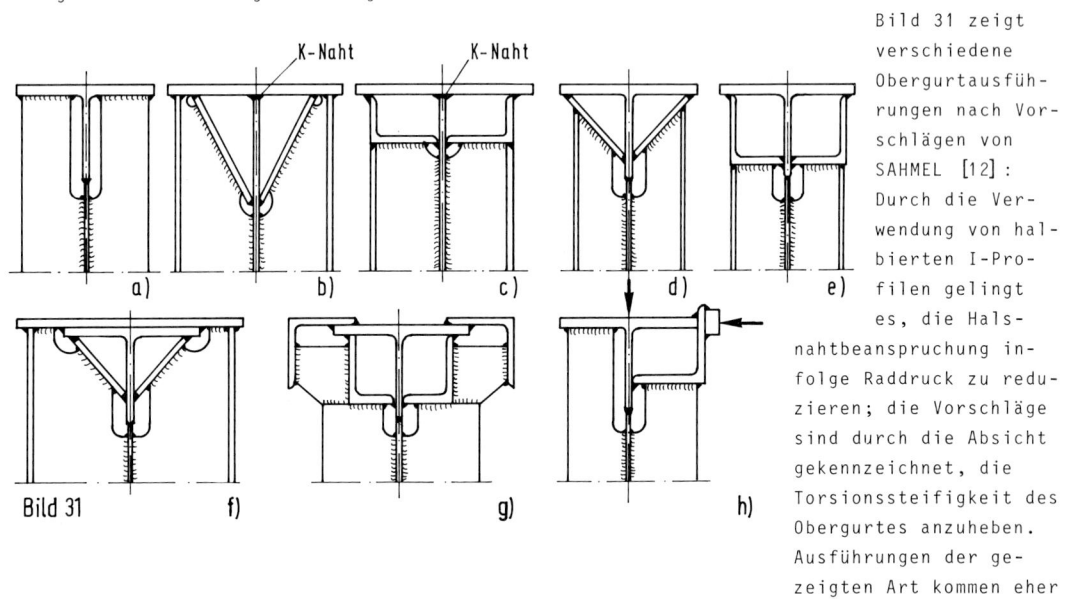

Bild 31 zeigt verschiedene Obergurtausführungen nach Vorschlägen von SAHMEL [12]: Durch die Verwendung von halbierten I-Profilen gelingt es, die Halsnahtbeanspruchung infolge Raddruck zu reduzieren; die Vorschläge sind durch die Absicht gekennzeichnet, die Torsionssteifigkeit des Obergurtes anzuheben. Ausführungen der gezeigten Art kommen eher für mittleren bis schweren Betrieb in Betracht. Nachteilig sind die Schweißnahtanhäufungen: Es entstehen hohe Eigenspannungen, auch ergeben sich zahlreiche Kerbfälle.

Für Träger mit ausgeprägter Horizontalsteifigkeit des Obergurtes (Bild 28c,d und f) und solche mit zusätzlichem Horizontalträger (Teilbild g) wird die Rechnung vielfach durch Splittung vereinfacht: Für die vertikalen Lasten wird der volle Querschnitt und für die Aufnahme der Seitenlasten nur der Obergurt zugrundegelegt, wobei ca. 1/5 des Stegbleches als mitwirkend angesetzt werden kann. Für Kranbahnträger mit Horizontalträger ist diese Vorgehensweise immer gerechtfertigt, da i.a. eine Queraussteifung des Trägers fehlt und demnach eine gemeinsame Tragwirkung als gesamtheitlicher Träger nicht zustande kommt. Für den hochbeanspruchten Obergurt liegt die Rechnung zudem auf der sicheren Seite.

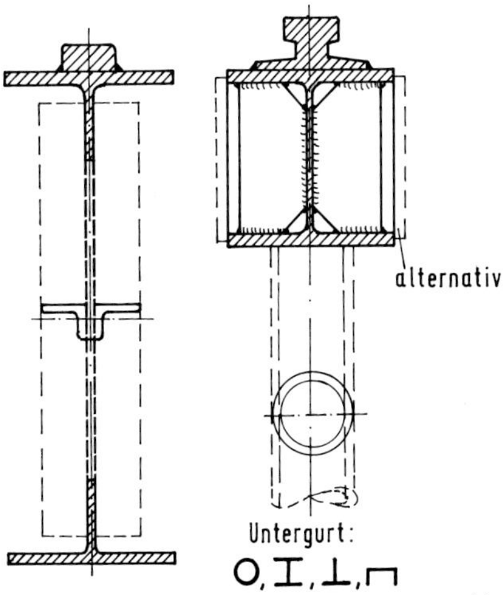

Bild 32

Bild 32 zeigt Querschnitte geschweißter Fachwerk-Kranbahnträger mit T- bzw. I-Obergurt. Infolge der unmittelbaren Belastung durch die Kranräder erhält der Obergurt eine Biegebeanspruchung. Sofern kein genauerer Nachweis geführt wird, empfiehlt es sich nach BLEICH [13], in allen Feldern das Feld- und Stützmoment zu

$$M_F = \frac{1}{5} Ra; \quad M_S = -\frac{1}{7} Ra \tag{7}$$

zu berechnen. R ist die Radlast und a der Pfostenabstand. Diese Abschätzung gilt unabhängig von der Ausfachungsart und berücksichtigt die elastische Nachgiebigkeit des Gesamtträgers; vgl. auch die Abschätzung nach DIN 4132.

21.4.2 Kranbahnträger für schweren Betrieb

Kranbahnträger für schweren Betrieb (z.B. in Hüttenwerken) werden i.a. als Einfeldträger ausgeführt. Die Durchbiegung derartiger Träger sollte das Maß 1/1000 nicht überschreiten, um ein gutes Fahrverhalten sicherzustellen (keine "Berg- und Talfahrt"). - Es werden unterschieden (Bild 33): a) Hauptträger, b) oberer Horizontalverband, der vielfach gleichzeitig als Laufsteg ausgebildet wird, c) Nebenträger (auch Seiten- oder Bühnenträger genannt) zur Stützung des oberen Horizontalträgers, d) unterer Horizontalträger. Der Nebenträger wird i.a. als Fachwerkträger ausgebildet und erhält in der Regel noch Lasten aus den Rohrleitungen. - Mittelträger mehrschiffiger Hallen, die beidseitig Kranschienen aufnehmen, erhalten einen gemeinsamen oberen Horizontalträger. In solchen Fällen ist es ggf. zweckmäßig, einen kastenförmigen und damit torsionssteifen Träger auszubilden, wie in Bild 34 dargestellt. Bei der konstruktiven Durchbildung der Träger ist es günstig, die vertikalen Quersteifen einseitig außen anzuordnen; sie dienen dann gleichzeitig als Halterungsstege für die Schleifleitungen. Innen werden, falls erforderlich, die horizontalen Beulstei-

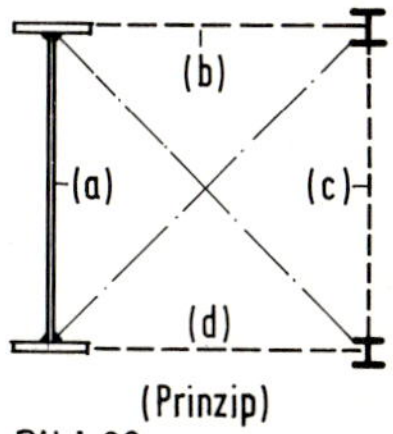

Bild 33

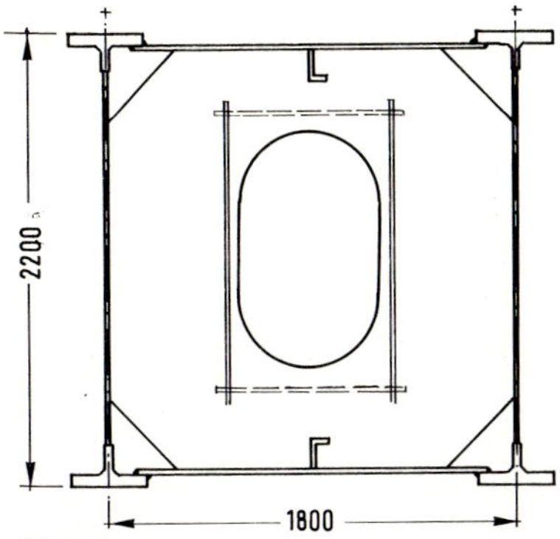

Bild 34

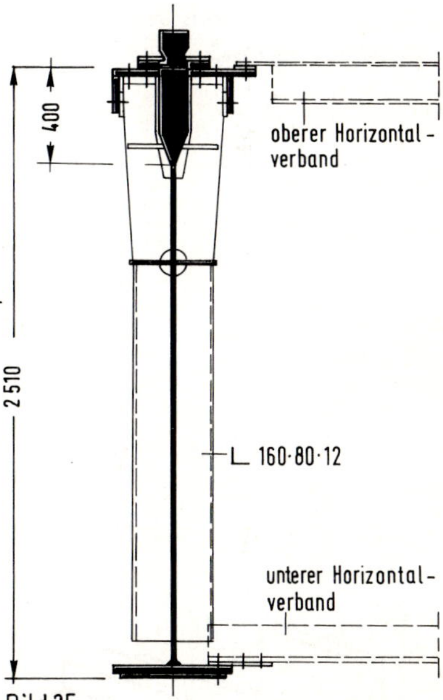

Bild 35

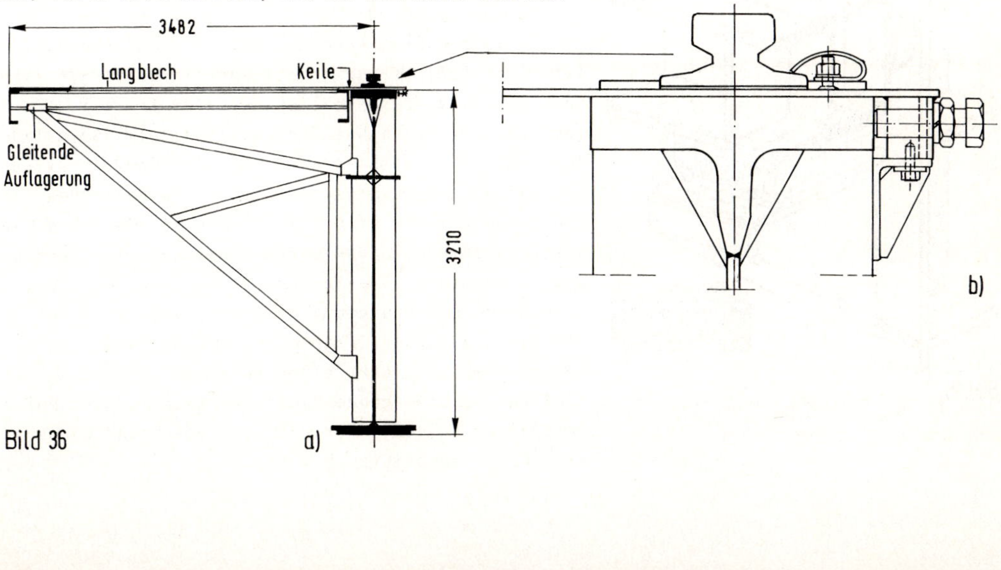

Bild 36

fen angeordnet, dadurch werden Steifen-Kreuzungspunkte vermieden. Die Ausbildung der Obergurte wird maßgeblich von den hohen Raddrücken bestimmt, vgl. wegen der erforderlichen Nachweise Abschnitt 21.5.4.5.
Bild 35 zeigt einen Kranbahnträgertyp neuerer Entwicklung (nach MAAS [4]); hierbei wird ein klotzartiges Sonderprofil angeordnet, auf welchem die Kranschiene unmittelbar aufliegt. Beidseitig werden Gurtlamellen angeschweißt. Mehrlagige Gurtbleche lassen sich praktisch nicht anschweißen. Die Herstellung des Sonderprofils ist teuer, die Schweißungen (mit hoher Vorwärmung) sind aufwendig. - Bild 36 zeigt einen anderen Kranbahnträger mit einem Sonderprofil für den Obergurt. Die Kranschiene liegt in diesem Fall fest auf einem horizontal liegenden Blech auf, welches zwei [-Profile als Gurtung hat; das ist der Horizontalträger, dessen Lage mittels Stellschrauben zur Justierung der Spurweite verändert werden kann (Teilbild 36b). Zur Stützung des Horizontalträgers dient eine Konsolkonstruktion.- Der Kranbahnträger des Bildes 37 ist ebenfalls mit einem bemerkenswerten Obergurt ausgestattet, insbesondere wegen der seitlich angeordneten Schienen für die Führungsrollen. Der Horizontalträger liegt dadurch etwas tiefer. Neben den vorstehenden Beispielen wurden weitere Sonderformen entwickelt. Bezüglich der Obergurtgestaltung stehen sich zwei Auffassungen gegenüber:

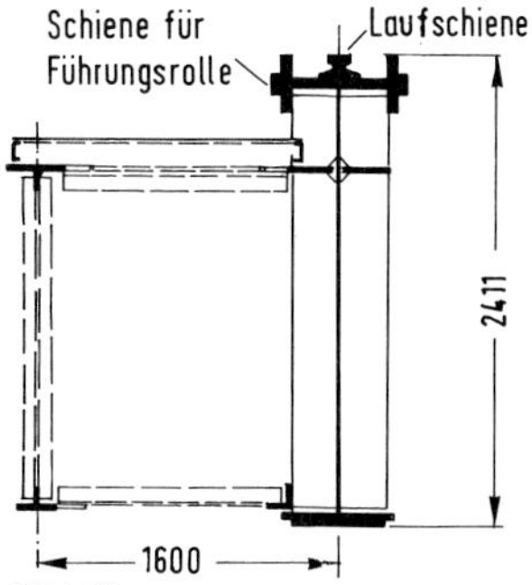

Bild 37

a) Hohe Torsionssteifigkeit zur vollen Aufnahme des anfallenden Torsionsmomentes; die exzentrischen Raddrücke liefern hierzu einen beträchtlichen Beitrag;
b) Geringe Torsionssteifigkeit mit der Folge, daß sich der Obergurt verdreht und sich dadurch eine Zentrierung von selbst einstellt.

Als Obergurt verwendete halbierte HE-Profile für mittelschwere Kranbahnen sind stets eine gute Lösung. Darüberhinaus erlaubt die heutigentags zur Verfügung stehende Schweißtechnik Dickblechschweißungen bis 80mm (und ggf. mehr). Ein konstant durchgeführtes Vollprofil (Breitflachstahl) mit fallweise abgestuftem Stegblech dürfte für schwere Kranbahnträger die beste und wirtschaftlichste Lösung sein (wenn auch nicht die materialsparsamste), wobei sämtliche Quersteifen am Gurt nicht angeschweißt sondern nur exakt angepaßt werden.

21.4.3 Auflagerung von Kranbahnträgern

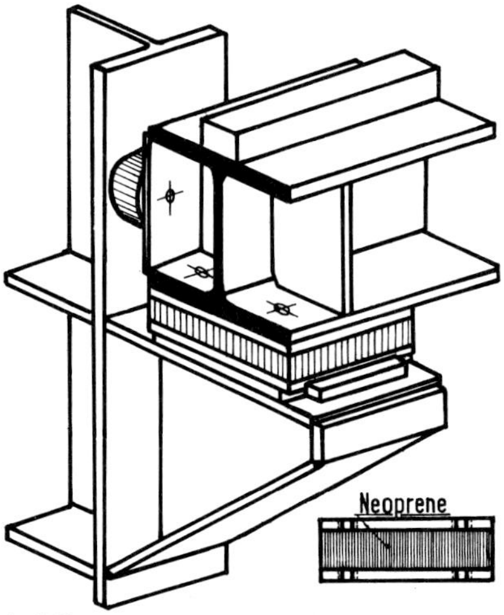

Bild 38

Die Träger werden entweder auf Konsolen oder Stützenabsätzen aufgelegt; eine Zentrierung ist zweckmäßig. Die Träger erhalten hier Quersteifen oder bei zweiwandiger Ausführung Querschotte. Die Längskräfte aus Kranantrieb werden über Verbände und die Seitenkräfte über eine Haltekonstruktion in Höhe des Obergurtes an die Stützen abgesetzt. I.a. werden die Träger im Auflagerpunkt fest angeschraubt, ggf. aber auch nur längsverschieblich angeklemmt. Es ist auch möglich, die Kranbahnträger auf spezielle Gummilager aufzusetzen (Federkonstante: C). Der Träger ist dann als Balken auf elastischen Stützen zu berechnen, das Stützmoment fällt niedriger als bei starrer Lagerung aus. Ein solches Lager wirkt schwingungsisolierend und lärmdämmend. Die Seitenkräfte werden über entsprechende Halterungen abgeleitet; vgl. Bild 38. - Bei durchlaufenden Trägern ist die Auflagerung unter dem Gesichtspunkt einer Kerbfallminimierung auszubilden. Querliegende Nähte zum Anschluß der Auflagersteifen an den unter Biegezug stehenden Obergurt sind als ungünstig zu bewerten.

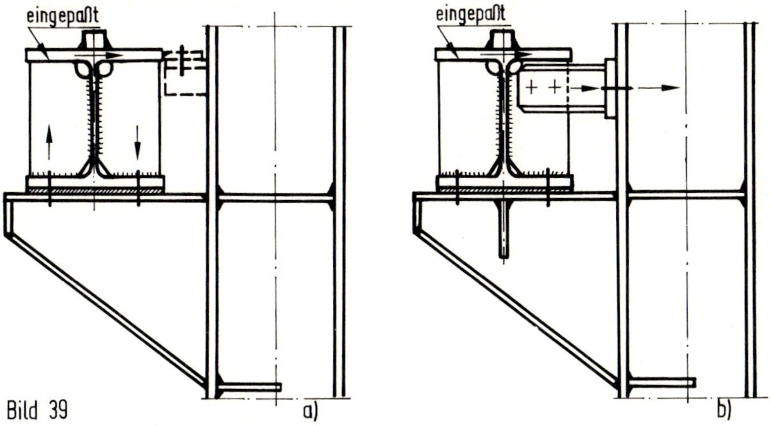

Bild 39

Eine auf Kontakt eingepaßte Quersteife mit Rundausschnitten ist günstiger aber nicht ohne Nachteile: Die Seitenkräfte aus der Querbiegung des Obergurtes werden über den Steg in die Steifen und von hier in die Konsole abgeleitet. Vom Standpunkt der Kraftabtragung ist eine Anbindung des Obergurtes an die Stütze günstiger (vgl. gestrichelt gezeichnete Lasche in Bild 39a). Derart angeschweißte Kurzlaschen sind als starke bis sehr starke Kerbwirkung einzustufen, also auch nicht sehr zweckmäßig. Teilbild b zeigt eine andere Variante. Da sich bei durchlaufenden Kranbahnträgern das Feldmoment um 20 bis 30% höher ergibt als das Stützmoment und somit für die Dimensionierung des Trägerprofils maßgebend ist, kann eine gewisse Kerbwirkung am Zuggurt über der Stütze im Rahmen des Betriebsfestigkeitsnachweises, insbesondere bei geringer bis mittlerer Beanspruchungsgruppe, innerhalb der zul σ_{Be}-Spannungen verkraftet werden. Das ist der Grund dafür, daß (obwohl vom Prinzip her ungünstig) die Auflagersteifen in vielen Fällen am Zuggurt angeschweißt und Haltelaschen, wie in Bild 39a dargestellt, angeordnet werden.

21.5 Berechnungsgrundlagen für Kranbahnträger

Für Berechnung, bauliche Ausbildung und Ausführung von Kranen und Kranbahnen war ehemals DIN 120 (09.1936, Zusatzblatt 1942) maßgebend. Heute ist für die Berechnung der Krane DIN 15018 (Nov. 1984) und für die Berechnung der Kranbahnen DIN 4132 (Febr. 1981) anzuwenden; beide Normen sind aufeinander abgestimmt. Krane zählen nicht zu den baulichen Anlagen; deren Prüfung fällt in die Zuständigkeit des TÜV. - DIN 4132 ist bauaufsichtlich eingeführt, zur Norm gehört ein Beiblatt mit Erläuterungen, vgl. auch [14].

Die Kräfte werden vom Laufwerk des Kranes über die Kranschienen auf die Kranbahnträger und von hier über die Hallentragkonstruktion auf die Fundamente abgetragen. Vom Kran werden lotrechte und waagerechte Kräfte abgesetzt. Die verschiedenen Kranarten sind in DIN 15018

- nach der Hubmöglichkeit in die Hubklassen H1, H2, H3 und H4 und
- nach den Spannungsspielbereichen und Spannungskollektiven in die Beanspruchungsgruppen B1 bis B6 eingestuft.

Zu den Hauptlasten zählen die ständigen Lasten und die lotrechten Verkehrslasten aus den Kranlaufrädern einschließlich Schwingwirkung und bei den Beanspruchungsgruppen B4, B5 und B6 ein außermittiger Lastangriff der Kranräder von ± 1/4 der Schienenkopfbreite; zu den Zusatzlasten gehören im wesentlichen die waagerechten Lasten quer und längs zur Fahrbahn.

21.5.1 Lotrechte Lasten

Zu den lotrechten Lasten zählt zum einen die Eigenlast von Kran und Katze sowie von Unterflansch, Traverse, Greifer, Seilen usf. und zum anderen die Nennhublast (max Tragkraft) des Kranes. Die Eigenlastanteile und deren Schwerpunkte liegen seitens des Kranlieferanten fest. Die Raddrücke der Kranbrücke lassen sich hieraus berechnen; i.a. sind die Endstellungen der Katze maßgebend. - Das Anheben und Absenken der Lasten ist ein dynamischer Vorgang. Die Krankonstruktion reagiert auf die hiermit verbundenen Massenkräfte mit Schwingungen. Beim Verfahren des Kranes werden ebenfalls Schwingungen der Kranbrücke ausgelöst. Alle diese Einflüsse werden nach DIN 4132 pauschal durch einen Schwingbeiwert erfaßt, mit dem die Radlasten zu vervielfachen sind; er beträgt für Hubklasse H1, H2, H3, H4 für die

Kranbahnträger 1,1; 1,2; 1,3; 1,4 und für die Unterstützungen und Aufhängungen 1,0; 1,1; 1,2; 1,3. Grundbauten, Bodenpressungen, Formänderungen, Lagesicherheit sind ohne Schwingbeiwert nachzuweisen.
(Bei der Berechnung der Krane wird zwischen dem Eigenlastbeiwert φ (1,1 bis 1,2) und dem Hublastbeiwert ψ (1,1 bis 2,2) unterschieden.)
Wegen der weiteren Ansätze, insbesondere Radlasten aus mehreren Kranen, wird auf DIN 4132 verwiesen.

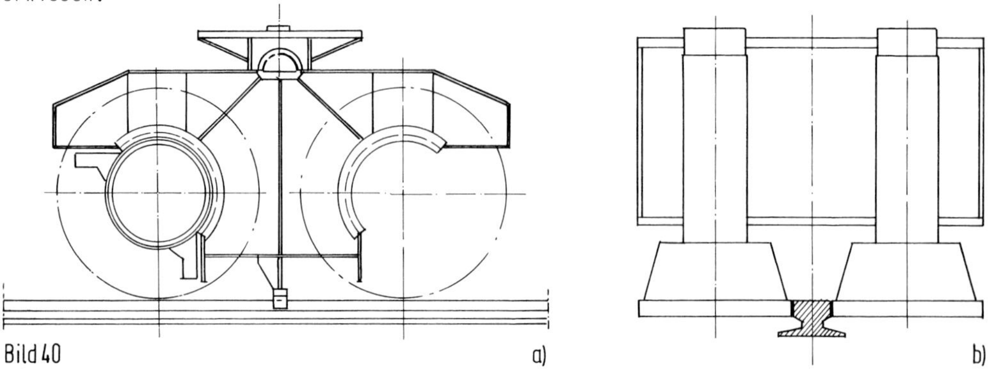

Bild 40 a) b)

Zwillingslaufräder mehrrädriger Krane laufen in Radschwingen (Bild 40a); dadurch ist sichergestellt, daß die Raddrücke statisch bestimmt abgesetzt werden. Die waagerechten Lasten werden entweder über Spurkränze (vgl. Abschnitt 21.3) oder über Führungsrollen auf die Kranschienen abgetragen; Bild 40b zeigt derartige Rollen und ihre Anordnung im torsionssteifen Kopfträger.

21.5.2 Waagerechte Lasten

21.5.2.1 Kraftschluß-Schlupf-Funktion

Für die Bestimmung der von den Kranlaufrädern auf die Kranschienen und damit auf die Kranbahnträger abgesetzten Kräfte ist die Frage des Kraftschlusses zwischen Rad und Schiene wichtig; sie ist wiederum eng mit dem Schlupfproblem verknüpft.
Am rollenden Rad, das eine Umfangskraft und eine Querkraft zu übertragen hat, tritt in Längsrichtung eine Wälzreibung und senkrecht dazu eine Gleitreibung auf. Die beim Rollen ablaufenden Vorgänge werden als Kraftschluß bezeichnet; die im Kraftschlußpunkt übertragenen Kräfte betragen (vgl. Bild 41):

$$X = f_x \cdot R \;, \quad Y = f_y \cdot R \tag{8}$$

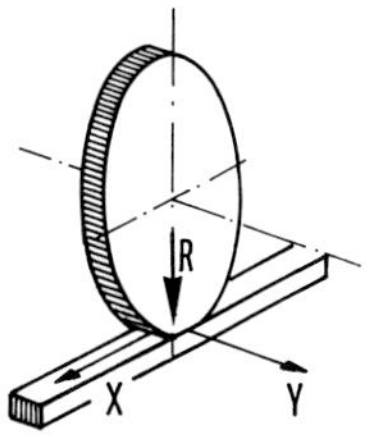

Bild 41

R ist der Raddruck, f_x und f_y sind die Kraftschlußbeiwerte in der Berührungszone zwischen rollendem Rad und Schiene in Längs- bzw. Querrichtung; ihre Größe ist abhängig vom Schlupf σ in diesen Richtungen. (σ ist hier kein Spannungssymbol!). Der Schlupf σ ist als Quotient von Gleitgeschwindigkeit zu Bezugsgeschwindigkeit definiert; als letztere dient i.a. die Roll- (also Fahr-) Geschwindigkeit. Wird eine konstante Beharrungsfahrt unterstellt, kann σ auch als Quotient von Gleitweg zu Bezugsweg definiert werden. Die Abhängigkeit zwischen Kraftschlußbeiwert und Schlupf σ wurde mittels Versuchen bestimmt [15-17], dabei erwies sich die Abhängigkeit als nichtlinear, wobei sich die Kraftschlüsse in Längs- und Querrichtung gegenseitig beeinflussen, vgl. Bild 42a; bei Kranrädern ist die Abhängigkeit indes relativ gering. Weiter konnte gezeigt werden, daß f_x und f_y
- von der Höhe der Wälzpressung,

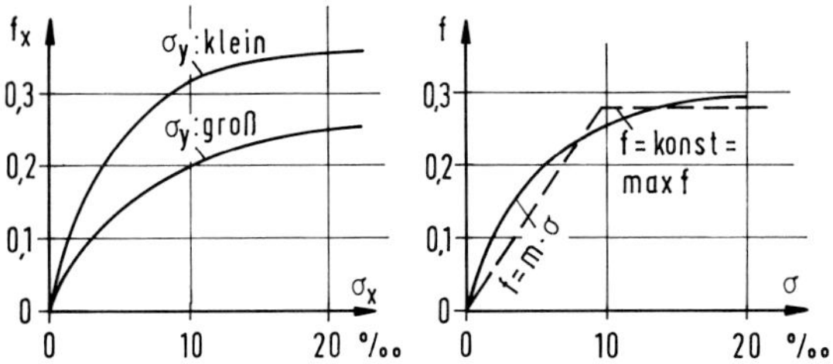

Bild 42 a) b)

- von den mechanischen Eigenschaften von Rad und Schiene, insbesondere deren Härte und
- von der Fahrgeschwindigkeit (innerhalb der in Frage kommenden Bereiche)

relativ unabhängig sind. Daher wird eine Mittelung angesetzt und, um zu einer praktikablen Rechnung zu kommen, die Kraftschluß-Schlupf-Funktion bis zu einem (vereinbarten) Wert max f linearisiert, vgl. Bild 42b. Steigungskoeffizient innerhalb der linearen Zunahme von f als Funktion von σ ist m_x bzw. m_y; damit gilt:

$$f_x = m_x \cdot \sigma_x \quad ; \quad f_y = m_y \cdot \sigma_y \tag{9}$$

Bezüglich der praktisch anzusetzenden f-Werte vgl. Abschnitt 21.5.2.4.1.

21.5.2.2 Zur Herkunft der waagerechten Kräfte

Es sind im wesentlichen zwei Wirkungen, durch die waagerechte Kräfte auf die Kranbahnträger ausgelöst werden:

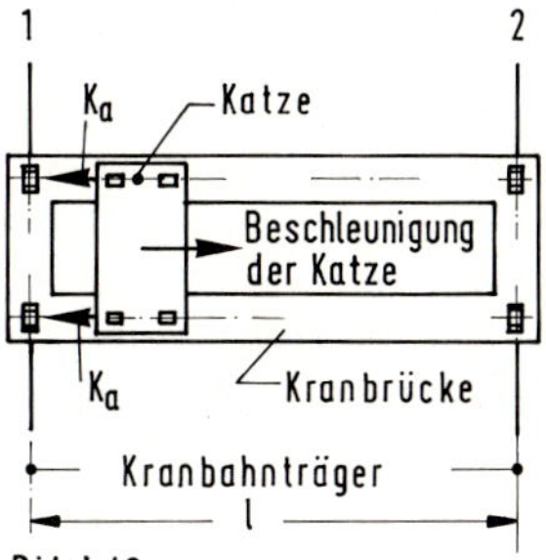

Bild 43

a) Massenkräfte aus den Bewegungen von Katze und Kranbrücke beim jeweiligen Beschleunigen oder Bremsen,
b) Führungskräfte beim Schräglauf der Kranbrücke.

Bild 43 zeigt die bei einer Beschleunigung der Katze auf die Brücke abgesetzten Kräfte K_a; diese werden über die Räder des Krans auf die Kranbahnträger übertragen. Da die Antriebe der Katzen relativ schwach sind, sind auch deren Antriebs- und Bremskräfte im Vergleich zu den Wirkungen der Kranbrücke gering; sie werden daher beim Nachweis der Kranbahnträger nicht weiter verfolgt. Messungen haben gezeigt, daß der Einfluß aus den Bewegungen der Brücke gegenüber denen der Katze weit überwiegt. (Da im folgenden eine Verwechslung zwischen K_a und K_r nicht möglich ist, werden die waagerechten Kräfte aus Antrieb und Bremsen der Kranbrücke mit K und die Raddrücke selbst mit R bezeichnet; sie wirken jeweils zwischen Rad und Oberkante (OK) Schiene.)

21.5.2.3 Massenkräfte aus Kranfahren

Die Antriebe von Kranen werden so ausgelegt, daß die Räder nicht durchrutschen, d.h., das Antriebsmoment des Motors (oder der Motoren) darf nicht größer sein, als durch Reibschluß zwischen Rad und Schiene übertragen werden kann. Die Reibschlußzahl f beträgt aufgrund von Messungen etwa 0,2. Der Antrieb eines Rades darf also nicht stärker als K=f·minR bemessen werden, wobei minR der geringmöglichste Raddruck dieses Rades ist. Ein Durchrutschen des Rades (bei stärkerer Auslegung des Antriebes) führt sofort zu hohem Verschleiß von Rad und Schiene. Aufgrund dieses Auslegungsgrundsatzes ist es zulässig, die Antriebs- und Bremskräfte der Kranbrücke (als auch die der Katze, was hier aber aus den oben erläuterten Gründen nicht verfolgt werden braucht) an den minimalen Raddrücken zu orientieren; das ist der Grundsatz von DIN 15018 und DIN 4132. - Bei der ehemals gültigen DIN 120 war in Fahrtrichtung in Höhe der Schienenoberkante 1/7 der max Raddrücke aller gebremsten Räder anzunehmen und als Seitenkräfte auf jeder Fahrbahnseite 1/10 der auf diesen Seiten abgesetzten Raddrücke, wobei jeweils die Katze in ungünstigster Stellung anzunehmen war. Bei dem Bremsansatz wurde offensichtlich ein Blockieren der gebremsten Räder mit dem Gleitreibungskoeffizienten 1/7≈0,15 unterstellt.

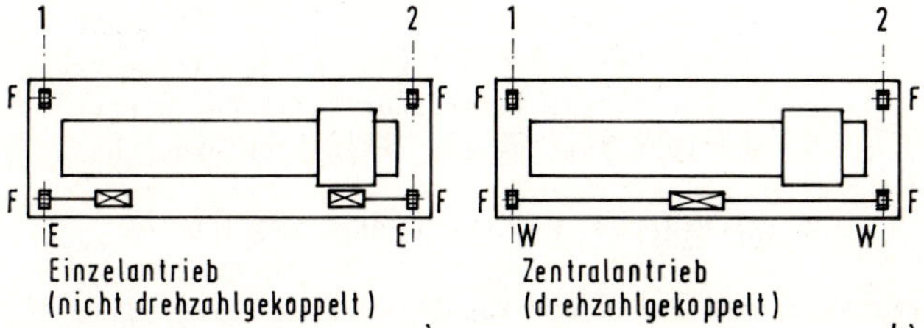

Bild 44

Die an den Rädern auftretenden waagerechten Kräfte sind von der Antriebsart des Kranes abhängig. Für den Standardfall eines Kranes mit je einem Laufradpaar pro Kopfträger zeigt Bild 44 die zwei gängigen Antriebsarten:

a) Krane mit nicht-drehzahlgekoppelten Rädern: Einzelantrieb (E),
b) Krane mit drehzahlgekoppelten Rädern: Elektrische oder mechani-

sche Welle (W): Bei mechanischer Drehzahlkopplung handelt es sich um eine starre Welle mit Zentralantrieb. Weiter wird unterschieden zwischen Festlager (F) und Loslager (L); diese Kennzeichnung bezieht sich auf die seitliche Verschiebbarkeit des Einzelrades in bezug zum Krantragwerk. Bei einem Festlager ist eine quer zur Schiene gerichtete Kraftübertragung möglich, bei einem Loslager nicht. Für die zuvor erläuterten Antriebsarten (E) und (W) gemäß Bild 44 berechnen sich die Antriebskräfte und hieraus die auf die Kranträger abgesetzten Massenkräfte H_M wie folgt:

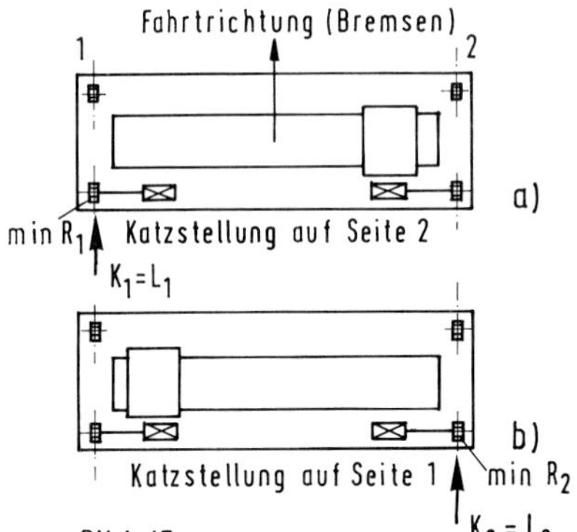

Bild 45

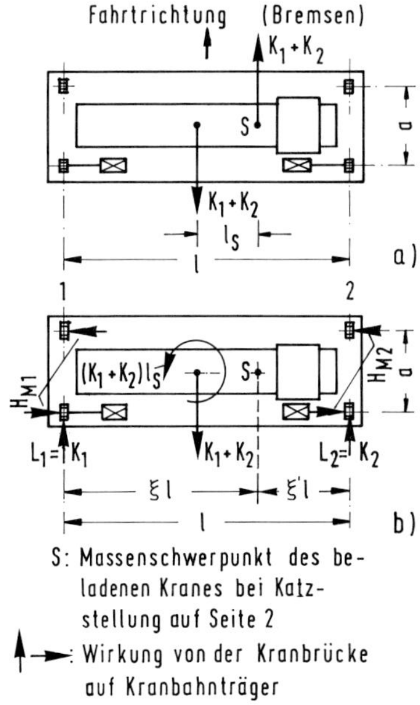

Bild 46

a) Einzelradantrieb (E)

Die kleinste Radlast ergibt sich dann, wenn die (von jeder Hublast und Schwingwirkung freie) Katze einseitig in Anfahrstellung steht. Auf der der Katze gegenüberliegenden Seite tritt dann min R auf, vgl. Bild 45. Mit 1 und 2 sind die beiden Seiten gekennzeichnet; min R_1, wenn die Katze am Anschlag 2 und min R_2, wenn die Katze am Anschlag 1 steht. Vom Kranhersteller werden für diese beiden Anfahrstellungen der Katze die jeweils kleinsten Raddrücke der gegenüberliegenden Seite bestimmt. Die Multiplikation mit f liefert die zulässige Antriebskraft für die Auslegung der jeweiligen (Einzelrad-) Antriebsmotoren. Um die dynamischen Wirkungen in Bewegungsrichtung einzufangen, wird für die der Kranbahnträgerdimensionierung zugrunde zu legende Antriebskraft K der Sicherheitsfaktor 1,5 eingerechnet. Damit betragen die waagerechten Antriebs- (bzw. Brems-) Kräfte längs der Fahrbahnseiten 1 und 2 (vgl. Bild 45, hier ist der Fall Bremsen dargestellt): (10)

$$\text{Seite 1: } L_1 = K_1 = 1{,}5 f \cdot \min R_1 \quad (\text{Katzstellung auf Seite 2})$$
$$\text{Seite 2: } L_2 = K_2 = 1{,}5 f \cdot \min R_2 \quad (\text{Katzstellung auf Seite 1})$$

Diese Kräfte sind motorenbedingt; auch auf der jeweiligen Seite mit maxR kann keine größere Antriebs- bzw. Bremskraft vom Einzelrad auf die Schiene abgesetzt werden! - Die Resultierende von K_1 und K_2 ist K_1+K_2. Die Lage dieser Antriebs- bzw. Bremskraftresultierenden (bezogen auf die Räder) liegt damit auch fest. I.a. ist $K_1=K_2=K$, die Resultierende liegt dann mittig zwischen den Kranbahnträgern vgl. Bild 46a. Bei einseitiger Katzstellung fällt der Massenschwerpunkt der Gesamtanlage (einschl. Hublast, aber ohne Schwingfaktor) nicht mit der Antriebs- bzw. Bremskraftresultierenden zusammen, daher entsteht infolge der Trägheitswirkung beim Anfahren bzw. Bremsen das Moment:

$$M = (K_1 + K_2)l_S; \quad K_1 + K_2 = 1{,}5 \cdot f \cdot (\min R_1 + \min R_2) \qquad (11)$$

l_S ist der Abstand zwischen dem Massenschwerpunkt S und der Resultierenden K_1+K_2 (Bild 46a). Dieses Moment wird durch Kraftschluß über die Räder abgesetzt, unabhängig davon, ob sie Spurkränze haben oder nicht. Handelt es sich um einen Kran mit zwei Rädern (oder mit zwei

Radpaaren in je einer Schwinge) und ist deren Abstand a, betragen die waagerechten Seitenkräfte infolge M (Bild 46b):

$$H_{M1} = \xi' \frac{(K_1 + K_2) \cdot l_S}{a} \; ; \quad H_{M2} = \xi \frac{(K_1 + K_2) \cdot l_S}{a} \qquad (12)$$

ξ und ξ' kennzeichnen den Abstand von S zu den Kranbahnträgern, d.h., M wird gemäß diesen Abstandverhältnissen auf die Seiten 1 und 2 aufgeteilt. Auch wenn bei spurkranzfreien Rädern Führungsrollen vorhanden sind, werden die Kräfte nicht über diese abgetragen (allenfalls gelegentlich und zufällig), denn das würde ein Überschreiten des Kraftschlusses quer zur Schiene und damit seitliches Rutschen voraussetzen. - Je größer das Moment M gemäß G.12 ist, umso größer sind die Seitenkräfte H_M. Maßgebend ist demnach jene der beiden Katzanfahrstellungen, für die l_S am größten ist. Beispiel: 4-Radkran; l=12,0m; a=3,0m; System EFF, zwei Räder angetrieben, symmetrische Ausbildung.

Unbelasteter Kran:

$$\min R_1 = \min R_2 = \min R = 20\,kN \longrightarrow K_1 + K_2 = 1{,}5 \cdot 0{,}2(20 + 20) = 12\,kN$$

(Vom Kranhersteller werden die Einzelradantriebsmotoren für 0,2·20=4,0kN ausgelegt.)

Belasteter Kran (vgl. Bild 48): Katzstellung auf Seite 2 mit Hublast ohne Hublastbeiwert: $\min R_1$=40kN, $\max R_2$=140kN, damit bestimmt sich die Lage des Massenschwerpunktes des belasteten Kranes zu:

$$\xi' = 2 \cdot 40 / (2 \cdot 40 + 2 \cdot 140) = 0{,}222, \quad \xi = 0{,}778$$

Für die belastete Katze auf Seite 1 ergeben sich entsprechend seitenverkehrte Werte. Da beide Antriebe gleichstark ausgelegt werden, liegt die Resultierende der Antriebs- bzw. Bremskraftresultirenden K_1+K_2 in Brückenmitte; somit:

$$l_S = (0{,}778 - 0{,}5) \cdot 12 = 3{,}34\,m \longrightarrow H_{M1} = \frac{0{,}222}{3{,}0} \cdot 12 \cdot 3{,}34 = 2{,}95\,kN \; ; \; H_{M2} = \frac{0{,}778}{3{,}0} \cdot 12 \cdot 3{,}34 = 10{,}4\,kN$$

Die maßgebende Bremskraft ist (auf beiden Seiten gleichgroß): L=1,5·0,2·20=6kN. Würde man, auf der sicheren Seite liegend, K_1 und K_2 unter Bezug auf minR mit Hublastanteil berechnen, folgt K_1+K_2=24kN und H_{M1}=5,90kN, H_{M2}=20,8kN (siehe folgend); diese Kräfte können aber wegen der Motorenauslegung nicht auftreten und brauchen daher auch nicht angesetzt zu werden; im Beiblatt 1 zu DIN 4132 wird indes so gerechnet!

b) Zentralantrieb (W)

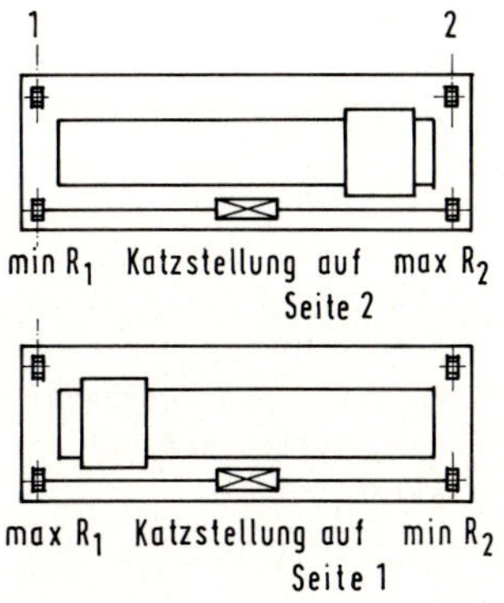

Bild 47

Bei Kranen mit Zentralantrieb werden die Antriebe i.a. auf die kleinste Radlastsumme des unbelasteten Kranes ausgelegt, d.h. auf die kleinere Radlastsumme der beiden möglichen Katzstellungen (Bild 47). Diese Aufgabe übernimmt wieder der Kranhersteller.

(Anmerkung: Die Katzen selbst haben in der Regel Zentralantrieb.)

Wegen des vorgenannten Auslegungsgrundsatzes beträgt die Massenkraft beim Anfahren oder Bremsen von Kranen mit Zentralantrieb:

$$K_1 + K_2 = 1{,}5 \cdot f \cdot \min(R_1 + R_2) \qquad (13)$$

Diese Summe ist größer als die Summe aus K_1 und K_2 gemäß G.11. Bei Zentralantrieb sind somit höhere Beschleunigungen und Verzögerungen möglich. - Es wird dasselbe Beispiel wie zuvor berechnet; vgl. Bild 48: Die minimale Radlastsumme des unbelasteten Kranes ist 20+40=60kN. Somit folgt gemäß G.13:

$$K_1 + K_2 = 1{,}5 \cdot 0{,}2 \cdot 60 = 1{,}5 \cdot 12 = 18\,kN$$

Bei Einzelradantrieb galt K_1+K_2=12kN. Bei belastetem Kran betragen $\min R_1$ und $\max R_1$ unverändert 40 bzw. 140kN; der Schwerpunkt S ist derselbe, d.h.: ξ=0,778, ξ'=0,222, l_S=3,34m.

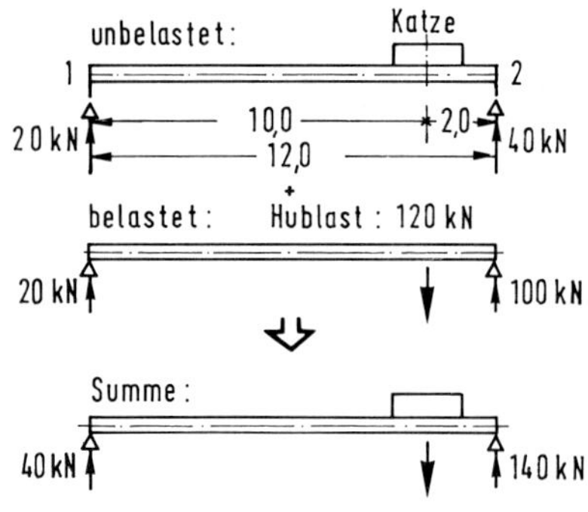

Bild 48

Die Seitenkräfte ergeben sich im Verhältnis 18/12=1,5 höher als bei Einzelradantrieb! Noch eine Anmerkung: Wenn der Zentralantrieb gemäß G.13 ausgelegt wird und dieser Antrieb bei unbelastetem Kran mit einseitiger Katzstellung voll aufgebracht wird, so besteht beim weniger hochbelasteten Antriebsrad die Neigung zum Durchrutschen. Wegen der starren Welle kann das aber nicht passieren; zu Lasten der Welle verlagert sich der Antrieb auf das höher belastete Antriebsrad, d.h. die Resultierende der Antriebs- bzw. Bremskräfte verlagert sich in Richtung auf den Schwerpunkt S, l_S wird kleiner. Für die Auslegung der Kranbahnträger ist dieser Fall (unbelastete Brücke) indes nicht relevant, sondern der Fall der belasteten Brücke; in diesem Fall ist minR der weniger belasteten Seite groß genug, um den Reibschluß sicherzustellen, d.h. auf beide Seiten wird über die starre Welle jeweils die halbe Antriebs- bzw. Bremskraft gemäß G.13 abgesetzt und K_1+K_2 liegt tatsächlich in Brückenmitte, d.h. H_{M1} und H_{M2} können nach G.12 bestimmt werden. - Um die Rechnung auf die sichere Seite zu legen, kann auch hier minR mit dem Hublastanteil angesetzt werden. Das liefert in obigem Beispiel (vgl. Bild 48):

$$K_1 + K_2 = 1{,}5 \cdot 0{,}2 \cdot (40 + 40) = 24\,\mathrm{kN} \longrightarrow H_{M1} = \frac{0{,}222}{3{,}0} 24 \cdot 3{,}34 = 5{,}90\,\mathrm{kN};\; H_{M2} = \frac{0{,}778}{3{,}0} 24 \cdot 3{,}34 = 20{,}8\,\mathrm{kN}$$

Wie beim E-Antrieb bedarf es dieses Ansatzes nicht, zumal über den Faktor 1,5 ein ausreichender Sicherheitszuschlag vorhanden ist.

21.5.2.4 Führungskräfte aus Schräglauf

21.5.2.4.1 Berechnungsanweisung

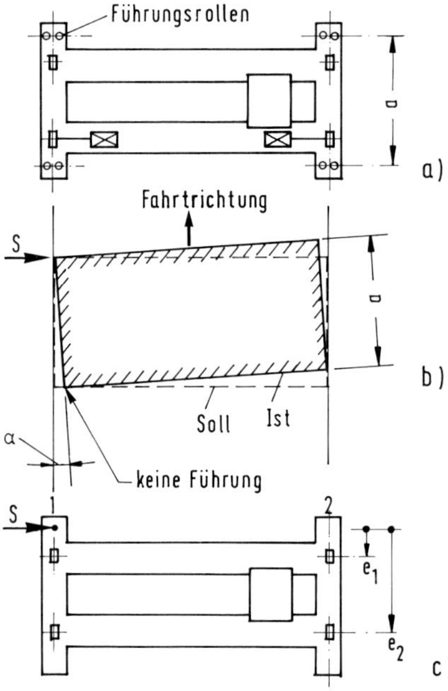

Bild 49

Ausgehend von der für Gleisfahrzeuge (Eisenbahn, Strassenbahn) entwickelten Spurführungsmechanik werden die Führungskräfte auf Kranbahnträgern hergeleitet [15-20]. Die Vorgänge sind bei strenger Betrachung sehr verwickelt, es werden daher einige vereinfachende Annahmen getroffen:

- Es wird eine stationäre Bewegung unterstellt und das dynamische Problem auf einen statischen Gleichgewichtszustand für eine perfekte (d.h. idealgerade und idealhorizontale) Fahrbahn reduziert. Dynamische Wirkungen werden durch einen Stoßzuschlag berücksichtigt.
- Von den verschiedenen Laufstellungen (u.a. Freilauf-, Sehnen-, Spießgangstellung) wird die sogen. hintere Freilaufstellung als allein maßgebend verfolgt und analysiert. Hierbei wird der Kran mit seinem in Fahrtrichtung vordersten Führungsmittel (Spurführungsmittel entweder Spurkranz oder Führungsrolle) geführt, alle weiteren (hinteren) Räder laufen frei.
- Krankonstruktion und Kranbahn sind jeweils starr, die Laufräder sind spielfrei.

Bei der unterstellten hinteren Freilaufstellung wird nur das in Fahrtrichtung vorderste Spurführungselement aktiviert und entlang der Schiene geführt. Die Richtkraft S leitet eine Drehung der Kranbrücke ein, vgl. Bild 49b. Diese Drehung erfolgt um den kranfesten Gleitpol M. Aus Gleichgewichtsgründen stehen der formschlüssigen Richtkraft S kraftschlüssige Komponenten in den Aufstandsflächen der Räder in Richtung und in Querrichtung der Schiene gegenüber: X, Y. Die Radpaare werden mit i=1,2,..n durchnumeriert, die Benennung der Komponenten ist demgemäß:
$X_{11}, Y_{11}; X_{12}, Y_{12}; \ldots X_{1n}, Y_{1n}$ auf der Fahrbahnseite 1 (= Spurführungsseite) und

$X_{21}, Y_{21}; X_{22}, Y_{22}; \ldots X_{2n}, Y_{2n}$ auf der Fahrbahnseite 2 (vgl. auch Tafel 21.1). Bei einer stationären Bewegung stehen die Kräfte im Gleichgewicht.

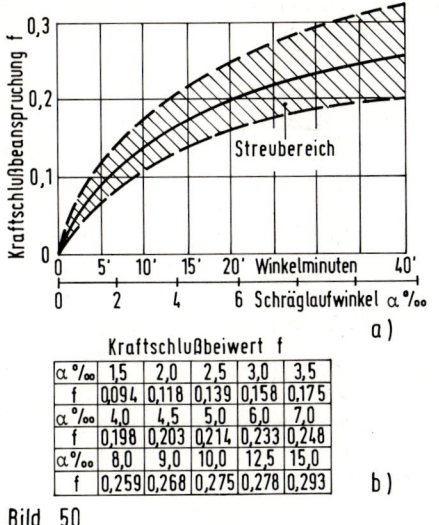

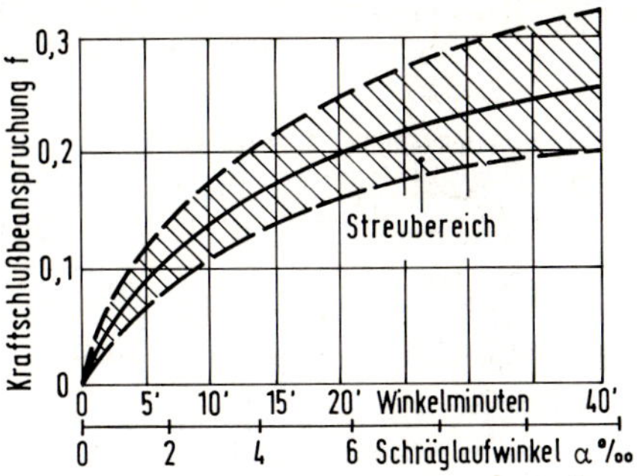

a)

Kraftschlußbeiwert f

α ‰	1,5	2,0	2,5	3,0	3,5
f	0,094	0,118	0,139	0,158	0,175
α ‰	4,0	4,5	5,0	6,0	7,0
f	0,198	0,203	0,214	0,233	0,248
α ‰	8,0	9,0	10,0	12,5	15,0
f	0,259	0,268	0,275	0,278	0,293

b)

Bild 50

Wie oben angedeutet, handelt es sich bei der Bestimmung der Führungskräfte streng genommen um ein hochgradig statisch-unbestimmtes Problem, das von den Federzahlen in den Kontaktpunkten, herrührend aus den elastischen Nachgiebigkeiten der Brücke und der Kranbahnträger, abhängig ist. Die Lösung des so zugeschärften Problems ist komplex, wenngleich theoretisch möglich; schwierig ist dabei die richtige Wahl der Rechenansätze bezüglich der Toleranzen, des baulichen Spiels usw.

Die in DIN 15018 T1 und in DIN 4132 vorgeschlagene Lösung des Spurführungsproblems geht auf HENNIES, HANNOVER u.a. zurück [15-18]. Sie beruht auf zwei wesentlichen Grundlagen:

- Für die Größe der Führungskraft S wird ein, vom Schräglaufwinkel α nichtlinear abhängiger, auf Messungen beruhender, also empirischer Ansatz gewählt:

$$S = \lambda \cdot f \cdot \Sigma R \qquad (14)$$

Hierin bedeutet:

$$f = 0{,}30 \cdot (1 - e^{-0{,}25\alpha}) \qquad (15)$$

Das ist das von α [in ‰] abhängige, für Längs- und Querschlupf geltende Kraftschlußgesetz. ΣR steht für die Summe aller Raddrücke des belasteten Kranes aus Eigenlast und Hublast; λ ist der S zugehörige Kraftfaktor, siehe später. Das Kraftschlußgesetz gemäß G.15 stellt eine Mittelung dar, vgl. Bild 50a; in Teilbild b sind die Rechenwerte für f nach DIN 15018 ausgewiesen. Der Schräglaufwinkel setzt sich aus drei Anteilen zusammen und zwar als Summe aller auf den Abstand a der formschlüssigen Führungsmittel bezogenen, bei Schrägstellung des Kranes möglichen Verschiebungen quer zur Fahrbahn, vgl. Bild 49 a/b. a bezieht sich (im Gegensatz zum vorangegangenen Abschnitt) nicht auf die Laufräder!

$$\alpha = \alpha_F + \alpha_V + \alpha_0 \leq 15‰ \qquad (16)$$

α_F: Schräglaufwinkel aus 75% des Spurspiels zwischen gerader Schiene und den formschlüssigen Führungsmitteln, jedoch mindestens aus 5mm bei Führungsrollen und mindestens aus 10mm bei Spurkränzen.

α_V: Schräglaufwinkel aus Verschleiß, mindestens 3% der Schienenkopfbreite bei Führungsrollen und mindestens 10% der Schienenkopfbreite bei Spurkränzen.

α_0: 1‰ Schräglaufwinkel aus Toleranzen des Kranes und der Kranbahn.

- Es wird ein Starrkörperproblem sowohl für die Kranbrücke als auch für die Lage der Kranträger unterstellt. Unter dieser Voraussetzung folgen S und die Reaktionskomponenten in den Radaufstandsflächen in Längs- und Querrichtung aus Gleichgewichtsgleichungen (siehe folgenden Abschnitt). Nach [15-18] ergeben sich die Kraftfaktoren α für S und die Komponenten

$$X_{1i} = \lambda_{1ix} f \cdot \Sigma R, \quad X_{2i} = \lambda_{2ix} f \cdot \Sigma R$$
$$Y_{1i} = \lambda_{1iy} f \cdot \Sigma R \quad Y_{2i} = \lambda_{2iy} f \cdot \Sigma R \qquad (17)$$

aus den auf Tafel 21.1 angeschriebenen Formeln; die Berechnung des Gleitpoles geht aus der Tafel ebenfalls hervor.

Berechnung der Führungskräfte infolge Schräglauf
(nach HANNOVER, DIN 15018 (Teil 1) und DIN 4132)

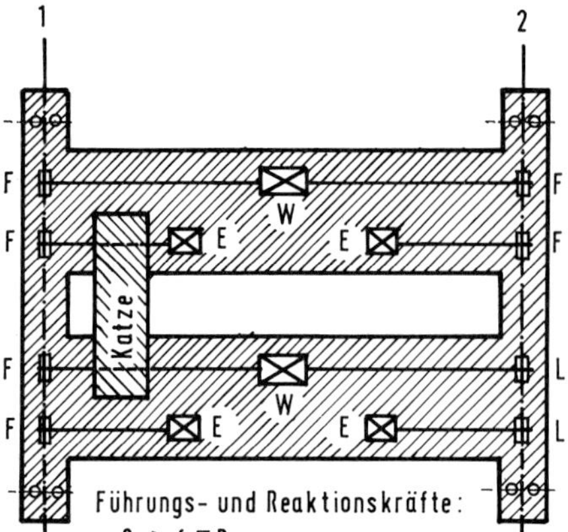

Führungs- und Reaktionskräfte:

$S = \lambda \cdot f \cdot \Sigma R$

$X_{1i} = \lambda_{1ix} \cdot f \cdot \Sigma R \qquad X_{2i} = \lambda_{2ix} \cdot f \cdot \Sigma R$

$Y_{1i} = \lambda_{1iy} \cdot f \cdot \Sigma R \qquad Y_{2i} = \lambda_{2iy} \cdot f \cdot \Sigma R$

System	h	λ
FF	$\frac{m \cdot \xi \cdot \xi' \cdot l^2 + \Sigma e_i^2}{\Sigma e_i}$	$1 - \frac{\Sigma e_i}{n \cdot h}$
FL	$\frac{m \cdot \xi \cdot l^2 + \Sigma e_i^2}{\Sigma e_i}$	$\xi' \left(1 - \frac{\Sigma e_i}{n \cdot h}\right)$

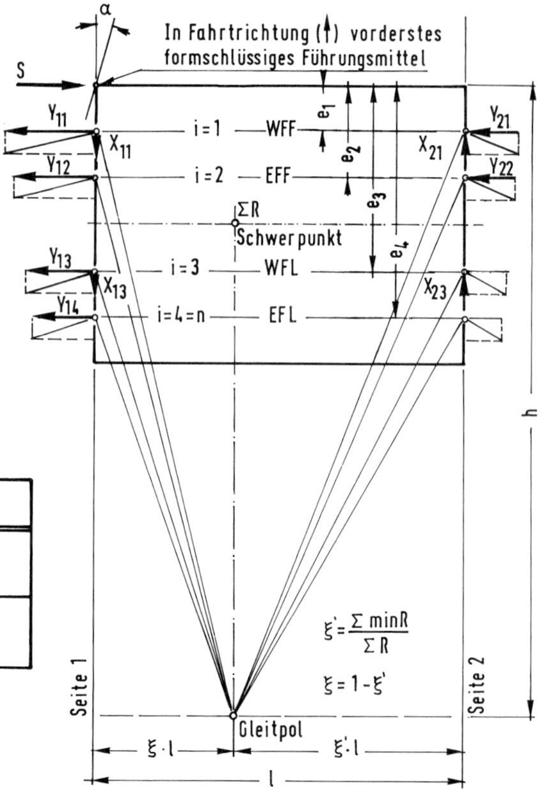

E: Einzelradantrieb
W: Zentralantrieb eines Laufradpaares
F: Festlager
L: Loslager
m: Anzahl der W-Antriebe (E : m = 0)
e_i: Abstand des Radpaares i vom Führungsmittel
h: Gleitpolabstand

Kraftschlußgesetz: $f = 0{,}30 \cdot (1 - e^{-0{,}25\alpha}) \leq 0{,}3$

System	λ_{1ix}	λ_{1iy}	λ_{2ix}	λ_{2iy}
WFF	$\frac{\xi \cdot \xi'}{n} \cdot \frac{l}{h}$	$\frac{\xi'}{n}\left(1 - \frac{e_i}{h}\right)$	$\frac{\xi \cdot \xi'}{n} \cdot \frac{l}{h}$	$\frac{\xi}{n}\left(1 - \frac{e_i}{h}\right)$
EFF	0	$\frac{\xi'}{n}\left(1 - \frac{e_i}{h}\right)$	0	$\frac{\xi}{n}\left(1 - \frac{e_i}{h}\right)$
WFL	$\frac{\xi \cdot \xi'}{n} \cdot \frac{l}{h}$	$\frac{\xi'}{n}\left(1 - \frac{e_i}{h}\right)$	$\frac{\xi \cdot \xi'}{n} \cdot \frac{l}{h}$	0
EFL	0	$\frac{\xi'}{n}\left(1 - \frac{e_i}{h}\right)$	0	0

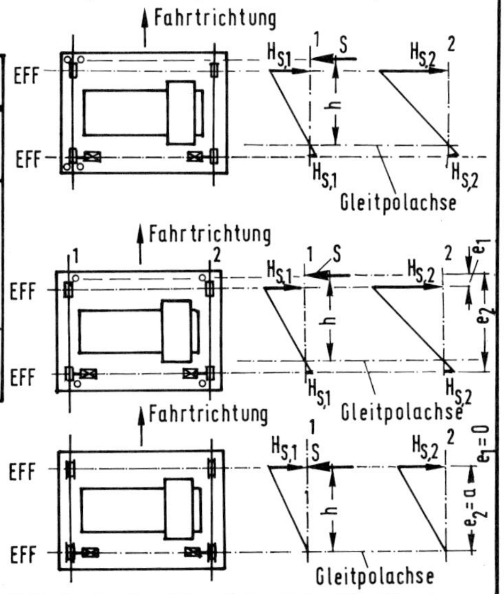

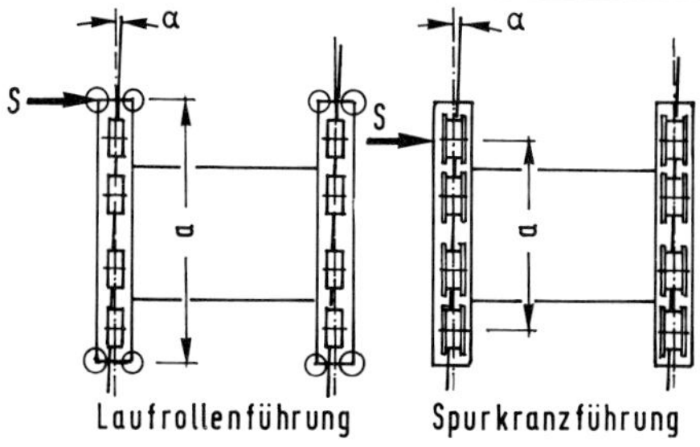

Seitenlasten S und H_S auf Kranbahn: (Positive Lasten H wirken entgegen von S) $S = 1{,}1 \cdot S$; $H_{S,1i} = 1{,}1 \cdot Y_{1i}$, $H_{S,2i} = 1{,}1 \cdot Y_{2i}$ **1,1: Erhöhungsfaktor zur Berücksichtigung einer gleichzeitigen Wirkung von H_M.**

Da mit einer gewissen Überlagerung von Seitenlasten infolge "Massenkräfte aus den Kranantrieben" gemäß Abschnitt 21.5.2.3 und infolge Schräglaufs zu rechnen ist, deren Wechselwirkung aber noch nicht voll überblickt wird, wird ein Zuschlag von 10% in die Seitenlasten aus Schräglauf eingerechnet. Beispiel (wie in Abschnitt 21.5.2.3 (vgl. Bild 48) und im Beiblatt zu DIN 4132): Es gilt: n=2, m=0 (da Einzelradantrieb); $e_1=0$, $h=e_2=a=3{,}0$m (Spurkranzführung). Ansatz: $\alpha=7{,}7°/_{\circ\circ}$: f=0,255. Der Kraftfaktor λ (für S) folgt zu:

$$\lambda = 1 - \frac{\Sigma e_i}{n \cdot h} = 1 - \frac{3{,}0}{2 \cdot 3{,}0} = 1 - \frac{1}{2} = \frac{1}{2}$$

Die Summe aller Raddrücke des belasteten Kranes ohne Hublastbeiwert ist: $\Sigma R=2(140+40)=360$kN. G.14:

$$S = \frac{f}{2}\Sigma R \cdot 1{,}1 = \frac{0{,}255}{2} \cdot 360 \cdot 1{,}1 = 50{,}5\text{ kN}$$

System EFF: Mit den Formeln der Tafel 21.1 folgt unter Berücksichtigung von $H_S = 1{,}1 \cdot Y$ und

$$\xi' \cdot \Sigma R = \Sigma \min R \;;\; \xi \cdot \Sigma R = \Sigma \max R$$

$$H_{S,1,1} = \frac{f}{2}\Sigma \min R \cdot 1{,}1 = \frac{0{,}255}{2} 2 \cdot 40 \cdot 1{,}1 = \underline{11{,}2\text{ kN}}$$

$$H_{S,2,1} = \frac{f}{2}\Sigma \max R \cdot 1{,}1 = \frac{0{,}255}{2} 2 \cdot 140 \cdot 1{,}1 = \underline{39{,}3\text{ kN}}$$

$$H_{S,1,1} - S = \underline{-39{,}3\text{ kN}},\quad H_{S,1,2} = \underline{0},\quad H_{S,2,2} = \underline{0};\ \text{Probe}: \Sigma H = 50{,}5 + 0 + 0 - 11{,}2 - 39{,}3 = 0$$

Unterstellt man f=0,3 (dann braucht beim späteren Kranbetrieb die Einhaltung eines geringer gewählten f-Wertes nicht belegt zu werden), darf gerechnet werden mit:

$$H_{S,1,1} - S = -\frac{f}{2}\Sigma \max R = -0{,}15 \cdot 2 \cdot 140 = \underline{-42\text{ kN}}$$

$$H_{S,2,1} = \frac{f}{2}\Sigma \max R = 0{,}15 \cdot 2 \cdot 140 = \underline{42\text{ kN}}$$

Auf die Einrechnung des Sicherheitsfaktors 1,1 darf bei diesem Ansatz (f=0,3) verzichtet werden.

Liegt keine Spurkranzführung sondern Rollenführung mit $e_1=0{,}60$m und $e_2=3{,}60$m vor, liefern die Formeln der Tafel 21.1 ($\lambda_{1iy}, \lambda_{2iy}$):

$$H_{S,1,i} = f\Sigma R \frac{\xi'}{n}(1 - \frac{e_i}{h}) \cdot 1{,}1 \;;\quad H_{S,2,i} = f\Sigma R \frac{\xi}{n}(1 - \frac{e_i}{h}) \cdot 1{,}1$$

$$h = (0{,}6^2 + 3{,}6^2)/(0{,}6 + 3{,}6) = 3{,}17\text{m};\qquad S = 0{,}2 \cdot 360\,(1 - \frac{0{,}6 + 3{,}6}{2 \cdot 3{,}17}) \cdot 1{,}1 = 26{,}7\text{ kN}$$

$$H_{S,1,1} = 0{,}2\frac{80}{2}(1 - \frac{0{,}6}{3{,}17}) \cdot 1{,}1 = \underline{7{,}1\text{ kN}},\quad H_{S,2,1} = 0{,}2\frac{280}{2}(1 - \frac{0{,}6}{3{,}17}) \cdot 1{,}1 = \underline{25{,}0\text{ kN}}$$

$$H_{S,1,2} = 0{,}2\frac{80}{2}(1 - \frac{3{,}6}{3{,}17}) \cdot 1{,}1 = \underline{-1{,}2\text{ kN}},\quad H_{S,2,2} = 0{,}2\frac{280}{2}(1 - \frac{3{,}6}{3{,}17}) \cdot 1{,}1 = \underline{-4{,}2\text{ kN}}$$

$$\text{Probe}: \Sigma H = 26{,}7 + 1{,}2 + 4{,}2 - 7{,}1 - 25{,}0 = 0$$

21.5.2.4.2 Einführung in die Spurführungsmechanik

Die in DIN 15018/DIN 4132 angegebenen Formeln zur Bestimmung der Führungskräfte werden im folgenden hergeleitet. Dazu werden die Rechenannahmen zunächst nochmals zusammengefaßt:

- Es wird Beharrungsfahrt unterstellt, demgemäß ist der in der Radaufstandsfläche auftretende Schlupf gleich dem Quotienten aus Gleitweg zu Rollweg des Rades. Das ist die Rotationsgeschwindigkeit des Kranes im Zuge der Zwangsführung im Verhältnis zur Fahrgeschwindigkeit des Kranes.
- Die bei der Reibung aktivierte Kraft in einer Radaufstandsfläche ist linear-abhängig von dem in dieser Fläche auftretenden Schlupf, wobei längs und quer zur Schiene dasselbe rechnerische Kraftschlußgesetz gelten soll.
- Der Kran wird durch das vorderste Führungsmittel geführt (hinterer Freilauf); infolge der hiermit verbundenen Gleitungen entstehen in den Radaufstandsflächen Kräfte in Längs- und Querrichtung. Auch bei Spurkranzführung entsteht im spurführenden Rad (neben der

Führungskraft S über den Kranz) in dessen Aufstandsfläche eine Reibungskraft; genau betrachtet fallen zwar Spurkranzdruckpunkt und Radaufstandspunkt nicht zusammen, rechnerisch werden sie gleichgesetzt.

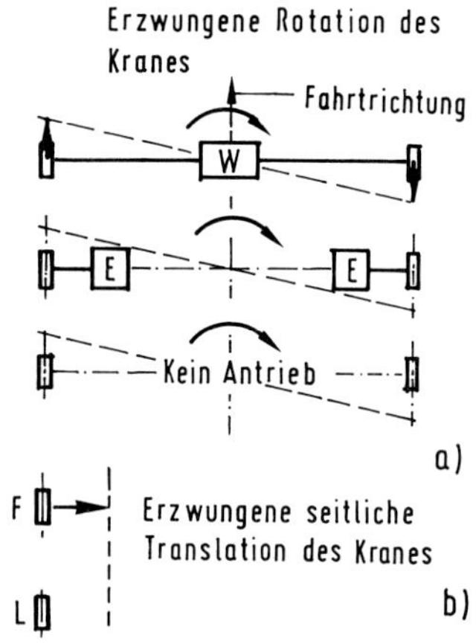

Bild 51

- Die Räder eines Radsatzes mit Zentralantrieb sind über eine starre Achse miteinander verbunden, sie laufen synchron. Tritt eine erzwungene Rotation des Kranes auf, werden dadurch Längskräfte X in den Radaufstandsflächen geweckt (Bild 51a, oben). Räder mit Einzelradantrieb laufen unabhängig voneinander, folglich treten bei einer Rotation des Kranes in deren Aufstandsflächen keine Längskräfte auf; dasselbe gilt für Räder ohne Antrieb.
- Bei einer seitlichen Translation des Kranes werden in Rädern mit Festlagern seitliche Reaktionskräfte geweckt, nicht dagegen in den Aufstandsflächen von Losrädern (vgl. Bild 51b).
- Trifft das Führungsmittel bei Schrägfahrt des Kranes unter dem Schräglaufwinkel α auf die Kranschiene, kommt es anschließend zu einer Zwangsdrehung des Kranes. Untersucht wird der Augenblick, in dem das Führungsmittel und damit die Führungskraft S aktiviert wird (Bild 52), gleichzeitig entstehen die Reaktionskräfte X und Y in den Radaufstandsflächen, weil in diesem Augenblick auch die Zwangsführung des ganzen Kranes einsetzt. Bild 52 zeigt an einem Beispiel die auftretenden Kräfte und zwar mit jener Richtung wie sie von den Kranschienen auf das Führungsmittel bzw. auf die Räder ausgeübt werden = Führungskräfte.

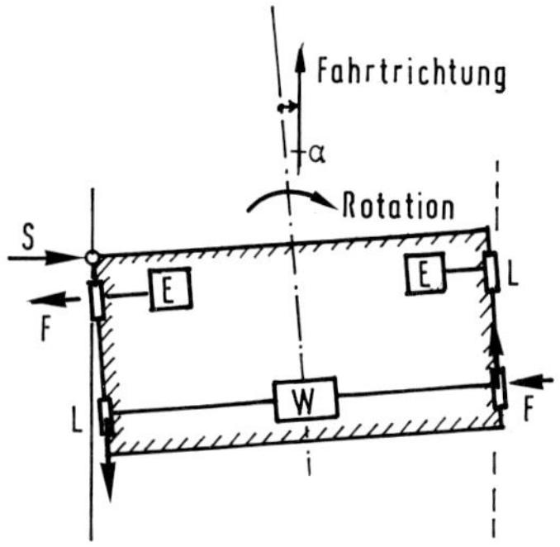

Bild 52

- Die Ausrichtbewegung des Kranes setzt sich aus einer Kombination von Translation und Rotation zusammen. Bei rein translatorischer Bewegung tritt in jedem Rad mit Festlager eine quergerichtete Kraft auf (Bild 53a); bei alleiniger Rotation treten bei einem WF-Rad längs- und quergerichtete Komponenten auf (Teilbild b), im Falle eines EF-Rades nur eine quergerichtete Komponente. Translation kann als Rotation um einen im Unendlichen liegenden Pol gedeutet werden.

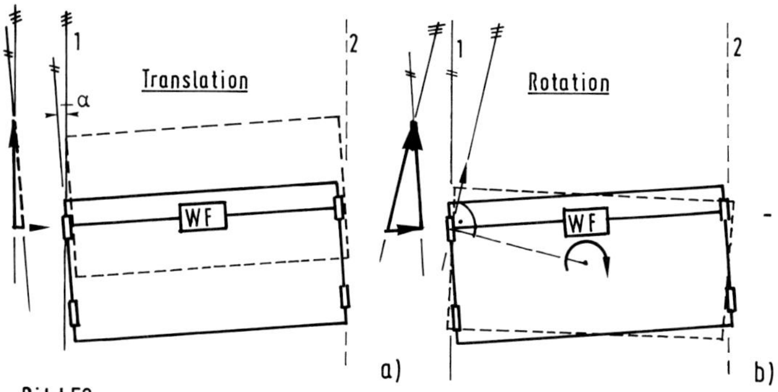

Bild 53

- Unbekannt sind die Koordinaten des kranfesten Poles M, um den die Richtrotation erfolgt, sowie die Kräfte S; X_{1i}, Y_{1i}; X_{2i}, Y_{2i}. Da Kranbahn und Kran als in sich und zueinander starr angesehen werden, sind die Kräfte bei bekanntem Pol kinematisch voneinander abhängig, somit verbleiben als Unbekannte die Polkoordinaten, gekennzeichnet durch g und h (vgl. Bild 54), und die Richtkraft S. Diesen drei Unbekannten stehen zwei Komponenten- und eine Momentengleichgewichtsgleichung gegenüber.
- Die Lage der Radachsen wird vom Führungselement aus gemessen: e_1, e_2, ..., e_i, ... e_n. n ist die Anzahl der Radachsen, vgl. Bild 54.

Wird der Kran um das Maß dx entlang der Schiene geführt, beträgt die Querversetzung an dieser Stelle $\alpha \cdot dx$; die zugehörige Drehung des Kranes sei $d\alpha$, dann gilt:

$$\alpha \cdot dx = h \cdot d\alpha \longrightarrow d\alpha = \frac{\alpha}{h}\,dx \qquad (18)$$

Die Längsversetzung der Räder auf den Schienen 1 und 2 ist jeweils gleichgroß und beträgt:

$$\text{Schiene 1:}\quad dx_{1i} = (s-g)\,d\alpha = \frac{s-g}{h}\,\alpha\,dx \tag{19}$$

$$\text{Schiene 2:}\quad dx_{2i} = (s+g)\,d\alpha = \frac{s+g}{h}\,\alpha\,dx \tag{20}$$

Sofern in den Rädern ein Zwangsschlupf auftritt, beträgt dieser gemäß Definition $dx_i = \sigma_{ix} \cdot dx$, somit folgt:

$$\text{Schiene 1:}\quad dx_{1i} = \sigma_{1ix}\,dx = \frac{s-g}{h}\,\alpha\,dx \longrightarrow \sigma_{1ix} = \frac{s-g}{h}\,\alpha \tag{21}$$

$$\text{Schiene 2:}\quad dx_{2i} = \sigma_{2ix}\,dx = \frac{s+g}{h}\,\alpha\,dx \longrightarrow \sigma_{2ix} = \frac{s+g}{h}\,\alpha \tag{22}$$

Die Querversetzung der Räder eines Radsatzes ist auf beiden Seiten gleichgroß:

$$dy_{1i} = dy_{2i} = dy_i = (h-e_i)\,d\alpha = \frac{h-e_i}{h}\,\alpha\,dx \tag{23}$$

Wegen $dy_i = \sigma_{iy}\,dx$ folgt:

$$\text{Schiene 1 und 2:}\quad dy_i = \sigma_{iy}\,dx = \frac{h-e_i}{h}\,\alpha\,dx \longrightarrow \sigma_{iy} = \frac{h-e_i}{h}\,\alpha \tag{24}$$

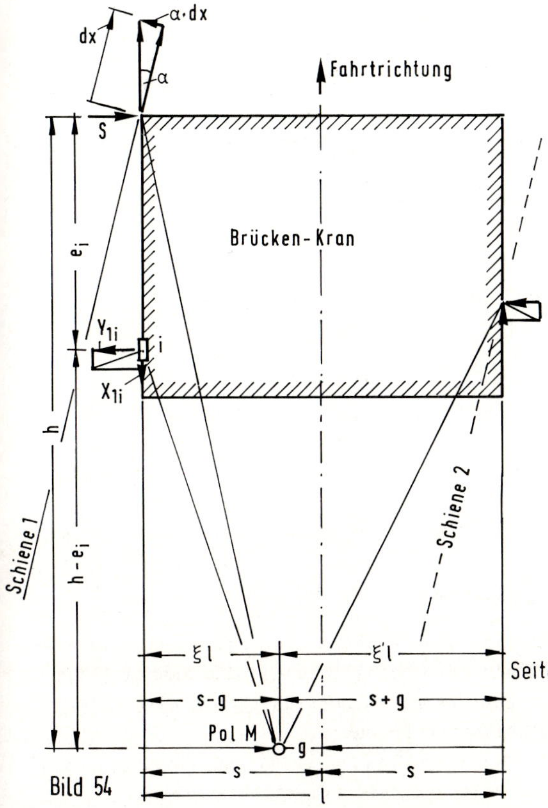

Bild 54

Die bei Längs- und Querschlupf geweckten Kraftkomponenten betragen nach dem (linearisierten) Kraftschlußgesetz:

$$X_i = f_{ix} R_i = m_{ix} \cdot \sigma_{ix} \cdot R_i\,; \quad Y_i = f_{iy} \cdot R_i = m_{iy} \cdot \sigma_{iy} \cdot R_i \tag{25}$$

Unterstellt man auf jeder Kranbahnseite für die jeweiligen Radaufstandsflächen für Längs- bzw. Querschlupf dasselbe Steigungsmaß, gilt (vgl. G.9):

$$X_i = m_x \cdot \sigma_{ix} \cdot R_i\,; \quad Y_i = m_y \cdot \sigma_{iy} \cdot R_i \tag{26}$$

Wird schließlich das Steigungsmaß für Längs- und Querschlupf gleichgesetzt, folgt:

$$X_i = m \cdot \sigma_{ix} \cdot R_i\,; \quad Y_i = m \cdot \sigma_{iy} \cdot R_i \tag{27}$$

Die Krane werden so konstruiert, daß die Raddrücke (im unbelasteten und belasteten Zustand) gleichgroß sind; demnach gilt:

$$\text{Seite 1:}\quad R_{1i} = R_1 = \text{konst}\;; \quad \text{Seite 2:}\quad R_{2i} = R_2 = \text{konst} \tag{28}$$

Der Schwerpunkt S des Kranes liegt damit fest (siehe Bild 46):

$$\xi \cdot l = \frac{R_2}{R_1 + R_2}\,l = \frac{R_2}{R}\,l\,; \quad \xi' \cdot l = \frac{R_1}{R_1 + R_2}\,l = \frac{R_1}{R}\,l\,; \quad R = R_1 + R_2 \tag{29}$$

Von der Mittellinie aus beträgt der Abstand:

$$\xi' l - s = \xi' 2s - s = (2\xi' - 1)s = \left(2 \cdot \frac{R_1}{R_1 + R_2} - 1\right)s = \left(\frac{R_1 - R_2}{R_1 + R_2}\right)s \tag{30}$$

Es werden die Gleichgewichtsgleichungen formuliert. (Hinsichtlich der positiven Definition Kraftkomponenten, die den Schlupfrichtungen entgegengesetzt sind, siehe Bild 54.)

a) Komponentengleichgewichtsgleichung in Längsrichtung:

$$\sum_1^n X_{1i} - \sum_1^n X_{2i} = 0 \longrightarrow m\Sigma\sigma_{1ix}R_{1i} - m\Sigma\sigma_{2ix}R_{2i} = 0 \longrightarrow \Sigma\frac{s-g}{h}\alpha R_1 - \Sigma\frac{s+g}{h}\alpha R_2 = 0 \longrightarrow$$

$$(s-g)R_1 - (s+g)R_2 = 0 \longrightarrow g = \frac{R_1 - R_2}{R_1 + R_2}s \tag{31}$$

b) Komponentengleichgewichtsgleichung in Querrichtung:

$$\sum_1^n Y_{1i} + \sum_1^n Y_{2i} - S = 0 \longrightarrow S = \Sigma Y_{1i} + \Sigma Y_{2i} \tag{32}$$

c) Momentengleichgewichtsgleichung um den Pol M:

$$(s-g)\sum_1^n X_{1i} + (s+g)\sum_1^n X_{2i} + \sum_1^n Y_{1i}\cdot(h-e_i) + \sum_1^n Y_{2i}\cdot(h-e_i) - Sh = 0 \tag{33}$$

Die aus G.32 freigestellte Führungskraft S wird in G.33 eingesetzt; das liefert die zweite Koordinate des Poles M; es wird gesetzt:

$$s-g = \xi\cdot l \longrightarrow \sigma_{1ix} = \frac{\xi\cdot l}{h}\alpha \longrightarrow X_{1i} = m\xi\frac{l}{h}\alpha\cdot R_{1i} \tag{34}$$

$$s+g = \xi'\cdot l \longrightarrow \sigma_{2ix} = \frac{\xi'\cdot l}{h}\alpha \longrightarrow X_{2i} = m\xi'\frac{l}{h}\alpha\cdot R_{2i} \tag{35}$$

G.33:

$$\xi l\cdot m\xi\frac{l}{h}\alpha\cdot\Sigma R_{1i} + \xi' l\cdot m\xi'\frac{l}{h}\alpha\cdot\Sigma R_{2i} +$$

$$+ m\alpha\cdot\Sigma(\frac{h-e_i}{h})(h-e_i)R_{1i} + m\alpha\cdot\Sigma(\frac{h-e_i}{h})(h-e_i)R_{2i} - h[m\alpha\cdot\Sigma(\frac{h-e_i}{h})R_{1i} + m\alpha\cdot\Sigma(\frac{h-e_i}{h})R_{2i}] = 0 \tag{36}$$

Nach Umformung dieser Gleichung folgt:

$$h = \frac{n\xi\xi' l^2 + \Sigma e_i^2}{\Sigma e_i} \tag{37}$$

Die Führungskraft (Schräglaufkraft) S ergibt sich, ausgehend von G.32, zu:

$$S = \Sigma m(\frac{h-e_i}{h})\alpha R_{1i} + \Sigma m(\frac{h-e_i}{h})\alpha R_{2i} = m\alpha(\Sigma R_{1i} - \Sigma R_{1i}\frac{e_i}{h} + \Sigma R_{2i} - \Sigma R_{2i}\frac{e_i}{h}) =$$

$$= m\alpha[n(R_1 + R_2) - (R_1 + R_2)\Sigma\frac{e_i}{h}] = \underbrace{m\alpha}_{f}\cdot R(1 - \Sigma\frac{e_i}{nh}) = \underline{f\cdot R(1 - \Sigma\frac{e_i}{nh})} \qquad R \equiv \Sigma R \tag{38}$$

Reaktionskräfte, ausgehend von G.34 und G.35:

$$X_{1i} = m\frac{\xi l}{h}\alpha\cdot R_{1i} = m\alpha\frac{l}{h}\cdot\xi\cdot\frac{R_1}{R}\cdot R = \underbrace{m\alpha}_{f}\cdot\frac{l}{h}\xi\xi'(R_1 + R_2)\frac{n}{n} = \underline{f\cdot\frac{\xi\xi'}{n}\cdot\frac{l}{h}\cdot R} \tag{39}$$

$$Y_{1i} = m\frac{h-e_i}{h}\alpha R_{1i} = m\alpha(1 - \frac{e_i}{h})\cdot\frac{R_1}{R}R = \underbrace{m\alpha}_{f}(1 - \frac{e_i}{h})\xi'(R_1 + R_2)\frac{n}{n} = \underline{f(1 - \frac{e_i}{h})\frac{\xi'}{n}\cdot R} \tag{40}$$

Die vorangegangene Herleitung unterstellt, daß alle Räder W-Sätze sind und F-Lager aufweisen. Ist das nicht der Fall, so müssen in den Gleichgewichtsgleichungen die Summenbildungen modifiziert werden, je nachdem, ob keine X- oder keine Y- oder überhaupt keine Komponenten geweckt werden. Tafel 21.1 zeigt das vollständige Ergebnis.

Bei abweichenden Verhältnissen, z.B. $R_{1i} \neq$ konst oder $m_x \neq m_y$ usf., ist das Bestimmungsgleichungssystem nach denselben Grundsätzen zu entwickeln und ggf. numerisch zu lösen.

21.5.2.4.3 Beispiel

Gesucht sind die Seitenlasten, die ein vierrädiger Kran mit einer Spannweite von 18,0m auf eine Kranbahn ausübt. Eigenlast des Krans ohne Katze: 440kN, Eigenlast der Katze: 100kN, Hublast: 1600kN. Gesamtlast: 2040kN. Es werden zwei Fälle untersucht (vgl. Bild 55):

Fall I: Vier Räder pro Seite mit Spurkranzführung, a=7,0m; alle Radpaare WF;

Fall II: Vier Räder pro Seite mit Laufrollenführung, a=7,0m; alle Radpaare WF.

Bild 55b zeigt den Kran in der Aufsicht.

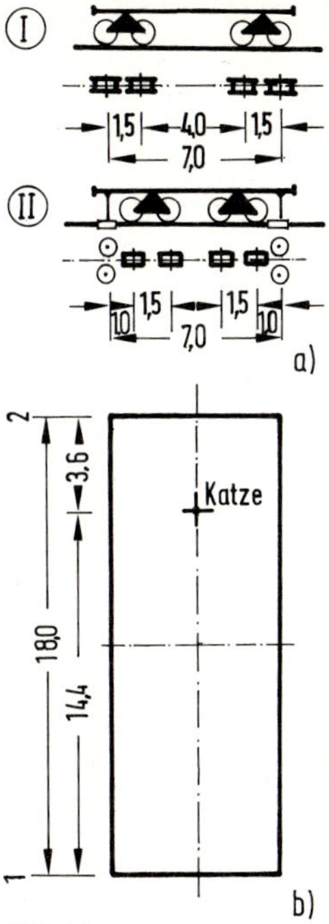

Bild 55

Unbelasteter Kran:

$$\min R = 0{,}125\cdot 440 + 0{,}250\cdot 100\cdot 3{,}6/18{,}0 = 55+5 = \underline{60\,kN}$$
$$\max R = 0{,}125\cdot 440 + 0{,}250\cdot 100\cdot 14{,}4/18{,}0 = 55+20 = \underline{75\,kN}$$
$$\min R_1 + \min R_2 = 60+60 = \underline{120\,kN}$$
$$\min(R_1+R_2) = 60+75 = \underline{135\,kN}$$

Schwerpunktabstand des belasteten Kranes von der Mitte der Kranbrücke:

$$l_S = (440\cdot 9{,}0 + 1600\cdot 14{,}4)/2040 - 9{,}00 = 13{,}24 - 9{,}00 = \underline{4{,}24\,m}$$
$$\xi = 13{,}24/18{,}0 = \underline{0{,}736}, \quad \xi' = \underline{0{,}264}$$

Kranfahren: Längskräfte (G.13):

$$L_1 + L_2 = K_1 + K_2 = 1{,}5\cdot f\cdot \min(R_1+R_2) = 1{,}5\cdot 0{,}2\cdot 135 = 40{,}50\,kN$$

Pro Rad: $40{,}50/8 = \underline{5{,}06\,kN}$

Seitenkräfte (G.12):

$$H_{M1} = \xi'\cdot\frac{(K_1+K_2)l_S}{a} = 0{,}264\cdot\frac{40{,}5\cdot 4{,}24}{7{,}0} = \underline{6{,}48\,kN}$$
$$H_{M2} = \xi\cdot\frac{(K_1+K_2)l_S}{a} = 0{,}736\cdot\frac{40{,}5\cdot 4{,}24}{7{,}0} = \underline{18{,}06\,kN}$$

Schräglauf: Die Fälle I und II werden getrennt behandelt:

Fall I: Spurkranzführung: 10mm Führungsspiel; Schienenkopfbreite 100mm, hiervon 10% Verschleiß: 10mm; $\alpha_0 = 1{,}00$‰. Das ergibt (G.16 bzw. 15):

$$\alpha = 10/7000 + 10/7000 + 1{,}00 = \underline{3{,}86\,‰} \longrightarrow \underline{f = 0{,}19}$$

Fall II: Laufrollenführung: 5mm Führungsspiel; Schienenkopfbreite 100mm, hiervon 3% Verschleiß: 3mm; $\alpha_0 = 1{,}00$‰. Das ergibt (G.16 bzw. 15):

$$\alpha = 5/7000 + 3/7000 + 1{,}00 = \underline{2{,}14\,‰} \longrightarrow \underline{f = 0{,}12}$$

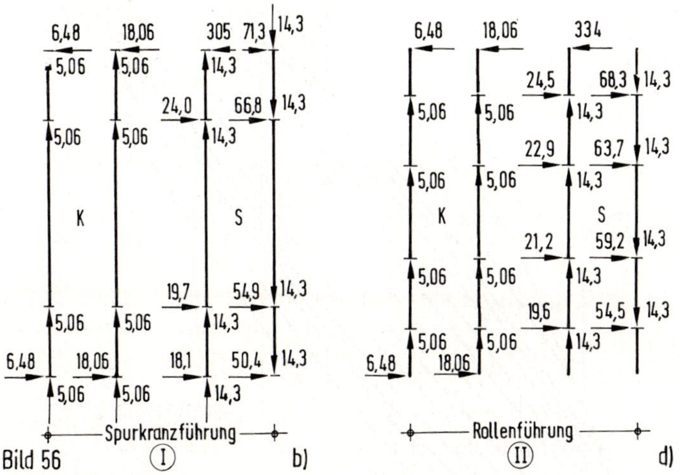

Bild 56

Mit vorstehenden Ansätzen werden die Formeln der Tafel 21.1 ausgewertet. In Bild 56 ist das Ergebnis zusammengestellt. Die Kräfte sind in kN eingetragen. K bedeutet: Kräfte aus Kranfahren, S bedeutet: Kräfte aus Schräglauf. Letztere sind maßgebend. Eine Überlagerung ist nicht notwendig, wohl sind die Kräfte aus Schräglauf noch um den Faktor 1,1 zu erhöhen, um den überlagernden Einfluß aus Kranfahren zu erfassen. Die Lastbilder, für welche die Kranbahnträger nachzuweisen sind, sind offensichtlich recht verwickelt!

21.5.3 Betriebsfestigkeitsnachweis

21.5.3.1 Nachweisform

Der Ermüdungsnachweis für Kranbahnträger ist nach DIN 4132 zu führen; die Norm wurde 1981 in Anpassung an DIN 15018 (1974), in welcher die bauliche Auslegung und Berechnung der Krane geregelt ist, veröffentlicht. Der auf der Kranbahn betriebene Kran wird nach DIN 15018 T1 in eine von 6 Beanspruchungsgruppen eingestuft; für die Kranbahn wird die Beanspruchungsgruppe des Krans übernommen. - Krane, die nur selten oder/und überwiegend unterlastig betrieben werden, fallen in eine leichte, Krane, die regelmäßig oder/und überwiegend bis zur Höchsttragkraft beansprucht werden, fallen in eine schwere Beanspruchungsgruppe. Die jeweilige Einstufung ist von der Anzahl der Lastspiele innerhalb der beabsichtigten Betriebszeit und von der Kollektivform abhängig. - Werden mehrere Krane gleichzeitig betrieben, wird zunächst jeder einzelne Kran eingestuft; für deren Zusammenwirken gilt eine niedrigere Beanspruchungsgruppe, vgl. später.

In Abhängigkeit

- von der Beanspruchungsgruppe der Kranbahn
- vom Kerbfall des Bauteils (W0 bis W2): Grundmaterial, geschraubte und genietete Verbindungen (stahlsortenabhängig) und K1 bis K4: Geschweißte Verbindungen (stahlsortenunabhängig) und
- vom Spannungsverhältnis $\varkappa$

kann die zulässige Betriebsfestigkeitsspannung für den Nachweis gegen die größte auftretende Oberspannung im Lastfall H der Norm entnommen werden:

$$\max\sigma \leq \text{zul}\sigma_{Be}(\varkappa) \quad \text{bzw.} \quad \max\tau \leq \text{zul}\tau_{Be}(\varkappa) \qquad (41)$$

In Bild 57 sind die zulässigen Spannungen für die höchste Beanspruchungsgruppe B6, für die ein Dauerfestigkeitsnachweis erforderlich ist, in SMITH-Diagrammen dargestellt (vgl. Abschnitt 2.6.5.6.3). Wegen der Einordnung in die Kerbfälle siehe (beispielhaft) Tafel 3.2/3. Wie aus den Diagrammen erkennbar, gehen die zul. Betriebsfestigkeitsspannungen über die

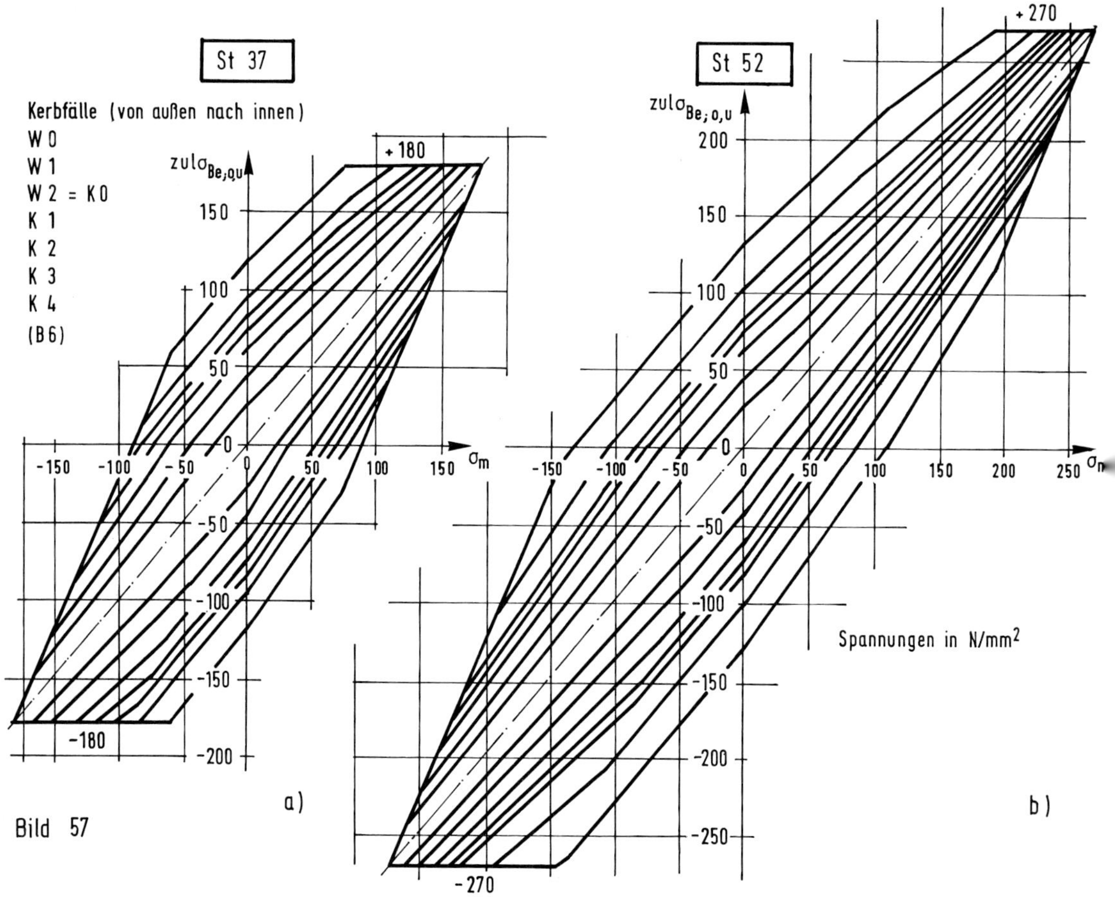

Bild 57

für den Lastfall H zul. Spannungen des Allgemeinen Spannungsnachweises hinaus; diese höheren Werte sind dann anzuwenden, wenn sie sich allein auf den Betriebsfestigkeitsnachweis auswirken (z.B.: Nebenspannungen in Fachwerken, Spannungen in Radlasteinleitungsbereichen). - Die in der Norm für Schweißnähte angegebenen zul τ_{Be}-Spannungen sind beim Nachweis von Kehlnähten auf 60% zu reduzieren. - Nebenspannungen in Fachwerken sind für die Aufrechterhaltung des Gleichgewichts zwar nicht erforderlich und plastizieren im statischen Grenzzustand heraus, unter Gebrauchslasten sind sie indes vorhanden und wirken ermüdungsschädigend. Bei Verzicht auf eine genauere Untersuchung können diese Zwängungsspannungen bei einfeldrigen Fachwerkträgern näherungsweise durch Erhöhungsfaktoren δ erfaßt werden; mit diesen Faktoren werden die am Gelenkfachwerk berechneten Grundspannungen vervielfacht (vgl. DIN 4132).

21.5.3.2 Betriebsfestigkeisnachweis

21.5.3.2.1 Rückblick

Für die Berechnung der Stahlbauteile von Kranen und Kranbahnen war ab 1936 DIN 120 anzuwenden. Dabei war nur für wechselnd beanspruchte Bauteile ein Dauerfestigkeitsnachweis in Anlehnung an die seinerzeit gültige Eisenbahnvorschrift (vgl. Abschnitt 25.2.5.2) zu führen:

$$\gamma \cdot \max\sigma \leq \text{zul}\,\sigma \tag{42}$$

γ war abhängig vom Verhältnis $\varkappa$ der dem Betrag nach kleineren zur größeren Schnittgröße (nicht Spannung!). Die maßgebende Bemessungsschnittgröße wurde zu

$$S = \varphi S_g + \psi S_p \tag{43}$$

berechnet; S_g: Schnittgröße infolge ständiger und S_p: Schnittgröße infolge Nutzlast; φ: Stoßfaktor, ψ: Ausgleichszahl. Über die Ausgleichszahl wurde die Anzahl der Lastwiederholungen, deren veränderliche Größe und die Betriebsrauhigkeit (Stoßwirkungen) erfaßt, indem der Kran einer von vier Betriebsgruppen (I bis IV) zugeordnet wurde (I:ψ=1,2 bis IV:ψ=1,9). Insofern war der Ermüdungsnachweis der DIN 120 bereits ein Betriebsfestigkeitsnachweis.

Um die geringere Dauerfestigkeit geschweißter Bauteile zu erfassen, wurde 1942 in einem Beiblatt zur DIN 120 verfügt, daß geschweißte Bauteile von Kranen und Kranbahnen der Betriebsgruppen III und IV nach den "Vorläufigen Vorschriften für geschweißte Eisenbahnbrücken, DV848" zu bemessen und auszuführen seien. Geschweißte Fachwerkträger der Betriebsgruppe III und IV durften nicht ausgeführt werden.

Da einerseits die Dimensionierung nach DIN 120 (insbesondere für Krane) als zu unwirtschaftlich empfunden wurde, andererseits Schäden (insbesondere an hochbeanspruchten Hüttenwerkskranbahnen) bekannt geworden waren, wurden in den 60er und 70er Jahren umfangreiche Messungen an bestehenden Krananlagen durchgeführt (VDEh; LBF); sie bildeten auf der Belastungsseite die Grundlage für den 1974 mit der DIN 15018 eingeführten Betriebsfestigkeitsnachweis für Krane und später für DIN 4132, s.o. Hierin wird gefordert, daß Kranbahnträger nach gewisser Betriebszeit auf Ermüdungsschäden zu inspizieren sind.

21.5.3.2.2 Grundlagen des Betriebsfestigkeitsnachweises nach DIN 15018/DIN 4132

Grundlage der Norm sind auf der Lastseite die Klassierungen realer Betriebsbeanspruchungen, u.a. von SVENSON und SCHWEER [22,23] und auf der Widerstandsseite Mehrstufenversuche

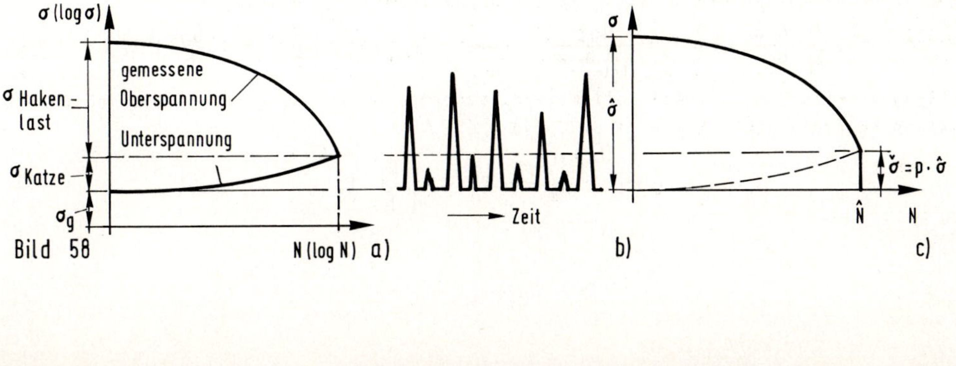

Bild 58 a) b) c)

und Schädigungsrechnungen nach der PALMGREN-MINER-Schadensakkumulationshypothese (vgl. u.a.: BIERETT [24-26], OXFORT [27,28]). Bild 58a zeigt das typische Kollektiv einer einfeldrigen Kranbahn. σ_g steht für die Spannung infolge der Eigenlast des Kranbahnträgers. σ_{Katze} kennzeichnet die durch die unbelastete Laufkatze verursachten Spannungsspiele im Kranbahnträger. Der zugehörige Höchstwert tritt in der zum betrachteten Kranbahnträger benachbarten Endstellung auf. $\sigma_{Hakenlast}$ entsteht durch die höchste Hakenlast in derselben Stellung. Eine auf der sicheren Seite liegende Annäherung kommt durch eine Erweiterung des Kollektivs gemäß Bild 58c zustande; dieser Annahme liegt die Vorstellung zugrunde, daß die Spannung nach jedem Hubvorgang auf den Grundwert σ_g absinkt. Dadurch erhalten die Spannungen $>\sigma_g$ die Bedeutung von Spannungsdifferenzen $\Delta\sigma$.
Aufgrund der Messungen erwies es sich als möglich, die Nutzlastoberspannung durch eine Normalverteilung anzupassen, die in Höhe $\sigma_g+\sigma_{Katze}$ gestutzt ist. Dadurch ergibt sich der untere Kollektivwert $\check{\sigma}$ und der Völligkeitsparameter p zu (Bild 58c):

$$p = \frac{\check{\sigma}}{\hat{\sigma}} \tag{44}$$

(vgl. auch Abschnitt 3.8.5.1).
Den zulässigen Betriebsfestigkeitsspannungen liegen die Lebensdauerlinien der einzelnen Kerbfälle und Kollektivtypen bei einer Überlebenswahrscheinlichkeit von $P_ü$=90% sowie ein Nennsicherheitsfaktor 4/3=1,33 zugrunde.

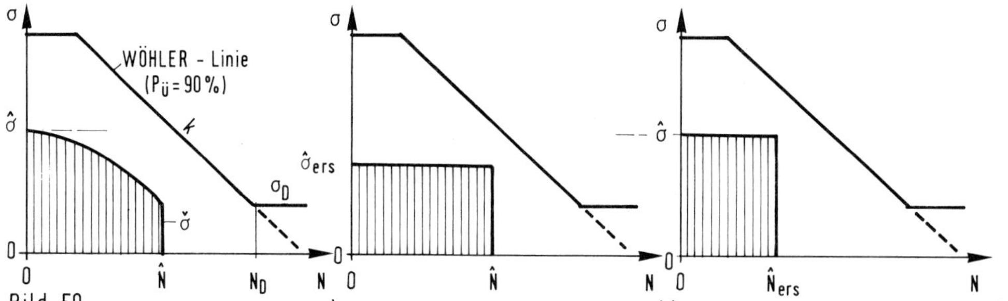

Bild 59

Die Lebensdauerlinien folgen entweder aus Mehrstufenversuchen oder mittels der PALMGREN-MINER-Regel; letztere lautet in ihrer elementarsten Form (vgl. Abschnitt 3.7.5.3):

$$\int_0^{\hat{N}} \frac{dn}{N} = 1 \quad \text{bzw.} \quad \sum_0^{\hat{N}} \frac{n_i}{N_i} = 1 \tag{45}$$

Die WÖHLER-Linie kann (bei unbeschränkter Verlängerung über σ_D hinaus) zu

$$\sigma_Z = \sigma_D \sqrt[k]{\frac{N_D}{N_Z}} \quad \text{bzw.} \quad N_Z = N_D\left(\frac{\sigma_D}{\sigma_Z}\right)^k \tag{46}$$

angeschrieben werden. Mit σ_Z ist die Zeitfestigkeit an der Stelle $N=N_Z$ abgekürzt.
Das gegebene Kollektiv läßt sich in ein schädigungsgleiches Einstufen-Kollektiv überführen; dabei gibt es zwei Möglichkeiten (siehe Bild 59):
$\hat{N}$ wird festgehalten und die Ersatzhöchstspannung $\hat{\sigma}_{ers}$ bestimmt:

$$\Sigma \frac{n_i}{N_D}\left(\frac{\sigma_i}{\sigma_D}\right)^k = 1 \overset{!}{=} 1 = \frac{\hat{N}}{N_D\left(\frac{\sigma_D}{\hat{\sigma}_{ers}}\right)^k} \longrightarrow \hat{\sigma}_{ers} = \sqrt[k]{\Sigma \frac{n_i}{\hat{N}} \sigma_i{}^k} \tag{47}$$

$\hat{\sigma}$ wird festgehalten und die Ersatzhöchstlastwechselzahl $\hat{N}_{ers}$ bestimmt:

$$\Sigma \frac{n_i}{N_D}\left(\frac{\sigma_i}{\sigma_D}\right)^k = 1 \overset{!}{=} 1 = \frac{\hat{N}_{ers}}{N_D\left(\frac{\sigma_D}{\hat{\sigma}}\right)^k} \longrightarrow \hat{N}_{ers} = \Sigma\, n_i\left(\frac{\sigma_i}{\hat{\sigma}}\right)^k = \hat{N}\left(\frac{\hat{\sigma}_{ers}}{\hat{\sigma}}\right)^k \tag{48}$$

Die ertragbare (zu $\hat{N}$ gehörende) Kollektivhöchstspannung ist die gesuchte Betriebsfestigkeitsspannung (vgl. auch Abschnitt 3.7.5.4):

$$\text{ertr}\hat{\sigma} = \sigma_{Be} = \sigma_Z \cdot E_{\hat{\sigma}} = \sigma_D \sqrt[k]{\frac{N_D}{\hat{N}}} \cdot E_{\hat{\sigma}} \tag{49}$$

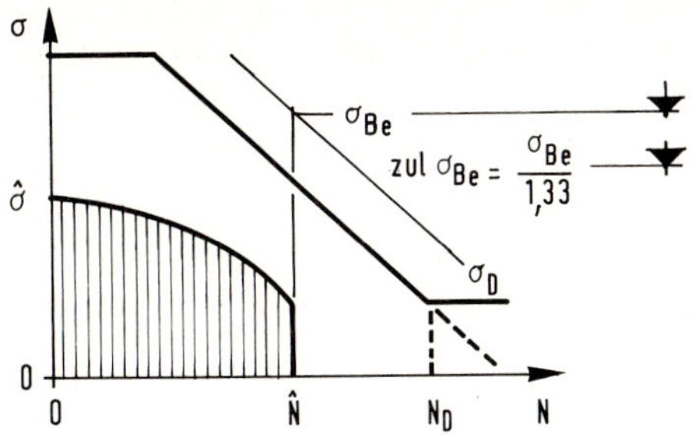

Bild 60

Der Erhöhungsfaktor $E_{\hat{\sigma}}$ folgt z.B. aus

$$E_{\hat{\sigma}} = \frac{\hat{\sigma}}{\hat{\sigma}_{ers}} \qquad (50)$$

oder durch unmittelbare Anwendung der Akkumulationshypothese. Wird die Oberspannung des Kollektivs durch eine Normalverteilung dargestellt, gelingt eine formelmäßige Angabe von $E_{\hat{\sigma}}$ [28]; wird die Schädigungsrechnung dabei auf die $P_ü$=90%-WÖHLER-Fraktilenlinie bezogen, gilt σ_{Be} ebenfalls für $P_ü$=90%. Der so ermittelte σ_{Be}-Wert wird sodann um den Sicherheitsfaktor 1,33 reduziert, das ergibt zulσ_{Be}, vgl. Bild 60.

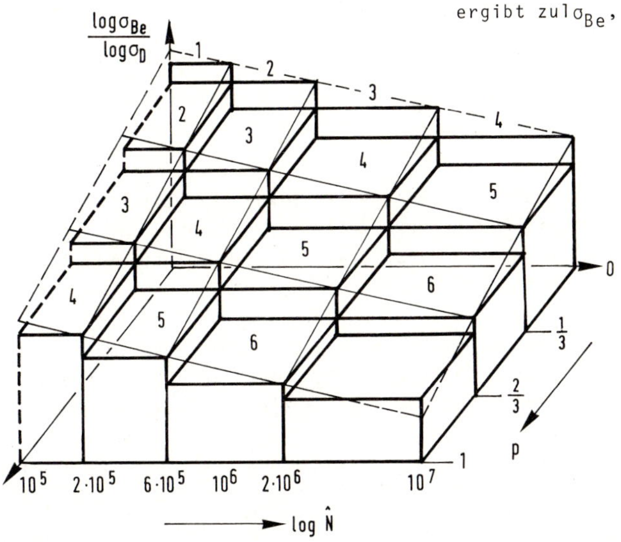

Bild 61 (nach OXFORT)

Bild 61 zeigt das von OXFORT [29] erarbeitete vorskizzierte Ergebnis der Schädigungsrechnung. Mit wachsender Höchstlastwechselzahl N̂=maxN und wachsendem Völligkeitsparameter p sinkt zulσ_{Be}. Die (schwach doppelt-gekrümmte) zulσ_{Be}-Fläche wird in eine Stufenfläche mit konstanten Plateauniveaus approximiert. Jedes Plateau wird einer bestimmten Beanspruchungsgruppe zugeordnet; In DIN 4132 ist diese Zuordnung tabellarisch angegeben. Für jede Beanspruchungsgruppe sind die kerbfallabhängigen zulσ_{Be}-Spannungen formelmäßig und tabelliert ausgewiesen; vgl. auch Abschnitt 3.7.5.1.

21.5.3.3 Betriebsfestigkeitsnachweis nach DIN 4132

Der Betriebsfestigkeitsnachweis wird für die Lasten im Lastfall H (Hauptlasten) erbracht. Lasten quer zur Kranbahn sind Zusatzlasten und brauchen daher nicht berücksichtigt zu werden. - Wird auf einer Kranbahn nur ein Kran betrieben und tritt bei der Überfahrt des Kranes nur ein Spannungsspiel auf, wird der Nachweis gemäß G.41 geführt. Die Bildung einer Vergleichsspannung ist nach DIN 4132 (im Gegensatz zu DIN 15018) nicht erforderlich. Zusätzlich zur Beanspruchung infolge globaler Biegung tritt im Obergurtbereich eine lokale Beanspruchung infolge Radlasten auf (Abschnitt 21.5.4.5). Die Häufigkeit dieser Beanspruchung ist höher als die infolge der Kranlast: Fährt z.B. ein zweirädriger Einzelkran über einen Einfeldträger, tritt im Feldquerschnitt bei einem kleinen Radstandverhältnis c/l ein Spannungszyklus auf, der Obergurt wird dagegen durch zwei Spannungszyklen beansprucht. Ist das Radstandsverhältnis groß, im Grenzfall c≥l, erhält der Träger bei einer Überfahrt sowohl durch den Kran global als auch durch die Räder lokal zweimal die Höchstbeanspruchung. Wenn somit der Kranbahnträger in dieselbe Beanspruchungsgruppe wie der Kran eingestuft wird, wird hierbei ein kleines Radstandverhältnis unterstellt, dann ist die graduelle Schwere der Betriebsbeanspruchung von Kran und Kranbahn tatsächlich vergleichbar. Das ist der Regelfall. - Infolge der Radlasten entstehen zwei Zusatzbeanspruchungen:

Fall a: Unter der Radlast wird im Stegblech (und ggf. in der Halsnaht) die Spannung $\sigma_{\bar{y}}$ bestimmt. Sie beruht zum einen auf der Lastabstrahlung und zum anderen (in den Beanspruchungsgruppen B4 bis B6) auf der Einrechnung einer Radexzentrizität und der hiermit verbundenen Stegblechbiegung. Die Biegespannungen aus der globalen Biegung (σ_x) wirken senkrecht zu $\sigma_{\bar{y}}$; obwohl gleichzeitig vorhanden, ist eine Überlagerung nach DIN 4132 nicht notwendig

Fall b: Etwas versetzt vom Rad treten die größten Radlastschubspannungen $\tau_{\bar{x}\bar{y}}$ auf, die sich den globalen Schubspannungen infolge Querkraftbiegung (weil gleichgerichtet) überlagern: $\tau=\tau_Q+\tau_{\bar{x}\bar{y}}=\tau_{xy}$. (Hier wird das gleichzeitige Auftreten also berücksichtigt.)
Die höhere Spannungsspielzahl wird mittels nachstehender Formeln erfaßt und nachgewiesen [30] :

$$\text{Fall a:}\quad \Sigma\left(\frac{\max\sigma_{\bar{y}}}{\text{zul}\,\sigma_{\bar{y},Be}}\right)_i^k \leq 1 \qquad \text{Fall b:}\quad \Sigma\left(\frac{\max\tau_{xy}}{\text{zul}\,\tau_{xy,Be}}\right)_i^k \leq 1 \qquad (51a/b)$$

Die Formeln basieren auf der PALMGREN-MINER-Hypothese. Es bedeuten: i ist die Laufvariable der i=1,2,3.. Einzelräder. Über die maximalen (auf die zulässigen bezogenen) Spannungen aller Räder wird summiert. Hat der Kran zwei Räder, sind es zwei, hat der Kran vier Räder, sind es vier Summenglieder. Für den Exponenten k ist anzusetzen:

k = 6,635 für die Kerbfälle W0 bis W2 bei St37
k = 5,336 für die Kerbfälle W0 bis W2 bei St52
k = 3,323 für die Kerbfälle K0 bis K4 (unabhängig von der Stahlgüte) und Schweißnähte.

Der Nachweis nach G.51a/b ist nicht erforderlich, wenn jeder der einzelnen Höchstwerte ($\max\sigma$, $\max\tau$) die 0,85-fachen zulässigen Betriebsfestigkeitsspannungen der Beanspruchungsgruppe 6 nicht überschreitet.

Werden zwei Krane auf einer Kranbahn betrieben, so überlagern sich gelegentlich die globalen Spannungen. Die höchste Beanspruchung aus Querkraftbiegung tritt dann auf, wenn die Krane "Puffer gegen Puffer" betrieben werden. Dieser Fall wird im praktischen Betrieb nur selten auftreten. DIN 4132 trifft hierzu die Annahme, daß dieser Fall bei jedem zehnten Kranspiel vorkommt. Aus diesem Grund werden die Spannungswerte, die sich aus einer gemeinsamen Wirkung von zwei (oder mehreren) Kranen ergeben, hinsichtlich ihres ermüdungsschädigenden Einflusses einer Beanspruchungsgruppe zugeordnet, die um zwei Stufen niedriger liegt. Eine Rückstufung dieses Falles um nur eine Gruppe ist dann vorzunehmen, wenn das ungünstige Zusammenwirken bei jedem dritten Kranspiel zu erwarten ist. - Die höhere Ermüdungsbeanspruchung beim Betrieb mehrerer Krane auf einer Kranbahn wird durch die Bedingung

$$\Sigma\left(\frac{\max\sigma}{\text{zul}\,\sigma_{Be}}\right)_i^k + \left(\frac{\max\sigma}{\text{zul}\,\sigma_{Be}}\right)^k \leq 1 \qquad (52)$$

erfaßt. Für die Schubspannungen τ gilt die Formel entsprechend. Hier bedeutet i die Laufvariable für die Krane, d.h. der Summenterm gilt für die max Spannungen der i=1,2,3.. Einzelkrane und der zweite Term für die maximale Spannung aus der gemeinsamen Wirkung der Einzelkrane, wobei die zulσ_{Be}-Spannung der reduzierten Beanspruchungsgruppe dieses Falles zugeordnet ist.
(Im übrigen wird auf die ausführlichen Erläuterungen im Beiblatt zu DIN 4132, auf [14] und das Beispiel in Abschnitt 21.5.4.5.5 hingewiesen.)

Wie erwähnt, liegt obenstehenden Überlagerungsformeln die Schädigungshypothese von PALMGREN-MINER zugrunde: Bild 62a zeigt die WÖHLER-Linie für die

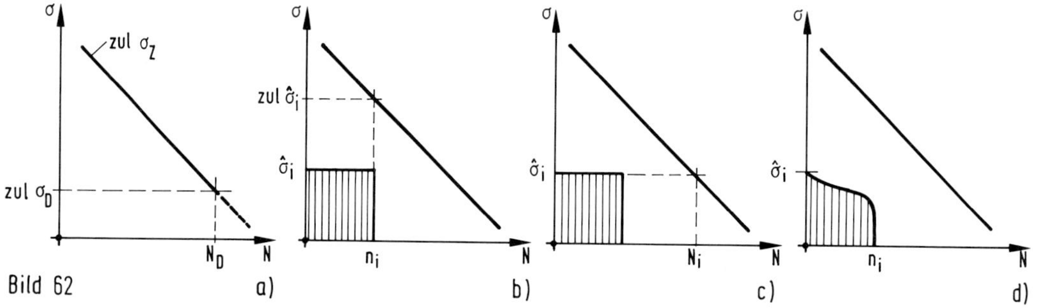

Bild 62

zulässigen Zeitfestigkeitsspannungen (zul σ_Z), also die um den Sicherheitsfaktor 1,33 reduzierte $P_{ü}$=90%-Fraktile:

$$\text{zul}\,\sigma_Z = \text{zul}\,\sigma_D\sqrt[k]{\frac{N_D}{N_Z}} \longrightarrow N_Z = N_D\left(\frac{\text{zul}\,\sigma_D}{\text{zul}\,\sigma_Z}\right)^k \qquad (53)$$

zul σ_D ist die zulässige Dauerfestigkeitsspannung bei $N_D=2\cdot 10^6$ Lastwechsel. k ist der Neigungskoeffizient.

Gegeben sei ein rechteckiges Teilkollektiv mit n_i und $\hat{\sigma}_i$ (Teilbild b), dann folgt aus G.53 unmittelbar die zu n_i gehörende zulässige Zeitfestigkeitsspannung bzw. die reziproke Zuordnung:

$$N_Z \rightarrow n_i;\ \mathrm{zul}\sigma_Z \rightarrow \mathrm{zul}\hat{\sigma}_i \quad \longrightarrow \quad n_i = N_D\left(\frac{\mathrm{zul}\sigma_D}{\mathrm{zul}\hat{\sigma}_i}\right)^k \tag{54}$$

Zur Spannung $\hat{\sigma}_i$ gehört die Lastwechselzahl N_i (vgl. Teilbild c):

$$N_i = N_D\left(\frac{\mathrm{zul}\sigma_D}{\hat{\sigma}_i}\right)^k \tag{55}$$

Die Teilschädigung durch das Kollektiv i beträgt:

$$S_i = \frac{n_i}{N_i} = \left(\frac{\hat{\sigma}_i}{\mathrm{zul}\hat{\sigma}_i}\right)^k \tag{56}$$

Sind mehrere rechteckige Teilkollektive vorhanden, lautet die PALMGREN-MINER-Hypothese:

$$\Sigma S_i = \Sigma\left(\frac{\hat{\sigma}_i}{\mathrm{zul}\hat{\sigma}_i}\right)^k = 1 \tag{57}$$

Handelt es sich um Teilkollektive, die keine Rechteckform haben, gilt diese Gleichung unverändert, sofern die Kollektivformen affin zueinander sind, d.h., sofern für alle der selbe $E_{\hat{\sigma}}$-Wert gilt. Das ist innerhalb der Beanspruchungsgruppen in Annäherung erfüllt. Setzt man $\hat{\sigma}_i=\max\sigma$ und zul $\hat{\sigma}_i$=zul σ_{Be}, folgt:

$$\Sigma\left(\frac{\max\sigma}{\mathrm{zul}\sigma_{Be}}\right)^k = 1 \tag{58}$$

(Vorstehende Überlegungen gelten unverändert, wenn anstelle von σ mit $\Delta\sigma$ gerechnet wird.)

In [31] wird das Betriebsfestigkeitskonzept der DIN 15018/DIN 4132 einer sicherheitstheoretischen Analyse unterzogen. Für einen Sicherheitsindex $\beta=3{,}80$ werden zul Betriebsfestigkeitsspannungen berechnet und mit den geltenden verglichen. Dabei zeigt sich, daß das Sicherheitsniveau der genannten Regelwerke bezüglich der einzelnen Beanspruchungsgruppen und Kerbfälle nicht durchgehend einheitlich ist, insgesamt wird das Sicherheitskonzept der DIN 15018/DIN 4132 bestätigt.

Der nach DIN 4212 zu führende Betriebsfestigkeitsnachweis für Kranbahnen aus Stahlbeton und Spannbeton wird in [32] erläutert.

21.5.4 Spezielle Berechnungsverfahren

21.5.4.1 Auswertung von Einflußlinien

Für Wanderlasten wird die maximale Beanspruchung im Tragwerk durch Auswertung der Einflußlinien oder Einflußflächen bestimmt. Deren Berechnung - auch für indirekte Belastung - wird im folgenden als bekannt vorausgesetzt. Bei statisch bestimmten Stabtragwerken verlaufen die Einflußlinien der Stütz- und Schnittgrößen geradlinig, bei statisch unbestimmten verlaufen sie krummlinig; beides folgt unmittelbar aus der kinematischen Bestimmungsmethodik.

Ist $\eta(x)$ die Einflußlinie einer statischen Größe S (Stütz-, Schnitt- oder Verformungsgrösse), folgt S für vorgegebene Einzellasten F_i und eine Streckenlast q(x) zu (Bild 63a):

$$S = \Sigma F_i\eta_i + \int q(x)\cdot\eta(x)\,dx \tag{59}$$

Das Summenzeichen erstreckt sich über alle Einzellasten und das Integral über die Belastungslänge von q(x). Im Falle q=konstant gilt (Bild 63b):

$$S = q\int\eta(x)\,dx = q\cdot A_\eta \tag{60}$$

Hierin ist A_η die von q überstrichene Fläche der E-Linie.

Bei geradliniger Begrenzung der Einflußlinie kann bei Einzellasten anstelle $\Sigma F_i\eta_i$ mit $R\cdot\eta_R$ gerechnet werden, wobei R die Resultierende und η_R die zugeordnete Einflußordinate

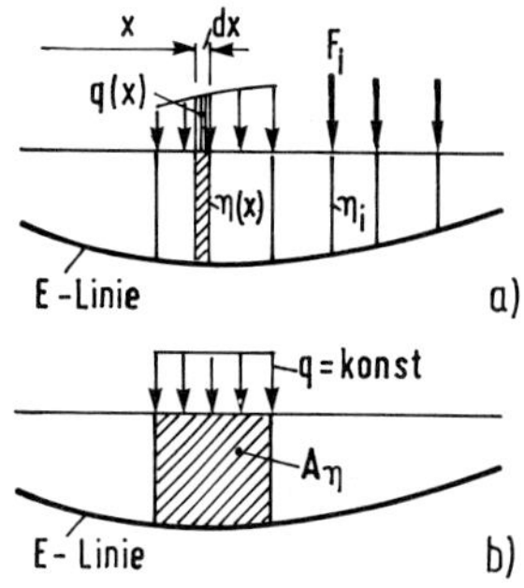

Bild 63

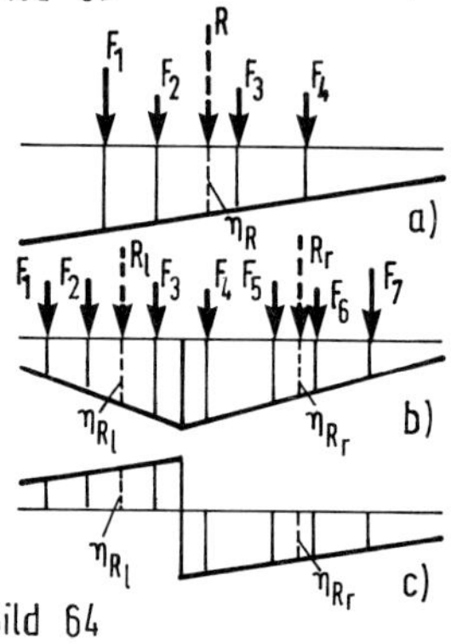

Bild 64

ist (Bild 64a). Die Bemerkung gilt auch für E-Linien mit Knicken und Sprüngen; dann sind die Resultierenden für jeden Bereich einzeln zu bestimmen; vgl. Bild 64b und c.

Durch ein angetriebenes oder abgebremstes Rad entsteht die Kraft H. Bild 65 zeigt schematisch die Verhältnisse bei einem Kranbahnträger. Bezogen auf die Trägerachse entsteht das Moment M=Hh. Die infinitesimale Auflösung dieses Momentes in ein Kräftepaar F=M/dx und Auswertung liefert:

$$S = -F\eta + F(\eta + d\eta) = F \cdot d\eta = M\frac{d\eta}{dx} = M \cdot \tan\alpha \qquad (61)$$

Die Umhüllende der maximalen Schnittgrößen für alle möglichen Laststellungen heißt Grenzlinie. Der Grenzlinie max M ist eine Q-Linie und der Grenzlinie max Q ist eine M-Linie zugeordnet, die jeweils die Schnittgröße Q bzw. M der zur Grenzlinie gehörenden Laststellungen angibt. Bei praktischen Berechnungen wird vielfach max M mit max Q kombiniert (obwohl unterschiedlichen Laststellungen zugehörig); das liegt stets auf der sicheren Seite, ist indes unwirtschaftlich. Die maximalen Ordinaten der Grenzlinien sind max max M bzw. max max Q; ihre Kenntnis ist für die Bemessung besonders wichtig.

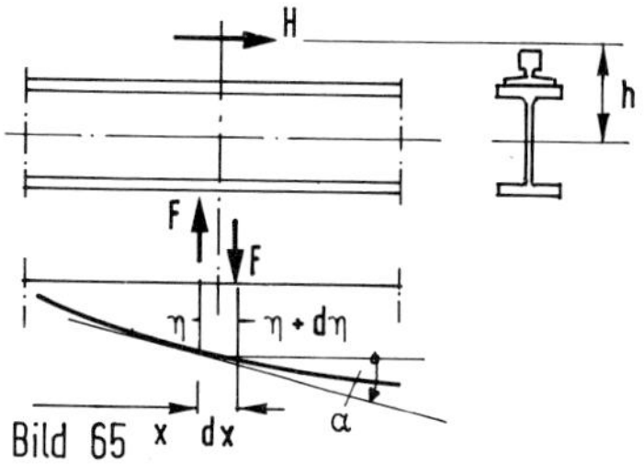

Bild 65

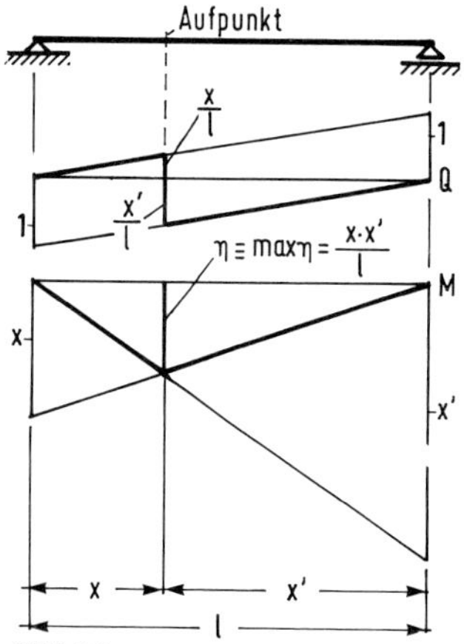

Bild 66

21.5.4.2 Einfeldkranbahnen

Bild 66 zeigt die Querkraft- und Momenteneinflußlinien für einen Aufpunkt im Abstand x bei einem Einfeldträger. Bei der Querkraftlinie ist sofort zu erkennen, wie die Lastgruppe auf den Kranbahnträger aufzustellen ist, um die maximale Beanspruchung zu erhalten. Bei der Auswertung der Momenteneinflußlinie ist das nicht so ohne weiteres der Fall. Es ist entweder die ungünstigste Laststellung durch Probieren zu suchen oder sie ist mittels der unten hergeleiteten Kriterien gezielt zu bestimmen. Für die Momenteneinflußlinien werden im folgenden einige Sonderfälle behandelt:

a) Gleichförmige Streckenlast q (Bild 67)

Die Streckenlast habe die Belastungslänge 2c; gesucht ist die ungünstigste Laststellung. Es wird eine Laststellung frei gewählt und die Änderung des Momentes $q \cdot A_\eta$ bei einer Links- und einer Rechtsverschiebung berechnet (vgl. Bild 67):

Linksverschiebung:

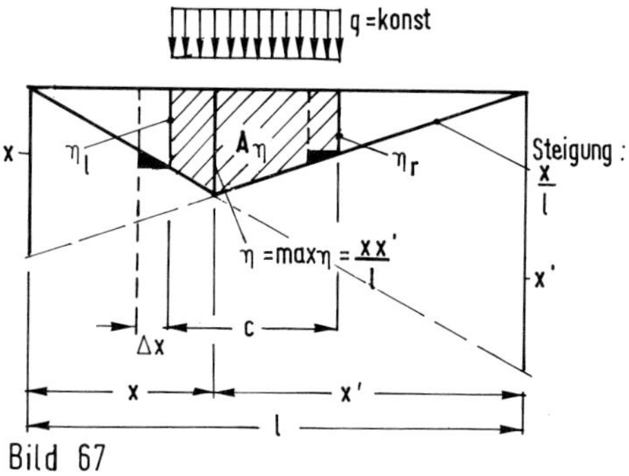

Bild 67

$$M + \Delta M = q\left\{A_\eta + [\eta_l \cdot \Delta x - \frac{1}{2}(\Delta x)^2\frac{x'}{l}] - [\eta_r \cdot \Delta x + \frac{1}{2}(\Delta x)^2\frac{x}{l}]\right\}$$

$$\Delta M = q\Delta x[\eta_l - \eta_r - \frac{1}{2}\cdot\Delta x(\frac{x'}{l} + \frac{x}{l})] \qquad (62)$$

Die runde Klammer ist Eins; somit folgt:

$$\Delta M = q\Delta x \cdot (\eta_l - \eta_r - \frac{1}{2}\Delta x) \qquad (63)$$

Rechtsverschiebung:

$$\Delta M = q\Delta x\cdot(\eta_r - \eta_l - \frac{1}{2}\Delta x); \tag{64}$$

Die ungünstigste Laststellung liegt dann vor, wenn die Änderung des Momentes bei einer Verschiebung nach links und nach rechts jeweils negativ ist. Gemäß G.63/64 ist das dann der Fall, wenn

$$\eta_l - \eta_r \leq 0 \text{ und } \eta_r - \eta_l \leq 0 \tag{65}$$

ist. Diese Doppelbedingung läßt sich nur für

$$\eta_l = \eta_r \tag{66}$$

erfüllen, dann ist:

$$\Delta M = -\frac{1}{2}\cdot q\Delta x^2 \tag{67}$$

Das Kriterium G.66 gilt auch für krummlinige Einflußlinien. - Für eine geradlinig-dreieckförmige Momenteneinflußlinie (Bild 67) liefert die Auswertung des Kriteriums:

$$\max M = q\eta c\cdot(1 - \frac{c}{2l}) \text{ mit } \eta \equiv \max\eta = \frac{x\cdot x'}{l} \tag{68}$$

b) Gruppe aus mehreren Einzellasten unterschiedlicher Intensität

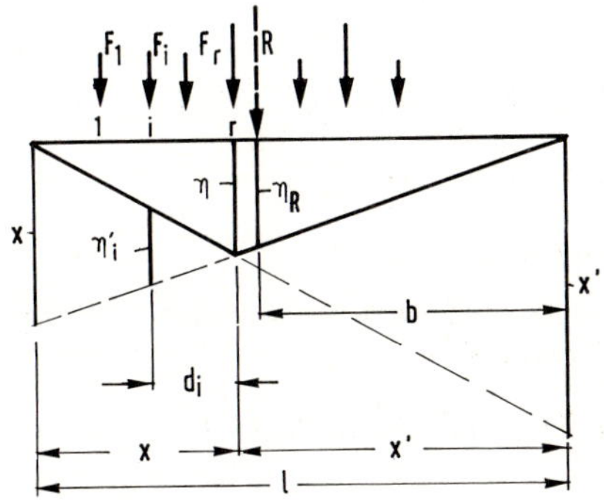

Bild 68

Die Resultierende der Einzellastgruppe sei R, ihre Lage wird vorab berechnet. Die ungünstigste Laststellung ist in jedem Falle dadurch gekennzeichnet, daß eine Einzellast über der Spitzenordinate steht; in Bild 68 ist das F_r. Damit liegt auch die Lage von R und η_R fest. Für diese Laststellung gilt alternativ:

$$M = R\eta_R - \sum_{i=1}^{i=r} F_i\eta_i' = R\eta_R - \sum_{i=1}^{i=r-1} F_i\eta_i' \tag{69}$$

i ist die Laufvariable. Unter der Last F_r ist η_i' Null, siehe Bild 68; daher sind die beiden Formulierungen in G.69 gleichwertig. Aus der Abbildung folgt:

$$\frac{\eta_R}{b} = \frac{x}{l} \longrightarrow \eta_R = \frac{x}{l}b; \qquad \frac{\eta_i'}{d_i} = \frac{x}{x} \longrightarrow \eta_i' = d_i \tag{70}$$

Damit kann G.69 umgeformt werden:

$$M = R\frac{x}{l}b - \sum_{i=1}^{i=r} F_i d_i = R\frac{x}{l}b - \sum_{i=1}^{i=r-1} F_i d_i \tag{71}$$

Linksverschiebung um das Maß Δ: Es wird b durch $b+\Delta$ und d_i durch $d_i+\Delta$ ersetzt (Alternative 1):

$$M + \Delta M = R\frac{x}{l}(b+\Delta) - \sum_{i=1}^{i=r} F_i(d_i+\Delta) = R\frac{x}{l}b - \sum_{i=1}^{i=r} F_i d_i + R\frac{x}{l}\Delta - \sum_{i=1}^{i=r} F_i\Delta \longrightarrow \Delta M = \Delta\cdot(R\frac{x}{l} - \sum_{i=1}^{i=r} F_i) \tag{72}$$

Rechtsverschiebung um das Maß Δ: Es wird b durch $b-\Delta$ und d_i durch $d_i-\Delta$ ersetzt (Alternative 2):

$$\Delta M = \Delta(-R\frac{x}{l} + \sum_{i=1}^{i=r-1} F_i) \tag{73}$$

Jene Laststellung ist die ungünstigste, bei welcher ΔM sowohl bei einer Links- wie bei einer Rechtsverschiebung negativ ist, d.h. M eine Abminderung erfährt. Hieraus folgt das Doppelkriterium:

$$R\frac{x}{l} \leq \sum_{i=1}^{i=r} F_i \qquad R\frac{x}{l} \geq \sum_{i=1}^{i=r-1} F_i \tag{74}$$

Bei der praktischen Berechnung wird die (vermutlich ungünstigste) Laststellung geschätzt und hierfür

$$R\frac{x}{l}, \quad \sum_{i=1}^{i=r} F_i, \quad \sum_{i=1}^{i=r-1} F_i \tag{75}$$

bestimmt. Ist das Kriterium nicht erfüllt, so ist die Lastgruppe im Falle $R\frac{x}{l} > \sum_{i=1}^{i=r} F_i$ nach links und im Falle $R\frac{x}{l} < \sum_{i=1}^{i=r-1} F_i$ nach rechts zu verschieben.
Nach Kenntnis der ungünstigsten Laststellung wird $\max M = \Sigma F_i \eta_i$ berechnet.

c) Gruppe aus zwei Einzellasten

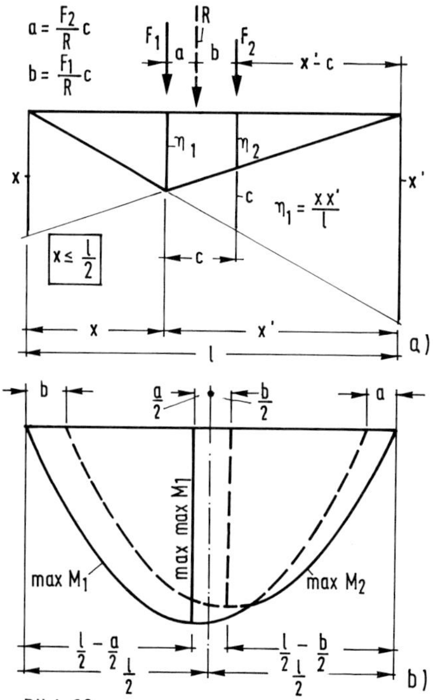

Bild 69

Dieser Fall liegt häufig bei Kranbahnträgern vor, wenn auf diesen zweirädrige leichte Brückenkrane fahren. Es wird $F_1 \geq F_2$ und $x \leq l/2$ unterstellt (Bild 69). Die größere Last (F_1) steht über der Maximalordinate. Das Kriterium G.74 ergibt:

$$(F_1 + F_2)\frac{x}{l} < F_1; \quad (F_1 + F_2)\frac{x}{l} > 0 \tag{76}$$

Das Kriterium ist demnach erfüllt; die angesetzte Laststellung ist die ungünstigste:

$$\max M = F_1\eta_1 + F_2\eta_2 \tag{77}$$

Zwecks Berechnung der Momentengrenzlinie wird max M berechnet und x variiert:

$$\max M_1 = F_1 \cdot \frac{xx'}{l} + F_2 \cdot \frac{x}{l}(x' - c) = \frac{F_1}{l}x(l-x) + \frac{F_2}{l}x(l - x - c) =$$
$$= \frac{F_1}{l}(lx - x^2) + \frac{F_2}{l}(lx - x^2 - cx) =$$
$$= \frac{1}{l}[(F_1 + F_2)(lx - x^2) - F_2 cx] \tag{78}$$

Um max max M_1 zu erhalten, wird max M_1 nach x differenziert und Null gesetzt:

$$\frac{d(\max M_1)}{dx} = \frac{1}{l}[(F_1 + F_2)(l - 2\bar{x}) - F_2 c] = 0 \tag{79}$$

Mit

$$R = F_1 + F_2; \quad F_2 = R \cdot a/c \tag{80}$$

folgt aus G.79:

$$R(l - 2\bar{x}) - Ra = 0 \longrightarrow (l - a) = 2\bar{x} \longrightarrow \underline{\bar{x} = \frac{l}{2} - \frac{a}{2}} \tag{81}$$

$\bar{x}$ kennzeichnet die ungünstigste Laststellung; man nennt sie CULMANNsche Laststellung. Wird $\bar{x}$ in G.78 eingesetzt, findet man mit

$$\bar{x} = \frac{l - a}{2}; \quad c = \frac{Ra}{F_2}; \quad l - \bar{x} = l - \frac{l-a}{2} = \frac{l+a}{2} \tag{82}$$

$$\max\max M_1 = \frac{1}{l}[R(l - \bar{x})\bar{x} - Ra\bar{x}] = \frac{1}{l}[R(\frac{l+a}{2})(\frac{l-a}{2}) - Ra(\frac{l-a}{2})] =$$
$$= \frac{1}{l}[\frac{R}{4}(l^2 - a^2) - \frac{R}{2}(la - a^2)] = \frac{1}{l}[\frac{R}{4}(l^2 - a^2 - 2la + 2a^2)] \longrightarrow$$

$$\max\max M_1 = \frac{R}{4} \cdot \frac{(l-a)^2}{l} = \frac{R\bar{x}^2}{l} \tag{83}$$

Im Sonderfall $F_1 = F_2$ ist:

$$a = b = \frac{c}{2}; \qquad \bar{x} = \frac{l}{2} - \frac{c}{4}; \qquad R = 2F \tag{84}$$

Neben der CULMANNschen Laststellung ist bei großem Radabstand auch die Laststellung F_1 in Trägermitte zu untersuchen; F_2 steht dann außerhalb des Trägers. Für den Sonderfall $F_1 = F_2 = F$ läßt sich jener Einzellastabstand c explizit angeben, für den eine mittige Laststellung ungünstiger ist als die CULMANNsche. Hierzu werden die maximalen Momente der beiden Laststellungen gleichgesetzt ($a=c/2$):

$$F\frac{l}{4} \stackrel{!}{=} \frac{2F}{l}\left(\frac{l}{2} - \frac{c}{4}\right)^2 \qquad (85)$$

Umformung:

$$\frac{l}{4} = \frac{2}{l}\left(\frac{l^2}{4} - 2\frac{l}{2}\frac{c}{4} + \frac{c^2}{16}\right) \longrightarrow \frac{l}{4} = \frac{l}{2} - \frac{l}{2}\frac{c}{l} + \frac{c^2}{8l} \longrightarrow \frac{1}{4} = \frac{1}{2} - \frac{1}{2}\frac{c}{l} + \frac{1}{8}\left(\frac{c}{l}\right)^2 \longrightarrow$$

$$\left(\frac{c}{l}\right)^2 - 4\frac{c}{l} + 2 = 0 \longrightarrow \left(\frac{c}{l}\right) = 2 \pm \sqrt{4-2} = 2 - \sqrt{2} = \underline{0{,}586} \qquad (86)$$

Ist $c > 0{,}586 \cdot l$, so liefert die mittige Laststellung ein höheres Moment.

Für den Fall $F_1 > F_2$ wird als nächstes die vollständige Momenten-Grenzlinie bestimmt. Hierzu wird G.78 umformuliert:

$$\max M_1 = \frac{1}{l}\left[R(l-x)x - \frac{Ra}{c}cx\right] = \frac{R}{l}\left[lx - x^2 - ax\right] = \frac{R}{l}\left[(l-a) - x\right]x \qquad (87)$$

Offensichtlich beschreibt diese Gleichung eine quadratische Parabel mit der Basis $(l-a)$; vgl. Bild 69b. Für die rechte Trägerseite findet man die Parabelgleichung:

$$\max M_2 = \frac{R}{l}\left[(l-b) - x'\right]x'; \quad \max\max M_2 = \frac{R}{4}\cdot\frac{(l-b)^2}{l} \qquad (88a,b)$$

d) Gruppe aus mehreren Einzellasten

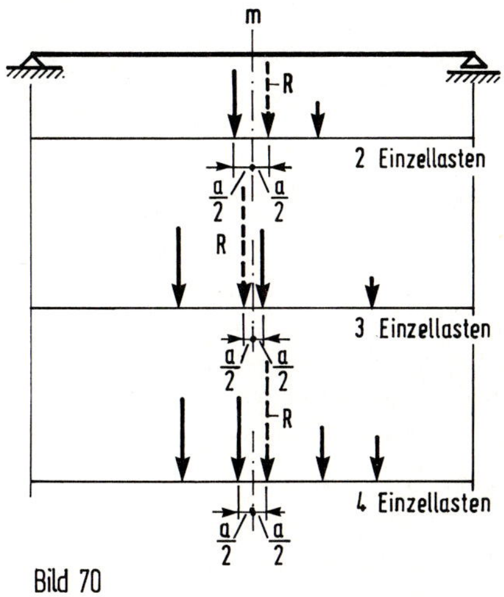

Bild 70

Für Einzellastgruppen mit mehr als zwei Einzellasten gilt die CULMANNsche Laststellung unverändert; es ist wie folgt vorzugehen: Zunächst wird die Lage der Resultierenden R innerhalb der Lastgruppe und der Abstand zur nächstbenachbarten größeren Einzellast bestimmt. Dieser Abstand wird mit a abgekürzt und halbiert. Die Lastgruppe wird so aufgestellt, daß der Halbierungspunkt mit der Trägermitte zusammenfällt. Bild 70 zeigt Beispiele für 2,3 und 4 Einzellasten. Bei Einfeldträgern mit konstantem Querschnitt über die ganze Länge genügt die Bestimmung dieser ungünstigsten Laststellung. Das max max Moment tritt unter der Einzellast neben dem Punkt m (Trägermitte) auf. - Vorstehendem Kriterium kommt dann besondere Bedeutung zu, wenn zwei oder mehrere zweirädrige Laufkrane oder mehrrädrige Laufkrane auf der Kranbahn betrieben werden.

e) Gruppe aus Strecken- und Einzellasten

Für Lastenzüge aus Strecken- und Einzellasten wie sie bei Eisenbahn- und Straßenbrücken auftreten, lassen sich ebenfalls Kriterien in Erweiterung zu Punkt b) herleiten, um frei gewählte Laststellungen zu prüfen. Deren Bedeutung ist gering; auf ihre Herleitung wird daher verzichtet.

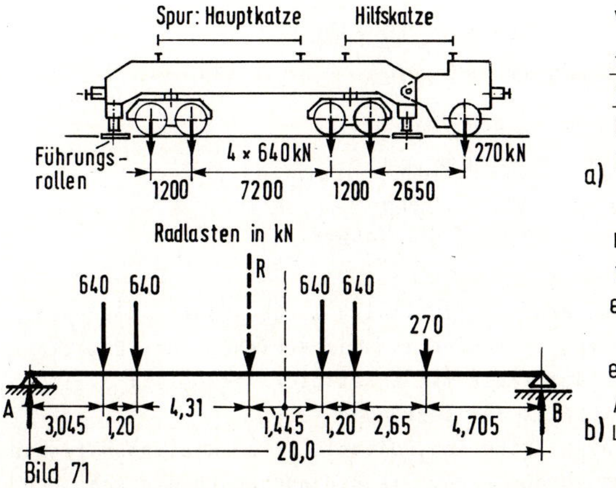

Bild 71

f) Beispiele

1. Beispiel: Gieskran mit Schleppträger (Bild 71a)

Resultierende:

$$R = 4 \cdot 640 + 270 = \underline{2830\ \mathrm{kN}}$$

Lage der Resultierenden, bezogen auf die linke Einzellast:

$$e = (640 \cdot 1{,}20 + 640 \cdot 8{,}40 + 640 \cdot 9{,}60 + 270 \cdot 12{,}25)/2830 =$$
$$= 15595{,}5/2830 = \underline{5{,}51\,\mathrm{m}}$$

$$e - 1{,}20 = \underline{4{,}31\,\mathrm{m}}$$

Abstand bis zur nächstgelegenen größeren Last (F_3):

$$7{,}20 - 4{,}31 = 2{,}89\,\mathrm{m}$$

Hiervon wird die Hälfte genommen: 1,445m.

Gesucht ist max max M für einen Einfeldträger von l=20m Länge; Bild 71b zeigt die maßgebende Laststellung.

$$A = R \cdot 11{,}445/20 = \underline{1619{,}5\ kN}$$

$$\max\max M = 1619{,}5 \cdot 11{,}445 - 640(7{,}20 + 8{,}40)$$

$$= 18535{,}18 - 9984 = \underline{8551{,}2\ kNm}$$

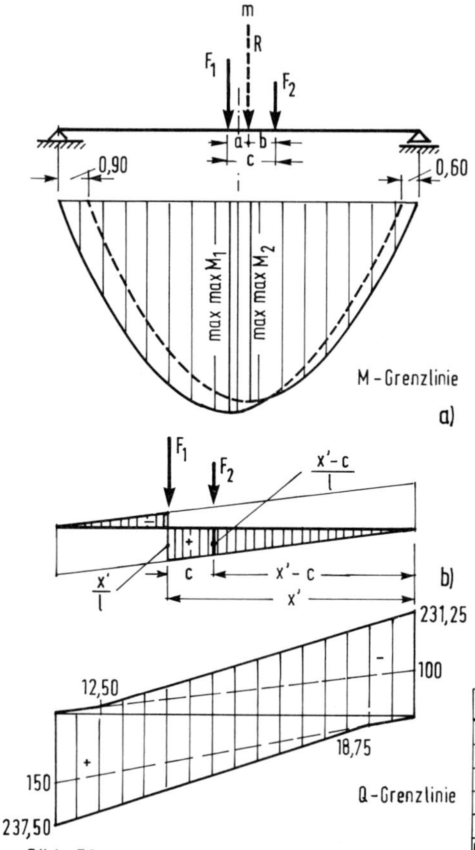

Bild 72

2. Beispiel: Laufkran mit zwei Einzellasten:

$F_1 = 150$ kN, $F_2 = 100$ kN, $c = 1{,}50$m, $l = 12{,}0$m ⟶

$$R = 150 + 100 = 250\ kN$$

$$a = 1{,}50 \cdot 100/250 = 0{,}60\,m, \quad b = 0{,}90\,m$$

Formel 87 und 88a:

$$\max M_1 = \frac{250}{12{,}0}[(12{,}0 - 0{,}60) - x]x = 3000(0{,}950 - \xi)\xi \quad ; \xi = \frac{x}{l}$$

$$\max M_2 = \frac{250}{12{,}0}[(12{,}0 - 0{,}90) - x']x' = 3000(0{,}925 - \xi')\xi' \quad ; \xi' = \frac{x'}{l}$$

Bild 72a zeigt die Auswertung; vgl. auch Bild 69.

Formel 83 und 88b.

$$\max\max M_1 = \frac{R}{4} \cdot \frac{(l-a)^2}{l} = \frac{3000}{4}\left[\frac{12{,}0-0{,}6}{12{,}0}\right]^2 = \underline{676{,}88\ kNm}$$

$$\max\max M_2 = \frac{R}{4} \cdot \frac{(l-b)^2}{l} = \frac{3000}{4}\left[\frac{12{,}0-0{,}9}{12{,}0}\right]^2 = \underline{641{,}72\ kNm}$$

Zu max $M_1(\xi)$ bzw. max $M_2(\xi')$ gehören die Querkräfte:

$$\text{zu} \max M_1 : Q = R(1-\xi) - F_2 c/l \quad (\xi \leq 0{,}875);$$

$$\text{zu} \max M_2 : Q = -R(1-\xi') + F_1 \cdot c/l \quad (\xi' \leq 0{,}875)$$

c)

ξ	maxM_1	ξ'	maxM_2
0	0	0	0
0,25	525	0,25	506,28
0,50	675	0,50	637,56
0,75	450	0,75	393,73
1	–	1	–
0,950	0	0,925	0
0,475	676,88	0,4625	641,72

Die nebenstehende Tabelle weist diverse Ordinaten der Momenten-Grenzlinie in ausgezeichneten Punkten aus, einschließlich der Maximalwerte der beiden Parabelkurven.

Um die Querkraftgrenzlinie zu bestimmen, werden die Einzellasten gemäß Bild 72b angeordnet; für diese Stellung wird die Einflußlinie ausgewertet, anschließend wird der Aufpunkt variiert, das liefert den positiven Anteil der Q-Grenzlinie (im Falle x'<c verläßt F_2 den Träger). Der negative Anteil der Grenzlinie folgt entsprechend. Die Rechnung liefert im Einzelnen:

$$\max Q = F_1\frac{x'}{l} + F_2\frac{x'-c}{l} = 150\xi' + 100\xi' - 100 \cdot 0{,}125 =$$

$$= 250\xi' - 12{,}50 \quad (\text{gültig für } 1 > \xi' > c/l)$$

$$\min Q = -(F_1\frac{x-c}{l} + F_2\frac{x}{l}) = -(150\xi + 100\xi - 150 \cdot 0{,}125) =$$

$$= -(250\xi - 18{,}75) \quad (\text{gültig für } 1 > \xi > c/l)$$

An der Stelle ξ'=0,125 bzw. ξ=0,125 beträgt max Q bzw. min Q:

$$\xi' = 0{,}125: \max Q = 31{,}25 - 12{,}50 = 18{,}75\ kN$$

$$\xi = 0{,}125: \min Q = -(31{,}25 - 18{,}75) = -12{,}50kN$$

Beim Überfahren dieser Stellen verläßt jeweils ein Rad den Träger.

21.5.4.3 Zwei- und Mehrfeldkranbahnen

Bild 73 zeigt beispielhaft Momenten- und Querkrafteinflußlinien ausgewählter Aufpunkte eines Zweifeld-Balkens. Als Computerberechnungsverfahren ist das Verfahren der Übertragungsmatrizen bevorzugt geeignet. Für Durchlaufträger mit konstanter Biegesteifigkeit stehen die Einflußlinientafeln von ANGER-ZELLERER zur Verfügung [33].

Für krummlinige Einflußlinien existieren keine Kriterien, mittels derer die ungünstigste Stellung einer Einzellastgruppe aufgefunden werden kann. Die Rechnungen können sehr lang-

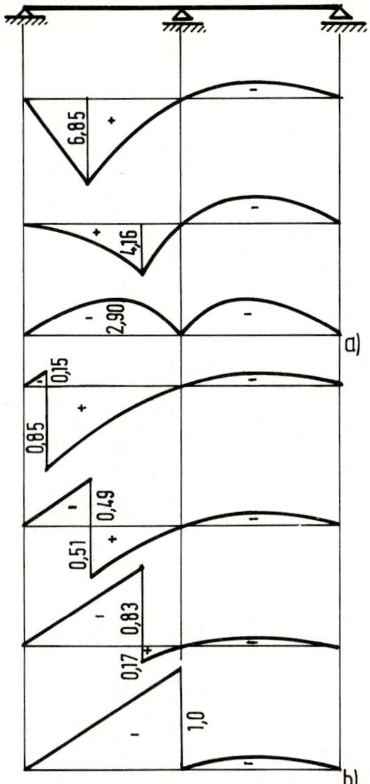

Bild 73

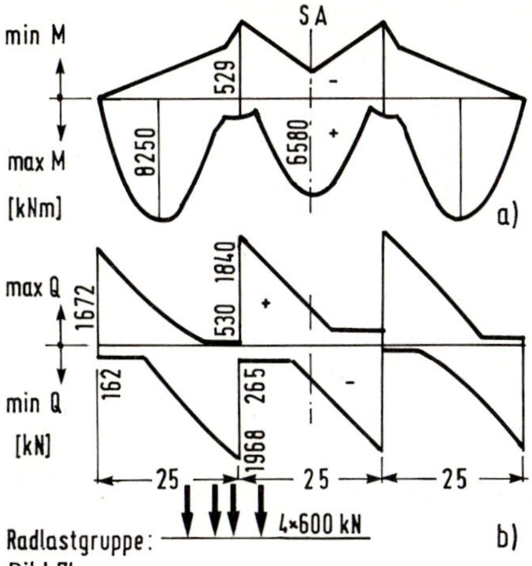

Bild 74

wierig ausfallen. Bild 74 zeigt beispielhaft die Momenten- und Querkraftgrenzlinie für einen Dreifeldträger mit EI=konst für die im Bild unten dargestellte Radlastgruppe.-

Für Zweifeldträger konstanter Steifigkeit wurde die Berechnung der maßgebenden Stütz- und Schnittgrößen für Brückenkrane mit zwei ungleichen Radlasten von ROSE [34] aufbereitet. Auf Tafel 21.2 sind die Einflußwerte zusammengestellt. - Für Mehrfeldträger-Kranbahnen, die durch zwei gleichgroße Radlasten beansprucht werden, liegt eine Aufbereitung von BLEICH [13] vor; für ungleiche Radlasten wurde die Tafel 21.3 vom Verfasser erarbeitet.

Beispiel: Gegeben sei ein Vierfeldträger auf dem ein zweirädriger Kran mit konstanten Radlasten verkehrt, vgl. Bild 75. Auswertung nach Tafel 21.3:

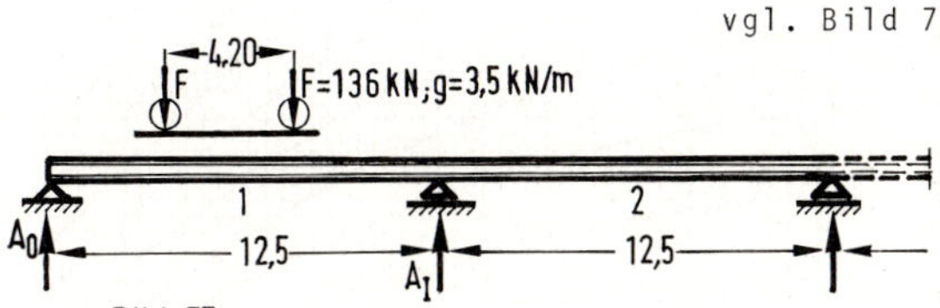

Bild 75

$$\alpha = 4{,}20/12{,}5 = 0{,}34\,;\quad \beta = 1$$

Für diese Parameter werden die γ-Beiwerte der Tafel entnommen, bezüglich α ist zu interpolieren. Die Rechnung ergibt (Radlast F und Eigenlast vgl. Bild 75; Hublastfaktor: 1,2):

$$\gamma_{A_0} = 1{,}58:\quad \max A_0 = 0{,}375\cdot 3{,}5\cdot 12{,}5 + 1{,}58(1{,}2\cdot 136) = 16{,}4 + 257{,}9 = \underline{274{,}31\ \text{kN}}\quad (275{,}1\ \text{kN})$$

$$\gamma_{A_I} = 1{,}92:\quad \max A_I = 1{,}250\cdot 3{,}5\cdot 12{,}5 + 1{,}92(12\cdot 136) = 54{,}7 + 313{,}3 = \underline{368{,}0\ \text{kN}}\quad (361{,}7\ \text{kN})$$

$$\gamma_{M_1} = 0{,}279:\quad \max M_1 = 0{,}070\cdot 3{,}5\cdot 12{,}5^2 + 0{,}279(1{,}2\cdot 136)\cdot 12{,}5 = 38{,}3 + 569{,}2 = \underline{607{,}5\ \text{kNm}}\quad (594{,}9\ \text{kNm})$$

$$\gamma_{M_I} = -0{,}168:\quad \max M_I = -0{,}125\cdot 3{,}5\cdot 12{,}5^2 - 0{,}168(1{,}2\cdot 136)\cdot 12{,}5 = -68{,}4 - 342{,}7 = \underline{-411{,}1\ \text{kNm}}\,(-425{,}7\ \text{kNm})$$

Die Klammerwerte gelten für einen Zweifeldträger. Die Unterschiede sind offensichtlich gering.

Im Vorgriff auf Abschnitt 21.5.4.4 wird die maximale Durchbiegung mittels Tafel 21.4 bestimmt. Für α =0,34 findet man nach Interpolation: γ_f=1,815. Das ergibt:

$$f = \frac{1{,}815}{100}\cdot\frac{Fl^3}{EI} = \underline{0{,}01815}\cdot\frac{Fl^3}{EI}$$

Für einen Zweifeldträger beträgt der Beiwert 2,485, so daß sich in diesem Falle eine um den Faktor 1,37 höhere Durchbiegung ergibt. Daraus wird der Vorteil von Mehrfeldträgern deutlich: Sie gewährleisten bessere Laufeigenschaften des Kranes, was insbesondere bei hohen Fahrgeschwindigkeiten von Vorteil ist.

21.5.4.4 Durchbiegungsberechnung

Die Durchbiegungsberechnung von Ein- und Mehrfeldträger-Kranbahnen unter Einzellastgruppen erfordert i.a. eine Einflußlinienauswertung; Einflußordinaten sind z.B. in [35] tabelliert. - Um den Berechnungsaufwand zu reduzieren, wurden Rechenbehelfe aufbereitet. Ein solcher Behelf besteht darin, sich bei der Durchbiegungsberechnung auf die Bestimmung des

Kranbahnträger über 2 Felder
l und EI : konst. (nach ROSE)

Stellung:

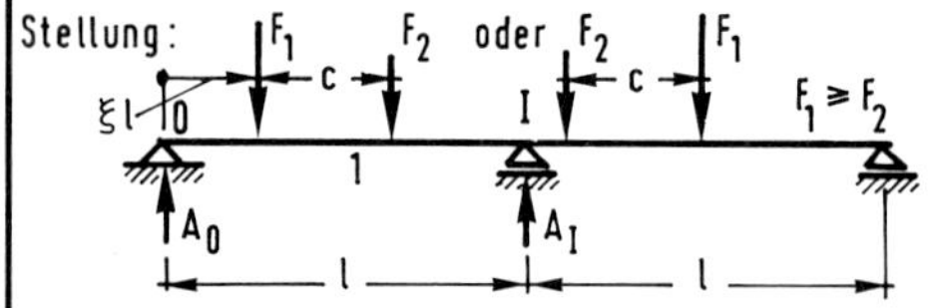

Parameter : $\alpha = c/l$; $\beta = F_2/F_1$

$$\max A_0 = 0{,}375\,g\,l + \gamma_{A_0} \cdot F_1$$

$$\max A_I = 1{,}250\,g\,l + \gamma_{A_I} \cdot F_1$$

$$\max M_1 = 0{,}070\,g\,l^2 + \gamma_{M_1} \cdot F_1 \cdot l$$

$$\max M_I = -0{,}125\,g\,l^2 - \gamma_{M_I} \cdot F_1 \cdot l$$

β = 1

α	γ_{A_0}	γ_{A_I}	γ_{M_1}	γ_{M_I}
0	2,000	2,000	0,415	0,193
0,1	1,875	1,993	0,369	0,190
0,2	1,752	1,971	0,328	0,184
0,3	1,632	1,936	0,292	0,173
0,4	1,516	1,888	0,260	0,159
0,5	1,406	1,828	0,233	0,164
0,6	1,304	1,757	0,210	0,179
0,7	1,211	1,675	0,193	0,188
0,8	1,128	1,584	0,180	0,192
0,9	1,057	1,484	0,172	0,192
1,0	1,000	1,375	0,169	0,188

β = 1

α	ξ_{M_1}	ξ_{M_I}
0	0,432	0,577
0,1	0,412	0,525
0,2	0,393	0,469
0,3	0,377	0,408
0,4	0,364	0,342
0,5	0,354	0,750
0,6	0,347	0,700
0,7	0,348	0,650
0,8	0,353	0,600
0,9	0,363	0,550
1	0,377	0,500

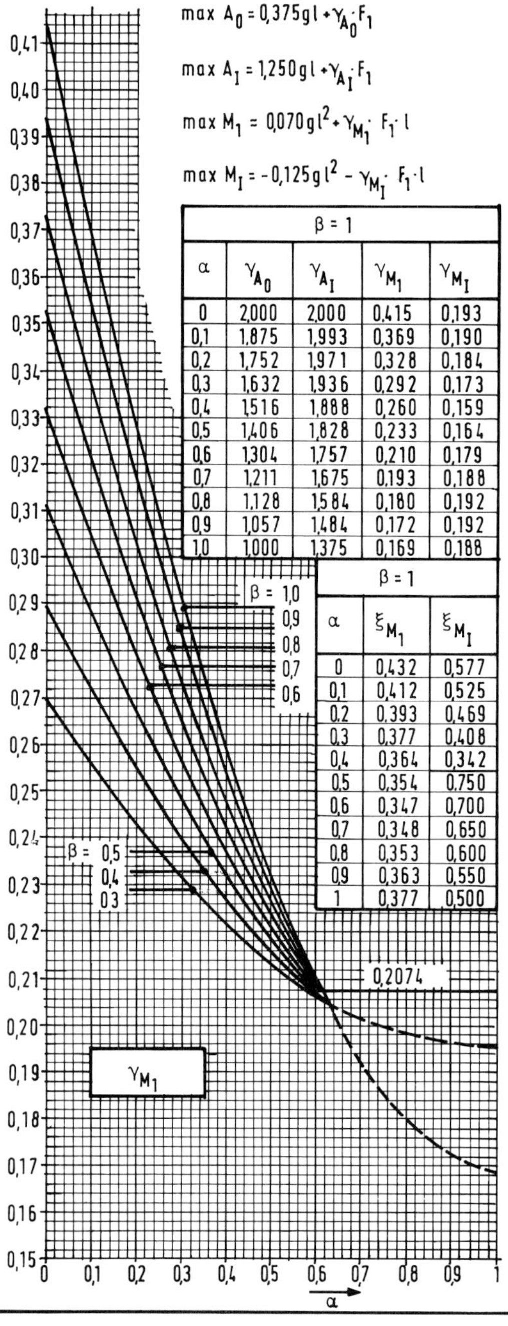

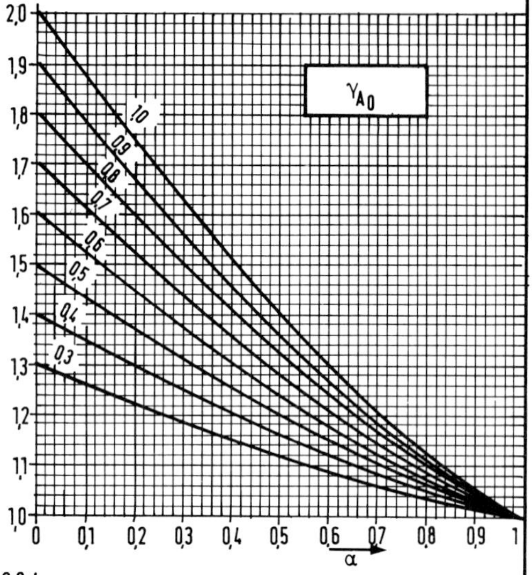

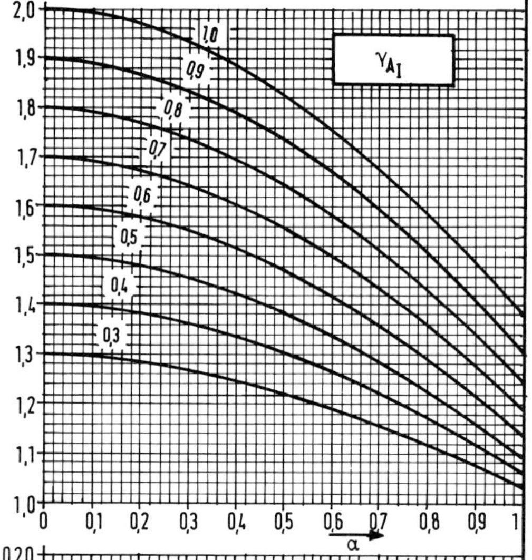

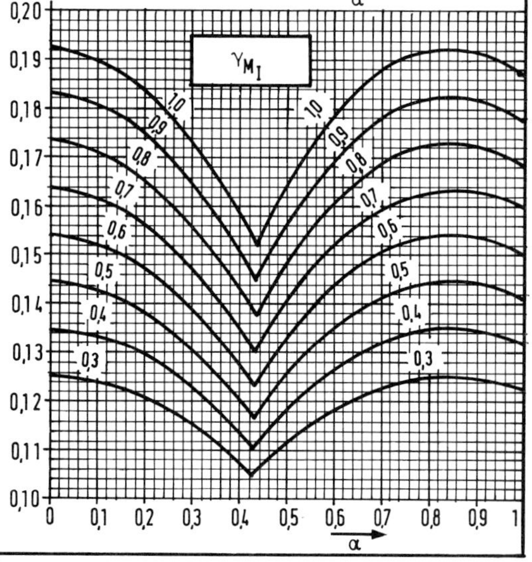

Kranbahnträger über 4 (3) und mehr Felder : l und EI = konst.

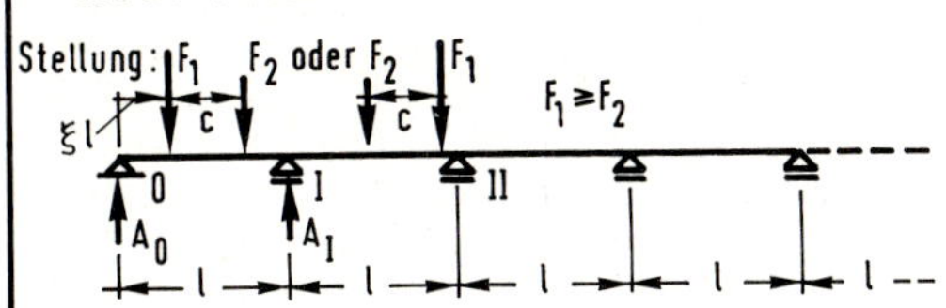

Parameter: $\alpha = c/l$; $\beta = F_2/F_1$

$$\max A_0 = 0{,}393\, g\, l + \gamma_{A_0}\, F_1$$

$$\max A_I = 1{,}143\, g\, l + \gamma_{A_I} \cdot F_1$$

$$\max M_1 = 0{,}077 \cdot g \cdot l^2 + \gamma_{M_1} \cdot F_1 \cdot l$$

$$\max M_I = -0{,}107\, g \cdot l^2 - \gamma_{M_I} \cdot F_1 \cdot l$$

β = 1				
α	γ_{A_0}	γ_{A_I}	γ_{M_1}	γ_{M_I}
0	2,000	2,013	0,409	0,206
0,1	1,874	2,004	0,364	0,204
0,2	1,749	1,979	0,323	0,197
0,3	1,627	1,937	0,287	0,186
0,4	1,510	1,881	0,256	0,170
0,5	1,399	1,810	0,229	0,160
0,6	1,297	1,728	0,208	0,172
0,7	1,204	1,633	0,191	0,180
0,8	1,123	1,529	0,180	0,182
0,9	1,054	1,417	0,174	0,180
1	1,000	1,297	0,173	0,174

β = 1		
α	ξ_{M_1}	ξ_{M_I}
0	0,437	0,578
0,1	0,407	0,525
0,2	0,389	0,469
0,3	0,372	0,408
0,4	0,361	0,342
0,5	0,351	0,725
0,6	0,348	0,675
0,7	0,354	0,627
0,8	0,361	0,579
0,9	0,374	0,532
1	0,392	0,487

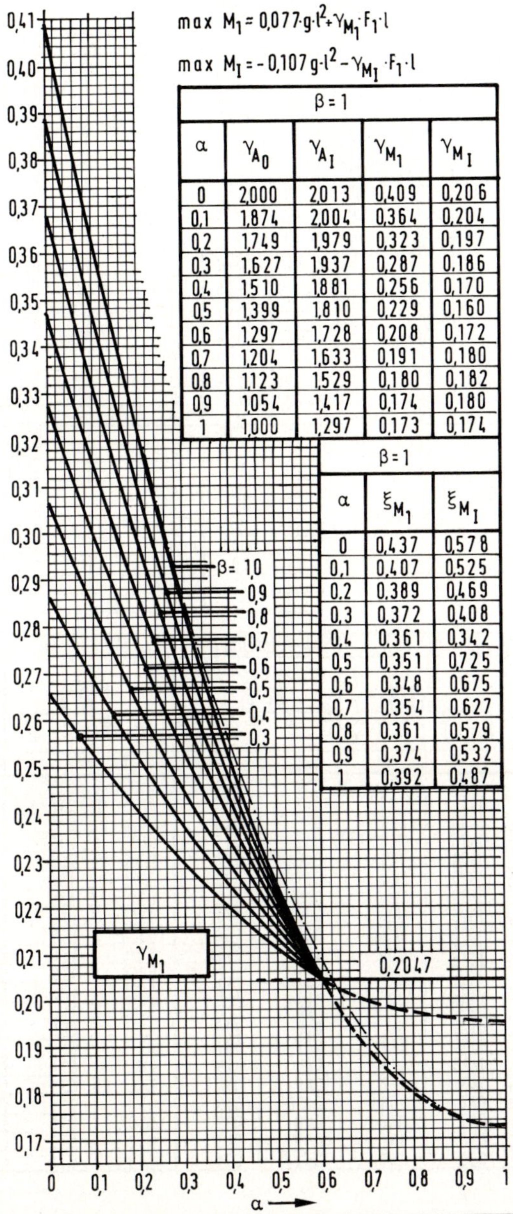

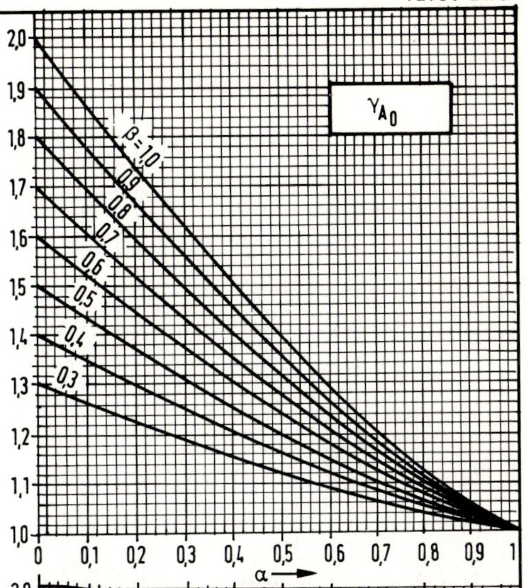

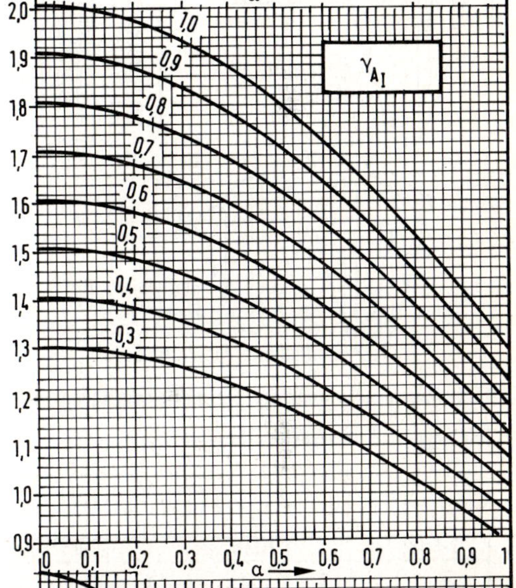

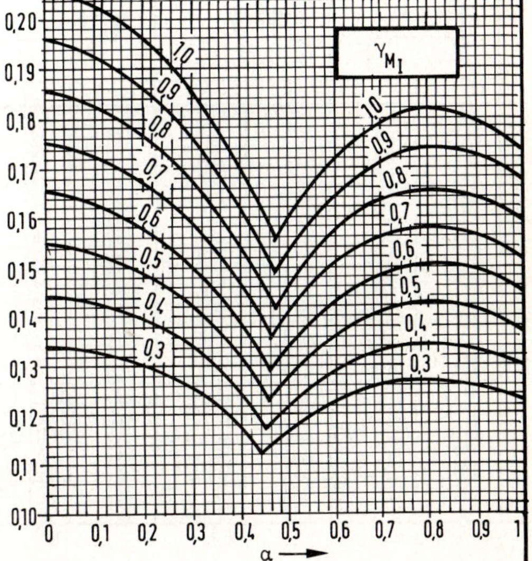

Berechnung der Durchbiegung von Kranbahnträgern EI,l : konst.

Pkt	1-Feldträger
0	0
1	0,617
2	1,183
3	1,650
4	1,967
5	2,083
6	1,967
7	1,650
8	1,183
9	0,617
10	0

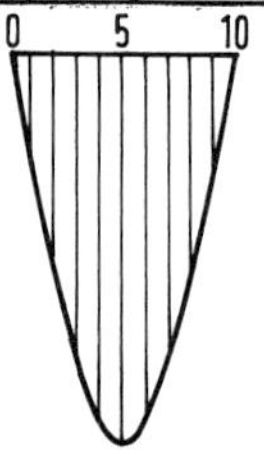

Pkt	2-Feldträger
0	0
1	0,462
2	0,883
3	1,223
4	1,441
5	1,497
6	1,366
7	1,092
8	0,733
9	0,349
10	0
11	-0,267
12	-0,450
13	-0,558
14	-0,660
15	-0,586
16	-0,525
17	-0,427
18	-0,300
19	-0,155
20	0

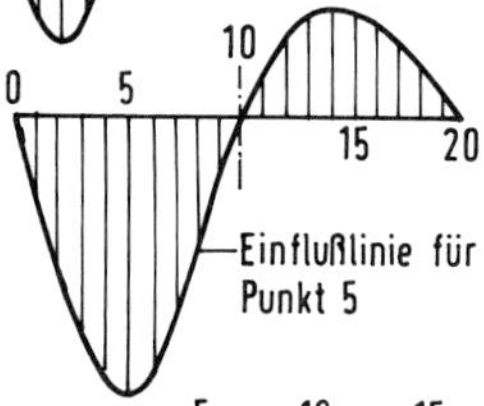

Pkt	3-Feldträger (5)	3-Feldträger (15)
0	0	0
1	0,452	-0,124
2	0,863	-0,240
3	1,195	-0,341
4	1,407	-0,420
5	1,458	-0,469
6	1,327	-0,480
7	1,055	-0,446
8	0,703	-0,360
9	0,332	-0,214
10	0	0
11	-0,244	0,279
12	-0,440	0,583
13	-0,481	0,863
14	-0,500	1,067
15	-0,469	1,146
16	-0,400	1,067
17	-0,306	0,863
18	-0,200	0,583
19	-0,094	0,279
20	0	0
21	0,071	-0,214
22	0,120	-0,360
23	0,149	-0,446
24	0,160	-0,480
25	0,156	-0,469
26	0,140	-0,420
27	0,114	-0,341
28	0,080	-0,240
29	0,041	-0,124
30	0	0

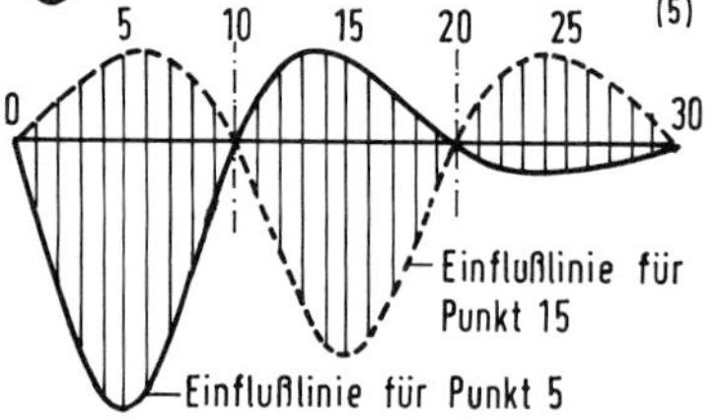

Pkt	4-Feldträger (5)	4-Feldträger (15)
0	0	0
1	0,451	0,121
2	0,862	0,236
3	1,193	0,335
4	1,404	0,412
5	1,456	0,460
6	1,324	0,471
7	1,053	0,438
8	0,701	0,353
9	0,331	0,210
10	0	0
11	-0,242	0,274
12	-0,396	0,573
13	-0,475	0,847
14	-0,493	1,046
15	-0,460	1,122
16	-0,391	1,041
17	-0,297	0,837
18	-0,193	0,562
19	-0,089	0,266
20	0	0
21	0,065	0,196
22	0,107	0,321
23	0,129	0,386
24	0,134	0,401
25	0,126	0,376
26	0,107	0,321
27	0,082	0,246
28	0,054	0,161
29	0,025	0,075
30	0	0
31	-0,019	0,057
32	-0,032	0,097
33	-0,040	0,120
34	-0,043	0,129
35	-0,042	0,126
36	-0,038	0,113
37	-0,031	0,092
38	-0,021	0,064
39	-0,011	0,033
40	0	0

Pkt	5-Feldträger	
0	0	0
1	0,451	-0,121
2	0,862	-0,235
3	1,193	-0,335
4	1,404	-0,412
5	1,455	-0,460
6	1,324	-0,471
7	1,053	-0,438
8	0,701	-0,353
9	0,330	-0,209
10	0	0
11	-0,242	0,274
12	-0,396	0,572
13	-0,476	0,844
14	-0,493	1,044
15	-0,460	1,119
16	-0,391	1,038
17	-0,297	0,835
18	-0,193	0,560
19	-0,089	0,265
20	0	0
21	0,065	-0,195
22	0,106	-0,319
23	0,128	-0,383
24	0,132	-0,397
25	0,123	-0,371
26	0,105	-0,314
27	0,080	-0,239
28	0,052	-0,155
29	0,024	-0,073
30	0	0
31	-0,018	0,053
32	-0,029	0,086
33	-0,034	0,104
34	-0,036	0,108
35	-0,034	0,101
36	-0,029	0,086
37	-0,022	0,066
38	-0,014	0,043
39	-0,007	0,020
40	0	0
41	0,005	-0,015
42	0,009	-0,026
43	0,011	-0,032
44	0,011	-0,035
45	0,011	-0,034
46	0,010	-0,030
47	0,008	-0,024
48	0,006	-0,018
49	0,003	-0,009
50	0	0

Pkt	∞-Feldträger
-20	0
	0,019
	0,041
	0,063
	0,083
	0,097
	0,104
	0,100
	0,084
	0,051
-10	0
	-0,070
	-0,152
	-0,234
	-0,308
	-0,363
	-0,388
	-0,375
	-0,312
	-0,191
l	0
1	0,260
2	0,550
3	0,818
4	1,016
5	1,093
6	1,016
7	0,818
8	0,550
9	0,260
r	0
	-0,191
	-0,312
	-0,375
	-0,388
	-0,363
	-0,308
	-0,234
	-0,152
	-0,070
+10	0
	0,051
	0,084
	0,100
	0,104
	0,097
	0,083
	0,063
	0,041
	0,019
+20	0

Einflußwerte η (Einflußlinien) für die Durchbiegung in Feldmitte

Feldlänge und EI konst.: $f = \frac{\eta}{100} \cdot \frac{Fl^3}{EI}$

Beiwerte γ für max f infolge 2 Wanderlasten: $\max f = \frac{\gamma}{100} \cdot \frac{Fl^3}{EI}$

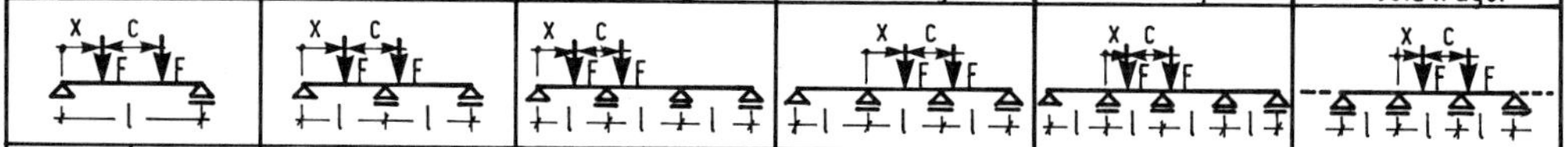

c/l	1-Feldträger x:l	1-Feldträger γ	2-Feldträger ≈x:l	2-Feldträger γ	3-Feldträger ≈x:l	3-Feldträger γ	3-Feldträger x:l	3-Feldträger γ	4-Feldträger ≈x:l	4-Feldträger γ	∞-Feldträger x:l	∞-Feldträger γ	c/l
0	0,500	4,17	0,48	3,01	0,47	2,92	0,500	2,29	0,50	2,24	0,500	2,19	0
0,05	0,475	4,15	0,45	2,99	0,45	2,91	0,475	2,28	0,47	2,23	0,475	2,18	0,05
0,10	0,450	4,11	0,43	2,96	0,42	2,88	0,450	2,25	0,45	2,20	0,450	2,15	0,10
0,15	0,425	4,03	0,40	2,90	0,40	2,82	0,425	2,20	0,42	2,15	0,425	2,10	0,15
0,20	0,400	3,93	0,38	2,81	0,37	2,74	0,400	2,13	0,40	2,08	0,400	2,03	0,20
0,25	0,375	3,81	0,35	2,71	0,35	2,64	0,375	2,04	0,37	1,99	0,375	1,94	0,25
0,30	0,350	3,66	0,32	2,59	0,33	2,52	0,350	1,95	0,35	1,90	0,350	1,85	0,30
0,35	0,325	3,49	0,30	2,46	0,30	2,39	0,325	1,85	0,32	1,79	0,325	1,75	0,35
0,40	0,300	3,30	0,28	2,31	0,28	2,25	0,300	1,73	0,30	1,67	0,300	1,64	0,40
0,45	0,275	3,09	0,26	2,15	0,25	2,10	0,275	1,60	0,27	1,55	0,275	1,51	0,45
0,50	0,250	2,86	0,23	1,98	0,23	1,93	0,250	1,46	0,25	1,42	0,250	1,38	0,50
0,55	0,225	2,62	0,20	1,80	0,20	1,75	0,225	1,32	0,22	1,28	0,225	1,24	0,55
0,60	0,200	2,37	0,20	1,62	0,18	1,57	0,200	1,17	0,20	1,14	0,200	1,10	0,60
0,65	0,175	2,10	0,20	1,42	0,20	1,39	0,175	1,02	0,18	0,98	0,175	0,96	0,65
0,70	0,150	18,2	0,20	12,3	0,32	12,0	0,150	0,87	0,37	0,86	0,375	0,83	0,70
0,75	0,125	15,3	0,35	10,8	0,35	10,8	0,425	0,78	0,40	0,79	0,425	0,77	0,75
0,80	0,100	12,3	0,40	9,9	0,40	10,1	0,43	0,72	0,45	0,74	0,45	0,73	0,80
0,85	0,075	9,3	0,43	9,4	0,43	9,7	0,48	0,68	0,475	0,73	0,50	0,71	0,85
0,90	0,050	6,2	0,47	9,1	0,48	9,6	0,48	0,67	0,50	0,72	0,50	0,71	0,90
0,95	0,025	3,1	0,48	9,0	0,50	9,7	0,50	0,67	0,50	0,73	0,52	0,72	0,95
1	0	0	0,50	9,1	0,50	9,9	0,53	0,68	0,52	0,75	0,53	0,74	1
		$\cdot 10^{-1}$		$\cdot 10^{-1}$		$\cdot 10^{-1}$							

1-Feldträger: Ein Rad außerhalb: 2,08
2-Feldträger: Ein Rad außerhalb: 1,50
3-Feldträger: Ein Rad außerhalb: 1,46

Durchbiegungspfeiles f in Trägermitte zu beschränken (vgl. Abschnitt 13.3.2). Die maximale Durchbiegung ist i.a. nur wenige Prozente höher als der so ermittelte Wert. Tafel 21.4 (oben) enthält die Einflußordinaten für die Durchbiegung in Trägermitte und zwar für Ein- bis Fünffeldträger und das Mittelfeld eines Trägers auf unendlich vielen Stützen. Bei der Verwertung ist es ggf. empfehlenswert, die Linien auf Millimeterpapier zu zeichnen und die Radlastgruppe maßstäblich so zu verschieben, daß (nach wenigen Probierrechnungen) die ungünstigste Stellung gefunden ist.

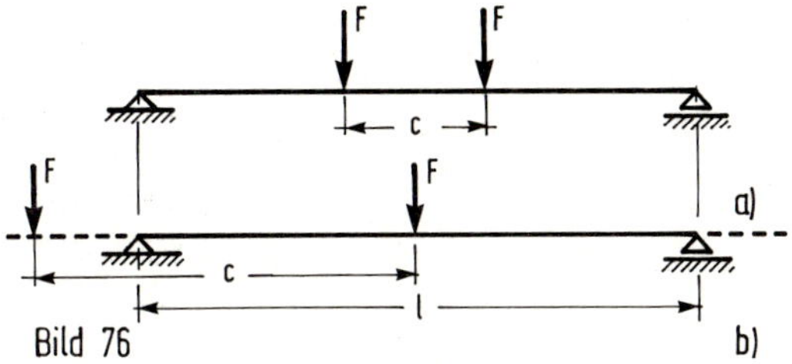

Bild 76

Für einen Einfeldträger ist bei einem Radlastpaar mit $F_1=F_2=F$ für $c \leq 0{,}65 \cdot l$ die symmetrische Radstellung

$$f = \frac{F(l-c)[3l^2-(l-c)^2]}{48EI} \qquad (89)$$

und im Falle $c > 0{,}65 \cdot l$ die mittige Radstellung maßgebend (Bild 76):

$$f = \frac{Fl^3}{48EI} \qquad (90)$$

Für andere Trägertypen (mit gleichlangen Feldweiten) können die maßgebenden Laststellungen und die Einflußbeiwerte aus Tafel 21.4 (unten) entnommen werden (nach STEINACK [36], vgl. auch [37].); sie sind als Funktion des Radabstandsverhältnisses c/l angegeben. x gibt die Stellung an, für welche die Größtdurchbiegung auftritt. Bei den Endfeldern von Durchlaufträgern ist bei großem Radabstandsverhältnis eine Stellung maßgebend, bei welcher ein Rad außerhalb des Trägers steht. Die Handhabung der Tafel wird an zwei Beispielen erläutert:

1. Beispiel: Einfeldträger:

$$l = 8{,}0\,m, \quad F = 60\,kN, \quad c = 2{,}40\,m, \quad I = 40000\,cm^4$$

$$c/l = 2{,}40/8{,}0 = 0{,}30 \longrightarrow \gamma = 3{,}66; \quad \gamma/100 = 0{,}0366$$

$$\max f = 0{,}0366\,\frac{60 \cdot 800^3}{21000 \cdot 40000} = \underline{1{,}34\,cm}$$

Formel 89 liefert denselben Wert: f=1,34cm

2. Beispiel: Dreifeldträger:

$$l = 8{,}0\,m, \quad F = 60\,kN, \quad c = 2{,}40\,m, \quad I = 40000\,cm^4$$

$$c/l = 2{,}40/8{,}0 = 0{,}30 \longrightarrow \gamma = 2{,}52; \quad \gamma/100 = 0{,}0252$$

$$\max f = 0{,}0252\,\frac{60 \cdot 800^3}{21000 \cdot 40000} = \underline{0{,}92\,cm}$$

bei x/l = 0,33 (Kran im Endfeld)

Bei einer Laststellung im Mittelfeld ergibt sich $\gamma=1{,}95$ und damit max f=0,71cm. Bei Durchlaufträgern über 4 und mehr Feldern wird die Durchbiegung im Endfeld wie beim 3-Feldträger berechnet; für Mittelfelder vgl. Tafel 21.4.

21.5.4.5 Beanspruchung der Kranbahnträger-Obergurte und -Stegbleche infolge örtlichen Raddrucks

Die unmittelbar über die Kranschiene auf den Kranbahnträger abgesetzten Radlasten bewirken in deren Obergurt und im angrenzenden Stegblech erhebliche Zusatzbeanspruchungen, die den Beanspruchungen aus der Haupttragwirkung zu überlagern sind. Schiene und Gurtung bewirken eine Lastverteilung auf einen größeren Bereich des Stegbleches. Es sind folgende Beanspruchungen zu verfolgen:

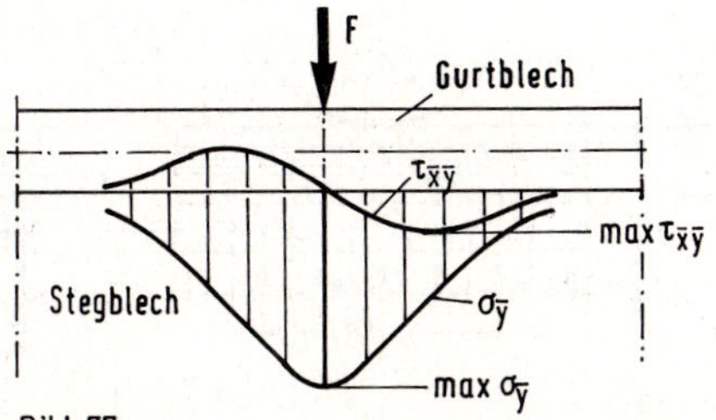

Bild 77

a) Spannungen $\sigma_{\bar{y}}$ und $\tau_{\bar{x}\bar{y}}$ am belasteten Stegblechrand und ggf. in den Anschlußnähten; Bild 77 zeigt deren Verlauf unter dem schubfest angeschlossenen Gurtblech.
b) Radlastverteilungsbiegung des Obergurtes.
c) Torsionsbeanspruchung des Obergurtes und Querbiegung des angrenzenden Stegbleches infolge

exzentrischer Radlaststellung auf der Kranschiene.

d) Beulung des Stegbleches im Radlastbereich.

21.5.4.5.1 Spannungen aus der Radlasteinleitung

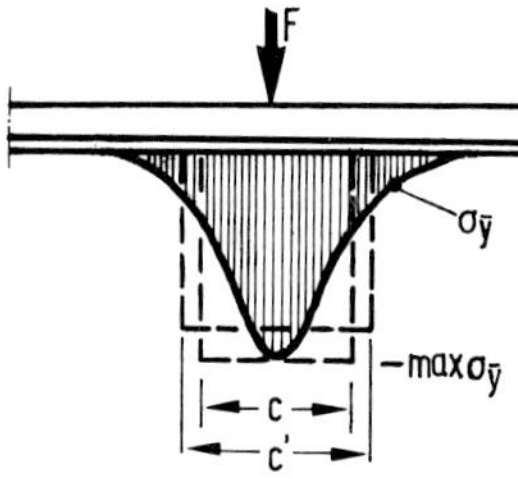

Bild 78

Die Verteilung der Querpressung $\sigma_{\bar{y}}$ in der schubfesten Kontaktlinie zwischen Gurt und Stegblech unter einer Einzellast F ist in Bild 78 nochmals dargestellt. Für den Maximalwert gilt:

$$\max\sigma_{\bar{y}} = \frac{0{,}3}{t} F \sqrt[3]{\frac{t}{I_G}} \qquad (91)$$

t ist die Stegblechdicke und I_G das Trägheitsmoment der Gurtung einschließlich Kranschiene. Ist die Kranschiene nicht schubfest mit dem Obergurt verbunden, ist I_G additiv aus den Trägheitsmomenten des Trägerobergurtes (OG) und der Kranschiene (KS) zusammenzusetzen:

$$I_G = I_{OG} + I_{KS} \qquad (92)$$

Möglich ist auch:

$$I_G = 1{,}15\, I_{OG} + I_{KS} \qquad (93)$$

I_{KS} ist unter Berücksichtigung einer 25%igen Schienenkopfabnutzung zu berechnen. Eine strenge elastizitätstheoretische Untersuchung liefert statt der Vorzahl 0,3 in G.91 die Vorzahl 0,3176 [38,39]. Als maximale Schubspannung kann

$$\max\tau_{\bar{x}\bar{y}} = 0{,}2 \cdot \max\sigma_{\bar{y}} \qquad (94)$$

angesetzt werden. Zur Spannungsverteilung vgl. auch [40,41] und das dort angegebene Schrifttum. $\sigma_{\bar{y}}$ ist eine Schwell- und $\tau_{\bar{x}\bar{y}}$ eine Wechselspannung. - Bei elastischer Schienenlagerung (z.B. 6mm, Shore-A-Härte 90) darf max $\sigma_{\bar{y}}$ nach DIN 4132 auf 75% abgemindert werden.

Für den Beulsicherheitsnachweis wird die reale Spannungsverteilung $\sigma_{\bar{y}}$ in eine rechteckförmig begrenzte umgerechnet; deren Einflußlänge sei c. Bestimmungsgleichung für c (Bild 78):

$$\frac{0{,}3F}{t} \cdot \sqrt[3]{\frac{t}{I_G}} = \frac{F}{tc} \longrightarrow c = 3{,}33 \sqrt[3]{\frac{I_G}{t}} \quad (3{,}149) \qquad (95)$$

Eine gewisse Ausmittelung erscheint vertretbar, wobei die rechteckige Spannungsverteilung nur zu 0,85·max $\sigma_{\bar{y}}$ über die Länge c' angesetzt wird; Bestimmungsgleichung:

$$0{,}85 \cdot \frac{0{,}3F}{t} \cdot \sqrt[3]{\frac{t}{I_G}} = \frac{F}{tc'} \longrightarrow c' = 3{,}92 \cdot \sqrt[3]{\frac{I_G}{t}} \quad (3{,}705) \qquad (96)$$

Überlappen sich die Einflußbereiche zweier eng benachbarter Radlasten, ist eine plausible Mittelung vorzunehmen.

Nach DIN 4132 darf die einzelne Radlast auf die Länge c=2h+50mm gleichmäßig verteilt werden, h siehe Bild 79. Aus Bild 79 geht auch hervor, wie eine Schrauben- oder Nietverbindung zwischen Gurtung und Stegblech zu berechnen ist, wenn nicht durch eine planeben

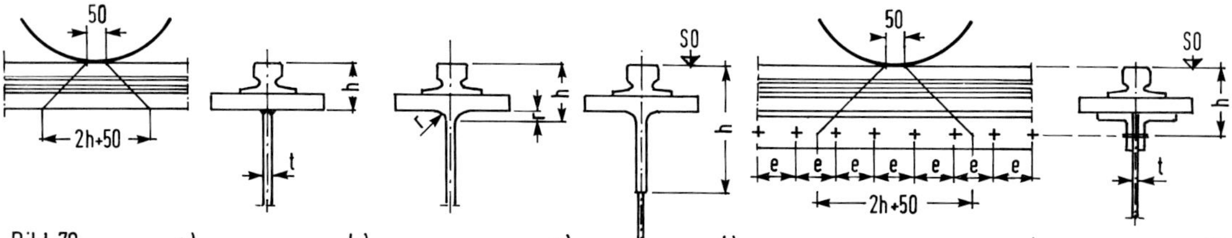

Bild 79 a) b) c) d) e) f)

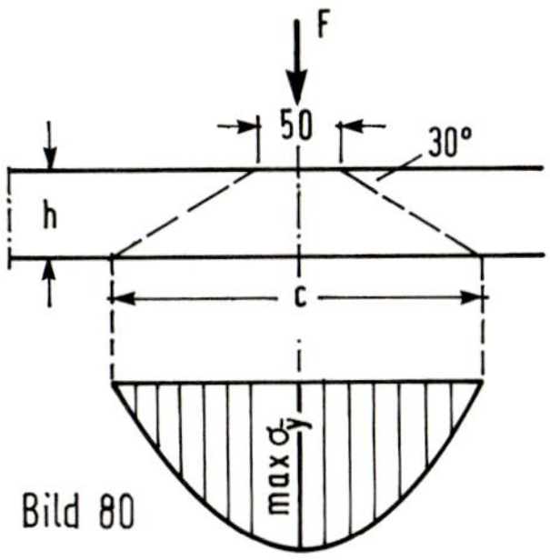

Bild 80

bearbeitete Stegblechberandung eine direkte Kontaktübertragung sichergestellt ist. Die "mittragende Länge" der Halsniete gemäß 2h+50mm geht bereits auf DIN 120 sowie auf DIN 15018 zurück und entspricht einer Radlastabstrahlung unter 45°. - BERNHARD [42] hat aus Versuchen eine größere Verteilung abgeleitet und empfiehlt eine Abstrahlung unter 30° (Bild 80) mit parabelförmigem Pressungsverlauf. Das führt auf:

$$c = 2\sqrt{3}\cdot h + 50 \tag{97}$$

Für $\max\sigma_{\bar{y}}$ lautet die Bestimmungsgleichung:

$$F = \frac{2}{3}\max\sigma_{\bar{y}}ct \longrightarrow \max\sigma_{\bar{y}} = \frac{3}{2}\cdot\frac{F}{ct} = \frac{3}{2}\frac{F}{(2\sqrt{3}h+50)t} \tag{98}$$

Eine modifizierte Konzeption besteht darin, den Obergurt als Träger auf elastischer Bettung aufzufassen, wobei Et/b die Bettungsziffer ist, b ist die Stegblechhöhe (oder ein Bruchteil davon). Die mittragende Länge der Halsnähte folgt hierfür zu:

$$c\,(=2L) = 2\sqrt[4]{\frac{4\,I_G}{t/b}} \tag{99}$$

L ist die in der Theorie des elastisch gebetteten Balkens verwendete sogen. "charakteristische Länge". - Bezüglich der Verteilungslänge für die Raddruckpressung existieren somit folgende Versionen:

$$\begin{aligned} &c_1 = 2h + 50\\ &c_2 = 2\sqrt{3}\cdot h + 50\\ &c_3 \text{ nach Formel(95)}\\ &c_4 \text{ bzw. } c_4' \text{ nach Formel(99)} \end{aligned} \tag{100}$$

SAHMEL empfiehlt [43]:

$$c_m = \frac{2\,c_3\cdot c_4}{c_3+c_4}$$

Vgl. die Beispiele in Abschnitt 21.5.4.5.5

21.5.4.5.2 Radlastverteilungsbiegung des Obergurtes (nach OXFORT [44,45])

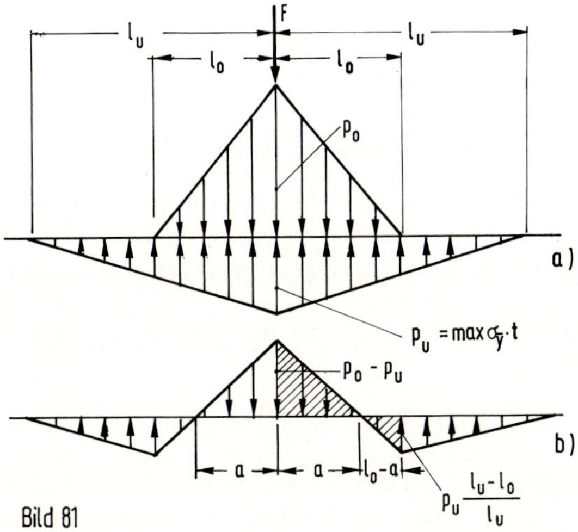

Bild 81

Der Obergurt wird als ein kontinuierlich auf dem Stegblech aufliegender Balken betrachtet; infolge der elastischen Eindrückung unter dem Rad erhält der Gurt eine Biegung. Die folgende Abschätzung geht von einfachen Ansätzen aus: Für die Belastung von oben wird die Verteilungslänge

$$l_o = \frac{1}{2}(50 + 2h_{KS})\ [\text{mm}]\ ;\quad p_o = \frac{F}{l_o} \tag{101}$$

und für die Belastung von unten die Verteilungslänge

$$l_u = \frac{F}{p_u} = \frac{F}{\max\sigma_{\bar{y}}t} \approx \frac{1}{0{,}3}\sqrt[3]{\frac{I_G}{t}}\ ;\quad p_u = \frac{F}{l_u} \tag{102}$$

angesetzt. Der Wert 50mm in G.101 erfaßt die Radaufstandsfläche, h_{KS} ist die Höhe der Kranschiene. Die Lasten werden dreieckförmig angenähert (Bild 81a). max M tritt unter der Radlast auf:

$$\max M = p_u\frac{l_u}{2}\cdot\frac{l_u}{3} - p_o\frac{l_o}{2}\cdot\frac{l_o}{3} = \frac{F}{6}(l_u - l_o) \tag{103}$$

max Q ergibt sich im Abstand

$$a = \frac{l_o l_u}{l_o + l_u}\,, \tag{104}$$

wo die resultierende Belastung (Bild 81b) ihren Nullpunkt hat, und beträgt an dieser Stelle:

$$\max Q = \frac{F}{2} \cdot \frac{l_u - l_o}{l_u + l_o} \qquad (105)$$

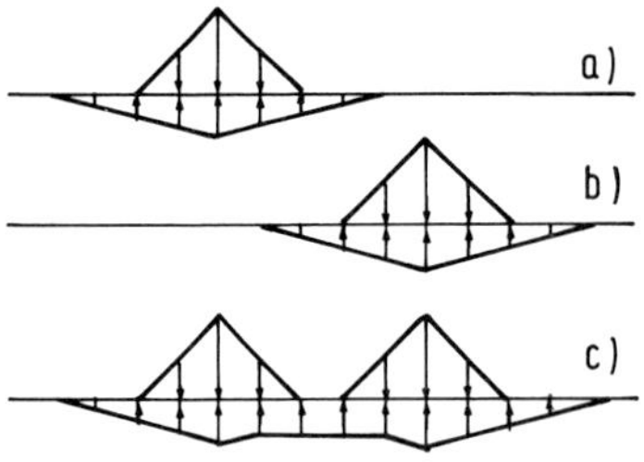

Bild 82

Überlappen sich die Einflußbereiche, wird ein Belastungsbild gemäß obigen Ansätzen zusammengestellt und hierfür die Biegebeanspruchung im Obergurt berechnet. Für

$$\max M_{OG} = \max M \frac{I_{OG}}{I_{OG} + I_{KS}} \qquad (106)$$

werden die Spannungen im Obergurt ermittelt, wenn die Schiene lose aufliegt. - Es kann davon ausgegangen werden, daß vorstehende Abschätzungen (erheblich) auf der sicheren Seite liegen; nach DIN 4132 ist ein Nachweis der Obergurtbiegung nicht erforderlich.

21.5.4.5.3 Torsionsbeanspruchung des Obergurtes und Querbiegung des angrenzenden Stegbleches infolge exzentrischer Radlaststellung

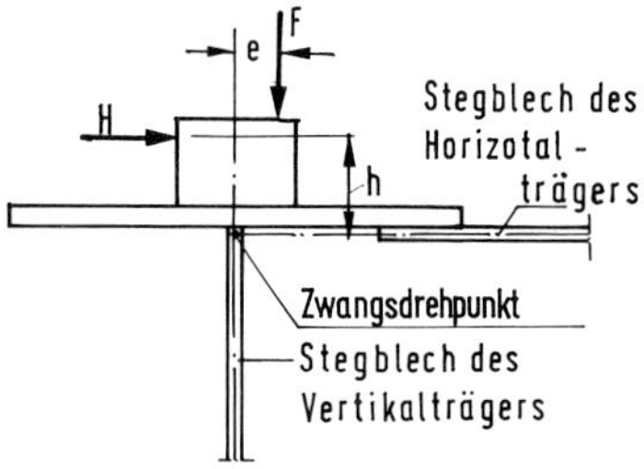

Bild 83

Es werden Kranbahnträger betrachtet, die zur Aufnahme der Seitenkräfte durch einen Horizontalträger ausgesteift sind. Verursacht durch die Lastexzentrizität e und die Seitenkraft H wird der Obergurt auf Torsion beansprucht; das äußere Torsionsmoment beträgt (Bild 83):

$$M_{Ta} = Fe + Hh \qquad (107)$$

Hierbei wird ein Zwangsdrehpunkt im Schnittpunkt der Stegmittelebenen von Vertikal- und Horizontalträger angenommen. - Der Obergurt kann als im Steg des Trägers (und ggf. im Steg des Horizontalträgers) drehelastisch eingespannt betrachtet werden. Unter Vernachlässigung der Wölbsteifigkeit des Obergurtes lautet die Differentialgleichung des Problems:

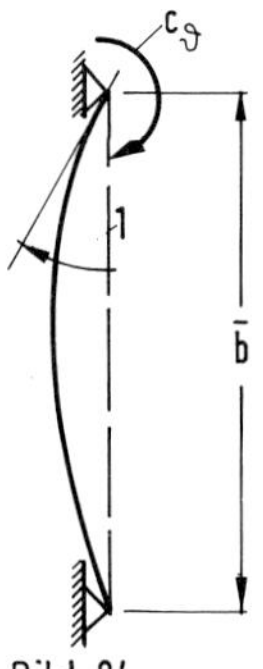

Bild 84

$$\vartheta'' - \frac{c_\vartheta}{GI_T}\vartheta = 0 \qquad (108)$$

c_ϑ ist die Drehfederkonstante:

$$c_\vartheta = \frac{1}{\bar{b}} \cdot 3E \frac{t^3}{12(1-\mu^2)} = 5769 \frac{t^3}{\bar{b}} \quad [\mathrm{kNcm/cm/1}] \qquad (109)$$

t: Dicke des Stegbleches; $E = 21000\,kN/cm^2$, $\mu = 0{,}3$. Da c_ϑ wegen der Plattenwirkung variabel ist, wird mit einer verkürzten Stegblechhöhe, z.B. $\bar{b} = 0{,}75 \cdot b$ gerechnet (vgl. Bild 84). Ist der Horizontalträger biegesteif mit dem Obergurt verbunden, so ist die zugehörige Drehfederkonstante zu G.109 hinzu zu addieren. - Das Torsionsträgheitsmoment setzt sich bei loser Kranschienenauflagerung aus den Anteilen

$$I_T = I_{TOG} + I_{TKS} \qquad (110)$$

zusammen. G: Schubmodul $(8100\ kN/cm^2)$.

Für einen Obergurt unter der Einwirkung eines äußeren Torsionsmomentes M_{Ta} an der Stelle $x_1 = a_1$ beträgt der Drillwinkel ϑ an der Stelle a_1 (vgl. Bild 85):

$$\vartheta(x = a_1) = \frac{M_{Ta}}{\lambda GI_T} \cdot \frac{1}{\coth\lambda a_1 + \coth\lambda a_2} \qquad (111)$$

Hierin bedeutet:

$$\lambda = \sqrt{\frac{c_\vartheta}{GI_T}} \qquad (112)$$

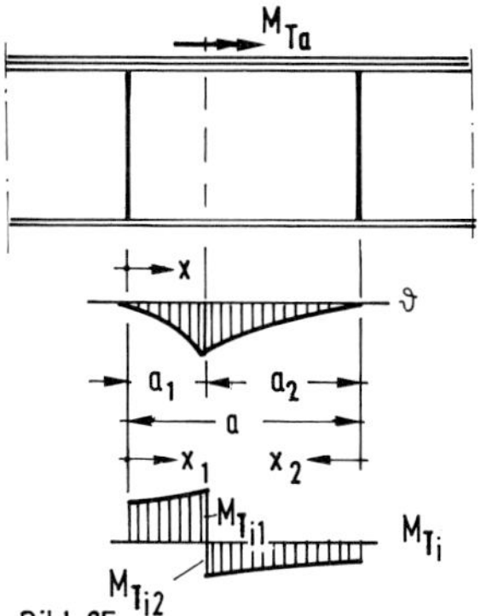

Bild 85

Im Falle $a_1=a_2=a/2$ (mittiger Momentenangriff) gilt:

$$\vartheta_m = \frac{M_{Ta}}{2\lambda GI_T \coth\lambda a/2} \tag{113}$$

Ist das Argument von $\coth\lambda/2$ klein, gilt in Annäherung:

$$\coth\lambda\frac{a}{2} = \frac{1}{\tanh\lambda a/2} \approx \frac{1}{\lambda a/2} = \frac{2}{\lambda a} \tag{114}$$

An die Stelle von G.113 tritt dann:

$$\vartheta_m = \frac{M_{Ta}}{2\lambda GI_T \cdot 2/\lambda a} = M_{Ta} \cdot \frac{a}{4\,GI_T} \tag{115}$$

Der mittige Lastangriff ist am ungünstigsten. - Die Biegespannungen am Stegblechrand folgen zu:

$$\max\sigma = \pm\frac{c_\vartheta 6}{t^2}\cdot\vartheta_m = \pm\frac{3t}{2\cdot b}\cdot\frac{E}{(1-\mu^2)}\cdot\vartheta_m \tag{116}$$

Für $M_{Ti}=M_{Ta}/2$ wird die Torsionsbeanspruchung des Obergurtes berechnet. - Die Abtragung der Torsionsmomente M_{Ti} beidseitig des Stegblechfeldes über die Quersteifen ist unproblematisch.

21.5.4.5.4 Beulsicherheitsnachweis des Stegbleches unter Radlasten

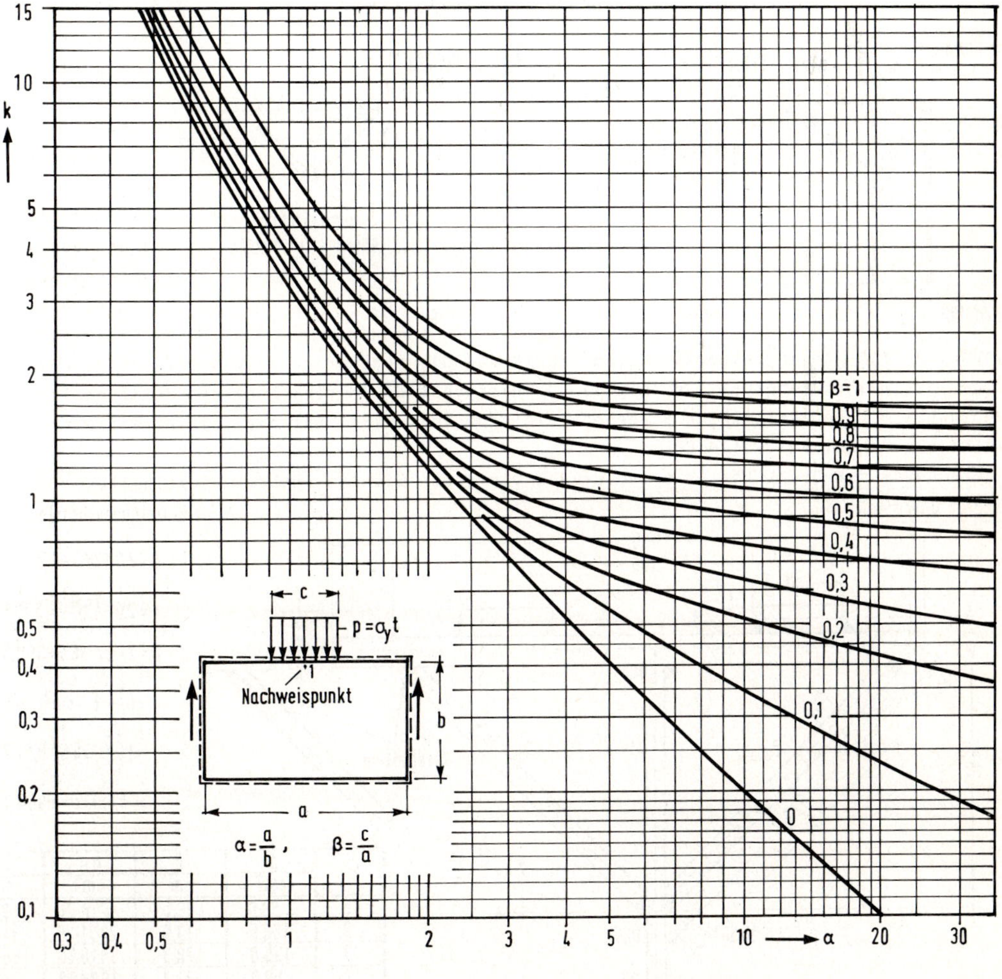

Bild 86

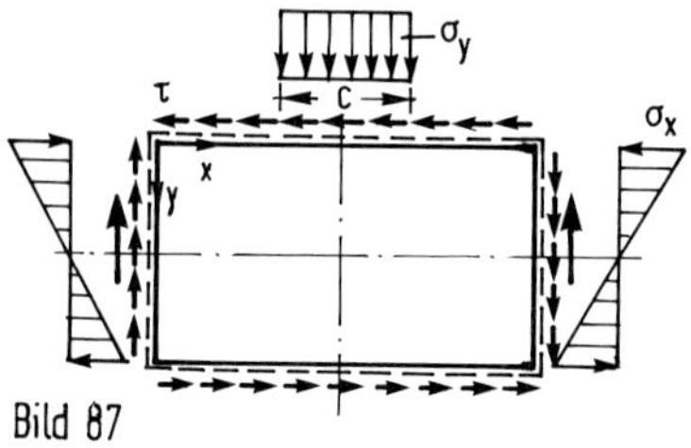

Bild 87

Die Stegbleche vollwandiger Kranbahnträger unterliegen aus der Hauptträgerwirkung einer Biege- und Schubspannungsbeanspruchung und aus den Raddrücken einer Randspannungsbeanspruchung (Bild 87). Für dieses kombinierte Problem ist der Beulsicherheitsnachweis zu führen. Hierzu werden für σ_x, τ_{xy} und σ_y die zugeordneten Einzelbeulspannungen berechnet und anschließend mittels einer Interaktionsformel die Beulsicherheit des kombinierten Problems berechnet [46,47]. - In Bild 86 sind die Beulwerte für eine rechteckige Randdruckspannung ausgewiesen [48, vgl. auch 49,50]. Der Beulwert k wird in Abhängigkeit von den Parametern

$$\alpha = \frac{a}{b} \quad \text{und} \quad \beta = \frac{c}{a} \tag{117}$$

abgegriffen. Der Beulwert bezieht sich auf die resultierende Radlast F:

$$F = pc = \sigma_y tc; \quad F_{Ki} = k\sigma_e at. \qquad \sigma_e = \frac{\pi^2 E t^2}{12(1-\mu^2)b^2} \tag{118}$$

21.5.4.5.5 Beispiele

1. Beispiel: Kranbahnträger hoher Tragfähigkeit (Bild 88)

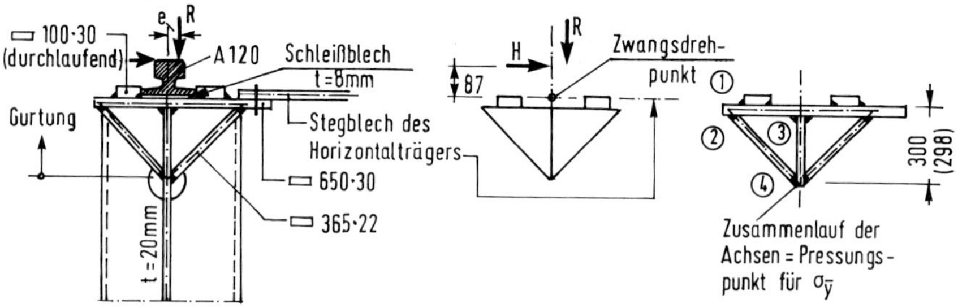

Bild 88 a) b) c)

Die Berechnung beschränkt sich in diesem Beispiel auf die Untersuchung der Radlastbeanspruchung im Obergurtbereich (im Rahmen des Allgemeinen Spannungsnachweises). Die Radlast (einschließlich Schwingbeiwert) betrage 560kN und die zugehörige Seitenlast 336kN. Bezogen auf den Zwangsdrehpunkt, der mit dem Schnittpunkt der Mittelebene des Horizontalträgerstegbleches mit der vertikalen Stegebene gleichgesetzt wird, hat die Seitenkraft einen Hebelarm von 87 mm (vgl. Bild 88b).

a) Berechnung der Querschnittswerte für den Obergurt: Bild 89 enthält Einzelheiten.

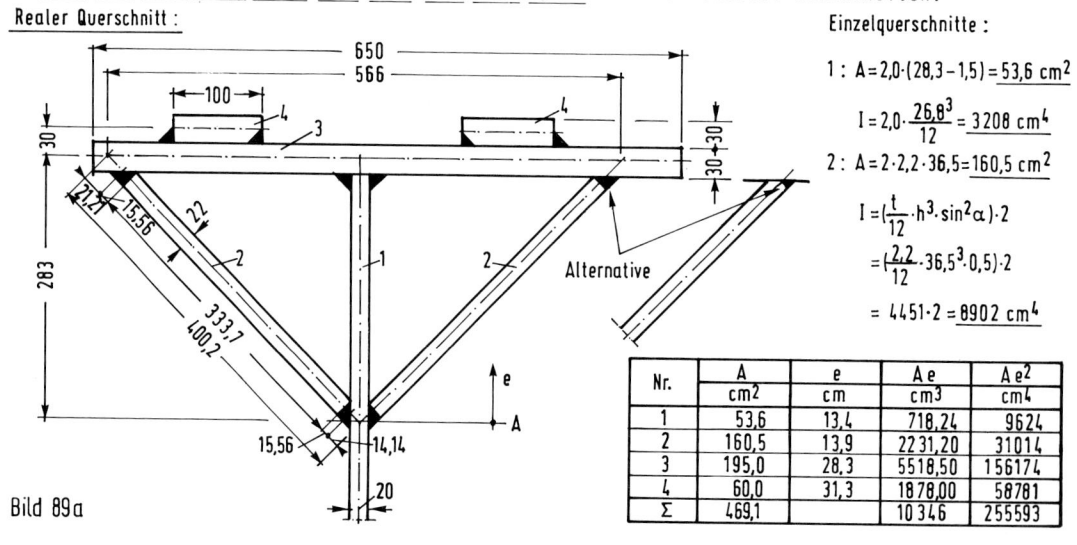

Realer Querschnitt:

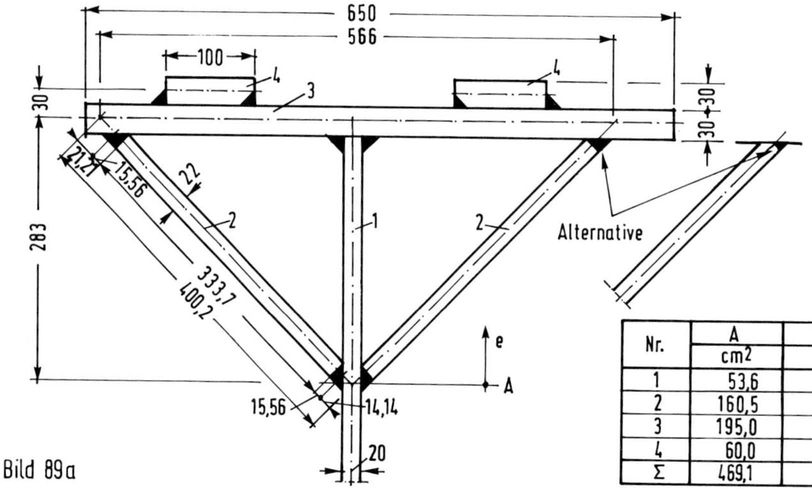

Bild 89a

Einzelquerschnitte:

1: $A = 2{,}0 \cdot (28{,}3 - 1{,}5) = \underline{53{,}6\ cm^2}$

$I = 2{,}0 \cdot \frac{26{,}8^3}{12} = \underline{3208\ cm^4}$

2: $A = 2 \cdot 2{,}2 \cdot 36{,}5 = \underline{160{,}5\ cm^2}$

$I = (\frac{t}{12} \cdot h^3 \cdot \sin^2\alpha) \cdot 2$

$= (\frac{2{,}2}{12} \cdot 36{,}5^3 \cdot 0{,}5) \cdot 2$

$= 4451 \cdot 2 = \underline{8902\ cm^4}$

Nr.	A	e	A e	A e²
	cm^2	cm	cm^3	cm^4
1	53,6	13,4	718,24	9624
2	160,5	13,9	2231,20	31014
3	195,0	28,3	5518,50	156174
4	60,0	31,3	1878,00	58781
Σ	469,1		10346	255593

Ersatzquerschnitt :

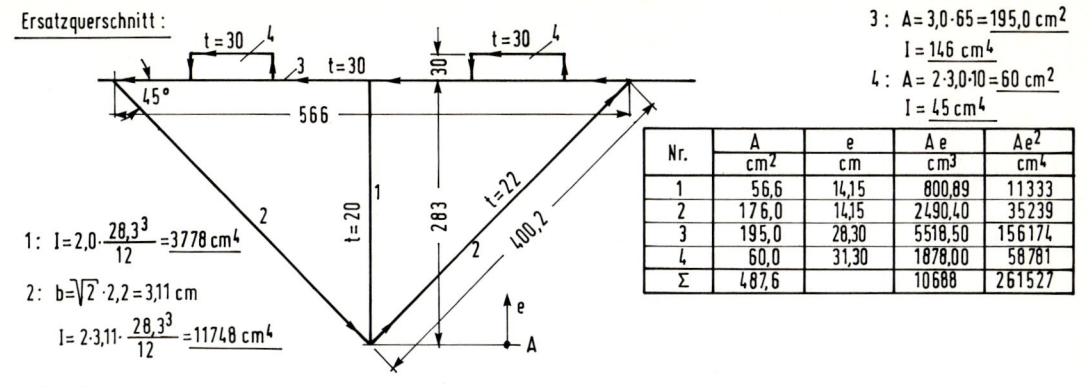

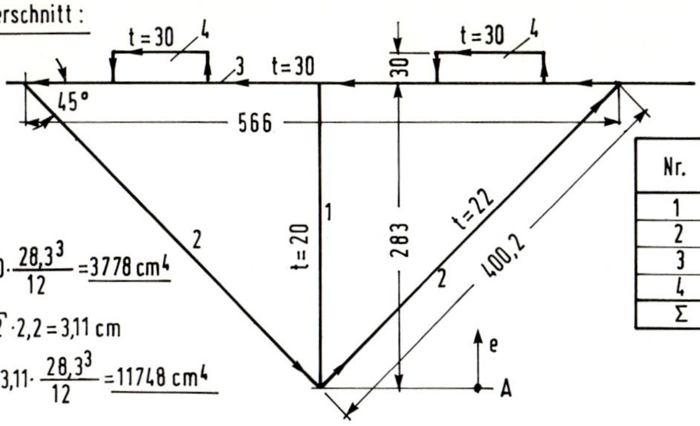

$3: \; A = 3{,}0 \cdot 65 = \underline{195{,}0\ cm^2}$

$I = \underline{146\ cm^4}$

$4: \; A = 2 \cdot 3{,}0 \cdot 10 = \underline{60\ cm^2}$

$I = \underline{45\ cm^4}$

Nr.	A	e	A e	Ae²
	cm²	cm	cm³	cm⁴
1	56,6	14,15	800,89	11333
2	176,0	14,15	2490,40	35239
3	195,0	28,30	5518,50	156174
4	60,0	31,30	1878,00	58781
Σ	487,6		10688	261527

$1: \; I = 2{,}0 \cdot \frac{28{,}3^3}{12} = \underline{3778\ cm^4}$

$2: \; b = \sqrt{2} \cdot 2{,}2 = 3{,}11\ cm$

$I = 2 \cdot 3{,}11 \cdot \frac{28{,}3^3}{12} = \underline{11748\ cm^4}$

Bild 89 b

Realer Querschnitt (Bild 89a):

$$e_S = \frac{10\,346}{469{,}1} = 22{,}05\,cm\,; \quad I_A = 255\,593 + 3208 + 8902 + 146 + 45 = 267894\,cm^4$$

$$I = 267894 - 469{,}1 \cdot 22{,}05^2 = \underline{39\,816\,cm^4}$$

Ersatzquerschnitt (Bild 89b): Linienquerschnitt:

$$e_S = \frac{10\,688}{487{,}6} = 21{,}92\,cm\,; \quad I_A = 261529 + 3778 + 11748 = 277053\,cm^4$$

$$I = 277053 - 487{,}6 \cdot 21{,}92^2 = \underline{42\,768\,cm^4}$$

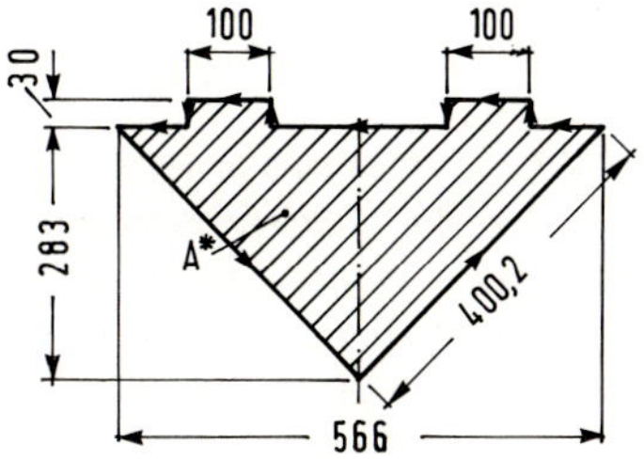

Torsionsträgheitsmoment am Ersatzquerschnitt; vgl. Bild 90 und Abschnitt 4.8.2.2

$$I_T = \frac{4\,A^{*2}}{\Sigma \frac{s_i}{t_i}}\,; \quad A^* = 56{,}6 \cdot 28{,}3/2 + 2 \cdot 3 \cdot 10 = 800{,}9 + 60 = 860{,}9\,cm^2$$

$$\Sigma \frac{s_i}{t_i} = 2\,\frac{40{,}02}{2{,}2} + \frac{56{,}6 - 2 \cdot 10}{3{,}0} + \frac{2 \cdot 10}{3{,}0} + \approx 4\,\frac{3}{3{,}0} = 36{,}4 + 12{,}2 + 6{,}7 + 4 = 59{,}3 \; [1]$$

$$I_T = \frac{4 \cdot 860{,}9^2}{59{,}3} = \underline{49\,993\,cm^4}$$

Bild 90

b) Pressung in der Halsnaht (Nr. ③, vgl. Bild 88c):

Die Höhe der abgenutzten Schiene beträgt 93mm. Damit ergibt sich folgende Verteilungslänge für die Radlast:

$$c = 2h + 50 = 2(93 + 8 + 30) + 50 = 312\,mm = \underline{31{,}2\,cm}$$

Im Stegblech t=20mm:

$$\sigma_{\bar{y}} = \frac{560}{2{,}0 \cdot 31{,}2} = \underline{8{,}97\,kN/cm^2}$$

Halsnähte a=10mm:

$$\sigma_{1,\bar{y}} = \tau_{1,\bar{y}} = \frac{560}{2 \cdot 1{,}0 \cdot 31{,}2} = \underline{8{,}97\,kN/cm^2}$$

Im Rahmen des Betriebsfestigkeitsnachweises ist zu prüfen, ob diese Spannung, abhängig von der Beanspruchungsgruppe und der Anzahl der Räder, aufgenommen werden kann. Aus Radlastexzentrizität tritt an dieser Stelle keine Biegung auf. Es ist i.a. erforderlich, die Halsnaht als K-Naht auszubilden, die zul σ_{Be}-Spannungen liegen hierfür bedeutend höher als für eine Doppelkehlnaht. Im vorliegenden Falle empfiehlt sich auch deshalb eine K-Naht, weil die Halsnaht einer Inspektion nicht zugänglich ist.

c) Pressung im Stegblech (Schnitt Nr. ④, vgl. Bild 88c):

Für den in Bild 88c angegebenen Gurtquerschnitt und die Schiene A 120 betragen die Trägheitsmomente (vgl. Unterabschnitt a und Anhang A1, S.1360):

$$I_{0G} = 39816\,cm^4, \quad I_{KS} = 992\,cm^4, \quad I_G = 40808\,cm^4$$

Spannungen gemäß G.91/94:

$$\max\sigma_{\bar{y}} = \frac{0,3}{2,0}560\sqrt[3]{\frac{2,0}{40808}} = \underline{3,074\ \mathrm{kN/cm^2}}$$

$$\max\tau_{\bar{x}\bar{y}} = 0,2\cdot 3,074 = \underline{0,615\ \mathrm{kN/cm^2}}$$

Verteilungslänge gemäß Bild 79a (Höhe der abgenutzten Schiene 93mm):

$$c = 2h + 50 = 2(93+8+300) + 50 = 802 + 50 = 852\ \mathrm{mm} = \underline{85,2\ \mathrm{cm}}$$

Hierfür ergibt sich (das entspricht DIN 4132):

$$\max\sigma_{\bar{y}} = \frac{560}{2,0\cdot 85,2} = \underline{3,29\ \mathrm{kN/cm^2}};\quad \max\tau_{\bar{x}\bar{y}} = 0,2\cdot 3,29 = \underline{0,66\ \mathrm{kN/cm^2}}$$

G.97/98:

$$c = 2\sqrt{3}\cdot h + 50 = 2\sqrt{3}\cdot(93+8+300) + 50 = 1389 + 50 = 1439\ \mathrm{mm} = 143,9\mathrm{cm}$$

$$\max\sigma_{\bar{y}} = \frac{3}{2}\cdot\frac{560}{143,9\cdot 2,0} = \underline{2,93\ \mathrm{kN/cm^2}}$$

Stegblechhöhe: b=214,7cm; hiermit folgt gemäß G.99:

$$c = 2\sqrt[4]{\frac{4\cdot I_G}{t/b}} = 2\sqrt[4]{\frac{4\cdot 40808}{2,0/214,7}} = 129,4\ \mathrm{cm}$$

$$\max\sigma_{\bar{y}} = \frac{560}{2,0\cdot 129,4} = \underline{2,16\ \mathrm{kN/cm^2}}$$

Zur Berücksichtigung des Spannungshügels unter der Radlast ist diese Spannung um den Faktor 1,5 zu erhöhen, dann ergibt sich etwa derselbe Wert wie nach der Normregel.

d) <u>Radlastverteilungsbiegung</u> (Abschnitt 21.5.4.5.2):

$$l_0 = \frac{1}{2}(5,0 + 2(9,3+0,8)) = \frac{1}{2}\cdot 25,2 = \underline{12,60\ \mathrm{cm}},\quad l_u = \frac{1}{0,3}\sqrt[3]{\frac{40808}{2,0}} = \underline{90,94\ \mathrm{cm}}$$

$$\max M = \frac{560}{6}(90,94 - 12,60) = \underline{7311\ \mathrm{kNcm}}$$

$$a = \frac{12,60\cdot 90,94}{12,60+90,94} = \underline{11,07\ \mathrm{cm}};\quad \max Q = \frac{560}{2}\cdot\frac{90,94-12,60}{90,94+12,60} = \underline{212\ \mathrm{kN}}$$

Für diese Schnittgrößen ist der Obergurt (Bild 88c) einschließlich Beanspruchung aus der Hauptträgerbiegung und Seitenbiegung nachzuweisen; insbesondere sind die Schubspannungen in den Schweißnähten ①, ② und ③ für max Q zu berechnen. Seitenbiegung gehört zum Lastfall HZ. In DIN 4132 wird ein Nachweis des Obergurtes auf Radlastbiegung nicht verlangt. Der Verfasser hält ihn auch nicht für erforderlich, da die Ansätze nach Abschnitt 21.5.4.5.2 die Beanspruchung erheblich überschätzen dürften.

e) <u>Torsionsbeanspruchung</u> (Abschnitt 21.5.4.5.3): Schienenkopfbreite: 120mm

Radlastexzentrizität:

$$e = \frac{1}{4}\cdot 120 = 30\ \mathrm{mm}$$

Äußeres Torsionsmoment: $M_{Ta} = 560\cdot 3 + 336\cdot 8,7 = 1680 + 2923 = \underline{4603\ \mathrm{kNcm}}$

Drehfederkonstante für Vertikal- und Horizontalträger:

Vertikalträger: $b \approx 215\ \mathrm{cm};\ \bar{b} = 0,75\cdot 215 = 161\ \mathrm{cm}$

$$c_\vartheta = 5769\cdot 2,0^3/161 = \underline{287\ \mathrm{kNcm/cm}}$$

Horizontalträger: $b \approx 350\ \mathrm{cm};\ \bar{b} = 0,75\cdot 350 = 263\ \mathrm{cm}$

$$c_\vartheta = 5769\cdot 1,2^3/263 = \underline{38\ \mathrm{kNcm/cm}}$$

$$\Rightarrow c_\vartheta = \underline{325\ \mathrm{kNcm/cm}}$$

Das Torsionsträgheitsmoment des Obergurtquerschnittes (ohne Kranschiene) beträgt, vgl. a) I_T=49993cm^4. Steifenabstand der Stegblechfelder: a=200cm. Mittiger Radstand (G.111-115).

$$\lambda = \sqrt{\frac{c_\vartheta}{GI_T}} = \sqrt{\frac{325}{8100\cdot 49993}} = 8,954\cdot 10^{-4}$$

$$\lambda\frac{a}{2} = 8,954\cdot 10^{-4}\cdot 100 = 8,954\cdot 10^{-2}$$

$$\coth\lambda\frac{a}{2} \approx \frac{1}{\lambda\frac{a}{2}} \longrightarrow \vartheta_m = \frac{4603\cdot 200}{4\cdot 8100\cdot 49993} = \underline{5,684\cdot 10^{-4}[1]}$$

Hieraus wird erkennbar, daß praktisch das gesamte äußere Torsionsmoment vom Obergurt aufgenommen wird. Hierfür sind die primären Torsionsschubspannungen zu bestimmen und mit den anderen Schubspannungen zu überlagern. Die Spannungen aus der Radlastexzentrizität gehören zum Lastfall H und sind daher beim Betriebsfestigkeitsnachweis zu berücksichtigen. - Im vorliegenden Beispiel beträgt die Biegespannung im Stegblech des Vertikalträgers (G.116):

$$\max\sigma = \pm\frac{3\cdot 2{,}0}{2\cdot 161}\cdot\frac{21000}{(1-0{,}3^2)}\cdot 5{,}684\cdot 10^{-4} = \underline{0{,}24\ \mathrm{kN/cm^2}}$$

f) Beulsicherheitsnachweis: Vgl. [47], daselbst mit geringfügig anderen Querschnittswerten für den Obergurt.

2. Beispiel: Kranbahnträger über 4 Felder: Betriebsfestigkeitsnachweis

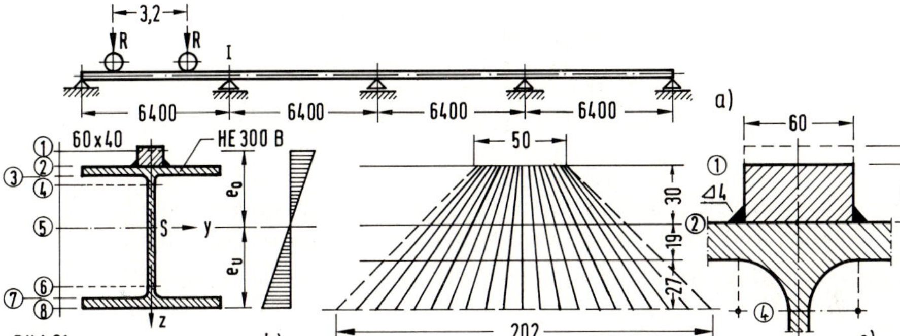

Bild 91

Bild 91a zeigt den 4-Feldträger und Teilbild b den gewählten Querschnitt: HE300B (IPB300), Stahl St37-3. Schiene 60x40, nach Abnutzung: 60x30, hierfür gilt: $A=18{,}0\ \mathrm{cm^2}$, $I=13{,}5\ \mathrm{cm^4}$.

$$\text{Eigengewicht: } g = 117 + 18{,}8 = 135{,}8\ \mathrm{kg/m} \approx 140\ \mathrm{kg/m} = \underline{1{,}4\ \mathrm{kN/m}}$$

a) Querschnittswerte (Bild 91b):

$$A = 149 + 18 = \underline{167\,\mathrm{cm^2}}$$

$$e_u = [149\cdot 15 + 18(30+1{,}5)]/167 = \underline{16{,}78\,\mathrm{cm}},\quad e_o = 33 - 16{,}78 = \underline{16{,}22\,\mathrm{cm}}$$

$$I_y = 25170 + 149\cdot 1{,}78^2 + 13{,}5 + 18{,}0\cdot 14{,}72^2 = \underline{29555\,\mathrm{cm^4}}$$

$$S_{②} = 18{,}0\cdot(16{,}22 - 1{,}5) = \underline{265\,\mathrm{cm^3}};\quad S_{⑤} = 74{,}5\cdot(12{,}54 + 1{,}78) + 1{,}1\cdot 1{,}78^2/2 = \underline{1069\,\mathrm{cm^3}}\ (\max S)$$

$$S_{④} = 1069 - 1{,}1\cdot(16{,}22 - 3{,}0 - 1{,}9 - 2{,}7)^2/2 = \underline{1028\,\mathrm{cm^3}};\quad S_{⑥} = 1030 - 1{,}1\cdot(16{,}78 - 1{,}9 - 2{,}7)^2/2 = \underline{987\,\mathrm{cm^3}}$$

b) Schnittgrößen:

Radlast $R = 85$ kN, Hubklasse 2: $\varphi = 1{,}2$; $\varphi R = \underline{102\ \mathrm{kN}}$; Radstand: $c = 3{,}2$ m, $c/l = 3{,}2/6{,}4 = \underline{0{,}5}$

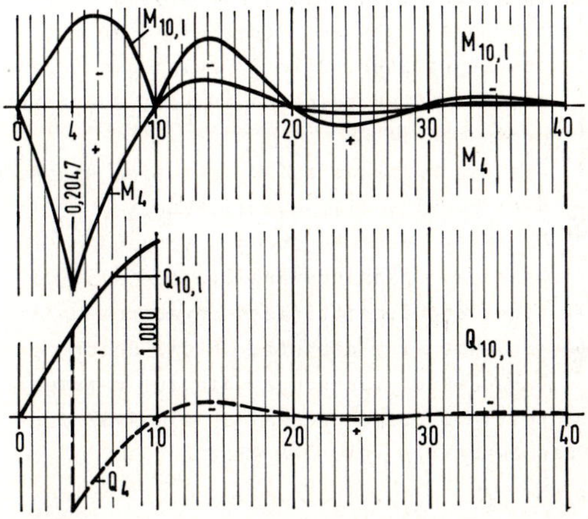

Bild 92

Die für die Spannungsnachweise maßgebenden Schnittgrößen werden mit Hilfe der Tafel 21.3 bestimmt. Dabei erweist es sich als notwendig, die zum maximalen Feld- bzw. Stützmoment gehörenden Querkräfte mittels Einflußlinienauswertung zu berechnen. Das gilt auch für die Bestimmung der maximalen Querkraft am Stützenanschnitt (I1) und das zugehörige Moment. Schließlich werden im Rahmen des Betriebsfestigkeitsnachweises weitere Einflußlinienauswertungen erforderlich. Bild 92 zeigt den Verlauf der Einflußlinien für das Feldmoment M_4, das Stützmoment M_{10} und die Querkraft im Endfeld.

Für $\alpha = 0{,}5$ und $\beta = 1$ folgt mittels Tafel 21.3:

$$\max A_0 = 0{,}393 \cdot 1{,}4 \cdot 6{,}4 + 1{,}399 \cdot 102 = 3{,}5 + 142{,}7 = 146{,}2 \text{ kN}$$
$$\max A_I = 1{,}143 \cdot 1{,}4 \cdot 6{,}4 + 1{,}810 \cdot 102 = 10{,}2 + 184{,}6 = 194{,}8 \text{ kN}$$
$$\max M_1 = 0{,}077 \cdot 1{,}4 \cdot 6{,}4^2 + 0{,}229 \cdot 102 \cdot 6{,}4 = 4{,}4 + 149{,}5 = 153{,}9 \text{ kNm}$$
$$\max M_I = -0{,}107 \cdot 1{,}4 \cdot 6{,}4^2 - 0{,}160 \cdot 102 \cdot 6{,}4 = -6{,}1 - 104{,}5 = -110{,}6 \text{ kNm}$$

c) Allgemeiner Spannungsnachweis

Die Nachweise werden auf den Feld- und Stützenquerschnitt beschränkt, dabei sind innerhalb des Querschnittes die Schnitte ① bis ⑧ zu unterscheiden (Bild 91b).

Querschnitt im Endfeld:

$\max M_1 = \underline{153{,}9 \text{ kNm}}$ für $\xi = 0{,}351$, zugehörig: $Q_{4,r} = 68$ kN

Schnitt 1: $\sigma_o = -(15390/29555) \cdot 16{,}22 = -8{,}45 \text{ kN/cm}^2$;

Schnitt 8: $\sigma_u = +(15390/29555)\, 16{,}78 = +8{,}74 \text{ kN/cm}^2$;

Schnitt 4: $\sigma_x = -8{,}45 \cdot 8{,}62/16{,}22 = -4{,}49 \text{ kN/cm}^2$

$\tau = 68 \cdot 1028/29555 \cdot 1{,}1 = 2{,}15 \text{ kN/cm}^2$

$$\sigma_{\bar{y}} = \frac{102}{[5{,}0 + 2(3{,}0 + 1{,}9 + 2{,}7)] \cdot 1{,}1} = \frac{102}{22{,}22} = -4{,}59 \text{ kN/cm}^2$$

Die Spannungen liegen im Vergleich zu zulσ niedrig: Auf den σ_V-Nachweis kann verzichtet werd

Querschnitt über der Stütze:

$\max M_I = \underline{-110{,}6 \text{ kNm}}$ für $\xi = 0{,}725$, zugehörig $Q_{I,l} = 91$ kN

Schnitt 1: $\sigma_o = +6{,}07 \text{ kN/cm}^2$; Schnitt 8: $\sigma_u = -6{,}28 \text{ kN/cm}^2$

Radlasten an den Stellen $\xi = 0{,}725$ und $1{,}225$ (darüber hinaus gehende Nachweise sind entbehrlic

max $Q_{I,1}$: $\max Q_{I,l} = -0{,}6071 \cdot 1{,}4 \cdot 6{,}4 - (0{,}6004 + 1{,}0) \cdot 102 = -5{,}4 - 163 = \underline{168{,}6 \text{ kN}}$, zugehörig $M_I = -52{,}1$ kNm

$$\left.\begin{aligned} &\text{Schnitt 2: } \tau_w = \tau_{||} = \frac{168{,}6 \cdot 265}{29555 \cdot 2 \cdot 0{,}4} = 1{,}89 \text{ kN/cm}^2 \\ &\tau_\perp = \sigma_{\bar{y}} = \frac{102}{(5{,}0 + 2 \cdot 3{,}0) 2 \cdot 0{,}4} = \frac{102}{8{,}8} = \underline{11{,}59 \text{ kN/cm}^2} \end{aligned}\right\} \sigma_V = \sqrt{1{,}89^2 + 11{,}59^2} = 11{,}74 \text{ kN/cm}^2$$

Schnitt 4: $\sigma_x = +1{,}52 \text{ kN/cm}^2$; $\sigma_{\bar{y}} = -4{,}59 \text{ kN/cm}^2$; $\tau = 5{,}33 \text{ kN/cm}^2$: $\sigma_V = \sqrt{1{,}52^2 + 4{,}59^2 + 1{,}52 \cdot 4{,}59 + 3 \cdot 5{,}33^2} = \underline{10{,}75 \text{ kN/cm}^2}$

Schnitt 5: $\tau = \dfrac{168{,}6 \cdot 1069}{29555 \cdot 1{,}1} = \underline{5{,}54 \text{ kN/cm}^2}$

Man überzeugt sich, daß die zulässigen Spannungen im Lastfall H für den zum Einsatz kommenden Stahl St37 eingehalten werden. - Im Lastfall HZ sind zusätzlich die Beanspruchungen infolge der Lasten quer und längs zur Fahrbahn und ggf. infolge Wärmewirkungen zu bestimmen. Der Aufprall des Kranes gegen Endpuffer gilt als Sonderlastfall.

d) Betriebefestigkeitsnachweis für Beanspruchungsgruppe B3 (DIN 4132)

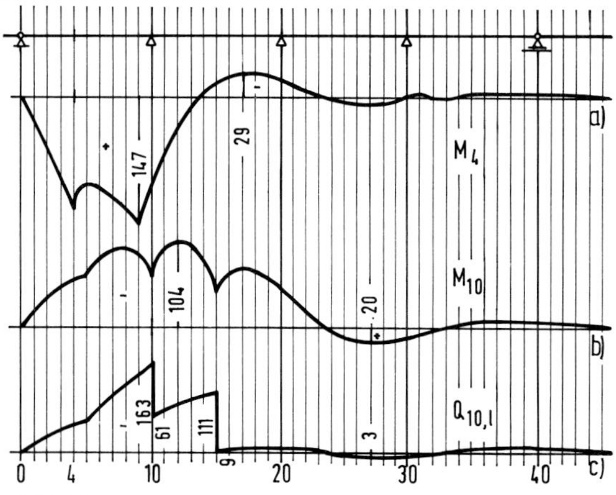

Bild 93

Um die Vorgehensweise deutlich zu machen, werden die Einflußlinien für M_4, M_{10} und $Q_{10,1}$ für das Radlastpaar $2 \cdot \varphi R = 2 \times 102$ kN ausgewertet und unter der Stellung des führenden (ersten) Rades die Schnittgrössen abgetragen. Bild 93 zeigt das Ergebnis; Momentenordinaten in kNm, Querkraftordinaten in kN.

Die Beschränkung auf M_4 ist eine Näherung, gleichwohl völlig ausreichend.

Da keine Lochschwächungen vorhanden sind, kann das Spannungsverhältnis $\varkappa$ als Quotient der Schnittgrößen berechnet werden. Zunächst wird geprüft, ob die unter c) berechneten Spannungen die zul Betriebsfestigkeitsspannungen der DIN 4132 für den Beanspruchungszustand B3 einhalten; wegen der Kerbfälle vgl. DIN 4132.

Querschnitt im Endfeld:

M_4: $\varkappa_\sigma = -\dfrac{29}{147} = \underline{-0{,}20}$ ⟶ Schnitt 1 u. 8; W0, Schnitt 2: K1 : zul$\sigma_{Be} = 24{,}0 \text{ kN/cm}^2$

W0: Grundmaterial, K1: Grundmaterial mit Doppelkehlnaht längs zur Kraftrichtung.

Querschnitt über der Stütze: (Quersteife mit Doppelkehlnaht):

$$M_{10}: \quad \varkappa_\sigma = -\frac{20}{104} = \underline{-0{,}19} \longrightarrow \text{Schnitt 3u.7: K3: zul}\sigma_{Be} = 18{,}7\ \text{kN/cm}^2\text{(Zug)}, = 21{,}2\ \text{kN/cm}^2\text{(Druck)}$$

$$Q_{10,1}: \quad \varkappa_\tau = -\frac{3}{163} = \underline{-0{,}02} \longrightarrow \text{Bauteil: zul}\tau_{Be} = 13{,}9\ \text{kN/cm}^2$$

$$\text{Schweißnaht: zul}\tau_{w,Be} = 0{,}6 \cdot 17{,}0 = 10{,}2\ \text{kN/cm}^2$$

Die in DIN 4132 für Schweißnähte angegebenen zul τ_{Be}-Spannungen haben sich im nachhinein als zu hoch herausgestellt und müssen daher auf 60% reduziert werden. Ohne Radlasteinfluß werden die zulässigen Betriebsfestigkeitsspannungen eingehalten.

Radlastbeanspruchung, Fall a: $\sigma_{\bar{y}}$ (vgl. Abschnitt 21.5.3.3): Der Schnitt ④, Stegansatz von Walzprofilen bei Angriff von Radlasten, ist als Kerbfall W1 einzustufen. Für $\varkappa = 0$ gilt zul σ_{Be}=24kN/cm² » 4,59kN/cm². - Für die 4mm-Nähte zum Anschluß der Kranschiene beträgt die Spannung ($\tau_\perp$): 11,59kN/cm². Zulässig ist ($\varkappa$=0): 16,97kN/cm² bzw. 17,0kN/cm² und nach Abminderung auf 60%: 10,2kN/cm² (s.o.). Somit wird die Spannung überschritten, das gilt erst recht gemäß G.51a:

$$\left(\frac{11{,}59}{10{,}2}\right)^{3,3} + \left(\frac{11{,}59}{10{,}2}\right)^{3,3} = \underline{3{,}05 \gg 1}$$

Eine 4mm-Naht ist offensichtlich nicht ausreichend. Verstärkung auf 6mm: $\tau_\perp$=7,73kN/cm²:

$$\left(\frac{7{,}73}{10{,}2}\right)^{3,3} + \left(\frac{7{,}73}{10{,}2}\right)^{3,3} = \underline{0{,}8 < 1}$$

(Eine 5mm-Naht erweist sich als nicht ausreichend.)

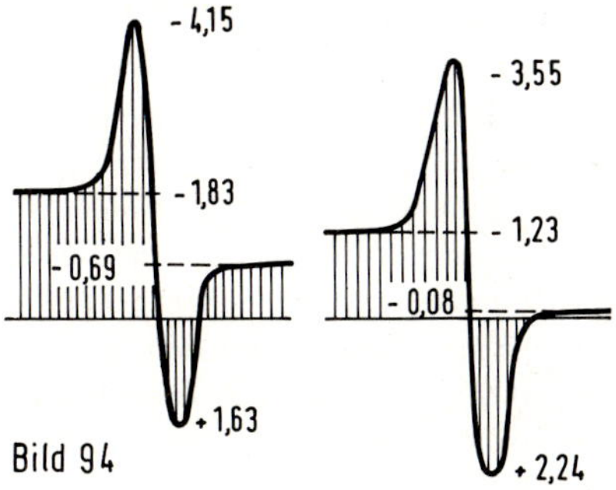

Bild 94

Fall b: τ_{xy} (vgl. Abschnitt 21.5.3.3): Ausgangspunkt für den Nachweis ist die in Bild 93c dargestellte Linie; überfährt das vordere Rad die Stütze, stellt sich ein Querkraftsprung von 163 auf 61kN ein, beim Überfahren des zweiten Rades von 110 auf 9kN. Wird von 4mm-Nähten ausgegangen, liefert das folgende Schubspannungen:

$$\tau_{\parallel} = \tau_{xy} = \frac{Q \cdot 265}{29555 \cdot 2 \cdot 0{,}4} = 0{,}01121Q$$

-1,83; -o,69 bzw. -1,23; -o,o8 kN/cm², vgl. Bild 94.

Diesen Schubspannungen aus der Querkraftbiegung überlagern sich unter jedem Rad die Radlastschubspannungen:

$$\tau_{\bar{x}\bar{y}} = \mp 0{,}2 \cdot 11{,}59 = \mp 2{,}32\ \text{kN/cm}^2$$

Sie treten zwar örtlich leicht versetzt auf, werden gleichwohl mit den zuvor berechneten überlagert, Bild 94 weist das Ergebnis aus: Für beide Radüberfahrten gilt ein unterschiedliches $\varkappa$:

$$\text{vorderes Rad: } \varkappa = \frac{1{,}63}{-4{,}15} = -0{,}39 \longrightarrow \text{zul}\tau^{B3}_{w,Be} = 0{,}6 \cdot 16{,}97 = 10{,}18\ \text{kN/cm}^2$$

$$\text{zul}\tau^{B6}_{w,Be} = 0{,}6 \cdot 7{,}81 = 4{,}69\ \text{kN/cm}^2$$

$$\text{hinteres Rad: } \varkappa = \frac{2{,}24}{-3{,}55} = -0{,}63 \longrightarrow \text{zul}\tau^{B3}_{w,Be} = 0{,}6 \cdot 16{,}67 = 10{,}05\ \text{kN/cm}^2$$

$$\text{zul}\tau^{B6}_{w,Be} = 0{,}6 \cdot 7{,}07 = 4{,}24\ \text{kN/cm}^2$$

Da die max Spannungen über 85% der für B6 geltenden zul σ_{Be}-Spannungen liegen, ist ein Nachweis gemäß G.51b erforderlich:

$$\left(\frac{4{,}15}{10{,}18}\right)^{3,3} + \left(\frac{3{,}55}{10{,}05}\right)^{3,3} = 0{,}05 + 0{,}03 = \underline{0{,}08 \ll 1}$$ (hier sind somit a= 4mm-Nähte ausreichend)

e) Formänderungsnachweis:

Die max Durchbiegung wird mittels Tafel 21.4 bestimmt:

$$\max f = \frac{1{,}42}{100} \cdot \frac{85 \cdot 640^3}{21000 \cdot 29555} = \underline{0{,}51\,\text{cm}}; \quad \frac{\max f}{l} = \frac{0{,}51}{640} = \frac{1}{1255}$$

Neben dem bereits aufgeführten Schrifttum wird ergänzend auf [51-60] hingewiesen; daselbst findet man weitere Angaben zur statischen Auslegung und konstruktiven Gestaltung von Kranbahnträgern.

21.5.4.6 Pufferkräfte

21.5.4.6.1 Harte Auffahrt

Ein unbeabsichtigtes Auffahren von Kranen gegen die Prellböcke am Ende von Kranbahnen ist nie ganz auszuschließen; es handelt sich hierbei um einen Sonderlastfall, für welchen die rechnerisch erforderliche Sicherheit beim Nachweis der Anprallkonstruktion geringer angesetzt werden darf, ein gleichzeitig wirkender Schwingfaktor aus der Hublast braucht nicht angesetzt zu werden.

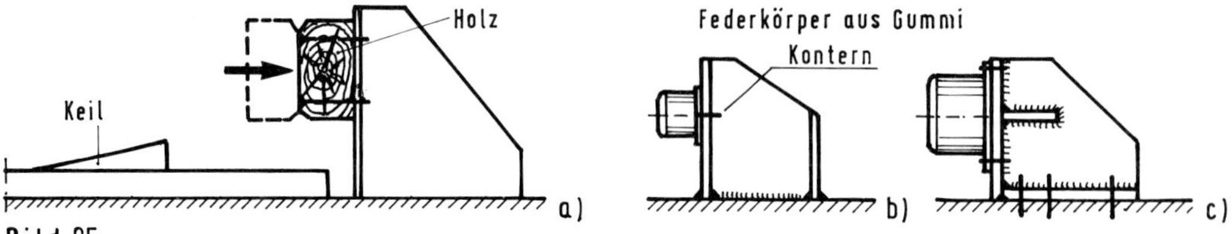

Bild 95

Ehemals wurden Holzpuffer verwendet, was eine harte Stoßbeanspruchung im Prellbock und in der Kranbrücke zur Folge hatte (Bild 95a). Um die kinetische Energie zu mindern, wurden Auflaufkeile mit einer Neigung 1:4 bis 1:6 vorgeschlagen. Hierdurch tritt ein harter Vertikalstoß im auflaufenden Rad ein und damit eine stoßartige Beanspruchung der Kranbrücke und der Unterkonstruktion. Die Beanspruchung bei hartem Aufprall ist erheblich. Unterstellt man, daß sich die kinetische Energie voll in Formänderungsenergie umsetzt, läßt sich die maximale Beanspruchung bei der seitlichen Ausbiegung der Kranbrücke und die max Anprallkraft max F wie folgt abschätzen: Die Masse der Kranbrücke und Katze betrage m (ohne die am Seil hängende Hakenlast, weil diese im Augenblick des Aufpralls am Seil ausschwingt); m werde über die Spannweite l "verschmiert": $\mu = m/l$. Die seitliche Biegesteifigkeit sei konstant und betrage EI (vgl. Bild 96). Ist v die Aufprallgeschwindigkeit, beträgt die kinetische Energie, die sich voll in Formänderungsarbeit der Kranbrücke umsetzt:

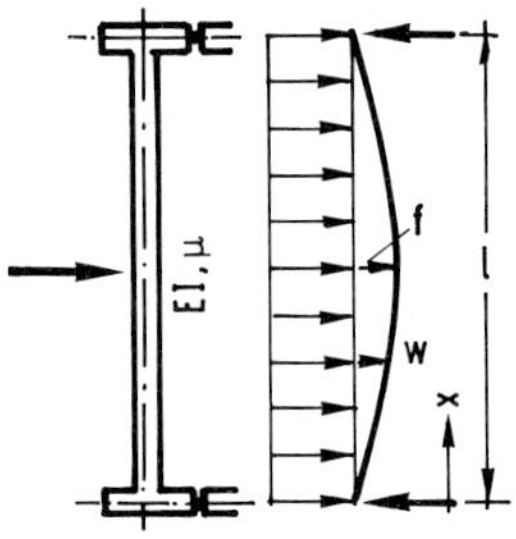

Bild 96

$$E_k = \frac{m v^2}{2} \tag{119}$$

Bei Annahme einer sinusförmigen Ausbiegung mit dem Biegepfeil f folgt die Formänderungsarbeit zu:

$$w = f \cdot \sin\frac{\pi x}{l}\ ;\quad A_i = \frac{1}{2}\cdot\int_0^l EI w''^2 dx\ ;\quad w'' = -f\frac{\pi^2}{l^2}\sin\frac{\pi x}{l} \longrightarrow$$

$$A_i = \frac{1}{2}EI f^2 \frac{\pi^4}{l^4}\int_0^l \sin^2\frac{\pi x}{l}dx = \frac{1}{2}EI\cdot f^2 \frac{\pi^4}{l^4}\frac{l}{\pi}\left[\frac{x}{2}+\frac{1}{2}\sin x\cdot\cos x\right]_0^\pi = \frac{\pi^4}{4}\cdot\frac{EI}{l^3}\cdot f^2 \tag{120}$$

Durch Gleichsetzung mit E_k können Ausbiegung f und damit Biegemoment und Querkraft berechnet werden:

$$f = \frac{v l}{\pi^2}\cdot\sqrt{\frac{2ml}{EI}} \tag{121}$$

$$M = -EIw'' = EI\cdot f\frac{\pi^2}{l^2}\sin\frac{\pi x}{l} \longrightarrow \max M = EIf\cdot\frac{\pi^2}{l^2} = \frac{v}{l}\sqrt{2\cdot ml\cdot EI} \tag{122}$$

$$Q = -EIw''' = EI\cdot f\frac{\pi^3}{l^3}\cos\frac{\pi x}{l} \longrightarrow \max Q = EIf\cdot\frac{\pi^3}{l^3} = \pi\frac{v}{l^2}\cdot\sqrt{2\cdot ml\cdot EI} \tag{123}$$

max Q ist gleich der Anprallkraft F_A.

21.5.4.6.2 Auffahrt auf Puffer

Im heutigen Kranbahnbau kommen Puffer unterschiedlicher Bauart zum Einsatz; deren Aufgabe ist es, den Kran bei der Zusammendrückung des Puffers abzubremsen und die Bewegungsenergie zu dissipieren. Die Rückfederung sollte möglichst gering sein. Es stehen fabrikfertige Standardausführungen zur Verfügung. Vom Prinzip her können aufgrund der Kraft-Ver-

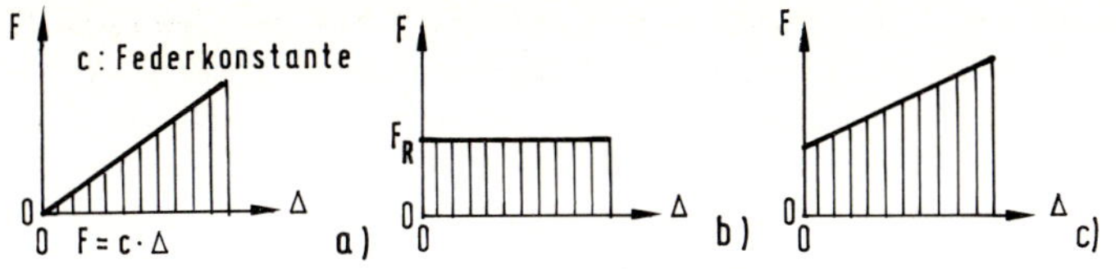

Bild 97

schiebungs-Charakteristika unterschieden werden (Bild 97): Federpuffer, Dämpferpuffer und Feder-Dämpfer-Puffer.
Federpuffer mit der Federkonstanten c: E_k wird vollständig in Federarbeit umgesetzt. Ist m die Masse der gesamten Brücke, ergibt sich bei Anprall auf die beidseitige Abfederung:

$$A_i = 2\frac{1}{2}F_A\Delta = 2\frac{1}{2}c\Delta^2 \overset{!}{=} E_k = \frac{mv^2}{2} \longrightarrow \Delta^2 = \frac{mv^2}{2c} \longrightarrow \Delta = v\sqrt{\frac{m}{2c}} \longrightarrow F_A = c\Delta = v\sqrt{\frac{cm}{2}} \qquad (124)$$

F_A ist die einseitige (max) Anprallkraft.
Handelt es sich um ein Reibdämpfungselement mit der Reibkraft F_R=konst (vgl. Bild 97b), folgt:

$$A_R = 2F_R\Delta \overset{!}{=} E_k = \frac{mv^2}{2} \longrightarrow \Delta = v^2\frac{m}{4F_R} \;;\; F_A = F_R \qquad (125)$$

Δ ist in beiden Formeln die maximale Eindrückung. - Handelt es sich um einen Puffer mit Feder- und Reibdämpfungscharakteristik (schematische Darstellung in Bild 97c), ist analog zu rechnen.

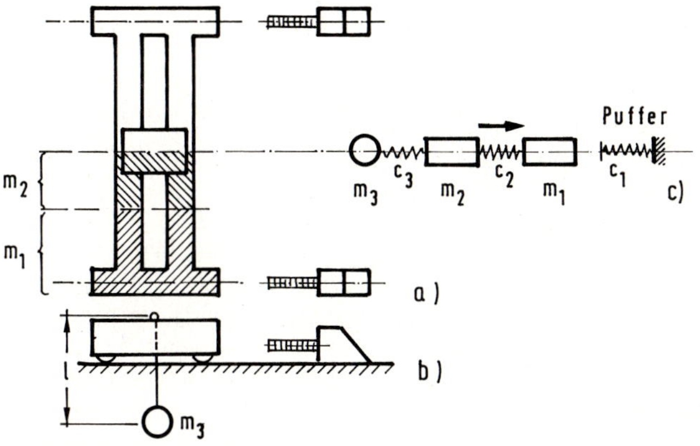

Bild 98

Real spielen sich beim Aufprall verwickelte dynamische Vorgänge ab; sie lassen sich mittels eines Dreimassen-Federmodels in Reihenschaltung annähern [61]. Ist m_3 die Masse des am Seil hängenden Hakengewichts, beträgt deren Ersatzfederkonstante:

$$c_3 = \frac{m_3 \cdot g}{l} \qquad (126)$$

g=9,81m/s²; l ist die Seillänge (Bild 98). Die von der Hakenlast ausgehende Massenkraft setzt sich über die (mittige) Katze auf die Kranbrücke ab. Die Masse der Katze und des Mittelbereiches der Kranbrücke werden zur Masse m_2 zusammengezogen. c_2 ist die der Seitensteifigkeit der Brücke entsprechende Federkonstante. Ist die seitliche Ausbiegung der Brücke infolge der Einheitskraft $\bar{1}$ gleich δ, so folgt c_2 zu 1/δ. Der Kopfträger und das benachbarte Viertel der Kranbrücke werden zur Masse m_1 zusammengefaßt einschließlich der äquivalenten Massen aus den rotierenden Fahrwerksteilen (insbesondere der Räder). Diese Masse trifft beim Anprall auf den Puffer auf, dieser habe die Federkonstante c_1. - Die höchste Beanspruchung tritt dann ein, wenn das maximal zulässige Hakengewicht an <u>kurzem</u> Seil hängt, dann ist c_3 am größten.
Der Kran fahre in konstanter Beharrungsfahrt, also mit konstanter Geschwindigkeit und ver-

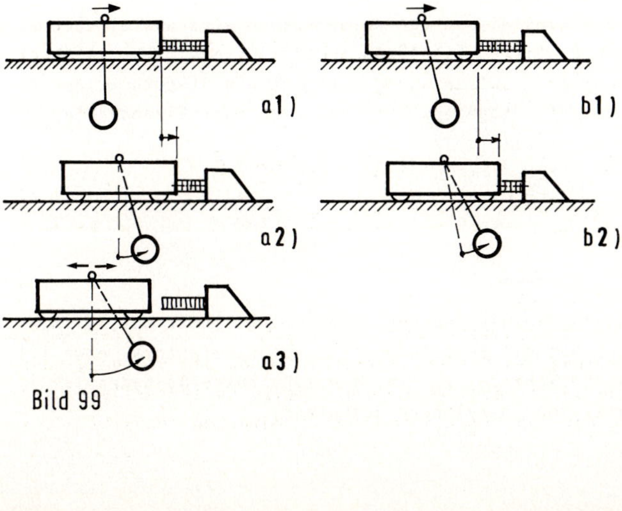

Bild 99

tikal hängender Last auf den Puffer auf; es tritt je nach Puffertyp ein mehr oder minger heftiger Rückprall auf (in Bild 99: Folge a1 → a2 → a3). Da das Hakengewicht in Richtung der Ursprungsbewegung auspendelt, kann es zu einem abermaligen Aufprall kommen (im Anschluß an a3). - Fährt der Kran in gebremstem Zustand gegen den Puffer, so befindet sich das Seil beim Aufprall in Schräglage, wodurch sich im Zuge der weiteren Auspendelung des Hakengewichts eine höhere dynamische Wirkung einstellen kann als bei Beharrungsfahrt, ein nochmaliges Anschlagen unterbleibt (Bildfolge b1 → b2). Von SEDLMAYER [61] wurden verschiedene Fahrparamter nach Lösung des Bewegungsgleichungssystems untersucht. Die dynamischen Beiwerte in DIN 15018 (daselbst Schwingbeiwerte genannt) beruhen auf dieser Untersuchung. Die Beiwerte sind vom Typ der Pufferkennlinie abhängig:

Pufferkennlinie etwa Dreieck: $\varepsilon = 1{,}25$

Pufferkennlinie etwa Viereck: $\varepsilon = 1{,}50$

Um diese Beiwerte sind die Beanspruchungen der aus E_k folgenden Kräfte zu erhöhen. Bei Kranen ist die Geschwindigkeit zu 85% der Nenngeschwindigkeit anzusetzen. Es sind die Kräfte aus den bewegten Massen der Eigenlasten und ggf. der geführten Hublast (z.B. bei Stripper-, Tiefofen- und Chargierkranen) in der jeweils ungünstigsten Stellung (ohne Eigen- und Hublastbeiwert) anzusetzen. Die Wirkung der Hakenmasse wird über die vorgenannten ε-Faktoren erfaßt, sofern keine strenge dynamische Analyse durchgeführt wird. - Werden die Pufferkräfte gemäß vereinfachter Berechnung mit den ε-Faktoren bestimmt, dürfen nach DIN 4132 erhöhte zulässige Spannungen bzw. abgeminderte Sicherheiten gegenüber denen des Lastfalls HZ angenommen werden.

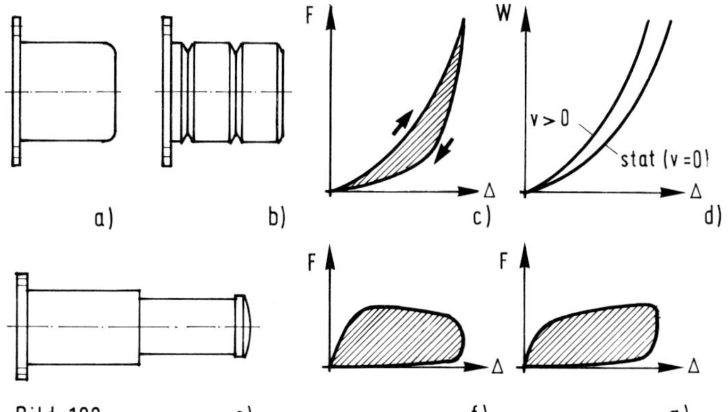

Bild 100

Bild 100 zeigt unterschiedliche, von der Industrie entwickelte Puffer; es lassen sich zwei Typen unterscheiden:

a) Blockpuffer aus massivem Elastomere, Shore-Härte 70° bis 90°, oder solche aus zelligem Polyurethan-Elastomere. Man nennt sie Gummi- bzw. Zellstoff-Puffer (Teilbild a und b). Teilbild c zeigt das Kraftverschiebungsdiagramm und die zugehörige Hysterese. Deren Inhalt kennzeichnet die Energiedissipation. Die nicht zerstreute Energie bewirkt den Rückprall. Die vom Puffer aufnehmbare Energie W steigt mit zunehmender Eindrückung und ist beim Zellstoffpuffer zudem von der Aufprallgeschwindigkeit abhängig, bedingt durch den Verdrängungsvorgang des in den Zellen vorhandenen Gases (Teilbild d).

b) Hydraulikpuffer (Bild 100 e/g): Beim Einschieben der Kolbenstange wird das Öl über (i.a. justierbare) Drosselbohrungen verdrängt. Die Rückstellung bewirkt eine eingebaute Feder oder eine Stickstoffüllung. Bei schneller Beaufschlagung entsteht ein Staudruck, der der abzubremsenden Masse als Verzögerungskraft entgegenwirkt. Bei richtiger Dimensionierung tritt eine nahezu konstante Verzögerungskraft

$$F = \frac{E_k}{\Delta} \nu \qquad (127)$$

ohne Rückprall mit konstanter Verzögerung

$$a = \frac{v^2}{2\Delta} \nu \qquad (128)$$

auf; v ist die Auftreffgeschwindigkeit, die während der Abpufferung linear auf Null zurückgeht, Δ ist die Eindrückung und ν hat die Bedeutung eines Toleranzfaktors, etwa 1,1 bis 1,2, vgl. [62]. Es gibt hiervon abweichende Systeme, die z.B. anstelle Hydrauliköl eine hydrostatische Elastomere-Kompression im Zylinder ausnützen.

In allen Fällen wird die Bewegungsenergie in Wärme umgewandelt. Die Charakteristika der Puffer sind produktabhängig: Die aufnehmbare Energie ist von der Größe des Puffers und der möglichen Zusammendrückung (ohne daß der Puffer zerstört wird) abhängig, ebenso die maximale vom Puffer auf die Stützkonstruktion abgesetzte Kraft. - Wird bei Blockpuffern auf die maximal aufnehmbare Energie und zulässige Zusammendrückung dimensioniert, erhält man einen relativ kleinen Puffer allerdings mit großer Endkraft und großer Rückprallwirkung; wird die volle mögliche Zusammendrückung nicht ausgeschöpft, fällt der Puffer größer und die Endkraft i.a. erheblich geringer aus.

Beispiel: Bei einseitiger Katzstellung ist maximal eine Masse von 15000kg abzupuffern; Fahrnenngeschwindigkeit 90m/min, hiervon 85%: 76,50m/min=1,28m/s:

$$E_k = \frac{mv^2}{2} = \frac{15\,000 \cdot 1{,}28^2}{2} = 12\,200\,\frac{kg\,m^2}{s^2} = 12\,200\,Nm = \underline{12\,200\,J}$$

Zellstoffpuffer 400x400, 50% Abfederung (200mm): Endkraft 160kN (hier WAMPFLER-Puffer; andere Puffer mit analogem Aufbau führen zu ähnlichen Werten). - Eine Dimensionierung gemäß G.127 mit dem Ziel einer gleichgroßen Pufferkraft führt für einen Hydraulikpuffer auf eine Eindrückung von:

$$F = 160\,000\,N = 160\,000\,kgm/s^2 \longrightarrow \Delta = \frac{12\,200}{160\,000}\,1{,}15 = 0{,}088\,m = \underline{88\,mm}$$

Zur Dynamik von Kranen vgl. auch [63-65].

21.5.4.7 Trägerflanschbiegung bei Unterflanschlaufkatzen

21.5.4.7.1 Allgemeines

Bei Einschienen-Kran- und Hängebahnen mit Unterflansch-Laufkatzen wird der Untergurt des Trägers durch die Radlasten zusätzlich zur globalen Haupttragwirkung auf lokale Flanschbiegung beansprucht; diese Biegung ist wegen der plattenartigen Abtragung zweiachsig, vgl. Bild 101a.

Bei beidseitiger Radlast kann eine Flanschhälfte als einseitig eingespannter/einseitig freier Plattenstreifen (Kragplattenstreifen) gedeutet werden, vgl. Teilbild b/c. Greift die Radlast am Trägerende an, handelt es sich um einen einseitig-, greift die Radlast in Trägermitte an, handelt es sich um einen beidseitig-unendlich langen Plattenstreifen. Die lokalen Biege- und Schubspannungen sind über die Dicke des Flansches veränderlich (Teilbild d, oben); sie sind den Biege- und Schubspannungen aus der Haupttragwirkung zu überlagern:

$$\sigma_V = \sqrt{\sigma_x^2 + \sigma_y^2 - \sigma_x \sigma_y + 3\tau_{xy}^2} \qquad (129)$$

Diese Überlagerung ist getrennt für die Ober- und Unterseite des Flansches durchzuführen; die Definition der Richtungen x und y gemäß Teilbild a ist zu beachten, fallweise ist ein Betriebsfestigkeitsnachweis erforderlich (DIN 15018).

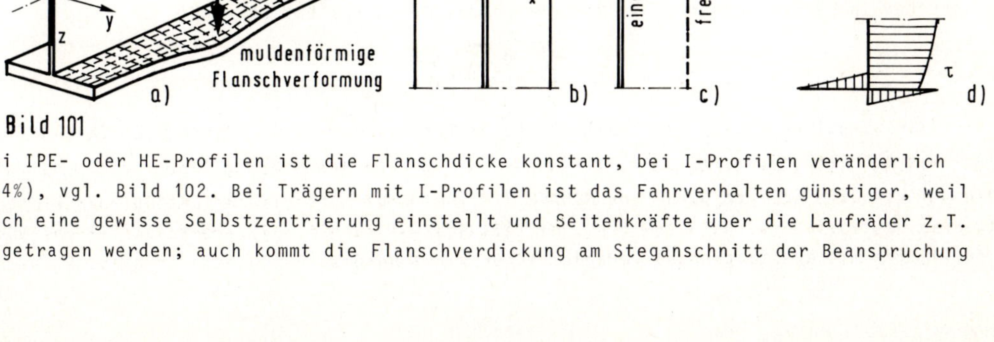

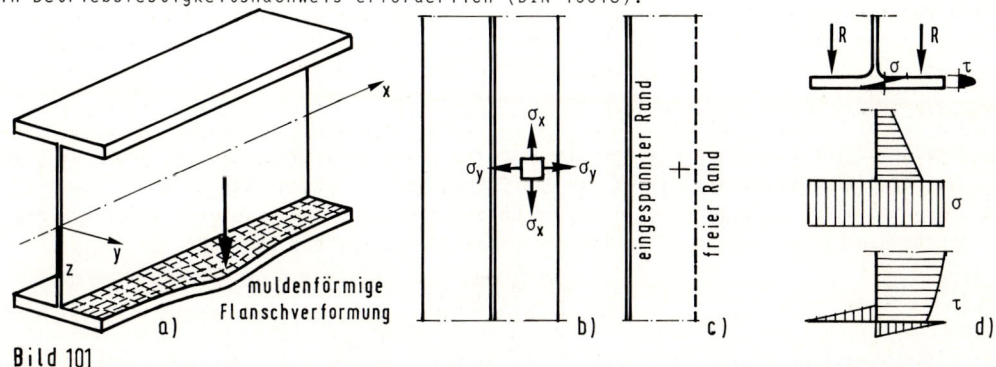

Bild 101

Bei IPE- oder HE-Profilen ist die Flanschdicke konstant, bei I-Profilen veränderlich (14%), vgl. Bild 102. Bei Trägern mit I-Profilen ist das Fahrverhalten günstiger, weil sich eine gewisse Selbstzentrierung einstellt und Seitenkräfte über die Laufräder z.T. abgetragen werden; auch kommt die Flanschverdickung am Steganschnitt der Beanspruchung

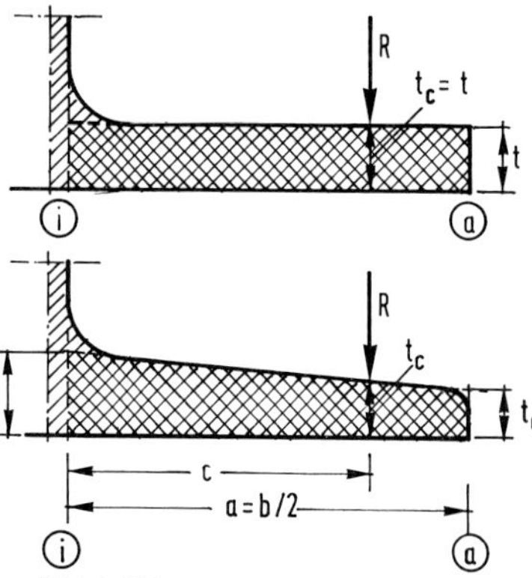

Bild 102

entgegen. Bei parallelflanschigen Trägern sind die Katzkonstruktionen aufwendiger und z.B. mit Stützrollen auszustatten; bei geraden Trägern wird das Spiel zum Steg zu ca. 3mm eingestellt, bei Kurvenfahrt ist es größer, d.h. die Räder laufen weiter außen. Räder aus Kunststoff (Nylon, Polyamid) haben eine vergrößerte Radaufstandsfläche, was zu einer Verminderung der Flanschbeanspruchung führt (Reduktion auf ca. 80-90%).

21.5.4.7.2 Berechnungsansätze

Die von ERNST [66] auf der Grundlage eines Stab-Kreuzwerkmodelles hergeleiteten Berechnungsformeln für die Flanschbiegespannungen wurden aufgrund der von KLÖPPEL u. LIE [67] nach der Plattentheorie durchgeführten Analyse modifiziert [68]:

$$\sigma_y = \pm\, 2{,}80\, R/t^2\,; \quad \sigma_x = \mu \sigma_y = \pm\, 0{,}84\, R/t^2 \qquad (130)$$

Biegespannungen entlang des freien Randes (a≙außen):

$$\sigma_x = \mp(1{,}60 \div 1{,}80)\,R/t^2\,; \quad \sigma_y = 0 \qquad (131)$$

Oberes Vorzeichen: Oberseite, unteres Vorzeichen: Unterseite des Flansches, vgl. Bild 101d, oben. Im Falle veränderlicher Dicke ist $t=t_i$ bzw. t_a zu setzen. Die Formeln unterstellen einen Radlastangriff in der Nähe des freien Randes ($c/a \approx 0{,}85$).

Eine Berechnungsformel für die Biegespannungen entlang der Flanscheinspannung, die ebenfalls auf einem Stab-Kreuzwerkmodell beruht [69], wurde von SAHMEL [70] mitgeteilt: Danach wird in Abhängigkeit vom Radstandsverhältnis c/a eine "mittragende Flanschlänge l" nach Bild 103 bestimmt und hierfür entlang des Flansch-Steg-Anschnittes das Widerstandsmoment W eines fiktiven Kragträgers berechnet:

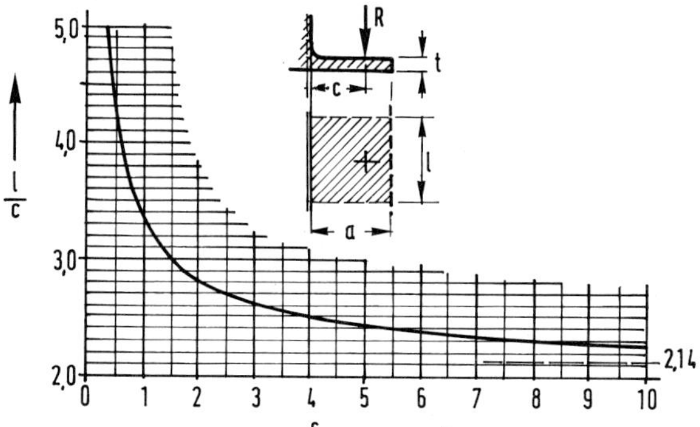

Bild 103

$$W = l t^2/6\,; \quad M = Rc\,; \quad \sigma_y = \pm\, M/W \qquad (132)$$

Für die Berechnung von σ_x wird von SAHMEL derselbe Wert angesetzt; möglich wäre auch:

$$\sigma_x = \mu \sigma_y = 0{,}3\,\sigma_y \qquad (133)$$

Für einen Flansch veränderlicher Dicke wird empfohlen, mit der Ersatzdicke

$$\left(1{,}24 - 0{,}24\frac{t_a}{t_i}\right)t_a \qquad (134)$$

das Widerstandsmoment des stellvertretenden Kragträgers zu bestimmen.

Eine aufgrund von Spannungsmessungen vorgeschlagene (empirische) Berechnungsformel geht auf BECKER [71] zurück; hierbei werden die Ergebnisse von DMS-Messungen an realen Profilen durch eine auf der sicheren Seite liegende Einhüllende approximiert, wobei nur die Spannungen in Längsrichtung im Mittelbereich des Flansches erfaßt sind:

$$\sigma_x = \sqrt[3]{\frac{a}{a-c}} \cdot \frac{R}{t_c^2} \qquad (135)$$

s ist die Stegdicke und t_c die lokale Dicke am Ort des Rades. Bei Kantenlauf ($a-c=0$) liefert die Formel $\sigma_x = \infty$.

Die umfassendste Analyse wurde von MENDEL [72,73] vorgelegt; sie basiert auf der Plattentheorie des Voll- bzw. Halbstreifens. Mittels des (einfachen) Differenzenverfahrens wurden Platten mit konstanter und veränderlicher Dicke untersucht, wobei die halbe Flanschbreite a=b/2 acht- bzw. zehnteilig gerastert und die Radlast über eine sich so ergebende Rasterfläche abgesetzt wurde (das Singularitätsproblem wurde dadurch umgangen). Die Theorie der Platte mit t≠konst wurde verschiedentlich behandelt [74-78].

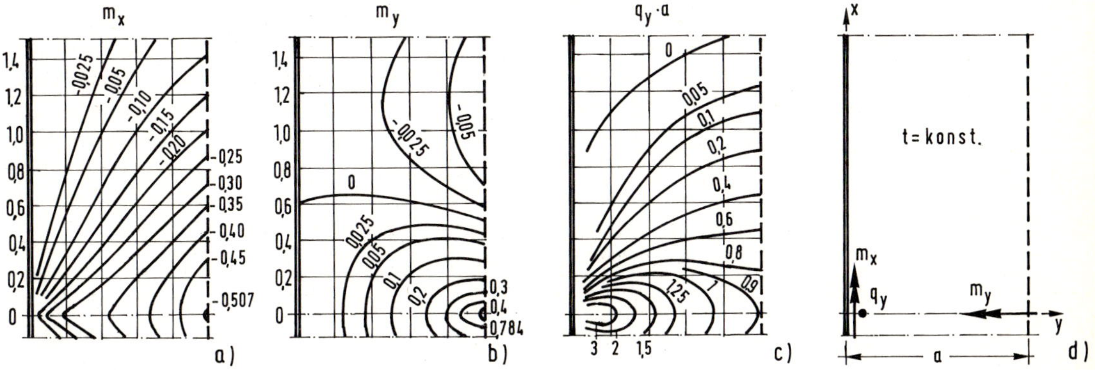

Bild 104 (nach MENDEL)

Bild 104 zeigt beispielhaft die Einflußflächen für t=konst. Hieraus kann der Einfluß von zweirädrigen Katzen abgeschätzt werden. Es empfiehlt sich, die Bahn so zu konstruieren, daß die Katze unter Last nicht bis zu einem Trägerende durchlaufen kann, sondern nur bis etwa 3a.

Für die maßgebenden Stellen am Flansch-Steg-Anschnitt (i) und im Flansch unter der Radlast (c) können aus Bild 105a und b die Biegespannungskoeffizienten entnommen und hiermit die Spannungen berechnet werden. Die Koeffizienten für Flansche mit veränderlicher Dicke sind so angegeben, daß in den Formeln für t mit der genormten Flanschdicke t (n.DIN 1025)

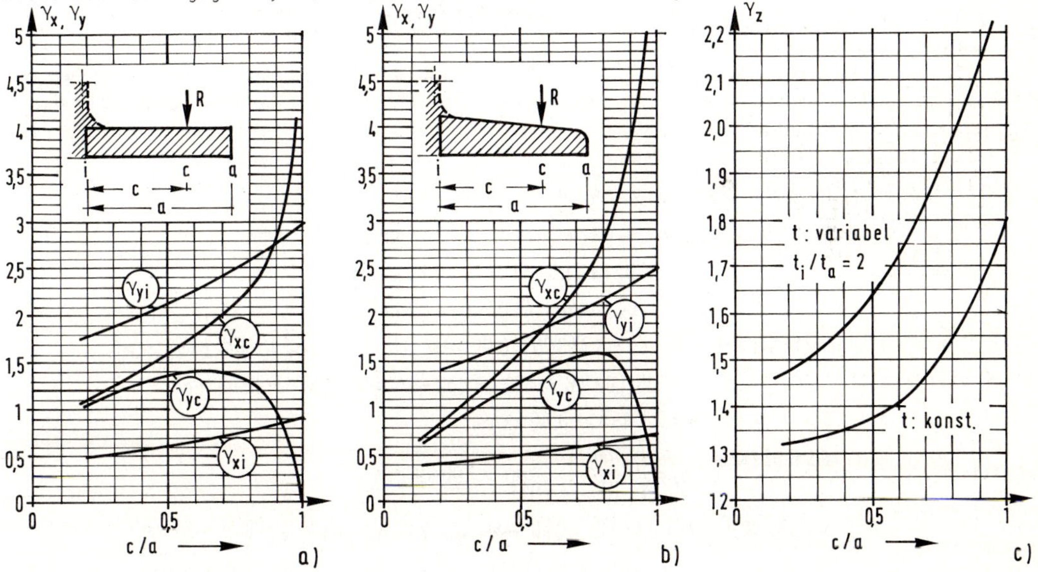

Bild 105 (nach MENDEL)

gerechnet werden kann [73].

Anschnitt i :

$$\sigma_y = \pm \gamma_{yi} \cdot R/t^2 ; \quad \sigma_x = \pm \gamma_{xi} \cdot R/t^2 \tag{136}$$

Unter der Radlast (c):

$$\sigma_x = \mp \gamma_{xc} \cdot R/t^2 ; \quad \sigma_y = \mp \gamma_{yc} \cdot R/t^2 \tag{137}$$

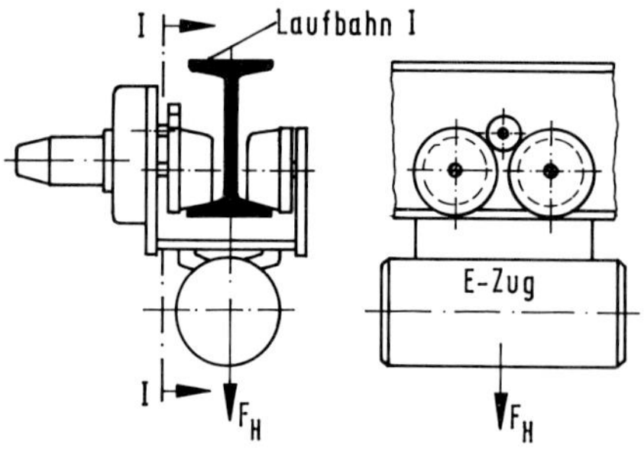

Bild 106 Schnitt I-I

Bei zwei benachbarten Rädern (Bild 106) erhöhen sich die Biegespannungen σ_y entlang der Einspannung (bei Radstand 3a: 1%, 2a: 7%), die Spannungen σ_x unter der Radlast erfahren eine geringe Abminderung. Bei einseitiger Belastung ist σ_x unter der Radlast um ca. 1,2 zu erhöhen, entlang des Flansch-Steg-Anschnittes ist vom σ_y-Wert für beidseitige Radlast auszugehen, was etwas auf der sicheren Seite liegt. - Wegen der Ansätze bei L - und Ꮯ -Trägern vgl. die Originalarbeit [72,73].

Die Radlast setzt sich über den Steg in den Träger ab, in Höhe des Rades ist die σ_z-Spannung im Steg am höchsten; sie läßt sich mittels Bild 105c wie folgt berechnen:

$$\sigma_z = \gamma_z \cdot R/(c \cdot s) \qquad (138)$$

Hierin ist berücksichtigt, daß zwei Radlasten beidseitig des Steges angreifen. Bei einseitiger Last ist σ_z etwa halb so groß, der Steg wird dann aber wegen der Radexzentrizität auf Biegung beansprucht.

21.5.4.7.3 Beispiele

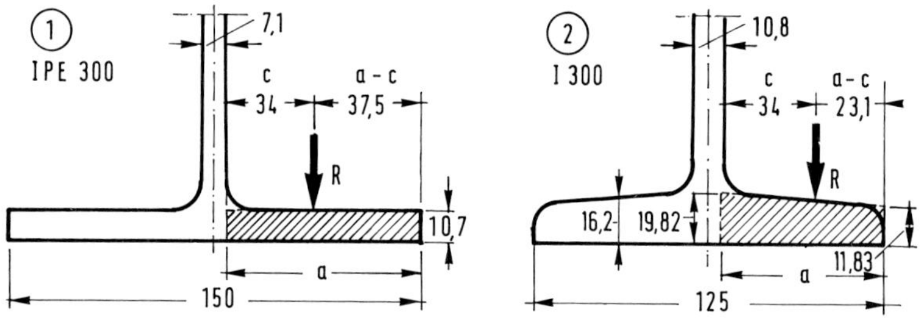

Bild 107

Es wird die Flanschbiegung an zwei Trägern, Träger (1) IPE300 und Träger (2) I300 berechnet. Der Abstand des Radlastzentrums von der Stegaußenkante ist in beiden Fällen gleichgroß: c=34mm, die Radstellung ist symmetrisch.

Die Ersatzplatten sind für beide Träger in Bild 107 schraffiert hervorgehoben.

Einheitslast 1kN. Träger 1: IPE 300; $a = 7,5 - 0,35 = 7,15\,cm$; $c = 3,4\,cm$

Nach ERNST: Innen: $\sigma_y = \pm 2,80 \cdot 1/1,07^2 = \underline{\pm 2,45\ kN/cm^2}$

$\sigma_x = \pm 0,84 \cdot 1/1,07^2 = \underline{\pm 0,73\ kN/cm^2}$

Außen: $\sigma_x = \mp 1,70 \cdot 1/1,07^2 = \underline{\mp 1,48\ kN/cm^2}$

Nach SAHMEL: $c/(a-c) = 3,4/3,75 = 0,91 \longrightarrow l/c = 3,4 \longrightarrow l = 3,4 \cdot 3,4 = 11,55\,cm$

$W = 11,55 \cdot 1,07^2/6 = 2,20\,cm^3$; $\sigma_y = \pm 1 \cdot 3,40/2,20 = \underline{\pm 1,55\ kN/cm^2}$

$\sigma_x = 0,3 \cdot 155 = \underline{\pm 0,46\ kN/cm^2}$

Nach BECKER: $\sigma_x = \sqrt[3]{\frac{7,15}{3,75}} \cdot \frac{1}{1,07^2} = \underline{1,08\ kN/cm^2}$

Nach MENDEL: $c/a = 3,4/7,15 = 0,48 \longrightarrow \gamma_{yi} = 2,1$; $\gamma_{xi} = 0,63$; $\gamma_{yc} = 1,4$; $\gamma_{xc} = 1,6$

$\sigma_{yi} = \pm 2,1 \cdot 1/1,07^2 = \underline{\pm 1,83\ kN/cm^2}$; $\sigma_{xi} = \pm 0,63 \cdot 1/1,07^2 = \underline{\pm 0,55\ kN/cm^2}$

$\sigma_{yc} = \mp 1,4 \cdot 1/1,07^2 = \underline{\mp 1,22\ kN/cm^2}$; $\sigma_{xc} = \mp 1,6 \cdot 1/1,07^2 = \underline{\mp 1,40\ kN/cm^2}$

Für den Träger (2) ist entsprechend vorzugehen; die nachfolgende Tabelle weist die σ_{yi}-Werte aus:

	IPE 300	I 300
Nach SAHMEL	± 1,55	± 1,18
Nach BECKER	(1,08)	(0,59)
Nach MENDEL	±1,83	± 0,72

kN/cm^2

Die Werte nach ERNST sind nur bedingt vergleichbar, weil sie für einen Radstand c/a≈0,85 gelten. - Am fundiertesten ist die Berechnungsmethode nach MENDEL. - Auf die Erfordernis einer Überlagerung der lokalen Flanschbiegespannungen mit den Spannungen aus der Trägerbiegung gemäß G.129 wird hingewiesen . - Bei einseitiger Radlast treten höhere Beanspruchungen auf, auch bei zwei benachbarten Radlasten (Bild 106), s.o. Im letztgenannten Falle ist ggf. zu beachten, daß das Lastseil bei einscheriger Führung im Zuge der Seilabwicklung eine stärkere Versetzung erleidet, sodaß die Resultierende einseitig unter einem Radpaar zu liegen kommen kann. - Auf [79,80] wird ergänzend hingewiesen.

22 Behälterbau

22.1 Einführung

Behälter dienen zur Lagerung (Speicherung) von gasförmigen, flüssigen und festen Stoffen, letztere in Form flüssiger oder aufgeschäumter Emulsionen, stückiger oder körniger Granulate oder Staube. Der Behälterbau gehört mit seinen unterschiedlichen Arten wie Speicher- und Arbeitsbehälter (z.B. Rührbehälter), Tanke, Kessel, Reaktoren usf. hinsichtlich Auslegung, Bau und Betrieb zur Anlagen-, Verfahrens- und Kraftwerkstechnik, also zum Maschinenbau. Das gilt ebenso für den hiermit eng verwandten Rohrleitungsbau, der der Fördertechnik zuzuordnen ist. Behälter und Rohrleitungen stellen gleichwohl mit ihren raumabschließenden und tragenden Teilen einschließlich Fundamente bauliche Anlagen dar, die im Falle einer Ausführung in Stahl nach stahlbaulichen Regeln bemessen und ausgebildet werden, insofern gehören sie auch zum Stahlbau. - Neben dem Verwendungszweck und der Art des Lagergutes gibt es weitere Unterscheidungsmerkmale wie oberirdische und unterirdische, sowie insbesondere drucklose und druckführende Systeme. Bei den drucklosen Behältern unterscheidet man wiederum offene und geschlossene. Im letztgenannten Falle handelt es sich um Behälter mit einem Schutzdach gegenüber der Atmosphäre; im Dach befinden sich ausreichend groß dimensionierte Ent- bzw. Belüftungsöffnungen zur Vermeidung von Über- oder Unterdrücken. Druckführende Behälter sind geschlossene Systeme. Der Aggregatzustand des gespeicherten Mediums ist von der Temperatur und vom Druck abhängig, aus Sicherheitsgründen bedarf es besonderer Überdrucksicherungen (Sicherheitsventile). - Aus Beanspruchungs- und Fertigungsgründen überwiegen rotationssymmetrische Behälterformen wie Zylinder, Kegel, Kugel, Torus und Kombinationen hieraus; es dominiert die Membrantragwirkung. Biegeströrungen treten entlang von Kontur- und Dickenänderungen und Steifen sowie im Bereich von Öffnungen und Lagern auf. Behälter mit ebenen Wänden (die dann kräftig ausgesteift werden müssen und auf Biegung tragen) sind selten, z.B. im Silobau.

Die Anforderungen an den Behälter- und Rohrleitungsbau sind z.T. sehr extrem und vom Lager- bzw. Fördergut abhängig:

- Beständigkeit gegen Korrosion: Außenkorrosion bei oberirdischen und unterirdischen Behältern, ggf. Unterwasserbehälter und -rohrleitungen (Meerestechnik). Innenkorrosion bei aggressiven, z.B. säurehaltigen Medien. Der letztgenannte Gesichtspunkt spielt auch dort eine Rolle, wo an die Reinhaltung des Füllgutes strengste Anforderungen gestellt werden, z.B. bei Anlagen der Getränke- und Nahrungsmittelindustrie. Als Schutzmaßnahmen kommen infrage: Geeignete Werkstoffe, Plattierungen, Emaillierungen, Beschichtungen und kathodischer Korrosionsschutz (letzterer insbesondere auch bei eingeerdeten Anlagen).
- Dichtigkeit bei der Lagerung brennbarer/explosiver Stoffe, wie Gasen, Flüssiggasen, chemischen Stoffen, Mineralölen, Benzin usf., das gilt vorrangig für Druckbehälter und ist ein Gebot der Sicherheit und des Umweltschutzes. Von Leckagen können hohe Gefährdungen ausgehen. In vielen Fällen bedarf es aufwendiger Dämmungen, um die Betriebsbedingungen sicherzustellen und die Energieverluste zu minimieren.
- Festigkeit der Anlage, insbesondere bei druckführenden Systemen bei Hochtemperaturbeaufschlagung (Heißwasser, Heizkessel, Kraftwerks- und Reaktoranlagen) und/oder bei Tieftemperaturbeaufschlagung, wie in der Kältetechnik, Stichwort: Flüssiggas.

Bei Behältern und Rohrleitungen mit erhöhtem Betriebsrisiko (Bersten, Leckagen → Brand, Explosion) sind strenge sicherheitstechnische Auflagen einzuhalten, hierzu existiert ein umfangreiches Regelwerk u.A.:

- Technische Regeln Druckbehälter (TRB) [1]
- Technische Regeln für brennbare Flüssigkeiten (TRbF) [2]
- Technische Regeln Druckgase (TRG) [3]
- Technische Regeln Dampfkessel (TRD) [4]
- Sicherheitstechnische Regeln des kerntechnischen Ausschusses (KTA) [5]

- sowie Rechts- und Verwaltungsvorschriften des Bundes und der Länder einschließlich immissionsrechtliche Vorschriften.

Dabei sind speziell für die Werkstoffauswahl und Auslegung zu beachten:
- DIN-Normen (DIN=Deutsches Institut für Normung)
- AD-Merkblätter (AD=Arbeitsgemeinschaft Druckbehälter) [6]
- VdTÜV-Werkstoffblätter (VdTÜV=Vereinigung der Technischen Überwachungsvereine) [7]
- SEW-Blätter (SEW=Stahl-Eisen-Werkstoffblätter der Stahlindustrie) [8]

Als Werkstoffe kommen zum Einsatz (vgl. Abschnitt 2.7):
- Allgemeine Baustähle nach DIN 17100
- Schweißgeeignete Feinkornbaustähle, insbesondere nach DIN 17102
- Nichtrostende Stähle nach DIN 17440 und SEW400
- Kesselbleche nach DIN 17155
- Kaltzähe Stähle (ferritische Nickelstähle, austenitische Chrom-Nickelstähle)
- Hochwarmfeste und hitzebeständige Stähle
- Plattierte Stähle, austenitische Plattierungen
- Sonderlegierungen und Nichteisenmetalle.

Mit anderen Worten: Es kommen eigentlich alle Werkstoffe zum Einsatz, die es gibt, einschließlich solcher für Dichtungen, Beschichtungen, Dämmungen. Der Werkstofftechnik mit ihren zerstörenden und zerstörungsfreien Prüfmethoden hinsichtlich Erkundung des Werkstoffzustandes der Halbzeuge und Fertigprodukte und Aufdeckung von rißartigen Fehlstellen kommt daher im Behälter- und Rohrleitungsbau große Bedeutung zu. Das gilt auch im Zusammenhang mit den Abnahmeprüfungen der Behälter, Leitungen, Armaturen und Verbrauchseinrichtungen und den Folgeprüfungen. Sie bestehen u.a. in einer Außen- und Innenbesichtung und in Druck- und Funktionsprüfungen. Auch werden an die Fertigung und hier insbesondere an die Schweißtechnik hohe Anforderungen gestellt, es sind die höchsten, die es gibt, wobei die kerntechnischen Anlagen hierbei impliziert sind.

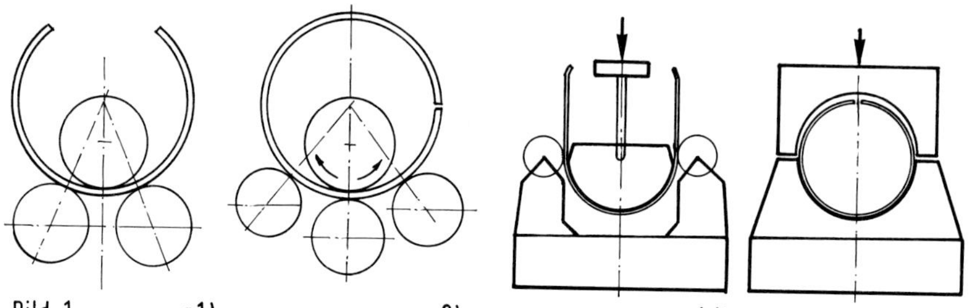

Bild 1 a1) a2) b1) b2)

Die Behälter werden überwiegend aus Blechen gefertigt. Rohre können als Halbzeug bezogen werden, entweder als nahtlose oder mit Längsnaht oder Spiralnaht geschweißte Rohre, bezüglich Fertigung und Stahlsorten vgl. Abschnitte 2.5.1 und 2.7.6 und [9]. Rohre mit großem Durchmesser, z.B. für Hochdruckwasserleitungen, Schächte, Druckstollenpanzerungen werden wie zylindrische Behälter aus gebogenen Blechen hergestellt bzw. geschweißt. Für das Biegen der Bleche existieren unterschiedliche Techniken (Bild 1). Zunächst müssen die Blechenden zwecks Herstellung der erforderlichen Krümmung angebogen werden. Dann werden die Bleche in einem Walzengerüst gebogen (Bild 1a). Es gibt Gerüste mit horizontal und vertikal verschieblichen Walzen. Durch Schrägstellen der Walzen lassen sich konische Schüsse formen. Zum Herausnehmen des Bleches muß die Oberwalze gekippt werden. Eine andere Technik ist das Pressen, Bild 1b. - Doppeltgekrümmte, z.B. Kugelsegmente, lassen sich durch Kaltkümpeln (Kümpelpressen) herstellen. - Die Fertigung erfordert die Einhaltung enger Toleranzgrenzen. Die geformten Bleche erhalten entlang der beschnittenen Ränder die gewünschten Fasen für die Schweißfugen der Stumpfnahtschweißung. Beim Schweißen, insbesondere dicker Bleche, sind die geforderten Schweißnahtfolgen und die Vor- und Nachwärmtechniken einzuhalten. Nach Fertigstellung eines Behälters ist es vielfach erforderlich, die Eigenspannungen aus der Kaltverformung und den Schneid- und Schweißvorgängen durch Spannungsarmglühen zu beseitigen (vgl. Abschnitte 2.6.4.7 und 8.4.3); die metallurgischen Eigenschaften in der WEZ werden gleichzeitig verbessert, ohne daß das Gefüge verändert wird. Bei kleineren Behältern geschieht das in Öfen bei 550 bis 650°C; Glühdauer 2min pro 1mm Wanddicke, mindestens eine halbe Stunde; bei Feinkornbaustählen sollte die Glühtemperatur 50°C unter der Anlaßtemperatur liegen, zu lange Glühzeiten (>30min) sind zu vermeiden. Bei größeren Anlagen und Rohrleitungen gibt es folgende Möglichkeiten einer örtlichen Entspannung:

a) Induktive Wärmebehandlung: Zylindrische Behälter oder Rohre werden innerhalb einer gewissen Breite (ca. 10 bis 15-fache Wanddicke) im Bereich der Rundnaht durch ein Kupferkabel umwickelt. Bei Beaufschlagung durch Wechselstrom erwärmt sich die Wandung nach dem Induktionsprinzip. Durch Isoliermaßnahmen wird versucht, die Wärmeverluste zu minimieren.
b) Antogene Entspannung: Beidseitig der Naht werden zwei Brenner bewegt, derart, daß eine Temperaturerhöhung um 200°C entsteht. Mit einer nachlaufenden Wasserbrause wird abgekühlt.

22.2 Lager- und Fördergüter [10,11]

Die in Behältern und Rohrleitungen gelagerten bzw. geförderten Stoffe unterliegen der Erdgravitation, deren Eigenlast folgt z.B. aus DIN 1055 T1 oder aus den Dichteangaben des Bestellers bzw. Betreibers der Anlage. Zu den Angaben gehört auch die Temperatur und der Druck für Normalbetrieb (Nennbetrieb), für An- und Ausfahrphasen und Störfälle. - Ist γ die Wichte eines gelagerten bzw. geförderten Fluids, beträgt der Druck:

$$p = \gamma \cdot z \qquad (1)$$

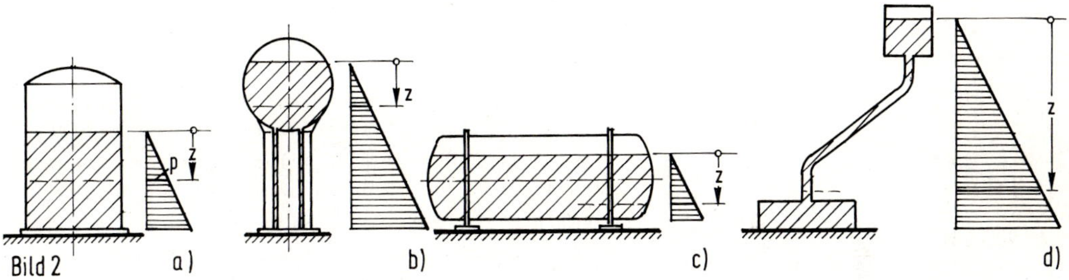

Bild 2

z ist die Höhe der Fluidsäule, Bild 2. Der Fluiddruck wirkt stets senkrecht zur Wandung (auch im verformten Zustand=normaltreue Belastung). Die Wichte γ folgt aus:

$$\gamma = g \cdot \rho \qquad (2)$$

ρ ist die Dichte und g die Erdbeschleunigung: $9{,}81 m/s^2 \approx 10 m/s^2$. Im Falle einer Wasserfüllung gilt demnach:

$$\gamma = 10\,\frac{m}{s^2}\cdot 1000\,\frac{kg}{m^3} = 10000\,\frac{m\,kg}{s^2\,m^3} = 10000\,\frac{N}{m^3} = 10\,\frac{kN}{m^3}$$

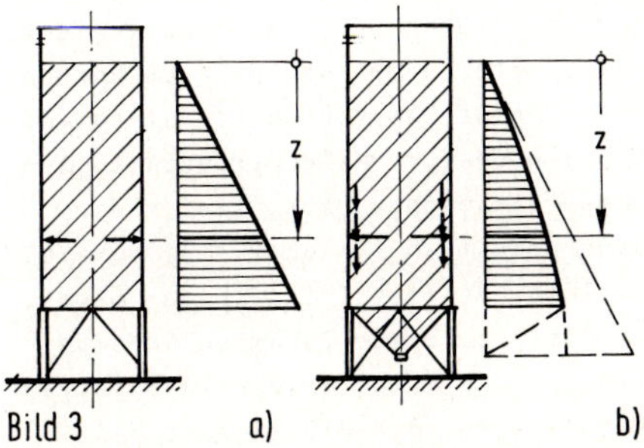

Bild 3

Ist das Lagergut staubförmig oder körnig, wie in Silos, wirkt im Falle senkrechter Wände auf diese ein gegenüber G.1 reduzierter Normaldruck (Seitendruck), weil ein Teil der lotrechten Last über Wandreibung abgesetzt wird (DIN 1055 T6 u. Beiblatt 1). Bild 3a zeigt den Aufbau eines Fluid- und Bild 3b den Aufbau eines Silodrucks. In Silos treten gegenüber diesem theoretischen Druck in Füll- und Entleerungsphasen Zusatzbelastungen auf, insbesondere beim Einsturz von Füllgutbrücken. Es bedarf daher bei hohen Silos besonderer Maßnahmen, um unplanmäßige Lastzustände auszuschließen. - In dem Zusammenhang ist auch der Winddruck auf frei stehende und der Erddruck auf eingeerdete Anlagen zu erwähnen. Durch Wind sind insbesondere dünnwandige zylindrische Behälter im Leerzustand gefährdet, auch während der Montagephase. Schließlich wird bei einem (unplanmäßigen) Gefrieren eines Fluids vom Eismantel bzw. der Eisplombe ein hoher Druck auf die Wandung ausgeübt, der Leckagen oder gar ein Bersten zur Folge haben kann.

Geschlossene Behälter und Rohrleitungen werden i.a. mit Überdruck (selten mit Unterdruck) betrieben, wobei die Nenn- und Extremwerte anlagenabhängig sind. Dieser Druck überlagert sich dem Fluiddruck gemäß G.1. - Bei häufig schwellenden oder wechselnden Drucklagen ist die Anlage auf Betriebsfestigkeit (Ermüdungsfestigkeit) auszulegen, dazu ist die Kenntnis des Betriebskollektivs erforderlich. Der Druck ist nach SI in Pascal (Pa) anzugeben:

$$1\,\text{Pa} = 1\,\frac{\text{N}}{\text{m}^2} \qquad (1\,\text{kPa} = 1000\,\text{Pa}\,;\ \ 1\,\text{MPa} = 1000000\,\text{Pa}) \tag{3}$$

Die Umrechnungsformeln auf andere Einheiten lauten:

$$1\,\text{at} = 9{,}81\cdot 10^4\,\text{Pa};\ 1\,\text{Torr} = 133{,}3\,\text{Pa};\ 1\,\text{mmWS} = 9{,}81\,\text{Pa};\ 1\,\text{bar} = 10^5\,\text{Pa} \tag{4}$$

Gebräuchlich im Behälter- und Anlagenbau ist aus Zweckmäßigkeitsgründen die Angabe des Druckes in bar (was der ehemaligen Angabe in at etwa entspricht); Umrechnungsformeln:

$$1\,\text{at} = 0{,}981\,\text{bar};\ 1\,\text{Torr} = 1{,}333\cdot 10^{-3}\,\text{bar};\ 1\,\text{mm WS} = 9{,}81\cdot 10^{-5}\,\text{bar} \tag{5}$$

Im Falle eines vakuumisierten Behälters beträgt der Innendruck -1bar. - Der sich dem Fluiddruck (nach G.1) in geschlossenen Behälter- und Rohrleitungsanlagen überlagernde Innendruck ist entweder ein Dampfdruck oder (insbesondere in Rohrleitungen) der von den Pumpen ausgehende Förderdruck.

Bekanntlich werden als Folge der BROWNschen Bewegung die an der Oberfläche einer Flüssigkeit befindlichen Teilchen durch Stöße aus der Flüssigkeitsoberfläche herausgeschleudert. Bei diesem als Verdunstung bezeichneten Vorgang nehmen die Teilchen einen Teil der Wärmeenergie mit, was auf der Oberfläche als Verdunstungskälte empfunden wird. In einem offenen System wird die Flüssigkeit im Laufe der Zeit durch Verdunstung aufgezehrt.

Wird die Flüssigkeit in einem offenen System erwärmt, beginnt sie bei der Siedetemperatur zu verdampfen. Die Temperatur der Flüssigkeit bleibt solange konstant, bis sie restlos verdampft ist. Unter atmosphärischem Normaldruck beträgt die Verdampfungs-(Siede-)Temperatur von Wasser bekanntlich 100°C (373K). Bei geringerem Druck sinkt, bei höherem Druck steigt die Siedetemperatur (Bild 4); allgemeiner: Mit Anwachsen der Dampfspannung der Flüssigkeit auf den äußeren Druck ist die Siedetemperatur erreicht. Wird die Flüssigkeit in einem geschlossenen System erwärmt, stellt sich ein von T und p abhängiger Gleichgewichtszustand ein: Flüssigkeit verdampft, gleichzeitig kondensieren die auf die Flüssigkeit treffenden Dampfteilchen; über der Flüssigkeit steht gesättigter Dampf an. Der zugehörige Druck heißt Dampfdruck, er steigt mit der Temperatur. Wird der gesättigte Dampf zusammengepreßt, steigt der Druck nicht an (T=konst), Bild 5a/b, vielmehr verflüssigt sich der Dampf, vice versa. Diese Zusammenhänge gelten z.B. in Dampfkesselanlagen aller Art. - Würde die Flüssigkeit bei steigender Erwärmung weiter verdampfen bis sie aufgezehrt ist, steht im System ungesättigter (überhitzter) Dampf an. Ungesättigter Dampf er-

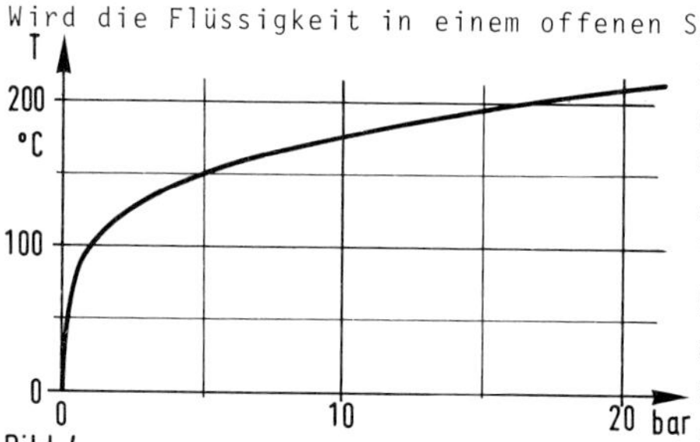

Bild 4

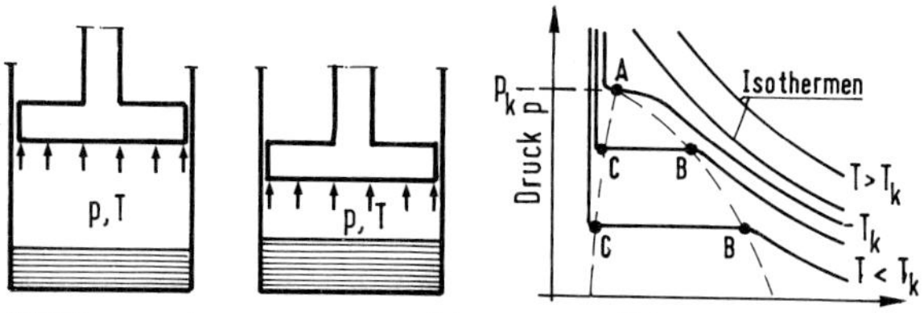

Bild 5 a) b) c)

Stoff		Kritische Temperatur und Druck T_K	P_K	Siede-Temperatur (1,033 bar)	Dichte der Flüssigphase	Volumen Gas/Flüssigk.	
Stickstoff	N_2	-147	33,4	-196	812	650	
Sauerstoff	O_2	-119	49,7	-183	1130	800	
Argon	Ar	-118	47	-186	1400	800	
Wasserstoff	H_2	-240	12,8	-253	70	80	
Methan	CH_4	-82	45,6	-162	415	600	≈Erdgas
Propan	C_3H_8	-97	42,6	-42	509	300	
Butan	C_4H_{10}	-152	38,0	-0,5	585	450	
		°C	bar	°C	kg/m³	1	

Bild 6

füllt die Gasgesetze (in Annäherung), ist also Gas: Bei Erwärmung des Gases steigt der Druck nach dem Gesetz von BOYLE-MARIOTTE an: $p \cdot V = konst.$ Für gesättigte Dämpfe gilt das Gesetz nicht!

So wie sich Flüssigkeiten verdampfen lassen, lassen sich umgekehrt alle Gase verflüssigen (kondensieren), indem die Temperatur reduziert und/oder der auf dem Gas lastende Druck erhöht wird. Die meisten Gase widerstehen allerdings selbst den höchsten Drücken, ohne daß sie sich verflüssigen. Die Temperatur muß vielmehr die kritische Temperatur T_k aufweisen, damit bei dem zugeordneten kritischen Druck p_k die Verflüssigung einsetzt (Punkt A in Bild 5c). Liegt die Temperatur unter T_k, tritt die Verflüssigung bei geringerem Druck ein. Ist $T<T_k$ und $p<p_k$ und wird das Gasvolumen verringert, tritt bei dem in Bild 5c durch den Punkt B gekennzeichneten Volumen Verflüssigung ein. Jede weitere Verkleinerung des Volumens führt zu einer weiteren Verflüssigung des Gases (ohne daß der Druck ansteigt), solange noch Gas unverflüssigt über der Flüssigkeit ansteht. Ist alles Gas verflüssigt (Punkt C) und wird das Volumen weiter verringert, geht das mit einem steilen Druckanstieg einher, denn Flüssigkeiten sind praktisch inkompressibel. - Bild 6 enthält einige Angaben, die im Zusammenhang mit Flüssiggasbehältern von Bedeutung sind. Bei der Verflüssigung schrumpft das Gas auf einen Bruchteil des ursprünglichen Volumens, was für Transport und Lagerung große Vorteile bietet (Tankschiffe, Tankwagen, Gasbehälter, Gasflaschen). - Beim Umgang mit Flüssiggas sind strenge Sicherheitsanforderungen zu erfüllen. Bei Lecks in den Behältern entstehen bereits bei geringen Mengen austretender Flüssigkeit große Mengen explosiver Gase. Bild 7 weist die Zündtemperatur einiger Gase auf. Die Zündtemperatur ist jene niedrigste Temperatur, bei der ein Gas-Luft-Gemisch zur Zündung gebracht werden kann, sofern eine Zündquelle vorhanden ist. Die Zündung führt zu einem explosionsartigen Brand. Die Zündgeschwindigkeit gibt an, mit welcher Geschwindigkeit sich die Flammenfront eines brennbaren Gas-Luft-Gemisches ausbreitet und die Zündgrenzen, in welchem Volumenprozentsatz sich das Gemisch befinden muß, damit es zündfähig ist. Unterhalb dieses Bereiches ist der Gasanteil, oberhalb ist der Sauerstoffanteil zu gering. - Hinsichtlich der Risiko- bzw. Gefahrenklasse der Lagermedien läßt sich etwa folgende Reihung angeben: Am unproblematischsten ist die Speicherung von Brauch-, Lösch-, Industrie- und Abwässern, sowie die Lagerung von Getränken und unbrennbaren und unaggressiven Flüssigkeiten aller Art. Es folgt die drucklose Lagerung chemisch aggressiver Stoffe, wie sie in der Verfahrenstechnik vorkommen. Hier bedarf es des Einsatzes säure- oder laugenbeständiger Stähle, besonderer Beschichtungen oder gar Plattierungen, Emaillierungen oder Ausmauerungen. Es folgen die Behälter für Mineralöle und hieraus gewonnener Produkte. Sie zählen zu den brennbaren Stoffen. Es handelt sich um flüchtige Medien mit relativ niedrig liegendem Siedepunkt. Sie werden daher in geschlossenen Behältern mit geringem inneren Überdruck (0,5bar) gespeichert, um Verluste durch übermäßige Verdunstung zu vermeiden. Bei den oberirdischen zylindrischen Großtanks, wie sie in Ölhäfen und Raffinerien der Petrochemie in großer Zahl und Dichte anzutreffen sind, gelingt das durch Schwimmdächer. Für die ober- und unterirdische Lagerung flüssiger Mineralprodukte unmittelbar beim Endverbraucher (Industrie, Gewerbe, Tankstellen, Haushalte) dienen genormte Behälter, siehe DIN 6600, DIN 6608, DIN 6616, DIN 6618, DIN 6619, DIN 6620, DIN 6622, DIN 6623, DIN 6624, DIN 6625. Bild 8 zeigt Beispiele für stehende und liegende Behälter einschließlich einiger Details aus der genannten Normreihe (vgl. auch DIN 6626 und DIN 6627).

Gas	Zünd-temper. in Luft	Zünd-geschw.	Zünd-grenzen	
Stadtgas	560	0,68	8 ÷ 31	(Leuchtgas)
Erdgas	650	0,39	5 ÷ 15	≈ Methan
Propan	510	0,32	2 ÷ 10	
Butan	490	0,32	2 ÷ 9	
Wasserstoff	510	2,70	4 ÷ 75	
Benzol	555	0,48	1 ÷ 7	
Benzin	250	0,36	1 ÷ 8	
Bild 7	°C	m/s	%	

Als nächste Kategorie sind die Behälter für Flüssiggas (s.o.) zu erwähnen, die drucklos oder überwiegend druckführend betrieben werden, sie zählen dann zu den Druckbehältern, z.B. Behälter nach DIN 4680 u. DIN 4681 für die ortsfeste Lagerung von Flüssiggas zur direkten Belieferung bzw. Versorgung der Endverbraucher. Beim Bau sind in solchen Fällen gewisse Schutzbereiche zum benachbarten Gebäude einzuhalten: Der Domschacht eingeerdeter Behälter soll mindestens 5m und die Füllstelle mindestens 10m entfernt liegen. Diesen Ver-

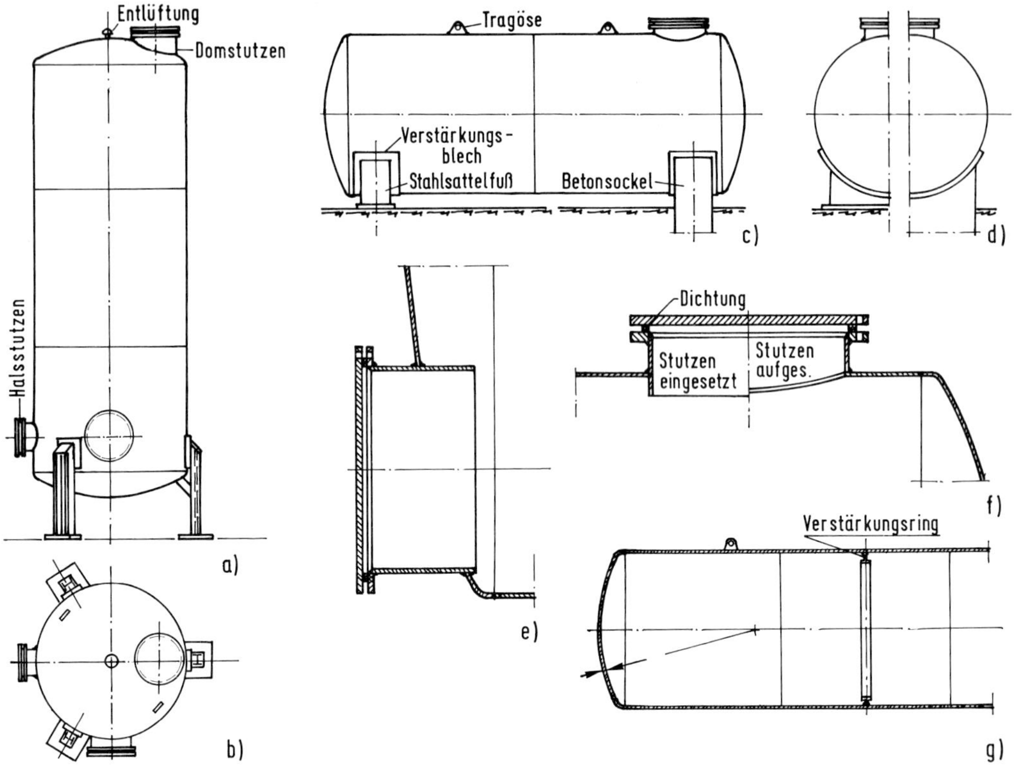

Bild 8

brauchsbehältern sind Lagertanks hoher Kapazität vorgelagert, z.B. an den Be- und Entladehäfen der Schiffstransporte und im Binnenland. Bild 9 zeigt Behältertypen aus den USA, über die 1965 berichtet wurde [12]. Als Großbehälter kommen u.a. doppelwandige zylindrische Tanks, liegende, auch eingeerdete zylindrische Behälter [13] und Kugelbehälter zum Einsatz. Die Lagerung von Flüssiggas erfolgt bei sehr tiefen Temperaturen (vgl. Bild 6). Alle mit dem Flüssiggas unmittelbar in Berührung stehenden Teile müssen aus kaltzähen Stählen gefertigt werden [14]. Es kommen überwiegend austenitische Stähle mit kubisch-flächenzentriertem Würfelgitter zum Einsatz, die auch bei tiefsten Temperaturen eine aus-

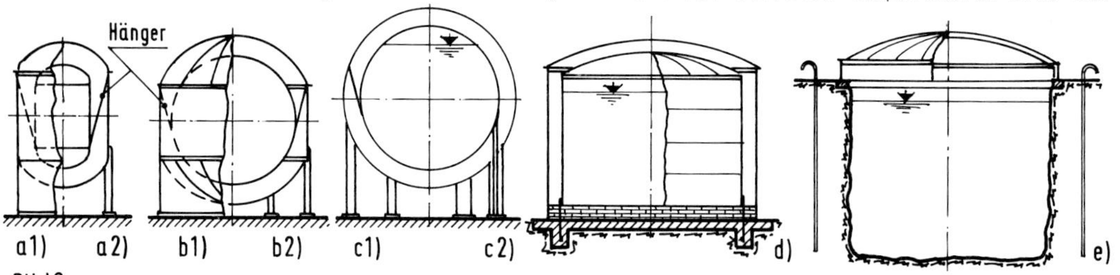

Bild9

reichende Verformungsfähigkeit aufweisen. Für die Sicherheit ist das, insbesondere in Schweißnahtbereichen mit mehrachsiger Beanspruchung, unverzichtbar. Unlegierte und legierte Stähle mit kubisch-raumzentriertem Kristallgitter verhalten sich bei tiefen Temperaturen spröde. Neben den austenitischen CrNr-Stählen, z.B. X10CrNiTi 18 9, kommen ferritische Stähle mit hohem Nickelgehalt (1,5-9%) zum Einsatz, einschließlich artgleicher Schweißwerkstoffe, bis herunter zu Temperaturen etwa -150°C. Für darunter liegende Temperaturen sind nur austenitische Stähle geeignet. - Um die Verdampfungsverluste minimal zu halten, werden die Flüssiggasbehälter einwandig mit einer Außenisolierung und Verkleidung oder zweiwandig mit einer dazwischen liegenden Isolierung ausgeführt. Die zweitgenannte Ausführung besteht aus einem Innen- und einem Außenbehälter, letzterer wird aus normalem Stahl gefertigt. Es gibt unterschiedliche Arten der Verbindung, z.B. mittels Hänger aus hochfestem Kunststoff oder Stahl (Bild 9a/b/c links). Möglich ist auch die Auflagerung auf Stützen, die ihrerseits in Rohrstützen stehen (Bild 9c rechts). Die Bewegung des inneren Behälters relativ zum äußeren ist dabei wegen der Kontraktion der Halteelemente zu beachten und zu berücksichtigen. Bei unmittelbarer Lagerung des Innenbehälters auf dem Baugrund bedarf es einer dicken Isolation (1 bis 2m) auf der Betonplatte, um ein Bodengefrieren mit Frostanhebungen zu vermeiden. Der Innenbehälter ist dann (wegen des Innendrucks) gegen Abheben zu sichern (Bild 9d). Als Isolierung zwischen Innen- und Außenbehälter kommen infrage: Pulverisolation (z.B. Perlite-Pulver), Lagenisolation (z.B. Mineralwollematten), Kunststoffisolation (PUR- und Polystyrolhartschaum, Schaumglas), kombiniert ggf. mit einer Vakuumisolation. Dann steht der äußere Behälter unter 1bar Außendruck und der innere Behälter zusätzlich zum Dampfdruck unter 1bar Innendruck. Rohrleitungen müssen durch den vakuumisierten Zwischenraum hindurch geführt werden und in der Lage sein, den gegenseitigen Verschiebungen von Innen- und Außenbehälter bei der Abkühlung zu folgen. - Als weitere Behälter mit höherem Risiko sind allgemein alle Druckbehälter zu nennen, für die die TRB gelten, z.B. Druckgasbehälter nach TRG; sie werden wie alle Druckbehälter nach den AD-Merkblättern ausgelegt. Zu nennen sind in dem Zusammenhang stehende Druckbehälter für Lagerung von 6,3 bis 100m³ nach DIN 28021, Druckbehälter für Wasserversorgungsanlagen nach DIN 4810. Für sehr hohe Drücke werden sogen. Mehrlagendruckbehälter gefertigt [15-18]. - Schließlich sind die Dampfkesselanlagen (maßgebend TRD) und die kerntechnischen Anlagen (nach den Regeln des KTA) zu erwähnen.

22.3 Behälter - Tanke (Beispiele) [19]

Eine ausführliche Behandlung scheidet in diesem Rahmen aus; die folgende Darstellung beschränkt sich auf eine Kurzübersicht.

22.3.1 Wasserbehälter - Wassertürme

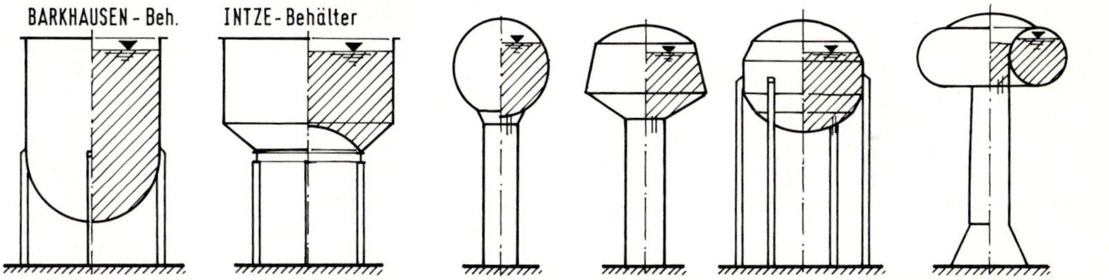

Bild 10 a) b) c) d) e) f)

Wasserbehälter zählen zu den ältesten Formen, z.B. Wasserhochbehälter (Wassertürme), unterirdische Tanke (Zisternen); sie dienen der Wasserversorgung. Die ersten eisernen Hochbehälter wurden ab Mitte des vorigen Jahrhunderts gebaut, zunächst als rechteckige Flachbodenbehälter aus Gußeisen, später als zylindrische Behälter mit Flachboden oder Hängeboden. Bild 10a zeigt den BARKHAUSEN-Behälter und Bild 10b den INTZE-Behälter. Letzterer diente bei vielen Wassertürmen als Gefäß; die statischen Vorteile entlang des Auflagerringes sind offensichtlich: Die Horizontalkräfte des kugel-kalottenförmigen Mittelteiles stehen mit den Horizontalkräften des kegelstumpfförmigen Randbereiches im Gleichgewicht; vgl. zum älteren Behälterbau [20,21]. Bild 10c/f zeigt neuere Formen [22-24]. Die ersten eisernen Kugelbehälter wurden Anfang dieses Jahrhunderts gebaut, aus Kegel- und Torusschalen gefertigte Behälter erst ab Mitte dieses Jahrhunderts. Hierzulande kommen solche Behälter nur noch selten zur Ausführung, wohl in Entwicklungsländern, wenn Trinkwasser möglichst verdunstungsfrei gelagert werden soll und für den Transport ein ausreichender Druck zur Verfügung stehen muß. In [25] wird über solche Wasserhochbehälter berichtet. Bild 11 zeigt drei ineinander geschachtelte Sphäroide auf drei Zylinderschäften. Das Fassungsvermögen

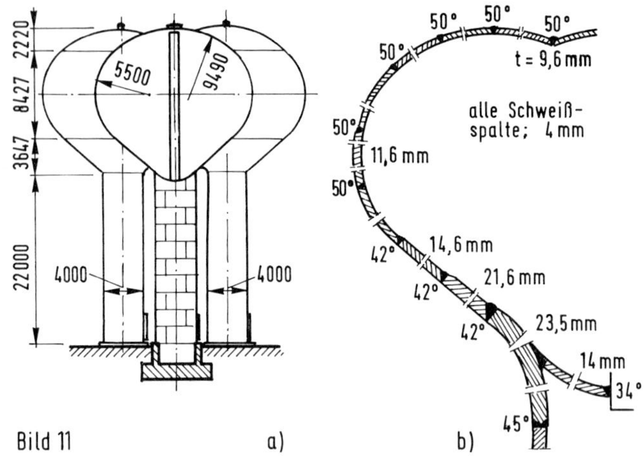

Bild 11 a) b)

beträgt 4550m³. Die Wanddicken variieren zwischen 9,6 bis 28,5mm in den Krempen, die Stumpfnähte wurden lichtbogengeschweißt und dabei überwiegend auf 100°C vorgewärmt.

22.3.2 Abwasserbehälter

Abwässerbehälter aus Stahl vermögen durchaus mit solchen aus Beton bzw. Spannbeton zu konkurrieren. Einer Innenbeschichtung bedarf es nicht, wenn es dem Abwasser bzw. Faulschlamm an dem für eine Korrosion erforderlichen Sauerstoff mangelt, wohl bedarf es einer Außenisolierung, um die für den Prozeß erforderliche Temperatur gleichbleibend sicherzustellen. Bild 12a zeigt einen v.Verf. in unterschiedlichen Größen berechneten und konstruierten Behälter für die Abwasseraufbereitung von Papierfabriken und Bild 12b einen Bio-Hochreaktor aus jüngerer Zeit mit etwa 19500m³ Gesamtnutzvolumen. Da in diesem Fall das Abwasser Salze enthält, war eine Korrosionsschutzbesichtung aus Epoxidharz/Isocyanat

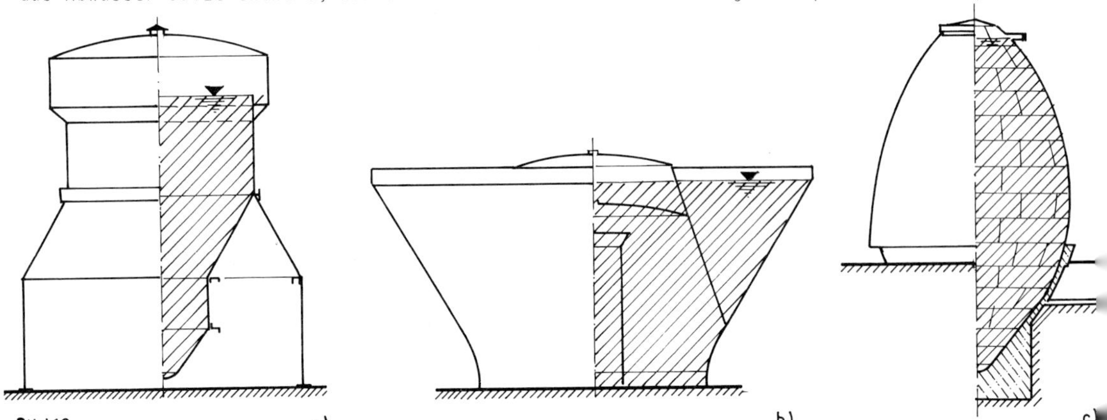

Bild12 a) b) c)

erforderlich [26]. Bild 12c zeigt einen Faulbehälter aus Stahl mit 7500m³ Volumen [27].

22.3.3 Oberirdische zylindrische Tankbauwerke (DIN 4119) - Tropfenbehälter

Ein vergleichsweise häufig ausgeführter Behältertyp ist der oberirdische, senkrecht stehende, zylindrische Flachbodentank, Bild 13a/d, zur Speicherung von Flüssigkeiten. Es gibt drucklose Tankbauwerke (Durchmesser bis 100m) und druckführende (Durchmesser bis 10m). Die Herstellung ist vergleichsweise einfach. Sie werden in der chemischen und petrochemischen Industrie in folgenden Varianten eingesetzt [28]:

- Einwandige Behälter mit Schwimmdach (Bild 13a/c),
- einwandige Behälter mit Festdach (Bild 13d),
- ein- und doppelwandige Behälter, isoliert, zur Lagerung verflüssigter Gase.

Die Behälter stehen i.a. innerhalb von Auffangräumen aus dichtenden Bodenstoffen oder in Auffangbecken aus Stahl oder Beton, um im Falle einer Leckage eine Umweltverseuchung zu vermeiden. - Die Behälter werden entweder auf einem Sand- oder Kiesbett, auf einem Stahlbetonringfundament oder auf einer biegesteifen Betonplatte ohne oder mit Pfahlgründung aufgelagert. Der Tankboden besteht aus rechteckigen Blechtafeln, Mindestdicke 5mm bei Stumpfschweißung und 6,5mm bei Überlappschweißung. Der Tankmantel besteht aus aufeinander gebauten Schüssen mit abgestufter Wanddicke, wobei aus Montagegründen nach DIN 4119 bestimmte

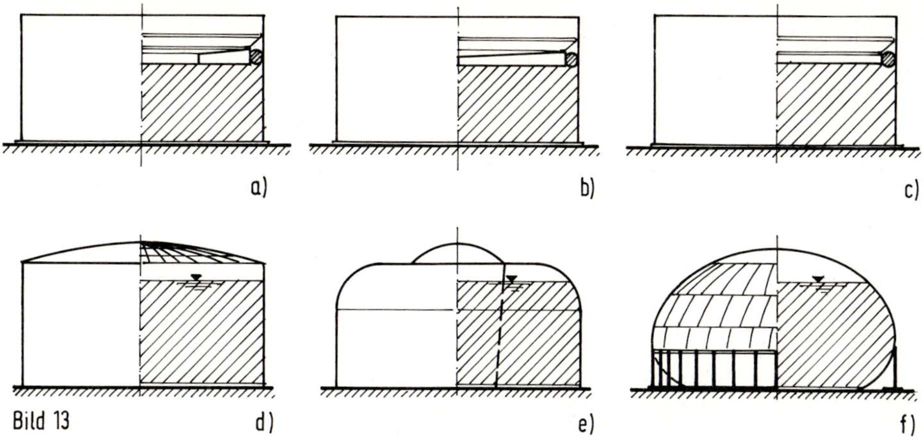

Bild 13

Mindestdicken einzuhalten sind. Der oberste Schuß wird häufig, insbesondere bei großen Tanks, verstärkt ausgeführt und eine Randaussteifung eingebaut. Bei oben offenen Tanks mit Schwimmdach unterstützt diese Aussteifung die Abtragung der Windlasten. - Wie der Name sagt, sind Schwimmdächer schwimmfähig; der einwandfreien Dichtung zum Tankmantel hin und der Führung des Daches am Mantel kommt dabei große Bedeutung zu. Bild 13a/c zeigt der Reihe nach ein Potondach, ein Doppeldeckdach und ein Pfannendach. Das Dach wird auf dem Behälterboden auf Stützen abgesetzt. - Festdächer sind i.a. Kugelsegmentdächer, seltener Kegeldächer, entweder unversteifte Dächer (nur für kleine Tanks) oder solche mit freitragendem Gespärre und Dachhaut, lose aufliegend oder mit dem Gespärre verbunden. Es handelt sich um Rippengespärre oder Rippenrostgespärre mit innerem Kronenring und äußerem Aussteifungsring [29-33]. Über doppelwandige, isolierte Großtankbauwerke für verflüssigte Gase wird in [34] berichtet. - Bild 13e zeigt einen Behälter aus einem zylindrischen Mantel mit einer kugeligen Kuppel und einem torischen Rand. Sie bilden das Dach des Behälters. Die spärische Kalotte im Zentrum ruht auf Stützen. Der Behälter vermag einen geringen Innendruck aufzunehmen; die Hubkräfte auf das Dach werden durch den Mantel und die Stützen auf den Boden bzw. die biegesteife Bodenplatte übertragen [35]. - Eine wietere Sonderform sind rotationssymmetrische Tropfenbehälter (Bild 13f); hierbei wird die Form für volle Füllung und Nenndruck derart ausgelegt, daß in der Behälterschale überall konstante Radial- und Tangentialkräfte auftreten, was auf eine konstante Wanddicke mit optimaler Ausnutzung führt. Davon abweichende Belastungen (Teilfüllung, Leerzustand, Windbelastung) führen zu Zusatzbeanspruchungen. Die Fertigung derartiger Behälter ist relativ kompliziert; wegen weiterer Einzelheiten siehe [36].

22.3.4 Niederdruckgasbehälter (DIN 3397)

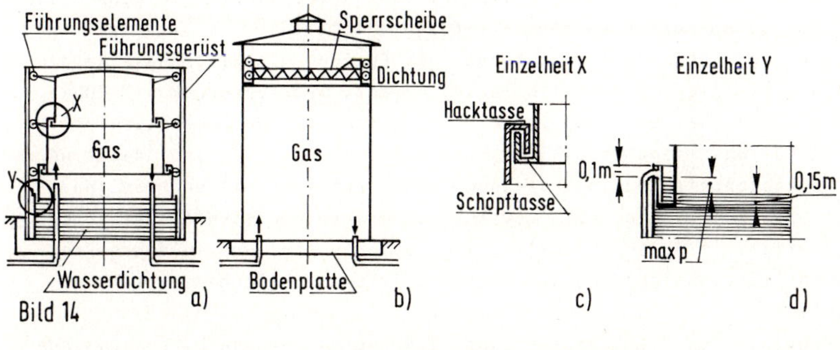

Bild 14

Zur Speicherung großer Gasmengen kennt man den Niederdruckgasbehälter nach DIN 3397; dabei wird der Glockengasbehälter (Bild 14a) und der Scheibengasbehälter (Bild 14b) unterschieden. Der erstgenannte Typ war ehemals zur Speicherung von Stadtgas sehr verbreitet. Hierbei wird das Gas unter einer in Rollen geführten, teleskopierbaren Glocke gehalten. Die Glocke taucht in ein Wasserbecken ein, wodurch die Dichtung bewirkt wird. Es werden Gasbehälter mit Führungsgerüst (ältere Bauart) und spiralgeführte Gasbehälter (neuere Bauart [37]) unterschieden. Letztere haben den Vorteil, daß bei teilweise oder ganz entleertem Behälter kein Führungsgerüst zu sehen ist; die Führung erfolgt mittels Doppelrollen entlang (unter 45° geneigter, am Behältermantel befestigter) Spiralschienen. - Beim Scheiben- oder Kolbengasbehälter liegt eine Scheibe auf dem Gaspolster auf. Das Gas steht dadurch, wie beim Glockengasbehälter, unter einem leichten Druck. Die Scheibe stützt sich gegen den zylindrischen Mantel ab; die hier erforderliche Dichtung stellt das größte technische Problem dar. - Niederdruckgasbehälter werden heute nur noch selten ausgeführt.

22.3.5 Kugelgasbehälter

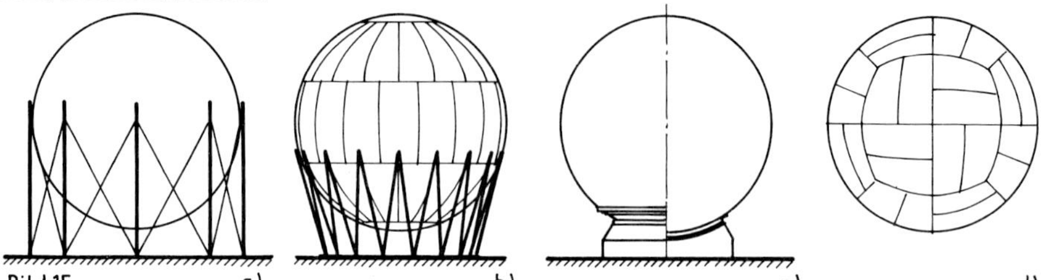

Bild 15 a) b) c) d)

Kugelgasbehälter wurden ehemals nach DIN 3396 ausgelegt [38]; dieses Regelwerk wurde inzwischen zurückgezogen. - Kugelbehälter dienen entweder zur Speicherung von verdichtetem Gas (z.B. Stadtgas, Klärgas) oder Flüssigkeiten (z.B. Flüssiggas, seltener Wasser, Säuren, Laugen). - Gasbehälter werden als Vorrats- oder Pufferbehälter (z.B. bei schwankender Gasabnahme) eingesetzt. Das Gas steht unter hohem Druck, man spricht daher auch von Hochdruck-Kugelgasbehältern. Beträgt der innere Überdruck beispielsweise 10bar, wird das Gas auf etwa das 10-fache komprimiert. Die Kugel ist für Druckbehälter die günstigste Form: Es treten allseitig gleichgroße Membrankräfte $p \cdot r/2$ auf, so daß der Behälter mit konstanter Blechdicke ausgeführt werden kann (Tragwerk gleicher Festigkeit). Zudem weist die Kugel das größte Volumen bei kleinster Oberfläche auf. Bei großem Kugeldurchmesser (bis etwa 50m) liegt der Betriebsdruck niedriger, bei kleinem Durchmesser höher, um die Blechdicke bei etwa 30mm zu begrenzen, z.B.: 1000m^3:20 bis 25bar, 5000m^3:10 bis 15bar, 20000m^3:7 bis 10bar, 50000m^3: 5bar. Die Behälter werden einwandig, heute praktisch ausschließlich aus hochfesten Feinkornbaustählen, ausgeführt, in vielen Fällen aus Stählen der TT-Reihe (kaltzäh), vgl. Abschnitt 2.7.3. Im wesentlichen ist nur die Eigenlast abzusetzen; dazu werden Einzelstützen gewählt, die tangential an die Kugelschale anbinden und auf Einzelfundamenten oder auf einem Ringfundament aufstehen, letzteres ist bei setzungsempfindlichem Boden günstiger. Die Stützen werden entweder durch Kreuzverbände ausgesteift (Bild 15a) oder in V-Form zick-zack-förmig angeordnet, so daß auch Horizontalkräfte abgetragen werden können (Bild 15b). Dort, wo die Stützen die Kräfte aus der Kugelschale übernehmen, entstehen Zusatzbeanspruchungen. Das gilt auch dann, wenn hier Manschetten, Steifen oder Pratzenbleche angeordnet werden und sich die Schale bei Innendruck dehnt. Die Dehnungsbehinderung führt zu lokalen Spannungserhöhungen. - Flüssigkeitsbehälter in Kugelform werden mit geringerem Durchmesser (bis etwa 25m) ausgeführt; bei Füllung mit Flüssiggas werden die Behälter überwiegend einwandig mit Außenisolierung gebaut, Betriebsdruck bis 20bar, in Sonderfällen bis 30bar, z.B. bei Lagerung von Flüssigsauerstoff. Das Gesamtgewicht des Behälters einschließlich Füllung liegt wesentlich höher als bei Gasbehältern, daher werden zur Abtragung der Lasten konzentrische Ringlagerungen oder heute überwiegend kontinuierliche Flächenlagerungen bevorzugt (Bild 15c). Letztere unterscheiden sich im Aufbau des Bettungs- und Isoliermaterials (z.B. Kunststoffe, Sand, Leichtbeton) und in deren Randausbildung und Abdichtung [19]. Entlang des Randes tritt in der Schale eine rotationssymmetrische Biegestörung auf.

Es gibt verschiedene Arten der Oberflächenaufteilung, z.B. neben der sogen. spährischen Würfelaufteilung (Bild 15d), die Zonenaufteilung (Bild 15b) mit ein- oder mehrteiligen Polkappen. Die letztgenannte Aufteilung hat den Vorteil, daß nur lotrecht und waagerecht verlaufende Nähte auftreten, was dem Einsatz von Schweißautomaten entgegenkommt. Um den

Schweiß- und Prüfaufwand (beim Röntgen) gering zu halten, versucht man, möglichst große Segmente einzubauen. Diesbezüglich gibt es aber Herstellungs-, Transport- und Montagegrenzen. Der Zuschnitt der gekümpelten Bleche und deren Verschweißung in Form X-förmiger Stumpfnähte erfordert ein hohes Maß an Genauigkeit und Sorgfalt.
Zur Entwicklung des Kugelbehälterbaues vgl. [39-45].

22.4 Silos

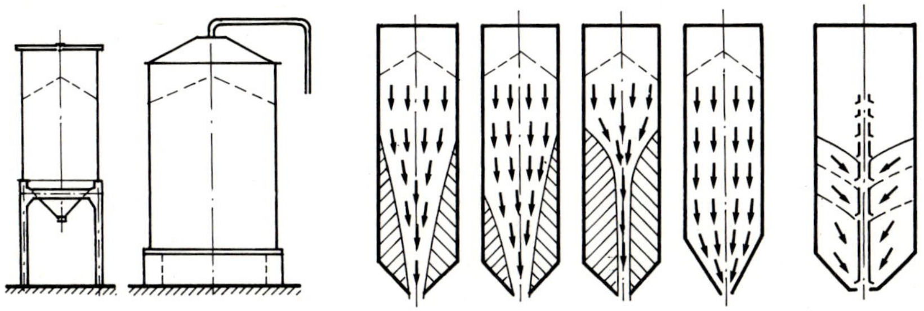

Bild 16 a) b) c1) c2) c3) d) e)

Silos dienen der Speicherung und dem Umschlag von staubförmigen Gütern (Korndurchmesser <0,1mm), körnigen Gütern (<30mm) und stückigen Gütern (z.B. pulverförmige Chemikalien, Zement, Kalk, Ziegel, Sand, Kies; Getreide; Futterstoffe usf.). Silos für schweres Gut werden auch Bunker genannt, beispielsweise solche für die Beschickung von Hochöfen mit Erz, Koks, Zuschlafstoffen und für Kraftwerke mit Kohle. Solche Schwergutbunker erhalten im Inneren häufig eine Verschleißblechauskleidung.
Dünnwandige Silos für rieselfähige Schüttgüter, wie sie in landwirtschaftlichen Betrieben z.B. zur Lagerung von Getreide verwendet werden, werden nach DIN 18914 (einschl. Beiblatt) ausgelegt. Die Silos werden aus Wandblechen mit Dicken zwischen 0,75 bis 4mm hergestellt, entweder als Glatt- oder Wellblechsilos, versteift oder unversteift. Sie werden auf einem Fundament oder einer Unterkonstruktion errichtet. - Für Gärfutterbehälter aus Stahl zur Futterkonservierung und -lagerung ist DIN 11622 T1 u. T4 maßgebend; vgl. auch [46].
Alle übrigen Silos aus Stahl müssen nach den Grundnormen des Stahlbaues bemessen und ausgebildet werden. Großsilos bestehen meist aus mehreren Zellen, sie werden i.a. in Massivbauart erstellt [47]. Silos aus Stahl kommen für kleinere und mittelgroße Anlagen infrage (Bild 16a/b), auch als transportable Einheiten. Es werden Silos mit Kreis-, Polyon-, Quadrat- oder Rechteckquerschnitt unterschieden, auch gekammert (sogen. Mehrkammersilos, z.B. Kiessilos für unterschiedliche Körnung). Zur Übernahme und Rückgabe der Güter bedarf es besonderer Fördereinrichtungen. - Berechnung und Ausführung von Silos aus Stahl werden in [48] ausführlich behandelt, vgl. auch [49].
In den Wänden von Einkammersilos mit Kreisquerschnitt treten vorwiegend radiale und achsiale Membranspannungen auf; die Wanddicke fällt demgemäß sehr gering aus. Infolge der beim Entleeren auftretenden ungleichförmigen Lastzustände treten Zusatzbeanspruchungen auf. Ebenso ist der Leerzustand unter Windlast nicht unkritisch. Im Übergangsbereich zum Trichter bedarf es einer Ringaussteifung. Hier treten Biegespannungen in der Wand auf, auch im Lasteinleitungsbereich der Stützen. An diesen Stellen sind Schadensfälle mit lokalen Beulungen bekannt geworden, vgl. zum Lasteinleitungs- und Beulproblem [50-53,54-55]. Bei Mehrkammer-Rundsilos treten recht verwickelte Beanspruchungen auf, wenn einige Kammern voll gefüllt, andere leer sind [56]. - Die Umfassungs- und Zwischenwände von Silos bzw. Silozellen werden in Umfangsrichtung auf Biegung und Zug beansprucht. Die Wände erhalten Aussteifungen (⌐ , ⊢ , ⊢⊣ , Trapezprofile), dadurch ergeben sich geschlossene Rahmen. Es ist auch möglich, die Wände faltwerkartig auszubilden. Bei Mehrzellensilos liefern Teilfüllzustände i.a. die höchsten Beanspruchungen. Die Bleche tragen den seitlichen Silodruck auf die Aussteifungsträger ab, sie werden ggf. nach der Hängeblechtheorie bemessen. Da der Silodruck von oben nach unten anwächst, liegen die Aussteifungen zunehmend enger.

Die Stützen liegen in den Eckpunkten. Die lotrechten Lasten werden von den Wänden als wandartige Träger abgesetzt.

Für die Lastannahmen ist DIN 1055 T6 maßgebend (vgl. Bild 3b). Im Sinne der Norm gelten Behälter als Silos, wenn die größte Siloguttiefe mindestens das 0,8-fache des Durchmessers des in die Zelle einbeschriebenen Kreises beträgt. Die Norm enthält Angaben für staubförmige und körnige Güter (nicht für stark kohäsive) und zwar sowohl wenn Teilbereiche des Schüttgutes beim Entleeren in Ruhe bleiben (sogen. Kernfluß, Bild 16c) als auch, wenn beim Entleeren das gesamte Schüttgut in Bewegung ist (sogen. Massenfluß, Bild 16d). Die Norm enthält Füllastkurven. Aus diesen werden die Entleerungskurven mit Hilfe von Faktoren abgeleitet. Sie orientieren sich zwar an der Druckverteilung nach der klassischen Silotheorie [57,58], beruhen aber auf Versuchen und haben insofern halbempirischen Charakter. Die Versuche zeigen, daß sich i.a. keine rotationssymmetrische Lastverteilung einstellt. Das wird in DIN 1055 T6 durch einen sogen. Ungleichförmigkeitszuschlag erfaßt; das Beiblatt enthält ausführliche Erläuterungen, vgl. auch [59].

Hochsilos erhalten besondere Einrichtungen, um ein planmäßiges Entleeren sicherzustellen, d.h. um das Riesel- bzw. Fließverhalten zu verbessern; das gilt insbesondere im Trichterbereich und bei staubförmigen Gütern. Es wurden unterschiedliche Einbauten vorgeschlagen [47], auch mittig liegende Entlastungsrohre (Bild 16e), Schwingungserreger und spezielle Belüftungseinrichtungen.

22.5 Dampfkessel- und Reaktoranlagen

Auslegungswerte für	Druck bar	Temp. °C
Konventioneller Hochdruckkessel (überkr.)		
Speisewasser	310	270
Dampf	250	535
Nukleares Dampferzeugersystem		
Druckwasserreaktor		
Primärkreislauf	160	320
Sekundärkreislauf		
Speisewasser	81	218
Dampf	65	280
Siedewasserreaktor		
Speisewasser	80	215
Dampf	71	286

Bild 17

Die Dampfkesselanlagen konventioneller Kraftwerke und die Reaktoranlagen kerntechnischer Kraftwerke gehören einschließlich der Rohrleitungen zu den überwachungsbedürftigen Anlagen [60]. - Bild 17 enthält Auslegungskriterien für die Komponenten solcher Anlagen [61]. Die hohe Druck- und Temperaturbeanspruchung geht daraus hervor.

Im Hochtemperaturreaktor (HTR) entsteht Frischdampf mit 178bar und 530°C. - Die Auslegung erfolgt nach den Technischen Regeln für Dampfkessel (TRD) nebst den AD-Merkblättern bzw. den Sicherheitstechnischen Regeln des Kerntechnischen Ausschusses (KTA). Alle hiermit im Zusammenhang stehenden Fragen können hier nicht behandelt werden, sie gehören in das Arbeitsgebiet des Maschinenbaues.

Als Werkstoffe kommen warmfeste und hochwarmfeste Stähle zum Einsatz (vgl. Abschnitt 2.7.7). Bild 18 zeigt die Zeitstandfestigkeit (Bruchfestigkeit nach 100000 Stunden) verschiedener Warm- und hochwarmfester Stähle in Abhängigkeit von der Temperatur [62]. Die Zeitstandfestigkeit steht mit der Kriechfestigkeit bei Temperaturbeaufschlagung in unmittelbarem Zusammenhang: Warmkriechen tritt, je nach Legierung, ab ca. 400 bis 450°C ein: Unter einer darüber

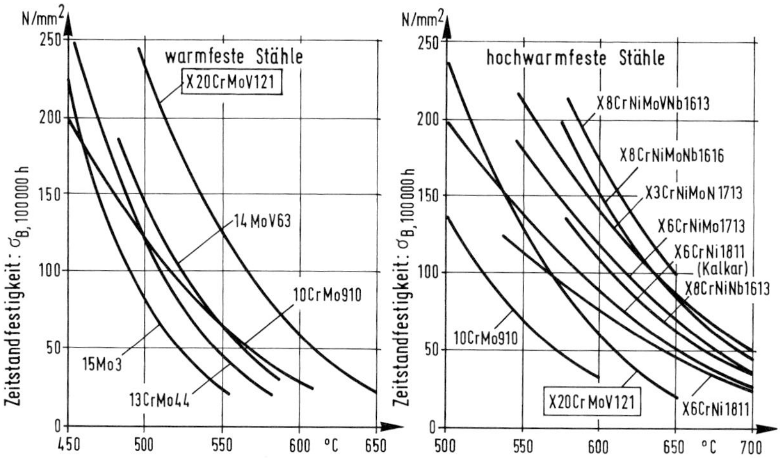

Bild 18 a) b)

liegenden konstanten Temperaturbeanspruchung und σ=konst längt sich ein Zugstab mit mehr oder weniger konstanter Kriechgeschwindigkeit. Gegen Ende der Standzeit nimmt sie stark zu, alsbald tritt der Bruch ein. Je höher die Spannung eingestellt ist, umso kürzer ist die Standzeit. Die Zeitstandfestigkeit wird in speziellen Prüfständen bestimmt. Die höchste Spannung, bei der nach "unendlich" langer Versuchszeit kein Bruch eintritt, heißt Dauerstandfestigkeit. Es werden ferritische und austenitische warmfeste Stähle unterschieden [63], die gewährleisteten Festigkeiten sind in den einschlägigen Werkstoffblättern angegeben (vgl. Abschnitt 2.7.7).

Eine Besonderheit in Kernkraftwerken ist der Sicherheitsbehälter aus Stahl, der den nuklearen Teil der Anlage umgibt. Der Form nach ist es meist ein Kugelbehälter, er ist vollkommen dicht und ist nur durch Schleusen begehbar. Für die Dimensionierung maßgebend ist der Kühlmittelstörfall (GAU=größter anzunehmender Unfall). Er tritt dann auf, wenn die Hauptkühlmittelleitung bricht und es zu einem vollständigen Ausdampfen von Primärkreis und Dampferzeuger kommt. Dann baut sich innerhalb der kugelförmigen Sicherheitshülle ein hoher Druck auf, ca. 5bar und T=100°C. Diesem muß die Hülle standhalten, um ein Austreten radioaktiver Zerfallsprodukte zu verhindern; wegen Einzelheiten vgl. [64]. Der Durchmesser der Sicherheitsbehälter großer Kernkraftwerke beträgt ca. 55m, Wanddicke etwa 40mm. Ehemals wurden unterschiedliche Stähle, vor allem Feinkornbaustähle, eingesetzt, heute kommt der Stahl 15MnNi63 für Behälter und Schleusen zur Ausführung.

22.6 Rohrleitungsbau

Rohrleitungen dienen als Leitungselement der Förderung von gasförmigen Medien, Flüssigkeiten und aufgeschwemmten Feststoffen. Die Rohrförderung ist wirtschaftlich, sicher und umweltfreundlich. Die Rohre unterliegen dabei, wie die Behälter, den unterschiedlichsten Beanspruchungen, wie Innen- und Außendruck, Biegung, Vorspannung, lokaler Zusatzbeanspruchungen der Rohrwandung im Bereich von Stützungen, Krümmern, Abzweigungen, Aufweitungen, Verjüngungen, Stutzen usf., Temperatur, Druckstöße, Druckschwankungen (Ermüdung!), Außen- und Innenkorrosion. Der Rohrleitungsbau ist innerhalb der Anlagen- und Energietechnik ein Spezialgebiet mit vielen Sonderfragen [19,65-68].

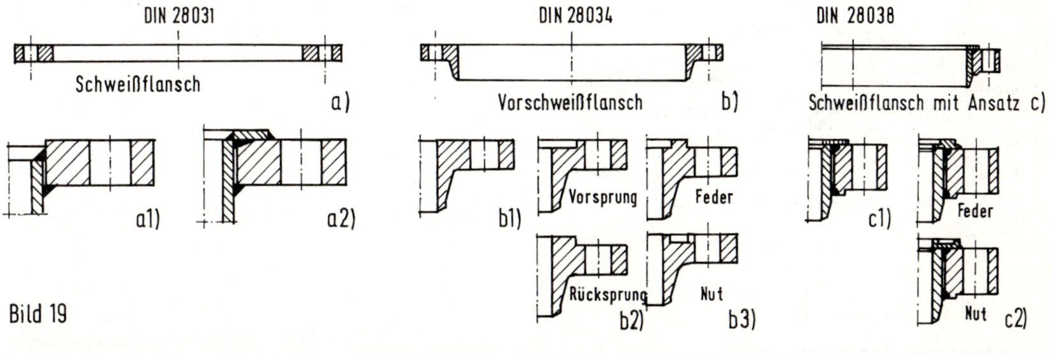

Bild 19

Es existiert ein umfangreiches Regelwerk für Rohre bzw. Rohrleitungen [9]; DIN 2410 T1 enthält eine Übersicht über Normen für Stahlrohre. In dem Zusammenhang geht es nicht um die im Stahlbau verwendeten Konstruktionsrohre (vgl. Abschnitt 2.7.6), sondern um Leitungsrohre einschl. Zubehör (mit ca. 400 Regelnormen).

Aus Fertigungsgründen haben Rohre eine endliche Länge; es werden unlösbare und lösbare Verbindungen unterschieden. Erstgenannte sind stumpf verschweißte Stöße; Stichworte: Schweißfugenvorbereitung, einwandfreie Zentrierung, ggf. Vorwärmen und Entspannen, zerstörungsfreie Prüfung. Lösbare Verbindungen sind Schraubenstöße mit Flanschen, Dichtungen und hochfesten, vorgespannten Schrauben. Die Flansche werden beidseitig angeschweißt; in dieser Form werden sie auch an Behälter, Kessel usf. angeschlossen. Bild 19 zeigt genormte Ausführungen: DIN 28031 Schweißflansche für drucklose Behälter und Apparate, DIN 28034: Vorschweißflansche und DIN 28038 Schweißflansche mit Ansatz für Druckbehälter. In DIN 28040 sind die verschiedenen Flachdichtungen für Apparateflanschverbindungen genormt. Wie Bild 19b und c zu entnehmen ist, werden gegenüberliegende Partner mit Vorsprung/Rücksprung oder

Feder/Nut ausgeführt. Für die verschiedenen Rohrarten gibt es entsprechende Flanschnormen. Jeder Flansch hat eine durch vier teilbare Anzahl von Schraubenlöchern. Man unterscheidet Weichstoffdichtungen, Metall-Weichstoffdichtungen und Metalldichtungen. Die Schrauben erzeugen die erforderliche Dichtpressung, sie werden "über kreuz" angezogen. Neben den Flanschverbindungen kennt man für Leitungsrohre geringen Durchmessers die Schraubverbindung mit Muffe (Fitting) und die Schneidringverschraubung mit Überwurfmuffe, die ebenfalls genormt sind. Schließlich sind auch Rohrbögen (mittlerer Krümmungsdurchmesser 3 bis $5d_i$) und Formstücke aller Art genormt (vgl. DIN 2430).

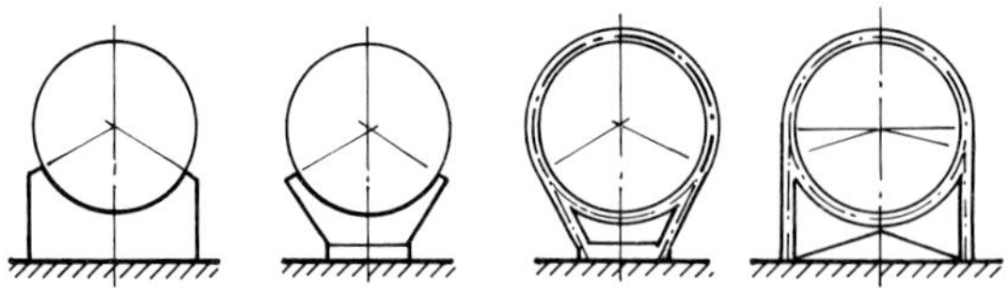

Bild 20 a) b) c) d)

Die Rohrverlegung ist (abhängig vom Einsatz) unterschiedlich:

a) Kontinuierliche Lagerung, z.B. bei Einerdung (Wasser-, Erdöl-, Erdgas- Fernwärmedampfleitungen). Fernwärmeleitungen werden unter Zugvorspannung eingebaut. Hierzu wird das Rohr auf ca. 80°C erwärmt und dann unter Verdichtung eingesetzt. Durch den Verbund mit dem Erdreich baut sich beim Erkalten eine Vorspannung auf. Derartige Leitungen werden mit Temperaturen bis 130°C und Drücken bis 20bar betrieben; sie werden wärmegedämmt eingebaut.
b) Starre oder federnde, justierbare Aufhängung bei leichteren Rohrleitungen.
c) Unterstützungen, in Querrichtung fest oder federnd, in Längsrichtung fest oder verschieblich, z.B. auf Gleit- oder Rollenlagern. Das Rohr wird entweder auf Sätteln aufgelegt, Bild 20a/b (ggf. mit Verstärkungsmanschetten oder/und Polsterung) oder auf Stützen aufgeständert; hierbei sind i.a. Ringsteifen erforderlich.

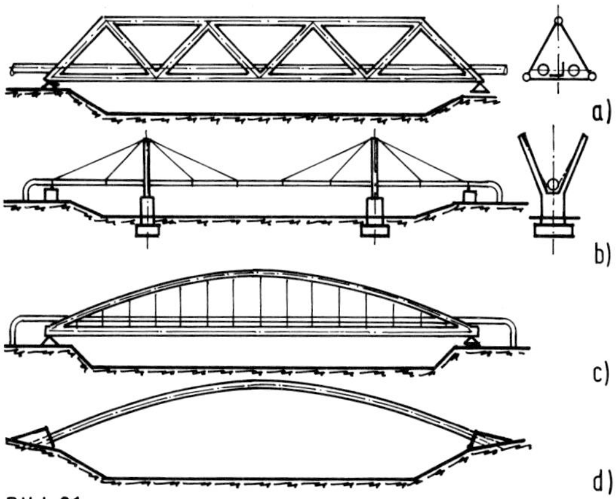

Bild 21 a) b) c) d)

Bei der diskontinuierlichen Lagerung durch Aufhängung oder Unterstützung ist das Rohr selbsttragend. Für die Überbrückung großer Spannweiten, z.B. über Flüsse, werden Rohrleitungsbrücken gebaut, vgl. Bild 21 (und Bild 83 in Abschnitt 25) [69-71]. Bei Gasleitungen werden die Brücken bei nicht zu großer Spannweite auch selbsttragend in Bogenform ausgeführt. Rohrleitungsunterführungen nennt man Düker.

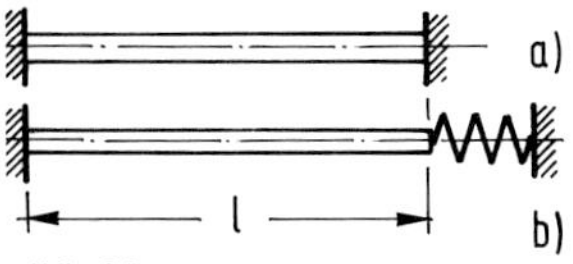

Bild 22 a) b)

Infolge Schwankungen der Außentemperatur und/oder Betriebstemperatur treten im Rohr bei Behinderung der Längenänderung Zwängungen auf; das sind bei Temperaturerhöhung Druckkräfte. Sie beanspruchen das Rohr auf Knicken und die Rohrwandung auf Beulen.

Für ein Rohr der Länge l mit einer zwischengeschalteten Feder (Federkonstante C) ergibt sich die Zwängungskraft zu:

$$N = -\alpha_t T l \frac{1}{l/EA + 1/C} \tag{6}$$

α_t ist der Temperaturausdehnungskoeffizient, T die Temperaturerhöhung. EA die Dehnsteifigkeit. Ist $C=\infty$, liegt der Fall einer behinderten Dehnung vor (Bild 22a); es gilt dann:

$$N = -\alpha_t \cdot T \cdot EA \longrightarrow \sigma = -\alpha_t t \cdot E \tag{7}$$

Für $\alpha_t = 12 \cdot 10^{-6}$ und E=21000kN/cm² folgt:

$$\sigma = -0{,}252 \cdot T \quad [T \text{ in } ^\circ C, \sigma \text{ in kN/cm }] \tag{8}$$

Bei T=100°C ergibt sich σ=25,2kN/cm², was in der Nähe der Streckgrenze einiger Rohrstähle liegt.-

Bei Innendruckbelastung tritt infolge Querdehnung eine Verkürzung des Rohrstranges ein; wird diese Verkürzung verhindert, wird dadurch eine Zugkraft geweckt.

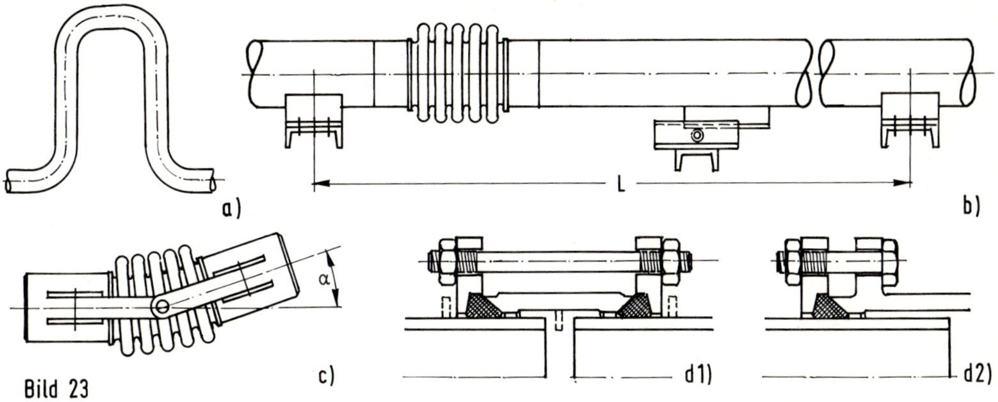

Bild 23

Um die Zwängungen in Grenzen zu halten, werden Dehnungsausgleicher eingebaut [72], vgl. Bild 23:

a) Natürliche Dehnungsausgleicher in Form von Rohrbögen (U-Bogen, Lyra-Bogen; Bild 23a),
b) Künstliche Dehnungsausgleicher in Form von Balgkompensatoren (Bild 23b/c) und Gleitrohrkompensatoren (Bild 23d). Die Balgkompensatoren sind entweder stählerne Wellenrohrkompensatoren oder (bei kaltgehenden Leitungen T<100°C) Gewebe-, Kunststoff- oder Gummikompensatoren.

Auf die verschiedenen Maßnahmen zum Korrosionsschutz, insbesondere eingeerdeter Rohre [73,74], Wärme- und Kälteschutz (Isolierung) [75] und die unterschiedlichen Einsatzgebiete (Rohrleitungen in Kraftwerken, in der Chemie und Petrochemie einschließlich Pipelines für Erdöl und Erdgas sowie in der Meerestechnik und in der Wasserversorgung) kann hier, unter Hinweis auf das einschlägige Schrifttum (vgl. z.B. [76] und die Fachzeitschriften zum Rohrleitungsbau), nicht eingegangen werden; sie gehören auch nicht zu den Gewerken des Stahlbaues. Es gibt eine Ausnahme, das sind die Druckrohrleitungen für Wasserkraftwerke. Hierbei handelt es sich um Druck- und Verteilleitungen aus Stauseen zu den im Tal liegenden Turbinen. Sie führen i.a. durch schwieriges Gelände und werden für den jeweiligen Einsatzfall stahlbaumäßig ausgelegt und ausgeführt. Der Durchmesser kann bis 14m betragen und der Innendruck bis 125bar; zur Entwicklung vgl. [77-85,19]. Wird die Druckleitung für Kavernenanlagen konzipiert, liegt keine Rohrleitung im eigentlichen Sinne, sondern ein mit Stahlrohren gepanzerter Stollen im Fels vor. Der Zwischenraum zwischen Rohr und Fels wird ausbetoniert und durch Injektionen verpreßt und das Rohr durch Pratzen im Beton verankert und ggf. durch außen angeschweißte Steifen gegen Beulen verstärkt. Das Stahlrohr ist für Berg- und Wasserdruck (Sickerwasser),

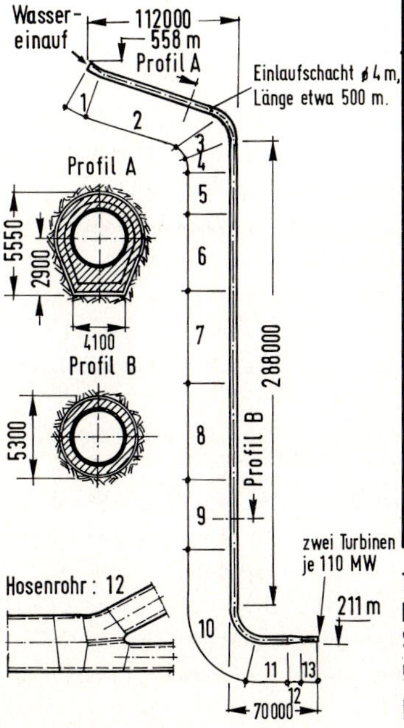

Teil	Blechdicke [mm]	Stahl
1	16	TStE 420
2	15, 16, 20, 22, 25	TStE 225
3	30	TStE 420
4	20, 25	TStE 225
5	16, 17, 18	TStE 315
6	18, 19, 21	TStE 355
7	21, 22, 23	TStE 420
8	23, 25, 27	TStE 460
9	27	TStE 460
10	27, 30, 33, 36, 38, 40	TStE 500
11	35, 43	StE 620 V
12	45, 50, 100	StE 620 V/690 V
13	35	StE 540 V (5CuNi123)

Teil 12: Hosenrohr, CO_2-MAG-Schweißung mit Massivdrahtelektrode aus Mn-Mo-Ni-legiertem Stahl, Arbeitstemperatur 150°C, spannungsarmgeglüht, 100% ultraschallgeprüft.

Bild 24 (n. NITTKA / LIERS-KLÜBER)

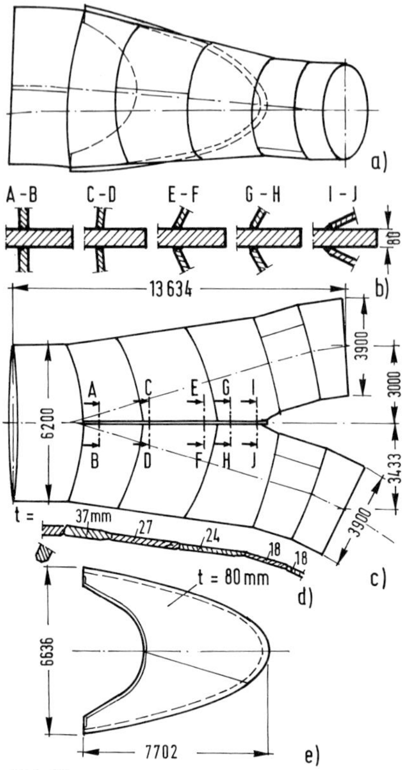

Bild 25

insbesondere gegen lokales Beulen, auszulegen. - Oberirdisch verlegte Druckleitungen folgen der Geländeoberfläche, hierdurch sind Knickpunkte i.a. unvermeidlich, womit komplizierte Lagerungen und Fundierungen verbunden sind.

Bild 24 zeigt den Druckschacht eines Pumpspeicherwerkes jüngeren Datums [86]: Für die Druckrohrleitung wurden unterschiedliche Feinkornbaustähle verwendet. Mit zunehmender Fallhöhe waren immer festere Stähle bis hin zu luft- und wasservergüteten Stählen erforderlich.

Am unteren Ende liegt ein Rohrabzweig, der die Leitung auf zwei Turbinen aufteilt; man nennt diesen Abzweig "Hosenrohr". Zur Formhaltung dieses Rohres wurde in der Gehrungsebene eine 100mm dicke Aussteifung in Form einer Sichel aus StE690 eingeschweißt. Das Hosenrohr besteht aus konisch gewaltzen Schalbenblechen. - Bild 25 zeigt ein zweites Beispiel [87] und zwar das Hosenrohr einer Leitung mit 6,2m Durchmesser für das Hauptrohr und 3,9m für die Verzweigungsrohre, Wasserdruck 12bar, Wanddicke Schale 18 bis 37mm, Wanddicke Sichel 80mm, Schalenwerkstoff StE355, Sichelwerkstoff TStE355. Wie die Details A-B bis I-J zeigen, erhält das 80mm dicke Sichelblech erhebliche Kräfte in Dickenrichtung. Eine solche Lösung ist durch lamellares Aufreißen gefährdet. Daher wurde im vorliegenden Fall u.a. der Außenrandbereich auf 300mm ultraschallgeprüft und die Außenkante der Sichel so berandet, daß sie etwa 200mm von der Schweißnaht entfernt liegt. - Ist aus strömungstechnischen Gründen eine innenliegende Sichel nicht möglich, ist ein sogen. Kugelabzweig auszuführen oder ein außenliegender, hufeisenförmiger Rahmen als Stützelement zu wählen, der ggf. an den Enden durch einen Halbkreisringträger gestützt wird [87]. - Die Fertigung solcher Verteiler und Abzweige ist schwierig. Sie werden in der Werkstatt probeweise zusammengebaut und vor Ort zusammengeschweißt. Die Berechnung ist ebenfalls schwierig; heute besteht die Möglichkeit, solche Strukturen mit Hilfe der Methode der Finiten Elemente zu analysieren.

22.7 Belastungs- und Berechnungsgrundlagen

22.7.1 Allgemeine Hinweise

Die Lastansätze für Behälter und Rohrleitungen richten sich nach den jeweiligen Einsatz- und Betriebsbedingungen. Sie sind nach den in Abschnitt 22.1 aufgelisteten Regelwerken und den Angaben des Bestellers bzw. Betreibers in Abstimmung mit der Genehmigungs- und Prüfbehörde festzulegen; zu den Lasten gehören: Eigenlast; Gasinnendruck; Fülldruck, ggf. sind Teilfüllzustände zu verfolgen; Druckstoß; Außendruck, z.B. infolge Vakuumisierung, infolge vertikalen und horizontalen Erddruckes bei Einerdung oder infolge Wasserdrucks (Grundwasser-, Sickerwasserdruck); Winddruck bei oberirdischer Aufstellung; Temperatur (gleichförmig, ungleichförmig); Setzung; Vorspannung; Transport- und Montagezustände. Ausnahmelastfälle sind Erdbeben, Explosionsdruck, Anprall.

Für die Druckkessel, Dampf- und Reaktoranlagen sind die Regelwerke TRB, TRD und KTA einschl. der AD-Merkblätter als "anerkannte Regeln der Technik" bindend. Die hierin enthaltenen Auslegungsregeln sind weitgehend (in einer für den Stahlbauer ungewohnten Weise rezeptartig) für die unmittelbare Bemessung aufbereitet. Sie wurden in unzähligen Beiträgen (insbesondere in den Fachzeitschriften "Konstruktion", "Technische Überwachung" u.a.) hergeleitet und in [88,89] erläutert bzw. erweitert, vgl. auch [90,91]. - Die Wanddicke innendruckbeanspruchter Rohre wird nach DIN 2413 bemessen. Die geschraubten Flanschverbindungen werden nach den Regelwerken DIN 2501 u. DIN 2505 berechnet. - Bördelflansche kommen nur für untergeordnete Rohrstöße infrage [92]. Zur Rohrleitungsstatik allgemein wird auf [93] und zu Sonderproblemen wie Berechnung von Rohrleitungsstutzen und -knicken auf [94-99] hingewiesen. Zum Nachweis der Ringrippen von Behältern und Rohrleitungen siehe [84,100-103], zur Berechnung waagerecht liegender Zylinderschalen [104], zum Einfluß von Vorverformungen auf die Spannungen bei Innendruck [105] und zum Nachweis von Behälterböden [106,107]. Die Finite-Element-Methode eröffnet auch für den Behälter- und Rohrleitungsbau ganz neue Möglichkeiten und findet inzwischen breite Anwendung, vgl. z.B. [106-110] und die Zeitschriften- und Buchliteratur zur FEM. - Zur klassischen Schalenstatik siehe z.B. [111-117] und zum Beulnachweis außerdem die Monographien [118,119]. Zur Beulberechnung von oberirdischen Tankbauwerken vgl. neben DIN 4119 die Beiträge in [120-123] und zur Windbelastung bzw. -beanspruchung [124-127]. - Für den Beulsicherheitsnachweis für Schalen steht die DASt-Richtlinie 013 zur Verfügung (künftig DIN 18800 T4); über anwendungsbezogene Beulprobleme von Behältern und Silos wird in [128] berichtet.

22.7.2 Anmerkungen zur Behälterschalentheorie

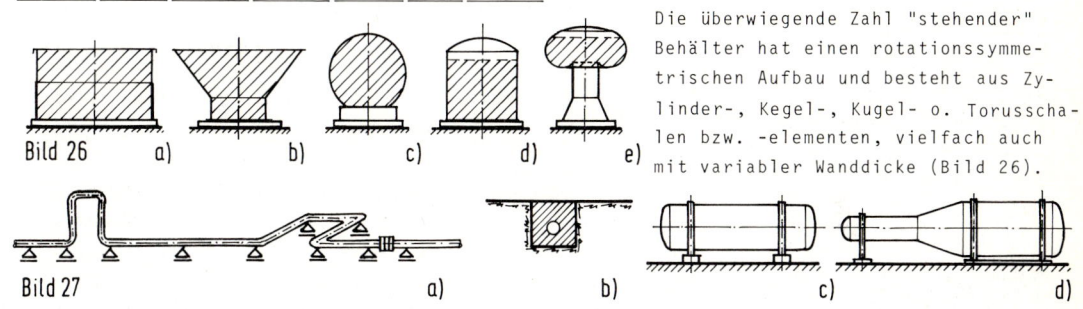

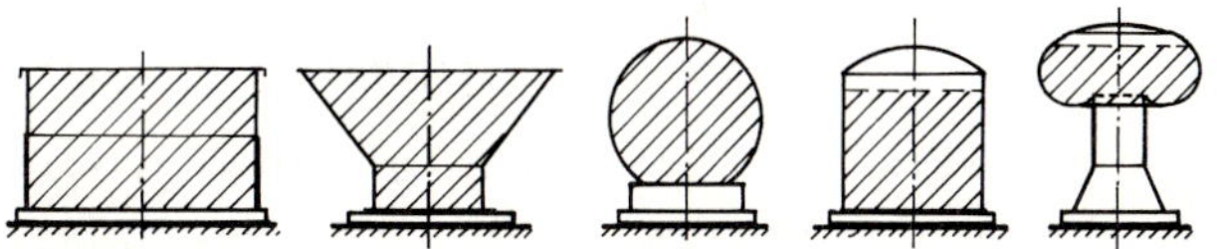

Bild 26 a) b) c) d) e)

Die überwiegende Zahl "stehender" Behälter hat einen rotationssymmetrischen Aufbau und besteht aus Zylinder-, Kegel-, Kugel- o. Torusschalen bzw. -elementen, vielfach auch mit variabler Wanddicke (Bild 26).

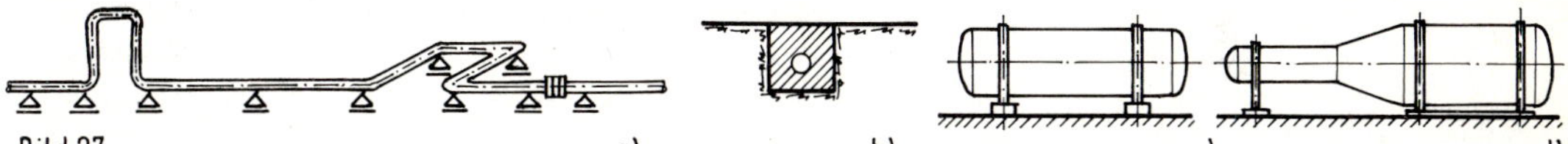

Bild 27 a) b) c) d)

Zur zweiten typischen Gruppe zählen alle liegenden Zylinderschalen in Form "liegender" Behälter und Rohrleitungen (Bild 27). - Für beide Gruppen können die statischen Nachweise nach der heute weitgehend aufbereiteten Schalentheorie geführt werden, vgl. [111-117]. - Stählerne Behälter erfüllen die der Schalentheorie zugrundeliegenden Voraussetzungen in hervorragender Weise, sie sind dünnwandig, das Material verhält sich innerhalb des Gebrauchslastniveaus idealelastisch. Es dominiert der Membranspannungszustand. Im Bereich von Lagern, Einspannungen, Kontur- und Dickenübergängen, Abzweigungen und Öffnungen treten Biegespannungen in der Wandung auf. An solchen Stellen werden daher i.a. Verstärkungen und Steifen angeordnet, um die Biegestörungen in zulässigen Grenzen zu halten. Neben den "dünnwandigen" gibt es auch "dickwandige" Strukturen, z.B. spezielle Hochdruckbehälter, Reaktordruckgefäße, dickwandige Rohrleitungen. In diesen Fällen sind die Spannungen über die Wanddicke nichtlinear verteilt; infolge des hohen Druckes auf die Innenwand herrscht ein mehrachsiger Spannungszustand in der Wand.

Die seitens des Stahlbaues zu bearbeitenden Behälter können praktisch immer als dünnwandig eingestuft werden. Hierzu ein Beispiel: Bild 28a zeigt eine rotationssymmetrische Schale, sie sei geschlossen und stehe unter dem inneren Überdruck p. Um die Membranspannungen unter der Annahme einer konstanten Wanddicke t zu berechnen, wird ein infinitesimales Element, das von Hauptkrümmungslinien begrenzt ist, aus der Wand herausgegriffen (Teilbild b). Auf dieses wirke der Druck p normal zur Fläche. In Umfangsrichtung wird die Spannung σ_ϑ und orthogonal dazu σ_φ geweckt. Die Hauptkrümmungsradien seien r_ϑ und r_φ.

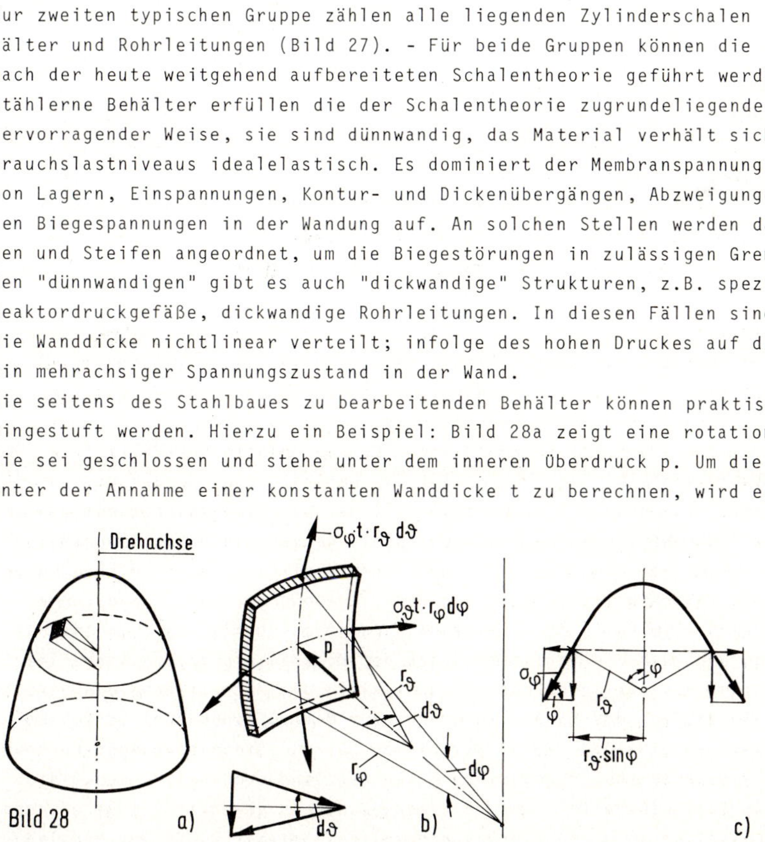

Bild 28 a) b) c)

Die Druckresultierende auf die Fläche beträgt (vgl. Teilbild b):

$$p \cdot r_\vartheta d\vartheta \cdot r_\varphi d\varphi \tag{9}$$

Die Gleichgewichtsgleichung in Normalenrichtung ergibt:

$$2 \cdot \sigma_\vartheta t r_\varphi d\varphi \cdot \sin\frac{d\vartheta}{2} + 2 \cdot \sigma_\varphi t r_\vartheta d\vartheta \cdot \sin\frac{d\varphi}{2} = p r_\vartheta r_\varphi d\vartheta d\varphi \longrightarrow \frac{\sigma_\vartheta}{r_\vartheta} + \frac{\sigma_\varphi}{r_\varphi} = \frac{p}{t} \tag{10}$$

Wird ein waagerechter Schnitt in Höhe des Elementes durch die Schale gelegt, liefert die Gleichgewichtsgleichung in Richtung der Achse:

$$p \cdot (r_\vartheta \cdot \sin\varphi)^2 \cdot \pi = \sigma_\varphi t \sin\varphi \cdot 2 r_\vartheta \sin\varphi \cdot \pi \longrightarrow \sigma_\varphi = \frac{p r_\vartheta}{2t} \tag{11}$$

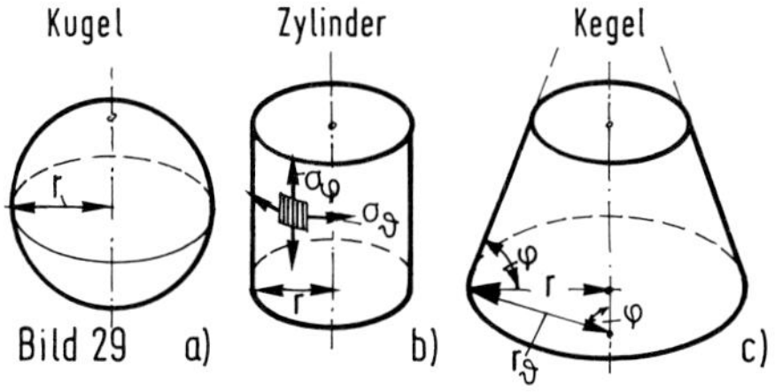

Bild 29

Beispiele: Kugel (Bild 29a): $r_\vartheta = r_\varphi = r$:

$$\sigma_\vartheta = \sigma_\varphi = \sigma = \frac{pr}{2t} \tag{12}$$

Geschlossener Zylinder (Bild 29b): $r_\vartheta = r$, $r = \infty$:

$$\sigma_\vartheta = \frac{pr}{t}, \quad \sigma_\varphi = \frac{pr}{2t} \text{ (Kesselformeln)} \tag{13}$$

Geschlossener Kegel (Bild 29c): $r_\vartheta = r/\sin\varphi$, $r_\varphi = \infty$:

$$\sigma_\vartheta = \frac{pr}{t\sin\varphi}, \quad \sigma_\varphi = \frac{pr}{2t\sin\varphi} \tag{14}$$

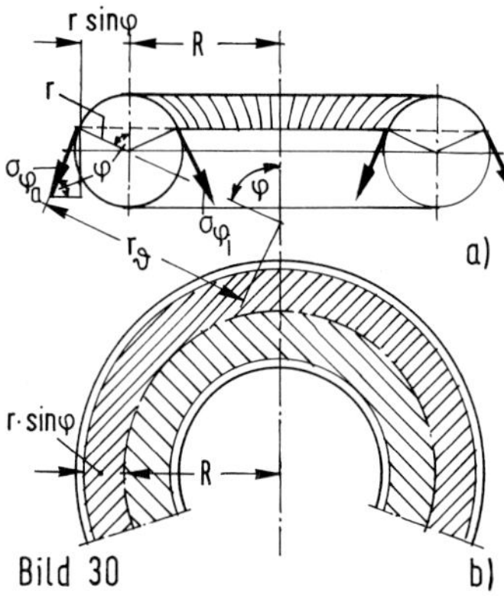

Bild 30

Für die Torusschale (dünnwandiger Rohrbogen) kann zwar von G.10, nicht aber von G.11 ausgegangen werden. Wie man nämlich anhand von Bild 30a erkennt, trifft ein waagerechter Schnitt die Wand zweimal; demgemäß ist zwischen σ_{φ_a} und σ_{φ_i} zu unterscheiden. Für beide wird je eine Gleichgewichtsgleichung in Richtung der Achse angeschrieben: Um σ_{φ_a} zu erhalten, muß von der in Bild 30b schraffierten, außenliegenden Projektionsfläche ausgegangen werden:

$$p[(R + r \cdot \sin\varphi)^2 \pi - R^2 \pi] = \sigma_{\varphi_a} t \cdot \sin\varphi \cdot 2(R + r \cdot \sin\varphi) \cdot \pi \tag{15}$$

R ist der Radius bis zum Mittelpunkt des Toruskreises. Mit $r_\vartheta = R/\sin\varphi + r$ ergibt sich zusammengefaßt:

$$\sigma_\vartheta = \frac{pr}{2t}, \quad \sigma_\varphi = \frac{pr}{2t} \cdot \frac{2R + r \cdot \sin\varphi}{R + r \cdot \sin\varphi} \tag{16}$$

σ_φ ist hier σ_{φ_a}. σ_{φ_i} ergibt sich entsprechend (φ ist negativ). σ_ϑ ist hier die Längsspannung, sie ist offensichtlich mit der Längsspannung des geraden Zylinders (Rohres) identisch, vgl. G.13, daselbst σ_φ. Die Umfangsspannung σ_φ ist gemäß G.16 veränderlich; an der Außenkrümmung ist sie kleiner als an der Innenkrümmung.

Die Berechnung der Schalenmembrankräfte erweist sich für die meisten Lastfälle (z.B. Eigenlast, Füllast) als relativ einfach. Schwieriger ist die Herleitung der zugehörigen Verformungen. Deren Kenntnis ist unbedingt notwendig, will man die Biegespannungen, die mit der Verletzung der dem Membranspannungszustand zugrundeliegenden Rand- und Obergangsbedingungen einhergehen, berechnen. Das ist i.a. immer erforderlich. (Insofern sind Formelsammlungen, die zwar die Membrankräfte, nicht dagegen die zugeordneten Formänderungen enthalten, wenig hilfreich.) Im Falle der "stehenden" Rotationsschalen unter rotationssymmetrischer Belastung bestehen die Voraussetzungen des Membranspannungszustandes darin, daß die Lagerkraft entlang des Auflagerrandes tangential in die Mantelfläche eingetragen wird und sich die Schale entlang des Randes senkrecht zur Mantelfläche frei verschieben und zudem frei verdrehen kann. Bild 31 zeigt Beispiele. Für die Biegespannungsberechnung wird die horizontale Randverschiebungskomponente ξ und der Randdrehwinkel χ benötigt. Können sich diese nicht frei einstellen, werden Biegespannungen geweckt. Die Berechnung dieser Spannungen (man spricht auch von Störspannungen) gelingt mit Hilfe der Schalen-

Biegetheorie dünnwandiger Rotationsschalen

Berechnung der Biegespannungen nach dem Ersatzkugelschalenverfahren ($t \ll r$)

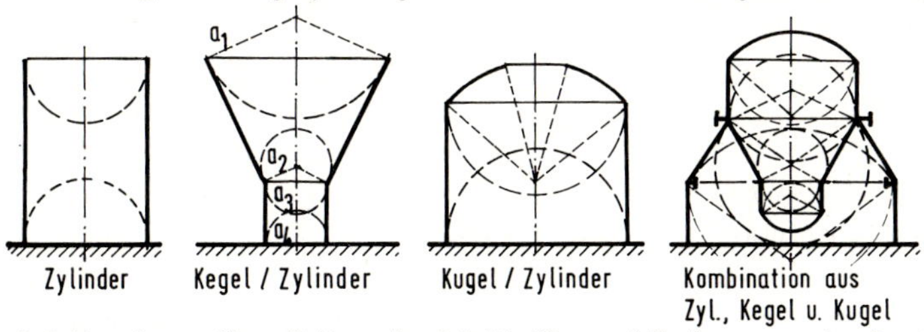

Entlang jeden Randes werden die rotationssymetrischen Schalen bzw. Teilschalen durch eine Kugelschale ersetzt: a_i, α_i. Für die realen Schalen werden die Membrankräfte und -verformungen, insbesondere die Randverformungen berechnet.

Definition der positiven Richtung der Schnittgrößen und Verformungen der Ersatzkugelschale sowie der Einheitszustände: Randkraft R und Randmoment M:

Schnittgrößen

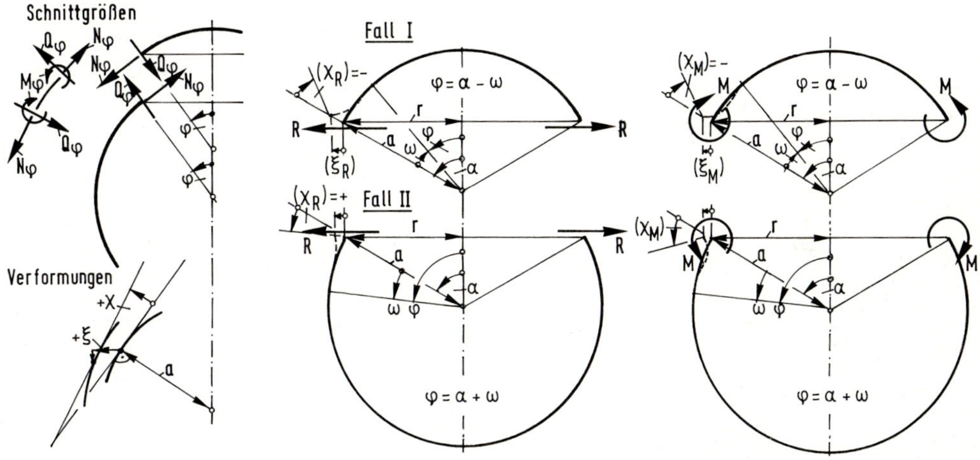

Schnitt- und Verformungsgrößen für eine Randkraft R und ein Randmoment M für die Fälle I und II

	infolge R	infolge M
Q_φ	$\mp R \cdot \sin\alpha \cdot e^{-\varkappa\omega} \cdot (\cos\varkappa\omega - \sin\varkappa\omega)$	$\pm M \cdot \frac{2 \cdot \varkappa}{a} \cdot e^{-\varkappa\omega} \cdot \sin\varkappa\omega$
N_φ	$\pm R \sin\alpha \cdot e^{-\varkappa\omega} \cdot \cot\varphi \cdot (\cos\varkappa\omega - \sin\varkappa\omega)$	$\mp M \cdot \frac{2\varkappa}{a} \cdot e^{-\varkappa\omega} \cdot \cot\varphi \sin\varkappa\omega$
N_ϑ	$\overset{+}{+} R \cdot 2 \sin\alpha \cdot \varkappa \cdot e^{-\varkappa\omega} \cdot \cos\varkappa\omega$	$\overset{+}{+} M \cdot \frac{2\varkappa^2}{a} e^{-\varkappa\omega} \cdot (\cos\varkappa\omega - \sin\varkappa\omega)$
M_φ	$\overset{+}{+} R \cdot \frac{a \cdot \sin\alpha}{\varkappa} \cdot e^{-\varkappa\omega} \cdot \sin\varkappa\omega$	$\overset{+}{+} M \cdot e^{-\varkappa\omega} (\cos\varkappa\omega + \sin\varkappa\omega)$
M_ϑ	$\pm R \cdot \frac{a \sin\alpha}{2\varkappa^2} \cdot e^{-\varkappa\omega} \cdot \cot\varphi \cdot (\cos\varkappa\omega + \sin\varkappa\omega) \pm \mu M_\varphi$	$\pm M \cdot \frac{1}{\varkappa} \cdot e^{-\varkappa\omega} \cot\varphi \cdot \cos\varkappa\omega \overset{+}{+} \mu M_\varphi$
X	$\mp R \cdot \frac{2 \sin\alpha \cdot \varkappa^2}{Et} e^{-\varkappa\omega} \cdot (\cos\varkappa\omega + \sin\varkappa\omega)$	$\mp M \cdot \frac{4\varkappa^3}{Eta} \cdot e^{-\varkappa\omega} \cos\varkappa\omega$
ξ	$\overset{+}{+} R \cdot \frac{a \sin\alpha}{Et} \cdot e^{-\varkappa\omega} \left[2\varkappa \sin\varphi \cdot \cos\varkappa\omega \mp \mu \cdot \cos\varphi \cdot (\cos\varkappa\omega - \sin\varkappa\omega)\right]$	$\overset{+}{+} M \cdot \frac{2\varkappa}{Et} \cdot e^{-\varkappa\omega} \left[\varkappa \cdot \sin\varphi (\cos\varkappa\omega - \sin\varkappa\omega) \pm \mu \cos\varphi \cdot \sin\varkappa\omega\right]$
Randverformungen		
(X)	$\mp R \cdot \frac{2 \sin\alpha \cdot \varkappa^2}{Et}$	$\mp M \cdot \frac{4\varkappa^3}{Eta}$
(ξ)	$\overset{+}{+} R \frac{a \sin\alpha}{Et} \cdot (2\varkappa \cdot \sin\alpha \mp \mu \cos\alpha)$	$\overset{+}{+} M \cdot \frac{2 \sin\alpha \cdot \varkappa^2}{Et}$

Es bedeuten: a: Kugelradius; t: Wanddicke; α: Zentriwinkel bis zum Anschnitt (vgl. Bild)

$\varkappa = \sqrt[4]{3(1-\mu^2)} \cdot \sqrt{\frac{a}{t}}$; E: Elastizitätsmodul; μ: Querkontraktionszahl ($\mu = 0{,}3$); ( ): Randgröße

Oberes Vorzeichen Fall I: Schnittgrößen klingen von unten nach oben ab

Unteres Vorzeichen Fall II: Schnittgrößen klingen von oben nach unten ab

Ist x die Koordinate in Richtung ω, gilt: $x = a \cdot \omega \longrightarrow \omega = x/a$

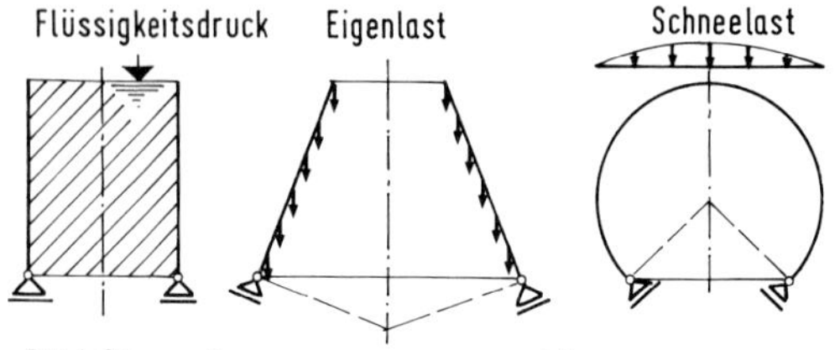

Bild 31 a) b) c)

biegetheorie. Auch sie wurde für alle technischen Anwendungen weitgehend entwickelt: Biegetheorie der Zylinderschale, Biegetheorie der Kegelschale, Biegetheorie der Kugelschale usf. Ist die Schale dünnwandig, klingen die Randstörungen innerhalb eines kurzen Bereiches ab. Das ist bei Metallschalen (im Gegensatz zu Schalen des Massivbaues) praktisch immer der Fall. Diesen Umstand kann man sich zunutze machen und bei allen Schalen der hier behandelten Gruppe (Bild 26) vom Ersatzkugelschalenverfahren Gebrauch machen. Dazu wird eine Ersatzkugelschale derart in die reale Schale gelegt, daß sich ihre Oberfläche entlang des zu untersuchenden Randes an die Oberfläche der realen Schale tangential anschmiegt; vgl. die Beispiele auf Tafel 22.1 oben. Dabei sind zwei Fälle möglich: Fall I, die Biegestörungen klingen nach oben ab; Fall II, die Biegestörungen klingen nach unten ab. Der Radius a der Kugelschale ergibt sich aus der Geometrie, ebenso der Zentriwinkel bis zur Randlinie; er zählt immer von oben aus. Die Dicke t der Ersatzkugelschale ist gleich der Dicke der realen Schale. Hiermit läßt sich der Schalenparameter

$$\varkappa = \sqrt[4]{3(1-\mu^2)}\cdot\sqrt{\frac{a}{t}} \qquad (17)$$

berechnen; μ ist die Querkontraktionszahl (μ=0,3 für Stahl). - Auf Tafel 22.1 sind die Berechnungsformeln für die Schnittgrößen Q_φ, N_φ, N_ϑ, M_φ und M_ϑ und die Verformungsgrößen ξ und χ infolge einer Randkraft R und infolge eines Krempelmomentes M angeschrieben. - Liegt entlang eines Randes oder entlang des Übergangs zweier Schalenelemente eine Ringsteife, so wird auch hierfür die Radialverschiebung ξ und die Krempelverdrehung χ benötigt. Die Formeln lauten (vgl. Bild 32):

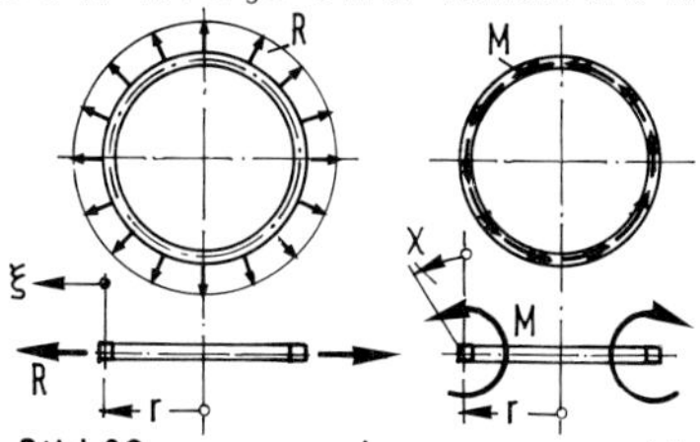

Bild 32 a) b)

$$\text{Infolge R:}\quad \xi = \frac{Rr^2}{EA},\quad \chi = 0 \qquad (18)$$

$$\text{Infolge M:}\quad \xi = 0,\quad \chi = \frac{Mr^2}{EI} \qquad (19)$$

EA ist die Dehnsteifigkeit und EI die Biegesteifigkeit des Ringes um die zur Schnittebene parallele Querschnittsachse. Handelt es sich bei dem Ring um einen Querschnitt mit weit auskragenden Flanschen, entziehen sich diese infolge Verbiegung z.T. der Mitwirkung. Ein solcher Ring kann dann auch als Flächentragwerk, bestehend aus zwei Schalen und einer schmalen Kreisringscheibe, analysiert werden, was auf die Ermittlung einer mitwirkenden Breite hinausläuft. - Der Beitrag der Krempelsteifigkeit des Ringes an der Aufnahme des Störmomentes ist i.a. gering. - Im übrigen verläuft die Rechnung im Sinne des Kraftgrößenverfahrens und beinhaltet keine besonderen Schwierigkeiten; zur Erläuterung wird ein Beispiel berechnet (vgl. in dem Zusammenhang auch Tafel 23.2 und das 1. Beispiel in Abschnitt 23.2.8): Bild 33a zeigt eine Schalenstruktur mit einem konischen Zwischenteil; sie werde durch die zentrische Kraft F=1000kN belastet. In Höhe der knickförmigen Übergänge liegen keine Aussteifungsringe. Gesucht sind die Störspannungen in Höhe des oberen Übergangs. Das Beispiel ist nicht typisch für den Behälterbau, gleichwohl in der Lage, die Vorgehensweise zu verdeutlichen.

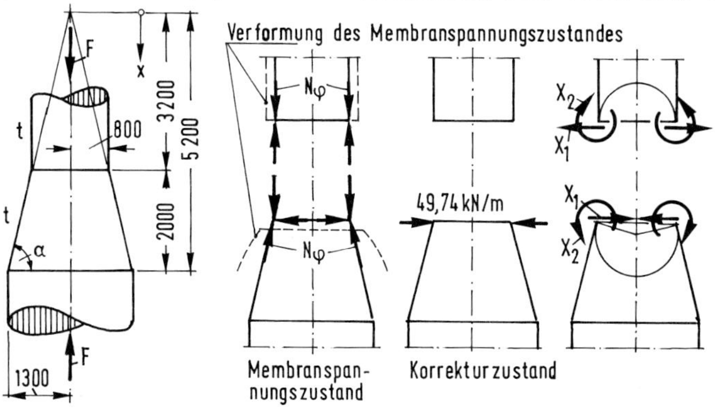

Bild 33 a) b) c) d)

Als erstes werden die Kräfte und Verformungen des Membranspannungszustandes berechnet; dabei werden die Formeln von Tafel 23.2 übernommen.

Obere Zylinderschale: r=800mm, t=16mm; unterer Rand:

$$p=\frac{F}{2\pi r}=\frac{1000}{2\pi\,0{,}80}=\underline{198{,}9\,kN/m};\quad N_\varphi=-p=\underline{-198{,}9\,kN/m};\quad Et\xi=\mu pr=0{,}3\cdot 198{,}9\cdot 0{,}8=\underline{47{,}75\,kN};\quad Et\chi=\underline{0}$$

Kegelschale: t=16mm, α=0,7596; sinα=0,9701, cosα=0,2425; oberer Rand (x=3,20m):

$$p_r=p=\underline{198{,}9\,kN/m};\quad N_\varphi=-\frac{F}{2\pi\cos\alpha\cdot x}=-\frac{1000}{2\pi\,0{,}2425\cdot 3{,}2}=\underline{-205{,}1\,kN/m}$$

Die vertikale und horizontale Komponente von N_φ betragen: 0,9701·205,1=198,9kN/m=p_r bzw. 0,2425·205,1=49,74kN/m. Für die Verformungen folgt:

$$Et\xi=\mu\cdot\frac{F}{2\pi\sin\alpha}=0{,}3\frac{1000}{2\pi\,0{,}9701}=\underline{49{,}22\,kN};\quad Et\chi=-\frac{F}{2\pi\sin\alpha\cdot x}=-\frac{1000}{2\pi\,0{,}9701\cdot 3{,}2}=\underline{-51{,}27\,kN/m}$$

Die horizontale Umfangskraft (49,74kN/m) kann real nicht als von innen nach außen wirkend aufgenommen werden (wie es der Membranspannungszustand verlangt, vgl. Bild 33b), sie muß daher in der entgegengesetzten Richtung als äußere Lastgröße eingeprägt werden (Bild 33c). Hierdurch werden vorrangig die gesuchten Biegestörungen ausgelöst. - Für die Zustände X_1=1 und X_2=1 werden die Einheitsverformungen berechnet:

Obere Zylinderschale: Radius der Ersatzkugel: a=r=800mm

$$\varkappa=\sqrt[4]{3(1-0{,}3^2)}\sqrt{\frac{800}{16}}=1{,}285\cdot 7{,}071=\underline{9{,}086}$$

Fall I; $\alpha=\pi/2$:

$$X_1=1:\ Et\delta_{11}=1\cdot 0{,}8\cdot 2\cdot 9{,}086=\underline{14{,}54\,[1]};\quad Et\delta_{21}=1\cdot 2\cdot 9{,}086^2=\underline{165{,}1\,[1/m]}$$

$$X_2=1:\ Et\delta_{12}=1\cdot 2\cdot 9{,}086^2=\underline{165{,}1\,[1/m]};\quad Et\delta_{22}=1\cdot\frac{4\cdot 9{,}086^3}{0{,}8}=\underline{3750{,}5\,[1/m^2]}$$

Kegelschale: Radius der Ersatzkugel: a=r/sinα=800/0,9701=824,7mm

$$\varkappa=1{,}285\cdot\sqrt{\frac{824{,}7}{16}}=\underline{9{,}225}$$

Fall II; α=0,7596, sinα=0,9701, cosα=0,2425:

$$X_1=1:\ Et\delta_{11}=1\cdot 0{,}8247\cdot 0{,}9701\cdot(2\cdot 9{,}225\cdot 0{,}9701-0{,}3\cdot 0{,}2425)=\underline{14{,}26\,[1]};\quad Et\delta_{21}=-1\cdot 2\cdot 0{,}9701\cdot 9{,}225^2=\underline{-165{,}1\,[1/m]}$$

$$X_2=1:\ Et\delta_{12}=-1\cdot 2\cdot 0{,}9701\cdot 9{,}225^2=\underline{-165{,}1\,[1/m]};\quad Et\delta_{22}=1\cdot\frac{4\cdot 9{,}225^3}{0{,}8247}=\underline{3807{,}7\,[1/m^2]}$$

Die nach innen gerichtete Umlenkkraft 49,74kN/m verursacht am Rand der Kegelschale folgende Verformungen:

$$Et\delta_{10}=49{,}74\cdot 14{,}26=\underline{709{,}29\,[kN]};\quad Et\delta_{20}=-49{,}74\cdot 165{,}1=\underline{-8212{,}1\,[kN/m]}$$

Zusammenfassung:

$$\delta_{10}=\overset{\pm}{\delta}{}_{10}^{Z}+\overset{\pm}{\delta}{}_{10}^{K}=+47{,}75-49{,}22+709{,}29=\underline{707{,}82\,[kN]};\quad \delta_{20}=\overset{\pm}{\delta}{}_{20}^{Z}+\overset{\pm}{\delta}{}_{20}^{K}=0-51{,}27-8212{,}1=\underline{-8263{,}4\,[kN/m]}$$

$$\delta_{11}=\delta_{11}^{Z}+\delta_{11}^{K}=+14{,}54+14{,}26=\underline{28{,}80\,[1]};\ \delta_{12}=\delta_{12}^{Z}+\delta_{12}^{K}=165{,}1-165{,}1=\underline{0};\ \delta_{22}=\delta_{22}^{Z}+\delta_{22}^{K}=3750{,}5+3807{,}7=\underline{7558{,}2\,[1/m^2]}$$

Gleichungssystem und Auflösung:

$$28{,}80\cdot X_1+0\cdot X_2+707{,}82=0\ \longrightarrow\ \underline{X_1=-24{,}58\,kN/m}$$
$$0\cdot X_1+7558{,}2\cdot X_2-8263{,}4=0\ \longrightarrow\ \underline{X_2=+1{,}093\,kNm/m}$$

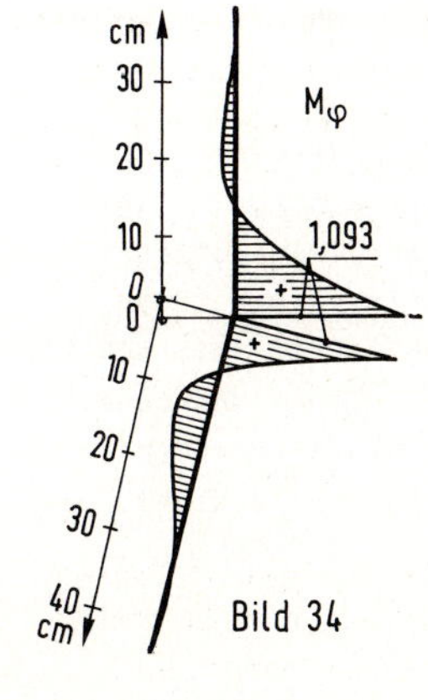

Bild 34

Nunmehr können die endgültigen Schnitt- und Verformungsgrößen berechnet werden. Dabei werden die Anteile Membranspannungszustand + Umlenkkraft+X_1+X_2 superponiert. Auf die Zylinderschale wirkt dabei X_1=-24,58kN/m. Bei der Kegelschale können Umlenkkraft und X_1 zusammengefaßt werden: Von außen nach innen: 49,74-24,58=+25,16kN/m. Bild 34 zeigt den Verlauf von M_φ. - Liegt im Übergangsbereich eine Ringsteife und wird deren Krempelsteifigkeit vernachlässigt, ist das Problem dreifach statisch-unbestimmt, im anderen Fall vierfach statisch-unbestimmt. Laufen mehrere Schalenelemente zusammen, steigt der Grad der statischen Unbestimmtheit weiter an (vgl. das 4. Beispiel auf Tafel 22.1 oben). - Auf weitere Beispiele muß hier verzichtet werden, dazu müßten die Berechnungsformeln für andere Membranspannungszustände, z.B. Eigenlast, Füllast usf., angeschrieben werden, was in diesem Rahmen nicht möglich ist; das gilt auch für weitere Ausführungen zur Behälterstatik.

22.8 Ergänzende Hinweise zur Ausführung

Die Abschnitte 22.1 bis 22.6 enthalten Hinweise zur Ausbildung (Formgebung) und Werkstoffwahl von Behältern und Rohrleitungen in Abhängigkeit vom Lager- bzw. Fördergut einerseits und den vorherrschenden Beanspruchungen andererseits; sie erfassen das Gesamtgebiet nur stichwortartig. - Es sei abschließend erwähnt, daß für die konstruktive Ausbildung von

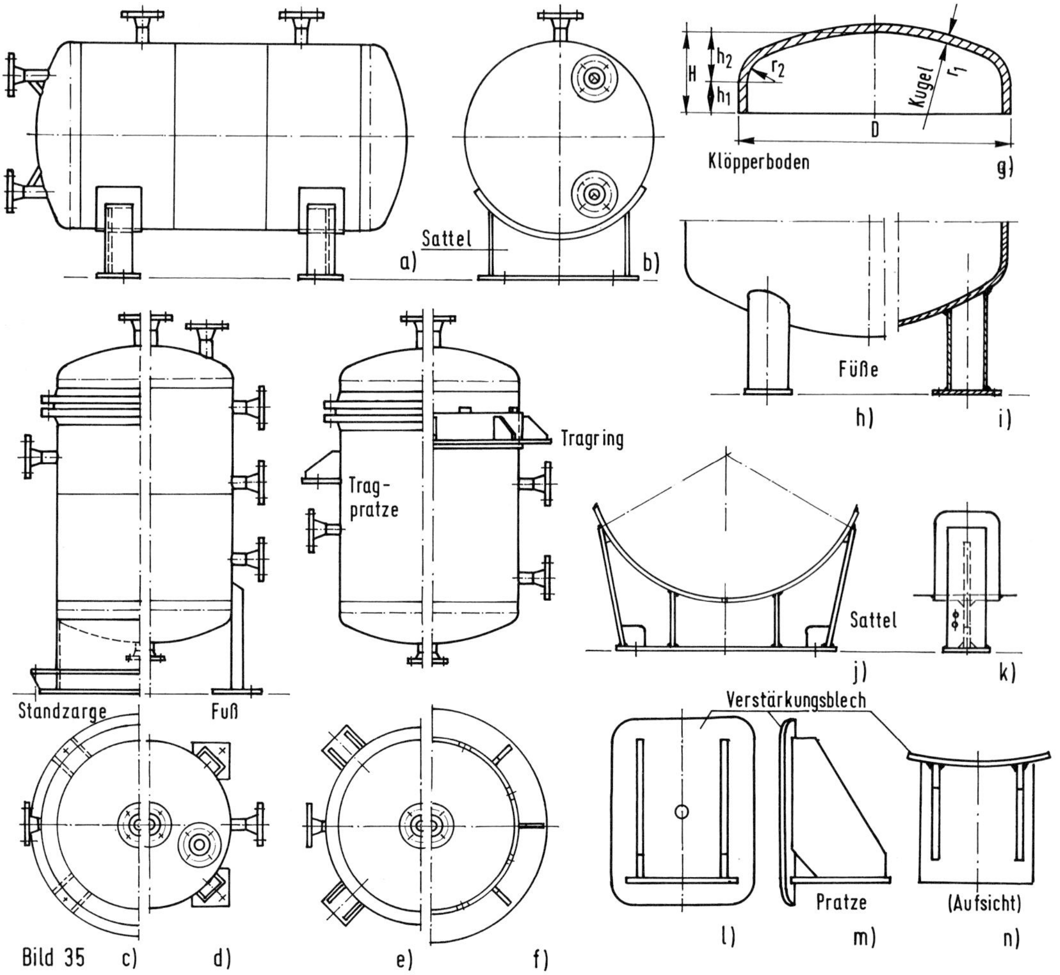

Bild 35

Standardausführungen liegender und stehender Behälter ein umfangreiches Regelwerk erarbeitet wurde. Bild 35 zeigt hieraus Beispiele: Sattellager (Teilbilder a,b,j,k); Lagerung auf Standzargen oder Stützen (Teilbilder c, d, h, i); Lagerung auf Tragpratzen (Teilbilder e, l, m, n) und Lagerung auf Tragringen (Teilbild f). Im Einzelnen: DIN 28080 (Sättel), DIN 28081 (Apparatefüße), DIN 28082 (Standzargen), DIN 28083 (Pratzen), DIN 28084 (Tragringe), DIN 28086/7 (Tragösen und -laschen), DIN 28084/6 (Mann-, Klapp- und Bügelverschlüsse). Weiter wird hingewiesen auf DIN 28011 (Gewölbte Böden, Klöpperform (Bild 35g)) und DIN 28013 (Gewölbte Böden, Korbbogenform). Auf die Normung für Flansche einschl. Dichtungen wurde bereits im Abschnitt 22.6 eingegangen.

23 Stahlschornsteine

23.1 Allgemeine Hinweise zur konstruktiven Auslegung

23.1.1 Tragrohr und Rauchrohr

Stahlschornsteine, auch Stahlkamine oder Blechschornsteine genannt, werden aufgrund mehrerer Vorteile gewählt:

- Es lassen sich Höhen bis 120m freitragend, darüberhinaus mit Stützgerüsten ausführen. Bei freitragender Ausführung lassen sich große Schlankheiten mit geringem Platzbedarf verwirklichen. Architektonisch bilden solche Schornsteine vielfach eine bauliche Dominante mit farblicher Gestaltung.
- Das Gewicht ist gering. Das wirkt sich besonders günstig aus, wenn der Schornstein auf einem Gebäude, z.B. auf einem Heiz- oder Kraftwerkskesselgerüst, errichtet wird.
- Die Montage läßt sich in kürzester Zeit bewerkstelligen (das gilt entsprechend für die Demontage). Üblich ist die Aufstellung mittels Autokran. Der Schornstein wird in der Werkstatt (bis ca. 3,5 bis 4m Durchmesser und bis ca. 20 bis 25m Schußlänge) komplett gefertigt und die Stöße bei der Montage stumpf verschweißt oder verschraubt.
- Wegen der geringen Reibung der rauchgasführenden Rohre sind hohe Rauchgasgeschwindigkeiten (20 bis 30m/s) erreichbar. Die hohe Austrittgeschwindigkeit wirkt wie eine dynamische Schornsteinüberhöhung. Weitere betriebstechnische Vorteile sind kurze Aufheizzeit, Unempfindlichkeit gegen Verpuffungen, Gasdichtigkeit und sofortige Einsatzbereitschaft ohne Anheizvorgang. I.a. erhält jede Feuerstätte (Kessel) einen zugeordneten Schornstein, er bildet über das Fuchsrohr mit der Feuerstätte eine Einheit. Konstruktive und funktionelle Änderungen lassen sich vergleichsweise einfach durchführen und alle Formen zwecks Anpassung an die Rauchgasauflagen realisieren. - Da die Rauchgasentstaubung, -entschwefelung und -entstickung der Feuerungsanlagen z.Zt. zügig vorangetrieben wird, erübrigt sich der Bau sehr hoher Schornsteine, so daß in vielen Fällen mit Stahlschornsteinen ausreichende Höhen erreicht werden.

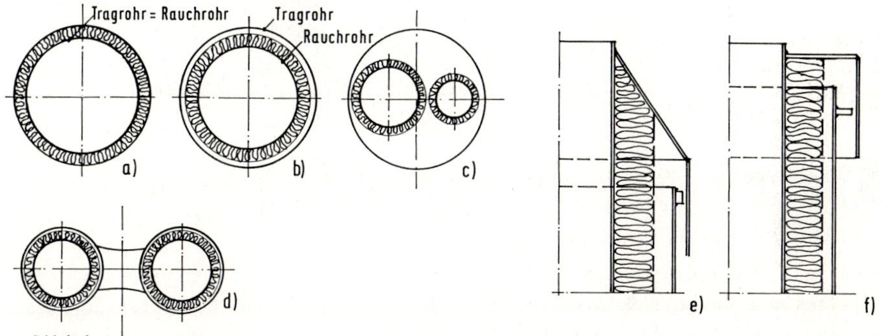

Bild 1

Bild 1 zeigt verschiedene Ausführungsvarianten: a) Einwandiger Schornstein mit tragendem Rauchrohr, b) und c) doppelwandige Schornsteine mit tragendem Außenrohr und separatem, isolierten Rauchrohr bzw. Rauchrohren (mehrzügiger Schornstein). Teilbild d zeigt den Querschnitt einer Schornsteingruppe (hier Zwillingskamin). Daneben gibt es viele Varianten.

Da bei mehrwandiger Ausführung Trag- und Rauchrohr unterschiedliche Temperaturen annehmen, ist das Rauchrohr längsverschieblich gegen das Tragrohr abzustützen. Möglich ist eine Aufständerung im Fußpunkt, dann ist die gegenseitige Längenänderung an der Mündung aufzunehmen (Bild 1e/f zeigt Lösungsvorschläge) oder die Aufhängung erfolgt am Kopf des Standrohres, dann sind Kompensatoren im Fußbereich erforderlich.

Als Isolierung kommt i.a. Mineralwolle in Form gesteppter Matten auf verzinktem Drahtgeflecht, 60 bis 100mm dick, zum Einsatz. Die Matten werden rutschfest um das Rauchrohr gelegt, bei zweiwandiger Ausführung mit mindestens 3cm Spalt zwecks Belüftung. Mehrzügige Kamine (Bild 1c) erhalten bei großem Durchmesser eine Innenleiter und Zwischenpodeste zwecks Besteigung, auch hier ist auf eine gute Belüftung des Innenraumes zu achten. Einwandige Kamine werden zum Schutz der außen liegenden Isolierung mit einer Verkleidung, vielfach aus Aluminium (1mm), versehen. Solche Verkleidungen werden aus gestalterischen Gründen auch bei mehrwandigen Schornsteinen gewählt. - Weiters werden Schornsteine mit feuerfester Ausmauerung ausgeführt (vgl. Bild 4). - Schließlich gibt es reine Abluftkamine (ohne thermische oder chemische Belastung) in Form einwandiger Rohre, z.B. bei Kernkraftwerken.

Sonstige Zubehöre sind: Fuchsanschluß, ggf. mit Stahl- oder Gewebekompensatoren, Reinigungs- und Einstiegsluken, Regenwassersammelleiter, Steigleiter (wenn außenliegend zweckmäßig aus Aluminium, mit Steigschutzschiene oder Rückenbügel (DIN 24532 und Unfallverhütungsvorschrift UVV§3)), Stand- und Zwischenpodest, Kopfbühne, Flugbefeuerung (Luftverkehrsgesetz). Liegt das Verhältnis der Austrittgeschwindigkeit zur mittleren Windgeschwindigkeit unter Eins, wird die Abgasfahne unmittelbar hinter dem Schornstein in den Strömungsnachlauf herunter gezogen, was im Mündungsbereich zu einer erhöhten Korrosionsbelastung führt. Diese Situation tritt bei Stahlschornsteinen wegen der hohen Rauchgasgeschwindigkeit i.a. nicht auf. Ist die Gasgeschwindigkeit (anlagenbedingt) gering (z.B. bei Schornsteinen ohne Gebläse), kann es zweckmäßig sein, eine Abströmplatte an der Mündung anzuordnen oder das außenliegende Tragrohr auf eine Höhe gleich dem zwei- bis dreifachen Durchmesser aus nichtrostendem Stahl auszuführen.

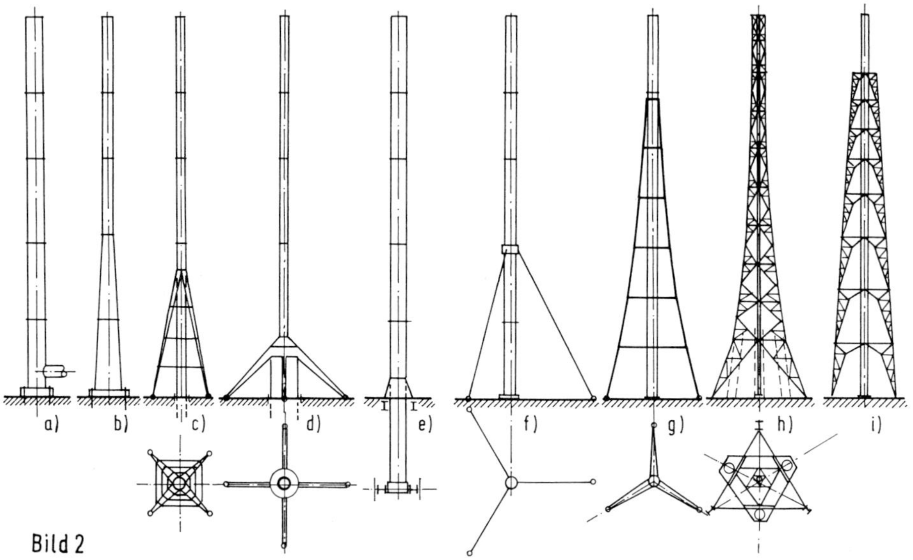

Bild 2

Bild 2 zeigt verschiedene Tragsysteme. Am verbreitetsten sind die frei auskragenden ungestützten Rohre (Teilbild a und b). Systeme gemäß c, d und e kommen als Aufbauten auf Kesselhäusern zur Ausführung. Durch ein- oder mehrfache Abspannungen (f), Zügelgurte (g) oder Stützgerüste (h, i) lassen sich bei schlanken Rohren große Höhen erreichen; dem Lastfall Temperaturerhöhung kommt hierbei besondere Bedeutung (bei der statischen und konstruktiven Auslegung) zu.

23.1.2 Immissions- und rauchgastechnische Auslegung

Industrieschornsteine sind für die jeweilige Feuerstätte speziell zu entwerfen und zu dimensionieren. Hierbei sind zwei Kriterien zu beachten:

1. Erfüllung der vom Gesetzgeber vorgeschriebenen umweltschutztechnischen Auflagen,
2. Sicherstellung des Feuerungsbetriebes für alle möglichen Betriebszustände, insbesondere derart, daß Rußbrände im Schornstein ausgeschlossen sind und ein optimaler Anlagenbetrieb erreicht wird.

Diese Aufgaben fallen in die Zuständigkeit des Anlagenbauers. Für die Bemessung müssen Brennstoff, Nennleistung (Abgasmenge), Abgaszusammensetzung, Abgastemperatur und Zugbedarf, Säuretaupunkt und Betriebsweise (Vollast- und Teillastbetrieb) bekannt sein.

Zu 1: Bei der Umsetzung des Immissionsschutzgesetzes sind die Auflagen der Großfeuerungsanlagenverordnung, der TALuft und der TALärm einzuhalten (TA=Technische Anleitung). Die Großfeuerungsanlagenverordnung gilt für Anlagen ab 50MW Feuerungswärmeleistung bei Kohle- bzw. ab 100MW Feuerungswärmeleistung bei Gasfeuerung und begrenzt die Schwefeldioxidemission (SO_2) bei Neuanlagen auf 400mg/m³ Abgas. Für Altanlagen gelten Ausnahme- und Übergangsregelungen. Zur Minderung der Schadstoffbelastung durch SO_2, welches als saurer Niederschlag für die Schäden am Wald und an historischer Bausubstanz verantwortlich ist, werden z.Zt. die Großfeuerungsanlagen mit Entschwefelungsanlagen ausgerüstet. Hierbei wird SO_2 mit gelöschtem Kalk in Gips gebunden:

$$SO_2 + Ca(OH)_2 + \frac{1}{2}O_2 + H_2O \rightarrow CaSO_4 \cdot 2H_2O$$

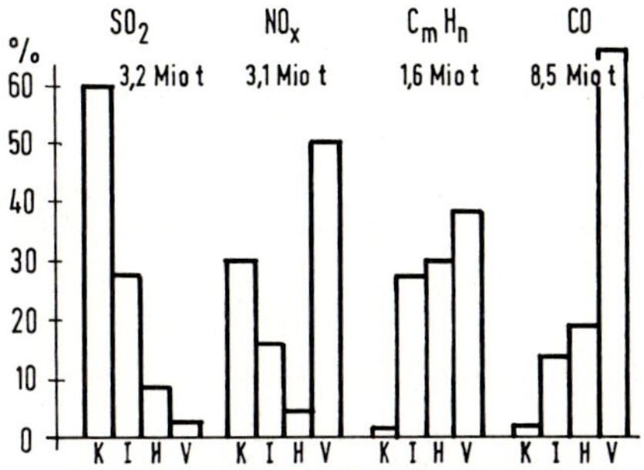

Bild 3 K: Kraftwerke, I: Industrie (insb. Hüttenindustrie) H: Haushalte, V: Verkehr

Die TALuft enthält die Auflagen für die Emissionbegrenzung: Schwefeldioxid (SO_2), Stickoxide (NO_x), Kohlenwasserstoffe CmH_n, Kohlenmonoxid (CO) und Schwermetalle (Blei, Cadmium, Thallium u.a.). Sie dient den Genehmigungsbehörden (TÜV) zur Überprüfung der Schornsteinauslegung hinsichtlich Emission und Immission der Abgase bei Lang- und Kurzzeitwirkung. Basierend auf der VDI-Ri2289 und [1] wird die Auslegung vorgenommen bzw. überprüft. In Bild 3 ist die Schadstoffbelastung der Bundesrepublik Deutschland Mitte der 80iger Jahre zusammengefaßt. Die SO_2-Belastung soll bis Mitte der 90iger Jahre drastisch abgebaut sein.

Zu 2: Die rauchgastechnische Auslegung erfolgt nach DIN 4705 T1 und T2, derart, daß an der Feuerstätte ein ausreichender Unterdruck herrscht; in vielen Fällen wird mit Gebläse gefahren. Die Zugstärke p_Z des Schornsteines ohne Gebläse ist von der Höhe H abhängig:

$$p_Z = p_H - p_E \qquad (1)$$

Statische Zugstärke p_H:

$$p_H = g \cdot H \cdot (\rho_L - \rho_m) \quad [\frac{N}{m^2} = 10^{-2}\,\text{mbar}] \qquad (2)$$

Hierin ist g die Erdbeschleunigung, ρ_L die Dichte der Außenluft (bei 15°C) und ρ_m die mittlere Dichte der Abgase. p_E ist der Zugverlust infolge Reibung im Rauchrohr, Umlenkung des Gasstromes im Bereich der Rauchgaskanäle und Beschleunigung im Bereich von Verengungen. Das Rechenverfahren nach DIN 4705 läßt sich diagrammäßig aufbereiten.

Mit einer gewissen Schallemission ist bei Stahlschornsteinen zu rechnen. Hierbei ist zwischen dem Luftschall an der Mündung und der Körperschallabstrahlung des Mantels durch die vorgeschalteten Anlagenteile zu unterscheiden. Wird der Schornstein auch nachts gefahren (was die Regel ist), darf nach der TALärm in allgem. Wohngebieten 40dB(A) und in reinen Wohngebieten 35dB(A) nicht überschritten werden. Die Wärmeisolierung wirkt dämmend, ebenso Gewebe-Kompensatoren. Beträgt die Schallabgabe von der Feuerstätte (d.h. am Kesselstutzen) 80 bis 90dB(A), werden im Rauchgaskanal spezielle Schalldämpfer eingebaut.-

In Raffinerien und petrochemischen Anlagen ist es vielfach notwendig, Abgase abzufackeln. Die Mündung des Fakelrohres wird mit einem speziellen Brenner ausgerüstet. Zum Entrußen der zu verbrennenden Abgase wird Luftsauerstoff (und ggf. Dampf) zugeführt, hiermit ist z.T. eine erhebliche Lärmentwicklung verbunden. Sie läßt sich durch Zufuhr über Injektorstäbe mildern.

23.1.3 Korrosionsschutz

Wegen der chemischen und thermischen Belastung kommt dem Korrosionsschutz von Stahlschornsteinen große Bedeutung zu. Es wird eine lange Standzeit angestrebt. Maßgebend ist DIN 55928 T1 bis T9: Untergrundvorbehandlung (Reinheit und Rauheit), Beschichtungsstoffe in Abhängigkeit von der Temperaturbelastung und Aggressivität, Aufbau und Applikation, Kontrolle (Zugänglichkeit) und Ausbesserung. Die Rauchgasrohre von Müllverbrennungs- und

Recyclinganlagen erfordern wegen des verfeuerten Mischgutes einen besonders schweren Korrosionsschutz.

Die graduelle Schwere des Korrosionsangriffs nimmt in folgender Reihenfolge ab:

1. Rauchgasberührte Innenflächen der Fuchs- und Rauchrohre,
2. rauchgasberührte Außenbereiche, die von der Rauchgasfahne beaufschlagt werden können; das ist der Mündungsbereich bis herab zum 3- bis 5-fachen Durchmesser,
3. bewitterte Außenflächen des Mantels, die darunter liegen,
4. Innenteile bzw. -flächen, die nicht durch Rauchgas, wohl ggf. durch höhere Temperatur belastet werden.

Im Falle 3 genügt i.a. ein Schutz durch zwei Grund- plus zwei Deckbeschichtungen, im Falle 4 eine Grundierung.

Probleme bereiten die rauchgasberührten Flächen. Die größte Bedeutung hat der in den Verbrennungsprodukten enthaltene Schwefel. SO_2 wird durch den Sauerstoffüberschuß zu SO_3 oxidiert, welches mit dem im Abgas enthaltenen Wasserdampf zu gasförmiger Schwefelsäure reagiert. Schwefelsäurekorrsion setzt ein, wenn bei Unterschreitung des Taupunktes die gasförmige Säure in flüssige kondensiert; ca. 30°C unter dem Taupunkt liegt das Korrosionsmaximum, ein weiteres Maximum tritt bei Abkühlung unter 65°C auf. Neben dem Schwefelsäureangriff gibt es weitere chemische Einwirkungen. Der Grad der chemischen Beanspruchung ist von der Dauer der Taupunktunterschreitung abhängig (Betrieb mit wechselnden Temperaturen im Teillastbereich, Stillstandzeiten). DIN 4133 (neu) und IVS-Ri201 enthalten Richtwerte, auch zur Verwendung nichtrostender Stähle und zum Korrosions-Dickenzuschlag allgemeiner Baustähle und warmfester Stähle.

Große Bedeutung kommt der Wärmeisolierung zu, um die Abkühlung der Rauchgase (insbesondere im Mündungsbereich) niedrig zu halten, was auch der Zugwirkung des Schornsteins zugute kommt. Als Wandinnentemperatur am Schornsteinaustritt wird mindestens 170°C angestrebt, vgl. IVS-Ri301. Kritische Bereiche sind "kalte" Stellen, z.B. Wärmebrücken zwischen Rauch- und Tragrohr.

23.1.4 Ergänzende Hinweise

Maßgebend für bauliche Ausbildung und Berechnung ist DIN 4133 (künftig DIN 188..): Schornsteine aus Stahl. Ergänzende Angaben enthalten die Richtlinien des Industrie-Verbandes Stahlschornsteine (IVS), vgl. auch [2-8] und zum Thema Schornsteine in Massivbauweise [9].

23.2 Statische Auslegung

23.2.1 Allgemeines

In Form eingespannter Kragträger sind Stahlschornsteine einfache statische Systeme (Bild 4). Abgespannte Schornsteine und Abgasfackeln werden in Abschnitt 24 behandelt.

a) Eigenlast: Das Eigengewicht läßt sich aufgrund der konstruktiven Auslegung sehr genau bestimmen; hierzu einige Dichten:

$$\begin{array}{lll} \text{Stahl:} & \rho = 8000\,\text{kg/m}^3, & 8{,}0\,\text{kg/m}^2 \text{ pro 1 mm Dicke} \\ \text{Aluminium:} & \rho = 2700\,\text{kg/m}^3, & 2{,}7\,\text{kg/m}^2 \text{ pro 1 mm Dicke} \\ \text{Schamotte:} & \rho = 1200\,\text{kg/m}^3, & 12\,\text{kg/m}^2 \text{ pro 1 cm Dicke} \\ \text{Sterchamol:} & \rho = 450\,\text{kg/m}^3, & 4{,}5\,\text{kg/m}^2 \text{ pro 1 cm Dicke} \\ \text{Isolierung:} & \rho = 80\,\text{kg/m}^3, & 0{,}8\,\text{kg/m}^2 \text{ pro 1 cm Dicke} \end{array} \qquad (3)$$

Für Leitern mit Steigschutz ist ca. 15kg/m und für Leitern mit Rückenschutz ca. 15 bis 20kg/m anzusetzen.

b) Bei extremen Sturmlagen stellen sich Böenschwingungen ein. Die hierdurch verursachte Erhöhung der statischen Beanspruchung wird durch den Böenreaktionsfaktor φ erfaßt, der von der Grundfrequenz und der Dämpfung (die bei hoher Materialbeanspruchung wirksam ist) abhängig ist. Dieser Ansatz ist bei Kragsystemen in guter Annäherung zulässig, weil die statischen und dynamischen Biegelinien in etwa affin sind.

c) Der Verformungseinfluß Theorie II. Ordnung ist i.a. relativ gering. Er wird zweckmäßig mittels des Vergrößerungsfaktors α (Verformungsfaktor) erfaßt. (Das Rechnen mit einer Knick- oder Ersatzstablänge zur Berücksichtigung des Stabilitätseinflusses (z.B. s_K=1,121 statt 21) kann nicht empfohlen werden).

d) Mit dem Sicherheitsfaktor γ (ggf. gesplittet) wird nach neuer Konzeption Eigenlast und Windlast erhöht. Bei Verzicht auf eine Faktorensplittung ist der Schornstein demgemäß für

$$\gamma \cdot \alpha \cdot \varphi \cdot w = \gamma \frac{1}{1 - \frac{\gamma(G+P)}{(G+P)_{Ki}}} \varphi \cdot w \qquad (4)$$

zu berechnen. w ist die Windlast je Längeneinheit.

e) Unterliegt das Tragrohr einer Temperaturbelastung, ist bei allen Verformungsberechnungen von einem abgeminderten E-Modul auszugehen. Das gilt auch für die Bestimmung der Knickkraft und der Grundfrequenz.

f) Eine Durchbiegungsbeschränkung ist in DIN 4133 nicht vorgesehen. Die IVS-Richtlinie 102 empfiehlt $f/l \leq 1/50$; eine übermäßige Durchbiegung sollte vermieden werden. Konstruktiv ist eine ausreichende gegenseitige Bewegungsmöglichkeit bei den Steigleitern, Versorgungsleitungen, Rauchgaskanal-Anschlüssen, Blechbeplankungen (zusätzlich zu den Temperaturverschiebungen) sicherzustellen, um Zwängungen infolge der Durchbiegung des Schornsteines auszuschließen.

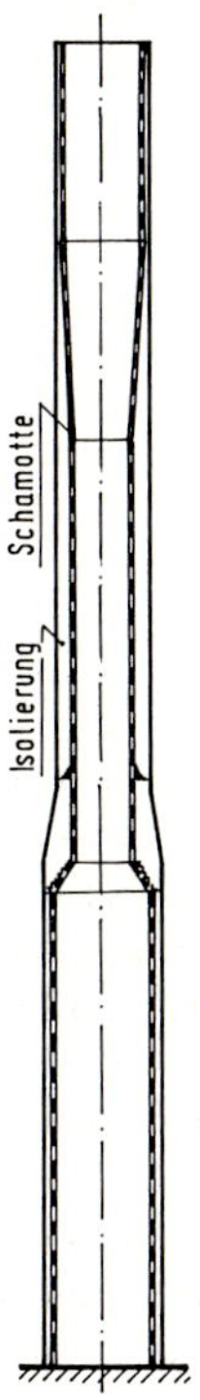

Bild 4

23.2.2 Windlastannahmen

Das für Stahlschornsteine maßgebende Staudruckprofil $q=q_0+0{,}003\cdot z$ nach DIN 4133 (08.73) wurde in der neuen Vorschrift beibehalten. z ist die Höhe über Gelände in m und q_0 der von der Staudruckzone abhängige Grundstaudruck. Der Staudruck gehört zu einer über 5 Sekunden gemittelten Böengeschwindigkeit, die einmal in 50 Jahren erreicht bzw. überschritten wird. Bei lokal exponiertem Standort ist der Staudruck um 0,15kN/m² zu erhöhen. Bei Schornsteinen bis h=50m darf mit einem über die Höhe des Schornsteines konstanten Staudruck $q=0{,}75\cdot(1+h/100)\cdot q_0$ gerechnet werden, h ist die Sornsteinhöhe über Gelände in m. Die Einheit von q bzw. q_0 ist kN/m².

23.2.3 Aerodynamische Beiwerte

Für das glatte Kreisrohr liegen umfangreiche Windkanalversuche vor; in Abhängigkeit von der REYNOLDS-Zahl

$$Re = \frac{d \cdot v}{\nu}; \quad \nu = 1{,}50 \cdot 10^{-5}\,m^2/s \qquad (5)$$

werden drei Strömungsformen unterschieden: unterkritisch, überkritisch und transkritisch. d ist der Durchmesser, v die ungestörte Anströmgeschwindigkeit und ν die kinematische Viskosität der Luft. Für den Staudruck (Strömungsdruck) gilt:

$$q = \rho \frac{v^2}{2} \quad (\text{Luftdichte } \rho = 1{,}25\ kg/m^3)$$
$$q = 1{,}25 \frac{v^2}{2} = \frac{v^2}{1{,}60} \left[\frac{kg}{m^3} \cdot \frac{m^2}{s^2} = \frac{kg\,m}{s^2} \cdot \frac{1}{m^2} = \frac{N}{m^2} \right] \qquad (6)$$

Soll q in kN/m² bestimmt werden, ist zu rechnen:

$$v \text{ in } m/s, \quad q \text{ in } \frac{kN}{m^2} \longrightarrow q = \frac{v^2}{1600} \qquad (7)$$

In Abhängigkeit hiervon gelten folgende Umrechnungen:

$$v = 40{,}00 \cdot \sqrt{q} \longrightarrow Re = \frac{d \cdot 40{,}00 \cdot \sqrt{q}}{15{,}0 \cdot 10^{-6}} = 2{,}667 \cdot 10^6 d\sqrt{q} \longrightarrow d\sqrt{q} = 3{,}750 \cdot 10^{-7} Re \qquad (8)$$

Bild 5 zeigt den Verlauf des aerodynamischen Beiwertes c_f von $d\sqrt{q}$ nach DIN 4133 (08.73). Die neue Vorschrift weicht hiervon in zweifacher Weise ab: Zum einen ist der aerodynamische Beiwert nicht nur von der REYNOLDS-Zahl sondern auch von der bezogenen Oberflächenrauhigkeit k/d_m abhängig, vgl. Bild 6. Als Rechenwert kann für die Rauhigkeitstiefe k=0,001m angenommen werden. Mit diesem Ansatz werden die üblichen Oberflächenrauhigkei-

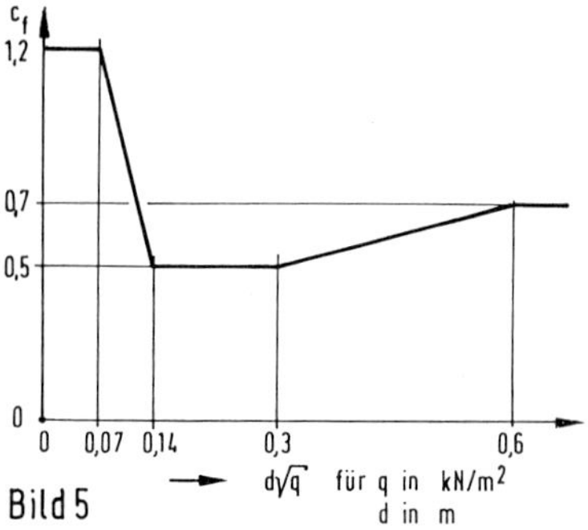

Bild 5

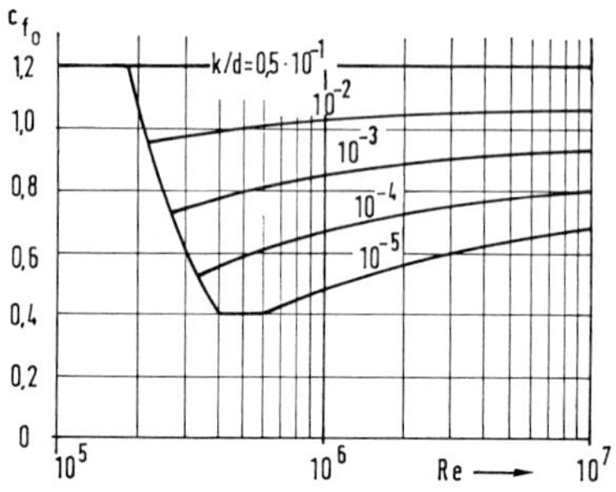

Bild 6

ten von Stahlschornsteinen einschließlich Schraubenköpfe o.ä. erfaßt. Für Schornsteine mit einem Durchmesser $d_m \geq 0{,}1$m kann der Grundkraftbeiwert c_{fo} näherungsweise wie folgt berechnet werden:

$$c_{f_0} = 0{,}91 - 0{,}065 \log(d_m/d_0) \qquad (9)$$

Dabei ist d_0=1m zu setzen, wenn d_m in m eingeführt wird. d_m ist der maßgebende Außendurchmesser; bei abgesetzten Schornsteinen für den jeweiligen Abschnitt i. Die resultierende Windlast je Abschnitt beträgt demgemäß:

$$W_i = w_i \cdot A_i = c_{f_i} q_i \cdot A_i \qquad (10)$$

Ist die Mantelfläche mit Störelementen, z.B. wendelförmigen Leisten belegt, ist mit c_{fo}=1,2, bezogen auf den Hüllzylinder, zu rechnen. - Bei einer Verkleidung des Schornsteines mit profiliertem Aluminiumblech, ist c_{fo} aus Bild 6 in Abhängigkeit von k zu entnehmen. k ist gleich der Profilhöhe. - Für die Steigleitern ist c_f=1,6 anzusetzen (unabhängig von einer möglichen Abschattung), für Bühnen und Podeste: c_f=1,4. - Wie die Windkanalversuche zeigen, ist der Kraftbeiwert auch vom Streckungsfaktor h/d abhängig. h/d ist ein Schlankheitsmaß. Bei großer Streckung liegt eine überwiegend zweidimensionale (ebene) Umströmung vor, bei geringer Streckung eine überwiegend dreidimensionale (im Mündungs- und Bodenbereich). Hier bildet sich ein geringerer Hecksog aus, der Strömungsdruck fällt geringer aus. Demgemäß wird der aerodynamische Kraftbeiwert zu

$$c_f = \psi \cdot c_{f_0} \qquad (11)$$

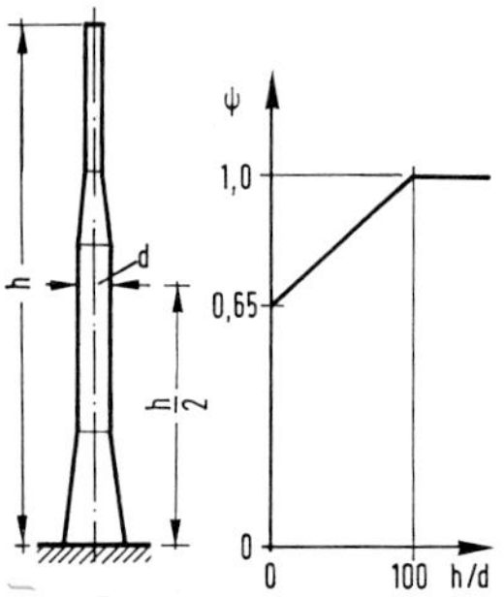

Bild 7

angesetzt. ψ ist ein Reduktionsfaktor, der den Schlankheitseinfluß erfaßt (Bild 7):

$$\psi = 0{,}65 + 0{,}0035\, h/d \qquad h/d \leq 100$$
$$\psi = 1{,}0 \qquad h/d > 100 \qquad (12)$$

h ist die Höhe des Schornsteines über Gelände. Bei Schornsteinen auf Gebäuden ist h die Länge des Schornsteinschaftes. d ist der Außendurchmesser in halber Höhe des Schaftes (Bild 7).

<u>Beispiel</u>:

$h = 100\,m,\ d = d_m = 4{,}0\,m$ (konst.)

$h/d = 100/4{,}0 = 25 \rightarrow \psi = 0{,}65 + 0{,}0035 \cdot 25 = 0{,}74 \rightarrow$

$c_{f_0} = 0{,}91 - 0{,}065 \cdot \log(4{,}0/1{,}0) = 0{,}87 \rightarrow c_f = 0{,}74\ 0{,}87 = \underline{0{,}64}$

Unterstellt man $d \cdot \sqrt{q} > 0{,}6$ (Bild 5), erhält man nach DIN 4133 (08.73): c_f=0,7.

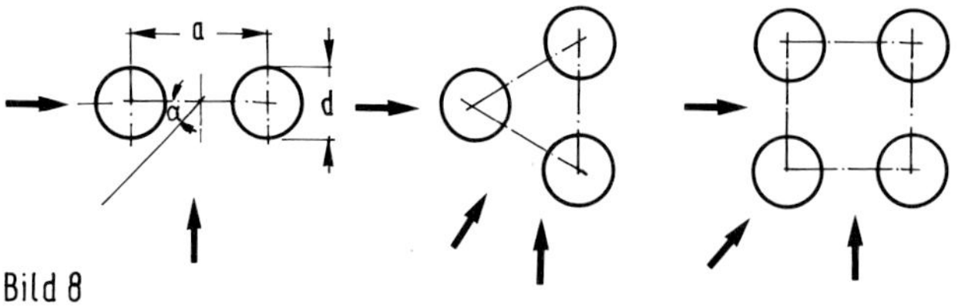

Bild 8

Systematische Windkanalversuche liegen zum Ansatz des aerodynamischen Beiwertes für die Anströmung mehrerer Einzelzylinder in Gruppenanordnung (Bild 8) bislang nicht vor, wohl gibt es Werte für spezielle Konfigurationen, aber das nur für unterkritische Strömung. Für baupraktische Berechnungen interessieren auch die Drücke auf die Einzelzylinder der Gruppe, um z.B. Verbände und Bühnen zwischen den Schornsteinen für die Differenzkräfte dimensionieren zu können. Wünschenswert wäre der c_f-Wert und der zugehörige quergerichtete Kraftbeiwert für jede Anströmrichtung α (Bild 8). Wegen der großen Parametervielfalt (der wichtigste Parameter ist das Abstandsverhältnis a/d) wäre ein immenser Versuchsaufwand erforderlich, um alle Konfigurationen für den interessierenden REYNOLDS-Zahl-Bereich auszumessen.

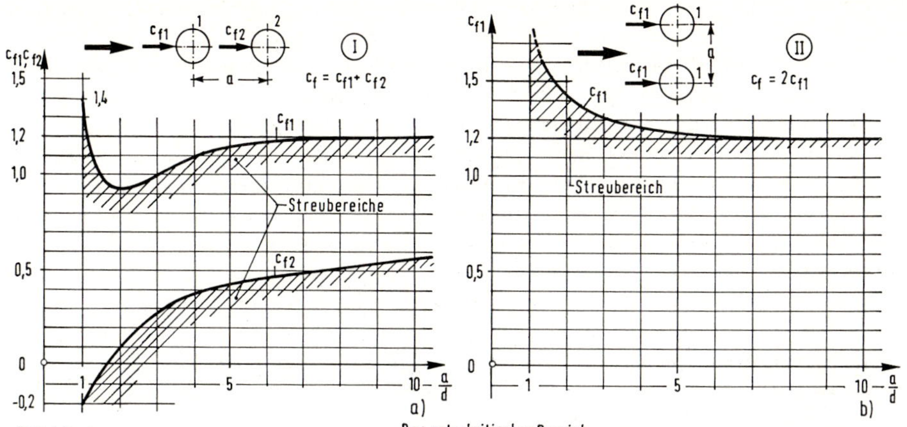

Bild 9

Re: unterkritischer Bereich

In Bild 9 sind c_f-Werte für Zwillingszylinder angegeben, die der Verfasser aufgrund einer Literaturrecherche zusammengestellt hat. Sie dürften etwas auf der sicheren Seite liegen und gelten für unterkritische Strömung. - Windrichtung (I) ist für die Verbandsberechnung und Windrichtung (II) für die Schornsteinbemessung maßgebend. Im zweitgenannten Falle entsteht unterhalb a/d≈10 eine Stauwirkung, die sich in einem höheren Kraftbeiwert niederschlägt. Für den über- und transkritischen Bereich fehlen nach Wissen d.V. Versuche. Aufgrund strömungsmechanischer Überlegungen erscheint es zulässig, die c_f-Werte nach Bild 9 für diese Strömungsbereiche im Verhältnis

$$\frac{c_{f\,(\text{Diagrammbild})}}{1{,}2} \cdot c_{f\,(\text{Einzelzylinder};\ Re)} \qquad (c_f \equiv c_{f_0}) \qquad (13)$$

umzurechnen. - Bild 10 zeigt den Erhöhungsfaktor $\varkappa$ nach der neuen Vorschrift für Stahlschornsteine bei zwei und mehreren, nebeneinander liegenden Schornsteinen. Um diesen Faktor ist der c_{fo}-Wert des Einzelzylinders zu erhöhen.

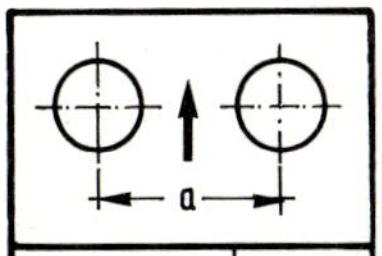

a/d	$\varkappa$
< 3,5	1,15
3,5 bis 10	1,10
10 bis 20	1,06
20 bis 30	1,03
30 <	1,00

Bild 10

Beispiel: Es sei ein Zwillingsschornstein mit a/d=2 gegeben. Aus Bild 9b liest man ab: c_{f1}=1,43, Erhöhungsfaktor nach G.13: 1,43/1,2=1,19. Aus Bild 10 folgt $\varkappa$=1,15.

Für andere Konfigurationen, z.B. drei oder mehrere Schornsteine, in Reihe oder in Gruppe, bedarf es an Bild 9 bzw. 10 orientierter Abschätzungen. (Versuche wären erwünscht!)

23.2.4 Verformungseinfluß Theorie II. Ordnung

Stahlschornsteine bestehen im Regelfall aus einem tragenden Mantelrohr und einem oder mehreren rauchgasführenden Innenrohren. Letzere sind isoliert und stützen sich über die Höhe des Schornsteins mehrfach gegen das Mantel-Standrohr ab.

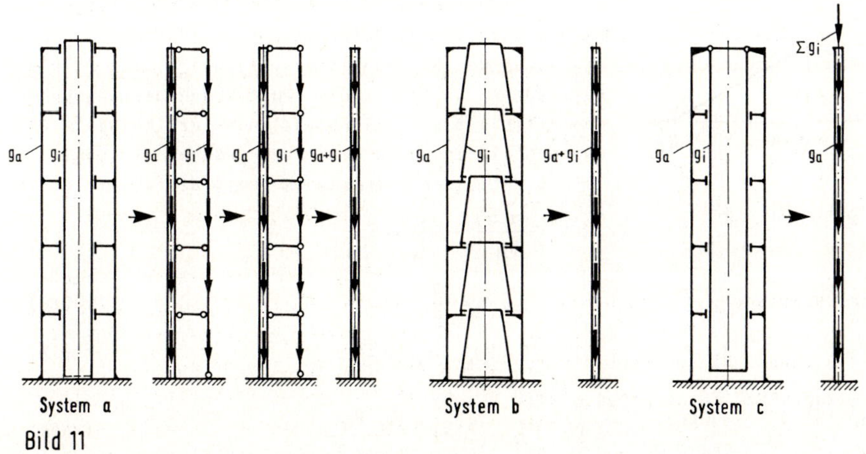

Bild 11

Im Hinblick auf die Berechnung nach Theorie II. Ordnung lassen sich drei Systeme unterscheiden (vgl. Bild 11).

System a: Das Innenrohr steht im Fußpunkt (gelenkig) auf. Bei einer Auslenkung des Tragrohres lehnt es sich an dieses an, muß also vom tragenden Mantelrohr gestützt werden. Damit ergibt sich das in Bild 11a dargestellte Ersatzsystem: Ein Kragträger mit der lotrechten (richtungstreuen) Längsbelastung g_a+g_i. g_a und g_i sind die Eigenlasten je Längeneinheit des äußeren bzw. inneren Rohres (bzw. Rohre). Eine statische Mitwirkung des Innenrohres bleibt hierbei außer Betracht. Für den Spannungsnachweis des Mantelrohres ist nur die Druckkraft infolge g_a anzusetzen!

System b: Das aus einzelnen Schüssen bestehende Innenrohr wird einschließlich Isolierung bzw. Futter (Auskleidung) abschnittweise auf das Mantelrohr abgesetzt (Bild 11b). Das der Berechnung nach Theorie II. Ordnung zugrundezulegende System ist mit Fall a identisch. Die Auflast g_i bewirkt eine Druckkraft im Mantelrohr. Die für den Spannungsnachweis maßgebende Druckkraft baut sich also aus g_a+g_i auf. Insofern besteht ein Unterschied zum Fall a.

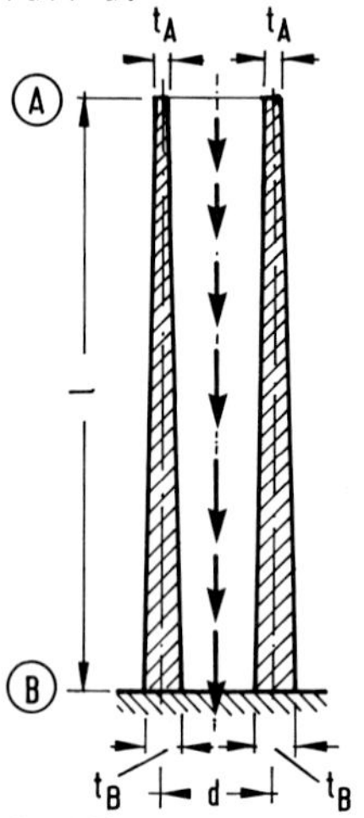

Bild 12

System c: Das Innenrohr wird an der Mündung des Tragrohres aufgehängt. Dadurch ergibt sich ein Kragträger mit g_a und der lotrechten Kopflast Σg_i am freien Ende (Bild 11c). Mit diesem Ansatz liegt man etwas auf der sicheren Seite, weil das Innenrohr nicht frei durchhängt sondern sich zwischendurch am Mantelrohr anlehnt.

Der Verformungseinfluß Th.II.Ordn. ist bei Stahlschornsteinen i.a. gering. Anstelle einer strengen Berechnung nach Theorie II. Ordnung genügt eine Abschätzung des Verformungseinflusses mittels des α-Faktors (vgl. Abschnitt 7 und [10,Abschnitt 6.1, speziell Abschnitt 6.1.1]). Ist G die gesamte lotrechte Eigenlast des Tragrohres (Fälle a und b: $g=g_a+g_i$), Fall c: $g=g_a$), kann die Eigengewichtsknickkraft G_{Ki} für Schornsteine mit linearveränderlicher Wanddicke (Bild 12) aus der in [10] enthaltenen Tafel 6.5 entnommen werden. - Für dasselbe System mit einer Kopflast P gibt Bild 14 die Knickkraft P_{Ki} an. (Auf die Herleitung wird hier verzichtet.) Für den Parameter

$$\delta = \frac{I_B}{I_A} \left(= \frac{t_B}{t_A}\right) \tag{14}$$

entnimmt man dem Diagramm (Bild 14) den Knickbeiwert $\gamma_{Ki}=\gamma_{Ki,P}$. ($\gamma$ ist hier ein Diagrammfaktor, also kein Sicherheitsfaktor!)

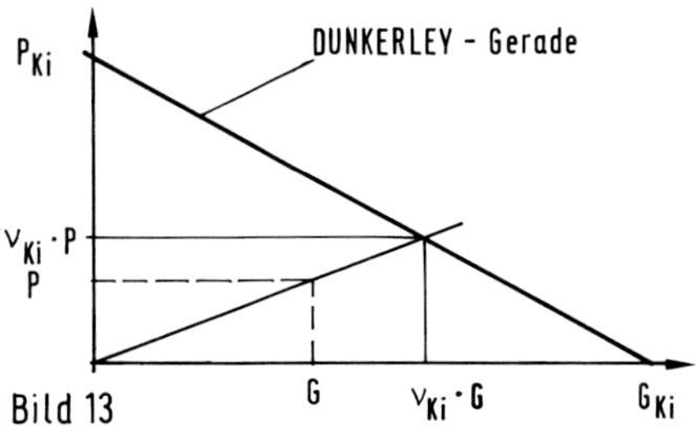

Bild 13

Um eine Verwechslung mit der Knicksicherheit zu vermeiden, wird letztere im folgenden mit ν_{Ki} abgekürzt. Um das kombinierte Knickproblem (G+P für Fall c in Bild 11) zu lösen, werden die Knicklösungen G_{Ki} und P_{Ki} gemäß der Superpositionsvorschrift nach DUNKERLEY überlagert (Bild 13). Das führt wegen der weitgehenden Affinität der Knickbiegelinien der beiden Verzweigungslösungen zu einem sehr exakten Ergebnis. Ist ν_{Ki} die ideale Knicksicherheit des kombinierten Knickproblems, gilt (Bild 13):

$$\frac{\nu_{Ki} \cdot G}{G_{Ki}} + \frac{\nu_{Ki} \cdot P}{P_{Ki}} = 1 \tag{15}$$

Wird außerdem der Quotient:

$$\varkappa = \frac{P}{G} \tag{16}$$

und die Knickkraft

$$(G + P)_{Ki} = \nu_{Ki} \cdot (G + P) \tag{17}$$

per Definition eingeführt, folgt [10,G.6.31]:

$$(G + P)_{Ki} = (1 + \varkappa) \frac{G_{Ki} \cdot P_{Ki}}{\varkappa\, G_{Ki} + P_{Ki}} \tag{18}$$

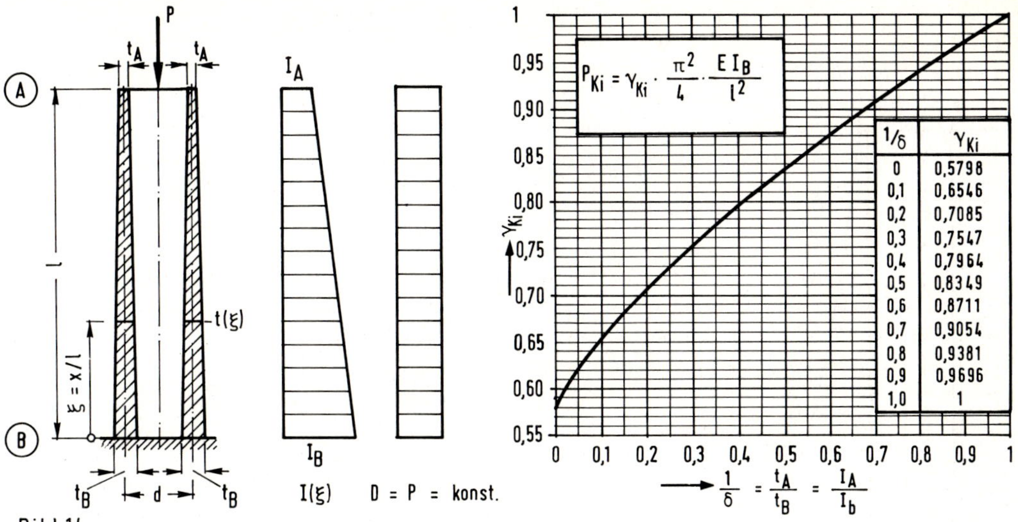

Bild 14

Der Vergrößerungsfaktor α lautet:

$$\alpha = \frac{1}{1 - \frac{\gamma \cdot (G + P)}{(G + P)_{Ki}}} \tag{19}$$

γ ist der (zur Eigenlast gehörende) Sicherheitsfaktor für den elasto-statischen Nachweis nach Theorie II. Ordnung (DIN 4133 (08.73): γ =1,5, künftig 1,35).

<u>Beispiel:</u> Bild 15 zeigt einen 94m hohen Schornstein. Abmessungen, Windlast (hier vereinfacht konstant), Trägheitsmoment, Eigenlasten g_i, g_a, g_i+g_a und Verlauf der Druckkraft D infolge g_a bzw. g_i+g_a sind im Bild ausgewiesen. Zusätzlich sei am Schornsteinkopf eine lotrechte Last von 90kN vorhanden (z.B.: Kopfbühne oder Schwingungsdämpfer). Der Steifigkeitsparameter δ beträgt:

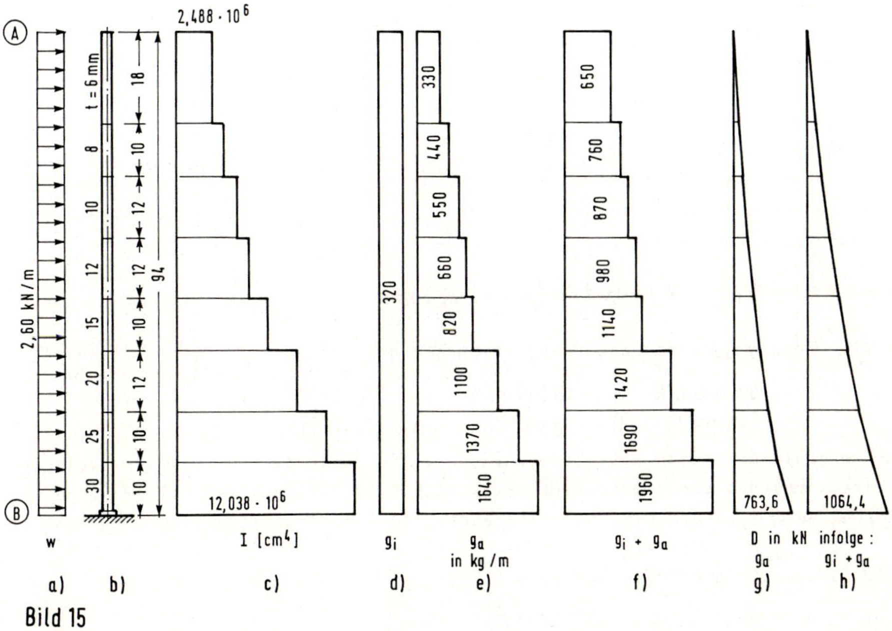

Bild 15

$$\delta = \frac{I_B}{I_A} = \frac{12{,}038 \cdot 10^6}{2{,}488 \cdot 10^6} = 4{,}84\,; \quad \frac{1}{\delta} = 0{,}2066$$

Es werden die in Bild 11 dargestellten Systeme a/b und c beispielhaft untersucht. $\gamma_{Ki,G}$ wird aus [10, Tafel 6.5] entnommen; $\gamma_{Ki,P}$ folgt aus Bild 14.

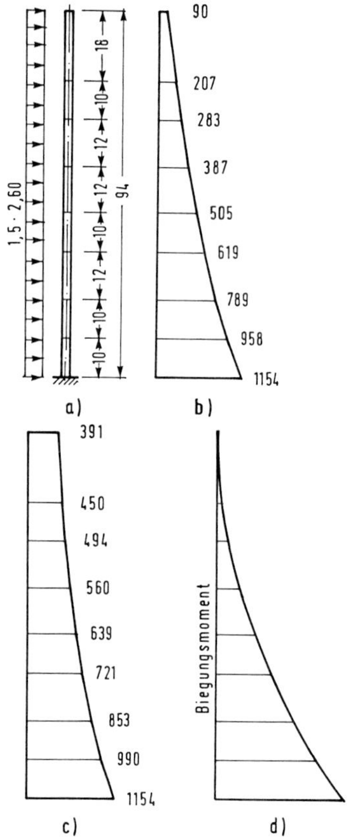

Bild 16

$$\text{System a/b}: \varepsilon = \frac{g_B}{g_A} = \frac{1960}{650} = 3{,}02 \longrightarrow \gamma_{Ki,G} = 13{,}2$$

$$EI_B = 21\,000 \cdot 12{,}038 \cdot 10^6 = 2{,}528 \cdot 10^{11} \text{ kNcm}^2$$

$$G_{Ki} = \frac{1}{2}\left(1 + \frac{1}{3{,}02}\right) \cdot 13{,}2 \, \frac{2{,}528 \cdot 10^{11}}{9400^2} = \underline{25135 \text{ kN}}$$

$$1/\delta = 0{,}2066 \longrightarrow \gamma_{Ki,P} = 0{,}71$$

$$P_{Ki} = 0{,}71 \, \frac{\pi^2}{4} \cdot \frac{2{,}528 \cdot 10^{11}}{9400^2} = \underline{5012 \text{ kN}}$$

$$G + P = 1064{,}4 + 90 = \underline{1154{,}4 \text{ kN}}\,; \quad \varkappa = \frac{P}{G} = \frac{90}{1064{,}4} = 0{,}08455$$

$$(G+P)_{Ki} = (1 + 0{,}08455) \cdot \frac{25135 \cdot 5012}{0{,}08455 \cdot 25135 + 5012} = \underline{19\,144 \text{ kN}}$$

$$\gamma = 1{,}5: \quad \alpha = \frac{1}{1 - \frac{1{,}5 \cdot 1154{,}4}{19\,144}} = \underline{\underline{1{,}10}}$$

$$\text{System c}: \quad \varepsilon = \frac{g_B}{g_A} = \frac{1640}{330} = 4{,}97 \longrightarrow \gamma_{Ki,G} = 16{,}7$$

$$G_{Ki} = \frac{1}{2}\left(1 + \frac{1}{4{,}97}\right) \cdot 16{,}7 \, \frac{2{,}528 \cdot 10^{11}}{9400^2} = \underline{28\,700 \text{ kN}}$$

$$1/\delta = 0{,}2066 \longrightarrow \gamma_{Ki,P} = 0{,}71\,; \quad P_{Ki} = \underline{5\,012 \text{ kN}}$$

$$P = 90 + 3{,}2 \cdot 94 = 90 + 300{,}8 = 390{,}8 \text{ kN}$$

$$G + P = 763{,}6 + 390{,}8 = \underline{1154{,}4 \text{ kN}} \quad (\text{s.o.})$$

$$\varkappa = \frac{P}{G} = \frac{300{,}8}{763{,}6} = 0{,}3939$$

$$(G+P)_{Ki} = (1 + 0{,}3939) \cdot \frac{28\,700 \cdot 5012}{0{,}3939 \cdot 28700 + 5012} = \underline{12\,288 \text{ kN}}$$

$$\gamma = 1{,}5: \quad \alpha = \frac{1}{1 - \frac{1{,}5 \cdot 1154{,}4}{12\,288}} = \underline{\underline{1{,}16}}$$

Dem Beispiel liegt der Sicherheitsfaktor 1,5 zugrunde. Bild 16b zeigt den Druckkraftverlauf für Fall a/b und Teilbild c für Fall c (vgl. Bild 11). - Die vorstehende Abschätzung wird mit dem Ergebnis einer strengen Berechnung verglichen, wobei der reale Druckkraftverlauf für die Berechnung nach Theorie II. Ordnung berücksichtigt wird (schußweise gemittelt): Für 1,5-fache Windlast folgt nach Theorie I. Ordnung:

$$M^I = -1{,}5 \cdot 2{,}60 \, \frac{94^2}{2} = -17\,230 \text{ kNm}$$

Nach Theorie II. Ordnung betragen die Einspannmomente und die hieraus abgeleiteten α-Faktoren:

System a/b : M = - 18 527 kNm $\quad \alpha = 1{,}08 \; (1{,}10)$
System c : M = - 19 359 kNm $\quad \alpha = 1{,}12 \; (1{,}16)$

Die Klammerwerte geben die obige Abschätzung wieder; sie liegt demnach auf der sicheren Seite. Die Einrechnung des Verformungseinflusses nach G.19 ist in allen Fällen ausreichend, auch dann, wenn I(x) und g(x) nur näherungsweise linear-veränderlich sind (wie im Beispiel).

Wird der Verformungsbeitrag mittels der Formel

$$\alpha = 1 + \frac{\varepsilon^2}{8} \qquad (20)$$

(nach NIESER) abgeschätzt, wobei

$$\varepsilon = h\sqrt{\frac{N_B}{EI_B}} \qquad (21)$$

die Stabkennzahl ist, folgt für das Beispiel:

$$N_B = 1{,}5 \cdot 1154{,}4 = 1732\ \text{kN},\quad EI_B = 2{,}528 \cdot 10^{11}\ \text{kNcm}^2,\quad h = 94\ \text{m} = 9400\ \text{cm}$$

$$\varepsilon = 9400\sqrt{\frac{1732}{2{,}528 \cdot 10^{11}}} = 0{,}78\ (<0{,}8):\ \alpha = 1 + \frac{0{,}78^2}{8} = \underline{\underline{1{,}08}}$$

(Im Falle des Systems c liegt diese Abschätzung etwas auf der unsicheren Seite.)

23.2.5 Nachweis des Mantelrohres

23.2.5.1 Nennspannungsnachweis

Der Tragsicherheitsnachweis wird als Nennspannungsnachweis gegen die elasto-statische Grenztragfähigkeit (Erreichen der Fließgrenze) nach den Regeln der technischen Biegetheorie erbracht:

$$\sigma_n = \frac{N}{A} \pm \frac{M}{I} z \qquad (22)$$

Ein Nachweis gegen die plasto-statische Grenztragfähigkeit ist nicht möglich, da über das Beulverhalten bei der Querschnittsplastizierung (bis zur Ausbildung eines "Fließgelenkes") keine Aussagen gemacht werden können (Verlust der Querschnittsform). - Aus Fertigungs-, Transport- und Montagegründen wird i.a. eine Wanddicke $t \geq 4$mm gewählt. (Die zugeordneten Lastfälle sind beim Tragsicherheitsnachweis zu berücksichtigen!)

Beim Nachweis gemäß G.22 sind folgende Gesichtspunkte zu beachten:

a) Real ist das Schornsteinrohr kein Biegestab sondern eine schlanke Zylinderschale. Insbesondere im Einspannquerschnitt treten gewisse Zwängungsspannungen gegenüber den Nennspannungen (nach G.22) auf, die auf lokalen Verformungsbehinderungen beruhen. Sie haben den Charakter von Nebenspannungen und sind für die Aufrechterhaltung des Gleichgewichtszustandes nicht erforderlich. Nach aller Erfahrung brauchen sie bei vorwiegend statischer Belastung nicht verfolgt zu werden.

b) Eine gewisse Ausnahme bilden Übergangsbereiche zwischen zylindrischen und konischen Rohrschüssen, insbesondere, wenn scharfe Knicke ohne Ringsteifen ausgeführt werden sollen.

c) Fuchs- und Einstiegöffnungen verursachen starke Störungen des Spannungszustandes im Mantelblech; hier bedarf es, insbesondere aus Gründen der Beulsicherheit, besonderer Aussteifungen.

d) Bei geschraubten Rohrstößen mit einseitigen Ringflanschen treten im Mantelblech gewisse Biegespannungen auf, die durch die Flanschexzentrizität bedingt sind; ähnliches gilt für das Mantelblech in Verankerungsbereichen.

23.2.5.2 Zylindrisch-konische Übergangsbereiche (Bild 17a)

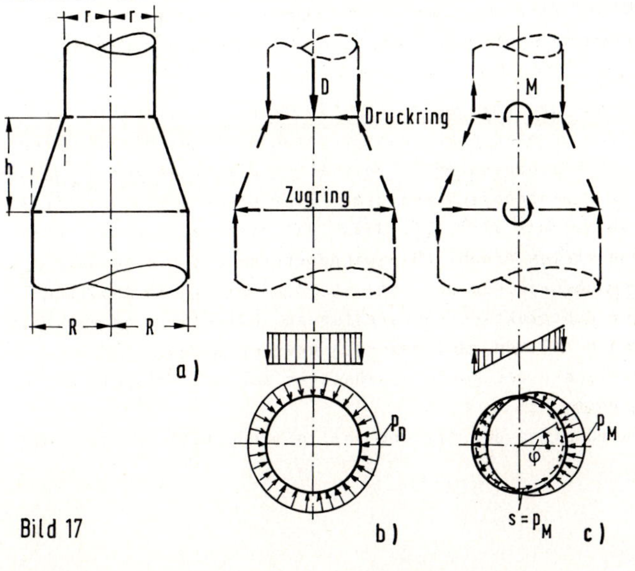

Bild 17

In der Schnittebene zwischen einem Zylinder- und Kegelschuß tritt infolge einer zentrischen Druckkraft D die zentralsymmetrische Umlenkkraft

$$p_D = \frac{D}{2\pi r} \cdot \frac{R-r}{h}\ (\text{konst}) \qquad (23)$$

und infolge des Biegemomentes M die antimetrische Umlenkkraft

$$p_M = \frac{M}{\pi r^2} \cdot \frac{R-r}{h} \cos\varphi \qquad (24)$$

auf (Bild 17b u.c). p_D und p_M sind radial wirkende Umlenkkräfte je Längeneinheit. Vorstehende Formeln gelten für den Übergang Zylinder auf Kegel mit dem Radius r der Schnittebene. Für den Übergang Kegel auf Zylinder ist r im Nenner durch R zu ersetzen (vgl. Bild 17a).

Werden in den Übergangsebenen keine Ringsteifen zur Übernahme der Umlenkkräfte angeordnet, treten lokale Schalenbiegespannungen in der Mantelwandung auf. Solche Spannungen entstehen auch dann, wenn Ringsteifen vorhanden sind (wegen deren Verformungen), doch sind sie sehr gering und haben den Charakter lokaler Störspannungen.

Ringsteifen: Setzt sich die Umlenkkraft p_D auf die Ringsteife voll ab, entsteht in dieser eine achsiale Druck- oder Zugkraft:

$$N = p_D r \quad (r: \text{Ringradius}); \quad M = 0, \; Q = 0 \tag{25}$$

Die auf den Ring einwirkende Umlenkkraft p_M wird vom Ring über Schubkräfte abgesetzt. Der Maximalwert s dieser Schubkraft ist dem Betrage nach gleich p_M, vgl. Bild 17c. N, M und Q ergeben sich im Ring zu Null.

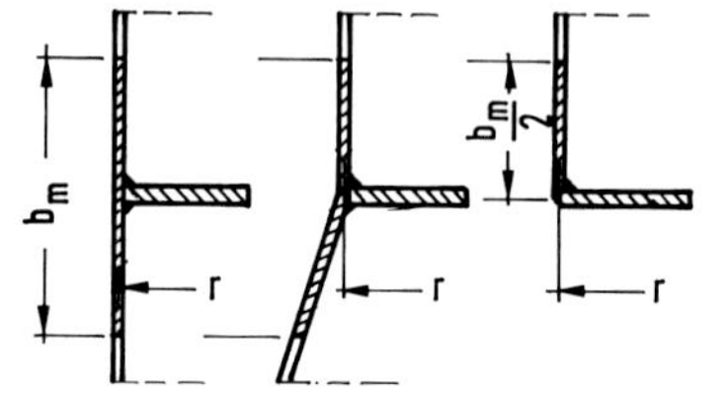

Bild 18 a) b) c)

Die Normalkraft gemäß G.25 ruft in der Ringsteife Ringspannungen hervor. Zur Querschnittsfläche der Steife tritt noch ein gewisser Flächenanteil des Mantelbleches innerhalb der mitwirkenden Briete b_m hinzu (Bild 18). Für b_m kann angesetzt werden [11]:

$$b_m = 1{,}5\sqrt{r \cdot t} \tag{26}$$

(Statt der Vorzahl 1,5 kann auch mit 1,8 gerechnet werden.)

Druckringe sind auf Knicken nachzuweisen. Hierzu wird für den T-förmigen Ringquerschnitt der Schwerpunkt sowie A und I berechnet. Ist r_S der Ringradius, beträgt die Knickkraft des Ringes:

$$p_{Ki} = 3\frac{EI}{r_S^3}, \quad N_{Ki} = p_{Ki} \cdot r_S \tag{27}$$

(Vgl. [10, Abschnitt 6.9.5.1]). Die Knickspannung beträgt:

$$\sigma_{Ki} = \frac{N_{Ki}}{A} \tag{28}$$

Es ist sinnvoll, den Knicknachweis als Ersatzstabnachweis mit der Knicklänge $s_K = \beta \cdot l$ zu führen: $\beta = 0{,}577$, $l = 2\pi \cdot r_S$ (Umfangslänge), vgl. [10, Tafel 6.14].

Übergangsbereich ohne Ringsteifen: Infolge p_D und p_M werden Biegespannungen im Mantelblech geweckt; sie werden nach den Methoden der Schalentheorie berechnet. Die Spitzenspannungen treten im Übergangsquerschnitt auf, hier liegt die Ringnaht. Den Spannungen überlagern sich die Umfangszugspannungen infolge der beim Schweißen auftretenden Ringschrumpfung. Zur Berechnung der Spannungen im Mantelblech vgl. das Schrifttum zur Schalentheorie, z.B. [11-13], sowie Tafel 23.2 und Abschnitte 23.2.8 und 22.7.2 (daselbst ein Beispiel).

23.2.5.3 Fuchs- und Einstiegöffnungen

Öffnungen im tragenden Mantelrohr sind i.a. unvermeidlich. Sie liegen vielfach in der Nähe der Fußverankerung, also in einem ohnehin hoch beanspruchten Bereich. Die Öffnungen sind kreisförmig oder rechteckig. Im letztgenannten Falle sollten die Ecken zur Milderung der Kerbwirkung ausgerundet sein. Der Spannungszustand gemäß G.22 erfährt eine empfindliche Störung. Bei großem Öffnungsverhältnis a/r (vgl. Bild 19a) gilt die technische Biegetheorie nicht mehr. An den Flanken treten erhebliche Spannungserhöhungen gegenüber σ_n auf, wie dieses von der Kerbspannungstheorie her bekannt ist. Auch sinkt die Beultragfähigkeit rapide ab. Es bedarf daher konstruktiver Aussteifungen. Bild 19 zeigt verschiedenen Möglichkeiten. Die Aussteifungen sollten zwei Anforderungen erfüllen:

1. Fläche, Trägheitsmoment und Schwerachse des Rohrquerschnittes sollten (global) ausgeglichen werden, d.h. erhalten bleiben.
2. Die Beulsicherheit des Mantels beidseitig der Öffnung sollte mindestens so hoch sein wie im ungeschwächten Bereich.

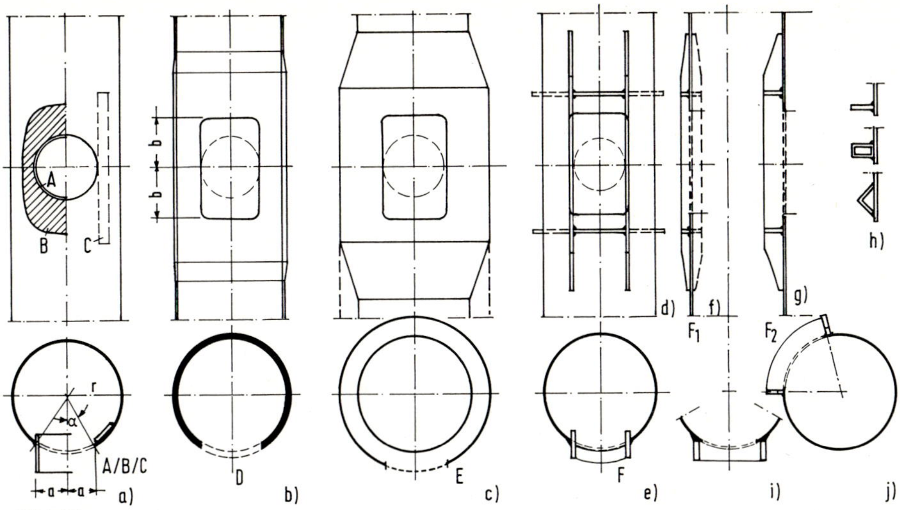

Bild 19

Die Güte der einzelnen Konstruktionsvorschläge ist an diesen Kriterien zu messen; die quantitative Bewertung ist im Einzelfall schwierig.

Bild 19a zeigt drei Varianten:

A: Einschweißen eines Rohrstutzens: Wegen der Nachgiebigkeit des Rohres in radialer Richtung ist die Stützwirkung gering, wohl wird das Mantelrohr gegen Beulen stabilisiert. Solange keine belegten Versuche vorliegen, kann eine solche Maßnahme nur für kleine Rundlöcher bis zu einem Verhältnis a/r=0,15 empfohlen werden.

B: Aufschweißen eines Kragens (Plasters).

C: Einschweißen von Flachleisten in Längsrichtung.

Die beiden letztgenannten Lösungen liefern (wie A) keine hohe Steifigkeitssteigerung; Öffnungen bis a/r=0,10 dürften sich damit ausreichend abdecken lassen.

Die Teilbilder b und c zeigen aufwendige Lösungen. Verglichen mit dem Aufwand ist die Steifigkeitsmehrung gering, die Lösungen sind daher als unwirtschaftlich zu bewerten:

D: Einbinden eines Rohres mit größerer Wanddicke, ohne weitere Steifen.

E: Aufweitung des Mantelrohres, ohne weitere Steifen.

Die bislang vorliegenden Beulwerte für Zylinderschalen mit unversteiften Ausschnitten können n.M.d.V. für baupraktische Bemessungen nicht empfohlen werden und damit auch nicht für den Beulsicherheitsnachweis bei Lösungen gemäß D und E. E hat zudem den Nachteil, daß vier Schnitte mit Mantelknicken vorhanden sind. - Die Teilbilder d bis j zeigen zweckmäßige Lösungen:

F: Anordnung von Längssteifen, die beidseitig der Öffnung liegen. Hierbei sollte unter- und oberhalb (etwas abgesetzt) vom Loch, je eine Quersteife liegen. Dadurch entsteht ein Rahmen um das Loch herum (VIERENDEEL-Rahmen), über den die Querkraft abgesetzt werden kann. Hinsichtlich der Detailausbildung gibt es verschiedene Varianten. Die Längssteifen sind ausreichend vorzubinden und an den Enden zur Minderung der Kerbspannungen zu schäften (abzuflachen, ca. 1:4). Die Anordnung F_1 ist günstiger als die Anordnung F_2, weil die Druckkräfte aus dem Mantel zentrisch in die Steifen eingeführt werden. Bei der Anordnung F_2 liegen die Steifen exzentrisch. - Die Steifen werden für die anteiligen Kräfte auf Knicken nachgewiesen, bei exzentrischer Lage ist das Versatzmoment zu berücksichtigen. Als Knicklänge wird $s_K=2(a+b)$ empfohlen; 2a ist die Breite und 2b die Länge der Öffnung. Günstig sind Hohlsteifen, weil diese durch ihre höhere Torsionssteifigkeit den Rohrmantel entlang der Lochränder zusätzlich gegen lokales Ausbeulen stützen. Um die anteilige Kraft pro Längssteife zu bestimmen, wird die Spannung gemäß G.22 in mittlerer Höhe des Loches für das ungeschwächte Rohr berechnet und die maximale Spannung mit der Blechdicke t und der halben Umfangslänge des Loches multipliziert. Wird in die Steife noch eine mitwirkende Breite des Mantelbleches außerhalb des Loches eingerechnet (z.B. 10·t), ist die hierauf entfallende Kraft zusätzlich zu berücksichtigen.

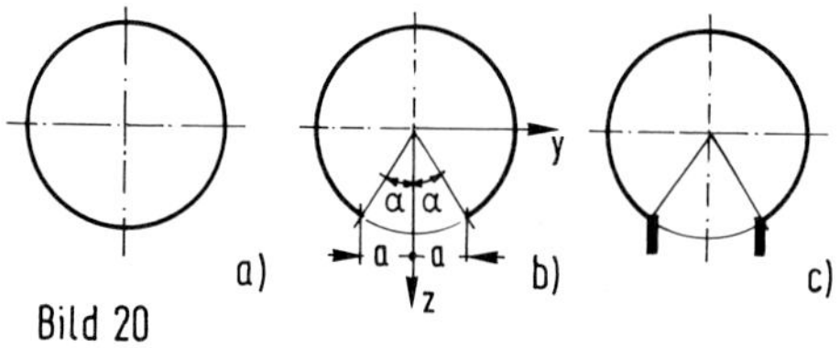

Bild 20

Lösungen gemäß F haben den Vorteil, daß die oben postulierten Forderungen am einwandfreiesten erfüllt werden können.
Die Querschnittswerte für das ungeschwächte Rohr (Bild 20a) betragen:

$$A = 2\pi r t,\quad I = \pi r^3 t,\quad W = \pi r^2 t \tag{29}$$

r ist der Radius bis zur Mittellinie des Mantels und t die Blechdicke. Im Bereich von Ausschnitten betragen die Querschnittsminderungen, bezogen auf die Rohrachse (Bild 20b):

$$\Delta A = 2\bar{\alpha} r t;\quad \Delta I_y = (\bar{\alpha} + \sin\alpha \cdot \cos\alpha)\, r^3 \cdot t,\quad \Delta I_z = (\bar{\alpha} - \sin\alpha \cdot \cos\alpha)\, r^3 \cdot t \tag{30}$$

mit

$$\bar{\alpha} = \arcsin\frac{a}{r},\quad \sin\alpha\cos\alpha = \frac{a}{r}\sqrt{1-\left(\frac{a}{r}\right)^2} \tag{31}$$

Die Längssteifen sind so auszubilden, daß ΔA, ΔI_y und ΔI_z, kompensiert werden. Es werden der Schwerpunkt des neuen Querschnittes und die zugeordneten Querschnittswerte berechnet und hierfür die Spannungsnachweise für Biegung um die y- und z-Achse geführt. - Da die Längssteifen auf Knicken nachgewiesen werden, ist die Forderung einer ausreichenden Beulsicherheit von selbst erfüllt.
Die Höhe der im Schornstein auftretenden Querkräfte und der hierdurch hervorgerufenen τ-Spannungen ist i.a. gering. Dort, wo Ausschnitte vorhanden sind, vermag das zylindrische Rohr die Querkraft nur durch Aktivierung einer neuen Tragstruktur im Umfeld des Ausschnittes abzusetzen. Wird auf der Gegenseite spiegelbildlich eine zweite Öffnung angeordnet (fiktiv), so erhält man die in Bild 21c/d dargestellte Rahmenstruktur. Die "Stiele" haben eine Halbschalenform mit den Längssteifen als Gurte. Hierfür wird die Schwerachse z-z und das Trägheitsmoment berechnet. Der Querschnitt wird für das Biegemoment

$$M = \frac{Qb}{2} \tag{32}$$

nachgewiesen. Diese Spannungen überlagern sich den zuvor erläuterten.
Es versteht sich, daß diese Abschätzung recht grob ist. Die real ungeschwächte Seite zieht wegen ihrer höheren Steifigkeit einen größeren Anteil der Querkraft auf sich. Insofern liegt die vorstehende Empfehlung auf der sicheren Seite.

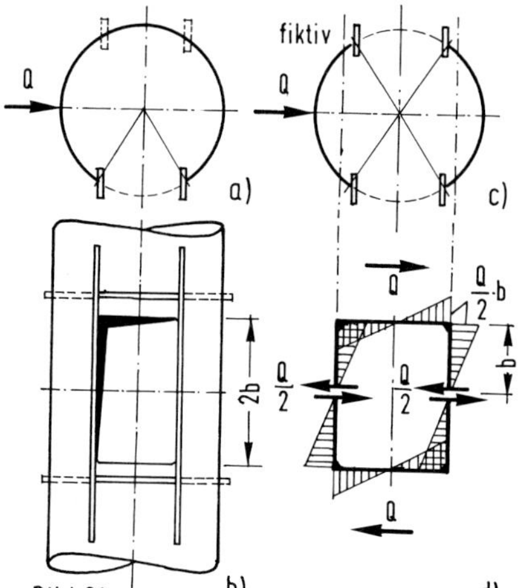

Bild 21

Ergänzend wird auf die IVS-Ri103, auf [14] sowie auf Tafel 23.2 und Abschn. 23.2.8 verwiesen.

23.2.5.4 Zum Beulnachweis des Mantelrohres

Für das Mantelblech ist ein Beulnachweis zu führen. Nach DIN 4133 (08.73) war die ideale Beulspannung zu

$$\sigma_{Ki} = k \cdot E \cdot \frac{t}{r} \quad \text{mit } k = \frac{1}{2 + 5\frac{e}{t}} \tag{33}$$

zu berechnen. e ist ein Rechenwert für die Vorbeulamplitude zur Berücksichtigung der Fertigungsungenauigkeiten:

$$e = 10 + \frac{r}{100} \geqq t \tag{34}$$

Nach Abminderung $\sigma_{Ki} \rightarrow \sigma_K$ war bei Mantelrohren ohne jegliche Aussteifung mindestens $\nu_B = 1{,}7$ nachzuweisen und bei Rohren mit Ringsteifen mit einem gegenseitigen Abstand höchstens 10r $\nu_B = 1{,}5$, wobei das Trägheitsmoment der Ringsteife mindestens

$$I = \frac{rt^3}{2}\sqrt{\frac{r}{t}} \tag{35}$$

betragen mußte. (Diese Bedingung enthält auch die künftige Vorschrift.)
Nach neuer Konzeption ist DASt-Ri13 maßgebend; sie setzt die Einhaltung eines definierten Fertigungsniveaus seitens der ausführenden Firma voraus, vgl. auch [10,15]. - Beim Nachweis ist die Abhängigkeit des Elastizitätsmoduls von der Betriebstemperatur im Mantelblech zu berücksichtigen. - Auf die Einrechnung der Interaktion Knickung/Beulung und des BRAZIER-Effektes kann verzichtet werden. -
Wie angedeutet, ist es sehr schwierig, für Zylinderschalen mit Ausschnitten normungsfähige Regeln für den Beulnachweis anzugeben; in [16-18] wird über Versuche berichtet. Es ist grundsätzlich empfehlenswert, Steifen beidseitig des Ausschnittes anzuordnen, um die durch die Lochschwächung stark reduzierte Beultragfähigkeit auszugleichen.

23.2.6 Ringsteifen - Einflußlinien

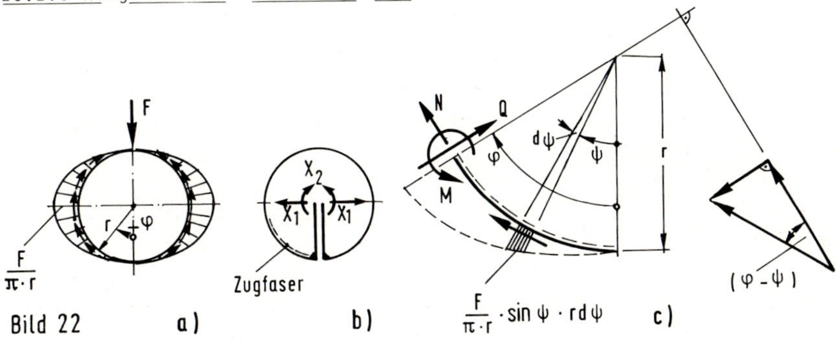

Bild 22 a) b) c)

Durch die Druck-Sog-Umfangsverteilung auf den Rohrmantel wird das Mantelblech in Umfangsrichtung auf Biegung beansprucht. Werden Ringsteifen eingezogen, ziehen diese die Biegemomente auf sich und entlasten dadurch das Mantelblech. Um die Schnittgrößen in den Ringsteifen berechnen zu können, muß zunächst die Einflußlinie für einen geschlossenen biegesteifen Kreisring, der durch eine radial gerichtete Einzellast F=1 belastet wird, bestimmt werden. Die Last wird über Schubkräfte auf die kreiszylindrische Schale abgesetzt. Die Schubkräfte haben über den Umfang einen sinusförmigen Verlauf (Bild 22a). Die max Schubkraft beträgt $F/\pi \cdot r$. r ist der Radius des Ringträgers. - Das Problem ist zweifach statisch unbestimmt (Bild 22b). Für die im Bild definierte Umlaufkoordinate φ gilt:

$$M = -X_1 r\cos\varphi + X_2 + M_0;\quad N = -X_1\cos\varphi + N_0;\quad Q = +X_1\sin\varphi + Q_0 \tag{36}$$

Für den statisch bestimmten Grundzustand findet man mit Hilfe von Bild 22c:

$$M_0 = \int_0^{\varphi}\frac{F}{\pi r}\sin\psi\cdot\sin(\varphi-\psi)\cdot r\sin(\varphi-\psi)\,r\,d\psi - \int_0^{\varphi}\frac{F}{\pi r}\sin\psi\cos(\varphi-\psi)\cdot r[1-\cos(\varphi-\psi)]\,r\,d\psi \qquad N_0 = -\int_0^{\varphi}\frac{F}{\pi r}\sin\psi\cos(\varphi-\psi)\,r\,d\psi \qquad Q_0 = \int_0^{\varphi}\frac{F}{\pi r}\sin\psi\sin(\varphi-\psi)\,r\,d\psi \tag{37a,b,c}$$

Nach Lösen der Integrale und Einsetzen der Grenzen folgt:

$$M_0 = \frac{F\cdot r}{\pi}\left(1-\cos\varphi-\frac{1}{2}\varphi\sin\varphi\right);\quad N_0 = -\frac{F}{2\pi}\varphi\sin\varphi;\quad Q_0 = +\frac{F}{2\pi}(\sin\varphi-\varphi\cos\varphi) \tag{38}$$

Für die statisch Unbestimmten erhält man:

$$X_1 = -\frac{3}{4}\cdot\frac{F}{\pi};\quad X_2 = -\frac{Fr}{2\pi} \tag{39}$$

Die gesuchten Formeln für die Einflußlinien lauten:

$$M = \frac{Fr}{4\pi}(2-\cos\varphi-2\varphi\sin\varphi);\quad N = \frac{F}{4\pi}(3\cos\varphi-2\varphi\sin\varphi);\quad Q = -\frac{F}{4\pi}(\sin\varphi+2\varphi\cos\varphi) \tag{40}$$

Die Formel für M wurde von POHL [19] angegeben; im übrigen vgl. auch [20]. Bild 23 zeigt die Graphen der Einflußlinien (F=1).

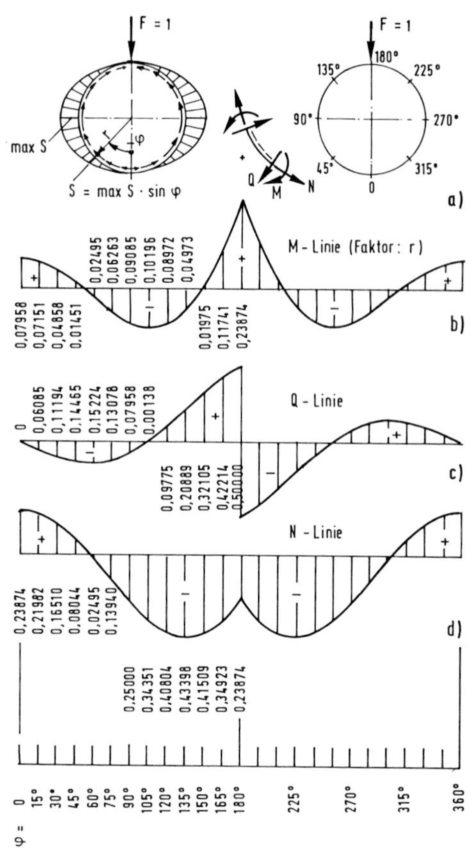

Bild 23

Im folgenden Abschnitt werden mit Hilfe dieser Einflußlinien verschiedene Umfangsdruckverteilungen ausgewertet.

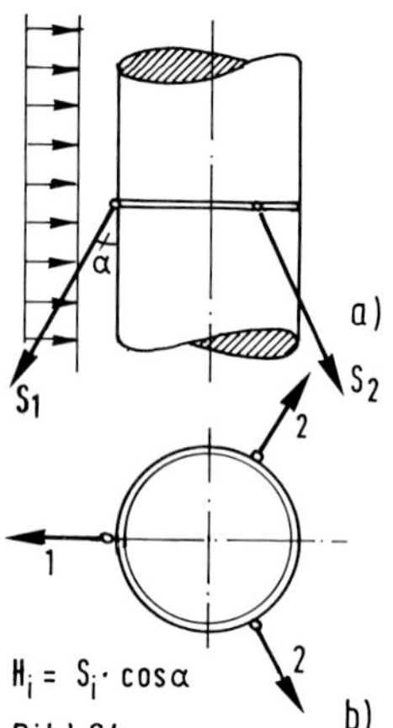

Bild 24

Die Formeln können auch dazu dienen, die Schnittgrößen in Ringträgern zu bestimmen, die in Höhe der oberen Seilabspannung bei abgespannten Schornsteinen und Rohrmasten liegen, vgl. Bild 24. Für eine dreiseilige Abspannung ergibt die in Bild 24a angegebene Windrichtung die höchste Zugkraft im Seil und die höchste Beanspruchung im Ringträger. Sind die Seilkräfte bekannt, werden die Horizontalkomponenten H_1 (luvseitig) und H_2 (leeseitig) berechnet, siehe Bild 24. Mit Hilfe der Einflußlinien findet man das max. Biegemoment $\max M = M_1$ zu:

$$M_1 = (0{,}2387 \cdot H_1 - 2 \cdot 0{,}0250 \cdot H_2)\,r = (0{,}2387 - 0{,}0500\varkappa)H_1 r \qquad (41)$$

Hierin bedeutet:

$$\varkappa = H_2 / H_1 = S_2 / S_1 \qquad (42)$$

Die zugehörige Normalkraft im (luvseitigen) Schnitt 1 beträgt:

$$N_1 = -(0{,}2387 \cdot H_1 + 2 \cdot 0{,}0250 \cdot H_2) = -(0{,}2387 + 0{,}0500\varkappa)H_1 \qquad (43)$$

23.2.7 Mantel- und Ringsteifenbeanspruchung infolge örtlichen Winddrucks

Der unmittelbar auf das Mantelblech des Schornsteines einwirkende Winddruck verursacht Biegespannungen in Umfangsrichtung. Luvseitig herrscht Druck, an den Flanken und leeseitig Sog. Die Druck-Sog-Umfangsverteilung ist von der REYNOLDS-Zahl, der bezogenen Rauhigkeit und der Schlankheit des Rohres abhängig. Die Integration über die Umfangsverteilung ergibt den aerodynamischen Kraftbeiwert c_f in Strömungsrichtung (Abschnitt 23.2.3). Im Schrifttum wurden unterschiedliche Druckverteilungen publiziert; der prinzipielle Verlauf ist auf Tafel 23.1 (oben) dargestellt. Im Staupunkt beträgt der Staudruck definitionsgemäß q, in den Flankenbereichen werden Sogspitzen zwischen $-2 \cdot q$ bis $-3 \cdot q$ erreicht. Die Schnittgrößen M, N und Q werden unter der Annahme bestimmt, daß den lokalen, normal zur Mantelfläche gerichteten, Umfangskraftkomponenten eine sinusförmige Schubkraftverteilung gegenübersteht (Bild 22a); es bedarf also einer Auswertung der im vorangegangenen Abschnitt hergeleiteten Einflußlinien (was zweckmäßig mit Hilfe eines Computerprogramms geschieht).

Um die Rohrwandung auszusteifen, werden Ringe eingebaut, deren gegenseitiger Abstand betrage a. Die Windlast denkt man sich in Höhe der Ringsteifen zusammengezogen. Die Schnittgrößen in den Ringen betragen:

$$M = \alpha \cdot q a r^2 ; \quad N = \beta \cdot q a r ; \quad Q = \gamma \cdot q a r \qquad (44)$$

Staudruckverteilung um Kreiszylinder – Schnittgrößen in Ringsteifen

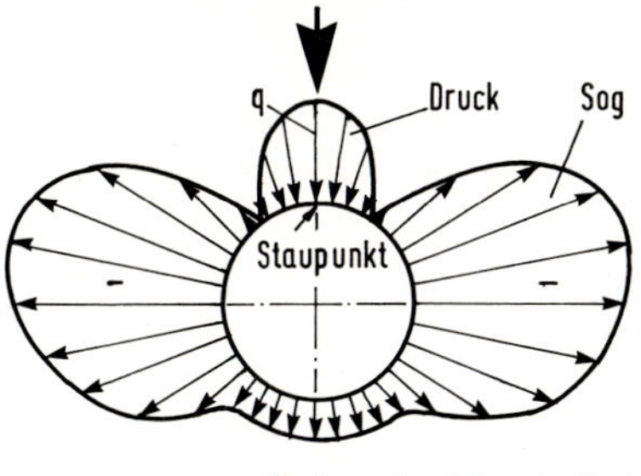

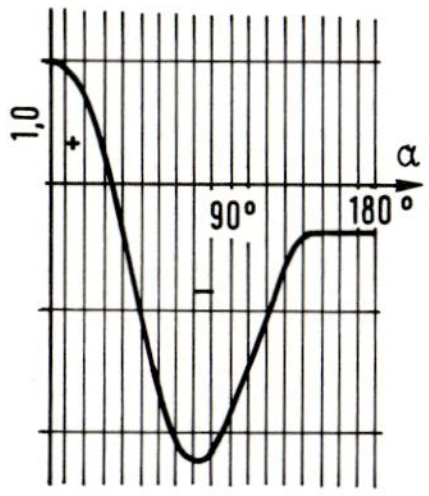

Umfangsdruck /-sog - Verteilung
im Grundriß in der Abwicklung

Die Umfangsdruck /-sog - Verteilung ist eine Funktion
- der REYNOLDS zahl Re
- der Oberflächenrauhigkeit k/d
- der Schlankheit l/d

$$Re = \frac{d \cdot v}{\nu}$$

d: Durchmesser
v: Anströmgeschwindigkeit
ν: kinematische Viskosität

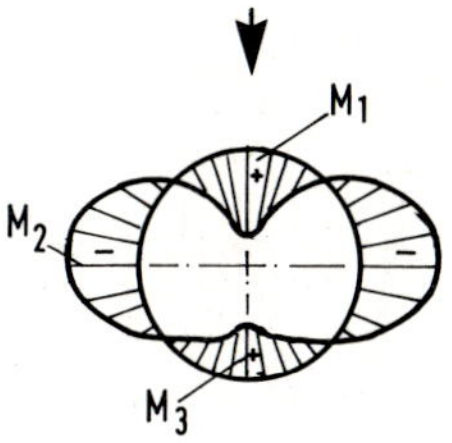

Biegungsmoment (M)
$M = \alpha \cdot qar^2$

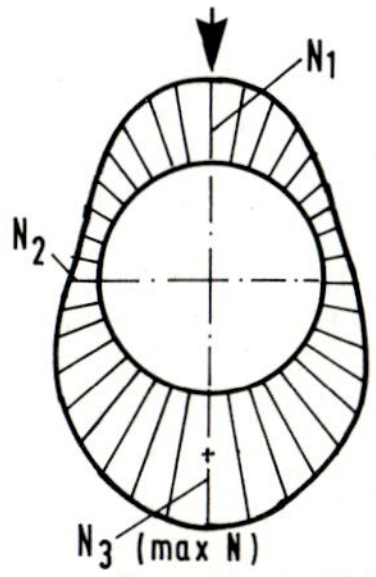

Normalkraft (N)
$N = \beta \cdot qar$

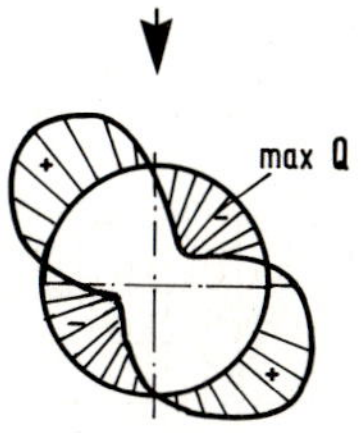

Querkraft (Q)
$Q = \gamma \cdot qar$

Linksseitig ist der Verlauf der Schnittgrößen M, N und Q dargestellt.
Multiplikatoren: α, β, γ
q: Staudruck
a: Einflußlänge
r: Zylinderradius

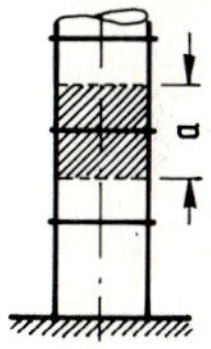

Die Faktoren α, β und γ sind für 10 Druckverteilungen unten links vertafelt; siehe auch Text

DIN 1055, Bl. 4 (1938)

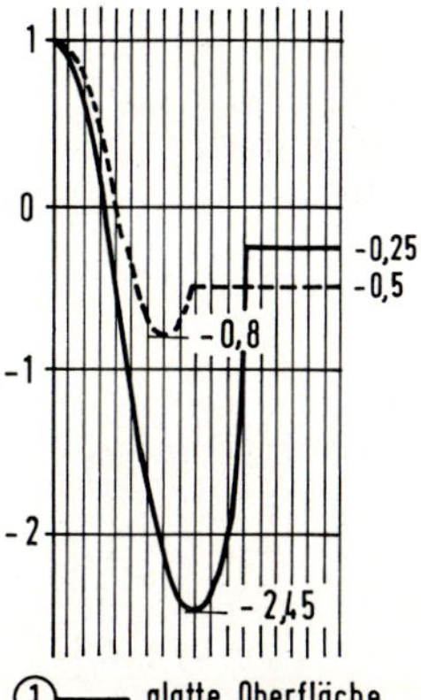

① glatte Oberfläche
② rauhe Oberfläche

DIN 1055, T4 (Normvorlage 1979)

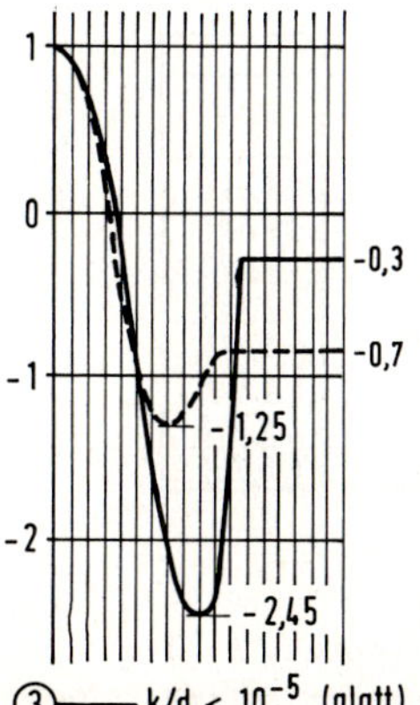

③ $k/d \leq 10^{-5}$ (glatt)
④ $k/d \geq 10^{-3}$ (rauh)

1 ÷ 4: Re und l/d: keine Angaben

DIN 1055, T4 (Normvorlage 1982)

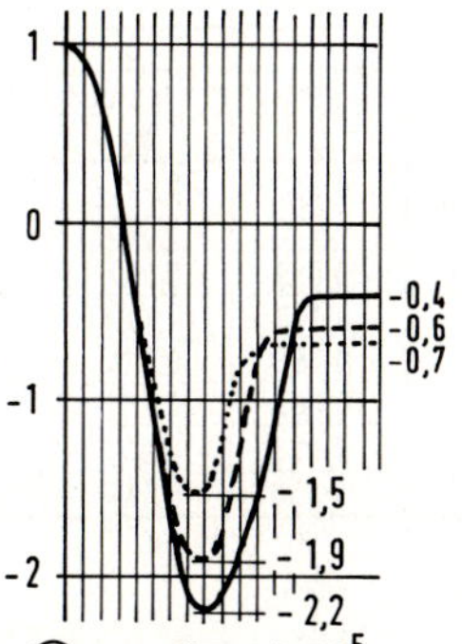

⑤ $Re = 5 \cdot 10^5$
⑥ $Re = 2 \cdot 10^6$
⑦ $Re = 1 \cdot 10^7$
$k/d \leq 10^{-4}$ (glatt)
l/d: groß

SIA Nr. 160 (1956)

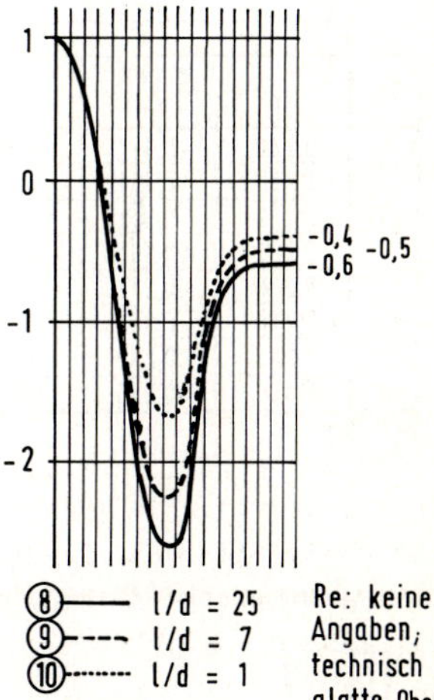

⑧ l/d = 25
⑨ l/d = 7
⑩ l/d = 1

Re: keine Angaben; technisch glatte Oberfläche

Nr.	α			β			γ
	max M			zugehörige Normalkräfte N			max Q
	M_1	M_2	M_3	N_1	N_2	N_3	
1	+ 0,502	- 0,489	+ 0,395	+ 1,137	+ 0,322	+ 1,397	± 1,005
2	+ 0,192	- 0,167	+ 0,127	+ 0,658	+ 0,030	+ 0,889	± 0,445
3	+ 0,465	- 0,464	+ 0,360	+ 0,923	+ 0,241	+ 1,336	± 0,951
4	+ 0,254	- 0,199	+ 0,147	+ 0,410	+ 0,342	+ 1,284	± 0,528
5	+ 0,451	- 0,424	+ 0,349	+ 0,928	+ 0,337	+ 1,445	± 0,922
6	+ 0,367	- 0,329	+ 0,238	+ 0,692	+ 0,286	+ 1,265	± 0,771
7	+ 0,287	- 0,246	+ 0,175	+ 0,414	+ 0,253	+ 1,203	± 0,606
8	+ 0,493	- 0,465	+ 0,357	+ 1,127	+ 0,462	+ 1,632	± 1,011
9	+ 0,446	- 0,415	+ 0,321	+ 0,963	+ 0,373	+ 1,431	± 0,913
10	+ 0,355	- 0,319	+ 0,251	+ 0,654	+ 0,249	+ 1,141	± 0,718

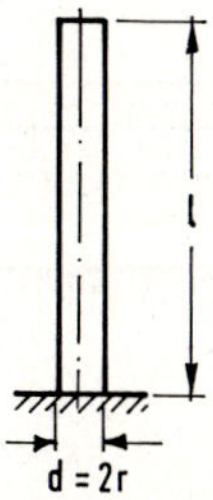

Definition der Schlankheit l/d

α, ß und γ sind Funktionen des Umfangwinkels. Auf Tafel 23.1 ist der prinzipielle Verlauf von M, N und Q dargestellt. Vorrangig interessiert maxM und maxQ und die jeweils zugeordneten anderen Schnittgröße.

Tafel 23.1 (mittlere Tafelhälfte) enthält für zehn unterschiedliche Umfangsdruckverteilungen ausgewählte α-, ß- und γ-Werte; ihnen liegen folgende Druckverteilungen zugrunde:

Nr. 1 und 2: DIN 1055, Blatt 4 (1938); die Werte für maxM stimmen mit den von KADO [21] berechneten überein;

Nr. 3 und 4: Normvorlage DIN 1055 T4 (1979, nicht veröffentlicht);

Nr. 5 bis 7: Normvorlage DIN 1055 T4 (1982, nicht veröffentlicht);

Nr. 8 bis 10: Schweizer Windlastvorschrift SIA 160 (1956).

Wie aus den Legenden zu den auf Tafel 23.1 dargestellten Graphen für die abgewickelten

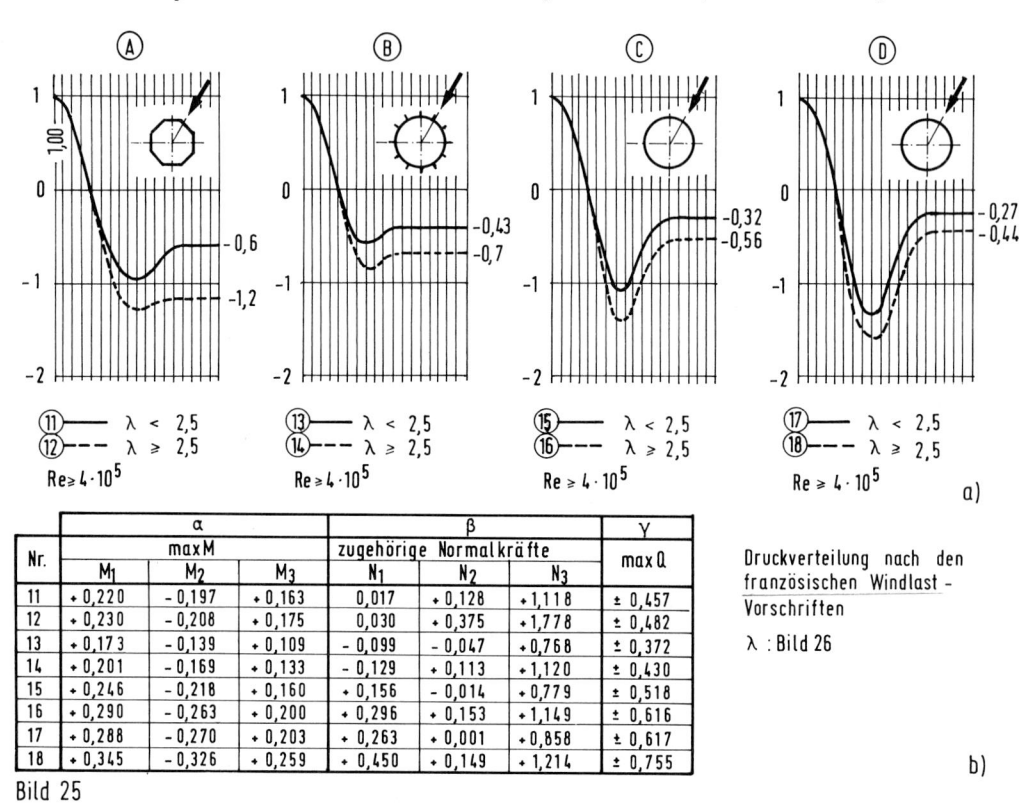

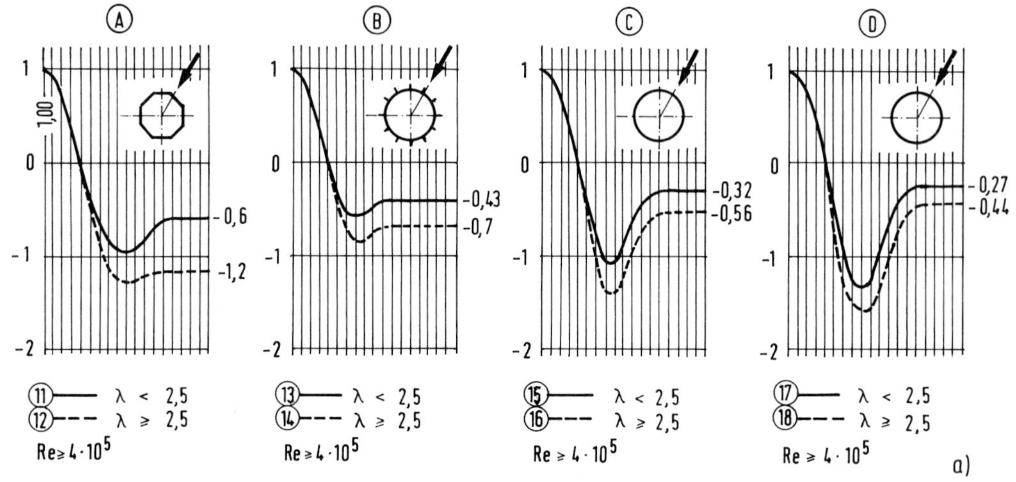

Druckverteilung nach den französischen Windlast-Vorschriften

λ : Bild 26

Nr.	α maxM			β zugehörige Normalkräfte			γ
	M_1	M_2	M_3	N_1	N_2	N_3	max Q
11	+ 0,220	- 0,197	+ 0,163	0,017	+ 0,128	+ 1,118	± 0,457
12	+ 0,230	- 0,208	+ 0,175	0,030	+ 0,375	+ 1,778	± 0,482
13	+ 0,173	- 0,139	+ 0,109	- 0,099	- 0,047	+ 0,768	± 0,372
14	+ 0,201	- 0,169	+ 0,133	- 0,129	+ 0,113	+ 1,120	± 0,430
15	+ 0,246	- 0,218	+ 0,160	+ 0,156	- 0,014	+ 0,779	± 0,518
16	+ 0,290	- 0,263	+ 0,200	+ 0,296	+ 0,153	+ 1,149	± 0,616
17	+ 0,288	- 0,270	+ 0,203	+ 0,263	+ 0,001	+ 0,858	± 0,617
18	+ 0,345	- 0,326	+ 0,259	+ 0,450	+ 0,149	+ 1,214	± 0,755

b)

Bild 25

Umfangsdruckverteilungen hervorgeht, gelten die Verteilungen für unterschiedliche Parameter (glatt-rauh; Re-Zahl; Schlankheit l/d); demgemäß fallen auch die α-, ß- und γ-Beiwerte unterschiedlich aus. Für Stahlschornsteine ist "glatte" Oberfläche anzunehmen.

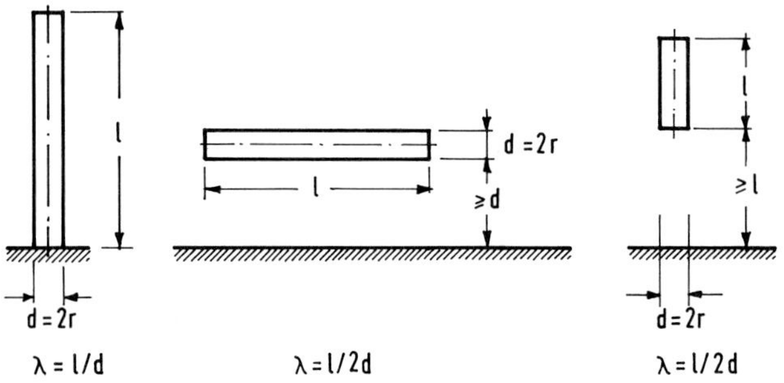

Bild 26

Recht ausführliche Angaben enthält die französische Windlastvorschrift: Deren Druckverteilungen wurden in die ECCS-Windlastempfehlungen übernommen (1978 [22]) und beruhen im wesentlichen auf Windkanalversuchen von PRIS. In Bild 25a sind die Druckverteilungen dargestellt. Die Definition des Schlankheitsparameters ist in Bild 26 angegeben. Für Zwischenwerte von λ darf linear interpoliert werden; das gilt damit auch für die in Bild 25b eingetragenen Beiwerte. Die vier in Bild 25 angegebenen Fälle bedeuten:

A: Prismatische Zylinder mit vieleckigem Querschnitt (n>12), ohne oder mit Längsrippen, mit scharfen oder abgerundeten Kanten. Die Beiwerte sind für diesen Fall Näherungen, da die Ringsteifen keine Kreisform haben;

B: Kreiszylinder mit Längsrippen (mit scharfen Kanten), Rippenbreite: 0,01 bis 0,10·d;

C: Kreiszylinder ohne Rippen mit rauher Oberfläche;

D: Kreiszylinder ohne Rippen mit glatter Oberfläche (für Stahlschornsteine maßgebend).-

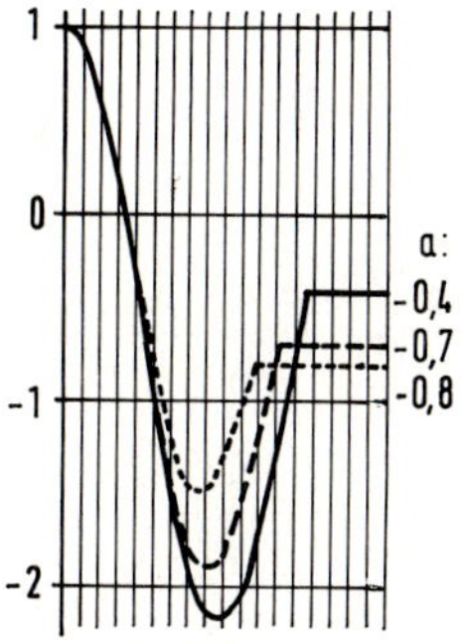

Nr.	α max M M1	M2	M3	β zugehörige Normalkraft N1	N2	N3	γ max Q	
19	+0,443	-0,423	+0,350	+0,931	+0,347	+1,455	±0,893	a
20	+0,360	-0,325	+0,243	+0,694	+0,365	+1,396	±0,744	a
21	+0,279	-0,237	+0,172	+0,422	+0,313	+1,301	±0,579	a
22	+0,454	-0,435	+0,365	+0,965	+0,321	+1,387	±0,913	b
23	+0,379	-0,344	+0,261	+0,759	+0,293	+1,233	±0,779	b
24	+0,296	-0,255	+0,182	+0,488	+0,225	+1,070	±0,613	b

(19)(22) ——— $Re = 5\cdot10^5$
(20)(23) - - - - $Re = 2\cdot10^6$
(21)(24) ········ $Re = 1\cdot10^7$

$10^{-4} > \frac{k}{d} > 10^{-5}$; Schlankheit: a: groß, b: klein

Bild 27 a) b)

In Bild 27a sind die Druckverteilungen der zur neuen Stahlschornstein-Vorschrift gehörenden c_f-Werte eingetragen; die zugehörigen Beiwerte sind unter Nr. 19 bis 21 in der Tabelle des Teilbildes b ausgewiesen. Die Beiwerte unter Nr. 22 bis 24 gehören zu einem anderen Schlankheitsmaß.

In DIN 4133 (08.73) war α=0,503 und ß=1,16 angegeben, übernommen aus [20]. Sofern kein genauerer Nachweis geführt wird, empfiehlt die neue Vorschrift:

$$\underline{\max\alpha = 0{,}5,\ \text{zugehörig}\ \beta = 1{,}1};\quad \underline{\max\beta = 1{,}5,\ \text{zugehörig}\ \alpha = 0{,}35};\quad \underline{\max\gamma = 1{,}0} \tag{45}$$

Hiermit werden die Verhältnisse bei glatter Rohroberfläche und unterschiedlichen Einflußparamtern abgedeckt (vgl. die Auswertungen unter Nr. 1, 3, 5-10, 17, 18, 19-24).-

G.44/45 gilt auch für unausgesteifte Zylinder, d.h. für den Nachweis der Biegespannungen im Mantelblech. a ist dann die Einflußlänge in m in Richtung der Zylinderachse. Der Nachweis des Mantelbleches ist entbehrlich, wenn Ringsteifen angeordnet werden oder wenn bei ringfreien Rohren das Verhältnis Rohrradius zu Blechdicke

$$r/t \leq 160 \tag{46}$$

beträgt. Es empfiehlt sich auch in diesem Falle, einen Biegespannungsnachweis zu führen. Im Mündungsbereich sollte unbedingt eine Ringsteife liegen, vgl. Bild 1.-

In [23] wird der Spannungszustand in zylindrischen Rohren mit Fußeinspannung und freiem Ende unter realer Umfangsdruckverteilung nach der Schalentheorie anaylsiert. Für den Gültigkeitsbereich der Stabtheorie wird hieraus die Empfehlung

$$\left(\frac{l}{r}\right) \geq 30\cdot\log\left(\frac{r}{t}\right) - 10 \tag{47}$$

(approximativ) abgeleitet. - Nach dem neuen DIN-Entwurf für Stahlschornsteine gilt:

$$\left(\frac{l}{r}\right) \geq 0{,}15\left(\frac{r}{t}\right) + 10 \tag{48}$$

Wertet man die Kriterien aus, ergeben sich relativ stark voneinander abweichende Ergebnisse. Das Kriterium nach G.47 ist strenger. Es beruht auf der Analyse ringsteifenloser Rohre! Solche erleiden bei großer Schlankheit der Wandung (r/t) große Querschnittsverformungen und -verwölbungen. Das Rohr muß demgemäß seinerseits eine große Erstreckung (l/r) aufweisen, soll die elasto-statische Stabtheorie gelten, insofern sind beide Kriterien plausibel. Andererseits ist zu bedenken, daß die Wölbspannungen im Einspannquerschnitt bei vorwiegend ruhender Beanspruchung keinen Einfluß auf die Grenztragfähigkeit des Quer-

Berechnungsformeln für Stahlschornsteine

I. Übergangsbereiche: Rohr/Konus (Zylinder/Kegel)

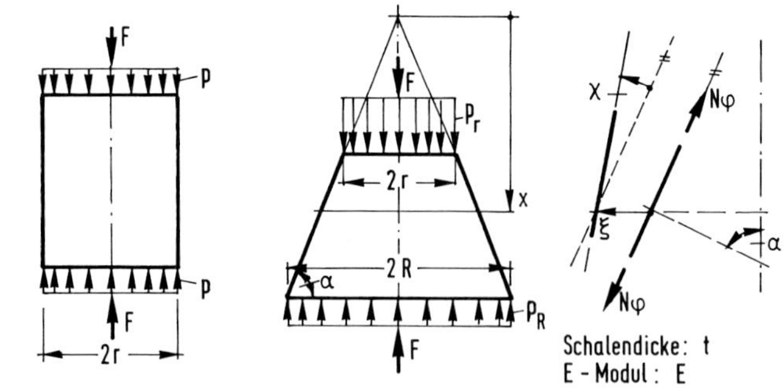

Berechnung der Schalenbiegespannungen nach dem Ersatzkugelschalenverfahren.

Definition der Schnitt- und Verformungsgrößen

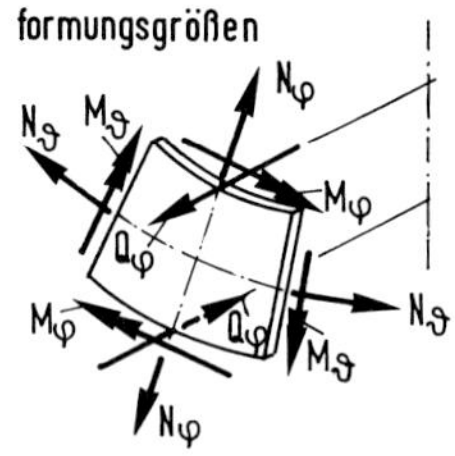

Schalendicke: t
E-Modul: E
Querdehnzahl: μ
Temperaturdehnzahl: α_t

Membranzustand: Zylinderschale
Druckkraft F:

$$p = \frac{F}{2\pi r};\quad N_\varphi = -p = -\frac{F}{2\pi r};\quad N_\vartheta = 0.\quad Et\xi = \mu p r = \mu\frac{F}{2\pi};\quad \chi = 0$$

Temperaturerhöhung um T:

$$N_\varphi = N_\vartheta = 0;\quad Et\xi = Et\alpha_t T r;\quad \chi = 0$$

Membranzustand: Kegelschale
Druckkraft F:

$$p_r = \frac{F}{2\pi r};\quad p_R = \frac{F}{2\pi R};\quad N_\varphi = -\frac{F}{2\pi\cos\alpha\cdot x};\quad N_\vartheta = 0.\quad Et\xi = \mu\frac{F}{2\pi\sin\alpha};\quad Et\chi = -\frac{F}{2\pi\sin\alpha\cdot x}$$

Temperaturerhöhung um T:

$$N_\varphi = N_\vartheta = 0;\quad Et\xi = Et\alpha_t\cdot T\cdot\cot\alpha\cdot x;\quad \chi = 0$$

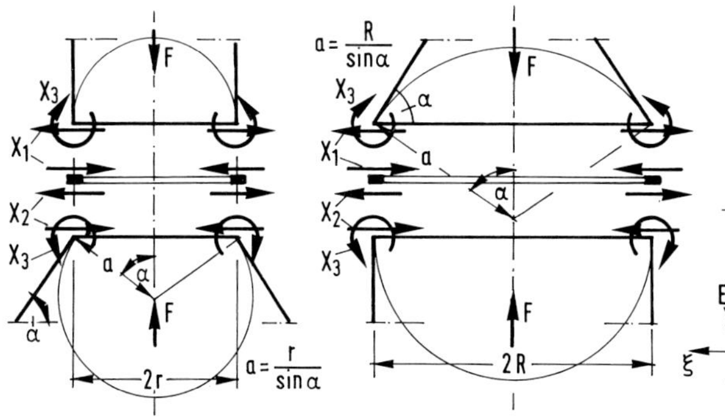

Ersatz der Zylinder- und Kegelschalen durch Kugelschalen, die tangential an den jeweiligen Randbereich anschließen.

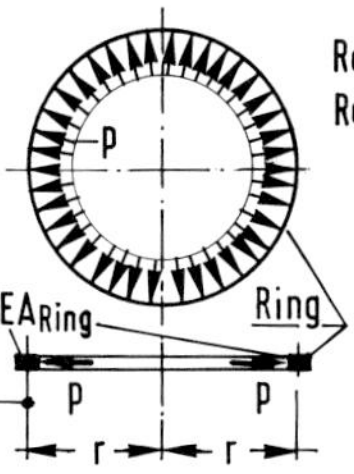

Ringsteife

Radialverschiebung infolge Radialbelastung p.

$$\xi = \frac{pr^2}{EA_{Ring}};\quad N_\vartheta = p\cdot r$$

$$\chi = 0$$

Krempelsteifigkeit kann vernachlässigt werden.

II. Querschnittswerte für Rohrquerschnitte mit Öffnungen

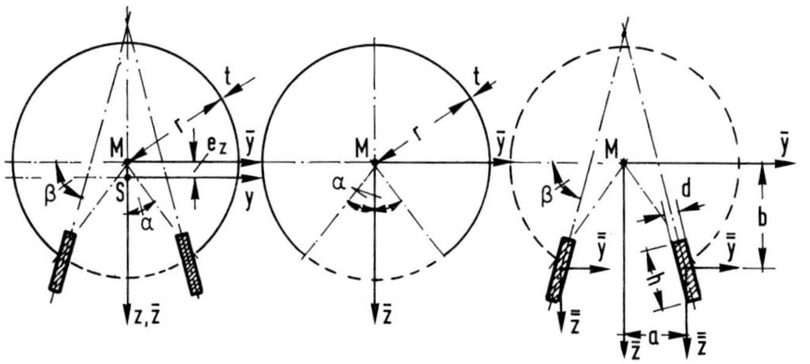

Kreisquerschnitt mit Öffnung:

$A = 2(\pi-\alpha)\cdot r t;\quad S_{\bar{y}} = -2\sin\alpha\cdot r^2 t$

$I_{\bar{y}} = [(\pi-\alpha) - \sin\alpha\cos\alpha]\, r^3 t$

$I_{\bar{z}} = [(\pi-\alpha) + \sin\alpha\cos\alpha]\, r^3 t$

Zwei Steifenquerschnitte:

$A = 2dh;\quad I_{\bar{\bar{y}}} = 2\cdot\frac{dh}{12}\cdot(h^2\sin^2\beta + d^2\cos^2\beta)$

$I_{\bar{\bar{z}}} = 2\cdot\frac{dh}{12}\cdot(h^2\cos^2\beta + d^2\sin^2\beta)$

bezogen auf $\bar{y}, \bar{z}$: $S_{\bar{y}} = 2\cdot dh\cdot b$

$I_{\bar{y}} = I_{\bar{\bar{y}}} + A b^2;\quad I_{\bar{z}} = I_{\bar{\bar{z}}} + A a^2$

Gesamtquerschnitt: $A = 2(\pi-\alpha)rt + 2\cdot dh;\quad S_{\bar{y}} = -2\sin\alpha\, r^2 t + 2\cdot dh\cdot b;\quad e_z = S_{\bar{y}}/A$

$I_y = I_{\bar{y}\frown} + I_{\bar{y},\,\backslash\,/} - (A_\frown + A_{,\,\backslash\,/})\cdot e_z^2;\quad I_z = I_{\bar{z}\frown} + I_{\bar{z},\,\backslash\,/};$ im Falle ▯ ▯ β = 0

Reihenfolge der Berechnung: r, t, α; d, h, a, b, β; Querschnittswerte bezogen auf $\bar{y}, \bar{z}$; Umrechnung auf y, z.

schnittes haben. Die Wölbspannungsspitzen plastizieren, wie die Schweißeigenspannungen, heraus. - Das Kriterium G.48 ist n.M.d.V. akzeptabel, ggf. sollte der Vorwert 0,15 durch 0,10 ersetzt werden. Insgesamt muß eingestanden werden, daß die Frage der Abgrenzung "Stabtheorie - Schalentheorie" noch nicht befriedigend abgeklärt ist.

23.2.8 Beispiele und Ergänzungen

Tafel 23.2 enthält Berechnungshinweise zur Ermittlung der Schalenstörspannungen in Rohr-Konus-Übergangsbereichen nach dem "Ersatzkugelschalen-Verfahren" (vgl. Abschnitt 22.7.2 und das dort behandelte Beispiel) sowie Formeln für den Spannungsnachweis in Rohrquerschnitten mit Öffnungen und rechteckigen Randsteifen.

1. Beispiel: Temperaturspannungen im Fußbereich

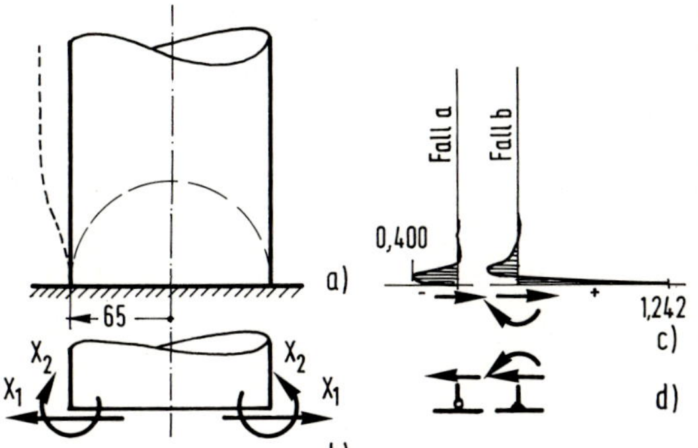

Bild 28

Das Mantelrohr eines Stahlschornsteines mit r=650mm, t=6mm erfährt im Fußbereich eine Temperaturerhöhung um T=45°C. Bild 28a zeigt das Berechnungsmodell mit der Ersatzkugelschale: Fall I, a=r=65cm, α=90° (vgl. Tafel 23.2 und Tafel 22.1):

$$\varkappa = \sqrt[4]{3(1-0{,}3^2)}\cdot\sqrt{\frac{65}{0{,}6}} = 1{,}285\sqrt{\frac{65}{0{,}6}} = \underline{13{,}38}$$

Für die Temperaturerhöhung T und die Randangriffe $X_1=1$ und $X_2=1$ (siehe Teilbild b) ergeben sich die Verschiebungsgrößen für die Aufstellung der Elastizitätsgleichungen zu (vgl. Tafel 22.1):

$$Et\delta_{10} = Et\cdot\alpha_t\cdot T\cdot r = 21000\cdot 0{,}6\cdot 12\cdot 10^{-6}\cdot 45\cdot 65 = \underline{442\ [kN]};\quad Et\delta_{20} = \underline{0}$$

$$\text{Zustand } X_1=1:\ Et\delta_{11} = 1\cdot 65\cdot 2\cdot 13{,}38 = \underline{1739\ [cm]},\quad Et\delta_{21} = 1\cdot 2\cdot 13{,}38^2 = \underline{358\ [1]}$$

$$\text{Zustand } X_2=1:\ Et\delta_{22} = 1\cdot 4\cdot 13{,}38^3/65 = \underline{147\ [1/cm]},\quad Et\delta_{12} = 1\cdot 2\cdot 13{,}38^2 = \underline{358\ [1]}$$

Bei der vorliegenden Temperatur erfährt der Elastizitätsmodul noch keine Abminderung. Es werden zwei Fälle untersucht:

Fall a: Gelenkige Lagerung des Rohrmantels im Fußpunkt (vgl. [24]):

$$X_1\delta_{11} + \delta_{10} = 0 \longrightarrow 1739\cdot X_1 + 442 = 0 \longrightarrow \underline{X_1 = -0{,}25\ kN/cm}$$

Fall b: Starre Einspannung des Rohrmantels im Fußpunkt:

$$X_1\cdot\delta_{11} + X_2\cdot\delta_{12} + \delta_{10} = 0:\quad 1739\cdot X_1 + 358\cdot X_2 + 442 = 0$$
$$X_1\cdot\delta_{21} + X_2\cdot\delta_{22} + \delta_{20} = 0:\quad 358\cdot X_1 + 147\cdot X_2 + 0 = 0$$

Lösung: $\underline{X_1 = -0{,}51\ kN/cm}$; $\underline{X_2 = +1{,}242\ kNcm/cm}$

In Bild 28c ist beispielhaft der Verlauf des Radialmomentes für beide Fälle eingezeichnet (M_φ nach Tafel 22.1); der kurze Einflußbereich geht hieraus hervor. Die Spannungen haben den Charakter von Störspannungen. Selbst wenn bei sehr hoher Temperatur Plastizierungen auftreten, haben diese auf die Tragfähigkeit des Rohrquerschnittes keinen Einfluß. Derartige Temperaturspannungen treten auch an vielen anderen Stellen des Schornsteines auf. Kühlt sich der Schornstein bei Stillegung der Feuerstelle ab, folgen die Spannungen in den einzelnen Fasern der Entlastungsgeraden im σ-ε-Diagramm, es verbleiben Restspannungen. Von diesen aus bauen sich die Spannungen wieder auf, wenn der Schornstein erneut aufgeheizt wird. Alternierende Plastizierung liegt nicht vor. Kurzzeitermüdungsrisse sind an solchen Stellen nicht zu erwarten, hierzu müßte der Wechsel Aufheizung⇄Abkühlung vieltausendmal erfolgen. - Die Abschätzung der Temperaturerhöhung im Fußbereich ist schwierig, i.a. wird das Fuchsrohr in einer gewissen Entfernung oberhalb der Fußkonstruktion angeschlossen. Ein gewisses Problem stellt die Beanspruchung der Anker durch die bei der Temperaturerhöhung entstehenden Randschnittgrößen X_1 und X_2 dar. Sie verursachen ein Krempelmoment. Dieses wird vorrangig von der Fußkonstruktion (Fußplatte und -ring) aufgenommen. Liegt der Ankerkranz außerhalb des Schornsteines, tritt eine "Entlastung" der Anker ein (vgl. Bild 28d). - Wird das Rohr ring- und rippenlos direkt auf die Fußplatte aufgeschweißt, sollte die Naht als versenkte Naht (K-Naht) ausgeführt werden, wenn mit hohen Temperaturen an dieser Stelle gerechnet werden muß.

2. Beispiel: Querschnittswerte eines Schornsteines mit Ausschnitt. Bild 29 zeigt den Querschnitt mit den Randsteifen ▯400·20. Ausgehend von den Formeln auf Tafel 23.2 (unten) wird gerechnet:

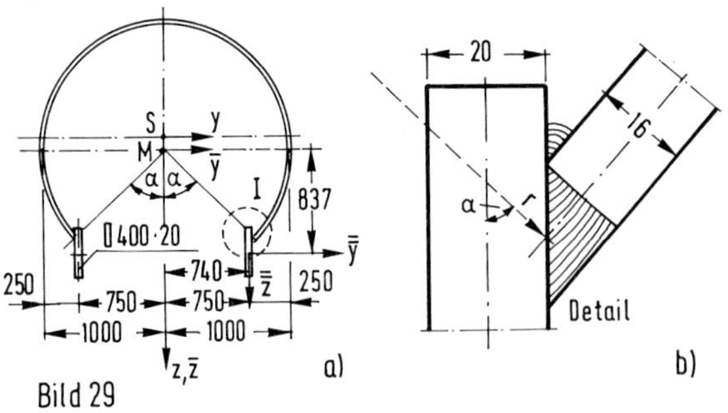

Bild 29

$r = 1000\,mm,\ t = 16\,mm,$

$\sin\alpha = 750/1000 = 0{,}7500 \longrightarrow$

$\alpha = 48{,}59°,\ \hat{\alpha} = 0{,}8481,\ \cos\alpha = 0{,}6614$

$d = 20\,mm,\ h = 400\,mm;$

$a = 740\,mm,\ b = 837\,mm,\ \beta = 90°$

Bezogen auf das im Kreismittelpunkt M orientierte Achsenkreuz $\bar{y}$, $\bar{z}$ folgt für das Rohr:

$$A = 2(\pi - 0{,}8481)\cdot 100\cdot 1{,}6 = 2\cdot 2{,}293\cdot 1{,}000\cdot 1{,}6 = \underline{733{,}9\,cm^2},\quad S_{\bar{y}} = -2\cdot 0{,}7500\cdot 100^2\cdot 1{,}6 = \underline{-24000\,cm^3}$$

$$I_{\bar{y}} = [(\pi - 0{,}8481) - 0{,}7500\cdot 0{,}6614]\cdot 100^3 1{,}6 = \underline{2\,875\,100\,cm^4},\quad I_{\bar{z}} = [(\pi - 0{,}8481) + 0{,}7500\cdot 0{,}6614]\cdot 100^3 1{,}6 = \underline{4\,463\,300\,cm^4}$$

Als nächstes werden die Eigenträgheitsmomente für die Steifen bestimmt und dann auf das Achsenkreuz $\bar{y}$, $\bar{z}$ umgerechnet:

$$A = 2\cdot 2{,}0\cdot 40 = 2\cdot 80 = \underline{160\,cm^2}$$

$$I_{\bar{\bar{y}}} = 2\cdot\frac{dh^3}{12} = 2\cdot\frac{2{,}0\cdot 40^3}{12} = 2\cdot 10\,667 = \underline{21\,333\,cm^4};\quad I_{\bar{\bar{z}}} = 2\cdot\frac{d^3h}{12} = 2\cdot\frac{2{,}0^3\cdot 40}{12} = 2\cdot 26{,}7 = \underline{53\,cm^4};$$

$$I_{\bar{y}} = 21\,333 + 160\cdot 83{,}7^2 = 21\,333 + 1\,120\,910 = \underline{1\,142\,243\,cm^4},\ I_{\bar{z}} = 53 + 160\cdot 74{,}0^2 = 53 + 876\,160 = \underline{876\,213\,cm^4}$$

$$S_{\bar{y}} = 160\cdot 83{,}7 = \underline{13\,392\,cm^3}$$

Schwerpunktlage des Gesamtquerschnittes und Berechnung der Hauptträgheitsmomente:

$$A = 733{,}9 + 160 = \underline{893{,}90\,cm^2},\quad S_{\bar{y}} = -24\,000 + 13\,392 = \underline{-10\,608\,cm^3} \longrightarrow e_z = -\frac{10\,608}{893{,}9} = \underline{-11{,}87\,cm}$$

$$I_y = 2\,875\,100 + 1\,142\,243 - 893{,}9\cdot 11{,}87^2 = \underline{3\,891\,457\,cm^4};\ I_z = 4\,463\,300 + 876\,213 = \underline{5\,339\,513\,cm^4}$$

Für den ungeschwächten Rohrquerschnitt gilt:

$$A = 2\pi 100\cdot 1{,}6 = \underline{1005{,}3\,cm^2},\quad I = \pi 100^3 1{,}6 = \underline{5\,026\,548\,cm^4}$$

Offensichtlich wird die Querschnittsschwächung durch die Steifen (bei Biegung um die y-Achse) nicht vollständig kompensiert. Wenn die zulässigen Spannungen eingehalten werden, ist das auch nicht notwendig; beim Spannungsnachweis ist zu beachten, daß die lotrechte Eigenlast gegenüber dem Schwerpunkt S die Exzentrizität e_z aufweist. - Rechtecksteifen sind beulgefährdet! Es ist $(h/d) \leq zul(h/d)$ nachzuweisen. Bei größerer Schlankheit empfiehlt es sich, einen Winkelquerschnitt für die Steifen zu wählen oder durch Einbau eines Schrägbleches einen torsionssteifen Querschnitt auszuführen.

23.2.9 Montagestöße

23.2.9.1 Laschenstöße - Flanschstöße

Bei größeren Schornsteinhöhen sind i.a. Montage-(Baustellen-)Stöße erforderlich. Es werden entweder

- Schweißstöße mit Stumpfnaht in V- oder X-Form (bei Großanlagen 100% HS-geprüft, Güte CS bis CD) oder
- Schraubstöße mit Laschen oder Ringflanschen ausgeführt.

Laschenstöße werden als SLP-, GV- oder GVP-Schraubverbindungen ausgebildet (Bild 30a). Laschenstöße erfordern einen relativ hohen Fertigungsaufwand, die umlaufende Stoßlasche liegt i.a. außenseitig; die Schraubenbeanspruchung ist dann einschnittig. Es läßt sich eine hohe Tragfähigkeit und Steifigkeit erreichen; die Störung des Spannungszustandes im Mantelrohr ist gering. Nachteilig ist die Lochschwächung des Mantels im Biegezugbereich.

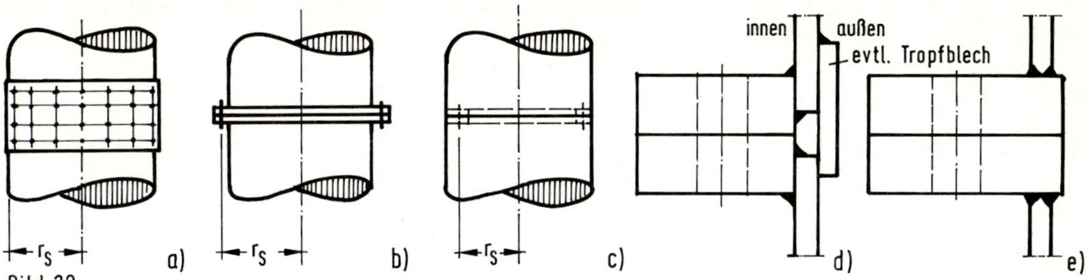

Bild 30

Der Beitrag der Lasche zur Beulaussteifung ist relativ gering.

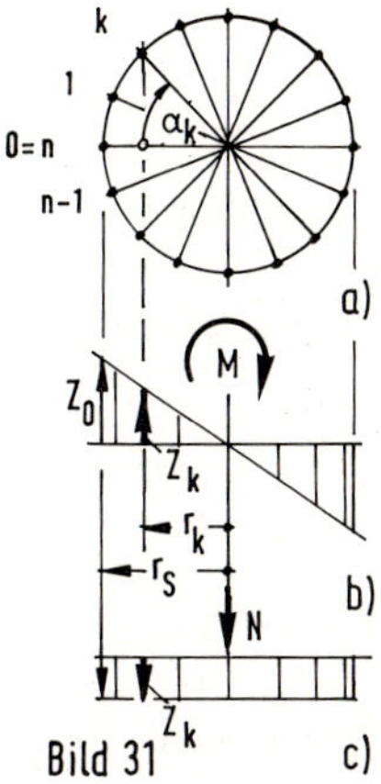

Bild 31

Die Kraft in der durch das Biegemoment am höchsten beanspruchten Schraube folgt aus (vgl. Bild 31 und Abschnitt 23.2.10.2):

$$\sum_{k=1}^{n} Z_k \cdot r_S \cdot \cos\alpha_k = M; \quad Z_k = Z_0 \cos\alpha_k \longrightarrow Z_0 = \frac{1}{\Sigma \cos^2\alpha_k} \cdot \frac{M}{r_S} = \frac{2}{n} \cdot \frac{M}{r_S} \qquad (49)$$

$Z_0 (=Z_n)$ ist die max Schraubenkraft (in der Symmetrieebene liegend). Die Anzahl der Schrauben ist n (vgl. Bild 31a). r_S ist der Rohrmantelaußenradius. - Der Normalkraftanteil pro Schraube wird additiv überlagert (auf der Biegedruckseite).

Flanschstöße werden mit Ringflanschen und vorgespannten hochfesten Schrauben der Güte 10.9 (i.a. in verzinktem Zustand) ausgeführt. Dabei werden einseitige Flansche bevorzugt, vgl. Bild 30b bis e (aus Montage- und Korrosionsschutzgründen innenseitig). Statisch günstiger sind außenliegende Flansche. Die Ringflansche werden in der Werkstatt an den Mantel angeschweißt, dadurch erhält das Rohr die wünschenswerte Formstabilität für Transport und Montage. Bild 30d/e zeigt Ausführungsvarianten. Die Flansche werden in Dickenrichtung auf Zug beansprucht; diesbezüglich ist die Ausführung gemäß Bild 30d günstiger zu bewerten. Bei dieser Ausführung bereitet es allerdings Schwierigkeiten, den Mantel umlaufend ohne Fuge, also auf Paßsitz, anzubringen. - Die Schrauben sollten so nahe wie möglich am Mantel liegen. - Vor dem Verschweißen wird das Flanschpaar durch Heftschrauben miteinander verbunden, dann wird nach definiertem Schweißfolgeplan geschweißt, fallweise werden Rippen eingeschweißt. Nach Lösen der Heftschrauben sollten die Flansche planparallel liegen. Ein Überspannen klaffender Fugen ist für die Schrauben (wegen der hiermit verbundenen Biegung) schädlich und unzulässig (Bild 32b) und zudem aussichtslos, insbesondere bei verrippten Flanschen (auf hierauf beruhende Schadensfälle sei warnend hingewiesen).

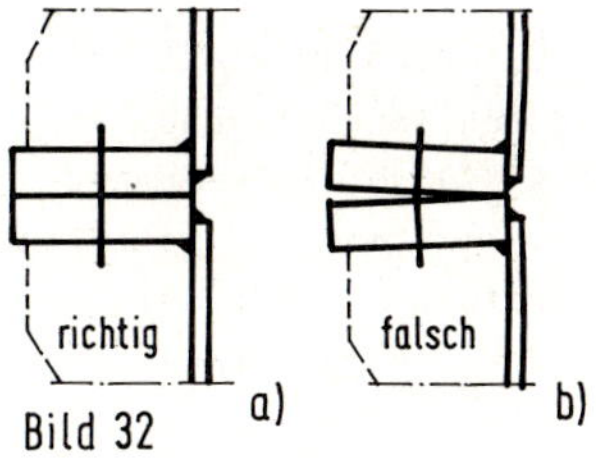

Bild 32

Sind rippenlose Flansche vorgesehen (was aus Kostengründen angestrebt wird), sind die Flansche ausreichend dick zu dimensionieren. Die Hebelwirkung der exzentrisch zum Rohrmantel liegenden Schrauben ist zu berücksichtigen. - Verbindungen, wie in Bild 33 dargestellt, mit "definierten Kontaktflächen" (wie im EUROCODE 3 empfohlen [25]), sind n.M.d.V. ungeeignet. Sie sind zum einen nicht korrosionsgerecht, zum anderen erhalten die relativ dünnen Flansche und die Schrauben (beim Anziehen und Vorspannen) eine unnötige Biegung. Das gilt insonderheit für die Ausführung gemäß Bild 33a. - Auf den Einsatz von nicht vorgespannter Schrauben, wie in [3] abgehandelt, sollte grundsätzlich verzichtet werden! In solchen Stößen entsteht auf der Biegezugseite eine klaffende Fuge. Infolge der vergleichsweise großen Nachgiebigkeit der Schrauben und Flansche verlagert sich die Nullinie der Fuge in Richtung des Biegedruckrandes (Bild 34). Hierdurch entstehen lokal

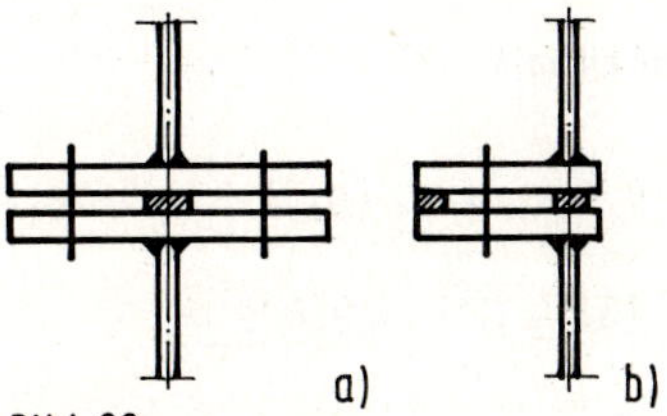

Bild 33

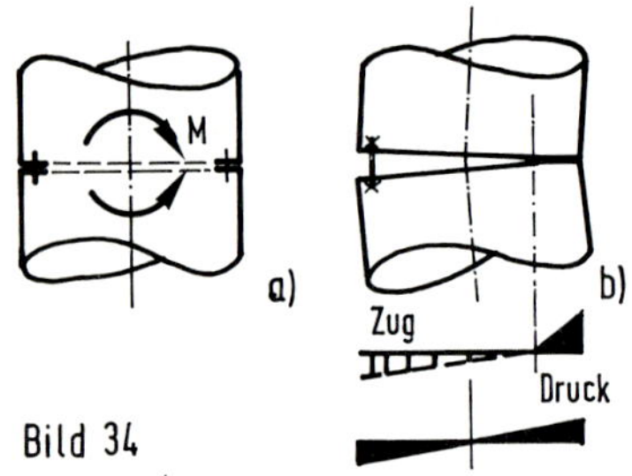

Bild 34

höhere Biegedruckspannungen. Die Klaffung bedeutet eine Anamolie des Rohrmantelspannungszustandes. Die Schrauben werden auf Zugschwellen beansprucht, verstärkt durch die mit der Flanschbiegung einhergehende Biegebeanspruchung der Schraubenbolzen. Die Ermüdungsfestigkeit der Schrauben ist gering. Daher sollten planmäßig vorgespannte hochfeste Schrauben verwendet werden. Die vorgespannte geschraubte Flanschverbindung wird mittels der in Abschnitt 9.7.4 entwickelten Theorie nachgewiesen. Hierzu wird die max Zugkraft nach G.49 berechnet. Im Falle außenliegender Schrauben ist r_S gleich dem Radius bis zur Mantelmittellinie, bei innenliegenden Schrauben sollte r_S gleich dem Radius des Schraubenkranzes gewählt werden. Da die Krempelsteifigkeit der Ringe außer Ansatz bleibt, liegt die Rechnung auf der sicheren Seite. Die Drehfederkonstante des Mantelbleches für den Einflußbereich einer Schraube ist jenes Moment, welches einen Randdrehwinkel $\varphi=1$ bewirkt. c sei die Einflußbreite (Bild 35). Für zentralsymmetrische Randbiegung beträgt K (vgl. Bild 36):

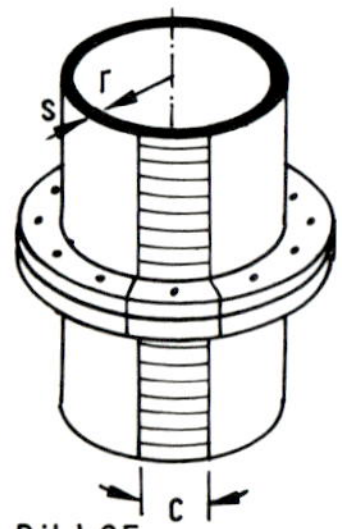

Bild 35

$$K = \frac{Ecs^3}{4\sqrt[4]{[3(1-\mu^2)]}\sqrt{r\cdot s}} = \frac{Ecs^3}{8{,}50\cdot\sqrt{r\cdot s}} \qquad (50)$$

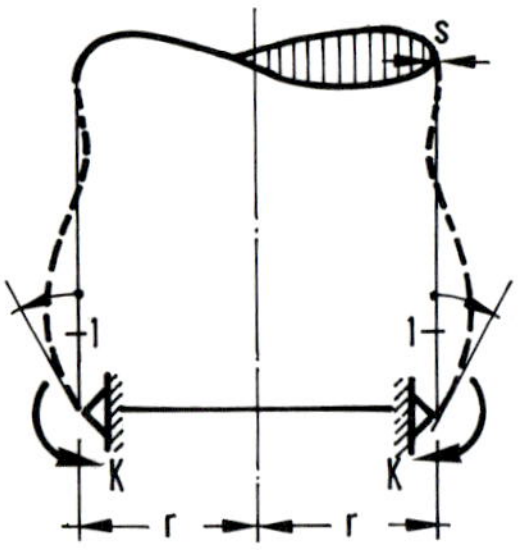

Bild 36

E ist der E-Modul, s die Manteldicke, r der mittlere Mantelradius und c die Einflußbreite pro Schraube. Der rechtsseitige Term von G.50 gilt für $\mu=0{,}3$. K ergibt sich in der Einheit kNcm/1. Beim Ansatz von E ist ggf. der Temperatureinfluß zu berücksichtigen. Da der Einfluß der drehelastischen Einspannung gering ist, kann G.50 auch für antimetrische Biegung angesetzt werden.

22.2.9.2 Beispiel: Montagestoß (Bild 37): Wanddicke des Rohres s=20mm, mittlerer Radius r=1852mm, Flansch innenliegend. Radius des Schraubenkranzes: 1852-10-47,5=1795mm. Schraubenabstand (bezogen auf die Mantelmittellinie) 110mm. Maximale Zugspannung im Blech: 7,29kN/cm²; somit Kraft pro Schraube: 7,29·11,0·2,0=160,4kN. Umrechnung auf den inneren Schraubenkranz (s.o.):

$$Z = 160{,}4\cdot\frac{1852{,}0}{1795} = 165{,}5\,\text{kN}$$

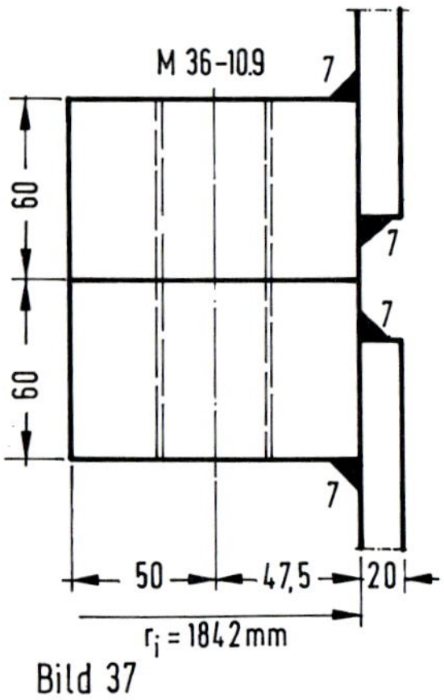

Bild 37

Es wird gerechnet (Abschnitt 9.7.4.2/3): a=50mm, b=47,5+10=57,5mm, E=21000kN/cm², t=60mm, c=110mm, s=20mm, Schrauben M36-10.9, F_V=510kN.

Flansch:

$$EI = 21\,000\cdot\frac{11{,}0\cdot 6{,}0^3}{12} = 21000\cdot 198 = \underline{4{,}158\cdot 10^6\ \text{kNcm}^2}$$

Drehfederkonstante K (G.50):

$$K = \frac{21000\cdot 11{,}0\cdot 2{,}0^3}{8{,}50\sqrt{185{,}2\cdot 2{,}0}} = 11\,298\ \text{kNcm/1}$$

Druckfeder: Flansch mit Unterlegscheiben (Ø66, DIN 6916): D=6,6cm, d=3,7cm, l=2·6,0=12,0cm.

$$EA_{D1} = 21000\cdot\frac{\pi}{4}\left[(6{,}6+\frac{12{,}0}{10})^2 - 3{,}7^2\right] = \underline{7{,}776\cdot 10^5\ \text{kN}}, \qquad EA_{D2} = 21000\cdot\frac{\pi}{4}\cdot(6{,}6^2 - 3{,}7^2) = \underline{4{,}926\cdot 10^5\,\text{kN}}$$

$$C_{D1} = \frac{EA_{D1}}{l} = \frac{7{,}776\cdot 10^5}{12{,}0} = \underline{6{,}480\cdot 10^4\text{kN/cm}};\ C_{D2} = \frac{EA_{D2}}{s} = \frac{4{,}926\cdot 10^5}{0{,}6} = \underline{8{,}211\cdot 10^5\text{kN/cm}};\ C_D = \frac{1}{\frac{1}{6{,}648\cdot 10^4}+\frac{2}{8{,}211\cdot 10^5}} = \underline{5{,}722\cdot 10^4\text{kN/cm}}$$

Zugfeder (Schraube):
$$C_S = \frac{EA_{Schraube}}{l} = \frac{21000\cdot 10{,}18}{12{,}0+2\cdot 0{,}6} = \underline{1{,}620\cdot 10^4\,\text{kN/cm}}$$

Verteilungszahlen:
$$C = C_D + C_S = 5{,}722\cdot 10^4 + 1{,}620\cdot 10^4 = \underline{7{,}342\cdot 10^4\,\text{kN/cm}}$$

$$p = \frac{C_S}{C} = \frac{1{,}620\cdot 10^4}{7{,}342\cdot 10^4} = \underline{0{,}2206}\;;\quad q = \frac{5{,}722\cdot 10^4}{7{,}342\cdot 10^4} = \underline{0{,}7794}\;;\quad p+q = 1{,}000$$

Nach Abschnitt 9.6.4.2, daselbst G.71-73:

$$\gamma = \frac{a}{b} = \frac{50}{57{,}5} = \underline{0{,}8696};\quad \delta = \frac{2Cab^2}{EI} = \frac{2\cdot 5{,}722\cdot 10^4\cdot 5{,}0\cdot 5{,}75^2}{4{,}158\cdot 10^6} = \underline{4{,}550};\quad \varepsilon = \frac{Kb}{EI} = \frac{11298\cdot 5{,}75}{4{,}158\cdot 10^6} = \underline{1{,}563\cdot 10^{-2}}$$

$$\beta = \frac{Zb^2}{EI} = \frac{5{,}75^2}{4{,}158\cdot 10^6}\cdot Z = 7{,}951\cdot 10^{-6}\cdot Z \qquad 1+\frac{1}{\varepsilon}+\frac{\gamma}{3} = 1+\frac{1}{1{,}563\cdot 10^{-2}}+\frac{0{,}8696}{3} = \underline{65{,}27}$$

$$\alpha = \frac{\left[\frac{1}{2}+\frac{1}{\varepsilon}+(1+\frac{1}{\varepsilon}+\frac{\gamma}{3})\gamma\right]\delta}{1+(1+\frac{1}{\varepsilon}+\frac{\gamma}{3})\gamma\delta}\cdot\beta = \frac{\left[\frac{1}{2}+\frac{1}{1{,}563\cdot 10^{-2}}+65{,}27\cdot 0{,}8696\right]\cdot 4{,}550}{1+65{,}27\cdot 0{,}8696\cdot 4{,}550}\cdot 7{,}951\cdot 10^{-6}\cdot Z = \underline{1{,}692\cdot 10^{-5}\cdot Z}$$

$$F = \alpha\cdot\frac{EI}{b^2} = 1{,}692\cdot 10^{-5}\cdot\frac{4{,}158\cdot 10^6}{5{,}75^2}\cdot Z = \underline{2{,}128\cdot Z}$$

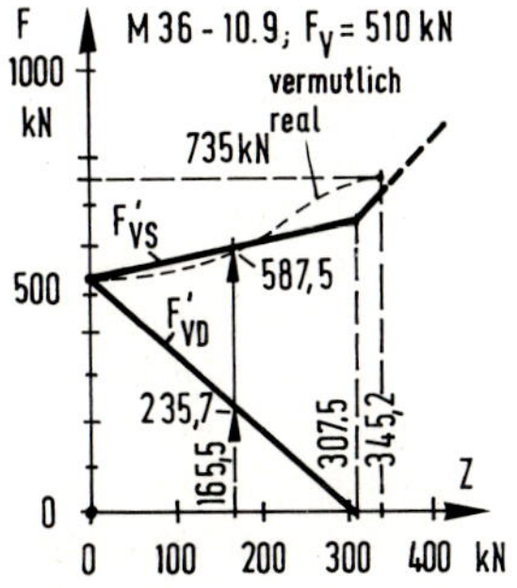

Bild 39

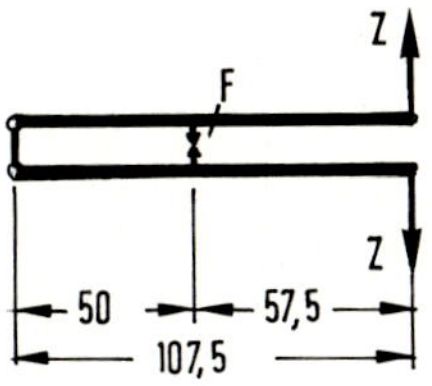

Bild 38

Geht man von dem in Bild 38 dargestellten Modell aus, folgt:

$$Z\cdot 10{,}75 - F\cdot 5{,}0 = 0 \longrightarrow \underline{F = 2{,}150\cdot Z}$$

Der Unterschied gegenüber dem die Biegesteifigkeit des Mantels erfassenden Wert ist sehr gering: Mit dem Modell nach Bild 38 liegt man auf der sicheren Seite. Die Einspannwirkung durch das Mantelblech wird bedeutender, wenn die Flanschringe schwächer sind.
Bild 39 zeigt die Auswertung der weiteren Rechnung:
Für Z=165,5kN werden die Kräfte in der Zugfeder (Schraube) und Druckfeder berechnet:

$$Z=0:\ F_{VS} = F_{VD} = F_V = \underline{510\,\text{kN}} \longrightarrow Z = 165{,}5\,\text{kN}:\ F = 2{,}128\cdot Z = 2{,}128\cdot 165{,}5 = \underline{352{,}5\,\text{kN}}$$

$$F'_{VS} = F_V + p\cdot F = 510 + 0{,}2206\cdot 352{,}0 = \underline{587{,}7\,\text{kN}};\quad F'_{VD} = F_V - q\cdot F = 510 - 0{,}7794\cdot 352 = \underline{235{,}7\,\text{kN}}$$

Kritische Zugkraft, unter der die Verbindung klafft:

$$F'_{VD} = 0 \longrightarrow F_V - qF = 0 \longrightarrow Z_{krit.} = \underline{307{,}5\,\text{kN}},\quad F'_{VS} = \underline{654{,}4\,\text{kN}}$$

Gegenüber dieser Kraft wird (im Gebrauchszustand) eine Sicherheit von 307,5/165,5=1,86 eingehalten. Die Kraft in der Schraube schwankt zwischen 587,5 und 510kN, das ist eine Spanne von 77,5kN: $\Delta\sigma$=77,5/8,17=9,49kN/cm², σ_a=4,75kN/cm². (σ_{aD} beträgt mindestens 9,0kN/cm² (Abschnitt 9.8).)

Tragsicherheitsnachweis (Abschnitt 9.6.4.3):

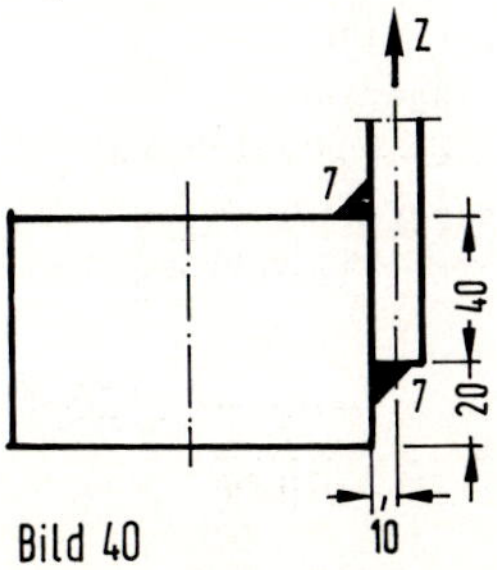

Bild 40

$$Z_U = \frac{F_{Pl}\cdot a + M_{Pl,3}}{a+b};\quad F_{Pl} = A_S\beta_S = 8{,}17\cdot 90 = \underline{735\,\text{kN}}$$

$$M_{Pl,3} = \sigma_F\cdot W_{Pl,3} = 24\cdot 11{,}0\cdot 1{,}5^2/4 = \underline{148{,}5\,\text{kNcm}},\quad N_{Pl,3} = \sigma_F\cdot A = 24\cdot 11{,}0\cdot 1{,}5 = \underline{396\,\text{kN}}$$

$$M_{Pl,3;M/N} = [1-(\frac{N}{N_{Pl}})^2]\cdot M_{Pl,3} = 0$$

Nach kurzer Iteration folgt: $N = Z_U = \underline{345\,\text{kN}}$: $\gamma = 345/165{,}5 = \underline{2{,}08}$

$$M_{Pl,3;M/N} = \left[1-(\frac{345}{396})^2\right]148{,}5 = \underline{35{,}78\,\text{kNcm}};\quad Z_U = \frac{735\cdot 5{,}0 + 35{,}78}{5{,}0+5{,}75} = \underline{345{,}2\,\text{kN}}$$

Nachweis der Schweißnaht (hier unter Gebrauchslast nach dem zul σ-Konzept):

$$M = 160{,}0 \cdot 0{,}100 = 16{,}0\,\text{kNcm};\quad A_w = 0{,}7 \cdot 11{,}0 = 7{,}70\,\text{cm}^2;\quad H = M/4{,}0 = 16{,}0/4{,}0 = 4{,}0\,\text{kN}$$

$$\tau_{\updownarrow} = 160/2 \cdot 7{,}70 = 10{,}39\,\text{kN/cm}^2$$

$$\tau_{\leftrightarrow} = 4{,}0/7{,}70 = 0{,}52\,\text{kN/cm}^2 \qquad \tau = 10{,}39 + 0{,}52 = \underline{10{,}91\,\text{kN/cm}^2}$$

23.2.10 Schornstein-Verankerung

23.2.10.1 Konstruktionsformen

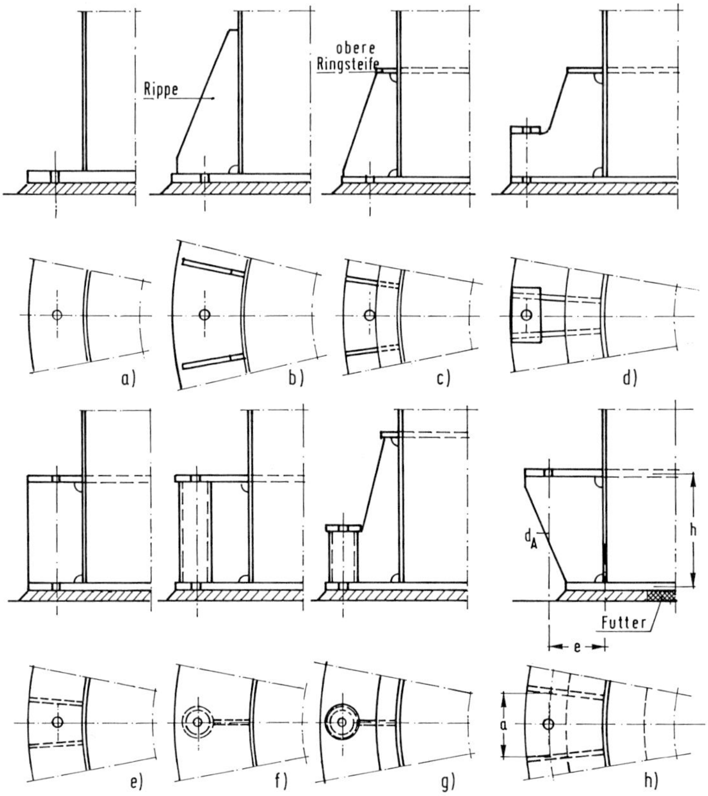

Bild 41

Bei ebenerdiger Aufstellung werden Stahlschornsteine mittels Ankerbolzen auf dem Fundament aufgeschraubt. Dazu wird der Ankerkorb innerhalb des Fundamentes mit Hilfe von Schablonen fixiert und anschließend einbetoniert. Bild 41 zeigt acht verschiedene Fußausbildungen. Eine Verankerung mittels unausgesteifter Grundplatte kommt nur für kleine Objekte in Frage (Teilbild a). Bei Anordnung von Rippen kann die Fußplatte schwächer ausfallen (b). Zweckmäßig ist es in einem solchen Falle, eine obere Ringsteife anzuordnen, um das Versatzmoment aus der exzentrischen Schraubenlage aufnehmen zu können (c).

Wie anschließend erläutert wird, ist es grundsätzlich empfehlenswert, die Anker vorzuspannen und den Verschraubungspunkt in die Höhe der oberen Ringsteife zu verlegen. Die in Teilbild e dargestellte Lösung ist günstiger als die Lösung gemäß Teilbild d. Die in Teilbild f skizzierte Lösung ist besonders günstig, der Anker liegt korrosionsgeschätzt. Die Ausführung in Teilbild g ist (wie d) wegen der Kerbspannungen in der Rippe wenig zweckmäßig. Die in Teilbild h gezeigte Lösung hat den Vorteil, daß eine ungenaue Ankerlage etwas leichter ausgeglichen werden kann, aber den Nachteil, daß die Anker unmittelbar aus dem Beton heraustreten und hiermit Korrosionsprobleme verbunden sind. Günstig ist es in jedem Falle, eine kreisringförmige Grundplatte oder eine Unterfutterung des Mittelbereiches bei voller Grundplatte vorzusehen (in Bild 41h angedeutet). Dadurch erhält man eine definierte kreisringförmige Auflagerung beidseitig des Rohrmantelanschlusses. Die Untermörtelung ist nach Ausrichten und Unterkeilen sorgfältig auszuführen. Ggf. ist quellender Mörtel zu verwenden. - Als Abmessungen für die Fußkonstruktion wird in [26,27] empfohlen (vgl. Bild 41h):

$$e = 2 \cdot d_A;\quad a \geq 3{,}5 \cdot d_A;\quad h = 3 \cdot e = 6 \cdot d_A \qquad (51)$$

d_A ist der Ankerdurchmesser.

23.2.10.2 Ankerkräfte

Es wird die in Bild 42a dargestellte Verankerung betrachtet: Durch die Konterung der unteren Platte bilden die Anker Zug- und Druckfedern mit identischen Federwerten, daher kann, in Verbindung mit der steifen Ausbildung der Fußkonstruktion eine geradlinige Verteilung der Ankerkräfte bei Einwirkung eines Momentes M angesetzt werden. Ist r_S der Radius des Schraubenkranzes, ergibt die Gleichgewichtsgleichung $\Sigma M=0$ (vgl. Bild 42b/c):

$$\Sigma Z_k \cdot r_S \cdot \cos\alpha_k = M \qquad (52)$$

Die Summe wird über alle Schrauben von 1 bis n erstreckt, k ist die Laufvariable.

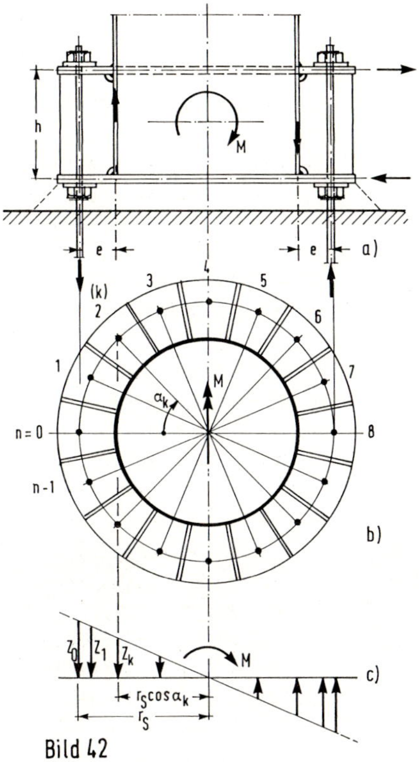

Bild 42

Wird mit Z_0 die Schraubenkraft in der Symmetrieachse bezeichnet, gilt:

$$\frac{Z_k}{Z_0} = \frac{r_S\cos\alpha_k}{r_S} \longrightarrow Z_k = \cos\alpha_k Z_0 \qquad (53)$$

Die Verknüpfung mit G.52 ergibt:

$$Z_0 = \frac{1}{\Sigma\cos^2\alpha_k} \cdot \frac{M}{r_S} \qquad (54)$$

k	α_k	$\cos\alpha_k$	$\cos^2\alpha_k$	
0	0	1	1	1
1	22,5	0,9239	0,8536	1,707
2	45	0,7071	0,5000	1,000
3	67,5	0,3827	0,1464	0,2928
4	90	0	0	0
5	112,5	-0,3827	0,1464	0,2928
6	135	-0,7071	0,5000	1,000
7	157,5	-0,9239	0,8536	1,707
8	180	-1	1	1
			Σ :	8,000

d)

Für die in Bild 42b dargestellte Schraubenanzahl n=16 zeigt Bild d die Auswertung der Summe im Nennerterm von G.54. Es ergibt sich: 8=16/2. Es läßt sich zeigen, daß der Nenner gleich n/2 ist. Somit gilt anstelle von G.54:

$$Z_0 = \frac{2}{n} \cdot \frac{M}{r_S} \qquad (55)$$

Das ist die maximale Ankerkraft.

Wie in den folgenden Abschnitten ausgeführt wird, ist eine Fußverankerung gemäß Bild 42a prinzipiell ungünstig. Allenfalls macht sie Sinn im Montagezustand, zwecks Ausrichtung des Schornsteines. Für den Endzustand ist die Konterung zu lösen und die Fußplatte vorher zu unterkeilen. Dann ist zu untermörteln und nach Abbinden vorzuspannen.- Die auf die Ankerpunkte entfallenden Kräfte können bei vorgespannten Ankern nach G.55 berechnet werden. Die Kraft fällt infolge der Vorspannung wesentlich geringer aus.

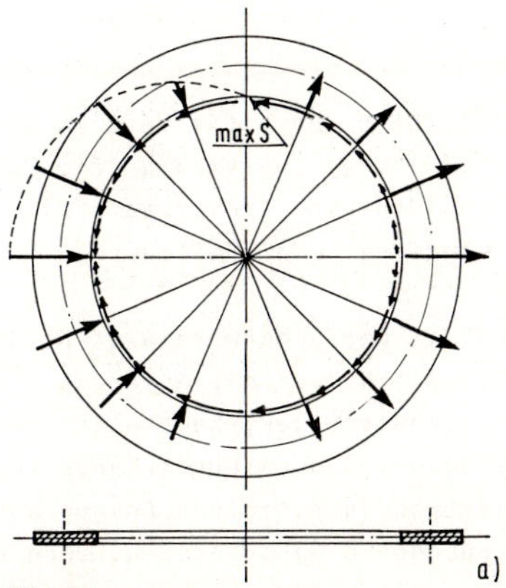

Schrauben-zahl	min α	max α	|β|	min γ	max γ
4	-0,293	+0,293	0,250	-0,0796	+0,0796
5	-0,305	+0,344	0,200	-0,0348	+0,0471
6	-0,310	+0,310	0,167	-0,0315	+0,0315
7	-0,312	+0,330	0,143	-0,0187	+0,0226
8	-0,314	+0,314	0,125	-0,0171	+0,0171
9	-0,315	+0,325	0,111	-0,0126	+0,0134
10	-0,315	+0,315	0,100	-0,0108	+0,0108
11	-0,316	+0,323	0,091	-0,0064	+0,0088
12	-0,316	+0,316	0,083	-0,0074	+0,0074
13	-0,316	+0,322	0,077	-0,0047	+0,0063
14	-0,317	+0,317	0,071	-0,0054	+0,0054
15	-0,317	+0,321	0,067	-0,0029	+0,0047
16	-0,317	+0,317	0,063	-0,0041	+0,0041
17	-0,317	+0,320	0,059	-0,0030	+0,0037
18	-0,317	+0,317	0,055	-0,0033	+0,0033
19	-0,318	+0,320	0,053	-0,0024	+0,0029
20	-0,318	+0,318	0,050	-0,0026	+0,0026
	Druck	Zug			

b)

Bild 43

Das Beispiel in Bild 42 ist geeignet, die Absetzung der Ankerversatzmomente zu erläutern. Beträgt der Versatz gegenüber dem Rohrmantel e, wird in radialer Richtung an der Schraube k das Moment $Z_k \cdot e$ geweckt. Dieses wird über den inneren Hebelarm h (das ist der Abstand zwischen Fußplatte und oberem Aussteifungsring) abgesetzt. Die horizontal gerichteten Radialkräfte betragen $Z_k \cdot e/h$ (vgl. Bild 43a). Über das Mantelblech zwischen Ringsteife und Fußplatte werden diese Kräfte zum Ausgleich gebracht, d.h. hier treten zusätzliche Schubkräfte auf. Die Rippen beteiligen sich ebenfalls an dieser Abtragung, doch wird deren Beitrag zweckmäßig nicht berücksichtigt. Mit Hilfe der in Abschnitt 23.2.6 angegebenen Einflußlinien kann die Beanspruchung in der oberen Ringsteife berechnet werden. Bild 43b zeigt die Auswertung für die Bemessungsschnittgrößen N, Q und M im Ring:

$$N_R = \frac{Z_0 e}{h}\frac{n}{2}\alpha \; ; \; Q_R = \frac{Z_0 e}{h}\cdot\frac{n}{2}\beta \; ; \; M_R = \frac{Z_0 e}{h}\cdot\frac{n}{2} r\gamma \qquad (56)$$

Die Zahlen α, β und γ können der Tabelle in Abhängigkeit von der Schraubenanzahl n entnommen werden: Bild 43b.

Die maximale (vom Ring auf den Mantel abgesetzte) Schubkraft ist ebenfalls von n abhängig und ist gleich $\max N_R$. Es empfiehlt sich, mit

$$\max S = 0{,}318\,\frac{Z_0 e}{h}\cdot\frac{n}{2} \qquad (57)$$

zu rechnen. Die zugehörigen Schubspannungen überlagern sich den Biegenormalspannungen. Die Maxima liegen um 90° zueinander versetzt. Unter 45° ist die Vergleichsspannung nachzuweisen.

Der Spannungsnachweis im Ring wird unter Ansatz einer mitwirkenden Breite gemäß G.26 geführt. - Die Anschlußnaht zwischen Ring und Mantelblech ist für max S nachzuweisen.

23.2.10.3 Nicht vorgespannte Verankerung

23.2.10.3.1 Allgemeine Hinweise

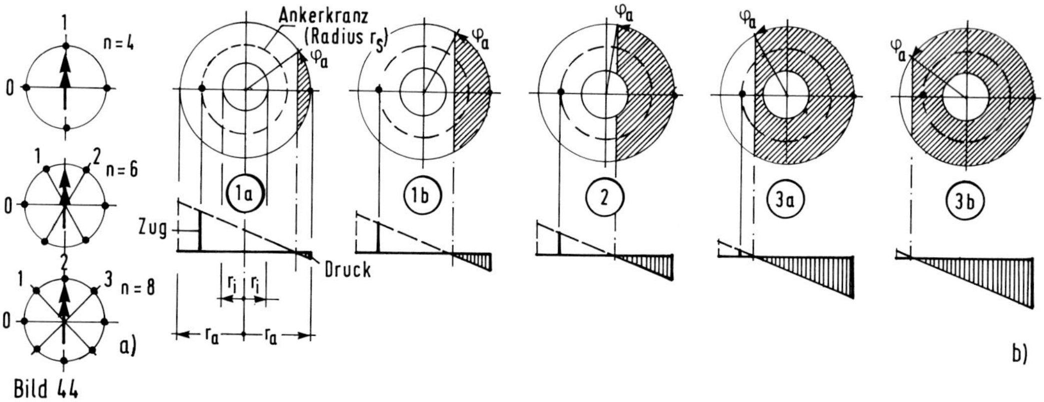

Bild 44

Aus Korrosionsschutzgründen ist es wichtig, daß eine vollflächige und satte Untermörtelung zwischen Fundament und Fußplatte ausgeführt wird. Dabei ist es zweckmäßig, die Fußplatte mittig mit einer Hartschaumplatte zu unterfuttern, so daß eine kreisringförmige Auflagerung entsteht. Die Untermörtelung gelingt dann einwandfrei, ein "Reiten" der Fußplatte wird vermieden.

Eine Verankerung gemäß Bild 42 ist (wie erwähnt) unzweckmäßig. Der Schornstein steht dann auf den Ankerbolzen, das Einspannmoment setzt sich ausschließlich über die Anker ab. In den Ankern treten (bei wechselnden Windrichtungen oder bei Schwingungen) Wechselkräfte (Druck/Zug) auf; das ist im Hinblick auf die Ermüdungsfestigkeit der Ankerschrauben im Gewindebereich ungünstig. Treten Risse oder gar Ermüdungsbrüche in einzelnen Ankern auf, bleiben sie unerkannt. Die unterstellte Tragweise ist insbesondere dann gegeben, wenn der unterfüllte Mörtel stärker schwindet und im Extremfall ein Spalt unter der Fußplatte entsteht.

Es ist daher ratsam, die Fußplatte gegen das Fundament zu spannen (und das zu einem Zeitpunkt, zu dem das Schwinden im wesentlichen abgeklungen ist, ggf. ist nochmals nachzuspannen). Werden die Muttern nur handfest angezogen, gilt die Verankerung als "nicht vorgespannt". Die Muttern werden ggf. gesichert und mit einer Schutzhaube versehen.
Bei fehlender Vorspannung stellt sich unter der Fußplatte eine klaffende Fuge ein. Je nach Tiefe der klaffenden Fuge sind drei Beanspruchungsfälle zu unterscheiden: (1), (2) und (3), vgl. Bild 44b, gekennzeichnet durch den Winkel φ_a. Die Unterfälle 1a/b bzw. 3a/b sind davon abhängig, ob die klaffende Fuge außer- oder innerhalb der äußersten Schraube liegt. Fall (1) weist eine sehr tiefe klaffende Fuge auf und hat keine eigentlich praktische Bedeutung.

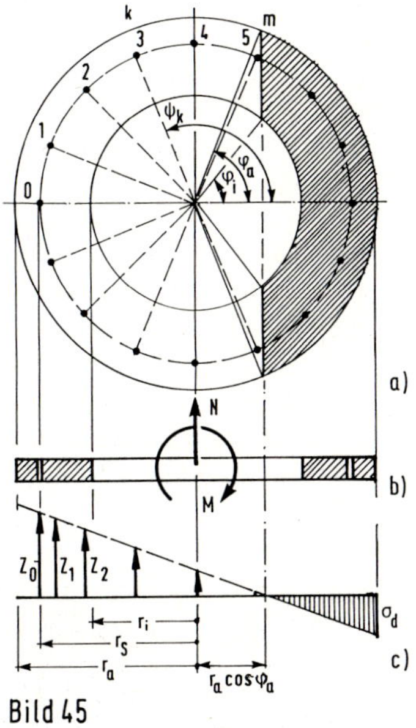

Bild 45

23.2.10.3.2 Berechnungsformeln

Die Herleitung der Berechnungsformeln für die max Zugspannung in den Ankerschrauben und die max Kantenpressung am Biegedruckrand wird für Fall (2) gezeigt. - In Bild 45 ist der Beanspruchungszustand im Detail dargestellt. (N wird im folgenden als Zugkraft positiv eingeführt!). Gemessen von der Symmetrieachse kennzeichnen φ_a und φ_i die klaffende Fuge als Schnittpunkte der Nullinie mit dem Außen- bzw. Innenkreis. φ_a dient im folgenden als Bezugsunbekannte. Es gilt:

$$\frac{\cos\varphi_i}{\cos\varphi_a} = \frac{r_a}{r_i} \qquad (58)$$

Druckresultierende D und das auf die Nullinie bezogene Moment M_D des über dem Kreisringabschnitt liegenden Druckspannungskeiles betragen:

$$D = \frac{2\sigma_d \cdot r_a^2}{1-\cos\varphi_a}\left[I_{1a} - \left(\frac{r_i}{r_a}\right)^3 I_{1i}\right] \qquad M_D = \frac{2\sigma_d \cdot r_a^3}{1-\cos\varphi_a}\left[I_{2a} - \left(\frac{r_i}{r_a}\right)^4 I_{2i}\right] \qquad (59)$$

σ_d ist die Randdruckspannung. r_a und r_i sind die Radien des Außen- bzw. Innenkreises. I_1 und I_2 stehen für:

$$I_1 = \frac{1}{2}\sin\varphi - \frac{1}{2}\varphi\cos\varphi - \frac{1}{6}\sin^3\varphi$$
$$I_2 = \frac{1}{8}\varphi + \frac{1}{2}\varphi\cos^2\varphi - \frac{5}{8}\sin\varphi\cos\varphi + \frac{1}{12}\sin^3\varphi\cos\varphi \qquad (60)$$

Für φ ist entweder φ_a oder φ_i zu setzen; vgl. G.59.

Vorstehende Formeln basieren auf der Berechnung des Volumens V und des statischen Momentes S der Druckspannungskeile über dem äußeren bzw. inneren Kreisabschnitt. Für V und S folgt (Bild 46):

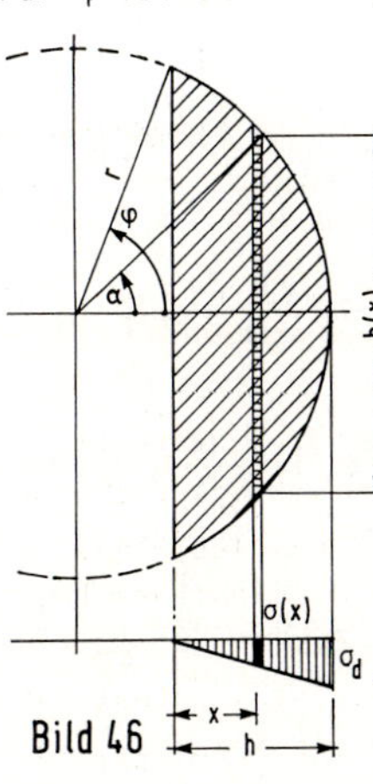

Bild 46

$$V = \int_{x=0}^{x=h} \sigma(x)\cdot b(x)\,dx\,; \qquad S = \int_{x=0}^{x=h} \sigma(x)\cdot x\cdot b(x)\,dx \qquad (61)$$

$$x = r(\cos\alpha - \cos\varphi)\ ; \quad dx = -r\sin\alpha\,d\alpha\,; \ h = r(1-\cos\varphi)\,; \ b(x) = 2r\sin\alpha \qquad (62)$$

$$\sigma(x) = \sigma\cdot\frac{x}{h} = \sigma\cdot\frac{\cos\alpha - \cos\varphi}{1-\cos\varphi} \qquad (63)$$

x bzw. α dienen als Integrationsvariable; somit gilt:

$$V = \int_{\alpha=0}^{\alpha=\varphi} \frac{2\sigma r^2}{1-\cos\varphi}(\cos\alpha - \cos\varphi)\cdot\sin^2\alpha\,d\alpha\,; \quad S = \int_{\alpha=0}^{\alpha=\varphi} \frac{2\sigma r^3}{1-\cos\varphi}(\cos\alpha - \cos\varphi)^2\cdot\sin^2\alpha\,d\alpha \qquad (64)$$

Die Lösung der Integrale liefert G.59.

a) Einzelschraubenanordnung (Bild 45): Die Zugkraftresultierende Z der im Zugspannungskeil liegenden Schrauben und deren Moment M_z in bezug zur Nullinie folgen zu:

$$Z = A\sigma_z\left[1 + \frac{2}{\frac{r_S}{r_a} + \cos\varphi_a}\cdot\sum_{k=1}^{m}\left(\cos\varphi_a - \frac{r_S}{r_a}\cos\psi_k\right)\right]; \qquad M_z = A\sigma_z r_a\left(\frac{r_S}{r_a} + \cos\varphi_a\right)\left[1 + \frac{2}{\left(\frac{r_S}{r_a} + \cos\varphi_a\right)^2}\cdot\sum_{k=1}^{m}\left(\cos\varphi_a - \frac{r_S}{r_a}\cos\psi_k\right)^2\right]$$

(65)

Kreisförmige und kreisringförmige Fußplatten mit Schraubenankern

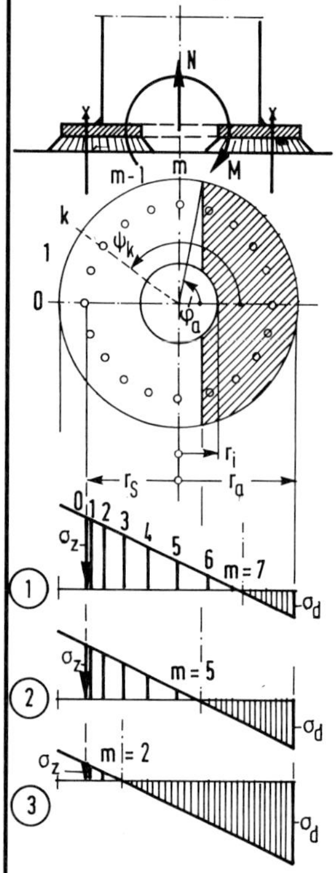

Abkürzungen: M: Biegungsmoment, N: Normalkraft (Zugkraft = positiv)
A: Ankerquerschnitt, r_S: Schraubenkranzradius
r_a: Außenradius, r_i: Innenradius

Bestimmungsgleichung für die Ermittlung der Nullinie (Bezugsunbekannte: φ_a):

$$\left(\frac{M}{N\cdot r_a}+\cos\varphi_a\right)\left\{\left(\frac{r_S}{r_a}+\cos\varphi_a\right)+2\sum_{k=1}^{m}\left(\cos\varphi_a-\frac{r_S}{r_a}\cos\psi_k\right)-2\cdot\frac{r_a^2}{A}\left[I_{1a}-\left(\frac{r_i}{r_a}\right)^3 I_{1i}\right]\right\}=$$
$$=\left\{\left(\frac{r_S}{r_a}+\cos\varphi_a\right)^2+2\sum_{k=1}^{m}\left(\cos\varphi_a-\frac{r_S}{r_a}\cos\psi_k\right)^2+2\cdot\frac{r_a^2}{A}\left[I_{2a}-\left(\frac{r_i}{r_a}\right)^4 I_{2i}\right]\right\}$$

ψ_k: Zentriwinkel der Ankerschraube k. Summenbildung über die im Zugbereich liegenden Schrauben k = 1 bis k = m.

$$I_{1a}=\frac{1}{2}\sin\varphi_a-\frac{1}{2}\varphi_a\cdot\cos\varphi_a-\frac{1}{6}\sin^3\varphi_a\,;\quad I_{2a}=\frac{1}{8}\varphi_a+\frac{1}{2}\varphi_a\cos^2\varphi_a-\frac{5}{8}\sin\varphi_a\cos\varphi_a+\frac{1}{12}\sin^3\varphi_a\cos\varphi_a$$

Fall (1): $I_{1i}=0$, $I_{2i}=0$.

Fall (2): $\cos\varphi_i=\frac{r_a}{r_i}\cos\varphi_a$

I_{1i} und I_{2i} analog wie I_{1a} und I_{2a}

Fall (3): $I_{1i}=-\frac{\pi}{2}\left(\frac{r_a}{r_i}\right)\cos\varphi_a\,;\quad I_{2i}=\frac{\pi}{2}\left[\frac{1}{4}+\left(\frac{r_a}{r_i}\right)^2\cos^2\varphi_a\right]$

Randdruckspannung:

$$\sigma_d=\frac{N}{A}\cdot(1-\cos\varphi_a)\frac{1}{\left(\frac{r_S}{r_a}+\cos\varphi_a\right)+2\sum\limits_{k=1}^{m}\left(\cos\varphi_a-\frac{r_S}{r_a}\cos\psi_k\right)-2\frac{r_a^2}{A}\left[I_{1a}-\left(\frac{r_i}{r_a}\right)^3 I_{1i}\right]}$$

Randzugspannung in der Ankerschraube 0 ($\sigma_z=\max\sigma_z$):

$$\sigma_z=\sigma_d\cdot\frac{\frac{r_S}{r_a}+\cos\varphi_a}{1-\cos\varphi_a}\,;\quad Z=\sigma_z A$$

Sonderfall: N = 0: Bestimmungsgleichung für φ_a:

$$\left(\frac{r_S}{r_a}+\cos\varphi_a\right)+2\sum_{k=1}^{m}\left(\cos\varphi_a-\frac{r_S}{r_a}\cos\psi_k\right)-2\cdot\frac{r_a^2}{A}\left[I_{1a}-\left(\frac{r_i}{r_a}\right)^3 I_{1i}\right]=0$$

Randdruckspannung: $\sigma_d=\frac{M}{r_a A}(1-\cos\varphi_a)\cdot\frac{1}{\left(\frac{r_S}{r_a}+\cos\varphi_a\right)^2+2\sum\limits_{k=1}^{m}\left(\cos\varphi_a-\frac{r_S}{r_a}\cos\psi_k\right)^2+2\frac{r_a^2}{A}\left[I_{2a}-\left(\frac{r_i}{r_a}\right)^4 I_{2i}\right]}$

Randzugspannung: $\sigma_z=\sigma_d\cdot\frac{\frac{r_S}{r_a}+\cos\varphi_a}{1-\cos\varphi_a}$

Ersatzschraubenquerschnitt: $t=nA/2\pi r_S$

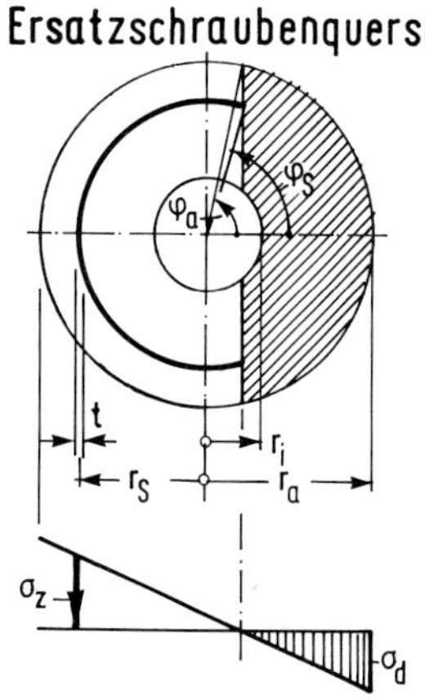

Bestimmungsgleichung für φ_a:

$$\left(\frac{M}{N r_a}+\cos\varphi_a\right)\left\{I_3-\frac{r_a^2}{r_S\cdot t}\left[I_{1a}-\left(\frac{r_i}{r_a}\right)^3 I_{1i}\right]\right\}=\left\{I_4+\frac{r_a^2}{r_S\cdot t}\left[I_{2a}-\left(\frac{r_i}{r_a}\right)^4 I_{2i}\right]\right\}$$

I_{1a}, I_{2a} und I_{1i}, I_{2i} (Fall (1) bis (3)) wie oben.

$$I_3=(\pi-\varphi_S)\cos\varphi_a+\frac{r_S}{r_a}\cdot\sin\varphi_S\,;\quad I_4=(\pi-\varphi_S)\left[\cos^2\varphi_a+\frac{1}{2}\left(\frac{r_S}{r_a}\right)^2\right]+\frac{3}{2}\frac{r_S}{r_a}\cos\varphi_a\cdot\sin\varphi_S$$

Randdruckspannung und Randzugspannung ($Z=\sigma_z\cdot A$)

$$\sigma_d=\frac{N}{r_S\cdot t}\cdot\left(\frac{1-\cos\varphi_a}{2}\right)\cdot\frac{1}{I_3-\frac{r_a^2}{r_S\cdot t}\left[I_{1a}-\left(\frac{r_i}{r_a}\right)^3 I_{1i}\right]}\,;\qquad \sigma_z=\sigma_d\cdot\frac{\frac{r_S}{r_a}+\cos\varphi_a}{1-\cos\varphi_a}$$

Sonderfall: N = 0: Bestimmungsgleichung für φ_a:

$$I_3-\frac{r_a^2}{r_S\cdot t}\left[I_{1a}-\left(\frac{r_i}{r_a}\right)^3 I_{1i}\right]=0$$

Randdruckspannung: $\sigma_d=\frac{M}{2 r_a r_S t}\cdot\frac{1-\cos\varphi_a}{I_4+\frac{r_a^2}{r_S t}\left[I_{2a}-\left(\frac{r_i}{r_a}\right)^4 I_{2i}\right]}\,;\qquad \sigma_z=\sigma_d\,\frac{\frac{r_S}{r_a}+\cos\varphi_a}{1-\cos\varphi_a}$

Hierin ist die Summe über jene m auf Zug beanspruchten Schraubenpaare zu erstrecken, die im Bereich $\psi_k > \varphi_a$ liegen ($1 \le k \le m$), ohne die in der Symmetrieebene liegende Schraube 0. Werden nunmehr die Gleichgewichtsgleichungen (Bild 45)

$$N = Z - D; \quad M + N \cdot r_a \cos\varphi_a = M_z + M_d \tag{66}$$

und die Verzerrungsbedingung (Ebenbleiben des Klaffungsquerschnittes)

$$\frac{\sigma_d}{\sigma_z} = \frac{1 - \cos\varphi_a}{\frac{r_s}{r_a} + \cos\varphi_a} \tag{67}$$

formuliert (Umrechnung auf unterschiedliche E-Moduli vergleiche später) und hierin G.59 und G.65 eingesetzt, findet man nach Zwischenrechnung die Bestimmungsgleichung für die Tiefe der klaffenden Fuge, gekennzeichnet durch φ_a. Sie ist auf Tafel 23.3 angeschrieben. Ist ihre Auflösung nach φ_a für den vorgegebenen Parametersatz

$$\frac{M}{N r_a}, \ \frac{r_i}{r_a}, \ \frac{r_s}{r_a} \ \text{und} \ \frac{r_a^2}{A} \tag{68}$$

gelungen, werden σ_d und $\sigma_z = \max\sigma_z$ berechnet. Im Falle N=0 vereinfacht sich die Bestimmungsgleichung (Tafel 23.3).

<u>b) Ersatzquerschnitt (Bild 47):</u> Die Ankerschrauben werden in ein kontinuierliches Ersatzblech entlang des Schrauben kreises mit dem Radius r_S und der Dicke

$$t = \frac{nA}{2\pi r_S} \tag{69}$$

umgerechnet. Analog zu a) wird die Bestimmungsgleichung für φ_a abgeleitet. Das Ergebnis ist auf Tafel 23.3 angeschrieben. Für den Parameterersatz

$$\frac{M}{N r_a}, \ \frac{r_i}{r_a}, \ \frac{r_s}{r_a} \ \text{und} \ \frac{r_a^2}{r_s \cdot t} = \frac{2\pi}{n} \cdot \frac{r_a^2}{A} \tag{70}$$

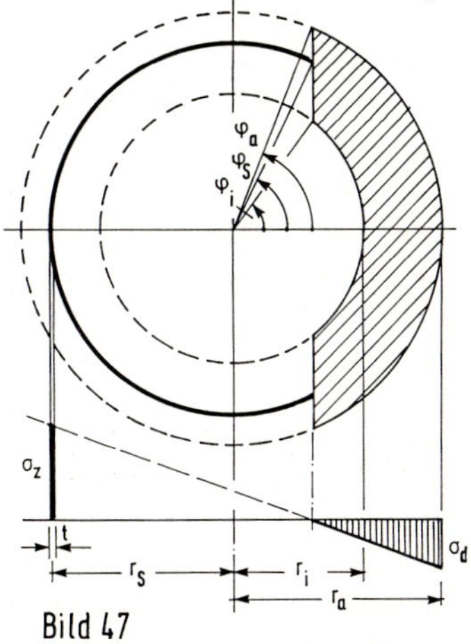

Bild 47

wird die Gleichung gelöst, anschließend werden σ_d und σ_z berechnet.

Fall (1) folgt aus Fall (2) durch Grenzübergang $r_i \to 0$, d.h. $I_{1i}=0$, $I_{2i}=0$. Damit ist auch der Fall einer kreisförmigen Fußplatte erfaßt. - Für den Fall (3) bedarf es einer modifizierten Herleitung. (Auf deren Wiedergabe wird hier verzichtet; auf Tafel 23.3 ist das Gesamtergebnis zusammengefaßt.)

Der Formelsatz beruht auf der Voraussetzung eines geradlinigen Spannungsverlaufs; das trifft nur zu, wenn die E-Moduli auf der Druck- und Zugseite gleichgroß sind. Das ist hier nicht der Fall. Um die Formeln verwerten zu können, ist der Querschnitt der Ankerbolzen vorab im Verhältnis E_{st}/E_b zu vergrößern. Damit wird die Rechnung auf die Betonunterlage bezogen. Die berechnete Betonpressung kann direkt verwertet werden:

Beton B15 zulσ = 10,5/2,1 = 5,0 MN/m²
B25 zulσ = 17,5/2,1 = 8,33 "

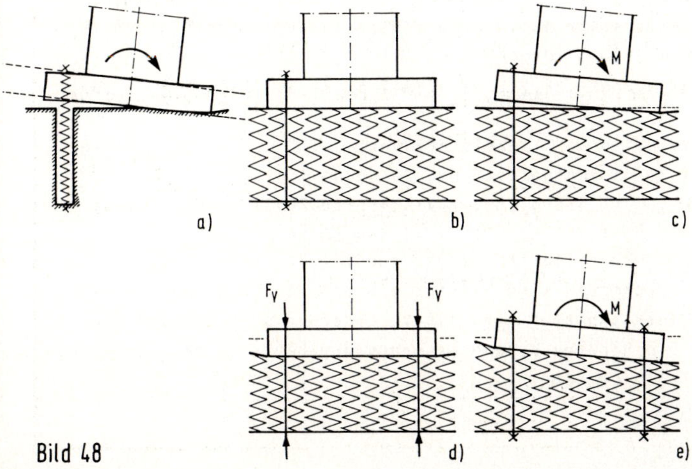

Bild 48

Für den Spannungsnachweis im Bolzen ist vom Spannungsquerschnitt auszugehen.

Die Herleitung der Berechnungsformeln unterstellt (streng betrachtet) eine Schraubenlänge gleich Null, im Sinne eines Verbundquerschnittes. (Vgl. diesbezüglich auch die Anmerkungen in Abschnitt 12.4.3.1.) Real ist die Schraubenlänge endlich; auch treten in der Fußkonstruktion Verformungen auf. Es handelt sich somit garnicht um ein Dehnungs-Spannungs-Problem, sondern um ein Klaffungsproblem. Bild 48a zeigt die Problemstellung in schematischer Weise: Die Anker können als Zugfedern gedeutet werden, auf der Druckseite liegt ein Halbraum vor, er ist in Teilbild b/c durch eine Druckfederung ersetzt. Wird eine Vorspannung eingeprägt, so sind Betonfundament und Fußkonstruktion druckverspannt (Teilbild d/e); bei Wirksamwerden eines äußeren (Einspann-)Momentes setzt sich dieses über die vorgespannte Gesamtkonstruktion ab: Die Anker erhalten eine vergleichsweise geringe zusätzliche Zugkraft (Absch. 9.7).

Will man obige Berechnungsformeln für nicht vorgespannte Verankerungen verwerten, so ist eine Beziehung zwischen den Verschiebungen des Rechenmodells einerseits und des Realmodells andererseits herzustellen; letzteres setzt sich, bezogen auf eine gedachte idealgerade Verkantung (im Teilbild a gestrichelte Linie), auf der Zugseite aus der Längung der Anker und der Verbiegung der Fußkonstruktion und auf der Druckseite aus der Zusammendrückung des Fundamenthalbraumes und einer hiermit verträglichen Ankerfußverbiegung zu sammen. Wird der Quotient aus den Verformungen des Rechen- und Realmodelles unter der Bedingung einer festen Nullinie gebildet, läßt sich ein fiktiver Ankerquerschnitt bestimmen. Die zugehörigen, statisch unbestimmten Rechnungen erfordern eine Reihe genäherter Ansätze [30]. Es zeigt sich, daß das Ergebnis, insbesondere die Größe der Ankerkräfte, von den Annahmen relativ unabhängig ist: Letztlich verlangt die Momentengleichgewichtsgleichung die Umsetzung von M in die Ankerkräfte; die Lage der Nullinie, die von den Steifigkeitsverhältnissen auf der Zug- und Druckseite abhängig ist, bestimmt den inneren Hebelarm, auf Änderungen der Steifigkeiten reagiert die Nullinie vergleichsweise geringfügig und damit auch der innere Hebelarm. Obige Berechnungsformeln können daher Anwendung finden, was auch folgende Überlegung zeigt: Unterstellt man einen starren Schornsteinfuß,

- entsteht real eine Längung der Anker, d.h. real vergrößert sich der Hebelarm im Vergleich zum Rechenmodell,
- entsteht real eine Eindrückung des Fundamentes, d.h. real verkleinert sich der Hebelarm im Vergleich zum Rechenmodell.

Der erste Einfluß überwiegt, deshalb liegt die Rechnung mit obigen Formeln auf der sicheren Seite. Die Verformungen der Fußkonstruktion kompensieren sich gegenseitig. Insofern kann das Rechenmodell für die Berechnung der Ankerkräfte und Randdruckspannungen innerhalb des Gebrauchszustandes für nicht vorgespannte Verankerungen empfohlen werden, indes nicht zur Berechnung der absoluten Verdrehung und einer hieraus folgenden Federkonstanten; in diese wären die realen Verformungen aller Ankerteile einzubeziehen. (Vollständigkeitshalber wird auf [26-29 u.11b] mit ähnlicher Thematik verwiesen.)

23.2.10.3.3 Beispiel

Bild 49 zeigt drei Verankerungsvarianten für einen Schornstein mit 2,5m Durchmesser. Die in Teilbild a gezeigte Ausführung, bei der die Verankerung über die Fußplatte erfolgt, ist für hohe, hochbeanspruchte Anlagen unzureichend. Ausführungen gemäß Teilbild b oder c sind vorzuziehen (vgl. Abschnitt 23.2.10.1). Die Absetzung der Ankerexzentrizitätsmomente ist dann eindeutig, die Verankerung fällt starr aus. - Die Einspannschnittgrößen mögen für das Beispiel betragen: M=6000kNm, N=-600kN (Druck).

Ausführung mit 12 Ankern: 80mm, $A=50{,}26cm^2$. $E_{st}/E_b=7$: $7\cdot A=7\cdot 50{,}26=351{,}82cm^2$. $r_a=1{,}50m$, $r_S=1{,}40m$, $r_i=1{,}15m$, vgl. Bild 50.

Die Bestimmungsgleichungen für die Fälle a: "Einzelschraubenmodell" und b: "Ersatzblechmodell" werden aufgestellt (Tafel 23.3) und gelöst. Die Rechnung liefert:

Fall a: $\varphi_a=63{,}92°$, $\sigma_d=0{,}594kN/cm^2$, $\sigma_z=1{,}455kN/cm^2$, $Z=7\cdot 1{,}455\cdot 50{,}26=511{,}9kN$

Fall b: $\varphi_a=64{,}01°$, $\sigma_d=0{,}595kN/cm^2$, $\sigma_z=1{,}454kN/cm^2$, $Z=7\cdot 1{,}454\cdot 50{,}26=511{,}6kN$

1. Die Rechnungen nach den Fällen a und b liefern nahezu identische Ergebnisse. Das Berechnungsmodell b ist einfacher, zweckmäßig wird hierfür ein Computerprogramm erstellt.
2. Durch die Umrechnung des Ankerquerschnittes wird die Verankerung steifer, auf sie entfällt dadurch eine höhere Kraft. Die höheren Betonpressungen ergeben sich ohne Umrechnung. Damit werden die möglichen Grenzfälle erfaßt.

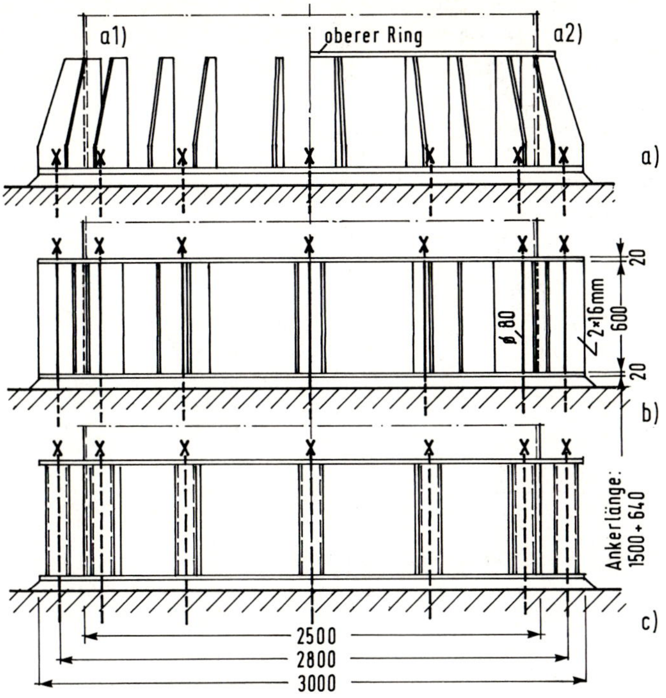

Bild 49

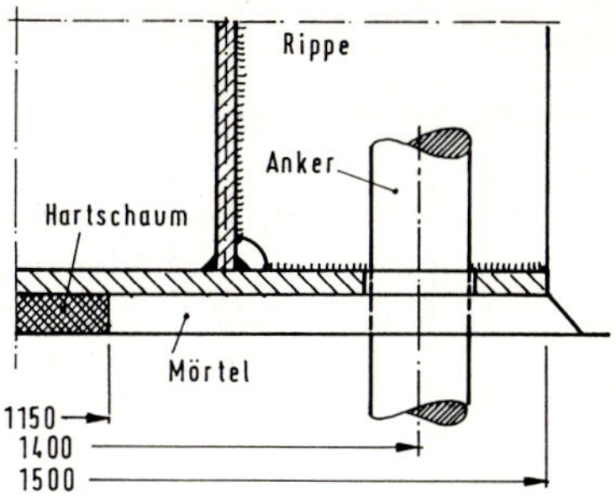

Bild 50

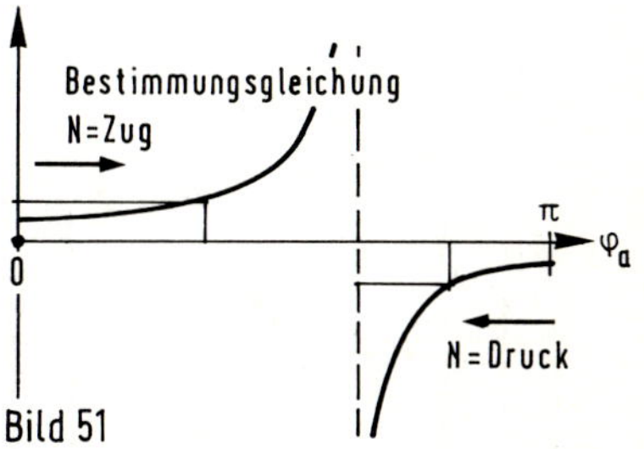

Bild 51

Anmerkung: Bei der iterativen Berechnung von φ_a aus den Bestimmungsgleichungen der Tafel 23.3 ist es zweckmäßig, die in Bild 51 durch Pfeile angedeuteten Iterationsrichtungen einzuhalten, d.h. bei N=Druck ist die Rechnung im Rückwärtsschritt von π aus durchzuführen.- Geht man bei der Berechnung der maximalen Ankerzugkraft von G.55 aus, folgt:

$$Z_0 = -\frac{600}{12} + \frac{2}{12}\cdot\frac{6000}{1{,}40} = -50 + 714 = \underline{664\,\mathrm{kN}}$$

(Auf die Fortsetzung des Beispieles im folgenden Abschnitt für den Fall einer Vorspannung wird verwiesen.)

23.2.10.4 Vorgespannte Verankerung

23.2.10.4.1 Berechnungsmodell

Die Einprägung einer planmäßigen Vorspannung ist für die Ankerbolzen grundsätzlich günstiger, insbesondere, wenn gewisse dynamische Beanspruchungen nicht auszuschließen sind, was bei Stahlschornsteinen immer der Fall ist. Dabei ist es besonders vorteilhaft, die Ankerbolzen mit einem Schlauch zu überziehen, derart, daß die Ankerkraft am unteren Ende über Barren in definierter Weise (und nicht über Betonhaftung) abgesetzt wird (eine kerbgemilderte Absetzung vorausgesetzt). Dann stehen neben dem Ankerbolzen die Fußkonstruktion und ein gewisser Körper im Fundament unter Druckvorspannung. In Bild 52a/b ist dieser Körper schraffiert dargestellt. Teilbild c zeigt den Zuganker. Die Zugkraft aus dem Mantel wird in die Rippe abgesetzt (Teilbild d), hierdurch entsteht in der Rippe eine Schubbeanspruchung; zudem wird die Rippe infolge der Vorspannung gedrückt und die obere Ringsteife gebogen. Wirkt auf die so vorgespannte Verankerungskonstruktion ein äußeres Moment M, setzt sich dieses über die vorbeschriebenen Federungen ab. Zu jedem Zuganker gehört eine Feder, wobei sich die Zugkraft Z (infolge M) auf die "Zugfeder" C_1 und die "Druckfeder" C_2 aufteilt. Die Federn bauen sich aus Teilfeder auf:

$$C_1 = \frac{1}{1/C_{1,1} + 1/C_{1,2} + 1/C_{1,3}};\quad C_2 = \frac{1}{1/C_{2,1} + 1/C_{2,2}} \qquad (71)$$

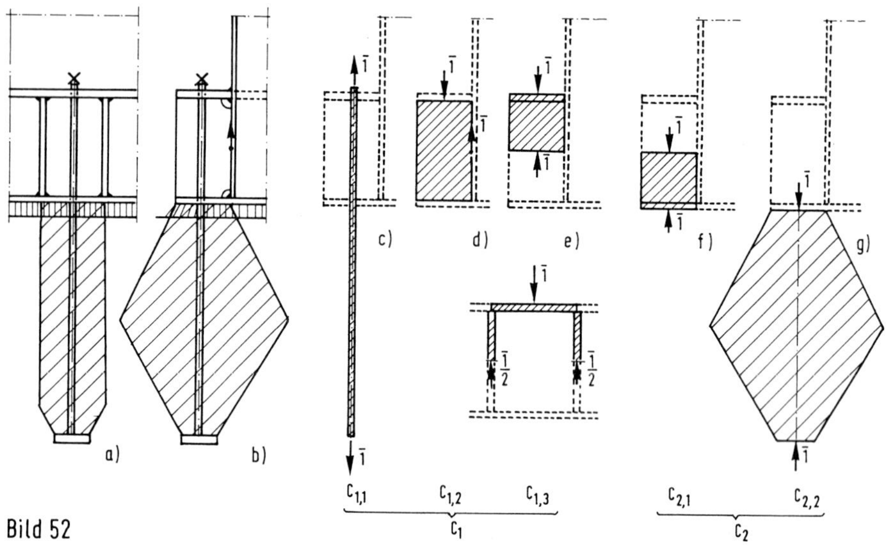

Bild 52

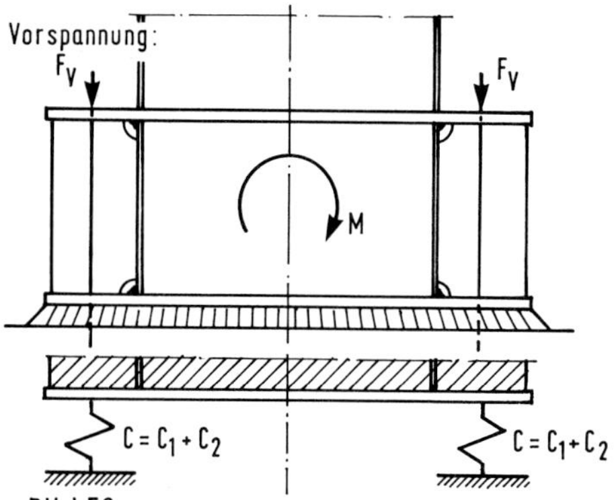

Bild 53

$C_{1,3}$ setzt sich wiederum aus zwei Federn zusammen. - Wird für die Druckseite dieselbe Federung unterstellt, ergibt sich das in Bild 52 dargestellte System. Ist Z die auf die Feder $C=C_1+C_2$ entfallende max Zugkraft im äußersten Anker und F_V die Vorspannkraft, folgt die resultierende Ankerkraft zu:

$$F'_{VS} = F_V + \frac{1}{1+\frac{C_2}{C_1}} Z \tag{72}$$

Wegen der Grundlagen wird auf Abschnitt 9.7.3 verwiesen, vgl. auch Abschnitt 12.4.3.2. In Bild 53 ist das Berechnungsmodell schematisch erläutert.

23.2.10.4.2 Beispiel

Es wird dasselbe Beispiel wie im vorangegangenen Abschnitt behandelt. Vorgegeben sind: M=6000kNm, N=600kN (Druck). - Mittels G.55 wird Z_0 berechnet. Die Druckkraft wird den 12 Ankerpunkten zu gleichen Teilen zugewiesen. - Als erstes ist es notwendig, die einzelnen Federzahlen (G.71) zu berechnen. Hierzu bedarf es gewisser Annahmen. Bild 54 zeigt den anteiligen Druckkörper eines Ankerpunktes innerhalb des Fundamentes.

Kräfte im Ankerpunkt infolge M:

$$Z = Z_0 = \frac{2}{n} \cdot \frac{M}{r_S} = \frac{2}{12} \cdot \frac{6000}{1,4} = \underline{\underline{714,3\ \text{kN}}}$$

Infolge N gilt: -50kN. Berechnung der Federzahlen:

a) Federkonstante des Ankers (Bild 52 u. 54):

$$l = 1500 + 2 \cdot 20 + 600 + 8 + \frac{80}{2 \cdot 1,2} = 2181\ \text{mm}$$

$$C_S = \frac{21000 \cdot 8,0^2 \pi}{4 \cdot 218,1} = \underline{4\,840\ \text{kN/cm}}$$

b) Federkonstante der Rippen: Aus der Schubverformung:

$$C_R = \frac{G A_Q}{b} = \frac{8100 \cdot 2 \cdot 2,0 \cdot 60}{12,5} = \underline{155\,520\ \text{kN/cm}}$$

Aus der Stauchung:

$$A = 2 \cdot 20 \cdot 250 = 10\,000\ \text{mm}^2 = 100\text{cm}^2;\ h = 600 + 2 \cdot 20 = 640\text{mm}$$

$$C_R = 2\frac{21\,000 \cdot 100}{64} = \underline{65625\ \text{kN/cm}}$$

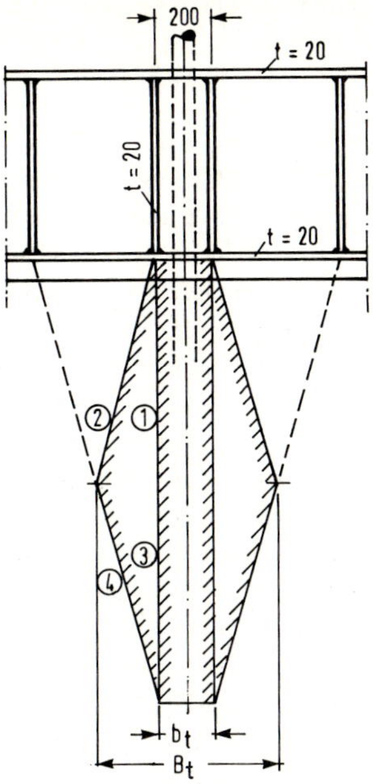

b_t = 200 mm; B_t = 655 mm a)

c) Federkonstante des Betondruckkörpers: Es werden die in Bild 54 dargestellten Ansätze (1) bis (4) bezüglich des "mitwirkenden" Körpers untersucht. Elastizitätsmodul des Betons: $E_b = E_{st}/n = 21000/7 = 3000\ \text{kN/cm}^2$

$$C_B = \frac{E_b(b_t \cdot b_r - \pi d^2/4)}{l} = \frac{3000(20 \cdot 25 - \pi 8{,}0^2/4)}{150} = \underline{8995\ \text{kN/cm}}$$

$$C_B = \frac{E_b b_r(B_t - b_t)/h}{2\ln\left(\frac{B_t b_r - \pi d^2/4}{b_t b_r - \pi d^2/4}\right)} = \frac{3000 \cdot 25(65{,}5 - 20)/75}{2\ln\left(\frac{65{,}5\ 25 - \pi 8^2/4}{20 \cdot 25 - \pi 8^2/4}\right)} = \underline{18\,040\ \text{kN/cm}}$$

$$C_B = \frac{E_b b_t(B_r - b_r)/h}{2\ln\left(\frac{B_r b_t - \pi d^2/4}{b_r b_t - \pi d^2/4}\right)} = \frac{3000 \cdot 20(111{,}6 - 25)/75}{2\ln\left(\frac{111{,}6\ 20 - \pi 8^2/4}{25 \cdot 20 - \pi 8^2/4}\right)} = \underline{21\,935\ \text{kN/cm}}$$

$$C_B = \underline{36\,654\ \text{kN/m}}$$

Die Formeln für die Annahmen (2)/(3) bzw. (4) werden anschließend angegeben.

Zusammensetzung der Zug- und Druckfeder (G.71):

$C_{1,1} = 4840\ \text{kN/cm}$; $C_{1,2} = 155\,520\ \text{kN/cm}$; $C_{1,3} = 2 \cdot 65\,625 = 131\,250\ \text{kN/cm}$

$$C_1 = \frac{1}{1/4840 + 1/155\,520 + 1/131\,250} = \frac{1}{(206{,}61 + 6{,}43 + 7{,}62) \cdot 10^{-6}} =$$

$$\frac{1}{220{,}66 \cdot 10^{-6}} = \underline{4532\ \text{kN/cm}}$$

$C_{2,1} = C_{1,3} = 131\,250\ \text{kN/cm}$

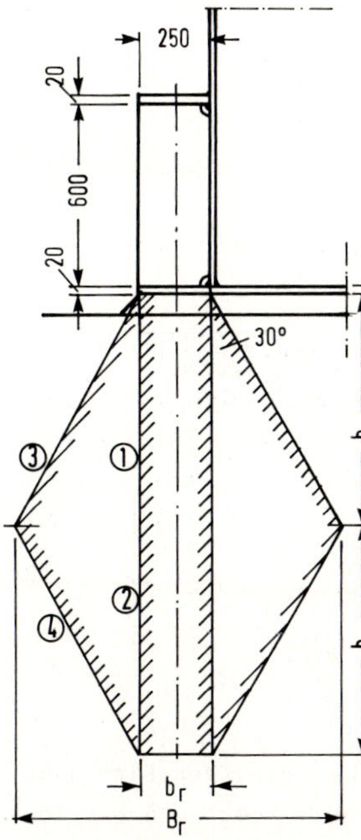

b_r = 250 mm; B_r = 1116 mm b)

Bild 54

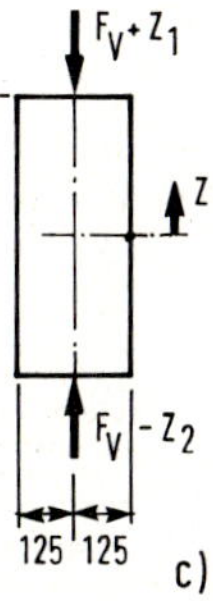

c)

Annahme (1) : $C_{2,2} = 8995\ \text{kN/cm}$: $C_2 = \underline{8\,418\ \text{kN/cm}}$

Annahme (2) : $C_{2,2} = 18\,040\ \text{kN/cm}$: $C_2 = \underline{15\,860\ \text{kN/cm}}$

Annahme (3) : $C_{2,2} = 21\,935\ \text{kN/cm}$: $C_2 = \underline{18\,793\ \text{kN/cm}}$

Annahme (4) : $C_{2,2} = 36\,654\ \text{kN/cm}$: $C_2 = \underline{28\,653\ \text{kN/cm}}$

Berechnung der Kraft im Anker (G.72):

$$F'_{VS} = F_V + Z_1 = F_V + pZ \quad \text{mit } p = \frac{1}{1 + \frac{C_2}{C_1}} \tag{73}$$

p kennzeichnet jenen Anteil der äußeren Kraft Z, der infolge der Vorspannwirkung im Anker real auftritt:

$$Z_S \equiv Z_1 = pZ \tag{74}$$

Für Z=714kN liefert die Rechnung:

Annahme (1) : p = 0,350 : Z_S = 250 kN

Annahme (2) : p = 0,222 : Z_S = 158 kN

Annahme (3) : p = 0,194 : Z_S = 139 kN

Annahme (4) : p = 0,137 : Z_S = 98 kN

Wird der Druckkrafteinfluß einbezogen, folgt für Z=664kN: 233, 147, 129 bzw. 91kN. Annahme (1) liegt auf der sicheren Seite; Annahme (4) ist n.M.d.V. gerechtfertigt. - Im Falle der nicht vorgespannten Verankerung beträgt die Ankerzugkraft ca. 510kN (Abschnitt 23.2.10.3.3); im Falle einer Vorspannung überlagert sich der Vorspannkraft eine zusätzliche Zugkraft. Sie beträgt, je nach Ansatz, 100 bis 250kN. Geht man von Annahme (4) aus, ist das im Vergleich zu der im nicht vorgespannten Fall auftretenden Kraft nur ein Fünftel. Nur dieser Kraftanteil ist ermüdungswirksam.

Die Höhe der Vorspannkraft ist so zu wählen, daß infolge max Z keine klaffende Fuge auftritt. Die zugehörige Zugkraft beträgt:

$$Z_{krit} = \frac{C_1 + C_2}{C} F_V \longrightarrow \mathrm{erf}\, F_V \geq \frac{C_2}{C_1 + C_2} \max Z \qquad (75)$$

Wertet man die Formel aus, folgt für die vier Ansätze: erf F_V=464, 555, 575 bzw. 617kN. Diese Vorspannkräfte sollten noch mit einem Sicherheitsfaktor multipllziert werden, z.B. 1,2. Das ergibt: 557, 666, 690 bzw. 740kN. Die Überlagerung mit den Kräften Z_S liefert: 807, 824, 829 bzw. 838kN. Die maximalen Kräfte ergeben sich etwa gleichhoch. Die zugehörige Spannung im Anker darf β_S bzw. σ_F erreichen. Ggf. wird noch eine Sicherheit eingehalten. - Die im Vorangegangenen berechnete Beanspruchung gilt für den "Gebrauchszustand" (γ_F=1). Unter γ_F-facher Bemessungslast (also beim Nachweis der Grenztragfähigkeit) verliert die Vorspannung ihren Sinn. Sie wird i.a. überzogen, es tritt eine klaffende Fuge ein. In diesem Falle ist die Verankerung als "nicht vorgespannte" Verankerung nachzuweisen (Abschnitt 23.2.10.3). Es empfiehlt sich, den Verlauf der Ankerkraft für verschiedene Lasterhöhungsfaktoren zu verfolgen, beginnend für volle Windlast ohne Böenreaktionsfaktor bis zur γ_F-fachen Bemessungslast (zweckmäßig nach Computeraufbereitung) und Untersuchung verschiedener Ankerdurchmesser, -anzahlen und -vorspannungen. Hierbei sollte ein Abfall der Vorspannung infolge Kriechens berücksichtigt werden. - Insgesamt ist es empfehlenswert, schwächere Ankerdurchmesser und dafür eine größere Anzahl zu wählen. Das ist vom Standpunkt der Ermüdungsfestigkeit günstiger, auch läßt sich die Einbringung der Vorspannkraft einfacher beherrschen. Möglich ist auch die Verwendung von Spannstählen mit Schraubgewinde (GEWI-Stahl). Selbstverständlich sind auch andere Verankerungs- und Vorspannkonzepte (neben dem hier vorgeschlagenen) möglich.

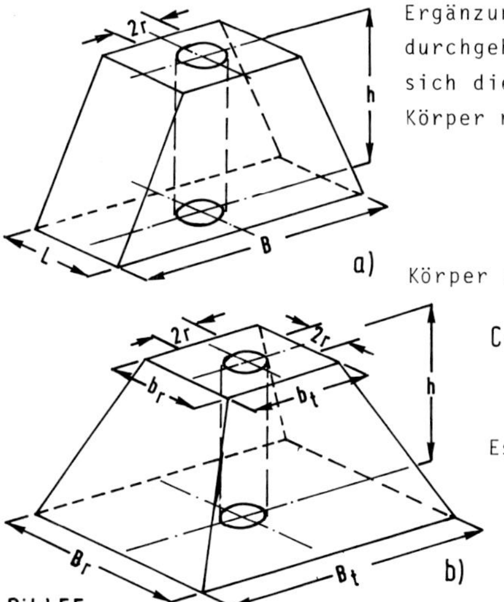

Bild 55

Ergänzung: Für die in Bild 55 dargestellten Druckkörper mit durchgehend kreiszylindrischem Loch (Durchmesser 2r) lassen sich die Federkonstanten formelmäßig angeben.

Körper nach Bild 55a:

$$C = \frac{E \cdot L (B - b)}{h \cdot \ln\left(\frac{B \cdot L - r^2\pi}{b \cdot L - r^2\pi}\right)} \qquad (76)$$

Körper nach Bild 55b:

$$C = \frac{E \sqrt{a_2^2 - 4 a_1 a_3}}{\ln\left\{\left|\frac{2a_3 h + a_2 - \sqrt{a_2^2 - 4a_1 a_3}}{2a_3 h + a_2 + \sqrt{a_2^2 - 4a_1 a_3}}\right| \cdot \left|\frac{a_2 + \sqrt{a_2^2 - 4a_1 a_3}}{a_2 - \sqrt{a_2^2 - 4a_1 a_3}}\right|\right\}} \qquad (77)$$

Es bedeuten:

$$\left.\begin{aligned} a_1 &= b_r b_t - r^2\pi; \\ a_3 &= \frac{1}{h^2}(B_r - b_r)(B_t - b_t) \\ a_2 &= \frac{1}{h}[b_r(B_t - b_t) + b_t(B_r - b_r)]; \end{aligned}\right\} \qquad (78)$$

23.3 Dynamische Auslegung

23.3.1 Vorbemerkungen

Stahlschornsteine gehören aufgrund ihrer Schlankheit und ihrer i.a. geringen Eigendämpfung zu den schwingungsanfälligen Bauwerken. Dem Schwingungsnachweis kommt daher besondere Bedeutung zu und zwar im wesentlichen gegenüber zwei aeroelastischen Anregungsarten:

a) Böeninduzierte Schwingungen, hervorgerufen durch die Windturbulenz (Windböigkeit) bei Sturmwind. Für diesen Sturmwind (Orkan) wird das Bauwerk "statisch" ausgelegt. Infolge der Turbulenz kommt es zu einer dynamischen Überhöhung der statischen Beanspruchung, sie wird mittels des Böenreaktionsfaktors φ abgeschätzt.

b) Wirbelinduzierte Schwingungen, hervorgerufen durch mehr oder weniger regelmäßige Wirbelablösungen von der seitlichen und rückwärtigen Außenfläche des Rohrmantels. Hierdurch können resonanzartige Querschwingungen des Schornsteines, in Sonderfällen auch ovalisierende Schwingungen des Mantelquerschnittes, hervorgerufen werden. Bei Reihenanordnung ist eine Verstärkung der Quertriebskräfte durch aerodynamische oder mechanische Interferrenz nicht auszuschließen. Schadensfälle sind bekannt geworden. Durch aerodynamisch wirkende Störelemente oder Schwingungsdämpfer wird versucht, die Querschwingungsgefahr abzuwenden.

23.3.2 Hinweise zur Eigenfrequenzberechnung

Bei freistehenden Konstruktionen treten Schwingungen praktisch ausschließlich in der Grundfrequenz (1. Eigenfrequenz) auf. Bei abgespannten Konstruktionen treten Schwingungen auch in höheren Eigenformen auf. Um die Schwingungsgefährdung beurteilen und ggf. Gegenmaßnahmen ergreifen zu können, werden folgende Angaben benötigt:

a) Grundfrequenz und Schwingungsform (ggf. auch höhere),
b) Dämpfungskapazität, getrennt für den Nachweis der Böenschwingungen und den Nachweis der Querschwingungen,
c) Übertragungsfunktion (wenn eine strenge Untersuchung verlangt und angezeigt ist).

Die Frequenzberechnung gelingt i.a. mit großer Zuverlässigkeit, da Masse- und Steifigkeitsbelegung recht genau bekannt sind. Für die Ermittlung der Grundfrequenz stehen für Handrechnungen die Formeln von RAYLEIGH und MORLEIGH zur Verfügung (zunehmend werden Computerprogramme zur Berechnung der Eigenfrequenz und -formen eingesetzt).
Nach dem Prinzip von RAYLEIGH, wonach die Energie in einem (in seiner Eigenform schwingenden) dämpfungsfreien System stationär ist, folgt die Kreiseigenfrequenz aus:

$$\omega^2 = \frac{\int_0^l EI(x)\cdot y''^2(x)\,dx}{\int_0^l \mu(x)\cdot y^2(x)\,dx}\;;\quad f = \frac{\omega}{2\pi} \tag{79}$$

Es bedeuten: ω Kreiseigenfrequenz, f Frequenz, y(x) Eigenschwingungsform, EI(x) Biegesteifigkeit, $\mu(x)$ Masse je Längeneinheit. Soll G.79 für die Eigenfreqenzberechnung verwertet werden, ist für y(x), also die Schwingungsform, ein geeigneter Ansatz zu wählen.
Wird

$$EI(x)\cdot y''(x) = -M(x) \tag{80}$$

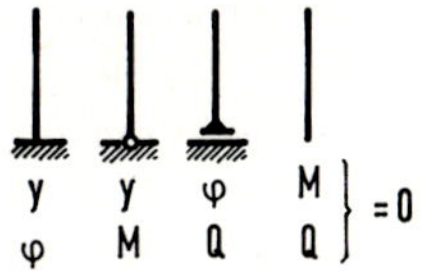

Bild 56

gesetzt und der Zähler von G.79 zweimal partiell integriert, erhält man:

$$-\int_0^l M\cdot y''\,dx = -(My'\Big|_0^l - \int_0^l M'y\,dx) = -(My'\Big|_0^l - Qy\Big|_0^l + \int_0^l M''y\,dx) \tag{81}$$

Man überzeugt sich, daß die beiden Randterme für jede mögliche Randlagerung Null sind (Bild 56; φ=y'). Somit läßt sich G.79 wie folgt umformen:

$$\omega^2 = \frac{\int_0^l -M''(x)\cdot y(x)\,dx}{\int_0^l \mu(x)\cdot y^2(x)\,dx} = \frac{\int_0^l q(x)\cdot y(x)\,dx}{\int_0^l \mu(x)\cdot y^2(x)\,dx}\;;\quad f = \frac{\omega}{2\pi} \tag{82}$$

Hierin ist rechterseits

$$M'' = -q \tag{83}$$

gesetzt. q=q(x) ist eine geeignete Querbelastung, die eine der Eigenschwingungsform entsprechende Biegelinie erzeugt. G.82 ist die Formel von MORLEIGH.
Beispiel: Für einen frei auskragenden Träger mit EI=konst und μ=konst sei die Grundfrequenz gesucht. Es wird q=konst angenommen, die zugehörige statische Biegelinie berechnet sich zu:

$$y(x) = \frac{ql^4}{24\cdot EI}(3 - 4\xi + \xi^4) \quad \text{mit } \xi = \frac{x}{l} \tag{84}$$

Die Auswertung von G.82 ergibt:

$$\omega^2 = \frac{q}{\mu}\cdot\frac{1{,}2}{2{,}31}\cdot\frac{1}{\frac{ql^4}{24\cdot EI}} = 12{,}47\cdot\frac{EI}{\mu l^4} \longrightarrow f = 0{,}562\cdot\sqrt{\frac{EI}{\mu l^4}} \tag{85}$$

Die genaue Vorzahl lautet: 0,560.
Ersetzt man $\mu(x)$ durch die Eigenlast je Längeneinheit, folgt für G.82:

$$\omega^2 = g\cdot\frac{\int_0^l q(x)\cdot y(x)\,dx}{\int_0^l g(x)\cdot y^2(x)\,dx} = g\cdot\frac{\Sigma Q_i\cdot y_i}{\Sigma G_i\cdot y_i^2} \quad \text{mit } g = 9{,}81\,\text{m/s}^2 \tag{86}$$

(Beachte: g ist die Erdbeschleunigung und g(x) die Eigenlast [Kraft je Längeneinheit]). Die Eigenlastbiegelinie ist zur Annäherung der Grundschwingungsform besonders gut geeignet, weil hierdurch Steifigkeitsverlauf und Massebelegung umfassend berücksichtigt werden; es wird q(x)=g(x) gesetzt. Damit lautet G.86:

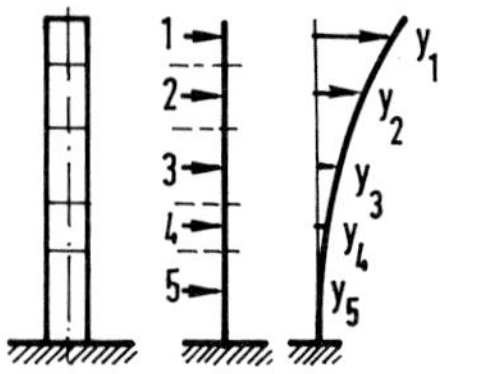

Bild 57

$$\omega^2 = g\cdot\frac{\int_0^l g(x)\cdot y(x)\,dx}{\int_0^l g(x)\cdot y^2(x)\,dx} = g\cdot\frac{\Sigma G_i\cdot y_i}{\Sigma G_i\cdot y_i^2} \quad \text{mit } g = 9{,}81\ \text{m/s}^2 \qquad (87)$$

Der Träger wird in n Elemente unterteilt; i sei die Laufvariable, vgl. Bild 57. G_i sind die feldweise in den Massenschwerpunkten i zusammengezogenen Eigenlasten. Dazu gehören alle Anteile, die an den Schwingungen beteiligt sind (Eigenlast der tragenden Konstruktion und alle anderen mitschwingenden Massen), y_i ist die Ordinate der Eigenlastbiegelinie y(x) im Punkt i. Die Genauigkeit der Rechnung wächst mit der Anzahl der Elemente; es sollten mindestens fünf gewählt werden (Bild 57). Elastische Fundamenteinspannungen und Zwischenstützungen sowie Normal- und Querkraftverformungseinflüsse lassen sich mittels G.87 erfassen, indem sie bei der Berechnung der Eigenlastbiegelinie y(x) berücksichtigt werden.

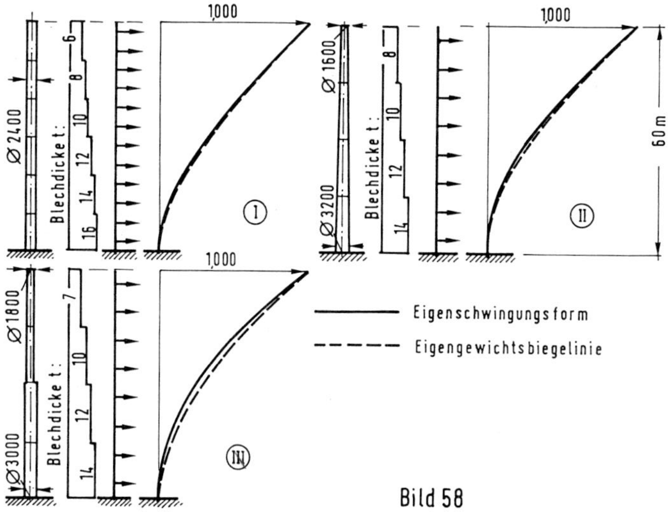

Bild 58

Anhand der in Bild 58 dargestellten Schornsteine, 60m hoch, jeweils nur aus dem Stahlrohr bestehend, soll die Güte von G.87 überprüft werden. (Zur Berücksichtigung von Einbauten sind die Eigenlasten der Rohre um den Faktor 1,1 erhöht.) Die Anzahl der Elemente geht aus Bild 58 hervor. Es werden die Biegelinienordinaten y_i berechnet, anschließend Nenner und Zähler von G.87 bestimmt. Für die Grundfrequenzen erhält man:

I : f=0,902Hz (0,892Hz)
II : f=1,148Hz (1,124Hz)
III: f=1,220Hz (1,184Hz)

Die Klammerwerte weisen die exakten Frequenzwerte aus. Die Abweichungen betragen im Mittel 2%. Hieraus wird deutlich, mit welcher Genauigkeit die Grundfrequenz mittels der MORLEIGH-Formel berechnet werden kann.

Bild 59 enthält für eingespannte Stahlschornsteine mit konstantem Durchmesser d_m des tragenden Rohres und schußweise veränderlicher Wanddicke eine Berechnungsformel für die Grundfrequenz. Eine zusätzliche konstante Masseverteilung des mitschwingenden Rauchrohres einschließlich Isolierung oder Futterung sowie eine fallweise vorhandene Kopfmasse lassen sich berücksichtigen. Folgende Werte müssen vorab bestimmt werden: μ_i: Massebelegung des Innenrohres einschließlich Isolierung (ggf. gemittelt); μ_{Aa}: Massebelegung des äußeren Standrohres in Höhe der Fußeinspannung und μ_{Ba} in Höhe der Mündung. Liegt die Kopfmasse M in Höhe l_M über der Fundierung, wird ξ_M berechnet:

$$\xi_M = \frac{l_M}{l} \qquad (88)$$

l ist die Schornsteinhöhe. Im Sonderfall M=0 (γ=0), lautet die Berechnungsformel für χ:

$$\chi = \frac{1}{2\pi}\sqrt{\frac{189(5+\alpha)}{91-73(1-\alpha)\beta}} \qquad (89)$$

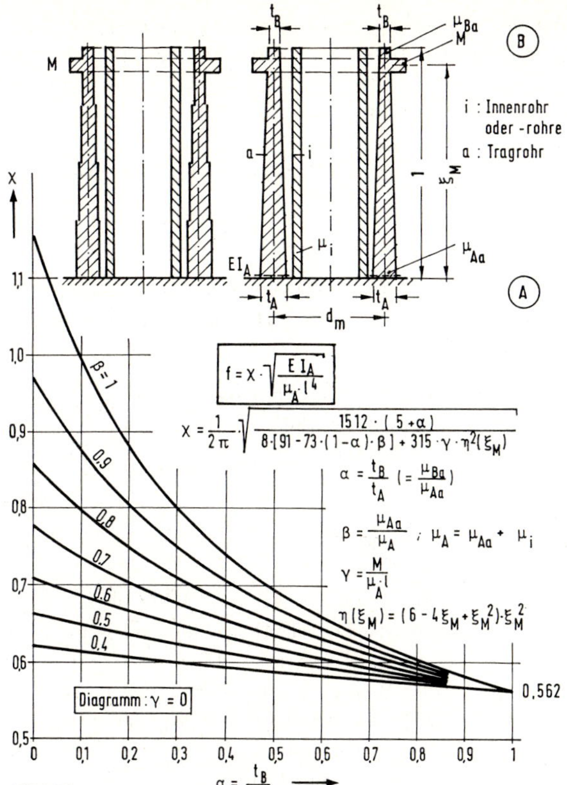

Bild 59

Für diesen Sonderfall zeigt Bild 59 die diagrammäßige Auswertung. - Bei der Verwertung der Formel ist die stufenförmig variable Wanddicke des Tragrohres durch eine gemittelte, (linear veränderlich) zu ersetzen.

Beispiel: Schornstein mit 94m Höhe, mit Rauchrohr und Kopfmasse (Bild 60). Die stufenweise veränderliche Wanddicke (Biegesteifigkeit) und Massebelegung μ_a (Tragrohr) werden durch eine geradlinig veränderliche ersetzt. Für EI_A und μ_{Aa} werden die Werte an der Basis angesetzt. Für α werden drei Versionen untersucht. Es wird gerechnet: μ_{Aa}=1674kg/m, μ_i=276kg/m, μ_A=1674+276=1950kg/m.
1: μ_{Ba}=0, 2: μ_{Ba}=168kg/m,
3: μ_{Ba}=335kg/m, vgl. Bild 60.
Der β-Wert berechnet sich zu:

$$\beta = \frac{1674}{1950} = \underline{0{,}859}$$

Fall 1: Kopfmasse M=0: γ=0. Die Auswertung ergibt für

$$\alpha = 0: \quad \chi = 0{,}9199$$
$$\alpha = 0{,}100: \quad \chi = 0{,}8405$$
$$\alpha = 0{,}200: \quad \chi = 0{,}7809$$
$$f = \chi \sqrt{\frac{27{,}07 \cdot 10^6 \,\text{kNm}^2}{1950\,\text{kgm}^{-1} \cdot 94{,}04\,\text{m}^4}} =$$
$$= \chi \cdot \sqrt{\frac{27{,}07 \cdot 10^9 \,\text{kgms}^{-2}\text{m}^2}{1950\,\text{kgm}^{-1} \cdot 94{,}04\,\text{m}^4}} =$$
$$\underline{f = \chi \cdot 0{,}4217\,\text{s}^{-1}}$$

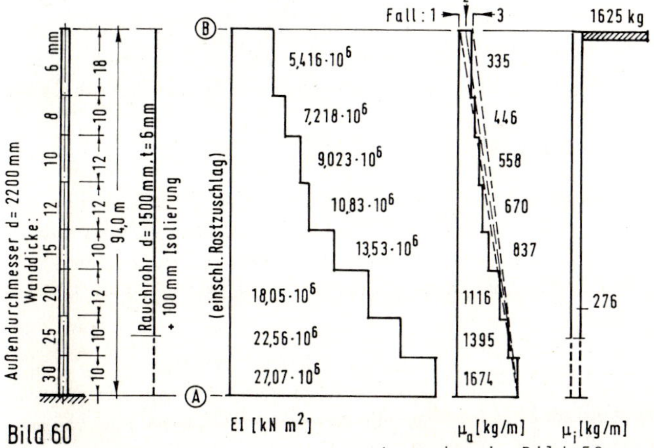

Bild 60

Für die drei Versionen folgt: f=0,388Hz; 0,354Hz; 0,330Hz. Die strenge Berechnung liefert f=0,330Hz.

Fall 2: Kopfmasse M=1625kg: γ=1625/1950·94=0,00886. Die Auswertung der in Bild 59 angeschriebenen Formel ergibt für die drei Versionen: f=0,381Hz; 0,349Hz; 0,325Hz. Gemessen wurde für das Bauwerk f=0,319Hz.

Wird an ausgeführten Konstruktionen die Grundfrequenz vermessen, liegt der Meßwert i.a. etwas niedriger als der Rechenwert. Hierfür sind vorrangig zwei Gründe verantwortlich: 1. Theorie II. Ordnung, 2. Elastische Fundamenteinspannung. Werden die genannten Einflüsse bei der Berechnung berücksichtigt, stimmen Rechnung und Messung i.a. gut überein.

Der von den Abtriebskräften der lotrechen Lasten ausgehende Effekt (Th. II. Ordn.) ist bei Stahlschornsteinen relativ untergeordnet. Er kann mittels der Überlagerungsformel nach

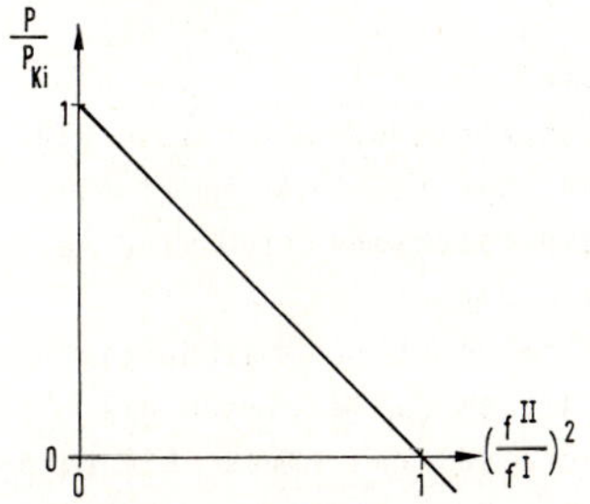

Bild 61 DUNKERLEY: Geradengleichung

DUNKERLEY abgeschätzt werden: Sind f^{I} und f^{II} die Grundfrequenzen nach Theorie I. bzw. II. Ordnung, d.h. ohne und mit Berücksichtigung der lotrechten Auflast (Druckkraft), gilt (Bild 61):

$$\left(\frac{f^{II}}{f^{I}}\right)^2 + \frac{F}{F_{Ki}} = 1 \longrightarrow f^{II} = f^{I}\sqrt{1 - F/F_{Ki}} \quad (90)$$

F/F_{Ki} ist das Verhältnis von Druckkraft zu Knickkraft. Nach Th. II. Ordnung gilt (Abschnitt 7):

$$w^{II} = \frac{1}{1 - \frac{F}{F_{Ki}}} w^{I} = \alpha \cdot w^{I} \quad (91)$$

α ist der Verformungsfaktor (vgl. G.19 u. 20). Die Verknüpfungen der Gleichungen G.90 und 91 ergibt:

$$f^{II} = \frac{1}{\sqrt{\alpha}} \cdot f^{I} \quad (92)$$

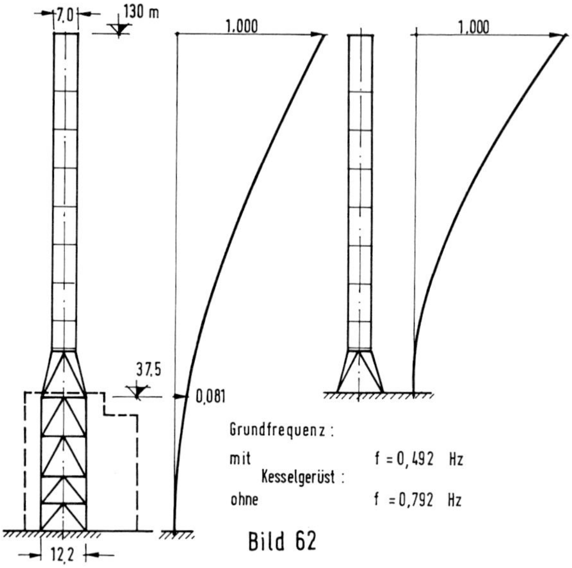

Bild 62

Der α-Faktor beträgt i.M 1,05, das liefert f^{II}=0,98f^{I}. Der Einfluß ist offensichtlich unbedeutend. -
Eine nachgiebige, drehelastische Fundamenteinspannung wirkt sich stärker aus und zwar umso mehr, je steifer der Oberbau ist. -
Stahlschornsteine, die auf einem Kesselgerüst errichtet werden, bilden mit diesem eine Einheit. Hier führt eine Berechnung, bei welcher der Schornstein auf dem Kesselhaus als starr eingespannt betrachtet wird, zu einem falschen (unbrauchbaren) Ergebnis; Bild 62 verdeutlicht diese Aussage. - Heizt sich das Tragrohr des Stahlschornsteines stärker auf, sinkt der Elastizitätsmodul und dadurch die Frequenz. Ist E^{T} der Elastizitätsmodul des Tragrohres unter der Betriebstemperatur T, lautet die Umrechnungsformel:

$$f^{T} = \sqrt{\frac{E^{T}}{E}} \cdot f \quad (93)$$

f ist die Frequenz und E der Elastizitätsmodul bei Normaltemperatur. Die Formel gilt streng. Sie geht von der Voraussetzung aus, daß sich alle Teile des Tragwerkes um dieselbe Temperatur aufheizen. Im Falle des in Bild 62 gezeigten Systems ist das nicht gegeben, hier bedarf es einer zusätzlichen Berechnung mit partiell reduziertem E-Modul.

23.3.3 Böeninduzierte Schwingungen

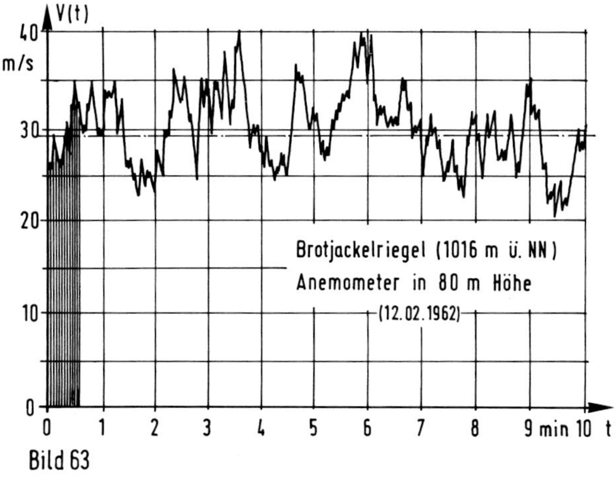

Bild 63

23.3.3.1 Windböigkeit

Die Windströmung in der atmosphärischen Grenzschicht kann bei Sturmlage innerhalb eines gewissen Zeitintervalles, z.B. 10 min, in eine (gemittelte) Hauptströmung und eine sie überlagernde Turbulenz beschrieben werden. Die turbulenten Windgeschwindigkeitsschwankungen sind regellos, wie dieses der in Bild 63 dargestellte Meßschrieb wiedergibt [31]. In diesem Falle liegen die Spitzenwerte bei ca. 40m/s. Die Windböen lösen Schwingungen aus. Dabei geht man von der Vorstellung aus, daß sich das Bauwerk infolge der zur mittleren Windgeschwindigkeit gehörenden Belastung "statisch" auslenkt und sich dieser Auslenkung Schwingungen überlagern, die durch die turbulenten Geschwindigkeitsfluktuationen verursacht werden. Die Vergrößerung: "Mittelwert der statischen plus Maximalwert der dynamischen Beanspruchung gegenüber dem zur stärksten Bö gehörenden Wert der statischen Beanspruchung" wird durch die Einrechnung eines Böenreaktionsfaktors φ approximativ erfaßt. Für die Herleitung von φ wurden in der Vergangenheit deterministische und stochastische Modelle vorgeschlagen.

23.3.3.2 Modell nach RAUSCH

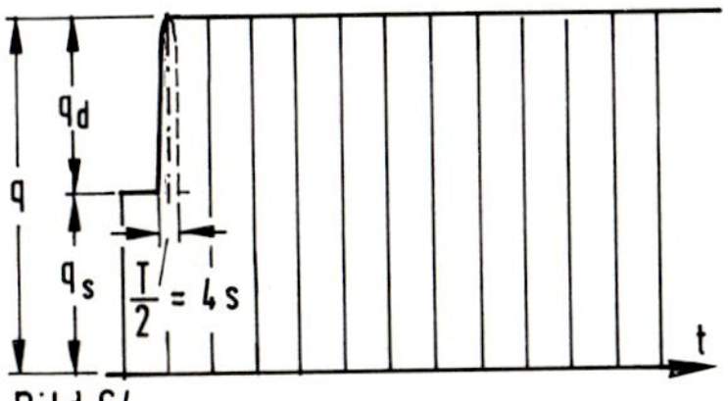

Bild 64

Der älteste Vorschlag geht auf RAUSCH [32] zurück: Hierbei wird dem zur "Grundgeschwindigkeit" des Windes gehörenden "statischen" Staudruck q_s ein zur Böengeschwindigkeitszunahme gehörender, dynamisch wirkender Standruck q_d überlagert. Demnach gilt für den vollen Standruck $q=q_s+q_d$, vgl. Bild 64. Der Böensprung wird in Form einer Sinus-Viertelwelle angenommen; anschließend bleibt q konstant. Der Lastsprung wird einem einfachen Schwinger, der die reale Konstruktion in der Grundfrequenz ersetzt, eingeprägt. Für den dynamischen Stoßzuwachs von q_d liefert die Rechnung (vgl. z.B. [20]):

$$\beta = \frac{\alpha}{|1-\alpha^2|}\sqrt{1+\alpha^2-2\alpha\sin\frac{\pi}{2\alpha}} \tag{94}$$

Hierin ist α der Quotient:

$$\alpha = \frac{f}{f_1} = \frac{T_1}{T}$$

$f_1=1/T_1$ ist die Grundfrequenz und $f=1/T$ die Frequenz der "sinusförmigen" Anregung, T ist deren Periode, wenn man den Böensprung in Form einer Sinus-Viertelwelle zu einer vollen Welle ergänzt (Bild 64). Die Entfaltungsdauer der Sprungbö von Null auf den Größtwert beträgt somit T/4. Die auf den gesamten Staudruck $q=q_s+q_d$ bezogene Stoßzahl folgt zu:

$$\varphi = \frac{q_s+(1+\beta)q_d}{q_s+q_d} = 1+\beta\frac{q_d}{q} = 1+\beta\left(1-\frac{q_s}{q}\right) \tag{95}$$

In DIN 4131 (03.69) und DIN 4133 (08.73) wurde dieses Modell seinerzeit für die Berechnung von stählernen Antennentragwerken und Schornsteinen übernommen, einschließlich der Empfehlung, die Böenentfaltungsdauer zu 2 Sekunden anzunehmen; das bedeutet: $\alpha=1/8f_1$. Der Anteil q_d/q wurde in den zitierten Regelwerken unterschiedlich vereinbart: DIN 4131: $q_d=0{,}7\,kN/m^2$, unabhängig von der Höhe, DIN 4133: $q_s=q_d=0{,}5\cdot q$. Im letztgenannten Falle ergibt sich φ zu:

$$\varphi = 1+0{,}5\beta \tag{96}$$

Beispiel:

$$f_1 = 0{,}5\,Hz,\ T_1 = 2s.\quad \alpha = 1/(8\cdot 0{,}5) = 1/4 = 0{,}25$$

$$\beta = \frac{0{,}25}{|1-0{,}25^2|}\sqrt{1+0{,}25^2-2\cdot 0{,}25\sin\frac{\pi}{2\cdot 0{,}25}} = 0{,}2667\sqrt{1+0{,}0625-0} =$$

$$= 0{,}2667\cdot 1{,}0310 = 0{,}2749 \longrightarrow \varphi = 1+0{,}5\cdot 0{,}2749 = 1{,}135\ (\hat{=}\,13{,}5\,\%)$$

In Bild 67a ist φ über der Eigenschwingzeit T_1 aufgetragen.

23.3.3.3 Modell nach SCHLAICH

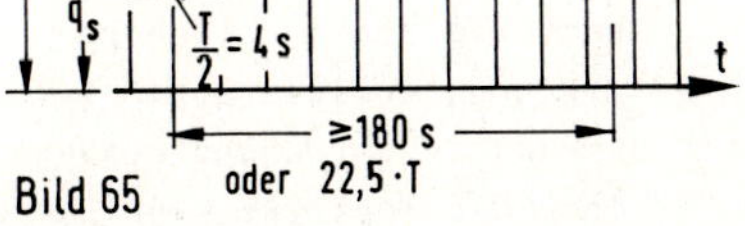

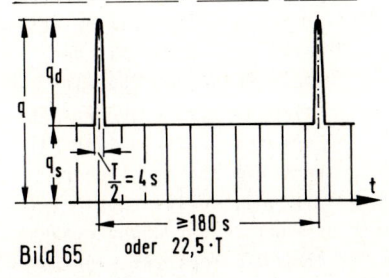

Bild 65

Dem Vorschlag von SCHLAICH [33] liegt ein Böenimpuls in Form einer Sinushalbwelle zugrunde, vgl. Bild 65, dessen Dauer T/2 gleich oder größer 4 Sekunden beträgt. Für eine Bö von 4s Dauer wird eine zweite nach 3 Minuten und für Böen mit einer längeren Dauer eine zweite Bö nach 22,5·T angenommen. Der ungünstigere Fall ist maßgebend. Für q_s/q wird 0,4 angesetzt. Wegen der Alternativannahme weisen die Kurven einen Knick auf. Glättet man die Kurven, ergibt sich das in Bild 57b dargestellte Diagramm. Die Strukturdämpfung wird durch das zu schätzende logarithmische Dekrement δ erfaßt.

23.3.3.4 Modell nach PETERSEN

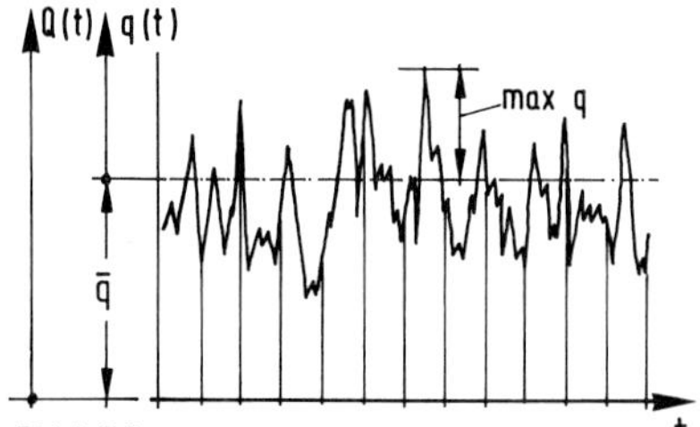

Bild 66

In [34] hat d.V. gezeigt, wie die Schwingungsreaktion anhand real gemessener Windgeschwindigkeitsschriebe berechnet werden kann: Der Windschrieb einer vorgegebenen Länge, z.B. 10min, wird so fein wie möglich aufgelöst und diskretisiert. Hierfür wird, basierend auf der BERNOULLI-Gleichung, der Staudruck berechnet. Bild 66 zeigt das Ergebnis in schematischer Form. Für diesen Verlauf wird der Mittelwert $\bar{q}$ bestimmt. Diesem Mittelwert überlagern sich die Staudruckschwankungen q(t), sie werden auf max q normiert (Bild 66). Ein einläufiger Schwinger mit der Eigenschwingzeit T_1 und der Dämpfung δ wird mit der Impulsfolge beaufschlagt und die Reaktion mit Hilfe des DUHAMEL-Integrals (im Computer) berechnet. Bild 67c zeigt das Ergebnis einer solchen Rechnung. - In der Tendenz stimmen die Ergebnisse überein; die Reaktion fällt umso höher aus, je größer die Eigenschwingzeit ist. Das System reagiert auf die regellosen Böigkeitsschwankungen quasiharmonisch in der Eigenfrequenz (Grundfrequenz).

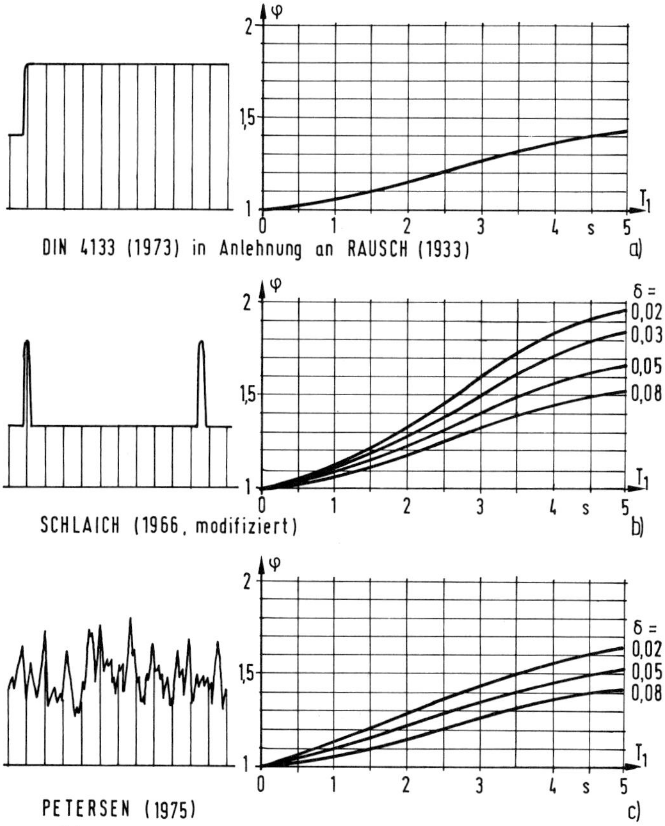

Bild 67

23.3.3.5 Modell nach DAVENPORT

Die zeitlich und räumlich regellos verlaufenden Windgeschwindigkeitsschwankungen stellen einen stochastischen Prozeß dar, der sich statistisch analysieren und durch einen Mittelwert, durch Verteilungen der Momentan-, Größt- und Extremwerte sowie Spektren und Kreuzspektren beschreiben läßt. Die Schwingungsreaktion läßt sich nach der Zufallsschwingungstheorie berechnen. Hiernach handelt es sich um einen Filterprozeß: Das System filtert jene Energieanteile aus dem stochastischen Lastprozeß heraus, deren Frequenzen mit den Eigenfrequenzen übereinstimmen. Bei Tragwerken in Form frei auskragender Balken, wie bei Stahlschornsteinen, dominiert die Filterung in der Grundfrequenz. Über die Kohärenz kann die

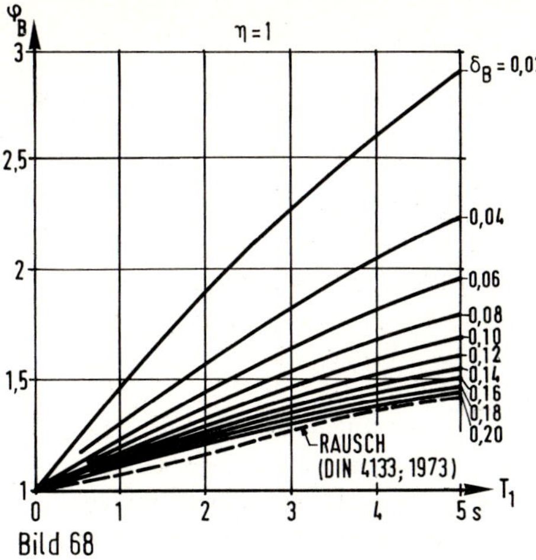

Bild 68

räumliche Verteilung des Turbulenzfeldes erfaßt werden und damit die Bauwerksgröße. Das vorskizzierte Konzept geht auf DAVENPORT [35] zurück. Es wurde zwischenzeitlich verfeinert und bildet die Grundlage einer Reihe ausländischer Windlastnormen. Die Übernahme in DIN 1055 T4 ist vorgesehen, ebenso für die Berechnung von Schornsteinen und Antennentragwerken. Es läßt sich für Kragstrukturen so aufbereiten, daß eine statische Ersatzlast mit dem Böenreaktionsfaktor

$$\varphi_B = \eta \cdot \varphi_{B_0} \qquad (97)$$

ermittelt werden kann. η ist ein Größenfaktor und φ_{B_0} der Grundwert des Böenreaktionsfaktors:

$$\eta = 1{,}00 \quad \text{für } h \leq 50\,\text{m}$$
$$\eta = 1{,}05 - h/1000 \quad \text{für } h > 50\,\text{m} \qquad (98)$$

$$\varphi_{B_0} = 1 + (0{,}042 \cdot T_1 - 0{,}0019 \cdot T_1^2) \cdot \delta_B^{-0{,}63} \quad (\text{gültig bis } T_1 = 10\,\text{s}) \qquad (99)$$

h ist die Höhe der auskragenden Struktur (bezogen auf die Einspannstelle) und T_1 die Grundschwingungsdauer. δ_B ist der Rechenwert des logarithmischen Dämpfungsdekrementes für die Böenschwingungsbeanspruchung. Bild 68 zeigt die Auswertung von G.97 bzw. von G.99. Offensichtlich ergeben sich sehr hohe Faktoren, vgl. mit Bild 67. Derartige dynamische Überhöhungen korrespondieren nicht mit der Erfahrung. Unabhängige Verprobungen von G.99 bestätigen deren prinzipielle Richtigkeit, wenn man linear-elastisches Verhalten der Konstruktion unterstellt [37]. Als Erklärung für die Diskrepanz zwischen Theorie und Empirie kann vermutet werden, daß das um einen sehr hohen Beanspruchungslevel böeninduziert schwingende Tragwerk eine sehr viel höhere Dämpfungskapazität aktiviert als z.B. bei Schwingungen um die Nullage, wie bei den wirbelinduzierten Querschwingungen. Es wird daher vorgeschlagen, den Rechenwert für δ_B (unabhängig von der Konstruktion des Bauwerkes) zu 0,1 anzusetzen:

$$\varphi_{B_0} = 1 + (0{,}042 \cdot T_1 - 0{,}0019 \cdot T_1^2) \cdot 4{,}27 \qquad (100)$$

Es verbleibt die Frage, ob eine Schwingungstheorie, die linearelastisches Verhalten und zudem ein global-konstantes Dämpfungsdekrement voraussetzt, für die Berechnung der dynamischen Schwingungsreaktion in einem hochbeanspruchten Grenzzustand herangezogen werden kann. Darüberhinaus lassen sich weitere Einwände gegen das DAVENPORTsche Konzept vorbringen, sie betreffen insbesondere die vom Mittelwert aus erfolgende Hochrechnung auf die Spitzenböenbeanspruchung und deren noch unzureichende sicherheitstheoretische Abklärung.

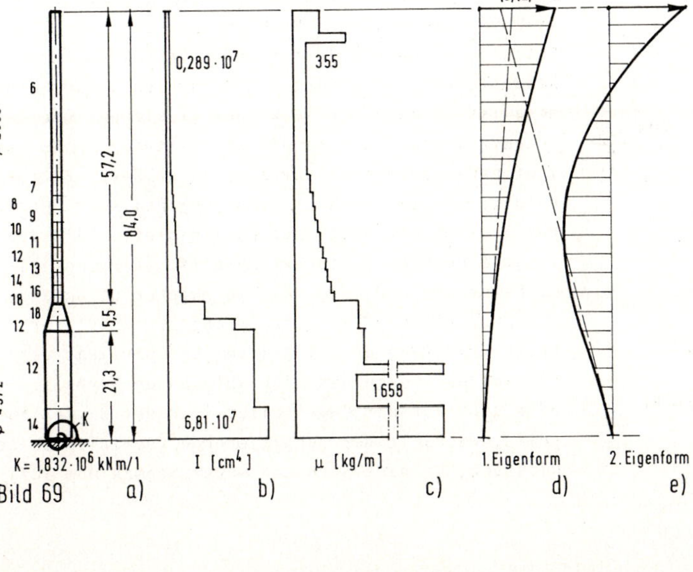

Bild 69

Beispiel: Für den in Bild 69 dargestellten, 84m hohen, insgesamt sehr schlanken Schornstein, beträgt die Grundfrequenz $f_1 = 0{,}452\,\text{Hz}$ bzw. Grundschwingzeit $T_1 = 2{,}21\,\text{s}$. Nach DIN 4133 (08.73) ergibt sich $\varphi = 1{,}18$ und nach G.97/99:

$$\eta = 1{,}05 - 84/1000 = \underline{0{,}966}$$

$$\varphi_{B_0} = 1 + (0{,}042 \cdot 2{,}21 - 0{,}0019 \cdot 2{,}21^2) \cdot 0{,}10^{-0{,}63} = \underline{1{,}353} \longrightarrow \varphi_B = 0{,}966 \cdot 1{,}353 = \underline{1{,}31}$$

(Die Gründung des Schornsteines auf einem Pfahlrost ist durch eine Drehfederkonstante berücksichtigt; die drehelastische Einspannung hat in diesem Fall einen bedeutenden Einfluß auf die Schwingungsform und damit auf die Schwingungsfrequenz, insbesondere auf die 2. und alle weiteren Eigenformen.)

23.3.4 Wirbelinduzierte Schwingungen

23.3.4.1 Strömungsphänomen

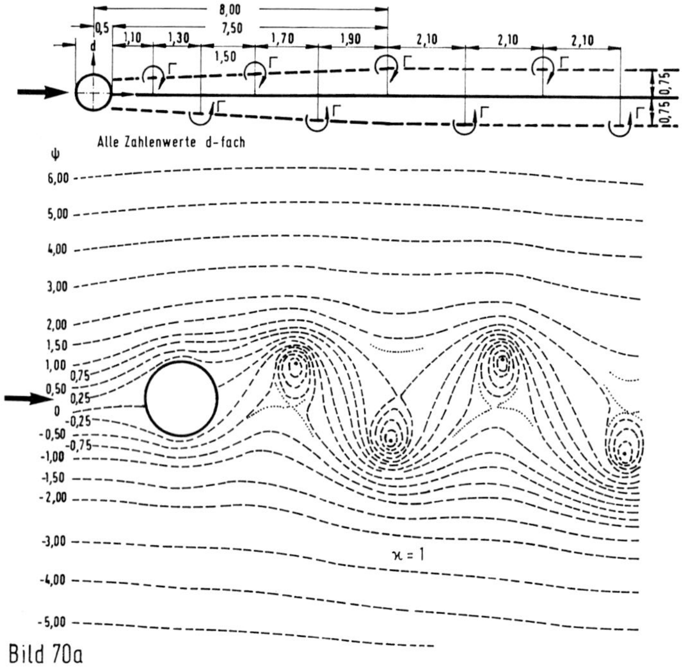

Bild 70a

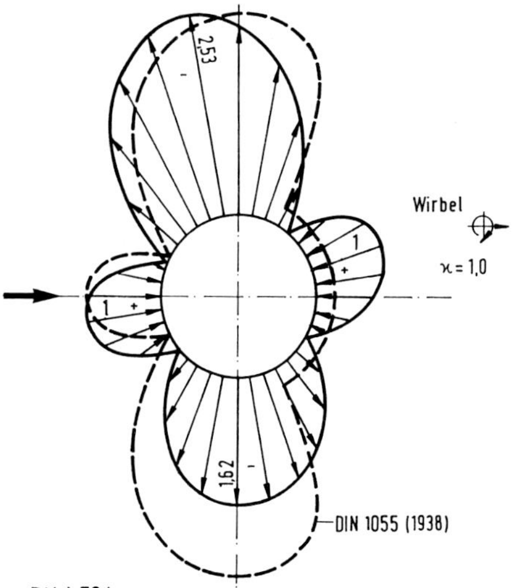

Bild 70 b

Bei der Umströmung eines Objektes entsteht im Strömungsnachlauf eine Wirbelstraße. Diese ist bei kreiszylindrischen Objekten, wie Schornsteinen, relativ stabil ausgeprägt. - KÁRMÁN und RUBACH [37] konnten nachweisen, daß eine unendlich lange, zweireihige Potentialwirbelstraße labil ist, wenn die gegenzirkulatorischen Wirbel einander gegenüber liegen und daß ihr Gleichgewicht indifferent ist, wenn die Wirbel mittig auf Lücke versetzt angeordnet sind und sie hierbei das Abstandsverhältnis b/l = 0,283 einhalten. Hierin ist b die Breite der Wirbelstraße und l der Abstand benachbarter Wirbel. Man spricht von der KÁRMÁNschen Wirbelstraße. Es liegt eine große Zahl theoretischer und experimenteller Unversuchungen zum vorbeschriebenen strömungsmechanischen Problem vor [38]. Eine die Entstehung und das instationäre Verhalten beschreibende Theorie existiert bis dato nicht, die Phänomene lassen sich nur im Windkanal klären. Die Versuche zeigen, daß sich die Wirbelstraße im Nachlauf etwas aufweitet und erst in größerer Entfernung zerfällt; die Nachlaufgeschwindigkeit beträgt nur ca. 30% der Anströmgeschwindigkeit. Bild 70a zeigt eine nach Versuchen modellierte Potentialwirbelstraße und Bild 70b die zugehörige Umfangsdruckverteilung [34]. Der Umfangsdruck ist zur Anströmrichtung unsymmetrisch; es überwiegt der Sog auf der Seite des sich ablösenden Wirbels. Sobald sich auf der Gegenseite ein neuer Wirbel aufrollt, wechselt der resultierende Quertrieb seine Richtung, es baut sich ein neues Sogmaximum auf.

Die wechselseitigen Quertriebkräfte ändern sich im Rythmus der Wirbelablösefrequenz und haben einen etwa harmonischen (sinusförmigen) Verlauf:

$$p_K = c_K \cdot q_K \cdot d \cdot \sin 2\pi f_K t \qquad (101)$$

c_K ist der Quertriebsbeiwert, q_K ist der zur Anströmgeschwindigkeit gehörende Staudruck, d ist der Kreisdurchmesser und f_K die Ablösefrequenz der Wirbel.

Die Windkanalversuche zeigen, daß die Strömungsverhältnisse real verwickelter sind, als es das in Bild 70 skizzierte Strömungsbild wiederspiegelt. Letzteres gilt in Annäherung nur für den sogen. unterkritischen Bereich. Daneben gibt es den über- und den transkritischen Bereich. Hierzu gehören jeweils charakteristische Strömungszustände, sie lassen sich durch die REYNOLDS-Zahl kennzeichnen:

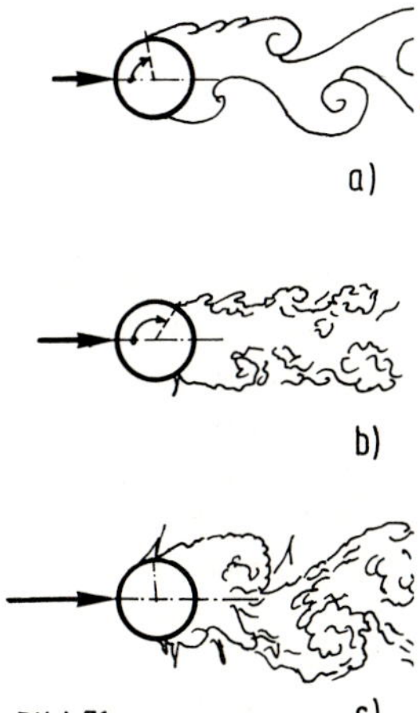

Bild 71

$$Re = \frac{d \cdot v}{\nu}; \quad \nu = 15 \cdot 10^{-6}\ m^2/s \quad (\text{bei } 20°C) \qquad (102)$$

d ist der Durchmesser, v die Anströmgeschwindigkeit und ν die kinematische Zähigkeit der Luft. Re ist dimensionsfrei. Es werden unterschieden:

- unterkritischer Bereich: $Re < 2 \cdot 10^5$
- kritischer Bereich: $2 \cdot 10^5 < Re < 5 \cdot 10^5$
- überkritischer Bereich: $5 \cdot 10^5 < Re < 3{,}5 \cdot 10^6$
- transkritischer Bereich: $3{,}5 \cdot 10^6 < Re$

(103)

Die Bereichsgrenzen sind unscharf ausgeprägt und von der Oberflächenrauhigkeit abhängig.

Im unterkritischen Bereich bildet sich eine vergleichsweise regelmäßige Wirbelstraße mit hohen Quertriebskräften, vgl. Bild 71a. Im überkritischen Bereich ist der Strömungsnachlauf turbulent-stochastisch (Teilbild b), im transkritischen Bereich baut sich wieder eine Wirbelstraße mit höherem Gleichförmigkeitsgrad auf (Teilbild c).

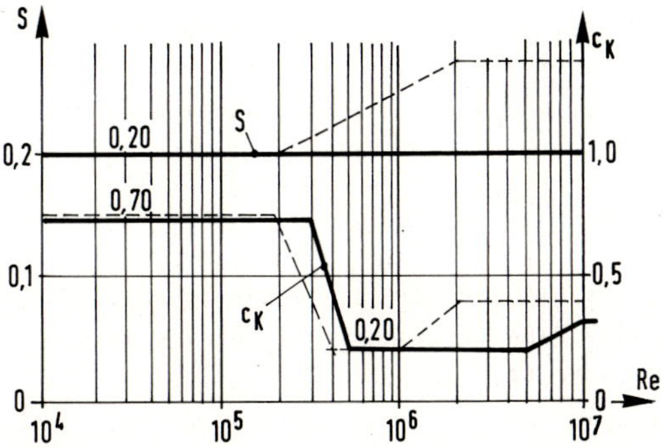

Bild 72

Im unterkritischen Bereich lösen sich die Wirbel mit der Frequenz f_K ab:

$$f_K = S\frac{v}{d} = 0{,}2\frac{v}{d}\ [Hz] \qquad (104)$$

v und d haben dieselbe Bedeutung wie zuvor, S ist die sogen. STROUHAL-Zahl [39] ; sie ist eine Naturkonstante und beträgt im unterkritischen Bereich $\approx 0{,}2$. Im über- und transkritischen Bereich steigt S etwas an, gleichwohl wird mit S=0,2=konst gerechnet (Bild 72). Der Quertriebsbeiwert c_K ist ebenfalls von der Re-Zahl abhängig. Im über- und transkritischen Bereich hat der Beiwert die Bedeutung eines Effektivwertes.

Bild 72 zeigt die Rechenansätze.

Stimmt die Ablösefrequenz f_K der Wirbel mit einer Eigenfrequenz f_i eines schwingungsfähigen (schwach gedämpften) Systems überein, kommt es in dieser Eigenfrequenz zu einer resonanzartigen Anregung. Die zugehörige kritische Windgeschwindigkeit v_K folgt aus der Gleichsetzung:

$$f_K = f_i \longrightarrow v_K = \frac{1}{S} \cdot f_i d \approx 5 \cdot f_i d\ [m/s] \qquad (105)$$

Die zur kritischen Windgeschwindigkeit gehörende REYNOLDS-Zahl beträgt

$$Re_K = \frac{d \cdot v_K}{15 \cdot 10^{-6}} [1] \qquad (106)$$

und der zugehörige Staudruck:

$$q_K = \frac{v_K^2}{1600}\ [kN/m^2] \qquad (107)$$

Die Quertriebsbelastung je Längeneinheit kann damit berechnet werden: G.101. c_K wird aus Bild 72 in Abhängigkeit von $Re=Re_K$ entnommen. - Voraussetzung für eine Resonanzanregung ist, daß die kritische Windgeschwindigkeit innerhalb des in der Atmosphäre im bodennahen Bereich auftretenden Geschwindigkeitsbereiches liegt; dabei ist v_K gemäß G.105 als mittlere Windgeschwindigkeit zu begreifen. Der Zeitraum, über den gemittelt wird, muß für ein Einschwingen in den Resonanzzustand ausreichend lang sein. Die maximalen Böengeschwindigkeiten erreichen etwa 45m/s. Der zugeordnete 5- bis 10-Minutenmittelwert beträgt ca. 2/3 hiervon, das sind 30m/s. Liegt die kritische Windgeschwindigkeit v_K in dieser Größenordnung, handelt es sich um eine Orkanlage. Dann ist das Windfeld stark turbulent, die Ausbildung einer stationären Wirbelstraße wird gestört, der Quertriebsbeiwert darf reduziert werden. Die Zusammenhänge werden noch nicht genau überblickt. Die Erfahrung zeigt, daß oberhalb kritischer Windgeschwindigkeiten v_K=15 bis 20m/s kaum mit Querschwingungen zu rechnen ist, allenfalls selten und dann von kurzer Dauer.

23.3.4.2 Querschwingungsnachweis - Näherungsverfahren

In DIN 4133(08.73) wurde erstmals ein Querschwingungsnachweis in einem deutschen Regelwerk (und das für Stahlschornsteine) verankert. Hiernach war mit einem Quertriebsbeiwert c_s zu rechnen, der sowohl den "aerodynamischen Formbeiwert für die Querbelastung als auch die Resonanzvergrößerung der Schwingungsanschläge zusammenfaßte". Diese Nachweisform führte zu unrealistischen Auslegungen. Es wurde daher in der Praxis nach einem modifizierten Ansatz gerechnet [40], die Berechnungsform der DIN 4133 wurde daran im Jahre 1983 angepaßt [41]. Im künftigen Regelwerk wird eine etwas modifizierte Nachweisform verankert sein (Abschnitt 23.3.4.6). Das bisherige Verfahren liegt stets auf der sicheren Seite. Berechnungsschritte: 1. Eigenfrequenz des Stahlschornsteines, 2. Kritische Windgeschwindigkeit (v_K nach G.105), 3. Zugehörige REYNOLDS-Zahl (Re_K nach G.106) und Quertriebszahl (c_K nach Bild 72), 4. Zugehöriger Staudruck (q_K nach G.107) und Quertriebsbelastung (p_K nach G.101):

$$p_K = c_K \cdot q_K d \quad [\mathrm{kN/m}] \tag{108}$$

Werden Schwingungen in der Grundfrequenz untersucht, wird bei einer Kragstruktur mit einsinniger Schwingungsform und konstantem Durchmesser unterstellt, daß sich über die gesamte Höhe Wirbel (Stabwirbel) ablösen. Demgemäß wird p_K über die gesamte Schornsteinhöhe l angesetzt und hierfür das Biegemoment berechnet. Die Resonanzüberhöhung wird vom einfachen Schwinger übernommen. Dieser Faktor beträgt π/δ. δ ist das logarithmische Dekrement. Für das Einspannmoment lautet damit der Nachweis:

$$\max M_K = \frac{\pi}{\delta}\cdot\frac{p_K l^2}{2} \longrightarrow \sigma = \pm\frac{\max M_K}{W} \leq \mathrm{zul}\,\sigma_D \tag{109}$$

Hierbei wird im Grundschwingungsfall Affinität zwischen der statischen und dynamischen Beanspruchung unterstellt. Zul σ_D ist die zulässige Dauerfestigkeit des betrachteten Kerbfalles. Das Spannungsverhältnis $\varkappa$ liegt i.a. nahe bei -1.

23.3.4.3 Querschwingungsnachweis - Strenge Verfahren

Neben einer strengen Berechnung (z.B. Verfahren der Übertragungsmatrizen für fremderregte gedämpfte Stabschwingungen [34]) gelingt eine sehr genaue Analyse nach der Eigenformmethode. Die Berechnungsformel für die dynamische Beanspruchung im Resonanzfall lautet:

$$\begin{matrix} y(x) \\ \varphi(x) \\ M(x) \\ Q(x) \end{matrix} = \left\{ \frac{\pi}{\delta}\cdot\frac{\int_0^{l_p} p_K(x)\cdot\Phi_y(x)\,dx}{\omega^2\cdot\int_0^{l}\mu(x)\cdot\Phi_y^2(x)\,dx} \right\}\cdot \begin{matrix} \Phi_y(x) \\ \Phi_\varphi(x) \\ \Phi_M(x) \\ \Phi_Q(x) \end{matrix} \tag{110}$$

Hierin sind y, φ, M und Q Biegelinie, Biegedrehwinkel, Biegemoment und Querkraft im Schwingungsfalle und die Φ-Funktionen die zugehörigen Eigenformen. Der in der geschweiften Klammer stehende Ausdruck ist ein Faktor, der die Resonanzerhöhung enthält. Das Integral im Zähler wird über die Belastungslänge l_p erstreckt, also über jene Länge, innerhalb derer p_K wirksam ist. Hierzu ein Beispiel: Bild 73 zeigt einen Stahlschornstein mit zwei unterschiedlichen Durchmesserbereichen. Die 1. Eigenfrequenz beträgt: 0,69Hz. Zu jedem Durchmesser gehört eine bestimmte kritische Windgeschwindigkeit und Quertriebsbelastung,

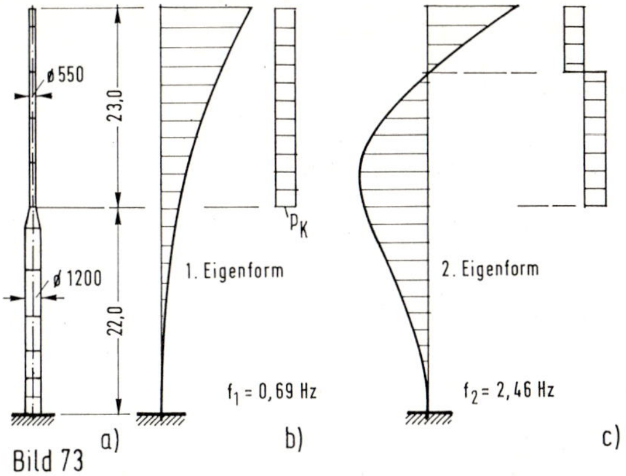

Bild 73

vgl. G.105. Bild 73b zeigt den Fall, wie der obere, schlanke Teil angeregt wird; die zugehörige kritische Windgeschwindigkeit beträgt:

$$v_K = 5\cdot 0{,}69\cdot 0{,}55 = \underline{1{,}90\,\text{m/s}}$$

$$Re_K = \frac{0{,}55\cdot 1{,}90}{15\cdot 10^{-6}} = 6{,}97\cdot 10^4 \longrightarrow \underline{c_K = 0{,}70}$$

$$q_K = \frac{1{,}90^2}{1600} = 2{,}26\cdot 10^{-3}\,\text{kN/m}^2$$

$$p_K = 0{,}70\cdot 2{,}26\cdot 10^{-3}\cdot 0{,}5 = \underline{7{,}91\cdot 10^{-4}\,\text{kN/m}}$$

Bei der Bildung des Zählerintegrals in G.110 ist l_p=23,0m zu setzen. Für den unteren Schornsteinbereich beträgt die kritische Windgeschwindigkeit 4,14m/s. Beim Nachweis der Querschwingungsgefährdung in der 2. Eigenfrequenz ist entsprechend vorzugehen, vgl. Teilbild c. Wird eine gegenläufige Quertriebsbelastung in Anpassung an die gegenläufige Schwingungsform beidseitig des Schwingungsknotens unterstellt, liegt die Rechnung auf der sicheren Seite: Im Übergangsbereich beidseitig des Knotens kommt es zu einer gegenseitigen Störung der sich ablösenden Stabwirbel. In der 2. Eigenform ist, wie die Erfahrung zeigt, nicht mit Querschwingungen zu rechnen, allenfalls bei extrem schlanken und schwach gedämpften Rohren. - $\mu(x)$ bedeutet im Nenner von G.110 die Massebelegung und ω die Kreisfrequenz, $\omega=2\pi\cdot f$.

Wird die 1. Schwingungseigenform mit der Eigengewichtsbiegelinie y_g des Stahlschornsteins identifiziert und G.86 berücksichtigt, folgt für G.110 (für eine kontinuierliche bzw. eine diskretisierte Quertriebsbelastung):

$$\begin{matrix} y(x) \\ \varphi(x) \\ M(x) \\ Q(x) \end{matrix} = \left\{ \frac{\pi}{\delta} \frac{\int_0^{l_p} p_K(x)\cdot y_g(x)\,dx}{\int_0^{l} g(x)\cdot y_g(x)\,dx} \right\} \begin{matrix} y_g(x) \\ \varphi_g(x) \\ M_g(x) \\ Q_g(x) \end{matrix} \quad \text{bzw.} \quad \begin{matrix} y_i \\ \varphi_i \\ M_i \\ Q_i \end{matrix} = \left\{ \frac{\pi}{\delta} \cdot \frac{\sum_1^{n_p} P_{Ki}\cdot y_{gi}}{\sum_{i=1}^{n} G_i\cdot y_{gi}} \right\} \begin{matrix} y_{gi} \\ \varphi_{gi} \\ M_{gi} \\ Q_{gi} \end{matrix} \qquad (111)$$

P_{Ki} sind die in den Massenmittelpunkten i zusammengefaßten Einzellasten infolge $p_K(x)$. G_i sind die entsprechenden Eigenlasten infolge g(x).

Um die Güte des in Abschnitt 23.3.4.2 erläuterten Näherungsverfahrens zu prüfen, werden drei Beispiele berechnet.

23.3.4.4 Beispiele

1. Beispiel: Kragträger mit konstanter Steifigkeits- und Massebelegung für eine konstante Quertriebsbelastung (Bild 74). Die Eigenschwingungsform lautet:

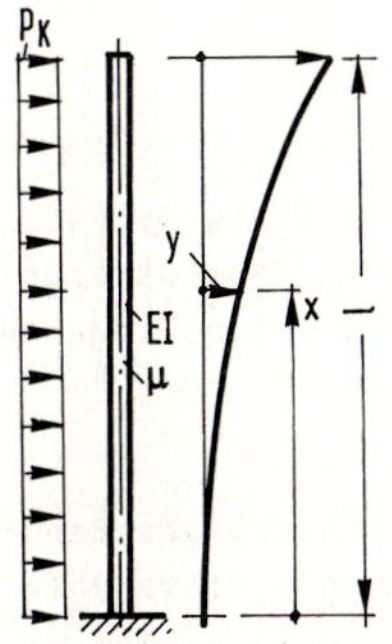

Bild 74

$$\Phi_y(\xi) = \sin\lambda\xi - \sinh\lambda\xi + (\cosh\lambda\xi - \cos\lambda\xi)\cdot A\,, \qquad A = \frac{\sinh\lambda + \sin\lambda}{\cosh\lambda + \cos\lambda} \qquad \xi = \frac{x}{l} \qquad (112)$$

Die Frequenzgleichung

$$\cos\lambda\cdot\cosh\lambda + 1 = 0 \qquad (113)$$

liefert den 1. Eigenwert zu:

$$\lambda = l\cdot\sqrt[4]{\frac{\mu\omega^2}{EI}} = 1{,}875 \qquad (114)$$

Hiermit folgt:

$$\omega = 3{,}516\cdot\sqrt{\frac{EI}{\mu l^4}} \quad \text{bzw.} \quad f = 0{,}560\sqrt{\frac{EI}{\mu l^4}} \qquad (115)$$

Wird G.112 im Zähler und Nenner von G.110 eingesetzt und integriert, ergibt sich nach längerer Rechnung für p_K=konst:

$$\text{Zähler: } \int_0^l p_K\cdot\Phi_y(x)\,dx = 2\frac{p_K l}{\lambda}\,; \qquad \text{Nenner: } \omega^2\mu\cdot\int_0^l \Phi_y^2(x)\,dx = 1{,}8558\,\omega^2\mu\cdot l \qquad (116)$$

Für die dynamische Beanspruchung, also die Schwingungsgrenzlagen nach G.110, folgt:

$$\begin{aligned} y(x) &= \frac{\pi}{\delta}\cdot\frac{p_K l^4}{EI}\cdot 0{,}0465[\sin\lambda\xi - \sinh\lambda\xi + (\cosh\lambda\xi - \cos\lambda\xi)A] \\ \varphi(x) &= \frac{\pi}{\delta}\cdot\frac{p_K l^3}{EI}\cdot 0{,}0872[\cos\lambda\xi - \cosh\lambda\xi + (\sinh\lambda\xi + \sin\lambda\xi)A] \\ M(x) &= -\frac{\pi}{\delta}p_K l^2\cdot 0{,}1635[-\sin\lambda\xi - \sinh\lambda\xi + (\cosh\lambda\xi + \cos\lambda\xi)A] \\ Q(x) &= -\frac{\pi}{\delta}p_K l\cdot 0{,}3065[-\cos\lambda\xi - \cosh\lambda\xi + (\sinh\lambda\xi - \sin\lambda\xi)A] \end{aligned} \qquad (117)$$

Für die Amplitude am freien Ende und das Biegemoment an der Einspannstelle ergibt sich:

$$\max y = y(l) = \frac{\pi}{\delta}0{,}127\cdot\frac{p_K l^4}{EI} \qquad (118)$$

$$\max M = M(0) = \frac{\pi}{\delta}0{,}445 p_K l^2 \qquad (119)$$

Bei "statischer" Berechnung (Abschnitt 23.3.4.2) lauten die Koeffizienten 1/8=0,125 statt 0,127 bzw. 1/2=0,500 statt 0,445. Somit liegt die "statische" Rechnung auf der sicheren Seite (für die Querkraft in Höhe der Einspannung gilt 1 statt 0,613).

2. Beispiel: Es werden die in Abschnitt 23.3.2 (Bild 58) behandelten Schornsteinvarianten untersucht und zwar für die in Bild 75 skizzierten Quertriebsbelastungen. Aufgrund längerer Rechnungen ergibt sich das Einspannmoment in kNm zu [40]:

Typ	"statische" Berechn.	Formel (111 b)	"exakte" Berechn.
I	9910 (+11%)	10 700 (+18%)	9030
II	13 000 (+28%)	12950 (+28%)	10110
III	14 750 (+35%)	14 850 (+37%)	10890

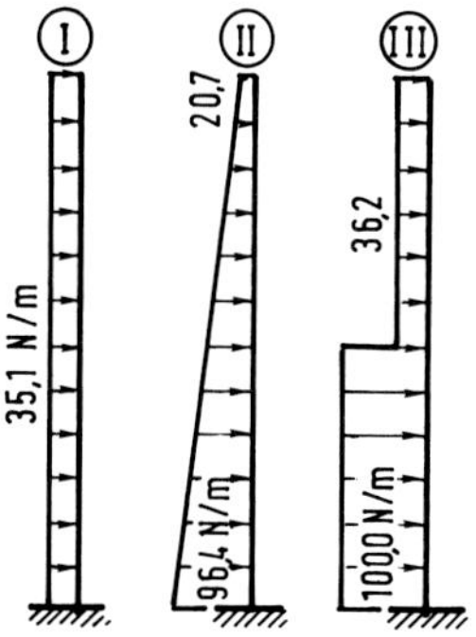

Bild 75

Da die Verteilung der Quertriebsbelastung (Bild 75) jener des Eigengewichts entspricht, bietet G.111 hier keine Vorteile (Annäherung der Eigenschwingungsform durch die Eigengewichtsbiegelinie, wie bei der "statischen" Berechnung). G.110 liefert Ergebnisse, die mit der "exakten" Berechnung (Verfahren der Übertragungsmatrizen) übereinstimmen. Die Abweichungen, die in allen Fällen auf der sicheren Seite liegen, beruhen auf der nicht genauen Übereinstimmung der statischen Eigengewichtsbiegelinie mit der dynamischen Eigenschwingungsbiegelinie (Bild 58). Bei den Schwingungsamplutiden an der Schornsteinmündung stimmen die Ergebnisse nach G.111 besser mit der "exakten" Berechnung überein:

Typ	Formel (111 b)	"exakte" Berechn.
I	0,546 (-2,5%)	0,560
II	0,432 (-4,1%)	0,400
III	0 488 (-4,9%)	0,512

Zusammenfassend kann festgestellt werden, daß das in Abschnitt 23.3.4.2 erläuterte Näherungsverfahren ("statische" Berechnung) für in der Grundform schwingende Kragstrukturen hinsichtlich der Schnittgrößen eine etwa zutreffende und auf der sicheren Seite liegende Abschätzung der dynamischen Querschwingungsbeanspruchung ergibt.

3. Beispiel: Stahlschornstein mit ca. 80m Höhe (Bild 76)

Bild 76a zeigt den Schornstein, Außendurchmesser 4,42m. Im unteren Bereich ist der Schornstein konisch verbreitert. In den Teilbildern b bis d sind Trägheitsmoment I, lotrechte Eigenlast g und Druckkraft D angegeben. Oberhalb ca. 5,5m ist der Schornstein feuerfest ausgemauert (gefuttert, t=12,5cm, g=2150kg/m³). Die Grundfrequenz berechnet sich zu f_1=0,490Hz und nach Theorie II. Ordnung zu f=0,484Hz. Es handelt sich um ein ausgeführtes Objekt, gemessen wurde f=0,49Hz. Bei dem Schornstein traten Querschwingungen im Geschwindigkeitsbereich v=6 bis 15m/s auf, diese Werte wurden in ca. 8m Höhe auf einem vorge-

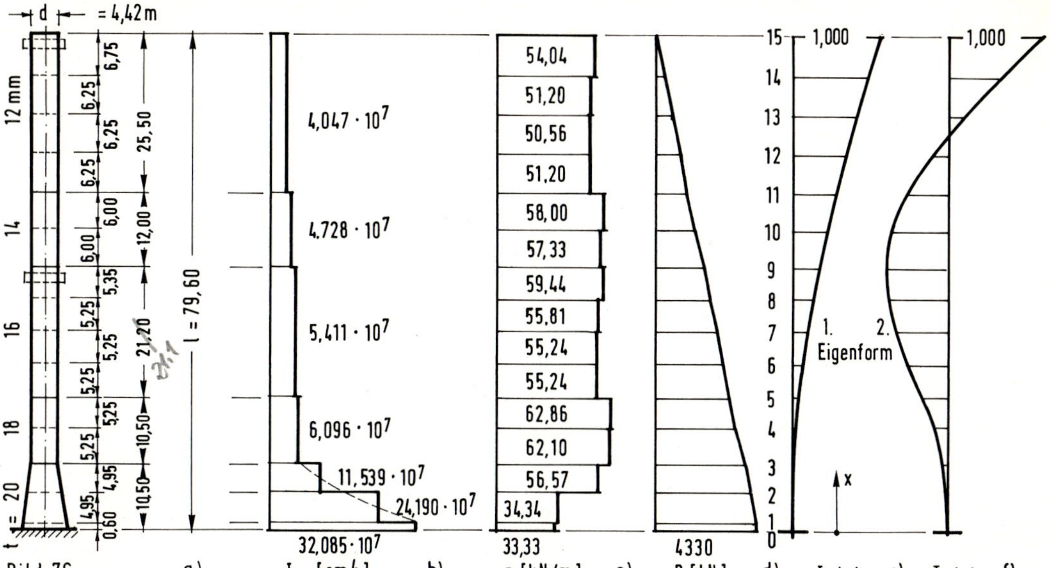

Bild 76 a) I [cm⁴] b) g [kN/m] c) D [kN] d) $\Phi_y(x)$ e) $\Phi_y(x)$ f)

lagerten Standort mit einem einfachen Handanemometer gemessen. Eine scharf ausgeprägte kritische Windgeschwindigkeit war nicht vorhanden.

Die Auswertung von G.105/108 im Sinne einer Resonanzerregung ergibt:

$$v_K = \frac{0{,}49 \cdot 4{,}42}{0{,}2} = \underline{10{,}80\,\frac{m}{s}} \text{ (Windstärke 6)}; \quad Re_K = \frac{4{,}42 \cdot 10{,}80}{15 \cdot 10^{-6}} = \underline{3{,}18 \cdot 10^6} \text{ (überkritischer B.)}$$

$$c_K = 0{,}2; \quad q_K = \frac{10{,}80^2}{1600} = \underline{0{,}07290\,\frac{kN}{m^2}}; \quad p_K = 0{,}2 \cdot 0{,}07290 \cdot 4{,}42 = 0{,}06444\,\frac{kN}{m} = \underline{64{,}4\,\frac{N}{m}}$$

Die (offensichtlich sehr geringe) Quertriebsbelastung p_K wird über die Höhe des zylindrischen Mantels angesetzt (Bild 77b) und die Schwingungsbeanspruchung mit Hilfe von G.110 berechnet. Dazu wird als erstes die Schwingungseigenform bestimmt. Sie ist in Bild 77a (Spalte 2) eingetragen, siehe auch Bild 76e. (Für die Berechnung stehen heutzutage Computerprogramme zur Verfügung.) Die Eigenform ist derart normiert, daß die Amplitude an der Mündung gleich Eins (1,000) ist.

1	2	3	4	5	6	7	8
	Φ_y	Φ_y^2	μ	$\mu \cdot \Phi_{y\,u}^2$	$\mu \cdot \Phi_{y\,o}^2$	Δx	
0	0	0					
1	0,0002	~0	3333	0	0	0,60	0
2	0,0024	~0	3434	0	0	4,95	0
3	0,0106	0,0001	5657	0	1	4,95	2
4	0,0307	0,0009	6210	1	6	5,25	18
5	0,0703	0,0049	6286	6	31	5,25	97
6	0,1113	0,0124	5524	27	68	5,25	249
7	0,1699	0,0289	5524	68	160	5,25	599
8	0,2385	0,0569	5581	161	318	5,25	1257
9	0,3170	0,1005	5944	338	597	5,35	2501
10	0,4137	0,1711	5733	576	981	6,00	4671
11	0,5177	0,2680	5800	993	1554	6,00	7641
12	0,6319	0,3993	5120	1372	2044	6,25	10675
13	0,7499	0,5624	5056	2019	2843	6,25	15194
14	0,8698	0,7566	5120	2879	3874	6,25	21103
15	1,0000	1,0000	5404	4088	5404	6,75	32036
	(m)	(m²)	kg/m	kgm		m	kg m²

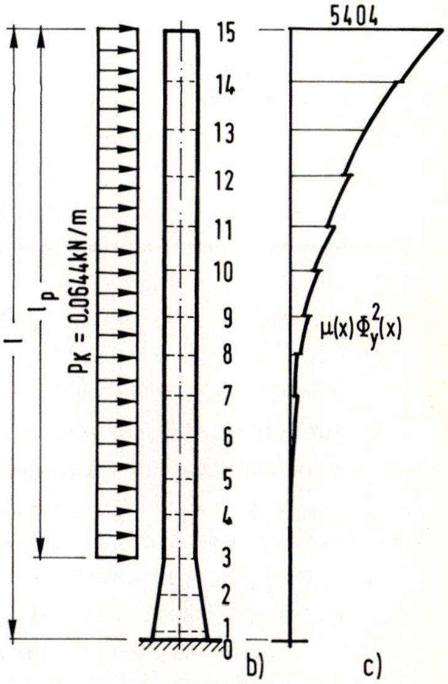

Bild 77 a) b) c)

Die Integrale im Zähler und Nenner von G.110 werden numerisch mittels der Trapezformel berechnet, vgl. die Tabelle in Bild 77 sowie Teilbild c. Die Rechnung ergibt:

$$\int_0^{l_p} p_K(x)\cdot\Phi_y(x)\,dx = p_K\int_0^{l_p}\Phi_y(x)\,dx = \underline{p_K\cdot 28{,}46\,m^2}\,;\quad \int_0^{l}\mu(x)\cdot\Phi_y^2(x)\,dx = \underline{96\,043\ kgm^2}$$

Nunmehr folgt, z.B. für die Biegelinie und das Biegemoment:

$$\begin{matrix} y(x) \\ M(x) \end{matrix} = \left\{\frac{\pi}{\delta}\cdot\frac{64{,}44\,\frac{N}{m}\cdot 28{,}46\,m^2}{(2\pi 0{,}484)^2\frac{1}{s^2}\cdot 96043\,kgm^2}\right\}\begin{matrix} \Phi_y(x) \\ \Phi_M(x) \end{matrix} = \left\{\frac{\pi}{\delta}\cdot 2{,}066\cdot 10^{-3}\frac{N}{\frac{kg\,m}{s^2} = N}\right\}\begin{matrix} \Phi_y(x) \\ \Phi_M(x) \end{matrix}$$

Als Dämpfungsdekrement wird $\delta = 0{,}04$ geschätzt:

$$\begin{matrix} y(x) \\ M(x) \end{matrix} = \left\{\frac{\pi}{0{,}04}\cdot 2{,}066\cdot 10^{-3}\right\}\begin{matrix} \Phi_y(x) \\ \Phi_M(x) \end{matrix} = \underline{0{,}162}\cdot\begin{matrix} \Phi_y(x) \\ \Phi_M(x) \end{matrix}$$

Die Schwingungsamplitude an der Mündung ergibt sich damit zu:

$$\max y = y_{15} = 0{,}162\cdot 1{,}0 = \underline{0{,}162\,m}$$

Das zur normierten Eigenschwingungsbiegelinie gehörende Einspannmoment beträgt 86691kNm. Für das Einspannmoment folgt damit im Schwingungsfalle:

$$\max M = M_0 = 0{,}162\cdot 86691 = \underline{14\,044\ kNm}$$

Ermittelt man das maximale Einspannmoment im Sinne von G.109, folgt:

$$\max M = \frac{\pi}{0{,}04}\cdot 0{,}06444\cdot(79{,}60 - 10{,}50)\cdot 45{,}05 = \underline{15\,755\,kNm}\quad (+12\%)$$

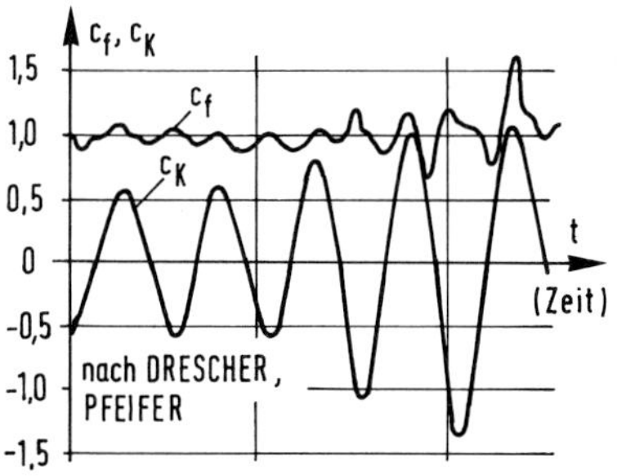

Bild 78

Mittels Theodolith wurden bei dem vorliegenden Objekt Querschwingungsamplituden von ca. 0,06m gemessen. Die gleichzeitig in Windrichtung auftretenden Schwingungsamplituden betrugen hiervon ca. 15%. Der Charakter dieser im Grundriß etwa ellipsenförmigen, taumelnden Schwingungen wurde auch bei anderen Schornsteinen häufig beobachtet. Dieses Verhalten beruht auf gewissen Schwankungen des Kraftbeiwertes mit der Frequenz 2S, wie er auch in Windkanalversuchen gemessen wurde (Bild 78), sowie auf dem Umstand, daß die Struktur um eine in Windrichtung gebogene Achse des Tragrohres seitlich ausschwingt und damit ins Kreiseln gerät.

Vergleicht man den gerechneten Amplitudenwert (0,162m) mit dem gemessenen (0,06m), liegt ersterer deutlich höher. Auf derartige Diskrepanzen stößt man häufig bei der Nachrechnung schwingender Objekte, was die Beurteilung der Schwingungsgefährdung erschwert. Die Beobachtungen im vorliegenden Falle sind symptomatisch:

a) Eine scharf ausgeprägte kritische Windgeschwindigkeit ist nicht vorhanden, vielmehr ein mehr oder minder breiter Windgeschwindigkeitsbereich, innerhalb dessen Querschwingungen auftreten.
b) Die gemessenen Werte liegen i.a. niedriger als die gerechneten.
c) Die Aussagen a) und b) beruhen in vielen Fällen allerdings auch darauf, daß die "Messungen" momentane Beobachtungen sind; die Windgeschwindigkeit nimmt mit der Höhe zu, der Wind ist böig und wird durch die umliegende Bebauung beeinflußt. Treten größere Schwingungen auf, verbieten sich längere Messungen (so wünschenswert sie wären) aus Sicherheitsgründen; das Objekt wird meist sofort provisorisch abgespannt und dann z.B. mittels eines Schwingungsdämpfers saniert (wie bei dem zuvor behandelten Objekt [42]).
d) Eine große Unsicherheit besteht in der Wahl des Dämpfungsdekrementes δ; dieses schwankt in Abhängigkeit von der Konstruktion und den Baugrundverhältnissen in weiten Grenzen; wie die Messungen zeigen, ist δ zudem keine Konstante sondern steigt i.a. mit der Höhe des erreichten Spannungsniveaus an. Diese Abhängigkeit ist weitgehend unbekannt. Die publizierten Meßwerte gelten meistens nur für sehr niedrige Spannungslevel und liegen insofern auf der sicheren Seite.

23.3.4.5 Zum Problem der Selbststeuerung der Wirbelstraße

Mit den Anmerkungen im vorangegangenen Abschnitt sind die Schwierigkeiten dargelegt, die einer zuverlässigen Beurteilung der Querschwingungsgefährdung einer projektierten Schornsteinanlage (trotz intensiver Forschungen auf diesem Gebiet in den zurückliegenden Jahrzehnten) entgegenstehen. - In vielen Fällen liegt der Rechenwert der kritischen Windgeschwindigkeit (G.105) im überkritischen Bereich. Da der Strömungsnachlauf hinter starren Zylindern in diesem Bereich turbulent-stochastisch ist, existiert eigentlich keine eindeutig definierte Ablösefrequenz sondern nur ein Frequenzband, gleichwohl ließ sich auch in solchen Fällen durch Vermessung schwingender Schornsteine eine Konzentration der bezogenen Ablösefrequenz bei S=0,2 feststellen. Rechnet man für den überkritischen Bereich die Schwingungsamplituden realer Objekte nach den Ansätzen von FUNG und NOVAK (kommentiert in [34]) auf der Grundlage der Zufallsschwingungstheorie nach, erhält man viel zu kleine Amplituden, so daß auch dieser Weg nicht überzeugen kann. Im überkritischen Bereich müssen Wirkmechanismen vermutet werden, die sich auf der Grundlage einer Resonanz- oder Zufallserregung allein nicht erklären lassen. Vermutlich sind Selbststeuerungsmechanismen im Spiel, wie sie in Bild 79 schematisch veranschaulicht sind: Durch das seitliche Ausschwingen des zylindrischen Objektes verbreitert sich die Wirbelstraße. Das in seiner Eigenfrequenz schwingende System steuert die Wirbelablösefrequenz. Auf der Seite der Schwingungsausschläge erfahren die Stromlinien eine Verdichtung. Diesem höheren Gradienten entspricht eine größere Flankengeschwindigkeit und damit ein höherer Sog. Wenn diese Überlegung zutrifft, liegt der Typ einer selbsterregten (selbstangefachten) Schwingung vor. Die Anregungsenergie wird aus der kinetischen Energie der Hauptströmung bezogen.

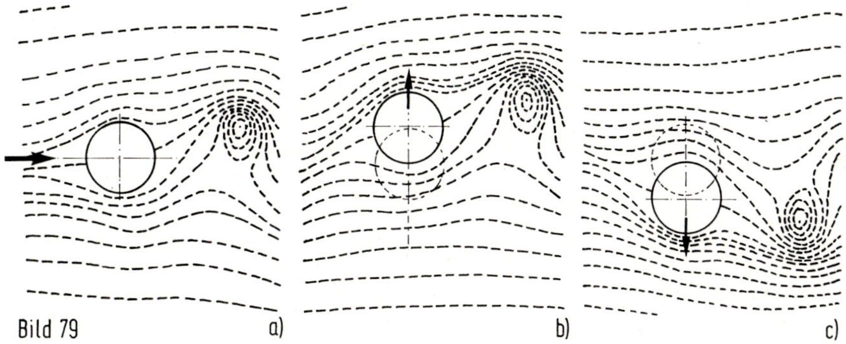

Bild 79

Da die Vorgänge nichtstationär-nichtlinear sind, entziehen sie sich (n.W.d.V.) einer strömungstheoretischen Analyse. - SCRUTON [43] hat 1955 den Synchronisationseffekt erstmals im Windkanalversuch nachgewiesen: An einem Modell mit der Möglichkeit, das Dämpfungsdekrement δ einstellen zu können, konnte bei unterkritischer Strömung nachgewiesen werden, daß die Schwingungen recht genau bei

$$\frac{v}{f \cdot d} = 5$$

(also S=0,2) einsetzten und trotz ansteigender Strömungsgeschwindigkeit erhalten blieben. Das STROUHAL-Zahl-Gesetz (G.104) war also nicht mehr gültig. Ab einer gewissen Geschwindigkeit kamen die Schwingungen zum Erliegen. Es läßt sich somit ein instabiler von einem stabilen Bereich abgrenzen. Je höher die Strukturdämpfung ist, umso stärker wird der instabile Bereich eingeschnürt. Oberhalb einer gewissen Dämpfung bleibt die Struktur schwingungsfrei (vgl. Bild 80a). In Bild 80b ist die Ablösefrequenz über der Geschwindigkeit aufgetragen. Innerhalb des Instabilitätsbereiches bleibt f_K konstant, man spricht vom "lock-in-effect". Spätere Versuche von SCRUTON haben gezeigt, daß die Größe der bezogenen Schwingungsamplitude $\hat{\eta}=\hat{y}/d$ innerhalb des Instabilitätsbereiches von der Höhe der Dämpfung und von $\hat{\eta}$ selbst abhängig ist.

Anhand von Modellversuchen kam FRANK [44] bereits 1939 zu der Schlußfolgerung, daß eine Steuerung der Wirbelablösung durch das schwingende Objekt vorliegen müsse, denn Querschwingungen traten stets innerhalb eines größeren Geschwindigkeitsbereiches auf, wobei die Schwingungen für S=0,15 die höchsten Werte annahmen. BERGER [45] konnte nachweisen,

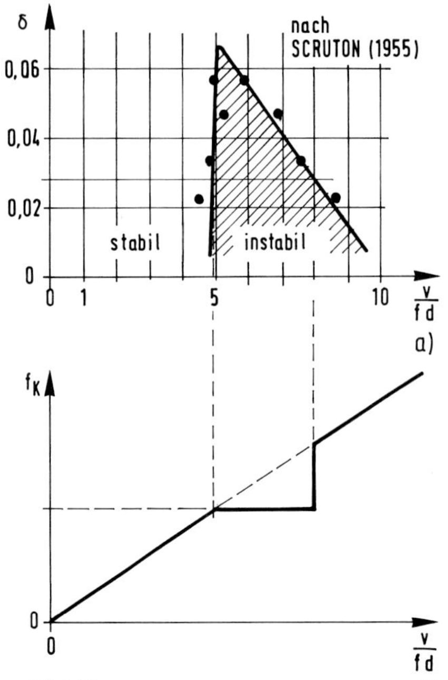

Bild 80

daß durch die Querschwingungen eine achsparallele Ablösung erzwungen wird. Die Korrelationslänge der gleichphasigen Ablösung steigt mit der bezogenen Schwingungsamplitude $\hat{\eta}$ an. NAKAGAWE [46] beobachtete insbesondere im überkritischen Bereich bis $Re=1{,}5\cdot10^6$ selbsterregte Schwingungen. - Neben den zuvor erwähnten gibt es in jüngerer Zeit weitere Belege für Selbststeuerungseffekte (eine ausführliche Behandlung ist in diesem Rahmen nicht möglich). Es fragt sich, wie diese Erkenntnisse beim baupraktischen Nachweis berücksichtigt werden können. Ein diesbezüglicher Vorschlag von RUSCHEWEYH [47] wird im neuen Regelwerk für den Querschwingungsnachweis verankert sein. (Vgl. hinsichtlich der Grundlagen [48].)

23.3.4.6 Querschwingungsnachweis nach RUSCHEWEYH

Kritische Windgeschwindigkeit und zugehörige REYNOLDS-Zahl werden nach G.105 bzw. G.106 berechnet und der Quertriebsbeiwert c_K aus Bild 72 entnommen. Da die Schwingungsbeanspruchung im Resonanzfall durch die Massenkräfte (Trägheitskräfte) der schwingenden Struktur hervorgerufen wird, werden die max Massenkräfte gemäß

$$F_i = m_i \cdot \max \ddot{y}_i = m_i \cdot \omega^2 \max y_i = m_i \cdot (2\pi f)^2 \Phi_i \max y \qquad (120)$$

berechnet. max y_i ist die Schwingungsamplitude und max $\ddot{y}_i$ die max Beschleunigung im Massenmittelpunkt i. Die hier konzentrierte Masse ist m_i. f ist die untersuchte Eigenfrequenz. Die zugehörige Eigenschwingungsform Φ muß bekannt sein, sie wird derart normiert, daß sie am Ort der maximalen Schwingungsamplitude gleich Eins ist, vgl. z.B. Bild 76e oder f. Φ_i darf bei Kragstrukturen durch die Eigengewichtsbiegelinie angenähert werden. Die maximale Schwingungsamplitude des Bauwerkes, die bei der kritischen Windgeschwindigkeit auftritt, kann nach folgender Formel berechnet werden:

$$\max y = K_W K \cdot c_K \frac{1}{S^2} \cdot \frac{1}{Sc} d \qquad (c_K = c_{lat}) \qquad (121)$$

Es bedeuten: K_W: Wirklängenfaktor, K: Beiwert der Schwingungsform, c_K: Quertriebsbeiwert, S: STROUHAL-Zahl (S=0,2), Sc: SCRUTON-Zahl, auch Massendämpfungsparameter genannt, d: Durchmesser des Schornsteines im Bereich der Wirbelerregung. Die SCRUTON-Zahl berechnet sich nach der Formel:

$$Sc = \frac{2M\delta}{\rho d^2} \qquad (122)$$

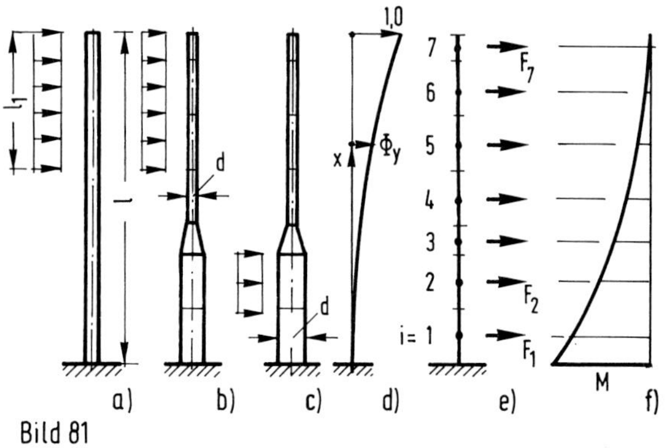

Bild 81

Hierin bedeuten: M: Reduzierte Masse je Längeneinheit:

$$M = \frac{\int_0^l \mu(x)\cdot\Phi_y^2(x)\,dx}{\int_0^l \Phi_y^2(x)\,dx} = \frac{\Sigma\, m_i \Phi_i^2}{\Sigma\, \Phi_i^2 \Delta x_i} \qquad (123)$$

δ: Dämpfungsdekrement, ρ: Luftdichte: ρ=1,25kg/m³.

Wie der Name sagt, erfaßt der Wirklängenfaktor die phasengleiche Wirbelerregung innerhalb der einzelnen Durchmesserbereiche und damit die von der Biegeform und von der auf den Durchmesser bezogenen maximalen Amplitude abhängige Korrelationslänge. - K ist ein Formfaktor, er beträgt bei Kragsystemen etwa 0,13.

Die Vorgehensweise wird an dem in Abschnitt 23.3.4.4 behandelten (dritten) Beispiel gezeigt:

$$v_K = 10{,}8\,\frac{m}{s},\quad Re_K = 3{,}18\cdot 10^6,\quad c_K = 0{,}2$$

Die in der Tabelle des Bildes 77a zusammengestellten Werte können unmittelbar verwendet werden. Als erstes wird M nach G.123 berechnet. Der Integrand des Zählerterms ist in Bild 77 verdeutlicht. Die Integration mittels der Trapezformel ergibt

$$\int_0^l \mu(x)\cdot\Phi_y^2(x)\,dx = \underline{96\,043\ \mathrm{kgm}^2}$$

Der Nennerterm wird, ausgehend von den Werten in Spalte 3 der Tabelle, ebenfalls nach der Trapezregel berechnet (vgl. auch Bild 76):

$$\int_0^l \Phi_y^2(x)\,dx = \frac{1}{2}(1{,}0+0{,}75566)\cdot 6{,}75 + \frac{1}{2}(0{,}75566+0{,}5624)\cdot 6{,}25 + \cdots = \underline{18{,}109\ \mathrm{m}^3}$$

Damit ergeben sich M und Sc zu:

$$M = \frac{96\,043}{18{,}109} = \underline{5304}\,\frac{kg}{m};\quad Sc = \frac{2\cdot 5304\cdot 0{,}04}{1{,}25\cdot 4{,}42^2} = \underline{17{,}38\ [1]}$$

Für Stahlschornsteine, die frei auskragen, wie in Bild 81 dargestellt, berechnet sich der Wirklängenfaktor zu:

$$K_W = 3\cdot\frac{l_1/d}{l/d}\left[1-\frac{l_1/d}{l/d}+\frac{1}{3}\left(\frac{l_1/d}{l/d}\right)^2\right] \qquad (124)$$

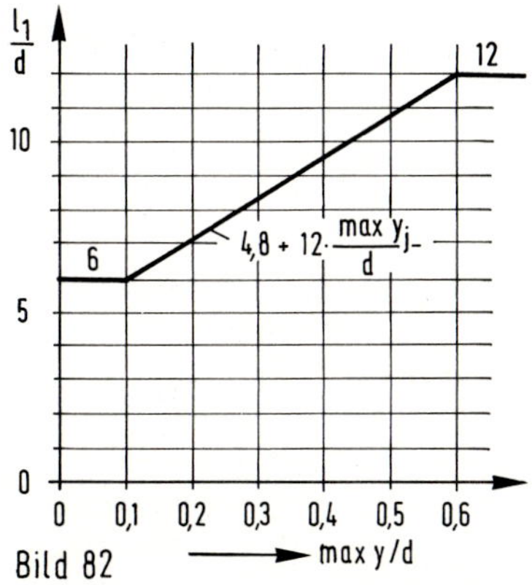

Bild 82

Die bezogene Wirklänge l_1/d ist von der bezogenen maximalen Amplitude abhängig. Diese Abhängigkeit wurde in Versuchen bestimmt. Sie wird gemäß Bild 82 angenähert: Oberhalb bezogener Amplituden 0,1 steigt die Wirklänge (Korrelationslänge der phasengleichen Wirbel) an. Diese Selbststeuerung kommt oberhalb 0,6 infolge Nichtlinearitätseffekte zum Erliegen, d.h. die Korrelationslänge wächst dann nicht mehr an. Innerhalb bezogener Amplituden 0,1 bis 0,6 bedarf es einer Iterationsrechnung. Im vorliegenden Beispiel wird von der in Abschnitt 23.3.4.4 berechneten maximalen Amplitude ausgegangen: max y=0,162m. Bezogen auf den Rohrdurchmesser gilt:

$$\frac{\max y}{d} = \frac{0{,}162}{4{,}42} = 0{,}0367 \longrightarrow \frac{l_1}{d} = 6;\quad \frac{l}{d} = \frac{79{,}60}{4{,}42} = 18{,}01 \longrightarrow$$

$$\frac{l_1/d}{l/d} = \frac{6}{18{,}01} = 0{,}333 \longrightarrow K_W = 3\cdot 0{,}333[1-0{,}333+\frac{1}{3}0{,}333^2] = \underline{0{,}703}$$

$$K = 0{,}13$$

G.121 ergibt:

$$\max y = 0{,}703\cdot 0{,}13\cdot 0{,}2\cdot\frac{1}{0{,}2^2}\cdot\frac{1}{17{,}38}\cdot 4{,}42 = \underline{0{,}1162\ m}$$

1	2	3	4	5	6
	μ_i	Δx_i	m_i	Φ_i	F_i
0					
	3333	0,60	2000	0	0
1					
	3434	4,95	17000	0,0013	24
2					
	5657	4,95	28002	0,0065	201
3					
	6210	5,25	32603	0,0207	774
4					
	6286	5,25	33000	0,0505	1835
5					
	5524	5,25	29000	0,0908	2900
6					
	5524	5,25	29000	0,1406	4491
7					
	5581	5,25	29300	0,2042	6590
8					
	5944	5,35	31800	0,2778	9730
9					
	5733	6,00	34398	0,3654	13844
10					
	5800	6,00	34800	0,4657	16206
11					
	5120	6,25	32000	0,5748	20259
12					
	5056	6,25	31600	0,6909	24046
13					
	5120	6,25	32000	0,8099	28510
14					
	5404	6,75	36477	0,9349	37560
15					
	kg/m	m	kg	(m)	N

Bild 83

Dieser Wert ist kleiner als 0,162m, somit ist die bezogene Wirklänge in Ordnung. Die berechnete Amplitude korrespondiert mit dem gemessenen Wert. Hieraus kann indes nicht unbedingt auf die Treffsicherheit des Verfahrens geschlossen werden, denn hinsichtlich des anzusetzenden Dämpfungsdekrementes verbleibt dieselbe Unsicherheit wie beim üblichen Nachweis. Würde man das logarithmische Dämpfungsdekrement des ausgemauerten Schornsteines doppelt so hoch, also zu 0,08, ansetzen, ergibt sich die maximale Amplitude zu 0,1162/2= 0,0581m, was mit dem gemessenen Wert (0,06m) praktisch übereinstimmt.

Als nächstes werden die Massenkräfte (bei Beibehaltung von δ=0,04) berechnet (G.120):

f=0,49Hz:

$$F_i = m_i\cdot(2\pi f)^2\Phi_i\cdot\max y = m_i\cdot(2\pi\,0{,}49)^2\Phi_i\cdot 0{,}1162 = \underline{1{,}1014}\cdot m_i\,\Phi_i \quad \left[\frac{kg\,m}{s^2} = N\right]$$

Die Rechnung ist in Bild 83 ausgewiesen. Die Eigenformordinaten in den Mittelpunkten der Elemente sind als Mittelwerte der beidseitigen Berandungsordinaten vereinbart. Für diese

Kräfte werden M und Q, also Biegemoment und Querkraft, berechnet; für die Einspannstelle erhält man:

$$\underline{\max M = -9927\,\mathrm{kNm}}, \quad \underline{\max Q = 168{,}63\,\mathrm{kN}}$$

Für die maximale Auslenkung folgt:

$$\underline{\max y = 0{,}1135\ \mathrm{m}}$$

Dieser Wert stimmt mit dem zuvor berechneten nicht genau überein, was auf der Diskretisierung der Rechnung beruht. Außerdem ist der Beiwert K nicht 0,13. Er errechnet sich für die vorliegende Eigenschwingungsform zu:

$$K = \frac{\int_0^l \Phi_y(x)\,dx}{4\pi \cdot \int_0^l \Phi_y^2(x)\,dx} = \frac{28{,}45}{4\pi \cdot 18{,}109} = \underline{0{,}125}$$

Handelt es sich um schlanke Schornsteine mit großen bezogenen Amplituden, kann die Rechnung wegen der dann unumgänglichen Iterationsrechnung (nach Bild 82) langwierig ausfallen.

23.3.4.7 Ergänzende Hinweise zum Querschwingungsnachweis

a) Es treten immer wieder Fälle auf, in denen der Querschwingungsnachweis auf prinzipielle Schwierigkeiten stößt: So wurden z.B. bei Schornsteinen geringer Bauhöhe nur selten Schwingungen festgestellt, auch, wenn sie rechnerisch als gefährdet galten. Eine Erklärung könnte sein, daß die Windströmung durch die Bodenrauhigkeit (und die benachbarte Bebauung) so turbulent wird, daß sich gleichförmige Stabwirbel über längere Zeitphasen nicht ausbilden können. Das gilt für Objekte bis etwa 20m Höhe über Grund. - Auch kommt es bei stark veränderlichem Querschnitt (und ggf. zusätzlicher Belegung mit Leitern und Podesten, vgl. Bild 84) zu einer gegenseitigen Verstimmung und aerodynamischen Dämpfung der einzelnen Abschnitte, so daß auch in solchen Fällen kaum mit einer Querschwingungsgefahr zu rechnen ist.

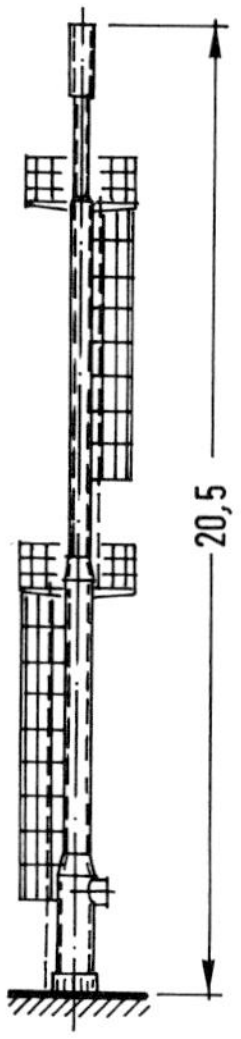

Bild 84

b) Treten in dem Tragrohr planmäßig hohe Betriebstemperaturen auf, ist der Temperatureinfluß bei der Berechnung der Eigenfrequenz zu berücksichtigen (G.93); dann ist der Querschwingungsnachweis für die Fälle kaltes und heißes Rohr zu führen. Dasselbe gilt, wenn ein Korrosionszuschlag eingeplant wird; hier sind die Fälle ohne und mit Abrostung des Zuschlages zu untersuchen. Im Montagezustand ist der Schornstein ggf. noch nicht ausgemauert; Masse und Dämpfung sind in diesem Zustand geringer als im Endzustand, auch das ist ggf. rechnerisch zu verfolgen. Wie sich das auswirkt, läßt sich bei Schornsteinen mit konstantem Durchmesser mit Hilfe der Frequenzformel

$$f = \frac{2000}{\sqrt{1+\varkappa}} \cdot \frac{r}{l^2} \qquad (125)$$

abschätzen. $\varkappa$ ist das Verhältnis der Eigenlast der nichttragenden Einbauten zur Eigenlast des tragenden Rohres.

c) Objekte, die im Einflußbereich einer Wirbelschleppe eines vorgelagerten Schornsteines liegen, können durch diese zu Schwingungen angeregt werden. Man spricht in solchen Fällen von Buffeting. Die mittlere Strömungsgeschwindigkeit in einer Wirbelstraße ist zwar im Vergleich zur Anströmgeschwindigkeit geringer, dafür ist die Strömung aber turbulenter.

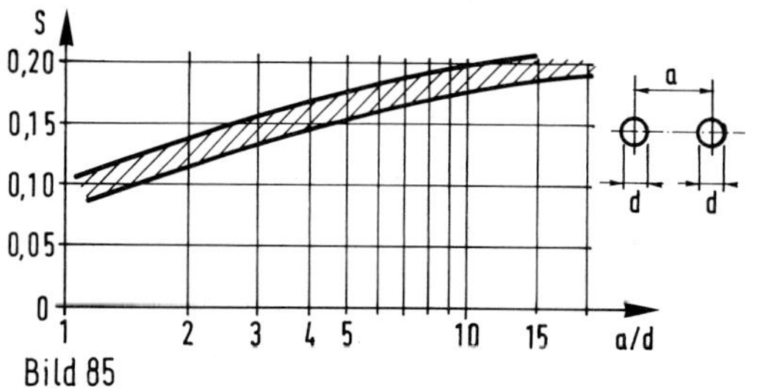

Bild 85

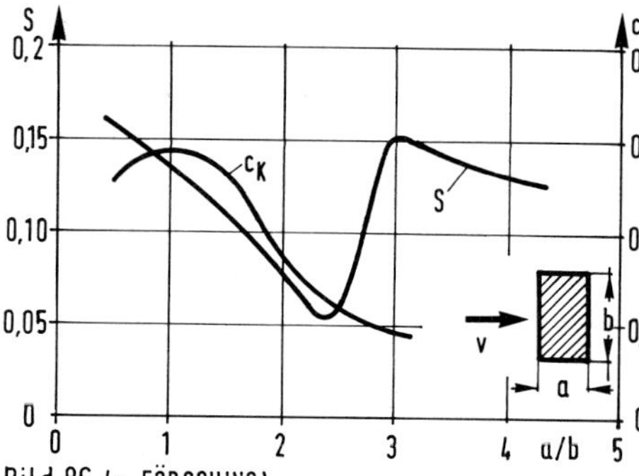

Bild 86 (n. FÖRSCHING)

Bei gleichartigen oder annähernd gleichartigen Objekten kann die Querschwingungsanregung bei Anströmung in Reihe für die leeseitigen Schornsteine höher als für das Einzelobjekt ausfallen. Sofern kein genauer Nachweis geführt wird, ist bei Abständen $a<15\cdot d$ der Quertriebsbeiwert c_K um den Faktor 1,5 zu erhöhen und die STROUHAL-Zahl nach Bild 85 anzunehmen. Bei sehr geringem Abstand ($a<3\cdot d$) kann es zu einer weiteren Anregungsform kommen, dem sogen. Interferenzgalloping; die Schornsteine schwingen dann im Gegentakt. Werden die Schornsteine in solchen Fällen miteinander durch Verbände gekoppelt, werden Schwingungen der erwähnten Art, wie auch Querschwingungen, unterdrückt. Die gegenseitige Temperaturlängenänderung der Rohre darf durch die Verbände nicht behindert werden.

d) Wirbelablösungen treten nicht nur hinter kreiszylindrischen sondern auch hinter kantigen Objekten auf. S und c_K sind in solchen Fällen von der REYNOLDS-Zahl unabhängig, da die Abreißlinien durch die Kanten festliegen. Ist b die Breite des Querschnittes senkrecht zur Strömungsrichtung, beträgt die Ablösefrequenz:

$$f_K = S\cdot\frac{v}{b} \qquad (126)$$

Für die meisten Profilformen beträgt S=0,15, insbesondere in all jenen Fällen, in denen sich hinter den Abreißkanten kein Profilvolumen befindet, z.B. im Falle 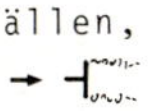. In diesen Fällen wird auf das Profil auch kein nennenswerter Quertrieb ausgeübt. Bei Anströmung von der anderen Seite ist das der Fall: . - Bild 86 zeigt, wie S und c_K bei Rechteckquerschnitten vom Verhältnis der Tiefe des Querschnittes a zur Breite b (quer zur Strömungsrichtung) abhängig sind.

e) Infolge des durch die Wirbelablösung verursachten periodisch wechselnden Druckfeldes können bei extrem dünnen Wanddicken ovalisierende Schwingungen des Rohrmantels auftreten, insbesondere im Mündungsbereich, wenn dieser nicht durch Ringsteifen stabilisiert ist. - Bild 87a zeigt die ersten drei Eigenschwingungsformen: k=2,3 und 4. Die Berechnungsformel

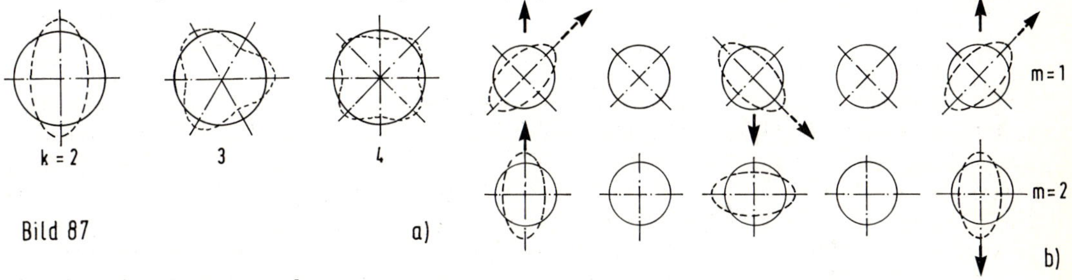

Bild 87

für die Eigenfrequenzen lautet:

$$f_k = \frac{k(k^2-1)}{2\pi\sqrt{k^2+1}}\sqrt{\frac{EI}{\mu r^4}} = \alpha_k\sqrt{\frac{EI}{\mu r^4}} \qquad (127)$$

k ist die Anzahl der vollen Wellen, EI ist die Biegesteifigkeit in der Ringebene und μ die Massebelegung je lfd. Einheit. Für k=2,3,4 lautet die Vorzahl α_k=0,273; 1,208; 2,316.- Für einen stählernen Zylindermantel läßt sich die Formel (bei Einrechnung der Querkontraktion) umformen:

$$f_k = \beta_k\frac{t}{r^2} \quad \text{mit} \quad \beta_k = 0{,}666;\ 1{,}89;\ 3{,}62 \qquad (128)$$

Hierin ist die Wanddicke t in mm und der Radius r in m einzusetzen. Z.B.: t=10mm, r=1,0m: f_1=6,7Hz. G.128 gilt auch für Aluminium:

$$\sqrt{\frac{E_{Al}}{E_{St}}\cdot\frac{\rho_{St}}{\rho_{Al}}} = \sqrt{\frac{0{,}7}{2{,}1}\cdot\frac{7850}{2700}} = 0{,}98 \approx 1 \qquad (129)$$

Bei zylindrischen Rohrmänteln von Stahlschornsteinen kommt nur eine Anregung in der Grundform in Frage (k=2), also:

$$\text{Ringe:}\ f_1 = 0{,}273\sqrt{\frac{EI}{\mu r^4}}\ ; \quad \text{Mantel:}\ f_1 = 0{,}666\frac{t}{r^2}\ (t \text{ in mm, } r \text{ in m}) \qquad (130)$$

Von den vorstellbaren Möglichkeiten sind zwei Anregungszustände für querschnittsverformende (ovalisierende) Schwingungen denkbar; sie sind in Bild 87b skizziert. Die zugehörigen kritischen Windgeschwindigkeiten betragen:

$$v_K = \frac{1}{m}\frac{f_1 d}{S} \qquad m=1 \quad \text{und} \quad m=2 \tag{131}$$

Diese Formel folgt aus der Gleichsetzung

$$T = \frac{d}{vS} \quad \text{mit} \quad T = m \cdot T_1 \tag{132}$$

Soweit Mantelschwingungen bekannt geworden sind, war m=1 maßgebend. - Wie erwähnt, sind nach gängiger Erfahrung allein ringlose Mäntel schwingungsgefährdet, insbesondere bei Schlankheiten r/t>150. An der Mündung sollte immer eine Ringsteife liegen.

23.3.4.8 Aerodynamische Störmaßnahmen

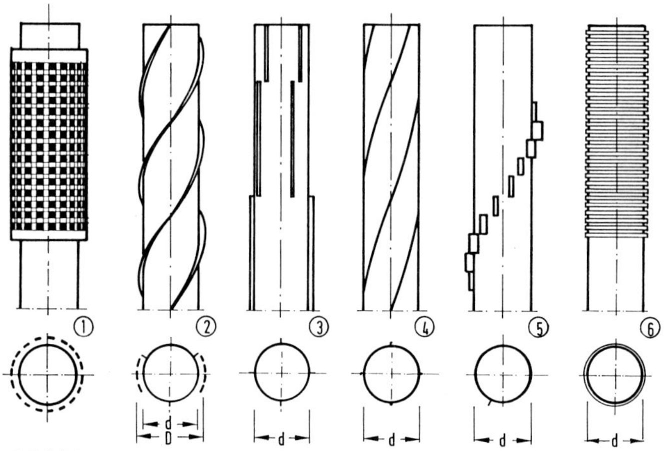

Bild 88

Mittels auf der Oberfläche des Rohrmantels angebrachter Störelemente läßt sich die Ausbildung sich entlang einer durchgehenden Linie ablösender Stabwirbel unterdrücken. Es genügt, diese sogen. "Zerteiler", im oberen Drittel anzuordnen. Den dargestellten Maßnahmen in Bild 88 haften indes zwei entscheidende Nachteile an:
1. Die angeschweißten Störelemente sind korrosionsanfälliger als das glatte Rohr; Beschichtung und Unterhaltung sind schwierig durchzuführen. 2. Der für den glatten Zylinder geltende Kraftbeiwert (≈0,7) wird durch die Störelemente angehoben und das relativ unabhängig von der REYNOLDS-Zahl. - Die Lösung (1) besteht aus einem zusätzlichen Zylinderrohr mit Lochperforierung; der Strömungsnachlauf wird "belüftet", eine alternierende Wirbelstraße kann sich nicht einstellen. Die Lösung scheidet aus Kosten- und Korrosionsschutzgründen aus. - Die Lösung (2) geht auf SCRUTON zurück, man spricht bei diesen wendelartigen Störleisten daher von SCRUTON-Wendeln. Deren stabilisierende Wirkung konnte inzwischen an vielen Großausführungen bestätigt werden. Dabei haben sich dreigängige Wendel (vollflächig, keine Gitterleisten!), deren Ganghöhe 4,5 bis 5·d und deren Höhe 0,10 bis 0,12·d beträgt, bewährt. Die gekrümmte, wendelförmige Form erfordert einen gewissen Fertigungsaufwand. Der aerodynamische Beiwert beträgt 1,2, bezogen auf den umhüllenden Zylinder. - Alle anderen in Bild 88 dargestellten Lösungen ((3) bis (6)) haben sich nicht bewährt!

23.3.4.9 Schwingungsdämpfer

23.3.4.9.1 Allgemeine Hinweise

Mittels eines Schwingungsdämpfers lassen sich Querschwingungen wirksam unterdrücken. Die Erhöhung der Strukturdämpfung wirkt sich darüberhinaus günstig auf die Größe des Böenreaktionsfaktors aus. Die mit der Reduzierung von φ einhergehende Einsparung beim Schornstein (einschl. Fundament) kompensiert (z.T.) die Kosten für den Dämpfer. Die wesentlichere Einsparung besteht aber darin, daß sich ein Schwingungsnachweis für den Schornstein und eine Auslegung auf Betriebsfestigkeit erübrigt. Inzwischen liegen umfangreiche positive Erfahrungen (nach anfänglichen Vorbehalten) mit dieser Technik vor. - Mit der Anordnung eines Schwingungsdämpfers ist i.a. eine geringe Erhöhung der Windangriffsfläche verbunden; der aerodynamische Beiwert des glatten Rohres bleibt im übrigen erhalten. Insofern ist ein Schwingungsdämpfer aerodynamischen Störmaßnahmen (z.B. mittels SCRUTON-Wendel) überlegen. Werden an einem Stahlschornstein Schwingungen festgestellt, so eignet sich als provisorische Sofortmaßnahme eine Seilabspannung. Dabei werden zweckmäßig zwei Seile in orthogonalen Richtungen angeordnet. Die Seile werden nicht verankert (was einen Eingriff in das statische System bedeuten würde), sondern über Holzbohlen geführt und durch ein Gewicht gespannt (Bild 89). Die Reibung des Seiles auf der Bohle genügt, um die Querschwingungen zu unterdrücken. (Diese Maßnahme ist einfach und hat sich bewährt.)

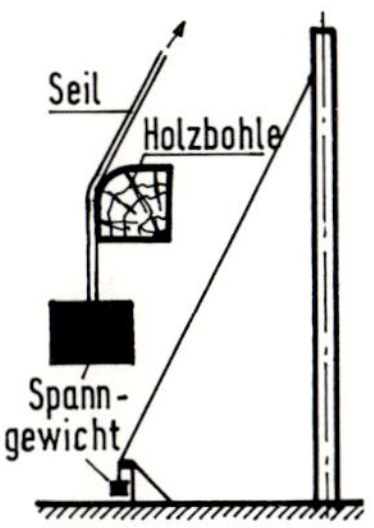

Bild 89

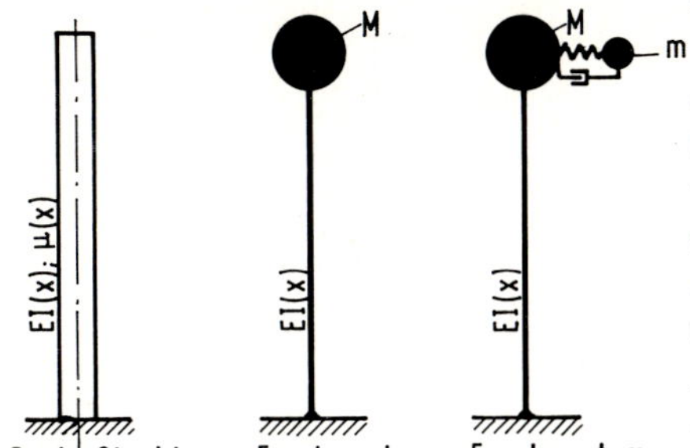

Reale Struktur a) Ersatzsystem b) Ersatzsystem mit Dämpfer c)

Bild 90

Die Wirkungsweise eines (passiven) Schwingungsdämpfers wird an der in Bild 90a skizzierten Struktur erläutert; sie steht hier für einen Stahlschornstein. An der Mündung sind die Schwingungsamplituden am größten, es ist zweckmäßig, den Schwingungsdämpfer an dieser Stelle anzubringen. Zum Zwecke der Dämpferauslegung wird das reale System in ein Ersatzsystem überführt, es hat die Ersatzmasse M. An diese Ersatzmasse wird eine Zusatzmasse m angekoppelt. Zwischen M und m liegt eine Feder und ein Dämpfungselement. Die Feder und damit die Eigenfrequenz der Zusatzmasse m muß in bestimmter Weise auf die Schwingungsfrequenz des Hauptsystems abgestimmt sein, das gilt auch für das Dämpfungselement: Aus dem Einmassenschwinger wird ein Zweimassenschwinger. In Bild 91a ist das Prinzip nochmals dargestellt: Das Hauptsystem (also das Bauwerk) hat zwar auch eine Eigendämpfung, doch bleibt diese sicherheitshalber (und wegen der i.a. geringen Größenordnung) bei der Dämpferdimensionierung unberücksichtigt. - Neben dem passiven Dämpfer gibt es noch den aktiven Dämpfer (Bild 91b). Hierbei wird die Zusatzmasse mittels eines Hydraulikzylinders an das Bauwerk angekoppelt. Wird letzteres zu Schwingungen angeregt, wird der Zylinder über Sensoren und ein servohydraulisches Steuerventil derart in Gang gesetzt und gesteuert, daß die Schwingung gedämpft bzw. getilgt wird. Ein solcher Dämpfer setzt die ständige Verfügbarkeit einer Energie für Antrieb und Steuerung voraus. Beiden Dämpferarten ist eigen, daß eine gewisse Restschwingung verbleibt; sie ist notwendig, um den Dämpfer zu aktivieren. Bei richtiger Auslegung (Optimierung) und einer nicht zu kleinen Zusatzmasse liegen die Restschwingungen in unbedenklichen Größenordnungen. - Im folgenden wird nur der passive Dämpfer behandelt.

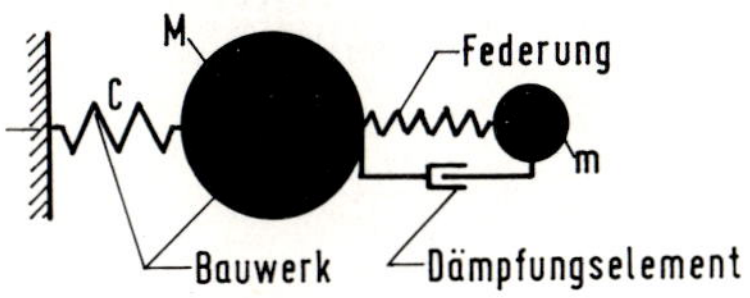

a) passiver Dämpfer

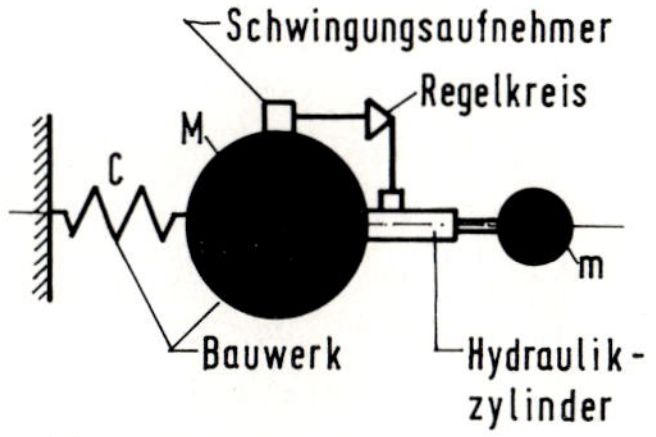

b) aktiver Dämpfer

Bild 91

Wird ein Einmassenschwinger mit der Eigenfrequenz f_0 durch eine harmonische Kraft angeregt, tritt bei Annäherung der Erregerfrequenz f an die Eigenfrequenz eine zunehmende stärkere dynamische Reaktion ein. Stimmt die Erregerfrequenz mit der Eigenfrequenz überein, steht das System in Resonanz. Die Amplitude wird allein durch die Systemdämpfung begrenzt, vgl. Bild 92a. - Wird an den Einmassenschwinger eine Zusatzmasse angefedert, geht der Schwinger in einen Zweimassenschwinger über; dieser hat zwei Eigenfrequenzen, f_1 und f_2, f_1 liegt unterhalb von f_0, f_2 liegt darüber. Die Resonanzkurve weist jetzt zwei Spitzen auf. An der 1. Resonanzstelle schwingen M und m in derselben Richtung, an der 2. Resonanzstelle in Gegenrichtung, vgl. Bild 92b. Die Idee des Schwingungsdämpfers besteht darin, diese Relativbewegung von M und m auszunutzen und ein Dämpfungselement zwischenzuschalten. Auf die richtige Auslegung dieses Dämpfungselementes kommt es an. Dabei ist der Dämpfer bei der technischen Realisierung so auszuführen, daß er weitgehend wartungs- und verschleißfrei sowie witterungsunabhängig arbeitet. Er sollte theoretisch und experimentell durch Labor- und Großversuche gut abgesichert sein. - Gemeinsam ist den meisten Dämpfern, daß zwischen M und m keine Feder angeordnet wird sondern m an M angependelt wird, d.h. die Rückstellkraft wird aus der Gravitation bezogen. Wird die Masse m durch

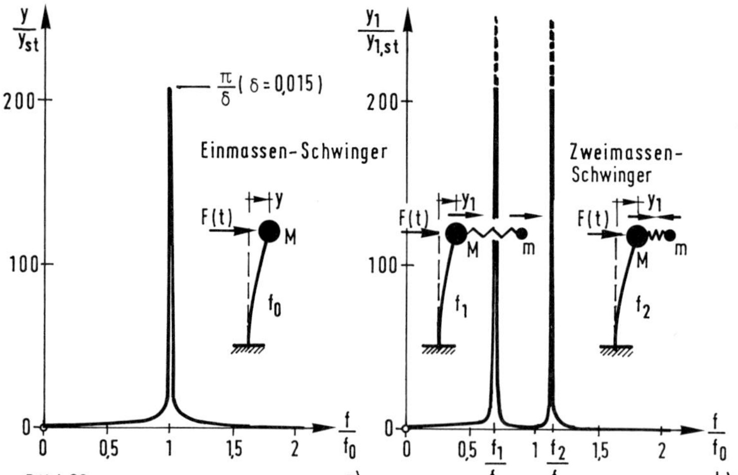

Bild 92

ein mathematisches Pendel mit der Pendellänge l_D angenähert (Bild 93), beträgt die Pendelfrequenz: (133)

$$f_D = \frac{1}{2\pi}\sqrt{\frac{g}{l_D}}, \quad g = 981\,\mathrm{cm/s^2}$$

g ist die Erdanziehung. Ist f_D die einzustellende Dämpferfrequenz, folgt die erforderliche Pendellänge l_D aus:

$$l_D = \frac{g}{(2\pi f_D)^2} \qquad (134)$$

Wird $f_D = 0{,}95 \cdot f$ abgeschätzt, worin f die Eigenfrequenz des Bauwerkes (des Schornsteines) ist, ergibt sich:

$$l_D = \frac{27{,}53}{f^2} \qquad (135)$$

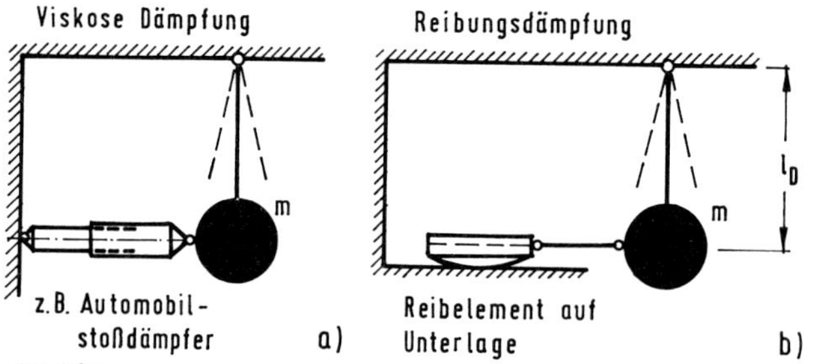

Bild 93

Diese Formel ist in Bild 94 ausgewertet. Hieraus wird erkennbar, daß die Pendellänge für Bauwerkseigenfrequenzen, die über 1Hz liegen, sehr kurz wird und die technische Ausführung zunehmend schwieriger wird. Durch die Integration von Federn läßt sich die Dämpferfrequenz anheben. Der Bereich f<1Hz ist i.a. der gefährdete, gerade für diesen sind Schwingungsdämpfer sehr geeignet. - Bild 93 zeigt zwei Dämpferelemente, im Falle a) handelt es sich um einen hydraulischen oder ähnlichen Dämpfer, wie er auch bei PKW eingesetzt wird, im Falle b) handelt es sich um einen Reibungsdämpfer, hier wird zwischen Reibelement und Unterlage COULOMBsche Reibung aktiviert. Daneben gibt es weitere Möglichkeiten der Energiedissipation; in der richtigen Einstellung der Dämpfungskapazität liegt die eigentliche Schwierigkeit. Dabei muß sichergestellt sein, daß diese Kapazität im Laufe der Jahre ihre Charakteristik nicht verändert oder gar verloren geht.

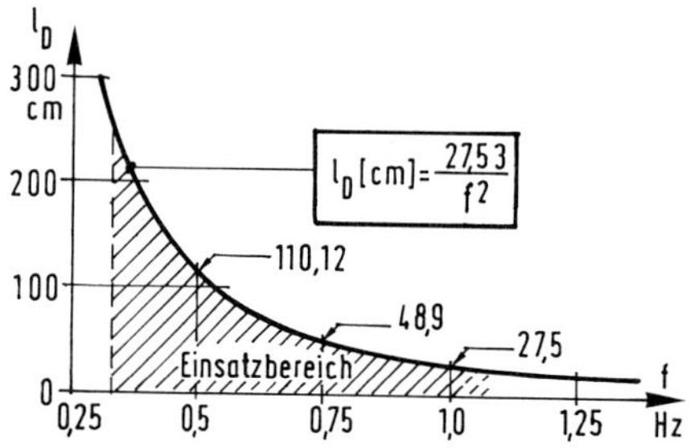

Bild 94

Bild 95 zeigt verschiedene Dämpfervarianten [49]: a) Mit viskosem Fluid gefüllter Behälter, der durch perforierte Platten unterteilt ist, b) Ketten, Seile, Klöppel in Zellen mit ausgekleideten Wandungen, c) Pendel, das gegen Elemente in Form von Spiralfedern anschwingt, d) Pendel, das in einem körnigen Granulat, z.B. in Kies oder Kunststoffpartikel, pflügt, e) Pendel, das eine Reibplatte in einer kalottenförmigen Schale hin- und herschiebt, f) Pendel, das ein hydraulisches Dämpfungselement aktiviert. Bei dem Pendel kann es sich um einen Massering handeln, der außer- oder innerhalb des Schornsteinrohres liegt und an drei Pendelstangen aufgehängt ist; es können auch mehrere Einzelpendel angeordnet werden, ggf. mit geringfügig unterschiedlichen Pendellängen, um ein breiteres Frequenzband

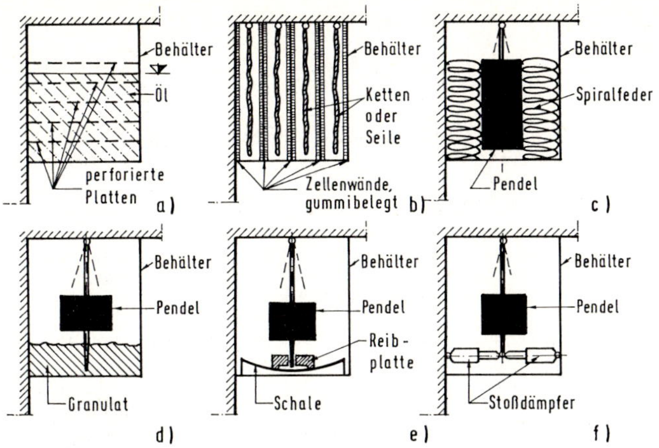

Bild 95

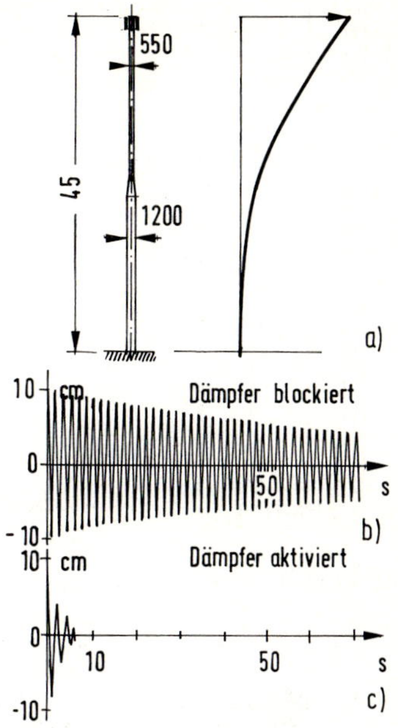

Bild 96

abzudecken. Eine solche Lösung verbessert auch die Redundanz der Maßnahme. - Bild 96 zeigt das Ergebnis von Schwingungsversuchen an einem 45m hohen Schornstein. Aus den Abklingkurven der Anzupfversuche kann auf die Wirkungsweise des Dämpfers geschlossen und seine richtige Abstimmung überprüft werden. - In der Bundesrepublik werden z.Zt. drei Dämpfersysteme eingesetzt: System REUTLINGER, System KABE-HIRSCH, System MAURER-PETERSEN.

23.3.4.9.2 Kinetisch äquivalentes Ersatzsystem

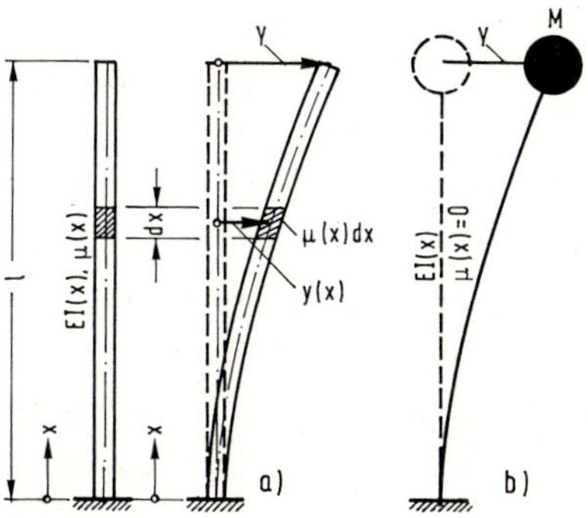

Bild 97

Es wird eine Kragstruktur mit der Massebelegung μ(x) und Biegesteifigkeit EI(x) betrachtet (Bild 97a). Gesucht ist das kinetisch gleichwertige Ersatzsystem mit der Masse M am freien Ende. Die Gleichwertigkeit ist gegeben, wenn die kinetische Energie des kontinuierlichen Realsystems mit der kinetischen Energie des diskreten Ersatzsystems während des Schwingungs-Null-Durchgangs unter der Voraussetzung gleichgroßer Amplituden Y und gleicher Frequenz übereinstimmt:

Gegebenes System (Bild 97a):

$$E = \frac{1}{2}\int_0^l \mu(x)\cdot\dot{y}^2(x,t)\,dx = \frac{1}{2}\Big[\int_0^l \mu(x)\omega^2\cdot y^2(x)\,dx\Big]\cos^2\omega t$$

$$= \frac{\omega^2 Y^2}{2}\Big[\int_0^l \mu(x)\cdot\eta^2(x)\,dx\Big]\cdot\cos^2\omega t \qquad (136)$$

Ersatzsystem (Bild 97b):

$$E = \frac{1}{2}\cdot M\,\omega^2\cdot Y^2\cos^2\omega t \qquad (137)$$

In G.136 ist $\eta(x)$ die auf Eins (in Höhe von M) normierte Eigenform:

$$y(x,t) = y(x)\cdot\sin\omega t = Y\cdot\eta(x)\cdot\sin\omega t \qquad (138)$$

Die Gleichsetzung der Energieausdrücke ergibt:

$$M = \int_0^l \mu(x)\cdot\eta^2(x)\,dx \qquad (139)$$

Bild 98 zeigt, wie die Berechnung von M durchgeführt wird: Die vorab ermittelte Schwingungseigenform wird am Ort des Dämpfers auf Eins normiert und

$$\mu(x)\cdot\eta^2(x)$$

gebildet, anschließend wird numerisch integriert (in Bild 98: schraffierte Fläche).

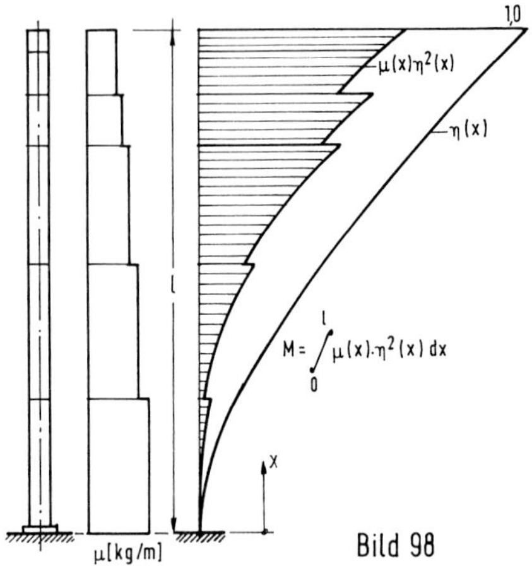

Bild 98

Im Sonderfall μ=konst und EI=konst gilt mit der bezogenen Koordinate $\xi = x/l$:

$$M = \mu l \cdot \int_0^1 \eta^2(\xi)\, d\xi \tag{140}$$

$$\eta(\xi) = \frac{1}{2{,}72423}\left[\sin\lambda\xi - \sinh\lambda\xi + (\cosh\lambda\xi - \cos\lambda\xi)\frac{\sinh\lambda + \sin\lambda}{\cosh\lambda + \cos\lambda}\right] \tag{141}$$

(M am freien Ende, $\lambda = 1{,}875$)

Die explizite Lösung des Integrals ist möglich:

$$M = 0{,}250 \cdot \mu l \tag{142}$$

μl ist die Gesamtmasse des an den Schwingungen beteiligten Schornsteins. - Wird die Zusatzmasse m des Dämpfers zu 5,5% von M gewählt, ergibt sich für die Dämpferbemessung:

$$m = 0{,}01375 \cdot \mu l \tag{143}$$

Merkregel: Zusatzmasse des Dämpfers beträgt etwa 1,5% der Gesamtmasse des Schornsteins.

23.3.4.9.3 Stationäre Bewegung eines Systems mit viskosem Schwingungsdämpfer

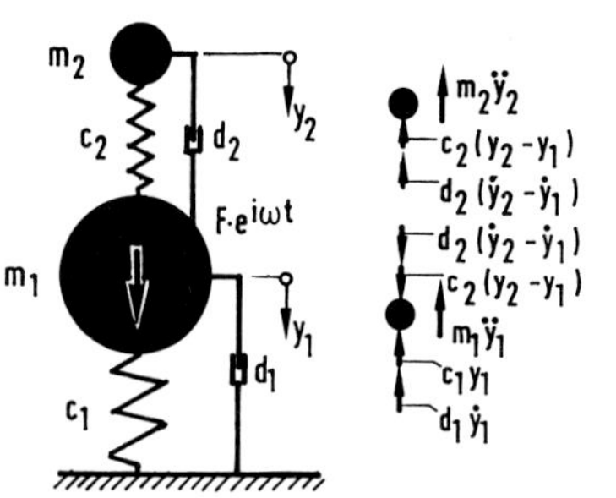

Bild 99

Den nachfolgenden Herleitungen wird das in Bild 99 dargestellte zweiläufige Schwingungssystem zugrundegelegt. Die Masse m_1 mit der Abfederung c_1 stellt jenen Schwinger dar, dessen Schwingungen mittels der Zusatzmasse m_2 reduziert werden soll; m_2 ist passiv über die Feder c_2 mit dem fremderregten Hauptschwinger verbunden. d_1 kennzeichnet die (viskose) Eigendämpfung des Hauptsystems, d_2 kennzeichnet die Relativdämpfung des eigentlichen Dämpfers. Die Fremderregung auf das Hauptsystem sei harmonisch; aus Bild 99 liest man die Bewegungsgleichungen der Massen m_1 und m_2 ab:

$$1:\quad m_1\ddot{y}_1 + d_1\dot{y}_1 + c_1 y_1 - d_2(\dot{y}_2 - \dot{y}_1) - c_2(y_2 - y_1) = F e^{i\omega t} \tag{144}$$

$$2:\quad m_2\ddot{y}_2 + d_2(\dot{y}_2 - \dot{y}_1) + c_2(y_2 - y_1) = 0 \tag{145}$$

Anstelle der Bewegungskoordinaten y_1 und y_2 werden neu eingeführt: $\eta = y_1$, $\xi = y_2 - y_1$.
ξ kennzeichnet die Relativbewegung der Massen zueinander. Außerdem wird vereinbart:

$$\omega_1^2 = \frac{c_1}{m_1},\quad \omega_2^2 = \frac{c_2}{m_2};\quad d_1 = 2m_1\omega_1 D_1,\quad d_2 = 2m_2\omega_2 D_2 \tag{146}$$

Beachte: ω_1 und ω_2 sind nicht zu verwechseln mit den Kreiseigenfrequenzen des zweiläufigen Gesamtsystems!

Massenverhältnis:

$$\mu = \frac{m_2}{m_1} \tag{147}$$

Hiermit lauten die Bewegungsgleichungen:

$$1:\quad \ddot{\eta} + \omega_1^2\eta - \mu\omega_2^2\xi + 2\omega_1 D_1\dot{\eta} - 2\mu\omega_2 D_2\dot{\xi} = \frac{F}{m_1}e^{i\omega t} \tag{148}$$

$$2:\quad \ddot{\xi} + \ddot{\eta} + \omega_2^2\xi + 2\omega_2 D_2\dot{\xi} = 0 \tag{149}$$

Komplexer Schwingungsansatz:

$$\eta(t) = \hat{\eta}\cdot e^{i\omega t},\qquad \xi(t) = \hat{\xi}\cdot e^{i\omega t} \tag{150}$$

Dieser Ansatz erfüllt die linearen Bewegungsgleichungen (G.148/9) für jeden Wert von t:

$$1:\quad -\omega^2\hat{\eta} + \omega_1^2\hat{\eta} - \mu\omega_2^2\hat{\xi} + 2i\omega\omega_1 D_1\hat{\eta} - 2i\mu\omega\omega_2 D_2\hat{\xi} = \frac{F}{m_1} \tag{151}$$

$$2:\quad -\omega^2\hat{\xi} - \omega^2\hat{\eta} + \omega_2^2\hat{\xi} + 2i\omega\omega_2 D_2\hat{\xi} = 0 \tag{152}$$

Gesucht sind $\hat{\eta}$ und $\hat{\xi}$; die Freistellung ergibt:

$$\hat{\eta} = \frac{F}{m_1}\cdot\frac{a_1 + ia_2}{a_3 + ia_4},\qquad \hat{\xi} = \frac{F}{m_1}\cdot\frac{\omega^2}{a_3 + ia_4} \tag{153}$$

Abkürzungen:

$$a_1 = \omega_2^2 - \omega^2$$
$$a_2 = 2\omega\omega_2 D_2 \tag{154}$$
$$a_3 = \omega^4 - \omega^2(\omega_1^2 + \omega_2^2 + \mu\omega_2^2 + 4\omega_1\omega_2 D_1 D_2) + \omega_1^2\omega_2^2$$
$$a_4 = 2\omega\,[\omega_2 D_2 \cdot (\omega_1^2 - \omega^2 - \mu\omega^2) + \omega_1 D_1 \cdot (\omega_2^2 - \omega^2)]$$

Als weitere Parameterabkürzungen werden vereinbart:

$$\varkappa = \frac{\omega_2}{\omega_1} \text{ (Verstimmung = Eigenfrequenzverhältnis)} \tag{155}$$
$$\lambda = \frac{\omega}{\omega_1} \text{ (Abstimmung)} \tag{156}$$

Die weitere Rechnung wird auf die statische Auslenkung des Hauptschwingers unter der Kraft F bezogen:

$$y_{1st} = \eta_{st} = \frac{F}{c_1} = \frac{F}{m_1\omega_1^2} \tag{157}$$

Der Nenner der Gleichungen (153) wird mit $a_3 - i \cdot a_4$ erweitert; das ergibt für $\hat{\eta}$ und $\hat{\xi}$:

$$\hat{\eta} = \frac{F}{m_1} \cdot \frac{(a_1a_3 + a_2a_4) + i(a_2a_3 - a_1a_4)}{a_3^2 + a_4^2}; \quad \hat{\xi} = \frac{F}{m_1} \cdot \frac{\omega^2 \cdot (a_3 - ia_4)}{a_3^2 + a_4^2} \tag{158}$$

$\hat{\eta}$ und $\hat{\xi}$ liegen in der komplexen Ebene:

$$\hat{\eta} = \eta \cdot e^{-i\alpha}; \qquad \hat{\xi} = \xi \cdot e^{-i\beta} \tag{159}$$

Für die reellen Amplituden und Phasenwinkel findet man:

$$\eta = \frac{F}{m_1} \cdot \sqrt{\frac{a_1^2 + a_2^2}{a_3^2 + a_4^2}}; \quad \tan\alpha = \frac{a_1a_4 - a_2a_3}{a_1a_3 + a_2a_4} \tag{160}$$

$$\xi = \frac{F}{m_1} \cdot \sqrt{\frac{\omega^4}{a_3^2 + a_4^2}}; \quad \tan\beta = \frac{a_4}{a_3} \tag{161}$$

Werden die Amplituden auf η_{st} bezogen und $\varkappa$ und λ gemäß G.155/6 eingeführt, folgt:

$$\frac{\eta}{\eta_{st}} = \sqrt{\frac{(\varkappa^2 - \lambda^2)^2 + 4\lambda^2\varkappa^2 D_2^2}{[\lambda^4 - \lambda^2(1 + \varkappa^2 + \mu\varkappa^2 + 4\varkappa D_1 \cdot D_2) + \varkappa^2]^2 + 4\lambda^2[\varkappa D_2(1 - \lambda^2 - \mu\lambda^2) + D_1 \cdot (\varkappa^2 - \lambda^2)]^2}} \tag{162}$$

$$\frac{\xi}{\eta_{st}} = \sqrt{\frac{\lambda^4}{[\lambda^4 - \lambda^2(1 + \varkappa^2 + \mu\varkappa^2 + 4\varkappa D_1 \cdot D_2) + \varkappa^2]^2 + 4\lambda^2[\varkappa D_2(1 - \lambda^2 - \mu\lambda^2) + D_1 \cdot (\varkappa^2 - \lambda^2)]^2}} \tag{163}$$

Ist η bekannt, kann die Relativbewegung auch wie folgt berechnet werden:

$$\frac{\xi}{\eta_{st}} = \frac{\lambda^2}{\sqrt{(\varkappa^2 - \lambda^2)^2 + 4\lambda^2\varkappa^2 \cdot D_2^2}} \cdot \left(\frac{\eta}{\eta_{st}}\right) \tag{164}$$

Die bezogenen absoluten Auslenkungen von m_1 und m_2 folgen aus:

$$\frac{y_1}{y_{1st}} = \frac{\eta}{\eta_{st}}; \quad \frac{y_2}{y_{1st}} = \frac{\xi}{\eta_{st}} + \frac{\eta}{\eta_{st}} = \left(1 + \frac{\lambda^2}{\sqrt{(\varkappa^2 - \lambda^2)^2 + 4\lambda^2\varkappa^2 D_2^2}}\right) \cdot \frac{\eta}{\eta_{st}} \tag{165}$$

Mit diesen Angaben kann die stationäre Bewegung des dynamischen Schwingungsdämpfers unter einer harmonischen Krafterregung berechnet werden. Ohne Zusatzdämpfung würde die Reaktion des Hauptschwingers in Resonanz ($\omega = \omega_1$) betragen:

$$\frac{y_1}{y_{1st}} = \frac{1}{2D_1} \approx \frac{\pi}{\delta_1} \tag{166}$$

Die Systemdaten m_1, c_1 und $D_1 = \delta_1/2\pi$ sind gegeben. Nach Vorgabe von

$$\mu = \frac{m_2}{m_1}; \quad \varkappa = \frac{\omega_2}{\omega_1} = \sqrt{\frac{m_1}{m_2} \cdot \frac{c_2}{c_1}} \text{ und } D_2 \tag{167}$$

läßt sich die Reaktion (y_1, y_2) gemäß G.165 für den interessierenden Frequenzbereich über $\lambda = \omega/\omega_1$ berechnen. Hierzu wird zweckmäßig ein Computerprogramm erstellt.

23.3.4.9.4 Optimierungskriterium nach DEN HARTOG [50-52]

Wird die i.a. geringe Eigendämpfung des Hauptschwingers vernachlässigt ($D_1=0$), liegt man auf der sicheren Seite. Für η ergibt sich aus G.162:

$$\frac{\eta}{\eta_{st}} = \sqrt{\frac{(\varkappa^2-\lambda^2)^2 + 4\lambda^2\varkappa^2 \cdot D_2^2}{[\lambda^4 - \lambda^2(1+\varkappa^2+\mu\varkappa^2) + \varkappa^2]^2 + 4\lambda^2[\varkappa D_2(1-\lambda^2-\mu\lambda^2)]^2}} \qquad (168)$$

ξ wie G.164. - Trägt man η über λ, also über der Erregerfrequenz, auf, zeigt sich, daß die Resonanzkurven durch zwei Fixpunkte verlaufen, die unabhängig von D_2 sind, vgl. Bild 101. Die zu diesen Fixpunkten gehörenden λ-Werte und η-Ordinaten lassen sich explizit berechnen [50]. Aus der Bedingung, daß die η-Ordinaten beider Fixpunkte gleichgroß sind, folgt das optimale Verstimmungsverhältnis, welches zur Dimensionierung der Federung c_2 dient:

$$\varkappa_{opt} = \frac{1}{1+\mu} \qquad (169)$$

Wird der Dämpfer in dieser Weise abgestimmt, verläuft die Resonanzkurve durch die beiden Fixpunkte mit unterschiedlichen Steigungen. Die Dämpfung kann nunmehr so eingestellt werden, daß die Kurve entweder durch den linken oder durch den rechten Fixpunkt mit waagerechter Tangente verläuft; auch diese Dämpfungen lassen sich explizit herleiten. Als günstigste Dämpfung wird schließlich der Mittelwert dieser beiden Einstellungen vereinbart. Die Resonanzkurve verläuft dann mit relativ flachen Neigungen durch beide Punkte:

$$\left(\frac{d}{d_k}\right)_{opt} = \sqrt{\frac{3\mu}{8(1+\mu)^3}} \quad (d=d_2;\ d_k=d_{2k}) \qquad (170)$$

Hierin bedeutet d_k die sogen. "kritische" Dämpfung: $d_k = 2m_2\omega_1$.
Der Quotient ist demnach gleichwertig mit:

$$\frac{d}{d_k} = \varkappa \cdot D_2 \qquad (171)$$

Für die Schwingungsamplituden in den beiden Fixpunkten ergibt sich:

$$\frac{y_1}{y_{1st}} = \sqrt{1+\frac{2}{\mu}} \qquad (172)$$

Die maximale Schwingungsamplitude ist real geringfügig größer als dieser Wert. Für die gegenseitige Verschiebung folgt schließlich bei Einhaltung von G.169 und G.170:

$$\left(\frac{y_1-y_2}{y_{1st}}\right)^2 = \frac{y_1}{y_{1st}} \cdot \frac{1}{2\mu\lambda\left(\frac{d}{d_k}\right)} \qquad (173)$$

Die Relativverschiebung bestimmt die Beanspruchung im Dämpferelement und den erforderlichen Freiraum für die Bewegungen der Zusatzmasse.
Ein modifizierter Dämpfungsansatz ist:

$$\left(\frac{d}{d_k}\right)_{opt} = \sqrt{\frac{\mu}{2(1+\mu)}} \qquad (174)$$

Hierdurch wird erreicht, daß die Schwingungsamplitude der Hauptkonstruktion für einen bestimmten Frequenzwert zwischen den beiden Fixpunkten denselben Betrag hat, wie in diesen selbst. Dieser Bezugsfrequenzwert entspricht der Eigenfrequenz des Gesamtsystems, wenn die Dämpfung unendlich groß wäre.
Bei der praktischen Auslegung wird das Massenverhältnis μ zu 0,04 bis 0,08 eingestellt. Das Verstimmungsverhältnis nach G.169 beträgt hierfür 0,96 bis 0,93. Das heißt, die Dämpferfrequenz f_D muß etwa $0{,}95 \cdot f$ betragen, vgl. G.134/5.

23.3.4.9.5 Parametervariation [53]

Um den Einfluß der Massen-, Frequenz- und Dämpfungsabstimmung auf die Dämpferwirkung aufzuzeigen, werden anhand eines Beispieles Parameterstudien durchgeführt. Es handelt sich um einen stählernen Abluftkamin für ein Kernkraftwerk (Stahlrohr ohne Isolierung), bei dem nach Errichtung starke KÁRMÁN-Querschwingungen festgestellt worden waren. Für den Kamin wurde ein Dämpfer konzipiert. Massenabstimmung:

$$M \equiv m_1 = 17000\,\text{kg};\ m \equiv m_2 = 1160\,\text{kg} \longrightarrow \underline{\mu = 0{,}0682}$$

Grundfrequenz des Kamins: f=0,635Hz. Gemäß G.169 und G.170 wird gewählt:

$$\varkappa_{opt} = \frac{1}{1+\mu} = \underline{0{,}936}; \quad \left(\frac{d}{d_k}\right)_{opt} = \sqrt{\frac{3\mu}{8(1+\mu)^3}} = \underline{0{,}145}$$

Für die bezogene Schwingungsamplitude und gegenseitige Verschiebung von M und m folgt (G.172/3):

$$y_1/y_{1st} = \underline{5{,}51}; \quad (y_1 - y_2)/y_{1st} = \underline{16{,}69/\sqrt{\lambda}}$$

Bild 110a zeigt bei Einhaltung der vorgenannten Einstellungen das Resonanzspektrum des gedämpften Kamins im Vergleich zum ungedämpften (mit Zusatzmasse). Zur Verdeutlichung der Dämpferwirkung ist das Spektrum für den gedämpften Fall im unteren Bildteil b nochmals in größerem Maßstab eingezeichnet. Unterstellt man für das Eigendekrement des Kamins δ=0,02, beträgt der Dämpfungseffekt:

$$\frac{\pi/\delta}{5{,}51} \approx 1:30$$

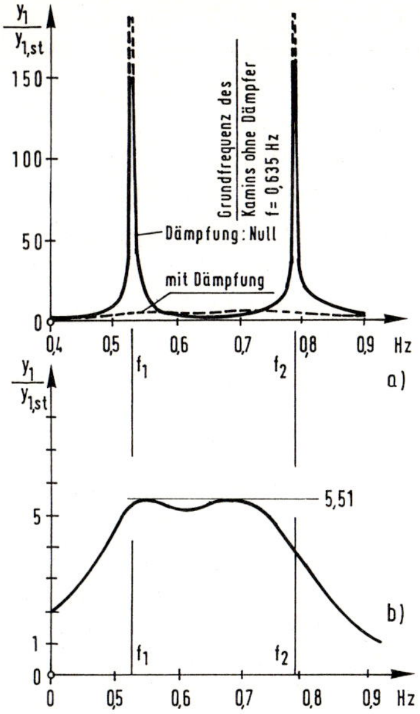

Bild 100

Um den Einfluß des Massenverhältnisses μ und der Abstimmung ϰ auf die Dämpferwirkung deutlich zu machen, werden die Dämpferparameter variiert.

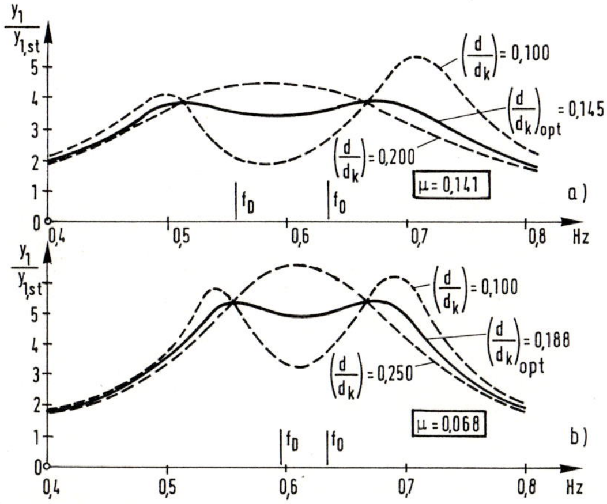

Bild 101

Bild 101 zeigt die Resonanzkurven für μ=0,141 und μ=0,068. Im ersten Falle ist die Zusatzmasse etwa doppelt so hoch wie im zweiten. Der zusätzliche Dämpfereffekt ist offensichtlich vergleichsweise gering, insbesondere, wenn man die Reaktion mit dem ungedämpften Fall vergleicht. Bild 101 zeigt darüberhinaus den Einfluß von Abweichungen der Dämpfungselementeinstellung gegenüber dem jeweiligen Zielwert $(d/d_k)_{opt}$ um den Faktor ca. 1,5 nach oben und unten. Die dynamischen Reaktionen der Hauptkonstruktion (M) liegen nur unbedeutend über dem "optimalen" Verlauf. Selbst wesentlich größere Abweichungen von der optimalen Einstellung des Dämpfungselementes erweisen sich als nicht gravierend. Die gegenseitige Verschiebung von M und m wird durch die Höhe der Dämpfung im Dämpfungselement indes stärker beeinflußt! Das läßt auch G.173 erkennen.

Eine fehlerhafte Frequenzabstimmung erweist sich insgesamt als bedeutender. Die optimale Abstimmung beträgt im vorliegenden Fall (G.155/169):

$$f_D = 0{,}936 \cdot 0{,}635 = \underline{0{,}594\ \mathrm{Hz}}$$

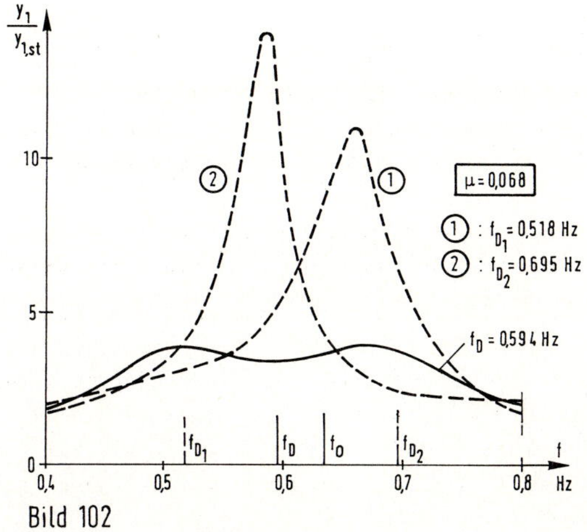

Bild 102

Bild 102 zeigt, wie sich Abweichungen von diesem Sollwert um den Faktor 0,87 bzw. 1,17 auswirken. Offensichtlich ist eine genaue Einstellung der Dämpferfrequenz über die Pendellänge wichtig. Da sich die Grundfrequenz des Schornsteins i.a. relativ genau berechnen läßt, kann diese Forderung im Regelfall erfüllt werden. Ggf. wird die Frequenz des Schornsteins vorab gemessen und der Dämpfer hierauf exakt einjustiert; vgl. auch [54].

Anmerkung: Die vorangegangenen Ausführungen in den Abschnitten 23.3.3 und 23.3.4 zu den Themenkreisen böen- und wirbelinduzierte Schwingungen stellen eine sehr gestraffte Abhandlung der hiermit verbundenen Probleme dar. Auf diesem Gebiet wurden in den zurückliegenden Jahrzehnten weltweit intensive Forschungen durchgeführt; zur Vertiefung steht ein umfangreiches Schrifttum zur Verfügung, vgl. z.B. [55].

24 Türme und Maste

24.1 Einsatzgebiete der Türme und Maste* - Begriffe

24.1.1 Allgemeines (Bild 1)

Türme sind freistehende hohe Bauwerke. Sie dienen, wie Maste, den unterschiedlichsten Zwecken. Türme aus Stahl werden i.a. in ausgefachter Bauweise erstellt, es handelt sich dann um Raumfachwerke. Durch die Ausfachung wird zweierlei erreicht: Zum einen fällt das Eigengewicht niedriger aus als bei vollwandigen Tragwerken, zum anderen (und das ist entscheidender) ist die Windangriffsfläche geringer als bei einer Vollwandkonstruktion. Wind bei Orkanlage ist der maßgebende Lastfall; daher zielt jede Optimierung bei der baulichen Ausbildung darauf hinaus, die Windlast zu reduzieren. Global betrachtet handelt es sich

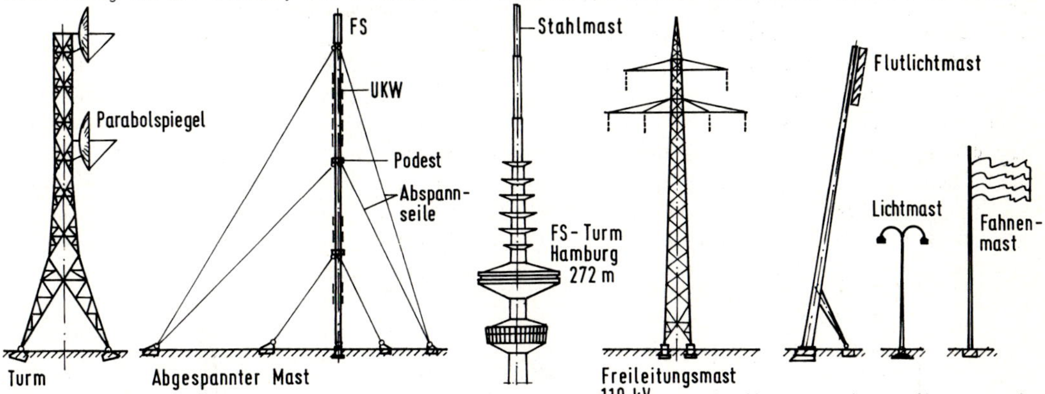

Bild 1 a) b) c) d) e) f) g)

bei Türmen um statisch bestimmte Freiträger; das Raumfachwerk ist i.a. innerlich statisch-unbestimmt. - Maste sind wie Türme äußerlich statisch bestimmt. Unter Masten versteht man im üblichen Sprachgebrauch frei auskragende Strukturen (geringerer Höhe), entweder auf dem Terrain oder z.B. auf einem massiven Fernsehturm errichtet, um Fernsehantennen aufzunehmen (Bild 1c). In solchen Fällen ist der stählerne Schaft vielfach von einem Eisschutzzylinder umhüllt. Solche Zylinder werden heutzutage auch als selbsttragende Zylinder in Glasfaserkonstruktion (GFK) ausgeführt. Zu den Masten zählen z.B. die Freileitungsmaste (Bild 1d), sowie Flutlichtmaste, Lichtmaste aller Art und Fahnenmaste (Bild e/g). Eine genormte Abgrenzung zwischen Turm und Mast existiert nicht. Man könnte so definieren: Bei Türmen ist jeder Eckstiel einzeln gegründet, Maste haben nur ein Fundament; es zeigt sich indes, daß es hiervon Ausnahmen gibt, z.B. bei Freileitungsmasten. - Abgespannte Maste bestehen aus einem lotrechten Mastschaft (ausgefacht oder in Rohrbauweise) und Abspannseilen (Pardunen**), welche im Grundriß überwiegend nach drei Richtungen mit einem gegenseitigen Winkelabstand von 120° und im Aufriß i.a. mehrfach abgespannt sind, wobei der gegenseitige Abstand der Abspannpunkte mit zunehmender Höhe größer wird. Abgespannte Maste sind ebenfalls durch die räumliche Verspannung Raumtragwerke; sie können als Durchlaufträger auf elastischen Stützen mit nichtlinearer Federcharakteristik angenähert werden. Sie dienen überwiegend funktechnischen Zwecken. Vom statischen Standpunkt sind abgespannte Schornsteine und Fackeln verwandte Bauwerke (vgl. Abschnitt 23, Bild 2). Im Vergleich zu Türmen benötigen abgespannte Maste einen ungleich größeren Bauplatz. Man wird sie dort erstellen, wo ausreichend billiger Baugrund zur Verfügung steht, dann sind sie Türmen ab Höhen von ca. 30 bis 60m wirtschaftlich überlegen, und das umso mehr, je höher sie sind. Gegenüber Setzungen sind abgespannte Maste relativ unempfindlich, was in Bergsenkungsgebieten von Bedeutung ist.

* Für den Plural von Mast sagt man im seemännischen Bereich Masten, im technischen Maste.
** Pardunen heißen bei den großen Segelschiffen jene Taue, welche die Masten oder Stengen nach hinten und seitlich halten.

Die Seile lassen sich jederzeit nachspannen. Häufig ist ein Nachspannen wegen des unvermeidbaren Seilrecks erforderlich (vgl. Abschnitt 16.1.6). - Neben ortsfesten gibt es auch mobile Maste und abgespannte Maste, z.B. Steckmaste oder teleskopierbar mittels Seilzügen oder Spindeln (Kurbelmaste).

Hohe Bauwerke wecken, wie weitgespannte Brücken, das besondere Interesse der Öffentlichkeit und das nicht nur während des Baues [1]. Während bei Brücken die zu erwartende Verkehrsbelastung recht genau prognostiziert werden kann, ist das bei turmartigen Bauwerken nicht mit derselben Sicherheit der Fall: Der Wind entzieht sich als geophysikalisches Phänomen der Beeinflussung durch den Menschen, das gilt ebenso für die Vereisung. Durch intensive weltweite Forschungen konnten die Kenntnisse über die Natur des Windes bei böigen Stürmen und das Wissen über das statische und dynamische Verhalten der Bauwerke in solchen Orkanlagen zwar wesentlich vertieft und erweitert werden, so daß heutzutage eine weitgehend sichere Auslegung gelingt, ein letztes Quantum Unsicherheit verbleibt: Was ist, wenn morgen ein "Jahrtausendwind" auftritt und der Mast oder Turm gleichzeitig von unten bis oben mit einem dicken Eispanzer belegt ist? Eine solche Situation ist sehr unwahrscheinlich, letztlich aber möglich. Die Lastannahmen der heutigen Vorschriften orientieren sich am wahrscheinlichen Auftreten eines Jahrhundertereignisses, liegen die Lastintensitäten dennoch einmal darüber, wird das nur wenig sein, was vom Sicherheitsfaktor (dann hoffentlich) abgedeckt wird. Ein "Jahrtausendereignis" fällt unter den Begriff "höhere Gewalt". Gleichwohl, turmartige Bauwerke erfordern wegen des in der Turbulenzstruktur eines Orkansturmes hinsichtlich Intensität und Verteilung liegenden Zufallscharakters eine alle Umstände berücksichtigende sorgfältige statische und konstruktivve Auslegung. Dabei sind auch die verschiedenen Möglichkeiten einer aeroelastischen Schwingungsanregung zu verfolgen (vgl. Abschnitt 23.3.1).

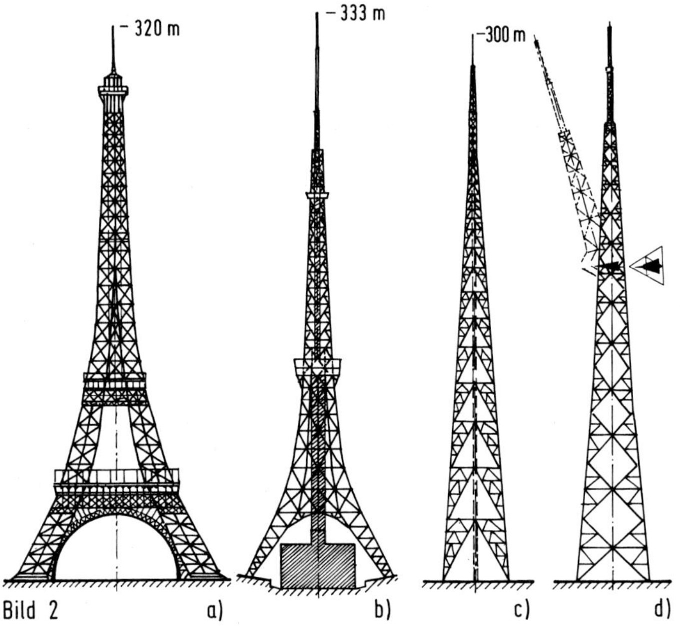

Bild 2

Der nach wie vor schönste Turm ist der Pariser Eiffel-Turm, anläßlich der Weltausstellung 1889 von G.EIFFEL erbaut [2], zunächst 300,6m hoch, später mit Fernsehantenne 320m, Konstruktionsgewicht 7175t, Bauzeit 27 Monate, Bild 2a. Der 1958 als Kopie nachgebaute, 333m hohe Fernsehturm in Tokio kann im Vergleich zum Vorbild nur bedingt überzeugen; insbesondere wirkt der mittige massive Aufzugschacht störend (Bild 2b). Das Konstruktionsgewicht beträgt 3600t, die Bauzeit betrug 18 Monate [3]. Die Bilder 2c und 2d zeigen zwei weitere Türme mit ca. 300m Höhe; Teilbild c zeigt den Funkturm von Bombay [4] und Teilbild d den Funkturm von Luxembourg, erbaut 1972, 800t Gewicht [5]. Im Juli 1981 wurde der Turm von einer "Mirage" gerammt, was einen Teileinsturz zur Folge hatte; inzwischen wurde der Turm wieder aufgebaut. Dieser Vorfall und andere verdeutlichen, daß Türme und Maste wegen ihrer Höhe ein Luftfahrthindernis darstellen. Gegen den seinerzeit höchsten Fernsehmast der Welt (620m) in Fargo (Nord-Dakota, USA) prallte im Februar 1968 ein Militärhubschrauber in etwa halber Höhe, der Mast brach zusammen, die Hubschrauberbesatzung fand den Tod. In der Bundesrepublik Deutschland werden die Maßnahmen zur Flugsicherung nach dem Luftverkehrsgesetz (Luft-VG) von der Bundesanstalt für Flugsicherung in Braunschweig geregelt. Sie sind Bestandteil der Baugenehmigung. Hierzu zählen: Flughindernisbefeuerung, orange-weißer Warnanstrich, orangefarbene Marker an den Abspannseilen in Form kugelförmiger Plastikkörper; sie sind derart anzubringen, daß eine Befahrung der Seile zwecks Wartung und Unterhaltung möglich ist.

Türme und Maste sind der freien Bewitterung ausgesetzt. Es bedarf daher eines langdauernden Korrosionsschutzes. Für die Beschichtungen gilt DIN 55928 T1 bis T9, i.a. werden zwei Grund- und mindestens 2 Deckbeschichtungen aufgebracht. Verbreitet ist die Feuerverzinkung (n. DIN 50976 u. DIN 55928), bei höherer Aggressivität mit einer auf der Zinkschicht fest haftenden Beschichtung (DUPLEX-System), vgl. Abschnitt 19.2.3 u. 19.2.4. Wetterfester Stahl (WT-Stahl) ist für einfachere Bauwerke geeignet; dabei ist so zu konstruieren, daß an allen Stellen eine gute Belüftung und schnelle Abtrocknung nach Beregnung sichergestellt ist. - Die Drähte von Abspannseilen müssen dick feuerverzinkt sein, die Hohlräume der Seile müssen beim Verseilen verfüllt werden, z.B. mit Bitumen- oder Teerpechlösungen, Zinkstaub- oder Bleimennige-Grundbeschichtungsstoffen. Zudem sind die Seile mit zwei Deckbeschichtungen zu versehen, die auf das Verfüllmaterial abzustimmen sind. Voll-verschlossene Spiralseile sind korrosionssicherer als offene (vgl. Abschnitt 16.1 u. 19.2.5).

Es versteht sich, daß Türme und Maste, insbesondere Antennentragwerken mit einer Blitzschutz- und Erdungsanlage unter Beachtung von DIN 57185 T1 / VDE 0185 T1 ausgestattet werden müssen (vgl. Abschnitt 24.8).

Für die Besteigung bedarf es unterschiedlicher Einrichtungen wie Sprossen, Steigeisen, Steigleitern, Treppen oder Aufzüge mit den entsprechenden Absturzsicherungen wie Gleitsteigschutz, durchgehendem Rückenschutz, Ruhetritte und -podeste, vgl. DIN 4131.

Die Montage erfolgt bei kleineren Objekten mittels Autokran, bei hohen Bauwerken wird ein Hebemast oder -kran als Kletterhebezeug hoch geführt. Möglich ist auch eine Hubmontage von unten, wie z.B. beim Aufwindkraftwerk Manzanares (in Spanien) praktiziert, Bild 3.

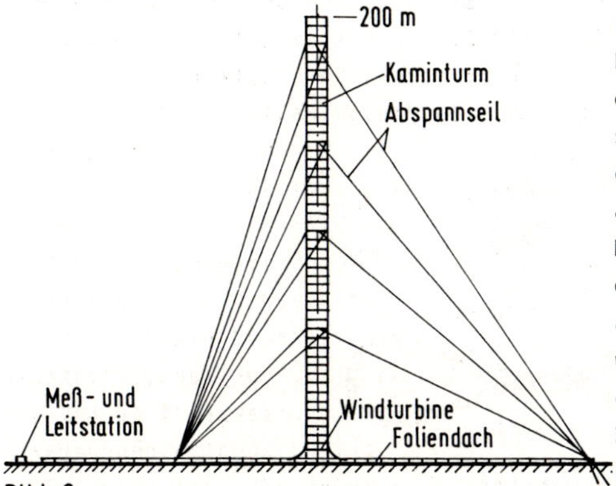

Bild 3

(Es handelt sich um ein Pilotprojekt für eine Leistung von 50 bis 100kW: Eine große Kreisfläche ist am Boden mit einem Foliendach überspannt, das die kurzwellige Sonnenstrahlung durchläßt, nicht aber die vom erwärmten Boden ausgesandte langwellige Wärmestrahlung. In der Mitte des am Rand offenen Kollektordaches steht ein Kaminturm. Dieser saugt die erwärmte Luft an, dadurch wird eine am Fuß eingebaute Mantelwindturbine mit lotrechter Achse angetrieben, die den Generator bewegt. Der Kamin hat eine Höhe von 200m und einen Durchmesser von 10m und ist durch Spannstangen zwillingsweise vierfach abgespannt. Der Mantel besteht aus dünnwandigem Stahltrapezprofil und wird durch Ringträger ausgesteift). - Ergänzend sei erwähnt, daß eine Montage mittels Hubschrauber, insbesondere in schwer zugänglichem Gelände, vorteilhaft sein kann. - Die Montagezustände sind, insbesondere bei großen Objekten, statisch nachzuweisen. Diese Aufgabe übernimmt in den Firmen die Montageabteilung. Hierbei stellt sich gelegentlich die Frage, ob für einzelne, vielleicht nur Stunden oder wenige Tage dauernde (kritische) Montagephasen reduzierte Windlasten angesetzt werden können. Das ist sicher vertretbar, insbesondere bei Kooperation mit einem nahe gelegenen Wetteramt. Die Jahresganglinie der max. Windgeschwindigkeit zeigt im Zeitraum Mai/August ein Minimum und im Zeitraum November/Februar ein Maximum. Nach M.d.V. ist es bei Montagen begrenzter Dauer angängig, von der in Abschnitt 24.2.6 angegebenen reduzierten Windbelastung auszugehen, wobei die Reduktion von der Gesamtmontagedauer abhängig ist. Die Auftretenswahrscheinlichkeit orkanartiger Stürme ist zwar im Sommerhalbjahr gering, andererseits bilden schnell aufkommende Gewitter gerade in dieser Jahreszeit mit den hierbei auftretenden (wenn auch lokal begrenzten) Windböen eine Gefahr, doch gibt es hierfür prädestinierte typische Wetterlagen, die abzusehen sind und auf die man sich einstellen kann. - Die Montage von turmartigen Bauwerken erfordert eine gute Vorplanung aller Montagezustände, Umsicht und Erfahrung (auch in Wetterfragen, siehe zuvor). Unfälle sind gleichwohl bekannt geworden: Einer der spektakulärsten war der Einsturz des 600m hohen abgespannten Sendemastes in Housten (Texas, USA): Beim Hochziehen einer 6t schweren UKW-Antenne brach die Kabelschelle, die die Antenne hielt. Die Antenne durchschlug beim Abstürzen in ca. 300m ein Abspannseil, was den sofortigen Einsturz des Mastes zur Folge hatte, 5 Menschen fanden den Tod [6].

24.1.2 Turmartige Bauwerke für funktechnische Zwecke (Antennenträger)

Die überwiegende Zahl der Türme und abgespannten Maste dient funktechnischen Aufgaben. Wie die Erfahrung zeigt, werden die verschiedenartigen Antennenanlagen auf den Antennenträgern relativ häufig verändert oder durch neue Anlagen ersetzt. Das hat seinen Grund in der permanenten Fortentwicklung und Erweiterung der Kommunikationstechniken. Die hiermit verbundenen Umrüstungen lassen sich an Antennenträgern aus Stahl relativ einfach vornehmen, auch lassen sich die Antennen meist direkt an der tragenden Konstruktion befestigen; bei großen Parabolspiegeln oder Hornantennen werden Antennenplattformen bzw. -podeste angeordnet. Bild 4 zeigt einen solchen Zweckbau (etwas älteren Datums, heute werden vielfach Türme aus Beton gewählt). Betreiber solcher Anlagen sind die Rundfunk- und Fernsehanstalten oder staatliche Behörden wie Post, Polizei, Bundeswehr u.a. Es handelt sich um Sende-, Verstärker- und Empfangsanlagen, häufig an exponierter Stelle wie Bergkuppen oder -gipfeln. Maßgebendes Regelwerk ist DIN 4131 (03.69; eine Neufassung dieser Norm wird in Kürze veröffentlicht). Die Größe der Anlage richtet sich danach, welche Wellenlängen gesendet bzw. empfangen werden sollen, siehe Bild 5. Für Mittelwellensender kommen häufig sogen. Selbststrahler zum Einsatz. In diesem Falle ist das ganze Bauwerk Antenne, es ist dann gegen die Erde zu isolieren. Dazu wird die Konstruktion auf einen Isolator aus Keramik aufgesetzt. Bild 6a zeigt einen derartigen massiven Fußisolator. Die geschliffene und metallisierte Oberfläche ist braun glasiert. In halber Höhe des Bauwerkes ist vielfach aus frequenztechnischen Gründen eine Zwischenisolierung erforderlich, das ergibt schwierige Anschlußkonstruktionen. Bei abgespannten Masten werden in die Seile Isolatoren in Form von Gurtbandgehängen oder Isolatorketten integriert. Isolatoren und Armaturen werden nach den hochfrequenztechnischen Anforderungen der Anlage ausgelegt; maßgebend ist dabei die Höhe der atmosphärischen Überspannung. Die mechanische Beanspruchung der Isolatorteile ist erheblich; sie werden so angeordnet, daß sie vorwiegend auf Druck (und nicht auf Zug- oder Biegezug) beansprucht werden. Selbststrahler erfordern möglichst abgerundete Konstruktionen mit wenig Ecken und Kanten. Es werden daher Blechrohrmaste oder Gittermaste aus Rohren oder Rundstahl gewählt. - Andere Lang-, Mittel- und Kurzwellenanlagen bestehen aus Türmen oder Masten, die Linien-, Reusen- oder Flächengebilde aus Drähten tragen, die zwischen zwei oder mehrere derartige Tragwerke gespannt sind und dadurch die für die funktechnische Wirkung erforderliche Höhe über dem Erdboden erhalten. Die Drähte bzw. Drahtnetze werden durch Gewichte gespannt.

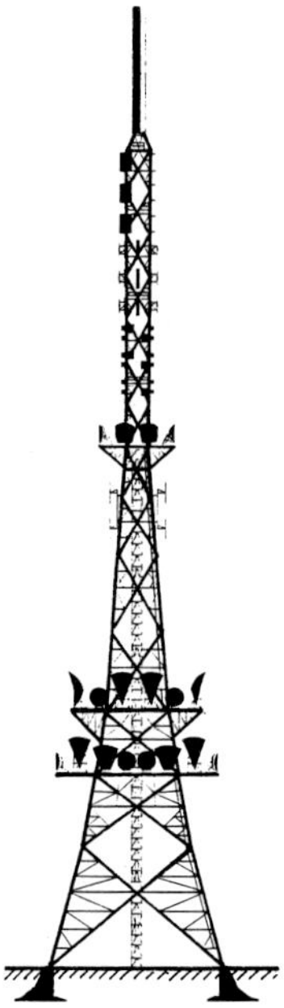

Bild 4

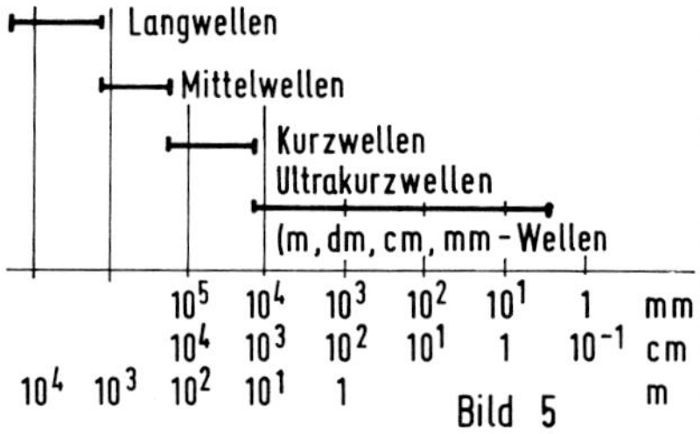

Bild 5

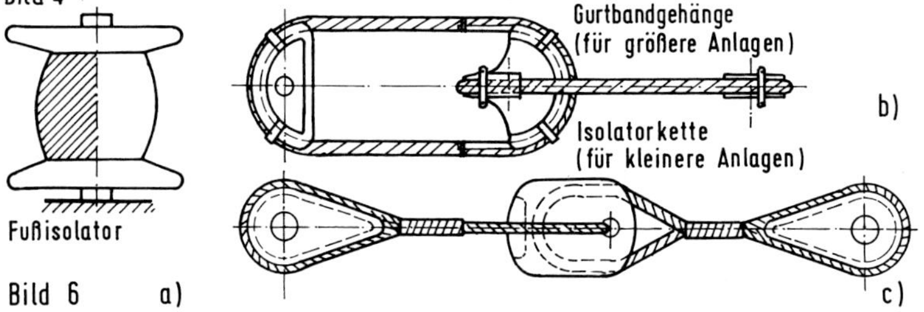

Bild 6 a) c)

Die für den UKW-Hör- und Fernsehfunk sowie den drahtlosen Richtfunk benötigten Antennen haben eine vergleichsweise geringe Größe. Hier dienen die hohen Bauwerke dazu, um die Antennen möglichst hoch montieren und dadurch eine große Fläche versorgen zu können, bei Richtfunkanlagen, um die Sender in möglichst großen gegenseitigen Abständen anzuordnen. - An Antennenträger für Richtfunk werden relativ strenge Anforderungen an die Biege- und Verdrehsteifigkeit gestellt. Türme sind i.a. steifer als abgespannte Maste. Bei letzteren gelingt es durch höhere Vorspannung, engere Anordnung oder/und steifere Querschnitte der Abspannseile eine höhere Steifigkeit zu erzielen; ggf. werden Zwillingsseile gewählt, um die Drehsteifigkeit zu steigern. Paralleldrahtbündel sind schließlich steifer als Spiralseile. -

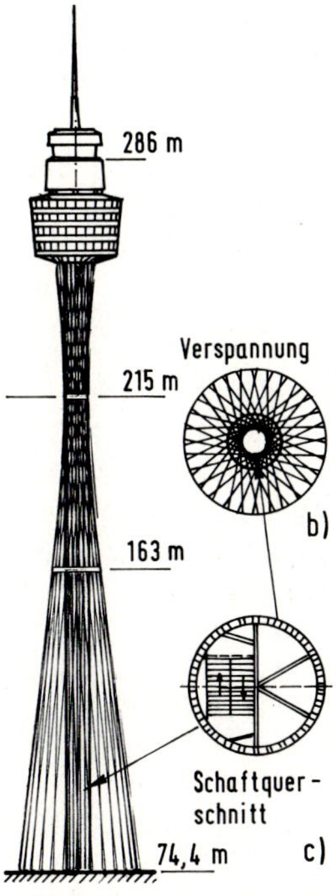

Bild 7

Seit Errichtung des ersten Fernsehturmes aus Stahlbeton in Stuttgart (1955, Höhe 211m) wurden in vielen Städten und Ländern derartige Türme gebaut [7]. Der höchste ist der CN-Tower in Toronto (553m), es folgt der Moskauer Fernsehturm mit 533m. Im Turmkopf der Türme befinden sich die verschiedenartigsten Sendeanlagen, an der Spitze liegt die FS-Antenne. Außerdem dienen die Bauwerke als Aussichts- und Restauranttürme. - Ein von den bisherigen Türmen abweichendes Bauwerk (und das als Stahlkonstruktion) ist der Funk- und Fernsehturm im Zentrum von Sidney (Australien, 1981), Bild 7. Der Turm ist in 74,4m Höhe auf einem Betongebäude errichtet und besteht im Zentrum aus einem Rohrschaft mit 6,6m Durchmesser; auf diesem ruht die Kanzel. Der Schaft wird durch zwei Scharen Abspannseile in Form eines einschaligen Hyperboloids gestützt, die auf dem Gebäude auf einer 1,3m dicken kreisförmigen Stahlbetonplatte mit 10m Durchmesser verankert sind. Der Schaft besteht aus 56 HE250-Profilen. Der von der Feuerwehr geforderte 165 000-Liter Wassertank dient als Dämpfermasse und hängt an 8 Seilen [8]. Ein anderer recht interessanter Fernsehturm in Stahl wurde 1974 in der CSSR errichtet [9].

24.1.3 Turmartige Bauwerke für andere als funktechnische Zwecke

Turmartige Bauwerke kommen für die unterschiedlichsten Aufgaben außerhalb der Sendetechnik zum Einsatz: Hierzu einige Beispiele (in Kurzfassung):

a) Aussichtstürme: Der in Abschnitt 24.1.1 erwähnte Pariser Eiffelturm diente von Anfang an als Aussichtsturm und Wahrzeichen der französischen Metropole; mehr als 100 Millionen Turmbesucher wurden bisher registriert. Der Tokioer Turm (Bild 2) und alle anderen inzwischen entstandenen Fernsehtürme in Stadtnähe dienen der Bevölkerung ebenfalls als Aussichtsturm, so z.B. auch der Berliner Funkturm (125m, 1926). Im Ausland wurden in den letzten Jahrzehnten eine Reihe reiner Aussichtstürme errichtet, vorrangig in Vergnügungsparks [10], auch als Attraktion für Messen und Ausstellungen. - Kleinere Aussichtstürme sind meist nur mittels Treppen besteigbar; bei größeren werden die oberen Plattformen mittels Aufzügen erreicht (Bild 8a). Teilbild b zeigt einen Turm mit einer in Schienen geführten Hubkanzel, die sich während der Fahrt dreht. Solche Konstruktionen bilden den Übergang zu den Fliegenden Bauten, wie Riesenräder und Jetbahnen; sie werden nach DIN 4112 (02.83) berechnet und zählen mit zu den kompliziertesten Konstruktionen überhaupt.

b) Leuchttürme, Radartürme: Türme dieser Art sind jedermann bekannt, letztere z.B. in Flughafenbereichen oder für militärische Zwecke, vgl. Bild 9; der sich drehende Radarschirm wird vielfach durch ein Radom gegen die äußeren Witterungseinflüsse geschützt.

c) Sirenentürme und -maste: Sofern die Errichtung von Sirenen (zur Alarmierung von Feuerwehr, Zivildienst und Bevölkerung) auf hohen Gebäuden nicht möglich ist, werden spezielle Träger gebaut (Höhe ca. 30m). In der Bundesrepublik Deutschland sind ca. 60 000 Sirenen installiert (elektrisch oder heute überwiegend pneumatisch betrieben). Hochleistungssirenen erzeugen einen Schalldruck von ca. 120dB (gemessen in einem Abstand von 30m) und ersetzen in ihrem Wirkungsbereich 30 Elektrosirenen; sie vermögen $10 km^2$ im städtischen und $50 km^2$ im ländlichen Bereich zu überstreichen.

d) Lichtmaste aller Art, speziell Flutlichtmaste: Für die Ausleuchtung von Straßen, Plätzen, Bahnhofs- und Flugplatzanlagen usw. wird eine große Anzahl von Lichtmasten benötigt. Sie unterscheiden sich in Höhe, Form und Ausstattung. Das gilt auch für die Beleuchtungsanlagen der verschiedenen Sportstätten, wie Tennis-, Eishockey- und Fußballplätze, Galopprennbahnen usf. Großstadien werden mit Flutlichtanlagen ausgestattet: Die Auslegung der Lampen erfolgt nach den lichttechnischen Anforderungen des Betreibers [11]. Die Masten werden mit Lampen großer Lichtleistung (Lichtfluter) und mit Bühnen sowie Besteigungsmöglichkeiten ausgestattet. Das ergibt eine große Masse und Windangriffsfläche am Mastkopf. Früher waren Gittermaste verbreitet, heute werden Hohlmaste mit Innenaufstieg (Mindestdurchmesser 80cm) gebaut. Bei Tennis-, Eissport- und kleinen Fußballplätzen werden sechs oder acht Maste, 15 bis 20m hoch, gewählt, in Großstadien i.a. vier, 40 bis 60m hoch, auch in leichter Schräglage. Ein spezielles Regelwerk für den Nachweis solcher Maste existiert nicht.

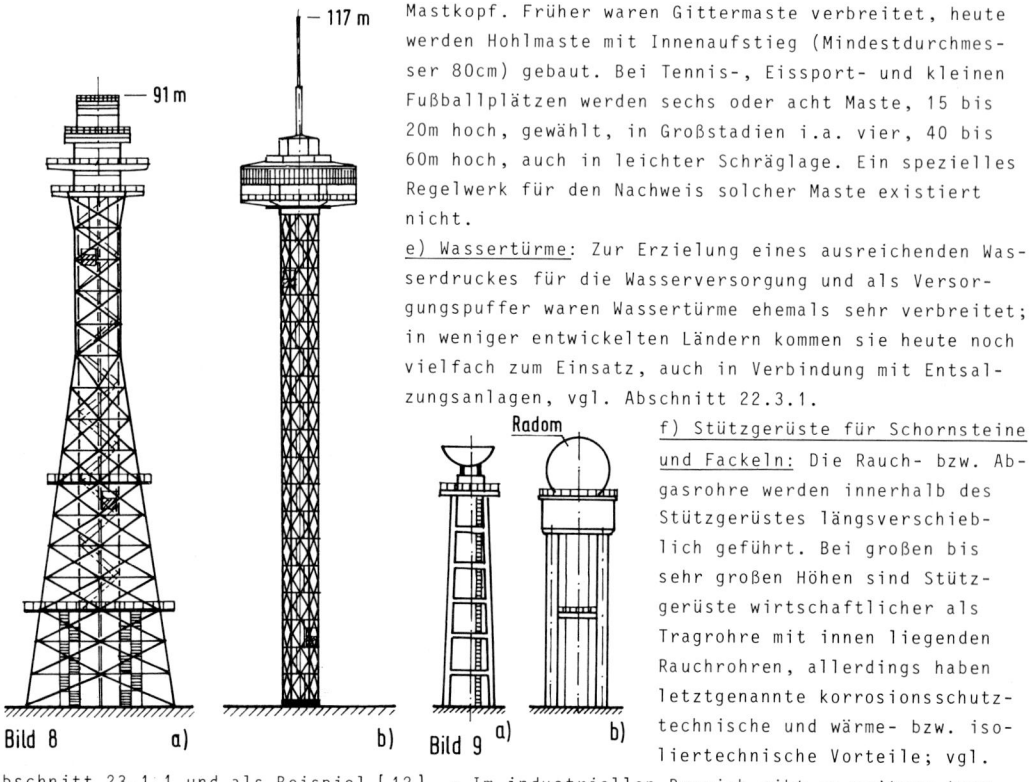

e) Wassertürme: Zur Erzielung eines ausreichenden Wasserdruckes für die Wasserversorgung und als Versorgungspuffer waren Wassertürme ehemals sehr verbreitet; in weniger entwickelten Ländern kommen sie heute noch vielfach zum Einsatz, auch in Verbindung mit Entsalzungsanlagen, vgl. Abschnitt 22.3.1.

Bild 8 a) b)

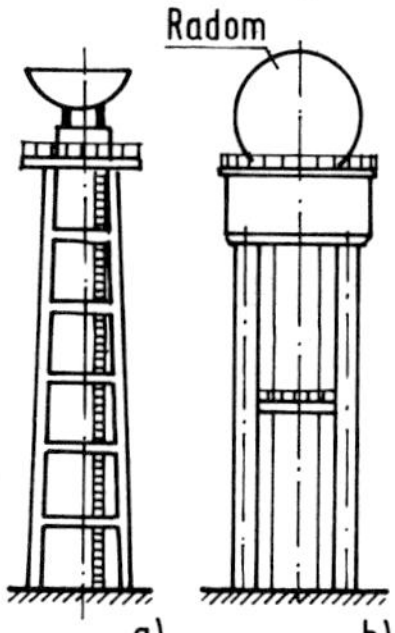

Bild 9 a) b)

f) Stützgerüste für Schornsteine und Fackeln: Die Rauch- bzw. Abgasrohre werden innerhalb des Stützgerüstes längsverschieblich geführt. Bei großen bis sehr großen Höhen sind Stützgerüste wirtschaftlicher als Tragrohre mit innen liegenden Rauchrohren, allerdings haben letztgenannte korrosionsschutztechnische und wärme- bzw. isoliertechnische Vorteile; vgl. Abschnitt 23.1.1 und als Beispiel [12]. - Im industriellen Bereich gibt es weitere turmartige Bauwerke wie Fördertürme im Bergbau als Einstreben-, Doppelstreben oder Turmfördergerüste [13], maßgebendes Regelwerk ist DIN 4118 (06.81), sowie Kesselgerüste [14] und Hochofengerüste [15] sowie Kolonnenbauten und andere [16]. Zu erwähnen sind in dem Zusammenhang auch Kühltürme in Stahl, als Raum-Stabwerk oder als Seilnetzkonstruktion erstellt [17].

g) Türme für Windgeneratoren: Windmühlen und Windräder sind seit alters bekannt. Windrotoren zwecks Erzeugung elektrischer Energie nennt man Windkonverter. Ab den zwanziger Jahren wurden verstärkt Überlegungen zur großtechnischen Nutzung der Windenergie angestellt [18], später auch im Stahlbau [19]. Seit der Ölkrise Anfang der siebziger Jahre wurden die Anstrengungen weiter verstärkt [20]. - Für die Aufstellung von Windkonvertern kommen Regionen mit einer mittleren Windgeschwindigkeit >4m/s infrage. Eigentlich wirtschaftlich sind nur Gebiete mit >5m/s. Das sind in der Bundesrepublik Deutschland einige Bergregionen und ein schmaler Küstenstreifen entlang der norddeutschen Bucht. Die erzielbare Leistung steigt mit der 3. Potenz der Windgeschwindigkeit [21]. Es werden Konverter mit horizontaler und solche mit vertikaler Achse unterschieden. Bild 10a zeigt die 1981 gebaute

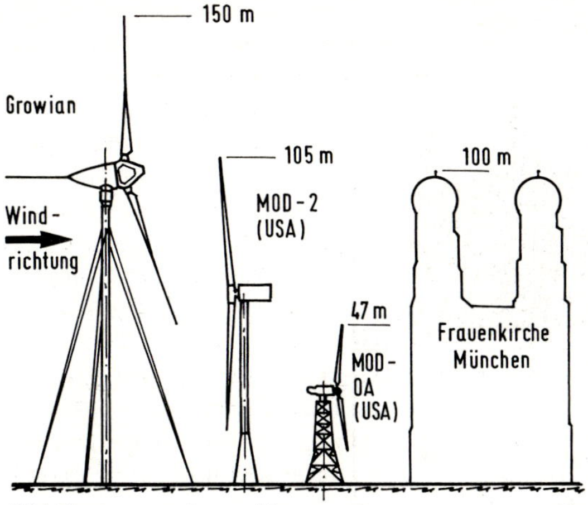

Bild 10 a) b) c) d)

Große Windenergieanlage (GROWIAN I, Fa. MAN): Nabenhöhe 100m, Rotordurchmesser 100m, Nenngeschwindigkeit 12m/s. Abschaltgeschwindigkeit 24m/s. Die Anlage wurde auf einem abgespannten Stahlturm (96,9m) angeordnet; Durchmesser des Schaftes 3500mm, Blechdicken 18 bis 25mm, Abspannung mit Zwillingsparalleldrahtbündel (150cm²). Die Rotorblätter sind in Faserverbundbauweise ausgeführt, sie sind die teuersten Teile einer solchen Anlage, daher werden für Großanlagen Einflügler erprobt (z.Z. auf Helgoland, Fa. MBB). - Für den Bau von Kleinanlagen existiert eine Richtlinie [22]. - Das in Abschnitt 24.1.1 erwähnte Aufwindkraftwerk [23] stellt ein anderes Konzept dar, es nutzt indirekt die Sonnenstrahlung zur Energieerzeugung.

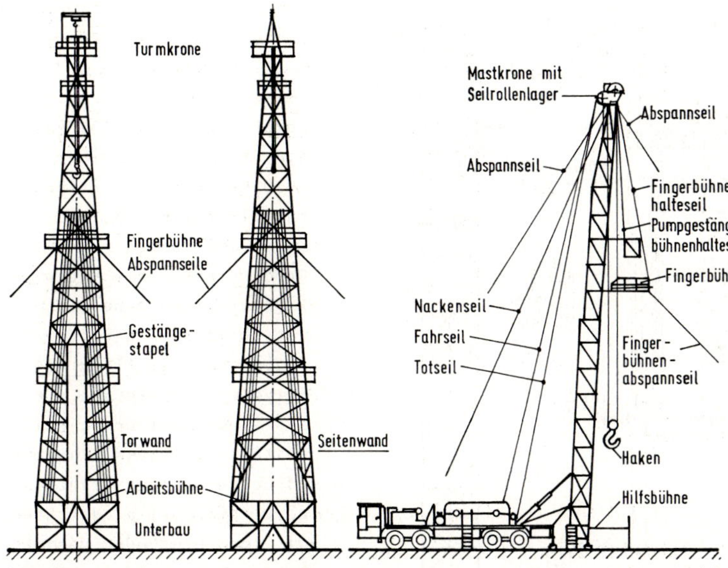

Bild 11 a1) a2) b)

h) Bohrtürme: Bei einer Tiefbohranlage hat der stählerne Turm die Aufgabe, die auf das Rollenlager über den Flaschenzug wirkende Last des Bohrgestänges aufzunehmen und den Ein- und Ausbau der Gestängezüge und Futterrohre zu ermöglichen. Das ziehende Ende des Flaschenzuges, das sogen. Fahrseil, wird auf der Trommel des Hebewerkes auf- und abgewickelt, während das feste Ende, das Totseil, an der Konstruktion des Unterbaues verankert ist. Eine einzelne Bohrstange hat eine Länge von ca. 10m, i.a. werden Züge von 2 oder 3 zusammengeschraubten Stangen im Turm beim Meiselwechsel abgestellt (gestapelt). Dadurch ergeben sich Turmhöhen von 35 bis 50m, gemessen von Oberkante Arbeitsbühne (Bild 11a). Der Turm wird nach DIN 4111 (03.84) für Regel- und Ausnahmelast sowie Kronen- und Hakenlast ausgelegt. In DIN 4111 ist neben dem Bohrturm auch die Auslegung des Bohr-Klappmastes und des Bohrgerätes mit Kraftdrehkopf (Bild 11b) geregelt.

i) Bohrplattformen in der Offshore-Technik: Zur Exploration und Förderung von Erdöl und Erdgas im Offshore-Bereich kommen unterschiedliche Geräte zum Einsatz; sie zählen zur sogen. Meerestechnik, die seit ca. 25 Jahren eine stürmische Entwicklung erlebt. Sie ist zum einen dem Schiffbau und zum anderen der Bautechnik zuzuordnen, letztlich aber eine eigenständige Technik. Inzwischen entfallen weltweit ca. 30% der Ölförderung auf den Offshore-Bereich mit steigender Tendenz. Die hierfür benötigten Produktionsplattformen zählen zu den größten Konstruktionen überhaupt. Sie werden an Land gebaut, eingeschwommen, geflutet und am Meeresboden verankert. Da sich das der Bundesrepublik Deutschland in der Nordsee zustehende Gebiet (vgl. Bild 12) als nur mäßig fündig erwiesen hat, sind dem deutschen

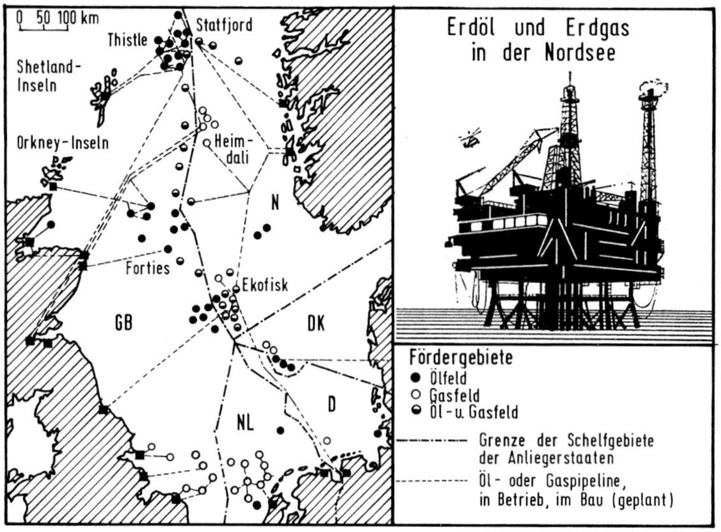

Bild 12

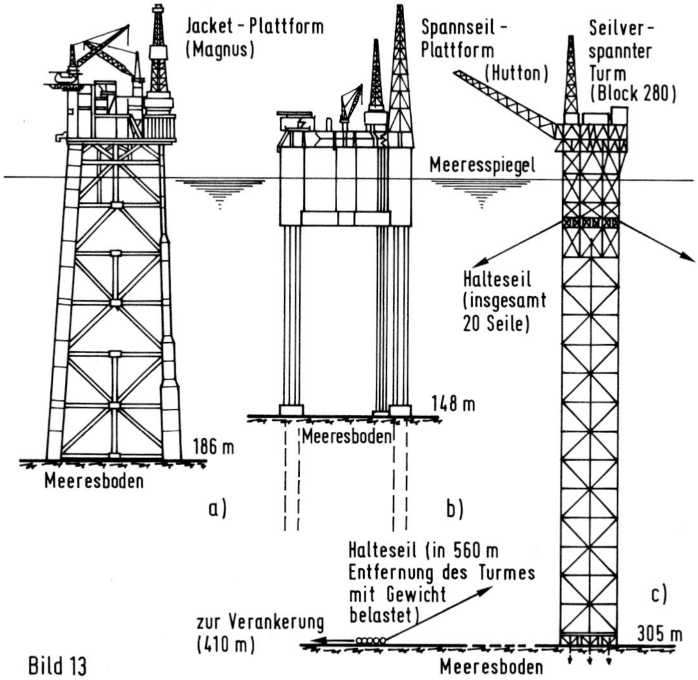

Bild 13

Stahlbau bislang keine vergleichbar großen Aufgaben in der Offshore-Technik erwachsen wie z.B. den USA und Großbritannien. Über die vielseitigen Aufgaben des neuen Fachgebietes wird hierzulande vorrangig in der Zeitschrift "Meerestechnik - Marine Technology" berichtet; auf [24-26] wird hingewiesen.

Bei den stählernen Produktionsplattformen werden im wesentlichen drei Systeme unterschieden, vgl. Bild 13 [27]: <u>1. Plattform als sogen. Jacket-Struktur:</u> Das Produktionsdeck mit den verschiedenen Funktionseinheiten ruht auf einem räumlichen Fachwerk, das durch Pfähle mit dem Boden verankert ist. Bild 13a zeigt die "Magnus"-Plattform (37000t, Beginn der Förderung 1983). Die Struktur besteht aus Rohren großen Durchmessers, die Fachwerkknoten bilden dabei besonders kritische Bereiche [26]. - <u>2. Plattform mit Spannseilverankerung</u> (Tension-leg-Plattform); sie besteht aus einem Schwimmkörper und einer Reihe vorgespannter Seile oder Rohre, die am Meeresboden verankert sind. Die Spannseil-Plattform ist im Gegensatz zur Jacket-Plattform gegenüber Strömung und Wellenangriff in Grenzen nachgiebig. Die in Bild 13b dargestellte "Hutton"-Plattform ist so ausgelegt, daß sie bei schwerstem Seegang bis zu 24m aus ihrer Mittellage ausgelenkt werden kann. Sie ist die erste dieser Art, die kommerziell zum Einsatz kommt (1984). Diesem Typ werden im Falle der Bewährung große Chancen für die Zukunft eingeräumt. - <u>3. Seilverspannter Turm:</u> Bild 13c zeigt die Plattform "Block 280" (1984). Der relativ schlanke Turm, Querschnitt 36,5x36,5m, wird von 20 radial angeordneten, ca. 1000m langen Seilen gehalten. Das Gesamtgewicht beträgt 40 000t. Ähnlich wie die Spannseilplattform ist auch diese Struktur in Grenzen nachgiebig. In etwa 550m Entfernung vom Turm sind in den Seilen 160t schwere Gewichte eingehängt. Bei ruhiger See liegen diese am Boden und halten das Seil stramm. Bei starkem Sturm können sie ein wenig abheben, so daß sich der Turm leicht zur Seite neigt. Die Anlage ist so ausgelegt, daß die maximale Auslenkung 12m beträgt, die Plattform neigt sich dann um 2°.

Der Turm ruht auf 8 Gründungspfählen, die 170m tief in den Boden gerammt sind, die Abspannseile sind ebenfalls an Pfählen verankert, die 45m tief sitzen. - Vorstehende Angaben dürften die gigantischen Abmessungen solcher "Türme im Meer" verdeutlicht haben: Die neue SHELL-Plattform, die 1988 im Golf von Mexico fertiggestellt wird, hat eine Höhe von 492m über dem Meeresboden! Sie ist mehrstielig und dem Jacket-Typ zuzuordnen.

j) Turmdrehkräne und Hubgerüste

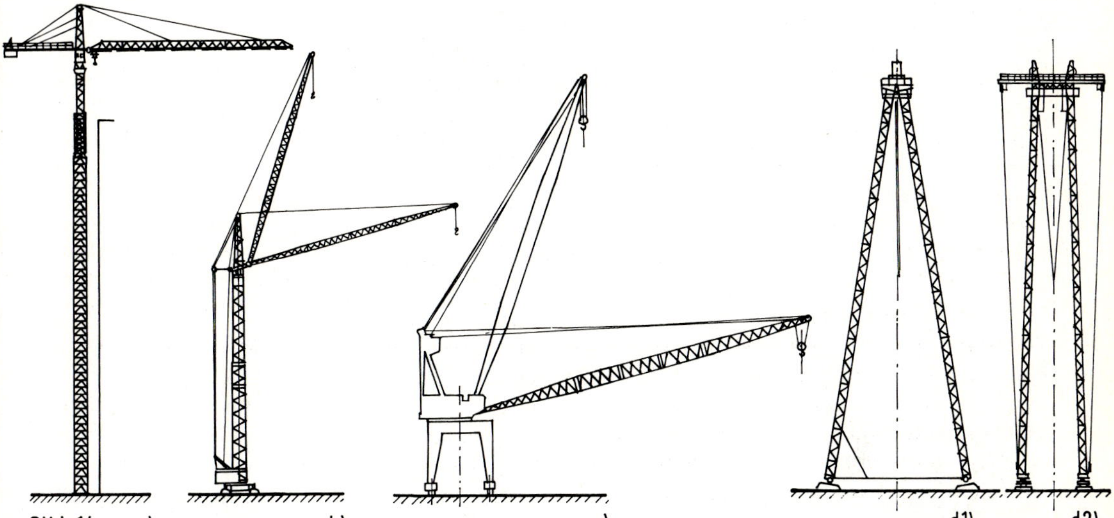

Bild 14 a) b) c) d1) d2)

Der Vollständigkeit halber seien noch turmartige Konstruktionen wie Turmdrehkräne und Hebegeräte großer Höhe erwähnt; auch für sie ist die Fachwerkstruktur mit vier Eckstielen typisch. Bild 14a zeigt einen Turmdrehkran mit Katzenausleger und Teilbild b einen solchen mit Nadelausleger. Sie gehören, wie der Greifer-Drehkran in Teilbild c, zum Maschinenbau, speziell zur Fördertechnik und werden nach DIN 15018 stahlbaumäßig dimensioniert und konstruiert.

k) Freileitungsmaste

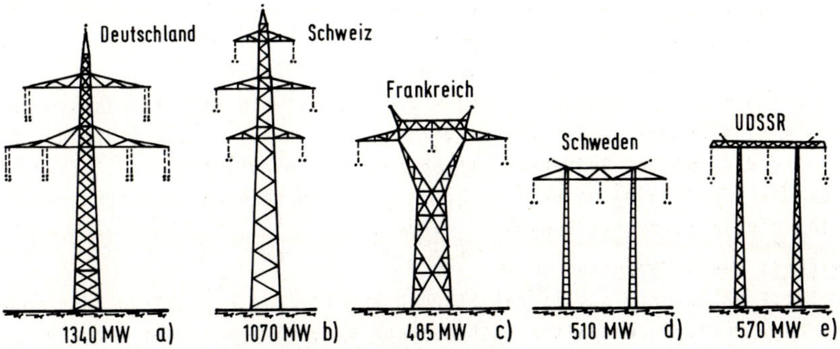

Bild 15 (n.MORS); Leistungsangaben bei 400 kV

Freileitungsmaste sind Träger von Leitern zur oberirdischen Übertragung elektrischer Energie; vgl. 16.3.4.6. In den einzelnen Ländern haben sich recht unterschiedliche Mastformen entwickelt [28-30], vgl. Bild 15. Für den Bau von Starkstrom-Freileitungen über 1kV gilt die VDE-Richtlinie 0210 (05.69). Für die Stäbe des Mastschaftes und die Traversen kommen überwiegend warm gewalzte L-Profile zum Einsatz, im Ausland verbreitet auch Kaltprofile [31]. Beim Überqueren breiter Ströme oder Meeresbuchten erreichen die ufernahen Maste Turmhöhen von 100m und mehr [32-34]. Da Freileitungsmaste seriell hergestellt werden, lohnt sich deren Optimierung durch Tragversuche im Maßstab 1:1 [35].

Die Ausführungen dieses Abschnittes vermitteln nur Schlaglichter zu den verschiedenen Techniken; es wird daher deutlich, wie weit das Feld der turmartigen Bauwerke gespannt werden kann und welche große Bedeutung dem Fachwerk als Tragstruktur für solche Konstruktionen zukommt. Im folgenden beschränkt sich die Darstellung auf Antennentragwerke aus Stahl.

24.2 Lastannahmen für Antennentragwerke

24.2.1 Allgemeine Hinweise

Folgende Einwirkungen sind beim Tragsicherheitsnachweis zu berücksichtigen:

- Eigenlast der Konstruktion (einschl. Podeste, Bühnen, Leitern, Aufzüge usf.) und Eigenlast der Ausrüstung (Antennen, Kabel).
- Verkehrslast auf Podeste und Bühnen in Form einer Flächenlast $2kN/m^2$ (Schnee ist darin enthalten) sowie alternativ in Form einer Einzellast 3kN an ungünstigster Stelle zur vorsorglichen Erfassung von Punktlasten, die z.B. bei der Montage auftreten können. Aus dem gleichen Grund sind Wand- und Verbandsstäbe mit einer Neigung $\leq 30°$ für eine vertikale Einzellast von 1,5kN nachzuweisen (Mannlast + Werkzeug o.ä.).
- Windlast.
- Eislast (Schneelast).
- Wärmewirkung, in zweifacher Weise: a) Gleichmäßige Temperaturänderung um $T=\pm 25K$. Dieser Lastfall hat für frei stehende Konstruktionen praktisch keine Bedeutung, wohl für abgespannte Maste, allerdings sind auch in diesem Falle die sich einstellenden Zwängungskräfte gering. Ihre Größe ist vom Vorspanngrad der Abspannseile abhängig. (Anders liegen die Verhältnisse bei abgespannten Schornsteinen, wenn sich das Tragrohr aufheizt, wohingegen die Seile die Außentemperatur beibehalten). b) Ungleichmäßige Temperaturänderung in Form eines Temperaturgradienten bei vollwandigen Konstruktionen, z.B. bei abgespannten Rohrmantelmasten infolge einseitiger Sonneneinstrahlung, $\Delta T=15K$. Die Seile verhindern die Verbiegung des Schaftes, wodurch es zu einer inneren Verspannung des Systems kommt. Eine Überlagerung mit Bemessungswind ist einsichtiger Weise nicht erforderlich, wohl hat die Mastverformung infolge ΔT beim Gebrauchstauglichkeitsnachweis Bedeutung. Dann ist es zulässig, den Staudruck zu $q=0{,}3kN/m^2$ anzusetzen.
- Weitere Einwirkungen sind Antennenzüge u.ä. sowie Baugrundsetzungen. Bauzustände sind zu untersuchen.

DIN 4131 (03.69) enthält alle erforderlichen Angaben. Da DIN 1055 T4 (08.86) nur für nichtschwingungsanfällige Bauwerke gilt, Türme und Maste aber zu den schwingungsanfälligen zählen, wurden die Windlastannahmen für Antennentragwerke aus Stahl bei der Überarbeitung von DIN 4131 in einem Anhang A für das künftige Regelwerk DIN 18803 zusammengefaßt. Dieser Anhang wurde gemeinsam mit dem entsprechenden Anhang A der künftigen Norm für Stahlschornsteine erarbeitet. (Sie sind untereinander kompatibel; es kann daher hinsichtlich des Staudruckprofils und des aerodynamischen Beiwertes für Rohre auf die Abschnitte 23.2.2/3/7 verwiesen werden.) Darüberhinaus gibt es bei Antennentragwerken gegenüber Schornsteinen einige Besonderheiten, die im folgenden behandelt werden.

24.2.2 Ungleichförmigkeit des Staudruckes

Wie in Abschnitt 20.3.2.2 erläutert, stellt das Staudruckprofil die Einhüllende der momentanen Böenstaudrücke dar. Letztere entfalten sich während eines Sturmes zeitlich und räumlich regellos am Bauwerk. Über die Höhe des turmartigen Tragwerkes beaufschlagen sie dieses ungleichförmig. Für frei auskragende Bauwerke, wie Türme, liegt das Normprofil auf der sicheren Seite, mit einer Ausnahme: es ist denkbar, daß die Wandstäbe bei ungleichförmiger Lastverteilung eine höhere Beanspruchung erfahren, als bei gleichförmiger. Dieser Effekt dürfte untergeordnet sein, dazu müßten sich örtlich relativ große Lastsprünge einstellen. Anders liegen die Verhältnisse bei hohen abgespannten Masten, bei denen die einzelnen Mastabschnitte von den großräumigen Turbulenzballen zeitlich unterschiedlich beaufschlagt werden. Die hiermit verbundene Auswirkung ist erheblich: Bild 16a/b zeigt den Verlauf der Biegelinie und des Biegemomentes für einen Antennenträger (Höhe 344m [36]) für einen gleichförmigen Staudruck gemäß DIN 4131. Die Teilbilder c und d zeigen Rechen-

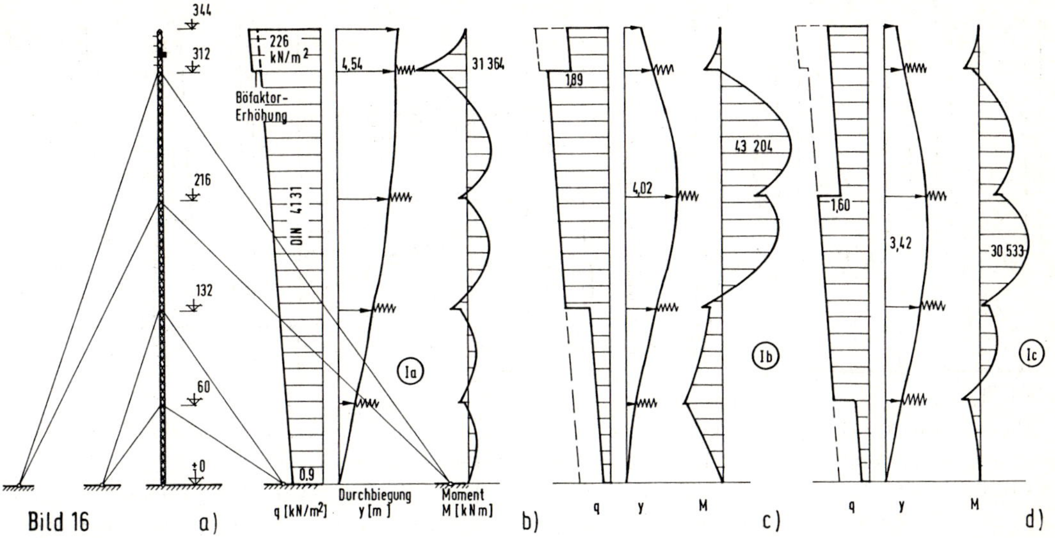

Bild 16

ergebnisse, wenn der Staudruck bereichsweise reduziert wird. Der Vergleich mit Teilbild b verdeutlicht die erhebliche Vergrößerung des Biegemomentes. Dabei dürfte der im vorliegenden Falle angesetzte Δq-Sprung zu groß gewählt sein, d.h. zu sehr auf der sicheren Seite liegen. - Die in Bild 17 gezeigten Lastverteilungen sind am Durchlaufträger auf starren Stützen orientiert; S: Maßgebend für das Stützmoment, F: Maßgebend für das Feldmoment. Tatsächlich treten die maßgebenden Stütz- und Feldmomente unter anderen Lastbildern auf, denn es handelt sich beim Mastschaft nicht um einen Durchlaufträger auf starren sondern elastischen Stützen [37]. Eigentlich wäre eine Einflußlinienauswertung geboten, doch ist die Ungleichförmigkeitsverteilung des Staudruckes viel zu wenig bekannt, als daß ein solcher Aufwand gerechtfertigt wäre. Letztlich handelt es sich um eine dynamische Beaufschlagung. Die Regelung in der künftigen Norm hat den Charakter einer Abschätzung: Der volle rechnerische Staudruck ist danach nur über einen Bereich von 30m ober- und 30m unterhalb desjenigen Abspannpunktes anzusetzen, der dem zu untersuchenden Schnitt am nächsten liegt, außerhalb dieses Bereiches ist der Staudruck um $\Delta q=0{,}4\cdot q$ abzumindern [37]. Das ist eine strenge und zudem sehr rechenintensive Regelung. (Von hier aus wird auch verständlich, warum es gerechtfertigt ist, auf die Einrechnung eines Böenreaktionsfaktors innerhalb des Mastbereiches zu verzichten.)

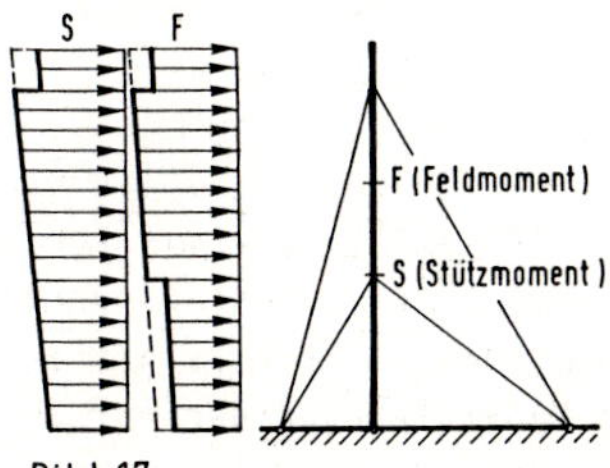

Bild 17

24.2.3 Aerodynamischer Beiwert für Fachwerktürme und -maste

Wie in Abschnitt 20.3.2.5 ausgeführt, beträgt der aerodynamische Kraftbeiwert c_f einer schmalen Platte mit unendlicher Streckung (was einer ebenen Umströmung entspricht) ca. 2,0. Als Mittelwert gilt $c_f=2{,}0$ auch für andere kantige Profile, wie Walzprofile. Bei unsymmetrischem Querschnitt oder/und beliebiger Anströmung wirkt auf das Profil zusätzlich ein Quertrieb. Wird beispielsweise ein gleichschenkliger Winkel achsparallel angeströmt und liegt der eine Schenkel leeseitig (→L), gilt in Strömungsrichtung und quer dazu: $c_{fy}=1{,}9$, $c_{fz}=-0{,}2$; liegt der Schenkel luvseitig (→˥), gilt $c_{fy}=1{,}8$, $c_{fz}=2{,}0$ (vgl. DIN 1055 T4). Innerhalb einer Fachwerkstruktur heben sich die Quertriebe, die von den einzelnen Stäben ausgehen, im Mittel etwa gegenseitig auf. Handelt es sich um eine Struktur, bei der aus irgend einem Grund alle Profilquerschnitte dieselbe Orientierung aufweisen, kann ein erheblicher Auf- oder Abtrieb geweckt werden.

Wird der Kraftbeiwert eines Fachwerkes aus den gewichteten Kraftbeiwerten der Einzelstäbe berechnet, so ist ein solches Ergebnis recht ungenau, weil die gegenseitige Beeinflussung der Stäbe über die Verdrängungs- und Abschattungseffekte in Abhängigkeit vom bezogenen

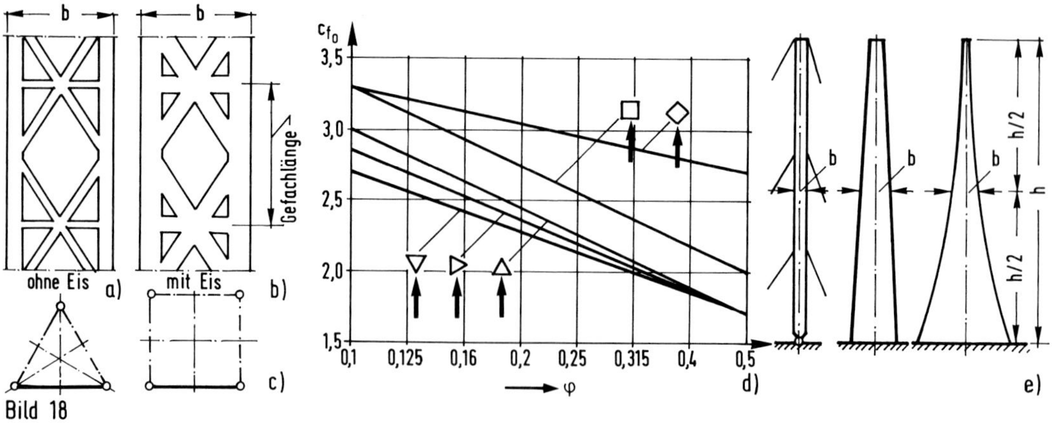

Bild 18

Abstandsverhältnis nicht erfaßt wird. Es ist daher günstiger, den Kraftbeiwert für Fachwerke, auch räumliche, mittels Windkanalversuchen zu bestimmen. Untersuchungen dieser Art wurden in der Vergangenheit mehrfach durchgeführt, so daß es heutzutage möglich ist, die c_f-Werte für drei- und viergurtige Mast- und Turmfachwerke aus aufbereiteten Diagrammen unmittelbar zu entnehmen (vgl. wegen Einzelheiten z.B. [38]). Bild 18d zeigt die c_f-Werte für drei- und viergurtige räumliche Fachwerke mit kantigen Profilen für drei bzw. zwei ausgewählte Windrichtungen (Streckung unendlich) als Funktion des Völligkeitsgrades φ

$$\varphi = \frac{A}{A_u} \tag{1}$$

A ist die Projektionsfläche (Schattenfläche) einer Wand (normal zu dieser), A_u ist die Umrißfläche. Aus Bild 18a/b geht hervor, wie A und $A_u = a \cdot b$ für die Fälle ohne und mit Vereisung innerhalb eines Gefaches zu berechnen sind. φ liegt bei den praktischen Ausführungen zwischen 0,1 bis 0,3, höhere Werte sind möglich, insbesondere bei dichter Vergitterung und Vereisung. - In DIN 1055 T4 wird der Kraftbeiwert für Widerstandskörper mit unendlicher Streckung als Grundkraftbeiwert bezeichnet und durch den Index 0 gekennzeichnet. Der Kraftbeiwert für endliche Streckung folgt zu:

$$c_f = \psi \cdot c_{f_0} \tag{2}$$

Der Abminderungsfaktor ψ ist eine Funktion der sogen. effektiven Erstreckung λ und des Völligkeitsgrades φ. Im Falle von Mast- und Turmfachwerken kann λ wie folgt bestimmt werden (ψ siehe DIN 1055 T4): $\lambda = 0{,}7\,h/b$ für $h > 50\,m$; $\lambda = h/b$ für $h \leq 50\,m$ (3)

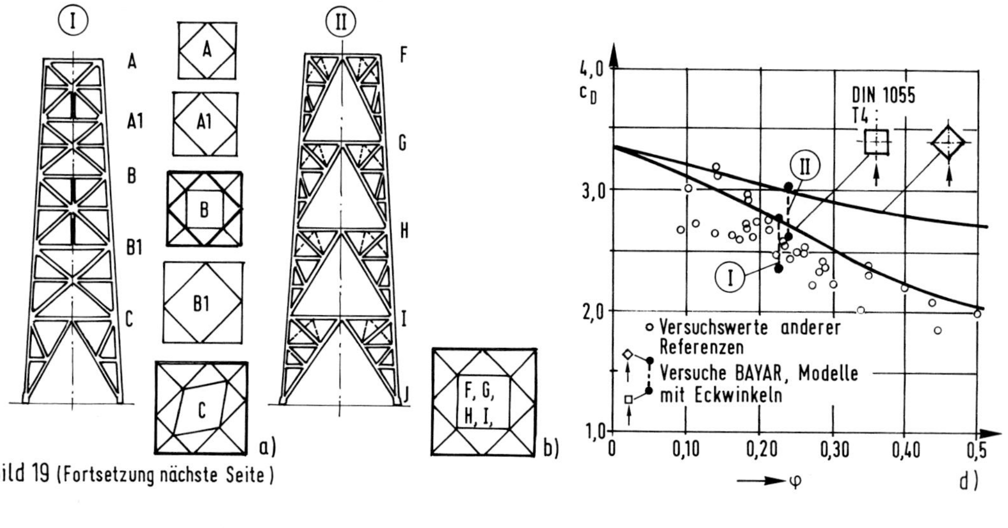

Bild 19 (Fortsetzung nächste Seite)

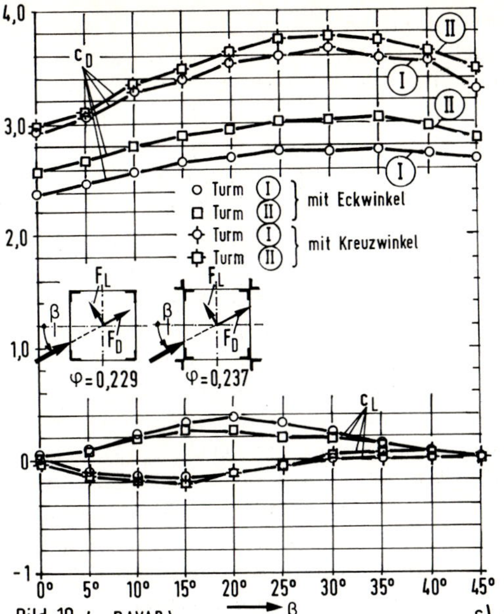

Bild 19 (n. BAYAR)

h ist die Bauwerkeshöhe und b die Bauwerksbreite rechtwinklig zur untersuchten Anströmrichtung in halber Bauwerkshöhe (vgl. Bild 18e). - Neben den Fachwerken mit kantigen Profilen gibt es solche aus Rohrprofilen. In diesen Fällen ist c_f von der REYNOLDS-Zahl abhängig (vgl. Abschnitt 23.2.3 u. 23.3.4); schließlich gibt es Fachwerke mit gemischten Profilen (kantigen und runden), auch hierfür enthält DIN 1055 T4 die erforderlichen Angaben. - Die Diagramme für Fachwerke mit Rundprofilen gehen auf umfangreiche Windkanalversuche der CIDECT zurück [39,40], sie können als gut abgesichert gelten (CIDECT: Comité International pour le Développment et l'Etude de la Construction Tubulaire = Internationales Komitee für das Studium und die Entwicklung von Stahlrohrkonstruktionen). - Mit [41] liegen Versuche jüngeren Datums an räumlichen Fachwerkstrukturen vor. Sie wurden in ebener Strömung an zwei Modellen mit scharfkantigen Profilen (Modellhöhe 1,3 bzw. 1,7m) und horizontal liegenden Querverbänden durchgeführt; Bild 19a/b zeigt die Modellstrukturen. Es wurden Eckstiele mit Winkel- und Kreuzwinkelquerschnitt getestet. Bild 19c zeigt c_D und c_L in Abhängigkeit vom Windrichtungswinkel β. c_D ist der aerodynamische Beiwert in Windrichtung und c_L quer dazu (D: Dragcoefficient, L: Liftcoefficient). Aus dem Diagramm geht hervor, daß c_D für β=0° am niedrigsten liegt und für β=30-35° die höchsten Werte erreicht; auch ist interessant, daß c_D für die Modelle mit ╬-Eckstielen deutlich höher liegen als für solche mit Winkelprofilen (ca. 20%), der Einfluß der Ausfachungsform ist dagegen sehr gering und braucht nicht berücksichtigt zu werden. In Bild 19d ist das Versuchsergebnis mit dem anderer Autoren verglichen und der Regelung nach DIN 1055 T4 gegenübergestellt (soweit es die in DIN 1055 T4 verwendete Skalierung ermöglicht). Insgesamt kann die DIN-Regelung durch die Recherche für viergurtige Mastquerschnitte mit Eckstielen aus Winkelprofilen ⌞⌟ als gut abgesichert angesehen werden. In [41] wurde auch untersucht, wie sich eine Abweichung der Windrichtung von der Horizontalen bis 15° auswirkt: Die Erhöhung von c_D wurde lediglich zu ca. 3-4% gefunden. - In DIN 4131 (künftig DIN 18803) ist angegeben, wie die resultierende Windlast auf die einzelnen Fachwerkwände aufgeteilt werden kann; das ist dann notwendig, wenn die Windlast bei der statischen Berechnung auf die Fachwerkknoten jeweils einzeln angesetzt werden soll.

24.2.4 Aerodynamischer Beiwert für Einbauten und Antennenausrüstungen

Antennentragwerke sind meist über große Bereiche mehr oder minder dicht mit Antennen aller Art belegt, auch sind Podeste, Leitern, Kabelleitern mit Kabeln vorhanden. Was Podeste und Bühnen anbelangt, wird man deren Windlast separat berechnen und der Windlast der Mast- oder Turmkonstruktion überlagern. - Leitern und Kabeln liegen bei Fachwerkstrukturen i.a. in geringem Abstand von den Wänden entfernt und werden dann sinnvollerweise in die Projektionsfläche einbezogen. Es ist auch möglich, die auf sie entfallende Windlast getrennt zu überlagern (was stets auf der sicheren Seite liegt). Für die Belegung von Rohrmantelmasten mit Kabeln und Leitern enthält die künftige Antennenträgernorm c_f-Ansätze. - Die Windlasten auf Antennen, insbesondere großflächige, werden separat berechnet und voll überlagert. Liegen in ein und derselben Höhe mehrere Antennen über den Umfang verteilt, ist es zulässig, eine gewisse Abschattungsreduzierung einzurechnen. - Insgesamt muß man zugeben, daß eine zutreffende Berechnung der Windlast für die verschiedenen An- und Einbauten wegen der Strömungsinterferenzen schwierig ist. Man wird sich daher i.a. auf die sichere Seite legen (auch im Hinblick auf mögliche künftige Umrüstungen). Systematische Windkanalversuche fehlen nach Wissen d.V. Er empfiehlt, für kantige Profile aller Art c_f=1,4-1,6 und für runde Profile c_f=1,2 anzunehmen. Hiermit wird für die luvseitige Windprojektionsfläche für die Einzelprofile die Windlast berechnet; leeseitige Teile werden zu 40% berücksichtigt. In Bild 20 ist angedeutet, was gemeint ist. Diese Rechnung ist für Anströmung über Kante und über Eck durchzuführen sowie für die Fälle ohne und mit Vereisung. - Bei der Belegung von Rohrmantelmasten mit Antennen, Kabeln und Leitern ist eine zutreffende Berechnung deshalb so schwierig, weil durch die Anbauten (wegen der hiermit verbundenen Aufrauhung und Verwirbelung der Strömung) der Strömungscharakter nachhaltig verändert wird (vgl. diesbezüglich Bild 6 in Abschnitt 23 sowie Abschnitt 23.3.4.1), insbesondere, wenn die Teile größere Oberflächenbereiche des Rohres bedecken und dicht über der Oberfläche liegen. Feingliedrige Antennen, die in größerem Abstand von der zylindrischen Oberfläche entfernt liegen, beeinflussen die Strömung kaum. Ansätze in der künftigen Antennenträgernorm dürften diesbezüglich z.T. erheblich auf der sicheren Seite liegen. Auch zu diesem Problemkreis wären systematische Windkanalversuche wünschenswert.

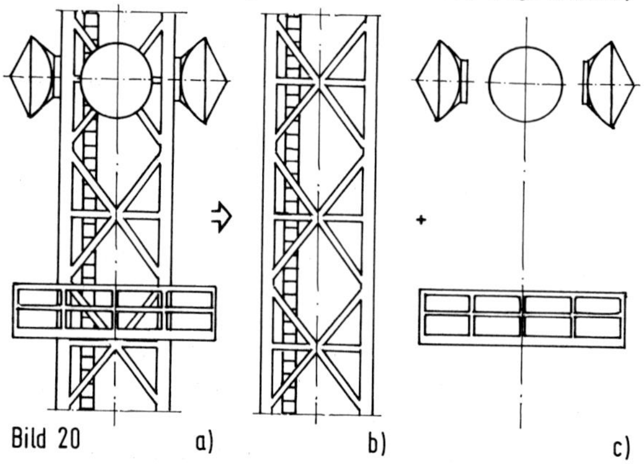

Bild 20

24.2.5 Aerodynamischer Beiwert für Antennen

Es ist Aufgabe der Antennenhersteller, für die zum Einbau vorgesehenen Antennen die notwendigen Lastansätze bereitzustellen, d.h. die auf sie entfallenden Windkräfte und -momente für einen umlaufenden Windrichtungswinkel in prüffähiger Form anzugeben und das für die eisfreie Antenne und verschiedene Grade der Vereisung. Die zur Verfügung gestellten Unterlagen sind häufig diesbezüglich unvollständig und nicht belegt. Dann ist es notwendig, die Angaben zu ergänzen bzw. gegenzurechnen. Als Anhalt kann von c_f=1,3 für die jeweilige Projektionsfläche "Wind auf die Frontfläche" und "Wind auf die Seitenfläche" ausgegangen werden. Hierbei sind Antenne+Zubehör+Haltekonstruktion als Einheit zu sehen (Bild 21). Für Spiegel- und Hornantennen gilt anstelle von 1,3 ca. 1,6. Die großflächigen geschlossenen Spiegelantennen sind Windfänger. Hier ist es ein Gebot der Sicherheit, genauere Angaben zur Verfügung zu haben, einerseits, um die Haltekonstruktion der Antenne und den Anschluß an den Träger nachzuweisen, andererseits, um von zutreffenden Belastungswerten bei der Berechnung des Antennentragwerkes ausgehen zu können.- Bild 22a zeigt die Druck-Sog-Verteilung um eine schräg angeströmte dünne Platte, die Resultierende F liegt exzentrisch zum Mittelpunkt. Es läßt sich ein raumfestes (x,y) und körperfestes (ξ,η) Koordinatensystem definieren. Dem

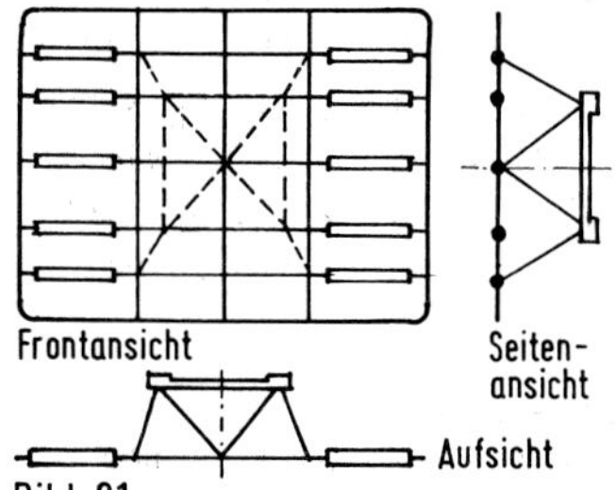

Bild 21

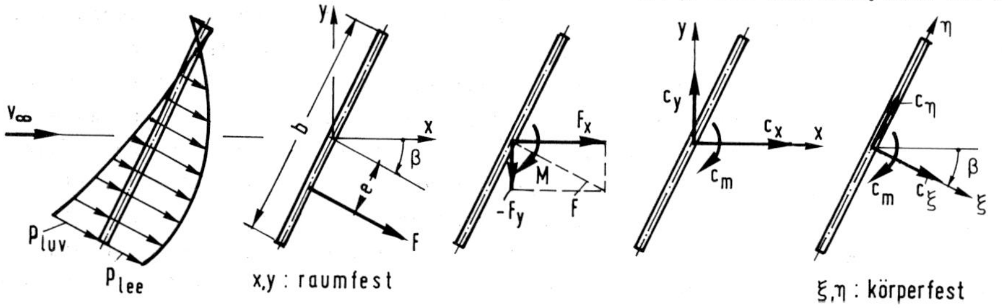

Bild 22

zugeordnet sind die aerodynamischen Kraftbeiwerte c_x, c_y bzw. c_ξ, c_η. c_m ist der Momentenbeiwert. Gleichwertig mit der Drehung des Objektes relativ zu einer konstanten Windrichtung, ist die Drehung der Windrichtung relativ zu einer konstanten Lage des angeströmten Objektes. Für Parabolantennen werden die Beiwerte für einen umlaufenden Winkel $\beta=0$ bis 180° benötigt, zweckmäßig im raumfesten Koordinatensystem. Mit E DIN IEC12D(CO)30 (07.83) steht ein Regelwerk zur Verfügung, welches für Parabolantennen die Beiwerte c_x, c_y und c_M (raumfest) ausweist. Sie sind mit den Diagrammen der Fa. ANDREW identisch. Es wird gerechnet:

$$F_x = c_x A\cdot v^2, \quad F_y = c_y A\cdot v^2, \quad M = c_M D\cdot A\cdot v^2 \qquad (4)$$

A[m²] ist die kreisförmige Stirnfläche der Antenne, D[m] deren Durchmesser und v[m/s] die Windgeschwindigkeit. Ist q der Auslegungsstaudruck in Höhe der Antenne in kN/m² folgt:

$$v = 40\sqrt{q} \qquad (5)$$

F ergibt sich in N und M in Nm.
Bild 23 enthält zwei Beiwertdiagramme. Das obere gilt für einen Parabolspiegel ohne und das untere mit Radom.

Beispiel: Gegeben sei eine Reflektorantenne mit 4,0m Durchmesser, Montage in 150m Höhe, Staudruckzone II:

$$q = q_0 + 0{,}003z = 1{,}30 + 0{,}003\cdot 1{,}50 = 1{,}75\ kN/m^2$$

$$v = 40\sqrt{1{,}75} = 52{,}92 = \underline{53\ m/s}$$

Ausgehend von Bild 23a folgt:

$\beta = 0°$: $c_x = 1{,}0$; $c_y = 0$; $c_M = 0$

$\beta = 70°$: $c_x = 1{,}0$; $c_y = 0{,}3$; $c_M = -0{,}05$

$A = 4{,}0^2\pi/4 = 12{,}57\ m^2$, $D = 4{,}0\ m$

$F_x = 1{,}0\cdot 12{,}57\cdot 53^2 = 35\,309\ N = \underline{35{,}3\ kN}$

$F_y = 0{,}3\cdot 12{,}57\cdot 53^2 = 10\,593\ N = \underline{10{,}6\ kN}$

$M = -0{,}05\cdot 12{,}57\cdot 4{,}0\cdot 53^2 = -7062\ Nm = \underline{-7{,}06\ kNm}$

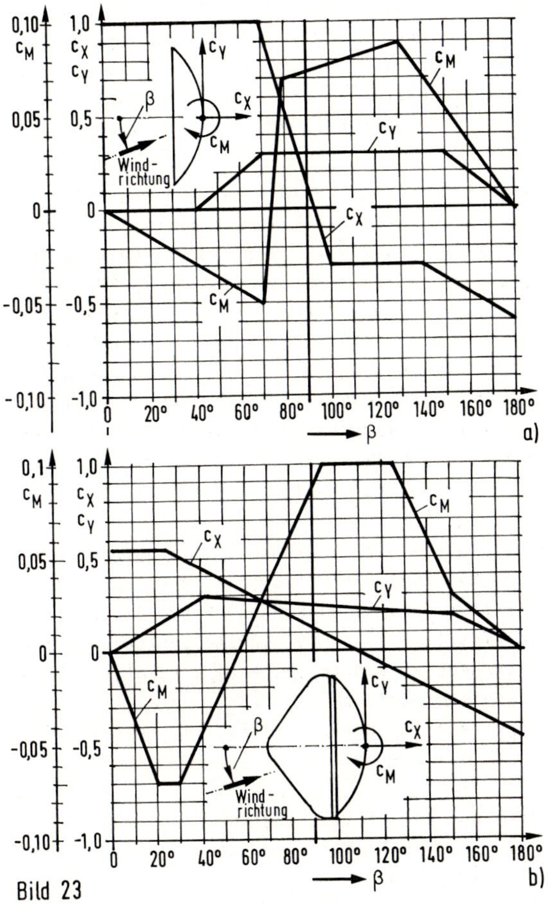

Bild 23

Bezogen auf $F=c_f\cdot q\cdot A$ bedeutet das: $c_{fx}=1{,}61$; $c_{fy}=0{,}48$.

24.2.6 Windbelastung bei Montagezuständen

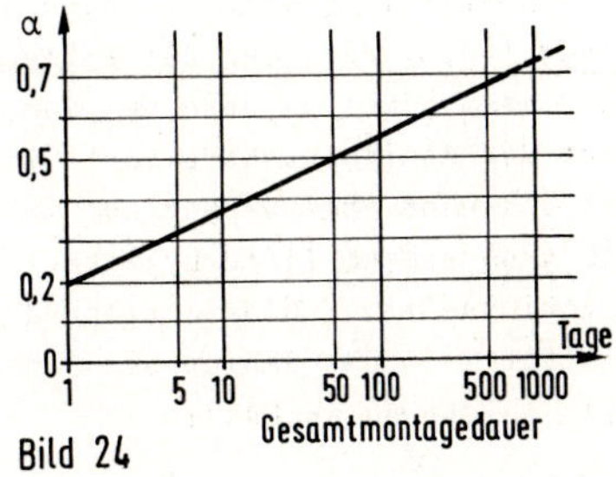

Bild 24

Es wurde bereits bei der Behandlung der Montage von turmartigen Bauwerken in Abschnitt 24.1.1 die Frage angeschnitten, in wie weit es angängig ist, für den Nachweis von Bauzuständen einen gegenüber dem Auslegungsstaudruck reduzierten Wert anzusetzen. Diese Frage spielt insbesondere bei der Montage abgespannter Maste eine Rolle, weil es hier i.a. unumgänglich ist, über die zuletzt fertiggestellte Abspannung hinaus (ggf. Hilfsabspannung), den Mast im Freivorbau wachsen zu lassen.
Bei der Bearbeitung der Neuausgabe der DIN 1055 T4 wurde dieser Komplex beraten [42]. Danach wurde vorgeschlagen, bei einer voraussichtlichen Gesamtdauer der Montage, die höchstens einen Tag umfaßt, von 20% und bei einer solchen, die nicht länger als 2 Jahre dauert von 70% des Bemessungsstaudruckes auszugehen (wenn keine Möglichkeit besteht, die Konstruktion bei Aufkommen eines Sturmes zu sichern). Die Gesamtdauer einer Montage wird praktisch immer mehr als einen Tag und nur in den seltesten Fällen

mehr als zwei Jahre betragen. Je nach Größe des Objektes liegt sie im Mittel zwischen 1 bis 8 Monaten und das vorrangig im windärmeren Sommerhalbjahr. Innerhalb der Gesamtmontagezeit liegen vielfach Zeitintervalle (nach Stunden und Tagen), in denen besonders kritische Montagephasen auftreten, z.B. Freivorbau bis zur nächsten (Hilfs-)Abspannung. Je länger die Summe dieser Zeiten ist, umso wahrscheinlicher ist das Überschreiten eines Schwellenwertes. Das gilt auch bei Bezug auf die Gesamtmontagedauer; sie ist letztlich maßgebend. Aufgrund einer wahrscheinlichkeitstheoretischen Abschätzung kann der in Bild 24 angegebene Reduktionsfaktor α für den Staudruck empfohlen werden, vgl. auch [43]. - In jedem Falle sollte bauseits bei Aufkommen einer großräumigen Sturmlage oder bei Anzeichen eines aufkommenden Gewitters jede nur mögliche Sicherungsmaßnahme ergriffen werden.

24.2.7 Lastannahmen bei Vereisung

Neben Wind ist Eis die für turmartige Bauwerke maßgebendste Belastung. Der Grad der Vereisung ist vorrangig von der standorttypischen Luftfeuchtigkeit im Winterhalbjahr bei Temperaturen um und etwas unter dem Nullpunkt abhängig. Bild 25a zeigt den von Luft maximal aufnehmbaren Wasserdampf bei Normaldruck in Abhängigkeit von der Lufttemperatur. Bei 0°C beträgt der Wert ca. 5g/m³, bei tiefen Temperaturen liegt der Wert wesentlich niedriger. Das ist der Grund, warum die Vereisung in den Hochalpen i.a. relativ gering ist; auf Hochplateaus des Mittelgebirges, insbesondere in Höhen zwischen 700-1100m, kann sie beträchtlich sein. Der Eisansatz wächst der vom Wind herangeführten feuchten Luft entgegen (Bild b). Es lassen sich unterscheiden:

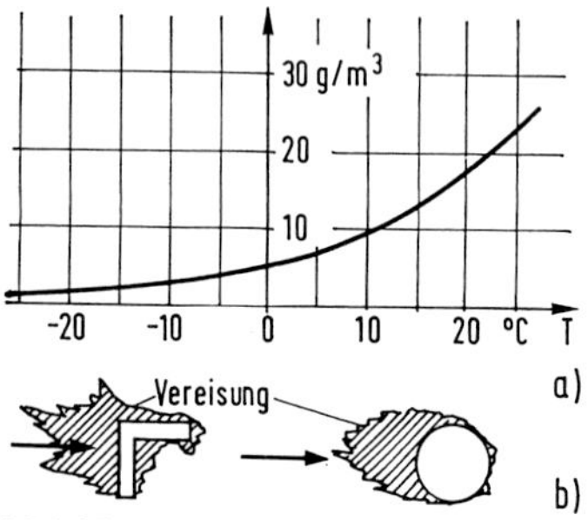

Bild 25

- Schwere feste Ablagerungen: Rauheis, Bildung bei Lufttemperaturen etwa zwischen 0 bis -3°C, z.B. bei Eisregen oder Gefrieren nassen Schnees oder nässenden Nebels, Wichte ca. 6 bis 8kN/m³.
- Mittelschwere mittelfeste Ablagerungen: Rauhfrost, Bildung bei Lufttemperaturen zwischen -3 bis -7°C, z.B. bei Gefrieren unterkühlten Nebels, Wichte ca. 4 bis 7kN/m³, dicke Ablagerungen bei länger andauerndem windigen Wetter möglich.
- Leichte lose Ablagerungen: Rauhreif, Bildung bei -7°C und niedriger, Wichte ca. 2 bis 5kN/m³.

Im Einzelfall stellen sich folgende Fragen:

- Mit welchem Eisansatz ist hinsichtlich Dicke und Gewicht zu rechnen?
- Welcher aerodynamische Beiwert ist für die vereisten Profile und Antennen anzunehmen?
- Welcher Staudruck ist bei voller Vereisung anzusetzen?

Die Angaben in DIN 1055 T5, Abschn. 6 (06.75) sind recht allgemein gehalten: Danach ist in besonders gefährdeten Lagen bis 400m NN vereinfachend ein allseitiger Eisansatz von 3cm für alle der Witterung ausgesetzten Konstruktionsteile anzunehmen; als Eisrohwichte ist mit 7kN/m³ zu rechnen. Die Windlast ist für die durch den Eisansatz vergrößerte Fläche des Bauteils mit 75% des Staudruckes zu ermitteln. Diese Regelung führt dazu, daß bei Gitterkonstruktionen im Regelfall der Lastfall Vereisung maßgebend ist, nicht dagegen bei Rohrmantelmasten u.ä. vollwandigen Bauwerken. - Vermutlich liegt der Abminderungsfaktor 0,75 zu hoch, denn, bezogen auf die Windgeschwindigkeit bedeutet das eine Abminderung auf $\sqrt{0,75}$ =0,87. Hierzu gehört ein orkanartiger Sturm, der eine großräumige Tiefdrucklage bei mäßigen Temperaturen (deutlich über dem Gefrierpunkt) voraussetzt. - Hinsichtlich der Gefährdung durch Eisablagerungen nach Intensität und Dauer läßt sich das Gebiet der Bundesrepublik Deutschland etwa in folgende Zonen einteilen (in Anlehnung an [44]):

Zone 1: Hauptteil der Norddeutschen Tiefebene

Zone 2: Niederrheinische Tiefebene, Vorland der Weserberge, Harzvorland, Donauniederungen

Zone 3: Rheinische Mittelgebirge, höhere Lagen im Wesergebirge, hessisches Bergland, mittlere Höhenlage im Harz, Alpenvorland

Zone 4: Schwarzwald, Schwäbische Alb, Fichtelgebirge, Rhön, Bayerischer Wald, Bayerische Alpen

Zone	Bauwerksbereich h ≤ 100 m	h > 100 m
1/2	2	
3	3	4
4	4	6
	cm	

Bild 26

Bild 26 enthält einen an dieser Zoneneinteilung orientierten (gegenüber DIN 1055 T5 modifizierten) Vorschlag: Allseitige Eisdicke gemäß Tabelle, Wichte $\gamma = 7 kN/m^3$, Staudruckreduktionsfaktor 0,6 (statt 0,75), aerodynamischer Beiwert wie unvereistes Profil. Systematische Untersuchungen zu dem anstehenden Problemkreis wären wünschenswert; auf [45,46] wird verwiesen.

24.3 Turm- und Mastausfachung

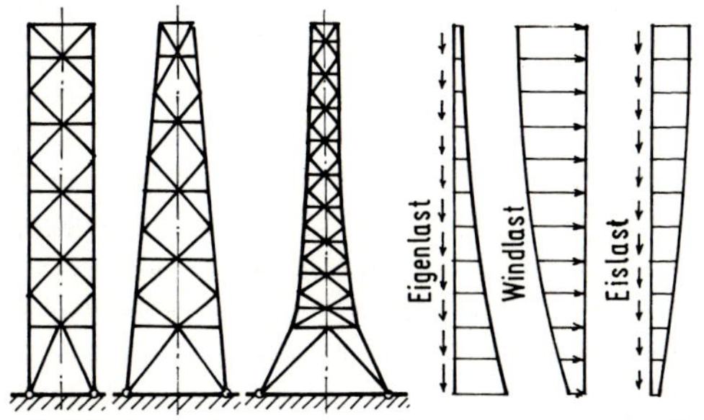

Bild 27 a) b) c) d)

Fachwerkwände lassen sich nach zwei Merkmalen unterscheiden: (1) Nach dem Verlauf der Eckstiele, (2) nach der Art der Ausfachung:

(1) Parallelgurtige Strukturen kommen nur bei kleinen Objekten oder im Kopfbereich von Türmen zur Ausführung, auch bei FS-Antennenaufsätzen mit und ohne Eisschutzzylinder, dann vielfach ein- oder zweimal abgesetzt. Parallelgurtige Schüsse werden auch bei teleskopierbaren Masten und z.B. bei Turmdrehkränen gewählt. Schließlich werden die Schafte von abgespannten Masten praktisch immer parallelgurtig ausgebildet; die Anpassung an die veränderliche Momenten-, Normalkraft-, Querkraft- und Torsionsmomentenbeanspruchung wird durch passende Wahl der Stabquerschnitte erreicht. - Wirtschaftlicher ist es bei freistehenden Tragwerken, wenn die Eckstiele eine konstante oder kontinuierlich veränderliche Neigung erhalten, was bei frei stehenden Masten und Türmen üblich ist (Bild 27). Im letztgenannten Falle ist die Neigung schuß- oder gefachweise konstant, die Knickpunkte liegen z.B. polygonal auf einer Parabelkurve; je höher das freistehende Turm- oder Masttragwerk ist, umso mehr ist es geboten, den von den Eckstielen gebildeten inneren Hebelarm an den Biegemomentenverlauf anzupassen, auch aus ästhetischen Gründen.

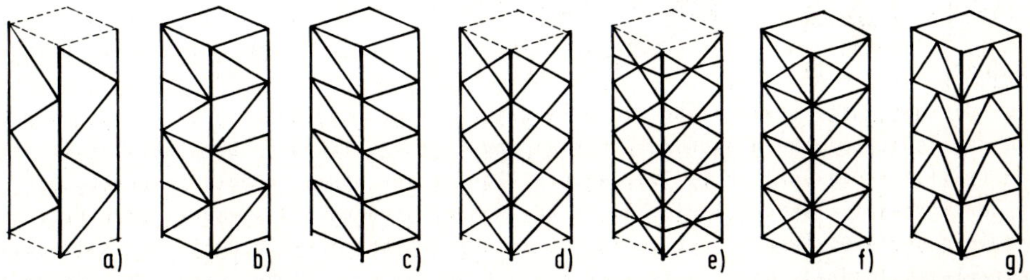

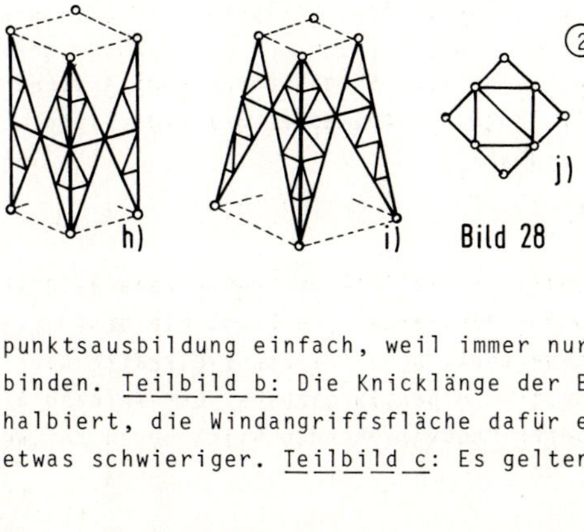

Bild 28

(2) Hinsichtlich der Ausfachung der Wände gibt es viele Varianten mit Vor- und Nachteilen für jeden Einsatzzweck (Bild 28):
Teilbild a: Die Struktur hat richtungswechselnde Diagonalstäbe (Diagonalen, Streben). Die Eckstiele weisen eine relativ große Knicklänge auf. Die Windangriffsfläche ist andererseits gering, auch ist die Knotenpunktsausbildung einfach, weil immer nur zwei Streben wandweise in einen Knoten einbinden. Teilbild b: Die Knicklänge der Eckstiele ist im Vergleich zur Ausführung a halbiert, die Windangriffsfläche dafür etwas größer und die Knotenpunktausbildung etwas schwieriger. Teilbild c: Es gelten dieselben Anmerkungen wie unter b. Über die

Höhe des Schaftes betrachtet, bilden die Diagonalen eine Spirale. Schäfte dieser Art neigen dazu, sich unter hoher lotrechter Auflast zu verdrillen, eine solche Ausfachung ist daher weniger üblich. Teilbild d: Die Streben bilden ein Rautenfachwerk; sie werden zweckmäßig in den Schnittpunkten miteinander verbunden. Durch den Stützeffekt der Zugdiagonale wird die Knicklänge der Druckdiagonale gegenüber der Gesamtlänge reduziert [47]. Teilbild e: In Höhe der Schnittpunkte der Rautendiagonalen liegen horizontale Streben. Die Knicklänge der Stiele wird nochmals halbiert; auch fällt die Knicklänge der jeweiligen Druckdiagonale geringer aus. Die Ausfachung wird allerdings immer dichter, was höhere Windlasten zur Folge hat. Teilbild f: Die Ausfachung bietet keine erkennbaren Vorteile: In die Knoten binden sehr viele Stäbe ein, die Knicklänge der Eckstiele ist so groß wie in den Fällen a bis d. Teilbild g: Die Wände sind K-Fachwerke, die Streben stehen relativ steil.

Rauten- und K-Fachwerke (d und g) haben gegenüber allen anderen den Vorteil, daß die durch die Stauchung der Stiele bei großer Auflast in den Stäben hervorgerufenen Nebenspannungen relativ am niedrigsten sind [47, Abschnitt 6.6.3] . - Ergänzend sei erwähnt, daß gelegentlich eine Verrahmung der Wände gewählt wird, evtl. nur innerhalb einzelner Gefache, um diese von einer Verstrebung frei zu halten (z.B. bei Bohrtürmen).

Insgesamt hat das in Bild 28e dargestellte sogen. Sternfachwerk wegen seiner Wirtschaftlichkeit (infolge der geringen Eckstielknicklänge) die größten Vorzüge für die Ausfachung von Türmen und Masten (auch abgespannten). - Bei frei stehenden Türmen und Masten ist die Querkraftbeanspruchung i.a. gering, insbesondere bei geschäfteter Ausbildung; es ist dann möglich, die Rautenausfachung zu strecken und ein Zwischenfachwerk zu integrieren (Bild 28h und i). Hierdurch gelingt es, die Knicklänge der Eckstiele bei gleichzeitig geringem Gewicht und geringer Windangriffsfläche klein zu halten. In Höhe der Kreuzungspunkte der Diagonalen wird ein Querverband gelegt, um die Diagonalen gegen Knicken aus der Wandebene zu stützen. Ähnlich wird bei K-Verbänden verfahren; sie bilden häufig den 1. oder 1. und 2. Schuß eines Mastes oder Turmes. Benachbarte Knoten (des Zwischenfachwerkes) auf den Streben werden durch Horizontalstäbe miteinander verbunden.

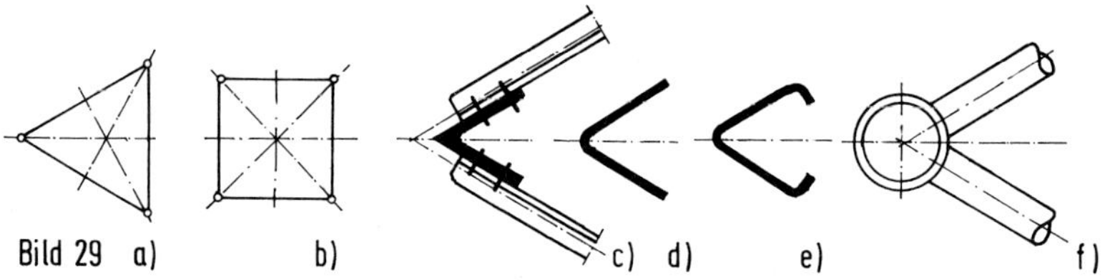

Bild 29 a) b) c) d) e) f)

Innerhalb des Turm- oder Mastquerschnittes sind mindestens drei Eckstiele erforderlich, üblich sind vier, selten mehr. Der dreieckförmige Querschnitt ergibt das geringste Gewicht und die geringste Windlast und dadurch ein etwa 10% geringeres Gesamtgewicht im Vergleich zu einer viergurtigen Ausführung. Der Querschnitt ist insich steif (weil ein Dreieck), Bild 29a. Nachteilig ist der etwas beengte Innenraum. Die Ausbildung der Eckstiele ist schwierig, nicht bei Rohren sondern bei warmgewalzten Profilen. Entweder werden die 90°-Winkelprofile in 60°-Winkel umgebogen (Bild 29c) oder Kaltprofile verwendet (Teilbild d/e). Günstig ist der dreieckige Querschnitt bei nach drei Seiten abgespannten Masten. - Der quadratische Querschnitt ist eine labile Figur, hier sind Querverbände erforderlich.

Zur Auslegung von Türmen und Masten liegen monographische Abhandlungen vor: Antennenträger in Stahl allgemein [48-50], Turmfachwerke [51], abgespannte Maste [52]. Vgl. auch [53]; zur Auslegung von Freileitungsmasten siehe [28-30,54].

24.4 Statische Berechnung der Türme und Maste

24.4.1 Allgemeine Berechnungshinweise

Wird ein freistehender Mast durch eine horizontale Einzellast am freien Ende belastet, ist der Biegemomentenverlauf geradlinig (Bild 30a/b). Werden die Eckstiele des Mastes in einem solchen Falle mit konstanter Neigung ausgeführt, sind die Eckstielkräfte über die ganze Länge konstant. Es handelt sich dann quasi um einen Spreizbock. Der Verband bleibt kraftfrei; er hat dann nur die Aufgabe, den unter Druck stehenden Stiel gegen Knicken

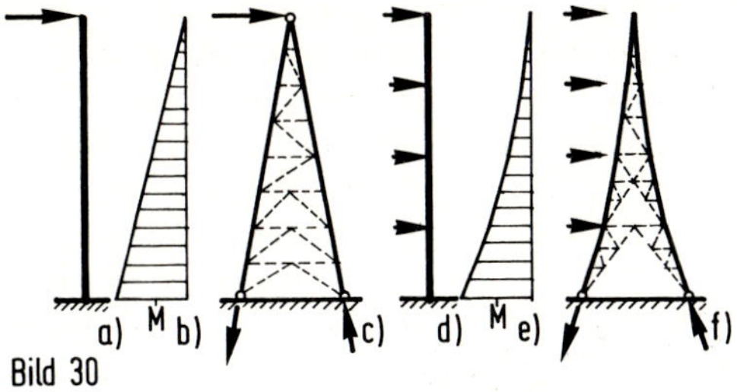

Bild 30

auszusteifen, indem er die Gesamtlänge in Unterlängen (=Knicklängen) auflöst (Bild 30c). - Wirken über die Höhe des Mastes mehrere Horizontallasten, ist der Momentenverlauf polygonal (Bild 30d/e). Bei geeigneter Anpassung der Eckstielneigung erhält der Verband ebenfalls keine Beanspruchung. - So wie es beim Bogentragwerk die sogen. Stützlinie gibt, läßt sich auch für die Eckstiele eines Mastes eine Stützlinie angeben. Bild 31 zeigt, wie sie ermittelt werden kann: Ausgehend von einer (frei gewählten) Neigung der Eckstiele im obersten Schuß ergeben sich die Neigungen der Eckstiele in den darunter liegenden Schüssen aus dem Krafteck. Je steiler die Eckstielneigung im obersten Schuß gewählt wird, umso schmaler fällt der Stützlinienturm aus, umso größer ist die Vertikalkomponente V=konst in den einzelnen Schüssen. Die Ausführung eines Stützlinienturmes scheidet aus einer Reihe praktischer Gründe aus, u.a., weil neben den horizontalen vertikale Lasten wirken. Gleichwohl kann die Form bei der Führung der Eckstiele als Orientierung dienen. Die Stabkräfte in Turm- und Masttragwerken lassen sich auf zweierlei Art berechnen: a) Berechnung als "ebenes Problem", b) Berechnung als "räumliches Problem". Die erstgenannte Vorgehensweise stellt eine Näherung dar; die Neigung der Wände zueinander bestimmt, wann sie zulässig (also genau genug) ist, wann nicht. Die Meinungen hierüber sind nicht ganz einheitlich. Als Turmanzug (auch Dosierung oder Konizität) der Wände bezeichnet man den Quotienten m=b/l und als Neigung den halben Wert davon: n=m/2, was mit tanß identisch ist (Bild 32). In [51] wird empfohlen, die Stabkräfte oberhalb m=0,06 (n=0,03) nach der Theorie des räumlichen Fachwerkes zu berechnen; in [48] wird das erst ab m=0,10 (n=0,05) für erforderlich gehalten. Diese Bewertungen stammen noch aus einer Zeit, als statische Berechnungen von Hand erstellt werden mußten. Heute werden größere Türme und Maste mittels Computer analysiert, dann natürlich als räumliches Fachwerk, mit dem Vorteil, daß die Beanspruchung der Querverbände automatisch mit erfaßt wird, auch werden die Formänderungen ausgeworfen und läßt sich die Struktur optimieren. Schließlich ist es möglich, die räumliche Struktur mittels eines Rahmenprogramms zu analysieren, dann lassen sich auch die Nebenspannungen berechnen.

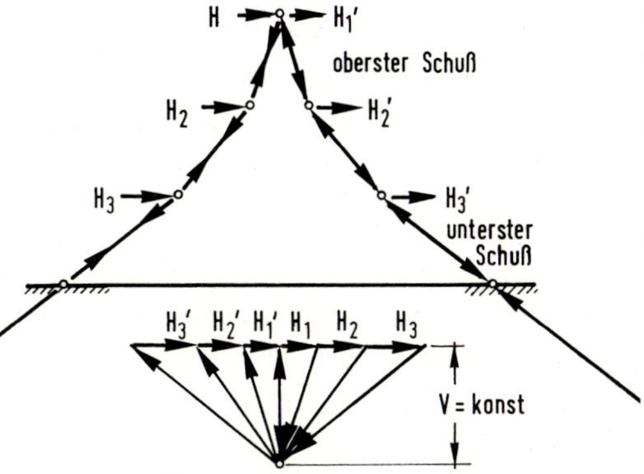

Bild 31

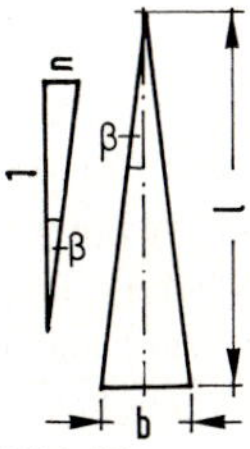

Bild 32

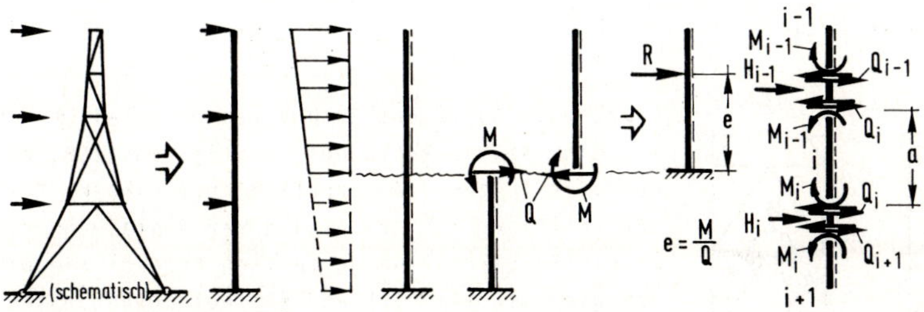

Bild 33 a) b) c) d) e) f)

Die "ebene Berechnung" hat für Zwecke der Vorberechnung nach wie vor ihre Berechtigung. Hierfür werden im folgenden die erforderlichen Angaben zusammengestellt, beschränkt auf vier- und dreigurtige Maste bzw. Türme. Die frei auskragende Struktur wird als lotrechter "Stab" angenähert, die Ausfachung in der geneigten Wandebene wird auf eine lotrechte Ebene projiziert (Bild 33a/b). Zunächst werden Querkraft und Biegemoment (zweckmäßig tabellarisch) bestimmt (Bild 33f):

$$Q_i = Q_{i-1} + H_{i-1}; \quad M_i = M_{i-1} - Q_i \cdot a \tag{6}$$

Wird der Stab an irgendeiner Stelle geschnitten und betragen Querkraft und Biegemoment hier Q bzw. M (Bild 33c/d), kann dieser Fall dadurch ersetzt werden, daß im Abstand e=M/Q eine Resultierende R wirkt, die mit Q identisch ist; R ist gleich der Summe aller oberhalb des Schnittes angreifenden Horizontallasten.

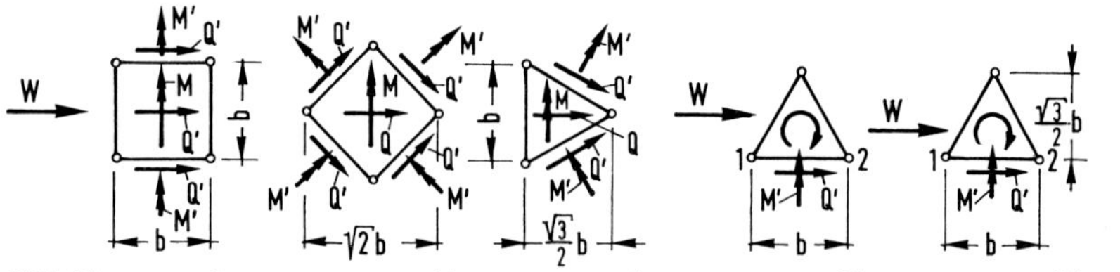

Bild 34 a) b) c) d1) d2)

Bevor auf die Berechnung der Stabkräfte in den Fachwerkwänden aus den Schnittgrößen M und Q eingegangen werden kann, muß geklärt werden, wie sich die äußere Belastung auf die einzelnen Wände verteilt. Wirkt die äußere Windlast in Richtung einer Symmetrieebene, wird sie symmetrisch gesplittet (Bild 34a/c):

a) Viergurtiger Querschnitt, Biegung über Kante (Teilbild a): Auf die beiden parallel zur Windrichtung liegenden Wände entfallen je:

$$Q' = Q/2; \quad M' = M/2 \tag{7}$$

b) Viergurtiger Querschnitt, Biegung über Eck (Teilbild b): Auf die vier Wände entfallen je:

$$Q' = Q/2\sqrt{2}; \quad M' = M/2\sqrt{2} \tag{8}$$

c) Dreigurtiger Querschnitt, Wind senkrecht auf eine Wand (Teilbild c):

$$Q' = Q/\sqrt{3}; \quad M' = M/\sqrt{3} \tag{9}$$

d) Dreigurtiger Querschnitt, Wind parallel zu einer Wand (Teilbild d): In diesem Falle ist zunächst die Lage der Windlastresultierenden (W) in bezug zum Querschnitt zu vereinbaren. In Bild 34d1 liegt W mittig, in Bild 34d2 verläuft W etwas versetzt durch den Schwerpunkt. Die genaue Richtung ist unbestimmt und vom Windwiderstand der Struktur abhängig. Die zweitgenannte Annahme dürfte die Verhältnisse zutreffender beschreiben, denn in der zum Wind parallelen Wand (1-2) liegen zwei Gurte hintereinander. Zur Aufnahme des Momentes steht nur der von der Wand 1-2 gebildete Hebelarm zur Verfügung. Wird die Windlast in diese verlagert, muß gleichzeitig ein Torsionsmoment angesetzt werden:

$$\text{Annahme d1: } M' = M, \; Q' = Q, \; M_T = W \cdot \frac{1}{2} \cdot \frac{\sqrt{3}}{2} b = W \frac{\sqrt{3}}{4} b \;\longrightarrow\; M_T = \frac{\sqrt{3}}{4} \cdot b \cdot Q \tag{10}$$

$$\text{Annahme d2: } M' = M, \; Q' = Q, \; M_T = W \cdot \frac{1}{3} \cdot \frac{\sqrt{3}}{2} b = W \frac{b}{2\sqrt{3}} \;\longrightarrow\; M_T = \frac{b}{2\sqrt{3}} Q \tag{11}$$

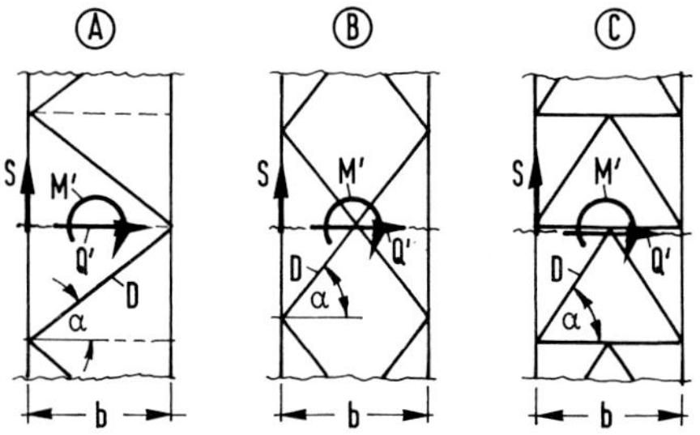

Bild 35 a) b) c)

Liegen die Gurte des Fachwerkes parallel (m=n=0), ist eine "ebene Rechnung" richtig, was z.B. bei den parallelgurtigen Schäften abgespannter Maste der Fall ist. - Hinsichtlich der Ausfachung gibt es die in Bild 35 dargestellten Formen, sie werden hier mit (A), (B) und (C) bezeichnet. Sie sind in Bild 35 so eingezeichnet, daß der maßgebende RITTER-Schnitt auf ein und derselben Höhe liegt. Die Breite der Wand betrage hier b (=Abstand der Gurtachsen). Der Winkel der Diagonalen gegenüber der Horizontalen ist gleich α. Q' und M' seien die Schnittgrößen in Höhe des jeweiligen Schnittes.

<u>Fall a (Bild 34a):</u> Die Stabkraft im Eckstiel 1 beträgt:

$$S_1 = \frac{M'}{b} = \frac{M}{2b} \tag{12}$$

Für die Diagonalstabkräfte folgt:

$$\text{(A)}: D = \frac{Q'}{\cos\alpha} = \frac{Q}{2 \cdot \cos\alpha}, \quad \text{(B)(C)}: D = \pm \frac{Q'}{2 \cdot \cos\alpha} = \pm \frac{Q}{4 \cos\alpha} \tag{13}$$

Fall b (Bild 34b): Die Stabkraft im Eckstiel 1 beträgt:

$$S_1 = 2\frac{M'}{b} = 2\frac{M}{2\sqrt{2}\cdot b} = \frac{M}{\sqrt{2}\cdot b}; \quad S_2 = 0 \tag{14}$$

Für die Diagonalstabkräfte folgt:

$$Ⓐ: D = \frac{Q'}{\cos\alpha} = \frac{Q}{2\sqrt{2}\cdot\cos\alpha}; \quad ⒷⒸ: D = \pm\frac{Q'}{2\cdot\cos\alpha} = \frac{Q}{4\sqrt{2}\cdot\cos\alpha} \tag{15}$$

Ist die Belastung für die Fälle a und b gleichgroß, ist für die Eckstiele Biegung über Eck (b) und für die Diagonalen Biegung über Kante (a) maßgebend.

Fall c (Bild 34c): Die Stabkräfte in den Eckstielen 1 und 2 betragen:

$$S_1 = \frac{M'}{b} = \frac{M}{\sqrt{3}\cdot b}; \quad S_2 = -2\frac{M'}{b} = -\frac{2M}{\sqrt{3}\cdot b} \tag{16}$$

Das Ergebnis für S_2 erhält man auch, indem M durch den inneren Hebelarm dividiert wird. Für die Diagonalstabkräfte folgt:

$$Ⓐ: D = \frac{Q'}{\cos\alpha} = \frac{Q}{\sqrt{3}\cdot\cos\alpha}; \quad ⒷⒸ: D = \pm\frac{Q'}{2\cdot\cos\alpha} = \frac{Q}{2\sqrt{3}\cdot\cos\alpha} \tag{17}$$

Fall d (Bild 34d): Zur Lösung dieses Falles muß das Torsionsmoment auf die Wände verteilt werden. In Abschnitt 27.2.1.10 wird gezeigt, wie die Stabkräfte berechnet werden können (7. Beispiel; daselbst sind a, b und α anders definiert!); vgl. Bild 36:

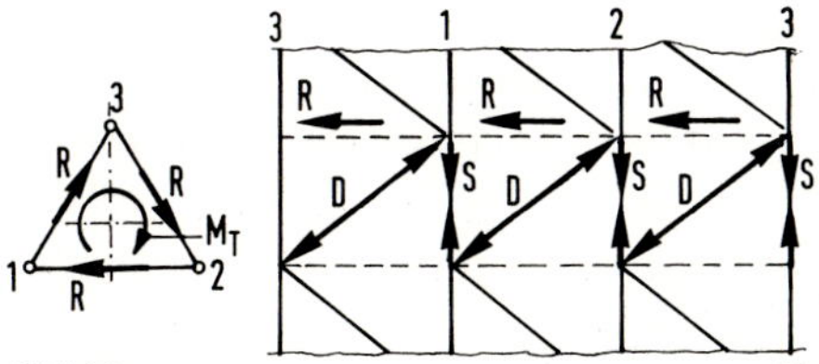

Bild 36 a) b)

$$\text{Annahme d1: } R = \frac{2M_T}{\sqrt{3}\,b} = \frac{Q}{2}, \quad \text{Annahme d2: } R = \frac{Q}{3} \tag{18}$$

In Bild 37 ist das Ergebnis zusammengefaßt; im Falle d1 wirkt in der Wand 1-2 die Querkraft Q/2 und im Falle d2 die Querkraft 2·Q/3. Offensichtlich ist die Annahme d2 ungünstiger. Hierfür gilt:

$$S_1 = \frac{M}{b}, \quad S_2 = -\frac{M}{b}; \tag{19}$$

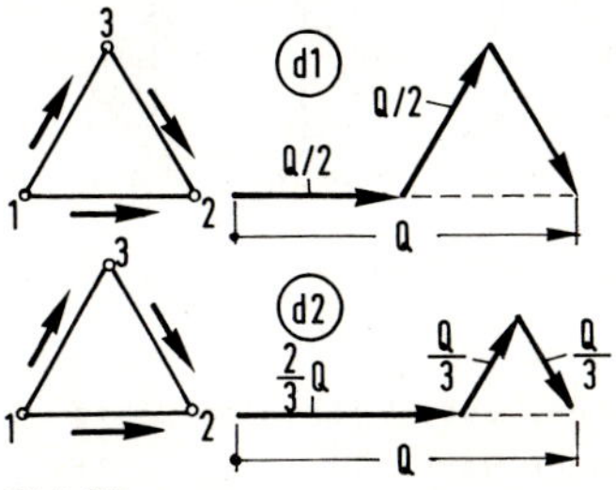

Bild 37

$$Ⓐ: D = \frac{2}{3}\frac{Q}{\cos\alpha}; \quad ⒷⒸ: D = \pm\frac{Q}{3\cdot\cos\alpha} \tag{20}$$

Ist die Belastung für die Fälle c und d gleichgroß, ist für die Eckstiele Fall c und für die Diagonalen Fall d maßgebend.- Beträgt die lotrechte Auflast (Normalkraft) im betrachteten Schnitt N, verteilt sie sich zu N/4 bzw. N/3 auf die einzelnen Eckstiele. Wirkt im Schnitt ein Torsionsmoment, folgen die Stabkräfte nach den Angaben in Abschnitt 27.2.1.10. - Liegen die Gurte des Fachwerkes nicht parallel, d.h. schliessen die Wände des Turm- bzw. Mastfachwerkes gegenüber der Lotrechten den Winkel β ein (Bild 38), gelten die zuvor angeschriebenen Formeln für die Gurtkräfte unter der Maßgabe, da sie in allen Fällen um den Faktor 1/cosβ erhöht werden. Für die Diagonalstabkräfte können die Formeln (ohne Änderung) übernommen werden; sie liegen stets auf der sicheren Seite. Eine etwas bessere Genauigkeit erzielt man, wenn die Windlast im Sinne von Bild 34 auf die einzelnen Wände aufgeteilt wird und diese je für sich (bei Projektion auf eine lotrechte Ebene) nach der Statik des ebenen Fachwerkes analysiert werden (CREMONA-Plan, RITTER-Schnittverfahren in Verbindung mit Bild 33e). - Schließlich wird man, wie eingangs erwähnt, eine strenge Berechnung mittels eines räumlichen Stabwerksprogrammes in Erwägung ziehen. Fallen solche Aufgaben öfters an, ist es angezeigt, ein spezielles Turm- bzw. Mast-Rechenprogramm zu entwickeln.

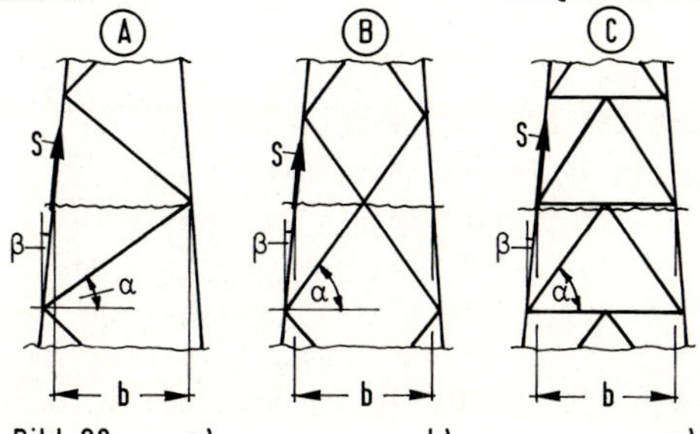

Bild 38 a) b) c)

24.4.2 Zur Frage der kinematischen Stabilität der Turmfachwerke

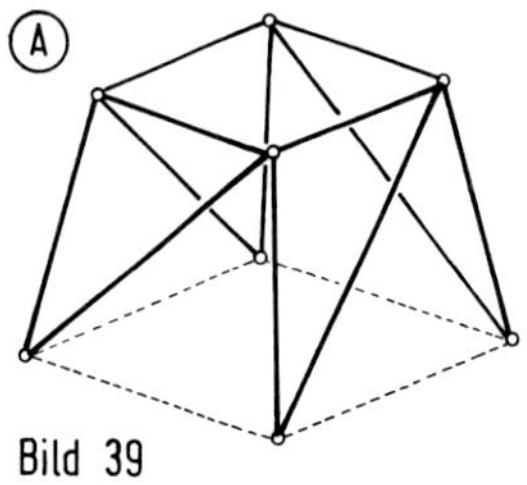

Bild 39

Das Strebenfachwerk (A) kommt für schmale Turm- bzw. Mastbereiche zum Einsatz, das Sternfachwerk (B) und das K-Fachwerk (C) für breite Bereiche, d.h. bei größerem Abstand der Stiele, mit der Möglichkeit, durch Einziehen von Hilfsfachwerken die Knicklänge der unter hohen Druckkräften stehenden Eckstiele klein zu halten (vgl. Abschnitt 24.3). - Der Grad der statischen Unbestimmtheit folgt mittels der Formel:

$$n = a + s - 3k \tag{21}$$

a steht für die Anzahl der Auflagerreaktionen. Für ein Fußgelenk gilt a=3. s ist die Anzahl der Stäbe, a+s ist die Zahl der Unbekannten. Diesen stehen pro Knoten 3 Gleichgewichtsgleichungen gegenüber; k ist die Anzahl der Knoten, einschließlich Erdknoten. Ergibt sich n=0, ist das System statisch bestimmt, ergibt sich n>0, ist das System statisch unbestimmt; ergibt sich n<0, ist das System statisch unterbestimmt, d.h. labil. Bekanntlich ist n=0 kein hinreichendes Kriterium für (infinitesimale) kinematische Stabilität.

Für das Strebenfachwerk (A) folgt (Bild 39): n=12+12-3·8=0. Das System ist statisch bestimmt und stabil (auch wenn die Eckstiele parallel zueinander liegen). Eine in einem Knoten angreifende Kraft kann eindeutig in die Richtung der drei im Knoten einbindenden Stäbe zerlegt werden. Auch wenn mehrere Schüsse übereinander stehen, bleibt das System statisch bestimmt und stabil; es ist dann von oben nach unten abbrechbar. Wird innerhalb des Querschnittes eine Diagonale eingezogen, entsteht ein Querverband, das System ist dann 1-fach statisch unbestimmt, bei n Diagonalen (in unterschiedlichen Ebenen) n-fach statisch unbestimmt.

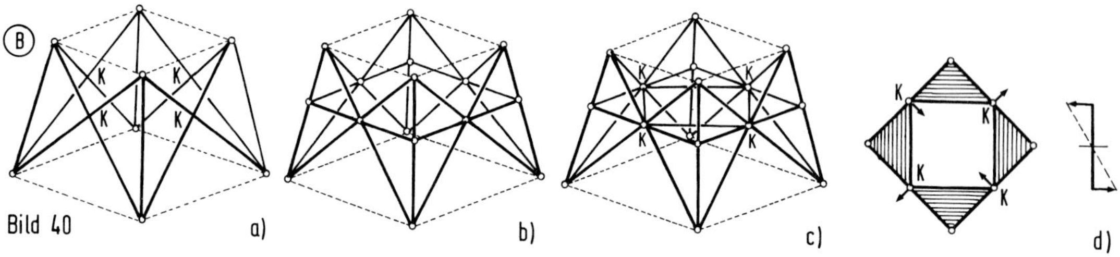

Bild 40

Im Falle des in Bild 40a dargestellten Sternfachwerkes (B) werden zwei Fälle betrachtet. Fall 1: Die Diagonalen im Kreuzungspunkt K sind nicht miteinander verbunden, dann gilt: n=12+12-3·8=0. Das System ist statisch bestimmt und stabil, auch bei parallelliegenden Gurten. Das ist plausibel, denn jeder obere Knoten ist durch je einen Stab mit drei Erdknoten (die nicht auf einer Linie liegen) verbunden. An der Aussage ändert sich nichts, wenn mehrere Schüsse übereinander stehen, das System ist dann ebenfalls von oben nach unten abbrechbar. Beim Einziehen von Diagonalen in den Turmquerschnitt gilt das zu (A) Gesagte. Fall 2: Die Diagonalen sind im Kreuzungspunkt K im Sinne eines Gelenkes miteinander verbunden. Es gilt: n=12+20-3·12=-4. Das System ist labil. Das erscheint paradox, ist aber im Sinne der Fachwerktheorie schlüssig, denn die Knoten K sind senkrecht zur Wandebene infinitesimal verschieblich. Daran ändert sich auch nichts, wenn Horizontalstreben in die Wände (in Höhe der Kreuzknoten) eingezogen werden und die Annahme, daß K ein Gelenk ist, aufrecht erhalten bleibt: n=12+32-3·16=-4, vgl. Bild 40b. Werden die Kreuzknoten durch je eine horizontal liegende Strebe über Eck miteinander verbunden (Bild 40c), kommen 4 Stäbe hinzu, folglich gilt n=0. Das System ist jetzt statisch bestimmt; es fragt sich, ob es auch stabil ist. Betrachtet man die Aufsicht auf den Querverband in Höhe der Kreuzknoten, sind die jeweiligen Eckstielbereiche in sich stabil. Werden diese um die Eckstielachsen gedreht (im Sinne einer Starrkörperdrehung), verschieben sich zwei Kreuzknoten nach außen und zwei nach innen (Bild 40d). Die sich nach außen verschiebenden Knoten erleiden (wegen der Schräglage der Gurtachsen) eine Hebung, die sich nach innen verschiebenden eine Senkung. Das ist nicht möglich, denn das würde eine Längung der Verbindungsstreben und damit einen Zwang voraussetzen, folglich ist das System stabil. - Liegen die Eckstiele parallel, ist das System labil! Der Querverband vermag sich jetzt ohne Zwang in eine Raute zu verformen. Indem zwei gegenüberliegende Kreuzknoten miteinander verbunden werden, wird das System stabil. Die konstatierte Labilität ist eigentlich eine Pseudolabilität, denn real laufen die Diagonal- und Horizontalstreben in den Wänden im Kreuzungspunkt biegesteif durch, verhindern also dadurch eine Rautenbildung. Diese Argumentation ist indes inkonsequent, denn dann handelt es sich nicht mehr um ein räumliches Fachwerk. Auch das Argument, wonach das System stabil ist, wenn die Wandstäbe ohne gegenseitige Verbindung den Punkt K kreuzen, sticht nicht. Dann entfällt der innere Verband, es liegt dann der oben behandelte Fall 1 vor. Zudem vermögen die in den Wänden liegenden Horizontalstäbe keinen Beitrag zur Knickaussteifung zu leisten! Ein gewisses Dilemma verbleibt. In der Praxis geht man meist wie folgt vor: Es wird für die Globalberechnung Fall 1 unterstellt, d.h. der Turm oder Mast besteht aus Schüssen gemäß Bild 40a, die übereinander stehen; die Diagonalen kreuzen sich ohne Verbindung. Das System ist dann statisch bestimmt und stabil (auch bei parallelen Gurten) und läßt sich nach der räumlichen Fachwerktheorie eindeutig berechnen; so wird z.B. in [51] vorgegangen: Die Mitwirkung der real vorhandenen Horizontalstäbe und Hilfsfachwerke wird vernachlässigt; es handelt sich um eine Näherungsberechnung. Die Horizontalstäbe und Hilfsfachwerke dienen dazu, die Knickaussteifung für die Eckstiele zu übernehmen, sie werden quasi konstruktiv angeordnet, ohne in der Statik zu erscheinen. Die Diagonalen und Horizontalen sind im Knickpunkt miteinander verbunden, wodurch eine Knickaussteifung der gedrückten Diagonalen senkrecht zur Wandfläche gelingt. Hierzu wird auch die Biegesteifigkeit der Horizontalstreben mit herangezogen, ebenso (gemeinsam mit den Diagonalen) zur Aufnahme der quer auf die Wandfläche treffenden Windbelastung. Zusätzlich wird eine Stabilisierungskraft (z.B. D/100) angesetzt. Die vorhandenen Querverbände werden bei der Globalberechnung ebenfalls nicht berücksichtigt, sie dienen konstruktiv zum Erhalt der Querschnittsform und zur Knickstabilisierung. Vorstehende Vorgehensweise ist pragmatisch, die Beanspruchung wird relativ zutreffend erfaßt, die Druckbeanspruchung in den Diagonalen wird allerdings etwas unterschätzt; insbesondere dann, wenn alle vier Stiele unter hohen Druckkräften stehen. Durch deren Stauchung verlagern sich die Druckkräfte z.T. auf die Diagonalen, vgl. [47]. Bei einer Computerberechnung kann man ebenfalls, wie vorstehend erläutert, (pragmatisch) vorgehen. Das ist dann aber eigentlich inkonsequent. Man wird im Gegenteil versuchen, die Gesamtstruktur realistisch abzubilden. Geht man bei der Computerberechnung von einem Raumfachwerkprogramm aus, stößt man auf die oben geschilderten Probleme. Nur wenn das System in allen Teilen kinematisch stabil ist, wirft der Computer ein Ergebnis aus, im anderen Fall versagt die Rechnung, weil die Determinate des Gleichungssystems Null ist. - Für das in Bild 41a dargestellte K-Fachwerk (C) ergibt das Abzählkriterium: $n=12+20-3\cdot 12=-4$. Das Fachwerk ist somit in der vorliegenden Form labil. Werden in die obere Ebene vier Stäbe über Eck eingezogen, ergibt sich $n=0$. Das System ist jetzt statisch bestimmt und stabil, allerdings bei paralleler Stellung der Eckstiele aus denselben Gründen wie oben labil, vgl. Bild 41 b/c. Hinsichtlich aller weiteren Schlußfolgerungen gelten prinzipiell dieselben Anmerkungen wie zuvor: Die Labilität der oberen mittigen Knoten quer zur Wandebene wird bei der "pragmatischen" Berechnung nicht beachtet, bei der konstruktiven Durchbildung dagegen durch Einziehen von Querverbänden. Das ist bei K-Fachwerken i.a. immer geboten, weil der darüberliegende Schuß meist eine geringere Wandneigung aufweist,

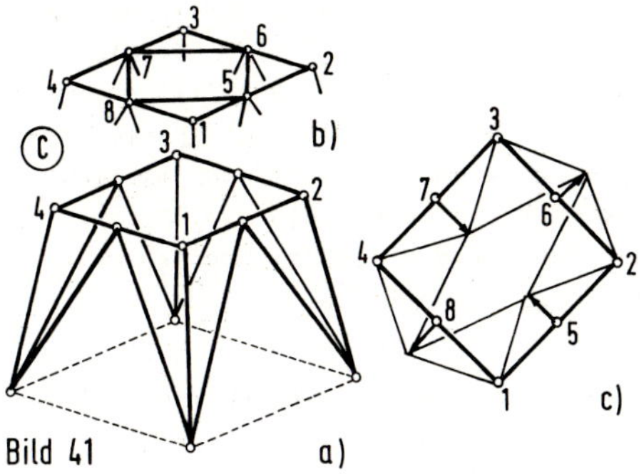

Bild 41

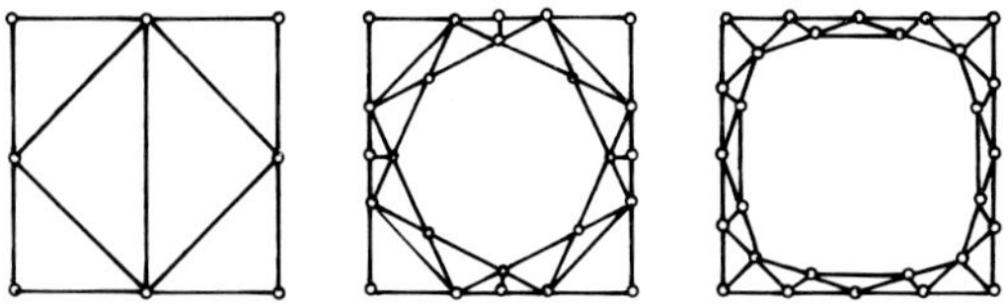

Bild 42 a) b) c)

d.h. die Eckstiele haben einen Knick. Es treten Umlenkkräfte auf. Diese werden durch den Querverband zum Ausgleich gebracht. (So wird bei Abknickungen der Stiele auch bei anderen Ausfachungsformen verfahren). Dabei tritt bei weit voneinander entfernt liegenden Eckstielen das Problem auf, daß die Querverbandsstreben zu lang werden. Die Verbände lassen sich dann, wie in Bild 42b/c gezeigt, ausführen; sie bilden einen in sich geschlossenen Ringträger. -

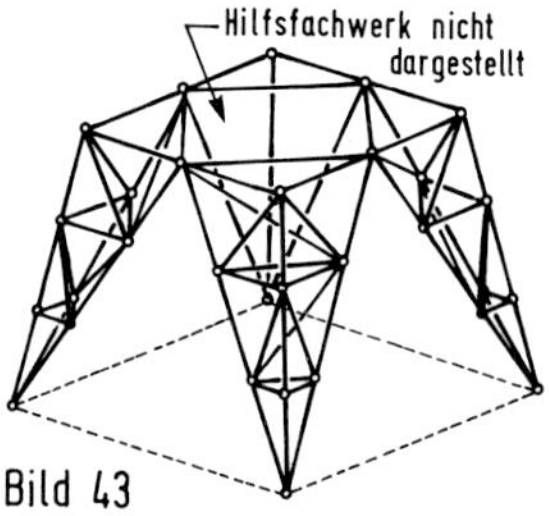

Bild 43

Hinsichtlich der Wirkung der Hilfsfachwerke zur Knickaussteifung ist folgendes zu beachten: Liegen solche Hilfsfachwerke nur in den Wandebenen, vermögen sie zwar die Eckstiele gegen Knicken zu sichern (denn sie liegen praktisch orthogonal zueinander), nicht dagegen die Druckdiagonalen senkrecht zur Wandebene. Sollen sie diese Aufgabe auch übernehmen, müssen sie untereinander verbunden und die hierdurch entstehenden inneren Wände ebenfalls ausgefacht werden; für das in Bild 43 dargestellte System folgt: $n=12+96-3\cdot 36=0$. Das System ist somit statisch bestimmt und in allen Teilen stabil (nicht bei parallelen Gurten, s.o.). -
Die Frage der kinematischen Stabilität dreigurtiger Türme und Maste ist einfacher zu beantworten; auf die Erörterung diesbezüglicher Einzelheiten kann verzichtet werden.

24.4.2 Ergänzende Hinweise

- Verformungen werden bei Rechnungen von Hand mittels des Arbeitssatzes bestimmt. Dabei zeigt sich, daß der Beitrag der Wandstäbe in der Größenordnung von 15% liegt.
- Der Verformungseinfluß Theorie II. Ordnung ist bei geschäfteten Mast- und Turmtragwerken vernachlässigbar gering. Ausnahmen bilden Tragwerke mit großer Kopflast. Eine zutreffende Abschätzung gelingt mit Hilfe des Verformungsfaktors α , vgl. Abschnitt 23.2.4 und [52].

24.5 Berechnung abgespannter Maste

24.5.1 Vorbemerkungen

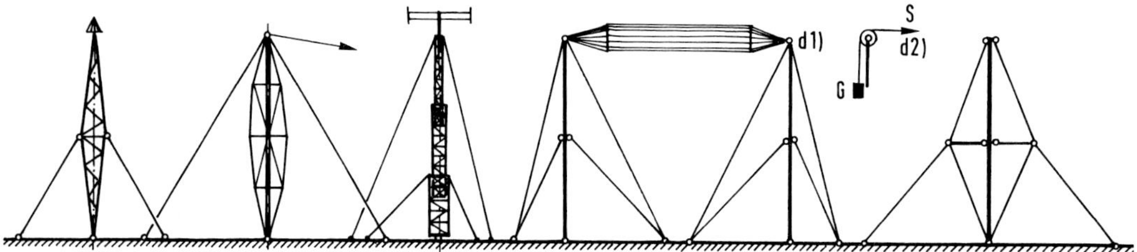

Bild 44 a) b) c) d) e)

Abgespannte Maste kommen in den unterschiedlichsten Formen als stationäre und mobile Anlagen zur Ausführung. Neben der in Bild 1b dargestellten Standardform (nach drei Seiten abgespannter Gitter- oder Rohrmantelmast) gibt es weitere, wie in Bild 44 (schematisch) dargestellt. Bei den Mastgruppen (Teilbild d) unterscheidet man zwei Formen: Bei der ersten sind die zwischen den Masten oder den Masten und dem Erdreich (als Draht- oder Seilgeflecht) gespannten Antennen mit diesen fest verbunden. Dadurch entsteht ein gesamtheitliches Tragwerk. Bei der zweiten werden die Antennenzüge über Rollen geführt und durch Gewichte ballastiert. Die in einem solchen Falle durch Wind oder Vereisung belastete Antenne geht in einen neuen Gleichgewichtszustand über. Die hierbei auftretenden Verformungen der Antenne sind von der Größe des Ballastgewichtes abhängig. Die von den Antennenrückhalteseilen auf die Maste abgesetzten Zugkräfte S sind stets gleichgleich und gleich G.
Wie in Abschnitt 24.1.1 dargelegt, benötigen abgespannte Maste eine große Basis. Steht eine solche zur Verfügung, stellen abgespannte Maste die wirtschaftlichste Bauform dar,

um große Höhen zu erreichen. Der höchste Mast der Welt steht in der Nähe von Warschau (Mast Konstantynow [55]), mit 640m ist es das bislang höchste Bauwerk überhaupt. Nicht ganz so hohe Maste stehen auch in anderen Ländern, z.B. in den USA. In der Bundesrepublik Deutschland erreichen einige Maste Höhen zwischen 340 bis 360m.

Im Regelfall werden dreiseilige Abspannbündel (Seilsterne) gewählt, weil das die wirtschaftlichste Bauform ist: Gegenüber einem vierseiligen Bündel entfällt ein Seil und das dazugehörige Abspannfundament. - Bezogen auf die Mastachse greifen die Seile exzentrisch an, Hebelarm r (Bild 45a). - Wird (z.B. durch Wind auf eine einseitig angeordnete Parabolantenne) ein größeres Torsionsmoment geweckt, gibt es zwei Möglichkeiten um es abzutragen: Entweder wird das Torsionsmoment über den Mastschaft bis zum Fußpunkt weitergeleitet und auf das Mastfundament übertragen (was eine mehr oder minder große Drillung des Mastschaftes zur Folge hat) oder es werden die Seile zwillingsweise angeordnet. Diese Ausführung wird gewählt, wenn nur geringe Verdrehungen, wie bei Richtfunkanlagen, zugelassen sind. Es genügt dann vielfach, nur ein Abspannbündel mit solchen Zwillingsseilen auszuführen (Bild 45b). - Das Areal, auf dem der abgespannte Mast errichtet wird, ist vielfach nicht eben, z.B. bei Masten auf Bergkuppen. Das hat dann ungleiche Seillängen zur Folge, wenn der Seilneigungswinkel α für die Seile eines Bündels gleichgroß gehalten wird (was anzustreben ist); möglich sind auch ungleiche Winkel. Die Zentralsymmetrie des Systems geht dadurch verloren. Die Vorschrift für Antennentragwerke läßt in solchen Fällen Näherungen zu, um die Berechnung zu erleichtern. Das gilt auch für die Anzahl der zu untersuchenden Windrichtungen: I, II u. III (Bild 45c). Für die Windrichtungen I ("Wind in die Gabelseile") und II ("Wind über das Nackenseil") ist die Berechnung weniger schwierig, weil die Richtung mit einer Symmetrieebene zusammenfällt. Windrichtung III erfordert eine Berechnung als räumliches System.

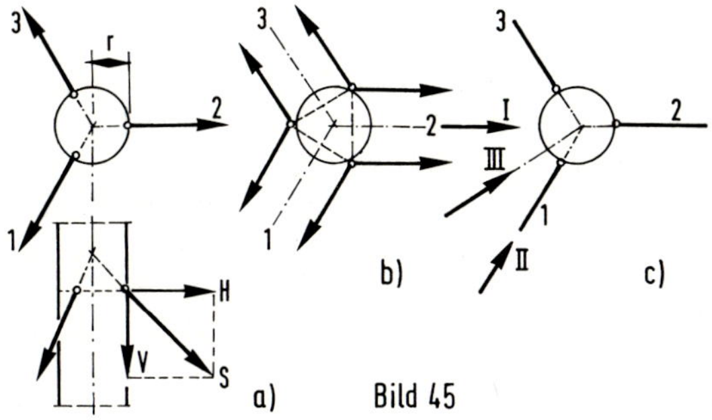

Bild 45

Die Seile werden einzeln mit der Zugkraft S_0 vorgespannt; bei fehlender Zentralsymmetrie müssen die Vorspannkräfte unterschiedlich eingestellt werden. - Im oberen Abspannpunkt stehen die Horizontalkomponenten der Seile im Gleichgewicht, die Vertikalkomponenten rufen im Mastschaft eine von oben nach unten in Höhe jedes Abspannpunktes sprunghaft anwachsende Druckkraft hervor, die sich der Druckkraft aus dem Eigengewicht des Mastschaftes und der Seile und Vereisung überlagert. Bei Windangriff erfahren die Vertikalkomponenten der Seile gegenüber dem Ausgangszustand eine Änderung. - Ehemals wurden die Maste nach Theorie I. Ordn. berechnet und der Stabilitätsnachweis als "Knicknachweis" geführt. Die Knicklänge s_K wurde dabei feldweise gleich der Entfernung benachbarter Abspannpunkte gewählt. Ein solcher Nachweis wird der realen Beanspruchung nicht gerecht und ist allenfalls bei kleinen Anlagen akzeptabel (zur Problematik des Knicklängenansatzes vgl. [52]). Abgespannte Maste werden heutzutage nach Theorie II. Ordnung berechnet. Dabei sind zwei Vorgehensweisen möglich:

a) Berechnung des Systems als federnd gelagerter Durchlaufträger: Die Besonderheit und Schwierigkeit der Berechnung besteht darin, daß die Seile aufgrund ihres Eigengewichts stets einen Durchhang aufweisen (vgl. Abschnitt 16). Wird das schräg unter dem Winkel geneigte Seil auf Zug beansprucht, erfährt die Seilsehne eine Längung, die sich aus zwei Anteilen zusammensetzt, aus der "elastischen" Streckung (fallweise aus einer Längenzunahme infolge Temperaturerhöhung) und einer "kinematischen" Streckung, die mit einer Verringerung des Seildurchhangs einhergeht; das Seil wird straffer. In Bild 46a sind die Zusammenhänge verdeutlicht. Im Grundzustand (0) gilt:

$$S_0 = \frac{\bar{g}\, s^2}{8 \cdot \bar{f}_0} \qquad (22)$$

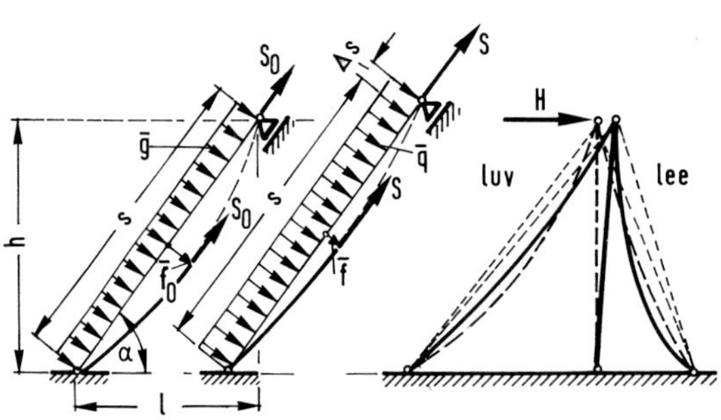

Bild 46 a) b) c)

S_0 ist die Vorspannkraft und $\bar{g}$ die quer zur Seilsehne gerichtete Komponente der Seileigenlast g:

$$\bar{g} = g \cdot \cos\alpha \tag{23}$$

$\bar{f}_0$ ist der Seilstich in Seilmitte, ebenfalls senkrecht zur Seilsehne gemessen. s ist die Sehnenlänge. (Die weiteren geometrischen Größen α, l und h sind in Bild 46a definiert.) G.22 stellt eine Näherung dar, denn die Seillinie wird als Parabel approximiert. Real ist die Seillinie unter Eigenlast eine Katenoide (Kettenlinie). Da der bezogene Stich $\bar{f}/l$ bei abgespannten Masten i.a. wesentlich kleiner als 0,1 ist, ist die Parabelnäherung sehr genau, vgl. Abschnitt 16.3.3.3. Hinzu kommt, daß das luvseitige Seil bei Windangriff auf den Mast eine Straffung erfährt, je straffer das Seil ist, umso genauer ist die Parabelnäherung. Leeseitig werden die Seile zwar schlaffer und dadurch die Parabelnäherung ungenauer, doch wirkt sich das wegen der stark reduzierten Seilkraft auf den Gleichgewichtszustand im oberen Abspannpunkt praktisch nicht aus, vgl. Bild 46c. Theoretische Analysen bestätigen diese Überlegung [56-58]. Die Parabelnäherung läuft im Vorspannzustand darauf hinaus, daß der Einfluß der sehnenparallelen Eigenlastkomponente

$$\bar{\bar{g}} = g \cdot \sin\alpha \tag{24}$$

auf die Form der Seillinie vernachlässigt wird. Bei der Seilbemessung muß dieser Anteil berücksichtigt werden: Im Vorspannzustand wirkt am oberen Seilende:

$$S_{0,oben} = S_0 + \bar{\bar{g}} \cdot s/2 \tag{25}$$

Am unteren Seilende ist die Seilkraft gegenüber dem Mittelwert um den zweiten Term in G.25 geringer. Das ist bei der Einstellung der Vorspannkraft ggf. zu berücksichtigen. - Im Lastzustand wirkt am oberen Seilende:

$$S_{oben} = S + \bar{\bar{q}} \cdot s/2 \quad \text{mit} \quad \bar{\bar{q}} = q \cdot \sin\alpha \tag{26}$$

q setzt sich z.B. aus Eigen- und Eislast des Seiles zusammen.
Wächst die Seilkraft von S_0 auf S und die quergerichtete Seilbelastung von $\bar{g}$ auf $\bar{q}$ an, vgl. Bild 46a/b, verringert sich $\bar{f}_0$ auf $\bar{f}$. Das obere Seilende verschiebt sich in Richtung der Seilsehne um Δs. Δs beträgt:

$$\Delta s = \Delta s_S + \Delta s_t + \Delta s_f = \frac{S - S_0}{E_S A_S} \cdot s + \alpha_{t,S}(t_S - t_{S,0}) \cdot s - \frac{s^3}{24}\left[\left(\frac{\bar{q}}{S}\right)^2 - \left(\frac{\bar{g}}{S_0}\right)^2\right] \tag{27}$$

Der erste und zweite Term umfassen den elastischen und temperaturbedingten, der dritte den kinematischen Beitrag. Der Index S weist auf "Seil" hin. E_S ist der Verformungsmodul des Seiles (Abschnitt 16.1.6) und A_S der metallische Seilquerschnitt. Der Temperaturausdehnungskoeffizient des Seiles ($\alpha_{t,S}$) ist gleich demjenigen von Stahl. (Im folgenden wird auf die Indizierung mit S verzichtet.) Der dritte Term in G.27 läßt sich dadurch ableiten, daß das Seil als dehnstarr betrachtet wird. Unter dieser Voraussetzung beträgt die Länge des Seiles in erster Näherung im Vorspann- und Lastzustand:

$$L = s\left[1 + \frac{8}{3}\left(\frac{\bar{f}_0}{s}\right)^2\right] \quad \text{bzw.} \quad L = (s + \Delta s_f)\left[1 + \frac{8}{3}\left(\frac{\bar{f}}{s + \Delta s_f}\right)^2\right] \tag{28}$$

(Vgl. Abschnitt 16.3.2.2.) Aus der Gleichsetzung folgt Δs_f (bei Streichung kleiner Glieder, siehe auch Abschnitt 25.5.5.2).
G.27 verdeutlicht, daß der Zusammenhang zwischen der Längenänderung und der Seilkraftzunahme von S_0 nach G.22 auf

$$S = \frac{\bar{q}(s + \Delta s)^2}{8\bar{f}} \approx \frac{\bar{q}\, s^2}{8\bar{f}} \tag{29}$$

nichtlinear ist. Ausgehend von G.27 läßt sich die Federcharakteristik eines Abspannbündels herleiten; sie bildet die Grundlage für die Berechnung abgespannter Maste als federelastisch gestützte Durchlaufträger.

b) Berechnung des Systems als räumliches Stabwerk: Als Berechnungsverfahren dient zweckmäßig das Verformungsgrößenverfahren (Weggrößenverfahren) in der Version des Steifigkeitsmatrizenverfahrens, was eine Computeranalyse voraussetzt.

Hierbei gibt es zwei Möglichkeiten:

b1) Die Seile werden jeweils einzeln als Zugglieder mit dem von der Seilspannung σ abhängigen Durchhangsmodul E_i (ideeller E-Modul; vgl. Abschnitt 16.3.4.8 u. 25.5.5.2) berechnet. E_i folgt ebenfalls aus G.27. Zum Einfluß des Windes auf E_i vgl. [47] und [59]. Die Steifigkeitsmatrix für das Einzelseil wird in [60] hergeleitet. Mit einem derart modifizierten Verfahren lassen sich allgemeine Seil-Stab-Systeme (iterativ) berechnen, z.B. abgespannte Systeme mit Hilfsseil, wie in Bild 44e dargestellt [60, vgl. auch 61].

b2) Die Seilbündel werden jeweils einzeln durch eine das Gesamtverhalten beschreibende Steifigkeitsmatrix erfaßt [62]. Auf dieser Basis läßt sich ein alle System- und Lastvarianten erfassendes Computerprogramm ausarbeiten [63].

Die unter a) genannte Vorgehensweise kann als die "klassische" bezeichnet werden. Sie geht u.a. auf BLEICH [64], MELAN [65], WANKE [66] u.a. zurück; vom Verf. wurde sie in [52] zusammengefaßt und verallgemeinert (vgl. daselbst wegen weiterer Lit.). Die unter b) skizzierte Berechnungsform ist die allgemeinere und wurde von SCHEER und Mitarbeiter (ULLRICH, PEIL, FALKE) aufbereitet. - Im folgenden wird die unter a) beschriebene Methode dargestellt, allerdings bei Beschränkung auf abgespannte Maste mit dreiseiligen Abspannbündeln und zentral-symmetrischer Geometrie für die Windrichtungen I und II (Bild 45c). Wegen allgemeinerer Fälle vgl. die zuvor zitierte Literatur.

24.5.2 Unmittelbare Belastung der Seile

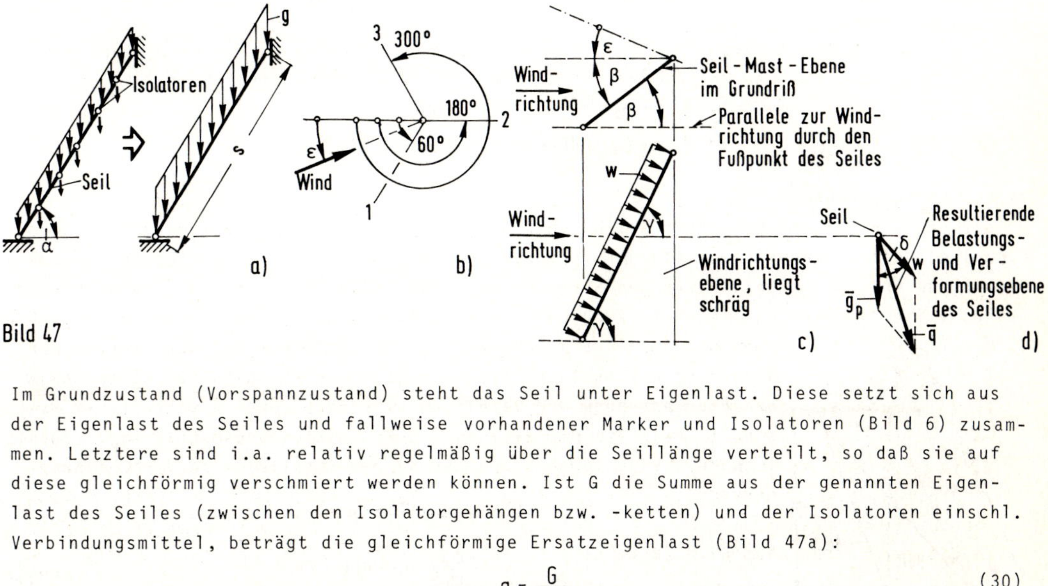

Bild 47

Im Grundzustand (Vorspannzustand) steht das Seil unter Eigenlast. Diese setzt sich aus der Eigenlast des Seiles und fallweise vorhandener Marker und Isolatoren (Bild 6) zusammen. Letztere sind i.a. relativ regelmäßig über die Seillänge verteilt, so daß sie auf diese gleichförmig verschmiert werden können. Ist G die Summe aus der genannten Eigenlast des Seiles (zwischen den Isolatorgehängen bzw. -ketten) und der Isolatoren einschl. Verbindungsmittel, beträgt die gleichförmige Ersatzeigenlast (Bild 47a):

$$g = \frac{G}{s} \qquad (30)$$

Ist das Seil (einschl. Isolatoren) vereist und ist P die Summe aus Eigenlast und Eislast, beträgt die gleichförmige Ersatzlast dieses Lastzustandes:

$$g_p = \frac{P}{s} \qquad (31)$$

Als weitere direkte Belastung wirkt Wind auf das Seil. Der Staudruck kann in Annäherung über die Höhe des Seiles als konstanter Mittelwert angesetzt werden: q_w. Die Windlast auf ein einzelnes Abspannseil beträgt (pro Längeneinheit):

$$w = w_p \cdot \sin\gamma\,; \quad w_p = c\,q_w \cdot d \tag{32}$$

c ist der aerodynamische Beiwert (c=1,2), q_w der Staudruck und d der Seildurchmesser, ggf. vergrößert bei Vereisung. γ ist der Winkel zwischen der Seilsehne und der horizontalen Windrichtung und zwar in der Ebene, die durch die Seilsehne und eine im Fußpunkt des Seiles zur Windrichtung parallele Gerade gebildet wird, die sogen. Windrichtungsebene, vgl. Bild 47c. w wirkt in der Windrichtungsebene senkrecht zur Seilsehne. - Ist ß im Grundriß der Winkel zwischen der Windrichtung und der vertikalen Seil-Mast-Ebene, siehe Bild 47c oben, folgt γ alternativ aus:

$$\cos\gamma = \cos\alpha \cdot \cos\beta\,, \quad \sin\gamma = \sqrt{1 - \cos\alpha^2 \cos^2\beta} \tag{33}$$

Errichtet man in der Windrichtungsebene und in der Seil-Mast-Ebene jeweils ein Lot auf der Seilsehne, schließen diese den Winkel δ ein, der sich aus

$$\cos\delta = \frac{\sin\alpha \cdot \cos\beta}{\sqrt{1-\cos^2\alpha\cos^2\beta}}, \quad \sin\delta = \frac{\sin\beta}{\sqrt{1-\cos^2\alpha\cos^2\beta}} \tag{34}$$

berechnet. Die Belastungskomponenten $g_p \cdot \cos\alpha$ und w schließen den Winkel δ ein. Für die resultierende Belastung senkrecht zum Seil gilt demgemäß (vgl. Bild 47d):

$$\bar{q} = \sqrt{g_p^2\cos^2\alpha + w^2 + 2 g_p\, w \cos\alpha \cdot \cos\delta} \tag{35}$$

Wird für w G.32 eingeführt und G.33 u. 34 berücksichtigt, ergibt sich die Belastung auf jedes Seil i zu:

$$w_i = w_p \sin\gamma_i = w_p\sqrt{1 - \cos^2\alpha_i \cdot \cos^2\beta_i} \longrightarrow \bar{q}_i = \sqrt{g_p^2\cos^2\alpha_i + w_p^2(1 - \cos^2\alpha_i\cos^2\beta_i) + 2 g_p w_p \sin\alpha_i \cos\alpha_i \cos\beta_i} \tag{36}$$

α_i ist der Steigungswinkel und β_i der Stellungswinkel des Seiles i. Für die dreisternige Abspannung gilt (vgl. Bild 47b):

$$\begin{aligned} &\text{Seil 1:}\ \varepsilon + \beta_1 = 60° \rightarrow \cos\beta_1 = \tfrac{1}{2}\cdot(\cos\varepsilon + \sqrt{3}\cdot\sin\varepsilon) \\ &\text{Seil 2:}\ \varepsilon + \beta_2 = 180° \rightarrow \cos\beta_2 = -\cos\varepsilon \\ &\text{Seil 3:}\ \varepsilon + \beta_3 = 300° \rightarrow \cos\beta_3 = \tfrac{1}{2}\cdot(\cos\varepsilon - \sqrt{3}\cdot\sin\varepsilon) \end{aligned} \tag{37}$$

24.5.3 Seilgleichung

Um die Federcharakteristik eines Seilbündels herleiten zu können, wird zunächst für das Einzelseil die Beziehung zwischen der Verschiebung des oberen Abspannpunktes in der Seil-Mast-Ebene und der im Seil wirkenden Spannung benötigt. Bild 48 zeigt den Verschiebungszustand. v ist die horizontale Auslenkung und u die vertikale nach unten gemessene Verschiebung der oberen Seilverankerung. u resultiert aus der elastischen Stauchung des Mastschaftes infolge der durch Wind und später angebrachter Antennen und Vereisung hervorgerufenen Druckkraft im Mastschaft sowie aus der Setzung des Mastmittelfundamentes (u_M). Zusätzlich ruft eine Temperaturänderung des Schaftes eine Verschiebung hervor:

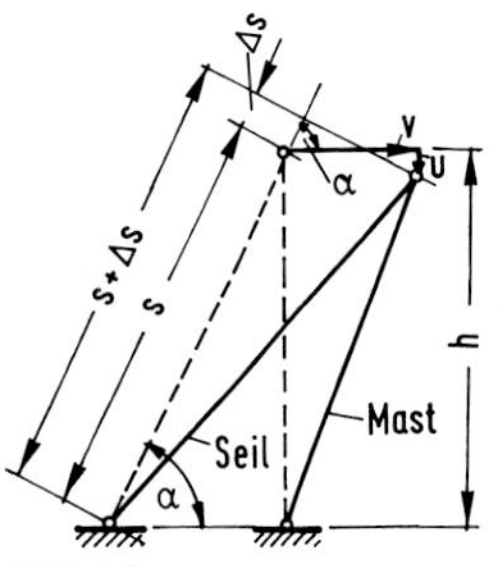

Bild 48

$$u = u_M - \alpha_t \cdot (t_M - t_{M,0}) \cdot h \tag{38}$$

Aus Bild 48 folgt:

$$v = \frac{\Delta s}{\cos\alpha} + u \cdot \tan\alpha \tag{39}$$

Für Δs wird G.27 eingesetzt; die Gleichung wird zuvor etwas umgeformt:

$$\Delta s = -\frac{s^3}{24}\left[\left(\frac{\bar{\gamma}}{\sigma}\right)^2 - \left(\frac{\bar{\gamma}_g}{\sigma_0}\right)^2\right] + \frac{s}{E}\cdot(\sigma - \sigma_0) + \alpha_t \cdot (t_S - t_{S,0})s \tag{40}$$

Hierin ist σ die Spannung und γ die Wichte:

$$\bar{\gamma} = \frac{\bar{q}}{A}\,; \qquad \bar{\gamma}_g = \frac{\bar{g}}{A} = \frac{g\cos\alpha}{A} = \gamma_g \cdot \cos\alpha \tag{41}$$

Nunmehr folgt für G.39:

$$v = -\frac{s^3}{24\cos\alpha}\left[\left(\frac{\bar{\gamma}}{\sigma}\right)^2 - \left(\frac{\bar{\gamma}_g}{\sigma_0}\right)^2\right] + \frac{s}{E\cos\alpha}(\sigma-\sigma_0) + \frac{s}{\cos\alpha}\alpha_t\cdot(t_S - t_{S,0}) + u\cdot\tan\alpha \qquad (42)$$

Der Beitrag $u\cdot\tan\alpha$ ist i.a. vernachlässigbar klein. Aus Gründen der Praktikabilität werden drei Abkürzungen (in Anlehnung an [66]) eingeführt:

$$L = \frac{s^3\bar{\gamma}_g^2}{24\cos\alpha} = \frac{s^3\gamma_g^2\cos\alpha}{24} \qquad (43)$$

$$M = \frac{s}{E\cos\alpha} \qquad (44)$$

$$v_0 = -\frac{L}{\sigma_0^2} + M\left[\sigma_0 - E\alpha_t(t_S - t_{S,0}) + E\alpha_t(t_M - t_{M,0})\frac{h}{s}\sin\alpha\right] - u_M\cdot\tan\alpha \qquad (45)$$

Damit lautet G.42 für jedes Einzelseil i:

$$v_i = -L_i\left(\frac{\bar{\gamma}}{\bar{\gamma}_g}\right)_i^2\frac{1}{\sigma_i^2} + M_i\cdot\sigma_i - v_{0i} \qquad (46)$$

Offensichtlich ist die Beziehung (v als Funktion von σ, vice versa) nichtlinear. G.46 bezeichnet man als Seilgleichung. Der Quotient im ersten Term ist gleich:

$$\left(\frac{\bar{\gamma}}{\bar{\gamma}_g}\right)_i^2 = \left(\frac{\bar{q}_i}{\bar{g}_i}\right)^2 = \left(\frac{\bar{q}_i}{g\cdot\cos\alpha_i}\right)^2 \qquad (47)$$

$\bar{q}_i$ ist in G.36 erklärt.

24.5.4 Federcharakteristik des dreiseiligen Abspannbündels

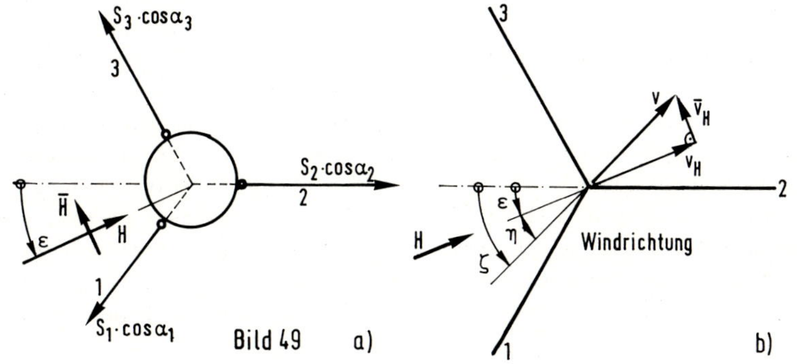

Bild 49

Unter der Federcharkteristik eines Abspannbündels wird die Abhängigkeit der Verschiebung des oberen Abspannpunktes von einer auf diesen Punkt einwirkenden horizontalen Zwangskraft H und darüberhinaus die Gesamtheit der funktionalen Zusammenhänge zwischen den Seilspannungen σ_i, der von den Abspannseilen auf den Mast ausgeübten Vertikalkraft V und des infolge ausmittigen Anschlusses der Pardunen am Mast entstehenden Exzentrizitätsmomentes M von der Zwangskraft verstanden. Die Zwangskraft wird anschließend mit der im Stützpunkt abgesetzten Windkraft identifiziert. Wegen des nichtlinearen Verhaltens der Seile verschiebt sich der Abspannpunkt bei einer von der Symmetrieebene abweichenden Kraftrichtung nicht in deren Richtung, sondern um den Winkel η versetzt, vgl. Bild 49b. Um auch die Federcharakteristik für beliebigen Windangriff quer zur Windrichtung angeben zu können, wird die senkrecht zur Kraft H gerichtete Kraft $\bar{H}$, wie in Bild 49a angegeben, eingeführt. Den drei unbekannten Seilkräften werden drei Bestimmungsgleichungen gegenübergestellt, zwei Gleichgewichtsgleichungen und eine Verschiebungsgleichung: Die beiden Gleichgewichtsgleichungen in der horizontalen Ebene können aus Bild 49a abgelesen werden. Sie lauten mit

$$\mu = \frac{\bar{H}}{H} \qquad (48)$$

und nach σ_1 und σ_3 aufgelöst:

$$\begin{aligned} \sigma_1 &= \frac{H}{A\cdot\cos\alpha_1}\left[\left(\cos\varepsilon + \frac{1}{\sqrt{3}}\sin\varepsilon\right) - \mu\left(\sin\varepsilon - \frac{1}{\sqrt{3}}\cos\varepsilon\right)\right] + \frac{\cos\alpha_2}{\cos\alpha_1}\cdot\sigma_2 \\ \sigma_3 &= \frac{H}{A\cdot\cos\alpha_3}\left[\left(\cos\varepsilon - \frac{1}{\sqrt{3}}\sin\varepsilon\right) - \mu\left(\sin\varepsilon + \frac{1}{\sqrt{3}}\cos\varepsilon\right)\right] + \frac{\cos\alpha_2}{\cos\alpha_3}\cdot\sigma_2 \end{aligned} \qquad (49)$$

Erfolgt die Verschiebung v des oberen Abspannpunktes unter dem Winkel ζ, gilt (vgl. Bild 50):

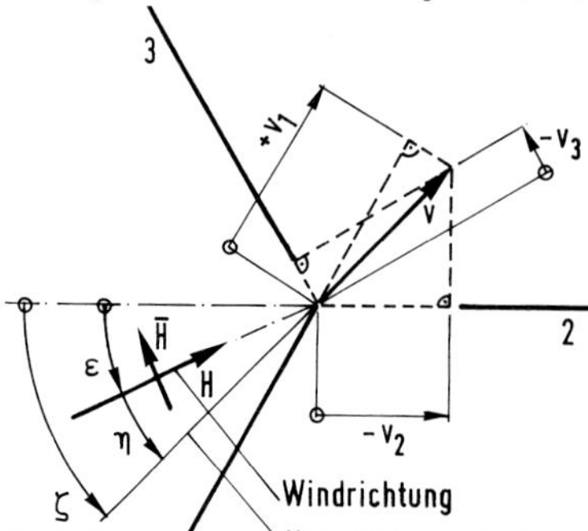

Bild 50

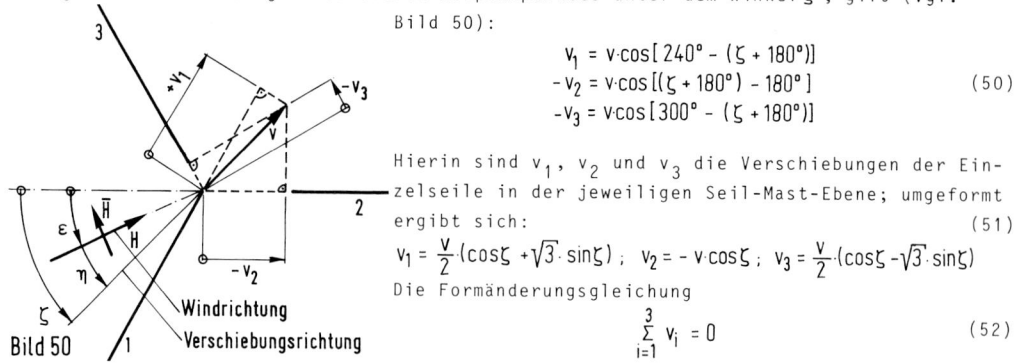

$$\begin{aligned} v_1 &= v\cdot\cos[240° - (\zeta + 180°)] \\ -v_2 &= v\cdot\cos[(\zeta + 180°) - 180°] \\ -v_3 &= v\cdot\cos[300° - (\zeta + 180°)] \end{aligned} \qquad (50)$$

Hierin sind v_1, v_2 und v_3 die Verschiebungen der Einzelseile in der jeweiligen Seil-Mast-Ebene; umgeformt ergibt sich: (51)

$$v_1 = \frac{v}{2}\cdot(\cos\zeta + \sqrt{3}\cdot\sin\zeta)\,;\quad v_2 = -v\cdot\cos\zeta\,;\quad v_3 = \frac{v}{2}\cdot(\cos\zeta - \sqrt{3}\cdot\sin\zeta)$$

Die Formänderungsgleichung

$$\sum_{i=1}^{3} v_i = 0 \qquad (52)$$

ist hiermit sofort bestätigt. Wird in diese Gleichung für v_1, v_2 und v_3 jeweils die zugeordnete Seilgleichung (G.46) eingesetzt, ist das die noch fehlende dritte Bestimmungsgleichung; sie bildet, gemeinsam mit den Gleichgewichtsgleichungen (G.49), ein nichtlineares Gleichungssystem für die Unbekannten $\sigma_i = \sigma_i(H,\mu,\varepsilon)$; $i=1,2,3$. In [52] wird gezeigt, wie die drei Gleichungen miteinander verknüpft werden können; es ergibt sich eine algebraische Gleichung 7. Grades für die Bezugsunbekannte σ_2. Ist σ_2 berechnet, folgen σ_1 und σ_3 aus G.49 und hieraus die Vertikalkraft V und das Exzentrizitätsmoment M und schließlich der Verschiebungszustand v_H, $\bar{v}_H$ (Bild 49b). Auf die Wiedergabe der vorstehend angedeuteten allgem. Theorie wird hier unter Hinweis auf [52] verzichtet. Für den Sonderfall eines zentralsymmetrischen Systems enthält Tafel 24.1 die für die Berechnung der Federcharakteristik der Lastfälle I und II erforderlichen Formeln (Bild 45c). Lastfall III liefert gegenüber den Fällen I und II etwas höhere Beanspruchungen, doch i.a. von untergeordneter Größe (vgl. später), so daß man sich vielfach mit dem Nachweis der Lastfälle I und II begnügt. In diesen Fällen fällt die Verschiebungsrichtung mit der Windrichtung zusammen, es liegt ein ebenes Problem vor, was eine große Rechenerleichterung bedeutet. Die für den zentralsymmetrischen Stern geltende Theorie (Tafel 24.1) kann (auf der sicheren Seite liegend) auch für Seilbündel mit unterschiedlichen Seillängen und -neigungen verwendet werden, wenn hierbei als Länge bzw. Neigung die größte aller vorhandenen gewählt wird. Liegen die Pardunenfundamente im Grundriß auf einem Kreis um den Mastfuß, ist das längste Seil auch das steilste. Jene Windrichtung ist die maßgebende, bei welcher das steilste Seil luvseitig liegt.

Für steigende Horizontalkräfte H werden σ_1, σ_2, σ_3, v, V und M, zweckmäßig nach Programmierung der auf Tafel 24.1 zusammengestellten Formeln, berechnet und das jeweils für Windrichtung I und II. Das liefert die Federcharakteristik des Abspannbündels. Diese Rechnung ist für jedes Bündel durchzuführen. Ein die Charakteristik wesentlich beieinflussender Parameter ist die Höhe der Vorspannung σ_0. Bild 51 zeigt als Beispiel die Federcharakteristiken eines Seilbündels für zwei unterschiedliche Vorspannungen: Oberer Bildteil $\sigma_0 = 5\,kN/cm^2$, unterer Bildteil $\sigma_0 = 15\,kN/cm^2$. Geometrie des Seilbündels: d=40mm, $A=10{,}05\,cm^2$, $\gamma_g = 0{,}0845\,N/cm^3$, $E = 1{,}6\cdot10^7\,N/cm^2$, $\alpha = 53°$, s=240m, r=0,75m. Dargestellt sind jeweils für Windrichtung I und II: a) Verschiebung v. (Um die Federkonstante als Steigung der Kraft-Verschiebungskurve deuten zu können, ist die unabhängige Variable H auf der Hochachse aufgetragen.) b) Seilspannungen σ_1, σ_2. c) Vertikalkraft V. d) Exzentrizitätsmoment M. (Wie sich Wind- und Vereisungseinfluß auswirken, wird in [52] kommentiert.) Aus der Abbildung gehen folgende typische Merkmale hervor:

a) Die Verschiebung ist im Lastfall I fast doppelt so groß wie im Lastfall II. Das Verhältnis nähert sich umso mehr der 2, je geringer die Vorspannung ist. Die Verschiebungskurven fallen bei geringer Vorspannung überlinear, bei hoher Vorspannung unterlinear aus; für eine bestimmte Vorspannung ergibt sich ein quasi-linearer Verlauf. Streng genommen ist der Fall II als statisch instabil anzusprechen, weil bei einer noch so kleinen Abweichung der Kraftrichtung von der Symmetrieachse, der obere Ab-

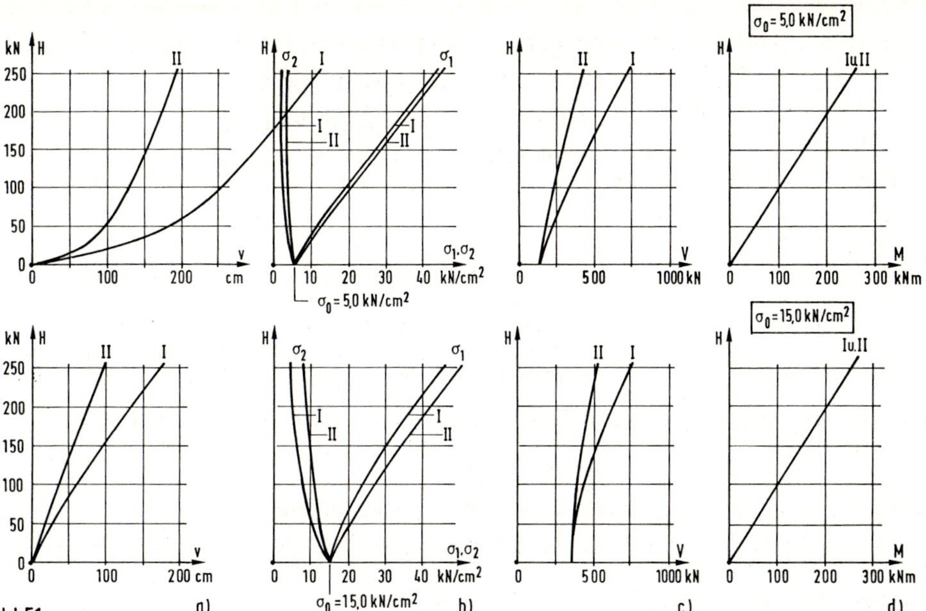

Bild 51

spannpunkt seitlich ausbricht. Der Grad dieser Instabilität ist umso ausgeprägter, je schlaffer die Seile vorgespannt sind, vgl. [47, Abschn. 6.8.7.3]. Ist die Wahl des Seilsterns frei gestellt, dürfte es zweckmäßig sein, einen Gabelsektor nach Westen hin zu orientieren, bzw. in die bevorzugte Starkwindrichtung; es kann erwartet werden, daß sich der Mast dann bei Sturm dynamisch stabiler verhält. Diese Überlegung bedarf noch einer Absicherung durch Beobachtung bestehender Maste.

b) Die Seilspannung ist im Lastfall II am größten, daher ist dieser Windlastfall i.a. für den Nachweis der Pardunen maßgebend. Es zeigt sich, daß sich die Seilspannungen im Lastfall III (Bild 45c) bei richtig dimensionierten Masten gegenüber Lastfall II um ca. 3 bis 10% höher einstellen. Das ist zu berücksichtigen, wenn der Tragsicherheitsnachweis auf die Richtungen I und II beschränkt wird; hier empfiehlt der Verf. eine Erhöhung um den Faktor 1,075.

c) Die vom Seilbündel im oberen Abspannpunkt abgesetzte Vertikalkraft V ist im Lastfall I am größten. Da bei dieser Windrichtung auch die größten Verschiebungen auftreten, ist dieser Lastfall für den Nachweis des Mastschaftes maßgebend (ggf. wird ein Faktor 1,025 zur Berücksichtigung einer sich im Lastfall III möglicherweise höher einstellenden Beanspruchung eingerechnet).

d) Das Exzentrizitätsmoment M fällt in beiden Lastfällen gleichgroß aus und ist von der Vorspannung unabhängig.

24.5.5 Hinweise zur Mastberechnung

Die Tragsicherheit des Mastes wird nach Theorie II. Ordnung mit den γ_F-fachen Werten der Einwirkung (Eigenlast, Windlast, Eislast) gegen Erreichen der Fließspannung σ_F (bzw. σ_F/γ_M) nachgewiesen. - Die Vorspannung ist keine Einwirkung, d.h. die Abspanncharakteristiken werden für die 1,0-fache Vorspannung ermittelt (anderenfalls würde das Systemverhalten verfälscht; vgl. Abschnitt 3.6.4).

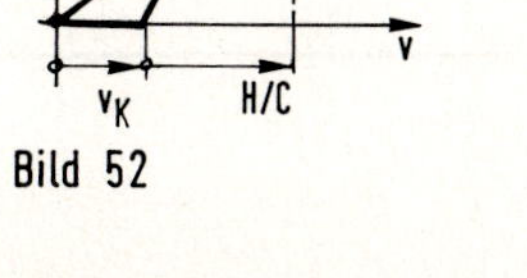

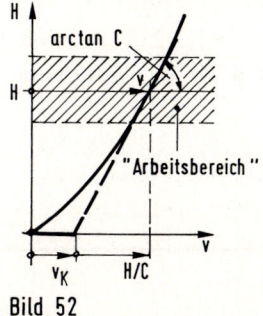

Bild 52

Wird der Mastschaft als federnd gelagerter Durchlaufträger berechnet, ist das Verfahren der Übertragungsmatrizen für eine Computerberechnung am geeignesten, für Berechnungen von Hand das Drehwinkelverfahren (vgl. [52]) oder die Momentenausgleichsverfahren von CROSS oder KANI (vgl. [47 , Abschn. 3.4.8.8.5]. Dabei ist folgendes zu berücksichtigen:

Federcharakteristik dreiseiliger, zentralsymmetrischer Abspannbündel

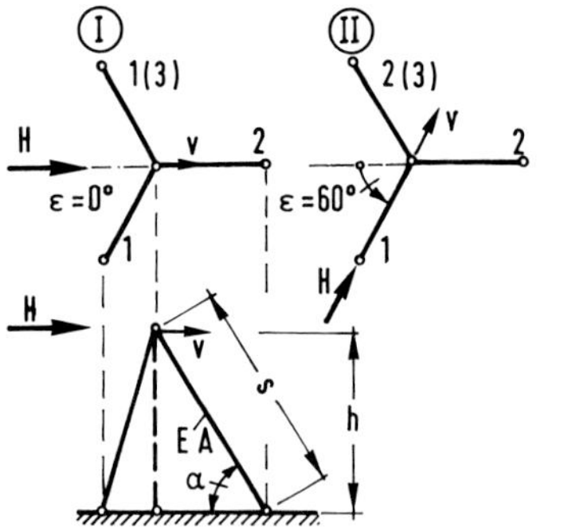

für die Windrichtungen I und II

Windrichtung I: Wind in die Gabelseile

Windrichtung II: Wind auf das Nackenseil

Es werden berechnet:

$$L = \frac{s^3 \cdot \gamma_g^2 \cdot \cos\alpha}{24} \quad \text{mit } \gamma_g = \frac{g}{A}\ ; \quad M = \frac{s}{E \cdot \cos\alpha}$$

$$v_0 = -\frac{L}{\sigma_0^2} + M\left[\sigma_0 - E\alpha_t(t_S - t_{S,0}) + E\alpha_t(t_M - t_{M,0})\frac{h}{s}\sin\alpha\right]$$

g: Seileigenlast; A: Seilquerschnittsfläche; E: Seil-Elastizitätsmodul (Verformungsmodul); σ_0: Vorspannung der Seile; α_t: Lineare Wärmedehnzahl für Seil und Mast, $\alpha_t = 12 \cdot 10^{-6}\,K^{-1}$

Gesucht für eine vorgegebene Zwangskraft H sind σ_1, σ_2, σ_3, v, V und M. Es wird berechnet:

$$\Delta\sigma = \frac{H}{A\cos\alpha}$$

<u>Lastfall (I)</u>: $\sigma_1 (= \sigma_3)$ und σ_2 folgen durch iterative Lösung der Gleichungen

$$\sigma_1 = \frac{1}{3}\Delta\sigma + \frac{v_0}{M} + \frac{L}{3M}\cdot\left(\frac{2G_1}{\sigma_1^2} + \frac{G_2}{\sigma_2^2}\right); \quad \sigma_2 = -\frac{2}{3}\Delta\sigma + \frac{v_0}{M} + \frac{L}{3M}\cdot\left(\frac{2G_1}{\sigma_1^2} + \frac{G_2}{\sigma_2^2}\right)$$

oder durch Auflösung folgender Gleichung nach σ_2; $\sigma_1 = \Delta\sigma + \sigma_2$:

$$\sigma_2^5 - \left(\frac{v_0}{M} - \frac{8}{3}\cdot\Delta\sigma\right)\sigma_2^4 - \left(2\frac{v_0}{M} - \frac{7}{3}\cdot\Delta\sigma\right)\Delta\sigma\cdot\sigma_2^3 - \left[\left(\frac{v_0}{M} - \frac{2}{3}\Delta\sigma\right)\Delta\sigma^2 + \frac{1}{3}\cdot(2G_1 + G_2)\frac{L}{M}\right]\sigma_2^2 - \frac{2}{3}\cdot\frac{L}{M}\cdot G_2\Delta\sigma\cdot\sigma_2 - \frac{1}{3}\frac{L}{M}\cdot G_2\Delta\sigma^2 = 0$$

Verschiebung in Kraftrichtung: $\quad v = L\cdot G_2\frac{1}{\sigma_2^2} - M\sigma_2 + v_0$

Es bedeuten: $G_1 = \left(\frac{g_p}{g}\right)^2\cdot\left[1 + \varkappa\cdot\tan\alpha + \varkappa^2\cdot\left(\frac{3}{4} + \tan^2\alpha\right)\right]$; $\quad G_2 = \left(\frac{g_p}{g}\right)^2\cdot(1 - \varkappa\cdot\tan\alpha)^2$

<u>Lastfall (II)</u>: σ_1 und $\sigma_2 (= \sigma_3)$ folgen durch iterative Lösung der Gleichungen

$$\sigma_1 = \frac{2}{3}\Delta\sigma + \frac{v_0}{M} + \frac{L}{3M}\cdot\left(\frac{G_3}{\sigma_1^2} + \frac{2G_4}{\sigma_2^2}\right); \quad \sigma_2 = -\frac{1}{3}\Delta\sigma + \frac{v_0}{M} + \frac{L}{3M}\cdot\left(\frac{G_3}{\sigma_1^2} + \frac{2G_4}{\sigma_2^2}\right)$$

oder durch Auflösung folgender Gleichung nach σ_2; $\sigma_1 = \Delta\sigma + \sigma_2$:

$$\sigma_2^5 - \left(\frac{v_0}{M} - \frac{7}{3}\cdot\Delta\sigma\right)\sigma_2^4 - \left(2\frac{v_0}{M} - \frac{5}{3}\cdot\Delta\sigma\right)\Delta\sigma\sigma_2^3 - \left[\left(\frac{v_0}{M} - \frac{1}{3}\Delta\sigma\right)\Delta\sigma^2 + \frac{1}{3}\cdot(G_3 + 2G_4)\frac{L}{M}\right]\sigma_2^2 - \frac{4}{3}\cdot\frac{L}{M}\cdot G_4\Delta\sigma\cdot\sigma_2 - \frac{2}{3}\frac{L}{M}\cdot G_4\Delta\sigma^2 = 0$$

Verschiebung in Kraftrichtung: $\quad v = -L\cdot G_3\frac{1}{\sigma_1^2} + M\sigma_1 - v_0$

Es bedeuten: $G_3 = \left(\frac{g_p}{g}\right)^2\cdot(1 + \varkappa\cdot\tan\alpha)^2$; $\quad G_4 = \left(\frac{g_p}{g}\right)^2\cdot\left[1 - \varkappa\cdot\tan\alpha + \varkappa^2\cdot\left(\frac{3}{4} + \tan^2\alpha\right)\right]$

g, g_p und w_p sind Seillasten je Längeneinheit: g: Eigenlast, g_p: Eigenlast + Eislast, w_p: Windlast $w_p = c\cdot q_w\cdot d$ (vgl. Text). Parameter $\varkappa$:

$$\varkappa = \frac{w_p}{g_p}$$

Eisfrei: $g = g_p$; windfrei: $\varkappa = 0$, $G_i = 1$

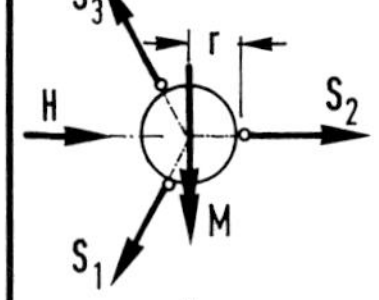

Vom Seilbündel in den Mast eingetragene Lastgrößen V (Vertikalkraft) und M (Exzentrizitätsmoment):

Lastfall (I): $\quad V = (2\sigma_1 + \sigma_2)A\cdot\sin\alpha$; $\quad M = (\sigma_1 - \sigma_2)A\cdot r\cdot\sin\alpha$

Lastfall (II): $\quad V = (\sigma_1 + 2\sigma_2)A\cdot\sin\alpha$; $\quad M = (\sigma_1 - \sigma_2)A\cdot r\cdot\sin\alpha$

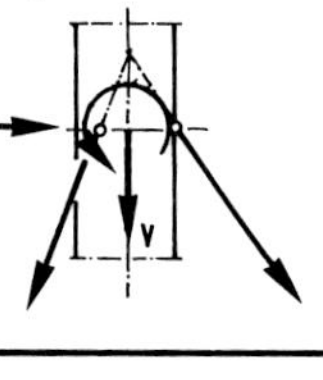

Vom Seilbündel in den Mast eingetragene Lastgrößen V und M aus der unmittelbaren Seilbelastung in den Lastfällen (I) und (II):

Eigengewicht und Eisbehang (g_p): $V = \frac{3}{2}g_p s$ $\quad (H = 0,\ M = 0)$

Wind (w_p): $H = \frac{3}{4}w_p\cdot s\cdot(1 + \sin^2\alpha)$, $M = \frac{3}{4}w_p\cdot s\cdot r\cdot\sin\alpha\cos\alpha$ $\quad (V = 0)$

r: Exzentrizität = Abstand Mastachse bis Anlenkpunkt

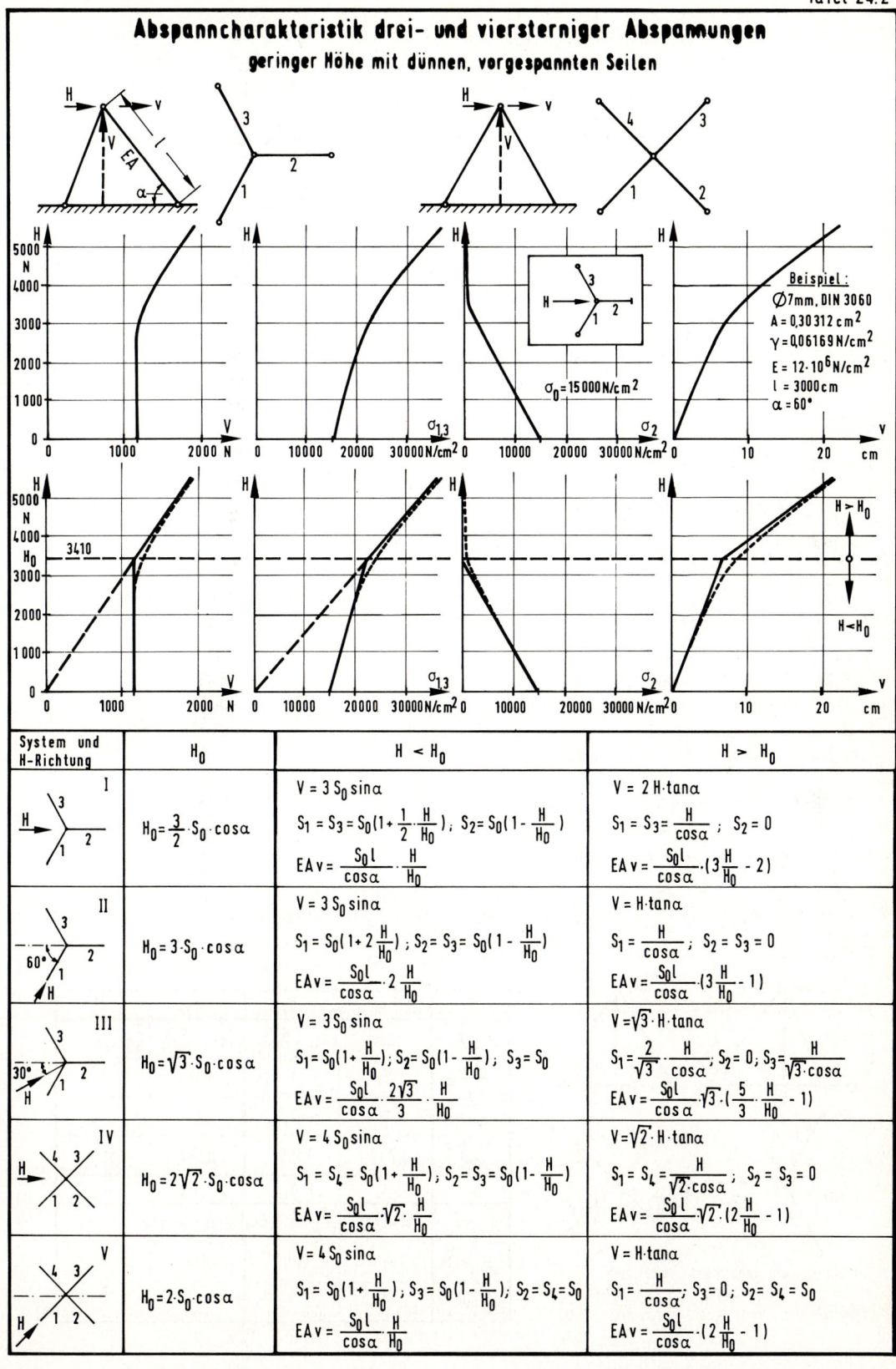

Abspanncharakteristik drei- und viersterniger Abspannungen

geringer Höhe mit dünnen, vorgespannten Seilen

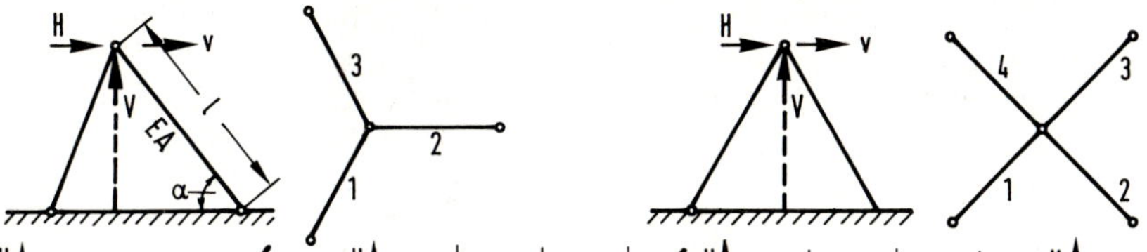

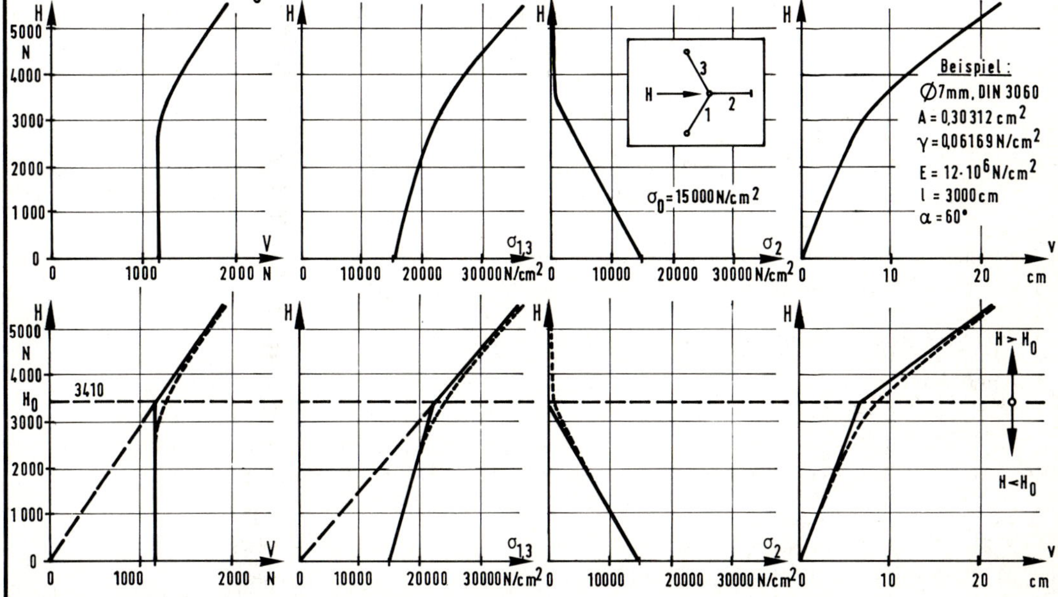

System und H-Richtung	H_0	$H < H_0$	$H > H_0$
I 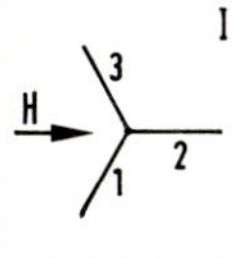	$H_0 = \frac{3}{2} \cdot S_0 \cdot \cos\alpha$	$V = 3\,S_0 \sin\alpha$ $S_1 = S_3 = S_0(1 + \frac{1}{2} \cdot \frac{H}{H_0})$; $S_2 = S_0(1 - \frac{H}{H_0})$ $EA\,v = \frac{S_0 l}{\cos\alpha} \cdot \frac{H}{H_0}$	$V = 2\,H \cdot \tan\alpha$ $S_1 = S_3 = \frac{H}{\cos\alpha}$; $S_2 = 0$ $EA\,v = \frac{S_0 l}{\cos\alpha} \cdot (3\frac{H}{H_0} - 2)$
II 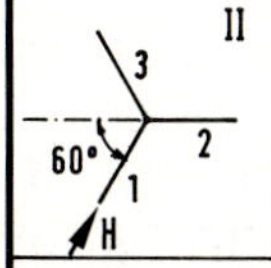	$H_0 = 3 \cdot S_0 \cdot \cos\alpha$	$V = 3\,S_0 \sin\alpha$ $S_1 = S_0(1 + 2\frac{H}{H_0})$; $S_2 = S_3 = S_0(1 - \frac{H}{H_0})$ $EA\,v = \frac{S_0 l}{\cos\alpha} \cdot 2\frac{H}{H_0}$	$V = H \cdot \tan\alpha$ $S_1 = \frac{H}{\cos\alpha}$; $S_2 = S_3 = 0$ $EA\,v = \frac{S_0 l}{\cos\alpha} \cdot (3\frac{H}{H_0} - 1)$
III 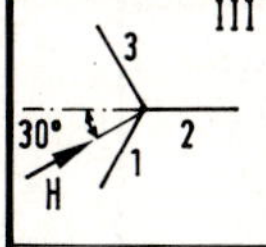	$H_0 = \sqrt{3} \cdot S_0 \cdot \cos\alpha$	$V = 3\,S_0 \sin\alpha$ $S_1 = S_0(1 + \frac{H}{H_0})$; $S_2 = S_0(1 - \frac{H}{H_0})$; $S_3 = S_0$ $EA\,v = \frac{S_0 l}{\cos\alpha} \cdot \frac{2\sqrt{3}}{3} \cdot \frac{H}{H_0}$	$V = \sqrt{3} \cdot H \cdot \tan\alpha$ $S_1 = \frac{2}{\sqrt{3}} \cdot \frac{H}{\cos\alpha}$; $S_2 = 0$; $S_3 = \frac{H}{\sqrt{3} \cdot \cos\alpha}$ $EA\,v = \frac{S_0 l}{\cos\alpha} \cdot \sqrt{3} \cdot (\frac{5}{3} \cdot \frac{H}{H_0} - 1)$
IV 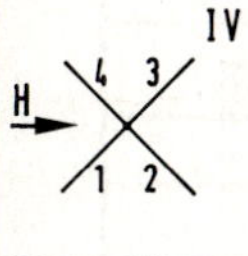	$H_0 = 2\sqrt{2} \cdot S_0 \cdot \cos\alpha$	$V = 4\,S_0 \sin\alpha$ $S_1 = S_4 = S_0(1 + \frac{H}{H_0})$; $S_2 = S_3 = S_0(1 - \frac{H}{H_0})$ $EA\,v = \frac{S_0 l}{\cos\alpha} \cdot \sqrt{2} \cdot \frac{H}{H_0}$	$V = \sqrt{2} \cdot H \cdot \tan\alpha$ $S_1 = S_4 = \frac{H}{\sqrt{2} \cdot \cos\alpha}$; $S_2 = S_3 = 0$ $EA\,v = \frac{S_0 l}{\cos\alpha} \cdot \sqrt{2} \cdot (2\frac{H}{H_0} - 1)$
V 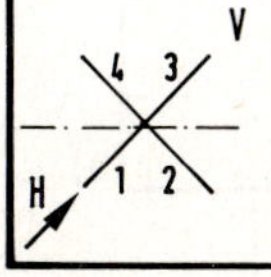	$H_0 = 2 \cdot S_0 \cdot \cos\alpha$	$V = 4\,S_0 \sin\alpha$ $S_1 = S_0(1 + \frac{H}{H_0})$; $S_3 = S_0(1 - \frac{H}{H_0})$; $S_2 = S_4 = S_0$ $EA\,v = \frac{S_0 l}{\cos\alpha} \cdot \frac{H}{H_0}$	$V = H \cdot \tan\alpha$ $S_1 = \frac{H}{\cos\alpha}$; $S_3 = 0$; $S_2 = S_4 = S_0$ $EA\,v = \frac{S_0 l}{\cos\alpha} \cdot (2\frac{H}{H_0} - 1)$

a) Innerhalb der Mastabschnitte ist die Druckkraft schwach veränderlich. Es ist zulässig, feldweise mit einem konstanten Mittelwert zu rechnen.

b) Da die Kraft-Verschiebungskurve nichtlinear ist, läuft die Berechnung auf eine Iteration hinaus. Es empfiehlt sich, durch eine Vorberechnung festzustellen, in welcher Höhe sich die Stützkräfte in den einzelnen Abspannpunkten etwa einstellen werden. Das liefert den in Bild 52 gekennzeichneten "Arbeitsbereich". Es zeigt sich, daß die H-v-Kurve innerhalb dieses Bereiches nahezu linear ist. Hierfür läßt sich eine Federkonstante C angeben. Die Nichtlinearität wird durch eine Korrekturverschiebung v_K erfaßt, vgl. Bild 52. Beidseitig des Abspannpunktes wird ein fiktives Transversalkraftgelenk eingeführt. Mittels dieses Gelenkes wird v_K eingerechnet [52].

Im Ergebnis führt die Berechnung auf Biegelinien und Biegemomentenverläufe wie in Bild 16 dargestellt; wegen weiterer Beispiele und Parameterstudien vgl. [52]. In [67] wird studiert, wie sich unterschiedliche Windlastvorschriften (D,F,GB,USA) auf die Auslegung auswirken. -

Wegen der vorhandenen Nichtlinearitäten ist es i.a. unumgänglich, für den Gebrauchstauglichkeitsnachweis eine gesonderte Berechnung durchzuführen. - Insgesamt sind abgespannte Maste (statisch betrachtet) gutartige Systeme. Das beruht auf der Vorspannung: Die Beanspruchung in den Seilen und im Mastschaft wächst nicht γ_F-fach an, sondern geringer. Wegen der hiermit verbundenen Sicherheitsfragen vgl. Abschnitt 3.6.4 u. [47, Abschn. 6.8.7.3].

24.5.6 Federcharakteristik von Abspannungen geringer Höhe

Die in Abschnitt 24.5.3/4 hergeleitete Theorie zur Bestimmung der Federcharakteristik dreisterniger Abspannbündel hat den Nachteil, daß sie (neben dem hiermit verbundenen Rechenaufwand, Tafel 24.1) den Einfluß des Vorspanngrades auf die Abspanncharakteristik nicht unmittelbar erkennen läßt. Hier helfen nur Parameterstudien weiter. Im folgenden wird gezeigt, wie das Tragverhalten in Abhängigkeit von der Höhe der Vorspannung zu deuten ist. Daraus lassen sich, zumindestens für Abspannungen geringer Höhe, eine Reihe praktischer Schlüsse ziehen.

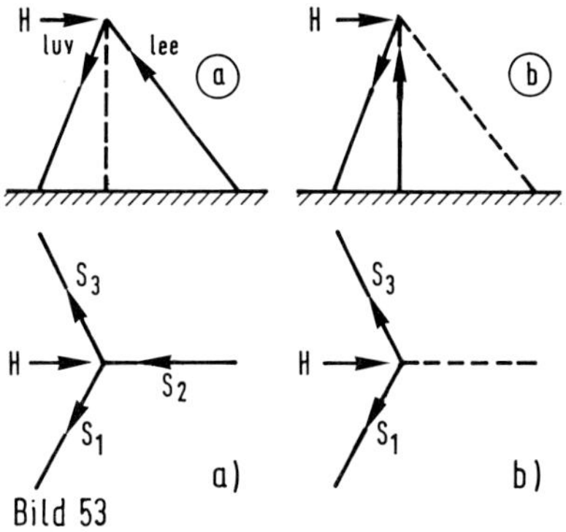

Bild 53

Bild 53 zeigt eine dreisternige Abspannung. Es lassen sich zwei Grenzfälle hinsichtlich des statischen Verhaltens unterscheiden:

(a) In dem unter Vorspannung stehenden System erfahren die luvseitigen Seile infolge der Horizontalkraft H eine Zunahme der Seilkraft und das leeseitige eine Abnahme. Das leeseitige "Seil" wirkt wie ein Druckstab, allerdings nur solange, wie die Zugvorspannung σ_0 durch die Lastdruckspannung nicht abgebaut ist. Das System wirkt quasi wie ein dreibeiniger Strebenbock: Auf den lotrechten Schaft (in Bild 53a

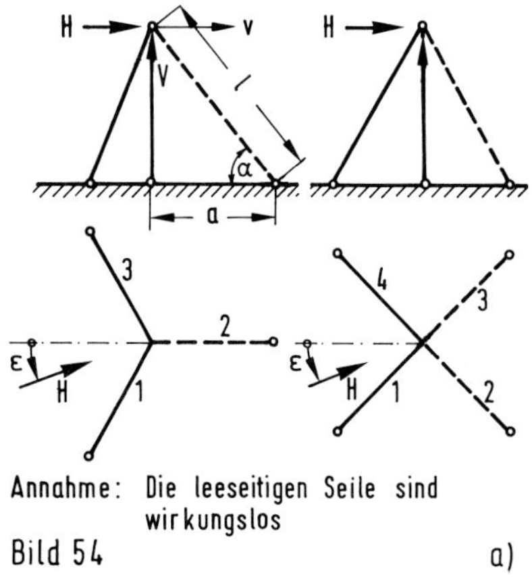

Bild 54

ε	a_1	a_{21}	a_{23}	a_3
ε	$2\cos\varepsilon$	$\cos\varepsilon + \frac{\sin\varepsilon}{1{,}732}$	$\cos\varepsilon - \frac{\sin\varepsilon}{1{,}732}$	$\frac{2}{3}(2\cos^2\varepsilon - 1)$
I, ε=0°	2	1	1	2
II, ε=60°	1	1	0	1
III, ε=30°	1,732	1,155	0,577	1,667
ε	a_1	a_{21}	a_{24}	a_3
ε	$1{,}414\cos\varepsilon$	$\frac{1}{1{,}414}(\cos\varepsilon+\sin\varepsilon)$	$\frac{1}{1{,}414}(\cos\varepsilon-\sin\varepsilon)$	1
IV, ε=0°	1,414	0,707	0,707	1
V, ε=45°	1	1	0	1

b)

gestrichelt) wird infolge H keine Vertikalkraft abgesetzt. Hierbei sind, wie in der Statik üblich, kleine Verformungen vorausgesetzt.

(b) Ist die Vorspannung leeseitig abgebaut, geht das System in eine neue Tragform über. Das oder die leeseitigen Seile sind wirkungslos: H wird über die luvseitigen Seile und den Mastschaft abgetragen (Bild 53b).

Bei dieser Deutung handelt es sich bei dem Abspannbündel um ein "System veränderlicher Gliederung". Real geht das Tragverhalten von (a) auf (b) nicht sprunghaft sondern kontinuierlich über. Für das Tragverhalten von (b) lassen sich die in Bild 54 angeschriebenen Formeln explizit herleiten. Im einzelnen können mit Hilfe der a-Koeffizienten berechnet werden:

$$V = a_1 \cdot H \cdot \tan\alpha\,; \quad S = a_2 \cdot \frac{H}{\cos\alpha}\,; \quad EA \cdot v = a_3 \cdot \frac{Ha}{\cos^3\alpha} = a_3 \cdot \frac{Hl}{\cos^2\alpha} \tag{53}$$

V: Vertikalkraft im Schaft; S: Seilkraft (unterschieden nach Seil 1 und 3 bzw. Seil 1 und 4); v: Verschiebung; EA: Dehnsteifigkeit der Seile (der Mastschaft sei dehnstarr). Die Formeln gelten für einen beliebigen Windrichtungswinkel ε und für drei bzw. zwei Sonderfälle (Windrichtung I, II, III bzw. IV, V). In Bild 55 sind die Beiwerte als Funktion des

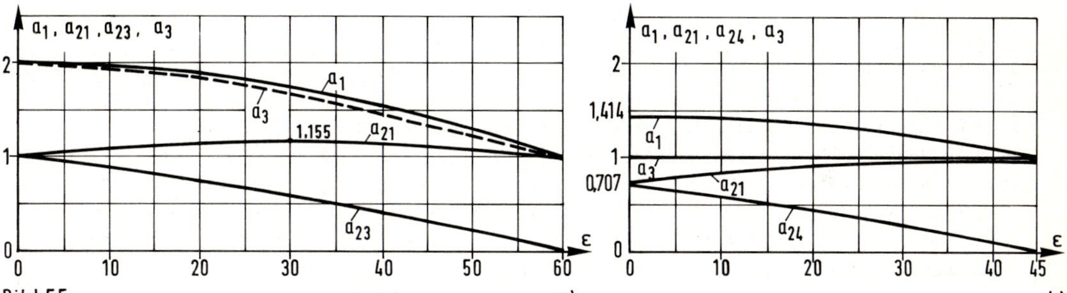

Bild 55

Windrichtungswinkel ε dargestellt, linksseitig für dreiseilige und rechtsseitig für vierseilige Abspannbündel.

Berechnet man die Federcharakteristik nach der in Abschnitt 24.5.3/4 dargelegten (strengen) Theorie, ergeben sich die auf Tafel 24.2 oben dargestellten Abhängigkeiten, d.h. V, $\sigma_1 = \sigma_3$, σ_2 und v als Funktion von H. Es handelt sich bei dem Beispiel um eine Abspannung mit relativ dünnen Seilen geringer Länge (30m), wie sie z.B. bei kleineren Teleskopmasten zum Einsatz kommen. Mit von Null ansteigender Horizontalkraft H erkennt man zunächst das Tragverhalten (a) und dann zunehmend das Tragverhalten (b) mit ausgeprägter Nichtlinearität beim Übergang von (a) nach (b). Es liegt daher nahe, für beide Tragformen die jeweils linearen Charakteristiken formelmäßig abzuleiten. Der Übergang, gekennzeichnet durch H_0, folgt aus der Bedingung $S_2(S_0, H) = 0$. Auf Tafel 24.2 sind alle Formeln für die Fälle I bis III und IV, V zusammengestellt. S_0 ist die Vorspannkraft im Seil. Über S_0 kann gesteuert werden, ob das System im Zustand (a) oder (b) trägt. Unter Gebrauchslasten ist es günstig, wenn das System im Zustand (a) wirkt; es ist dann verformungssteifer, im Mastschaft werden infolge Wind keine zusätzlichen Kräfte geweckt. Unter γ_F-facher Einwirkung kann eine Tragwirkung im Zustand (b) akzeptiert werden. Wird die Abspannung so dimensioniert, daß H_0 ca. 80% unter maxH liegt (wobei Lastfall I bzw. IV maßgebend ist), trägt das System diese Last im Zustand (b). Die Seile können dann ohne Rücksicht auf die Vorspannung bemessen werden; dabei ist Lastfall III bzw. V maßgebend (vgl. Tafel 24.2):

$$\underline{\text{Fall III}}: \ \max S = \frac{2}{3} \cdot \frac{\max H}{\cos\alpha} \quad \text{bzw.} \quad \underline{\text{Fall V}}: \ \max S = 1 \cdot \frac{\max H}{\cos\alpha} \longrightarrow \text{erf}\,A \tag{54}$$

Mit der erwähnten Empfehlung findet man die erforderliche Vorspannung aus:

$$\underline{\text{Fall I}}: \ S_0 = \frac{0{,}8 \max H}{1{,}5 \cos\alpha} \quad \text{bzw.} \quad \underline{\text{Fall V}}: \ S_0 = \frac{0{,}8 \max H}{2 \cos\alpha} \longrightarrow \text{erf}\,\sigma_0 = \frac{S_0}{A} \tag{55}$$

Nunmehr können für die einzelnen Lastrichtungen die H_0-Kräfte und die Charakteristiken der Tragformen (a) und (b) bestimmt werden. Dabei stellt sich dann heraus, daß dasselbe System in Abhängigkeit von der Windrichtung mal gemäß (a), mal gemäß (b) trägt. Die Federkonstanten lassen sich sofort angeben. - Man kann natürlich auch so dimensionieren, daß das System in jedem Falle im Zustand (a) wirkt, dann muß die Vorspannung höher gewählt werden als zuvor; wie erfσ_0 und erfA zu berechnen sind, läßt der Formelsatz auf Tafel 24.2 sofort erkennen. - Vorstehende Überlegungen erweisen sich bei der Vorbemessung abgespannter Maste, insbesondere solcher geringer Größenordnung, als sehr wirkungsvoll. Zudem fördern sie das Verständnis für deren Tragverhalten.

24.6 Dynamische Auslegung

24.6.1 Vorbemerkungen

Freistehende Maste und Türme einerseits und abgespannte Maste andererseits zählen zu den schwingungsanfälligen Bauwerken. Wie in Abschnitt 23.3.1 (bei Behandlung der Stahlschornsteine) erläutert, sind die bei böen- und wirbelinduzierten Schwingungen auftretenden Beanspruchungen bei der Auslegung der Tragwerke einzurechnen. Dabei sind die durch die Windböigkeit bei Orkanwind hervorgerufenen dynamischen Überhöhungen stets zu berücksichtigen (→ Böenreaktionsfaktor, Abschnitt 23.3.3). Wirbelinduzierte Schwingungen können bei rohrförmigen Masten auftreten, z.B. bei zylindrischen Mastaufsätzen (Eisschutzzylinder) auf Fernsehtürmen oder auf anderen Antennenträgern.

24.6.2 Hinweise zur Eigenfrequenzberechnung einfacher Mast- und Turmstrukturen

Um die aeroelastische Beanspruchung berechnen zu können, ist bei frei stehenden Kragstrukturen, wie Maste und Türme, zunächst die Grundfrequenz des Systems zu bestimmen. Stehen solche Objekte auf Unterbauten, werden auch die höheren Eigenfrequenzen benötigt, das gilt in jedem Falle für abgespannte Maste, hier sind die Eigenfrequenzen eng gestaffelt. Was die Grundfrequenzberechnung von Kragstrukturen anbelangt, wird auf Abschnitt 23.3.2 verwiesen, insbesondere auf die RAYLEIGH- und MORLEIGH-Formel. Die letztgenannte Formel liefert sehr genaue Ergebnisse, wenn die Eigengewichtsbiegelinie zur Eigenschwingungslinie affin ist. Das ist z.B. beim Kragbalken oder beidseitig aufliegenden Balken der Fall (Bild 56a/b), nicht dagegen bei Durchlaufträgern oder Systemen wie in Bild 56c dargestellt. Hier korrespondieren Eigengewichtsbiegelinie und Schwingungsform nicht und liefert die MORLEIGH-Formel ein unbrauchbares Ergebnis, etwa für eine Struktur nach Bild 56d. In solchen Fällen kann die Schwingungsform geschätzt und die Grundfrequenz mittels der RAYLEIGH-Formel berechnet werden oder es ist von der Erweiterung des Verfahrens durch STODOLA auszugehen, das gilt auch für abgespannte Maste (vgl. z.B. [68], auch wegen eines Beispiels): Das Verfahren von STODOLA entspricht dem Verfahren von VIANELLO bei der Berechnung der Knickkraft.

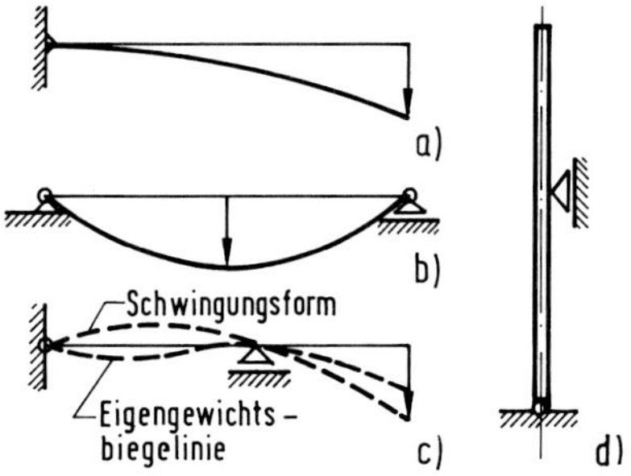

Bild 56

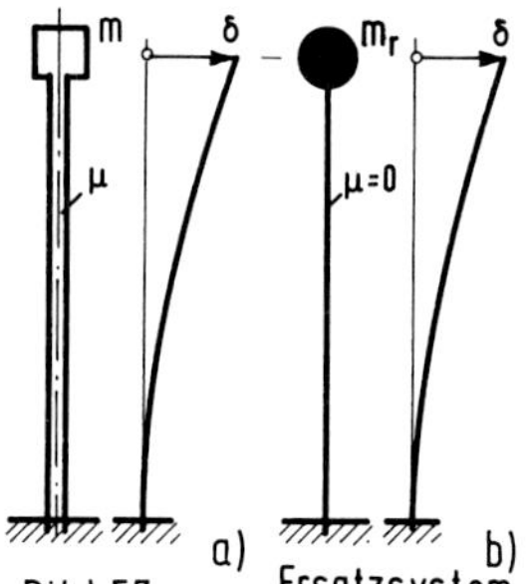

Bild 57

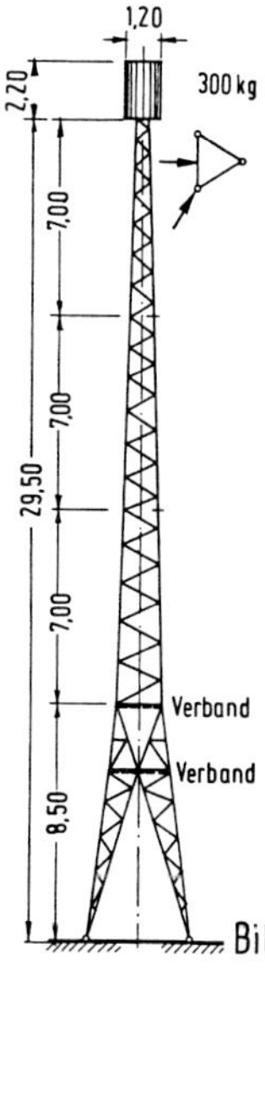

Bild 58

Eine gegenüber der RAYLEIGH-Formel noch rigorosere Näherung besteht bei frei stehenden Strukturen (Maste und Türme) darin, das reale System durch einen Einmassenschwinger mit der Masse m_r und der Federkonstanten C zu ersetzen. Für das in Bild 57a dargestellte System mit konstanter Massebelegung μ und einer Kopfmasse m beträgt m_r (Bild 57b):

$$m_r = 0{,}227\mu l + m \qquad (56)$$

Die Federkonstante ist der Kehrwert der Durchbiegung infolge der Einheitskraft F=1. Hierzu ein Beispiel: Bild 58 zeigt einen Sirenen-Gittermast. Da die Gurt- und Diagonalstäbe über die Höhe einen veränderlichen Querschnitt aufweisen, ist auch die Massebelegung μ variabel, es wird daher mit einem Mittelwert gerechnet. In halber Höhe beträgt die Masse je Längeneinheit 27,5kg/m. Die Sirene am Mastkopf wiegt 300kg. Damit folgt (G.56):

$$m_r \approx 0{,}227 \cdot 27{,}5(29{,}5 + 1{,}1) + 300 = 190 + 300 = 490\ \mathrm{kg}$$

Als nächstes wird die Durchbiegung des Mastes für eine in Höhe der Sirene angreifende Einheitskraft F=1N berechnet. Für das räumliche Dreigurtfachwerk ergibt sich (ohne Wiedergabe der Berechnung):

Anteil der Eckstiele:	$\delta = 30{,}2 \cdot 10^{-4}\,\mathrm{cm/N}$
Anteil der Diagonalen:	$\delta = 0{,}1 \cdot 10^{-4}\,\mathrm{cm/N}$
Anteil des Unterteils:	$\delta = 8{,}5 \cdot 10^{-4}\,\mathrm{cm/N}$
	$\delta = 38{,}8 \cdot 10^{-4}\,\mathrm{cm/N}$

Die Federkonstante C folgt zu:

$$C = \frac{1}{\delta} = 258\ \mathrm{N/cm} = 25800\ \mathrm{N/m} = 25800\,\frac{\mathrm{kgm}}{\mathrm{s^2}}\cdot\frac{1}{\mathrm{m}} = 25800\,\frac{\mathrm{kg}}{\mathrm{s^2}}$$

Grundfrequenz f:

$$\omega^2 = \frac{C}{m_r} = \frac{25800}{490} = 52{,}65\ \mathrm{s^{-2}};\quad \omega = 7{,}26\ \mathrm{s^{-1}};\quad f = \frac{\omega}{2\pi} = 1{,}15\ \mathrm{Hz};\quad T = 0{,}87\ \mathrm{s}$$

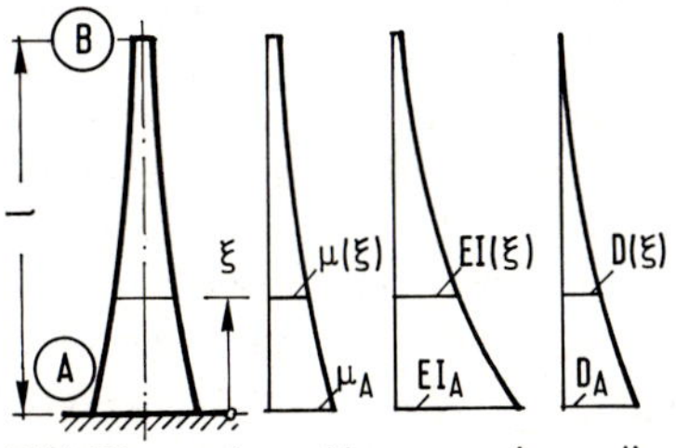

Bild 59 a) b) c) d)

Da die Masse- und Steifigkeitsbelegung frei stehender Maste und Türme mehr oder weniger stark variabel ist, ist es schwierig, einfache und zugleich hinreichend genaue Berechnungsbehelfe zur Verfügung zu stellen, um hiermit die Grundfrequenz berechnen zu können. Eine Berechnung nach G.79 bzw. G.86/87 (Abschnitt 23) ist daher i.a. unumgänglich.

Für variable Massebelegung $\mu(x)$ und Biegesteifigkeit $EI(x)$ lautet die RAYLEIGH-Formel (vgl. Bild 59):

Theorie I. Ordn.:

$$\omega^2 = \frac{EI_A}{\mu_A l^4}\cdot\frac{\int_0^1 \frac{EI(\xi)}{EI_A}\cdot\eta''^2(\xi)\,d\xi}{\int_0^1 \frac{\mu(\xi)}{\mu_A}\cdot\eta^2(\xi)\,d\xi} \tag{57}$$

Theorie II. Ordn.:

$$\omega^2 = \frac{EI_A}{\mu_A l^4}\cdot\frac{\int_0^1 \frac{EI(\xi)}{EI_A}\,\eta''^2(\xi)\,d\xi - \frac{l^2}{EI_A}\int_0^1 D(\xi)\,\eta'^2(\xi)\,d\xi}{\int_0^1 \frac{\mu(\xi)}{\mu_A}\cdot\eta^2(\xi)\,d\xi} \tag{58}$$

Hierin bedeuten: μ_A: Massebelegung im Fußpunkt, EI_A: Biegesteifigkeit im Fußpunkt. $\xi=x/l$ bezogene Längskoordinate, entsprechend sind $\mu(\xi)$, $EA(\xi)$ und $D(\xi)$ Masse, Biegesteifigkeit und Druckkraft in Höhe ξ. $\eta(\xi)$ ist die Eigenschwingungsform, ( )' bedeutet die Ableitung nach ξ.

Handelt es sich um eine Kragstruktur mit konischer Erstreckung, sind $\mu(\xi)$ und $I(\xi)$ variabel und von der Querschnittsform abhängig. Bei linear-veränderlicher Dicke beträgt $d(\xi)$ an der Stelle ξ (Bild 60a):

$$d(\xi) = d_A[1 + (\frac{d_B}{d_A} - 1)\xi] = d_A[1 + (\gamma - 1)\xi] \quad \text{mit} \quad \gamma = \frac{d_B}{d_A} \tag{59}$$

γ hat die Bedeutung eines Konizitätsparameters. d_A ist die Dicke an der Einspannstelle und d_B am freien Ende, gemessen in der Schwingungsebene. Für Trägheitsmoment und Masse an der Stelle ξ gilt damit:

$$I(\xi) = I_A[1 + (\gamma - 1)\xi]^n, \quad \mu(\xi) = \mu_A[1 + (\gamma - 1)\xi]^m \tag{60}$$

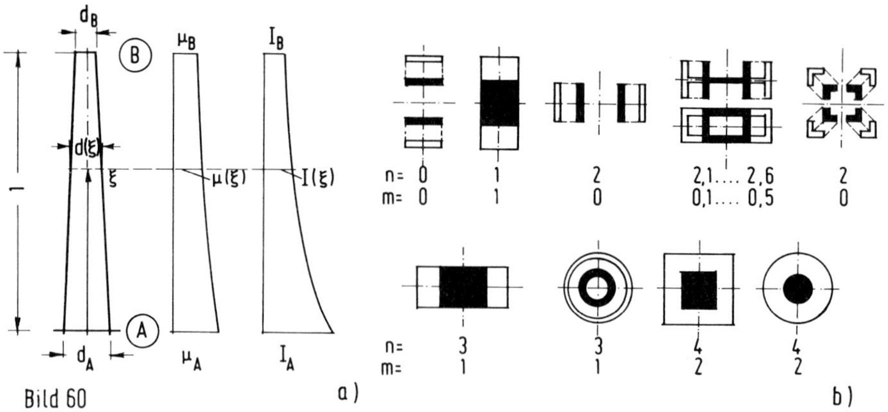

Bild 60

Die Exponenten n und m haben die Bedeutung von Formzahlen und folgen aus:

$$n = \frac{\ln(\frac{I_B}{I_A})}{\ln(\frac{d_B}{d_A})} \; ; \quad m = \frac{\ln(\frac{\mu_B}{\mu_A})}{\ln(\frac{d_B}{d_A})} \tag{61}$$

Beispiele für einige Querschnittsformen (Bild 60b):

1. Rechteckquerschnitt konstanter Breite b, Schwingungen in der konisch sich verjüngenden Ebene:

$$I(\xi) = \frac{b \cdot d^3(\xi)}{12} = \frac{b \cdot d_A^3}{12}[1 + (\gamma - 1)\xi]^3 ; \quad A(\xi) = b \cdot d(\xi) = b \cdot d_A[1 + (\gamma - 1)\xi] \tag{62}$$

Somit ist n=3 und m=1; für Schwingungen in Querrichtung gilt n=1 und m=1.

2. Aus zwei dünnen Gurtplatten der Dicke t und der Breite b bestehender Querschnitt:

$$I(\xi) = 2\,bt[d(\xi)/2]^2 = 2\,bt(d_A/2)^2[1 + (\gamma - 1)\xi]^2 ; \quad A(\xi) = 2 \cdot bt \tag{63}$$

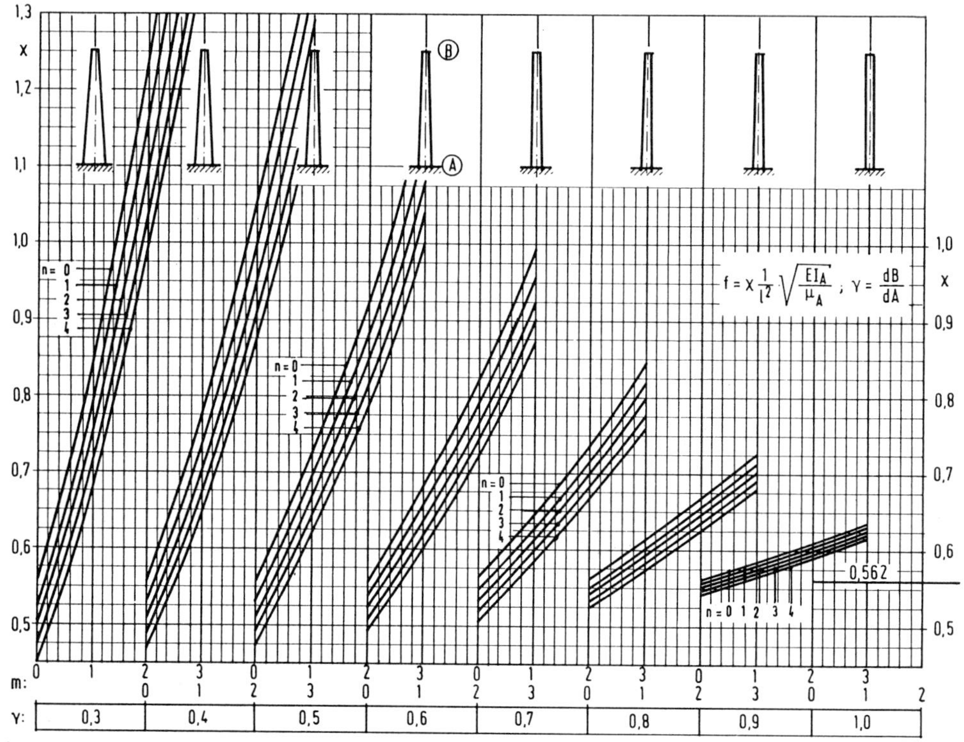

Bild 61

Somit ist n=2 und m=0; für Schwingungen in Querrichtung gilt: n=m=0.

3. Dünnwandiger Rohrquerschnitt:

$$I(\xi) = \pi[d(\xi)/2]^3 \cdot t = \pi(d_A/2)^3 \cdot t[1+(\gamma-1)\xi]^3 \; ; \; A(\xi) = 2\pi[d(\xi)/2] \cdot t = 2\pi(d_A/2) \cdot t[1+(\gamma-1)\xi] \qquad (64)$$

Für jede Schwingungsrichtung gilt: n=3 und m=1.

Als Näherungsfunktion für die Schwingungsbiegelinie wird die statische Gleichlastbiegelinie gewählt:

$$\eta(\xi) = 6\xi^2 - 4\xi^3 + \xi^4 \qquad (65)$$

Für Zähler und Nenner des RAYLEIGH-Quotienten findet man nach längerer Rechnung (G.57):

$$\int_0^1 [1+(\gamma-1)\xi]^n \cdot \eta''^2(\xi)\,d\xi \longrightarrow \begin{array}{ll} n=0: & 144/5 \\ n=1: & 144(5+\gamma)/30 \\ n=2: & 144(15+5\gamma+\gamma^2)/105 \\ n=3: & 144(35+15\gamma+5\gamma^2+\gamma^3)/280 \\ n=4: & 144(70+35\gamma+15\gamma^2+5\gamma^3+\gamma^4)/630 \end{array} \qquad (66)$$

$$\int_0^1 [1+(\gamma-1)\xi]^m \cdot \eta^2(\xi)\,d\xi \longrightarrow \begin{array}{ll} m=0: & 104/45 \\ m=1: & (144+584\gamma)/315 \\ m=2: & (513+2142\gamma+5353\gamma^2)/3465 \\ m=3: & (847+3615\gamma+9237\gamma^2+18333\gamma^3)/13860 \end{array} \qquad (67)$$

Der Freiträger mit konstantem Querschnitt ist mit n=m=0 enthalten. - Der abmindernde Einfluß aus Theorie II. Ordnung (für eine linear veränderliche Druckkraft) folgt aus (vgl. G.58):

$$-\frac{EI_A}{\mu_A l^4} \cdot \frac{D_A l^2}{EI_A} \cdot \frac{18/5}{\text{Nenner}(m)} \qquad (68)$$

In Bild 61 sind die Formelsätze in Diagrammform für $0{,}3 \leq \gamma \leq 1{,}0$ derart ausgewertet, daß die Grundfrequenz unmittelbar berechnet werden kann:

$$f = \chi \cdot \frac{1}{l^2}\sqrt{\frac{EI_A}{\mu_A}} \qquad (69)$$

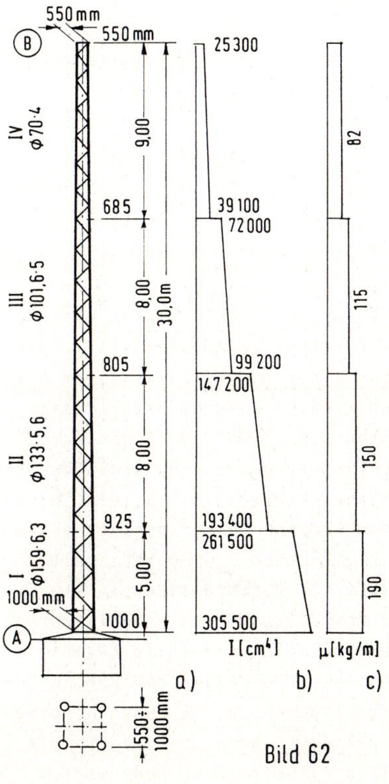

Bild 62

Hierzu wird die Vorzahl χ in Abhängigkeit von m, n und γ abgegriffen. Dabei kann χ auch für nichtganzzahlige Parameter den Diagrammen entnommen werden. Für $\gamma < 0{,}3$ liefert die Auswertung keine zutreffenden Ergebnisse. - <u>Beispiel:</u> Ein viergurtiger Antennenmast von 30m Höhe mit quadratischem Querschnitt und konischem Anzug ist über die ganze Höhe mit relativ leichten Antennen belegt, ca. 20kg/m (einschließlich Halterungen und Kabel). Masse der Aufstiegsleiter ca. 10kg/m. Hiermit folgt die in Bild 62 angegebene Massebelegung $\mu(x)$. Der Mast besteht aus vier Schüssen. Der Verlauf von $I(x)$ ist im Bild dargestellt. Trotz der Sprünge im Masse- und Steifigkeitsverlauf liefert der zuvor abgeleitete Berechnungsbehelf ein brauchbares Ergebnis. Es wird berechnet:

$$\frac{d_B}{d_A} = \frac{550}{1000} = 0{,}550\,; \quad \ln 0{,}550 = -0{,}598$$

$$\frac{I_B}{I_A} = \frac{25\,300}{305\,500} = 0{,}083\,; \quad \ln 0{,}083 = -2{,}488$$

$$\frac{\mu_B}{\mu_A} = \frac{82}{190} = 0{,}432\,; \quad \ln 0{,}432 = -0{,}844$$

Die Formzahlen n und m folgen gemäß G.61 zu:

$$n = \frac{-2{,}488}{-0{,}598} = 4{,}17\,; \quad m = \frac{-0{,}844}{-0{,}598} = 1{,}41$$

Aus Bild 61 liest man ab:

$$\gamma = 0{,}5: \quad \chi = 0{,}680$$
$$\gamma = 0{,}6: \quad \chi = 0{,}645, \text{ interpoliert:}$$
$$\gamma = 0{,}55: \quad \underline{\chi = 0{,}662}$$

Mit

$$\mu_A = 190\ \text{kg/m} = 190\ \frac{\text{Ns}^2}{\text{m}^2} = 190 \cdot 10^{-4} \frac{\text{Ns}^2}{\text{cm}^2}$$

folgt die Grundfrequenz zu:

$$f = 0{,}662 \frac{1}{3000^2} \sqrt{\frac{2{,}1 \cdot 10^7 \cdot 305\,500}{190 \cdot 10^{-4}}} = \underline{1{,}35\ \text{Hz}}$$

Es handelt sich hierbei um einen Näherungswert. Eine genaue Berechnung mit schußweise gemittelter Biegesteifigkeit liefert den Frequenzwert 1,29Hz. Der Näherungswert liegt demnach um ca. 5% zu hoch. Wegen der Schubweichheit und elastischen Einspannung liegt die tatsächliche Grundfrequenz i.a. etwas niedriger als der Rechenwert. Um die Schubweichheit aus der Vergitterung zu berücksichtigen, wird empfohlen, die Biegesteifigkeit um ca. 10% zu reduzieren.

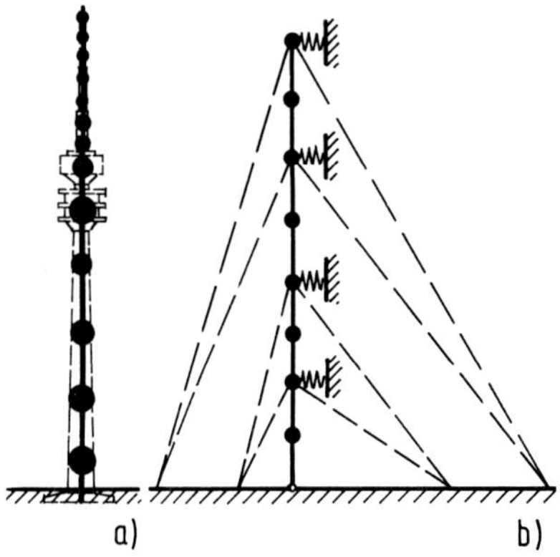

Bild 63

Mit Hilfe der heutzutage zur Verfügung stehenden Computerprogramme ist man in der Lage, die Eigenfrequenzen und -formen einschließlich Berücksichtigung der Effekte Theorie II. Ordnung, Schubnachgiebigkeit und elastische Einspannung mit großer Genauigkeit zu berechnen. Bei Großobjekten wird man auf diese Möglichkeit zurückgreifen. Die räumlichen Fachwerkstrukturen von Türmen lassen sich ebenfalls auf die Weise analysieren, die Generierung des Systemnetzes erweist sich dabei i.a. als etwas mühsam.

Die Computerprogramme basieren auf unterschiedlichen Approximationen: Annäherung der realen Stabstruktur

- durch ein System mit diskreten Massepunkten (Bild 63) oder
- durch ein System mit elementweise konstanter kontinuierlicher Massebelegung.

Die zweitgenannte Vorgehensweise ist genauer, dabei ist das Verfahren der Übertragungsmatrizen für turmartige Bauwerke prädestiniert [68]. - Sollen abgespannte Maste als Durchlaufträger auf elastischen Stützen berechnet werden, kann die Masse der sich mitbewegenden Seile dadurch berücksichtigt werden, daß pro Seil ein Drittel der Seilmasse im oberen Abspannpunkt angesetzt wird (also nicht die Hälfte [68]).

24.6.3 Eigenfrequenzen und Eigenformen abgespannter Maste

Abgespannte Funkmaste, Schornsteine, Fackeln und ähnliche Konstruktionen können als Durchlaufträger auf elastischen Stützen begriffen werden. Die Federcharakteristik ist schwach bis stark nichtlinear (Abschnitt 24.5). Eine Schwingungsuntersuchung, die von einem Durchlaufträger mit konstanten (verschiebungsunabhängigen) Federzahlen ausgeht, stellt eine Näherung dar; ggf. bedarf es einer Einschrankung der Ergebnisse, indem die Federwerte variiert werden. - Eine Reihe für die Beurteilung der Schwingungsgefährdung wichtiger Erkenntnisse läßt sich auf der Basis des Linearmodells gewinnen [68]: Bild 64a zeigt einen abgespannten Funkmast. Biegesteifigkeit, Massebelegung und Federwerte entsprechen einem normal dimensionierten Mast dieser Größenordnung. Die eingetragenen Druckkräfte gelten für den Gebrauchszustand unter voller Windlast. Im unbelasteten Zustand sind sie etwa halb so groß; sie resultieren dann aus der Eigenlast des Mastes und der Grundvorspannung der Seile. Eine Eigenfrequenzberechnung des Beispieles ergibt folgendes (Bild 64):

a) Die Eigenfrequenzen sind eng gestaffelt; die Teilbilder b und c zeigen den Verlauf der Frequenzdeterminante für die ersten drei Eigenwerte für eine gelenkige und eine eingespannte Fußlagerung. Der Einfluß der Fußlagerung ist relativ untergeordnet. Die mit 1,0 gekennzeichneten Kurven gelten für die in Teilbild a eingetragenen Federwerte,

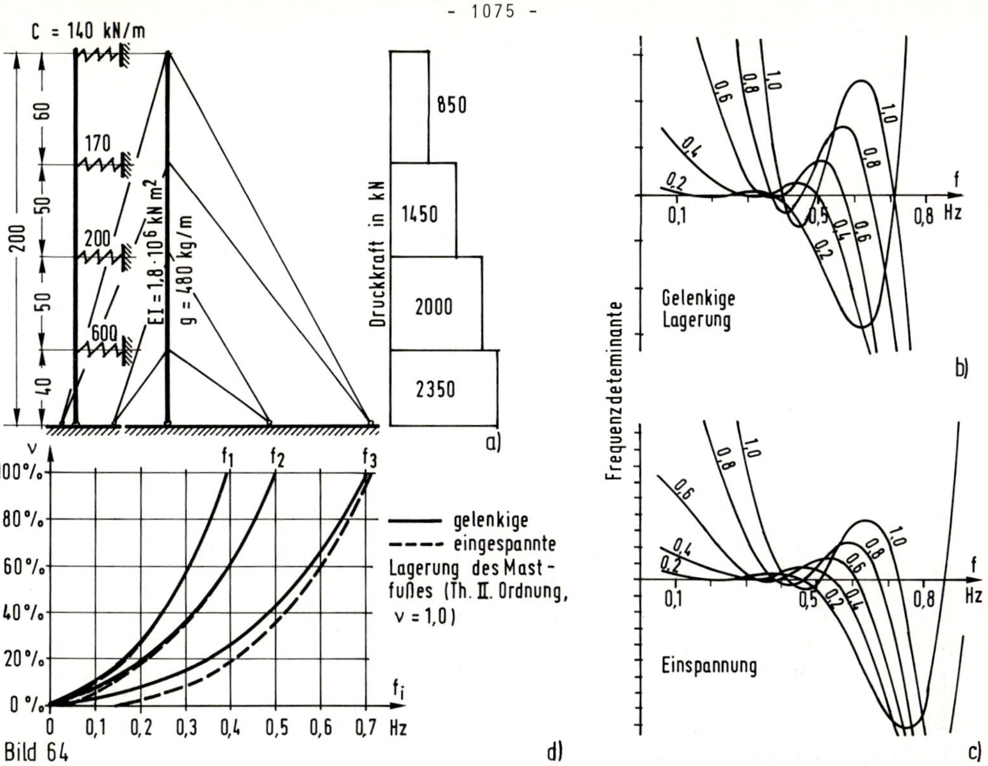

Bild 64

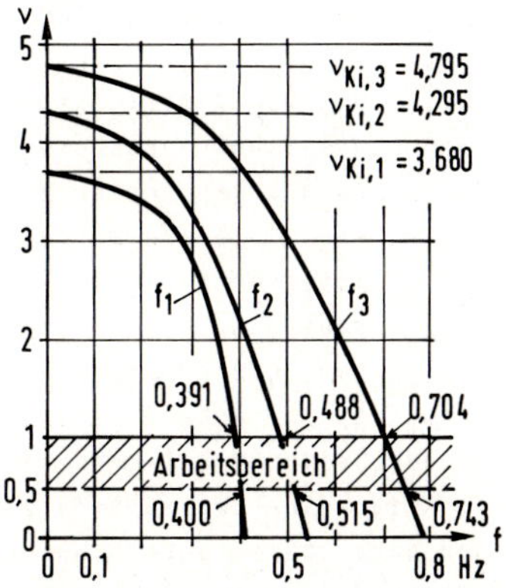

Bild 65

die Kurven 0,8 bis 0,2 für die auf 80 bis 20% abgeminderten Werte. Der Einfluß auf die Eigenfrequenzen ist ausgeprägt; vgl. Teilbild d (im Falle C_i=0 ist bei gelenkiger Lagerung f=0 bzw. T=∞, wie es sein muß).

b) Der Einfluß Theorie II. Ordnung ist bei richtig dimensionierten Mastkonstruktionen gering, insgesamt etwas höher als bei nichtabgespannten Kragsystemen. In Bild 65 ist die Interaktion zwischen Druckkraft und Eigenfrequenzen (Stabilitätskarte) dargestellt. Im vorliegenden Beispiel pendelt die Druckkraft zwischen ν=0,5 und ν=1 (ν ist der Druckkraftfaktor). Für die ersten drei Eigenfrequenzen sind die Werte für ν=1 und 0,5 eingetragen: Die Abminderung durch den Einfluß Th. II. Ordnung beträgt 2 bis 5%.

In Bild 66 sind die Eigenformen für die Durchbiegung, das Biegemoment und die Transversalkraft für die ersten drei Eigenfrequenzen des hier behandelten Berechnungsbeispieles dargestellt. (Sie wurden pro Eigenform auf den jeweiligen

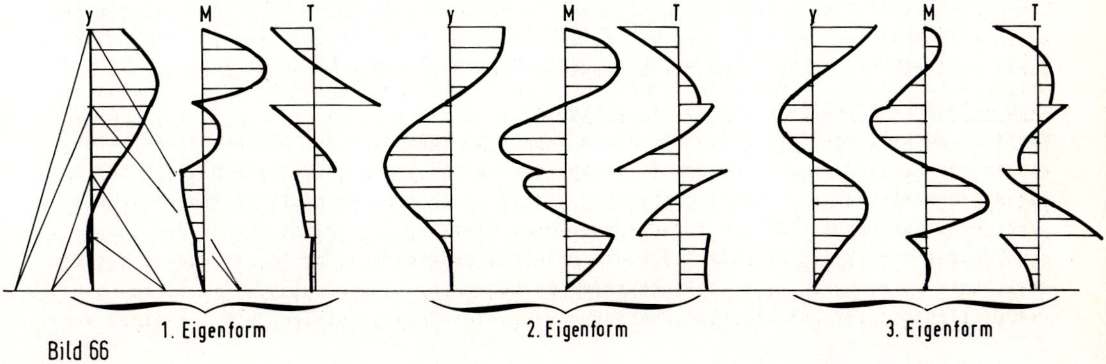

Bild 66

Größtwert normiert; ausführlicher in [68]). - Auf die Eigenformen des Biegemomentes sei das Augenmerk besonders gelenkt: Da bei den Stabschwingungen die Massenkräfte immer nach außen wirken, sind die Linien, von der Stabachse aus betrachtet, stets konkav gekrümmt.- Für die Bestimmung der Eigenfrequenzen lassen sich keine Abschätzungsformeln angeben. Es sind genaue Rechenverfahren, z.B. das Verfahren der Übertragungsmatrizen Th. I./II. Ordnung einzusetzen; das gilt auch für die Analyse fremderregter Schwingungen [68].

Bild 67 zeigt für sechs abgespannte Maste in Rohrbauweise den Vergleich zwischen Rechnung und Messung [69]. Die Rechnungen wurden auf der oben erläuterten Grundlage mittels gemittelter Federlinien durchgeführt. Die Übereinstimmung zwischen Rechnung und Messung ist befriedigend; vgl. auch [70].- Wie angedeutet, stellt die Schwingungsberechnung abgespannter Maste als ebene Durchlaufträger auf verschiebungsunabhängigen Federkonstanten aus mehreren Gründen eine Näherung dar. Das dynamische Verhalten ist real außerordentlich komplex: Wegen der nichtlinearen Federcharakteristik der einzelnen Seilbündel lassen sich im eigentlichen Sinne gar keine Eigenfrequenzen angeben. Zudem tritt eine Interaktion zwischen den Mast- und Seilschwingungen ein. Es sind resonanz- und parametererregte Schwingungen möglich. Eine erste Annäherung besteht darin, die Abspannbündel nicht durch statische sondern dynamische Federzahlen zu ersetzen, die von den dynamischen Eigenschaften der Seile abhängig sind, vgl. hierzu [71]. Das nichtlineare, räumliche, taumelartige Schwingungsverhalten der Gesamtstruktur läßt sich dadurch aber auch nicht umfassend beschreiben. Das ist eine schwierige Aufgabe. Es besteht gleichwohl Hoffnung, daß sie in absehbarer Zeit von der Forschung gelöst werden kann. Unter Hinweis auf [68,71] und die darin zitierte Literatur, kann der Gegenstand hier nicht weiter vertieft werden.

Hohe Linie	Dillberg	Pfaffenberg	Hühnerberg	Kreuzberg	Büttelberg
h = 152 m	h = 200 m	h = 180 m	h = 211 m	h = 154 m	h = 219 m
Φ = 1,5 m	Φ = 1,1 m	Φ = 1,5 m	Φ = 1,5 m	Φ = 1,2 m	Φ = 1,5 m

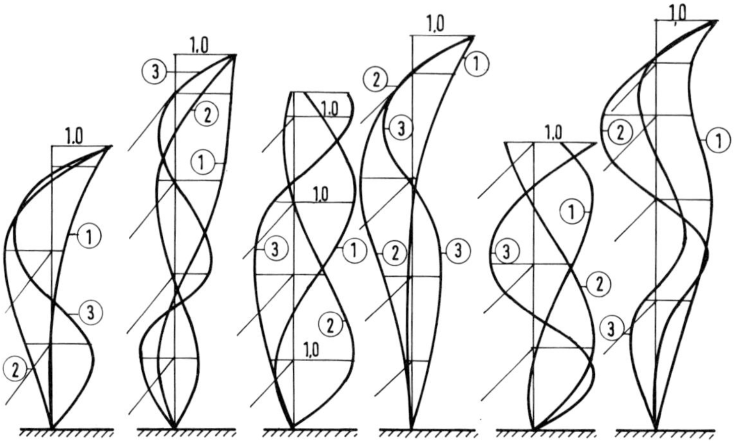

	Hohe Linie R	Hohe Linie M	Dillberg R	Dillberg M	Pfaffenberg R	Pfaffenberg M	Hühnerberg R	Hühnerberg M	Kreuzberg R	Kreuzberg M	Büttelberg R	Büttelberg M
1	0,429	-	0,293	-	0,590	-	0,490	-	0,415	-	0,634	0,66
2	0,639	-	0,311	-	0,672	0,73	0,545	-	0,587	0,52	0,838	0,85
3	0,895	0,81	0,567	0,65	0,915	0,93	0,703	-	0,821	1,00	1,304	1,48
4	1,307	1,54	1,005	1,13	1,494	-	0,943	0,87	1,206	-	1,807	-
	Hz		Hz		Hz		Hz		Hz		Hz	

Pfaffenberg: 2 δ = 0,023; 3 δ = 0,025

Kreuzberg: 3 δ = 0,033

R: Rechnung
M: Messung
Bild 67

24.6.4 Böenreaktionsfaktor bei abgespannten Masten

Für frei auskragende Strukturen wie Maste und Türme läßt sich der Böenreaktionsfaktor, wie in Abschnitt 23.3.3 erläutert (also analog wie bei Stahlschornsteinen), abschätzen. Für das Gesamttragwerk eines abgespannten Mastes ist das nicht möglich! Zum einen reagiert ein abgespannter Mast auf die einwirkende Windturbulenz nicht nur in der Grundschwingungsform, vielmehr setzt sich die resultierende dynamische Beanspruchung aus den Reaktionen in mehreren Eigenschwingungsformen zusammen. Das bedeutet: Eine korrespondierende Affinität zur "statischen" Beanspruchung unter Bemessungsstaudruck ist nicht vorhanden. - Das Bauwerk filtert aus dem Böenenergie-Spektrum entsprechend den eng gestaffelten Eigenfrequenzen mehrere Energieanteile heraus. (Die Lage der Schwingungsknoten in Bezug zu den Abspannpunkten und der hiermit verbundene Dämpfungsbeitrag durch die Seilbündel dürfte die relative Dominanz der vorherrschenden Eigenschwingungsformen beeinflussen.) Beobachtung und Messung zeigen jedenfalls, daß höhere Eigenformen gegenüber der Grundform überwiegen können. Die Schwingungsausschläge und dynamischen Spannungsanteile sind dabei i.a. gering. Es kann davon ausgegangen werden, daß von der Nichtlinearität der Abspanncharakteristiken ein ausgeprägter Verstimmungseffekt ausgeht. Der Seildämpfungsbeitrag ist sicher ebenso wichtig. Eine Abklärung dieser Fragen steht noch aus.

Aufgrund vorstehender Erfahrungen war es vertretbar, in DIN 4131 (1969) folgenden Text aufzunehmen: " Bei Masten ist die Stoßwirkung von Böen auf den die oberste Abspannung überragenden Teil sinngemäß bei gleichzeitiger Berücksichtigung der elastischen Einspannung zu ermitteln. Der oberste Abspannpunkt kann dabei als unverschieblich angenommen werden. Für die übrigen Mastteile kann die Stoßwirkung vernachlässigt werden". Für abgespannte Schornsteine und Fackeln lautete die Anweisung in DIN 4133 (1973) entsprechend. Bei der Überarbeitung der genannten Regelwerke wurde an dem Konzept aufgrund der gemachten Erfahrungen festgehalten [72]: Bei der Bestimmung der Eigenfrequenz des überkragenden Teiles ist dieser in Höhe der obersten Abspannung als verschiebungs- und drehfederelastisch eingespannt zu betrachten.

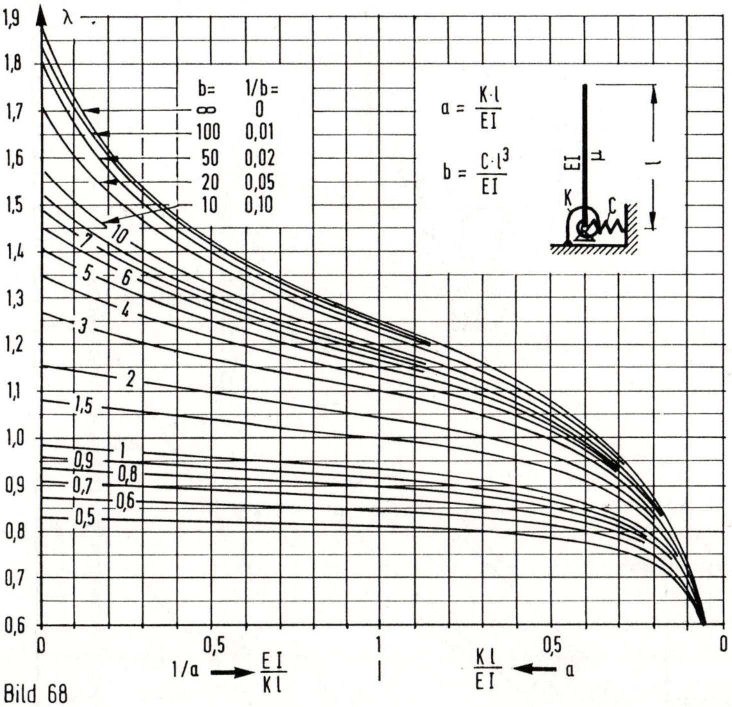

Bild 68

Die Verschiebungsfederkonstante C und die Drehfederkonstante K dürfen dabei näherungsweise als entkoppelt angesetzt werden, d.h. die Verschiebungsfederkonstante C darf als Kehrwert der Verschiebung infolge einer horizontal wirkenden Einheitskraft H=1 und die Drehfederkonstante als Kehrwert der Verdrehung infolge eines Einheitsmomentes M=1, jeweils in Höhe der obersten Abspannung, bestimmt werden. Dabei darf bei der Berechnung der Drehfederkonstanten K das dem überkragenden Teil benachbarte Feld als beidseitig unverschieblich und gelenkig angesehen werden. - Die Eigenfrequenz der Grundschwingung eines verschiebungs- und drehfederelastisch gelagerten Kragträgers mit gleichmäßig verteilter Masse μ und Steifigkeit EI berechnet sich aus (vgl. Bild 68):

$$f = \frac{\lambda^2}{2\pi}\sqrt{\frac{EI}{\mu \cdot l^4}} \tag{70}$$

Dieser Beiwert λ ist dem Diagramm in Bild 68 zu entnehmen; die zugeordnete Frequenzgleichung lautet:

$$ab(1+\cosh\lambda\cos\lambda) + b\lambda(\sinh\lambda\cos\lambda - \cosh\lambda\sin\lambda) - a\lambda^3(\sinh\lambda\cos\lambda + \cosh\lambda\sin\lambda) + \lambda^4(1-\cosh\lambda\cos\lambda) = 0 \tag{71}$$

Bei ungleichmäßiger Verteilung von Masse und Steifigkeit dürfen für μ und EI Mittelwerte angenommen werden. (Selbstverständlich ist es auch zulässig, die Grundfrequenz des über-

Abgespannter Rohrmantelmast (Antennenträger)
Kontruktive Details (Fußbereich)

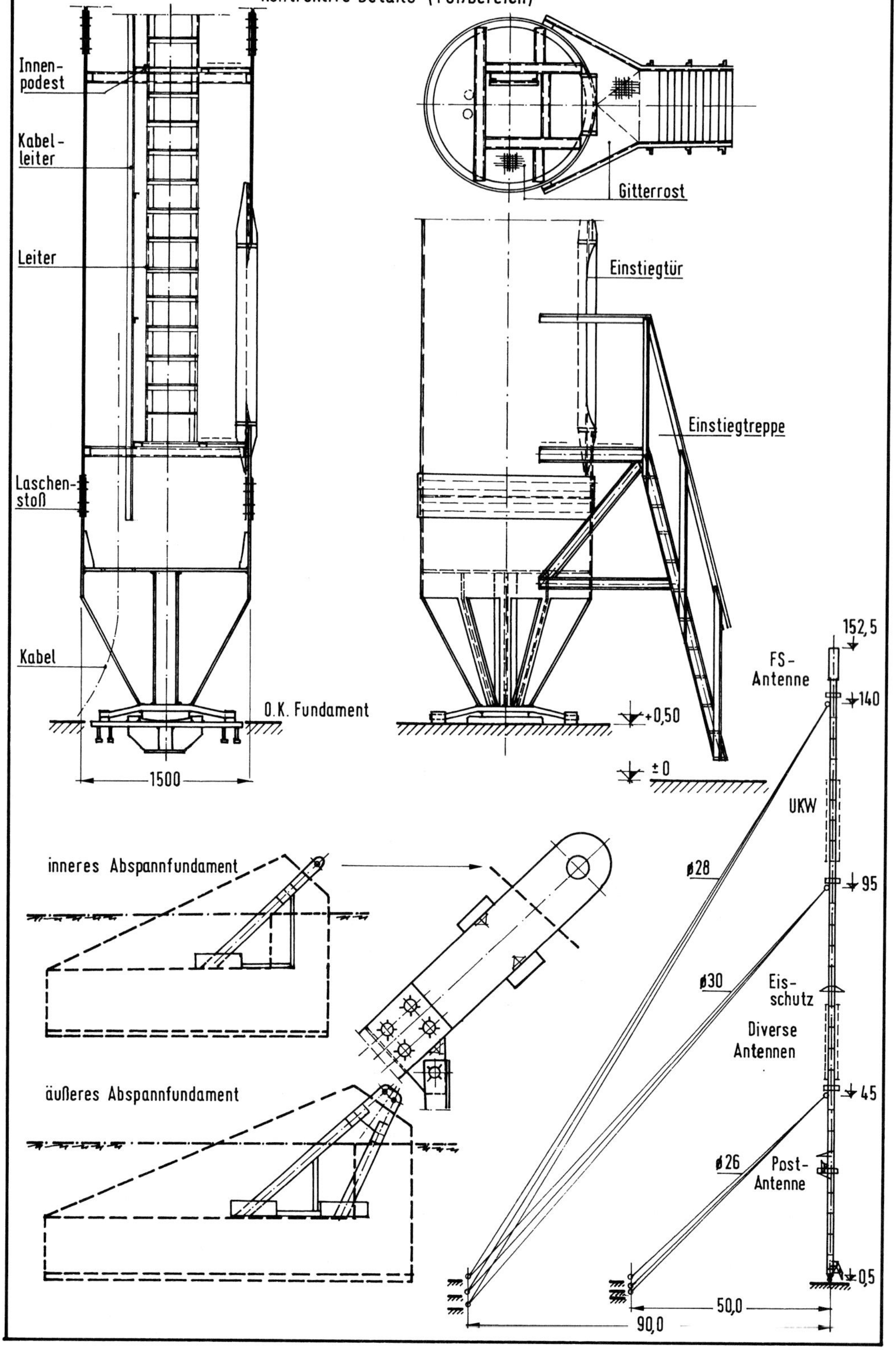

kragenden Teiles unter Berücksichtigung des Gesamtsystems zu bestimmen, dabei zeigt sich, daß die Grundfrequenz mittels obiger Abschätzung mit einer Genauigkeit innerhalb ±10% bestimmt werden kann; auf einen Beleg muß hier verzichtet werden.) Es ist davon auszugehen, daß durch die vorstehende Berechnungsanweisung die durch die Windböigkeit verursachte dynamische Überhöhung nur in grober Annäherung erfaßt wird. Für die Anweisung spricht gleichwohl folgendes Argument: Auch wenn der überkragende Teil dominierender in höheren Eigenformen schwingt, erhält man durch den alleinigen Bezug auf die Grundform die höchstmögliche Schwingzeit T und damit nominell den höchsten φ-Wert. Ist der Kragarm lang und massereich, überwiegen die Schwingungen in der Grundform. - Für den übrigen Mastbereich braucht nach der Vorschrift kein Böenreaktionsfaktor eingerechnen zu werden. Diesbezügliche Überhöhungen können durch die Staudruckanstäze als abgegolten angesehen werden, insbesondere dann, wenn oberhalb gewisser Feldweiten mit feldweise variierten Staudrücken zu rechnen ist (vgl. Abschnitt 24.2.2). Die Turbulenzstruktur wird dadurch näherungsweise mit eingefangen.

24.7 Zur konstruktiven Ausbildung

Die Vorschrift für Antennentragwerke aus Stahl enthält für die bauliche Durchbildung und Ausführung eine Reihe spezieller Hinweise: Tragwerk, Abspannseile, Isolatoren und Schutzarmaturen, Gründungen, Einrichtungen zum Begehen des Bauwerkes, Absturzsicherung, Öffnungen in Hohlmasten, Korrosionsschutz, Blitzschutz- und Erdungsanlagen, Flugsicherung, Ausführungstoleranzen, Überwachung und Prüfung. Hingewiesen wird auch auf die "Allgemeinen Richtlinien für Antennentragwerke", Richtlinie Nr. 5R1 (06.81) der öffentlich-rechtlichen Rundfunkanstalten der Bundesrepublik Deutschland. - Für das Tragwerk ist bei der baulichen Ausbildung von den Grundnormen des Stahlbaues auszugehen. Tafel 24.3 enthält beispielhaft einige Details eines abgespannten Rohrmantelmastes, vgl. diesbezüglich auch [48-54,73] und Abschnitt 23.

24.8 Blitzschutz

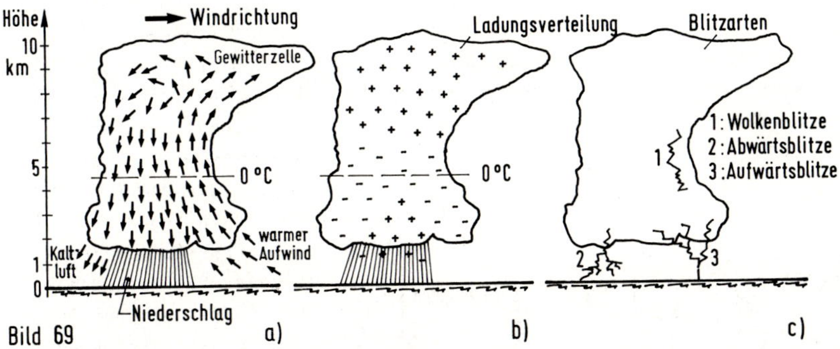

Bild 69

Ein Wärmegewitter entwickelt sich, wenn feuchte, durch intensive Sonneneinstrahlung erwärmte Luft aufsteigt, infolge Abkühlung kondensiert, unterhalb 0°C gefriert, als Hagel, Graupel oder Regen niederschlägt und dieser Niederschlag auf die noch aufsteigende Warmluft trifft. Hierdurch kommt es zu einer Ladungstrennung mit positiver Ladung im oberen Bereich der Gewitterzelle und negativer im unteren (Bild 69a/b). Durch Blitzentladungen innerhalb der Wolke tritt ein teilweiser Ladungsausgleich ein. Im übrigen vollzieht sich der Ladungsausgleich gegenüber der Erde in Form von Abwärtsblitzen mit Verästelungen von oben nach unten und (wesentlich selteneren) Aufwärtsblitzen mit Verästelungen von unten nach oben (Bild 69c), letztere bevorzugt von Hochpunkten (Gebirgsgipfel, turmartige Bauwerke). Die Blitzdauer beträgt i.M. 0,1s, maximal bis 1s. Der Durchmesser des Blitzkanals beträgt einige cm, im Kanal herrschen kurzzeitig max. Temperaturen von 10 000 bis 20 000°C. Die Aufschmelzung metallischer Leiter ausreichenden Querschnitts mit guter Erdung ist wegen des geringen elektrischen Widerstandes gleichwohl minimal (0,1mm und weniger). Trifft der Blitz auf Teile mit großem elektrischen Widerstand, setzt sich die Energie in einen hohen Wärmestoß um, der z.B. Sprengung von Mauerwerk, Zersplittern von Holz, Durchschlagen elektrischer Isolierungen bewirken, bei leicht entflammbaren Stoffen einen Brand, bei explosiven eine Explosion auslösen kann. Werden Lebewesen (Mensch, Tier) voll getroffen, tritt augenblicklich der

Tod ein, Naheinschläge können durch die streuenden Blitzstromanteile erhebliche gesundheitliche Schäden zur Folge haben. - Neben dem Wärmegewitter gibt es noch die viel selteneren, durch Kaltlufteinbrüche verursachten Frontgewitter, die ganzjährig, auch nachts, auftreten, ferner die sogen. orographischen Gewitter, z.B. im Hochgebirge [74,75].

Aufgabe des Blitzschutzes ist es, jedwede Gefahr für Menschen, Tiere und Sachwerte abzuwenden. Dabei wird die Blitzschutzanlage derart angeordnet, daß Wolken-Erde-Blitze innerhalb des zu schützenden Bereiches "eingefangen" werden: Der von der Wolke zur Erde abgehende Leitstrahl erzeugt bei seinem Vorwachsen ein sich zunehmend verstärkendes und verdichtendes elektrisches Feld auf der Erdoberfläche. An vorstehenden Kanten, Ecken, Spitzen (insbesondere an Hochpunkten) tritt eine weitere Verdichtung ein, insbesondere, wenn diese Teile mit der Erde in einer elektrisch leitenden Verbindung stehen. Erreicht die örtliche Feldstärke an diesen Teilen die Durchschlagspannung der Luft, kommt es zum Absprühen eines Fangstrahles: Leitstrahl (↓) und Fangstrahl (↑) wachsen aufeinander zu. Der Kanal ist damit geschlossen, diesen durchschlägt dann der Hauptblitz und i.a. weitere Folgeblitze (das ganze vollzieht sich im Bruchteil einer Sekunde, s.o.). Wesentlich ist, daß der Einschlag an der Sollstelle erfolgt. Der (äußere) Blitzschutz besteht demgemäß aus einer Fangeinrichtung, der Ableitung und Erdung. Die einzelnen Teile sind so auszulegen, daß der Blitzstrom möglichst gefahrlos in die Erde abgeleitet wird. Nach [74] nimmt die Blitz-Einschlagwahrscheinlichkeit quadratisch mit der Höhe des Objektes (Bauwerkes) zu, nach [75] nimmt die Einschlaghäufigkeit linear mit der Höhe zu. Für Türme in der Ebene soll gelten [75]: Mittlere Einschlaghäufigkeit je Jahr: $2\cdot10^{-3}\cdot h[\mathrm{m}]$, z.B.: h=100m → 0,2 Einschläge je Jahr = 1 Einschlag in 5 Jahren. Die minimalen und maximalen Einschlagwahrscheinlichkeiten können sich von der mittleren bis etwa um den Faktor 3 unterscheiden. Bei Objekten mit einer Höhe über etwa 100m im Flachland oder bei Objekten an sehr exponierten Stellen, wie auf Bergkuppen, sind neben den Wolke-Erde-Blitzen, wie erwähnt, auch Erde-Wolke-Blitze in Betracht zu ziehen, die in vielen Fällen wiederum Wolke-Erde-Blitze in derselben Blitzbahn nach sich ziehen. So ist bei Sendetürmen mit Höhen um 150m mit einigen zehn Einschlägen je Jahr zu rechnen, einem weit größeren Wert also, als sich nach obiger Formel ergibt [75].

Die Auslegung der Blitzschutzanlage ist Aufgabe des Elektroingenieurs. Hierbei werden je nach Anforderung an die Anlage (normal, hoch, extrem hoch) unterschiedliche Grenzwerte für die max. Stromstärke, Ladung, Stromquadratimpuls und Blitzstromsteilheit angesetzt.

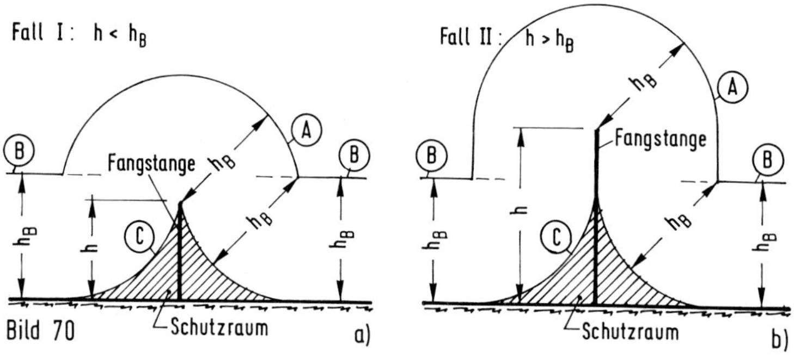

Bild 70

Wie erläutert, haben die Fanganlagen die Aufgabe, den Einschlagort der Wolke-Erde-Blitze festzulegen. Die Fanganlagen einer baulichen Anlage werden zusammengeschlossen und mit dem Erder (Erdleiter) verbunden. - Um die Schutzwirkung einer Fangstange ("Blitzableiter") zu begreifen, sei das sogen. "geometrisch-elektrische Modell" kurz erläutert [75]: Wenn sich der Leitblitz (s.o.) dem Bauwerksbereich auf der Erde bis auf die "Enddurchschlagstrecke" h_B nähert, wird die Fangladung abgesprüht. Die Länge h_B ist vom Stromscheitelwert des Leitblitzes abhängig. Stromschwache Leitblitze nähern sich dem Objekt auf eine kürzere Distanz als stromstarke. Hinsichtlich der Anforderungen an die Blitzschutzanlage "normal", "hoch", "extrem hoch" werden angesetzt: h_B=40, 20 bzw. 10m. Damit lassen sich unterhalb der Fangstange folgende Schutzräume ableiten (Bild 70):

Fall I: Höhe der Fangstange $h<h_B$: Teilbild a

Fall II: Höhe der Fangstange $h>h_B$: Teilbild b

Dringt der Leitblitz bis zur Fläche (A) vor, wird er von der Stange eingefangen, dringt der Leitblitz bis zur Fläche (B) vor, schlägt er in den Boden ein. Die Grenzflächen (A) und (B) schneiden sich in einer Kreislinie; von dieser aus kann der Schutzraum am Boden konstruiert werden: Fläche (C). Aus Teilbild b folgt: Ein Fangstab von der Höhe h ist hinsichtlich des Schutzraumes nur so wirksam wie ein Fangstab der Höhe h_B, bis zu h_B hinab sind Seiteneinschläge möglich, das gilt entsprechend für turmartige Bauwerke aus Stahl. Die Wahrscheinlichkeit solcher Seiteneinschläge dürfte gering sein. - Diese Schutzraumtheorie ist auch auf horizontale und beliebige Fanganordnungen übertragbar [75].

Wichtig ist die Abführung des Blitzstromes in die Erde über den Erdleiter (Erder). Die Fundamentbewehrung wird in die Erdungsanlage einbezogen. Dazu wird sie mit einem verzinkten Stahlband elektrisch leitend miteinander verbunden und in dieser Form an die Stahlkonstruktion angeschlossen. Maßgebend für die Auslegung und Ausführung der Blitzschutzanlage turmartiger Bauwerke aus Stahl ist DIN 57185 T1 / VDE0185 T1, kommentiert in [76]. Für Anlagen besonderer Art ist Teil 2 der Norm maßgebend. Zum "inneren" Blitzschutz vgl. [75].

25 Brückenbau

25.1 Vorbemerkungen

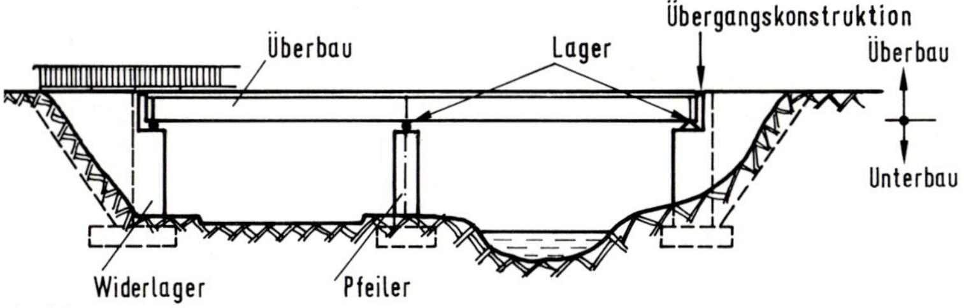

Bild 1 (schematisch)

Eine Brücke gliedert sich in den Überbau, bestehend aus Fahrbahn, Querträgern, Hauptträgern und Verbänden und in den Unterbau, bestehend aus den Widerlagern und Pfeilern. Zwischen Über- und Unterbau liegen die Lager und Übergangskonstruktionen. Bild 1 vermittelt einen schematischen Überblick. - Übersichtsbeiträge zum modernen Brückenbau geben HOFMANN [1] und FISCHER [2].

Im wesentlichen werden Balkenbrücken, vollwandig oder ausgefacht (Bild 2a/b), Schrägseilbrücken (c), Hängebrücken (d) und Bogenbrücken (e bis h) unterschieden. Je größer die Spannweite, umso mehr dominiert die ständige Last gegenüber der Verkehrslast und umso wirtschaftlicher ist es, die Trägerhöhe (also den inneren statischen Hebelarm der Gurtung) dem Momentenverlauf anzupassen.

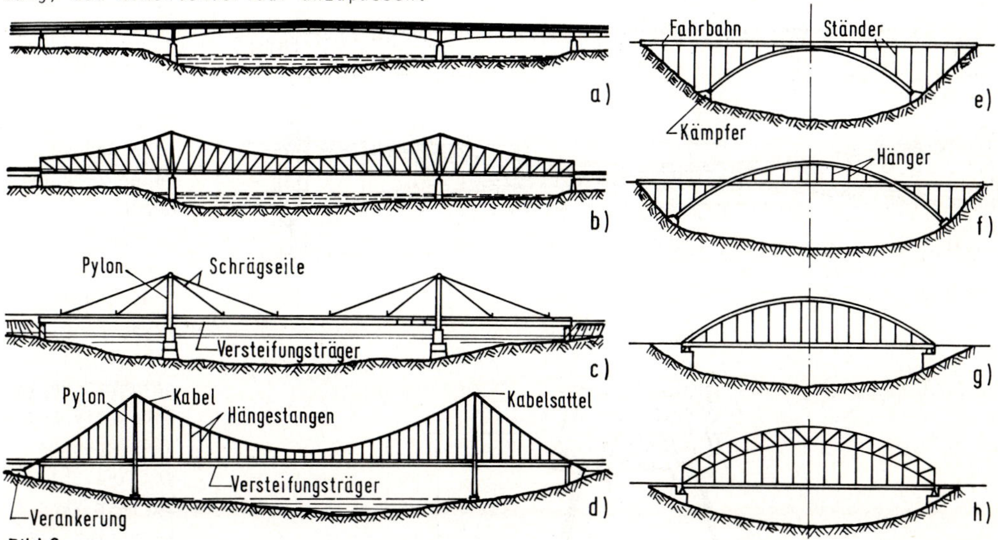

Bild 2

Bauherr von Brücken ist i.a. die Öffentliche Hand (Bund, Länder, Gemeinden); Ausnahmen bilden Brücken innerhalb werkseigener Grundstücke. Neben Eisenbahn- und Straßenbrücken werden Rohrleitungsbrücken, Förderbrücken, Signalbrücken, Kanalbrücken u.a. unterschieden. Erwähnt seien auch Stahlhochstraßen, Behelfsbrücken und Pionierbrücken (Festbrücken, Pontonbrücken, Amphibienbrücken). Neben festen Brücken werden bewegliche Brücken gebaut (Klappbrücken, Drehbrücken und Hubbrücken; das Eigengewicht solcher Brücken wird durch Gegengewichte ausgeglichen.) Die vorerwähnten Sonderformen werden hier nicht behandelt, vgl. u.a. [1,2 u. 3-11].

Brücken lassen sich nicht so freizügig gestalten wie Hochbauten; sie müssen vorrangig die verkehrsmäßigen Belange erfüllen. Gradiente, Nutzbreite, Längs- und Quergefälle der Fahrbahn, Querschnitt und lichte Durchfahrtshöhe auf und unter der Brücke (Lichtraumpro-

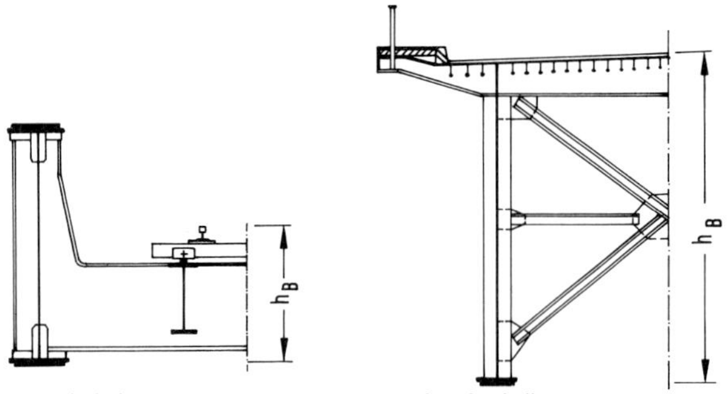

Eisenbahnbrücke mit versenkter Fahrbahn (Trogbrücke) a)

Straßenbrücke mit obenliegender Fahrbahn (Deckbrücke) b)

Bild 3

fil unter Berücksichtigung der Tragwerksdurchbiegung) bestimmen den Brückenentwurf. Bei der Überbrückung schiffbarer Wasserstrassen sind die vorgeschriebenen Schiffahrtshöhen einzuhalten; sie orientieren sich am höchsten schiffbaren Wasserstand. Alle tragenden Teile des Überbaues einschließlich der Lager müssen oberhalb des höchsten Hochwassers (HHW) liegen. - Der Begriff der Bauhöhe h_B ist in Bild 3 erläutert. Die Unterkante des Überbaues wird unter Berücksichtigung ggf. überstehender Schrauben- oder Nietköpfe festgelegt. Ehemals wurde die Führung der Straßen- bzw. Eisenbahntrassen der Lage der Brücken angepaßt: Um möglichst gerade Brücken bauen zu können, wurde die Trasse senkrecht über den zu überbrückenden Strang (z.B. Fluß, Kanal, Straße, Eisenbahn) geführt. Heute haben die Belange des Verkehrs Vorrang. Ein zügiger Verkehrsfluß ist oberstes Ziel, mit der Folge, daß vielfach schiefe und im Grundriß gekrümmte Brücken gebaut werden müssen; auch sind die Einfädelungsbereiche an den Brücken-

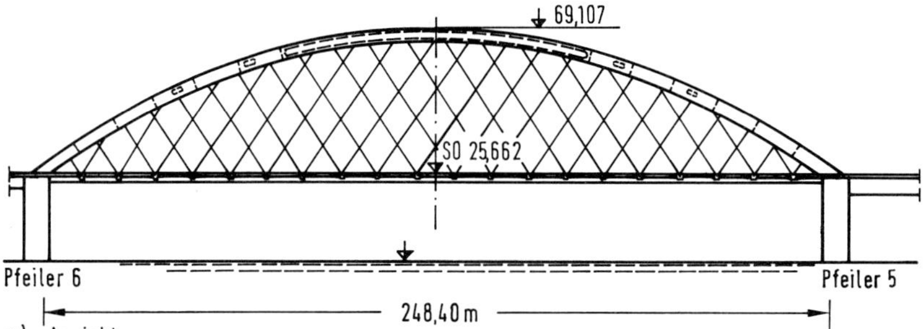

a) Ansicht

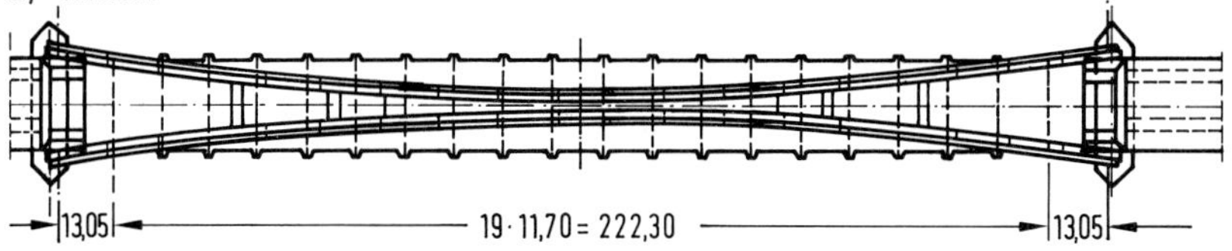

b) Aufsicht

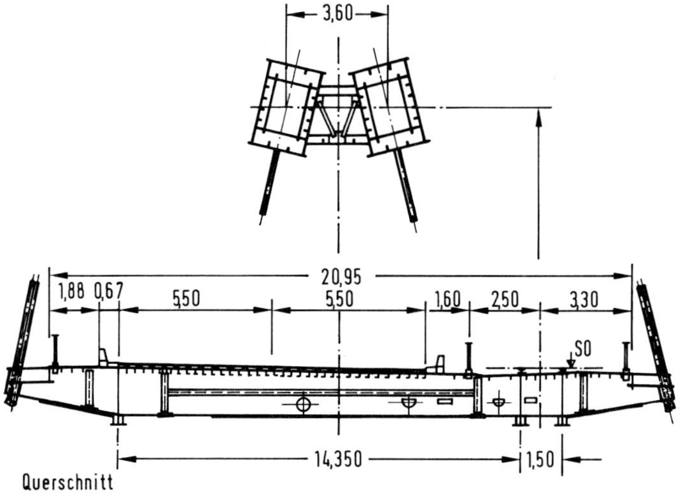

c) Querschnitt

Bild 4

enden von Straßenbrücken im Stadtbereich i.a. recht kompliziert. - Die Wahl des Brückensystems ist von vielen Faktoren abhängig; hierzu zählen u.a. landschaftliche und städtebauliche sowie ästhetische Anforderungen, Lärmschutz, statische und konstruktive Bedingungen (freie Stützweiten), Geländeformation, Baugrund- und Grundwasserverhältnisse, Zugänglichkeit zur Bauörtlichkeit. Unter vergleichbaren Entwürfen wird der wirtschaftlichste unter Berücksichtigung der Baukosten, Bauzeit (ggf. Verkehrsunterbrechung), Unterhalts- und Abbruchkosten gewählt. Die Eignung des Brückenentwurfs für das Auswechseln von Verschleißteilen wie Lager, Fahrbahnübergänge, Dichtungen, Entwässerungszubehöre sowie für mögliche spätere Verstärkungen zur Erhöhung der Tragkraft im Falle von Nutzungsänderungen sollte außerdem in die Entscheidung einfließen. - Brücken werden i.a. öffentlich ausgeschrieben; dieser Ausschreibung liegt ein Amtsentwurf zu Grunde. Bei den meisten Vorhaben sind Sonderentwürfe zugelassen und erwünscht. Von diesen Sondervorschlägen gehen in vielen Fällen neue Ideen und Impulse für den weiteren technischen Fortschritt im Brückenbau aus. Den Brückenbaufirmen entstehen durch diese Vergabepraxis relativ hohe Entwurfs- und Entwicklungskosten. Das schlägt sich andererseits in einem hohen Niveau des Brückenbaues nieder, was der gesamten Bautechnik zugute kommt. Man spricht zu Recht von der Brückenbaukunst; sie ist immer noch die Krönung der Bautechnik [12]; auf Abschnitt 1.3.1 wird in dem Zusammenhang hingewiesen. - Die konstruktive Ausbildung der Eisenbahn- und Straßenbrücken unterscheidet sich wesentlich voneinander. Wegen des fixen Schienenabstandes (Lichtmaß 1435mm) schwankt die Breite der Eisenbahnbrücken in engen Grenzen, d.h. Eisenbahnbrücken sind i.a. sehr viel schmaler als Straßenbrücken. - Gelegentlich werden auch kombinierte Eisenbahn-Straßen-Brücken gebaut. Bild 4 zeigt Ansicht, Aufsicht und Querschnitt der Fehmarnsundbrücke im Zuge der Vogelfluglinie (Baujahr 1963 [13]). Auch werden Straßenbrücken mit gleichzeitigem Straßenbahnverkehr gebaut. Darüberhinaus werden bei Eisenbahnbrücken Dienststege und bei Straßenbrücken Fußgängerstege vorgesehen sowie Medien überbrückt (Kabel und Rohrleitungen). Dabei ist zu beachten und konstruktiv zu berücksichtigen, daß diese Leitungen dieselben Längenänderungen wie das Brückentragwerk in der betreffenden Faser erleiden, ggf. sind Kompensatoren oder Rohrkrümmer anzuordnen. Heißrohrleitungen müssen zwängungsfrei gelagert werden. - Schienen auf Eisenbahnbrücken werden bei größeren Stützweiten im Bereich der Übergänge von der Brücke zum Planum mit Schienenauszügen versehen. - Für tragende Stützen, Rahmenstiele, Endstäbe von Fachwerkbrücken (u.dgl.) schreibt DIN 1072 (Lastannahmen für Straßen- und Wegbrücken) eine Sicherung durch abweisende Schutzmaßnahmen und eine Bemessung für einen Stoß in Form einer statischen Ersatzlast in 1,2m Höhe über Fahrbahnoberfläche in Fahrtrichtung von $\pm$1000kN und rechtwinklig dazu von 500kN vor. Auf Schrammborde und seitliche Schutzeinrichtungen an Fahrbahnen ist eine Ersatzlast für einen Seitenstoß anzusetzen. - Bei Altbrücken mit verminderter Durchfahrtshöhe besteht die Gefahr eines Anpralls durch zu hohe Fahrzeuge. Das gilt auch bei Neubrücken durch LKW mit überhöhter Ladung. Beschädigungen sind die Folge, schienengebundener Verkehr auf der Brücke ist gefährdet. In städtischen Bereichen wurden für solche Fälle kontinuierlich arbeitende Überwachungssysteme eingebaut, die über einen Beschleunigungsgeber im Falle eines Aufpralls einen Alarm auslösen.

Tragende Stützen, die durch den Anprall eines Eisenbahnfahrzeuges gefährdet sind, müssen ebenfalls für eine Ersatzlast nachgewiesen werden, sofern nicht bestimmte Abstände eingehalten oder radabweisende Einrichtungen oder Führungen (Entgleisungsschutz) eingebaut werden. - Bei Brückenpfeilern in schiffbaren Flüssen ist der Sonderlastfall eines Schiffsstoßes zu untersuchen. Zu den Sonderlastfällen zählen hier außerdem Eisstoß und thermischer Eisdruck.

25.2 Eisenbahnbrücken

25.2.1 Allgemeine Entwurfshinweise

Die Gestaltungsgrundsätze für Eisenbahnbrücken wurden von der Deutschen Bundesbahn (DB) in der Dienstvorschrift DS804 (Vorschrift für Eisenbahnbrücken und sonstige Ingenieurbauwerke) festgelegt, vgl. auch DS800. Über der Eisenbahnbrücke muß das sogen. "Erweiterte Regellichtraumprofil" mindestens eingehalten werden, vgl. Bild 5.

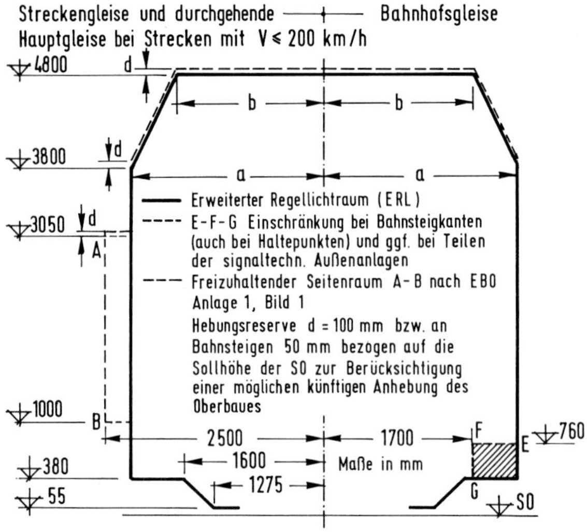

Bild 5 (nach DS 804/4) a)

Vergrößerung der Maße a und b des ERL in Bögen mit Radien < 20000 m

Radius r m	a mm	b mm
∞	2200	1700
20000	2200	1700
10000	2220	1720
5000	2280	1780
4000	2300	1800
3000	2320	1820
1000	2320	1820
600	2330	1830
500	2340	1840
300	2350	1850
250	2360	1860
200	2370	1870
175	2380	1880
150	2390	1890

b)

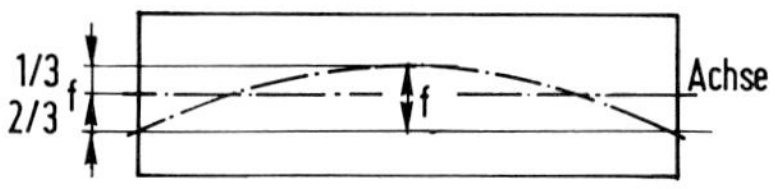

Bild 6

Bei Bauwerken über Eisenbahnanlagen ist als Regelabstand der Bauwerke oder Bauwerksteile von der benachbarten Gleismitte in Geraden 3,50m einzuhalten. Vorstehende Hinweise gelten für Ausbaugeschwindigkeiten bis V=200km/h. (Vgl. auch Abschnitt 25.3.1.)

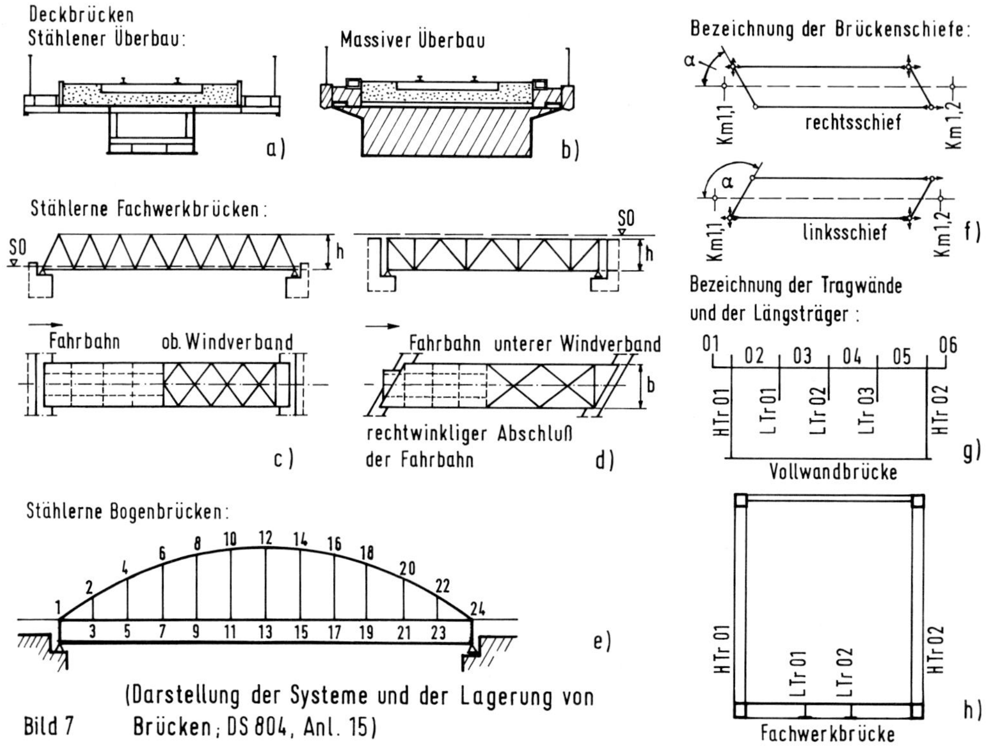

Bild 7 (Darstellung der Systeme und der Lagerung von Brücken; DS 804, Anl. 15)

Bei Eisenbahnbrücken, insbesondere bei solchen mit sehr großer Stützweite, sollte die Gleistrasse möglichst gerade verlaufen. Wenn auf geraden Tragwerken eine Gleiskrümmung untergebracht werden muß, ist das Gleis so anzuordnen, wie es in Bild 6 schematisch dargestellt ist; das erfordert eine größere Brückenbreite und ist nur bei relativ schwacher Krümmung (in Abhängigkeit von der Brückenlänge) möglich. Bei stärkerer Gleiskrümmung ist eine im Grundriß gekrümmte Brücke auszubilden, in moderner Bauweise als torsionssteife Kastenträgerbrücke. - Schiefe Brücken bedingen konstruktiv schwierige Übergangskonstruktionen über den Widerlagern und ggf. auch über den Pfeilern. Die Winkelschiefe soll $\alpha=60°$ (67gon) bis 120° (133gon) nicht unter- bzw. überschreiten. Zur Definition der Schiefe vgl: Bild 7. In diesem Bild sind unterschiedliche Brückenquerschnitte, Tragsysteme und Lagerungen dargestellt sowie Benennungshinweise angegeben; es bedeuten: LTr: Längsträger, QTr: Querträger, HTr: Hauptträger.
Sofern es sich nicht um sehr weitgespannte Fachwerk- oder Stabbogenbrücken handelt, die in Ausnahmefällen mit einer sogen. offenen Fahrbahn ausgestattet werden, sind nach moderner Konzeption der Deutschen Bundesbahn (DB) alle Brücken als Deckbrücken mit durchgehendem Schotterbett auszuführen (Bild 7a/b); das gilt in der Nähe bewohnter Gebiete auch für Fachwerk- und Stabbogenbrücken. Das Schotterbett dient der Minderung des Schallpegels, das Fahrgeräusch ändert sich nur geringfügig beim Auffahren auf die Brücke, was dem Fahrkomfort zugute kommt. Außerdem lassen sich Richtungs- und Höhenfehler des Gleises beim Übergang vom Erdplanum zur Brücke und unterschiedliche elastische Einsenkungen im Gleis durch das Schotterbett ausgleichen.
Für kurze Spannweiten kommen heutzutage im Regelfall Massivbrücken zum Einsatz. Immer dann, wenn z.B. nur eine geringe Bauhöhe zur Verfügung steht oder nur eine kurze Verkehrsbehinderung bzw. -sperrung hingenommen werden kann, werden auch bei kurzen Weiten Stahlbrücken ausgeführt. Wegen ihres relativ geringen Gewichts können große Sektionen einer Brücke oder die Brücke als Ganzes mittels schwerer Autokrane oder Gleiskrane (z.B. über Nacht) eingehoben werden. - Das Eigengewicht stählerner Eisenbahnbrücken kurzer Spannweite schwankt zwischen 14 bis 21 kN/m; das Gewicht vergleichbarer Massivbrücken ist etwa 4 bis 6 mal höher. Bei durchgehendem Schotterbett ist der Unterschied geringer. Wenn ein Baugrund geringer Tragfähigkeit ansteht oder vorhandene (zur Wiederverwendung bestimmte) Pfeiler oder Widerlager mit begrenzter Tragfähigkeit vorliegen, können diese Umstände ebenfalls die Entscheidung für eine Stahlbrücke begünstigen.
Bild 8 zeigt verschiedene Querschnittsformen für Deckbrücken, wie sie von der DB heutzutage bevorzugt werden. Die Teilbilder a bis c zeigen eingleisige und die Bilder d und e zweigleisige Eisenbahnbrückenquerschnitte. Das Schotterbett liegt deckseitig: Verlegung und Unterhaltung der Gleise sind ohne Unterbrechung über das Schotterbett der Brücke hinweg möglich. (Trogbrücken behindern bei zu eingeengtem Arbeitsraum den Betrieb der mo-

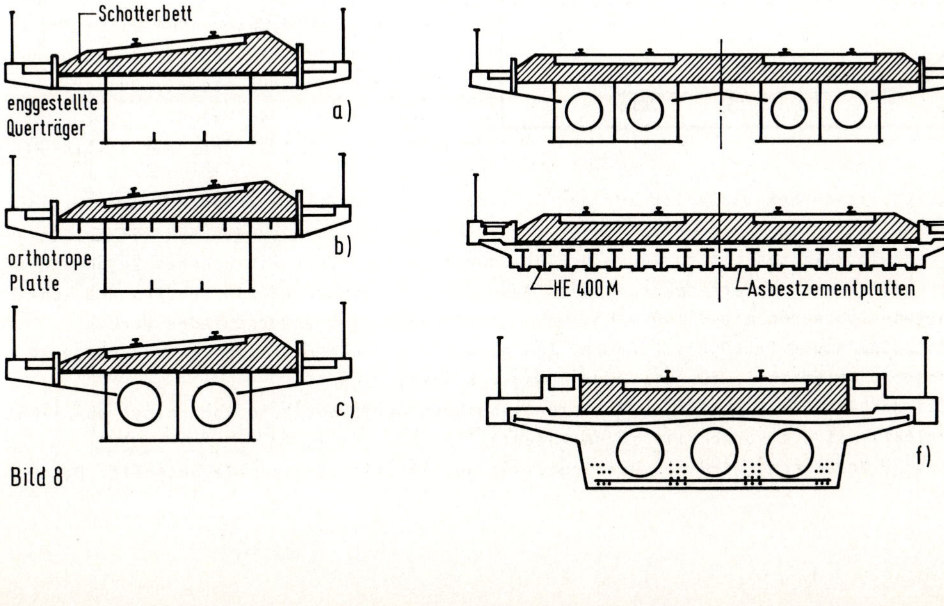

Bild 8

dernen, vollmechanisierten Unterhaltungsmaschinen.) - Die in den Teilbildern a bis e skizzierten Querschnitte zeigen folgende Merkmale: a) bis d) torsionssteife Kastenquerschnitte; a) und c/d) enggestellte Querträger bzw. Querschotte, b) orthotrope Platte. Bild e: Walzträger in Beton. - Bild f zeigt zum Vergleich eine eingleisige Spannbetonbrücke mit Längs- und Quervorspannung und drei (mittels zylindrischer Verdrängungskörper hergestellter) Hohlräume.
Im Regelfall kommt St37-2 und St37-3 als Baustahl zum Einsatz, bei höherer Beanspruchung St52-3. (Der Stahl St52 wurde 1929 eingeführt, im selben Jahr wurde die erste vollständig geschweißte Eisenbahnbrücke in Betrieb genommen. Der im Jahre 1924 eingeführte Stahl St48 konnte sich nicht durchsetzen.)

25.2.2 Belastungs- und Berechnungsgrundlagen

Grundlage für die Berechnung, Konstruktion und Ausführung von Eisenbahnbrücken ist die "Vorschrift für Eisenbahnbrücken und sonstige Ingenieurbauwerke (VEI)", DS804; sie gliedert sich in sechs Teile:

DS804/1 Allgemeines
DS804/2 Lastannahmen
DS804/3 Bemessung
DS804/4 Konstruktion
DS804/5 Allgemeine technische Bestimmungen
DS804/6 Bewertung der Tragfähigkeit bestehender Bauwerke

Ehemals waren u.a. maßgebend:
- DV804: Berechnungsgrundlagen für stählerne Eisenbahnbrücken (BE); 1.10.1951
- DV848: Vorschriften für geschweißte Eisenbahnbrücken; 1.12.1955
- DV805: Grundsätze für die bauliche Durchbildung stählerner Eisenbahnbrücken (GE); 1.12.1955

Die "Vorläufigen Empfehlungen zur Berechnung und baulichen Durchbildung von Eisenbahnbrücken aus Walzträgern in Beton (EWiB)" wurden ebenfalls durch DS804 (Anl.8) ersetzt. - Die neue sechsteilige Vorschrift DS804 wurde zunächst als Entwurf (Gelbdruck) und in den Jahren 1979/81 als Vorausgabe eingeführt, seit 1.1.1982 ist sie als bautechnisches Regelwerk verbindlich.

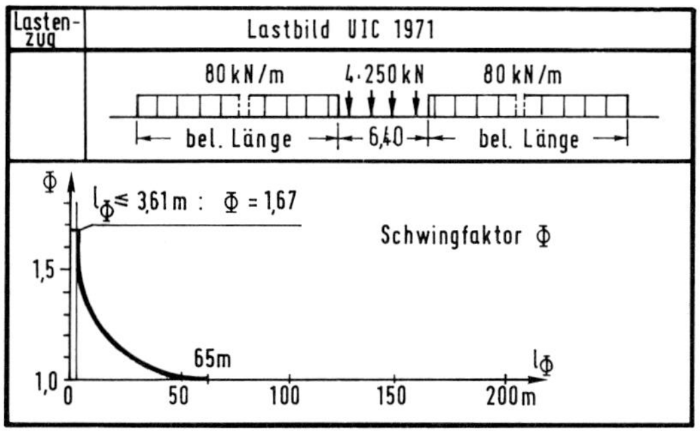

Bild 9

Die in ihrer Auswirkung auf die statische und konstruktive Auslegung stählerner Eisenbahnbrücken wichtigsten Neuerungen gegenüber der ehemals gültigen DV804 sind:
- Einführung des Lastenzuges UIC71 nebst Schwingfaktor Φ (Bild 9),
- Einführung einer neuen Regelung für die Berechnung des mitwirkenden Gurtquerschnitts.
- Einführung des Betriebsfestigkeitsnachweises anstelle des ehemals üblichen Dauerfestigkeitsnachweises.

Vgl. im einzelnen die Abschnitte 25.2.3 bis 25.2.5.

Der Geltungsbereich der DS804 ist auf den Geltungsbereich der Eisenbahn-Bau- und Betriebsordnung (EBO) abgestimmt und erfaßt damit Bauwerke der Deutschen Bundesbahn mit zulässigen Zuggeschwindigkeiten bis zu 160km/h. Für Schnellfahrstrecken mit höheren Zuggeschwindigkeiten gelten die Sonderregelungen der "Besonderen Bestimmungen für Brücken und sonstige Ingenieurbauwerke mit V>160km/h", wobei zwei Kategorien unterschieden werden: V=160 bis 200km/h und V=200 bis 250km/h. - Eine weitere Sonderregelung ist die DS899/54 "Bautechnische Richtlinien für die Überbauung von Bahnanlagen".
Tafel 25.1 enthält die wichtigsten Belastungsannahmen der DS804/2 in Form einer Übersicht. (Im Einzelfall ist die Vorschrift zu beachten!)
Die statische Berechnung wird auf der Grundlage der Elastizitätstheorie erstellt. Die Bun-

Lastannahmen für Eisenbahnbrücken (Auszug aus DS 804/2)

Es werden die Lastfälle H, Z, C, HZ, HA und HZE nach vorgeschriebenen Regeln aus folgenden Lasten gebildet (Auszug):
Hauptlasten: Ständige Lasten: Eigenlasten; Erddrucklasten; Wasserdrucklasten; Lasten aus Fahrleitungen; Vorspannung; Kriechen und Schwinden; wahrscheinliche Baugrundbewegungen (Setzungen und Verdrehungen); Verkehrslasten einschließlich Schwingfaktor; Fliehkräfte. — Alle Lasten in Bauzuständen.
Zusatzlasten: Wärmewirkungen (Temperaturwirkungen); Windlasten; Schneelasten; Anfahr- und Bremslasten; Seitenstöße; Bewegungswiderstände von Lagern; mögliche Baugrundbewegungen.
Sonderlasten: Ersatzlasten für entgleiste Fahrzeuge; Anprallasten v. Eisenbahn- u. Straßenfahrzeugen und von Schiffen; Eisstoß und Eisdruck; Erdbebenwirkungen (DIN 4149).

HAUPTLASTEN

Eigenlasten aus Fahrbahn und Signalen:
Eingleisige Fahrbahn mit Schotterbett nach Regelquerschnitt (einschl. Schienen und Schwellen): 55,0 kN/m
Zweigleisige " : 105,0 kN/m
Lichtsignal (mit Arbeitsbühne): 9,2 kN, Fahrsignal: 7,5 kN.

Verkehrslasten auf Eisenbahnbrücken: Belastungsbild UIC71. (Bei Durchlaufträgern zusätzlich auf allen Strecken Lastbild SW und in Sonderfällen auch Lastbild SSW.)

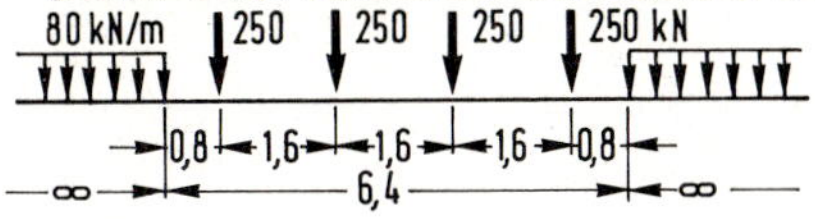

Bei ein- und zweigleisigen Tragwerken: Volle Belastung.
Bei mehrgleisigen Tragwerken sind zwei Fälle zu untersuchen:
a) Jeweils zwei Gleise: 100%, alle weiteren 0% } UIC 71
b) Alle Gleise einheitlich 71% }

Tragwerk ab 10m Stützweite mit Regelfahrbahn:

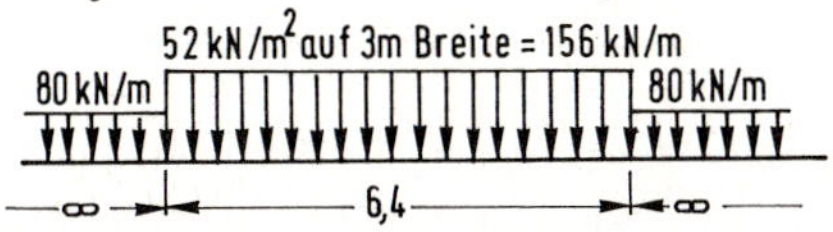

Tragwerke mit Schotterbett: Berücksichtigung einer Verschiebung der Gleislage um ± 10cm gegenüber Sollage.
Tragwerke mit Schotterbett: Bemessung der Fahrbahn anstelle der Einzellasten: Flächenlast von 52 kN/m² (Breite: 3,0m; Länge: 6,4m in Oberkante Fahrbahn).

Schwingfaktor Φ_{UIC} ist Funktion der maßgebenden Länge l_Φ (für die Lastbilder SW und SSW gelten andere Faktoren)

	Brückenteile, Brückenarten	l_Φ
1	Geschlossene Fahrbahn, Fahrbahnblech	Stützweite des Fahrbahnbleches (Abstand der Längs- o. Querrippen)
2	Längsrippen und Längsträger	Abstand der Querträger zuzügl. 3,0m
3	Querträger ohne Trägerrostwirkung	Doppelter Abstand der Querträger zuzügl. 3,0m
4	Querträger mit Trägerrostwirkung	Stützweite der Hauptträger bzw. doppelte Länge der Querträger
13	Hauptträger; eingleisiges Tragwerk auf 2 Stützen	Stützweite der Hauptträger
14	Hauptträger; durchlaufend über n Öffnungen	$(l_1 + l_2 + \cdots + l_n)/n$
16	Mehrgleisiges Tragwerk	Doppelte Stützweite nach 13 bzw. 14

l_Φ	≤3,61	4	5	6	7	8	9	10	11	12	13	14	15	16	17	l_Φ
Φ	1,67	1,62	1,53	1,46	1,41	1,37	1,33	1,31	1,28	1,26	1,24	1,23	1,21	1,20	1,19	Φ
l_Φ	18	19	20	22	24	26	28	30	35	40	45	50	55	60	≥65m	l_Φ
Φ	1,18	1,17	1,16	1,14	1,13	1,11	1,10	1,09	1,07	1,06	1,04	1,03	1,02	1,01	1,00	Φ

Nachweis massiver Widerlager, Pfeiler und Gründungskörper: ohne Φ.
Fliehkräfte: $P_H = f \cdot PV^2/127r$, $p_H = f \cdot pV^2/127r$; P: Einzellast (250 kN), p: Streckenlast (80 kN/m), r: Bogenradius in m, V: Zulässige Höchstgeschwindigkeit in km/h, P und p ohne Φ. P_H bzw. p_H wirken 1,80m über SO.
f: Abminderungsfaktor, $120 \le V \le 160$ km/h: l = 2,88; 5; 10; 20; 50; 100; 150m: f = 1,00; 0,93; 0,87; 0,83; 0,79; 0,77; 0,76.
l: Stützweite des Tragwerkes bzw. Länge der maßgebende Einflußlinie. Für Fahrbahnteile gilt: f = 1.
Gehwegbelastung: Für Nachweis des Gehweges: 5 kN/m², für Nachweis der Brücke: 3 kN/m² (dann Zusatzlast)

ZUSATZLASTEN

Temperaturwirkungen: (Aufstellungstemperatur: 10°C):
T-Schwankungen: ± 35 K (einschließlich Elastomere-Lager; bei anderen Lagern: max T = + 75K, min T = -50 K).
T-Unterschied: 15 K, linearer T-Gradient bei vollwandigen Tragwerken und zwischen Bauteilen gegliederter Tragwerke.
In Abhängigkeit von der Lagerung der Brücke und den Fällen ohne und mit Schienenauszug am Brückenende sind in DS 804/2 Lagerkräfte zur Berücksichtigung der Temperaturänderungen des Tragwerkes bzw. der Schienen als Funktion der Tragwerkslänge angegeben; z.B.: Einteiliges Tragwerk mit durchgehend geschweißten Schienen: $F_{x,T} = 8{,}0 \cdot l[m]$ in kN.
Wind: Getrennt für die Fälle ohne und mit Verkehr in Abhängigkeit von der Höhe der Brücke über Gelände:
Ohne Verkehr: 1,75 kN/m² (0 bis 20m); 2,10 kN/m² (20 bis 50 m); 2,50 kN/m² (ab 50m); mit Verkehr: 0,90; 1,10; 1,25 kN/m². Bei Lärmschutzwänden auf der Brücke (ohne Verkehr): 1,45; 1,75; 2,05 kN/m².
Anfahr- und Bremslast in SO (ohne Φ):
Anfahrlast: $F_{x,An} = 33{,}3\,\xi \cdot l$ in kN $\le 1000\,\xi$; Bremslast: $F_{x,Br} = f_{x,Br}\,\xi \cdot l$ in kN (F_x am festen Lager). $f_{x,Br}$: bezogene Bremslast je Gleis: 20 kN/m; ξ: Reduktionsfaktor, abhängig von der Tragwerkslänge u. Schienenanordnung; l[m]: bezogene Belastungslänge
Seitenstoß: 100 kN in SO in jedem Gleis an ungünstigster Stelle rechtwinklig zur Gleisachse.

Abkürzungen: SO: Schienenoberkante, T: Temperatur. (Maßgebend ist die Original-Vorschrift!)

desbahn übt als Bauherr gleichzeitig die Bauaufsicht aus; Berechnungen und Pläne werden in eigener Hoheit geprüft. - Zum Zwecke der Standardisierung gibt die DB Richtzeichnungen und Typenberechnungen für häufig wiederkehrende Bauteile heraus; deren Beachtung ist obligatorisch vorgeschrieben.

Erläuterungen zu Tafel 25.1:

- Es werden Haupt-, Zusatz- und Sonderlasten unterschieden. Die einzelnen Wirkungen sind nach vorgeschriebenen Regeln zu überlagern.
- Fliehkräfte auf Brücken mit Gleiskrümmungen dürfen für V>120km/h um den Faktor f abgemindert werden; hierdurch wird berücksichtigt, daß die mit hohen Geschwindigkeiten verkehrenden Reisezüge eine wesentlich geringere Masse (als der UIC-Lastenzug) haben.

  Die in DS804 angegebene Zahlengleichung für die Fliehkraft ist dimensionsgebunden. Die allgemeine Formel für die Fliehkraft lautet:

$$P_H = m\frac{v^2}{r} \quad [kg\cdot(\frac{m}{s})^2\frac{1}{m}] = [kg\frac{m}{s^2}] = [N] \tag{1}$$

  Hierin bedeuten: m Masse in kg, v Geschwindigkeit in m/s, r Radius in m. Wird anstelle der Masse m mit der Last P in kN gerechnet und die Geschwindigkeit in Stundenkilometer V gemessen, gilt:

$$m = \frac{P[kN]\cdot 1000}{9{,}81}[\frac{Ns^2}{m} = kg]\ ; \qquad v = \frac{V[km/h]\cdot 1000}{3600}\ [\frac{m}{s}] \tag{2}$$

  G.1 läßt sich damit überführen in:

$$P_H\cdot 1000 = \frac{P\cdot 1000}{9{,}81}\cdot\frac{V^2\cdot 1000^2}{3600^2}\cdot\frac{1}{r} \quad\longrightarrow\quad P_H = \frac{P\cdot V^2}{127{,}1\cdot r}\ [kN] \tag{3}$$

- Nach dem Entwurf zur DS804 war als Anfahrkraft 1/4 der Streckenlast 80kN/m über eine Länge von 35m und als Bremskraft 1/8 dieser Streckenlast über die ganze Brückenlänge in Oberkante Fahrbahnkonstruktion anzusetzen. Aufgrund theoretischer und experimenteller Untersuchungen wurde festgestellt [14-17], daß sich über das Schotterbett eine Kopplung zwischen Brücke und Gleis bei der Abtragung der Längskräfte aus Temperaturänderungen und Anfahr- bzw. Bremswirkungen einstellt, die u.a. wesentlich von der Unterbausteifigkeit abhängig ist. In der nunmehr gültigen DS804 wurde der Ansatz der Anfahr- und Bremskräfte an diese neuen Erkenntnisse angepaßt. (Über Brückenmessungen vgl. auch [18,19]).
- Gegenüber der ehemaligen Vorschrift wurden die Sonderlasten erweitert: Anprall von Eisenbahnfahrzeugen und Schiffen, Eisstoß, thermischer Eisdruck auf den Unterbau; Wirkung entgleister Eisenbahnfahrzeuge auf den Überbau; Erdbeben. Der Sonderlastfall: Wirkung entgleister Eisenbahnfahrzeuge ist damit zu begründen, daß auf den früher bei allen Brücken ab 50m Länge geforderten Entgleisungsschutz heute bei Tragwerken mit Regelfahrbahn verzichtet wird.

Im übrigen korrespondieren die Vorschriften für Eisenbahnbrücken bezüglich Berechnung und Konstruktion mit den Grundnormen des allgemeinen Stahlbaues. Wegen Einzelheiten wird auf DS804 und die hierin enthaltenen ausführlichen Erläuterungen verwiesen.

Brücken mit mehr als 15m Stützweite sind für ständige Last und 1/4 der Verkehrslast (ohne Schwingbeiwert Φ) zu überhöhen.-

Brücken sind Bauwerke im Freien und daher atmosphärischer Korrosion ausgesetzt. Gewisse Mindestdicken dürfen nicht unterschritten werden:

- Fahrbahnbleche; schotterberührt	14mm
- Fahrbahnträger (Längsrippen, Längsträger, Querträger)	10mm
- Stegbleche von Hauptträgern in Vollwand- und Hohlkastenbauweise	10-12mm
- Stegbleche; schotterberührt	14mm
- Gurtplatten	15mm
- Seiten- und Deckbleche von Hohlquerschnitten bei Fachwerkstäben	8mm
- Stege von Formstählen	5mm
- Winkelstähle	70·70·7

Wegen der einzuhaltenden gegenseitigen Mindestabstände wird auf DS804/4 verwiesen.

Bleche und Breitflachstähle von mehr als 50mm Dicke dürfen (wegen der Sprödbruchgefährdung) nicht verwendet werden.

25.2.3 Lastbild UIC71 [20-22]

Internationale Bemühungen zur Vereinheitlichung und Vereinfachung der Vorschriften, der Entwicklungstrend zu höheren Fahrgeschwindigkeiten mit einem erweiterten Lichtraumprofil und neue wissenschaftliche Erkenntnisse über die dynamische Beanspruchung beim Überfahren von Brücken waren die Gründe für die Entwicklung eines neuen Lastbildes und zwar in Form eines "fiktiven" Lastenzuges. Der Lastenzug ist so konzipiert, daß damit die in einem Bauwerk ausgelösten Beanspruchungen von sechs unterschiedlichen Betriebslastenzügen abgedeckt werden. Bild 10 zeigt die sechs Betriebslastenzüge, mit denen der derzeitige Stand und die künftige Entwicklung der Eisenbahntechnik eingefangen wird. Es handelt sich um Güterzüge mit mittlerer Geschwindigkeit, Reisezüge mit hoher bis sehr hoher Geschwindigkeit und Sonderschwerfahrzeuge mit geringer Geschwindigkeit. Die Last schnellfahrender Reisezüge ist im Vergleich zu Güterzügen relativ gering, durch die hohe Geschwindigkeit ist der dynamische Anteil an der Beanspruchung vergleichsweise hoch.

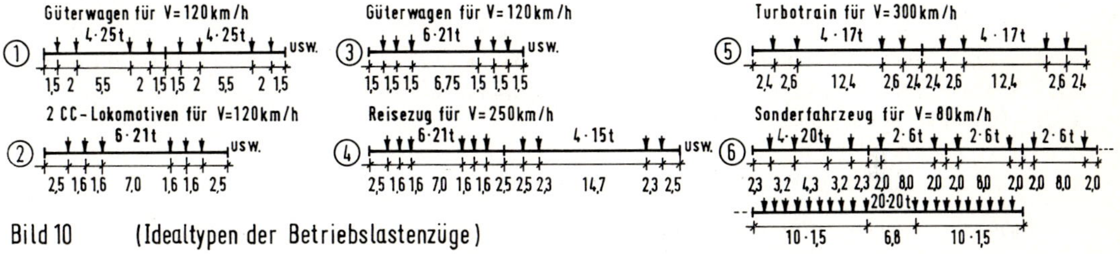

Bild 10 (Idealtypen der Betriebslastenzüge)

Berechnet man das max Feldmoment und die max Querkraft für einen Einfeldbalken unterschiedlicher Länge L für die sechs Betriebslastenzüge, so zeigt sich, daß für Spannweiten bis etwa L=10m Typ (4), bis L=60m Typ (6) und bis L=200m Typ (1) maßgebend ist; hierin ist der dynamische Einfluß berücksichtigt (siehe unten).

Die reale dynamische Beanspruchung hängt von vielen Einflüssen ab: Steifigkeit und Masse der Brücke, Federungseigenschaften und Zustand der Fahrbahn (Periodizität durch die Schienenauflagerung, sowie Querträger und Widerlagerabstände), Fahrgeschwindigkeit in bezug zur Brückenspannweite, Steifigkeit und Federung der Fahrzeuge.

Brückenmessungen (unterstützt durch theoretische Untersuchungen) haben ergeben, daß sich der dynamische Lastzuwachs bei Vorhandensein eines ungestörten (unbeschädigten) Gleises zu

$$\varphi' = \frac{k}{1 - k + k^4} \quad \text{mit} \quad k = \frac{v}{2L f_0} \qquad (4)$$

darstellen läßt; hierin ist v die Fahrgeschwindigkeit in m/s, L die Stützweite in m und f_0 die Grundfrequenz der unbelasteten Brücke in Hz. Bild 11a zeigt die Funktion $\varphi'(k)$. - Bei realen Gleisen tritt noch ein weiterer dynamischer Einfluß hinzu, der auf den unvermeidbaren Gleisimperfektionen beruht, insbesondere infolge gewisser Beschädigungen auf

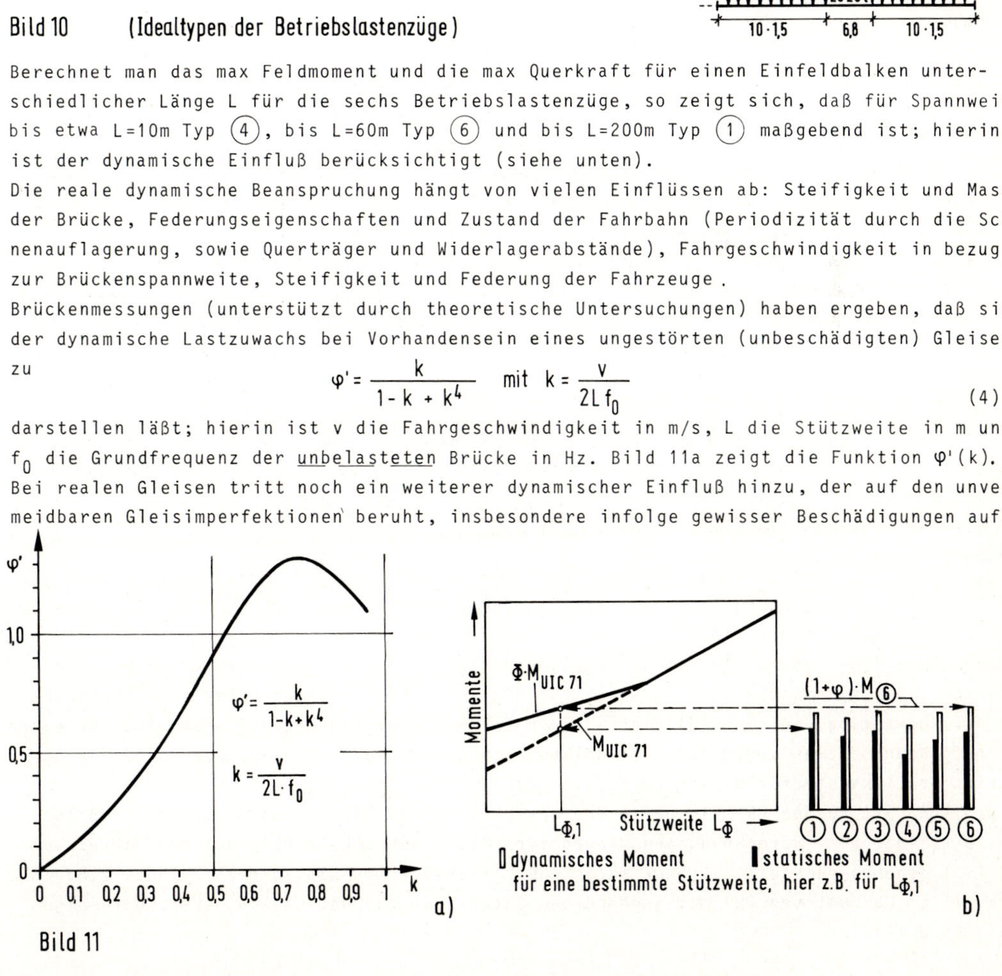

Bild 11

der Oberfläche der Schienen. Die theoretische Untersuchung einer 2mm tiefen Modell-Delle von 1m Länge in Brückenmitte lieferte einen Wert φ'', der sich wiederum als von L und f_0 abhängig erwies. Mit Rücksicht auf die Gleisqualität der DB wurde

$$\varphi = \varphi' + 0{,}5\varphi'' \qquad (5)$$

vereinbart. - Das Lastbild UIC71 wurde in Verbindung mit dem "Schwingfaktor" Φ (im Sinne eines Anpassungsfaktors) derart festgelegt, daß die Φ-fache UIC-Beanspruchung (max M und max Q eines Trägers auf zwei Stützen) die Beanspruchungen aus sämtlichen Betriebslastenzügen gemäß Bild 10, multipliziert mit dem jeweils zugehörigen $(1+\varphi)$-Faktor abdeckt. Bild 11b verdeutlicht die Vorgehensweise: In dem angedeuteten Beispiel liefert der Betriebslastenzug ① die höchste statische und der Zug ⑥ die (maßgebende) höchste dynamische Beanspruchung. Die Forderung zur Festlegung von Φ (als Funktion von L) lautet:

$$\Phi \cdot M_{UIC\,71} \geq (1+\varphi) \cdot M_{\text{Betriebslastenzüge ① bis ⑥}} \qquad (6)$$

Das Belastungsbild UIC71 selbst basiert auf der größten Meterlast der international festgelegten Klasseneinteilung der Strecken C4 mit 80kN/m. Die symmetrisch angeordneten Einzellasten von 250kN tragen in erster Linie den hohen Beanspruchungen Rechnung, die durch Einzelachslasten über 200kN an Brückenüberbauten mit kleinen Stützweiten hervorgerufen werden. Vor diesem Hintergrund wird deutlich, daß Φ tatsächlich ein Anpassungsfaktor ist, über den das fiktive Lastbild an die realen dynamischen Beanspruchungen der heutigen und künftigen Betriebslastenzüge angepaßt wird.

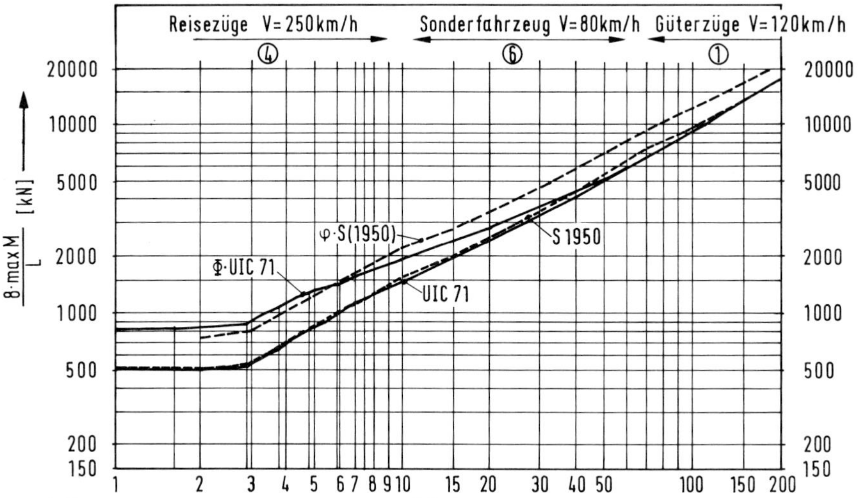

Bild 12

In Bild 12 ist das Ergebnis der Analyse ausgewiesen: Die ausgezogenen Linien zeigen die bezogene statische und dynamische Momentenbeanspruchung. Zum Vergleich ist die statische und dynamische M-Linie für den ehemaligen Lastenzug S (1950) eingezeichnet. Danach ergeben sich gegenüber der alten Vorschrift folgende Unterschiede:

- Bis L=6,0m Stützweite ergibt das neue Lastbild in Verbindung mit dem Φ-Faktor eine ca. 10% höhere Beanspruchung (das betrifft ca. 18000 Überbauten; auch sind die Bauteile der Fahrbahnkonstruktion betroffen),
- Oberhalb L=6,0m Stützweite ist die Beanspruchung bis zu 30% geringer (ca. 33000 Überbauten). Der dynamische Einfluß wurde für diesen Bereich demnach ehemals überbewertet.

Bei der Auswertung von Einflußlinien mit wechselndem Vorzeichen gehen nach DS804 Bereiche mit entgegengesetzten Vorzeichen mit Nullbelastung ein, vgl. Bild 13. Die ehemalige Vorschrift DV804 kannte für diesen Fall eine reduzierte Belastung.

Um den Kontrast zu den ehemals geltenden Lastenzügen deutlich zu machen, sind in Bild 14 die Lastbilder der "Berechnungsgrundlagen für Eisenbahnbrücken (BE)" aus den Jahren 1922 und 1951 gegenübergestellt. Früher waren die Lastenzüge ein Abbild realer Züge, z.B. in Form zweier Lokomotiven (L) mit angehängten Güterwägen (G) und das in mehrfacher Folge (vgl. Bild 14a).

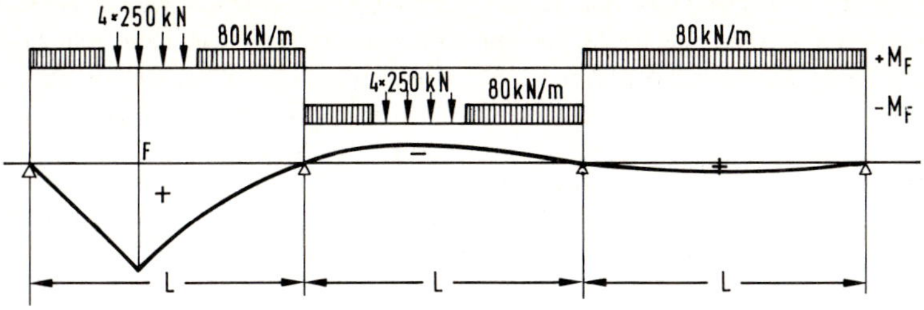

Bild 13

Ergänzend zum Lastbild UIC71 ist bei Durchlaufträgern in allen Strecken das Lastbild SW (für Schwerwagen bis zu 20 Achsen und 200kN Radsatzlast) einschließlich zugehörigem Schwingfaktor einzurechnen. Darüberhinaus ist in Sonderfällen nach Weisung der HVB für Schwerwagentransporte das Lastbild SSW, einschl. Schwingfaktor, zu berücksichtigen.

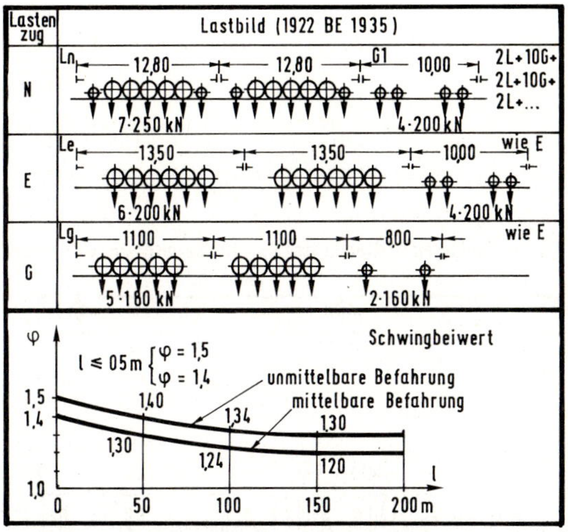

Bild 14 a)

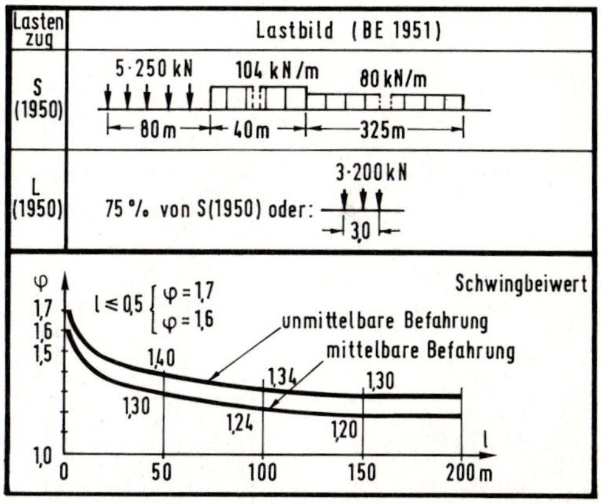

b)

25.2.4 Mitwirkender Gurtquerschnitt

25.2.4.1 Berechnungsansätze

Die Berechnung der Spannungen und Formänderungen (bei statisch unbestimmten Systemen auch die Berechnung der Schnittgrößen) setzt bei Trägerquerschnitten mit breiten Gurten die Kenntnis des mitwirkenden Gurtquerschnittes voraus. Wie in Abschnitt 4.5 erläutert, tritt in den Gurten von Biegeträgern infolge der Schubverzerrungen ein Abfall der Biegenormalspannungen vom Steg zu den Rändern hin ein, d.h. es liegt kein ebener Spannungszustand vor. Durch die Einführung einer "mitwirkenden Breite" b_m wird die Gültigkeit der technischen Biegelehre wiederhergestellt; aus Bild 15a geht die Definition hervor: Jedem Gurtabschnitt ist eine mitwirkende Breite zugeordnet. Dabei ist die mitwirkende Breite jedes

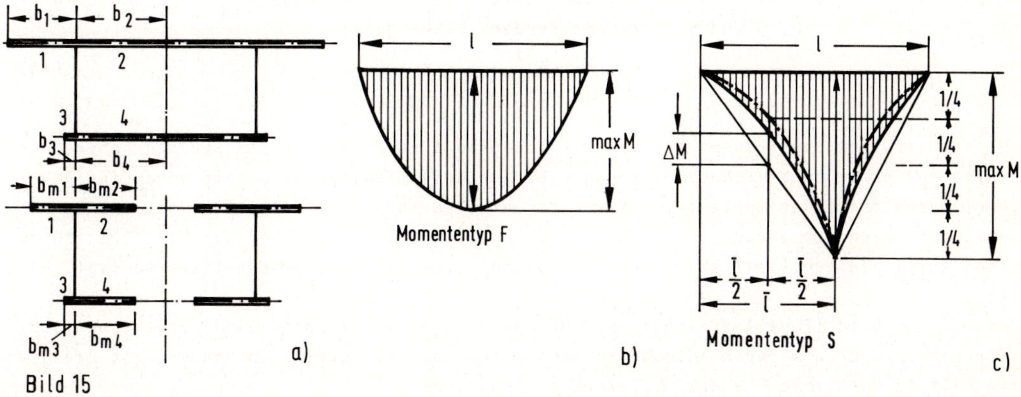

Bild 15

Teilgurtes (der Breite b) vom Verhältnis b/l abhängig. Hierbei ist l gleich der Stützweite L bei Einfeldträgern bzw. gleich der Länge der Momentenabschnitte zwischen den Momentennullpunkten bei Durchlaufträgern (Endfeld: l=0,8L, Innenfeld: l=0,6L). Außerdem ist die mitwirkende Breite (und deren Verlauf in Trägerlängsrichtung) vom Momententyp abhängig: Momententyp F (Feldbereich); Momententyp S (Stützbereich). Der F-Typ ist parabelförmig gekrümmt, der S-Typ hat eine Spitze; vgl. Bild 15b/c. Die Schärfe der Spitze, d.h. die Unterschneidung gegenüber einem geradlinigen Dreiecksverlauf, wird durch den Parameter

$$\psi = \frac{4\Delta M}{\max M} \tag{7}$$

gekennzeichnet; ψ liegt zwischen 0 (geradliniger Verlauf) und 1 (parabelförmiger, konvexer Verlauf).

Die Vorschrift DS804 sieht (einem Vorschlag von SCHMIDT, PEIL, BORN [23] folgend) vor, einen sogen. "mitwirkenden (Teil-)Gurtquerschnitt" einzuführen und zwar in Form der reduzierten Querschnittswerte:

$$\lambda \cdot A_G \quad \text{und} \quad \lambda \cdot I_G \tag{8}$$

A_G und I_G sind Querschnittsfläche bzw. Trägheitsmoment des vollen Teilgurtes (im jeweils betrachteten Teilquerschnitt) einschließlich mitwirkender Längsrippen. λ ist der "Wirkungsgrad" des Teilgurtes.

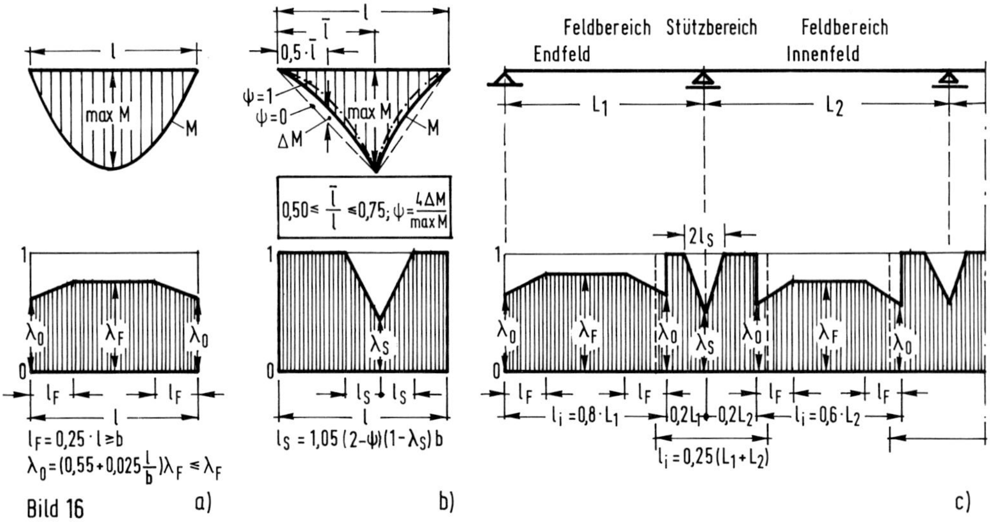

Bild 16

Abhängig vom Momententyp werden λ_F und λ_S unterschieden, λ_S ist zusätzlich abhängig von ψ und der Schiefe der negativen Stützmomentenfläche. Diese wird durch

$$\eta = \bar{l}/l \tag{9}$$

gekennzeichnet. Zur Definition von $\bar{l}$ vgl. Bild 15c. Der Wirkungsgrad λ kann aus Bild 17 als Funktion von l/b, ψ und η entnommen werden. Dabei gilt:

$$\begin{array}{ll} \text{Feldbereich F:} & \eta_F \equiv \eta_I \\ \text{Stützbereich S:} & \eta_S \equiv \eta_{II} \end{array} \tag{10}$$

In Längsrichtung des Trägers ist der Wirkungsgrad λ veränderlich. Im Bereich hoher Querkräfte und damit hoher Schubverzerrungen erfährt die mitwirkende Breite eine Einschnürung. Deshalb ist der Verlauf von λ vom Momententyp abhängig. Bild 16 zeigt, wie der Verlauf von λ nach der Vorschrift DS804 festzulegen ist. Das führt bei Durchlaufträgern zu einem komplizierten (weil stark unregelmäßigen) Verlauf der Querschnittswerte (vgl. Bild 16c).

Das Diagrammbild 17 gilt zunächst nur für Gurte ohne Längsrippen. Sind Längsrippen und/oder Längsträger als durchlaufende Bestandteile eines Teilgurtes vorhanden, ist der gemäß Bild 17 bestimmte λ_I- bzw. λ_{II}-Wert zu reduzieren.

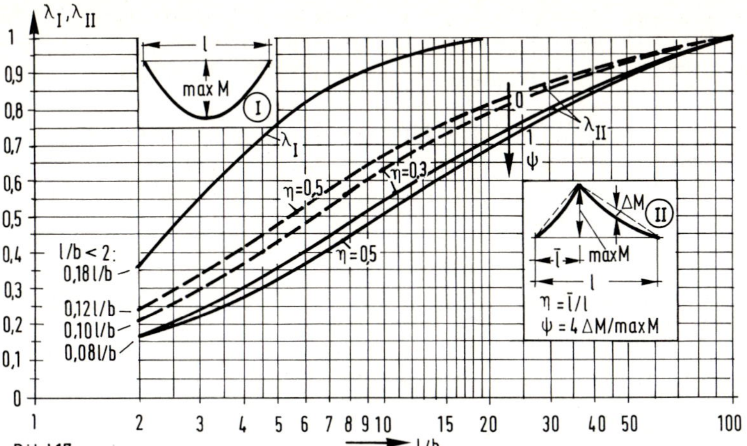

Bild17

Hierdurch werden jene Schubverzerrungen in den plattenförmigen Gurten erfaßt, die durch die Wirkung der Normalkräfte in den Längsrippen entstehen. Wie in Bild 18 angegeben, wird der Rippenwert k_R bestimmt. Dieser setzt den Flächenanteil der Längsrippen und -träger mit dem Gurtblechquerschnitt ins Verhältnis. Längsträger gehen mit dem doppelten Gewicht ein. Mit dem so ermittelten k_R-Wert wird in Abhängigkeit von l/b der Korrekturfaktor α_R aus Bild 18 abgegriffen und hiermit λ_I bzw. λ_{II} abgemindert.-

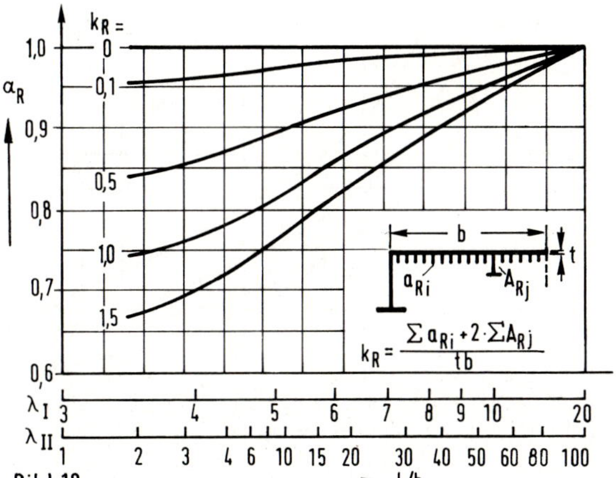

Bild 18

Die Gurtspannung σ_{GSteg} am Steg wird im Rahmen der Spannungsnachweise mit den wirksamen Querschnittswerten berechnet. Die realen Gurtspannungen σ_{GRand} am gegenüberliegenden Rand des Teilgurtes der Breite b folgen aus:

$$\sigma_{GR} = 1{,}25(\lambda - 0{,}2)\cdot\sigma_{GSt} \geq 0 \qquad (11)$$

Der Verlauf selbst darf durch eine Parabel 4. Ordnung angenähert werden (Bild 19):

$$\sigma = \sigma_{GR} + (\sigma_{GSt} - \sigma_{GR})\left(\frac{x}{b}\right)^4 \qquad (12)$$

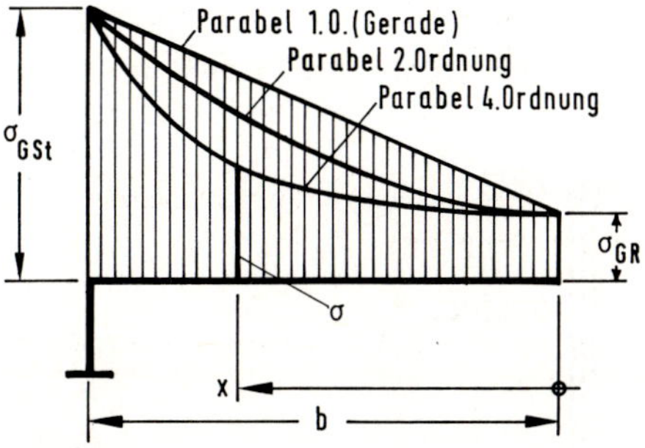

Bild 19

Um die Wirkungsgrade λ_I und λ_{II} der Gurte von Fahrbahnträgern zu bestimmen, ist nach DS804 wie folgt zu verfahren:

- Bei durchgehendem Schotterbett nach Bild 17, wenn für die Teilgurtbreite b der halbe Fahrbahnträgerabstand eingesetzt wird,
- bei direkter Schienenauflagerung nach Bild 17 und 18, wenn die nicht befahrenen Längsträger als Längsrippen angesehen werden und die Teilgurtbreite b nach Bild 20 bestimmt wird.-

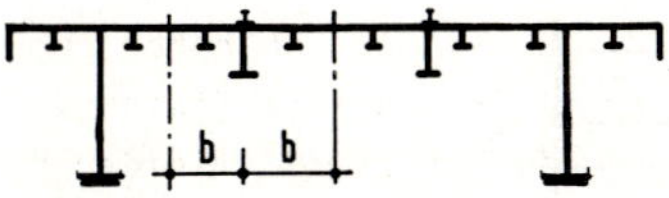

Bild 20

Bild 21 enthält die ehemalige Anweisung des DS804-Entwurfs. Diese Regel war seinerzeit in Anlehnung an DIN 1073 (07.74; Stählerne Straßenbrücken) und EDIN 1075 (03.75; Massive Brücken) konzipiert worden. Hierbei wurden in Abhängigkeit von b/l die Faktoren α, β und γ bestimmt und damit die mitwirkende Breite b_m für Endauflager-, Feld- und Innenauflagerbereiche ermittelt. Der Verlauf war über die Längen a und c geradlinig veränderlich anzusetzen.

Da Eisenbahnbrücken (im Vergleich zu Straßenbrücken) relativ schmal sind, d.h. l/b groß,

Beispiele für die mitwirkende Breite

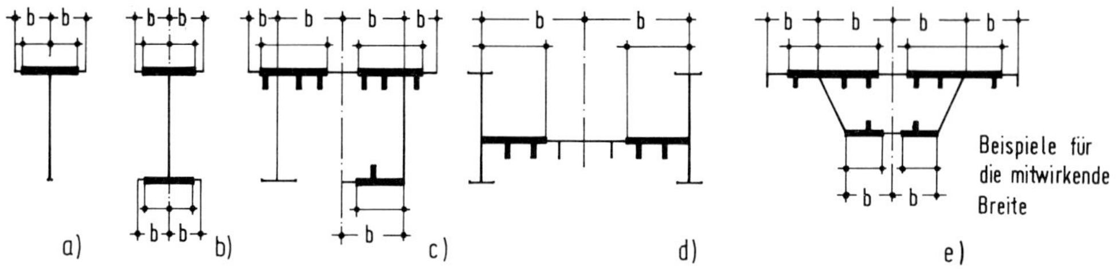

Mitwirkende Breite b_m für Haupt-, Quer- und Längsträger:

	System	Verlauf von b_m/b	l
1	Einfeldträger		L
2	Durchlaufträger / Endfeld		0,8 L
3	Durchlaufträger / Innenfeld		0,6 L
4	Kragarm		L
	a = b, jedoch nicht größer als 0,25·L; c = 0,1·L		

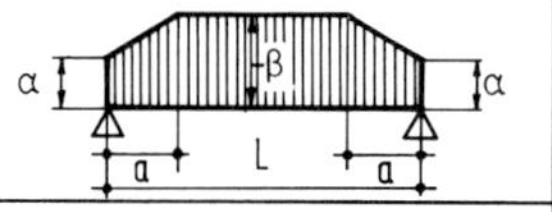

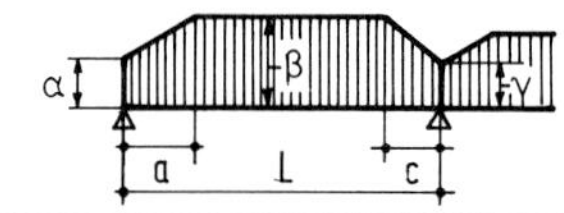

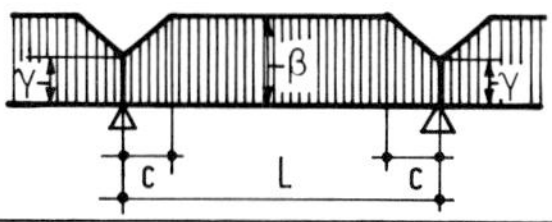

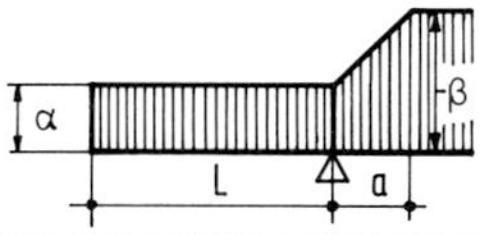

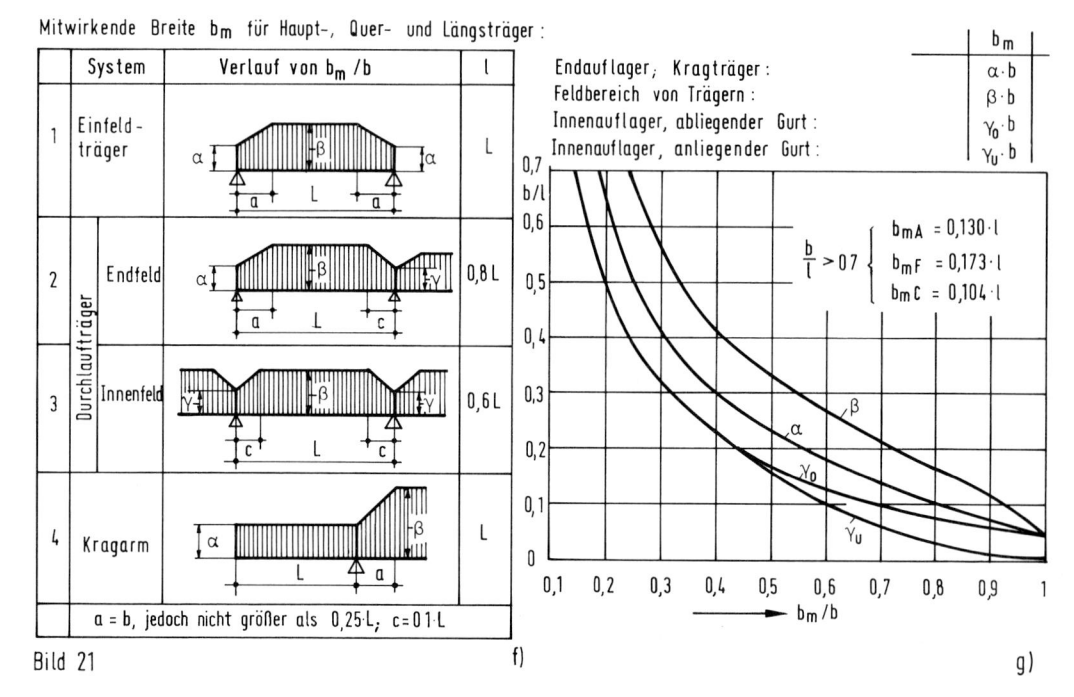

Endauflager; Kragträger: $\quad\quad\quad \alpha \cdot b$
Feldbereich von Trägern: $\quad\quad\quad\quad \beta \cdot b$
Innenauflager, abliegender Gurt: $\quad \gamma_o \cdot b$
Innenauflager, anliegender Gurt: $\quad \gamma_u \cdot b$

$\dfrac{b}{l} > 0{,}7 \begin{cases} b_{mA} = 0{,}130 \cdot l \\ b_{mF} = 0{,}173 \cdot l \\ b_{mC} = 0{,}104 \cdot l \end{cases}$

Bild 21

bzw. b/l klein ist, ergeben sich nach den vorbeschriebenen (neuen und ehemaligen) Anweisungen nur geringe Unterschiede. Um das zu zeigen, wird ein Beispiel gerechnet.

<u>25.2.4.2 Beispiel</u>

Aufsicht

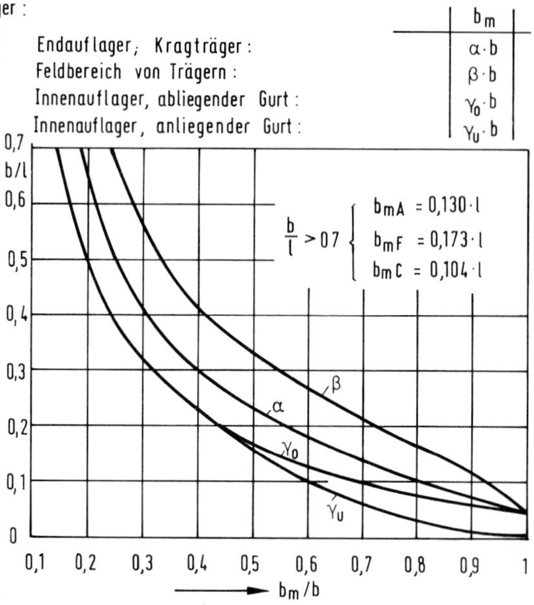

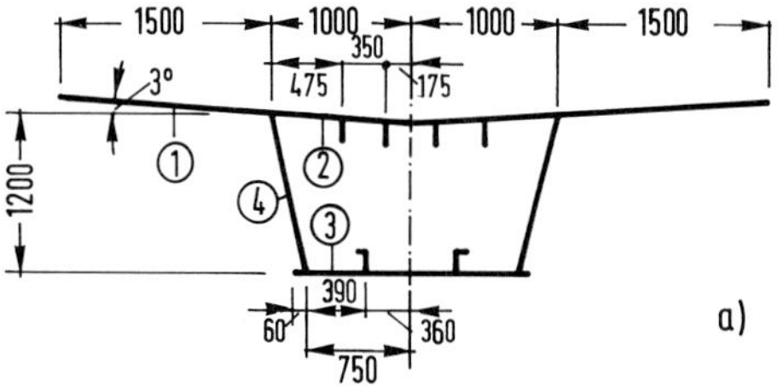

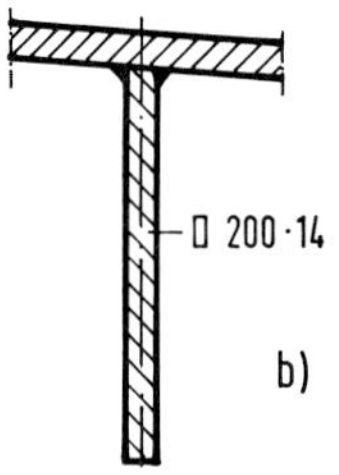

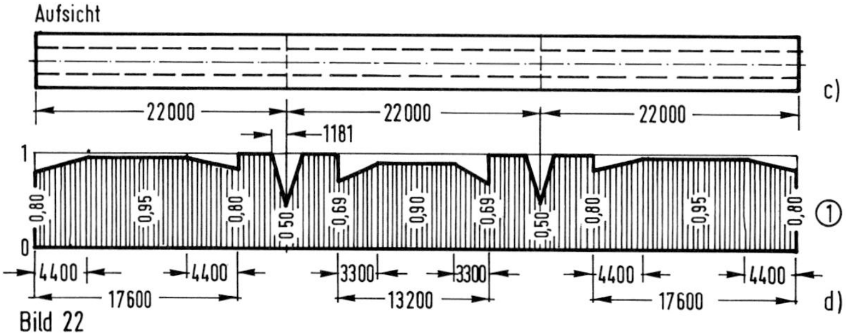

Bild 22

Bild 22 zeigt das Tragwerk. Es handelt sich um einen Dreifeldträger mit gleichlangen Spannweiten (22,0m) und einem Kastenquerschnitt. Die Aufgabe bestehe darin, für die Teilgurte ①, ② und ③ die wirksamen Gurtquerschnitte zu bestimmen. Im folgenden bedeuten: E: Endfeld, I: Innenfeld und S: Stützbereich: Die ideellen Längen betragen, vgl. Bild 22c:

$$\begin{aligned} E&: \quad l = 0{,}8L = 0{,}8\cdot 22000 = 17600\,\mathrm{mm} \\ I&: \quad l = 0{,}6L = 0{,}6\cdot 22000 = 13200\,\mathrm{mm} \\ S&: \quad l = 0{,}25\cdot(22000+22000) = 11000\,\mathrm{mm} \end{aligned}$$

(Auf die Indizierung mit i wird verzichtet.) Der Reihe nach folgt für die drei Teilgurte:

Teilgurt ①, b=1500mm:

$$\begin{aligned} E&: \quad l/b = 17600/1500 = 11{,}76 \rightarrow \lambda_I = 0{,}95 \\ I&: \quad l/b = 13200/1500 = 8{,}80 \rightarrow \lambda_I = 0{,}90 \\ S&: \quad l/b = 11000/1500 = 7{,}33 \rightarrow \lambda_{II} = 0{,}50 \qquad (\psi = 0{,}5,\ \eta = 0{,}5;\ \text{Schätzwerte}) \end{aligned}$$

$$\begin{aligned} E&: \quad \lambda_0 = (0{,}55 + 0{,}025\cdot 11{,}73)\cdot 0{,}95 = 0{,}80;\ l_I = 0{,}25\cdot 17600 = 4400\,\mathrm{mm} \\ I&: \quad \lambda_0 = (0{,}55 + 0{,}025\cdot 8{,}80)\cdot 0{,}90 = 0{,}69;\ l_I = 0{,}25\cdot 13200 = 3300\,\mathrm{mm} \\ S&: \quad l_{II} = 1{,}05(2-0{,}5)(1-0{,}50)\cdot 1500 = 1181\,\mathrm{mm} \end{aligned}$$

Teilgurt ②, b=1000mm:

$$\begin{aligned} E&: \quad l/b = 17600/1000 = 17{,}6 \rightarrow \lambda_I = 0{,}99 \\ I&: \quad l/b = 13200/1000 = 13{,}2 \rightarrow \lambda_I = 0{,}97 \\ S&: \quad l/b = 11000/1000 = 11{,}0 \rightarrow \lambda_{II} = 0{,}62 \end{aligned}$$

Berücksichtigung der Längsrippen 2 ▯ 200·14:

$$k_R = \frac{2(20\cdot 1{,}4)}{2\cdot 100} = 0{,}28$$

$$\begin{aligned} E&: \quad l/b = 17{,}6:\ \alpha_R \approx 1{,}00 \rightarrow \lambda_I = 0{,}99 \\ I&: \quad l/b = 13{,}2:\ \alpha_R = 0{,}99 \rightarrow \lambda_I = 0{,}99\cdot 0{,}97 = 0{,}96 \\ S&: \quad l/b = 11{,}0:\ \alpha_R = 0{,}94 \rightarrow \lambda_{II} = 0{,}94\cdot 0{,}62 = 0{,}58 \end{aligned}$$

$$\begin{aligned} E&: \quad \lambda_0 = (0{,}55 + 0{,}025\cdot 17{,}6)\cdot 0{,}99 = 0{,}98;\ l_I = 4400\,\mathrm{mm} \\ I&: \quad \lambda_0 = (0{,}55 + 0{,}025\cdot 13{,}2)\cdot 0{,}96 = 0{,}84;\ l_I = 3300\,\mathrm{mm} \\ S&: \quad l_{II} = 1{,}05(2-0{,}5)(1-0{,}58)\cdot 1000 = 662\,\mathrm{mm} \end{aligned}$$

Teilgurt ③, b=750-14/2=743mm:

$$\begin{aligned} E&: \quad l/b = 17600/743 = 23{,}69 \rightarrow \lambda_I = 1{,}00 \\ I&: \quad l/b = 13200/743 = 17{,}77 \rightarrow \lambda_I = 1{,}00 \\ S&: \quad l/b = 11000/743 = 14{,}80 \rightarrow \lambda_{II} = 0{,}69 \end{aligned}$$

Berücksichtigung der Längsrippen: L150·100·10 : $A = 24{,}2\,\mathrm{cm}^2$ (doppelt zählen!)

$$k_R = \frac{2\cdot 24{,}2}{3\cdot 74{,}3} = 0{,}22$$

$$\begin{aligned} E&: \quad l/b = 23{,}69:\ \alpha_R = 1{,}00 \rightarrow \lambda_I = 1{,}00 \\ I&: \quad l/b = 17{,}77:\ \alpha_R \approx 1{,}00 \rightarrow \lambda_I = 1{,}00 \\ S&: \quad l/b = 14{,}80:\ \alpha_R = 0{,}96 \rightarrow \lambda_{II} = 0{,}96\cdot 0{,}69 = 0{,}66 \end{aligned}$$

$$\begin{aligned} E&: \quad \lambda_0 = (0{,}55 + 0{,}025\cdot 23{,}69)\cdot 1{,}00 = 1{,}14 \rightarrow \lambda_0 = 1{,}00;\ l_I = 4400\,\mathrm{mm} \\ I&: \quad \lambda_0 = (0{,}55 + 0{,}025\cdot 17{,}77)\cdot 1{,}00 = 0{,}99 \qquad l_I = 3300\,\mathrm{mm} \\ S&: \quad l_{II} = 1{,}05(2-0{,}5)(1-0{,}66)\,743 = 398\,\mathrm{mm} \end{aligned}$$

Für die Trägheitsmomente der Teilgurte, einschließlich Stegblech ④, findet man, bezogen auf die Schwerachse des Gesamtquerschnittes (halber Querschnitt):

$$\begin{aligned} 1&: \ 6408\cdot 10^2\,\mathrm{cm}^4 \\ 2&: \ 3592\cdot 10^2\,\mathrm{cm}^4 \\ 3&: \ 15592\cdot 10^2\,\mathrm{cm}^4 \\ 4&: \ 2602\cdot 10^2\,\mathrm{cm}^4 \end{aligned}$$

Werden hierauf die λ-Faktoren angewandt, erhält man:

$$\mathrm{red}\,I = (\lambda_1\cdot 6408 + \lambda_2\cdot 3592 + \lambda_3\cdot 15592 + 2602)\cdot 10^2$$

Diese Formel ist für die einzelnen Bereiche auszuwerten. Bild 23a zeigt das Ergebnis. Teilbild b gibt denselben Verlauf an, es ist lediglich bereichsweise gemittelt. Als Mittelwert über die ganze Brücke folgt:

$$\text{gemittelt}\ I = 27413\cdot 10^2\,\mathrm{cm}^4 = \text{konst}$$

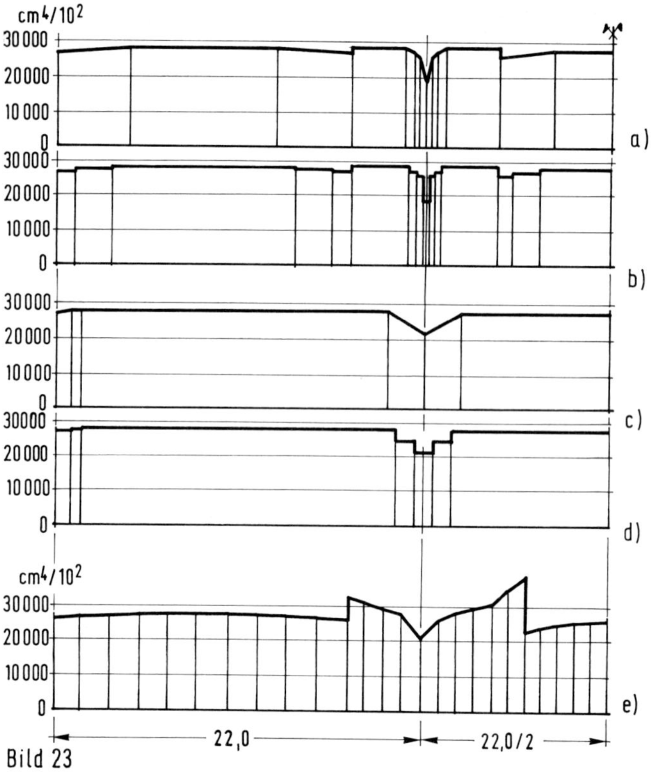

Bild 23

Wird die mitwirkende Breite nach der ehemaligen Vorschrift bestimmt (Bild 21), erhält man das in Teilbild c dargestellte Ergebnis; in Teilbild d sind wieder die bereichsweise gemittelten Werte angegeben. Als Gesamtmittelwert folgt:

$$\text{gemittelt } I = 27095 \cdot 10^2 \text{cm}^4 = \text{konst}$$

Wird schließlich, ohne auf Einzelheiten der Berechnung einzugehen, der reduzierte Trägheitsmomentenverlauf nach SCHMIDT/PEIL [24] bestimmt, erhält man das in Teilbild e dargestellte Resultat (mit λ-Bereichen größer 1!). Der Gesamtmittelwert ergibt sich hierfür zu:

$$\text{gemittelt } I = 27482 \cdot 10^2 \text{cm}^4 = \text{konst}$$

Um den Einfluß der unterschiedlichen I-Verläufe auf die Größe der Schnittgrößen aufzuzeigen, werden Querkraft und Biegemoment für eine Gleichlast unter exakter Berücksichtigung der bereichsweise gemittelten Verläufe berechnet. Bild 24 zeigt das Ergebnis (q=100kN/m). Die Unterschiede liegen innerhalb der Strichstärke. Die eingetragenen Ergebnisse beziehen sich auf die mitwirkenden Gurtquerschnitte gemäß Bild 23; es bedeuten:

b): Teilbild b: DS804

d): Teilbild d: Entwurf DS804

e): Teilbild e, bereichsweise gemittelt n. SCHMIDT/PEIL.

Letzte Zeile: EI=konstant.

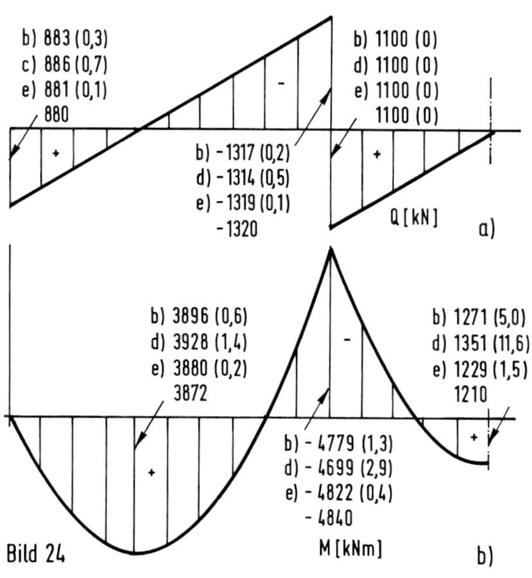

Bild 24

Die Klammerwerte geben die Abweichungen gegenüber dem letztgenannten Fall in Prozent an. Unterstellt man, daß die nach SCHMIDT/PEIL berechneten wirksamen Gurtquerschnitte am zutreffendsten sind, liefert der Fall EI=konstand hier die beste Annäherung. Aus alledem folgt, daß der Einfluß der Veränderlichkeit der mitwirkenden Breite auf die Schnittgrößen (zumindest bei Eisenbahnbrücken) untergeordnet ist. Nach DS804 braucht die mitwirkende Breite daher auch nicht bei der Berechnung der Verformungen zum Zwecke der Ermittlung von Stütz- und Schnittgrößen an statisch unbestimmten Systemen berücksichtigt zu werden. Hier ist allerdings ein Warnvermerk angebracht: Handelt es sich um gekrümmte Brücken mit gekoppelter

Biegung und Torsion, bestimmt das Verhältnis EI/GI_T die anteilige Biege- und Torsionsbeanspruchung. In solchen Fällen empfiehlt es sich, I für eine gemittelte mitwirkende Breite zu berechnen. - Die Spannungen sind unter Berücksichtigung der mitwirkenden Gurtbreite in Bereichen des Momententyps I(F) im Falle $l/b<20$ und in Bereichen des Momententyps II(S) im Falle $l/b<100$ zu berechnen!

25.2.5 Betriebsfestigkeitsnachweis

25.2.5.1 Nachweisform (DS804)

Für alle Tragwerksteile und Verbindungsmittel ist für den Lastfall H ein Betriebsfestigkeitsnachweis zu führen. - Es sind zwei gleichwertige Nachweisformen zugelassen:

a) Es wird die Spannungsdoppelamplitude $\Delta\sigma_{BE}$ bzw. $\Delta\tau_{BE}$ berechnet und der zulässigen gegenübergestellt:

$$\Delta\sigma_{Be} = \frac{1}{\psi}(\Phi \cdot \max\sigma_{UIC} - \Phi \cdot \min\sigma_{UIC}) \leq \mathrm{zul}\,\Delta\sigma_{Be} \tag{13}$$

Für $\Delta\tau_{BE}$ lautet die Formel entsprechend. - Bewirkt der Verkehr, d.h. das UIC-Lastbild eine Wechselbeanspruchung, haben $\max\sigma_{UIC}$ und $\min\sigma_{UIC}$ entgegengesetztes Vorzeichen; bei Schwellbeanspruchung aus alleinigem Verkehr ist $\min\sigma_{UIC}$ Null; man vergleiche die in Bild 25 angegebenen Beispiele.

b) Es wird die Oberspannung berechnet und der zulässigen Oberspannung gegenübergestellt:

$$\max\sigma_{0,Be} = \sigma_g + \frac{1}{\psi} \cdot \Phi \cdot \max\sigma_{UIC} \leq \mathrm{zul}\,\sigma_{0,Be} \tag{14}$$

Für $\max\tau_{o,BE}$ lautet die Formel entsprechend. - σ_g ist die Spannung infolge der ständigen Last g.

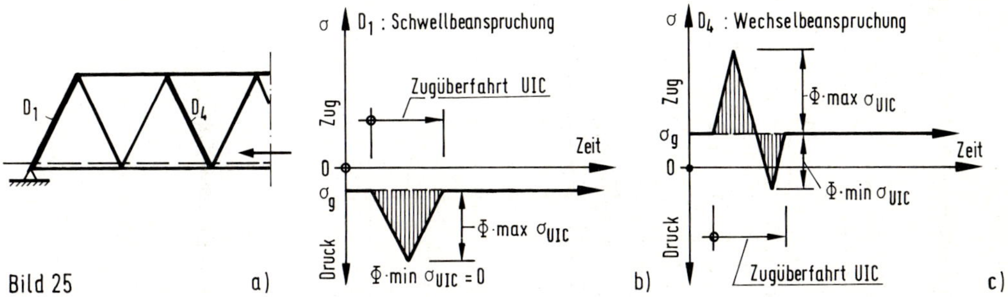

Bild 25

Sowohl $\mathrm{zul}\Delta\sigma_{BE}$ wie $\mathrm{zul}\sigma_{o,Be}$ sind abhängig

- vom Spannungsverhältnis

$$\varkappa_{Be} = \frac{\min\sigma_{u,Be}}{\max\sigma_{o,Be}} = \frac{\sigma_g + \frac{1}{\psi} \cdot \Phi \cdot \min\sigma_{UIC}}{\sigma_g + \frac{1}{\psi} \cdot \Phi \cdot \max\sigma_{UIC}} \tag{15}$$

- vom Kerbfall (die verschiedenen Kerbfälle sind je nach Grad der Kerbwirkung in Gruppen zusammengefaßt (WI bis WIII, KII bis KX)
- von der Stahlgüte (nur bei den Kerbgruppen W=Walzzustand).

Bei zusammengesetzter Beanspruchung muß unter Beachtung der Vorzeichen und der zulässigen Beanspruchungen für Bauteile und Schweißnähte folgende Bedingung erfüllt sein:

$$\left(\frac{\sigma_{x,Be}}{\mathrm{zul}\sigma_{x,Be}}\right)^2 + \left(\frac{\sigma_{y,Be}}{\mathrm{zul}\sigma_{y,Be}}\right)^2 - \frac{0{,}8 \cdot \sigma_{x,Be} \cdot \sigma_{y,Be}}{\mathrm{zul}\sigma_{x,Be} \cdot \mathrm{zul}\sigma_{y,Be}} + \left(\frac{\tau_{Be}}{\mathrm{zul}\tau_{Be}}\right)^2 \leq 1 \tag{16}$$

Im Zähler stehen die rechnerischen Spannungen und im Nenner die entsprechenden zulässigen Spannungen. Wenn sich aus den einander zugeordneten Spannungen der ungünstigste Fall nicht erkennen läßt, müssen die Nachweise getrennt für $\max\sigma_x$, $\max\sigma_y$ und $\max\tau_{xy}$ und den jeweils zugeordneten Spannungen geführt werden.

Über den Nennerterm ψ in G.13 bzw. G.14 werden die während der geplanten Lebensdauer der Brücke auftretenden ermüdungsschädlichen (betriebsfestigkeitsrelevanten) Beanspruchungen erfaßt:

$$0{,}2776 \leq \frac{1}{\psi} = \frac{1}{\psi_1} \cdot \frac{1}{\psi_2} \cdot \frac{1}{\psi_3} \leq \frac{1}{0{,}75} = 1{,}33 \tag{17}$$

1/Ψ ist somit, bei bezug auf die Φ·UIC-Beanspruchung, größer oder kleiner Eins, wobei hierin Teilsicherheitsfaktoren für die Einwirkungs- und Festigkeitsseite eingearbeitet sind:

Ψ_1 berücksichtigt über die "maßgebende Länge l" des Tragwerkes oder Tragwerksteiles die graduelle Schwere der ermüdungswirksamen Beanspruchung,

Ψ_2 berücksichtigt die Begegnungshäufigkeit bei mehrgleisigen Brücken (eingleisige Brücken: $\Psi_2 = 1$),

Ψ_3 berücksichtigt die Belastungsintensität, ausgedrückt als Streckenbelastung pro Gleis und Jahr; diese Angabe macht die Deutsche Bundesbahn als Bauherr und Betreiber der Brücke (Kriterien: Hauptstrecke-Nebenstrecke, Schwergüterverkehr-Güterverkehr-Personenverkehr).

Bild 26 faßt die Vorschriftenteile der DS804 zur Bestimmung von Ψ zusammen.

l	Einfeldträger		Durchlaufträger Feldmoment		Durchlaufträger Stützmoment	
	$\Psi_{1,1}$		$\Psi_{1,2}$		$\Psi_{1,3}$	
	Kerbgruppe					
[m]	W	K	W	K	W	K
≤ 2,0	0,54	0,43	0,54	0,44	0,79	0,67
2,2	0,61	0,48	0,61	0,49	0,85	0,72
2,5	0,71	0,54	0,71	0,56	0,93	0,79
2,8	0,80	0,61	0,80	0,63	1,01	0,86
3,2	0,91	0,68	0,91	0,71	1,12	0,95
3,6	1,00	0,75	1,00	0,79	1,21	1,04
4,0	1,07	0,82	1,07	0,86	1,33	1,13
4,5	1,15	0,89	1,15	0,94	1,45	1,24
5,0	1,21	0,95	1,21	1,01	1,45	1,24
5,6	1,27	1,02	1,27	1,08	1,45	1,24
6,3	1,33	1,09	1,33	1,16	1,45	1,24
7,1	1,38	1,16	1,38	1,24	1,45	1,24
8,0	1,42	1,22	1,42	1,32	1,45	1,32
9,0	1,45	1,28	1,45	1,39	1,45	1,39
10	1,47	1,38	1,45		1,45	
11	1,49	1,38	1,57		1,57	
12,5	1,51	1,44	1,57		1,57	
14	1,52	1,48	1,63		1,63	
16	1,53		1,69		1,69	
18	1,57		1,74		1,74	
20	1,61		1,78		1,78	
22	1,64		1,81		1,81	
25	1,67		1,86		1,86	
28	1,69		1,89		1,89	
32	1,73		1,93		1,93	
36	1,75		1,96		1,96	
40	1,77		1,98		1,98	
45	1,79		2,01		2,01	
50	1,81		2,03		2,03	
60	1,83		2,06		2,06	
80	1,86		2,09		2,09	
≥100	1,88		2,12		2,12	

Maßgebende Länge l

a) Einfeldträger: Stützweite l

b) Durchlaufträger: Feldquerschnitt: Stützweite l, Stützquerschnitt: Mittelwert aus den Stützweiten der Nachbarfelder; Stützbereich: ≤ 0,15 · l_{Feld}

c) Querträger: Summe der beidseitigen Längsträger-Stützweiten; bei Fahrbahnen ohne Längsträger: Stützweite des Querträgers; bei Trägerrosten: Stützweite der Hauptträger oder doppelte Länge der Querträger

a	$\Psi_{2,1}$	$\Psi_{2,2}$	$\Psi_{2,3}$	$\Psi_{2,4}$	$\Psi_{2,5}$
	$n_1 = 12{,}5\,\%$	$n_2 = 16\,\%$	$n_3 = 25\,\%$	$n_4 = 42\,\%$	$n_5 = 50\,\%$
0,50	1,44	1,39	1,31	1,20	1,16
0,55	1,43	1,38	1,31	1,20	1,16
0,60	1,40	1,35	1,32	1,19	1,15
0,65	1,36	1,32	1,27	1,18	1,14
0,70	1,31	1,28	1,23	1,16	1,13
0,75	1,25	1,23	1,20	1,14	1,11
0,80	1,20	1,18	1,16	1,11	1,09
0,85	1,15	1,13	1,12	1,09	1,07
0,90	1,09	1,08	1,08	1,06	1,05
0,95	1,04	1,04	1,04	1,03	1,02
1,00	1,00	1,00	1,00	1,00	1,00

Ψ_3				
Mio.t/Jahr	< 12	12 bis < 16	16 bis < 20	20 bis < 24
Ψ_3	1,18	1,13	1,05	1,00
Mio.t/Jahr	24 bis < 28	28 bis < 32	32 bis < 36	36 bis < 40
Ψ_3	0,95	0,92	0,89	0,86

Bild 26

Bei der Bestimmung von Ψ_2 (für Bauteile von zwei- und mehrgleisigen Tragwerken) ist die Kennzahl

$$a = \frac{\Delta\sigma_1}{\Delta\sigma_{ges}} \qquad (18)$$

zu bilden. Hierbei bedeuten:

$\Delta\sigma_1$ die größte Spannungsdoppelamplitude im untersuchten Schnitt infolge der Verkehrsbelastung mit Lastbild UIC71 auf einem der vorhandenen Gleise,

$\Delta\sigma_{ges}$ die größte Spannungsdoppelamplitude im untersuchten Schnitt infolge Verkehrbelastung mit Lastbild UIC71 auf zwei der vorhandenen Gleise.

Der zum errechneten Verhältniswert a gehörende Faktor $\Psi_{2,i}$ ist unter Berücksichtigung des maßgebenden Prozentanteiles n von Zugbegegnungen der Tabelle des Bildes 26 zu entnehmen.

25.2.5.2 Grundlagen des Betriebsfestigkeitsnachweises

25.2.5.2.1 Rückblick

Bekanntlich war A. WÖHLER Eisenbahningenieur. Während der Jahre 1858 bis 1870 wurden von ihm die ersten Dauerfestigkeitsversuche durchgeführt [25]; bis 1875 wurden sie von SPANGENBERG und darauf bis zum heutigen Tage in vielen anderen Versuchsanstalten fortgesetzt. Der Verdienst von WÖHLER liegt sowohl in der von ihm betriebenen Entwicklung der Prüfmaschinen und deren systematischem Einsatz bei Reihenversuchen als auch in der zutreffenden Erfassung des Ermüdungsphänomens ansich und der Aufbereitung der Versuchsergebnisse für die technische Nutzung. Die vermutlich erste Bemessung auf Dauerfestigkeit wurde 1865 von GERBER beim Bau der Mainzer Rheinbrücke durchgeführt [26]. Obwohl die Gedanken der Normung und Sicherheit bereits 1877 mit der von WÖHLER verfaßten "Denkschrift über die Einführung einer staatlich anerkannten Classification von Eisen und Stahl" und in dem 1878 von WEYRAUCH verfaßten Stahlbaubuch [27] aufgeworfen worden waren, sollte es noch Jahrzehnte dauern, bis in den "Vorlagen für Eisenbauwerke" 1922 (2. Auflage 1925 als "Berechnungsgrundlagen eiserner Eisenbahnbrücken (BE)") der Dauerfestigkeitsnachweis einheitlich und verbindlich eingeführt wurde. Bis zu diesem Zeitpunkt wurden die Bemessungsansätze für jeden Einzelfall neu festgelegt. Der Dauerfestigkeitsnachweis der BE(1922/25) wurde dadurch erbracht, daß die zahlenmäßig höchste Beanspruchung aus ständiger Last und Verkehrslast (einschließlich φ) mit einem Faktor γ multipliziert wurde; die so ermittelte Spannung durfte nicht größer als die zulässige Spannung im Lastfall H sein:

$$\gamma \cdot \max\sigma \leq \text{zul}\sigma; \qquad \gamma = \gamma(\varkappa); \quad \varkappa = \frac{\min S}{\max S}, \quad \varkappa = \frac{\min M}{\max M} \tag{19}$$

γ war abhängig vom Schnittgrößenverhältnis $\varkappa$: St37: $\gamma = 1-0{,}3\varkappa \geq 1$; St52: $\gamma = 1-0{,}5\varkappa \geq 1$. Aus den Ansätzen geht hervor, daß sich der Dauerfestigkeitsnachweis nur bei Wechselbeanspruchung ($\varkappa < 0$) auswirkte.

In der BE von 1934 wurde am γ-Verfahren festgehalten und die Regelung für St37 belassen, für St52 wurde zwischen "leichtem und schwerem" Verkehr" unterschieden. Die γ-Werte waren auf Haupt- und Querträger anzuwenden; ihnen lagen, wie in der Vorgängervorschrift, die Versuchswerte an gelochten und genieteten Prüfkörpern zugrunde [28,29] sowie ein Sicherheitsfaktor von ca. 1,2 [30]. Für Längsträger galten Sonderregelungen. Zusammenfassung:

St 37: $\gamma = 1 - 0{,}3\varkappa \geq 1$

St 52: $\gamma = 1 - 0{,}5\varkappa \geq 1$ weniger als 25 Züge am Tag je Gleis (20)

$\gamma = 1{,}167 - 0{,}777\varkappa \geq 1$ mehr als 25 Züge am Tag je Gleis

Für St52 (schwerer Verkehr) schlug der Dauerfestigkeitsnachweis somit bereits ab $\varkappa = +0{,}216$ (also bei schwellender Beanspruchung) durch. Diese Regelung wurde für notwendig erachtet, weil in den vorangegangenen Versuchen festgestellt worden war, "daß die Ursprungsfestigkeit gelochter Stäbe und die von Nietverbindungen aus St52 nicht wesentlich höher lag als solche aus St37" [30]. Die Verschärfung der Vorschrift wirkte sich indes bei einfeldrigen Brücken praktisch nicht aus, weil St52 nur für Brücken mit größeren Spannweiten zum Einsatz kam und hier wegen des höheren Anteiles der ständigen Last, ein $\varkappa = +0{,}216$ erst bei Brücken unterhalb ca. 70m auftreten konnte, wie aus Bild 27 hervorgeht, welches das Verhältnis $\varkappa = \min M / \max M$ im Lastfall H für verschiedene Stützweiten ausgeführter Brücken aufzeigt [30]. - Bei den seinerzeitigen Beratungen wurde auch die Frage erörtert, "ob es nicht angängig wäre, bei zweigleisigen Eisenbahnbrücken die zulässigen Dauerfestigkeitsspannungen gegenüber den für eingleisige Brücken geltenden heraufzusetzen, da die in den Festigkeitsberechnungen vorgeschriebenen Belastungsannahmen für zwei-

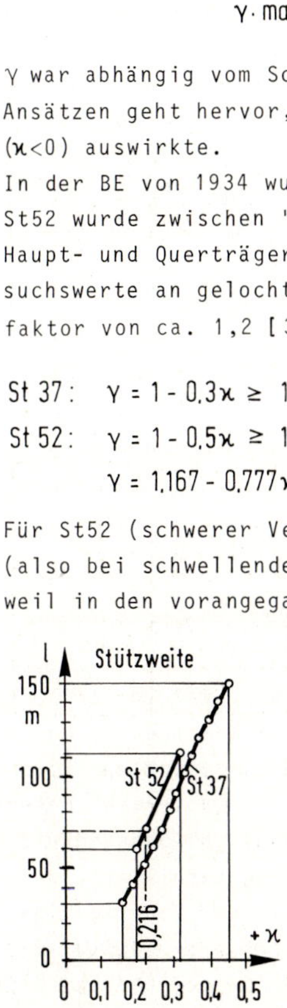

Bild 27

Stützweite	Bauteile	Zweigleisige Eisenbahnbrücke aus St 37 Spannungen in N/mm^2 I	II	IV	IV	V
70 m	Untergurt	108 $\Delta\sigma = 32$	118,5 $\Delta\sigma = 21,5$	131 $\Delta\sigma = 9$	131,5 $\Delta\sigma = 8,5$	140
	Zugstrebe D_2	106,5 $\Delta\sigma = 33,5$	116 $\Delta\sigma = 24$	129 $\Delta\sigma = 11$	131 $\Delta\sigma = 9$	140
100 m	Untergurt	110 $\Delta\sigma = 30$	120 $\Delta\sigma = 20$	133 $\Delta\sigma = 7$	127 $\Delta\sigma = 13$	140
	Zugstrebe D_2	108,5 $\Delta\sigma = 31,5$	118,5 $\Delta\sigma = 21,5$	130 $\Delta\sigma = 10$	129 $\Delta\sigma = 11$	140

Erläuterungen:
Lastfall:

- I : Ein Gleis voll, das andere unbelastet
- II : Ein Gleis voll, das andere mit 36 kN/m belastet
- III : Ein Gleis voll, das andere mit 8 kN/m belastet
- IV : Ein Gleis voll, das andere mit 2N-Lok belastet
- V : Beide Gleise voll belastet

Bild 28

gleisige Brücken im Betrieb nur selten vorkämen". Um ein Bild über die Größenordnung der Unterschiede $\Delta\sigma$ in den Spannungen gegenüber den in den Festigkeitsberechnungen ermittelten zu gewinnen, wurden die in Bild 28 angegebenen fünf Lastfälle berechnet. Da man seinerzeit das Betriebsfestigkeitskonzept noch nicht beherrschte, wurde davon abgesehen, einen Unterschied zwischen ein- und zweigleisigen Brücken zu machen. "Dieser Unterschied spielte aber u.U. eine Rolle, wenn es sich um Verstärkungen einer zweigleisigen Eisenbahnbrücke handeln würde [30]".

Die BE von 1934 trug den Titel "Berechnungsgrundlagen für stählerne Eisenbahnbrücken" und erschien 1937, 1939, 1940, 1942 und 1944 in weiteren Nachdrucken und Berichtigungsblättern. Die 1. Ausgabe der DV848 ("Vorläufige Vorschriften für geschweißte, vollwandige Eisenbahnbrücken") wurde 1935, die zweite 1939 erlassen. Auch hierin war der γ-Nachweis verankert, der Kerbfall wurde durch einen zusätzlichen Beiwert erfaßt:

$$\frac{\gamma}{\alpha} \cdot \frac{\max S}{A} \leq \text{zul}\sigma \qquad (21)$$

$$\frac{\gamma}{\alpha} \cdot \frac{\max M}{W} \leq \text{zul}\sigma$$

Der γ-Wert war für St37 und St52 (im letztgenannten Fall wieder für leichten (l) und schweren (s) Verkehr unterschieden) in Abhängigkeit von $\varkappa$ eng tabelliert. Danach war der Dauerfestigkeitsnachweis bei St37 maßgebend für $\varkappa<0$ und bei St52 für $\varkappa \leq \pm 0,095$(l) bzw. $\varkappa \leq +0,180$(s). Der Beiwert α

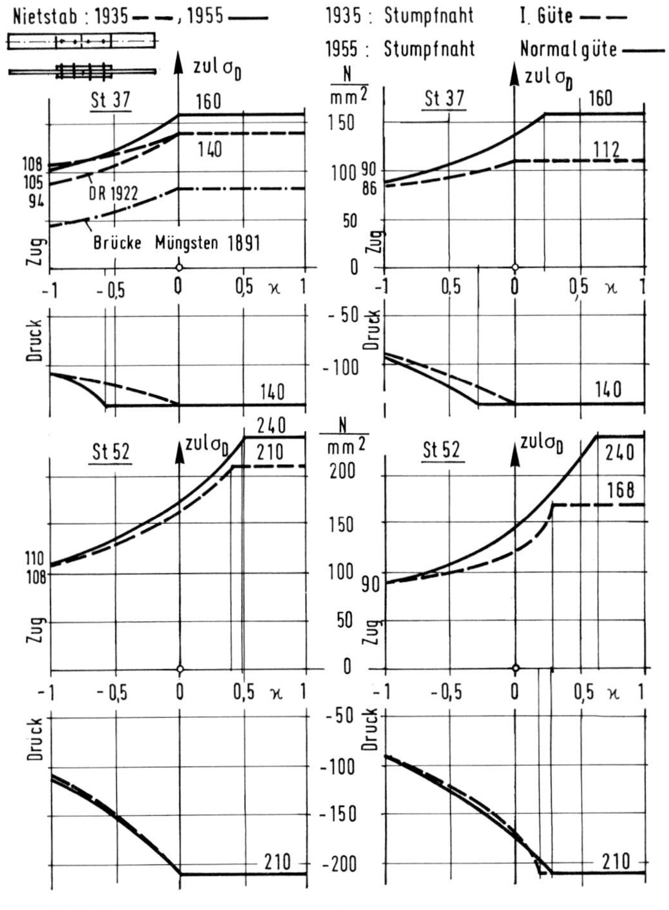

Bild 29 a) b)

war von Art, Bearbeitung und Beanspruchung der Schweißnaht abhängig.
1951 wurde die DV804(BE) und 1952 die DV848 (jetzt unter dem Titel "Vorschriften für geschweißte Eisenbahnbrücken") neu herausgegeben und 1955 endgültig eingeführt. Gegenüber den Vorgängervorschriften wurde die Unterscheidung für St52 in leichten und schweren Verkehr fallengelassen. Der $\varkappa$-Wert berechnete sich nunmehr aus dem Verhältnis der Grenzspannungen. Anstelle des γ-Wertes wurde zul σ_D (zulässige Dauerfestigkeitsspannung) in Abhängigkeit von $\varkappa$ angegeben; weitere Parameter: Kerbfall und Fallunterscheidung: Oberspannung Zug oder Druck. Die Nachweisform lautete damit:

$$\max \sigma \leq \text{zul}\,\sigma_D(\varkappa) \tag{22}$$

Bild 29 zeigt eine Gegenüberstellung der zulässigen Dauerfestigkeitsspannungen für den genieteten Stab (linke Bildseite) und für die Stumpfnaht in Normalgüte (rechte Bildseite); ausgezogene Linie: 1951/55, gestrichelte Linie: 1934/35. (Für den Nietstab ist zusätzlich die Regelung der BE1922 eingetragen sowie der Ansatz für die Brücke Müngsten (1895/97)). Bei der Festlegung der zulässigen Dauerfestigkeitsspannungen der 1951/55-Vorschriften wurden alle seinerzeit verfügbaren Versuchsergebnisse verwertet [28-32]. Ab 1953 wurde sodann zur weiteren Absicherung ein systematisches DASt-Dauerfestigkeitsprogramm durchgeführt [35-39]. Welche Sicherheitsüberlegungen den genannten Vorschriften zugrundelagen, läßt sich rückblickend nicht mehr feststellen. (Wenn oben erwähnt wurde, daß die zulässigen Dauerfestigkeitsspannungen unter Ansatz einer 1,2-fachen Sicherheit festgelegt wurden, so besagt das nicht viel, denn die Ergebnisse der WÖHLER-Versuche wurden nicht mittels statistischer Methoden unter Berücksichtigung der Streuung sondern durch eine von Augenschein durch die Versuchspunkte gelegte, gemittelte Kurve ausgewertet, wodurch sich für $N=2\cdot10^6$ der Dauerfestigkeitswert abschätzen ließ. Dieses Vorgehen war z.T. noch bis in die 60iger Jahre üblich. In dem bekannten Beitrag von K. KLÖPPEL "Über zulässige Spannungen im Stahlbau" [40] fehlt ebenfalls ein Hinweis, welches Sicherheitskonzept den zulässigen Dauerfestigkeitsspannungen zugrunde lag. Die Überlegung, daß die zum Lastenzug gehörende Beanspruchung mit Sicherheit nicht zweimillionenmal auftreten würde, wurde wohl als hinreichende Begründung akzeptiert, eine nicht noch größere, einheitliche Sicherheitsspanne einzubauen. Wegen mangelnder Kenntnisse hinsichtlich der realen Beanspruchungskollektive einerseits und der realen Dauerfestigkeit der Bauglieder andererseits, war die Entwicklung eines wissenschaftlich begründeten Dauerfestigkeits-Bemessungsverfahrens seinerzeit nicht möglich.) Die oben erwähnten DASt-Versuche ließen erkennen, daß die Linien für zul σ_D im allgemeinen gut gewählt waren; die Eingruppierung der verschiedenen Verbindungsformen in die einzelnen Kerblinien wurde dagegen als verbesserungsfähig erkannt, was in der neu zu bearbeitenden und inzwischen verabschiedeten Vorschrift geschehen sollte [41]. Darüberhinaus setzte sich bei der DB die Auffassung durch, daß "die Forderung der Bemessung auf Dauerfestigkeit in der derzeitigen Form für weit gespannte Bauteile einen unnötigen Aufwand bedeute; es sei möglich, für solche Bauteile Spannungen zuzulassen, die über der Dauerfestigkeit im Zeitfestigkeitsbereich liegen, bei denen die Spannungen aus den realen Betriebslasten die Dauerfestigkeit nicht voll erreichen. Daß die Eisenbahnvorschriften von dieser Möglichkeit bislang keinen Gebrauch machten, liege an dem Fehlen ausreichender Unterlagen über die Festigkeiten bei Mischbelastungen" (AUERNHAMMER, 1965 [41]).
Basierend auf mehrjährigen Messungen der Betriebsspannungen an einigen Brücken wurde erkannt, "daß die Betriebsspannungskollektive nur eine Völligkeit von etwa 0,5 statt 1 erreichen" [42]; zunächst wurde daran gedacht, nur für 75% der Regelbelastung die Hauptträger auf Dauerfestigkeit nachzuweisen, schließlich wurde dann doch ein Betriebsfestigkeitsnachweis in der DS804 verankert.

25.2.5.2.2 Betriebsfestigkeitsnachweis der DS804 [43,22]

Der Bemessungslastenzug UIC71 ist ein Extremallastbild (wie die Lastenzüge in den Vorgängervorschriften auch) und für die statische Auslegung bestimmt. Für die Entwicklung eines Betriebsfestigkeitsnachweises ist es unmittelbar nicht verwertbar. Dazu ist von den realen (bzw. real zu erwartenden) Betriebsbeanspruchungen auszugehen. Messungen an bestehenden Brücken (20 Brücken mit 14-tägiger Beobachtungsdauer) ergaben, daß der tatsächliche Verkehr je nach Bauteilstützweite nur 30 bis 60% der Beanspruchung des UIC71-Lastbildes verursachte [44], im Mittel 45 bis 50%. Bei einem Variationskoeffizienten von 0,2 bedeutet dieses, daß 95% der tatsächlichen Beanspruchungen geringer sind als die durch das auf 60% reduzierte UIC71-Lastbild hervorgerufenen. Diese Aussage bedarf indes einer Differenzierung: Bauteile geringer Spannweite erleiden eine ungleich höhere und häufigere Beanspruchung als solche mit großer Spannweite. Z.B. erzeugt bei einer Zugüberfahrt über einen Hauptträger geringer Stützweite jeder Radsatz (bzw. jede Achse) ein einzelnes Lastspiel, bei großer Stützweite bedeutet die Zugüberfahrt nur ein einziges Lastereignis. Nach der graduellen Schwere der Dauerbeanspruchung (hinsichtlich Intensität und Anzahl) ist diese in den Längsträgern und in den unmittelbar befahrenen Fahrbahnblechen am höchsten, gefolgt von den Beanspruchungen in den Querträgern und Hauptträgern. Bild 30 erlaubt diesbezüglich vertiefte Einsichten [45]. Um über die erwähnten Messungen hinaus abgesicherte Lastannahmen für den Betriebsfestigkeitsnachweis zu gewinnen, wurden die Be-

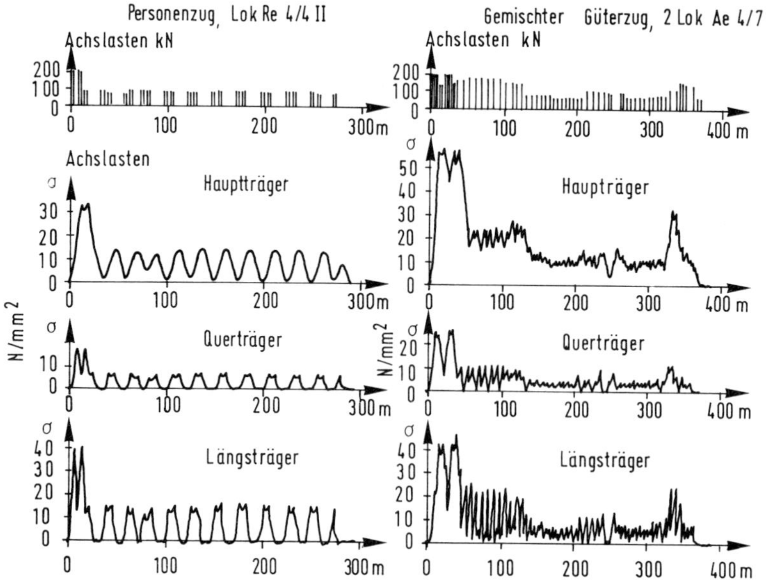

Bild 30 (n. HIRT)

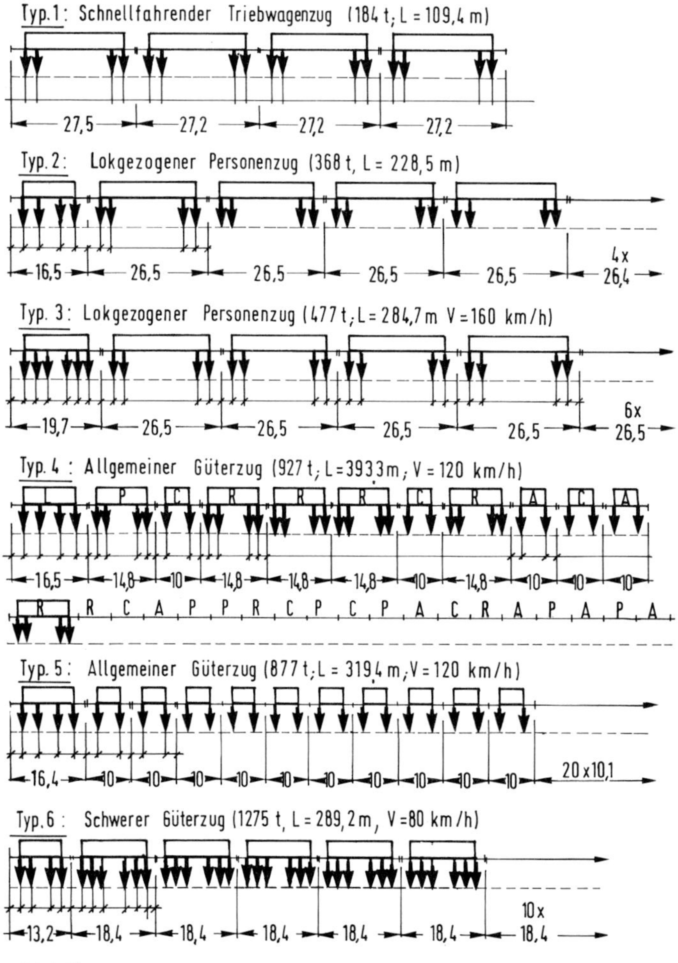

Bild 31

triebszüge auf verschiedenen Strecken analysiert. Das Ergebnis dieser Analyse konnte in 6 typisierten Betriebslastenzügen zusammengefaßt werden (Bild 31). Aus den Betriebslastenzügen wurde der sogen. S3-Verkehr zusammengestellt; er wird als ermüdungsrelevant angesehen und bildet die Grundlage des Betriebsfestigkeitsnachweises: Der S3-Verkehr ist wie folgt definiert: a) 120 Züge pro Tag und Gleis, b) 22 Mill. to Gesamtzuglast pro Jahr und Gleis, c) Mischungsverhältnis der in Bild 31 dargestellten Betriebslastenzüge (Summe 120):

Typ	Zahl pro Tag und Gleis	
1	22	
2	28	
3	28	120
4	14	
5	18	
6	10	

Der so definierte S3-Verkehr wurde sodann (im Computer) über die Einflußlinien von Brückenträgern und deren Bauteile bewegt und unter Anwendung des "Rainflow"-Zählverfahrens das Betriebskollektiv rechnerisch ermittelt (vgl. zum Zählverfahren Abschnitt 3). Die Kollektive sind hinsichtlich Völligkeit und Umfang

- vom statischen System (z.B. Einfeldträger, Durchlaufträger)
- von der betrachteten Schnittgröße (z.B. Feldmoment, Stützmoment) und
- von der Länge der jeweiligen Einflußlinie abhängig. Die letzterwähnte Abhängigkeit wurde bereits oben erläutert.

Um ein Betriebsfestigkeitskonzept zu entwickeln, benötigte man neben den Kollektiven auf der Einwirkungsseite Lebensdauerlinien auf der Widerstandsseite. Bei der Erarbeitung des DS804-Konzeptes wurde von den WÖHLER-Linien im normierten HAIBACH-Diagramm ausgegangen, wobei dieses wie folgt modifiziert wurde:

- Der Neigungsexponent wurde für die Schweißverbindungen zu k=3,75 und für alle anderen Fälle (Grundmaterial, Lochstab, Schraubenverbindungen) zu k=5,0 angesetzt,
- die Fraktilen-Linien wurden über das Dauerfestigkeitsniveau (50%-Fraktile bei $N=2\cdot10^6$) hinaus unbeschränkt verlängert.

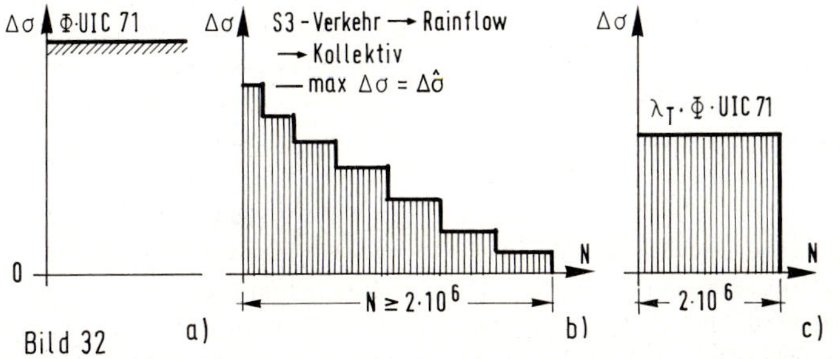

Bild 32

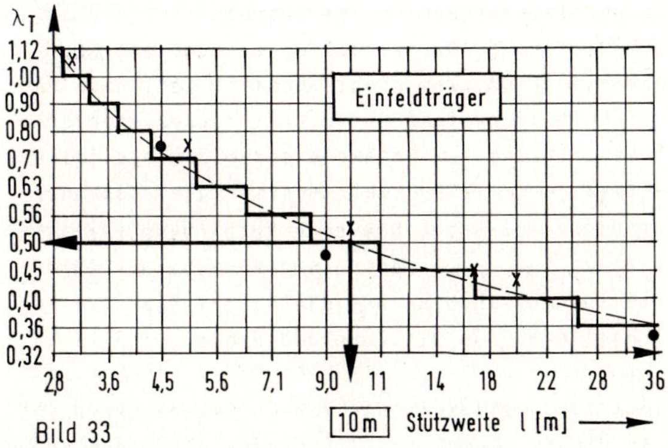

Bild 33

Ausgehend von diesen Ansätzen wurden die Beanspruchungskollektive (s.o.), unter Verwendung der linearen Schadensakkumulationshypothese nach PALMGREN-MINER in schädigungsgleiche Einstufenkollektive umgerechnet. Der S3-Verkehr ergibt in einem Zeitraum von 50 Jahren mit 333 Tagen pro Jahr $120\cdot333\cdot50=2\cdot10^6$ Zugüberfahrten und bei (22x16+28x36+28x46+14x96+18x64+10x94=352+1008+1288+1344+1152+940=6084 Achsüberfahrten pro Tag insgesamt $6084\cdot333\cdot50=1,01\cdot10^8$ Achsüberfahrten in 50 Jahren. Damit liegt der Lastwechselumfang der S3-Betriebskollektive je nach Bauteil zwischen $2\cdot10^6$ und $1\cdot10^8$ in 50 Jahren. In Bild 32b ist ein $\Delta\sigma$-Kollektiv mit dem Maximalwert max $\Delta\sigma$ und dem Umfang N (bezogen auf 50 Jahre) schematisch dargestellt und in Teilbild c das zugeordnete schädigungsgleiche Einstufenkollektiv mit der Intensität $\lambda_T\cdot\Phi\cdot$UIC71 und dem Umfang

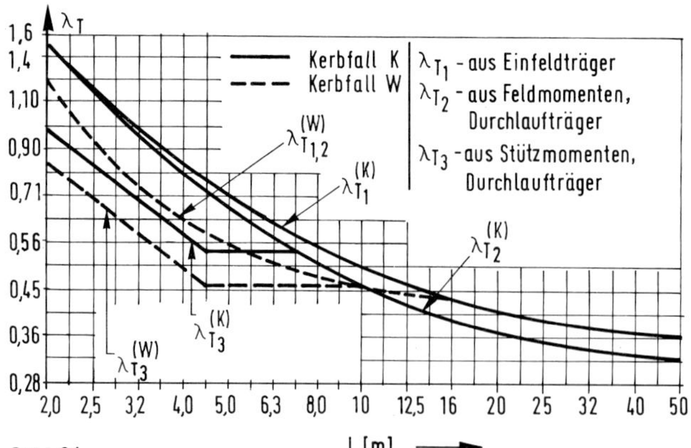

Bild 34

$N=2\cdot10^6$ angegeben.
Die Ordinate des Einstufenkollektivs kennzeichnet den Bezug zum UIC-Lastbild. $\lambda_T=0{,}5$ bedeutet z.B., daß für die betrachtete Bemessungssituation (z.B. Einfeldträger l=10m, Schweißkerbfall K) 50% des UIC-Lastbildes als ermüdungs- und damit betriebsfestigkeitsrelevant anzusehen sind, vgl. Bild 33.
Die systematische Analyse ergab das in Bild 34 dargestellte (aus DS804 übernommene) Diagramm, welches den Zusammenhang zwischen λ_T und der maßgebenden Länge l wiedergibt. Freie Parameter sind statisches System und Kerbfall.
Da die λ_T-Werte am Mittelwert des repräsentativen S3-Verkehrs und an der 50%-Überlebensfaktile (WÖHLER-Linie) orientiert sind, mußten auf der Einwirkungs- und Widerstandsseite noch Sicherheitsfaktoren eingeführt werden. Es wurde angesetzt:

$$\text{Lastseite:} \quad \gamma_S = 1{,}50 \qquad \text{Festigkeitsseite:} \quad \gamma_R = 1{,}65 \tag{23}$$

Die Sicherheitsfaktoren wurden so gewählt, daß sie eine Versagenswahrscheinlichkeit von $P_f=1{,}4\cdot10^{-7}$ - bezogen auf eine einjährige Betriebszeit - gewährleisten; dies entspricht einem Zuverlässigkeitsindex $\beta=5{,}25$ (Abschnitt 3). Für eine angenommene Standzeit von 50 Jahren erhöht sich die Versagenswahrscheinlichkeit auf $P_f=50\cdot1{,}4\cdot10^{-7}=7\cdot10^{-6}$.
Die Verknüpfung des Sicherheitsfaktors der Einwirkungsseite mit λ_T ergibt ψ_1:

$$\psi_1 = \frac{1}{\lambda_T}\cdot\frac{1}{\gamma_S} \tag{24}$$

Da bei der Herleitung des Konzeptes die Berechnung von λ_T und damit von ψ_1 am Beispiel einer eingleisigen Brücke mit S3-Verkehr, d.h. mit einem mittleren Verkehrsaufkommen von 22Mill.t/Jahr durchgeführt wurde, bedurfte es zur Erfassung veränderter Betriebsbedingungen bei mehrgleisigen Brücken sowie veränderter Tonnageleistungen noch zweier Korrekturfaktoren: ψ_2 und ψ_3 (vgl. Abschnitt 25.2.5.1).
Da außerdem für die schädigungsgleichen Einstufenkollektive ein Umfang von $N=2\cdot10^6$ vereinbart wurde, konnte bei der Vorgabe der zulässigen Spannungsdoppelamplituden von den vorliegenden Dauerfestigkeitswerten ausgegangen werden, wobei der Mittelwert $\Delta\sigma_D$ nach statistischer Analyse aller verfügbaren WÖHLER-Versuche ermittelt und dieser um 1,65 reduziert wurde. - Rechnet man die zulässigen Dauerfestigkeitsspannungen der ehemals gültigen DV804 bzw. DV848 in zulässige Spannungsdoppelamplituden um, so ergeben sich die auf den Tafeln 25.2 bis 25.4 dargestellten SMITH-Diagramme. Der Vergleich mit den zul $\Delta\sigma_{Be}$-Diagrammen der DS804 zeigt, daß letztere geringer sind, was nichts besagt, weil nach der neuen Vorschrift im Rahmen des Betriebsfestigkeitsnachweises nur ein (i.a. reduzierter) ermüdungsrelevanter Anteil des UIC-Lastbildes gilt und dem Nachweis zudem ein spezielles Sicherheitskonzept zugrundeliegt. Eine Übertragung der DS804-Betriebsfestigkeitsspannungen auf andere Anwendungsbereiche ist daher nicht zulässig. Das neue Betriebsfestigkeitskonzept der DS804 wirkt sich gegenüber dem ehemaligen Dauerfestigkeitskonzept der DV848 so aus, daß die unmittelbar befahrenen Bauteile der Fahrbahn und die Hauptträger bei kurzen Spannweiten etwas schwerer, die Haupttragglieder für mittlere und große Spannweiten etwas leichter ausfallen.
Eine umfassende Darstellung aller mit der Betriebsfestigkeit stählerner Eisenbahnbrücken in Zusammenhang stehenden Fragen scheidet in diesem Rahmen aus. In Ergänzung zu den zuvor aufgelisteten Dauerfestigkeitsversuchen [31-39] wird auf [46,47] und die vom "Laboratorium

Gegenüberstellung der zulässigen Dauerfestigkeitsspannungen DV 804 (alt) - DS 804 (neu)

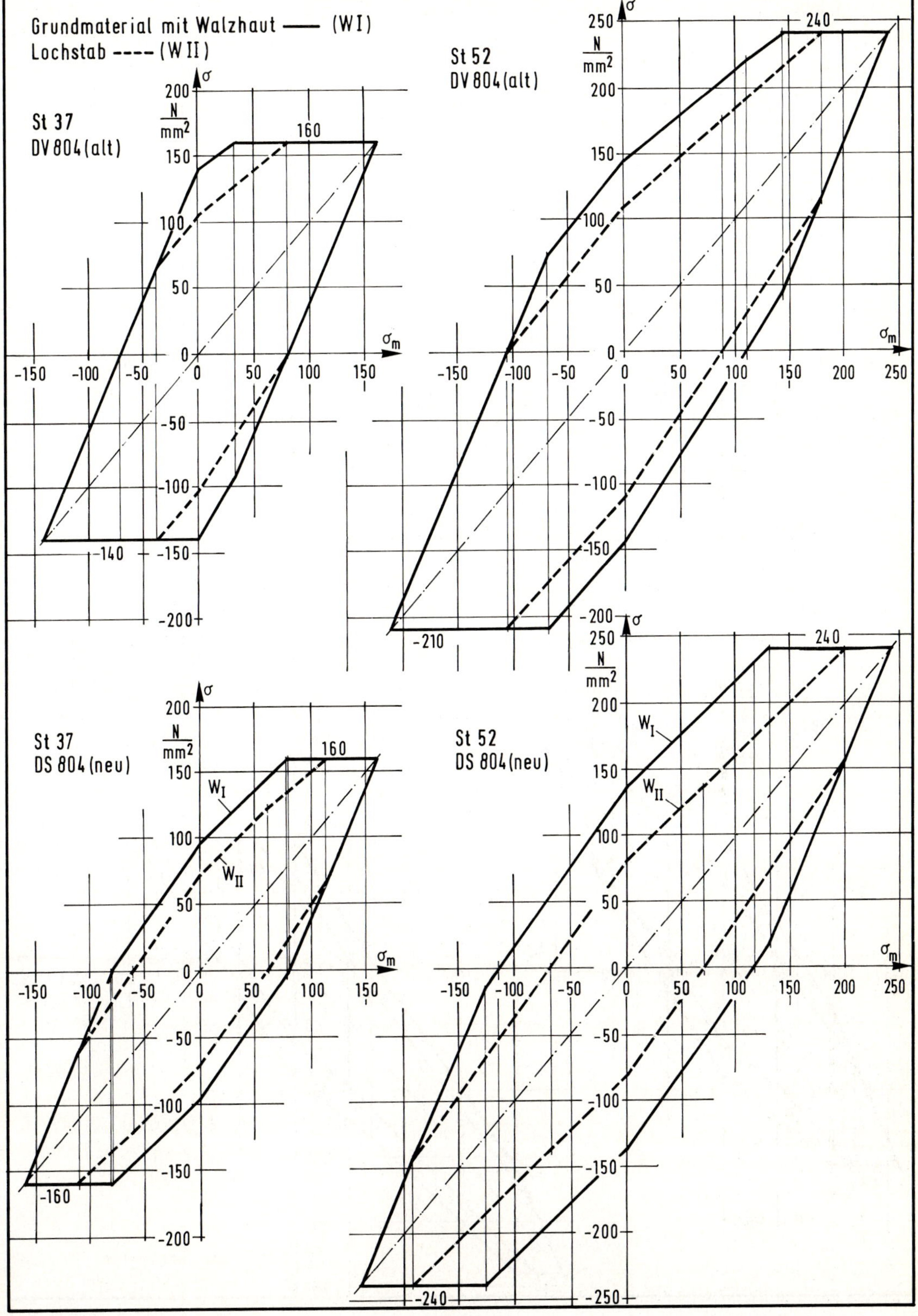

Gegenüberstellung der zulässigen Dauerfestigkeitsspannungen DV848(alt) - DS804(neu)

Stumpfnaht in Sondergüte —— (B, KII)
Stumpfnaht in Normalgüte - - - (D, KV)

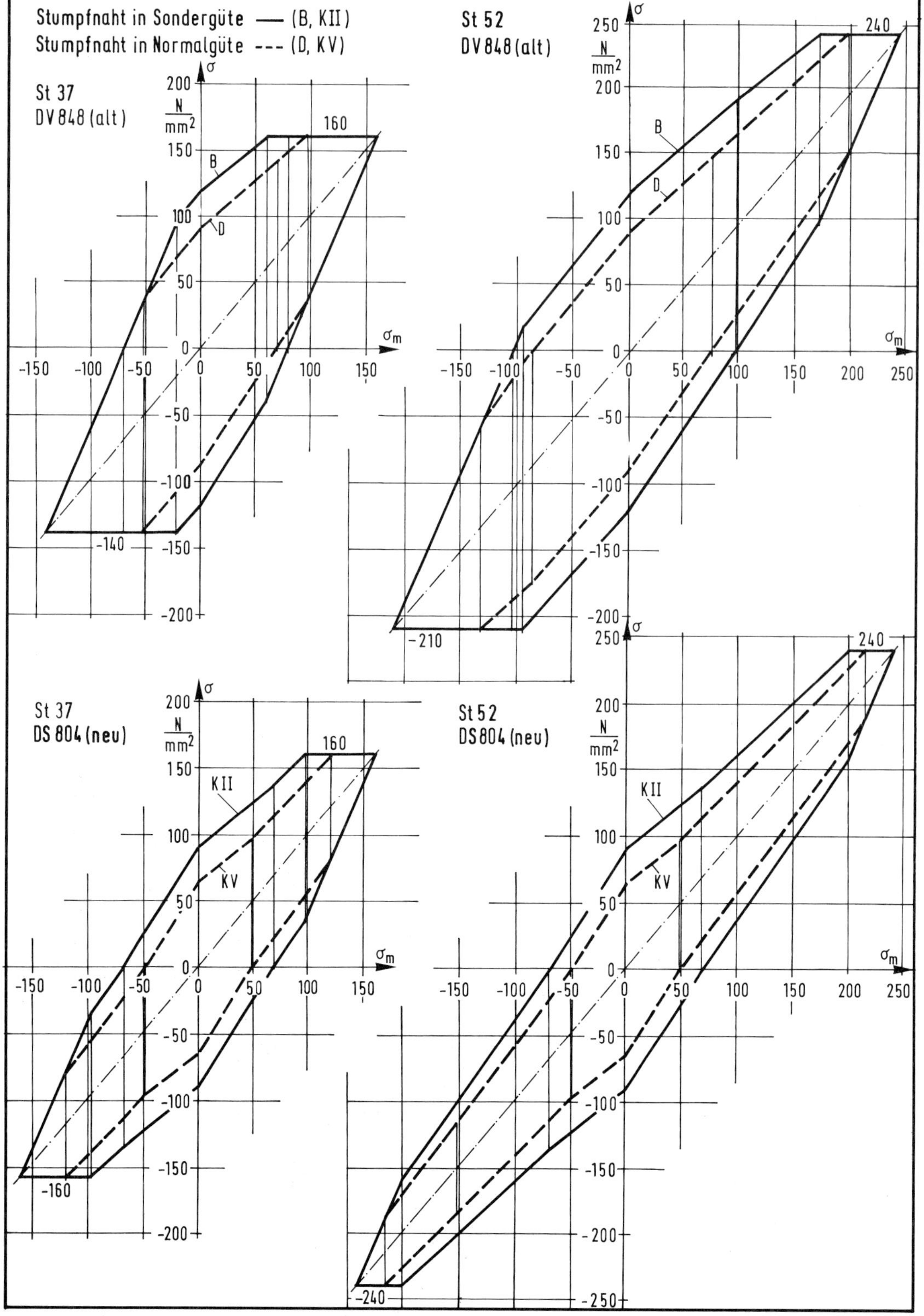

Gegenüberstellung der zulässigen Dauerfestigkeitsspannungen DV 848(alt)-DS 804(neu)

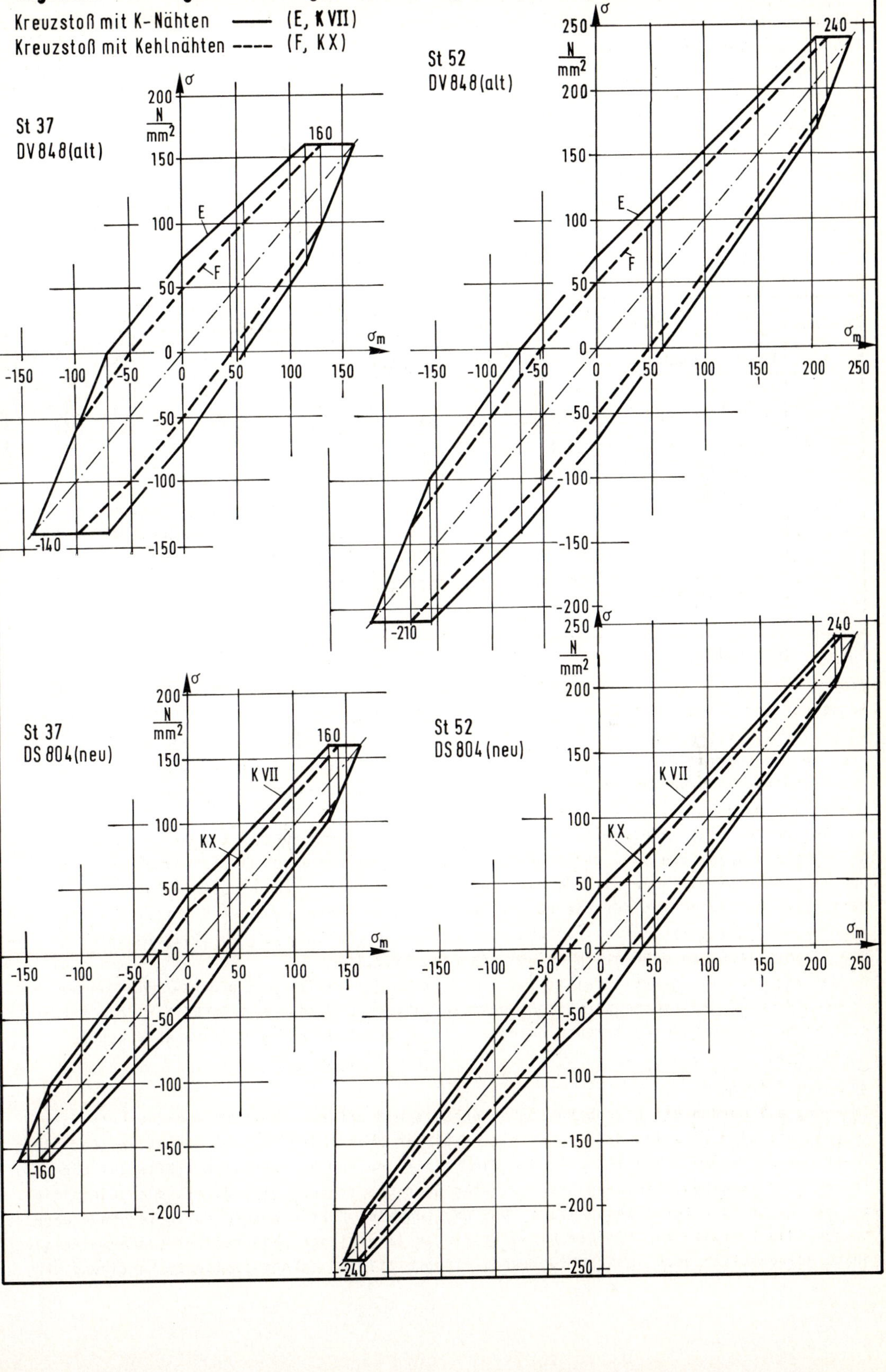

für Betriebsfestigkeit (LfB)" bearbeiteten WÖHLER-Linienkataloge hingewiesen [48], desweiteren zur Dauerfestigkeit von gleitfesten Schraubenverbindungen auf [49], zur Dauerfestigkeit von Großbauteilen auf [49-53], zur Frage des Einflusses von Beschichtungen auf die Dauerfestigkeit auf [54,55], zur Beurteilung bestehender Altbrücken aus Schweißeisen auf [56,57], zur Größe der Betriebslasten auf Eisenbahnbrücken auf [58-60] und zum probabilistischen Sicherheitskonzept auf [61-65].

25.2.6 Entwicklung des Eisenbahnbrückenbaues in den zurückliegenden Jahrzehnten

25.2.6.1 Vorbemerkungen

Seit Beginn der Eisenbahntechnik (in Deutschland im Jahre 1835) werden Eisenbahnbrücken gebaut. Die ältesten noch im Betrieb der Deutschen Bundesbahn (DB) befindlichen Brücken stammen aus der Mitte des vorigen Jhdts. In den Zeiträumen 1870/75, 1900/15 und 1950/75 wurden besonders viele Brücken gebaut. Der Altbestand wird sukzessive durch Neubauten ersetzt; seit Anfang der 80er Jahre baut die DB neue Strecken aus. - Aus Bild 35a wird der

Stützweite	Eisenbahn-überbauten		Stahlbrücken		Walzträger in Beton		Gewölbe		Beton- und Spannbetonbr.	
m	Anzahl	%	Anzahl	%	Anzahl	%	Anzahl	%	Anzahl	%
2 ÷ 5	17780	35	2460	14	6487	45	6817	49	2016	42
5 ÷ 10	15474	30	4205	23	6016	42	3889	28	1364	29
10 ÷ 20	12145	24	6758	37	1678	12	2739	20	970	20
20 ÷ 40	4450	9	3618	20	76	1	346	3	410	9
40 ÷ 80	919	2	882	9	7	-	17	-	13	-
80 ÷ 160	115	-	113	1	-	-	-	-	2	-
> 160	9	-	9	-	-	-	-	-	-	-
Σ	50892	100	18045	100	14264	100	13808	100	4775	100
2 ÷ 20	45399	89	13423	74	14181	99	13445	97	4350	91

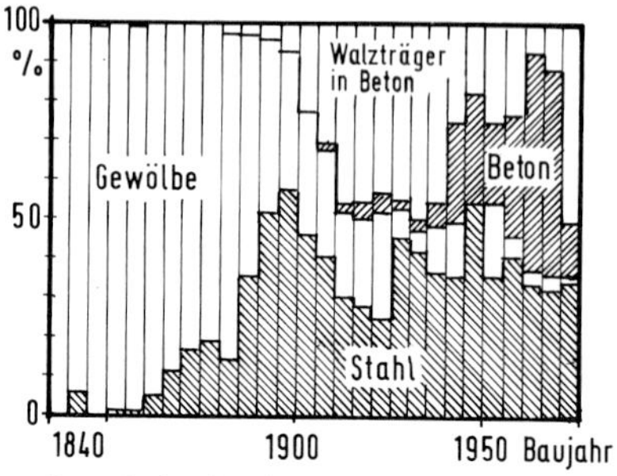

Prozentualer Anteil des Eisenbahnbrückenbestandes nach Baujahr und Anzahl ca. Mitte der 70-er Jahre

Bild 35 (nach SIEBKE) a) b)

Bestand der ca. 50 000 Eisenbahnbrücken im Jahre 1972 und aus Teilbild b das Alter dieses Bestandes und deren prozentuale Veränderung nach der Bauart ersichtlich [66]. Die erkennbaren Trends gelten unverändert. Bei Altbrücken liegt die Lebensdauer i.M. bei 60-90 Jahren; von den heute gebauten Brücken wird eine längere Standzeit erwartet, sofern nicht aus verkehrs- oder betriebstechnischen Gründen im Einzelfall ein vorzeitiger Ersatz erforderlich wird.

Im Zuge des Wiederaufbaues mit Beginn der 50er Jahre entstanden im Vergleich zu den vorangegangenen Jahrzehnten dank der Schweißtechnik ganz neue Formen im stählernen Eisenbahnbrückenbau, zunächst noch mit offener, dann überwiegend mit geschlossener Fahrbahn. Seit Mitte der 70er Jahre ist für die DB die Deckbrücke mit durchgehendem Schotterbett die Regelbauweise, um die Lärmabstrahlung zu mindern, den Fahrkomfort zu steigern und die Gleisunterhaltung zu vereinfachen (vgl. Abschn. 25.2.1).

Da derzeit noch ein großer Bestand älterer Brücken im Betrieb ist und gewartet werden muß, werden im folgenden die Konstruktionsmerkmale solcher Brücken in gestraffter Form behandelt, wodurch auch die Weiterentwicklung zum heutigen stählernen Eisenbahnbrückenbau deutlich wird.

25.2.6.2 Fahrbahn

Im Regelfall wurden die Eisenbahnbrücken ehemals mit offener Fahrbahn (ohne Schotterbett) ausgeführt. Bild 36 zeigt das Schema einer solchen Brücke für kurze Spannweiten: Das Gleis liegt auf hölzernen Schwellen auf, die die vertikalen und horizontalen Kräfte auf Längsträger (LTr) abgeben. Die Längsträger laufen über Querträger (QTr) durch, die beidseitig an die Hauptträger (HTr) anschließen. Die horizontalen Kräfte werden durch Verbände abgetragen. Die Vorteile der offenen Bauweise liegen im geringen Eigengewicht (daher wird sie heute gelegentlich noch im Großbrückenbau eingesetzt) und in der einfachen Fertigung und

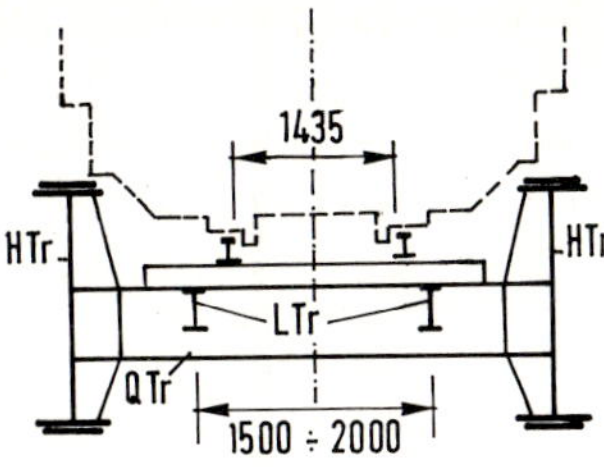

Bild 36 (Schema)

Montage. Diesen Vorteilen stehen gravierende Nachteile gegenüber: Die Unterbrechung der Bettung beeinflußt die Laufruhe des Zuges und verursacht eine erhebliche Lärmentwicklung, die Gleislage ist starr fixiert, die Anordnung von Weichen (z.B. in Bahnhofsbereichen) ist praktisch nicht möglich. Bei der Überbrückung von Verkehrstrassen bedarf es ggf. eines geschlossenen Abdeckbleches.

Der Schwellenabstand war auf 40cm begrenzt, um im Entgleisungsfalle ein Einbrechen der Räder zu verhindern; für diesen Katastrophenlastfall wurden vielfach parallel verlaufende Schutzschienen angeordnet.

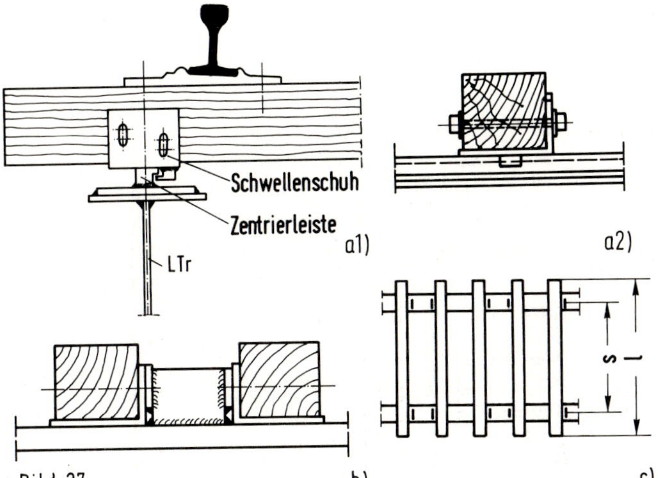

Bild 37

Die Hartholzschwellen wurden in unterschiedlicher Weise befestigt. Bild 37a zeigt eine verbreitete Ausführung: Befestigung der Schwellen auf einem Schwellenschuh, der auf einer Zentrierleiste (Nasenleiste) aufliegt; letztere ist mit dem Obergurt des Längsträgers durchgehend befestigt (verschweißt). Bei veränderlicher Gurtplattenzahl wurden die Höhenunterschiede durch Nasenleisten unterschiedlicher Höhe ausgeglichen. Die Schwellenwinkel wurden mit den Schwellen verschraubt (Bild 37a2) und zur Abtragung der Antriebs- und Bremskräfte Knaggen auf den Längsträgern befestigt (Teilbilder b und c). Hinsichtlich Längsträgerabstand s und Schwellenlänge l galten für Hartholzschwellen folgende Anhalte:

$l \geq 2{,}30$m, $s \leq 1{,}65$m: $h/b = 16/18$cm

$l \geq 2{,}40$m, $s \leq 1{,}80$m: $h/b = 20/22$cm

$l \geq 2{,}50$m, $s \leq 2{,}00$m: $h/b = 25/26$cm

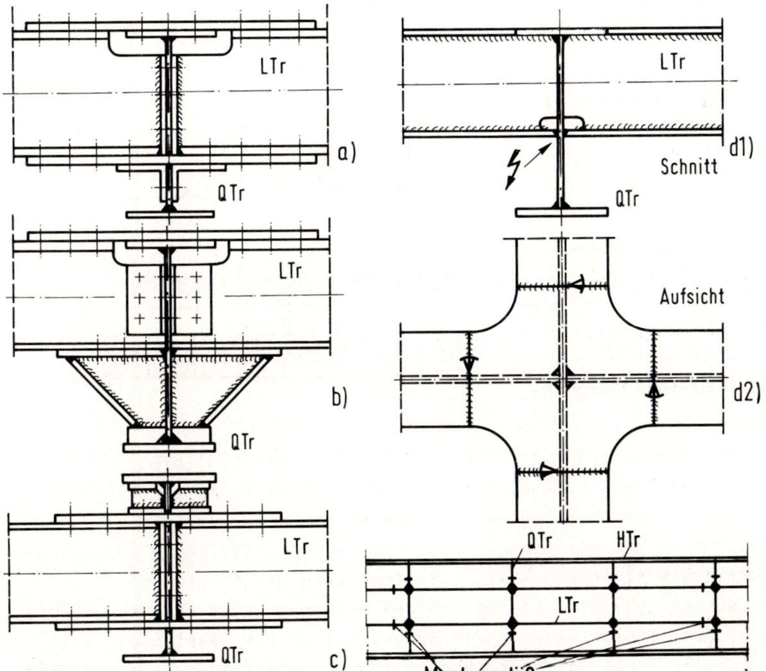

Bild 38

Die Fahrbahnlängsträger (LTr) wurden bei der offenen Bauweise als Durchlaufträger ausgebildet, um eine gute Laufruhe zu gewährleisten. Sie wurden als Walzträger oder geschweißte Träger ausgeführt. Als Höhe der LTr wurde etwa 1/10 des Querträgerabstandes gewählt, dieser sollte

2,5 bis 3,0m nicht überschreiten, gleichwohl wurden größere Abstände, insbesondere bei Fachwerkbrücken, ausgeführt.

Bei den Querträgern (QTr) wurde die Höhe zu 1/6 bis 1/8 der Stützweite (=Abstand der Hauptträger) gewählt, es waren I-Träger, bei zweigleisigen Brücken wurde der Gurtquerschnitt dem Biegemomentenverlauf angepaßt.

Die Beanspruchung der Längs- und Querträger ist sehr hoch, da jede Radüberfahrt als voller Lastzyklus eingeht. In Längsträgern tritt eine Wechselbeanspruchung ($\varkappa$ ist negativ) auf. Um die Durchlaufträgerwirkung der LTr zu gewährleisten, waren bei geschraubter Ausführung Kontinuitätslaschen ("Kontilaschen") erforderlich (Bild 38a,b und c), die ggf. durch den Steg des Querträgers hindurch geführt wurden. Bild 38d zeigt einen voll geschweißten Kreuzknoten, in Teilbild e ist eine mögliche Anordnung von Montagestößen außerhalb der Knoten dargestellt, so daß eine größere Sektion der Fahrbahn für die Fertigung in der Werkstatt entsteht. Die Stöße wurden ehemals genietet, dann als GV-Verbindung ausgeführt. Wo der Steg des Querträgers in Dickenrichtung auf Zug beansprucht wird, war und ist es notwendig, das Material auf Dopplungen hin zu durchschallen (Teilbild d1).

Bei Fahrbahnen in offener Bauweise bedarf es in Fahrbahnebene sogen. Schlinger- und Bremsverbände: Die Schlingerverbände dienen der Abtragung der Seiten- und Führungskräfte (Seitenstoß S=100kN je Gleis an ungünstigster Stelle) und der Kipphalterung der Längsträger. Sie liegen zweckmäßig im oberen Drittel der LTr. Die Strebenneigung ist mit 45° am günstigsten, anderenfalls bedarf es großflächiger Knotenbleche, vgl. wegen Einzelheiten Bild 39.- Die Antriebs- und Bremskräfte werden über die Schwellen übertragen und weiter über die LTr→QTr→HTr zu den festen Lagern abgesetzt. Bei Brückenstützweiten l>25m (bei eingleisigen Brücken) bzw. l>15m (bei zweigleisigen Brücken) sind Bremsverbände erforderlich, anderenfalls entstehen zu hohe Querbiegebeanspruchungen in den Querträgern. Die Bremsverbände werden i.a. in der Schlingerverbandsebene angeordnet und mit dieser lokal kombiniert. Bild 40a/b zeigt Regelausführungen bei ein- und zweigleisigen Brücken. - Die Anordnung der Bremsverbände erzwingt ein Zusammenwirken der HTr und LTr! Ein derartiges Zusammenwirken kann nur vermieden werden, wenn Brems- und Schlingerverband in der Biegenullinie der Hauptträger liegen, vgl. Bild 40c, anderenfalls werden Beanspruchungen in den Längsträgern aus der Hauptträgerbiegung geweckt; die Hauptträger werden zu Lasten der Längsträger entlastet. Diese Zusatzbeanspruchung ist von der Lage der Bremsverbände abhängig (Abschnitt 25.5.8).

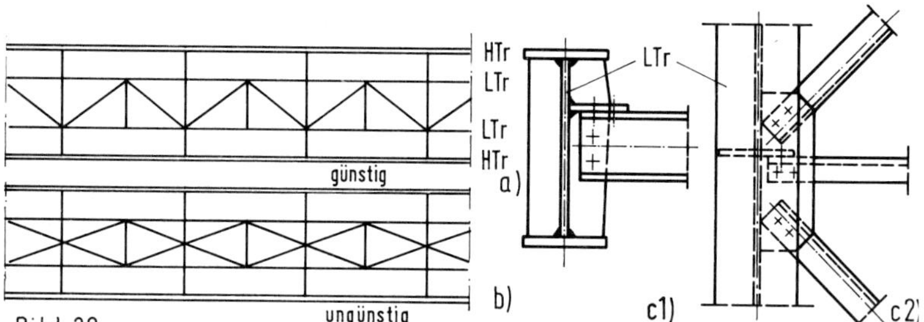

Bild 39

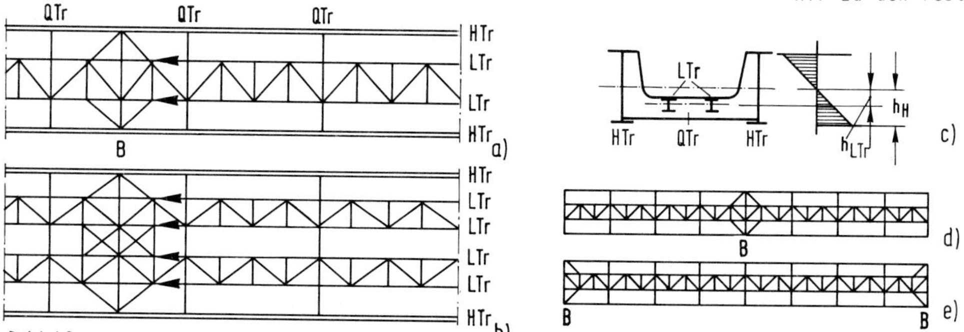

Bild 40

Im Zuge der Weiterentwicklung des stählernen Eisenbahnbrückenbaues wurden mit Einführung der Schweißtechnik zunehmend Brücken mit geschlossener Fahrbahn (ohne und mit Schotterbett) ausgeführt. Die Fahrbahn besteht dann aus einem geschlossenen versteiften Flachblech (bei Deckbrücken auch aus einer Stahlbetonplatte (Dicke bei einfeldrigen Stahlverbundbrücken d≥20cm)). Eingleisige Brücken erhalten eine Querneigung nach Innen, zweigleisige nach Außen, um das Oberflächenwasser über ein Längsgefälle in Fallrohre abführen zu können: Gefälle in Querrichtung min 1:50 und in Längsrichtung ebenfalls 1:50 oder mehr; Abstand der Abflüsse 20 bis 30m, bei größeren Spannweiten sind Entwässerungsrinnen erforderlich. - Wegen des scheibenförmigen Tragverhaltens sind jegliche Verbände zur Aufnahme horizontaler Kräfte entbehrlich. Fahrbahnblech und Längsrippen sind innerhalb der mitwirkenden Breite Bestandteil der Hauptträger. Geschlossene Fahrbahnen ohne Schotterbett werden heutzutage praktisch nicht mehr ausgeführt. Die Schienen liegen unter Verzicht auf Schwellen unmittelbar auf dem Fahrbahnblech bzw. der Stahlkonstruktion auf. Unter den Auflagerpunkten werden ca. 20mm dicke Gummiplatten angeordnet; es wurden auch durchgehende Schienenlagerungen auf einer ca. 5mm dicken Gummibahn ausgeführt.

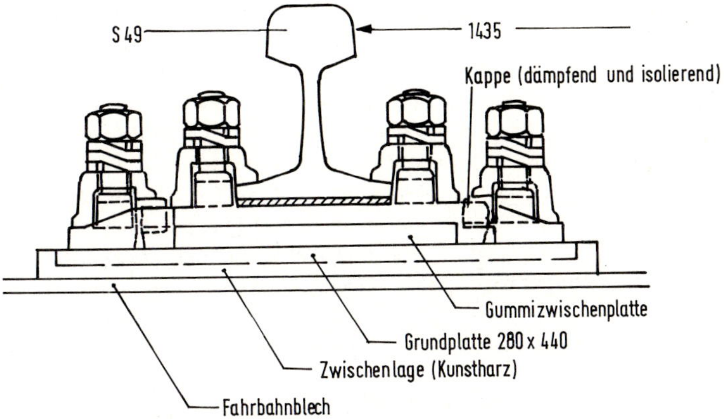

Die Grundplatte wird auf das Fahrbahnblech aufgeschraubt

Bild 41

Bild 41 zeigt eine ehemals von der DB standardisierte Lösung eines Schienenstuhles. Unterhalb der Schienen bedarf es kräftiger Längsträger oder -rippen. Die Vorteile der geschlossenen Fahrbahnen ohne Schotterbett liegen im geringen Eigengewicht und in der geringen Bauhöhe der Brücken sowie in der Dichtigkeit der Fahrbahn, dem stehen aber die Nachteile einer relativ hohen Lärmentwicklung und einer Unterbrechung des Fahrverlaufs gegenüber. Zudem ist die Gleislage starr fixiert; Sauberkeit und Korrosionsschutz sind schwierig aufrecht zu erhalten. Für die modernen Gleisunterhaltungsmaschinen bedeutet die Unterbrechung der Gleisbettung vom Planum im Übergang zur bettungslosen Brücke eine Behinderung und Verzögerung der Unterhaltungsarbeiten, das gilt außerdem für den beengten Arbeitsraum auf Trogbrücken. - Eine geschlossene Fahrbahn mit Schotterbett hat die vorgenannten Nachteile nicht; deren einziger Nachteil ist das hohe Eigengewicht des Schotterbettes und eine i.a. etwas größere Bauhöhe. Die Dicke des Schotterbettes beträgt 50cm. Die Fahrbahnplatte (einschl. Seitenbegrenzungsbleche) wird mit Dichtungsbahnen und/oder Sonderbeschichtungen zuzüglich 25mm Gußasphalt als mechanischer Schutz gegenüber dem Schotter versehen. Die Bettung bewirkt eine flächige Lastverteilung, was beim Nachweis des Fahrbahnbleches berücksichtigt wird. Zur Aussteifung des Bleches bedarf es Längsrippen, deren Abstand beträgt 300 bis 600mm. Die Querträger (Querschotte) haben einen Abstand von 1,5 bis 3,0m. - Für die laufende Eigenlast der Fahrbahnen gelten folgende Anhalte: Offene Fahrbahn 10 bis 15kN/m Gleis, geschlossene Fahrbahnen ohne Schotterbett 7 bis 9kN/m Gleis, geschlossene Fahrbahnen mit Schotterbett: bis 55kN/m Gleis (nach geltendem Regelquerschnitt).

25.2.6.3 Vollwandbrücken

Wie erwähnt, werden die ehemals häufig ausgeführten Brücken mit tiefliegender Fahrbahn (Trogbrücken, bis ca. 50m Stützweite) und solche mit halbversenkter Fahrbahn (bis ca. 80m Stützweite) nicht mehr ausgeführt. Für das Höhen-Längen-Verhältnis galten bzw. gelten für eingleisige Balkenbrücken folgende Anhaltswerte:
Einfeldträger: 1/10 bis 1/16 (Hauptträger einwandig), 1/12 bis 1/18 (Hauptträger zweiwandig), Durchlaufträger: 1/12 bis 1/18 (Hauptträger einwandig), 1/14 bis 1/20 (Hauptträger zweiwandig). Bei zweigleisigen Brücken liegen die Schlankheiten niedriger. Als max

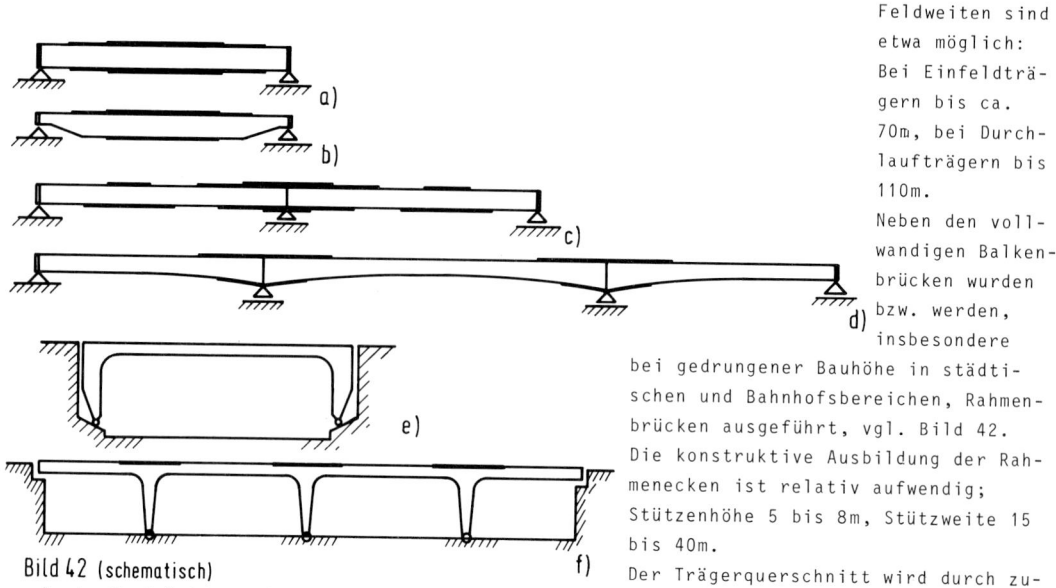

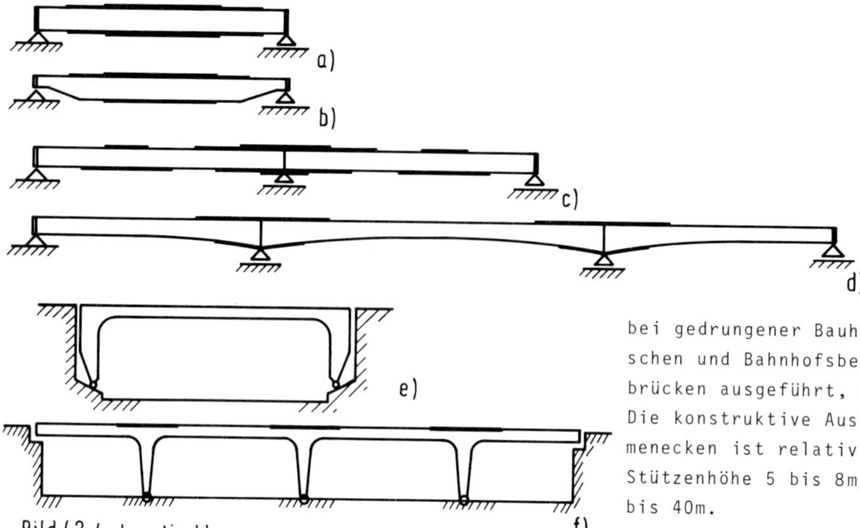

Bild 42 (schematisch)

Feldweiten sind etwa möglich: Bei Einfeldträgern bis ca. 70m, bei Durchlaufträgern bis 110m.

Neben den vollwandigen Balkenbrücken wurden bzw. werden, insbesondere bei gedrungener Bauhöhe in städtischen und Bahnhofsbereichen, Rahmenbrücken ausgeführt, vgl. Bild 42. Die konstruktive Ausbildung der Rahmenecken ist relativ aufwendig; Stützenhöhe 5 bis 8m, Stützweite 15 bis 40m.

Der Trägerquerschnitt wird durch zugelegte Gurtplatten, abgestufte Gurtplattendicken oder/und durch eine veränderliche Trägerhöhe dem Momentenverlauf angepaßt.

Auf Tafel 25.2 sind Querschnitte älterer Eisenbahnbrücken zusammengestellt, die Verschiedenartigkeit der Bauweisen geht hieraus hervor, vgl. auch [67].

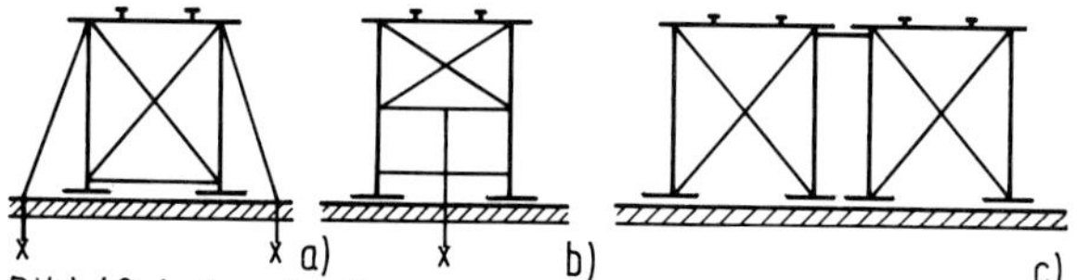

Bild 43 (schematisch)

Bei einfeldrigen Deckbrücken größerer Spannweite werden die Endauflager höher gelegt, um die Standfestigkeit gegen seitliches Starrkörperkippen zu erhöhen (Bild 42b). Bei mehrfeldrigen Brücken großer Spannweite (Tafel 25.2, [7] und [8]) sind konstruktive Maßnahmen erforderlich, um eine ausreichende Standfestigkeit sicherzustellen (Bild 43): a) Anordnung seitlicher Stützstreben oder Schrägstellung der Stegbleche nach außen, so daß ein trapezförmiger Querschnitt mit größerer Auflagerbasis entsteht, b) Verankerung in den Widerlagern bzw. auf den Pfeilern oder c), sofern möglich, Kopplung an eine parallel verlaufende Zwillingsbrücke.

25.2.6.4 Fachwerkbrücken

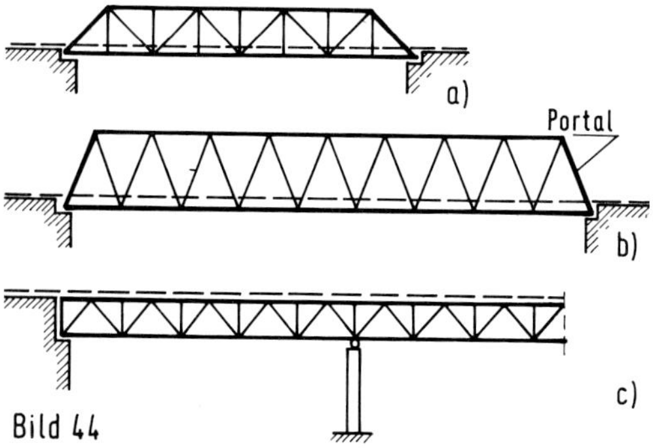

Bild 44

Fachwerkbrücken kamen bzw. kommen bei großen Spannweiten zum Einsatz, ehemals ausschließlich mit offener Fahrbahn. Da große Spannweiten i.a. außerhalb von Wohngebieten liegen, werden in solchen Fällen auch heute noch offene Fahrbahnen toleriert. Die Fahrbahn liegt üblicherweise in der Untergurtebene (Bild 44a/b). - Trogbrücken, wie in Teilbild a dargestellt, werden aus den o.g. Gründen nicht mehr ausgeführt, früher waren sie verbreitet. Der gedrückte Obergurt wurde im Sinne eines Durchlaufträgers auf elastischen Zwischenstützen durch die von den Querträgern und Pfosten gebildeten Halbrahmen gegen seitliches Ausknicken stabilisiert; in der Untergurtebene liegt ein Windverband. - Bei großer Bauhöhe wird ein geschlossener, allseits ausgefachter Brückenquerschnitt konstruiert (Teilbild b). In der Untergurtebene liegt der Hauptwindverband (HWV) und in

Stählerne Eisenbahnbrücken

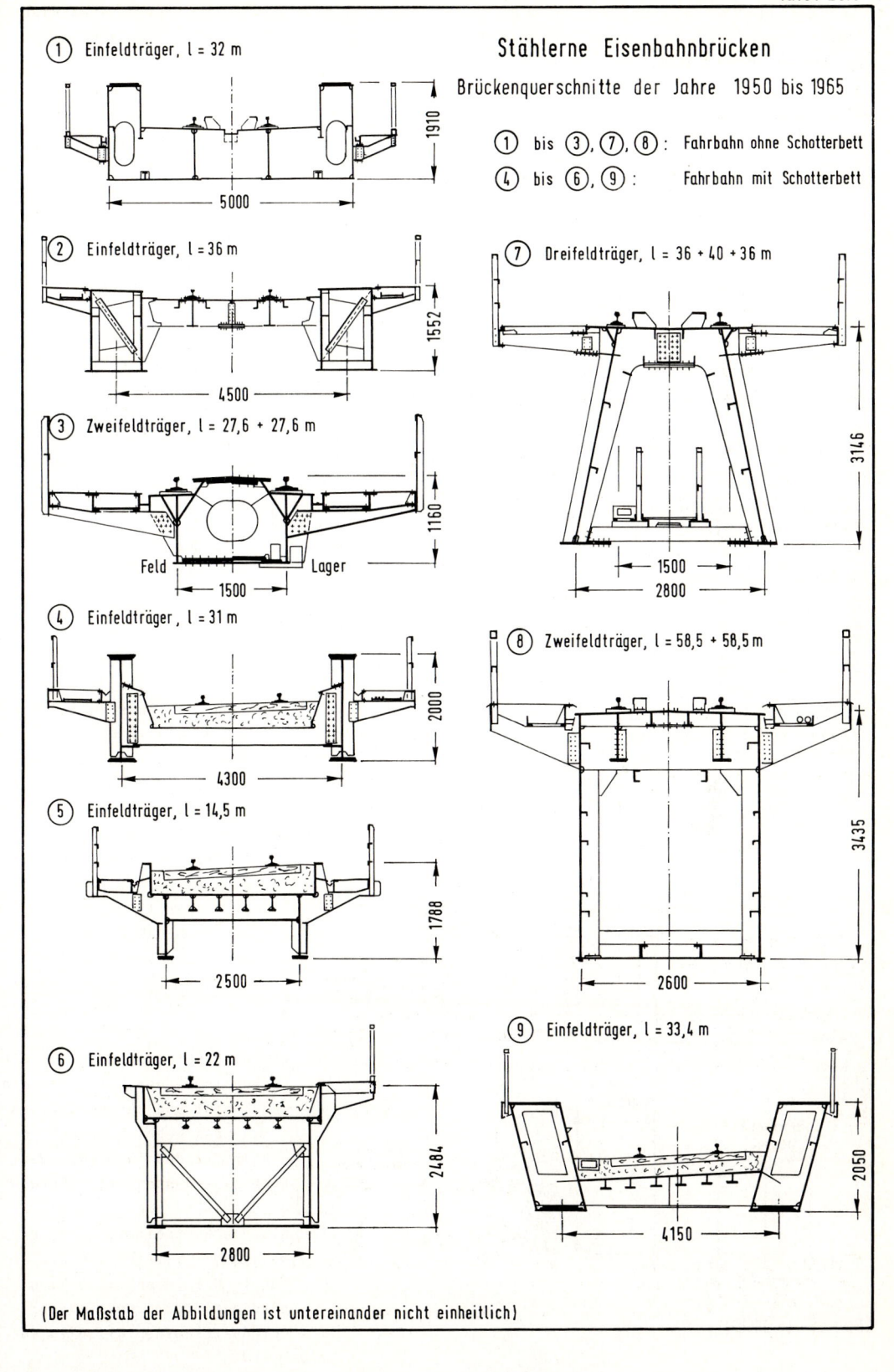

Brückenquerschnitte der Jahre 1950 bis 1965

① bis ③, ⑦, ⑧ : Fahrbahn ohne Schotterbett

④ bis ⑥, ⑨ : Fahrbahn mit Schotterbett

① Einfeldträger, l = 32 m

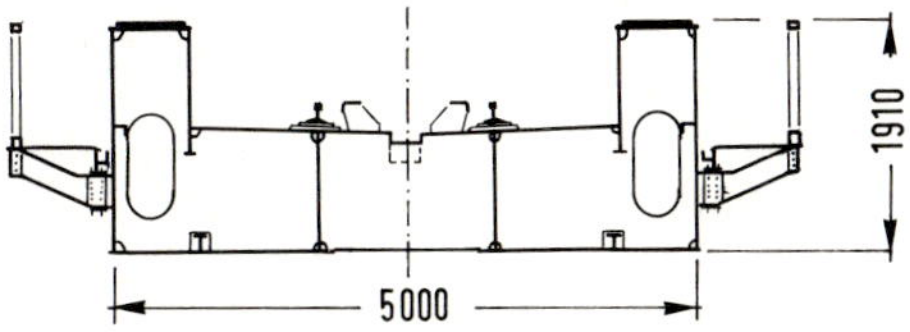

② Einfeldträger, l = 36 m

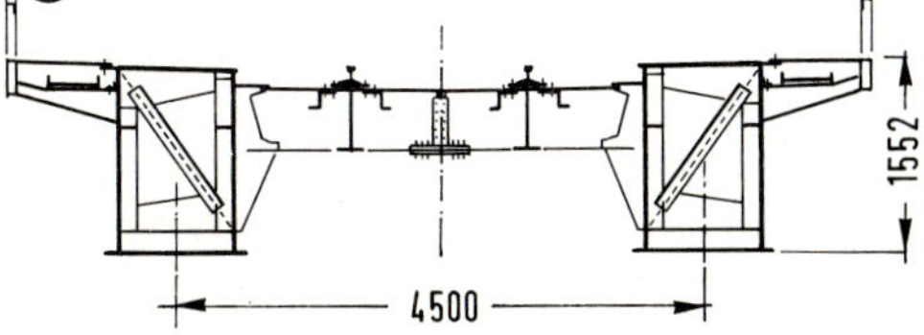

③ Zweifeldträger, l = 27,6 + 27,6 m

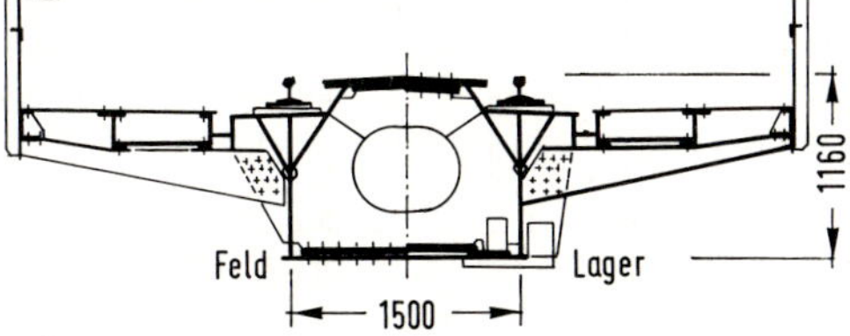

④ Einfeldträger, l = 31 m

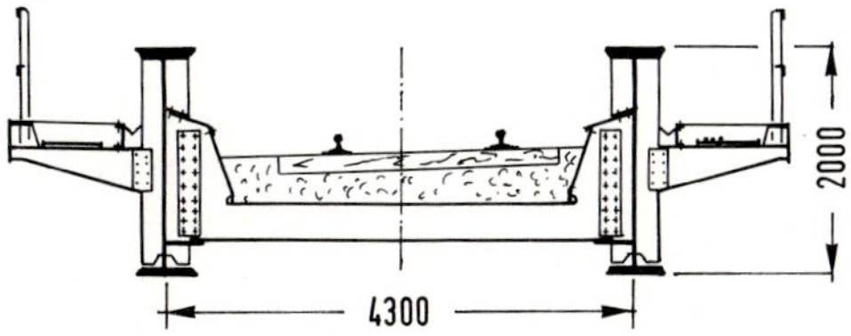

⑤ Einfeldträger, l = 14,5 m

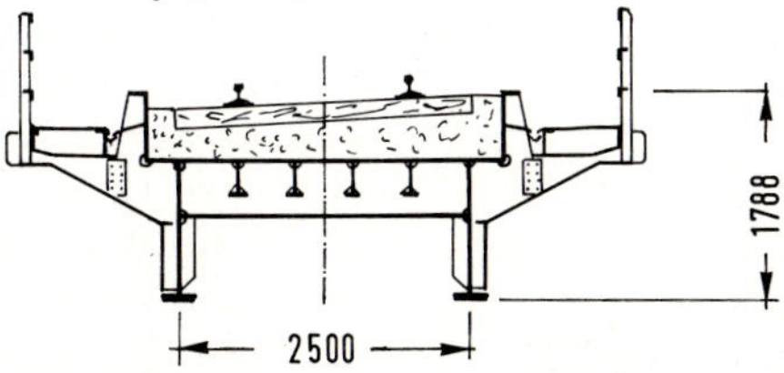

⑥ Einfeldträger, l = 22 m

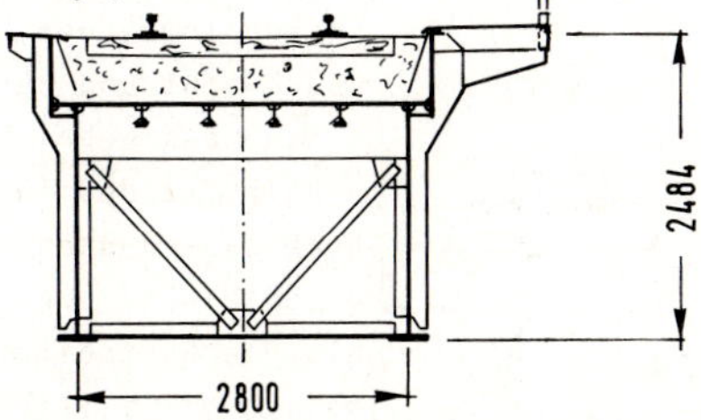

⑦ Dreifeldträger, l = 36 + 40 + 36 m

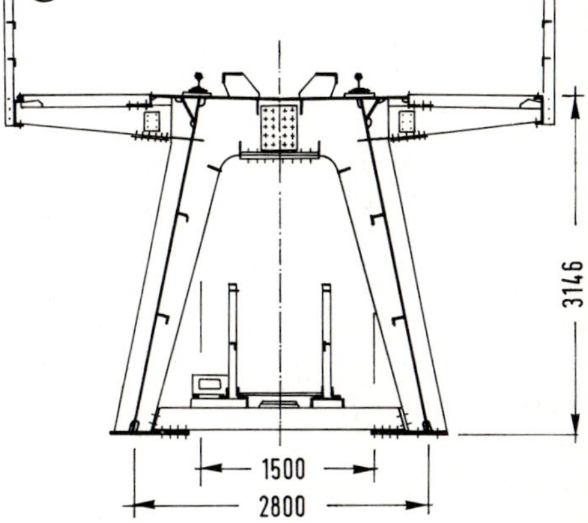

⑧ Zweifeldträger, l = 58,5 + 58,5 m

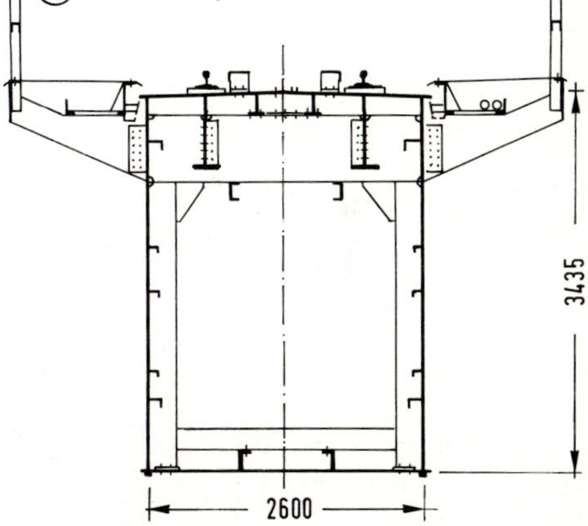

⑨ Einfeldträger, l = 33,4 m

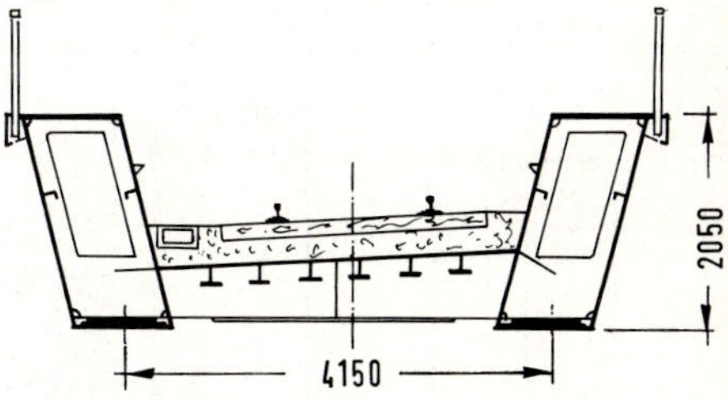

(Der Maßstab der Abbildungen ist untereinander nicht einheitlich)

der Obergurtebene der Nebenwindverband (NWV), der durch Portalrahmen an den Brückenenden seitlich gestützt wird. Der NWV stabilisiert den gedrückten Obergurt. - Fachwerkbrücken mit oben liegender Fahrbahn kamen bzw. kommen seltener zur Ausführung.

Fachwerkbrücken in geschlossener Bauweise setzen eine gerade Linienführung voraus. Es lassen sich allenfalls nur sehr geringe Gleiskrümmungen, sowohl im Grundriß wie in der Gradiente, unterbringen. Es werden parallelgurtige Brücken mit klaren Ausfachungsformen und schlanken Stäben, insbesondere solche mit Strebenfachwerk (Bild 44b, vgl. auch Tafel 25.6), bevorzugt. Durchlaufträger erhalten möglichst gleiche Stützweiten, bei ungleichen Stützweiten sollten die Endfelder nicht kürzer als 60% der Mittelfelder sein. - Für das Verhältnis statische Brückenhöhe zu Stützweite gelten folgende Anhalte: Einfeldträger (l bis ca. 120m): 1/7 bis 1/10, Durchlaufträger (l bis ca. 200m): 1/9 bis 1/16. - Bei Strebenfachwerken ist der Strebenneigungswinkel zu 50 bis 60° zu wählen, der Querträgerabstand sollte 10m nicht überschreiten.

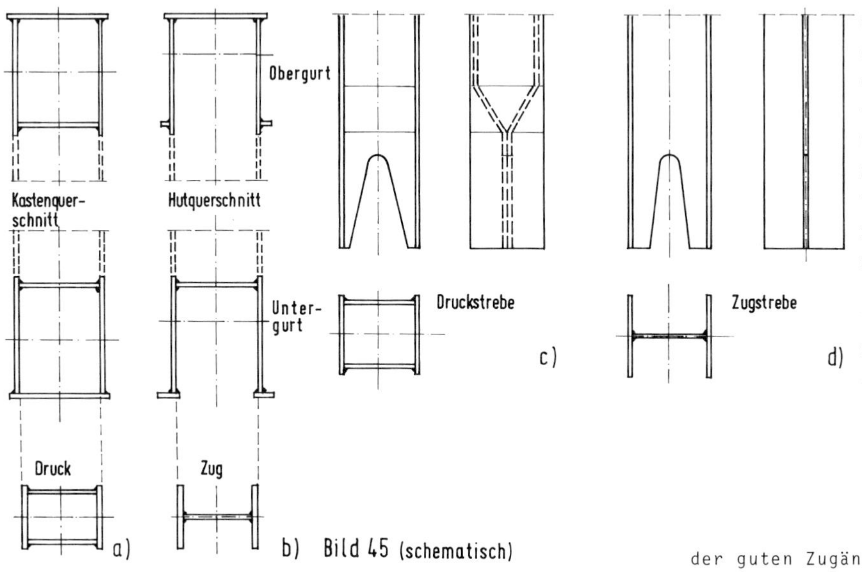

Bild 45 (schematisch)

Die Gurtstäbe werden grundstäzlich zweiwandig ausgeführt, vgl. Bild 45a/b. Hohlquerschnitte, die nicht zugänglich sind, müssen, sofern luftdichter Verschluß nicht möglich ist, gut belüftet und entwässerbar sein. Offene Hutquerschnitte haben den Vorteil der guten Zugänglichkeit (z.B. bei Verschraubung) aber im Falle einer Druckbeanspruchung den Nachteil einer relativ geringen Biegedrillknicktragfähigkeit. - Die Streben werden bei überwiegendem Druck mit Hohlquerschnitt und bei überwiegendem Zug mit I-Querschnitt ausgebildet. - Die Knotenbleche werden in der Regel in die Seitenbleche der Gurtstäbe eingeschweißt und zur Berücksichtigung des mehrachsigen Spannungszustandes (und ggf. der Lochschwächungen bei Schraubanschlüssen) etwas dicker als die Gurtseitenbleche (etwa 1,2 bis 1,3-fach) ausgeführt. Die Innenfläche liegt bündig mit der Innenfläche der Gurtwangen, vgl. Bild 46a.

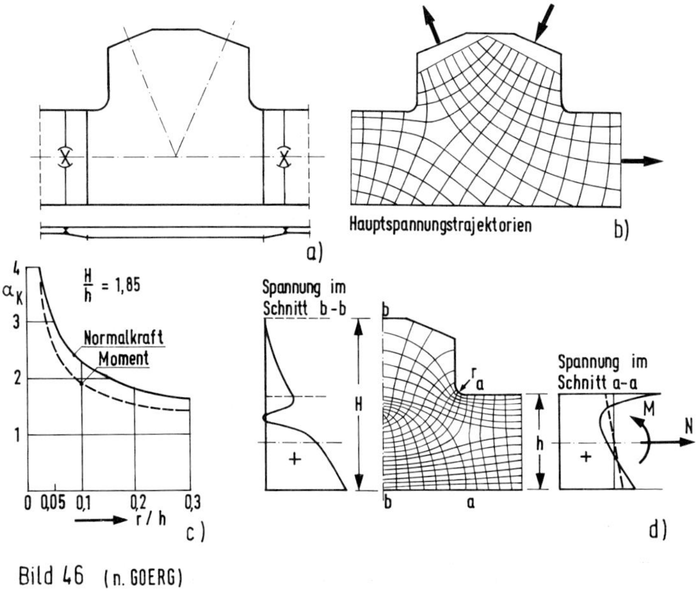

Bild 46 (n. GOERG)

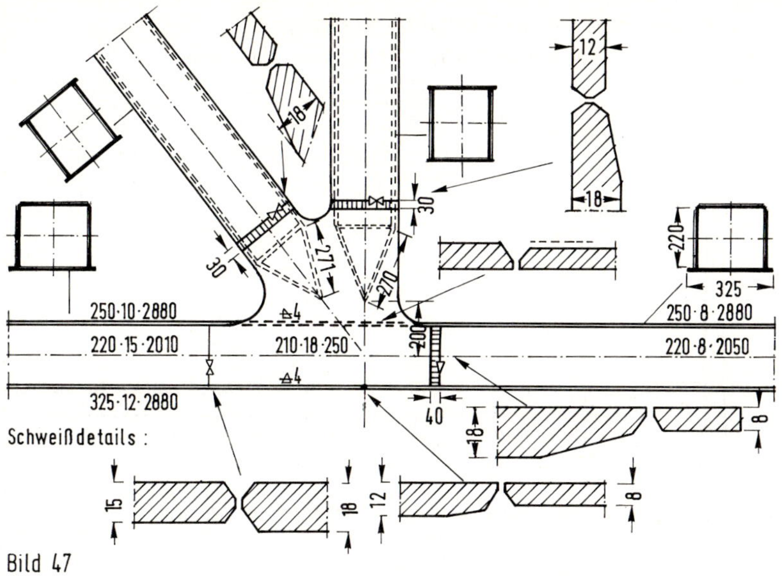

Bild 47

Die Breite der Streben wird bei Schraubanschlüssen so gewählt, daß sie zwischen die Knotenbleche passig eingeführt werden können, siehe Bild 45a/b. Um die Verschraubung und ein Anlegen der Kontaktflächen sicherzustellen, werden die Streben an den Enden mit gabelartigen Einschnitten versehen (Bild 45c/d.) - Wie erwähnt, werden die Knotenbleche zweckmäßig in die Stege der Gurtstäbe eingesetzt und mit diesen stumpf verschweißt, wobei ein kontinuierlicher Dickenübergang vorgesehen wird. Um die Schweißeigenspannungen aus dem Knotenblechbereich heraus zu verlagern, werden die Stumpfstöße in einem gewissen Abstand vom Knotenblechrand angeordnet (Bild 46a). Die Knotenbleche werden mit Ausrundungen versehen. Im Bereich der einspringenden Ecken entstehen Kerbspannungen. Diesen überlagern sich an den Anschnitten die Nebenspannungen aus der Rahmenwirkung der biegesteifen Stabanschlüsse. Aus Bild 46c kann der Kerbfaktor α_K für Normalkraft und Anschnittbiegemoment entnommen werden [68]. Das Diagramm gilt speziell für H/h=1,85. Hierbei ist H die Höhe des Knotenbleches und h die Höhe des Gurtstabes (Bild 46d); die durch α_K gekennzeichnete Kerbspannungserhöhung in Abhängigkeit vom bezogenen Ausrundungsradius r/h bezieht sich auf die Nennspannung N/A bzw. M/W.

Die ersten teilgeschweißten Eisenbahnbrücken mit angeschraubten Streben wurden Mitte der 50er Jahre erstellt (z.B. Kaiserbrücke bei Mainz), einige Jahre später die ersten vollgeschweißten Fachwerkbrücken. Bild 47 zeigt als Beispiel des Untergurtknoten einer dreifeldrigen Fachwerkträgerbrücke mit obenliegender Fahrbahn (Bild 44c), Weite der Randfelder 30m, Weite des Innenfeldes 37,5m, Brückenhöhe 3,5m [69]. Im Bild sind die Schweißfugen der Stumpfnähte dargestellt. Die Ausrundungen der einspringenden Ecken wurden in diesem Falle als Übergangsbögen (parabelförmig) ausgebildet. Die vollgeschweißte Fachwerkbrücke ist heute der Regelfall. Es wurden und werden ein-, zwei- und viergleisige Brücken ausgeführt, vgl. u.a. [70-72].

25.2.7 Neuzeitlicher Eisenbahnbrückenbau [73-79]

Aus heutiger Sicht sind im Eisenbahnbrückenbau vier Aufgabenbereiche zu unterscheiden:

a) Wie in den zurückliegenden Jahren bzw. Jahrzehnten sind auch in Zukunft Altbrücken des bestehenden Netzes durch Neubrücken zu ersetzen. Bei den Brücken kurzer Spannweite (bis etwa 60m) steht der Stahlbrückenbau in Konkurrenz mit dem Massivbrückenbau, vgl. Bild 35. Für diesen dominierenden Spannweitenbereich ist die vollwandige Balkenbrücke als Ein- oder Mehrfeldträger in Form einer Deckbrücke mit durchgehendem Schotterbett Regel der Technik im Eisenbahnbrückenbau. Die Vorteile seien nochmals zusammengefaßt: Hoher Fahrkomfort (freie Aussicht der Reisenden), geringe Umweltbelastung durch Lärmabstrahlung (vergleichbar mit freier Strecke), geringe Unterhaltung des Fahrweges (Tragkonstruktion liegt im Schutz des Fahrbahndecks), im Entgleisungsfalle werden keine Hauptträger beschädigt oder gar zerstört. Deckbrücken erfordern allerdings eine gewisse Bauhöhe, auch treten infolge Wind und Fliehkräften höhere Torsionsmomente auf,

Eisenbahnbrücken in Fachwerkbauweise

Auszug aus Richtzeichnungen der Deutschen Bundesbahn (DB) in vereinfachter Wiedergabe

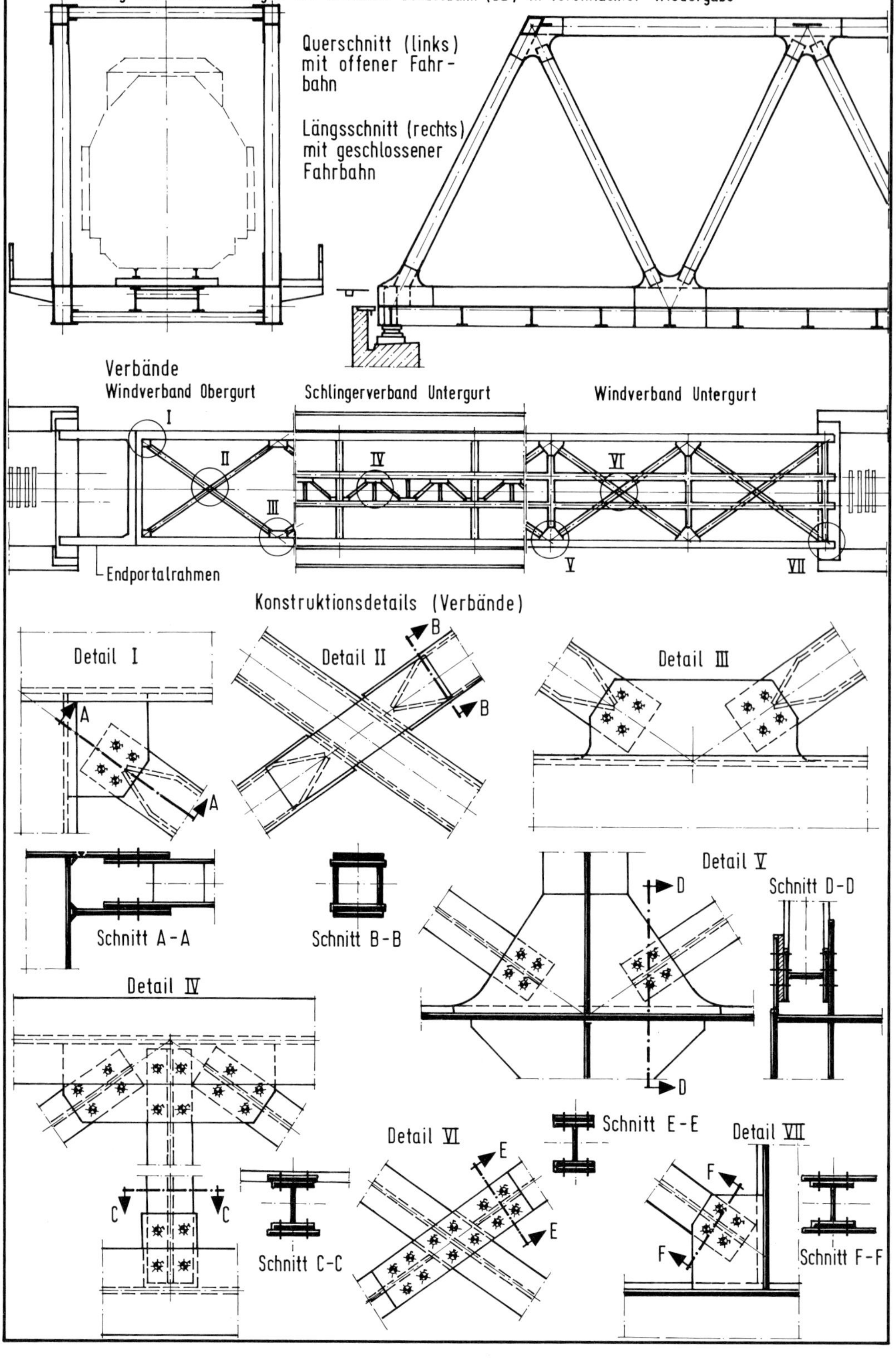

Auszug aus den Richtzeichnungen der Deutschen Bundesbahn (DB)

Fahrbahnen von stählernen Eisenbahnbrücken (in vereinfachter Wiedergabe)

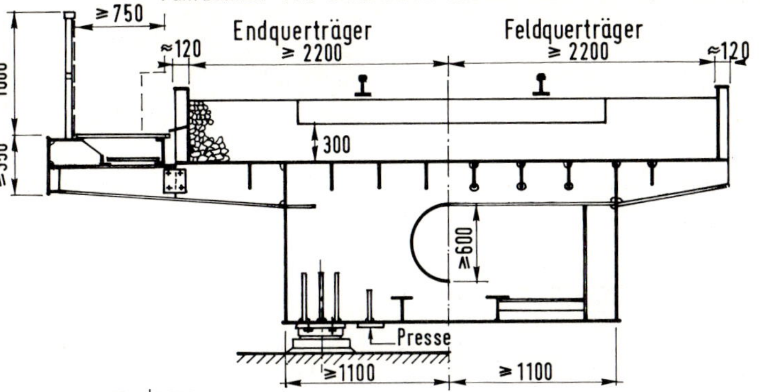

Vollwandige Kastenträgerbrücke

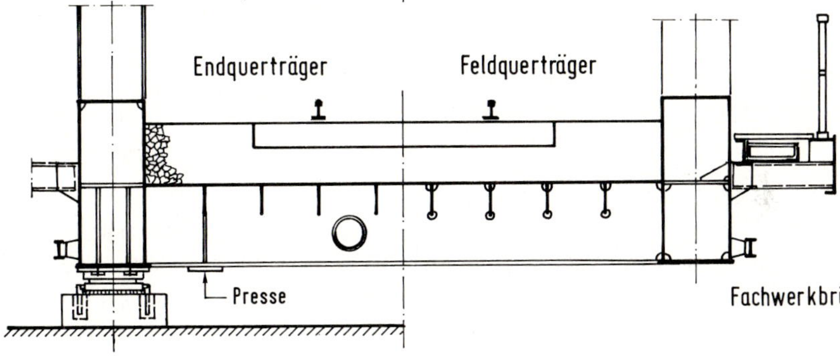

Fachwerkbrücke

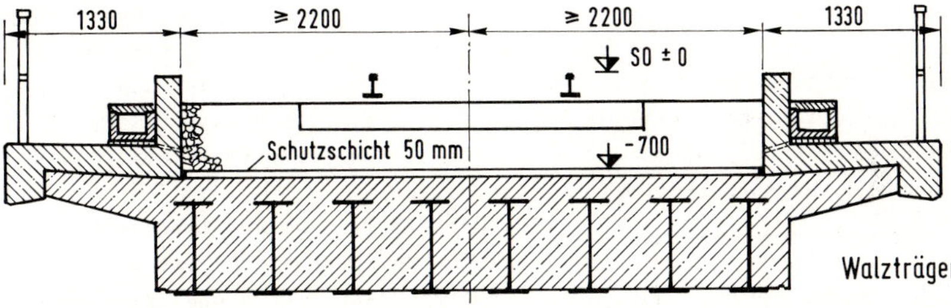

Walzträger in Beton

Fahrbahnübergang bei durchgehendem Schotterbett

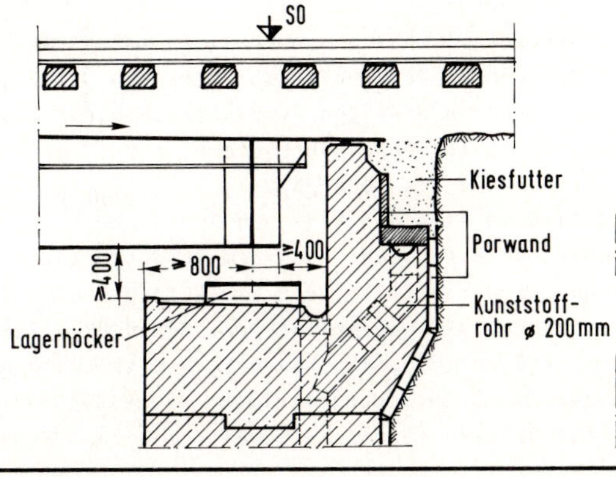

Geländer

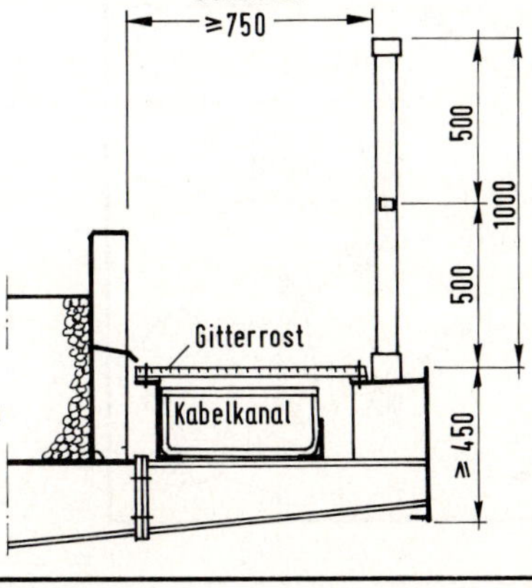

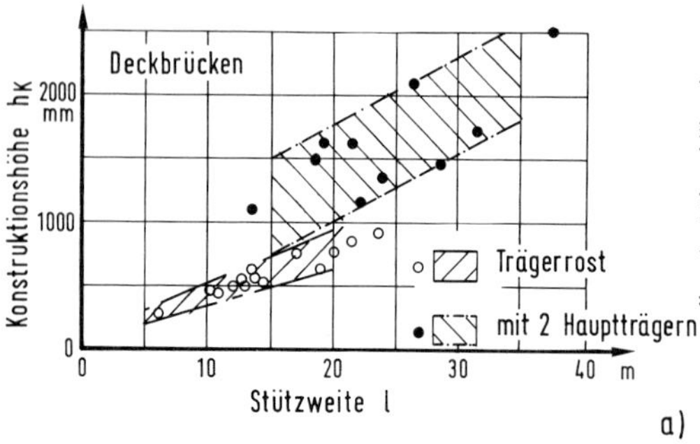

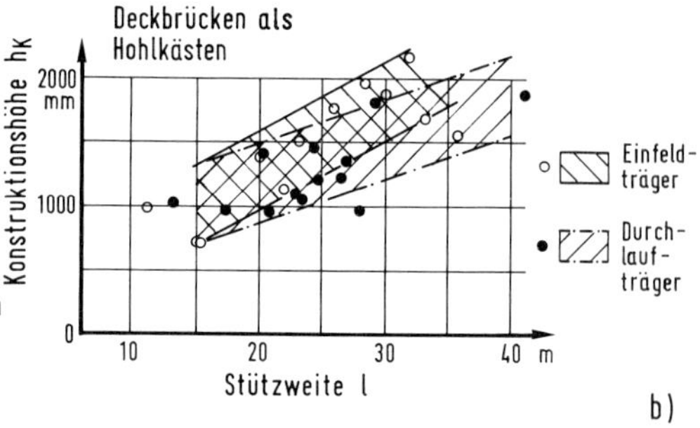

Querschnittsformen		ausgeführt Stützweiten l in m etwa bis	ausgeführt Schlankheiten l/h_k etwa bis
Deckbrücke mit 2 Haupt-trägern	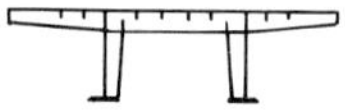	40	20
Trägerrost	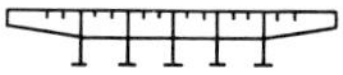	25	28
Hohlkasten	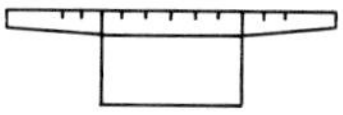	60	25

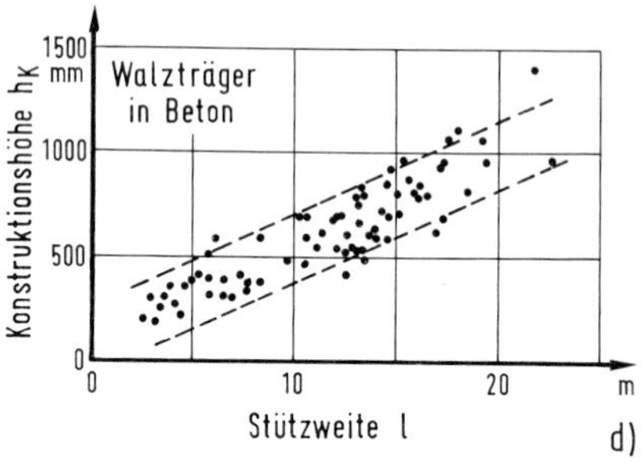

Deckbrücken mit Schotterbett

c) Bild 48 (n. STIER/PFEIFER)

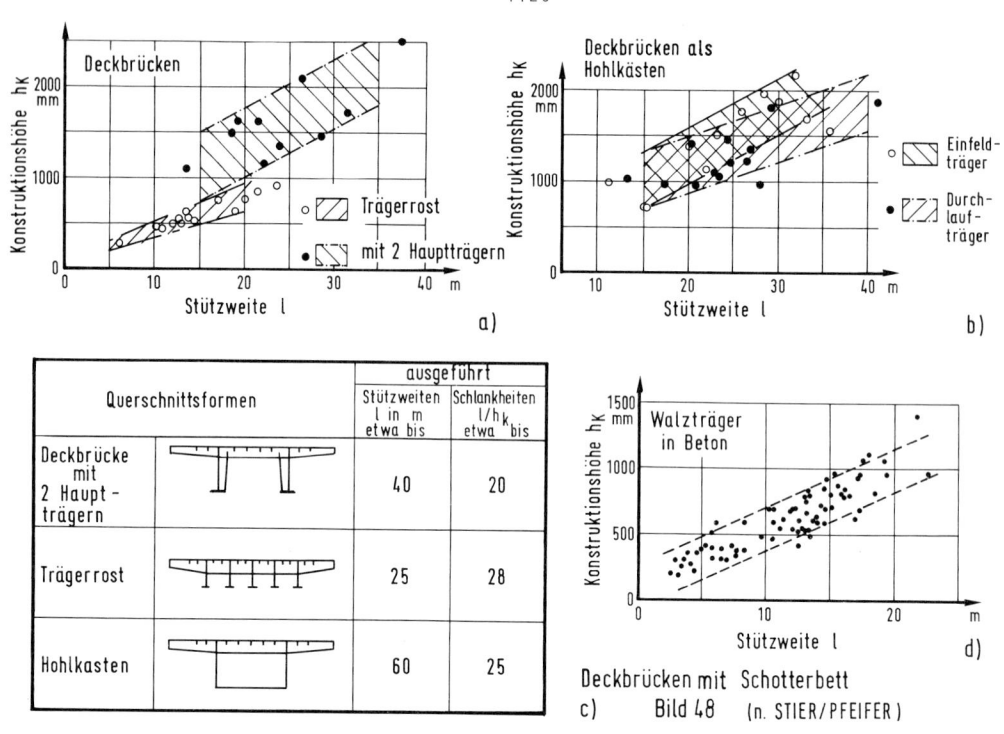

weshalb die Kastenbrücke bevorzugt wird; sie ist auch aus Korrosionsgründen günstiger als eine unten offene Brücke. Daneben kommt (bei kürzeren Spannweiten) auch der Trägerrost zum Einsatz. Bild 48a/b und c gibt Konstruktionshinweise [78]. Bei den in Teilbild c eingetragenen Werten handelt es sich um Grenzstützweiten bzw. Grenzschlankheiten. - Neben den erwähnten ist die Brücke mit Walzträgern in Beton eine bewährte Bauweise für geringe Spannweiten (vgl. Bild 48d): Als Baustoffe werden i.a. Stahl St37-2 und Beton B25 verwendet. Die Vorteile liegen in der einfachen Entwurfsbearbeitung, in der leichten Bauausführung und im geringen Unterhaltungsaufwand. Statisch handelt es sich um Verbundbrücken ohne besondere Verbundmittel.

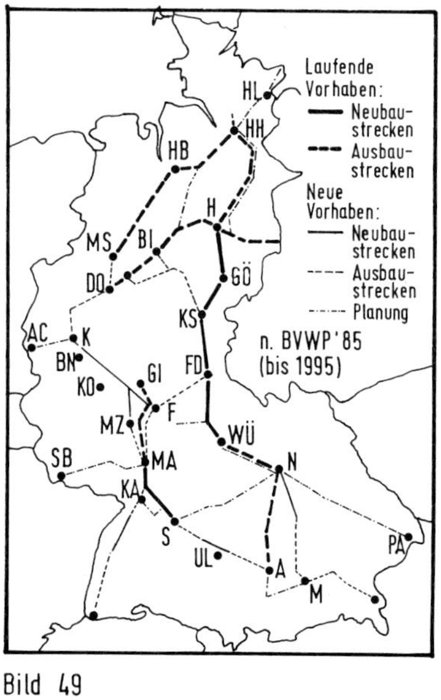

Bild 49

Für Großbrücken kommen Stabbogenbrücken (für mittelgroße Spannweiten) und parallelgurtige Fachwerkbrücken (für große Spannweiten) als Ein- oder Mehrfeldträger zum Einsatz, ebenfalls im Regelfall mit Schotterbett; bei Fachwerkbrücken auch in Verbundbauweise. Tafel 25.7 enthält einen kleinen Auszug aus den Richtzeichnungen der DB, die beim Entwurf von Neubrücken zu beachten sind, vgl. auch Tafel 25.6.

b) Brücken in Neu- und Ausbaustrecken, V<160km/h,
c) Brücken in Neu- und Ausbaustrecken, V>160km/h,
d) Brücken für neue Bahnsysteme, z.B. Magnetschwebebahn (V bis 400km/h).

In Bild 49 sind die Neu- und Ausbaustrecken der Deutschen Bundesbahn nach dem Bundesverkehrswegeplan '85 dargestellt, der die Aufgaben etwa bis zum Jahre 1995 beschreibt (ca. 35Mrd.DM). Für die unter b) und c) genannten Aufgaben gelten die unter Pkt.a zusammengestellten Hinweise; Bild 50 zeigt Brücken kurzer Spannweite moderner Konzep-

*) Die Planungen werden z.Zt. auf die neuen Bundesländer erweitert; der endgültige neue Bundesverkehrswegeplan liegt noch nicht vor (1992).

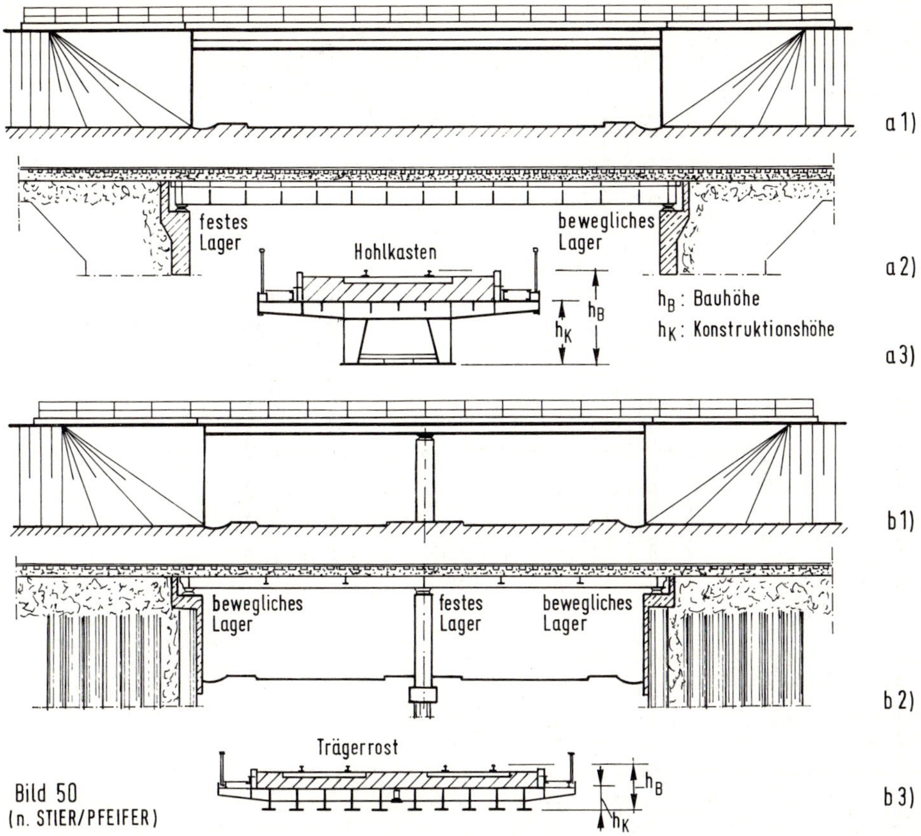

Bild 50
(n. STIER/PFEIFER)

tion. Für die Schnellfahrstrecken gelten besondere Auflagen, sie betreffen vorrangig die Steifigkeit der Brücken. Bei Neubaustrecken ist die max Neigung zu 18‰ festgelegt, im Grundriß ist der Radius auf 7000m begrenzt. Diese Trassierungsvorgaben bedingen einen relativ hohen Anteil an Kunstbauten (u.a. Talbrücken und Tunnels). - Bahnsysteme gemäß d) erfordern gänzlich neue Brückentypen (s.u.).
Wie einzusehen, kommt dem Korrosionsschutz große Bedeutung zu. Grundlage ist die 9-teilige DIN 55928 (die die Richtlinie DS807(RoSt) abgelöst hat) in Verbindung mit TL918300 Techn. Lieferbedingungen für Anstrichstoffe und DIN 18364, Korrosionsschutzarbeiten an Stahl- und Aluminiumbauten [80]. Für jeden Brückenneubau ist ein Korrosionsschutzplan zu erstellen. Besondere Berücksichtigung erfordert die Beschichtung schotterberührter Stahlflächen und der Korrosionsschutz im Inneren geschweißter, dicht verschlossener Kastenbrücken; vgl. hierzu [81-84]. Fertigungsbeschichtungen dürfen überschweißt werden.-
Es hat nicht an Versuchen gefehlt, durch dämmende Maßnahmen die Luftschallabstrahlung stählerner Eisenbahnbrücken zu mindern. Dabei haben sich mehrschichtige Verbundsysteme als am zweckmäßigsten erwiesen [85-89]. Sie bestehen aus dem tragenden Blech der Konstruktion, einer Kunststoffschicht (z.B. Polyurethan, $\geq$ 3mm) und einem zweiten Blech geringer Dicke (Konterblech, Dicke 0,1 bis 0,3 der Tragblechdicke); Befestigung z.B. mit Setzbolzen. Der Sicherstellung des Korrosionsschutzes und der Beständigkeit des Verbundsystems kommt bei der Detaildurchbildung große Bedeutung zu.-
Wie erwähnt, wird für mittelgroße Spannweiten (etwa ab 60m, z.B. für Kanalüberquerungen) der versteifte Stabbogen häufig als Tragsystem gewählt. Die Versteifungsträger werden über Hängestangen an die Stabbögen aufgehängt; die Versteifungsträger übernehmen (einschl. Fahrbahnblech) den Horizontalschub. Bild 51 zeigt ein Beispiel [90]: Der Versteifungsträger besitzt einen I-Querschnitt, der an den Enden in einen zweiwandigen Querschnitt übergeht, so daß der als zweiwandiger Hohlquerschnitt ausgebildete Bogenträger mit gleicher

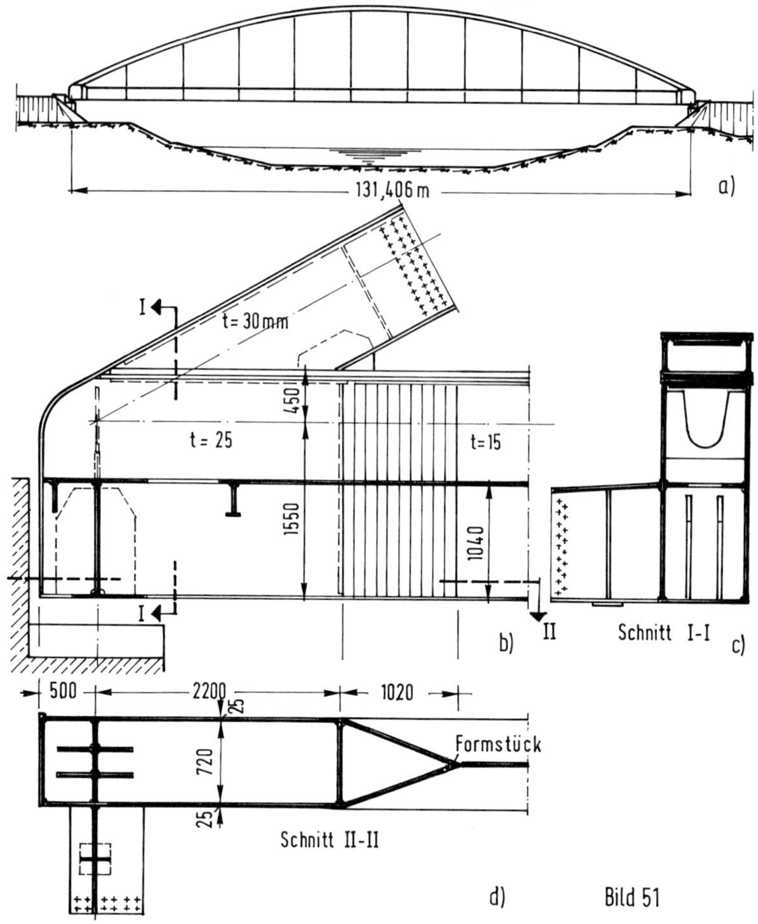

Bild 51

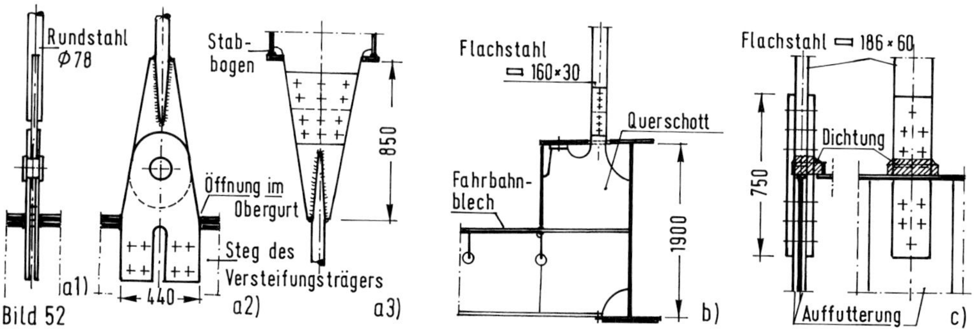

Bild 52

Breite angeschlossen werden kann. An den Enden der Brücke liegen Portalrahmen zwischen den Bogen und oberhalb ein rautenförmiger Windverband, möglich ist auch ein VIERENDEEL-Rahmen. Der Anschluß der Hänger wurde ehemals als Bolzengelenk bewerkstelligt, vgl. Bild 52a und Abschnitt 10.1. Im modernen Brückenbau werden anstelle von Rundstahlstangen Flachstahlstangen mit geschraubten Laschenanschlüssen gewählt; die Teilbilder b und c zeigen Beispiele. Das Schotterbett wird über die Brücke geführt.

Als weiteres Beispiel zeigt Bild 53 die 1980 fertiggestellte zweigleisige Strombrücke über den Main bei Frankfurt(M)-Niederrad mit 168m Spannweite. Einige Konstruktionsmerkmale [91]: Einwandiger Versteifungsträger hoher Steifigkeit, Fahrbahn als orthotrope Platte, Längssteifen 150mm hoch, gegenseitiger Abstand 770mm, Querträgerabstand 2800mm, jeder 3. bzw. 4. Querträger ist als Rahmen (zur Sicherstellung der Seitenstabilität)

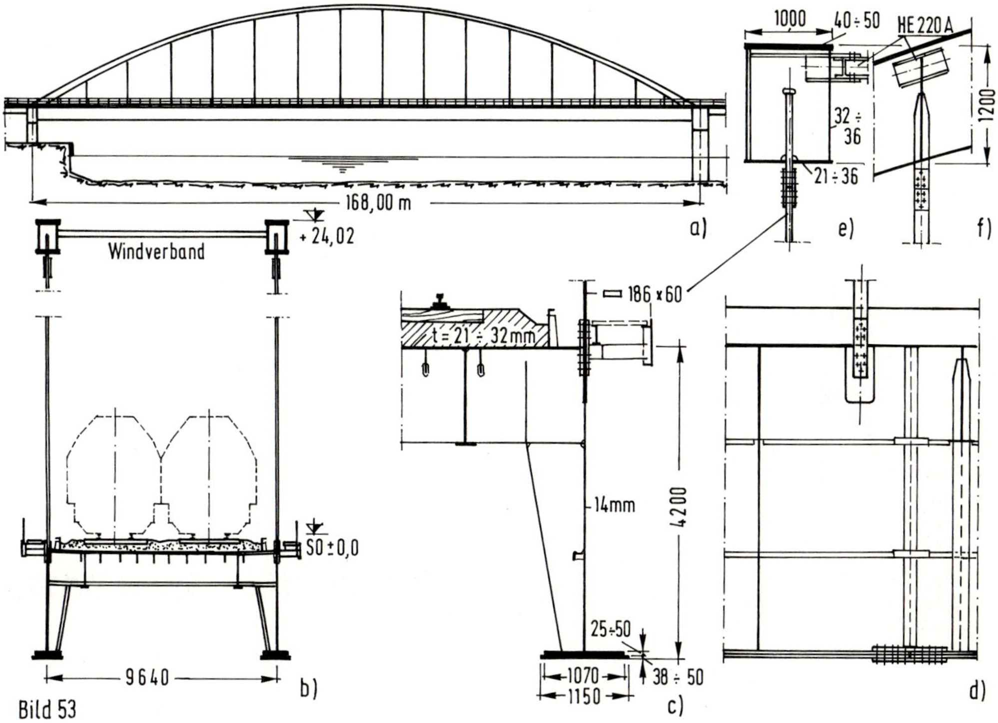

Bild 53

ausgeführt. Im Bereich der Bogenfußpunkte geht der einwandige Hauptträger in Verlängerung des Bogenquerschnittes in einen dreistegigen Kasten über. Stahlgewicht der Brücke ca. 1650t, davon die Hälfte Stahl St52. Großbrücken werden heutzutage mittels Computer (nach Th.II.Ordn.) berechnet. Dabei werden die Einspannmomente der biegesteif angeschlossenen Hänger ermittelt.
Ein Bauwerk besonderer Art ist die neue viergleisige Rheinbrücke zwischen Düsseldorf und Neuß, Inbetriebnahme 1987. Der 820m lange Brückenzug umfaßt eine stählerne Strombrücke von 135,5+250,0=385,5m Länge und als Vorlandbrücke Einfeld-Spannbetonbalken, vgl. Bild 54. Die Strombrücke ist ein Fachwerkdurchlaufträger, wobei die 250m große Öffnung zusätzlich von einem Bogen überspannt wird, an dem das Fachwerk mit Flachstählen angehängt ist. Teilbild c zeigt den Querschnitt. Zwei Gleise liegen innerhalb und zwei außerhalb des Fachwerkes. Die Bögen haben einen Kastenquerschnitt von 1,65x2,00m, sie stehen zueinander geneigt wie die Fachwerkwände. Der Bogenschub wird vom Untergurt des Fachwerkes aufgenommen. Die Fahrbahn ist eine orthotrope Platte mit Flachstahlrippen, Querträgerabstand 3,20m. Gesamtgewicht des stählernen Überbaues rund 8500t. Wegen weiterer Einzelheiten vgl. [92-94].

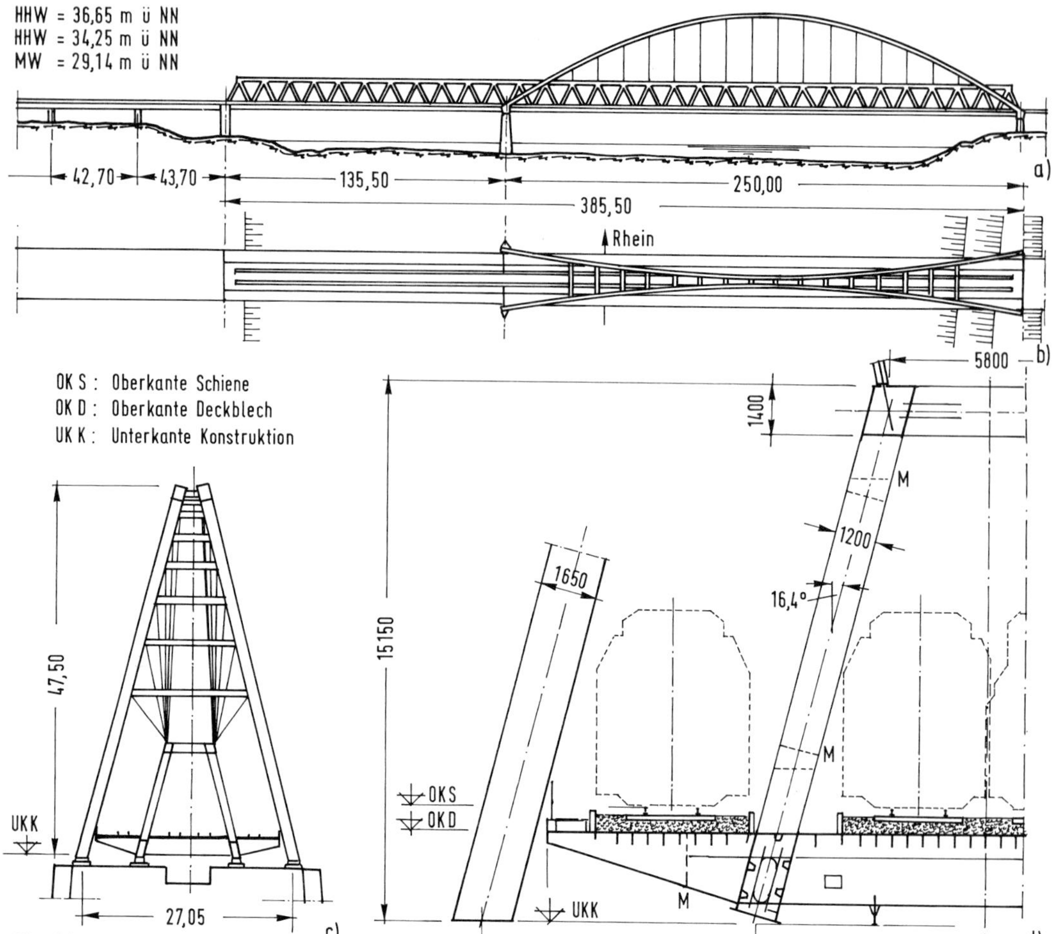

Bild 54

Eine interessante und aussichtsreiche Bauform ist die Fachwerkdeckbrücke (mit oben liegender Fahrbahn), wobei der Obergurt als Verbundträger ausgeführt wird. Bild 55 zeigt Ansicht und Grundriß der Isar-Brücke Großhesselohe bei München. Die Brücke wurde von einer Seite aus als Durchlaufträger über die Pfeiler vorgeschoben. Die Betonfahrbahn war

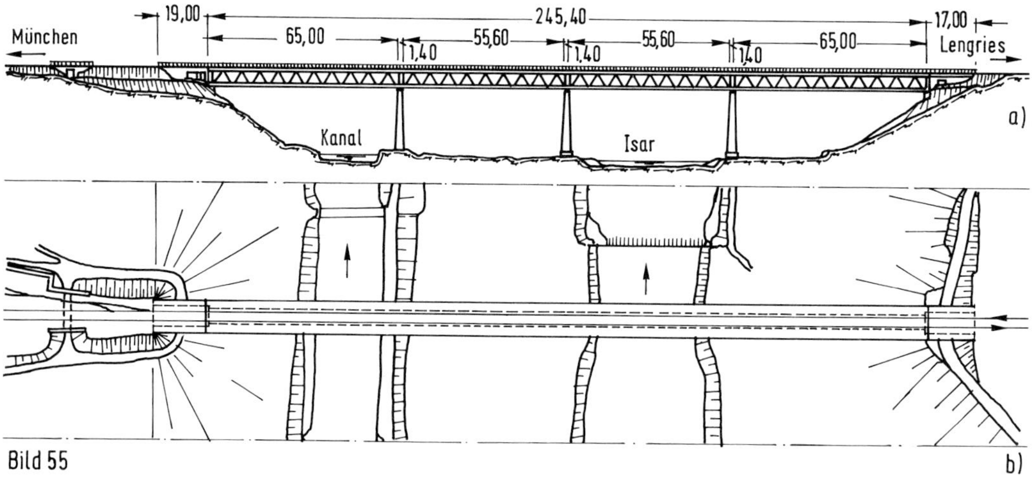

Bild 55

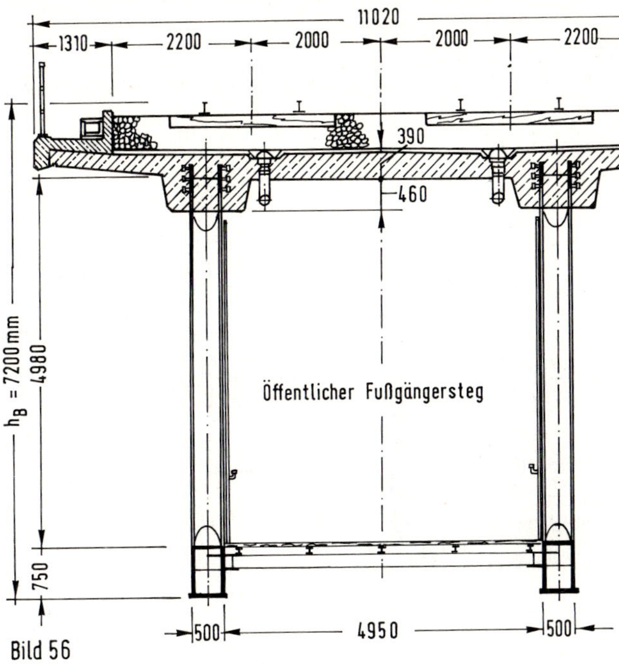

Bild 56

noch nicht vorhanden. Die Brücke wurde anschließend über den Pfeilern zu vier Einfeldträgern getrennt, dann wurde der Obergurt betoniert. Der Fußgängersteg liegt im Schutz der zweigleisigen Fahrbahnplatte in Untergurthöhe (vgl. Bild 56) [95,96].

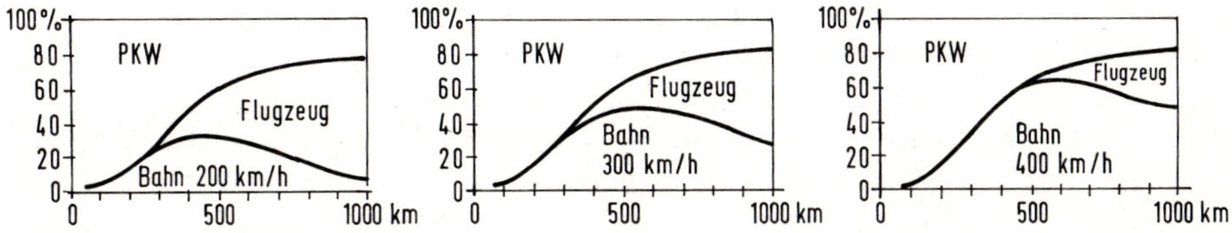

Bild 57 (Quelle ERT 35 (1985), Transrapid International)

Von einer Angebotsverbesserung im schienengebundenen Verkehr durch höhere Geschwindigkeiten kann ein zunehmender Umstieg vom PKW und Flugzeug auf die Bahn erwartet werden, vgl. Bild 57. Die Magnetschnellbahn gilt als mögliches Schnellverkehrssystem der Zukunft für Anbindernetze bis 300km/h und als (europäisches) Schnellverkehrssystem bis 400km/h. In der Bundesrepublik Deutschland wurde ein solches Bahnsystem entwickelt; es befindet sich auf einer Teststrecke (Transrapid/Emsland) in der Erprobung. - Die Fahrzeuge für Personen- und Containertransporte werden mittels Trag- und Führungsmagneten im Schwebe- und Fahrzustand betrieben. Der Fahrweg ist in der Regel aufgeständert; Bild 58 gibt Hinweise [97,98]. Die Transrapid-Testbahn besteht z.T. aus Beton-, z.T. aus Stahlträgern mit torsionssteifem Dreiecksquerschnitt (es treten hohe horizontale Führungs-, Flieh- und Windkräfte auf). In den Trägerquerschnitt sind die Trag- und Führungsschienen integriert (Bild 58b/c). Das Fahrzeug umgreift den Träger. Dadurch liegen die Breitenabmessungen fest; es wurden Stützweiten von 25 bis 30m ausgeführt. Die zul. Durchbiegung beträgt 1/2000. Durch Überhöhung kann die Durchbiegung z.T. kompensiert werden.
Der Fahrweg hat auf die Wirtschaftlichkeit des Magnetbahnsystems entscheidenden Einfluß. Dabei kommt der Begrenzung der vertikalen und horizontalen Verformungen im Betrieb, der Verlegegenauigkeit (auch an den Stoßstellen), der Justierfähigkeit und der Austauschbarkeit aller Elemente große Bedeutung zu.

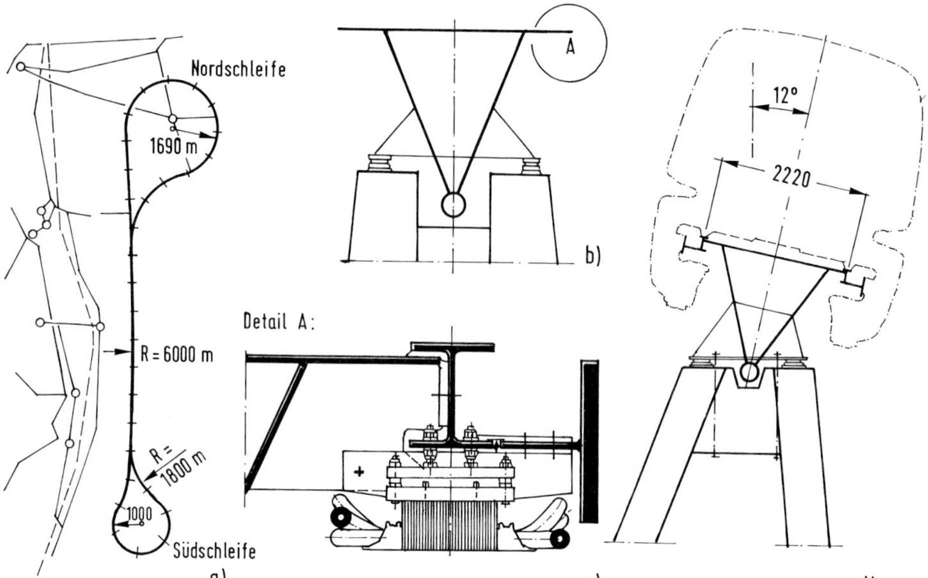

Bild 58

25.3 Straßenbrücken

25.3.1 Allgemeine Entwurfshinweise

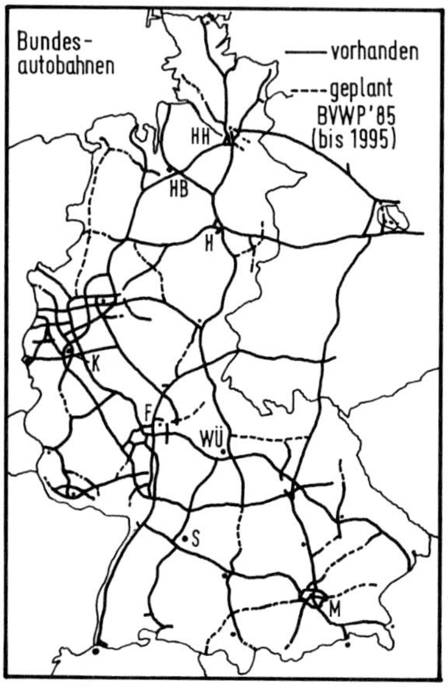

Bild 59 *

Die starke Motorisierung der zurückliegenden Jahrzehnte hatte in der Bundesrepublik Deutschland einen umfassenden Ausbau des Straßennetzes zur Folge, dabei wurden unzählige Kunstbauten, überwiegend in Massivbau, errichtet. Die gesamte Straßenlänge beläuft sich auf ca. 180000km, davon ca. 10000km Autobahnen. - Im Bundesfernstraßennetz sind ca. 29000 Brücken, davon 2800 als Stahl- und 450 als Stahlverbundkonstruktion integriert, das sind ca. 11%. Bezogen auf die Brückenfläche (gesamt ca. 20Mio.m²) sind es 14%, ein Zeichen dafür, daß ein großer Anteil der Stahlbrücken im Großbrückenbau angesiedelt ist. - Es wird in den kommenden Jahren mit einem Bestand von bis zu 30Mill.PKW gerechnet, das bedeutet eine Dichte von 500PKW auf 1000 Einwohner (ähnlich wie in den USA). - Bild 59 zeigt den projektierten Autobahnausbau bis 1995 nach dem "Bundesverkehrsplan '85". Danach sind ca. 51Mrd.DM für den Straßenbau vorgesehen, ca. 23Mrd.DM für die Erneuerung und Reparatur bestehender Strecken, 18Mrd.DM für laufende Bauprojekte und 10Mrd.DM für den Fernstraßenneubau (Bild 59). Stärker als früher steht die Forderung nach Umweltverträglichkeit bestehender und neuer Projekte, insbesondere in Form von Lärmschutzmaßnahmen (Lärmschutzwände und -wälle) im Vordergrund. Lärmschutzwände werden in solchen Fällen über die Brücken hinweggeführt bzw. in diese baulich integriert.

Es werden Bundesfernstraßen (vornehmlich Autobahnen), Landes- (bzw. Staats-), Kreis-, Gemeinde- und Stadtstraßen unterschieden. Nach der "Richtlinie für die Anlage von Straßen RAS, Teil Querschnitte, RAS-Q 1982" [99] werden die Außer- und Innerortsstraßen in fünf Kategorien (A,B,C,D und E) eingeteilt. Zur Kategorie A zählen die hochrangigen, zur Kategorie E die niederrangigen Straßen. Seitens der planenden Behörde wird die Kategorie

*) Die Planungen werden z.Zt. auf die neuen Bundesländer erweitert; der endgültige neue Bundesverkehrswegeplan liegt noch nicht vor (1992).

der Neu-, Um- oder Ausbaumaßnahme und der zugeordnete Querschnitt nach Verkehrsprognosen und Kosten-Nutzen-Analysen festgelegt. Für <u>anbaufreie</u> Straßen sind in der Richtlinie RAS-Q 10 und für <u>angebaute</u> Straßen 7 Regelquerschnitte sowie die Maße des lichten Raumes (im Sinne von Bild 60a) angegeben. Bild 60b zeigt als Beispiel den Regelquerschnitt a4ms, die Teilbilder c und d zeigen denselben Querschnitt auf bzw. unter einer Brücke. Der Straßenquerschnitt soll im Regelfall ohne Einschränkung über bzw. unter die Brücken hindurchgeführt werden. Die Sicherheitsverkehrsräume der anbaufreien und die Gehwege der angebauten Straßen sind um die Maße der Sicherheitsvorrichtungen zu verbreitern. Gewisse Einschränkungen bzw. Ausnahmen sind zur Erzielung einer wirtschaftlichen Lösung im Einzelfall zulässig. - Die Höhe des Verkehrsraumes für den Kfz-Verkehr beträgt 4,20m und der obere Sicherheitsraum 0,30m, das ergibt 4,50m (vgl. Bild 60a); für Neubauten wird 4,70m empfohlen. Für Rad- und Fußgängerverkehr beträgt die Verkehrsraumhöhe 2,25m und der Sicherheitsfreiraum 0,25m, das ergibt 2,50m. - Die Breite des seitlichen Sicherheitsraumes wird vom Rand des Verkehrsraumes aus gemessen. Sie ist beim Kfz-Verkehr von der zulässigen Höchstgeschwindigkeit abhängig:

zul $V > 70$km/h: $s_{sKfz} \geq 1{,}25$m

zul $V \leq 70$km/h: $s_{sKfz} \geq 1{,}00$m

zul $V \leq 50$km/h: $s_{sKfz} \geq 0{,}75$m

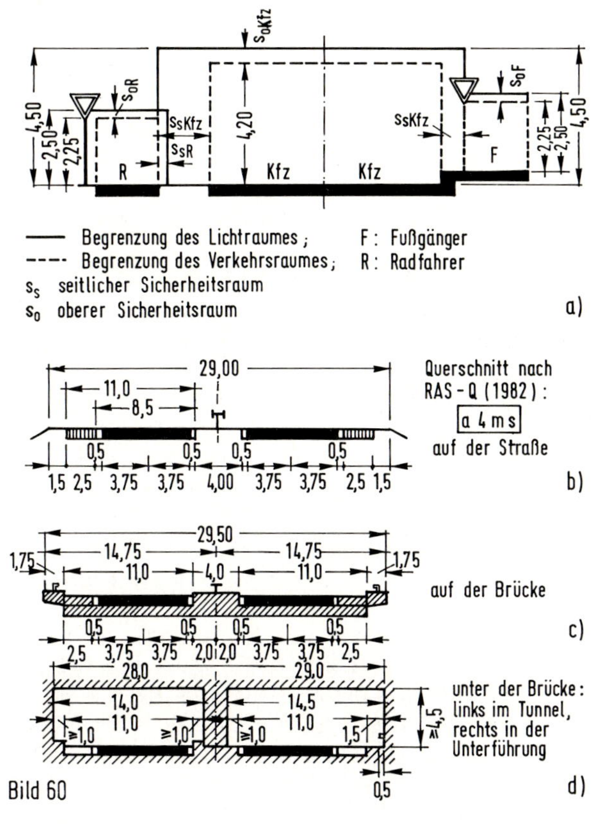

Bild 60

Für Radverkehr beträgt die Fahrstreifenbreite 1,00m, die Breite des seitlichen Sicherheitsraumes 0,25m. Für Fußgängerverkehr beträgt die Fahrstreifenbreite 0,75m; ein eigener seitlicher Sicherheitsraum ist nicht vorgesehen: Gehwege, die unmittelbar an andere Verkehrswege angrenzen, setzen sich aus dem Verkehrsraum für Fußgänger (Gehraum) und dem zugehörigen Sicherheitsraum des angrenzenden Verkehrsraumes zusammen. Wegen weiterer Einzelheiten wird auf die Richtlinie RAS-Q und die "Allgemeinen Rundschreiben Straßenbau (ARS)" des Bundesminister für Verkehr [100] verwiesen.

Bei der Überbrückung von Bundesautobahnen sind bestimmte lichte <u>Mindest</u>abstände l_W der Widerlager (bzw. Außenpfeiler) einzuhalten, vgl. Bild 61. Der in der Tabelle des Bildes angegebene Fall 1 ist anzuwenden, wenn keine, Fall 2,

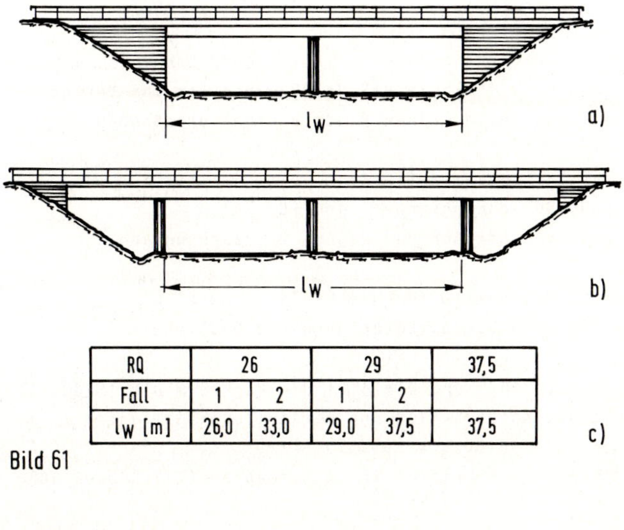

RQ	26		29		37,5
Fall	1	2	1	2	
l_W [m]	26,0	33,0	29,0	37,5	37,5

c)

Bild 61

wenn eine Vergrößerung des Regelquerschnitts aufgrund der prognostizierten Verkehrsentwicklung zu erwarten ist (ARS Nr.2/1975). Der Regel-Widerlagerabstand beträgt 42,00m (ARS Nr.6/1978).
Die "Richtlinie für Entwurf und Ausbildung von Brückenbauwerken an Kreuzungen zwischen Bundesbahnstrecken und Bundesfernstraßen, (04.82)" regelt u.a. die einzuhaltenden lichten Höhen bei Straßenüberführungen über Bahnanlagen und die Abstände der Widerlager, Pfeiler und Stützen von der benachbarten Gleismitte. Bei elektrifizierten und zur Elektrifizierung vorgesehenen Strecken sind folgende lichte Höhen über Schienenoberkante (SO) einzuplanen:

$V \leq 160$km/h : 5,60m (6,10m); $V \leq 200$km/h : 5,90m (6,40m), $V > 200$km/h : 7,40m (7,90m)

Der erste Wert gilt auf der freien Strecke im Normalbereich der Kettenwerke, der zweite (Klammer-)Wert gilt im Bereich von Nachspannungen und in Bahnhöfen. V ist die Ausbaugeschwindigkeit. Bei nicht elektrifizierten Strecken beträgt die lichte Höhe 4,90m über SO. - Als Seitenabstände von der Gleismitte sind einzuhalten:

$V \leq 200$km/h: 3,50m (bis zu 3,80m); $V \geq 200$km/h: 4,50m (bis zu 4,80m)

Der erste Wert gilt in Geraden und in Krümmungen an der Bogeninnenseite, der zweite (Klammer-)Wert gilt in Krümmungen an der Bogenaußenseite, je nach Überhöhung.
Als lichte Höhe über Bundeswasserstraßen der Klasse IV ist 5,25m über HSW (höchster Schifffahrtswasserstand) einzuhalten. Dieses Maß gilt für Neubauten, auch z.B. über Kanälen. Bei bestehenden Brücken sollte 4,50m nicht unterschritten sein. - Bei Brücken über Schiffahrtsstraßen mit Radarschiffahrt sind zur Vermeidung von Störungen der Radarortung (Scheinziele!) die Hauptträgerinnenstege mit 5° Außenneigung zu entwerfen oder Drahtgewebe unter diesem Winkel einzubauen.
Neben die verkehrstechnischen Belange treten beim Brückenentwurf viele andere hinzu, vgl. Abschnitt 25.1, das gilt besonders im Großbrückenbau. - Sollgradiente ist die planmäßige vorgegebene Gradiente der fertigen Fahrbahn unter ständiger Last, zum Zeitpunkt $t=\infty$ und für $T=+10°C$, $\Delta t=0$. Geringe Abweichungen können in Grenzen durch die Dicke des Fahrbahnbelages ausgeglichen werden; dessen Solldicke sollte indes nicht unterschritten werden.
DIN 18809 enthält eine Reihe von weiteren Entwurfhinweisen, u.a.: a) Geländer bei Brücken mit öffentlichem Fußgängerverkehr sollen mindestens 1m hoch sein, sie sind als Füllstabgeländer ($a \leq 140$mm) auszubilden. Brücken ohne öffentlichen Fußgängerverkehr können als Holmgeländer mit Knieleiste (wie bei den Dienststegen von Eisenbahnbrücken) ausgerüstet werden. Alle Geländer müssen den Bewegungen des Bauwerks folgen können. b) Leitungen müssen ohne Behinderung des Verkehrs gut zugänglich sein. Elektrische Kabel sind in geschlossenen Kanälen zu verlegen. Brücken sind zu erden. c) Alle Brückenteile müssen geprüft und unterhalten werden können. Es sind deshalb Besichtigungseinrichtungen vorzusehen, z.B. Besichtigungswagen.

25.3.2 Belastungs- und Berechnungsgrundlagen

Für Entwurf, bauliche Ausbildung und Überwachung stählerner Straßenbrücken waren neben der im vorangegangenen Abschnitt erwähnten Richtlinie RAS-Q(1982) und den vom Verkehrsministerium in regelloser Folge erlassenen "Allgemeinen Rundschreiben Straßenbau (ARS)" folgende Vorschriften zu beachten:

- DIN 1072 Straßen- und Wegbrücken, Lastannahmen (12.85)
- DIN 1073 Stählerne Straßenbrücken, Berechnungsgrundlagen (07.74)
- DIN 1076 Ingenieurbauwerke im Zuge von Straßen und Wegen, Überwachung und Prüfung (03.83)
- DIN 1079 Stählerne Straßenbrücken, Grundsätze für die bauliche Ausbildung (09.70)
- DIN 4101 Geschweißte stählerne Straßenbrücken, Berechnung und bauliche Ausbildung (07.74)

Inzwischen gilt anstelle von DIN 1073, DIN 1079 und DIN 4101 die Fachnorm DIN 18809 (Stählerne Straßen- und Wegbrücken, Bemessung, Konstruktion und Herstellung; sie liegt nach einer Entwurffassung von 10.84 nunmehr als Weißdruck (09.87) vor).
Desweiteren sind die "Zusätzlichen Techn. Vorschriften für Kunstbauten (ZTV-K80,08.80)"

für den Bau von Straßen- und Eisenbahnbrücken sowie die Richtlinien für Lärmschutzwände, für abweisende Schutzeinrichtungen an Bundesfernstraßen und die Richtzeichnungen für Brücken (Brückenbeläge, Entwässerung, Kappen und Borde, Befestigung von Schutzeinrichtungen, Geländer (vorrangig für den Massivbrückenbau)) anzuwenden. Zudem sind die "Richtlinien für den Korrosionsschutz von Seilen und Kabeln im Brückenbau (RKS-Seil,1983)" und die "Richtlinien zur Anwendung der DIN 55928 (RiA, 1984)" für den allgemeinen Korrosionsschutz sowie das "Merkblatt für bituminöse Brückenbeläge auf Stahl (1978)" und das "Merkblatt für bituminöse Brückenbeläge auf Beton (1976) zu beachten.
Für jede Brücke ist seitens der bauenden Behörde ein "Bauwerksbuch" nach DIN 1076 anzulegen.
Tafel 25.8 enthält einen Überblick über die Regellasten des zivilen Verkehrs nach DIN 1072. (Milit. Verkehrslasten s. STANAG 2021 [101]). In DIN 1072 werden die Regelklasse und die Nachrechnungsklasse unterschieden. Die Regelklasse, die für Neubauten anzuwenden ist, unterscheidet die Brückenklassen 60/30 und 30/30. Bis auf untergeordnete Wirtschaftswegebrücken (nach DIN 1182, 10.71 in Gebieten land- und forstwirtschaftlicher Nutzung) ist bei allen Brückenneubauten die Brückenklasse 60/30 anzuwenden. - Die Brückenklassen 60/30 und 30/30 treten an die Stelle der ehemals nach DIN 1072 maßgebenden Brückenklassen 60 und 30. Dabei wird durch die Regelklasse 60/30 insbesondere der ständig zunehmende Überhol- und Begegnungsverkehr von nach StVZO zugelassenen schweren Fahrzeugen (auch Sattelkraftfahrzeugen) mit einem schweren Sondertransport berücksichtigt. Durch die Regelklasse 30/30 wird dem im Ortsverkehr und in der Forst- und Landwirtschaft anwachsenden Verkehr mit schweren (sich auch begegnenden) Kraftfahrzeugen sowie der immer häufigeren späteren Aufstufung von Gemeindewegen infolge wirtschaftlicher Entwicklung Rechnung getragen. -
Die Belastungsvorgänge auf Straßenbrücken stellen einen komplexen stochastischen Prozeß dar. Mittels Messung des fließenden Verkehrs und Simulationsanalysen wurde und wird versucht, die Extremal- und Betriebslasten zu klassieren. Maßgebend ist allein der LKW-Schwerverkehr. Die durch Häufigkeits- und Korrelationsfunktionen beschreibbaren Merkmale sind: Fahrzeuggesamtgewicht und Achslasten in Abhängigkeit vom Fahrzeugtyp (LKW ohne oder mit Anhänger, Zugmaschine mit Sattelauflieger, zwei-, drei- oder mehrachsig. Schwertransporte, jeweils im Fern- und Nahverkehr), Anzahl- und Abstände der Achsen, Fahrgeschwindigkeit, Fahrzeugabstand, Überhol- und Begegnungsverhalten, vgl. [102-107, 62-65].
Straßenbrücken gelten als nicht vorwiegend ruhend beansprucht. Gleichwohl ist bislang wegen der schwachen Beanspruchungskollektive kein Betriebsfestigkeitsnachweis erforderlich. Eine Ausnahme bilden Seile: Nach DIN 18809 ist die Schwingbreite $\Delta\sigma$ für den 0,50-fachen Wert der Verkehrslasten nach DIN 1072 (und für den 0,75-fachen Wert eines fallweise vorhandenen Schienenverkehrs) zu berechnen. Es ist nachzuweisen, daß die 1,5-fache Schwingbreite von der vorgesehenen Seilverbindung mindestens $2\cdot10^6$mal ertragen wird, vgl. Abschnitt 16.1.5.3. - Die Konstruktion ist ermüdungsgerecht durchzubilden, das gilt in besonderem Maße für die unmittelbar befahrene orthotrope Platte (Abschnitt 25.3.3): Für die Fahrbahnelemente enthält DIN 18809 Mindestanforderungen an die konstruktive Ausbildung.-

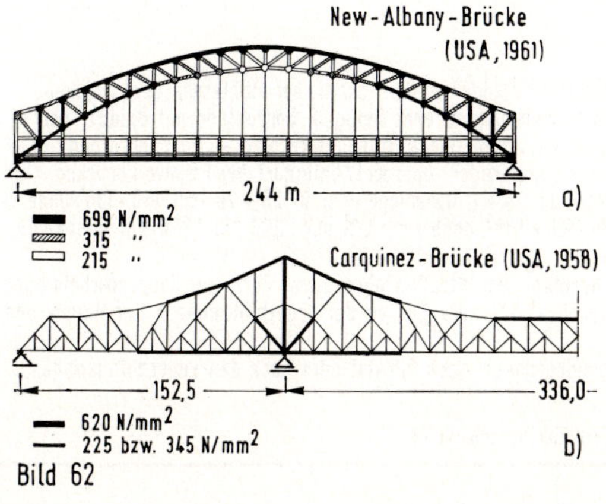

Bild 62

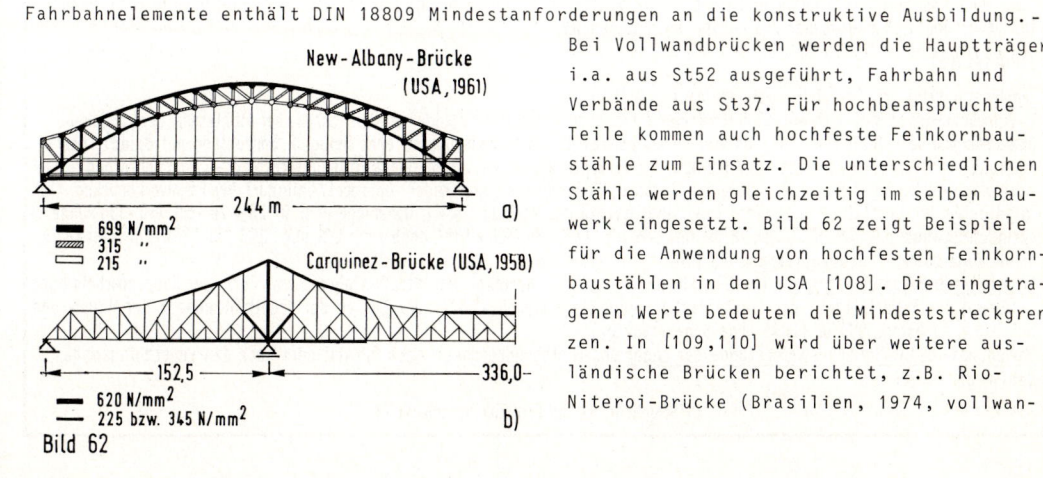

Bei Vollwandbrücken werden die Hauptträger i.a. aus St52 ausgeführt, Fahrbahn und Verbände aus St37. Für hochbeanspruchte Teile kommen auch hochfeste Feinkornbaustähle zum Einsatz. Die unterschiedlichen Stähle werden gleichzeitig im selben Bauwerk eingesetzt. Bild 62 zeigt Beispiele für die Anwendung von hochfesten Feinkornbaustählen in den USA [108]. Die eingetragenen Werte bedeuten die Mindeststreckgrenzen. In [109,110] wird über weitere ausländische Brücken berichtet, z.B. Rio-Niteroi-Brücke (Brasilien, 1974, vollwan-

Lastannahmen für Straßenbrücken (Auszug aus DIN 1072)

Es werden unterschieden:

Hauptlasten(H): Ständige Lasten: Eigenlasten (zusätzlich für möglichen Mehreinbau von Fahrbahnbelag: 0,5 kN/m²); Erdlasten (Erdauflast, Erddruck); Lasten aus Versorgungsleitungen — Vorspannung (durch Spannglieder, Montagemaßnahmen) — Verkehrsregellasten nach Regelklasse (Brückenklasse 60/30 oder 30/30) bzw. nach Nachrechnungsklasse (Brückenklasse 16/16, 12/12, 9/9, 6/6 oder 3/3) auf Hauptspur u. Nebenspur der Brückenfläche sowie Geh- u. Radwege, Schrammbord- und Mittelstreifen, einschl. Schwingfaktor φ; Lasten aus Schienenbahn; Lasten auf Geh- und Radwegbrücken — Schwinden des Betons — Wahrscheinliche Baugrundbewegungen — Anheben zum Auswechseln von Lagern.

Zusatzlasten(Z): Wärmewirkungen (T-Schwankungen, T-Unterschiede) — Windlasten — Schneelasten — Bremslasten — Bewegungs- und Verformungswiderstände der Lager und Fahrbahnübergänge — Lasten auf Geländer (0,8 kN/m) — Lasten aus Besichtigungswagen.

Sonderlasten(S): Bauzustände — Mögliche Baugrundbewegungen — Anprallasten von Straßenfahrzeugen. (Außergewöhnliche Lasten in Abhängigkeit vom Einzelfall, z.B. Anprall von Schienenfahrzeugen, Schiffstoß).

HAUPTLASTEN

Eigenlasten und Erdlasten nach den Ausführungsplänen gemäß DIN 1055 T1 u. T2. Vorspannung gemäß Verfahren.
Verkehrsregellasten (auf dieser Tafel nur nach Regelklasse für Neubauten): Brückenklasse 60/30 im Regelfall für BAB, B, L, K, S, G, Brückenklasse 30/30 im Ausnahmefall für K, S, G und für W: Die Brückenfläche zwischen den Schrammborden (Δ≥5 cm) wird in die Hauptspur (HS) und Nebenspur (NS) (je 3,0 m breit), die weitere Brückenfläche, die Geh- und Radwege sowie die Schrammbord- und Mittelstreifen, je nach nachzuweisendem Bauteil, zerlegt:

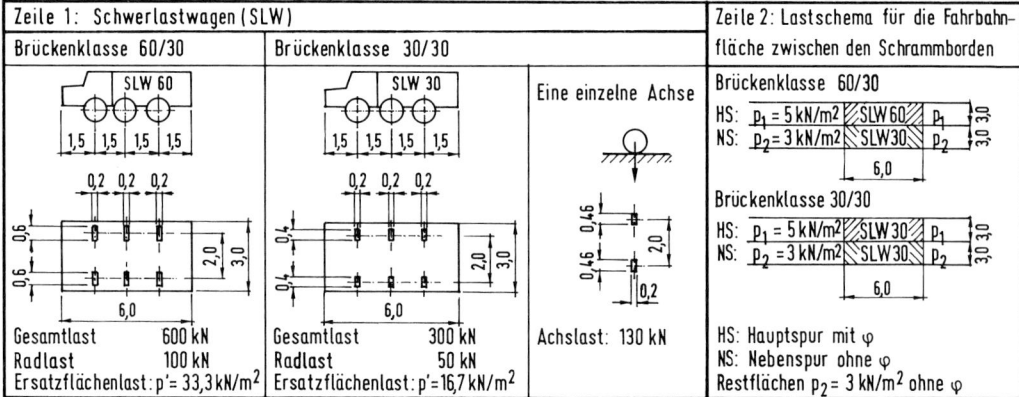

Zeile 1: Schwerlastwagen (SLW)

Brückenklasse 60/30

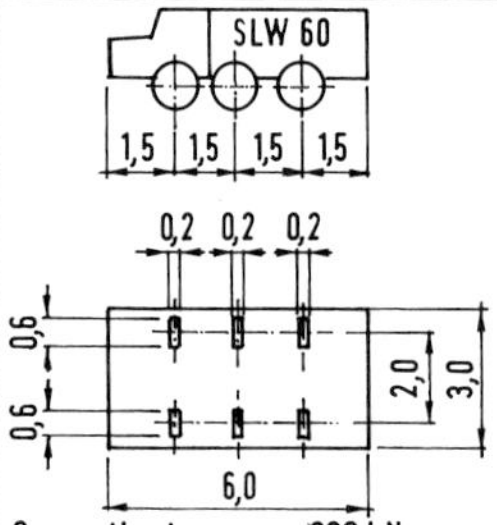

Gesamtlast 600 kN
Radlast 100 kN
Ersatzflächenlast: p' = 33,3 kN/m²

Brückenklasse 30/30

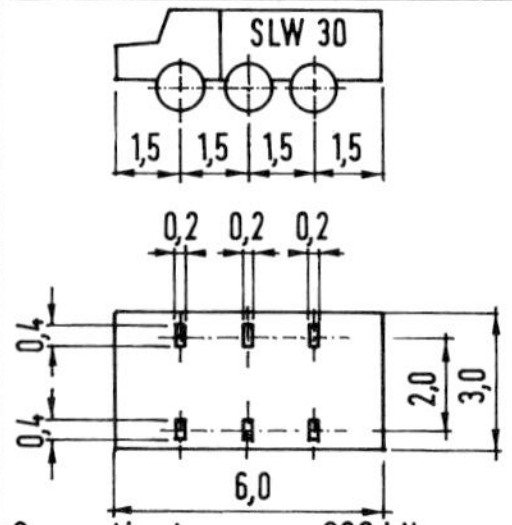

Gesamtlast 300 kN
Radlast 50 kN
Ersatzflächenlast: p' = 16,7 kN/m²

Eine einzelne Achse

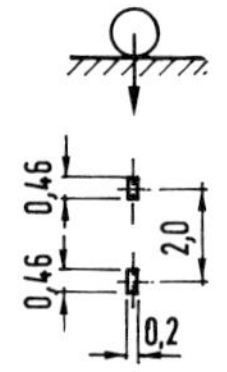

Achslast: 130 kN

Zeile 2: Lastschema für die Fahrbahnfläche zwischen den Schrammborden

Brückenklasse 60/30

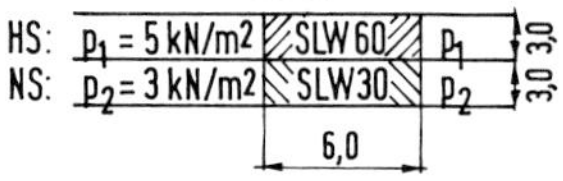

Brückenklasse 30/30

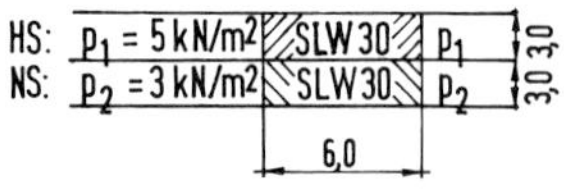

HS: Hauptspur mit φ
NS: Nebenspur ohne φ
Restflächen p_2 = 3 kN/m² ohne φ

Zeile 3: Lastschema für die übrigen Brückenflächen bis zu den Geländern: Ungünstiger Ansatz nach a bis c (ohne φ):

a) p_2 = 3 kN/m² zusammen mit den übrigen Lasten der Zeile 2, dabei HS mit Schwingbeiwert φ
b) p_3 = 5 kN/m² ohne Last der Zeile 2 (Nur für die Belastung einzelner Bauteile, z.B. Gehwegplatten, Längs- u. Querträger, Konsolen)
c) Falls nicht gegen Auffahren durch steife abweisende Schutzeinrichtungen gesichert: Radlast P = 50 kN, Aufstandsfläche: 0,2 x 0,4 m ohne Lasten der Zeile 2 (Nur für die Belastung einzelner Bauteile, siehe b))

Schwingfaktor φ für Verkehrsregellasten auf Hauptspur für Nachweis aller Brückenteile einschließlich Lager, Auflagerbänke sowie Stützen, ausgenommen Widerlager, Pfeiler, Gründungskörper samt Bodenfuge: $\varphi = 1{,}4 - 0{,}008 \cdot l_\varphi \geq 1{,}0$ (für Bauwerke ohne Überschüttung); l_φ: maßgebende Länge in m, z.B. bei Stahlbrücken mit orthotroper Fahrbahnplatte: Anteil aus starrer Stützung der Längsrippen: l_φ = Querträgerabstand; Plattenwirkung in Längsrippen und Querträgern: l_φ = Hauptträgerabstand; Hauptträgerwirkung: l_φ = maßgebende Stützweite der Hauptträger.

ZUSATZLAST

Temperaturwirkungen (Aufstellungstemperatur: +10 °C)
T-Schwankungen: ± 35 K – Lineare T-Unterschiede zwischen gegenüberliegenden Außenflächen; bei stählernen Deckbrücken: Oberseite wärmer: B: 15 K, E: 10 K; Unterseite wärmer: B u. E: 5 K (B: Bauzustand ohne Belag, E: Endzustand mit Belag); Überlagerung: Voll. Verkehrsregellast + 0,7·T-U bzw. 0,7·Verkehrsregellast + voller Temperatur-Unterschied — Ungleichförmige Erwärmung verschiedener Bauteile, z.B. Bogen/Zugband, Seile/Versteifungsträger, Obergurt/Untergurt bei Fachwerkbrücken: ±15 K.
Windlasten für Lastfall ohne Verkehr (o.V.) und Lastfall mit Verkehr (m.V.): Höhenlage in m: 0 - 20, > 20 - 50, > 50 - 100: Ohne Lärmschutzwand, o.V.: 1,75; 2,10; 2,50 kN/m², mit L-W, o.V.: 1,45; 1,75; 2,05 kN/m²; ohne u. mit L-W, m.V.: 0,90; 1,10; 1,25 kN/m² (Verkehrsband: Höhe 3,5 m) – Schneelasten s. DIN 1072.
Lasten aus Bremsen und Anfahren (in Höhe Straßenoberkante): Bremsen von Straßenfahrzeugen: 25 % der Hauptspurbelastung, bestehend aus Regelfahrzeug und Flächenlast p_1, mindestens jedoch 33,3 % der Lasten der Regelfahrzeuge in der Haupt- und Nebenspur, höchstens 900 kN (Last ohne Schwingfaktor).
Bewegungs- und Verformungswiderstände der Lager und Fahrbahnübergänge nach DIN 4141 oder nach den Lagerzulassungen, Rollenlager f = 0,05.

(Maßgebend ist die Original-Vorschrift!)

dige Balkenbrücke) und Osaka-Hafenbrücke (Japan, 1974, Fachwerkbalkenbrücke). Wegen des höheren Materialeinstandspreises und höherer, durch werkstoffspezifische Sondermaßnahmen bedingte Lohnaufwendungen konnte sich der hochfeste Feinkornbaustahl hierzulande, von wenigen Ausnahmen abgesehen (z.B. für Brückenpylone), nicht durchsetzen, obwohl mit der DASt-Ri011 (02.88) eine umfassende Werkstoff-Vorschrift zur Verfügung steht.
Der Einsatz von WT-Stahl (wetterfester Baustahl, DASt-Ri007 (11.79)) ist für Straßenbrücken nur mit Zustimmung im Einzelfall möglich. Für Eisenbahnbrücken ist WT-Stahl nicht zugelassen.

25.3.3 Fahrbahn und Fahrbahnbelag

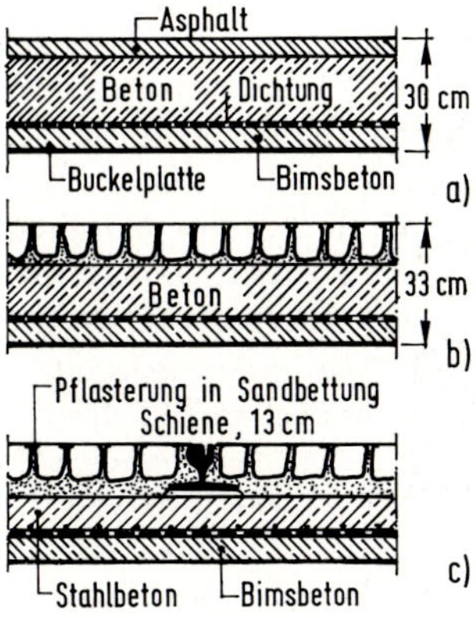

Bild 63

Die Wirtschaftlichkeit eines Brückenentwurfes wird stark von der Ausführung der Fahrbahnkonstruktion bestimmt, da deren Eigengewicht bei den relativ breiten Straßenbrücken mit einem großen Anteil (40 bis 50%) in das gesamte Eigengewicht der Brücke eingeht. Ehemals wurden zwischen die Längs- und Querträger sogen. Buckelbleche gelegt, die die Straßendecke aufnahmen. Das ergab hohe Eigenlasten. Bild 63 zeigt Beispiele (in diesen Fällen wurde versucht, durch die Verwendung von Bimsbeton als Ausgleichsmaterial in den Buckelmulden das Gewicht zu senken). - Derartige Fahrbahnen kommen nicht mehr zur Ausführung; heutzutage werden entweder direkt befahrene stählerne Flachbleche oder Betonplatten (als Stahlverbundkonstruktion) gewählt.
Im Falle der Flachblechfahrbahn ist das Tragblech mindestens 12mm dick, es wird durch Längsrippen (LR) und Querträger (QTr) ausgesteift. Die Fahrbahnplatte erhält hierdurch eine orthogonale, anisotrope Steifigkeit; man spricht daher von einer orthotropen Fahrbahnplatte oder, wegen des geringen Gewichts, von einer Stahlleichtfahrbahn. Ist e der Längsrippenabstand und t die Blechdicke, ist $e/t \le 25$ einzuhalten. (Für Geh- und Radwege gilt $t \ge 10$mm und $e/t \le 40$.) I.a. wird t=12mm und e=300mm gewählt. Es werden torsionsweiche Längsrippen in Form von Flachprofil-, Wulstprofil-, T- oder L-Steifen und torsionssteife Längsrippen in V- oder Trapezform unterschieden (Bild 64). Die Längsrippen werden durch die Querrippen hindurchgeführt und mit deren Stegen verschweißt, vgl. Bild 64. Der Rippenuntergurt bleibt aus Gründen der Ermüdungsfestigkeit schweißfrei. Der Abstand der Querrippen (Querträger) liegt zwischen 2000 bis 3000mm bei torsionsweichen und zwischen 3000 bis 5000mm bei torsionssteifen Längsrippen. - Der Fertigungsaufwand orthotroper Fahrbahnplatten ist beträchtlich; die Schweißungen erfolgen vollmechanisch nach einem Schweißplan mit dem Ziel einer Minimierung der Schweißverwerfungen. Es werden große Sektionen gefertigt, heute durch Zusammenfassung von Hauptträgern mit Fahrbahnabschnitten und Untergurtteilen zu räumlichen Fertigungseinheiten, die einer längsorientierten Montage entgegenkommen [111-113]. Mit Hohllängsrippen können Spannweiten bis 5m erreicht werden; dadurch fallen weniger Querträger (mit den aufwendigen Brennschnitten) und Kreuzungspunkte an; die Zahl der Halsnähte ist gegenüber einwandigen Längsrippen halbiert. Aus diesen Gründen haben sich die Hohllängsrippen, insbesondere in Trapezform, weitgehend durchgesetzt. Sie dürfen mit $t \ge 6$mm ausgeführt werden, einwandige Rippen mit $t \ge 8$mm.

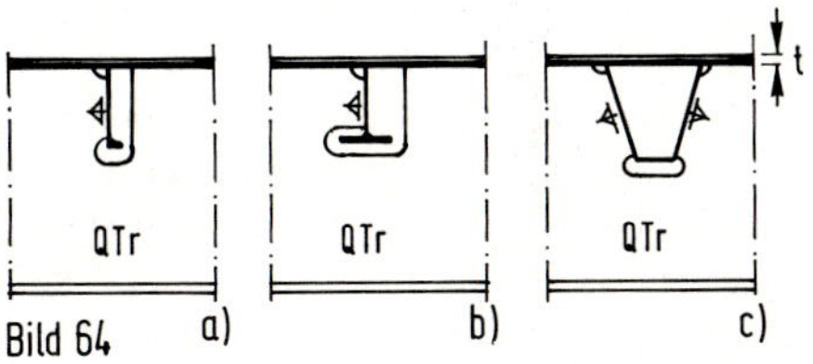

Bild 64

Der Belag besteht aus drei Schichten (Bild 65 [114]): Haftschicht (Bitumen oder Kunstharz auf Epoxidharzbasis mit Splitteinstreuung), Dichtungs- und Schutzschicht (aufgespachtelter Asphaltmastix und Gußasphalt (35mm)), Deckschicht (35mm) Gußasphalt (auch Asphaltbeton). Man nennt die Deckschicht auch Verschleißschicht. Zur besseren Haftung wurden auch schon Zick-Zack-Roste aufgeschweißt. Durch sorgfältige Ausführung der Haftschichten läßt sich eine dauerhafte Verbindung des Belages mit dem Stahlblech erreichen, ohne das

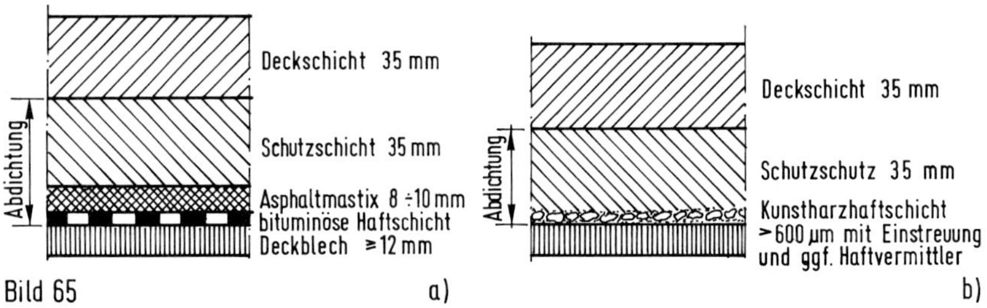

Bild 65

Zick-Zack-Eisen angeordnet werden müssen (auch umgeht man die hiermit verbundenen Ermüdungsprobleme [115]). Die Haftschicht wird auf das durch Strahlung (Reinheitsgrad Sa 2 1/2 bzw. Fl) entrostete Blech aufgebracht. Aus Umweltschutzgründen überwiegt heutzutage die Flammstrahltechnik; hierbei treten kurzzeitig Temperaturen von 110 bis 140°C im Deckblech auf, es kommt dadurch zu einer thermischen Belastung der auf der Unterseite der Fahrbahnplatte vorhandenen Korrosionsschutzbeschichtung. Die Mischguttemperaturen von Gußasphalt betragen bis zu 250°C, im Blech werden ca. 120°C erreicht [114].

Die Beanspruchungen der Deckschicht unter rollendem Verkehr sind sehr hoch, ihre Aufgaben sind vielfältig: Der Belag soll eben, abriebfest und griffig sein und bleiben, er soll gut haften und gegenüber Temperaturschwankungen (-25° bis +60°C) und Witterungseinflüssen alterungsbeständig und gegenüber Ölen, Abgasen und Streumitteln resistent sein. Schließlich wird eine stoß- und schallabsorbierende Wirkung erwartet. Einzelheiten regelt das "Merkblatt für bituminöse Brückenbeläge auf Stahl". (Auf die Versuchs- und Erfahrungsberichte zum Thema "Brückenbeläge" wird verwiesen [117-124].) - Für Flachblechfahrbahnen wurden auch Kunststoffdünnbeläge entwickelt, die nur 6 bis 8mm erreichen. Sie sind für bewegliche und temporäre Brücken, umsetzbare Stahlhochstraßen und Pionierbrückengeräte bestimmt, wo es auf ein möglichst geringes Gewicht ankommt [125].

Tragende Betonplatten sind wesentlich schwerer als orthotrope Fahrbahnplatten. Sie werden aus Beton B25 bis B55 mit schlaffer oder vorgespannter Bewehrung (d≥20cm) ausgeführt. Möglich sind auch Fertigbetonplatten in Reibungsverbund. Für die Ausbildung des Fahrbahnbelages gilt das "Merkblatt für bituminöse Brückenbeläge auf Beton". Auf dem Beton wird eine Dampfdruckentspannungsschicht (z.B. Lochglasvliesbitumenbahnen) und hierauf die Dichtungsschicht (Asphaltmastix oder Metallriffelband auf Klebemasse) aufgeklebt. Anschließend folgen Schutzschicht und Deckschicht (Gußasphalt oder Asphaltbeton). Entspannungs- und Dichtungsschicht werden unter den Randkappen durchgeführt. Die Betonoberfläche muß eben und sauber sein; innerhalb von 4m darf die Unebenheit nicht größer als 1cm betragen. -

Die Fahrbahnen erhalten ein Quergefälle von 1,5 bis 2,5%; die Tragschicht wird mit derselben Neigung ausgeführt. - Für 400qm Brückenfläche ist mindestens ein Ablauf vorzusehen; der gegenseitige Abstand der Abläufe ist vom Längsgefälle abhängig. Der Abstand sollte betragen: 10m bei ≤ 0,5%, 10 bis 25m bei 0,5 bis 1%, rund 25m bei ≥ 1% Längsgefälle.- Das Gewicht orthotroper Fahrbahnplatten mit Belag liegt in der Größenordnung 3,5 bis 4kN/m², bei Betonplatten mit Belag beträgt es etwa 7 bis 8kN/m² (pro qm Brückenfläche), jeweils zuzüglich Querträgeranteil.

Die Beanspruchung orthotroper Platten und ihrer Beläge ist wegen der unmittelbaren Einwirkung der in großer Zahl anfallenden schweren Radlasten und der Temperaturbelastung sehr hoch. Einer ermüdungsgerechten Durchbildung der sich kreuzenden Rippen bzw. Träger mit dem Tragblech kommt daher große Bedeutung zu, vgl. [126,127]. - Der Belag erleidet dieselben Verformungen wie das Flachblech. In einer Reihe von Fällen sind Belagsschäden in Form von Längsrissen bekannt geworden. Sie lagen vorrangig über den Stegen der starren Hauptträger, z.T. auch entlang der Längsrippenstege. Hier treten in Querrichtung negative Biegekrümmungen und folglich Zugdehnungen auf der Außenfläche des Belages auf (Bild 66d). Maßgebend für die Risse ist das Erreichen gewisser Grenzdehnungen infolge der großräumigen Durchbiegungsunterschiede zwischen den benachbarten Längsrippen und dem Hauptträgersteg und den Längsrippen untereinander. Aufbauend auf [128] sind in DIN 18809 die in Bild 66 angegebenen Mindeststeifigkeiten der Längsrippen in Abhängigkeit von deren

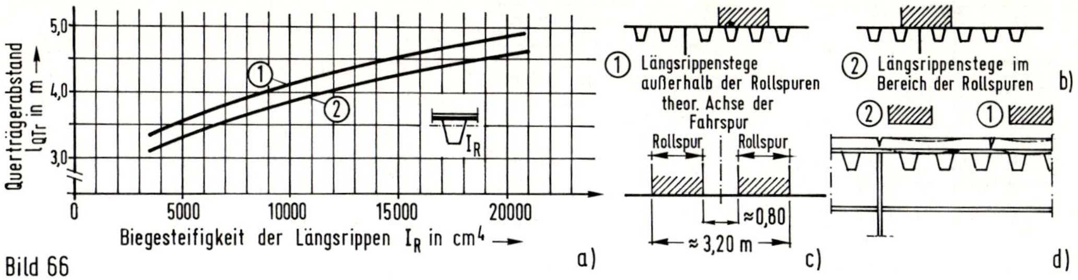

Bild 66

Spannweite (= Querträgerabstand) und dem betrachteten Rollspurbereich vereinbart worden, um die Haltbarkeit der Fahrbahnbeläge sicherzustellen. Die Anordnung von verstärkten Nachbarrippen neben den Hauptträgerstegen hat sich nicht bewährt [128].

25.3.4 Deckbrücken in Vollwandbauweise

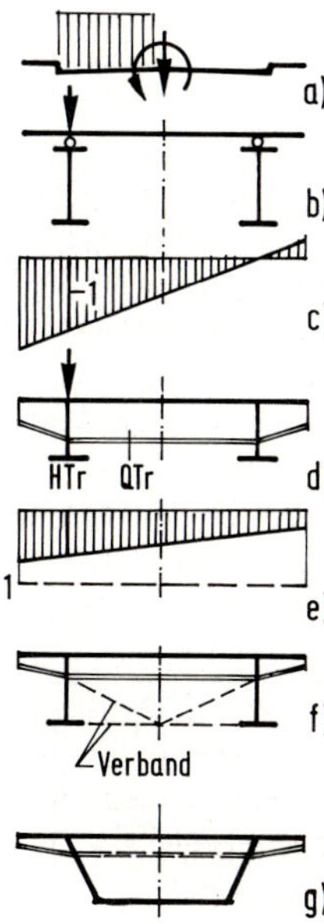

Bild 67

Für stählerne Straßenbrücken kurzer bis mittlerer Spannweite ist die vollwandige Balkenbrücke mit oben liegender Fahrbahn die übliche und wirtschaftlichste Bauform: Die Tragkonstruktion liegt im Schutz des Fahrbahndecks. Straßenbrücken haben (von untergeordneten Wirtschaftsbrücken abgesehen) mindestens zwei Fahrspuren. Bei exzentrischer Laststellung des SLW (Schwerlastkraftwagen nach DIN 1072) entsteht ein Torsionsmoment erheblicher Größenordnung und das umso ausgeprägter, je mehr Fahrspuren auf der Brücke vereinigt sind, vgl. Bild 67a. - Ehemals wurden die Längs-, Quer- und Hauptträger jeweils als getrennte Tragglieder begriffen und die Lasten der Fahrbahn den Hauptträgern nach dem Hebelgesetz zugewiesen. Bild 67b zeigt das Prinzip und Teilbild c die Einflußlinie für den linken Hauptträger. Ein solches Vorgehen führt zu keinem wirtschaftlichen Brückenentwurf. Durch die Schweißtechnik ist es möglich geworden, die Konstruktion als Kontinuum, d.h. als Raumtragwerk, auszubilden. Dabei herrschen zwei Systeme vor, die ggf. kombiniert werden: Die Brücke als Trägerrost oder als Kastenbalken. Trägerrostbrücken kommen für kurze Spannweiten infrage. Es werden gerade und schiefe Roste unterschieden, mit 2 bis 8 HTr und 3 bis 5 QTr je Feld. Das System ist hochgradig statisch unbestimmt. Der Fertigungsaufwand ist beträchtlich. Es lassen sich relativ gedrungene Brücken ausbilden. Bild 67d zeigt den prinzipiellen Aufbau, hier mit 2HTr. Die Querträger liegen relativ eng. Das Fahrbahnblech spannt sich entweder von Querträger zu Querträger oder, wenn Längsrippen eingezogen sind, von Rippe zu Rippe, dann stehen die Querträger weiter auseinander. Bild 67e zeigt die Lastverteilungseinflußlinie für den linken Hauptträger für eine auf den Querträger einwirkende Kraft. Durch die Rostwirkung werden beide Hauptträger aktiviert, auch wenn nur einer belastet wird. Aus dem Trägerrost mit zwei HTr entwickelt sich für größere Spannweiten der offene Hutquerschnitt (Bild 67f); er ist relativ torsionsweich, es treten Wölbspannungen auf. Wird in die Untergurtebene ein Verband gelegt, entsteht ein geschlossener Querschnitt mit hoher Torsionssteifigkeit. Zur Sicherstellung der Querschnittsform werden Querverbände eingezogen. Wird anstelle des Untergurtverbandes ein Bodenblech eingebaut, erhält man einen Kastenquerschnitt. Wird der Kasten breiter ausgebildet, können die auskragenden Querträger schwächer ausgeführt werden, vice versa. Der Kasten mit Trapezform hat wegen der günstigen Unterstützung der Querträger (bei gleichzeitig schmaler Bodenblechbreite) gegenüber dem Rechteckkasten gewisse Vorteile (Bild 67g).

Bild 68 möge die vorangegangenen Überlegungen, jetzt für eine Brücke größerer Breite, nochmals verdeutlichen: Teilbilder a und b: Lastverteilung ohne und mit Trägerrostwirkung, Teilbild c: Erweiterung des Hutquerschnitts zum Kammquerschnitt, Teilbilder d bis g: Mehrzellige Querschnitte, Übergang zum Querschnitt mit zwei getrennten Kastenquerschnitten. Alle diese Querschnittsformen wurden in der Vergangenheit realisiert, sie erfordern

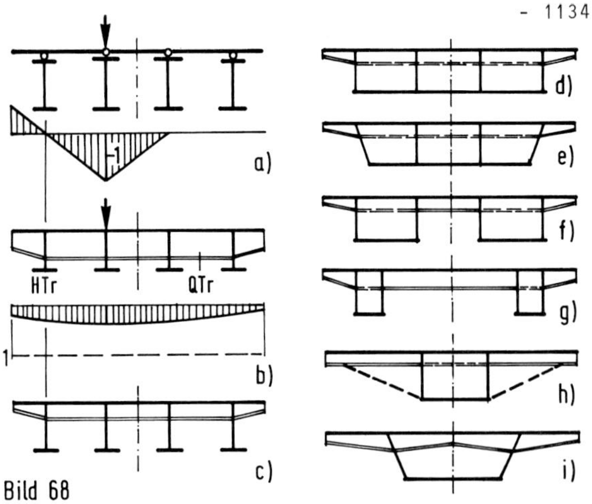

Bild 68

indes einen relativ hohen Fertigungs- und Montageaufwand, so daß heute der einzellige Kasten bevorzugt wird, auch aus Korrosionsschutzgründen. Bei großer Breite der Fahrbahn werden die auskragenden Querträger abgestrebt (Bild 68h) oder ein breiter Trapezkasten mit einem Querträger veränderlicher Höhe gewählt (Bild 68i).

Da Straßenbrücken im Verhältnis zur Spannweite vergleichsweise breit sind und Längsrippen stets in großer Zahl vorhanden sind, kommt es zu einer relativ großen Einschnürung der mitwirkenden Breite. DIN 18809 enthält gegenüber DS804 erweiterte Regeln für die Berechnung des mitwirkenden Gurtquerschnittes. - Verstärkungen und Aussteifungen (z.B. Beulsteifen) werden innerseits angeordnet, DIN 18809 und ZTV-K80 schreiben gewisse Mindestmaße vor, z.B.: [120, I140, L70x7; Stege und Gurte offener Vollwandträger bis 1,5m Konstruktionshöhe: 10mm, über 1,5m: 12mm; Stege und Deckblech von Kastenträgern: 12mm, Bodenblech 12mm (im Druckbereich) bzw. 10mm (im Zugbereich). Unterbrochene Nähte dürfen nicht gefertigt werden; einwandige Steifen sind beidseitig anzuschweißen. Bild 69 zeigt die Fertigung der orthotropen Fahrbahnplatte mit Trapezhohlsteifen. Es werden möglichst gleichartige Positionen angestrebt, ebenso ein geringes Schweißvolumen. Stirnkehlnähte von Gurtplatten sind mit einer Neigung 1:2 oder flacher auszuführen,

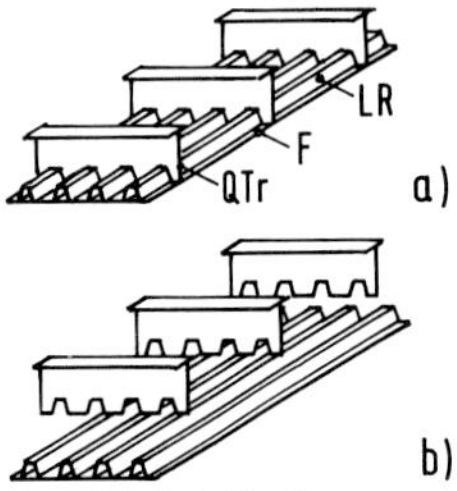

F: Fahrbahnblech
LR: Längsrippen
QTr: Querträger

Bild 69

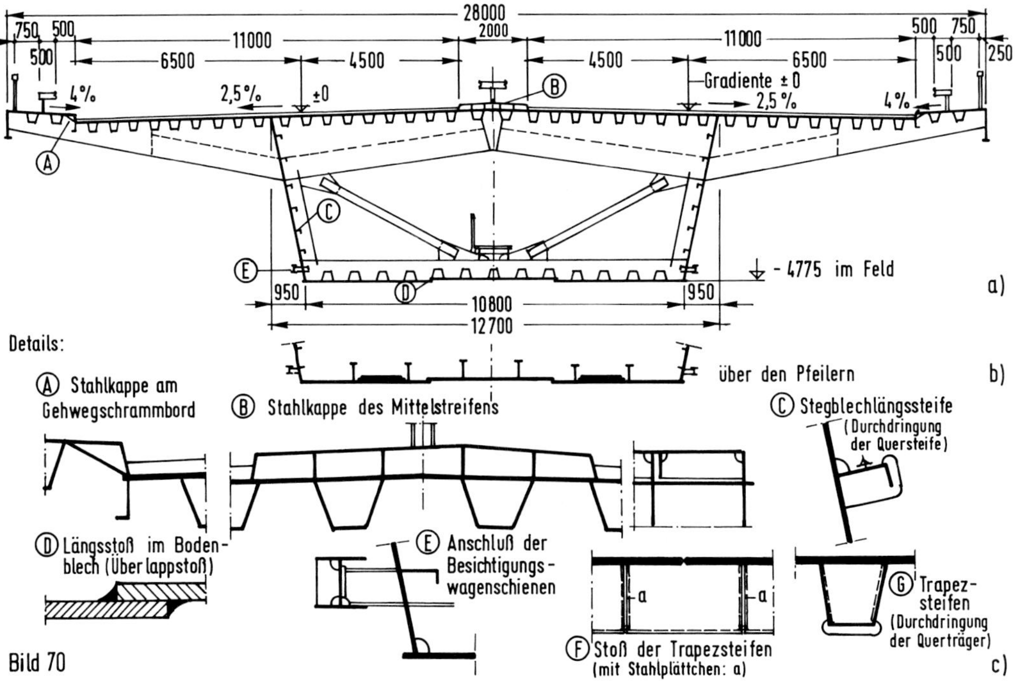

Bild 70

die Abschrägung der Zusatzgurtplatten ist 1:4 oder flacher auszubilden. - Bei der Prüfung der Schweißnähte mit Röntgen- oder Gammastrahlen ist nach DIN 54111 vorzugehen.-
Als Beispiel einer vollwandigen Balkenbrücke (des Großbrückenbaues) zeigt Bild 70 den Querschnitt der neuen Levensauer Hochbrücke über den Nord-Ostsee-Kanal bei Kiel. Fertigstellung 1984 [129]: Durchlaufträger über drei Felder mit gleichbleibender Trägerhöhe von etwa 4,80m, Einzelfeldweiten 91,25m+182,50m+91,25m; vierspurige Bundesstraße, Regelquerschnittsbreite 26m; lichte Höhe über dem Kanal 42m.

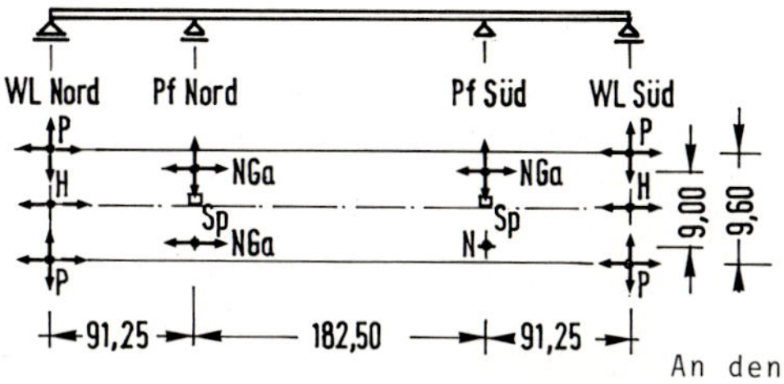

Lagerung der Brücke:
Sp: Sporn, nur im Bauzustand und beim Lagerauswechseln wirksam, je nach Bauzustand quer- bzw. längs- und querfestes Horizontalkraftlager
P: Zug- und druckfestes Pendel
H: Horizontalkraftlager, querfest

Bild 71

	Außenflächen 5x70µm	Innenflächen 3x80µm
Entrostungsgrad	Sa 2½	Sa 2½
1. Grundbeschichtung	B + E	B + E
2. "	B + E	—
1. Deckbeschichtung	E + E	E + E
2. "	E + E	E + E
3. "	E + P	—

B + E : Bleimennige auf Epoxidharzbasis
E + E : Eisenglimmer auf Epoxidharzbasis
E + P : Eisenglimmer auf Polyurethanbasis
----- Trennung zwischen Werks- und Baustellenanstrich

Bild 72

An den Widerlagern mußten zur Aufnahme der abhebenden Kräfte 3,5 bis 5,5m lange Pendel (P) eingebaut werden, vgl. Bild 71. Weitere Einzelheiten: Dicke des Fahrbahnbleches 12 bis 36mm (an den Pfeilern), Stahl St52-3; Gehwegbleche 10mm, St37-2 und 52-3; Längsrippen als Trapezprofile, 275mm hoch; Blechdicke des Bodenbleches 12 bis 50mm mit Lamellenverstärkung im Pfeilerbereich (vgl. Bild 70b); Querträgerabstand 4,25m; Querverbände zur Aussteifung des Kastens und Querschotte über den Auflagern; Montage in Freivorbau von beiden Seiten, je Brückenseite 10 Montageschüsse, pro Montageschuß 11 Transporteinheiten. Konstruktionsgewicht 4500t, Kosten 42 Mill. DM. - In Bild 72 sind die Korrosionsschutzsysteme für die Außen- und Innenflächen angegeben. - Als Fahrbahnbelag wurde 8mm Mastix und zwei Schichten Gußasphalt mit je 35mm Dicke gewählt. Gehwege und Mittelstreifen erhielten eine dreifache Beschichtung mit je 150µm Epoxidharz.

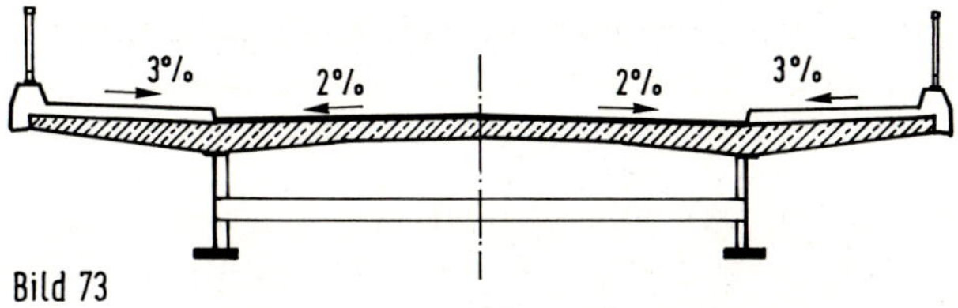

Bild 73

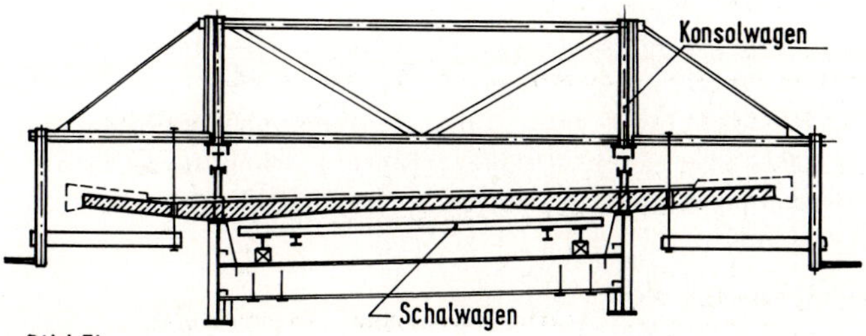

Bild 74

Wie bereits erwähnt, wurden und werden anstelle orthotroper Fahrbahnplatten solche aus Beton gewählt. Damit entsteht die Stahlverbundbrücke. Alle durch die Bilder 67 und 68 charakterisierten Querschnitte wurden auch bei Stahlverbundbrücken realisiert, nebst weiteren Varianten. Die meisten sind aus heutiger Sicht überholt und wegen des hohen Fertigungsaufwandes gegenüber den Spannbetonbrücken nicht mehr wettbewerbsfähig. Für den Spannweitenbereich 25 bis 45m ist die in Bild 73 dargestellte Standardausführung als zweistegiger Plattenbalken eine nach wie vor wirtschaftliche Lösung. Die Betonplatte hat eine variable Dicke und einen durchgehend konstanten Querschnitt zur Minimierung des Schalungsaufwandes; die Platte wird in Querrichtung i.a. vorgespannt. Ehemals wurde mit fest eingebauten Schalungen gearbeitet; heute werden Schalungswagen für bis zu 15m Betonierabschnitte eingesetzt (Bild 74 [130]) oder die Fahrbahnplatten wer-

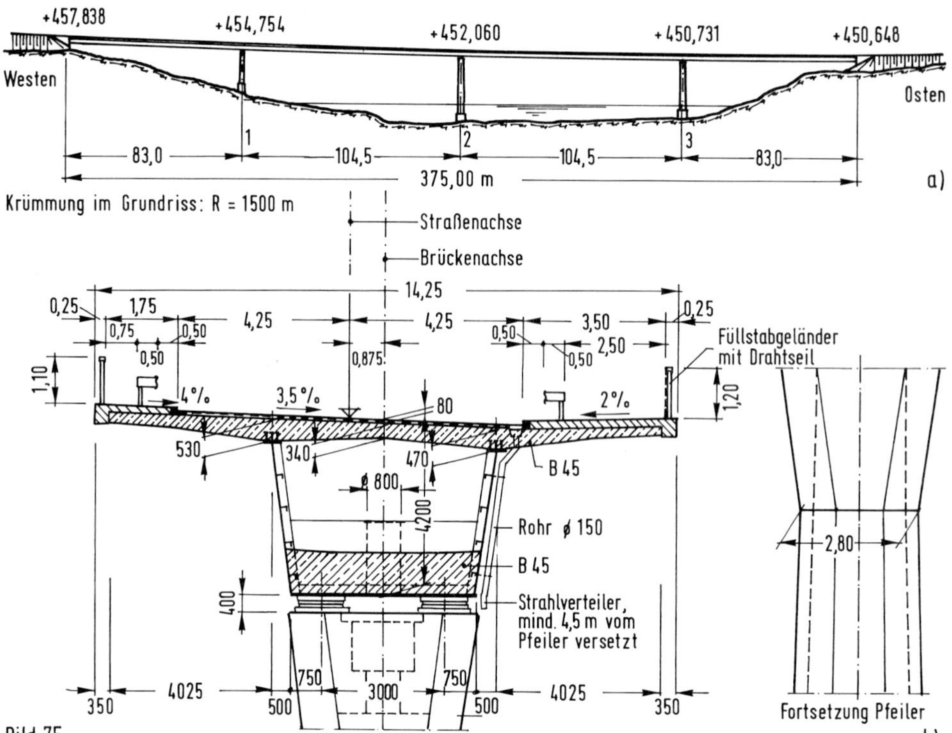

Bild 75

den über Schienen eingefahren. Die Platten werden wie im Stahlbeton- bzw. Spannbetonbrückenbau bemessen [130]. - Eine gewisse Problematik stellen die Bereiche der negativen Stützmomente über den Zwischenpfeilern dar. Durch Vorspannung der Betonplatte mittels längslaufender Spannglieder oder/und eingeprägter Verformungen gelang bzw. gelingt es, die vorgeschriebenen zulässigen Spannungen im Beton einzuhalten. Auch wurden Plattenfugen über den Pfeilern angeordnet oder die Brücke aus aneinander gereihten Einfeldträgern erstellt; die Fugenprobleme erweisen sich dabei als nachteilig. Stellt man das Bemessungskonzept auf die Einhaltung zulässiger Rißbreiten um, genügt i.a. eine beschränkte Vorspannung, ggf. kann auf eine Spanngliedvorspannung ganz verzichtet werden. Nach diesem Konzept wird seit Jahren im Ausland konstruiert.

Als Beispiel einer Stahlverbundbrücke, die von der oben geschilderten Standardausführung abweicht, wird in Bild 75 die neue Innbrücke bei Wasserburg vorgestellt, Fertigstellung 1986 [132]: Einzelliger Kastenquerschnitt mit 4,20m Konstruktionshöhe; Spannbetondeckplatte, 14,25m breit, beschränkte Vorspannung in Längs- und Querrichtung; Querverbände im Abstand von ca. 7m. Über den Zwischenstützen wurde zur Verstärkung des Bodenbleches jeweils eine Stahlbetondruckplatte integriert. - 15m lange Einheiten wurden über die Straße antransportiert. Die Brücke wurde über Gleitlager unter Zurhilfenahme von Montagestützen in jedem Feld in Teilabschnitten vorgeschoben (Taktschiebeverfahren), dann wurde betoniert und (einschl. Montagemaßnahmen) vorgespannt. Es wurden verbaut: 800t St52-3, 2650m³ Stahlbeton, 255t Betonstahl, 160t Spannstahl.

25.3.5 Großbrückenbau

Bild 2 dieses Abschnittes zeigt die typischen Systeme des Großbrückenbaues. Bei den vollwandigen und ausgefachten Balkenbrücken wurde die Bauhöhe ehemals dem Verlauf der Momentengrenzlinie angepaßt, das führte zu großen Konstruktionshöhen über den Pfeilern; bei Vollwandbrücken großer Spannweite wurden 7 bis 10m hohe Vouten erreicht. Um zu möglichst einheitlichen Sektionen zu kommen, wird heute eine konstante Konstruktionshöhe angestrebt; die in Bild 70 dargestellte Vollwandbrücke ist hierfür ein Beispiel, das gilt auch für die in Bild 75 dargestellte Stahlverbundbrücke.

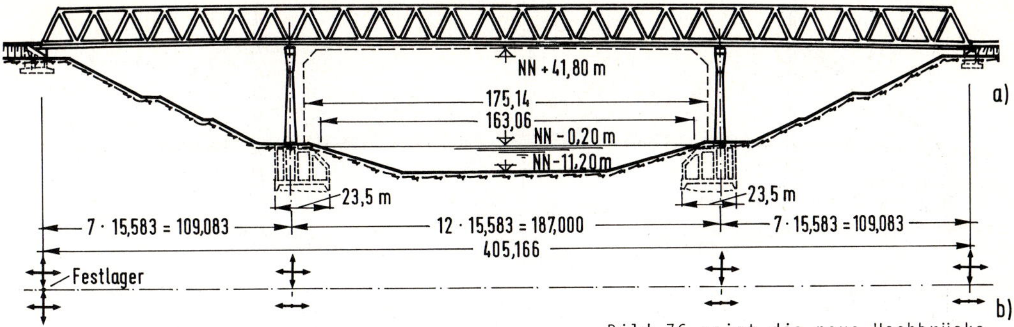

Bild 76

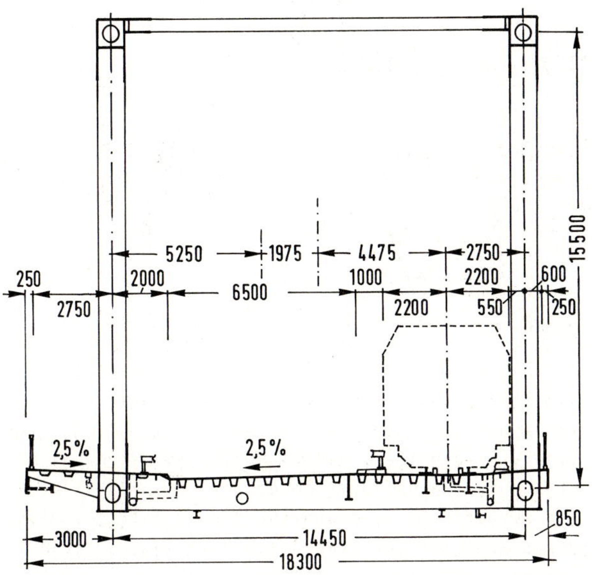

Bild 77

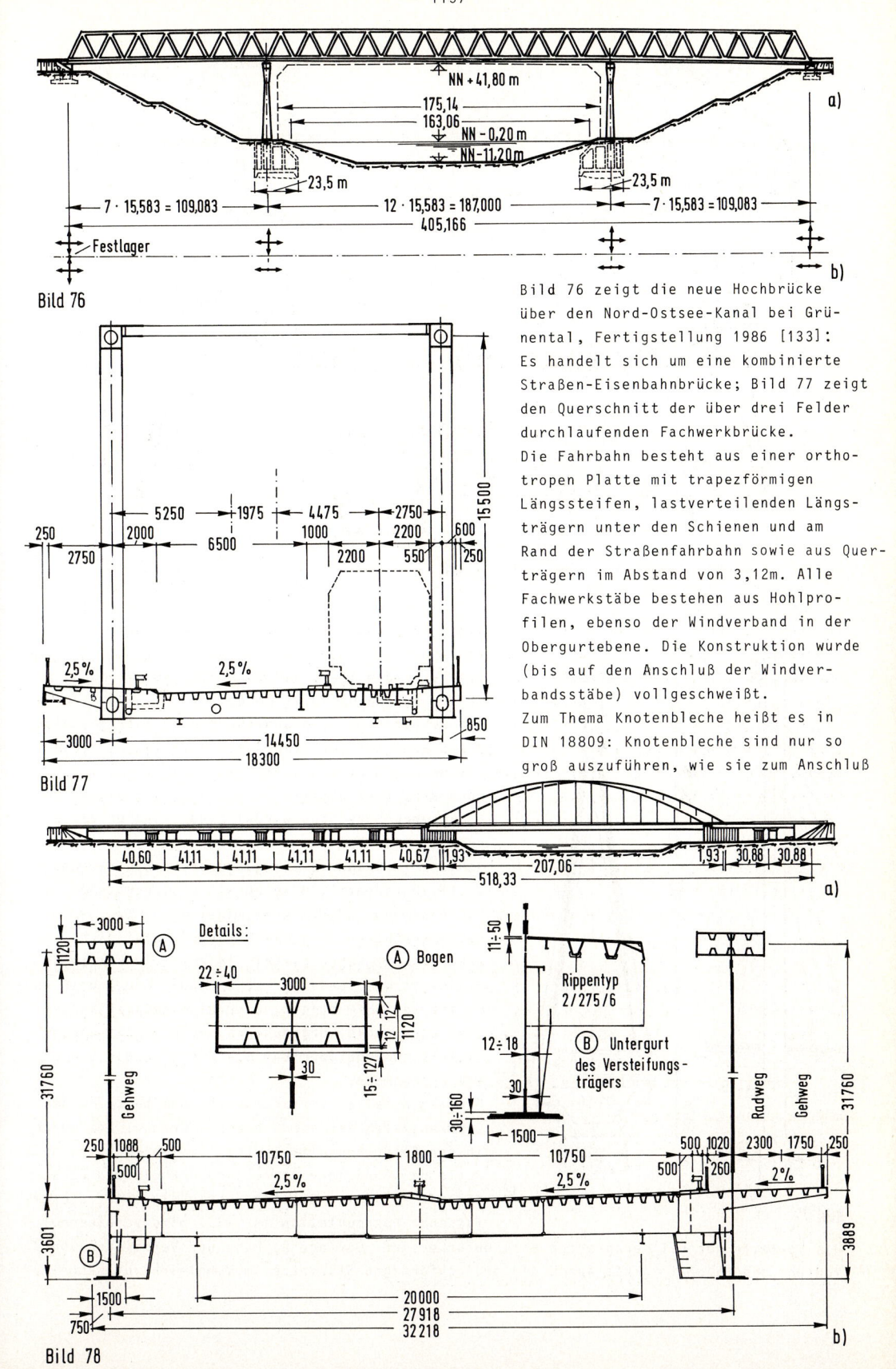

Bild 76 zeigt die neue Hochbrücke über den Nord-Ostsee-Kanal bei Grünental, Fertigstellung 1986 [133]: Es handelt sich um eine kombinierte Straßen-Eisenbahnbrücke; Bild 77 zeigt den Querschnitt der über drei Felder durchlaufenden Fachwerkbrücke.

Die Fahrbahn besteht aus einer orthotropen Platte mit trapezförmigen Längssteifen, lastverteilenden Längsträgern unter den Schienen und am Rand der Straßenfahrbahn sowie aus Querträgern im Abstand von 3,12m. Alle Fachwerkstäbe bestehen aus Hohlprofilen, ebenso der Windverband in der Obergurtebene. Die Konstruktion wurde (bis auf den Anschluß der Windverbandsstäbe) vollgeschweißt.

Zum Thema Knotenbleche heißt es in DIN 18809: Knotenbleche sind nur so groß auszuführen, wie sie zum Anschluß

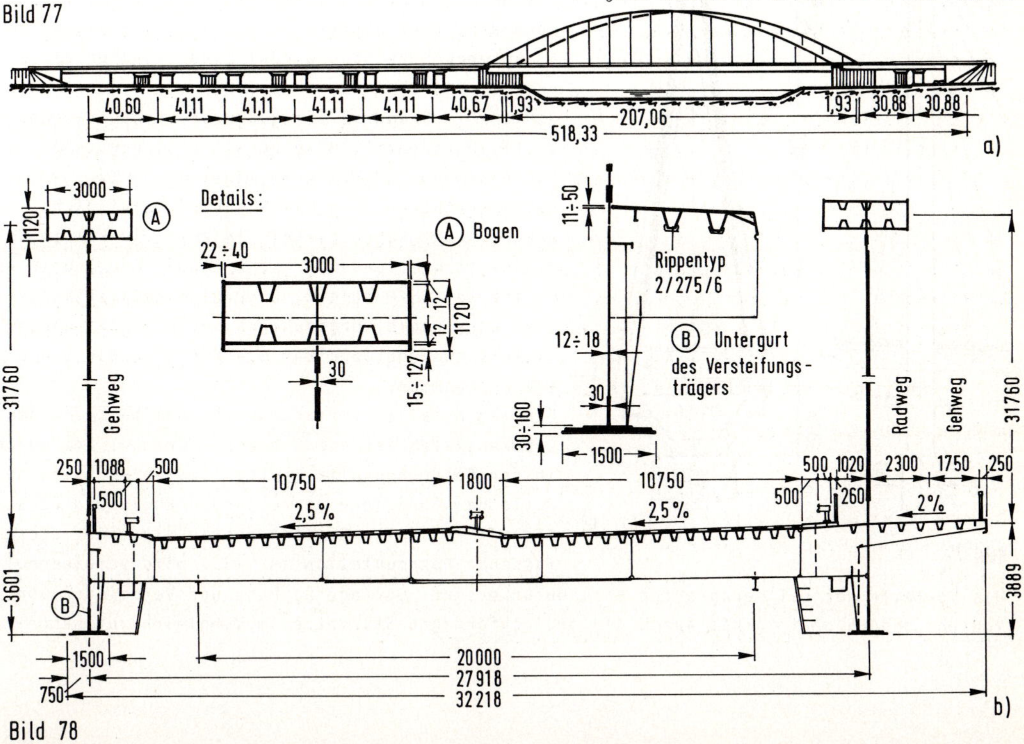

Bild 78

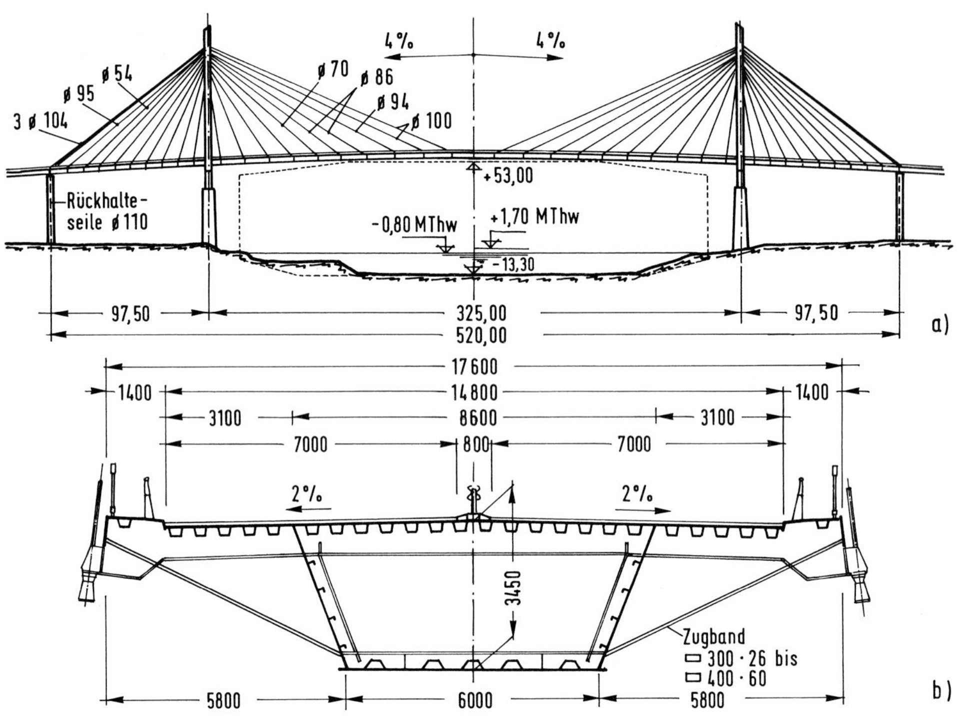

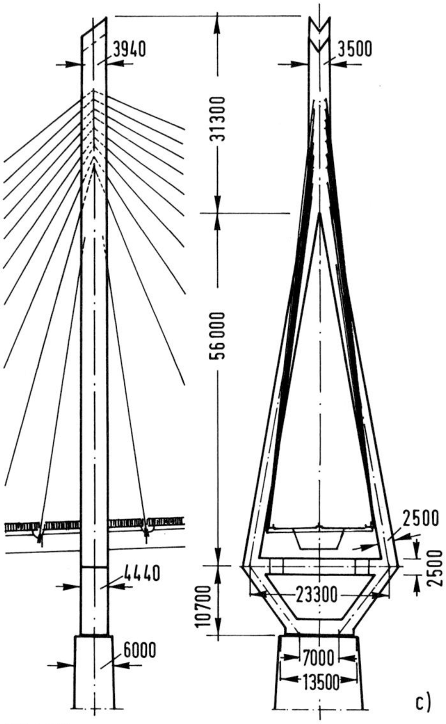

Bild 79

der Fachwerkstäbe notwendig sind. Sie sind in der Regel in die Stege der Gurte einzuschweißen. An den Anschlußstellen der Fachwerkstäbe sind die Knotenbleche dem Kraftfluß entsprechend mit möglichst großen Rundungen zu versehen.-

Ein weiteres für den Großbrückenbau infrage kommendes System ist der Stabbogen. Bild 78 zeigt hierfür als Beispiel die Donaubrücke Schwabelweis bei Regensburg, Fertigstellung 1981 [134]: Zweiwandige Stabbogenbrücke ohne Windverband zwischen den Bögen mit 207m Spannweite und rd. 31m Bogenstich; Schiefe im Grundriß 56°, dadurch stehen die Bogen seitlich versetzt; Höhe der Versteigungsträger 3,6 bis 3,9m und der Querträger ca. 1,5m, gegenseitiger Abstand 4m. Die Bögen sind luftdicht verschweißt und haben deshalb innenseitig keinen Korrosionsschutz. Gesamtgewicht 2700t. Die Brücke wurde uferseitig montiert, über eine gewisse Weite frei auskragend vorgeschoben und dann als Ganzes mittels zwei gekoppelter Schiffe über die Donau eingeschwommen.-

Ein wegen seines Variantenreichtums bestechendes Brückensystem ist die Schrägseilbrücke. Sie wurde in der Bundesrepublik Deutschland entwickelt; seit Mitte der fünfziger Jahre wurden Rhein und Donau hiermit an vielen Stellen überbrückt. (Auf die umfassende Dokumentation in [135] wird verwiesen.)

Die Vorteile der seilverankerten Balkenbrücke sind: Geringe Bauhöhe und Vermeidung von Vouten; höhere Steifigkeit durch die dreieckförmigen Stabnetze im Vergleich zur Hänge-

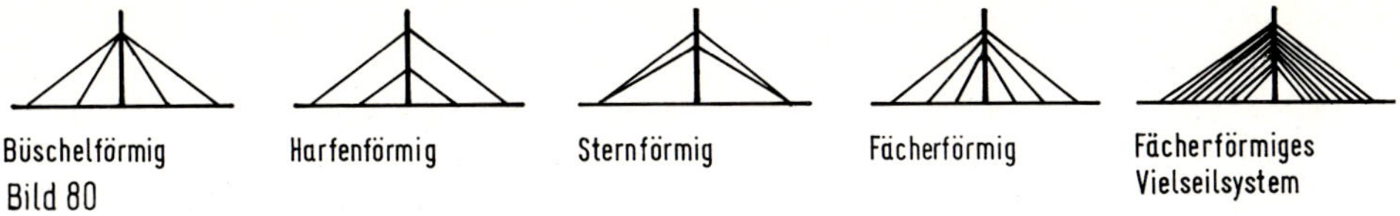

Bild 80

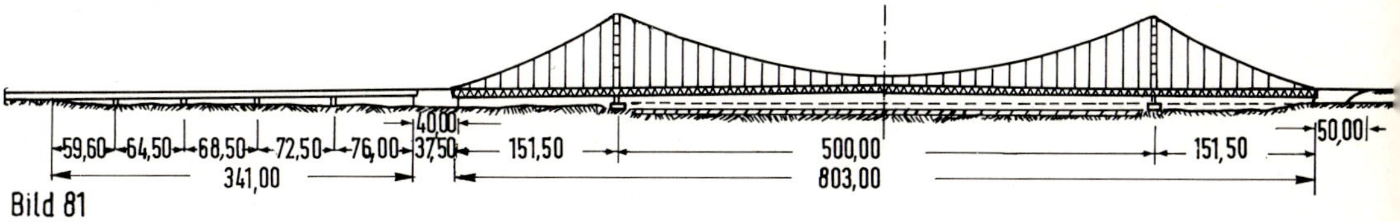

Bild 81

brücke, sie ist dadurch praktisch schwingungsunempfindlich; einfachere Montage im Freivorbau; durch Vorspannen der Seile (auch während der Montage) kann der Beanspruchungszustand im Versteifungsträger beeinflußt werden. Als Querschnitt für den Versteifungsträger kommt die vollwandige Deckbrücke mit orthotroper Fahrbahnplatte zum Einsatz. - Für die Pylone und Seilverspannungen wurden verschiedene Varianten entwickelt. Die Pylone können als Portale in Rechteck-, Trapez- oder A-Form oder als eingespannte Stiele ausgeführt werden. Man unterscheidet zweiwandige (klassische Form mit zwei Hauptträgern und Querträgern) und einwandige Systeme (mit torsionssteifem Mittelträger und beidseitigen Kragarmen). Beim zweiwandigen System liegen die Seiltragwände entweder innerhalb des Geländers oder außerhalb. Werden Fahrbahnen mit breitem Mittelstreifen überführt (wie bei Bundesautobahnen), bietet sich die Mittelträgerbrücke mit einer Kabelebene an. Einseitige Lasten werden über den als Hohlquerschnitt ausgebildeten, torsionssteifen Mittelträger abgetragen. - Die Abspannungen können büschel-, harfen-, stern- oder fächerförmig ausgebildet werden. Es dürfen nur voll verschlossene Spiralseile oder Paralleldrahtbündel mit $\beta_N \leq 1570 N/mm^2$ eingesetzt werden. Sämtliche Drahtlagen müssen aus verzinkten Drähten bestehen; die "Richtlinie für den Korrosionsschutz von Seilen und Kabeln im Brückenbau, RKS-Seil (1983)" ist zu beachten.

Bild 79 zeigt die Köhlbrandbrücke in Hamburg als Beispiel für einen seilverspannten Balken mit einem fächerförmigen Vielseilsystem, Fertigstellung 1974 [136]. Der Versteifungsträger mit den Spannweiten 97,5m+325m+97,5m und 3,45m Höhe ist an 4x22=88 Seilen, Durchmesser 54, 58, 70, 86, 94, 100, 104 und 110mm, aufgehängt. Das Fahrbahnblech der orthotropen Platte ist 12mm dick, das der Gehwege und Schrammborde 10mm. Jeder 8. Querträger ist als Seilquerträger verstärkt, die Seilkräfte werden über Zugbänder abgesetzt (Bild 79b). Für die Stahlkonstruktion (St37-2, St52-3, BH36) wurden 4844t, für die Seile 438t, an Brückenausstattung 423t, zusammen 5705t aufgewandt.

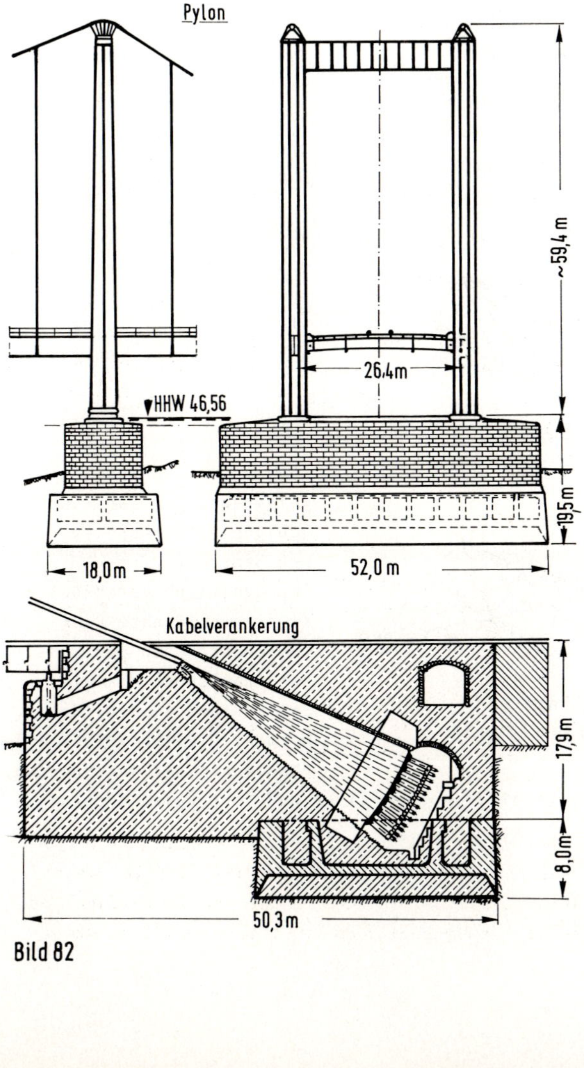

Bild 82

Mit den Hängebrücken lassen sich die größten Spannweiten überbrücken. Ihrer statischen Wirkungsweise nach werden erdverankerte Hängebrücken und Hängebrücken mit aufgehobenem Horizontalzug unterschieden. Bei letzteren wird der Horizontalzug aus den Hängekabeln als Druck in die Versteifungsträger eingeleitet; sie werden nur selten und dann mit geringen Spannweiten und bei sehr ungünstigen Baugrundverhältnissen ausgeführt; man nennt sie auch unechte Hängebrücken im Gegensatz zu den erdverankerten, die man echte Hängebrücken nennt. Die Humberbrücke bei Hill ist mit 1410m die bislang größte Hängebrücke (vgl. Abschnitt 1.3.1), sie zählt zum amerikanischen Typ, bei welchem die Kabel nach dem Luftspinnverfahren verlegt werden: 8 Drähte, mit ca. 5mm Durchmesser werden gleichzeitig über die gesamte Brückenlänge, jeweils in ca. 15 bis 20 min im Hin- und Rückspinnverfahren, verlegt. Es werden Kabeldurchmesser über 600mm erreicht. - Bild 81 zeigt die größte Hängebrücke der Bundesrepublik Deutschland über den Rhein bei Kleve-Emmerich: Brückenbreite ca. 21m; Versteifungsträger als Fachwerkträger, Höhe 4,25m; die orthotrope Fahrbahnplatte ist gleichzeitig Obergurt des Versteifungsträgers. Pylonstiele und Querriegel sind einzellige Kastenprofile. Die Kabel setzen sich aus je 61 vollverschlossenen Spiralseilen (51mm im Durchmesser) mit ca. 1000m Länge zusammen. Die sechseckigen Kabel werden von Kabelschellen umklammert, an welchen die Hänger, aus je 4 Einzelseilen mit 42mm Durchmesser bestehend, angebracht sind.

Bild 82 zeigt den Pylon der Rheinbrücke Köln-Rodenkirchen und im unteren Teil das Rückhaltefundament. - Aus Wirtschaftlichkeitsgründen werden Hängebrücken nach Theorie II. Ordnung berechnet (Abschnitt 25.5.6). Für die Standfestigkeit hat die Sicherstellung einer ausreichenden aerodynamischen Stabilität überragende Bedeutung. Bei ungünstiger Querschnittsform des Versteifungsträgers sind Hängebrücken durch angefachte Schwingungen (Flatterschwingungen in Form antimetrischer, gekoppelter Biege- und Torsionsschwingungen) gefährdet. Dem kann durch geeignete Querschnittsformen begegnet werden. Aerodynamisch gefährdet sind auch leichte Rohrleitungsbrücken und Fußgängerbrücken, die als Seilsysteme ausgebildet werden. Hier bedarf es einer räumlichen Seilverspannung, damit die Brücke eine ausreichende Steifigkeit in horizontaler und vertikaler Richtung erhält, vgl. Bild 83.

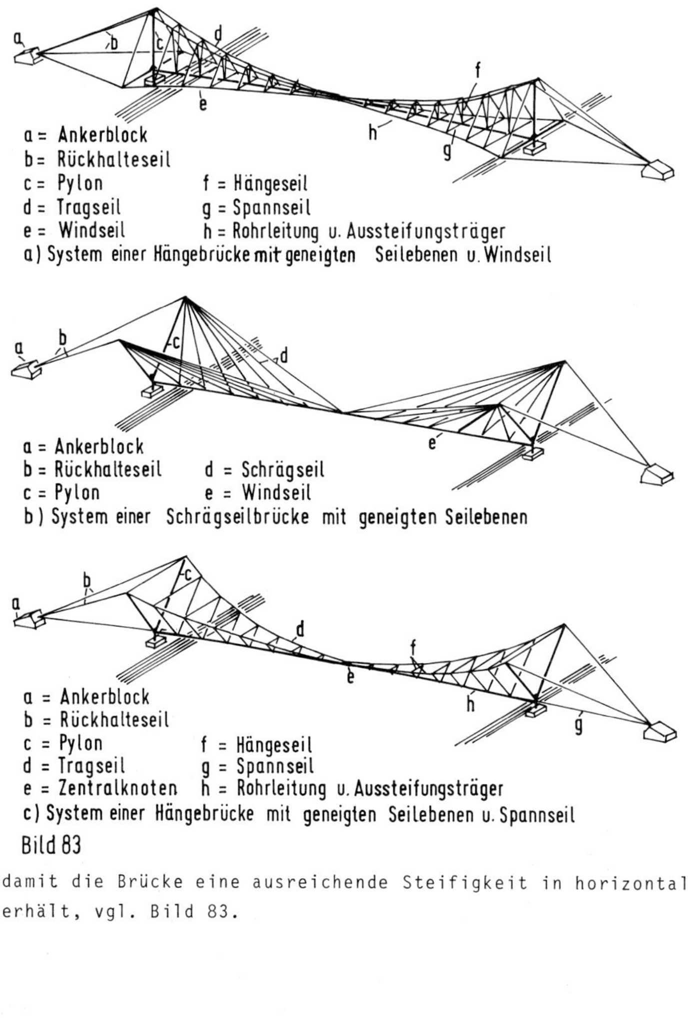

Bild 83

25.4 Fußgängerbrücken (Geh- und Radwegbrücken)

25.4.1 Allgemeine Entwurfshinweise

Fußgängerbrücken werden in den verschiedenartigsten Varianten ausgeführt. Das gewählte Tragsystem ist stark von der Lage der Brücke und der speziellen Aufgabenstellung abhängig. - Fußgängerbrücken in Stahl vermögen wegen ihrer Leichtigkeit und ihres Formenreichtums städtebauliche und landschaftliche Akzente zu setzen, z.B. in Messe- und Parkanlagen. Ihrer Größenordnung nach haben sie menschliche Maßstäbe, es sind "Brücken zum Anfassen" [137].

Als Tragsystem finden alle im Brückenbau bekannten Formen Anwendung. Für die maximale Spannweite eines Feldes gelten folgende Richtwerte: Einfeldträger bis 20m, Durchlaufträger bis 30m, Rahmenbrücken bis 40m, darüber hinaus seilabgespannte Brücken und bei sehr großen Spannweiten Hängebrücken. Gegenüber den Richtwerten sind Abweichungen möglich, allerdings sollten extreme Schlankheiten wegen der Schwingungsgefährdung vermieden werden. - Im Schrifttum sind eine große Zahl von Fußgängerbrücken dokumentiert, vgl. [138-140]. Tafel 25.9 enthält Beispiele für größere Spannweiten. Weitere Varianten sind Schwimmstege und Pon-

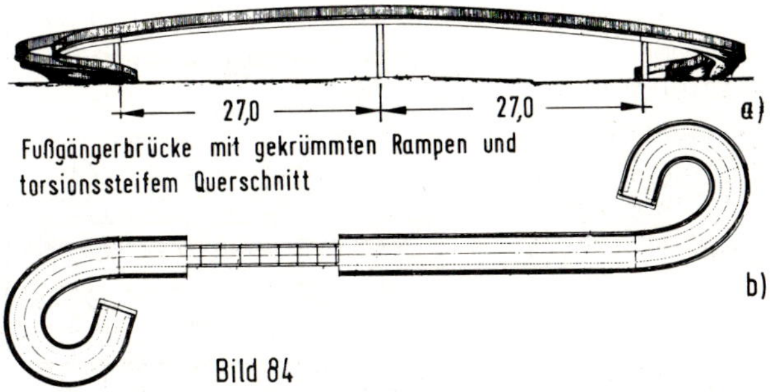

Bild 84

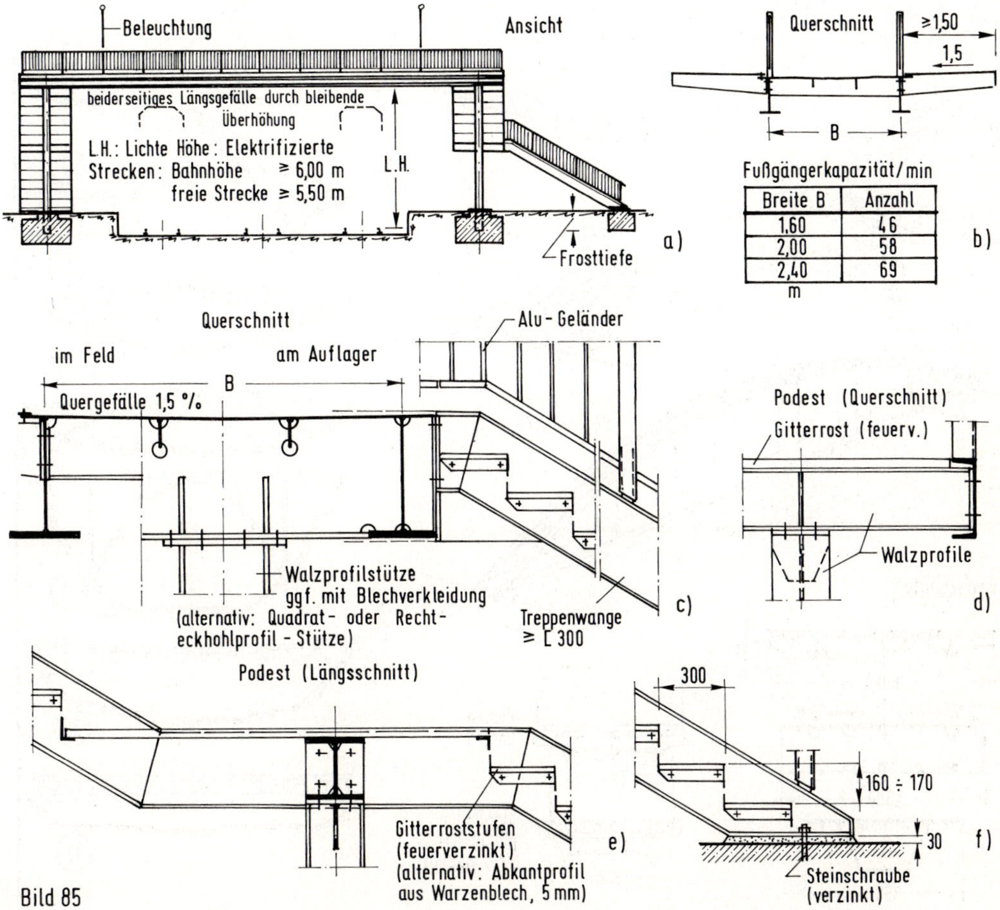

Breite B	Anzahl
1,60	46
2,00	58
2,40	69
m	

Bild 85

Fußgängerbrücken - Systeme

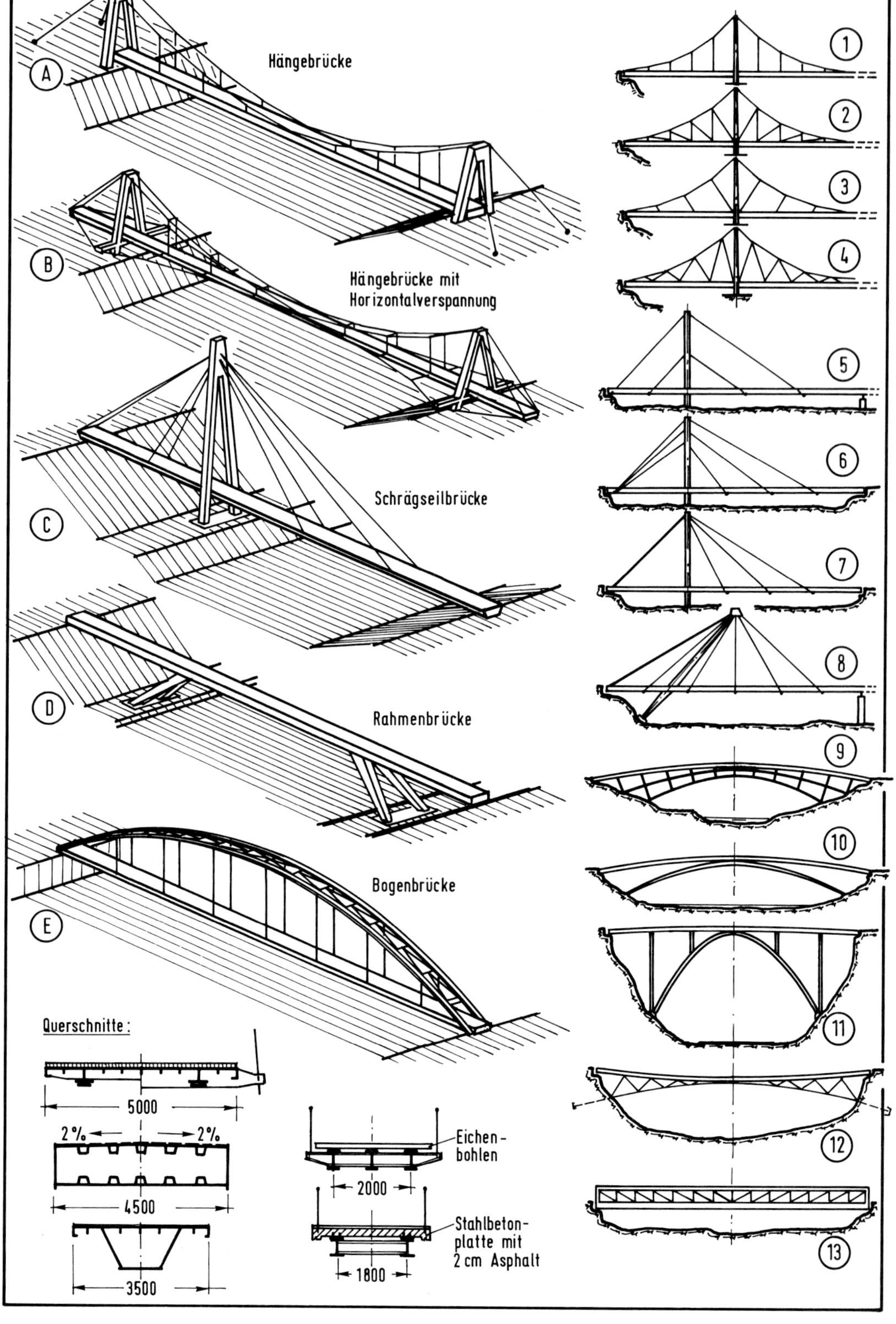

tonbrücken. Für Sonderzwecke werden auch zerlegbare Fußgängerbrücken, z.B. zur Überquerung von Baustellen, eingesetzt [41].

Gewisse Schwierigkeiten entstehen dann, wenn bei dichter Bebauung eine Straße oder ein Bahngleis überbrückt werden soll. Dann muß vom Fußgänger i.a. auf beengtem Raum eine Höhe von 5,0m oder mehr über Treppen oder steile Rampen erstiegen werden. Hier ist beim Entwurf auf alte und gebrechliche Menschen, Mütter mit Kinderwagen, Passanten mit Lasten und Radler Rücksicht zu nehmen. Wird den Fußgängern diesbezüglich eine zu große Beschwernis zugemutet, besteht die Gefahr, daß die Überführung nicht angenommen wird. Rolltreppen vermögen die Akzeptanz wesentlich zu steigern.

Bei Rampen (Bild 84) sollte die Steigung nicht größer als 1:8 (12,5%) sein; im Hinblick auf die Rutschgefahr bei Nässe (und insbesondere bei Glatteis), sollte ein rauher griffiger Belag gewählt werden. Es ist günstig, den Rampengehweg als flachen Bogen zu entwerfen, weil hierbei die Steigung abnimmt und damit die Ermüdung ausgelichen wird; als Anfangssteigung ist dann 1:6,5 (15%) zumutbar. Die Rampen können gerade, abgewinkelt oder gekrümmt ausgeführt werden. Die zuletzt genannte Ausführung ist fertigungsaufwendig; statisch wird ein solches System beherrscht (Bild 84). Rampenlösungen sind i.a. relativ lang und dadurch teuer. Treppenlösungen sind billiger (weil kürzer), dafür aber unbequemer. Ggf. wird bei Treppen eine Fahrrad- und Kinderwagenrampe integriert. Als Stufensteigung wird 16/32 oder 16/30cm gewählt und die Länge der Zwischenpodeste zu 1,5 bis 2,0m. Solche Podeste sollten alle 2,2 bis 2,4m Höhendifferenz vorgesehen werden. - Die Deutsche Bundesbahn hat für Fußgängerüberführungen eine Regelkonstruktion entwickelt, Bild 85 enthält Auszüge aus den zugehörigen Richtzeichnungen. Bild 86 zeigt eine alternative Lösung [142]. Die Breite der Fußgängerbrücken (und damit der fallweise erforderlichen Rampen und Treppen) richtet sich nach der zu erwartenden Verkehrsdichte; sie sollte mindestens 2,0m betragen, günstiger sind 3,0 bis 4,0m (bei stärkerem Fahrradverkehr eher mehr, bis 6,0m) in Sonderfällen bis 8,0m. - Die Gehbahn ist entweder eine Stahlplatte mit rutschfestem Belag, z.B. 3,0cm Asphalt oder eine Betonplatte mit Asphaltbelag, dann zweckmäßig als Stahlverbundkonstruktion in Ort- oder Fertigbetonbauweise, Quergefälle 1,5 bis 2%. Möglich ist auch eine Gehbahn aus Eichenbohlen, 8 bis 10cm dick, ggf. auf Neoprenestreifen verlegt. Regelhöhe des Geländer-Handlaufes 1,0m, Regelausführung: Füllstabgeländer. Zwischen Gebäudekomplexen und in Messeparks werden die Brücken in überdachter oder geschlossener Form ausgeführt. Dann eignen sich Fachwerke oder VIERENDEEL-Rahmen als Tragsystem. - Bei Stahlgehbahn in Hohlkastenbauweise kann eine Beheizung des Gehweges eingebaut werden, das gelingt auch mit Heizmatten im Betonestrich; vgl. zu den Entwurfsfragen auch [138].

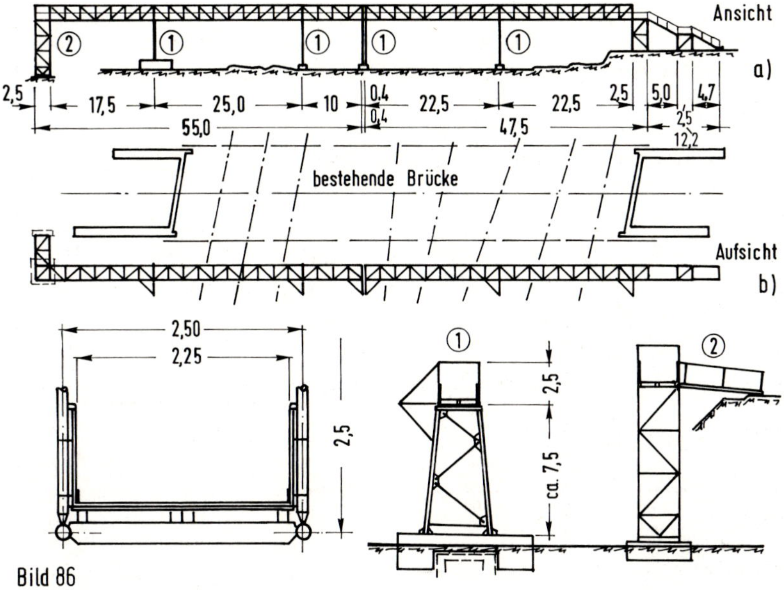

Bild 86

25.4.2 Tragsicherheitsnachweis

Nach DIN 1072 (12.85) ist die Verkehrslast auf Geh- und Radwegbrücken innerhalb der Nutzbreite zu $p=5kN/m^2$ anzusetzen. Soweit Tragglieder mehr als 10m weit gespannt sind, darf für diese und ihre Stützungen eine Flächenlast von

$$p = 5{,}5 - 0{,}05 \cdot l\,[m] \qquad (25)$$

jedoch nicht weniger als 4kN/m² angenommen werden. Ein Schwingfaktor braucht nicht eingerechnet zu werden. - Bei Brücken ohne nennenswerte Anrampung, z.B. in Parks, ist zu prüfen, ob eine Befahrung durch Rettungsfahrzeuge (Notarzt, Polizei-PKW) oder Gespanne oder auch ein Beritt durch Reiter möglich sein soll. Für einen Notarztwagen sollte mindestens angesetzt werden: Vordere Achslast 10kN, hintere Achslast 25kN (ohne φ, da Fahrt im Schrittempo). Für Pferd und Reiter ist zu wählen: 5,25+0,75=6,0kN. (Rindvieh ca. 5-6kN, Schaf ca. 0,75kN). - In wie weit ein Eisansatz erforderlich ist, muß im Einzelfall geprüft werden (z.B. allseitig 3cm Eis, Wichte 7,0kN/m³; dann keine oder deutlich reduzierte Verkehrslast nach G.25).

25.4.3 Schwingungsnachweis

Wegen der geringen Verkehrslast fallen Fußgängerbrücken i.a. relativ schlank aus. Neben dem Nachweis der Durchbiegung ist daher bei schlanken und schwach gedämpften Brücken eine Schwingungsuntersuchung erforderlich. Dabei ist zu prüfen, ob eine Schwingungsgefahr durch aeroelastische Anregung oder/und Fußgängerverkehr möglich ist. Schwingungen werden als störend empfunden und verunsichern die Passanten (sie verleiten Rowdies zu mutwilligem Aufschaukeln).

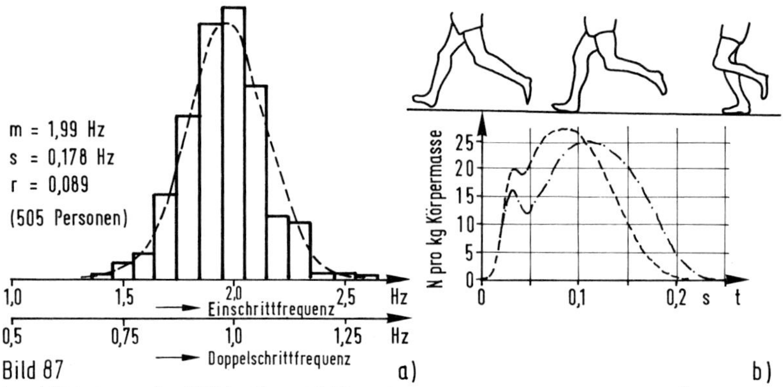

Bild 87

Nach [143] liegt die Erreger-Einschrittfrequenz mit 95% Wahrscheinlichkeit zwischen 1,6 bis 2,8Hz (Schritte pro Sekunde). Bei 2,2Hz liegt das Maximum des Frequenzspektrums. Diese Angaben werden durch japanische Studien bestätigt, vgl. Bild 87a. (Offensichtlich liegen in Japan (wegen des i.M. geringeren Körpergewichts) die Frequenzen etwas niedriger.) Beim Laufen und Rennen liegt die Frequenz höher: 3,3Hz und mehr; Hüpfen: 1,0 bis 3,0Hz. Nach [144] liegt die Einschrittfrequenz mit 95% Wahrscheinlichkeit im Bereich 1,5 bis 3,0Hz; langsames Gehen: 1,6Hz, schnelles Gehen: 2,8Hz, Laufen: 3,3Hz, Hüpfen: 1,0-2,8Hz. Aus alledem geht hervor, daß Erregerfrequenzen ≥ 3,5Hz durch Fußgängeranregung auszuschließen sind.

Beim Aufsetzen des Fußes weist die vertikale Fußkraft zwei Maxima auf (Bild 87b [145]): Auftritt auf die Ferse, Abstoßen mit der Sohle. Höhe und Dauer dieser Impulse sind von der Fortbewegungsart (Gehen, Schreiten, Laufen, Rennen) abhängig. Für die vertikalen Schwingungen ist die Einschrittfrequenz maßgebend, für die horizontalen (Seiten-) Schwingungen die Doppelschrittfrequenz. Das ist der halbe Wert der Einschrittfrequenz (vgl. Bild 87a). Durch die seitlichen Pendelbewegungen des Menschen werden seitliche Impulse abgesetzt. Bei sehr schmalen Stegen können dadurch Seitenschwingungen verursacht werden. Diese werden als sehr unangenehm empfunden. Bild 88 zeigt hierzu ein Beispiel: Bei der dargestellten Bogenbrücke traten nach Verkehrsfreigabe erhebliche vertikale und horizontale Schwingungen auf. Die Eigenfrequenz für die vertikalen Schwingungen in der antimetrischen Grundform betrug ca. 1,8Hz und für die horizontalen Schwingungen in der Grundform ca. 1,1Hz. Bild 88 zeigt rechterseits die 1., 2. und 3. Eigenform der Seitenschwingungen (Schwingungen in der 2. und 3. Eigenform traten nicht auf). Offensichtlich lagen die Grundfrequenzen zentral innerhalb des Anregungsspektrums. Die Schwingungen waren so ausgeprägt (auch bei Begehung durch kleine Personengruppen), daß ein Schwingungsdämpfer

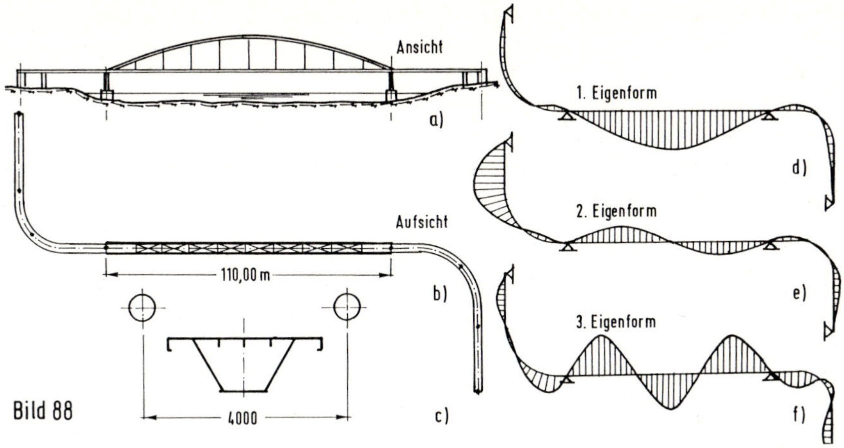

Bild 88

eingesetzt werden mußte. - Bei den Messungen an der Brücke wurde folgender Effekt festgestellt [146]: Die Schwingungen setzten auch dann ein, wenn die Brücke regellos (also nicht im Gleichschritt) und örtlich getrennt begangen wurde. Nach der Zufallsschwingungstheorie vermag ein System nur jene Anteile aus dem Anregungsspektrum zu filtern und in Schwingungen umzusetzen, deren Frequenzen mit den Eigenfrequenzen des Systems übereinstimmen. Es überwiegt die Filterung in der Grundform. Genau diese Anregungsform kann bei Fußgängerbrücken vorliegen. Das Energieanregungsspektrum entspricht dem Häufigkeitsdiagramm des Bildes 87a. Treten Schwingungen auf, versucht der Fußgänger seine Schrittfrequenz der Schwingfrequenz anzupassen. Vermöge dieser Rückkopplung geht die Zufallserregung in eine Resonanzerregung über.

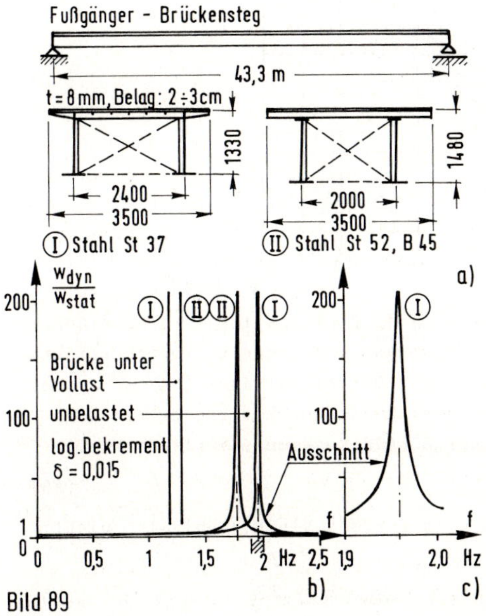

Bild 89

Eine schwingungsstabile Brücke erhält man, wenn die Grundfrequenz außerhalb des Energiespektrums liegt, d.h. zweckmäßig oberhalb 3,0Hz, besser 3,5Hz und das sowohl für die unbelastete wie die belastete Brücke. Diese Forderung ist im Einzelfall schwierig zu erfüllen. Wird nämlich die Brücke bei vorgegebener Spannweite und Trägerhöhe verstärkt (um die Steifigkeit und damit die Frequenz anzuheben), ist damit eine Massenzunahme verbunden, so daß sich die Frequenz i.a. im Ergebnis nur wenig verschiebt, wie man an der Formel für die Eigenfrequenz eines Einmassenschwingers erkennt:

$$f = \frac{1}{2\pi}\sqrt{\frac{c}{m}} \qquad (26)$$

c ist die Federkonstante und m die Masse. Bild 89 zeigt zu dieser Problematik ein Beispiel: Die Variante (II) ist als Verbundkonstruktion wesentlich steifer (auch wegen der größeren Trägerhöhe) als Variante (I), dafür aber wesentlich schwerer, so daß sich für die unbelastete Brücke sogar eine geringere Grundfrequenz ergibt. Unter Vollast sinkt die Eigenfrequenz. (Der Verf. empfiehlt, diesen Fall für den halben Lastansatz nach G.25 zu rechnen; bei voller Belegung kommt ein zügiger Fußgängerverkehr nicht zustande.) Soweit machbar, ist eine hohe Eigendämpfung anzustreben (über das Material, den Belag, die Geländer und Lager), im Einzelfall sind die Beiträge schwierig zu quantifizieren. Ggf. ist ein Schwingungsdämpfer einzubauen. Hängestege sind wegen des i.a. sehr schlanken Versteifungsträgers besonders schwingungsanfällig. Hier empfiehlt es sich, das Geländer in die Tragstruktur als Fachwerk oder Rahmenwerk zu integrieren oder eine räumliche Seilverspannung (ggf. auch eine Zick-Zack-Seilführung der Hänger) vorzusehen. Schrägseilbrücken sind wesentlich steifer als Hängebrücken und daher weniger schwingungsgefährdet.

Liegt die Eigenfrequenz einer Fußgängerbrücke im Anregungsbereich (f<3 bis 3,5Hz), erweist sich eine Aussage zur Frage der Schwingungsgefährdung als schwierig. Das beruht auf drei Umständen:

1. Von welcher Größenordnung ab werden auftretende Schwingungen als störend und nicht mehr akzeptabel empfunden?
2. Welches Anregungsspektrum ist anzusetzen? Der Frequenzumfang ist zwar bekannt, nicht aber die Energieverteilung dem Betrage nach.
3. Wie hoch ist die Dämpfungskapazität im Einzelfall?

Zu der erstgenannten Frage geben die Regelwerke DIN 4150 T2 (09.75) und VDI-Richtlinie 2057 Bl.2 (05.81) keine verwertbaren Auskünfte; hier ist man auf Mutmaßungen angewiesen. Am gravierendsten ist der unter Pkt. 2 erwähnte Mangel.

In den Bauvorschriften der Bundesrepublik Deutschland findet man keine Rechenanweisung. In DIN 1072 (12.85, Abschn. 3.3.7(2)) heißt es lediglich: "Über die statische Berechnung für die Lasten nach Absatz 1 hinaus können insbesondere bei schlanken, schwach gedämpften Bauwerken Schwingungsuntersuchungen erforderlich sein".

Die britische Norm BS5400: Part 2 (1978), gibt im Anhang C ein Verfahren zur Schwingungsbeurteilung an, dessen Grundlagen [147] nur bedingt nachvollziehbar sind. Im Falle $f \leq 5$Hz wird eine max Beschleunigung

$$\text{zul}\,\hat{a} = 0{,}5\sqrt{f}\ \ [\text{m/s}^2] \tag{27}$$

als noch verträglich und damit zulässig eingestuft. In der Formel ist die Grundfrequenz f der unbelasteten Brücke in Hz einzusetzen. Vorh $\hat{a}$ ist aus der Formel

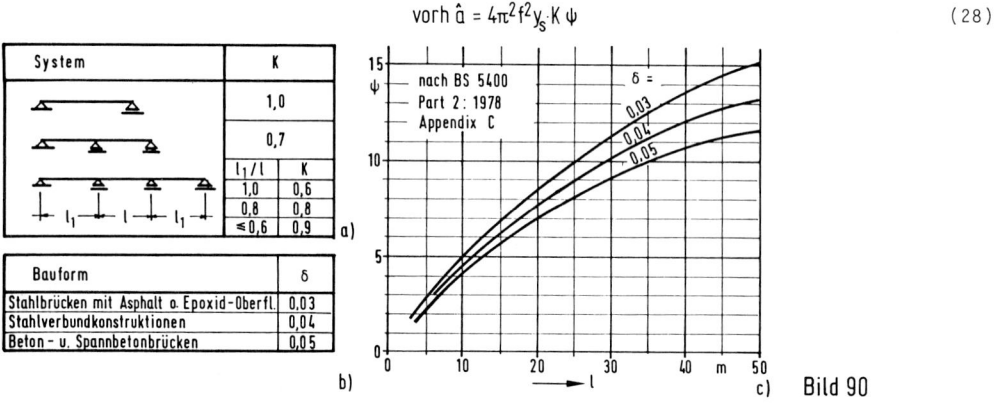

$$\text{vorh}\,\hat{a} = 4\pi^2 f^2 y_S \cdot K\,\psi \tag{28}$$

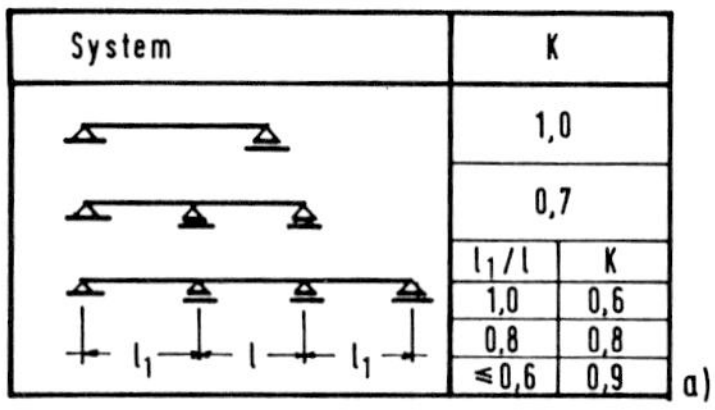

Bauform	δ
Stahlbrücken mit Asphalt o. Epoxid-Oberfl.	0,03
Stahlverbundkonstruktionen	0,04
Beton- u. Spannbetonbrücken	0,05

b)

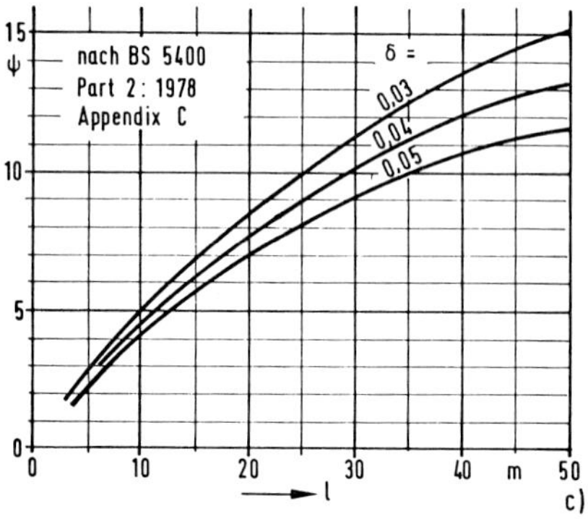

Bild 90

zu berechnen. y_S ist die statische Durchbiegung (in m) in Brückenmitte infolge einer vertikalen Einzellast von 0,7kN an dieser Stelle (Einmannlast). K ist ein "Konfigurationsfaktor", der das Tragsystem kennzeichnet (Einfeldträger-Durchlaufträger), ψ ist ein dynamischer Reaktionsfaktor, der von der Höhe des logarithmischen Dämpfungsdekrementes abhängt. Bild 90 faßt die Angaben zu K, ψ und δ der BS5400 zusammen. Verlangt wird:

$$\text{vorh}\,\hat{a} \leq \text{zul}\,\hat{a} \tag{29}$$

Nach BOUÉ [139] wird eine max Beschleunigung 0,1·g (g: Erdbeschleunigung) als "nicht unbehaglich" bewertet. Daraus wird gefolgert:

$$y = \hat{y}\cdot\sin 2\pi f t \longrightarrow a = -4\pi^2 f^2\cdot\hat{y}\cdot\sin 2\pi f t \longrightarrow \hat{a} = 4\pi^2 f^2 \hat{y} \tag{30}$$

$\hat{y}$ ist die Schwingungsamplitude. Für $\hat{a}=0{,}1\cdot g=0{,}1\cdot 9{,}81=0{,}981\text{m/s}^2$ ergibt sich die zul Amplitude zu:

$$\text{zul}\,\hat{y} = \frac{0{,}1\cdot g}{4\pi^2}\cdot\frac{1}{f^2} = 0{,}02485\frac{1}{f^2}\ \ [\text{m}] \tag{31}$$

(Beispiel: f=2Hz: zul $\hat{y}$=0,0062m=6,2mm; die Größenordnung erscheint plausibel.) Als Kriterium wird in [139]

$$y_S \leq \text{zul}\,\hat{y} \tag{32}$$

gefordert, worin y_S die statische Durchbiegung für die 0,2-fache Verkehrslast (nach G.25) ist. (Dieser Ansatz ist dem Verfasser unklar, da die Dämpfungskapazität der Brücke nicht eingeht. Eine wiss. Abklärung des angeschnittenen Problemenkreises ist überfällig, vgl. auch [148].)

25.5 Ausgewählte Kapitel aus dem Brückenbau

25.5.1 Allgemeine Hinweise zum Tragsicherheitsnachweis

Die für die Berechnung der Schnittgrößen in den Haupt-, Zusatz- und Sonderlastfällen anzusetzenden Lasten (einschl. Wärmewirkungen, Setzungseinflüssen, Anprallkräften usf.) werden den einschlägigen Vorschriften entnommen (DS804, DIN 1072). In vielen Fällen bedarf es ergänzender Vereinbarungen, z.B. bei Sonderbauwerken (bewegliche Brücken, Rohrleitungsbrücken, Kanalbrücken, Hilfsbrücken, Pionierbrücken). Das gilt i.a. auch bei Bauvorhaben im Ausland. Die Vereinbarungen werden aufgrund der Leistungsbeschreibung und der am Bauort vorgenommenen Sondierungen in einem Lastenheft zusammengefaßt. Sorgfältige Vorplanungen kommen einem reibungslosen Entwurfs- und Ausführungsverlauf zugute; sie haben im Einzelfall einen nicht zu unterschätzenden Einfluß auf die Wirtschaftlichkeit und natürlich auch auf die Sicherheit des Bauwerkes als Ganzes und seiner Einzelteile.
Brücken werden im Regelfall mit dem Ziel eines möglichst niedrigen Angebotspreises entworfen. Dieser entscheidet i.a. über den Zuschlag. Um dieses Ziel zu erreichen, versucht man, das Konstruktionsgewicht zu drücken (was auch der Montage zugute kommt). Das gelingt u.a. dadurch, daß das Tragwerk als Kontinuum ausgebildet und berechnet wird. So erfüllt z.B. das Fahrbahnblech eine fünffache Funktion: a) Radlastabtragende Platte, b) Obergurt der Längsträger bzw. -rippen, c) Obergurt der Querträger, d) Gurt der Hauptträger, e) Stegblech des Horizontalträgers (Scheibenwirkung). Brückenstatiken sind schwierig und wegen der vielen zu berücksichtigenden Lastfälle (einschl. Bau- und Vorspannzustände) aufwendig. Das galt insbesondere bis in die 60iger und 70iger Jahre dieses Jhdts., als alles noch von Hand berechnet werden mußte. Die Berechnung von Trägerrosten (Kreuzwerken) war beispielsweise wegen der hochgradigen statischen Unbestimmtheit sehr mühsam; zur Reduzierung des Rechenaufwandes wurden Hilfsmittel erarbeitet. - Durch den Computereinsatz hat sich die Situation grundlegend geändert; heutigentags werden praktisch alle Brücken, auch solche geringer Spannweite, mittels Computerprogrammen nachgewiesen. Ziel ist der kostenoptimierte Entwurf.-

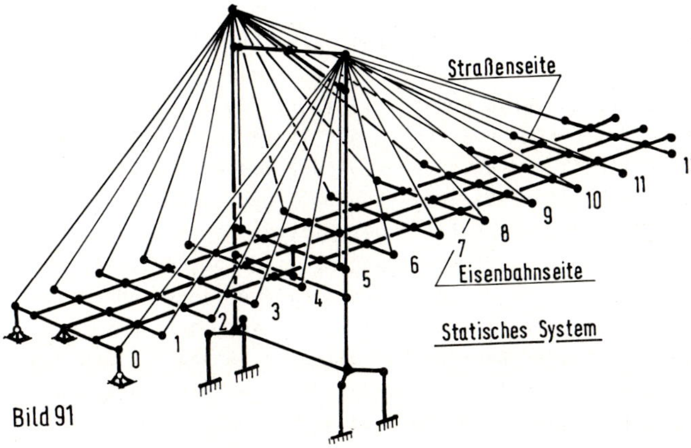

Bild 91

In der Baubeschreibung des in Bild 91 dargestellten Tragwerkes einer Schrägseilbrücke heißt es im Abschnitt "Schnittkräfte des Haupttragwerkes" [149]: "Die elektronische Berechnung des Haupttragwerkes wurde mit dem vom Massachusetts Institute of Technology entwickelten Programm STRUDL (Structural Design Language *) auf Rechenanlagen IBM360/50 und 360/65 durchgeführt; insgesamt wurden 500 Rechenstunden aufgewendet. Das rechnerisch als 160-fach statisch unbestimmte System angenommene Haupttragwerk besteht aus 3 längslaufenden und 26 querlaufenden Stäben, den Kabeln und Pylonen". An späterer Stelle heißt es weiter: "Es wurde angenommen, daß die Lage der Lastscheiden (der Einflußlinien) im räumlichen und im ebenen System (bei dem alle Steifigkeiten in einer Ebene konzentriert sind) gleich sind. Die ungünstigsten Laststellungen wurden somit aus den Einflußlinien des ebenen Systems ermittelt und das räumliche System mit diesen (festen) Laststellungen und den zugehörigen Lasten beaufschlagt. Eine exakte Ermittlung der Lastscheiden im ebenen System wurde dadurch erschwert, daß Durchhang und damit Steifigkeit der Kabel auf der Eisenbahnseite wegen ihrer geringen Spannung unter Eigengewicht in Abhängigkeit von der erreichten Spannung stark veränderlich sind. Das Superpositions-

*)Neben STRUDL stehen weitere leistungsfähige Stabwerksprogramme zur Verfügung, z.B.: ASKA, NASTRAN, ASAS, SAMCEF, COSA, SMART, SAP, NONSAP, MARC, ADINA, SET u.a.

gesetz gilt streng genommen nicht. Es können daher auch keine Einflußlinien bestimmt werden. Näherungsweise wurden die zu jedem maxσ und minσ gehörenden Kabelkräfte und Kabelsteifigkeiten geschätzt und mit diesen (als konstant angenommenen Werten) die maßgebenden Laststellungen ermittelt. Da die Umgebung der Lastscheiden nur unbedeutende Anteile zur Gesamtspannung liefern, ist dieses Verfahren für praktische Zwecke genau genug". (Vgl. hierzu Abschnitt 25.5.5). Hiermit ist angedeutet, mit welchen Approximationen bei baupraktischen Berechnungen gearbeitet wird, um den Aufwand, trotz Computereinsatz, in Grenzen zu halten. - Systeme veränderlicher Gliederung (wie bei Schrägseilbrücken) können auch bei anderen Tragwerksformen, z.B. in besonderen Lastfällen (oder in Bauzuständen) auftreten, auch dann, wenn sich z.B. Gelenke infolge begrenzter Drehfähigkeit schließen, so daß anschließend eine Durchlaufwirkung zustande kommt [150-152], vgl. auch Abschnitt 5.1.d). Die Theorie der Brückenstatik kann als weitgehend abgeschlossen angesehen werden; offene Fragen bestehen noch in Teilen der Brückendynamik. Dynamische Wirkungen werden im Regelfall durch Schwingfaktoren und bei den Brems- und Anfahrlastfällen durch (statische) Ersatzkräfte erfaßt, das gilt auch für die Anprallastfälle.

25.5.2 Verfahren der Übertragungsmatrizen

25.5.2.1 Vorbemerkungen

Für kurze bis mittellange Brücken kommen im modernen Brückenbau durchlaufende Träger zum Einsatz. Die Versteifungsträger von Schrägseilbrücken stellen in Annäherung Durchlaufträger auf diskreten Federn dar, jedes Schrägseil wird durch eine Federung ersetzt. Für die Berechnung solcher linienförmigen Tragwerke erweist sich das Verfahren der Übertragungsmatrizen als sehr geeignet. Neben den Zustandslinien für vorgegebene Einwirkungen lassen sich die Einflußlinien in einfacher Weise berechnen. Veränderliche Steifigkeiten, federelastische Stützungen, Widerlagerverschiebungen, Vorspannungen erfordern nur geringe Modifikationen. Sämtliche Verformungs- und Schnittgrößen fallen in einem Zuge an. Die Methode gehört zu den Lösungsverfahren der linearen Differentialgleichungstheorie. Als solches war die Methode mit dem Namen "Verfahren vom anfänglichen Parameter" bereits im 19. Jhdt. bekannt. Für Handrechnungen ist es wenig geeignet. Die Verfügbarkeit des Computers und die matrizielle Aufbereitung durch FALK u.a. haben das Verfahren zu einer wirkungsvollen Berechnungsmethode der Baustatik und Baudynamik werden lassen. Da die unterschiedlichsten Stabprobleme von linearen Differentialgleichungen beherrscht werden, lassen sich die zugeordneten Übertragungsmatrizen analytisch geschlossen herleiten. Diese Aufgabe ist ein für alle Mal zu leisten! Sind die Übertragungsmatrizen bekannt, lassen sich aus diesen die Steifigkeitsmatrizen gewinnen; sie wiederum bilden die Grundlage für die allgemeinen Stabwerksprogramme. Die Verfahren liefern im Rahmen der Theorie strenge Lösungen. Die Programmierung des Verfahrens der Übertragungsmatrizen ist nach einem einheitlichen Schema verhältnismäßig einfach. Im folgenden werden die Grundlagen des Verfahrens an einigen für den Brückenbau wichtigen Stabproblemen dargestellt.

25.5.2.2 Der gerade Balken unter Zug/Druck- und Biegebeanspruchung

25.5.2.2.1 Definition der Verformungs- und Schnittgrößen

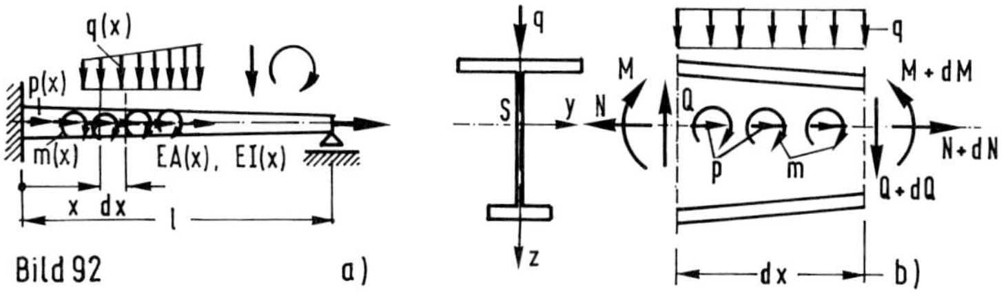

Bild 92

Bild 92 kennzeichnet die Aufgabenstellung: Gegeben ist ein zug/druck- und biegesteifer Stab mit variabler Dehn- und Biegesteifigkeit. Die Belastung besteht aus der äußeren Querbelastung q(x), Längsbelastung p(x) und Momentenbelastung m(x). Die Lastfunktionen sind bereichsweise stetig. Daneben können diskrete Lasten auftreten. Gesucht sind die Verformungen und Schnittgrößen. Zu deren Bestimmung werden die sogen. Grundgleichungen hergeleitet; hier beschränkt auf die "statische" Vorgehensweise.

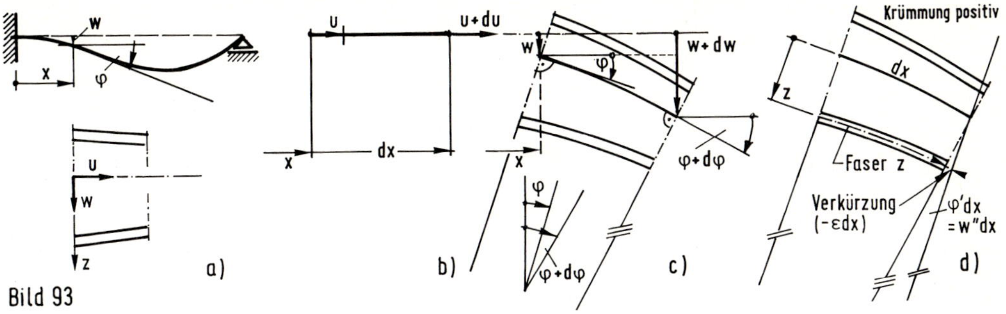

Bild 93

Bild 93a zeigt den in Bild 92 dargestellten Stab im verformten Zustand. Zur Beschreibung dieses Zustandes werden die Verschiebungen u und w in Stablängs- bzw. Stabquerrichtung eingeführt. Es werden Träger mit einfach-symmetrischem Querschnitt und Biegung in der Symmetrieebene unterstellt. Schnittgrößen sind N, M und Q, vgl. Abschnitt 4.1.1.

25.5.2.2.2 Elastizitätsgesetz für die Verschiebung u in Stablängsrichtung

Bei alleiniger (zentrisch wirkender) Normalkraft sind die Spannungen σ und Dehnungen ε (bei Druck Stauchungen) konstant über den Querschnitt verteilt. Nach dem HOOKEschen Gesetz gilt:

$$\varepsilon = \frac{\sigma}{E} = \frac{N}{EA} \tag{33}$$

Das Produkt EA nennt man Dehnsteifigkeit. - Aus der Längenänderung des Stabelementes dx folgt unmittelbar das gesuchte Elastizitätsgesetz (Bild 93b):

$$du = \varepsilon\, dx = \frac{\sigma}{E}dx = \frac{N}{EA}dx \longrightarrow \boxed{u' = \frac{N}{EA}} \quad (N = N(x),\ A = A(x)) \tag{34}$$

Es wird im folgenden abgekürzt:

$$\frac{d(\ )}{dx} = (\ )' \tag{35}$$

(Der hochgestellte Strich bedeutet die Ableitung (Differentiation) nach x.) Die Längung (oder Verkürzung) eines Stabes ergibt sich durch Integration über alle Stabelemente dx:

$$u = \int \frac{N}{EA}dx + C_1 \tag{36}$$

Voraussetzung ist hierfür, daß N bekannt ist. Bei mit x variablem N oder/und EA ist ggf. numerisch zu integrieren (z.B. mittels der SIMPSON-Formel, Abschnitt 5.4.3.2). Der Freiwert C_1 folgt aus der Randbedingung des linken oder rechten Randes. Im Falle N und EA konstant beträgt die Längenänderung:

$$\Delta l = \frac{N}{EA}l = \frac{\sigma}{E}l = \varepsilon \cdot l \tag{37}$$

l ist die Länge des Stabes.

25.5.2.2.3 Elastizitätsgesetz für die Durchbiegung w in Stabquerrichtung

An den Stellen x und x+dx beträgt die Durchbiegung w bzw. w+dw (vgl. Bild 93c). Der Biegewinkel φ folgt damit (bei infinitesimaler Betrachtung) zu:

$$\varphi = \frac{dw}{dx} = w' \tag{38}$$

Bei Fortschreiten um dx ändert sich φ um dφ:

$$d\varphi = \frac{d\varphi}{dx}dx = \varphi' dx = w'' dx \tag{39}$$

Zur positiven Krümmung $\varkappa = w''$ gehört (gemäß Definition) ein negatives Biegemoment. Diese Verknüpfung ist in Bild 93d erläutert: Die Zusammendrückung der durch das infinitesimale Flächenelement dA im Abstand z verlaufenden Faser, deren (ursprüngliche) Länge dx war, beträgt:

$$-\varepsilon\, dx = -\frac{\sigma}{E}dx = -\frac{M}{EI}z\, dx \tag{40}$$

In Abhängigkeit von der Krümmungsänderung $\varphi' dx = w'' dx$ entnimmt man Bild 93d:

$$\varphi' dx \cdot z = w'' dx \cdot z \qquad (41)$$

Die Gleichsetzung dieser kinematischen Beziehung mit G.40 liefert das gesuchte Elastizitätsgesetz:

$$-\frac{M}{EI} z\,dx = \varphi' z\,dx = w'' z\,dx \longrightarrow \boxed{w'' = -\frac{M}{EI}} \quad (M = M(x),\ I = I(x)) \qquad (42)$$

Nach zweimaliger Integration folgt hieraus die Durchbiegung zu:

$$w = -\iint \frac{M}{EI}\,dx\,dx + C_1 x + C_2 \qquad (43)$$

Im Falle M und EI konst. gilt:

$$w = -\frac{M}{EI} \cdot \frac{x^2}{2} + C_1 x + C_2 \qquad (44)$$

Mittels der Freiwerte C_1 und C_2 wird den geometrischen Randbedingungen des anstehenden Problems genügt.

25.5.2.2.4 Gleichgewichtsgleichungen

Am Stabelement dx lauten die Gleichgewichtsgleichungen, vgl. Bild 92b:

$$\Sigma N = 0: \quad N - (N + dN) - p\,dx = 0 \longrightarrow N' = -p \qquad (45)$$

$$\Sigma Q = 0: \quad Q - (Q + dQ) - q\,dx = 0 \longrightarrow Q' = -q \qquad (46)$$

$$\Sigma M = 0: \quad M - (M + dM) + Q\,dx + m\,dx = 0 \qquad (47)$$

Wie oben erläutert, sind p und q die äußeren Belastungen in Längs- bzw. Querrichtung; Einheit: Kraft je Längeneinheit. m ist das äußere Streckenmoment; Einheit: Kraft mal Längeneinheit je Längeneinheit. Aus G.47 folgt nach Differentiation und Einsetzen von G.46:

$$M' = Q + m \longrightarrow M'' = Q' + m' = -q + m' \qquad (48)$$

25.5.2.2.5 Grundgleichungen (Th. I. Ordnung) für u und w

Normalkraft: Die Verknüpfung der Gleichgewichtsgleichung G.45 mit dem Elastizitätsgesetz für die Verschiebung u (G.34) ergibt:

$$EAu' = N \longrightarrow (EAu')' = N' \longrightarrow (EAu')' = -p \qquad (49)$$

Biegemoment: Die Verknüpfung der Gleichgewichtsgleichung G.48 mit dem Elastizitätsgesetz der Querbiegung w (G.42) ergibt:

$$EIw'' = -M \longrightarrow (EIw'')'' = -M'' \longrightarrow (EIw'')'' = q - m' \qquad (50)$$

Mit den vorstehenden Gleichungen sind die gesuchten Grundgleichungen der elementaren Stabtheorie abgeleitet. Es handelt sich um lineare Differentialgleichungen. G.49 ist von 2. und G.50 von 4. Ordnung. Im Falle konstanter Dehn- bzw. Biegesteifigkeit bauen sich die homogenen Lösungen aus algebraischen Funktionen auf.

25.5.2.2.6 Temperatureinwirkung

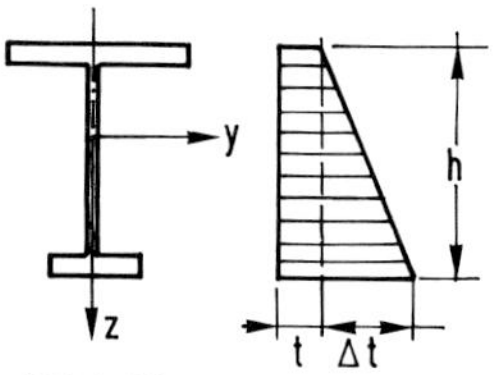

Bild 94

Gemäß Bild 94 werden angesetzt:

t: Temperaturänderung (Temperaturerhöhung: positiv)

Δt: Temperaturdifferenz zwischen Unter- und Oberseite (Temperaturgradient); h: Höhe des Trägers

Der Temperaturausdehnungskoeffizient sei α. t, Δt und h sind im allgemeinsten Falle Funktionen von x.

Für die bezogene Längenänderung bzw. Biegung gilt:

Längenänderung:

$$du = \varepsilon\,dx = \alpha \cdot t\,dx \longrightarrow u' = \alpha \cdot t \qquad (51)$$

Biegung:

$$d\varphi = \varkappa\,dx = -\alpha \cdot \frac{\Delta t}{h} dx \longrightarrow w'' = -\alpha \frac{\Delta t}{h} \qquad (52)$$

Um diese Anteile sind die Elastizitätsgesetze (G.34 bzw. G.42) zu erweitern.

25.5.2.2.7 senk- und drehfederelastische Bettung

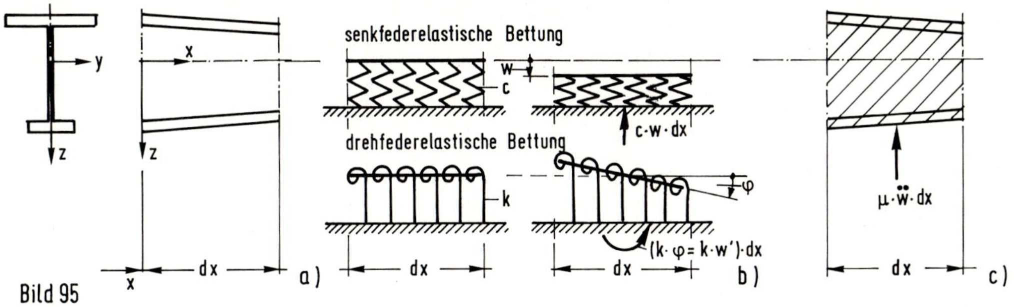

Bild 95

Es werden unterschieden (Bild 95):
- senkfederelastische Bettung, Federkonstante c [kN/m/m]
- drehfederelastische Bettung, Federkonstante k [kNm/1/m]

In den Gleichgewichtsgleichungen G.46 und G.47 treten zusätzliche Glieder auf. Es sind dieses die rückstellende Kraft und das rückstellende Moment aus der Bettung (vgl. Bild 95b):

$$c\,w\,dx \quad \text{bzw.} \quad -k w' dx \tag{53}$$

Man bestätigt sofort die Erweiterung von G.46 bzw. G.47/48:

$$Q' = -q + cw \tag{54}$$

$$M' = Q + m - kw' \longrightarrow M'' = -q + cw + m' - (kw')' \tag{55}$$

Die Grundgleichung G.50 lautet mit dieser Erweiterung:

$$(EIw'')'' - (kw')' + cw = q - m' \tag{56}$$

(Die Einrechnung einer verschiebungselastischen Bettung in Stablängsrichtung in die Grundgleichung für u (G.49) ist elementar.)

25.5.2.2.8 Massenkräfte (Balkenschwingungen)

Um auch den Fall einer transversalen Balkenschwingung zu erfassen, wird die pro Längeneinheit geweckte Massenkraft in die transversale Gleichgewichtsgleichung eingerechnet. Sie wird, wie Bild 95c zeigt, entgegengesetzt zur positiven Bewegungsrichtung angesetzt (d'ALEMBERTscher Ansatz). μ sei die Massebelegung je Längeneinheit und $\ddot{w}$ die Beschleunigung des Elementes dx. Unter Einschluß des Gliedes $\mu\ddot{w}dx$ lauten die Gleichgewichtsgleichungen (Erweiterung von G.54 und G.55):

$$Q' = -q + cw + \mu\ddot{w} \tag{57}$$

$$M' = Q' + m - kw' \longrightarrow M'' = -q + cw + \mu\ddot{w} + m' - (kw')' \tag{58}$$

Grundgleichung:

$$(EIw'')'' - (kw')' + cw + \mu\ddot{w} = q - m' \tag{59}$$

(Die Drehträgheit des Biegestabes ist hierin nicht erfaßt.)

25.5.2.2.9 Anmerkungen zur Lösung der Grundgleichungen

Die zuvor hergeleiteten Grundgleichungen vereinigen alle notwendigen und möglichen Aussagen über das jeweilige Stabproblem in sich. Dieses sind die Gleichgewichtsaussagen einerseits und die kinematischen und physikalischen Formänderungsaussagen andererseits. Dasselbe gilt demgemäß für die Lösungen. Sind die Steifigkeiten und Bettungen (EA, EI, c, k) veränderliche Funktionen von x, handelt es sich um Differentialgleichungen mit variablen Koeffizienten. Deren strenge Lösung ist auf Sonderfälle beschränkt (die Lösung besteht dann z.B. aus BESSEL-Funktionen). Sind die Steifigkeiten elementweise konstant, haben die Differentialgleichungen konstante Koeffizienten, die Lösung ist dann relativ einfach. Ein variabler Steifigkeits- und Bettungsverlauf kann durch eine Stufenfunktion ersetzt werden. Das Verfahren der Übertragungsmatrizen ist für eine solche Näherung prädestiniert. Bei enger Intervallierung der Stufenfunktion - insbesondere im Bereich großer Steifigkeitsgradienten - erhält man Ergebnisse hoher Genauigkeit.

Die Grundgleichungen der Stabbiegung sind Differentialgleichungen 4. Ordnung für die Bezugsunbekannte w. Demgemäß setzt sich die Lösung aus vier linearunabhängigen Teillösungen mit den Freiwerten C_1,

a)

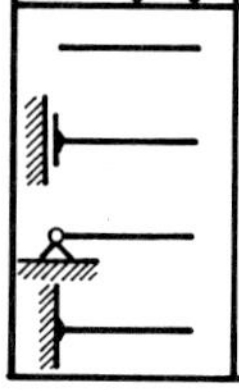

Randbedingung	Nullgrößen w	φ	M	Q	Freigrößen w	φ	M	Q
(1)			•	•	•	•		
(2)		•		•	•		•	
(3)	•		•			•		•
(4)	•	•					•	•

b)

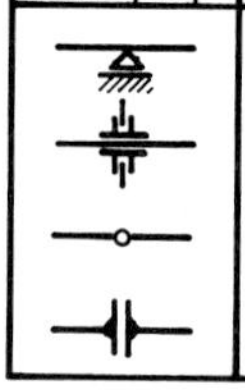

Übergangsbedingung	Nullgrößen w	φ	M	Q	Freigrößen Δw	Δφ	ΔM	ΔQ
(1)	•							•
(2)		•					•	
(3)			•			•		
(4)				•	•			

Bild 96

C_2, C_3 und C_4 zusammen. Diesen Freiwerten stehen jeweils 2x2=4 Randbedingungen gegenüber (vgl. Bild 96a; in Teilbild b sind die Übergangsbedingungen charakterisiert). Um die Bedingungen formulieren zu können, werden φ, M und Q durch die Bezugsunbekannte w ausgedrückt:

Durchbiegung : w

Biegedrehwinkel : $\varphi = w'$

Biegemoment und Temperaturkrümmung : $M + EI\alpha\frac{\Delta t}{h} = -EIw''$ (60a,d)

Querkraft : $Q = -(EIw'')' - m + kw'$

(Vgl. G.38, G.42/52 und G.55.) - Jeder Differentialgleichung ist ein Lösungs- und Matrixsystem zugeordnet; im folgenden werden die wichtigsten behandelt.

25.5.2.2.10 Übertragungsmatrix für den zug- und drucksteifen Stab

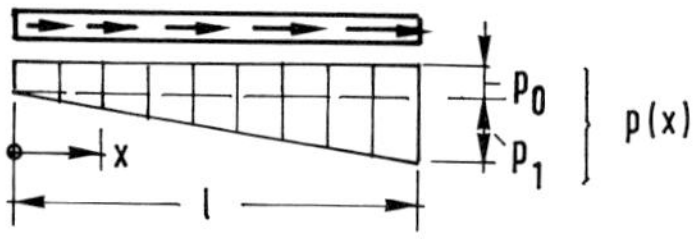

Bild 97

Für EA=konst. lautet die Grundgleichung (G.49):

$$\boxed{EAu'' = -p(x)} \tag{61}$$

Es wird die in Bild 97 dargestellte Längsbelastung angesetzt:

$$p(x) = p_0 + p_1\frac{x}{l} \tag{62}$$

Hierfür lautet das Lösungssystem:

$$\begin{aligned} EAu &= C_1x + C_2 - p_0\frac{x^2}{2} - p_1\frac{x^3}{6l} \\ N + EA\alpha t = EAu' &= C_1 - p_0x - p_1\frac{x^2}{2l} \end{aligned} \tag{63}$$

Tafel 25.11 enthält die Übertragungsmatrix.

25.5.2.2.11 Übertragungsmatrix für den biegesteifen Stab

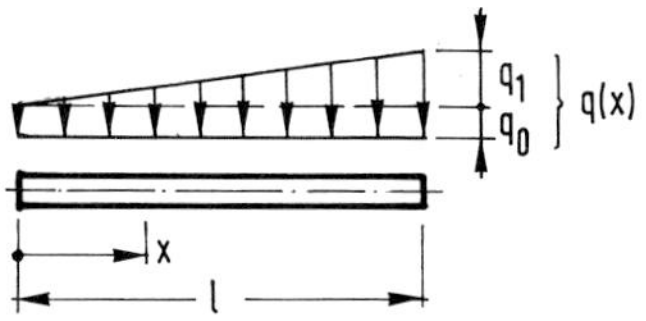

Bild 98

Für EI=konst und c=0, k=0 und m=0 lautet die Grundgleichung (G.50):

$$\boxed{EIw'''' = q(x)} \tag{64}$$

Lastfunktion (Bild 98):

$$q(x) = q_0 + q_1\frac{x}{l} \tag{65}$$

Lösungssystem:

$$\begin{aligned} EIw &= C_1x^3 + C_2x^2 + C_3x + C_4 + q_0\frac{x^4}{24} + q_1\frac{x^5}{120l} \\ EI\varphi = EIw' &= C_1x^2 + C_2x + C_3 + q_0\frac{x^3}{6} + q_1\frac{x^4}{24l} \\ M + EI\alpha\frac{\Delta t}{h} = -EIw'' &= -C_1x - C_2 - q_0\frac{x^2}{2} - q_1\frac{x^3}{6l} \\ Q = -EIw''' &= -C_1 - q_0x - q_1\frac{x^2}{2l} \end{aligned} \tag{66}$$

Die Übertragungsmatrix enthält Tafel 25.11. Andere Lastfunktionen sind z.B.:

$$q(x) = q_2\left(\frac{x}{l}\right)^2 + \cdots;\quad q(x) = a_1\sin\pi\frac{x}{l} + b_1\cos\pi\frac{x}{l} + \cdots \tag{67}$$

Verfahren der Übertragungsmatrizen für Stabwerke (1)

(1)

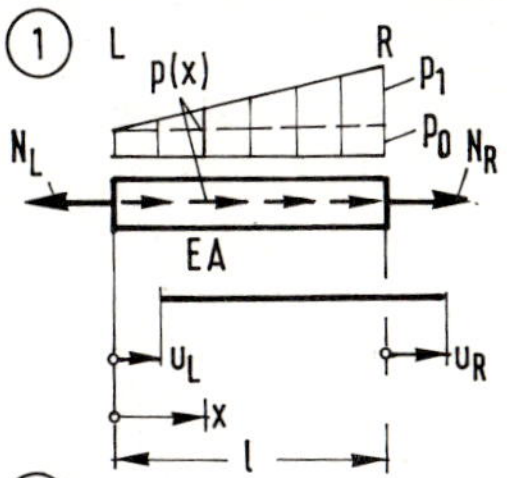

$$[z]_L = \begin{bmatrix} u_L \\ N_L \end{bmatrix};\quad [z]_R = \begin{bmatrix} u_R \\ N_R \end{bmatrix};\quad [z]_R = [F]\cdot[z]_L + [F]^q;\quad [F]^q\text{ : Lastvektoren}$$

(1)

$$[F] = \begin{bmatrix} 1 & \frac{l}{EA} \\ 0 & 1 \end{bmatrix},\quad [F]^q = \begin{bmatrix} -\frac{l^2}{2EA} \\ -l \end{bmatrix} p_0 + \begin{bmatrix} -\frac{l^2}{6EA} \\ -\frac{l}{2} \end{bmatrix} p_1 + \begin{bmatrix} l \\ 0 \end{bmatrix}\cdot \alpha_t \cdot t$$

(2)

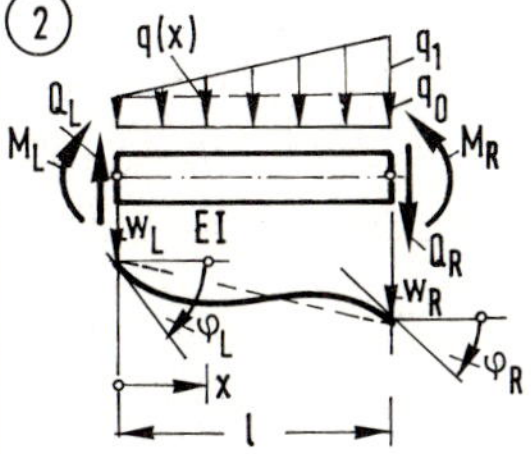

$$[z]_L = \begin{bmatrix} w_L \\ \varphi_L \\ M_L \\ Q_L \end{bmatrix};\quad [z]_R = \begin{bmatrix} w_R \\ \varphi_R \\ M_R \\ Q_R \end{bmatrix};$$

$$[z]_R = [F]\cdot[z]_L + [F]^q$$

(3)

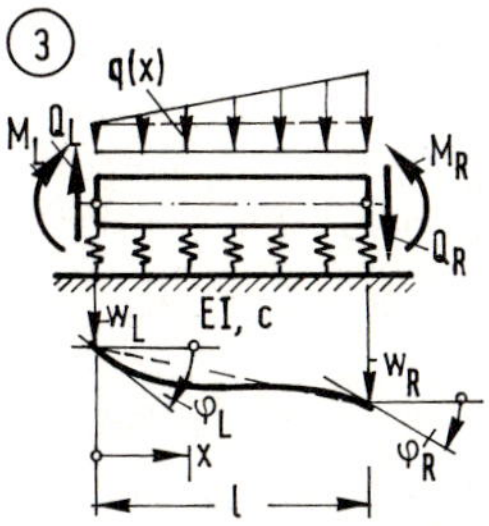

$$\lambda = \sqrt[4]{\frac{c}{4EI}}\quad \left[\frac{1}{m}\right]$$

$S_1 = S\cdot c + C\cdot s;$

$S_2 = S\cdot c - C\cdot s;$

$S_3 = S\cdot s;\quad S_4 = C\cdot c$

$S = \sinh\lambda l;\quad C = \cosh\lambda l$

$s = \sin\lambda l;\quad c = \cos\lambda l$

(2)

$$[F] = \begin{bmatrix} 1 & l & -\frac{1}{2}\cdot\frac{l^2}{EI} & -\frac{1}{6}\cdot\frac{l^3}{EI} \\ 0 & 1 & -\frac{l}{EI} & -\frac{1}{2}\cdot\frac{l^2}{EI} \\ 0 & 0 & 1 & l \\ 0 & 0 & 0 & 1 \end{bmatrix},\quad [F]^q = \begin{bmatrix} \frac{1}{24}\cdot\frac{l^4}{EI} \\ \frac{1}{6}\cdot\frac{l^3}{EI} \\ -\frac{1}{2}\cdot l^2 \\ -l \end{bmatrix} q_0 + \begin{bmatrix} \frac{1}{120}\cdot\frac{l^4}{EI} \\ \frac{1}{24}\cdot\frac{l^3}{EI} \\ -\frac{1}{6}\cdot l^2 \\ -\frac{1}{2}\cdot l \end{bmatrix} q_1 + \begin{bmatrix} -\frac{l^2}{2} \\ -l \\ 0 \\ 0 \end{bmatrix}\cdot \alpha_t \frac{\Delta t}{h}$$

(3)

$$[F] = \begin{bmatrix} S_4 & \frac{S_1}{2\lambda} & -\frac{S_3}{2\lambda^2 EI} & \frac{S_2}{4\lambda^3\cdot EI} \\ \lambda S_2 & S_4 & -\frac{S_1}{2\lambda\cdot EI} & -\frac{S_3}{2\lambda^2\cdot EI} \\ 2EI\lambda^2\cdot S_3 & -EI\lambda\cdot S_2 & S_4 & \frac{S_1}{2\lambda} \\ 2EI\lambda^3\cdot S_1 & 2EI\lambda^2\cdot S_3 & \lambda S_2 & S_4 \end{bmatrix},\quad [F]^q = \begin{bmatrix} \frac{1-S_4}{4\lambda^4\cdot EI} \\ -\frac{S_2}{4\lambda^3\cdot EI} \\ -\frac{S_3}{2\lambda^2} \\ -\frac{S_1}{2\lambda} \end{bmatrix} q_0 + \begin{bmatrix} \frac{2\lambda l - S_1}{8\lambda^5\cdot EI\cdot l} \\ \frac{1-S_4}{4\lambda^4\cdot EI\cdot l} \\ \frac{S_2}{4\lambda^3\cdot l} \\ -\frac{S_3}{2\lambda^2\cdot l} \end{bmatrix} q_1$$

(4)

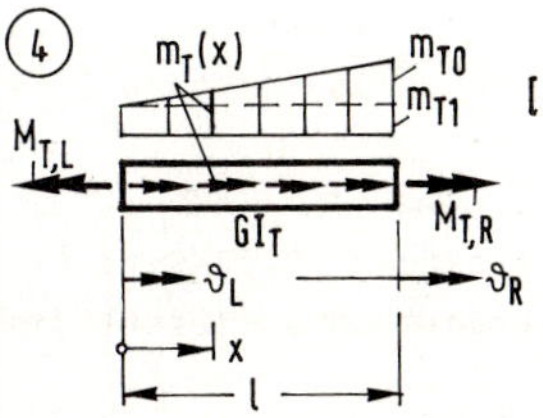

$$[z]_L = \begin{bmatrix} \vartheta_L \\ M_{TL} \end{bmatrix};\quad [z]_R = \begin{bmatrix} \vartheta_R \\ M_{TR} \end{bmatrix};$$

$$[z]_R = [F]\cdot[z]_L + [F]^q$$

(5)

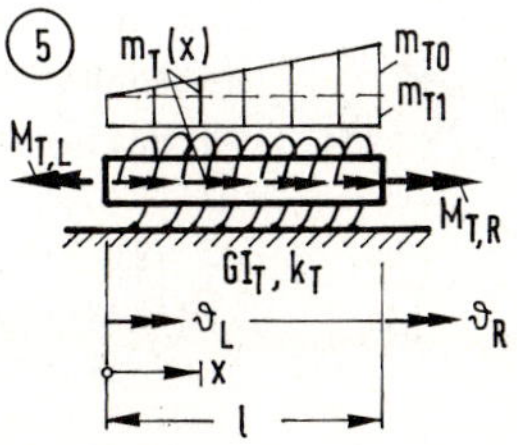

$$\lambda_T = \sqrt{\frac{k_T}{GI_T}}\quad \left[\frac{1}{m}\right]$$

$S_5 = \sinh\lambda_T l$

$S_6 = \cosh\lambda_T l$

(4)

$$[F] = \begin{bmatrix} 1 & \frac{l}{GI_T} \\ 0 & 1 \end{bmatrix};\quad [F]^q = \begin{bmatrix} -\frac{l^2}{2GI_T} \\ -l \end{bmatrix} m_{T0} + \begin{bmatrix} -\frac{l^2}{6GI_T} \\ -\frac{l}{2} \end{bmatrix} m_{T1}$$

(5)

$$[F] = \begin{bmatrix} S_6 & \frac{S_5}{GI_T\lambda_T} \\ GI_T\lambda_T S_5 & S_6 \end{bmatrix};\quad [F]^q = \begin{bmatrix} -\frac{S_6-1}{\lambda_T^2 GI_T} \\ -\frac{S_5}{\lambda_T} \end{bmatrix} m_{T0} + \begin{bmatrix} -\frac{S_5-\lambda_T l}{\lambda_T^3 GI_T\cdot l} \\ -\frac{S_6-1}{\lambda_T^2\cdot l} \end{bmatrix} m_{T1}$$

Die partikuläre Lösung folgt mit passenden Ansätzen und Koeffizientenvergleich. Das gilt auch, wenn m(x) in die Grundgleichung aufgenommen wird.

25.5.2.2.12 Übertragungsmatrix für den biegesteifen Stab auf elastischer Bettung

Für EI=konst., c=konst. und k=0, m=0 lautet die Grundgleichung des elastisch gebetteten Stabes (G.59):

$$\boxed{EIw'''' + cw = q(x)} \qquad (68)$$

Es wird von derselben Querbelastung wie in Bild 98 ausgegangen. Die Lösung vorstehender Differentialgleichung wird im Schrifttum ausführlich behandelt [153]. Die Gleichung wird zweckmäßig durch EI dividiert und der (dimensionsbehaftete) Parameter

$$\lambda = \sqrt[4]{\frac{c}{4EI}} \quad \longrightarrow \quad w'''' + 4\lambda^4 w = \frac{q(x)}{EI} \qquad (69)$$

eingeführt. (Der Kehrwert von λ wird auch als charakteristische Länge bezeichnet.) Ist die Bettungsziffer angegeben, ist sie mit der Breite des Balkens zu multiplizieren, um c zu erhalten. - Das Lösungssystem der Differentialgleichung lautet:

$$w = e^{\lambda x}(C_1\cos\lambda x + C_2\sin\lambda x) + e^{-\lambda x}(C_3\cos\lambda x + C_4\sin\lambda x) + \frac{1}{4EI\lambda^4}\left(q_0 + q_1\frac{x}{l}\right)$$

$$\varphi = w' = \lambda\left\{e^{\lambda x}[C_1(\cos\lambda x - \sin\lambda x) + C_2(\cos\lambda x + \sin\lambda x)] - e^{-\lambda x}[C_3(\cos\lambda x + \sin\lambda x) - C_4(\cos\lambda x - \sin\lambda x)]\right\} + \frac{1}{4EI\lambda^4}\frac{q_1}{l}$$

$$M + EI\alpha\frac{\Delta t}{h} = -EIw'' = +2EI\lambda^2[e^{\lambda x}(C_1\sin\lambda x - C_2\cos\lambda x) - e^{-\lambda x}(C_3\sin\lambda x - C_4\cos\lambda x)] \qquad (70)$$

$$Q = -EIw''' = +2EI\lambda^3\left\{[e^{\lambda x}[C_1(\cos\lambda x + \sin\lambda x) - C_2(\cos\lambda x - \sin\lambda x)] - e^{-\lambda x}[C_3(\cos\lambda x - \sin\lambda x) + C_4(\cos\lambda x + \sin\lambda x)]\right\}$$

Die Übertragungsmatrix ist auf Tafel 25.11 angegeben [154]. Die Matrix für den nicht elastisch gebetteten Stab folgt hieraus für λ=0 nach mehrmaliger Anwendung der Regel von de l'HOSPITAL.

25.5.2.3 Der gerade Stab unter Torsion (Primärtorsion)

25.5.2.3.1 Grundgleichung und Lösungssystem

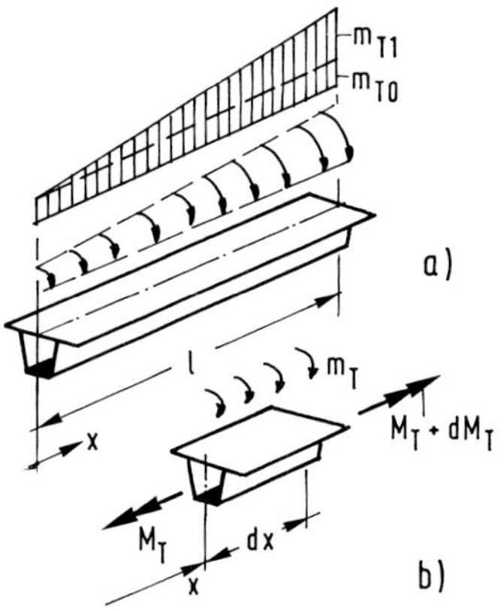

Bild 99

Zwischen der Verdrillung (Verwindung) ϑ' und dem Torsionsmoment M_T besteht die elastostatische Grundbeziehung (vgl. Abschnitt 27):

$$\vartheta' = \frac{M_T}{GI_T} \qquad (71)$$

G ist der Schubmodul und I_T das Torsionsträgheitsmoment. ϑ ist der Drillwinkel. Das Elastizitätsgesetz der Primärtorsion lautet:

$$GI_T\vartheta' = M_T \qquad (72)$$

Aus dem Stab wird ein infinitesimales Element dx herausgetrennt (Bild 99) und die Gleichgewichtsgleichung $\Sigma M_x=0$ formuliert:

$$M_T - (M_T + dM_T) - m_T dx = 0 \quad \longrightarrow \quad M_T' = -m_T \qquad (73)$$

m_T ist die äußere Drillmomentenbelastung. G.72 wird nach x differenziert und mit G.73 verknüpft. Das liefert die gesuchte Grundgleichung:

$$(GI_T\vartheta')' = M_T' \quad \longrightarrow \quad (GI_T\vartheta')' = -m_T \qquad (74)$$

Im Falle GI_T=konst. gilt:

$$\boxed{GI_T\vartheta'' = -m_T} \qquad (75)$$

Für den Belastungsansatz

$$m_T = m_{T0} + m_{T1}\frac{x}{l} \qquad (76)$$

lautet das Lösungssystem:

$$GI_T\vartheta = C_1 x + C_2 - m_{T1}\frac{x^2}{2} - m_{T2}\frac{x^3}{6l}$$

$$M_T = GI_T\vartheta' = C_1 \qquad - m_{T1}x - m_{T2}\frac{x^2}{2l} \qquad (77a,b)$$

Dieses Lösungssystem entspricht G.63, damit auch die Übertragungsmatrix (Tafel 25.11).

25.5.2.3.2 Erweiterung auf drehelastische Bettung

Ist der Stab kontinuierlich drehelastisch gebettet, wirkt bei positivem Drillwinkel ϑ das rückdrehende Moment

$$k_T\vartheta \qquad [k_T] = [\frac{kNm}{m}] \tag{78}$$

auf den Stab ein. k_T ist die Drehfederkonstante (Drillfederkonstante) je Längeneinheit. Das Moment wirkt dem äußeren Drehmoment m_T entgegen. Die Gleichgewichtsgleichung G.73 erfährt dadurch folgende Erweiterung:

$$M_T - (M_T + dM_T) - m_T dx + k_T\vartheta dx = 0 \longrightarrow M_T' = -m_T + k_T\vartheta \tag{79}$$

Grundgleichung: $$(GI_T\vartheta')' = M_T' = -m_T + k_T\vartheta \longrightarrow (GI_T\vartheta')' - k_T\vartheta = -m_T \tag{80}$$

Im Falle GI_T=konst. gilt: $$\boxed{GI_T\,\vartheta'' - k_T\vartheta = -m_T} \tag{81}$$

Es wird

$$\lambda_T = \sqrt{\frac{k_T}{GI_T}} \tag{82}$$

vereinbart; damit folgt:

$$\vartheta'' - \lambda_T^2\cdot\vartheta = -\frac{m_T}{GI_T} \tag{83}$$

Lösungssystem:

$$\vartheta = C_1\sinh\lambda_T x + C_2\cosh\lambda_T x + \frac{m_{T0}}{GI_T}\cdot\frac{1}{\lambda_T^2} + \frac{m_{T1}}{GI_T}\cdot\frac{x}{\lambda_T^2 l}$$
$$M_T = GI_T\vartheta' = C_1 GI_T\lambda_T\cosh\lambda_T x + C_2 GI_T\lambda_T\sinh\lambda_T x + \frac{m_{T1}}{\lambda_T^2 l} \tag{84a,b}$$

Die Übertragungsmatrix ist auf Tafel 25.11 angegeben.

25.5.2.4 Der im Grundriß kreisförmig gekrümmte Stab

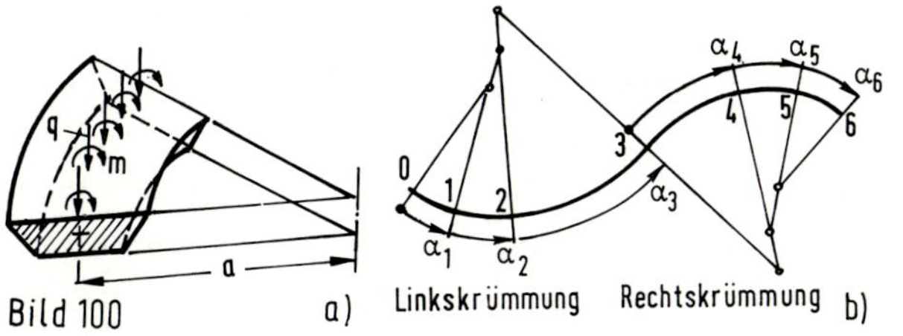

Bild 100

Im modernen Brückenbau werden häufig im Grundriß gekrümmte Brücken ausgeführt, Bild 100a. Dann liegt ein gekoppeltes Biege-Torsionsproblem vor. In solchen Fällen empfiehlt es sich, einen torsionssteifen Kastenquerschnitt auszuführen. Dann kann von der Theorie der Primärtorsion ausgegangen werden. Das wird im folgenden unterstellt. Eine veränderliche Krümmung läßt sich durch Kreissegmente approximieren (Bild 100b), dabei sind die Fälle "Linkskrümmung" und "Rechtskrümmung" zu unterscheiden.

25.5.2.4.1 Gekoppelte Formänderungsbeziehungen

In Bild 101 sind die Verformungs- und Schnittgrößen definiert. Die verschiebungselastische Bettung habe die Bettungskonstante c und die drehelastische die Bettungskonstante k_T. Der Radius sei a.

Erteilt man dem kräftefreien Stabelement der Länge $dx=a\cdot d\alpha$ eine Starrkörperdrehung, ergeben sich folgende kinematische Kopplungen des Biegedrehwinkels φ und Torsionsdrehwinkel ϑ (Drillwinkel), vgl. Bild 101d:

Bei alleiniger Drehung des linken Schnittufers um φ:

$$\varphi = (\varphi + d\varphi)\cos d\alpha + (\vartheta + d\vartheta)\sin d\alpha \longrightarrow d\varphi = -\vartheta\cdot d\alpha \tag{85}$$

Bei alleiniger Drehung des linken Schnittufers um ϑ:

$$\vartheta = -(\varphi + d\varphi)\sin d\alpha + (\vartheta + d\vartheta)\cos d\alpha \longrightarrow d\vartheta = +\varphi\cdot d\alpha \tag{86}$$

Da $d\alpha$ infinitesimal ist, kann gesetzt werden: $\cos d\alpha=1$, $\sin d\alpha=d\alpha$. - Einschließlich der elastischen lauten die Formänderungsbeziehungen:

$$d\varphi = -\frac{M}{EI}dx - \vartheta\, d\alpha, \quad d\vartheta = +\frac{M_T}{GI_T}dx + \varphi\, d\alpha \tag{87a,b}$$

Es wird durch dx dividiert:

$$\varphi' = -\frac{M}{EI} - \frac{\vartheta}{a}, \quad \vartheta' = \frac{M_T}{GI_T} + \frac{\varphi}{a} \tag{88a,b}$$

Da es sich um kleine Verformungen handelt, gilt:

$$w' = \varphi \tag{89}$$

Aus G.88a/b wird M und M_T freigestellt und G.89 beachtet. Das liefert das gesuchte gekoppelte Elastizitätsgesetz für die Bezugsunbekannten w und ϑ:

$$M = -EI\left(w'' + \frac{\vartheta}{a}\right); \quad M_T = GI_T\left(\vartheta' - \frac{w'}{a}\right) \tag{90a,b}$$

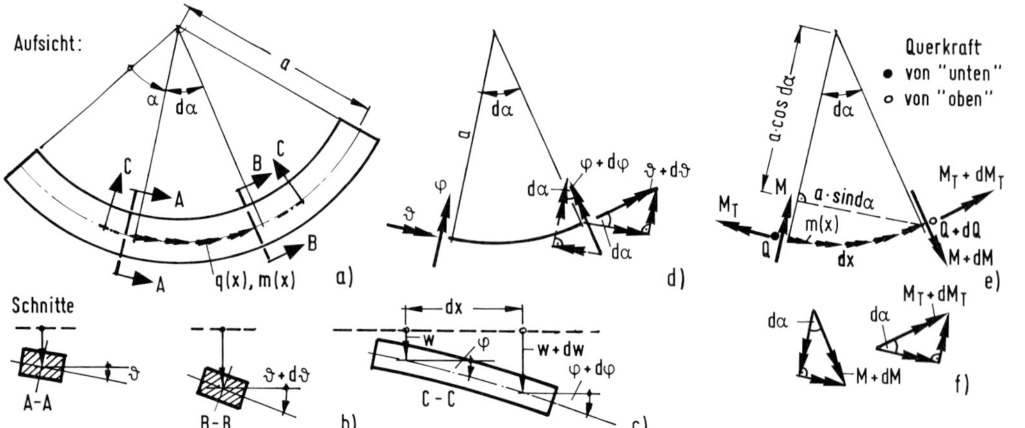

Bild 101

25.5.2.4.2 Gleichgewichtsgleichungen

Die Gleichgewichtsgleichungen können aus Bild 101e/f abgelesen werden:

$$\Sigma Q = 0: \; Q - (Q + dQ) + c\,w\,dx - q\,dx = 0 \;\longrightarrow\; Q' - cw + q = 0 \tag{91}$$

$$\Sigma M = 0: \; M - (M + dM)\cos d\alpha + (M_T + dM_T)\sin d\alpha + (Q + dQ)\,a\sin d\alpha = 0 \;\longrightarrow\; M' - \frac{M_T}{a} - Q = 0 \tag{92}$$

$$\Sigma M_T = 0: \; M_T - (M_T + dM_T)\cos d\alpha - (M + dM)\sin d\alpha + (Q + dQ)\,a(1 - \cos d\alpha) - m\,dx + k_T\vartheta\,dx = 0 \;\longrightarrow\; \frac{M}{a} + M_T' + m - k_T\vartheta = 0 \tag{93}$$

Die Bettungsreaktionen wirken der äußeren Belastungen q bzw. m entgegen. - G.92 wird nach x differenziert und mit G.91 verknüpft (a=konst):

$$M'' - \frac{M_T'}{a} + q - cw = 0 \tag{94}$$

25.5.2.4.3 Grundgleichung

In G.94 und G.93 werden die Elastizitätsgesetze (G.98a,b) eingeführt; das ergibt nach kurzer Zwischenrechnung ein gekoppeltes (simultanes) Differentialgleichungssystem für w und ϑ:

$$w^{\bullet\bullet\bullet\bullet} - \mu w^{\bullet\bullet} + \gamma w + (1 + \mu)\bar{\vartheta}^{\bullet\bullet} = \frac{q}{EI}a^4 \tag{95}$$

$$(1 + \mu)w^{\bullet\bullet} - \mu\bar{\vartheta}^{\bullet\bullet} + (1 + \varkappa)\bar{\vartheta} = \frac{m}{EI}a^3 \tag{96}$$

Hierin bedeuten:

$$(\;)^{\bullet} = \frac{d(\;)}{d\alpha}; \quad \mu = \frac{GI_T}{EI}, \quad \gamma = \frac{ca^4}{EI}, \quad \varkappa = \frac{k_T a^2}{EI}, \quad \bar{\varphi} = a\varphi, \quad \bar{\vartheta} = a\vartheta \tag{97}$$

G.95 und G.96 lassen sich ineinander überführen; das liefert eine Differentialgleichung 6. Ordnung für w:

$$w^{\bullet\bullet\bullet\bullet\bullet\bullet} + \frac{(2\mu - \varkappa)}{\mu}w^{\bullet\bullet\bullet\bullet} + (1 + \gamma + \varkappa)w^{\bullet\bullet} - \frac{\gamma(1+\varkappa)}{\mu}w = \frac{q^{\bullet\bullet}a^4}{EI} - \frac{1+\varkappa}{\mu}\cdot\frac{qa^4}{EI} + \frac{1+\mu}{\mu}\cdot\frac{m^{\bullet\bullet}a^3}{EI} \tag{98}$$

Ist w=w(x) bekannt, folgen die anderen Verformungs- und Schnittgrößen hieraus zu:

$$\bar{\varphi} = w^{\bullet}$$

$$\bar{\vartheta} = -\frac{\mu}{(1+\mu)(1+\varkappa)}w^{\bullet\bullet\bullet\bullet} - \frac{1+2\mu}{(1+\mu)(1+\varkappa)}w^{\bullet\bullet} - \frac{\mu\gamma}{(1+\mu)(1+\varkappa)}w + \frac{\mu}{(1+\mu)(1+\varkappa)}\cdot\frac{qa^4}{EI} + \frac{ma^3}{(1+\mu)(1+\varkappa)EI} \tag{99a,b}$$

$$M = -\frac{EI}{a^2}(w^{\bullet\bullet} + \bar{\vartheta}); \quad M_T = \frac{GI_T}{a^2}(\bar{\vartheta}^{\bullet} - w^{\bullet}); \quad Q = -\frac{EI}{a^3}\left[w^{\bullet\bullet\bullet} - \mu w^{\bullet} + (1+\mu)\cdot\bar{\vartheta}^{\bullet}\right]$$

Auf eine Lösung der Grundgleichung G.98 wird hier verzichtet, weil ihr keine brückenstatische Bedeutung zukommt; hierzu wird auf [155] verwiesen. - Im folgenden wird das bet-

Verfahren der Übertragungsmatrizen für Stabwerke (2)

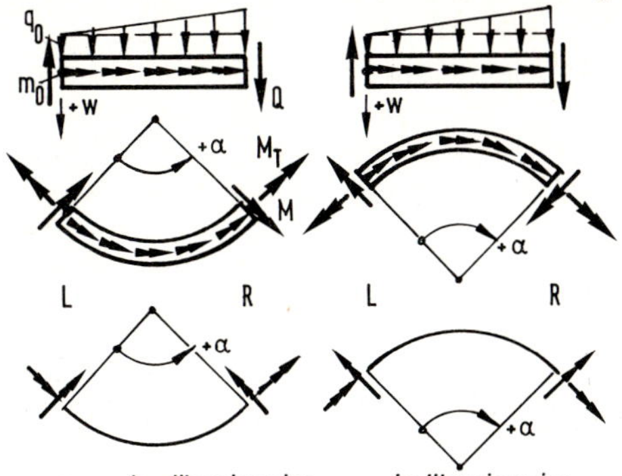

gegen den Uhrzeigersinn im Uhrzeigersinn

$$[z]_L = \begin{bmatrix} w_L \\ \varphi_L \\ \vartheta_L \\ M_L \\ Q_L \\ M_{TL} \end{bmatrix}; \quad [z]_R = \begin{bmatrix} w_R \\ \varphi_R \\ \vartheta_R \\ M_R \\ Q_R \\ M_{TR} \end{bmatrix}; \quad [z]_R = [F][z]_L + [F]^q$$

Der Belastungsvektor besteht aus vier Teilvektoren:

$$[F]^q = [F]_1^q \cdot q_0 + [F]_2^q \cdot \bar{q} + [F]_3^q \cdot m_0 + [F]_4^q \cdot \bar{m}$$

$\bar{q}$ und $\bar{m}$ sind die Steigungskoeffizienten der Lastfunktionen : $q = q_0 + \bar{q} \cdot \alpha$, $m = m_0 + \bar{m} \cdot \alpha$

$$[F] = \begin{bmatrix} f_{11} & f_{12} & f_{13} & f_{14} & f_{15} & f_{16} \\ f_{21} & f_{22} & f_{23} & f_{24} & f_{25} & f_{26} \\ f_{31} & f_{32} & f_{33} & f_{34} & f_{35} & f_{36} \\ f_{41} & f_{42} & f_{43} & f_{44} & f_{45} & f_{46} \\ f_{51} & f_{52} & f_{53} & f_{54} & f_{55} & f_{56} \\ f_{61} & f_{62} & f_{63} & f_{64} & f_{65} & f_{66} \end{bmatrix}, \quad [F]_1^q = \begin{bmatrix} f_{1,1} \\ f_{2,1} \\ f_{3,1} \\ f_{4,1} \\ f_{5,1} \\ f_{6,1} \end{bmatrix}; \quad [F]_2^q = \begin{bmatrix} f_{1,2} \\ f_{2,2} \\ f_{3,2} \\ f_{4,2} \\ f_{5,2} \\ f_{6,2} \end{bmatrix}, \quad [F]_3^q = \begin{bmatrix} f_{1,3} \\ f_{2,3} \\ f_{3,3} \\ f_{4,3} \\ f_{5,3} \\ f_{6,3} \end{bmatrix}, \quad [F]_4^q = \begin{bmatrix} f_{1,4} \\ f_{2,4} \\ f_{3,4} \\ f_{4,4} \\ f_{5,4} \\ f_{6,4} \end{bmatrix}$$

Anmerkung:
Ist nur ein Vorzeichen vor den Elementen angegeben, gilt dieses für beide Umfahrungsrichtungen, anderenfalls gilt das obere Vorzeichen für ein Fortschreiten gegen den Uhrzeigersinn und das untere für ein Fortschreiten im Uhrzeigersinn

$f_{11} = f_{55} = +1$; $f_{21} = f_{31} = f_{41} = f_{51} = f_{61} = f_{42} = f_{52} = f_{62} = f_{43} = f_{53} = f_{63} = f_{54} = f_{56} = 0$;

$f_{12} = f_{45} = + a \cdot \sin\alpha$; $f_{22} = f_{33} = f_{44} = f_{66} = + \cos\alpha$; $f_{32} = f_{46} = \pm \sin\alpha$; $f_{13} = f_{65} = \mp a(1 - \cos\alpha)$;

$f_{23} = f_{64} = \mp \sin\alpha$; $f_{14} = f_{25} = + \frac{a^2}{2\mu EI} \cdot \left[2(1-\cos\alpha) - (1+\mu) \cdot \alpha \sin\alpha\right]$; $f_{24} = + \frac{a}{2\mu EI} \cdot \left[(1-\mu)\sin\alpha - (1+\mu)\alpha\cos\alpha\right]$;

$f_{34} = f_{26} = \mp \frac{1+\mu}{2\mu EI} \cdot a\alpha\sin\alpha$; $f_{15} = + \frac{a^3}{2\mu EI} \cdot \left[2\alpha - (3+\mu)\sin\alpha + (1+\mu)\alpha\cos\alpha\right]$; $f_{35} = f_{16} = \mp \frac{1+\mu}{2\mu EI} \cdot a^2(\sin\alpha - \alpha\cos\alpha)$;

$f_{36} = + \frac{a}{2\mu EI}\left[(1-\mu)\sin\alpha + (1+\mu)\alpha\cos\alpha\right]$;

$f_{1,1} = + \frac{a^4}{2\mu EI} \cdot \left[2(2+\mu)(1-\cos\alpha) - (1+\mu)\alpha\sin\alpha - \alpha^2\right]$;

$f_{2,1} = + \frac{a^3}{2\mu EI} \cdot \left[(3+\mu)\sin\alpha - (1+\mu)\alpha\cos\alpha - 2\alpha\right]$;

$f_{3,1} = \pm \frac{1+\mu}{2\mu EI} \cdot a^3\left[2(1-\cos\alpha) - \alpha\sin\alpha\right]$;

$f_{4,1} = - a^2 \cdot (1-\cos\alpha)$;

$f_{5,1} = - a\alpha$;

$f_{6,1} = \pm a^2 \cdot (\alpha - \sin\alpha)$;

$f_{1,3} = \pm \frac{1+\mu}{2\mu EI} \cdot a^3\left[2(1-\cos\alpha) - \alpha\sin\alpha\right]$;

$f_{2,3} = \pm \frac{1+\mu}{2\mu EI} \cdot a^2(\sin\alpha - \alpha\cos\alpha)$;

$f_{3,3} = + \frac{a^2}{2\mu EI}\left[2\mu(1-\cos\alpha) - (1+\mu)\alpha\sin\alpha\right]$;

$f_{4,3} = \mp a \cdot (1-\cos\alpha)$;

$f_{5,3} = 0$;

$f_{6,3} = - a\sin\alpha$;

$f_{1,2} = + \frac{a^4}{2\mu EI}\left[2(2+\mu)\alpha - (5+3\mu)\sin\alpha + (1+\mu)\alpha\cos\alpha - \alpha^3/3\right]$;

$f_{2,2} = + \frac{a^3}{2\mu EI}\left[2(2+\mu)(1-\cos\alpha) - (1+\mu)\alpha\sin\alpha - \alpha^2\right]$;

$f_{3,2} = \pm \frac{1+\mu}{2\mu EI} \cdot a^3 \cdot (2\alpha - 3\sin\alpha + \alpha\cos\alpha)$;

$f_{4,2} = - a^2(\alpha - \sin\alpha)$;

$f_{5,2} = - a \cdot \alpha^2/2$;

$f_{6,2} = \pm a^2 \cdot \left[\alpha^2 - 2(1-\cos\alpha)\right]/2$;

$f_{1,4} = \pm \frac{1+\mu}{2\mu EI} \cdot a^3\left[2\alpha - 3\sin\alpha + \alpha\cos\alpha\right]$;

$f_{2,4} = \pm \frac{1+\mu}{2\mu EI} \cdot a^2\left[2(1-\cos\alpha) - \alpha\sin\alpha\right]$;

$f_{3,4} = + \frac{a^2}{2\mu EI} \cdot \left[2\mu\alpha - (1+3\mu)\sin\alpha + (1+\mu)\alpha\cos\alpha\right]$;

$f_{4,4} = \mp (\alpha - \sin\alpha)$;

$f_{5,4} = 0$;

$f_{6,4} = - a(1-\cos\alpha)$.

tungsfreie Problem weiter behandelt [156,157]. Die Grundgleichung hierfür lautet ($\gamma=0$, $\varkappa=0$):

$$w^{\bullet\bullet\bullet\bullet\bullet\bullet} + 2w^{\bullet\bullet\bullet\bullet} + w^{\bullet\bullet} = \frac{q^{\bullet\bullet}a^4}{EI} - \frac{1}{\mu}\frac{qa^4}{EI} + \frac{1+\mu}{\mu}\frac{m^{\bullet\bullet}a^3}{EI} \qquad (100)$$

Die Beziehungen für $\bar{\varphi}$, M, M_T und Q können von G.99 übernommen werden. $\bar{\vartheta}$ folgt in Abhängigkeit von w zu:

$$\bar{\vartheta} = -\frac{\mu}{1+\mu}w^{\bullet\bullet\bullet\bullet} - \frac{1+2\mu}{1+\mu}w^{\bullet\bullet} + \frac{\mu}{1+\mu}\frac{qa^4}{EI} + \frac{ma^3}{(1+\mu)EI} \qquad (101)$$

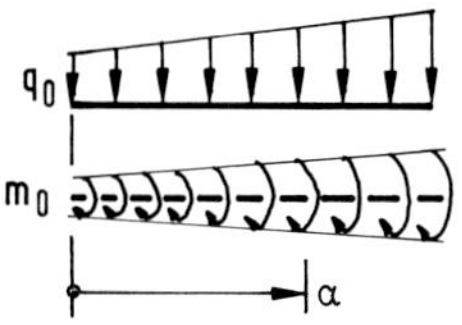

Bild 102

Für q und m werden geradlinige Verläufe angesetzt, vgl. Bild 102:

$$q = q_0 + \bar{q}\alpha\,;\; m = m_0 + \bar{m}\alpha \qquad (102a/b)$$

$\bar{q}$ und $\bar{m}$ sind die Steigungskoeffizienten; sie können, wie die Anfangswerte, stabelementweise verschieden sein. Mit vorstehendem Lastansatz lautet die Lösung der Grundgleichung:

$$w = C_1 + C_2\alpha + C_3\cos\alpha + C_4\sin\alpha + C_5\alpha\cos\alpha + C_6\alpha\sin\alpha - \left(\frac{q_0\alpha^2}{2} + \frac{\bar{q}\alpha^3}{3}\right)\cdot\frac{a^4}{\mu EI} \qquad (103)$$

Indem $\bar{\varphi}$, $\bar{\vartheta}$, M, M_T und Q in Abhängigkeit von w dargestellt werden (G.99 bzw. G.101), erhält man das vollständige Lösungssystem und damit auch die Übertragungsmatrix. Diese Rechnungen sind langwierig; vgl. [157]. Die Übertragungsmatrix ist auf Tafel 26.12 angegeben.

25.5.2.5 Hinweise zur Ableitung der Übertragungsmatrizen und zur Berechnungsmethodik

Voraussetzung für die Herleitung der Übertragungsmatrix ist die Kenntnis der das Problem beherrschenden Differentialgleichung (Grundgleichung) und deren Lösungssystems (s.o.).

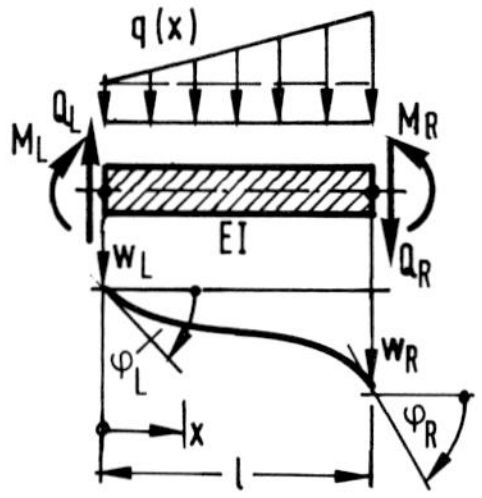

Bild 103

Am Beispiel des in Bild 103 skizzierten Stabelementes wird das Vorgehen erläutert. Das Bild zeigt die Randgrößen des linken (L) und rechten (R) Schnittufers, die im folgenden zu Vektoren zusammengefaßt werden:

$$[z]_L = \begin{bmatrix} w_L \\ \varphi_L \\ M_L \\ Q_L \end{bmatrix}, \qquad [z]_R = \begin{bmatrix} w_R \\ \varphi_R \\ M_R \\ Q_R \end{bmatrix} \qquad (104)$$

Mittels der Übertragungsmatrix wird der Zustandsvektor des rechten Schnittufers in Abhängigkeit vom Zustandsvektor des linken Schnittufers dargestellt:

$$[z]_R = [F]\cdot[z]_L + [F]^q \qquad (105)$$

[F] ist die homogene und $[F]^q$ die partikuläre Feldmatrix; letztere erfaßt die Belastung. Die Feldmatrix gewinnt man dadurch, daß an der Stelle x=0, also am linken Rand, die Randbedingungen

$$w(0) = w_L\,,\quad \varphi(0) = \varphi_L\,,\quad M(0) = M_L \;\text{ und }\; Q(0) = Q_L \qquad (106)$$

vorgegeben und durch das Lösungssystem ausformuliert werden. Das ergibt ein Gleichungssystem für die vier Freiwerte C_1 bis C_4. Nach Lösung werden die Freiwerte in das Lösungssystem wieder eingesetzt und die Randgrößen an der Stelle x=l, also am rechten Rand, bestimmt:

$$w_R = w(l),\; \varphi_R = \varphi(l),\; M_R = M(l) \;\text{ und }\; Q_R = Q(l) \qquad (107)$$

Nach gehöriger Ordnung erhält man die gesuchte Matrix. Die Herleitung der Übertragungsmatrix fällt bei komplizierten Problemen langwierig aus; sie braucht aber nur einmal bewerkstelligt zu werden. Für die Durchführung des Verfahrens selbst interessiert die Herleitung nicht.

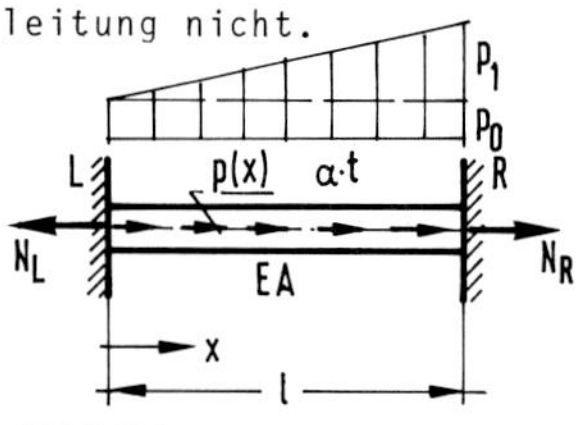

Bild 104

1. Beispiel: Herleitung der Übertragungsmatrix für den zug- und drucksteifen Stab unter Längsbelastung und Temperaturerhöhung (Bild 104).

Ausgehend vom Lösungssystem G.63 werden die Randbedingungen am linken Rand formuliert und die Freiwerte bestimmt:

$$\begin{aligned} x = 0:\quad & u(0) = u_L = C_2/EA \longrightarrow C_2 = EA\cdot u_L \\ & N(0) + EA\,\alpha\cdot t = N_L + EA\alpha\cdot t = C_1 \longrightarrow C_1 = N_L + EA\,\alpha\cdot t \end{aligned} \qquad (108)$$

Nach Einsetzen der Freiwerte in das Lösungssystem werden die Randgrößen u_R und N_R (für den rechten Rand, x=1) bestimmt:

$$x=l:\; u_R = u(l) = \frac{C_1 l}{EA} + \frac{C_2 l}{EA} - \frac{p_0 l^2}{2EA} - \frac{p_1 l^2}{6EA} \longrightarrow u_R = u_L + \frac{N_L l}{EA} + \alpha t l - \frac{p_0 l^2}{2EA} - \frac{p_1 l^2}{6EA} \qquad (109)$$

$$N_R + EA\alpha t = N(l) + EA\alpha t = C_1 - p_0 l - p_1 l \longrightarrow N_R = N_L - p_0 l - p_1 l$$

Darstellung in Matrizenform (vgl. auch Tafel 25.11):

$$\begin{bmatrix} u_R \\ N_R \end{bmatrix} = \begin{bmatrix} 1 & \frac{l}{EA} \\ 0 & 1 \end{bmatrix} \begin{bmatrix} u_L \\ N_L \end{bmatrix} + \begin{bmatrix} -\frac{l^2}{2EA} \\ -l \end{bmatrix} p_0 + \begin{bmatrix} -\frac{l^2}{6EA} \\ -\frac{l}{2} \end{bmatrix} p_1 + \begin{bmatrix} l \\ 0 \end{bmatrix} \alpha \cdot t \qquad (110)$$

Mit Hilfe dieser Lösung soll ein Beispiel behandelt werden: Gesucht sei der Zustand in einem beidseitig starr eingespannten Stab. In diesem Falle lautet die Anfangsbedingung am linken Schnittufer: $u_L=0$ und demgemäß der Anfangsvektor:

$$[z]_L = \begin{bmatrix} 0 \\ N_L \end{bmatrix} \qquad (111)$$

N_L ist unbekannt. Der Vektor wird mit der Feldmatrix multipliziert; für den rechten Rand ergibt sich:

$$\begin{bmatrix} u_R \\ N_R \end{bmatrix} = \begin{bmatrix} 1 & \frac{l}{EA} \\ 0 & 1 \end{bmatrix} \begin{bmatrix} 0 \\ N_L \end{bmatrix} = \begin{bmatrix} \frac{N_L l}{EA} \\ N_L \end{bmatrix} + \begin{bmatrix} -\frac{l^2}{2EA} \\ -l \end{bmatrix} p_0 + \begin{bmatrix} -\frac{l^2}{6EA} \\ -\frac{l}{2} \end{bmatrix} p_1 + \begin{bmatrix} l \\ 0 \end{bmatrix} \alpha t \qquad (112)$$

Am rechten Rand ist u_R ebenfalls Null. Diese Bedingung wird formuliert:

$$u_R = 0:\; \left[\frac{N_L l}{EA}\right] + \left[-\frac{l^2}{2EA}\right] p_0 + \left[-\frac{l^2}{6EA}\right] p_1 + \left[\,l\,\right] \alpha t = 0 \qquad (113)$$

Hieraus folgt der unbekannte Anfangswert N_L zu:

$$N_L = \frac{p_0 l}{2} + \frac{p_1 l}{6} - EA \cdot \alpha t \qquad (114)$$

Nunmehr kann N_L in den Anfangsvektor eingesetzt und die Matrizenmultiplikation wiederholt werden, das liefert den Zustandsvektor am rechten Rand; hier N_R:

$$N_R = -\frac{p_0 l}{2} - \frac{p_1 l}{3} - EA \cdot \alpha t \qquad (115)$$

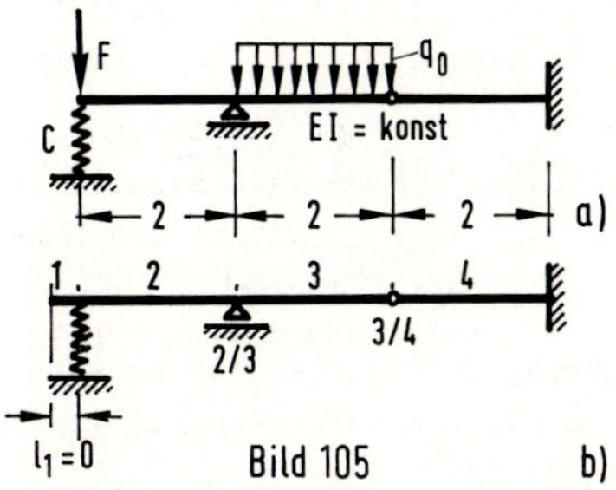

Bild 105

2. Beispiel: Berechnung eines Durchlaufträgers mit Zwischenbedingungen (Bild 105a).
(Um die prinzipielle Vorgehensweise des Übertragungsverfahrens möglichst einfach zeigen zu können, sind die System- und Belastungswerte im Beispiel so gewählt, daß sich die Zahlenrechnungen in einfacher Weise nachvollziehen lassen; sie haben keine reale Bedeutung.)

$$l = 2{,}0\,\text{m},\; EI = 1\,\text{kNm}^2,\; C = \frac{3}{8}\,\text{kN/m};\; F = 1\,\text{kN},\; q_0 = 1\,\text{kN/m}$$

Die Feldmatrizen der Felder 2 bis 4 haben denselben Aufbau, sie lauten (einschließlich Belastungsvektor des dritten Feldes (vgl. Tafel 25.11):

$$\begin{bmatrix} 1 & 2 & -2 & -\frac{4}{3} \\ 0 & 1 & -2 & -2 \\ 0 & 0 & 1 & 2 \\ 0 & 0 & 0 & 1 \end{bmatrix} \qquad \begin{bmatrix} \frac{2}{3} \\ \frac{4}{3} \\ -2 \\ -2 \end{bmatrix} \cdot 1$$

Am linken Trägerende wird eine Nullänge vorgeschaltet (Bild 105b). Der Anfangsvektor am linken Rand (hier ist $M_{1L}=0$ und $Q_{1L}=0$) wird wie folgt gesplittet und erweitert:

$$[z]_{1L} = \begin{bmatrix} w_{1L} \\ \varphi_{1L} \\ 0 \\ 0 \end{bmatrix} = \begin{bmatrix} w_{1L} \\ \varphi_{1L} \\ 0 \\ 0 \\ 1 \end{bmatrix} = \begin{bmatrix} 1 \\ 0 \\ 0 \\ 0 \\ 0 \end{bmatrix} w_{1L} + \begin{bmatrix} 0 \\ 1 \\ 0 \\ 0 \\ 0 \end{bmatrix} \varphi_{1L} + \begin{bmatrix} 0 \\ 0 \\ 0 \\ 0 \\ 1 \end{bmatrix}$$

Die Multiplikation mit der Einheitsmatrix (für das erste Feld mit der Länge Null) liefert für den rechten Rand des ersten Feldes das identische Ergebnis:

$$[z]_{1R} = [z]_{1L}$$

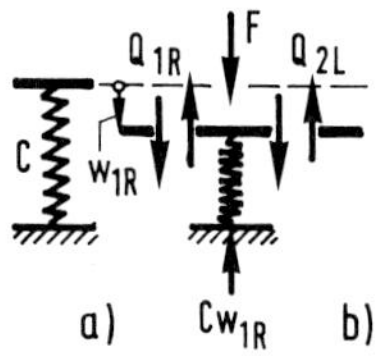

Bild 106

An der Übergangsstelle 1/2 (von Feld 1 zu Feld 2) unterscheiden sich die beidseitigen Querkräfte um die Federkraft und die äußere Einzellast (Bild 106):

$$Q_{2L} - Q_{1R} - C \cdot w_{1R} + F = 0 \longrightarrow Q_{2L} = Q_{1R} + C \cdot w_{1R} - F$$

Somit lauten die Übergangsbedingungen:

$$w_{2L} = w_{1R}$$
$$\varphi_{2L} = \varphi_{1R}$$
$$M_{2L} = M_{1R}$$
$$Q_{2L} = Q_{1R} + C\,w_{1R} - F = Q_{1R} + \frac{3}{8} w_{1R} - 1$$

Feld 2

$[z]_{2L} =$

w_{1L}	φ_{1L}	1
1	0	0
0	1	0
0	0	0
$\frac{3}{8}$	0	-1
0	0	1

1	2	-2	$-\frac{4}{3}$	0	$\frac{1}{2}$	2	$\frac{4}{3}$	=0
0	1	-2	-2	0	$-\frac{3}{4}$	1	2	
0	0	1	2	0	$\frac{3}{4}$	0	-2	
0	0	0	1	0	$\frac{3}{8}$	0	-1	
0	0	0	0	1	0	0	1	

a)

$\frac{7}{6}$	0	0	$\frac{7}{6}$	L
0	$-\frac{23}{24}$	0	$-\frac{23}{24}$	
0	0	0	0	
$\frac{7}{16}$	0	-1	$-\frac{9}{16}$	
-	-	-	-	
$\frac{7}{12}$	$-\frac{23}{12}$	$\frac{4}{3}$	0	R
$-\frac{7}{8}$	$-\frac{23}{4}$	2	$\frac{1}{6}$	
$\frac{7}{8}$	0	-2	$-\frac{9}{8}$	
$\frac{7}{16}$	0	-1	$-\frac{9}{16}$	
-	-	-	-	

b)

Bild 107

Die Feldmatrix des zweiten Feldes wird um eine fünfte Zeile erweitert und der Belastungsvektor als fünfte Spalte (hier Nullvektor) eingefügt. Der Zustandsvektor des linken Randes wird entsprechend der zuvor abgeleiteten Übergangsbedingungen aufgebaut und mit der Übertragungsmatrix des zweiten Feldes multipliziert; Bild 107a zeigt das Ergebnis. An der Übergangsstelle 2/3 liegt ein starres Lager; die Verschiebung ist hier Null. Aus dieser Bedingung wird φ_{1L} bestimmt:

$$\frac{1}{2} w_{1L} + 2\varphi_{1L} + \frac{4}{3} = 0 \longrightarrow$$

$$\boxed{\varphi_{1L} = -\frac{w_{1L}}{4} - \frac{2}{3}}$$

φ_{1L} wird als Unbekannte abgelöst und dafür der Querkraftsprung am Auflager als neue Unbekannte eingeführt: ΔQ_{23}. Damit lautet der neue Vektor, rechts von der Sprungstelle 2/3 (= Anfangsvektor für das Feld 3):

$$w_{3L} = \frac{1}{2} w_{1L} - \frac{1}{2} w_{1L} - \frac{4}{3} + \frac{4}{3} = 0$$

$$\varphi_{3L} = -\frac{3}{4} w_{1L} - \frac{1}{4} w_{1L} - \frac{2}{3} + 2 = -w_{1L} + \frac{4}{3}$$

Feld 3

$[z]_{3L} =$

w_{1L}	ΔQ_{23}	1
0	0	0
-1	0	$\frac{4}{3}$
$\frac{3}{4}$	0	-2
$\frac{3}{8}$	1	-1
0	0	1

1	2	-2	$-\frac{4}{3}$	$\frac{2}{3}$	-4	$-\frac{4}{3}$	$\frac{26}{3}$	
0	1	-2	-2	$\frac{4}{3}$	$-\frac{13}{4}$	-2	$\frac{26}{3}$	
0	0	1	2	-2	$\frac{3}{2}$	2	-6	=0
0	0	0	1	-2	$\frac{3}{8}$	1	-3	
0	0	0	0	1	0	0	+1	

a)

L	0	0	0	0
	$-\frac{7}{6}$	0	$\frac{4}{3}$	$\frac{1}{6}$
	$+\frac{7}{8}$	0	-2	$-\frac{9}{8}$
	$\frac{7}{16}$	$\frac{17}{8}$	-1	$\frac{25}{16}$
	-	-	-	-
R	$-\frac{14}{3}$	$-\frac{17}{6}$	$\frac{26}{3}$	$-\frac{7}{6}$
	$-\frac{91}{24}$	$-\frac{17}{4}$	$\frac{26}{3}$	$\frac{5}{8}$
	$\frac{7}{4}$	$\frac{17}{4}$	-6	0
	$\frac{7}{16}$	$\frac{17}{8}$	-3	$-\frac{7}{16}$
	-	-	-	-

b)

Bild 108

$$M_{3L} = \frac{3}{4} w_{1L} - 2$$

$$Q_{3L} = \frac{3}{8} w_{1L} - 1 \; (+ \Delta Q_{23})$$

Bild 108a zeigt die Matrizenmultiplikation über das dritte Feld hinweg. Das liefert den Vektor am rechten Rand des Feldes 3. An der Stelle 3/4 ist das Moment Null, da hier ein Gelenk liegt. Als neue Sprunggröße wird der Sprung des Biegewinkels eingeführt; ΔQ_{23} wird abgelöst:

$$\frac{3}{2} w_{1L} + 2 \cdot \Delta Q_{23} - 6 = 0 \longrightarrow$$

$$\boxed{\Delta Q_{23} = -\frac{3}{4} w_{1L} + 3}$$

Damit lauten die Zustandsgrößen $[z]_{4L}$:

$$w_{4L} = -4 w_{1L} + w_{1L} - 4 + \frac{26}{3} = -3 w_{1L} + \frac{14}{3}$$

$$\varphi_{4L} = -\frac{13}{4} w_{1L} + \frac{6}{4} w_{1L} - 6 + \frac{26}{3} = -\frac{7}{4} w_{1L} + \frac{8}{3} \; (+\Delta\varphi_{34})$$

$$M_{4L} = \frac{3}{2} w_{1L} - \frac{6}{4} w_{1L} + 6 - 6 = 0$$

$$Q_{4L} = \frac{3}{8} w_{1L} - \frac{3}{4} w_{1L} + 3 - 3 = -\frac{3}{8} w_{1L}$$

Feld 4

$[z]_{4L} =$

w_{1L}	$\Delta\varphi_{34}$	1
-3	0	$\frac{14}{3}$
$-\frac{7}{4}$	1	$\frac{8}{3}$
0	0	0
$-\frac{3}{8}$	0	0
0	0	1

1	2	-2	$-\frac{4}{3}$	0	-6	2	10	=0
0	1	-2	-2	0	-1	1	$\frac{8}{3}$	=0
0	0	1	2	0	$-\frac{3}{4}$	0	0	
0	0	0	1	0	$-\frac{3}{8}$	0	0	
0	0	0	0	1	0	0	1	

a)

L	$-\frac{7}{2}$	0	$\frac{14}{3}$	$-\frac{7}{6}$
	$-\frac{49}{24}$	$-\frac{3}{2}$	$\frac{8}{3}$	$-\frac{7}{8}$
	0	0	0	0
	$-\frac{7}{16}$	0	0	$-\frac{7}{16}$
	-	-	-	-
R	-7	-3	10	0
	$-\frac{7}{6}$	$-\frac{3}{2}$	$\frac{8}{3}$	0
	$-\frac{7}{8}$	0	0	$-\frac{7}{8}$
	$-\frac{7}{16}$	0	0	$-\frac{7}{16}$
	-	-	-	-

b)

Bild 109

Das Ergebnis der Matrizenmultiplikation des Feldes 4 zeigt Bild 109a. Am rechten Ende des Trägers (4R) sind Durchbiegung und Drehwinkel Null. Aus dieser Doppelbedingung werden die beiden Unbekannten w_{1L} und $\Delta\varphi_{34}$ berechnet:

$$\left.\begin{aligned} -6 w_{1L} + 2 \cdot \Delta\varphi_{34} + 10 &= 0 \\ -w_{1L} + \Delta\varphi_{34} + \frac{8}{3} &= 0 \end{aligned}\right\} \quad \underline{w_{1L} = \frac{7}{6}; \; \Delta\varphi_{34} = -\frac{3}{2}}$$

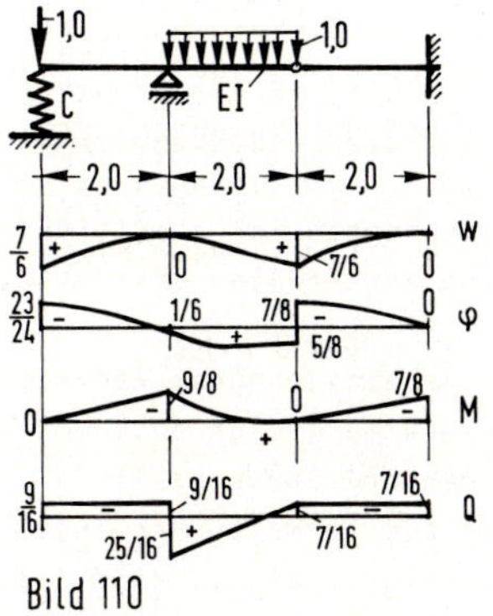

Bild 110

Damit lassen sich auch die beiden zuvor abgelösten Unbekannten bestimmen:

$$\varphi_{1L} = -\frac{23}{24}, \; \Delta Q_{23} = \frac{17}{8}$$

Nunmehr werden die Größen w_{1L}, φ_{1L}, ΔQ_{23} und $\Delta\varphi_{34}$ in die Spaltenvektoren eingesetzt und jeweils die Quersumme gebildet. Im rechtsseitigen Teil der Bilder 107, 108 und 109 ist das Ergebnis eingetragen. Damit ist die Rechnung abgeschlossen; in Bild 110 ist das Ergebnis zusammengefaßt, vgl. auch [158,159].

3. Beispiel: Im Grundriß kreisförmig gekrümmter Träger. An diesem Trägertyp soll die prinzipielle Vorgehensweise nochmals erläutert werden; die Übertragungsmatrix ist auf Tafel 25.12 angeschrieben.

In Bild 111 sind alle möglichen Randbedingungen, die bei diesem Trägertpy auftreten können, zusammengestellt und zwar am Beispiel des "linken" Randes, von dem aus die

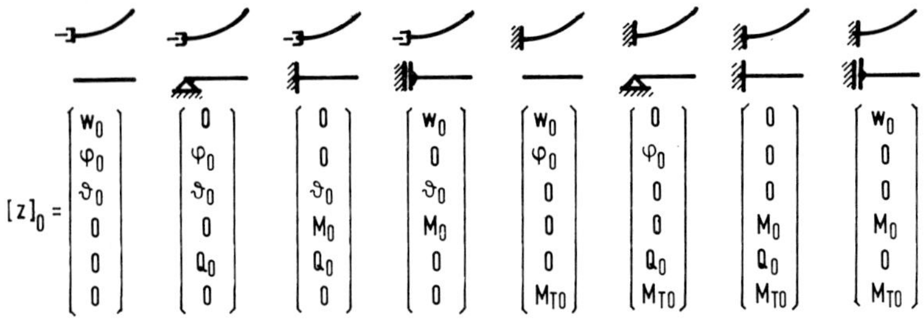

Bild 111

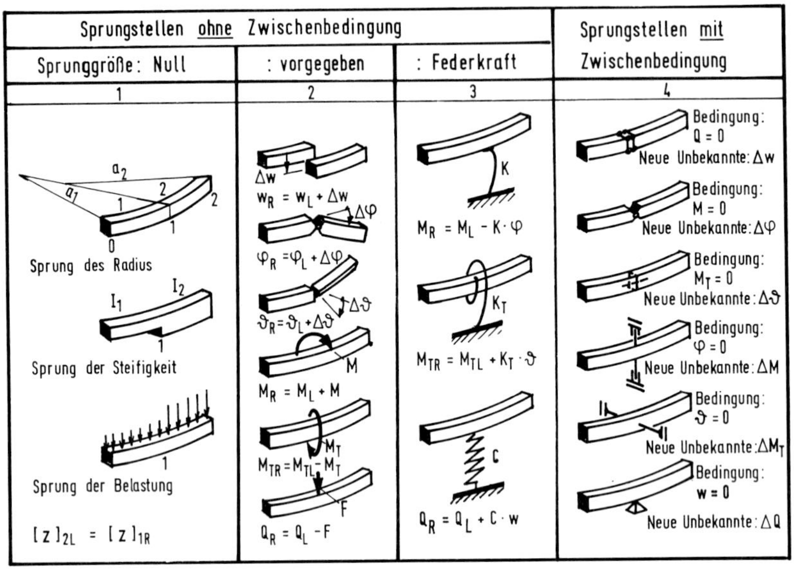

Bild 112

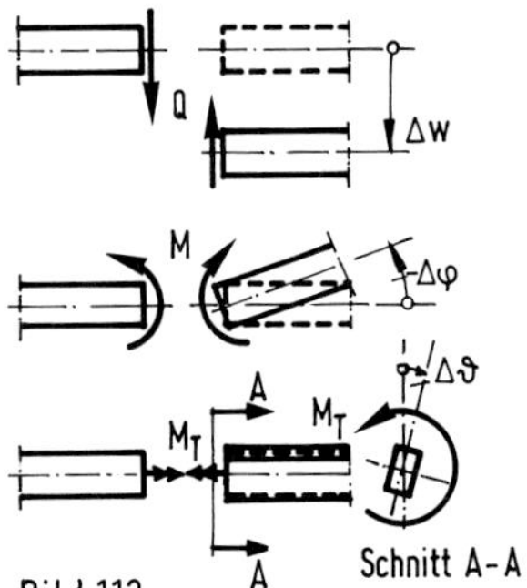

Bild 113

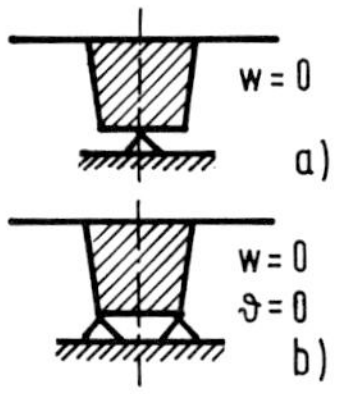

a: Einpunktlager
b: Zweipunktlager

Bild 114

Übertragung beginnt. Der jeweilige Anfangsvektor ist darunter angeschrieben, hier mit dem Index 0 belegt. Für jede Randlagerung sind immer genau drei Größen Null und drei Größen von Null verschieden; letztere können sich frei einstellen. Wie im vorangegangenen Beispiel gezeigt, wird der Zustandsvektor am rechten Trägerende mittels der Feldmatrizen in Abhängigkeit von den drei Freigrößen des linken Endes dargestellt. Die Erfüllung der drei Randbedingungen des rechten Randes liefert die Größe der unbekannten Anfangswerte.

Zwischen den Enden des Trägers liegen meist verschiedenartige Sprungstellen, an denen z.B. die Krümmung, Steifigkeit oder Belastung Sprünge aufweist oder vorgegebene äußere punktförmige Wirkungen vorhanden sind oder durch Federn Rückstellkräfte oder -momente geweckt werden oder bestimmte Zwischenbedingungen zu erfüllen sind. In den ersten drei genannten Fällen unterscheiden sich die Zustandsvektoren zur Linken und Rechten der betrachteten Sprungstelle entweder nicht oder sie sind auf Grund der vorgegebenen Einzelwirkungen bzw. verformungsabhängigen Federwirkungen eindeutig einander zugeordnet. - Im letztgenannten Falle ist für jede Lagerungsart eine Zwischenbedingung zu erfüllen (Bild 112, rechte Spalte).

Man unterscheidet demnach Sprungstellen ohne und solche mit Zwischenbedingungen. Wechsel des Krümmungssinns werden wie Krümmungsänderungen behandelt. Der Krümmungssinn bestimmt das Vorzeichen der Matrizenelemente (vgl. Tafel 25.12). Treffen mehrere Sprungstellenarten an einer Stelle zusammen, wird zweckmäßig zur Vereinfachung des formalen Rechenablaufes und der Programmierung eine (oder mehrere) Nullängen zwischengeschaltet. Bild 114 zeigt ein Beispiel; das Zweipunktlager verlangt $w=0$ und $\vartheta=0$; ΔQ und ΔM_T sind die neuen Sprunggrößen. Die Berechnung eines einfach-geschlossenen Stabzuges erfordert im allgemeinen Falle einen Anfangsvektor (an irgendeiner frei zu wählenden Stelle), der alle sechs Verformungs- und Schnittgrößen enthält. Die Übertragung erfolgt um den geschlossenen

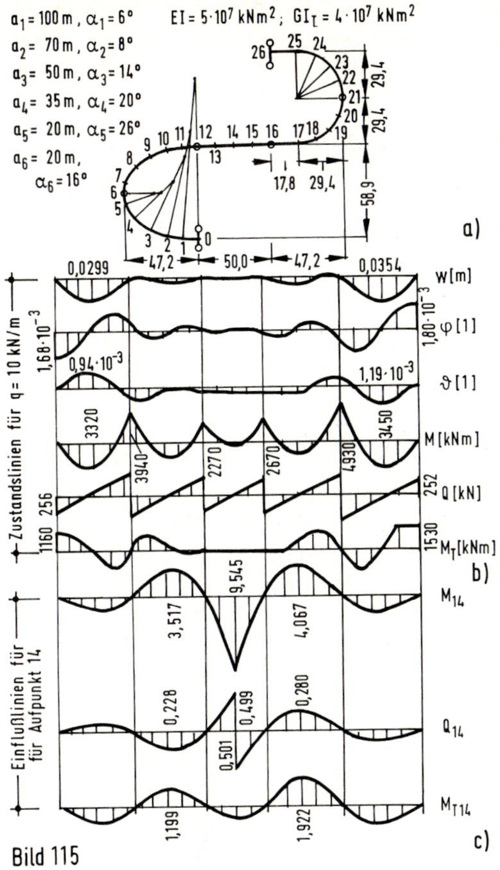

Bild 115

Stabzug bis zur Ausgangstelle herum. Aus der Bedingung, daß die Endgrößen gleich den Anfangsgrößen sein müssen, ergeben sich die sechs Unbekannten.

Die Einflußlinien für Verformungs- und Schnittgrößen lassen sich mit Hilfe des Verfahrens der Übertragungsmatrizen in bekannter Weise durchführen (Abschnitt 5.4.4): Für eine punktuelle Kraft $F_i=1$ bzw. ein punktuelles Biege- bzw. Torsionsmoment $M_i=1$ bzw. $M_{Ti}=1$ wird die Biegelinie w berechnet, wenn die Einflußlinie für die Durchbiegung bzw. für den Biege- bzw. Torsionsdrehwinkel im betreffenden Aufpunkt i bestimmt werden sollen. Will man die Einflußlinie für die Querkraft, das Biegemoment oder das Torsionsmoment im Punkt i ermitteln, denkt man sich einen Bewegungsmechanismus in i entsprechend Bild 112, 4. Spalte, eingebaut, der eine gegenseitige Verschiebung $\Delta w_i=1$ bzw. Verdrehung $\Delta\varphi_i=-1$ bzw. $\Delta\vartheta_i=1$ zuläßt, wofür dann wiederum die Biegelinie bestimmt wird, vgl. Bild 113. - Bild 115 zeigt das Ergebnis eines Berechnungsbeispieles [157]. - Zur Theorie des im Grundriß gekrümmten Trägers vgl. u.a. [160-164], speziell zur Anwendung des Übertragungsverfahrens [165-169] und wegen Erweiterungen auf den Fall der Wölbkrafttorsion [170,171].

25.5.2.6 Ergänzende Hinweise

Mathematisch gesehen, stellt das Verfahren der Übertragungsmatrizen die systematische Lösung jener vollständigen (linearen) Grundgleichung dar, die das betreffende eindimensionale, lineare Problem kennzeichnet; einschließlich Befriedigung des gemischten Randwertproblems. Mit der Ableitung der dem Stabwerksproblem zugeordneten Übertragungsmatrix ist die theoretische Aufbereitung (Erfüllung der Gleichgewichts- und Verträglichkeitsgleichungen) jeder möglichen Aufgabenstellung ein für allemal erledigt. Alles weitere ist Zahlen-

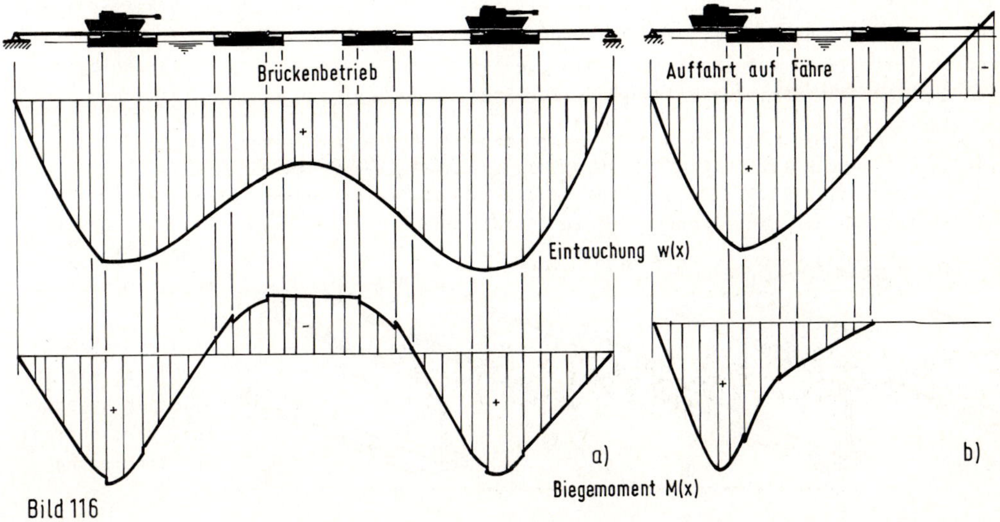

Bild 116

rechnung in Form eines sich immer wiederholenden Multiplikationszyklus : Zustandsvektor x Feldmatrix. Die Rechnung wird fehlerempfindlich (und kann versagen), wenn etwaige federelastische Stützungen eine hohe Steifigkeit aufweisen, weil kleine Rundungsfehler (in den Verformungen), multipliziert mit der hohen Federkonstante, einen großen Schnittgrößensprungfehler bewirken. Das gilt auch für kontinuierliche elastische Bettungen (grundsätzlich für alle Stabprobleme mit stark abklingenden und anfachenden Lösungsteilen, z.B. solchen, die durch hyperbolische Funktionen beschrieben werden). Bei ausreichend nachgiebiger Bettung, wie z.B. bei Pontonbrücken, ist das Verfahren der Übertragungsmatrizen sehr geeignet. Bild 116 zeigt hierzu ein Beispiel, es handelt sich um eine amphibische Pionierbrücke mit freien und elastisch gebetteten Balkenbereichen sowie Koppelbereichen, für die eine Sondermatrix gilt.
Auf die mannigfachen Spezialfragen des Verfahrens der Übertragungsmatrizen kann hier nicht eingegangen werden, hierzu wird auf das Schrifttum verwiesen [172-187].

25.5.3 Mitwirkende Breite - Mitwirkender Gurtquerschnitt

25.5.3.1 Vorbemerkungen

Bei biegebeanspruchten Trägern mit breiten (scheibenförmigen) Gurten ist die BERNOULLI-Hypothese nicht mehr gültig: Infolge der bei der Querkraftbiegung in den Gurten ausgelösten Schubspannungen und der damit einhergehenden Schubverzerrungen und Verwölbungen bleibt der Querschnitt bei der Biegung nicht mehr eben. Die Gurtspannungen fallen vom Steg aus zu den Rändern hin ab (engl. "shear lag"). Um die technische Biegetheorie dennoch anwenden zu können, wird die sogen. (voll) "mitwirkende Breite" $b_m = \lambda \cdot b$ eingeführt; vgl. auch Abschnitt 4.6. $\lambda \leq 1$ ist der Wirkungsgrad, um welchen die reale Breite b reduziert wird (Bild 117a). Mit dem so gebildeten Querschnitt werden die Biegespannungen berechnet. -

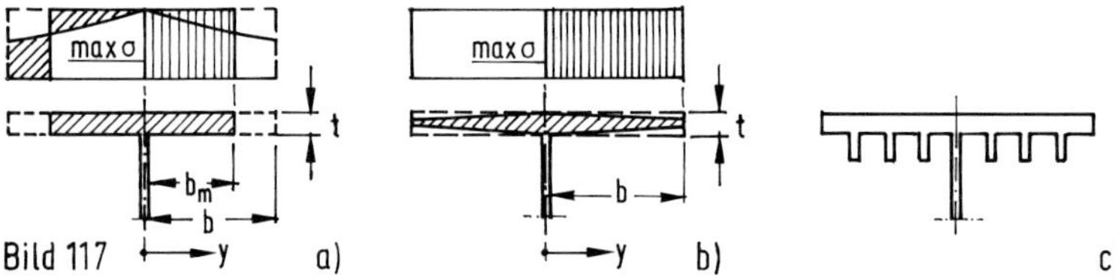

Bild 117

Eine andere Möglichkeit, um den Tragfähigkeitsverlust einzufangen, besteht darin, anstelle der konstanten Dicke t eine variable Dicke t(y) einzuführen ("mitwirkende Dicke", vgl. Bild 117b). Hierdurch wird der Spannungsabfall kompensiert, so daß über die ganze Breite b $\sigma = \max\sigma$ = konst angesetzt werden kann. - Handelt es sich um eine Gurtung mit zusätzlichen Längssteifen (Längsrippen), versagt der Begriff der "mitwirkenden Breite" bzw. "mitwirkenden Dicke". Für diesen Fall wurde der Begriff des "mitwirkenden Gurtquerschnittes" eingeführt (Bild 117c). In Abschnitt 25.2.4 sind die Rechenanweisungen der DS804 kommentiert. - In den monographischen Darstellungen von SCHMIDT u. PEIL [24] für die Berechnung des mitwirkenden Gurtquerschnittes für Träger mit konstanter Höhe und von SCHMIDT u. BORN [188] für Träger mit veränderlicher Höhe ist das elasto-statische Problem umfassend behandelt und für baupraktische Berechnungen aufbereitet worden. Aus früherer Zeit liegen zum Thema der "mitwirkenden Breite" eine große Zahl einschlägiger Veröffentlichungen vor, u.a. [189-195]. Zur Erweiterung auf den plasto-statischen Bereich vgl. [196-199].

25.5.3.2 Einführung in die elasto-statische Theorie der mitwirkenden Breite

Um das in Abschnitt 25.5.3.3 vorgestellte experimentelle Ergebnis bewerten zu können, wird die Theorie der mitwirkenden Breite im folgenden kurz zusammengefaßt; die Darstellung stützt sich dabei im wesentlichen auf einen Beitrag von CHWALLA [190] ab: Wie in Bild 118 angedeutet, wird entlang der Verbindungs-

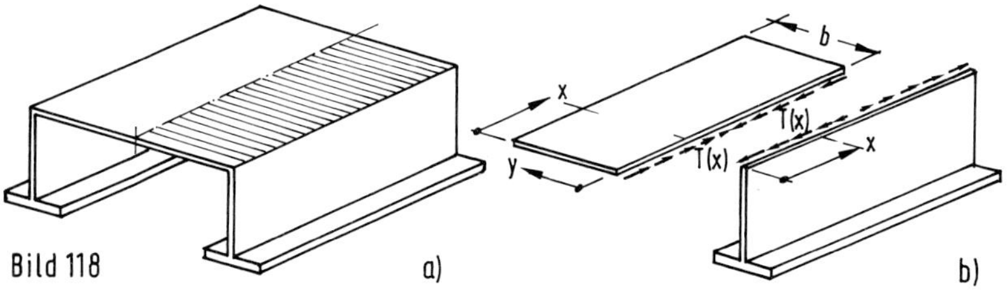

Bild 118

linie Gurt/Steg ein Längsschnitt gelegt. Die hier wirkenden Schubkräfte sind $T=T(x)$. Die Gurtplatte wird in Relation zur Trägersteifigkeit als biegeschlaff angesehen. Dadurch zerfällt die Struktur in zwei Elemente: In den Restträger mit Steg und Untergurt und in die durch die Randschubkräfte T beanspruchte Scheibe der Breite b. Eine geschlossene Lösung existiert nicht (und kann es auch nicht geben). Es ist daher unumgänglich, alle Größen in Richtung x durch FOURIER-Reihen anzunähern.

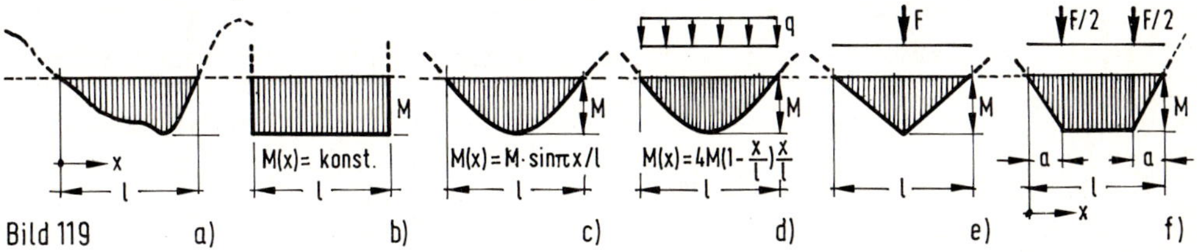

Bild 119

Wird ein beidseitig gelenkig gelagerter Träger (Einfeldbalken) zugrundegelegt, ist bei der Approximation des Biegemomentes (wegen M=0 für x=0 und x=l) vom ungeraden sin-Term der FOURIER-Reihenentwicklung auszugehen (Bild 119a):

$$M(x)_{FOURIER/sin} = \sum_{n=1}^{\infty} m_n \cdot \sin\alpha_n x \; ; \quad \alpha_n = \frac{n\pi}{l}, \; n = 1,2,3,\cdots \tag{116}$$

Die Koeffizienten m_n der Entwicklung folgen aus:

$$m_n = \frac{2}{l} \int_0^l M(x) \cdot \sin\alpha_n x \, dx \tag{117}$$

M(x) ist das gegebene Biegemoment. Bild 119 zeigt Beispiele:

Konstanter Verlauf: $m_n = \frac{4M}{\pi n}$ $(n=1,3,5\ldots)$; $m_n = 0$ $(n=2,4,6\ldots)$

Sinusförmiger Verlauf: $m_n = M$ $(n=1)$; $m_n = 0$ $(n=2,3,4\ldots)$ (118a,d)

Parabelförmiger Verlauf: $m_n = \frac{32M}{\pi^3 n^3} = \frac{4ql^2}{\pi^3 n^3}$ $(n=1,3,5\ldots)$; $m_n = 0$ $(n=2,4,6\ldots)$

Dreieckförmiger Verlauf: $m_n = +\frac{8M}{\pi^2 n^2} = \frac{2Fl}{\pi^2 n^2}$ $(n=1,5,9\ldots)$; $m_n = -\frac{8M}{\pi^2 n^2} = -\frac{2Fl}{\pi^2 n^2}$ $(n=3,7,11\ldots)$; $m_n = 0$ $(n=2,4,6\ldots)$

Am Beispiel des in Bild 119f dargestellten Falles wird die Herleitung von m_n gezeigt. Es sind folgende Integrationsbereiche zu unterscheiden:

$$\text{Bereich 1: } M(x) = \frac{x}{a}M; \quad \text{Bereich 2: } M(x) = M; \quad \text{Bereich 3: } M(x) = \frac{l-x}{a}M \quad \text{(usf.)} \tag{119}$$

(Die Momentenfläche entsteht durch zwei Einzellasten, demnach gilt: $M=F \cdot a/2$.) Die Integration gemäß G.117 ergibt nach längerer Zwischenrechnung die benötigten FOURIER-Koeffizienten:

$$m_n = \frac{4M}{\pi^2 n^2}\frac{l}{a}\sin n\pi\frac{a}{l} = \frac{2Fl}{\pi^2 n^2}\sin n\pi\frac{a}{l} \quad (n=1,3,5,\cdots); \quad m_n = 0 \quad (n=2,4,6,\cdots) \tag{120}$$

Für $a=l/2$ geht die Lösung in den Fall der mittigen Einzellast über (G.118d).
Für die Scheibenspannungsfunktion $\Phi(x,y)$ wird ein Produktansatz in Form einer FOURIER-Reihe gewählt . Die Spannungen und Dehnungen werden dadurch ebenfalls als FOURIER-Reihen angenähert, ebenso die Spannungsresultierende innerhalb der Gurtscheibe, also die Gurtkraft. Der Lösungsansatz für Φ enthält (für die Lösungsanteile in Richtung y) vier Integrationskonstante (A_n, B_n, C_n, D_n). Sie dienen dazu, die Randbedingungen entlang der Ränder y=0 und y=b zu befriedigen, die ihrerseits vom Querschnittstyp abhängig sind, vgl. Bild 121:

Fall ① : $y=0: v=0; \quad y=b: \sigma_y = 0$ und $\tau_{xy}=0$ (121)

Fall ② : $y=0: v=0; \quad y=b: v = 0$ und $\tau_{xy}=0$ (122)

(v ist die Verschiebungskomponente in Richtung y.) Die vierte Bedingung besteht darin, entlang des Randes y=0 eine Übereinstimmung der Längsdehnung von Steg- und Gurtscheiben-

$$A_n = - \frac{m_n}{\frac{2\alpha_n \cdot I}{s}\left[\frac{1+\mu}{2}\cdot\alpha_n\cdot(B_n+1)+D_n-C_n\right]-\frac{2t(s^2+i^2)}{s}\cdot(\alpha_n B_n-\alpha_n+C_n+D_n)}\;;\quad i^2=\frac{I}{A}\;;\quad \alpha_n=\frac{n\cdot\pi}{l},\ n=1,2,3..$$

Stahl: $\mu = 0,30$

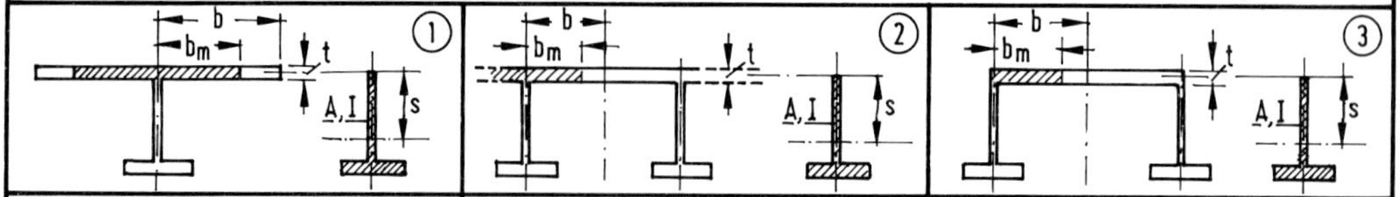

(1)

$$B_n = \frac{\gamma\cdot c_n + 2\cdot\psi_n\cdot g_n}{i_n}$$

$$C_n = -\frac{n\pi}{l}\cdot\frac{f_n+2\cdot h_n}{i_n}$$

$$D_n = \frac{n\pi}{l}\cdot\frac{d_n-2\cdot g_n}{i_n}$$

(2)

$$B_n = \frac{2\cdot\psi_n\cdot b_n - \gamma\cdot e_n}{j_n}$$

$$C_n = \frac{n\pi}{l}\cdot\frac{b_n\cdot e_n}{j_n}$$

$$D_n = -\frac{n\pi}{l}\cdot\frac{e_n}{j_n}$$

(3)

Dieser Fall kann näherungsweise wie Fall (2) behandelt werden, es ist in allen Formeln A durch 2A und I durch 2I zu ersetzen. (Hinsichtlich der strengen Lösung vgl. Text)

$$a_n=e^{-2\psi_n}\;;\ b_n=e^{+2\psi_n}\;;\ c_n=a_n-1\;;\ d_n=a_n+1\;;\ e_n=b_n-1\;;\ f_n=b_n+1\;;\ g_n=\psi_n-\gamma\;;\ h_n=\psi_n+\gamma\;;\ i_n=\gamma\cdot e_n+2\psi_n\cdot h_n$$

$$j_n=(2\psi_n-\gamma\cdot e_n)\cdot b_n\;;\ \text{mit: } \psi_n=\frac{n\pi b}{l}\;;\quad \gamma=\frac{1-\mu}{1+\mu}=\frac{1-0,30}{1+0,30}=0,5385;\quad e=2,718...$$

$$\Phi(x,y)=\sum_n A_n(e^{-\alpha_n y}+B_n\cdot e^{+\alpha_n\cdot y}+C_n\cdot y\cdot e^{-\alpha_n\cdot y}+D_n\cdot y\cdot e^{+\alpha_n\cdot y})\cdot\sin\alpha_n x\;;\quad \sigma_x=\frac{\partial^2\Phi}{\partial y^2}\;;\ \sigma_y=\frac{\partial^2\Phi}{\partial x^2}\;;\ \tau_{xy}=-\frac{\partial^2\Phi}{\partial x\,\partial y}$$

Mitwirkende Breite:

$$\frac{b_m}{b}=\frac{I}{2tbs^2}\cdot\frac{1}{\left(\frac{M(x)}{\sum_n\frac{m_n\cdot\sin\frac{n\pi x}{l}}{1+\frac{i^2}{s^2}+\frac{I}{tls^2}\cdot n\pi\cdot K_n}}-\frac{s^2+i^2}{s^2}\right)}\quad\text{mit}\quad K_n=\frac{\frac{1+\mu}{2}\cdot\frac{n\pi}{l}(1+B_n)+D_n-C_n}{\frac{n\pi}{l}(1-B_n)-C_n-D_n}$$

Bild 120 (n. CHWALLA)

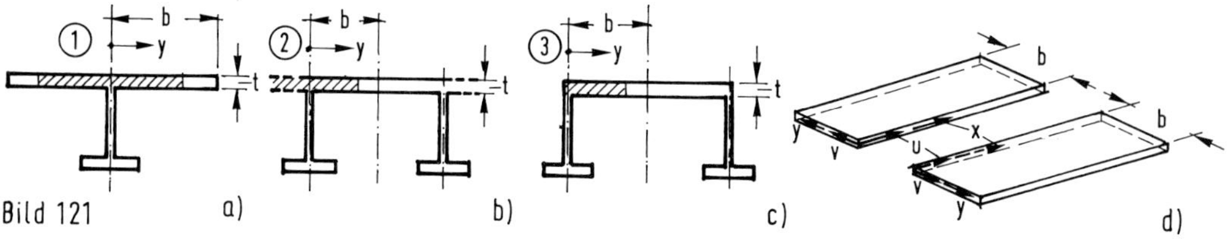

Bild 121

rand zu fordern. Vorgenannte Bedingungen führen auf das in Bild 120 zusammengefaßte Ergebnis [190]. Der in Bild 120 dargestellte Fall (3) entspricht näherungsweise dem Fall (2), der abgetrennte Träger ist lediglich doppelt anzusetzen. - Die strenge Lösung für Fall (3) folgt unter Beachtungen der Randbedingungen (vgl. Bild 121)

$$\text{Fall (3)}:\quad y=0:\ \sigma_y=0;\quad y=b:\ v=0 \text{ und } \tau_{xy}=0 \tag{123}$$

nach Zwischenrechnung zu: $B_n=-1;\quad C_n=-\frac{f_n}{2b};\quad D_n=+\frac{d_n}{2b}$ (124)

Im übrigen gilt die Formelsammlung des Bildes 120 unverändert. Für die Auswertung wird zweckmäßig ein Rechenprogramm erstellt.

25.3.3.3 Beispiel

Bild 122a zeigt den Querschnitt eines Einfeldträgers. Er ist vom Typ (3). Für den abgetrennten Teil, bestehend aus Steg und Untergurt, werden die Lage des Schwerpunktes sowie A und I berechnet:

$$s=31,39\,\text{cm};\quad A=62,50\,\text{cm}^2;\quad I=8267\,\text{cm}^4$$

Der Träger sei 5,0m lang und werde durch zwei symmetrische Einzelkräfte belastet. Die FOURIER-Koeffizienten lauten (G.120):

$$l=5,0\text{m};\quad a=2,0\text{m};\quad m_n=\frac{10\,M}{\pi^2\cdot n^2}\sin n\frac{2}{5}\pi\qquad (n=1,3,5,\cdots)$$

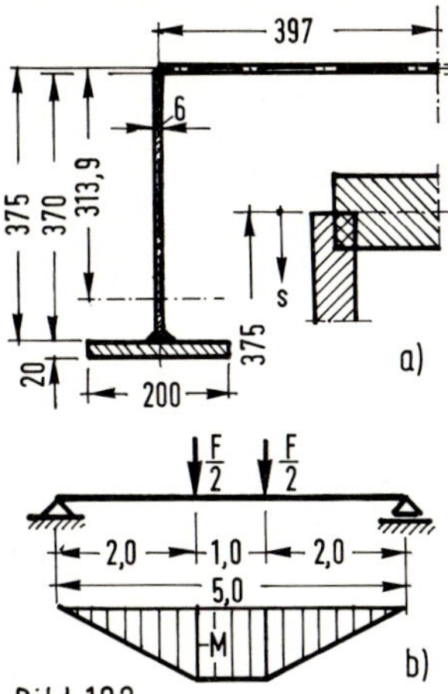

Bild 122

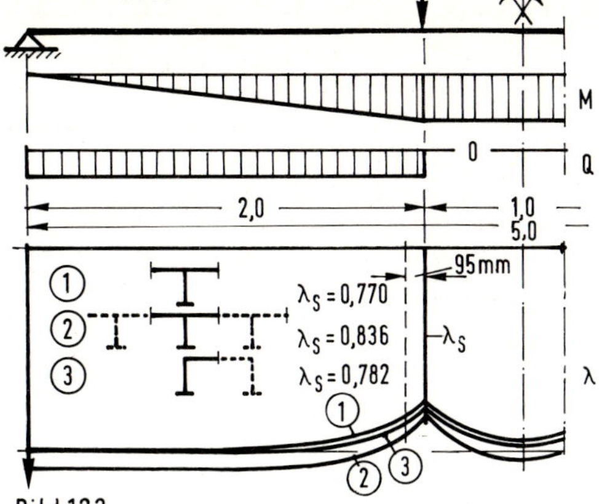

Bild 123

Bild 123 zeigt die Auswertung; der Verlauf von $\lambda = b_m/b$ ist über der linken Hälfte des Trägers dargestellt. Die Einschnürung an der Lasteinleitungsstelle ist deutlich ausgeprägt. Zum Zwecke des Vergleichs sind die λ-Verläufe für die Querschnittstypen (1) und (2) eingetragen. Fall (1) liefert die niedrigsten λ-Werte; er liegt somit auf der sicheren Seite, das gilt immer.

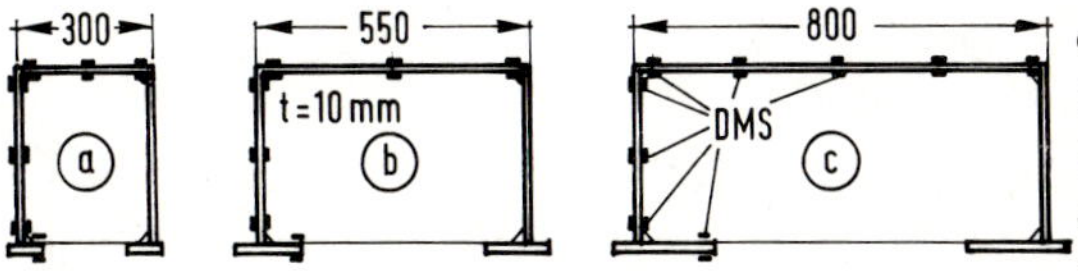

Bild 124

Um die Rechenwerte zu prüfen, wurden für die in Bild 124 dargestellten Querschnitte (und dem zuvor kommentierten Lastbild) Versuche mit DMS-Messung durchgeführt. An der Lasteinleitungsstelle konnten keine DMS geklebt werden. Der Verlauf von λ konnte prinzipiell bestätigt werden. Im Falle des Querschnittes a wurde innerhalb der Meßgenauigkeit λ = 1 ermittelt. Im Falle des Querschnittes b war der Abfall der mitwirkenden Breite sehr schwach ausgeprägt. Beim Querschnitt c wurde im Abstand 95mm von der Lasteinleitungsstelle λ=0,95 bestimmt, der Rechenwert beträgt λ=0,88. Im übrigen zeigten die Versuche, daß nach dem Ausbeulen der Gurtplatten vergleichsweise große Spannungsumlagerungen eintraten, insbesondere beim Querschnitt c. Sie können durch eine wirksame Breite erfaßt werden (vgl. Abschnitt 7.8.4.3). Gegenüber diesem Effekt war der Effekt der mitwirkenden Breite völlig untergeordnet. Die Interaktion der beiden Effekte dürfte bei Schlankheitsverhältnissen, wie in den Versuchen vorhanden, nur sehr schwach sein. Zur experimentellen Verifikation der Theorie vgl. auch [200].

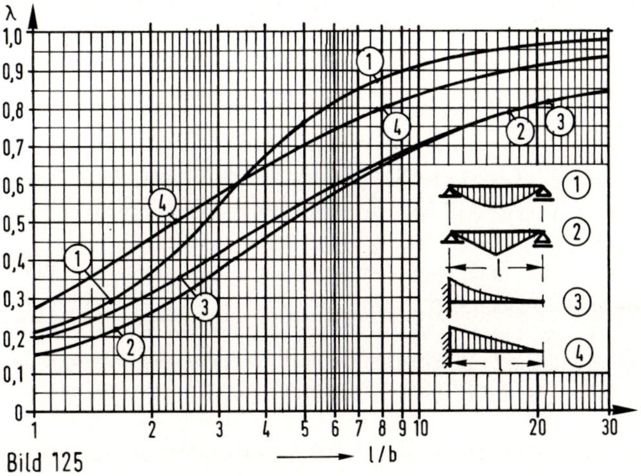

Bild 125

Abschließend sei das in [201] enthaltene Diagramm für vier Fälle wiedergegeben; es ist in Bild 125 dargestellt. Die λ-Werte für Einfeldträger unter Gleichlast und einer mittigen Einzellast stimmen mit den Werten des Bildes 50 in Abschnitt 4 in Annäherung überein. Die λ-Werte für die Kragträger gelten für den Einspannquerschnitt. Nach [201] gelten die λ-Kurven des Bildes 125 unter folgender Voraussetzung:

$$l/h \geq 2;\quad b/l \leq 1;\quad 0{,}5 \leq A_{Steg}/A_{Gurt} \leq 2;\quad \Sigma A_{Ri}/bt \leq 0{,}5 \tag{125}$$

l ist die Trägerlänge bzw. die Länge zwischen den Biegemomenten-Nullpunkten, h ist die Trägerhöhe, b die Gurtbreite (Bild 117) und t die Gurtdicke. A_{Steg} ist die Querschnittsfläche des Steges und A_{Gurt} die des Gurtes, einschließlich Längsrippen. A_{Ri} ist die Querschnittsfläche der als gleichmäßig (innerhalb b) verteilt angenommenen Längsrippen. Im Falle des Einfeldträgers unter mittiger Einzellast ist ein Korrekturfaktor anzuwenden, der die Art der Lasteintragung berücksichtigt:

$$\text{②}\quad k_F = 1 + \frac{z_F}{\sqrt{hl}} \qquad (k_F = 1 \text{ in den Fällen ①, ③ und ④}) \tag{126}$$

z_F ist der Abstand des Einzellastangriffes von der Trägerachse, darüberhinaus sind nach [201] noch Korrekturfaktoren einzurechnen, die den Einfluß der Gurt-Steg-Relation berücksichtigen; sie können, wegen des untergeordneten Einflusses, zu Eins angesetzt werden.

Wegen der mannigfachen Aspekte zum Thema "mitwirkender Gurtquerschnitt" wird auf [24], insonderheit zum Einfluß der Steifen auf die mitwirkende Breite auf [202] und zum Einfluß unterschiedlicher Randträgerausbildungen auf [203,204] verwiesen.

25.5.4 Orthotrope Fahrbahnplatten

25.5.4.1 Einleitung

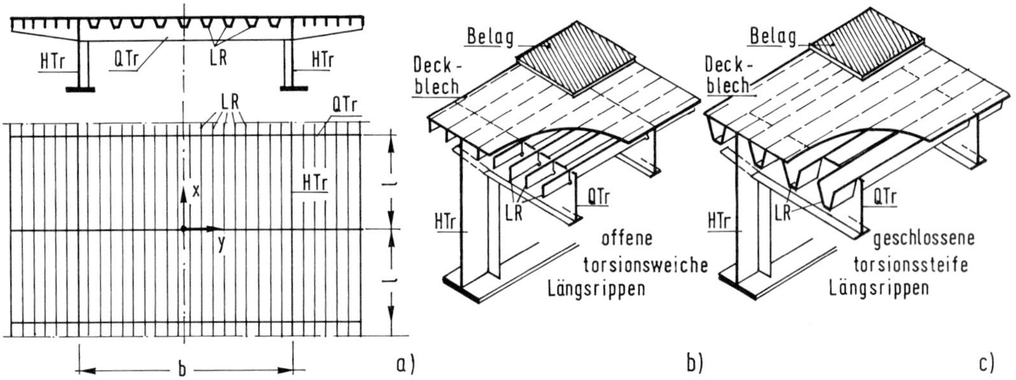

Bild 126

Der Aufbau einer Stahlleichtfahrbahn als orthotrope Platte wird in den Abschnitten 25.3.3 und 25.3.4 erläutert. Bild 126 verdeutlicht nochmals das Konstruktionsprinzip einer orthotropen Fahrbahnplatte mit längsorientierten Rippen. Das Deckblech ist integraler Bestandteil von vier Tragsystemen:

System I: Das Deckblech trägt die Radlasten, die über den Belag eine gewisse Verteilung erfahren, auf die benachbarten Rippen ab. Neben der Biegewirkung (als isotrope Platte) beteiligt sich bei wachsender Durchbiegung die hierbei aktivierte Membranwirkung (Hängeblechwirkung) an der Lastabtragung. Die Grenztragfähigkeit liegt durch diesen Effekt um ein Vielfaches über der elasto-statischen Tragfähigkeit (Erreichen der Fließspannung bei alleiniger Biegewirkung) [205].

System II: Gemeinsam mit den Längsrippen bildet das Deckblech die eigentliche orthotrope Platte. Es werden offene und geschlossene Längsrippen unterschieden. Letztere weisen eine wesentlich höhere Torsionssteifigkeit auf als erstere und geben der orthotropen Platte dadurch eine wesentlich höhere Drillsteifigkeit. Dieser Umstand wirkt sich auf die Tragwirkung der Platte (und damit auch auf die Berechnung) entscheidend aus.

System III: Die orthotrope Platte liegt auf den Querträgern (fallweise vorhandenen Längsträgern) und den Hauptträgern auf, die zusammen einen Trägerrost bilden. Für die Träger ist das Deckblech gleichzeitig Gurtblech. Entlang der Hauptträger ist die Lagerung praktisch starr.

System IV: Das Blech bildet innerhalb der mitwirkenden Breite (gemeinsam mit den Längsrippen) den Obergurt der Hauptträger.
Bei der Überlagerung der Spannungen brauchen im Deckblech nur die Vergleichsspannungen in der Mittelebene (aus den Wirkungen der Systeme II bis IV) nachgewiesen zu werden, nicht dagegen die örtlichen Biege- und Schubspannungen. Die Schlankheit des Deckbleches darf nicht höher als 25mm sein und die Dicke nicht geringer als 12mm.
Im Regelfall werden längsorientierte Fahrbahnplatten ausgeführt (Bild 126a). Die Längsrippen liegen in engem Abstand (häufig 300mm), deren Steifigkeit darf über die Breite der orthotropen Platte "verschmiert" werden. Die Querträger haben einen vergleichsweise großen Abstand, eine Verschmierung ist hier nicht sinnvoll, d.h. sie werden als singuläre Tragglieder begriffen, über die die orthotrope Platte als Plattenstreifen durchläuft. Bei der Lagerung auf den Querträgern handelt es sich nicht um eine starre sondern um eine elastische Stützung.
Für die Berechnung orthotroper Platten wurden diverse Rechenverfahren entwickelt, z.B. solche, bei denen die Struktur als Kreuzwerk bzw. Trägerrost (einschl. Querträger) aufgefaßt wird oder solche, bei denen die Querträger in die orthotrope Platte verschmiert werden. Am verbreitetsten ist das Berechnungsverfahren von PELIKAN/ESSLINGER [206], wohl auch deshalb, weil hierfür diverse Rechenbehelfe zur Verfügung stehen: Für die Radlasten nach DIN 1072 (1952/1967) in [206,207], für die Radlasten nach der neuen DIN 1072 (1985) in [208], für die Radlasten nach ÖNORM B4002 (1970) in [209] und für die Radlasten nach AASHO (1961) in [210].

25.5.4.2 Grundzüge der Theorie der orthotropen Fahrbahnplatte

Die Theorie wird auf folgenden Voraussetzungen aufgebaut: a) Die Platte ist im Vergleich zu den Seitenabmessungen dünn, die orthogonal-anisotrope Steifigkeit ist konstant verteilt; b) Das HOOKEsche Gesetz und die BERNOULLI-Hypothese sind gültig; c) Im Vergleich zur Plattendicke sind die Durchbiegungen gering; d) Da, wie oben ausgeführt, die Längsrippen in enger Teilung liegen, kann eine ausreichende Steifigkeitsverschmierung unterstellt werden. Quer zu den Rippen kommt die Plattensteifigkeit nur durch die Eigensteifigkeit des dünnen Deckbleches zustande. Sie beträgt im Vergleich zur Biegesteifigkeit in Längsrichtung i.M. nur ein Tausendstel!

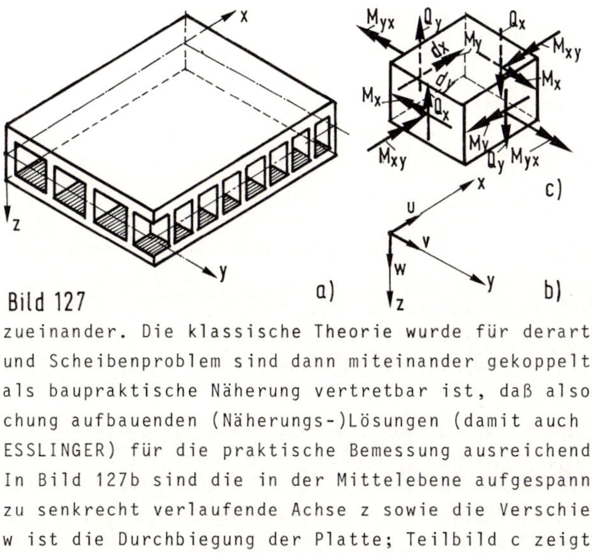

Bild 127

Wird die Berechnung der Fahrbahnplatten auf der Theorie der orthotropen Platte von HUBER [211] aufgebaut, so stellt das eine Näherung dar, da in dieser ein zur Mittelebene symmetrischer Aufbau angenommen wird, vgl. Bild 127a. Diese Voraussetzung wird von stählernen Fahrbahnplatten nicht erfüllt: Sie sind unsymmetrisch aufgebaut. Die durch die Schwerachsen verlaufenden Ebenen liegen versetzt zueinander. Die klassische Theorie wurde für derartige Strukturen erweitert, Platten- und Scheibenproblem sind dann miteinander gekoppelt. Es zeigt sich, daß die Entkoppelung als baupraktische Näherung vertretbar ist, daß also die auf der HUBERschen Plattengleichung aufbauenden (Näherungs-)Lösungen (damit auch die nach dem Verfahren von PELIKAN/ESSLINGER) für die praktische Bemessung ausreichend genaue Ergebnisse liefert.
In Bild 127b sind die in der Mittelebene aufgespannten Koordinatenachsen x,y und die hierzu senkrecht verlaufende Achse z sowie die Verschiebungskomponenten u,v,w dargestellt. w ist die Durchbiegung der Platte; Teilbild c zeigt die Wirkungsrichtung der Biegemomente M_x, M_y der Drillmomente M_x, M_y und der Querkräfte Q_x, Q_y. Die in der Theorie der isotropen Platte geltenden Gleichgewichtsgleichungen und kinematischen Formänderungsbeziehungen können für die Theorie der orthotropen Platte übernommen werden; vgl. Abschnitt 7.8.1.1. Gleichgewichtsgleichungen (Theorie I. Ordnung, Normal- und Schubkräfte seien nicht wirk-

sam, vgl. Abschnitt 7, G.486):

$$Q_x' + Q_y^{\bullet} + q(x,y) = 0; \quad M_x' + M_{yx}^{\bullet} - Q_x = 0; \quad M_y^{\bullet} + M_{xy}' - Q_y = 0 \qquad (127)$$

q=q(x,y) ist die quer zur Platte wirkende äußere Belastung. Der Strich bedeutet die Ableitung nach x und der Punkt die Ableitung nach y.
Dehnungs-Verschiebungsbeziehungen in Höhe der Faser z (vgl. Abschnitt 7, G.495):

$$\varepsilon_{x_z} = u_z' = u' - zw''; \quad \varepsilon_{y_z} = v_z^{\bullet} = v^{\bullet} - zw^{\bullet\bullet}; \quad \gamma_{xy_z} = v_z' + u_z^{\bullet} = v' + u^{\bullet} - 2zw'^{\bullet} \qquad (128)$$

Elastizitätsgesetz: Spannungen in Richtung x und y bewirken jeweils Längs- und Querdehnungen:

$$\sigma_x: \quad \varepsilon_x = \frac{\sigma_x}{E_x}; \quad \varepsilon_y = -\mu_x \cdot \frac{\sigma_x}{E_x}; \qquad \sigma_y: \quad \varepsilon_y = \frac{\sigma_y}{E_y}; \quad \varepsilon_x = -\mu_y \cdot \frac{\sigma_y}{E_y} \qquad (129)$$

Der Vertauschungssatz (nach MAXWELL-BETTI) fordert:

$$\mu_y \frac{\sigma_y}{E_y} \cdot \sigma_x = \mu_x \frac{\sigma_x}{E_x} \cdot \sigma_y \qquad (130)$$

Somit sind die Elastizitätskonstanten E_x, E_y und μ_x, μ_y durch die Beziehung

$$\mu_x E_y = \mu_y E_x \qquad (131)$$

miteinander verknüpft. Das HOOKEsche Gesetz lautet:

$$\varepsilon_x = \frac{\sigma_x}{E_x} - \mu_y \frac{\sigma_y}{E_y}; \quad \varepsilon_y = \frac{\sigma_y}{E_y} - \mu_x \frac{\sigma_x}{E_x} \qquad (132)$$

Es wird nach σ_x und σ_y aufgelöst:

$$\sigma_x = \frac{E_x}{1 - \mu_x \mu_y}(\varepsilon_x + \mu_y \varepsilon_y); \quad \sigma_y = \frac{E_y}{1 - \mu_x \mu_y}(\varepsilon_y + \mu_x \varepsilon_x) \qquad (133)$$

Für die Schubspannungen wird das HOOKEsche Gesetz zu

$$\tau_{xy} = G_{xy} \cdot \gamma_{xy} \qquad (134)$$

postuliert. Auf die Deutung von G_{xy} wird noch eingegangen (s.u.).
G.133 und G.134 gelten für jede Faser z:

$$\sigma_{x_z} = \frac{E_x}{1-\mu_x \mu_y}(\varepsilon_{x_z} + \mu_y \varepsilon_{y_z}); \quad \sigma_{y_z} = \frac{E_y}{1-\mu_x \mu_y}(\varepsilon_{y_z} + \mu_x \varepsilon_{x_z}); \quad \tau_{xy_z} = G_{xy} \cdot \gamma_{xy_z} \qquad (135)$$

Die Verzerrungen werden durch die Verschiebungen (G.128) ersetzt:

$$\sigma_{x_z} = \frac{E_x}{1-\mu_x \mu_y}[(u' + \mu_y v^{\bullet}) - z(w'' + \mu_y w^{\bullet\bullet})]; \quad \sigma_{y_z} = \frac{E_y}{1-\mu_x \mu_y}[(v^{\bullet} + \mu_x u') - z(w^{\bullet\bullet} + \mu_x w'')]; \quad \tau_{xy_z} = G_{xy} \cdot (v' + u^{\bullet} - 2zw'^{\bullet}) \qquad (136)$$

Die Spannungen werden durch Integration über die Wanddicke t der orthotropen Platte zu Schnittgrößen zusammengefaßt (vgl. Abschnitt 7, G.479). Für die Biege- und Drillmomente folgt:

$$M_x = -K_x(w'' + \mu_y w^{\bullet\bullet}); \quad M_y = -K_y(w^{\bullet\bullet} + \mu_x w''); \quad M_{xy} = M_{yx} = -2K_{xy} w'^{\bullet} \qquad (137)$$

Hierin bedeuten:

$$K_x = \frac{E_x \cdot t^3}{12(1-\mu_x \mu_y)}; \quad K_y = \frac{E_y \cdot t^3}{12(1-\mu_x \mu_y)}; \quad K_{xy} = \frac{G_{xy} \cdot t^3}{12} \qquad (138)$$

Q_x und Q_y werden aus G.127 frei gestellt und nach x bzw. y differenziert (t=konst):

$$Q_x' = M_x'' + M_{yx}'^{\bullet}; \quad Q_y^{\bullet} = M_y^{\bullet\bullet} + M_{xy}'^{\bullet} \qquad (139)$$

Die Biege- und Drillmomente (gemäß G.137) werden zweifach differenziert:

$$M_x'' = -K_x(w'''' + \mu_y w^{\bullet\bullet}{}''); \quad M_y^{\bullet\bullet} = -K_y(w^{\bullet\bullet\bullet\bullet} + \mu_x w''^{\bullet\bullet}); \quad M_{xy}'^{\bullet} = -2K_{xy} w''^{\bullet\bullet} \qquad (140)$$

Diese Ausdrücke werden in G.139 und Q_x' und Q_y' in G.127a eingesetzt, d.h. die kinematischen und physikalischen Formänderungsgleichungen werden mit den Gleichgewichtsgleichungen zur gesuchten Grundgleichung verknüpft:

$$\boxed{K_x w'''' + 2H w''^{\bullet\bullet} + K_y w^{\bullet\bullet\bullet\bullet} = q(x,y)} \qquad (141)$$

Das ist die Gleichung der orthotropen Platte; hierin bedeutet:

$$2H = K_x\mu_y + 4K_{xy} + K_y\mu_x \tag{142}$$

(Die in Abschnitt 7.8.1.1.4 erläuterten Randbedingungen lassen sich unschwer für das vorliegende Problem erweitern.)

Die Lösung der Plattengleichung setzt die Kenntnis der Steifigkeitswerte K_x, H, K_y und der Querkontraktionszahlen μ_x, μ_y voraus. Sie sind für das jeweils spezielle orthotrope Material bzw. für die spezielle orthotrope Struktur zu bestimmen. Für das hier interessierende Problem der orthotropen Fahrbahnplatte gilt $\mu_x=\mu_y=0$, denn, wie einsichtig, vermag eine Spannung σ_x keine Dehnung ε_y (in den Rippen) hervorzurufen, vice versa. K_x ist die Biegesteifigkeit in Längsrichtung (je Längenheit), also die Biegesteifigkeit einer Rippe, dividiert durch den Rippenabstand. K_y ist die Biegesteifigkeit des Deckbleches. Zusammengefaßt gilt (vgl. Bild 128):

$$K_x = \frac{EI_R}{a} \text{ bzw. } K_x = \frac{EI_R}{(a+e)}; \qquad K_y = \frac{Et_P^3}{12} \tag{143}$$

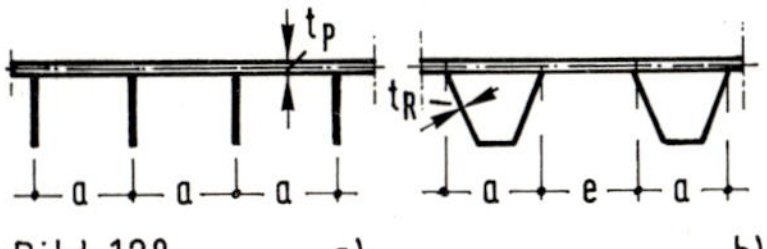

Bild 128 a) b)

I_R ist das Trägheitsmoment einer Rippe, entweder der offenen oder geschlossenen.

Wie aus G.137c erkennbar, läßt sich K_{xy} aus einem Verwindungsversuch bestimmen, bei welchem an einer Platte (mit den Einheitsseitenlängen 1) die Drillmomente $M_{xy}=M_{yx}=1$ aufgebracht werden. Beträgt die gemessene Verwindung ϑ', folgt $2K_{xy}$ aus $1/\vartheta'$, vgl. Bild 129a. Stellt man sich einen solchen Verwindungsversuch gedanklich in Form eines verwundenen Einheitselementes aus der orthotropen Platte mit der Verwindung ϑ' vor, gehören hierzu in Richtung x und y die Torsionsmomente (Bild 129b):

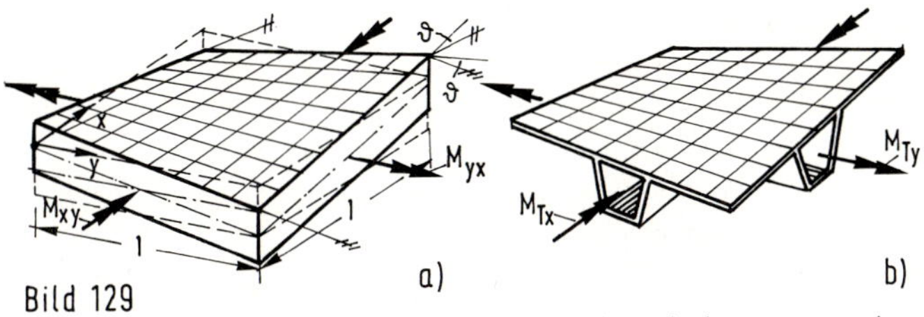

Bild 129 a) b)

$$M_{T_x} = GI_{T_x}\cdot\vartheta' \quad \text{und} \quad M_{T_y} = GI_{T_y}\cdot\vartheta' \tag{144}$$

Das Drillmoment der Platte wird als Mittelwert dieser Torsionsmomente angenommen:

$$|M_{xy}| = |M_{yx}| = \frac{1}{2}(M_{T_x} + M_{T_y}) = \frac{1}{2}(GI_{T_x} + GI_{T_y})\vartheta' \tag{145}$$

Die Drillsteifigkeit des Deckbleches und der offenen Rippen ist vernachlässigbar gering; hieraus folgt:

Für orthotrope Platten mit offenen Rippen (Bild 128a):

$$|M_{xy}| = |M_{yx}| = 2K_{xy}\vartheta' \stackrel{!}{=} \frac{1}{2}\left(\frac{0+0}{a}\right)\vartheta' \longrightarrow K_{xy} = 0 \longrightarrow H = 0 \tag{146}$$

Für orthotrope Platten mit geschlossenen Rippen (Bild 128b):

$$|M_{xy}| = |M_{yx}| = 2K_{xy}\vartheta' \stackrel{!}{=} \frac{1}{2}\cdot\frac{(GI_T+0)}{(a+e)}\vartheta' \longrightarrow 4K_{xy} = \frac{GI_T}{(a+e)} \longrightarrow 2H = \frac{GI_T}{(a+e)} \longrightarrow H = \frac{GI_T}{2(a+e)} \tag{147}$$

GI_T ist die Drillsteifigkeit der Einzelrippe. I_T wird mittels der BREDTschen Formel (Abschnitt 4.9.2.2) berechnet:

$$I_T = \frac{4A^{*2}}{\Sigma\frac{s}{t}} \tag{148}$$

Hierin ist A* die von der Mittellinie der Rippenzelle eingeschlossene Fläche, s ist die Länge und t die Dicke der einzelnen Bleche, die die Zelle umschließen. - Das sich zwischen den Rippen spannende Deckblech verbiegt sich bei der Ver-

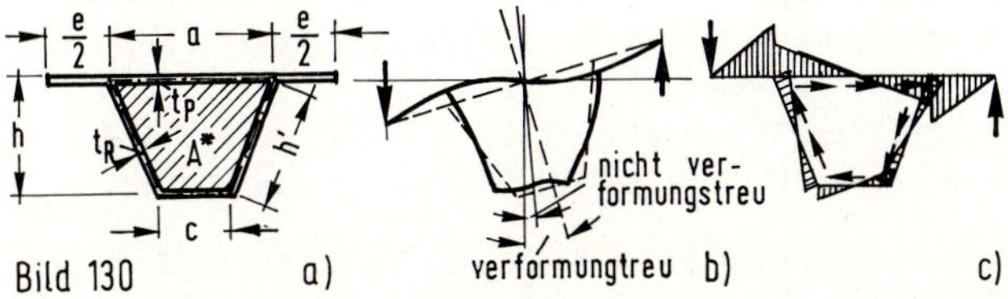

Bild 130 a) b) c)

windung, die Zellenwände erleiden ebenfalls eine Verbiegung. Es liegt demnach kein formtreuer Querschnitt vor: Die Drillsteifigkeit der Rippe erfährt eine Reduzierung. Aus Bild 130b/c ist zu erkennen, wie sich die Reduzierung auswirkt und wie sie berechnet werden kann. Anstelle von G.147 gilt:

$$H = \mu \cdot \frac{GI_T}{2(a+e)} \qquad (149)$$

Der Reduktionsfaktor μ folgt für eine trapezförmige Rippe (Bild 130a) zu [206]:

$$\frac{1}{\mu} = 1 + \frac{GI_T}{EI_P} \cdot \frac{a^3}{12(a+e)^2} \cdot \left(\frac{\pi}{0{,}81 \cdot l}\right)^2 \left\{ \left(\frac{e}{a}\right)^3 + \left[\frac{e-c}{a+c} + \lambda\right]^2 + \frac{\lambda^2}{\varkappa} \cdot \left(\frac{c}{a}\right)^3 + \frac{24}{\varkappa} \cdot \left(\frac{h'}{a}\right)\left(f_1^2 + f_1 \cdot f_2 + \frac{f_2^2}{3}\right) \right\}; \quad EI_P = \frac{E t_P^3}{10{,}92}$$

$$\varkappa = \left(\frac{t_R}{t_P}\right)^3; \quad \lambda = \frac{(2a+c)(a+e)ch' - \varkappa a^3(e-c)}{(a+c)[2h' \cdot (a^2+ac+c^2) + c^3 + \varkappa a^3]}; \quad f_1 = \frac{\lambda}{2} \cdot \left(\frac{c}{a}\right); \quad f_2 = \frac{\lambda}{2} \cdot \left(\frac{a-c}{a}\right) - \left(\frac{a+e}{a+c}\right) \cdot \frac{c}{2a} \qquad (150)$$

25.5.4.3 Berechnung orthotroper Fahrbahnplatten nach PELIKAN/ESSLINGER

25.5.4.3.1 Berechnungsprinzip *)

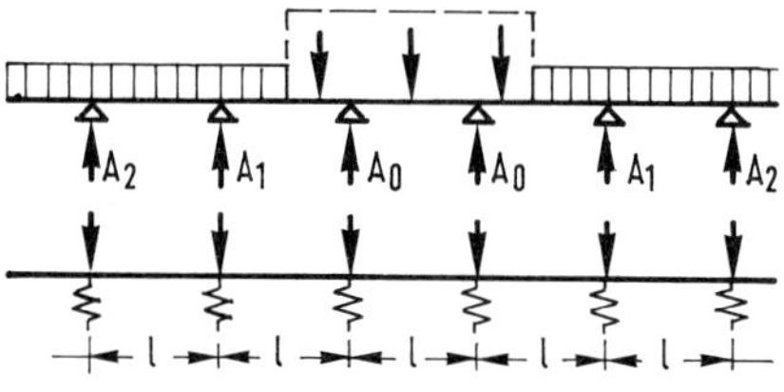

Bild 131

Die Berechnung wird in zwei Schritten vollzogen: Im 1. Schritt werden alle Querträger als starr (unverschieblich) betrachtet. Hierfür werden die Schnittgrößen in den Längsrippen und Querträgern für die unmittelbar einwirkenden Verkehrslasten berechnet. Im 2. Schritt werden die Auflagerreaktionen des 1. Schrittes auf den Trägerrost, bestehend aus den nachgiebigen Querträgern und den durchlaufenden Längsrippen, aufgebracht. Anschließend werden die Schnittgrößen (Schnittmomente) überlagert. Diese Berechnungsform führt, wie man zeigen kann, zur strengen Lösung des Problems.

Für die orthotrope Platte mit offenen (torsionsweichen) Längsrippen verkürzt sich die Grundgleichung (G.141) (wegen $K_y=0$ und $H=0$) zu

$$K_x w'''' = q(x,y) \qquad (151)$$

und für die orthotrope Platte mit geschlossenen (torsionssteifen) Längsrippen (wegen $K_y=0$) zu:

$$K_x w'''' + 2H w''^{\bullet\bullet} = q(x,y) \qquad (152)$$

(Vgl. vorangegangenen Abschnitt.) Im ersten Falle zerfällt die Platte in eine Schar parallel nebeneinander liegender, unverbundener Rippen, die (über unendlich viele Stützen) durchlaufen. Im zweiten Falle liegt ein Plattenproblem vor, wobei die Platte beidseitig auf den Hauptträgern unverschieblich aufliegt.

Das Verfahren gilt für einfeldrige Querträger mit konstanter Biegesteifigkeit. Haben die Querträger eine variable Biegesteifigkeit oder handelt es sich um Durchlaufträger, so bleiben die Rechenbehelfe auch für diese Fälle näherungsweise gültig, wenn der reale Querträger durch einen Einfeldträger mit konstantem Trägheitsmoment ersetzt wird. Das Ersatzträgheitsmoment I folgt aus einem Durchbiegungsvergleich. Hierzu wird für den realen Querträger (im betrachteten Feld) in Feldmitte die Einheitskraft F=1 eingeprägt und die Durchbiegung berechnet, sie betrage w. Dieser Wert wird mit der mittigen Durchbiegung des Ersatzträgers der Länge b gleichgesetzt:

$$w \overset{!}{=} \frac{1}{48} \cdot \frac{b^3}{E\tilde{I}} \longrightarrow \tilde{I} = \frac{b^3}{48 E w} \quad (\tilde{I}_{QTr}) \qquad (153)$$

Hiermit werden die Rippenmomente (im oben erläuterten 2. Schritt) berechnet.

Durch die Querträgernachgiebigkeit wird das im Berechnungsschritt 1 ermittelte Feldmoment M_F in der Platte erhöht und das Stützmoment M_{St} in der Platte verringert; das Feldmoment im Querträger erfährt ebenfalls eine Abminderung.

Während nach der ehemaligen DIN 1072 (1952/1967) nur ein Schwerlastwagen SLW60 in der Hauptspur anzunehmen war, ist nach der neuen DIN 1072 (1985) zusätzlich ein SLW30 (ohne φ)

*) Die in [206] enthaltenen Abkürzungen entsprechen nicht den heute nach DIN 1080 maßgebenden; es werden daher einige Umbenennungen vorgenommen (z.B. Vertauschung von x und y).

in der Nebenspur zu platzieren. Das ergibt für die Fahrbahnplatte (insbesondere für die Querträger) eine höhere Beanspruchung. Für dieses neue Lastbild wurden die von PELIKAN/ESSLINGER erarbeiteten Rechenhilfen von GAUGER/OXFORT [208] erweitert, worauf im folgenden Bezug genommen wird.

Da orthotrope Fahrbahnplatten im modernen Straßenbrückenbau praktisch ausschließlich mit

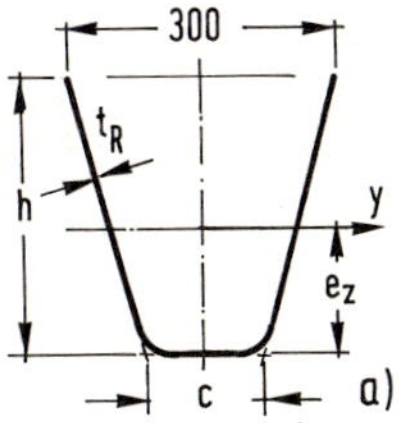

a)

Profil	h	t_R	c	G	A	I_y	e_z
2/275/6	275	6	135	32,3	41,1	3168	11,5
2/300/6	300		120	34,1	43,4	3876	13,0
2/325/6	325		105	35,8	45,6	4662	14,5
2/350/6	350		90	37,6	47,9	5529	16,0
	mm			kg/m	cm^2	cm^4	cm

Trapezrippenprofile (Krupp-Profile) Auszug, geliefert werden auch die Dicken t_R = 7, 8, 9 und 10 mm

b) Bild 132

geschlossenen (Trapez-) Rippen ausgeführt werden, beschränkt sich die folgende Darstellung auf diesen Fall. Bild 132 zeigt einen Auszug aus dem zur Verfügung stehenden Trapezprofil-Sortiment.

25.5.4.3.2 Orthotrope Platte mit geschlossenen Rippen

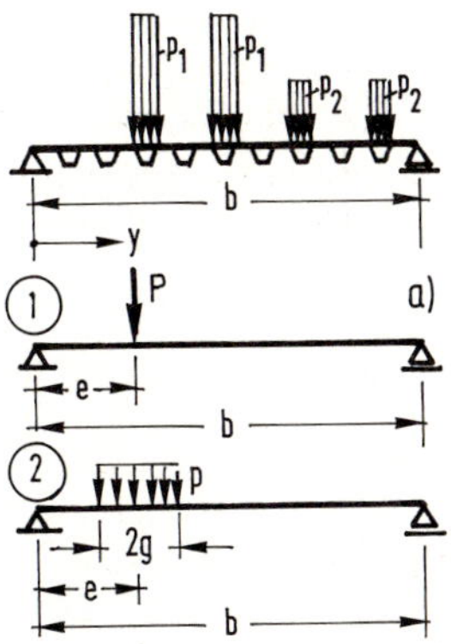

Bild 133 b)

Als Lösungsansatz für die Plattengleichung (G.152) wird - im Hinblick auf die unverschiebliche Lagerung der Platte entlang der Hauptträger - die Reihe

$$w(x,y) = \sum_{n=1}^{\infty} w_n(x) \cdot \sin\frac{n\pi y}{b} \tag{154}$$

gewählt. Den Randbedingungen w=0 und Δw=0 wird hierdurch entlang der Längsränder genügt. - Die äußere Belastung wird (quer zum Plattenstreifen, also in Richtung y) in eine FOURIER-Reihe entwickelt (Bild 133a):

$$q(y) = \sum_{n=1}^{\infty} q_n \cdot \sin\frac{n\pi y}{b} \tag{155}$$

Für die in Bild 133b dargestellten Lasten lauten die FOURIER-Koeffizienten q_n:

$$① \quad q_n = \frac{2P}{b} \cdot \sin\frac{n\pi e}{b} \tag{156}$$

$$② \quad q_n = \frac{4p}{b} \cdot \left(\frac{b}{n\pi}\right) \cdot \sin\frac{n\pi e}{b} \cdot \sin\frac{n\pi g}{b} = \frac{4p}{n\pi} \cdot \sin\frac{n\pi e}{b} \cdot \sin\frac{n\pi g}{b} \tag{157}$$

Eine Belastung, die sich wie in Bild 133a aus mehreren Lastblöcken zusammensetzt, ist aus Abschnittslasten gemäß ② aufzubauen. - Die äußere Belastung q(x,y) wird, wie G.154, als Reihe angesetzt:

$$q(x,y) = q(x) \cdot q(y) = q(x) \cdot \sum_{n=1}^{\infty} q_n \cdot \sin\frac{n\pi y}{b} \tag{158}$$

Wird der Lösungsansatz (G.154) und Lastansatz (G.158) in die Plattengleichung (G.152) eingeführt, folgt:

$$\sum_{n=1}^{\infty} \left[K_x \cdot w_n'''' - \left(\frac{n\pi}{b}\right)^2 \cdot 2H w_n'' = q(x) \cdot q_n \right] \sin\frac{n\pi y}{b} \tag{159}$$

Diese Gleichung wird für jeden Wert von y erfüllt. Es verbleibt eine gewöhnliche Differentialgleichung (für jeden Wert von n):

$$w_n'''' - \left(\frac{n\pi}{b}\right)^2 \cdot \frac{2H}{K_x} w_n'' = \frac{q_n}{K_x} \cdot q(x) \tag{160}$$

Dieser Differentialgleichungstyp tritt auch in der Statik der Zugbiegung Th.II.Ordnung (Abschnitt 7.3.2.1) und der Wölbkrafttorsion (Abschnitt 27.3.2.2) auf. Die Lösung lautet:

$$w_n(x) = C_{1n} \cdot \sinh\alpha_n x + C_{2n} \cosh\alpha_n x + C_{3n}\alpha_n x + C_{4n} + w_{n,part.}(x) \qquad \text{mit } \alpha_n = \frac{n\pi}{b} \cdot \sqrt{\frac{2H}{K_x}} \tag{161}$$

Mittels der Freiwerte C_{1n} bis C_{4n} werden für das anstehende Plattenproblem die Rand- und Übergangsbedingungen (in Längsrichtung) befriedigt. Die partikuläre Lösung wird für die

gegebene Lastfunktion q(x) mittels passender Ansätze gefunden.
Auf dieser Basis lassen sich orthotrope Fahrbahnplatten für die unterschiedlichsten Aufgabenstellungen untersuchen und z.B. Einflußflächen berechnen. Auch läßt sich das Verfahren der Übertragungsmatrizen von hier aus vergleichsweise einfach herleiten. Auf die Be-

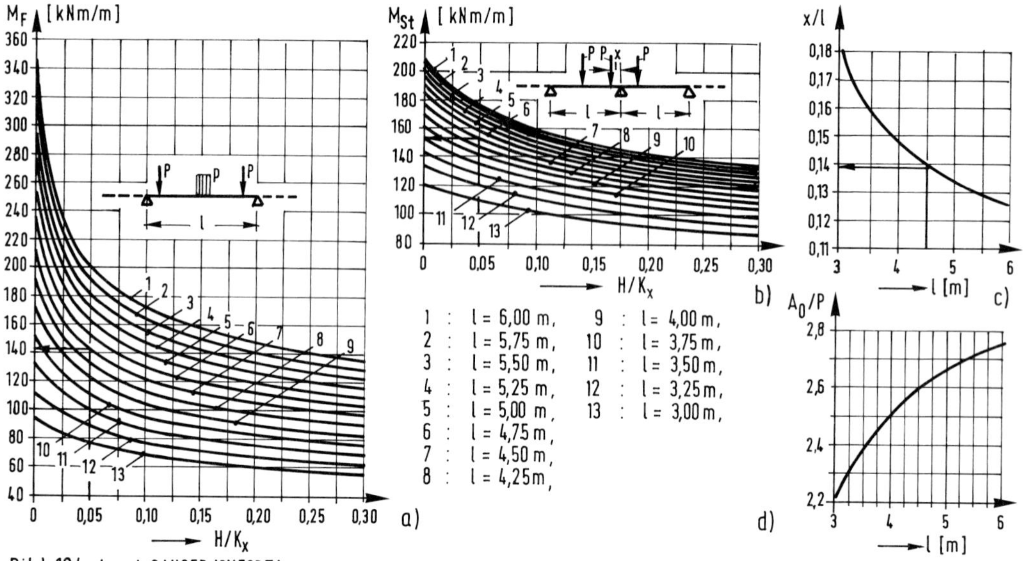

Bild 134 (nach GAUGER/OXFORT)

handlung weiterer Einzelheiten wird in diesem Rahmen verzichtet.
Für die SLW60/30 Lastbelegung nach DIN 1072 (1985) kann das größte Feldmoment M_F aus Bild 134a und das größte Stützmoment M_{St} in den Längsrippen aus Bild 134b in Abhängigkeit von der Plattenkennzahl H/K_x und der Längsrippenstützweite l[m] für starre Unterstützung durch die Querträger abgegriffen werden (Schritt 1). Der Schwingbeiwert φ ist (für den SLW60) eingearbeitet. Aus Bild 134c kann die für M_{St} maßgebende Laststellung entnommen werden. Aus Bild 134d folgt die größte (auf die Achslast eines SLW bezogene) Auflagerkraft, berechnet für den über unendlich viele Felder durchlaufenden Träger.

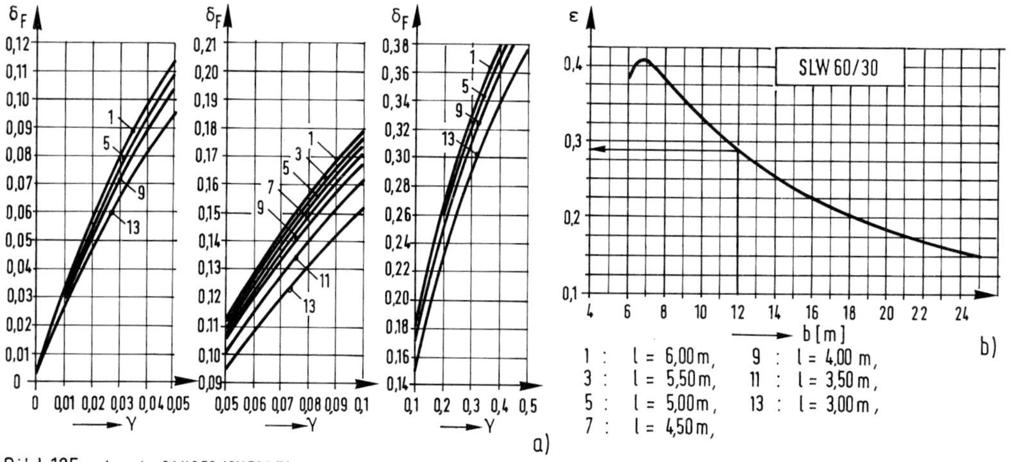

Bild 135 (nach GAUGER/OXFORT)

Die Momentenzunahme des Feldmomentes infolge der Querträgernachgiebigkeit kann mit Hilfe von Bild 135 bestimmt werden. Dazu wird zunächst die Querträgerkennzahl γ berechnet:

$$\gamma = \frac{K_x \cdot b^4}{EI_{QTr} \cdot l^3 \cdot \pi^4} \qquad (162)$$

EI_{QTr} ist die Biegesteifigkeit des Querträgers und b seine Spannweite. l ist die Rippenstützweite (s.o.). Als erstes wird aus Bild 135a der Wert δ_F in Abhängigkeit von γ und l [m] und als zweites der Wert ε aus Bild 135b in Abhängigkeit von b [m] abgegriffen. Damit berechnet sich ΔM_F zu:

$$\Delta M_F = \delta \cdot \varepsilon \cdot p\, l \qquad (163)$$

p ist die mit dem Schwingbeiwert für die Längsrippen multiplizierte Radlast des SLW60 (100kN), dividiert durch die Radaufstandsbreite 0,7m. Bild 136a zeigt die ehemals maßgebende und Bild 136b die heute maßgebende Lastbelegung. Wird die Belagdicke zu 5cm und die Lastausstrahlung zu 45° angenommen, ergibt sich für den SLW60 eine Radaufstandsbreite von 60+2·5=70 cm (Bild 136c).

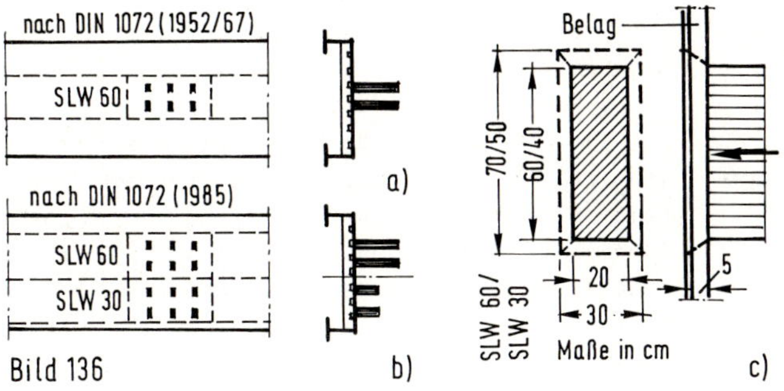

Bild 136

Beispiel: Gegeben sei: l=4,50m; b=12,00m; K_x=20 000kNm²/m, H=1000kNm²/m, $EI_{QTr}=9{,}45\cdot 10^5$kNm²

$$\frac{H}{K_x} = \frac{1000}{20000} = \underline{0{,}05}; \quad \gamma = \frac{20000 \cdot 12{,}0^4}{9{,}45 \cdot 10^5 \cdot 4{,}50^3 \cdot \pi^4} = \underline{0{,}0494}$$

Aus Bild 134 folgt:

Bild 134: $M_F = \underline{143\ \text{kNm/m}}$; $M_{St} = \underline{-148\ \text{kNm/m}}$ $(x = 0{,}139 \cdot 4{,}5 = 0{,}63\ \text{m})$

$l = 4{,}5\text{m} \longrightarrow \varphi = 1{,}4 - 0{,}008 \cdot 4{,}5 = 1{,}364 \longrightarrow p = \frac{1{,}364 \cdot 100}{0{,}7} = 194{,}9\ \text{kN/m}$

Aus Bild 135 folgt:

Bild 135: $\delta = 0{,}107$; $\varepsilon = 0{,}287$: $\Delta M_F = 0{,}107 \cdot 0{,}287 \cdot 194{,}9 \cdot 4{,}50 = +27\ \text{kNm/m}$

$\max M_F = 143 + 27 = \underline{170\ \text{kNm/m}}$

Hinsichtlich der Berechnung von ΔM_{St} wird auf das in [208] enthaltene Diagramm verwiesen; für das vorliegende Beispiel folgt ΔM_{St}=+57kNm/m. Eine Wiedergabe der für die Berechnung der Querträgerbiegemomente maßgebenden Diagramme scheidet in diesem Rahmen ebenfalls aus. Für die Lastbelegung mit einem SLW60 (Bild 136a) sind nach wie vor die Behelfe in [206,207] gültig.

Ergänzende Hinweise: 1. DIN 1073 (07.74) enthielt für den Ansatz der mitwirkenden Breite für die Längsrippen und Querträger spezielle Vorgaben. Solche sind in DIN 18809 nicht mehr enthalten. Es ist demnach gemäß den hierin enthaltenen allgemeinen Berechnungsgrundsätzen zu verfahren, wobei für die Schnittgrößenermittlung (in der orthotropen Platte) von konstanten Breiten ausgegangen werden darf. Beim Spannungsnachweis sind die Einschnürungen in den Stützbereichen zu berücksichtigen. (In [206] wird für die unmittelbar belasteten Längsrippen und Querträger eine (verbreiterte) ideelle Breite des anteiligen Deckbleches als Rippengurtung bestimmt. Hierauf sollte n.M.d.Verf. verzichtet werden, zumindest beim Führen der Spannungsnachweise in den Einschnürungsbereichen.) - 2. Neben der Verkehrslast sind stets auch die Schnittgrößen in der orthotropen Platte infolge ihrer Eigenlast einschl. Belag zu berechnen. Hier genügt eine Berechnung im Sinne von Schritt 1 nach den Formeln der Stabstatik.

25.5.4.4 Ergänzungen

Die Ausführungen in den vorangegangenen Abschnitten zum Thema "Berechnung orthotroper Fahrbahnplatten" erfassen nur einen Bruchteil der im wissenschaftlichen Schrifttum publizierten Berechnungsmethoden und Zuschärfungen. Hinsichtlich der Grundlagen und Erweiterungen auf orthotrope Platten mit exzentrischen Steifen und auf Sonderfragen siehe [212-239], Übertragungsmatrizen [240,241], Einflußflächen [242-245]. Das Berechnungsverfahren von GUYON-MASSONNET wird in [246,247] ausführlich dargestellt. In diesem Zusammenhang seien auch die Berechnungsverfahren, die auf der Analyse von Trägerrosten und Kreuzwerken beruhen, erwähnt [248-260] und die Verfahren zur Berechnung der Lastverteilung [261-264] und schiefer Hohlkästen [265,266].

25.5.5 Scheinbarer Elastizitätsmodul von Schrägseilen

25.5.5.1 Problemstellung

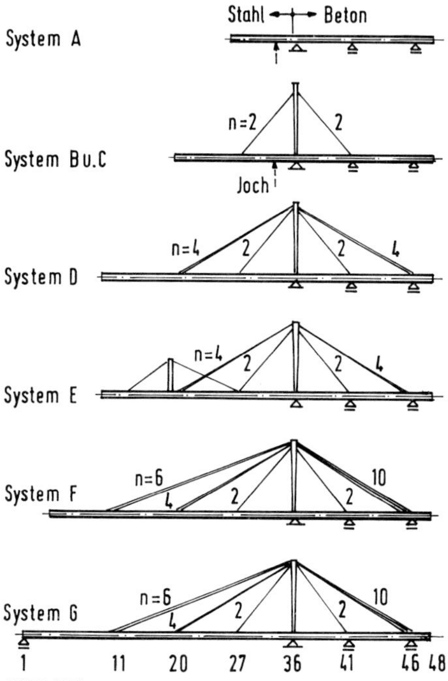

Bild 137

Seilabspannungen kommen als Konstruktionselement bei Schrägseilbrücken zum Einsatz. Infolge des Seileigengewichts stellt sich im Schrägseil ein Durchhang ein. Die Größe dieses Durchhangs ist von der Höhe der bei der Montage eingestellten anfänglichen Seilkraft, also von der "Straffheit" abhängig. Der auf die Sehnenlänge bezogene Durchhang ist für eine bestimmte anfängliche Spannung σ_0 umso größer, je länger und schwerer das Seil ist. Wird ein solches Seil durch die äußere Belastung zusätzlich auf Zug beansprucht, vermindert sich der Durchhang. In Richtung der Seilsehne tritt hierdurch eine Verschiebung und damit, bezogen auf die Seillänge, eine "Dehnung" ein. Diese Dehnung ist rein kinematischer Natur und überlagert sich der elastischen Dehnung des Seiles aus der Spannungszunahme. Man berücksichtigt diesen Effekt durch die Einführung eines "scheinbaren" oder "ideellen" Elastizitätsmoduls. Diese Vereinbarung hat sich bewährt, insbesondere im Schrägseilbrückenbau. Schrägseilbrücken sind seilverspannte Durchlaufträger. Die Verformungen sind vergleichsweise gering, auch bei einseitiger Belastung, so daß eine Berechnung nach Theorie I. Ordnung i.a. ausreichend genau ist. Der Grad der statischen Unbestimmtheit wächst mit der Zahl der Schrägseile. Neben der Brücke im Endzustand sind auch sämtliche Bauzustände, insbesondere Vorbauzustände, nachzuweisen (Bild 137); auf die ausführliche Dokumentation zum Schrägseilbrückenbau von ROIK, ALBRECHT u. WEYER [135] wird in diesem Zusammenhang verwiesen, vgl. auch [267-269].

25.5.5.2 Herleitung des scheinbaren Elastizitätsmoduls für das unter Eigenlast stehende Schrägseil - Durchhangmodul

Bild 138 zeigt ein Schrägseil mit dem senkrecht zur Seilsehne gemessenen Stich $\bar{f}_0$. Die Eigenlast des Seiles betrage je Längeneinheit g. g wird senkrecht und in Richtung der Seilsehne zerlegt. Unterstellt man ein straff gespanntes Seil mit geringem (bezogenen) Durchhang, gilt genähert (Bild 138):

$$\bar{g} = g \cdot \cos\alpha \; ; \quad \bar{\bar{g}} = g \cdot \sin\alpha \qquad (164)$$

Die längsgerichtete Komponente $\bar{\bar{g}}$ wird in ihrem Einfluß auf die Seilform vernachlässigt, die Komponente $\bar{g}$ bewirkt eine parabelförmige Seillinie, vgl. Abschnitt 16.3.2.2/3. Im Ausgangszustand (Montagezustand) beträgt die Seilkraft:

$$S_0 = \frac{\bar{g}\, s^2}{8\,\bar{f}_0} = \frac{g \cos\alpha \cdot s^2}{8\,\bar{f}_0} \qquad (165)$$

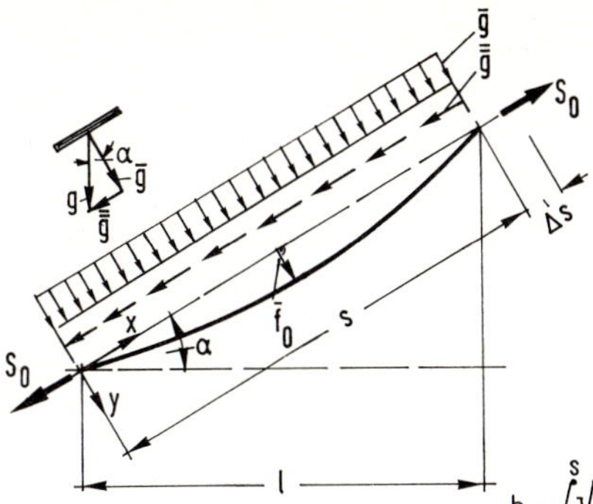

Bild 138

Tritt unter äußerer Belastung des Tragwerkes eine Verschiebung Δs in Richtung der Seilsehne ein, steigt die Seilkraft an; sie beträgt unter Berücksichtigung der Seilsehnenverlängerung:

$$S = \frac{\bar{g}(s+\Delta s)^2}{8\bar{f}} = \frac{g\cos\alpha\cdot(s+\Delta s)^2}{8\bar{f}} \qquad (166)$$

Der Zunahme der Seilkraft von S_0 auf S entspricht eine Durchhangverringerung von f_0 auf $\bar{f}$.

Die Länge b der nach einer flachen Parabel mit der Basis s angenäherten Seilkurve folgt aus:

$$b = \int_0^s \sqrt{1+y'^2}\,dx = \int_0^s \left(1+\frac{1}{2}y'^2 - \frac{1}{8}y'^4 + \cdots\right)dx \approx \int_0^s \left(1+\frac{1}{2}y'^2\right)dx \qquad (167)$$

y ist die Seilkoordinate, x ist die Längskoordinate in Richtung der Seilsehne. Fällt der Ursprung von x mit dem Seilende zusammen, lauten y und y':

$$y = 4\bar{f}\,\frac{(s-x)x}{s^2}\,; \quad y' = 4\left(\frac{\bar{f}}{s}\right)\left[1-2\left(\frac{x}{s}\right)\right] \qquad (168)$$

Wird y' in G.167 eingesetzt, erhält man die Seillänge zu:

$$b \approx s\left[1+\frac{8}{3}\left(\frac{\bar{f}}{s}\right)^2\right] \qquad (169)$$

Wie erwähnt, setzt diese Formel einen kleinen bezogenen Seildurchhang voraus, vgl. Abschn. 16.3.1.

Um für das anstehende Problem den alleinigen Einfluß der Durchhangänderung auf den Elastizitätsmodul des Seiles erfassen zu können, wird das Seil hinsichtlich seiner elastischen Eigenschaft zunächst als dehnstarr betrachtet. Das läuft auf die Bedingung hinaus, daß die Seillänge im Lastzustand gleich der Länge im Ausgangszustand ist. Mit den Benennungen gemäß Bild 138 folgt:

$$s\left[1+\frac{8}{3}\left(\frac{\bar{f}_0}{s}\right)^2\right] = (s+\Delta s)\left[1+\frac{8}{3}\left(\frac{\bar{f}}{s+\Delta s}\right)^2\right] \qquad (170)$$

G.165 und G.166 werden nach $\bar{f}_0$ bzw. $\bar{f}$ aufgelöst und in G.170 eingesetzt, das ergibt:

$$\Delta s = +\frac{(g\cos\alpha)^2}{24S_0^2}s^3 - \frac{(g\cos\alpha)^2}{24S^2}\left[s^3+3s^2\Delta s+3s(\Delta s)^2+(\Delta s)^3\right] \qquad (171)$$

Gegenüber s^3 können die anderen Terme in der eckigen Klammer unterdrückt werden; es verbleibt damit:

$$\Delta s = \frac{g^2\cos^2\alpha\cdot s^3}{24}\left(\frac{1}{S_0^2}-\frac{1}{S^2}\right) \qquad (172)$$

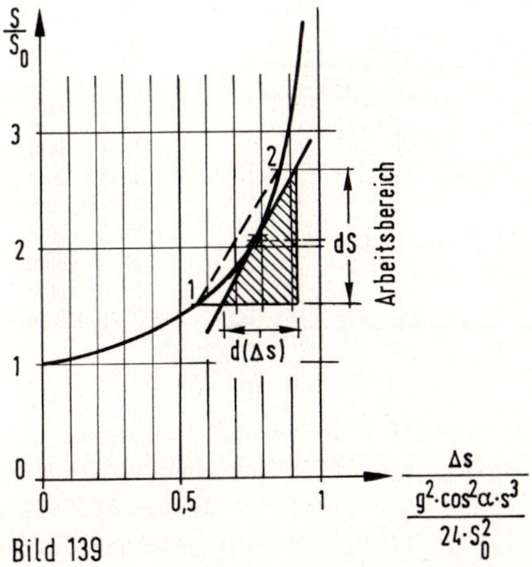

Bild 139

Formt man diese Gleichung etwas um, läßt sich S/S_0 über Δs auftragen. Bild 139 zeigt diese funktionale Abhängigkeit. Sie ist offensichtlich nichtlinear. Ein konstanter Elastizitätsmodul läßt sich nicht angeben, wohl ein E-Modul innerhalb des "mittleren" Arbeitsbereiches des Seiles. Hierzu gibt es zwei Möglichkeiten:

1) Es wird in Höhe von S/S_0 der Modul E_f als Tangentenmodul definiert:

$$E_f = \frac{d\sigma}{d\varepsilon} = \frac{s}{A}\left(\frac{dS}{d\Delta s}\right) \qquad (173)$$

Δs (gemäß G.172) wird nach S differenziert und mit vorstehender Definition verknüpft:

$$\frac{d(\Delta s)}{dS} = \frac{g^2\cos^2\alpha \cdot s^3}{24} \cdot \frac{2}{S^3} = \frac{g^2\cos^2\alpha \cdot s^3}{12S^3} \rightarrow \tag{174}$$

$$E_f = \frac{S}{A} \cdot \frac{12S^3}{g^2\cos^2\alpha \cdot s^3} = \frac{12S^3}{A \cdot g^2 \cdot l^2} = \frac{12\sigma^3}{\gamma^2 \cdot l^2} \tag{175}$$

γ ist die Wichte des Seiles (γ=g/A) und A die metallische Querschnittsfläche. Der ideelle Elastizitätsmodul, der die elastische Seildehnung und den kinematischen Durchhangeinfluß einfängt, folgt nunmehr zu:

$$E_i = \frac{\sigma}{\varepsilon_e + \varepsilon_f} = \frac{\sigma}{\frac{\sigma}{E_e} + \frac{\sigma}{E_f}} = \frac{E_e E_f}{E_e + E_f} = \frac{E_e}{1 + \frac{E_e}{E_f}} = \frac{E_e}{1 + \frac{\gamma^2 l^2}{12\sigma^3} E_e} \tag{176}$$

2) Die andere Möglichkeit, um den ideellen Elastizitätsmodul abzuleiten, besteht darin, den Modul E_f als Sekantenmodul zu definieren. Dazu wird die Längenänderung infolge der Seilkraftzunahme von S_1 auf S_2, also zwischen den Grenzmarken des Arbeitsbereiches, mittels Integration über d(Δs) berechnet, vgl. Bild 139:

$$d(\Delta s) = \frac{g^2\cos^2\alpha \cdot s^3}{12S^3} dS \tag{177}$$

Die Integration ergibt:

$$\Delta s = s\frac{g^2 \cdot l^2}{12} \cdot \int_{S_1}^{S_2} \frac{dS}{S^3} = s\frac{g^2 \cdot l^2}{24}\left(\frac{1}{S_1^2} - \frac{1}{S_2^2}\right) \tag{178}$$

Hieraus folgt:

$$\Delta\varepsilon = \frac{\Delta s}{s} = \frac{g^2 l^2}{24} \cdot \frac{S_2^2 - S_1^2}{S_1^2 \cdot S_2^2} \rightarrow \quad E_f = \frac{\Delta\sigma}{\Delta\varepsilon} = \frac{24(S_2 - S_1) \cdot S_1^2 \cdot S_2^2}{A \cdot g^2 l^2 \cdot (S_2^2 - S_1^2)} \rightarrow \tag{179}$$

$$E_f = \frac{24\, S_1^2 S_2^2}{A\, g^2 l^2 (S_1 + S_2)} = \frac{24\,\sigma_1^2 \sigma_2^2}{\gamma^2 l^2 (\sigma_1 + \sigma_2)} \tag{180}$$

Wird dieser Anteil wiederum mit dem elastischen verknüpft, ergibt sich:

$$E_i = \frac{E_e}{1 + \frac{\gamma^2 l^2 (\sigma_1 + \sigma_2)}{24\,\sigma_1^2 \sigma_2^2} E_e} \tag{181}$$

Bildet man den Mittelwert

$$\sigma = \frac{\sigma_1 + \sigma_2}{2} \tag{182}$$

geht G.181 in G.176 über.

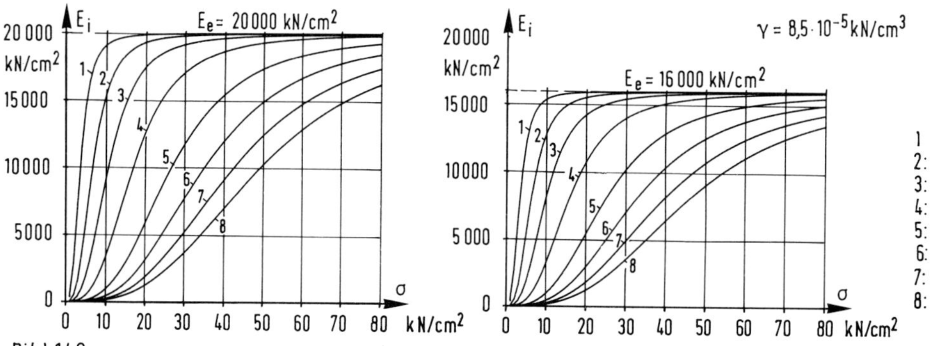

Bild 140 a) b)

Anstelle "ideeler Elastizitätsmodul" wäre es richtiger von "Durchhangmodul" zu sprechen. In Bild 140 ist G.176 für zwei Verformungsmoduli ausgewertet: E_e=20000kN/cm² und 16000kN/cm² (Abschn.16.1.6). Auf der Abszissenachse ist die Seilspannung und auf der Ordinatenachse der Durchhangmodul E_i aufgetragen. Parameter ist die Seillänge l[m]. Für eine gegebene Spannung σ liegt der E_i-Modul umso niedriger, je länger das Seil ist. Wegen dieses Effektes sinkt die Seilsteife infolge des Durchhangeffekts zu stark ab. - Bei der praktischen Brückenberechnung bedarf es einer Iteration: Zunächst wird die Höhe der zu erwartenden Seilspannung für den untersuchten Lastfall aufgrund einer Vorberechnung abgeschätzt und hierfür E_i bestimmt. Mit diesem E_i-Wert wird eine neuerliche Berechnung durchgeführt usf. Bei Tragwerken mit langen Seilen sind i.a. mehrere Iterationsschritte erforderlich; bei kurzen Seilen ist der Durchhangeffekt gering bis vernachlässigbar. Vgl. die Ausführungen in Abschnitt 25.5.1. - Als Berechnungsverfahren für Vorberechnungen kann bei Schrägseilbrücken vom Verfahren der Übertragungsmatrizen ausgegangen werden. In den Seilaufhängepunkten werden dazu zunächst die Federkonstanten für eine lotrechte Durchsenkung bestimmt. Für den Seileinfluß alleine gilt:

$$\text{Infolge } F=1: \quad \delta = \frac{s}{\cos^2\alpha \cdot E_i A} \quad \longrightarrow \quad C = \frac{1}{\delta} = \cos^2\alpha \cdot \frac{E_i A}{s} \qquad (183)$$

Die in den Aufhängepunkten abgesetzten Horizontalkomponenten stehen untereinander im Versteifungsträger als Druckkräfte im Gleichgewicht; ihr Einfluß wird ggf. berücksichtigt: Theorie II. Ordnung. Die hierfür erforderliche Übertragungsmatrix ist z.B. in [270] angegeben. - Die Endberechnung wird man heutzutage mit Programmen für räumliche Stabwerke durchführen; die Seile werden als Zugstäbe begriffen, deren Elastizitätsmodul spannungsabhängig, also variabel, ist; vgl. auch [268,269] und [271,272].

G.176 wurde 1965 von ERNST [273] angegeben; tatsächlich ist die Formel älter [274].

25.5.5.3 Wind- und Vereisungseinfluß

Der Einfluß des Windes und einer etwaigen Vereisung auf den ideellen E-Modul ist bei den schweren Brückenseilen vernachlässigbar gering; zur Theorie vgl. [270, Abschn. 6.8.7.2], siehe auch [275-277].

25.5.6 Grundlagen der Hängebrückenberechnung

25.5.6.1 Vorbemerkungen

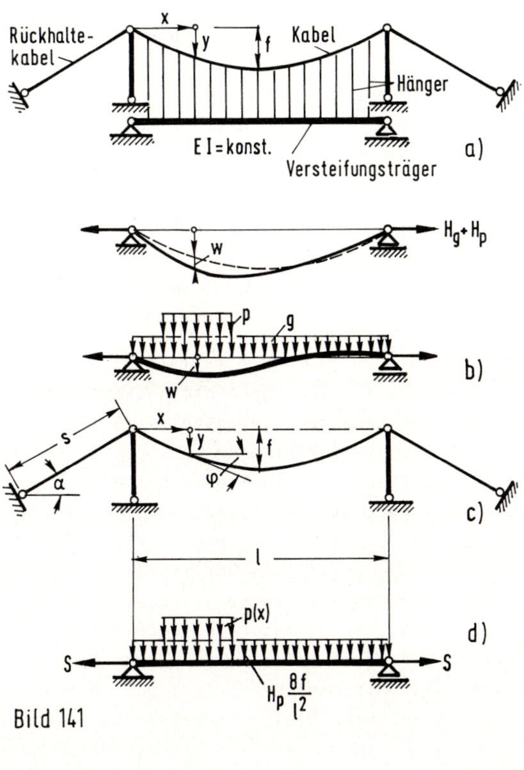

Bild 141

Bild 141a zeigt das System einer erdverankerten Hängebrücke in schematischer Darstellung. Ein solches System ist einfach-statisch unbestimmt. - Hängebrücken erleiden ihrem Wesen nach unter einseitiger Belastung relativ große Verformungen, weil sich das biegeweiche Kabel in Richtung der Lastresultierenden verschiebt. Der Versteifungsträger wirkt dieser Verformung entgegen. Die Größe der Durchbiegung und Biegemomente ist von der Steifigkeit des Brückenträgers abhängig. Werden die Schnittgrößen nach Theorie II. Ordnung berechnet, ergeben sich im Vergleich zu Theorie I. Ordnung geringere Biegemomente im Versteifungsträger. Dieser Effekt wird wirtschaftlich genutzt: Zugbiegung. (Bei Bogenbrücken ist es ein Gebot der Sicherheit, den Tragsicherheitsnachweis nach Th.II.Ordnung zu führen: Druckbiegung.)

Die im folgenden Abschnitt für das in Bild 141 dargestellte System hergeleitete Theorie geht von folgenden Annahmen aus:

a) Das Eigengewicht des Versteifungsträgers, der Hängestangen und des Kabels wird vom Kabel getragen. Das läßt sich durch gezielte Ablängung der Hänger erreichen. (Ein davon abweichender Anteil der ständigen Last wird der Verkehrslast zugeschlagen.) In diesem Sinne bewirkt die ständige Last g keine Stützkräfte an den Auflagerpunkten des Versteifungsträgers. Die ständige Last ist konstant, die Kabelform ist eine quadratische Parabel. b) Die Hängestangen liegen so dicht, daß der Versteifungsträger als kontinuierlich getragen betrachtet werden kann. (Die Biegemomente und Querkräfte aus der Durchlaufwirkung von Aufhängepunkt zu Aufhängepunkt werden der Globalbeanspruchung überlagert.) c) Pylone und Hängestangen sind dehnstarr, ihre Schrägstellung wird vernachlässigt; am Pylonkopf können keine horizontalen Kraftkomponenten abgesetzt werden, d.h. es wird eine gelenkige Lagerung der Pylonfußpunkte oder eine horizontal verschiebliche Lagerung des Kabels auf den Pylonköpfen unterstellt. - Auf der Basis dieser Annahmen läßt sich eine vergleichsweise einfache Berechnungstheorie aufbauen.

25.5.6.2 Berechnungstheorie

Gemäß Annahme a) ist die Kabelform unter der Eigenlast g eine Parabel (vgl. Abschnitt 16.3.2.2; y von oben nach unten positiv):

$$y = \frac{g}{2H_g}x(l-x) \qquad (184)$$

H_g ist der der Eigenlast zugeordnete Horizontalzug im Kabel. Ist f der Kabelstich in Brückenmitte, folgt H_g zu:

$$g + H_g y'' = 0 \longrightarrow H_g = \frac{gl^2}{8f} \qquad (185)$$

Die Brücke werde nunmehr durch eine Verkehrslast p(x) und eine Temperaturänderung t beansprucht. Dadurch werden im Versteifungsträger Durchbiegungen w(x) geweckt. Diese sind gemäß Annahme b) und c) identisch mit den lotrechten Verschiebungen des Kabels. Den Durchbiegungen w(x) sind Biegemomente M(x) und Querkräfte Q(x) im Versteifungsträger zugeordnet. Der Horizontalzug H_g wächst um den Anteil H_p auf

$$H = H_g + H_p \qquad (186)$$

an. Auf den Versteifungsträger wirkt die Streckenlast q(x), die sich aus p(x) und s(x), das ist die nach oben wirkende (verschmierte) Hängenstangenkraft je Längeneinheit, zusammensetzt:

$$q(x) = p(x) - s(x) \qquad (187)$$

Auf das Kabel wirkt s(x) als nach unten gerichtete Streckenlast. Am verformten Kabelelement gilt demnach die Differentialgleichung:

$$g + s(x) + H[y''(x) + w''(x)] = 0 \longrightarrow s(x) = -g - H[y''(x) + w''(x)] \qquad (188)$$

Wie in Abschnitt 16.3.1 gezeigt, beinhaltet diese Gleichung die Gleichgewichtsgleichungen $\Sigma V=0$ und $\Sigma M=0$ am infinitesimalen Element dx des biegeschlaffen Kabels (siehe dort G.25). Im verformten Zustand beträgt die resultierende Koordinate: $y + w$.

Mit G.188 folgt für G.187:

$$q(x) = g + p(x) + H\cdot y''(x) + H\cdot w''(x) \qquad (189)$$

Dieses Belastungsglied wird in die Grundgleichung der Stabbiegung eingesetzt. EI ist die Biegesteifigkeit des Versteifungsträgers:

$$EIw''''(x) - H\cdot w''(x) = p(x) + H_p\cdot y''(x) \qquad (190)$$

Hierin ist EI=konst unterstellt und der Querkraftverformungsbeitrag vernachlässigt. Die erstgenannte Annahme wird i.a. konstruktiv realisiert, die zweitgenannte Annahme ist wegen der Schlankheit des Trägers gut erfüllt. In vorstehender Gleichung ist G.185 berücksichtigt! G.190 ist die Grundgleichung für den Versteifungsträger erdverankerter Hängebrücken. H_p ist unbestimmt (und entspricht der statisch Unbestimmten X bei einer Berechnung nach Th.I.Ordnung). Die Differentialgleichung läßt sich lösen, wenn H_p, also der durch die äußere Einwirkung infolge Verkehrslast und Temperaturänderung ausgelöste Horizontalzug, bekannt ist. Um H_p berechnen zu können, bedarf es einer Verformungsbedingung; sie besagt: Die Summe der Horizontalprojektionen der infinitesimalen Längenänderungen des Kabels ist Null. Mit anderen Worten: Der Abstand der Kabel-Erdverankerungen bleibt unverändert. (Ggf. ist eine Widerlagerverschiebung der Rückverankerungsfundamente an dieser Stelle einzurechnen.)

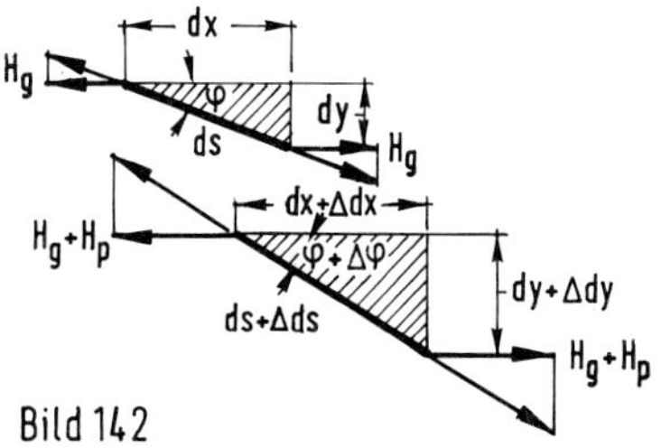

Bild 142

Bild 142 oben zeigt ein Kabelelement der Länge ds im Ausgangszustand mit der Horizontalkomponenten H_g. Darunter ist dasselbe Element, nunmehr um Δds verlängert, in verformter Lage mit der Horizontalkomponenten $H=H_g+H_p$ dargestellt. Die Längenänderung beträgt infolge Verkehrslast p und Temperaturerhöhung t:

$$\Delta ds \approx \frac{H_p}{\cos(\varphi+\Delta\varphi)}\cdot\frac{ds}{EA} + \alpha_t t\, ds \approx \frac{H_p}{\cos\varphi}\cdot\frac{ds}{EA} + \alpha_t t\, ds \tag{191}$$

E ist der Elastizitätsmodul und A die metallische Querschnittsfläche des Kabels. α_t ist der Temperaturausdehnungskoeffizient. - Aus Bild 142 kann man ablesen:

$$(ds+\Delta ds)^2 = (dx+\Delta dx)^2 + (dy+\Delta dy)^2 \tag{192}$$

Nach Ausmultiplikation und Streichung kleiner Glieder verbleibt:

$$ds\cdot\Delta ds = dx\cdot\Delta dx + dy\cdot\Delta dy \longrightarrow \Delta dx = \Delta ds\frac{ds}{dx} - \Delta dy\frac{dy}{dx} \tag{193}$$

Wegen

$$\frac{dx}{ds} = \cos\varphi\ ; \quad \Delta dy \equiv dw \tag{194}$$

ergibt sich die horizontale Längenänderung des Kabels zu:

$$\Delta dx = \frac{H_p}{\cos\varphi}\cdot\frac{ds}{EA}\cdot\frac{ds}{dx} + \alpha_t t\, ds\frac{ds}{dx} - dw\cdot y' \longrightarrow \Delta dx = \frac{H_p}{EA\cos^3\varphi}dx + \frac{\alpha_t t}{\cos^2\varphi}dx - dw\cdot y' \tag{195}$$

Die Integration über die gesamte Länge l, vom linken bis zum rechten Verankerungspunkt, und die Formulierung der Verformungsbedingung

$$\int_0^l \Delta dx = 0 \tag{196}$$

liefert:

$$\frac{H_p}{EA}\cdot\int_0^l\frac{dx}{\cos^3\varphi} + \alpha_t t\cdot\int_0^l\frac{dx}{\cos^2\varphi} - \int_0^l w'\cdot y'\,dx = 0 \tag{197}$$

Das letzte Glied wird partiell integriert:

$$\int_0^l w'\cdot y'\,dx = w\cdot y'\Big|_0^l - \int_0^l w\cdot y''\,dx \tag{198}$$

Der erste Term ist wegen w(0)=w(l)=0 Null. y" ist konstant, siehe G.185. Damit verbleibt:

$$\int_0^l w'\cdot y'\,dx = -y''\cdot\int_0^l w(x)\,dx \tag{199}$$

Mit den Abkürzungen

$$L_k = \int_0^l\frac{dx}{\cos^3\varphi}, \qquad L_t = \int_0^l\frac{dx}{\cos^2\varphi} \tag{200}$$

findet man aus G.197 die Bestimmungsgleichung für H_p:

$$H_p\cdot\frac{L_k}{EA} + \alpha_t t\cdot L_t + y''\cdot\int_0^l w(x)\,dx = 0 \tag{201}$$

Die Kabelkenngrößen L_k und L_t ergeben sich für das in Bild 141 dargestellte System zu:

$$L_k = l_1\cdot[1+8(\frac{f_1}{l_1})^2] + \frac{2s}{\cos^2\alpha}\ ; \qquad L_t = l_1\cdot[1+\frac{16}{3}(\frac{f_1}{l_1})^2] + 2\frac{2s}{\cos\alpha} \tag{202}$$

l_1 ist hierin die Mittelspannweite und f_1 der zugehörige Stich. Die Formeln folgen aus G.200, indem $\cos\varphi$ durch $\tan\varphi = y'$ ausgedrückt und anschließend integriert wird. - Die Aufgabe besteht nunmehr darin, die Differentialgleichung G.190 in Verbindung mit G.201 zu lösen. - Es gibt zwei Möglichkeiten: Entweder wird die Grundgleichung

$$EIw'''' - (H_g + H_p)w'' = p - H_p\frac{8f}{l^2} \tag{203}$$

gelöst (die Freiwerte werden aus den Randbedingungen bestimmt) oder es wird die Analogie dieser Differentialgleichung mit der Differentialgleichung des zugbeanspruchten Biegestabes (Theorie II. Ordnung, Abschn. 7.3.2.1 und Tafel 7.1) genutzt:

$$EIw'''' - Sw'' = q \tag{204}$$

Die Analogie ist vollständig, da auch die Randbedingungen (die z.B. das Verschwinden der Durchbiegungen und Krümmungen bzw. der Momente an den Enden eines beidseitig gelenkig gelagerten Balkens vorschreiben) übereinstimmen. Der Vergleich der Differentialgleichungen G.190 und G.204 liefert:

$$S = (H_g + H_p) = \frac{g l^2}{8f} + H_p; \quad q = p - H_p \frac{8f}{l^2} \tag{205}$$

Die für Zugbiegung Th.II.Ordnung bekannten Lösungen der Differentialgleichung G.204 können unmittelbar übernommen werden und damit auch die hierfür entwickelten Verfahren. Die Stabkennzahl ist zu

$$\varepsilon = l \cdot \sqrt{\frac{H_g + H_p}{EI}} \tag{206}$$

anzusetzen.

Die Berechnung wird als Iteration durchgeführt: Zunächst wird H_p geschätzt, hierfür wird w(x) für die vorgegebene Verkehrslast p(x) (oder auch Temperaturdifferenz Δt im Versteifungsträger) berechnet und daraus mittels G.201 H_p bestimmt. Die Iteration wird abgebrochen, wenn die H_p-Werte nach zwei aufeinanderfolgenden Berechnungsstufen hinreichend übereinstimmen.

25.5.6.3 Berechnungsbeispiel: Hängebrücke mittlerer Spannweite

Bild 143a zeigt das gewählte Beispiel. Für die Biegesteifigkeit des Brückenträgers und die Dehnsteifigkeit des Kabels möge gelten:

$$EI = 2{,}1 \cdot 10^7 \cdot 2 \cdot 10^8\,\text{Ncm}^2 = 4{,}2 \cdot 10^{15}\,\text{Ncm}^2 = \underline{42 \cdot 10^7\ \text{kNm}^2}$$

$$EA = 1{,}7 \cdot 10^7 \cdot 2 \cdot 900\ \text{N} = 3{,}06 \cdot 10^{10}\,\text{N} = \underline{3{,}06 \cdot 10^7\ \text{kN}}$$

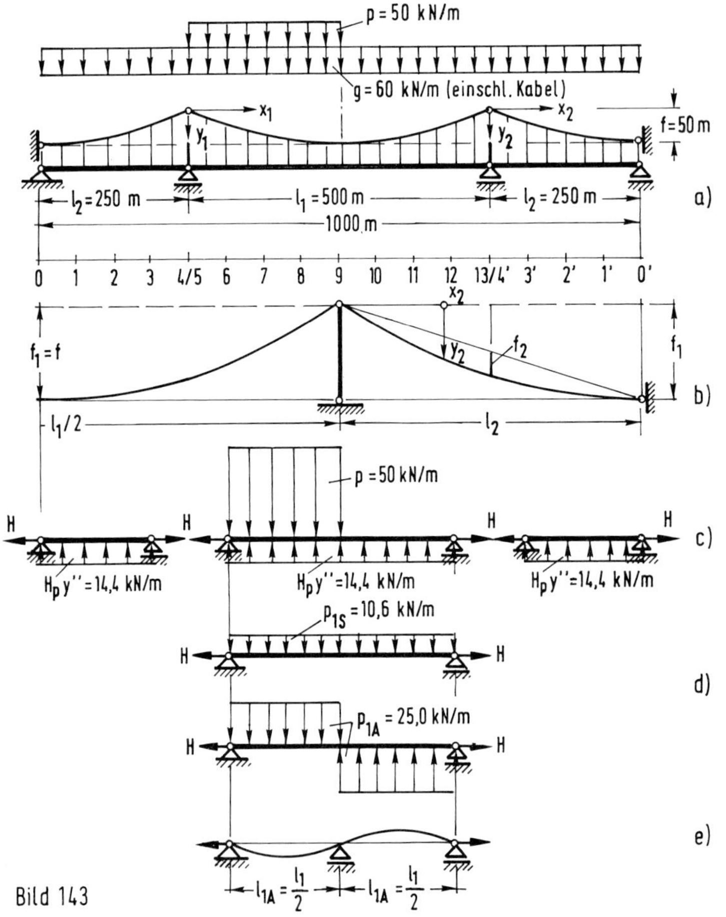

Bild 143

Die Lasten g und p sind in Teilbild a eingetragen. Für den Horizontalzug H_g folgt (mit $f = f_1 = 50$m im Mittelfeld):

$$H_g = \frac{g \cdot l_1^2}{8 f_1} = \frac{60 \cdot 500^2}{8 \cdot 50} = 37500\ \text{kN}$$

(Vgl. G.185.) Als nächstes werden für die Kabelformen im Mittelfeld und in den Randfeldern die Gleichungen formuliert: Für das Mittelfeld gilt:

$$y_1 = \frac{g}{2H_g} x_1 (l_1 - x_1) = \frac{60}{2 \cdot 37500} x_1 (500 - x_1) = 8 \cdot 10^{-4} x_1 (500 - x_1)$$

$$y_1'' = -\frac{g}{H_g} = -\frac{60}{37500} = -1{,}6 \cdot 10^{-3}\ [1/$$

Der Horizontalzug ist über die gesamte Länge des Kabels konstant.

In Teilbild b ist das rechte Randfeld mit den Koordinaten x_2, y_2, der Spannweite l_2 und dem Stich f_2 dargestellt. Letzterer kann nicht beliebig eingestellt werden. f_2 ist vielmehr von f_1 abhängig: Wegen

$$H_g = \text{konst} = \frac{g l_1^2}{8 f_1} = \frac{g l_2^2}{8 f_2}$$

folgt f_2 zu:

$$f_2 = \frac{l_2^2}{l_1^2} f_1 = \frac{250^2}{500^2} 50 = 12{,}5\,\text{m}$$

Aus Teilbild b kann die Gleichung für $y_2(x)$ unmittelbar abgelesen werden:

$$y_2 = \frac{g}{2H_g} x_2 (l_2 - x_2) + \frac{f_1}{l_2} x_2 = \frac{60}{37500} x_2 (250 - x_2) + \frac{50}{250} x_2 = 8 \cdot 10^{-4} x_2 (250 - x_2) + 0{,}2\, x_2$$

$$y_2'' = -\frac{g}{H_g} = -1{,}6 \cdot 10^{-3}\,[1/\text{m}]$$

Als nächstes werden die Kabelkennwerte berechnet. L_t ist hier Null. $L_k = L_{k1} + 2L_{k2}$:

$$L_{k1} = l_1 [1 + 8(\frac{f_1}{l_1})^2] = 500[1 + 8(\frac{50}{500})^2] = 500(1 + 0{,}08) = \underline{540\,\text{m}}$$

$$2\,L_{k2} = 2 l_2 [1 + 8(\frac{f_2}{l_2})^2 + \frac{3}{2}(\frac{f_1}{l_2})^2] = 2 \cdot 250[1 + 8(\frac{12{,}5}{250})^2 + \frac{3}{2}(\frac{50}{250})^2] = 500(1 + 0{,}02 + 0{,}06) = \underline{540\,\text{m}}$$

1. Schätzung: $H_p = \underline{9000\,\text{kN}}$; $H_g + H_p = 37\,500 + 9000 = 46\,500\,\text{kN}$; $H_p y'' = \underline{-14{,}4}\ \text{kN/m}$

Das Belastungsglied der Differentialgleichung G.190 lautet $p + H_p y''$; in Teilbild c sind die Lasten eingetragen. Über die gesamte Länge des Versteifungsträgers wirkt (von unten nach oben) $H_p y''$ aus dem Kabelzug über die Hänger. Im Mittelfeld wird die Belastung in einen symmetrischen und antimetrischen Anteil umgeordnet: p_{1S} und p_{1A}. Letzterer verursacht eine antimetrische Verformung des Mittelfeldes, weshalb für diesen Lastanteil die Verformungsberechnung auf eine Trägerhälfte (l=250m) beschränkt werden kann. Die Durchbiegungsformel eines Einfeldbalkens unter Gleichlast mit der Zugkraft S lautet nach Th.II.Ordnung:

$$w = \frac{p l^4}{EI} \cdot \frac{1}{\varepsilon^4} [\cosh \varepsilon \frac{x}{l} + \frac{1 - \cosh \varepsilon}{\sinh \varepsilon} \sinh \varepsilon \frac{x}{l} - 1 + \frac{\varepsilon^2}{2} (1 - \frac{x}{l}) \frac{x}{l}] \qquad (207)$$

Die Biegelinien können damit formelmäßig angeschrieben werden.

Randfeld:

$$\varepsilon_2 = l_2 \sqrt{\frac{H}{EI}} = 250 \sqrt{\frac{46\,500}{42 \cdot 10^7}} = \underline{2{,}63}$$

$$w_2(x_2) = -2{,}799 [\cosh 2{,}63 \frac{x_2}{l_2} - 0{,}8655 \cdot \sinh 2{,}63 \frac{x_2}{l_2} - 1 + 3{,}458 (1 - \frac{x_2}{l_2}) \frac{x_2}{l_2}]$$

Mittelfeld:

$$\varepsilon_{1S} = 500 \sqrt{\frac{46\,500}{42 \cdot 10^7}} = \underline{5{,}26}\,; \quad \varepsilon_{1A} = 250 \sqrt{\frac{46\,500}{42 \cdot 10^7}} = \underline{2{,}63} = \varepsilon_2$$

$$w_{1S}(x_1) = 2{,}061 [\cosh 5{,}26 \frac{x_1}{l_1} - 0{,}9897 \cdot \sinh 5{,}26 \frac{x_1}{l_1} - 1 + 13{,}834 (1 - \frac{x_1}{l_1}) \frac{x_1}{l_1}]$$

$$w_{1A}(x_1) = w_2(x_2)\,, \quad \text{da} \quad \varepsilon_{1A} = \varepsilon_2$$

Der Umrechnungsfaktor der Randfeldbelastung auf den antimetrischen Verformungsanteil des Mittelfeldes lautet:

$$\frac{p_{1A}}{p_2} = \mp \frac{25}{14{,}4} = \underline{\mp 1{,}736}$$

$H_p = 9000$ kN

Lastfall \ Punkt	0=0'	1=1'	2=2'	3=3'	4=4'	5	6	7	8	9	10	11	12	13
Lastfall $p_2 = -14{,}4$ kN/m	0	−0,732	−1,023	−0,732	0	-	-	-	-	-	-	-	-	-
Lastfall $p_{1S} = 10{,}6$ kN/m	–	–	–	–	–	0	+2,140	+3,874	+4,983	+5,362	+4,983	+3,874	+2,140	0
Lastfall $p_{1A} = \pm 25$ kN/m	–	–	–	–	–	0	+1,271	+1,776	+1,271	0	−1,271	−1,776	−1,271	0
Summe w(x) in m	0	−0,732	−1,023	−0,732	0	0	+3,411	+5,650	+6,254	+5,362	+3,712	+2,098	+0,869	0

$H_p = 12800$ kN

Summe w(x) in m	0	−1,008	−1,407	−1,008	0	0	+2,091	+3,274	+3,231	+2,153	+0,771	−0,162	−0,378	0

Bild 144

Bild 144 zeigt die tabellarische Auswertung (oberer Teil). Über w(x) ist nunmehr das Integral von x=0 bis x=l=250+500+250=1000m zu erstrecken. Diese Aufgabe wird numerisch mittels der SIMPSON-Formel bewerkstelligt:

$$\int_0^l w(x)\,dx = 2\frac{250}{3\cdot 4}[0+4(-0{,}732)+2(-1{,}023)+4(-0{,}732)+0]+$$
$$+\frac{500}{3\cdot 8}[0+4\cdot 3{,}411+2\cdot 5{,}650+4\cdot 6{,}254+2\cdot 5{,}362+4\cdot 3{,}712+$$
$$+2\cdot 2{,}098+4\cdot 0{,}869+0]=$$
$$=-329{,}25+1733{,}42=\underline{1404{,}17\ \text{m}^2}$$

Aus G.201 kann H_p berechnet werden:

$$H_p=-\frac{EA}{L_k}y''\int_0^l w(x)\,dx=-\frac{3{,}06\cdot 10^7}{1080}(-1{,}6\cdot 10^{-3})\cdot 1404{,}17=\underline{63\,656\ \text{kN}}$$

Offensichtlich war der Schätzwert ungünstig gewählt. Die Rechnung muß für einen neuen Schätzwert wiederholt werden. Die weitere Iteration ergibt:

$$\begin{aligned}
2:\ H_p &= 63\,650\,\text{kN} &\longrightarrow\quad H_p &= -138\,360\ \text{kN}\ (!)\\
3:\ H_p &= 15\,000\,\text{kN} &\longrightarrow\quad H_p &= -\ 19\,847\ \text{kN}\\
4:\ H_p &= 13\,000\,\text{kN} &\longrightarrow\quad H_p &= \ \ 9\,578\ \text{kN}\\
5:\ H_p &= 12\,800\,\text{kN} &\longrightarrow\quad H_p &= \ \ 12\,945\ \text{kN}
\end{aligned}$$

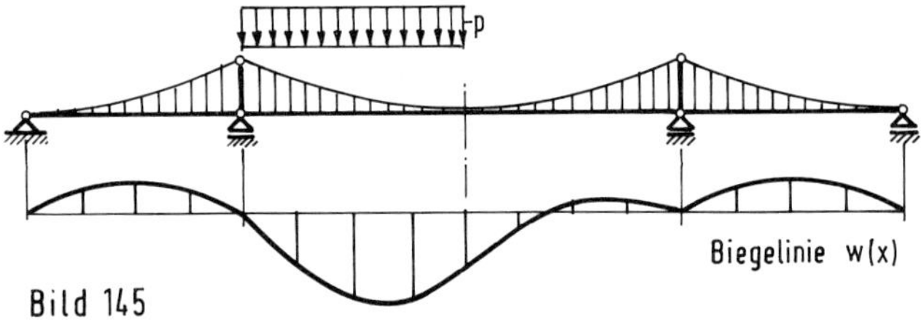

Bild 145

Für diesen letzten Iterationsschritt sind die Durchbiegungsordinaten w(x) in Bild 144 (unterer Teil) eingetragen. Bild 145 zeigt den Verlauf der Biegelinie. (Real werden bei Hängebrücken keine derart großen Verformungen erreicht.) Nachdem w(x) bekannt ist, können die Schnittgrößen M(x) und Q(x) im Versteifungsträger unschwer berechnet werden.

Wie die Ergebnisse der Iterationsrechnung zeigen, reagiert die Rechnung sehr empfindlich auf fehlerhafte Schätzwerte. Trägt man die geschätzten und gerechneten H_p-Werte auf zwei parallelen Geraden mit korrespondierender Skalierung auf, schneiden sich deren Verbindungsgeraden (in etwa) punktförmig (Bild 146). Diese Erkenntnis vermag den Iterationspro-

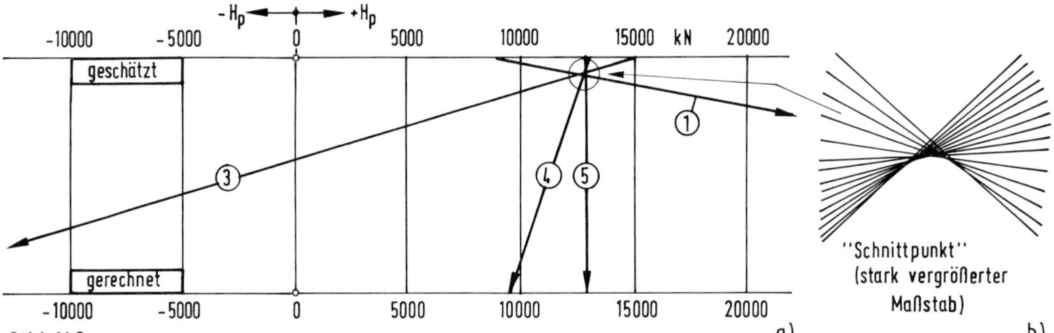

Bild 146

zeß zu beschleunigen. Liegt der Schnittpunkt (z.B. bei veränderter Geometrie oder/und Belastung) eher mittig zwischen den Skalen, ist die punktförmige Ausprägung etwas schwächer.

25.5.6.4 Ergänzende Hinweise

Die in den vorangegangenen Abschnitten in den Grundzügen dargelegte Berechnungsmethode für erdverankerte Hängebrücken wurde ab der dreißiger Jahre dieses Jhdts. entwickelt [278-287]. Zugeschärfte Untersuchungen, z.B. Berücksichtigung der Hängerschiefstellung, der Hängerlängenänderung, der Horizontalverschiebung der Hängeranschlußpunkte und der Querkraftverformung des Versteifungsträgers, ergaben nur sehr geringe, wenige Prozente betragende Unterschiede in den Rechenergebnissen [284-295]. Der größte Einfluß geht von der Hängerschiefstellung aus; wird er nicht berücksichtigt, liegt die Berechnung auf der sicheren Seite.

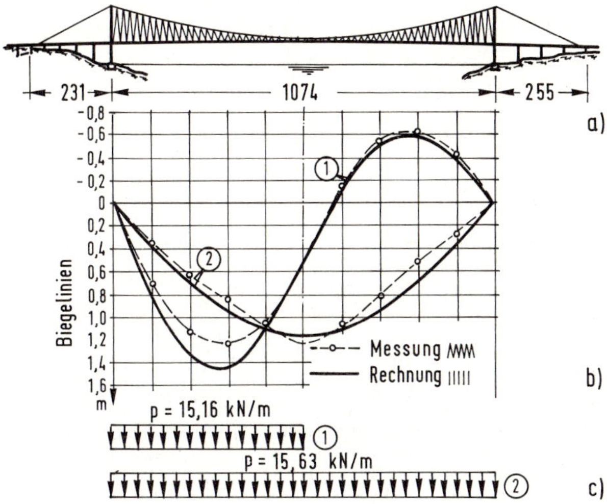

Bild 147

Zur Verbesserung der aerodynamischen Stabilität wurde u.a. eine Zick-Zack-Führung der Hängestangen vorgeschlagen [296] und eine solche erstmals bei der Severnbrücke (1966) realisiert, anschließend bei der Bosporusbrücke (1973) und Humberbrücke (1981). Durch die fachwerkartige Struktur wird die Biege- und Torsionssteifigkeit der Hängebrücke bedeutend erhöht. Die schrägen Hänger beteiligen sich (im Sinne von Fachwerkdiagonalen) an der Querkraftaufnahme, mit der Folge, daß durch den rollenden Verkehr höhere Spannungsamplituden geweckt werden als bei rein vertikaler Hängeranordnung. Unter ungünstigen Umständen kann es zu einem Ausfall der "gedrückten" Hänger kommen: Es liegt dann ein System veränderlicher Gliederung vor [297]. Ob die Schäden an den Hängern der Severnbrücke (die seit 1982 durch Auswechseln der Hänger repariert werden) auf der durch die Zick-Zack-Abspannung verursachten höheren Ermüdungsbeanspruchung beruhen, ist nicht voll geklärt [298].

Bild 147 zeigt die für eine vertikale Hängerlage berechneten Verformungen der Bosporusbrücke für zwei Probelastfälle [299], vgl. auch [300]. Der Versteifungseffekt infolge der Zick-Zack-Abspannung liegt bei antimetrischer Belastung in der Größenordnung von 10 bis 20%. -

Die Analogie der Differentialgleichungen G.190 und G.204 wurde erstmals von LIE [285] erkannt und rechnerisch verwertet. - Will man das Verfahren der Übertragungsmatrizen zur Hängebrückenberechnung einsetzen, stößt man auf numerische Schwierigkeiten. Die Stabkennzahl ε (G.206) ist i.a. sehr hoch, das liefert entsprechend hohe Funktionswerte $\sinh\varepsilon \approx \cosh\varepsilon \approx 0{,}5\cdot e^{\varepsilon}$. Geht man z.B. von der in Bild 147 dargestellten Brücke und nachstehenden Parametern aus, folgt:

Längen: 243m-1074m-243m; Stich: f=91m; Eigenlast: g=150kN/m, zugehöriger Horizontalzug: H_g=237667kN; Versteifungsträger: $E=2{,}1\cdot10^8$kN/m², $I=1{,}88m^4$; Kabel: $E_k=1{,}9\cdot10^8$kN/m², A_k=0,40m² (Bild 147):

Halbseitige Belastung: p = 15,16 kN/m : H_p = 7900kN, H = 245567 : ε = 26,79

Volle Belastung: p = 15,63 kN/m : H_p = 16108kN, H = 253775 : ε = 27,33

(Mittels eines vom Verf. erstellten Rechenprogramms konnte die Berechnung durchgeführt werden - auch von sogen. "beschränkt gültigen" Einflußlinien, vgl. z.B. [295] -, allerdings nur unter Vorgabe von "double precision" für den Rechner BURROUGHS B7700/7800.)

Zur Berechnung von Hängebrücken für einen stationären seitlichen Winddruck vgl. [301,302]. Hängebrücken mit Mittelgelenk wurden in [303] und solche mit schräg liegenden Hängern in [304] behandelt. Zur Statik von Rohrleitungsbrücken mit räumlicher Verspannung (Bild 83) und bei mehrfeldriger Ausbildung siehe [305-307].

25.5.7 Bogenbrücken

Es werden Bogenbrücken mit aufgeständerter, durchdringender und angehängter Fahrbahn unterschieden (Bild 2). - Unter halbseitiger Verkehrslast treten i.a. die höchsten Biegebeanspruchungen im Bogenträger auf. Um den Verformungseinfluß der Druckkraft im Bogen zu erfassen, werden die Berechnungen nach Theorie II. Ordnung durchgeführt. - Bei einwandigen Bogenträgern ist der Nachweis gegen Kippen aus der Bogenebene heraus zu führen. - Zu den hier angeschnittenen Fragen wird auf [270] und das dort zitierte Schrifttum sowie auf DIN 18800 T2 verwiesen.

25.5.8 Verbände

In vielen Fällen bedarf es in Höhe der Brückenunter- und/oder -obergurte stabilisierender Verbände, z.B. in der Ebene offener Fahrbahnen von Eisenbahnbrücken oder zwischen den Bogen von Bogenbrücken (usf.). Die Gurte der vollwandigen oder ausgefachten Brückenhauptträger sind i.a. gleichzeitig die Gurte der Füllstabsysteme. Man spricht von Windverbänden. Dabei übernehmen diese Verbände nicht nur die Windkräfte, sie stabilisieren vielmehr die Gesamtstruktur und bringen die Ab- bzw. Rücktriebskräfte, die infolge der Verformungen und Imperfektionen entstehen, zum Ausgleich. Die Stabkräfte werden nach der Fachwerkstatik, ggf. unter Berücksichtigung der räumlichen Verbandsstruktur, berechnet. -

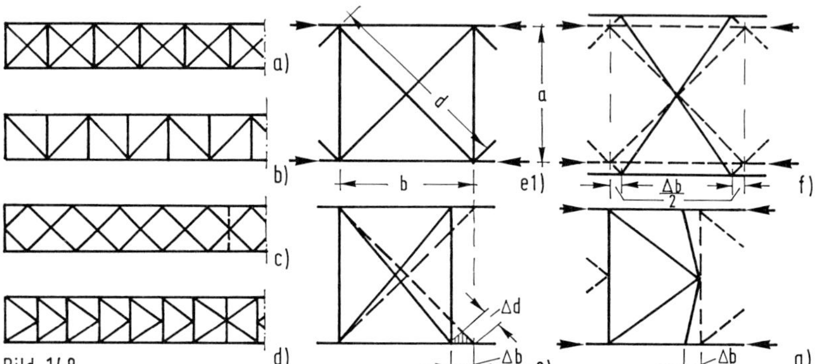

Bild 148

Der Verkürzung bzw. Verlängerung der Hauptträgergurte müssen die Verbände zwangsweise folgen. Das verursacht in Verbänden mit gekreuzten Diagonalen gemäß Bild 148a eine z.T. erhebliche Zusatzbeanspruchung. Je nachdem, ob ein solcher Verband in der Druck- oder Zuggurtebene der Brücke liegt, werden in den Diagonalen oder in den Pfosten Druckkräfte geweckt (Knickgefahr!). Die Spannung σ_D im Diagonalstab läßt sich mit Hilfe von Bild 148e aus der Stablängenänderung Δd abschätzen:

$$\frac{\Delta d}{\Delta b} = \frac{b}{d} \longrightarrow \Delta d = \frac{b}{d}\Delta b \longrightarrow \sigma_D = E\varepsilon_D = E\frac{\Delta d}{d} = E\frac{b \cdot \Delta b}{d^2} \qquad (208)$$

Ist σ_G die Gurtspannung, folgt die Längenänderung Δb des Gurtstabes zu:

$$\Delta b = b \cdot \varepsilon_G = b \cdot \frac{\sigma_G}{E} \longrightarrow \sigma_D = \left(\frac{b}{d}\right)^2 \cdot \sigma_G \qquad (209)$$

In Verbänden mit einfachem Strebenzug (Bild 148b) stellt sich infolge der Gurtlängenänderung eine wellenförmige Verformung des Fachwerkes ein, auch dieser Fall ist ungünstig. - Verbände in Form von Rauten- oder K-Verbänden haben vorgenannte Nachteile nicht. Es treten zwar auch Zusatzspannungen auf (da die Knotenpunkte i.a. biegesteif ausgebildet sind), doch sind sie vergleichsweise gering. In Bild 148f/g sind die Verformungsfiguren angedeutet. Zur allgemeinen Theorie der Verbände siehe z.B. [270, Abschnitt 6.6.3] und [308].
In DS804 (Abschnitt 6.5 Verbände) heißt es: "Die Verbände sind unter Berücksichtigung des Zusammenwirkens mit dem Tragwerk zu berechnen und zu bemessen. Die Querbiegemomente in den Gurten der Verbände, die durch die unterschiedliche Dehnung der Gurte und der Füllstäbe entstehen, sind für die Beanspruchung aus Hauptlasten bei der Bemessung der Gurte zu berücksichtigen".

25.5.9 Nebenspannungen in Fachwerkbrücken

Wie in Abschnitt 15.1 bereits erläutert, werden Fachwerke im Regelfall unter der Annahme reibungsfreier Gelenke in den Knotenpunkten berechnet. Für Straßenbrücken wird diese Regel in DIN 18809 ausdrücklich bestätigt. Dasselbe gilt für Eisenbahnbrücken beim Führen des allgemeinen Spannungsnachweises; beim Führen des Betriebsfestigkeitsnachweises sind dagegen die Nebenspannungen in den Stäben der Fachwerkträger (unter Hauptlasten) zu be-

rücksichtigen (DS804, Abschnitt 6.2 Fachwerkträger).
Durch die Längenänderung der Stäbe

$$\Delta s = \frac{S}{EA}\, s \tag{210}$$

(berechnet als Gelenkfachwerk) ändert sich die Form des Fachwerkes und die Lage der Stäbe zueinander. Lägen reibungsfreie Gelenke vor, könnten sich die gegenseitigen Winkeländerungen einstellen. Da das nicht der Fall ist, entstehen Biegemomente und hierdurch Nebenspannungen (man spricht auch von Zwängungsspannungen): Die Gurte laufen biegesteif durch, die Füllstäbe sind biegesteif angeschlossen. - Im techn.-wiss. Schrifttum früherer Zeiten wurden diverse Berechnungsverfahren entwickelt (ausgehend vom Verschiebungsplan des Gelenkfachwerkes), um die recht aufwendigen Nebenspannungsberechnungen abzukürzen bzw. anzunähern, vgl. [1-5] in Abschnitt 15. Heutzutage lassen sich die Biegemomente mit Hilfe von Rechenprogrammen für Rahmenwerke, in denen die Stablängenänderungen berücksichtigt werden, in einfacher Weise bestimmen.
Die Nebenspannungen sind zur Erfüllung der Gleichgewichtsgleichungen nicht notwendig, insofern haben sie auf die "statische" Tragsicherheit (unter extremaler Überlast) keinen Einfluß. Anders ist es mit der Sicherheit gegen Ermüdungsversagen, hier können sich die (den Stabnormalspannungen überlagernden, ggf. recht hohen) Nebenspannungen unter regelmäßig und häufig auftretenden Verkehrslasten auf Dauer schädigend auswirken, zumal sie an den Stabenden auftreten, wo ohnehin stets gewisse konstruktiv bedingte Kerbwirkungen vorhanden sind. - Enge Ausfachungen (Rautenträger, Netzträger), kurze, steife (gedrungene) Stäbe, große Knotenbleche fördern die Ausbildung hoher Nebenspannungen. In Strebenfachwerken mit Stabschlankheiten s/e größer 30 (besser ≥40) ist mit vergleichsweise geringen Nebenspannungen zu rechnen. Das ist einer der Gründe, warum diese Ausfachungsform im heutigen Stahlbrückenbau bevorzugt gewählt wird; s: Netzlänge, e: halbe Querschnittshöhe. Biegespannungen infolge Achsexzentrizitäten und -krümmungen sind keine Nebenspannungen. Hierbei handelt es sich um planmäßige Spannungen, ebenso wie jene, die durch quer zur Stabachse einwirkende Lasten ausgelöst werden. Sie sind bei allen Nachweisen grundsätzlich zu berücksichtigen!

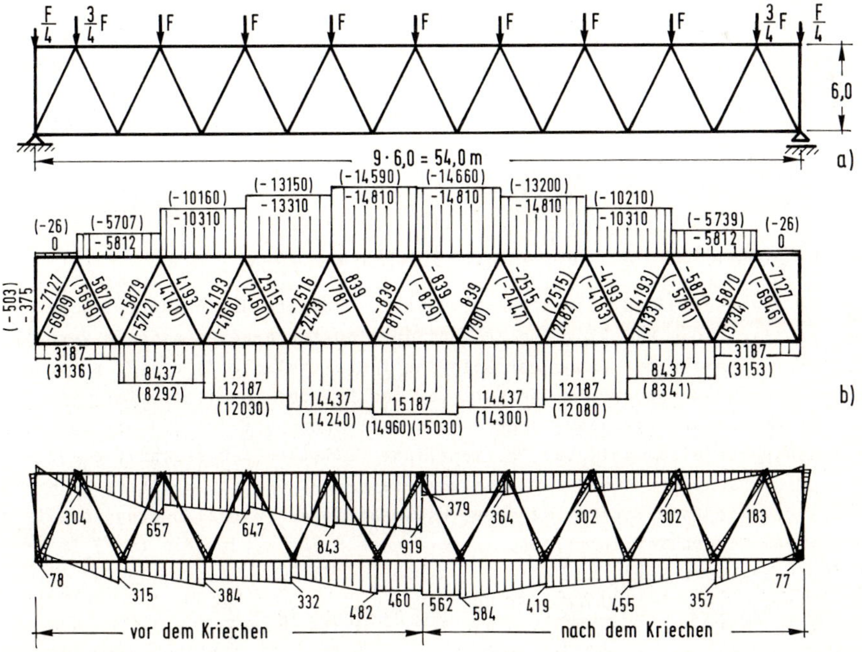

Bild 149

Um die Höhe der Nebenspannungen im Verhältnis zu den Grundspannungen für ein Fachwerkbrückensystem moderner Bauart abschätzen zu können, wird ein Beispiel gerechnet. Gegeben sei die in Bild 149a dargestellte Eisenbahnbrücke mit obenliegender Fahrbahn. (Die Abmessungen und Steifigkeiten entsprechen - in stark vereinfachter Form - der neuen Isarbrücke Großhesselohe bei München, vgl. Bild 56.) Der Obergurt ist ein Stahlbetonquerschnitt in Form einer Fahrbahnplatte zur Aufnahme des Schotterbetts. Der Betonquerschnitt wird in einen äquivalenten Stahlquerschnitt umgerechnet (n=7). Mittels des abgeminderten E-Moduls (φ=2):

$$E_{b,\infty} = \frac{E_{b,0}}{1+\varphi} = \frac{E_{b,0}}{3}$$

wird der Kriecheinfluß näherungsweise erfaßt. - Es gelte:

Vor dem Kriechen:	Obergurt :	$A = 3000\ cm^2$	$I = 1\,200000\ cm^4$	---
	Untergurt:	$A = 600\ cm^2$	$I = 600000\ cm^4$	$W = 16000\ cm^3$
	Streben 1:	$A = 400\ cm^2$	$I = 30000\ cm^4$	$W = 1700\ cm^3$
	Streben 2:	$A = 280\ cm^2$	$I = 20000\ cm^4$	$W = 1250\ cm^3$
	Vertikale:	$A = 280\ cm^2$	$I = 20000\ cm^4$	$W = 1250\ cm^3$
Nach dem Kriechen:	Obergurt :	$A = 1000\ cm^2$	$I = 400000\ cm^4$	---

Die Einzellasten in den Obergurtknoten betragen F = 1500 kN (hier ständig wirkend). In Teilbild b sind die Stabkräfte für das Gelenkfachwerk ausgewiesen. Da das System statisch bestimmt ist, sind die Stabkräfte unabhängig von der Dehnsteifigkeit der Stäbe. Für die Durchbiegung im mittigen Obergurtknoten ergibt sich:

Vor dem Kriechen : f = 10,55 cm , nach dem Kriechen : f = 12,95 cm

Die in Bild 149b in Klammern eingetragenen Werte weisen die Normalkräfte für das als biegesteife Rahmenwerk berechnete System aus. Wie es sein muß, fallen sämtliche Stabkräfte etwas niedriger aus. Die Änderungen betragen i.M. 2%. Für die Durchbiegungen folgt:

Vor dem Kriechen : f = 10,37 cm , nach dem Kriechen : f = 12,79 cm

Aus der Gegenüberstellung erkennt man, mit welchem Beitrag sich die Biegesteifigkeit der Stäbe an der Lastabtragung beteiligt. - In Teilbild c sind die Stabbiegemomente eingetragen: In den Gurten sind die Momente positiv, bedingt durch die einsinnige Durchbiegung des Tragwerkes und der hiermit verbundenen einsinnigen Krümmung der Gurte. Nähert man die Biegelinie durch eine Sinuslinie an, findet man über die Krümmung einen Schätzwert für das Biegemoment in Feldmitte:

$$y = f\cdot\sin\pi\frac{x}{l} \longrightarrow y'' = -f\cdot\left(\frac{\pi}{l}\right)^2\sin\pi\frac{x}{l} \longrightarrow \max|y''| = f\cdot\left(\frac{\pi}{l}\right)^2 \longrightarrow \max|M| = EI\cdot\max|y''| \longrightarrow$$

$$\max M = (EI_0 + EI_U)\pi^2\frac{f}{l^2} \qquad (211)$$

I_0 und I_U sind die Trägheitsmomente von Ober- und Untergurt. Für das vorliegende Beispiel ergibt sich (l=5400cm):

Vor dem Kriechen : f = 10,55 cm:

$$\max M = 21000\cdot(1200000 + 600000)\cdot\pi^2\cdot\frac{10,55}{5400^2} = 134\,975\ kNcm = \underline{1350\ kNm}$$

Nach dem Kriechen: f = 12,95 cm:

$$\max M = 21000\cdot(400000 + 600000)\cdot\pi^2\cdot\frac{12,95}{5400^2} = 92\,046\ kNcm = \underline{920\ kNm}$$

Die Rechnung liefert: 919+460=1379kNm bzw. 379+562=941kNm. Die Güte der Abschätzung nach G.211 wird hieraus deutlich. Die Biegemomente in den Einzelgurten ergeben sich im Verhältnis der Einzelbiegesteifigkeiten zur Summe der Biegesteifigkeiten. Wie Bild 149c verdeutlicht, treten die höheren Biegemomente im Obergurt vor dem Kriechen (weil steifer) und im Untergurt nach dem Kriechen auf. Die Biegemomente in den Streben sind relativ gering. Das beruht im vorliegenden Beispiel darauf, daß für sämtliche Füllstäbe I-Querschnitte angenommen wurden, die um die schwache Achse auf Biegung beansprucht werden. Wegen der hiermit verbundenen geringen Biegesteifigkeit vermögen diese Stäbe den Winkeländerungen mit vergleichsweise geringem Widerstand zu folgen. - Für einige Stäbe werden die (max) Spannungen berechnet (nach dem Kriechen):

$$1:\quad \text{Untergurt}:\ \sigma = +\frac{15\,030}{600} \pm \frac{56\,200}{16\,000} = 25,05 \pm 3,51 = \underline{28,55}\ \frac{kN}{cm^2}$$

$$2:\quad \text{Streben 1}:\ \sigma = -\frac{6949}{400} \pm \frac{7\,700}{1\,700} = -17,37 \pm 4,53 = \underline{-21,90}\ \frac{kN}{cm^2}$$

$$3:\quad \text{Streben 2}:\ \sigma = -\frac{2\,447}{280} \pm \frac{2\,200}{1250} = -8,74 \pm 1,76 = \underline{-10,50}\ \frac{kN}{cm^2}$$

Bezogen auf die Grundspannungen des Gelenkfachwerkes folgt:

$$1: 3{,}51/25{,}31 = 0{,}14 = 14\%; \quad 2: 4{,}53/17{,}82 = 0{,}25 = 25\%$$

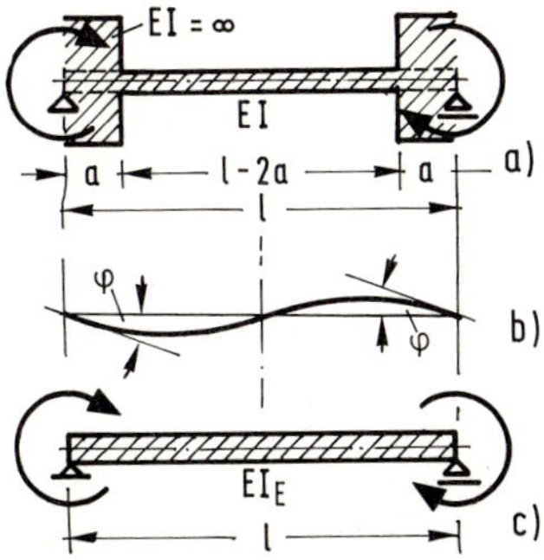

a/l	γ	a/l	γ
0,01	1,06	0,06	1,47
0,02	1,13	0,07	1,57
0,03	1,20	0,08	1,69
0,04	1,28	0,09	1,81
0,05	1,37	0,10	1,95

Bild 150 d)

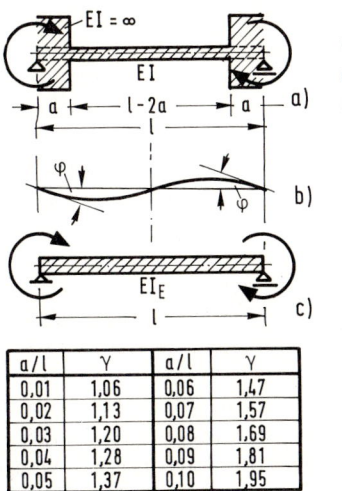

Dreht man den I-Querschnitt der Streben um 90°, steigt die Biegesteifigkeit in der Tragebene auf den fünffachen Wert an. Die Streben ziehen entsprechend höhere Biegemomente auf sich. Da sich auch die Widerstandsmomente erhöhen, bleibt der prozentuale Nebenspannungsanteil nahezu unverändert! Die max. Biegemomente in den Gurten erfahren praktisch keine Änderung. Es scheint so zu sein, daß der Nebenspannungsprozentsatz systemtypisch ist; er liegt für die Füllstäbe i.a. höher als für die Gurtstäbe; Reihung: Strebenfachwerke, Ständerfachwerke, K-Fachwerke (bis auf die Pfosten so günstig wie Strebenfachwerke), Rautenfachwerke, Netzwerke.

Ergänzung: Die vorangegangene Spannungsberechnung geht von den Biegemomenten in den Knotenpunkten aus. Bei den Streben (Diagonalen) ist es vertretbar, die Biegespannungen in den Anschnitten (zu den Gurten) zu berechnen. Andererseits ist zu bedenken, daß die Streben wegen der ausgedehnten Knotenblechbereiche steifer sind als rechnerisch unterstellt. Man kann diesen Effekt durch die Einführung einer Ersatzbiegesteifigkeit für die Füllstäbe erfassen:

$$EI_E = \gamma \cdot EI \quad \text{mit} \quad \gamma = \frac{1}{(1-2a/l)^3} \qquad (212)$$

Zur Herleitung vgl. Bild 150a/d. In der Tabelle des Bildes 150d ist γ ausgewiesen. Erstreckt sich z.B. der (als starr unterstellte) Knotenblechbereich beidseitig über 10% der Strebenlänge, bedeutet das eine Steifigkeitserhöhung auf den 1,95-fachen Wert! Wird eine solche Erhöhung eingerechnet (was zu empfehlen ist), kann der Spannungsnachweis im Anschnitt geführt werden.

25.6. Brückenlager

25.6.1 Vorbemerkungen

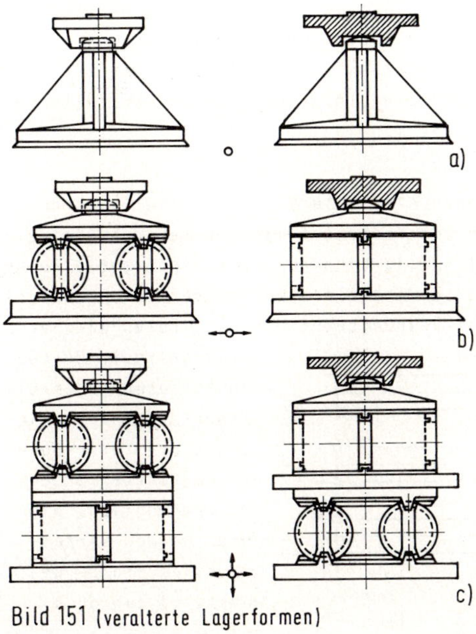

Bild 151 (veralterte Lagerformen)

Lager haben die Aufgabe, die vertikalen und horizontalen Stützkräfte vom Oberbau zum Unterbau abzutragen und die Relativbewegungen aus den Last-, Temperatur-, Kriech- und Schwindeinflüssen auszugleichen, um schädigende Zwängungen für den Ober- und Unterbau auszuschliessen. Gewisse Zwängungen sind gleichwohl unvermeidbar, sie sind vom Lagertyp abhängig. Es handelt sich entweder um Roll- oder Gleitwiderstände, die durch die Reibung in den Kontaktflächen der Lagerelemente bewirkt werden, oder um Verformungswiderstände, die in Elastomer-Lagern bei deren Verschiebung oder/und Verkantung geweckt werden. (Man spricht im letztgenannten Falle auch von Verformungslagern.) - Die genannten Widerstände treten planmäßig auf und werden beim Tragsicherheitsnachweis der Lager und des Ober- und Überbaues berücksichtigt. Lager sollten nicht als isolierte Elemente sondern als Teile des

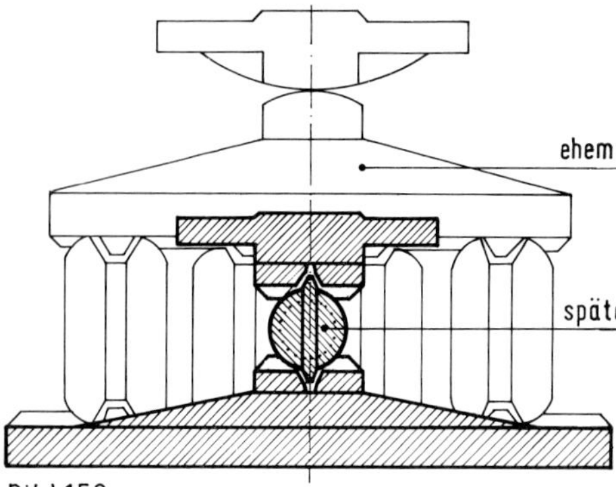

Bild 152

Gesamtbauwerkes betrachtet werden. Genau besehen sind sie die Koppelelemente zwischen Ober- und Unterbau und bilden mit diesen ein statisch unbestimmtes System. Das wird beim Einsatz von Verformungslagern am deutlichsten. Normalerweise sind aber die Verschiebungs- und Drehwiderstände des Ober- und Unterbaus ungleich höher als die der Lager, so daß das Problem entkoppelt werden kann.

Die Lager bestimmen in starkem Maße Funktion und Lebensdauer des Bauwerkes. Fehlerhafte Lager führen zu vorzeitigen Schäden am Ober- und Unterbau und zu einer alsbaldigen Zerstörung des Lagers selbst. Die Lager unterliegen einer strengen Bauaufsicht in Form einer umfangreichen Güteüberwachung (Eigen- und Fremdüberwachung) bei der Fertigung, beim Einbau und im Betrieb.

Durch die Entwicklung und den Einsatz hochfester Stähle und Kunststoffe ist die Lagertechnik in den zurückliegenden Jahrzehnten stark beeinfluß worden. Heutzutage werden Brückenlager nur noch in wenigen Firmen gefertigt. Bild 151 zeigt veraltete Lagerformen. Es handelt sich um Punktkipplager (allseitig kippbar), die nach Art des Verschiebungsfreiheitsgrades fest (a), einachsig beweglich (b) bzw. zweiachsig beweglich (c) sind, wobei der Verschiebungsfreiheitsgrad durch Rollen erreicht wird. Die Nachteile derartiger Lager liegen auf der Hand: Große Bauhöhe, aufwendige Konstruktion, viele Bewegungselemente und -ebenen (die der Atmosphäre und damit korrosivem Angriff ausgesetzt sind). - Mit der Entwicklung hochfester Stähle ("Panzerstahl") konnte die Bauhöhe reduziert werden; in Bild 152 ist ein ehemaliges Stelzenlager einem späteren Einrollenlager gleicher Tragfähigkeit gegenübergestellt. - Moderne Brückenlager haben eine noch geringere Bauhöhe: Gleitlager, Kalottenlager, Topflager, Elastomerlager, vgl. Tafel 25.13.

Mit dem neuen Regelwerk DIN 4141 (Lager im Bauwesen) wird der Einsatz der Lager im Brücken- und Hochbau erstmals umfassend genormt. Die Arbeit an diesem Regelwerk (unter der Obmannschaft von E.EGGERT) wird sich noch Jahre hinziehen. Folgende Teile sind abgeschlossen: Teil 1: Allgemeine Regelungen (09.84); Teil 2: Brücken; Teil 3: Hochbauten; Teil 4: Transport, Zwischenlagerung und Einbau, Teil 14: Bewehrte Elastomerlager (09.85); weitere sind in der Beratung, z.B. Teil 12: Gleitlager. - Der Einsatz der neu entwickelten Lager unter Kunststoffeinsatz erforderte umfangreiche Entwicklungsarbeiten; ihre Verwendung ist derzeit noch durch Zulassungsbescheide bauaufsichtlich geregelt. - Umfassende Darstellungen zur Entwicklung und zum Stand der Lagertechnik findet man in [309-314].

25.6.2 Lageranordnung

Nach der Funktion werden feste und bewegliche Lager unterschieden, vgl. Bild 153 und DIN 4141 T1. Neben dem Verschiebungsfreiheitsgrad unterscheidet man den Verdrehungsfreiheitsgrad (einseitig kippbar: Linienkipplager, allseitig kippbar: Punktkipplager). Zu den in Bild 153 charakterisierten Lagern, deren Funktion mit relativ geringen Verschiebungs- und Verdrehungswiderständen einhergeht (allein aus Reibungseinflüssen), treten die Verformungslager: Durch die Verformung des Elastomers sind Verschiebungen und Verdrehungen begrenzter Größenordnung möglich, hierdurch werden Verformungswiderstände geweckt, so daß auch

Symbol	Funktion
|	allseitig fest, einseitig kippbar
—+—	einseitig beweglich, ''
✛	allseitig '' , ''
o	allseitig fest, allseitig kippbar
—o—	einseitig beweglich, ''
✛o	allseitig '' , ''

Bild 153

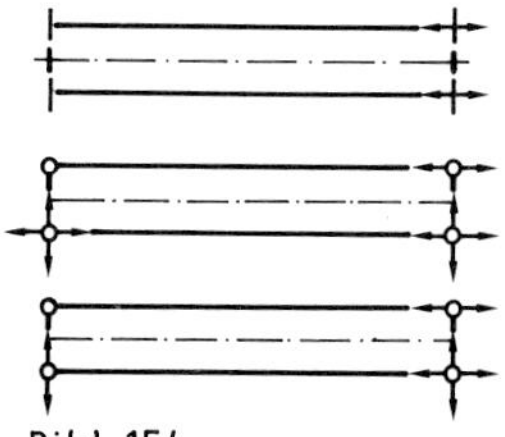

Bild 154

Kräfte (planmäßig, im Sinne fester Lager) abgesetzt werden können.
Bild 154 zeigt Lageranordnungen für Brücken mit einer Öffnung: Anordnung a ist auf kurze Spannweiten und geringe gegenseitige Lagerabstände beschränkt. Quergerichtete Kippwinkel können sich nicht einstellen. Das führt zu einer Verkantungsbeanspruchung des Lagers in Querrichtung. Vorzuziehen sind Anordnungen gemäß Teilbild b und c. Anordnung c ist günstiger: Bei Anordnung b tritt im festen Lager eine einseitig hohe Beanspruchung auf. - Da moderne Stahlbrücken als Kontinuum konstruiert werden, ist ihre Querbiegesteifigkeit nicht so hoch wie bei älteren Konstruktionen. Die Lager sollten daher im Regelfall kippbar sein.

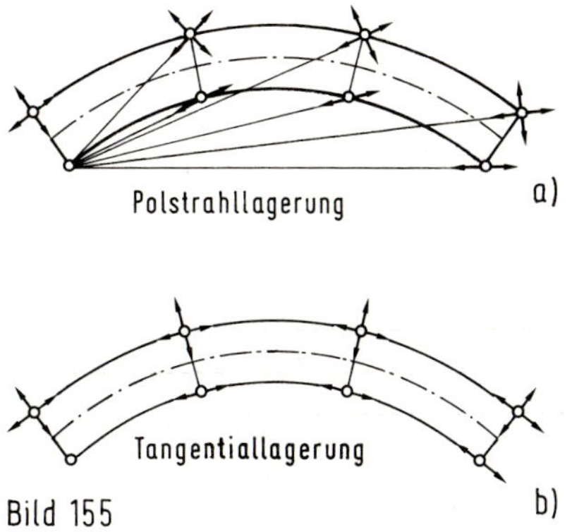

Bild 155

Bei im Grundriß gekrümmten Brücken gibt es die sogen. Polstrahl- und Tangentiallagerung (Bild 155). In beiden Fällen sollten ausschließlich allseitig kippbare Lager zum Einsatz kommen, das gilt auch für schiefe Brücken. Unterstellt man eine gleichförmige Temperaturänderung für die gesamte Brücke, ist die Polstrahllagerung günstiger. Der Pol kann (im Gegensatz zu Bild 155a) auch in Brückenmitte liegen. Die Tangentiallagerung ist an der Längserstreckung der Brücke orientiert und insofern gegenüber Verschiebungen aus Vorspannung und Kriechen günstiger, ebenso gegenüber Verschiebungen infolge ungleichförmiger Temperatur und Belastung, z.B. Bremslasten. Für Stahlbrücken ist die Polstrahllagerung dennoch vorzuziehen, weil sie wegen der dominierenden Temperaturverformungen insgesamt zwängungsärmer ist.
In der Steigung liegt das feste Lager im Tiefpunkt. Bei Brücken mit Richtungsverkehr (z.B. zwei nebeneinander liegende Brücken) liegen die festen Lager am jeweiligen Brückenende. Richtung und Größe der Verschiebungs- und Verdrehungskomponenten in den Lagerpunkten werden im Rahmen der statischen Berechnung bestimmt, ggf. durch Auswertung der Verformungseinflußlinien. Für Vorabschätzungen gilt: v=±0,5mm pro lfd. m Brückenlänge, beispielsweise: l=100m: v=±50mm.

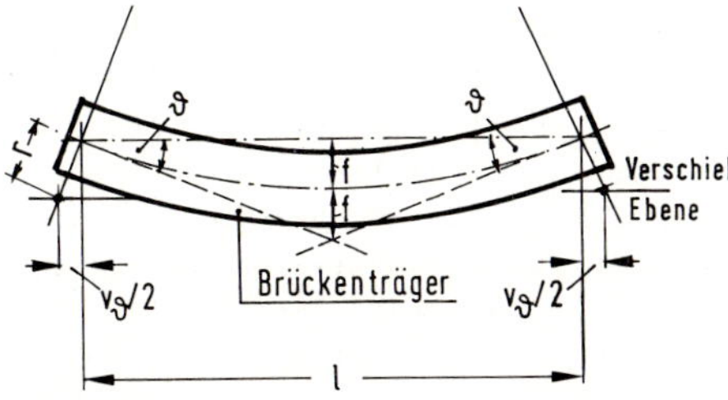

Bild 156

Den Lagerverschiebungen aus der Längenänderung der Brückenachse überlagern sich Lagerverschiebungen infolge der Biegedrehwinkel über den Lagern; vgl. Bild 156. Ist ϑ der Randdrehwinkel und r der Abstand zwischen der Schwerachse des Brückenträgers und der Verschiebungsebene des Lagers, beträgt die durch ϑ verursachte Verschiebung bei einem Einfeldträger:

$$v_\vartheta = 2\vartheta r \qquad (213)$$

Für dieses System gilt näherungsweise:

$$\vartheta = 0{,}42\,\frac{\max M\,l}{EI} \qquad (214)$$

l ist die Stützweite, maxM das max. Feldmoment und EI die mittlere Biegesteifigkeit. - Es ist möglich, v auch aus der Längung des Untergurtes abzuschätzen, dann ist aber noch der Beitrag aus der Schrägstellung, multipliziert mit dem doppelten Abstand Untergurtachse/Verschiebungsebene zu berücksichtigen. Dieses Vorgehen ist bei Fachwerkbrücken üblich. Die Rechenwerte für die gleichförmigen und ungleichförmigen Temperaturänderungen (bezogen auf die Aufstellungstemperatur von 10°C) sind der DS804 bzw. DIN 1072 zu entnehmen. Die Aufstellungstemperatur am Einbautag ist bei Einmessen des Lagers zu berücksichtigen!

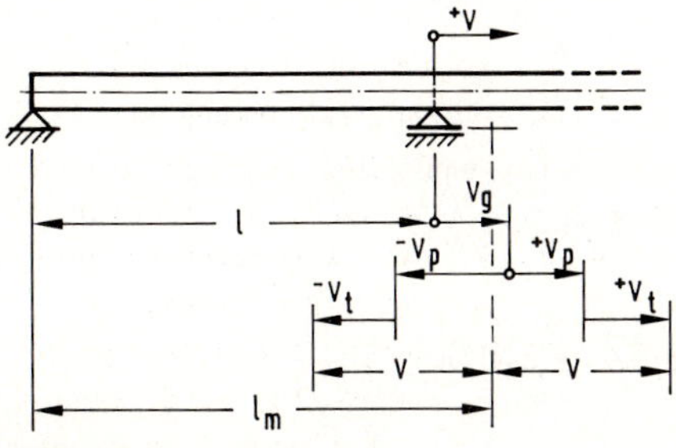

Bild 157

Bei der Auslegung der Verschiebungswege und Kippwinkel werden die planmäßigen Rechenwerte um bestimmte Werte (nach DIN 4141 T1) vergrößert: ±2cm bzw. ±0,005 (Bogenmaß). - Bild 157 zeigt das für die Bestimmung der positiven und negativen Verschiebungswege anzuwendende Schema: v steht für die Verschiebungsanteile, g infolge Eigenlasten, p infolge Verkehrslasten und aller hierzu gehörenden Einflüsse und t infolge Temperaturwirkungen (Temperaturänderungen und -unterschiede (-gradienten)). Der Lagerabstand wird so festgelegt, daß das bewegliche Lager im Mittelpunkt der extremen Verschiebungslagen liegt:

$$l_m = \frac{(l + {}^+v_g + {}^+v_p + {}^+v_t) + (l + {}^+v_g + {}^-v_p + {}^-v_t)}{2} = l + v_g + \frac{{}^+v_p + {}^-v_p}{2} + \frac{{}^+v_t + {}^-v_t}{2} \qquad (215)$$

25.6.3 HERTZsche Pressung

Kontakt Kugel/Kugel und Zylinder/Zylinder:

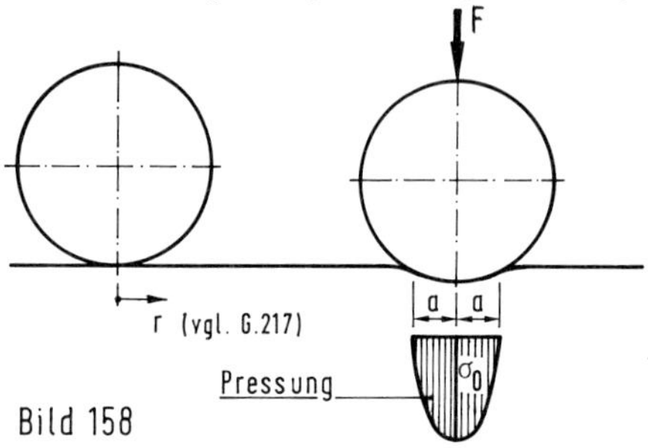

Bild 158

Wo sich Festkörper punkt- oder linienförmig berühren, treten hohe lokale Pressungen auf. Größe und Verteilung der Spannungen wurden von HERTZ (1881) auf elastizitätstheoretischer Grundlage bestimmt; die Theorie wurde später weiter ausgebaut. Die Theorie unterstellt - im Vergleich zu den anderen Abmessungen - sehr kleine Druckflächen; in der Druckfläche werden Schubspannungen vernachlässigt. - Bei der Berührung werden die Oberflächen der Druckkörper abgeplattet, dadurch entsteht eine örtliche Berührungsfläche mit hoher zentrischer Druckspannung σ_0 (Bild 158). Die Körper nähern sich gegenseitig um das Maß Δ . Sind E_1 und E_2 die Elastizitätsmoduli und μ_1 und μ_2 die Querkontraktionszahlen der Körper, lauten unter Verwendung von

$$\frac{1}{r_0} = \frac{1}{r_1} + \frac{1}{r_2}; \quad \frac{1}{E_0} = \frac{1-\mu_1^2}{E_1} + \frac{1-\mu_2^2}{E_2} \qquad (216)$$

die Berechnungsformeln für einen Kontakt Kugel/Kugel und Zylinder/Zylinder:

Kugel/Kugel:

$$a = \sqrt[3]{\frac{3Fr_0}{4E_0}}, \quad \sigma_0 = \frac{3F}{2\pi a^2}, \quad \sigma = \sigma_0 \sqrt{1 - (\frac{r}{a})^2}, \quad \Delta = \frac{a^2}{r_0} \qquad (217)$$

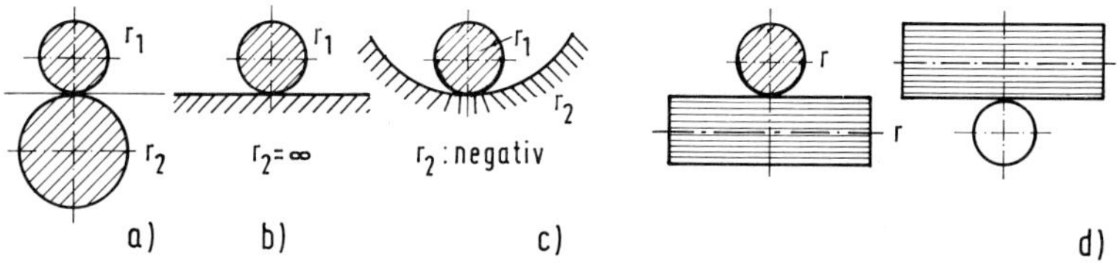

Bild 159

Die Kontaktfläche ist ein Kreis mit dem Radius a. F ist die Kontaktkraft. Die Pressung ist innerhalb der Kontaktfläche parabelförmig verteilt. Die Fälle Kugel/Ebene und Kugel/Hohlkugel sind hiermit auch erfaßt (Bild 159a/c), ebenfalls der Sonderfall zweier sich rechtwinklig kreuzender Zylinder mit gleichem Durchmesser (Teilbild d).

Zylinder/Zylinder: Die Kontaktfläche ist ein Rechteck mit der Länge b (gleich der Zylinderlänge). Die halbe Breite der rechteckigen Kontaktfläche ist a (entsprechend Bild 158, rechts):

$$a = 2\sqrt{\frac{Fr_0}{\pi E_0 b}}, \quad \sigma_0 = \frac{2F}{\pi a b}, \quad \sigma = \sigma_0 \sqrt{1 - (\frac{r}{a})^2} \qquad (218)$$

Die Fälle Zylinder/Ebene und Zylinder/Hohlzylinder sind hierin enthalten.

In Bild 160 sind obige Formeln für den Fall μ=0,3 ausgewertet und zusammengestellt: a, σ_0 und Δ . - Für den Fall Zylinder gegen Ebene läßt sich für Δ keine Formel angeben. Für den Fall Zylinder gegen Zylinder gilt:

$$\Delta = \frac{2F}{\pi b}\left[\frac{1-\mu_1^2}{E_1}\left(\ln\frac{2r_1}{a} + 0{,}407\right) + \frac{1-\mu_2^2}{E_2}\left(\ln\frac{2r_2}{a} + 0{,}407\right)\right] \qquad (219)$$

		a	σ_0	Δ
Kugel/Kugel	r_1, r_2	$1{,}109\cdot\sqrt[3]{\frac{F}{E}\cdot\frac{r_1\cdot r_2}{r_1+r_2}}$	$0{,}388\cdot\sqrt[3]{FE^2\frac{(r_1+r_2)^2}{r_1^2\cdot r_2^2}}$	$1{,}23\cdot\sqrt[3]{\frac{F^2(r_1+r_2)}{E^2\, r_1\cdot r_2}}$
Kugel/Ebene	r_1, $r_2=\infty$	$1{,}109\cdot\sqrt[3]{\frac{Fr}{E}}$	$0{,}388\cdot\sqrt[3]{\frac{F\cdot E^2}{r^2}}$	$1{,}23\cdot\sqrt[3]{\frac{F^2}{E^2 r}}$
Kugel/Hohlkugel	r_1, r_2	wie Kugel/Kugel : r_2 negativ		
Zylinder/Zylind. (b: Zylinderlänge)	r_1, r_2	$1{,}520\sqrt{\frac{F}{bE}\cdot\frac{r_1\cdot r_2}{r_1+r_2}}$	$0{,}418\sqrt{\frac{FE}{b}\cdot\frac{r_1+r_2}{r_1\cdot r_2}}$	—
Zylinder/Ebene (b: Zylinderlänge)	r_1, $r_2=\infty$	$1{,}520\sqrt{\frac{Fr}{bE}}$	$0{,}418\sqrt{\frac{FE}{br}}$	—
Zylinder/Hohlz. (b: Zylinderlänge)	r_1, r_2	wie Zylinder/Zylinder : r_2 negativ		

Stahl, Stahlguß: $E = 21000$ kN/cm², Gußeisen: $E = 10000$ kN/cm², Aluminium: $E = 7000$ kN/cm²

Bild 160

Die Theorie liefert auch den Spannungszustand im Inneren der Druckkörper. Die maximale Anstrengung tritt nicht direkt am Rand sondern etwas innerhalb auf. Bild 161 zeigt beispielhaft die Beanspruchung im Zentrum der Kontaktfläche Kugel gegen Kugel. maxτ beträgt $0{,}31\cdot\sigma_0$ an der Stelle $z/a=0{,}47$ ($\mu=0{,}3$). Für den Fall Zylinder gegen Zylinder gelten ähnliche Verhältnisse, hier beträgt max$\tau = 0{,}30\sigma_0$ an der Stelle $z/a=0{,}79$ (unabhängig von μ).

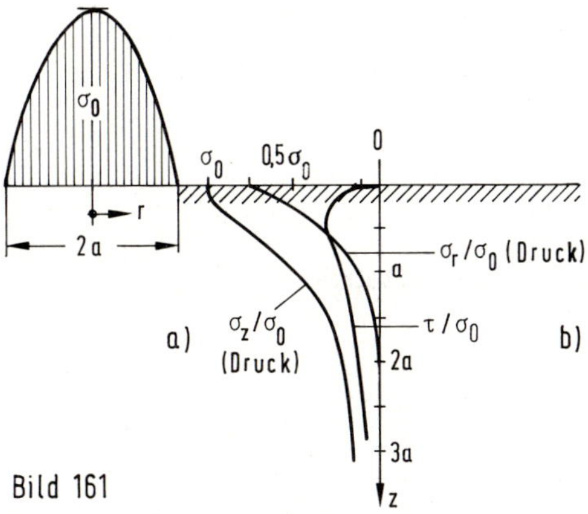

Bild 161

Bei punktförmigem Kontakt ist der Spannungszustand zentralsymmetrisch (allseitige Stützung), bei linienförmigem ist er eben. Versuche haben die Theorie gut bestätigt, solange die Beanspruchungen im elastischen Bereich liegen und der Kontaktradius a klein im Verhältnis zu den Radien der Druckkörper ist. - Real werden Pressungen zugelassen, die beträchtlich über der Fließgrenze des eingesetzten Werkstoffes liegen, die Elastizitätstheorie ist dann nicht mehr gültig: Die Abplattungsflächen werden größer als nach der Theorie. Dadurch bleiben die tatsächlichen Spannungen beträchtlich unter den berechneten. Insofern sind die berechneten und zulässigen HERTZschen Pressungen im praktischen Anwendungsfalle nur (fiktive) Rechenwerte! Die nach diesem Konzept bemessenen Lager haben sich bewährt, auch hinsichtlich ihrer Abwälzeigenschaften. - Die zul. HERTZschen Pressungen werden aus Versuchen bestimmt und zwar derart, daß unter Gebrauchslast keine bleibende Verformung entsteht, die größer als 0,3‰ des Rollendurchmessers ist; sie liegen umso höher, je härter der Werkstoff ist.
Die Theorie der HERTZschen Pressung ist schwierig [315-319]. Für die Wälzprobleme Laufrad/Schiene gilt sie ebenfalls [320-322], vgl. Abschnitt 21.3.

25.6.4 Lagerformen

25.6.4.1 Stählerne Punktkipplager

Tafel 25.13 zeigt Beispiele ohne und mit separatem Druckstück. Punktkipplager sind allseitig kippbar. Sind die Kippwinkel in zwei Richtungen gegeben, folgt der resultierende Kippwinkel zu:

$$\vartheta_x, \vartheta_y: \quad \vartheta = \sqrt{\vartheta_x^2 + \vartheta_y^2} \tag{220}$$

Die resultierende Horizontalkraft folgt ebenfalls durch geometrische Addition. Als Werkstoff wird überwiegend St52 (seltener GS52) eingesetzt. Der Einsatzbereich der Lager reicht bis 20000kN, ggf. darüber. Die Lager eignen sich nur für nicht zu große Kippwinkel,

Brückenlager (Übersicht)

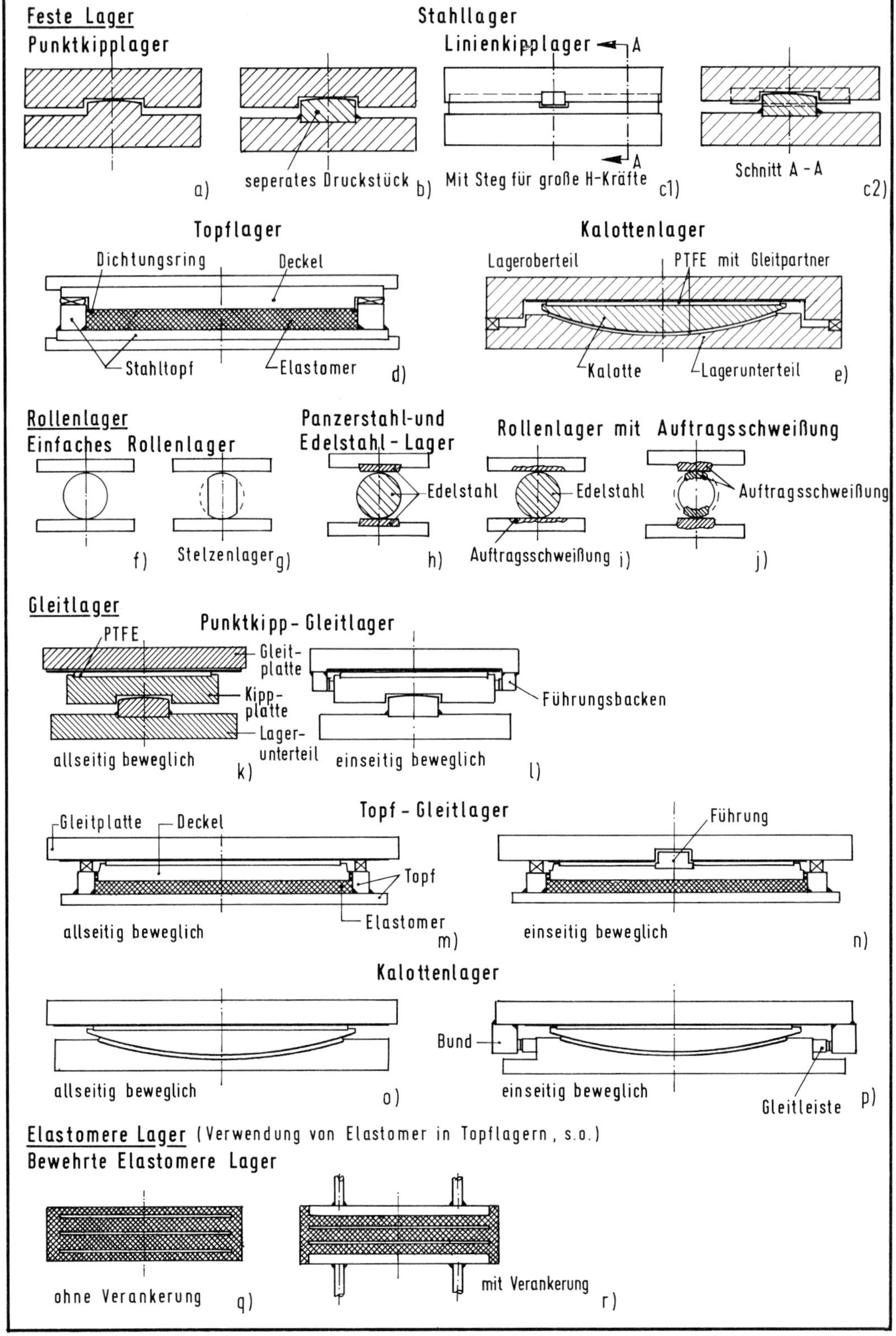
Feste Lager
Stahllager
Punktkipplager
Linienkipplager
A
A
seperates Druckstück
Mit Steg für große H-Kräfte
Schnitt A - A
a)
b)
c1)
c2)
Topflager
Kalottenlager
Dichtungsring
Deckel
Stahltopf
Elastomer
d)
Lageroberteil
PTFE mit Gleitpartner
Kalotte
Lagerunterteil
e)
Rollenlager
Einfaches Rollenlager
Panzerstahl-und Edelstahl - Lager
Rollenlager mit Auftragsschweißung
Edelstahl
Edelstahl
Auftragsschweißung
Auftragsschweißung
f)
Stelzenlager
g)
h)
i)
j)
Gleitlager
Punktkipp - Gleitlager
PTFE
Gleit-platte
Kipp-platte
Lager-unterteil
allseitig beweglich
k)
Führungsbacken
einseitig beweglich
l)
Topf - Gleitlager
Gleitplatte
Deckel
Topf
Elastomer
allseitig beweglich
m)
Führung
einseitig beweglich
n)
Kalottenlager
allseitig beweglich
o)
Bund
einseitig beweglich
Gleitleiste
p)
Elastomere Lager (Verwendung von Elastomer in Topflagern, s.o.)
Bewehrte Elastomere Lager
ohne Verankerung
q)
mit Verankerung
r)

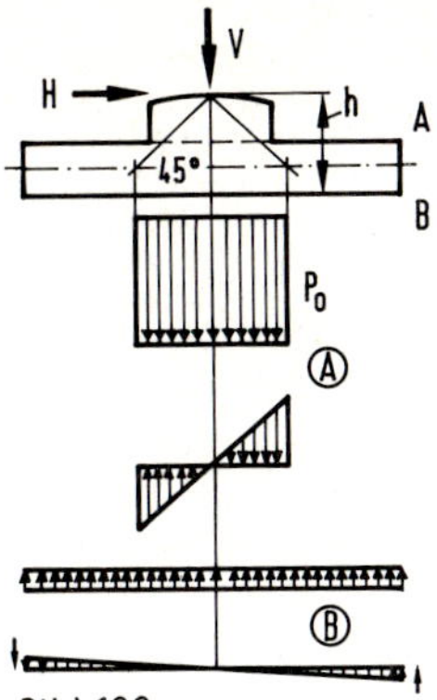

Bild 162

denn beim Abwälzen des Oberteils wandert die Last aus dem Zentrum heraus, es entsteht eine Lastexzentrizität.
Der Spannungsnachweis an der Kontaktstelle wird nach der Theorie der HERTZschen Pressung (i.a. Kugel gegen Ebene) und für die Lagerplatten unter der Annahme einer geradlinigen Pressungsverteilung nach der Kreisplattentheorie geführt. (Die Lagerplatten sind i.a. kreisrund, seltener quadratisch.) Bild 162 zeigt die von oben und unten auf die Lagerplatte einwirkenden (im Gleichgewicht befindlichen) Pressungen. Diese Ansätze liegen für die Lagerplatte auf der sicheren Seite, da die Druckspannungen real zu den Rändern hin abfallen, so daß sich die realen Biegespannungen geringer als die rechnerischen einstellen. - Die Horizontalkraft wird über Reibung oder über Kontakt durch Anschlag an die Knagge der oberen Lagerplatte abgesetzt (vgl. hierzu das Beispiel in Abschnitt 25.6.6.3); die Gleitsicherheit wird mit f=0,2 nachgewiesen, vgl. Abschnitt 25.6.6.1.
Durch Hinzufügen einer Gleitplatte mit zwischengeschalteter PTFE-Gleitfuge entsteht das Punktgleitlager, entweder mit einachsiger oder zweiachsiger Gleitfähigkeit, vgl. Tafel 25.13.

26.6.4.2 Stählerne Linienkipplager

Das Linienkipplager entsteht aus dem Punktkipplager, es ist nur einachsig kippbar. Hinsichtlich Werkstoffe und Nachweise gelten die Angaben des vorangegangenen Abschnittes analog. Die HERTZsche Pressung wird für den Fall Zylinder/Ebene nachgewiesen; vgl. hierzu die Hinweise beim Nachweis der Rollenlager (folgender Abschnitt). Da die Lagerplatten rechteckig sind, werden sie nach der Theorie der Rechteckplatten berechnet (oder einfacher nach der Balkentheorie). Durch die Kippabwälzung verlagert sich die Vertikalkraft. Eine Horizontalkraft quer zur Kippachse wird durch Reibung oder durch den oberseitigen Anschlag aufgenommen. Für eine Horizontalkraft in Richtung der Kippachse gilt dasselbe, hier bedarf es ggf. eines querliegenden Steges, um die Kraft abzusetzen. Für den Nachweis der Horizontalkraftaufnahme durch Reibung ist die Resultierende der Horizontalkräfte zu bilden.- Der Einsatz von Linienkipplagern ist dann möglich, wenn keine oder keine nennenswerten Kippbewegungen in Querrichtung, also quer zur Brückenachse, auftreten. Anderenfalls entsteht eine stark exzentrische Beanspruchung!
Durch die Anordnung einer zusätzlichen Gleitplatte mit PTFE-Gleitfuge entsteht das Linienkipplager, ein- oder allseitig beweglich; dieser Typ kommt indes nur selten zur Ausführung.

25.6.4.3 Stählerne Rollenlager

Rollenlager werden heute nur noch als Einrollenlager ausgeführt. Um die Rollachse vermag das Lager zu kippen. Eine Querkippung ist nicht möglich, d.h. nennenswerte Kippbewegungen quer zur Brückenachse dürfen nicht auftreten. Insofern gilt dieselbe Einschränkung wie bei Linienkipplagern. (Bei größerem Lagerabstand, geringerer Quersteifigkeit oder/und gekrümmten und schiefen Brücken sind Punktkipp-, Topf- oder Kalottengleitlager vorzuziehen, für niedrige und mittlere Auflastbereiche auch Elastomerlager.)
Für einfache Zwecke und geringe Lagerkräfte sind Lager aus St52-3 oder GS52 möglich. - Brücken-Rollenlager kommen (wenn überhaupt) nur als Sonderlager mit bauaufsichtlicher Zulassung zum Einsatz (vgl. Tafel 25.13):

a) Panzerstahllager: Der Edelstahl der Wälzkörper und Lagerplatten ist oberflächengehärtet (einsatzgehärtete Außenschicht) und 0,06 bis 0,08mm dick verchromt. Wegen des nicht voll gesicherten Korrosionsschutzes kommt dieser Typ praktisch nicht mehr zum Einsatz.
b) Edelstahllager: Wälzkörper und Lagerplatten bestehen aus korrosionsbeständigem Edelstahl (z.B. X40Cr13) und sind durchgehärtet. Lagerunter- und oberteil bestehen i.a. aus St52-3.
c) Corroweldlager V mit Wälzkörper aus Edelstahl und Lagerplatten mit planebener Corroweldschicht (vgl. d). Deren Dicke beträgt ca. 1/14 des Rollendurchmessers. Die Schicht wird durch Auftragschweißung aufgebracht und anschließend planeben bearbeitet.

d) Corroweldlager mit Wälzkörper und Lagerplatten aus St52-3, GS52 oder St50. Auf letztere wird eine korrosionsbeständige (chromlegierte) Hartstahlschicht mittels Auftragschweissung aufgebracht, Dicke ca. 1/20 des Rollendurchmessers. Anschließend werden die Abrollflächen bearbeitet.

Bild 163

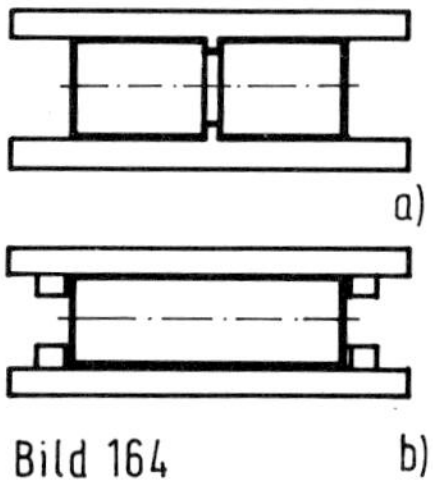

Bild 164

Die Dicke der Auftragschweißung wird so gewählt, daß das darunter liegende Grundmaterial nicht überbeansprucht wird. - Bild 163 zeigt die Sicherheitsabstände zwischen den äußeren Verschiebungslagen und den Rändern der hochfesten Lagereinsätze. Die Rollendurchmesser der heutigen Einrollenlager liegen bei Regelausführungen zwischen 100 bis 200mm. (Gepanzerte Beton-Rollenlager nach BURKHARDT aus nahtlosen Stahlrohren mit hochfestem Betonkern kommen nicht mehr zum Einsatz.) Insgesamt ist der Einsatz der Rollenlager zurückgegangen: Material und Fertigung sind teuer. Treten in Richtung der Rollachse Horizontalkräfte auf, die nicht durch Reibung aufgenommen werden können (f=0,2 bei Einhaltung der vorgeschriebenen Gleitsicherheit v=1,5) werden innenliegende Nute und Leisten oder außenliegende Backen vorgesehen (Bild 164); im Kontaktbereich bestehen die Leisten aus korrosionsbeständigem Edelstahl. Es wird ein geringer Spalt eingestellt, um geringfügige Verdrehungen zu ermöglichen. Eine exakte Rollenführung ist unbedingt erforderlich, anderenfalls treten Zwängungen mit erhöhtem Verschleiß auf. Um die Parallelführung sicherzustellen, erhalten die Rollen eine kraftschlüssige, straffe Seilführung, eine Zahnführung (Zahnscheibe und -leisten) oder (bei geringem Rollweg) eine Stegführung (vgl. Bild 152). Die Anordnung von Führungsleisten ist dann problematisch, wenn infolge fehlerhaftem Einbau oder mangelhafter Rollenführung ein Schräglauf eintritt. Dann schlägt die Rolle an und es treten hohe Zwangsreibungen mit hohem Verschleiß auf. Mittig eingeprägte Nute haben den Nachteil, daß der Rollenquerschnitt geschwächt ist; Wegen gleichzeitig zu hoher Härte sind Schadensfälle in Form mittiger Rollenbrüche bekannt geworden. Das Verhältnis Rollenlänge zu Rollendurchmesser darf nicht größer als 5 sein.

Neben der Rollreibung infolge Überwindung des Rutschwiderstandes (wenn Roll- und Bewegungsrichtung nicht übereinstimmen), gibt es weitere, die auf der Überwindung von Widerständen bei nicht planparalleler oder/und schiefer Lage der Lagerplatten beruhen. In der Summe handelt es sich um einen unplanmäßigen (gleichwohl nicht ganz zu vermeidenden) Rollwiderstand. Planmäßig ist dagegen der Rollwiderstand, der durch die Überwindung der Rollabplattung, der Oberflächenrauhigkeit und der im Laufe der Zeit sich ansammelnden Staubpartikel bedingt ist. Je höher Festigkeit und Härte sind, umso geringer ist die Rollabplattung und damit der Rollwiderstandsbeiwert: Für alle oben angegebenen Rollenlager (a bis d) gilt f=0,015 und für Rollenlager aus Baustahl f=0,030. Die Rollen und Lagerplatten werden nach der Theorie der HERTZ-schen Pressung bemessen. Nach dem Konzept der zulässigen Spannungen sind im Lastfall H folgende zulässigen HERTZschen Pressungen anzusetzen (Zylinder gegen Ebene):

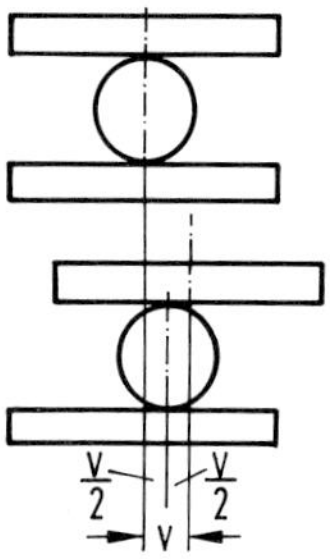

Bild 165

- Panzerstahllager 2200 N/mm²
- Edelstahllager 2300 "
- Corroweldlager V 2200 "
- Corroweldlager 1800 "
- St52-3 und GS52 850 "

(Ehemals BURKHARDT-Lager: 350 N/mm².)

Der Vergleich der Werte für St52-3 mit den Werten für die hochfesten Lager läßt erkennen, daß für letztere die zulässigen Pressungen ca. 2,5mal höher liegen; der Rollendurchmesser fällt dadurch ca. $2{,}5^2 \approx$ 5- bis 6-fach geringer aus.

Bei einer Verschiebung des Oberbaues um v bewegt sich die Rolle um v/2 (vgl. Bild 165). Die mittige Lage ist für den Nachweis der Platten und die am weitesten ausmittige Lage für den Nachweis der Betonpressung maßgebend. Es wird eine gleichförmige Pressungsverteilung unterstellt. - Es ist zu beachten, daß infolge einer Horizontalkraft in Richtung der Rollenachse ein Versatzmoment auftritt. Liegen untere und obere Platte starr parallel zu einander, gilt als Linienkraft je Längeneinheit:

$$p = p_V + p_M = \frac{V}{b} \pm \frac{3Hd}{b^2} \qquad (221)$$

Im anderen Falle:

$$p = p_V + p_M = \frac{V}{b} \pm \frac{6Hh}{b^2} \qquad (222)$$

V ist die Vertikalkraft, H die Horizontalkraft, b die Rollenlänge, d der Rollendurchmesser und h die Bauhöhe. Entsprechend ist die Pressung unter den Platten nachzuweisen (einschließlich der Lastausmitte v/2).

25.6.4.4 Kunststoffe für Brückenlager

25.6.4.4.1 PTFE (Polytetrafluoräthylen)

PTFE ist ein durch Polymerisation (Zusammenlagerung von mehreren Molekularstrukturen) aus Fluoräthylen hergestellter Kunststoff (Thermoplast), Markennamen Teflon, Hostaflon, Fluon. Er wird als Gleitwerkstoff in Verbindung mit einem Gleitpartner eingesetzt. Zur Verringerung der Gleitreibung (insbesondere der Anfangsreibung) wird ein Schmiermittel (z.B. Silikon-Fett) in Schmiertaschen (ehemals auch in Schmiernuten) zugesetzt, wodurch eine langdauernde Schmierung sichergestellt ist. Dadurch wird auch der Verschleiß wesentlich verringert. Die PTFE-Lage ist 4 bis 8mm dick und wird mindestens 2,5mm in die stählernen Gleitplatten eingelassen. Hierdurch entsteht ein Einkammerungseffekt. Dieser ist in den Randbereichen für die Tragfähigkeit und Funktionsfähigkeit der Lager wichtig, weil PTFE als thermoplastischer Werkstoff zum Kaltfluß neigt und ohne eine solche Einlassung entlang der Ränder herausquellen würde. Andererseits sollte das PTFE mindestens 1,5 bis 2,5mm überstehen.

Als Gleitpartner kommen zum Einsatz:

a) Polierte Hartchromschicht. Nach neueren Erkenntnissen ist Chrom nicht beständig gegen Fluorionen, es können sich Poren und Risse bilden. Auch besteht Unterrostungsgefahr unter der Chromschicht.

b) Polyoxydmethylen (POM-Azetalharz), 4mm dick, gekammert. Dieser Werkstoff ist durch Ozon- und UV-Einflüsse alterungsgefährdet; obzwar der Reibungswiderstand sehr günstig ist, wird dieser Werkstoff auch nicht mehr eingesetzt. Üblich ist heute die Verwendung von

c) poliertem, austenitischem Edelstahlblech (z.B. X5CrNiMo), ca. 1mm dick. Die Polierung wird einseitig elektrolytisch aufgebracht.

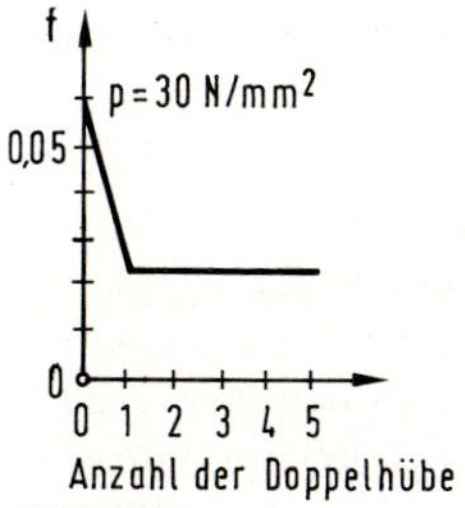

Bild 166

Der Reibwiderstand von PTFE sinkt mit steigender Pressung und steigender Gleitgeschwindigkeit sowie steigender Temperatur. Zudem ist die Reibungszahl f von der Rauhigkeit des anderen Partners abhängig; die mitgeteilten Werte schwanken. Für PTFE/Chrom bzw. Edelstahl (poliert) gelten folgende Anhalte:

p = 10 N/mm² : f = 0,044 - 0,046 (0,032)
p = 20 N/mm² : f = 0,032 - 0,036 (0,025)
p = 30 N/mm² : f = 0,022 - 0,026 (0,020)
p = 40 N/mm² : f = 0,017 - 0,021 (0,016)
p = 45 N/mm² : f = 0,015 - 0,018 (0,014)

Die Klammerwerte gelten für schnelles Gleiten, die Vorwerte für Bewegungen aus der Ruhe nach vorangegangenen Bewegungen und bei Schmierung. - Der Anfangswert von f ist relativ hoch und sinkt nach wenigen Hüben auf vorstehende Werte; vgl. Bild 166 [312,323]. Im Laufe der Zeit steigt der Reibbeiwert wieder etwas an, wenn die Schmierwirkung abnimmt [324]. In [325] wird über Messungen zur Bestimmung der aufsummierten Gleitwege in Gleitlagern mit PTFE berichtet.

Rechenwerte: p = 10 N/mm² : f = 0,060 bei Partner a,c
f = 0,050 bei Partner b
p = 45 N/mm² : f = 0,025 bei Partner a,c
f = 0,020 bei Partner b

Für die Lastfälle I (ständige Last und langdauernde Wirkungen aus Temperatur, Vorspannung, Kriechen und Schwinden) und II (Gesamtbelastung, einschl. Verkehr) sind folgende Pressungen zugelassen:

	I	II	
Zentrische Pressung:	30	45	N/mm²
Kantenpressung:	40	60	

(Modifizierungen dieser Ansätze im Zuge der Bearbeitung von DIN 4141 sind zu erwarten.) Weitere Eigenschaften von PTFE: E-Modul ca. 600 N/mm² bei behinderter Querdehnung und ca. 400N/mm² bei unbehinderter Querdehnung. Das σ-ε-Verhalten ist überlinear. Der G-Modul ist etwa gleich dem E-Modul. Der Temperaturausdehnungskoeffizient ist schwach temperaturabhängig und beträgt im Mittel 10^{-4}/C°. Das Material ist unbrennbar, chemisch resistent (Ausnahme: geschmolzene Alkalimetalle sowie Fluor und Chlortrifluorid) und nicht hygroskopisch. - Auf die Lagerzulassungen in der jeweils geltenden Fassung wird verwiesen.-

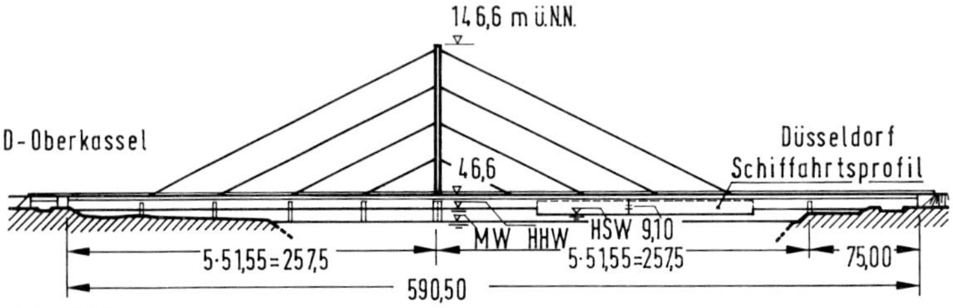

Bild 167

PTFE ist auch als Beschichtungsmaterial für Gleitbahnen geeignet. So wurde beispielsweise der Querverschub der 12000t schweren Oberkasseler Rheinbrücke in Düsseldorf auf PTFE-Gleitbahnen bewerkstelligt. Bild 167 zeigt die Schrägseilbrücke in der Ansicht. In Bild 168 ist die Brücke vor und nach dem Verschub dargestellt. Die Auflager- und Vorschubkräfte sind in Bild 169 ausgewiesen, der Verschubweg betrug 47,5m (Bild 168) [326].

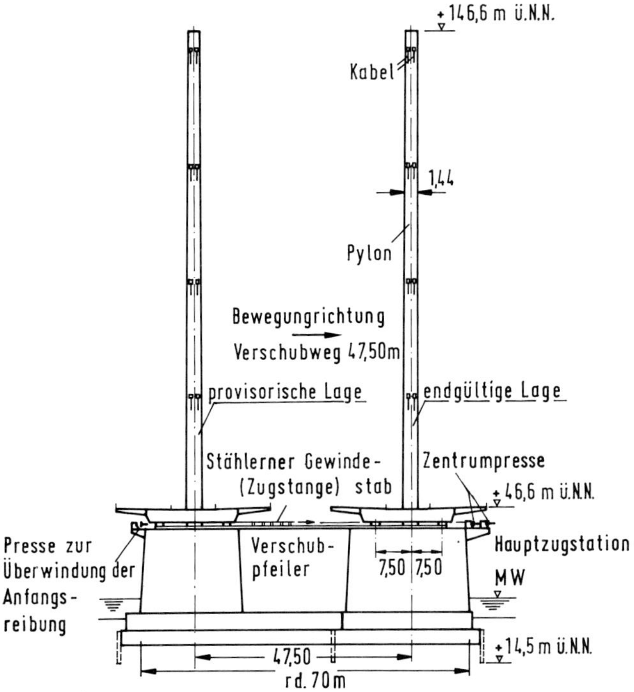

Bild 168

25.6.4.4.2 Elastomer

Mit Elastomer bezeichnet man Natur- und Kunstkautschuk. Für Lager kommt ausschließlich Polychloropren (CR, Polymereanteil > 60 Gew.%, mit Kohlenstoffruß) zum Einsatz. - Das Hauptproblem dieses nahezu inkompressiblen Materials liegt in seiner Altersbeständigkeit und zwar bei Naturkautschuk bezüglich Ozon- und UV-Einfluß und bei Kunstkautschuk bezüglich tiefer Temperaturen. Es tritt eine gewisse Versprödung und Versteifung ein, d.h., der Verformungswiderstand wächst im Laufe der Zeit an. - In umfangreichen Versuchen wurden die mannigfaltigen Eigenschaften und Einflüsse auf diese er-

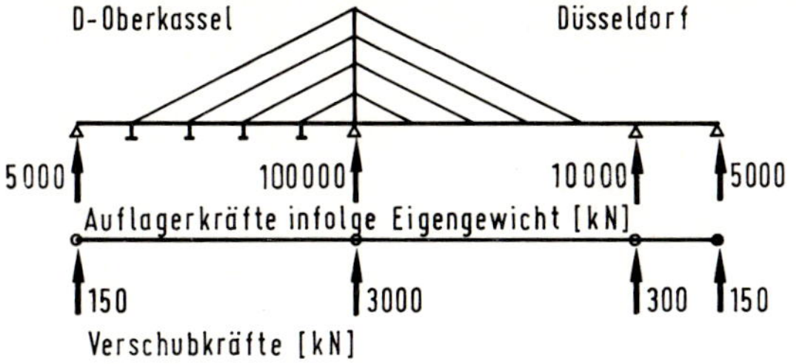

Bild 169

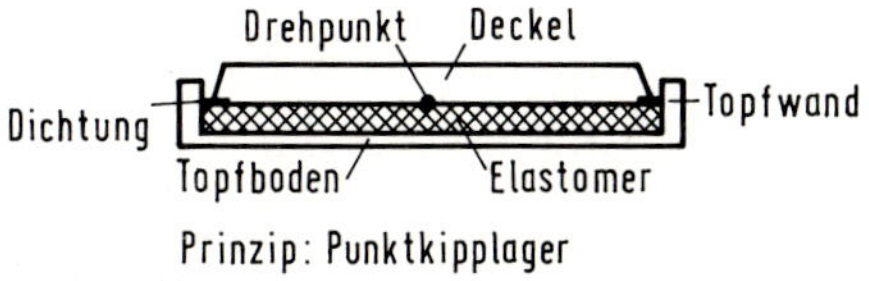

Bild 170

kundet, ehe ein Einsatz in größerem Umfang möglich war. Auf das einschlägige Schrifttum [312,327-332], die Lagerbescheide und DIN 4141 T14 wird hingewiesen.

25.6.4.5 Topflager

Topflager werden als runde stählerne Töpfe (mindestens St37-2, ggf. im Inneren gehärtet) mit stählernem Deckel und zwischenliegender Elastomerpackung ausgeführt. Die Vorläufer dieser Lagerform waren sandgefüllt. Eine einwandfreie Dichtung, die die Drehbewegung des Deckels nicht behindert, andererseits ein Herausquillen des unter hohem Druck stehenden Elastomer verhindert, ist für die Funktion des Lagers entscheidend. Die Dichtung schirmt das Elastomer gegen Luftzutritt ab, daher kann auch Naturkautschuk verwendet werden. Die Dicke der Gummischeibe beträgt ca. 1/5 des Topfdurchmessers, vgl. Bild 170 und Tafel 25.13. Unter der hohen Pressung verhält sich das eingekammerte Elastomer wie ein zähes Fluid; die Innenpressung stellt sich etwa gleichförmig ein, die Verdrehbarkeit des Deckels ist gegeben. Das Rückstellmoment ist eine Funktion der Temperatur, der Shorehärte, der Pressung und des Drehwinkels. Diese Abhängigkeiten sind komplex, sie wurden in Versuchen bestimmt und sind in den Lagerzulassungen festgelegt. Die hierdurch bedingte Exzentrizität ist i.a. gering. Als Pressung ist für das Elastomer 25N/mm² zugelassen. - Bei Temperaturen außerhalb -30°C und +50°C sind Sonder-Elastomere erforderlich. Der Topfboden weist eine relativ geringe Wanddicke auf, weil gewisse Verformungen desselben unbedenklich sind. Im Beton der Pfeiler und Widerlager ist eine besonders sorgfältig geführte Spaltzugbewehrung vorzusehen. - Um einen Feuchtigkeitszutritt in den Topf zu verhindern, wird der Lagerdeckel auch unten angeordnet. - Im Falle eines festen Lagers wird die Horizontalkraft vom Deckel auf die Topfwand übertragen, vgl. Tafel 25.13.
In Verbindung mit einer Gleitplatte auf dem Deckel und einer PTFE-Gleitschicht entsteht ein Gleit-Topflager. Die Gleitplatte ist so dick auszuführen, daß unzulässige Verformungen ausgeschlossen werden und die Gleiteigenschaft nicht beeinträchtigt wird. Die Dicke der PTFE-Lage beträgt 4,5 bis 6mm. (Vorläufer anstelle PTFE waren Nadel-, Kugel- oder Rollenlager aus St70 bis St90). - Durch Anordnung eines Führungssteges entsteht ein einseitig bewegliches Lager, vgl. Tafel 25.13. - Der Vorteil der Topflager liegt in ihrer geringen Bauhöhe. Der Einsatzbereich reicht von 1000 bis 50000kN Auflast. Das bisher größte Lager wurde für V=120000kN gebaut (Donaubrücke Deggenau). Zum Entwicklungsstand vgl. [324]. Statischer Nachweis und Zeichnung werden im Regelfall vom Lagerhersteller mitgeliefert; maßgebend ist der jeweilige Zulassungsbescheid.

25.6.4.6 Kalottenlager

Tafel 25.13 zeigt verschiedene Varianten. Kalottenlager werden als feste und bewegliche Lager ausgebildet. Im Falle einer einachsigen Beweglichkeit bedarf es seitlicher Backen, das Lager wird dann i.a. quadratisch ausgebildet, sonst kreisrund. Ein Kalottenlager besteht aus einer unteren Lagerplatte mit kugelkalottenförmiger Fräsung und einer 2 bis 2,5mm tief eingelassenen, mindestens 4,5mm dicken PTFE-Scheibe. In der Lagerplatte liegt die Kalotte mit hart verchromter Unterseite und einer 2 bis 2,5mm eingelassenen ebenen PTFE-Scheibe auf der Oberseite; hierauf liegt die Gleitplatte mit Gleitpartner. Die Stahlteile bestehen aus St37-2 oder St52-3. Die Bauhöhe der Kalottenlager ist sehr gering; sie sind besonders für große Kippbewegungen geeignet. - Infolge Drehung und Verschiebung entsteht eine Exzentrizität. Der Einsatzbereich der Kalottenlager liegt zwischen 1000 bis 30000kN. Inzwischen sind Lager für über 100000kN in der Projektierung. - Einer staubdichten Abkapselung der PTFE-Gleitzonen kommt für den Bestand der Kalottenlager große Bedeutung zu.

Wie bei den Topflagern werden Nachweis und Zeichnung von der Lieferfirma auf der Basis der einschlägigen Lagerbescheide erstellt.

25.6.4.7 Elastomer-Lager

Im Hochbau kommen bei geringen Lagerkräften unbewehrte Lager, im Brückenbau eigentlich nur bewehrte Lager zum Einsatz. Die Bewehrung besteht aus ca. 2mm dicken, ebenen Stahlblechen (St50-2, St52-3 oder St60-2), die zwischen die Elastomer-Schichten einvulkanisiert sind, vgl. Tafel 25.13. Sie verhindern ein übermäßiges seitliches Herausquetschen des Elastomers.
Die Lager können Lasten rechtwinklig und parallel zur Lagerebene sowie gegenseitige Verdrehungen und Verschiebungen der Auflagerfläche aufnehmen. Sie können unverankert oder verankert im Brücken- und Hochbau eingebaut werden, wenn der Temperaturbereich für das Bauwerk zwischen -30°C und +50°C liegt. Die analytische Bestimmung der Beanspruchung (Spannungen und Verformungen) ist theoretisch nur bedingt möglich. Die Kennwerte wurden bzw. werden experimentell ermittelt. In den Lagerzulassungen sind die speziellen Nachweisverfahren enthalten; sie wurden inzwischen für bewehrte Elastomerlager durch DIN 4141 T14 ersetzt. Hierin sind für verschiedene mittlere Lagerpressungen Abmessungen, Anzahl der Elastomerschichten, deren Dicke und die Dicke der Bewehrungseinlagen für Regellager angegeben.

25.6.5 Lagerung der Lager

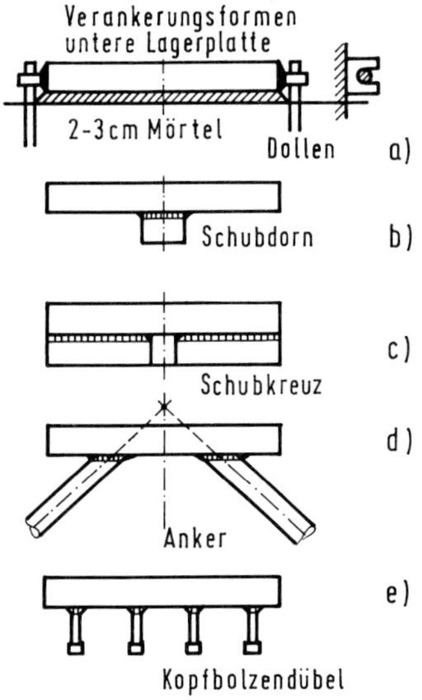

Bild 171

Es ist zu unterscheiden zwischen der Fuge Lager/Stählerner Überbau und der Fuge Lager/Unterbau. Im ersten Falle bedarf es besonderer Anschlußmittel und lastverteilender Unterlegbleche und Steifen an der Brücke. Die Gleitreibung ist mit f=0,2 i.a. zu gering, um unter Einschluß der geforderten Gleitsicherheit die H-Kräfte ohne weitere Anschlußmittel abtragen zu können. Auf der Betonseite ist das eher möglich. Für Stahl auf Beton gilt f=0,5. Reicht die Gleitsicherheit nicht aus, sind besondere Schubmittel vorzusehen, vgl. Bild 171 und Abschnitt 25.6.6.1. - Die untere Lagerplatte wird auf einem 3 bis 4cm dicken (ggf. quellenden) Zement- oder Kunstharzmörtelbett verlegt. Eine satte, vollflächige Auflagerung ist wichtig, anderenfalls erleidet die Lagerplatte unzulässig hohe Beanspruchungen (und Verformungen). Der Nachweis der Pressungen wird unter der Annahme gleichförmiger Spannungsverteilungen bei Berücksichtigung aller Exzentrizitäten geführt, klaffende Fugen sind zulässig. Die zulässigen Betonpressungen berücksichtigen die Erhöhung der Bruchfestigkeit des Betons bei Teilflächenbelastung. Wichtig ist die Einhaltung der geforderten Spaltzugbewehrung (DIN 1045).
Wie erwähnt, bedarf es i.a. horizontaler Verankerungen in Form von Dollen, Schubdornen, -leisten- -kreuzen, Knaggen, ringförmigen Bunden, Ankereisen in Form von Rund- und Flachstählen oder Kopfbolzendübeln (Bild 171). - Alle nicht mit Beton in Berührung kommenden Stahlteile erhalten nach Strahlentrostung einen Anstrich nach DIN 55928 T1 bis T9. (Die Wälzkörper und Lagerplatten der Edelstahl-Rollenlager bleiben beschichtungsfrei.) Die Lagerflächen Stahl/Beton einschließlich Verankerungen bleiben ungeschützt oder erhalten eine Zinksilikatbeschichtung (ggf. Spritzverzinkung).
Elastomer-Lager können direkt aufgelagert werden, die Lagerflächen müssen absolut sauber, trocken und eben sein. Der Reibungsbeiwert zwischen Gummi und Beton beträgt:

$$p = 2\ N/mm^2: \quad f = 1$$

$$p = 10\ N/mm^2: \quad f = 0{,}5$$

Bei größeren Horizontalkräften bedarf es unterer und oberer Ankerplatten, vgl. Tafel 25.13.

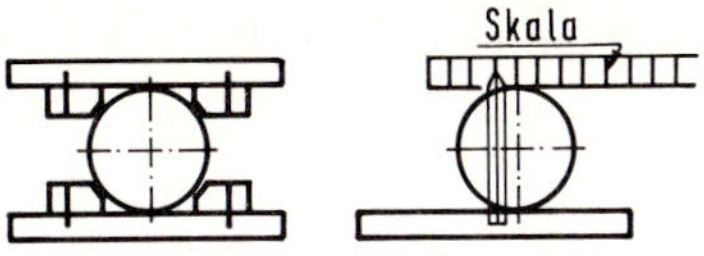

Bild 172

Für Justier- und Arretierungszwecke werden verschiedenartige Hilfsmittel zugerüstet; insbesondere bei Rollenlagern. Auch werden Anzeigevorrichtungen installiert, um die Verschiebungen und ihre zeitliche Änderung ablesen zu können, vgl. Bild 172.

Die Kontrollierbarkeit und Auswechselbarkeit ist immer zu bedenken. Hier sind die modernen Brückenlager wegen ihrer geringen Bauhöhe gegenüber früheren Ausführungen im Nachteil. - Vor dem Auswechseln der Lager wird die Brücke mittels hydraulischer Pressen angehoben, hierfür sind die Endquerträger auszulegen.

In DIN 4141 T4 sind Regeln für Transport, Zwischenlagerung und Einbau der Lager zusammengefaßt. Beispielsweise dürfen die Lager nur an dazu vorgesehenen Anschlagstellen gefaßt, gehoben und versetzt werden. Der Einbau muß nach einem Lagerversetzplan erfolgen und protokolliert werden; das gilt auch für die Gleitspaltmessung an vorgeschriebenen Stellen.

25.6.6 Berechnungsbeispiele und Ergänzungen

25.6.6.1 Berechnungsansätze

Beim Nachweis der Lager sind zu unterscheiden:

- Hauptschnittgrößen, die vom Lager ohne oder mit begrenzter Relativbewegung der Bauteile planmäßig zu übertragen sind,
- Nebenschnittgrößen, die als Widerstände bei den Relativbewegungen in Richtung der planmäßigen Freiheitsgrade geweckt werden. Diese Widerstände sind entweder
  - Roll- oder Gleitwiderstände (hervorgerufen durch Reibung) oder
  - Verformungswiderstände (hervorgerufen durch den Verformungswiderstand des Elastomers).

  In DIN 4141 T1 sind die Lagerwiderstände bestimmten Lastfällen zugeordnet; sie bestimmen die zulässigen Beanspruchungen. Die für die Ermittlung der Bewegungs- und Verformungswiderstände anzusetzenden Beiwerte sind von der Lagerart abhängig, z.B. Rollenlager, Gleitlager.

Für die Ermittlung der Einwirkungen auf die Brücke und damit auf die Lager ist DS804 für Eisenbahnbrücken und DIN 1072 für Straßenbrücken maßgebend. Im Rahmen der statischen Berechnung werden die Haupt- und Nebenschnittgrößen sowie die Verschiebungen und Verdrehungen für die verschiedenen Lastfälle und Laststellungen berechnet. Dabei interessieren die Größt- und Kleinstwerte der einzelnen Kraft- und Verformungsgrößen und die jeweils zugeordneten anderen Größen. Die planmäßigen Verformungen sind um Sicherheitszuschläge zu vergrößern, es sind Mindestwerte einzuhalten (DIN 4141 T1).

Es sind folgende Nachweise (abhängig von der Lagerart) zu führen: HERTZsche Pressung, Pressung gegen Führungsbacke, -leiste, -knagge usf., Biegung und ggf. Durchbiegung der Lager- und Gleitplatte, Beanspruchung in der PTFE-Gleitfuge und im Elastomerbauteil, Pressung in der Mörtelfuge, Gleitsicherheit (über Reibung oder Verankerungselemente), Spaltzugbewehrung im Beton, Steifen im Krafteinleitungsbereich (z.B. abhängig von der zulässigen Verformung bei Gleitplattenverwendung).

Die Gleitsicherheit ist für die 1,5-fache Resultierende in der Lagerebene nachzuweisen. Als Reibungszahl ist anzunehmen $f=0{,}2$ für Stahl auf Stahl und $f=0{,}5$ für Beton/Beton und Stahl/Beton. Die Schubtragkraft einer fallweise vorhandenen bzw. erforderlichen Verankerung darf der Reibungskraft additiv hinzugeschlagen werden. Bei dynamischen Beanspruchungen und großen Lastschwankungen, wie bei Eisenbahnbrücken, dürfen die Horizontallasten nicht über Reibung abgetragen werden, d.h. es ist dann $f=0$ zu setzen (DIN 4141 T1, Abschnitt 6). (Vgl. auch das Schreiben des Bundesministers für Verkehr v. 30.09.86: Neufassung des 2. Absatzes der Erläuterungen zu Abschnitt 6 der DIN 4141.)

25.6.6.2 Behelfe für die Berechnung von Kreisplatten

Die Lagerplatten sind vielfach kreisförmig und mit konstanter Dicke ausgebildet. Für deren Bemessung werden Berechnungsformeln für die Durchbiegung und die radialen und tangentialen Biegungsmomente benötigt, wobei Formeln für konstante und antimetrische Belastung interessieren. Diese sind im Schrifttum, z.B. in [333,334] für konstante Voll- und

Formänderungen und Schnittgrößen in Kreisplatten konstanter Dicke t (1)

nach BEYER, MARKUS

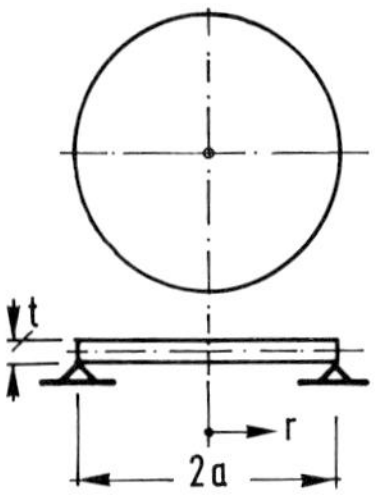

Abkürzungen:

$K = \frac{Et^3}{12(1-\mu^2)}$; $\rho = \frac{r}{a}$; $\beta = \frac{b}{a}$ (Stahl: $\mu = 0{,}3$)

$\Phi_0 = 1-\rho^4$; $\Phi_1 = 1-\rho^2$; $\Phi_2 = \rho^2 \ln\rho$; $\Phi_3 = \ln\rho$; $\Phi_4 = \frac{1}{\rho^2} - 1$

$\Phi_5 = \rho\cdot(1-\rho^2)$; $\Phi_6 = (3+\mu)\rho^2$;

$\varkappa_1 = 4-(1-\mu)\beta^2$; $\varkappa_2 = [\varkappa_1 - 4(1+\mu)\ln\beta]\beta^2$;

$\varkappa_3 = 4(3+\mu) - (7+3\mu)\beta^2 + 4(1+\mu)\beta^2 \ln\beta$

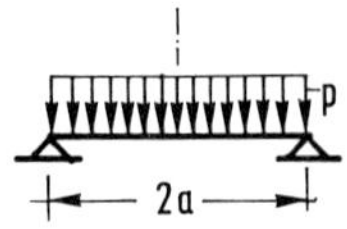

Fall 1: Gleichmäßig verteilte Vollbelastung p

$w = \frac{pa^4}{64K(1+\mu)}\cdot[2(3+\mu)\Phi_1 - (1+\mu)\Phi_0]$

$M_r = \frac{pa^2}{16}\cdot(3+\mu)\Phi_1$; $M_\varphi = \frac{pa^2}{16}\cdot[2(1-\mu) + (1+3\mu)\Phi_1]$

$Q_r = -\frac{pa}{2}\rho$

$\rho = 0$: $w = \frac{pa^4}{64K}\cdot\frac{5+\mu}{1+\mu}$; $M_r = M_\varphi = \frac{pa^2}{16}\cdot(3+\mu)$; $Q_r = 0$

$\rho = 1$: $M_r = 0$; $M_\varphi = \frac{pa^2}{8}\cdot(1-\mu)$; $Q_r = -\frac{pa}{2}$

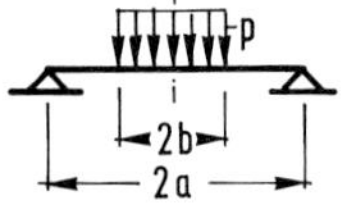

Fall 2: Gleichmäßige Teilflächenbelastung p

$\rho \le \beta$: $w = \frac{pa^4}{64K}\cdot\left\{1 + [4-5\beta^2 + 4(2+\beta^2)\ln\beta]\beta^2 + 2\frac{\varkappa_2}{1+\mu}\Phi_1 - \Phi_0\right\}$

$\rho > \beta$: $w = \frac{pa^4}{64K}2\beta^2\cdot[\frac{2(3+\mu)-(1-\mu)\beta^2}{1+\mu}\Phi_1 + 4\Phi_2 + 2\beta^2\Phi_3]$

$\rho \le \beta$: $M_r = \frac{pa^2}{16}\cdot[\varkappa_2 - (3+\mu) + (3+\mu)\Phi_1]$; $M_\varphi = \frac{pa^2}{16}\cdot[\varkappa_2 - (1+3\mu) + (1+3\mu)\Phi_1]$

$\rho > \beta$: $M_r = \frac{pa^2}{16}[(1-\mu)\beta^4\Phi_4 - 4(1+\mu)\beta^2\Phi_3]$

$M_\varphi = \frac{pa^2}{16}[-(1-\mu)\beta^4\Phi_4 - 4(1+\mu)\beta^2\Phi_3 + 2(1-\mu)\beta^2\cdot(2-\beta^2)]$

$\rho \le \beta$: $Q_r = -\frac{pa}{2}\cdot\rho$; $\rho > \beta$: $Q_r = -\frac{pb}{2}\cdot\frac{\beta}{\rho}$

$\rho = 0$: $w = \frac{pa^2 b^2}{64K(1+\mu)}\cdot\varkappa_3$ $M_r = M_\varphi = \frac{pa^2}{16}\varkappa_2$ $Q_r = 0$

$\rho = 1$: $M_r = 0$ $M_\varphi = \frac{pb^2}{8}\cdot(1-\mu)\cdot(2-\beta^2)$; $Q_r = -\frac{pb}{2}\beta$

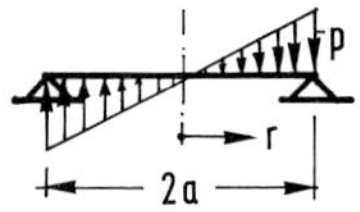

Fall 3: Antimetrisch verteilte Vollbelastung p

$w = \frac{pa^4}{192K(3+\mu)}\cdot\Phi_5\cdot[(7+\mu) - \Phi_6]\cos\varphi$

$M_r = \frac{pa^2}{48}\cdot(5+\mu)\Phi_5\cdot\cos\varphi$

$M_\varphi = \frac{pa^2}{48(3+\mu)}\cdot\rho\cdot[(5+\mu)(1+3\mu) - (1+5\mu)\Phi_6]\cos\varphi$

$M_{r\varphi} = \frac{pa^2}{48(3+\mu)}\cdot(1-\mu)\rho\cdot[\Phi_6 - (5+\mu)]\sin\varphi$

$Q_r = \frac{pa}{24(3+\mu)}\cdot[2(5+\mu) - 9\Phi_6]\cos\varphi$

$Q_\varphi = -\frac{pa}{24(3+\mu)}\cdot[2(5+\mu) - 3\Phi_6]\sin\varphi$

$\rho = 0$: $w = 0$; $M_r = M_\varphi = M_{r\varphi} = 0$; $Q_r = -Q_\varphi = \frac{pa}{12}\cdot\frac{(5+\mu)}{(3+\mu)}\frac{\cos\varphi}{\sin\varphi}$

$\rho = 1$: $M_r = 0$; $M_\varphi = \frac{pa^2}{24}\cdot\frac{(1-\mu^2)}{(3+\mu)}\cdot\cos\varphi$; $M_{r\varphi} = -\frac{pa^2}{24}\cdot\frac{(1-\mu)}{(3+\mu)}\cdot\sin\varphi$

$Q_r = -\frac{pa}{24}\cdot\frac{(17+7\mu)}{3+\mu}\cos\varphi$; $Q_\varphi = -\frac{pa}{24}\cdot\frac{1-\mu}{3+\mu}\sin\varphi$

Formänderungen und Schnittgrößen in Kreisplatten konstanter Dicke (2)

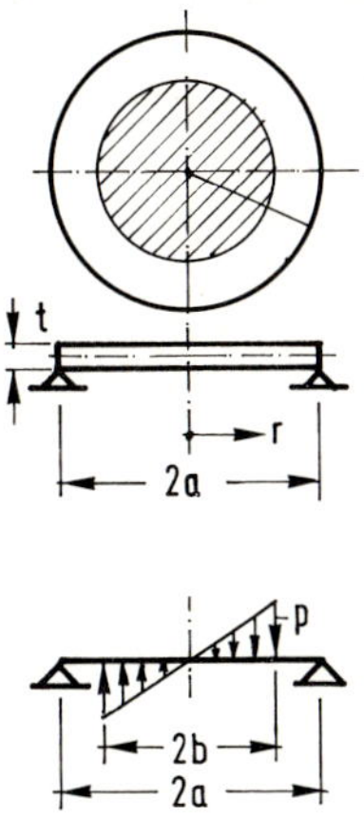

Fall 4: Antimetrisch verteilte Teilflächenbelastung p

Abkürzungen: $K = \frac{Et^3}{12(1-\mu^2)}$; $\rho = \frac{r}{a}$; $\beta = \frac{b}{a}$ (Stahl: $\mu = 0{,}3$)

$$\Phi_1 = 5 + 3\mu;\ \Phi_2 = -(17 + 7\mu);\ \Phi_3 = \frac{2(1+\mu)}{\beta^2} - (5 + 3\mu);\ \Phi_4 = 7 - \frac{\Phi_2}{\Phi_3}\left[3 + \frac{2(1+\mu)}{(1-\mu)\cdot\beta^2}\right]$$

$$\Phi_5 = \frac{1}{1+\mu}\left\{3 + \frac{\Phi_1}{\Phi_3}\cdot\left[3 + \frac{2(1+\mu)}{(1-\mu)\beta^2}\right]\right\}$$

$$A_1 = -\beta^4\left[\frac{\Phi_4}{\Phi_5}\left\{\frac{1+4\ln\beta}{1+\mu} + \frac{2}{3+\mu} + \frac{\Phi_1}{\Phi_3}\left[\frac{1+4\ln\beta}{1+\mu} + \frac{2}{1-\mu}\left(1 - \frac{1}{\beta^2}\right)\right]\right\} + \frac{\Phi_2}{\Phi_3}\left[1 + \frac{2(1+\mu)}{1-\mu}\left(1 - \frac{1}{\beta^2}\right) + 4\ln\beta\right] - 8\right]$$

$$A_2 = +\beta^2\left\{\frac{\Phi_4}{\Phi_5}\left[\frac{2\beta^2}{3+\mu} + \frac{1}{1+\mu}\left(1 + \frac{\Phi_1}{\Phi_3}\right)\right] + \frac{\Phi_2}{\Phi_3} - 9\right\}$$

$$B_1 = -2\beta^4\left[\frac{\Phi_4}{\Phi_5}\cdot\left(\frac{1}{3+\mu} + \frac{1}{1-\mu}\cdot\frac{\Phi_1}{\Phi_3}\right) + \frac{1+\mu}{1-\mu}\cdot\frac{\Phi_2}{\Phi_3}\right]$$

$$B_2 = +2\beta^4\frac{\Phi_4}{\Phi_5}\cdot\frac{1}{3+\mu};\quad B_3 = +2\beta^4\frac{1}{1-\mu}\left[\frac{\Phi_1\Phi_4}{\Phi_3\Phi_5} + (1+\mu)\frac{\Phi_2}{\Phi_3}\right]$$

$$B_4 = -4\beta^4\left[\frac{1}{1+\mu}\cdot\left(1 + \frac{\Phi_1}{\Phi_3}\right)\cdot\frac{\Phi_4}{\Phi_5} + \frac{\Phi_2}{\Phi_3}\right]$$

$$\rho \le \beta:\quad w = \frac{pa^4}{192K\cdot\beta}(A_1\rho + A_2\rho^3 + \rho^5)\cos\varphi$$

$$\rho > \beta:\quad w = \frac{pa^4}{192K\cdot\beta}\left(B_1\rho + B_2\rho^3 + B_3\frac{1}{\rho} + B_4\cdot\rho\cdot\ln\rho\right)\cos\varphi$$

$$\rho \le \beta:\quad M_r = -\frac{pa^2}{192\cdot\beta}\left[2(3+\mu)A_2\rho + 4(5+\mu)\rho^3\right]\cos\varphi$$

$$M_\varphi = -\frac{pa^2}{192\cdot\beta}\left[2(1+3\mu)A_2\rho + 4(1+5\mu)\rho^3\right]\cos\varphi;\quad M_{r\varphi} = (1-\mu)\frac{pa^2}{192\,\beta}(2A_2\rho + 4\rho^3)\sin\varphi$$

$$\rho > \beta:\quad M_r = -\frac{pa^2}{192\cdot\beta}\left[2(3+\mu)B_2\rho + 2(1-\mu)\frac{B_3}{\rho^3} + (1+\mu)\frac{B_4}{\rho}\right]\cos\varphi$$

$$M_\varphi = -\frac{pa^2}{192\cdot\beta}\left[2(1+3\mu)B_2\rho - 2(1-\mu)\frac{B_3}{\rho^3} + (1+\mu)\frac{B_4}{\rho}\right]\cos\varphi$$

$$M_{r\varphi} = +(1-\mu)\frac{pa^2}{192\,\beta}\left(2B_2\rho - \frac{2B_3}{\rho^3} + \frac{B_4}{\rho}\right)\sin\varphi$$

$$\rho \le \beta:\quad Q_r = -\frac{pa}{24\cdot\beta}(A_2 + 9\rho^2)\cos\varphi;\qquad \rho > \beta:\quad Q_r = -\frac{pa}{96\cdot\beta}\left(4B_2 - \frac{B_4}{\rho^2}\right)\cos\varphi$$

Beispiel: $\beta = 0{,}5$; $\mu = 1/6 = 0{,}1667$

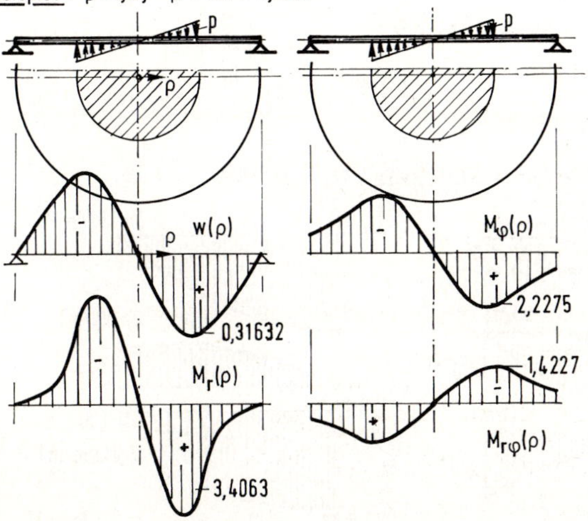

$\Phi_1 = 5{,}5$; $\Phi_2 = -18{,}1\bar{7}$; $\Phi_3 = 3{,}8\bar{3}$; $\Phi_4 = 74{,}2956$;

$\Phi_5 = 20{,}0348$

$A_1 = 0{,}59223$; $A_2 = -1{,}35362$; $B_1 = -0{,}11522$;

$B_2 = 0{,}14638$; $B_3 = -0{,}031251$; $B_4 = -0{,}75000$

$\rho = \beta = 0{,}5$;

$$w(0{,}5) = \frac{pa^4}{192\cdot K}\cdot 0{,}31632\cdot\cos\varphi$$

$$M_r(0{,}5) = \frac{pa^2}{192}\cdot 3{,}4063\cdot\cos\varphi$$

$$M_\varphi(0{,}5) = \frac{pa^2}{192}\cdot 2{,}2275\cdot\cos\varphi$$

$$M_{r\varphi}(0{,}5) = -\frac{pa^2}{192}\cdot 1{,}4227\cdot\sin\varphi$$

$$Q_r(0{,}5) = -\frac{pa}{24}\cdot 1{,}7928\cdot\cos\varphi$$

Übertragungsmatrix der zentralsymmetrisch belasteten Kreis (-ring)-Platte

Definitionen:

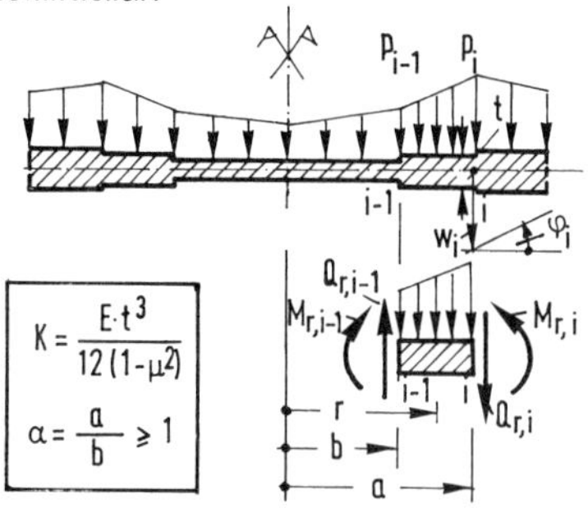

$$K = \frac{E \cdot t^3}{12(1-\mu^2)}$$

$$\alpha = \frac{a}{b} \geq 1$$

Belastung: $p(r) = p_{i-1} + m \cdot (r-b)$; $m = \dfrac{p_i - p_{i-1}}{a-b}$

Abkürzungen: $A = -\dfrac{p_i b - p_{i-1} a}{64(a-b)}$; $B = \dfrac{p_i - p_{i-1}}{225(a-b)}$

Übertragungsschema:

$$\begin{pmatrix} w_i \\ \varphi_i \\ M_{ri} \\ Q_{ri} \\ 1 \end{pmatrix} : \begin{pmatrix} f_{11} & f_{12} & f_{13} & f_{14} & f_{1p} \\ f_{21} & f_{22} & f_{23} & f_{24} & f_{2p} \\ f_{31} & f_{32} & f_{33} & f_{34} & f_{3p} \\ f_{41} & f_{42} & f_{43} & f_{44} & f_{4p} \\ 0 & 0 & 0 & 0 & 1 \end{pmatrix} \begin{pmatrix} w_{i-1} \\ \varphi_{i-1} \\ M_{r\,i-1} \\ Q_{r\,i-1} \\ 1 \end{pmatrix} = \begin{pmatrix} w_i \\ \varphi_i \\ M_{ri} \\ Q_{ri} \\ 1 \end{pmatrix}$$

Elemente der Matrix: Homogener Teil:

$f_{11} = 1$; $f_{21} = 0$; $f_{31} = 0$; $f_{41} = 0$;

$f_{12} = -\dfrac{b}{4}\left[(1-\mu)(\alpha^2-1) + 2(1+\mu)\ln\alpha\right]$; $f_{22} = \dfrac{1}{2\alpha}\left[(\alpha^2+1) - \mu(\alpha^2-1)\right]$; $f_{32} = \dfrac{K}{2\alpha^2 b}\left[(1-\mu^2)\cdot(\alpha^2-1)\right]$; $f_{42} = 0$;

$f_{13} = -\dfrac{b^2}{4K}\left[(\alpha^2-1) - 2\ln\alpha\right]$; $f_{23} = \dfrac{b}{2K\alpha}(\alpha^2-1)$; $f_{33} = \dfrac{1}{2\alpha^2}\left[(\alpha^2+1) + \mu(\alpha^2-1)\right]$; $f_{43} = 0$;

$f_{14} = \dfrac{b^3}{4K}\left[(\alpha^2-1) - (\alpha^2+1)\ln\alpha\right]$; $f_{24} = -\dfrac{b^2}{4K\alpha}\left[(\alpha^2-1) - 2\alpha^2\ln\alpha\right]$; $f_{34} = \dfrac{b}{4\alpha^2}\left[(1-\mu)(\alpha^2-1) + 2(1+\mu)\alpha^2\ln\alpha\right]$; $f_{44} = \dfrac{1}{\alpha}$;

Inhomogener Teil (Belastungsspalte):

$$f_{1p} = \frac{1}{4K}\cdot\left\{4Ab^4\cdot\left[(4\alpha^2 + \alpha^4 - 5) - 4\ln\alpha(1+2\alpha^2)\right] + Bb^5\cdot\left[2(25\alpha^2 + 2\alpha^5 - 27) - 15\ln\alpha(3+5\alpha^2)\right]\right\};$$

$$f_{2p} = \frac{1}{K\alpha}\cdot\left[4Ab^3\cdot(1 - \alpha^4 + 4\alpha^2\ln\alpha) + \frac{5}{4}\cdot Bb^4\cdot(9 - 5\alpha^2 - 4\alpha^5 + 30\alpha^2\ln\alpha)\right];$$

$$f_{3p} = Ab^2\cdot\left[(1+\mu)(16\ln\alpha - 8) - 4(1-\mu)\frac{1}{\alpha^2} + (3+\mu)(8-4\alpha^2)\right] + \frac{5}{4}\cdot Bb^3\cdot\left[(1+\mu)(30\ln\alpha - 20) - 9(1-\mu)\frac{1}{\alpha^2} + 15(3+\mu) - 4(4+\mu)\alpha^3\right];$$

$$f_{4p} = 32Ab(1/\alpha - \alpha) + 75Bb^2(1/\alpha - \alpha^2);$$

Sonderfall: Kreisvollplatte (im Zentrum):

$f_{11} = 1$; $f_{21} = 0$; $f_{31} = 0$; $f_{41} = 0$; $f_{1p} = \dfrac{1}{K}(Aa^4 + Ba^5)$;

$f_{12} = 0$; $f_{22} = 0$; $f_{32} = 0$; $f_{42} = 0$; $f_{2p} = -\dfrac{1}{K}(4Aa^3 + 5Ba^4)$;

$f_{13} = -\dfrac{a^2}{2(1+\mu)K}$; $f_{23} = \dfrac{a}{(1+\mu)K}$; $f_{33} = 1$; $f_{43} = 0$; $f_{3p} = -4Aa^2(3+\mu) - 5Ba^3(4+\mu)$;

$f_{14} = 0$; $f_{24} = 0$; $f_{34} = 0$; $f_{44} = 0$; $f_{4p} = -32Aa - 75Ba^2$;

Berechnung von M_φ nach Bestimmung des Zustandsvektors: $M_{\varphi i} = \left(0,\ \dfrac{K(1-\mu^2)}{r},\ \mu,\ 0\right)\begin{pmatrix} w_i \\ \varphi_i \\ M_{ri} \\ Q_{ri} \end{pmatrix}$ $(r > 0)$

Randbedingungen:

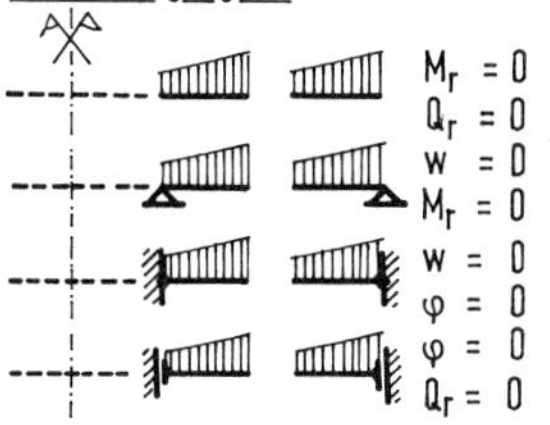

Kreisvollplatte: $\varphi_0 = 0$, $Q_{r0} = 0$

(Diese Anfangsbedingungen sind in die Matrix eingearbeitet)

Testbeispiel: $E = 2{,}1 \cdot 10^8\ kN/m^2$, $\mu = 0{,}3$

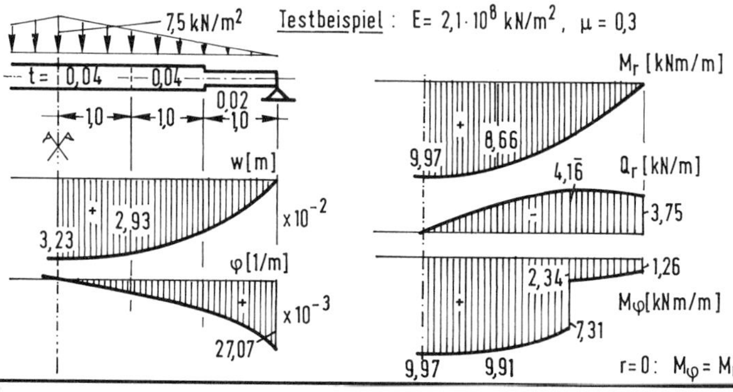

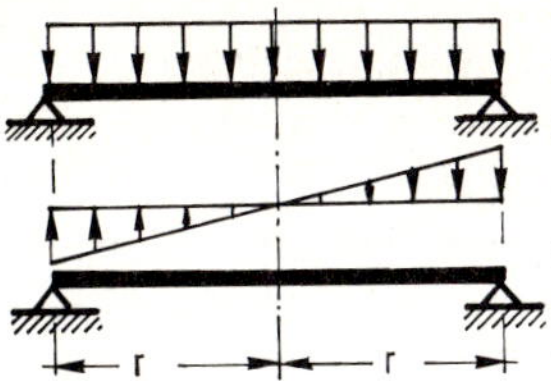

Bild 173

Teilflächenbelastung und in [335] für antimetrische Vollflächenbelastung ausgewiesen; Tafel 25.14 enthält diese Formeln.
Für eine antimetrische Teilflächenbelastung existieren bis dato keine Berechnungsformeln; sie wurden daher abgeleitet und sind auf Tafel 25.15 zusammengestellt. (Deren Verprobung war anhand der in [335] zusammengestellten Tafelwerte (die auf numerischem Wege ermittelt wurden) möglich.) - Real handelt es sich bei den Lagerplatten um Platten auf elastischer Bettung [336-338,339]; deren Berechnung auf der Basis des Bettungszifferverfahrens vermag das reale Tragverhalten indes nicht zutreffend zu erfassen. Der Ansatz einer konstanten Pressung liegt für die Plattenbemessung auf der sicheren Seite, sodaß die Plattenberechnung auf der Grundlage der Theorie der "dünnen" Platten gerechtfertigt ist und sich auch als zuverlässig bewährt hat.
Für Platten mit veränderlicher Dicke eignet sich das Verfahren der Übertragungsmatrizen. Für radial-symmetrische, elementweise konstante Belastung sind die Matrizen auf Tafel 25.16 zusammengestellt. Auf die Angabe der entsprechenden Matrizen für antimetrische Belastung wird verzichtet.

25.6.6.3 Beispiel: Punktkipplager

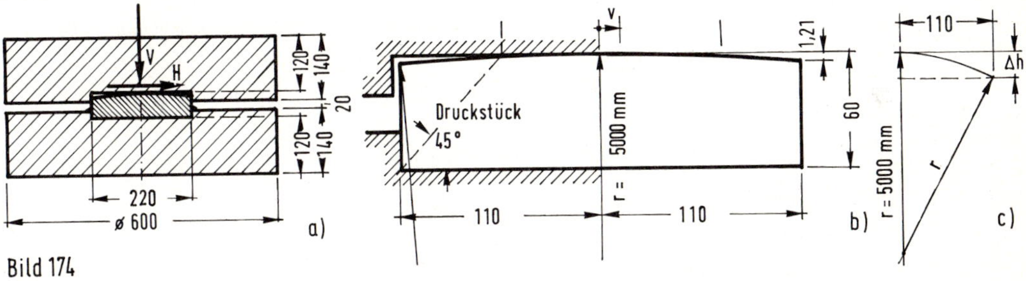

Bild 174

Die Berechnung wird nach dem Konzept der zulässigen Spannungen durchgeführt. Bild 174 zeigt das entworfene Lager aus St52-3 für folgende Ansätze im Lastfall H:

$$V = 5000\,\text{kN},\ H = 250\,\text{kN};\ \vartheta = 0{,}002$$

Das Lager besteht aus dem Druckstück und der unteren und oberen Lagerplatte.
a) Druckstück: h=60mm, r=5000mm (Teilbild b). Gegenüber der Höhe h=60mm beträgt die Höhendifferenz am Rand (Teilbild c):

$$(5000-\Delta h)^2 + 110^2 = 5000^2 \longrightarrow \Delta h = 1{,}21\,\text{mm}$$

Die Herstellung derartiger Kugelkalotten erfordert eine hohe Fertigungsgenauigkeit. Die Vertikalkraft V=5000kN wird in der Kontaktfläche Kugel/Ebene abgesetzt (vgl. Bild 160):

$$a = 1{,}109 \cdot \sqrt[3]{\frac{5000 \cdot 500}{21000}} = 1{,}109 \cdot 4{,}919 = \underline{5{,}46\,\text{cm}}$$

$$\sigma_0 = 0{,}388 \cdot \sqrt[3]{\frac{5000 \cdot 21000^2}{500^2}} = 0{,}388 \cdot 206{,}6 = \underline{80{,}2\,\text{kN/cm}^2 < 85\,\text{kN/cm}^2\,(H)}$$

Es wird geprüft, ob die Horizontalkraft über Reibung allein abgetragen werden kann:

$$H = 250\,\text{kN}:\ f_{st} = 0{,}2:\ 0{,}2 \cdot 5000 = \underline{1000\,\text{kN} > 1{,}5 \cdot 250 = 375\,\text{kN}}$$

Infolge der Abwälzung der oberen Lagerplatte auf der Kalotte tritt eine Exzentrizität auf (vgl. Bild 175):

$$e = r \cdot \vartheta = 5000 \cdot 0{,}002 = \underline{10\,\text{mm}}$$

Die Kontaktfläche wandert demnach nicht aus dem Bereich der Kalotte heraus, es verbleibt noch ein Sicherheitsabstand von 110-54,6-10=45,4mm.
Die Änderung des Versatzes Δh beträgt (vgl. Bild 175b):

$$\Delta(\Delta h) = 0{,}002 \cdot 110 = \underline{0{,}22\,\text{mm}}$$

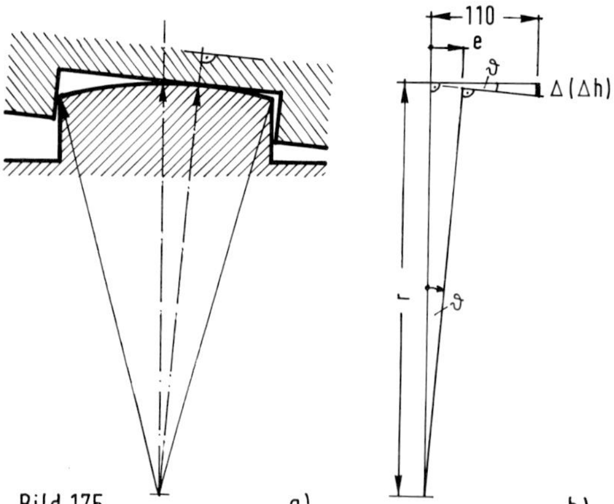

Bild 175 a) b)

Somit gilt:

$$\Delta h \pm \Delta(\Delta h) = 1{,}21 \pm 0{,}22 = \underline{1{,}43;\ 0{,}99\,\text{mm}}$$

Als minimale Anlagehöhe verbleibt:

$$20 - 1{,}43 = \underline{18{,}57\,\text{mm}}$$

Die Horizontalkraft wird zwar durch Reibung aufgenommen, eine Verschiebungssicherung ist gleichwohl erforderlich. - Um die Druckpressung zwischen Druckstück und unterer Lagerplatte zu bestimmen, wird für diese Ebene das Moment bestimmt:

$$M = Ve + Hh = 5000 \cdot 1{,}0 + 250 \cdot 6{,}0 = 5000 + 1500 = \underline{6500\ \text{kNcm}}$$

Spannungsnachweis:

$$A = \pi \cdot 11{,}0^2 = 380{,}1\,\text{cm}^2;\quad W = \pi \cdot 11{,}0^3/4 = 1045\,\text{cm}^3$$

$$\sigma = \frac{5000}{380{,}1} \pm \frac{6500}{1045} = 13{,}15 \pm 6{,}22 = \underline{19{,}37\ \text{kN/cm}^2 < 24{,}0\ \text{kN/cm}^2} \atop = 6{,}93\ \text{kN/cm}^2$$

Eine klaffende Fuge tritt nicht auf. - Unter der Annahme einer Druckausbreitung unter 45° wird der Radius des Druckstückes überprüft:

$$a + h = 5{,}46 + 6{,}0 = 11{,}46\,\text{cm} > 11{,}0\,\text{cm}$$

b) Betonpressung unter der Lagerplatte

$$M = 5000 \cdot 1{,}0 + 250 \cdot 18{,}0 = 5000 + 4500 = \underline{9500\ \text{kNcm}}$$

$$A = \pi \cdot 30{,}0^2 = 2827\,\text{cm}^2;\quad W = \pi \cdot 30{,}0^3/4 = 21\,206\,\text{cm}^3$$

$$\sigma = \frac{5000}{2827} \pm \frac{9500}{21206} = \underline{1{,}77} \pm 0{,}45 = \underline{2{,}22\ \text{kN/cm}^2} \atop = 1{,}32\ \text{kN/cm}^2$$

Zulässige Pressung:

$$B45:\quad \beta_R = 2{,}7\ \text{kN/cm}^2;\quad 1{,}4 \cdot \beta_R = 3{,}78\ \text{kN/cm}^2$$

$$\text{zul}\,\sigma_b = 1{,}80\ \text{kN/cm}^2$$

Aufnahme der Horizontalkraft in der Fuge Lagerplatte/Beton:

$$H = 250\ \text{kN}:\ f_b = 0{,}5:\quad 0{,}5 \cdot 5000 = \underline{2500\ \text{kN}} \gg 1{,}5 \cdot 250 = \underline{375\ \text{kN}}$$

c) Untere Lagerplatte

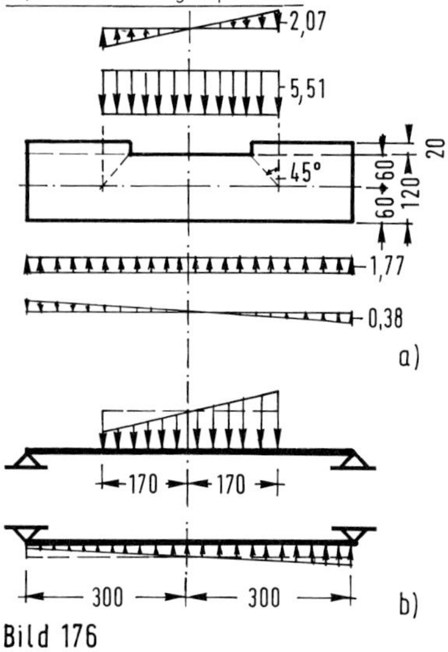

Bild 176

Unter Ansatz eines Ausbreitungswinkels von 45° (vom Druckstück ausgehend) folgt als (fiktive) Belastung in der Mittelebene der Platte (vgl. Bild 176 oben):

$$M = 5000 + 250 \cdot 12 = 5000 + 3000 = \underline{8000\ \text{kN cm}}$$

$$11{,}0 + 6{,}0 = 17{,}0\,\text{cm}$$

$$A = \pi \cdot 17{,}0^2 = 907{,}9\,\text{cm}^2;\quad W = \pi \cdot 17{,}0^3/4 = 3859\,\text{cm}^3$$

Pressung von oben bzw. unten:

$$\sigma = \frac{5000}{907{,}9} \pm \frac{8000}{3859} = \underline{5{,}51 \pm 2{,}07\ \text{kN/cm}^2}$$

$$\sigma = \frac{5000}{2827} \pm \frac{8000}{21206} = \underline{1{,}77 \pm 0{,}38\ \text{kN/cm}^2}$$

Diese (fiktiven) Pressungen stehen in der Plattenmittelebene im Gleichgewicht; sie stellen die Belastung für die Platte dar und werden gesplittet auf die umfangsgelagerte Kreisplatte als Teil- bzw. Vollflächenbelastung aufgebracht: Tafel 25.14. Es wird für die antimetrische Teilflächenbelastung von den von MARKUS [335] herge-

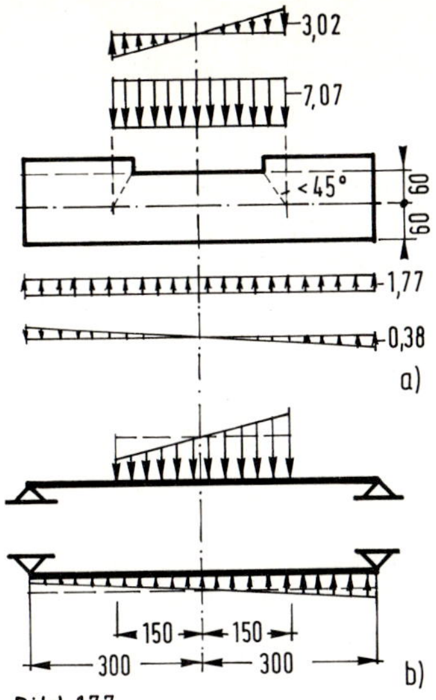

Bild 177

leiteten Einflußfaktoren ausgegangen. Diese unterstellen eine Berandung 0,5·a. Aus diesem Grund wird für die Pressungsverteilung von oben eine verringerte Kraftausbreitung (<45°) angenommen, so daß eine Fläche mit dem Radius 15cm entsteht. Das erfordert eine neuerliche Berechnung der Pressung:

$$A = \pi \cdot 15{,}0^2 = 706{,}9\,\mathrm{cm}^2\;;\quad W = \pi \cdot 15{,}0^3/4 = 2651\,\mathrm{cm}^3$$

Pressung von oben bzw. unten (Bild 177):

$$\sigma = \frac{5000}{706{,}9} \pm \frac{8000}{2651} = 7{,}07 \pm 3{,}02$$

$$\sigma = \frac{5000}{2827} \pm \frac{8000}{21\,206} = 1{,}77 \pm 0{,}38 \qquad \mathrm{kN/cm^2}$$

1. Zentralsymmetrische Belastung:

1.1 Vollflächenbelastung von unten:

$$M_r = \frac{-1{,}77 \cdot 30{,}0^2}{16}(3 + 0{,}3)\cdot\Phi_1 = -99{,}56 \cdot 3{,}3 \cdot \Phi_1$$

$$M_\varphi = -99{,}56 \cdot [2(1-0{,}3) + (1 + 3\cdot 0{,}3)\Phi_1] = -99{,}56[1{,}4 + 1{,}9\Phi_1]$$

1.2 Teilflächenbelastung von oben:

$$\beta = 15{,}0/30{,}0 = \underline{0{,}5}\,;\quad \varkappa_1 = 4 - (1-0{,}3)\cdot 0{,}5^2 = \underline{3{,}825}$$

$$\varkappa_2 = [3{,}825 - 4(1+0{,}3)\ln 0{,}5]\cdot 0{,}5^2 = \underline{1{,}857}$$

$$\rho \le \beta \qquad M_r = \frac{7{,}07 \cdot 30{,}0^2}{16}[1{,}857 - (3+0{,}3) + (3+0{,}3)\Phi_1] = 397{,}7(-1{,}443 + 3{,}3\Phi_1)$$

$$M_\varphi = 397{,}7\cdot[1{,}857 - (1 + 3\cdot 0{,}3) + (1 + 3\cdot 0{,}3)\Phi_1] = 397{,}7(-0{,}0438 + 1{,}9\Phi_1)$$

$$\rho > \beta \qquad M_r = 397{,}7\cdot[(1-0{,}3)0{,}5^4\Phi_4 - 4(1+0{,}3)0{,}5^2\Phi_3] = 397{,}7(0{,}0438\Phi_4 - 1{,}3\Phi_3)$$

$$M_\varphi = 397{,}7\cdot[-(1-0{,}3)0{,}5^4\Phi_4 - 4(1+0{,}3)0{,}5^2\Phi_3 + 2(1-0{,}3)0{,}5^2(2-0{,}5^2)] =$$

$$= 397{,}7(-0{,}0438\Phi_4 - 1{,}3\Phi_3 + 0{,}6125)$$

2. Antimetrische Belastung:

2.1 Vollflächenbelastung von unten:

$$M_r = \frac{-0{,}38\cdot 30^2}{48}(5 + 0{,}3)\Phi_5\cos\varphi = -7{,}125\cdot 5{,}3\,\Phi_5\cos\varphi$$

$$M_\varphi = \frac{-7{,}125}{(3+0{,}3)}\,0{,}5[(5+0{,}3)(1+3\cdot 0{,}3) - (1 + 5\cdot 0{,}3)\Phi_6]\cos\varphi = -2{,}159(5{,}035 - 1{,}25\Phi_6)\cos\varphi$$

2.2 Teilflächenbelastung von oben (Berechnung nach [335]; gilt für μ=1/6!):

$$M_r = 3{,}02\cdot 15{,}0^2\cdot 1{,}0 = 679{,}5\cdot\mathfrak{M}_r(\bar\rho)$$

$$M_\varphi = 679{,}5\cdot\mathfrak{M}_\varphi(\bar\rho)$$

		ρ =	0		0,25		0,50		0,75		1,00	
		M =	M_r	M_φ	M_r	M_φ	M_r	M_φ	M_r	M_φ	M_r	M_φ
1	V	Belastung von unten (-1,77)	-328,5	-328,5	-308,9	-317,2	-246,5	-281,3	-144,6	-222,6	0	-139,4
2		Belastung von oben (+7,07)	+738,5	+738,5	+659,8	+693,2	+410,5	+549,6	+163,8	+379,5	0	+243,6
3		Summe	+409,9	+409,9	+350,9	+376,0	+164,0	+268,3	+ 19,2	+156,9	0	+104,2
4	Ve + Hh	Belastung von unten (-0,38)	0	0	∓ 8,9	∓ 5,2	∓ 14,2	∓ 8,7	∓ 12,4	∓ 8,8	0	∓ 4,0
5		Belastung von oben (+3,02)	0	0	± 50,5	± 20,3	± 48,2	± 31,5	± 17,1	± 25,1	0	± 10,9
6		Summe	0	0	± 41,6	± 15,1	± 34,0	± 22,8	± 4,7	± 16,3	0	± 6,9
7		Summe 3+6	+409,9	+409,9	+392,5	+391,1	+198,0	+291,1	+ 23,9	+173,2	0	+111,1
8			+409,9	+409,9	+309,3	+360,9	+130,0	+245,5	+ 14,5	+140,6	0	+ 97,3

Bild 178

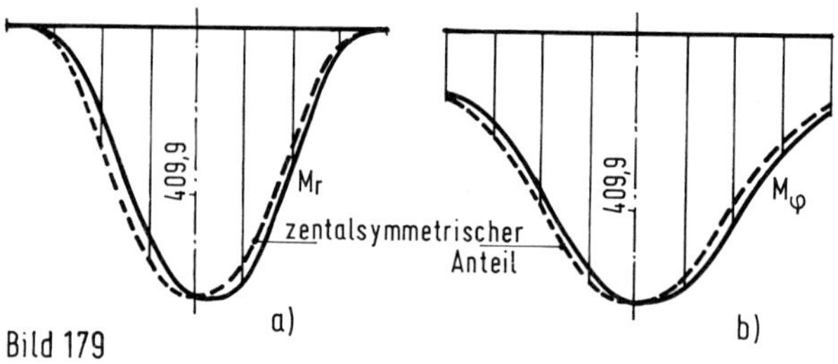

Bild 179

In Bild 178 ist das Ergebnis der numerischen Auswertung tabellarisch zusammengestellt. Bild 179 zeigt den Verlauf von M_r und $M\varphi$. Wie erkennbar, ist der Beitrag der antimetrischen Belastung untergeordnet (auf die Angabe des hierbei ausgelösten Drillmomentes wird verzichtet).
Für ρ=0 (also für das Zentrum) wird der Spannungsnachweis geführt:

$$t = 120\,\text{mm}: \quad W = 1{,}0\,\frac{12{,}0^2}{6} = 24{,}0\,\text{cm}^3/\text{cm} \longrightarrow \quad \sigma_r = \sigma_\varphi = \pm\,\frac{409{,}9}{24} = \underline{\pm\,17{,}08\,\text{kN/cm}^2} < 24{,}0\,\text{kN/cm}^2$$

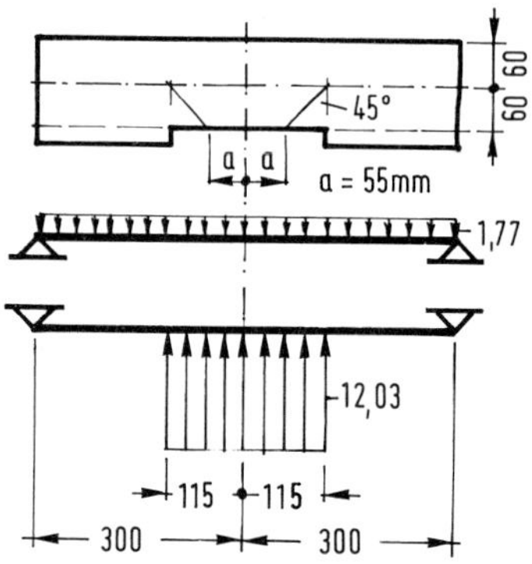

Bild 180

Da die Schubspannungen an dieser Stelle Null sind, gilt:

$$\tau = 0 \;:\; \sigma_V = \sigma_r = \sigma_\varphi$$

Bedingt durch die antimetrische Belastung tritt die maximale Beanspruchung etwas außerhalb des Zentrums auf; auf diesen Nachweis wird verzichtet, ebenfalls auf die Einrechnung der quer zur Platte gerichteten Druckspannungen aus der Kontaktwirkung. (Die Einlassung des Druckstückes in die untere Lagerplatte ist mit 20mm reichlich ausgefallen, 5 bis 10mm wären ausreichend.)

d) Obere Lagerplatte

Diese Platte erhält nur eine zentrische Belastung; die Konzentration der Teilflächenbelastung ist höher. Unter der Annahme konstanter Pressungsverteilungen ergibt sich:

$$\sigma_r = \sigma_\varphi = \underline{\pm\,23{,}0\,\text{kN/cm}^2} < 24\,\text{kN/cm}^2$$

25.6.6.4 Ergänzungen zum Beispiel: Punktkipplager

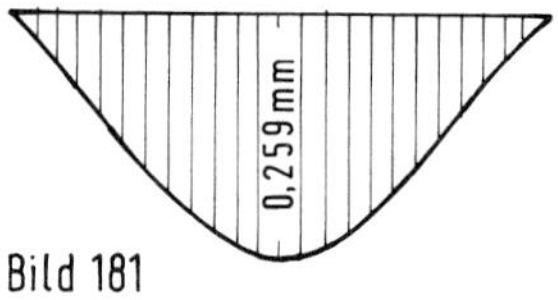

Bild 181

Wird die Durchbiegung der unteren Lagerplatte berechnet, erhält man das in Bild 181 gezeigte Ergebnis. Die mittige Durchsenkung beträgt: 0,259mm.
Um den Einfluß der Pressungsverteilung auf die Größe der Biegemomente zu prüfen, wird die untere Lagerplatte für einen parabolischen Pressungsverlauf berechnet. - Die Berechnungsformeln für eine zentralsymmetrische parabolische Belastung lauten (Bild 182):

$$p = \frac{2}{\pi a^2} F \qquad (223)$$

$$w = \frac{F a^2}{288 K \pi}\left[\frac{31 + 7\mu}{1+\mu} - \frac{39 + 15\mu}{1+\mu}\rho^2 + 9\rho^4 - \rho^6\right) \qquad (224)$$

$$M_r = \frac{F}{48\pi}\left[13 + 5\mu - 6(3+\mu)\rho^2 + (5+\mu)\rho^4\right] \qquad (225)$$

$$M_\varphi = \frac{F}{48\pi}\left[13 + 5\mu - 6(1+3\mu)\rho^2 + (1+5\mu)\rho^4\right] \qquad (226)$$

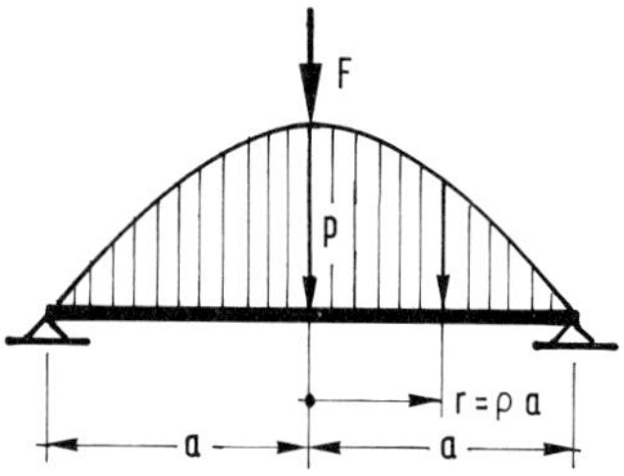

Bild 182

Bild 183 zeigt das Berechnungsergebnis für drei Fälle:
a) V wird voll parabolisch abgetragen,
b) V wird 2/3 parabolisch und 1/3 konstant angetragen,
c) V wird 1/3 parabolisch und 2/3 konstant abgetragen.
Der Vergleich der berechneten Momentenwerte mit den Werten für eine vollflächig konstante Pressungsverteilung (Bild 179) macht deutlich, daß der letztgenannte Ansatz auf der sicheren Seite liegt (hierauf beziehen sich die Prozentzahlen in Bild 183).

25.6.6.5 Pressungsverteilung in Zapfen und Dollen

Muß eine Horizontalkraft H über eine zapfenförmige Knagge abgesetzt werden, kommt es zu einer (der Lochleibungspressung entsprechenden) Pressung gegen den Zapfen. Pressungsverteilung und -intensität sind von der Passigkeit der Partner abhängig. Da zum Zwecke der Abwälzung (also zur Sicherstellung der Funktion) ein gewisses Spiel vorgehalten werden muß,

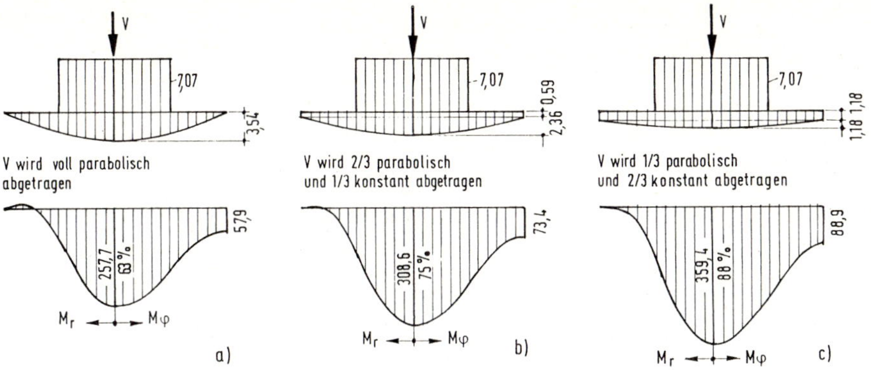

Bild 183

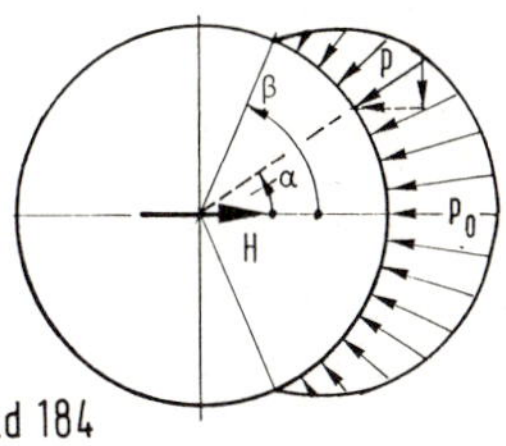

Bild 184

liegen die Teile nicht über den gesamten Umfang druckseitig aneinander, sondern nur über einen reduzierten Bereich; er wird in Bild 184 durch den Zentriwinkel 2ß gekennzeichnet. Bezüglich der radialen Pressungsverteilung wird ein parabolischer Verlauf angesetzt. Die unbekannte max. Pressung p_0 wird dadurch bestimmt, daß über alle, der Horizontalkraft H entgegengerichteten Komponenten

$$p_H(\alpha) = p\cdot\cos\alpha = p_0[1-(\frac{\alpha}{\beta})^2]\cos\alpha \qquad (227)$$

integriert wird:

$$H = 2\cdot\int_0^\beta p_H(\alpha)\cdot r\,d\alpha = \frac{4}{\beta^2}(\sin\beta - \beta\cos\beta)p_0 r \longrightarrow p_0 = \frac{\beta^2}{4(\sin\beta-\beta\cos\beta)}\cdot\frac{H}{r} \qquad (228)$$

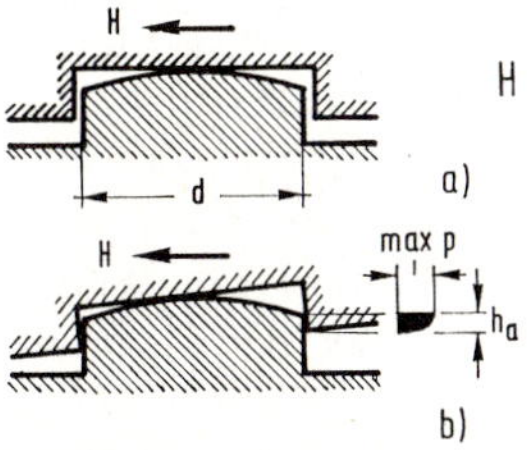

Bild 185

Dieser Wert liegt auf der sicheren Seite, denn die Mitwirkung tangentialer Haftspannungen ist nicht erfaßt; dieser Beitrag dürfte indessen gering sein. - Der Winkel ß kann nur geschätzt werden, z. Beispiel:

$$\beta = 45°: p_0 = 1{,}115\cdot\frac{H}{r} = 2{,}230\frac{H}{d};\quad \beta = 60°: p_0 = 0{,}8007\frac{H}{r} = 1{,}601\frac{H}{d} \qquad (229/30)$$

d ist der Durchmesser des Zapfens (Dorns). - Ist die Höhe der Angriffsfläche h_a und innerhalb dieser die Pressung parabelförmig verteilt, ergibt sich der maximale Randpressungswert zu (Bild 185):

$$\max p = \frac{3}{2}\cdot 1{,}601\frac{H}{d\cdot h_a} = 2{,}4\cdot\frac{H}{d\cdot h_a} \qquad (231)$$

25.6.6.6 Abwälzkinematik

Dreht sich ein Wälzkörper um einen bestimmten Wälzwinkel, verschiebt sich der (theoretische) Auflagerpunkt um einen bestimmten Wert. Der untere Wälzkörper 1 liege fest, er habe den Radius r_1; darauf wälzt der Körper 2. Bild 186 zeigt drei mögliche Paarungen. Es werden "kleine" Verschiebungen v unterstellt. Aus Teilbild a folgt:

$$v = r_1\vartheta_1 = r_2\vartheta_2 \longrightarrow \vartheta_1 = \frac{v}{r_1};\quad \vartheta_2 = \frac{v}{r_2} \qquad (232)$$

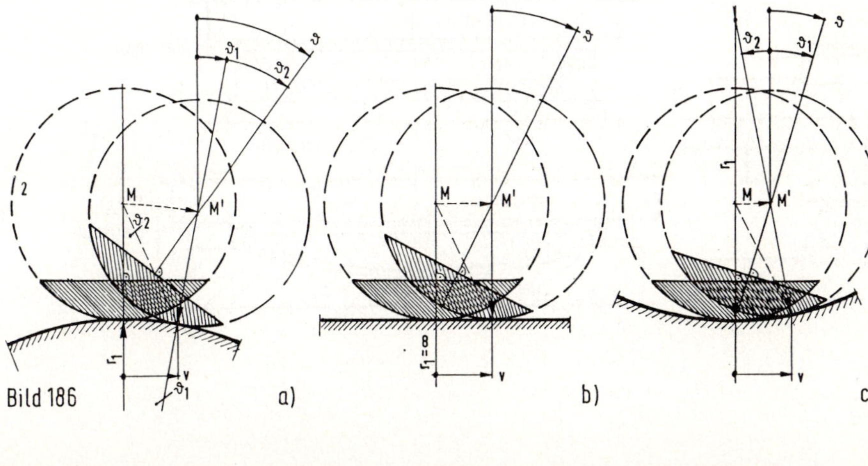

Bild 186

Der resultierende Drehwinkel ϑ beträgt:

$$\vartheta = \vartheta_1 + \vartheta_2 = \frac{v}{r_1} + \frac{v}{r_2} = \left(\frac{1}{r_1} + \frac{1}{r_2}\right)v \longrightarrow v = \frac{1}{\frac{1}{r_1} + \frac{1}{r_2}}\vartheta = \frac{r_1 \cdot r_2}{r_1 + r_2}\vartheta \qquad (233)$$

Beispiele:

konkav/konkav: $r_1 = 8,\ r_2 = 3 \longrightarrow v = \frac{8 \cdot 3}{8+3}\vartheta = \underline{2{,}18\vartheta}$

eben/konkav: $r_1 = \infty,\ r_2 = 3 \longrightarrow v = \frac{1}{0+1/3}\vartheta = \underline{3{,}00\vartheta}$

konvex/konkav: $r_1 = -8,\ r_2 = 3 \longrightarrow v = \frac{(-8)3}{(-8)+3}\vartheta = \frac{-24}{-5}\vartheta = \underline{4{,}80\vartheta}$

Die seitliche Verschiebung v (und damit die Exzentrizität) ist für einen gegebenen Drehwinkel umso größer, je kleiner der Quotient r_1/r_2 ist.

25.6.6.7 Gleitkinematik der Kalottenlager

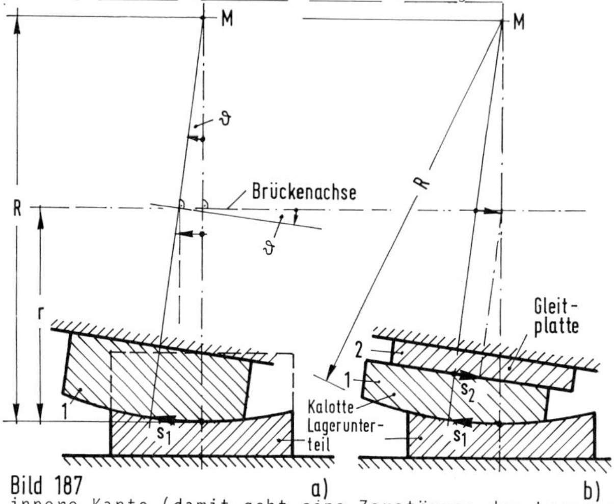

Bild 187

Unterstellt man eine Kalotte, die starr mit dem Brückenhauptträger verbunden ist, bewirkt eine Drehgleitbewegung der Kalotte um den Kreismittelpunkt M eine Verschiebung der Brückenachse um das Maß $(R-r)\cdot\vartheta$ nach "außen", vgl. Bild 187a. Liegen am gegenüberliegenden Brückenauflager gleiche Verhältnisse vor, vermag sich die Kalotte hier nur zu bewegen, wenn der genannte Verschiebungsweg ebenfalls möglich ist. Da die Verschiebungen an beiden Lagern gegenläufig sind, wird die Gleitung der Kalotten verhindert: Bei einer Auflagerdrehung kippen die Kalotten um die jeweils innere Kante (damit geht eine Zerstörung der Lager einher). Ein verschiebliches Kalottenlager funktioniert demnach nur, wenn neben der Kalotte gleichzeitig eine Gleitplatte vorhanden ist, die die notwendige Kompensationsbewegung ermöglicht. In Bild 187b ist dieser Weg mit s_2 gekennzeichnet, er ist kleiner als der Gleitweg s_1 der Kalotte. In der zweiten Gleitebene (Gleitplatte/Kalotte) werden zusätzlich die planmäßigen Längsverschiebungen der Brücke aufgenommen. - In der kalottenförmigen und ebenen Gleitfuge werden Reibungskräfte und Lastexzentrizitäten geweckt, ebenso in den Lagerfugen. Die Horizontalkräfte und Exzentrizitäten sind i.a. sehr gering, so daß es zulässig ist, das (recht verwickelte) Kräfte- und Bewegungsspiel durch einfache Ansätze anzunähern [312-314].

25.6.7 Lagerplatten auf elastischem Halbraum

Bei den ehemals üblichen Brückenlagern wurde die Lagerkraft punkt- bzw. linienförmig abgetragen: Punkt- oder Linienkipplager, Rollenlager (Bild 188a,b). Wird bei der Bemessung

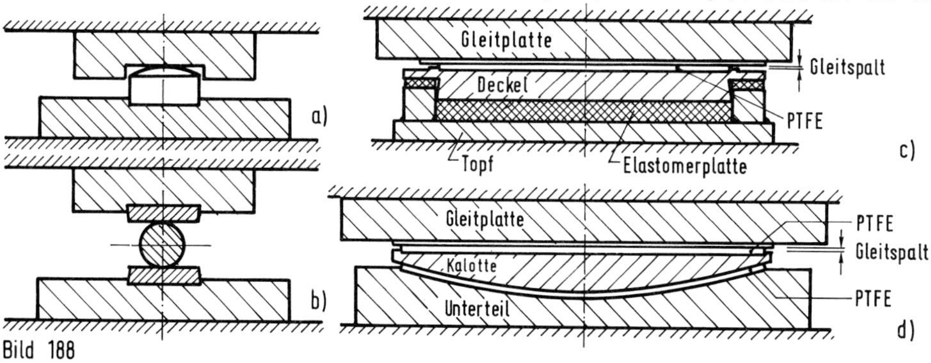

Bild 188

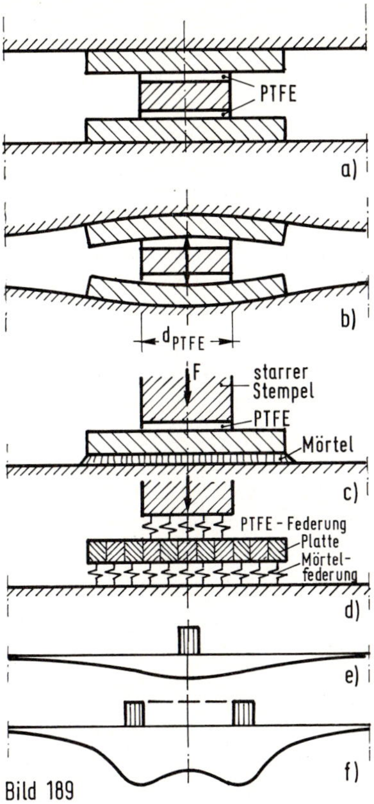

Bild 189

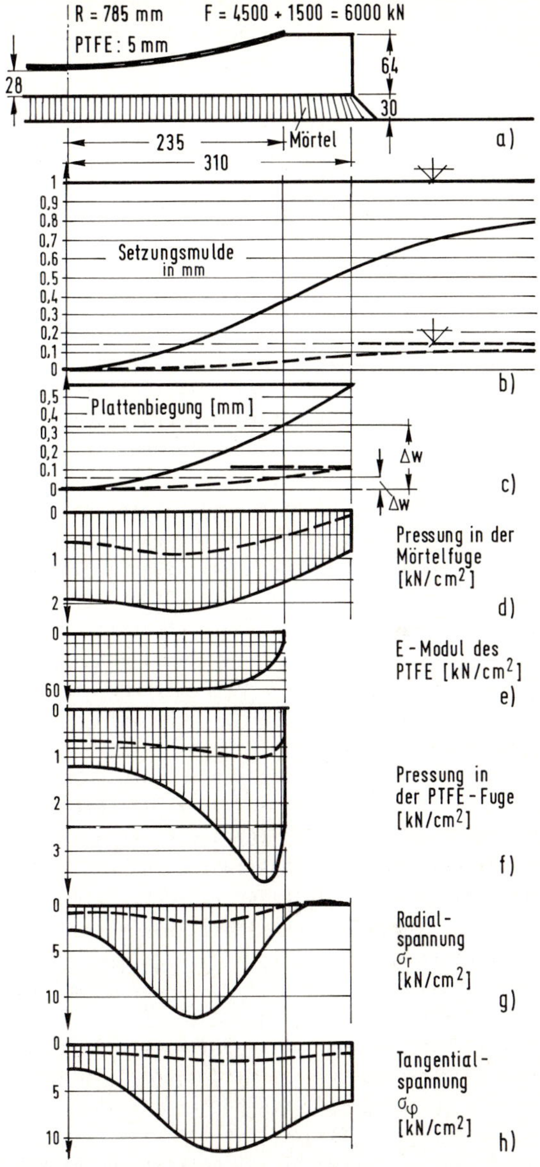

Bild 190

solcher Lager von einer gleichförmigen Lagerpressung ausgegangen, liegt die Rechnung für die Lagerplatten auf der sicheren Seite (Abschnitt 25.6.4.1): Die rechnerische Beanspruchung liegt höher als die reale. Bei derart bemessenen Platten stellen sich nur sehr geringe Verbiegungen ein; sie wirken sich auf die Abwälzkinematik praktisch nicht aus und beeinflussen damit auch nicht die Lagerfunktion. Bei den Brückenlagern moderner Bauart liegen die Verhältnisse anders: Die Lastabtragung ist flächig. Eine zu starke Verbiegung der Gleitplatte führt zu einer Beeinträchtigung der Gleitfähigkeit der PTFE-Fuge (Bild 188c/d). Eine realistische Plattenberechnung gelingt nur, wenn die Verformung der anschließenden lastaufnehmenden Auflagerbereiche des Unter- und Überbaues berücksichtigt werden. Das sei an dem in Bild 189a dargestellten schematisierten Lager verdeutlicht: Unter Last kommt es zu einer Muldenbildung der Anschlußbereiche (also der Auflagerbank am Widerlager bzw. Pfeilerkopf und am Brückenträger). Die Lagerplatten folgen dieser Muldenbildung (Bild 189b), in der PTFE-Lage stellt sich eine ungleichförmige Pressung ein. An den Rändern erreicht die Pressung ihren höchsten Wert. Infolge Kaltfluß tritt das PTFE geringfügig in Form eines Wulstes aus dem Gleitspalt heraus. Außerdem steigt die Kriechrate des Materials unter der hohen Randpressung. Diese Effekte bewirken einen Abbau der Spannungen. Das genaue Materialverhalten entlang der Randzone ist nicht bekannt.

Der in Bild 189b dargestellte Beanspruchungsfall liegt bei Kalottenlagern vor: Die Verbiegungen der unteren und oberen Platte sind gegensinnig. (Bei Topflagern mit Gleitplatte sind die Beanspruchungsverhältnisse in der PTFE-Fuge etwas günstiger.)
Trennt man das in Bild 189b skizzierte System in der Symmetrieebene auf, kommt man zu dem in Teilbild c dargestellten Modell, dieses läßt sich diskretisieren (Teilbild d). Da die Platten i.a. kreisförmig sind, werden Verlauf und Tiefe der Mulde (im Sinne des Steifezifferverfahrens) am zentralsymmetrischen Halbraummodell berechnet (Teilbild e/f). Die Lösungen für schlaffe Kreis- und Kreisringflächen sind bekannt [340,341]. Die Platte wird in Kreisringplattenelemente zerlegt [334]. PTFE-Fuge und Mörtelfuge werden durch Ringfedern angenähert. Es liegt ein hochgradig statisch unbestimmtes Problem vor. Nach entsprechender Computer-Aufbereitung lassen sich die Beanspruchungen, also die Spannungen und Verformungen, in allen Teilen berechnen [342,343]. In [344] wird ein Berechnungsverfahren für das ebene Problem beschrieben. (Bei Gründungsplatten liegen ähnliche Verhältnisse vor [345-349]). In [343] wird das Tragverhalten ebener Gleitplatten (t=konst) studiert.
Es zeigt sich, daß die höchsten Beanspruchungen unter Dauerlast eintreten, wenn das Kriechen des Betons und Mörtels abgeschlossen ist. Bei zu großem Plattenüberstand stellt sich am Rand eine klaffende Fuge ein.
Beispiel: Es wird eine Kalottenlagerplatte untersucht; Bild 190a zeigt die Abmessungen. Die Lagerkraft F=6000kN wird in einen Dauerlastanteil (75%) und einen Kurzlastanteil (25%) gesplittet. Hierfür wird angesetzt: Dauerlastanteil: F=4500kN

Beton: $E = 1133\ kN/cm^2$; $\mu = 0{,}1$
Mörtel: $E = 500\ kN/cm^2$
Kurzlastanteil: $F = 1500\ kN$
Beton: $E = 3400\ kN/cm^2$; $\mu = 0{,}1$
Mörtel: $E = 1500\ kN/cm^2$

Der E-Modul des PTFE wird zu $60kN/cm^2$ angesetzt, mit einem Abfall am Rand auf 10%. In Bild 190 ist das Berechnungsergebnis zusammengestellt. Die ausgezogenen Kurven gelten für Dauerlast, die gestrichelten für Kurzlast. Die Summe liefert die resultierende Beanspruchung für F=6000kN: Plattenbiegung und Setzungsmulde korrespondieren. Die Relativdurchbiegung des PTFE-Gleitkreises beträgt: $\Delta w=0{,}028+0{,}005=0{,}033$mm. Berechnet man diesen Wert unter der Annahme, daß die Lagerkraft über eine schlaffe Lastfläche, die gleich der PTFE-Fläche ist, direkt auf den Halbraum abgesetzt wird (also ohne Mitwirkung der Lagerplatte), gilt die Formel:

$$\Delta w = 0{,}25 \frac{F}{E_b \cdot r_{PTFE}} \tag{234}$$

Für das vorliegende Beispiel folgt: $\Delta w=0{,}042+0{,}005=0{,}047$mm. Dieser Wert ist im Vergleich zu 0,033mm um den Faktor 1,4 zu groß, liegt also auf der sicheren Seite. Für Gleitplatten konstanter Dicke gelingt mittels G.234 eine zutreffendere Abschätzung. - Die Pressung in der 3cm dicken Mörtelschicht ist relativ gleichmäßig (Teilbild d). Bezogen auf die gesamte Auflagerfläche beträgt der Mittelwert: $1{,}50+0{,}50=2{,}00kN/cm^2$. - Die Pressung in der PTFE-Schicht ist relativ ungleichförmig (Teilbild e). Der Mittelwert beträgt: $2{,}59+0{,}86=3{,}45kN/cm^2$. Wird der E-Modul des PTFE niedriger angesetzt, fällt die Pressung gleichförmiger aus. - Die Teilbilder f und g zeigen den Verlauf der Radial- und Tangentialspannung. Im Zentrum ist die Platte schlank, hier werden daher nur geringe Biegemomente aufgebaut. Wegen der hohen Krempelsteifigkeit des Plattenrandes fällt die Tangentialspannung vergleichsweise hoch aus.
Das Beispiel verdeutlicht den großen Einfluß, der vom mittragenden Beton auf die Beanspruchung eines Flächenlagers ausgeht. Es sollte ein hochfester, möglichst schwind- und kriecharmer Beton im Lagerbereich eingebaut werden. Auch der Mörtel sollte möglichst schrumpfarm sein. Eine vollflächige satte Untermörtelung ist wichtig. - Die Spaltzugbewehrung ist nach DIN 1045 zu bemessen (auf die einschlägigen Fachveröffentlichungen des Massivbaues wird verwiesen; vgl. u.a. auch [350-352]). - Die Auflagerbereiche der Brücke sind gut auszusteifen, damit die zulässige Relativverformung der anschließenden Gleitplatte ($\Delta w \leq 0{,}5$mm bzw. $\leq 0{,}001 \cdot d_{PTFE}$) nicht überschritten wird.

25.7. Brückenschwingungen

25.7.1 Eigenfrequenzen und Eigenformen

Für die Berechnung der Eigenfrequenzen und -formen stehen heutzutage Rechenprogramme zur Verfügung. Für linienförmige Strukturen, wie Balkenbrücken (in Abnnäherung auch für Schrägseilbrücken) eignet sich das Verfahren der Übertragungsmatrizen. Die meisten Rechenprogramme basieren auf dem Verfahren der Steifigkeitsmatrizen (FEM). - Zur Berechnung der Biege- und Torsionseigenfrequenzen von Hängebrücken vgl. u.a. [353-355]. Die Energiemethode (in Form des Verfahrens von RAYLEIGH/RITZ) erweist sich als sehr wirkungsvoll.

25.7.2 Brückenschwingungen unter rollendem Verkehr

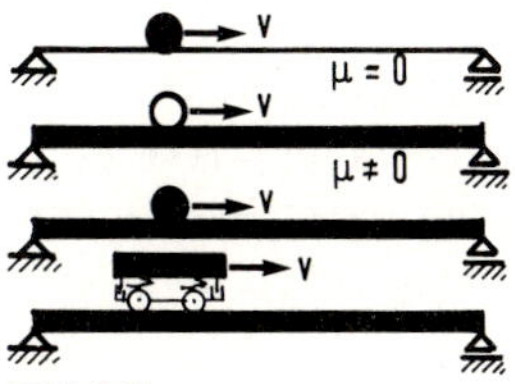

Bild 191

Eine Brücke ist, wie jedes Tragwerk, ein federelastisches, massebehaftetes System. Es reagiert auf eine veränderliche Last dynamisch, d.h. mit Schwingungen. Je größer die Schnelle der Lastaufbringung ist, umso größer fällt die dynamische Überhöhung gegenüber einer rein statischen Beanspruchung aus; mittels des Schwingfaktors φ wird die Überhöhung erfaßt (vgl. Abschnitt 25.2.3). Die Schnelle der Lastaufbringung ist von der bezogenen Geschwindigkeit des rollenden Verkehrs abhängig. Ist v die Geschwindigkeit eines Fahrzeuges, so ist die Schnelle der Lastaufbringung für den Hauptträger einer kurzen Brücke größer als für den Hauptträger einer langen Brücke. Für die Bauteile der Fahrbahn sind die Lastereignisse immer von kurzzeitiger Natur, folglich ist φ für diese stets größer als für den Hauptträger der Brücke.

Die ersten analytischen Lösungen zum Thema "Trägerschwingungen unter rollendem Verkehr" gehen auf STOKES [356] und ZIMMERMANN [357] zurück; sie gelten für den massefreien Träger, der durch eine bewegte Masse mit der Geschwindigkeit v befahren wird (Bild 191a). In der Folgezeit wurde (bis heute) eine große Zahl wissenschaftlicher Untersuchungen, sowohl analytischer wie experimenteller, zur anstehenden Thematik mit fortschreitender Zuschärfung vorgelegt (Bild 191b,c,d); neben [358-367,44,368,369] wird auf die einschlägige Monographie von FRYBA [370] verwiesen. Hierauf ist bei der Auslegung von Schnellbahnsystemen (z.B. Magnetschnellbahnen) zurückzugreifen. - Es existieren inzwischen Rechenprogramme, mit denen die dynamische Beanspruchung in Brücken unter rollendem Verkehr simuliert werden kann. Bei Straßenbrücken liegt ein regelloser Mischverkehr vor, der auf der Basis der Zufallsschwingungstheorie analysiert werden muß. - Neben der Schwingungsbeanspruchung, die auf der Durchbiegung der Brücke und ihrer Bauteile beruht, ist jene zu sehen, die durch die Unebenheiten der Fahrbahn induziert wird, ehemals auch durch die Unwuchten von Dampflokomotiven.

25.7.3 Brückenschwingungen infolge aeroelastischer Anregung

25.7.3.1 Einleitung

Wie in Abschnitt 23 ausgeführt, werden turbulenz-, wirbel- und bewegungsinduzierte Schwingungen unterschieden. - Die durch Turbulenz (Böen) ausgelösten Überhöhungen werden, wie bei turmartigen Bauwerken, durch Einrechnung eines Böenreaktionsfaktors erfaßt. Für die Brückenhauptträger kann darauf im Regelfall verzichtet werden. Bei den schlanken Pylonen von Schrägseil- und Hängebrücken mag die Berücksichtigung angezeigt sein, ebenfalls bei der Auslegung der Türme von Hubbrücken [146]. - Wirbelinduzierte Schwingungen können z.B. bei Rohrleitungsbrücken auftreten [371]. Sie werden nach den Anweisungen des Abschnittes 23 untersucht; vgl. auch Abschnitt 25.7.3.3.1. - Über Wirbelinduzierte Schwingungen der Rohrständer von Bogenbrücken wurde in [372,373] berichtet. Sie konnten dadurch behoben werden, daß die Ständer mit Sand ausgefüllt wurden, wodurch die Dämpfung wirksam angehoben wurde. Bei Hängestangen von Stabbogenbrücken mit Rundquerschnitt und Seilen von Schrägseilbrücken sind wirbelinduzierte Schwingungen nicht auszuschließen, da deren Eigendämpfung i.a. sehr gering ist, ggf. sind Dämpfungsmaßnahmen a priori in Form von Dämpferelementen oder gegenseitigen Verspannungen angezeigt, vgl. [135].

Als bewegungsinduzierte Schwingungen werden unterschieden:

- Galoppingschwingungen (ungekoppelte Biege- oder Torsionsschwingungen)
- Flatterschwingungen (gekoppelte Biege- und Torsionsschwingungen).

Derartige Schwingungen können bei sehr schlanken (biegeweichen) Strukturen (Seile, Stangen, Stäbe, Träger), bei geringer Eigendämpfung und bei Vorliegen einer aeroelastisch-instabilen Querschnittsform auftreten. Liegt aeroelastische Instabilität vor, setzen die Schwingungen bei einer bestimmten kritischen Windgeschwindigkeit v_{kr} ein und wachsen dann rapide an. Sie finden entweder dadurch ihre Begrenzung, daß die aeroelastische Anregung bei größer und größer werdender Amplitude infolge sich einstellender Nichtlinearitätseffekte aussetzt oder die Systemsteifigkeit mit den wachsenden Amplituden überproportional ansteigt. Die Schwingungen können aber auch derart über alle Grenzen anwachsen, daß es zum Einsturz kommt. - (Galopping-Schwingungen wurden bislang am häufigsten in Form "galoppierender" Schwingungen vereister Freileitungen beobachtet; von DEN HARTOG [374] wurde deren Ursache erstmals zutreffend gedeutet.) Galopping-Biegeschwingungen können bei schlanken Stäben mit Rechteckform (und anderen) auftreten, z.B. bei Hängestangen und schlanken Pylonen. (Über Galopping-Torsionsschwingungen liegen nach Wissen d. Verf. keine Beobachtungen vor). - Zur angeschnittenen Thematik existiert ein umfangreiches wissenschaftliches Schrifttum; sie wurde zunächst im Flugzeugbau im Zusammenhang mit dem Problem des Tragflügelflatterns aufgegriffen und bearbeitet [375-377], inzwischen sind auch diverse Schwingungsfälle bei Ingenieurkonstruktionen bekannt geworden [378-382].

25.7.3.2 Galopping- Biegeschwingungen

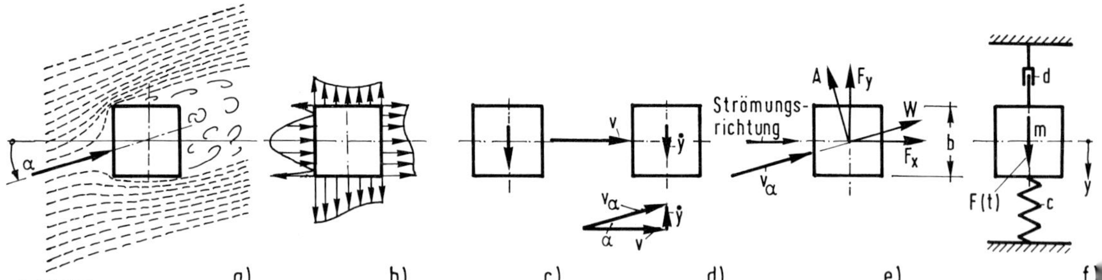

Bild 192

Betrachtet man die Umströmung eines Biegestabes mit Quadratform, stellt sich bei einer Anströmung unter dem Winkel α in bezug zur kantenparallelen Symmetrieachse der in Bild 192a/b dargestellte Zustand ein, Teilbild b zeigt die Umfangsdruckverteilung. Es liegt ein Sogüberschuß gegen die Strömungsrichtung vor (hier nach unten gerichtet, Teilbild c). Wird das Profil achsparallel mit der Geschwindigkeit v angeströmt und bewegt es sich gleichzeitig mit der Geschwindigkeit $\dot{y}$ (von oben nach unten), hat der resultierende Geschwindigkeitsvektor gegenüber der Achse eine Schräglage (Teilbild d); der Strömungszustand entspricht Teilbild a. Das bedeutet: Bei einer Bewegung nach unten wird eine Kraft geweckt, die dieselbe Richtung wie die Bewegung hat, hier also nach unten, und dadurch die Bewegung stützt. Im Falle einer Schwingungsbewegung hat die Kraft immer die Richtung der Bewegung, verstärkt sie also, die Amplituden wachsen immer stärker an: Die Luftkraft wird durch die Bewegung geweckt und gesteuert, daher der Begriff "bewegungsinduzierte Schwingungen". Dieser Effekt tritt nur bei bestimmten Querschnittsformen und ab einer bestimmten (kritischen) Anströmgeschwindigkeit auf. Die anfängliche (auslösende) Bewegung wird i.a. von einer Wirbelinduzierung ausgehen.

Um die Galopping-Gefährdung eines Querschnittes beurteilen zu können, bedarf es der Ausmessung des c_y-Quertriebbeiwertes in Abhängigkeit vom Anströmwinkel α; das geschieht im Windkanal. Die wichtigsten Querschnitte wurden inzwischen vermessen.

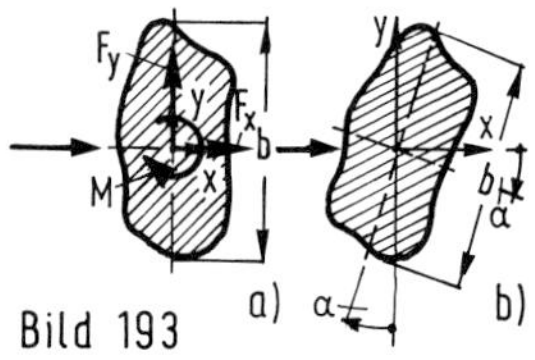

Bild 193

Sind F_x und F_y die Strömungskräfte und ist M das Strömungsmoment, sind die Strömungsbeiwerte c_x, c_y und c_m gemäß

$$F_x = c_x \cdot qb;\; F_y = c_y qb;\; M = c_m \cdot qb^2 \tag{235}$$

definiert. b ist eine vereinbarte Querschnittsbreite (Bild 193), q ist der Staudruck. Wird der Querschnitt gedreht, verändern sich F_x, F_y und M. Die Beiwerte sind eine Funktion von α. Maßgebend für Galopping-Schwingungen quer zur Strömungsrichtung ist die Quertriebskraft F_y. Ein Profil ist aeroelastisch instabil, wenn

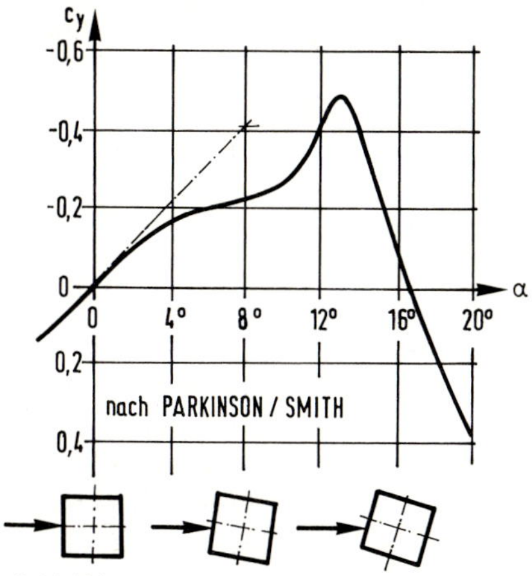

Bild 194

$$\left.\frac{dF_y}{d\alpha}\right|_{\alpha=0} < 0, \quad \text{d.h.} \quad \sigma = \left.\frac{dc_y}{d\alpha}\right|_{\alpha=0} < 0 \qquad (236)$$

gilt, denn in diesem Falle wirkt F_y immer in Richtung der Schwingungsbewegung, also anfachend. σ ist der Gradient, der den Grad der Anfachung kennzeichnet.

Das schwingungsfähige System werde durch einen einfachen Schwinger mit der Masse m, der Federkonstanten c und Dämpfung d angenähert, y sei der Schwingweg (Bild 192f). Dann ist die anregende Kraft eine Funktion von α (und damit auch von y):

$$F(t) = -F_y(\alpha) \qquad (237)$$

Die Bewegungsgleichung lautet:

$$m\ddot{y} + d\dot{y} + cy = F(t) = -F_y(\alpha) = -c_y q b \cdot 1 \qquad (238)$$

Der Punkt kennzeichnet die Ableitung nach der Zeit t. - α ist über

$$\tan\alpha = \frac{\dot{y}(t)}{v} \qquad (239)$$

von $\dot{y}$ und v abhängig (Bild 192d). - Wie erwähnt, wird c_y im Windkanal vermessen, dabei zeigt sich, daß c_y i.a. eine nichtlineare Funktion von α ist, vgl. Bild 194 [383]. Das Schwingungsproblem ist somit selbst nichtlinear, es läßt sich approximativ lösen, vgl. z.B. [377]. - Aus baupraktischer Sicht interessiert die Größe der Schwingungsamplituden nicht, vielmehr die Frage, ob eine instabile Querschnittsform vorliegt und wenn ja, ab welcher Anströmgeschwindigkeit mit Schwingungen zu rechnen ist. (Bewegungsinduzierte Schwingungen können grundsätzlich nicht akzeptiert werden, es werden alsbald hohe Lastwechselzahlen erreicht, die schnell zu Ermüdungsschäden führen.) Um die kritische Windgeschwindigkeit, oberhalb derer angefachte Schwingungen auftreten, zu bestimmen, wird das Verhalten für "kleine" Bewegungen aus der Ruhelage heraus analysiert. Für solche "kleinen" Schwingungen kann die Quertriebskraft mit $\alpha = \dot{y}/v$ zu

$$F(t) = -\left.\frac{dF_y}{d\alpha}\right|_{\alpha=0} \cdot \alpha = -\left.\frac{dc_y}{d\alpha}\right|_{\alpha=0} \cdot \alpha \cdot q b = -\sigma \frac{\dot{y}}{v} \cdot \frac{\rho}{2} v^2 b \qquad (240)$$

angesetzt werden, d.h. das Problem wird für $\alpha=0$ linearisiert, vgl. Bild 194. σ kennzeichnet den Gradienten der Kurve $c_y(\alpha)$ im Ursprung $\alpha=0$; man spricht auch vom Derivativ oder Stabilitätsbeiwert (s.u.). F(t) wird in die Bewegungsgleichung (G.238) eingesetzt:

$$m\ddot{y} + d\dot{y} + cy = -\sigma \frac{\dot{y}}{v} \cdot \frac{\rho}{2} v^2 b \quad \longrightarrow \quad m\ddot{y} + \left(d + \sigma \frac{\rho}{2} v b\right)\dot{y} + cy = 0 \qquad (241)$$

Der Klammerterm charakterisiert den Schwingungstyp. Ist er positiv, beschreibt die Differentialgleichung eine exponentiell abklingende Schwingung, ist er negativ, beschreibt sie eine sich exponentiell aufschaukelnde (eine angefachte) Schwingung. Letzteres bedeutet Einsetzen der Galoppingschwingung. Das ist demnach der Fall, wenn

$$d + \sigma \frac{\rho}{2} v b \leq 0 \qquad (242)$$

ist. Dies Kriterium wird nach v, also der gesuchten kritischen Einsetzgeschwindigkeit, aufgelöst ($d = 2mf\delta$):

$$v_{kr} = -\frac{2d}{\sigma \rho b} = -\frac{4m\delta \cdot f}{\sigma \rho b} = -\frac{4m\delta}{\rho b} \cdot \frac{f}{\sigma} \qquad (243)$$

($\rho = 1{,}25\,kg/m^3$ ist die Luftdichte. Da die Rechnung für einen Stabschwinger der Einheitslänge 1[m] gilt, steht im Nenner $\rho \cdot b \cdot 1$; das gilt für alle Ausdrücke!)

δ ist das log. Dekrement und f die Eigenfrequenz des Schwingers. Für einen Stabschwinger gilt:

$$v_{kr} = -\frac{4m^*\delta}{\rho b^*}\cdot\frac{f}{\sigma} \quad \text{mit:} \quad m^* = \int_0^l \mu(x)\cdot\psi_y^2\,dx\;; \quad b^* = \frac{1}{l}\int_0^l b(x)\cdot\psi_y^2\,dx \tag{244}$$

$\psi_y(x)$ ist die Grundeigenschwingungsform, $\mu(x)$ die Massebelegung und $b(x)$ die fallweise mit x veränderliche Breite. - Anstelle von G.243 bzw. 244 kann v_{kr} auch in Abhängigkeit vom Massendämpfungsparameter angeschrieben werden:

$$v_{kr} = -\frac{2m\delta}{\rho b^2}\cdot 2b\frac{f}{\sigma} \qquad \text{bzw.} \quad v_{kr} = -\frac{2m^*\delta}{\rho b^{*2}}\cdot 2b^*\cdot\frac{f}{\sigma} \tag{245}$$

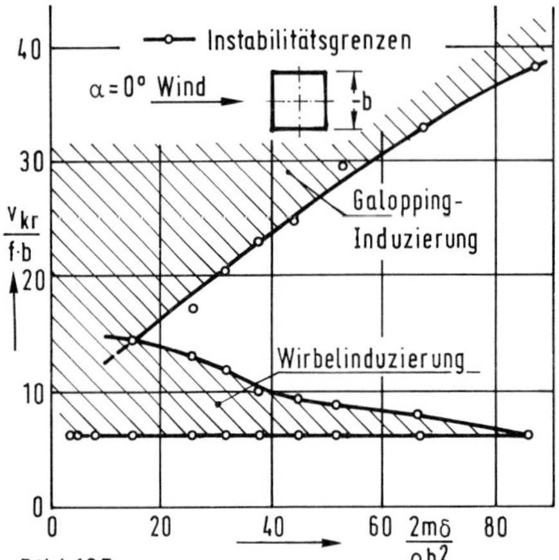

Bild 195

Im Falle eines instabilen Querschnittes ist σ negativ, die kritische Einsetzgeschwindigkeit ist dann positiv definiert. Je höher die Eigendämpfung ist, umso höher liegt v_{kr}. - Für einen Quadratquerschnitt mit kantenparalleler Anströmung beträgt der Stabilitätsbeiwert σ (vgl. Bild 194):

$$\sigma = \frac{-0{,}41}{8^\circ\frac{\pi}{180^\circ}} = \frac{-0{,}41}{0{,}140} = -2{,}94 \approx -3$$

Sind für einen Querschnitt $c_W(\alpha)$ und $c_A(\alpha)$ ausgemessen, vgl. Bild 192e, gilt (ohne Nachweis, siehe z.B. [377]):

$$c_y(\alpha) = [c_A(\alpha) + \tan\alpha\cdot c_W(\alpha)]\cdot\frac{1}{\cos\alpha} \tag{246}$$

Das Derivativ σ ist dann für α=0 aus

$$\sigma = \left(\frac{dc_A}{d\alpha} + c_W\right) \tag{247}$$

zu bilden.

Damit es zu einer angefachten Schwingung unter atmosphärischen Bedingungen kommt, bedarf es einer über eine gewisse Dauer von mindestens ca. zwei bis drei Minuten andauernden stationären Strömung. In der bodennahen Atmosphäre liegen die maximalen mittleren Windgeschwindigkeiten in Höhe von 25 bis 30m/s. Liegt v_{kr} oberhalb dieses Bereiches, sind Galopping - Biegeschwingungen nicht zu erwarten, hierbei sollte eine gewisse Sicherheitsmarge eingehalten werden, zumal im Ansatz des Dämpfungsdekrementes stets eine gewisse Unsicherheit liegt.

Das in Bild 195 dargestellte Stabilitätsdiagramm wurde von SCRUTON [384] ausgemessen: Über dem Massendämpfungsparameter ist v_{kr}/bf aufgetragen, das ist die auf b·f bezogene kritische Windgeschwindigkeit (Kehrtwert der STROUHAL-Zahl). Aus dem Diagramm gehen die der Wirbel- und Galopping-Induzierung zugeordneten Instabilitätsbereiche hervor. Wird G.245 umgestellt, folgt:

$$\frac{v_{kr}}{bf} = -\left(\frac{2}{\sigma}\right)\cdot\frac{2m\delta}{\rho b^2} \tag{248}$$

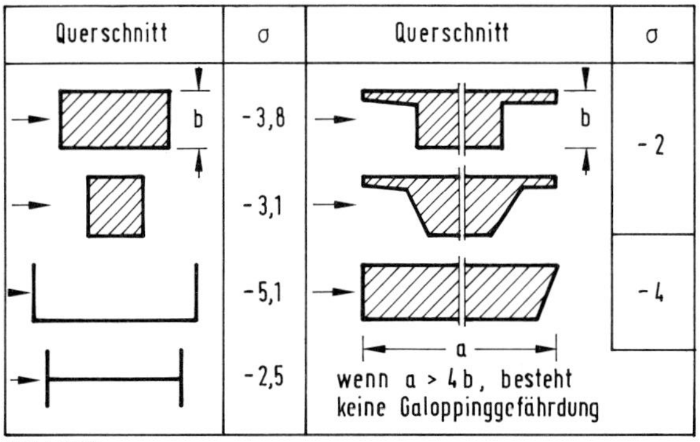
Querschnitt
σ
Querschnitt
σ
b
-3,8
-3,1
-5,1
-2,5
b
-2
-4
a
wenn a > 4b, besteht keine Galoppinggefährdung

Bild 196

Diese Beziehung verlangt, daß die Kurve der Galopping-Instabilitätsgrenze durch den Nullpunkt verläuft; das ist im Diagramm offensichtlich nicht der Fall. Wohl ist die Grenzkurve in Annäherung eine Gerade. Die Steigung entspricht dem Faktor -2/σ. Aus dem Diagramm kann σ zu -5,5 bestimmt werden, d.h. es gilt:

$$\frac{v_{kr}}{bf} = -\left(\frac{2}{-5{,}5}\right)\cdot\frac{2m\delta}{\rho b^2} = 0{,}364\,\frac{2m\delta}{\rho b^2} + 10 \tag{249}$$

Anhand der im Schrifttum dokumentierten Messungen läßt sich für die im Stahlbau interessierenden Konstruktionsprofile noch kein verbindlicher und vollständiger Katalog der σ-Derivativa angeben, Bild 196 enthält Anhalte, vgl. auch [377-382].

Eine vertiefte Behandlung des Galopping-Problems zeigt, daß es bei gewissen Querschnitten und Anströmrichtungen erst dann zu einer Galoppingschwingung kommt, wenn zuvor durch andere Ursachen, z.B. durch eine Wirbel- oder Turbulenzinduzierung, Schwingungen einer gewissen Größenordnung angeregt worden sind, von denen aus sich dann die Anfachung weiter aufbaut [385,382]. Dieser Fall liegt beispielsweise beim Rechteckquerschnitt mit Anströmung auf die Breitseite vor. (Mit einem solchen Fall war der Verfasser bei der Schwingungssanierung von Hängestangen einer Stabbogenbrücke befaßt.)

25.7.3.3 Flatterschwingungen

25.7.3.3.1 Berechnung der kritischen Windgeschwindigkeit

Der Begriff "Flattern" stammt aus dem Flugzeugbau; hierunter versteht man gekoppelte Biege- und Torsionsschwingungen der Tragflügel. Solche Schwingungen haben schon Flugzeugabstürze verursacht. Das gilt auch für den Brückenbau. Der spektakulärste Einsturz war der der ersten Tacoma-Hängebrücke im Jahre 1940; Bild 197 zeigt den Querschnitt. Zuvor waren aus demselben Grund zehn weitere Hängebrücken eingestürzt [386]. - Das Flatterschwingungsproblem wird inzwischen aufgrund jahrzehnte langer Forschungen begriffen [387-391]. Durch geeignete Ausbildung des Brückenquerschnittes lassen sich aeroelastisch-stabile Brücken bauen. Hängebrücken sind wegen ihrer großen Schlankheit am stärksten gefährdet; bei der Tacoma-Brücke betrug das Verhältnis a/l=11,90/855 =1:72. Durch Wirbelinduzierung ausgelöste Resonanzschwingungen sind bei Brücken nicht zu erwarten, wohl scheinen sie bei der Ingangsetzung der bekannt gewordenen Flatterschwingungen beteiligt gewesen zu sein. Für (in bezug zur Windrichtung) unsymmetrische Querschnitte gilt S=0,12, für symmetrische Querschnitte S=0,19 (Bild 198, S=STROUHAL-Zahl).

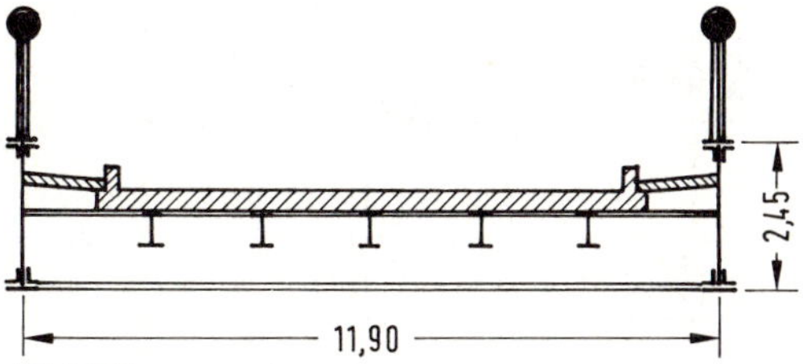

Bild 197

Querschnittsform	S
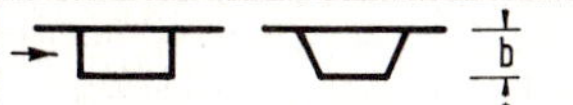	0,12
	0,13
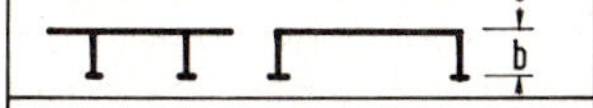	0,12
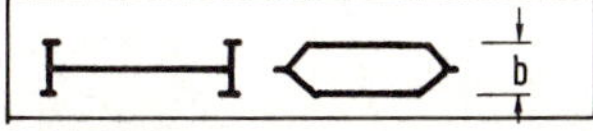	0,19

Bild 198

Der Anregungsmechanismus des Flatterns ist mit demjenigen des Galoppings verwandt, die Derivativa $dc_y/d\alpha$ und $dc_m/d\alpha$ geben Hinweise, wann ein Querschnitt als aeroelastisch-instabil gelten kann, vgl. Bild 199 [390].

Eine Brücke mit einem solchen Querschnitt zeigt ab einer bestimmten kritischen Windgeschwindigkeit v_{kr} gekoppelte Biege- und Torsionsschwingungen. Die Anregungsenergie wird der Luftströmung entnommen. Die Achse der gekoppelten Schwingungen liegt zwischen der luvseitigen Kante und der Symmetrieachse des Querschnittes. Die Schwingungsfrequenz liegt zwischen der reinen Biegefrequenz f_B und der reinen Torsionsfrequenz f_T. Wird v_{kr} überschritten, kommt es zu einer schnellen Aufschaukelung. Bei der Auslegung einer Hängebrücke kommt es darauf an, daß die Einsetzgeschwindigkeit möglichst hoch liegt. v_{kr} liegt umso höher,

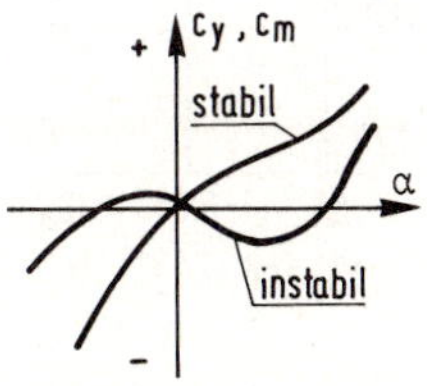

Bild 199

- je aeroelastisch-stabiler, d.h. je windschnittiger (flacher, brettartiger) das Brückenprofil ist,
- je weiter die Frequenzen f_B und f_T auseinander liegen (f_T/f_B>1,7, besser 2,0 bis 3,0), d.h. je torsionssteifer der Brückenträger ist,
- je steifer die Brücke insgesamt ist, z.B. durch /\/\/\/\/\- oder Schrägabspannungen,
- je größer die Strukturdämpfung ist.

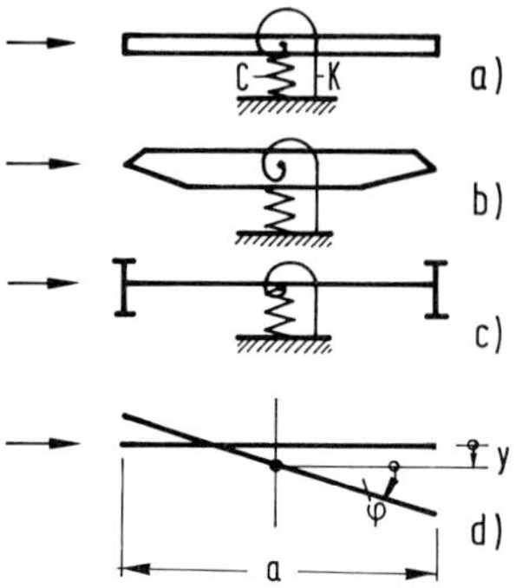

Bild 200

Eine ausführliche Behandlung des Flatterschwingungsproblems scheidet in diesem Rahmen aus; hierzu wird auf die zitierte Literatur verwiesen. Das von KLÖPPEL und Mitarbeitern [392-395] entwickelte, halbempirische Konzept zur Bestimmung der Einsetzgeschwindigkeit v_{kr} ist außerordentlich effektiv und wird derzeit allgemein akzeptiert. Es setzt die Kenntnis der Frequenzen f_B und f_T der zu untersuchenden gekoppelten Biege- und Torsionsschwingungsformen voraus. Der Brückenquerschnitt wird, wie in Bild 200 dargestellt, durch einen zweiläufigen Schwinger ersetzt. - Für reale Querschnittsformen ist die Flatterlösung bislang nicht bekannt, wohl für die dünne Platte mit der Breite a (Teilbild d). y kennzeichnet die Biege- und φ die Torsionsbewegung. Die potentialtheoretische Lösung geht

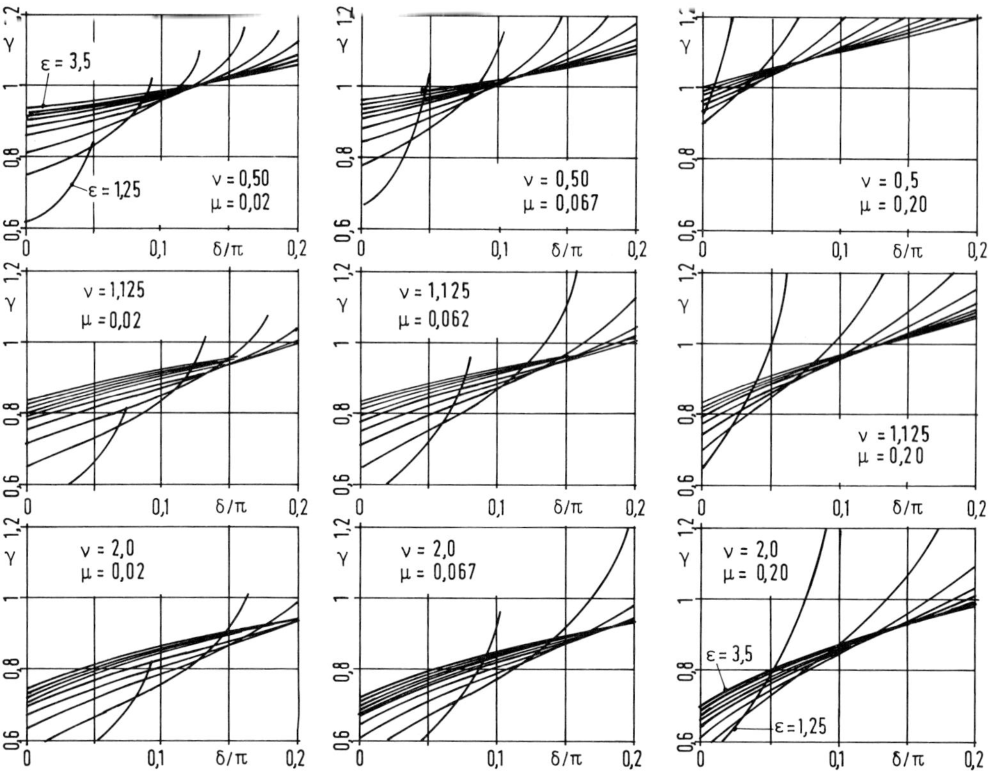

Kurvenparameter ε (von unten nach oben) : ε = 1,25; 1,50; 1,75; 2,00; 2,25; 2,50; 2,75; 3,00; 3,25; 3,50

$$\varepsilon = \frac{f_T}{f_B}, \quad \mu = \frac{\pi \rho a^2}{2m}, \quad \nu = \frac{8J}{ma^2} = \frac{8r^2}{a^2}, \quad r = \sqrt{\frac{J}{m}}$$

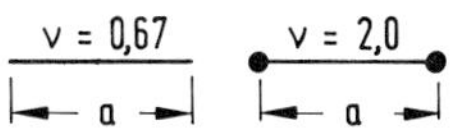

Bild 201 (nach MÜLLER)

auf THEODORSEN (1935) zurück [396]; es handelt sich um ein komplexes Eigenwertproblem. Von KLÖPPEL u. THIELE wurden Diagramme entwickelt, mittels derer die kritische Einsetzgeschwindigkeit für das schmale Plattenprofil bestimmt werden kann [393]. Weitere Lösungen stammen u.a. von FRANDSEN [397] und MÜLLER [398]. Bild 201 zeigt die von MÜLLER erarbeiteten Diagramme. Um v_{kr} zu berechnen, sind zunächst m und J zu bestimmen, m ist die Masse und J das Massenträgheitsmoment des Brückenquerschnittes je Längeneinheit. Hierfür werden μ und ν bestimmt (vgl. die Legende in Bild 201). ρ ist die Luftdichte: $\rho = 1{,}25\,kg/m^3$.

In Abhängigkeit vom logarithmischen Dekrement δ und Frequenzverhältnis $\varepsilon = f_T/f_B$ wird den Diagrammen der Wert γ entnommen. Hiermit kann die rechnerische Einsetzgeschwindigkeit $v_{kr,R}$ für die dünne Platte bestimmt werden:

$$v_{kr,R} = \gamma\pi\sqrt{\frac{\nu}{\mu}} \cdot f_T \cdot a = \gamma\pi\sqrt{\frac{\nu}{\mu}} \cdot \varepsilon f_B \cdot a \qquad (250)$$

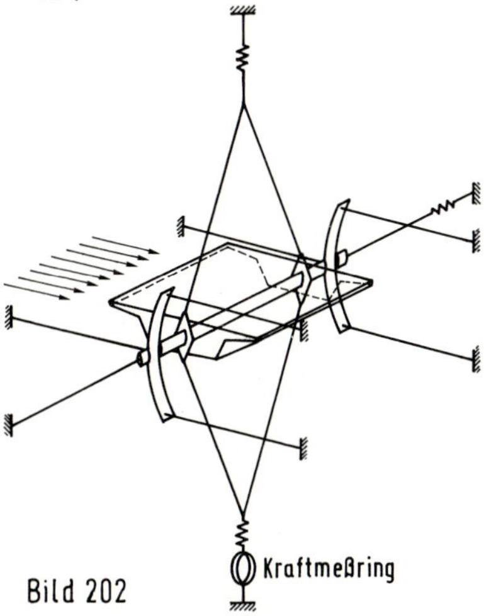

Bild 202

Mittels eines Formfaktors wird (von diesem Ergebnis ausgehend) die kritische Geschwindigkeit für den realen Brückenquerschnitt berechnet:

$$v_{kr,V} = \eta \cdot v_{kr,R} \qquad (251)$$

Der η-Faktor wird im Windkanalversuch für das geplante Brückenprofil bestimmt. Dabei bedient man sich der sogen. Teilmodelltechnik. Bild 202 zeigt den prinzipiellen Aufbau einer solchen Versuchsanordnung mit einem brückentypischen Querschnitt und federelastischer Aufhängung.

Anhand systematischer Versuche konnte ein Katalog für die η-Faktoren unterschiedlicher Querschnittsformen erstellt werden [393]. Bild 203 zeigt eine Auswahl. Je stärker der Querschnitt von der ebenen Platte abweicht, umso niedriger liegt η und damit die kritische Geschwindigkeit. Die auf SELBERG [389] zurückgehende Formel für die Berechnung der kritischen Windgeschwindigkeit lautet (mit den hier verwendeten Parametern):

$$v_{kr,B} = 3{,}90\sqrt{\left[1 - \left(\frac{f_B}{f_T}\right)^2\right]\frac{\sqrt{\nu}}{\mu}} \cdot f_T \cdot a \qquad (252)$$

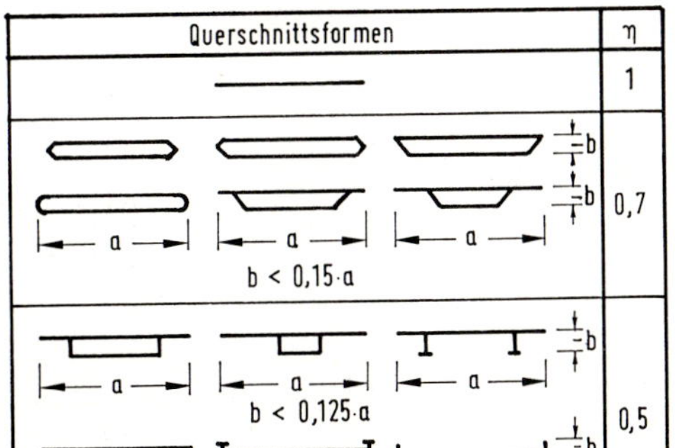

Bild 203

25.7.3.3.2 Beispiele

Es werden die von KLÖPPEL und THIELE [393] behandelten Beispiele nach den Anweisungen des vorangegangenen Abschnittes berechnet, vgl. Bild 204.

1. Beispiel: Vollwandbrücke:

$$f_B = 0{,}5\ \text{Hz}, \quad f_T = 0{,}65\ \text{Hz}, \quad a = 25\ \text{m}:$$

$$\mu = 2/\mu_{KLÖPPEL} = 2/27 = \underline{0{,}0741}$$

$$\nu = 2 \cdot r^2_{\alpha,KLÖPPEL} = 2 \cdot 0{,}7^2 = \underline{0{,}98}$$

$$\varepsilon = 0{,}65/0{,}50 = \underline{1{,}3};$$

$$\delta_B = \delta_T = \delta = 0{,}1 \longrightarrow \frac{\delta}{\pi} = \underline{0{,}032}$$

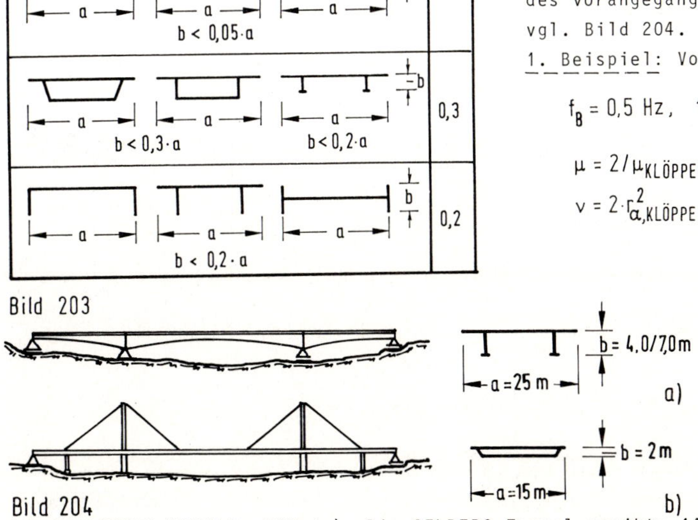

Bild 204

Aus den Diagrammen des Bildes 201 folgt mittels Interpolation: $\gamma = 0{,}65$

$$v_{kr,R} = 0{,}65 \cdot \pi \cdot \sqrt{\frac{0{,}98}{0{,}07407}} \cdot 0{,}65 \cdot 25 = \underline{121\ \text{m/s}}$$

(Nach KLÖPPEL/THIELE: 132m/s). Die SELBERG-Formel ergibt: 149m/s. Für $b/a \approx 5{,}5/25 = 0{,}22$ wird Bild 203: $\eta = 0{,}2$ bis $0{,}3$ entnommen. Für den Mittelwert $\eta = 0{,}25$ folgt:

$$v_{kr,V} = 0{,}25 \cdot 121 = \underline{30{,}3\ \text{m/s}}$$

2. Beispiel: Schrägseilbrücke:

$$f_B = 0{,}3\ \text{Hz}, \quad f_T = 1{,}05\ \text{Hz} \quad a = 15\ \text{m}:$$

$\mu = 2/20 = \underline{0{,}1000}$, $\nu = 2 \cdot 0{,}6^2 = \underline{0{,}72}$, $\varepsilon = 1{,}05/0{,}3 = \underline{3{,}5}$

$$\delta_B = \delta_T = \delta = 0{,}1 \longrightarrow \frac{\delta}{\pi} = 0{,}032 \longrightarrow \gamma = 0{,}95 \longrightarrow v_{kr,R} = 0{,}95\pi\sqrt{\frac{0{,}72}{0{,}1000}} \cdot 1{,}05 \cdot 15 = \underline{126\,m/s}$$

(Nach KLÖPPEL/THIELE: 117m/s.) Die SELBERG-Formel ergibt 172m/s. $b/a = 2{,}0/15 = 0{,}133 \rightarrow \eta = 0{,}7 \rightarrow$

$$v_{kr,V} = 0{,}7 \cdot 126 = \underline{88{,}2\,m/s}$$

Liegt $v_{kr,V}$ oberhalb der maximal zu erwartenden mittleren Windgeschwindigkeit (Mittelungszeitraum etwa 3 bis 5 Minuten), sind Flatterschwingungen auszuschließen. Bei höherer Turbulenz wird die kritische Geschwindigkeit zu höheren Werten verschoben [399]. - Wegen weiterer Beispiele vgl. [395]. - Zur Höhe der Schwingungsdämpfung vgl. [400,401], zur nichtlinearen Schwingungsberechnung [402], zur Aerodynamik von Monokabelhängebrücken [403] und zur Frage der Versteifungsträgerquerschnitte [404]. Weiter zurückliegende Berichte über Modellversuche findet man in [405,406]. - Bei Balkenbrücken und Schrägseilbrücken sind nach Wissen der Verfassers bislang keine Flatterschwingungen bekannt geworden, gleichwohl werden in der Entwurfsphase auch für diese Brückenformen sicherheitshalber Flatteruntersuchungen durchgeführt, vgl. z.B. [407] (Balkenbrücke) und [408] (Schrägseilbrücke, siehe auch [135]).

26 Elasto-statische Biegetheorie, insbesondere für dünnwandige Stäbe

26.1 Vorbemerkungen

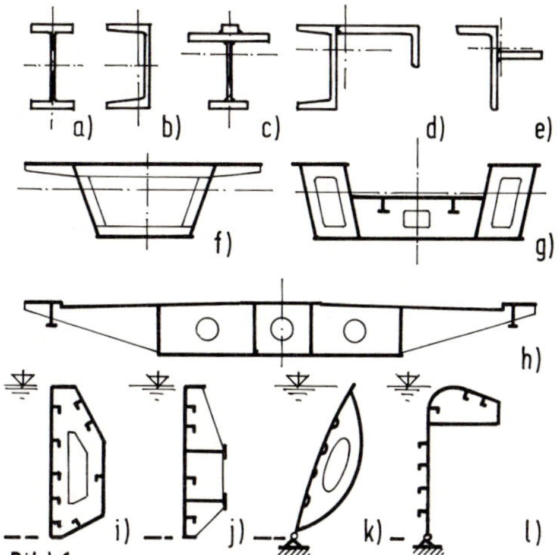

Bild 1

Die Voraussetzung der Dünnwandigkeit wird von den Trägerquerschnitten des Stahlbaues i.a. gut erfüllt. Dieser Umstand erlaubt eine weitgehend explizite Aufbereitung der elasto-statischen Biegetheorie dünnwandiger Stäbe; das gilt gleichfalls für die Torsionstheorie.

Abgesehen von Rohren und Rechteckhohlprofilen haben die warm- und kaltgewalzten Profile einen offenen Querschnitt; das ist fertigungsbedingt. Durch die Fügetechniken des Schweißens, Schraubens und Nietens lassen sich beliebige Trägerformen, auch solche mit geschlossenem Querschnitt, herstellen; diese können ein- oder mehrzellig sein. Vielfach sind die Querschnitte gemischt offen-geschlossen; vgl. Bild 1.

26.2 Flächenmomente

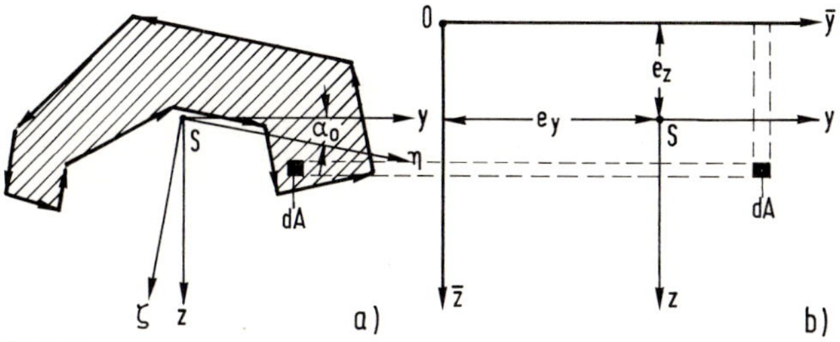

Bild 2

Um den Schwerpunkt S eines offenen oder geschlossenen Querschnittes zu bestimmen, wird zunächst ein rechtwinkliges Bezugsachsenkreuz $\bar{y},\bar{z}$ vereinbart, Bild 2. In diesem Koordinatensystem werden nachfolgende Querschnittswerte berechnet. (Die Integrale verstehen sich als Flächenintegrale über alle infinitesimalen Elemente $dA=d\bar{y}\cdot d\bar{z}=dy\cdot dz$):

Querschnittsfläche: $A = \int_A dA$ $\quad cm^2$ (1)

Statische Momente: (Flächenmomente 1. Grades um die $\bar{y}$- bzw. $\bar{z}$-Achse) $S_{\bar{y}} = \int_A \bar{z}\,dA \;;\quad S_{\bar{z}} = \int_A \bar{y}\,dA$ $\quad cm^3$ (2)

Trägheitsmomente: (Flächenmomente 2. Grades um die $\bar{y}$- bzw. z-Achse) $I_{\bar{y}} = \int_A \bar{z}^2\,dA \;;\quad I_{\bar{z}} = \int_A \bar{y}^2\,dA$ $\quad cm^4$ (3)

Zentrifugalmoment: (Flächenzentrifugalmoment) $I_{\bar{y}\bar{z}} = \int_A \bar{y}\bar{z}\,dA$ $\quad cm^4$ (4)

Von der möglichen Notation

$$A;\ A_{\bar{z}},\ A_{\bar{y}};\ A_{\bar{z}\bar{z}},\ A_{\bar{y}\bar{y}},\ A_{\bar{z}\bar{y}}$$

wird hier kein Gebrauch gemacht, weil die Bedeutung der Flächenmomente dann nur über die Indizes erkennbar ist.

$S_{\bar{y}}$, $S_{\bar{z}}$ und $I_{\bar{y}\bar{z}}$ sind vorzeichenbehaftet; $I_{\bar{y}}$ und $I_{\bar{z}}$ sind positiv definit.

Setzt sich der Querschnitt aus Teilquerschnitten mit bekannten Querschnittswerten zusammen, werden deren Schwerpunktsabstände im $\bar{y}$-$\bar{z}$-Koordinatensystem bestimmt, die Statischen Momente als Summe über dem Produkt der Teilflächen mit deren Schwerpunktsabständen berechnet und anschließend die Trägheitsmomente und das Zentrifugalmoment mit Hilfe der

STEINERschen Formeln ermittelt (s.u.):

$$A = \Sigma A_i \quad (5)$$

$$S_{\bar{y}} = \Sigma A_i \bar{z}_i ; \quad S_{\bar{z}} = \Sigma A_i \bar{y}_i \quad (6)$$

$$I_{\bar{y}} = \Sigma (I_{yi} + A_i \bar{z}_i^2) ; \quad I_{\bar{z}} = \Sigma (I_{zi} + A_i \bar{y}_i^2) \quad (7)$$

$$I_{\bar{y}\bar{z}} = \Sigma (I_{yzi} + A_i \bar{y}_i \bar{z}_i) \quad (8)$$

Die Summen erstrecken sich über sämtliche Teilflächen von i=1 bis i=n. $\bar{y}_i$ und $\bar{z}_i$ sind die Schwerpunktsabstände der Teilflächen im $\bar{y}$-$\bar{z}$-Achsenkreuz. I_{yi}, I_{zi} und I_{yzi} beziehen sich auf die Schwerachsen der Teilflächen. Bei größerer Anzahl der Teilquerschnitte wird die Berechnung zweckmäßig tabellarisch durchgeführt. - Abschnitt 26.6 enthält Rechenanweisungen und Formeln für die Flächenmomente diverser Querschnittsformen.

Die Lage des Schwerpunktes S folgt aus den Formeln (vgl. Bild 2b):

$$e_z = \frac{S_{\bar{y}}}{A} ; \quad e_y = \frac{S_{\bar{z}}}{A} \quad (9)$$

Bezogen auf das in den Schwerpunkt S transformierte Koordinatensystem y, z (Schwerachsenkreuz) gelten die Definitionen der G.1/4 unverändert, jetzt für das Koordinatensystem y, z. $S_y=0$ und $S_x=0$ sind die Bedingungsgleichungen für die Schwerpunktlage, vgl. auch Abschn. 4.1. Die Umrechnungsformeln für die Flächenmomente zweiter Ordnung vom $\bar{y}$-$\bar{z}$-Koordinatensystem auf das y-z-Schwerachsenkreuz lauten:

$$I_y = I_{\bar{y}} - A \cdot e_z^2 ; \quad I_z = I_{\bar{z}} - A \cdot e_y^2 ; \quad I_{yz} = I_{\bar{y}\bar{z}} - A \cdot e_z e_y \quad (10)$$

Die Richtigkeit wird bestätigt, indem die Transformationsformeln

$$y = \bar{y} - e_y \quad \text{und} \quad z = \bar{z} - e_z \quad (11)$$

in die Definitionsgleichungen eingesetzt werden, z.B.:

$$I_y = \int_A z^2 dA = \int_A (\bar{z} - e_z)^2 dA = \int_A \bar{z}^2 dA - 2e_z \int_A \bar{z}\, dA + e_z^2 \int_A dA = I_{\bar{z}} - 2e_z \cdot S_{\bar{y}} + e_z^2 \cdot A = I_{\bar{z}} - A e_z^2 \quad (12)$$

Hierbei ist G.9 berücksichtigt. - Als polares Trägheitsmoment ist

$$I_p = \int_A (z^2 + y^2) dA = I_y + I_z \quad (13)$$

definiert; zur Unterscheidung hierzu werden I_y, I_z und I_{yz} auch achsiale Flächenmomente genannt.

26.3 Stäbe mit dünnwandigem offenen Querschnitt

26.3.1 Berechnung der Biege- und Schubspannungen ohne Kenntnis der Hauptachsen

Wie noch in Abschnitt 26.3.2 gezeigt wird, existiert für jeden Querschnitt ein ausgezeichnetes Hauptachsenkreuz η, ζ, für welches die Trägheitsmomente zu einem Maximum bzw. Minimum werden; $I_{\eta\zeta}$ ist hier für Null. Da eine Spannungsberechnung besonders übersichtlich wird, wenn die Berechnung auf dieses Hauptachsenkreuz bezogen wird, ist es zweckmäßig und üblich, dieses zunächst zu bestimmen. - Eine direkte Berechnung der Biege- und Schubspannungen ist indes auch ohne Kenntnis der Hauptachsen möglich; diese Berechnungsform wird zunächst behandelt.

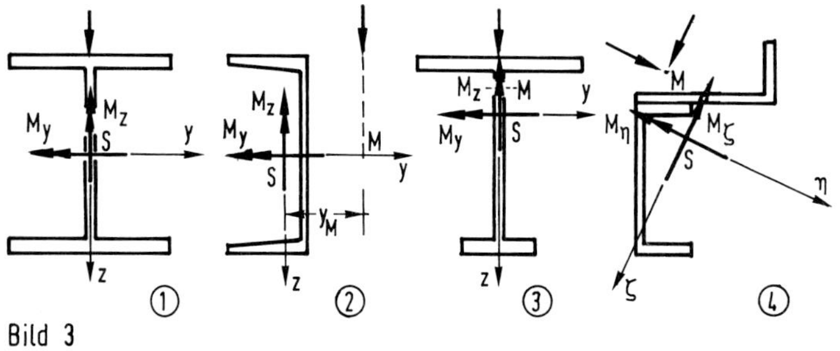

Bild 3

Bei Stäben mit doppeltsymmetrischem Querschnitt ① sind die Symmetrieachsen mit den Hauptachsen identisch; bei einfachsymmetrischem Querschnitt (② und ③) fällt eine Hauptachse mit der Symmetrieachse zusammen, die andere steht senkrecht auf dieser. Bei einem unsymmetrischen

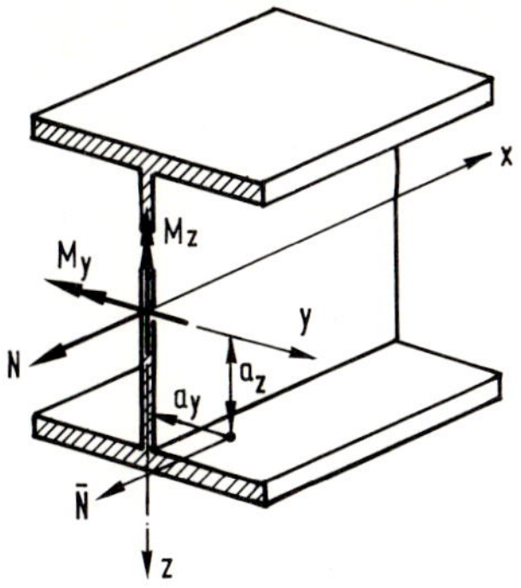

Bild 4

Querschnitt sind Lage und Richtung der Hauptachsen unbekannt, Bild 3 zeigt ein Beispiel: (4)

Wirkt neben den Biegemomenten $\bar{M}_y$ und $\bar{M}_z$ eine Normalkraft $\bar{N}$ (Zugkraft positiv) exzentrisch an den Hebelarmen a_y, a_z in Bezug auf den Schwerpunkt S (wie in Bild 4 dargestellt), wird mit

$$
\begin{aligned}
N &= \bar{N} \\
M_y &= \bar{M}_y + \bar{N}\cdot a_z \\
M_z &= \bar{M}_z - \bar{N}\cdot a_y
\end{aligned}
\qquad (14)
$$

gerechnet. Die positive Definition von M_y und M_z geht aus den Bildern 3 und 4 hervor.

Vorläufig wird vorausgesetzt, daß die Ebene der äußeren Querlasten q_z und q_y durch den Schubmittelpunkt M verläuft, andernfalls wäre die Beanspruchung nicht torsionsfrei (s.u.).

Bild 5 zeigt ein aus einem Stab herausgetrenntes Element der Länge dx; hier vereinfacht mit einem Rechteckquerschnitt. In den Schwerpunkt des Querschnittes wird ein rechtwinkliges Koordinatensystem y, z gelegt. Bezogen auf dieses Schwerachsensystem werden die Flächenmomente I_y, I_z und I_{yz} berechnet und im folgenden als bekannt vorausgesetzt. Die Schnittgrößen N, Q und M (bzw. deren Komponenten in Richtung y und z) sind in den Teilbildern a und b definiert. - Aus Gleichgewichtsgründen gilt (Teilbild c und d):

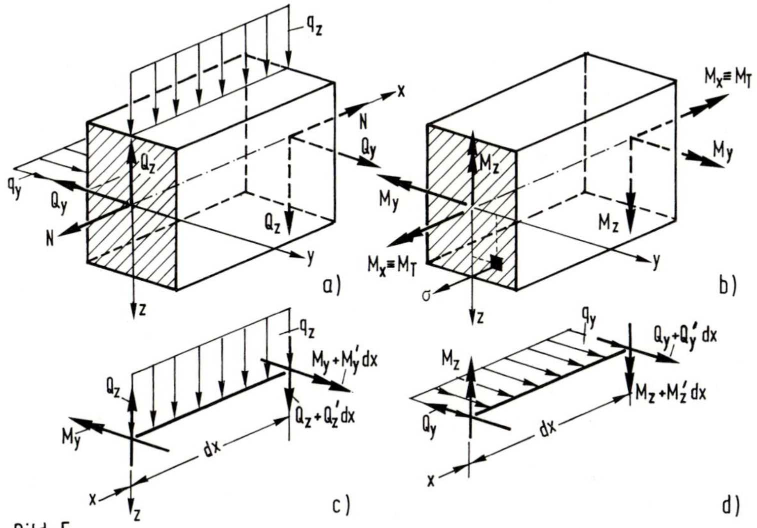

Bild 5

$$Q_z' = -q_z \; ; \; Q_z = M_y' \; ; \; M_y'' = Q_z' = -q_z \qquad (15)$$

$$Q_y' = -q_y \; ; \; Q_y = -M_z' \; ; \; M_z'' = -Q_y' = +q_y \qquad (16)$$

Die Ableitung nach x wird durch einen hochgestellten Strich gekennzeichnet.

Unter der Annahme eines linear-elastischen, homogenen Materials und unter der Voraussetzung eben bleibender Querschnitte (BERNOULLI-Hypothese) ist der Spannungskörper über dem Querschnitt infolge der Normalkraft N und der Biegemomente M_y und M_z durch eine schiefe Ebene begrenzt:

$$\sigma = a_1 + a_2 z + a_3 y \qquad (17)$$

(Zugspannungen positiv.) Die Koeffizienten a_1, a_2 und a_3 folgen aus den drei Definitionsgleichungen:

$$
\begin{aligned}
N &= \int_A \sigma \, dA &&= a_1 \int dA + a_2 \int z \, dA + a_3 \int y \, dA &&= a_1 A \\
M_y &= +\int_A \sigma z \, dA &&= a_1 \int z \, dA + a_2 \int z^2 dA + a_3 \int yz \, dA &&= a_2 \cdot I_y + a_3 \cdot I_{yz} \\
M_z &= -\int_A \sigma y \, dA &&= -a_1 \int y \, dA - a_2 \int yz \, dA - a_3 \int y^2 dA &&= -a_2 \cdot I_{yz} - a_3 \cdot I_z
\end{aligned}
\qquad (18)
$$

Die Terme

$$S_y = \int_A z\, dA\,; \quad S_z = \int_A y\, dA \tag{19}$$

sind die Statischen Momente, bezogen auf die y- bzw. z-Achse; sie sind hier Null, weil y und z Schwerachsen sind, bzw. in umgekehrter Beweisführung: Die Lage der Schwerachsen ist durch die Bedingungsgleichungen $S_y=0$ und $S_z=0$ definiert, vgl. G.9. Unter dieser Voraussetzung wird das Gleichungssystem nach den Koeffizienten a_1, a_2 und a_3 aufgelöst:

$$a_1 = \frac{N}{A}\,; \quad a_2 = +\frac{M_y I_z + M_z I_{yz}}{I_y I_z - I_{yz}^2}\,; \quad a_3 = -\frac{M_z I_y + M_y I_{yz}}{I_y I_z - I_{yz}^2} \tag{20}$$

Werden a_1, a_2 und a_3 in G.17 eingesetzt, findet man nach einfacher Umformung die (untereinander identischen) Spannungsformeln:

$$\sigma = \frac{N}{A} + \frac{M_y I_z + M_z I_{yz}}{I_y I_z - I_{yz}^2} z - \frac{M_z I_y + M_y I_{yz}}{I_y I_z - I_{yz}^2} y \tag{21a}$$

$$\sigma = \frac{N}{A} + \frac{M_y I_z + M_z I_{yz}}{I_y I_z \left(1 - \frac{I_{yz}^2}{I_y I_z}\right)} z - \frac{M_z I_y + M_y I_{yz}}{I_y I_z \left(1 - \frac{I_{yz}^2}{I_y I_z}\right)} y \tag{21b}$$

$$\sigma = \frac{N}{A} + \frac{M_y + M_z \cdot I_{yz}/I_z}{1 - \frac{I_{yz}^2}{I_y I_z}} \frac{z}{I_y} - \frac{M_z + M_y \cdot I_{yz}/I_y}{1 - \frac{I_{yz}^2}{I_y I_z}} \frac{y}{I_z} \tag{21c}$$

$$\sigma = \frac{N}{A} + \frac{I_z z - I_{yz} y}{I_y I_z - I_{yz}^2} M_y - \frac{I_y y - I_{yz} z}{I_y I_z - I_{yz}^2} M_z \tag{21d}$$

Für numerische Rechnungen ist die Kenntnis der Spannungsnullinie vorteilhaft, um jene Querschnittspunkte angeben zu können, in denen die höchsten Spannungen auftreten. Es sind dieses die von der Spannungsnullinie am weitesten entfernt liegenden Randpunkte. Für N=0 wird G.21a Null gesetzt:

$$\sigma = 0:\quad (M_y I_z + M_z I_{yz})z - (M_z I_y + M_y I_{yz})y = 0 \tag{22}$$

Hieraus folgt:

$$z = \frac{M_z I_y + M_y I_{yz}}{M_y I_z + M_z I_{yz}} y \qquad (N=0) \tag{23}$$

Somit ist die über dem Querschnitt aufgespannte Spannungsnullinie eine Gerade durch den Schwerpunkt; das Steigungsverhältnis im y-z-Koordinatensystem ist gleich der Vorzahl in G.23.

Nachdem die Normalspannungen bekannt sind, werden die Schubspannungen berechnet: In dünnwandigen Querschnitten verlaufen die örtlichen Schubspannungen stets tangential zur Profilmittellinie. Quer zur Mittellinie vermag die Wandung keine Schubkräfte aufzunehmen.

Aus der Wandung des Stabes wird ein infinitesimales Element dx-ds herausgetrennt, vgl. Bild 6. x ist die Längskoordinate

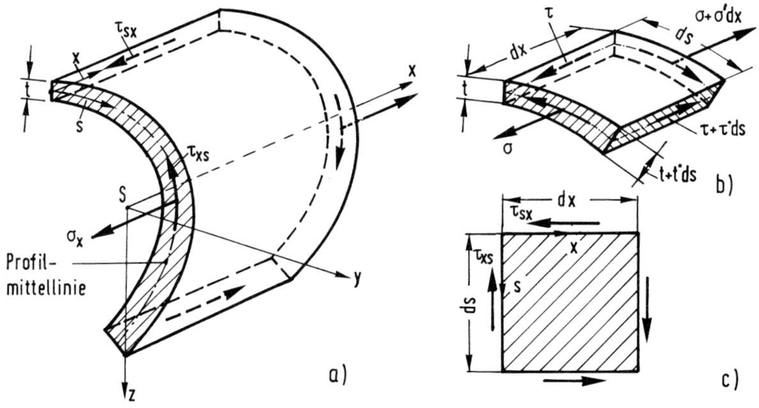

Bild 6

und s die Umfahrungskoordinate entlang der Profilmittellinie. Die Ableitungen nach x und s werden zu

$$\frac{\partial(\;)}{\partial x} = (\;)', \quad \frac{\partial(\;)}{\partial s} = (\;)^{\bullet} \tag{24}$$

vereinbart. Der Querschnitt wird in Stablängsrichtung als unveränderlich angenommen. Die Wanddicke t ist i.a. (bereichsweise) veränderlich: t=t(s). - In den Schnittflächen x und x+dx wirken die Normalspannungsresultierenden

$$\sigma \cdot t\,ds \quad \text{bzw.} \quad (\sigma + \sigma' dx) \cdot t\,ds \tag{25}$$

und in den Schnittflächen s und s+ds die Schubspannungsresultierenden

$$\tau \cdot t\,ds \quad \text{bzw.} \quad (\tau + \tau^{\bullet} ds)(t + t^{\bullet} ds)\,dx \tag{26}$$

(vgl. Bild 6b). - Die Schubspannungen in einander zugeordneten, rechtwinkligen Schnittebenen sind (aus Gründen des Momentengleichgewichts) gleichgroß:

$$\tau_{xs} = \tau_{sx} \tag{27}$$

Auf deren Indizierung kann daher verzichtet werden. - Die Gleichgewichtsgleichung in Richtung x lautet:

$$\sigma' dx \cdot t\,ds - \tau\, t\,dx + (\tau + \tau^{\bullet} ds)(t + t^{\bullet} ds)\,dx = 0 \longrightarrow \tag{28}$$

$$\sigma' \cdot t = -(\tau \cdot t^{\bullet} + \tau^{\bullet} \cdot t) = -(\tau \cdot t)^{\bullet} \tag{29}$$

In der vorstehenden Ableitung ist

$$\tau^{\bullet} \cdot t^{\bullet} \cdot (ds)^2\,dx$$

als Größe höherer Kleinheitsordnung unterdrückt. Sofern σ über dem Querschnitt bekannt ist, folgen Schubfluß $T=\tau t$ und Schubspannungen τ aus G.29 zu

$$T = -\oint \sigma' \cdot t\,ds + T_R\,; \quad \tau = \frac{T}{t} = -\frac{1}{t}\oint \sigma' \cdot t\,ds + \tau_R \tag{30}$$

Das Integral hat die Bedeutung eines Linienintegrals entlang der Profilmittellinie. T_R bzw. τ_R sind die Anfangswerte der Linienintegration. Sofern der Ursprung der s-Koordinate an einen Profilrand gelegt wird, sind T_R bzw. τ_R Null, weil freie Längsränder schubspannungsfrei sind. Es kann auch zweckmäßig sein, den Ursprung von s mit einer Symmetrieachse zusammenfallen zu lassen.

Wird die Spannungsformel G.21d nach x differenziert und

$$M_y' = Q_z, \quad M_z' = -Q_y \tag{31}$$

sowie

$$\begin{aligned} S_y(s) &= \oint z(s)\,dA = \oint z(s) \cdot t(s)\,ds \\ S_z(s) &= \oint y(s)\,dA = \oint y(s) \cdot t(s)\,ds \end{aligned} \tag{32}$$

beachtet, folgt aus G.30:

$$T = \tau t = -\frac{I_z S_y(s) - I_{yz} S_z(s)}{I_y I_z - I_{yz}^2} Q_z - \frac{I_y S_z(s) - I_{yz} S_y(s)}{I_y I_z - I_{yz}^2} Q_y + T_R \tag{33}$$

$$= +T_y + T_z + T_R \tag{34}$$

$S_y(s)$ und $S_z(s)$ sind entlang der Profilmittellinie veränderliche Funktionen von s; es sind die Statischen Momente um die y- bzw. z-Achse des außerhalb des Schnittes s gelegenen Querschnitteiles. Sie nehmen in Höhe der y- bzw. z-Achse die jeweils höchsten Werte an. - T_y und T_z kennzeichnen den Beitrag am Schubfluß T der Querkraftbiegung um die y- bzw. z-Achse. Die Indizes sind hier also keine Richtungskennzeichen sondern Ursachenzeichen!

Für die in Bild 7 dargestellten Fälle folgt aus G.33:

a) $$T_y = \tau \cdot t = -\frac{Q_z S_y(s)}{I_y} \tag{35}$$

b) $$T_z = \tau \cdot t = -\frac{Q_y S_z(s)}{I_z} \tag{36}$$

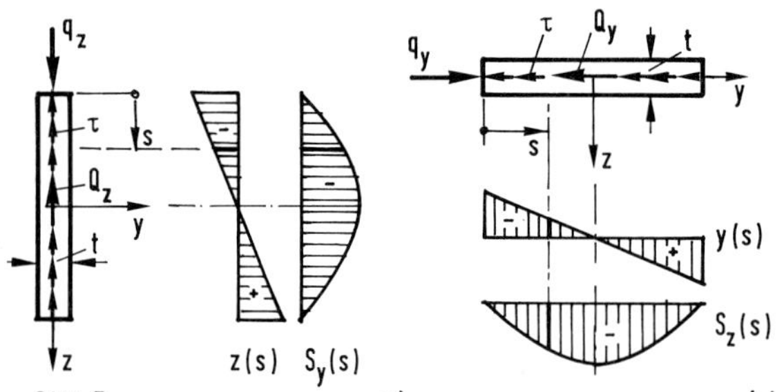

Bild 7 a) b)

Man beachte: Aufgrund der Definition von s sind die Statischen Momente negativ; in G.35/36 eingesetzt, ergeben sich T_y und T_z positiv, wie es der Definition gemäß Bild 5 entspricht.

26.3.2 Berechnung der Biege- und Schubspannungen bei Kenntnis der Hauptachsen

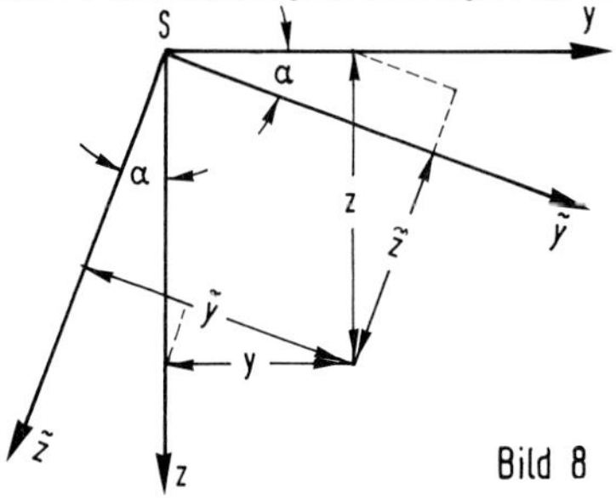

Bild 8

Eine Biegenormal- und Schubspannungsberechnung mittels G.21 bzw. 33 ist wenig verbreitet. Üblicher ist die Bestimmung der Hauptachsen und die vektorielle Zerlegung der Biegungsmomente M_y, M_z und Querkräfte Q_y, Q_z in Richtung dieser Achsen. Die Spannungsberechnung ist dann in einfacher Weise möglich. Die Hauptachsen und Hauptträgheitsmomente lassen sich rechnerisch und zeichnerisch bestimmen.

26.3.2.1 Rechnerische Ermittlung der Hauptachsen und Hauptträgheitsmomente (Bild 8)

Für ein um den Winkel α gedrehtes Schwerachsenkreuz y, z lassen sich mittels der Transformationsformeln

$$\tilde{y} = y\cos\alpha + z\sin\alpha\,;\quad \tilde{z} = z\cos\alpha - y\sin\alpha \tag{37}$$

und Einsetzen in

$$I_{\tilde{y}} = \int_A \tilde{z}^2\,dA \quad \text{usf.} \tag{38}$$

nachstehende Formeln für die Flächenmomente 2. Grades herleiten:

$$\begin{aligned} I_{\tilde{y}} &= I_y\cos^2\alpha + I_z\sin^2\alpha - 2I_{yz}\sin\alpha\cos\alpha = I_y\cos^2\alpha + I_z\sin^2\alpha - I_{yz}\sin2\alpha \\ I_{\tilde{z}} &= I_z\cos^2\alpha + I_y\sin^2\alpha + 2I_{yz}\sin\alpha\cos\alpha = I_z\cos^2\alpha + I_y\sin^2\alpha + I_{yz}\sin2\alpha \\ I_{\tilde{y}\tilde{z}} &= (I_y - I_z)\sin\alpha\cos\alpha + I_{yz}(\cos^2\alpha - \sin^2\alpha) = \frac{1}{2}(I_y - I_z)\sin2\alpha + I_{yz}\cos2\alpha \end{aligned} \tag{39}$$

Als Hauptachsen werden jene definiert, für welche I_y und I_z Extremwerte annehmen. Es zeigt sich, daß I_{yz} hierfür Null wird. Der Hauptachsenwinkel α_0 folgt aus der Bedingung:

$$\frac{dI_{\tilde{y}}}{d\alpha} = 0 \longrightarrow \tan 2\alpha_0 = -\frac{2I_{yz}}{I_y - I_z} \tag{40}$$

Setzt man dieses Ergebnis in G.39a/b ein, erhält man die gesuchten Hauptträgheitsmomente für die Hauptachsen η,ζ zu:

$$I_{\eta,\zeta} = I_{max,min} = \frac{1}{2}[(I_y + I_z) \pm (I_y - I_z)\cdot\sqrt{1 + \tan^2 2\alpha_0}\,] = \frac{1}{2}[(I_y + I_z) \pm \sqrt{(I_y - I_z)^2 + 4\,I_{yz}^2}\,] \tag{41}$$

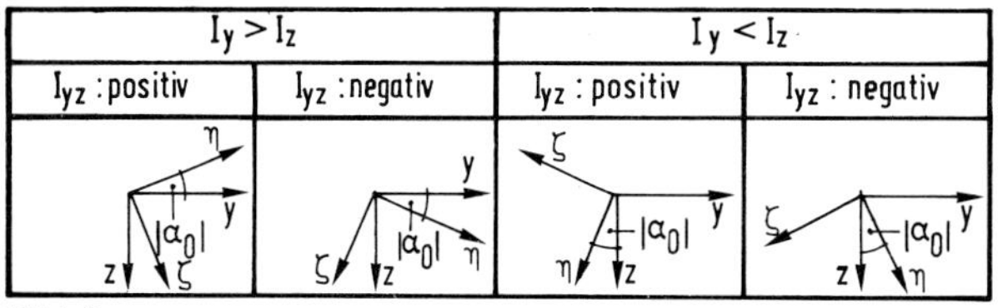

Bild 9

Das obere Vorzeichen gilt für $I_\eta = I_{max}$, das untere für $I_\zeta = I_{min}$. Um eine eindeutige Zuordnung der ersten und zweiten Hauptachse vornehmen zu können, ist es zweckmäßig, für den Absolutwert von G.40 den α_0-Wert zu bestimmen und die Zuordnung der Hauptachsen nach Bild 9 vorzunehmen.

Sind I_η und I_ζ bekannt, können hieraus I_y, I_z und I_{yz} rückgerechnet werden:

$$I_y = I_\eta \cos^2\alpha + I_\zeta \sin^2\alpha \;;\; I_z = I_\eta \sin^2\alpha + I_\zeta \cos^2\alpha \qquad (42)$$

$$I_{yz} = -\frac{I_\eta - I_\zeta}{2}\sin 2\alpha = -(I_\eta - I_\zeta)\sin\alpha\cos\alpha \qquad (43)$$

Nach Kenntnis der Hauptträgheitsmomente lassen sich die Biegespannungen in einfacher Weise berechnen: Zunächst werden die Momente M_η und M_ζ bestimmt (ggf. werden bereits vorher die äußeren Lasten in die Richtung der η- und ζ-Achse zerlegt und hierfür die Biegungsmomente berechnet). Die Spannungen folgen dann zu:

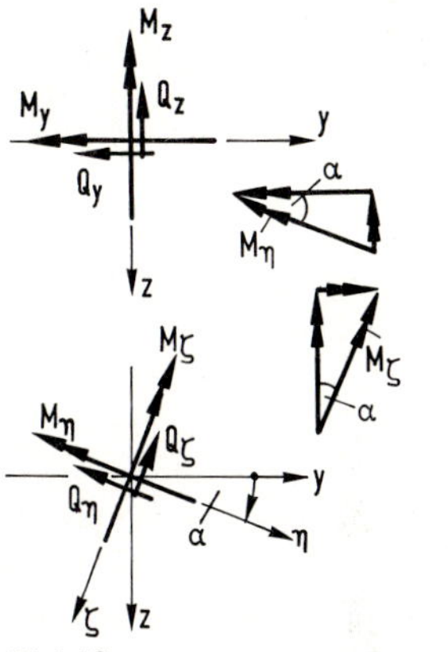

Bild 10

$$\sigma = \frac{N}{A} + \frac{M_\eta}{I_\eta}\zeta - \frac{M_\zeta}{I_\zeta}\eta \qquad (44)$$

Die Spannungsnullinie für den Fall N=0 ergibt sich hieraus unmittelbar zu:

$$\sigma = 0: \quad \frac{M_\eta}{I_\eta}\zeta - \frac{M_\zeta}{I_\zeta}\eta = 0 \quad \longrightarrow \quad \zeta = \frac{M_\zeta I_\eta}{M_\eta I_\zeta}\eta \qquad (45)$$

Die vektoriellen Verknüpfungen zwischen den Achsenkreuzen y,z und η, ζ einerseits und den Momenten M_y, M_z und M_η, M_ζ andererseits lassen sich aus Bild 10 ablesen:

$$\eta = y\cos\alpha + z\sin\alpha \;;\; \zeta = z\cos\alpha - y\sin\alpha \qquad (46)$$

$$M_\eta = M_y\cos\alpha + M_z\sin\alpha \;;\; M_\zeta = M_z\cos\alpha - M_y\sin\alpha \qquad (47)$$

Werden diese Beziehungen in G.44 eingesetzt, folgt nach Zwischenrechnung:

$$\sigma = \frac{N}{A} + \frac{I_z z - I_{yz} y}{I_y I_z - I_{yz}^2} M_y - \frac{I_y y - I_{yz} z}{I_y I_z - I_{yz}^2} M_z \qquad (48)$$

Die Formel stimmt mit G.21 überein, womit G.44 bewiesen ist.
Wird die Gleichgewichtsgleichung 30 auf die (auf die hauptachsenorientierten) Querkräfte Q_η und Q_ζ angewandt, vgl. Bild 10, folgt mit G.44:

$$T = \tau t = T_\eta + T_\zeta + T_R = -\frac{Q_\zeta}{I_\eta} S_\eta(s) - \frac{Q_\eta}{I_\zeta} S_\zeta(s) + T_R \qquad (49)$$

Es gilt:

$$Q_\zeta = Q_z\cos\alpha - Q_y\sin\alpha \;;\; Q_\eta = Q_y\cos\alpha + Q_z\sin\alpha \qquad (50)$$

$$S_\eta(s) = \oint_s \zeta(s)\cdot t(s)\,ds \;;\; S_\zeta(s) = \oint_s \eta(s)\cdot t(s)\,ds \qquad (51)$$

Bezüglich der Definition von T_η und T_ζ gelten die Anmerkungen zu G.33 sinngemäß.
Werden G.50/51 in G.49 eingesetzt, folgt nach Zwischenrechnung:

$$T = \tau t = -\frac{I_z S_y(s) - I_{yz} S_z(s)}{I_y I_z - I_{yz}^2} Q_z - \frac{I_y S_z(s) - I_{yz} S_y(s)}{I_y I_z - I_{yz}^2} Q_y + T_R \qquad (52)$$

Dieses Ergebnis stimmt mit G.33 überein.

26.3.2.2 Zeichnerische Bestimmung der Hauptachsen und Hauptträgheitsmomente

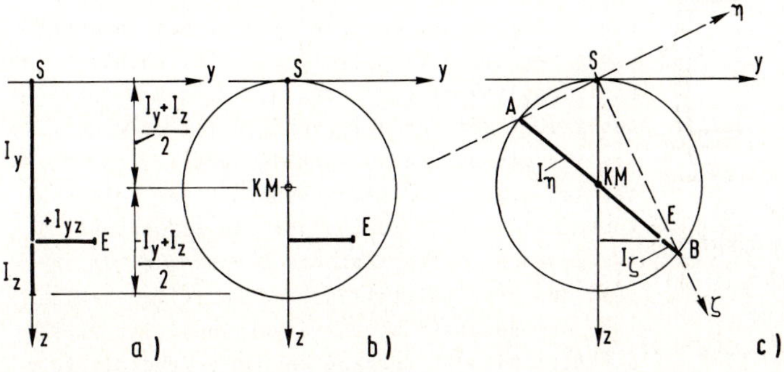

Bild 11

Für ein (frei gewähltes) rechtwinkliges Schwerachsenkreuz werden zunächst I_y, I_z und I_{yz} bestimmt. Die Hauptachsenrichtungen und Hauptträgheitsmomente lassen sich dann in folgenden Schritten zeichnerisch ermitteln (nach LAND, 1888):

1. Auf der positiven Achse wird, ausgehend vom

Schwerpunkt S, I_y und hieran anschließend I_z abgetragen; senkrecht dazu wird I_{yz} eingezeichnet; das Ende dieser Strecke markiert den Punkt E (Bild 11a); der Maßstab für die Abtragungen kann frei gewählt werden.

2. Die Strecke I_y+I_z wird gemittelt; das liefert den Punkt KM (Kreismittelpunkt). Um KM wird ein Kreisbogen mit dem Radius $(I_y+I_z)/2$ geschlagen; Teilbild b.
3. KM wird mit E geradlinig verbunden und beidseitig über KM bzw. E hinaus verlängert. Das liefert zwei Schnittpunkte mit der Kreislinie. Diese Punkte werden mit A und B gekennzeichnet. In der so entstandenen Figur (Teilbild c) sind: A→S: Richtung der Maximumachse η, S→B: Richtung der Minimumachse ζ; $I_\eta=\overline{AE}$, $I_\zeta=\overline{BE}$.

Auf den Beweis dieser Konstruktion wird verzichtet. - Die Spannungen werden nach den Formeln G.44 und 46/47 berechnet.

26.3.3 Schubmittelpunkt

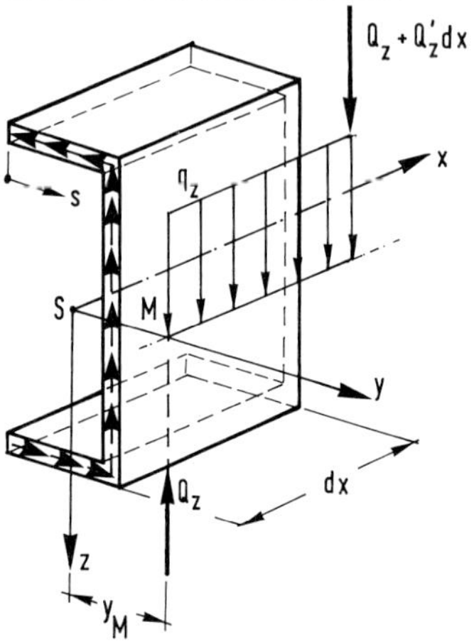

Bild 12

Die Bedeutung des Schubmittelpunktes und die Bestimmung der Schubmittelpunktslage wird zunächst am [-Profil für Biegung um die y-Symmetrieachse erläutert, Bild 12; hierin sind die mit Bild 6 korrespondierenden, positiv definierten Schubspannungen (positiv entgegengesetzt zur vorab vereinbarten Umlaufkoordinate s) eingetragen. Zwischen der äußeren Belastung und den Schubspannungsresultierenden Q_z bzw. $(Q_z+Q_z'dx)$ besteht in Richtung z die Komponentengleichgewichtsgleichung:

$$Q_z-(Q_z+Q_z'dx)-q_z dx=0 \longrightarrow Q_z'=-q_z \qquad (53)$$

Der Abstand y_M zwischen Schwerpunkt S und Schubmittelpunkt M wird aus der Bedingung berechnet, daß das Torsionsmoment infolge q_z Null ist. Bezogen auf die Schwerachse lautet die Bedingungsgleichung:

$$-\oint_s \overset{(-)}{T_y}\cdot r_S\,ds+\oint_s (T_y+\overset{(+)}{T_y'}dx)\,r_S\,ds+q_z\,\overset{(+)}{dx}\cdot y_M=0 \qquad (54)$$

Hierin ist

$$T_y=T_y(s)=-\frac{Q_z S_y(s)}{I_y} \qquad (55)$$

der Schubfluß an der Stelle s der Profilmittellinie infolge Querkraftbiegung um die y-Achse und $r_S=r_S(s)$ der Abstand zwischen dem Schwerpunkt S normal zur Tangente an die Profilmittellinie im Punkt s. Aus G.54 folgt:

$$\oint_s T_y'\cdot r_S\,ds+q_z\cdot y_M=0 \qquad (56)$$

Mit G.55 u. G.53 ergibt sich:

$$y_M=-\frac{\oint_s T_y' r_S\,ds}{q_z}=-\frac{-\frac{Q_z'}{I_y}\oint_s S_y(s)\,r_S(s)\,ds}{-Q_z'}=-\frac{1}{I_y}\oint_s S_y(s)\cdot r_S(s)\,ds \qquad (57)$$

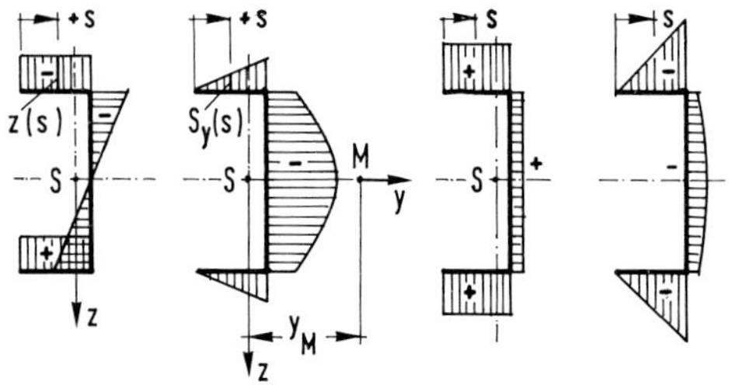

z(s) $S_y(s)$ $r_S(s)$ $S_y(s)\cdot r_S(s)$

$$T_y(s)=-\frac{Q_z\cdot S_y(s)}{I_y}$$

Bild 13

Um die Lage des Schubmittelpunktes M zu bestimmen, sind zunächst z(s), $S_y(s)$, $r_S(s)$, $S_y(s)\cdot r_S(s)$ zu berechnen. Anschließend wird integriert. Im hier betrachteten Beispiel ergibt das Integral einen regativen Wert (vgl. Bild 13, rechts). Da I_y positiv-definit ist, ist y_M gemäß G.57 positiv. - Bei den Berechnungen ist es wichtig, daß das Vorzeichen von r_S richtig angesetzt wird. Dieses ist stets im Zusammenhang mit der Umlaufkoordinate s unter Bezug auf den Schwerpunkt S festzulegen. Entspricht die Drehung bei Umfahrung der Profilmittellinie in positiver s-Richtung dem Rechtssinn (Uhrzeigersinn), ist $r_S(s)$ positiv. Mit der Vorgabe der Umlaufkoordinate s

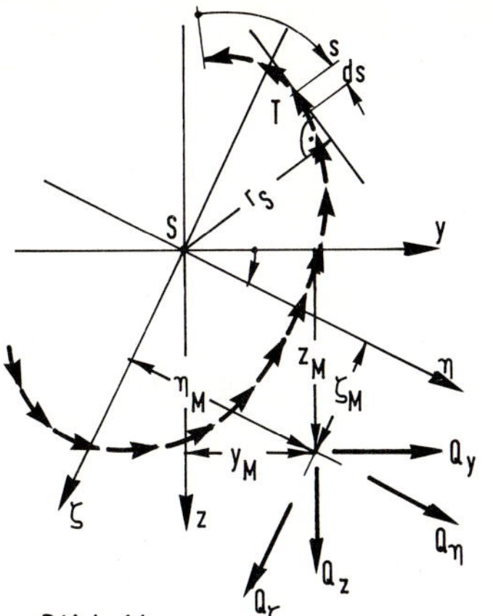

Bild 14

liegt das Vorzeichen von $r_S(s)$ fest.
Bild 14 zeigt die verallgemeinerte Problemstellung. Neben der strengen Herleitung der Schubmittelpunktslage aus der Bedingung einer torsionsfreien Biegung im Sinne von G.54 läßt sich eine formal vereinfachte Herleitung angeben, indem die Querkräfte an der Stelle x in entgegengesetzter Richtung zu ihrer positiven Definition (quasi als Aktion) im Schubmittelpunkt angesetzt und hierfür die Gleichgewichtsgleichungen formuliert werden und zwar nacheinander: Zunächst alleinige Biegung um die η -Achse (Q_ζ), anschließend Biegung um die ζ-Achse (Q_η). Die Gleichungen lauten:

$$-\oint_s T_\eta \cdot r_S \, ds + Q_\zeta \cdot \eta_M = 0 \; ; \quad -\oint_s T_\zeta \cdot r_S \, ds - Q_\eta \cdot \zeta_M = 0 \qquad (58)$$

Gemäß G.49 gilt:

$$T_\eta = -\frac{Q_\zeta}{I_\eta} S_\eta(s) \; ; \qquad T_\zeta = -\frac{Q_\eta}{I_\zeta} S_\zeta(s) \qquad (59)$$

Damit folgt:

$$\eta_M = -\frac{1}{I_\eta} \oint_s S_\eta(s) \cdot r_S(s) \, ds \; ; \qquad \zeta_M = +\frac{1}{I_\zeta} \oint_s S_\zeta(s) \cdot r_S(s) \, ds \qquad (60)$$

Bezogen auf das Koordinatensystem y, z liefert die analoge Herleitung:

$$-\oint_s T_y \cdot r_S \, ds + Q_z \cdot y_M = 0 \; ; \quad -\oint_s T_z \cdot r_S \, ds - Q_y \cdot z_M = 0 \qquad (61)$$

Mit G.33 ergibt sich:

$$y_M = -\frac{1}{I_y I_z - I_{yz}^2} \oint_s [\, I_z \, S_y(s) - I_{yz} S_z(s)] \cdot r_S(s) \, ds \qquad (62)$$

$$z_M = +\frac{1}{I_y I_z - I_{yz}^2} \oint_s [\, I_y \, S_z(s) - I_{yz} S_y(s)] \cdot r_S(s) \, ds \qquad (63)$$

Ist der Querschnitt doppelt-symmetrisch, fällt der Schubmittelpunkt mit dem Schwerpunkt zusammen. Bei einfach-symmetrischem Querschnitt vereinfacht sich die Rechnung:

$$\text{y-Achse = Symmetrieachse} : \; T_y = -\frac{Q_z}{I_y} S_y(s) \; : \quad y_M = -\frac{1}{I_y} \cdot \oint_s S_y(s) \cdot r_S(s) \, ds \qquad (64)$$

$$\text{z-Achse = Symmetrieachse} : \; T_z = -\frac{Q_y}{I_z} S_z(s) \; : \quad z_M = +\frac{1}{I_z} \cdot \oint_s S_z(s) \cdot r_S(s) \, ds \qquad (65)$$

Neben dem Schwerpunkt S kann auch jeder andere Punkt als Bezugspunkt für die Momenten-Nullbedingung G.54 bzw. G.58 gewählt werden; z.B. der Punkt $A(y_A, z_A)$; hierauf bezogen ist dann $r_A(s)$ nach Größe und Richtung zu bestimmen.

26.3.4 Beispiel

Es wird der in Bild 15a dargestellte offene Querschnitt berechnet. Der reale Querschnitt wird durch einen Linienquerschnitt ersetzt. Aus Gründen der Rechenvereinfachung werden die Flansche des ⊏-Profils mit konstanter Dicke angesetzt und die Mittellinie des oberen Flansches mit der Mittellinie des längeren Winkelschenkels (ohne Versatz) zusammengelegt, Teilbild b zeigt den so vereinbarten Ersatzquerschnitt; alle Maße sind in mm angegeben.
Der Ursprung des Bezugskoordinatensystems wird in die linke untere Ecke gelegt. Hiervon ausgehend werden die Flächenmomente, die Schwerpunktlage sowie I_y, I_z und I_{yz} berechnet:

$$A = 1{,}6 \cdot 2 \cdot 9{,}5 + 1{,}0 \cdot 28{,}4 + 1{,}2(15{,}9 + 7{,}4) = \underline{86{,}76\,\text{cm}^2}$$

$$e_z = -[(1{,}6 \cdot 9{,}5 + 1{,}2 \cdot 15{,}9)28{,}4 + 1{,}0 \cdot 28{,}4^2/2 + 1{,}2 \cdot 7{,}4(28{,}4 - 7{,}4/2)]/A = \underline{-18{,}40\,\text{cm}}$$

$$e_y = +[2 \cdot 1{,}6 \cdot 9{,}5^2/2 + 1{,}0 \cdot 28{,}4 \cdot 9{,}5 + 1{,}2 \cdot 15{,}9(9{,}5 + 15{,}9/2) + 1{,}2 \; 7{,}4(9{,}5 + 15{,}9)]/A = \underline{+11{,}21\,\text{cm}}$$

$$I_{\bar{y}} = 1{,}6 \cdot 9{,}5 \cdot 28{,}4^2 + 1{,}2 \cdot 15{,}9 \cdot 28{,}4^2 + 1{,}2 \cdot 7{,}4 \cdot 24{,}7^2 + 1{,}2 \cdot 7{,}4^3/12 + 1{,}0 \cdot 28{,}4^3/3$$
$$= 12\,260 + 15\,389 + 5418 + 40 + 7635 = \underline{40\,742\,cm^4}$$
$$I_y = 40\,742 - 86{,}76 \cdot 18{,}40^2 = \underline{11\,369\,cm^4} \quad (11\,432\,cm^4)$$

$$I_{\bar{z}} = 2 \cdot 1{,}6 \cdot 9{,}5^3/3 + 1{,}2 \cdot 15{,}9^3/12 + 1{,}2 \cdot 15{,}9 \cdot 17{,}45^2 + 1{,}2 \cdot 7{,}4 \cdot 25{,}4^2 + 1{,}0 \cdot 28{,}4 \cdot 9{,}5^2$$
$$= 915 + 402 + 5810 + 5729 + 2563 = \underline{15\,419\,cm^4}$$

$$I_z = 15\,419 - 86{,}76 \cdot 11{,}21^2 = \underline{4516\,cm^4} \quad (4372\,cm^4)$$

$$I_{\bar{y}\bar{z}} = 1{,}6 \cdot 9{,}5 \cdot 4{,}75(-28{,}4) + 1{,}2 \cdot 15{,}9 \cdot 17{,}45(-28{,}4) + 1{,}2 \cdot 7{,}4 \cdot 25{,}4(-24{,}7) + 1{,}0 \cdot 28{,}4 \cdot 9{,}5(-14{,}2)$$
$$= -2050 - 9456 - 5571 - 3831 = \underline{-20\,908\,cm^4}$$
$$I_{yz} = -20\,908 - 86{,}76 \cdot 11{,}21 \cdot (-18{,}4) = \underline{-3013\,cm^4} \quad (-3052\,cm^4)$$

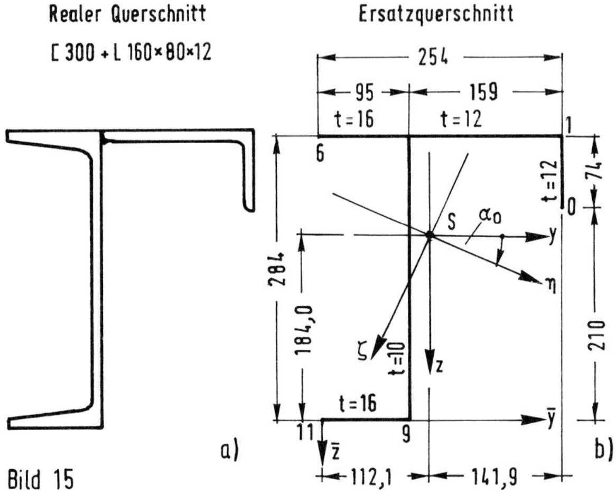

Bild 15

Die Klammerwerte gelten für das reale Profil. Die Abweichungen geben einen Hinweis auf die Güte der mit dem Ersatzquerschnitt verbundenen Näherung. Es wäre auch möglich gewesen, die Flächenmomente unter Verwendung der auf Tafel 26.2 zusammengestellten Integrationsformeln zu bestimmen. Bild 16 zeigt den Verlauf der Flächenmomente $I_{\tilde{y}}$, $I_{\tilde{z}}$ und $I_{\tilde{y}\tilde{z}}$ in Abhängigkeit von α, berechnet nach den Gleichungen 39a/c und von S aus radial aufgetragen. Die Lage der Hauptachsen wird hieraus deutlich.

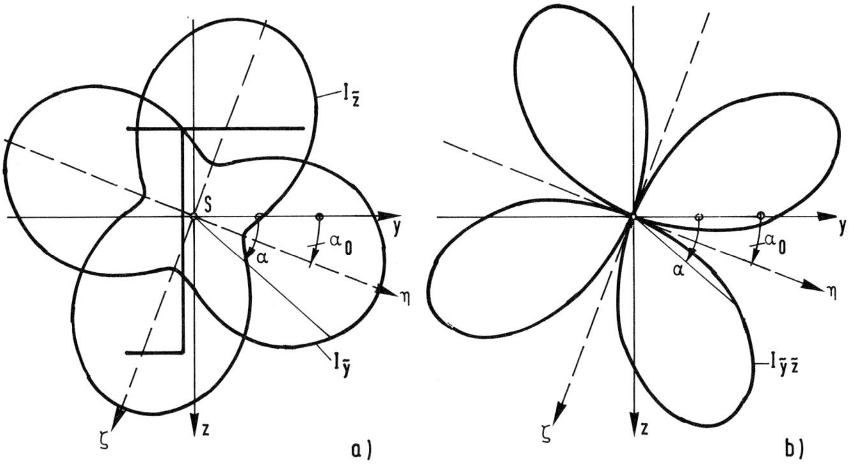

Bild 16

Hauptachsen und Hauptträgheitsmomente:

$$\tan 2\alpha_0 = -\frac{2\,I_{yz}}{I_y - I_z} = -\frac{2 \cdot (-3013)}{11\,369 - 4516} = +0{,}8793 \longrightarrow 2\alpha_0 = 41{,}326° \longrightarrow \underline{\alpha_0 = 20{,}663°}$$

$$I_{\eta,\zeta} = \frac{1}{2}[(11369 + 4516) \pm \sqrt{(11369 - 4516)^2 + 4\cdot 3013^2}\,] =$$

$$= \frac{1}{2}[15885 \pm 9126] = \underline{I_\eta = 12\,506\,\text{cm}^4}, \quad \underline{I_\zeta = 3\,380\,\text{cm}^4}$$

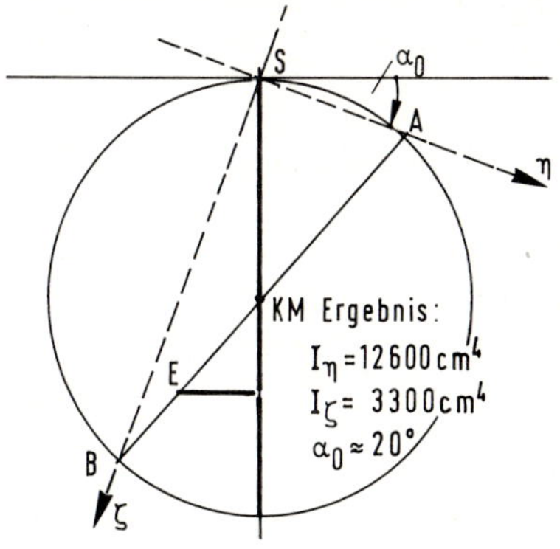

Bild 17

Bild 17 zeigt die Herleitung nach dem LANDschen Verfahren (Abschnitt 26.3.2.2). - Es seien folgende Schnittgrößen gegeben (zur Definition vgl. Bild 5):

$$M_y = +6500\,\text{kNcm}; \quad Q_z = +200\,\text{kN}$$

$$M_z = +4500\,\text{kNcm}; \quad Q_y = -120\,\text{kN}$$

Berechnung der Spannungen, ausgehend von G.21:

$$N = I_y I_z - I_{yz}^2 = 4516\cdot 11369 - 3013^2 = 42\,264\,235\,\text{cm}^8$$

$$\sigma = \frac{4516\,z + 3013\,y}{N}6500 - \frac{11369\,y + 3013\,z}{N}4500 =$$

$$= 0{,}6945\,z + 0{,}4634\,y - 1{,}2105\,y - 0{,}3208\,z = \underline{-0{,}7471\,y + 0{,}3737\,z}$$

$0:\ y = 14{,}19\,\text{cm},\ z = -2{,}60\,\text{cm}:\quad \sigma = -10{,}60 - 0{,}97 = -11{,}57\ \text{kN/cm}^2$

$1:\ y = 14{,}19\,\text{cm},\ z = -10{,}00\,\text{cm}:\quad \sigma = -10{,}60 - 3{,}74 = \underline{-14{,}34\ \text{kN/cm}^2}$

$6:\ y = -11{,}21\,\text{cm},\ z = -10{,}00\,\text{cm}:\quad \sigma = +8{,}38 - 3{,}74 = +4{,}64\ \text{kN/cm}^2$

$9:\ y = -1{,}71\,\text{cm},\ z = +18{,}40\,\text{cm}:\quad \sigma = +1{,}28 + 6{,}88 = +8{,}16\ \text{kN/cm}^2$

$11:\ y = -11{,}21\,\text{cm}\ z = +18{,}40\,\text{cm}:\quad \sigma = +8{,}38 + 6{,}88 = \underline{+15{,}26\ \text{kN/cm}^2}$

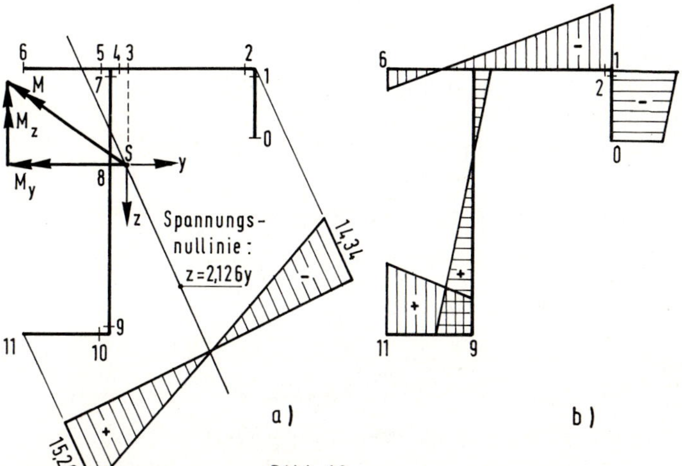

Bild 18

Die Querschnittspunkte sind in Bild 18 definiert. Gleichung der Spannungsnullinie (vgl. G.23):

$$z = \frac{4500\cdot 11369 - 6500\cdot 3013}{6500\cdot 4516 - 4500\cdot 3013}\,y =$$

$$= \frac{33\,576\,000}{15\,795\,500}\,y = +\,2{,}126\,y$$

Die Lage dieser Geraden ist in Bild 18a eingezeichnet; hieraus wird erkennbar, daß die höchsten Spannungen in den Punkten 1 und 11 auftreten. Teilbild b zeigt den vollständigen Verlauf der Biegenormalspannungen. - Als nächstes werden die Spannungen unter Bezug auf die Hauptachsen ermittelt. Dazu werden die Momente umgerechnet: $\alpha_0 = 20{,}663°$: $\sin\alpha_0 = 0{,}35287$; $\cos\alpha_0 = 0{,}93567$

G.47:

$$M_\eta = 6500\cdot 0{,}93567 + 4500\cdot 0{,}35287 = 6081{,}9 + 1587{,}9 = \underline{7669{,}8\ \text{kNcm}}$$

$$M_\zeta = 4500\cdot 0{,}93567 - 6500\cdot 0{,}35287 = 4210{,}5 - 2293{,}7 = \underline{1916{,}8\ \text{kNcm}}$$

$$\sigma = \frac{7669{,}8}{12\,506}\cdot\zeta - \frac{1916{,}8}{3380}\cdot\eta = \underline{0{,}6133\,\zeta - 0{,}5671\,\eta}$$

Punkt 11: $y = -11{,}21\,\text{cm}:\ \eta = -11{,}21\cdot 0{,}93567 + 18{,}40\cdot 0{,}35287 = -10{,}49 + 6{,}49 = -4{,}00\,\text{cm}$

$z = +18{,}40\,\text{cm}:\ \zeta = +18{,}40\cdot 0{,}93567 + 11{,}21\cdot 0{,}35287 = +17{,}22 + 3{,}96 = +21{,}18\,\text{cm}$

$\sigma = 0{,}6133\cdot 21{,}18 + 0{,}5671\cdot 4{,}00 = 12{,}99 + 2{,}27 = \underline{15{,}26\ \text{kN/cm}^2}$ usf.

Nunmehr werden die Schubspannungen ermittelt; dazu werden die Funktionen

$$S_y(s) = \oint z(s)\cdot t(s)ds\ ; \quad S_z(s) = \oint y(s)\cdot t(s)\,ds$$

bestimmt; das geschieht in nachfolgenden Schritten (vgl. auch Bild 19):

a) Es werden bereichsweise Linienkoordinaten s definiert. Die positive Richtung von T bzw. τ liegt damit fest, vgl. Bild 6: Ein positives τ hat die entgegengesetzte Richtung von s.

b) Es wird bereichsweise bis zum nächsten Punkt integriert; bei der Bildung des Umlaufintegrals braucht auf s keine Rücksicht genommen zu werden.

Es wird im folgenden zunächst $S_y(s)$ berechnet, dabei wird vom Punkt 0 ausgegangen. Dieser Punkt ist ein Randpunkt. Hier ist T=0, folglich braucht auch kein Anfangswert eingerechnet zu werden. Von 4 wird über 5 bis 6 weiterintegriert. S_{y5} ist dabei zunächst ein unbekannter Anfangswert; er wird aus der Bedingung berechnet, daß S am freien Rand Null

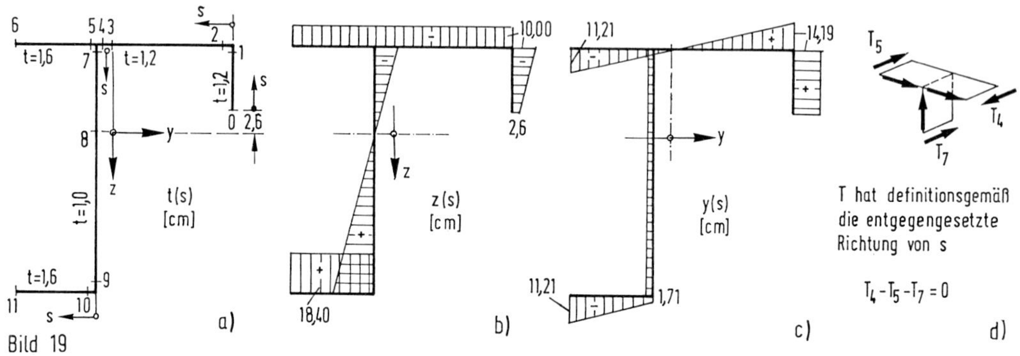

Bild 19

sein muß; im einzelnen:

$$0 \div 1: \quad z = -(2{,}6+s), \quad S_{y1} = 0 + \int_0^{7{,}4} -(2{,}6+s)\cdot 1{,}2\,ds = -[2{,}6s + s^2/2]_0^{7{,}4}\cdot 1{,}2 = -(23{,}09+32{,}85) = \underline{-55{,}94\ cm^3}$$

$$2 \div 3: \quad z = -10, \quad S_{y3} = -55{,}94 + \int_0^{14{,}19} -10\cdot 1{,}2\,ds = -55{,}94 - [10\,s]_0^{14{,}19}\cdot 1{,}2 = -55{,}94 - 170{,}28 = \underline{-226{,}22\ cm^3}$$

$$3 \div 4: \quad z = -10, \quad S_{y4} = -226{,}22 + \int_0^{1{,}71} -10\cdot 1{,}2\,ds = -226{,}22 - [10\,s]_0^{1{,}71}\cdot 1{,}2 = -226{,}22 - 20{,}52 = \underline{-246{,}74\ cm^3}$$

Aus Bild 19d liest man ab:

$$T_5 = T_4 - T_7 \longrightarrow S_{y5} = S_{y4} - S_{y7}$$

$$5 \div 6: \quad z = -10, \quad S_{y6} = -246{,}74 + \int_0^{9{,}5} -10\cdot 1{,}6\,ds - S_{y7} = -246{,}74 - [10s]_0^{9{,}5}\cdot 1{,}6 - S_{y7} =$$

$$= -246{,}74 - 152{,}0 - S_{y7} = -398{,}74 - S_{y7} = 0 \longrightarrow \underline{S_{y7} = -398{,}74\ cm^3}$$

$$S_{y5} = -246{,}74 + 398{,}74 = \underline{+152{,}00\,cm^3}$$

$$7 \div 8: \quad z = -(10-s), \quad S_{y8} = -398{,}74 + \int_0^{10} -(10-s)\cdot 1{,}0\,ds = -398{,}74 - [10s - s^2/2]_0^{10}\cdot 1{,}0 =$$

$$= -398{,}74 - 100 + 50 = \underline{-448{,}74\,cm^3}$$

$$8 \div 9: \quad z = +s, \quad S_{y9} = -448{,}74 + \int_0^{18{,}4} s\cdot 1{,}0\,ds = -448{,}74 + [s^2/2]_0^{18{,}4}\cdot 1{,}0 = -448{,}74 + 169{,}28 = \underline{-279{,}46\,cm^3} = S_{y10}$$

$$10 \div 11: \quad z = 18{,}4, \quad S_{y11} = -279{,}46 + \int_0^{9{,}5} 18{,}4\cdot 1{,}6\,ds = -279{,}46 + [18{,}4s]_0^{9{,}5}\cdot 1{,}6 = -279{,}46 + 279{,}68 \approx \underline{0}$$

In Bild 20a ist das Ergebnis aufgetragen; $S_z(s)$ wird entsprechend berechnet: Bild 20b.

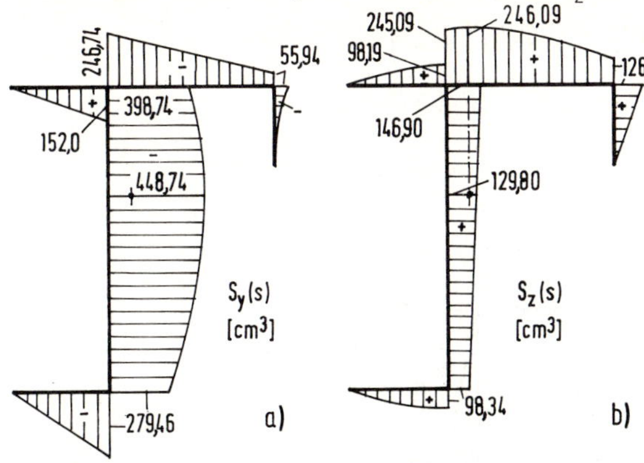

Bild 20

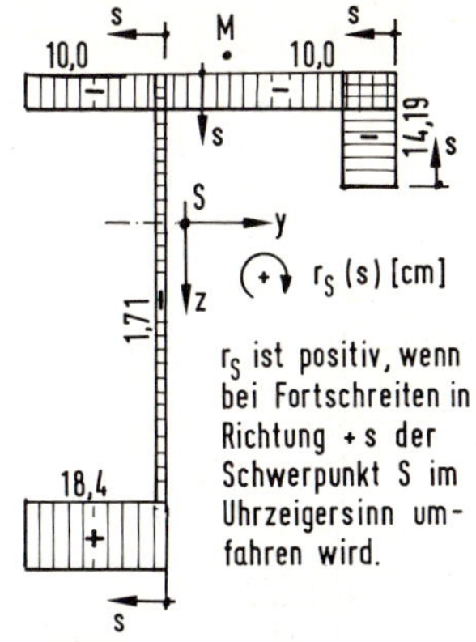

Bild 21

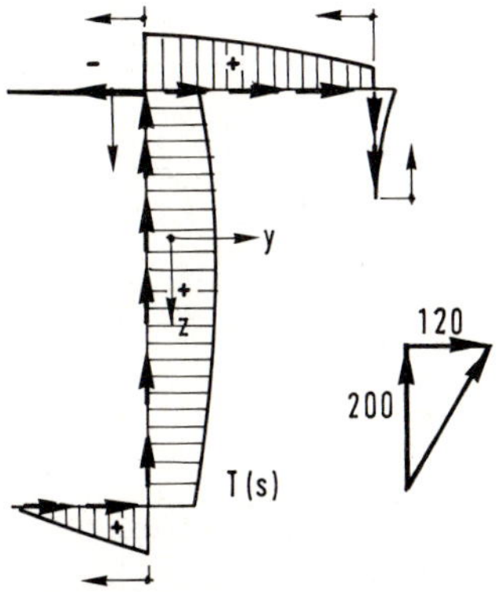

Bild 22

Nunmehr lassen sich die Schubspannungen für die oben angegebenen Querkräfte ermitteln, vgl. auch Bild 6. Ausgehend von G.33 folgt:

$$T = -\frac{4516\cdot S_y(s) + 3013\cdot S_z(s)}{N}\,200 - \frac{11369\cdot S_z(s) + 3013\cdot S_y(s)}{N}(-120) =$$

$$= -0{,}02137\cdot S_y(s) - 0{,}01426\cdot S_z(s) + 0{,}03228\cdot S_z(s) + 0{,}008555\cdot S_y(s) =$$

$$= \underline{-0{,}01282\cdot S_y(s) + 0{,}01802\cdot S_z(s)} \quad [\mathrm{kN/cm}]$$

Die Schubspannungsberechnung unter Bezug auf die Hauptachsen ist wesentlich mühsamer, weil sich die Bestimmung der Statischen Momente bei Bezug auf die dann schief liegenden Teilelemente als schwierig und fehlerträchtig erweist.-
Nach Kenntnis der σ - und τ-Spannungen kann die Vergleichsspannung bestimmt werden:

$$\sigma_V(s) = \sqrt{\sigma^2 + 3\,\tau^2} \qquad (66)$$

Bild 23 zeigt die tabellarische Auswertung.

Pkt.	Berechnung des Schubflusses $S_y(s)$	$-0{,}01282\cdot S_y$	$S_z(s)$	$+0{,}01802\cdot S_z$	T(s)	t(s)	τ(s)	σ(s)	$\sigma_V = \sqrt{\sigma^2+3\tau^2}$
0	0	0	0	0	0	1,2	0	-11,57	11,57
1	-55,94	+0,717	+126,01	+2,283	+3,000	1,2	+2,500	-14,34	14,98
2	-55,94	+0,717	+126,01	+2,283	+3,000	1,2	+2,500	-14,34	14,98
3	-226,22	+2,900	+246,82	+4,472	+7,372	1,2	+6,134	-4	11,37
4	-246,74	+3,163	+245,09	+4,441	+7,604	1,2	+6,337	-3	11,38
5	+152,0	-1,949	+98,19	+1,779	-0,170	1,6	-0,106	-3	3,01
6	0	0	0	0	0	1,6	0	+4,64	4,64
7	-398,74	+5,112	+146,90	+2,662	+7,774	1,0	+7,740	-3	13,74
8	-448,74	+5,753	+129,80	+3,455	+9,208	1,0	+9,208	+1,5	16,02
9	-279,46	+3,583	+98,34	+3,398	+6,981	1,0	+6,981	+8,16	14,59
10	-279,46	+3,583	+98,34	+3,398	+6,981	1,6	+6,981	+8,16	14,59
11	0	0	0	0	0	1,6	0	+15,26	15,26
					kN/cm	cm	kN/cm²	kN/cm²	kN/cm²

Bild 23

Als nächstes wird die Lage des Schubmittelpunktes berechnet, dabei wird von G.62/63 ausgegangen. $S_y(s)$ und $S_z(s)$ werden aus Bild 20 übernommen.
$r_S(s)$ ist in Bild 21 eingetragen. Die Strecke 0-1 wird gegen den Uhrzeigersinn, bezogen auf S, durchfahren, folglich ist $r_S(s)$ negativ: -14,19cm, usf.
Die Integrationen zur Berechnung von

$$\oint S_y(s)\cdot r_S(s)\,ds \quad \text{und} \quad \oint S_z(s)\cdot r_S(s)\,ds$$

werden zweckmäßig mittels der δ_{ik}-Tafeln bewerkstelligt (Abschnitt 5.4.3.2):

$$\oint S_y(s)\cdot r_S(s)\,ds = -(\frac{1}{2}23{,}09+\frac{1}{3}32{,}85)(-14{,}19)\cdot 7{,}4-\frac{1}{2}(55{,}94+246{,}74)(-10{,}00)\cdot 15{,}9+$$
$$+\frac{1}{2}152{,}0(-10{,}00)\cdot 9{,}5-[398{,}74+\frac{1}{2}100-\frac{1}{3}50](-1{,}71)\cdot 10{,}0-$$
$$-[448{,}74-\frac{1}{3}169{,}28](-1{,}71)\cdot 18{,}4-\frac{1}{2}279{,}46(+18{,}40)\cdot 9{,}5=\underline{+14\,512\ cm^5}$$

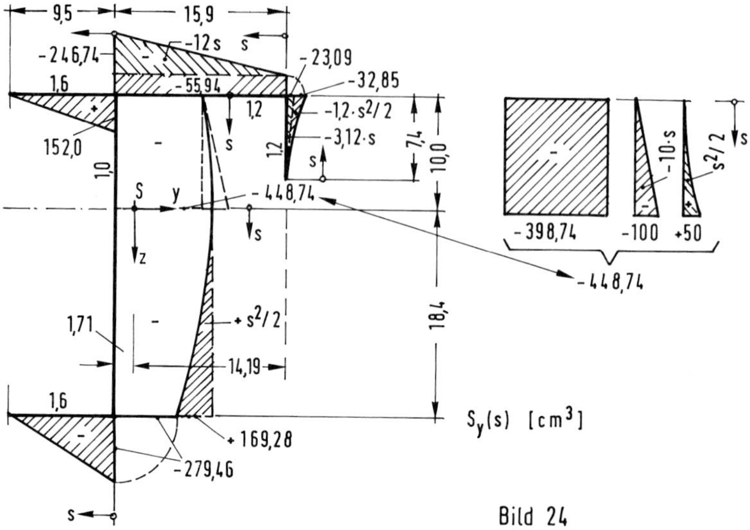

Bild 24

Die Zerlegung der Fläche $S_y(s)$ zeigt Bild 24. Die weitere Rechnung liefert:

$$\oint S_z(s)\cdot r_S(s)\,ds = \underline{-41\,187\ cm^5}$$

$$y_M = -\frac{1}{N}[4516\cdot(+14\,512)-(-3013)(-41187)] = \underline{+1{,}39\ cm}\ ;\quad z_M = \underline{-10{,}05\ cm}$$

Dasselbe Beispiel wird in Abschn 27.3.2.5.1 nochmals aufgegriffen, um die Lage des Schubmittelpunktes mittels der Wölbkraftmethode zu überprüfen.

26.4 Stäbe mit dünnwandigem, geschlossenen Querschnitt

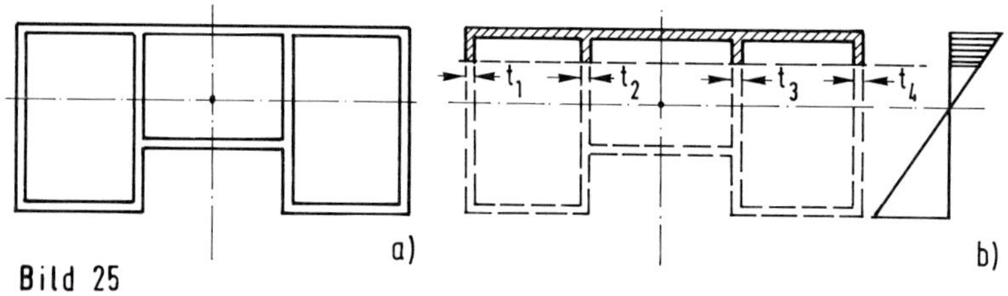

Bild 25

Für den in Bild 25 dargestellten dreizelligen Querschnitt ist die Berechnung der Biegespannungen in bekannter Weise durchzuführen; auch ist die Schubkraft $T=Q\cdot S/I$ entlang einer Schnittlinie parallel zur Biegungsachse in eindeutiger Weise berechenbar (Teilbild 25b), nicht dagegen die Größe der Schubspannungen in den einzelnen Wandungen, die vom Schnitt getroffen werden. Die Aufteilung der resultierenden Schubkraft T auf die Wandungen ist unbekannt. Es wäre z.B. in dem vorliegenden Beispiel falsch, die Schubspannungen aus

$$\tau = T/\Sigma t_i = T/(t_1+t_2+t_3+t_4) \tag{67}$$

zu berechnen! Das liefert allenfalls einen mittleren Näherungswert. Um die Schubspannungen bestimmen zu können, bedarf es zusätzlicher Verformungsbedingungen; das Problem ist statisch unbestimmt. Die Berechnung wird im folgenden zunächst an einem einzelligen Querschnitt erläutert und anschließend verallgemeinert.

26.4.1 Stäbe mit einzelligem Querschnitt

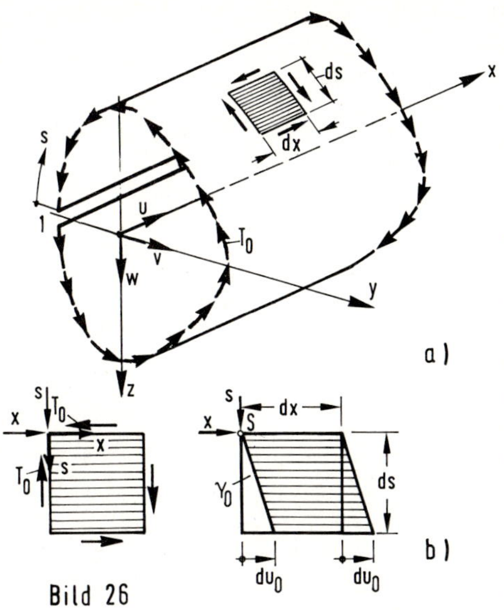

Bild 26

Der zur y-Achse symmetrische, einzellige Querschnitt wird an beliebiger Stelle (hier aus Gründen der Symmetrie in Höhe der y-Achse) in Längsrichtung aufgeschlitzt. Dadurch entsteht ein offener Querschnitt. Dieser Zustand ist der statisch bestimmte Grundzustand: Der Schubfluß T_0 und sämtliche Schubspannungen lassen sich nach den Rechenanweisungen für offene Querschnitte, wie sie in den vorangegangenen Abschnitten hergeleitet wurden, berechnen. Der Index von T_0 kennzeichnet den statisch bestimmten Grundzustand.

Bild 26 zeigt ein Stabelement. Die positive Definition der Verformungen u, v und w geht hieraus hervor. Aus der Wandung wird das infinitesimale Element dx-ds an der Stelle x, s herausgetrennt, es ist in Teilbild b einschließlich der lokalen Schubkraft T_0 (vergrößert) herausgezeichnet. Infolge T_0 wird das Element rautenförmig verzerrt. Die Schubgleitung beträgt:

$$\gamma_0 = \frac{\tau_0}{G} = \frac{T_0}{Gt} \tag{68}$$

G ist der Schubmodul und t die lokale Wanddicke. Die Querversetzung des Elementes in Richtung x beträgt (vgl. Teilbild b):

$$du_0 = \gamma_0 \, ds = \frac{T_0}{Gt} ds \tag{69}$$

Werden die infinitesimalen Versetzungsanteile über den vollen Umfang der Mantellinie vom Schlitzanfang bis zum Schlitzende aufsummiert (integriert), findet man die gegenseitige Versetzung am Schlitz (hier mit der Nr. 1 bezeichnet) zu:

$$\Delta u_{10} = \oint_s du_0 = \oint_s \frac{T_0}{Gt} ds \tag{70}$$

Bild 27 zeigt diese Größe. u ist die Verschiebung in Richtung der x-Achse und heißt Verwölbung und ist definitionsgemäß positiv, wenn sie in Richtung x erfolgt (Bild 26a). Δu_{10} ist also die gegenseitige Verwölbung im statisch bestimmten Grundzustand (und entspricht der Größe δ_{10} beim Kraftgrößenverfahren in der Stabstatik). $T_0(s)$ und $t(s)$ sind Funktionen von s, vgl. Abschnitt 26.3.1:

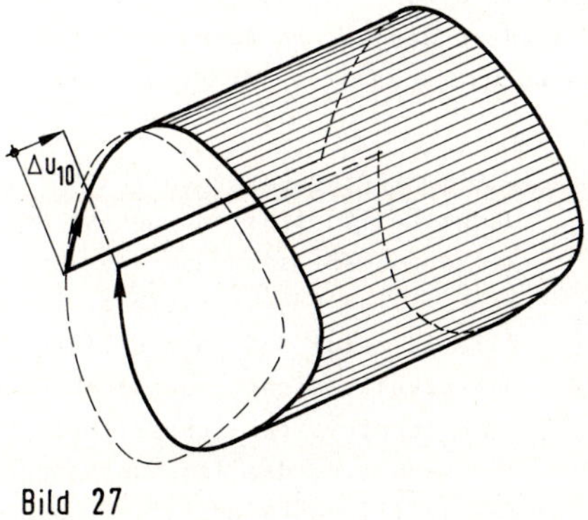

Bild 27

$$T_0(s) \equiv T_{0,y}(s) = -\frac{Q_z S_y(s)}{I_y} \tag{71}$$

Der Verwölbungssprung Δu_{10} tritt real nicht auf. Es muß demnach ein (statisch unbestimmter) Schubfluß T_1 wirksam sein, der Δu_1 zu Null macht. Wie man aus Bild 28 erkennt, ist der Schubfluß T_1 über dem Umfang der Zelle konstant; die zugehörige gegenseitige Verwölbung am Schlitz beträgt (für T_1=1):

$$\Delta u_{11} = \oint_s \frac{T_1=1}{Gt} ds = \oint_s \frac{ds}{Gt} \tag{72}$$

Verträglichkeitsgleichung (Elastizitätsgleichung):

$$\Delta u_1 = 0: \quad \Delta u_{10} + T_1 \Delta u_{11} = 0 \longrightarrow T_1 = -\frac{\Delta u_{10}}{\Delta u_{11}} = -\frac{\oint_s \frac{T_0}{Gt} ds}{\oint_s \frac{1}{Gt} ds} \tag{73}$$

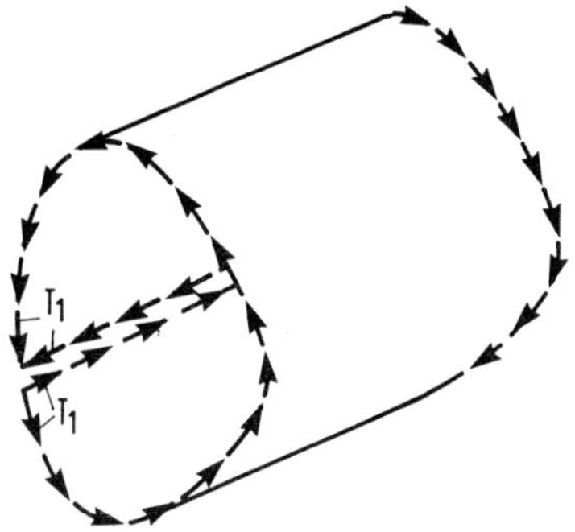

Bild 28

Die Superposition von T_0 und T_1 ergibt den gesuchten Schubfluß; damit lassen sich auch die Schubspannungen berechnen:

$$T = T_0 + T_1 \longrightarrow \quad \tau = T/t \tag{74}$$

Die Lage des Schubmittelpunktes folgt aus der Bedingung, daß das Torsionmoment infolge T und Q (hier Q_z) Null ist; vgl. wegen der Richtungseintragung von Q Abschnitt 26.2.3. Die Bedingungsgleichung, bezogen auf S, lautet:

$$-\oint T \cdot \overset{\curvearrowleft -}{r_S}\, ds + \overset{\curvearrowright +}{Q \cdot y_M} = 0 \tag{75}$$

Für T wird $T_0 + T_1$ eingesetzt und dabei beachtet, daß T_1 konstant ist:

$$Q\, y_M = +[\oint_s T_0\, r_S\, ds + T_1 \oint_s r_S\, ds] \tag{76}$$

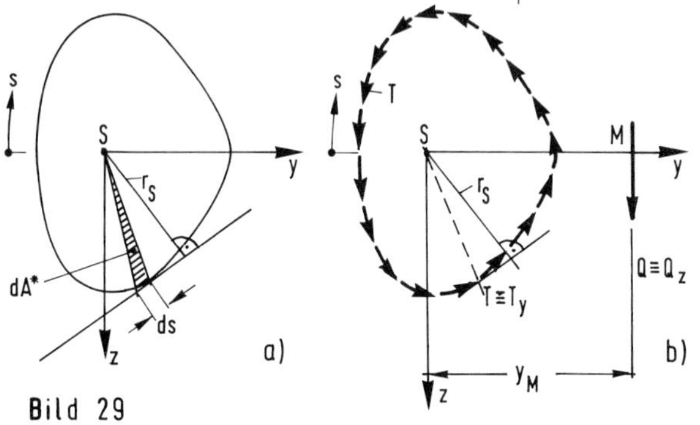

Bild 29

Das Umlaufintegral über $r_S(s)$ ist gleich dem doppelten Flächeninhalt der von der Profilmittellinie eingeschlossenen Fläche A*. Das läßt sich mittels Bild 29a beweisen: Der Flächeninhalt des über ds aufgespannten schraffierten Dreiecks ist:

$$\frac{1}{2} ds \cdot r_S$$

Wird über sämtliche infinitesimalen Dreiecke integriert, erhält man A*; folglich gilt:

$$\oint_s r_S\, ds = 2A^* \tag{77}$$

Die Umformung von G.76 ergibt:

$$Q\, y_M = -\oint_s \frac{Q\, Sy(s)}{Iy} r_S\, ds - 2A^* \frac{\oint_s \frac{1}{Gt} \cdot \frac{-Q\, Sy(s)}{Iy} ds}{\oint \frac{1}{G \cdot t} ds} \longrightarrow$$

$$y_M = -\frac{1}{Iy} \oint_s S_y\, r_S\, ds + \frac{2A^*}{Iy} \cdot \frac{\oint_s \frac{S_y}{Gt} ds}{\oint_s \frac{1}{Gt} ds} \tag{78}$$

Im Falle eines homogenen Querschnittes ist der Schubmodul G für den gesamten Querschnitt konstant, dann kann G vor die Integrale gezogen und gekürzt werden. In Abschnitt 26.4.3.1 wird die Rechnung an einem gemischt offen-geschlossenen Querschnitt erläutert.

26.4.2 Stäbe mit mehrzelligem Querschnitt

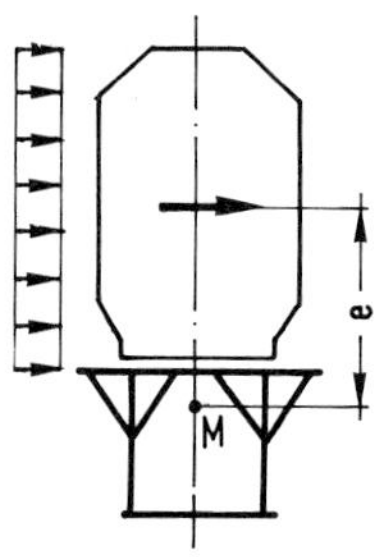

Bild 30

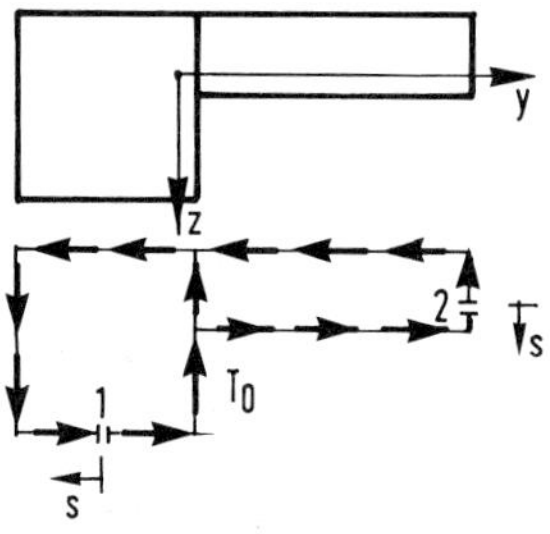

Bild 31

Die im vorangegangenen Abschnitt dargestellte statisch unbestimmte Rechnung läßt sich unschwer auf mehrzellige Querschnitte erweitern. Bild 30 zeigt den fünfzelligen Querschnitt einer Eisenbahnbrücke; nach Kenntnis des Schubmittelpunktes kann z.B. das Torsionsmoment für seitlichen Windangriff berechnet werden. Für den Nachweis der Schweißnähte werden die Schubflüsse in den einzelnen Wandungen benötigt.

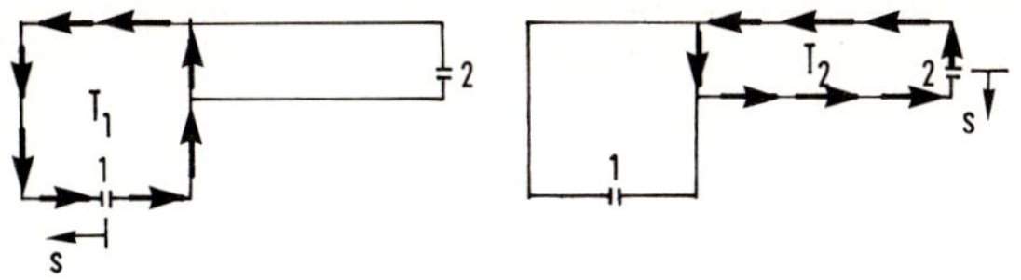

Bild 32

In n-zelligen Querschnitten treten n statisch unbestimmte Schubflüsse T_i auf (i=1,2,...,n). Um sie zu berechnen, werden n Schlitzschnitte gelegt, zweckmäßig nicht durch gemeinsame Wandungen. Dadurch entsteht ein offener Querschnitt, auf diesen wirke die äußere Belastung ein, der zugehörige Schubfluß sei T_0. In Bild 31 ist das Vorgehen an einem zweizelligen Querschnitt gezeigt. Die gegenseitigen Verwölbungen der Schnittufer betragen:

$$\Delta u_{10} = \oint_1 \frac{T_0}{Gt} ds; \quad \Delta u_{20} = \oint_2 \frac{T_0}{Gt} ds \tag{79}$$

Die Umlaufintegrale sind dabei um Zelle 1 bzw. Zelle 2 zu erstrecken. Der erste Index gibt den Ort, der zweite die Ursache, hier T_0, an. - Als nächstes werden die Schubflüsse $T_1=1$ und $T_2=1$ angesetzt (Bild 32); sie bewirken:

$$\Delta u_{11} = \oint_1 \frac{1}{Gt} ds; \quad \Delta u_{21} = \oint_{1,2} \frac{1}{Gt} ds \tag{80}$$

$$\Delta u_{12} = \oint_{1,2} \frac{1}{Gt} ds; \quad \Delta u_{22} = \oint_2 \frac{1}{Gt} ds \tag{81}$$

Infolge T_1 entsteht sowohl in Zelle 1 (Δu_{11}) wie in Zelle 2 (Δu_{21}) eine gegenseitige Verwölbung. Dasselbe gilt für T_2. Das Integral $\oint_{1,2}$ ist über die gemeinsame Zellenwand zu erstrecken. Offensichtlich gilt:

$$\Delta u_{12} = \Delta u_{21} \tag{82}$$

(Satz von MAXWELL). Es ist stets streng auf das richtige Vorzeichen der Belastungsglieder Δu zu achten. Das gilt in Sonderheit für die Terme $\Delta u_{12}=\Delta u_{21}$ (usf.). Sind T_1 und T_2 in der gemeinsamen Wandung gegenläufig, sind die Glieder negativ! - Für jeden Schnitt wird die Verträglichkeitsgleichung formuliert: $\Delta u_1=0$, $\Delta u_2=0$:

$$\begin{aligned} \Delta u_1 &= 0: \quad \Delta u_{10} + T_1 \Delta u_{11} + T_2 \Delta u_{12} = 0 \\ \Delta u_2 &= 0: \quad \Delta u_{20} + T_1 \Delta u_{21} + T_2 \Delta u_{22} = 0 \end{aligned} \tag{83}$$

Nach Lösung dieses Gleichungssystems nach den statisch unbestimmten Schubflüssen T_1 und T_2 läßt sich der resultierende Schubfluß T bestimmen; anschließend werden die örtlichen Schubspannungen berechnet:

$$T = T_0 + T_1 + T_2 \longrightarrow \tau = T/t \tag{84}$$

Die Lage des Schubmittelpunktes wird gemäß G.54/58 berechnet. - Für beliebige Querschnitte kann vom y, z-Schwerachsenkreuz oder vom η-ζ-Hauptachsenkreuz ausgegangen werden. - Als Bezugspunkt für die Schubmittelpunktsberechnung kann anstelle des Schwerpunktes S auch jeder andere Punkt gewählt werden, z.B. $A(y_A, z_A)$; dann ist r_S durch r_A zu ersetzen.

26.4.3 Beispiele

26.4.3.1 Erstes Beispiel: Symmetrischer, gemischt offen-geschlossener Querschnitt

Bild 33a zeigt den Querschnitt. Als Bezugslinie (a-a) für die Berechnung der Schwerpunktslage dient die untere Berandung des Querschnittes. Mittels der Formeln in Abschnitt 26.2 folgt:

$$A/2 = 2{,}6 \cdot 15 + 0{,}7 \cdot 9{,}6 + 3{,}0 \cdot 30 + 1{,}2 \cdot 53{,}6 =$$
$$= 39 + 67{,}2 + 90 + 64{,}32 = 260{,}52\,cm^2 \longrightarrow \underline{A = 521{,}04\,cm^2}$$

$$S_{\bar{y}}/2 = -(39 \cdot 1{,}3 + 67{,}2 \cdot 50{,}6 + 90 \cdot 100{,}1 + 64{,}32 \cdot 73{,}6) =$$
$$= -(50{,}70 + 3400{,}32 + 9009{,}00 + 4733{,}95) = -17193{,}97\,cm^3 \longrightarrow \underline{S_{\bar{y}} = -34387{,}94\,cm^3}$$

$$e_z = \underline{-66{,}0\,cm}$$

$$I_y/2 = 15\cdot 2{,}6^3/12 + 0{,}7\cdot 96^3/12 + 30\cdot 3{,}0^3/12 + 1{,}2\cdot 53{,}6\cdot 50{,}0^2/12 +$$
$$+ 39(66{,}0-1{,}3)^2 + 67{,}2(66{,}0-50{,}6)^2 + 90{,}0(66{,}0-100{,}1)^2 + 64{,}32(66{,}0-73{,}6)^2 =$$
$$= 22 + 51\,610 + 68 + 13\,400 + 163258 + 15\,937 + 104\,653 + 3715 =$$
$$= 352\,662\ \text{cm}^4 \longrightarrow \underline{I_y = 705\,324\ \text{cm}^4}$$

$$I_z = 3{,}0\cdot 60^3/12 + 96\cdot 1{,}4^3/12 + 2{,}6\cdot 30^3/12 + 2(1{,}2\cdot 53{,}6\cdot 19{,}3^2/12 + 64{,}32\cdot 10{,}35^2) =$$
$$= 54000 + 22 + 5850 + 17773 = \underline{77645\,\text{cm}^4}$$

(Zur Berechnung von I für ein schräg liegendes Rechteck vgl. Tafel 26.3)

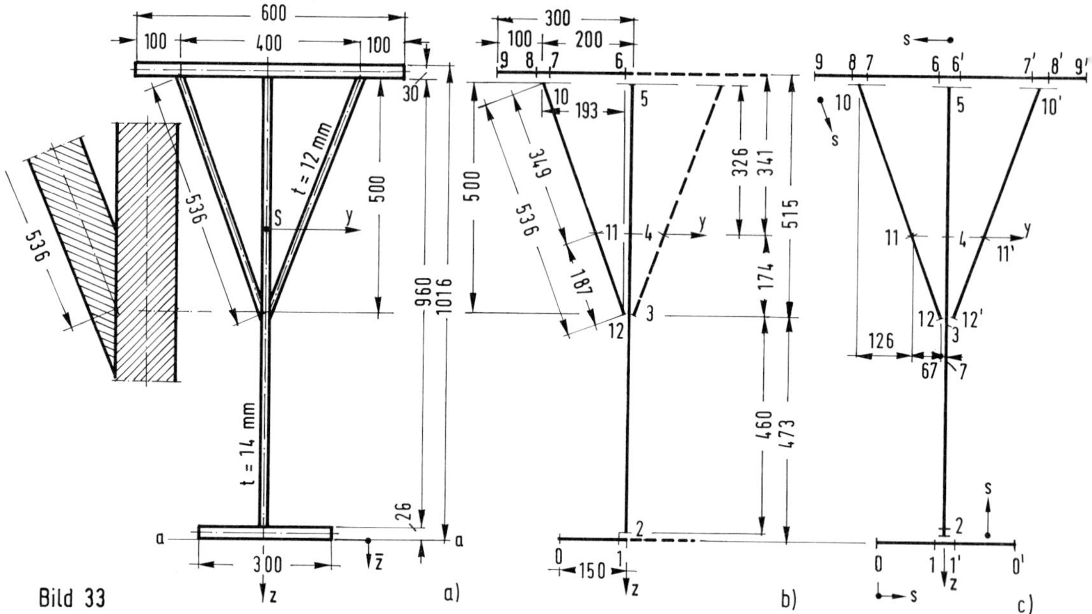

Bild 33

Es sind folgende Schnittgrößen gegeben: M_y=1000kNm, M_z=-100kNm; Q_z=1000kN, Q_y=100kN. (Zur positiven Definition von M und Q vgl. Bild 6). Es ergeben sich folgende Biegespannungen:

$$\sigma = +\frac{100\,000}{705\,324}z + \frac{10\,000}{77645}y = 0{,}1418\,z + 0{,}1288\,y$$

oben: $y = -30{,}0\,\text{cm},\ z = -(101{,}6 - 66{,}0) = -35{,}6\ \text{cm} \longrightarrow$

$$\sigma = -0{,}1418\cdot 35{,}6 - 0{,}1288\cdot 30{,}0 = -5{,}05 - 3{,}86 = \underline{-8{,}91\ \text{kN/cm}^2}$$

unten: $y = +15{,}0\,\text{cm},\ z = +66{,}0\ \text{cm} \longrightarrow$

$$\sigma = 0{,}1418\cdot 66{,}0 + 0{,}1288\cdot 15{,}0 = +9{,}36 + 1{,}93 = \underline{11{,}29\ \text{kN/cm}^2}$$

Um die Schubspannungen zu berechnen, werden die Zellen beidseitig an den Übergangsstellen zwischen dem Steg und den Schrägblechen (Schnitte 3/12 bzw. 3/12') geschlitzt, vgl. Bild 33b/c. Für das auf diese Weise entstandene Profil (statisch bestimmter Grundzustand, Index 0) werden die Schubkräfte, getrennt für Q_z und Q_y berechnet: $T_{0,y}$ (Biegung um die y-Achse) und $T_{0,z}$ (Biegung um die z-Achse). - Anmerkung: Wie aus Bild 33b/c erkennbar, wird der Berechnung kein Linienquerschnitt mit durchgehender Wandkontur zugrundegelegt, sondern ein Linienquerschnitt mit Lücken zwischen den Wandelementen (beim zweiten Beispiel in Abschnitt 26.4.3.2 wird von einem durchgehenden Linienquerschnitt ausgegangen).
Die linke Seite des Profils wird von 0 bis 12 durchnumeriert. Für die Einzelteile des aufgeschnittenen Profils werden die statischen Momente berechnet, jeweils einzeln, bezogen auf die Schwerachsen y und z. Die Dicke des Steges wird bei der Berechnung von $S_y(s)$ halbiert. In den Tabellen des Bildes 34 ist das Ergebnis ausgewiesen. Als Ursprung der Umlaufkoordinate s ist der Punkt 0 gewählt; vgl. Bild 33c.
Berechnung von $S_y(s)$ in cm³:

$$S_y(s) = \oint z(s)\,dA = \oint \underbrace{z(s)}_{z_i}\cdot \underbrace{t(s)\,ds}_{A_i} = \Sigma\, A_i\cdot z_i \qquad (85)$$

Teil	s_i	t_i	A_i	z_i	$A_i \cdot z_i$
0 ÷ 1	15,0	2,6	39,00	+ 64,7	+ 2523
2 ÷ 3	46,0	0,7	32,20	+ 40,40	+ 1301
3 ÷ 4	17,4	0,7	12,18	+ 8,70	+ 106
4 ÷ 5	32,6	0,7	22,82	- 16,30	- 372
6 ÷ 7	20,0	3,0	60,00	- 34,10	- 2046
8 ÷ 9	10,0	3,0	30,00	- 34,10	- 1023
10 ÷ 11	34,9	1,2	41,88	- 16,30	- 683
11 ÷ 12	18,7	1,2	22,44	+ 8,70	+ 195
	cm	cm	cm²	cm	cm³

a)

Teil	s_i	t_i	A_i	y_i	$A_i \cdot y_i$
0 ÷ 1	15,0	2,6	39,00	- 7,50	- 293
6 ÷ 7	20,0	3,0	60,00	- 10,00	- 600
8 ÷ 9	10,0	3,0	30,00	- 25,00	- 750
10 ÷ 11	34,9	1,2	41,88	- 13,70	- 574
11 ÷ 12	18,7	1,2	22,44	- 4,05	- 91
	cm	cm	cm²	cm	cm³

b)

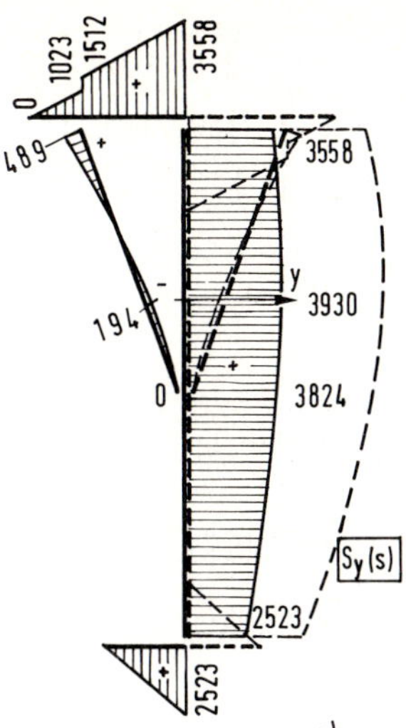

c)

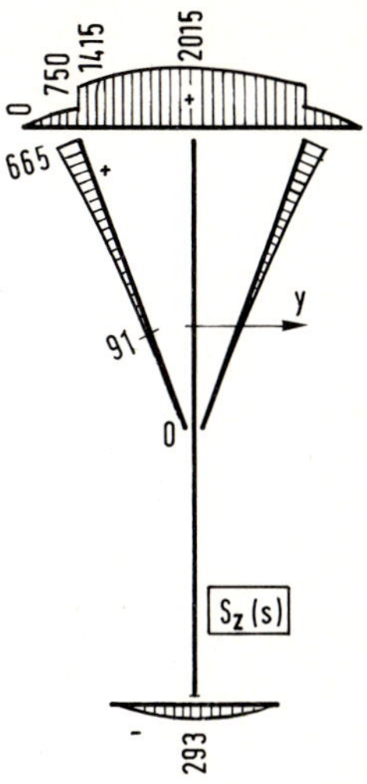

d)

Bild 34

0: 0
1,2: 0 + 2523 = 2523
3: 2523 + 1301 = 3824
4: 3824 + 106 = 3930
5,6: 3930 - 372 = 3558
7: 3558 - 2046 = 1512
8 $S_8 = 1512 - S_{10}$
9 $S_9 = S_8 - 1023 = (1512 - S_{10}) - 1023 = 489 - S_{10} \overset{!}{=} 0$
10: $S_{10} = 489$
8: 1512 - 489 = 1023
10: 489
11: 489 - 683 = -194
12: -194 + 195 = 0

Wird bei der Linienintegration (also der Aufsummation) der Schnitt 7 erreicht, verzweigt der Querschnitt. Es wird eine lokale Gleichgewichtsbetrachtung angestellt:

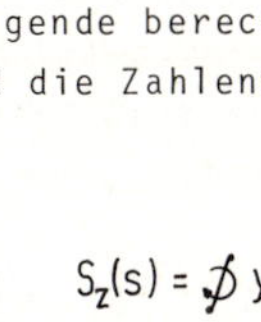

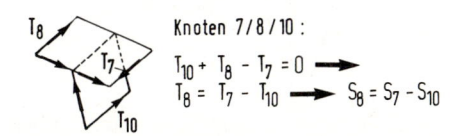

Knoten 7/8/10:

$T_{10} + T_8 - T_7 = 0$ ⟶
$T_8 = T_7 - T_{10}$ ⟶ $S_8 = S_7 - S_{10}$

Bei Fortschreiten von 8 nach 9 bleibt T_{10} bzw. S_{10} zunächst unbekannt. Aus der Bedingung, daß T_9 Null ist (und damit S_9) folgt S_{10}. Diese Zwischenrechnung ist oben eingerahmt. Nunmehr kann S_8 und alles folgende berechnet werden. In Bild 34c ist das Ergebnis dargestellt. Im Bereich des Steges sind die Zahlenwerte zu verdoppeln; der Verlauf von $S_y(s)$ ist zur z-Achse antimetrisch.

Berechnung von $S_z(s)$:

$$S_z(s) = \oint y(s)\,dA = \oint \underbrace{y(s)}_{y_i} \cdot \underbrace{t(s)\,ds}_{A_i} = \Sigma A_i y_i \qquad (86)$$

0: 0
1: 0 - 293 = - 293
6: S_6
7: $S_6 - 600$
8: $S_7 - S_{10} = (S_6 - 600) - S_{10}$
9: $S_6 - 600 - S_{10} - 750 = S_6 - S_{10} - 1350 \overset{!}{=} 0$ ⟶ $S_{10} = S_6 - 1350$
11: $S_6 - 1350 - 574 = S_6 - 1924$
12: $S_6 - 1924 - 91 = S_6 - 2015 \doteq 0$ ⟶ $S_6 = 2015$
6: 2015

7: 1415
8: 2015 - 600 - (2015 - 1350) = 750
9: 0
10: 2015 - 1350 = 665
11: 2015 - 1924 = 91
12: 91 - 91 = 0

Das Ergebnis ist in Bild 34d dargestellt.

Querkraftbiegung um die y-Achse: $T_{0,y} = -\frac{Q_z \cdot S_y(s)}{I_y}$

Querkraftbiegung um die z-Achse: $T_{0,z} = -\frac{Q_y \cdot S_z(s)}{I_z}$

Auswertung für Q_z=1000kN und Q_y=100kN ergibt:

$$T_{0,y} = -\frac{1000 \cdot S_y(s)}{705\,323} = \underline{-1,418 \cdot 10^{-3} S_y(s)}$$

$$T_{0,z} = -\frac{100 \cdot S_z(s)}{77\,645} = \underline{1,288 \cdot 10^{-3} S_z(s)}$$

Pkt	$T_{0,y}$	$T_{0,z}$
0	0	0
1	-3,578	0,377
2	-3,578	0
3	-5,422	0
4	-5,573	0
5	-5,045	0
6	-5,045	-2,295
7	-2,144	-1,823
8	-1,451	-0,966
9	0	0
10	-0,693	-0,856
11	-0,275	-0,117
12	0	0
	kN/cm	kN/cm

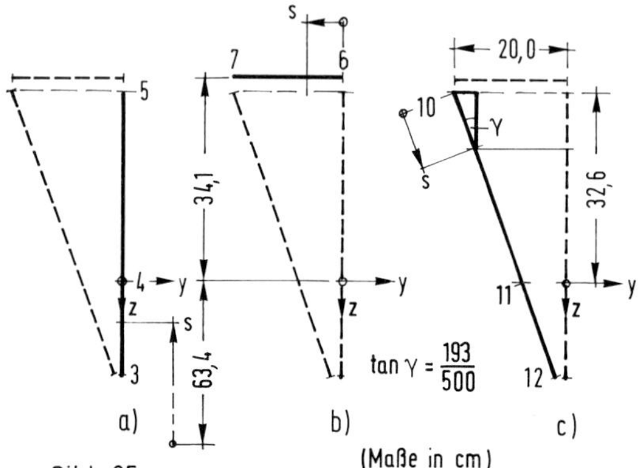

Bild 35

In den Bildern 36a und c ist der Verlauf von $T_{0,y}$ bzw. $T_{0,z}$ dargestellt. Um den statisch unbestimmten Schubfluß T_1 (wiederum jeweils getrennt für Biegung um die y- bzw. z-Achse) bestimmen zu können, werden die gegenseitigen Verschiebungen Δu_{10} und Δu_{11} berechnet. Die Formeln für die Berechnung von Δu_{10} lauten (G.70):

$$T_{0,y}: \quad G\Delta u_{10,y} = \oint \frac{T_{0,y}}{t} ds \qquad (87)$$

$$T_{0,z}: \quad G\Delta u_{10,z} = \oint \frac{T_{0,z}}{t} ds$$

Die Integration ist über den Umfang der Zelle zu erstrecken. Hierzu ist es notwendig, T_0 (bzw. S) als Funktion der Umlaufkoordinate s darzustellen. Für die Wandelemente 3÷5, 6÷7 und 10÷12 wird die Linienkoordiante s jeweils neu vereinbart, vgl. Bild 35. Die statischen Momente als Funktion von s lauten (G.32):

$S_y(s)$:

Wand 3÷5: $z = 63,4 - s$: $S_y(s) = 2523 + \int (63,4 - s) \cdot 0,7\, ds = 2523 + (63,4s - s^2/2) \cdot 0,7$

Wand 6÷7: $z = -34,1$: $S_y(s) = 3558 + \int (-34,1) \cdot 3,0\, ds = 3558 - 102,3\, s$

Wand 10÷12: $z = -32,6 + \cos\gamma \cdot s$: $S_y(s) = 489 + \int (-32,6 + \cos\gamma \cdot s) \cdot 1,2\, ds = 489 + (-32,6s + \cos\gamma \cdot s^2/2) \cdot 1,2$

$S_z(s)$:

Wand 3÷5: $y = 0$

Wand 6÷7: $y = -s$: $S_z(s) = 2015 + \int (-s) \cdot 3,0\, ds = 2015 - (s^2/2) \cdot 3,0$

Wand 10÷12: $y = -20,0 + \sin\gamma \cdot s$: $S_z(s) = 665 + \int (-20 + \sin\gamma \cdot s) \cdot 1,2\, ds = 665 + (-20,0s + \sin\gamma\, s^2/2) \cdot 1,2$

Werden die Formeln für $S_y(s)$ bzw. $S_z(s)$ in die obigen Ausdrücke für $T_{0,y}$ bzw. $T_{0,z}$ eingesetzt und gemäß G.87 integriert, findet man nach Zwischenrechnung:

$$G\Delta u_{10,y} = -389 - 24 + 1{,}4 = \underline{-411{,}6\ \text{kN/cm}} \ : \ (\Delta u_{10,y} = -0{,}0508\ \text{cm})$$

$$G\Delta u_{10,z} = \quad 0 - 15{,}6 - 13{,}1 = \underline{-28{,}7\ \text{kN/cm}} \ : \ (\Delta u_{10,z} = -0{,}0041\ \text{cm})$$

Für Δu_{11} ergibt sich:

$$G\Delta u_{11} = \oint \frac{1}{t}ds = \left(\frac{50{,}0}{0{,}7} + \frac{30{,}0}{3{,}0} + \frac{53{,}6}{1{,}2}\right) = 71{,}43 + 10 + 44{,}67 = \underline{126{,}10}$$

Hinweis: Es muß im zweiten Kammerterm richtig heißen 20,0/3,0; damit ergibt sich $G\cdot\Delta u_{11}$ zu 122,76; auf eine weitere Richtigstellung wird verzichtet. - Bestimmungsgleichungen, vgl. G.73:

Biegung um die y-Achse:

$$Q_z: \quad T_{1,y} = -\frac{-411{,}6}{126{,}1} = \underline{+3{,}26\ \text{kN/cm}}$$

Biegung um die z-Achse:

$$Q_y: \quad T_{1,z} = -\frac{-28{,}7}{126{,}1} = \underline{+0{,}228\ \text{kN/cm}}$$

Pkt	$T_{0,y}$	$T_{1,y}$	T_y	$T_{0,z}$	$T_{1,z}$	T_z
0	0		0	0		0
1	-3,578		-3,578	+0,377		+0,377
2	-3,578		-3,578	0		0
3u	-5,422		-5,422	0		0
3o	-5,422		-2,162	0		+0,228
4	-5,573		-2,313	0		+0,228
5	-5,045	+3,26	-1,785 ⊙	0	+0,228	+0,228
6	-5,045		-1,785	-2,295		-2,067
7	-2,144		+1,116	-1,823		-1,595
8	-1,451		-1,451	-0,966		-0,966
9	0		0	0		0
10	-0,693		+2,567 ⊙	-0,856		-0,628
11	+0,275	+3,26	+3,535	-0,116	+0,228	+0,111
12	0		+3,26	0		+0,228
	kN/cm					

Nach Kenntnis der statisch Unbestimmten folgt die gesuchte Schubkraft durch Superposition:

$$Q_z: \quad T_y = T_{0,y} + T_{1,y}$$

$$Q_y: \quad T_z = T_{0,z} + T_{1,z}$$

Die Zahlenrechnung ist linksseitig wiedergegeben; in den Bildern 36b und c ist das Ergebnis, also der Verlauf von $T_y(s)$ und $T_z(s)$, dargestellt. Die Schubspannungen folgen aus:

$$\tau(s) = \frac{T(s)}{t(s)}$$

Um die Rechnung zu prüfen, wird das

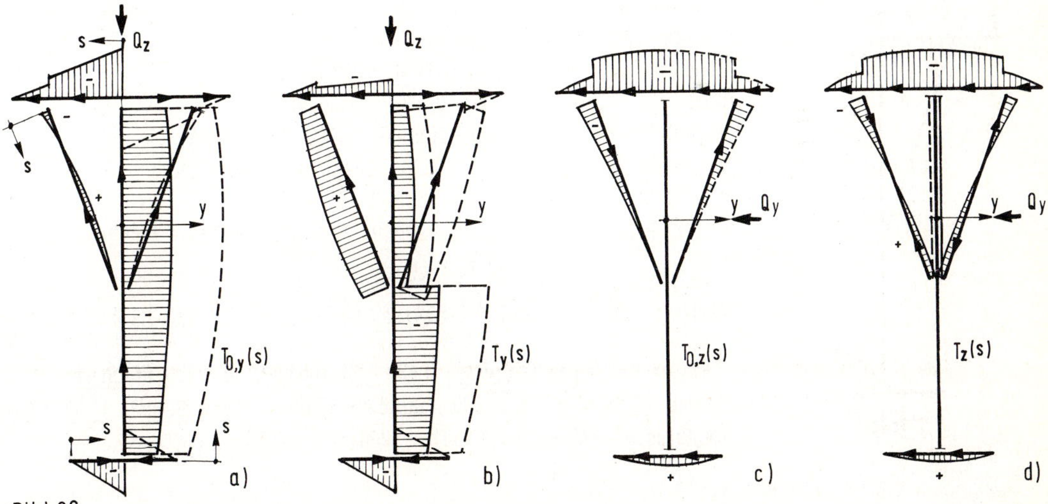

Bild 36

statische Moment S_y für die obere Gurtplatte berechnet und für den Schnitt 10-5-10' die Schubkraft bestimmt:

$$S_y = 60{,}0\cdot 3{,}0\cdot 34{,}1 = 6138\ \text{cm}^3 \ : \ T_y = \frac{1000}{705\,323}\cdot 6138 = \underline{8{,}70\ \text{kN/cm}}$$

Die obige Rechnung ergibt:

$$T_y = 2\cdot 2{,}567 + 2\cdot 1{,}785 = \underline{8{,}70\ \text{kN/cm}}$$

Wird T_y im Verhältnis der Wanddicken aufgeteilt, erhält man folgende Näherungswerte:

3,108 2,925 3,108 (genähert)
2,567 3,570 2,567 (genau)

Für den Mittelsteg liegt diese Näherung auf der sicheren Seite, für den Anschluß der Schrägbleche auf der unsicheren. Die Schubkräfte werden für den Nachweis der Schweißnähte benötigt.

Der Schubmittelpunkt M liegt auf der Symmetrieachse. Die Lage von M wird gemäß Bild 37 berechnet; vgl. auch Bild 14: Die Gleichgewichtsgleichung lautet mit

$$T_{0,z} = -\frac{Q_y \cdot S_z(s)}{I_z} \tag{88}$$

$$-Q_y \cdot z_M - \oint T_z \cdot r_S(s)\,ds = 0 \longrightarrow z_M = -\oint \frac{T_z}{Q_y} \cdot r_S\,ds = -\oint \frac{T_{0,z}+T_{1,z}}{Q_y} \cdot r_S\,ds = -\oint \frac{T_{0,z}}{Q_y} \cdot r_S\,ds - \oint \frac{T_{1,z}}{Q_y} \cdot r_S\,ds =$$

$$= +\oint \frac{Q_y S_z(s)}{Q_y \cdot I_z} \cdot r_S\,ds - \oint \frac{T_{1,z}}{Q_y} \cdot r_S\,ds = \frac{1}{I_z} \oint S_z(s) \cdot r_S(s)\,ds - \frac{T_{1,z}}{Q_y} \oint r_S(s)$$

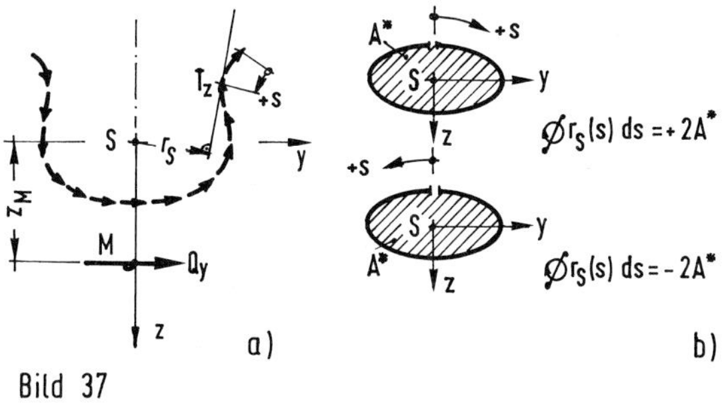

Bild 37

$r_S(s)$ ist positiv, wenn bei Umfahrung des Schwerpunktes in Richtung der positiven Linienkoordinate s der Drehsinn mit dem Uhrzeigersinn übereinstimmt. Das Integral

$$\oint r_S(s)\,ds$$

ist somit positiv oder negativ, je nachdem, ob die Zelle in Richtung oder gegen die Richtung des Uhrzeigersinns umfahren wird; in Bild 37b ist gezeigt, wie sich zwei unterschiedliche Definitionen von +s auf das Integral auswirken.

Um G.88 auswerten zu können, wird $S_z(s)$ für den gesamten Querschnitt benötigt; vgl. die Vereinbarung von +s in Bild 38. Der Drehsinn von $r_S(s)$ ist offensichtlich in allen Fällen negativ.

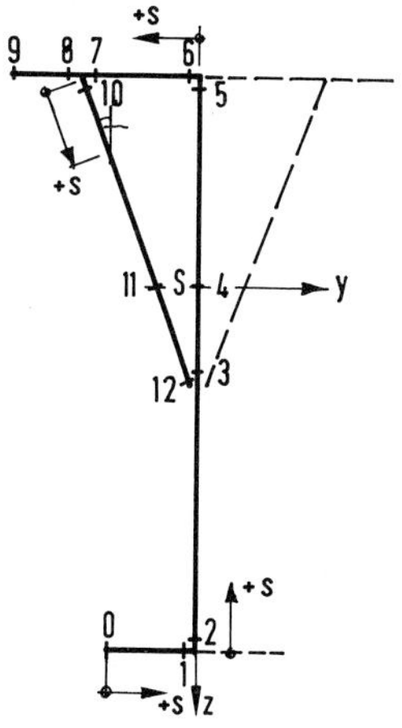

Bild 38

Wand 0÷1 : $y = -15+s$; $S_z(s) = (-15s + s^2/2) \cdot 2{,}6$; $r_S(s) = -63{,}4$

Wand 2÷5 : $y = 0$; $S_z(s) = 0$; $r_S(s) = 0$

Wand 6÷7 : $y = -s$; $S_z(s) = 2015 - (s^2/2) \cdot 3{,}0$; $r_S(s) = -34{,}1$

Wand 8÷9 : $y = -(20+s)$; $S_z(s) = 750 - (20s + s^2/2) \cdot 3{,}0$; $r_S(s) = -34{,}1$

Wand 10÷12 : $y = -20 + \sin\gamma \cdot s$; $S_z(s) = 665 + (-20s + \sin\gamma \cdot s^2/2) \cdot 1{,}2$; $r_S(s) = -7{,}04$

Der erste Integralterm in G.88 wird elementweise berechnet:

$$\oint S_z(s) \cdot r_S(s)\,ds$$

Wand 0÷1 : $\oint(-15s + s^2/2) \cdot 2{,}6 \cdot (-63{,}4)\,ds = [-15s^2/2 + s^3/6]_0^{15} \cdot 2{,}6 \cdot (-63{,}4) = \underline{+185.445\,\text{cm}^5}$

2÷5 : 0; 6÷7 : $\underline{-1.237.830\,\text{cm}^5}$; 8÷9 : $\underline{-136.365\,\text{cm}^5}$; 10÷12 : $\underline{-86.291\,\text{cm}^5}$

Summe: $2(185.445 - 1.237.830 - 136.365 - 86.291) = \underline{-2.550.082\,\text{cm}^5}$; $I_z = \underline{77\,645\,\text{cm}^4}$

$\oint r_S(s)\,ds = -2A^* = -2(\frac{1}{2} \cdot 20 \cdot 50) = -1000\,\text{cm}^2$; bei ∇∇ : $\underline{-2000\,\text{cm}^2}$

Ausgehend von $Q_y = 100$kN (vgl. oben) findet man:

$$Q_y = 100\,\text{kN} \longrightarrow T_{1,z} = +0{,}228\,\text{kN/cm}: \quad z_M = -\frac{2.550.082}{77645} - \frac{0{,}228}{100}(-2000) = -32{,}84 + 4{,}56 = \underline{-28{,}28\,\text{cm}}$$

26.4.3.2 Zweites Beispiel: Unsymmetrischer, gemischt offen-geschlossener, zweizelliger Querschnitt

Bild 39a zeigt den Querschnitt, in Teilbild b ist die Berechnung des Schwerpunktes und des Querschnittswertes $I_{\bar{y}\bar{z}}$ (bezogen auf das Achsenkreuz $\bar{y}, \bar{z}$) wiedergegeben.

Querschnittswerte:

$$I_{\bar{y}} = 41.266.666\,cm^4, \quad I_{\bar{z}} = 55.266.666\,cm^4, \quad I_{\bar{y}\bar{z}} = -34.900.000\,cm^4$$

$$\begin{aligned}
I_y &= 41.266.666 - 1780\cdot(-134,27)^2 &&= 9.176.055\,cm^4 \\
I_z &= 55.266.666 - 1780\cdot(+131,46)^2 &&= 24.505.184\,cm^4 \\
I_{yz} &= -34.900.000 - 1780\cdot(-134,27\cdot 131,46) &&= -3.480.981\,cm^4
\end{aligned}$$

Hauptachsenkreuz:

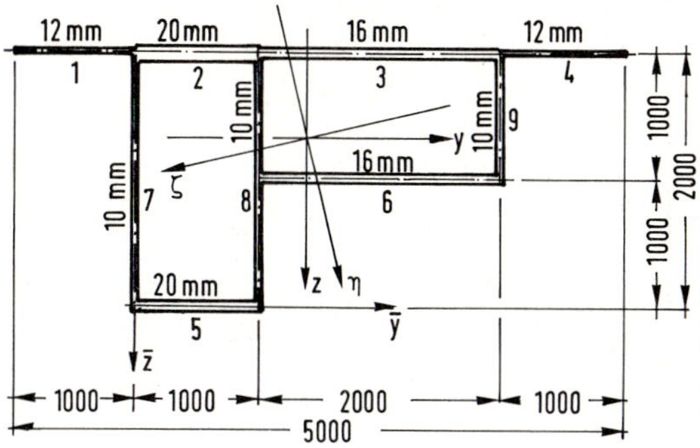

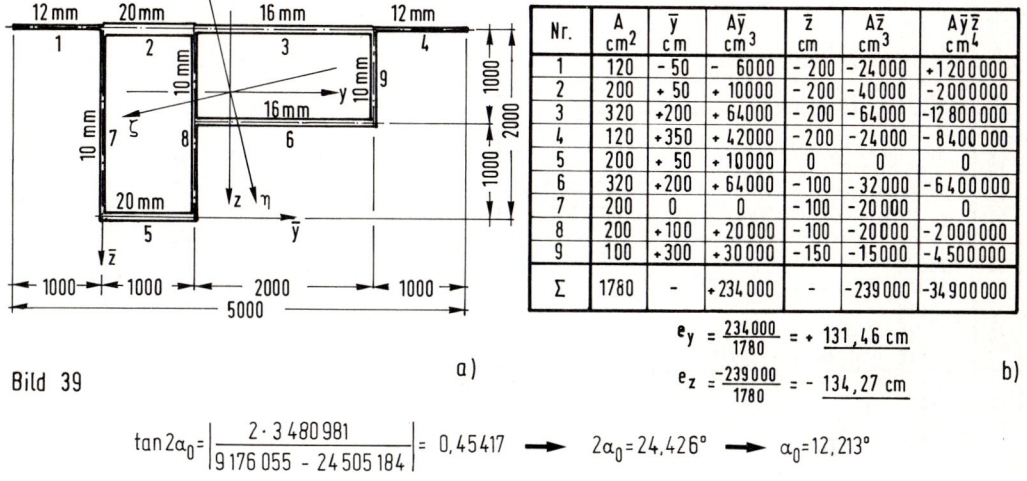

Nr.	A cm²	$\bar{y}$ cm	$A\bar{y}$ cm³	$\bar{z}$ cm	$A\bar{z}$ cm³	$A\bar{y}\bar{z}$ cm⁴
1	120	−50	−6000	−200	−24000	+1 200 000
2	200	+50	+10000	−200	−40 000	−2 000 000
3	320	+200	+64 000	−200	−64 000	−12 800 000
4	120	+350	+42 000	−200	−24 000	−8 400 000
5	200	+50	+10 000	0	0	0
6	320	+200	+64 000	−100	−32 000	−6 400 000
7	200	0	0	−100	−20 000	0
8	200	+100	+20 000	−100	−20 000	−2 000 000
9	100	+300	+30 000	−150	−15 000	−4 500 000
Σ	1780	−	+234 000	−	−239 000	−34 900 000

$$e_y = \frac{234000}{1780} = +\underline{131,46\,cm}$$

$$e_z = \frac{-239000}{1780} = -\underline{134,27\,cm}$$

Bild 39   a)   b)

$$\tan 2\alpha_0 = \left|\frac{2\cdot 3\,480\,981}{9\,176\,055 - 24\,505\,184}\right| = 0,45417 \quad\longrightarrow\quad 2\alpha_0 = 24,426° \quad\longrightarrow\quad \alpha_0 = 12,213°$$

$$I_\eta = 23.669.113\,cm^4, \quad I_\zeta = 10.012.126\,cm^4$$

Bild 40   a)   b)

Bild 40 zeigt den Querschnitt mit den Schlitzstellen und der Numerierung der umlaufenden Schnitte 0 bis 24. Um die Knoten 1/2/4, 10/11/24 und 16/17/19 wird je ein Rundschnitt gelegt (Bild 40b). Hieraus folgt:

$$S_2 = S_1 - S_4; \quad S_{11} = S_{10} + S_{24}; \quad S_{17} = S_{16} - S_{19}$$

Mit Hilfe der in der Tabelle des Bildes 39b ausgewiesenen statischen Momente wird der Verlauf von $S_y(s)$ und $S_z(s)$ berechnet; z.B.:

$$S_y(s) = \oint z(s)\cdot t(s)\,ds = \oint z(s)\cdot dA(s) = \Sigma z_i A_i \tag{89}$$

Diese Berechnung wird zweckmäßig tabellarisch durchgeführt. Dabei ist an den Verzweigungspunkten der S-Wert des sich anschließenden offenen Querschnittsteiles, zunächst als Unbekannte einzuführen und die Linienintegration bis zum freien Ende fortzusetzen. Aus der Bedingung $T_{Rand}=0$ wird die Unbekannte bestimmt. In Bild 41 sind die Berechnungsschritte ausgewiesen; dabei wird von den in Bild 42 zusammengestellten statischen Momenten der Teilelemente ausgegangen. In Bild 43 ist das Ergebnis graphisch dargestellt.

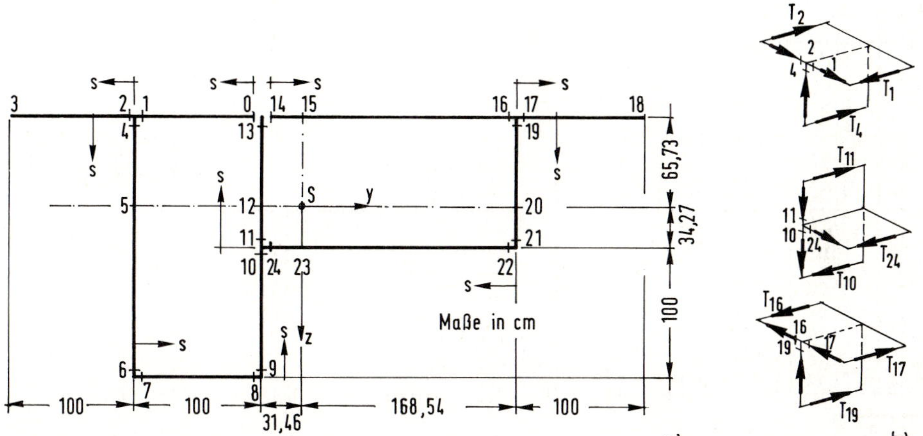

	$S_y(s)$	$S_z(s)$
0	0	0
1	0 - 13146 = - 13146	0 - 16292 = - 16292
2	- 13146 - S_4 S_2 = + 7888	- 16292 - S_4 S_2 = + 21775
3	(- 13146 - S_4) - 7888 = 0	(- 16292 - S_4) - 21775 = 0
4	- 21034 → S_2	- 38067 → S_2
5	- 21034 - 2160 = - 23194	- 38067 - 8641 = - 46708
6	- 23194 + 9015 = - 14179	- 46708 - 17651 = - 64359
7	- 14179	- 64359
8	- 14179 + 26854 = + 12675	- 64359 - 16292 = - 80651
9	+ 12675	- 80651
10	+ 12675 + 8427 = + 21102	- 80651 - 3146 = - 83797
14	0	0
15	0 - 3309 = - 3309	0 - 792 = - 792
16	- 3309 - 17725 = - 21034	- 792 + 22724 = + 21932
17	- 21034 - S_{19} S_{17} = + 7888	+ 21932 - S_{19} S_{17} = - 26225
18	(- 21034 - S_{19}) - 7888 = 0 →	(+ 21932 - S_{19}) + 26225 = 0
19	- 28922 → S_{17}	+ 48157 → S_{17}
20	- 28922 - 2154 = - 31076	+ 48157 + 11046 = + 59203
21	- 31076 + 587 = - 30489	+ 59203 + 5776 = + 64979
22	- 30489	+ 64979
23	- 30489 + 9241 = - 21248	+ 64979 + 22724 = + 87703
24	- 21248 + 1726 = - 19522	+ 87703 - 792 = + 86911
11	S_{10} + S_{24} = + 21102 - 19522 = + 1580	S_{10} + S_{24} = - 83797 + 86911 = + 3114
12	+ 1580 + 587 = + 2167	+ 3114 - 1078 = + 2036
13	+ 2167 - 2161 ≈ 0	+ 2036 - 2068 ≈ 0

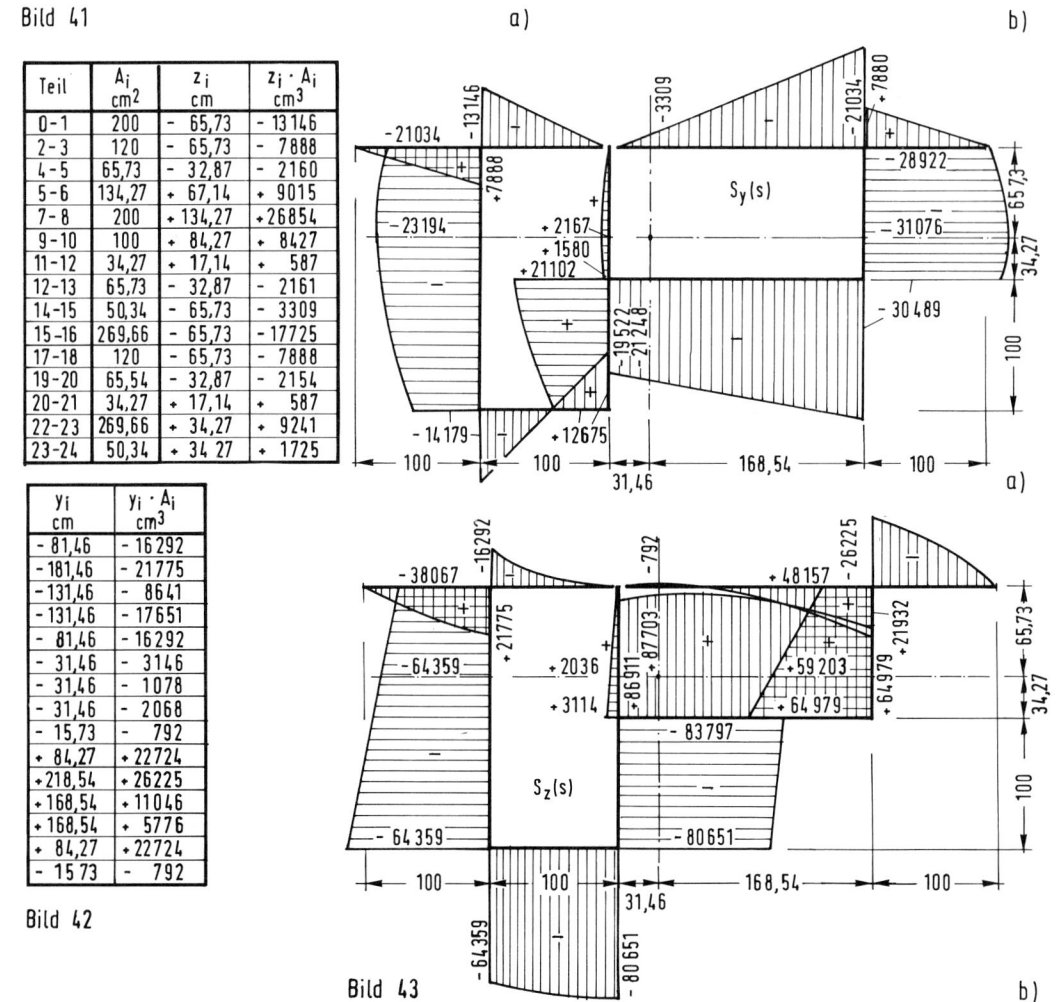

Bild 41   a)   b)

Teil	A_i cm²	z_i cm	$z_i \cdot A_i$ cm³
0-1	200	- 65,73	- 13146
2-3	120	- 65,73	- 7888
4-5	65,73	- 32,87	- 2160
5-6	134,27	+ 67,14	+ 9015
7-8	200	+ 134,27	+ 26854
9-10	100	+ 84,27	+ 8427
11-12	34,27	+ 17,14	+ 587
12-13	65,73	- 32,87	- 2161
14-15	50,34	- 65,73	- 3309
15-16	269,66	- 65,73	- 17725
17-18	120	- 65,73	- 7888
19-20	65,54	- 32,87	- 2154
20-21	34,27	+ 17,14	+ 587
22-23	269,66	+ 34,27	+ 9241
23-24	50,34	+ 34 27	+ 1725

y_i cm	$y_i \cdot A_i$ cm³
- 81,46	- 16292
- 181,46	- 21775
- 131,46	- 8641
- 131,46	- 17651
- 81,46	- 16292
- 31,46	- 3146
- 31,46	- 1078
- 31,46	- 2068
- 15,73	- 792
+ 84,27	+ 22724
+ 218,54	+ 26225
+ 168,54	+ 11046
+ 168,54	+ 5776
+ 84,27	+ 22724
- 15 73	- 792

Bild 42

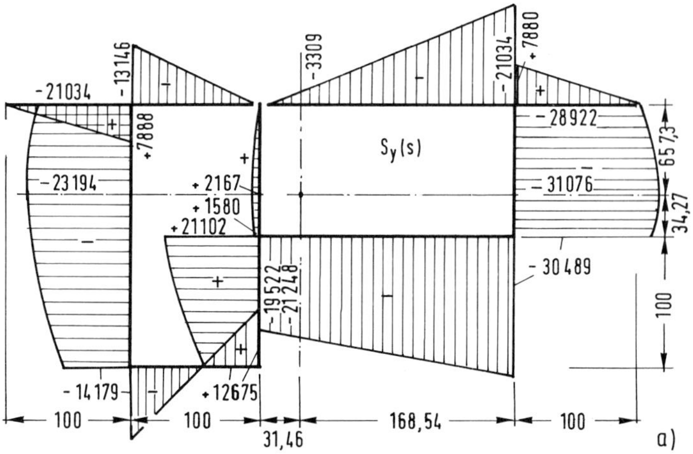

a)

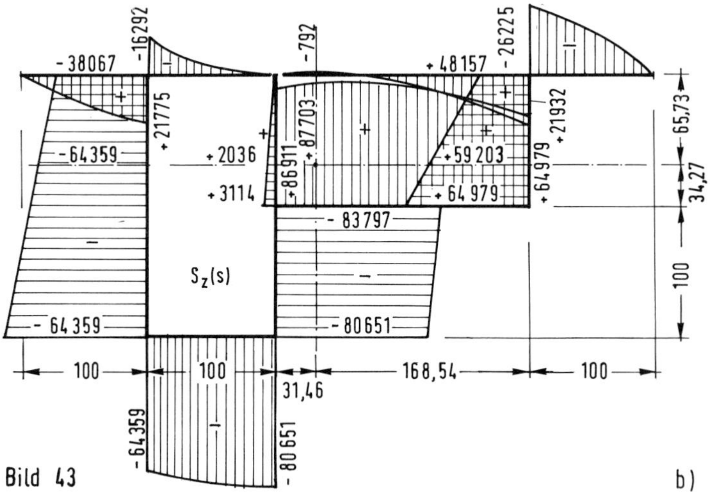

Bild 43   b)

Der Schubfluß des Grundzustandes (infolge Q_z und Q_y) folgt aus G.33; die Formel lautet nach Umstellung:

$$T_0 = -\frac{I_z \cdot Q_z - I_{yz} \cdot Q_y}{I_y I_z - I_{yz}^2} \cdot S_y(s) - \frac{I_y \cdot Q_y - I_{yz} \cdot Q_z}{I_y I_z - I_{yz}^2} \cdot S_z(s) =$$

$$= a \cdot S_y(s) + b \cdot S_z(s) \quad \text{mit} \quad a = -\frac{I_z Q_z - I_{yz} Q_y}{I_y I_z - I_{yz}^2}, \quad b = -\frac{I_y Q_y - I_{yz} Q_z}{I_y I_z - I_{yz}^2} \tag{90}$$

Die gegenseitige Verwölbung im Schnitt 1 folgt damit zu (vgl. G.79):

$$\Delta u_{10} = \oint_1 \frac{T_0}{G \cdot t} ds = a \oint_1 \frac{S_y(s)}{G \cdot t} ds + b \oint_1 \frac{S_z(s)}{G \cdot t} ds \tag{91}$$

Allgemein:

$$G \Delta u_{10} = a \oint_1 \frac{S_y(s)}{t(s)} ds + b \oint_1 \frac{S_z(s)}{t(s)} ds$$
$$G \Delta u_{20} = a \oint_2 \frac{S_y(s)}{t(s)} ds + b \oint_2 \frac{S_z(s)}{t(s)} ds \tag{92}$$

Die Integrale werden abschnittsweise gebildet, getrennt für Zelle 1 und 2. Unter Verwendung der Ergebnisse gemäß Bild 43a folgt beispielsweise:

Wand 0÷1: $z = -65{,}73\,\text{cm}$; $S_y = -65{,}73 s \cdot 2{,}0 = -131{,}46 s$: $\oint (S_y/t) ds = [(-131{,}46 \cdot s^2/2)/2{,}0]_0^{100} = \underline{-328.650\,\text{cm}^3}$

Wand 4÷6: $z = -65{,}73 + s$; $S_y = -21034 + (-65{,}73 s + s^2/2) \cdot 1{,}0$: $\oint = [(-21034 s - 65{,}73 \cdot s^2/2 + s^3/6)/1{,}0]_0^{200} =$
$= \underline{-4.187.987\,\text{cm}^3}$

Wand 7÷8: $z = +134{,}27$; $S_y = -14179 + 134{,}27 s \cdot 2{,}0$: $\oint [(-14179 s + 268{,}54 s^2/2)/2{,}0]_0^{100} = \underline{-37.630\,\text{cm}^3}$

Wand 8÷10: $z = +134{,}27 - s$; $S_y = 12675 + (134{,}27 s - s^2/2) \cdot 1{,}0$: $\oint = [(12675 s + 134{,}27 s^2/2 - s^3/6)/1{,}0]_0^{100} =$
$= \underline{+1.772.123\,\text{cm}^3}$

Wand 11÷13: $z = +34{,}27 - s$; $S_y = 1580 + (34{,}27 s - s^2/2) \cdot 1{,}0$: $\oint = [(1580 s + 34{,}27 s^2/2 - s^3/6)/1{,}0] =$

$$\oint_1 \frac{S_y(s)}{t(s)} ds: \qquad \begin{array}{r} = +\ 162.045\,\text{cm}^3 \\ \hline \Sigma \quad \underline{\underline{-2.620.101\,\text{cm}^3}} \end{array}$$

Nach entsprechender Berechnung der anderen Integrale erhält man:

$$\oint_1 \frac{S_y(s)}{t(s)} ds = \underline{-2.620.101\,\text{cm}^3}; \quad \oint_1 \frac{S_z(s)}{t(s)} ds = \underline{-22.340.320\,\text{cm}^3}$$
$$\oint_2 \frac{S_y(s)}{t(s)} ds = \underline{-7.333.085\,\text{cm}^3}; \quad \oint_2 \frac{S_z(s)}{t(s)} ds = \underline{+16.679.270\,\text{cm}^3}$$

Die gegenseitige Verwölbung infolge der Schubflüsse $T_1 = 1$ und $T_2 = 1$ berechnet sich gemäß G.80/81:

$$G \Delta u_{11} = \oint \frac{1}{t(s)} ds = 2 \cdot \frac{100}{2{,}0} + 2 \cdot \frac{200}{1{,}0} = 100 + 400 = \underline{500} \ [1]$$

$$G \Delta u_{22} = \oint \frac{1}{t(s)} ds = 2 \cdot \frac{200}{1{,}6} + 2 \cdot \frac{100}{1{,}0} = 250 + 200 = \underline{450} \ [1]$$

$$G \Delta u_{12} = \oint \frac{1}{t(s)} ds = \frac{100}{1{,}0} = \underline{100} \ [1]$$

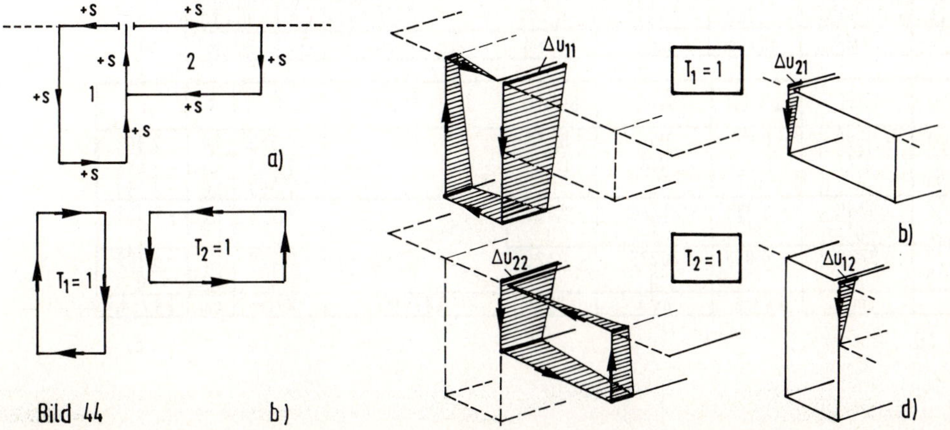

Bild 44

In Bild 44 ist Bildung der Terme nochmals erläutert: Teilbild a zeigt die Definition der Linienkoordinaten für die einzelnen Abschnitte und Teilbild b die (hieran orientierte) Vereinbarung der Schubflüsse T_1 und T_2. In der gemeinsamen Wandung haben T_1 und T_2 dieselbe Richtung, $\Delta u_{12} = \Delta u_{21}$ ist demnach positiv.

Die weitere Berechnung wird beispielhaft für

$$\boxed{Q_z = 1000\,\text{kN},\ Q_y = 0}$$

gezeigt. Im einzelnen erhält man:

$$I_y I_z - I_{yz}^2 = \underline{2{,}1274 \cdot 10^{14}}\ ; \quad a = \underline{-1{,}15186 \cdot 10^{-4}\,\text{kN/cm}^4}, \quad b = \underline{-1{,}63623 \cdot 10^{-5}\,\text{kN/cm}^4}$$

Aufstellung und Lösung des Gleichungssystems (G.83):

$$G\Delta u_{10} = -1{,}15186 \cdot 10^{-4}(-2.620.101) - 1{,}63623 \cdot 10^{-5}(-22.340.320) = \underline{+667{,}34\ \text{kN/cm}}$$

$$G\Delta u_{20} = -1{,}15186 \cdot 10^{-4}(-7.333.085) - 1{,}63623 \cdot 10^{-5}(+16.679.270) = \underline{+571{,}76\ \text{kN/cm}}$$

$$\boxed{\begin{aligned} 500\,T_1 + 100\,T_2 + 667{,}34 &= 0 \\ 100\,T_1 + 450\,T_2 + 571{,}76 &= 0 \end{aligned}}$$

$$\text{Lösung: } \underline{T_1 = -1{,}131\ \text{kN/cm}}, \quad \underline{T_2 = -1{,}019\ \text{kN/cm}}$$

Der resultierende Schubfluß berechnet sich nunmehr zu $T = T_0 + T_1 + T_2$; im einzelnen:

Zelle 1: $T = a \cdot S_y(s) + b \cdot S_z(s) + T_1$

Zelle 2: $T = a \cdot S_y(s) + b \cdot S_z(s) + T_2$

Zellenwand 1,2: $T = a \cdot S_y(s) + b \cdot S_z(s) + T_1 + T_2$

Außerhalb der Zellen: $T = a \cdot S_y(s) + b \cdot S_z(s)$

a)

		$S_y(s)$	$a \cdot S_y(s)$	$S_z(s)$	$b \cdot S_z(s)$	T_1	T	t	τ
Zelle 1	0	0	0	0	0	-1,131	- 1,131	2,0	- 0,566
	1	- 13146	+ 1,514	- 16292	+ 0,267		+ 0,650	2,0	+ 0,325
	4	- 21034	+ 2,423	- 38067	+ 0,623		+ 1,915	1,0	+ 1,915
	5	- 23194	+ 2,672	- 46708	+ 0,764		+ 2,303	1,0	+ 2,305
	6	- 14179	+ 1,633	- 64359	+ 1,053		+ 1,555	1,0	+ 1,555
	7	- 14179	+ 1,633	- 64359	+ 1,053		+ 1,555	2,0	+ 0,778
	8	+ 12675	- 1,460	- 80651	+ 1,320		- 1,271	2,0	+ 0,636
	9	+ 12675	- 1,460	- 80651	+ 1,320		- 1,271	1,0	- 1,271
	10	+ 21102	- 2,431	- 83797	+ 1,371		- 2,191	1,0	- 2,191
		cm^3	kN/cm	cm^3	kN/cm	kN/cm	kN/cm	cm	kN/cm^2

b)

		$S_y(s)$	$a \cdot S_y(s)$	$S_z(s)$	$b \cdot S_z(s)$	T_2	T	t	τ
Zelle 2	14	0	0	0	0	- 1,019	- 1,019	1,6	- 0,637
	15	- 3309	+ 0,381	- 792	+ 0,013		- 0,625	1,6	- 0,391
	16	- 21034	+ 2,423	+ 21932	- 0,359		+ 1,045	1,6	+ 0,653
	19	- 28922	+ 3,333	+ 48157	- 0,788		+ 1,524	1,0	+ 1,524
	20	- 31076	+ 3,580	+ 59203	- 0,969		+ 1,592	1,0	+ 1,592
	21	- 30489	+ 3,512	+ 64979	- 1,063		+ 1,430	1,0	+ 1,430
	22	+ 30489	+ 3,512	+ 64979	- 1,063		+ 1,430	1,6	+ 0,894
	23	- 21248	+ 2,447	+ 87703	- 1,435		- 0,007	1,6	- 0,004
	24	- 19522	+ 2,249	+ 86911	- 1,422		- 0,192	1,6	- 0,120
		cm^3	kN/cm	cm^3	kN/cm	kN/cm	kN/cm	cm	kN/cm^2

	$S_y(s)$	$a \cdot S_y(s)$	$S_z(s)$	$b \cdot S_z(s)$	T_1	T_2	T	t	τ
11	+ 1580	- 0,182	+ 3114	- 0,051	- 1,131	- 1,019	- 2,383	1,0	- 2,383
12	+ 2167	- 0,250	+ 2036	- 0,033			- 2,433	1,0	- 2,433
13	0	0	0	0			- 2,150	1,0	- 2,150
2	+ 7880	- 0,908	+ 21776	- 0,356	X	X	- 1,264	1,2	- 1,053
3	0	0	0	0	X	X	0	1,2	0
17	+ 7880	- 0,908	- 26225	+ 0,429	X	X	- 0,479	1,2	- 0,399
18	0	-	0	0	X	X	0	1,2	0
	cm^3	kN/cm	cm^3	kN/cm	kN/cm		kN/cm	cm	kN/cm^2

Bild 45

c)

In Bild 45 ist das Ergebnis tabellarisch ausgewiesen, einschließlich der Schubspannung $\tau(s)=T(s)/t(s)$.

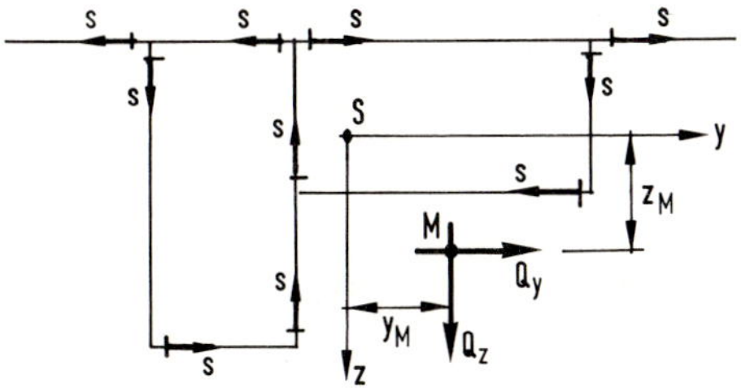

Bild 46

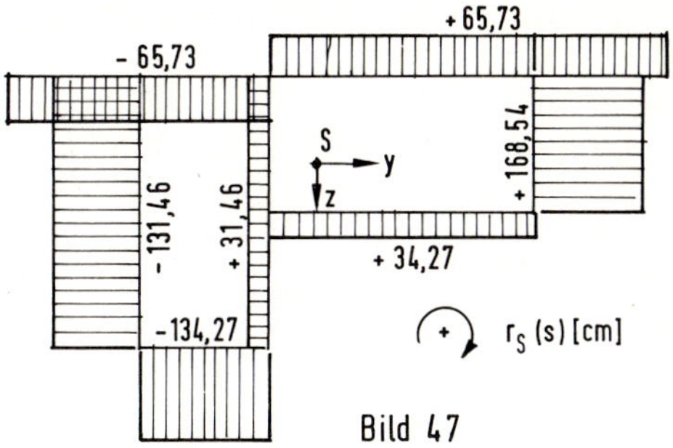

Bild 47

Berechnung des Schubmittelpunktes:

Wie in Abschnitt 26.3.3 erläutert, wird die Schubmittelpunktslage mittels zweier (gedachter) Lastfälle berechnet. Zunächst wird angenommen, daß nur Q_z alleine wirkt (Schubfluß: T_y) und anschließend, daß Q_y alleine wirkt (Schubfluß: T_z). Für diese beiden Zustände gilt (vgl. Bild 14 und Bild 46):

$$Q_z : (Q_y = 0): \quad + Q_z y_M - \oint T_y r_S \, ds = 0 \qquad y_M = + \frac{1}{Q_z} \oint T_y r_S \, ds \tag{93}$$

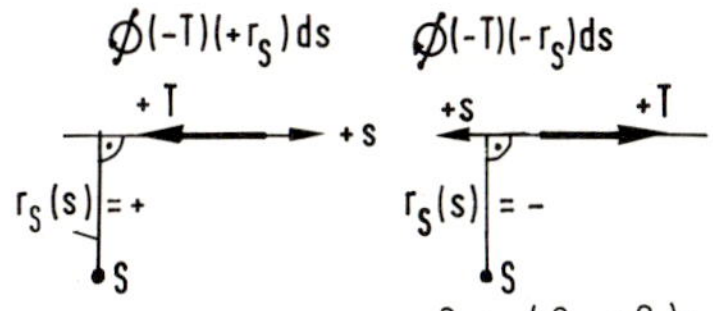

$$T_y = T_{0,y} + T_{1,y} + T_{2,y} \tag{94}$$

$$T_{0,y} = - \frac{I_z Q_z}{N} \cdot S_y(s) - \frac{-I_{yz} Q_z}{N} \cdot S_z(s) ; \quad N = I_y I_z - I_{yz}^2 \tag{95}$$

$$y_M = - \frac{I_z}{N} \oint S_y r_S \, ds + \frac{I_{yz}}{N} \oint S_z r_S \, ds + \frac{T_{1,y}}{Q_z} \oint_1 r_S \, ds + \frac{T_{2,y}}{Q_z} \oint_2 r_S \, ds \tag{96a}$$

$$Q_y : (Q_z = 0): \quad z_M + \frac{I_y}{N} \oint S_z r_S \, ds - \frac{I_{yz}}{N} \oint S_y r_S \, ds - \frac{T_{1,z}}{Q_y} \oint_1 r_S \, ds - \frac{T_{2,z}}{Q_y} \oint_2 r_S \, ds \tag{96b}$$

Die Lösung für Q_z=1000kN (Q_y=0) kann verwertet werden (vgl. zuvor):

$$T_{1,y} = -1{,}131 \text{ kN/cm}, \quad T_{2,y} = -1{,}019 \text{ kN/cm}$$

Für Q_y=1000kN (Q_z=0) findet man nach analoger Rechnung:

$$T_{1,z} = -2{,}385 \text{ kN/cm}, \quad T_{2,z} = +1{,}862 \text{ kN/cm}$$

Für die Umlaufintegrale der Formeln 95/96 ergibt sich (nach längerer Rechnung), vgl. auch Bild 47:

$$\oint S_y r_S \, ds = -1{,}597 \cdot 10^8 \text{cm}^5 ; \quad \oint S_z r_S \, ds = +35{,}446 \cdot 10^8 \text{ cm}^5$$

$$\oint_1 r_S \, ds = -40000 \text{cm}^2 , \quad \oint_2 r_S \, ds = +40000 \text{cm}^2$$

Hiermit findet man die gesuchten Schubmittelpunktskoordinaten zu:

$$y_M = - \frac{24{,}505184 \cdot 10^6}{2{,}1274 \cdot 10^{14}} (-1{,}597 \cdot 10^8) + \frac{-3{,}480981 \cdot 10^6}{2{,}1274 \cdot 10^{14}} (+35{,}446 \cdot 10^8) + \frac{-1{,}131}{1000} (-40000) + \frac{-1{,}019}{1000} (+40000) =$$

$$= +18{,}40 - 58{,}00 + 45{,}24 - 40{,}76 = \underline{-35{,}12 \text{cm}}$$

$$z_M = \underline{+19{,}61 \text{cm}}$$

Vorstehendes Ergebnis wird in Abschnitt 27.4.5.7 mittels der Wölbkraftmethode verprobt.

26.5 Grundgleichung der Stabbiegung Theorie I. Ordnung

Bezogen auf das über dem Querschnitt aufgespannte Hauptachsenkreuz werden die Verformungen (Ausbiegungen) w und v definiert. Die Verformung in Richtung x ist die Verwölbung. Bei einer Biegung des Stabes steht die Querschnittsebene zur ursprünglichen Stabachse schief. Der Querschnittspunkt η,ζ erleidet dadurch eine Längsverschiebung. Unterstellt man "kleine" Verformungen, beträgt diese Verschiebung:

$$u - w'\zeta - v'\eta \tag{97}$$

w' und v' sind die Neigungswinkel in Richtung ζ bzw. η . Die Dehnung ε der durch den Querschnittspunkt η,ζ verlaufenden Faser ist die bezogene Längenänderung:

$$\varepsilon = u' - w''\zeta - v''\eta \tag{98}$$

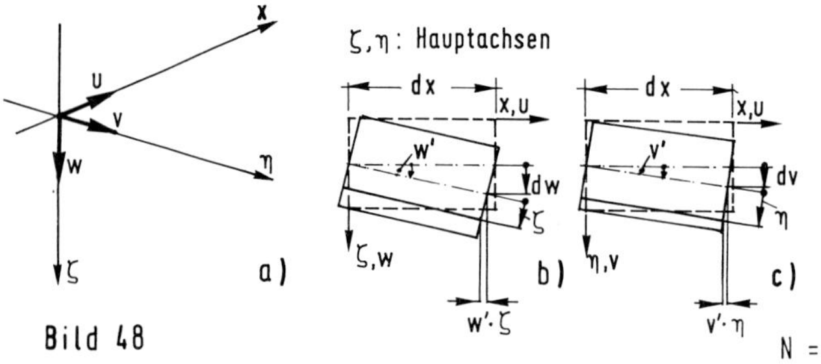

Bild 48

Bei Ansatz des HOOKEschen Gesetzes beträgt die Spannung:

$$\sigma = E\varepsilon = Eu' - Ew''\zeta - Ev''\eta \qquad (99)$$

Die Verknüpfung mit G.44, also

$$\sigma = \frac{N}{A} + \frac{M_\eta}{I_\eta}\zeta - \frac{M_\zeta}{I_\zeta}\eta, \qquad (100)$$

liefert das Elastizitätsgesetz der Stabbiegung:

$$N = EAu'; \; M_\eta = -EI_\eta w''; \; M_\zeta = +EI_\zeta v'' \qquad (101)$$

Die Gleichgewichtsgleichungen am Stabelement dx lauten (analog zu G.15/16):

$$M_\eta'' = -q_\zeta; \; M_\zeta'' = q_\eta \qquad (102)$$

Wird für die Momente das Elastizitätsgesetz (G.101) eingesetzt, folgt:

$$(EI_\eta w'')'' = q_\zeta; \; (EI_\zeta v'')'' = q_\eta \qquad (103)$$

Im Falle I_η und I_ζ = konstant gilt:

$$EI_\eta w'''' = q_\zeta; \; EI_\zeta v'''' = q_\eta \qquad (104)$$

Diese Grundgleichungen bilden die Basis der klassischen Stabstatik Theorie I. Ordnung. Es ist auch möglich w und v als Ausbiegungen in Richtung der Schwerachsen z und y zu vereinbaren; dann gilt für die Spannung:

$$\sigma = Eu' - Ew''z - Ev''y \qquad (105)$$

Durch Verknüpfung mit G.21c ergibt sich das Elastizitätsgesetz jetzt zu:

$$N = EAu'; \; \frac{M_y + M_z \cdot I_{yz}/I_z}{1 - I_{yz}^2/I_y \cdot I_z} = -EI_y w''; \; \frac{M_z + M_y \cdot I_{yz}/I_y}{1 - I_{yz}^2/I_y \cdot I_z} = +EI_z v'' \qquad (106)$$

Auflösung nach M_y und M_z:

$$M_y = -(EI_y w'' + EI_{yz} v''); \; M_z = +(EI_z v'' + EI_{yz} w'') \qquad (107)$$

Im Fall I_y, I_z, I_{yz} konstant lauten die Grundgleichungen:

$$EI_y w'''' + EI_{yz} v'''' = q_z; \; EI_z v'''' + EI_{yz} w'''' = q_y \qquad (108)$$

Im Gegensatz zu G.103 sind sie jetzt nicht entkoppelt. Somit bewirkt im allgemeinen Falle eine Last in beliebiger Richtung eine Verschiebung in dieser Richtung und senkrecht dazu ("schiefe" Biegung).

Zur Theorie der Stabbiegung wird ergänzend auf [1,2] und das weitere Schrifttum zur Baustatik verwiesen. Die Theorie ist weit entwickelt. Neben der Theorie I. Ordnung (Erfüllung der Gleichgewichtsgleichungen ohne Berücksichtigung der Stabverformen) wird die Theorie II. und III. Ordnung unterschieden. In diesen Fällen werden die Gleichgewichtsgleichungen um verformten System erfüllt; in Theorie III. Ordnung wird von endlichen (großen) Verformungen ausgegangen, vgl. z.B. [3]. Zu den Weiterungen der Biegetheorie gehört auch die Untersuchung der Stäbe als Faltwerke und die Berücksichtigung von Querschnittsverformungen [4-8]. Auch wurde der Stab mit in Längsrichtung verdrehtem Querschnitt untersucht [9]. - Die verallgemeinerte Aufgabenstellung besteht in Biegung und Torsion, vgl. Abschnitt 27.

26.6 Zur numerischen Berechnung der Flächenmomente

Die Flächenmomente I_y, I_z und I_{yz} sind in Abschnitt 26.2 definiert. Im folgenden werden Behelfe für deren praktische Berechnung zusammengestellt.

Für dickwandige Querschnitte sind auf Tafel 26.1 Integrationsformeln angegeben, die sich mittels des GAUSZschen Satzes [10] oder durch Superposition der Lösungen für $I_{\bar{y}}$, $I_{\bar{z}}$, $I_{\bar{y}\bar{z}}$ einer Dreiecksfläche herleiten lassen, deren einer Eckpunkt mit dem Ursprung des Koordi-

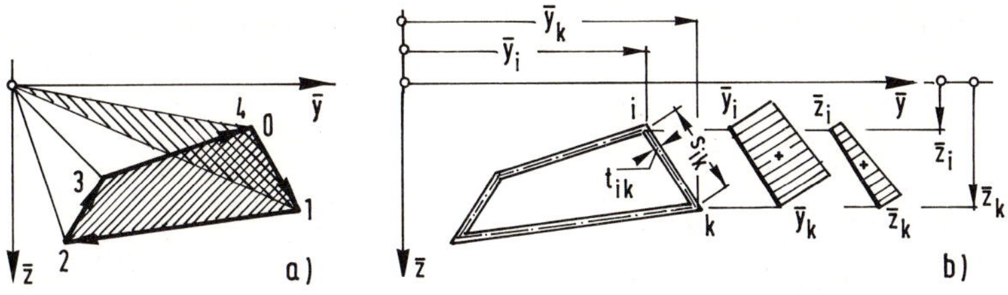

Bild 49

natensystems $\bar y$, $\bar z$ und deren beide anderen Eckpunkte mit den Punkten i und k des vorgegebenen, polygonal begrenzten Querschnittes zusammenfallen. Der Querschnitt wird im Uhrzeigersinn unfahren. Auf diese Weise können auch Querschnitte mit Hohlräumen berechnet werden; Rundungen werden in kleinen Schrittweiten polygonal angenähert. - Typisch für den Stahl- und Leichtbau sind dünnwandige Querschnitte, die abschnittsweise geradlinig und von konstanter Wanddicke sind; Bild 49b. Zwischen zwei benachbarten Eckpunkten eines solchen Querschnittes verlaufen $\bar y$ und $\bar z$ geradlinig; die Flächenintegrale können als Linienintegrale angeschrieben werden, z.B.:

$$A = \int_A dA = \oint_s t\,ds = \sum_1^n t_{ik} s_{ik} \qquad (109)$$

n ist die Anzahl der Teilelemente. Das Trägheitsmoment eines Teilelementes läßt sich beispielsweise elementar mit Hilfe der δ_{ik}-Tafeln der Baustatik berechnen; hier Überlagerung von Trapezflächen:

$$I_{\bar y} = \int_A \bar z^2\,dA = \oint_s \bar z^2 t\,ds = t\oint_s \bar z^2\,ds = \frac{t_{ik}}{3}(\bar z_i^2 + \bar z_i \bar z_k + \bar z_k^2)s_{ik} \qquad (110)$$

Die Summation über alle Teilquerschnitte liefert $I_{\bar y}$ für den Gesamtquerschnitt: Tafel 26.2. Da bei Querschnitten des vorliegenden Typs die Einheitsverwölbungen ω ebenfalls elementweise geradlinig verlaufen, gelten für die Berechnung von C und R_S dieselben Hinweise, vgl. Abschnitt 27.

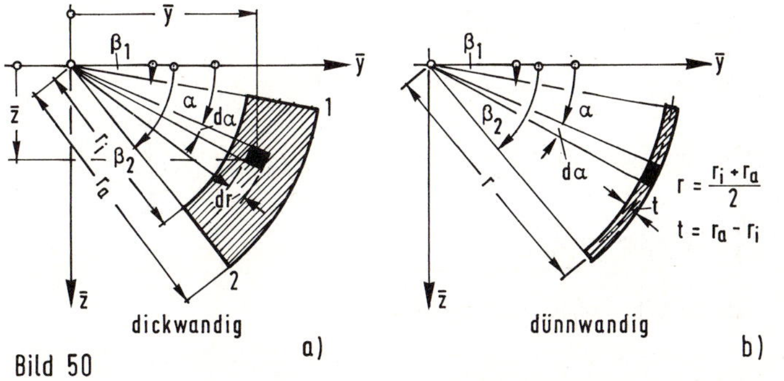

Bild 50

Für linienförmige Querschnitte mit abschnittsweise geradlinigem und/oder kreisförmigem Verlauf enthalten die Tafeln 26.3/4 die erforderlichen Formeln. Bei kreisförmig begrenzten Querschnittsteilen ist es zweckmäßig, die in kartesischen Koordinaten definierten Flächenmomente in Polarkoordinaten zu transformieren, wobei das primäre Bezugsachsenkreuz $\bar y$, $\bar z$ im Kreismittelpunkt aufgespannt wird (Bild 50):

Querschnitt dickwandig, gekennzeichnet durch r_i, r_a und β_1, β_2 (Teilbild a):

$$A = \int_A dA = \int_{\beta_1}^{\beta_2}\int_{r_i}^{r_a} dr \cdot r\,d\alpha\;;\quad I_{\bar y} = \int_A \bar z^2 dA = \int_{\beta_1}^{\beta_2}\int_{r_i}^{r_a} r^2 \sin^2\alpha\,dr \cdot r\,d\alpha = \int_{\beta_1}^{\beta_2}\int_{r_i}^{r_a} r^3 \sin^2\alpha\,dr\,d\alpha \qquad (111)$$

Querschnitt dünnwandig, gekennzeichnet durch t, r und β_1, β_2 (Teilbild b):

$$A = \int_A dA = \int_{\beta_1}^{\beta_2} r\,d\alpha = r\int_{\beta_1}^{\beta_2} d\alpha;\quad I_{\bar y} = \int_A \bar z^2 dA = \int_{\beta_1}^{\beta_2} r^2 \sin^2\alpha\, t\, r\,d\alpha = t r^3 \int_{\beta_1}^{\beta_2} \sin^2\alpha\,d\alpha \qquad (112)$$

Die Integrale sind elementar zu lösen. - Es ist wichtig, daß die auf den Kreismittelpunkt orientierten Flächenmomente auf den Schwerpunkt des kreisförmigen Querschnittes umgerechnet werden, ehe sie weiter für die Berechnung der Flächenmomente des Gesamtquerschnittes verwertet werden! (Integraltafel: Abschnitt 5.4.3.2.)

Auf den Tafeln 25.5, 25.6 und 25.7 sind weitere Formeln für insgesamt 32 Querschnittsformen zusammengestellt; die Formelsammlung geht z.T. über die gängig bekannten hinaus. - Im folgenden werden Beispiele berechnet.

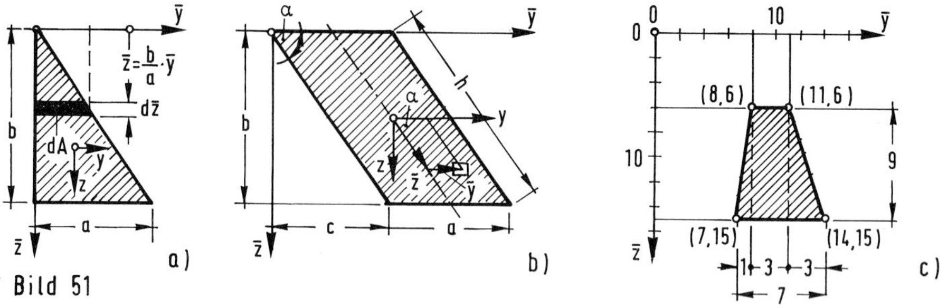

Bild 51

a) Dreiecksquerschnitt (rechtwinklig), Bild 51a; Berechnung von I_{yz}:

$$I_{\bar{y}\bar{z}} = \int_A \bar{y}\bar{z}\, dA = \int_0^b\int_0^{\bar{y}} \bar{y}\bar{z}\, d\bar{y}\, d\bar{z} = \int_0^b \frac{\bar{y}^2}{2}\bar{z}\, d\bar{z} = \int_0^a \frac{\bar{y}^2}{2}\cdot\frac{b}{a}\bar{y}\frac{b}{a}d\bar{y} = \frac{1}{2}\frac{b^2}{a^2}\int_0^a \bar{y}^3 d\bar{y} = \frac{1}{2}\frac{b^2}{a^2}\left[\frac{\bar{y}^4}{4}\right]_0^a = \underline{\frac{a^2b^2}{8}}$$

$$A = ab/2;\quad I_{yz} = \frac{a^2b^2}{8} - \frac{ab}{2}\cdot\frac{a}{3}\cdot\frac{2}{3}b = \frac{a^2b^2}{8} - \frac{a^2b^2}{9} = \frac{(9-8)a^2b^2}{72} = \underline{\frac{a^2b^2}{72}}$$

Möglich wäre auch gewesen:

$$dA = \bar{y}\, d\bar{z};\quad \bar{y} = \frac{a}{b}\bar{z}$$

$$I_{\bar{y}\bar{z}} = \int_0^b \frac{\bar{y}}{2}\bar{z}(\bar{y}\, d\bar{z}) = \frac{1}{2}\frac{a^2}{b^2}\int_0^b \bar{z}^3 d\bar{z} = \frac{1}{2}\cdot\frac{a^2}{b^2}\left[\frac{\bar{z}^4}{4}\right]_0^b = \frac{a^2b^2}{8}$$

b) Parallelogrammquerschnitt, Bild 51b; Berechnung von I_{yz}: Hilfsweise werden schiefwinkelige Koordinaten eingeführt:

$$z = \tilde{z}\sin\alpha,\ dz = d\tilde{z}\sin\alpha\ ;\ y = \tilde{y} + \tilde{z}\cos\alpha,\ dy = d\tilde{y}$$

Hiermit folgt:

$$I_{yz} = \int yz\, dA = \iint yz\, dy\, dz = \iint(\tilde{y} + \tilde{z}\cos\alpha)\tilde{z}\sin\alpha\, d\tilde{y}\, d\tilde{z}\sin\alpha =$$

$$= \int_{-\frac{h}{2}}^{+\frac{h}{2}}\int_{-\frac{a}{2}}^{+\frac{a}{2}}(\tilde{y}\tilde{z}\sin^2\alpha + \tilde{z}^2\sin^2\alpha\cos\alpha)\, d\tilde{y}\, d\tilde{z} = \left[\left[\frac{\tilde{y}^2}{2}\cdot\frac{\tilde{z}^2}{2}\sin^2\alpha + \tilde{y}\cdot\frac{\tilde{z}^3}{3}\sin^2\alpha\cos\alpha\right]_{-\frac{h}{2}}^{+\frac{h}{2}}\right]_{-\frac{a}{2}}^{+\frac{a}{2}} =$$

$$= 0 + 2\left(\frac{a}{2}\right)\frac{1}{3}2\left(\frac{h}{2}\right)^3\sin^2\alpha\cos\alpha = \underline{\frac{ah^3}{12}\sin^2\alpha\cos\alpha}$$

Mit

$$\sin\alpha = b/h \quad \text{und} \quad \cos\alpha = c/h$$

ergibt sich schließlich:

$$I_{yz} = \frac{ah^3}{12}\left(\frac{b}{h}\right)^2\cdot\left(\frac{c}{h}\right) = \underline{\frac{ab^2c}{12}}$$

c) Trapezquerschnitt, Bild 51c. Für die numerische Berechnung der Flächenmomente stehen zwei Wege zur Verfügung: Erstens: Tafel 26.1, der Querschnitt wird umfahren, die Koordinaten sind im Bild angeschrieben; die Rechnung ergibt:

$$A = 45;\ I_{\bar{y}} = 5832,\ I_{\bar{z}} = 4672{,}5,\ I_{\bar{y}\bar{z}} = 5060{,}3;\ S_{\bar{y}} = 499{,}5,\ S_{\bar{z}} = 453$$

$$e_z = 11{,}1,\ e_y = 10{,}06 \longrightarrow I_y = \underline{287{,}55},\ I_z = \underline{112{,}30},\ I_{yz} = \underline{31{,}95}$$

Zweitens: Es wird von den Formeln der Tafel 26.6, Querschnittstyp (17), angegangen:

$$I_y = 9^3(7^2 + 4\cdot7\cdot3 + 3^2)/36(7+3) = \underline{287{,}55}$$

$$I_z = 9[7^4 + 3^4 + 2\cdot7\cdot3(7^2 + 3^2 + 3\cdot7\cdot3) + (1^2 + 3^2)(7^2 + 3^2 + 4\cdot7\cdot3)] = \underline{112{,}30}$$

$$I_{yz} = -9^2[(1-3)(7^2 + 4\cdot7\cdot3 + 3^2)]/72(7+3) = \underline{31{,}95}$$

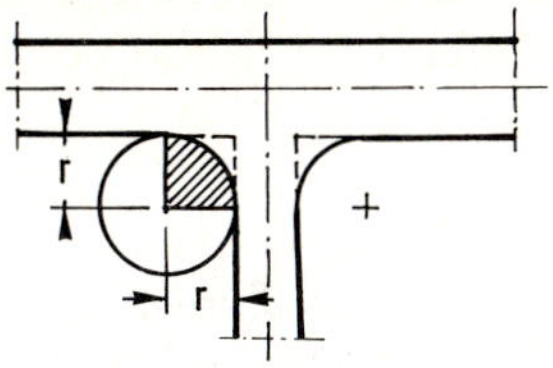

Bild 52

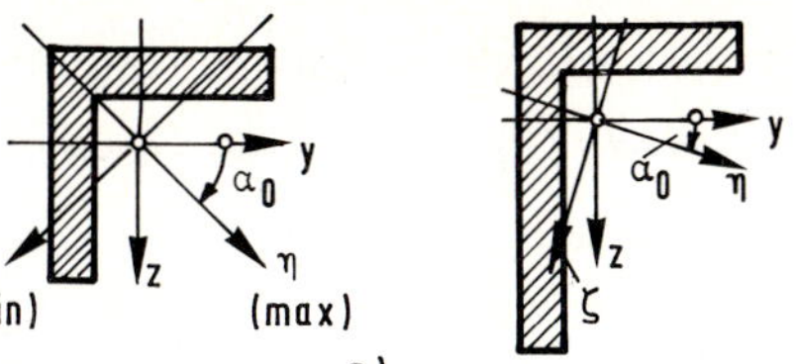

Bild 53

d) Berücksichtigung der Ausrundung bei Walzprofilen, Bild 52. Es wird in die inneren Ecken je ein Quadratquerschnitt mit den Kantenabmessungen r·r gelegt und hiervon die Viertelkreisfläche, Typ (27), in Abzug gebracht.

e) Winkelquerschnitte *

Sind für einen gleichschenkligen Winkel (Bild 53a) Schwerpunkt sowie $I = I_y = I_z$ und I_{yz} bekannt, folgen hieraus: $\max I = I_\eta = I + |I_{yz}|$; $\min I = I_\zeta = I - |I_{yz}|$ (113)

In den Profiltafeln sind für ungleichschenklige Winkel I_y, I_z und I_η, I_ζ ausgewiesen, nicht dagegen das Zentrifugalmoment $I_{y,z}$. Dieses kann wie folgt berechnet werden:

$$I_{yz} = \pm\sqrt{\left(\frac{I_\eta - I_\zeta}{2}\right)^2 - \left(\frac{I_y - I_z}{2}\right)^2} \tag{114}$$

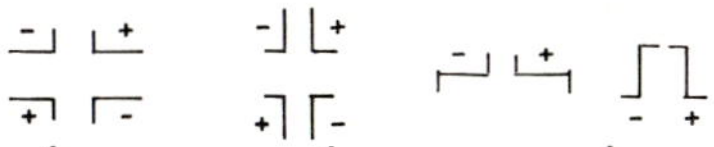

Beispiel: ┐ 160x80x12: $I_y = 112\,cm^4$, $I_z = 720\,cm^4$; $I_\eta = 78{,}9\,cm^4$, $I_\zeta = 763\,cm^4$; die Rechnung ergibt: $I_{yz} = +166{,}1\,cm^4$.

f) Vollwandiger, zentralsymmetrischer Polygonquerschnitt (13). Ist R der Kreisradius durch die Eckpunkte, gilt, vgl. Tafel 26.6:

$$A = na^2/4\cdot\tan\alpha\ ;\quad I = na^2(6R^2 - a^2)/96\cdot\tan\alpha \tag{115}$$

Bei zentralsymmetrischen Querschnitten, beginnend mit dem gleichseitigen Dreieck, entartet die Trägheitsellipse in einen Kreis: Jedes Schwerachsenkreuz ist Hauptachsenkreuz, d.h.: $I_y = I_z = I_\eta = I_\zeta = I$.

Die Auswertung der Formeln für n=3 bis n=8 ergibt:

$$\begin{array}{llll} n=3: & A = 0{,}4330\,a^2 = 1{,}2990\,R^2; & I = 0{,}0180\,a^4 = 0{,}1624\,R^4 \\ n=4: & A = 1\,a^2 = 2\,R^2; & I = 0{,}0833\,a^4 = 0{,}3333\,R^4 \\ n=5: & A = 1{,}7205\,a^2 = 2{,}3776\,R^2; & I = 0{,}2396\,a^4 = 0{,}4575\,R^4 \\ n=6: & A = 2{,}5981\,a^2 = 2{,}5981\,R^2; & I = 0{,}5413\,a^4 = 0{,}5413\,R^4 \\ n=7: & A = 3{,}6339\,a^2 = 2{,}7364\,R^2; & I = 1{,}0550\,a^4 = 0{,}5982\,R^4 \\ n=8: & A = 4{,}8285\,a^2 = 2{,}8285\,R^2; & I = 1{,}8595\,a^4 = 0{,}6381\,R^4 \\ n=\infty: & A = \pi R^2; & I = 0{,}7854\,R^4 \end{array} \tag{116}$$

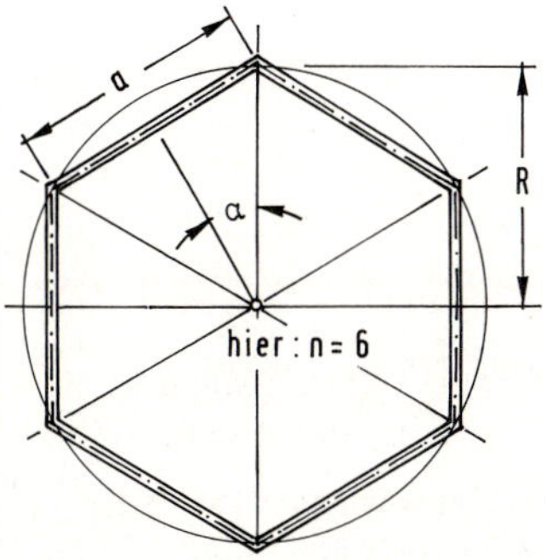

Bild 54

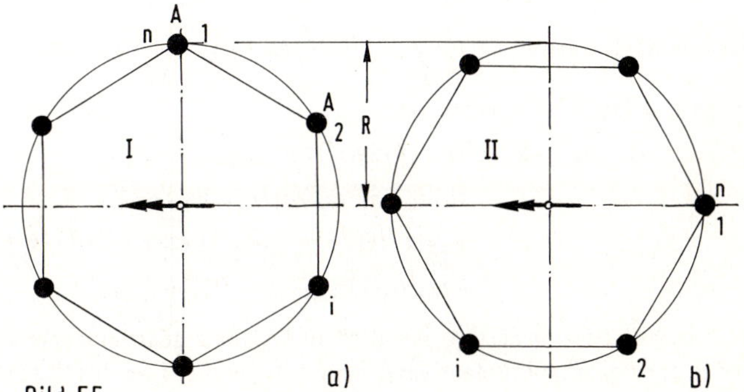

Bild 55

g) Dünnwandiger, zentralsymmetrischer Polygonquerschnitt, Bild 54. Es liegt ein Sonderfall des Querschnittstyps (14) vor. Ist R der Radius des durch die Eckpunkte verlaufenden Kreises, gilt, vgl. Tafel 26.6:

$$A = nat;\quad I = \frac{n}{8}\left(\frac{1}{3} + \frac{1}{\tan^2\alpha}\right)a^3 t \tag{117}$$

---

*) Zur Spannungsberechnung von Stäben mit Winkelquerschnitt vgl. Anhang A3, S.1362.

Integrationsformeln für dickwandige, polygonal begrenzte Querschnitte

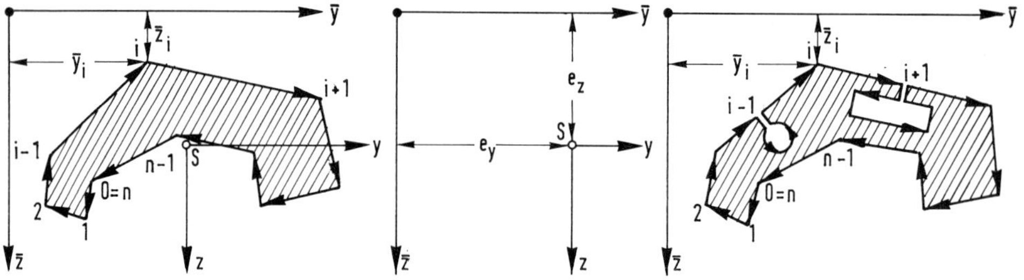

Berechnungschritte: In einem frei gewählten Koordinatensystem $\bar{y}, \bar{z}$ werden die Koordinaten $\bar{y}_i, \bar{z}_i$ aller Eckpunkte von i=1 bis i=n vorzeichengerecht festgelegt. Die Randkurve ist ein geschlossener Polygonzug; Anfangspunkt 0 und Endpunkt n fallen zusammen. Ein mehrfach zusammenhängender Querschnitt (rechtes Bild) wird aufgeschnitten gedacht und damit auf einen einfach zusammenhängenden Bereich zurückgeführt.

$A = \frac{1}{2} \cdot \sum (\bar{y}_i \cdot \bar{z}_{i+1} - \bar{y}_{i+1} \cdot \bar{z}_i)$ (alle Summen erstrecken sich von i=1 bis i=n)

$S_{\bar{y}} = \frac{1}{6} \cdot \sum [(\bar{y}_i \cdot \bar{z}_{i+1} - \bar{y}_{i+1} \cdot \bar{z}_i) \cdot (\bar{z}_i + \bar{z}_{i+1})]$ $S_{\bar{z}} = \frac{1}{6} \cdot \sum [(\bar{y}_i \cdot \bar{z}_{i+1} - \bar{y}_{i+1} \cdot \bar{z}_i)(\bar{y}_i + \bar{y}_{i+1})$

$e_z = S_{\bar{y}}/A$; $e_y = S_{\bar{z}}/A$

Variante I: Berechnung von $I_{\bar{y}}, I_{\bar{z}}$ und $I_{\bar{y}\bar{z}}$ mit anschließender Transformation

$$I_{\bar{y}} = \frac{1}{12} \cdot \sum \{(\bar{y}_i \, \bar{z}_{i+1} - \bar{y}_{i+1} \bar{z}_i) \cdot [(\bar{z}_i + \bar{z}_{i+1})^2 - \bar{z}_i \, \bar{z}_{i+1}]\}, \quad I_{\bar{z}} = \frac{1}{12} \sum \{(\bar{y}_i \, \bar{z}_{i+1} - \bar{y}_{i+1} \bar{z}_i) \cdot [(\bar{y}_i + \bar{y}_{i+1})^2 - \bar{y}_i \, \bar{y}_{i+1}]\}$$

$$I_{\bar{y}\bar{z}} = \frac{1}{12} \cdot \sum \{(\bar{y}_i \, \bar{z}_{i+1} - \bar{y}_{i+1} \bar{z}_i) \cdot [(\bar{y}_i + \bar{y}_{i+1})(\bar{z}_i + \bar{z}_{i+1}) - \frac{1}{2} \cdot (\bar{y}_i \, \bar{z}_{i+1} + \bar{y}_{i+1} \, \bar{z}_i)]\}$$

$I_y = I_{\bar{y}} - A \cdot e_z^2$, $I_z = I_{\bar{z}} - A \cdot e_y^2$, $I_{yz} = I_{\bar{y}\bar{z}} - A \cdot e_y \cdot e_z$

Variante II: Transformation des Koordinatensystems $\bar{y}, \bar{z}$ auf den Schwerpunkt: y, z

$y = \bar{y} - e_y$, $z = \bar{z} - e_z$;

$$I_y = \frac{1}{12} \cdot \sum \{(y_i \, z_{i+1} - y_{i+1} z_i) \cdot [(z_i + z_{i+1})^2 - z_i \, z_{i+1}]\}, \quad I_z = \frac{1}{12} \cdot \sum \{(y_i \, z_{i+1} - y_{i+1} z_i) \cdot [(y_i + y_{i+1})^2 - y_i \, y_{i+1}]\}$$

$$I_{yz} = \frac{1}{12} \cdot \sum \{(y_i \, z_{i+1} - y_{i+1} z_i) \cdot [(y_i + y_{i+1})(z_i + z_{i+1}) - \frac{1}{2} (y_i \, z_{i+1} + y_{i+1} z_i)]\}$$

Nachdem I_y, I_z und I_{yz} (entweder nach Variante I oder II) berechnet sind, werden erforderlichenfalls die Hauptachsen und Hauptträgheitsmomente bestimmt.

Querschnittsstrecken: $r_y = \frac{1}{I_y} \cdot \int_A z(y^2 + z^2)\, dA$, $r_z = \frac{1}{I_z} \cdot \int_A y(y^2 + z^2)\, dA$

Bezogen auf das Schwerachsenkreuz:

$$\begin{aligned} r_y \, I_y = \sum [& \frac{1}{20} [(y_i \, z_{i+1}^2 + 2 y_{i+1}^3) z_{i+1}^2 - (y_{i+1} \cdot z_i^2 + 2 y_i^3) z_i^2 + \\ & + (z_i \, z_{i+1}^3 + z_i^2 \, z_{i+1}^2 + z_i^3 z_{i+1}) \cdot (y_i - y_{i+1})] + \\ & + \frac{1}{60} [z_i^2 (6 y_i^2 + 3 y_i \, y_{i+1} + y_{i+1}^2) + z_i \, z_{i+1} (3 y_i^2 + 4 y_i \, y_{i+1} + 3 y_{i+1}^2) + \\ & + z_{i+1}^2 (y_i^2 + 3 y_i y_{i+1} + 6 y_{i+1}^2)] \cdot (y_i - y_{i+1})] \end{aligned}$$

Für $r_z \cdot I_z$ gilt dieselbe Formel, lediglich sind y und z gegeneinander auszutauschen. Auch kann die Formel auf irgendein Koordinatensystem $\bar{y}, \bar{z}$ angewendet werden (Variante I): $r_{\bar{y}} \cdot I_{\bar{y}}$ bzw. $r_{\bar{z}} \cdot I_{\bar{z}}$;

Umrechnung auf das Schwerachsenkreuz y, z:

$$r_y \, I_y = r_{\bar{y}} \, I_{\bar{y}} - e_z \, [3 I_{\bar{y}} + I_{\bar{z}} - 2 e_z^2 A] - e_y \cdot [2 I_{\bar{y}\bar{z}} - 2 e_y e_z A]$$

$$r_z \, I_z = r_{\bar{z}} \, I_{\bar{z}} - e_y \, [3 I_{\bar{z}} + I_{\bar{y}} - 2 e_y^2 A] - e_z \cdot [2 I_{\bar{y}\bar{z}} - 2 e_y e_z A]$$

Integrationsformeln für dünnwandige, polygonale Querschnitte

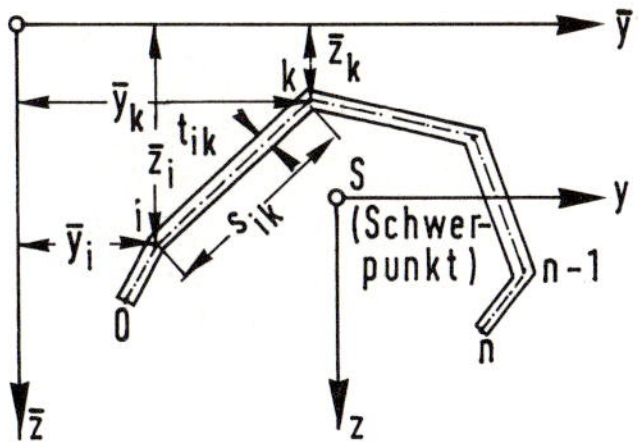

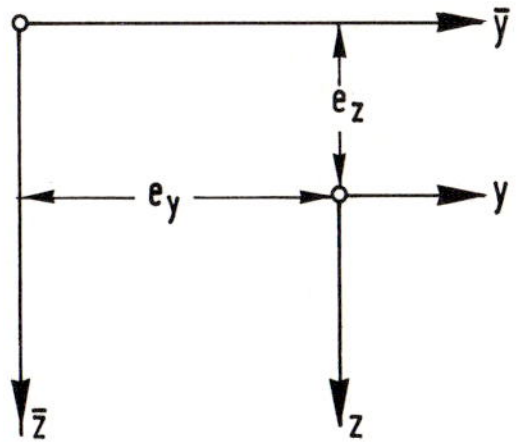

Berechnungsschritte:

1. In einem frei gewählten Koordinatensystem $\bar{y},\bar{z}$ werden die Koordinaten $\bar{y}_i$, $\bar{z}_i$ aller Eckpunkte von i = 0 bis i = n vorzeichengerecht festgelegt sowie die Wanddicken t_{ik} und Längen s_{ik} der einzelnen Teilflächenelemente ik bestimmt.
2. Nach Berechnung von $S_{\bar{y}}$ und $S_{\bar{z}}$ Ermittlung der Schwerpunktlage; hierauf wird das Koordinatensytem zweckmässig transformiert (Var. II).

Berechnungsformeln (die Summen Σ erstrecken sich über alle n Teilelemente)

$A = \Sigma \Delta A_{ik}$; $\Delta A_{ik} = t_{ik} \cdot s_{ik}$ (Fläche des Teilelements ik) ; $s_{ik} = \sqrt{(\bar{z}_i - \bar{z}_k)^2 + (\bar{y}_i - \bar{y}_k)^2}$

$S_{\bar{y}} = +\frac{1}{2} \Sigma \Delta A_{ik} (\bar{z}_i + \bar{z}_k)$, $S_{\bar{z}} = \frac{1}{2} \Sigma \Delta A_{ik} (\bar{y}_i + \bar{y}_k)$; $e_z = S_{\bar{y}}/A$, $e_y = S_{\bar{z}}/A$

Variante I: Berechnung von $I_{\bar{x}}$, $I_{\bar{y}}$ und $I_{\bar{x}\bar{y}}$ mit anschließender Transformation

$I_{\bar{y}} = \frac{1}{3} \Sigma \Delta A_{ik} (\bar{z}_i^2 + \bar{z}_i \bar{z}_k + \bar{z}_k^2)$, $I_{\bar{z}} = \frac{1}{3} \Sigma \Delta A_{ik} (\bar{y}_i^2 + \bar{y}_i \bar{y}_k + \bar{y}_k^2)$

$I_{\bar{y}\bar{z}} = \frac{1}{6} \Sigma \Delta A_{ik} [2(\bar{y}_i \bar{z}_i + \bar{y}_k \bar{z}_k) + \bar{y}_i \bar{z}_k + \bar{y}_k \bar{z}_i]$

$I_y = I_{\bar{y}} - A \cdot e_z^2$, $I_z = I_{\bar{z}} - A \cdot e_y^2$, $I_{yz} = I_{\bar{y}\bar{z}} - A \cdot e_y e_z$

Variante II: Transformation des Koordinatensystems $\bar{y},\bar{z}$ auf den Schwerpunkt: y, z

$y = \bar{y} - e_y$, $z = \bar{z} - e_z$

$I_y = \frac{1}{3} \Sigma \Delta A_{ik} (z_i^2 + z_i z_k + z_k^2)$, $I_z = \frac{1}{3} \Sigma \Delta A_{ik} (y_i^2 + y_i y_k + y_k^2)$

$I_{yz} = \frac{1}{6} \Sigma \Delta A_{ik} [2(y_i z_i + y_k z_k) + y_i z_k + y_k z_i]$

Nachdem I_y, I_z und I_{yz} (entweder nach Variante I oder II) berechnet sind, werden erforderlichenfalls die Hauptachsen und Hauptträgheitsmomente bestimmt.

$r_y I_y = \frac{1}{12} \Sigma \Delta A_{ik} [(z_i + z_k) \cdot [3(z_i^2 + z_k^2) + (y_i + y_k)^2] + 2(z_i y_i^2 + z_k y_k^2)]$

$r_z I_z = \frac{1}{12} \Sigma \Delta A_{ik} [(y_i + y_k) \cdot [3(y_i^2 + y_k^2) + (z_i + z_k)^2] + 2(y_i z_i^2 + y_k z_k^2)]$

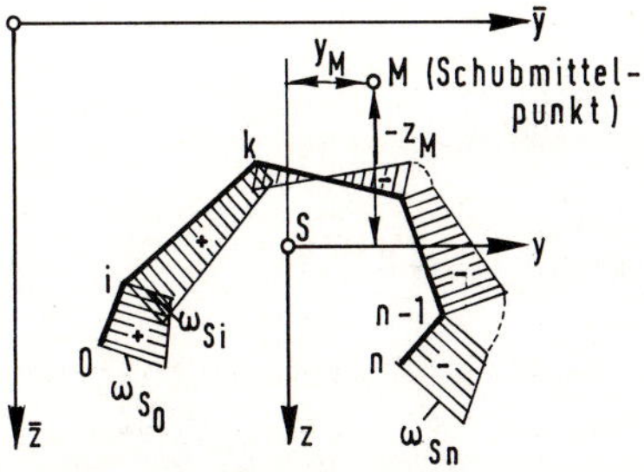

3. Vorzeichengerechte Festlegung der Wölbordinaten ω_{Si} (Einheitsverwölbungen) aller Eckpunkte von i = 0 bis i = n, bezogen auf den Schwerpunkt S.

$R_{Sy} = \frac{1}{6} \Sigma \Delta A_{ik} [2(z_i \omega_{Si} + z_k \omega_{Sk}) + z_i \omega_{Sk} + z_k \omega_{Si}]$

$R_{Sz} = \frac{1}{6} \Sigma \Delta A_{ik} [2(y_i \omega_{Si} + y_k \omega_{Sk}) + y_i \omega_{Sk} + y_k \omega_{Si}]$

$y_M = \frac{-R_{Sy} I_z + R_{Sz} I_{yz}}{I_y I_z - I_{yz}^2}$ $\qquad$ $z_M = \frac{R_{Sz} I_y - R_{Sy} I_{yz}}{I_y I_z - I_{yz}^2}$

(Sonderfall: y, z sind Hauptachsen: $y_M = -\frac{R_{Sy}}{I_y}$ $\quad z_M = \frac{R_{Sz}}{I_z}$

$C_S = \frac{1}{3} \Sigma \Delta A_{ik} (\omega_{Si}^2 + \omega_{Si} \omega_{Sk} + \omega_{Sk}^2)$

$C_M = C_S + y_M R_{Sy} - z_M R_{Sz}$ (Sonderfall: y, z sind Hauptachsen: $C_M = C_S - y_M^2 I_y - z_M^2 I_z$)

Ist ω_M selbst bekannt, kann gerechnet werden: $C_M = \frac{1}{3} \Sigma \Delta A_{ik} (\omega_{Mi}^2 + \omega_{Mi} \omega_{Mk} + \omega_{Mk}^2)$

Alle angeschriebenen Formeln gelten auch für beliebig geschlossene Querschnitte; ω_S bzw. ω_M müssen hierfür vorher berechnet sein (statisch unbestimmte Aufgabe).

Ermittlung von $A, S_y, S_z, e_y, e_z, I_y, I_z, I_{yz}$ zusammengesetzter Querschnitte

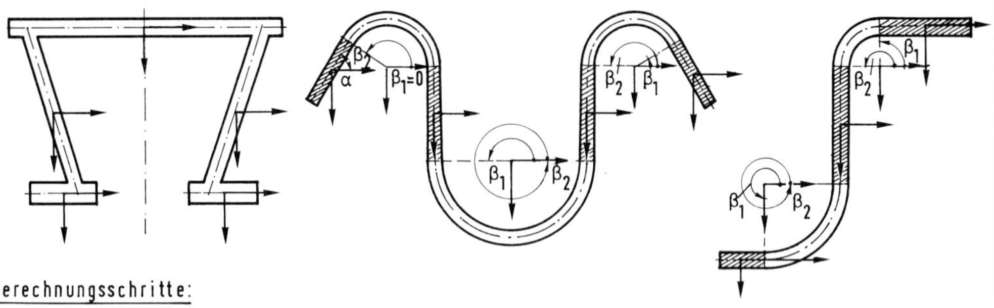

Berechnungsschritte:

1. Bestimmung der Schwerpunkt-Koordinaten der geradlinig begrenzten und der Kreismittelpunkts-Koordinaten der kreisförmig begrenzten Teilflächen für ein frei gewähltes Koordinatensystem.
2. Ermittlung der Querschnittswerte für die Teilflächen; bei den geradling begrenzten Teilflächen unter Bezug auf deren Schwerpunkt, bei den kreisförmig begrenzten Teilflächen unter Bezug auf deren Kreismittelpunkt, anschliessend Umrechnung auf deren Schwerpunkt.
3. Berechnung der Querschnittswerte für den zusammengesetzten Querschnitt, nachdem dessen Schwerpunkt bestimmt wurde.

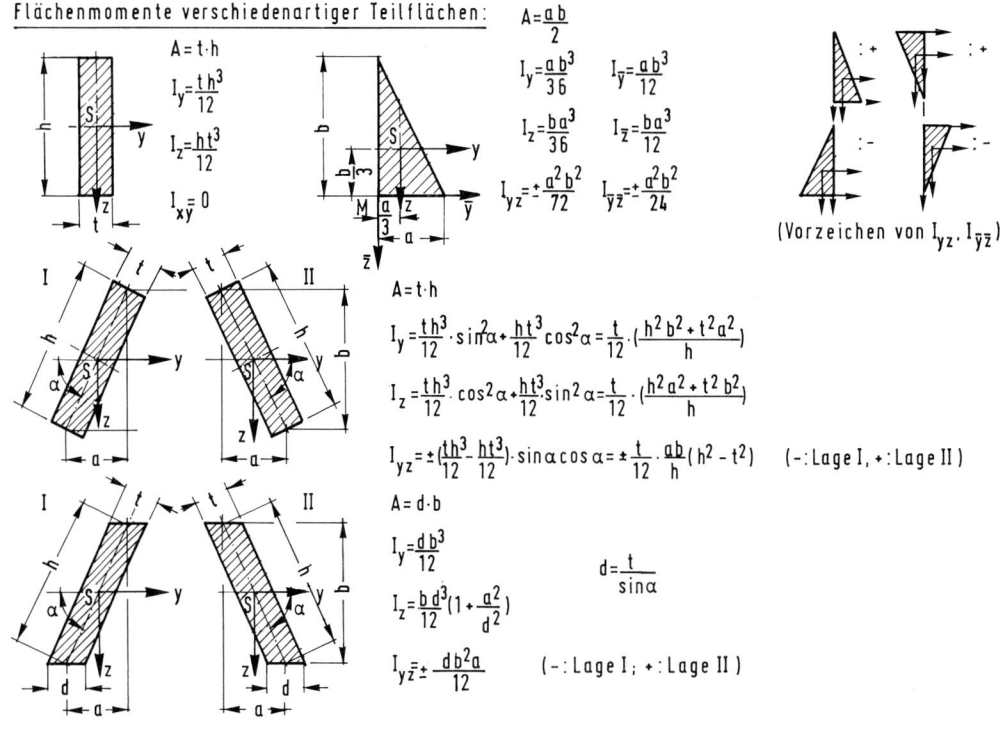

Flächenmomente verschiedenartiger Teilflächen:

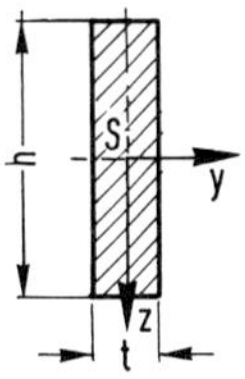

$A = t \cdot h$

$I_y = \frac{t h^3}{12}$

$I_z = \frac{h t^3}{12}$

$I_{x\bar{y}} = 0$

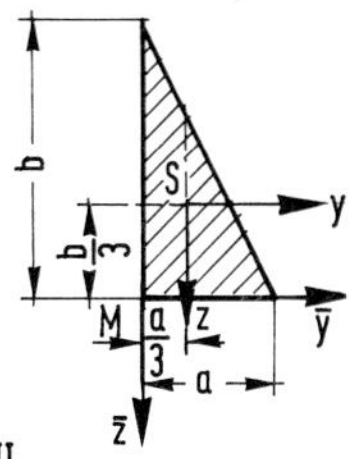

$A = \frac{a b}{2}$

$I_y = \frac{a b^3}{36}$ $\qquad I_{\bar{y}} = \frac{a b^3}{12}$

$I_z = \frac{b a^3}{36}$ $\qquad I_{\bar{z}} = \frac{b a^3}{12}$

$I_{yz} = \pm \frac{a^2 b^2}{72}$ $\qquad I_{\bar{y}\bar{z}} = \pm \frac{a^2 b^2}{24}$

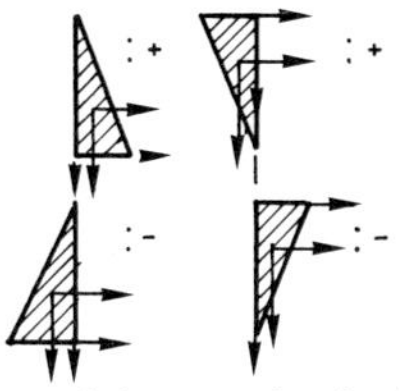

(Vorzeichen von I_{yz}, $I_{\bar{y}\bar{z}}$)

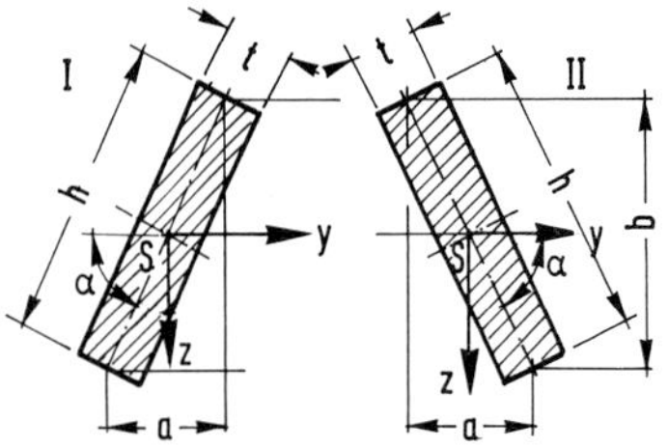

$A = t \cdot h$

$I_y = \frac{t h^3}{12} \cdot \sin^2\alpha + \frac{h t^3}{12} \cos^2\alpha = \frac{t}{12} \cdot \left(\frac{h^2 b^2 + t^2 a^2}{h}\right)$

$I_z = \frac{t h^3}{12} \cdot \cos^2\alpha + \frac{h t^3}{12} \sin^2\alpha = \frac{t}{12} \cdot \left(\frac{h^2 a^2 + t^2 b^2}{h}\right)$

$I_{yz} = \pm \left(\frac{t h^3}{12} - \frac{h t^3}{12}\right) \cdot \sin\alpha \cos\alpha = \pm \frac{t}{12} \cdot \frac{ab}{h} (h^2 - t^2)$ (−: Lage I, +: Lage II)

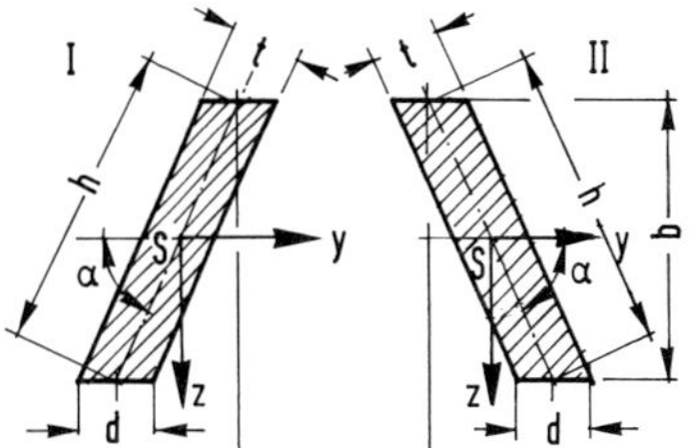

$A = d \cdot b$

$I_y = \frac{d b^3}{12}$

$I_z = \frac{b d^3}{12} \left(1 + \frac{a^2}{d^2}\right)$ $\qquad d = \frac{t}{\sin\alpha}$

$I_{y\bar{z}} = \pm \frac{d b^2 a}{12}$ (−: Lage I; +: Lage II)

Sonderfall: Dünnwandige Querschnitte

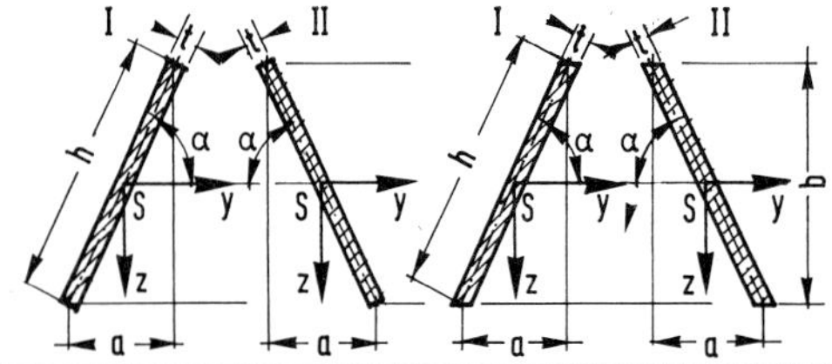

$A = t \cdot h$

$I_y = \frac{t}{12} h^3 \sin^2\alpha = \frac{t}{12} h b^2$

$I_z = \frac{t}{12} h^3 \cdot \cos^2\alpha = \frac{t}{12} h a^2$

$I_{y\bar{z}} = \pm \frac{t}{12} h^3 \sin\alpha \cos\alpha = \pm \frac{t}{12} h a b$ $\left\{\begin{array}{l} -: \text{Lage I} \\ +: \text{Lage II} \end{array}\right.$

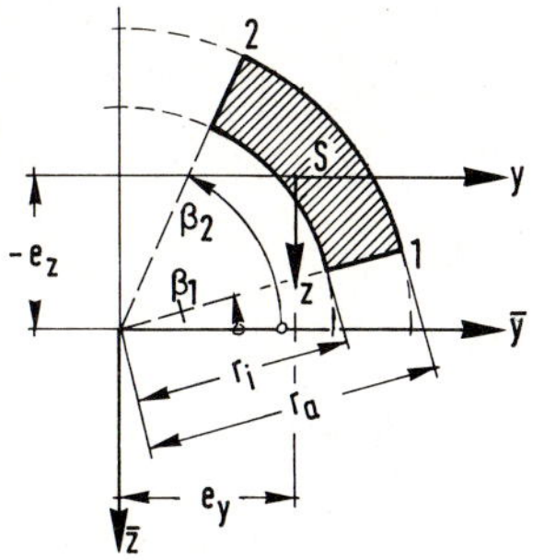

$$A = \frac{1}{2}(r_a^2 - r_i^2)\cdot(\beta_2 - \beta_1) \qquad (\beta \text{ in Bogenmaß})$$

$$S_{\bar{y}} = +\frac{1}{3}(r_a^3 - r_i^3)\cdot(\cos\beta_2 - \cos\beta_1)$$

$$S_{\bar{z}} = +\frac{1}{3}(r_a^3 - r_i^3)\cdot(\sin\beta_2 - \sin\beta_1)$$

$$e_z = \frac{S_{\bar{y}}}{A} \quad ; \quad e_y = \frac{S_{\bar{z}}}{A}$$

$$I_{\bar{y}} = \frac{1}{8}(r_a^4 - r_i^4)\cdot[(\beta_2 - \beta_1) - (\sin\beta_2\cdot\cos\beta_2 - \sin\beta_1\cdot\cos\beta_1)]$$

$$I_{\bar{z}} = \frac{1}{8}(r_a^4 - r_i^4)\cdot[(\beta_2 - \beta_1) + (\sin\beta_2\cdot\cos\beta_2 - \sin\beta_1\cdot\cos\beta_1)]$$

$$I_{\bar{y}\bar{z}} = -\frac{1}{8}(r_a^4 - r_i^4)\cdot(\sin^2\beta_2 - \sin^2\beta_1)$$

<u>Sonderfall:</u>
<u>Dünnwandige Querschnitte:</u>

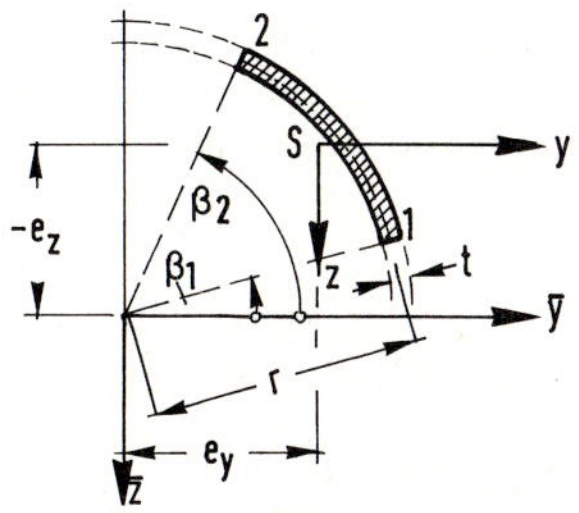

$$A = t r\cdot(\beta_2 - \beta_1)$$

$$S_{\bar{y}} = +t r^2\cdot(\cos\beta_2 - \cos\beta_1)$$

$$S_{\bar{z}} = +t r^2\cdot(\sin\beta_2 - \sin\beta_1)$$

$$e_z = \frac{S_{\bar{y}}}{A} \quad ; \quad e_y = \frac{S_{\bar{z}}}{A}$$

$$I_{\bar{y}} = \frac{t r^3}{2}[(\beta_2 - \beta_1) - (\sin\beta_2\cos\beta_2 - \sin\beta_1\cos\beta_1)]$$

$$I_{\bar{z}} = \frac{t r^3}{2}[(\beta_2 - \beta_1) + (\sin\beta_2\cos\beta_2 - \sin\beta_1\cos\beta_1)]$$

$$I_{\bar{y}\bar{z}} = -\frac{t r^3}{2}(\sin^2\beta_2 - \sin^2\beta_1)$$

$S_{\bar{x}}$, $S_{\bar{y}}$, e_y, e_x und $I_{\bar{x}\bar{y}}$ ergeben sich vorzeichenrichtig, wenn β_1 und β_2 entgegen dem Uhrzeigersinn von der $\bar{y}$-Achse aus gemessen werden. β_1 kennzeichnet immer den nächstgelegenen Schnitt 1, β_2 den entfernteren Schnitt 2.

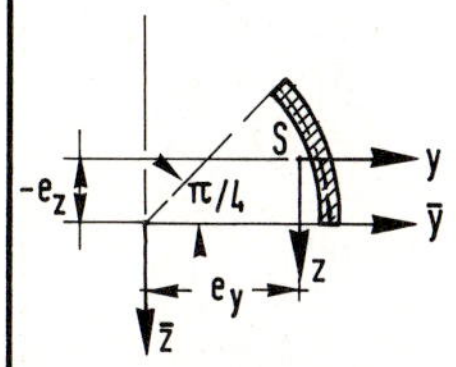

$$A = t r\frac{\pi}{4}$$

$$S_{\bar{y}} = -t r^2\left(1 - \frac{\sqrt{2}}{2}\right) \; ; \quad e_z = -\frac{2}{\pi}(2 - \sqrt{2})\, r \qquad I_y = t r^3\left[\frac{\pi}{8} - \frac{1}{4} - \frac{2}{\pi}(2 - \sqrt{2})\right]$$

$$S_{\bar{z}} = t r^3\,\frac{\sqrt{2}}{2} \qquad e_y = \frac{2}{\pi}\sqrt{2}\, r \qquad I_z = t r^3\left[\frac{\pi}{8} + \frac{1}{4} - \frac{2}{\pi}\right]$$

$$I_{\bar{y}} = \frac{t r^3}{8}(\pi - 2) \; ; \quad I_{\bar{z}} = \frac{t r^3}{8}(\pi + 2) \; ; \quad I_{\bar{y}\bar{z}} = -\frac{t r^3}{4} \; ; \quad I_{yz} = -t r^3\left[\frac{1}{4} - \frac{\sqrt{2}}{\pi}(2 - \sqrt{2})\right]$$

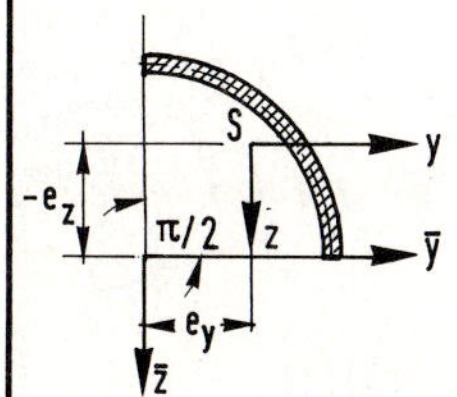

$$A = t r\frac{\pi}{2}$$

$$S_{\bar{y}} = -t r^2 \; ; \; S_{\bar{z}} = +t r^2 ; \; e_z = -\frac{2}{\pi} r \; ; \; e_y = \frac{2}{\pi} r$$

$$I_{\bar{y}} = I_{\bar{z}} = t r^3\frac{\pi}{4} \; ; \; I_{\bar{y}\bar{z}} = -\frac{t r^3}{2}$$

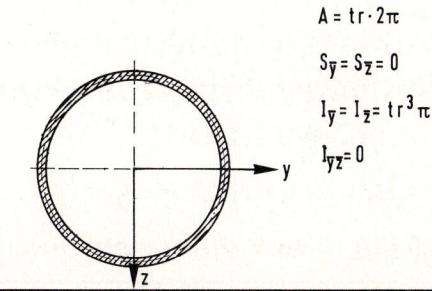

$$I_y = I_z = t r^3\left(\frac{\pi}{4} - \frac{2}{\pi}\right) \; ; \; I_{yz} = -t r^3\left(\frac{1}{2} - \frac{2}{\pi}\right)$$

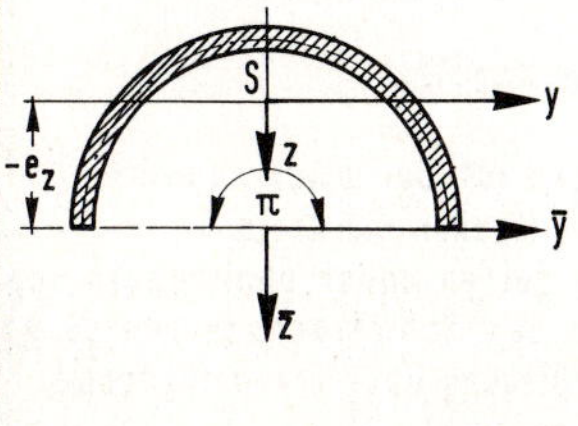

$$A = t r\cdot\pi$$

$$S_{\bar{y}} = -t r^2\cdot 2 \; ; \; e_{\bar{z}} = -\frac{2}{\pi} r$$

$$I_{\bar{y}} = t r^3\frac{\pi}{2} \; ; \; I_{\bar{z}} = t r^3\frac{\pi}{2}$$

$$I_{\bar{y}\bar{z}} = 0$$

$$I_y = t r^3\left(\frac{\pi}{2} - \frac{4}{\pi}\right)$$

$$I_z = t r\frac{\pi}{2}$$

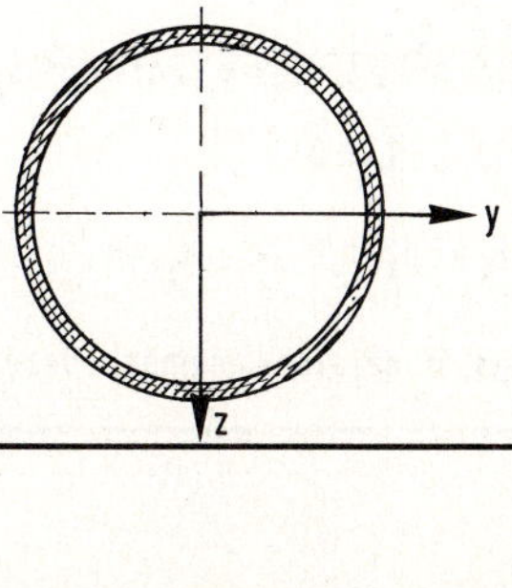

$$A = t r\cdot 2\pi$$

$$S_{\bar{y}} = S_{\bar{z}} = 0$$

$$I_{\bar{y}} = I_{\bar{z}} = t r^3\pi$$

$$I_{\bar{y}\bar{z}} = 0$$

Flächenmomente A und I (1)

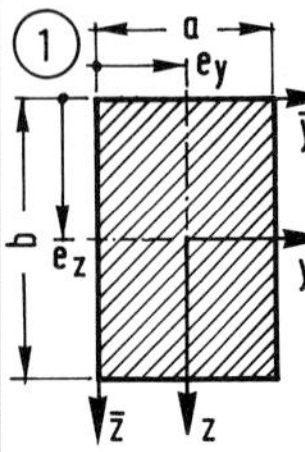

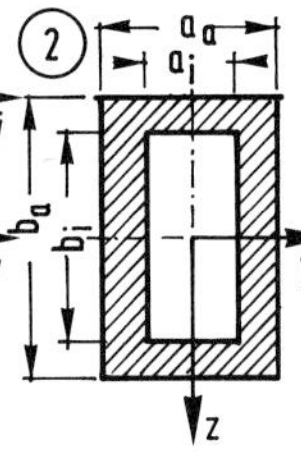

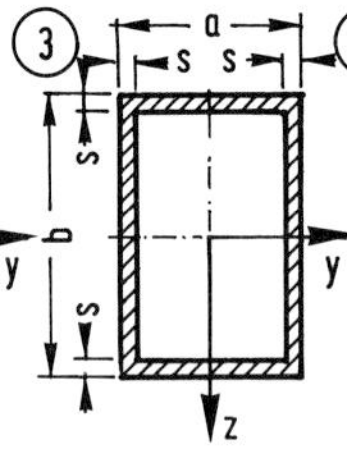

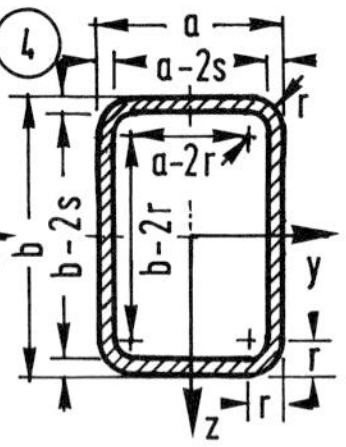

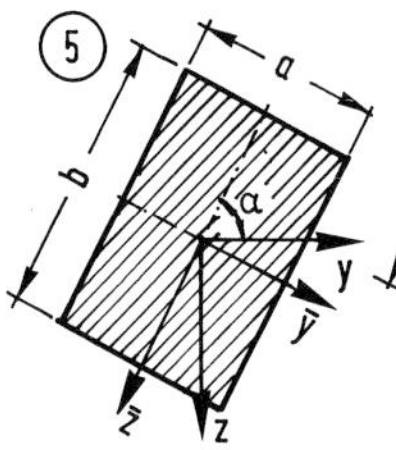

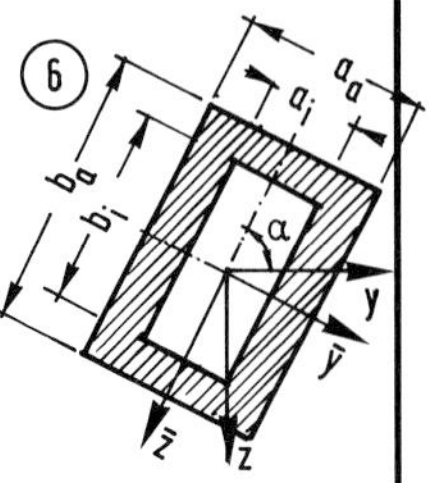

(1) $A = ab$; $S_{\bar{y}} = ab^2/2$, $S_{\bar{z}} = ba^2/2$; $e_z = b/2$, $e_y = a/2$; $I_{\bar{y}} = ab^3/3$, $I_{\bar{z}} = ba^3/3$

$I_y = ab^3/12$, $I_z = ba^3/12$; $i_y = b/\sqrt{12}$, $i_z = a/\sqrt{12}$; $W_y = ba^2/6$, $W_z = ab^2/6$

(2) $A = a_a b_a - a_i b_i$; $I_y = (a_a b_a^3 - a_i b_i^3)/12$; $I_z = (b_a a_a^3 - b_i a_i^3)/12$; $i = \sqrt{I/A}$

(3) $A = 2(a+b-2s)\cdot s$; $I_y = [(3a+b)b^2 - 6(a+b)bs + 4(a+3b)s^2 - 8s^3]s/6$; $I_y \approx (3a+b)b^2 s/6$

$A \approx 2(a+b)s$; $I_z = [(3b+a)a^2 - 6(a+b)as + 4(b+3a)s^2 - 8s^3]s/6$; $I_z \approx (3b+a)a^2 s/6$

Näherungswerte : Querschnitt dünnwandig $s \ll a,b$ (a und b : Bezug auf Profilmittellinie)

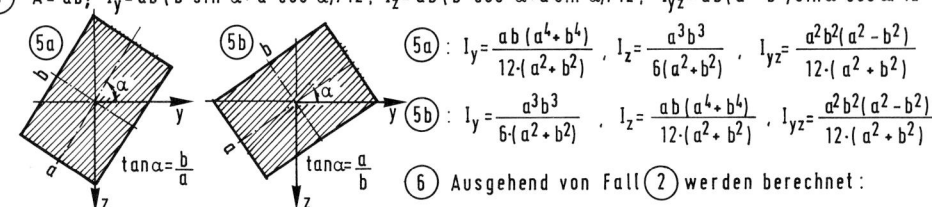

(4) $a_i = a-2s$, $b_i = b-2s$; $a_r = a-2r$, $b_r = b-2r$; $r_i = r-s$; $c = 4(r^3 - r_i^3)/3\pi(r^2 - r_i^2)$

$A = 2(a+b-4r)s + \pi(r^2 - r_i^2)$; $I_y = a_r^3 s/6 + b_r(a^3 - a_i^3)/12 + \pi[r^4 - r_i^4 + (r^2 - r_i^2)a_r(a_r + 4c)]/4$

$I_z = b_r^3 s/6 + a_r(b^3 - b_i^3)/12 + \pi[r^4 - r_i^4 + (r^2 - r_i^2)b_r(b_r + 4c)]/4$

(5) $A = ab$; $I_y = ab(b^2\sin^2\alpha + a^2\cos^2\alpha)/12$, $I_z = ab(b^2\cos^2\alpha + a^2\sin^2\alpha)/12$; $I_{yz} = ab(a^2 - b^2)\sin\alpha\cdot\cos\alpha/12$

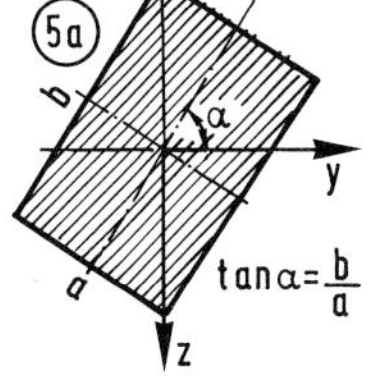

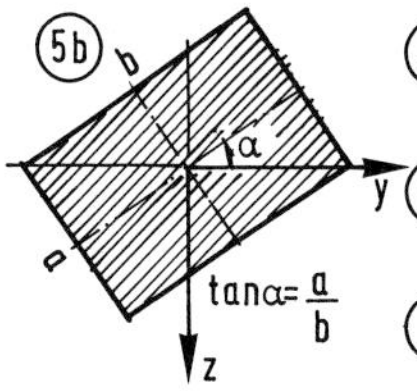

(5a) : $I_y = \dfrac{ab(a^4 + b^4)}{12\cdot(a^2 + b^2)}$, $I_z = \dfrac{a^3 b^3}{6(a^2 + b^2)}$, $I_{yz} = \dfrac{a^2 b^2(a^2 - b^2)}{12\cdot(a^2 + b^2)}$

(5b) : $I_y = \dfrac{a^3 b^3}{6\cdot(a^2 + b^2)}$, $I_z = \dfrac{ab(a^4 + b^4)}{12\cdot(a^2 + b^2)}$, $I_{yz} = \dfrac{a^2 b^2(a^2 - b^2)}{12\cdot(a^2 + b^2)}$

(6) Ausgehend von Fall (2) werden berechnet :

$I_y = I_{\bar{y}}\sin^2\alpha + I_{\bar{z}}\cdot\cos^2\alpha$; $I_z = I_{\bar{y}}\cdot\cos^2\alpha + I_{\bar{z}}\cdot\sin^2\alpha$; $I_{yz} = -(I_{\bar{y}} - I_{\bar{z}})\cdot\sin\alpha\cdot\cos\alpha$

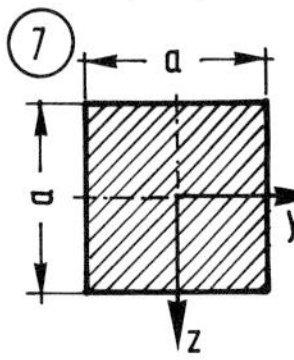

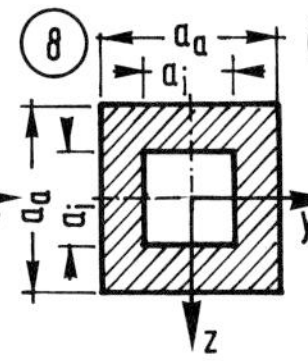

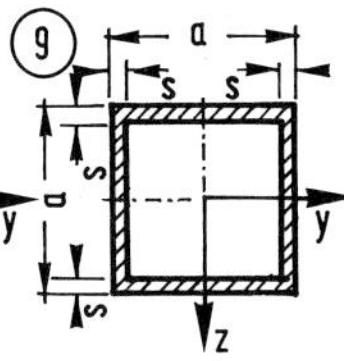

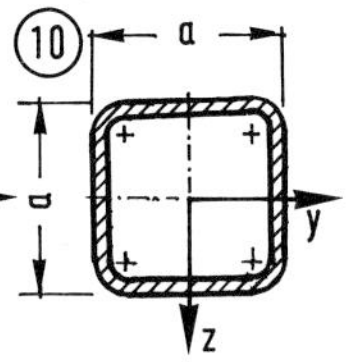

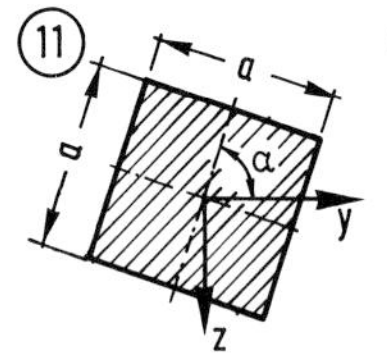

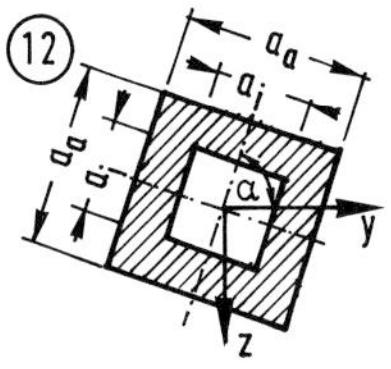

(7) $A = a^2$; $I_y = I_z = a^4/12$; $i_y = i_z = a/\sqrt{12}$; $W_y = W_z = a^3/6$; (8) $A = a_a^2 - a_i^2$; $I_y = I_z = (a_a^4 - a_i^4)/12$

(9) $A = 4(a-s)s$; $I_y = I_z = 2(a^3 - 3a^2 s + 4as^2 - 2s^3)s/3$. $A = 4as$; $I_y = I_z = 2a^3 s/3$ (Näherungswerte)

(10) $A = 4(a-2r)s + \pi(r^2 - r_i^2)$; $I_y = I_z = a_r(2a_r^2 s + a^3 - a_i^3)/12 + \pi[r^4 - r_i^4 + (r^2 - r_i^2)a_r(a_r + 4c)]/4$

(11) $A = a^2$; $I_y = I_z = a^4/12$, $I_{yz} = 0$

(12) $A = a_a^2 - a_i^2$; $I_y = I_z = (a_a^4 - a_i^4)/12$, $I_{yz} = 0$

Die Trägheitsellipse ist bei allen quadratischen Querschnittsflächen ein Kreis; die Formeln für I gelten daher unabhängig von der Richtungslage des Schwerachsenkreuzes y,z.

Das gilt nicht für das Widerstandsmoment! Bezüglich der Biegespannungen ist Biegung über Eck maßgebend.

Flächenmomente A und I (2)

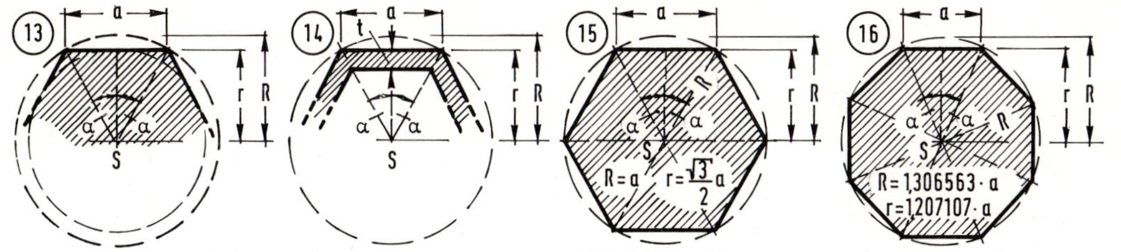

n-Eck: $\alpha = \pi/n$ 6-Eck: $\alpha = \pi/6$ 8-Eck: $\alpha = \pi/8$

(13) $R = a/2\sin\alpha$, $r = a/2\tan\alpha$; $A = na^2/4\tan\alpha$; $I = na^2(6R^2 - a^2)/96\cdot\tan\alpha = A(6R^2 - a^2)/24$

(14) R und r wie: (13) $A = n(1-b)at$; $I = \frac{n}{8}\left(\frac{1}{3} + \frac{1}{\tan^2\alpha}\right)(1 - 3b + 4b^2 - 2b^3)a^3t$; $b = \frac{t}{a}\tan\alpha$

(15) $A = \frac{3\sqrt{3}}{2}a^2 = 2{,}5981a^2 = 3{,}4641r^2$; $I = \frac{5\sqrt{3}}{16}a^4 = 0{,}5413\cdot a^4 = 0{,}9623\cdot r^4$ $(R = a)$

(16) $A = 2\sqrt{\frac{2+\sqrt{2}}{2-\sqrt{2}}}\,a^2 = 4{,}8285\cdot a^2 = 2{,}8285\cdot R^2 = 3{,}3138\cdot r^2$; $R = \frac{a}{\sqrt{2-\sqrt{2}}}$

$$I = \frac{1}{12}\sqrt{\frac{2+\sqrt{2}}{2-\sqrt{2}}}\cdot\frac{(4+\sqrt{2})}{(2-\sqrt{2})}\,a^4 = 1{,}8595\cdot a^4 = 0{,}6381\cdot R^4 = 0{,}8758\cdot r^4$$

Anmerkung: Die Formeln für I gelten unabhängig von der Richtungslage des Schwerachsenkreuzes y,z.
Dünnwandige Polygonalquerschnitte: (14) $b = 0$.

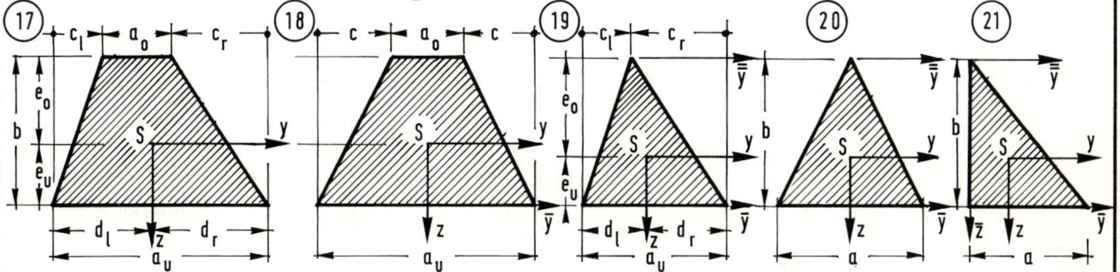

Trapez: $e_u = \frac{b(a_u + 2a_o)}{3(a_u + a_o)}$; $e_o = b - e_u$; $A = \frac{(a_u + a_o)}{2}b$; $I_y = \frac{b^3(a_u^2 + 4a_ua_o + a_o^2)}{36(a_u + a_o)}$; $I_{\bar{y}} = \frac{b^3(a_u + 3a_o)}{12}$

(17) $d_l = \frac{a_u^2 + a_o^2 + a_ua_o + c_l(a_u + 2a_o)}{3(a_u + a_o)}$; $d_r = \frac{a_u^2 + a_o^2 + a_ua_o + c_r(a_u + 2a_o)}{3(a_u + a_o)}$

$$I_z = \frac{b}{72(a_u + a_o)}[a_u^4 + a_o^4 + 2a_ua_o(a_u^2 + a_o^2 + 3a_ua_o) + (c_l^2 + c_r^2)\cdot(a_u^2 + a_o^2 + 4a_ua_o)]$$

$I_{yz} = \frac{-b^2}{72(a_u + a_o)}[(c_l - c_r)\cdot(a_u^2 + 4a_ua_o + a_o^2)]$ (18) Wie (17): $c_l = c_r = c$; $c_l^2 + c_r^2 = 2c^2$; $I_{yz} = 0$

Dreieck: $e_u = b/3$, $e_o = 2b/3$; $A = ab/2$; $I_y = ab^3/36$, $I_{\bar{y}} = ab^3/12$, $I_{\bar{\bar{y}}} = ab^3/4$

(19) $d_l = (a + c_l)/3$; $d_r = (a + c_r)/3$; $I_z = ba[a^2 + (c_l^2 + c_r^2)]/72$; $I_{yz} = -b^2a(c_l - c_r)/72$

(20) $I_z = ba^3/48$; Gleichschenkliges Dreieck: $I = \sqrt{3}\cdot a^4/96$; $b = \sqrt{3}\cdot a/2$

(21) $I_z = ba^3/36$; $I_{yz} = +a^2b^2/72$; $I_{\bar{y}} = ab^3/12$, $I_{\bar{z}} = ba^3/12$, $I_{\bar{y}\bar{z}} = +a^2b^2/24$

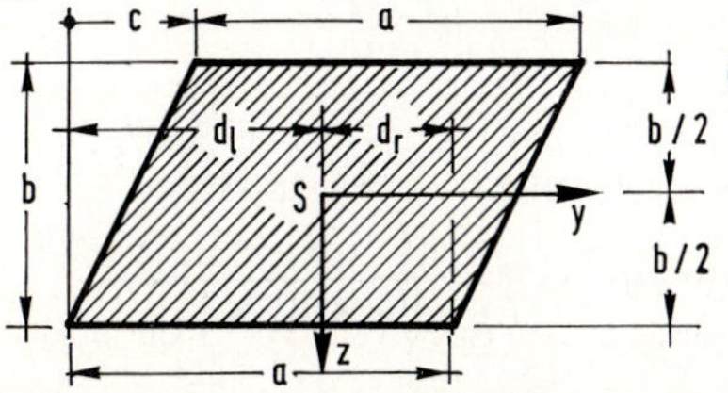

(22) Aus (17): $c_l = c$, $c_r = -c$: $d_l = (a + c)/2$, $d_r = (a - c)/2$

$A = a\cdot b$; $I_y = ab^3/12$; $I_z = ab(a^2 + c^2)/12$

$I_{yz} = -ab^2c/12$

Flächenmomente A und I (3)

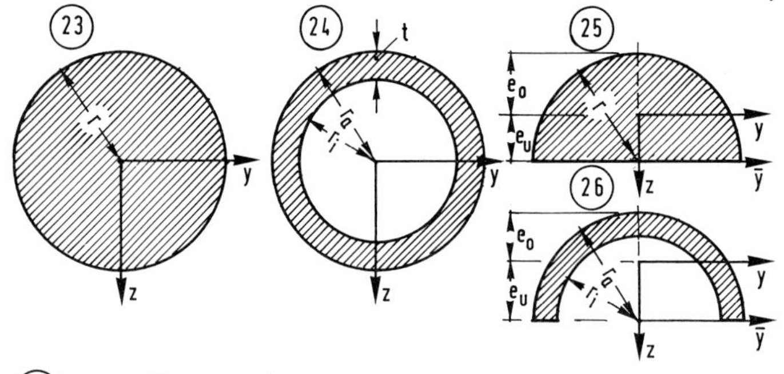

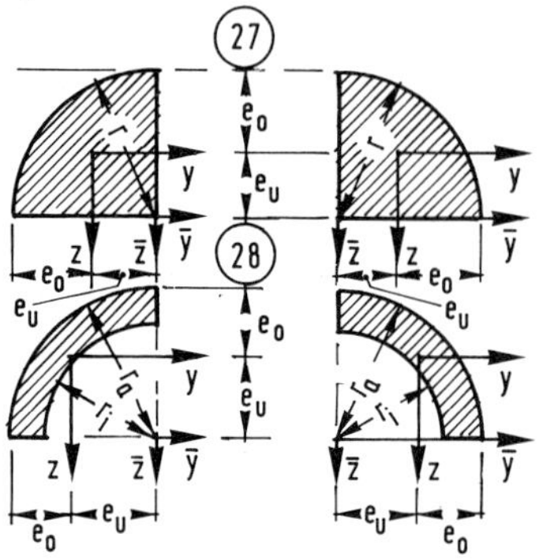

(23) $A = \pi \cdot r^2$; $I = \pi \cdot r^4/4$; $i = r/2$

(24) $A = \pi(r_a^2 - r_i^2)$; $I = \pi(r_a^4 - r_i^4)/4$; $i = \sqrt{r_a^2 + r_i^2}/2$; $A = 2\pi r t$, $I = \pi r^3 t$, $i = \frac{\sqrt{2}}{2} r$

(25) $e_u = 4r/3\pi = 0{,}4244\,r$, $e_o = (3\pi - 4)r/3\pi = 0{,}5756\,r$; $A = \pi r^2/2 = 1{,}5708\,r^2$

$I_y = (9\pi^2 - 64)r^4/72\pi = 0{,}10976\,r^4$; $I_z = \pi r^4/8 = 0{,}39270\,r^4$; $I_{\bar{y}} = \pi r^4/8$; $i_y = 0{,}2643\,r$

(26) $e_u = \frac{4}{3\pi} \cdot \frac{(r_a^3 - r_i^3)}{(r_a^2 - r_i^2)}$, $e_o = r_a - e_u$; $A = \frac{\pi}{2}(r_a^2 - r_i^2)$; $I_y = \frac{9\pi^2(r_a^4 - r_i^4)\cdot(r_a^2 - r_i^2) - 64(r_a^3 - r_i^3)^2}{72\pi(r_a^2 - r_i^2)}$

$I_z = \pi(r_a^4 - r_i^4)/8$; $I_{\bar{y}} = \pi(r_a^4 - r_i^4)/8$

(27) $e_u = 4r/3\pi$, $e_o = (3\pi - 4)r/3\pi$; $A = \pi r^2/4$; $I_y = I_z = (9\pi^2 - 64)r^4/144\pi = 0{,}054878\,r^4$

$I_{yz} = \frac{9\pi + 32}{72\pi} r^4$; $I_{\bar{y}} = I_{\bar{z}} = \pi r^4/16$; $I_{\bar{y}\bar{z}} = r^4/8$ Vorzeichen für I_{yz} und $I_{\bar{y}\bar{z}}$ + − / − +

(28) $e_u = \frac{4}{3\pi} \cdot \frac{(r_a^3 - r_i^3)}{(r_a^2 - r_i^2)}$, $e_o = r_a - e_u$; $A = \frac{\pi}{4}(r_a^2 - r_i^2)$; $I_y = I_z = \frac{9\pi^2(r_a^4 - r_i^4)(r_a^2 - r_i^2) - 64(r_a^3 - r_i^3)^2}{144\pi(r_a^2 - r_i^2)}$

$I_{yz} = \frac{9\pi(r_a^4 - r_i^4)(r_a^2 - r_i^2) + 32(r_a^3 - r_i^3)^2}{72\pi(r_a^2 - r_i^2)}$; $I_{\bar{y}} = I_{\bar{z}} = \frac{\pi}{16}(r_a^4 - r_i^4)$; $I_{\bar{y}\bar{z}} = \frac{1}{8}(r_a^4 - r_i^4)$ Vorzeichen wie (27)

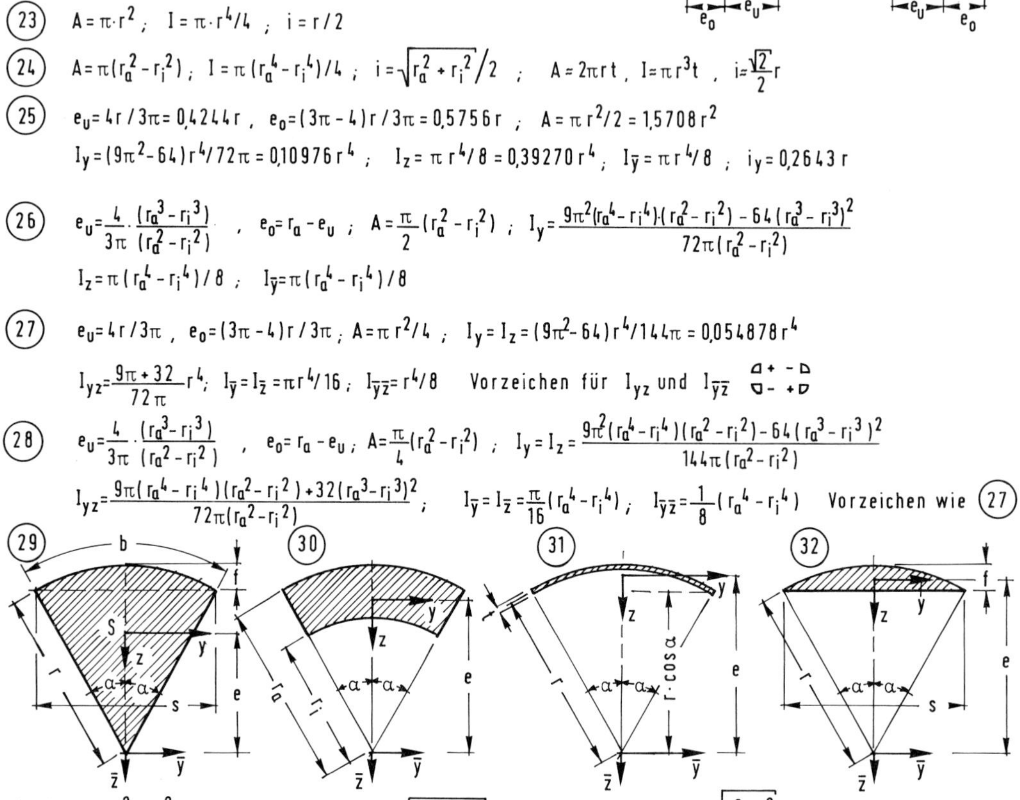

Radius $r = (s^2 + 4f^2)/8f$; Sehnenlänge $s = 2 \cdot \sqrt{(2r - f) \cdot f} = 2r \cdot \sin\alpha$; Stich $f = r \mp \sqrt{r^2 - \frac{s^2}{4}} = r(1 - \cos\alpha)$

Bogenlänge $b = 2r\alpha$; halber Zentriwinkel $\alpha = b/2r$; $\tan\alpha = s/2(r - f)$

(29) $e = \frac{2}{3} \frac{\sin\alpha}{\alpha} r$; $A = br/2 = \alpha r^2$; $I_y = (\alpha + \sin\alpha \cdot \cos\alpha - \frac{16}{9} \frac{\sin^2\alpha}{\alpha}) \frac{r^4}{4}$

$I_z = (\alpha - \sin\alpha \cdot \cos\alpha) r^4/4$; $I_y = (\alpha + \sin\alpha \cdot \cos\alpha) r^4/4$

$\alpha^\circ = \hat{\alpha}\, \frac{180^\circ}{\pi}$

$\hat{\alpha} = \alpha^\circ \frac{\pi}{180^\circ}$

(30) $e = \frac{2}{3} \cdot \frac{\sin\alpha}{\alpha} \cdot \frac{r_a^3 - r_i^3}{r_a^2 - r_i^2}$; $A = \alpha(r_a^2 - r_i^2)$, $I_y = \frac{1}{4}(\alpha - \sin\alpha \cos\alpha)(r_a^4 - r_i^4) - \frac{4}{9} \frac{\sin^2\alpha}{\alpha} \frac{(r_a^3 - r_i^3)^2}{r_a^2 - r_i^2}$

$I_z = \frac{1}{4}(\alpha - \sin\alpha \cos\alpha)(r_a^4 - r_i^4)$; $I_{\bar{y}} = \frac{1}{4}(\alpha + \sin\alpha \cos\alpha)(r_a^4 - r_i^4)$

(31) $e = \frac{\sin\alpha}{\alpha} r$; $A = 2\alpha r t$; $I_y = [(\alpha + \sin\alpha\cos\alpha) - \frac{2 \cdot \sin^2\alpha}{\alpha}] r^3 t$; $I_z = (\alpha - \sin\alpha\cos\alpha) r^3 t$; $I_{\bar{y}} = (\alpha + \sin\alpha\cos\alpha) r^3 t$

(32) $e = \frac{2}{3} \cdot \frac{\sin^3\alpha}{\alpha - \sin\alpha\cos\alpha} r = \frac{s^3}{12A}$; $A = (\alpha - \sin\alpha\cos\alpha) r^2$; $I_y = [\alpha - \sin\alpha\cos\alpha + 2\sin^3\alpha\cos\alpha - \frac{16 \sin^6\alpha}{9(\alpha - \sin\alpha\cos\alpha)}] \frac{r^4}{4}$

$I_z = (3\alpha - 3\sin\alpha\cos\alpha - 2\sin^3\alpha\cos\alpha) r^4/12$

Die Auswertung der Formeln für n=3 bis n=8 ergibt:

$$
\begin{aligned}
n=3: & \; A=3at=5{,}1962\,Rt; & I=0{,}2500\,a^3t=1{,}2990\,R^3t\\
n=4: & \; A=4at=5{,}6569\,Rt; & I=0{,}6667\,a^3t=1{,}8856\,R^3t\\
n=5: & \; A=5at=5{,}8779\,Rt; & I=1{,}3924\,a^3t=2{,}2620\,R^3t\\
n=6: & \; A=6at=6\;\;\;\;Rt; & I=2{,}5000\,a^3t=2{,}5000\,R^3t\\
n=7: & \; A=7at=6{,}0744\,Rt; & I=4{,}0646\,a^3t=2{,}6560\,R^3t\\
n=8: & \; A=8at=6{,}1229\,Rt; & I=6{,}1618\,a^3t=2{,}7626\,R^3t\\
n=\infty: & \; A=\text{———}=2\pi Rt; & I=\text{——}=\pi R^3t=3{,}1416\cdot R^3t
\end{aligned}
\qquad (118)
$$

h) Zentralsymmetrischer Mehrpunktquerschnitt, Bild 55a/b. Es werden zwei Biegungsrichtungen untersucht: Eckpunkt außen oder Kante außen. Bei Querschnitten mit ungerader Seitenzahl liegen stets beide Fälle gleichzeitig vor. Zählung gemäß Teilbild a:

$$\text{Fall I:}\quad I = AR^2\cdot\left(\sum_{i=1}^{n}\cos^2(i-1)\frac{2\pi}{n}\right) \qquad (119)$$

Zählung gemäß Teilbild b:

$$\text{Fall II:}\quad I = AR^2\cdot\left(\sum_{i=1}^{n}\sin^2(i-1)\frac{2\pi}{n}\right) \qquad (120)$$

Die Auswertung der Summen liefert das folgende geschlossene Ergebnis:

$$n=2:\quad \text{Fall I}: I = 2\cdot AR^2,\quad \text{Fall II}: I=0 \qquad (121)$$

$$n\geq 3:\quad \text{Fall I und II}:\quad \underline{I = \frac{n}{2}AR^2} \qquad (122)$$

Die Eigenträgheitsmomente der Teilflächen sind über den STEINER-Satz noch einzurechnen. - Bei Querschnitten mit gerader Seitenzahl ist stets Biegung im Sinne von Fall I maßgebend, weil das Widerstandsmoment hierfür kleiner als im Falle II ist. Diese Anmerkung gilt für alle zentralsymmetrischen Querschnitte, sofern die Lage des resultierenden Momentenvektors beliebig ist (z.B. Wind auf einen Mast).

26.7 Vollwandige Träger veränderlicher Höhe

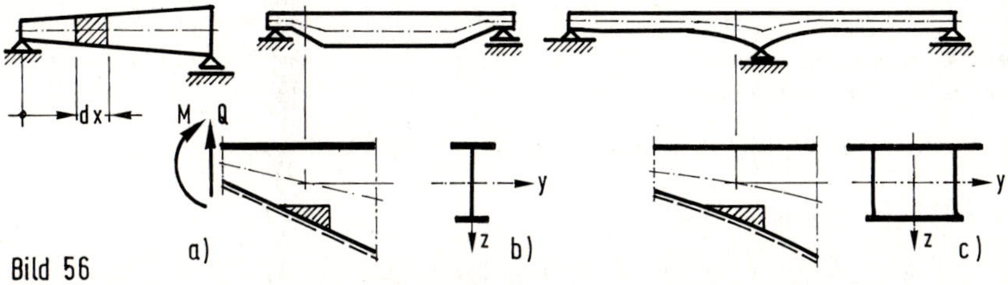

Bild 56

Bild 56 zeigt Beispiele vollwandiger Träger mit veränderlicher Trägerhöhe; die Höhenveränderlichkeit ist entweder geradlinig oder kontinuierlich. Gegeben seien im Schnitt x des Balkens M und Q; sie gelten, wie in Teilbild a angegeben, unter der Voraussetzung einer durchgehend geraden Stabachse, d.h. Q ist vertikal gerichtet. Gesucht sind Formeln, mit denen der Einfluß der veränderlichen Höhe auf die - auf der Grundlage der technischen Biegetheorie berechneten - Biege- und Schubspannungen erfaßt werden kann. In der vertikalen Schnittebene des Balkens ergeben sich die Spannungen ohne Berücksichtigung der Schräge zu:

$$\sigma_x = +\frac{M}{I_y}\cdot z\;;\quad \tau_{zx}=\tau_{xz}=\frac{Q\cdot S(z)}{I_y\cdot b(z)} \qquad (123)$$

Aus dem unter α geneigten Randbereich des Trägers wird ein dreieckförmiges Element herausgetrennt, dessen eine Schnittkante normal zum Rand und dessen andere horizontal verläuft (Bild 57a). Am Außenrand sind σ_2 und τ_{21} ($=\tau_{12}$) Null, folgleich ist die Spannung σ_1 in Richtung der schrägen Berandung eine Hauptspannung. Zwischen σ_1 einerseits und den Spannungen σ_z und $\bar{\tau}_{zx}$ andererseits, bestehen die Gleichgewichtsgleichungen (vgl. Teilbild a):

$$\uparrow\; \sigma_z dx - \sigma_1 dx \sin\alpha \sin\alpha = 0 \;\longrightarrow\; \sigma_z = \sigma_1 \sin^2\alpha \qquad (124)$$

$$\rightarrow\; \bar{\tau}_{zx}dx + \sigma_1 dx \sin\alpha\cos\alpha = 0 \;\longrightarrow\; \bar{\tau}_{zx} = -\sigma_1 \sin\alpha\cos\alpha \qquad (125)$$

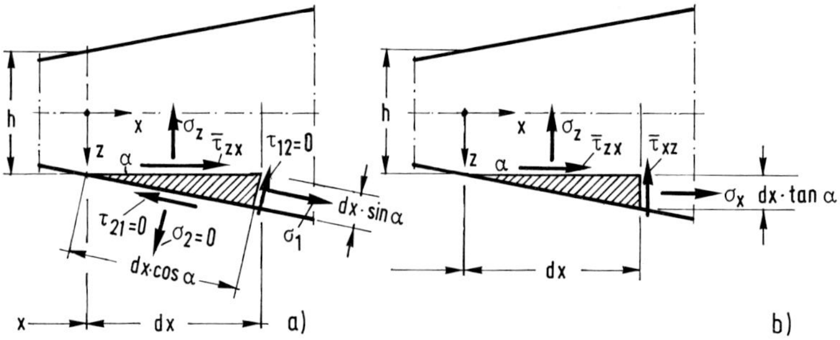

Bild 57

$\bar{\tau}_{zx}$ ist nicht mit τ_{zx} gemäß G.123 identisch! $\bar{\tau}_{zx}$ wird vielmehr durch die Randneigung zusätzlich zu τ_{zx} geweckt, $\bar{\tau}_{zx}$ hat die Bedeutung einer "Korrekturspannung". Für das in Teilbild b dargestellte Element gilt:

$$\uparrow \sigma_z dx + \bar{\tau}_{xz} dx \tan\alpha = 0 \longrightarrow \sigma_z = -\bar{\tau}_{xz}\tan\alpha \quad (126)$$

$$\rightarrow \bar{\tau}_{zx} dx + \sigma_x dx \tan\alpha = 0 \longrightarrow \sigma_x = -\bar{\tau}_{zx}/\tan\alpha \quad (127)$$

Die Verknüpfung von G.123 und G.127 ergibt:

$$\sigma_x = +\sigma_1 \cdot \frac{\sin\alpha\cos\alpha}{\tan\alpha} = \sigma_1\cos^2\alpha \longrightarrow \sigma_1 = \sigma_x/\cos^2\alpha \quad (128)$$

Die Randspannung erfährt demnach eine Erhöhung; bei $\alpha=5°$: 0,8%, $\alpha=10°$: 3,1%. In vertikaler Richtung wird die Spannung σ_z geweckt; wird G.125 in G.126 eingesetzt, folgt:

$$\sigma_z = \sigma_1 \sin\alpha\cos\alpha\tan\alpha = \sigma_1\sin^2\alpha \quad (129)$$

Dies Ergebnis ist mit G.124 identisch. σ_z ist i.a. sehr gering und kann vernachlässigt werden; bei $\alpha=10°$: 3,1% von σ_x. - Die Spannung $\bar{\tau}_{zx}$ beträgt:

$$\bar{\tau}_{zx} = -\sigma_x\cdot\tan\alpha \quad (130)$$

(σ_x als Zugspannung positiv! Wird für σ_x, σ_z und $\bar{\tau}_{xz}$ die Hauptspannung bestimmt, folgt G.128.) $\bar{\tau}_{zx}$ ist über die Höhe des Trägers variabel. Der genaue Verlauf ist unbekannt. Es wird angenommen, daß $\bar{\tau}_{zx}$ vom Außenrand bis zur Nullinie geradlinig auf Null abfällt und dann wieder auf den vollen Wert ansteigt:

$$\bar{\tau}_{zx}(z) = -\sigma_x\tan\alpha\left(\frac{z}{h/2}\right) = -2\tan\alpha\,\frac{z}{h}\left(\frac{M}{I_y}z\right) = -2\cdot\frac{\tan\alpha}{h}\cdot\frac{M}{I_y}z^2 \quad (131)$$

Wird über die Höhe integriert, ergibt sich ($\bar{\tau}_{xz}=\bar{\tau}_{zx}$):

$$\bar{Q} = -\int_A \bar{\tau}_{xz}dA = +2\cdot\frac{\tan\alpha}{h}\cdot\frac{M}{I_y}\int_A z^2 dA = 2\cdot\frac{\tan\alpha}{h}M \quad (132)$$

$\bar{Q}$ beteiligt sich an der Querkraftabtragung: demnach kann die Schubspannung zu

$$\tau_{zx} = \tau_{xz} = \frac{(Q-\bar{Q})\cdot S(z)}{I_y\cdot b(z)} \quad (133)$$

berechnet werden. $\tan\alpha$, Q und M sind in G.132 vorzeichengerecht einzusetzen; dann ist G.133 auch für negative Randneigungen und Schnittgrößen gültig. Vorstehende Abschätzung gilt bis etwa $\alpha=20°$.

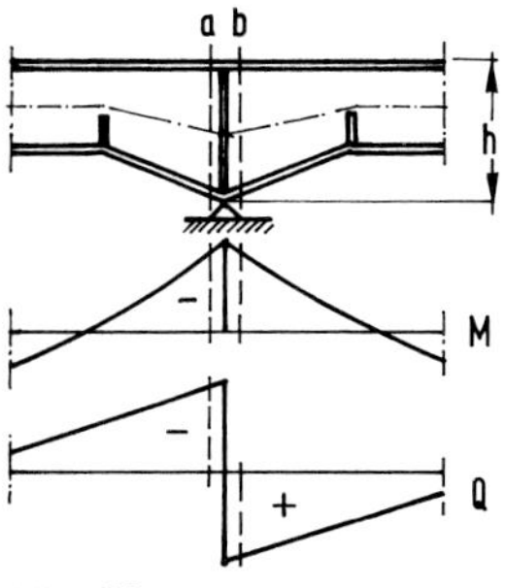

Bild 58

<u>Beispiel</u> (Bild 58): h=100cm, $\alpha=20°$: $\tan\alpha=0{,}3640$, $\cos\alpha=0{,}9397$. M=-500kNm, Q=±650kN.

Für die max Randspannung folgt:

$$\max\sigma = \sigma_1 = \frac{\sigma_x}{\cos^2\alpha} = \frac{\sigma_x}{0{,}9397^2} = \frac{\sigma_x}{0{,}8830} = \underline{1{,}132\,\sigma_x}$$

(In σ_x ist ggf. auch der Beitrag einer Normalkraft zu berücksichtigen.)

Schnitt a: $\tan\alpha = 0{,}3640$, $M = 50000\,kNcm$, $Q = -650\,kN$:

$$\bar{Q} = 2\frac{0{,}3640}{100}(-50000) = -364\,kN;\quad \tau = \frac{(-650+364)}{I\cdot b}S = \frac{-286}{I\cdot b}\cdot S(z)$$

Schnitt b: $\tan\alpha = -0{,}3640$, $M = -50000\,kNcm$, $Q = +650\,kN$:

$$\bar{Q} = 2\frac{-0{,}3640}{100}(-50000) = +364\,kN;\quad \tau = \frac{(+650-364)}{I\cdot b}S = \frac{+286}{I\cdot b}\cdot S(z)$$

Die Auswirkung auf die Schubspannungen ist beträchlich. Die Querkraft wird in beiden Schnitten (bei negativem Moment) durch Q reduziert. - S(s) ist auf die Schwerachse des Gesamtquerschnittes zu beziehen.

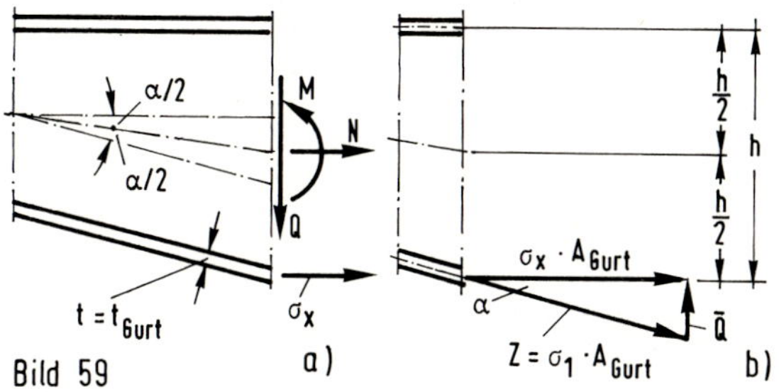

Bild 59

Die vorstehende Abschätzung gilt, wie die Herleitung gezeigt hat, für vollwandige Querschnitte (etwa) konstanter Breite. Für die stahlbautypischen I- und ⊔ -Querschnitte wird folgende modifizierte Berechnung empfohlen: Die (mittlere) Spannung in dem unter dem Winkel α geneigten Gurt beträgt:

$$\sigma_x = \frac{N}{A} + \frac{M}{I}\cdot\frac{h}{2} \tag{134}$$

h/2 ist hierin der Abstand von der Schwerlinie bis zur Gurtmittellinie (vgl. Bild 59). Bei der Berechnung der Schwerachse und der Flächen- und Trägheitsmomentenanteile des geneigten Gurtes wird von t ausgegangen und nicht von $t/\cos\alpha$. Die Spannung in Richtung der Gurtung beträgt dann

$$\sigma_1 = \frac{\sigma_x}{\cos\alpha} \tag{135}$$

und die Gurtkraft:

$$Z = \sigma_1\cdot A_{Gurt} = \frac{\sigma_x}{\cos\alpha}\cdot A_{Gurt} = \frac{\sigma_x}{\cos\alpha}\cdot b_{Gurt}t_{Gurt} = \frac{\sigma_x}{\cos\alpha}\,b\,t \tag{136}$$

Aus Gleichgewichtsgründen wird die Vertikalkomponente $\bar{Q}$ geweckt (vgl. Teilbild b):

$$\bar{Q} = Z\cdot\sin\alpha = \frac{\sigma_x}{\cos\alpha}A_{Gurt}\sin\alpha = \sigma_x\cdot\tan\alpha\,A_{Gurt} = \frac{M}{I}\cdot\frac{h}{2}\cdot\tan\alpha\,A_{Gurt} \tag{137}$$

Hierbei ist nur die Biegespannung berücksichtigt. Wird ein symmetrischer Zweipunktquerschnitt unterstellt, gilt:

$$I = 2A_{Gurt}\left(\frac{h}{2}\right)^2 = A_{Gurt}\cdot\frac{h^2}{2} \tag{138}$$

Eingesetzt in G.137 ergibt sich:

$$\bar{Q} = \frac{\tan\alpha}{h}\cdot M \qquad (\text{evtl. auch}: \bar{Q} = 1{,}2\frac{\tan\alpha}{h}\cdot M) \tag{139}$$

Dieser Wert ist nur halb so groß wie $\bar{Q}$ nach G.132, dann ist auch die Abminderung der Querkraft im Bereich negativer Stützmomente nur halb so groß wie oben. Daher empfiehlt es sich mit G.139 zu rechnen. Für obiges Beispiel folgt: $\bar{Q} = \mp 364/2 = \mp 182\,kN$ und $Q-\bar{Q} = \mp 468\,kN$. Hierfür ist der Spannungsnachweis, Beulnachweis und Nachweis der Halsnähte zu führen. Man bezeichnet $\bar{Q} = Z\cdot\sin\alpha$ auch als "Scheinkraft".

26.8 Berücksichtigung der Schubverzerrung bei der Stabbiegung

Der Schubverzerrungseinfluß ist bei vollwandigen Balken üblicher Schlankheit von untergeordneter Größenordnung, d.h. der Formänderungsbeitrag

$$\delta = \int\frac{Q\cdot\bar{Q}}{GA_G}\,dx \tag{140}$$

ist vergleichsweise gering. Bei gedrungenen Trägern wird er maßgebender und muß dann bei der Berechnung der Durchbiegung und der Analyse statisch unbestimmter Stabtragwerke berücksichtigt werden; das gilt auch für die Berechnung der höheren Eigenfrequenzen von

Stabwerken. Handelt es sich von Haus aus um Balken mit gebrochenem Steg (Fachwerkträger, Wabenträger, Vierendeelträger), ist der Schubverformungseinfluß stets zu berücksichtigen, das gilt insonderheit bei Stabilitätsproblemen. Im folgenden bestehe die Aufgabe darin, die Schubsteifigkeit GA_G zu bestimmen.

26.8.1 Schubsteifigkeit $S=GA_G$ - Schubkorrekturfaktor

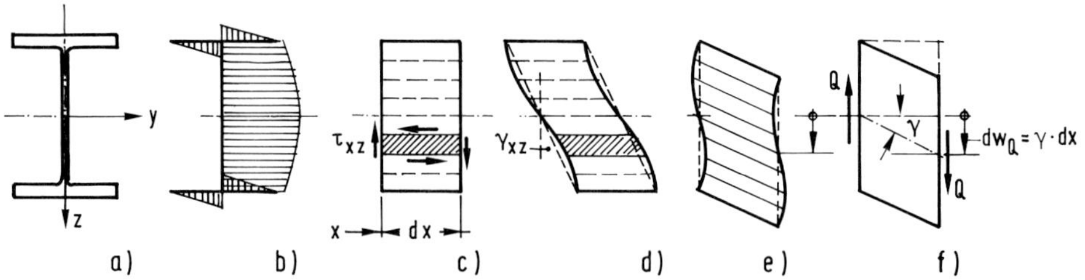

Bild 60

Die Schubspannungen sind über den Querschnitt variabel verteilt, vgl. Abschnitt 26.3. Für dünnwandige offene Querschnitte gilt:

$$\tau = \tau_{xz} = \frac{Q}{I} \cdot \frac{S}{t} \quad (\tau = \tau(s);\; S = S(s);\; t = t(s)) \tag{141}$$

Bei I-Profilen und ähnlichen Querschnitten ist die Veränderlichkeit der Schubspannungen über die Höhe des Steges relativ gering, vgl. Bild 60a/b. - Greift man ein Element dx aus dem Trägersteg und hieraus eine Scheibe der Höhe dz heraus (Teilbild c), erkennt man die rautenförmige Verzerrung des Elementes infolge der einwirkenden Schubspannungen. Für die Schubleitung gilt (HOOKEsches Gesetz):

$$\gamma_{xz} = \frac{\tau_{xz}}{G} = \frac{QS}{GI \cdot t} \quad (\gamma = \gamma(s)) \tag{142}$$

Da τ veränderlich ist, stellt sich über die Höhe ein veränderlicher Gleitwinkel γ ein (Teilbild d). Soll die Lage des Querschnittes im Mittel vertikal verbleiben, muß dem Balkenelement dx eine Starrkörperdrehung erteilt werden (Teilbild e); dadurch tritt eine gegenseitige infinitesimale Versetzung der jetzt nicht mehr ebenen Querschnitte ein. Aus den Abbildungen geht die Querschnittsverwölbung hervor, die BERNOULLI-Hypothese ist nicht mehr gültig.

Um die Theorie mit der technischen Biegelehre wieder in Einklang zu bringen, wird das verwölbte Element durch ein eben begrenztes ersetzt (Teilbild f). Die mittlere Gleitung dieses Elementes ist γ, der infinitesimale Durchbiegungszuwachs ist dw_Q. Für die vom realen Element geleistete Formänderungsarbeit gilt:

$$dW = \int_A \frac{1}{2} \tau_{xz} \gamma_{xz} dx\, dA = \frac{dx}{2G} \int_A \tau_{xz}^2 dA = \frac{dx}{2G} \int_A \left(\frac{QS}{It}\right)^2 dA = \frac{dx\, Q^2}{2G I^2} \int_A \left(\frac{S}{t}\right)^2 dA \tag{143}$$

Für das Ersatzproblem beträgt dW (mit γ als mittlerem, über die Höhe konstantem Schubwinkel):

$$dW = \frac{1}{2} Q\, dw_Q = \frac{1}{2} Q \gamma dx \tag{144}$$

Die Anpassung an G.143 wird mittels des sogen. Schubkorrekturfaktors $\varkappa$ bewerkstelligt:

$$\gamma = \varkappa \frac{Q}{GA} \longrightarrow dW = \frac{1}{2} \cdot \varkappa \frac{Q^2}{GA} dx \tag{145}$$

Die Gleichstellung von G.143 und G.144 ergibt:

$$\varkappa = \frac{A}{I^2} \int_A \left(\frac{S}{t}\right)^2 dA \tag{146}$$

Diese Abschätzung geht auf BACH zurück.

Beispiele: Rechteckquerschnitt; Höhe h, Dicke t:

$$S = \frac{t}{2}\left(\frac{h^2}{4} - z^2\right); \quad t = \text{konst} \longrightarrow$$

$$\varkappa = \frac{A}{I^2}\,2\int_{z=0}^{h/2}\left[\frac{1}{2}\left(\frac{h^2}{4} - z^2\right)^2\right] t\,dz = \frac{th}{\left(\frac{th^3}{12}\right)^2}\,2\,\frac{1}{4}\left[\frac{h^4}{16}z - 2\frac{h^2}{4}\frac{z^3}{3} + \frac{z^5}{5}\right]_0^{h/2} \cdot t = \underline{1{,}20} \qquad (147)$$

Eine zugeschärfte Theorie, die bei gedrungenen Trägern den Schubverzerrungseinfluß infolge der quer zur Trägerachse einwirkenden Lasten berücksichtigt, führt zu modifizierten Ergebnissen [11,12]; für einen Einfeldträger mit mittiger Einzellast gilt z.B.:

$$\varkappa = \frac{\frac{6}{5} + \frac{3}{4}\mu}{1+\mu} = 1{,}20\,\frac{1 + \frac{5}{8}\mu}{1+\mu} \qquad (148)$$

μ ist die Querkontraktionszahl. Eine andere Lösung ist [13]:

$$\varkappa = 1{,}20\,\frac{1 + \frac{11}{12}\mu}{1+\mu} \qquad (149)$$

Dünnwandiger Rohrquerschnitt; mittlerer Durchmesser d_m, Wanddicke t; berechnet am Halbkreisquerschnitt:

$$S = \frac{d_m^2 t}{4}\cos\alpha; \quad t = \text{konst} \longrightarrow$$

$$\varkappa = \frac{A}{I^2}\,2\int_{\alpha=0}^{\pi/2}\left(\frac{d_m^2 t}{4\cdot t}\cos\alpha\right)^2 t\,\frac{d_m}{2}\,d\alpha = \frac{A}{\left(\frac{A d_m^2}{8}\right)^2}\,2\,\frac{d_m^4}{16}\cdot\frac{t d_m}{2}\left[\frac{1}{2}(\alpha - \sin\alpha\cos\alpha)\right]_0^{\pi/2} = \underline{2{,}00} \qquad (150)$$

Für einen dünnwandigen Quadrathohlquerschnitt gilt $\tau = 2{,}40$, sowohl für kantenparallele Biegung wie für Biegung über die Diagonale. Für den vollen Kreisquerschnitt wurde (abhängig von der Strenge der Theorie) $\varkappa = 1{,}333$, $\varkappa = 1{,}185$, $\varkappa = 1{,}060$ und

$$\varkappa = \frac{7 + 6\mu}{6(1+\mu)} \qquad (151)$$

berechnet. Vollwandiger Dreieckquerschnitt: $\varkappa = 1{,}34$.

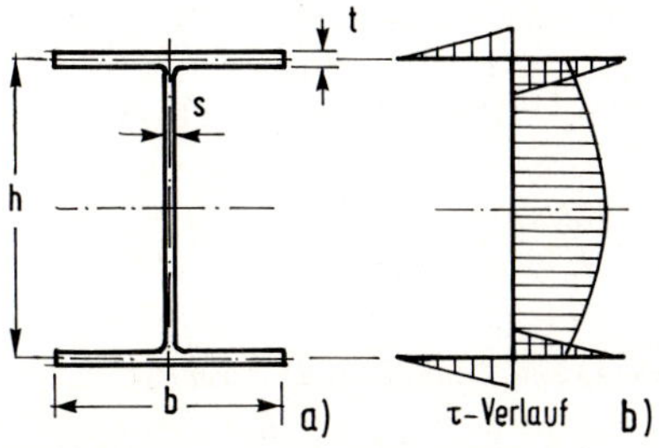

Bild 61

Für I- und ähnliche Querschnitte kann die mittlere Schubspannung zu $\tau = Q/A_Q$ berechnet werden, hierin ist A_Q die Stegfläche $(h-t)\cdot s$. Wird anstelle von G.143

$$dW = \frac{dx}{2G}\int_A \tau_{xz}^2\,dA = \frac{dx}{2G}\int_{A_Q}\left(\frac{Q}{A_Q}\right)^2 dA = \frac{dx}{2G}\,\frac{Q^2}{A_Q} \qquad (152)$$

gebildet und mit G.145 gleichgesetzt, folgt:

$$\varkappa = \frac{A}{A_Q} \longrightarrow A_Q = \frac{A}{\varkappa} \equiv A_G\ (A_{Steg}) \qquad (153)$$

In Annäherung findet man: I (schmalflanschig): $\varkappa = 2 \div 2{,}5$; I (breitflansichig): $\varkappa = 3 \div 5$; T-Querschnitte: $\varkappa = 3 \div 4$, ⊏- Querschnitte: $2 \div 2{,}4$ (Biegung um beide Achsen). - Eine strenge elastizitätstheoretische Untersuchung von COWPER [14,15] hat die in Bild 63 zusammengestellten Formeln ergeben. - Vgl. zu diesem Problemkreis auch VALENTIN [16] und zum Schubeinfluß auf die Stabschwingungen [17,18]. - Wie oben erwähnt, treten in aufgelösten Stegen im Vergleich zu vollwandigen Stegen größere Schubverzerrungen auf. Bei der Abschätzung von $\varkappa$ ist es in solchen Fällen zweckmäßig, von einer modifizierten Betrachtungsweise auszugehen: Da der mittlere Schubwinkel zu

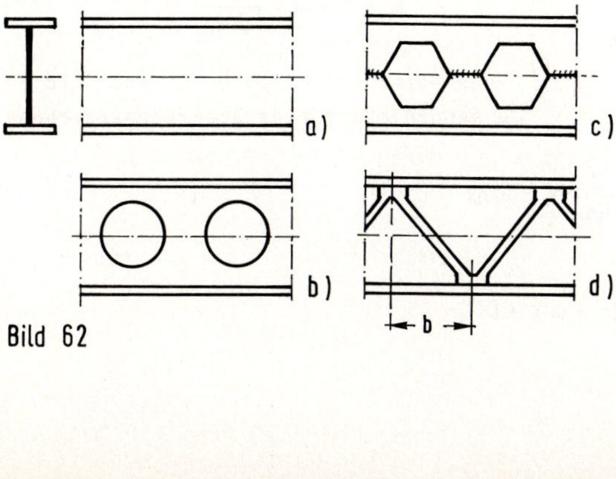

Bild 62

$$\gamma = \frac{dw_Q}{dx} \qquad (154)$$

definiert ist, wird bei aufgelösten Stegen die Querversetzung w des Stabes infolge Q=1 [kN] pro Unterelementlänge b berechnet (vgl. Bild 62d); dann ist:

$$\gamma = \frac{w}{b} \quad (\text{für } Q = 1) \tag{155}$$

Kreisquerschnitt	Kreisringquerschnitt	Halbkreisquerschnitt
$\frac{1}{\varkappa} = \frac{6(1+\mu)}{7+6\mu}$	$\frac{1}{\varkappa} = \frac{6(1+\mu)\cdot(1+m^2)^2}{(7+6\mu)\cdot(1+m^2)^2+(20+12\mu)m^2}$; $m=b/a$	$\frac{1}{\varkappa} = \frac{1+\mu}{1{,}305+1{,}273\cdot\mu}$

Rechteckquerschnitt	Quadratrohrquerschnitt	Kreisrohrquerschnitt
$\frac{1}{\varkappa} = \frac{10(1+\mu)}{12+11\mu}$	$\frac{1}{\varkappa} = \frac{20(1+\mu)}{48+39\mu}$	$\frac{1}{\varkappa} = \frac{2(1+\mu)}{4+3\mu}$

Dünnwandiger I-Querschnitt (Stahlprofile):
$$\frac{1}{\varkappa} = \frac{10(1+\mu)\cdot(1+3m)^2}{(12+72m+150m^2+90m^3)+\mu\cdot(11+66m+135m^2+90m^3)+30n^2(m+m^2)+5\mu n^2(8m+9m^2)}$$
$$m = 2\frac{b\cdot t}{h\cdot s} \; ; \quad n = \frac{b}{h}$$

Dünnwandiger Kastenquerschnitt:
$$\frac{1}{\varkappa} = \frac{10(1+\mu)\cdot(1+3m)^2}{(12+72m+150m^2+90m^3)+\mu\cdot(11+66m+135m^2+90m^3)+10n^2((3+\mu)m+3m^2)}$$
$$m = \frac{b\cdot t}{h\cdot s} \; ; \quad n = \frac{b}{h}$$

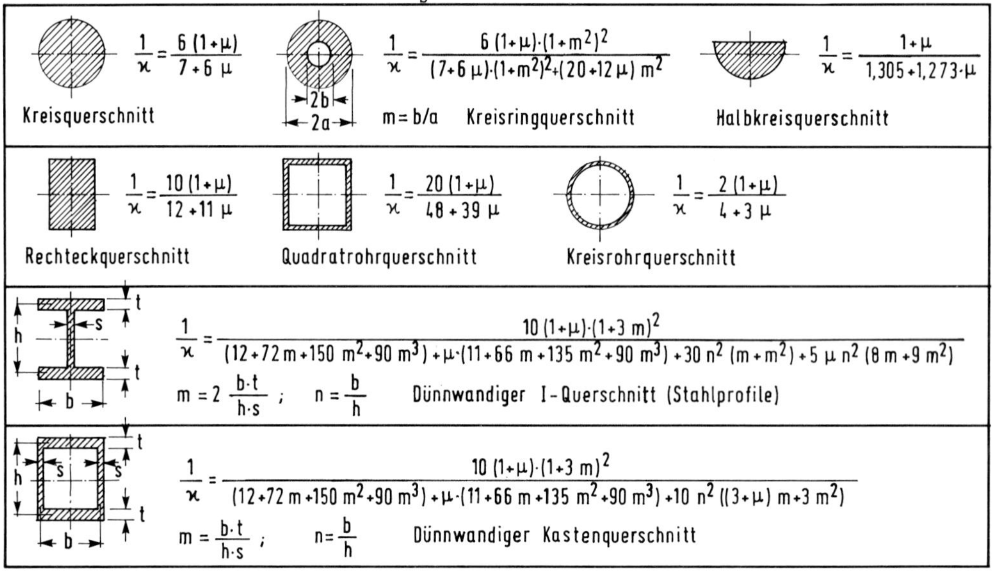

Bild 63

Definitionsgemäß folgt:

$$\gamma_{Q=1} = \varkappa\frac{1}{GA} = \frac{1}{GA_G} \stackrel{!}{=} \frac{w}{b} \quad \longrightarrow \quad GA_G = \frac{b}{w} \tag{156}$$

In [19,S.56u.521] sind Beispiele enthalten.

$G\frac{A}{\varkappa} = GA_G$ heißt Schubsteifigkeit und wird im Schrifttum mit S, S_i, S_{id}, S^* und anderen Zeichen abgekürzt. – Nach DIN 1080 T1 ist der Ausdruck

$$G\alpha_Q A$$

definiert, worin "α_Q die Querschnittsfläche auf die Ersatzfläche reduziert, mit der eine konstante Schubspannung errechnet wird". Demnach ist:

$$\alpha_Q = \frac{1}{\varkappa} \tag{157}$$

26.8.2 Trägerdurchbiegung infolge Querkraft

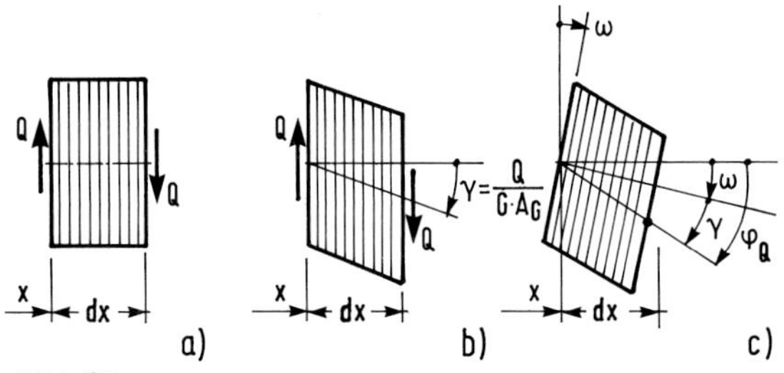

Der mittlere Schubwinkel beträgt:

$$\gamma = \frac{Q}{GA_G} \quad \text{mit } A_G = \frac{A}{\varkappa} \tag{158}$$

Bei I-Querschnitten ist $A_G = A_Q = A_{Steg}$. Der Drehwinkel der Stabachse infolge der Schubgleitung wird zu

$$\varphi_Q = \gamma + \omega = \frac{Q}{GA_G} + \omega \tag{159}$$

angesetzt; vgl. Bild 60d/f und Bild 64. ω kennzeichnet eine Starrkörperdrehung.

Bild 64

Aus Bild 60c folgt:

$$dw_Q = \varphi_Q dx = \frac{Q}{GA_G}dx + \omega\, dx \tag{160}$$

Durchbiegung:

$$w_Q = \int \frac{Q}{GA_G}dx + \omega\cdot x + C \tag{161}$$

ω und C sind zwei Freiwerte. Mittels dieser können die Randbedingungen erfüllt werden.

Beispiel: Bild 65 zeigt zwei Balken, einen Kragbalken mit Einzellast und einen Einfeldbalken mit einem Randmoment. In beiden Fällen ergibt sich dieselbe konstante Querkraft Q=1, wenn beim Kragbalken F=1 und beim Einfeldbalken das Randmoment M=1·l angreift. Damit ist auch der mittlere Schubwinkel γ in beiden Fällen gleichgroß. Im Falle a) ist $\omega=0$, d.h.:

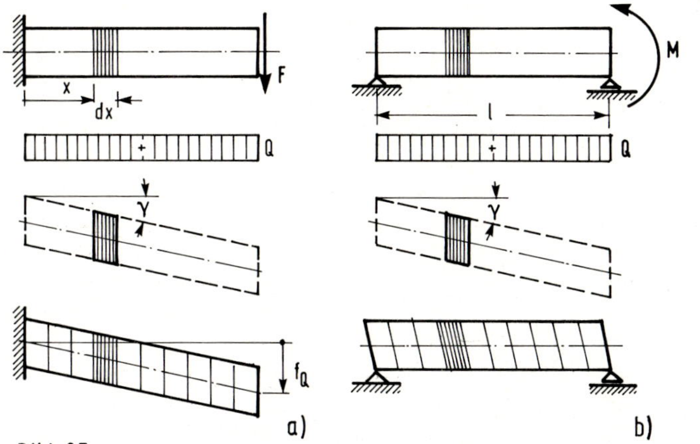

Bild 65

$$\varphi_Q = \frac{Q}{GA_G} = \frac{1}{GA_G} \qquad (162)$$

und die Verschiebung am freien Ende beträgt: $f_Q = \varphi_Q \cdot l$

Im Falle b) ist dem Stab eine Starrkörperdrehung

$$\omega = -\frac{1}{GA_G} \qquad (163)$$

zu erteilen, um der Randbedingung $w_Q=0$ am rechten Balkenende zu genügen. In diesem Falle tritt also keine Durchbiegung ein, die Querschnitte stellen sich lediglich schräg.

Im Falle eines Durchlaufträgers lösen die Klaffungen über den Zwischenstützen (statisch unbestimmte) Reaktionen hervor; vgl. das Schrifttum zur Baustatik und z.B. [20,21].

Eine weitere Aufbereitung der Theorie gelingt, wenn G.160, also

$$w_Q' = \frac{Q}{GA_G} + \omega \qquad (164)$$

nach x differenziert wird und GA_G=konstant ist:

$$w_Q'' = \frac{Q'}{GA_G} \qquad (165)$$

Mit Q'=M" folgt:

$$w_Q'' = \frac{M''}{GA_G} \qquad (166)$$

Integration:

$$w_Q = C_1 x + C_2 + \frac{M}{GA_G} \qquad (167)$$

Der Vergleich mit G.161 zeigt: $C_1=\omega$, $C_2=C$. Die durch die Querkraft ausgelöste Biegelinie ist zum Verlauf des Biegungsmomentes - bis auf die Terme $C_1 \cdot x$ (Schrägstellung) und C_2 (Querversetzung) - affin.

Beim einfachen Balken folgt aus den Randbedingungen $w_Q=0$ an beiden Enden: $C_1=C_2=0$, wenn M hier ebenfalls Null ist, d.h.:

$$w_Q = \frac{M}{GA_G} \qquad (168)$$

Für die max Durchbiegung folgt:

$$\max w_Q = f_Q = \frac{\max M}{GA_G} \qquad (169)$$

Für den linkerseits (x=0) eingespannten Kragbalken ergibt sich aus den Randbedingungen $w_Q=0$ und $\varphi_Q=0$ für x=0:

$$C_1 = 0, \quad C_2 = -\frac{M(0)}{GA_G} \qquad (170)$$

Daraus folgt:

$$f_Q = \frac{M(l) - M(0)}{GA_G} \qquad (171)$$

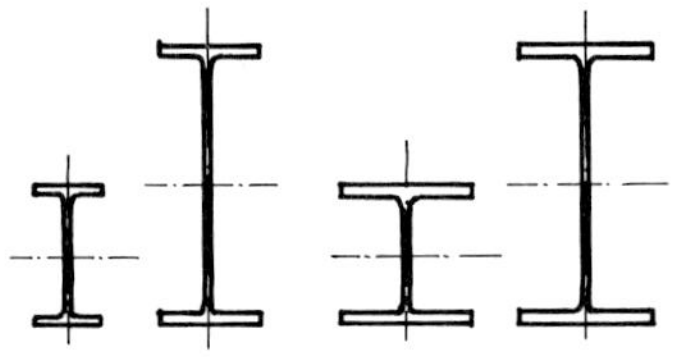

	IPE 300	IPE 600	HE 300 B	HE 600 B
$1/\varkappa$ =	0,377	0,445	0,196	0,320
$\frac{A_{Steg}}{A}$ =	0,382	0,447	0,207	0,327

Bild 66

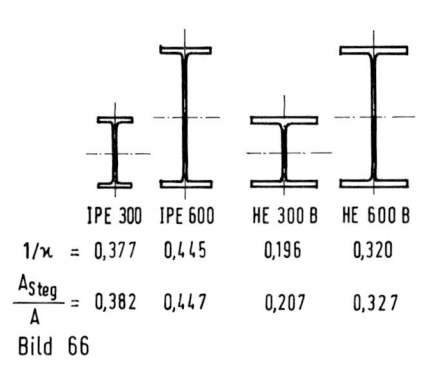

26.8.3 Beispiele und Ergänzungen

1. Beispiel: Für vier I-Querschnitte ist zu prüfen, wie der mittels der in Bild 63 eingetragenen I-Formel berechnete $1/\varkappa$-Wert mit G.153, also

$$1/\varkappa = A_{Steg}/A \qquad (172)$$

übereinstimmt. A_{Steg} wird zu $s\cdot(h-t)$ berechnet: IPE300: $A=53{,}8\,cm^2$; $A_{Steg}=0{,}71(30{,}0-1{,}07)=20{,}54\,cm^2$. Die I-Formel in Bild 63 erfaßt nicht die Stegausrundungen. Bild 66 zeigt das Ergebnis der Rechnung. Die Anweisung gemäß G.153 wird offensichtlich gut bestätigt.

2. Beispiel: Quadratischer, dünnwandiger Hohlkastenquerschnitt; gesucht ist $\varkappa$.

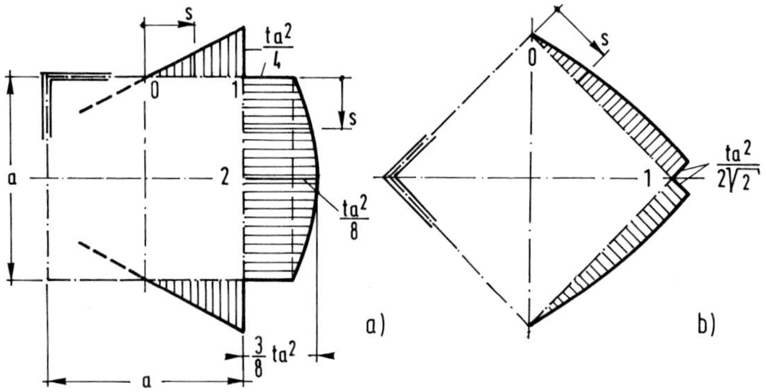

Bild 67

Die Wanddicke t ist konstant. Für Querschnittsfläche und Trägheitsmoment findet man:

$$A = 4ta; \quad I = \frac{2}{3}ta^3$$

Wegen t=konst gilt (G.146):

$$\varkappa = \frac{A}{I^2}\int_A \left(\frac{S}{t}\right)^2 dA = $$
$$= \frac{A}{I^2}\oint\left[\frac{S(s)}{t(s)}\right]^2 t\,ds = $$
$$= \frac{A}{I^2}\frac{t}{t^2}\oint[S(s)]^2 ds = $$
$$= \frac{9}{t^2a^5}\oint S^2(s)\,ds$$

Bild 67 zeigt den Verlauf von S(s). Die Quadrierung und Integration ergibt nach kurzer Zwischenrechnung (für beide Fälle):

$$\oint S^2(s)\,ds = \frac{4}{15}t^2a^5$$

Das ergibt $\varkappa=2{,}400$. - Einfacher ist die Rechnung, wenn von den δ_{ik}-Integraltafeln ausgegangen wird, d.h., wenn die Flächen gemäß Bild 67 mit sich selbst überlagert werden.

3. Beispiel: Durchbiegungsberechnung für ein Blechfeld (Bild 68)

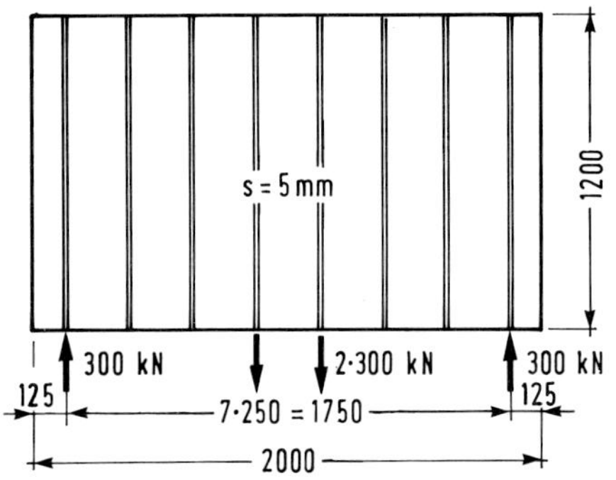

Bild 68

Infolge des Biegemomentes ergibt sich die Durchbiegung in Feldmitte zu (Rechnung hier nicht wiedergegeben):

$$f_M = \underline{0{,}4302\,mm}$$

Schubkorrekturfaktor $\varkappa$ gemäß G.148:

$$\varkappa = 1{,}2\,\frac{1+\frac{5}{8}\mu}{1+\mu} = 1{,}2\cdot\frac{1{,}1875}{1{,}30} = \underline{1{,}0962}$$

Die weitere Rechnung ergibt ($A=0{,}5\cdot120=60\,cm^2$):

$$A_G = \frac{A}{\varkappa} = \frac{60}{1{,}0962} = 54{,}74\,cm^2$$

$$f_Q = \frac{\max M}{GA_G} = \frac{300\cdot75}{8100\cdot54{,}74} = 0{,}05075\,cm = \underline{0{,}5075\,mm}$$

Summe aus Momenten- und Querkrafteinfluß:

$$f = f_M + f_Q = 0{,}4302 + 0{,}5075 = \underline{0{,}9377\,mm} = 0{,}94\,mm$$

Eine Berechnung nach der Scheibentheorie ergibt [22]:

Isotrope Scheibe : f = 1,26 mm

Orthotrope Scheibe: f = 1,01 mm

26.8.4 Grundgleichung der Stabbiegung Theorie I. Ordnung einschließlich Schubverzerrung

Die Neigung der Biegelinie aus Querkraft allein beträgt:

$$\varphi = \gamma + \omega \tag{173}$$

ω ist eine Starrkörperdrehung, vgl. Abschnitt 26.8.1.
Die Durchbiegung aus Biegemomenten- und Querkrafteinfluß wird additiv zu $w=w_M+w_Q$ angesetzt. Neigung und Krümmung der Stabachse betragen damit:

$$w' = w_M' + w_Q' = w_M' + (\gamma + \omega) \tag{174}$$

$$w'' = w_M'' + w_Q'' = w_M'' + \gamma' = -\frac{M}{EI} + \left(\frac{Q}{GA_G}\right)' \tag{175}$$

Das ist das Elastizitätsgesetz der kombinierten Biegemomenten- und Querkraftverformung. Die Gleichgewichtsgleichungen am Stabelement dx können von G.48 (Abschnitt 25.5.2.2.4) übernommen werden:

$$Q' = -q\,;\; M' = Q + m \longrightarrow M'' = Q' + m' = -q + m' \tag{176}$$

Um die Verknüpfung mit dem Elastizitätsgesetz zu bewerkstelligen, wird G.175 mit EI durchmultipliziert und anschließend zweimal differenziert:

$$EIw'' = -M + EI\cdot\left(\frac{Q}{GA_G}\right)' \longrightarrow (EIw'')'' = -M'' + \left[EI\left(\frac{Q}{GA_G}\right)'\right]'' \tag{177}$$

Werden M" und Q' eingesetzt, erhält man die gesuchte Grundgleichung. Im Falle EI und GA_G konstant, ergibt sich:

$$EIw'''' = q - m' - \frac{EI}{GA_G}q'' \tag{178}$$

Die Vorzahl des dritten, rechtsseitigen Terms ist:

$$\frac{EI}{GA_G} = \frac{E}{G}\varkappa\frac{I}{A} = \frac{E}{G}\varkappa\cdot i^2 \tag{179}$$

Auf eine weitergehende Behandlung, einschließlich Formulierung der Randbedingungen, kann hier nicht eingegangen werden. Wegen Einzelheiten wird auf das Schrifttum zur Baustatik verwiesen, u.a. auf [23,24].

26.9. Stäbe mit starker Krümmung bei einachsiger Biegung und Normalkraft

26.9.1 Biegespannungen

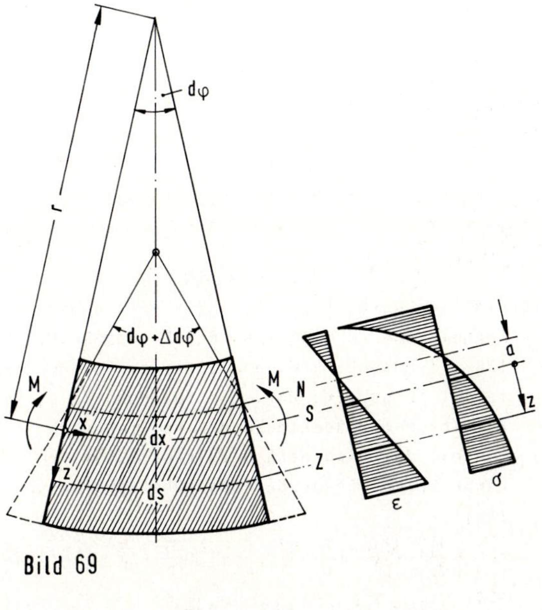

Bild 69

Bei der Biegung stark gekrümmter Stäbe stellt sich eine nichtlineare Spannungsverteilung mit einer Spannungsspitze an der inneren Ausrundung ein. Die technische Biegetheorie nach NAVIER verliert ihre Gültigkeit. Die Abweichung von der linearen Spannungsverteilung beruht darauf, daß die inneren Fasern bei linearer Dehnungsverteilung wegen ihrer geringeren Länge (gegenüber den äußeren) eine relativ höhere Verzerrung (Dehnung oder Stauchung) erleiden. Die BERNOULLI-Hypothese bleibt weiter gültig.
Um die Spannungsformel für stark gekrümmte Stäbe abzuleiten, wird von einem einfach-symmetrischen Querschnitt ausgegangen. Der Krümmungsradius, bezogen auf die Schwerachse, betrage r, vgl. Bild 69. Bei einer zusätzlichen Verkrümmung infolge M wächst der Zentriwinkel dφ um

das Maß $\Delta d\varphi$. Die Spannungsnullinie N fällt nicht mit der Schwerachse S zusammen sondern ist um daß Maß a versetzt.

Die Faser in der Schwerachse hat vor bzw. nach der Biegekrümmung die Länge

$$dx = r\,d\varphi \quad \text{bzw.} \quad dx + \Delta dx = r\,d\varphi + \varepsilon_0\,dx \tag{180}$$

Eine Faser im Abstand z von der Schwerachse hat vor bzw. nach der Biegekrümmung die Länge

$$ds = dx + z\cdot d\varphi = (r+z)\cdot d\varphi \quad \text{bzw.} \quad ds + \Delta ds = ds + \Delta dx + z\cdot\Delta d\varphi \tag{181}$$

Dehnung der Faser in der Schwerachse:

$$\varepsilon_0 = \frac{\Delta dx}{dx} = \frac{\Delta dx}{r\cdot d\varphi} \tag{182}$$

Dehnung einer Faser im Abstand z von der Schwerachse:

$$\varepsilon = \frac{\Delta ds}{ds} = \frac{\Delta dx + z\cdot\Delta d\varphi}{dx + z\,d\varphi} = \frac{\varepsilon_0 r\,d\varphi + z\,\Delta d\varphi}{r\,d\varphi + z\,d\varphi} = \frac{\varepsilon_0 r + z\,\Delta d\varphi/d\varphi}{r+z} = \frac{\varepsilon_0 r + \varepsilon_0 z - \varepsilon_0 z + z\,\Delta d\varphi/d\varphi}{r+z} =$$

$$= \varepsilon_0 + \left(\frac{\Delta d\varphi}{d\varphi} - \varepsilon_0\right)\frac{z}{r+z} \tag{183}$$

Den zwei Unbekannten (ε_0 und $\Delta d\varphi$) lassen sich zwei Gleichgewichtsgleichungen gegenüberstellen. Sie lauten mit dem HOOKEschen Gesetz:

$$\sigma = E\varepsilon \tag{184}$$

$$\int_A \sigma\,dA = 0 \longrightarrow \varepsilon_0\int_A dA + \left(\frac{\Delta d\varphi}{d\varphi} - \varepsilon_0\right)\int_A \frac{z}{r+z}\,dA = 0 \tag{185}$$

$$\int_A \sigma z\,dA = M \longrightarrow E\varepsilon_0\underbrace{\int_A z\,dA}_{0} + E\left(\frac{\Delta d\varphi}{d\varphi} - \varepsilon_0\right)\cdot\int_A \frac{z^2}{r+z}\,dA = M \tag{186}$$

Mit der leicht zu bestätigenden Beziehung

$$\int_A \frac{z^2}{r+z}\,dA = -\frac{1}{r}\cdot\int_A \frac{z}{r+z}\,dA \tag{187}$$

kann aus G.185 unter Verwendung von G.183 ε_0 freigestellt werden:

$$\varepsilon_0 = \frac{M}{EAr} \tag{188}$$

Wird schließlich noch der Querschnittswert Z eingeführt

$$Z = \int_A z^2\frac{r}{r+z}\,dA, \tag{189}$$

folgt aus G.186:

$$\left(\frac{\Delta d\varphi}{d\varphi} - \varepsilon_0\right) = \frac{Mr}{EZ} \tag{190}$$

Mit G.188 und G.190 läßt sich nunmehr über G.183/4 die gesuchte Spannungsformel angeben:

$$\sigma = \frac{N}{A} + \frac{M}{Ar} + \frac{M}{Z}\left(\frac{r}{r+z}\right)z \tag{191}$$

Der erste Term erfaßt die Normalspannung infolge der Normalkraft N. - Die vorstehende Formel geht auf WINKLER, RÉSAL und GRASHOF [25-27] zurück. - Um die Güte der Spannungsformel zu prüfen, wird die Spannung in einem Kreisstab mit Rechteckquerschnitt berechnet und mit der sich nach der Theorie der Kreisringscheibe ergebenden Spannung verglichen [28]:

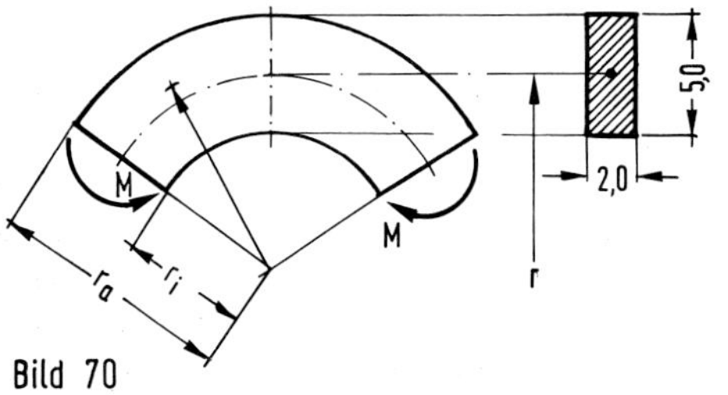

Bild 70

$$\sigma = 4\frac{M}{\Delta}\left(-\frac{r_a^2\cdot r_i^2}{r^2}\cdot\ln\frac{r_a}{r_i} + r_a^2\cdot\ln\frac{r}{r_a} + r_i^2\cdot\ln\frac{r_i}{r} + r_a^2 - r_i^2\right) \tag{192}$$

mit

$$\Delta = (r_a^2 - r_i^2)^2 - 4r_a^2 r_i^2\left(\ln\frac{r_a}{r_i}\right)^2 \tag{193}$$

Träger mit starker Krümmung ; Z-Integral

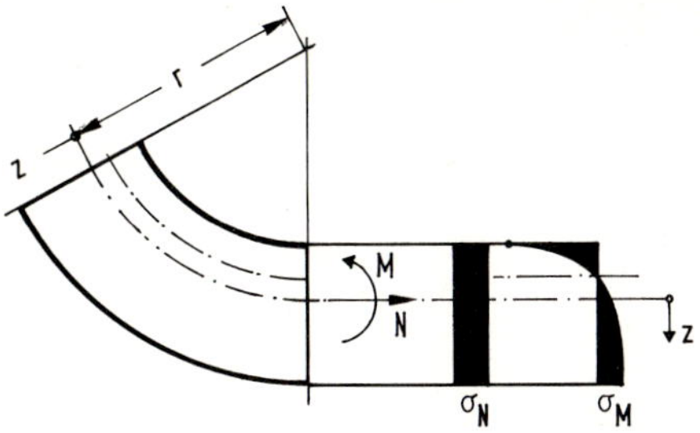

$$\sigma = \frac{N}{A} + \frac{M}{Ar} + \frac{M}{Z}\cdot\frac{r}{r+z}\cdot z$$

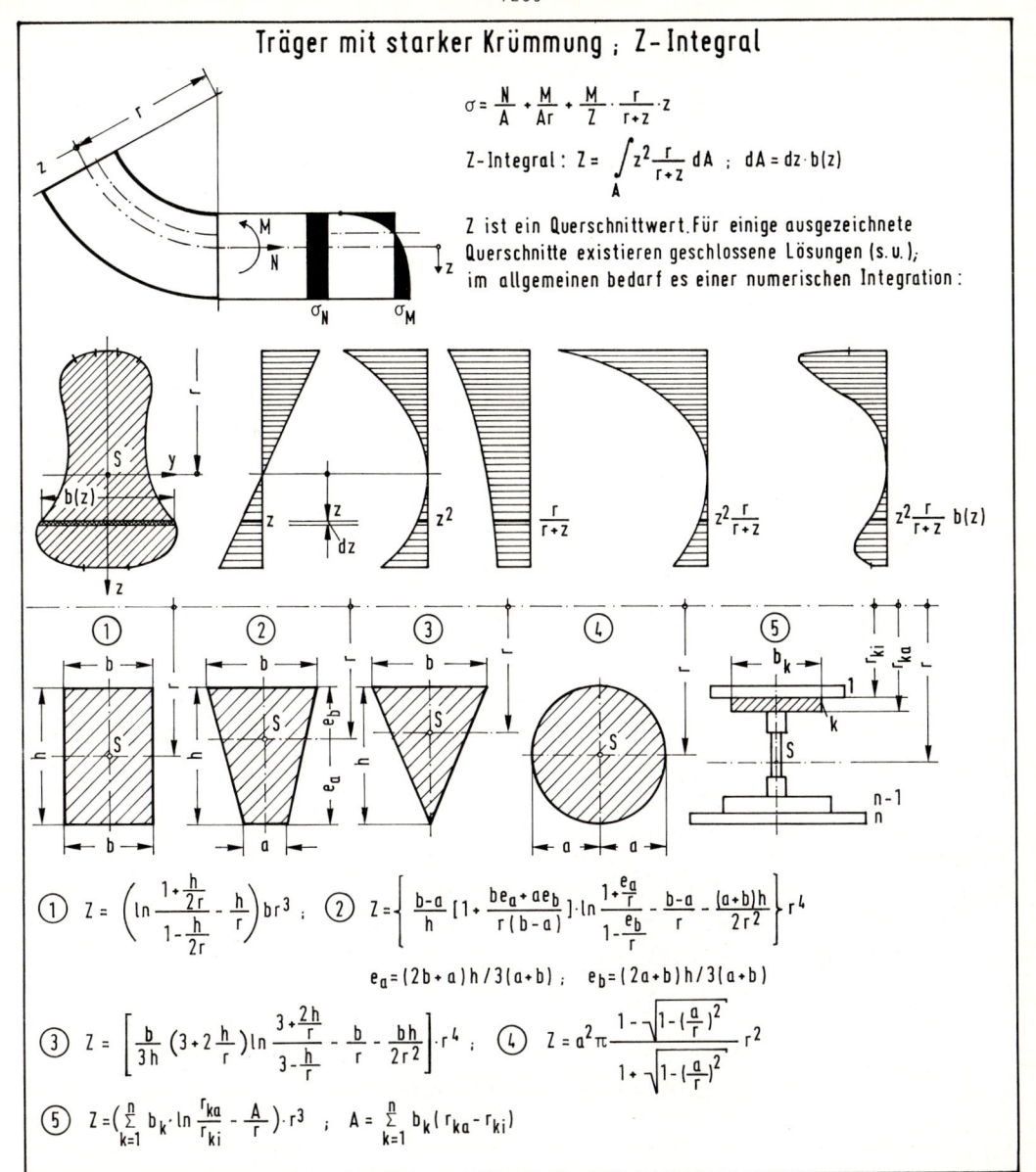

Z-Integral: $Z = \int_A z^2 \frac{r}{r+z}\, dA$; $dA = dz \cdot b(z)$

Z ist ein Querschnittwert. Für einige ausgezeichnete Querschnitte existieren geschlossene Lösungen (s. u.); im allgemeinen bedarf es einer numerischen Integration:

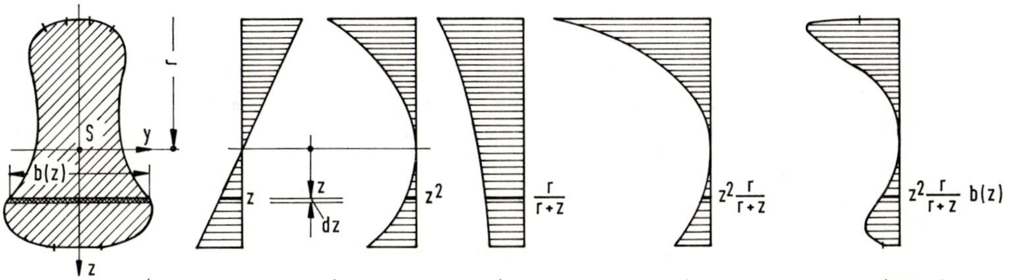

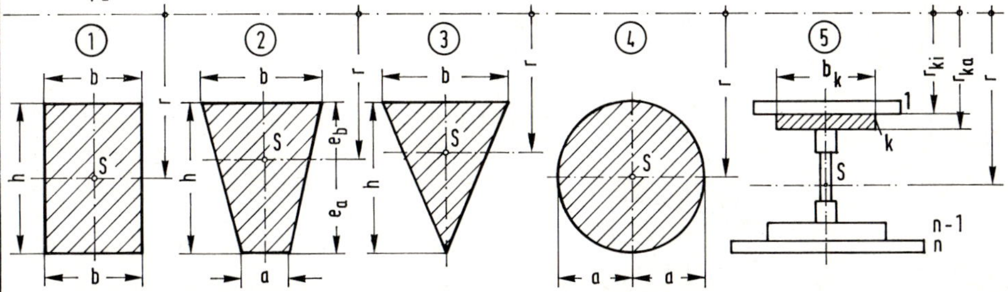

① $Z = \left(\ln\frac{1+\frac{h}{2r}}{1-\frac{h}{2r}} - \frac{h}{r}\right) b r^3$; ② $Z = \left\{ \frac{b-a}{h}\left[1 + \frac{b e_a + a e_b}{r(b-a)}\right]\cdot \ln\frac{1+\frac{e_a}{r}}{1-\frac{e_b}{r}} - \frac{b-a}{r} - \frac{(a+b)h}{2r^2}\right\} r^4$

$e_a = (2b+a)h/3(a+b)$; $e_b = (2a+b)h/3(a+b)$

③ $Z = \left[\frac{b}{3h}\left(3+2\frac{h}{r}\right)\ln\frac{3+\frac{2h}{r}}{3-\frac{h}{r}} - \frac{b}{r} - \frac{bh}{2r^2}\right]\cdot r^4$; ④ $Z = a^2\pi\frac{1-\sqrt{1-(\frac{a}{r})^2}}{1+\sqrt{1-(\frac{a}{r})^2}}\, r^2$

⑤ $Z = \left(\sum_{k=1}^{n} b_k \cdot \ln\frac{r_{ka}}{r_{ki}} - \frac{A}{r}\right)\cdot r^3$; $A = \sum_{k=1}^{n} b_k (r_{ka} - r_{ki})$

Bild 71

Beispiel (Bild 70): $r_i = 5{,}5$; $r_a = 10{,}5$; $r = 8$: G.191 : $\sigma_i = +15{,}17$, $\sigma_a = -9{,}85$

G.192 : $\sigma_i = +15{,}23$, $\sigma_a = -9{,}95$

$r_i = 2{,}5$; $r_a = 7{,}5$; $r = 5$: G.191 : $\sigma_i = +18{,}28$, $\sigma_a = -8{,}76$

G.192 : $\sigma_i = +18{,}34$, $\sigma_a = -9{,}04$

Offensichtlich ist die Übereinstimmung sehr gut.

Wie man leicht nachweist, liegt die Spannungsnullinie (bei alleiniger Biegungsbeanspruchung) im Abstand z_0 von der Schwerachse entfernt:

$$\sigma_M = 0: \quad z_0 = -\frac{Z}{Z + Ar^2}\, r \quad (= -a) \tag{194}$$

Bild 71 enthält Berechnungsformeln für die Querschnittsgröße Z und Hinweise zur numerischen Integration; von TOLLE [29] wurde ein graphisches Integrationsverfahren angegeben.

Näherungswerte für Z erhält man, wenn der Integrand entwickelt wird:

$$Z = \int_A z^2 \frac{1}{1+z/r} dA = \int_A z^2 \left(1 + \frac{z}{r} + \frac{z^2}{r^2} + \cdots\right) dA \tag{195}$$

Beispiele:

Rechteckquerschnitt: $$Z = \left(1 + \frac{3}{20}\cdot\frac{h^2}{r^2}\right)\cdot I \quad \text{mit} \quad I = bh^3/12 \tag{196}$$

Kreisquerschnitt: $$Z = \left[1 + \frac{1}{8}\left(\frac{2a}{r}\right)^2\right]\cdot I \quad \text{mit} \quad I = \frac{\pi}{4}a^4 \tag{197}$$

Für $r \to \infty$ geht die Spannungsformel (G.191) in

$$\sigma = \frac{N}{A} + \frac{M}{I} z \tag{198}$$

über. - Im Falle $r_i \to 0$ wächst die Spannung am Innenrand gegen unendlich. - Wenn der Querschnitt eines stark gekrümmten Stabes zu entwerfen ist, ist es günstig, den Querschnitt unsymmetrisch auszubilden, derart, daß die Schwerachse näher am Innenrand liegt. - Oberhalb r/h ca. 5 ist der Krümmungseinfluß auf die Spannungsverteilung gering. Bogentragwerke und Ringstäbe üblicher Abmessungen können im Regelfall auf der Grundlage der technischen Biegetheorie analysiert werden.

26.9.2 Radialspannungen

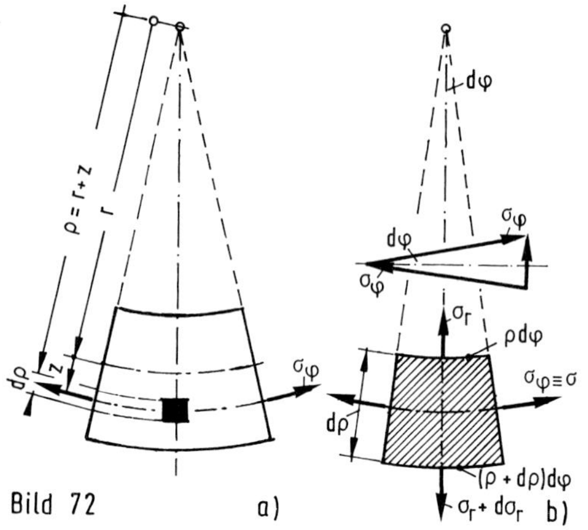

Bild 72

Bedingt durch die Stabkrümmung treten (neben den im vorangegangenen Abschnitt bestimmten Tangentialspannungen $\sigma_\varphi \equiv \sigma$) Radialspannungen σ_r auf. Um sie zu ermitteln, wird im Abstand $\rho = r+z$ ein infinitesimales Element der Länge $\rho \cdot d\varphi$ und der Tiefe $d\rho$ herausgetrennt und die Gleichgewichtsgleichung in radialer Richtung angeschrieben, vgl. Bild 72. Die lokale Breite des Elementes sei $b = b(\rho)$:

$$\sigma_r b \cdot \rho \, d\varphi - (\sigma_r + d\sigma_r)(b + db)(\rho + d\rho) d\varphi + 2\sigma_\varphi b \, d\rho \cdot \sin\frac{d\varphi}{2} = 0 \tag{199}$$

Wird der zweite Term ausmultipliziert und werden alle Glieder höherer Kleinheitsordnung unterdrückt, folgt:

$$\frac{d}{d\rho}(\sigma_r b)\rho + \sigma_r b - \sigma_\varphi b = 0 \tag{200}$$

Wegen $\rho = r+z$ gilt $d\rho = dz$; die Differentialgleichung für σ_r ergibt sich damit zu:

$$\frac{d}{dz}(\sigma_r b) + \frac{b}{r+z}\sigma_r - \frac{b}{r+z}\sigma_\varphi = 0 \tag{201}$$

Da b im allgemeinen Fall eine Funktion von z ist, handelt es sich um eine Differentialgleichung 1. Ordnung mit variablen Koeffizienten; eine analytische Lösung scheidet praktisch aus. Mittels des Freiwertes C ist die Randbedingung $\sigma_r = 0$ an einem Rand zu befriedigen. Am anderen Rand ist σ_r dann ebenfalls Null. - Ist b konstant, lautet die Differentialgleichung:

$$\frac{d\sigma_r}{dz} + \frac{\sigma_r}{r+z} - \frac{\sigma_\varphi}{r+z} = 0 \tag{202}$$

Für den Rechteckquerschnitt gelingt eine geschlossene Lösung. Von HEIMESHOFF [30] wurde der Verlauf von σ_r bestimmt (ebenso Größe und Verlauf der Schubspannungen bei Querkraftbiegung, vgl. hierzu auch [31]).

Bei I-Querschnitten interessiert vor allem die quergerichtete Umlenkkraft zwischen Flansch (Gurt) und Steg. In Bild 73 ist sie mit F_r bezeichnet. Die Kräfte sind entlang der Schnittlinien zwischen Steg und Außengurt bzw. Steg und Innengurt unterschiedlich. In Bild 73 ist der Fall dargestellt, daß der Außen- bzw. Innengurt jeweils unter einer Zugkraft steht.

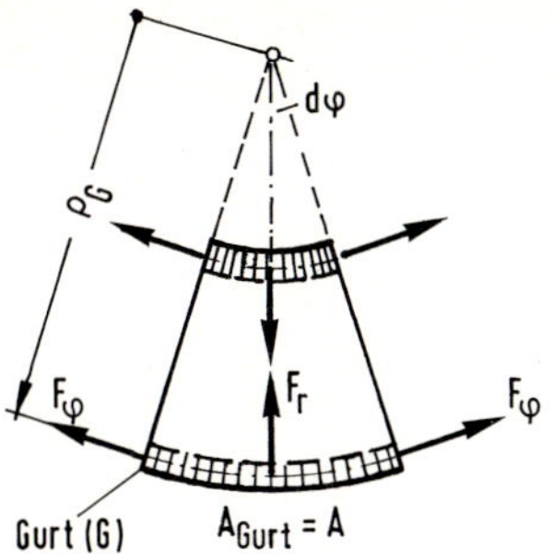

Bild 73

Die (mittlere) Gurtkraft beträgt:

$$F_\varphi = \sigma_\varphi A_{Gurt} \tag{203}$$

σ_φ ist die mittlere Gurtspannung. Die Gleichgewichtsgleichung in radialer Richtung ergibt:

$$F_r \cdot (\rho_G \, d\varphi) + 2 \cdot F_\varphi \cdot \sin\frac{d\varphi}{2} = 0 \longrightarrow F_r \cdot \rho_G \cdot d\varphi + F_\varphi \cdot d\varphi = 0 \longrightarrow F_r = \frac{F_\varphi}{\rho_G} \tag{204}$$

F_r ist eine Kraft je Längeneinheit. Hierfür ist bei geschweißten Querschnitten die Halsnaht nachzuweisen. In dieser, wie im Steg, ist die Vergleichsspannung zu berechnen.

26.9.3 Formänderungen

Die Längenänderung der durch den Schwerpunkt des Querschnittes verlaufenden Stabachse beträgt:

$$\Delta dx = \varepsilon_0 \cdot dx = \left(\frac{N}{EA} + \frac{M}{EAr}\right) dx = \frac{1}{EAr}(Nr + M)dx \tag{205}$$

Der Einfluß einer Normalkraft N ist hierin enthalten. Die Krümmungsänderung folgt zu (vgl. Bild 69):

$$\Delta d\varphi = \frac{\varepsilon_0 \cdot dx}{a} = \frac{1}{EAr}(Nr + M)\frac{Z + Ar^2}{Zr}dx = \left(\frac{1}{EAr^2} + \frac{1}{EZ}\right)(Nr + M)dx \tag{206}$$

Das Prinzip der virtuellen Verrückung ergibt für die Verschiebung in Richtung der virtuellen Kraft $\bar{F} = \bar{1}$:

$$\bar{1} \cdot \delta = \int^{x} \bar{N} \cdot \Delta dx + \int^{x} \bar{M} \cdot \Delta d\varphi \tag{207}$$

Wenn N und M sowie $\bar{N}$ und $\bar{M}$ innerhalb des Krümmungsbereiches konstant sind, lassen sich die Integrale in einfacher Weise lösen; dieser Fall tritt allenfalls als Näherung auf. Bei veränderlichen (realen und virtuellen) Schnittgrößen ist die Integration ggf. numerisch zu bewerkstelligen. Sofern sich Stabbereiche mit gerader Stabachse anschließen, sind deren Verformungsanteile in bekannter Weise hinzu zu addieren (δ_{ik}-Tafel). - Im Übergangsquerschnitt vom gekrümmten zum geraden Stabbereich ist ein Krümmungssprung und damit eine Unverträglichkeit der Spannungszustände des stark gekrümmten und geraden Stabbereiches vorhanden. Da sich hier ein gegenseitiger Spannungsausgleich einstellt, kann jeweils bis zur Übergangsstelle integriert werden.

Die Formänderungsarbeit folgt aus:

$$W_i = \frac{1}{2}\iint_{\varphi A} \sigma \varepsilon \, dA \rho \, d\varphi = \frac{1}{2E}\iint_{\varphi A} \sigma^2 dA (r + z) d\varphi = \frac{1}{2E}\iint_{\varphi z} \sigma^2(z) \cdot b(z)(r + z) dz \, d\varphi \tag{208}$$

Hierin ist der Beitrag der Radialspannung nicht berücksichtigt. Für σ ist G.191 einzusetzen und über z zu integrieren. Vgl. auch [32-35].

26.9.4 Beispiele und Ergänzungen

1. Beispiel: Bezug des Querschnittswertes Z zum Trägheitsmoment I. Bildet man den Quotienten c=Z/I für den Rechteck- und Kreisquerschnitt, gilt:

Rechteck		Kreis	
r/h	c	r/2a	c
0,5	∞	0,5	4
1	1,183	1	1,149
2	1,039	2	1,033
3	1,017	3	1,014
5	1,006	5	1,005
10	1,002	10	1,001

Bild 74

■ $$c = 12\left(\frac{r}{h}\right)^3 \cdot \left[\ln\frac{1 + \frac{h}{2r}}{1 - \frac{h}{2r}} - \left(\frac{h}{r}\right)\right] \tag{209}$$

● $$c = 4\left(\frac{r}{a}\right)^2 \cdot \frac{1 - \sqrt{1 - \left(\frac{a}{r}\right)^2}}{1 + \sqrt{1 - \left(\frac{a}{r}\right)^2}} \tag{210}$$

In Bild 74 sind die Quotienten ausgewiesen; im Falle r/h bzw. r/2a=0,5 liegt der Krümmungsmittelpunkt am Querschnittsrand. - Aus der Tabelle kann gefolgert werden, daß für $r/h \geq 2$ $Z \approx I$ gesetzt werden kann (Fehler ca. 3%); dieses Ergebnis kann verallgemeinert werden. Die Spannungen sind gleichwohl, auch in den Fällen $r/h > 2$, bis etwa $r/h \approx 5$, nach Formel G.191 zu berechnen!

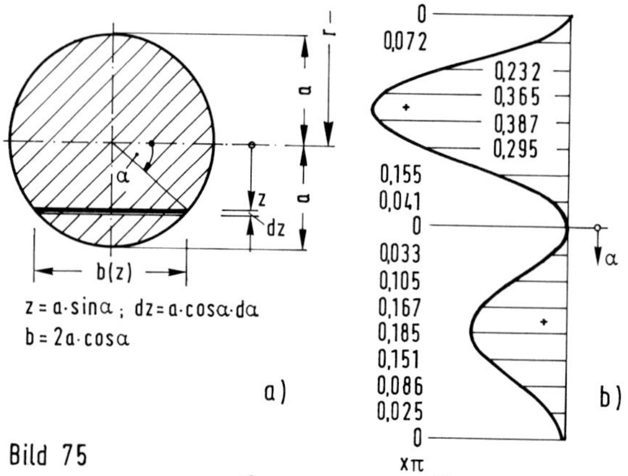

Bild 75

Zur Güte der Näherungsformeln G.196/7:

Rechteck: r/h = 1 : Z = 1,150 I statt 1,183 I

Kreis . r/2a = 1: Z = 1,125 I statt 1,149 I

Die Verwendung dieser Näherungsformeln ist offensichtlich nicht empfehlenswert. - Die numerische Integration läßt sich in einfacher Weise und mit großer Genauigkeit bewerkstelligen, was am Beispiel des Kreisquerschnitts (mit einer für die numerische Integration ungünstigen Form) bestätigt werden soll. Mit Hilfe von Bild 75 läßt sich das Querschnittsintegral Z ableiten:

$$Z = \int_{-a}^{+a} z^2 \frac{r}{r+z} b(z)\,dz = \int_{-a}^{+a} a^2 \sin^2\alpha \frac{r}{r + a\sin\alpha} 2a\cos\alpha\,dz = 2a^4 \int_{-\pi/2}^{\pi/2} \frac{\sin^2\alpha\,\cos^2\alpha}{1 + \frac{a}{r}\sin\alpha}\,d\alpha \qquad (211)$$

Für r/a=1,2 ist in Bild 75b der Integrand über α aufgetragen; die numerische Integration nach SIMPSON ergibt (n=16):

$$\int = \frac{1}{3}\cdot\frac{\pi}{16}(0 + 4\cdot 0{,}072 + 2\cdot 0{,}232 + 4\cdot 0{,}365 + 2\cdot 0{,}387 + 4\cdot 0{,}295 + 2\cdot 0{,}155 + 4\cdot 0{,}041 + 0 + $$
$$+ 4\cdot 0{,}033 + 2\cdot 0{,}105 + 4\cdot 0{,}167 + 2\cdot 0{,}185 + 4\cdot 0{,}151 + 2\cdot 0{,}086 + 4\cdot 0{,}025 + 0) =$$
$$= \frac{\pi}{48} 6{,}896 = 0{,}4513\ ; \quad Z = 2a^4\cdot 0{,}4513 = \underline{0{,}90268a^4} \quad (Z = 1{,}149\frac{\pi}{4}a^4 = \underline{0{,}90242a^4})$$

Der Klammerwert weist das formelmäßige Ergebnis aus (Fall ④ in Bild 71). - Mit Hilfe der Reihenentwicklung G.195 läßt sich für den Rohrquerschnitt eine Berechnungsformel für Z herleiten; vgl. Bild 76:

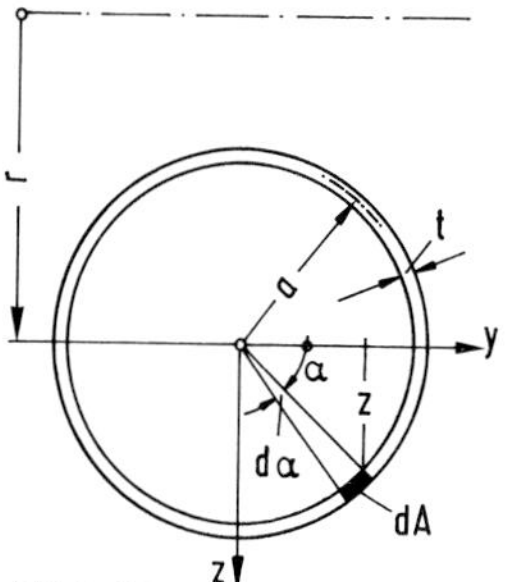

Bild 76

$$z = a\cdot\sin\alpha\ ;\ dA = ta\,d\alpha \longrightarrow Z = 2\cdot\int_{-\pi/2}^{+\pi/2} a^2\sin^2\alpha\cdot(1 + \frac{a\cdot\sin\alpha}{r} + \cdots)\,ta\,d\alpha$$

Mit $\rho = a/r$ folgt:

$$Z = 2ta^3\int_{-\pi/2}^{+\pi/2}(\sin^2\alpha + \rho\sin^3\alpha + \rho^2\sin^4\alpha + \rho^3\sin^5\alpha + \cdots)\,d\alpha$$

Die Integrale über die Glieder mit ungeradem Exponenten sind Null; für die Glieder mit geradem Exponenten lassen sich die Integrale geschlossen lösen. Ergebnis:

$$Z = 2\pi ta^3\cdot(\frac{1}{2} + \frac{3}{8}\rho^2 + \frac{15}{48}\rho^4 + \frac{105}{384}\rho^6 + \frac{945}{3840}\rho^8 \ldots) = 2\pi ta^3\sum_{n=1}^{\infty}\frac{1\cdot 3\cdot 5\cdots(2n-1)}{2\cdot 4\cdot 6\cdots 2n}\cdot\rho^{2(n-1)} \qquad (212)$$

Beispiel: $\rho = 0{,}5:\ Z = 2\pi ta^3(0{,}5 + 0{,}09375 + 0{,}01953 + 0{,}00427 + 0{,}00014) = 2\pi ta^3\cdot 0{,}61769 = \underline{3{,}881\cdot ta^3}$

<u>2. Beispiel</u>: Trapezquerschnitt, vgl. Bild 77. Die Berechnungsformel nach Bild 71 ergibt:

$$a = 4,\ b = 2,\ e_a = 2{,}667,\ e_b = 3{,}333\ ;\ A = 18{,}00\ ;\ r = 6,\ h/r = 1$$

$$Z = \left\{\frac{2-4}{6}[1 + \frac{2\cdot 2{,}667 + 4\cdot 3{,}333}{6(2-4)}]\ln\frac{1 + \frac{2{,}67}{6}}{1 - \frac{3{,}33}{6}} - \frac{2-4}{6} - \frac{(4+2)6}{2\cdot 6^2}\right\}6^4 =$$
$$= [-0{,}3333(1 - 1{,}5555)\ln\frac{1{,}4444}{0{,}4444} + 0{,}3333 - 0{,}500]\,1296 =$$
$$= [\,0{,}18518\cdot 1{,}17866 + 0{,}3333 - 0{,}500\,]\cdot 1296 = 0{,}051595\cdot 1296 = \underline{66{,}87}$$

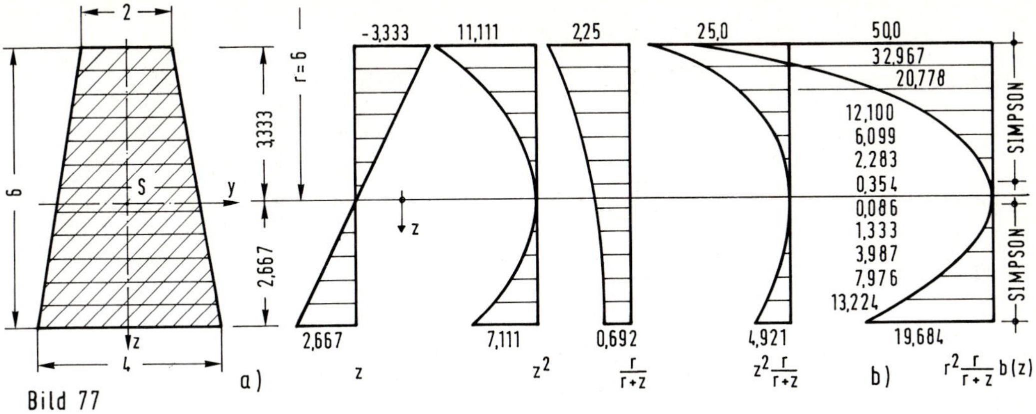

Bild 77

Die Integration nach SIMPSON für die im Bild eingetragene Intervalleinteilung liefert: Z=66,89. - Spannungsberechnung für M=1 (N=0):

$$\sigma = \frac{1}{Ar} + \frac{M}{Z}\cdot\frac{r}{r+z}\cdot z = \frac{1}{18\cdot 6} + \frac{1}{66{,}87}\cdot\frac{6}{6+z}\cdot z = \frac{1}{108} + \frac{6}{66{,}87}\cdot\frac{z}{6+z}$$

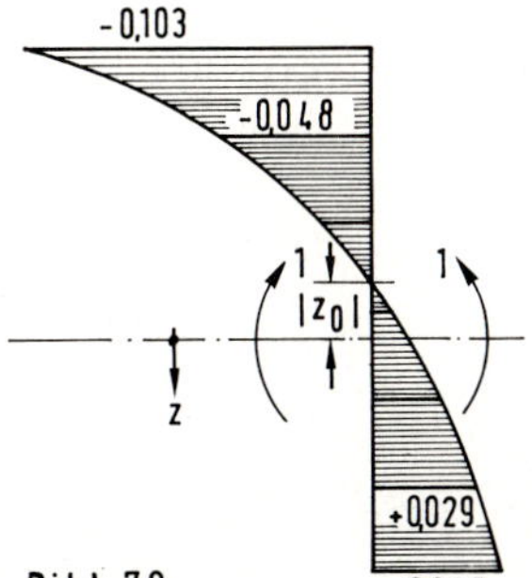

Bild 78

Bild 78 weist das Ergebnis aus. - Abstand der Spannungsnullinie von der Schwerachse:

$$z_0 = -\frac{66{,}87}{66{,}87 + 18{,}0\cdot 6^2}\,6 = \underline{-0{,}561}$$

3. Beispiel: Kranhaken (in Anlehnung an [36]); vgl. Bild 79. Als erste Abschätzung wird ein Dreiecksquerschnitt zugrundegelegt; die Formel nach Bild 71 liefert:

$r = 6+5 = 11\,\mathrm{cm}$; $b = 10{,}4\,\mathrm{cm}$; $h = 15{,}0\,\mathrm{cm}$

$$Z = \left[\frac{10{,}4}{3\cdot 15}\left(3+2\frac{15}{11}\right)\ln\frac{3+2\frac{15}{11}}{3-\frac{15}{11}} - \frac{10{,}4}{11} - \frac{10{,}4\cdot 15{,}0}{2\cdot 11^2}\right]\cdot 11^4 = \underline{1008\,\mathrm{cm}^4};\quad \underline{A = 78{,}0\,\mathrm{cm}^2}$$

Hakenlast: 100kN: N=100kN, M=-100·11=-1100kNcm

Für z=-5cm, also den Innenrand, folgt:

$$\sigma = \frac{100}{78} + \frac{-1100}{78\cdot 11} + \frac{-1100}{1008}\cdot\frac{11}{11-5}(-5) = 1{,}28 - 1{,}28 + 10{,}00 = 10{,}00\,\mathrm{kN/cm^2}$$

Diese Rechnung liegt auf der unsicheren Seite. Werden die Abrundungen des Dreiecksquerschnitts berücksichtigt, bedarf es einer numersichen Integration, um Z zu bestimmen. Das Ergebnis ist:

$A = 72{,}3\,\mathrm{cm}^2$, $Z = 847\,\mathrm{cm}^4$, $r = 6+5{,}25 = 11{,}25\,\mathrm{cm}$: $\sigma = 13{,}07\,\mathrm{kN/cm^2}$

Vgl. auch DIN 15400, DIN 15401, DIN 15402 und [37]. (Bei maschinenbaulichen Aufgabenstellungen findet die Biegetheorie des stark gekrümmten Stabes häufiger Anwendung; siehe auch Abschnitt 10: Augenstäbe.)

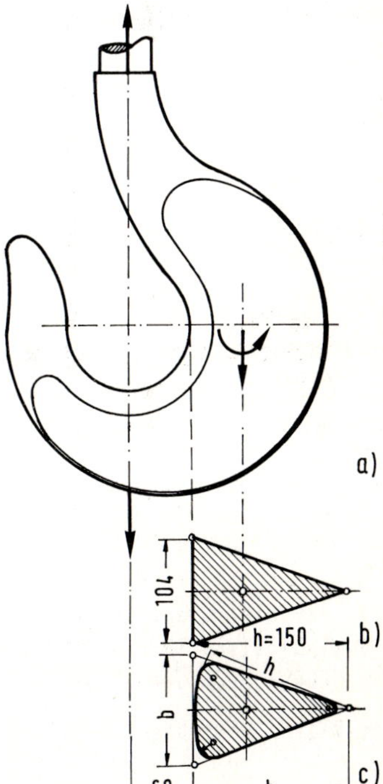

Bild 79

4. Beispiel: I-Querschnitt, Bild 80. h/r=1, gesucht sind die Spannungen in den Querschnitten I und II für das Einheitsmoment M=1kNm. $A = 151{,}2\,\mathrm{cm}^2$. Außen- und Innenradien sowie Breite der rechteckigen Teilflächen 1,2 und 3:

1a : 170 mm, 1i : 150 mm ; 300 mm
2a : 430 mm, 2i : 170 mm ; 12 mm
3a : 450 mm, 3i : 430 mm ; 300 mm

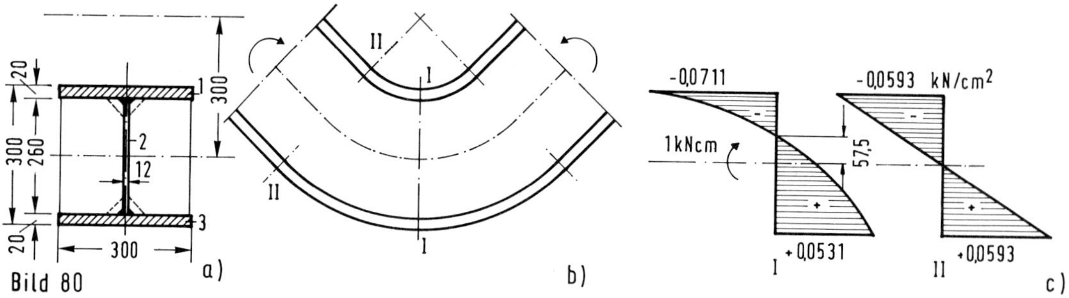

Bild 80

Hiermit folgt (r=30cm), vgl. Bild 71:

$$Z = \left(30 \ln\frac{17}{15} + 1{,}2 \ln\frac{43}{17} + 30 \ln\frac{45}{43} - \frac{151{,}2}{30}\right) 30^3 = \underline{32238\,cm^4} \qquad I = \underline{25298\,cm^4}$$

In Bild 80c sind die Spannungsverläufe ausgewiesen. Abstand der Nullinie (G.194):

$$z_0 = \frac{32\,238}{32\,238 + 151{,}2 \cdot 30^2} \cdot 30 = \underline{5{,}75\,cm}$$

5. Beispiel: ☐-Querschnitt, Bild 81. Es wird der Spannungsverlauf für drei Krümmungsradien berechnet. - Die beiden Stege werden zu einem Steg mit der Dicke 2·14=28mm zusammengefaßt; dann kann die Berechnungsformel für I-Querschnitte gemäß Bild 71 verwendet werden. Die Berechnung verläuft wie im vorangegangenen Beispiel. Bild 81 weist das Ergebnis aus (M=1000kNm), berechnet mit folgenden Z-Werten:

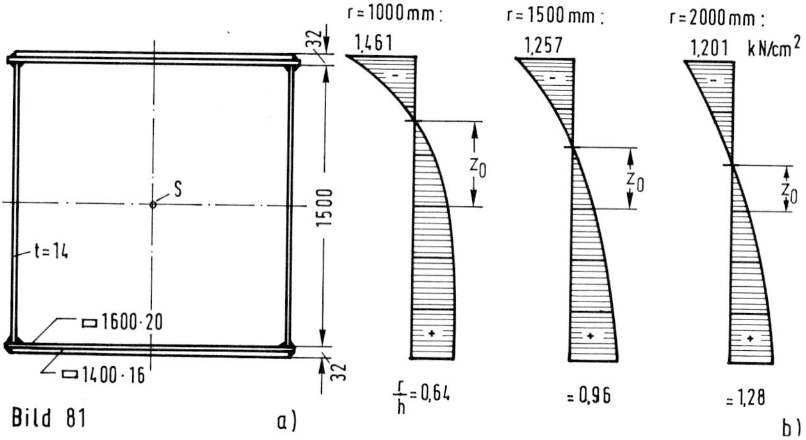

Bild 81

$$r = 1000\,mm: \quad Z = 168{,}8 \cdot 10^5\,cm^4$$
$$r = 1500\,mm: \quad Z = 96{,}2 \cdot 10^5\,cm^4$$
$$r = 2000\,mm: \quad Z = 83{,}8 \cdot 10^5\,cm^4$$

Man beachte: Die Spannungsberechnung der Beispiele 4 und 5 setzt voraus, daß die Gurte kontinuierlich in radialer Richtung ausgesteift sind, anderenfalls treten erhebliche Querbiegebeanspruchungen auf, vgl. die beiden folgenden Abschnitte!

26.9.5 Mitwirkende Breite und Gurtspannungen bei unausgesteiften I-Querschnitten

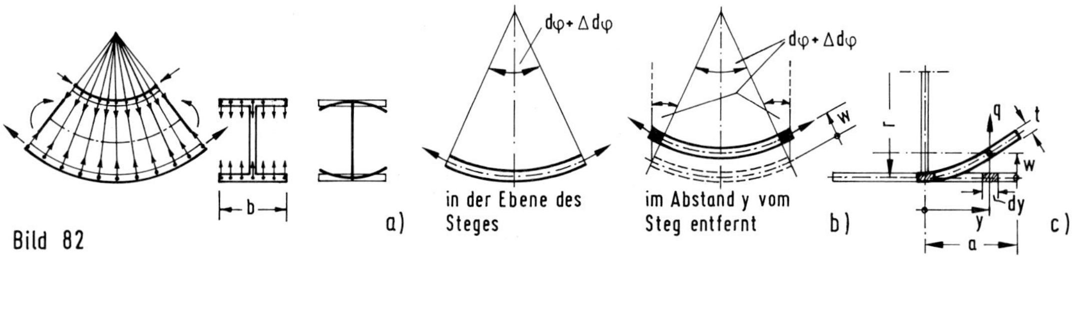

Bild 82

Den tangentialen Spannungen $\sigma_t = \sigma$ gemäß G.191 stehen aus Gleichgewichtsgründen radiale Spannungen σ_r gegenüber (vgl. Abschnitt 29.9.2). Bei stahlbautypischen Querschnitten mit dünnwandigen Gurtungen bewirken sie zweierlei:

1. Es tritt eine Querbiegung der Gurte ein, wie in Bild 82a dargestellt; hierdurch entziehen sich die Fasern z.T. der Biegezugdehnung bzw. Biegedruckstauchung und zwar umso stärker, je weiter die Fasern in den Gurten vom Steg entfernt liegen. Die Spannungen erleiden dadurch einen Abfall. Es bietet sich an, diesen Effekt durch Einführung einer mitwirkenden Breite b_m zu erfassen.
2. In den Gurtungen treten Biege- und Schubspannungen auf, die ggf. beim Spannungsnachweis des gekrümmten Trägers zu berücksichtigen sind.

Die Lösung des anstehenden Problems geht auf BLEICH zurück [38].
Es werden zwei "Fasern" der Breite 1 betrachtet, eine Faser in der Ebene des Steges und die andere im Abstand y vom Steg entfernt; Bild 82b zeigt die Fasern im verformten Zustand. In der Stegfaser betragen Dehnung und Spannung:

$$\varepsilon_m = \frac{\Delta ds}{ds} = \frac{\Delta ds}{r \cdot d\varphi} \longrightarrow \sigma_m = E\varepsilon_m \tag{213}$$

Durch die radiale Durchbiegung w=w(y) erleidet die Faser im Abstand y eine Verkürzung; demgemäß betragen hier Dehnung und Spannung:

$$\varepsilon = \frac{\Delta ds - w(d\varphi + \Delta d\varphi)}{ds} \approx \frac{\Delta ds - w\,d\varphi}{r\,d\varphi} = \varepsilon_m - \frac{w}{r} \longrightarrow \sigma = E(\varepsilon_m - \frac{w}{r}) \tag{214}$$

Die radiale Umlenkkraft dieser Faser beträgt:

$$q = \frac{\sigma\, t \cdot 1}{r} \tag{215}$$

r ist in den vorstehenden Formeln der Mittenradius des als dünn vorausgesetzten Gurtbleches der Dicke t. ε und σ haben die Bedeutung von Mittelwerten über die Dicke t. In der Faser im Abstand y beträgt q:

$$q = \frac{Et}{r}(\varepsilon_m - \frac{w}{r}) \tag{216}$$

Durch diese Kraft wird die Gurtung verbogen. Es wird ein Kragstreifen der Breite 1 betrachtet (vgl. Teilbild c) und hierfür die Grundgleichung angeschrieben:

$$EIw'''' = q \longrightarrow EIw'''' = \frac{Et}{r}(\varepsilon_m - \frac{w}{r}) \longrightarrow EIw'''' + \frac{Et}{r^2}w = \frac{\sigma_m t}{r} \tag{217}$$

I ist das Trägheitsmoment des Streifens der Breite 1:

$$I = \frac{1 \cdot t^3}{12(1-\mu^2)} \approx \frac{t^3}{12} \tag{218}$$

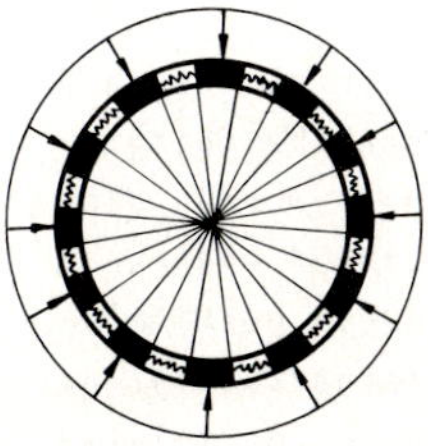

Bild 83

G.217 ist die Grundgleichung des elastisch gebetteten Balkens; die Bettung besteht aus der elastischen Ringfederung, vgl. Bild 83. Wird I in G.217 eingesetzt, lautet die zu lösende Differentialgleichung für die Flanschbiegung w:

$$w'''' + \frac{12}{r^2 t^2} w = \frac{\sigma_m}{E} \cdot \frac{12}{r t^2} \longrightarrow w'''' + 4\alpha^4 w = 4r\frac{\sigma_m}{E} \quad \text{mit} \quad \alpha^4 = \frac{3}{r^2 t^2} \tag{219}$$

Lösung:

$$w = A_1 sS + A_2 sC + A_3 cS + A_4 cC + \frac{r\sigma_m}{E} \tag{220}$$

Die Abkürzungen bedeuten:

$$s = \sin\alpha y,\; c = \cos\alpha y,\; S = \sinh\alpha y,\; C = \cosh\alpha y \tag{221}$$

Für den I-Querschnitt lauten die Randbedingungen (Bild 84a):

$$\begin{aligned} y = 0:&\; w = 0,\; w' = 0 \\ y = a:&\; M = 0,\; Q = 0 \end{aligned} \tag{222}$$

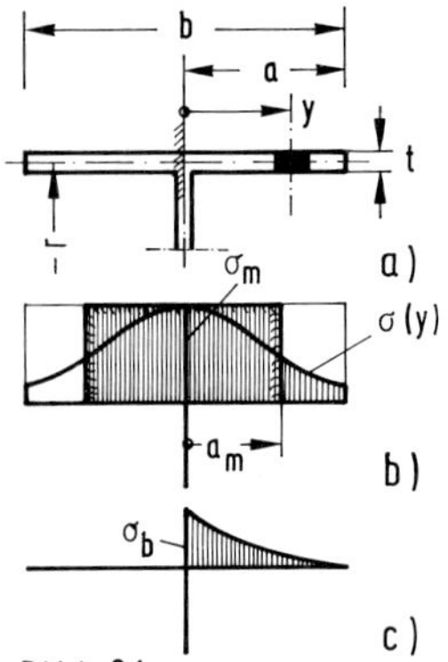

Bild 84

Die Freiwerte A_1 bis A_4 lassen sich hieraus berechnen, daraus folgen $w=w(y)$ und $\sigma=\sigma(y)$; in Bild 84b ist der Spannungsverlauf qualitativ dargestellt. Die Bestimmungsgleichung für die mitwirkende Breite lautet:

$$a_m = \frac{1}{\sigma_m} \int_0^a \sigma(y)\,dy \qquad (223)$$

Die Integration ist geschlossen möglich; das liefert:

$$\nu = \frac{a_m}{a} = \frac{1}{\alpha a} \cdot \frac{\sin 2\alpha a + \sinh 2\alpha a}{2 + \cos 2\alpha a + \cosh 2\alpha a} \qquad (224)$$

Bezogen auf die gesamte Breite gilt entsprechend:

$$b_m = \nu \cdot b \qquad (225)$$

Die maximale Biegespannung tritt am Steganschnitt des auskragenden Gurtfeldes auf; auch dieses Problem läßt sich geschlossen lösen:

$$\sigma_b = \mu\,\sigma_m = \sqrt{3}\,\frac{\cosh 2\alpha a - \cos 2\alpha a}{2 + \cosh 2\alpha a + \cos 2\alpha a}\,\sigma_m \qquad (226)$$

a^2/rt	0	0,1	0,2	0,3	0,4	0,5	0,6	0,7	0,8	0,9
ν	1,000	0,994	0,977	0,950	0,917	0,878	0,838	0,800	0,762	0,726
μ	0	0,297	0,580	0,836	1,056	1,238	1,382	1,495	1,577	1,636
a^2/rt	1	1,1	1,2	1,3	1,4	1,5	2	3	4	5
ν	0,693	0,663	0,636	0,611	0,589	0,569	0,495	0,414	0,367	0,334
μ	1.677	1.703	1,721	1,728	1,732	1,732	1,707	1,671	1,680	1,700

Bild 85

In Bild 85 sind die Beiwerte ν und μ als Funktion von a^2/rt eingetragen [38].

26.9.6. Mitwirkende Breite und Gurtspannungen bei unausgesteiften Kastenquerschnitten

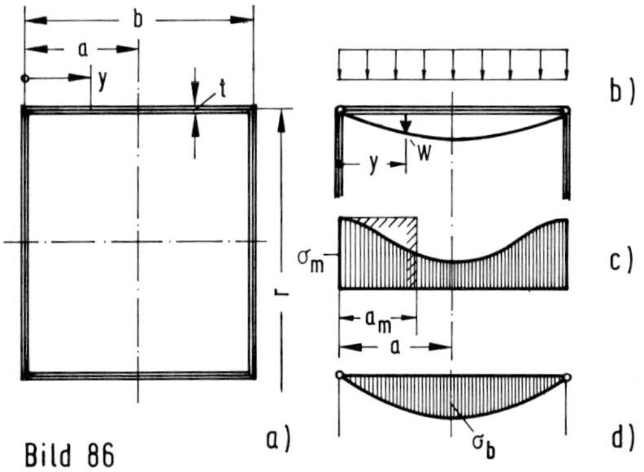

Bild 86

Die BLEICHsche Lösung für I-Querschnitte wird im folgenden für Kastenquerschnitte ergänzt, vgl. Bild 86. Grundlage ist dieselbe Differentialgleichung wie zuvor. Die Randbedingungen lauten (Bild 86b):

$$y=0:\; w=0,\;\; M=0 \qquad y=a:\; w'=0,\;\; Q=0 \qquad (227)$$

Die Einspannwirkung der Gurtplatte in die Seitenstege wird nicht berücksichtigt. Mittels der Randbedingungen werden die Freiwerte A_1 bis A_4 berechnet und anschließend $w=w(y)$ und $\sigma=\sigma(y)$ bestimmt. Die mitwirkende Breite folgt aus der Bestimmungsgleichung G.223. Die maximale Biegespannung tritt in der Mitte der Gurtplatte auf (Teilbild d). Unter Verzicht auf die Wiedergabe aller Zwischenrechnungen ergibt sich:

$$w = (1 - cC + AcS + BsC)\frac{r\sigma_m}{E} \qquad (228)$$

mit

$$A = \frac{S_a \cdot C_a \cdot (s_a^2 + c_a^2)}{(s_a \cdot S_a)^2 + (c_a \cdot C_a)^2} \qquad B = \frac{s_a c_a \cdot (S_a^2 - C_a^2)}{(s_a \cdot S_a)^2 + (c_a \cdot C_a)^2} \qquad (229)$$

$$s_a = \sin\alpha a;\;\; c_a = \cos\alpha a;\;\; S_a = \sinh\alpha a;\;\; C_a = \cosh\alpha a \qquad (230)$$

$$\nu = \frac{a_m}{a} = \frac{1}{2\alpha a} \cdot (A - B) \qquad (231)$$

$$\sigma_b = \mu\sigma_m = \sqrt{3} \cdot (A\,s_a \cdot C_a - B\,c_a \cdot S_a - s_a \cdot S_a)\,\sigma_m \qquad (232)$$

In Bild 87 sind die Beiwerte ν und μ als Funktion von a^2/rt ausgewiesen. - Man beachte: Da in den Gurten eine zweiachsige Beanspruchung auftritt (Tangentialspannungen und Querbiegung), ist die Vergleichsspannung σ_V zu berechnen!

a^2/rt	0	0,1	0,2	0,3	0,4	0,5	0,6	0,7	0,8	0,9
ν	1,000	0,984	0,941	0,878	0,805	0,732	0,663	0,601	0,546	0,500
μ	0	0,294	0,555	0,766	0,903	0,989	1,030	1,036	1,020	0,989
a^2/rt	1	1,1	1,2	1,3	1,4	1,5	2	3	4	5
ν	0,460	0,426	0,397	0,373	0,352	0,334	0,272	0,215	0,187	0,169
μ	0,949	0,904	0,857	0,810	0,764	0,719	0,524	0,267	0,120	0,036

Bild 87

26.9.7 Experimenteller Befund [39]

Im folgenden werden die an drei Prüfkörpern ermittelten Versuchsergebnisse mitgeteilt; über weitere Versuche zur Klärung der Übereinstimmung zwischen Theorie und Experiment wurde von KAISER, STEINHARDT und anderen berichtet [40-42].

Prüfkörper 1: Rechteckquerschnitt

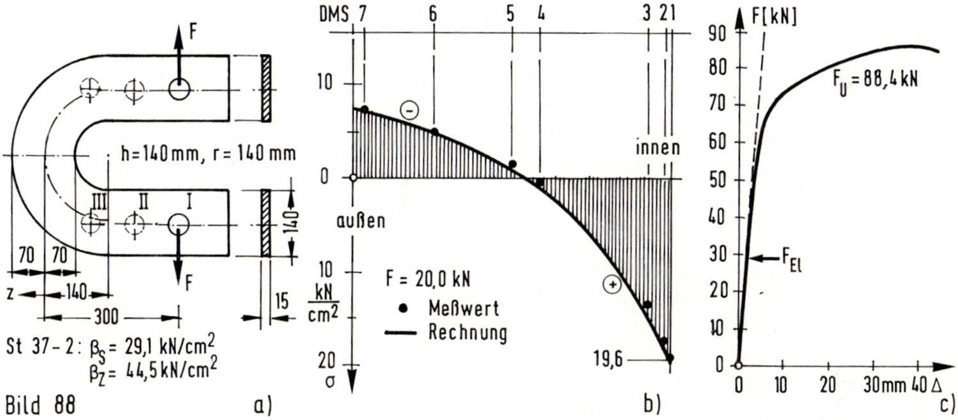

Bild 88

Bild 88a zeigt die Abmessungen und Teilbild b die mittels DMS-Technik unter der Last F=20kN gemessenen Ergebnisse. Die Beanspruchung liegt im elastischen Bereich. Das Rechenergebnis ist als durchgehende Kurve eingezeichnet. Die Übereinstimmung zwischen Versuch und Rechnung ist im Rahmen der Meßgenauigkeit offensichtlich vollständig. Das wird auch bei einem Lastangriff im Loch II bestätigt, nicht dagegen bei einem Lastangriff im Loch III; in diesem Falle kommt eine "Stabbiegung" nicht zustande. - Die Kraft-Verschiebungskurve zeigt oberhalb der elasto-statischen Grenzkraft

$$F_{El} = \frac{29{,}1}{19{,}6} 20 = 29{,}7\,\text{kN}$$

einen zunächst schwachen, später progressiv nichtlinearen Verlauf (Teilbild c). - Nachrechnung der Randspannungen für F=20kN:

$$A = 21{,}0\,\text{cm}^2,\quad Z = 406\,\text{cm}^4;\quad \underline{N = +20\,\text{kN}},\quad \underline{M = -20\cdot 30 = -600\,\text{kNcm}}$$

$$\sigma = \frac{20}{21{,}0} + \frac{-600}{21\cdot 14} + \frac{-600}{406}\left(\frac{14}{14+z}\right)z = 0{,}924 - 2{,}041 - 20{,}69\,\frac{z}{14+z}$$

$$z = -7{,}0\,\text{cm}:\quad \sigma = 0{,}924 - 2{,}041 + 20{,}69 = \underline{+19{,}6\,\text{kN/cm}^2}$$

$$z = +7{,}0\,\text{cm}:\quad \sigma = 0{,}924 - 2{,}041 - 6{,}897 = \underline{-8{,}0\,\text{kN/cm}^2}$$

Die Meßwerte im Kerbquerschnitt des in Bild 89 dargestellten Prüfkörpers liegen gegenüber den Rechenwerten stets niedriger. Das r/h-Verhältnis beträgt: 75/140=0,54. Der Spannungserhöhungsfaktor ergibt sich zu: 4,5; gemessen wurde ca. 3 bis 3,5. Das genaue Ausmessen

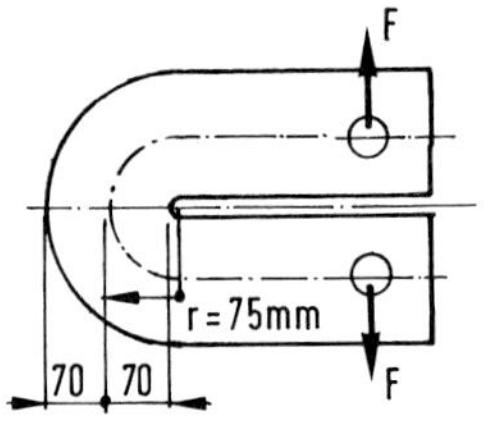

Bild 89

der Kerbspannungsspitze bereitet große Schwierigkeiten; Meß- und Rechenwerte reagieren sehr empfindlich auf geringfügige Abweichungen des r/h-Verhältnisses.

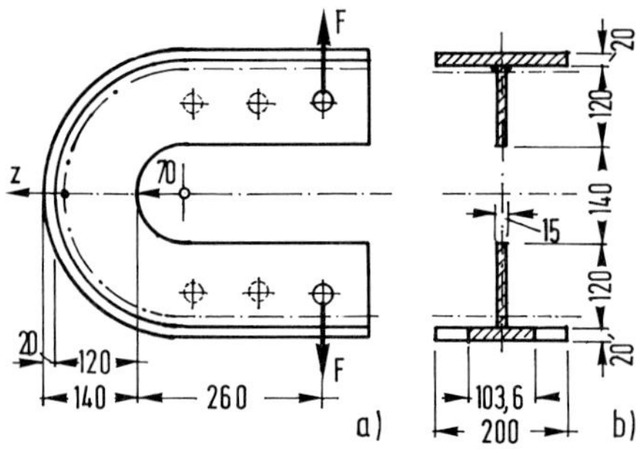

Prüfkörper 2: T-Querschnitt

Bild 90a zeigt den Prüfkörper; im Lasteinleitungsbereich sind Rippen und Außenstege angeschweißt.

Die mitwirkende Breite wird nach Abschnitt 26.9.5 bestimmt: Radius bis Mitte Gurt: r=7,0+12,0 +1,0=20,0cm, a=925cm, t=20cm: $a^2/rt = 9{,}25^2/20 \cdot 2{,}0 = 2{,}14$

$\longrightarrow$ $\nu = 0{,}48$; $a_m = 0{,}48 \cdot 9{,}25 = 4{,}43\,cm$

Ersatzbreite: b=2·4,43+1,5=10,36cm (statt 20cm). Anmerkung: a ist hier gleich der Kraglänge bis zum Steganschnitt und nicht bis zur Stegmitte gewählt. Für den Ersatzquerschnitt wird Z berechnet:

$$A = 2{,}0 \cdot 10{,}36 + 1{,}5 \cdot 12{,}0 = 20{,}72 + 18{,}00 = \underline{38{,}72\,cm^2}$$

$$e = (20{,}72 \cdot 1{,}0 + 18{,}00 \cdot 8{,}0)/38{,}72 = 164{,}72/38{,}72 = \underline{4{,}25\,cm}$$

$$r = 7{,}0 + 14{,}0 - 4{,}25 = \underline{16{,}75\,cm}$$

$$Z = \left(1{,}5 \cdot \ln\frac{19{,}0}{7{,}0} + 10{,}36 \cdot \ln\frac{21{,}0}{19{,}0} - \frac{38{,}72}{16{,}75}\right) \cdot 16{,}75^3 = \underline{1047\,cm^2}$$

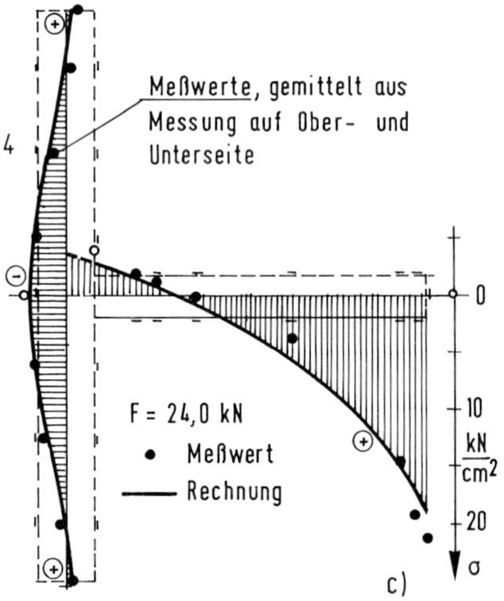

Bild 90

Bild 90 zeigt die Meß- und Rechenwerte für F=24kN: N=24kN, M=-24·35,75=-858kNcm. Die Spannung infolge N wird am realen Querschnitt berechnet (A=58cm²). Randspannungen: $z = -9{,}75\,cm$: $\sigma = \underline{+18{,}2\,kN/cm^2}$; $z = +3{,}25\,cm$: $\underline{\sigma = -3{,}1\,kN/cm^2}$

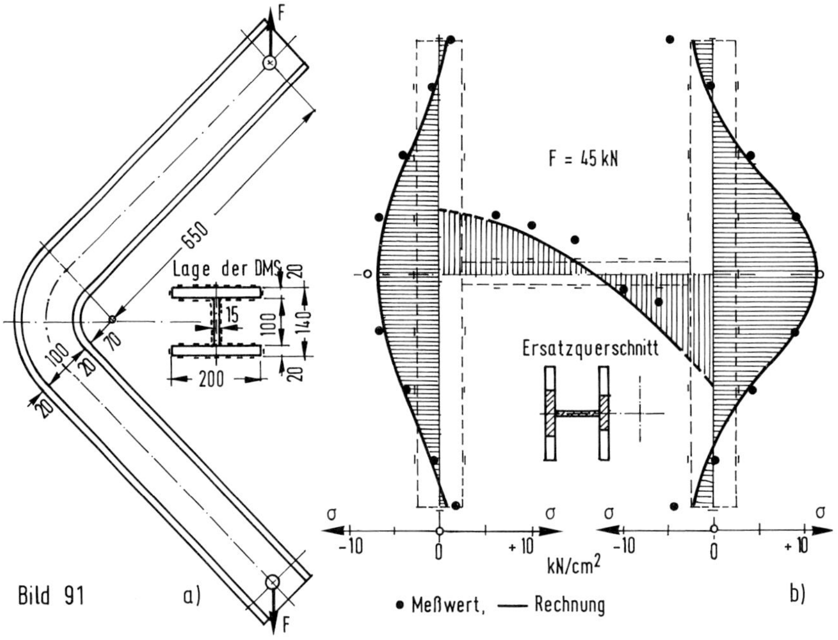

Bild 91

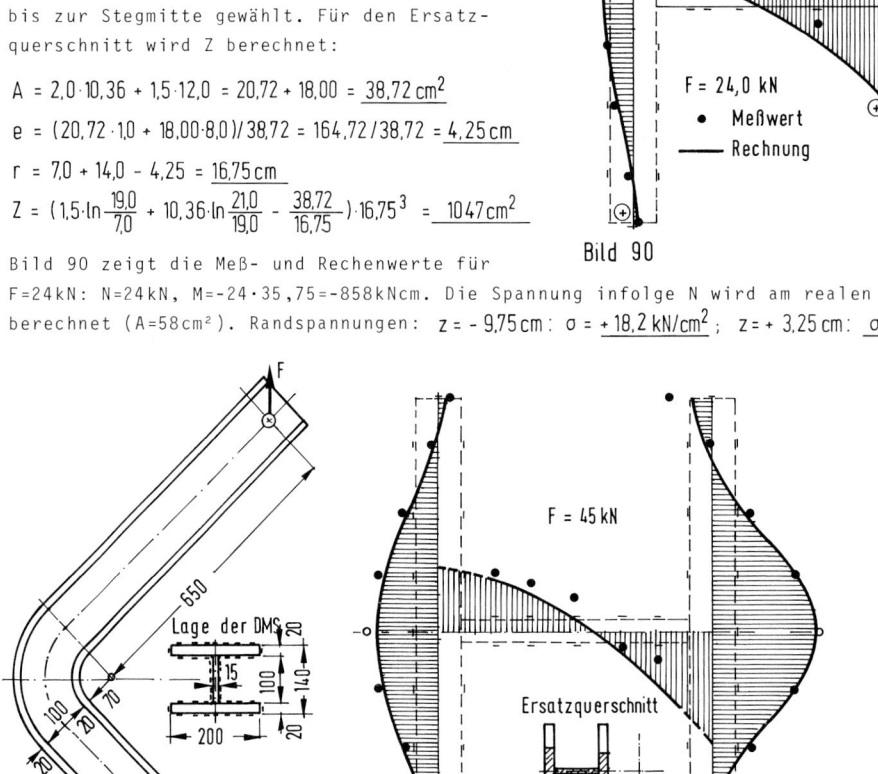

Der letztgenannte Wert gilt für Gurtmitte, für die Außenkante gilt σ=-3,7kN/cm². - Meß- und Rechenwerte stimmen gut überein. Das gilt auch für den Verlauf der realen Spannungen im Gurt. Sowohl Messung wie Rechnung liefern Zugspannungen an den Gurträndern! Die Querbiegespannung im Gurt beträgt ca. ∓1,7·3,1=∓5,3kN/cm².

Prüfkörper 3: I-Querschnitt

Bild 91a zeigt den Prüfkörper, einschließlich Lage der Dehnmeßstreifen. In Teilbild b sind die gemessenen und gerechneten Werte einander gegenübergestellt, erstere liegen geringfügig über den zweiten. Infolge der stärkeren Krümmung des Innenrandes ergeben sich hier höhere Spannungen und dementsprechend eine geringere mitwirkende Breite. Diese wird unter Bezug auf a=9,5cm bestimmt:

$$\text{Außengurt: } r = 20\,\text{cm} : a^2/rt = 9{,}5^2/20\cdot 2{,}0 = 2{,}26 \longrightarrow \underline{v = 0{,}47}$$

$$\text{Innengurt: } r = 8\,\text{cm} : a^2/rt = 9{,}5^2/8\cdot 20 = 5{,}64 \longrightarrow \underline{v = 0{,}34}$$

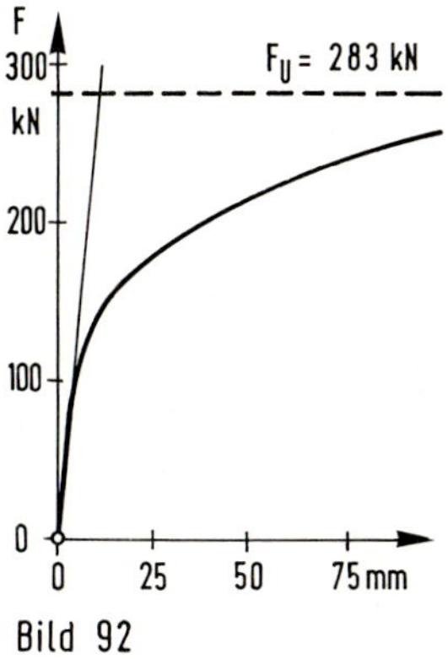

Bild 92

Die weitere Rechnung (für den Ersatzquerschnitt) ergibt:

$$\underline{r = 14{,}79\,\text{cm}},\ \underline{A = 43{,}78\,\text{cm}^2},\ \underline{Z = 1737\,\text{cm}^4}$$

Hiermit werden die max Randspannungen ermittelt.

Bild 92 zeigt die Kraftverschiebungskurve. - In [43] wurde für gekrümmte Stäbe mit I-Querschnitt eine plasto-statische Theorie entwickelt. Es zeigt sich, daß die danach bestimmten mitwirkenden Breiten praktisch mit den elasto-statisch ermittelten übereinstimmen. Berechnet man für den Ersatzquerschnitt das plastostatische Grenzmoment M_{Pl} und hierfür die Grenzkraft F_{Pl}, so unterschätzt dieser Wert die im Versuch bestimmte Grenzkraft F_U beträchtlich, liegt also auf der sicheren Seite. Real wird die Verfestigung innenseitig aktiviert. - Im Steg tritt bei starken Gurten eine hohe zweiachsige Beanspruchung $\sigma_\varphi - \sigma_r$ auf. Das Versagen des Prüfkörpers ging mit einem Aufreißen des Steges infolge Querzug einher. Ggf. ist es daher bei praktischen Ausführungen zweckmäßig, den Steg im Krümmungsbereich dicker auszuführen.

26.9.8 Hinweise zur praktischen Ausführung

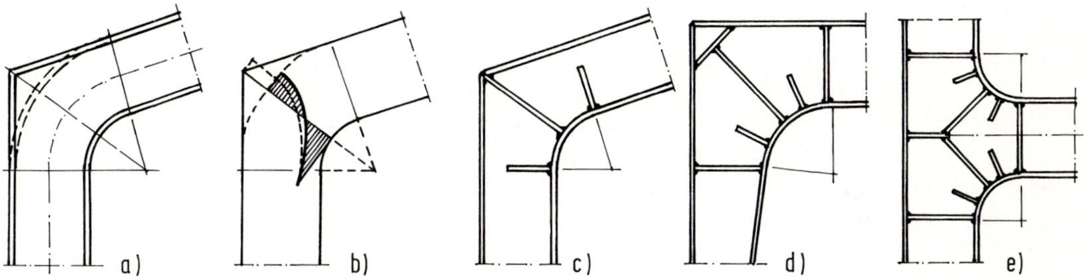

Bild 93

Praktische Bedeutung hat die Biegetheorie stark gekrümmter Stäbe u.a. beim Festigkeitsnachweis von Rahmenecken mit gekrümmter Gurtung. Bild 93a/b zeigt, wie eine ausspringende Außenecke durch einen kontinuierlichen Verlauf ersetzt wird. Die Spannung am gekrümmten Innenrand wird dadurch praktisch nicht beeinflußt. Um keine zu große Querschnittseinbuße infolge stark reduzierter mitwirkender Breiten zu erhalten, ist es grundsätzlich zweckmäßig, Radialrippen einzuziehen, um die Querbiegung der gekrümmten Gurte zu behindern. Ganz läßt sie sich nicht verhindern, so daß dem Festigkeitsnachweis verrippter Rahmenecken ein (geringfügig) reduzierter Ersatzquerschnitt zugrundegelegt werden sollte. Die Rippen sollten umso enger liegen, je größer die Krümmung ist. Die Teilbilder c bis e zeigen Beispiele; vgl. hierzu auch [44]. Zum Stabilitätsnachweis siehe u.a. [45] sowie DIN 18800 T2 und zum Beulnachweis gekrümmter Stege [46].

26.9.9 Rohrkrümmer

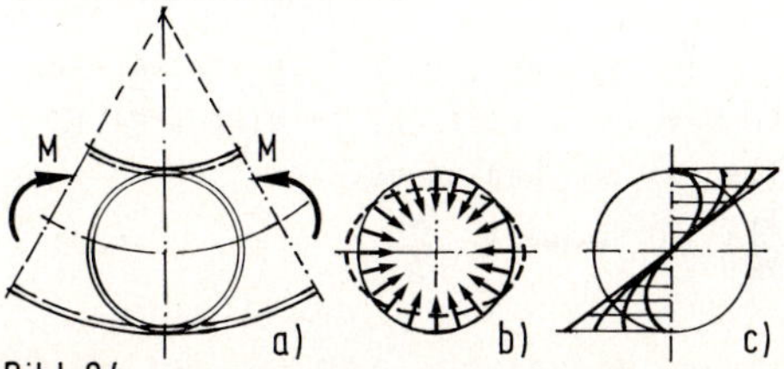

Bild 94

Wie ausgeführt, erleiden alle Querschnitte mit dünnwandigem I-, Kasten- oder Rohrquerschnitt eine Querbiegungsbeanspruchung. Sie entsteht durch die radial gerichteten Umlenkkräfte, Bild 94b. Die Biegespannungen sind ungleichförmig verteilt, Teilbild c. Eine geschlossene Lösung gelang KÁRMÁN, sie basiert auf dem RITZ-Verfahren [47]; vgl. auch WANKE [48]. Im Rohrleitungsbau spielt der Rohrkrümmer als Ausgleichselement eine große Rolle [49]. Zur Berechnung selbsttragender Rohrbögen siehe ESSLINGER [50], vgl. auch [51].

26.10 Berechnung der Randspannungen mit Hilfe des Querschnittskerns

26.10.1 Bestimmung des Querschnittskerns

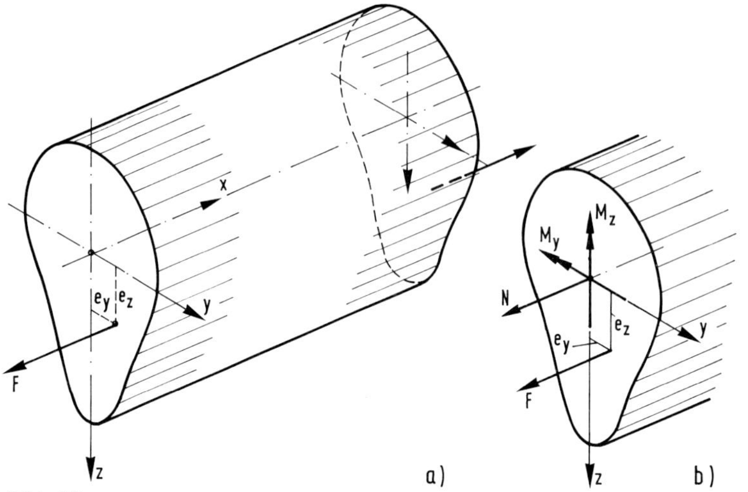

Bild 95

Bild 95a zeigt ein Stabelement mit der exzentrisch wirkenden Kraft F; die Hebelarme sind e_y und e_z. Dieser Fall steht stellvertretend für die kombinierte Biegebeanspruchung M_y, M_z und Normalkraftbeanspruchung N, wobei F=N exzentrisch an den Hebelarmen e_y und e_z angreift:

$$e_y = -\frac{M_z}{F}\;;\quad e_z = +\frac{M_y}{F} \tag{234}$$

$F \cdot e_y$ ist mit $-M_z$ und $F \cdot e_z$ mit $+M_y$ äquivalent. Die elasto-statische Spannung in der Querschnittsfaser y, z folgt zu:

$$\sigma = +\frac{F}{A} + \frac{M_y}{I_y}z - \frac{M_z}{I_z}y = +\frac{F}{A} + \frac{Fe_z}{I_y}z + \frac{Fe_y}{I_z}y =$$

$$= +\frac{F}{A}\left(1 + \frac{A}{I_y}e_z z + \frac{A}{I_z}e_y y\right) = \frac{F}{A}\left(1 + \frac{e_z}{i_y^2}z + \frac{e_y}{i_z^2}y\right) \tag{235}$$

Hierin bedeuten:

$$A = \int_A dA\,;\quad I_y = \int_A z^2 dA\,;\quad I_z = \int_A y^2 dA\,;\quad i_y^2 = I_y/A\;;\quad i_z^2 = I_z/A \tag{236}$$

Handelt es sich um einen beliebigen (unsymmetrischen) Querschnitt mit schiefer Biegung und Normalkraft, ist die Rechnung von den Hauptachsen η und ζ aus zu entwickeln, Abschnitt 26.3.

Es werden zwei Fälle unterschieden:

a) Der Querschnitt steht ausschließlich unter Zug- oder Druckspannungen

b) Innerhalb des Querschnittes treten Zug- und Druckspannungen auf. Gemäß der BERNOULLI-Hypothese sind die Spannungen beidseitig der Spannungsnullinie linear verteilt; das besagt G.235. Die Nullinie ist eine Gerade; die Bedingung $\sigma=0$ liefert deren Funktion:

$$f(y,z) = 1 + \frac{e_z}{i_y^2}z + \frac{e_y}{i_z^2}y = 0 \tag{237}$$

Hierin sind e_y, e_z und i_y, i_z gegeben. Die Lage der Spannungsnullinie liegt damit fest. Gesucht sind jene Wertepaare e_y, e_z, für welche deren Nullinie gerade den Rand tangiert und zwar jenen Rand, der dem Wirkungsort von F gegenüberliegt; Bild 96. Der geometrische Ort dieser Wertepaare umschreibt den Querschnittskern (kurz: Kern). Liegt F auf der Kerngrenze, steht der Querschnitt gerade noch voll unter Zugspannungen, wenn F eine Zugkraft ist, bzw. gerade noch voll unter Druckspannungen, wenn F eine Druckkraft ist. Gesuch ist der Querschnittskern.

Bei einfachsymmetrischen Querschnitten und Biegung in der Symmetrieebene ist die Bestimmung der auf der Symmetrieachse liegenden Kernpunkte besonders einfach. In diesem Falle folgt (wenn F eine Zugkraft ist) die untere Kernweite aus der Bedingung:

$$\sigma_1 = \frac{N}{A} + \frac{M}{W_1} = \frac{F}{A} + \frac{Fk_1}{W_1} = F\left(\frac{1}{A} + \frac{k_1}{W_1}\right) = 0 \;\longrightarrow\; k_1 = -\frac{W_1}{A} \tag{238}$$

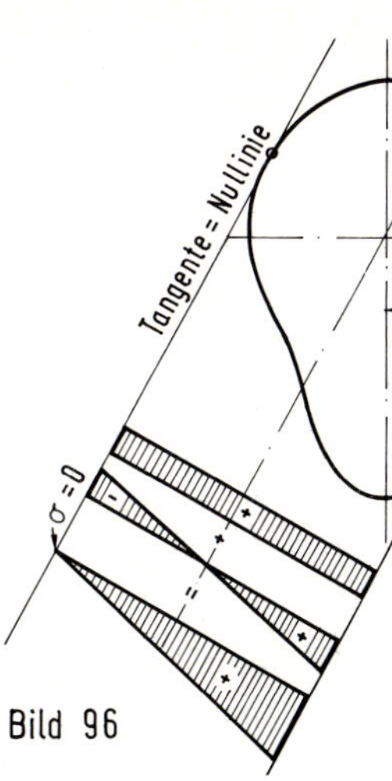

Bild 96

(Man vgl. zur Definition von k_1 Bild 97a.) Entsprechend ergibt sich k_2. (Im allgemeinen werden die Kernweiten positiv definit eingeführt). Zusammengefaßt:

$$k_1 = -\frac{W_1}{A}; \quad k_2 = \frac{W_2}{A} \tag{239}$$

Um den vollständigen Kern zu bestimmen, wird von Teilbild b ausgegangen: Wirkt F in einem beliebigen Kerngrenzpunkt k_y, k_z (vorzeichenbehaftet!), ist die Spannung im zugeordneten Querschnittsrandpunkt R mit den Koordinaten y_R, z_R definitionsgemäß gerade Null:

$$1 + \frac{k_z}{i_y^2} z_R + \frac{k_y}{i_z^2} y_R = 0 \tag{240}$$

Diese Bedingungsgleichung folgt unmittelbar aus G.235. Es wird ein Querschnittspunkt mit den Koordinaten y=a und z=b betrachtet, durch diesen Punkt verlaufe eine Gerade mit der Steigung m, die Gleichung dieser Geraden lautet dann (Bild 98):

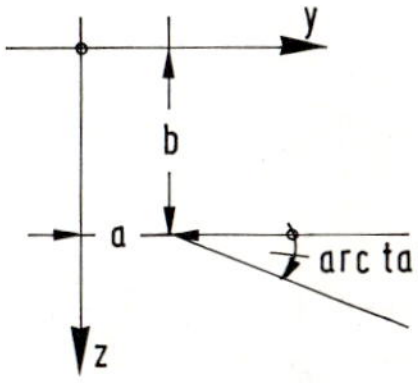

Bild 98

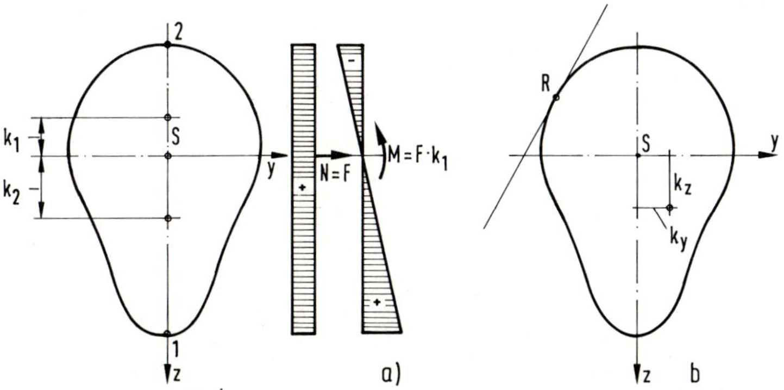

Bild 97

$$\frac{z-b}{y-a} = m \longrightarrow z - my - (b - m \cdot a) = 0 \longrightarrow 1 - \frac{1}{b - m \cdot a} z + \frac{m}{b - m \cdot a} y = 0 \tag{241}$$

Es wird nun a mit y_R und b mit z_R identifiziert, dann gilt:

$$1 - \frac{1}{z_R - m \cdot y_R} z + \frac{m}{z_R - m \cdot y_R} y = 0 \tag{242}$$

Wird diese Gerade schließlich mit der Tangente an den Querschnittsrandpunkt R gemäß G.237 identifiziert, ergibt sich:

$$\frac{k_z}{i_y^2} z_R = -\frac{1}{z_R - m y_R} z_R \longrightarrow k_z = -\frac{1}{z_R - m y_R} i_y^2$$
$$\frac{k_y}{i_z^2} y_R = +\frac{m}{z_R - m y_R} y_R \longrightarrow k_y = +\frac{m}{z_R - m y_R} i_z^2 \tag{243}$$

Aus diesen beiden Gleichungen läßt sich der Steigungskoeffizient m freistellen:

$$m = -\frac{k_y}{k_z} \cdot \frac{i_y^2}{i_z^2} \tag{244}$$

Praktisch wird so vorgegangen, daß für einen (frei gewählten) Randpunkt R (y_R, z_R) der Tangentensteigungskoeffizient m bestimmt und (da i_y und i_z bekannt sind) die zugehörigen Kernpunktskoordinaten aus G.243 berechnet werden. Die zeichnerische Bestimmung des Kerns ist umständlich [52].

26.10.2 Beispiele und Ergänzungen

1. Beispiel: Kreisquerschnitt, Radius r (Bild 99a)

Da alle Randpunkte gleichwertig sind, wird der Randpunkt 1 (frei) gewählt

$$i_y^2 = i_z^2 = i^2 = r^2/4 \qquad y_R = 0,\ r_R = r,\ m = 0 \longrightarrow k_z = -\frac{1}{r} \cdot \frac{r^2}{4} = -\frac{r}{4};\ k_y = 0$$

Die Kernfläche ist ein Kreis mit dem Radius r/4, vgl. Bild 99a.

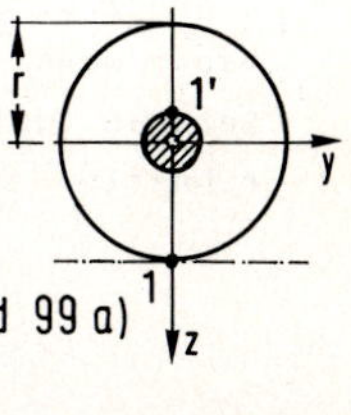

Bild 99 a)

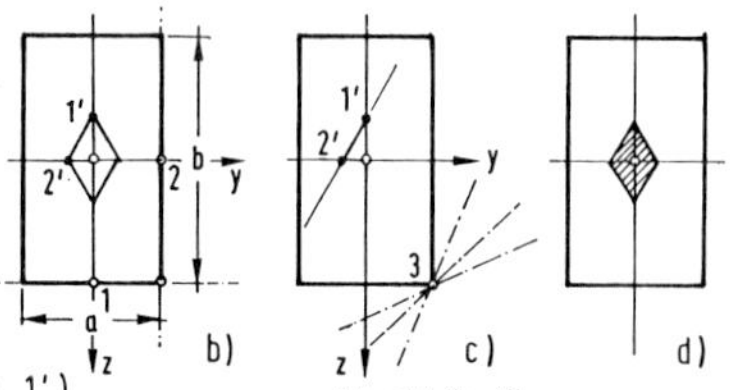

Bild 99 b) Eckpunkt 3: Alle Steigungskoeffizienten : negativ

2. Beispiel: Rechteckquerschnitt, Seitenabmessungen a·b

Für den Rechteckquerschnitt gilt (vgl. Bild 99b):

$$i_y^2 = \frac{b^2}{12}\,; \quad i_z^2 = \frac{a^2}{12}$$

Randpunkt 1:

$$y_R = 0,\ z_R = \frac{b}{2},\ m = 0 \longrightarrow k_z = -\frac{1}{b/2}\,\frac{b^2}{12} = -\frac{b}{6};\ k_y = 0 \quad \text{(Kernpunkt 1')}$$

Betrachtet man andere Randpunkte der Kante $z_R = b/2$ bleibt das Ergebnis unverändert gültig.

Randpunkt 2:

$$y_R = \frac{a}{2},\ z_R = 0,\ m = \pm\infty \longrightarrow k_z = 0;\ k_y = +\frac{1}{\frac{z_R}{m} - y_R}\, i_z^2 = \frac{1}{-a/2}\,\frac{a^2}{12} = -\frac{a}{6} \quad \text{(Kernpunkt 2')}$$

Wie zuvor, gilt auch dieses Ergebnis für alle Randpunkte der Kante $y_R = a/2$.

Randpunkt 3: Für den ausspringenden Eckpunkt läßt sich keine eindeutige Tangente angeben, nur ein Geradenbüschel mit den Steigungen 0 bis $-\infty$. Zu jeder dieser Geraden gehört ein Punkt auf der gegenüberliegenden Umrißlinie des Kerns zwischen den Kernpunkten 1' und 2'. G.240 verknüpft den Punkt (k_y, k_z) mit dem Randpunkt $(y_R,\ z_R)$. Da y_R, z_R für den betrachteten Eckpunkt Festwerte und zudem i_y und i_z Konstante sind, verläuft die Kernbegrenzung geradlinig, denn die Koordinanten k_y und k_z treten in der Gleichung linear auf: Der Kern der Rechteckfläche ist damit bekannt (Bild 99d)

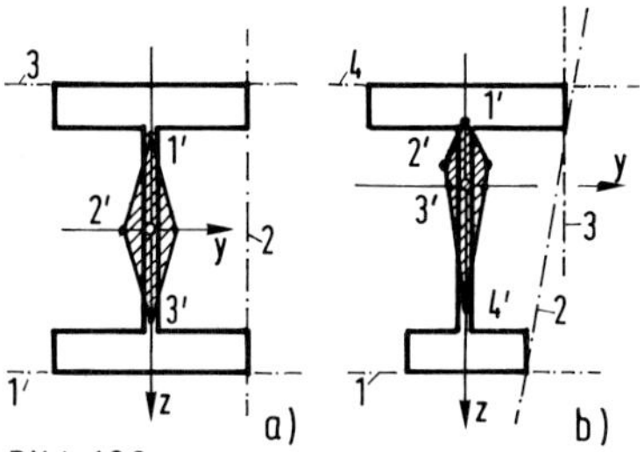

Bild 100

Die prinzipielle Vorgehensweise, um einen Kern abzuleiten, ist damit auch für andere Querschnitte aufgezeigt: Die Querschnittskontur wird durch Tangenten vollständig umhüllt. Zu jeder Tangente wird der zugehörige Kernpunkt berechnet. Alle Schnittpunkte benachbarter Tangenten sind ausspringende Eckpunkte, zu diesen gehört jeweils eine Berandungsgerade zwischen den zuvor berechneten Nachbarkernpunkten. Zuordnung:

Randgerade → ausspringender Kerneckpunkt,
ausspringender Randeckpunkt → Kerngerade,
vgl. Bild 100

Für die praktische Berechnung haben insbesondere die kleinste Kernweite und der Winkel, unter welchem der kleinste Kernweitenhalbmesser geneigt ist, Bedeutung.

Handelt es sich um einen unsymmetrischen Querschnitt, werden zunächst die Hauptachsen η und ζ sowie die Trägheitsradien i_η und i_ζ bestimmt. Das weitere Vorgehen entspricht der vorstehenden Anweisung; vgl. die Analogie der Gleichungen G.235 und G.44. Bild 101 zeigt Beispiele [53], siehe auch [52].

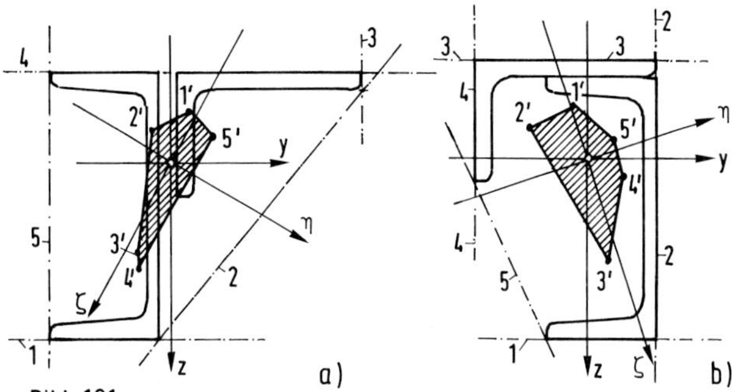

Bild 101

Die baupraktische Bedeutung der Kernberechnung ist dreifach:

1. Sollen bei Baustoffen ohne nennenswerte Zugfestigkeit wie Mauerwerk, unbewehrter Beton oder in der Bausohle nur Druckspannungen auftreten, muß die exzentrische Druckkraft innerhalb der Kernfläche liegen, anderenfalls treten klaffende Zonen ein (vgl. Abschnitt 26.11).
2. Handelt es sich um einen Biegestab, bei dem die Belastung senkrecht zur Stabachse in beliebiger Richtung auftreten kann (z.B. Schornstein unter Windeinwirkung), kann aus der Kernfigur unmittelbar erkannt werden, welche Richtung maßgebend ist: Es ist die Richtung mit dem kleinsten Kernmaß (welches die Kraftlinie in der Kernfigur abschneidet); vgl. den folgenden Abschnitt.

3. Bei Stabtragwerken wie Bogen- und Rahmenbrücken, die durch rollenden Verkehr beansprucht werden, geht die ungünstigste Stellung der Verkehrslasten für die maximale Randspannung aus den Einflußlinien für N und M direkt nicht hervor. In solchen Fällen ist es günstiger, die Einflußlinien für das obere und untere Kernpunktmoment zu bestimmen: Unterstellt man einen einfach-symmetrischen Querschnitt, folgt die Spannung im unteren Randpunkt 1 mit e=M/N zu:

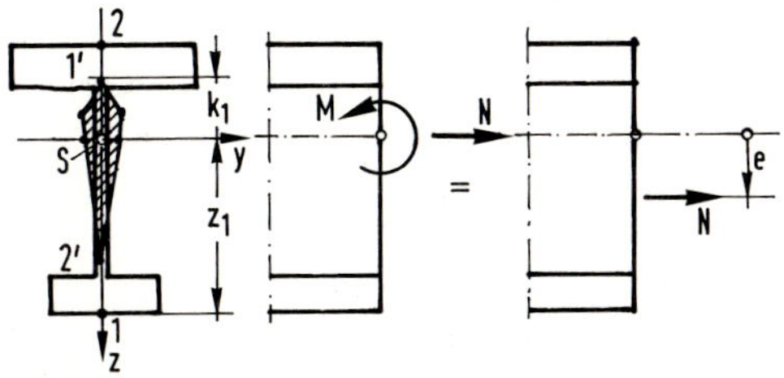

Bild 102

$$\sigma_1 = \frac{N}{A} + \frac{M}{I} z_1 = \frac{N}{A} + \frac{Ne}{I} z_1 = \frac{N}{A} + \frac{Ne}{W_1} =$$
$$= \frac{N}{W_1}\left(\frac{W_1}{A} + e\right) = \frac{N}{W_1}(k_1 + e) = \frac{M_1}{W_1} \qquad (245)$$

M_1 ist das untere Kernpunktmoment. Für die obere Randspannung folgt entsprechend:

$$\sigma_2 = \frac{N}{A} - \frac{M}{I} z_2 = \frac{N}{A} - \frac{Ne}{I} z_2 = \frac{N}{A} - \frac{Ne}{W_2} =$$
$$\frac{N}{W_2}\left(\frac{W_2}{A} - e\right) = \frac{N}{W_2}(k_2 - e) = -\frac{M_2}{W_2} \qquad (246)$$

M_2 ist das obere Kernpunktmoment. Man beachte, daß in den vorstehenden Formeln die Größen z_1, z_2; k_1, k_2 und W_1, W_2 jeweils positiv definit eingeführt worden sind! Die Normalkraft N ist als Zugkraft positiv; das Moment M ist positiv, wenn es auf der Unterseite (1) Zug bewirkt; e ist vorzeichenbehaftet: e=M/N.
Die Berechnung der Einflußlinien für die Kernpunktmomente ist Gegenstand der Baustatik. Sie folgen qua Definition gemäß G.245/6 aus den Einflußlinien für N und M zu: $M_1 = M + N \cdot k_1$ und $M_2 = M - N \cdot k_2$; vgl. auch [54].

26.10.3 Maßgebende Wirkungsrichtung bei umlaufender Belastung

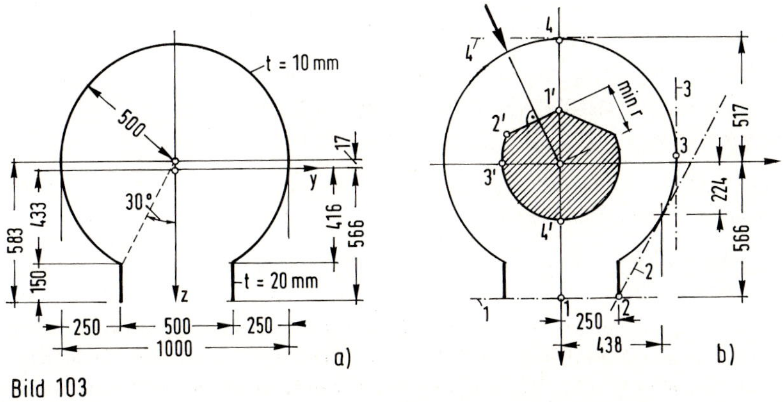

Bild 103

Die im vorangegangenen Abschnitt enthaltene Anweisung, wonach die maßgebende Richtung für die größte Randspannung bei veränderlicher (umlaufender) Belastung jene ist, die (vom Schwerpunkt aus) die geringste Kernweite aufweist, soll an einem Beispiel erläutert werden. Bild 103a zeigt den Querschnitt eines Stahlschornsteins im Bereich einer Fuchsöffnung (in Form eines Linienquerschnittes). Die Lage der Hauptachsen y, z ist eingezeichnet; die Rechnung ergibt:

$$A = 321{,}8\,cm^2;\; I_y = 419645\,cm^4;\; I_z = 418896\,cm^4;\; i_y^2 = 1304{,}1\,cm^2;\; i_z^2 = 1301{,}7\,cm^2$$

Die Kernfläche wird von vier Berandungspunkten aus entwickelt (Teilbild b):

Randpunkt 1:

$$m = 0;\; y_R = 0,\; z_R = 56{,}6\,cm \;:\; k_y = 0,\; k_z = -23{,}04\,cm$$

Randpunkt 2: Die Lage des Berührungspunktes der Tangente vom Punkt 2 aus an den Kreis muß zunächst berechnet werden. Wenn dieser Punkt bekannt ist, kann die Tangentenneigung bestimmt werden. Die Rechnung ergibt (vgl. Teilbild b):

$$m = -1{,}818;\; y_R = 25{,}0\,cm,\; z_R = 56{,}6\,cm \;:\; k_y = -23{,}19\,cm,\; k_z = -12{,}78\,cm$$

Randpunkt 3:

$$m = \pm\infty;\; y_R = 50{,}0\,cm,\; z_R = -1{,}703\,cm \;:\; k_y = -26{,}03\,cm,\; k_z = 0$$

Randpunkt 4:

$$m = 0;\; y_R = 0,\; z_R = -51{,}70\,cm \;:\; k_y = 0,\; k_z = 25{,}22\,cm$$

Die maßgebende Richtung ist aus der Kernfläche sofort zu erkennen, vgl. die Pfeilrichtung in Bild 103b. Die größte Spannung ergibt sich im Querschnitt zu:

$$\max\sigma = \frac{M}{A \cdot \min k} \tag{247}$$

min k ist das kleinste Kernmaß, welches die Kraftlinie in der Kernfigur abschneidet. Im vorliegenden Beispiel findet man:

$$\min k = 21{,}07\,\text{cm},\quad A = 321{,}8\,\text{cm}^2 \longrightarrow \max\sigma = \frac{M}{321{,}8 \cdot 21{,}07} = \underline{1{,}475 \cdot 10^{-4} \cdot M}$$

Dasselbe Ergebnis ergibt sich, wenn man den Momentenvektor für die maßgebende Richtung (senkrecht zur Linie 1'-2') in die Richtung der Hauptachsen zerlegt und die Spannung anschließend für den Punkt 2 berechnet.

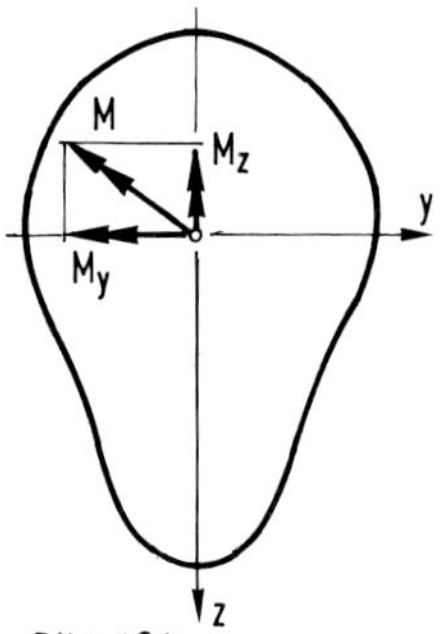

Bild 104

Eine andere Vorgehensweise ist folgende [55]: Für einen Punkt y, z der Randlinie gilt (vgl. Bild 104):

$$\sigma = +\frac{M_y}{I_y} z - \frac{M_z}{I_z} y = \frac{M_y}{W_y} - \frac{M_z}{W_z} = \frac{M_y}{W_y} - \frac{\sqrt{M^2 - M_y^2}}{W_z};\quad M = \sqrt{M_y^2 + M_z^2} \tag{248}$$

Wird σ nach M_y differenziert und Null gesetzt, ergibt sich:

$$\frac{M_y}{M_z} = \frac{W_z}{W_y} \tag{249}$$

Für den maßgebenden Punkt wird min W gemäß

$$\sigma = \pm\frac{M}{\min W} \longrightarrow \min W = \frac{W_y \cdot W_z}{\sqrt{W_y^2 + W_z^2}} \tag{250}$$

definiert.

Für das Beispiel folgt:

Randpunkt 1: $W_{y1} = 419\,645/56{,}6 = 7414\,\text{cm}^3$, $(W_{z1} = \infty)$
Randpunkt 2: $W_{y2} = 7414\,\text{cm}^3$, $W_{z2} = 418\,896/25{,}0 = 16\,756\,\text{cm}^3$
Randpunkt 3: $W_{z3} = 418896/50{,}0 = 8\,378\,\text{cm}^3$, $(W_{y3} = \infty)$
Randpunkt 4: $W_{y4} = 419\,645/51{,}7 = 8117\,\text{cm}^3$, $(W_{z4} = \infty)$

Für die infrage kommenden Punkte (das sind die ausspringenden Ecken, außerhalb der Hauptachsen) ist min W zu berechnen; Randpunkt 2:

$$\min W = \frac{7414 \cdot 16\,756}{\sqrt{7414^2 + 16\,756^2}} = \underline{6780\,\text{cm}^3} \longrightarrow \sigma = \frac{M}{6673} = \underline{1{,}475 \cdot 10^{-4}\,M}$$

Ist M bei umlaufender Belastung veränderlich (weil z.B. der aerodynamische Beiwert in Abhängigkeit von der Windrichtung unterschiedlich ist), sind mehrfache Probierrechnungen nicht zu umgehen, das ist der Regelfall, insbesondere auch dann, wenn in dem nachzuweisenden Querschnitt neben dem Biegemoment auch eine Normalkraft wirkt. Häufig ist auch diese von der Wirkungsrichtung der Belastung abhängig.

26.11 Berechnung der Spannungen bei versagender Zugzone

26.11.1 Bestimmung der klaffenden Fuge

Bild 105a zeigt einen einfach-symmetrischen Querschnitt. In der Symmetrieebene wirke im Abstand e (Exzentrizität) die Druckkraft F, vgl. Teilbild c. Das bedeutet: Bezogen auf den Schwerpunkt S wirkt die Normalkraft N=F (als Druckkraft positiv) und das Moment M=F·e. Ist der Querschnitt druck- und zugsteif und das Material elastisch, folgen die Zug- und Druckspannungen zu (Teilbild b):

$$\sigma = -\frac{N}{A} \pm \frac{M}{I} z \tag{251}$$

Hat der Querschnitt keine Zugsteife, stellt sich eine klaffende Fuge ein, wenn F außerhalb des Kernes liegt (Abschnitt 26.10). Es treten nur Druckspannungen auf. Wird die Gültigkeit der BERNOULLI-Hypothese unterstellt und elastisches Verhalten angenommen, ist die

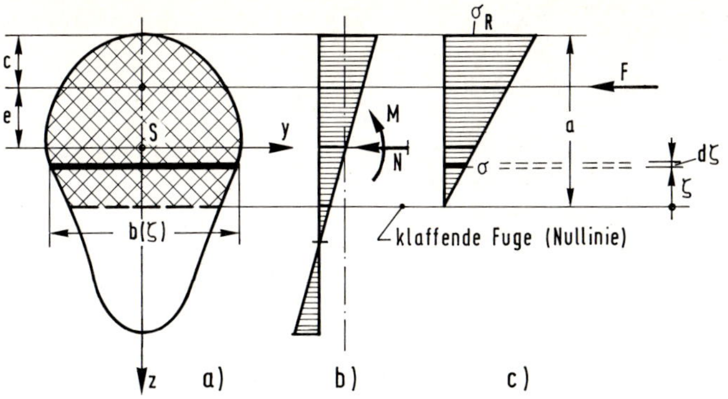

Bild 105

Druckspannung linear verteilt. Der Abstand zwischen der Grenze der klaffenden Fuge und dem Druckrand sei a und die Druckspannung am Rand (maxσ): σ_R (Teilbild c). Die beiden Unbekannten (das sind a und σ_R) werden aus zwei Gleichgewichtsgleichungen berechnet: $\Sigma N=0$, $\Sigma M=0$.

Bezogen auf die Fugengrenze (Nullinie) wird die Integrationsvariable ζ eingeführt. Die Gleichgewichtsgleichungen lauten (vgl. Teilbild c):

$$\Sigma N = 0: \quad F - \int_0^a \sigma \cdot b(\zeta)\,d\zeta = 0 \qquad (252)$$

$$\Sigma M = 0: \quad F(a-c) - \int_0^a \sigma \cdot b(\zeta) \cdot \zeta\,d\zeta = 0 \qquad (253)$$

Mit der geradlinig verteilten Spannung

$$\sigma = \sigma(\zeta) = \sigma_R \frac{\zeta}{a} \qquad (254)$$

lauten die Gleichungen:

$$F - \frac{\sigma_R}{a} \int_0^a \zeta \cdot b(\zeta)\,d\zeta = F - \frac{\sigma_R}{a} \cdot S_\zeta = 0 \qquad (255)$$

$$F(a-c) - \frac{\sigma_R}{a} \int_0^a \zeta^2 b(\zeta)\,d\zeta = F(a-c) - \frac{\sigma_R}{a} \cdot I_\zeta = 0 \qquad (256)$$

Hierin sind S_ζ und I_ζ das erste und zweite Flächenmoment, bezogen auf die Nullinie:

$$S_\zeta = \int_0^a \zeta \cdot b(\zeta)\,d\zeta; \quad I_\zeta = \int_0^a \zeta^2 b(\zeta)\,d\zeta \qquad (257)$$

Aus G.255 wird σ_R/a freigestellt und G.256 eingesetzt; das liefert die Bestimmungsgleichung für die Nullinienlage, d.h. für den Randabstand a:

$$\frac{\sigma_R}{a} = \frac{F}{S_\zeta}; \quad F(a-c) - \frac{F}{S_\zeta} \cdot I_\zeta = 0 \quad \longrightarrow \quad \underline{a = \frac{I_\zeta}{S_\zeta} + c} \qquad (258)$$

Ist a berechnet, ergibt sich die Randdruckspannung σ_R zu:

$$\underline{\sigma_R = \frac{Fa}{S_\zeta}} \qquad (259)$$

26.11.2 Beispiele

1. Beispiel: Rechteckquerschnitt, Breite b, Höhe d (Bild 106a)

$$S_\zeta = \frac{ba^2}{2}; \quad I_\zeta = \frac{ba^3}{3} \quad \longrightarrow \quad a = \frac{2ba^3}{3ba^2} + c = \frac{2}{3}a + c \quad \longrightarrow \quad \underline{a = 3c} \qquad (260)$$

Randspannung (G.259):

$$\sigma_R = 2\frac{Fa}{ba^2} = \frac{2F}{ba} \quad \longrightarrow \quad \underline{\sigma_R = \frac{2F}{3bc}} \qquad (261)$$

Im praktischen Anwendungsfalle sind N und M gegeben; bezogen auf die Schwerachse wird

$$e = \frac{M}{N} \qquad (262)$$

berechnet, dann ist auch der Randabstand bekannt:

$$c = \frac{d}{2} - e \qquad (263)$$

Nunmehr lassen sich a und σ_R berechnen (G.261/2).

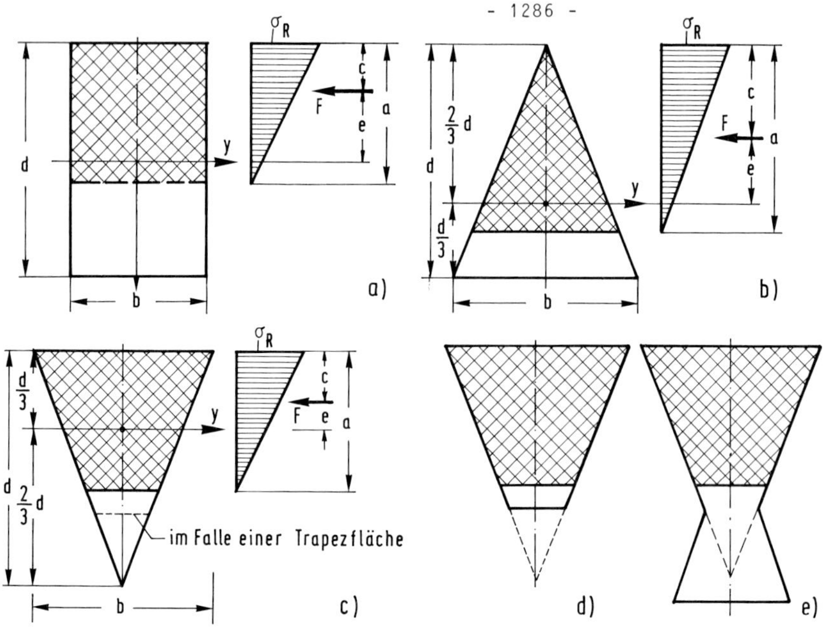

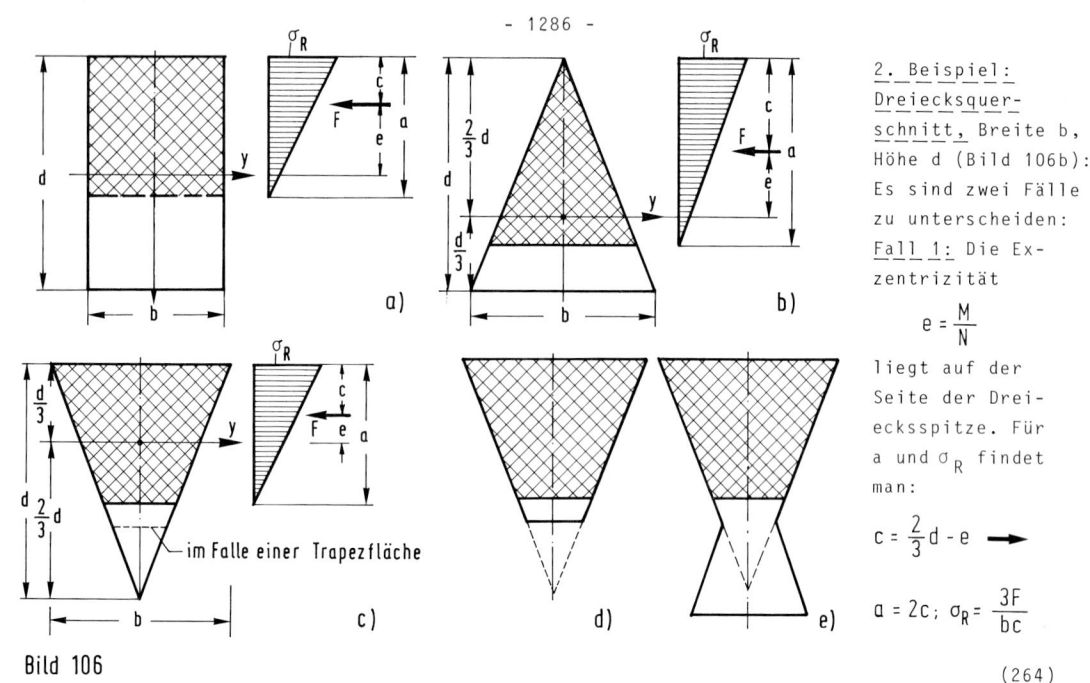

2. Beispiel: Dreiecksquerschnitt, Breite b, Höhe d (Bild 106b): Es sind zwei Fälle zu unterscheiden: Fall 1: Die Exzentrizität

$$e=\frac{M}{N}$$

liegt auf der Seite der Dreiecksspitze. Für a und σ_R findet man:

$$c=\frac{2}{3}d-e \;\rightarrow\; a=2c;\ \sigma_R=\frac{3F}{bc} \qquad (264)$$

Bild 106

Fall 2: Die Exzentrizität liegt auf der Breitseite, die Druckfläche ist ein Trapez. Bezogen auf den Schwerpunkt wird e bestimmt, dann folgt:

$$c=\frac{1}{3}d-e \;\rightarrow\; a=(c+d)-\sqrt{(c+d)^2-6cd}\,;\quad \sigma_R=\frac{2F}{ab\left(1-\frac{1}{3}\cdot\frac{a}{d}\right)} \qquad (265a/b)$$

Beispiel:

$$e=d/12:\ c=d/4:\ a=d:\ \sigma_R=3F/bd=\frac{3}{2}\frac{F}{A} \qquad (266)$$

Diese Formeln können auch dann verwendet werden, wenn die reale Fläche eine Trapezfläche ist und eine klaffende Fuge innerhalb dieser Fläche auftritt; dann wird die Trapezfläche zu einer Dreiecksfläche ergänzt (Teilbild d); auf den Schwerpunkt dieser dreieckigen Ersatzfläche wird die Exzentrizität bezogen! Wie die Fläche innerhalb der Klaffung (also außerhalb der Nullinie) aussieht, ist belanglos (Teilbild e), vgl. auch [56].

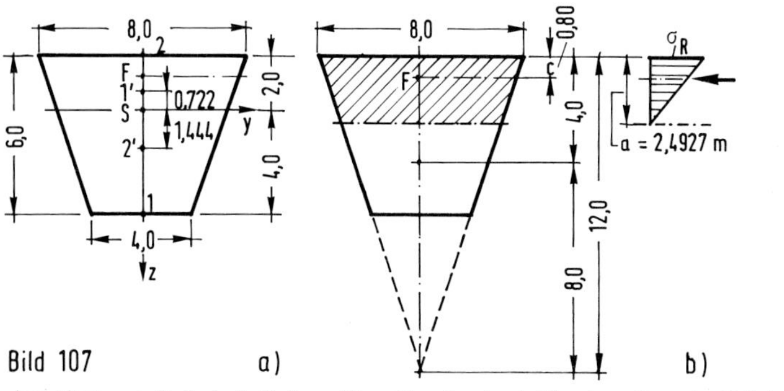

Bild 107

Die Vorgehensweise wird an dem in Bild 107a skizzierten Trapezquerschnitt erläutert, Maße in m. Man findet:

$$A=36\,m^2,\ I_y=104\,m^4$$
$$k_1=0{,}722\,m;\ k_2=1{,}444\,m$$

Die Exzentrizität betrage e=1,2m; sie liegt außerhalb der oberen Kernweite, folglich tritt eine klaffende Fuge auf. Der Abstand der Druckkraft vom Druckrand beträgt: c=2,0-1,2=0,8m. Für die dreieckförmige Ersatzfläche gilt c unverändert; mit b=8,0m und d=12,0m folgt aus G.265a a=2,4927m. Die klaffende Fuge hat die Schwerlinie der (realen) Trapezfläche noch nicht erreicht. Für σ_R findet man: $\sigma_R=0{,}10775\cdot F$

3. Beispiel: T-Querschnitt (Bild 108)

Es sind wiederum zwei Fälle zu unterscheiden: Fall 1: Die gedrückte Fläche ist eine Rechteckfläche, entweder mit der Breite b_o oder mit der Breite b_u; dann wird ein Ersatzrechteck eingeführt. Fall 2: Die Nullinie liegt im Steg, Gurt und Steg werden gedrückt. Das erste und zweite Flächenmoment, bezogen auf die Nullinie, lauten:

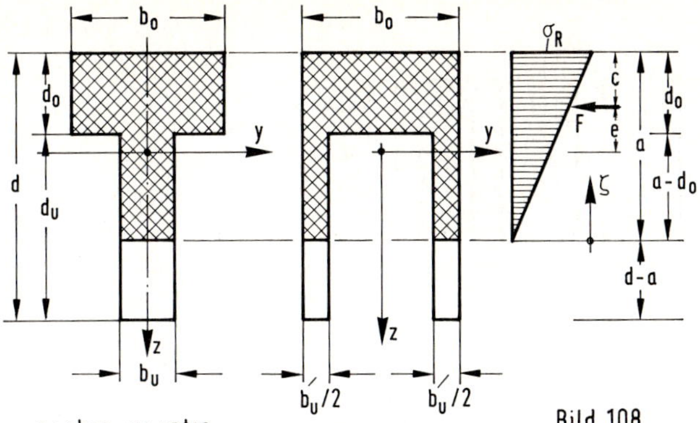

Bild 108

$$S_\zeta = b_0 \frac{a^2}{2} - (b_0 - b_u)\frac{(a-d_0)^2}{2} \qquad (267)$$

$$I_\zeta = b_0 \frac{a^3}{3} - (b_0 - b_u)\frac{(a-d_0)^3}{3} \qquad (268)$$

Werden diese Ausdrücke in G.258 eingesetzt, erhält man die Bestimmungsgleichung für a (das ist die Tiefe der Druckzone) zu:

$$I_\zeta + (c-a)S_\zeta = 0 \longrightarrow \alpha^3 - (1-\beta)(\alpha-1)^3 + \frac{3}{2}(\gamma-\alpha)[\alpha^2 - (1-\beta)(\alpha-1)^2] = 0 \qquad (269)$$

Hierin bedeuten:

$$\alpha = \frac{a}{d_0} \geq 1; \quad \beta = \frac{b_u}{b_0} \lesseqgtr 1; \quad \gamma = \frac{c}{d_0} > 0 \qquad (270)$$

c ist der Abstand der exzentrisch liegenden Druckkraft bis zum Druckrand; ß und γ sind von den geometrischen Abmessungen abhängig. α wird aus G.269 berechnet, damit ist die Lage der Nullinie bekannt: $a=\alpha\cdot d_0$. Die Bestimmungsgleichung läßt sich noch umformen: Algebraische Gleichung dritten Grades:

$$\beta\alpha^3 - 3\beta\gamma\alpha^2 + 3(1-2\gamma)(1-\beta)\alpha - (2-3\gamma)(1-\beta) = 0 \qquad (271)$$

Die Randspannung folgt aus:

$$\sigma_R = \frac{2F}{b_0 d_0} \cdot \frac{\alpha}{2\alpha - 1 + \beta(1-\alpha)^2} \qquad (272)$$

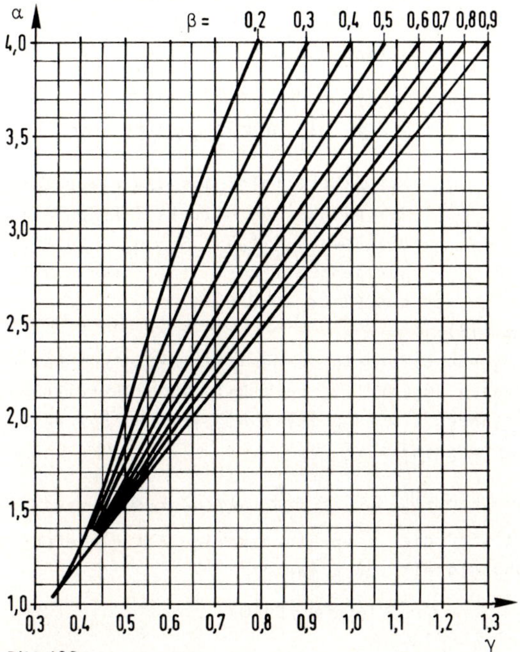

Bild 109

Aus dem Diagramm des Bildes 109 kann α, also die Nullinienlage in Abhängigkeit von ß und γ, entnommen werden. Ist α bekannt, kann σ_R aus G.272 berechnet werden. Im Falle α<1 liegt die Nullinie innerhalb der breiten rechteckigen Gurtfläche.

Beispiel: b_0=2,5m, b_u=1,0m, d_0=1,0m, d=4,0m; F=850kN, c=0,92m.

$$\beta = \frac{b_u}{b_0} = \frac{1{,}0}{2{,}5} = 0{,}400; \quad \gamma = \frac{c}{d_0} = \frac{0{,}92}{1{,}0} = 0{,}920$$

$$\alpha = 3{,}69 \longrightarrow a = 3{,}69\cdot 1{,}0 = \underline{3{,}69\,\text{m}} \begin{matrix} > 1{,}0\,\text{m} \\ < 4{,}0\,\text{m}\end{matrix}$$

$$\sigma_R = \frac{2\cdot 850}{2{,}50\cdot 1{,}0}\cdot\frac{3{,}69}{2\cdot 3{,}69 - 1 + 0{,}400(1-3{,}69)^2} = \underline{271\,\text{kN/m}^2} = \underline{27{,}1\,\text{N/cm}^2}$$

Wirkt die exzentrische (aus dem Kern herausfallende) Kraft derart, daß die Randdruckspannung an der Schmalseite auftritt (Bild 110a/b), wird σ_R für den Randabstand c wie bei einem Rechteckquerschnitt berechnet. Das ist dann eine Näherung, wenn die Nullinie in den breiten Gurtbereich fällt. Die Näherung ist indes sehr genau und liegt zudem auf der sicheren

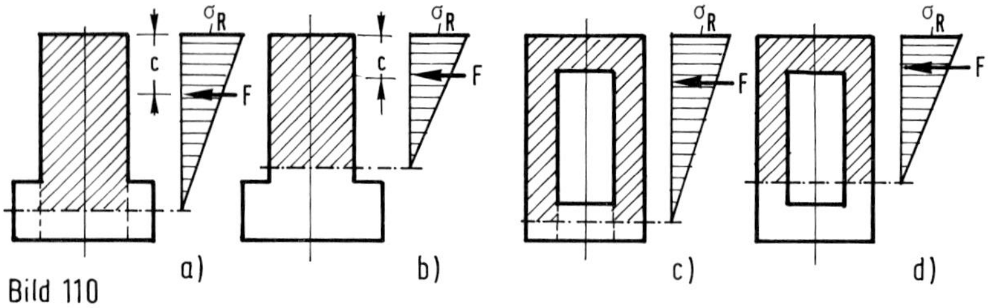

Bild 110

Seite (Teilbild a). - Ähnlich liegen die Verhältnisse bei offenen Rechteckquerschnitten (Teilbild c). In solchen Fällen kann die Berechnungsanweisung für T-Querschnitte stets Anwendung finden: Vgl. auch Bild 111.

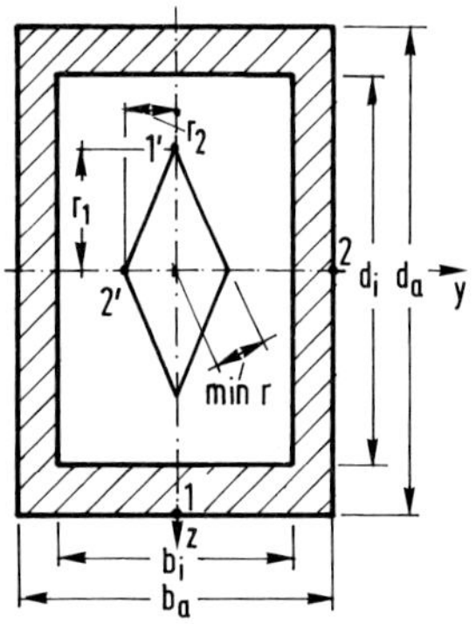

Bild 111

$$I_y = \frac{1}{12}(b_a \cdot d_a^3 - b_i d_i^3); \quad I_z = \frac{1}{12}(d_a \cdot b_a^3 - d_i \cdot b_i^3)$$

$$r_1 = \frac{1}{6} \cdot \frac{(b_a \cdot d_a^3 - b_i d_i^3)}{d_a (b_a d_a - b_i d_i)}; \quad r_2 = \frac{1}{6} \cdot \frac{(d_a b_a^3 - d_i b_i^3)}{b_a (d_a b_a - d_i b_i)}$$

$$\min r = \frac{r_1 \cdot r_2}{\sqrt{r_1^2 + r_2^2}} \quad \cdot \text{ Voller Rechteckquerschnitt } r_1 = \frac{d}{6}; \; r_2 = \frac{b}{6}$$

Hohler Quadratquerschnitt: $d_a = b_a$, $d_i = b_i$

$$r_1 = r_2 = \frac{1}{6} \cdot d_a \cdot \left[1 - \left(\frac{d_i}{d_a}\right)^2\right]; \quad \min r = \frac{d_a}{\sqrt{2}\,6} \cdot \left[1 - \left(\frac{d_i}{d_a}\right)^2\right]$$

Voller Quadratquerschnitt: $r_1 = r_2 = \frac{d}{6}$, $\min r = \frac{d}{\sqrt{2}\,6}$

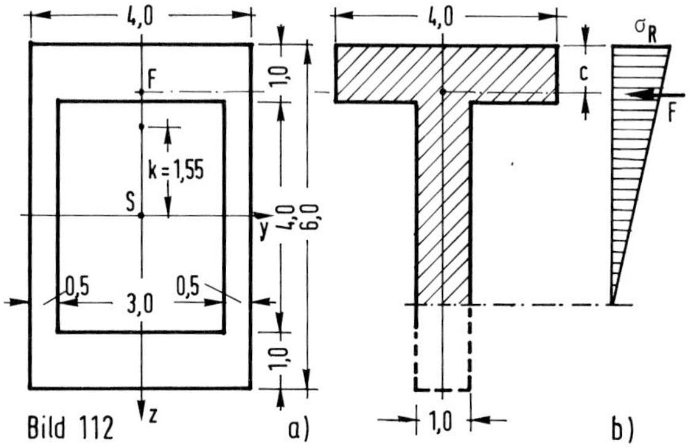

Bild 112

Hierzu ein Beispiel: Bild 112a zeigt den Querschnitt, die Druckkraft wirke im Abstand c=0,90m von der Druckkante entfernt; sie liegt außerhalb des Kerns. Teilbild b zeigt den Ersatzquerschnitt. Es wird gerechnet:

$$b_o = 4{,}0\,\text{m}, \; b_u = 2 \cdot 0{,}5 = 1{,}0\,\text{m}:$$
$$\beta = \frac{1{,}0}{4{,}0} = 0{,}25; \quad \gamma = \frac{0{,}90}{1{,}0} = 0{,}90$$

Der α-Wert folgt aus dem Diagramm des Bildes 109 mittels Extrapolation: $\alpha \approx 4{,}5 \rightarrow a = 4{,}5 \cdot 1{,}0 = 4{,}5\,\text{m}$; $\sigma_R = 0{,}203 \cdot F$. Der genaue α-Wert folgt aus G.271: $\alpha = 4{,}27$; $\sigma_R = 0{,}209 \cdot F$.

4. Beispiel: Kreisquerschnitt, Radius r (Bild 113)

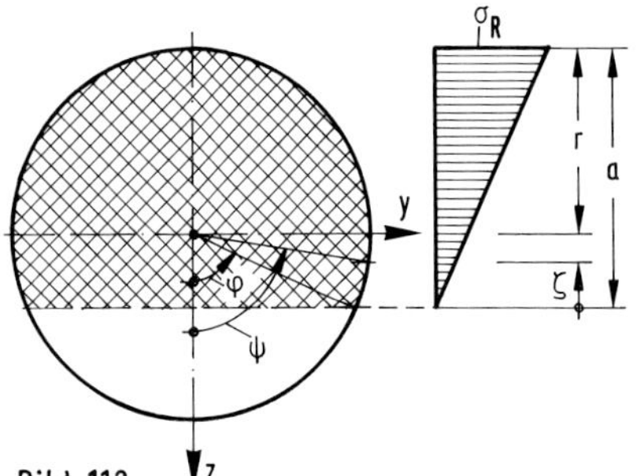

Bild 113

Die Berechnungsformeln werden zweckmäßig auf Polarkoordinaten umgestellt; vgl. Bild 113. Anstelle des Randabstandes a wird φ zur Kennzeichnung der Nulllinie verwendet:

$$a = 2r: \varphi = 0; \quad a = r: \varphi = \frac{\pi}{2}; \quad a = 0: \varphi = \pi \qquad (273)$$

Weiters wird die Integrationsvariable ψ eingeführt; die Abhängigkeit von ζ lautet:

$$\zeta = r(\cos\varphi - \cos\psi) \qquad (274)$$

Die weiteren Rechnungen sind elementar; für die Bestimmung der Nullinie ergibt sich eine transzendente Gleichung für φ. - Analog ist bei der Kreisring-

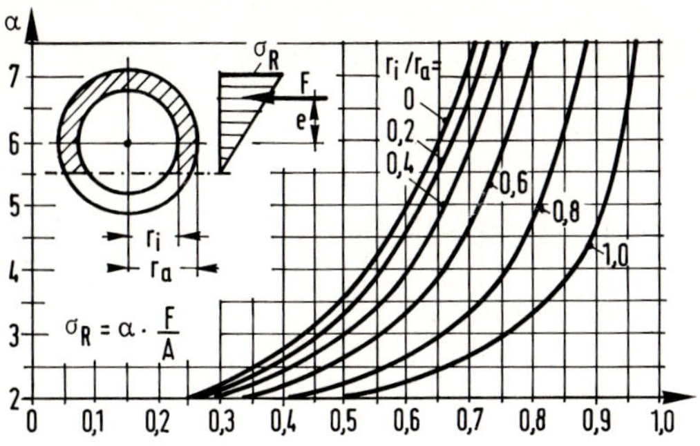

Bild 114

fläche vorzugehen, hier sind drei Nullinienlagen zu unterscheiden. Auf eine detaillierte Behandlung wird verzichtet. In Bild 114 ist das Ergebnis wiedergegeben: In Abhängigkeit von r_i/r_a und e/r_a, worin e die Exzentrizität ist, wird der α-Wert abgegriffen und die Randspannung σ_R berechnet. Die Kernweite für den Kreisringquerschnitt folgt aus:

$$k = \frac{r_a}{4}\left[1 + \left(\frac{r_i}{r_a}\right)^2\right] \tag{275}$$

Beispiel: r_a=4,0m, r_i=3,0m: k=1,56m. Exzentrizität: 3,3m, e/r_a=3,3/4,0=0,825; R_i/r_a=3,0/4,0=0,75 → α=5,8

$$A = \pi(r_a^2 - r_i^2) = \pi(4{,}0^2 - 3{,}0^2) = 21{,}99\ m^2$$

$$\sigma_R = 5{,}8 \cdot F/21{,}99 = \underline{0{,}26F}$$

Die in diesem Abschnitt untersuchten Querschnitte sind mindestens einfach-symmetrisch; die Wirkungsebene liegt in der Symmetrieebene. Bei exzentrischem Lastangriff oder/und unregelmäßigem Querschnitt wird die Theorie verwickelt. Für den Rechteckquerschnitt stehen die sogen. POHLschen Zahlentafeln für die Berechnung von σ_R eines Eckpunktes zur Verfügung [57,58], vgl. auch [59]. Der allgemeine Fall wird zweckmäßig numerisch-iterativ gelöst.

26.12 Zugbiegung Theorie II. Ordnung

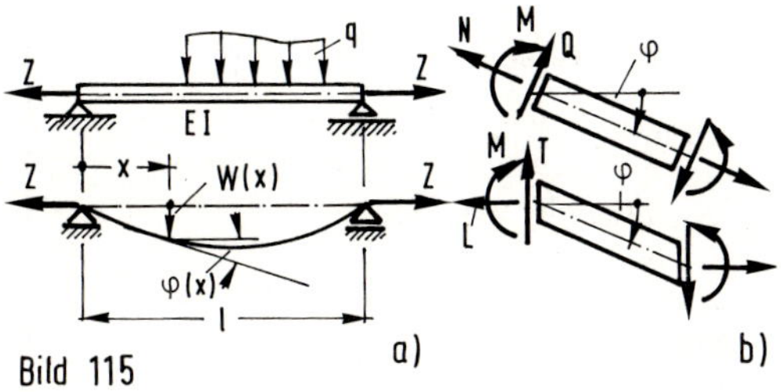

Bild 115

Die Differentialgleichung für die Zugbiegung Theorie II. Ordnung folgt unmittelbar aus G.243 (Abschnitt 7), wenn F durch -Z ersetzt wird (Z: Zugkraft, vgl. Bild 115):

$$(EI\,w'')'' - Z\,w'' = q(x) \tag{276}$$

Sofern die Biegesteifigkeit konstant ist, gilt:

$$EI\,w'''' - Z\,w'' = q(x) \tag{277}$$

Mit der Stabkennzahl

$$\varepsilon = l\sqrt{\frac{Z}{EI}} \tag{278}$$

lautet die Grundgleichung:

$$w'''' - \frac{\varepsilon^2}{l^2}w'' = \frac{q(x)}{EI} \tag{279}$$

Das Lösungssystem ist auf Tafel 7.1 enthalten. Biegewinkel, Biegemoment, Querkraft und Transversalkraft folgen zu:

$$\varphi(x) = w'(x);\quad M(x) = -EI\cdot w''(x);\quad Q(x) = -EI\cdot w'''(x);\quad T(x) = Q(x) + Z\cdot w'(x) \tag{280}$$

Die Lösungen für Zugbiegung können durch Umrechnung aus den Lösungen für Druckbiegung Th. II. Ordnung gewonnen werden, z.B. aus [19]. Umrechnung:

$$\varepsilon \rightarrow i\varepsilon:\quad \varepsilon^2 \rightarrow (i\varepsilon)^2 = -\varepsilon^2;\ \sin\varepsilon \rightarrow \sin i\varepsilon = i\cdot\sinh\varepsilon;\ \cos\varepsilon \rightarrow \cos i\varepsilon = \cosh\varepsilon \tag{281}$$

Tafel 26.8/9 enthält für den einfachen Träger einen Lösungskatalog für unterschiedliche Einwirkungen. - Für ε=konstant gilt das Superpositionsgesetz. Die Formeln des ein- bzw. beidseitig eingespannten Balkens lassen sich in einfacher Weise herleiten. Bild 116 zeigt ein Beispiel:

$$X_1 = 0:\quad \delta_{10} = \frac{p_0 l^3}{EI}\cdot\frac{1}{\varepsilon^2}\left[\frac{1}{2} - \frac{\cosh\varepsilon - 1}{\varepsilon\cdot\sinh\varepsilon}\right] \tag{282}$$

$$X_1 = 1:\quad \delta_{11} = \frac{l}{EI}\cdot\frac{1}{\varepsilon}\cdot\left[\frac{\cosh\varepsilon - 1}{\sinh\varepsilon}\right] \tag{283}$$

Formänderungen und Schnittgrößen des einfachen Trägers nach Theorie II. Ordn.

Zugbiegung $\varepsilon = l \cdot \sqrt{\frac{Z}{EI}}$; $\xi = \frac{x}{l}$

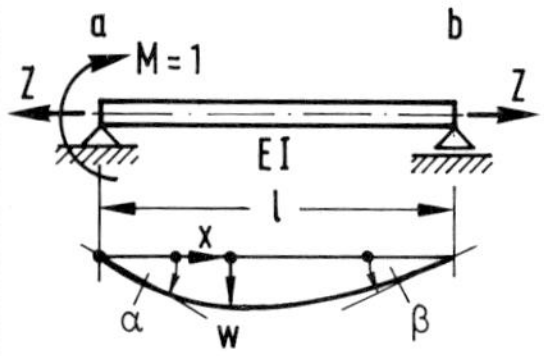

$$w(\xi) = \frac{l^2}{EI} \cdot \frac{1}{\varepsilon^2} \left[\frac{\cosh\varepsilon}{\sinh\varepsilon} \cdot \sinh\varepsilon\xi - \cosh\varepsilon\xi + 1 - \xi \right]$$

$$\varphi(\xi) = \frac{l}{EI} \cdot \frac{1}{\varepsilon} \left[\frac{\cosh\varepsilon}{\sinh\varepsilon} \cdot \cosh\varepsilon\xi - \sinh\varepsilon\xi - \frac{1}{\varepsilon} \right]$$

$$\alpha = \frac{l}{EI} \cdot \alpha' = \frac{l}{EI} \cdot \frac{1}{\varepsilon^2} \left[\varepsilon \cdot \frac{\cosh\varepsilon}{\sinh\varepsilon} - 1 \right] ; \quad \beta = \frac{l}{EI} \beta' = \frac{l}{EI} \cdot \frac{1}{\varepsilon^2} \left[\frac{\varepsilon}{\sinh\varepsilon} + 1 \right]$$

$$M(\xi) = \cosh\varepsilon\xi - \frac{\cosh\varepsilon}{\sinh\varepsilon} \cdot \sinh\varepsilon\xi$$

$$Q(\xi) = \frac{\varepsilon}{l} \left[\sinh\varepsilon\xi - \frac{\cosh\varepsilon}{\sinh\varepsilon} \cdot \cosh\varepsilon\xi \right] ; \quad T(\xi) = Q + Z \cdot \varphi = -\frac{1}{l} = \text{konst.}$$

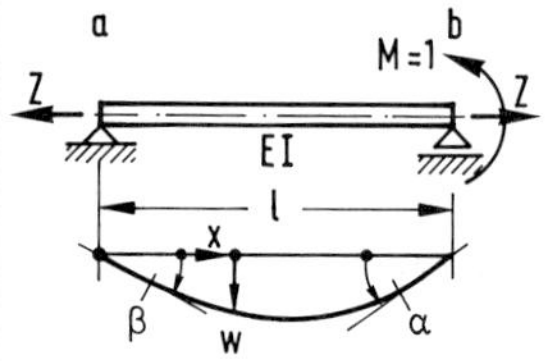

$$w(\xi) = \frac{l^2}{EI} \cdot \frac{1}{\varepsilon^2} \cdot \left[\xi - \frac{\sinh\varepsilon\xi}{\sinh\varepsilon} \right]$$

$$\varphi(\xi) = \frac{l}{EI} \cdot \frac{1}{\varepsilon} \cdot \left[\frac{1}{\varepsilon} - \frac{\cosh\varepsilon\xi}{\sinh\varepsilon} \right]$$

$$\alpha = \frac{l}{EI} \cdot \alpha' = \frac{l}{EI} \cdot \frac{1}{\varepsilon^2} \cdot \left[\varepsilon \cdot \frac{\cosh\varepsilon}{\sinh\varepsilon} - 1 \right] ; \quad \beta = \frac{l}{EI} \beta' = \frac{l}{EI} \cdot \frac{1}{\varepsilon^2} \left[\frac{\varepsilon}{\sinh\varepsilon} + 1 \right]$$

$$M(\xi) = \frac{\sinh\varepsilon\xi}{\sinh\varepsilon}$$

$$Q(\xi) = \frac{\varepsilon}{l} \cdot \frac{\cosh\varepsilon\xi}{\sinh\varepsilon} ; \quad T(\xi) = Q + Z \cdot \varphi = +\frac{1}{l} = \text{konst.}$$

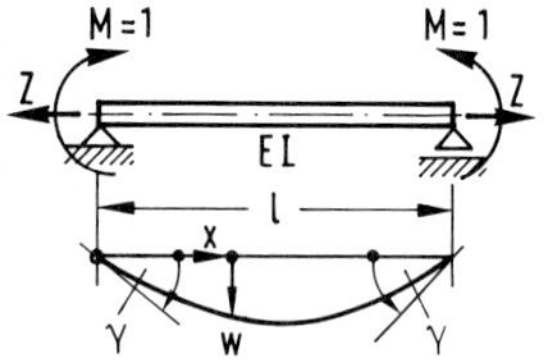

$$w(\xi) = \frac{l^2}{EI} \cdot \frac{1}{\varepsilon^2} \cdot \left[\frac{\cosh\varepsilon - 1}{\sinh\varepsilon} \cdot \sinh\varepsilon\xi - \cosh\varepsilon\xi \right]$$

$$\varphi(\xi) = \frac{l}{EI} \cdot \frac{1}{\varepsilon} \cdot \left[\frac{\cosh\varepsilon - 1}{\sinh\varepsilon} \cdot \cosh\varepsilon\xi - \sinh\varepsilon\xi \right] ; \quad \gamma = \frac{l}{EI} \cdot \frac{1}{\varepsilon} \cdot \left[\frac{\cosh\varepsilon - 1}{\sinh\varepsilon} \right]$$

$$M(\xi) = \cosh\varepsilon\xi - \frac{\cosh\varepsilon - 1}{\sinh\varepsilon} \cdot \sinh\varepsilon\xi$$

$$Q(\xi) = \frac{\varepsilon}{l} \cdot \left[\sinh\varepsilon\xi - \frac{\cosh\varepsilon - 1}{\sinh\varepsilon} \cdot \cosh\varepsilon\xi \right] ; \quad T(\xi) = 0$$

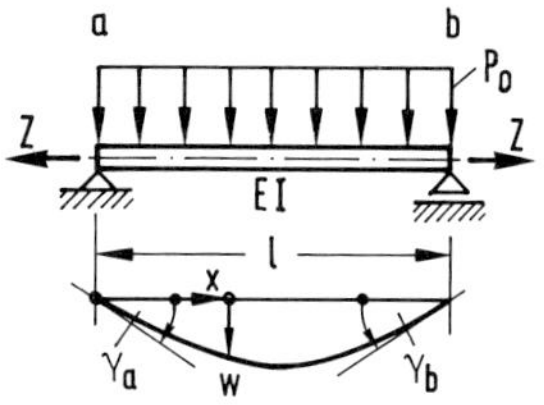

$$w(\xi) = \frac{P_0 l^4}{EI} \cdot \frac{1}{\varepsilon^4} \cdot \left[\cosh\varepsilon\xi - \frac{\cosh\varepsilon - 1}{\sinh\varepsilon} \cdot \sinh\varepsilon\xi - 1 + \frac{\varepsilon^2}{2} \cdot (1 - \xi)\,\xi \right]$$

$$\varphi(\xi) = \frac{P_0 l^3}{EI} \cdot \frac{1}{\varepsilon^3} \cdot \left[\sinh\varepsilon\xi - \frac{\cosh\varepsilon - 1}{\sinh\varepsilon} \cdot \cosh\varepsilon\xi + \frac{\varepsilon}{2} \cdot (1 - 2\xi) \right]$$

$$\gamma_a = \gamma_b = \frac{P_0 l^3}{EI} \cdot \frac{1}{\varepsilon^2} \cdot \left[\frac{1}{2} - \frac{\cosh\varepsilon - 1}{\varepsilon \cdot \sinh\varepsilon} \right]$$

$$M(\xi) = P_0 \cdot l^2 \cdot \frac{1}{\varepsilon^2} \cdot \left[1 + \frac{\cosh\varepsilon - 1}{\sinh\varepsilon} \cdot \sinh\varepsilon\xi - \cosh\varepsilon\xi \right]$$

$$Q(\xi) = \frac{P_0 l}{\varepsilon} \cdot \left[\frac{\cosh\varepsilon - 1}{\sinh\varepsilon} \cdot \cosh\varepsilon\xi - \sinh\varepsilon\xi \right] ; \quad T(\xi) = \frac{P_0 l}{2} \cdot (1 - 2\xi)$$

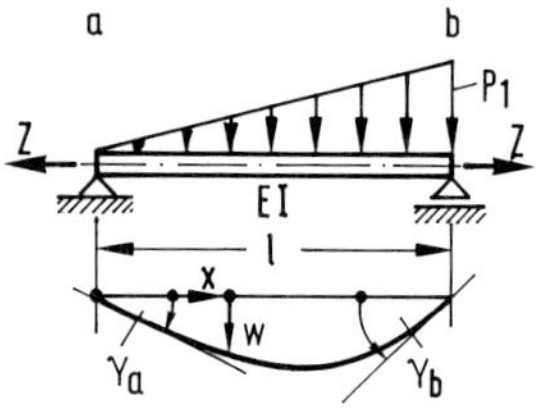

$$w(\xi) = \frac{P_1 l^4}{EI} \cdot \frac{1}{\varepsilon^4} \cdot \left[\frac{1}{\sinh\varepsilon} \cdot \sinh\varepsilon\xi - \xi + \frac{\varepsilon^2}{6} \cdot (1 - \xi^2)\,\xi \right]$$

$$\varphi(\xi) = \frac{P_1 l^3}{EI} \cdot \frac{1}{\varepsilon^3} \cdot \left[\frac{1}{\sinh\varepsilon} \cdot \cosh\varepsilon\xi - \frac{1}{\varepsilon} + \frac{\varepsilon}{6} \cdot (1 - 3\xi^2) \right]$$

$$\gamma_a = \frac{P_1 l^3}{EI} \cdot \frac{1}{\varepsilon^3} \cdot \left[\frac{1}{\sinh\varepsilon} - \frac{1}{\varepsilon} + \frac{\varepsilon}{6} \right] ; \quad \gamma_b = \frac{P_1 \cdot l^3}{EI} \cdot \frac{1}{\varepsilon^3} \cdot \left[\frac{1}{\varepsilon} - \frac{\cosh\varepsilon}{\sinh\varepsilon} + \frac{\varepsilon}{3} \right]$$

$$M(\xi) = P_1 \cdot l^2 \cdot \frac{1}{\varepsilon^2} \cdot \left[\xi - \frac{1}{\sinh\varepsilon} \cdot \sinh\varepsilon\xi \right]$$

$$Q(\xi) = P_1 l \cdot \frac{1}{\varepsilon} \cdot \left(\frac{1}{\varepsilon} - \frac{1}{\sinh\varepsilon} \cdot \cosh\varepsilon\xi \right) ; \quad T(\xi) = \frac{P_1 l}{6} \cdot (1 - 3\xi^2)$$

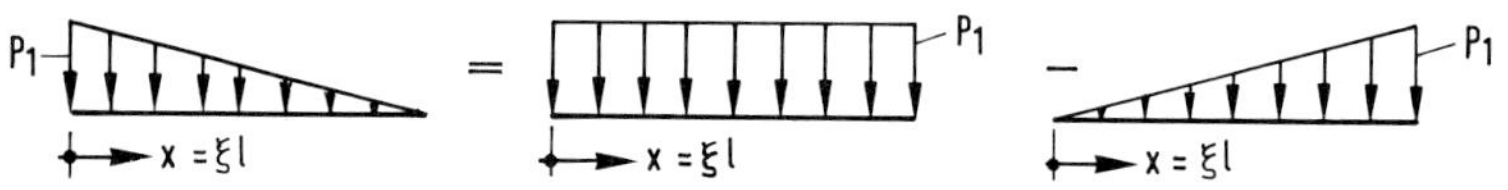

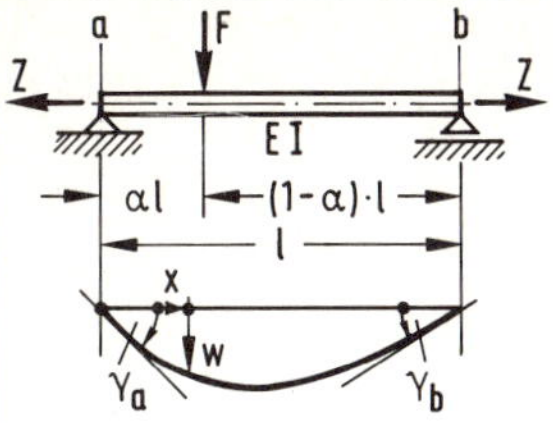

$0 < \xi \leq \alpha$:

$$w(\xi) = \frac{Fl^3}{EI}\cdot\frac{1}{\varepsilon^2}\cdot\left[(1-\alpha)\xi - \frac{\sinh\varepsilon(1-\alpha)}{\varepsilon\cdot\sinh\varepsilon}\cdot\sinh\varepsilon\xi\right]$$

$$\varphi(\xi) = \frac{Fl^2}{EI}\cdot\frac{1}{\varepsilon^2}\cdot\left[(1-\alpha) - \frac{\sinh\varepsilon(1-\alpha)}{\sinh\varepsilon}\cdot\cosh\varepsilon\xi\right]$$

$$\gamma_a = \frac{Fl^2}{EI}\cdot\frac{1}{\varepsilon^2}\cdot\left[(1-\alpha) - \frac{\sinh\varepsilon(1-\alpha)}{\sinh\varepsilon}\right]$$

$$M(\xi) = Fl\cdot\frac{\sinh\varepsilon(1-\alpha)}{\varepsilon\cdot\sinh\varepsilon}\cdot\sinh\varepsilon\xi$$

$$Q(\xi) = F\cdot\frac{\sinh\varepsilon(1-\alpha)}{\sinh\varepsilon}\cdot\cosh\varepsilon\xi\;;\;T = F(1-\alpha)$$

$\alpha < \xi < 1$:

$$w(\xi) = \frac{Fl^3}{EI}\cdot\frac{1}{\varepsilon^2}\cdot\left[\alpha(1-\xi) - \frac{\sinh\varepsilon\alpha}{\varepsilon\cdot\sinh\varepsilon}\cdot\sinh\varepsilon(1-\xi)\right]$$

$$\varphi(\xi) = \frac{Fl^2}{EI}\cdot\frac{1}{\varepsilon^2}\cdot\left[-\alpha + \frac{\sinh\varepsilon\alpha}{\sinh\varepsilon}\cdot\cosh\varepsilon(1-\xi)\right]$$

$$\gamma_b = \frac{Fl^2}{EI}\cdot\frac{1}{\varepsilon^2}\cdot\left[\alpha - \frac{\sinh\varepsilon\alpha}{\sinh\varepsilon}\right]$$

$$M(\xi) = Fl\cdot\frac{\sinh\varepsilon\alpha}{\varepsilon\cdot\sinh\varepsilon}\cdot\sinh\varepsilon(1-\xi)$$

$$Q(\xi) = -F\cdot\frac{\sinh\varepsilon\alpha}{\sinh\varepsilon}\cdot\cosh\varepsilon(1-\xi)\;;\;T = -F\cdot\alpha$$

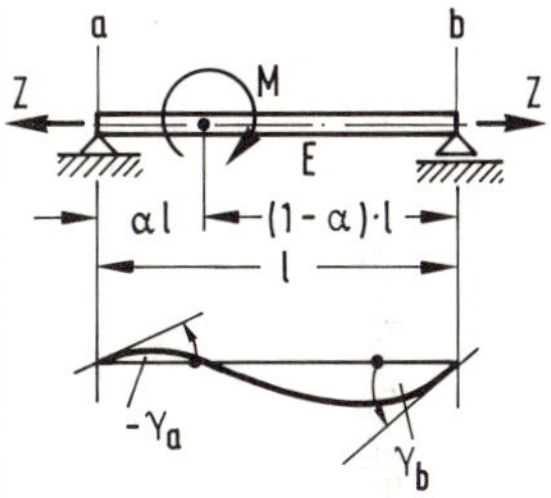

$0 < \xi \leq \alpha$:

$$w(\xi) = \frac{Ml^2}{EI}\cdot\frac{1}{\varepsilon^2}\cdot\left[\frac{\cosh\varepsilon(1-\alpha)}{\sinh\varepsilon}\cdot\sinh\varepsilon\xi - \xi\right]$$

$$\varphi(\xi) = \frac{Ml}{EI}\cdot\frac{1}{\varepsilon}\cdot\left[\frac{\cosh\varepsilon(1-\alpha)}{\sinh\varepsilon}\cdot\cosh\varepsilon\xi - \frac{1}{\varepsilon}\right]$$

$$\gamma_a = \frac{Ml}{EI}\cdot\frac{1}{\varepsilon}\cdot\left[\frac{\cosh\varepsilon(1-\alpha)}{\sinh\varepsilon} - \frac{1}{\varepsilon}\right]$$

$$M(\xi) = -M\cdot\frac{\cosh\varepsilon(1-\alpha)}{\sinh\varepsilon}\cdot\sinh\varepsilon\xi$$

$$Q(\xi) = -\frac{M}{l}\cdot\varepsilon\cdot\frac{\cosh\varepsilon(1-\alpha)}{\sinh\varepsilon}\cdot\cosh\varepsilon\xi\;;\;T = -\frac{M}{l}$$

$\alpha < \xi < 1$:

$$w(\xi) = \frac{Ml^2}{EI}\cdot\frac{1}{\varepsilon^2}\cdot\left[1 - \xi - \frac{\cosh\varepsilon\alpha}{\sinh\varepsilon}\cdot\sinh\varepsilon(1-\xi)\right]$$

$$\varphi(\xi) = \frac{Ml}{EI}\cdot\frac{1}{\varepsilon}\cdot\left[-\frac{1}{\varepsilon} + \frac{\cosh\varepsilon\alpha}{\sinh\alpha}\cdot\cosh\varepsilon(1-\xi)\right]$$

$$\gamma_b = \frac{Ml}{EI}\cdot\frac{1}{\varepsilon}\cdot\left[\frac{1}{\varepsilon} - \frac{\cosh\varepsilon\alpha}{\sinh\alpha}\right]$$

$$M(\xi) = +M\cdot\frac{\cosh\varepsilon\alpha}{\sinh\varepsilon}\cdot\sinh\varepsilon(1-\xi)$$

$$Q(\xi) = -\frac{M}{l}\cdot\varepsilon\cdot\frac{\cosh\varepsilon\alpha}{\sinh\varepsilon}\cdot\cosh\varepsilon(1-\xi)\;;\;T = -\frac{M}{l}$$

Vorverformung: sinusförmig:

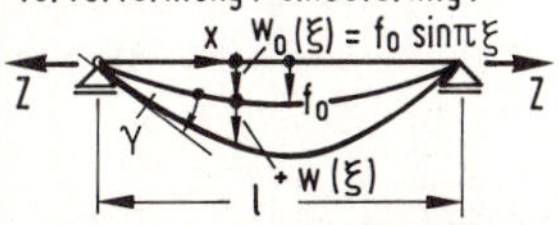

$$w(\xi) = -f_0\cdot\frac{\varepsilon^2}{\pi^2+\varepsilon^2}\cdot\sin\pi\xi\,,\quad \varphi(\xi) = -\frac{f_0}{l}\pi\cdot\frac{\varepsilon^2}{\pi^2+\varepsilon^2}\cdot\cos\pi\xi\,,\quad \gamma = -\frac{f_0}{l}\pi\cdot\frac{\varepsilon^2}{\pi^2+\varepsilon^2}$$

$$M(\xi) = -Zf_0\cdot\frac{\pi^2}{\pi^2+\varepsilon^2}\cdot\sin\pi\xi$$

$$Q(\xi) = -Z\cdot\frac{f_0}{l}\pi\cdot\frac{\pi^2}{\pi^2+\varepsilon^2}\cdot\cos\pi\xi\,,\quad T(\xi) = 0$$

Vorverformung: parabelförmig:

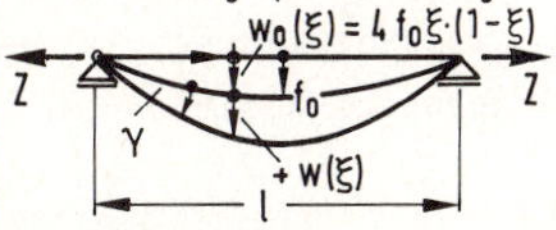

Bei parabelförmiger Vorverformung gelten die Formeln des Lastfalles

$$p_0 = \text{konst}:\; p_{0,Ers.} = -Z\cdot\frac{8f_0}{l^2} = -8\varepsilon^2\cdot\frac{EI}{l^4}\cdot f_0\,,\quad T(\xi) = 0$$

Anmerkung: Infolge der streckenden Wirkung der Zugkraft ist die Durchbiegung $w(\xi)$ negativ.

Temperaturdifferenz Δt

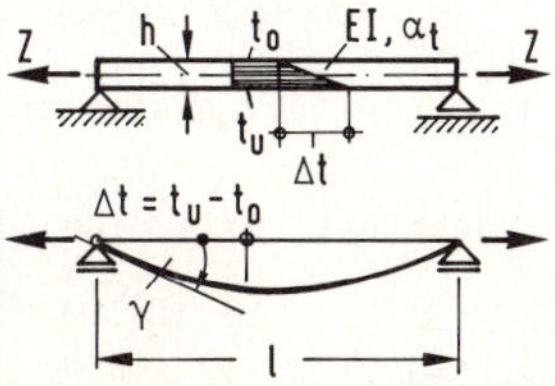

$$w(\xi) = \alpha_t\frac{\Delta t}{h}\cdot\frac{l^2}{\varepsilon^2}\cdot\left[\frac{\cosh\varepsilon-1}{\sinh\varepsilon}\cdot\sinh\varepsilon\xi - \cosh\varepsilon\xi + 1\right]$$

$$\varphi(\xi) = \alpha_t\frac{\Delta t}{h}\cdot\frac{l}{\varepsilon}\cdot\left[\frac{\cosh\varepsilon-1}{\sinh\varepsilon}\cdot\cosh\varepsilon\xi - \sinh\varepsilon\xi\right]\;;\;\gamma = \alpha_t\frac{\Delta t}{h}\cdot\frac{l}{\varepsilon}\cdot\frac{\cosh\varepsilon-1}{\sinh\varepsilon}$$

$$M(\xi) = \alpha_t\frac{\Delta t}{h}\cdot EI\cdot\left[\cosh\varepsilon\xi - \frac{\cosh\varepsilon-1}{\sinh\varepsilon}\cdot\sinh\varepsilon\xi\right]$$

$$Q(\xi) = \alpha_t\frac{\Delta t}{h}\cdot EI\cdot\frac{\varepsilon}{l}\left[\sinh\varepsilon\xi - \frac{\cosh\varepsilon-1}{\sinh\varepsilon}\cdot\cosh\varepsilon\xi\right]\;;\;T = 0$$

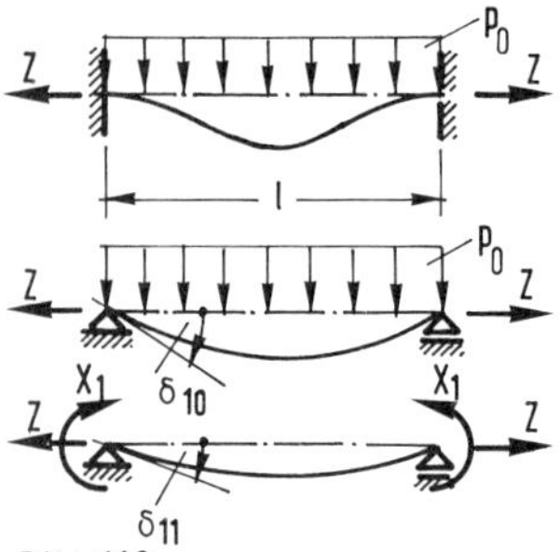

Bild 116

$$\delta_{10} + X_1\delta_{11} = 0 \longrightarrow X_1 = -\frac{\delta_{10}}{\delta_{11}} \tag{284}$$

Nach kurzer Zwischenrechnung folgt:

$$X_1 = -\frac{p_0 l^2}{2\varepsilon^2}\left[\frac{\varepsilon\cdot\sinh\varepsilon - 2(\cosh\varepsilon - 1)}{\cosh\varepsilon - 1}\right] \tag{285}$$

Superposition:

$$S = S_0 + X_1 \cdot S_1 \tag{286}$$

S_0 steht in diesem Beispiel für die Verformungs- und Schnittgrößen des Grundsystems (einfacher Balken) infolge der Einwirkung von p_0; S_1 steht für die Verformungs- und Schnittgrößen infolge des beidseitigen Momentenangriffs X=1, siehe Bild 116. - Auf eine weitergehende Aufbereitung wird verzichtet. Die Formeln werden zweckmäßigerweise programmiert.

26.13 Nichtlineare Zugbiegung schlanker Stäbe mit größerem Durchhang

26.13.1 Einführung

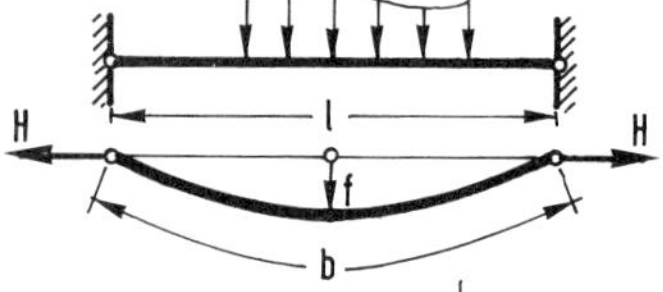

Bild 117

Dünne Stäbe (stellvertretend für dünne Bleche) vermögen bei starrer Halterung der Stabenden große Tragfähigkeiten zu entwickeln, wenn sich der Biegewirkung infolge des Durchhangs eine Seilzugwirkung (Membranwirkung) überlagert; vgl. Bild 117. - Bei starrer Fixierung der Auflagerpunkte beträgt die Längenänderung infolge des Durchhanges f:

$$\Delta l = b - l = \int_0^l \sqrt{1 + w'^2}\,dx - l = \int_0^l \left(1 + \frac{1}{2}w'^2 - \frac{1}{8}w'^4 + \cdots\right)dx - l = l + \frac{1}{2}\int_0^l w'^2\,dx - l = \frac{1}{2}\int_0^l w'^2\,dx \tag{287}$$

26.13.2 Dehnsteife Hängestäbe (Bild 118)

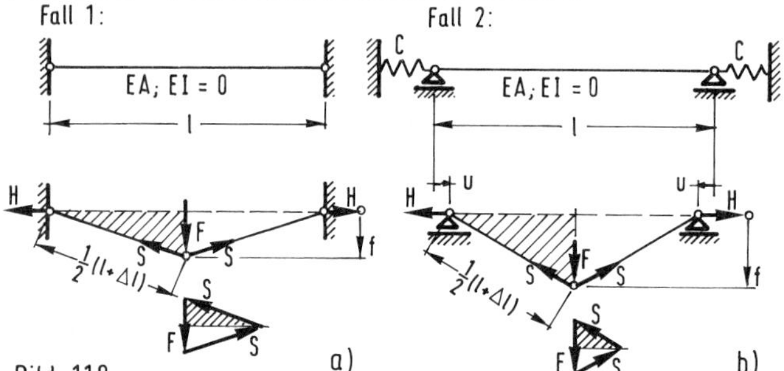

Bild 118

Fall 1: Ein (zwischen zwei starren Endauflagern) gespannter (gewichtsloser) Stab werde mittig durch eine Einzellast F beansprucht. Die Biegesteifigkeit EI sei vernachlässigbar klein, sie werde zu Null angenommen. Es handelt sich dann um ein straff gespanntes Seil (im Falle einer Platte um eine straff gespannte Membran). Die Abtragung der Kraft ist nur möglich, wenn sich das Seil um das Maß f durchsenkt (Bild 118a). Das Seil erfährt dadurch die Längenänderung Δl. f folgt aus:

$$f^2 + \left(\frac{l}{2}\right)^2 = \left[\frac{1}{2}(l + \Delta l)\right]^2 \longrightarrow f = \frac{1}{2}\sqrt{(l + \Delta l)^2 - l^2} \approx \frac{1}{2}\sqrt{2l\cdot\Delta l} = \frac{l}{2}\sqrt{2\frac{S}{EA}} \tag{288}$$

Hierbei wird unterstellt, daß die Durchsenkung f gegenüber der Länge l "klein" ist. S ist die Seilkraft und EA die Dehnsteifigkeit des Seiles. Aus der Gleichgewichtsgleichung im Kraftangriffspunkt folgt:

$$\frac{F/2}{S} = \frac{f}{(l + \Delta l)/2} \approx \sqrt{2\frac{\Delta l}{l}} \approx \sqrt{2\frac{S}{EA}} \longrightarrow \frac{F^2}{4S^2} = \frac{2S}{EA} \longrightarrow$$

$$S = \frac{1}{2}\cdot\sqrt[3]{EA\cdot F^2}; \quad f = \frac{l}{2}\sqrt[3]{\frac{F}{EA}} \tag{289}$$

Die auf die beidseitigen Ankerpunkte ausgeübte Horizontalkraft H ist unter den genannten Voraussetzung gleich S.

Fall 2: Sind die Ankerpunkte nicht starr sondern federelastisch ausgebildet (Bild 118b), ist die Rechnung wie folgt zu erweitern:

$$f^2 + \left(\frac{l}{2} - u\right)^2 = \left[\frac{1}{2}(l + \Delta l)\right]^2 \longrightarrow f = \frac{1}{2}\sqrt{(l + \Delta l)^2 - (l - u)^2} \tag{290}$$

Gleichgewichtsgleichung:

$$\frac{F/2}{S} = \frac{f}{(l+\Delta l)/2} \approx \sqrt{2\frac{\Delta l}{l} + 4\frac{u}{l}} = \sqrt{2\frac{S}{EA} + 4\frac{S}{Cl}} \qquad (291)$$

Die Federkonstante der beidseitigen Federn ist C und damit deren Verschiebung u=S/C. Nach kurzer Umformung folgt:

$$S = \frac{1}{2}\cdot\sqrt[3]{\frac{EA\cdot F^2}{1+2\frac{EA}{Cl}}} \; ; \quad f = \frac{l}{2}\cdot\sqrt[3]{\left(1+2\frac{EA}{Cl}\right)\frac{F}{EA}} \qquad (292)$$

Dieses Ergebnis stimmt mit dem vorbehandelten Fall 1 überein, wenn die Ersatzdehnsteifigkeit

$$EA_{Ersatz} = \frac{EA}{1+2\frac{EA}{Cl}} \qquad (293)$$

eingeführt wird. Das ist plausibel, denn, wie Bild 119 zu entnehmen ist, handelt es sich um eine Reihenschaltung von Federn:

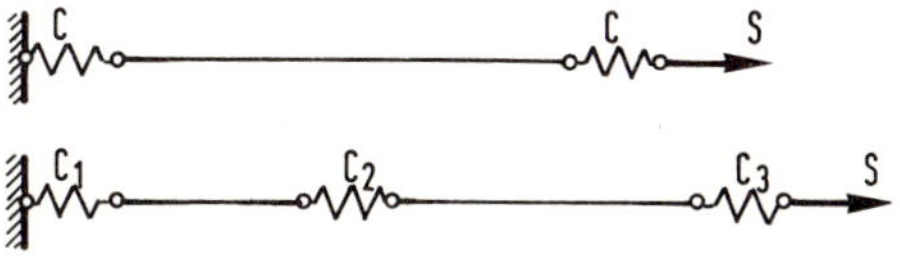

Bild 119

$$\Delta = \frac{S}{EA} + 2\cdot\frac{S}{C} \;\longrightarrow\; \frac{\Delta}{l} = \frac{S}{EA}\left(1+2\frac{EA}{Cl}\right) = \frac{S}{EA_{Ersatz}} \qquad (294)$$

Daraus ist erkennbar, wie unterschiedliche Federn oder weitere Federn (z.B. Schellen, Koppelmuffen) in einfacher Weise erfaßt werden können (Teilbild b). - Beachte: Handelt es sich um eine Hängeplatte, bezieht sich C auf dieselbe Breite wie die Querschnittsfläche A.

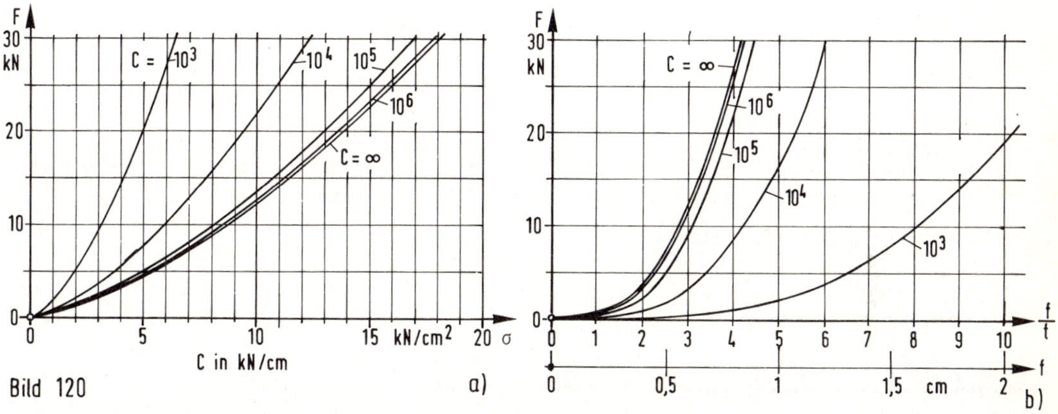

Bild 120

Es wird ein Beispiel berechnet: Hängeplatte, Dicke t=2mm=0,2cm, Länge l=400mm=40cm, Breite b=1000m=100cm:

$$A = 0{,}2\cdot 100 = 20\,cm^2;\; EA = 21\,000\cdot 20 = 420\,000\,kN;\; l = 40\,cm$$

C	$1+2\frac{EA}{Cl}$
∞	1
10^6	1,021
10^5	1,210
10^4	3,100
10^3	22,000
kN/cm	–

Es werden fünf Federkonstante untersucht, vgl. die linksseitige Tabelle. Die Auswertung der Formeln G.292 ist in Bild 120 zusammengefaßt, wobei eine Laststeigerung von F=0 bis 30kN angesetzt ist. Teilbild a: Zugspannung σ=S/A; der Anstieg ist umso größer, je steifer die Verankerung ist. Teilbild b: Die Durchsenkung wächst mit zunehmender Nachgiebigkeit der Federn (die Kurven sind über der bezogenen bzw. absoluten Durchsenkung aufgetragen). Im Falle C=∞ beträgt die Spannung für F=30kN: $18kN/cm^2$. Dieser Wert liegt im elastischen Bereich, die Durchsenkung bleibt < 1cm. Die große Tragfähigkeit wird daraus deutlich; das setzt indes voraus, daß die Horizontalkraft H=18·20=360kN aufgenommen werden kann. Gewisse Nachgiebigkeiten wirken sich vergleichsweise gering aus. Im Falle eines Biegestabes mit t=0,2cm erhält man für F=30kN: $\sigma = \pm 450kN/cm^2$! Wird ein an den Widerlagern starr gehaltenes Seil durch die Gleichlast p beansprucht, hat die Durchhangkurve die Form einer Parabel: Bild 121a. Für einen geringen Durchhang f folgt die Längenände-

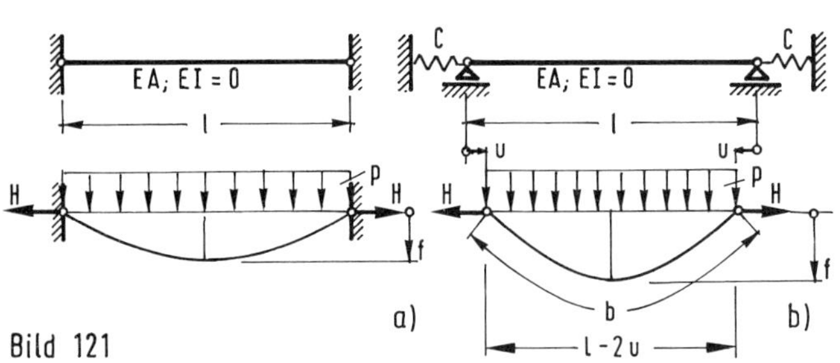

Bild 121

rung Δl aus:

$$\Delta l = \frac{8}{3}\left(\frac{f}{l}\right)^2 \cdot l \quad \longrightarrow \quad f = \frac{l}{2}\sqrt{\frac{3}{2}\cdot\frac{S}{EA}} \tag{295}$$

Vgl. Abschnitt 26.13.1. Die Formel tritt an die Stelle von G.288. Die Gleichgewichtsgleichung in Seilmitte wird mit der Gleichung für f verknüpft:

$$S \approx H = \frac{pl^2}{8f} \quad \longrightarrow \quad S = \frac{1}{2}\sqrt[3]{\frac{EA}{3}p^2l^2}\,; \quad f = \frac{l}{2}\sqrt[3]{\frac{3}{8}\cdot\frac{pl}{EA}} \tag{296}$$

Im Falle einer federelastischen Halterung der Seilenden beträgt die Bogenlänge des mit f durchhängenden Seiles (Bild 121b):

$$b = (l - 2u)\left[1 + \frac{8}{3}\left(\frac{f}{l-2u}\right)^2\right] = l - 2u + \frac{8}{3}\cdot\frac{f^2}{l-2u} \approx l - 2u + \frac{8}{3}\cdot\frac{f^2}{l} \tag{297}$$

u ist die Federverschiebung. Für Δl und f folgt hieraus:

$$\Delta l = b - l = \frac{8}{3}\,\frac{f^2}{l} - 2u \quad \longrightarrow \quad f = l\cdot\sqrt{\frac{3}{8}\left(\frac{\Delta l}{l} + \frac{2u}{l}\right)} \tag{298}$$

Die Gleichgewichtsgleichung

$$S \approx H = \frac{p(l-2u)^2}{8f} \approx \frac{pl^2}{8f} \tag{299}$$

wird mit der Gleichung für f verknüpft:

$$S = \frac{1}{2}\sqrt[3]{\frac{EA}{3\left(1+2\frac{EA}{Cl}\right)}p^2l^2}\;; \quad f = \frac{l}{2}\sqrt[3]{\frac{3}{8}\left(1+2\frac{EA}{Cl}\right)\frac{pl}{EA}} \tag{300}$$

Somit kann auch hier der Einfluß einer federelastischen Halterung durch die Einführung einer Ersatzdehnsteifigkeit gemäß G.293 berücksichtigt werden.

26.13.3 Dehn- und biegesteife Hängestäbe: Näherungslösungen

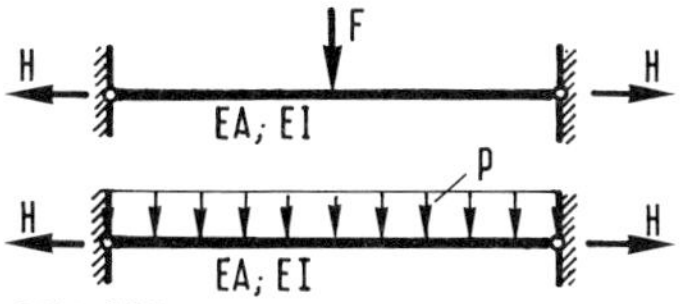

Bild 122

Durch Vorgabe passender Biegelinien für den Durchhang lassen sich Näherungsformeln entwickeln. Von BLEICH [60] wurden für den gelenkig und eingespannt gelagerten Biegestab unter Einzel- und Gleichlast auf dieser Basis Zahlentafeln entwickelt. In [61] findet man eine formelmäßige Aufbereitung dieser Fälle, die indes im folgenden nicht bestätigt wird.

Für den beidseitig gelenkig gelagerten Stab (Bild 122) wird eine sinusförmige Biegelinie unterstellt:

$$w = f\sin\pi\frac{x}{l} \;\longrightarrow\; \Delta l = \frac{\pi^2}{4}\cdot\frac{f^2}{l} \;\longrightarrow\; \left(\frac{\Delta l}{l}\right) = \frac{\pi^2}{4}\left(\frac{f}{l}\right)^2 = \frac{H}{EA} \;\longrightarrow\; H = EA\,\frac{\pi^2}{4}\left(\frac{f}{l}\right)^2 \tag{301}$$

Biegemoment in Feldmitte:

$$\max M^{II} = -EI\,w''\left(\frac{l}{2}\right) = +EI\cdot f\left(\frac{\pi}{l}\right)^2 = \max M^{I} - Hf = \max M^{I} - EA\,\frac{\pi^2}{4}\cdot\frac{f^3}{l^2} \tag{302}$$

Hieraus folgt die Bestimmungsgleichung für f:

$$f + \frac{A}{4I}f^3 = \frac{l^2}{\pi^2 EI}\max M^{I} \tag{303}$$

Wird für $\max M^{I}$ das Biegemoment nach Theorie I. Ordnung für eine mittige Einzellast F bzw. Gleichlast p eingesetzt, erhält man:

Einzellast F:

$$\max M^I = \frac{Fl}{4}: \quad f + \frac{A}{4I} f^3 = \frac{Fl^3}{4\pi^2 EI} \tag{304}$$

Gleichlast p:

$$\max M^I = \frac{pl^2}{8}: \quad f + \frac{A}{4I} f^3 = \frac{pl^4}{8\pi^2 EI} \tag{305}$$

Beispiel: Beidseitig gelenkige Lagerung, l=200cm, A=28cm², I=114,3cm^4; F=200kN: Die Bestimmungsgleichung für f gemäß G.304

$$f + 0{,}06124 \cdot f^3 = 16{,}88\,[\mathrm{cm}]$$

liefert die Lösung: f=5,67cm; S=H=1166kN. Die strenge Lösung ist [62]: f=5,34cm. S=H=975kN. Seilzuglösung G.292: f=6,98cm; S=H=1433kN.

Für den beidseitig eingespannten Stab wird eine cosinusförmige Biegelinie angesetzt:

$$w = \frac{f}{2}\left(1 - \cos 2\pi\frac{x}{l}\right) \longrightarrow \left(\frac{\Delta l}{l}\right) = \frac{\pi^2}{4}\left(\frac{f}{l}\right)^2 = \frac{H}{EA} \longrightarrow H = EA\frac{\pi^2}{4}\left(\frac{f}{l}\right)^2 \tag{306}$$

Die Formel für H stimmt mit G.301 überein. Die analoge Ableitung wie zuvor liefert die folgenden Bestimmungsgleichungen für f:

$$f + \frac{A}{8I} f^3 = \frac{l^2}{2\pi^2 EI} \max M^I\left(\frac{l}{2}\right) \tag{307}$$

Einzellast F:

$$\max M^I = \frac{Fl}{8}: \quad f + \frac{A}{8I} f^3 = \frac{Fl^3}{16\pi^2 EI} \tag{308}$$

Gleichlast p:

$$\max M^I = \frac{pl^2}{24}: \quad f + \frac{A}{8I} f^3 = \frac{pl^4}{48\pi^2 EI} \tag{309}$$

Nach Lösung der kubischen Gleichung für f lassen sich S=H und $M^{II}(x)$ berechnen. Wie erwähnt, stimmen die Gleichungen G.304/5, 308 und 309 mit den in [61] angegebenen (hinsichtlich einiger Zahlenkoeffizienten) nicht überein. Insgesamt ist zweifelhaft, ob die auf diese Weise berechneten Ergebnisse zuverlässig sind; die Näherungsansätze für die Biegelinien sind sehr grob; das gilt auch für die von BLEICH [60] angegebenen Behelfe, wie Vergleichsrechnungen nach strengeren Ansätzen zeigen.

26.13.4 Dehn- und biegesteife Hängestäbe: Exakte Lösung für p=konst

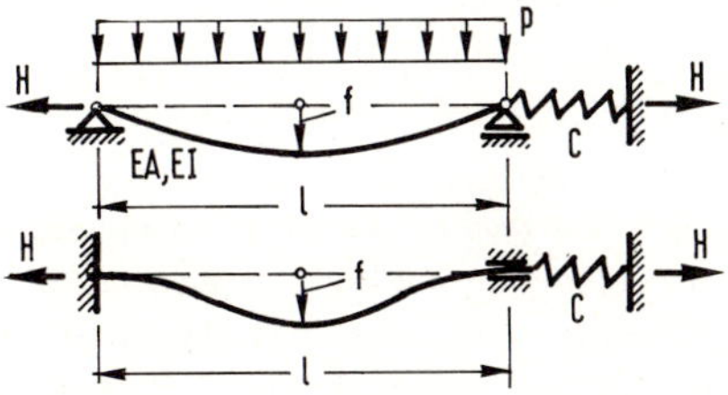

Bild 123

Für Hängeplatten unter konstanter Gleichlast p wird die exakte Lösung von TIMOSHENKO [63] angegeben. Sie basiert auf der Zugbiegetheorie II. Ordnung (Abschnitt 26.12).

Die Hängeplatte habe die Dicke t und Breite 1 [cm]. Für Querschnittsfläche und Trägheitsmoment gilt demgemäß:

$$A = 1 \cdot t\ [\mathrm{cm}^2]; \quad I = 1 \cdot t^3/12\ [\mathrm{cm}^4] \tag{310}$$

Die Federkonstanten fallweise vorhandener Federn beziehen sich ebenfalls auf die Breite b=1 [cm], dasselbe gilt für die Belastung p und die Zugkraft S=H, vgl. Bild 123. Die Bestimmungsgleichung für die Zugkraft lautet:

$$\left(\frac{E}{p}\right)^2 \cdot \left(\frac{t}{l}\right)^8 \cdot \left[1 + \frac{EA}{Cl}\right] = U(\varepsilon); \ \varepsilon = l\sqrt{\frac{H}{EI}} \tag{311}$$

Bei Hängeplatten ist für den Elastizitätsmodul E zur Erfassung der Steifigkeitssteigerung wegen der behinderten Querkontraktion

$$E \rightarrow \frac{E}{1-\mu^2} \tag{312}$$

zu setzen. C ist die Federkonstante (Bild 123); bei Reihenschaltung von zwei Federn ist

$$C = \frac{C_1 \cdot C_2}{C_1 + C_2} \tag{313}$$

zu setzen. Die Bestimmungsgleichung (G.311) ist nach

$$\varepsilon = l\sqrt{\frac{H}{EI}} \tag{314}$$

(und damit nach H) aufzulösen. Die rechte Seite von G.311 ist von der Art der Randlagerung abhängig:

Fall a: Beidseitig gelenkige Lagerung:

$$U(\varepsilon) = \frac{72}{\varepsilon^6}\cdot[60\frac{\tanh\varepsilon/2}{\varepsilon^3} + 6\frac{\tanh^2\varepsilon/2}{\varepsilon^2} - 30\frac{1}{\varepsilon^2} + 1] \approx \frac{72}{\varepsilon^9}\cdot(60 - 24\varepsilon + \varepsilon^3) \tag{315}$$

Fall b: Beidseitig starre Einspannung:

$$U(\varepsilon) = \frac{36}{\varepsilon^6}[-\frac{18}{\varepsilon\cdot\tanh\varepsilon/2} - \frac{3}{\sinh^2\varepsilon/2} + \frac{48}{\varepsilon^2} + 2] \approx \frac{36}{\varepsilon^8}(-18\varepsilon + 48 + 2\varepsilon^2) \tag{316}$$

Die jeweils rechtsseitig angeschriebenen Ausdrücke gelten für große Werte von ε. G.311 wird iterativ gelöst. Ist ε (und damit die Horizontalkraft H) bekannt, folgt für:

Fall a: Beidseitig gelenkige Lagerung:

$$\max M = M_F = \frac{\cosh\varepsilon/2 - 1}{\varepsilon^2\cosh\varepsilon/2}\cdot pl^2;\quad f = \frac{1 + (\varepsilon^2/8 - 1)\cosh\varepsilon/2}{\varepsilon^4\cdot\cosh\varepsilon/2}\cdot\frac{pl^4}{EI} \tag{317}$$

Fall b: Beidseitig starre Einspannung:

$$\max M = M_S = -\frac{\varepsilon/2 - \tanh\varepsilon/2}{\varepsilon^2\tanh\varepsilon/2}\cdot pl^2;\quad f = \frac{1}{\varepsilon^4}\cdot(\frac{\varepsilon^2}{8} + \frac{\varepsilon/2}{\sinh\varepsilon/2} - \frac{\varepsilon/2}{\tanh\varepsilon/2})\cdot\frac{pl^4}{EI} \tag{318}$$

Anstelle der Bestimmungsgleichung G.311 kann näherungsweise von folgenden Gleichungen ausgegangen werden:

Fall a: Beidseitig gelenkige Lagerung:

$$\frac{\varepsilon^2}{\pi^2}(1 + \frac{\varepsilon^2}{\pi^2})^2\cdot[1 + \frac{EA}{Cl}] = \frac{3f_I^2}{t^2}\quad \text{mit}\quad f_I = \frac{5}{384}\cdot\frac{pl^4}{EI} \tag{319}$$

Fall b: Beidseitig starre Einspannung:

$$\frac{\varepsilon^2}{\pi^2}(1 + \frac{1}{4}\cdot\frac{\varepsilon^2}{\pi^2})^2[1 + \frac{EA}{Cl}] = \frac{3f_I^2}{t^2}\quad \text{mit}\quad f_I = \frac{1}{384}\cdot\frac{pl^4}{EI} \tag{320}$$

Wenn ε bestimmt ist, werden maxM und f aus den Gleichungen 317 bzw. 318 berechnet. In [63] ist vorstehende Näherungslösung für den Lagerungsfall a noch um den Einfluß einer sinusförmigen Vorverformung ergänzt (vgl. 1. Beispiel im folgenden Abschnitt).

26.13.5 Dehn- und biegesteife Hängestäbe: Exakte Lösung für beliebige Belastung p(x)

Für beliebige Querbelastungen p(x) ist die Herleitung einer im Sinne des vorangegangenen Abschnittes analytisch-strengen Lösung schwierig. Es wird daher hier ein Verfahren vorgeschlagen, bei welchem über die Funktion w(x) numerisch, z.B. mittels der SIMPSON-Formel, integriert wird; hierbei wird eine Anregung von SHEN [62] aufgegriffen. - Es wird eine federelastische Verankerung und eine mögliche Vorverformung berücksichtigt, vgl. Bild 124. Die Federkonstanten C_1 und C_2 werden zur Federkonstanten

$$C = \frac{C_1\cdot C_2}{C_1 + C_2} \tag{321}$$

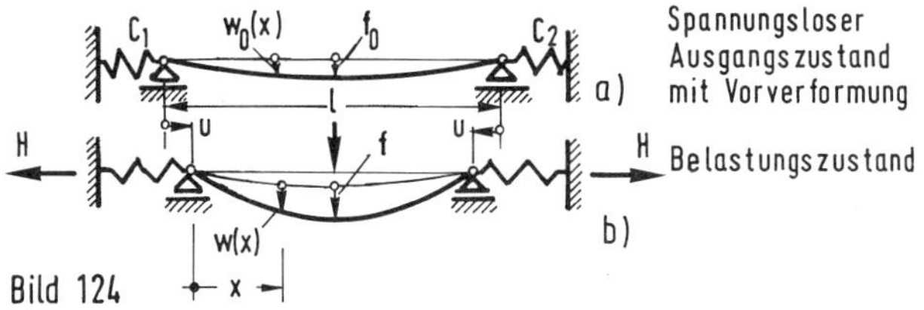

Bild 124

zusammengefaßt, im übrigen gelten dieselben Hinweise wie im vorangegangenen Abschnitt (G.310, 311 u. 314). Elastische Längenänderung infolge S=H:

$$\Delta_1 = \frac{Sl}{EA} \tag{322}$$

Elastische Federlängung:

$$\Delta_2 = \frac{S}{C} \tag{323}$$

Zur Vorverformung $w_0(x)$ des unbelasteten Ausgangszustandes gehört die Bogenlänge:

$$l + \frac{1}{2}\int_0^l w_0'^2 \, dx \tag{324}$$

Wird eine Belastung p(x) aufgebracht, tritt gegenüber der Vorverformung eine weitere Durchbiegung ein, diese wird nach der Theorie der Zugbiegung (Theorie II. Ordnung) berechnet; die hierzu gehörende Bogenlänge beträgt:

$$l + \frac{1}{2}\int_0^l [w_0' + w_{f_0}' + w_p']^2 dx \tag{325}$$

Der zweite und dritte Term sind die Neigungslinien nach Th. II. Ordnung für die beiden Lastfälle "Vorverformung f_0" und "Querbelastung p(x)". Die resultierende kinematische Längenänderung ist demnach:

$$\Delta_3 = \frac{1}{2}\int_0^l [w_0' + w_{f_0}' + w_p']^2 dx - \frac{1}{2}\int_0^l w_0'^2 \, dx \tag{326}$$

Bestimmungsgleichung:

$$\Delta_1 + \Delta_2 = \Delta_3(\varepsilon) \tag{327}$$

Nach iterativer Auflösung nach

$$\varepsilon = l\sqrt{\frac{H}{EI}} \tag{328}$$

lassen sich die Verformungen (von $w_0(x)$ bzw. $\varphi_0(x)$ aus) und die Schnittgrößen (M(x), Q(x)) für die beiden Lastfälle berechnen. Voraussetzung ist die Kenntnis des Formelapparates für diese Lastfälle nach Th. II. Ordnung, um die (numerische) Integration nach G.327 durchführen zu können.

Fall a: Beidseitig gelenkige Lagerung: Sinusförmige Vorverformung mit dem Biegepfeil f_0:

$$w_0 = f_0 \cdot \sin\pi\xi \; ; \quad w_0' = \frac{f_0}{l}\pi\cos\pi\xi \; ; \quad \frac{1}{2}\int_0^l w_0'^2 dx = \frac{\pi^2}{4}\cdot\frac{f_0^2}{l} \tag{329}$$

Theorie II. Ordnung:

$$w_{f_0} = -f_0 \frac{\varepsilon^2}{\pi^2+\varepsilon^2}\sin\pi\xi \; ; \quad w_{f_0}' = -\frac{f_0}{l}\pi\cdot\frac{\varepsilon^2}{\pi^2+\varepsilon^2}\cos\pi\xi \tag{330}$$

ξ steht für die bezogene Koordinate x/l. - Die Lösung für p=konst ist bekannt.

Fall b: Beidseitig eingespannte Lagerung: Es wird eine (der Biegelinie unter Belastung angepaßte) cosinusförmige Vorverformung angesetzt:

$$w_0 = \frac{f_0}{2}(1-\cos 2\pi\xi) \; ; \quad w_0' = \frac{f_0}{l}\cdot\pi\cdot\sin 2\pi\xi \; ; \quad \frac{1}{2}\int_0^l w_0'^2 dx = \frac{\pi^2}{4}\cdot\frac{f_0^2}{l} \tag{331}$$

Nach Theorie II. Ordnung findet man für diesen Lastfall (Zugkraft: Z):

$$\begin{aligned} w_{f_0} &= -\frac{f_0}{2}\cdot\frac{\varepsilon^2}{(2\pi)^2+\varepsilon^2}(1-\cos 2\pi\xi) \; ; \quad w_{f_0}' = -\frac{f_0}{l}\pi\frac{\varepsilon^2}{(2\pi)^2+\varepsilon^2}\sin 2\pi\xi = \varphi \\ M_{f_0} &= Z\frac{f_0}{2}\cdot\frac{(2\pi)^2}{(2\pi)^2+\varepsilon^2}\cdot\cos 2\pi\xi \; ; \quad Q_{f_0} = -Z\frac{f_0}{l}\pi\cdot\frac{(2\pi)^2}{(2\pi)^2+\varepsilon^2}\cdot\sin 2\pi\xi \end{aligned} \tag{332}$$

Die Formeln für eine konstante Gleichlast p lauten:

$$\begin{aligned} w(\xi) &= \left[\frac{\sinh\varepsilon}{\cosh\varepsilon - 1}(\cosh\varepsilon\xi - 1) - (\sinh\varepsilon\xi - \varepsilon\xi) - \varepsilon\xi^2\right]\cdot\frac{pl^4}{2\varepsilon^3 EI} \\ w'(\xi) &= \left[\frac{\sinh\varepsilon}{\cosh\varepsilon - 1}\sinh\varepsilon\xi - (\cosh\varepsilon\xi - 1) - 2\xi\right]\cdot\frac{pl^3}{2\varepsilon^2 EI} \\ M(\xi) &= -\left(\frac{\sinh\varepsilon}{\cosh\varepsilon - 1}\cosh\varepsilon\xi - \sinh\varepsilon\xi - \frac{2}{\varepsilon}\right)\frac{pl^2}{2\varepsilon} \\ Q(\xi) &= -\left(\frac{\sinh\varepsilon}{\cosh\varepsilon - 1}\sinh\varepsilon\xi - \cosh\varepsilon\xi\right)\cdot\frac{pl}{2} \end{aligned} \tag{333}$$

1. Beispiel: Beidseitig gelenkig gelagertes, federelastisch gestütztes stählernes Hängeblech. Federkonstanten $C_1=C_2=1\cdot10^5$kN/cm, bezogen auf einen Plattenstreifen mit der Breite 1cm; l=200cm, t=1,0cm: A=1,0cm², I=0,08333cm^4; G.312:

$$E'=\frac{E}{1-\mu^2}=1{,}1\cdot E=\underline{23\,100\ \text{kN/cm}^2}$$

Belastung: p=0,004kN/cm², d.h. p=0,004kN/cm als Linienlast auf dem Plattenstreifen.
Federkonstante:

$$C=\frac{10^5\cdot10^5}{10^5+10^5}=\underline{0{,}5\cdot10^5\ \text{kN/cm}}$$

Ohne Vorverformung: Die mittels eines Computerprogramms berechnete Lösung der G.327 lautet (SIMPSON-Integration mit 100 Stützstellen):

$$S=H=\underline{8{,}168\,\text{kN}}:\ \varepsilon=13{,}03;\ f=\underline{2{,}33\text{cm}},\ \max M=\underline{0{,}94\,\text{kNcm}}:\ \sigma=+\frac{8{,}168}{1{,}0}(\pm)\frac{0{,}94}{0{,}08333}0{,}5=\underline{13{,}81\,\text{kN/cm}^2}$$

Die Lösung wird mittels G.311/2 verprobt:

$$\left(\frac{23\,100}{0{,}004}\right)^2\cdot\left(\frac{1{,}0}{200}\right)^8\cdot\Big[1+\overbrace{\frac{23\,100\cdot1{,}0}{0{,}5\cdot10^5\cdot200}}^{0{,}00231}\Big]\overset{?}{=}\frac{72}{13{,}03^9}(60-24\cdot13{,}03+13{,}03^3)$$

$$\underline{1{,}306\cdot10^{-5}\overset{?}{=}1{,}302\cdot10^{-5}}\quad(0{,}3\%)$$

Verprobung mittels der Näherung G.319:

$$\varepsilon/\pi=13{,}03/\pi=4{,}148;\ f_I=43{,}29\text{cm}$$

$$4{,}148^2\cdot(1+4{,}148^2)^2\cdot[1+0{,}00231]\overset{?}{=}\frac{3\cdot43{,}29^2}{1{,}0^2}$$

$$\underline{5713\overset{?}{=}5622}\ (1{,}6\%)$$

Es wird die Lösung für EI=0 berechnet (G.293, G.300):

$$EA_{Ersatz}=\frac{23100\cdot1{,}0}{1+2\dfrac{23\,100\cdot1{,}0}{10^5\cdot200}}=\underline{23\,047\,\text{kN}}$$

$$S=\frac{1}{2}\cdot\sqrt[3]{\frac{EA}{3}p^2l^2}=\frac{1}{2}\cdot\sqrt[3]{\frac{23047}{3}0{,}004^2\cdot200^2}=\underline{8{,}50\ \text{kN}};\quad f=\frac{0{,}004\cdot200^2}{8\cdot8{,}50}=\underline{2{,}35\text{cm}}$$

Wegen der großen Schlankheit der Platte dominiert die Membranwirkung: Der durch Biegung abgetragene Lastanteil ist sehr gering.
Mit Vorverformung: Es wird angesetzt: f_0=2,0cm, im übrigen gelten die Ansätze wie zuvor. Die Rechnung ergibt:

$$S=H=\underline{6{,}82\ \text{kN}}:\ \varepsilon=11{,}91;\ f=\underline{0{,}897\text{cm}},\ f_0+f=\underline{2{,}897\text{cm}}$$

$$\max M=\underline{0{,}52\ \text{kNcm}}:\ \sigma=+\frac{6{,}82}{1{,}0}(\pm)\frac{0{,}52}{0{,}0833}0{,}5=\underline{+9{,}94\text{kN/cm}^2}$$

Zur Verprobung wird die von TIMOSHENKO [63] angegebene Bestimmungsgleichung herangezogen:

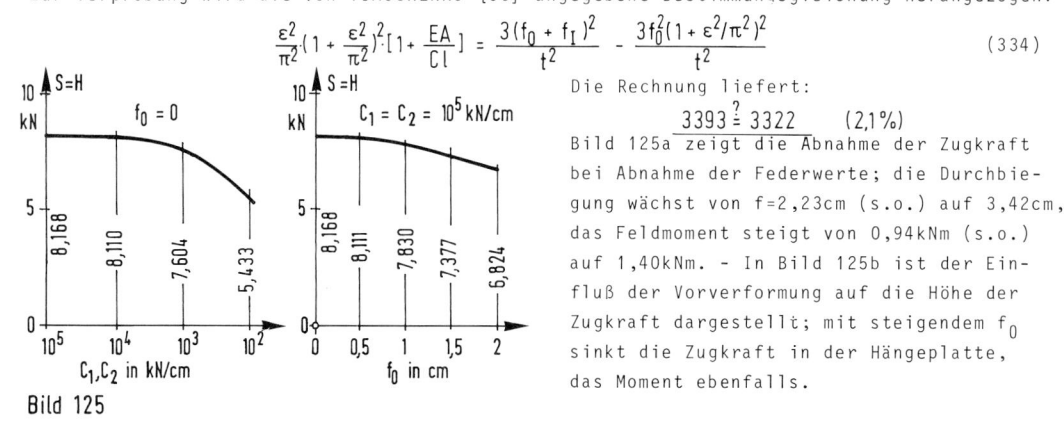

$$\frac{\varepsilon^2}{\pi^2}(1+\frac{\varepsilon^2}{\pi^2})^2[1+\frac{EA}{Cl}]=\frac{3(f_0+f_I)^2}{t^2}-\frac{3f_0^2(1+\varepsilon^2/\pi^2)^2}{t^2}\qquad(334)$$

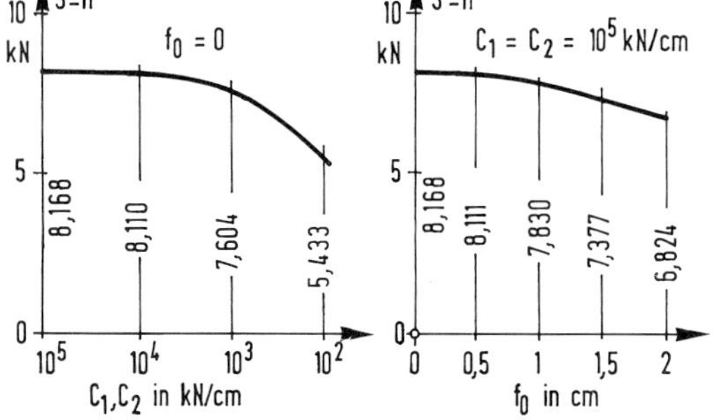

Bild 125

Die Rechnung liefert:

$$\underline{3393\overset{?}{=}3322}\qquad(2{,}1\%)$$

Bild 125a zeigt die Abnahme der Zugkraft bei Abnahme der Federwerte; die Durchbiegung wächst von f=2,23cm (s.o.) auf 3,42cm, das Feldmoment steigt von 0,94kNm (s.o.) auf 1,40kNm. - In Bild 125b ist der Einfluß der Vorverformung auf die Höhe der Zugkraft dargestellt; mit steigendem f_0 sinkt die Zugkraft in der Hängeplatte, das Moment ebenfalls.

2. Beispiel: Beidseitig starr eingespanntes Hängeblech, Abmessungen und Steifigkeiten wie im 1. Beispiel: $C_1=C_2=1\ 10^5$ kN/cm; l=200cm, t=1,0cm: A=1,0cm², I=0,08333cm^4, E'=23100kN/cm², C=0,5·10^{5}kN/cm.

Die mittels Computerprogramm berechnete Lösung der G.327 lautet:

$$S = H = 6{,}236\,\text{kN}:\quad \varepsilon = 11{,}38\,;\quad f = 2{,}09\,\text{cm}$$

$$M_F = 1{,}19\,\text{kNcm},\quad \max M = M_S = -5{,}79\,\text{kNcm}:$$

$$\sigma = +\frac{6{,}236}{1{,}0} \pm \frac{5{,}79}{0{,}08333}\,0{,}5 = +6{,}24 \pm 34{,}74 = \underline{+40{,}98\ \text{kN/cm}^2}$$

Verprobung mittels Gleichung G.311 u. 316; vgl. vorangegangenes Beispiel:

$$1{,}306\cdot 10^{-5} \overset{?}{=} \frac{36}{11{,}388}(-18\cdot 11{,}38 + 4{,}8 + 2\cdot 11{,}38^2)$$

$$\underline{1{,}306\cdot 10^{-5} \overset{?}{=} 1{,}307\cdot 10^{-5}}\ (0\text{‰})$$

Die Näherungsberechnung nach G.320 erweist sich für diese Lagerungsart als weniger genau:

$$\underline{241{,}3 \overset{?}{=} 224{,}9}\quad (6{,}7\%)$$

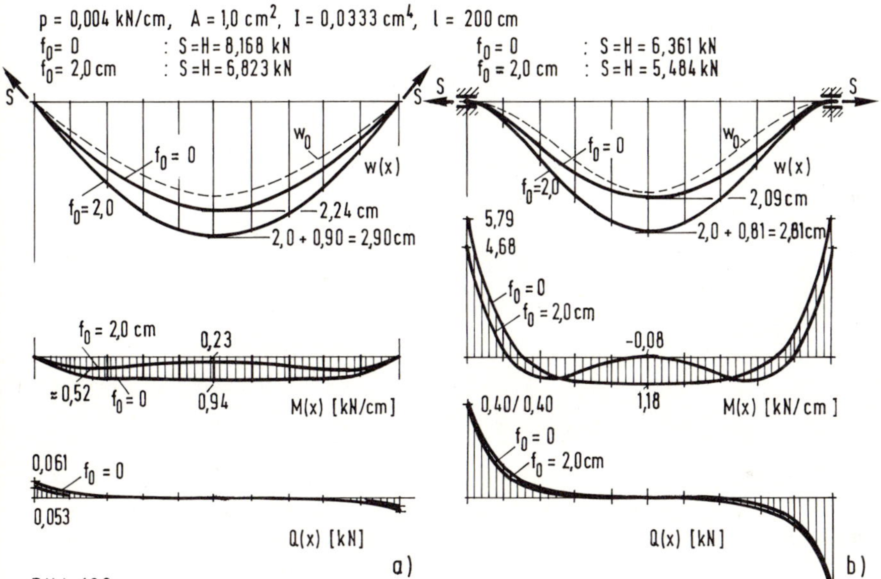

Bild 126

Bei gelenkiger Lagerung wird die Querbelastung überwiegend durch Hängewirkung abgesetzt, bei Einspannung entfällt diese Möglichkeit: Querkraft und Biegemoment fallen relativ hoch aus. In Bild 126 sind beide Fälle gegenübergestellt und zwar ohne und mit Vorverformung (f_0=0 und f_0=2,0cm). Trotz der Einspannung im Falle b und der hohen Biegebeanspruchung an den eingespannten Enden, fällt die maximale Durchbiegung nur geringfügig kleiner als im Falle a aus. Die Biegespannungen an der Einspannung haben mehr die Bedeutung von Nebenspannungen: Nach Ausbildung von Fließgelenken geht die Tragwirkung zum Teil in jene des Falles a über.

Die im vorliegenden Abschnitt 26.13 behandelte Beanspruchungen haben z.B. im Stahlwasserbau beim Nachweis der Bleche von Verschlußkörpern baupraktische Bedeutung [64], auch z.B. bei der Untersuchung dünner Bleche unmittelbar befahrener Fahrbahnen. Zur Theorie vgl. ergänzend [65].

27 Elasto-statische Torsionstheorie, insbesondere für dünnwandige Stäbe

27.1 Vorbemerkungen

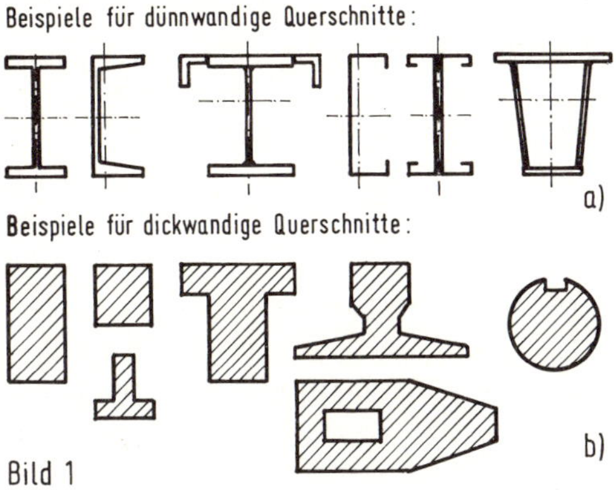

Bild 1

Wie in Abschnitt 26.1 erwähnt, haben Stahlbauprofile (bedingt durch den Herstellungsprozeß: Warmwalzen, Kaltprofilieren) einen dünnwandigen offenen Querschnitt (Bild 1a). Ausnahmen bilden die mittels Walztechnik hergestellten Rund- und Rechteckrohre, sie zählen zu den geschlossenen Querschnitten. Die (geschlossenen) Kastenquerschnitte werden unter Zurhilfenahme von Fügetechniken (Schweißen, Schrauben) gefertigt. Hierbei werden ein- und mehrzellige und gemischt offen-geschlossene Querschnitte unterschieden. Vollquerschnitte treten im Stahlbau seltener auf, eher im Maschinenbau (Teilbild b). Im Massivbau und Holzbau stellen dickwandige Querschnitte den Regelfall dar.

Werden dünnwandige offene Querschnitte auf Torsion beansprucht, stellen sich zum einen große Drillverformungen ein, zum anderen werden Wölbspannungen von nicht zu vernachlässigender Größenordnung geweckt; obwohl diese Spannungen (relativ zur Stablänge) nur lokal auftreten, ist es ein Gebot der Sicherheit, sie nachzuweisen. Geschlossene (Hohl-) Querschnitte sind zur Aufnahme von Torsionsmomenten grundsätzlich besser geeignet: Sie sind wesentlich steifer. Die sich einstellenden Wölbspannungen sind im Regelfall vernachlässigbar gering. Man spricht dann auch von Kastenquerschnitten. Um die Wölbspannungen offener Querschnitte berechnen zu können, bedarf es einer Erweiterung der ST-VENANTschen Torsionstheorie. Diese Erweiterung wird als Theorie der Wölbkrafttorsion oder auch als Theorie der Zwängungsdrillung bezeichnet. Schließlich sei erwähnt, daß in der Stabilitätstheorie der biegedrillknick- und kippgefährdeten Träger die Querschnittswerte der Wölbkrafttorsion benötigt werden. Die Berücksichtigung der Wölbsteifigkeit ist in diesem Falle ein Gebot der Wirtschaftlichkeit (Abschnitt 7.5 u. 7.6).

27.2 Torsion gerader Stäbe mit dickwandigem Querschnitt

27.2.1 Torsion ohne Behinderung der Querschnittsverwölbung (primäre, reine oder ST-VENANTsche Torsion [1])

27.2.1.1 Torsionsmoment

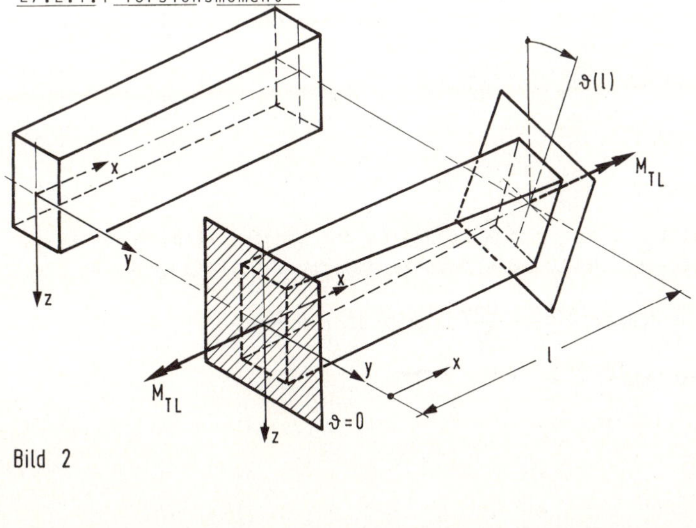

Bild 2

In Bild 2 ist ein tordierter Stab dargestellt. Der Anfangsquerschnitt liegt in der y-z-Ebene, er sei hier gegen Verdrehen festgehalten. y und z sind die Schwerachsen des Querschnittes; der Stab erstrecke sich in Richtung x. Die Querschnittsform sei unveränderlich und die Materialeigenschaften seien idealelastisch, homogen und isotrop. Der Stab

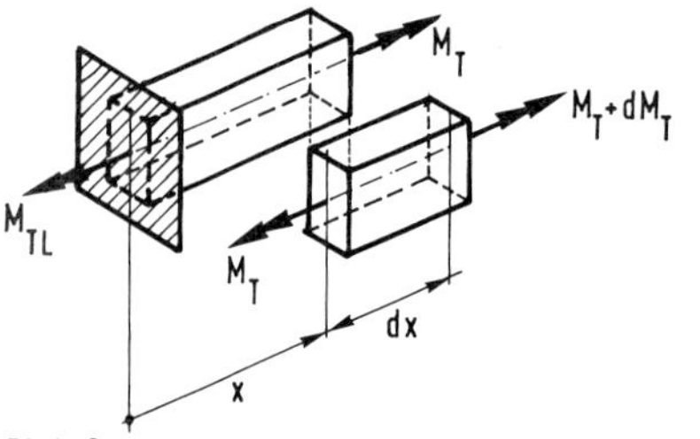

Bild 3

wird an beiden Enden durch gegengleiche Torsionslastmomente M_{TL} belastet. Die Art der Eintragung dieser Momente in die Endquerschnitte möge sich der im weiteren geschilderten Theorie zwängungsfrei anpassen, insbesondere sei sie von der Art, daß eine Verschiebung der Stabfasern in Richtung der Stabachse ohne Behinderung möglich ist.

Die einzige Schnittgröße, die unter diesen Voraussetzungen auftritt, ist das (innere) Torsionsmoment $M_T=M_x$, es hat in allen Querschnitten dieselbe Größe (Bild 3):

$$M_T = M_{TL} = \text{konst.} \tag{1}$$

Eine Gleichgewichtsbetrachtung am Element dx des Stabes liefert:

$$\frac{dM_T}{dx} = 0 \tag{2}$$

Hiermit ist G.1 sofort bestätigt: Alle Querschnitte sind gleichwertig.

27.2.1.2 Gleichgewichtsgleichungen - Spannungsfunktion Φ

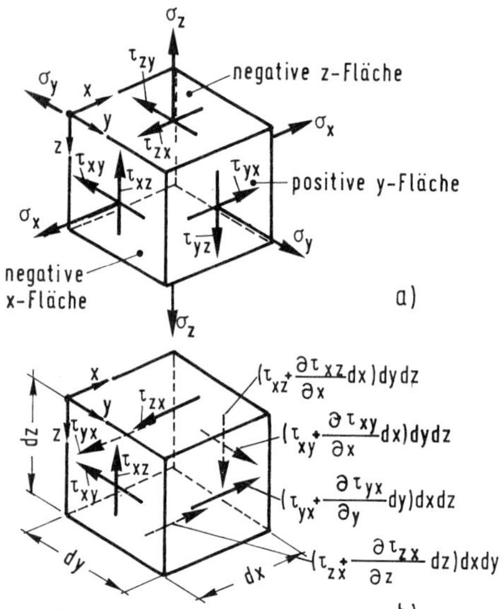

Bild 4

Aus dem Stab wird ein infinitesimales Körperelement mit dem Volumen dV=dx·dy·dz herausgetrennt. Im allgemeinen Falle wirken in den Schnittflächen Normalspannungen $\sigma_{...}$ und Schubspannungen $\tau_{...}$ (Bild 4a). Da der Stab voraussetzungsgemäß gleichbleibenden Querschnitt hat und nur durch Endmomente belastet wird, ist der Spannungszustand im Schnitt x gleich dem Spannungszustand im Nachbarquerschnitt x+dx, d.h. alle Querschnitte sind gleichwertig, s.o. Da an den Stabenden aufgrund der unterstellten Lagerungsart keine Längsspannungen σ_x aufgenommen werden können, sind diese auch in benachbarten Querschnitten und damit im ganzen Stab Null. Die Spannungen σ_y und σ_z quer zur Stabachse und die Schubspannungen $\tau_{yz}=\tau_{zy}$ sind bei der vorliegenden Beanspruchung ebenfalls Null; zusammengefaßt gilt:

$$\sigma_x = \sigma_y = \sigma_z = 0 \tag{3}$$

$$\tau_{yz} = \tau_{zy} = 0 \tag{4}$$

Somit verbleiben nurmehr die in Bild 4b eingetragenen Schubspannungen: In diesem Teilbild sind die in den Schnitten x, y, z bzw. x+dx, y+dy, z+dz wirkenden Spannungen (und deren Zuwächse als Spannungsresultierende) eingezeichnet. Die Komponentengleichgewichtsgleichungen lauten:

$$\text{x-Achse:} \quad \frac{\partial\tau_{yx}}{\partial y} + \frac{\partial\tau_{zx}}{\partial z} = 0 \tag{5}$$

$$\text{y-Achse:} \quad \frac{\partial\tau_{xy}}{\partial x} = 0 \tag{6a}$$

$$\text{z-Achse:} \quad \frac{\partial\tau_{xz}}{\partial x} = 0 \tag{6b}$$

Aus den Gleichungen 6a/b folgt: τ_{xy} und τ_{xz} sind bezüglich der Längsrichtung x konstant, was mit obiger Feststellung übereinstimmt. - Die Momentengleichgewichtsgleichung um die y-Achse liefert:

$$\left(\tau_{xz} + \frac{\partial\tau_{xz}}{\partial x}dx\right)dy\,dz\,dx - \left(\tau_{zx} + \frac{\partial\tau_{zx}}{\partial z}dz\right)dx\,dy\,dz = 0 \longrightarrow$$

$$(\tau_{xz} - \tau_{zx})dx\,dy\,dz + \approx 0 = 0 \longrightarrow$$

$$\tau_{xz} = \tau_{zx} \tag{7a}$$

Entsprechend liefert die Momentengleichgewichtsgleichung um die z-Achse:

$$\tau_{xy} = \tau_{yx} \tag{7b}$$

G.7a/b beinhaltet den "Satz von der Gleichheit einander zugeordneter Schubspannungen". - Somit ist das anstehende Spannungsproblem der ST-VENANTschen Torsion auf die Ermittlung der beiden Schubspannungskomponenten $\tau_{xz}=\tau_{zx}$ und $\tau_{xy}=\tau_{yx}$ reduziert.
Es wird definiert:

$$\tau_{xz} = -\frac{\partial \Phi}{\partial y}; \quad \tau_{xy} = +\frac{\partial \Phi}{\partial z} \tag{8}$$

Hierin ist

$$\Phi = \Phi(y,z) \tag{9}$$

die Torsions-Spannungsfunktion (PRANDTLsche Spannungsfunktion). Wird G.8 in die Gleichgewichtsgleichung G.5 eingesetzt, ergibt sich unter Berücksichtigung von G.7a/b:

$$\frac{\partial^2 \Phi}{\partial y\, \partial z} - \frac{\partial^2 \Phi}{\partial z\, \partial y} = 0 \tag{10}$$

Die Spannungsfunktion befriedigt somit die Gleichgewichtsgleichung (G.5) und vermag offensichtlich die beiden Schubspannungskomponenten τ_{xz} und τ_{xy} identisch zu ersetzen. Φ dient im folgenden als Bezugsunbekannte; ihre Dimension ist [Kraft/Länge].

27.2.1.3 Formänderungsgleichungen

27.2.1.3.1 Verdrillung (Verwindung), Verwölbung

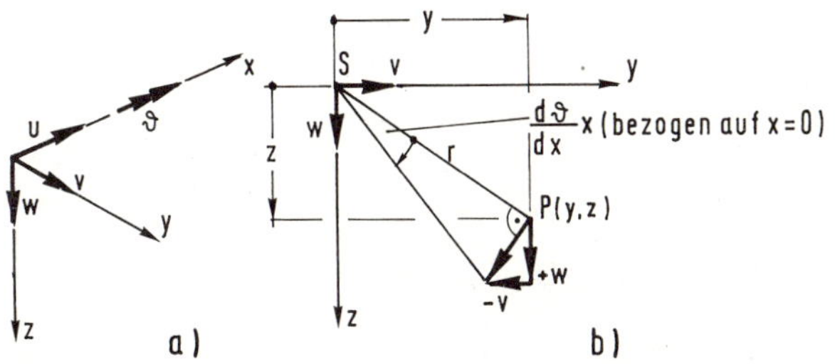

Bild 5

Die Verschiebungskomponenten in Richtung der x-, y- und z-Achse werden mit u, v, w abgekürzt, vgl. Bild 5a. - Bezogen auf den Anfangsquerschnitt beträgt die Verdrehung (Drillung) des Stabes im Abstand x: $\vartheta = \vartheta(x)$; im Abstand x+dx beträgt sie

$$\vartheta + \frac{d\vartheta}{dx}\,dx$$

Die "bezogene" Änderung des Drehwinkels je Längeneinheit dx=1 ist wegen der Gleichwertigkeit aller Querschnitte konstant:

$$\frac{d\vartheta}{dx} = \vartheta' = \text{konst} \tag{11}$$

ϑ' heißt Verdrillung (auch Verwindung, Drall oder bezogene Verdrehung); ϑ' kennzeichnet die Verdrehungsintensität. (Die Ableitung nach x wird durch einen hochgestellten Strich abgekürzt.)
Da ϑ' konstant ist, beträgt die Verdrehung an der Stelle x bzw. am Stabende x=l:

$$\vartheta(x) = \vartheta' \cdot x \tag{12}$$

$$\vartheta(l) = \vartheta' \cdot l \tag{13}$$

Bei einer Drehung um die Schwerachse S bestehen zwischen der Verdrillung ϑ' und den Verschiebungskomponenten v und w eines Querschnittspunktes y, z folgende Beziehungen, vgl. Bild 5b:

$$\begin{aligned} \left(\frac{d\vartheta}{dx}\cdot x\right) y &= +w \longrightarrow w = +\vartheta' \cdot xy \\ \left(\frac{d\vartheta}{dx}\cdot x\right) z &= -v \longrightarrow v = -\vartheta' \cdot xz \end{aligned} \tag{14}$$

Bezogen auf andere Drehachsen lassen sich die Beziehungen leicht transformieren. Die Fasern außerhalb der Drehachse verwinden sich schraubenförmig, sie bleiben dabei gerade, da voraussetzungsgemäß nur "kleine" Verformungen betrachtet werden sollen.
Über die Verschiebung u in Richtung der x-Achse läßt sich vorerst nichts aussagen, lediglich soviel: Da jeder Querschnitt gleichwertig ist, ist u unabhängig von x. Der ehemals

ebene Querschnitt wird bei der Torsion in Richtung x in eine (i.a. krumme) Verschiebungsfläche übergehen; diese nennt man Verwölbung:

$$u = u(y,z) \tag{15}$$

Es ist zweckmäßig, die sogen. Einheitsverwölbung $\omega(y,z)$ einzuführen; sie ist wie folgt definiert:

$$u = u(y,z) = \omega(y,z)\cdot\vartheta' = \omega\cdot\vartheta' \tag{16}$$

$\omega(y,z)$ ist somit die Verwölbung des Stabes bei einer Einheitsverdrillung $\vartheta'=1$; daher "Einheitsverwölbung". $\omega(y,z)$ hat die Bedeutung einer Querschnittskenngröße; man spricht auch von der Wölbfunktion.

27.2.1.3.2 (Kinematische) Beziehungen zwischen Verzerrungen und Verformungen

Bei einer Verformung des Stabes (hier Drillung) verzerren sich die rechtwinkligen (kubischen) Volumenelemente in rombische. Bild 6 zeigt die Seitenfläche eines Elementes in der y-z-Ebene. Für die Dehnung in der y-Richtung gilt:

$$\varepsilon_y = \frac{\Delta dy}{dy} = \frac{\partial v}{\partial y} dy \cdot \frac{1}{dy} = \frac{\partial v}{\partial y} \tag{17}$$

Der ursprünglich rechte Winkel γ_{yz} zwischen den Kanten dy und dz verändert sich zu:

$$\left(\frac{\pi}{2} - \gamma_{yz}\right)$$

Aus Bild 6 liest man ab:

$$\gamma_{yz} = \frac{\partial v}{\partial z} dz \frac{1}{dz} + \frac{\partial w}{\partial y} dy \frac{1}{dy} = \frac{\partial v}{\partial z} + \frac{\partial w}{\partial y} \tag{18}$$

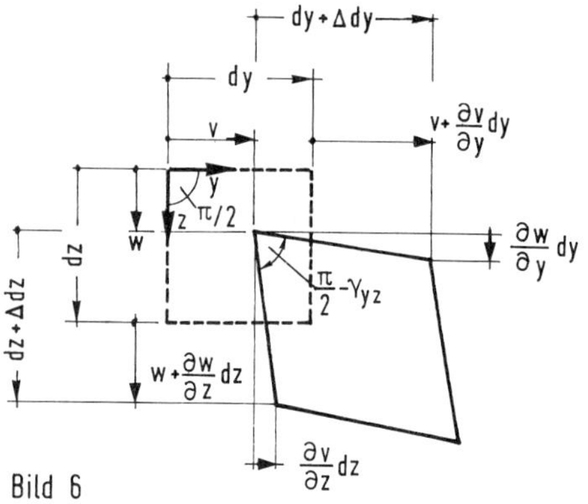

Bild 6

Vorstehende Beziehungen lassen sich entsprechend für die anderen Richtungen bzw. Flächen des Volumenelementes formulieren; zusammengefaßt gilt:

$$\varepsilon_x = \frac{\partial u}{\partial x}, \quad \varepsilon_y = \frac{\partial v}{\partial y}, \quad \varepsilon_z = \frac{\partial w}{\partial z} \tag{19}$$

$$\gamma_{xy} = \frac{\partial u}{\partial y} + \frac{\partial v}{\partial x}, \quad \gamma_{yz} = \frac{\partial v}{\partial z} + \frac{\partial w}{\partial y}, \quad \gamma_{zx} = \frac{\partial w}{\partial x} + \frac{\partial u}{\partial z} \tag{20}$$

Aus den in Abschnitt 27.2.1.2 erläuterten Gründen, wonach sämtliche Normalspannungen und die Schubspannungen $\tau_{yz}=\tau_{zy}$ bei reiner Torsion Null sind, sind auch die zugeordneten Verzerrungen (vermittelst des für das Kontinuum geltende HOOKEschen Gesetzes) Null:

$$\varepsilon_x = \varepsilon_y = \varepsilon_z = 0 \tag{21}$$

$$\gamma_{yz} = 0 \tag{22}$$

Aus der letzten Beziehung folgt, daß der Stabquerschnitt bei der Torsion seine Form beibehält; die Längen aller Stabfasern bleiben unverändert. - Für γ_{xy} und γ_{zx} ergibt sich, wenn G.14 und G.16 in G.20 eingesetzt werden:

$$\begin{aligned} \gamma_{xy} &= \frac{\partial u}{\partial y} + \frac{\partial v}{\partial x} = \frac{\partial \omega}{\partial y}\vartheta' - \vartheta' z = \vartheta'\left(-z + \frac{\partial \omega}{\partial y}\right) \\ \gamma_{zx} &= \frac{\partial w}{\partial x} + \frac{\partial u}{\partial z} = \frac{\partial \omega}{\partial z}\vartheta' + \vartheta' y = \vartheta'\left(+y + \frac{\partial \omega}{\partial z}\right) \end{aligned} \tag{23}$$

27.2.1.3.3 HOOKEsches Gesetz

Für die Schubverzerrungen (Gleitungen) gilt:

$$\gamma_{xy} = \frac{\tau_{xy}}{G} = \frac{\tau_{yx}}{G}; \quad \gamma_{zx} = \frac{\tau_{zx}}{G} = \frac{\tau_{xz}}{G} \tag{24}$$

G ist der Schubmodul.

27.2.1.3.4 Elasto-statische Beziehungen zwischen Spannungen und Verformungen

Die kinematische Formänderungsaussage (G.23) wird mit der physikalischen (G.24) verknüpft:

$$\tau_{xy} = G\vartheta'\left(-z + \frac{\partial\omega}{\partial y}\right); \quad \tau_{zx} = G\vartheta'\left(y + \frac{\partial\omega}{\partial z}\right) \tag{25}$$

Auflösung nach den Ableitungen der Einheitsverwölbung:

$$\frac{\partial\omega}{\partial y} = \frac{\tau_{xy}}{G\vartheta'} + z; \quad \frac{\partial\omega}{\partial z} = \frac{\tau_{zx}}{G\vartheta'} - y \tag{26}$$

Das totale Differential von ω ist:

$$d\omega = \frac{\partial\omega}{\partial y}dy + \frac{\partial\omega}{\partial z}dz \tag{27}$$

Daraus folgt:

$$\omega = \int\left(\frac{\partial\omega}{\partial y}dy + \frac{\partial\omega}{\partial z}dz\right) \tag{28}$$

27.2.1.4 Grundgleichung für Φ – Randbedingungen

Wie oben gezeigt wurde, genügt die Torsionsspannungsfunktion Φ den Gleichgewichtsgleichungen des anstehenden Problems. Aus der Verknüpfung von G.5 über Φ mit der elastostatischen Beziehung G.25 findet man die Grundgleichung der ST-VENANTschen Torsion. Hierzu wird die erste Gleichung von G.25 nach z und die zweite nach y differenziert:

$$\frac{\partial\tau_{xy}}{\partial z} = \frac{\partial^2\Phi}{\partial z^2} = G\vartheta'\left(-1 + \frac{\partial^2\omega}{\partial y\,\partial z}\right); \quad \frac{\partial\tau_{zx}}{\partial y} = -\frac{\partial^2\Phi}{\partial y^2} = G\vartheta'\left(1 + \frac{\partial^2\omega}{\partial z\,\partial y}\right) \tag{29}$$

Die Subtraktion der beiden Gleichungen voneinander liefert:

$$\boxed{\Delta\Phi = \frac{\partial^2\Phi}{\partial y^2} + \frac{\partial^2\Phi}{\partial z^2} = -2G\vartheta'} \tag{30}$$

Das ist die Grundgleichung des Problems; sie vereinigt alle Gleichgewichts- und Formänderungsaussagen. Bezugsunbekannte ist $\Phi(y,z)$. G.30 ist eine inhomogene partielle Differentialgleichung für Φ. $\Delta(\ )$ heißt LAPLACEscher Operator. $\Phi(y,z)$ läßt sich geometrisch als ein über dem Stabquerschnitt gewölbter Hügel (Spannungshügel) deuten. Die aus G.30 folgende Spannungsfunktion muß den Randbedingungen genügen. Bild 7a zeigt einen Schnitt durch den Vollstab an der Stelle x. Da voraussetzungsgemäß an der Mantelfläche des Stabes keine längsgerichteten äußeren (Oberflächen-) Kräfte angreifen, können entlang der Konturlinie auch keine Schubspannungen senkrecht zum Rand auftreten; das wurde bereits gemäß G.4 postuliert. Schubspannungen können am Rand somit nur parallel zur Randlinie auftreten. Zerlegt man den Randspannungsvektor in seine beiden Komponenten, wie in Bild 7b dargestellt, müssen sie der Bedingung

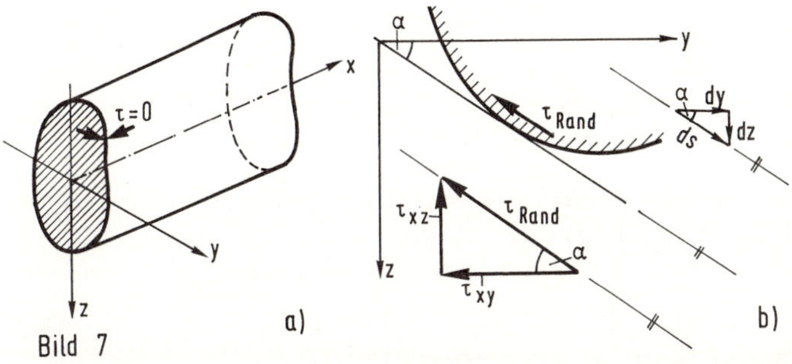

Bild 7

$$\frac{\tau_{xz}}{\tau_{xy}} = \tan\alpha = \frac{dz}{dy} \tag{31}$$

genügen, woraus sich

$$\tau_{xz}dy - \tau_{xy}dz = 0 \tag{32}$$

ergibt. Wird für die Schubspannungen die Spannungsfunktion Φ gemäß G.8 eingesetzt, folgt:

$$+\frac{\partial\Phi}{\partial y}dy + \frac{\partial\Phi}{\partial z}dz = d\Phi = 0\Big|_{Rand} \tag{33}$$

Diese Gleichung besagt, daß das totale Differential von Φ entlang der Randkontur Null ist, demgemäß gilt hier für Φ_{Rand}:

$$\Phi_{Rand} = \text{konst} \qquad (34)$$

Für die Außenberandung von Vollquerschnitten kann dafür gleichwertig gesetzt werden:

$$\Phi_{Rand} = 0 \qquad (35)$$

Die Schubspannungen werden dadurch nicht beeinflußt. Sind im Querschnitt Hohlräume vorhanden, ist Φ entlang der inneren Lochränder zwar auch konstant aber gegenüber dem Außenrand von Null verschieden.

27.2.1.5 Torsionsträgheitsmoment I_T dickwandiger Querschnitte

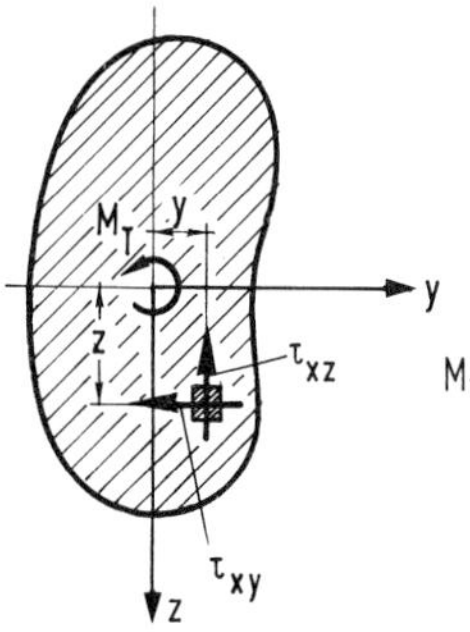

Bild 8

Das von Querschnitt zu Querschnitt durch die Schubspannungen τ_{xy} und τ_{xz} übertragene innere Torsionsmoment M_T beträgt (Bild 8):

$$M_T = \int_A (\tau_{xz} y - \tau_{xy} z)\, dA \qquad (36)$$

Mit G.25 folgt hieraus, wenn G.7a berücksichtigt wird:

$$M_T = \int_A [G\vartheta'(y + \frac{\partial \omega}{\partial z})y - G\vartheta'(-z + \frac{\partial \omega}{\partial y})z]\, dA = G\vartheta'[\int_A (y^2 + z^2)\, dA - \int_A (z\frac{\partial \omega}{\partial y} - y\frac{\partial \omega}{\partial z})\, dA] \qquad (37)$$

Der erste Integrand rechterseits ist das polare Flächenmoment 2. Grades (polares Trägheitsmoment) des Querschnittes; der zweite läßt sich nochmals splitten. Hierzu wird y und z aus G.26 freigestellt:

$$y = -\frac{\partial \omega}{\partial z} + \frac{\tau_{xz}}{G\vartheta'}; \quad z = \frac{\partial \omega}{\partial y} - \frac{\tau_{xy}}{G\vartheta'} \qquad (38)$$

In G.37 eingesetzt, ergibt sich:

$$M_T = G\vartheta' I_p - G\vartheta'\{\int_A [(\frac{\partial \omega}{\partial y})^2 + (\frac{\partial \omega}{\partial z})^2]\, dA + \int_A (\tau_{xy}\frac{\partial \omega}{\partial y} + \tau_{xz}\frac{\partial \omega}{\partial z})\, dA\} \qquad (39)$$

Fall 1: Querschnitt ohne Hohlräume: Das zweite Integral ist Null (s.u.); es verbleibt:

$$M_T = G\vartheta'(I_p - I_\omega) = G\vartheta' I_T \qquad (40)$$

Auflösung nach ϑ':

$$\boxed{\vartheta' = \frac{M_T}{GI_T}} \qquad (41)$$

G.41 ist das Elastizitätsgesetz der ST-VENANTschen Torsion, also die Grundbeziehung zwischen Torsionsmoment und Verdrillung (Verwindung). I_T ist das Torsionsflächenmoment 2. Grades (früher auch ST-VENANTscher Torsionswiderstand genannt). Das Produkt

$$GI_T \qquad (42)$$

ist die ST-VENANTsche Torsionssteifigkeit des Querschnittes.

Bevor auf die Deutung und Berechnung von I_T eingegangen wird, soll der Beweis nachgetragen werden, daß der dritte Term rechtsseitig in G.39 Null ist:

$$\int_A (\tau_{xy}\frac{\partial \omega}{\partial y} + \tau_{xz}\frac{\partial \omega}{\partial z})\, dA = \int_A \tau_{xy}\frac{\partial \omega}{\partial y}\, dA + \int_A \tau_{xz}\frac{\partial \omega}{\partial z}\, dA = \int_{y_1}^{y_2}[\int_{z_1}^{z_2}\frac{\partial \Phi}{\partial z}\cdot\frac{\partial \omega}{\partial y}\, dz]\, dy - \int_{z_1}^{z_2}[\int_{y_1}^{y_2}\frac{\partial \Phi}{\partial y}\cdot\frac{\partial \omega}{\partial z}\, dy]\, dz =$$

$$= \int_{y_1}^{y_2}[\Phi\frac{\partial \omega}{\partial y}\Big|_{z_1}^{z_2} - \int_{z_1}^{z_2}\Phi\frac{\partial^2 \omega}{\partial y\,\partial z}\, dz]\, dy - \int_{z_1}^{z_2}[\Phi\frac{\partial \omega}{\partial z}\Big|_{y_1}^{y_2} - \int_{y_1}^{y_2}\Phi\frac{\partial^2 \omega}{\partial z\,\partial y}\, dy]\, dz = -\int_A \Phi\frac{\partial^2 \omega}{\partial y\,\partial z}\, dA + \int_A \Phi\frac{\partial^2 \omega}{\partial z\,\partial y}\, dA = 0 \qquad (43)$$

Die Randterme sind wegen G.35 jeweils Null.

Fall 2: Querschnitt mit Hohlräumen (Bild 9)

In Abschnitt 27.2.1.4 wurde gezeigt, daß die Spannungsfunktion Φ am Außenrand Null und entlang der inneren Lochränder jeweils konstant und verschieden von Null ist:

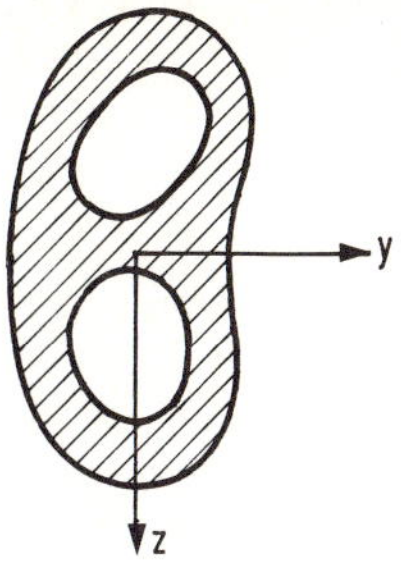

Bild 9

$$\Phi\Big|_{Lochrand} = \text{konst} \tag{44}$$

Sind n Löcher vorhanden, treten n unbekannte Randwerte auf. Diesen Unbekannten stehen n Bedingungen gegenüber. Sie besagen, daß beim Umfahren eines jeden Loches keine Verformungsdiskontinuität, insbesondere kein Verwölbungssprung (etwa im Sinne von Bild 10a), verbleiben darf. Bei der Integration gemäß G.43 treten Randterme Φ an den Löchern auf. G.40 bleibt gültig, doch haben I_ω (und damit auch I_T) einen modifizierten Aufbau.

Wie aus Bild 11 zu erkennen ist, baut sich der infinitesimale Ver-

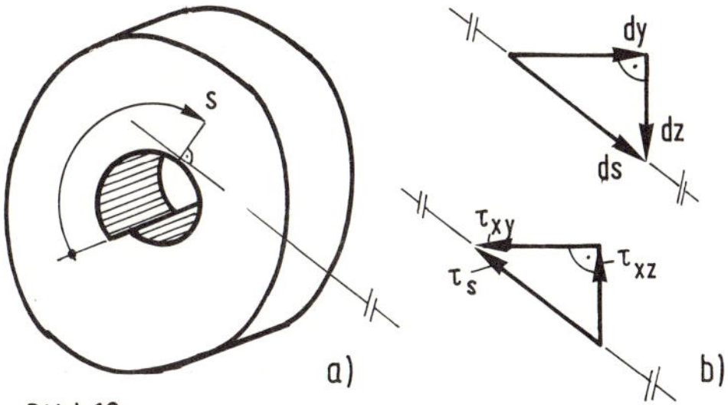

Bild 10

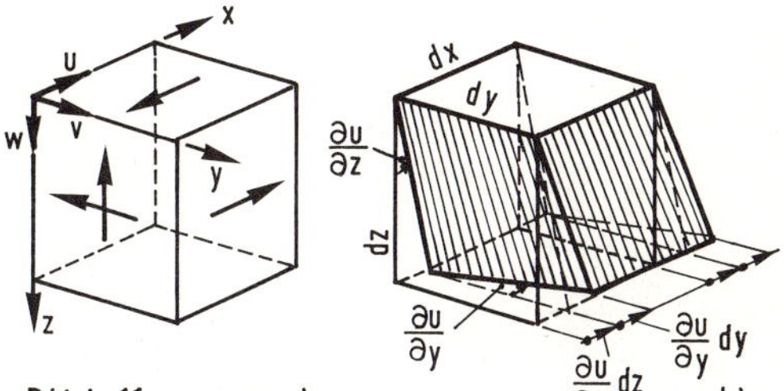

Bild 11 a)

wölbungszuwachs eines Körperelementes (dx, dy, dz) aus zwei Anteilen auf:

$$du = \frac{\partial u}{\partial y} dy + \frac{\partial u}{\partial z} dz \tag{45}$$

Wegen $du = \vartheta' \cdot d\omega$ gilt:

$$d\omega = \frac{\partial \omega}{\partial y} dy + \frac{\partial \omega}{\partial z} dz \tag{46}$$

Mit G.26 folgt:

$$d\omega = \left(\frac{\tau_{xy}}{G\vartheta'} + z\right)dy + \left(\frac{\tau_{zx}}{G\vartheta'} - y\right)dz = \frac{1}{G\vartheta'}(\tau_{xy}dy + \tau_{zx}dz) + z\,dy - y\,dz \tag{47}$$

Wird das Loch k auf einer geschlossenen Linie umfahren und ist τ_s die resultierende Schubspannung tangential zu dieser Linie am Ort der Linienkoordinate s (vgl. Bild 10b), gelten folgende Relationen:

$$\frac{\tau_{xy}}{dy} = \frac{\tau_{xz}}{dz} = \frac{\tau_s}{ds} \tag{48}$$

Hieraus folgt:

$$\tau_{xy} = \tau_s \cdot \frac{dy}{ds}, \qquad \tau_{xz} = \tau_s \cdot \frac{dz}{ds} \tag{49}$$

Für $d\omega$ ergibt sich damit:

$$d\omega = \frac{1}{G\vartheta'}\left(\tau_s \cdot \frac{dy^2}{ds} + \tau_s \cdot \frac{dz^2}{ds}\right) + z\,dy - y\,dz = \frac{\tau_s}{G\vartheta'} ds + z\,dy - y\,dz \tag{50}$$

Die Kontinuitätsbedingung lautet:

$$\oint d\omega = 0 \longrightarrow \frac{1}{G\vartheta'}\oint \tau_s\,ds = \int y\,dz - \int z\,dy \tag{51}$$

Läßt man die Umfahrungslinie mit der Berandungslinie des Loches k zusammenfallen, ergeben die beiden rechtsseitigen Integrale jeweils die Fläche des Loches k: A_k^*. Somit lautet die Kontinuitätsbedingung:

$$\oint_k \tau_s\,ds = 2G\vartheta' A_k^* \tag{52}$$

Wie die vorangegangenen Herleitungen gezeigt haben, setzt sich I_T aus zwei Anteilen zusammen:

$$I_T = I_p - I_\omega \tag{53}$$

I_ω wird von der Größe der Einheitsverwölbung ω bestimmt. Wie noch gezeigt wird, gibt es Querschnittsformen, die wölbfrei sind. z.B. der Kreis- und Kreisringquerschnitt; in diesem Falle ist I_ω Null und es gilt:

$$I_T = I_p \tag{54}$$

Im Regelfall treten indes Verwölbungen auf, dann ist I_T stets kleiner als das polare Trägheitsmoment, wie z.B. beim Rechteckquerschnitt. Eine Außerachtlassung der Verwölbungsnachgiebigkeit würde eine zu große Torsionssteifigkeit liefern, die Rechnung läge auf der unsicheren Seite.

Eine unmittelbare Verwertung von G.39/40 zur Bestimmung von I_T ist nicht möglich, dazu müßte $\omega=\omega(y,z)$ für den zu untersuchenden Querschnitt bekannt sein. Eine (zudem recht anschauliche) Lösung gelingt über die Spannungsfunktion $\Phi(y,z)$. Ausgangspunkt der Herleitung ist die Definitionsgleichung G.36:

$$M_T = \int_A (\tau_{xz} y - \tau_{xy} z)\, dA \tag{55}$$

An die Stelle von τ_{xz} und τ_{xy} wird Φ gemäß G.8 eingesetzt:

$$M_T = -\int_A \frac{\partial \Phi}{\partial y} y\, dA \; -\int_A \frac{\partial \Phi}{\partial z} z\, dA \tag{56}$$

Fall 1: Querschnitt ohne Hohlräume: Das erste Integral wird partiell integriert:

$$\int_A y \frac{\partial \Phi}{\partial y} dA = \int_{z_1}^{z_2}\int_{y_1}^{y_2} y \frac{\partial \Phi}{\partial y} dy\, dz = \int_{z_1}^{z_2} [\int_{y_1}^{y_2} y \frac{\partial \Phi}{\partial y} dy] dz = \int_{z_1}^{z_2} [\, y\,\Phi \Big|_{y_1}^{y_2} - \int_{y_1}^{y_2} \Phi\, dy] dz = -\int_{z_1}^{z_2} [\int_{y_1}^{y_2} \Phi\, dy] dz = -\int_A \Phi\, dA \tag{57}$$

Wegen G.35 ist der Randterm Null. - Das zweite Integral von G.56 liefert denselben Wert, somit bauen τ_{xz} und τ_{xy} je zur Hälfte das Torsionsmoment auf, unabhängig von der Querschnittsform; damit gilt zusammengefaßt:

$$M_T = 2\int_A \Phi(y,z)\, dA \tag{58}$$

Diese Gleichung erlaubt folgende geometrische Deutung: Da entlang der äußeren Berandung Φ Null ist, ist das Torsionsmoment M_T gleich dem doppelten Volumen unterhalb des von der Spannungsfunktion über dem Querschnitt aufgespannten Hügels. - Die Gleichsetzung von G.58 mit G.40 ergibt:

$$G I_T \vartheta' = 2\int_A \Phi(y,z)\, dA \tag{59}$$

Nach Umstellung:

$$I_T = \frac{2}{G\vartheta'}\int_A \Phi(y,z)\, dA \tag{60}$$

Wird aus der Grundgleichung G.30 $G\vartheta'$ eliminiert und mit G.60 verknüpft, folgt:

$$I_T = -\frac{4\int \Phi\, dA}{\Delta \Phi} \tag{61}$$

Fall 2: Querschnitt mit Hohlräumen (Bild 12): Entlang des Außenrandes ist

$$\Phi_0 = 0 \tag{62}$$

und entlang der Berandung des Loches k:

$$\Phi_k \neq 0 = \text{konst} \tag{63}$$

(k=1,2,..n). Das der G.57 entsprechende Integral lautet für das Loch 1:

$$\begin{aligned} &\int_{z_1}^{z_2} (\, y\,\Phi \Big|_{y_a}^{y_b} - \int_{y_a}^{y_b} \Phi\, dy) dz + \int_{z_1}^{z_2} (y\,\Phi \Big|_{y_a}^{y_b} - \int_{y_a}^{y_b} \Phi\, dy) dz = \\ &= \int_{z_1}^{z_2} [(y_b \Phi_1 - y_c \Phi_1) - (\int_{y_a}^{y_b} \Phi\, dy + \int_{y_c}^{y_d} \Phi\, dy)] dz \end{aligned} \tag{64}$$

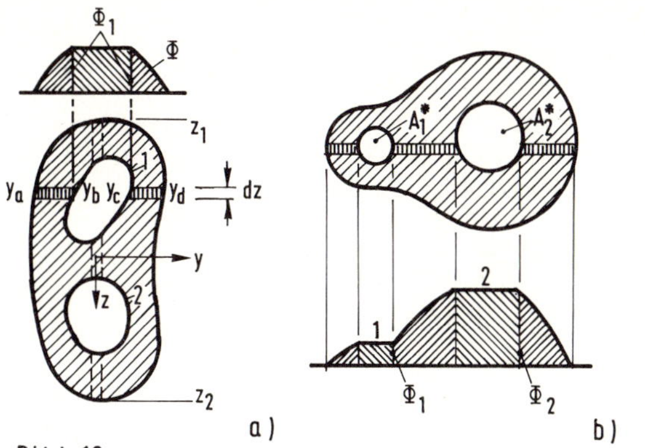

Bild 12

Hierin ist G.62 berücksichtigt. Wegen Φ_1=konst kann das Ergebnis wie folgt zusammengefaßt werden:

$$= -\int_{z_1}^{z_2} [\Phi_1(y_c - y_b)\,dz - (\int_{y_a}^{y_b} \Phi\,dy + \int_{y_c}^{y_d} \Phi\,dy)]dz \qquad (65)$$

Der Integrand des linken Terms ist gleich dem Volumen des Spannungshügels über dem Streifen der Breite dz und der Länge y_c-y_b, vgl. Bild 12a. Wird über alle Streifen dz innerhalb des Loches integriert, verbleibt:

$$-\Phi_1 A_1^* - \iint \Phi\,dy\,dz \; = -\Phi_1 A_1^* - \int_A \Phi\,dA \qquad (66)$$

Das zweite Integral erfaßt die reale Fläche des Querschnittes ohne die Lochfläche; allgemein:

$$-\sum_{k=1}^{n} \Phi_k A_k^* - \int_A \Phi\,dA \qquad (67)$$

Für das zweite Glied in G.56 ergibt sich dasselbe Resultat, somit folgt für M_T:

$$M_T = +2[\int_A \Phi\,dA + \sum_{k=1}^{n} \Phi_k A_k^*] \qquad (68)$$

Bild 12b zeigt, wie das Integral und die Summe zu bilden sind. Voraussetzung dafür ist die vollständige Kenntnis von Φ, einschließlich der Randwerte Φ_k.

27.2.1.6 Anmerkungen zur Lösung der Grundgleichung

Die Lösung des ST-VENANTschen Torsionsproblems ist gemäß den vorangegangenen Ableitungen auf die Bestimmung der Spannungsfunktion Φ zurückgeführt, d.h. auf die Integration der partiellen Differentialgleichung G.30, wobei entlang der Außen- (und ggf. Innen-) Berandung die Randbedingung Φ=0 (bzw. Φ=konst) einzuhalten ist.
Eine geschlossene analytische Lösung gelingt nur für einige wenige Querschnittsformen und zwar in jenen Fällen, in denen die Randkurve des Querschnitts in der Form f(y,z)=0 vorliegt und außerdem Δf hier konstant ist. Abschnitt 27.2.1.9 enthält hierzu Beispiele.
Unter der genannten Bedingung kann die gesuchte Spannungsfunktion $\Phi(y,z)$ zu

$$\Phi(y,z) = K \cdot f(y,z) \qquad (69)$$

angesetzt werden, worin K ein noch zu bestimmender Faktor ist. Dieser Ansatz genügt erstens der Randbedingung τ_{Rand}=0, denn f_{Rand} verschwindet gemäß Voraussetzung für alle Randpunkte, vgl. G.33/35, und zweitens der Differentialgleichung G.30, wenn der Faktor K passend gewählt wird. Wird von G.69 die zweite Ableitung nach y bzw. z, also

$$\frac{\partial^2\Phi}{\partial y^2} = K\frac{\partial^2 f}{\partial y^2} \quad \text{und} \quad \frac{\partial^2\Phi}{\partial z^2} = K\frac{\partial^2 f}{\partial z^2} \qquad (70)$$

gebildet und in G.30 eingesetzt, folgt für K:

$$K = -\frac{2G\vartheta'}{\Delta f} \qquad (71)$$

Die Lösung lautet demnach:

$$\Phi = -\frac{2G\vartheta'}{\Delta f} f \qquad (72)$$

Mit der Kenntnis von Φ sind alle anderen Größen bekannt.
Wie erwähnt, ist die analytische Lösung auf Sonderfälle beschränkt. - Eine wirkungsvolle mathematische Methode basiert auf der Theorie der konformen Abbildung [2]. Als Näherungs-

methode steht das Differenzenverfahren [3] und als jüngere die Methode der finiten Elemente [4] zur Verfügung.

27.2.1.7 Schubspannungslinien

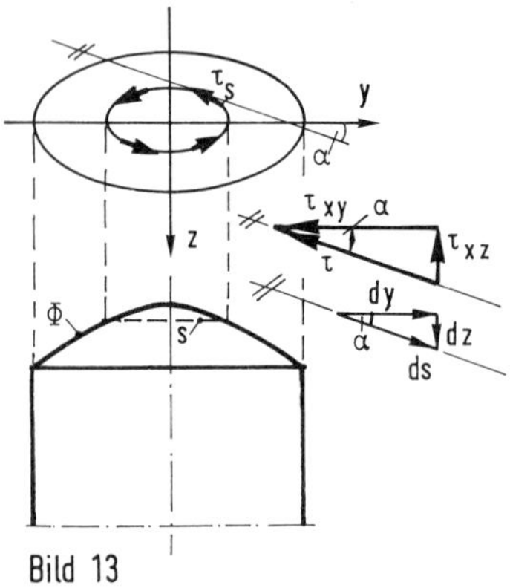

Bild 13

Die Schubspannungslinien (-trajektorien) s geben für jeden Punkt des Querschnittes die Richtung des Spannungsvektors an, der sich aus den Komponenten τ_{xy} und τ_{xz} zusammensetzt (Bild 13). Der Vektor hat die Neigung:

$$\tan\alpha = \frac{dz}{dy} = \frac{\tau_{xz}}{\tau_{xy}} \qquad (73)$$

Hieraus folgt:

$$\tau_{xy}dz - \tau_{xz}dy = 0 \qquad (74)$$

Mit G.8 bedeutet das:

$$\frac{\partial\Phi}{\partial y}dy + \frac{\partial\Phi}{\partial z}dz = 0 \qquad (75)$$

Die linke Seite ist das totale Differential der Spannungsfunktion Φ ; folglich:

$$d\Phi = 0 \longrightarrow \Phi = \text{konst} \qquad (76)$$

Somit hat die Spannungsfunktion entlang jeder Schubspannungslinie einen konstanten Wert; oder in geometrischer Deutung: Die Höhenlinien des Φ-Spannungshügels geben in jedem Punkt die Richtung des lokalen Schubspannungsvektors an; vgl. Bild 13.
Die Neigung der Φ-Fläche normal zur Schubspannungslinie gibt die Größe des lokalen Spannungsvektors an. Da die Neigung der Fläche umgekehrt proportional dem Abstand zwischen zwei Höhenlinien ist, ist die größte Spannung dort vorhanden, wo die Verdichtung der Höhenlinien am größten ist:

$$\max\tau = \sqrt{\tau_{xz}^2 + \tau_{xy}^2} = \sqrt{\left(\frac{\partial\Phi}{\partial y}\right)^2 + \left(\frac{\partial\Phi}{\partial z}\right)^2} = \sqrt{(\text{grad}\,\Phi)^2} = \text{grad}\,\Phi \qquad (77)$$

27.2.1.8 Seifenhautgleichnis

Das Seifenhautgleichnis von PRANDTL [5] erlaubt diverse anschauliche Schlüsse bei der Lösung eines vorgelegten Torsionsproblems; es kann auch zur experimentellen Lösung von Torsionsaufgaben herangezogen werden.
In eine Platte wird ein Loch mit den Abmessungen des tordierten Vollprofils gefräst. Über das Loch wird eine Seifenhaut gespannt und einseitig ein geringer Druck p angelegt, sodaß sich die Seifenhaut leicht auswölbt.

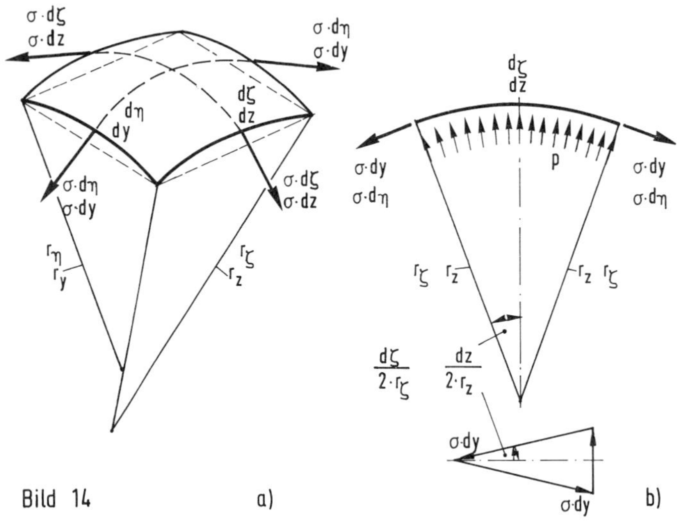

Bild 14 a) b)

Definitionsgemäß herrscht in einer Seifenhaut überall dieselbe Spannung σ ; sie ist schubspannungsfrei und hat eine konstante Dicke. Bild 14a zeigt ein infinitesimales Element aus der Haut, auf welche das orthogonale Hauptkrümmungskoordinatennetz η , ζ mit den Krümmungsradien r_η, r_ζ aufgespannt ist. Dieses kann in das orthogonale Netz y, z transformiert werden; hierfür gilt:

$$\frac{1}{r_\eta} + \frac{1}{r_\zeta} = \frac{1}{r_y} + \frac{1}{r_z} \qquad (78)$$

Mittels Bild 14b läßt sich die Gleichgewichtsgleichung normal zur Grundfläche anschreiben:

$$2(\sigma \cdot dy \frac{dz}{2r_z}) + (\sigma \cdot dz \frac{dy}{2r_y}) = p\, dy\, dz \longrightarrow \frac{1}{r_y} + \frac{1}{r_z} = \frac{p}{\sigma} \quad (79)$$

Diese Gleichung unterstellt eine schwache (infinitesimale) Auswölbung der Seifenhaut; hierfür gilt:

$$\frac{1}{r_y} = -\frac{\partial^2 f}{\partial y^2}, \quad \frac{1}{r_z} = -\frac{\partial^2 f}{\partial z^2} \quad (80)$$

$f=f(y,z)$ ist die den Seifenhauthügel beschreibende Funktion. G.79 lautet damit:

$$\frac{\partial^2 f}{\partial y^2} + \frac{\partial^2 f}{\partial z^2} = -\frac{p}{\sigma} \quad (81)$$

Die Analogie dieser Differentialgleichung mit der Grundgleichung des Torsionsproblems (G.30) läßt folgende Zuordnungen erkennen:

$$f \longrightarrow \Phi$$
$$p/\sigma \longrightarrow 2G\vartheta' \quad (82)$$

Die Randbedingungen stimmen für Φ und f überein:

$$\Phi = 0 \quad \text{und} \quad f = 0 \quad (83)$$

Wenn es gelingt, p und σ und den zugehörigen Hügel f(y,z) auszumessen, besteht offensichtlich die Möglichkeit, das Torsionsproblem experimentell zu lösen, insbesondere gelingt die Bestimmung von I_T (vgl. G.61):

$$I_T = \frac{4}{(p/\sigma)} \cdot \int_A f(y,z)\, dA \quad (84)$$

Weiter läßt sich durch Ausmessen der Höhenlinien und Gradienten Richtung und Größe der Schubspannungen innerhalb des Querschnittes bestimmen: In ausspringenden Ecken ist $\tau = 0$ und in einspringenden ist $\tau = \infty$. - Bezüglich der Verwertung der Seifenhautanalogie bei Querschnitten mit Hohlräumen wird auf Abschnitt 27.2.1.5 verwiesen.
Neben der Seifenhautanalogie gibt es weitere Lösungsanalogien:
- strömungsmechanische Analogie (ebene, reibungsfreie Rotationströmung eines idealen Fluids [6]),
- elektromechanische Analogie [7].

27.2.1.9 Lösungen für verschiedene Querschnittsformen

27.2.1.9.1 Elliptischer Voll- und Hohlquerschnitt

Die Berandungskurve genügt der Funktion

$$f(y,z) = \frac{y^2}{a^2} + \frac{z^2}{b^2} - 1 = 0 \quad (85)$$

Wie man leicht bestätigt, ist Δf konstant (wegen der Bildung des LAPLACEschen Operators siehe G.30):

$$\Delta f(y,z) = \frac{2}{a^2} + \frac{2}{b^2} = 2\frac{a^2+b^2}{a^2 b^2} \quad (86)$$

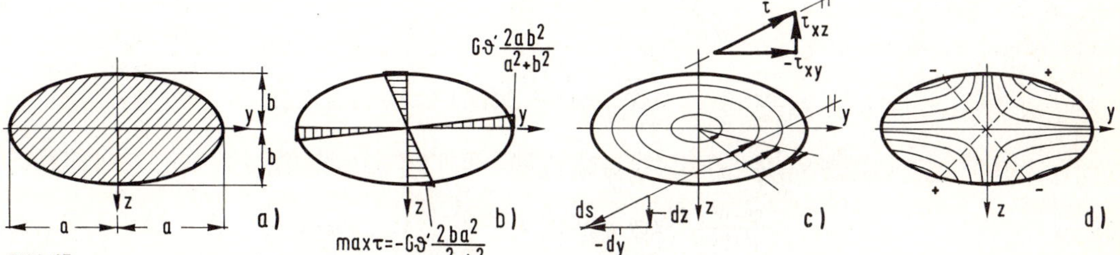

Bild 15

Gemäß Abschnitt 27.2.1.6 (G.69) kann die Spannungsfunktion zu

$$\Phi = K \cdot f(y,z) = K(\frac{y^2}{a^2} + \frac{z^2}{b^2} - 1) \quad (87)$$

angesetzt werden. Nach G.71 folgt:

$$K = -G\vartheta'\frac{a^2b^2}{a^2+b^2} \tag{88}$$

Somit lautet die Lösung:

$$\Phi = -G\vartheta'\frac{a^2b^2}{a^2+b^2}\left(\frac{y^2}{a^2}+\frac{z^2}{b^2}-1\right) \tag{89}$$

An der Stelle y=z=0, also im Zentrum, ergibt sich maxΦ , was plausibel ist. Die Schubspannungen folgen aus der Definitionsbeziehung G.8:

$$\tau_{xz} = -\frac{\partial\Phi}{\partial y} = +G\vartheta'\frac{b^2}{a^2+b^2}2y\,,\quad \tau_{xy}=\frac{\partial\Phi}{\partial z} = -G\vartheta'\frac{a^2}{a^2+b^2}2z \tag{90}$$

Die Spannungen sind entlang der y- und z-Achse linear verteilt, siehe Bild 15b; die Größtwerte treten am Rand auf. - Die Neigung der Schubspannungstrajektorien ist durch den Quotienten (G.73):

$$\frac{\tau_{xz}}{\tau_{xy}} = +\frac{dz}{dy} \tag{91}$$

bestimmt. Bildet man von der Ellipsenfunktion diesen Differentialquotienten, folgt:

$$z^2 = b^2\left(1-\frac{y^2}{a^2}\right) \longrightarrow \frac{dz}{dy} = -\frac{b^2y}{a^2z} \tag{92}$$

Hieraus erkennt man, daß die Richtung der resultierenden Schubspannungen mit der Tangente an die Ellipse zusammenfällt. Die Trajektorien sind affine Ellipsen; auf einem Fahrstrahl haben alle Schubspannungen dieselbe Richtung wie die Randspannungen (Bild 15e).
Das Torsionsträgheitsmoment folgt aus G.60:

$$\begin{aligned} I_T &= \frac{2}{G\vartheta'}\int_A\Phi\,dA = -\frac{2}{G\vartheta'}\cdot G\vartheta'\frac{a^2b^2}{a^2+b^2}\int_A\left(\frac{y^2}{a^2}+\frac{z^2}{b^2}-1\right)dA = \\ &= 2\frac{a^2b^2}{a^2+b^2}\left(\int_A dA-\frac{1}{a^2}\int_A y^2dA-\frac{1}{b^2}\int_A z^2dA\right) = \frac{2}{a^2+b^2}(a^2b^2A-b^2I_z-a^2I_y) = \\ &= \frac{2}{a^2+b^2}\left(\pi a^3b^3-\pi\frac{a^3b^3}{4}-\pi\frac{a^3b^3}{4}\right) = \frac{2}{a^2+b^2}\frac{1}{2}\pi a^3b^3 \longrightarrow I_T = \pi\frac{a^3b^3}{a^2+b^2} \end{aligned} \tag{93}$$

Gleichwertig hiermit ist:

$$I_T = \frac{A^4}{4\pi^2I_p} \approx \frac{A^4}{40\,I_p} \tag{94}$$

Der Näherungswert geht auf ST-VENANT zurück; er liefert für kompakte Querschnittsformen beliebiger Kontur brauchbare Ergebnisse.
Da

$$M_T = G\vartheta' I_T \quad \text{d.h.} \quad G\vartheta' = M_T/I_T \tag{95}$$

ist, lassen sich die Schubspannungen auch zu

$$\tau_{xz} = \frac{M_T(a^2+b^2)}{\pi a^3b^3}\cdot\frac{b^2}{(a^2+b^2)}2y = 2\frac{M_T}{\pi a^3b}y\,;\quad \tau_{xy} = -2\frac{M_T}{\pi a b^3}z \tag{96}$$

angeben (vgl. G.90).
Die Einheitsverwölbung $\omega(y,z)$ wird gemäß G.28 berechnet; wieder ausgehend von G.90:

$$\begin{aligned} \frac{\partial\omega}{\partial y} &= \frac{\tau_{xy}}{G\vartheta'}+z = -\frac{a^2}{a^2+b^2}2z+z = \frac{-2a^2+a^2+b^2}{a^2+b^2}z = -\frac{a^2-b^2}{a^2+b^2}z \\ \frac{\partial\omega}{\partial z} &= \frac{\tau_{zx}}{G\vartheta'}-y = +\frac{b^2}{a^2+b^2}2y-y = \frac{2b^2-a^2-b^2}{a^2+b^2}y = -\frac{a^2-b^2}{a^2+b^2}y \\ \omega &= -\frac{a^2-b^2}{a^2+b^2}\cdot\int(z\,dy+y\,dz) = -\frac{a^2-b^2}{a^2+b^2}yz\,;\quad u=\omega\vartheta' \end{aligned} \tag{97}$$

In dem Integranden erkennt man das vollständige Differential von f(y,z). - Offensichtlich ist die Verwölbung auf den Hauptachsen Null; pro Quadrant hat die Verwölbungsfläche die Form eines hyperbolischen Paraboloids; vgl. Bild 15d. - Das polare Trägheitsmoment der

Ellipse beträgt:

$$I_{p\,Ellipse} = \frac{\pi}{4} ab(a^2 + b^2) \tag{98}$$

Die Differenz $I_p - I_T$ kennzeichnet den Steifigkeitsabfall I_ω gemäß G.40, welcher durch die Verwölbung des Querschnittes bedingt ist:

$$I_\omega = \frac{\pi}{4} ab(a^2 + b^2) - \pi \frac{a^3 b^3}{a^2 + b^2} = \frac{\pi}{4} ab \frac{(a^2 - b^2)^2}{a^2 + b^2} \tag{99}$$

Im Sonderfall Ellipse → Kreis (a=b) gilt:

$$I_\omega = 0 \tag{100}$$

Der Kreisquerschnitt ist wölbfrei, siehe G.97.

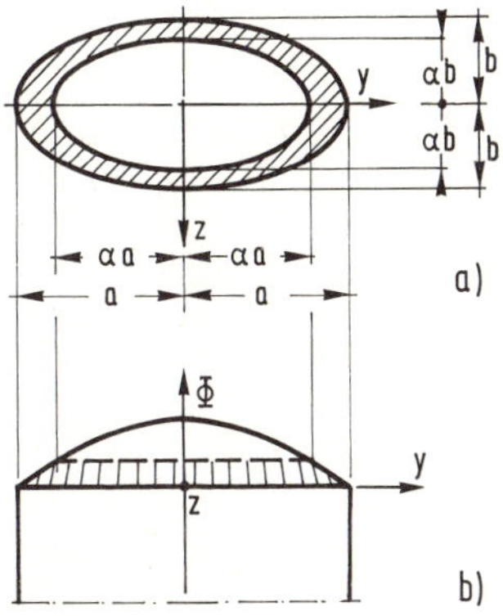

Bild 16

Für den elliptischen Hohlquerschnitt mit affinen Ellipsen für die innere und äußere Berandung werden die Berechnungsformeln im folgenden ohne Nachweis zusammengestellt. α kennzeichne den Quotienten der inneren zur äußeren Halbachse; vgl. Bild 16. Spannungsfunktion, Schubspannungen, Torsionsträgheitsmoment und Einheitsverwölbung betragen:

$$\Phi(y,z) = -G\vartheta' \frac{a^2 b^2}{2(a^2+b^2)} \left(\frac{y^2}{a^2} + \frac{z^2}{b^2} - 1\right) \tag{101}$$

$$\tau_{xz} = 2 \frac{M_T}{\pi a^3 b(1-\alpha^4)} y \;;\; \tau_{xy} = -2 \frac{M_T}{\pi a b^3 (1-\alpha^4)} z \tag{102}$$

$$I_T = \frac{\pi a^3 b^3 (1-\alpha^4)}{a^2 + b^2} \tag{103}$$

$$\omega = -\frac{a^2 - b^2}{a^2 + b^2} xy \tag{104}$$

Die Einheitsverwölbung ist mit der des Vollquerschnittes identisch.

27.2.1.9.2 Kreis- und Kreisringquerschnitt

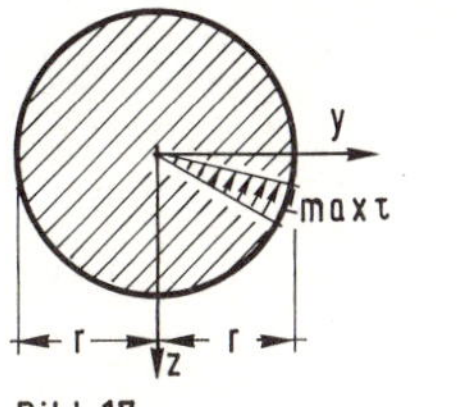

Bild 17

Aus den Formeln für den elliptischen Voll- bzw. Hohlquerschnitt gehen die Berechnungsformeln für den Kreis- und Kreisringquerschnitt unmittelbar hervor (a=b=r): Kreisquerschnitt (Bild 17):

$$\Phi(y,z) = -\frac{G\vartheta'}{2}(y^2 + z^2 - r^2) \tag{105}$$

$$\tau_{xz} = G\vartheta' y = 2\frac{M_T}{\pi r^4} y \;;\; \tau_{xy} = -G\vartheta' z = -2\frac{M_T}{\pi r^4} z \tag{106}$$

$$\max\tau = G\vartheta' r = 2\frac{M_T}{\pi r^3} \tag{107}$$

$$I_T = \frac{\pi r^4}{2} = I_p \tag{108}$$

$$\omega = 0 \tag{109}$$

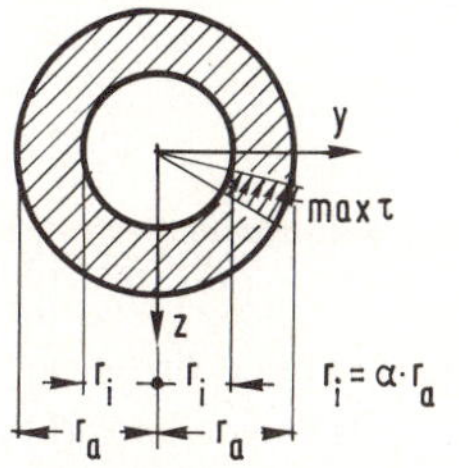

Bild 18

Kreisringquerschnitt (Bild 18):

$$\Phi(y,z) = -\frac{G\vartheta'}{2}(y^2 + z^2 - r_a^2) \tag{110}$$

$$\tau_{xy} = G\vartheta' y = 2\frac{M_T}{\pi r_a^4 (1-\alpha^4)} y \;;\; \tau_{xy} = -G\vartheta' z = -2\frac{M_T}{\pi r_a^4 (1-\alpha^4)} z \tag{111}$$

$$\max\tau = G\vartheta' r_a = 2\frac{M_T}{\pi r_a^3 (1-\alpha^4)} \tag{112}$$

$$I_T = \frac{\pi r_a^4 (1-\alpha^4)}{2} = I_p \tag{113}$$

$$\omega = 0 \tag{114}$$

Die Spannungen steigen linear vom Mittelpunkt bis zum Rand an. Eine Querschnittverwölbung stellt sich nicht ein, daher ist $I_T = I_p$.

27.2.1.9.3 Querschnitt in Form eines gleichseitigen Dreiecks (Bild 19)

Für diesen Sonderfall gelingt eine explizite Lösung. Die Gleichungen der Begrenzungsgeraden lauten, bezogen auf das im Schwerpunkt orientierte Koordinatensystem y,z:

$$z_1:\; -z - \frac{2}{3}h - y\frac{2h}{a} = 0;\quad z_2:\; -z - \frac{2}{3}h + y\frac{2h}{a} = 0;\quad z_3:\; -z + \frac{h}{3} = 0 \tag{115}$$

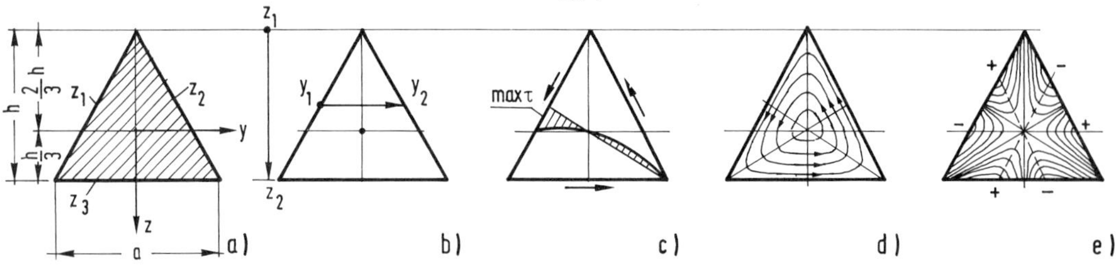

Bild 19

Bildet man aus den drei Gleichungen das gemeinsame Produkt, erhält man eine Funktion f(y,z), die an den Rändern des Querschnittes verschwindet, die also gemäß G.35 als Ansatz für die Spannungsfunktion $\Phi(y,z)$ geeignet ist, weil der Randbedingung

$$\Phi_{Rand} = 0 \tag{116}$$

genügt wird:

$$z_1 \cdot z_2 \cdot z_3 = z^3 + z^2 h - \frac{4}{27} h^3 + y^2(-3z + h) = f(y,z) = 0 \tag{117}$$

Bildung des LAPLACEschen Operators:

$$\frac{\partial^2 f}{\partial y^2} = -6z + 2h; \quad \frac{\partial^2 f}{\partial z^2} = +6z + 2h; \quad \Delta f = \frac{\partial^2 f}{\partial y^2} + \frac{\partial^2 f}{\partial z^2} = +4h = \text{konst} \tag{118}$$

Gemäß G.72 lautet damit die Spannungsfunktion:

$$\Phi = -\frac{2G\vartheta'}{\Delta f} f(y,z) = -\frac{G\vartheta'}{2h} \cdot f(y,z) \tag{119}$$

Das Torsionsträgheitsmoment folgt aus G.60:

$$\begin{aligned} I_T &= -\frac{2}{G\vartheta'} \frac{G\vartheta'}{2h} \cdot \iint f(y,z)\,dy\,dz = -\frac{1}{h} \iint f(y,z)\,dy\,dz \\ &= -\frac{1}{h} \int\limits_{z_1 \div z_2} dz \int\limits_{y_1 \div y_2} [(z^3 + z^2 h - \frac{4}{27} h^3) + y^2(-3z + h)]\,dy \end{aligned} \tag{120}$$

Grenzen (vgl. Bild 19b):

$$y_1 = -\frac{1}{\sqrt{3}}(z + \frac{2}{3}h), \quad y_2 = +\frac{1}{\sqrt{3}}(z + \frac{2}{3}h); \quad z_1 = -\frac{2}{3}h, \quad z_2 = \frac{1}{3}h \tag{121}$$

Die Rechnung liefert:

$$I_T = \frac{h^4}{15\sqrt{3}} = \frac{a h^3}{30} = \frac{\sqrt{3}}{80} a^4 \tag{122}$$

Schubspannungen:

$$\tau_{xz} = -\frac{\partial \Phi}{\partial y} = +\frac{G\vartheta'}{2h} \cdot \frac{\partial f(y,z)}{\partial y} = \frac{G\vartheta'}{h} y(-3z + h) \tag{123}$$

$$\tau_{xy} = +\frac{\partial \Phi}{\partial z} = -\frac{G\vartheta'}{2h} \cdot \frac{\partial f(y,z)}{\partial z} = -\frac{G\vartheta'}{2h}[3(z^2 - y^2) + 2hz] \tag{124}$$

Die Schubspannungen ergeben sich in den (ausspringenden) Ecken zu Null. Entlang der z-Achse (y=0) sind die τ_{xy}-Spannungen parabelförmig verteilt und die τ_{xz}-Spannungen Null. Im Schwerpunkt sind alle Spannungen Null. Die größten Schubspannungen treten in der Mitte der Außenränder auf (Teilbild c):

$$\max|\tau| = \frac{1}{2} G\vartheta' h = \frac{15\sqrt{3}}{2} \cdot \frac{M_T}{h^3} = \frac{20 M_T}{a^3} \tag{125}$$

Für die Einheitsverwölbung findet man gemäß G.26:

$$\frac{\partial \omega}{\partial y} = +z + \frac{\tau_{xy}}{G\vartheta'} = -\frac{3}{2h}(z^2 - y^2) \tag{126}$$

$$\frac{\partial \omega}{\partial z} = -y + \frac{\tau_{xz}}{G\vartheta'} = -\frac{3zy}{h} \tag{127}$$

Die zu diesen partiellen Ableitungen gehörende Funktion ω(y,z) lautet:

$$\omega(y,z) = -\frac{3}{2h}z^2 y + \frac{y^3}{2h} \qquad (128)$$

Entlang der z-Achse (y=0) ist ω=0. Entlang der beiden anderen Winkelhalbierenden ist die Verwölbung ebenfalls Null. Bild 19e zeigt den Verlauf der Verwölbung über den Querschnitt.

27.2.1.9.4 Rechteck- und Trapezquerschnitt

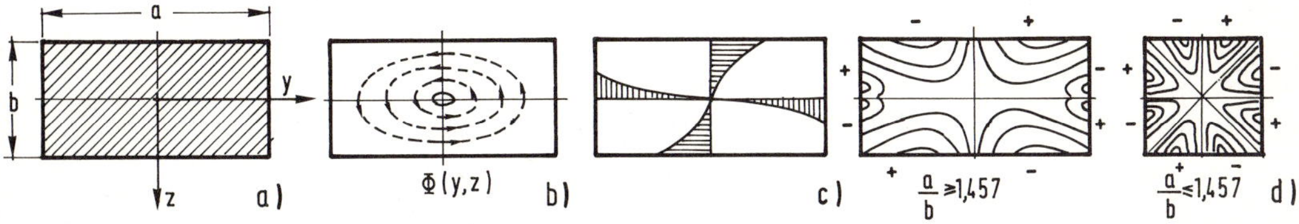

Bild 20

Eine geschlossene analytische Lösung existiert nicht, wohl eine schnell konvergierende Lösung in Form einer Reihenentwicklung, die bereits von ST-VENANT angegeben worden ist.

Ohne Beweis werden im folgenden die Ergebnisse der Theorie zusammengestellt; die Teilbilder b/c zeigen Richtung und Verlauf der Schubspannungen und Teilbild d die Ausprägung der Verwölbung. Für das Torsionsträgheitsmoment I_T und die maximale Schubspannung im Mittelpunkt der längeren Seite ergibt sich:

a/b	α	β
1,0	0,422	4,81
1,5	0,588	4,33
2,0	0,686	4,06
2,5	0,747	3,88
3,0	0,790	3,74
5,0	0,874	3,43
10,0	0,937	3,20
∞	1	3,00

Bild 21

$$I_T = \alpha \cdot ab^3/3 \qquad (129)$$

$$\max\tau = \beta M_T \frac{1}{ab^3} b = \beta \cdot \frac{M_T}{ab^2} \qquad (130)$$

Die Vorzahlen α und β sind in Bild 21 in Abhängigkeit vom Seitenverhältnis zusammengestellt.

Für den langen (schmalen) Rechteckquerschnitt ist α=1. Dieses Ergebnis läßt sich mit Hilfe des Seifenhautgleichnisses bestätigen: Bild 22 zeigt den Querschnitt und rechterseits einen Schnitt durch den Seifenhauthügel in Form einer quadratischen Parabel (infinitesimale Auswölbung!):

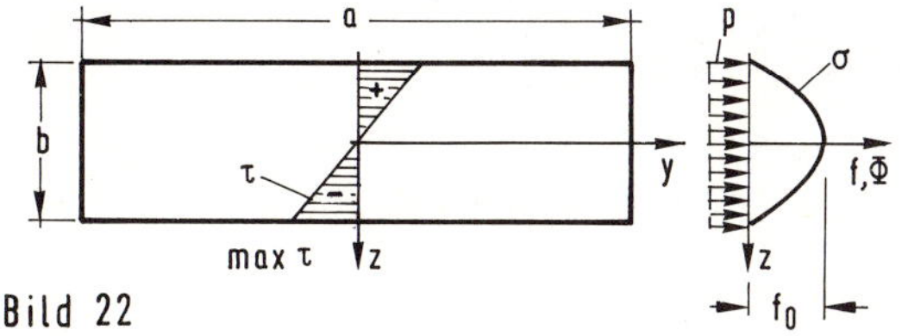

Bild 22

$$f = f_0[1 - (\frac{2z}{b})^2] \qquad (131)$$

Es wird die erste und zweite Ableitung nach z gebildet:

$$\frac{df}{dz} = -f_0 \frac{8}{b^2} z; \quad \frac{d^2 f}{dz^2} = -f_0 \frac{8}{b^2} \qquad (132)$$

Hieraus erkennt man, daß die Schubspannungen geradlinig über die Dicke des Querschnittes verteilt sind (vgl. G.8). Die Krümmung ist konstant. Gemäß G.81 ist:

$$\frac{p}{\sigma} = -\frac{\partial^2 f}{\partial z^2} = + f_0 \frac{8}{b^2} \qquad (133)$$

Das Volumen des Seifenhauthügels beträgt $\frac{2}{3} f_0 ab$

und damit folgt gemäß G.84:

$$I_T = \frac{4}{f_0 \cdot \frac{8}{b^2}} \cdot \frac{2}{3} f_0 ab = \frac{1}{3} ab^3 \qquad (\alpha = 1) \qquad (134)$$

Φ ergibt sich durch Analogieschluß (vgl. G.82):

$$\frac{p}{\sigma} = f_0 \cdot \frac{8}{b^2} \stackrel{!}{=} 2G\vartheta' \longrightarrow f_0 = \frac{b^2}{4} G\vartheta' \longrightarrow \qquad (135)$$

$$\Phi = G\vartheta' \frac{b^2}{4} [1 - (\frac{2z}{b})^2] \qquad (136)$$

Für den Punkt y=0, z=+b/2 findet man die Schubspannung zu:

$$y=0,\ z=b/2:\qquad \tau_{xy}=\frac{\partial\Phi}{\partial z}=-G\vartheta'\frac{b^2}{4}\cdot\frac{4}{b^2}2z=-G\vartheta' b=\max\tau \tag{137}$$

$$M_T=GI_T\vartheta' \longrightarrow G\vartheta'=\frac{M_T}{I_T} \tag{138}$$

Somit kann maxτ auch wie folgt angeschrieben werden:

$$\max\tau=-\frac{M_T}{I_T}b=-3\frac{M_T}{ab^3}b=-3\frac{M_T}{ab^2} \tag{139}$$

Das negative Vorzeichen zeigt, daß die Richtung von τ entgegengesetzt zur positiven Richtungsdefinition orientiert ist. Vgl. auch Abschnitt 4.9.2.1.
Die mittels Reihenentwicklung bestimmte Lösung für I_T lautet:

$$I_T=\frac{ab^3}{3}\left[1-\frac{192}{\pi^5}\left(\frac{b}{a}\right)\sum_{n=1,3}\frac{1}{n^5}\cdot\tanh\frac{n\pi a}{2b}\right]\approx\frac{1}{3}ab^3\left(1-0{,}630\frac{b}{a}\tanh\frac{\pi a}{2b}\right)\approx\frac{1}{3}ab^3\left(1-0{,}630\frac{b}{a}\right) \tag{140}$$

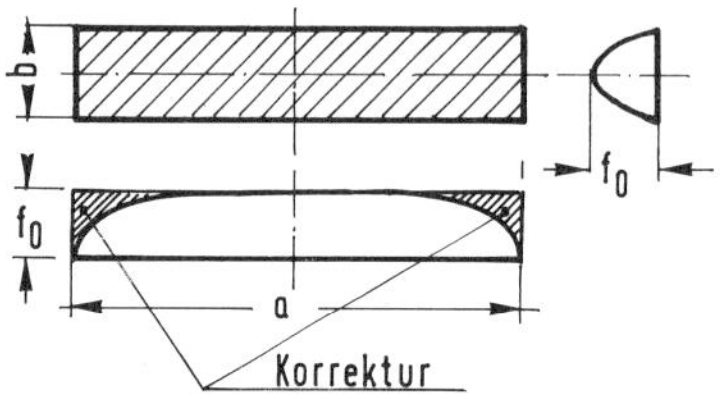

Bild 23

Die Näherung gilt für schmale Rechtecke; sie läßt sich wie folgt umschreiben:

$$I_T=\frac{1}{3}ab^3-\frac{1}{3}0{,}630b^4=\frac{1}{3}ab^3-0{,}21b^4 \tag{141}$$

Somit ist an jedem Ende eines streifenförmigen Rechtecks $0{,}105b^4$ (oder genauer $0{,}10504b^4$) abzuziehen, wenn das Torsionsträgheitsmoment zu $ab^3/3$ berechnet wird; diese Korrektur ist in Bild 23 erläutert. G.141 entspricht der bereits von ST-VENANT angegebenen Lösung:

$$I_T=\frac{1}{3}ab^3-\delta b^4 \tag{142}$$

mit δ =0,1928; 0,2093; 0,2101: 0,2101 für a/b=1; 2; 4; ∞.

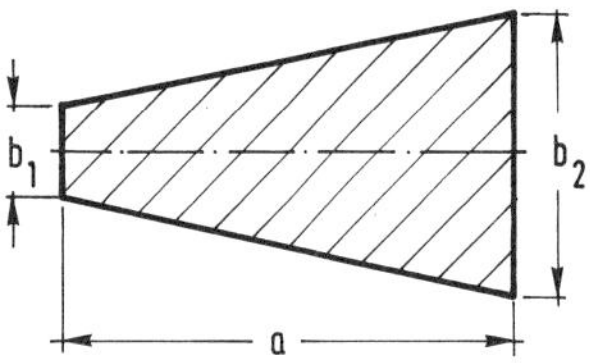

Bild 24

Für den Trapezquerschnitt (vgl. Bild 24; $b_2 > b_1$) gilt nach [8]:

$$I_T=\frac{a}{12}(b_1^2+b_2^2)(b_1+b_2)-\alpha_1 b_1^4-\alpha_2 b_2^4 \tag{143}$$

$$\begin{aligned}\alpha_1&=0{,}10504+0{,}10000\gamma+0{,}08480\gamma^2+0{,}06746\gamma^3+0{,}05153\gamma^4\\ \alpha_2&=0{,}10504-0{,}10000\gamma+0{,}08480\gamma^2-0{,}06746\gamma^3+0{,}05153\gamma^4\end{aligned} \tag{144}$$

Dieses Ergebnis wurde mittels des Differenzenverfahrens hergeleitet. Hierin ist γ der Neigungs- bzw. Konizitätsparameter des Querschnittes:

$$\gamma=\frac{b_2-b_1}{a} \tag{145}$$

Für den schmalwandigen Trapezquerschnitt gilt in Annäherung [9]:

$$I_T=\left(\frac{b_1+b_2}{2}\right)^2\cdot\frac{b_2-b_1}{\ln\left(\frac{b_2}{b_1}\right)}\cdot\frac{a}{3}\approx\left(\frac{b_1+b_2}{2}\right)^3\frac{1}{1+\frac{1}{3}\left(\frac{b_2-b_1}{b_2+b_1}\right)^2}\cdot\frac{a}{3} \tag{146a/b}$$

Eine weitere Näherungsformel für den schmalen Trapezquerschnitt ist:

$$I_T=\frac{a(b_2^4-b_1^4)}{12(b_2-b_1)}-0{,}105(b_1^4+b_2^4) \tag{147}$$

maxτ tritt am Rand der Längsseite in der Nähe des breiteren Endes auf:

$$\max\tau\approx\frac{M_T}{I_T}b_2 \tag{148}$$

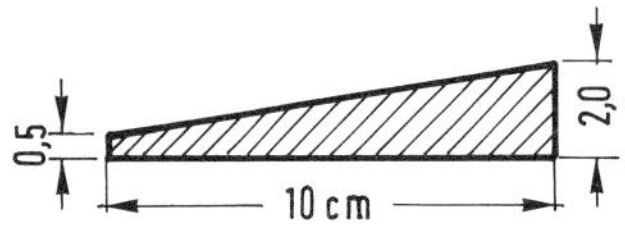

Bild 25

Zahlenbeispiel (Bild 25): b_1=0,50cm, b_2=2,00cm, a=10cm.
Zum Vergleich werden vorstehende Formeln ausgewertet:

G.146a:

$$I_T=\left(\frac{0{,}5+2{,}0}{2}\right)^2\cdot\frac{2{,}0-0{,}5}{\ln\left(\frac{2{,}0}{0{,}5}\right)}\cdot\frac{10}{3}=\underline{5{,}637\,\text{cm}^4}$$

G.146b:

$$I_T = \left(\frac{0{,}5+2{,}0}{2}\right)^3 \cdot \frac{1}{1+\frac{1}{3}\left(\frac{2{,}0-0{,}5}{2{,}0+0{,}5}\right)^2} \cdot \frac{10}{3} = \underline{5{,}730\,\text{cm}^4}$$

G.143/5:

$$\gamma = \frac{2{,}0-0{,}5}{10} = \frac{1{,}5}{10} = 0{,}150$$

$$\alpha_{1,2} = 0{,}10504 \pm 0{,}10000 \cdot 0{,}150 + 0{,}08480 \cdot 0{,}150^2 \pm 0{,}06746 \cdot 0{,}150^3 + 0{,}05153 \cdot 0{,}150^4$$

$$\alpha_1 = 0{,}12197; \quad \alpha_2 = 0{,}09197$$

$$I_T = \frac{100}{12}(0{,}5^2 + 2{,}0^2)(0{,}5 + 2{,}0) - \alpha_1 0{,}5^4 - \alpha_2 2{,}0^4 = 8{,}854 - 0{,}0076 - 1{,}471 = \underline{7{,}375\,\text{cm}^4}$$

Zum Vergleich wird I_T für einen Rechteckquerschnitt mit der mittleren Dicke $(b_1+b_2)/2$ berechnet:

$$I_T = \frac{1}{3} 10 \cdot 1{,}25^3 = \underline{6{,}510\,\text{cm}^4}$$

27.2.1.9.5 Dünnwandige offene Querschnitte (Stahlbau-Profile)

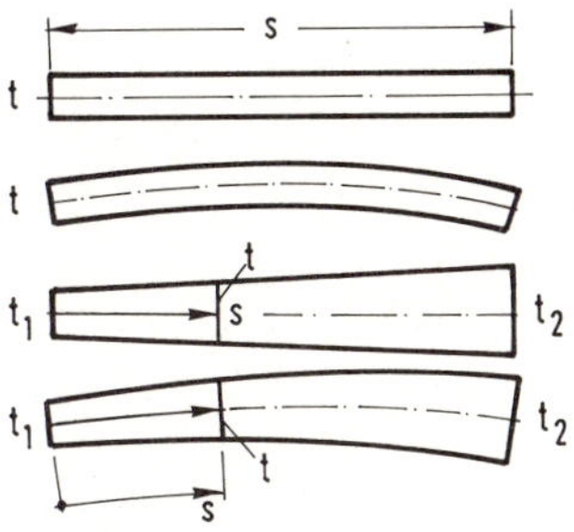

Bild 26

Die im vorangegangenen Abschnitt entwickelte Lösung für dünnwandige Rechteckquerschnitte kann für die Berechnung des Torsionsträgheitsmomentes dünnwandiger offener Walz- und Schweißprofile verwendet werden, denn aufgrund der Seifenhautanalogie gilt

$$I_T = \frac{1}{3} s t^3 \tag{149}$$

auch für dünnwandige Querschnitte mit Knicken und Krümmungen und wegen ϑ'=konst auch für mehrteilige (verzweigte) offene Querschnitte, die jeweils eine gleichbleibende Wanddicke haben:

$$I_T = \frac{1}{3} \sum_{i=1}^{n} s_i \cdot t_i^3 \tag{150}$$

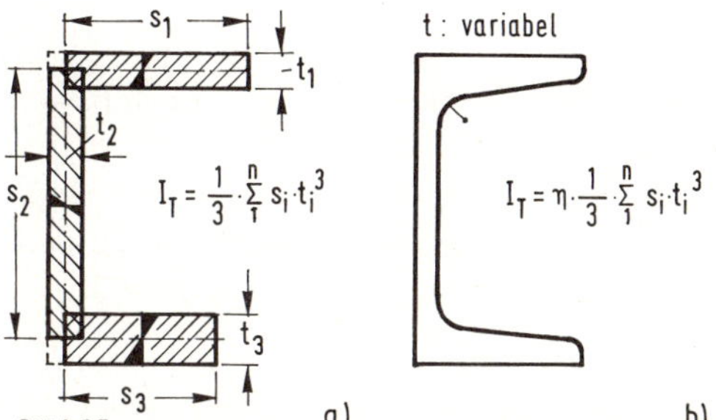

Bild 27

s_i ist die Länge und t_i die Dicke des Streifenelementes i, vgl. Bild 27. Die Anzahl dieser Streifen sei n. Ist die Dicke eines Streifens (schwach) veränderlich, läßt sich I_T hierfür näherungsweise zu

$$I_T = \frac{1}{3} \cdot \int_0^l t^3(s)\,ds \tag{151}$$

berechnen. Ist die Wanddicke linear veränderlich, gilt (siehe Bild 26, $t_2 > t_1$):

$$t(s) = t_1 + \frac{t_2 - t_1}{l} s \tag{152}$$

Die Auswertung von G.151 ergibt:

$$I_T = \frac{l}{12}(t_1^2 + t_2^2)(t_1 + t_2) \tag{153}$$

Profil	η
L	1,00 / 1,03
[	1,06 / 1,12
T	1,12
I I	1,22 / 1,31
IPE I	1,33
HE I	1,16 / 1,29
⅂	1,16

Bild 28

(vgl. G.143). - Bei der Bildung des dünnwandigen, aus Einzelelementen bestehenden Ersatzquerschnittes ist gemäß Bild 27a vorzugehen. Bei variabler Wanddicke ist ggf. eine mittlere Dicke anzunehmen oder nach G.151 zu rechnen. Dieser Berechnungsansatz stellt in zweifacher Hinsicht eine Näherung dar:

- An den Enden sind wegen des Φ- Abfalls (Bild 23) Abzüge erforderlich,
- an den Eck- und Verzweigungspunkten sind (insbesondere bei ausgerundeten Ecken) Zuschläge möglich.

Die Einflüsse kompensieren sich zum Teil. Aufgrund experimenteller Befunde und theoretischer Untersuchungen wurden für Walzprofile Korrekturfaktoren η entwickelt. Die Vorschläge für η sind nicht einheitlich, vgl. Bild 28; für kaltgewalzte und abgekantete Profile kann η=1 gesetzt werden. - Die größten Randschubspannungen treten an den Längsseiten der einzelnen Rechtecke und die maximale Schubspannung im Element mit der größten Wanddicke auf:

$$I_T = \eta\,\frac{1}{3}\sum_{i=1}^{n} s_i t_i^3 \qquad \max\tau = \frac{M_T}{I_T}\max t \qquad (154/5)$$

(Vergleiche zu diesem Problemkreis auch Abschnitt 4.9.2.1 und das dort zitierte Schrifttum.)

27.2.1.9.6 Dünnwandige einzellige Querschnitte

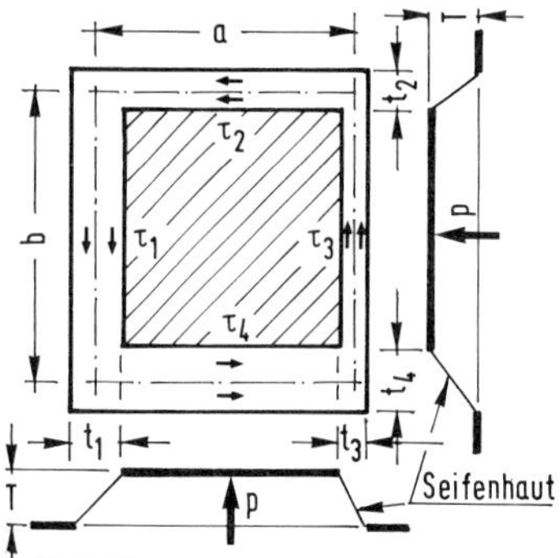

Bild 29

Das Seifenhautgleichnis gilt auch für Hohlquerschnitte. Hierbei ist in die Seifenhaut eine ebene (gewichtslose) Platte mit den Abmessungen der Innenkontur einzufügen und parallel zur Ausgangslage zu führen. Im Bereich dieser Platte sind der Gradient der Φ-Funktion und damit τ Null, wie es sein muß. Innerhalb der (voraussetzungsgemäß) dünnen Wandungen des Hohlquerschnittes ist die Seifenhaut zwischen dem Außen- und Innenrand geradlinig gespannt, d.h. der Φ-Gradient ist konstant. Daraus folgt, daß die Schubspannungen über die Wanddicke gleichförmig verteilt sind. Sie bauen einen geschlossenen Schubfluß T auf, dieser ist über den Umfang konstant; demgemäß gilt (vgl. Bild 29):

$$T = \tau_1 t_1 = \tau_2 t_2 = \cdots = \tau\cdot t = \text{konst} \qquad (156)$$

Auflösung nach τ_i:

$$\tau_i = \frac{T}{t_i} \qquad (157)$$

Die Schubspannungen verhalten sich demnach reziprok wie die Wanddicken. - Der Schubfluß baut ein inneres Torsionsmoment auf; für den in Bild 29 dargestellten Kastenquerschnitt gilt:

$$M_T = [(\tau_1 t_1 b)\frac{a}{2} + (\tau_2 t_2 a)\frac{b}{2} + (\tau_3 t_3 b)\frac{a}{2} + (\tau_4 t_4 a)\frac{b}{2}] = T\frac{ab}{2}4 = 2Tab \qquad (158)$$

Die von der Wandmittellinie umschlossene Fläche wird mit A^* abgekürzt. Sie beträgt im vorliegenden Beispiel A^*=ab. Damit folgt:

$$M_T = 2A^*T \qquad (159)$$

Für ein eingeprägtes Moment M_T ergeben sich Schubfluß und Schubspannungen in einem dünnwandigen einzelligen Querschnitt zu:

$$T = \frac{M_T}{2A^*} \qquad \tau = \frac{T}{t} \qquad \text{(1. BREDTsche Formel)} \qquad (160)$$

(Vgl. auch Abschnitt 4.9.2.2.)

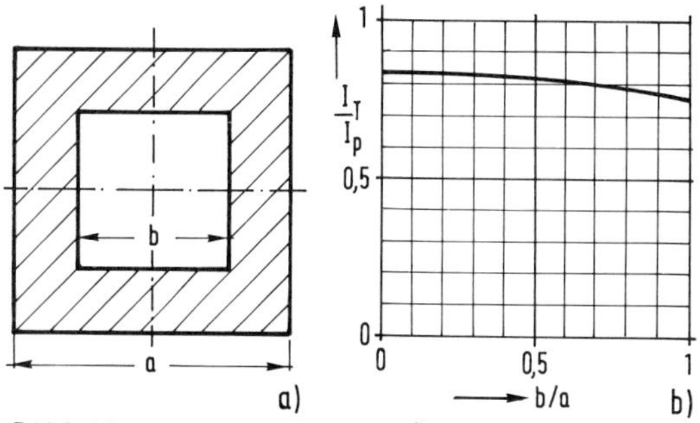

Bild 30 (nach WEBER/GÜNTHER)

Die Formel gilt allgemein für dünnwandige, einzellige Querschnitte beliebiger Form. Der Beweis hierfür und die Verallgemeinerung auf mehrzellige Querschnitte wird in Abschnitt 27.4 nachgetragen. Das Torsionsträgheitsmoment berechnet sich nach der 2.BREDTschen Formel:

$$I_T = \frac{4A^{*2}}{\oint \frac{ds}{t}} \qquad (161)$$

Wegen der Herleitung vgl. ebenfalls Abschnitt 27.4.

In Abschnitt 27.2.1.4 wurde gezeigt, daß $I_T = I_p - I_\omega$ ist, wobei I_ω die durch die Querschnittsverwölbung bedingte Reduktion des Torsionsträgheitsmomentes einfängt; aus Bild 30 kann man entnehmen, daß diese Reduktion bei Quadrathohlquerschnitten (relativ unabhängig von der Wanddicke) zu ca. 20% abgeschätzt werden kann [2], d.h. es gilt:

$$I_T \approx 0{,}8\cdot I_p \qquad (162)$$

27.2.1.9.7 Geschweißte und geschraubte Lamellenquerschnitte

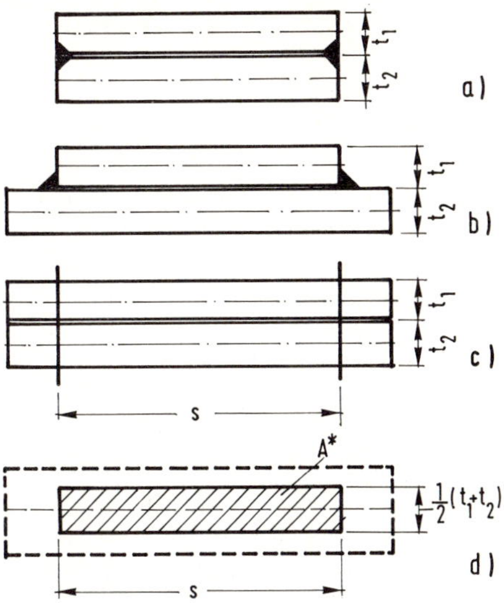

Bild 31

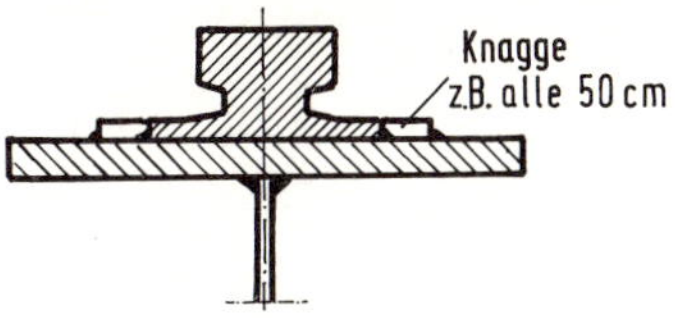

Bild 32

Bild 31 zeigt verschiedene Gurtformen, die aus aufeinander liegenden Lamellen bestehen. Würden sie lose aufeinander liegen, wären die Torsionsträgheitsmomente der schmalen Rechteckquerschnitte zu addieren. Das ist auch dann der Fall, wenn z.B. ein Kranschienenprofil lose auf dem Gurt eines Vollwandträgers aufliegt, Bild 32. Hierbei wird unterstellt, daß alle Teilquerschnitte dieselbe Verdrillung erleiden: Das Torsionsmoment ist im Verhältnis der Einzel-Torsionsträgheitsmomente aufzuteilen. Bei SL-geschraubten Querschnitten sollte I_T wegen des Schlupfes auch nur als Summe der I_T der Einzelquerschnitte gebildet werden. Sind die Lamellen untereinander und kontinuierlich mittels Schweißnähten oder SLP-, GV- oder GVP-Schrauben verbunden, kommt eine gemeinsame Tragwirkung zustande (Bild 31a/c) und es ist gerechtfertigt, gemäß

$$I_T = \frac{1}{3} s(t_1 + t_2)^3 \qquad (163)$$

zu rechnen. Hierbei wird ein kompakter Rechteckquerschnitt unterstellt. Möglich ist auch eine andere Betrachtungsweise, indem aus den (außenliegenden) Lamellen ein einfach geschlossener Querschnitt gebildet wird (Bild 31d):

$$I_T = \frac{4A^{*2}}{\Sigma \frac{s_i}{t_i}} \qquad (164)$$

Die Torsionsträgheitsmomente der Einzellamellen sind dann ggf. noch hinzu zu addieren.

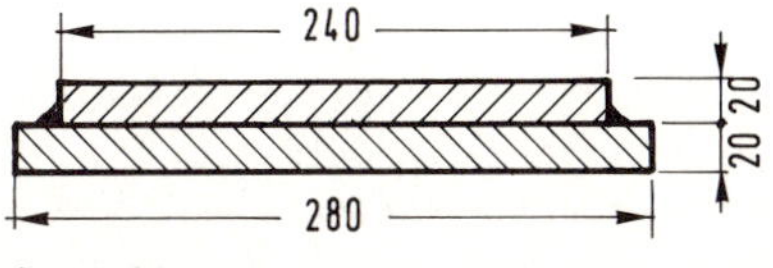

Bild 33

Beispiel (Bild 33):

G.163: $I_T = \frac{1}{3} 24{,}0(2{,}0 + 2{,}0)^3 = \underline{512\,cm^4}$

G.164: $I_T = \frac{4(2{,}0 \cdot 24{,}0)^2}{2(\frac{24}{2{,}0} + \frac{2{,}0}{\infty})} = \frac{9216}{24} = 384\,cm^4$

Zuzüglich: $I_T = 2\frac{1}{3} 24 \cdot 2{,}0^3 = 128\,cm^4$

Summe: $I_T = 384 + 128 = \underline{512\,cm^4}$

Somit kann G.164 als auf der sicheren Seite liegend empfohlen werden. Zudem können auf diese Weise die die Verbindungsmittel beanspruchenden Schubkräfte T berechnet werden; vgl. hierzu auch [10].

27.2.1.9.8 Vergitterte Querschnittswandungen

Im Brückenbau liegen in der Untergurtebene kastenförmiger Querschnitte vielfach Verbände (Bild 34a). Diese können unterschiedlich struktuiert sein (Teilbild b). Die Verbandsebene wird zweckmäßig durch ein Blech mit der Ersatzdicke t_E ersetzt. Diese Dicke wird so bestimmt, daß das Ersatzblech dieselbe Schiebung γ erfährt wie der reale Verband. Letzterer wird in die Verbandsebene "verschmiert". (Die lokalen Beanspruchungen in den Stäben und Knoten des Verbandes sind in jedem Falle nachzuweisen. Die Ersatzblechdicke dient nur zur Untersuchung des Gesamtquerschnittes und gilt nur für die Wandungen von Hohlquerschnitten!)

In Bild 36 sind verschiedene Verbandsformen und Formeln für die Ersatzblechdicke t_E angegeben. Um t_E zu bestimmen, läßt man auf das Feld eines Verbandsgefaches das Schubkraft-Gleichgewichtssystem Q=1 quer zur Längserstreckung einwirken. Im Falle eines K-Verbandes betragen dann beispielsweise Pfosten- und Diagonalstabkraft (vgl. Bild 35):

$$V = \pm 0{,}5 \; ; \; D = \pm 0{,}5/\sin\alpha \qquad (165)$$

Läßt man die virtuelle Kraft $\bar{Q}=\bar{1}$ einwirken, ergeben sich dieselben Stabkräfte. Die Querversetzung Δ folgt damit über den Arbeitssatz zu:

$$\Delta = 2\frac{1}{2}\cdot\frac{\bar{1}}{2}\cdot\frac{b}{2\,EA_V} + 2\frac{1}{2\sin\alpha}\cdot\frac{\bar{1}}{2\sin\alpha}\cdot\frac{d}{EA_D} \qquad (166)$$

Mit

$$\frac{b}{2} = a\tan\alpha \; ; \; d = \frac{a}{\cos\alpha} \qquad (167)$$

ergibt sich:

$$\Delta = \frac{1}{2}\cdot\frac{a\cdot\tan\alpha}{EA_V} + \frac{a}{2\sin^2\alpha\cdot\cos\alpha\cdot EA_D} \qquad (168)$$

Im Falle eines Bleches mit der Dicke t_E gilt:

$$Q = 1: \quad \Delta = \gamma\cdot a = \frac{\tau}{G}a = \frac{1\cdot a}{G t_E b} = \frac{a}{t_E G b} \qquad (169)$$

Aus der Gleichsetzung folgt: (170)

$$\frac{a}{t_E G b} = \frac{1}{2}\,\frac{a\tan\alpha}{EA_V} + \frac{a}{2\sin^2\alpha\cos\alpha\cdot EA_D} \;\longrightarrow\; t_E = \frac{E}{G}ab\frac{1}{\frac{b^3}{4A_V}+\frac{2d^3}{A_D}}$$

In Bild 36 sind die für die gängigen Verbandsformen anzuwendenden Formeln zusammengestellt. Vgl. auch Tafel 27.1: In den auf dieser Tafel aufgelisteten Formeln ist der Verformungsbeitrag der Verbandsgurte mit erfaßt [11].

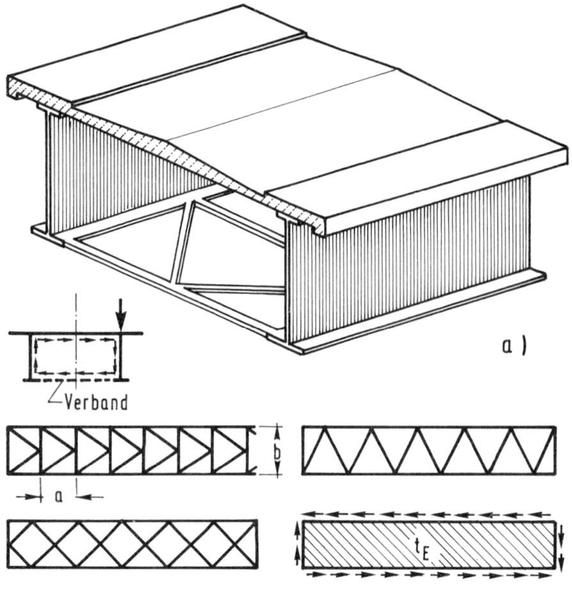

Bild 34

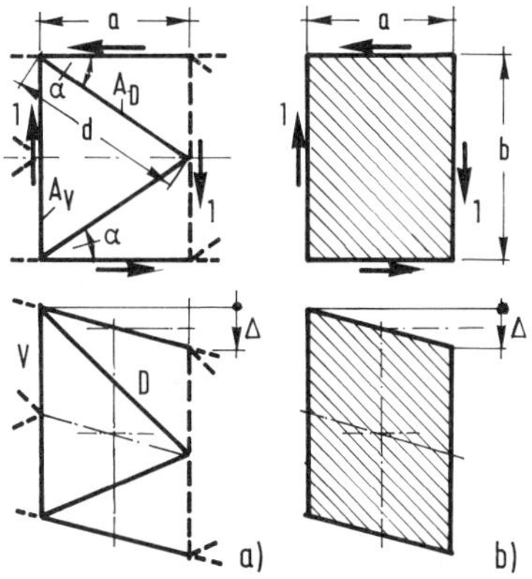

Bild 35

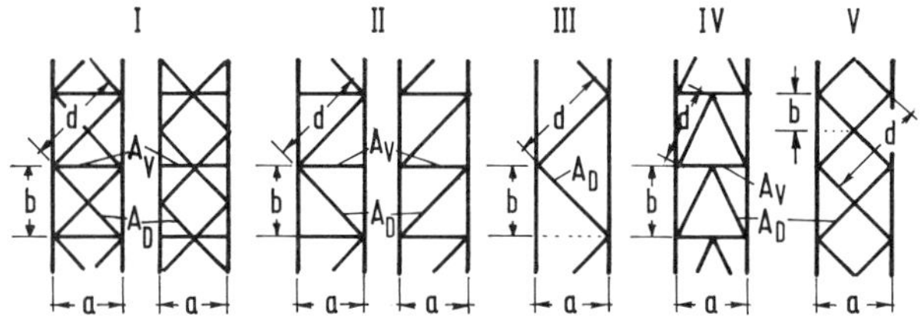

$$\text{I}: \quad t_E = \frac{E}{G}ab\cdot\frac{1}{\frac{a^3}{A_V}+\frac{d^3}{2A_D}}$$

$$\text{II}: \quad t_E = \frac{E}{G}ab\cdot\frac{1}{\frac{a^3}{A_V}+\frac{d^3}{A_D}}$$

$$\text{III}: \quad t_E = \frac{E}{G}ab\cdot\frac{1}{\frac{d^3}{A_D}}$$

$$\text{IV}: \quad t_E = \frac{E}{G}ab\cdot\frac{1}{\frac{a^3}{4A_V}+\frac{2d^3}{A_D}}$$

$$\text{V}: \quad t_E = \frac{E}{G}ab\cdot\frac{1}{\frac{d^3}{2A_D}}$$

Bild 36

27.2.1.9.9 Stahlverbundquerschnitte

Der anteilige Betonquerschnitt wird in einen äquivalenten Stahlquerschnitt umgerechnet: Hierzu wird bei einem offenen Querschnitt das anteilige Torsionsträgheitsmoment für die realen Abmessungen des Betonteilquerschnittes bestimmt und dieses anschließend um

$$\frac{G_{Stahl}}{G_{Beton}} = n_G = \frac{E_{Stahl}}{2(1+\mu_{Stahl})}\cdot\frac{2(1+\mu_{Beton})}{E_{Beton}} = \frac{E_{Stahl}}{E_{Beton}}\cdot\frac{1+0,1}{1+0,3} = 0,85\frac{E_{Stahl}}{E_{Beton}} \qquad (171)$$

reduziert; bei einem geschlossenen Querschnitt wird für die Betonwandung eine um n_G reduzierte Ersatzwanddicke ermittelt und hiermit weiter gerechnet. Analog ist für andere Verbundquerschnitte zu verfahren. z.B. Stahl-Aluminium-CFK. Ggf. ist der Kriecheinfluß (z.B. in E_{Beton}) zu berücksichtigen.

27.2.1.10 Beispiele und Ergänzungen

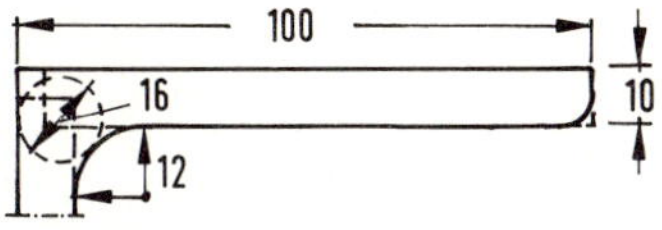

Bild 37

1. Beispiel: Gesucht ist das Torsionsträgheitsmoment des Winkels 100·100·10 (Bild 37): Das Profil wird aus zwei Rechtecken ▭ 95·10 zusammengesetzt. Der in den Eckbereich eingeschriebene Kreis hat einen Durchmesser von D=16mm. Die Abrundung an den Enden der Schenkel wird vernachlässigt. In Anlehnung an G.104d in Abschnitt 4.9.2.1 gilt:

$$I_T = 2\cdot\frac{1}{3}b't^3(1-0,315\frac{t}{b'}) + \beta\cdot D^4;\ \text{hier } b' = (b-t/2) = 95\text{mm} \qquad (172)$$

Bild 60b in Abschn. 4: $s/t=1,\ r/t = 12/10 = 1,2 \longrightarrow \beta = 0,16$

$$I_T = 2\cdot\frac{1}{3}\cdot 9,5\cdot 1,0^3(1-0,315\cdot\frac{1,0}{9,5}) + 0,16\cdot 1,6^4 = 6,123 + 1,049 = \underline{7,17\text{cm}^4}$$

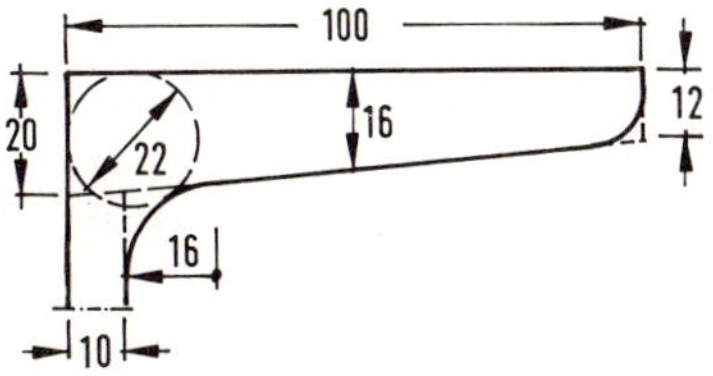

Bild 38

2. Beispiel: Gesucht ist das Torsionsträgheitsmoment des [300-Profils (Bild 38): Das Profil wird aus zwei Trapezflächen (Flansche) und einem Rechteck (Steg) zusammengesetzt. Die Abrundung am Ende der Flansche wird vernachlässigt. Es wird von G.143/144 ausgegangen; der ΔI_T-Abzug für das freie Ende der Flansche wird dabei berücksichtigt. Die in den Ecken eingeschriebenen Kreise haben einen Durchmesser von D=22mm. I_T wird aus folgenden Anteilen zusammengesetzt:

Flansche: $\gamma = (2,0 - 1,2)/10,0 = 0,08$

$$\alpha_{1,2} = 0,10504 \pm 0,10000\cdot 0,08 + 0,08480\cdot 0,08^2 \pm 0,06746\cdot 0,08^3 + 0,05153\cdot 0,08^4 =$$
$$= 0,10504 \pm 0,00800 + 0,00054 \pm 0,00003 + 0 \longrightarrow \alpha_1 = 0,11361$$

$$I_T = \frac{10,0}{12}(1,2^2 + 2,0^2)(1,2+2,0) - 0,11361\cdot 1,2^4 = 14,51 - 0,24 = \underline{14,27\text{cm}^4}$$

Steg: $I_T = \frac{1}{3}(30,0 - 2\cdot 2,0)\cdot 1,0^3 = \underline{8,67\text{cm}^4}$

Eckbereich (Bild 60b in Abschn. 4): $s/t_{mittel} = 1,0/1,6 = 0,63;\ r/t_{mittel} = 1,6/1,6 = 1 \longrightarrow \beta = 0,10$

Zusammengefaßt: $I_T = 2\cdot 14,27 + 8,67 + 2\cdot 0,1\cdot 2,2^4 = 28,54 + 8,67 + 4,69 = \underline{41,90\text{cm}^4}$

In den Profiltafeln ist I_T=37,4cm^4 angegeben. (Vgl. zu den Rechenanweisungen auch [12]).

3. Beispiel: Wie das Seifenhautgleichnis lehrt, treten in einspringenden Kehlen tordierter Profile Spannungserhöhungen auf. Im Falle r→0 ist die Schubspannung theoretisch unendlich groß. Zur Abschätzung der Spannungserhöhung in Hohlkehlen stehen Formziffern α_K zur Verfügung. Bild 39 gibt α_K für die Hohlkehlen von L- und □-Profilen wieder [13]. Die Ziffern können näherungsweise auch für andere Profile verwertet werden. - Für den im 1. Beispiel untersuchten Winkel findet man:

$$r/t = 1,2/1,0 = 1,2 \longrightarrow \underline{\alpha_K = 1,6};\ \max\tau = \alpha_K\cdot\tau$$

Für gleichschenklige Winkel gilt nach TREFFTZ [14]:

$$\alpha_K = 1,74\sqrt[3]{\frac{t}{r}}\ ;\quad \text{für das Beispiel: } \alpha_K = 1,74\sqrt[3]{\frac{1,0}{1,2}} = \underline{1,64} \qquad (173)$$

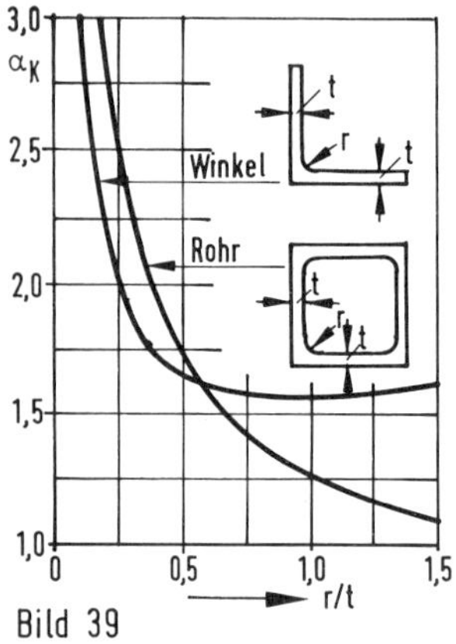

Bild 39

τ ist die Randschubspannung im Wandbereich t=konst.

4. Beispiel: Durch die Flächenkonzentration im Schnittpunkt der Flansche mit dem Steg von I- und T-Profilen kommt es hier zu einer Konzentration der Torsionsschubspannungen. An der Außenkante der Flansche stellt sich jeweils mittig gegenüber dem Mittelwert der Randschubspannung im Flansch eine Spannungserhöhung ein, die durch Formziffern abgeschätzt werden kann: α_K nach Bild 40 [15]. Je größer die Stegdicke und der Ausrundungsradius im Verhältnis zur Flanschdicke sind, umso höher ist die Formziffer. Die Werte können in Annäherung auch für [-Profile angewendet werden.

Anmerkung: Die zuvor eingeführten Erhöhungsfaktoren brauchen nach Meinung des Verfassers bei Tragsicherheitsnachweisen unter vorwiegend ruhender Beanspruchung wegen ihres örtlich begrenten Auftretens nicht berücksichtigt zu werden. Wohl kann es bei Spannungsnachweisen unter nicht vorwiegend ruhender Belastung angezeigt sein, die Erhöhung einzurechnen. (Ermüdungsnachweis: Wenn die Formziffern berücksichtigt werden, kann die zulässige Spannung des WO-Kerbfalles angesetzt werden.)

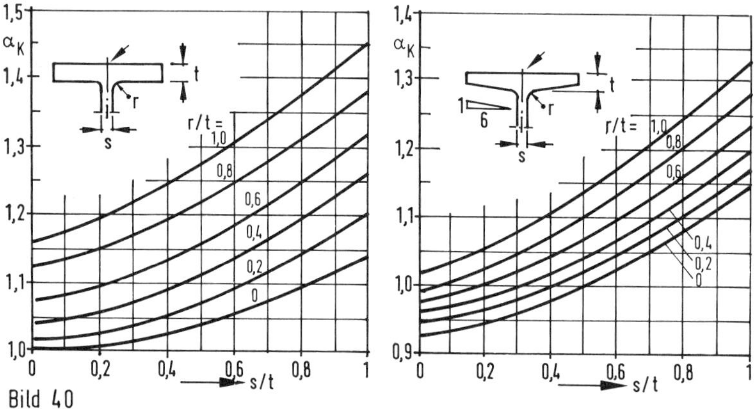

Bild 40

5. Beispiel: Wie in Abschnitt 27.2.1.9.7 erläutert, kann beim Nachweis der Verbindungsmittel torsionsbeanspruchter Gurtplatten die Torsionssteifigkeit aus zwei Anteilen aufgebaut werden (Bild 41): Aus dem von den Verbindungsmitteln eingegrenzten geschlossenen Querschnitt (I, in Bild 41 schraffiert) und aus den Einzelquerschnitten (0). Auf den geschlossenen Querschnitt entfällt vom gesamten Torsionsmoment:

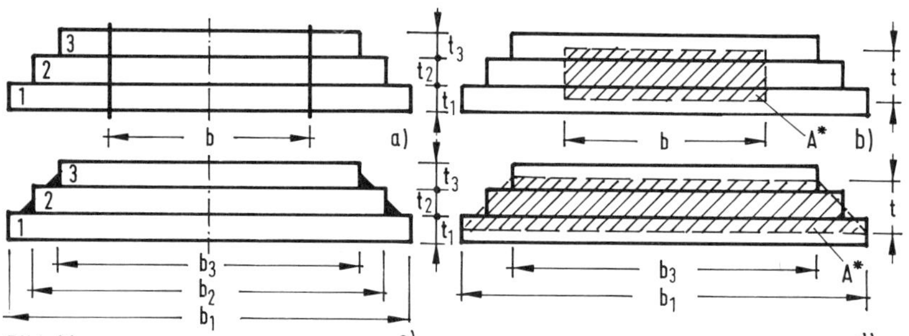

Bild 41

$$M_{TI} = \frac{I_{TI}}{I_T} M_T \quad (174)$$

Die zugehörige Schubkraft beträgt:

$$T_I = \frac{M_{TI}}{2A^*} \quad (175)$$

Schraubenverbindung: Nachweis auf Abscheren: Scherfläche einer Schraube A_a, gegenseitiger Abstand in Längsrichtung: e:

$$N_a = T_I \cdot e; \quad \tau_a = N_a / A_a \quad (176)$$

Schweißverbindung: Nachweis auf Abscheren: Schweißnahtdicke a:

$$\tau_a = \tau_{w\parallel} = T_I / a \quad (177)$$

Für die in Bild 41 dargestellten Fälle gilt beispielsweise:

Bild 41a:

$$A^* = b \cdot t = b(t_1/2 + t_2 + t_3/2); \quad I_{TI} = \frac{4A^{*2}}{b(\frac{1}{t_1} + \frac{1}{t_2})} \qquad (178)$$

$$I_{T0} = \frac{1}{3}(b_1 t_1^3 + b_2 t_2^3 + b_3 t_3^3); \quad I_T = I_{T0} + I_{TI} \qquad (179)$$

Bild 41b:

$$A^* = \frac{1}{2}(b_1 + b_3)t = \frac{1}{2}(b_1 + b_3)(t_1/2 + t_2 + t_3/2); \qquad (180)$$

$$I_{TI} = \frac{4A^{*2}}{\frac{b_1}{t_1} + \frac{b_3}{t_3}}; \quad I_{T0} \text{ und } I_T \text{ wie zuvor} \qquad (181)$$

Bei der Bildung von I_{T0} ist es empfehlenswert, pro Ende jeder Gurtlamelle den Endabzug $0{,}105 \cdot t_i^4$ zu berücksichtigen.

6. Beispiel: Für den in Bild 42 dargestellten Stahlverbundquerschnitt sei das Torsionsträgheitsmoment gesucht und zwar für die Fälle: Offener Querschnitt und geschlossener Querschnitt. Ansatz (vgl. G.171):

$$E_{Stahl}/E_{Beton} = 7 \longrightarrow G_{Stahl}/G_{Beton} = 0{,}85 \cdot 7 = 5{,}95$$

(Es handelt sich um einen schematisierten Brückenquerschnitt.)

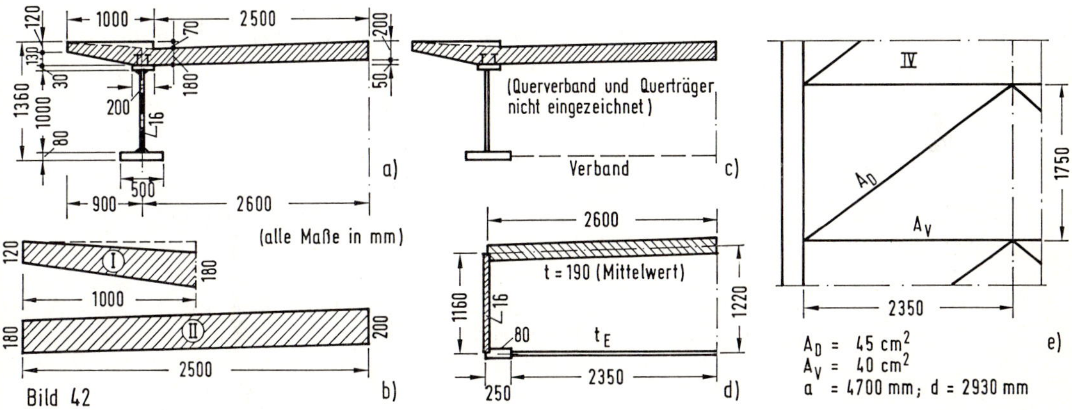

Bild 42

a) Offener Querschnitt (Bild 42a): Für die Stahlbetonplatte wird ein Ersatzquerschnitt vereinbart. Im Hinblick auf den Verlauf des Schubflusses wird vom überkragenden Querschnittsteil ein dreieckförmiges Segment als nicht wirksam abgetrennt. Damit kommt man zu den in Teilbild b gezeigten schmalen Trapezflächen. Hierfür folgt nach G.143/153:

$$\text{(I)}: \quad I'_T = \frac{100}{12}(12{,}0^2 + 18{,}0^2)(12{,}0 + 18{,}0) - 0{,}105 \cdot 12{,}0^4 = 117\,000 - 2177 = 114\,823 \text{ cm}^4$$

$$\text{(II)}: \quad I'_T = \frac{250}{12}(18{,}0^2 + 20{,}0^2)(18{,}0 + 20{,}0) = 573\,167 \text{ cm}^4$$

Summe Stahlbetonplatte:

$$I_T = (114\,823 + 573\,167)/5{,}95 = \underline{115\,629 \text{ cm}^4}$$

Stahlteil:

$$I_T = \frac{1}{3}\,20 \cdot 3{,}0^3 - 2 \cdot 0{,}105 \cdot 3{,}0^4 + \frac{1}{3}\,100 \cdot 1{,}6^3 + \frac{1}{3}\,50 \cdot 8{,}0^3 - 2 \cdot 0{,}105 \cdot 8{,}0^4 =$$

$$= 180 - 17 + 137 + 8533 - 860 = \underline{7973 \text{ cm}^4}$$

Summe (bezogen auf den Stahlteil, für den halben Brückenquerschnitt):

$$I_T = 115\,629 + 7973 = \underline{123\,602 \text{ cm}^4}$$

b) Geschlossener Querschnitt (Bild 42c): Im Bereich der Stahlbetonplatte wird eine konstante Dicke (19cm) angesetzt; Ersatzdicke:

$$t_E = 19{,}0/5{,}95 = \underline{3{,}19 \text{ cm}}$$

Verband (Bild 35):

$$E/G = 21\,000/8100 = 2{,}59; \quad a = 470 \text{ cm}, \ b = 175 \text{ cm}, \ d = 293 \text{ cm}$$

$$a^3/4A_V = 470^3/4 \cdot 40 = 648\,894 \text{ cm}, \quad 2d^3/A_D = 2 \cdot 293^3/45 = 111\,794 \text{ cm}$$

$$t_E = 2{,}59 \cdot 470 \cdot 175 \frac{1}{648\,894 + 111\,794} = \underline{0{,}28 \text{ cm}}$$

$$A^* = \frac{1}{2}(116 + 122) \cdot 260 = \underline{30\,940 \text{ cm}^2}$$

$$\Sigma\frac{s_i}{t_i} = \frac{260}{3{,}19} + \frac{116}{1{,}6} + \frac{25}{8{,}0} + \frac{235}{0{,}28} = 81{,}5 + 72{,}5 + 3{,}1 + 839{,}3 = \underline{996{,}4}$$

$$I_T = \frac{4 \cdot 30940^2}{996{,}4} = \underline{3\,842\,969\,\mathrm{cm}^4}$$

Zu diesem Torsionsträgheitsmoment wird das Torsionsträgheitsmoment des offenen Querschnittes hinzu addiert:

$$I_T = \underset{(3{,}1\,\%)}{123\,602} + \underset{(96{,}9\,\%)}{3\,842\,969} = \underline{3\,966\,571\,\mathrm{cm}^4}$$

Das Torsionsmoment wird im Verhältnis der Torsionsträgheitsmomente auf den "offenen" und "geschlossenen" Querschnitt aufgeteilt:

$$\vartheta_i' = \vartheta' \longrightarrow \frac{M_{Ti}}{GI_{T_i}} = \frac{M_T}{GI_T} \longrightarrow M_{T_i} = \frac{I_{Ti}}{I_{T_i}} \cdot M_T \quad \text{mit } I_T = \Sigma I_{Ti} \tag{182}$$

Auf den geschlossenen Querschnitt entfällt der größere Anteil von M_T (s.o.). Hierfür wird der Schubfluß T berechnet und die (mittlere) Schubspannung in der Platte im Stahlträgersteg berechnet (G.160). Die auf den Verband entfallende Kraft beträgt $R = T \cdot a = T \cdot 2 \cdot 235$. 3,1% von M_T entfallen auf den "offenen" Querschnittsteil; hierfür werden die Torsionsrandschubspannungen berechnet (G.155) und in der Platte und im Stahlträger mit der jeweils mittleren Schubspannung überlagert. Vgl. auch Abschnitt 27.4.4/5. (Man beachte, daß I_T für den Gesamtquerschnitt zu bestimmen ist, wenn sich M_T hierauf bezieht!)

7. Beispiel: Werden vergitterte Maste auf Torsion beansprucht, können sie bei ausreichender Schlankheit und (schußweise) konstantem Querschnitt als torsionssteife Stäbe behandelt werden. Bei vier- und mehrgurtigen Querschnitten muß durch Querverbände die Einhaltung der Querschnittsform sichergestellt sein. Das gilt insonderheit dort, wo Lasten eingetragen werden.

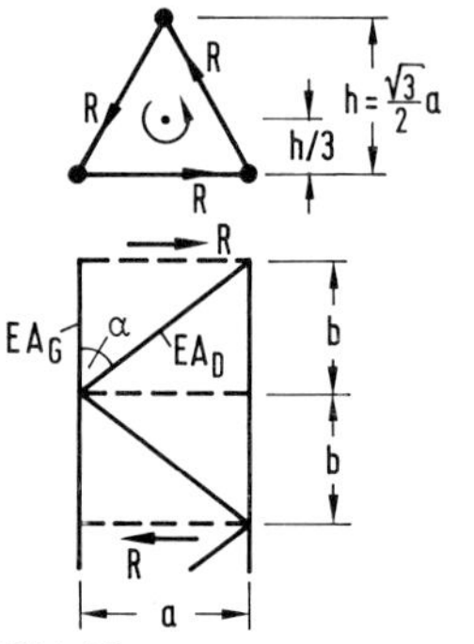

Bild 43

Es wird ein Mastabschnitt in Form eines gleichseitigen Dreiecks untersucht (Bild 43). a sei die Breite einer Wand und b die Gefachhöhe. α ist der Winkel zwischen Gurtstab (G) und Diagonalstab (D). Vom Standpunkt der Torsionstheorie handelt es sich um einen Stab mit einzelligem Querschnitt. Hierfür gilt:

$$A^* = \frac{1}{2} ah = \frac{\sqrt{3}}{4} a^2 \longrightarrow T = \frac{M_T}{2A} = \frac{2M_T}{\sqrt{3}\,a^2} \longrightarrow R = Ta = \frac{2M_T}{\sqrt{3}\,a} \tag{183}$$

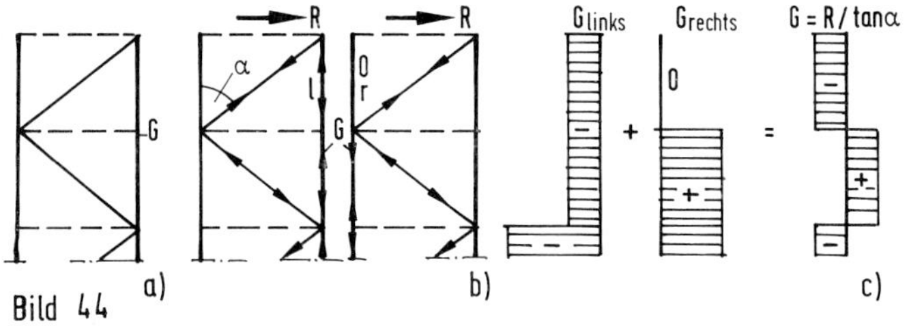

Bild 44

R ist die in jeder Wandebene wirkende Resultierende; sie löst in den Fachwerkstäben Stabkräfte und -verformungen aus. Der Mast erleidet eine Drillung. Ausfachungsart und Dehnsteifigkeit der Stäbe bestimmen die Größe des Drillwinkels. In Bild 44b sind zwei benachbarte Wände mit dem gemeinsamen Gurtstab G in die Ebene geklappt. In jeder Wand wirkt die Kraft R. Teilbild c zeigt, welche Kraft hierdurch im Gurtstab geweckt wird. Sie hat gefachweise ein wechselndes Vorzeichen: Wo Druck entsteht (damit in allen anderen Gurtstäben auch), stehen die Diagonalen unter Zug, vice versa. Legt man einen Schnitt senkrecht zur Mastachse, muß die Summe aller Stabkraftkomponenten in Richtung der Mastachse Null sein:

$$D = \pm\frac{R}{\sin\alpha}, \quad G = \mp\frac{R}{\tan\alpha} \longrightarrow 3D\cos\alpha + 3G = \pm\frac{R}{\tan\alpha} \mp \frac{R}{\tan\alpha} = 0 \tag{184}$$

Die seitliche Verschiebung <u>einer</u> Fachwerkwand beträgt (Arbeitssatz):

$$\delta = \Sigma\frac{S\bar{S}}{EA}s = \frac{R}{\sin\alpha}\cdot\frac{\bar{1}}{\sin\alpha}\cdot\frac{a}{\sin\alpha}\cdot\frac{1}{EA_D} + \frac{R}{\tan\alpha}\cdot\frac{\bar{1}}{\tan\alpha}\cdot\frac{a}{\tan\alpha}\cdot\frac{1}{EA_G} = Ra\left(\frac{1}{EA_D\sin^3\alpha} + \frac{1}{EA_G\sin^3\alpha}\right) \tag{185}$$

denn

$$d = a/\sin\alpha \; ; \quad b = a/\tan\alpha \tag{186}$$

Der Drillwinkel pro Gefach beträgt:

$$\vartheta = \frac{\delta}{\frac{h}{3}} = \frac{\delta}{\frac{a}{2\sqrt{3}}} = 2\sqrt{3}\cdot\frac{\delta}{a} \tag{187}$$

Mit G.185 und G.183 folgt:

$$\vartheta = 2\sqrt{3}\cdot R\left(\frac{1}{EA_D\sin^3\alpha} + \frac{1}{EA_G\tan^3\alpha}\right) = 4\,\frac{M_T}{a}\cdot\left(\frac{1}{EA_D\sin^3\alpha} + \frac{1}{EA_G\tan^3\alpha}\right) \tag{188}$$

(Dieses Ergebnis läßt sich z.B. dadurch bestätigen, daß das Gefach als räumliches Stabwerk berechnet wird.)

Die Verdrillung (Verwindung) beträgt:

$$\vartheta' = \frac{\vartheta}{b} = 4\cdot\frac{M_T}{ab}\left(\frac{1}{EA_D\cdot\sin^3\alpha} + \frac{1}{EA_G\cdot\tan^3\alpha}\right) \tag{189}$$

Nach der Torsionstheorie gilt:

$$\vartheta' = \frac{M_T}{GI_T} \tag{190}$$

Anstelle der Vergitterung wird ein Blech mit der Ersatzdicke t_E eingeführt:

$$I_T = \frac{4A^{*2}}{\Sigma\frac{s}{t_E}} = \frac{a^3 t_E}{4} \;\longrightarrow\; \vartheta' = \frac{M_T}{GI_T} = \frac{4M_T}{Ga^3 t_E} \tag{191}$$

Hierin ist G.183 berücksichtigt. Aus der Gleichsetzung mit G.190 folgt die Ersatzblechdicke zu:

$$t_E = \frac{E}{G}\cdot\frac{ab}{a^3\left(\frac{1}{A_D\sin^3\alpha} + \frac{1}{A_G\tan^3\alpha}\right)} \tag{192}$$

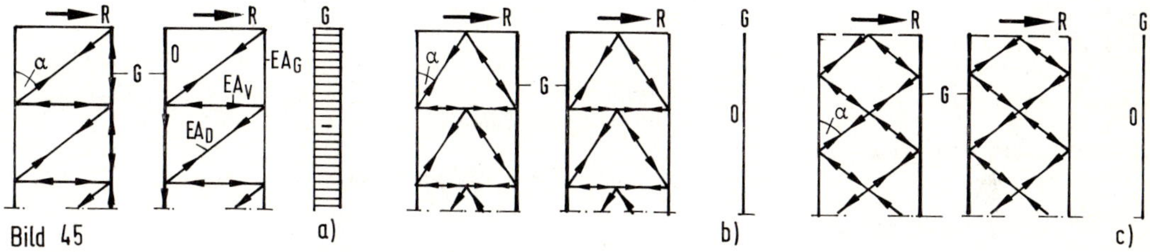

Bild 45

Bild 45 zeigt, wie sich die Stabkräfte bei anderen Ausfachungen einstellen. Für die in den Teilbildern dargestellten Vergitterungen gilt:

$$\text{a)}\quad t_E = \frac{E}{G}\cdot\frac{ab}{a^3\left(\frac{1}{A_D\sin^3\alpha} + \frac{1}{A_V} + \frac{1}{A_G\tan^3\alpha}\right)} \tag{193}$$

$$\text{b)}\quad t_E = \frac{E}{G}\cdot\frac{ab}{a^3\left(\frac{2}{A_D\sin^3\alpha} + \frac{1}{4A_V}\right)} \tag{194}$$

$$\text{c)}\quad t_E = \frac{E}{G}\cdot\frac{ab}{a^3\,\frac{1}{2A_D\sin^3\alpha}} \tag{195}$$

Für quadratische und andere zentralsymmetrische Querschnitte gelten dieselben t_E-Formeln. - Für einen Mastschaft in Form eines Rechteckes findet man (Bild 46a): (196)

$$A^* = a_1 a_2 \;\longrightarrow\; T = \frac{M_T}{2a_1\cdot a_2} \;\longrightarrow\; R_1 = T\cdot a_1 = \frac{M_T}{2a_2},\; R_2 = \frac{M_T}{2a_1}$$

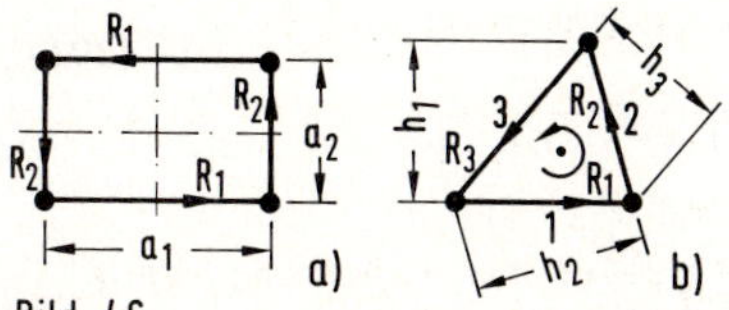

Bild 46

Für einen Mastquerschnitt in Form eines ungleichseitigen Dreiecks bestätigt man auf dieselbe Weise:

$$R_1 = \frac{M_T}{h_1},\; R_2 = \frac{M_T}{h_2},\; R_3 = \frac{M_T}{h_3} \tag{197}$$

Für die R-Kräfte werden die Stabkräfte (in Anlehnung an Bild 44/45) wandweise berechnet. Der Drillwinkel wird zweckmäßig mit Hilfe des Arbeitssatzes bestimmt. Für den virtuellen Hilfsangriff $\bar{M}_T=\bar{1}$ gelten dieselben Stabkräfte. - Indem gefach- oder schußweise ϑ'ermittelt wird, kann für den Mastschaft I_T aus der Gleichsetzung mit G.190 bestimmt werden. Hiermit kann dann z.B. die Gesamtkonstruktion als globales Stabwerk berechnet werden. Ein solches Ersatz-Torsionsträgheitsmoment läßt auch aus Energiebetrachtungen gewinnen [16,17].

27.2.1.11 Grundgleichung der ST-VENANTschen Torsion und Lösungssystem

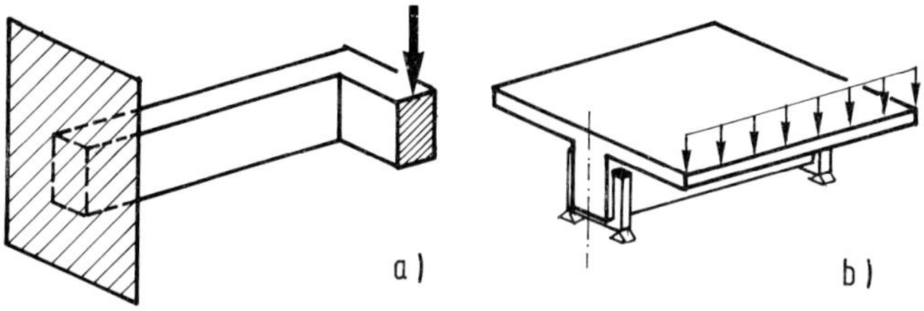

Bild 47

Bild 47 zeigt zwei durch Torsion (und Biegung) beanspruchte Stäbe. a: Einseitig eingespannter Balken, b: Beidseitig gabelgelagerter Balken mit kontinuierlicher (hier konstanter) äußerer Torsionsbelastung. Um $\vartheta(x)$ und $M_T(x)$ zu bestimmen, wird die Grundgleichung hergeleitet und gelöst.

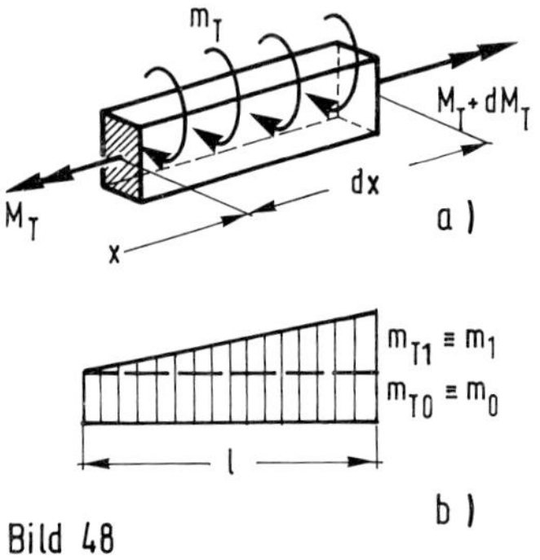

Bild 48

Dazu wird ein Stabelement dx betrachtet: Bild 48a. Im Rahmen der Theorie I. Ordnung können Torsion und Biegung getrennt behandelt werden, denn in den Gleichgewichtsgleichungen werden die Verformungen nicht berücksichtigt. Das äußere Torsionsmoment m_T ist als Funktion von x vorgegeben und möge z.B. dem Ansatz

$$m_T = m_0 + m_1 \cdot \frac{x}{l} \tag{198}$$

genügen (Teilbild b). Die Gleichgewichtsgleichung lautet:

$$(M_T + dM_T) - M_T + m_T\,dx = 0 \longrightarrow M_T' = -m_T \tag{199}$$

Diese Gleichung wird mit dem Elastizitätsgesetz der primären Torsion (G.41)

$$GI_T\vartheta' = M_T \tag{200}$$

verknüpft:

$$(GI_T\vartheta')' = M_T' = -m_T \tag{201}$$

Damit lautet die Grundgleichung:

$$(GI_T\vartheta')' = -m_T \tag{202}$$

Im Falle GI_T=konst gilt:

$$GI_T\vartheta'' = -m_T \tag{203}$$

Wird für m_T der Lastansatz gemäß G.198 eingesetzt, folgt das vollständige Lösungssystem nach zweimaliger Integration zu:

$$\vartheta = C_1 + C_2x - \frac{m_0}{2GI_T}x^2 - \frac{m_1}{6GI_T}\cdot\frac{x^3}{l} \tag{204}$$

$$M_T/GI_T = \vartheta' = C_2 - \frac{m_0}{GI_T}x - \frac{1}{2}\frac{m_1}{GI_T}\cdot\frac{x^2}{l} \tag{205}$$

$$-m_T/GI_T = \vartheta'' = -\frac{m_0}{GI_T} - \frac{m_1}{GI_T}\cdot\frac{x}{l} \tag{206}$$

Mittels der Freiwerte C_1 und C_2 wird den Randbedingungen des vorgelegten Stabproblems genügt: Gabellagerung (auch Einspannung): ϑ=0; freies Ende: M_T=0 d.h. ϑ'=0.

Beispiel: Einfacher Balken mit konstanter Torsionsmomentenbelastung m_T=m. Die konstante Belastung wird durch eine FOURIER-Reihe approximiert:

$$m_T(x) = \sum_{1,3,5,}^{n} m_n \cdot \cos\lambda_n x \tag{207}$$

$$m_n = -\frac{4}{\pi}\cdot\frac{(-1)^{\frac{n+1}{2}}}{n}\cdot m\;;\quad \lambda_n = n\frac{\pi}{l} \tag{208}$$

Der Koordinatenursprung (x=0) liegt in Balkenmitte. Bild 49 zeigt die Anpassung von m durch die ersten drei Reihenglieder:

$$m_T(x) = \frac{4}{\pi}\left(\cos\lambda_1 x - \frac{1}{3}\cos\lambda_3 x + \frac{1}{5}\cos\lambda_5 \mp \cdots\right)m \tag{209}$$

Querschnittswerte der elastostatischen Torsionstheorie (1)

Torsionsträgheitsmoment I_T: (Torsionswiderstand, Drillwiderstand)

a) Dickwandige Querschnitte: Näherungsformel (SAINT-VENANT): $I_T = \frac{A^4}{40 I_p}$

$I_T = I_p - I_\omega$ ist unabhängig von der Drillachse; $I_p = I_y + I_z$: polares Trägheitsmoment, I_ω kennzeichnet die Minderung infolge Querschnittsverwölbung; I_T berechnet sich aus der strengen Lösung der Grundgleichung der SAINT-VENANT schen Torsionstheorie oder wird aufgrund des Seifenhautgleichnisses experimentell bestimmt.

Form	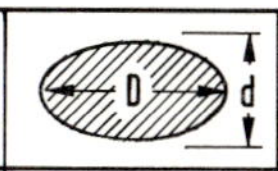		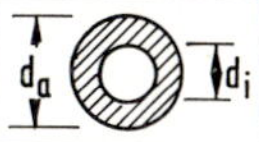				
I_T	$\frac{\pi}{16} \cdot \frac{D^3 d^3}{D^2 + d^2}$	$\frac{\pi}{32} \cdot d^4 = 0{,}0982 d^4$	$\frac{\pi}{32}(d_a^4 - d_i^4)$	$0{,}1079\, d^4$	$0{,}1154\, d^4$	$0{,}1407\, d^4$	$0{,}02165\, d^4$

Rechteckquerschnitt $I_T = \alpha \frac{d b^3}{3}$

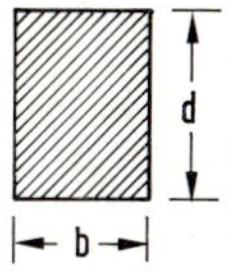

d/b	α	d/b	α
1	0,422	3	0,790
1,25	0,515	5	0,874
1,5	0,588	10	0,937
2	0,686	∞	1

$\alpha = 1 - 0{,}630 m + 0{,}052 m^5 \ldots$ (FLÜGGE)

$\alpha = 1 - 0627 m \left(\tanh n + \frac{1}{3^5} \tanh 3n + \frac{1}{5^5} \tanh 5n \ldots\right)$ (TÖLKE)

$m = \frac{b}{d}$, $n = \frac{\pi d}{2b}$ $(d > b)$

b) Dünnwandige, offene Querschnitte: (I_T aus Summe von n dünnwandigen Rechtecken, ggf. mit Endabzug!)

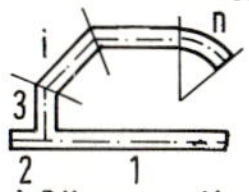

$I_T = \frac{1}{3} \cdot \sum_n s_i t_i^3$; Walzprofile: $I_T = \eta \frac{1}{3} \sum s_i t_i^3$

(Kalt- u. Schweißprofile: $\eta = 1$)

	I	HE	IPE	[	⊥	L	L
η	1,22	1,16	1,33	1,12	1,12	1,03	1

(Siehe auch Tafel A2 (Anhang)).

c) Dünnwandige, geschlossene Querschnitte, einzellig:

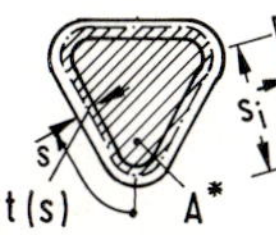

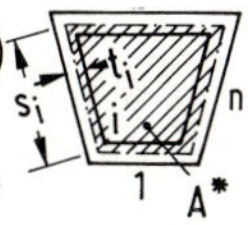

$I_T = \frac{4 A^{*2}}{\oint \frac{ds}{t(s)}} = \frac{4 A^{*2}}{\sum_n \frac{si}{ti}}$

(BREDT'sche Formel)

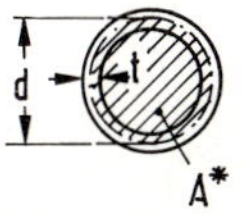

$I_T = \frac{\pi}{4} t d^3$

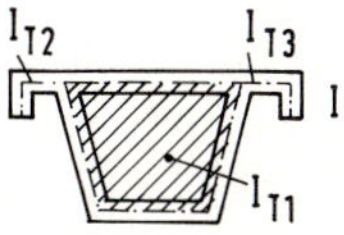

$I_T = \Sigma I_{Tj}$

Bei mehrzelligen Querschnitten folgt $I_T = \frac{2}{G_i \vartheta'} \sum_m T_k A_k^*$ nach Bestimmung der m statisch unbestimmten Schubflüsse T_k.

d) Genietete und geschweißte Querschnitte: Nietung, Schraubung: Wegen Reib- und Nietschlupf: I_T aus der Summe der Einzelquerschnitte. Schweißung, GV-Schraubung: I_T für einzelligen Querschnitt und Einzelquerschnitte.

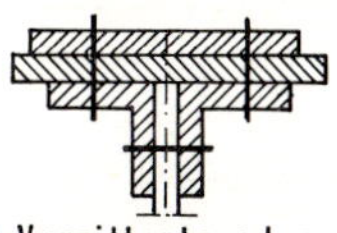

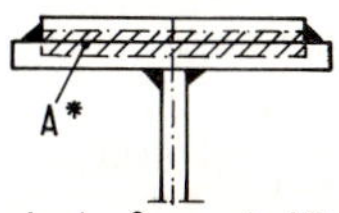

e) Vergitterte oder verrahmte Querschnittsbereiche: Berechnung eines ideellen Bleches mit der Ersatzdicke t_E

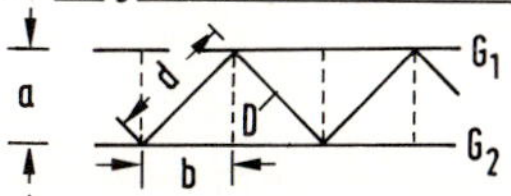

$$t_E = \frac{E}{G} \cdot \frac{ab}{\frac{d^3}{A_D} + \frac{b^3}{3}\left(\frac{1}{A_{G_1}} + \frac{1}{A_{G_2}}\right)}$$

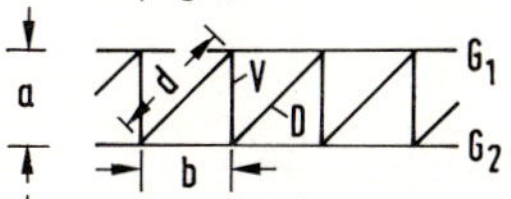

$$t_E = \frac{E}{G} \cdot \frac{ab}{\frac{d^3}{A_D} + \frac{a^3}{A_V} + \frac{b^3}{12} \cdot \left(\frac{1}{A_{G_1}} + \frac{1}{A_{G_2}}\right)}$$

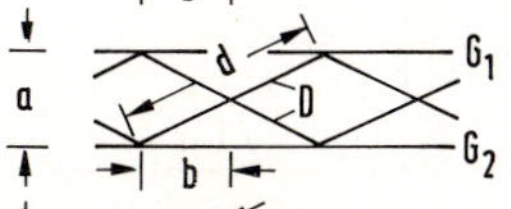

$$t_E = \frac{E}{G} \cdot \frac{ab}{\frac{d^3}{2A_D} + \frac{b^3}{12}\left(\frac{1}{A_{G_1}} + \frac{1}{A_{G_2}}\right)}$$

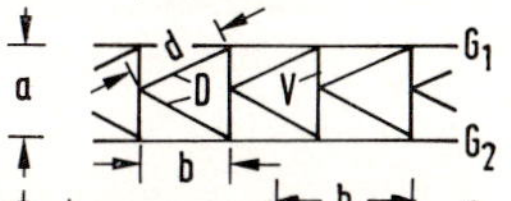

$$t_E = \frac{E}{G} \cdot \frac{ab}{\frac{2d^3}{A_D} + \frac{a^3}{4A_V} + \frac{b^3}{12}\left(\frac{1}{A_{G_1}} + \frac{1}{A_{G_2}}\right)}$$

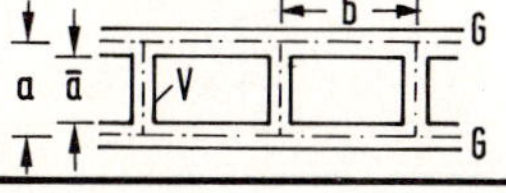

$$t_E = \frac{E}{G} \cdot \frac{1}{\frac{b \bar{a}^3}{12 a I_V} + \frac{a b^2}{24 I_G}}$$

A_D: Querschnittsfläche einer Diagonalstrebe D

A_V: Querschnittsfläche einer Vertikalstrebe V

A_G: Querschnittsfläche eines Gurtstabes G_1 bzw. G_2

Quelle: HOYER u. HOHAUS [11]

Elastostatische Torsionstheorie (1)

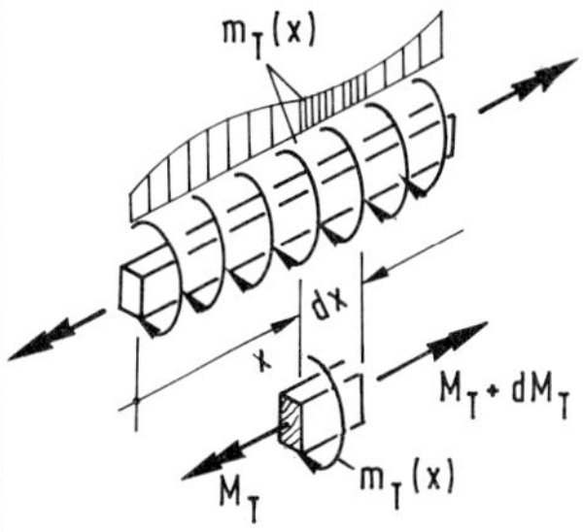

Gleichgewichtsgleichungen am infinitesimalen Stabelement dx:

$$M_T' = -m_T(x)$$

$m_T(x)$: Äußeres Streckentorsionsmoment je Längeneinheit, z.B:

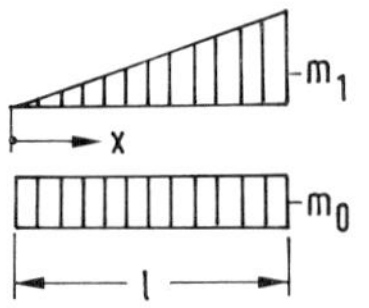

$m_T(x) = m_1 \frac{x}{l}$

$m_T(x) = m_0$

Reine Torsion (SAINT-VENANTsche Torsion)

Elastizitätsgesetz: $GI_T\vartheta' = M_T$; Grundgleichung (I_T=konst.): $\boxed{GI_T\vartheta'' = -m_T(x)}$

Lösungssystem: $\vartheta = C_1 + C_2x + \vartheta_p$ $\quad\vartheta_p$: ϑ partikulär; für $m_T(x) = m_0 + m_1\frac{x}{l}$: $\vartheta_p = -\frac{m_0}{2GI_T}x^2 - \frac{m_1}{6GI_T}\cdot\frac{x^3}{l}$

Randbedingungen: $\vartheta' = \quad C_2 \quad + \vartheta_p'$

$\vartheta'' = \quad\quad \vartheta_p''$

Gabel-lagerung $\vartheta = 0$

Freies-Ende $M_T = 0$ ($\vartheta' = 0$)

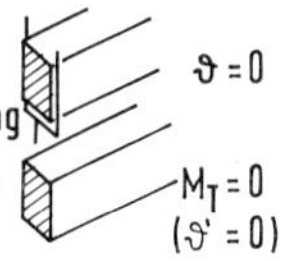

Ausgehend vom Lösungssystem werden für jedes Stabelement die beidseitigen Rand- bzw Übergangsbedingungen formuliert und die Freiwerte bestimmt (Differentialgleichungsmethode). Der elementare (algebraische) Lösungscharakter erlaubt auch eine direkte Berechnung des Torsionsmoments $M_T(x)$ über die Gleichgewichtsgleichungen; bei statisch unbestimmten Strukturen ggf. unter Verwendung des Arbeitssatzes $\vartheta = \int \frac{M_T\bar{M}_T}{GI_T}dx$ (Stabstatik).

Für vorgegebene Schnittmomente M_T lassen sich die max Torsions-Randspannungen nach folgenden Formeln ermitteln. Die Schubspannungen sind ungleichförmig (bei vollwandigen Querschnitten i.a. nicht-linear) über den Querschnitt verteilt.

a) **Dickwandige Querschnitte** (max τ gekennzeichnet durch m):

Form	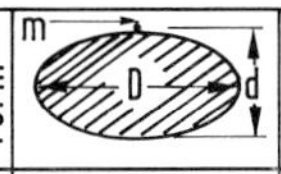	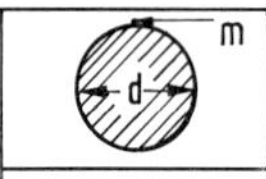		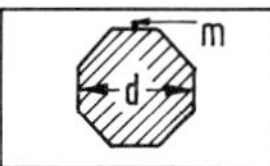	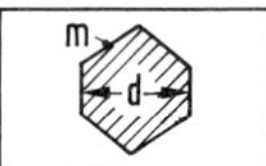	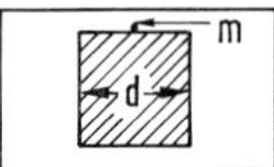	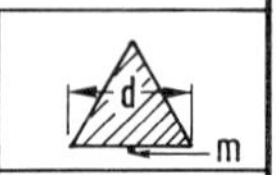
max τ	$\frac{16}{\pi}\cdot\frac{M_T}{Dd^2}$	$\frac{16}{\pi}\cdot\frac{M_T}{d^3}$	$\frac{16}{\pi}\cdot\frac{d_a M_T}{(d_a^4-d_i^4)}$	$5{,}402\cdot\frac{M_T}{d^3}$	$5{,}295\cdot\frac{M_T}{d^3}$	$4{,}808\cdot\frac{M_T}{d^3}$	$2{,}0\frac{M_T}{d^3}$

($16/\pi = 5{,}093$)

Rechteckquerschnitt: $\tau_d = \max\tau = \beta\cdot\frac{M_T}{db^2}$; $\tau_b = \gamma\cdot\tau_d$. $\beta = 3/(1 - 0{,}603m + 0{,}250m^2)$; $m = \frac{b}{d}$ (FLÜGGE)

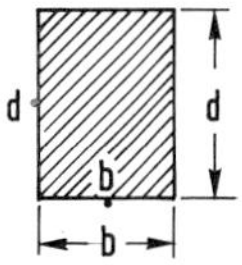

d/b	β	d/b	β
1	4,81	3	3,74
1,25	4,52	5	3,43
1,5	4,33	10	3,20
2	4,06	∞	3,00

d/b	γ	d/b	γ
1	1	3	0,753
1,25	0,918	5	0,744
1,5	0,858	10	0,743
2	0,796	∞	0,743

b) **Dünnwandige, offene Querschnitte**:

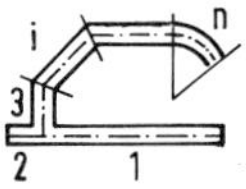

$\tau_i = \frac{M_T}{I_T}\cdot t_i$; $I_T = \frac{1}{3}\sum_n s_i t_i^3$

max t : max τ!

Walzprofile: $I_T = \eta\frac{1}{3}\sum_n s_i t_i^3$

	I	HE	IPE	[	⊥	L	L
η	1,22	1,16	1,33	1,12	1,12	1,03	1

c) **Dünnwandige, geschlossene Querschnitte, einzellig**:

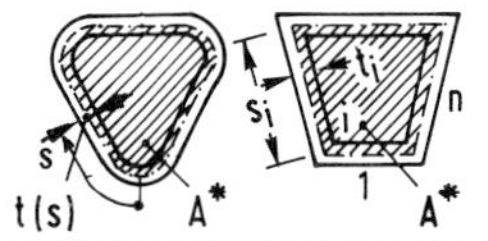

Schubfluß: $T = \frac{M_T}{2A^*}$; $\tau_i = \frac{T}{t_i}$, min t : max τ!

Bei mehrzelligen Querschnitten sind zunächst die m statisch unbestimmten Schubflüsse T_k zu berechnen.

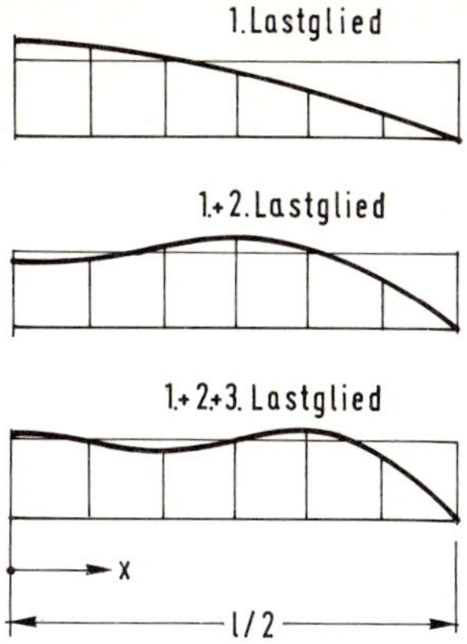

Bild 49

Für den beidseitig gabelgelagerten Balken kann die Lösung entweder mittels eines passenden partikulären Lösungsansatzes gefunden werden oder (hier einfacher) mittels direkter Integration:

$$M_T = -\int m_T(x)\,dx + C_1 = -\sum_{1,3,5}^{n} m_n \frac{1}{\lambda_n} \sin\lambda_n x + C_1 \qquad (210)$$

$$x = 0:\; M_T = 0 \longrightarrow C_1 = 0 \qquad (211)$$

$$GI_T\vartheta = -\sum_{1,3,5}^{n} m_n \frac{1}{\lambda_n^2} \cos\lambda_n x + C_2 \qquad (212)$$

$$x = \frac{l}{2}:\; GI_T\vartheta = 0 \longrightarrow C_2 = 0 \qquad (213)$$

Wegen des elementaren Lösungscharakters ist die ST-VENANTsche Torsionstheorie der Stabwerke - wie die Biegetheorie - eine algebraische Verknüpfungstheorie: Für statisch bestimmte Stabwerke findet man M_T aus einfachen Gleichgewichtsgleichungen (am unverformten System: Theorie I. Ordnung). Statisch unbestimmte Tragwerke werden zweckmäßig mittels des Kraftgrößenverfahrens berechnet, wobei die gegenseitigen Verformungen aus

$$\vartheta = \int \frac{M_T \bar{M}_T}{GI_T}\,dx \qquad (214)$$

folgen; es gilt der Reduktionssatz.

27.2.2 Torsion mit Behinderung der Querschnittsverwölbung

Der im vorangegangenen Abschnitt 27.2.1 behandelten ST-VENANTschen Torsionstheorie liegen mehrere Voraussetzungen zugrunde:

- Die Verwölbungen werden an keiner Stelle ver- oder behindert; das bedingt, daß
- das Torsionsmoment über die gesamte Stablänge konstant ist und daß es
- gleichmäßig an den Enden über den Querschnitt verteilt eingeleitet wird.

Keine dieser Voraussetzungen wird von realen Konstruktionen erfüllt: Entweder sind die Enden mehr oder weniger wölbstarr eingespannt oder/und die äußere Belastung bewirkt ein variables Torsionsmoment, dadurch sind auch Verdrillung und Verwölbung von Schnitt zu Schnitt variabel. Wird die freie Verwölbung be- oder verhindert werden Wölbspannungen geweckt. Man spricht dann auch von Zwängungsspannungen oder (im Gegensatz zu den primären Schubspannungen τ_1 der ST-VENANTschen Torsion) von sekundären Spannungen (σ_2,τ_2). Die Längsspannungen σ_2 sind eine unmittelbare Folge der Verwölbungsbe- oder verhinderung; ihnen stehen aus Gleichgewichtsgründen Schubspannungen τ_2 gegenüber. Es tritt eine Versteifung ein; man spricht von der Wölbsteifigkeit, diese ist von der Lage der Drillachse abhängig. Ein sich überlassener Stab wählt jene Drillachse, für die der Wölbwiderstand zu einem Minimum wird, das folgt unmittelbar aus dem Prinzip vom Minimum der Formänderungsarbeit. Diese Achse nennt man (natürliche) Drillruheachse, sie ist mit der Schubmittelpunktsachse identisch.

Die Berechnung der Wölbspannungen vollwandiger Querschnitte ist eine schwierige elastizitätstheoretische Aufgabe und gelingt eigentlich nur näherungsweise. Hierzu wird auf die Standardliteratur der höheren Elastizitätstheorie verwiesen; vgl. z.B. auch [18,4]. Aus stahlbaulicher Sicht ist die diesbezügliche Aufgabenstellung nicht sonderlich relevant, weil Stahlbauquerschnitte i.a. dünnwandig sind; hierfür vereinfacht sich die Theorie der Wölbkrafttorsion entscheidend. Hinzu kommt, daß die Verwölbung vollwandiger Querschnitte gering ist und daher bei deren Verhinderung die dadurch geweckten sekundären Spannungen (im Vergleich zu den primären) nur eine untergeordnete Größe erreichen. Sie können im Regelfall vernachlässigt werden. Man nennt die dickwandigen Vollquerschnitte daher auch quasi-wölbfrei. Vollständig wölbfrei sind der Kreis- und Kreisringquerschnitt und z.B. das dünnwandige L-, T- und +-Profil. Vorstehende Aussage für Vollquerschnitte gilt in Grenzen auch für ein- und mehrzellige Hohlquerschnitte, sie werden i.a. ebenfalls als quasi-wölbfrei eingestuft und der Wölbspannungseinfluß vernachlässigt. In wie weit das wirklich zulässig ist, wird in Abschnitt 27.4 untersucht.

Auch wenn die Wölbspannungen bei Vollquerschnitten und solchen mit zelliger Struktur vernachlässigt werden dürfen, verbleibt i.a. doch die Notwendigkeit, die Lage der Drillruheachse zu bestimmen. Sie wird benötigt, um die Größe des einwirkenden Torsionsmomentes (Produkt der äußeren Belastung mit dem Abstand bis zur Drillruheachse) angeben zu können; für Vollquerschnitte wird diese Aufgabe z.B. in [19,20] behandelt.
Die Wölbkrafttorsion des Stabes mit dünnwandigem offenen Querschnitt wurde ursprünglich aus den Bedürfnissen des Leichtbaues heraus entwickelt [21,22] und seit den dreißiger Jahren dieses Jhdts. immer weiter vervollkommnet, das gilt auch für den Stab mit geschlossenem Querschnitt. Hierzu steht inzwischen ein umfangreiches Schrifttum zur Verfügung [23-48]; in diesem werden z.T. auch die zuvor kommentierten Fragestellungen behandelt. Im folgenden werden Stäbe mit offenem, anschließend mit geschlossenem dünnwandigen Querschnitt analysiert (Abschnitt 27.3 und 27.4). Anschließend werden Sonderfälle und Zuschärfungen erörtert.

27.3 Torsion gerader Stäbe mit dünnwandigem, offenen Querschnitt

27.3.1 Torsion ohne Behinderung der Querschnittsverwölbung (Primärtorsion)

27.3.1.1 Primäre Schubspannungen

Wie in Abschnitt 27.2.1.9.5 gezeigt, kann jeder dünnwandige, offene Querschnitt als polygonal strukturierter, aus dünnen rechteckigen Elementen bestehender Querschnitt begriffen werden, im Grenzfall als kontinuierlich gekrümmter. Die Randschubspannungen berechnen sich zu:

$$\tau = \frac{M_T}{I_T} t \,, \quad I_T = \eta \frac{1}{3} \Sigma s_i t_i^3 \tag{215}$$

In der Profilmittellinie sind die Schubspannungen Null. In jenem Teilelement, welches die größte Dicke aufweist, treten die höchsten Randschubspannungen auf (G.155).

27.3.1.2 Verdrehung, Verdrillung (Verwindung) und Verwölbung - Einheitsverwölbung

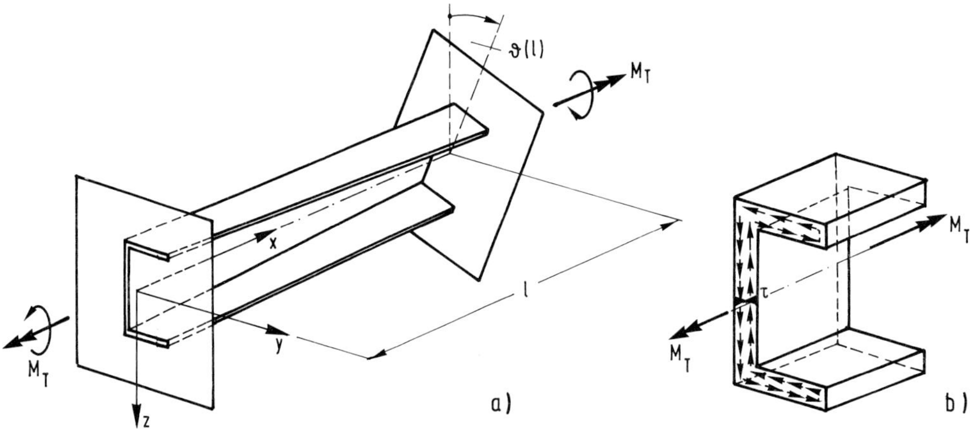

Bild 50

Bild 50a zeigt einen Stab mit [-Querschnitt in verdrilltem Zustand. An den Stabenden sei die Verwölbung unbehindert möglich, wie es die Theorie der primären Torsion verlangt (Abschnitt 27.2). Es wird außerdem unterstellt, daß die Querschnittsform bei der Torsion erhalten bleibt.
Über die Stablänge l ist das Torsionsmoment konstant; Bild 50b verdeutlicht die Schubspannungsverteilung. Das Elastizitätsgesetz lautet (vgl. G.41):

$$\vartheta' = \frac{M_T}{GI_T} \longrightarrow M_T = GI_T \vartheta' \tag{216}$$

Integration:

$$\vartheta = \int \vartheta' dx = \int \frac{M_T}{GI_T} dx \tag{217}$$

Für M_T=konst und I_T=konst gilt:

$$\vartheta = \frac{M_T}{GI_T} x + \vartheta(0) \tag{218}$$

Im folgenden wird angenommen, daß der Stab um eine (gedachte) Scharnier-Achse A mit den Querschnittskoordinaten y_A, z_A verdrillt wird. Ein Querschnittspunkt der Kontur an der Stelle s (in Bild 51a mit P(s) eingetragen) erleidet bei der Verdrehung die Verschiebung $\delta_A = \rho_A \cdot \vartheta$. ρ_A ist der Radiusvektor zwischen A und P.

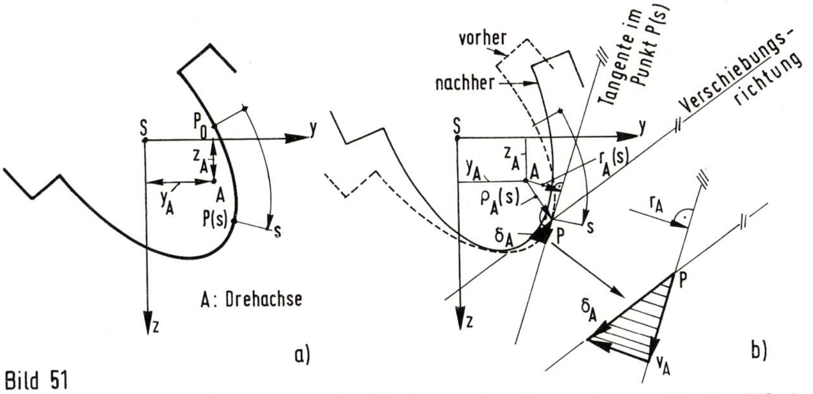

Bild 51

Die Verschiebungskomponente in Richtung der Tangente an die Profilmittellinie im Punkt P beträgt (vgl. Bild 51b):

$$v_A = r_A \cdot \vartheta \tag{219}$$

r_A ist der Normalabstand zwischen A und der Tangente. - Zur Kennzeichnung des Punktes P gibt es zwei Möglichkeiten, zum einen vermöge seiner Koordinaten y, z und zum anderen vermöge der Umlaufkoordinate s; deren Ursprung liegt im Punkt $P_0(y_0,z_0)$, siehe Bild 51a. Aus der Mittelebene der Profilwandung wird ein Element dx-ds herausgetrennt, siehe Bild 52a. Die Verschiebung in Richtung s ist v und in Richtung x u (Verwölbung). Die Schubgleitung γ setzt sich aus den Verschiebungsänderungen v' und $u^\bullet$ zusammen (Bild 52b). ( )' bedeutet die Ableitung nach x und $(\ )^\bullet$ nach s. Die Schubgleitung beträgt:

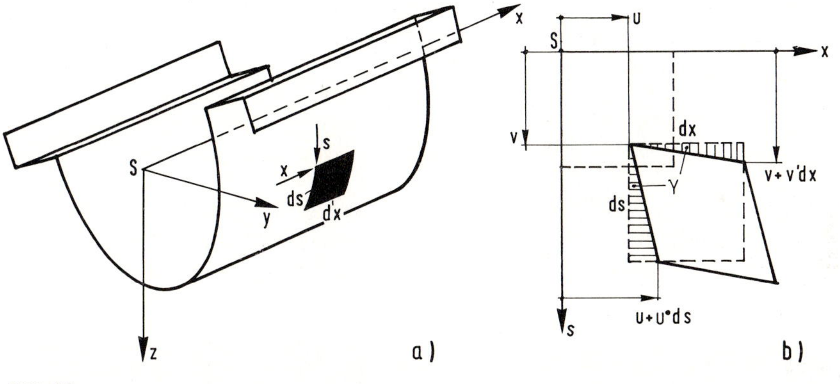

Bild 52

$$\gamma_A = v_A' + u_A^\bullet \tag{220}$$

Der Index A zeigt an, daß sich der Stab um die Achse A dreht. - Da in der Mittelebene die primären Torsionsschubspannungen Null sind, sind auch die Schubverzerrungen Null:

$$\gamma_A = 0: \quad u_A^\bullet = -v_A' = -r_A \vartheta' \tag{221}$$

Die Verwölbung wird zu

$$u_A = \omega_A \vartheta' \tag{222}$$

definiert. ω_A heißt Einheitsverwölbung, auch Wölbordinate und ist per Definition identisch mit der Verwölbung u_A, wenn die Verdrillung (Verwindung) ϑ'=1 ist. G.222 wird mit G.221 verknüpft:

$$u_A^\bullet = \omega_A^\bullet \vartheta' = -r_A \vartheta' \longrightarrow \omega_A = -\oint r_A \, ds + \omega_{A0} \tag{223}$$

ω_{A0} ist ein Integrationsfreiwert; in mechanischer Deutung ist ω_{A0} die Einheitsverwölbung im Ursprung P_0 der Umlaufkoordinate s. Der erste Term in G.223 wird mit

$$\bar{\omega}_A = -\oint r_A \, ds \tag{224}$$

abgekürzt und heißt Grundverwölbung. Bild 53 veranschaulicht die Ermittlung von $\bar{\omega}_A$:

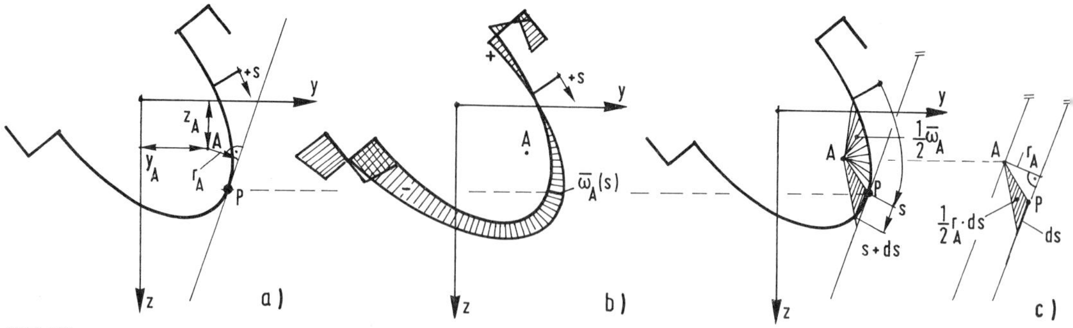

Bild 53

Beginnend mit s=0 wird $r_A(s)$ bestimmt und hierüber gemäß G.224 integriert. Wie aus der Ableitung hervorgeht, ist das Vorzeichen von $r_A(s)$ mit dem Drehsinn um die Drehachse (hier A) verknüpft! Bezogen auf den Drehpol ist $r_A(s)$ positiv, wenn bei positiver Umfahrung (d.h. mit +s) der Drehsinn mit dem Uhrzeigersinn übereinstimmt. - Offensichtlich hat $\bar{\omega}_A$ die Bedeutung einer Querschnittsgröße. Wie Bild 53c zeigt, ist $\bar{\omega}_A$ gleich der vom Radiusstrahl ρ_A überstrichenen doppelten Sektorfläche $A_A^*(s)$.
Für G.223 kann gleichwertig geschrieben werden:

$$\omega_A = \bar{\omega}_A + \omega_{A0} \tag{225}$$

ω_{A0} wird aus der Bedingung berechnet, daß die Verwölbung im Mittel Null ist. Diese Bedingung liefert:

$$\int_A \omega_A \, dA = 0 \longrightarrow \omega_{A0} = -\frac{1}{A} \cdot \int_A \bar{\omega}_A \, dA \tag{226}$$

Wie noch gezeigt wird, ist diese Bedingung mit der Forderung identisch, daß sich bei der Zwängungsdrillung (Wölbkrafttorsion) keine resultierende Normalkraft aufbaut. Mit G.226 lautet G.225:

$$\omega_A = \bar{\omega}_A - \frac{1}{A} \cdot \int_A \bar{\omega}_A \, dA \tag{227}$$

Wie aus der Ableitung erkennbar wird, sind Verlauf und Größe der Verwölbung -über $r_A(s)$- von der Lage der Drillachse abhängig.

27.3.1.3 Transformation der Einheitsverwölbung bei Verlagerung der Drehachse

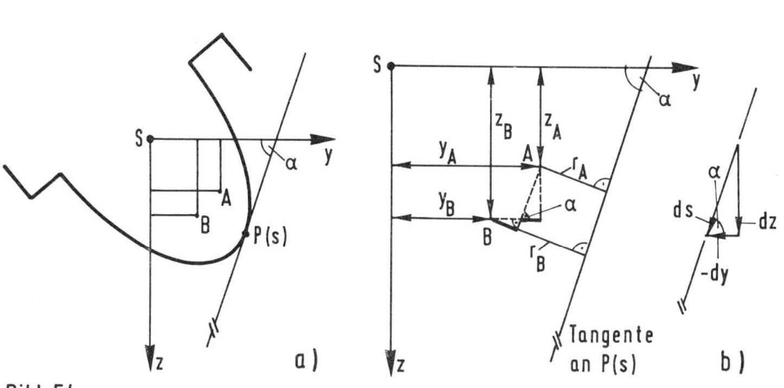

Bild 54

Die Abhängigkeit der Einheitsverwölbungen zweier unterschiedlicher Drillachsen voneinander, d.h. die Überführung der als bekannt vorausgesetzten Einheitsverwölbung ω_A, für die Drehachse um $A(y_A, z_A)$ in die Einheitsverwölbung ω_B für die Drehachse um $B(y_B, z_B)$ läßt sich mittels Bild 54 wie folgt ableiten: Für die Verknüpfung von

r_A und r_B gilt:

$$r_B = r_A + [(y_A - y_B) - (z_B - z_A)\cot\alpha]\sin\alpha = r_A - (y_B - y_A)\sin\alpha - (z_B - z_A)\cos\alpha \quad (228)$$

Mit

$$dy = -ds\cdot\cos\alpha \;\; ; \;\; dz = ds\cdot\sin\alpha \quad (229)$$

erhält man für ω_B:

$$\omega_B = -\oint r_B\,ds + \omega_{B0} = -\oint [r_A - (y_B - y_A)\frac{dz}{ds} + (z_B - z_A)\frac{dy}{ds}]\,ds + \omega_{B0} =$$
$$= \bar{\omega}_A + (y_B - y_A)(z - z_0) - (z_B - z_A)(y - y_0) + \omega_{B0} \quad (230)$$

Mit $\bar{\omega}_A = \omega_A - \omega_{A0}$ ergibt sich schließlich:

$$\omega_B = \omega_A + (y_B - y_A)(z - z_0) - (z_B - z_A)(y - y_0) - \omega_{A0} + \omega_{B0} \quad (231)$$

y_0 und z_0 sind die Koordinanten des Punktes $P_0(s=0)$, y und z sind die Koordinaten des Umlaufpunktes P an der Stelle s. - Aus G.231 erkennt man, daß die Differenz der Wölbordinaten ω bei Drillung um zwei verschiedene Achsen in zwei mit y und z linearen Gliedern und in einem konstanten Glied besteht:

$$\omega_B = \omega_A + (y_B - y_A)z - (z_B - z_A)y \underline{- (y_B - y_A)z_0 + (z_B - z_A)y_0 - \omega_{A0} + \omega_{B0}} \quad (232)$$

Mechanisch bedeutet dieses Ergebnis, daß sich die Verwölbungen ω_B und ω_A durch eine Schrägstellung und eine translatorische Längsverschiebung der Querschnittsebene unterscheiden.

27.3.1.4 <u>Berechnungsbeispiel</u> (vgl. auch Abschnitt 4.9.2.3)

Für den in Bild 55a dargestellten dünnwandigen Quadratquerschnitt (geschlitztes Quadratrohr) wird die Einheitsverwölbung für eine Drehung um die durch den Schwerpunkt S verlaufende Drillachse bestimmt. In Teilbild a ist die Umlaufordinate s definiert, damit liegt das Vorzeichen von $r_S(s)$ fest: Teilbild b. Es wird die Grundverwölbung (G.224) und anschließend der Freiwert (G.226) bestimmt:

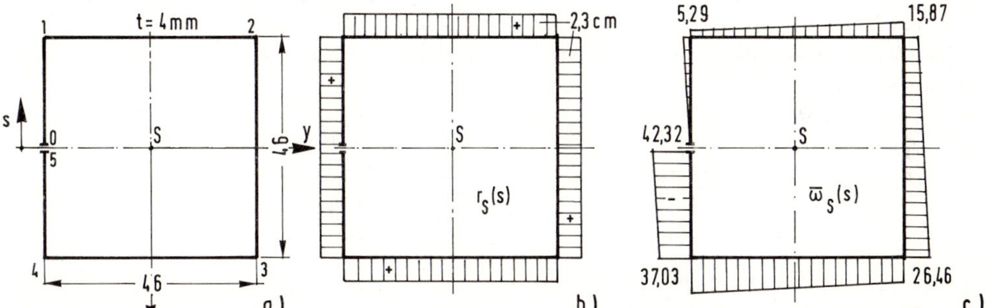

Bild 55

$$\bar{\omega}_S = -\oint r_S(s)\,ds \; : \; 0: \;\; \bar{\omega}_S = 0$$
$$1: \;\; = -2{,}3\cdot 2{,}3 = -5{,}29\,cm^2$$
$$2: \;\; = -5{,}29 - 2{,}3\cdot 4{,}6 = -5{,}29 - 10{,}58 = -15{,}87\,cm^2$$
$$3: \;\; = -15{,}87 - 10{,}58 = -26{,}46\,cm^2$$
$$4: \;\; = -26{,}46 - 10{,}58 = -37{,}03\,cm^2$$
$$5: \;\; = -37{,}03 - 5{,}29 = -42{,}32\,cm^2$$

$$\omega_{S0} = -\frac{1}{A}\int_A \bar{\omega}_S\,dA = -\frac{1}{A}\oint \bar{\omega}_S(s)\cdot t(s)\,ds$$

t(s)=t=0,4cm ist konstant:

$$\omega_{S0} = -\frac{t}{4t\cdot 4{,}6}\oint \bar{\omega}_S(s)\,ds = +\frac{1}{4\cdot 4{,}6}[\frac{1}{2}5{,}29\cdot 2{,}3 + \frac{1}{2}(5{,}29 + 15{,}87)\cdot 4{,}6 + \frac{1}{2}(15{,}87 + 26{,}46)\cdot 4{,}6 +$$
$$+\frac{1}{2}(26{,}46 + 37{,}03)\cdot 4{,}6 + \frac{1}{2}(37{,}03 + 42{,}32)\cdot 2{,}3] \; \underline{= +21{,}16\,cm^2}$$

Nunmehr kann ω_S berechnet werden (G.225):

$$\omega_S = \bar{\omega}_S + \omega_{S0}:\quad \begin{array}{lll} 0: & \omega_S = \quad 0 + 21{,}16 & = +21{,}16\,\text{cm}^2 \\ 1: & \quad = -5{,}29 + 21{,}16 & = +15{,}87\,\text{cm}^2 \\ 2: & \quad = -15{,}87 + 21{,}16 & = +5{,}29\,\text{cm}^2 \\ 3: & \quad = -26{,}46 + 21{,}16 & = -5{,}29\,\text{cm}^2 \\ 4: & \quad = -37{,}03 + 21{,}16 & = -15{,}87\,\text{cm}^2 \\ 5: & \quad = -42{,}32 + 21{,}16 & = -21{,}16\,\text{cm}^2 \end{array}$$

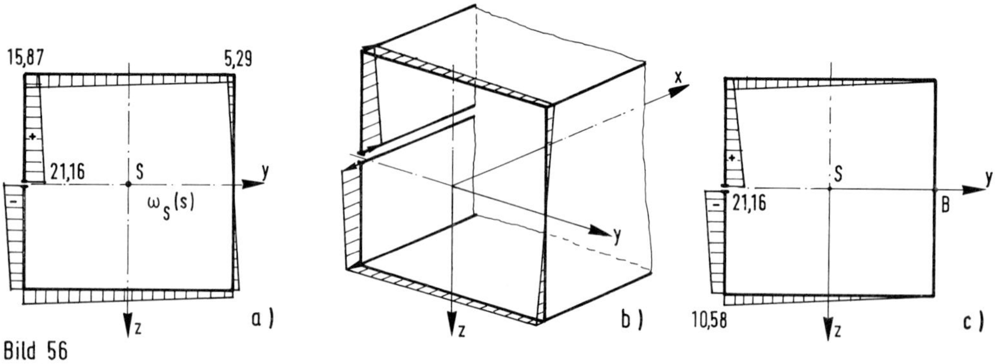

Bild 56

Bild 56a weist das Ergebnis aus; in Teilbild b ist die Verwölbung räumlich dargestellt. An der Schlitzstelle beträgt die gegenseitige Einheitsverwölbung $2\cdot 21{,}16 = 42{,}32\,\text{cm}^2$. - Bei Ausnützung der Symmetrie wäre die Rechnung sehr viel einfacher ausgefallen. Denn hätte man den Ursprung der Umlaufkoordinate s in den Schnittpunkt der Profilmittellinie mit der Symmetrieachse gelegt, hätte gegolten:

$$\omega_{S0} = 0:\quad \omega_S = \bar{\omega}_S \tag{233}$$

Die Aufgabenstellung wird erweitert: Gesucht ist die Einheitsverwölbung ω_B für eine Drehung um den Punkt B ($y_B = +2{,}3\,\text{cm}$, $z_B = 0$), vgl. Bild 56c. Es gibt zwei Möglichkeiten: Wie zuvor wird $r_B(s)$ bestimmt und ω_B mittels Integration berechnet (Teilbild c zeigt das Ergebnis) oder es wird von der Transformationsbeziehung G.230 ausgegangen. A ist mit S zu identifizieren:

$$\begin{aligned} \omega_B &= \bar{\omega}_A + (y_B - y_A)(z - z_0) - (z_B - z_A)(y - y_0) + \omega_{B0} = \\ &= \bar{\omega}_S + (y_B - y_S)(z - z_0) - (z_B - z_S)(y - y_0) + \omega_{B0} = \\ &= \bar{\omega}_S + (2{,}3 - 0)(z - 0) - (0 - 0)(y - 2{,}3) + \omega_{B0} = \\ &= \bar{\omega}_S + 2{,}3\,z + \omega_{B0} \end{aligned}$$

Die Rechnung liefert ($\bar{\omega}_S$ gemäß Bild 55c):

$$\bar{\omega}_S + 2{,}3z:\quad \begin{array}{llll} 0: & 0 + 2{,}3\cdot 0 & = 0 & = 0 \\ 1: & -5{,}29 + 2{,}3\cdot(-2{,}3) & = -5{,}29 - 5{,}29 & = -10{,}58\,\text{cm}^2 \\ 2: & -15{,}87 + 2{,}3\cdot(-2{,}3) & = -15{,}87 - 5{,}29 & = -21{,}16\,\text{cm}^2 \\ 3: & -26{,}45 + 2{,}3\cdot(+2{,}3) & = -26{,}45 + 5{,}29 & = -21{,}16\,\text{cm}^2 \\ 4: & -37{,}04 + 2{,}3\cdot(+2{,}3) & = -37{,}04 + 5{,}29 & = -31{,}75\,\text{cm}^2 \\ 5: & -42{,}32 + 2{,}3\cdot 0 & = -42{,}32 + 0 & = -42{,}32\,\text{cm}^2 \end{array}$$

$$\omega_{B0} = +\frac{1}{4\cdot 4{,}6}\Big[\frac{1}{2}10{,}58\cdot 2{,}3 + \frac{1}{2}(10{,}58 + 21{,}16)4{,}6 + 21{,}16\cdot 4{,}6 + \frac{1}{2}(21{,}16 + 31{,}75)\cdot 4{,}6 + \frac{1}{2}(31{,}75 + 42{,}32)\cdot 2{,}3\Big] = \underline{21{,}16\,\text{cm}^2}$$

$$\omega_B:\quad \begin{array}{lll} 0: & 0 + 21{,}16 & = +21{,}16\,\text{cm}^2 \\ 1: & -10{,}58 + 21{,}16 & = +10{,}58\,\text{cm}^2 \\ 2: & -21{,}16 + 21{,}16 & = 0 \\ 3: & -21{,}16 + 21{,}16 & = 0 \\ 4: & -31{,}75 + 21{,}16 & = -10{,}59\,\text{cm}^2 \\ 5: & -42{,}32 + 21{,}32 & = -21{,}16\,\text{cm}^2 \end{array}$$

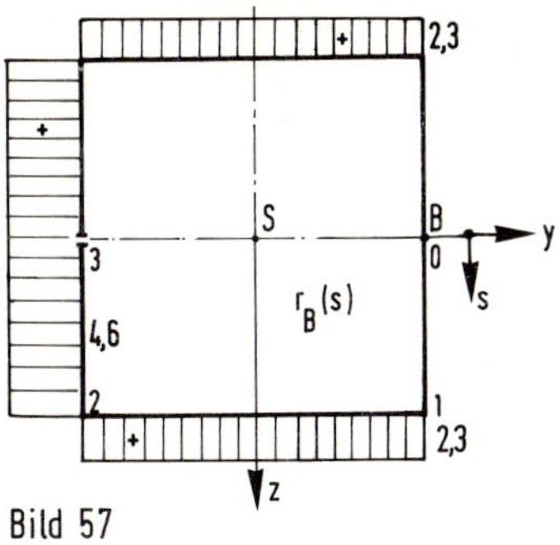

Bild 57

Eine solche Vorgehensweise ist offensichtlich umständlich und unzweckmäßig. Ausgehend von Bild 57 und der hierin neu vereinbarten Umlaufkoordinate s folgt ω_B (wegen $\omega_{B0}=0$) einfacher aus:

$$\omega_B = \overline{\omega}_B = -\oint r_B(s)ds \begin{cases} 0: & = 0 \\ 1: & = 0 \\ 2: & = -2{,}3\cdot 4{,}6 = -10{,}58\ cm^2 \\ 3: & = -10{,}58 - 4{,}6\cdot 2{,}3 = -21{,}16\ cm^2 \end{cases}$$

27.3.2 Torsion mit Behinderung der Querschnittsverwölbung (Wölbkrafttorsion=Sekundärtorsion)

27.3.2.1 Grundgleichung der Wölbkrafttorsion

Werden die Verwölbungen eines tordierten Stabes durch konstruktiv bedingte Rand- und Übergangsbedingungen be- oder verhindert, treten Zwängungen auf; es entstehen Wölbspannungen (auch Sekundär- oder Zwängungsspannungen genannt). Derartige Zwängungen entstehen beispielsweise an starren Einspannungen und an solchen Stellen des Stabes, an denen das Torsionsmoment eine (sprunghafte) Änderung erfährt. Die sekundären Spannungen werden im folgenden durch den Index 2 gekennzeichnet:

$$\sigma_2 = \sigma_2(s;x) \quad ; \qquad \tau_2 = \tau_2(s;x) \tag{234}$$

(Gebräuchlich sind auch die Benennungen σ_ω bzw. τ_ω.) Die primären Schubspannungen werden durch den Index 1 markiert.

Unterstellt man eine Drillachse, die vermöge eines Scharniers durch den Querschnittspunkt A (y_A, z_A) verläuft, gelten für die tangentiale Verschiebung v und die Schubgleitung γ in der Mittellinie der Profilwandung die in Abschnitt 27.3.1.2 hergeleiteten Beziehungen unverändert:

$$v_A(s;x) = \vartheta(x)\cdot r_A(s) \longrightarrow v_A'(s;x) = \vartheta'(x)\cdot r_A(s) \tag{235}$$

$$\gamma_A = +v_A' + \dot{u}_A \tag{236}$$

Bei Primärtorsion ist $\gamma = 0$, vgl. G.221. - Wie noch gezeigt wird, sind die sekundären Schubspannungen τ_2 über die Wanddicke gleichförmig verteilt; hiermit gehen sekundäre Schubgleitungen einher. Da die sekundären Schubspannungen ihrer Größe nach sehr gering sind, wird ihr Schubgleitungseinfluß vernachlässigt (WAGNER-Hypothese). Dieser Ansatz entspricht der Vernachlässigung des Querkraft-Schubverzerrungseinflusses in der technischen Biegetheorie (BERNOULLI-Hypothese).

$\gamma_A = 0$ ergibt:

$$\dot{u}_A = -v_A' = -\vartheta'(x)\cdot r_A(s) \tag{237}$$

Über s wird integriert:

$$u_A = -\vartheta'(x)\oint r_A(s)\,ds + f_A(x) = +\vartheta'(x)\cdot\overline{\omega}_A(s) + f_A(x) \tag{238}$$

$f_A(x)$ ist eine Integralfunktion von x (es wurde über s integriert!). Bei Fortschreiten um dx ändert sich die Verwölbung u_A um $u_A'dx$. Die Dehnung der Stabfaser im Punkt P ($s \hat{=} y,z$) des Stabelementes dx beträgt:

$$\varepsilon_A(s,x) = u_A'(s,x) = \vartheta''(x)\overline{\omega}_A(s) + f_A'(x) \tag{239}$$

Innerhalb des linearelastischen Bereiches gilt das HOOKE'sche Gesetz ($\sigma = E\varepsilon$); folglich beträgt die Längsspannung in der betrachteten Längsfaser:

$$\sigma_{2A}(s,x) = E\varepsilon_A(s,x) = E\vartheta''(x)\,\overline{\omega}_A(s) + E\cdot f_A'(x) \tag{240}$$

Da sich bei alleiniger Drillung eine Normalkraft im Querschnitt nicht aufbauen kann, muß aus Gleichgewichtsgründen die Spannungsresultierende der Wölblängsspannungen in jedem

Querschnitt Null sein. Diese Bedingung ergibt:

$$\int_A \sigma_{2A} dA = 0 \longrightarrow E\vartheta''(x)\int_A \overline{\omega}_A(s)\, dA + E\cdot f_A'(x)\cdot\int_A dA = 0 \qquad (241)$$

Hieraus folgt die noch unbekannte Funktion $f_A'(x)$:

$$f_A'(x) = -\vartheta''(x)\frac{1}{A}\int_A \overline{\omega}_A(s)\, dA \qquad (242)$$

Die Formel für die sekundäre Wölblängsspannung σ_{2A} lautet damit:

$$\sigma_{2A}(s;x) = E\vartheta''(x)[\overline{\omega}_A(s) - \frac{1}{A}\int_A \overline{\omega}_A(s)\, dA] = E\vartheta''(x)\cdot\omega_A(s) \qquad (243)$$

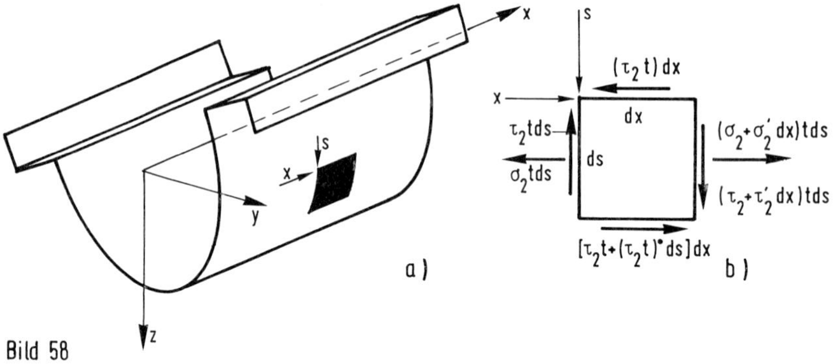

Bild 58

(Wegen $\omega_A(s)$ siehe G.227 und G.226.) G.243 besagt, daß die Wölblängsspannung wie die Einheitsverwölbung über dem Querschnitt verteilt ist. Da $\vartheta''(x)$ im allgemeinen in Stablängsrichtung veränderlich ist, ändert sich σ_2 von Schnitt zu Schnitt.

Die Änderung $\sigma_2'\cdot dx$ bedingt Längsschubspannungen τ_2 zwischen den einzelnen Stabfasern. Um sie zu bestimmen, wird aus dem Profilmantel an der Stelle x,s ein infinitesimales Element dx-ds herausgetrennt und die Gleichgewichtsgleichung in Richtung x formuliert, wobei t=t(s) beachtet wird, vgl. Bild 58:

$$\sigma_2 t\, ds - (\sigma_2+\sigma_2' dx)\, t\, ds + (\tau_2 t)\, dx - [\tau_2 t + (\tau_2 t)^{\bullet} ds]\, dx = 0 \longrightarrow (\tau_2 t)^{\bullet} + \sigma_2' t = 0 \qquad (244)$$

(Auf die Indizierung mit A (Drillung um A) wird an dieser Stelle und im folgenden verzichtet.) Die Auflösung von G.244 nach $T_2=(\tau_2 t)$ ergibt mit G.243:

$$T_2(s;x) = -E\vartheta'''(x)\oint \omega(s)\cdot t(s)\, ds + T_{20}; \quad \tau_2(s;x) = \frac{T_2(s;x)}{t(s)} \qquad (245)$$

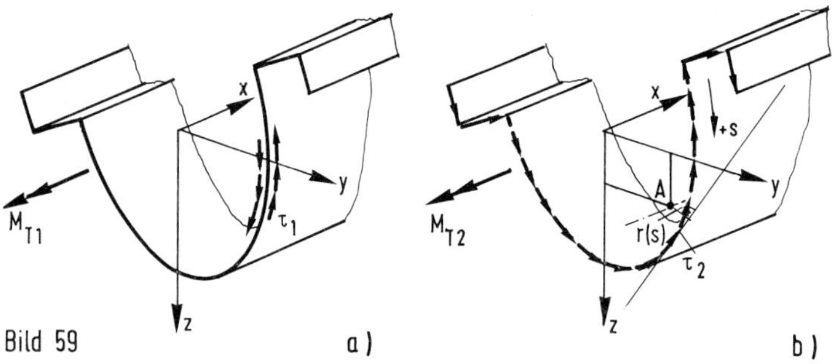

Bild 59

Wenn die Linienkoordinate s ihren Usprung an einem Profilrand hat, ist $T_{20}=0$; denn an freien Längsrändern ist die Schubspannung Null. Die Wölbspannungen σ_2 und τ_2 sind gleichförmig über die Wanddicke verteilt (ausreichende Dünnwandigkeit vorausgesetzt).

Die sekundären Schubspannungen bauen (neben dem primären) ein zweites Torsionsmoment M_{T2} auf; das resultierende Torsionsmoment beträgt demnach:

$$M_T = M_{T1} + M_{T2} \qquad (246)$$

Die Teilbilder a und b in Bild 59 zeigen den Schubspannungsfluß τ_1 der primären bzw. τ_2 der sekundären Torsion. Die zugehörigen Torsionsmomente betragen:

$$M_{T1} = +GI_T\vartheta'(x); \quad M_{T2} = +\oint \tau_2(s;x)\cdot t(s)\cdot r(s)\, ds \qquad (247)$$

Wegen M_{T1} vergleiche Abschnitt 27.2. M_{T2} ergibt sich durch Integration über den gesamten

Querschnitt. (τ ist positiv, wenn die Schubspannung entgegen gesetzt zu s gerichtet ist; r ist bei der Umfahrung des Profils im Uhrzeigersinn (mit +s) ebenfalls positiv.) Die Gleichung für M_{T2} wird mittels partieller Integration umgeformt:

$$M_{T2} = +[(\tau_2 t)\cdot \oint_s r\,ds] - \oint [(\tau_2 t)^{\cdot} \cdot \oint_s r\,ds]\,ds \tag{248}$$

Da τ_2 an allen Rändern Null und $\oint r\cdot ds$ mit $-\bar{\omega}$ identisch ist, vereinfacht sich der Ausdruck (unter Berücksichtigung der Gleichgewichtsgleichung G.244) zu:

$$M_{T2} = -\oint (\sigma_2' t)\bar{\omega}\,ds = -\oint \sigma_2'\bar{\omega}\cdot t\,ds = -\int_A \sigma_2'\bar{\omega}\,dA \tag{249}$$

Für σ_2 wird G.243 eingesetzt:

$$M_{T2} = -E\vartheta'''(x)\int_A \omega(s)\cdot\bar{\omega}(s)\,dA \tag{250}$$

Ersetzt man $\omega(s)$ durch G.227, folgt:

$$M_{T2} = -E\vartheta'''(x)\int_A [\bar{\omega} - \frac{1}{A}\int_A \bar{\omega}\,dA]\cdot\bar{\omega}\,dA = -E\vartheta'''(x)[\int_A \bar{\omega}^2 dA - \frac{1}{A}(\int_A \bar{\omega}\,dA)(\int_A \bar{\omega}\,dA)] \tag{251}$$

Zusammengefaßt:

$$M_{T2} = -EC_A\vartheta'''(x) \tag{252}$$

(Die Indizierung mit A wird an dieser Stelle wieder aufgenommen.) C_A ist ein neuer Querschnittswert, er heißt Wölbwiderstand und bezieht sich auf die Drillachse A:

$$C_A = \int_A \bar{\omega}_A^2 dA - \frac{1}{A}(\int_A \bar{\omega}_A dA)^2 \tag{253}$$

Die Umformung mit $\bar{\omega}_A = \omega_A - \omega_{A0}$ ergibt:

$$C_A = \int_A \omega_A^2 dA \tag{254}$$

M_{T1} und M_{T2} werden addiert; das liefert das Elastizitätsgesetz der Wölbkrafttorsion:

$$M_T = GI_T\vartheta' - EC_A\vartheta''' \tag{255}$$

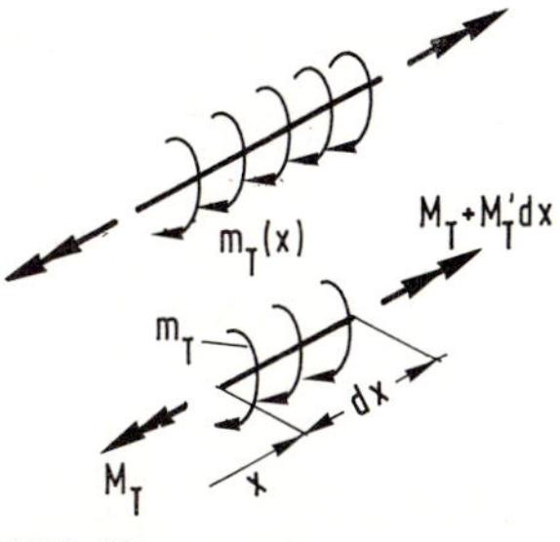

Bild 60

Wirkt auf den Stab ein stetig veränderliches äußeres Torsions-Streckenmoment $m_T = m_T(x)$, wie in Bild 60 oben dargestellt, ergibt eine Gleichgewichtsbetrachtung am Stabelement dx:

$$m_T\cdot dx + (M_T + M_T'dx) - M_T = 0 \longrightarrow M_T' = -m_T \tag{256}$$

Unter der Voraussetzung, daß GI_T und EC_A in Stablängsrichtung konstant sind (unveränderlicher Querschnitt), wird G.255 nach x differenziert und mit vorstehender Gleichgewichtsgleichung verknüpft:

$$\boxed{EC_A\vartheta'''' - GI_T\vartheta'' = m_T} \tag{257}$$

Das ist die Grundgleichung der Wölbkraftorsion.

27.3.2.2 Lösungssystem - Rand- und Übergangsbedingungen

G.257 ist eine gewöhnliche Differentialgleichung (DG) vierter Ordnung. Der homogene Teil der DG lautet:

$$\vartheta'''' - \lambda^2\vartheta'' = 0 \tag{258}$$

λ steht für:

$$\lambda = \sqrt{\frac{GI_T}{EC_A}} \tag{259}$$

λ wird Abklingfaktor genannt; λ ist dimensionsbehaftet.
I_T wird i.a. in cm^4 und C_A in cm^6 ausgedrückt; dann ergibt sich λ in der Einheit 1/cm.
Die vier linear unabhängigen Teillösungen der homogenen Gleichung lauten:

$$\vartheta_{hom} = \vartheta = \frac{C_1}{\lambda^2}\sinh\lambda x + \frac{C_2}{\lambda^2}\cosh\lambda x + C_3 x + C_4 \tag{260}$$

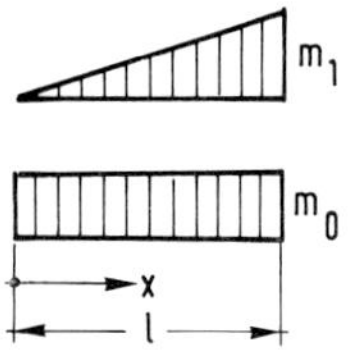

Bild 61

Die partikuläre Lösung ist vom Typ der äußeren Torsionsmomentenbelastung $m_T(x)$ abhängig. Für die in Bild 61 eingezeichnete Belastung

$$m_T = m_0 + m_1\frac{x}{l} \qquad (261)$$

findet man die partikuläre Lösung mittels Polynomansatz und Koeffizientenvergleich zu:

$$\vartheta_{part} = -\frac{m_0}{2GI_T}x^2 - \frac{m_1}{6GI_T\cdot l}x^3 \qquad (262)$$

Das vollständige Lösungssystem der Grundgleichung G.257 lautet damit:

$$\begin{aligned}
\vartheta &= \frac{C_1}{\lambda^2}\sinh\lambda x + \frac{C_2}{\lambda^2}\cosh\lambda x + C_3x + C_4 - \frac{1}{2GI_T}(m_0 + \frac{1}{3}m_1\frac{x}{l})x^2\\
\vartheta' &= \frac{C_1}{\lambda}\cosh\lambda x + \frac{C_2}{\lambda}\sinh\lambda x + C_3 - \frac{1}{2GI_T}(2m_0 + m_1\frac{x}{l})x\\
\vartheta'' &= C_1\sinh\lambda x + C_2\cosh\lambda x - \frac{1}{GI_T}(m_0 + m_1\frac{x}{l})\\
\vartheta''' &= C_1\lambda\cosh\lambda x + C_2\lambda\sinh\lambda x - \frac{m_1}{GI_Tl}
\end{aligned} \qquad (263)$$

Im Falle wölbfreier oder quasi-wölbfreier Querschnitte ist $C_A = 0$ und die Grundgleichung verkürzt sich zu:

$$GI_T\vartheta'' = -m_T \qquad (264)$$

(Vgl. Abschnitt 27.2.1.10).

Um das Torsionsmoment durch die Bezugsunbekannte ϑ auszudrücken, werden in G.255 die Lösungen für ϑ' und ϑ''' eingesetzt:

$$\begin{aligned}
M_T &= GI_T\vartheta' - EC_A\vartheta'''\\
&= GI_TC_3 - m_0x - m_1[\frac{x^2}{2l} - \frac{l}{(\lambda l)^2}]
\end{aligned} \qquad (265)$$

Die primären Randschubspannungen folgen aus:

$$\tau_1(s;x) = \frac{M_{T1}}{I_T}t = G\vartheta'(x)\cdot t(s) \qquad (266)$$

In Analogie zur Biegetheorie werden die Wölblängsspannungen zum (sogen.) Bimoment M_ω zusammengefaßt:

$$M_\omega = -\int_A \sigma_{2A}\omega_A dA = -E\vartheta''\int_A \omega_A^2 dA = -EC_A\vartheta'' \qquad (267)$$

Zur Deutung von M_ω vgl. Abschnitt 27.3.2.3. Mit G.243 gilt für M_ω:

$$M_\omega = -\frac{\sigma_{2A}C_A}{\omega_A} \qquad (268)$$

Sofern M_ω bekannt ist, folgen hieraus die Wölblängsspannungen zu:

$$\sigma_{2A}(s;x) = -\frac{M_\omega(x)}{C_A}\omega_A(s) \qquad (269)$$

Der Vergleich von G.252 mit G.267 ergibt:

$$M_{T2} = M_\omega' = -EC_A\vartheta''' \qquad (270)$$

Die Wölbschubspannungen berechnen sich aus G.245 zu:

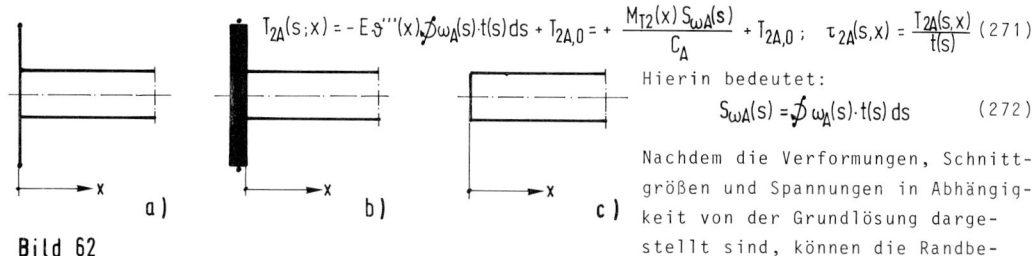

$$T_{2A}(s;x) = -E\vartheta'''(x)\oint\omega_A(s)\cdot t(s)ds + T_{2A,0} = +\frac{M_{T2}(x)S_{\omega A}(s)}{C_A} + T_{2A,0};\quad \tau_{2A}(s,x) = \frac{T_{2A}(s,x)}{t(s)} \qquad (271)$$

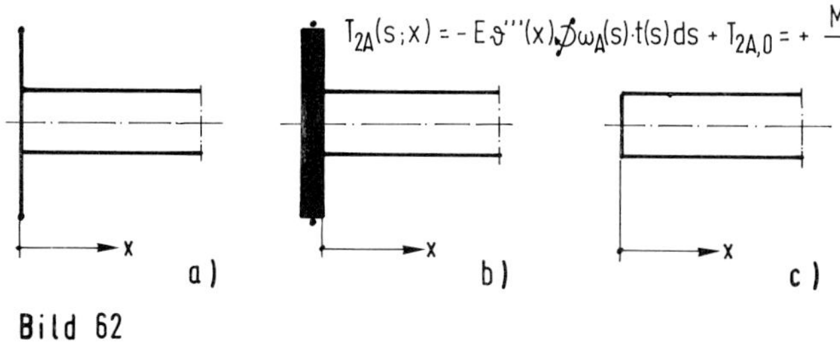

Bild 62

Hierin bedeutet:

$$S_{\omega A}(s) = \oint\omega_A(s)\cdot t(s)\,ds \qquad (272)$$

Nachdem die Verformungen, Schnittgrößen und Spannungen in Abhängigkeit von der Grundlösung dargestellt sind, können die Randbedingungen durch die Grundlösung ausgedrückt werden. Bild 62 zeigt drei unterschiedliche Randlagerungen; es lassen sich jeweils zwei Bedingungen pro Stabelement formulieren.

a) Gabellagerung (Verwölbung ist unbehindert möglich):

$$v = 0 \quad : \quad \vartheta = 0$$
$$M_\omega = 0 \; (\sigma_2 = 0) : \vartheta'' = 0 \qquad (273)$$

b) Einspannung (Verwölbung wird verhindert):

$$v = 0 \quad : \quad \vartheta = 0$$
$$u = 0 \quad : \quad \vartheta' = 0 \qquad (274)$$

c) Freies Ende (Verwölbung und Verdrehung sind unbehindert möglich):

$$M_\omega = 0 \; (\sigma_2 = 0) : \vartheta'' = 0$$
$$M_T = 0 \quad : \quad \lambda^2\vartheta' - \vartheta''' = 0 \qquad (275)$$

Neben den zuvor beschriebenen hat fallweise noch eine vierte Randbedingung baupraktische Bedeutung: Das ist ein freies Stabende, an das eine starre Stirnplatte angeschweißt ist. Ein solches Stabende kann sich zwar unbehindert verdrehen aber nicht verwölben. Hierfür lauten die Randbedingungen:

d) $$u = 0 : \; \vartheta' = 0; \qquad M_T = 0 : \; \lambda^2\vartheta' - \vartheta''' = 0 \qquad (276)$$

Werden am freien Ende M_T oder/und M_ω (als äußere Momente) eingeprägt, sind sie in den vorstehenden Randbedingungen als gegebene Momente einzusetzen. Schließlich ist es möglich, daß das Stabende in eine Drill- oder/und Wölbfeder eingespannt ist (C_ϑ bzw. C_ω), dann gilt:

$$M_T = C_\vartheta \vartheta \quad [\mathrm{kNcm} \cdot 1 = \mathrm{kNcm}] \qquad (277)$$
$$M_\omega = C_\omega \vartheta'' \quad [\mathrm{kNcm}^4/\mathrm{cm}^2 = \mathrm{kNcm}^2] \qquad (278)$$

Sofern innerhalb des Stabbereiches eine Sprungstelle vorhanden ist, gelten nachstehende Übergangsbedingungen:

1. $$\vartheta_{links} = \vartheta_{rechts} \qquad (279)$$
2. $$u_{links} = u_{rechts} \longrightarrow \vartheta'_{links} = \vartheta'_{rechts} \qquad (280)$$
3. $$M_{\omega,links} = M_{\omega,rechts} \;\; (\text{oder: } \sigma_{\omega,links} = \sigma_{\omega,rechts}) \longrightarrow \vartheta''_{links} = \vartheta''_{rechts} \qquad (281)$$
4. $$-M_{Ti,links} + M_{Ti,rechts} + M_{Ta} = 0 \longrightarrow -(GI_T\vartheta' - EC\vartheta''')_{links} + (GI_T\vartheta' - EC\vartheta''')_{rechts} + M_{Ta} = 0 \qquad (282)$$

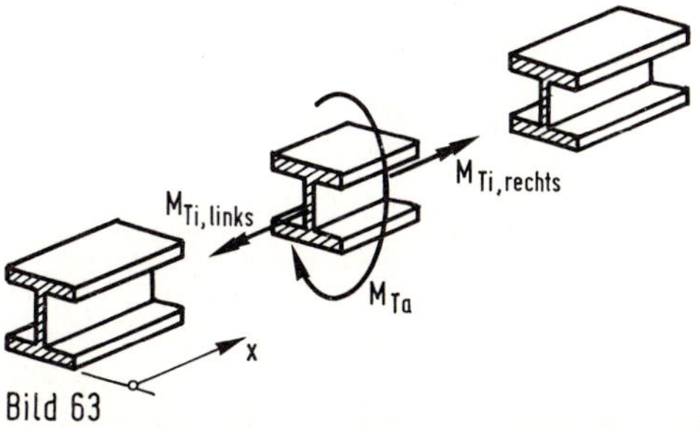

Bild 63

Wird G.280 berücksichtigt, lautet die letztgenannte Übergangsbedingung:

4. $$EC \cdot (\vartheta'''_{links} - \vartheta'''_{rechts}) + M_{Ta} = 0 \qquad (283)$$

M_{Ta} ist das an der Sprungstelle eingeprägte äußere Drillmoment. Die jeweils rechtsseitig in den G.280/281/282 angeschriebene Version gilt nur dann, wenn der Querschnitt an der Übergangsstelle keine sprunghafte Änderung erfährt. Ist ein Sprung (in den Querschnittswerten ω, I_T, C) vorhanden, tritt eine lokale Störung ein. Eine sprunghafte Änderung des Querschnittes setzt voraus, daß ein Zwischenblech eingeschaltet ist; dieses hat die Bedeutung einer Wölbfeder. Die dritte Übergangsbedingung ist entsprechend zu modifizieren.

Die Freiwerte C_1 bis C_4 folgen stabelementweise aus den Rand- und Übergangsbedingungen des vorgelegten Problems.

27.3.2.3 Wölbkrafttorsion bei Stäben mit I-Querschnitt (vgl. Anhang A2)

Das im vorangegangenen Abschnitt definierte Bimoment läßt sich am anschaulichsten am tordierten Stab mit I-Profil erläutern, vgl. Bild 64a. Als Beispiel wird der einseitig wölbstarr eingespannte, einseitig freie Stab betrachtet. Der qualitative Verlauf von ϑ, ϑ', ϑ'' und ϑ''' ist in Teilbild b dargestellt; an der Einspannstelle liegen deren Vorzeichen damit fest.

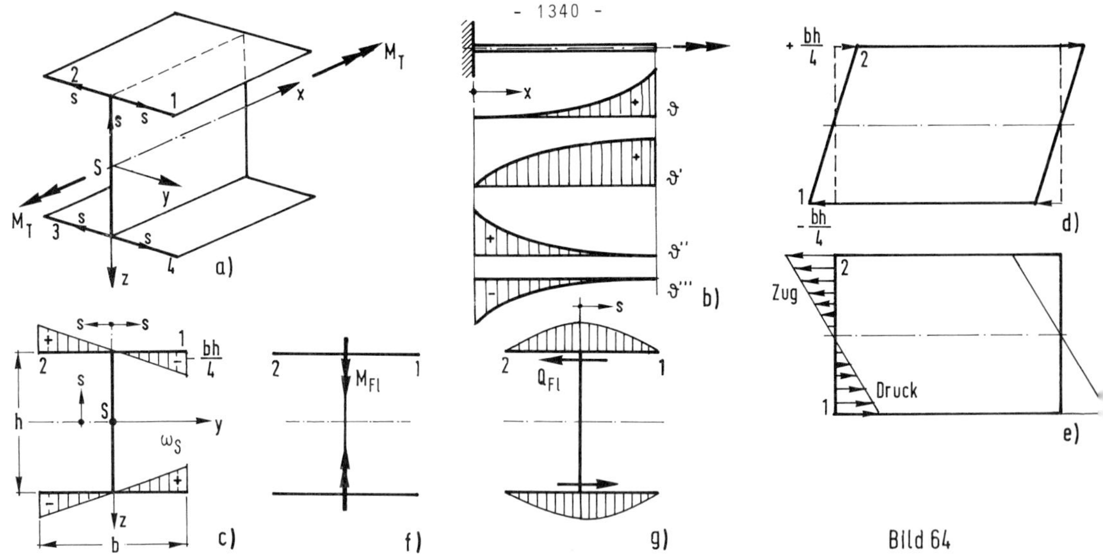

Bild 64

An den Flanschrändern ist die Einheitsverwölbung bei einer Drillung um die Schwerachse am größten (Teilbild c):

$$\omega_S = -\oint r_S(s)\,ds = \mp\frac{bh}{4} \qquad (\omega_{S0}=0) \tag{284}$$

ω_{S0} ist Null, weil der Ursprung von s auf der Symmetrieachse liegt. Die Flansche erleiden eine verschränkt geradlinige Verwölbung; Teilbild d zeigt die rautenförmige Verformung des oberen Flansches, die Verformung des unteren Flansches ist hierzu antimetrisch. Im vorliegenden Beispiel wird die Verwölbung im Einspannungsquerschnitt verhindert: Wo die Einheitsverwölbung positiv ist, treten Zugspannungen auf, wo die Einheitsverwölbung negativ ist, treten Druckspannungen auf. Die mechanische Deutung wird von der Theorie bestätigt, vgl. G.243; die sekundären Längsspannungen betragen:

$$\sigma_2 = E\vartheta''\cdot\omega_S \tag{285}$$

Teilbild e zeigt die Spannungsverteilung. Diese Spannungen entsprechen einer Biegespannungsverteilung; sie bauen jeweils im Ober- und Untergurt ein Flanschmoment auf. In Teilbild f sind diese Flanschmomente mit ihrer positiven Richtungsdefinition eingetragen; sie ergeben sich zu:

$$M_{Fl} = -E\vartheta''\cdot\frac{bh}{4}\cdot\frac{1}{2}\left(\frac{b}{2}t\right)\cdot\frac{2}{3}b \tag{286}$$

t ist die Flanschdicke; zusammengefaßt:
$$M_{Fl} = -E\vartheta''\frac{b^3h}{24}\cdot t \tag{287}$$

Der Wölbwiderstand eines I-Profils bestimmt sich zu:
$$C_S = \frac{b^3h^2}{24}\cdot t \quad (=C_M) \tag{288}$$

Damit kann für M_{Fl} geschrieben werden:
$$M_{Fl} = -E\vartheta''\frac{C_S}{h} \tag{289}$$

Das Bimoment beträgt, vgl. Gl.267:
$$M_\omega = -E\vartheta''\cdot C_S \tag{290}$$

Offensichtlich gilt:
$$M_\omega = M_{Fl}\cdot h \tag{291}$$

(h ist der Abstand der Flanschmittellinien.)
Die Wölbschubspannung beträgt an der Stelle s gemäß G.245 (vgl. Teilbild c) und wegen t=konst:

$$\tau_2 = -\frac{E\vartheta'''}{t}\oint\omega\,t\,ds + \tau_{20} = -E\vartheta'''\oint\omega\,ds + \tau_{20} =$$
$$= -E\vartheta'''\int\left(-\frac{bh}{4}\right)\frac{s}{b/2}\,ds + \tau_{20} = +E\vartheta'''\cdot\frac{h}{2}\cdot\frac{s^2}{2} + \tau_{20} \tag{292}$$

Am Rand (s=b/2) ist τ_2 Null; hieraus folgt τ_{20}:

$$\tau_2 = 0:\ \tau_2 = +E\vartheta'''\cdot\frac{hb^2}{16} + \tau_{20} \overset{!}{=} 0 \longrightarrow \tau_{20} = -E\vartheta'''\cdot\frac{hb^2}{16} \tag{293}$$

Für τ_2 ergibt sich:
$$\tau_2 = E\vartheta'''\cdot\frac{h}{2}\left(\frac{s^2}{2} - \frac{b^2}{8}\right) \tag{294}$$

Der Verlauf ist parabelförmig; vgl. Teilbild g. An der Stelle s=0 ist die sekundäre Schubspannung am größten:

$$\max\tau_2 = -E\vartheta'''\cdot\frac{hb^2}{16} \tag{295}$$

Im Einspannungsquerschnitt (x=0) ist ϑ''' negativ, folglich ist $\max\tau_2$ positiv. Dieses Ergebnis korrespondiert mit der positiven Zuordnungsdefinition von τ_2 und s; vgl. Teilbild g.

Die von den Wölbschubspannungen aufgebauten Flanschquerkräfte betragen:

$$Q_{Fl} = -E\vartheta''' \frac{hb^2}{16} \cdot \frac{2}{3} bt = -E\vartheta''' \frac{hb^3 t}{24} = -E\vartheta''' \frac{C_S}{h} \tag{296}$$

(Flächeninhalt unter einer Parabel: 2/3 Höhe mal Basis.) Wie bekannt, gilt in der Biegetheorie:

$$Q = M' \tag{297}$$

Dieser Beziehung genügen Q_{Fl} und M_{Fl} ebenfalls, vgl. G.289 und G.296.

27.3.2.4 Schubmittelpunkt

Die Ableitungen in Abschnitt 27.3.2.1 unterstellen eine über die gesamte Stablänge vorhandene, den Querschnittspunkt A (y_A,z_A) durchstoßende scharnierartige Drillachse. In diesem allgemeinen Fall bauen die Wölbspannungen σ_2 ein inneres Biegemoment auf, das mit den Lagerkräften der Scharnierverbindung im Gleichgewicht steht. Es stellt sich nunmehr die Frage, ob es eine Drillachse gibt, für die der verdrillte Stab biegemomentenfrei bleibt. Wie anschließend gezeigt wird, existiert eine derartige Achse. Sie werde im folgenden durch den Punkt M (y_M,z_M) markiert. Um die Lage dieser Drillachse zu bestimmen, wird von dem Schwerachsenkreuz y,z ausgegangen. Die Einheitsverwölbung ω_S, bezogen auf die Schwerachse, sei bekannt.

Die Einheitsverwölbung ω_M steht mit der Einheitsverwölbung ω_S gemäß G.231 in folgender Beziehung (B→M; A→S):

$$\omega_M = \omega_S + y_M(z - z_0) - z_M(y - y_0) + K \quad \text{mit} \quad K = -\omega_{S0} + \omega_{M0} \tag{298}$$

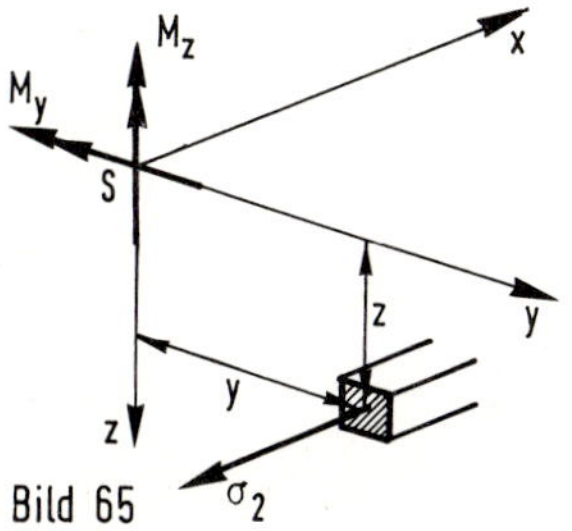

Bild 65

Die Bedingung, daß durch die Wölblängsspannungen kein Biegemoment aufgebaut wird, läßt sich mit G.243 gemäß Bild 65 wie folgt formulieren:

$$M_y = 0: \quad +\int_A \sigma_{2M} z\,dA = +E\vartheta''(x) \cdot \int_A \omega_M(s) z\,dA = 0$$

$$M_z = 0: \quad -\int_A \sigma_{2M} y\,dA = -E\vartheta''(x) \cdot \int_A \omega_M(s) y\,dA = 0 \tag{299a/b}$$

In die erste Gleichung wird G.298 eingesetzt:

$$\int_A \omega_M(s) z\,dA = \int_A \omega_S(s) z\,dA + \int_A [\,y_M(z - z_0) - z_M(y - y_0) + K\,] z\,dA = 0 \tag{300}$$

Nach gehöriger Ordnung folgt:

$$\int_A \omega_S(s) z\,dA + y_M \cdot \int_A z^2 dA - z_M \cdot \int_A yz\,dA - [y_M z_0 - z_M y_0 - K] \cdot \int_A z\,dA = 0 \tag{301}$$

Wegen

$$\int_A z^2 dA = I_y; \quad \int_A yz\,dA = I_{yz}; \quad \int_A z\,dA = 0 \tag{302}$$

verbleibt:

$$\int_A \omega_S(s) z\,dA + y_M I_y - z_M I_{yz} = 0$$
$$\int_A \omega_S(s) y\,dA - z_M I_z + y_M I_{yz} = 0 \tag{303}$$

Die zweite Gleichung ergibt sich nach analoger Umformung aus G.299b. Der jeweils erste Term stellt eine neue Querschnittsgröße dar und wird Wölbmoment genannt:

$$R_{Sy} = +\int_A \omega_S(s) z\,dA; \quad R_{Sz} = +\int_A \omega_S(s) y\,dA \tag{304}$$

R_{Sy} und R_{Sz} beziehen sich (über ω_S) auf den Schwerpunkt. Nunmehr lauten die Bestimmungsgleichungen für y_M und z_M:

$$R_{Sy} + y_M I_y - z_M I_{yz} = 0$$
$$R_{Sz} - z_M I_z + y_M I_{yz} = 0 \tag{305}$$

Die Auflösung nach den Koordinaten y_M und z_M des gesuchten Querschnittspunktes M ergibt:

$$y_M = \frac{-R_{Sy} I_z + R_{Sz} I_{yz}}{I_y I_z - I_{yz}^2}; \quad z_M = \frac{R_{Sz} I_y - R_{Sy} I_{yz}}{I_y I_z - I_{yz}^2} \tag{306}$$

Ist das Schwerachsenkreuz identisch mit dem Hauptachsenkreuz ($I_{yz}=0$), gilt:

$$y_M = -\frac{R_{Sy}}{I_y}; \quad z_M = +\frac{R_{Sz}}{I_z} \tag{307}$$

Hat der Stab die Möglichkeit, seine Drillachse frei zu wählen (ungebundene Torsion), wählt er die durch M verlaufende Achse: Drillruheachse; anderenfalls würden Biegemomente entstehen, die aus Gleichgewichtsgründen wegen fehlender äußerer Gegenkräfte nicht möglich sind. Die Drillruheachse ist mit der Schubmittelpunktsachse identisch!
Der auf den Schubmittelpunkt M bezogene Wölbwiderstand C_M ist von allen Wölbwiderständen der geringste. Um hierfür den Beweis zu führen, wird für eine beliebige Bezugsdrillachse $A(y_A, z_A)$ der Wölbwiderstand in Abhängigkeit von C_S angegeben. Hierzu wird, ausgehend von G.231 ($B \rightarrow A$, $A \rightarrow S$) ω_A gemäß

$$\begin{aligned} \omega_A &= \omega_S + y_A \cdot (z - z_0) - z_A \cdot (y - y_0) + K \\ &= \omega_S + y_A z - z_A y - (y_A z_0 - z_A y_0 + \omega_{S0} - \omega_{A0}) \end{aligned} \tag{308}$$

in die Nullbedingung G.241 eingesetzt (= resultierende Normalkraft ist bei einer Drillung um A Null):

$$\int_A \sigma_{2A}\, dA = E\vartheta''(x) \int_A \omega_A(s)\, dA = 0 \longrightarrow \int_A \omega_A\, dA = 0 \longrightarrow$$

$$\int_A \omega_S\, dA + y_A \int_A z\, dA - z_A \int_A y\, dA - (y_A z_0 - z_A y_0 + \omega_{S0} - \omega_{A0}) \cdot \int_A dA = 0 \tag{309}$$

Da die ersten drei Terme Null sind, muß der Inhalt der Klammer im letzten Term ebenfalls Null sein. Demnach verkürzt sich G.308 zu:

$$\omega_A = \omega_S + y_A z - z_A y \tag{310}$$

Wird diese Beziehung in

$$C_A = \int_A \omega_A^2\, dA \tag{311}$$

eingesetzt, ergibt sich nach kurzer Zwischenrechnung:

$$C_A = C_S + y_A^2 I_y - 2 y_A z_A I_{yz} + z_A^2 I_z + 2 y_A R_{Sy} - 2 z_A R_{Sz} \tag{312}$$

Die Koordinaten, für welche C_A zu einem Minimum wird, berechnen sich aus:

$$\frac{\partial C_A}{\partial y_A} = 0; \quad \frac{\partial C_A}{\partial z_A} = 0 \tag{313}$$

Führt man die Rechnung durch, findet man das Gleichungspaar G.306 ($A \rightarrow M$). Werden schließlich diese Formeln in G.312 eingesetzt, erhält man nach längerer Zwischenrechnung:

$$y_A \rightarrow y_M,\ z_A \rightarrow z_M: \qquad \min C = C_M = C_S + y_M R_{Sy} - z_M R_{Sz} \tag{314}$$

Sind y,z Hauptachsen, ergibt sich C_M wegen

$$R_{Sy} = -y_M \cdot I_y, \quad R_{Sz} = z_M \cdot I_z \tag{315}$$

zu:

$$C_M = C_S - y_M^2 \cdot I_y - z_M^2 I_z \tag{316}$$

27.3.2.5 Beispiele

27.3.2.5.1 Zusammengesetzter offener Querschnitt; Berechnung der Schubmittelpunktslage

Es wird für das in Abschnitt 26.3.4 untersuchte Beispiel die Lage des Schubmittelpunktes berechnet. Auf diese Weise kann das dort gewonnene Ergebnis verprobt werden.

Querschnittswerte der elastostatischen Torsionstheorie (2)

Einheitsverwölbung ω (Wölbordinate)

Es werden unterschieden:

a) Wölbfreie Querschnitte:  (dünnwandig);

b) Quasi-wölbfreie Querschnitte: Dickwandige Querschnitte und ein- oder mehrzellige Hohlquerschnitte. Eine Verwölbung $u = \omega\vartheta'$ tritt zwar auf, doch ist sie so gering, daß ihre Behinderung keinen nennenswerten Steifigkeitszuwachs bedingt (Massivbau; Holzbau);

c) Nichtwölbfreie Querschnitte: Alle offenen oder gemischt offen-geschlossenen dünnwandigen Querschnitte (Stahlbau, Leichtbau).

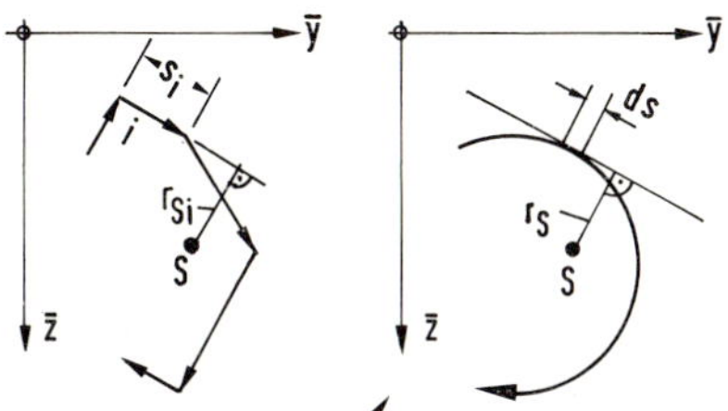

Definition von ω_S (bezogen auf den Schwerpunkt S).

Offener, dünnwandiger Querschnitt:

$$\omega_S = \bar{\omega}_S + \omega_{S0} \quad ; \quad \bar{\omega}_S = -\oint r_S \, ds \quad \text{(Grundverwölbung)}$$

Integrationskonstante: $\omega_{S0} = -\frac{1}{A} \cdot \int_A \bar{\omega}_S \, dA \, ; \quad dA = t\,ds$

Der Integrationsnullpunkt ist frei gestellt. Er liegt zweckmäßig auf einer Symmetrieachse.

Beispiel für s:

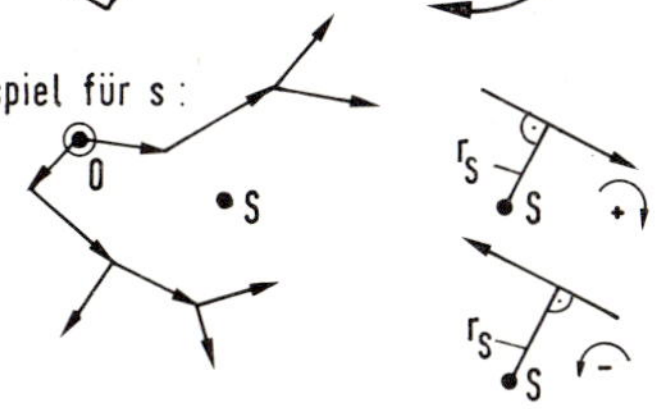

Bei der Bildung des Umlaufintegrals $\oint r_S(s)ds$ ist das Vorzeichen vor $r_S(s)$ zu beachten! $r_S(s)$ ist positiv, wenn bei Fortschreiten mit +s der Drehsinn in bezug zu S mit dem Uhrzeigersinn übereinstimmt.

Für m-zellige (geschlossene) und gemischt geschlossen-offene Querschnitte läßt sich die Wölbfunktion erst nach Berechnung der statisch unbestimmten Schubflüsse ermitteln.

Die obenstehenden Definitionen gelten für andere Bezugspunkte (statt S) unverändert.

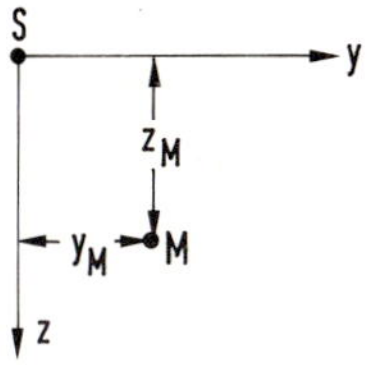

Koordinaten des Schubmittelpunktes M (y_M, z_M):

$$y_M = \frac{-R_{Sy} \cdot I_z + R_{Sz} \cdot I_{yz}}{I_y \cdot I_z - I_{yz}^2} \quad ; \quad z_M = \frac{R_{Sz} \cdot I_y - R_{Sy} \cdot I_{yz}}{I_y \cdot I_z - I_{yz}^2} \quad ;$$

Sonderfall: y, z sind Hauptachsen: $y_M = -\frac{R_{Sy}}{I_y}$; $z_M = \frac{R_{Sz}}{I_z}$

$$R_{Sy} = \int_A \omega_S \, z \, dA \; ; \quad R_{Sz} = \int_A \omega_S \, y \, dA \quad \text{(Wölbmomente)}$$

Definition des Wölbwiderstandes C_S (gilt unverändert für andere Bezugspunkte)

$$C_S = \int_A \omega_S^2 \, dA = \int_A \bar{\omega}_S^2 \, dA - \frac{1}{A} \cdot \left(\int_A \bar{\omega}_S \, dA\right)^2$$

Wölbwiderstand C_A in Abhängigkeit vom Wölbwiderstand C_S:

$$C_A = C_S + y_A^2 \cdot I_y - 2 y_A z_A \cdot I_{yz} + z_A^2 \cdot I_y + 2 y_A R_{Sy} - 2 z_A R_{Sz}$$

Für eine Drehung um M ist der Wölbwiderstand am geringsten:

$$C_{min} = C_M = C_S + y_M R_{Sy} - z_M R_{Sz} \quad \left(= \int_A \omega_M^2 \, dA \right)$$

Sonderfall: y und z sind Hauptachsen: $C_M = C_S - y_M^2 I_y - z_M^2 I_z$

Integrationsformeln für dünnwandige Polygonalquerschitte:

$$R_{Sy} = \sum \frac{t_{ik} \cdot s_{ik}}{6} \left[2 (z_i \cdot \omega_{Si} + z_k \cdot \omega_{Sk}) + z_i \, \omega_{Sk} + z_k \, \omega_{Si} \right] \; ; \quad R_{Sz}: \text{analog}$$

$$C = \sum \frac{t_{ik} \cdot s_{ik}}{3} \cdot (\omega_i^2 + \omega_i \cdot \omega_k + \omega_k^2)$$

Elastostatische Torsionstheorie (2)

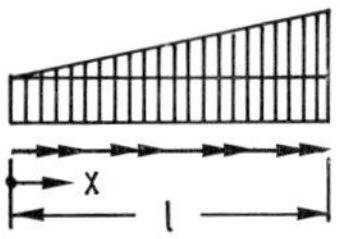

Wölbkrafttorsion dünnwandiger offener Querschnitte:

Elastizitätsgesetz: $GI_T\vartheta' - EC_A\vartheta''' = M_T$

(Drillung um A)

Grundgleichung: $$\boxed{EC_A\vartheta'''' - GI_T\vartheta'' = m_T}$$

Lösungssystem:

$$\vartheta = \frac{C_1}{\lambda^2}\cdot\sinh\lambda x + \frac{C_2}{\lambda^2}\cdot\cosh\lambda x + C_3 x + C_4 - \frac{1}{2GI_T}\cdot\left(m_0 + \frac{1}{3}m_1\frac{x}{l}\right)x^2$$

$$\lambda_A^2 = \frac{GI_T}{EC_A}$$

$$\vartheta' = \frac{C_1}{\lambda}\cdot\cosh\lambda x + \frac{C_2}{\lambda}\cdot\sinh\lambda x + C_3 - \frac{1}{2GI_T}\cdot\left(2m_0 + m_1\frac{x}{l}\right)x$$

$$\vartheta'' = C_1\sinh\lambda x + C_2\cosh\lambda x - \frac{1}{GI_T}\cdot\left(m_0 + m_1\frac{x}{l}\right)$$

$$\vartheta''' = C_1\lambda\cosh\lambda x + C_2\lambda\sinh\lambda x - \frac{m_1}{GI_T l}$$

Verschiebungen: $v_A(s,x) = r_A(s)\,\vartheta(x)$; $\quad u_A(s,x) = \omega_A(s)\,\vartheta'(x)$

Spannungen: $\tau_1(s,x) = G\vartheta'(x)\,t(s)$; $\quad \sigma_{2A}(s,x) = E\vartheta''(x)\omega_A(s)$

$$T_{2A}(s,x) = -E\cdot\vartheta'''(x)\cdot\not\oint\omega_A(s)\cdot t(s)\,ds + T_{2A,0}, \quad \tau_{2A}(s,x) = \frac{T_{2A}(s,x)}{t(s)}$$

Schnittgrößen: $M_{T1} = GI_T\vartheta'$; $\quad M_\omega = -EC_A\vartheta''$; $\quad M_{T2} = -EC_A\vartheta'''$

Randbedingungen:

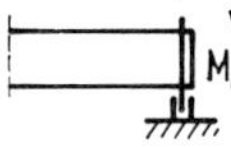
$v = 0: \vartheta = 0$
$M_\omega = 0: \vartheta'' = 0$

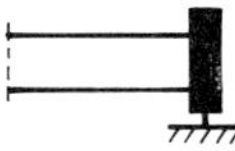
$v = 0: \vartheta = 0$
$u = 0: \vartheta' = 0$

$M_\omega = 0: \vartheta'' = 0$
$M_T = 0: \lambda^2\vartheta' - \vartheta''' = 0$

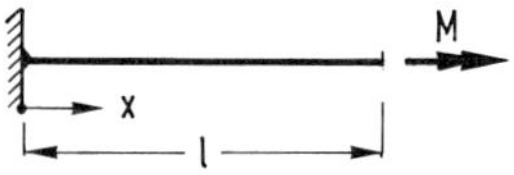

$$EC_A\vartheta = \frac{M}{\lambda^3}\cdot\left[\lambda x - \frac{\sinh\lambda l - \sinh\lambda(l-x)}{\cosh\lambda l}\right]$$

$$M_{T1} = GI_T\vartheta' = M\left[1 - \frac{\cosh\lambda(l-x)}{\cosh\lambda l}\right]$$

$$M_\omega = -EC_A\vartheta'' = -\frac{M}{\lambda}\left[\frac{\sinh\lambda(l-x)}{\cosh\lambda l}\right]$$

$$M_{T2} = -EC_A\vartheta''' = M\cdot\frac{\cosh\lambda(l-x)}{\cosh\lambda l}$$

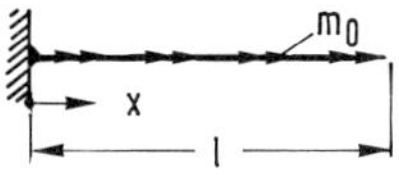

$$EC_A\vartheta = \frac{m_0}{\lambda^4}\left[\lambda^2\left(l - \frac{x}{2}\right)x - \lambda l\cdot\sinh\lambda x + \frac{(1+\lambda l\cdot\sinh\lambda l)(\cosh\lambda x - 1)}{\cosh\lambda l}\right]$$

$$M_{T1} = GI_T\,\vartheta' = \frac{m_0}{\lambda}\cdot\left[\lambda(l-x) - \lambda l\cdot\cosh\lambda x + \frac{(1+\lambda l\cdot\sinh\lambda l)\sinh\lambda x}{\cosh\lambda l}\right]$$

$$M_\omega = -EC_A\vartheta'' = \frac{m_0}{\lambda^2}\cdot\left[1 + \lambda l\cdot\sinh\lambda x - \frac{(1+\lambda l\cdot\sin\lambda l)\sinh\lambda x}{\cosh\lambda l}\right]$$

$$M_{T2} = -EC_A\vartheta''' = \frac{m_0}{\lambda}\cdot\left[\lambda l\cdot\cosh\lambda x - \frac{(1+\lambda l\cdot\sinh\lambda l)\cosh\lambda x}{\cosh\lambda l}\right]$$

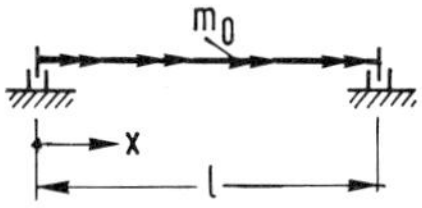

$$EC_A\vartheta = \frac{m_0}{\lambda^4}\cdot\left[\frac{\lambda^2}{2}(l-x)x - 1 + \frac{\sinh\lambda x + \sinh\lambda(l-x)}{\sinh\lambda l}\right]$$

$$M_{T1} = GI_T\vartheta' = \frac{m_0}{\lambda}\cdot\left[\frac{\lambda}{2}(l-2x) + \frac{\cosh\lambda x - \cosh\lambda(l-x)}{\sinh\lambda l}\right]$$

$$M_\omega = -EC_A\vartheta'' = \frac{m_0}{\lambda^2}\cdot\left[1 - \frac{\sinh\lambda x + \sinh\lambda(l-x)}{\sinh\lambda l}\right]$$

$$M_{T2} = -EC_A\vartheta''' = -\frac{m_0}{\lambda}\cdot\left[\frac{\cosh\lambda x - \cosh\lambda(l-x)}{\sinh\lambda l}\right]$$

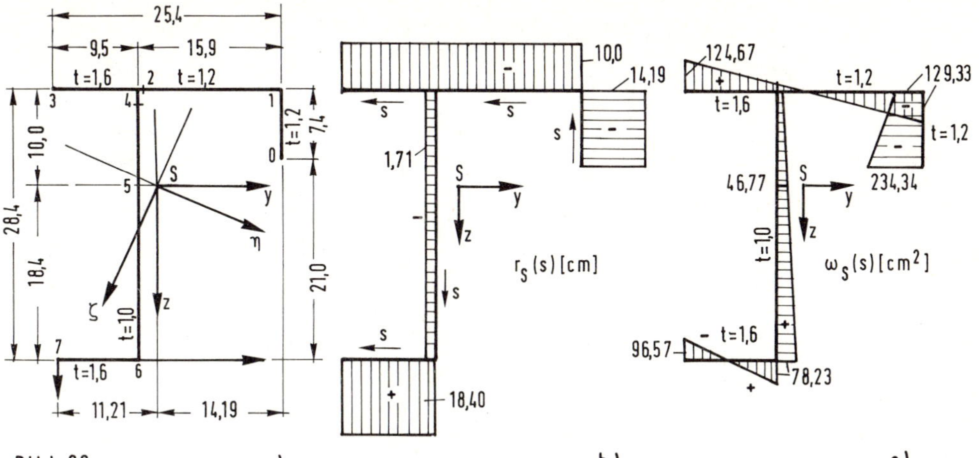

Bild 66 a) b) c)

Bild 66a zeigt den Querschnitt mit allen erforderlichen Maßen. In Teilbild b ist r_S als Funktion der vereinbarten Umlaufkoordinate dargestellt, Teilbild c zeigt die Einheitsverwölbung ω_S. Um letztere zu bestimmen, wird zunächst die Grundverwölbung $\bar{\omega}_S$ und dann der Freiwert ω_{S0} nach G.226 berechnet; im einzelnen:

$$\bar{\omega}_S(s) = -\oint r_S(s)\,ds$$

$$\begin{aligned}
&0: \quad 0 \\
&1: \quad 0 + 14{,}19\cdot 7{,}4 = 105{,}01\ \text{cm}^2 \\
&2: \quad 105{,}01 + 10{,}0\cdot 15{,}9 = 264{,}01\ \text{cm}^2 \\
&3: \quad 264{,}01 + 10{,}0\cdot 9{,}5 = 359{,}01\ \text{cm}^2 \\
&4 = 2: \quad = 264{,}01\ \text{cm}^2 \\
&5: \quad 264{,}01 + 1{,}71\cdot 10{,}0 = 281{,}11\ \text{cm}^2 \\
&6: \quad 281{,}11 + 1{,}71\cdot 18{,}4 = 312{,}57\ \text{cm}^2 \\
&7: \quad 312{,}57 - 18{,}40\cdot 9{,}5 = 137{,}77\ \text{cm}^2
\end{aligned}$$

$$\oint \bar{\omega}_S(s)\cdot t(s)\,ds = \frac{1}{2}\cdot 1{,}2\cdot 105{,}01\cdot 7{,}4 + \frac{1}{2}\cdot 1{,}2\,(105{,}01 + 264{,}01)\cdot 15{,}9 + \frac{1}{2}\cdot 1{,}6\,(264{,}01 + 359{,}01)\cdot 9{,}5 +$$
$$+ \frac{1}{2}\cdot 1{,}0\,(264{,}01 + 312{,}57)\cdot 28{,}4 + \frac{1}{2}\cdot 1{,}6\,(312{,}57 + 137{,}77)\cdot 9{,}5 = \underline{20\,332\ \text{cm}^4} \longrightarrow \omega_{S0} = -\frac{20\,332}{86{,}76} = \underline{-234{,}34\ \text{cm}^2}$$

$$\begin{aligned}
\omega_S:\ &0: \quad 0 - 234{,}34 = -234{,}34\ \text{cm}^2 \\
&1: \quad 105{,}01 - 234{,}34 = -129{,}33\ \text{cm}^2 \\
&2: \quad 264{,}01 - 234{,}34 = +29{,}67\ \text{cm}^2 \\
&3: \quad 359{,}01 - 234{,}34 = +124{,}67\ \text{cm}^2 \\
&5: \quad 281{,}11 - 234{,}34 = +46{,}77\ \text{cm}^2 \\
&6: \quad 312{,}57 - 234{,}34 = +78{,}23\ \text{cm}^2 \\
&7: \quad 137{,}77 - 234{,}34 = -96{,}57\ \text{cm}^2
\end{aligned}$$

Zur Berechnung der Wölbmomente R_{Sy} und R_{Sz} gemäß G.304 werden z(s) und y(s) als Funktion von s dargestellt; Bild 67 zeigt das Ergebnis. Im übrigen wird numerisch integriert (Überlagerung von Trapezflächen; vgl. Tafel 27.3). Nach einfacher Rechnung folgt:

$$R_{Sy} = +14\,510\ \text{cm}^5, \quad R_{Sz} = -41\,202\ \text{cm}^5$$

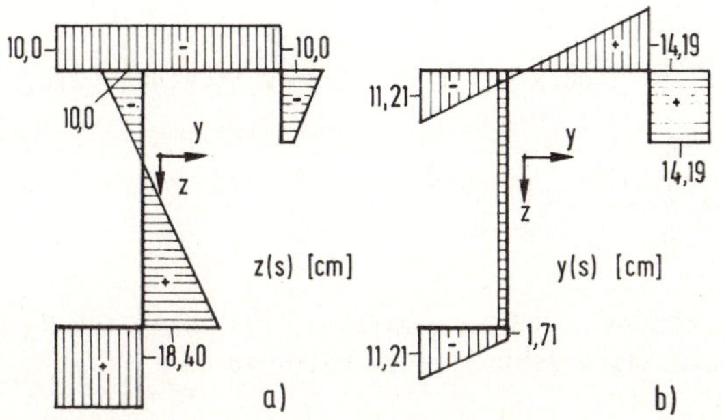

Bild 67 a) b)

I_y, I_z und I_{yz} werden von Abschnitt 26.3.4 übernommen:

$$I_y = 11\,396\ \text{cm}^4;\ I_z = 4516\ \text{cm}^4;\ I_{yz} = -3013\ \text{cm}^4$$

Nunmehr lassen sich die gesuchten Schubmittelpunktskoordinaten berechnen (G.306):

$$y_M = \frac{-R_{Sy} I_z + R_{Sz} I_{yz}}{I_y I_z - I_{yz}^2} = \underline{+1{,}39\ \text{cm}};$$

$$z_M = \frac{R_{Sz} I_y - R_{Sy} I_{yz}}{I_y I_z - I_{yz}^2} = \underline{-10{,}05\ \text{cm}}$$

27.3.2.5.2 Kragträger mit [-Querschnitt: Wölbspannungsberechnung

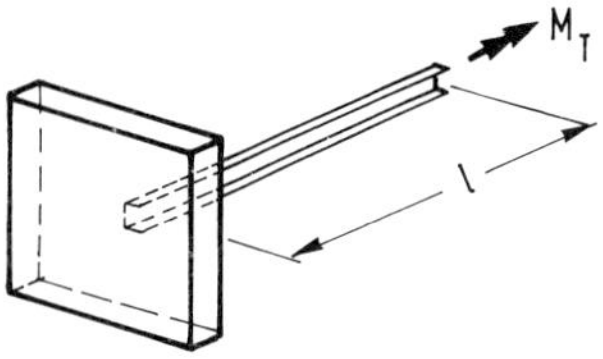

Bild 68

Gegeben sei ein [140-Profil, einseitig wölbstarr eingespannt, einseitig frei. Am freien Ende werde das Torsionsmoment

$$M_T = 50\,\mathrm{kNcm}$$

eingeprägt, vgl. Bild 68. Gesucht sind die Spannungen τ_1, τ_2 und σ_2. Es werden drei unterschiedliche Drillachsen untersucht: Die Drillachse verläuft durch den Schwerpunkt S, durch den Schubmittelpunkt M bzw. durch den Kantenpunkt A, vgl. Bild 69a. Die Berechnung wird in folgenden Schritten durchgeführt:

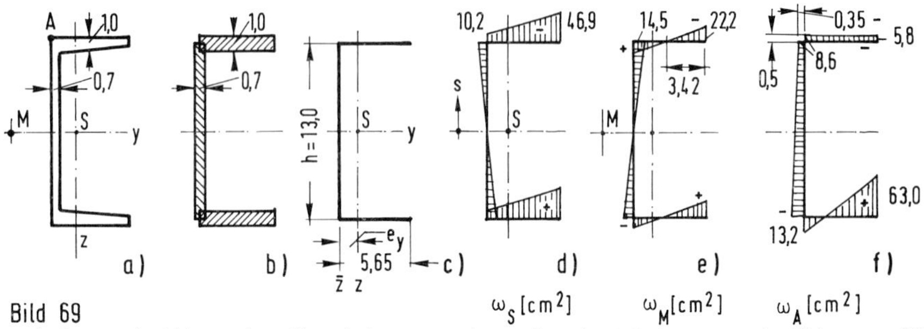

Bild 69

a) Querschnittswerte; Vereinbarung eines Ersatz-Linienquerschnittes gemäß Bild 69b/c.

Hierfür folgt:

$$I_T = \frac{1{,}12}{3}(2\cdot 1{,}0^3\cdot 5{,}65 + 0{,}7^3\cdot 13{,}0) = \frac{1{,}12}{3}(11{,}30 + 4{,}46) = \underline{5{,}88\,\mathrm{cm}^4}$$

$$A = 2\cdot 1{,}0\cdot 5{,}65 + 0{,}7\cdot 13 = 11{,}30 + 9{,}10 = \underline{20{,}40\,\mathrm{cm}^2}$$

$$e_y = (11{,}30\cdot 5{,}65/2 + 0)/20{,}40 = \underline{1{,}57\,\mathrm{cm}}$$

$$I_y = 0{,}7\cdot\frac{13{,}0^3}{12} + 2\cdot 5{,}65\cdot 1{,}0\cdot 6{,}5^2 = 128{,}1 + 477{,}5 = \underline{605{,}6\,\mathrm{cm}^4}$$

Formelmäßige Berechnung der Schubmittelpunktslage:

$$y_M = -e_y\left(1 + \frac{Ah^2}{4I_y}\right) = -1{,}57\left(1 + \frac{20{,}40\cdot 13{,}0^2}{4\cdot 605{,}6}\right) = -1{,}57(1 + 1{,}42) = \underline{-3{,}80\,\mathrm{cm}}$$

Kontrolle der Schubmittelpunktslage. Es wird ω_S bestimmt; Teilbild d zeigt das Ergebnis:

$$\omega_S = \overline{\omega}_S = -\oint r_S(s)\,ds$$

Es wird y_M mittels G.307 berechnet (Integrationsformel für R_{Sy} gemäß Tafel 27.3):

$$R_{Sy} = 2\left\{\frac{0{,}7\cdot 6{,}5}{6}[2(0 + 6{,}5\cdot 10{,}2) + 0 - 6{,}5\cdot 0] + \frac{1{,}0\cdot 5{,}65}{6}[2\cdot 6{,}5(10{,}2 + 46{,}9) + 6{,}5(10{,}2 + 46{,}9)]\right\}$$

$$= 2[0{,}7583\cdot 133 + 0{,}9417\cdot 1113] = \underline{2298\,\mathrm{cm}^5} \qquad y_M = -\frac{2298}{605{,}6} = \underline{-3{,}79\,\mathrm{cm}}$$

Als nächstes wird die Einheitsverwölbung für eine Drillung um M bzw. A bestimmt (Teilbild e und f). Für die Wölbwiderstände erhält man (Integrationsformel: Tafel 27.3):

$$C_S = 10\,813\,\mathrm{cm}^6 \longrightarrow \lambda_S = 0{,}0144\ 1/\mathrm{cm}$$
$$C_M = 2092\,\mathrm{cm}^6 \longrightarrow \lambda_M = 0{,}0328\ 1/\mathrm{cm}$$
$$C_A = 7658\,\mathrm{cm}^6 \longrightarrow \lambda_A = 0{,}0177\ 1/\mathrm{cm}$$

Der Abklingfaktor λ ist gemäß G.259 definiert.

b) Allgemeine Lösung des Spannungsproblems

Am Rand x=0 ist der Stab wölbstarr gelagert; der Rand x=l ist ein freies Stabende (vgl. G.274/275):

$$1)\ x = 0 : \vartheta = 0$$
$$2)\ x = 0 : \vartheta' = 0$$
$$3)\ x = l : \vartheta'' = 0$$
$$4)\ x = l : M_T = M_T$$

Die Randbedingungen werden durch das Lösungssystem G.206 ausgedrückt, vgl. bezüglich M_T am freien Ende auch G.265; anschließend werden die vier Freiwerte bestimmt:

$$
\begin{aligned}
&1)\quad 0 + \frac{C_2}{\lambda^2}\cdot 1 + 0 + C_4 = 0\\
&2)\quad \frac{C_1}{\lambda}\cdot 1 + 0 + C_3 = 0\\
&3)\quad C_1 \sinh\lambda l + C_2 \cosh\lambda l = 0\\
&4)\quad + GI_T C_3 = M_T
\end{aligned}
$$

$$C_3 = \frac{M_T}{GI_T} \;;\; C_1 = -\frac{M_T}{GI_T}\lambda \;;\; C_2 = +\frac{M_T}{GI_T}\cdot\lambda\cdot\tanh\lambda l \;;\; C_4 = -\frac{M_T}{GI_T}\cdot\frac{1}{\lambda}\cdot\tanh\lambda l$$

Nunmehr lassen sich die Verformungen und Schnittgrößen formelmäßig anschreiben:

$$
\begin{aligned}
&① \quad \vartheta(x) = \frac{M_T}{GI_T}\left[\frac{\tanh\lambda l}{\lambda}(\cosh\lambda x - 1) - \frac{\sinh\lambda x}{\lambda} + x\right]\\
&② \quad \vartheta'(x) = \frac{M_T}{GI_T}(\tanh\lambda l\cdot\sinh\lambda x - \cosh\lambda x + 1)\\
&③ \quad \vartheta''(x) = \frac{M_T}{GI_T}\cdot\lambda(\tanh\lambda l\cdot\cosh\lambda x - \sinh\lambda x)\\
&④ \quad \vartheta'''(x) = \frac{M_T}{GI_T}\lambda^2(\tanh\lambda l\cdot\sinh\lambda x - \cosh\lambda x)\\
&⑤ \quad M_{T1}(x) = M_T\left[1 - \frac{\cosh\lambda(l-x)}{\cosh\lambda l}\right]\\
&⑥ \quad M_\omega(x) = -M_T\frac{\sinh\lambda(l-x)}{\lambda\cdot\cosh\lambda l}\\
&⑦ \quad M_{T2}(x) = M_T\frac{\cosh\lambda(l-x)}{\cosh\lambda l}
\end{aligned}
\qquad (317)
$$

(Siehe auch Tafel 27.4.)

c) Numerische Auswertung: Länge des Stabes: l=200cm, M_T=50kNcm.

In Bild 70 ist das Ergebnis ausgewiesen und zwar für x=0, 10, 25, ... 200cm. Bild 71a zeigt den Graphen der Funktion ϑ (Drillwinkel). Für eine Drillung um M ist ϑ am größten. Die Achsen durch S bzw. A sind Zwängungsdrillachsen, folglich ist ϑ hierfür im Vergleich zur Drillung um die Schubmittelpunktsachse M geringer.

Die Summe aus M_{T1} und M_{T2} ist gleich M_T (Teilbild b). In Teilbild c ist der Verlauf des Bimomentes und damit der Wölblängsspannungen dargestellt. Die höchsten Wölbspannungen treten an der Einspannstelle auf.

d) Berechnung der Wölbspannungen für eine Drillung um M im Einspannquerschnitt

Die Berechnungsformeln lauten (Abschnitt 27.3.2.2): G.269/G.271/272:

$$\sigma_{2M} = -\frac{M_\omega}{C_M}\omega_M \;;\; T_{2M} = \frac{M_{T2}S_{\omega M}}{C_M} + T_{2M,0} \;;\; S_{\omega M} = \oint \omega_M t\, ds$$

An der Einspannstelle beträgt das Bimoment (siehe Bild 70):

$$M_\omega = -1516 \text{ kNcm}^2$$

Für die Querschnittspunkte 0, 1, 2, 3 und 4 ergibt sich σ_{2M} (mit $C_M = 2092 \text{cm}^6$) zu:

0:	ω_M = 0 cm²	σ_{2M} = + 0 kN/cm²
1:	= 14,5 cm²	= + 10,51 kN/cm²
2:	= 14,5 cm²	= + 10,51 kN/cm²
3:	= 0 cm²	= 0 kN/cm²
4:	= -22,2 cm²	= - 16,09 kN/cm²

Siehe im Einzelnen Bild 72a/b.

Das sekundäre Torsionsmoment beträgt an der Einspannstelle:

$$M_{T2} = M_T = 50 \text{ kNcm} \quad (M_{T1} = 0)$$

Hierfür ergeben sich die in Bild 72c dargestellten sekundären Schubspannungen. Aus diesen kann pro Flansch die Resultierende Q_{F1} gebildet werden, über welche das Torsionsmoment an der Einspannstelle abgesetzt wird.

	S	①	②	③	④	⑤	⑥	⑦
Drillung um S	0	0	0	1,509 '-5	-2,202 '-7	0	-3,426 ' 3	5,000 ' 1
	10	7,189 '-4	1,404 '-4	1,304 '-5	-1,907 '-7	6,708	-2,960 ' 3	4,329 ' 1
	25	4,189 '-3	3,159 '-4	1,046 '-5	-1,537 '-7	1,510 ' 1	-2,376 ' 3	3,490 ' 1
	50	1,499 '-2	5,347 '-4	7,232 '-6	-1,077 '-7	2,555 ' 1	-1,642 ' 3	2,445 ' 1
	100	4,887 '-2	7,883 '-4	3,352 '-6	-5,429 '-8	3,767 ' 1	-7,612 ' 2	1,233 ' 1
	150	9,150 '-2	9,001 '-4	1,315 '-6	-3,075 '-8	4,302 ' 1	-2,985 ' 2	6,983
	175	1,143 '-1	9,240 '-4	6,164 '-7	-2,572 '-8	4,416 ' 1	-1,400 ' 2	5,842
	200	1,376 '-1	9,316 '-4	0	-2,412 '-8	4,452 ' 1	0	5,478
	M	①	②	③	④	⑤	⑥	⑦
Drillung um M	0	0	0	3,450 '-5	-1,138 '-6	0	-1,516 ' 3	5,000 ' 1
	10	1,550 '-3	2,939 '-4	2,481 '-5	-8,184 '-7	1,405 ' 1	-1,090 ' 3	3,595 ' 1
	25	8,342 '-3	5,875 '-4	1,513 '-5	-4,990 '-7	2,808 ' 1	-6,646 ' 2	2,192 ' 1
	50	2,669 '-3	8,451 '-4	6,632 '-6	-2,188 '-7	4,039 ' 1	-2,914 ' 2	9,612
	100	7,407 '-2	1,008 '-3	1,273 '-6	-4,211 '-8	4,815 ' 1	-5,594 ' 1	1,850
	150	1,254 '-1	1,039 '-3	2,360 '-7	-8,382 '-9	4,963 ' 1	-1,037 ' 1	3,682 '-1
	175	1,515 '-1	1,042 '-3	8,680 '-8	-4,225 '-9	4,981 ' 1	-3,813	1,856 '-1
	200	1,775 '-1	1,043 '-3	0	-3,108 '-9	4,986 ' 1	0	1,365 '-1
	A	①	②	③	④	⑤	⑥	⑦
Drillung um A	0	0	0	1,800 '-5	-3,109 '-7	0	-2,895 ' 3	5,000 ' 1
	10	8,503 '-4	1,653 '-4	1,514 '-5	-2,618 '-7	7,900	-2,435 ' 3	4,210 ' 1
	25	4,895 '-3	3,654 '-4	1,168 '-5	-2,023 '-7	1,746 ' 1	-1,878 ' 3	3,254 ' 1
	50	1,721 '-2	6,023 '-4	7,566 '-6	-1,319 '-7	2,878 ' 1	-1,217 ' 3	2,122 ' 1
	100	5,453 '-2	8,539 '-4	3,111 '-6	-5,717 '-8	4,081 ' 1	-5,004 ' 2	9,193
	150	1,001 '-1	9,535 '-4	1,115 '-6	-2,757 '-8	4,557 ' 1	-1,794 ' 2	4,434
	175	1,242 '-1	9,745 '-4	5,096 '-7	-2,163 '-8	4,652 ' 1	-8,195 ' 1	3,478
	200	1,487 '-1	9,797 '-4	0	-1,977 '-8	4,682 ' 1	0	3,179
	[cm]	[1]	[1/cm]	[1/cm²]	[1/cm³]	[kN cm]	[kN cm²]	[kN cm]

Bild 70

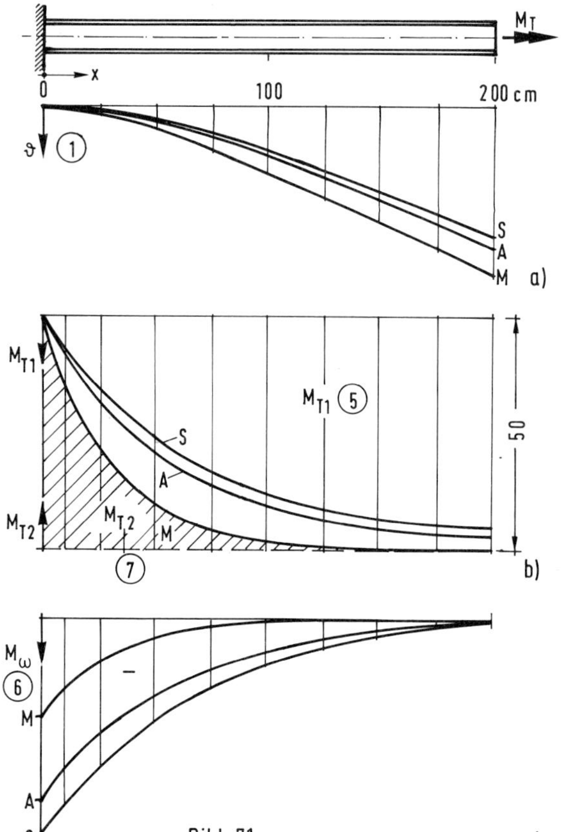

Bild 71

Bei s=0 beginnend (Symmetrieachse) wird $S_{\omega M}(s) = \oint \omega_M(s) \cdot t(s)\,ds$

berechnet und anschließend T_{2M} bestimmt:

$$
\begin{aligned}
0:&\quad S_{\omega M} = 0 \\
1/2:&\quad = 0{,}5 \cdot 14{,}5 \cdot 6{,}50 \cdot 0{,}7 = +\,32{,}99\,\text{cm}^4 \\
3:&\quad = +\,32{,}99 + 0{,}5 \cdot 14{,}5 \cdot 2{,}23 \cdot 1{,}0 = +\,49{,}16\,\text{cm}^4 \\
4:&\quad = +\,49{,}16 - 0{,}5 \cdot 22{,}2 \cdot 3{,}42 \cdot 1{,}0 = +\,11{,}20\,\text{cm}^4
\end{aligned}
$$

$$
\begin{aligned}
\rightarrow\quad T_{2M} &= 0 + T_{2M,0} \\
\rightarrow\quad &= 0{,}7885 + T_{2M,0} \\
\rightarrow\quad &= 1{,}175 + T_{2M,0} \\
\rightarrow\quad &= 0{,}2677 + T_{2M,0} \overset{!}{=} 0
\end{aligned}
$$

An der Kante (Punkt 4) ist T Null. Aus dieser Bedingung folgt $T_{2M,0} = -0{,}268$ kN/cm. Nunmehr folgen T_{2M} und

$$\tau_{2M}(s) = \frac{T_{2M}(s)}{t(s)}$$

in einfacher Weise zu:

$$
\begin{aligned}
0:&\quad T_{2M} = -\,0{,}268\ \text{kN/cm} &:&\quad \tau_{2M} = -\,0{,}383\ \text{kN/cm}^2 \\
1:&\quad = +\,0{,}520\ \text{kN/cm} &:&\quad = +\,0{,}744\ \text{kN/cm}^2 \\
2:&\quad = +\,0{,}520\ \text{kN/cm} &:&\quad = +\,0{,}520\ \text{kN/cm}^2 \\
3:&\quad = +\,0{,}907\ \text{kN/cm} &:&\quad = +\,0{,}907\ \text{kN/cm}^2 \\
4:&\quad = 0 & &\quad = 0
\end{aligned}
$$

In Bild 72c ist der Verlauf von τ_{2M} dargestellt. Im Bereich 2 bis 4 ist τ_{2M} positiv, d.h. die Schubspannung ist +s entgegengesetzt gerichtet. Vgl. zur mechanischen Deutung auch Bild 72d.

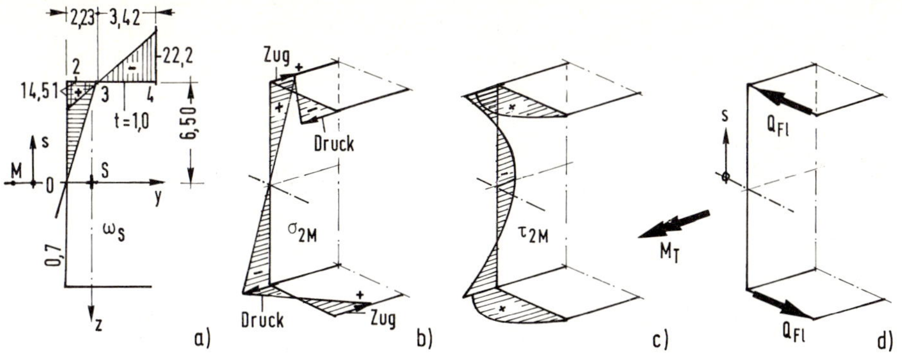

Bild 72

e) Primäre Schubspannung am freien Stabende (G.266):

$$\tau_{1M} = G\vartheta' t = 8100 \cdot 0{,}001043 \cdot t = \underline{8{,}45\, t}$$

0,1 : 5,91 kN/cm²
2,3,4 : 8,45 kN/cm²

27.3.2.6 Ergänzende Hinweise

Mit den vorangegangenen Abschnitten sind die wichtigsten Grundlagen der Wölbkrafttorsion dünnwandiger offener Querschnitte hergeleitet; wegen Ergänzungen und weiterer Beispiele vgl. z.B. [28-40].
Tafel 27.3 enthält Angaben bzw. Hinweise zur Berechnung der Querschnittswerte. Zur numerischen Berechnung vgl. z.B. [49]. - Auf Tafel 27.4 sind für drei verschiedene Lastfälle und Lagerungsarten die Lösungen des Spannungsproblems zusammengestellt; siehe hierzu auch [28, 34-37, 39, 42-44]. In [41] ist das Formänderungsverfahren für die Theorie der Wölbkrafttorsion ausgearbeitet. Das Verfahren der Übertragungsmatrizen läßt sich für die Wölbkrafttorsion unschwer ableiten; wegen der stark abklingenden Wölbspannungen treten mit diesem Verfahren indes i.a. erhebliche numerische Schwierigkeiten auf. Wegen der Analogie der kennzeichnenden Differentialgleichung G.257 mit der Differentialgleichung der Zugbiegung Theorie II. Ordnung (Abschnitt 26.12) lassen sich deren Lösungen untereinander überführen (vgl. insbesondere [44]). - Eine wichtige Voraussetzung der Theorie ist die Einhaltung der Querschnittstreue. Das ist durch Querverbände (Querschotte) konstruktiv stets sicher zustellen!

27.4 Torsion gerader Stäbe mit dünnwandigem, geschlossenen Querschnitt

27.4.1 Stäbe mit einzelligem Querschnitt

Wie erläutert, bauen die primären Schubspannungen in torsionsbeanspruchten Stäben mit offenem Querschnitt innerhalb der Wandung einen geschlossenen Schubfluß auf; vgl. Bild 74a. Der innere Hebelarm ist $\frac{2}{3}t$, t ist die lokale Wanddicke. Schon ein geringes äußeres Torsionsmoment bewirkt hohe primäre Schubspannungen. Bei Stäben mit geschlossenem Querschnitt entsteht ein die zellige Kontur umkreisender Schubfluß. Die zugehörigen Schubspannungen sind konstant über die Wanddicke verteilt (Teilbild b). Ihnen überlagern sich die linear veränderlichen Schubspannungen des offenen Querschnitts. Bei genügender Dünnwandigkeit ist der letztgenannte Beitrag nur untergeordnet an der Aufnahme des Torsions-

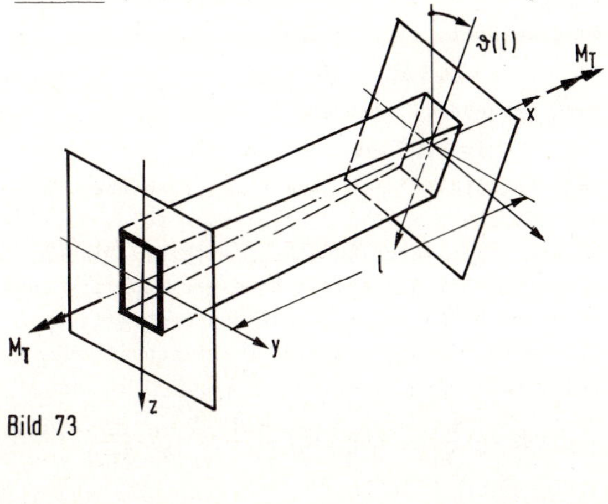

Bild 73

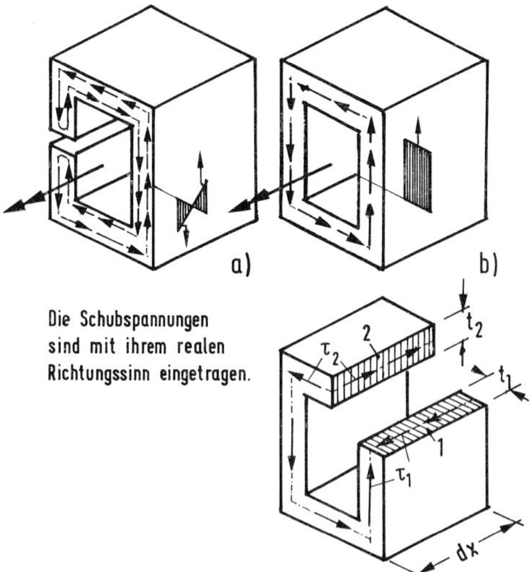

Bild 74

momentes beteiligt. Dieser Anteil wird im folgenden zunächst vernachlässigt.
In Abschnitt 27.4.4 wird die Theorie zugeschärft.
Die Schubspannungsresultierende des die Zelle umkreisenden Schubflusses beträgt:

$$T = \tau \cdot t \qquad (318)$$

Aus dem in Bild 73 dargestellten Stab wird ein Element der Länge dx herausgetrennt und dieses in Längsrichtung zweifach geschnitten. Bild 74c zeigt dieses Element mit den Schubspannungen τ_1 entlang des Schnittes 1 und den Schubspannungen τ_2 entlang des Schnittes 2. Die Wanddicken betragen hier t_1 bzw. t_2. Die Gleichgewichtsbedingung in Stablängsrichtung ergibt:

$$\tau_1 t_1 dx - \tau_2 t_2 dx = 0 \longrightarrow \tau_1 t_1 = \tau_2 t_2 = \cdots = \tau_i t_i = T \qquad (319)$$

Hieraus folgt: Der Schubfluß T ist entlang der Zellenwandung konstant, somit gilt:

$$\tau_i = \frac{T}{t_i}; \quad \max\tau = \frac{T}{\min t} \qquad (320)$$

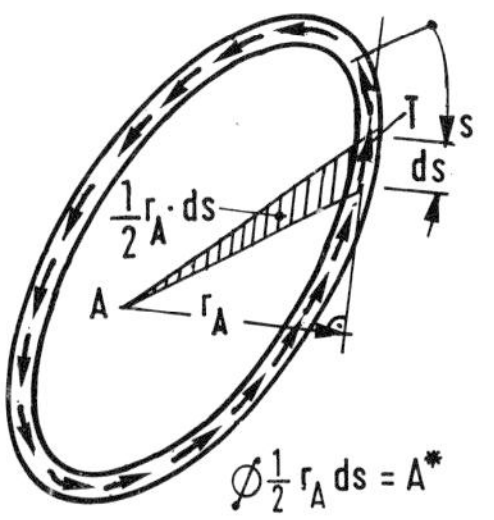

Bild 75

Bezogen auf einen frei gewählten Querscnnittspunkt A bauen die Schubspannungen ein Torsionsmoment M_T auf, welches mit dem äußeren Torsionsmoment im betrachteten Querschnitt an der Stelle x im Gleichgewicht steht:

$$M_T = \oint T ds \cdot r_A = T \oint r_A(s) ds = 2TA^* \qquad (321)$$

Hieraus folgt:

$$T = \frac{M_T}{2A^*} \qquad (322)$$

Das ist die 1. BREDTsche Formel; vgl. auch Abschnitt 4.8.2.2.
A^* ist die von der Profilmittellinie eingeschlossene Fläche. A^* ist von der Lage des Bezugspunktes unabhängig.
Um das Torsionsträgheitsmoment I_T herzuleiten, wird der geschlossene Querschnitt durch einen Längsschlitz in einen offenen überführt. An dem derart längsgeschlitzten Stab wirke das äußere Torsionsmoment M_T; dann entsteht an der Schlitzstelle (hier mit der Nummer 1 belegt) die gegenseitige Verwölbung (vgl. G.222):

$$\Delta u_{10} = \vartheta' \Delta\omega \qquad (323)$$

Der Index 1 kennzeichnet die Schnittstelle und der Index 0 den durch den Längsschnitt entstandenen "statisch bestimmten" Grundzustand. Da es nur auf die gegenseitige Verwölbung ankommt, gilt für $\Delta\omega$:

$$\Delta\omega = \Delta\bar{\omega} = -\oint r(s)\, ds \qquad (324)$$

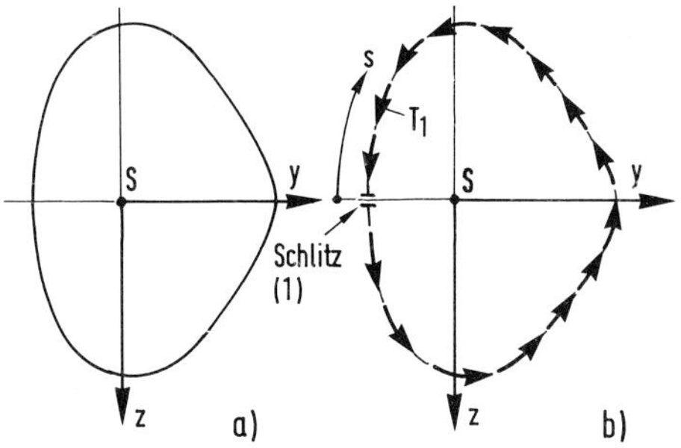

Bild 76

Entsprechend Bild 75 erhält man:

$$\Delta\omega = -2A^* \longrightarrow \Delta u_{10} = -2A^* \cdot \vartheta' \qquad (325)$$

Der Längsschlitz ist real nicht vorhanden. Es muß demnach ein Schubfluß wirksam sein, der die gegenseitige Verwölbung Δu_{10} aufhebt. Dieser Schubfluß hat die Bedeutung einer statisch unbestimmten Größe: $T_1 (=T)$. Für den Einheitszustand $T_1=1$ wird die gegenseitige Verwölbung bestimmt (vgl. Abschnitt 26.4.1):

$$\Delta u_{11} = \oint \gamma ds = \oint \frac{\tau_1}{G} ds : \; \Delta u_{11} = +\oint \frac{T_1 = 1}{G t(s)} ds = \oint \frac{ds}{G t(s)} \qquad (326)$$

Die Verformungsbedingung (Verträglichkeitsbedingung) lautet: $\Delta u_1 = 0$:

$$T_1 \Delta u_{11} + \Delta u_{10} = 0 \longrightarrow T_1 \oint \frac{ds}{G\,t(s)} - 2A^* \vartheta' = 0 \longrightarrow \frac{T_1}{G\vartheta'} = \frac{2A^*}{\oint \frac{ds}{t(s)}} \tag{327}$$

Für die zu dem Schubfluß T_1 gehörenden Schubspannungen wird das Elastizitätsgesetz

$$M_T = G I_T \vartheta' \tag{328}$$

postuliert. Aus der Gleichsetzung mit

$$M_T = M_{T1} = T_1 \cdot 2A^* \tag{329}$$

gemäß G.322 ergibt sich mit G.327:

$$G I_T \vartheta' = T_1 2A^* \longrightarrow I_T = \frac{T_1}{G\vartheta'} 2A^* = \frac{4A^{*2}}{\oint \frac{ds}{t(s)}} \tag{330}$$

Das ist die 2. BREDTsche Formel [50]. - Im Sonderfall t=konst gilt:

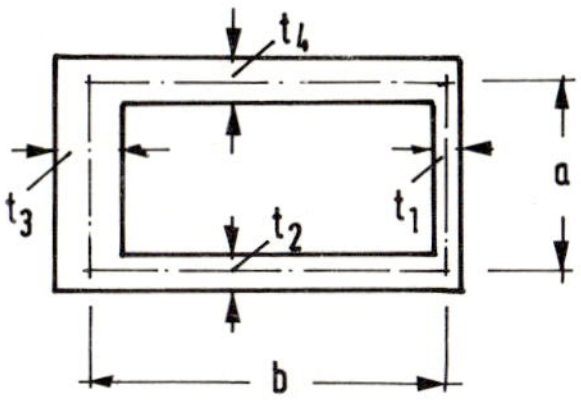

Bild 77

$$I_T = \frac{4A^{*2}}{U} t \tag{331}$$

U ist die Umfangslänge der Profilmittellinie. Für einen aus n Blechen mit jeweils konstanter Dicke zusammengesetzten Querschnitt berechnet sich der Nenner von G.330 zu:

$$\oint \frac{ds}{t(s)} = \Sigma \frac{s_i}{t_i} \tag{332}$$

Für den in Bild 77 skizzierten Querschnitt gilt demnach:

$$\oint \frac{ds}{t(s)} = \frac{a}{t_1} + \frac{b}{t_2} + \frac{a}{t_3} + \frac{b}{t_4} \tag{333}$$

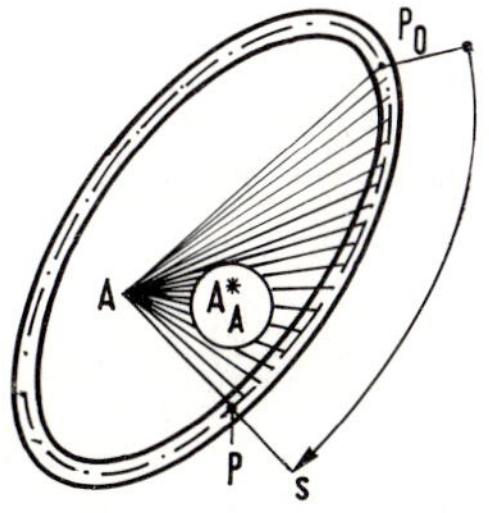

Bild 78

Die Einheitsverwölbung des einzelligen Querschnitts setzt sich, entsprechend obiger Herleitung, aus zwei Anteilen zusammen ($u_A = u_{A0} + T_1 \cdot u_{A1}$):

$$\omega_A = \frac{u_{A0}}{\vartheta'} + T_1 \cdot \frac{u_{A1}}{\vartheta'} + \omega_{A0} = -\oint r_A(s)\,ds + \frac{T_1}{G\vartheta'} \cdot u_{A1} G + \omega_{A0} =$$

$$= -2A_A^*(s) + \frac{2A^*}{\oint \frac{ds}{t(s)}} \cdot \oint \frac{ds}{t(s)} + \omega_{A0} = -2A^* \left[\frac{A_A^*(s)}{A^*} - \frac{\oint \frac{ds}{t(s)}}{\oint \frac{ds}{t(s)}} \right] + \omega_{A0} \tag{334}$$

Der Index A weist auf die Drillachse A hin (Bild 78). ω_{A0} wird aus der Bedingung bestimmt, daß bei der Drillung keine Normalkraft aufgebaut wird:

$$\omega_{A0} = -\frac{1}{A} \cdot \int_A \bar{\omega}_A \, dA \tag{335}$$

(Vgl. Abschnitt 27.3.1.2). $\bar{\omega}_A$ ist im Sinne von

$$\omega_A = \bar{\omega}_A + \omega_{A0} \tag{336}$$

mit dem ersten Term von G.334 identisch und heißt Grundverwölbung.
Der Schubmittelpunkt wird mittels der Berechnungsformeln des Abschnittes 27.3.2.4 bestimmt.

27.4.2 Beispiel: Einzelliger Kastenquerschnitt

Bild 79 zeigt einen doppelt-symmetrischen Kastenquerschnitt. Gesucht sind die Schubspannungen und Verwölbungen für das Torsionsmoment:

$$M_T = 180000 \text{ kNcm}$$

Berechnung von I_T (G.330):

$$I_T = 4 \frac{A^{*2}}{\oint \frac{ds}{t(s)}} = 4 \frac{(a \cdot b)^2}{2(\frac{a}{t_a} + \frac{b}{t_b})} = \frac{2a^2 b^2}{\frac{a}{t_a} + \frac{b}{t_b}}$$

$$A^* = 50 \cdot 100 = \underline{5000 \text{ cm}^2}$$

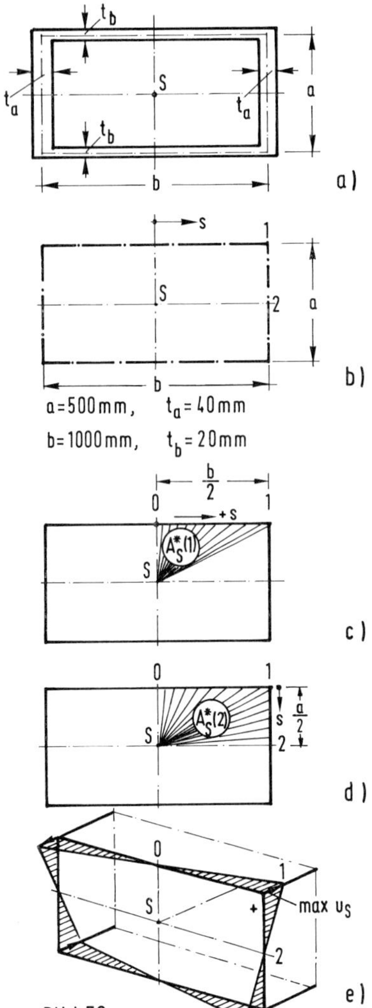

Bild 79

$$\oint \frac{ds}{t(s)} = \Sigma \frac{s_i}{t_i} = \frac{50}{4,0} + \frac{100}{2,0} + \frac{50}{4,0} + \frac{100}{2,0} = \underline{125\,[1]}$$

$$I_T = 4 \cdot \frac{5000^2}{125} = \underline{800\,000\ cm^4}$$

Berechnung der max Schubspannungen (G.322):

$$T = \frac{M_T}{2A^*};\quad \max\tau = \frac{T}{\min t} = \frac{180\,000}{2 \cdot 5000 \cdot 2{,}0} = \underline{9{,}0}\ \frac{kN}{cm^2}$$

Berechnung der Verwindung (G.328):

$$\vartheta' = \frac{M_T}{GI_T} = \frac{180000}{8100 \cdot 800000} = \underline{2{,}778 \cdot 10^{-5}}\ \frac{1}{cm}$$

Ist l die Stablänge, folgt der Drillwinkel zu $\vartheta = \vartheta' \cdot l$.

Bestimmung der Verwölbung für eine Drillung um die Schwerachse S gemäß G.334, vgl. Teilbild c und d:

$$1:\ \omega_S = -2ab\left[\frac{\frac{1}{2}\frac{a}{2}\frac{b}{2}}{a \cdot b} - \frac{\frac{b}{2t_b}}{2(\frac{a}{t_a} + \frac{b}{t_b})}\right] + \omega_{S0} = -\frac{a \cdot b}{4}\left[\frac{\frac{a}{t_a} - \frac{b}{t_b}}{\frac{a}{t_a} + \frac{b}{t_b}}\right] + \omega_{S0} \tag{337}$$

$$2:\ \omega_S = -\frac{a \cdot b}{4}\left[\frac{\frac{a}{t_a} - \frac{b}{t_b}}{\frac{a}{t_a} + \frac{b}{t_b}}\right] - 2ab\left[\frac{\frac{1}{2}\frac{b}{2}\frac{a}{2}}{a \cdot b} - \frac{\frac{a}{2t_a}}{2(\frac{a}{t_a} + \frac{b}{t_b})}\right] + \omega_{S0} =$$

$$= 0 + \omega_{S0} = \omega_{S0}$$

Über den Umfang des Querschnittes ist der Verlauf von ω_S antimetrisch; daher ist $\omega_{S0}=0$. In den Eckpunkten ist die Einheitsverwölbung am größten:

$$1:\ \max\omega_S = -\frac{50 \cdot 100}{4} \cdot \left[\frac{\frac{50}{4} - \frac{100}{2}}{\frac{50}{4} + \frac{100}{2}}\right] = \frac{50 \cdot 100}{4} \cdot \left[\frac{12{,}5 - 50}{12{,}5 + 50}\right] = \underline{+750\ cm^2}$$

Für die Verwölbung selbst ergibt sich:

$$1:\quad \max u_S = \vartheta' \cdot \max\omega_S = 2{,}778 \cdot 10^{-5} \cdot 750 = \underline{0{,}02084\ cm}$$

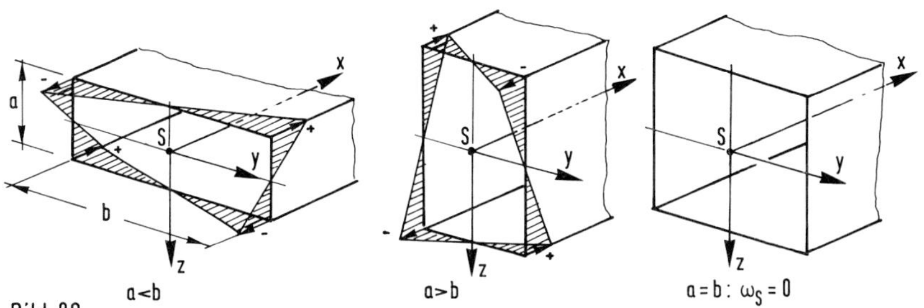

Bild 80

Hieraus kann gefolgert werden, daß sich bei Einhaltung der zulässigen Schubspannungen (hier zul τ =9kN/cm² für St37 im Lastfall H nach dem zul σ -Konzept der DIN 18800 T1; 03.81) eine dem Betrage nach sehr geringe Verwölbung einstellt; ein Indiz für die hohe Torsionssteifigkeit.

Im Sonderfall t=konst ergibt sich die Einheitsverwölbung für den Eckpunkt 1 zu:

$$1:\quad \max\omega_S = -\frac{a \cdot b}{4} \cdot \left(\frac{a - b}{a + b}\right) \tag{338}$$

Bild 80 zeigt für diesen Sonderfall die Verwölbungsbilder für $a \lesseqgtr b$.

Für die Verwölbung u folgt:

$$u_S = \omega_S \vartheta' = \omega_S \frac{M_T}{GI_T} = -\frac{M_T}{8abG}\left(\frac{a}{t_a} - \frac{b}{t_b}\right) \qquad (339)$$

27.4.3 Stäbe mit mehrzelligem Querschnitt

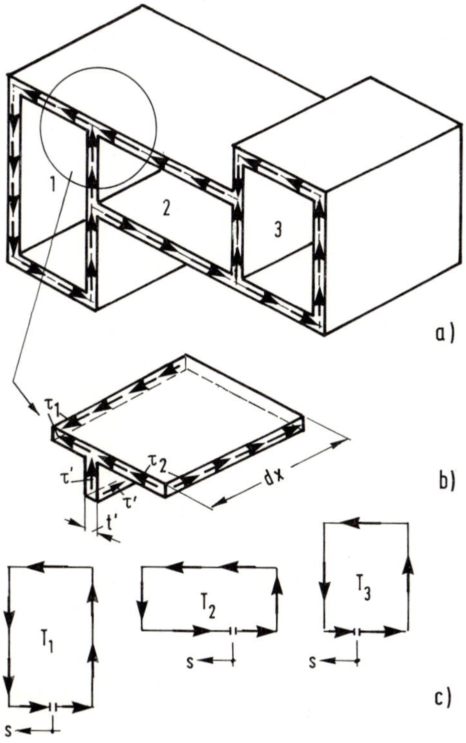

Bild 81

Die Schubspannungen in mehrzelligen Querschnitten werden nach demselben Prinzip wie beim einzelligen Querschnitt bestimmt. Das Problem ist beim m-zelligen Querschnitt m-fach statisch unbestimmt. Zur Erläuterung wird aus einem dreizelligen Querschnitt durch Längsschnitte ein Teilstück der Länge dx herausgetrennt (Bild 81a/b). Die Gleichgewichtsgleichung in Richtung x ergibt:

$$\tau' \cdot t' \, dx - \tau_1 \cdot t_1 \, dx + \tau_2 \cdot t_2 \, dx = 0 \qquad (340)$$

Hieraus folgt:

$$T' - T_1 + T_2 = 0 \longrightarrow T' = T_1 - T_2 \qquad (341)$$

Der Schubfluß T' in der gemeinsamen Wand zweier Zellen ist gleich der Differenz der Zellenschubflüsse, vgl. Bild 81c. Demnach ist es zulässig, den Gesamtquerschnitt in Einzelzellen zu zerlegen. Jeder Zelle ist ein Schubfluß T_k und ein anteiliges Torsionsmoment

$$M_{Tk} = T_k \cdot 2A_k^* \qquad (342)$$

zugeordnet; deren Summe ist gleich M_T:

$$M_T = M_{T1} + M_{T2} + \cdots = \sum_m M_{Tk} = \sum_m T_k \cdot 2A_k^* \qquad (343)$$

Gesucht sind die Schubflüsse T_k; sie werden als statisch unbestimmte Größen eingeführt. Sämtliche Zellen werden längsgeschlitzt und zwar zweckmäßig nicht durch gemeinsame Wandungen. Jeder Schnittstelle wird der Ursprung einer Umlaufkoordinate s zugeordnet (Bild 81c). Die statisch unbestimmten Schubflüsse folgen aus der Bedingung, daß bei Umfahrung der einzelnen Zellen die sich einstellenden gegenseitigen Verwölbungen Null sein müssen, wobei unterstellt wird, daß der Querschnitt durch Schotte so ausgesteift ist, daß sich keine Querverformung einstellen kann und demnach die Verwindung ϑ' aller Zellen gleichgroß ist.

Auf den statisch bestimmten Grundzustand wirke die äußere Belastung; die gegenseitige Verwölbung an den Schnittstellen beträgt dann (vgl. G.325):

$$\Delta u_{10} = -2A_1^* \vartheta', \quad \Delta u_{20} = -2A_2^* \vartheta', \quad \Delta u_{30} = -2A_3^* \vartheta' \qquad (344)$$

Für die Einheitsschubflüsse $T_k=1$ gilt (vgl. G.326):

$$T_1 = 1 : \quad \Delta u_{11} = \oint_1 \frac{1}{G\,t(s)} ds, \quad \Delta u_{21} = \oint_{1,2} \frac{1}{G\,t(s)} ds, \quad \Delta u_{31} = 0$$

$$T_2 = 1 : \quad \Delta u_{12} = \oint_{2,1} \frac{1}{G\,t(s)} ds, \quad \Delta u_{22} = \oint_2 \frac{1}{G\,t(s)} ds, \quad \Delta u_{32} = \cdots \qquad (345)$$

usf.

Der erste Index kennzeichnet den Ort, der zweite die Ursache. $\oint_1$ ist das Umfangsintegral über die Zelle 1 und $\oint_{1,2}$ das Linienintegral über die gemeinsame Wandung der Zellen 1 und 2. Offensichtlich gilt $\Delta u_{12} = \Delta u_{21}$ (Satz von MAXWELL). Sind T_1 und T_2 in der gemeinsamen Wandung gleichläufig, ist $\Delta u_{12} = \Delta u_{21}$ positiv, sind sie gegenläufig, wie in Bild 81, ist $\Delta u_{12} = \Delta u_{21}$ negativ. - Die Verträglichkeitsgleichungen lauten ($\Delta u_k = 0$):

$$\begin{aligned} \Delta u_{11} \cdot T_1 + \Delta u_{12} \cdot T_2 + \Delta u_{13} \cdot T_3 + \Delta u_{10} &= 0 \\ \Delta u_{21} \cdot T_1 + \Delta u_{22} \cdot T_2 + \Delta u_{23} \cdot T_3 + \Delta u_{20} &= 0 \\ \Delta u_{31} \cdot T_1 + \Delta u_{32} \cdot T_2 + \Delta u_{33} \cdot T_3 + \Delta u_{30} &= 0 \end{aligned} \qquad (346)$$

Mit G.344 und G.345 lautet das Gleichungssystem:

$$\oint_1 \frac{T_1}{G\,t(s)}ds + \oint_{1,2} \frac{T_2}{G\,t(s)}ds + \quad — \quad -2A_1^*\vartheta' = 0$$
$$\oint_{1,2} \frac{T_1}{G\,t(s)}ds + \oint_2 \frac{T_2}{G\,t(s)}ds + \oint_{2,3} \frac{T_3}{G\,t(s)}ds - 2A_2^*\vartheta' = 0 \tag{347}$$
$$— \quad \oint_{2,3} \frac{T_2}{G\,t(s)}ds + \oint_3 \frac{T_3}{G\,t(s)}ds - 2A_3^*\vartheta' = 0$$

Alle Gleichungen werden durch ϑ' dividiert und T_1, T_2, T_3 (weil innerhalb jeder Zelle konstant) aus den Integranden herausgezogen. Damit gilt allgemein:

$$\left(\frac{T_{k-1}}{G\vartheta'}\right)\oint_{k,k-1}\frac{ds}{t(s)} + \left(\frac{T_k}{G\vartheta'}\right)\oint_k\frac{ds}{t(s)} + \left(\frac{T_{k+1}}{G\vartheta'}\right)\oint_{k,k+1}\frac{ds}{t(s)} - 2A_k^* = 0 \qquad (k = 1,2 \cdots m) \tag{348}$$

Der Schubmodul G ist ebenfalls aus dem Integranden herausgezogen; bei einem inhomogenen Querschnitt ist das nicht möglich! Die Lösung des Gleichungssystems liefert die auf $G\vartheta'$ bezogenen statisch unbestimmten Schubflüsse T_k. Ist ϑ' bekannt, können T_k und damit die Schubspannungen in den Umfangswänden berechnet werden.
Als Elastizitätsgesetz wird wieder postuliert:

$$M_T = GI_T\vartheta' \tag{349}$$

Die Gleichsetzung mit G.343 ergibt:

$$GI_T\vartheta' = \Sigma\, T_k \cdot 2A_k^* \longrightarrow I_T = \Sigma\left(\frac{T_k}{G\vartheta'}\right)\cdot 2A_k^* \tag{350}$$

Wenn

$$I_T = I_{T1} + I_{T2} + \cdots = \Sigma\, I_{Tk} \tag{351}$$

vereinbart wird, gilt:

$$I_{Tk} = \left(\frac{T_k}{G\vartheta'}\right)\cdot 2A_k^* \tag{352}$$

Wird schließlich noch

$$M_{Tk} = GI_{Tk}\vartheta' \tag{353}$$

eingeführt (ϑ' ist für den Gesamtquerschnitt konstant), folgt:

$$M_{Tk} = \frac{I_{Tk}}{I_T}\cdot M_T \tag{354}$$

Das Torsionsmoment verteilt sich auf die Zellen im Verhältnis der Torsionsträgheitsmomente I_{Tk} zum Gesamttorsionsträgheitsmoment I_T. Ist M_{Tk} bekannt, wird

$$T_k = \frac{M_{Tk}}{2A_k^*} \tag{355}$$

berechnet, womit auch

$$\tau_k = \frac{T_k}{t(s)} \tag{356}$$

bestimmt werden kann. In gemeinsamen Wandungen sind die Schubflüsse gemäß G.341 zu überlagern.
Die Einheitsverwölbungen ergeben sich in analoger Erweiterung zum einzelligen Querschnitt zu:

$$\omega_A = -2A_A^*(s) + \oint \frac{T(s)}{G\vartheta'}\cdot\frac{ds}{t(s)} + \omega_{A0} = \bar{\omega}_A + \omega_{A0} \tag{357}$$

Hierbei erstrecken sich die Integrale von einem für alle Zellen gemeinsamen Nullpunkt aus; die positive Definition von T(s) in bezug zu s ist daran anzupassen! Die Lage des Schubmittelpunktes folgt aus den Formeln des Abschnittes 27.3.2.4.

27.4.4 Stäbe mit gemischt offen-geschlossenem Querschnitt

Die in den vorangegangenen Abschnitten hergeleitete Theorie soll im folgenden verallgemeinert und zugeschärft werden. Dazu wird der in Bild 82a dargestellte gemischt offen-geschlossene Querschnitt betrachtet. Der geschlossene Querschnittsteil ist einzellig.
Die Größe der Zelle ist in diesem Beispiel im Vergleich zum Gesamtquerschnitt relativ klein.

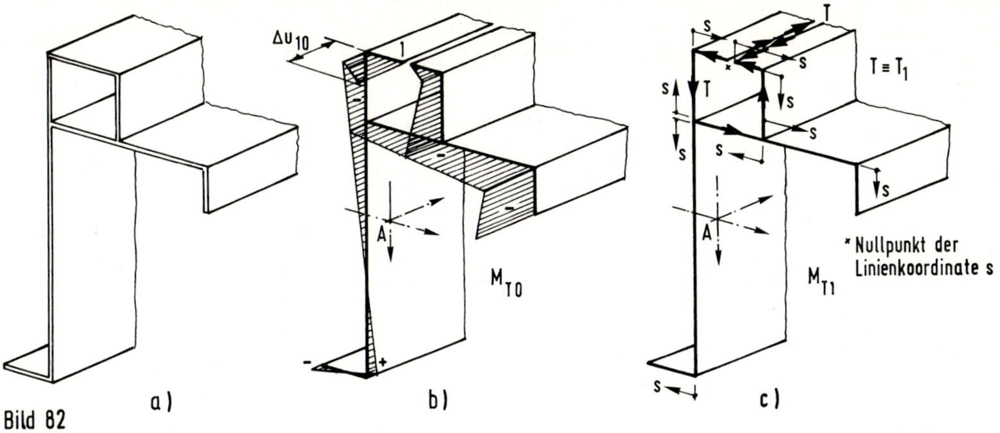

Bild 82

Die Mitwirkung der sich an die Zelle anschließenden offenen Querschnittsteile bei der Aufnahme des Torsionsmomentes soll berücksichtigt werden.
Das Problem ist 1-fach statisch-unbestimmt. Teilbild b zeigt die Lage des Längsschlitzes. Es wird eine Torsion um die durch den Querschnittspunkt A verlaufende Achse unterstellt. (Auf die Indizierung mit A wird verzichtet.)

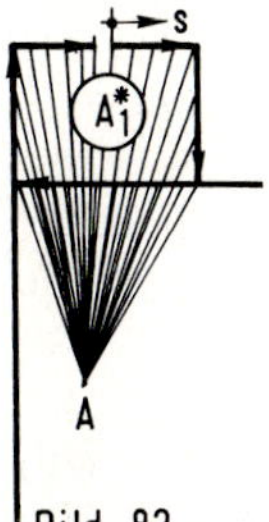

Bild 83

Zustand $T_1=0$ am statisch bestimmten Grundsystem (offener Querschnitt):

$$I_{T0} = \Sigma \frac{s_{ik} \cdot t_{ik}^3}{3}; \quad \tau_0 = \frac{M_{T0}}{I_{T0}} \cdot t; \quad \vartheta' = \frac{M_{T0}}{GI_{T0}} \tag{358}$$

M_{T0} ist das vom offenen Querschnitt aufgenommene Torsionsmoment, τ_0 ist die zugehörige Randschubspannung. Die Schubspannungen sind über die Dicke der Wandungen linear veränderlich verteilt. Die gegenseitige Verwölbung beidseitig der Schnittufer beträgt; vgl. Abschnitt 27.4.1 und Bild 83:

$$\Delta u_{10} = \vartheta' \cdot \Delta\omega = \vartheta' \cdot \Delta\overline{\omega} = -\vartheta' \oint r(s)\,ds = -2A_1^* \vartheta' \tag{359}$$

Das Umlaufintegral erstreckt sich nur über den Zellenumfang. A_1^* ist die von der Zelle eingeschlossene Fläche.
Die in Bild 82b dargestellte Verwölbung ist die Grundverwölbung $\overline{\omega}$ des offenen Querschnittes für eine am rechten Schnittrand beginnende Integration. Der statisch unbestimmte Schubfluß T_1 wirkt entlang der Zelle ($T_1=\tau_1 \cdot t$=konst.), vgl. Bild 82c. Hierdurch entsteht eine Verwölbung. Die an die Zelle anschließenden offenen Querschnittsteile erleiden Verwölbungen, die gleich den Verwölbungen der jeweiligen Anschlußstellen sind.

Zustand $T_1=1$:

$$\tau_1 = \frac{T_1}{t(s)} = \frac{1}{t(s)}; \qquad \Delta u_{11} = +\oint \frac{T_1=1}{G\,t(s)}\,ds = \oint \frac{ds}{G\,t(s)} \tag{360}$$

Verformungsbedingung:

$$\Delta u_1 = 0: \quad T_1 \Delta u_{11} + \Delta u_{10} = 0 \longrightarrow T_1 \oint \frac{ds}{G\,t(s)} - 2A_1^* \vartheta' = 0 \longrightarrow \frac{T_1}{G\vartheta'} = \frac{2A_1^*}{\oint \frac{ds}{t(s)}} \tag{361}$$

Gleichsetzung von

$$M_{T1} = GI_{T1}\vartheta' \ \text{ mit } \ M_{T1} = T_1 \cdot 2A_1^* \tag{362}$$

ergibt:

$$GI_{T1}\vartheta' = T_1 \cdot 2A_1^* \longrightarrow I_{T1} = \frac{T_1}{G\vartheta'} \cdot 2A_1^* = \frac{4A_1^{*2}}{\oint \frac{ds}{t(s)}} \tag{363}$$

Das innere Torsionsmoment setzt sich aus der Wirkung der Torsionsschubspannungen des offenen Querschnittes (M_{T0}) und des geschlossenen Zellenquerschnittes (M_{T1}) zusammen:

$$M_T = M_{T0} + M_{T1} \tag{364}$$

Wegen

$$\vartheta_0' = \vartheta_1' \longrightarrow \frac{M_{T0}}{GI_{T0}} = \frac{M_{T1}}{GI_{T1}} \tag{365}$$

gilt:

$$M_{T0} = \frac{I_{T0}}{I_T} M_T, \quad M_{T1} = \frac{I_{T1}}{I_T} M_T \tag{366}$$

mit

$$I_T = I_{T0} + I_{T1} \tag{367}$$

Die Herleitung entspricht - bis auf die Einbeziehung des vom "offenen" Querschnitt ausgehenden Beitrages - der Herleitung in Abschnitt 27.4.1. Die Erweiterung auf mehrzellige, gemischt offen-geschlossene Querschnitte ist daraus erkennbar, siehe das Beispiel in Abschnitt 27.4.5.2.

27.4.5 Beispiele und Ergänzungen

27.4.5.1 Kreisrohrquerschnitt (dünn- und dickwandig)

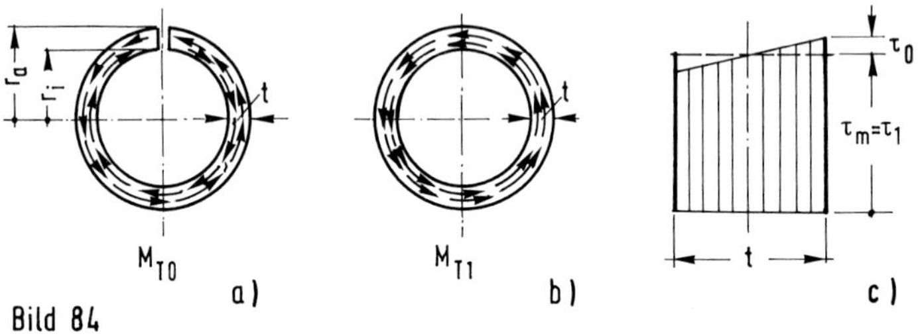

Bild 84

Es wird von einem "dickwandigen" Rohrquerschnitt ausgegangen; der mittlere Radius beträgt (Bild 84):

$$r = \frac{r_i + r_a}{2} \tag{368}$$

Bild 84a zeigt den aufgeschnittenen Querschnitt. Dieser übernimmt das Torsionsmoment M_{T0}:

$$I_{T0} = \frac{1}{3} \cdot 2r\pi t^3 = \frac{2}{3}\pi r t^3; \quad \tau_0 = \frac{M_{T0}}{I_{T0}} t; \quad \vartheta_0' = \frac{M_{T0}}{GI_{T0}} = \frac{M_{T0}}{G\frac{2}{3}\pi r t^3} \tag{369}$$

Teilbild b zeigt den Schubfluß T_1; es gilt:

$$I_{TI} = 4 \cdot \frac{A^{*2} t}{U} = 4 \cdot \frac{(\pi r^2)^2 t}{2\pi r} = \frac{4\pi^2}{2\pi} \cdot \frac{r^4 t}{r} = 2\pi r^3 t; \quad \tau_1 = \frac{T_1}{t} = \frac{M_{T1}}{2A^* t} = \frac{M_{T1}}{2(\pi r^2) t} \tag{370}$$

$$\vartheta_1' = \frac{M_{T1}}{GI_{T1}} = \frac{M_{T1}}{G\, 2\pi r^3 t} \tag{371}$$

Aus der Bedingungsgleichung

$$\vartheta_0' = \vartheta_1' = \vartheta' \tag{372}$$

folgt:

$$\frac{M_{T0}}{G\frac{2}{3}\cdot\pi r t^3} = \frac{M_{T1}}{G\, 2\pi r^3 t} \longrightarrow \frac{M_{T0}}{M_{T1}} = \frac{2\pi r t^3}{3 \cdot 2\pi r^3 t} = \frac{t^2}{3r^2} \tag{373}$$

Das resultierende Torsionsmoment beträgt:

$$M_T = M_{T0} + M_{T1} = \frac{t^2}{3r^2} M_{T1} + M_{T1} = \left(\frac{t^2}{3r^2} + 1\right) M_{T1} = \frac{t^2 + 3r^2}{3r^2} M_{T1} \longrightarrow \tag{374}$$

$$M_{T1} = \frac{3r^2}{3r^2 + t^2} M_T; \quad M_{T0} = \frac{t^2}{3r^2 + t^2} M_T \tag{375}$$

Die (mittlere) Schubspannung $\tau_m = \tau_1$ ergibt sich zu (vgl. Bild 84c):

$$\tau_m = \tau_1 = \frac{T_1}{t} = \frac{M_{T1}}{2A^* t} = \frac{r^2}{r^2 + t^2/3} \cdot \frac{M_T}{2(\pi r^2) t} = \frac{M_T}{2\pi t (r^2 + t^2/3)} \tag{376}$$

Die ST-VENANTsche Torsionstheorie liefert für den dickwandigen Rohrquerschnitt (Abschnitt 27.2.1.9.2):

$$\tau_m = \frac{M_T}{2\pi t (r^2 + t^2/4)} \tag{377}$$

Die Differenz gegenüber G.376 beruht darauf, daß im Falle der Gleichung G.376 die gegenseitige Verwölbung nur in der Profilmittellinie und nicht über die ganze Wanddicke zu Null gemacht wird.

Zahlenbeispiel: Rohr, r=100mm, t=5mm, G.373 ergibt:

$$\frac{M_{T0}}{M_{T1}} = \frac{5^2}{3\cdot 100^2} = \frac{25}{30000} = \underline{\underline{\frac{1}{1200}}}$$

Weiters:

$$M_{T0} = \frac{25}{25+30\,000}\cdot M_T = \frac{25}{30\,025}\cdot M_T; \qquad I_{T0} = \frac{2}{3}\pi 10\cdot 0{,}5^3 \longrightarrow$$

$$\tau_0 = \frac{25}{30\,025}\cdot\frac{0{,}5}{\frac{2}{3}\cdot\pi\cdot 10\cdot 0{,}5^3}\cdot M_T = 1{,}590\cdot 10^{-4} M_T$$

$$M_{T1} = \frac{30\,000}{25+30\,000}\cdot M_T = \frac{30000}{30025} M_T \longrightarrow \tau_1 = \frac{30000}{30025}\cdot\frac{M_T}{2\cdot\pi 10^2 0{,}5} = 3{,}180\cdot 10^{-3} M_T$$

Die Schubspannungen stehen demnach im Verhältnis

$$\frac{\tau_0}{\tau_1} = \frac{1{,}590\cdot 10^{-4}}{3{,}180\cdot 10^{-3}} = \underline{\underline{\frac{1}{20}}}$$

zueinander (vgl. Bild 84c).

Da i.a. $t^2 \ll r^2$ ist, kann im Regelfall M_{T0} zu Null vernachlässigt werden, d.h. $M_T = M_{T1}$ (BREDTsche Theorie).

27.4.5.2 Unsymmetrischer zweizelliger Querschnitt

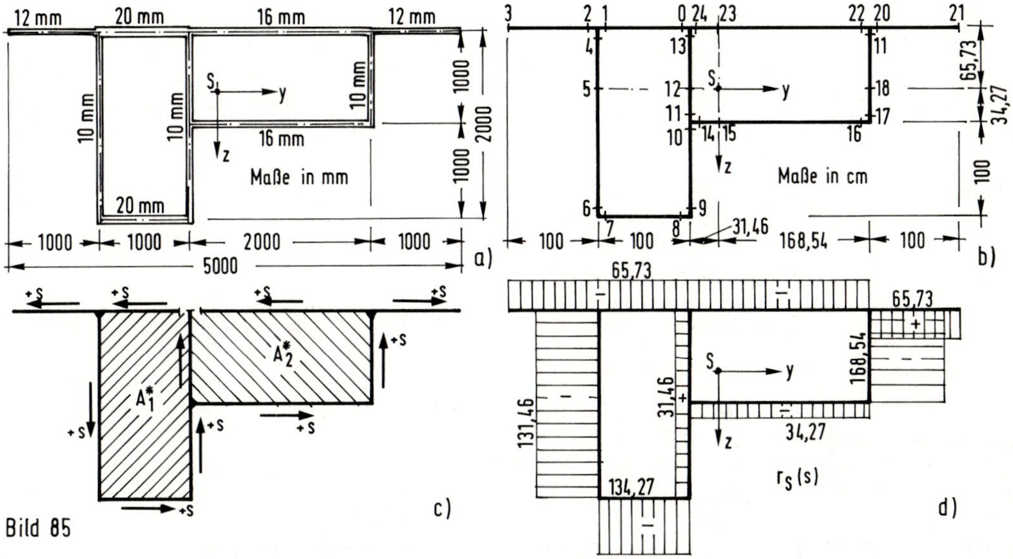

Bild 85

Bild 85a zeigt den (bereits in Abschnitt 26.4.3.2 untersuchten) Querschnitt. In Teilbild b ist die Schnittnumerierung und die Lage des Schwerpunktes eingetragen. Von Abschnitt 26.4.3.2 werden die Querschnittswerte übernommen:

$$A = 1780\,\text{cm}^2,\; I_y = 9176055\,\text{cm}^4,\; I_z = 24505184\,\text{cm}^4,\; I_{yz} = -3\,480\,981\,\text{cm}^4$$

Das Gleichungssystem für die Berechnung der Schubflüsse T_1 und T_2 lautet (vgl. G.348):

$$\frac{T_1}{G\vartheta'}\oint_1 \frac{ds}{t(s)} + \frac{T_2}{G\vartheta'}\int_{1,2} \frac{ds}{t(s)} - 2A_1^* = 0$$

$$\frac{T_1}{G\vartheta'}\int_{2,1} \frac{ds}{t(s)} + \frac{T_2}{G\vartheta'}\oint_2 \frac{ds}{t(s)} - 2A_2^* = 0$$

Die positive Richtung von T_1 und T_2 ist in Bild 86 eingetragen. (Die positive Richtung von T ist entgegengesetzt zur positiven Richtung der Linienkoordinate s, vgl. Bild 85c.) Der Flächeninhalt der Zellen 1 und 2 ist in diesem Beispiel gleichgroß und beträgt 100·200=20000cm². Für die Linienintegrale ergibt sich:

Positive Definition von s und T(s)

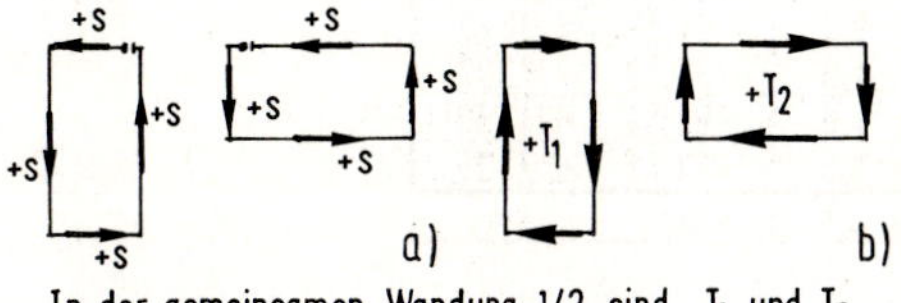

In der gemeinsamen Wandung 1/2 sind T_1 und T_2 gegenläufig.

Bild 86

$$\oint_1 \frac{ds}{t(s)} = 2\cdot\frac{100}{2{,}0} + 2\cdot\frac{200}{1{,}0} = 100 + 400 = \underline{500}[1]\,;\quad \oint_2 \frac{ds}{t(s)} = 2\cdot\frac{200}{1{,}6} + 2\cdot\frac{100}{1{,}0} = 250 + 200 = \underline{450}[1]$$

$$\oint_{1,2} \frac{ds}{t(s)} = \oint_{2,1} \frac{ds}{t(s)} = -\frac{100}{1{,}0} = -\underline{100}[1]\,;\quad A_1^* = 100\cdot 200 = \underline{20000\,cm^2}\,;\quad A_2^* = 200\cdot 100 = \underline{20\,000\,cm^2}$$

T_1 und T_2 sind aufgrund der Wahl von s in der Wand 1/2 gegenläufig, folglich ist $\Delta u_{12} = \Delta u_{21}$ negativ. - Gleichungssystem:

$$500\,\frac{T_1}{G\vartheta'} - 100\,\frac{T_2}{G\vartheta'} - 2\cdot 20000 = 0$$

$$-100\,\frac{T_1}{G\vartheta'} + 450\,\frac{T_2}{G\vartheta'} - 2\cdot 20000 = 0$$

Lösung:

$$\frac{T_1}{G\vartheta'} = \underline{+102{,}326\,cm^2},\quad \frac{T_2}{G\vartheta'} = \underline{111{,}628\,cm^2},\quad \frac{T_1 - T_2}{G\vartheta'} = \underline{-9{,}302\,cm^2}$$

Ist ϑ' bekannt, lassen sich T_1 und T_2 und hiermit die (mittleren) Schubspannungen $\tau = T/t$ berechnen. ϑ' folgt aus der Lösung des Stabproblems.

Als nächstes wird das Torsionsträgheitsmoment bestimmt. Es setzt sich aus drei Anteilen zusammen (vgl. G.351/2 und G.367):

$$I_T = I_{T0} + I_{T1} + I_{T2} = I_{T0} + \left(\frac{T_1}{G\vartheta'}\right) 2A_1^* + \left(\frac{T_2}{G\vartheta'}\right) 2A_2^* =$$

$$= I_{T0} + 102{,}326\cdot 2\cdot 20000 + 111{,}628\cdot 2\cdot 20000 = I_{T0} + 4\,093\,040 + 4\,465\,120 =$$

$$= I_{T0} + \underline{8\,558\,160\ cm^4}\,;\quad I_{T0} = \frac{1}{3}\cdot\Sigma s_i t_i^3 = \underline{1\,361\,cm^4}\ :\quad I_T = \underline{8\,559\,521\,cm^4}$$

Der Beitrag aus dem offenen Querschnitt ist mit 0,02% verschwindend gering und damit auch das anteilige Torsionsmoment M_{T0}. Die zugehörigen Schubspannungen können i.a. vernachlässigt werden (s.o.).

Für die Berechnung des Schubmittelpunktes wird die Einheitsverwölbung (bezogen auf den Schwerpunkt S) benötigt, vgl. G.334 bzw. G.357:

$$\omega_S(s) = \underbrace{-\oint r_S(s)\,ds + \oint \frac{T(s)}{G\vartheta'}\cdot\frac{ds}{t(s)}} + \omega_{S0} = \qquad (378)$$

$$= \qquad \overline{\omega}_S(s) \qquad + \omega_{S0}\,;\quad \omega_{S0} = -\frac{1}{A}\oint \overline{\omega}_S(s)\cdot t(s)\,ds \qquad (379a/b)$$

Bei der folgenden Rechnung ist sorgfältig auf die positive Definition von $r_S(s)$ und T(s) in Abhängigkeit von der vereinbarten Umlaufkoordinate s zu achten! Im vorliegenden Beispiel ist +s gemäß Bild 85c definiert, damit liegt auch das Vorzeichen von $r_S(s)$ fest: $r_S(s)$ ist positiv, wenn bei Umfahrung des Schwerpunktes S in Richtung der positiven Linienkoordinate s der Drehsinn mit dem Uhrzeigersinn übereinstimmt. In Bild 85d ist der Verlauf von $r_S(s)$ dargestellt.

	r_S	s	$r_S\cdot s$
0 ÷ 1	- 65,73	100	- 6573
2 ÷ 3	- 65,73	100	- 6573
4 ÷ 5	-131,46	65,73	- 8641
5 ÷ 6	-131,46	134,27	-17651
7 ÷ 8	-134,27	100	-13427
9 ÷ 10	+ 31,46	100	+ 3146
11 ÷ 12	+ 31,46	34,27	+ 1078
12 ÷ 13	+ 31,46	65,73	+ 2068
14 ÷ 15	+ 34,27	31,46	- 1078
15 ÷ 16	- 34,27	168,54	- 5776
17 ÷ 18	-168,54	34,27	- 5776
18 ÷ 19	-168,54	65,73	- 11078
20 ÷ 21	+ 65,73	100	+ 6573
22 ÷ 23	- 65,73	168,54	- 11078
23 ÷ 24	- 65,73	31,46	- 2068
	cm	cm	cm²

Bild 87

	$T/G\vartheta'$	t	s	$\frac{T}{G\vartheta'}\cdot\frac{s}{t}$
0 ÷ 1		2,0	100	- 5116
4 ÷ 5		1,0	65,73	- 6726
5 ÷ 6	- 102,326	1,0	134,27	-13739
7 ÷ 8		2,0	100	- 5116
9 ÷ 10		1,0	100	-10233
11 ÷ 12	+ 9,302	1,0	34,27	+ 319
12 ÷ 13		1,0	65,73	+ 611
14 ÷ 15		1,6	31,46	- 2195
15 ÷ 16		1,6	168,54	-11759
17 ÷ 18	- 111,628	1,0	34,27	- 3825
18 ÷ 19		1,0	65,73	- 7337
22 ÷ 23		1,6	168,54	-11759
23 ÷ 24		1,6	31,46	- 2195
	cm²	cm	cm	cm²

Bild 89

In der Tabelle des Bildes 87 sind elementweise die Integranden des ersten Integralterms von G.378 ausgewiesen; sie sind, da r_S abschnittsweise konstant ist, in einfacher Weise zu berechnen:

$$\oint r_S(s)\,ds = r_S\cdot s$$

In Bild 88 ist die Bildung des Integrals

$$-\oint r_S \, ds$$

eingetragen: Spalte 2 und 3. Damit ist der erste Anteil der Grundverwölbung $\bar{\omega}_S(s)$ bestimmt. - Das zweite Integral der Grundverwölbung (vgl. G.378) wird ebenfalls tabellarisch gebildet. In positiver s-Richtung wird integriert:

$$\oint T(s) \, ds$$

Das Vorzeichen ist zu berücksichtigen. Das geschieht in der 2. Spalte der Tabelle des Bildes 89 dadurch, daß der Integrand vorzeichenbehaftet eingetragen wird: Bezogen auf die positive Integrationsrichtung (in Richtung +s) ist T(s) entgegengesetzt positiv definiert. Somit ist für die Integranden zu setzen (vgl. Bild 85c und Bild 86):

$$\left(\frac{T_1}{G\vartheta'}\right) = -102{,}326\,\text{cm}^2, \quad \left(\frac{T_2}{G\vartheta'}\right) = -111{,}628\,\text{cm}^2, \quad \left(\frac{T_1 - T_2}{G\vartheta'}\right) = +9{,}302\,\text{cm}^2$$

Elementweise werden die Integrale (hier wieder in einfacher Weise) gebildet: Bild 89 zeigt das Ergebnis. In der 4. Spalte des Bildes 88 ist schließlich das Ergebnis der Linienintegration eingetragen, damit läßt sich $\bar{\omega}_S(s)$ als Summe von Spalte 3 und 4 bilden. Innerhalb der einzelnen Elemente verläuft die Grundverwölbung geradlinig; es handelt sich somit um Trapezflächen über die gemäß G.379b zu integrieren ist. Z.B. Element 0÷1:

$$\frac{0 + 1457}{2} \cdot 2{,}0 \cdot 100 = 145\,700\ \text{cm}^4 \quad \text{(usw.)}$$

Die Rechnung ergibt:

$$\omega_{S0} = \underline{-2292\ \text{cm}^2}$$

	$\oint r_S \cdot ds$	$-\oint r_S \cdot ds$	$\frac{T}{G\vartheta'} \cdot \frac{s}{t}$	$\bar{\omega}_S(s)$	$\omega_S(s)$
0	= 0	0	0 = 0	0	- 2292
1	0 - 6573 = - 6573	+ 6573	0 - 5116 = - 5116	+ 1457	- 835
2	(=1) = - 6573	+ 6573	(=1) = - 5116	+ 1457	- 835
3	- 6573 - 6573 = -13146	+ 13146	(=2) = - 5116	+ 8030	+ 5738
4	(=1 = 2) = - 6573	+ 6573	(=1) = - 5116	+ 1457	- 835
5	- 6573 - 8641 = -15214	+ 15214	- 5116 - 6726 = - 11842	+ 3372	+ 1080
6	- 15214 - 17651 = -32865	+ 32865	- 11842 - 13739 = -25581	+ 7284	+ 4992
7	(= 6) = -32865	+ 32865	(= 6) = -25581	+ 7284	+ 4992
8	- 32865 - 13427 = -46292	+ 46292	- 25581 - 5116 = -30697	+ 15595	+ 13303
9	(= 8) = -46292	+ 46292	(= 8) = -30697	+ 15595	+ 13303
10	- 46292 + 3146 = -43146	+ 43146	- 30697 - 10233 = -40930	+ 2216	- 76
11	(=10) = -43146	+ 43146	(=10) = -40930	+ 2216	- 76
12	- 43146 + 1078 = -42068	+ 42068	- 40930 + 319 = -40611	+ 1457	- 835
13	- 42068 + 2068 = -40000	+ 40000	- 40611 + 611 = -40000	0	- 2292
14	(=10 = 11) = -43146	+ 43146	(= 10) = -40930	+ 2216	- 76
15	- 43146 - 1078 = -44224	+ 44224	- 40930 - 2195 = -43125	+ 1099	- 1193
16	- 44224 - 5776 = - 50000	+ 50000	- 43125 - 11759 = -54884	- 4884	- 7176
17	(=16) = - 50000	+ 50000	(=16) = -54884	- 4884	- 7176
18	- 50000 - 5776 = - 55776	+ 55776	- 54884 - 3825 = - 58709	- 2936	- 5225
19	- 55776 - 11078 = - 66854	+ 66854	- 58709 - 7337 = - 66046	+ 808	- 1484
20	(=19) = - 66854	+ 66854	(= 19) = - 66046	+ 808	- 1484
21	- 66854 + 6573 = - 60281	+ 60281	(= 20) = - 66046	- 5765	- 8057
22	(=19 = 20) = - 66854	+ 66854	(= 19) = - 66046	+ 808	- 1484
23	- 66854 - 11078 = - 77932	+ 77932	- 66046 - 11759 = - 77805	+ 127	- 2165
24	- 77932 - 2068 = - 80000	+ 80000	- 77805 - 2195 = - 80000	0	- 2292
	cm²	cm²	cm²	cm²	cm²

Bild 88

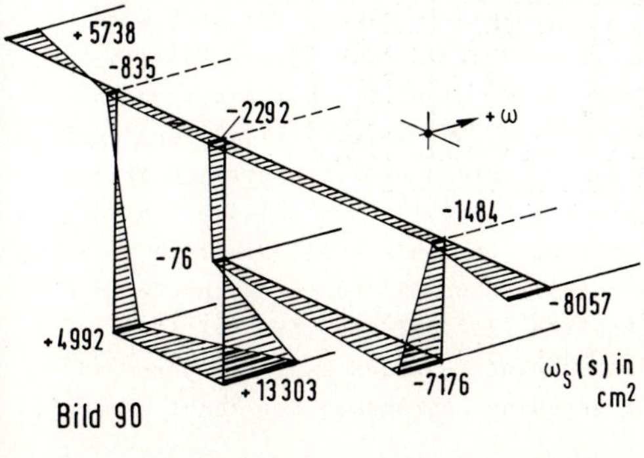

Bild 90

Nunmehr kann die Einheitsverwölbung gemäß G.379a aufaddiert werden. Die letzte Spalte in Bild 88 zeigt das Ergebnis; es ist in Bild 90 veranschaulicht.

Die weitere Berechnung geht von G.306 aus. Als erstes werden die Werte R_{Sy} und R_{Sz} benötigt. Auf Tafel 27.3 ist die Integrationsformel eingetragen: Es handelt sich um die "Überlagerung" von Trapezflächen. Die Rechnung wird zweckmäßig wiederum tabellarisch bewerkstelligt. Bild 91 ent-

i - k	y_i	y_k	z_i	z_k	ω_{Si}	ω_{Sk}	s_{ik}	t_{ik}	$s_{ik} \cdot t_{ik}$
0-1	- 31,46	- 131,46	- 65,73	- 65,73	- 2292	- 835	100	2,0	200
2-3	- 131,46	- 231,46	- 65,73	- 65,73	- 835	+ 5738	100	1,2	120
4-6	- 131,46	- 131,46	- 65,73	+ 134,27	- 835	+ 4992	200	1,0	200
7-8	- 131,46	- 31,46	- 134,27	+ 134,27	+ 4992	+ 13303	100	2,0	200
9-10	- 31,46	- 31,46	+ 134,27	+ 34,27	+ 13303	- 76	100	1,0	100
11-13	- 31,46	- 31,46	+ 34,27	- 65,73	- 76	- 2292	100	1,0	100
14-16	- 31,46	+ 168,54	+ 34,27	+ 34,27	- 76	- 7176	200	1,6	320
17-19	- 168,54	+ 168,54	+ 34,27	- 65,73	- 7176	- 1484	100	1,0	100
20-21	+ 168,54	+ 268,54	- 65,73	- 65,73	- 1484	- 8057	100	1,2	120
22-24	+ 168,54	- 31,46	- 65,73	- 65,73	- 1484	- 2292	200	1,6	320

Bild 91

hält Anfangs- und Endkoordinaten der einzelnen Elementränder sowie deren Länge und Dicke. Die Zahlenrechnung ergibt:

$$R_{Sy} = \Sigma \frac{t_{ik} \cdot s_{ik}}{6} [2(z_i \omega_{Si} + z_k \omega_{Sk}) + z_i \omega_{Sk} + z_k \omega_{Si}] = \underline{3\,907\,666 \cdot 10^2 \text{ cm}^5}$$

$$R_{Sz} = \Sigma \frac{t_{ik} \cdot s_{ik}}{6} [2(y_i \omega_{Si} + y_k \omega_{Sk}) + y_i \omega_{Sk} + y_k \omega_{Si}] = \underline{-\,6\,029\,701 \cdot 10^2 \text{ cm}^5}$$

Die Schubmittelpunktskoordinaten folgen damit zu (G.306):

$$y_M = \frac{-\,3\,907\,666 \cdot 10^2 \cdot 24\,505\,184 + 6\,029\,701 \cdot 10^2 \cdot 3\,480\,981}{9\,176\,055 \cdot 24\,505\,184 - 3\,480\,981^2} = \underline{-\,35{,}15 \text{ cm}}$$

$$z_M = \frac{-\,6\,029\,701 \cdot 10^2 \cdot 9\,176\,055 + 3\,907\,666 \cdot 10^2 \cdot 3\,480\,981}{2{,}1274369 \cdot 10^{14}} = \underline{-\,19{,}61 \text{ cm}}$$

Vgl. das entsprechende Ergebnis in Abschnitt 26.4.3.2.

27.5 Gebundene Biegung - Gebundene Torsion

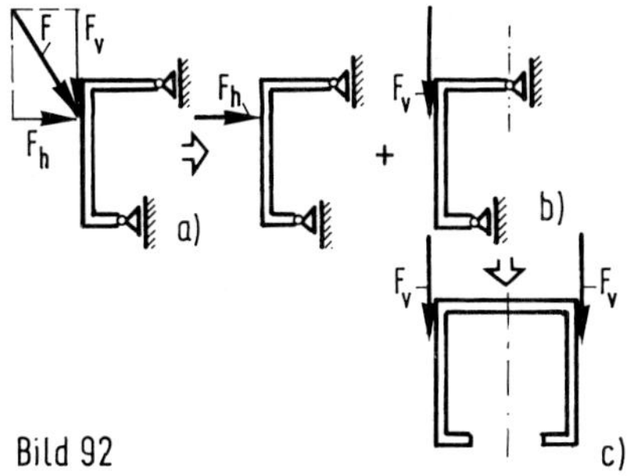

Bild 92

Gelegentlich treten Fälle auf, bei denen sich der Träger vermöge einer konstruktiv bedingten Fesselung nur in einer ganz bestimmten Richtung verschieben kann (gebundene Biegung) oder nur um eine ganz bestimmte Drehachse tordieren kann (gebundene Torsion).

Bild 92 zeigt ein Beispiel für eine gebundene (torsionsfreie) Biegung, wobei reibungsfreie Gleitlager unterstellt sind. Aus dem Bild geht die Splittung des Problems hervor: Die horizontale Komponente F_h setzt sich direkt auf die kontinuierlichen Lager ab, die vertikale Komponente F_v vermag eine vertikale Durchbiegung zu erzeugen. Nach [38,51] gelingt eine einfache Lösung dadurch, daß der reale Querschnitt in einen achsensymmetrisch ergänzten Ersatzquerschnitt überführt wird, der mit $2F_v$ belastet wird, vgl. Bild 92c. - Ähnlich läßt sich der Fall einer gebundenen (biegefreien) Torsion lösen [38,51]. In diesem Fall wird der reale Querschnitt in einen punktsymmetrisch ergänzten Querschnitt überführt, vgl. Bild 93. Bild 94 zeigt ein praktisches Beispiel in Form eines Klappenwehres (z.B. Fischbauchklappe), das entlang der Sohle kontinuierlich in einem Scharnier gelagert ist. An den Enden liegen Endquerschotte, dazwischen Querschotte; der Verschlußkörper wird an diesen mittels Gestänge gehalten bzw. geführt, beidseitig, einseitig oder mittig; vgl. [52,53], auch bezüglich Berechnung. - Wegen einer weiteren Anwendung vgl. [54]. - Der in Bild 92 bzw. Bild 93 angegebene Lösungsweg ist recht elegant,

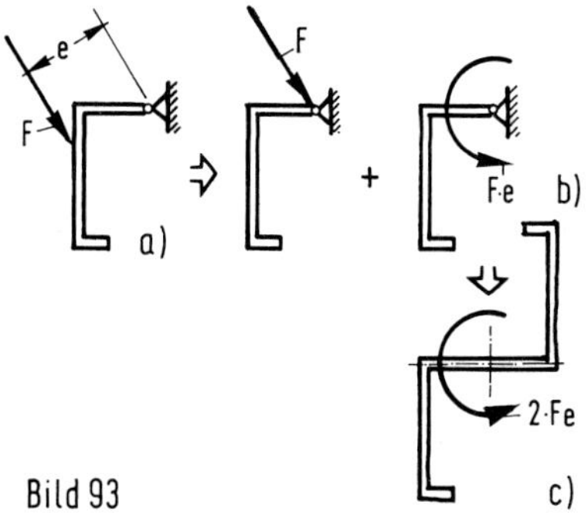

Bild 93

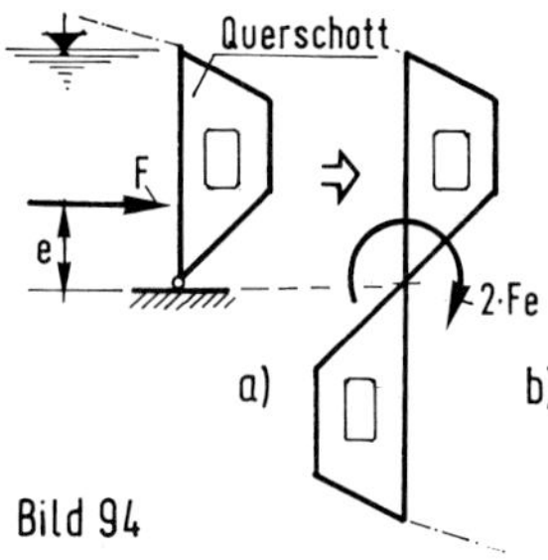

Bild 94

hat aber den Nachteil, daß die Lagerkräfte nicht unmittelbar angegeben werden können; gerade das ist in den meisten Fällen notwendig.

Um das Problem nochmals zu verdeutlichen, wird die in Bild 95 dargestellte gebundene Biegung eines Trägers mit einem einfach-symmetrischen U-Profil betrachtet. Wird in diesem Falle F_v in den Schubmittelpunkt M verlagert, ist zum Ausgleich das Drillmoment $F_v \cdot e$ einzuprägen. Hierdurch wird das Profil verdrillt. Das ist gemäß Voraussetzung nicht möglich. Es werden somit Lagerkräfte geweckt; sie sind in Bild 95b mit X bezeichnet. Ihre Größe ist derart, daß sie die Verdrillung infolge $F_v \cdot e$ gerade aufheben; das führt auf $X=F_v \cdot e/h$. So wäre zum Beispiel auch vorzugehen, wenn die Laschenkräfte für einen ⌷ -Querschnitt gesucht sind (Bild 95c).

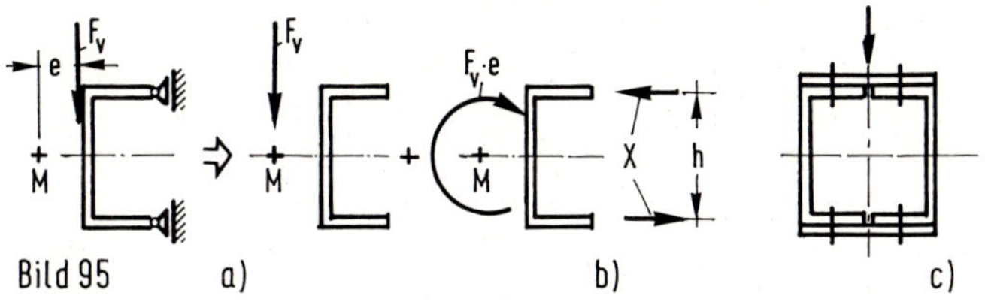

Bild 95

Das Problem wird schwieriger, wenn es sich um einen unsymmetrischen Querschnitt handelt, wie in Bild 96 dargestellt. Wird in diesem Falle F_v in den Schubmittelpunkt M verlagert, ist die Biegung zwar torsionsfrei, doch tritt bei "freier" Biegung neben der vertikalen Verschiebung auch eine horizontale auf; letztere ist nicht zulässig. Es werden somit horizontale Lagerkräfte geweckt, sie sind in Bild 96d mit $X_1(x)$ benannt und sind über die Länge des Trägers variabel. Sie müssen die Gleichgewichtsbedingung erfüllen, wonach das Integral über $X_1(x)$ von x=0 bis x=l Null ist. Die Lagerkraft X_2 folgt wie zuvor erläutert. - Weist ein Träger mit einem unsymmetrischen Querschnitt eine gebundene Drillachse auf, kann die Kraft F in diese verlagert werden, gleichzeitig ist F·e als äußeres Drehmoment anzusetzen, vgl. Bild 97. Auch in diesem Falle tritt im Scharnier-Lager eine Lagerkraft auf, gekennzeichnet durch die beiden Lagerkraftkomponenten $X_1(x)$ und $X_2(x)$. Das Integral muß jeweils Null sein. Die Lösung besteht darin, daß das Problem für M=F·e nach der in Abschnitt 27.3 bzw. 27.4 dargelegten Theorie für die Zwangsdrillachse analysiert wird. Wird sie mit A benannt, entstehen über dem Querschnitt die Wölblängsspannungen σ_{2A}. Über sie kann im Sinne von G.299a/b integriert werden, d.h. es werden hierfür die Zwangsbiegemomente M_y und M_z bestimmt; sie sind mit x veränderlich. Die gesuchten Lagerkräfte sind nun von der Art, daß sie mit diesen Biegemomenten im Gleichgewicht stehen.

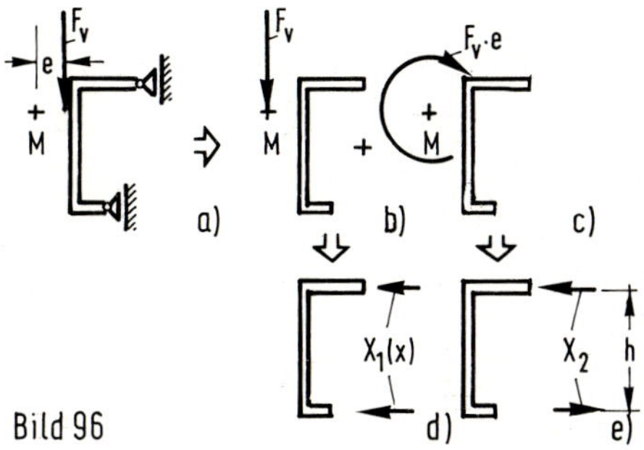

Bild 96

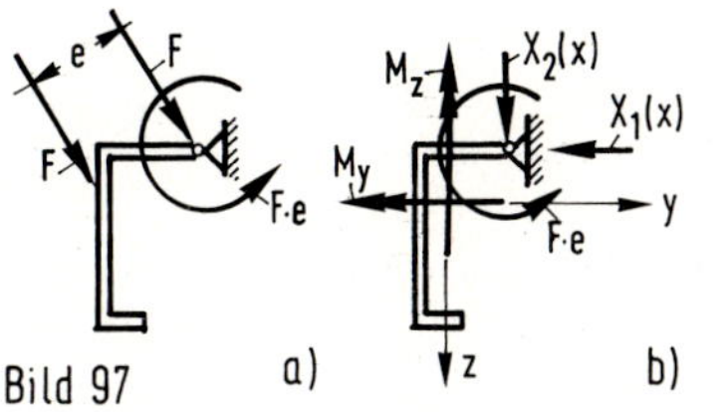

Bild 97

Neben den beiden zuvor skizzierten besteht der allgemeinere Fall darin, daß keine feste Zwangsdrillachse vorliegt, sondern eine, die sich nur in einer ganz bestimmten Richtung verschieben kann (gebundene Biegung und Torsion). Auch dieses Problem läßt sich wiederum durch geeignete Splittung lösen; auf weitere Einzelheiten muß verzichtet werden.

27.6. Ergänzende Hinweise

Die Theorie der Stabtorsion ist wesentlich weiter ausgebaut, als es der vorangegangenen Darstellung entspricht; für die meisten baupraktischen Fälle ist sie ausreichend. Wichtig ist, daß durch Querschotte in ausreichender Zahl dafür Sorge getragen wird, daß bei der Torsion die Querschnittsform erhalten bleibt. Das gilt entsprechend für die Stabbiegung. Nur unter dieser Bedingung ist die technische Biege- und Torsionstheorie gültig. Es versteht sich, daß Querschotte (ob als Scheiben, Verbände oder Rahmen) dort besonders wichtig sind, wo konzentrierte Lasten eingetragen werden, das sind in jedem Falle die Stützstellen.- Der nachstehend genannten Literatur können Ergänzungen und Zuschärfungen entnommen werden (auf die Monographien [33-37] wird in dem Zusammenhang nochmals hingewiesen):

Der Kastenträger wurde ausführlich in [55-57] abgehandelt. - Die Torsionstheorie wurde zwecks Berücksichtigung des Schubverformungseinflusses einerseits (Aufgabe der WAGNER-Hypothese) und des Profilverformungseinflusses andererseits in zahlreichen Beiträgen erweitert [58-83]. Der Einfluß der sekundären Schubverformungen wirkt sich stärker bei Kastenträgern aus, insbesondere bei gedrungenen. Die Profilverformung verursacht Querbiegung innerhalb des Profils, was bei den dickwandigen Querschnitten des Massivbaues von Bedeutung ist. Zur Beanspruchung von Kastenträgern ohne Querschotte im Lasteinleitungsbereich siehe [84,85]; zum Einfluß unterschiedlicher Querrippen bzw. -schotte siehe [86,87]. Zum Thema Torsion mit in Längsrichtung veränderlichem Stabquerschnitt vgl. [88] und zum Thema gekrümmte Träger [89-99], siehe hier auch die Literatur zum Abschnitt 25.5.2.4. Zur Theorie des Stabes mit endlich großer Torsion wird auf [100-102] verwiesen (geometrisch nichtlinear). In [103-105] wird die plasto-statische Torsionstheorie der Stäbe behandelt.

28 Bruchtheorie

28.1 Vorbemerkungen

Ziel jeder analytischen und experimentellen Festigkeitsuntersuchung ist es, den Beanspruchungszustand in der tragenden Konstruktion zu bestimmen, um von hier aus den Tragsicherheitsnachweis führen zu können. Unter dem Begriff Beanspruchung versteht man die Gesamtheit aller Spannungs- und Verzerrungszustände, insonderheit jener, die für das Versagen maßgebend sind. Die Beanspruchung setzt sich aus zwei Anteilen zusammen, erstens aus den Eigenspannungen und zweitens aus den Lastspannungen. Eigenspannungen werden in Stahlkonstruktionen vorrangig beim thermischen Schneiden und Schweißen induziert; von geringerer Größenordnung sind die Walz- und Richteigenspannungen (vgl. Abschnitt 8.3.3 und 8.4.5). Lastspannungen werden durch äußere Einwirkungen geweckt, einschl. Temperatur-, Kriech-, Schwindwirkungen. Die äußeren Einwirkungen sind entweder statischer oder dynamischer Natur. Größe und Verteilung der Eigenspannungen bleiben i.a. unbekannt. Größe und Verteilung der Lastspannungen lassen sich relativ genau bestimmen. Die infolge metallurgischer oder konstruktiver Inhomogenitäten verursachten (Kerb-)Spannungsspitzen werden im Regelfall nicht bestimmt.

Statische Beanspruchung: Liegt eine vorwiegend ruhende Einwirkung vor, geht man beim Führen des Tragsicherheitsnachweises von der Vorstellung aus, daß die äußere Einwirkung zügig (über das Gebrauchslastniveau hinaus) gesteigert wird, bis "Versagen" eintritt. Das Versagenskriterium kann unterschiedlich definiert sein: Teilweise oder vollständige Plastizierung, Bruch. Plastizierungen gehen mit großen Verzerrungen einher. Sie betragen ein Vielfaches der zu den Eigen- und Kerbspannungen gehörenden Verzerrungen. Die Eigen- und Kerbspannungen werden dadurch "herausplastiziert". Das ist der Grund, warum die Eigen- und Kerbspannungen beim statischen Tragsicherheitsnachweis nicht berücksichtigt zu werden brauchen. Das setzt indes einen Werkstoff ausreichender Zähigkeit voraus. Diese Forderung wird von allen Baustählen erfüllt. Sofern eine Überbeanspruchung auftritt, entsteht ein zäher Gewaltbruch, man spricht auch vom Verformungs-, Scher-, Schub- oder Gleitbruch, vgl. Abschnitt 2.6.5.5.2. Ist durch besondere Umstände das plastische Verformungsvermögen eingeschränkt, kann es unter statischer Belastung zum Sprödbruch kommen, man spricht auch vom Trennbruch. Diese Gefahr besteht insonderheit in Schweißnahtbereichen, wenn sich ungünstige Umstände (werkstoff- und beanspruchungsbedingte) überlagern, vgl. die Abschnitte 8.4.3 bis 8.4.6

Dynamische Beanspruchung: Liegt eine nicht vorwiegend ruhende Einwirkung vor (Brückenbau, Kranbau), werden die Eigen- und Kerbspannungen indirekt berücksichtigt und zwar auf der Seite der Beanspruchbarkeit: Die zulässigen Betriebsfestigkeitsspannungen sind vom Kerbfall und den hiervon ausgehenden ermüdungswirksamen Schädigungen abhängig. Die Eigenspannungen werden in starkem Maße vom eingebrachten Schweißvolumen und der Bauteilgröße und -steifigkeit beeinflußt, natürlich auch von den technologischen Schweißbedingungen (Vorwärmen, Entspannen, Richten). Die Bewertung dieser Einflüsse auf die ertragbaren Ermüdungsspannungen ist schwierig.-

Um die Versagensformen "Fließen" und "Bruch" für allgemeine Spannungszustände beurteilen zu können, bedarf es experimentell abgesicherter Anstrengungskriterien; man spricht von Fließ- und Bruchhypothesen. Um die durch lokale Spannungsspitzen in Kerben oder Rissen ausgelösten "spröden" Bruchvorgänge infolge statischer oder dynamischer Einwirkung deuten und bewerten zu können, ist von der Bruchmechanik auszugehen.

Im folgenden werden zunächst die für den Nachweis von Stahlbauteilen maßgebenden Anstrengungshypothesen behandelt, anschließend werden die Grundlagen der Bruchmechanik dargestellt.

28.2 Ebener Spannungszustand

28.2.1 Hauptspannungen

Im Stahlbau werden überwiegend dünnwandige Bauteile verarbeitet (Bleche, Profile). Es dominiert der zweiachsige (ebene) Spannungszustand. Spannungen quer zur Wanddicke sind (in ungestörten Bereichen) i.a. sehr gering und können vernachlässigt werden. - Im folgenden wird zunächst die Anstrengung in einem ebenen Spannungszustand analysiert. Sie läßt sich einfach überblicken. Der Übergang zum allgemeinen (räumlichen, dreiachsigen) Spannungszustand ist schwieriger: Abschnitt 28.3. Aus einem unter einem zweiachsigen Spannungszustand stehenden Blech (der Dicke 1) wird ein Element herausgetrennt. An den Schnittufern werden die Normal- und Schubspannungen angetragen: σ_x, σ_y, $\tau_{xy}=\tau_{yx}$. Mittels der Momentengleichgewichtsgleichung bestätigt man den "Satz von der Gleichheit einander zugeordneter Schubspannungen". Das betrachtete Element sei hinreichend klein; entlang der Ränder können die Spannungen nach Richtung und Größe als gleichmäßig verteilt angesehen werden: Bild 1. - Im folgenden wird gezeigt, daß es ausgezeichnete Schnittebenen gibt, für welche die Spannungen Extremwerte annehmen. Um diesen Beweis zu führen, werden zunächst Transformationsformeln hergeleitet, mit denen die Spannungen im Koordinatensystem x,y in das um α gedrehte Koordinatensystem ξ,η umgerechnet werden können. Hierzu werden an den in Bild 2 dargestellten Dreieckselementen die Gleichgewichtsgleichungen in Richtung ξ und η formuliert. Die Rechnung ergibt:

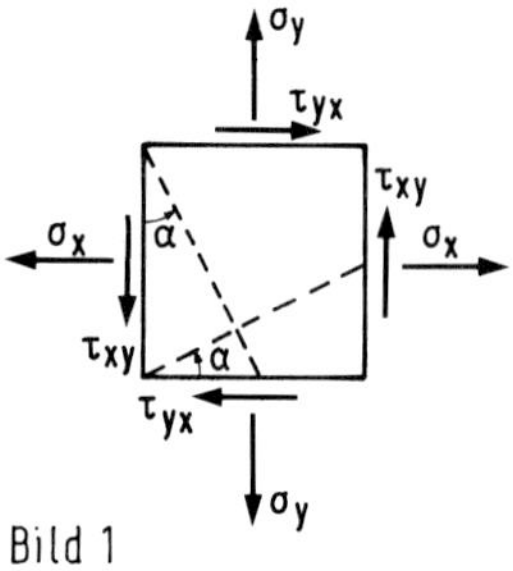

Bild 1

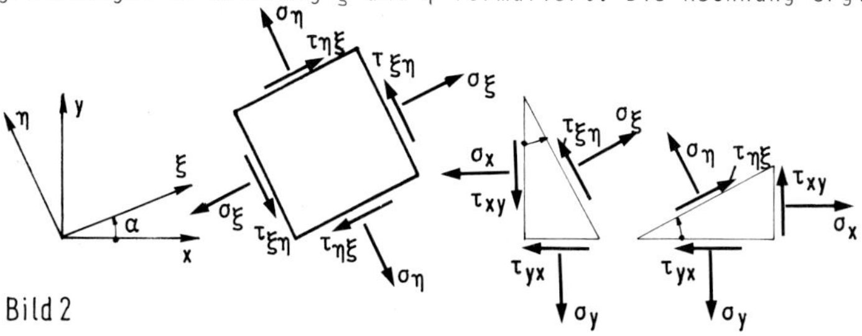

Bild 2

$$\begin{aligned}\sigma_\xi &= \sigma_x \cdot \cos^2\alpha + \sigma_y \cdot \sin^2\alpha + 2\tau_{xy} \cdot \sin\alpha \cdot \cos\alpha \\ \sigma_\eta &= \sigma_x \cdot \sin^2\alpha + \sigma_y \cdot \cos^2\alpha - 2\tau_{xy} \sin\alpha \cdot \cos\alpha \\ \tau_{\xi\eta} &= \tau_{\eta\xi} = \tau_{xy}(\cos^2\alpha - \sin^2\alpha) - (\sigma_x - \sigma_y) \cdot \sin\alpha \cdot \cos\alpha\end{aligned} \quad (1)$$

Man erkennt, daß die Summe $\sigma_x+\sigma_y=\sigma_\xi+\sigma_\eta$ eine Invariante ist. Jene Achsen, für welche die Normalspannungen ihren Größt- bzw. Kleinstwert annehmen, nennt man Hauptachsen. Die Bedingungen

$$\frac{d\sigma_\xi}{d\alpha} = 0 \quad \text{bzw.} \quad \frac{d\sigma_\eta}{d\alpha} = 0 \quad (2)$$

liefern hierfür den Winkel

$$\tan 2\alpha_0 = + \frac{2\tau_{xy}}{\sigma_x - \sigma_y} \quad (3)$$

Wird dieses Ergebnis in die Transformationsformeln (G.1) eingesetzt, folgt:

$$\begin{aligned}\sigma_I &= \max\sigma_\xi = \frac{\sigma_x+\sigma_y}{2} + \sqrt{\left(\frac{\sigma_x-\sigma_y}{2}\right)^2 + \tau_{xy}^2}\,; \\ \sigma_{II} &= \min\sigma_\eta = \frac{\sigma_x+\sigma_y}{2} - \sqrt{\left(\frac{\sigma_x-\sigma_y}{2}\right)^2 + \tau_{xy}^2}\,; \qquad \tau_{\xi\eta} = \tau_{\eta\xi} = 0\end{aligned} \quad (4)$$

Hiermit bestätigt man unmittelbar, daß die Summe der Normalspannungen in zueinander senkrechten Schnitten konstant und gleich der Summe der Hauptnormalspannungen ist.
Entsprechend ergibt sich der Größtwert der Schubspannung $\tau_{\xi\eta}$ zu:

$$\tan 2\alpha_1 = -\frac{(\sigma_x-\sigma_y)}{2\tau_{xy}} = -\frac{1}{\tan 2\alpha_0} \longrightarrow \max\tau_{\xi\eta} = \max\tau_{\eta\xi} = \sqrt{\left(\frac{\sigma_x-\sigma_y}{2}\right)^2 + \tau_{xy}^2} = \frac{\sigma_I - \sigma_{II}}{2} \quad (5)$$

Die Richtungen, in denen $\tau_{\xi\eta}$ und $\tau_{\eta\xi}$ Extremwerte annehmen, liegen jeweils um $\pi/4$ gegenüber den Richtungen der Hauptnormalspannungen verschwenkt; in diesen Richtungen werden die Normalspannungen nicht Null! Die den maximalen Schubspannungen zugeordneten Normalspannungen betragen:

$$\sigma_\xi = \sigma_\eta = \frac{1}{2}(\sigma_x + \sigma_y) \tag{6}$$

Neben der rechnerischen Methode zur Bestimmung der Hauptachsen stehen zwei zeichnerische zur Verfügung. (Bei diesen Methoden sind die Vorzeichendefinitionen strickt zu beachten, dann findet man die Lösungen auch vorzeichenrichtig.)

a) LANDscher Kreis (Bild 3): Bezogen auf das x-y-Ausgangsachsenkreuz mit dem Ursprung 0 wird auf der Hochachse (y) σ_x und σ_y abgetragen. ($\sigma_x+\sigma_y$) wird halbiert, das liefert den Mittelpunkt M des LANDschen Kreises. Im Übergangspunkt σ_x/σ_y wird τ_{xy} abgetragen und durch den Endpunkt E und den Kreismittelpunkt M eine Gerade gelegt, sie schneidet den Kreis in den Punkten A und B.

Nunmehr gilt:

Richtung OA: Hauptspannungsrichtung I,

Richtung OB: Hauptspannungsrichtung II,

$\overline{AE}=\sigma_I$, $\overline{BE}=\sigma_{II}$.

Auf die Analogie zur Bestimmung der Hauptträgheitsmomente wird hingewiesen; vgl. Abschnitt 26.3.2.2.

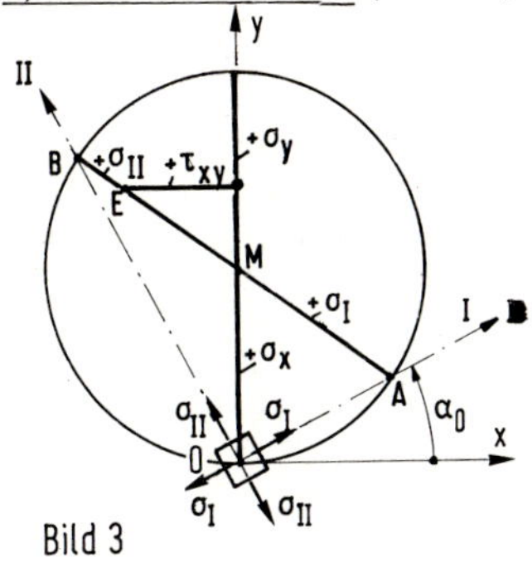

Bild 3

b) MOHRscher Kreis (Bild 4): Dieses Verfahren ist allgemeiner: In einem rechtwinkligen Achsenkreuz σ,τ werden zunächst σ_y, dann σ_x, jeweils vom Ursprung 0 aus, abgetragen. Im Endpunkt A von σ_y wird τ_{xy} nach unten und im Endpunkt B von σ_x wird τ_{xy} nach oben eingezeichnet. Endpunkte dieser Abtragung sind A' und B'. Die Verbindungsgerade zwischen A' und B' schneidet die σ-Achse im Punkt M. Das ist der Mittelpunkt des MOHRschen Kreises, der um M mit den Radien $\overline{MA'}$ bzw. $\overline{MB'}$ gezeichnet wird. - Die Richtigkeit dieser Konstruktion läßt sich wie folgt beweisen: Eine gegenüber G.1 modifizierte Form der Transformationsformeln lautet:

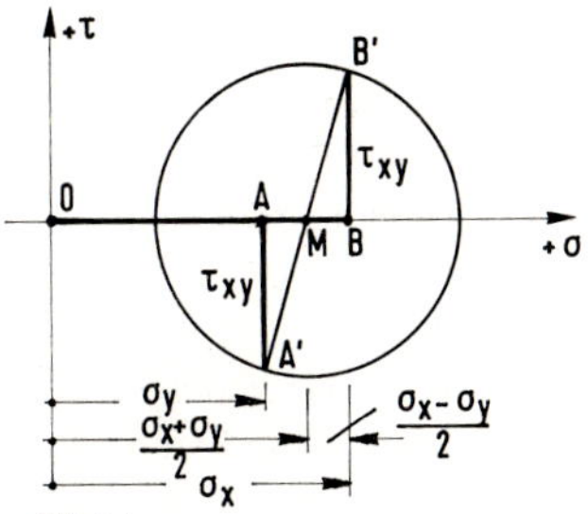

Bild 4

$$\begin{aligned}
\sigma_\xi &= \frac{\sigma_x+\sigma_y}{2} + \frac{\sigma_x-\sigma_y}{2}\cdot\cos 2\alpha + \tau_{xy}\cdot\sin 2\alpha \\
\sigma_\eta &= \frac{\sigma_x+\sigma_y}{2} - \frac{\sigma_x-\sigma_y}{2}\cdot\cos 2\alpha - \tau_{xy}\cdot\sin 2\alpha \\
\tau_{\xi\eta} = \tau_{\eta\xi} &= -\frac{\sigma_x-\sigma_y}{2}\cdot\sin 2\alpha + \tau_{xy}\cdot\cos 2\alpha
\end{aligned} \tag{7}$$

Wird in der ersten Gleichung das 1. Glied auf die linke Seite gebracht und anschließend beide Seiten quadriert und die dritte Gleichung ebenfalls beidseitig quadriert und zu der vorangegangenen addiert, folgt:

$$[\sigma_\xi - \frac{\sigma_x+\sigma_y}{2}]^2 + \tau_{\xi\eta}^2 = [(\frac{\sigma_x-\sigma_y}{2})^2 + \tau_{xy}^2] \tag{8}$$

Das ist die Gleichung eines Kreises, der gegenüber dem Ursprung um $\frac{\sigma_x+\sigma_y}{2}$ in Richtung der positiven σ-Achse verschoben ist und den Radius

$$\sqrt{(\frac{\sigma_x-\sigma_y}{2})^2 + \tau_{xy}^2} \tag{9}$$

hat. Mit Hilfe des MOHRschen Kreises lassen sich drei Aufgabenstellungen behandeln:

a) Es sind für eine vorgegebene Richtung α und senkrecht dazu die Spannungen σ_ξ, σ_η und $\tau_{\xi\eta}=\tau_{\eta\xi}$ zu bestimmen: Hierzu wird von der Linie MB' aus im Uhrzeigersinn 2α abgetragen. Der zugehörige Radiusstrahl liefert die Kreispunkte C' und D' (Bild 5). Für die Richtung findet man nunmehr die gesuchten Spannungskomponenten:

$$\overline{OC} = \sigma_\xi\ ,\quad \overline{OD} = \sigma_\eta\ ,\quad \overline{CC'} = \tau_{\xi\eta}$$

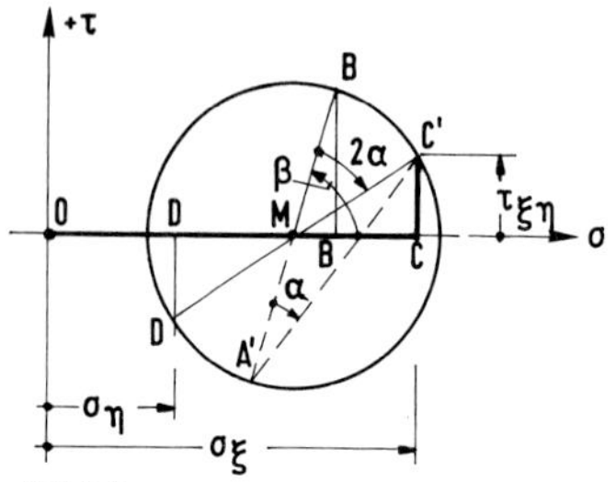

Bild 5

Beweis: Es ist $\overline{MB}'=\overline{MC}'$, außerdem kann man ablesen:

$$\begin{aligned}\overline{OC} &= \overline{OM} + \overline{MC}'\cdot\cos(\beta - 2\alpha) = \\ &= \overline{OM} + \overline{MB}'\cdot(\cos\beta\cdot\cos 2\alpha + \sin\beta\cdot\sin 2\alpha) = \\ &= \overline{OM} + \overline{MB}'\cos\beta\cdot\cos 2\alpha + \overline{MB}'\cdot\sin\beta\cdot\sin 2\alpha = \\ &= \overline{OM} + \overline{MB}\cdot\cos 2\beta + \overline{BB}'\cdot\sin 2\alpha \\ &= \frac{\sigma_x+\sigma_y}{2} + \frac{\sigma_x-\sigma_y}{2}\cos 2\alpha + \tau_{xy}\cdot\sin 2\alpha = \sigma_\xi\end{aligned}$$

Der Beweis für σ_η und $\tau_{\xi\eta}$ läßt sich entsprechend führen.

b) Es sind die Hauptspannungen σ_I und σ_{II} und der zugehörige Winkel α_0 zu bestimmen: In Bild 5 läßt man $\tau_{\xi\eta}$ gegen Null gehen, dann geht σ_ξ in σ_I, σ_η in σ_{II} und 2α in $2\alpha_0$ über, vgl. Bild 6. Somit gilt:

Richtung FB': Hauptspannungsrichtung I

Richtung EB': Hauptspannungsrichtung II

$\overline{OE}=\sigma_I$, $\overline{OF}=\sigma_{II}$

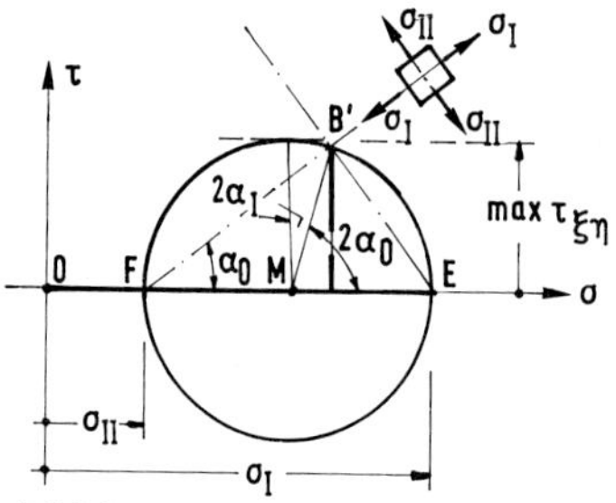

Bild 6

c) Es ist die Hauptschubspannung $\max\tau_{\xi\eta}$ zu bestimmen: Aus Bild 5 folgt sofort, daß $\max\,\tau_{\xi\eta}$ gleich dem Radius des MOHRschen Kreises ist. Der zugehörige Winkel $2\alpha_0$ ist die Ergänzung von $2\alpha_I$ zu $\pi/2$ (Bild 6).-

Für jeden Punkt x,y des ebenen Spannungszustandes läßt sich die Gesamtheit der Spannungen σ_ξ, σ_η und $\tau_{\xi\eta}=\tau_{\eta\xi}$ durch Poldiagramme veranschaulichen, vgl. Bild 7.

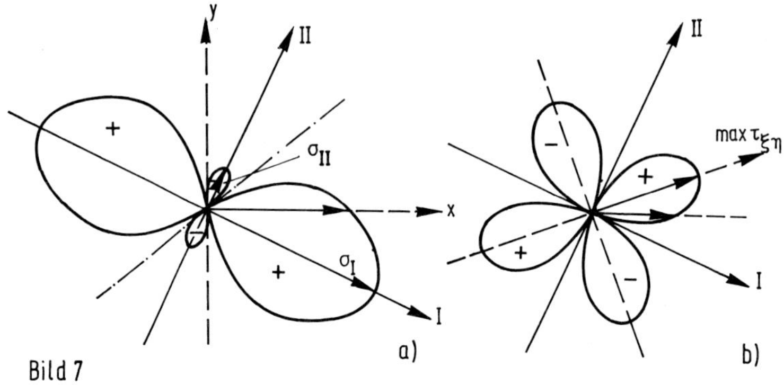

Bild 7

Verbindet man von Punkt zu Punkt die Hauptnormalspannungsrichtungen miteinander, findet man das Netz der Hauptnormalspannungslinien (Normalspannungstrajektorien). Bild 8 zeigt ein Beispiel. (In diesem Beispiel stellt der Bereich der punktförmigen Einzellasteintragung eine Störung des nach der technischen Biegetheorie ermittelten Spannungszustandes dar. Diese Störung wird vom Trajektorienbild nicht erfaßt. Hierzu wäre bei der Spannungsanalyse von der Scheibentheorie auszugehen.) - Aus Bild 4 entnimmt man in Verbindung mit Bild 6:

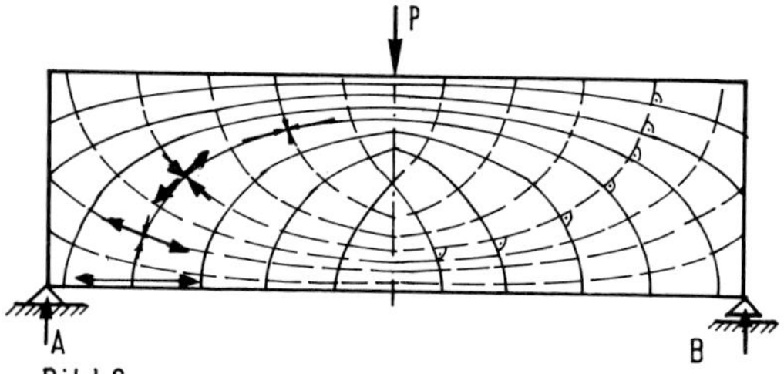

Bild 8

$$\tan 2\alpha_0 = \frac{2\tan\alpha_0}{1-\tan^2\alpha_0} = \frac{2\tau_{xy}}{\sigma_x - \sigma_y} \qquad (10)$$

Für die Hauptnormalspannungstrajektorie gilt:

$$\tan\alpha_0 = \frac{dy}{dx} \qquad (11)$$

Verknüpft man G.10 mit G.11, ergibt sich die zur Berechnung der Trajektorien zu lösende nichtlineare Differentialgleichung:

$$\left(\frac{dy}{dx}\right)^2 + 2\cdot\frac{\sigma_x-\sigma_y}{2\,\tau_{xy}}\cdot\frac{dy}{dx} - 1 = 0 \qquad (12)$$

Die Lösung liefert für ein vorgegebenes Spannungsfeld $\sigma_x(x,y)$, $\sigma_y(x,y)$ und $\tau_{xy}(x,y)$ das Trajektorienfeld $y=y(x)$. Die mathematische Lösung ist schwierig, weshalb man sich i.a. mit einer grafischen Bestimmung begnügt. - Für die Hauptschubspannungen läßt sich ebenfalls ein orthogonales Trajektorienfeld angeben.

Bild 12 zeigt die MOHRschen Kreise für eine konstante Zugspannung σ_x und variierte Spannungen σ_y. Im Falle $\sigma_x=\sigma_y$ entartet der Kreis zu einem Punkt, es treten keine Schubspannungen auf. Man spricht von einem hydrostatischen Zustand, der nur mit einer Volumen-

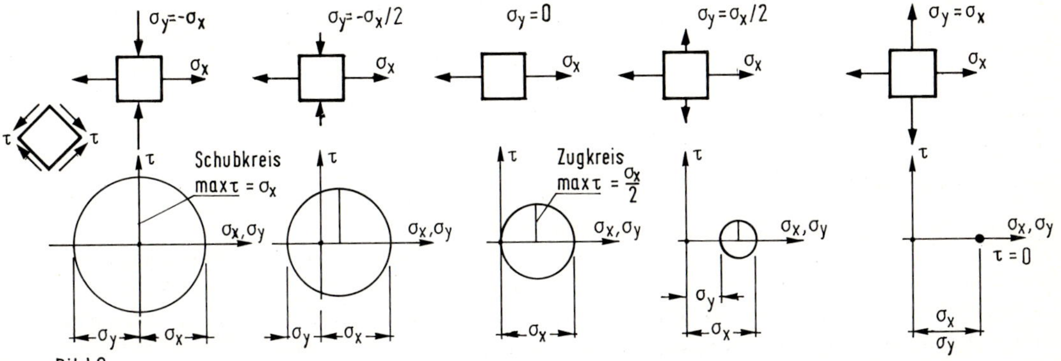

Bild 9

aber keiner Gestaltänderung verbunden ist. Im Falle $\sigma_y=-\sigma_x$ ergeben sich die höchsten Schubspannungen. Sie bewirken die größten Schubgleitungen und damit die größtmögliche Gestaltänderung. Da Kristallgitter gegenüber einer Schubbeanspruchung wesentlich weniger widerstandsfähig sind als gegenüber einer Streckbeanspruchung, ist die Materialanstrengung im Falle $\sigma_y=-\sigma_x$ höher als im Falle $\sigma_x=\sigma_y$ (s.w.u.), vgl. hier auch Abschnitt 2.6.5.2. Die vorstehenden Ausführungen beruhen ausschließlich auf Gleichgewichtsansätzen (am Element dx-dy; Bild 1). Sie gelten demgemäß gleichermaßen für elastische wie für plastische Zustände, gleichgültig, ob isotrope oder anisotrope Stoffeigenschaften vorliegen.

28.2.2 Verzerrungen des ebenen Spannungszustandes

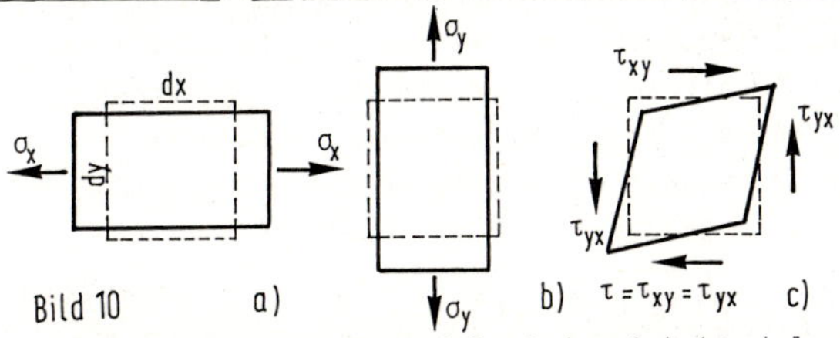

Bild 10

Die eingeprägten Spannungen σ_x, σ_y und $\tau_{xy}=\tau_{yx}$ rufen im Element innerhalb des elastischen Bereiches Dehnungen und Gleitungen hervor (Dehnungen: positiv, Stauchungen: negativ); vgl. Bild 10:

$$\varepsilon_x=\frac{1}{E}(\sigma_x-\mu\sigma_y);\ \varepsilon_y=\frac{1}{E}(\sigma_y-\mu\sigma_x);\quad \gamma=\frac{\tau}{G} \qquad (13)$$

E ist der Elastizitätsmodul, G der Schubmodul und μ die Querkontraktionszahl (auch Querdehnzahl genannt). G.13 ist das HOOKEsche Gesetz für isotropes Material (z.B. Metalle). Von Isotropie spricht man, wenn das mechanische Verhalten nach allen Richtungen gleich ist; im anderen Falle liegt Anisotropie vor, wie z.B. bei Holz oder faserverstärkten Kunststoffen. - E, G und μ sind über die Beziehung

$$G=\frac{E}{2(1+\mu)} \qquad (14)$$

miteinander verknüpft (vgl. Abschnitt 2.6.5.2). Der Kehrwert von μ ist die sogen. POISSONsche Konstante. Mit zunehmender Querkontraktionszahl werden die Stoffe zäher, z.B.: Beton: 0,16-0,20; Glas: 0,22; Gußeisen: 0,28; Stahl, Aluminium: 0,3, Gummi: 0,5. Einen höheren Wert als 0,5 kann μ nicht annehmen. Hat das betrachtete Element die Dicke dz, bewirken die Spannungen σ_x und σ_y die Querdehnung

$$\varepsilon_z=-\left(\mu\frac{\sigma_x}{E}+\mu\frac{\sigma_y}{E}\right)=-\frac{\mu}{E}(\sigma_x+\sigma_y) \qquad (15)$$

in Dickenrichtung. - Handelt es sich bei dem Element um eine aus einem Körper herausgetrennte Scheibe, spricht man von einem ebenen Verzerrungszustand. Dann kann sich ε_z nicht einstellen, folglich wird die Querspannung $\sigma_z=\mu(\sigma_x+\sigma_y)$ geweckt.

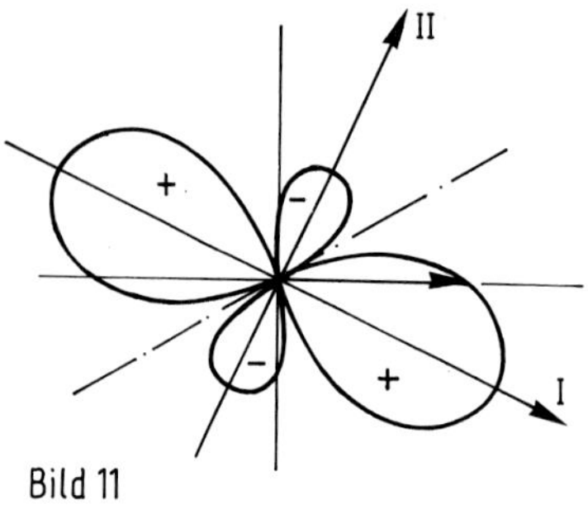

Bild 11

Für den Verzerrungszustand gemäß G.13 lassen sich - analog zum Spannungszustand - Hauptdehnungen ε_I, ε_{II} und eine Hauptgleitung angeben. Für die Bestimmung der Verzerrungen in einer vorgegebenen Richtung α gelten dieselben Formeln wie für den Spannungszustand: G.1. Die grafischen Verfahren von LAND und MOHR sind ebenfalls übertragbar. Es ist σ_x durch ε_x, σ_y durch ε_y und $\tau_{x,y}$ durch $\gamma_{x,y}/2$ zu ersetzen. Damit lassen sich die Hauptverzerrungen ε_I, ε_{II} und max $\gamma_{\xi\eta}$ mit Hilfe von G.4/5 berechnen bzw. gemäß Bild 3/4 zeichnerisch bestimmen. Da die Verzerrungen durch die Querdehnzahl μ beeinflußt werden (G.13), stimmen die Hauptrichtungen einander zugeordneter Spannungs- und Verzerrungszustände i.a. nicht überein. Bild 11 zeigt das Poldiagramm für einen Verzerrungszustand.

28.2.3 Vergleichsspannungen bei statischer Beanspruchung

Streckgrenze β_S (σ_F, R_E) und Bruchgrenze β_Z(σ_Z, R_m) lassen sich im Zugversuch an Rund- oder Flachproben relativ einfach und exakt bestimmen (Abschnitt 2.6.5.2 und 2.6.5.3). Versuche mit reiner Schub- oder kombinierter Normal-Schubspannungsbeanspruchung sind wesentlich schwieriger durchzuführen: Schubversuche werden als Torsionsversuche an (dünnwandigen) Rohren durchgeführt. Werden gleichzeitig Zug- oder Druckkräfte eingeprägt, liegt ein σ-τ-Zustand vor. Wird im Rohr schließlich noch ein Über- oder Unterdruck erzeugt, entsteht in der Rohrwandung ein σ_x-σ_y-τ-Zustand. Derartige Experimente sind aufwendig. Es besteht daher ein Bedürfnis, die örtliche Anstrengung in einem zweiachsigen (ebenen) oder dreiachsigen (räumlichen) Spannungszustand auf den experimentell einfach und sicher zu beherrschenden einachsigen Zugspannungszustand zurückzuführen. Das gelingt mit der Herleitung einer sogen. Vergleichsspannung σ_V. Mittels dieser Größe wird der allgemeine Spannungszustand mit dem einachsigen "verglichen" und aus der im einachsigen Zug-Druck-Versuch bestimmten Fließ- bzw. Bruchgrenze auf Fließ- und Bruchgrenze des allgemeinen Spannungszustandes geschlossen. In Abhängigkeit von dem vereinbarten Anstrengungskriterium erhält man unterschiedliche Anstrengungskriterien, d.h. unterschiedliche Rechenvorschriften für σ_V. Man spricht auch von Festigkeitshypothesen. Der Vergleich mit Versuchen für mehrachsige Spannungszustände entscheidet über die Brauchbarkeit einer Hypothese.

a) Die Normalspannungshypothese (NH) unterstellt, daß die größte Normalspannung (das ist die Hauptnormalspannung) für die Anstrengung maßgebend ist, also gemäß G.4:

$$\sigma_V = \frac{1-\mu}{2}(\sigma_x + \sigma_y) \pm \frac{1+\mu}{2} \cdot \sqrt{(\sigma_x - \sigma_y)^2 + 4\tau_{xy}^2} \qquad (16)$$

b) Die Schubspannungshypothese (SH) geht von der größten Schubspannung aus (das ist die Hauptschubspannung). Wird in G.5 $\sigma_I = \sigma_V$ (und $\sigma_{II} = 0$) gesetzt, folgt:

$$\sigma_V = \pm\sqrt{(\sigma_x - \sigma_y)^2 + 4\tau_{xy}^2} \qquad (17)$$

c) Bei der Hauptdehnungshypothese (DH) wird die größte Hauptdehnung als Anstrengungsmaß vereinbart. Aus der Bedingung

$$\max\varepsilon = \frac{1}{E}\left[\frac{1-\mu}{2}(\sigma_x + \sigma_y) \pm \frac{1+\mu}{2}\sqrt{(\sigma_x - \sigma_y)^2 + 4\tau_{xy}^2}\right] \overset{!}{=} \varepsilon_V = \frac{\sigma_V}{E} \qquad (18)$$

folgt:

$$\sigma_V = \sigma_I = \frac{1}{2}(\sigma_x + \sigma_y) \pm \frac{1}{2}\sqrt{(\sigma_x - \sigma_y)^2 + 4\tau_{xy}^2} \qquad (19)$$

Der Bezug auf die Hauptschubgleitung führt auf die Schubspannungshypothese. - Die vorangegangenen Hypothesen haben den Nachteil, daß die Anstrengung jeweils nur an einem Kriterium orientiert ist. Real ist die Anstrengung integral zu begreifen, d.h. sie ist auf die Formänderungsarbeit im Grenzzustand zu beziehen. Dabei ist nicht von der gesamten Formänderungsarbeit (BELTRAMI, 1903), sondern lediglich von der Gestaltänderungsarbeit (HUBER, 1904) auszugehen; vgl. Abschnitt 28.3. Die Gleichsetzung der Gestaltänderungsarbeit des zweiachsigen Spannungszustandes mit der Gestaltänderungsarbeit des einachsigen ergibt:

$$A_G = \frac{1}{6G}(\sigma_x^2 + \sigma_y^2 - \sigma_x \cdot \sigma_y + 3\tau_{xy}^2) = \frac{1}{6G}(\sigma_V^2) \longrightarrow \sigma_V = \pm\sqrt{\sigma_x^2 + \sigma_y^2 - \sigma_x \cdot \sigma_y + 3\tau_{xy}^2} \qquad (20)$$

Man spricht von der Gestaltänderungsenergiehypothese (GEH). Neben den genannten Hypothesen gibt es weitere (z.B. die Hypothesen von SANDEL, SCHLEICHER und MOHR-DRUCKER-PRAGER). Die Normalspannungshypothese geht auf LAMÉ (1831) und RANKINE (1888), die Schubspannungshypothese auf TRESCA (1868) und die Hauptdehnungshypothese auf NAVIER (1826), ST-VENANT (1864) und BACH (1908) zurück.
Bezogen auf die Hauptnormalspannungen des ebenen Spannungszustandes (berechnet nach G.4) lauten die Hypothesen ($\sigma_I > \sigma_{II}$, $\sigma_I > 0$):

$$\text{NH: } \sigma_V = \sigma_I \ (=K); \quad \text{SH: } \sigma_V = |\sigma_I - \sigma_{II}| \ (=K); \quad \text{DH: } \sigma_V = \sigma_I - \mu\sigma_{II} \ (=K); \quad \text{GEH: } \sigma_V = \sqrt{\sigma_I^2 + \sigma_{II}^2 - \sigma_I \cdot \sigma_{II}} \ (=K) \qquad (21)$$

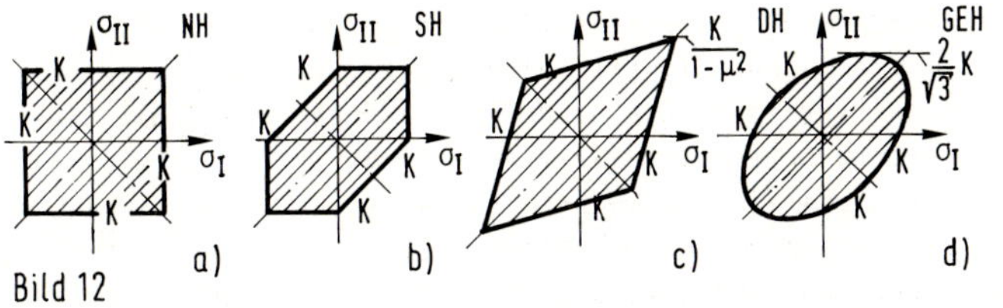

Bild 12

Wird σ_V mit der Materialkonstanten K gleichgesetzt, gehen die Hypothesen in Gleichungen über, die Grenzkurven beschreiben. Auf diesen Grenzkurven wird die zugehörige Hypothese von einander zugeordneten Wertepaaren σ_I, σ_{II} erfüllt. Ist $K=\sigma_F$, spricht man von Bruchkurven. Bild 12 zeigt die Graphen. Es läßt sich zeigen, daß sie, vom Ursprung aus betrachtet, durchgängig konvex gekrümmt sein müssen. - Im vorliegenden Falle wird isotropes Material mit betragsgleichem K im Zug- und Druckbereich unterstellt. Das trifft für Baustahl zu, nicht dagegen z.B. für Beton, Steine, Erden u.a.; hierfür gilt eine andere Stofftheorie mit anderen Festigkeitshypothesen. - Ausgehend von G.21 läßt sich die Frage nach der zweckmäßig anzuwendenden Hypothese beantworten (bzw. vermuten). Dazu sei daran erinnert, daß NH und DH an der größten Normalspannungs- und SH und GEH an der größten Schubspannungsbeanspruchung orientiert sind. Erstgenannte Hypothesen stehen mit einem spröden Trennbruch, zweitgenannte mit einem zähen Gleitbruch in Verbindung.
Ehemals unterstellte man bei Schweißnähten ein sprödes Verhalten. Das war der Grund, warum beim Vergleichsspannungsnachweis von Schweißnähten G.16 vorgeschrieben war. Der heute für Schweißnähte vorgesehene Vergleichswert

$$\sigma_V = \sqrt{\sigma_\perp^2 + \tau_\perp^2 + \tau_\parallel^2} \qquad (22)$$

beruht auf Versuchen; er läßt sich nicht "ableiten", vgl. auch Abschnitt 8.7.1.4. - Beim allgemeinen Spannungsnachweis von Schweißnähten in Kranen (DIN 15018, 04.74) ist heute von einer an der GEH orientierten Nachweisformel auszugehen (Faktor 2 statt 3 vor dem τ-Term). Um die Hypothesen zu prüfen, wird zweckmäßig der Spannungszustand mit der Längsspannung $\sigma_x = \sigma$ und Schubspannung τ betrachtet, der sich im Versuch vergleichsweise einfach realisieren läßt (s.o.). Hierfür gilt:

$$\text{NH: } \sigma_V = \frac{1}{2}(\sigma + \sqrt{\sigma^2 + 4\tau^2}) \quad (=K) \qquad (23)$$

$$\text{SH: } \sigma_V = \sqrt{\sigma^2 + 4\tau^2} \ (=K) \qquad (24)$$

$$\text{DH: } \sigma_V = \frac{1-\mu}{2}\sigma + \frac{1+\mu}{2} \cdot \sqrt{\sigma^2 + 4\tau^2} \ (=K) \qquad (25)$$

$$\text{GEH: } \sigma_V = \sqrt{\sigma^2 + 3\tau^2} \ (=K) \qquad (26)$$

Setzt man $\sigma_V = K$, folgt für alleinige Schubspannung τ ($\sigma = 0$):

$$\mathrm{NH}: \tau_K = K;\quad \mathrm{SH}: \tau_K = K/2 = 0{,}50K;\quad \mathrm{DH}: \tau_K = K/(1+\mu),\ \text{für } \mu = 0{,}3: \tau_K = 0{,}77K;\quad \mathrm{GEH}: \tau_K = K/\sqrt{3} = 0{,}58K \qquad (27)$$

In Versuchen an Torsionsprüfkörpern aus zähem Material wurde, bezogen auf die Fließgrenze ($K = \sigma_F$), überwiegend 0,55 bis 0,60 gefunden; das korrespondiert am besten mit der GEH. Für alleinige Normalspannung σ ($\tau = 0$) bestätigt man in allen Fällen $\sigma_K = K$. - Werden die Gleichungen 23 bis 26 durch K dividiert und $\alpha = \sigma/\sigma_K$ und $\beta = \tau/\tau_K$ vereinbart, erhält man die Gleichungen:

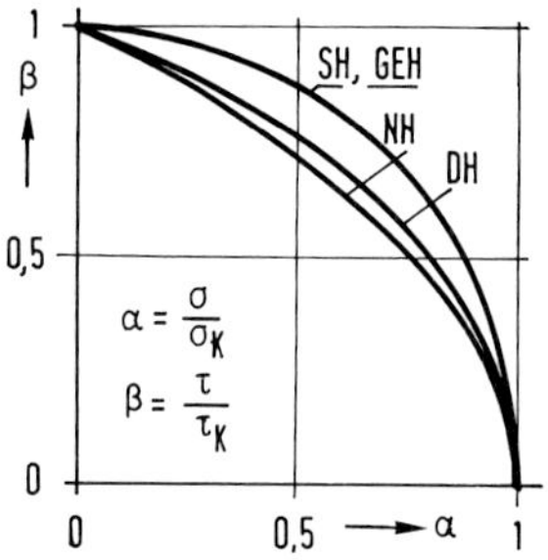

Bild 13

$$\mathrm{NH}: \frac{1}{2}\left(\alpha + \sqrt{\alpha^2 + (2\beta)^2}\right) = 1 \longrightarrow \beta^2 = 1 - \alpha \qquad (28)$$

$$\mathrm{SH}: \sqrt{\alpha^2 + \beta^2} = 1 \longrightarrow \beta^2 = 1 - \alpha^2 \qquad (29)$$

$$\mathrm{DH}: \frac{1-\mu}{2}\cdot\alpha + \frac{1+\mu}{2}\cdot\sqrt{\alpha^2 + \left(\frac{2}{1+\mu}\right)^2\beta^2} = 1 \longrightarrow \beta^2 = 1 - (1-\mu)\alpha - \mu\alpha^2 \qquad (30)$$

$$\mathrm{GEH}: \sqrt{\alpha^2 + \beta^2} = 1 \longrightarrow \beta^2 = 1 - \alpha^2 \qquad (31)$$

Wie zu erwarten, fallen NH und DH einerseits und SH und GEH andererseits (weitgehend) zusammen; dabei ist zu beachten, daß τ_K für die einzelnen Hypothesen gemäß G.27 unterschiedlich ist! - Werden die Versuchsergebnisse für den Fließbeginn zäher Metalle in einem auf σ_F bezogenen σ-τ-Diagramm eingetragen, werden sie am besten von der GEH angenähert. - Die Materialtheorie ist neben den oben genannten mit vielen weiteren Namen verbunden. Die Probleme fallen in die Festkörperphysik [1], hierzu gehören u.a. die allgemeine Elasto- und Plastomechanik und die Viskoelasto- und Viskoplastomechanik. Zur Entwicklung der für den Stahlbau wichtigen Plastizitätstheorie zäher Metalle haben neben vielen anderen v.MISES, HENCKY, PRANDL, REUSZ, NADAI, MELAN, PRAGER, DRUCKER, HILL, KOITER, MASSONNET wichtiges beigetragen. Stellvertretend wird auf [2-7] und das dort zitierte Schrifttum verwiesen.

28.2.4 Vergleichsspannungen für dynamische Beanspruchung

Während die Anstrengung mehrachsiger Spannungszustände für statische Beanspruchung seit mehr als hundert Jahren theoretisch und experimentell untersucht wird (vgl. den vorangegangenen Abschnitt), widmet sich die Forschung derselben Frage für dynamische Beanspruchung erst seit einigen Jahrzehnten. Das beruht vor allem auf der hierfür erforderlichen außerordentlich schwierigen Versuchstechnik. Für kerbfreies Material scheint sich eine Klärung abzuzeichnen [8-15]. Für Material mit Kerben, insbesondere Schweißnähten, liegen praktisch noch keine Versuche vor; vgl. Abschnitte 4.93 u. 8.7.1.4.
Der Bruch bei dynamischer Beanspruchung (Dauerbruch, Ermüdungsbruch) geht stets von einem Anriß in einer metallurgischen oder konstruktiven Kerbe aus und pflanzt sich im Material progressiv fort, bis der Restquerschnitt statisch versagt. Die Bruchfläche ist im Bereich des Dauerbruchs verformungslos (glatt, spröde), vgl. Abschnitt 2.6.5.6. Das war der Grund, warum der Dauerfestigkeitsnachweis für Grundmaterial und Schweißnähte bei zusammengesetzter Beanspruchung ehemals (z.B. in der DV804 und DV848 für Eisenbahnbrücken) nach der Hauptspannungshypothese zu führen war, vgl. Abschnitt 8.7.1.4. - Beim Nachweis von Kranen (DIN 15018, 04.74) und Kranbahnen (DIN 4132, 02.81) muß heute für Bauteile und Schweißnähte die Formel

$$\left(\frac{\sigma_x}{\mathrm{zul}\sigma_{x,D}}\right)^2 + \left(\frac{\sigma_y}{\mathrm{zul}\sigma_{y,D}}\right)^2 - \alpha\left(\frac{\sigma_x \cdot \sigma_y}{|\mathrm{zul}\sigma_{x,D}|\,|\mathrm{zul}\sigma_{y,D}|}\right) + \left(\frac{\tau}{\mathrm{zul}\tau_D}\right)^2 \leq \beta \qquad (32)$$

mit

$$\alpha = 1;\quad \beta = 1{,}1 \qquad (33)$$

erfüllt sein. Im Nenner stehen die kerbfallabhängigen Dauer- bzw. Betriebsfestigkeitsspannungen. - In der neuen Vorschrift für Eisenbahnbrücken (DS804, 01.83) ist nach der gleichen Formel zu rechnen, allerdings mit

$$\alpha = 0{,}8;\quad \beta = 1 \qquad (34)$$

Die Nachweisformel ist an der GEH orientiert, was durch neuere Forschungen (zumindest für zähes Grundmaterial und phasengleiche Beanspruchung) bestätigt wird. - Während man bei statischer Beanspruchung von der Vorstellung ausgeht, daß die zugeordneten Spannungen σ_x, σ_y und τ zeitgleich auftreten, muß das bei dynamischer Beanspruchung nicht gelten. Im Regelfall werden die Höchstspannungen nicht phasengleich auftreten und das i.a. auch von unterschiedlichen Mittelspannungen aus. Der Verlauf kann periodisch oder regellos sein. Das Hauptspannungsnetz erfährt dadurch in jedem Körperpunkt ständig eine Drehnung, α_0 und α_1 (nach G.3 u.5) sind Funktionen der Zeit. Von verschiedenen Hypothesen hat sich die Schubspannungsintensitätshypothese (SIH) als die zutreffendste erwiesen, sie gehört zu den "Hypothesen der integralen Beanspruchung"[14,15]. In wie weit diese Hypothese für den Nachweis der im Stahlbau interessierenden Kerbbereiche (Schweißnähte) gültig ist, muß die weitere Forschung klären.

28.3 Räumlicher Spannungszustand

28.3.1 Formale Vereinbarungen

Es wird der infinitesimale Bereich eines homogenen Körpers betrachtet und zur funktionalen Beschreibung der Verzerrungen und Spannungen ein kartesisches Koordinatensystem eingeführt. Es erweist sich als zweckmäßig, die Theorie mit folgenden Benennungsdefinitionen zu entwickeln: Anstelle von

$$\begin{array}{ll} x,y,z & \text{für die Koordinatenachsen mit } x_i \\ u,v,w & \text{für die Verschiebungen mit } u_i \\ \varepsilon_x, \dots \gamma_{xy}, \dots & \text{für die Verzerrungen mit } \varepsilon_{ij} \\ \sigma_x, \dots \tau_{xy}, \dots & \text{für die Spannungen mit } \sigma_{ij} \end{array} \tag{35}$$

i, j, k... nehmen jeweils das Wertetripel 1, 2, 3 an. Somit bedeuten beispielsweise:

$$a_i = \begin{bmatrix} a_1 \\ a_2 \\ a_3 \end{bmatrix}, \quad b_{ij} = \begin{bmatrix} b_{11} & b_{12} & b_{13} \\ b_{21} & b_{22} & b_{23} \\ b_{31} & b_{32} & b_{33} \end{bmatrix} \tag{36}$$

a_i definiert einen Vektor und b_{ij} einen Tensor. Außerdem wird vereinbart, daß bei doppeltem Auftreten eines Index in einem Produktterm hierüber die Summe zu bilden ist, z.B.:

$$a_i b_i = a_1 b_1 + a_2 b_2 + a_3 b_3 \; ; \quad b_{ij} a_j = b_{i1} a_1 + b_{i2} a_2 + b_{i3} a_3 \quad (i = 1,2,3) \tag{37}$$

Schließlich wird das KRONECKER-Delta

$$\delta_{ij} = \begin{bmatrix} 1 & 0 & 0 \\ 0 & 1 & 0 \\ 0 & 0 & 1 \end{bmatrix} \tag{38}$$

eingeführt.

28.3.2 Verschiebungstensor

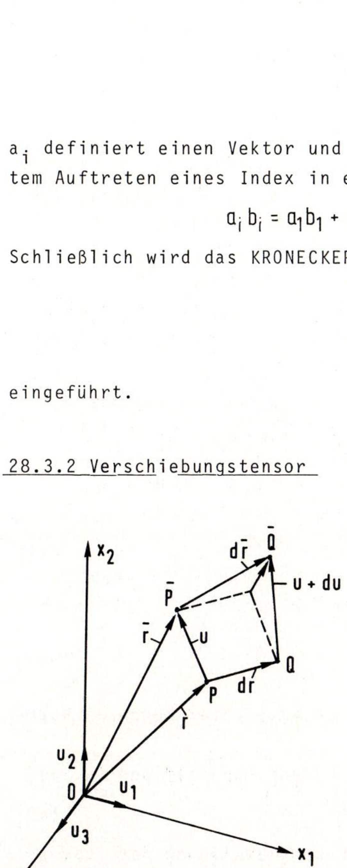

Bild 14

Die relative Lageänderung zweier Punkte P und Q stellt ein Maß für die Verzerrung des Kontinuums dar, wenn dieses infolge einer Einwirkung eine Verformung erleidet. Die Radiusvektoren der Punkte P und Q lauten in Komponentendarstellung: x_i bzw. $x_i + dx_i$ (Bild 14). Nach der Verformung haben die Punkte (jetzt durch $\bar{P}$ und $\bar{Q}$ gekennzeichnet) die Koordinaten $\bar{x}_i$ bzw. $\bar{x}_i + d\bar{x}_i$. Mit Hilfe der Verschiebungsvektoren u bzw. u+du kann die Lage von $\bar{P}$ und $\bar{Q}$ vektoriell angegeben werden: r+u bzw. r+dr+u+du. Bezüglich $\bar{Q}$ gilt gemäß Bild 14 die Identität (0-$\bar{P}$-$\bar{Q}$= 0-P-Q-$\bar{Q}$):

$$\bar{x}_i + d\bar{x}_i = x_i + dx_i + u_i + du_i \tag{39}$$

Hieraus folgt:

$$x_i + u_i + d\bar{x}_i = x_i + dx_i + u_i + du_i \;\longrightarrow\; d\bar{x}_i = dx_i + du_i = dx_i + \frac{\partial u_i}{\partial x_j} dx_j \tag{40}$$

Das zweite Glied (rechtsseitig) lautet (vgl. G.37):

$$\frac{\partial u_i}{\partial x_1}dx_1 + \frac{\partial u_i}{\partial x_2}dx_2 + \frac{\partial u_i}{\partial x_3}dx_3 \tag{41}$$

Es stellt den linearen Term der TAYLOR-Entwicklung des Verschiebungsfeldes $u_i = u_i(x_1, x_2, x_3)$ dar. G.40 gilt demnach nur für kleine Verzerrungen. Mit dem Verschiebungstensor

$$U_{ij} = \frac{\partial u_i}{\partial x_j} \tag{42}$$

lautet G.40:

$$d\bar{x}_i = dx_i + du_i \quad \text{mit} \quad du_i = U_{ij}\,dx_j \tag{43}$$

U_{ij} wird in einen symmetrischen und unsymmetrischen Teil gesplittet:

$$U_{ij} = D_{ij} + W_{ij} \qquad \text{mit} \qquad D_{ij} = \frac{1}{2}(U_{ij} + U_{ji}); \quad W_{ij} = \frac{1}{2}(U_{ij} - U_{ji}) \tag{44}$$

Wegen der hier vorausgesetzten Linear-Kinematik kann der Verformungszustand aus den nacheinander ablaufenden Zuständen $D_{ij} \cdot dx_j + W_{ij} \cdot dx_j$ aufgebaut werden. Die mechanische Deutung von D_{ij} und W_{ij} wird anschließend erläutert. Auf Tafel 28.1 sind die Tensoren U_{ij}, D_{ij} und W_{ij} ausführlich angeschrieben.

28.3.3 Verzerrungstensor

Um die Verzerrung zu beschreiben, wird der Abstand zwischen den Punkten P und Q vor der Verformung mit dem Abstand von $\bar{P}$ und $\bar{Q}$ nach der Verformung verglichen:

$$PQ:\ ds^2 = dx_i dx_i\,; \quad \bar{P}\bar{Q}:\ d\bar{s}^2 = d\bar{x}_i d\bar{x}_i \longrightarrow d\bar{s}^2 - ds^2 = (dx_i + U_{ij}dx_j)(dx_i + U_{ij}dx_j) - dx_i dx_i \tag{45}$$

Bei Beschränkung auf kleine Verformungen ergibt sich hierfür:

$$d\bar{s}^2 - ds^2 = U_{ij}dx_j dx_i + dx_i U_{ij} dx_j = (U_{ij} + U_{ji})dx_i dx_j = 2\,D_{ij}\,dx_i dx_j \tag{46}$$

D_{ij} ist der oben eingeführte Deformationstensor. Die Diagonalglieder geben die Dehnungen in Richtung der Koordinatenachsen an. Die außerhalb der Diagonalen stehenden Glieder

$$\frac{1}{2}\left(\frac{\partial u_i}{\partial x_j} + \frac{\partial u_j}{\partial x_i}\right)$$

sind die Schiebungen; Bild 15 erläutert deren Bedeutung. Die Dehnungen der Linienelemente dx_i sind

$$\varepsilon_{ii} = \frac{du_i}{dx_i} \tag{47}$$

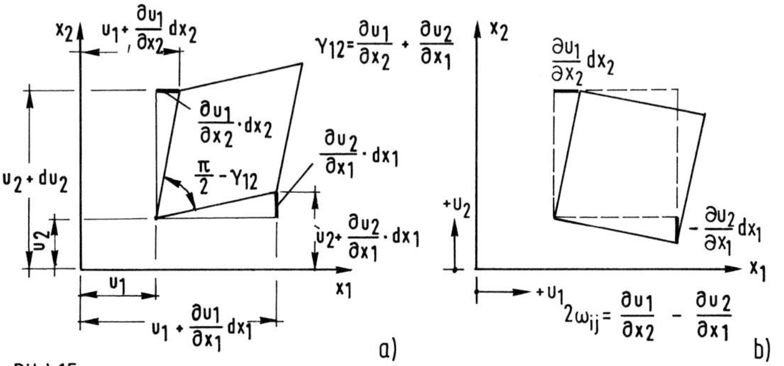

Bild 15

und die Winkeländerungen (Gleitungen)

$$\gamma_{ij} = 2\varepsilon_{ij} = \frac{\partial u_i}{\partial x_j} + \frac{\partial u_j}{\partial x_i} \tag{48}$$

Schließlich definiert die Differenz

$$2\,\omega_{ij} = \frac{\partial u_i}{\partial x_j} - \frac{\partial u_j}{\partial x_i} \tag{49}$$

die mittlere Rotation ω_{ij} der Elemente um die Achse k. Die gesamte (Starrkörper-) Rotation beschreibt der Rotationstensor W_{ij}.

Die im vorangegangenen Abschnitt hergeleitete Rotation des Verschiebungsfeldes (G.43)

$$u_i + du_i = u_i + U_{ij}\,dx_j = u_i + D_{ij}\,dx_j + W_{ij}\,dx_j \tag{50}$$

stellt somit die gesuchte kinematische Verschiebungs-Verzerrungs-Beziehung dar. Die zunächst formal eingeführten Tensoren D_{ij} und W_{ij} - vgl. G.44 - kennzeichnen die Verzer-

Tensoren und Invarianten des räumlichen Verzerrungs- und Spannungszustandes

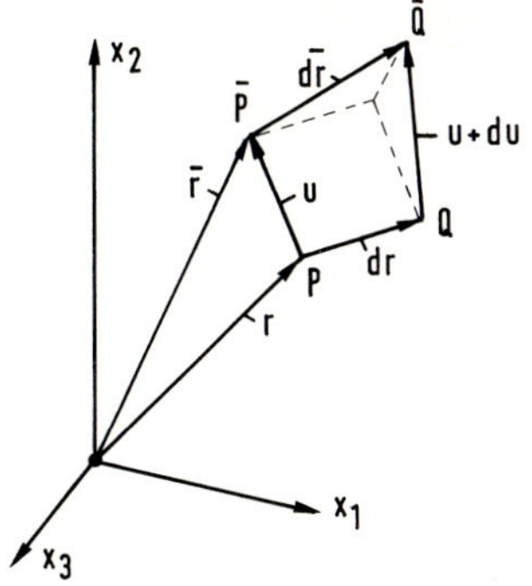

Bei der Beanspruchung eines homogenen Körpers ändern sich die Abmessungen eines Körperelementes $dx_1\,dx_2\,dx_3$ in $dx_i + du_i = dx_i + U_{ij}\cdot dx_j$. U_{ij} ist der lokale Verschiebungtensor. Er wird in den Deformationstensor D_{ij} und Rotationstensor W_{ij} gesplittet:

$$U_{ij} = \frac{\partial u_i}{\partial x_j} = \begin{bmatrix} \frac{\partial u_1}{\partial x_1} & \frac{\partial u_1}{\partial x_2} & \frac{\partial u_1}{\partial x_3} \\ \frac{\partial u_2}{\partial x_1} & \frac{\partial u_2}{\partial x_2} & \frac{\partial u_2}{\partial x_3} \\ \frac{\partial u_3}{\partial x_1} & \frac{\partial u_3}{\partial x_2} & \frac{\partial u_3}{\partial x_3} \end{bmatrix} = D_{ij} + W_{ij}$$

$$D_{ij} = \begin{bmatrix} \frac{\partial u_1}{\partial x_1} & \frac{1}{2}\left(\frac{\partial u_1}{\partial x_2} + \frac{\partial u_2}{\partial x_1}\right) & \frac{1}{2}\left(\frac{\partial u_1}{\partial x_3} + \frac{\partial u_3}{\partial x_2}\right) \\ \frac{1}{2}\left(\frac{\partial u_2}{\partial x_1} + \frac{\partial u_1}{\partial x_2}\right) & \frac{\partial u_2}{\partial x_2} & \frac{1}{2}\left(\frac{\partial u_2}{\partial x_3} + \frac{\partial u_3}{\partial x_2}\right) \\ \frac{1}{2}\left(\frac{\partial u_3}{\partial x_1} + \frac{\partial u_1}{\partial x_3}\right) & \frac{1}{2}\left(\frac{\partial u_3}{\partial x_2} + \frac{\partial u_2}{\partial x_1}\right) & \frac{\partial u_3}{\partial x_3} \end{bmatrix}; \quad W_{ij} = \begin{bmatrix} 0 & \frac{1}{2}\left(\frac{\partial u_1}{\partial x_2} - \frac{\partial u_2}{\partial x_1}\right) & \frac{1}{2}\left(\frac{\partial u_1}{\partial x_3} - \frac{\partial u_3}{\partial x_1}\right) \\ \frac{1}{2}\left(\frac{\partial u_2}{\partial x_1} - \frac{\partial u_1}{\partial x_2}\right) & 0 & \frac{1}{2}\left(\frac{\partial u_2}{\partial x_3} - \frac{\partial u_3}{\partial x_2}\right) \\ \frac{1}{2}\left(\frac{\partial u_3}{\partial x_1} - \frac{\partial u_1}{\partial x_3}\right) & \frac{1}{2}\left(\frac{\partial u_3}{\partial x_2} - \frac{\partial u_2}{\partial x_1}\right) & 0 \end{bmatrix}$$

D_{ij} kennzeichnet die Verzerrungen ε_{ij} und heißt daher auch Verzerrungstensor:

$$D_{ij} = \begin{bmatrix} \varepsilon_{11} & \varepsilon_{12} & \varepsilon_{13} \\ \varepsilon_{21} & \varepsilon_{22} & \varepsilon_{23} \\ \varepsilon_{31} & \varepsilon_{32} & \varepsilon_{33} \end{bmatrix} = \begin{bmatrix} \varepsilon_{I} & 0 & 0 \\ 0 & \varepsilon_{II} & 0 \\ 0 & 0 & \varepsilon_{III} \end{bmatrix}$$

ε_I, ε_{II}, ε_{III} sind die Hauptdehnungen. Sie berechnen sich aus der kubischen Gleichung:

mit $\varepsilon^3 - I_I\cdot\varepsilon^2 - I_{II}\cdot\varepsilon - I_{III} = 0$

$I_I = \varepsilon_{11} + \varepsilon_{22} + \varepsilon_{33}$; $I_{II} = -(\varepsilon_{11}\varepsilon_{22} + \varepsilon_{22}\varepsilon_{33} + \varepsilon_{33}\varepsilon_{11}) + \varepsilon_{12}^2 + \varepsilon_{23}^2 + \varepsilon_{31}^2$; $I_{III} = \det(D_{ij})$.

I_I, I_{II}, I_{III} nennt man die Invarianten des räumlichen Verzerrungszustandes. In den Hauptdehnungen ausgedrückt, lauten sie:

$I_I = \varepsilon_I + \varepsilon_{II} + \varepsilon_{III}$; $I_{II} = -(\varepsilon_I\,\varepsilon_{II} + \varepsilon_{II}\,\varepsilon_{III} + \varepsilon_{III}\varepsilon_I)$; $I_{III} = \varepsilon_I\,\varepsilon_{II}\,\varepsilon_{III}$.

Der Verzerrungstensor wird in den Verzerrungs - Kugeltensor und in den Verzerrungsdeviator gesplittet:

$$D_{ij} = e\cdot\delta_{ij} + D'_{ij} = \begin{bmatrix} e & 0 & 0 \\ 0 & e & 0 \\ 0 & 0 & e \end{bmatrix} + \begin{bmatrix} \varepsilon'_{11} & \varepsilon_{12} & \varepsilon_{13} \\ \varepsilon_{21} & \varepsilon'_{22} & \varepsilon_{23} \\ \varepsilon_{31} & \varepsilon_{32} & \varepsilon'_{33} \end{bmatrix} \quad \text{mit} \quad \delta_{ij} = \begin{bmatrix} 1 & 0 & 0 \\ 0 & 1 & 0 \\ 0 & 0 & 1 \end{bmatrix}$$ (KRONECKER - Delta)

e: mittlere Normaldehnung: $e = \frac{1}{3}\cdot(\varepsilon_{11} + \varepsilon_{22} + \varepsilon_{33})$. $D'_{ij} = D_{ij} - e\cdot\delta_{ij}$ hat die Invarianten:

$$I'_I = 0\;;\quad I'_{II} = \frac{1}{6}\left[(\varepsilon_{11}-\varepsilon_{22})^2 + (\varepsilon_{22}-\varepsilon_{33})^2 + (\varepsilon_{33}-\varepsilon_{11})^2\right] + \varepsilon_{12}^2 + \varepsilon_{23}^2 + \varepsilon_{31}^2 =$$

$$= \frac{1}{6}\left[(\varepsilon_I - \varepsilon_{II})^2 + (\varepsilon_{II} - \varepsilon_{III})^2 + (\varepsilon_{III} - \varepsilon_I)^2\right];\quad I'_{III} = \det(D'_{ij}) = \frac{1}{3}\cdot\varepsilon_{ij}\cdot\varepsilon_{jk}\cdot\varepsilon_{ki}$$

Der lokale Spannungszustand wird durch den Spannungstensor S_{ij} gekennzeichnet:

$$S_{ij} = \begin{bmatrix} \sigma_{11} & \sigma_{12} & \sigma_{13} \\ \sigma_{21} & \sigma_{22} & \sigma_{23} \\ \sigma_{31} & \sigma_{32} & \sigma_{33} \end{bmatrix} = \begin{bmatrix} \sigma_I & 0 & 0 \\ 0 & \sigma_{II} & 0 \\ 0 & 0 & \sigma_{III} \end{bmatrix}$$

σ_I, σ_{II}, σ_{III} sind die Hauptspannungen. Sie berechnen sich aus der kubischen Gleichung:

mit $\sigma^3 - J_I\cdot\sigma^2 - J_{II}\cdot\sigma - J_{III} = 0$

$J_I = \sigma_{11} + \sigma_{22} + \sigma_{33}$; $J_{II} = -(\sigma_{11}\,\sigma_{22} + \sigma_{22}\,\sigma_{33} + \sigma_{33}\,\sigma_{11}) + \sigma_{12}^2 + \sigma_{23}^2 + \sigma_{31}^2$; $J_{III} = \det(S_{ij})$.

J_I, J_{II}, J_{III} nennt man die Invarianten des räumlichen Spannungszustandes. In den Hauptspannungen ausgedrückt, lauten sie:

$J_I = \sigma_I + \sigma_{II} + \sigma_{III}$, $J_{II} = -(\sigma_I\,\sigma_{II} + \sigma_{II}\,\sigma_{III} + \sigma_{III}\sigma_I)$, $J_{III} = \sigma_I\,\sigma_{II}\,\sigma_{III}$.

Der Spannungstensor wird in den Spannungs - Kugeltensor und in den Spannungsdeviator gesplittet:

$$S_{ij} = s\cdot\delta_{ij} + S'_{ij} = \begin{bmatrix} s & 0 & 0 \\ 0 & s & 0 \\ 0 & 0 & s \end{bmatrix} + \begin{bmatrix} \sigma'_{11} & \sigma_{12} & \sigma_{13} \\ \sigma_{21} & \sigma'_{22} & \sigma_{23} \\ \sigma_{31} & \sigma_{32} & \sigma'_{33} \end{bmatrix}$$

$s = \frac{1}{3}\cdot(\sigma_{11} + \sigma_{22} + \sigma_{33})$, mittlere Normalspannung.

$S'_{ij} = S_{ij} - s\cdot\delta_{ij}$ hat die Invarianten:

$$J'_I = 0\;;\quad J'_{II} = \frac{1}{6}\left[(\sigma_{11}-\sigma_{22})^2 + (\sigma_{22}-\sigma_{33})^2 + (\sigma_{33}-\sigma_{11})^2\right] + \sigma_{12}^2 + \sigma_{23}^2 + \sigma_{31}^2 =$$

$$= \frac{1}{6}\left[(\sigma_I - \sigma_{II})^2 + (\sigma_{II} - \sigma_{III})^2 + (\sigma_{III} - \sigma_I)^2\right];\quad J'_{III} = \det(S'_{ij}) = \frac{1}{3}\cdot\sigma_{ij}\cdot\sigma_{jk}\cdot\sigma_{ki}$$

rung und Starrkörperdrehung eines Körperelementes und sind i.a. Funktionen der Koordinaten x_i, d.h. innerhalb des Kontinuums Veränderliche:

$$D_{ij} = D_{ij}(x_i) = \begin{bmatrix} \varepsilon_{11} & \varepsilon_{12} & \varepsilon_{13} \\ \varepsilon_{21} & \varepsilon_{22} & \varepsilon_{23} \\ \varepsilon_{31} & \varepsilon_{32} & \varepsilon_{33} \end{bmatrix}; \quad W_{ij} = W_{ij}(x_i) = \begin{bmatrix} 0 & \omega_{12} & \omega_{13} \\ \omega_{21} & 0 & \omega_{23} \\ \omega_{31} & \omega_{32} & 0 \end{bmatrix} \tag{51}$$

Man nennt D_{ij} auch den Verzerrungstensor. D_{ij} ist symmetrisch und W_{ij} antimetrisch:

$$\varepsilon_{ij} = \varepsilon_{ji}; \quad \omega_{ij} = -\omega_{ji} \tag{52}$$

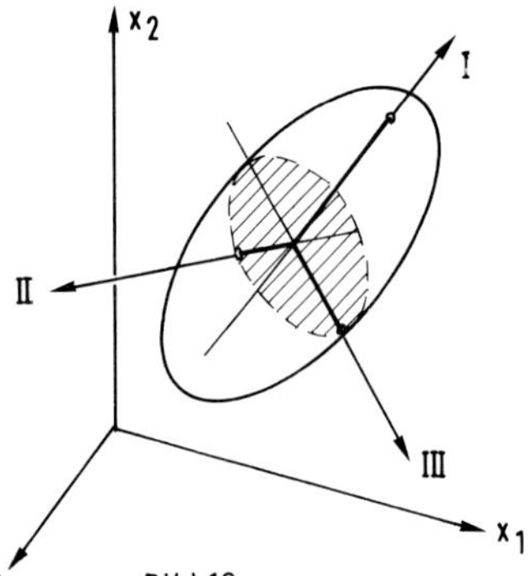

Bild 16

Vgl. Tafel 28.1. Die Starrkörperdrehung ist verzerrungsfrei und damit auch spannungsfrei; sie wird nicht weiter verfolgt.

Um den Verzerrungszustand zu verdeutlichen, wird die Verformung einer Einheitskugel im Kontinuum betrachtet. Es läßt sich zeigen, daß sie in ein Ellipsoid übergeht (Bild 16). Das Ellipsoid hat drei orthogonale Hauptachsen I, II, III. Die Dehnungen in Richtung dieser Achsen heißen Hauptdehnungen und werden mit ε_I, ε_{II}, ε_{III} abgekürzt. Die Halbachsen des Ellipsoids betragen: $1+\varepsilon_I$, $1+\varepsilon_{II}$, $1+\varepsilon_{III}$. Die Gleichungen der Einheitskugel und des Ellipsoids lauten:

$$\text{Kugel:} \quad x_I^2 + x_{II}^2 + x_{III}^2 = 1 \tag{53}$$

$$\text{Ellipsoid:} \quad \left(\frac{x_I}{1+\varepsilon_I}\right)^2 + \left(\frac{x_{II}}{1+\varepsilon_{II}}\right)^2 + \left(\frac{x_{III}}{1+\varepsilon_{III}}\right)^2 = 1 \tag{54}$$

Sind alle Hauptdehnungen positiv, liegt das Ellipsoid außerhalb der Einheitskugel, anderenfalls innerhalb. I.a. durchdringen sich die Flächen. Die Hauptachsen durchdringen das Ellipsoid senkrecht, d.h. in den Durchstoßpunkten treten (tangential) keine Gleitungen auf. Aus dieser Bedingung lassen sich die Richtungscosini der Hauptachsen und Hauptdehnungen berechnen. Die Hauptdehnungen folgen als Wurzeln der kubischen Gleichung

$$\varepsilon^3 - I_I\varepsilon^2 - I_{II}\varepsilon - I_{III} = 0 \tag{55}$$

mit dem Koeffizienten:

$$\begin{aligned} I_I &= \varepsilon_{11} + \varepsilon_{22} + \varepsilon_{33} \\ I_{II} &= -(\varepsilon_{11}\varepsilon_{22} + \varepsilon_{22}\varepsilon_{33} + \varepsilon_{33}\varepsilon_{11}) + \varepsilon_{12}^2 + \varepsilon_{23}^2 + \varepsilon_{31}^2 \\ I_{III} &= \det(D_{ij}) \end{aligned} \tag{56}$$

Wegen des Beweises vgl. den folgenden Abschnitt. Hierin wird auch gezeigt, daß sich damit Hauptgleitungen wie folgt berechnen lassen:

$$\gamma_I = \frac{1}{2}(\varepsilon_{II} - \varepsilon_{III}), \quad \gamma_{II} = \frac{1}{2}(\varepsilon_{III} - \varepsilon_I), \quad \gamma_{III} = \frac{1}{2}(\varepsilon_I - \varepsilon_{II}) \tag{57}$$

Die Koeffizienten I_I, I_{II}, I_{III} bleiben bei einer Achsendrehung $x_i \rightarrow \tilde{x}_i$ unverändert. Man nennt sie daher die (lineare, quadratische und kubische) Verzerrungsinvarianten. Für den Sonderfall der Hauptachsentransformation gilt:

$$\begin{aligned} I_I &= \varepsilon_I + \varepsilon_{II} + \varepsilon_{III} \\ I_{II} &= -(\varepsilon_I\varepsilon_{II} + \varepsilon_{II}\varepsilon_{III} + \varepsilon_{III}\varepsilon_I) \\ I_{III} &= \varepsilon_I \cdot \varepsilon_{II} \cdot \varepsilon_{III} \end{aligned} \tag{58}$$

In den Hauptdehnungen ausgedrückt lautet der Verzerrungstensor:

$$D_{ij} = \begin{bmatrix} \varepsilon_I & 0 & 0 \\ 0 & \varepsilon_{II} & 0 \\ 0 & 0 & \varepsilon_{III} \end{bmatrix} \tag{59}$$

28.2.4 Spannungstensor

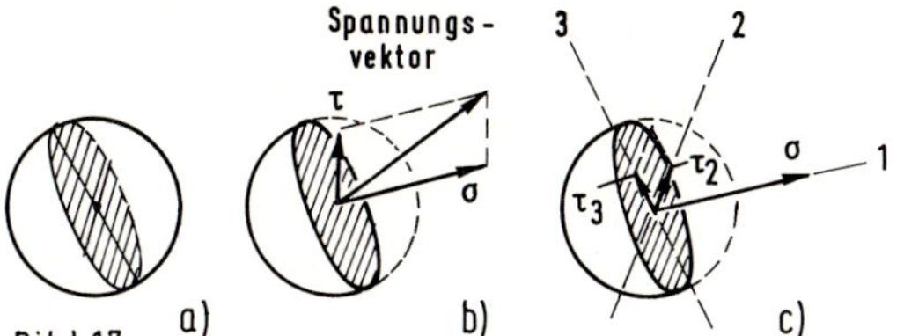

Bild 17

Aus dem Kontinuum wird ein kugeliger Bereich herausgetrennt und durch dessen Mittelpunkt ein Schnitt gelegt (Bild 17). Der auf dieser Schnittfläche schief stehende resultierende Spannungsvektor wird in Richtung der Flächennormalen und senkrecht dazu, also in die Ebene der Schnittfläche zerlegt. Es sind dieses die Normal- und Schubspannung σ bzw. τ, s. Bild 176.
Die Schubspannungskomponente τ kann in zwei orthogonale Richtungen zerlegt werden (Bild 17c). - Für andere Schnitte ergeben sich andere Spannungen. Um die Eigenschaft des örtlichen Spannungszustandes zu untersuchen, wird ein Rechteck-Parallelepiped betrachtet (Bild 18). Die Spannungsvektoren auf den drei Schnittflächenpaaren 1, 2, 3 werden je in eine Normalspannungs- und in je zwei Schubspannungskomponenten zerlegt, wie in Bild 18 erklärt. Das ergibt 3 Normal- und 6 Schubspannungskomponenten. Die Schnitte sind so eng benachbart, daß die Spannungen auf gegenparallelen Ebenen gleichgroß sind. Die Gleichgewichtsbedingungen liefern die Identitäten $\sigma_{11}=\sigma_{11}$, $\sigma_{22}=\sigma_{22}$, $\sigma_{33}=\sigma_{33}$ und die Beziehungen $\sigma_{12}=\sigma_{21}$, $\sigma_{23}=\sigma_{32}$, $\sigma_{31}=\sigma_{13}$ (Satz von der Gleichheit einander zugeordneter Schubspannungen).

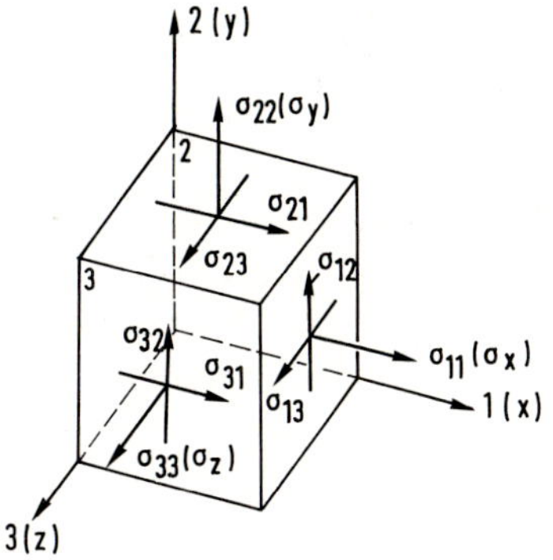

Bild 18

Durch das Epiped wird ein Schnitt gelegt (Bild 19a). Die Flächennormale der Schnittebene habe mit den Achsen x_1, x_2, x_3 die Winkel φ_1, φ_2, φ_3 (Bild 19b). Der resultierende Spannungsvektor der schrägen Schnittfläche wird in Richtung der Achsen in die Komponenten σ_1, σ_2, σ_3 zerlegt (Bild 19b). Die Komponentengleichgewichtsgleichungen ergeben:

$$\begin{aligned} \sigma_1 &= \sigma_{11}\cos\varphi_1 + \sigma_{12}\cos\varphi_2 + \sigma_{13}\cos\varphi_3 \\ \sigma_2 &= \sigma_{21}\cos\varphi_1 + \sigma_{22}\cos\varphi_2 + \sigma_{23}\cos\varphi_3 \\ \sigma_3 &= \sigma_{31}\cos\varphi_1 + \sigma_{32}\cos\varphi_2 + \sigma_{33}\cos\varphi_3 \end{aligned} \quad (60)$$

In tensorieller Schreibweise:

$$\sigma_i = S_{ij}\cdot\cos\varphi_j \quad (61)$$

S_{ij} ist der Spannungstensor; er ist symmetrisch (vgl. oben).

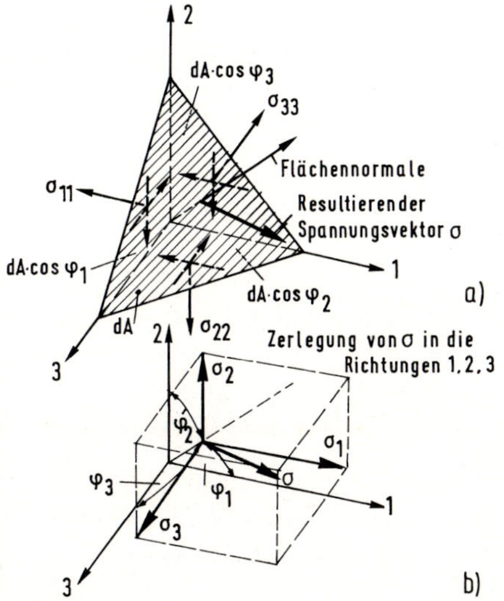

Bild 19

Wie im vorangegangenen Abschnitt bereits angemerkt, hat ein Tensor (zweiter Stufe, wie D_{ij}, S_{ij}) drei Hauptachsen. Im Falle des Spannungstensors sind die Hauptachsen dadurch ausgezeichnet, daß in den drei orthogonalen Basisflächen keine Schubspannungen sondern nur Normalspannungen übertragen werden; das sind die Hauptspannungen σ_I, σ_{II}, σ_{III}.
Gegenüber dem Koordiantensystem 1, 2, 3 sind die Hauptspannungen durch die Winkel φ_I, φ_{II}, φ_{III}, festgelegt. - Es werde unterstellt, daß die drei Hauptachsen bekannt seien, dann könnte für eine frei gewählte Schnittfläche, gekennzeichnet durch φ_I, φ_{II}, φ_{III}, der auf dieser Fläche wirkende resultierende Spannungsvektor in Richtung der Hauptachsen zerlegt werden:

$$\sigma_1 = \sigma\cdot\cos\varphi_I,\quad \sigma_2 = \sigma\cdot\cos\varphi_{II},\quad \sigma_3 = \sigma\cdot\cos\varphi_{III} \quad (62)$$

Für das Hauptachsensystem lauten die Gleichgewichtsgleichungen (G.60):

$$\begin{aligned}(\sigma_{11}-\sigma)\cdot\cos\varphi_I + \sigma_{12}\cdot\cos\varphi_{II} + \sigma_{13}\cdot\cos\varphi_{III} &= 0\\ \sigma_{21}\cdot\cos\varphi_I + (\sigma_{22}-\sigma)\cdot\cos\varphi_{II} + \sigma_{23}\cdot\cos\varphi_{III} &= 0\\ \sigma_{31}\cdot\cos\varphi_I + \sigma_{32}\cdot\cos\varphi_{II} + (\sigma_{33}-\sigma)\cdot\cos\varphi_{III} &= 0\end{aligned} \qquad (63)$$

Dieses (in den unbekannten Richtungscosini lineare) Gleichungssystem ist homogen. Von Null verschiedene Lösungen (für die Eigenwerte σ, $\sigma_I > \sigma_{II} > \sigma_{III}$) gewinnt man durch Nullsetzen der Determinante. Das ergibt eine Gleichung 3. Grades für σ:

$$\sigma^3 - J_I\sigma^2 - J_{II}\sigma - J_{III} = 0 \qquad (64)$$

Die Koeffizienten lauten:

$$\begin{aligned}J_I &= \sigma_{11}+\sigma_{22}+\sigma_{33}\\ J_{II} &= -(\sigma_{11}\sigma_{22}+\sigma_{22}\sigma_{33}+\sigma_{33}\sigma_{11})+\sigma_{12}^2+\sigma_{23}^2+\sigma_{31}^2\\ J_{III} &= \det(S_{ij})\end{aligned} \qquad (65)$$

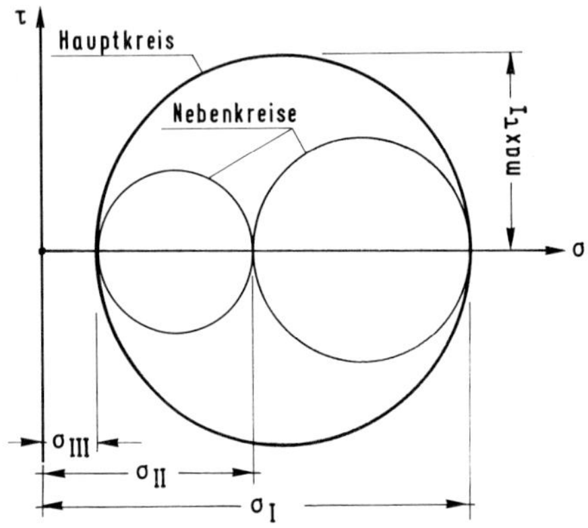

Bild 20

Das sind die Spannungsinvarianten. - Mit den Lösungen für σ (aus G.64/65) kann, gemeinsam mit der Bedingung

$$\cos^2\varphi_I + \cos^2\varphi_{II} + \cos^2\varphi_{III} = 1 \qquad (66)$$

das Hauptachsensystem berechnet werden. Aus dem MOHRschen Kreis für den räumlichen Spannungszustand (Bild 20) können die Hauptschubspannungen abgeleitet werden:

$$\tau_I = \frac{1}{2}(\sigma_{II}-\sigma_{III}),\ \tau_{II} = \frac{1}{2}(\sigma_{III}-\sigma_I),\ \tau_{III} = \frac{1}{2}(\sigma_I-\sigma_{II}) \qquad (67)$$

Die Hauptnormal- und Hauptschubspannungen definieren im Kontinuum zwei orthogonale Hauptspannungsliniennetze (Spannungstrajektorien).
Wird der Spannungstensor durch die Hauptnormalspannungen ausgedrückt, gilt:

$$S_{ij} = \begin{bmatrix}\sigma_I & 0 & 0\\ 0 & \sigma_{II} & 0\\ 0 & 0 & \sigma_{III}\end{bmatrix} \qquad (68)$$

Da die außerhalb der Diagonalen liegenden Elemente Null sind, lauten die Invarianten (in den Hauptnormalspannungen ausgedrückt):

$$\begin{aligned}J_I &= \sigma_I + \sigma_{II} + \sigma_{III}\\ J_{II} &= -(\sigma_I\,\sigma_{II} + \sigma_{II}\sigma_{III} + \sigma_{III}\sigma_I)\\ J_{III} &= \sigma_I\cdot\sigma_{II}\cdot\sigma_{III}\end{aligned} \qquad (69)$$

28.3.5 HOOKEsches Gesetz

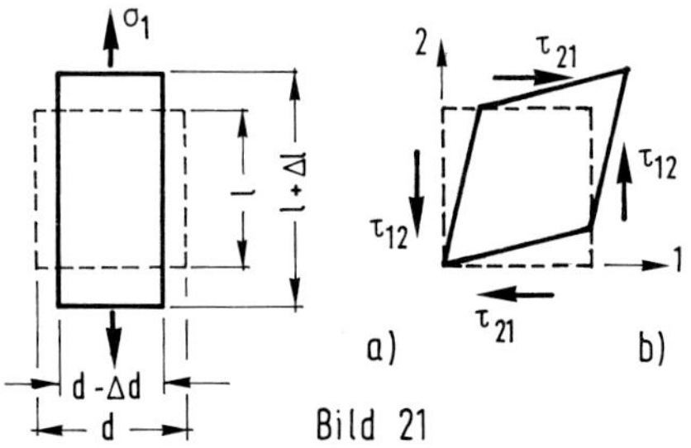

Bild 21

Bei einachsiger Beanspruchung betragen Dehnung und Querdehnung (Bild 21a):

$$\varepsilon_1 = \Delta l/l,\ \varepsilon_2 = -\Delta d/d = -\mu\,\varepsilon_1 \qquad (70)$$

μ ist die Querkontraktionszahl (Querdehnzahl), vgl. auch Abschnitt 28.2.2. - Die Volumenzunahme resultiert aus Streckung und Querverkürzung in zwei Richtungen:

$$\Delta V = \varepsilon_1(1-2\mu) \qquad (71)$$

Tritt keine Volumenzunahme ein, ist $\mu = 0{,}5$. Die Querkontraktionszahl kann also nicht größer als 0,5 sein (inkompressibles Material).

Bei einachsiger Beanspruchung lautet das HOOKEsche Gesetz (Bild 21):

$$\varepsilon_1 = \sigma_1/E\,;\quad \gamma_{12} = \tau_{12}/G \tag{72}$$

Für mehrachsige Beanspruchung gilt:

$$\begin{bmatrix}\varepsilon_{11}\\ \varepsilon_{22}\\ \varepsilon_{33}\\ \varepsilon_{12}\\ \varepsilon_{23}\\ \varepsilon_{31}\end{bmatrix} = \begin{bmatrix} 1/E & -\mu/E & -\mu/E & 0 & 0 & 0\\ -\mu/E & 1/E & -\mu/E & 0 & 0 & 0\\ -\mu/E & -\mu/E & 1/E & 0 & 0 & 0\\ 0 & 0 & 0 & 1/2G & 0 & 0\\ 0 & 0 & 0 & 0 & 1/2G & 0\\ 0 & 0 & 0 & 0 & 0 & 1/2G\end{bmatrix} \cdot \begin{bmatrix}\sigma_{11}\\ \sigma_{22}\\ \sigma_{33}\\ \sigma_{12}\\ \sigma_{23}\\ \sigma_{31}\end{bmatrix} \tag{73}$$

G.70 bzw. 72 sind hierin auf den räumlichen Beanspruchungszustand erweitert; im einzelnen gilt z.B.:

$$\varepsilon_{11} = \frac{1}{E}[\sigma_{11} - \mu(\sigma_{22}+\sigma_{33})],\cdots \qquad \varepsilon_{12} = (\frac{\gamma_{12}}{2}) = \frac{\sigma_{12}}{2G},\cdots$$

Die Auflösung von G.73 nach den Spannungen ergibt (vgl. Definition von δ_{ij} gemäß G.38):

$$S_{ij} = \frac{E}{1+\mu}(D_{ij} + \frac{\mu\bar{\varepsilon}}{1-2\mu}\delta_{ij}) \quad \text{mit} \quad \bar{\varepsilon} = \varepsilon_{11} + \varepsilon_{22} + \varepsilon_{33} \tag{74}$$

Das ist das HOOKEsche Gesetz für den räumlichen Verzerrungs-Spannungszustand. Beispielsweise folgt für den ebenen Spannungszustand:

$$\sigma_{11} = \frac{E}{1+\mu}[\varepsilon_{11} + \frac{\mu(\varepsilon_{11}+\varepsilon_{22})}{1-2\mu}] = \frac{E}{1-\mu^2}[\varepsilon_{11} + \mu\varepsilon_{22}]\,;\quad \sigma_{12} = \frac{E}{1+\mu}\varepsilon_{12} = 2G\varepsilon_{12} \quad (= G\gamma_{12}) \tag{75}$$

28.3.6 Kugeltensor und Deviator

Die Verformungen lassen sich in eine Volumenänderung und in eine Gestaltänderung splitten. Die Volumenänderung beträgt:

$$dx_1\,dx_2\,dx_3 - (1+\varepsilon_{11})(1+\varepsilon_{22})(1+\varepsilon_{33})dx_1\,dx_2\,dx_3 = (\varepsilon_{11}+\varepsilon_{22}+\varepsilon_{33})dx_1\,dx_2\,dx_3 \tag{76}$$

(Die Volumenänderungen aus den Schiebungen sind eine Größenordnung kleiner.)
Bezogen auf die Raumeinheit beträgt die räumliche Dehnung (Dilatation):

$$\bar{\varepsilon} = \varepsilon_{11} + \varepsilon_{22} + \varepsilon_{33} \tag{77}$$

Als mittlere Normaldehnung wird

$$e = \frac{1}{3}(\varepsilon_{11} + \varepsilon_{22} + \varepsilon_{33}) = \frac{\bar{\varepsilon}}{3} \tag{78}$$

definiert. - Hiervon ausgehend wird der Verzerrungstensor (G.59) gesplittet:

$$D_{ij} = \begin{bmatrix} e & 0 & 0\\ 0 & e & 0\\ 0 & 0 & e\end{bmatrix} + \begin{bmatrix} \varepsilon_I - e & 0 & 0\\ 0 & \varepsilon_{II} - e & 0\\ 0 & 0 & \varepsilon_{III} - e\end{bmatrix} = \begin{bmatrix} e & 0 & 0\\ 0 & e & 0\\ 0 & 0 & e\end{bmatrix} + \begin{bmatrix} \varepsilon'_{11} & \varepsilon_{12} & \varepsilon_{13}\\ \varepsilon_{21} & \varepsilon'_{22} & \varepsilon_{23}\\ \varepsilon_{31} & \varepsilon_{32} & \varepsilon'_{33}\end{bmatrix} = e\,\delta_{ij} + D'_{ij} \tag{79}$$

Den ersten Term nennt man Verzerrungs-Kugeltensor, er kennzeichnet die Volumenänderung; den zweiten Term nennt man Verzerrungs-Deviator, er kennzeichnet die Gestaltänderung. - Wird der Deviator freigestellt, folgt:

$$D'_{ij} = D_{ij} - e\,\delta_{ij} \tag{80}$$

Die zugehörigen Invarianten lauten:

$$I'_I = 0$$
$$I'_{II} = \frac{1}{6}[(\varepsilon_{11}-\varepsilon_{22})^2 + (\varepsilon_{22}-\varepsilon_{33})^2 + (\varepsilon_{33}-\varepsilon_{11})^2] + \varepsilon_{12}^2 + \varepsilon_{23}^2 + \varepsilon_{31}^2 = \frac{1}{6}[(\varepsilon_I - \varepsilon_{II})^2 + (\varepsilon_{II}-\varepsilon_{III})^2 + (\varepsilon_{III}-\varepsilon_I)^2] \tag{81}$$
$$I'_{III} = \det(D'_{ij}) = \frac{1}{3}\varepsilon_{ij}\cdot\varepsilon_{jk}\cdot\varepsilon_{ki}$$

Der Vergleich von G.78 mit G.56 läßt erkennen, daß die mittlere Normaldehnung e eine Invariante ist:

$$e = \frac{1}{3}I_I \tag{82}$$

Analog zu G.78 wird die mittlere Normalspannung eingeführt:

$$s = \frac{1}{3}(\sigma_{11} + \sigma_{22} + \sigma_{33}) = \frac{1}{3} J_I \qquad (83)$$

s beschreibt einen allseitig gleichen (hydrostatischen) Spannungszustand. - Der Spannungszustand wird (analog zu G.79) gleichfalls gesplittet. Ausgehend von G.68 folgt:

$$S_{ij} = \begin{vmatrix} s & 0 & 0 \\ 0 & s & 0 \\ 0 & 0 & s \end{vmatrix} + \begin{vmatrix} \sigma_I - s & 0 & 0 \\ 0 & \sigma_{II} - s & 0 \\ 0 & 0 & \sigma_{III} - s \end{vmatrix} = \begin{vmatrix} s & 0 & 0 \\ 0 & s & 0 \\ 0 & 0 & s \end{vmatrix} + \begin{vmatrix} \sigma'_{11} & \sigma_{12} & \sigma_{13} \\ \sigma_{21} & \sigma'_{22} & \sigma_{23} \\ \sigma_{31} & \sigma_{32} & \sigma'_{33} \end{vmatrix} = s\delta_{ij} + S'_{ij} \qquad (84)$$

Der erste Term heißt Spannungs-Kugeltensor, der zweite Spannungsdeviator. Wird der Deviator freigestellt, gilt:

$$S'_{ij} = S_{ij} - s\delta_{ij} \qquad (85)$$

Die Invarianten lauten:

$$J'_I = 0$$
$$J'_{II} = \frac{1}{6}[(\sigma_{11} - \sigma_{22})^2 + (\sigma_{22} - \sigma_{33})^2 + (\sigma_{33} - \sigma_{11})^2] + \sigma_{12}^2 + \sigma_{23}^2 + \sigma_{31}^2 = \frac{1}{6}[(\sigma_I - \sigma_{II})^2 + (\sigma_{II} - \sigma_{III})^2 + (\sigma_{III} - \sigma_I)^2] \qquad (86)$$
$$J'_{III} = \det(S'_{ij}) = \frac{1}{3}\sigma_{ij} \cdot \sigma_{jk} \cdot \sigma_{ki}$$

Das HOOKEsche Gesetz läßt sich nunmehr für

$$D_{ij} = D'_{ij} + e\delta_{ij} \quad \text{und} \quad S_{ij} = S'_{ij} + s\delta_{ij} \qquad (87)$$

wie folgt formulieren:

$$S'_{ij} + s\delta_{ij} = \frac{E}{1+\mu}[D'_{ij} + \frac{\bar{\varepsilon}}{3}\delta_{ij} + \frac{\mu\bar{\varepsilon}}{1-2\mu}\delta_{ij}] = 2G[D'_{ij} + \frac{1+\mu}{1-2\mu}e\delta_{ij}] \qquad (88)$$

Gesplittet gilt:

$$S'_{ij} = \frac{E}{1+\mu}D'_{ij} = 2GD'_{ij}\,; \quad s = \frac{E}{1-2\mu}e \qquad (89)$$

Mit dem sogen. Kompressionsmodul

$$K = \frac{E}{3(1-2\mu)} \qquad (90)$$

kann die Verknüpfung des hydrostatischen Verzerrungs-Spannungs-Zustandes auch durch

$$s = 3Ke \qquad (91)$$

dargestellt werden. Zusammengefaßt lautet damit das Elastizitätsgesetz isotroper Stoffe:

$$S'_{ij} = 2GD'_{ij} \quad \text{und} \quad s = 3Ke = K\bar{\varepsilon} \qquad (92)$$

Die erste Gleichung beschreibt die Gestalt- und die zweite die Volumenänderung.

28.3.7 Festigkeitshypothese von HUBER-MISES-HENCKY für zähe Metalle

28.7.3.1 Vorbemerkungen

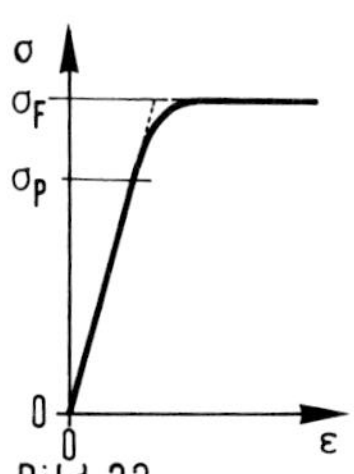

Bild 22

Bei einachsiger Beanspruchung ist die Gültigkeit der Elastizitätstheorie durch das Erreichen der Proportionalitätsspannung σ_P gegeben, vgl. Bild 22. Wird σ_P überschritten, treten erste bleibende Verformungen auf. Sie nehmen mit wachsender Spannung progressiv zu, mit Erreichen von σ_F tritt ausgeprägtes Fließen ein. Nach Erreichen von ε_V kommt es zu einer neuen Verfestigung, vgl. Abschn.6. Unterstellt man ein idealelastisches-idealplastisches Material, fällt σ_P mit σ_F zusammen. Das ist die im Stahlbau übliche Annahme. Hiervon wird auch im folgenden ausgegangen. Für den einachsigen Spannungszustand bedeutet das: Ist $\sigma < \sigma_F$, ist der Zustand elastisch, ist $\sigma = \sigma_F$ tritt Plastizierung ein. Letzteres ist gleichbedeutend mit:

$$f = \sigma - \sigma_F = 0 \qquad (93)$$

Beim allgemeinen Spannungszustand lautet die Plastizierungsbedingung:

$$f = 0 \qquad (94)$$

Hierbei ist f die vom Spannungszustand abhängige Plastizierungsfunktion (Fließfunktion). Je nach dem, welche Plastizierungshypothese vereinbart wird, ergibt sich eine andere f-Funktion und damit Vergleichsspannungsvorschrift (vgl. Abschnitt 28.2.3). Am besten ist die Festigkeitshypothese von HUBER-MISES-HENCKY für zähe Metalle experimentell bestätigt; sie läßt unterschiedliche Deutungen zu.

28.3.7.2 Invariantentheorie nach v.MISES

Die in den Abschnitten 28.2.3 u. 28.2.4 eingeführten Definitionen des Verzerrungstensors D_{ij} und Spannungstensors S_{ij} gelten auch im plastischen Bereich, nicht dagegen ihre linearelastische Verknüpfung (HOOKEsches Gesetz). Die Absplittung eines deviatorischen Verzerrungs-Spannungs-Zustandes erweist sich als zweckmäßig, weil aus Versuchen bekannt ist, daß - zumindest bei metallischen Stoffen - ein hydrostatischer Spannungszustand keine plastischen Verformungen hervorruft. (Bei Experimenten blieben Metallproben bis 500000 bar elastisch: BRIDGMAN, 1964). Plastische, d.h. bleibende Verformungen werden allein durch den deviatorischen Spannungszustand bewirkt.

An der Grenze zwischen elastischem und plastischem Bereich gilt das HOOKEsche Gesetz, daher muß sich die Plastizierungsbedingung durch die Elemente des örtlichen Verzerrungs- oder des örtlichen Spannungszustandes, also gleichwertig durch D_{ij} oder S_{ij}, darstellen lassen und dabei allein durch deren deviatorische Anteile. Da die Plastizierungsbedingung bei einem isotropen Körper von der Wahl des Koordinatensystems unabhängig sein muß, ist f - wegen $I_I'=0$, $J_I'=0$, vgl. G.81 bzw. (86) - entweder eine Funktion von I_{II}', I_{III}' oder von J_{II}', J_{III}'. Wird unterstellt, daß das Verhalten für Zug und Druck gleich ist, kann f nur von I_{II}' oder nur von J_{II}' abhängen, denn die kubischen Invarianten ändern ihr Vorzeichen bei Umkehr der Beanspruchungsrichtung nicht, wohl I_{II}' und J_{II}'. Demnach kann f nur eine Funktion der quadratischen Invarianten des Verzerrungs- oder Spannungsdeviators sein.

Aufgrund dieser Überlegungen folgerte v.MISES, daß Plastizierungen dann eintreten, wenn

$$J_{II}' - k^2 = 0 \qquad (95)$$

ist. Drückt man J_{II}' durch die Hauptspannungen aus, bedeutet das (G.86):

$$\frac{1}{6}[(\sigma_I - \sigma_{II})^2 + (\sigma_{II} - \sigma_{III})^2 + (\sigma_{III} - \sigma_I)^2] = k^2 \qquad (96)$$

Bei einachsiger Beanspruchung ist $\sigma_I = \sigma$ und $\sigma_{II} = \sigma_{III} = 0$. Die Grenze des elastischen Bereiches ist in diesem Falle mit $\sigma = \sigma_F$ gegeben:

$$\frac{1}{6} \cdot 2\sigma_F^2 = k^2 \longrightarrow k^2 = \frac{1}{3}\sigma_F^2 \qquad (97)$$

Setzt man k² in G.96 ein, multipliziert beide Seiten mit 3 und radiziert, ist der räumliche Spannungszustand auf einen einachsigen Vergleichs-Zustand mit

$$\sigma_V = \sqrt{\frac{1}{2}[(\sigma_I - \sigma_{II})^2 + (\sigma_{II} - \sigma_{III})^2 + (\sigma_{III} - \sigma_I)^2]} = \sqrt{\sigma_{11}^2 + \sigma_{22}^2 + \sigma_{33}^2 - \sigma_{11}\sigma_{22} - \sigma_{22}\sigma_{33} - \sigma_{33}\sigma_{11} + 3(\sigma_{12}^2 + \sigma_{23}^2 + \sigma_{31}^2)} \qquad (98a,b)$$

zurückgeführt:

$$\sigma_V = \sigma_F \qquad (99)$$

Für den ebenen Spannungszustand gilt (vgl. Abschnitt 28.2.3):

$$\sigma_{11} = \sigma_x, \sigma_{22} = \sigma_y \text{ und } \sigma_{12} = \tau_{xy} \longrightarrow \sigma_V = \sqrt{\sigma_x^2 + \sigma_y^2 - \sigma_x\sigma_y + 3 \cdot \tau_{xy}^2} \qquad (100)$$

28.3.7.3 Oktaederschubspannung

Zum Zwecke der mechanischen Deutung der deviatorischen Spannungsinvariante J_{II}' wird auf Bild 23a verwiesen, worin ein Parallelepiped des isotropen Körpers dargestellt ist. Es hat die Kantenlängen a; die Kanten fallen mit den Hauptachsen I, II, III zusammen. Auf den Flächen wirken die Spannungen σ_I, σ_{II}, σ_{III}. Legt man einen Schrägschnitt und berechnet die Normal- und Schubspannungskomponenten auf der Schrägfläche (schraffiert in Bild 23a), ergibt sich (hier ohne Beweis):

$$\sigma: \frac{1}{3} \cdot (\sigma_I + \sigma_{II} + \sigma_{III}); \qquad \tau: \frac{1}{3}\sqrt{(\sigma_I - \sigma_{II})^2 + (\sigma_{II} + \sigma_{III})^2 + (\sigma_{III} - \sigma_I)^2} \qquad (101)$$

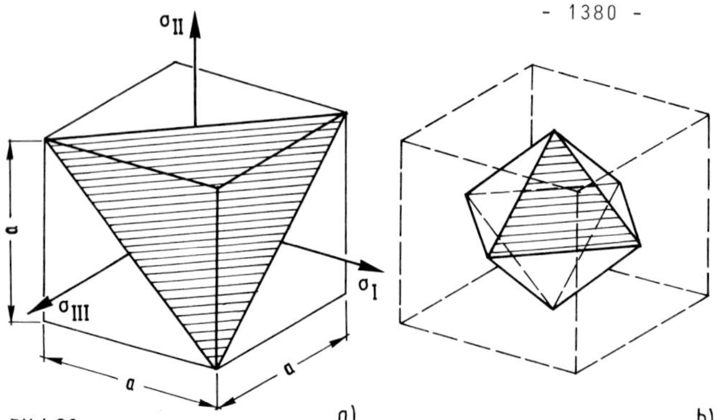

Bild 23

Diese Spannungskomponenten ergeben sich gleichfalls für jede andere Schrägfläche durch das Epiped. Deren Anzahl ist acht. Sie schließen einen Oktaeder ein (Bild 23b). Man spricht daher bei den Spannungsausdrücken nach G.101 von der Oktaeder-Normalspannung bzw. Oktaeder-Schubspannung. σ_{okt} ist mit s identisch, vgl. G.83. τ_{okt} ist ebenfalls eine Invariante, vgl. G.86:

$$\sigma_{okt} = \frac{1}{3} J_I = s \quad ; \quad \tau_{okt} = \sqrt{\frac{2}{3} J'_{II}} \tag{102}$$

Die Plastizierungsbedingung G.95 ist offensichtlich mit der Bedingung

$$\tau_{okt} = \frac{\sqrt{2}}{3} \sigma_F \tag{103}$$

identisch. Ausgedrückt in den Komponenten des allgemeinen Spannungszustandes lauten die Oktaederspannungen:

$$\sigma_{okt} = \frac{1}{3} (\sigma_I + \sigma_{II} + \sigma_{III}) = \frac{1}{3} (\sigma_{11} + \sigma_{22} + \sigma_{33}) \tag{104}$$

$$\tau_{okt} = \frac{1}{3} \sqrt{(\sigma_I - \sigma_{II})^2 + (\sigma_{II} - \sigma_{III})^2 + (\sigma_{III} - \sigma_I)^2} = \frac{1}{3} \sqrt{(\sigma_{11} - \sigma_{22})^2 + (\sigma_{22} - \sigma_{33})^2 + (\sigma_{33} - \sigma_{11})^2 + 6(\sigma_{12}^2 + \sigma_{23}^2 + \sigma_{31}^2)} \tag{105}$$

Die den Oktaeder-Normalspannungen zugeordneten Dehnungen betragen:

$$\varepsilon_{okt} = \frac{1}{3} I_I = e = \frac{1}{3} (\varepsilon_I + \varepsilon_{II} + \varepsilon_{III}) = \frac{1}{3} (\varepsilon_{11} + \varepsilon_{22} + \varepsilon_{33}) \tag{106}$$

Die Gleitungen zwischen den Flächennormalen und den Oktaederflächen ergeben sich zu:

$$\gamma_{okt} = \sqrt{\frac{8}{3} I'_{II}} = \frac{2}{3} \sqrt{(\varepsilon_I - \varepsilon_{II})^2 + (\varepsilon_{II} - \varepsilon_{III})^2 + (\varepsilon_{III} - \varepsilon_I)^2} = \frac{2}{3} \sqrt{(\varepsilon_{11} - \varepsilon_{22})^2 + (\varepsilon_{22} - \varepsilon_{33})^2 + (\varepsilon_{33} - \varepsilon_{11})^2 + 6(\varepsilon_{12}^2 + \varepsilon_{23}^2 + \varepsilon_{31}^2)} \tag{107}$$

28.3.7.4 Hypothese der konstanten Gestaltänderungsarbeit

Um die Hypothese ableiten zu können, muß zunächst die in einem Volumenelement $dV = dx \cdot dy \cdot dz = dx_1 \cdot dx_2 \cdot dx_3$ gespeicherte Formänderungsarbeit durch die Verzerrungen bzw. Spannungen des allgemeinen Verzerrungs-Spannungszustandes ausgedrückt werden. Da bis zum Erreichen von σ_F elastische Beanspruchungen vorausgesetzt werden, können die Arbeitsbeträge additiv zur Gesamtarbeit zusammengesetzt werden. Der folgenden Herleitung liegt wieder das Parallelepiped des Bildes 18 zugrunde. Bei einer Dehnung ε_{11} in x_1-Richtung leistet allein die Spannung σ_{11} Arbeit, da die anderen Komponenten zur Dehnungsrichtung entweder senkrecht stehen oder sich unter ihnen stets zwei gleich große entgegengesetzte (z.B. τ_{31}, τ_{21}) finden lassen, deren Arbeitsbeiträge sich gegenseitig aufheben:

$$\frac{1}{2} \sigma_{11} dx_2 dx_3 \cdot \varepsilon_{11} dx$$

Ebenso liefern bei der Gleitung γ_{12} allein die Schubspannungen τ_{12} und τ_{21} Anteile zur Formänderungsarbeit, da sich entweder die Normalspannungen gegenseitig aufheben oder die anderen Schubspannungskomponenten die Gleitung nicht beeinflussen. Bezogen auf die Raumeinheit dV gilt demnach:

$$A = \frac{1}{2} (\sigma_{11} \varepsilon_{11} + \sigma_{22} \varepsilon_{22} + \sigma_{33} \varepsilon_{33} + \sigma_{12} \gamma_{12} + \sigma_{23} \gamma_{23} + \sigma_{31} \gamma_{31}) \tag{108}$$

In dieser Formel können entweder die Spannungen durch die Verzerrungen oder die Verzerrungen durch die Spannungen über das HOOKEsche Gesetz ausgedrückt werden:

$$A = G[\varepsilon_{11}^2 + \varepsilon_{22}^2 + \varepsilon_{33}^2 + \frac{\mu}{1-2\mu}\bar{\varepsilon}^2 + \frac{1}{2}(\gamma_{12}^2 + \gamma_{23}^2 + \gamma_{31}^2)] \quad (109)$$

$$A = \frac{1}{2G}[\frac{1}{2}(\sigma_{11}^2 + \sigma_{22}^2 + \sigma_{33}^2) - \frac{\mu}{2(1+\mu)}(\sigma_{11} + \sigma_{22} + \sigma_{33})^2 + \sigma_{12}^2 + \sigma_{23}^2 + \sigma_{31}^2] \quad (110)$$

Mit der Identität

$$\bar{\varepsilon}^2 + (\varepsilon_{11} - \varepsilon_{22})^2 + (\varepsilon_{22} - \varepsilon_{33})^2 + (\varepsilon_{33} - \varepsilon_{11})^2 = 3(\varepsilon_{11}^2 + \varepsilon_{22}^2 + \varepsilon_{33}^2) \quad (111)$$

folgt für G.110:

$$A = G\frac{1+\mu}{1-2\mu}\bar{\varepsilon}^2 + G\left\{\frac{1}{3}[(\varepsilon_{11} - \varepsilon_{22})^2 + (\varepsilon_{22} - \varepsilon_{33})^2 + (\varepsilon_{33} - \varepsilon_{11})^2] + \frac{1}{2}(\gamma_{12}^2 + \gamma_{23}^2 + \gamma_{31}^2)\right\} \quad (112)$$

Der erste Term ist der Beitrag aus der Volumenänderung, der zweite aus der Gestaltänderung. Analog kann Formel (110), um die Formänderungsarbeit durch die Spannungen auszudrücken, vermittelst der Identität

$$(\sigma_{11} + \sigma_{22} + \sigma_{33})^2 + (\sigma_{11} - \sigma_{22})^2 + (\sigma_{22} - \sigma_{33})^2 + (\sigma_{33} - \sigma_{11})^2 = 3(\sigma_{11}^2 + \sigma_{22}^2 + \sigma_{33}^2) \quad (113)$$

umgeformt werden:

$$A = \frac{1}{2G}\left\{\frac{1-2\mu}{6(1+\mu)}(\sigma_{11} + \sigma_{22} + \sigma_{33})^2 + \frac{1}{6}[(\sigma_{11} - \sigma_{22})^2 + (\sigma_{22} - \sigma_{33})^2 + (\sigma_{33} - \sigma_{11})^2] + \sigma_{12}^2 + \sigma_{23}^2 + \sigma_{31}^2\right\} \quad (114)$$

Auch hierin kennzeichnet der erste Term die Volumenänderung und der zweite die Gestaltänderung; entsprechend wird A gesplittet: $A = A_V + A_G$:

$$A_V = \frac{3(1-2\mu)}{4(1+\mu)G}s^2 = \frac{3(1-2\mu)}{2E}s^2 \quad \text{mit} \quad s = \frac{1}{3}(\sigma_{11} + \sigma_{22} + \sigma_{33}) \quad (115)$$

$$A_G = \frac{1}{12G}[(\sigma_{11} - \sigma_{22})^2 + (\sigma_{22} - \sigma_{33})^2 + (\sigma_{33} - \sigma_{11})^2] + \frac{1}{2G}(\sigma_{12}^2 + \sigma_{23}^2 + \sigma_{31}^2) \quad (116)$$

Diese Formeln lassen sich noch durch die Spannungsinvarianten J_I und J_{II} gemäß G.69 darstellen:

$$A_V = \frac{(1-2\mu)}{2E}J_I^2 = \frac{1}{2K}\sigma_{0kt}^2 \; ; \quad A_G = \frac{1}{6K}(J_I^2 - 3J_{II}) = \frac{3}{4G}\tau_{0kt}^2 \quad (117a,b)$$

Daraus erkennt man die Invarianz der Formänderungsarbeit gegenüber Drehungen des Koordinatensystems. Daß sich die Arbeit aus einem Volumen- und Gestaltänderungsbeitrag zusammensetzt, läßt sich auch dadurch beweisen, daß die Spannungen in G.114 in den hydrostatischen und deviatorischen Anteil aufgespaltet werden. Diese Rechnung führt zum selben Ergebnis: G.117. Wird für die Oktaederschubspannung G.105 eingesetzt und die Gestaltänderungsarbeit des dreiachsigen mit dem einachsigen verglichen, bestätigt man G.98.

28.3.7.5 Ergänzungen

Wie gezeigt, führen die in den drei vorangegangenen Abschnitten hergeleiteten Hypothesen zu ein und demselben Plastizierungskriterium. Diese Abklärung geht, in der zeitlichen Reihenfolge, auf HUBER (1904 [16]), v.MISES (1913/28 [17,18]), HENCKY (1924 [19]) und ROŠ u. EICHINGER (1926 [20]) zurück. Am überzeugendsten ist der Bezug auf die vom Hauptachsenkreuz invariante Gestaltänderungsarbeit. Hierbei handelt es sich um eine integrale Anstrengungshypothese, also eine Energiehypothese. In Abschnitt 28.2.3 wurde sie als Gestaltänderungsenergiehypothese (GEH) bezeichnet.

Bezogen auf das in Bild 22 dargestellte reale Spannungsdehnungs-Gesetz mit der Proportionalitätsgrenze σ_P, Fließgrenze σ_F und der (im Bild nicht dargestellten) Bruchgrenze σ_B können die Anstrengungsgrenzen anhand des Bildes 24 wie folgt dargestellt werden: Das Erreichen der Proportionalitäts-, Fließ- und Bruchgrenze eines allgemeinen Spannungszustandes wird durch drei Grenzflächen beschrieben: Die Grenzflächen haben für den homogenen und isotropen Baustoff Stahl die Form von Drehflächen, deren Achse mit der Winkel-

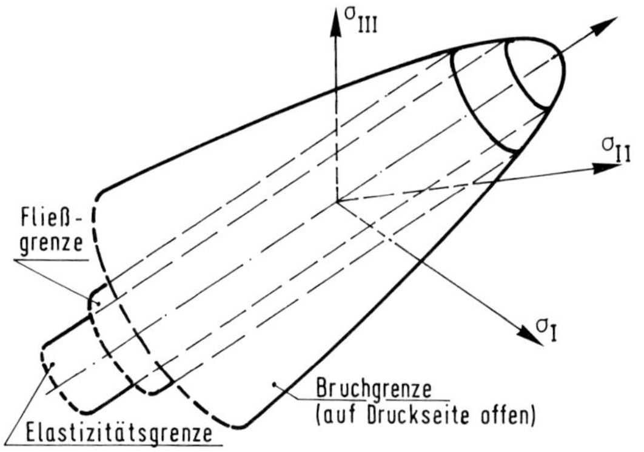

Bild 24

halbierenden der Hauptspannungsachsen σ_I, σ_{II}, σ_{III} zusammenfällt (Bild 24). Solange die Spannungen innerhalb der zylindrischen Grenzfläche mit dem Radius $r_P = \sqrt{2/3}\,\sigma_P$ liegen, ist der Zustand elastisch. Erreichen die Spannungen den Zylinder mit dem Radius $r_F = \sqrt{2/3}\,\sigma_F$, wird das ganze Materialvolumen vom Fließen erfaßt. Der Bruch geht mit der Bildung von Gefügetrennungen oder Gleitflächen einher; er kann nur unsicher durch eine einheitliche Bruchhypothese gekennzeichnet werden. Leidlich zutreffend ist eine spitzkuppelförmige Rotationsfläche. Der Fließgrenzen-Zylinder durchstößt diese Bruchgrenzfläche im Bereich s>0. Spannungszustände, die in die Spitze der Bruchgrenzfläche fallen, verursachen kein Fließen; sie führen vielmehr zu einem Sprödbruch (verformungsloser Trennbruch) [21].

Die in den vorangegangenen Abschnitten dargestellten Verzerrungs- und Spannungszustände und ihre Splittung in die dilatatorischen und deviatorischen Anteile, sowie die Ableitung der Plastizierungsbedingung nach der GEH bilden die Grundlage der Plastizitätstheorie. Der nächste Schritt würde in der Herleitung des finiten und differentiellen Verzerrungsgesetzes, letzteres nach PRANDL/REUSZ, bestehen. Hierauf kann mit Hinweis auf das Schrifttum verzichtet werden [1-7,22,23].

28.3.8 Zahlenbeispiel

Gegeben sei der Spannungszustand (Spannungstensor):

$$S_{ij} = \begin{bmatrix} \sigma_x & \tau_{xy} & \tau_{xz} \\ \tau_{yx} & \sigma_y & \tau_{yz} \\ \tau_{zx} & \tau_{zy} & \sigma_z \end{bmatrix} = \begin{bmatrix} \sigma_{11} & \sigma_{12} & \sigma_{13} \\ \sigma_{21} & \sigma_{22} & \sigma_{23} \\ \sigma_{31} & \sigma_{32} & \sigma_{33} \end{bmatrix} = \begin{bmatrix} 5 & 2 & 3 \\ 2 & 3 & -4 \\ 3 & -4 & -4 \end{bmatrix} \text{kN/cm}^2$$

Gesucht sind die Hauptspannungen und Hauptverzerrungen. - Berechnung der Invariatnen J nach G.65 (vgl. auch Tafel 28.1):

$$J_I = 4\ \text{kN/cm}^2,\quad J_{II} = 46\,(\text{kN/cm}^2)^2,\quad J_{III} = -199\,(\text{kN/cm}^2)^3$$

Die Bestimmungsgleichung für die Hauptspannungen (G.64):

$$\sigma^3 - 4\cdot\sigma^2 - 46\cdot\sigma + 199 = 0$$

ist eine kubische Gleichung; ihre Lösung lautet:

$$\sigma_I = 6{,}28\ \text{kN/cm}^2,\quad \sigma_{II} = -6{,}88\ \text{kN/cm}^2,\quad \sigma_{III} = 4{,}61\ \text{kN/cm}^2$$

Nacheinander werden die drei Hauptspannungen in das Gleichungssystem G.63 eingesetzt und die Richtungscosini unter Berücksichtigung von G.66 bestimmt:

$$\begin{array}{llllll} \text{I}: & \cos\varphi_I = 0{,}897 & \text{II}: & \cos\varphi_I = -0{,}288 & \text{III}: & \cos\varphi_I = 0{,}338 \\ & \cos\varphi_{II} = 0{,}433 & & \cos\varphi_{II} = 0{,}409 & & \cos\varphi_{II} = -0{,}803 \\ & \cos\varphi_{III} = 0{,}093 & & \cos\varphi_{III} = 0{,}866 & & \cos\varphi_{III} = 0{,}492 \end{array}$$

Hieraus folgen die Winkel der drei Hauptspannungsvektoren gegenüber den Achsen 1,2,3. Die Hauptschubspannungen betragen (G.67):

$$\tau_I = -5{,}75\ \text{kN/cm}^2,\quad \tau_{II} = -0{,}84\ \text{kN/cm}^2,\quad \tau_{III} = 6{,}58\ \text{kN/cm}^2$$

Mit

$$E = 2{,}1\cdot 10^4\ \text{kN/cm}^2,\quad \mu = 0{,}30,\quad G = E/2(1+\mu) = 0{,}808\cdot 10^4\ \text{kN/cm}^2$$

ergibt sich der Verzerrungszustand (elastisches Verhalten vorausgesetzt, G.73) zu:

$$\begin{bmatrix}\varepsilon_{11}\\ \varepsilon_{22}\\ \varepsilon_{33}\\ \varepsilon_{12}\\ \varepsilon_{23}\\ \varepsilon_{31}\end{bmatrix} = \begin{bmatrix} 0,4762 & -0,1429 & -0,1429 & 0 & 0 & 0\\ -0,1429 & 0,4762 & -0,1429 & 0 & 0 & 0\\ -0,1429 & -0,1429 & 0,4762 & 0 & 0 & 0\\ 0 & 0 & 0 & 0,6190 & 0 & 0\\ 0 & 0 & 0 & 0 & 0,6190 & 0\\ 0 & 0 & 0 & 0 & 0 & 0,6190\end{bmatrix} \cdot 10^{-4} \cdot \begin{bmatrix}5\\3\\-4\\2\\-4\\3\end{bmatrix} = \begin{bmatrix}2,524\\1,287\\-3,048\\1,238\\-2,476\\1,857\end{bmatrix} \cdot 10^{-4}$$

Der Verzerrungstensor (G.51) ist damit bekannt. Hierfür werden die Invarianten I berechnet (G.56): $I_I = 0,763 \cdot 10^{-4}$, $I_{II} = 19,480 \cdot 10^{-8}$, $I_{III} = -36,526 \cdot 10^{-12}$

Die Bestimmungsgleichung für die Hauptdehnungen lautet:

$$\varepsilon^3 - 0,763 \cdot 10^{-4} \cdot \varepsilon^2 - 19,480 \cdot 10^{-8} \cdot \varepsilon + 36,526 \cdot 10^{-12} = 0$$

Lösung:

$$\varepsilon_I = 3,316 \cdot 10^{-4},\ \varepsilon_{II} = -4,833 \cdot 10^{-4},\ \varepsilon_{III} = 2,279 \cdot 10^{-4}$$

Die Hauptdehnungsrichtungen sind mit den Hauptspannungsrichtungen identisch. - Für die Hauptgleitungen folgt: $\gamma_I = -3,556 \cdot 10^{-4}$, $\gamma_{II} = -0,519 \cdot 10^{-4}$, $\gamma_{III} = +4,078 \cdot 10^{-4}$

Als nächstes werden die Kugeltensoren und Deviatoren berechnet (G.83,84;78,79):

$$s = 1,333\,\mathrm{kN/cm^2};\ e = 0,2543 \cdot 10^{-4}$$

$$S'_{ij} = \begin{bmatrix} 3,667 & 2 & 3\\ 2 & 1,667 & -4\\ 3 & -4 & -5,333\end{bmatrix} \mathrm{kN/cm^2};\quad D'_{ij} = \begin{bmatrix} 2,270 & 1,238 & 1,857\\ 1,238 & 1,032 & -2,476\\ 1,857 & -2,476 & -3,302\end{bmatrix} \cdot 10^{-4}$$

Um die Oktaederspannungen berechnen zu können, ist von G.102 auszugehen; es ergibt sich, einschl. der zugeordneten Verzerrungen G.106/107:

$$\sigma_{okt} = s = 1,333\,\mathrm{kN/cm^2};\ J'_{II} = 51,333\,(\mathrm{kN/cm^2})^2;\ \tau_{okt} = \sqrt{\tfrac{2}{3} J'_{II}} = 5,850\,\mathrm{kN/cm^2}$$

$$\varepsilon_{okt} = e = 0,2540 \cdot 10^{-4};\ I'_{II} = 19,675 \cdot 10^{-8};\ \gamma_{okt} = \sqrt{\tfrac{8}{3} I'_{II}} = 7,244 \cdot 10^{-4}$$

Mittels G.103 kann überprüft werden, ob der Spannungszustand noch im elastischen Bereich liegt; das gelingt unabhängig mittels G.98.

28.4 Experimente zur Problematik des Streckgrenzenansatzes

Wird der Plastizierungsbeginn in Bauteilen unter vorwiegend ruhender Belastung (womit auch seltene Lastzyklen extremer Lastintensität eingeschlossen sind) gemäß

$$\sigma_V = \sigma_F \tag{118}$$

berechnet, stellt sich die Frage, welcher Wert für σ_F anzusetzen ist. Um zur Klärung dieser Frage beizutragen, wurden v. Verf. Experimente durchgeführt.

28.4.1 "Statische" Streckgrenze

Sollen die Festigkeitswerte eines Baustahles bestimmt werden, wird aus dem zu prüfenden Material eine Zugprobe entnommen (z.B. nach DIN 17100 und DIN 50125; vgl. Abschnitt 2.6.5.3). Die Probe wird in die Prüfmaschine eingespannt und mit einer definierten Dehngeschwindigkeit v geprüft. Bei Stählen mit ausgeprägtem Fließvermögen zeigt sich, daß nach Erreichen der oberen Streckgrenze (R_{eH}) und Fortsetzung der Prüfung ein Spannungsabfall eintritt. Auf der Oberfläche des Prüflings erkennt man erste lokale Fließbänder, die sich mit zunehmender Dehnung immer weiter ausbreiten. Die Probe streckt sich, das Material fließt aus. Während des Ausfließens schwankt die Spannung auf und ab. Der niedrigste Spannungswert markiert die untere Streckgrenze (R_{eL}). Wenn das gesamte Materialvolumen im verjüngten Probenbereich vom Fließen erfaßt ist, steigt die Spannung wieder an. Die zugehörige Dehnung nennt man Verfestigungsdehnung ε_V (vgl. Abschnitt 2.6.5.2). ε_V beträgt etwa das 5- bis 10-fache der zum Fließbeginn gehörenden Dehnung. Derartige Versuche werden weggeregelt gefahren. Hierfür stehen heutzutage Hydropulsmaschinen mit elektronisch-servohydraulischer Regelung hoher Präzession zur Verfügung. Die Prüfkraft

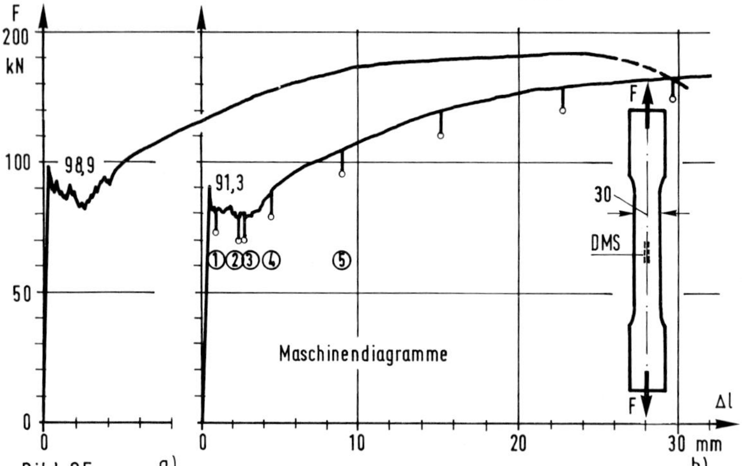

Bild 25

wird bei der Wegregelung entsprechend dem jeweiligen Widerstand des Probekörpers nachgeregelt.- Die σ-ε-Linie wird von vielen Parametern beeinflußt [24]. Bild 25a zeigt das Kraft-Verschiebungsmaschinendiagramm einer Normprobe.

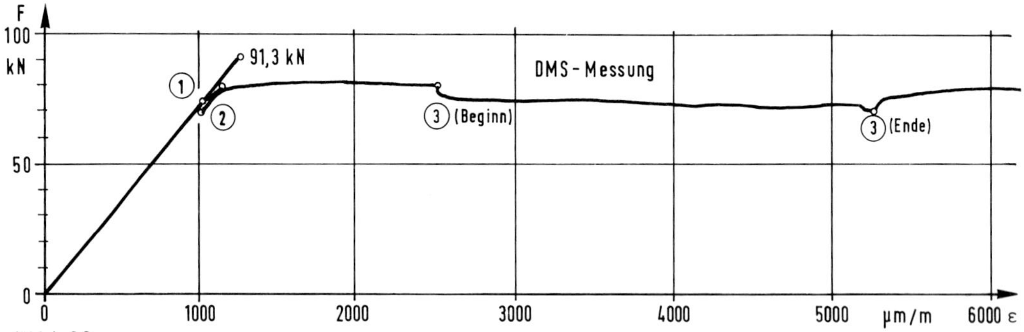

Bild 26

Interessant und noch nicht so lange bekannt ist folgender Befund [24,25]: Wird die Prüfmaschine während des Ausfließens gestoppt (v=0), fällt die Spannung auf ein unter der unteren Streckgrenze liegendes Niveau ab. Man nennt die zugehörige Spannung "statische" Streckgrenze. Dieser Wert ist derzeit noch nicht genormt. Damit stellt sich die Frage, welche Spannung als rechnerische Fließgrenze (im Sinne von G.118) anzusetzen ist: Die obere, untere oder statische Streckgrenze?

Bei der in Bild 25a geprüften Probe betrug der Abfall von der oberen zur unteren Streckgrenze ca. 17%. Bild 25b zeigt das Ergebnis für einen Prüfkörper mit den gleichen Probenabmessungen und aus demselben Material. Wie erkennbar, wurde eine niedrigere obere Streckgrenzenprüfkraft erreicht. Während der Prüfung wurden 8 Haltepunkte eingelegt: ①, ②,.. Man erkennt bei allen Haltepunkten einen etwa gleichhohen Abfall der Prüfkraft, nicht nur im Fließ- sondern auch im Verfestigungsbereich. In Spannung ausgedrückt: $\Delta\sigma$ etwa 25N/mm². Das sind ca. 10% der oberen Streckgrenze.

In Bild 26 ist das Ergebnis einer DMS-Messung an der Probe dargestellt: Bis zum Haltepunkt ① verhielt sich das Material an der DMS-Stelle elastisch; ab dem Haltepunkt ② war das Verhalten ausgeprägt plastisch. Während des Haltepunktes ③ setzte sich das Fließen (an der DMS-Stelle) fort (obwohl die Längenänderung der Probe nicht gesteigert wurde). Über einen separaten x-t-Schreiber wurde die Kraftänderung während der 3-minütigen Haltepunkte gemessen. Bild 27 zeigt das Ergebnis: Die Prüfkraft ist über der Zeit t aufgetragen, und zwar von dem Augenblick ab, an dem die Kraft nach dem Halt abgefallen war. Die Schwankungen liegen also innerhalb der kleinen Kreise, die am unteren Ende des jeweiligen Kraftabfalls in Bild 25b eingezeichnet sind. Wie aus Bild 27 zu erkennen, fiel die Kraft jeweils noch etwas weiter ab, teilweise stieg sie wieder etwas an!

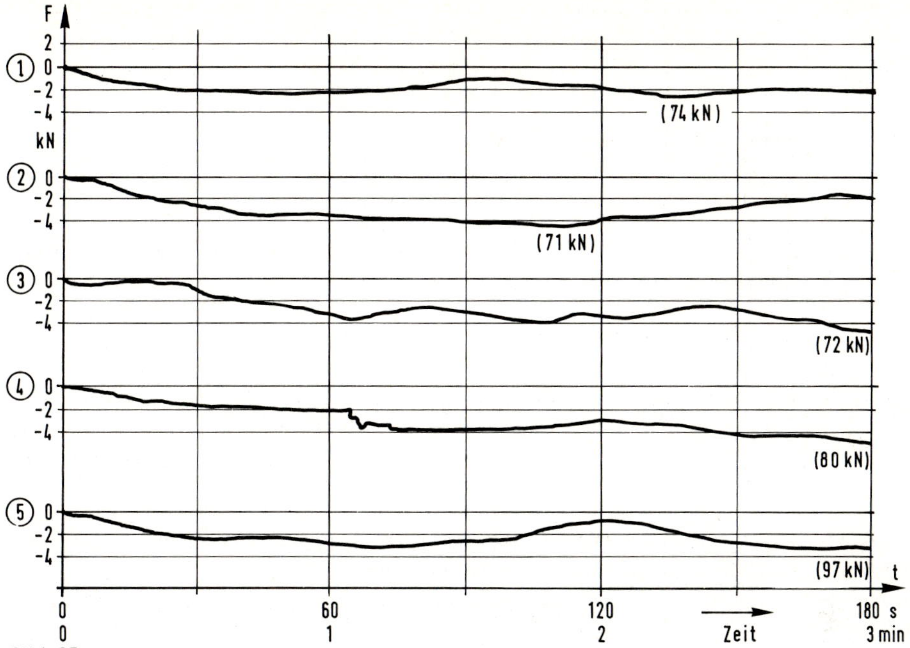

Bild 27

Nach Meinung d. Verf. kommt allein der oberen Streckgrenze baupraktische Bedeutung zu: Im Regelfall liegt in Bauwerken keine Weg- sondern eine Kraftregelung vor. Aus Gleichgewichtsgründen müssen die inneren Schnittgrößen erhalten bleiben (oder sich allenfalls umlagern), wenn die äußere Last nicht weiter ansteigt, ein Abfall des resultierenden inneren Spannungszustandes kann nicht eintreten. - Erreicht z.B. im Falle eines Zugstabes die Zugkraft die Marke

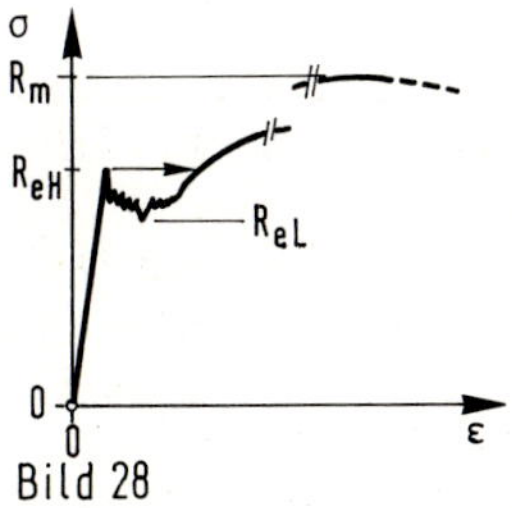

Bild 28

$$F_{eH} = A \cdot R_{eH} \; (= N_{Pl}) \tag{119}$$

schlägt sie in den Verfestigungsbereich durch, der Stab fließt augenblicklich aus, vgl. Bild 28. - Handelt es sich um lokales Fließen (z.B. in den Randfasern eines biegebeanspruchten Stabquerschnittes), wird ein Spannungsabfall auf die untere Streckgrenze durch zusätzliche Plastizierungen in den Nachbarzonen kompensiert. Um

$$M_{eH} = W_{Pl} \cdot R_{eH} \; (= M_{Pl}) \tag{120}$$

im Querschnitt zu erreichen, muß der Beginn des Verfestigungsbereiches in Anspruch genommen werden. Dagegen ist nichts einzuwenden, weil er zur Verfügung steht. Voraussetzung ist dabei, daß ein Ausfließen des Materials bis ε_V unbehindert möglich ist (ohne daß es vorher zu einem Trennbruch kommt). Ist die Voraussetzung nicht sicher zu erfüllen, sollte beim Vergleichsspannungsnachweis nach G.118 auf die untere Streckgrenze Bezug genommen werden. Dem in [26] vertretenen generellen Standpunkt, wonach "für das Fließen, aber auch für den Beginn des Fließens ausschließlich die statische Streckgrenze maßgebend ist"

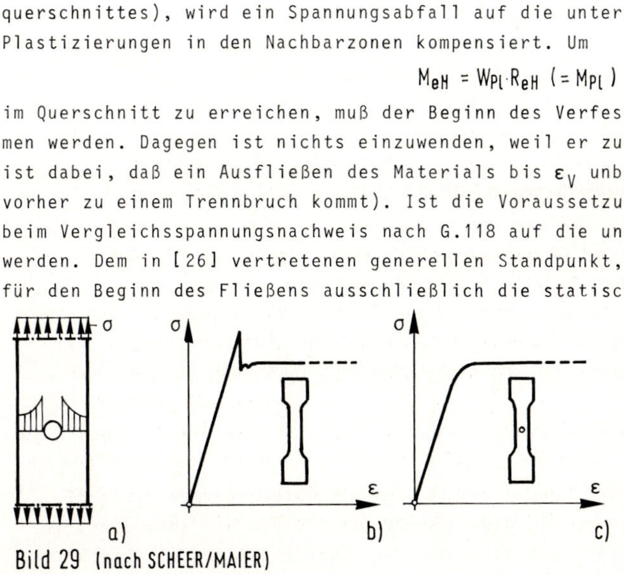

Bild 29 (nach SCHEER/MAIER)

(also noch weniger als R_{eL}) kann d. Verf. nicht folgen. Die erwähnte Auffassung stützt sich auf Knickversuche an mittelschlanken Stützen. Sie wird darüberhinaus mit dem in Bild 29 skizzierten Gedankenmodell begründet: In [26] heißt es dazu: "Die gelochte Zugprobe weist deshalb im Gegensatz

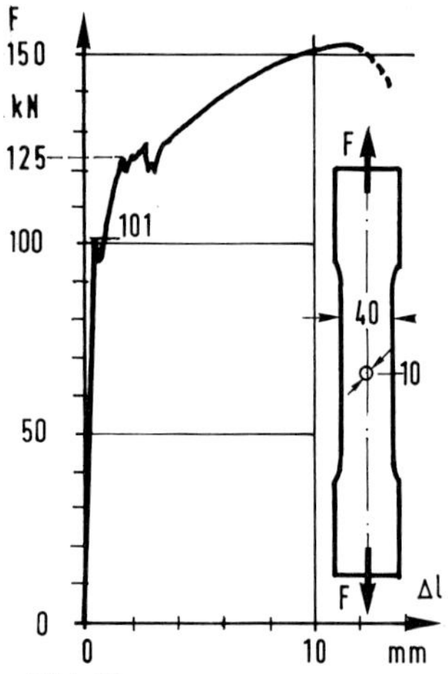

Bild 30

zur ungelochten keine obere Streckgrenze auf". Der Verf. konnte diese Überlegung in Versuchen nicht bestätigen: In Bild 30 ist die Probenform einer Prüfserie skizziert. Es wurde dasselbe Material wie bei den in Bild 25 erläuterten Versuchen verwendet. Die Restbreite 40-10=30mm der gelochten Probe entsprach der Breite 30mm der ungelochten. Das Kraft-Verschiebungsdiagramm läßt die obere Streckgrenze erkennen [≘101kN]: Im lochgeschwächten Querschnitt fließt das Material aus, es tritt ein geringfügiger Kraftabfall ein. Ist das Ausfließen des lokalen Lochbereiches abgeschlossen und hier der Verfestigungsbereich erreicht, vermag die Kraft im Stab weiter anzusteigen. Das außerhalb des Loches liegende Material ist zunächst elastisch (der F-Δl-Gradient ist etwas schwächer), bis schließlich auch hier Fließen einsetzt und zwar unter einer Kraft, die ca. 40/30=1,33mal größer ist als beim ungelochten Prüfling (mit 30mm Breite). In Bild 30 erkennt man auf diesem Niveau einen Streckbereich. Die Bruchkraft liegt höher als bei der ungelochten Probe. Die zugehörige Längung ist kleiner als bei der ungelochten Probe, weil die Reißverlängerung in erster Linie aus den Verzerrungen des Lochumfeldes resultiert. - Im Ergebnis muß gefragt werden: Warum sollte hier auf die untere oder gar statische Streckgrenze beim Tragsicherheitsnachweis Bezug genommen werden?

28.4.2 Elastisch-plastische Hysterese - BAUSCHINGER-Effekt

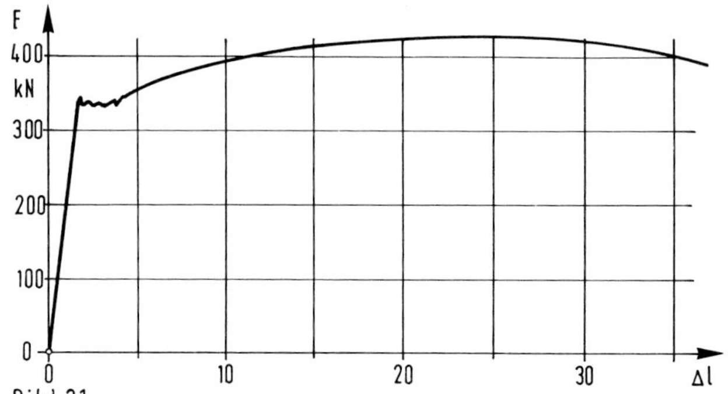

Bild 31

Um Hysterese-Kurven aufzuzeigen, wurde ein Stahl mit ausgeprägter Fließgrenze gewählt. Bild 31 gibt das Kraft-Verschiebungsdiagramm der Prüfmaschine wieder. Die Streckgrenze liegt in bezug zur Bruchgrenze relativ hoch (ca. 80%). Die Probenform entsprach dem kurzen Proportionalstab nach DIN 50125. - Bild 32a zeigt die speziell für die Aufnahme der Hysterese-Kurven entwickelte Probenform. Sie ist relativ gedrungen, um ein Ausknicken während der Druckphase zu vermeiden. - Bild 32b zeigt an einer Probe durchfahrene Hystereseschleifen, mit Kraftregelung. Zunächst wurden die Marken 1-2-3-4 im elastischen Zug-Druckbereich angefahren; sie liegen im Diagramm innerhalb der Strichstärke exakt auf einer Geraden. Nach Erreichen der Streckgrenze und geringfügigem Fließen wurde die Kraft zurückgenommen: 5-6 usf., vgl. Bild 32b. Dabei erwies sich das kontrollierte Abfangen der Probe beim Ausfließen (weil es mit großer Beschleunigung einsetzte) als schwierig. Im vorliegenden Falle wurden immer größere plastische Dehnungsamplituden erreicht: 7-8-9-10-11 (Fließen über alle Grenzen, bis ε_V). Aus den Versuchsergebnissen lassen sich folgende Schlüsse ziehen:

1. Zugfließgrenze und Druckstauchgrenze liegen etwa gleichhoch (vgl. auch Abschnitt 2.6.5.5.7). Beim Plastizierungskriterium (G.119). kann für σ_F für Zug und Druck derselbe Wert angesetzt werden.
2. Auch nach mehreren Wechselzyklen bleibt das σ_F-Niveau auf der Zug- und Druckseite unverändert erhalten.
3. Bei Entlastung aus dem Fließbereich heraus reicht die Entlastungsgerade nicht bis σ=0 herunter, es tritt bereits vorzeitig eine Abkrümmung ein und das umso eher, je weiter die Plastizierung fortgeschritten ist. Der Übergang "elastisch-plastisch" er-

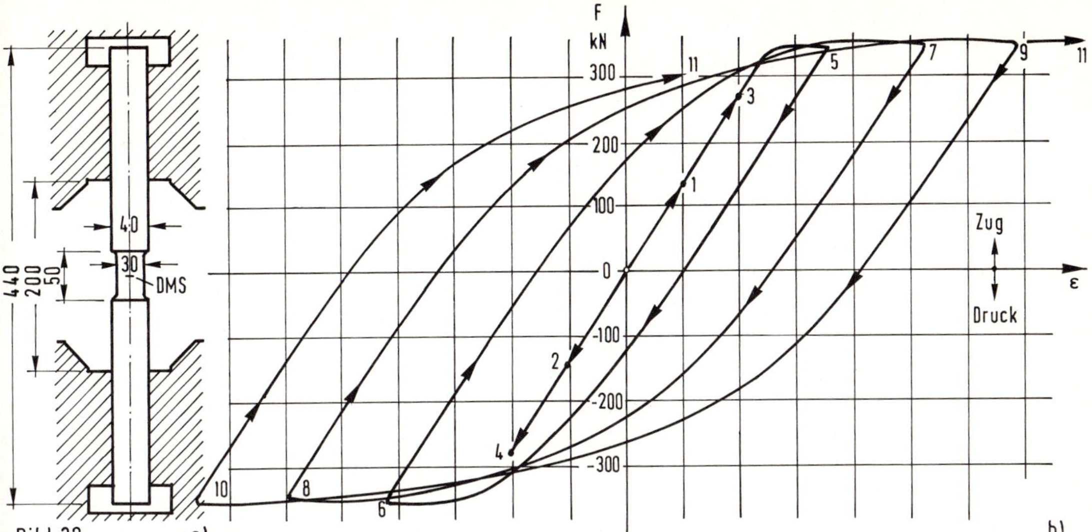

Bild 32 a) b)

folgt bei der jeweiligen Rückverformung kontinuierlich, ab hier verhält sich die Probe "weicher". Der Übergangspunkt ist nur unscharf ausgeprägt. Man spricht bei dieser Erscheinung vom sogen. BAUSCHINGER-Effekt. Zur werkstoffmechanischen Deutung wird auf [24,27] verwiesen.

28.4.3 Bruchbilder statischer Versuche

Bild 33 a) b)

Bild 33a zeigt die Bruchform der im vorangegangenen Abschnitt erläuterten Rundprobe, mit der zunächst mehrere Hysterese-Schleifen durchfahren worden waren. Man erkennt die typische "Teller-Tassen"-Form. Im Umfangsbereich hat die Bruchfläche eine Neigung von 45°: Gleitbruch; es liegt (parallel zur Oberfläche) ein ebener Spannungszustand vor. Im Inneren herrscht ein zentralsymmetrischer Verzerrungszustand. Die Bruchfläche liegt rechtwinklig zur Zugrichtung und weist eine Wabenstruktur auf. Man spricht vom "Normalspannungsbruch" (nicht zu verwechseln mit dem Trennbruch bei Versprödung oder dem Dauerbruch bei Ermüdung). Im Bruchquerschnitt baut sich mit zunehmender Einschnürung ein allseitiger Zugspannungszustand auf. Das Durchmesserverhältnis der Normalspannungsbruchfläche zur eingeschnürten Bruchfläche beträgt etwa 55%.

Bild 33b zeigt eine andere Bruchform. Es handelt sich um eine Zugprobe aus St52-3, Ausgangsdurchmesser im Prüfbereich 100mm. Bruchkraft 4860kN, Einschnürung auf 72,5mm. Im Außenbereich erkennt man Scherlippen, deren eine Flanke unter 45° geneigt ist und deren andere steil verläuft. Im Mittelbereich liegt die Normalspannungsbruchfläche. Für das Durchmesserverhältnis dieser Fläche gilt die gleiche Prozentzahl wie zuvor.

28.5 Bruchmechanik (Einführung)

28.5.1 Vorbemerkungen

Der im vorangegangenen Abschnitt behandelte Gewaltbruch, der sich bei Stählen mit ausgeprägtem Streckvermögen nach Ausfließen und Verfestigung einstellt, ist in der Technik weniger gefürchtet. Das Eintreten solcher Brüche kündigt sich durch globale und lokale Verformungen an. Dadurch, daß der Tragsicherheitsnachweis gegen die Fließgrenze erbracht wird, d.h. gegen übergroße Verformungen, ergibt sich von selbst ein relativ großer Sicherheitsabstand gegenüber Gewaltbruch. Versagen durch Gewaltbruch ist daher selten: "Was sich biegt, das bricht nicht". Gewaltbruch tritt eigentlich nur als Restbruch auf, z.B. wenn in einem Querschnitt ein größerer Anriß vorhanden ist und die Restfläche durch statische Überlastung versagt. Die in der Technik gefürchtesten Brüche sind die verformungslosen Trennbrüche. Sie treten ohne Ankündigung schlagartig ein. Im Druckrohrleitungsbau, -behälterbau und -reaktorbau können solche Sprödbrüche verheerende Folgen haben. So ist z.B. in jüngerer Zeit in den USA ein Schadensfall bekannt geworden, bei welchem in einer gasführenden Großrohrleitung ein etwa 13km langer Sprödbruch explosionsartig eintrat. Solche Schadensfälle sind in der Einführungsphase der Schweißtechnik (ab den 30er Jahren d.Jhdts. mehrfach aufgetreten (vgl. Abschnitt 3.4.1, letzter Absatz und Abschnitt 8.4.3). Durch material- und fertigungstechnische Maßnahmen gelingt es heutzutage, das Auftreten solcher, durch Schweißen verursachter, Sprödbrüche auszuschließen (vgl. Abschnitt 8.4.4/5). Die Gewährleistung einer ausreichenden Kerbschlagzähigkeit ist dabei ein wichtiges Prüfindiz. Wo diese Prüfung als nicht ausreichend bewertet wird, bedarf es ergänzender Untersuchungen, z.B. eines Fallversuchs nach PELLINI [28] oder bruchmechanischer Analysen. Das gilt z.B. für Stähle in der Tieftemperaturtechnik (Transport und Lagerung von verflüssigten Gasen) und für Stähle in kerntechnischen Anlagen. - Neben dem Sprödbruch ist auch der Ermüdungsbruch gefürchtet, weil sich hier zunächst ein Anriß ohne erkennbare Verformungen unter normalen Betriebsbedingungen ausbildet, der dann plötzlich in einen zähen Restbruch übergeht, vgl. Abschnitt 2.6.5.6.1.

In der Bruchmechanik wird versucht, einerseits die spröden und zähen Bruchvorgänge zu deuten und zum anderen praktisch verwertbare Prüfmethoden zu entwickeln, um Bauteile mit rißartigen Fehlstellen beurteilen zu können. Hierin liegt der entscheidende Unterschied zu klassischen Festigkeitsanalysen, daß von fehlerbehaftetem Material ausgegangen wird, z.B. in Form von Materialtrennungen infolge Seigerungen oder Dopplungen, Poren, Bindefehlern, Warm- und Kaltrissen in Schweißnahtbereichen, Rissen am Rand gestanzter Löcher, Narben infolge Korrosion oder Beschädigungen. Solche Fehlstellen sind bei keiner Fertigung gänzlich auszuschließen; es gibt bei Rissen Größenordnungen und Lagen, die mit Hilfe der zur Verfügung stehenden zerstörungsfreien Ortungsverfahren nicht mehr feststellbar sind. In solchen Fällen ist es wichtig, Kriterien an der Hand zu haben, mit denen derartige (möglicherweise vorhandene) Werkstoffehler beurteilt werden können. Solche Fragen stellen sich insbesondere, wenn ein Material vorliegt, dessen Verformungsvermögen (Rißauffang-Vermögen) von haus aus gering ist (z.B. hoch- und ultrahochfeste Stähle und Aluminium-Legierungen) oder durch andere Umstände herabgesetzt ist: Tiefe Temperaturen, Schlagbeanspruchung, Versprödung durch energiereiche Neutronenbestrahlung oder durch Alterung (z.B. nach vorangegangener Kaltverformung und Schweißung mit Grobkornbildung) oder durch Eigenspannungen, insbesondere beim Schweißen dicker Bleche und steifer Bauteile. Dann besteht Sprödbruchgefahr (vgl. Abschnitt 8.4.4/5). Um hier die richtigen Werkstoffe und Schweißverfahren einsetzen zu können, erlauben bruchmechanische Analysen vergleichende Bewertungen. Auch lassen sich definitive Anforderungen formulieren, die, z.B. von im Kernreaktorbau eingesetzten Stählen erfüllt sein müssen. - Darüberhinaus gelingt es mit der Bruchmechanik, den Rißfortschritt unter schwingender Beanspruchung und das Eintreten des Ermüdungsbruches abzuschätzen und z.B. die Restlebensdauer eines angerissenen Bauteiles zu bestimmen.

Soll aufgrund der Materialbeanspruchung und -beschaffenheit die Gefährdung durch einen Sprödbruch beurteilt werden, kann das Kriterium

$$K \lesseqgtr K_c \qquad (121)$$

herangezogen werden. K ist der von der Höhe der äußeren Spannung sowie von der Rißlänge und Rißgeometrie abhängige Spannungsintensitätsfaktor an der Rißfront und K_c die materialabhängige Bruchzähigkeit. Der Index c steht für critical. Man nennt K_c auch Rißzähigkeit. K_c wird in genormten Versuchen bestimmt, insonderheit in Abhängigkeit von der Temperatur. Solange

$$K < K_c \tag{122}$$

ist, weitet sich der Riß nicht zu einem spontanen Sprödbruch aus. Steht das Gleicheitszeichen, ist der Zustand indifferent. Für Stähle mit plastischem Verformungsvermögen gelten andere Kriterien; insofern unterscheidet man die linearelastische Bruchmechanik (LEBM) und die Fließbruchmechanik (FBM) für sprödes bzw. zähes Verhalten. - Die Bruchmechanik ist eine relativ junge Disziplin; viele bruchmechanische Probleme befinden sich noch im Forschungsstadium. (Im folgenden können nur die Grundzüge dargelegt werden, hinsichtlich Vertiefung wird auf das umfangreiche Schrifttum verwiesen [29-33].)

28.5.2 Rißöffnungsarten - Spannungsintensitätsfaktor K

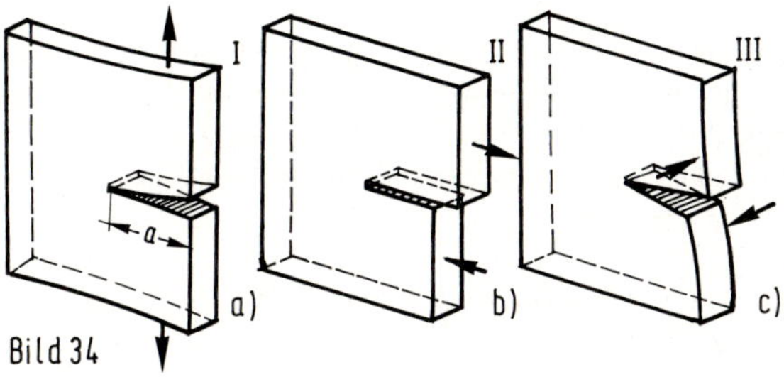

Bild 34

Bild 34 zeigt die Rißöffnungsarten I, II und III. Im Falle I wird der Riß auf Zug beansprucht, die Rißflächen heben sich voneinander ab; in den Riß können gasförmige, ggf. auch flüssige Medien bis zur Spitze eindringen und das Rißverhalten des Werkstoffs beeinflussen (Spannungsrißkorrosion). In den Fällen II und III wird der Rißbereich auf Schub (Scheren) in der Materialebene bzw. senkrecht dazu beansprucht; die Rißflächen gleiten aufeinander. Anstelle des Begriffes Rißöffnungsart verwendet man auch den Begriff Modus. Modus I hat die größte praktische Bedeutung. - Bei der Untersuchung des Spannungsfeldes im Bereich der Rißspitze werden unterschieden: Der Riß liegt in einer Scheibe, die entweder beidseitig begrenzt oder einseitig begrenzt/einseitig unbegrenzt ist (Halbscheibe) oder beidseitig unbegrenzt ist (Vollscheibe). Beanspruchung und Rißverhalten sind davon abhängig, ob ein ebener Spannungszustand (ESZ) in einer dünnen Scheibe oder ein ebener Verzerrungszustand (EVZ) in einer dicken Scheibe vorliegt. Im zweitgenannten Falle werden wegen der behinderten Querdehnung an der Rißspitze Querspannungen geweckt (vgl. G.15 einschl. Text). Bild 35 veranschaulicht diesen Fall. ESZ und EVZ können gemeinsam abgehandelt werden; für den Elastizitätsmodul ist zu setzen:

$$\text{ESZ}: \bar{E} = E; \quad \text{EVZ}: \bar{E} = E/(1-\mu^2) \tag{123}$$

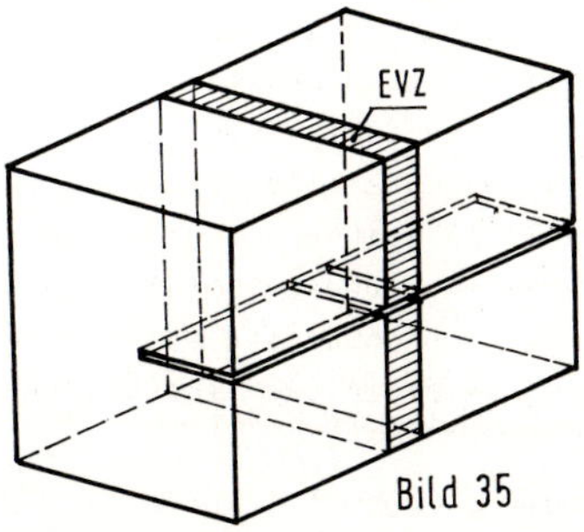

Bild 35

Um die Spannungen an der Spitze eines in einer Vollscheibe liegenden Risses berechnen zu können, wird von einer Vollscheibe mit einem elliptischen Loch mit den Halbmessern 2a und 2b ausgegangen (Bild 36a).

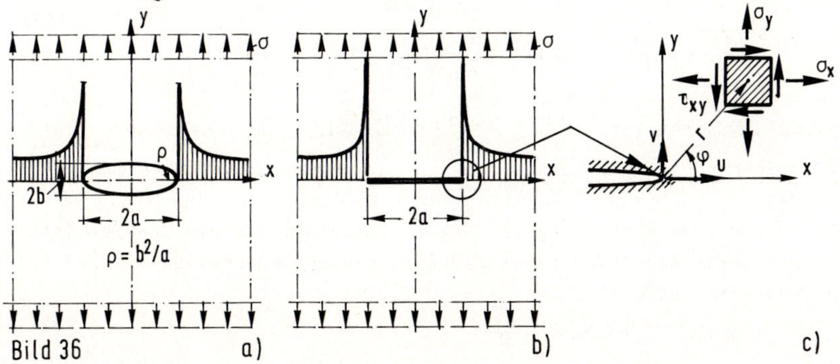

Bild 36

Am Lochrand tritt eine Kerbspannungsspitze auf; die Kerbzahl beträgt [34]:

$$\alpha_K = 1 + 2\frac{a}{b} = 1 + 2\sqrt{\frac{a}{\rho}} \longrightarrow \sigma_K = \alpha_K \cdot \sigma \tag{124}$$

ρ ist der Krümmungsradius (Kerbradius). Ist a=b (Kreisloch), beträgt der Kerbfaktor: $\alpha_K=3$. Für a>b (Ellipse) ist $\alpha_K>3$. Wird a/b sehr groß bzw. ρ sehr klein, geht α_K gegen unendlich. Die Ellipse geht dann in einen geraden Riß (Schlitz) der Länge 2a über (GRIFFITH-Riß). Die Spannungsspitzen sind beidseitig auf einen sehr kleinen Bereich konzentriert (vgl. Bild 36b).

In der unmittelbaren Umgebung des Rißendes berechnet sich der singuläre Spannungszustand σ_x, σ_y und τ_{xy} in Polarkoordinaten zu (Bild 36c):

$$\sigma_x = \sigma\sqrt{\frac{a}{2r}}\cos\frac{\varphi}{2}\left(1-\sin\frac{\varphi}{2}\sin\frac{3\varphi}{2}\right) = \frac{K_I}{\sqrt{2\pi r}}\cos\frac{\varphi}{2}\left(1-\sin\frac{\varphi}{2}\sin\frac{3\varphi}{2}\right)$$

$$\sigma_y = \sigma\sqrt{\frac{a}{2r}}\cos\frac{\varphi}{2}\left(1+\sin\frac{\varphi}{2}\sin\frac{3\varphi}{2}\right) = \frac{K_I}{\sqrt{2\pi r}}\cos\frac{\varphi}{2}\left(1+\sin\frac{\varphi}{2}\sin\frac{3\varphi}{2}\right) \qquad (125)$$

$$\tau_{xy} = \sigma\sqrt{\frac{a}{2r}}\cos\frac{\varphi}{2}\sin\frac{\varphi}{2}\cos\frac{3\varphi}{2} = \frac{K_I}{\sqrt{2\pi r}}\cos\frac{\varphi}{2}\sin\frac{\varphi}{2}\cos\frac{3\varphi}{2}$$

In Verlängerung der Rißlinie (φ=0) betragen die Spannungen:

$$\sigma_x = \sigma_y = \sigma\sqrt{\frac{a}{2r}} = \frac{K_I}{\sqrt{2\pi r}}\ ;\ \tau_{xy} = 0 \qquad (126)$$

Im Falle eines ebenen Verzerrungszustandes wird die Spannung

$$\sigma_z = \mu(\sigma_x + \sigma_y) = 2\mu\sigma\sqrt{\frac{a}{2r}} = 2\mu\frac{K_I}{\sqrt{2\pi r}} \qquad (127)$$

geweckt: An der Rißspitze herrscht ein dreiachsig-singulärer Spannungszustand. Vorstehende Gleichungen gelten auch für eine Halbscheibe mit einem Außenriß der Länge a. Ein solcher Riß geht aus einer Parabelkerbe durch Grenzübergang ($\varphi\to 0$) hervor. Die in den Gleichungen zum Ausdruck kommende $1/\sqrt{r}$-Singularität gilt prinzipiell für alle Spannungszustände an Rißspitzen. - Mit G.125 ist der Spannungsintensitätsfaktor K (nach IRWIN) definiert:

$$\boxed{K_I = \sigma\sqrt{\pi a}} \qquad (128)$$

Für Risse in begrenzten Scheiben tritt noch ein Formfaktor hinzu:

$$K_I = Y\sigma\sqrt{\pi a} \qquad (129)$$

Y ist insbesondere von der auf die Abmessungen des Bauteils bezogenen Rißlänge abhängig. Das Schrifttum enthält umfangreiche Rechenbehelfe, um Y zu bestimmen; vgl. Tafel 28.2. Die Definition von K gemäß G.128 macht deutlich, daß K dimensionsbehaftet ist: Kraft/$\sqrt{\text{Länge}^3}$; i.a. wird K in $N/mm^{3/2}$ angegeben.

Bei den Rißöffnungsarten II und III treten an der Rißspitze (Rißfront) gleichfalls singuläre Spannungszustände auf. Diesen Zuständen sind die Spannungsintensitätsfaktoren K_{II} und K_{III} zugeordnet. Das gilt auch für Rißformen, die eine Kombination der Rißöffnungsarten I, II und III darstellen, z.B. für Schrägrisse. Neben den inneren und äußeren Durchrissen gibt es Oberflächenrisse und Einschlußrisse, sowie Einfach- und Mehrfachrisse. Für alle diese Rißarten konnten die Spannungszustände und Spannungsintensitätsfaktoren bestimmt werden, entweder analytisch [29,35] oder numerisch (mittels spezieller FEM-Modelle) [36,37] oder experimentell [30-33]. Dabei genügt es, den singulären Spannungszustand an der Rißspitze zu kennen; der vollständige Spannungszustand in einem größeren Umfeld um den Riß braucht nicht bekannt zu sein. Neben den Spannungen lassen sich auch die Verschiebungen berechnen. Für das in Bild 36b dargestellte Grundproblem betragen die Verschiebungskomponenten u und v:

$$u = \frac{\sigma}{2G}\sqrt{\frac{ra}{2}}\cos\frac{\varphi}{2}(\varkappa-\cos\varphi) = \frac{K_I}{2G}\sqrt{\frac{r}{2\pi}}\cos\frac{\varphi}{2}(\varkappa-\cos\varphi)$$

$$v = \frac{\sigma}{2G}\sqrt{\frac{ra}{2}}\sin\frac{\varphi}{2}(\varkappa-\cos\varphi) = \frac{K_I}{2G}\sqrt{\frac{r}{2\pi}}\sin\frac{\varphi}{2}(\varkappa-\cos\varphi) \qquad (130)$$

Hierin ist G der Schubmodul, $\varkappa$ steht für: ESZ: $\varkappa=(3-\mu)/(1+\mu)$; EVZ: $\varkappa = 3-4\mu$ (131)

28.5.3 Rißtheorie bei statischer Beanspruchung

28.5.3.1 GRIFFITH-Riß (1921)

Es wird eine Vollscheibe unter einachsiger Zugspannung σ betrachtet. In der Scheibe ist Formänderungsenergie gespeichert. Innerhalb eines Einheitsvolumenelementes $dx\cdot dy\cdot dz=1\cdot 1\cdot 1=1$ beträgt die Formänderungsenergie (Bild 37):

$$\frac{1}{2}\varepsilon\cdot\sigma = \frac{1}{2}\frac{\sigma^2}{E} \qquad (132)$$

Bruchmechanik - K_{Ic}- Konzept

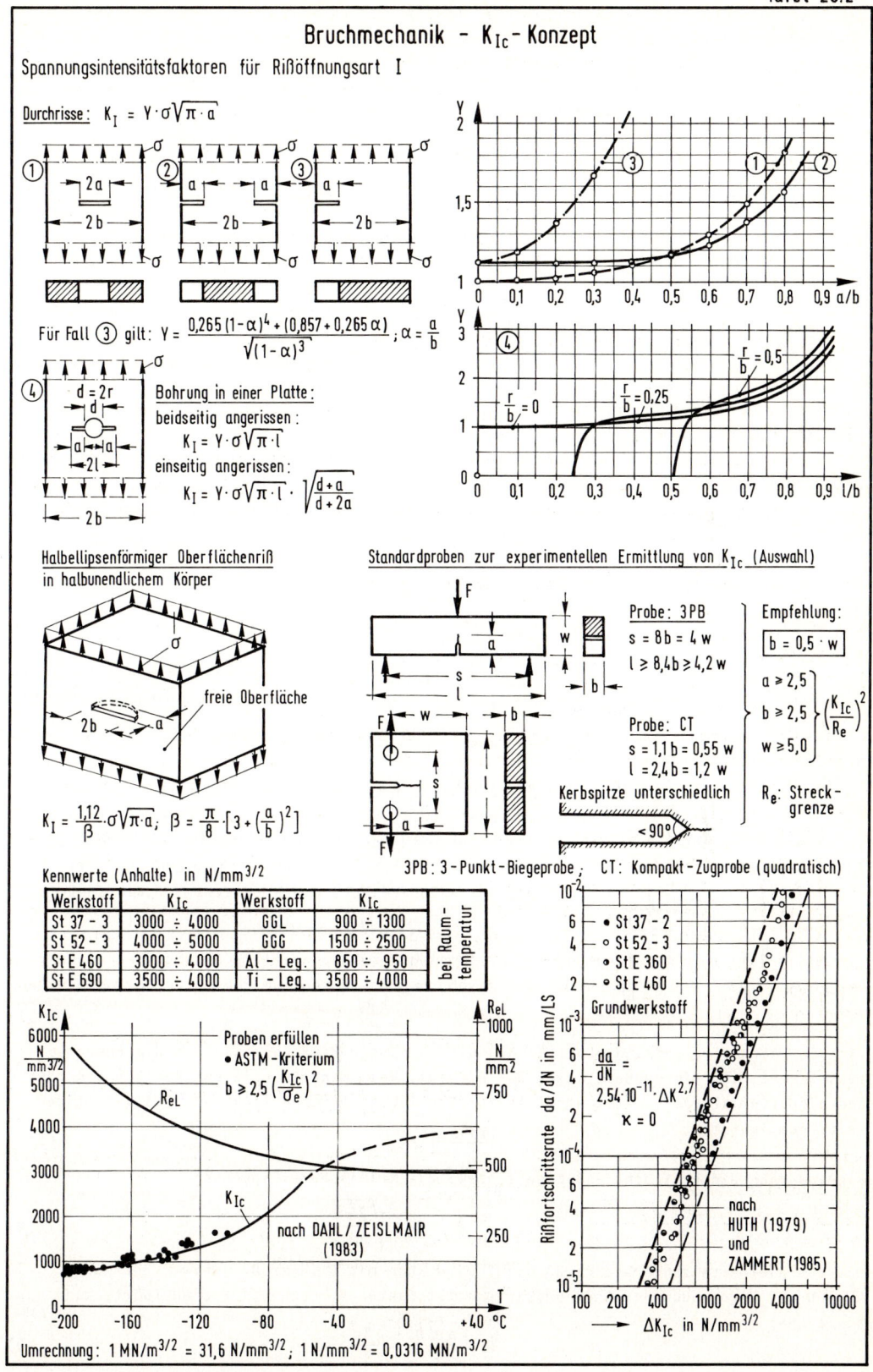

Spannungsintensitätsfaktoren für Rißöffnungsart I

Durchrisse: $K_I = Y \cdot \sigma \sqrt{\pi \cdot a}$

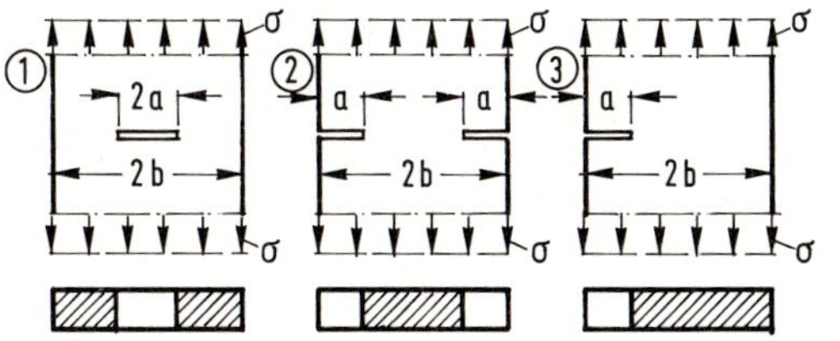

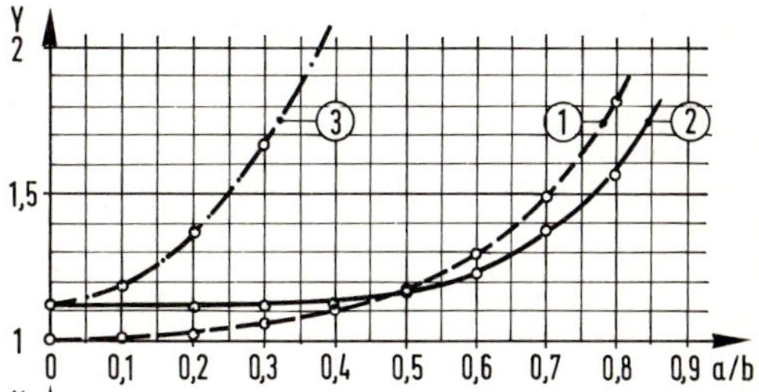

Für Fall ③ gilt: $Y = \dfrac{0{,}265\,(1-\alpha)^4 + (0{,}857 + 0{,}265\,\alpha)}{\sqrt{(1-\alpha)^3}}$; $\alpha = \dfrac{a}{b}$

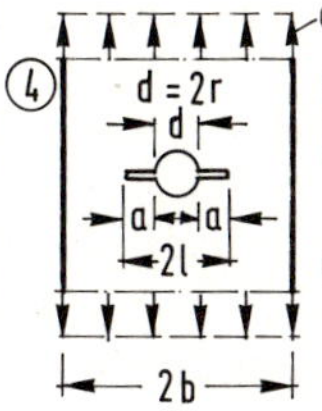

Bohrung in einer Platte:

beidseitig angerissen:

$K_I = Y \cdot \sigma \sqrt{\pi \cdot l}$

einseitig angerissen:

$K_I = Y \cdot \sigma \sqrt{\pi \cdot l} \cdot \sqrt{\dfrac{d+a}{d+2a}}$

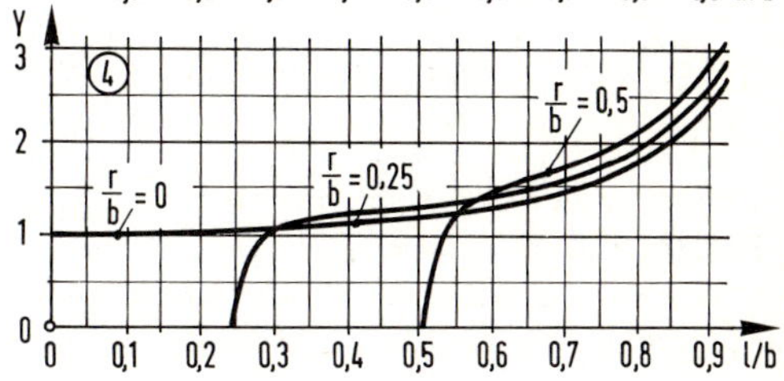

Halbellipsenförmiger Oberflächenriß in halbunendlichem Körper

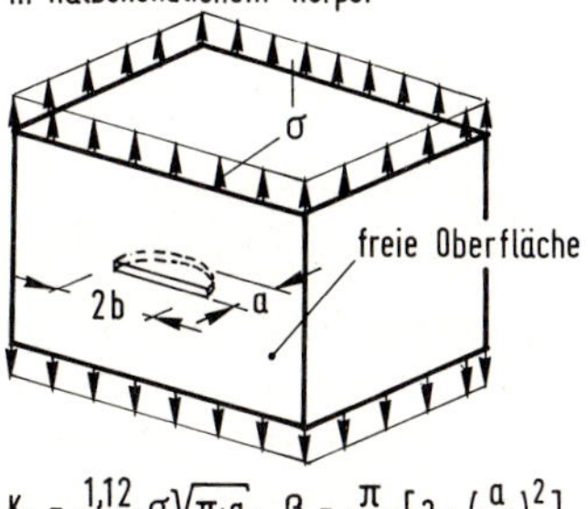

$K_I = \dfrac{1{,}12}{\beta} \cdot \sigma \sqrt{\pi \cdot a}$; $\beta = \dfrac{\pi}{8} \cdot \left[3 + \left(\dfrac{a}{b}\right)^2\right]$

Standardproben zur experimentellen Ermittlung von K_{Ic} (Auswahl)

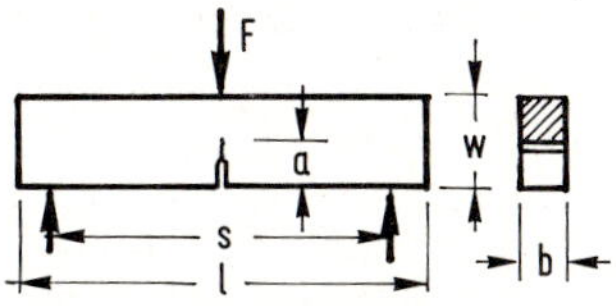

Probe: 3PB

s = 8 b = 4 w

l ≥ 8,4 b ≥ 4,2 w

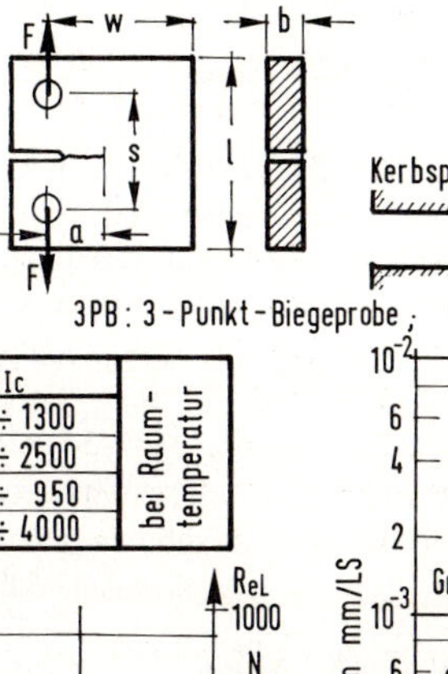

Probe: CT

s = 1,1 b = 0,55 w

l = 2,4 b = 1,2 w

Kerbspitze unterschiedlich

Empfehlung:

b = 0,5 · w

a ≥ 2,5; b ≥ 2,5; w ≥ 5,0 $\left(\dfrac{K_{Ic}}{R_e}\right)^2$

R_e: Streckgrenze

3PB: 3-Punkt-Biegeprobe; CT: Kompakt-Zugprobe (quadratisch)

Kennwerte (Anhalte) in N/mm$^{3/2}$

Werkstoff	K_{Ic}	Werkstoff	K_{Ic}	
St 37 - 3	3000 ÷ 4000	GGL	900 ÷ 1300	bei Raumtemperatur
St 52 - 3	4000 ÷ 5000	GGG	1500 ÷ 2500	
St E 460	3000 ÷ 4000	Al - Leg.	850 ÷ 950	
St E 690	3500 ÷ 4000	Ti - Leg.	3500 ÷ 4000	

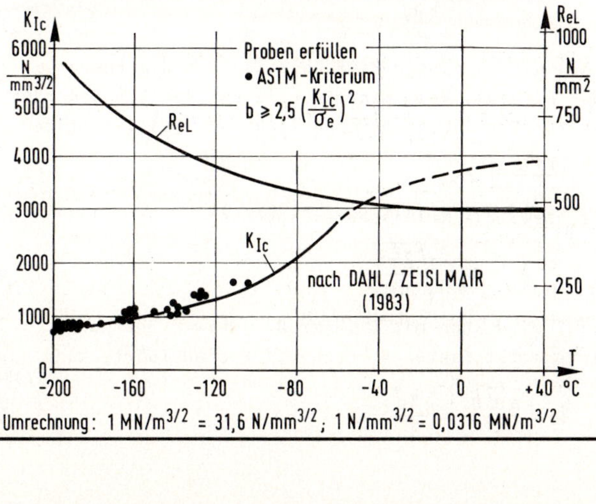

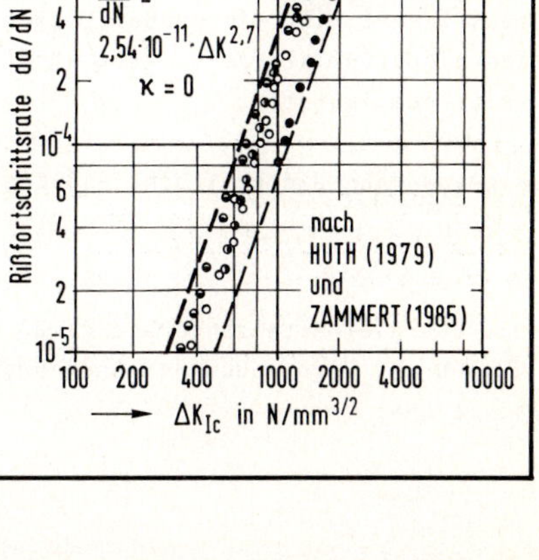

Umrechnung: 1 MN/m$^{3/2}$ = 31,6 N/mm$^{3/2}$; 1 N/mm$^{3/2}$ = 0,0316 MN/m$^{3/2}$

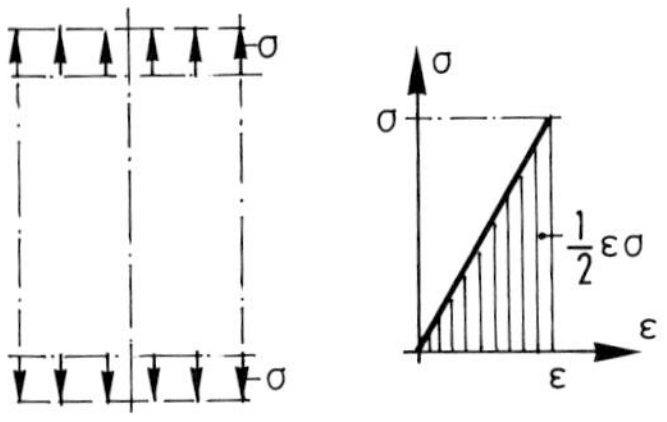

Bild 37 a) b)

In die Scheibe werde ein Riß der Länge 2a eingefügt, z.B. eingesägt. Ein solcher Riß verhält sich unter der angelegten Spannung σ entweder stabil oder instabil, d.h. er behält entweder die Länge bei oder er reißt auf. Gesucht ist jene kritische Rißlänge a_c, für die der Riß unter der äußeren Spannung σ instabil wird, bzw. jene kritische Spannung σ_c, unter der der Riß der Länge 2a aufreißt. Um diese Fragen beantworten zu können, wird die Änderung der Formänderungsenergie bei einer infinitesimalen Rißverlängerung berechnet. Bei einer solchen Rißverlängerung ändert sich im Umfeld des Risses der Spannungszustand: Der Riß klafft etwas weiter auf, es tritt quasi eine gewisse "lokale Entspannung" ein. Die gespeicherte Formänderungsenergie erfährt eine Änderung. - Bei der Erzeugung eines Risses der Länge 2a wird nach GRIFFITH [38] folgende Energie frei gesetzt (dz=1):

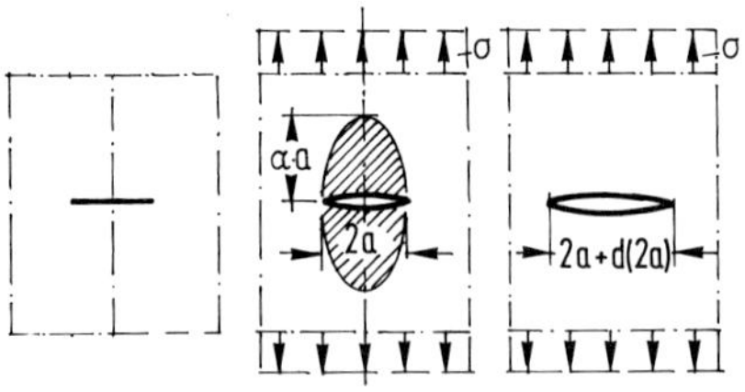

Bild 38 a) b) c)

$$U = \frac{\pi \sigma^2 a^2}{\bar{E}} \tag{133}$$

($\bar{E}$ nach G.123). Dieser Ausdruck kann wie folgt gedeutet werden: Stellt man sich gedanklich vor, daß die in den in Bild 38b schraffierten, parabelförmigen Bereichen beidseitig des Risses gespeicherte Formänderungsenergie bei der Rißerzeugung frei wird, gilt (ausgehend von G.132, dz=1):

$$\tilde{U} = 2\frac{2}{3}\cdot\alpha a\cdot 2a\cdot\frac{1}{2}\frac{\sigma^2}{E} = \frac{4}{3}\alpha\cdot\frac{\sigma^2 a^2}{E} \tag{134}$$

$\alpha\cdot a$ kennzeichnet die Ausdehnung der schraffierten Zonen (Bild 38b). G.134 korrespondiert mit G.133 ($\alpha \approx 2{,}4$).

Bei einer Rißaufweitung (beidseitig) um da (vgl. Teilbild c) beträgt die Energiefreisetzungsrate (das ist die auf die Rißerweiterung 2(da)=d(2a) bezogene Änderung von U), vgl. G.133:

$$U = -\frac{\pi \sigma^2 (2a)^2}{4\bar{E}} \longrightarrow \frac{dU}{d(2a)} = \frac{\pi \sigma^2\, 2\cdot 2a}{4\bar{E}} = \frac{\pi \sigma^2 a}{\bar{E}} \tag{135}$$

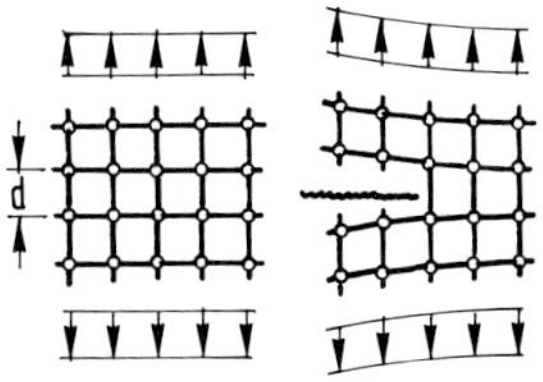

Bild 39 a) b)

Bei der Rißaufweitung muß eine gewisse Rißenergie im Werkstoff überwunden werden oder anders ausgedrückt, es muß Bildungsenergie für die Rißerweiterung aufgewandt werden. Die Oberfläche des Ausgangsrisses beträgt: 2·2a=4a (Einheitsdicke dz=1). Für die Bildung der Rißoberfläche dieses Risses ist die Energie

$$V = \gamma\cdot 2\cdot 2a = 4a\gamma \tag{136}$$

erforderlich. γ ist die sogen. spezifische Oberflächenenergie, s.u. Eine Vergrößerung des Risses um 2·da erfordert die Rate

$$\frac{dV}{d(2a)} = 2\gamma \tag{137}$$

Ist die Energiefreisetzungsrate (G.135) gleich dieser Bildungsrate, ist die Energiebilanz indifferent; ist sie größer, reißt der Riß auf, weil mehr Energie aus dem Formänderungsenergiepotential freigesetzt wird als zur Rißbildung erforderlich ist. Das Indifferenzkriterium lautet:

$$\frac{\pi \sigma^2 a}{\bar{E}} \overset{!}{=} 2\gamma \tag{138}$$

Hieraus kann die kritische Rißlänge a_c bzw. die kritische Rißspannung σ_c hergeleitet werden:

$$a_c = \frac{2\bar{E}\gamma}{\pi\sigma^2}; \quad \sigma_c = \sqrt{\frac{2\bar{E}\gamma}{\pi a}} \tag{139}$$

Die Energiefreisetzungsrate gemäß G.135 wird auch mit G (hier G_I, weil Rißöffnungsart I) abgekürzt. Wird zudem der Spannungsintensitätsfaktor K_I nach G.128 eingeführt, kann man schreiben:

$$G_I = \frac{\pi \sigma^2 a}{\bar{E}} = \frac{K_I^2}{\bar{E}} \tag{140}$$

Die Dimension von G ist Kraft pro Länge, man nennt G daher auch Rißausbreitungskraft. Die Bedingung für Rißaufweitung (G.138) lautet damit:

$$G_I = \frac{K_I^2}{\bar{E}} \geq 2\gamma \tag{141}$$

Für andere Rißformen (auch Rißmischformen) gelten analoge Kriterien.
Bei der Energiebilanzierung wurde in G.138 jegliche Energiedissipation infolge plastischer Verzerrungen in der Rißfront vernachlässigt. Das GRIFFITH-Rißkriterium gilt daher nur für extrem spröde Stoffe (Glas, Keramik, sehr sprödes Gußeisen), ggf. auch für zähe Materialien bei sehr tiefen Temperaturen (dann verspröden alle Stoffe).
Bild 39 zeigt (schematisch) die Atome in einem Kristallgitter. Zwischen den Atomen wirken Bindungskräfte. Um zwei Gitterebenen zu trennen, muß die (theoretische) Spannung

$$\sigma_{th} = \sqrt{\frac{E\gamma}{d}} \tag{142}$$

angelegt werden (vgl. Bild 39). γ ist die spezifische Oberflächenenergie (eine meßbare physikalische Stoffkonstante), d ist der atomare Abstand. Setzt man z.B. für Stahl $E=21000\ \text{kN/cm}^2$, $\gamma=1\cdot10^{-5}\text{cm kN/cm}^2$, $d=3\cdot10^{-8}\text{cm}$, folgt:

$$\sigma_{th} = 2600\,\frac{\text{kN}}{\text{cm}^2} \approx \frac{E}{8} \tag{143}$$

Die reale Festigkeit beträgt nur 1 bis 3% dieser theoretischen Zerreißfestigkeit; das beruht auf den Fehlstellen in den Kristallen und (vor allem) auf der geringen Festigkeit der Korngrenzen. - Unterstellt man in einem zugbeanspruchten Bauteil einen 2·1=2mm langen Riß, gehört hierzu nach G.139 die kritische Rißspannung:

$$\sigma_c = \sqrt{\frac{2\cdot 21000\cdot 1\cdot 10^{-5}}{\pi\cdot 0{,}1}} = 1{,}16\,\frac{\text{kN}}{\text{cm}^2}$$

Es wäre schlimm, wenn unter statischer Einwirkung ein so kleiner Riß bei einer derart geringen Spannung aufreißen würde. Die Zähigkeit des Stahles verleiht dem Material ein hohes Rißauffangvermögen. Gerade darauf beruht die hervorragende Eignung des Stahles als Konstruktionswerkstoff. - Aus alledem wird deutlich, daß sich auf der Basis der Elastizitätstheorie und der Physik idealer Kristalle keine brauchbare Rißbruchmechanik für Stahl entwickeln läßt; es bedarf vielmehr Modifikationen, die das Plastizierungsvermögen berücksichtigen.

28.5.3.2 IRWIN-Riß (1952) - K-Konzept

Die unendlich hohen Spannungen an der Rißspitze, die die Elastizitätstheorie auswirft, können real nicht auftreten. Die Spannungen sind durch die Fließgrenze σ_F begrenzt (Bild 40a/b). Es muß sich demnach im Bereich der Rißspitze eine Spannungsumlagerung einstellen, die prinzipiell dem Verlauf in Bild 40c entspricht. Geht man nach IRWIN [39] von der Hypothese aus, daß die plastische Zone vor der Rißfront so klein ist, daß der sich nach der Elastizitätstheorie ergebende Zustand im unmittelbaren Umfeld der Rißspitze auch bei Plastizierung gültig bleibt, spricht man von "Kleinbereichsfließen". Berechnet man die Hauptspannungen (nach G.4) für die Rißöffnungsart I in der Umgebung der Rißspitze (ausgehend von G.125), folgt:

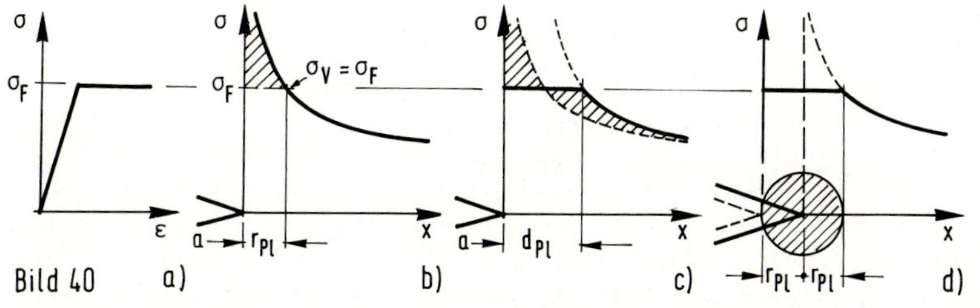

Bild 40

$$\sigma_{I,II} = \frac{K_I}{\sqrt{2\pi r}}\cos\frac{\varphi}{2}\left(1\pm\sin\frac{\varphi}{2}\right);\quad \text{ESZ: } \sigma_{III}=0;\quad \text{EVZ: } \mu(\sigma_I+\sigma_{II}) = \frac{K_I}{\sqrt{2\pi r}}\,2\mu\cdot\cos\frac{\varphi}{2} \tag{144}$$

Setzt man die Hauptspannungen in die Vergleichsspannungsformel der Gestaltänderungsenergiehypothese ein (G.98a) und setzt man außerdem $\sigma_V=\sigma_F$, kann die Gleichung nach r aufgelöst werden. Das ist jener Abstand von der Rißspitze aus, bis zu dem die elastizitätstheoretische Lösung nicht mehr gilt. Die Rechnung ergibt:

$$\text{ESZ}: \quad r_{Pl} = \frac{1}{2\pi}\left(\frac{K_I}{\sigma_F}\right)^2 \cos^2\frac{\varphi}{2}\left(1 + 3\sin^2\frac{\varphi}{2}\right); \qquad \varphi = 0: \quad r_{Pl} = \frac{1}{2\pi}\left(\frac{K_I}{\sigma_F}\right)^2 \tag{145}$$

$$\text{EVZ}: \quad r_{Pl} = \frac{1}{2\pi}\left(\frac{K_I}{\sigma_F}\right)^2 \cos^2\frac{\varphi}{2}\left[(1-2\mu)^2 + 3\sin^2\frac{\varphi}{2}\right]; \quad \varphi = 0: \quad r_{Pl} = \frac{(1-2\mu)^2}{2\pi}\left(\frac{K_I}{\sigma_F}\right)^2 \tag{146}$$

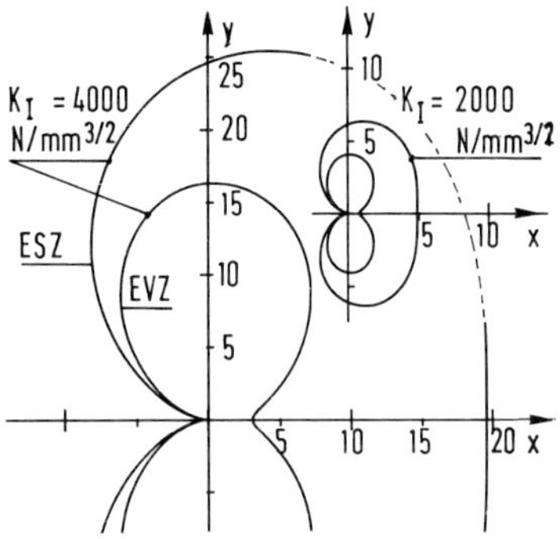

Bild 41

Für $\sigma = \sigma_c$ erreicht der Spannungsintensitätsfaktor den höchsten Wert, damit auch r_{Pl}. Wertet man die vorstehenden Formeln für

$$K_I = K_{Ic} = 4000\,\text{N/mm}^{3/2}, \quad \sigma_F = 360\,\text{N/mm}^2, \quad \mu = 0{,}3$$

aus, ergeben sich die in Bild 41 dargestellten Kurven. Die Kurve für den ebenen Spannungszustand (ESZ) gilt auf der Oberfläche und die Kurve für den ebenen Verzerrungszustand (EVZ) im Inneren der Scheibe. r_{Pl} ist hierfür im Vergleich zum ESZ deutlich geringer und zwar für φ=0 und μ=0,3 um den Faktor 0,160. - Aus Gleichgewichtsgründen ist ein Spannungszustand gemäß Bild 40b nicht möglich. Die plastische Zone muß größer sein. Die in Bild 40c schraffierten Flächen müssen sich gegenseitig aufheben (wenn man die Betrachtung auf den Schnitt φ=0 beschränkt); berechnet man den Abstand d_{Pl}, ergibt sich:

$$d_{Pl} = 2 \cdot r_{Pl} \tag{147}$$

Das heißt, die Ausdehnung der plastischen Zone vor der Rißspitze ist (etwa) doppelt so groß, wie es G.145/146 entspricht. Ausgehend von dem vorangegangenen Beispiel bedeutet das für den Schnitt φ=0: ESZ: 2x16,7=33,4mm, EVZ: 2x3,1=6,2mm. Bei derart großen Zonen ist es nicht mehr zulässig, von Kleinbereichsfließen zu sprechen. Handelt es sich um hochfeste Stähle, liegt K_{Ic} deutlich niedriger und σ_F deutlich höher. Unterstellt man beispielsweise K_{Ic}=2000N/mm$^{3/2}$ und σ_F=720N/mm², ergeben sich für φ=0 folgende Werte:

$$\text{ESZ}: \quad 2r_{Pl} = 2 \cdot 4{,}2 = 8{,}4\,\text{mm}; \qquad \text{EVZ}: \quad 2r_{Pl} = 2 \cdot 0{,}8 = 1{,}6\,\text{mm}$$

Nach IRWIN [39] wird der Riß um das Maß r_{Pl} vergrößert:

$$a_{eff} = a + r_{Pl,\,EVZ} \tag{148}$$

Mit dieser Hypothese wird die Materialzähigkeit berücksichtigt. Der Spannungsintensitätsfaktor (G.128/129) wird neu definiert:

$$K_I = \sigma\sqrt{\pi \cdot a_{eff}} \quad \text{bzw.} \quad K_I = Y \cdot \sigma\sqrt{\pi \cdot a_{eff}} \tag{149}$$

Da a_{eff} über r_{Pl} (G.145/146) von K_I abhängig ist, bedarf es einer Iterationsrechnung. Die Gültigkeit dieses bruchmechanischen Konzeptes ist an die Bedingung

$$\sigma \leq (0{,}5 \text{ bis } 0{,}6)\sigma_F \tag{150}$$

gebunden.

Im Falle der hier betrachteten Rißöffnungsart I erweitert sich ein Riß zu einem Bruch, wenn

$$K_I > K_{Ic} \tag{151}$$

ist. Der Werkstoffkennwert K_{Ic} heißt Bruchzähigkeit. Um bei der experimentellen Bestimmung (und der anschließenden Verwertung) auf der sicheren Seite zu liegen, wird K_{Ic} für den ebenen Verzerrungszustand bestimmt, der mit der Ausbildung von Trennbrüchen einhergeht, weil hier die Querdehnung behindert wird. Dazu muß die Probe der Bedingung

$$s \geq 2{,}5 \cdot \left(\frac{K_{Ic}}{\sigma_F}\right)^2 \tag{152}$$

genügen (ASTM-Forderung). s ist die Dicke der Versuchsprobe. Da K_{Ic} durch den Versuch ermittelt werden soll, bedarf es mehrerer Versuche mit unterschiedlichen Probendicken; vgl. auch Tafel 28.2. - K_{Ic} ist von vielen Parametern abhängig, insbesondere vom Werkstoffzustand (z.B. Grundmaterial, Wärmeeinflußzone, Schweißgut), von der Betriebstemperatur und der Beanspruchungsgeschwindigkeit. Kommt es zu einem Sprödbruch, beträgt die Rißausbreitungsgeschwindigkeit in Stahl etwa 2000m/s. Im einschlägigen Schrifttum wird ausführlich behandelt, wie K_{Ic} experimentell bestimmt wird, welche Bruchzähigkeiten zu erwarten sind und wie für das konkrete Bauteil der Spannungsintensitätsfaktor in Abhängigkeit von der Rißgeometrie und -lage zu bestimmen ist. In vielen Fällen ist man auf Abschätzungen angewiesen. Es sei nochmals daran erinnert, daß σ die Nennspannung im Rißbereich ist, also für den Fall, daß der Riß nicht vorhanden ist, wobei Spannungserhöhungen durch Kerbeffekte oder/und Eigenspannungen zu berücksichtigen sind! Bei hohen Verformungsgeschwindigkeiten ist K_{Ic} abzumindern. Schließlich ist ein Sicherheitsfaktor einzuführen, der in Abhängigkeit von der Streuung der experimentell bestimmten Bruchzähigkeit, von der Modellunsicherheit und den Folgen eines Sprödbruches anzusetzen ist. Dieser Sicherheitsfaktor wird ggf. gesplittet. Damit lautet die Nachweisform der linearelastischen Bruchmechanik:

$$\gamma_F K_I \leq \frac{K_{Ic}}{\gamma_M} \qquad (\gamma_F, \gamma_M \geq 1) \tag{153}$$

(F steht für "force" und M für "material", vgl. Abschnitt 3.)

28.5.3.3 DUGDALE-Riß (1960) - COD-Konzept

Die Hypothese des Kleinbereichsfließens wird in vielen Anwendungsfällen nicht erfüllt; das gilt für alle nieder- und mittelfesten Stähle. Das sind gerade jene Stähle, die im Stahlbau überwiegend eingesetzt werden. Die plastischen Zonen vor der Rißspitze sind viel zu groß, als daß mit der LEBM gerechnet werden darf. Hier setzt die Fließbruchmechanik (FBM) ein. Sie befindet sich noch im Forschungsstadium. Gewisse Aussagen sind gleichwohl möglich, insbesondere nach dem COD-Konzept und J-Integral-Konzept. - Beim COD-Konzept dient die Rißaufweitung δ, die sich am Ende eines Risses bei der plastischen Aufweitung und Abstumpfung ergibt, als Kriterium. Wenn

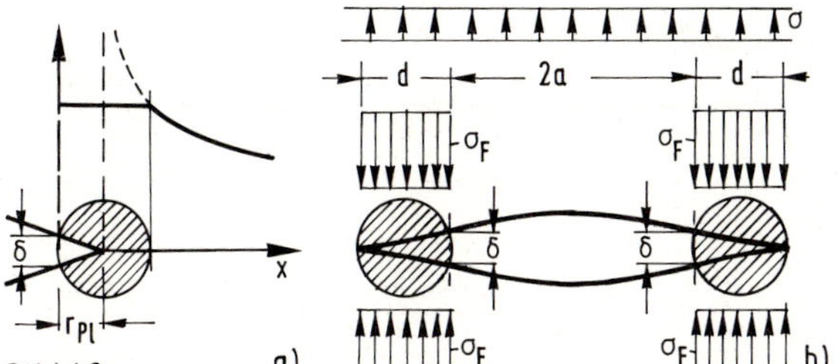

Bild 42

$$\delta > \delta_c \tag{154}$$

wird, reißt der Riß plastisch auf. (COD steht für crack opening displacement.) Die Problematik des COD-Konzeptes besteht in der rechnerischen Bestimmung von δ und der experimentellen Ermittlung von δ_c. Die Breite der Rißabstumpfung ist in Bild 42a am IRWIN-Riß erläutert. Geht man von dem um r_{Pl} erweiterten Riß aus (vgl. auch Bild 40) und unterstellt man die Gültigkeit der elastizitätstheoretischen Verschiebungslösung der Rißöffnungsart I, folgt (für δ=0):

$$\text{ESZ:}\ \delta = \frac{4K_I^2}{\pi E \sigma_F}; \qquad \text{EVZ:}\ \delta = (1-\mu)^2 \cdot (1-2\mu)\frac{K_I^2}{E\sigma_F} \tag{155}$$

Ein die Verhältnisse an den plastizierten Rißspitzen recht gut erfassendes Modell dürfte der DUGDALE-Riß sein [40] (Bild 42b). Hierbei wird eine beidseitige plastische Aufweitung des Risses über die Länge d unterstellt, ohne daß der Riß selbst über die Ursprungslänge 2a hinaus aufklafft. Die Tiefe der plastischen Zone ergibt sich aus der Bedingung, daß die Spannungssingularität innerhalb dieser Zone auf σ_F=konst abgebaut wird. Die Bestimmungsgleichung für d ergibt sich zu [29,35]:

$$d = a \cdot (\sec\frac{\pi\sigma}{2\sigma_F} - 1);\ \sigma \ll \sigma_F:\ d = \frac{\pi a}{8}(\frac{\sigma}{\sigma_F})^2 = \frac{\pi}{8}(\frac{K_I}{\sigma_F})^2 \qquad (\sec x = 1/\cos x) \tag{156}$$

Die Aufweitung δ folgt aus:

$$\delta = \frac{8}{\pi}\frac{\sigma_F}{E} a \cdot \ln(\frac{a+d}{a}) = \frac{8}{\pi}\frac{\sigma_F}{E} a \cdot \ln(\sec\frac{\pi\sigma}{2\sigma_F}) \tag{157}$$

Um δ_c experimentell zu bestimmen, wurden spezielle Prüftechniken und Modelle entwickelt [30-33]; zur Anwendung des COD-Konzepts vgl. u.a. [41-45].

28.5.4 Spannungsrißkorrosion

Ist in einem Bauteil ein Anriß vorhanden, der unter Zugspannung steht und ist zudem ein spezifisches korrosives Medium vorhanden, kann es zu einem sprödbruchartigen Versagen infolge Spannungsrißkorrosion (SRK) kommen. Voraussetzung ist, daß das Medium bis zur Rißspitze vordringt und der Elektrolyt die plastizierte Zone an der Rißfront anodisch auflöst. Dadurch kommt es zu einem Rißwachstum, das immer schneller fortschreitet. Schließlich versagt der Restquerschnitt. Der Rißfortschritt erfolgt entweder interkristallin oder transkristallin. Die Anfälligkeit für Spannungsrißkorrosion wird in Zeitstandversuchen in korrosivem Umfeld geprüft [46] und bruchmechanisch bewertet. Eigenspannungen begünstigen die SRK. Schwingungsrißkorrosion (SWRK) beruht auf denselben Ursachen [27]. Durch das korrosive Medium wird die Bruchzähigkeit K_{Ic} herabgesetzt. Nichtrostende Cr-Ni-Stähle sind gegenüber gewissen (säurehaltigen) Medien (obwohl "nicht rostend") spannungs- bzw. schwingungsrißkorrosionsgefährdet!

28.5.5 Rißtheorie bei dynamischer Beanspruchung

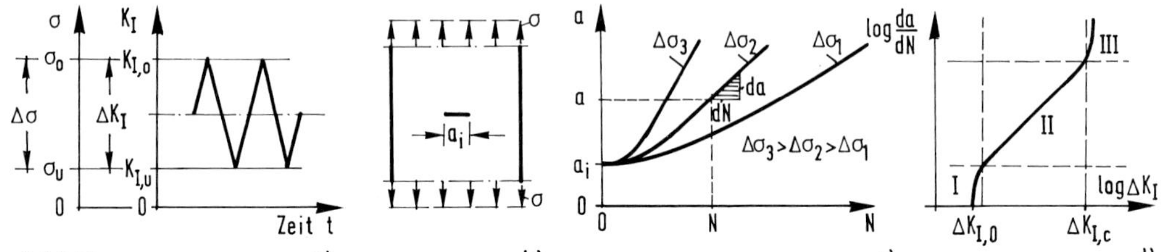

Bild 43

Ermüdungsbrüche entwickeln sich aus Anrissen unter Betriebsbeanspruchung, also unter Gebrauchlast. Die zugehörigen Nennspannungen liegen im elastischen Bereich; es ist daher zulässig, die Rißfortschrittsgesetze auf der Basis der linearelastischen Bruchmechanik zu entwickeln. Für den Kurzzeitfestigkeitsbereich (low cycle fatigue) trifft das nur bedingt zu. - Wird ein Bauteil, in dem sich ein Anriß befindet (der kleiner als der kritische ist), schwingend beansprucht, setzt unter gewissen Voraussetzungen ein (unterkritisches) Rißwachstum ein und zwar in Abhängigkeit von der Länge des Anrisses und der Höhe des Spannungsdifferenz-Intensitätsfaktors; man spricht auch vom zyklischen Spannungsintensitätsfaktor. Im Falle der Rißöffnungsart I ist er wie folgt definiert:

$$\Delta K_I = K_{I,o} - K_{I,u} = Y \cdot \Delta\sigma\sqrt{\pi a} \quad \text{mit} \quad \Delta\sigma = \sigma_o - \sigma_u \qquad (158)$$

σ_o ist die Ober- und σ_u die Unterspannung (Bild 43a), ihre Differenz ist $\Delta\sigma$. a ist die Rißlänge und Y der Geometriefaktor (vgl. G.129). Tritt Rißwachstum ein, ist die Rißwachstumsgeschwindigkeit, also die Rißverlängerung pro Lastwechsel, in starkem Maße von ΔK_I abhängig. Je höher die Spannungsintensität an der Rißfront ist, umso schneller wächst der Riß an. Vergrößert sich die Rißlänge a, steigt damit ΔK_I, der Riß weitet sich progressiv aus. Ab einer gewissen kritischen Rißlänge tritt der Ermüdungsbruch ein. Korrosive Medien vermögen die Wachstumsgeschwindigkeit zusätzlich zu steigern (Abschnitt 28.5.4).
Um das Rißfortschrittsgesetz experimentell zu bestimmen, werden identische Proben mit einem definierten Anfangsriß a_i (Initialriß) geprüft. Jede Probe wird mit einer bestimmten Spannungsdifferenz $\Delta\sigma$ (um einen festen Mittelwert σ_m) beaufschlagt und die Rißlänge a in Abhängigkeit von der Lastwechselzahl N gemessen. In Bild 43b/c ist die Vorgehensweise schematisch dargestellt. Der Gradient da/dN der a=a(N)-Kurven ist das gesuchte Maß für die Rißausbreitungsgeschwindigkeit. Zur jeweiligen Rißlänge gehört gemäß G.158 ein bestimmter ΔK_I-Wert. Trägt man den Gradienten da/dN über ΔK_I in einem doppeltlogarithmisch skalierten Diagramm auf, ergibt sich der in Bild 43d eingezeichnete Verlauf. Die Versuchswerte der einzelnen Proben streuen mehr oder weniger um diese Kurve. Es lassen sich drei Bereiche ausmachen: Im Bereich I ist der Rißfortschritt sehr gering; es gibt einen unteren Schwellenwert $\Delta K_{I,0}$ für welchen da/dN gegen Null geht; entweder ist der Anfangsriß für eine bestimmte Spannungsdifferenz zu klein oder die Spannungsdifferenz ist für einen bestimmten Anfangsriß zu gering, um ein Rißwachstum zu initiieren. Im Bereich II wächst der Riß zügig, wobei die Kurve in doppelt-logarithmischer Auftragung (etwa) linear verläuft. Es ist daher möglich, diesen Bereich durch eine Funktion zu beschreiben:

$$\frac{da}{dN} = C\cdot(\Delta K_I)^m \qquad (159)$$

C und m sind Konstante und ergeben sich aus der Versuchsauftragung; m liegt zwischen 2 bis 6. G.159 ist die sogen. PARIS-ERDOGAN-Gleichung (1963) [47]. Ein erweitertes Rißausbreitungsgesetz geht auf FORMAN (1967) [48] zurück:

$$\frac{da}{dN} = C\cdot\frac{(\Delta K_I)^m}{(1-\varkappa)K_{Ic} - \Delta K_I} \qquad (160)$$

Hierin ist $\varkappa$ das Spannungsverhältnis (vgl. Abschnitt 2.6.5.6.2); es wird im Schrifttum auch mit R abgekürzt. Mit dieser Gleichung wird die Mittelspannungsabhängigkeit des Rißfortschritts erfaßt, was für die Endphase der Rißausbreitung (Bereich III in Bild 43d) erforderlich ist. Der Bruch tritt für $\Delta K = \Delta K_c$ ein.
Die Konstanten C und m sind in G.159 u. G.160 nicht identisch; die Versuche zu ihrer Bestimmung erfordern große Sorgfalt (Optische Methode, compliance-Methode, Potential-Methode) und werden i.a. nach ASTM-Normen durchgeführt [30-33].
Die zur Rißvergrößerung $a_1 \rightarrow a_2$ gehörende Lastwechselzahl folgt aus:

$$N = \int_{N_1}^{N_2} dN = \int_{a_1}^{a_2} \frac{1}{\frac{da}{dN}}\, da \qquad (161)$$

Eine explizite Integration für die in G.159 und G.160 angegebenen Gesetze ist für ganzzahlige Exponenten möglich [45,50], wenn der Geometriefaktor Y Eins gesetzt werden kann. Das trifft für keine endliche Proben- bzw. Bauteilform zu, insofern bedarf es einer numerischen Integration. Auf dieser Basis läßt sich z.B. die Restlebensdauer eines Bauteiles bestimmen, in welchem ein Riß geortet wurde oder jene noch zulässige Beanspruchung berechnen, um eine bestimmte Restbetriebszeit (trotz Riß aber ohne Bruch) zu erreichen. Auch lassen sich auf dieser Basis die notwendigen Inspektionszeiträume festlegen.

Die vorangegangenen Ausführungen bezogen sich auf eine Schwingbeanspruchung mit konstanter Ober- und Unterspannung. Das entspricht der Beanspruchung in einstufigen WÖHLER-Versuchen. Tatsächlich läßt sich das Rißausbreitungsgesetz gemäß G.159/160 mit dem WÖHLER-Gesetz im Zeitfestigkeitsbereich verknüpfen [51-53]. - Wegen weiterer Einzelheiten, insbesondere Erweiterung auf mehrstufige und regellose Betriebsspannungen, wird auf das Schrifttum verwiesen [54,55]. Viele Fragen befinden sich auf diesem Gebiet noch im Forschungsstadium, das gilt z.B. auch für die Einbindung der Bruchmechanik in das probabilistische Sicherheitskonzept [56].

Anhang

Der Anhang enthält einige Tafeln, die für praktische Berechnungen nützlich sind. Die üblichen Profiltafeln findet man z.B. im "Stahl im Hochbau", in den "Stahlbau-Profilen", im "Stahlbau-Taschenkalender" und in anderen Handbüchern.

Tafel A1: Im oberen Teil der Tafel sind Querschnittswerte von T-Querschnitten, die durch Halbierung von I-Profilen entstehen, zusammengestellt. - Der untere Teil der Tafel enthält Querschnittswerte für Kranschienen (Form A und F nach DIN 536) ohne und mit 25%-iger Schienenkopfabnutzung. Die Torsionsträgheitsmomente I_T wurden nach der Methode der finiten Elemente mittels eines von G.KIENER erstellten Programms berechnet.

Tafel A2: Die Tafel enthält Querschnittswerte für I-Profile, um im Falle ihrer Torsion die primären und sekundären Spannungen nach der Theorie der Wölbkrafttorsion möglichst einfach berechnen zu können (Abschnitt 27.3)

Tafel A3: Treten in Trägern aus Winkelprofilen Biegemomente auf, so haben die Momentenvektoren in der Regel eine schenkelparallele Lage. Ist das nicht der Fall, werden entsprechende Komponenten gebildet. Mit den auf der Tafel angegebenen Faktoren (bezogen auf M=100kNcm) können die Biegespannungen in fünf ausgezeichneten Punkten unmittelbar berechnet werden. Die Tafelwerte wurden von J.SCHEER mitgeteilt (Stahlbau 34 (1965), S. 284-287) und für die vorliegende Veröffentlichung auf die heute übliche positive Momentendefinition und die Einheit kN umgestellt. Auf die Beispiele auf Tafel A3/2 wird besonders hingewiesen.

Tafel A4: Die Tafel enthält für die HE-B, HE-A, HE-M, IPE und U-Profile die plastostatischen Querschnittswerte. Für die U-Profile wurde ein Teil der Werte neu berechnet, einschließlich der M-N-Interaktion; hierbei wurden die Aus- bzw. Abrundungen und Flanschneigungen berücksichtigt.

Tafel A5: Im oberen Teil der Tafel sind die $\varkappa_N$-Knickzahlen für den Knicknachweis und im unteren Teil die $\varkappa_M$-Kippzahlen für den Kippnachweis (Biegedrillknicknachweis) nach DIN 18800 T2 zusammengefaßt, vgl. Abschnitt 7.2.3.3 bzw. 7.6.4.

T-Querschnitte aus halbierten I-Profilen

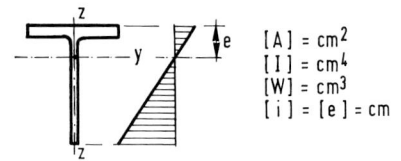

Profil	A	I_y	W_y	i_y	e
1/2 IPE					
200	14.2	117	15.1	2.87	2.25
220	16.7	165	19.3	3.15	2.45
240	19.6	227	24.3	3.41	2.63
270	23.0	346	32.8	3.88	2.97
300	26.9	509	43.6	4.35	3.32
330	31.3	717	55.8	4.78	3.65
360	36.4	992	70.8	5.22	3.99
400	42.2	1450	93.7	5.86	4.52
450	49.4	2220	129.0	6.70	5.28
500	57.8	3260	172.0	7.52	6.01
550	67.2	4670	225.0	8.33	6.77
600	78.0	6500	288.0	9.13	7.48
1/2 IPEO					
1/2 IPEV					
200 O	16.0	132	17.0	2.88	2.30
220 O	18.7	188	21.9	3.17	2.51
240 O	21.9	259	27.6	3.44	2.71
270 O	26.9	407	38.1	3.89	3.02
300 O	31.4	594	50.2	4.34	3.36
330 O	36.3	835	64.3	4.79	3.72
360 O	42.1	1160	82.5	5.26	4.10
400 O	48.2	1670	107.0	5.88	4.61
400 V	53.6	1860	119.0	5.90	4.69
450 O	58.9	2670	153.0	6.73	5.41
450 V	66.0	3040	174.0	6.79	5.56
500 O	68.4	3920	205.0	7.57	6.18
500 V	82.1	4780	247.0	7.63	6.39
550 O	78.1	5460	261.0	8.36	6.89
550 V	101.0	7400	355.0	8.56	7.48
600 O	98.4	8360	368.0	9.21	7.77
600 V	117.0	10170	446.0	9.32	8.12
1/2 HE-B					
200	39.0	204	24.8	2.29	1.77
220	45.5	289	31.8	2.52	1.92
240	53.0	397	40.0	2.74	2.06
260	59.2	512	47.3	2.94	2.17
280	65.7	673	57.7	3.20	2.32
300	74.5	871	69.5	3.42	2.47
320	80.7	1100	82.3	3.69	2.68
340	85.7	1360	96.7	3.99	2.91
360	90.3	1670	113.0	4.30	3.15
400	98.9	2440	149.0	4.96	3.66
450	109.0	3570	195.0	5.72	4.23
500	119.0	5020	249.0	6.49	4.82
550	127.0	6830	310.0	7.33	5.49
600	135.0	9060	381.0	8.19	6.20
650	143.0	11750	459.0	9.06	6.94
700	153.0	15280	562.0	9.99	7.82
800	167.0	23000	751.0	11.70	9.39
900	186.0	33770	996.0	13.50	11.10
1000	200.0	46560	1250.0	15.30	12.90

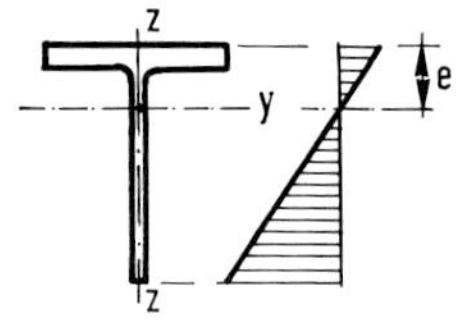

[A] = cm²
[I] = cm⁴
[W] = cm³
[i] = [e] = cm

Profil	A	I_y	W_y	i_y	e
1/2 HE-A					
200	26.9	133	16.6	2.22	1.52
220	32.2	194	21.9	2.45	1.66
240	38.4	273	28.2	2.67	1.81
260	43.4	355	33.5	2.86	1.91
280	48.6	477	41.8	3.13	2.06
300	56.3	630	51.2	3.35	2.21
320	62.2	808	61.7	3.60	2.41
340	66.7	1020	73.5	3.91	2.64
360	71.4	1270	86.7	4.22	2.87
400	79.5	1900	118.0	4.88	3.39
450	89.0	2820	156.0	5.62	3.94
500	98.8	4020	201.0	6.38	4.51
550	106.0	5530	253.0	7.23	5.17
600	113.0	7400	313.0	8.08	5.87
650	121.0	9670	381.0	8.95	6.61
700	130.0	12740	472.0	9.89	7.50
800	143.0	19330	635.0	11.60	9.06
900	160.0	28710	851.0	13.40	10.80
1000	173.5	39840	1080.0	15.20	12.50
1/2 HE-M					
200	65.6	413	47.8	2.51	2.35
220	74.7	561	59.1	2.74	2.50
240	99.8	918	86.5	3.03	2.89
260	110.0	1160	101.0	3.24	3.01
280	120.0	1460	119.0	3.49	3.15
300	152.0	2170	161.0	3.78	3.55
320/305	113.0	1450	111.0	3.59	3.00
320	156.0	2550	179.0	4.04	3.74
340	158.0	2950	198.0	4.32	3.91
360	159.0	3390	217.0	4.61	4.10
400	163.0	4430	318.0	5.98	5.03
450	168.0	6000	382.0	6.76	5.59
500	172.0	7880	382.0	6.76	5.59
550	177.0	10210	456.0	7.59	6.22
600	182.0	12920	536.0	8.43	6.88
650	187.0	16070	622.0	9.27	7.56
700	192.0	19650	714.0	10.10	8.28
800	202.0	28430	920.0	11.90	9.81
900	212.0	39050	1150.0	13.60	11.40
1000	222.0	52170	1400.0	15.30	13.10

Kranschienen FormA und Form F

			Kranschiene ohne Abnutzung					Kranschiene mit Abnutzung (25 %)					
Profil	k	h	A	e	I_y	I_z	I_T	a	A	e_a	I_y	I_z	I_T
A 45	45	55	28,3	3,31	91,0	169	26,9	5	26,1	3,07	68,1	165	20,4
A 55	55	65	40,7	3,88	182	337	60,2	6	37,4	3,60	136	328	47,1
A 65	65	75	55,4	4,44	327	609	119	7	50,9	4,11	244	593	90,4
A 75	75	85	72,1	5,00	545	1010	213	8	66,1	4,62	406	985	160
A 100	100	95	95,6	5,21	888	1360	472	10	85,6	4,72	642	1270	346
A 120	120	105	129	5,70	1420	2370	939	12	115	5,15	992	2190	672
Profil	k	h	A	e	I_y	I_z	I_T	a	A	e_a	I_y	I_z	I_T
F 100	100	80	73,2	4,09	414	541	471	10	63,3	3,63	318	458	272
F 120	120	80	89,2	4,07	499	962	687	10	78,2	3,61	382	818	400
	mm		cm²	cm	cm⁴			mm	cm²	cm	cm⁴		

Form A

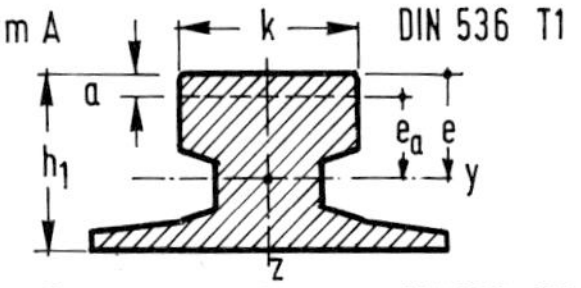

Form F

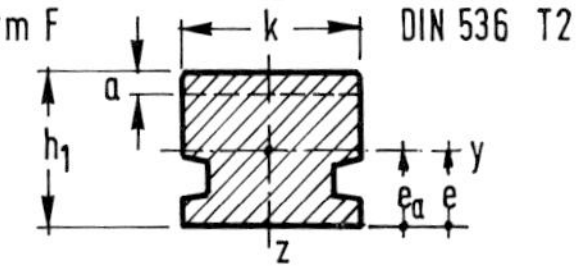

Elementierung der Querschnitte für die I_T-Berechnung nach der FEM

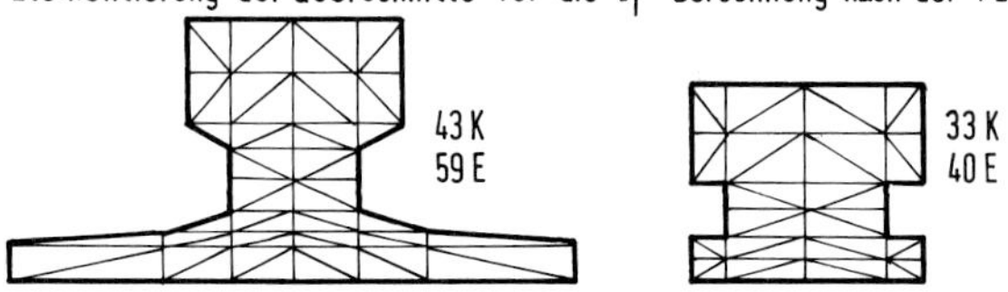

Profil		$I_T^{①}$	$I_T^{②}$	$\max\omega$	$\max\bar{S}_\omega$	C	$\frac{C}{\max\omega}$	$\frac{C}{\max\bar{S}_\omega}$
HE - B (IPB)	100	8.4	9.3	22.5	56.3	3375	150.0	60.0
	120	13.4	13.9	32.7	98.1	9410	287.8	95.9
	140	20.2	20.1	44.8	156.8	22479	501.8	143.4
	160	29.8	31.4	58.8	235.2	47943	815.4	203.8
	180	41.8	42.3	74.7	336.1	93746	1255.0	278.9
	200	57.0	59.5	92.5	462.5	171125	1850.0	370.0
	220	75.9	76.8	112.2	617.1	295418	2633.0	478.7
	240	99.2	103.0	133.8	802.8	486946	3639.4	606.6
	260	116.5	124.0	157.6	1024.6	753651	4781.3	735.6
	280	137.2	144.0	183.4	1283.8	1130155	6162.2	880.3
	300	172.6	186.0	210.8	1580.6	1687791	8008.5	1067.8
	320	216.3	226.0	224.6	1684.7	2068712	9209.6	1228.0
	340	250.4	258.0	238.9	1791.6	2453634	10271.6	1369.6
	360	288.1	293.0	253.1	1898.4	2883252	11390.6	1518.8
	400	354.2	357.0	282.0	2115.0	3817152	13536.0	1804.8
	450	450.0	442.0	318.0	2385.0	5258448	16536.0	2204.8
	500	561.6	540.0	354.0	2655.0	7017696	19824.0	2643.2
	550	630.0	602.0	390.8	2930.6	8855763	22663.5	3021.8
	600	704.2	669.0	427.5	3206.3	10965375	25650.0	3420.0
	650	784.3	741.0	464.3	3481.9	13362740	28783.5	3837.8
	700	881.0	833.0	501.0	3757.5	16064064	32064.0	4275.2
	800	985.8	949.0	575.3	4314.4	21840229	37966.5	5062.2
	900	1197.9	1140.0	648.8	4865.6	29461359	45412.5	6055.0
	1000	1328.5	1260.0	723.0	5422.5	37636488	52056.0	6940.8
HE - A (IPBl)	100	4.3	5.3	22.0	55.0	2581	117.3	46.9
	120	5.2	6.0	31.8	95.4	6472	203.5	67.8
	140	7.4	8.2	43.6	152.5	15064	345.7	98.8
	160	10.1	12.3	57.2	228.8	31410	549.1	137.3
	180	13.2	14.9	72.7	327.0	60211	828.5	184.1
	200	17.3	21.1	90.0	450.0	108000	1200.0	240.0
	220	25.1	28.6	109.5	602.0	193266	1765.8	321.1
	240	35.4	41.7	130.8	784.8	328486	2511.4	418.6
	260	42.9	52.6	154.4	1003.4	516352	3344.8	514.6
	280	52.4	62.4	179.9	1259.3	785367	4365.6	623.7
	300	69.9	85.6	207.0	1552.5	1199772	5796.0	772.8
	320	94.3	108.0	220.9	1656.6	1512359	6847.1	912.9
	340	114.1	128.0	235.1	1763.4	1824364	7759.1	1034.6
	360	136.5	149.0	249.4	1870.3	2176576	8728.1	1163.8
	400	177.2	190.0	278.3	2086.9	2942076	10573.5	1409.8
	450	238.3	245.0	314.3	2356.9	4147629	13198.5	1759.8
	500	311.9	310.0	350.3	2626.9	5643053	16111.5	2148.2
	550	357.9	353.0	387.0	2902.5	7188912	18576.0	2476.8
	600	408.4	399.0	423.8	3178.1	8978203	21187.5	2825.0
	650	463.7	450.0	460.5	3453.8	11027133	23946.0	3192.8
	700	531.6	515.0	497.3	3729.4	13351908	26851.5	3580.2
	800	605.1	599.0	571.5	4286.3	18290286	32004.0	4267.2
	900	757.9	739.0	645.0	4837.5	24961500	38700.0	5160.0
	1000	852.3	825.0	719.3	5394.4	32073875	44593.5	5945.8
HE - M (IPBv)	100	70.9	68.5	26.5	70.2	9925	374.5	141.3
	120	97.6	92.0	37.5	118.1	24786	661.2	209.9
	140	130.1	120.0	50.4	183.9	54329	1078.6	295.5
	160	170.4	163.0	65.2	270.4	108054	1658.4	399.6
	180	216.8	204.0	81.8	380.6	199326	2435.6	523.8
	200	271.1	260.0	100.4	517.2	346258	3447.9	669.5
	220	334.3	316.0	120.9	683.1	572684	4736.4	838.3
	240	674.9	630.0	147.6	914.9	1151987	7806.9	1259.2
	260	762.2	722.0	172.5	1155.9	1728347	10018.0	1495.2
	280	860.1	810.0	199.4	1436.0	2520227	12636.5	1755.1
	300	1515.9	1410.0	233.3	1807.9	4386028	18802.0	2426.1
	305	616.8	600.0	221.9	1691.9	2903169	13084.0	1715.9
	320	1629.3	1510.0	246.4	1903.7	5003865	20305.6	2628.6
	340	1635.7	1510.0	260.3	2011.1	5584496	21451.4	2776.9
	360	1637.2	1510.0	273.4	2104.8	6137021	22451.1	2915.7
	400	1645.5	1520.0	300.9	2309.1	7410304	24630.4	3209.2
	450	1662.0	1530.0	336.2	2580.1	9251499	27520.7	3585.8
	500	1673.5	1540.0	370.3	2832.5	11186745	30213.2	3949.4
	550	1690.7	1560.0	407.0	3113.4	13515630	33209.6	4341.1
	600	1702.9	1570.0	442.3	3372.2	15907585	35969.7	4717.3
	650	1720.1	1580.0	478.9	3651.2	18649516	38946.5	5107.7
	700	1732.3	1590.0	513.8	3904.6	21397493	41648.8	5480.1
	800	1762.5	1650.0	586.3	4441.3	27775287	47373.4	6253.9
	900	1791.9	1680.0	656.9	4959.2	34746261	52898.3	7006.4
	1000	1827.0	1710.0	730.8	5517.8	43015036	58857.0	7795.6
IPE	80	0.7	0.7	8.6	9.9	118	13.7	11.9
	100	1.2	1.2	13.0	17.8	351	27.1	19.7
	120	1.8	1.7	18.2	29.1	890	48.9	30.6
	140	2.7	2.5	24.3	44.3	1981	81.6	44.7
	160	3.8	3.6	31.3	64.1	3959	126.6	61.7
	180	5.2	4.8	39.1	89.0	7431	189.9	83.5
	180 O	7.5	6.8	39.8	91.5	8740	219.6	95.5
	200	6.9	7.0	47.9	119.7	12988	271.3	108.5
	200 O	9.7	9.4	49.1	125.2	15566	317.1	124.4
	220	9.4	9.1	58.0	159.4	22672	391.1	142.2
	220 O	13.1	12.3	59.3	166.1	26785	451.7	161.3
	240	12.3	12.9	69.1	207.2	37391	541.4	180.5
	240 O	17.0	17.3	70.5	215.1	43678	619.4	203.1
	270	15.9	16.0	87.7	295.9	70578	804.9	238.5
	270 O	26.6	24.9	89.0	302.6	87640	984.6	289.6
	300	20.7	20.2	108.5	406.8	125934	1160.8	309.6
	300 O	33.9	31.1	110.7	420.6	157690	1424.6	374.9
	330	27.3	28.3	127.4	509.6	199097	1562.8	390.7
	330 O	43.7	42.2	129.8	525.7	245654	1892.5	467.3
	360	38.5	37.5	147.6	627.3	313580	2124.5	499.9
	360 O	60.0	55.8	150.2	645.9	380267	2531.8	588.8
	400	49.8	51.4	173.9	782.7	490048	2817.6	626.1
	400 O	75.2	73.3	176.8	804.3	587647	3324.4	730.6
	400 V	106.1	99.1	176.8	804.3	663473	3753.4	824.9
	450	67.9	67.1	206.8	982.4	791005	3824.7	805.2
	450 O	117.6	109.0	210.4	1010.1	997576	4740.6	987.6
	450 V	165.1	150.0	213.6	1035.9	1156497	5414.5	1116.4
	500	94.7	89.7	242.0	1210.0	1249365	5162.7	1032.5
	500 O	158.7	143.0	245.9	1242.0	1547585	6292.7	1246.1
	500 V	279.5	243.0	250.4	1277.1	1961418	7832.8	1535.8
	550	126.0	124.0	279.7	1468.5	1884098	6735.7	1283.0
	550 O	201.8	188.0	284.0	1505.1	2302253	8107.3	1529.7
	550 V	420.8	380.0	292.0	1577.0	3094738	10597.3	1962.5
	600	176.8	166.0	319.6	1757.5	2845527	8904.8	1619.1
	600 O	358.7	318.0	328.2	1837.7	3859573	11761.3	2100.2
	600 V	589.1	512.0	336.3	1916.9	4813438	14312.9	2511.0

Querschnittswerte Wölbkrafttorsion

$I_T^{①}$ = Tafel 27.2

$I_T^{②}$: "Stahl im Hochbau"

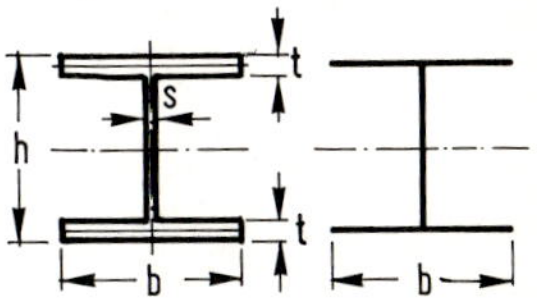

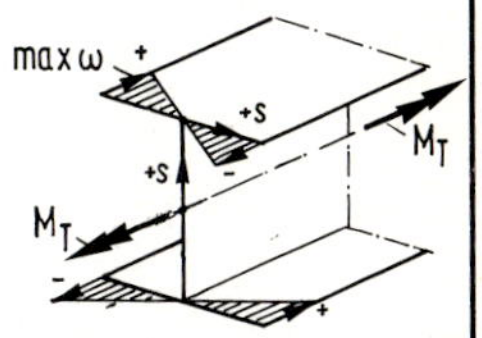

$|\max\omega| = \frac{(h-t)}{4} b \quad [cm^2]$

$|\max\bar{S}_\omega| = \frac{(h-t)}{16} b^2 \quad [cm^3]$

$C = \frac{(h-t)^2}{24} b^3 \cdot t \quad [cm^6]$

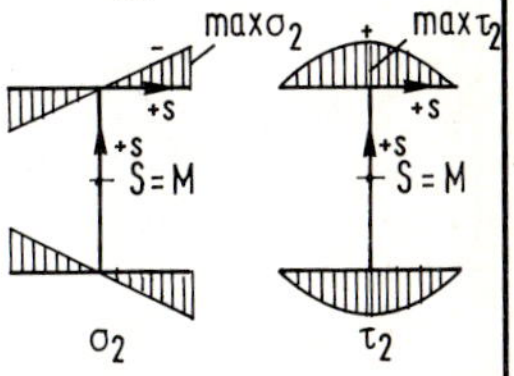

$\tau_1 = \frac{M_{T1}}{I_T} \cdot t$

$\max\sigma_2 = -\frac{\max\omega}{C} \cdot M_\omega$

$\max\tau_2 = +\frac{\max\bar{S}_\omega}{C} M_{T2}$

Es bedeuten:

M_{T1}: Primäres Torsionsmom.

M_ω: Bimoment

M_{T2}: Sekundäres Torsionsmom.

Beispiel: IPE 200, t = 8,5 mm

$M_{T1} = + 30$ kNcm

$M_\omega = - 3000$ kNcm²

$M_{T2} = + 60$ kNcm

$I_T = 6{,}9$ cm⁴

$C/\max\omega = 271{,}3$ cm⁴

$C/\max\bar{S}_\omega = 108{,}5$ cm³

$\max\tau_1 = \frac{30}{6{,}9} \, 0{,}85 = 3{,}70 \frac{kN}{cm^2}$

$\max\sigma_2 = \frac{3000}{271{,}3} = 11{,}06 \frac{kN}{cm^2}$

$\max\tau_2 = \frac{60}{108{,}5} = 0{,}55 \frac{kN}{cm^2}$

Anmerkung: $\bar{S}_\omega$ ist nicht mit S_ω identisch! Hier: $S_\omega = \bar{S}_\omega \cdot t$

Doppelte Biegung gleichschenkliger und ungleichschenkliger Winkel (n. J. SCHEER)

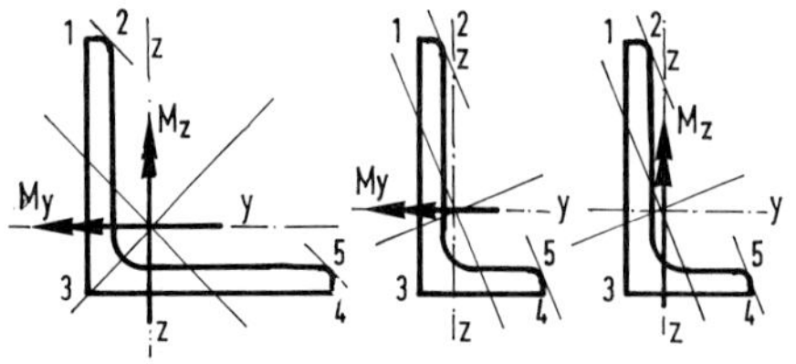

Spannungen in kN/cm^2 für Einheitsmomente $M = 100$ kNcm in den Punkten 1 bis 5

Winkel nach DIN 1028 u. DIN 1029

n. J. SCHEER, Stahlbau 34 (1965), S. 284 - 287

gleichschenklige Winkel

M_y=100 kNcm	σ_1	σ_2	σ_3	σ_4	σ_5
M_z=100 kNcm	σ_4	σ_5	σ_3	σ_1	σ_2
20X 3	-428.00	-465.00	400.00	-105.00	-191.00
4	-319.00	-368.00	337.00	-59.60	-160.00
25X 3	-266.00	-284.00	235.00	-69.30	-111.00
4	-200.00	-223.00	190.00	-44.90	-92.60
5	-157.00	-182.00	160.00	-23.20	-74.80
30X 3	-183.00	-190.00	147.00	-48.80	-69.00
4	-133.00	-143.00	117.00	-27.60	-51.30
5	-108.00	-120.00	101.00	-19.70	-46.50
35X 3	-131.00	-135.00	101.00	-34.90	-47.20
4	-97.90	-104.00	80.60	-23.10	-37.60
5	-78.70	-86.20	69.80	-16.60	-32.90
6	-64.80	-73.00	61.00	-10.90	-28.40
40X 3	-101.00	-103.00	74.30	-27.90	-35.00
4	-75.50	-78.70	60.20	-19.10	-28.00
5	-61.00	-65.40	52.30	-14.70	-24.90
6	-50.00	-54.90	44.90	-9.92	-20.90
45X 4	-60.10	-61.80	45.90	-16.00	-21.60
5	-48.00	-50.50	39.40	-11.70	-18.30
6	-39.80	-42.90	34.50	-8.76	-16.00
7	-34.00	-37.50	31.00	-6.55	-14.30
50X 4	-48.20	-49.40	36.50	-13.00	-17.00
5	-38.30	-40.10	30.50	-9.60	-14.20
6	-32.30	-34.60	27.70	-7.78	-13.00
7	-27.60	-30.20	24.80	-5.95	-11.60
8	-24.00	-26.80	22.10	-4.54	-10.40
9	-21.20	-24.10	20.30	-3.36	-9.49
55X 5	-31.90	-33.00	24.90	-8.33	-11.60
6	-26.50	-27.90	21.50	-6.40	-10.00
8	-19.80	-21.60	17.50	-3.97	-8.14
10	-15.80	-17.90	15.20	-2.47	-7.07
60X 5	-26.70	-27.50	20.40	-7.16	-9.63
6	-22.20	-23.30	17.90	-5.58	-8.35
8	-16.70	-18.10	14.60	-3.66	-6.86
10	-13.30	-15.00	12.70	-2.43	-5.96
65X 6	-19.00	-19.70	14.90	-4.96	-7.00
7	-16.30	-17.20	13.40	-4.01	-6.25
8	-14.20	-15.20	12.10	-3.25	-5.64
9	-12.60	-13.80	11.20	-2.70	-5.24
11	-10.30	-11.60	9.96	-1.81	-4.54
70X 6	-16.20	-16.80	12.60	-4.28	-5.89
7	-13.90	-14.60	11.20	-3.48	-5.24
9	-10.80	-11.70	9.32	-2.38	-4.37
11	-8.86	-9.90	8.19	-1.68	-3.86
75X 6	-14.20	-14.60	10.80	-3.85	-5.08
7	-12.40	-12.90	9.91	-3.38	-4.76
8	-10.70	-11.30	8.73	-2.62	-4.09
10	-8.49	-9.23	7.42	-1.85	-3.48
12	-7.09	-7.94	6.60	-1.32	-3.09

M_y=100 kNcm	σ_1	σ_2	σ_3	σ_4	σ_5
M_z=100 kNcm	σ_4	σ_5	σ_3	σ_1	σ_2
80X 7	-10.70	-11.10	8.34	-2.83	-3.94
8	-9.36	-9.86	7.63	-2.40	-3.60
10	-7.50	-8.13	6.52	-1.75	-3.09
12	-6.18	-6.86	5.60	-1.21	-2.64
14	-5.34	-6.09	5.10	-0.92	-2.44
90X 8	-7.35	-7.66	5.80	-1.93	-2.72
9	-6.55	-6.91	5.31	-1.65	-2.50
11	-5.36	-5.79	4.59	-1.23	-2.16
13	-4.53	-5.01	4.10	-0.93	-1.93
16	-3.91	-4.53	3.95	-0.85	-2.02
100X 8	-5.95	-6.15	4.57	-1.60	-2.15
10	-4.76	-5.02	3.85	-1.19	-1.81
12	-3.96	-4.27	3.36	-0.91	-1.59
14	-3.40	-3.74	3.03	-0.71	-1.43
16	-2.96	-3.33	2.76	-0.54	-1.29
20	-2.36	-2.77	2.37	-0.31	-1.12
110X 10	-3.92	-4.11	3.11	-1.01	-1.47
12	-3.26	-3.50	2.72	-0.79	-1.29
14	-2.81	-3.07	2.41	-0.63	-1.17
120X 11	-2.99	-3.15	2.40	-0.78	-1.14
12	-2.74	-2.90	2.24	-0.68	-1.06
13	-2.54	-2.72	2.12	-0.62	-1.01
15	-2.19	-2.38	1.89	-0.49	-0.90
130X 12	-2.34	-2.46	1.88	-0.61	-0.89
14	-2.01	-2.15	1.67	-0.49	-0.79
16	-1.75	-1.91	1.51	-0.40	-0.72
140X 13	-1.87	-1.97	1.50	-0.48	-0.71
15	-1.62	-1.73	1.34	-0.40	-0.64
150X 12	-1.76	-1.83	1.36	-0.47	-0.64
14	-1.51	-1.59	1.21	-0.39	-0.58
15	-1.40	-1.49	1.15	-0.35	-0.54
16	-1.32	-1.41	1.10	-0.32	-0.52
18	-1.17	-1.26	1.00	-0.27	-0.47
20	-1.05	-1.16	0.93	-0.23	-0.45
160X 15	-1.23	-1.30	0.99	-0.32	-0.47
17	-1.09	-1.16	0.90	-0.27	-0.43
19	-0.97	-1.06	0.83	-0.23	-0.40
180X 16	-0.92	-0.97	0.74	-0.25	-0.36
18	-0.82	-0.87	0.67	-0.21	-0.32
20	-0.74	-0.79	0.62	-0.18	-0.30
22	-0.66	-0.72	0.57	-0.15	-0.27
200X 16	-0.74	-0.78	0.59	-0.21	-0.29
18	-0.66	-0.70	0.53	-0.18	-0.26
20	-0.59	-0.63	0.49	-0.15	-0.24
24	-0.49	-0.54	0.42	-0.11	-0.20
28	-0.42	-0.47	0.38	-0.09	-0.18

ungleichschenklige Winkel

M_y

M_y = 100 kNcm	σ_1	σ_2	σ_3	σ_4	σ_5
30X 20X 3	-185.00	-204.00	180.00	-59.50	-79.40
4	-135.00	-158.00	144.00	-34.20	-58.60
40X 20X 3	-103.00	-117.00	107.00	-38.20	-45.60
4	-75.30	-90.70	85.10	-23.90	-33.50
45X 30X 3	-80.20	-85.30	70.50	-26.30	-31.80
4	-60.10	-66.80	57.60	-19.00	-25.90
5	-47.50	-54.90	48.60	-13.40	-21.20
50X 30X 5	-38.50	-44.80	39.70	-11.60	-17.10
50X 40X 4	-48.40	-51.90	42.10	-14.60	-19.70
5	-36.30	-42.30	42.10	-14.60	-19.70
60X 30X 5	-27.20	-31.40	28.70	-9.95	-12.00
7	-18.80	-23.60	22.30	-5.18	-8.34
60X 40X 5	-27.30	-29.80	25.70	-8.86	-11.50
6	-22.60	-25.40	22.30	-6.79	-9.74
7	-19.10	-22.20	19.90	-5.28	-8.49
65X 50X 5	-23.20	-24.60	20.20	-7.32	-9.24
7	-16.40	-18.20	15.50	-4.62	-7.01
9	-12.60	-14.60	12.90	-2.95	-5.64
75X 50X 5	-17.40	-18.40	15.50	-5.74	-6.88
7	-12.30	-13.70	11.90	-3.72	-5.21
9	-9.48	-11.10	9.89	-2.53	-4.24
75X 55X 5	-17.40	-18.40	15.10	-5.85	-7.06
7	-12.30	-13.60	11.60	-3.71	-5.23
9	-9.52	-10.90	9.50	-2.53	-4.25
80X 40X 6	-12.80	-14.60	13.20	-4.60	-5.64
8	-9.40	-11.40	10.40	-2.83	-4.12
80X 65X 6	-12.70	-13.40	10.70	-3.97	-5.05
8	-9.45	-10.30	8.54	-2.68	-3.95
10	-7.49	-8.47	7.23	-1.88	-3.30
90X 60X 6	-10.10	-10.80	9.10	-3.42	-4.19
8	-7.45	-8.34	7.20	-2.33	-3.24
90X 75X 7	-8.57	-9.05	7.24	-2.67	-3.45
100X 50X 6	-8.36	-9.12	8.08	-3.20	-3.60
8	-6.11	-7.04	6.46	-2.15	-2.71
10	-4.79	-5.79	5.37	-1.48	-2.13
100X 65X 7	-7.11	-7.60	6.45	-2.46	-2.94
9	-5.45	-6.05	5.28	-1.74	-2.33
11	-4.40	-5.07	4.52	-1.28	-1.95

M_y = 100 kNcm	σ_1	σ_2	σ_3	σ_4	σ_5
100X 75X 7	-7.02	-7.40	6.04	-2.32	-2.83
9	-5.42	-5.89	4.95	-1.67	-2.28
11	-4.40	-4.93	4.24	-1.22	-1.94
120X 80X 8	-4.28	-4.56	3.83	-1.46	-1.77
10	-3.40	-3.73	3.21	-1.11	-1.45
12	-2.81	-3.18	2.78	-0.84	-1.23
14	-2.39	-2.79	2.48	-0.66	-1.07
130X 65X 8	-3.67	-4.04	3.61	-1.41	-1.61
10	-2.90	-3.32	3.02	-1.02	-1.28
12	-2.38	-2.84	2.62	-0.77	-1.06
130X 75X 8	-3.66	-3.95	3.43	-1.34	-1.56
10	-2.91	-3.24	2.87	-1.00	-1.26
12	-2.39	-2.76	2.48	-0.76	-1.06
130X 90X 10	-2.91	-3.14	2.64	-0.96	-1.21
12	-2.40	-2.66	2.29	-0.74	-1.03
150X 75X 9	-2.45	-2.71	2.41	-0.92	-1.07
11	-1.98	-2.27	2.05	-0.70	-0.88
150X 90X 10	-2.18	-2.36	2.03	-0.75	-0.90
12	-1.81	-2.01	1.76	-0.60	-0.77
150X 100X 10	-2.19	-2.34	1.97	-0.75	-0.91
12	-1.81	-1.99	1.70	-0.60	-0.77
14	-1.54	-1.73	1.50	-0.47	-0.67
160X 80X 10	-1.94	-2.15	1.91	-0.72	-0.84
12	-1.59	-1.82	1.65	-0.56	-0.70
14	-1.35	-1.59	1.46	-0.44	-0.60
180X 90X 10	-1.53	-1.66	1.46	-0.57	-0.64
12	-1.27	-1.42	1.27	-0.46	-0.55
14	-1.08	-1.24	1.12	-0.37	-0.47
200X 100X 10	-1.25	-1.35	1.18	-0.50	-0.55
12	-1.03	-1.14	1.01	-0.39	-0.45
14	-0.88	-0.99	0.90	-0.32	-0.39
16	-0.76	-0.89	0.81	-0.26	-0.34
250X 90X 10	-0.81	-0.89	0.81	-0.39	-0.36
12	-0.66	-0.76	0.70	-0.27	-0.30
14	-0.56	-0.66	0.62	-0.22	-0.25
16	-0.49	-0.59	0.55	-0.18	-0.22

M_z

$M_z = 100$ kNcm			σ_1	σ_2	σ_3	σ_4	σ_5
30X	20X	3	- 67.00	-151.00	293.00	-404.00	-419.00
		4	- 31.80	-123.00	235.00	-296.00	-316.00
40X	20X	3	- 48.50	-242.00	242.00	-387.00	-396.00
		4	- 21.40	-109.00	197.00	-289.00	-301.00
45X	30X	3	- 33.70	- 56.30	112.00	-169.00	-173.00
		4	- 22.70	- 47.80	92.30	-129.00	-134.00
		5	- 14.40	- 41.20	78.70	-103.00	-110.00
50X	30X	5	- 13.00	- 39.00	72.60	-102.00	-107.00
50X	40X	4	- 16.70	- 27.10	54.20	- 72.20	- 76.00
		5	- 11.80	- 22.90	45.70	- 58.00	- 61.90
60X	30X	5	- 11.10	- 35.70	65.40	-102.00	-105.00
		7	- 2.89	- 29.50	52.20	- 72.60	- 76.60
60X	40X	5	- 10.80	- 21.00	41.00	- 58.20	- 60.40
		6	- 7.75	- 18.60	35.90	- 48.60	- 51.10
		7	- 5.51	- 16.80	32.20	- 41.60	- 44.40
65X	50X	5	- 8.86	- 13.50	27.10	- 37.40	- 38.60
		7	- 5.06	- 10.60	21.20	- 27.00	- 28.70
		9	- 2.91	- 8.95	17.70	- 20.90	- 22.80
75X	50X	5	- 7.32	- 12.20	24.50	- 36.70	- 37.50
		7	- 4.33	- 9.78	19.10	- 26.40	- 27.60
		9	- 2.59	- 8.46	16.10	- 20.70	- 22.20
75X	55X	5	- 7.12	- 10.80	21.40	- 30.80	- 31.60
		7	- 4.27	- 8.38	16.60	- 22.00	- 23.20
		9	- 2.68	- 7.10	13.70	- 17.20	- 18.50
80X	40X	6	- 5.94	- 16.10	29.60	- 47.40	- 48.70
		8	- 2.77	- 13.50	23.80	- 35.30	- 36.90
80X	65X	6	- 4.53	- 6.76	13.60	- 18.60	- 19.20
		8	- 2.95	- 5.44	10.90	- 13.90	- 14.70
		10	- 1.97	- 4.65	9.25	- 11.10	- 12.10
90X	60X	6	- 4.39	- 7.33	14.40	- 21.20	- 21.80
		8	- 2.77	- 5.96	11.50	- 15.90	- 16.70
95X	75X	7	- 2.98	- 4.45	8.91	- 12.00	- 12.50
100X	50X	6	- 4.68	- 9.55	17.90	- 30.30	- 30.70
		8	- 2.58	- 7.88	14.70	- 22.80	- 23.50
		10	- 1.34	- 6.90	12.40	- 18.20	- 19.00
100X	65X	7	- 3.16	- 5.42	10.60	- 15.80	- 16.20
		9	- 2.08	- 4.53	8.72	- 12.30	- 12.80
		11	- 1.37	- 3.97	7.54	- 10.00	- 10.60

$M_z = 100$ kNcm			σ_1	σ_2	σ_3	σ_4	σ_5
100X	75X	7	- 2.79	- 4.22	8.36	- 11.90	- 12.30
		9	- 1.92	- 3.50	6.91	- 9.30	- 9.73
		11	- 1.34	- 3.03	5.95	- 7.59	- 8.09
120X	80X	8	- 1.90	- 3.10	6.08	- 9.04	- 9.27
		10	- 1.34	- 2.64	5.13	- 7.24	- 7.53
		12	- 0.95	- 2.32	4.49	- 6.05	- 6.38
		14	- 0.69	- 2.12	4.02	- 5.19	- 5.56
130X	65X	8	- 2.01	- 4.26	8.03	- 13.40	- 13.60
		10	- 1.29	- 3.68	6.80	- 10.70	- 11.00
		12	- 0.79	- 3.29	5.98	- 8.93	- 9.30
130X	75X	8	- 1.85	- 3.32	6.41	- 10.10	- 10.30
		10	- 1.28	- 2.84	5.41	- 8.11	- 8.38
		12	- 0.89	- 2.52	4.74	- 6.77	- 7.08
130X	90X	10	- 1.17	- 2.06	4.02	- 5.74	- 5.94
		12	- 0.86	- 1.80	3.51	- 4.79	- 5.03
150X	75X	9	- 1.36	- 2.84	5.30	- 8.82	- 9.00
		11	- 0.93	- 2.48	4.57	- 7.26	- 7.48
150X	90X	10	- 1.00	- 1.86	3.62	- 5.61	- 5.75
		12	- 0.75	- 1.66	3.18	- 4.71	- 4.83
150X	100X	10	- 0.97	- 1.59	3.11	- 4.61	- 4.74
		12	- 0.73	- 1.40	2.71	- 3.85	- 4.01
		14	- 0.56	- 1.25	2.41	- 3.30	- 3.47
160X	80X	10	- 1.04	- 2.25	4.23	- 7.02	- 7.16
		12	- 0.72	- 1.99	3.69	- 5.87	- 6.05
		14	- 0.49	- 1.82	3.31	- 5.04	- 5.23
180X	90X	10	- 0.85	- 1.68	3.21	- 5.50	- 5.59
		12	- 0.64	- 1.51	2.82	- 4.62	- 4.73
		14	- 0.47	- 1.37	2.52	- 3.96	- 4.09
200X	100X	10	- 0.77	- 1.37	2.58	- 4.49	- 4.55
		12	- 0.57	- 1.19	2.24	- 3.72	- 3.80
		14	- 0.43	- 1.08	2.00	- 3.21	- 3.30
		16	- 0.32	- 0.99	1.81	- 2.81	- 2.91
250X	90X	10	- 0.62	- 1.41	2.57	- 5.29	- 5.33
		12	- 0.44	- 1.25	2.23	- 4.42	- 4.47
		14	- 0.31	- 1.15	2.01	- 3.78	- 3.85
		16	- 0.21	- 1.07	1.83	- 3.32	- 3.40

1. Beispiel: L 150 x 15; $M_y = 500$ kNcm; $M_z = -400$ kNcm; $\frac{500}{100} = 5{,}0$; $\frac{-400}{100} = -4{,}0$

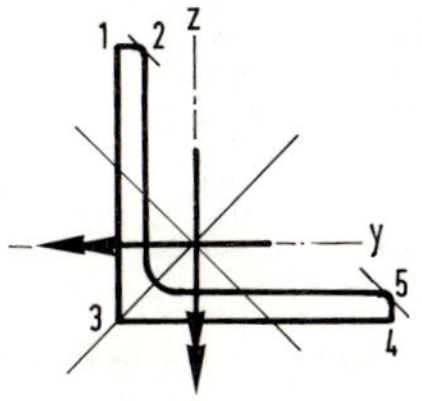

$$\sigma_1 = 5{,}0 \cdot (-1{,}40) - 4{,}0 \cdot (-0{,}35) = -7{,}00 + 1{,}40 = -5{,}60 \text{ kN/cm}^2$$
$$\sigma_2 = 5{,}0 \cdot (-1{,}49) - 4{,}0 \cdot (-0{,}54) = -7{,}45 + 2{,}16 = -5{,}29 \text{ kN/cm}^2$$
$$\sigma_3 = 5{,}0 \cdot 1{,}15 - 4{,}0 \cdot 1{,}15 = +5{,}75 - 4{,}60 = +1{,}15 \text{ kN/cm}^2$$
$$\sigma_4 = 5{,}0 \cdot (-0{,}35) - 4{,}0 \cdot (-1{,}40) = -1{,}75 + 5{,}60 = +3{,}85 \text{ kN/cm}^2$$
$$\sigma_5 = 5{,}0 \cdot (-0{,}54) - 4{,}0 \cdot (-1{,}49) = -2{,}70 + 5{,}96 = +3{,}26 \text{ kN/cm}^2$$

2. Beispiel: L 200 x 100 x 14; nach Umstellung: $M_y = 500$ kNcm, $M_z = 400$ kNcm; $\frac{500}{100} = 5{,}0$, $\frac{400}{100} = 4{,}0$

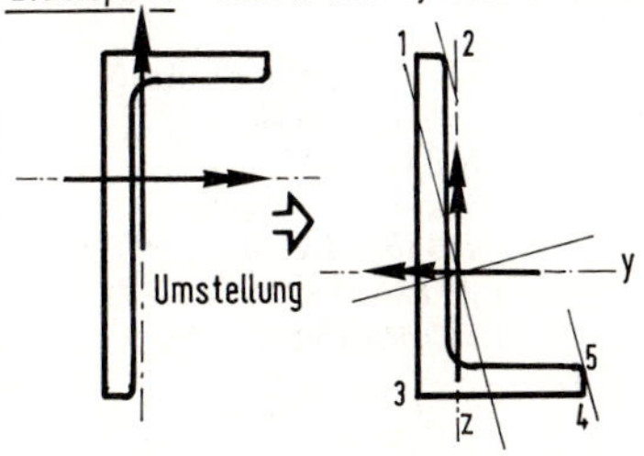

$$\sigma_1 = 5{,}0 \cdot (-0{,}88) + 4{,}0 \cdot (-0{,}43) = -4{,}40 - 1{,}72 = -6{,}12 \text{ kN/cm}^2$$
$$\sigma_2 = 5{,}0 \cdot (-0{,}99) + 4{,}0 \cdot (-1{,}08) = -4{,}95 - 4{,}32 = -9{,}27 \text{ kN/cm}^2$$
$$\sigma_3 = 5{,}0 \cdot 0{,}90 + 4{,}0 \cdot 2{,}00 = +4{,}50 + 8{,}00 = +12{,}50 \text{ kN/cm}^2$$
$$\sigma_4 = 5{,}0 \cdot (-0{,}32) + 4{,}0 \cdot (-3{,}21) = -1{,}60 - 12{,}84 = -14{,}44 \text{ kN/cm}^2$$
$$\sigma_5 = 5{,}0 \cdot (-0{,}39) + 4{,}0 \cdot (-3{,}30) = -1{,}95 - 13{,}20 = -15{,}15 \text{ kN/cm}^2$$

Plasto-statische Querschnittswerte für Walzprofile

Profil	$W_{Pl,y}$	A_{Steg}	$W_{Pl,z}$
HE-B/IPB			
100	104	5,40	51
120	165	7,09	81
140	245	8,96	120
160	353	11,7	170
180	481	14,1	231
200	642	16,6	306
220	827	19,3	394
240	1053	22,3	499
260	1282	24,2	603
280	1534	27,5	718
300	1868	30,9	871
320	2149	34,3	940
340	2408	38,2	986
360	2682	42,1	1030
400	3231	50,7	1100
450	3982	59,3	1200
500	4814	68,4	1290
550	5590	78,1	1340
600	6425	88,3	1390
650	7319	99,0	1440
700	8327	113	1490
800	10228	134	1550
900	12584	160	1660
1000	14855	183	1710
HE-A/IPBl			
100	83,0	4,40	41,2
120	119	5,30	58,9
140	153	6,85	84,7
160	245	8,58	118
180	324	9,69	157
200	429	11,7	204
220	568	13,9	271
240	744	16,3	352
260	919	17,8	430
280	1112	20,5	518
300	1383	23,4	642
320	1628	26,5	710
340	1850	29,7	756
360	2088	33,2	803
400	2561	40,8	873
450	3215	48,1	966
500	3948	56,0	1060
550	4621	64,5	1110
600	5350	73,4	1160
650	6136	82,8	1200
700	7031	96,1	1260
800	8699	114	1310
900	10811	137	1420
1000	12824	158	1470

Profil	$W_{Pl,y}$	A_{Steg}	$W_{Pl,z}$
HE-M/IPBv			
100	235	12,0	116
120	350	14,8	171
140	493	17,9	240
160	674	21,9	324
180	883	25,5	424
200	1135	29,2	541
220	1419	33,1	677
240	2116	42,8	1000
260	2523	46,3	1190
280	2965	51,2	1390
300	4077	63,2	1910
320/305	2926	46,5	1386
320	4435	66,9	1940
340	4717	70,7	1950
360	4989	74,5	1940
400	5570	82,3	1930
450	6331	91,9	1930
500	7094	101	1930
550	7932	111	1930
600	8772	121	1930
650	9656	131	1930
700	10538	141	1920
800	12487	162	1920
900	14441	182	1920
1000	16567	203	1930
IPE			
80	23,2	2,84	5,8
100	39,4	3,87	9,2
120	60,7	5,00	13,6
140	88,3	6,26	19,2
160	123	7,63	26,1
180	166	9,12	34,6
180o	189	10,3	40,2
200	220	10,7	44,7
200o	249	11,9	51,9
220	285	12,4	58,0
220o	321	13,9	67,2
240	366	14,2	74,0
240o	410	16,1	84,3
270	484	17,1	97,0
270o	574	19,6	118
300	628	20,5	125
300o	743	23,3	153
330	804	23,8	154
330o	942	27,2	185
360	1019	27,7	191
360o	1196	32,1	228
400	1307	33,2	229
400o	1502	37,6	236

Profil	$W_{Pl,y}$	A_{Steg}	$W_{Pl,z}$
IPE			
400v	1681	41,3	305
450	1701	40,9	275
450o	2046	48,2	342
450v	2301	54,6	391
500	2194	49,3	336
500o	2612	58,4	411
500v	3168	69,7	510
550	2787	59,1	401
550o	3263	68,0	482
550v	4204	92,4	635
600	3512	69,7	486
600o	4471	87,9	643
600v	5324	106	785
U			
65	23,4	3,16	9,46
80	31,8	4,32	12,1
100	49,0	5,49	16,2
120	72,6	7,77	21,2
140	102	9,10	28,3
160	137	11,2	35,2
180	179	13,5	42,9
200	228	16,0	51,8
220	292	18,7	64,1
240	358	21,6	75,7
260	442	24,6	91,6
280	532	26,5	109
300	632	28,4	130
320	826	42,4	152
350	918	46,8	143
380	1014	48,5	148
400	1240	53,5	190

$[W] = cm^3$, $[A] = cm^2$

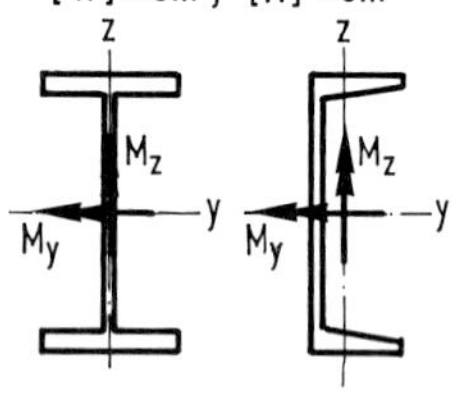

U-Profile: M_{Pl} - N_{Pl} - Interaktion

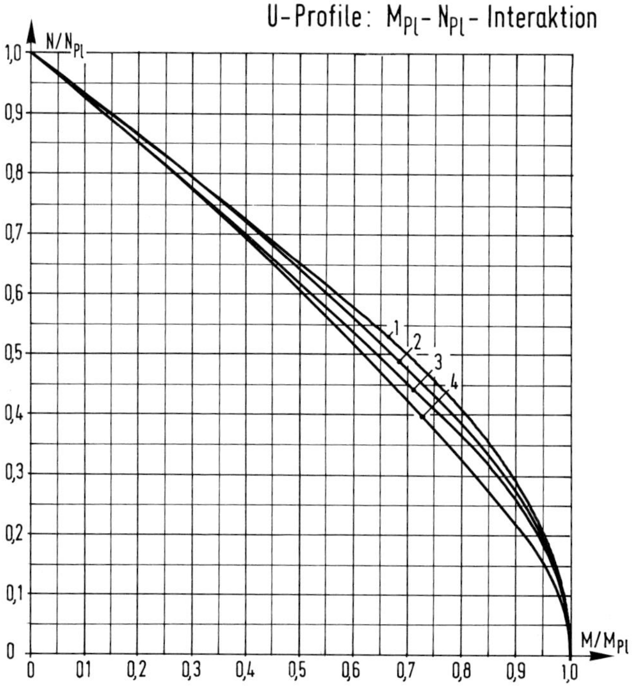

1 U 30x15, U40x20, U50x25
U120 bis U300
2 U80, U100
3 U30, U40, U50, U65
4 U320 bis U400
jeweils in einer Kurve zusammengefaßt

$M = M_y$

Die Flanschneigung ist berücksichtigt.

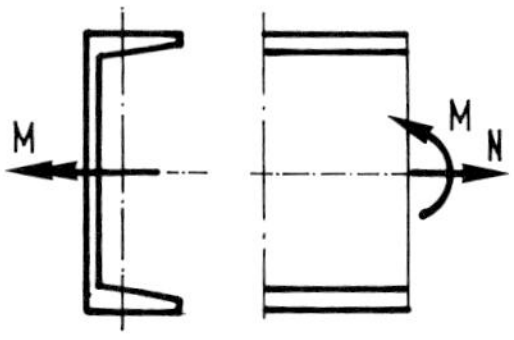

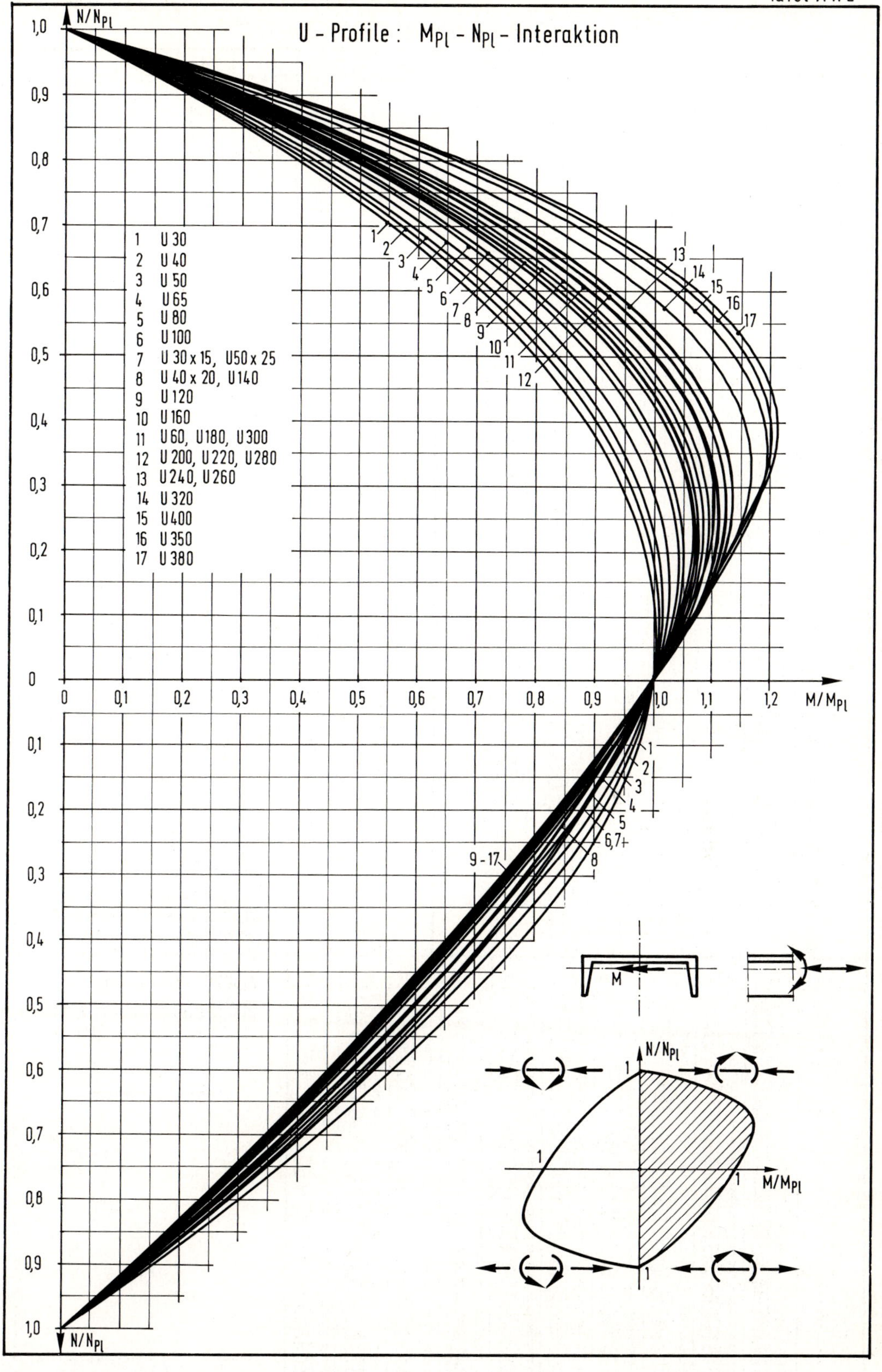
U - Profile : M_{Pl} - N_{Pl} - Interaktion
N/N_{Pl}
M/M_{Pl}
1 U 30
2 U 40
3 U 50
4 U 65
5 U 80
6 U 100
7 U 30 x 15, U50 x 25
8 U 40 x 20, U140
9 U 120
10 U 160
11 U 60, U180, U 300
12 U 200, U 220, U 280
13 U 240, U 260
14 U 320
15 U 400
16 U 350
17 U 380
9 - 17
6,7+
M

Knickzahlen $\varkappa_N$ nach DIN 18800 T2

$\bar{\lambda}_N$	a_0	a	b	c	d	$\bar{\lambda}_N$	a_0	a	b	c	d
0.20	1.000	1.000	1.000	1.000	1.000	1.60	0.358	0.340	0.312	0.292	0.262
0.22	0.991	0.985	0.974	0.964	0.947	1.62	0.350	0.333	0.305	0.287	0.257
0.24	0.987	0.978	0.962	0.949	0.924	1.64	0.342	0.326	0.299	0.281	0.252
0.26	0.984	0.973	0.952	0.936	0.906	1.66	0.335	0.319	0.293	0.276	0.247
0.28	0.981	0.968	0.944	0.925	0.890	1.68	0.328	0.312	0.287	0.270	0.243
0.30	0.978	0.963	0.936	0.914	0.875	1.70	0.320	0.305	0.282	0.265	0.239
0.32	0.975	0.958	0.928	0.904	0.861	1.72	0.313	0.299	0.276	0.260	0.234
0.34	0.972	0.953	0.920	0.895	0.848	1.74	0.307	0.293	0.271	0.255	0.230
0.36	0.969	0.949	0.913	0.885	0.835	1.76	0.300	0.287	0.265	0.250	0.226
0.38	0.966	0.944	0.905	0.876	0.823	1.78	0.294	0.281	0.260	0.246	0.222
0.40	0.963	0.939	0.898	0.866	0.811	1.80	0.288	0.275	0.255	0.241	0.218
0.42	0.960	0.935	0.890	0.857	0.799	1.82	0.282	0.270	0.251	0.237	0.214
0.44	0.957	0.930	0.883	0.847	0.787	1.84	0.276	0.265	0.246	0.233	0.211
0.46	0.954	0.925	0.875	0.838	0.775	1.86	0.271	0.259	0.241	0.228	0.207
0.48	0.951	0.920	0.867	0.828	0.763	1.88	0.265	0.254	0.237	0.224	0.204
0.50	0.947	0.914	0.859	0.819	0.751	1.90	0.260	0.250	0.232	0.220	0.200
0.52	0.943	0.909	0.851	0.809	0.740	1.92	0.255	0.245	0.228	0.216	0.197
0.54	0.940	0.903	0.843	0.799	0.728	1.94	0.250	0.240	0.224	0.213	0.193
0.56	0.936	0.897	0.834	0.789	0.716	1.96	0.245	0.236	0.220	0.209	0.190
0.58	0.931	0.891	0.825	0.779	0.705	1.98	0.240	0.231	0.216	0.205	0.187
0.60	0.927	0.884	0.816	0.769	0.693	2.00	0.236	0.227	0.212	0.202	0.184
0.62	0.922	0.877	0.807	0.759	0.682	2.02	0.231	0.223	0.209	0.198	0.181
0.64	0.917	0.870	0.798	0.748	0.670	2.04	0.227	0.219	0.205	0.195	0.178
0.66	0.912	0.863	0.788	0.738	0.659	2.06	0.223	0.215	0.201	0.192	0.175
0.68	0.906	0.855	0.778	0.727	0.647	2.08	0.219	0.211	0.198	0.188	0.173
0.70	0.900	0.847	0.768	0.716	0.636	2.10	0.215	0.207	0.195	0.185	0.170
0.72	0.893	0.838	0.758	0.705	0.625	2.12	0.211	0.204	0.191	0.182	0.167
0.74	0.886	0.829	0.747	0.694	0.614	2.14	0.207	0.200	0.188	0.179	0.165
0.76	0.878	0.820	0.736	0.683	0.602	2.16	0.203	0.197	0.185	0.176	0.162
0.78	0.870	0.810	0.725	0.671	0.591	2.18	0.200	0.193	0.182	0.174	0.160
0.80	0.862	0.800	0.714	0.660	0.580	2.20	0.196	0.190	0.179	0.171	0.157
0.82	0.852	0.789	0.702	0.649	0.569	2.22	0.193	0.187	0.176	0.168	0.155
0.84	0.842	0.778	0.691	0.637	0.559	2.24	0.190	0.184	0.173	0.165	0.152
0.86	0.832	0.766	0.679	0.626	0.548	2.26	0.186	0.180	0.170	0.163	0.150
0.88	0.821	0.754	0.667	0.614	0.537	2.28	0.183	0.177	0.168	0.160	0.148
0.90	0.809	0.742	0.655	0.603	0.527	2.30	0.180	0.175	0.165	0.158	0.146
0.92	0.796	0.729	0.643	0.592	0.516	2.32	0.177	0.172	0.162	0.155	0.144
0.94	0.783	0.717	0.631	0.580	0.506	2.34	0.174	0.169	0.160	0.153	0.141
0.96	0.769	0.703	0.619	0.569	0.496	2.36	0.171	0.166	0.157	0.151	0.139
0.98	0.755	0.690	0.607	0.558	0.486	2.38	0.169	0.164	0.155	0.149	0.137
1.00	0.740	0.676	0.595	0.547	0.476	2.40	0.166	0.161	0.153	0.146	0.135
1.02	0.725	0.663	0.583	0.536	0.467	2.42	0.163	0.158	0.150	0.144	0.134
1.04	0.710	0.649	0.571	0.525	0.457	2.44	0.161	0.156	0.148	0.142	0.132
1.06	0.694	0.635	0.559	0.514	0.448	2.46	0.158	0.154	0.146	0.140	0.130
1.08	0.679	0.621	0.548	0.503	0.439	2.48	0.156	0.151	0.144	0.138	0.128
1.10	0.663	0.608	0.536	0.493	0.430	2.50	0.153	0.149	0.142	0.136	0.126
1.12	0.647	0.594	0.525	0.483	0.421	2.52	0.151	0.147	0.139	0.134	0.124
1.14	0.632	0.581	0.513	0.472	0.413	2.54	0.149	0.145	0.137	0.132	0.123
1.16	0.616	0.567	0.502	0.463	0.405	2.56	0.146	0.142	0.135	0.130	0.121
1.18	0.601	0.554	0.491	0.453	0.396	2.58	0.144	0.140	0.134	0.128	0.119
1.20	0.586	0.541	0.481	0.443	0.388	2.60	0.142	0.138	0.132	0.127	0.118
1.22	0.572	0.529	0.470	0.434	0.380	2.62	0.140	0.136	0.130	0.125	0.116
1.24	0.557	0.516	0.460	0.425	0.373	2.64	0.138	0.134	0.128	0.123	0.115
1.26	0.543	0.504	0.450	0.416	0.365	2.66	0.136	0.132	0.126	0.121	0.113
1.28	0.530	0.492	0.440	0.407	0.358	2.68	0.134	0.130	0.124	0.120	0.112
1.30	0.516	0.481	0.430	0.398	0.351	2.70	0.132	0.129	0.123	0.118	0.110
1.32	0.503	0.469	0.421	0.390	0.344	2.72	0.130	0.127	0.121	0.117	0.109
1.34	0.491	0.458	0.412	0.382	0.337	2.74	0.128	0.125	0.119	0.115	0.107
1.36	0.479	0.448	0.403	0.374	0.330	2.76	0.126	0.123	0.118	0.114	0.106
1.38	0.467	0.437	0.394	0.366	0.324	2.78	0.125	0.122	0.116	0.112	0.105
1.40	0.455	0.427	0.386	0.358	0.317	2.80	0.123	0.120	0.115	0.111	0.103
1.42	0.444	0.417	0.377	0.351	0.311	2.82	0.121	0.118	0.113	0.109	0.102
1.44	0.433	0.408	0.369	0.344	0.305	2.84	0.120	0.117	0.112	0.108	0.101
1.46	0.423	0.398	0.361	0.337	0.299	2.86	0.118	0.115	0.110	0.106	0.100
1.48	0.413	0.389	0.354	0.330	0.293	2.88	0.116	0.114	0.109	0.105	0.098
1.50	0.403	0.380	0.346	0.323	0.288	2.90	0.115	0.112	0.107	0.104	0.097
1.52	0.393	0.372	0.339	0.317	0.282	2.92	0.113	0.111	0.106	0.102	0.096
1.54	0.384	0.364	0.332	0.310	0.277	2.94	0.112	0.109	0.105	0.101	0.095
1.56	0.375	0.356	0.325	0.304	0.272	2.96	0.110	0.108	0.103	0.100	0.094
1.58	0.367	0.348	0.318	0.298	0.267	2.98	0.109	0.106	0.102	0.099	0.093

Kippzahlen $\varkappa_M$ nach DIN 18800 T2 (n = 2,5)

$\bar{\lambda}_M$	0	0,01	0,02	0,03	0,04	0,05	0,06	0,07	0,08	0,09
0.4	0.996	0.995	0.995	0.994	0.993	0.993	0.992	0.991	0.990	0.989
0.5	0.988	0.987	0.985	0.984	0.982	0.981	0.979	0.977	0.975	0.973
0.6	0.970	0.968	0.966	0.963	0.960	0.957	0.954	0.951	0.947	0.944
0.7	0.940	0.936	0.932	0.927	0.923	0.918	0.914	0.909	0.904	0.898
0.8	0.893	0.887	0.881	0.876	0.870	0.863	0.857	0.851	0.844	0.837
0.9	0.831	0.824	0.817	0.810	0.802	0.795	0.788	0.780	0.773	0.765
1.0	0.758	0.750	0.743	0.735	0.727	0.720	0.712	0.704	0.697	0.689
1.1	0.681	0.674	0.666	0.658	0.651	0.643	0.636	0.629	0.621	0.614
1.2	0.607	0.599	0.592	0.585	0.578	0.571	0.565	0.558	0.551	0.544
1.3	0.538	0.531	0.525	0.519	0.512	0.506	0.500	0.494	0.488	0.482
1.4	0.477	0.471	0.465	0.460	0.454	0.449	0.444	0.438	0.433	0.428
1.5	0.423	0.418	0.413	0.408	0.404	0.399	0.394	0.390	0.385	0.381
1.6	0.377	0.372	0.368	0.364	0.360	0.356	0.352	0.348	0.344	0.340
1.7	0.337	0.333	0.329	0.326	0.322	0.319	0.315	0.312	0.309	0.306
1.8	0.302	0.299	0.296	0.293	0.290	0.287	0.284	0.281	0.278	0.275
1.9	0.273	0.270	0.267	0.265	0.262	0.259	0.257	0.254	0.252	0.249
2.0	0.247	0.245	0.242	0.240	0.238	0.235	0.233	0.231	0.229	0.227
2.1	0.225	0.223	0.220	0.218	0.216	0.214	0.213	0.211	0.209	0.207
2.2	0.205	0.203	0.201	0.200	0.198	0.196	0.194	0.193	0.191	0.189
2.3	0.188	0.186	0.185	0.183	0.182	0.180	0.179	0.177	0.176	0.174
2.4	0.173	0.171	0.170	0.169	0.167	0.166	0.165	0.163	0.162	0.161
2.5	0.159	0.158	0.157	0.156	0.154	0.153	0.152	0.151	0.150	0.149
2.6	0.147	0.146	0.145	0.144	0.143	0.142	0.141	0.140	0.139	0.138
2.7	0.137	0.136	0.135	0.134	0.133	0.132	0.131	0.130	0.129	0.128
2.8	0.127	0.126	0.125	0.125	0.124	0.123	0.122	0.121	0.120	0.119
2.9	0.119	0.118	0.117	0.116	0.115	0.115	0.114	0.113	0.112	0.112
3.0	0.111	0.110	0.109	0.109	0.108	0.107	0.107	0.106	0.105	0.105
3.1	0.104	0.103	0.103	0.102	0.101	0.101	0.100	0.099	0.099	0.098
3.2	0.098	0.097	0.096	0.096	0.095	0.095	0.094	0.093	0.093	0.092
3.3	0.092	0.091	0.091	0.090	0.090	0.089	0.088	0.088	0.087	0.087
3.4	0.086	0.086	0.085	0.085	0.084	0.084	0.083	0.083	0.083	0.082

Literaturverzeichnis

① Allgemeine technische, wirtschaftliche und historische Aspekte

1a **DIN:** Baunormen Stahlbau (1,TAB 69; 2,TAB 144).Berlin: Beuth-Verlag, in der jeweiligen Auflage)

2a **HIRTZ,H.:** Sammlung Bauaufsichtlich eingeführte Technische Baubestimmungen (STB). Berlin: Beuth-Verlag (Loseblatt-Sammlung)

3a **GOTTSCH,H. u. HASENJÄGER,S.:** Technische Baubestimmungen, Aufl. (15 Bände, ca. 1500 Seiten). Köln: Verlagsgesellschaft R. Müller Loseblatt-Sammlung)

4a **BREITSCHAFT,G.,REUTER,K.-H. u. WAGNER,O.:** Bauaufsichtliche Zulassungen (BAZ). Berlin: E.Schmidt Verlag (Loseblatt-Sammlung)

5a **PIEPER,K.:** Sicherung historischer Bauten. Berlin: W.Ernst&Sohn 1983

6a **EBERHARD,F:** Die ältesten eisernen Brücken. Stahlbau 27(1958), S.107-108

6b **MISLIN,M.:** 200 Jahre Eisenkonstruktionen - Die Coalbrookdale-Bridge.Stahlbau 48(1979), S.351-352

6b **BUCHMANN,F.U.:** Die ersten eisernen Viadukte für die Eisenbahn in Frankreich(1864-1869). Stahlbau 57(1988), S.193-197

7a **PETERS,T.F.:** Time is Money - Die Entwicklung des modernen Bauwesens. Stuttgart: J.Hoffmann-Verlag 1981

8a **WITTFOTH,H.:** Die Brooklyn Brücke - Leben und Werk des Ingenieurs John A. Roebling. Düsseldorf: VDI-Verlag 1983

8b **HERZOG,M.:** 100 Jahre Brooklyn-Brücke in New-York. Stahlbau 51(1983), S.370-375

9a **AMMAN,O.H.:** Die Narrows-Bridge in New York. Stahlbau 29(1960), S.297-301

10a **KOLLMEIER,H.:** Die Hängebrücke über den Firth of Forth. Stahlbau 33(1964), S.313-317

11a **PFANNMÜLLER,F.:** Projekt einer Brücke über die Meerenge von Messina. Stahlbau 40(1971) S.60-63

11b **TOSCANO,A.M.:** Postulate für die Kreuzung der Meerenge von Messina. Stahlbau 49(1980) S.33-41

11c **HERZOG,M.:** Das Projekt einer Hängebrücke über die Meerenge von Messina mit 3500m Spannweite. Stahlbau 51(1982), S.33-36

11d **BRENNER,F.:** Planung einer festen Verkehrsverbindung über die Meerenge von Gibraltar. Bauingenieur 58 (1983), S.437-443

12a **BÖRNER,H.:** Die Gestaltung von Stahlbrücken. Stahlbau 23(1954), S.194-201

12b **STÜSSI,F.:** Gegenwärtiger Stand und zukünftige Entwicklung im Stahlbauwesen, in: Stahlbau-Kongress 1964. Luxemburg: Hohe Behörde der Europ. Gemeinschaft für Kohle und Stahl (EGKS) 1964, S.41-56

12c **STÜSSI,F. u. DUBAS,P.:** Grundlagen des Stahlbaues, 2.Aufl. Berlin: Springer-Verlag 1971

13a **STEINMAN,D.B.:** Brücken mit großen Spannweiten. Stahlbau 28(1959), S.1-6

13b **STEINMAN,D.B.:** Brücken für die Ewigkeit. Düsseldorf: Werner-Verlag 1957

14a **LOHMER,G.:** Brückenbaukunst. Stahlbau 33(1964), S.321-331

15a **WITTFOHT,H.:** Triumph der Spannweiten. Düsseldorf: Beton-Verlag 1972

16a **WERNER,E.:** Die ersten Ketten- und Drahtseilbrücken. Technikgeschichte in Einzeldarstellungen. Düsseldorf: VDI-Verlag 1973

16b **WERNER,E.:** Technisierung des Bauens - Geschichtliche Grundlagen moderner Bautechnik Düsseldorf: Werner-Verlag 1980

17a **JURECKA,C.:** Brücken. Wien: Verlag A. Schroll 1979

18a **LEONHARDT,F.:** Brücken. Stuttgart: Deutsche Verlags-Anstalt 1982

18b **LEONHARDT,F.:** Der Bauingenieur und seine Aufgaben. Stuttgart: Deutsche Verlags-Anstalt 1982 (2.Auflage von: Ingenieurbau: Darmstadt: C. Habel Verlag 1974)

19a **HARTUNG,G.:** Eisenkonstruktionen des 19. Jahrhunderts. München: Schirmer-Mosel 1983

20a **FUCHTMANN,E.:** Stahlbrückenbau. München: Deutsches Museum 1983

20c **POTTGIESSER,H.:** Eisenbahnbrücken aus zwei Jahrhunderten. Basel: Birkhäuser Verlag 1985

21a **SCHIERK,H.-F.:** 100 Jahre feste Rheinbrücken in Nordrhein-Westfalen 1885-1955. Opladen: Westdeutscher Verlag 1985

22a **MISLIN,M.:** Der Pauli-Träger. Stahlbau 52(1983), S.378-379

23a **WITTEK,K. H.:** Die Entwicklung des Stahlhochbaues. Düsseldorf: VDI-Verlag 1964

24a **HART,F.:** Stahlbau und Architektur, in: HART, F., HENN, W. u. SONTAG, H.: Stahlbauatlas, Geschoßbauten, S.9-58. München: Verlag Architektur u. Baudetail 1974

25a **NEUMANN,M.:** Glashäuser aller Art (Reprint der Ausgabe von 1852). Düsseldorf: VDI-Verlag 1984

26a **KOHLMAIER,G. u. v. SARTORY,B.:** Das Glashaus - ein Bautypus des 19. Jahrhunderts. München: Prestel-Verlag 1981

27a **HÜTSCH,V.:** Der Münchner GlaspalaSt1854-1931, 2.Aufl. Berlin: Ernst u. Sohn 1985

28a **MISLIN,M.:** Gustav Eiffel und sein Werk, zum 150. Geburtstag. Stahlbau 51(1982), S.361-365

28b **LOYRETTE,H.:** Gustave Eiffel: Ein Ingenieur und sein Werk. Stuttgart: Deutsche Verlagsanstalt 1985

29a **SCHIRMER,W. (Hg.):** Egon Eiermann, Bauten und Projekte. Stuttgart: Deutsche Verlagsanstalt 1984

30a **KIEFERLE,G. u. WEGLER,D.:** Gestalten trotz Wirtschaftlichkeit, in: Stahlbau im Wettbewerb. Bauen in Stahl, Heft 46. Köln: Stahlbau-Verband 1984

31a **STRAUB,H.:** Die Geschichte der Bauingenieurkunst, 3.Aufl. Basel/Stuttgart: Birkhäuser Verlag 1975

31b **SONNENMANN,R.:** Geschichte der Technik. Leipzig: Aulis Verlag Deubner 1978

31c **TROITZSCH,U. u. WEBER,W.:** Die Technik - Von den Anfängen bis zur Gegenwart. Braunschweig: Westermann 1982

32a **SZABO,I.:** Geschichte der mechanischen Prinzipien, 2.Aufl. Basel: Birkhäuser Verlag 1979

32b **SZABO,I.:** Einige Marksteine in der Entwicklung der theoretischen Bauingenieurkunst. In: Beiträge zur Bautechnik. R. v. Halasz zum 75. Geburtstag. Berlin:W. Ernst u. Sohn 1980

33a **SCHÄFER,G.:** Der Begriff Ingenieurbaugeschichte. Bauingenieur 60(1985), S.169-172

33b **LORENZ,W.:** 150 Jahre Borsig - Beitrag zur Technikgeschichte des frühen Eisenbaus. Bauingenieur 63(1988), S.405-408

34a **KURRER,K.-E.:** Das Verhältnis von Bautechnik und Statik. Bautechnik 62(1985), S.1-4

34b **KURRER,K.-E.:** Zur Geschichte der Theorie der Nebenspannungen in Fachwerken. Bautechnik 62(1985), S.325-330

34c **KURRER,K.-E.:** Beitrag zur Entwicklung des Kraftgrößenverfahrens. Bautechnik 64(1987), S.1-8

35a **CZERWENKA,G.:** Vom Biegebalken zur Stabschale. Ein Rückblick, in: Humanismus und Technik, Jahrbuch 1983, 26(1983), S.41-67

36a **STÜSSI,F.:** Baustatik vor 100 Jahren - die Baustatik Naviers. Schweiz. Bauzeitung 116(1940), S.201-205, vgl. auch: 200 Jahre EULERsche Knickformel. Schweiz. Bauzeitung 123(1944), S.1-2.

37a **NOWAK,B.:** Die historische Entwicklung des Knickstabproblems und dessen Behandlung in den Stahlbaunormen. Veröffentl. des Inst. für Statik und Stahlbau der TH Darmstadt, H.35. Darmstadt 1981

38a **MEHRTENS,G.:** Der deutsche Brückenbau im XIX. Jahrhundert (Reprint-Reihe; Klassiker oder Technik). Düsseldorf: VDI-Verlag 1984

39a **MELAN,J.:** Konstruktion der Hängebrücken; in: Der Brückenbau, II. Teil des Handbuchs der Ingenieurwissenschaften, 6. Bd., 4.Aufl. Leipzig: Verlag von W. Engelmann 1925

40a **STAMM,C.:** Brückeneinstürze und ihre Lehren. Mitt. aus dem Institut für Baustatik ETH Zürich, H. 24, 1950.

41a **ARNOLD,G.:** Die Brücke am Tay - Ein folgenschwerer Brückeneinsturz vor 100 Jahren. Maschinenschaden 52(1979), S.212-215

42a **DASt:** Deutscher Ausschuß für Stahlbau 1908-1958. Köln: Stahlbau-Verlag 1958

43a **DASt:** Deutscher Ausschuß für Stahlbau 75 Jahre, 1908-1983. Köln: Stahlbau-Verlag 1983

44a **DSTV:** Wiederverwendung von Altstahl. Abhandl. a. d. Stahlbau, H. 1. Bremen: Verlag W. Dorn 1947

45a **REIMERS,K. u. PEGELS,G.:** EDV zu Stahlbauunternehmen, in: Stahlbau-Handbuch, Bd. 2, 2.Aufl. (S.93-110). Köln: Stahlbau-Verlag 1985

46a **WERNER,H., STIEDA,J., KATZ,C. u. VERSCHUER,T.:** Rechnereinsatz für Entwurfsaufgaben im konstruktiven Ingenieurbau. Bauingenieur 58(1983), S.361-368

46b **BERGER,W.:** FE-Berechnung auf einem Microcomputer, ja oder nein. Bautechnik 62(1985) S.10-16

46c **STEIN,E. u. WRIGGERS,P.:** Der Einsatz von Mikrorechnern im Ingenieuralltag. Bauingenieur 60(1985), S.247-250

46d **SCHWEIZERHOF,K. u. WEIMAR,K.:** Lösung von baustatischen Problemen mit Mikrocomputern - Einsatzgebiete und Grenzen. Bauingenieur 60(1985), S.387-392

47a **HENNLICH,H.-H., MEISSNER,U. u. HELLER,M.:** Zur Bearbeitung baustatischer Probleme mit Methoden der Ingenieur-Informatik. Bauingenieur 60(1985), S.251-257

47b **PAHL,P.J. u. DAMRATH,R.:** Bauinformatik - Ein Fachgebiet des Bauingenieurwesens. Bauingenieur 60(1985), S.319-321, vgl. auch Seite 323-324

47c **GRIEBENOW,G., WRIGGERS,P. u. KLEE,K.-D.:** EDV-unterstützte Standsicherheitsnachweis. Bauingenieur 61(1986), S.455-458

47d **KRZIZEK,H.:** ZUr Kopplung von Konstruktions- und Berechnungsprogrammen des Konstruktiven Ingenieurbaues mittels Graphikdateien. Bauingenieur 63(1988), S.527-532

47e **DOSTER,A. u. WERNER,H.:** Ingenieurgerechte Dateneingabe bei Berechnungsprogrammen. Bauingenieur 63(1988), S.105-111

47f **MEIBES,U. u. WEBER,B.:** Graphische Datenverarbeitung im Bauingenieurwesen, Standardisierung durch das Grafische Kernsystem GKS. Bauingenieur 63(1988), S.111-120

48a **KRÄTZIG,W. B. u. WEBER,B.:** Modulare Programmsysteme als alternatives DV-Konzept in der Statik und Dynamik der Tragwerke. Bautechnik 60(1983), S.92-97

48b **KRÄTZIG,B., METZ,H. u. WEBER,B.:** Mikrocomputer in der Baustatik - Eigenschaften, Einsatzmöglichkeiten und Arbeitstechniken von 16-Bit-Mikros. Bautechnik 63(1986), S.169-175

48c **WEBER,B.**: Die integrierte Automatisierung von Entwurfsprozessen des konstruktiven Ingenieurbaues auf Microcomputern. Mitt.Nr. 90-5, Techn.-wiss-Mitteilungen Inst. f. Konstr. Ingenieurbau, Ruhr-Universität Bochum 1990

49a **DUDDECK,H.**: Die Ingenieuraufgabe, die Realität in ein Berechnungsmodell zu übersetzen. Bautechnik 60(1983), S.225-234, vgl. auch 53(1976), S.325

49b **DUDDECK,H.**: Der Ingenieur - kein homo faber. Bauingenieur 61(1986), S.1-7

49c **SCHLAICH,J.**: Zur Gestaltuung der Ingenieurbauten oder Die Baukunst ist unteilbar. Baiingenieur 61(1986), S.49-61

50a **WILHELM,R. (Herausg.)**: CAD-Fachgespräch. Berlin: Springer-Verlag 1980

51a **ENCARNACAD,J. (ed.)**: Computer Aided Design - Modelling Systems Engineering, CAD Systems. Berlin: Springer-Verlag 1980

52a **JUNGBLUTH,O.**: Rechnerunterstütztes Entwerfen im Stahlbrückenbau. Bauingenieur 52(1977), S.451-456

53a **PEGELS,G.**: Integrierte CAD-Anwendung in mittelständischen Stahlbauunternehmen, in: VDI-Berichte Nr. 413. Düsseldorf: VDI-Verlag 1981

53b **PEGELS,G.**: Interaktive, wissenbasierte CAD/CAM-Systeme des Stahlbaus. Stahlbau 57(1988), S.321-324

53c **SCHÜRMANN,C.H.**: Strategien einer integrierten Wissensverarbeitung bei Entwurfsaufgaben im Stahlbau. Mitt.Nr.90-3, Techn.-wiss-Mitteilungen Inst. f. Konstr. Ingenieurbau, Ruhr-Universität Bochum 1990

54a Voraussetzungen und Konsequenzen erfolgreichen CAD/CAM-Einsatzes; VDI-Bericht Nr. 565. Düsseldorf: VDI-Verlag 1985

54b Datenverarbeitung in der Konstruktion '85; CAD im Bauwesen; VDI-Bericht Nr. 570.3. Düsseldorf: VDI-Verlag 1985

54c Datenverarbeitung in der Konstruktion 86 - CAD im Bauingenieuwesen. VDI-Bericht 610.3. Düsseldorf: VDI-Verlag 1986

55a **HAMMER,H.**: Handbuch für CAD im Bauwesen (Das Baupaket). Stuttgart: IRB Verlag, Informationszentrum RAUM und BAU der Fraunhofer-Ges. 1985

56a **LAUSCHER,H.J. u. BAECK,E.**: CAD auf Personal-Computer, eine kostengünstige Möglichkeit der Rationalisierung im technischen Bereich. Techn. Mitt. Krupp-Werksberichte 43(1985), S.69-73

57a **NEMETSCHEK,G.**: CAD im konstruktiven Ingenieurbau, in: Konstruktiver Ingenieurbau, S.365-377. Berlin: Ernst u. Sohn 1985

57b **SCHWARZ,H.**: Entwicklen und Einführen von CAE-Systemen. Bauingenieur 60(1985), S.393-399

58a **HAAS,W.**: CAD in der Bautechnik. Bauingenieur 63(1988), S.95-104

58b **HAAS,W.**: CAD in der Bautechnik: Ziele und Grundlagen von 3-D Systemen. Bauingenieur 63(1988), S.499-505

59a **GROTH,A. u. RÜECKERT,K.**: Entwicklung und Stand der CAD-Anwendung in der japanischen Bauindustrie. Bautechnik 63(1986), S.181-189

60a **REIMERS,K.**: Entwurfsplanung und Herstellungstechnologie im Stahlbau, in: Stahlbau Handbuch, Bd. 2, 2.Aufl., (S.3-71),Köln: Stahlbau-Verlag 1985

60b **PALL,G.H.**: Über die Anwendung programmgesteuerter Rechenautomaten zur numerischen Werkzeugmaschinensteuerung in der Stahlbauwerkstatt. Stahlbau 33(1964), S.331-335

60c **GAISSER,H.**: Automatisierte Fertigungslinien für die Bearbeitung vin Stahlprofilen. Stahlbau 57(1988), S.22-26

60d **DSTV**: Das moderne Stahlbauunternehmen. Vorträge Deutscher Stahlbautag 1990, Köln: Stahlbau-Verlag 1990

61a **GRÖTSCH,H.**: Möglichkeiten der Mechanisierung des Zusammenbaues im Stahlbau und deren Auswirkung auf die Konstruktion. Stahlbau 55(1986), S.326-330

62a **WOLF,G.**: Robotertechnik und flexible Fertigung für Großteile in der Stahlverarbeitung. Stahlbau 55(1986), S.368-375

62b **VENTER,F.-J.**: Schweißen von Blechteilen mit Robotern. Stahlbau 55(1986), S.346-348

62c **BOCK,T.-A.**: Innovationen im Bauwesen: Roboter auf japanischen Baustellen. Bauingenieur 63(1988), S.121-124

63a **JACOBI,H.G.**: Montage von Stahlbauten. VDI-Z 103(1961), S.577-610

64a **ALTER,M.**: Die Baustelle bei Montagen im Hochbau. Stahlbau 55(1986), S.364-367

65a **Montage-Gerätebuch** (Loseblatt-Sammlung). Köln: Stahlverlag 1985

66a **KINDMANN,R.**: Tendenzen in Fertigung und Montage beim Stahlbrückenbau. Stahlbau 55(1986), S.341-345

66b **ECKSTEIN,K.**: Konsequenzen für das technische Büro aus Wandlungen in Fertigung und Montage. Stahlbau 55(1986), S.375-376

② Stahlherstellung - Erzeugnisse aus Stahl

1a **VdEH**: Gemeinfaßliche Darstellung des Eisenhüttenwesens, 17.Aufl. Düsseldorf: Verlag Stahleisen 1971

2a **TOUSSAINT,F.**: Der Weg des Eisens, 4.Aufl. Düsseldorf: Verlag Stahleisen 1957

3a **HENSELING,K.O.**: Bronze, Eisen, Stahl. Deutsches Museum. Hamburg; Rowohlt Taschenbuch Verlag 1981

4a **BURGHARDT,H. u. NEUHOF,G.**: Stahlerzeugung Leipzig; VEB Fachbuchverlag 1983

5a **VdEH**: Werkstoffkunde der gebräuchlichen Stähle, Teil 1 u. 2. Düsseldorf: Verlag Stahleisen 1977

5b **VdEH**: Stähle für den Stahlbau - Eigenschaften, Verarbeitung und Anwendung. Düsseldorf: Verlag Stahleisen 1988

6a **VdEH**: Werkstoffkunde Stahl. Bd.1: Grundlagen, Bd.2: Anwendungen. Berlin: Springer-Verlag 1984/85

7a **VdEH**: Stahl im Hochbau, 14.Aufl. Bd. I/Teil 1. Düsseldorf: Verlag Stahleisen 1984

8a **UNGER,H. v.**: Modernisierung und Anpassung vorhandener Produktionsanlagen als ein Beitrag zur Erarbeitung und Verwirklichung neuer Unternehmenskonzepte der Stahlindustrie. Tech. Mitt. Krupp-Werksberichte 43(1985), S.1-8

9a **HOFFMANN,G.W.u.a.**: Zur Wettbewerbsfähigkeit der deutschen Stahlerzeugung. Stahl u. Eisen 102(1982).S.997-1012

10a **Feldmann,W. u.a.**: 75 Jahre Hochofenausschuß. Stahl und Eisen 102(1982), S.247-252, vgl. bis S.266

11a **KALLA,U. u. STEFFEN,R.**: Gegenwärtiger Stand und Entwicklung der Direktreduktionsverfahren. Stahl und Eisen 96(1976). S.645-651

12a **MEYER,G.u.a.**: Verarbeitung von Eisenschwamm nach dem Krupp-Eisenschwamm-Einschmelzverfahren. Tech. Mitt. Krupp-Forsch. Ber. 34(1976), S.153-158

13a **GRANT,R.T., MAC-DOUGALL J.A., RARGETER,J.K.**: Das Inmetco-Direktreduktionsverfahren für Hüttenwerkstäube und Eisenwerkstoffe. Stahl und Eisen 1983 Seite 411-413

14a **ROSENSTOCK,H.G., REGNITTER,F. u. KÜPPERSBUSCH,H.**: Das neue Blasstahlwerk der Stahlwerke Röchling-Burbach in Völklingen. Stahl u. Eisen 102(1982),S.403-410

15a **MEYER,G.**: Entwicklung und Bedeutung des modernen Elektrolichtbogenofens für die Stahlerzeugung. Tech. Mitt. Krupp, Forsch.-Ber. 41(1983),S.1-12

16a **PUPPE,W.**: Stranggegossene Vorprofile für Formstahl. VDI-Z 117(1975), S.517-522

17a **FELDMANN,U.**: Das Stranggießen von Stahl. Stahlbau 44(1975), S.300-305

18a **WITTE,W., LORENZ,J. u. de BOER,H.**: Anwendung der Stranggießtechnik zur Herstellung von Walzerzeugnissen für den Stahlbau. Stahlbau 50(1981), S.211-215

18b **SCHAUWINHOLD,D.**: Charakteristische Eigenschaften und Anwendungsgebiete von Walzprodukten aus Stahlstrangguß. Stahl und Eisen 102(1982), S.1077-1082, vgl. auch S.441-459 u. S.1169-1176

19a **LAUPRECHT,E. u. FAIRHURST,W.**: Verbrauch und Verfügbarkeit von Legierungsmetallen aus der Sicht des Bergbaues. Stahl und Eisen 102(1982), S.641-649

20a **MATTHAEI,H.**: Stand und Weiterentwicklung der Walzwerktechnik bei der Herstellung von Formstahl, Stabstahl und Draht. Stahlbau 43(1974), S.362-368

21a **OBEREM,K.**: Herstellung nahtloser Rohre. Stahl und Eisen 104(1984), S.1339-1343

22a **SCHMIDT,D.**: Stahlrohr-Handbuch, 9.Aufl. Essen: VULKAN-Verlag 1982

23a **MATTHAEI,H.**: Stand und Entwicklung der Walzwerkstechnik bei der Herstellung der Flacherzeugnisse und Rohre. Stahlbau 45(1976), S.38-45

24a **REUSCHLING,D.**: Spiralgeschweißte Stahlrohre, Stahlbau 31(1962), S.189-191

25a **DIN**: Stahl und Eisen. Gütenormen; DIN-Taschenbuch 4. Berlin: Beuth Verlag

26a **DIN**: Stahl und Eisen, Maßnormen; DIN-Taschenbuch 28. Berlin: Beuth Verlag

27a **KLEIN,G.**: Einführung in die DIN-Normen, 8.Aufl. Stuttgart: Teubner 1980

28a **VdEH**: Taschenbuch der Stahl-Eisen-Werkstoffblätter, 2.Aufl.. Düsseldorf: Verlag Stahleisen 1977

29a **LEONHARDT,F. und SCHLAICH,J.**: Vorgespannte Seilnetzkonstruktionen - Das Olympiadach in München Der Stahlbau 9(1972), S.257-266,298-301,367-378

30a **GANTKE,F., HANEKE,M., HOFF,H.-H. u. ICKING,E.**: Herstellung und Berechnung von Stahlgußknoten für Offshore-Konstruktionen. Stahl u. Eisen 102(1982), S.721-726

30b **HORI,T.**: Der Einsatz von Stahl in der Offshore-Bautechnik. Stahl und Eisen 102(1082), S.675-682; vgl. auch S.727-734

31a **BUCHHOLZ,E.**: Zur Tragfähigkeit eines halbmondförmigen Anschlußbauteils aus Stahlguß. Stahbau 53(1984), S.333-337 u. 61(1992), S.209-212

32a **ECKARDT,H.**: Verwendung stranggepreßter Stahlprofile. ACIER-STAHL-STEEL(1959), S.481-487

33a **FROMM,N.**: Stahl-Strangpreßprofile. Stahlbau 30(1961), S.30-32

34a **KRÄMER,W.**: Sonderkaltprofile - Herstellung, Eigenschaften und Verwendung. Techn. Mitt. Krupp-Werksberichte 33(1973), S.11-15 u. S.21-25

35a **WUPPERMANN,G.T.**: Zur technologischen und anwendungstechnischen Entwicklung von stabförmigen Kaltprofilen. Diss. RWTH Aachen 1982

36a **SCHEER,L. u. BERNS,H.**: Was iStStahl, 15.Aufl. Berlin: Springer-Verlag 1980

36b **BERNS,H.**: Stahlkunde für Ingenieure: Gefüge, Eigenschaften, Anwendungen. Springer-Verlag 1992

37a **MASING,G.**: Lehrbuch der allgemeinen Metallkunde. Berlin; Springer-Verlag 1950

38a **MASING,G.**: Grundlagen der Metallkunde in anschaulicher Darstellung, 3.Aufl. Berlin: Springer-Verlag 1951

39a **BÖHM,B.**: Einführung in die Metallkunde. Mannheim: Bibliographisches Institut, Wissenschaftsverlag 1968

40a **RUGE,J.**: Technologie der Werkstoffe. Braunschweig: Vieweg-Verlag 1972

41a **OPITZ,H. u.a.**: Allgemeine Werkstoffkunde für Ingenieurschulen, 7.Aufl. Leipzig: VEB Fachbuchverlag 1973

42a **DOMKE,W.**: Werkstoffkunde und Werkstoffprüfung, 6.Aufl. Essen: Verlag W. Girardet 1975

43a **WEISSBACH,W.**: Werkstoffkunde und Werkstoffprüfung, 6.Aufl. Braunschweig: Vieweg-Verlag 1976

44a **MACHERAUCH,E.**: Praktikum in Werkstoffkunde, 4.Aufl. Braunschweig: Vieweg-Verlag 1983

45a **SCHUMANN,H.**: Metallgraphic, 2.Aufl. Leipzig VEB Deutscher Verlag für Grundstoffindustrie 1975

46a **SCHLENKER,B.R.**: Einführung in die strukturorientierte Werkstoffkunde. München: R. Oldenbourg 1975

2

47a **WIEGAND,H.:** Eisenwerkstoffe. Metallkundliche und technologische Grundlagen. Weinheim: Physik-Verlag 1977

48a **BARGEL,H.-J. u. SCHULZE,G.:** Werkstoffkunde. Hannover: H. Schroedel Verlag 1978

49a **HORNBOGEN,E.:** Werkstoffe, 2.Aufl. Berlin: Springer-Verlag 1979

50a **REINHARDT,H.-W.:** Ingenieurbaustoffe. Berlin: W. Ernst u. Sohn 1973

51a **STEHNO,G.:** Baustoffe unnd Baustoffprüfung. Wien: Springer-Verlag 1981

52a **ROSTASY,F.S.:** Baustoffe. Stuttgart: Kohlhammer 1983

53a **WESCHE,K.:** Baustoffe für tragende Bauteile; Bd.3 Stahl und Aluminium. 2.Aufl. Wiesbaden: Bauverlag 1985

54a **HENNING,O. u. KNÖFEL,D.:** Baustoffchemie. 3.Aufl. Wiesbaden: Bauverlag 1982

55a **KRENKLER,K.:** Chemie des Bauwesens. Bd. 1 Anorganische Chemie. Berlin: Springer Verlag 1980

56a **GLADISCHEFSKI,H.:** Kleine Stahlkunde für das Bauwesen, VDI-Taschenbuch T64. Düsseldorf: VDI-Verlag 1974

57a **DIN:** Materialprüfnormen für metallische Werkstoffe 1; DIN-Taschenbuch 19. Berlin: Beuth Verlag

58a **DIN:** Materialprüfnormen für metallische Werkstoffe 2; DIN-Taschenbuch 56. Berlin: Beuth Verlag

59a **NEUBER,H.:** Kerbspannungslehre, 3.Aufl. Berlin: Springer-Verlag 1985

60a **PETERSEN,C.:** Die praktische Bestimmung von Formzahlen gekerbter Stäbe. Forsch. Ing.-Wes. 17(1951), S.16-20; vgl. auch VDI-Z 94(1952) S.977-982

61a **PETERSON,R.E.:** Stress concentration factors. New York: J. Wiley a. Sons 1974

62a **KUNTZE,W.:** Kerbgestalt und elastische Dehnungsverteilung. Stahlbau 9(1936), S.121-124.

63a **RÜHL,K.:** Tragfähigkeit metallischer Baukörper. Berlin; W. Ernst u. Sohn 1952

64a **WELLINGER,K. u. DIETMANN,H.:** Festigkeitsberechnung, 3.Aufl. Stuttgart: Kröner 1976

65a **FÜHRING,H.:** Parametrische Kerbspannungsuntersuchungen an der Lochscheibe mit der Methode der finitiven Elemente. Stahlbau 44(1975). S.272-279

66a **RADAJ,D. u. SCHILBERTH,G.:** Kerbspannungen aus Ausschnitten und Einschlüssen. Fachbuchreihe Schweißtechnik. Düsseldorf: Deutscher Verlag für Schweißtechniky 1977

67a **RADAJ,D. u. MÖHRMANN,W.:** Kerbwirkung an Schulterstäben unter Querschub. Konstruktionen 36(1984), S.399-402

68a **WOLF,H.:** Spannungsoptik, 2.Aufl. Berlin: Springer-Verlag 1976

68b **KUSKE,A.:** Taschenbuch der Spannungsoptik. Stuttgart: Wiss. Verlagsges. 1971

68c **HOSSDORF,H.:** Modellstatik. Wiesbaden: Bauverlag 1971

68d **MÜLLER,R.K.:** Handbuch der Modellstatik. Berlin: Springer-Verlag 1971

69a **THIELE,F.:** Röntgengraphische Spannungsmessungen an plastisch verformten Kerbstäben aus Stahl. Stahlbau 39(1970), S.229-239 u. S.275-279

69b Experimentelle Spannungsanalyse (6. Int. Konferenz). VDI-Berichte Nr.313. Düsseldorf: VDI-Verlag 1978

70a **BACKFISCH,W. u. MACHERAUCH,E.:** Kerbzugversuche an vergütetem Stahl 32 NiCrMo 145 Archiv Eisenhüttenwesen 50(1979) S.167-169

71a **LUDWIK,P.:** Die Bedeutung des Gleit- und Reißwiderstandes. Z.-VDI 71(1927), S.1532-1538

72a **HIRT,M.:** Dehnungsmessungen am Zahnfuß von geradverzahnten Stahl-Stirnrädern. Messtechnische Briefe 10(1974) Heft 2 S.33-38 HBM Darmstadt

73a **HARRE,W.:** Ein Vergleich der deutschen und amerikanischen Vorschriften über die Berechnung des maßgebenden Nettoquerschnitts zugbeanspruchter Stäbe. Stahlbau 44(1975) S.75-81

74a **HERTEL,H.:** Ermüdungsfertigkeit der Konstruktionen. Berlin: Springer-Verlag 1969

75a **MUNZ,D., SCHWALBE,K. u. MAYR,P.:** Dauerschwingverhalten metallischer Werkstoffe. Braunschweig: Vieweg-Verlag 1971

76a **TAUSCHER,H.:** Die Dauerfestigkeit von Stahl und Gußeisen. Leipzig: VEB-Fachbuchverlag 1972

77a **GÜNTHER,W. (Herausgeber):** Schwingfestigkeit. Leipzig: VEB-Verlag Grundstoffindustrie 1973

78a **HEMPEL,M.:** Dauerfestigkeit von Stahl. Merkblatt 457. Düsseldorf: Beratungsstelle für Stahlverwendung 1975

79a **SCHOTT,G.:** Werkstoffermüdung, 2.Aufl. Leipzig: VEB-Verlag Grundstoffindustrie 1980

80a **DENGEL,D.:** Vergleich einiger Auswerteverfahren für dynamische Festigkeitsuntersuchungen. Diss. TU Berlin 1967. Vgl. auch die Dissertationen Berlin von DORFF(1961), MAISS(1965) u. MAENNIG(1966) u. Materialprüfung 13(1971), S.145-151 und 16(1974), S.88-94 u. VDI-Fortschr.-Ber. Reihe 5. Nr. 7. Düsseldorf: VDI-Verlag 1967

81a **KOSTEAS,D.:** Grundlagen für Betriebsfestigkeits-Nachweise, in: Stahlbau-Handbuch Bd. 1, 2.Aufl., S.585-618. Köln: Stahlbau-Verlag 1982

81 **BUXBAUM,O.:** Betriebsfestigkeit. Düsseldorf: Verlag Stahleisen 1986

82a **REPPERMUND,K.:** Probabilistischer Betriebsfestigkeitsnachweis unter Berücksichtigung eines progressiven Dauerfertigkeitsabfalles mit zunehmender Schädigung. Diss. Uni Bw München 1984

83a **HAIBACH,E.:** Die Schwingfestigkeit von Schweißverbindungen aus der Sicht einer örtlichen Beanspruchung. Darmstadt LFB 1968

83b **HAIBACH,E.:** Betriebsfestigkeit. Düsseldorf: VDI-Verlag 1989

84a **OLIVIER,R. u. RITTER,W.:** Wöhlerlinienkatalog für Schweißverbindungen aus Baustählen. Teil 1: Stumpfstoß, Teil 2: Quersteife, Teil 3: Kreuzstoß, Teil 4: Längssteife, Teil 5: Längskehlnaht, aufgeschweißter Bolzen, Brennschnittkante. DVS-Berichte 56/I-W. Düsseldorf: DVS-Verlag 1979-1985

85a **WÖHLER,A.:** Über Festigkeitsversuche mit Eisen und Stahl. Zeitschrift Bauwesen 20(1870), Spalte 73-106

86a **BASQUIN,O.H.:** The exponential law of fatigue tests. Proc. of the ASTM 10(1910), S.625-630

87a **STROHMEYER,C.E.:** Proc. Roy. Soc. Bd. 90, 411(1914)

88a **PALMGREN,A.:** Die Lebensdauer von Kugellagern. VDI-Z. 58(1924), S.339-341

89a **WEIBULL,W.:** Fatigue testing und analysis of results. New York: Pergamon Press 1961

90a **STÜSSI,F.:** Die Ermüdung von Eisen und Stahl und anderen Metallen. Nachr. aus der Eisen-Bibl. G. Fischer AG, Nr. 31. Schaffhausen 1965

91a **MATOLCSY,M.:** Praktische Durchführung der wahrscheinlichkeitstheoretischen Auswertung von Dauerschwingversuchen. Materialprüfung 9(1967), S.213-217

92a **GECKS,M. u. OCH,F.:** Ermittlung dynamischer Festigkeitslinien durch nichtlineare Regressionsanalyse; in: ESSLINGER, M. u. GEIER, B. (Herausgeber): Probleme der Festigkeitsforschung im Flugzeugbau und Bauingenieurwesen. Braunschweig: DFVLR 1977

93a **MÜLLER,R.:** Zur Struktur des Wöhler-Feldes. VDI-Z.116(1964), S.610-616 und 1070-1076

93b **MÜLLER,R.:** Eine approximative Bestimmung des Wöhler-Feldes. Materialprüfung 7(1965), S.6-11

94a **LATZIN,K. u. PETERSEN,C.:** Untersuchungsergebnisse für die Stahlbau-Praxis; in: Schweißtechnische Gestaltung, DVS-Bericht 31. Düsseldorf: DVS-Verlag 1974

95a **QUEL,R.:** Zur Zuverlässigkeit von ermüdungsbeanspruchten Konstruktionselementen in Stahl. Ber. zur Zuverlässigkeitstheorie der Bauwerke. LKI, TU München H. 36(1978) (Diss. TU München 1978)

96a **ADRIAN,H. u. DEGENKOLBE,J.:** Feinkornbaustähle für geschweißte Konstruktionen, Merkblatt 365-GORGES, G. u.a.: Perlitarme Feinkornbaustähle für kaltgeformte und geschweifte Baustähle, Merkblatt 498. Düsseldorf: Beratungsstelle für Stahlverwendung 1974/78

97a **STRASSBURG,F.W.:** Hochfeste und ultrafeste schweißbare Baustähle. Stahlbau 30(1961), S.353-360

97b **SPIES,H.-J. (Herausg.):** Festigkeitsverhalten höherfester, schweißbarer Baustähle-Korrosion. Leipzig: VEB Deutscher Verlag für Grundstoffindustrie 1983

98a **KLÖPPEL,K., MÖII,R. u. BRAUN,P.:** Untersuchungen an geschweißten Prüfkörpern aus hochfestem wasservergütetem Baustahl mit 70 kp/mm^2 Fließgrenze. Stahlbau 39(1970), S.289-298, S.330-339 u. S.364-373

99a **ADRIAN,H.:** Normalgeglühte Feinkornbaustähle mit einer Mindeststreckgrenze bis etwa 550 N/mm^2 (S.205-221) und DEGENKOLBE, J.: Wasservergütete schweißbare Baustähle (S.222-236); in: Werkstoffkunde der gebräuchlichen Stähle, Teil 1. Düsseldorf: Verlag Stahleisen 1977

99b **DEGENKOLBE,I., KALLA,U. u, SCHÖNHERR,W.:** Bedeutung der hochfesten Stähle für den Stahlbau - Herstellung, Verarbeitung u. Verwendung; in: Neues aus Forschung, Entwicklung und Normung, Ber.17/1990. Köln: Stahlbau-Verlag 1990

100a **HETTICH,W.:** Wetterfester Baustahl. Merkblatt 434. Düsseldorf: Beratungsstelle für Stahlverwendung 1972

101a **BENDER,R. u. JUNG,W.:** Die Brücke in Zuge der B236 in Dortmund-Wamsel. Erfahrungen mit wetterfestem Stahl. Stahlbau 44(1975),S.42-46

101b **BERGER,P.:** Ermüdungsversuche an mehrjährige gewittertem, korrosionsträgem Baustahl. Bauplanung-Bautechnik 37(1983), S.488-491

101c **SEEGER,T., DEGENKOLBE,J., OLIVIER,R. u. RITTER,W.:** Einfluß einer Bewitterung auf die Schwingfestigkeit wetterfester Baustähle. Stahlbau 56(1987), S.137-144

101d **FISCHER,M. u. WIEN,B.:** Erfahrungen mit Brücken aus wetterfestem Baustahl. Stahlbau 57(1988), S.299-308

102a **SCHMIDT,W.:** Kennzeichnende mechanische Eigenschaften austenitialer 18Cr8Ni-Stähle im Vergleich mit denen von Massenbaustählen. Stahlbau 42(1973), S.43-51

103a **ERGANG,R. u. ROCKEL,M.B.:** Die Korrosionsbeständigkeit der nichtrostenden Stähle an der Atmosphäre. Auswertung von Versuchen bis zu 10-jähriger Auslagerung. Werkstoffe und Korrosion 26(1975) S.36-41

104a **BRAUMANN,O.:** Ferritische nichtrostende Stähle (S.159-169) u. **OPPENHEIM,R.:** Martensitische nichtrostende Stähle (S.170-182) u. SAUER, R.: Austenitische und austenitisch-ferritische Stähle (S.183-199) in: Werkstoffkunde der gebräuchlichen Stähle, Teil 2 Düsseldorf: Verlag Stahleisen 1977

105a **HAYNES,A.G.:** Entwicklung und Anwendungen von perlitarmen schweißbaren Nickelstählen. Stahlbau 47(1978) , S.278-282

106a **EGGERT,H., KULESSA,G. u. STRASSBURG,F.W.:** Erläuterung zur allgemeinen bauaufsichtlichen Zulasung nichtrostender Stähle. Mitt. Institut für Bautechnik Berlin 6(1975), Heft 1, S.1-9, vgl. auch 10(1979) S.11

107a **FLORIN,C., IMGRUND,H. u. KRAUSE,M.:** Ferritische warmfeste Stähle (S.96-105) u. **GERLACH, H.:** Austenitische warmfeste Stähle (S.106-120), in: Werkstoffkunde der gebräuchlichlichen Stähle, Teil 2. Düsseldorf: Verlag Stahleisen 1977

107b **STRASSBURG,F W.:** Schweißen nichtrostender Stähle. Düsseldorf: Deutscher Verlag f. Schweißtechnik 1976

107c **SCHIERHOLD,P.:** Nichtrostende Stähle. Düsseldorf : Verlag Stahleisen 1977

107d **PECKNER,D. u. BERNSTEIN,I.M.:** Handbook of Stainless Steels. New York: McGraw-Hill Book Comp. 1977

107e **BEHAL,G. a. MELILLI,A.S.:** Stainless steel castings. Philadelphia: Am. Soc.f. Testing Materials (ASTM) 1982

108a **ANDERS,A.:** Kesselbleche. Stahlbau 29(1960), S.21-31

109a **BAERLECKER,E.:** Stähle für tiefe Temperaturen, Merkblatt 470. Düsseldorf: Beratungsstelle für Stahlverwendung 1975

110a PIEHL,K.-H. u. PÜTTER,C.: Kaltzähe Stähle (S.139- 150), in: Werkstoffkunde der gebräuchlichsten Stähle Teil 2. Düsseldorf: Verlag Stahleisen 1977

111a STRASSBURG,F.W.: Schlag- und Berstversuche mit Behältern aus kaltzähem 9% Nickelstahl bei -196 Grad C. Stahlbau 30(1961), S.75-80 , vgl. auch S.191-192

112a TACKE,C. u. KNORR,W.: Vergütungsstähle (S.1-10), in: Werkstoffkunde der gebräuchlichen Stähle, Teil 2. Düsseldorf: Verlag Stahleisen 1977

113a DOMALSKI,H.-H. u. VETTER,K.: Stähle für Oberflächenhärten, Einsatzstähle und Nitrierstähle (S.55-75) in: Werkstoffkunde der gebräuchlichen Stähle, Teil 2, Düsseldorf : Verlag Staheisen 1977

114a WILD,M.: Gußeiserne Tunnelringe für den Ausbau unterirdischer Verkehrsanlagen. Stahlbau 42(1973), S.286-288

114b VOGLER,A. u. WILD,M.: Rechnerische Auslegeung von gußeisernen Tunnelringen im Bergsenkungsgebiet. Bautechnik 55(1978), S.294-300 u. S.347-349

114c HETTLER,A.: Der Duktilpfahl. Bauingenieur 65(1990), S.319-324

115a BETSCHART,A.-P.: Untersuchungen neuerer metallischer Grundwerkstoffe für Baukonstruktionen. Fortschritts.- Ber. VDI-Z, Reihe 4, Nr. 56. Düsseldorf: VDI-Verlag 1980

115b DROSCHA,H.: Stahl- und Eisengußkostruktionen für neuartige Dachstruktur. Bauingenieur 61(1986), S.83-86

115b BETSCHART,A.P.: Neue Gußkonstruktionen in der Architektur. Stuttgart: Stehn's- Verlag 1985

115c BETSCHART,A.P.: Neue Gußkonstruktionen in der Architektur - Giessen und Bauen, Bd.1 Stuttgart: EGB 1991

116a RAU,W.: Gußeisen mit Kugelgraphit im Bauwesen - Untersuchungen über seine Verwendbarkeit für Bauteile und Verbindungen mit Tragfunktionen. Fortschr.- Berichte. VDI-Z, Reihe 4, Nr. 73. Düsseldorf: VDI-Verlag 1985

116b Fortschritte in Herstellung und Anwwendung von Gußstücken aus Gußeisen mit Kugelgraphit; VDI-Bericht Nr.469. Düsseldorf: VDI-Verllag 1983

117a WITTE,H.: Gußwerkstoffe im Hochbau, Anachronismus oder Renaissance. Stahlbau 51(1982), S.193-200

(3) Nachweis der Tragsicherheit und Gebrauchsfähigkeit

1a Deutscher Verdingungsausschuß für Bauleistungen herausgegeben vom DIN: Verdingungsordnung für Bauleistungen - VOB.Berlin: Beuth-Verlag 1979-1984-1985 (1:VOB-Materialsammlung(Loseblattsammlung);

2 VOB-Buchausgabe; 3:DIN-Taschenbücher Bauleistungen VOB (29 Taschenbücher))

2a WINKLER,W.: VOB Ausgabe 1979 - Gesamtkommentar.Berlin: Beuth-Verlag 1980

2b INGENSTAU,W. u. KORBION,H.: VOB Teil A und B DIN 1960/61 (Fassung 1979),Kommentar, 10.Aufl. Düsseldorf: Werner-Verlag 1984

2c HEIERMANN,W.,RIEDL,R.,RUSMAN,M. u. SCHWAAB,F.:Handkommentar zur VOB, 4.Aufl. Wiesbaden: Bauverlag 1986

2d VOB; Materialsammlung, Buchausgabe, DIN-Taschenbücher VOB: Stahlbauarbeiten (Nr.93), Korrosionsschutzarbeiten (Nr.94). Berlin: Beuth-Verlag 1979/84/85

3a MOHR,C.: Deutsches Informationszentrum für technische Regeln (DITR)-Aufbau und Leistungen. DIN-Mitteilungen 61(1982),S.217-221

3b DIN: DIN-KATALOG für technische Regeln. Berlin: Beuth-Verlag 1986 (erscheint jährlich)

3c DIN: Führer durch die Baunormung. Berlin: Beuth Verlag 1986

4a BUB,H: Entwicklung der Technischen Baubestimmungen in den Jahren 1975-1977. Mitt.Institut für Bautechnik 9(1978), Sonderheft 2, S.1-43. Entwicklung der Technischen Baubestimmungen in den Jahren 1978 bis 1981. Mitt. Institut für Bautechnik 13(1982), Sonderheft 3, S.1-50.

4b BUB,H.: Die allgemeine bauaufsichtliche Zulassung als Mittel zur Förderung des bautechnischen Fortschritts. DIN-Mitteilungen 62(1983). Seite 330 bis 333

4c ESCHENFELDER,D.: Normen und technische Baubestimmungen als Grundlage bauaufsichtlicher Entscheidungen. Stahlbau 48(1979),S.239-239

4d GOTTSCH,H. u. HASENJÄGER,S.: Technische Baubestimmungen (15 Bände). 6.Aufl. Köln: R.Müller 1985 (Lose Blattsammlung)

4e BREITSCHAFT,G., REUTER,K.-H. u. WAGNER,O.: Bauaufsichtliche Zulassungen (BAZ). Berlin: E. Schmidt Verlag 1986 (Lose Blattsammlung)

5a WILHELM,N.: Beiträge zu einer europäischen Stahlbau-Grundnorm. Diss. TH Darmstadt 1983

6a BREITSCHAFT,G.: EUROCODES für das Bauwesen. DIN-Mitt. 63(1984),Seite 136-132

6b LINDEMANN,G., REIHLEN,H. u. SEYFERT,H.-J.: Bauvorschriften im Wandel. Techn. Baubestimmungen-Baunormen und EG-Richtlinien. DIN-MITT.63(1984), Seite 179-186

7a BUB,H.: Normung und Zulassung der Baustoffe und Bauteile aus europäischer Sicht. DIN-Mitteilungen 61(1982), S.63-75

8a SCHRÖTER,H.-J.: Wie verfährt die Bauaufsicht bei der Errichtung von Stahlbauten in anderen europäischen Staaten. Stahlbau 41(1972), S.282-286

8b MÖLL,R.: Projektierung von Stahlbauten in der UdSSR unter Berücksichtigung der russischen Vorschriften. Stahlbau 44(1975), S.8-18

9a WINDSINGER,J.: Baugefährdung - Neuer Straftatbestand des 330 STGB, in: Elsners Taschenbuch der Eisenbahntechnik. Darmstadt:Tetzlaff Verlag 1977

9b MARBURGER,P.: Die Regeln der Technik im Recht. Köln : Carl-Heymanns-Verlag 1979

9c WOLFENSBERGER,H.: Die anerkannten Regeln der Technik ("Baukunst") als Rechtsbegriff im öffentlichen Recht. DIN-Normenkunde Heft 11. Berlin: Beuth-Verlag 1978

9d KROES,G.: Allgemein anerkannte Regeln der Technik/ Baukunst. Köln: Deutscher Stahlbau-Verband 1983 (unveröffentlicht)

9e FISCHER,R.: Regeln der Technik im Bauvertragsrecht. Düsseldorf: Werner-Verlag 1985

10a JEBE,H. u. VYGEN,K.: Der Bauingenieur in seiner rechtlichen Verantwortung. Düsseldorf: Werner-Verlag 1981

10b WERNER,U. u. PASTOR,W.: Der Bauprozeß. 5.Aufl. Düsseldorf: Werner-Verlag 1986

10c FREY,H. u. MOTZKE,G.: Ursachen und Haftung bei Bauschäden und Baumängeln. (Lose Blattsammlung). Kissing: Wehn-Verlag 1985

10d Ziviles Baurecht und Vertragswesen, VDI-Bericht Nr. 458 Düsseldorf: VDI-Verlag 1982

11a DIN: Symposium: Verweisung auf technische Normen in Rechtsvorschriften. DIN-Mitteilungen 60(1981), S.692-695 u. DIN-Normungskunde Heft 17. Berlin: Beuth-Verlag 1982

12a SIEBKE,H.: Regeln der Technik. Vorschriftenstruktur für das bautechnische Regelwerk der Deutschen Bundesbahn. Bundesbahn 56(1980), S.593-596

12b SIEBKE,H.: Gedanken für eine neue Struktur bautechnischer Regelwerke. DIN-Mitteilungen 60(1981), Seite 214-218

13a MUSCHALLA,R.: Überregelung - Sachzwang oder menschliches Versagen? DIN-Mitteilungen 61(1982) , Seite 513-517

13b WILKE,D.: Rechtliche Grenzen der Normbarkeit. DIN-Mitteilungen 61(1982),S.523-525.

13c BAUER,C.-O.: Grundlagen und Elemente der Normungsfähigkeit. DIN-Mitteilungen 61(1982), S.443-452

13d Beirat des NA Bauwesen: Stellungnahme zur Kritik an technischen Regeln im Bauwesen-Verknüpfung von Recht und Normen im Bauwesen. DIN-Mitt. 64(1985) S.120-122

14a BUDDE,E.: Die Begriffe "Anerkannte Regel der Technik", "Stand der Technik" und "Stand der Wissenschaft und Technik" und ihre Bedeutung. DIN-Mitteilungen 59(1980) S.738-739

15a FOERSTER,M.: Neue Bestimmungen des Preuß. Ministers für Volkswohlfahrt für den Eisenhochbau. Bauingenieur 6(1925), S.249-254 (vgl. auch S.822-830)

15b GEHLER,W.: Die neuen Vorschriften für Eisenbauwerke der Deutschen Reichsbahn-Gesellschaft. Bauingenieur 7(1926). S.64-69

16a WEDLER,B.: Die neuen Berechnungsgrundlagen für Stahl im Hochbau. Stahlbau 7(1934), S.198-199

17a WEDLER,B.: Die neuen Berechnungsgrundlagen für Stahlbauteile von Kranen und Kranbahnen, Stahlbau10(1937) S.19-21

18a WEDLER,B.: Die neu Ausgabe der Berechnungsgrundlagen für Stahl im Hochbau. Stahlbau 10(1937),S.156-157

19a NN.: Entwurf zur Neufassung von DIN 1050 - Berechnungsgrundlagen für Stahl im Hochbau. Stahlbau 23(1954), S.273-278.

20a CHWALLA,E.: über die Behandlung der Stabilitätsfragen in den deutschen und österreichischen Stahlbaunormen. Stahlbau 22(1953),S.73-80

21a KLÖPPEL,K.: Über zulässige Spannungen im Stahlbau; Stahlbautagung Baden-Baden 1954. Veröffentlichung des Deutschen Stahlbau-Verbandes, Heft 6. Köln: Stahlbau-Verlag 1958

22a HILPERT,A.: Geschweisste Stahlhochbauten (Die neuen Vorschriften). Stahlbau 3(1980), S.235-238

23a SCHMUCKLER,H.: Die Dresdener Versuche der Deutschen Reichsbahn-Gesellschaft und des Deutschen Stahlbau-Verbandes mit geschweisssten Stahlkonstruktionsverbindungen. Stahlbau 4(1931),S.133-144

24a KOMMERELL,O.: Erläuterungen zu den Vorschriften für geschweisste Stahlbauten mit Beispielen für Berechnung und bauliche Durchbildung, 3.Aufl. Berlin: W.Ernst u. Sohn 1931, vgl. auch Stahlbau 6(1933), S.41-45

25a KOMMERELL,O.: Neue Vorschriften für geschweisste, vollwandige Eisenbahnbrücken. Stahlbau 8(1935), S.153-159

26a KLÖPPEL,K.: Die neuen Vorschriften für geschweißte Stahlhochbauten (DIN 4100). Stahlbau 7(1934) , S.116-120, Berechnung und bauliche Durchbildung, 3.Aufl. Berlin W.Ernst u. Sohn 1931, vgl. auch Stahlbau 6(1933), S.41-45

27a KOLLMAR,A.: Geschweisste Stahlhochbauten, DIN 4100. Stahlbau 26(1957), S.150-160

28a KOMMERELL,O.: Erläuterungen zu den Vorschriften für geschweisste Stahlbauten mit Beispielen für die Berechnung und bauliche Durchbildung, Teil 1: Hochbauten, 5.Aufl. Berlin: W. Ernst u. Sohn 1940

29a SCHEER,J.: Normung in Stahlbau-Probleme Tendenzen und Stand der Entwicklung, in: Baukalender 1980 (Hrsg:K.-J. Schneider). Düsseldorf: Werner-Verlag 1979

30a EGGERT,H.: Regelwerk im Stahlbau, in: Stahlbau-Handbuch, Band 1 (2.Aufl.), S.355-378. Köln: Stahlbau-Verlag 1982

31a EBELING,N., u. EGGERT, H.: Regelwerke des Stahlbaues - Rückblick, Bestandsaufnahme und Ausblick. Stahlbau 54(1985), S.97-102

31b FALKE,I.: Harmonisiertes europäisches Regelwerk für den Stahl- und Stahlverbundbau. Stahlbau 59(1990), S.193-200

32a DIN: Grundlagen zur Festlegung von Sicherheitsanforderungen für bauliche Anlagen. Berlin: Beuth-Verlag 1981

33a AITCHISON,J. u. BROWN,J.A.: The Lognormal Distribution. Cambridge: Cambridge University Press 1969

34a PETERSEN,C. u. HAWRANEK,R.: Zur Sicherheitstheorie im konstruktiven Stahlbau. Ber. zur Sicherheitstheorie der Bauwerke, H. 5. München: TU München, Laboratorium für den Konstr. Ingenieurbau 1974

35a KOLLMAR,A.: Mindesstreckgrenze der Bau-Stähle St37 und St52. Stahlbau 22(1953), S.30-31

36a DEGENKOLBE,J., HANEKE,M. u. SCHLÜTER,W.: Stähle für den Stahlbau und ihre Eigenschaften, in: Stahlbau-Handbuch, Bd. 1, 2.Aufl. Köln: STahlbau-Verlag 1982

37a GUMBEL,E.J.: Statistics of Extremes. New York: Columbia University Press 1958

3

38a FREUDENTHAL,A.M., GARRETS,J.M. a. SHINOZUKA,M.: The Analysis of Structural Safety. Proc. ASCE, Journal of the Structural Div. 92(1966), S.267-280

39a FREUDENTHAL,A.M. u. a.: Probabilistische Methoden im konstruktiven Ingenieurbau. Essen: Vulkan-Verlag 1976

40a FREUDENTHAL,A.M. (Ed.): International Conference on tructural safety and reliability (11.04.69). Oxford: Pergamon Press 1972

41a KUPFER,H., SHINOZUKA,M. u. SCHUELLER,G.I.: 2nd International conference on structural safety and reability(19.-21.09.77). Düsseldorf: Werner-Verlag 1977

42a BENJAMIN,J.R. u. CORNELL,C.A.: Probability, Statistics and Decision for Civil Engineers. New York: McGraw-Hill Comp. 1970

42b MURZEWSKI,I.: Sicherheit der Baukonstruktionen. Berlin: VEB Verlag für Bauwesen 1973

43a BOLOTIN,V.V.: Wahrscheinlichkeitsmethoden zur Berechnung von Konstruktionen. Berlin: VEB Verlag für Bauwesen 1981

44a SCHUELLER,G.I.: Einführung und Zuverlässigkeit von Tragwerken. Berlin: W. Ernst u. Sohn 1981

44b SPAETHE,G.: Die Sicherheit tragender Baukonstruktionen. Berlin: VEB Verlag für Bauwesen 1987

45a THOFT-CHRISTENSEN,P. u. BAKER,M.J.: Structural Realibity Theory and its Applications Berlin: Springer-Verlag 1982

45b THOFT-CHRISTENSEN,P. u. MUROTSU,Y.: Applications of Sructural Systems Reliability Theory. Berlin: Springer-Verlag 1986

46a AUGUSTI,G., BARATTA,A. a. CASCIATTI,F.: Probabilistic Methods in Structural Engineering. London: Chapman and Hall 1984

47a KÖNIG,G. u. HEUNISCH,M.: Zur statistischen Sicherheitstheorie im Stahlbetonbau. Mitt. Inst. f. Massivbau der TH Darmstadt, H. 16. Berlin: W. Ernst u. Sohn 1972

48a POTTHARST,R.: Zur Wahl eines einheitlichen Sicherheitskonzeptes für den konstruktiven Ingenieurbau. Mitt. Inst. f. Massivbau der TH Darmstadt, H. 22. Berlin: W. Ernst u. Sohn 1977

49a HOSSER,D.: Tragfähigkeit und Zuverlässigkeit von Stahlbetondruckgliedern. Mitt. Inst. f. Massivbau der TH Darmstdt, H. 28. Berlin: W. Ernst u. Sohn 1978

50a SCHOBBE,W.: Konzept zur Definition und Kombination von Lasten im Rahmen der deutschen Sicherheitsrichtlinie. Mitt. Inst. f. Massivbau der TH Darmstadt, H. 31. Berlin: W. Ernst u. Sohn 1982

50b SCHOBBE,W. u. KÖNIG,G.: Konzept zur Definition und Kombination von Lasten im Rahmen der deutschen Sicherheitsgrundlagen. Forschungsbericht, Stuttgart: IRB d. Fraunhofer-Ges., Ber. T 891, 1981

51a KÖNIG,G., HOSSER,D. u. SCHOBBE,W.: Sicherheitsanforderungen für die Bemessung von baulichen Anlagen nach den Empfehlungen des NABau - eine Erläuterung. Bauingenieur 57(1982), S.69-78

52a SFB 96 : Berichte zur Sicherheitstheorie der Bauwerke. München: Technische Universität München (LKI Eigenverlag) 1972-1985 (insgesamt 75 Berichte)

53a BASLER,E.: Untersuchungen über den Sicherheitsbegriff von Bauwerken. Schweizer Archiv für angewandte Wissenschaft und Technik 27(1961),S.133-160

54a BORGES,F. u. CASTANHETA,M.: Structural Safety, 2nd ed. Lissabon: Laboratorio Nacional de Engenharia Civil 1972

55a CORNELL,C. A.: Probability-based Structural Code. ACI-Journal 66(1969), S.974-985

56a HASOFER,A.M. u. LIND,N.: An Exact and Invariant FirStOrder Reliability Format. Proc. ASCE. Journal of the Eng. Mechn. Div. 100(1974), S.111-121

57a PETERSEN,C.: Zur Sicherheitsphilosophie in der Bautechnik, in: Stahlbau-Handbuch, Bd. 1, 2.Aufl., S.379-393. Köln: Stahlbau-Verlag 1982

58a HAWRANEK,R.: Optimierung von Sicherheitsnachweisen mit besonderem Bezug auf den Tragsicherheitsnachweis von Stützen aus Form-Stahl: [52], Heft 34(1978)

58b PETERSEN,C. u. HAWRANEK,R.: Sicherheit gedrückter Stahlstützen: [52], Heft 8(1975)

59a PETERSEN,C.: Der wahrscheinlichkeitstheoretische Aspekt der Bauwerksicherheit im Stahlbau, in: Berichte aus Forschung und Entwicklung, H. 4, S.26-42, Köln: Stahlbau- Verlag 1977

60a PETERSEN,C.: Statik und Stabilität der Baukonstruktionen, 2.Aufl. Wiesbaden: Vieweg-Verlag 1982

61a ABRAMOWITZ,M. u. STEGUN,I.A.: Handbook mathematical Functions. New-York: Dover-Publ. 1972

62a PALDHEIMO,E. u. HANNUS,M.: Structural Disign Based on Weighted Fractiles. Proc. ASCE, Journal of the Structural Division 100(1974), S.1367-1378

63a FIESSLER,B., HAWRANEK,R. u. RACKWITZ,R.: Numerische Methoden für probabilistische Bemessungsverfahren und Sicherheitsnachweise: [52], Heft 14(1976)

64a RACKWITZ,R. u. FIESSLER,B.: Zwei Anwendungen der Zuverlässigkeitstheorie erster Ordnung bei zeitlich veränderlichen Lasten: [52], Heft 17(1977)

64b RACKWITZ,R. a. FIESSLER,B.: Structural Reliability under combined random load sequences. Computers a. Structures, Vol. 9(1978), S..489-494

65a CIRIA: Ratonalisation of safety and serviceability factors in structural codes, Report 63. London: Construction Industry Reseach and Information Association 1977

66a FIESSLER,B.: Das Programmsystem FORM zur Berechnung der Versagenswahrscheinlichkeit: [52], Heft 43(1979)

67a HEMMERT-HALSWICK, A.: Beitrag zur Umstellung der Bemessung stählerner Konstruktionen auf Grenzzustände auf semiprobabilistischer Basis. Diss. RWTH Aachen 1986

68a CEB-CECM-CIB-FIP-IABSE: FirStOrder reliability concepts for design codes. CEB-Bulletin Nr.112, Paris 1976, vgl. aych Nr. 1976

69a Kom. der Europäischen Gemeinschaften (EGKS): EUROCODE Nr. 1. Gemeinsame einheitliche Regeln für verschiedene Bauarten und Baustoffe. Brüssel-Luxemburg: EGKS 1984; vgl. auch Stahlbau 53(1984), S.126-127

70a ISO/TC98: General prinziples on reliability for structures; ISO/DIS 2394(1984)

71a DIN, NABau-Arbeitsausschluß "Sicherheit von Bauwerken": Grundlagen zur Festlegung von Sicherheitsanforderungen für bauliche Anlagen (GruSiBau). Berlin: Beuth-Verlag 1981

72a ROIK,K.: Vorlesungen über Stahlbau (Abschnitt 1, S.1-34), 2.Aufl. Berlin: W. Ernst u. Sohn 1983

73a MATOUSEK,M. u. SCHNEIDER,J.: Untersuchungen zur Struktur des Sicherheitsproblems bei Bauwerken. Bericht Nr. 59 d. Inst. für Baustatik u. Konstruktionen, Zürich ETH 1976. Basel: Birkhäuser Verlag 1976

74a MATOUSEK,M.: Maßnahmen gegen Fehler im Bauprozeß. Diss. ETH Zürich 1981

74b SIEBKE,H.: Zum Thema Bauwerkssicherheit: Sicherheit durch Bemessung. Bauingenieur 69(1985), S.1-4

75a SIA: Weisung für die Koordination des Normwerkes des SIA im Hinblick auf Sicherheit und Gebrauchsfähigkeit von Tragwerken. Zürich: SIA (Schweiz. Ingenieur- u. Architekten-Verein(1981)

76a IABSE: Workshop Rigi 1983, Quality Assurance within the Building Process, Proc. IABSE Report, Vol. 47. Zürich: IABSE 1983. IABSE Symposium Tokyo 1986, Safety and Quality Assurance of Civil Engineering Structures. Ditroductory Report, Vol. 50. Zürich: IABSE 1985.

77a BLAUT,H.: Gedanken zum Sicherheitskonzept im Bauwesen. Beton- und Stahlbau 77(1982), S.235-239

78a MASING,W. (Hrsg.): Handbuch der Qualitätssicherung. München: C. Hanser Verlag 1980

79a KÜHLMEYER,M.: Abriß der praktischen Statistik und ihrer Anwendung om der Eisenhüttenindustrie, in: Werkstoffkunde der gebräuchlichen Stähle, Teil 2 (S.379-393). Düsseldorf: Verlag Stahleisen 1977

80a RACKWITZ,R.: Zur Statistik von Eignungs- und Zulassungsversuchen für Bauteile. Bauingenieur 56(1981), S.103-107

81a STRUCK,W.: Die Ermittlung des Bauteilwiderstandes aus Versuchsergebnissen zur Festlegung der zulässigen Belastungen einer Bauteilart. Bautechnik 56(1979), S.417-424 u. 57(1980) S.18-21

82a STRUCK,W.: Die traditionelle Praxis der experimentellen Bauteilprüfung aus der Sicht des probabilistischen Sicherheitskonzeptes. Bautechnik 58(1981), S.47-51

83a HANISCH,J. u. STRUCK,W.: Characteristischer Wert einer Boden- oder Materialeigenschaft aus Stichprobenergebnissen und zusätzlicher Information. Bautechnik(1985), S.338-248

83b MEYER,H.G.: Qualitätssicherung - eine neue Aufgabe im Bauwesen? Bautechnik 63(1986), S.217-223

84a DIN (NABau): Grundlagen zur Festlegung von Anforderungen und von Prüfplänen für die Überwachung von Baustoffen und Bauteilen mit Hilfe statistischer Betrachtungsweisen; Entwurf, Berlin 1985

85a SCHEER,J.: Traglastnachweise durch Versuche, in: 75 Jahre Deutscher Ausschuß für Stahlbau, S.72-79. Köln: Stahlbau-Verlag 1983

85b WEINHOLD,J.: Zur Frage der Geltung versuchsmäßig ermittelter Traglasten von Fassadengerüsten. Bauingenieur 60(1985), S.439-442

86a PETERSEN,C.: Überlegungen zur Einführung des neuen Sicherheitskonzeptes im Stahlbau [52], Heft 5(1974)

87a FIESSLER,B.: Entwicklung von Regeln zur Kombination stochastischer Lasten für die Tragwerksbemessung: [52], Heft 68(1983)

88a TURKSTRA,C.J. u. MADSEN,H.O.: Load combination in codified structural design. Proc. ASCE, J. of the Struct. Div. 106(1980), S.2527-2543

88b SPAETHE,G.: Lastkombination, Teil 1; Kombinationsregeln der Normen, Teil2; Zuverlässigkeitstheoretidche Bewertung der Lastkombinationsregeln. Bauplanung-Bautechnik 43(1989), S.395-397 u. S.499-501

89a KÖNIG,G. u. MARTEN,K.: Zum wirklichkeitsnahen Erfassen von Nutzlasten. Bautechnik 52(1975), S.275-281

90a KÖNIG,G. u. MARTEN,K.: Nutzlasten in Bürogebäuden. Beton- und Stahlbetonbau 72(1977), S.165-170

91a GHIOCEL,D. a. LUNGU,D.: Wind, snow and temperature effects on structures based on probality. Tunbridge Wells: Abacus Press 1975

92a KÜHN,H.E. u. STEINERT,J.: Ermittlungen von Schwingbeiwerten in Hochbauten mit Fahrverkehr. Beton- und Stahlbetonbau(1976), S.173-177

93a DIN: Stahl u. Eisen: Maßnormen, DIN-Taschenbuch Nr. 28, 6.Aufl. Berlin: Beuth-Verlag 1986

94a HERZOG,M.: Die Größe der Eigenspannungen on Walz- und Schweißprofilen nach Messungen. Stahlbau 46(1977), S.283-287

94b HAMME,U. u. SCHAUMANN,P.: Rechnerische Analyse von Walzeigenspannungen. Stahlbau 56(1987), S.328-334

95a SCHMIDT,H.: Ein Beitrag zur Bestimmung von Imperfektionen im Stahlhochbau und deren Einfluß auf die Berechnungswerte der Bauteile. Mitt. Lehrstuhl für Stahlbau der TU München, H. 10. (Diss. TU München 1977)

96a LINDNER,J. u. GIETZELT,R.: Imperfektionsannahmen für Stützenschiefstellungen. Stahlbau 53(1984), S.97-101

97a SCHMIDT,H. u. KOCABIYIK,U.: Ebenheitsabweichungen geschweißter Blechkonstruktionen des Stahlhochbaues. Forsch.-Ber. Bauwesen H. 37. Essen: Uni-GH 1986

98a FUKUMOTO,Y.: Numerical Data Bank for the Ultimate Strength of Steel Structures. Stahlbau 51(1982). S.21-27

99a MAREK,P.: Grenzzustände der Metallkonstruktionen. Berlin: VEB Verlag für Bauwesen 1983

100a SCHEER,J. u. MAIER. W.: Die Suche nach einer allgemeinen Definition des Begriffes Vorspannung für das Bauwesen. ein Scheinproblem. Bauingenieur 59(1984), S.291-294

101a FERJENCIK,P. u. TOCHACEK,M.: Die Vorspannung im Stahlbau. Bauing.-Praxis Heft 38. Berlin: W. Ernst u. Sohn 1975

101b **GROCHOWSKI,A., PASTERNAK,H. u. SIECZKOWSKI,J.:** Zur Beurteilung der Sicherheit eines vorgespannten Stahlfachwerkträgers. Stahlbau 53(1984), S.236-239

101 **PASTERNAK,H. u. RZADKOWSKI,J.:** Verstärkung von Fachwerksystemen unter Berücksichtigung des probabilistischen Sicherheitskonzepts. Stahlbau 55(1986), S.119-123

102a **ROIK,K., ALBRECHT,G. u. WEYER. U.:** Schrägseilbrücken. Berlin: W. Ernst u. Sohn 1986

102b **SAUL,R. u. SVENSSON,H.:** Zur Behandlung des Lastfalls "ständige Last" beim Tragsicherheitsnachweis von Schrägkabelbrücken. Bauingenieur 58(1983) S.329-335

103a **VDI:** Richtlinie 2227 (Entwurf): **Festigkeit** bei wiederholter Beanspruchung; Zeit- und Dauerfestigkeit metallischer Werkstoffe, insbesondere von Stählen. Düsseldorf: VDI-Verlag 1974

104a **WELLINGER,K. u. DIETMANN,H.:** Festigkeitsberechnung: Grundlagen und technische Anwendung. 3.Aufl. A. Kröner Verlag 1976

105a **DIETMANN,H.:** Einführung in die Elastizitäts- und Festigkeitslehre. Stuttgart: A. Kröner-Verlag 1982

106a **VDI:** Werkstoff- und Bauteilverhalten unter Schwingbeanspruchung (Tagung Stuttgart 1976), VDI-Ber.:268. Düsseldorf: VDI-Verlag 1976

107a **DVS:** Schweißkonstruktion und Betriebsfestigkeit in der Praxis. DVS-Bericht 88. Düsseldorf Deutscher Verlag für Schweißtechnik 1984

108a **FROST,W.E., MARSH,K.J. a. POOK,L.P.:** Metal fatigue. Oxford: Clarendon Press 1974

109a **GURNEY,T.R.:** Fatigue of Weldet Structures. 2.Aufl. Cambridge: Cambridge Univ. Press. 1979

110a **ROLFE,S.T. a. BARSON,J.M.:** Fracture and fatigue control in structures-Application of fracture mechanics. Englwood Cliffs: Prentice-Hall 1977

111a **STANLEY,P. (Ed.):** Fracture mechanics in Engineering practice. London: Applied Science Pub. 1977

112a **DUGGAN,V. u. BYRNE,J.:** Fatigue as a design criterion. London: Macmillan Press 1979

113a **ZAMMERT,W.-U.:** Betriebsfestigkeitsberechnung. Wiesbaden: Vieweg-Verlag 1985

114a **HEMPEL,M.:** Stand und Erkenntnisse über den Einfluß der Probengröße auf die Dauerfestigkeit. Draht 8(1957), S.385-394

115a **BUCH,A.:** Auswertung und Beurteilung des Größeneinflusses bei Dauerschwingversuchen mit umgekehrten Proben und Bauteilen. Archiv Eisenhüttenwesen 43(1972), S.895-900

116a **HECKEL,K. u. KÖHLER,J.:** Experimentelle Untersuchung des statistischen Größeneinflusses im Dauerschwingversuch an ungekerbten Stahlproben. Z. f. Werkstofftechnik 6(1975), S.52-54

116b **KÖHLER,J.:** Statistischer Größeneinfluß im Dauerschwingverhalten ungekerbter und gekerbter metallischer Bauteile. Diss. TU München 1975

117a **ZIEBART,W.:** Ein Verfahren zur Berechnung des Kerb- und Größeneinflusses bei Schwingbeanspruchung. Diss. TU München 1976

118a **KLOOS,K.-H.:** Einfluß des Oberflächenzustandes und der Probengröße auf die Schwingfestigkeitseigenschaften, in: Werkstoff- und Bauteilverhalten und Schwingbeanspruchung, VDI-Ber. 268. Düsseldorf: VDI-Verlag 1976 (S.63-76)

119a **NEUBER,H.:** Über die Berücksichtigung der Spannungskonzentration bei Festigkeitsberechnungen. Konstruktion 20(1968), S.245-251

120a **GÜNTHER,W. (Hrsg.):** Schwingfestigkeit. Leipzig: VEB Deutscher Verlag für Grundstoff-Industrie 1973

121a **THUM,A. u. BUCHMANN,W.:** Dauerfestigkeit und Konstruktion. Berlin: VDI-Verlag 1932

121b **THUM,A. u. BAUTH,W.:** Die Gestaltfestigkeit. Stahl u. Eisen 55(1935), S.1025-1029

122a **PETERSEN,C.:** Die praktische Bestimmung von Formzahlen gekerbter Stäbe. Forsch.-Ing.-Wesen 17(1951), S.16-20

122b **PETERSEN,C.:** Die Vorgänge im zügig wechselnd beanspruchten Metallgefüge. Z. Metallkunde 42(1951), S.161-170 u. 43(1952), S.429-433

123a **HEYWOOD,R.B.:** The relationship between fatigue and stress concentration. Aircraft Engng. 19(1947), S.81-84

124a **SIEBEL,E. u. MEUTH,H.:** Die Wirkung von Kerben bei schwingender Beanspruchung. VDI-Z. 91(1949), S.319-326

124b **SIEBEL E. u. STIELER,M.:** Ungleichförmige Spannungsverteilung bei schwingender Beanspruchung. VDI-Z.: 97(1955), S.121-152

125a **BRAUNE,F.-G.:** Die Entwicklung einer neuen Kerbwirkungszahl-Gleichung. VDI-Z. 108(1966), S.1740-1744

126a **DIETEMANN,H.:** Zur Berechnung der Kerbwirkungszahlen. Konstruktion 37(1985), S.67-71

127a **KLÖPPEL,K.:** Gemeinschaftsversuche zur Bestimmung der Schwellzugfertigkeit voller, gelochter und genieteter Stäbe aus St37 imd St52. Stahlbau 9(1936), S.97-112

128a **GOERG,P.:** Über die Aussagefähigkeit von Dauerversuchen mit Prüfkörpern aus St37 und St52 und die systematische Einordnung der Versuchswerte zum Dauerfestigkeitsschaubild. Stahlbau 32(1963), S.36-42

129a **RADAJ,D. u. MÖHRMANN,W.:** Kerbwirkung querbeanspruchter Schweißstäbe. Schweißen und Schneiden 36(1984), S.57-63

130a **RADAJ,D.:** Kerbspannungsnachweis für dauerschwingfeste geschweißte Konstruktionen. Konstruktion 37(1985), S.53-59

130b **RADAJ,D.:** Schwingfestigkeit von Biegeträgern mit Quersteife beurteilt nach dem Kerbgrundgesetz. Stahlbau 54(1985), S.243-249

131a **RADAJ,D.:** Gestaltung und Berechnung von Schweißkonstruktionen - Ermüdungsfertigkeit. Düsseldorf: Deutscher Verlag für Schweißtechnik 1985

132a **PAETZOLD,H.:** Beurteilung der Betriebsfertigkeit auf der Grundlage des örtlichen Konzepts. Jahrbuch d. Schiffbautechn. Ger. 79(1985) S.281-293

133a **KLÖPPEL,K. u. SEEGER,F.:** Rißfortschreitung, Schädigung und Dauerbruch in axial gerosteten Flachstäben mit Querschlitz bei ein- und mehrstufiger Beanspruchung. Stahlbau 34(1965), S.65-76

134a **KLEE,S.:** Das zyklische Werkstoffgesetz. Stahlbau 40(1971), S.186-189

135a **SAAL,H.:** Über den Einfluß der Mittellast und Eigenspannungen auf die Rißfortschreitung bei Kerbstäben. Stahlbau 40(1971), S.170-173 (vgl. auch S.249 250)

136a **HANEL,J.J.:** Das Rißfortschreitungsverhalten von geschlitzten Flachstäben mit Eigenspannungen. Stahlbau 41(1972), S.347-350

137a **HANEL,J.J.:** Ein Verfahren zur Berechnung des partiellen Rißuferkontaktes bei kleineren plastischen Zonen in schwingbelasteten Rißscheiben und die Erweiterung zu einem Modell für die Rißfortschreitens- und Lebensdauervorhersage. Diss. TH Darmstadt 1975; Stahlbau 46(1977), S.57-62

138a **OLIVIER,R. u. RITTER,W.:** Wöhlerlinienkatalog für Schweißverbindungen aus Baustählen. Teil 1 Stumpfstoß, Teil 2 Quersteife, Teil 3 Kreuzstaß, Teil 4 Längssteife, Teil 5 sonstige. Düsseldorf: Deutscher Verlag für Schweißtechnik 1979-1986

139a **QUEL,R.:** Zur Zuverlässigkeit von ermüdungsbeanspruchten Konstruktionselementen in Stahl (Diss. TU München 1978), in [52], H. 36(1978)

140a **REPPERMUND,K.:** Probabilistischer Betriebsfestigkeitsnachweis unter Berücksichtigung eines progressiven Dauerfestigkeitsabfalls mit zunehmender Schädigung. Diss. HSBw München 1984

141a **REPPERMUND,K.:** Ein Konzept zur Berechnung der Zuverlässigkeit bei Ermüdungsbeanspruchung. Stahlbau 55(1986), S.104-112

142a **HERZOG,M.:** Die Ermüdungsfestigkeit gewalzter und geschweißter Träger der Stahlgüten St37, St52 und StE70 nach Versuchen. Stahlbau 44(1975), S.252-256

143a **HERZOG,M.:** Die Ermüdungsfestigkeit geschweißter Träger der Stahlgüten St52 und StE70 mit einseitigen Vertikalsteifen oder symmetrisch angeschlossenen Knotenblechen oder Bolzendüsen nach Versuchen. Stahlbau 45(1976), S.274-279

144a **HERZOG,M.:** Folgerungen aus Ermüdungsversuchen mit gewalzten und geschweißten Trägern für die Bemessung. Stahlbau 46(1977), S.294-296

144b **HERZOG,M.:** Einheitlicher Ermüdungsnachweis für Stahlkonstruktionen des Brücken-, Kran- und Wasserbaues. Stahlbau 53(1984), S.240-243

145a **FISHER,J.W.:** Bridge fatigue guide - Design and details. New York: American Institute of Steel Construction 1977

146a **GASSNER,E.:** Betriebsfestigkeit. Eine Bemessungsgrundlage für Konstruktionsteile mit statistisch wechselnden Betriebsbeanspruchungen. Konstruktion 6(1954), S.97-104 (vgl. Diss. TH Darmstadt 1941)

146b **GASSNER,E., F.W. u. HAIBACH,E.:** Ertragbare Spannungen und Lebensdauer einer Schweißverbindung aus St37 bei verschiedenen Formen des Beanspruchungskollektivs. Archiv f. d. Eisenhüttenwesen 35(1964), S.255-267

147a **HAIBACH,E. (Hrg.):** Gegenwärtiger Stand und künftige Ziele der Betriebsfestigkeitsforschung. Ber. Nr. TB-80. Darmstadt: Laboratorium für Betriebsfestigkeit 1968

148a **BUXBAUM,O.:** Betriebsfestigkeit. Düsseldorf: Verlag Stahleisen mbH 1986

149a **CLORMANN,U.H. u. SEEGER,T.:** RAINFLOW-HCM, Ein Zählverfahren für Betriebsfestigkeitsnachweise auf Werkstoff mechanischer Grundlage, Stahlbau 55(1986), S.65-71

150a **GEIDNER,T.:** Zur Untersuchung stationärer Lastwirkungsprozesse von statisch reagierenden Eisenbahnbrücken, in [52], H.19(1977)

150b **GEIDNER, T.:** Zur Anwendung der Spektralmethode auf Lasten und Beanspruchungen bei Straßen- und Eisenbahnbrücken (Diss.TU München 1979), in [52], H. 37(1979)

151a **QUEL,R. u. GEIDNER,T.:** Zur Berechnung der Zuverlässigkeit von Konstruktionselementen bei Ermüdungsbeanspruchung. Stahlbau 49(1980), S.16-23

152a **PALMGREN,A.:** Die Lebensdauer von Kugellagern. VDI-Z. 68(1924), S.339-341

153a **MINER,A.A.:** Cumulative damage in fatigue. J. of Appl. Mechanics 12(1945), S.A159-A164

154a **OXFORT,J.:** Beitrag zur Betriebsfestigkeitsuntersuchung von Stahlkonstruktionen bei beliebiger Form des Beanspruchungskollektivs. Stahlbau 38(1969), S.240-247

155a **KUNOW,R.:** Diagramme zur Lebensdauerberechnung nach linearer Schadensakkumulation. Stahlbau 44(1975), S.335-344

156a **HAIBACH,E.:** Modifizierte lineare Schadensakkumulationshypothese zur Berücksichtigung des Dauerfestigkeitsabfalls mit fortschreitender Schädigung. Techn. Mitt. TM 50/70. Darmstadt: Laboratorium für Betriebsfestigkeit 1970

157a **MARCO,S.M. a. STARKEY. W.L.:** A concept of fatigue damage. Trans. ASME 76(1954), S.627-632

158a **SPÄTH,W.:** Bemerkungen zur kumulativen Schädigungshypothese. Konstruktion 17(1965), S.170-174, vgl. auch Stahlbau 32(1963) S.33-42

159 **Goerg,P.:** Über die Schädigung des Stahles St37 bei Überbeanspruchung im Umlaufbiegeversuch. Stahlbau 33(1964), S.209-216 u. 246-249

160 **KLÖPPEL,K. u. SEEGER,T.:** Experimentelle und theoretische Beiträge zum Schädigungsverhalten dauerbeanspruchter Vollstäbe und Kerbstäbe aus St37 und St52. Veröff. d. Inst. f. Statik und Stahlbau, Heft 3. Darmstadt: TH Darmstadt 1967, vgl. auch Heft 4

161a **HERTEL,H.:** Ermüdungsfestigkeit der Konstruktion. Berlin: Springer-Verlag 1969

162a **PETERSHAGEN,H., STEFFENS,H.-D. u. KNÖSEL,H.:** Zur Probelmatik von 8-Stufen-Programmversuchen an geschweißten Schiffbaustählen. Stahlbau 43(1974), S.139-140

163a **SCHÜTZ,W.:** Über eine Beziehung zwischen der Lebensdauer bei konstanter und veränderlicher Beanspruchungsamplitude und ihre Anwendbarkeit auf die Bemessung von Flugzeugbauteilen. Z. f. Flugwiss. 15(1967), S.407-419

164a JACOBY,G.: Comparision of fatigue life estimation processes for irregularly varying loads. Proc. 3rd. Conf. on Dimensioning, BudapeSt1968

165a SCHÜTZ,W. u. ZENNER,H.: Schadensakkumulationshypothesen zur Lebensdauervorhersage bei schwingender Beanspruchung. Z. f. Werkstofftechnik 4(1973), S.25-33 u. S.97-102

166a ZENNER,H. u. SCHÜTZ,W.: Betriebsfestigkeit von Schweißverbindungen - Lebensdaueranschätzung mit Schadensakkumulationshypothesen. Schweißen und Schneiden 26(1974), S.41-44

167a SCHÜTZ,W.: Lebensdauerberechnung bei Beanspruchungen mit beliebigen Lastzeit-Funktionen, in [106], S.113-138

168a FRANKE,L.: Schadensakkumulationsregel für dynamisch beanspruchte Werkstoffe und Bauteile. Bauingenieur 60(1985), S.271-279

168b FRANKE,L.: Lebensdauervoraussage bei Betriebsbeanspruchungen mit Hilfe konstanter Ersatzschwingbreiten. Bauingenieur 61(1986), S.141-143

168c FRANKE,L.: Voraussage der Betriebsfestigkeit von Werkstoffen und Bauteilen unter besonderer Berücksichtigung der Schwinganteile unterhalb der Dauerfestigkeit. Bauingenieur 60(1985), S.495-499

169a BUXBAUM,O.: Betriebsfestigkeit. Düsseldorf: Verlag Stahleisen 1986

170a DVS: Schweißkonstruktion und Betriebsfestigkeit in der Praxis. DVS-Berichte Bd. 88. Düsseldorf: Deutscher Verlag für Schweißtechnik 1984

170b KOLAROW,I.: Überhöhung von Brückenkrantragwerken. Hebezeuge und Fördermittel 21(1981), S.23-25

171a BERGANDER,B.: Das Schwingungsverhalten von Fahrzeugen in senkrechter Richtung bei der Fahrt über Brückenreihen. ZEV- Glas. Ann. 106(1982), S.397-403

172a BRANCALEONI,F.: Verformungen von Hängebrücken unter Eisenbahnlasten. Stahlbau 48(1979), S.33-39

173a DOTZAUER,H. u. HESS,H.: Belastungsprobe der Severinsbrücke Köln. Stahlbau 30(1961), S.303-311, vgl. auch 23(1954), S.15-21

174a BOUE,P. u. HÖHNE,K.-H.: Der Stromüberbau der Köhlbrandbrücke. Stahlbau 44(1975), S.161-174

175a STIER,W., HAFKE,B., SPELZHAUS,H. u. WOHLERS,G.: Die neue Eisenbahnbrücke über die Süderelbe in Hamburg als Beispiel einer Fachwerkmittelträgerbrücke. Stahlbau 46(1977), S.85-91

175b SEDLACEK,G.: Aspekte der Gebrauchstüchtigkeit von Stahlbauten. Stahlbau 53(1984), S.305-310

176a ELLINGWOOD,B. u. TALLIN,A.: Structural servicebility: Floor vibrations. Proc. ASCE, J. Struct. Engineering 110(1984), S.401-418

177a BACHMANN,H. u. AMMANN,W.: Schwingungsprobleme bei Bauwerken, durch Menschen und Maschinen induzierte Schwingungen. IAB-SE/AIPC/IVBH, ETH-Hönggerberg. Zürich, 1987

(4) Elasto-statische Festigkeitsnachweise

1a ZILLINGER,I.: Biegeversuche mit einem gewalzten und einem genieteten Stahlträger. Stahlbau 7(1934), S.201-204

2a KAYSER,A., HERZOG,M. u. STEINHARDT,O.: Dehnungsmessungen und Spannungsuntersuchungen an geschweißten Vollwandträgern. Stahlbau 10(1937), S.33-37

3a BACH,C. v.: Versuche über die tatsächliche Widerstandsfähigkeit von Balken mit [-förmigen Querschnitt. VDI-Z 53(1909), S.1790-1795 u. 54(1910), S.382-387

4a FÖPPL,A.: Versuche über die Verdrehungssteifigkeit der Walzträger. Sitzungsber. Bayer. Akadem. der Wissenschaften(1921), S.295

5a FÖPPL,L.: Beanspruchung eines [-Trägers auf Biegung und Verdrehen. Bauingenieur 6(1925), S.455-458, vgl. auch S.458-463

5b ENGELMANN,H.: Experimentelle und theoretische Untersuchungen zur Drehfestigkeit der Stäbe. ZAMM(1929), S.386-401

6a TRAYER,G.W. a. MARCH,H.W.: The torsion of members having sections common in aircraft construction. Tech. Rep. of the Advisory Com. for Aeronautics Nr. 334(1930)

7a BORNSCHEUER,F.W. u. ANHEUSER,L: Tafeln der Torsionsgrößen für die Walzprofile der DIN 1025-1027. Stahlbau 30(1961), S.81-82 u. 32(1963), S.384

8a HARBAUER,H.: Zur Schwingfestigkeit geschweißter Bauteile unter zusammengesetzter Beanspruchung, Diss. UniBW-München 1988

(5) Elasto-statische Berechnung der Stabtragwerke (Grundzüge)

1a MÜLLER-BRESLAU,H.: Die neueren Methoden der Festigkeitslehre und der Statik der Baukonstruktionen, 4.Aufl. Stuttgart: A. Kröner-Verlag 1913 (1.Aufl. 1886)

1b MOHR,O.: Abhandlungen aus dem Gebiet der technischen Mechanik. Berlin: W. Ernst u. Sohn 1906

1c GRÜNING,M.: Die Statik des ebenen Tragwerks. Berlin: Springer-Verlag 1925

1d CHWALLA,E.: Einführung in die Baustatik, 2.Aufl. Köln: Stahlbau - Verlag 1954

1e KAUFMANN,W.: Statik der Tragwerke, 4.Aufl. Berlin: Springer-Verlag 1957

1f KIRCHHOFF,R.: Die Statik der Bauwerke, Bd. 1 u. 2, 6.Aufl. Berlin: W. Ernst u. Sohn 1960

1g GEIGER,F.: Aufgabensammlung aus dem Gebiet der Statik. Bd. 1 bis 6. Düsseldorf: Werner - Verlag 1964

1h ROTHE,A.: Statik der Stabtragwerke, Bd. I u. II. 2.Aufl. Berlin: VEB-Verlag für Bauwesen 1970

1i SATTLER,K.: Lehrbuch der Statik, Teil A und B. Berlin: Springer-Verlag 1969

1j STÜSSI,F.: Baustatik I u. II. 4.Aufl. Basel: Verlag Birkhäuser 1971

1k PFLÜGER,A.: Statik der Stabtragwerke. Springer-Verlag 1978

1l WAGNER, W. u. ERLHOF, G.: Praktische Baustatik Teile 1-3. 17.Aufl. Stuttgart: B. G. Teubner 1981

1m SCHNEIDER,K.-J. u. SCHWEDA,E.: Statisch bestimmte ebene Stabtragwerke, Teil 1 u. 2., 3.Aufl. Düsseldorf: Werner-Verlag 1985

1n HEIDE,H.: Praktische Statik nach Cross, Steinman und Kani, 6.Aufl. Berlin: W. Ernst u. Sohn 1983

1o HIRSCHFELD,K.: Baustatik, 1. u. 2. Teil, 3.Aufl. Berlin: Springer-Verlag 1984

1p ROTHE,A.: Stabstatik für Bauingenieure, Wiesbaden: Bauverlag 1984

1q AHRENS,J. u. DUDDECK,H.: Statik der Stabtragwerke. Beitrag im jährlichen Beton.- Kalender, Teil I. Berlin: W. Ernst u. Sohn 1985

1r FEIGE,A.: Baustatik, in: Stahlbau-Handbuch Bd. 1, 1.Aufl. (S.55-268). Köln: Stahlbau-Verlag 1956

1s RUBIN,H. u. VOGEL,U.: Baustatik ebener Stabwerke, in: Stahlbau-Handbuch, Bd. 1, 2.Aufl. (S.67-206). Köln: Stahlbau-Verlag 1982

1t DUBAS,P.: Baustatik I, Skript zur Vorlesung Zürich: ETH-Zürich 1983

1u MANN,W.: Vorlesungen über Statik und Festigkeitslehre. Stuttgart: B.G. Teubner 1986

2a WALLER,H. u. KRINGS,W.: Matrizenmethoden der Maschinen- und Bauwerksdynamik. Mannheim: Bibl. Institut-B.I.-Wissenschaftsverlag 1975

2b MARGUERRE,K. u. WÖLFEL,H.: Technische Schwingungslehre. Mannheim: Bibl.-Institut B.I. Wissenschaftsverlag 1979

2c KORENEV,B.G. u. RABINOVIC,I.M.: Baudynamik Handbuch. Berlin: Verlag f. Bauwesen 1981

2d KORENEV,B.G. u. RABINOVIC,I.M.: Baudynamik - Konstruktion unter speziellen Einwirkungen Berlin: Verlag f. Bauwesen 1986

3a LEIPHOLZ,H.H.E. (Hrg.): Structural control. Amsterdam: North Holland Publ. 1980

3b DOMKE,H., BACKE,W., MEYR,H., HIRSCH,G. u. GOFFIN,H.: Aktive Verformungskontrolle von Bauwerken. Bauingenieur 56(1981), S.405-412

3c DOMKE,H., BACKE,W., THEISSEN,H., MEYR,H., BOUTEN,H., ZACH,B., WITTE,B., BUSCH,W., u. GOFFIN,H.: Leistungssteigerung von Biegetragwerken durch Aktive Verformungskontrolle. Bauingenieur 59(1984), S.1-8

4a WERNER,H.: Berechnung des räumlichen Stab-Platten-Tragwerkes mit Hilfe eines verallgemeinerten Kraftgrößenverfahren. Stahlbau 40(1971), S.201-209

5a MANN,L.: Theorie der Rahmentragwerke auf neuer Grundlage. Berlin: Verlag v. J. Springer 1927

5b OSTENFELD,A.: Die Deformationsmethode. Bauingenieur 4(1923). S.34-39 u. 69-72

6a HEES,G.: Das verallgemeinerte Kraftgrößen und Formänderungsgrößenverfahren. Stahlbau 36(1967), S.15-23

7a KIENER,G.: Die Methode der Variation der Konstanten - Eine einheitliche Grundlage zur Herleitung von Zusammenhängen und Verfahren der Stabstatik. Mitt. aus dem Institut für Bauingenieurwesen I der TU München, H. 18. München 1985

8a STEIN,P.: Die Lösung der linearen gewöhnlichen Differentialgleichungen und simultaner Systeme mit Hilfe der Stabstatik. Das Ersatzstabverfahren. Wien: Springer-Verlag 1969

8b FRANZ,G.: Das Rechnen mit unstetigen Funktionen in der Baustatik. Berlin: W. Ernst u. Sohn 1972

8c GLOISTEHN,H.H.: Numerische Behandlung mechanischer Probleme. Stuttgart: B. G. Teubner 1985

9a BRANDES,R.: MM dx für sich einseitig und für sich beidseitig geradlinig ändernde Querschnitte. Bauingenieur 52(1977). S.25-26 u. 304

10a SCHEUNERT,A.: Die Berechnung der Formänderungswerte von Stäben mit veränderlicher Höhe. Baupl.-Bautechnik 1(1947), S.17-18

10b PETER,H.: Ermittlung der Verschiebungsgrößen bei beliebigem Trägheitsmomentenverlauf. Bautechnik(1956), S.59-65

10c MITTELSTAEDT,K.: Berechnung der Verformung von Trägern mit stetig veränderlichen Trägheitsmoment. Stahlbau 31(1962), S.91-94 u. S.223-224

11a BAUM,G.: Grundwerte am Einfeldbalken. Berlin: Springer-Verlag 1965

11b PAUL,T.: Formeln zur Berechnung durchlaufender Träger mit veränderlichen Trägheitsmoment. Stahlbau 16(1943), S.14-16

11c DRENNING,R.: M(j)M(k)-Tafeln für Biegestäbe mit einseitigen und symmetrischen Vouten mit beliebig stetig veränderlichen Trägheitsmoment. Beton- und Stahlbetonbau 71(1976), S.202-207 u. 72(1977) S.107-109

11d OPLADEN,K.: Konstante Ersatz-Trägheitsmomente von Biegestäben mit linear veränderlichen Querschnittsabmessungen. VDI-Z 103(1961), S.537-555

11e KÖNIG,H.: Ermittlung der Verfahrungen von geraden Stäben mit linear veränderlichen Querschnittsabmessungen. VDI-Z 103(1961), S.1770-1772

11f KÜHNE,M.: Berücksichtigung konischer Stäbe bei der Berechnung räumlicher Stabtragke. Stahlbau 53(1984), S.156-158

12a SHEN,M.-K.: Elementarer Beweis des erweiterten Maxwellschen Vertauschungssatzes. Bauingenieur 36(1961), S.305-306

13a EBEL,H.: Zur Berücksichtigung von Verformungslastfällen in den Reziprozitätssätzen von Betti, Maxwell und Krohn - Land. Stahlbau 48(1979), S.137-140

14a KRABBE,K.: Allgemeine, unmittelbare Darstellung von Einflußlinien durch Biegelinien nach dem Formänderungsverfahren. Stahlbau 6 1933), S.9-12 ; vgl. auch 7(1934), S.33-36 u. S.41-46

14b LIE,K.: Ermittlung der Einflußlinien von Stabwerken auf geometrischem Wege. Stahlbau 16(1943), S.45-52 u. 58-64

15a ZELLERER,E.: Durchlaufträger - Schnittgrößen, 3.Aufl. Berlin: W. Ernst u. Sohn 1970

15b ZELLERER,E.: Durchlaufträger, Einflußlinien, Momentenlinien, Schnittgrößen. 2.Aufl. Berlin: W. Ernst u. Sohn 1975

15c KLEINLOGEL,A. u. HASELBACH,A.: Rahmenformeln, 16.Aufl. Berlin; W. Ernst u. Sohn 1979

15e ANGER,G. u. TRAMM,K.: Durchbiegungsordinaten für Einfeld- und durchlaufende Träger, 3.Aufl. Düsseldorf: Werner-Verlag 1967

15f WILLE,K. u. WILLE,B.: Durchbiegung der Stabtragwerke. Köln-Braunsfeld: Verlagsges. R. Müller 1977

15d HAHN,J.: Durchlaufträger, Rahmen, Platten und Balken auf elastischer Bettung, 13.Aufl. Düsseldorf: Werner-Verlag 1981

16a SZABO,J. u. ROLLER,B.: Anwendung der Matrizenrechnung auf Stabwerke. Budapest: Akadmias Kiado 1978

16b LAWO,M. u. THIERAUF,G.: Stabtragwerke, Matrizenmethoden der Statik und Dynamik, Teil 1: Statik. Teil 2: Dynamik. Braunschweig: Vieweg 1980/1983

16c SZILARD,R.: Finite Berechnungsmethoden der Strukturmechanik, Bd 1, Stabwerke, Berlin: W. Ernst u. Sohn 1982; Bd 2, Flächentragwerke im Bauwesen, Berlin: W. Ernst u. Sohn 1990

16d SZILARD,R., HARTMANN,F. u. ZIESING,D.: Finite Tragwerksanalyse mit dem Taschenrechner TI-59. Berlin: W. Ernst u. Sohn 1984

16e SZILARD,R., ZIESING,D. u. PICKHARDT,S.: Basic-Programme für Baumechanik und Statik. Berlin: W.Ernst&Sohn 1986

17a GALLAGHER,R.H.: Finite-Element-Analysis; Grundlagen. Berlin: Springer-Verlag 1976

17b ZIENKIEWCZ,O.C.: Methode der Finiten Elemente, 2.Auflage. München: Hanser-Verlag 1984

17c BATHE,K.-J. u. ZIMMERMANN,P.: Finite-Element-Methoden. Springer-Verlag Berlin Heidelberg New York Tokyo 1986

17d LINK,M.: Finite Elemente in der Statik und Dynamik. Stuttgart: Teubner-Verlag 1984

17e GAHWEHN,W.: Finite-Element-Methode; Grundbegriffe. Wiesbaden: Vieweg-Verlag 1985

17f BUCK,K.E.(Hrsg.): Finite Elemente in der Statik. Berlin: W.Ernst&Sohn 1973

17g GRUNDMANN,H. STEIN.E. u. WUNDERLICH,W. (Hrsg.): Finite-Elemente - Anwendungen in der Baupraxis Berlin: W. Ernst&Sohn 1985

18a MÜLLER,R. K.: Entwicklung und Stand der Modellstatik. Stahlbau 51(1982), S.264-268

18b MANN,W.: Tragwerkslehre in Anschauungsmodellen. Stuttgart: B.G. Teubner 1985

(6) Plasto-statische Berechnung der Stabtragwerke

1a RECKLING,K.-H.: Plastizitätstheorie und ihre Anwendung auf Festigkeitsprobleme. Berlin: Springer-Verlag 1967

1b KALISZKY,S.: Plastizitätslehre - Theorie und technische Anwendungen. Düsseldorf: VDI-Verlag 1984

1c CHEN.W.F. a. ZHANG,H.: Structural plasticity. Berlin: Springer-Verlag 1991

1d BURTH,K. u. BROCKS,W.: Plastizität. Grundlagen und Anwendungen für Ingenieure. Braunschweig: Vieweg-Verlag 1992

2a WAGEMANN,C.-H.: Iterative Ermittlung der Traglast eines axial gedrückten Durchlaufträgers aus Baustahl. Stahlbau 37(1968), S.44-49 u. 82-88

3a KLÖPPEL,K. u. UHLMANN,W.: Die Berechnung der Traglasten beliebig gelagerter Einfeldrahmen mit beliebiger Querschnittsform unter Berücksichtigung der plastischen Zonen in Stablängsrichtung mit elektronialer Rechenautomaten. Stahlbau 37(1968), S.65-71 u. 145-154

4a HARTMANN,B.: Traglastermittlung ebener Stabwerke, in: Konstruktiver Ingenieurbau, Berichte, H. 28., S.28-62. Essen: Vulkan-Verlag 1977

5a KINDMANN,R.: Traglastermittlung ebener Stabwerke mit räumlicher Beanspruchung. Techn.-Wiss.Mitt. Nr. 81-3. Inst. f. Konstruktiven Ingenieurbau, Ruhr-Universität Bochum 1981

6a KNOTHE,K. u. HERRMANN,H.: Ein Finite-Element-Verfahren zur geometrisch nichtlinearen Berechnung der plastischen Grenzlasten ebener Rahmentragwerke. Stahlbau 51(1982), S.342-347 u. S.373-378

7a HERRMANN,H.: Traglastberechnung von ebenen Rahmentragwerken mit einem gemischten Finite-Element-Verfahren. Fortschritt-Ber. VDI-Zeitschriften, Reihe 4, Nr. 64, Düsseldorf: VDI-Verlag 1983

8a JÄGER,Th.: Tragfähigkeitsforschung und Verfahren der Traglastberechnung auf dem Gebiet der Stabwerke aus Stahl. Bauplanung-Bautechnik 10(1956), S.266-271, S.315-324 u. S.361-371

8b JÄGER,Th.: Grundzüge der Tragberechnung. Bauingenieur 31(1956), S.273-291

9a SATTLER,K.: Über die sinnvolle Berechnung zur Konstruktion, in: Veröffentl. des Deutschen Stahlbau-Verbandes, H. 14 (Stahlbautag 196). Köln: Stahlbau-Verlag 1960

10a MASSONNET,C.: Grundlagen des Traglastverfahrens. VDI-Z. 106(1964), S.161-168

11a VOGEL,U.: Über die Traglast biegesteifer Stahlstabwerke. Stahlbau 32(1963), S.106-113

12a VOGEL,U.: Methoden der Traglastberechnung. ACIER-STAHL-STEEL 36(1965), S.560-566

13a VOGEL,U.: Über die Anwendung des Traglastverfahrens im Stahlbau. Stahlbau 38(1969), S.329-338

13b VOGEL,U.: Wirtschaftliche Bemessung von Hallenrahmen durch wirklichkeitsnahe Berechnung. Stahlbau 53(1984), S.65-68

14a VOGEL,U.: Methoden und Kriterien für eine wirtschaftliche Bemessung von Stahlkonstruktionen bei Anwendung des Traglastverfahrens, in: Festschrift O. Steinhardt, S.262-278, Berlin: Springer-Verlag 1974

15a ROIK,K. u. LINDNER,J.: Einführung in die Berechnung nach dem Traglastverfahren. Köln: Stahlbau-Verlag 1972

16a DUDDECK,H.: Seminar Traglastverfahren, Ber. 73-6, 2. Aufl. Inst. f. Statik. Braunschweig: TU Braunschweig 1973

17a FEIGE,A.: Das Traglast-Berechnungsverfahren; Allgem. Einführung. Düsseldorf: Verlag Stahleisen 1977

18a BAGHERNEJAD,H.: Berechnungsmethoden der einfachen Plastizitätstheorie (Traglastverfahren Theorie I. Ordnung) unter Berücksichtigung der praktischen Anwendung. Stahlbau 47(1978), S.216-223

19a NEAL,B.G.: The plastic method of structural analysis, 3. Aufl.: London: Chapman and Hall 1977

20a Manuel pour le calcul en plasticite' des constructions en acier. Puteaux: Centre Technique Industiel de la Construction Metallique 1978

21a HORNE,M.R. a. MORRIS,L.J.: Plastic design of low-rise frames. London: Granada 1989

21b MORRIS,L. J. (Edt.): Instability and plastic collapse of steel structures. London: Granada 1983

22a MRAZIK,A., SKALOUD,M. a. TOCHACEK,M.: Plastic design of steel structures. Chichester: Ellis Horwood Lim. Publ. 1987

23a THIERAUF,G.: Traglastberechnung und Bemessung von Stockwerkrahmen mit Hilfe der linearen Programmierung. Stahlbau 44(1975), S.19-26

24a GROB,J. u. THÜRLIMANN,B.: Direkte Bestimmung der Traglast von Stahlträgern mit dünnwandigen, offenen Querschnitten nach der Plastizitätstheorie I. Ordnung mit Hilfe linearer Programmierung. Stahlbau 47(1978) S.193-199

25a MÜLLER-HOEPPE,N., PAULUN,J. u. STEIN,E.: Einspiellasten ebener Stabtragwerke unter Normalkrafteinfluß. Bauingenieur 61(1986), S.23-26

25b SCHADE,P.: Momentenkrümmungslinien für Einspiellasten von einfach symmetrischen linear elastisch-idealplastischen Querschnitten. Bautechnik 65(1988), S.44-50

26a UHLMANN,W.: Ausgewählte Rahmenformeln für das Traglastverfahren. Berlin: W. Ernst u. Sohn 1979

27a KLÖPPEL,K. u. YAMADA,M.: Fließpolyeder des Rechteck- und I-Querschnittes unter der Wirkung von Biegemoment, Normalkraft und Querkraft. Stahlbau 27(1958), S.284-290 u. 28(1959), S.112

28a HERRMANN,H. u. LUTHER,J.: Die KLÖPPEL-YAMADA'schen Fließbedingungen für I-Querschnitte und ihre numerische Aufbereitung. Stahlbau 51(1982), S.85-89

29a RECKLING,K.-A.: Beitrag zum Traglastverfahren, speziell für die Balkenbiegung mit Querkräften. Stahlbau 44(1975), S.358-361 u. 45(1976), S.190-191

30a BURTH,K., IMMENKÖTTER,K. u. RECKLING,K.-A.: Experimentelle Untersuchungen über den Einfluß von Querkräften auf die Traglast kurzer Balken. Stahlbau 49(1980), S.77-85

31a WINDELS,R.: Traglasten von Balkenquerschnitten bei Angriff von Biegemoment, Längs- und Querkraft. Stahlbau 39(1979), S.10-16

32a WINDELS,R.: Der Querkrafteinfluß bei plastischer Balkenbiegung. Stahlbau 43(1974), S.82-85

33a SCHEER,J. u. BAHR,G.: Interaktionsdiagramme für die Querschnittstraglasten außermittig längsbelasteter, dünnwandiger Winkelprofile. Bauingenieur 56(1981), S.459-466

34a RUBIN,H.: Interaktionsbeziehungen zwischen Biegemoment, Querkraft und Normalkraft für einfach-symmetrische I- und Kastenquerschnitte bei Biegung um die starke und für doppelt symmetrische I-Querschnitte bei Biegung um die schwache Achse. Stahlbau 47(1978), S.76-85

35a RUBIN,H.: Interaktionsbeziehungen für doppeltsymmetrische I- und Kastenquerschnitte bei zweiachsiger Biegung und Normalkraft. Stahlbau 47(1978), S.145-151 u. S.174-281

36a VOGEL,U.: Zur Berechnung von durchlaufenden Stahlpfetten in geneigten Dächern nach dem Traglastverfahren. Stahlbau 35(1966), S.302-308

37a VOGEL,U.: Zur Berechnung von durchlaufenden querbelasteter und zugleich axial gedrückter Stahlpfetten nach dem Traglastverfahren. Bauingenieur 45(1970), S.35-38 u. 46(1971), S.460

38a VOGEL,U. u. HEIL,W.: Traglast-Tabellen (Tabellen für die Bemessung durchlaufender I-Träger mit und ohne Längskraft nach dem Traglastverfahren), 2. Aufl. Düsseldorf: Verlag Stahleisen 1981

39a MAIER-LEIBNITZ,H.: Beitrag zur Frage der tatsächlichen Tragfähigkeit einfacher und durchlaufender Balkenträger aus Baustahl St37 und Holz. Bautechnik 6(1928), S.11-14 u. S.27-31, vgl. auch S.274-278

39b MAIER-LEIBNITZ,H.: Versuche mit eingespannten und einfachen Balken von I-Form aus St 37. Bautechnik 7(1929), S.313-318 u. S.366

40a MAIER-LEIBNITZ,H.: Versuche zur weiteren Klärung der Frage der tatsächlichen Tragfähigkeit durchlaufender Träger aus Stahl. Stahlbau 9(1936), S.153-156

41a SCHAIM,J.H.: Der durchlaufene Träger unter Berücksichtigung der Plastizität. Stahlbau 3(1930), S.13-15

42a KANN,F.:Rechnerische Untersuchungen über die Größe des Fließbereiches in stählernen Durchlaufbalken unter Berücksichtigung des Momentenausgleichs. Stahlbau 5(1932), S.105-109

43a GIRKMANN,K.: Bemessung von Rahmentragwerken unter Zugrundelegung eines ideal plastischen Stahles. Sitzungsber. der Akad. d. Wissenschaften in Wien, math.-naturw. Klasse Abt.IIa 140(1931), S.679-728

43a GIRKMANN,K.: Über die Auswirkung der "Selbsthilfe" des Baustahles in rahmenartigen Stabwerken. Stahlbau 5(1932), S.121-127

44a EISENMANN,K.: Theorie und Statik plastischer Träger des Stahlbaues. Stahlbau 6(1933), S.25-28

45a BAKER,J.F., HORNE,M.R. a. HEYMAN,J.: The Steel Skeleton, Vol. II: Plastic behaviour and design. Cambridge: University Press 1956

46a BAKER,J. F. (Edt.): Symposium on: The Plastic Theory of Structures. British Welding Journal 3(1956), S.331-378 u. 4(1957), S.1-38

47a MASSONNET,C. u. SAVE,M.: Calcue plastique des constructions, Vol I u. II. Brüssel:: Centre Belgo-Lux. D'Information de 'Acier 1967

47b MASSONNET,C. u. SAVE,M.A.: Plastic analysis and design. New York: Blaisdell Publ. Com. 1965

48a STÜSSI,F. u. KOLLBRUNNER,C.F.: Beitrag zum Traglastverfahren. Bautechnik 13(1935), S.264-267

49a STÜSSI,F.: Gegen das Traglastverfahren. Schweiz. Bauzeitung 80(1962), S.53-57, vgl. auch S.123-126 u. S.136

50a STÜSSI,F.: Grundlagen des Stahlbaues. Berlin: Springer-Verlag 1958

51a **MASSONNET,C.**: Die europäischen Empfehlungen (EKS) für die plastische Bemessung von Stahltragwerken. ACIER-STAHL-STEEL 41(1976), S.146-156

52a **RUBIN,H.**: Kriterium zur Beurteilung der plastischen Grenzlast auf der Lastverformungskurve mit Hilfe des Q-Verfahrens. Bauingenieur 49(1974), S.139-141

53a **RUBIN,H.**: Das Q-Delta-Verfahren zur vereinfachten Berechnung verschieblicher Rahmensysteme nach dem Traglastverfahren der Theorie II. Ordnung. Bauingenieur 48(1973), S.275-285

54a **OXFORT,J.**: Über die Begrenzung der Traglast eines statisch unbestimmten biegesteifen Stabwerkes aus Baustahl durch das Instabilwerden des Gleichgewichts. Stahlbau 30(1961), S.33-46

55a **OXFORT,J.**: Die Verfahren der Stabilitätsberechnung statisch unbestimmter biegesteifer Stahlstabwerke verglichen an einem Untersuchungsbeispiel. Stahlbau 32(1963), S.42-45

56a **KNOTHE,K.**: Vergleichende Darstellung der Näherungsmethoden zur Bestimmung der Traglast eines biegesteifen Stahlstabwerkes. Stahlbau 32(1963), S.330-336

57a **VOGEL,U.**: Die Traglastberechnung stählerner Rahmentragwerke nach der Plastizitätstheorie II. Ordnung. Forschungshefte aus dem Gebiet des Stahlbaues, H. 15. Köln: Stahlbau-Verlag 1965

58a **JENNINGS,A. a. MAJID,K.**: An elastic-plastic analysis by computer for framed structures loaded up to collapse. Structural Engineer 43(1965), S.407-412

59a **PÖSCHEL,G. u. KIESSLING,W.**: Berechnung ebener Stabsysteme aus Stahl nach der Stabilitätstheorie II. Ordnung. Bauplanung-Bautechnik 26(1972), S.178-182

60a **HENNIG,A.**: Traglastberechnung ebener Rahmen-Theorie II. Ordnung und Interaktion. Ber. Nr. 75-12 d. Inst. für Statik. Braunschweig: TU Braunschweig 1975, vgl. auch: Stahlbau 45(1976), S.347-351 u. 46(1977), S.255-256

61a **OXFORT,J.**: Anwendung des gemischten Kraft und Weggrößenverfahrens (M-Theta-Verfahren) der Theorie II. Ordnung zur vollständigen Berechnung beliebiger biegesteifer Stahlstabwerke bis zur Traglast und plastischen Grenzlast. Stahlbau 47(1978), S.139-145

62a **RUBIN,H.**: Das Drehwinkelverfahren zur Berechnung biegesteifer Stabwerke nach Elastizitäts- oder Fließgelenktheorie I. u. II. Ordnung unter Berücksichtigung vn Vorverformungen. Bauingenieur 55(1980), S.81-92 u. S.147-155

63a **OSTERRIEDER,P. u. RAMM,E.**: Berechnung von ebenen Stabtragwerken nach der Fließgelenktheorie I. u. II. Ordnung unter Verwendung des Weggrößenverfahrens mit Systemveränderung. Stahlbau 50(1981), S.97-104 u. S.237-240

64a **HEES,G.**: Zur Berechnung des Verschiebungszustandes bei Erreichen der plastischen Grenzlast. Stahlbau 52(1983), S.11-13 u. S.386-387

65a **HEES,G.**: Einführung in die Fließgelenktheorie II. Ordnung. Düsseldorf: Werner-Verlag 1984 (vgl. Eintragung)

66a **BURTH,K.**: Traglasten und Stabilität ebener Rahmentragwerke bei Berücksichtigung von großen Verschiebungen und Schnittlastenumlagerungen. Diss. TU Berlin 1969

67a **ACKERMANN,Th.**: Traglastberechnung räumlicher Rahmen aus Stahl- oder Leichtmetallprofilen mit dünnwandigen offenen Querschnitten. Diss. Uni Karlsruhe 1981

67b **SALEH,A.**: Traglastberechnung von räumlichen Stabwerken mit großen Verformungen und Plastizierung. Diss. RWTH Aachen 1982

67c **UHLMANN,W.**: Zum Torsioneinfluß auf die plastische Grenzlast trägerrostartiger Systeme. Stahlbau 55(1986), S.19-25

67d **JIANG,S. u. BECKER,A.**: Traglastberechnung räumlicher Rahmen mit Einbeziehung von Torsion unter Verwendung von Fließgelenken. Stahlbau 57(1988), S.359-364

68a **ROTHERT,H. u. GENSICHEN,V.**: Nichtlineare Stabstatik. Bautechnische Methoden, Grundlagen u. Anwendungen. Berlin: Springer-Verlag 1987

68b **GEBBEKEN,N.**: Eine Fließgelenktheorie höherer Ordnung für räumliche Stabtragwerke. Stahlbau 57(1988), S.365-372

69a **VOGEL,U.**: Vergleichsberechnungen an verschieblichen Rahmen. Stahlbau 54(1985), S.295-301

69a **VOGEL,U. u. MAIER,D.H.**: Einfluß der Schubweichheit bei der Traglastberechnung räumlicher Systeme. Stahlbau 56(1987), S.271-277

70a **KREUTZ,J.-S.**: Ein Beitrag zur Biegeknickbemessung von Stahlhochbaukonstruktionen mit IPE- und HE-Profilen unter Berücksichtigung sekundärer Effekte. Diss. TU München 1984

71a **MELAN,E.**: Zur Plastizität des räumlichen Kontinuums, Ing.-Archiv 9(1938), S.116-126

72a **HODGE,P.G.**: Plastic analysis of structures. New York: McGraw-Hill 1959

73a **OXFORT,J.**: Zur Berücksichtigung von Zwängungsspannungen in Rahmentragwerken aus Baustahl. Stahlbau 49(1980), S.110-114

74a **BRANDES,K.**: Zum nichtlinearen Verhalten von Stahl-Rahmenkonstruktionen mit nachgiebigen Anschlüssen. Stahlbau 55(1986)

74b **TSCHEMMERNEG,F., TAUTSCHNIG,A., KLEIN,A., BRAUN,CH., HUMER,CH.,LENER,G. u. TAUS,M.**: Zur Nachgiebigkeit von Rahmenknoten. Stahlbau 56(1987), S.299-306 und 58(1989), S.45-52

74c **DIEPHAUS,K.J.**: Zum Einfluß von Stabstößen und -anschlüssen mit nichtlinearer Rotationscharakteristik auf die Versagens- und Einspiellast perfekter und imperfekter, ebener Rahmensysteme. Schriftenreihe Inst. f. Stahlbau Heft14, Diss.Uni. Hannover 1989

75a **KUHLMANN,U.**: Rotationskapazität biegebeanspruchter I-Profile unter Berücksichtigung des plastischen Beulens. Diss. Uni. Bochum 1986, Wiss.-Tech. Berichte 86-5, Inst. f. Ingenieurbau, Ruhr-Uni Bochum 1986

75b **ROIK,K. u. KUHLMANN,U.**: Rechnerische Ermittlung der Rotationskapazität biegebeanspruchter I-Profile. Stahlbau 56(1987), S.321-327

75c **ROIK,K. u. KUHLMANN,U.**: Experimentelle Ermittlung der Rotationskapazität biegebeanspruchter I-Profile. Stahlbau 56(1987), S.353-358

76a **PETERSEN,C.**: Rotationskapazität in Fließgelenken als Grenzzustandsgröße, in: Bericht aus Forschung, Entwicklung und Normung 17/90, S.43-54. Köln: Stahlbau-Verlag 1990

76b **PETERSEN,C.**: Rotationskapazität in Fließgelenken, Teil I. Bericht 7/91 Lehrstuhl u. Laboratorium für Stahlbau, UniBw München 1991

7 Stabilitätsnachweise (Knicken - Kippen - Beulen)

1a **PETERSEN,C.**: Statik u. Stabilität der Baukonstruktionen, 2.Aufl. Wiesbaden: Vieweg-Verlag 1982

2a **VOGEL,U. u. LINDNER,J.**: Kommentar zu DIN 18800, Teil 2 (Gelbdruck) - Stabilitätsfälle im Stahlbau - Knicken von Stäben und Stabwerken. Köln: Stahlbau-Verlag 1981

3a **VOGEL,U.**: Tragsicherheitsnachweise für Stabwerke mit gedrungenen Querschnittsteilen, Druck- und Biegedruckfälle, in: Stahlbau-Handbuch, Bd. 1, 2.Aufl. (Abschn. 10.2.1). Köln: Stahlbau-Verlag 1982 (S.456-492)

4a **ROIK,K. u. KINDMANN,R.**: Das Ersatzstabverfahren - Tragsicherheitsnachweise für Stabwerke bei einachsiger Biegung und Normalkraft. Stahlbau 51(1982), S.137-145

4b **ROIK,K.**: Vereinfachte Stabilitätsnachweise von Stäben und Systemen, in: Berichte aus Forschung und Entwicklung, Heft 13/1984. Köln: Stahlbau-Verlag 1984

4c **ROIK,K. und KUHLMANN,U.**: Beitrag zur Bemessung von Stäben für zweiachsige Biegung mit Druckkraft. Stahlbau 54(1985), S.271-280.

4d **LINDNER,J. u. GIETZELT,R.**: Zweichasige Biegung und Längskraft - Vergleiche verschiedener Bemessungskonzepte. Stahlbau 53(1984), S.328-333

4e **LINDNER,J. und GIETZELT,R.**: Zweichachsige Biegung und Längskraft - ein ergänzter Bemessungsvorschlag. Stahlbau 54(1985), S.265-271

5a **VOGEL,U.**: Wirtschaftliche Bemessung von Hallenrahmen durch wirklichkeitsnahe Berechnung. Stahlbau 53(1984), S.65-74

6a **PETERSEN,C.**: Anmerkungen zur derzeitigen Diskussion über die Stabilitätsnormung in Stahlbau, in: Nachweis der Stabilität von Baukonstruktionen. Essen: VBI (Verein beratender Ingenieure) 1983

7a **PETERSEN,C.**: Tragsicherheitsnachweis außermittig gedrückter Stäbe und Stabwerke im Stahlbau, in: Stabilität im Stahl-, Stahlbeton-, und Spannbetonbau (Fortbildungsseminar). München: VBI 1985

8a **RUBIN,H.**: Das Q-Verfahren zur vereinfachten Berechnung verschieblicher Rahmensysteme nach dem Traglastverfahren der Theorie II. Ordnung. Bauingenieur 48(1973), S.275-285.

9a **RUBIN,H. u. VOGEL,U.**: Baustatik ebener Stabwerke, in: Stahlbau-Handbuch, Bd.1, 2.Aufl. (Abschn. 3.1-3.5). Köln: Stahlbau-Verlag 1982 (S.67-195)

10a **OSTERRIEDER,P. u. RAMM,E.**: Berechnung von ebenen Stabtragwerken nach der Fließgelenktheorie I. u. II. Ordnung unter Verwendung des Weggrößenverfahrens mit Systemveränderung. Stahlbau 50(1981), S.92-104

11a **HEES,G.**: Einführung in die Fließgelenktheorie II. Ordnung. Düsseldorf: Werner-Verlag 1984

12a **RIECKMANN,H.-P.**: Knicklängenbeiwerte für Zweigelenkrahmen mit Druckkräften im Riegel. Stahlbau 51(1982), S.41-43, vgl. auch S.351-352

13a **VOGEL,U.**: Praktische Berücksichtigung von Imperfektionen beim Tragsicherheitsnachweis nach DIN 18800, Teil 2 (Knicken von Stäben und Stabwerken. Stahlbau 50(1981), S.201-205

14a **ROIK,K.-H., CARL,J. u. LINDNER,J.**: Biegetorsionsprobleme gerader dünnwandiger Stäbe. Berlin: W. Ernst u. Sohn 1972

15a **LINDNER,J.**: Biegedrillknicken, in: Stahlbau-Handbuch, Bd. 1, 2.Aufl. (Abschn. 10. 2. 2). Köln: Stahlbau-Verlag 1982 (S.493-505)

16a **LINDNER,J. u. SCHMIDT,J. S.**: Biegedrillknicken von I-Trägern unter Berücksichtigung wirklichkeitsnaher Lasteinleitung, Stahlbau 51(1982), S.257-263, vgl. auch 53(1984), S.95-96

17a **GIRKMANN,K.**: Flächentragwerke, 6.Aufl. Nachdr. Wien: Springer-Verlag 1978

18a **TIMOSHENKO,S.**: Über die Stabilität versteifter Platten. Eisenbau 12(1921), S.147-163

19a **KLÖPPEL,K., SCHEER,J. u. MÖLLER,K.-H.**: Beulwerte ausgesteifter Rechteckplatten, Teil 1 u. 2. Berlin: W. Ernst u. Sohn 1960 u. 1968

20a **PROTTE,W.**: Zum Beulproblem versteifter Bodenbleche von Kastenträgern. Techn. Mitt. Krupp. Forsch.-Ber. 30(1974), S.115-113

20b **PROTTE,W.**: Zur Stegblechbeulung unter in zwei Richtungen linear veränderlichen Normalspannungen und in einer Richtung parabolisch veränderlichen Schubspannungen. Techn. Mitt. Krupp, Forsch.-Ber. 32(1974), S.41-45

20c **PROTTE,W.**: Zur Gesamtstabilität querbelasteter I-Träger mit abgestufter Stegblechdicke. Stahlbau 54(1985), S.119-124

21a **SCHEER,J., NÖLKE,H. u. GENTZ,E.**: DAST-Richtlinie 012, Grundlagen - Erläuterungen - Beispiele; Beulsicherheitsnachweise für Platten. Köln: Stahlbau-Verlag 1979

21b **UNGER,B.**: Zur Weiterentwicklung des Beulnachweises von DIN 4114 zur DAST-Richtlinie 012. Stahlbau 49(1980), S.357-369

21c **SCHEER,J.**: Gemeinschaftsprogramm "Plattenbeulversuche" des Deutschen Ausschusses für Stahlbau. Bauingenieur 58(1983), S.375-379

21d **FRÖHLICH,K.C.**: Abschlußkolloquium für das DAST-Gemeinschaftsprogramm. Plattenbeulversuche. Stahlbau 51(1982), S.348-349

22a **SCHEER,J.**: Flächige, ebene Bauteile: Festigkeit und Stabilität, in: Stahlbau-Handbuch, Bd. 2, 2.Aufl. (Abschn. 10.3). Köln: Stahlbau-Verlag 1982 (S.506-522)

(8) Verbindungstechnik I: Schweißverbindungen

1a **DIN:** Schweißtechnik 1: Normen über Schweißzusätze, Fertigung, Güte und Prüfung; DIN-Taschenbuch 8. Berlin: Beuth-Verlag 1982

1b **DIN:** Schweißtechnik 2: Normen über Geräte und Zubehör für Autogenverfahren, Löten, Thermisches Schneiden, Thermisches Spritzen und Arbeitsschutz; DIN-Taschenbuch 65. Berlin: Beuth-Verlag 1983

1c **DIN:** Schweißtechnik 3: Normen über Begriffe, zeichnerische Darstellung und Elektrische Schweißverfahren; DIN-Taschenbuch 145. Berlin: Beuth-Verlag 1982

2a **ISO:** ISO-Taschenbuch 19: Schweißen. Berlin: Beuth-Verlag 1984

3a **DVS:** Taschenbuch: DVS-Richtlinien, DVS-Merkblätter; Fachbuchreihe Schweißtechnik Bd. 68 I/IV. Düsseldorf: Deutscher Verlag für Schweißtechnik 1975-1981

4a **RUGE,J.:** Handbuch der Schweißtechnik, 2.Aufl., Bd. I: Werkstoffe, Bd. II: Verfahren und Fertigung. Berlin: Springer-Verlag 1980

5a **NEUMANN,A.:** Schweißtechnisches Handbuch für Konstrukteure. Teil 1: Grundlagen, Tragfähigkeit, Gestaltung, Teil 2: Stahl-, Kessel- und Rohrleitungsbau, 5. bzw. 4.Auflage. Düsseldorf: Deutscher Verlag für Schweißtechnik 1984 u. 1983.

6a **MANG,F. u. KNÖDEL,P.:** Schweißen und Schweißverbindungen, in: Stahlbau-Handbuch (S.427-444), 2.Aufl., Bd.1. Köln: Stahlbau-Verlag 1982

7a **VDEh. (Herausg.):** Schweißen von Baustählen. Düsseldorf: Verlag Stahleisen 1983

8a **SUDASCH,E.:** Schweißtechnik. München: C. Hanser-Verlag 1950

8b **SAHLING,B., LATZIN,K. u. REIMERS,K.:** Die Schweißtechnik des Bauingenieurs, 3.Aufl., Fachbuchreihe Schweißtechnik Bd. 39. Düsseldorf: Deutscher Verlag für Schweißtechnik 1966

9a **RUBO,E. u. SKUBALLA,W.:** Neuere Hochleistungsschweißverfahren und ihre Bedeutung für den Stahlbau. Stahlbau 29(1960), S.144-149

10a **DVS:** Richtlinien für schweißtechnische Lehrgänge, 8.Aufl. Düsseldorf: Deutscher Verlag für Schweißtechnik 1985

11a **BEHNISCH,H. u. SOSSENHEIMER,H.:** Prüfung der Schweißer im deutschen Regelwerk. Schweißen und Schneiden 34(1982), S.471-474, vgl. auch 33(1981), S.353-357

12a **RINGELSTEIN,K.-H.:** Schweißen von überwachungsbedürftigen Anlagen (Dampfkessel, Druckbehälter, Rohrleitungen und kerntechnische Anlagen) nach dem Regelwerk der Bundesrepublik Deutschland und Westberlin; in: NEUMANN, A.: Schweißtechnisches Handbuch für Konstrukteure, Teil 2, S.668-713. Düsseldorf: Deutscher Verlag für Schweißtechnik 1983

13a **HASE,C. u. REITZE,W.:** Lehrbuch des Gasschweißens und verwandter Autogenverfahren. 8.Aufl. Essen: Verlag W. Girandet 1980

14a **NEUMANN,H.:** Autogentechnik, 3.Aufl. Grafenau: Expert-Verlag 1984

15a **SEMLINGER,E.:** Neue Eletrodenbezeichnung nach DIN 1913, Teil 1, Ausgabe 1976. Stahlbau 46(1977), S.323-326

16a **WEYLAND,F.:** Neuerungen in der Normung und Anwendung von Schweißzusatzwerkstoffen. OERLIKON-Schweißmitteilungen 107 (März 1985), S.9-15

17a **HASE,C. u. REITZE,W.:** Lehrbuch des Lichtbogenschweißens, 2.Aufl. Essen: Verlag W. Girandet 1981

18a **KILLING,R.:** Handbuch der Schweißverfahren, Teil I: Lichtbogenschweißverfahren. Fachbuchreihe Schweißtechnik Bd 76/I. Düsseldorf: Deutscher Verlag für Schweißtechnik 1984

19a **MÜLLER,P. u. WOLFF,L.:** Handbuch des Unterpulverschweißens, Teil I-V. Fachbuchreihe Schweißtechnik Bd. 63. Düsseldorf: Deutscher Verlag für Schweißtechnik 1976-1983

20a **AICHELE,G. u. SMITH,A.A.:** MAG - Schweißen. Fachbuchreihe Schweißtechnik Bd. 65. Düsseldorf: Deutscher Verlag für Schweißtechnik 1975

20b **AICHELE,G.:** Schutzgasschweißen von Stahl, Merkblatt 474. Düsseldorf: Beratungsstelle für Stahlverwendung 1976

21a **POMASKA,H.-U. u. HAAS,B.:** MAG-Schweißen im Stahlbau. Stahlbau 46(1977), S.33-40

22a **BOHLEN,C.:** Lehrbuch des Schutzgasschweißens, 3.Aufl. Essen: Verlag W. Girandet 1984

23a **DVS:** Schutzgasschweißen. DVS-Bericht 87. Düsseldorf: Deutscher Verlag für Schweißtechnik 1984

24a **HERMANN,F.-D.:** Thermisches Schneiden. Die schweißtechnische Praxis, Bd. 13. Düsseldorf: Deutscher Verlag für Schweißtechnik 1979

25a **DVS:** Schnittflächengütemuster zum Beurteilen von Brennschnittflächen nach DIN 2310. Düsseldorf: Deutscher Verlag für Schweißtechnik

26a **MALISIUS,R.:** Schrumpfungen, Spannungen und Risse beim Schweißen, 4.Aufl. Fachbuchreihe Schweißtechnik Bd. 73. Düsseldorf: Deutscher Verband für Schweißtechnik 1977

26b **NEUMANN,A. u. RÖBENACK,K.-D.:** Katalog über Schweißverformungen und -spannungen. Fachbuchreihe Schweißtechnik Bd. 73. Düsseldorf: Deutscher Verlag für Schweißtechnik 1979

27a **HÄNSCH,H.:** Schweißeigenspannungen und Formänderungen an stabartigen Bauteilen. Düsseldorf: Deutscher Verlag für Schweißtechnik 1984

28a **Dokumentation Schweißtechnik:** Eigenspannungen, Teil 1: Rechnerische und Experimentelle Ermittlung von Eigenspannungen, Teil 2: Werkstoffverhalten und Abbau von Eigenspannungen. Fachbibliographie Schweißtechnik Bd. 30 und 31. Düsseldorf: Deutscher Verband für Schweißtechnik 1983

30a **GRÜNING,G.:** Die Schrumpfspannungen beim Schweißen. Stahlbau 7(1934), S.110-112

31a **GRAF,O.:** Aus Untersuchungen über die beim Schweißen von Brückenträgern entstehenden Spannungen. Stahlbau 11(1938), S.97-101

32a **KLÖPPEL,K.:** Das Verhalten längsbeanspruchter Schweißnähte und die Frage der Zusammenwirkung von Betriebs- und Schrumpfspannungen. Stahlbau 11(1938), S.105-110

32b **KLÖPPEL,K.:** Beitrag zur Bestimmung von Eigenspannungen in geschweißten Stahlbauteilen. Forschungshefte aus dem Gebiet des Stahlbaues, H. 6. Berlin: Springer-Verlag 1943

33a **HOUDREMONT,E. u. SCHOLL,H.:** Bewertung innerer Spannungen für die Praxis .Zeitschrift für Metallkunde 50(1959), S.503- 511

34a **KLÖPPEL,K. u. SCHÖNBACH,W.:** Wärmespannungen in rechtwinklig gerandeten Scheiben. Stahlbau 27(1958), S.122-125

34b **KLÖPPEL,K. u. SCHÖNBACH,W.:** Der Temperaturkreislaufversuch. Stahlbau 30(1961), S.257-263

34c **SCHÖNBACH,W.:** Zur Ermittlung der Eigenspannungen in stab- und scheibenartigen Bauteilen infolge von Quernähten und punktförmigen Eigenspannungsquellen. Stahlbau 31(1962), S.365-378

35a **KÜHN,J.:** Berechnung der Eigenspannungen von geschweißten einfachsymmetrischen dünnwandigen I-Profilen. Diss. TH Darmstadt 1978 (vgl. auch Stahlbau 48(1979), S.283

36a **MISKA,J.C. a. ACHARI,R.M.:** Flexural deformation of plates due to moving heat sources. Stahlbau 49(1980), S.23-25

37a **BOHNY,C.M. u. BUSCH,H.:** Spannungsfreiglühen elektrisch geschweißter Träger aus Baustahl St52. Stahlbau 16(1943), S.108-112

37b **GRAF,P.:** Über den Einfluß des Spannungsfreiglühens auf die technischen Eigenschaften der Baustähle und der Bauelemente. Stahlbau 17(1944), S.65-68

37c **RUBO,E.:** Grundsätzliche Betrachtungen zur Minderung von Eigenspannungen in geschweißten Bauteilen aus Stahl, insbesondere an Druckbehältern. Stahlbau 28(1959), S.259-165

38a **ELLER,H.:** Überwachung der Verwerfung beim Schweißen. Stahlbau 31(1962), S.26-29 u. S.222-223

39a **BRÜCKNER,K.:** Schäden an belgischen Straßenbrücken mit geschweißten Vierendeelträgern. VDI-Z 86(1942), S.149-150, vgl. auch Bautechnik(1942), S.61-67

40a **MEIER,K.:** Sprödbruchfälle im Behälterbau. Stahlbau 27(1958), S.22-25

41a **KÜHNEL,R.:** Die Kerbschlagbiegeprobe beim Nachweis der Sprödbruchneigung von Stahl: Ergebnisse beim Stahlverbraucher. Stahlbau 23(1954), S.249-253

42a **RÜHL,K.H.:** Neuere Gesichtspunkte der Sprödbruchprüfung. Stahlbau 24(1955), S.145-151

42b **RÜHL,K.:** Die Sprödbruchsicherheit von Stahlkonstruktionen. Düsseldorf: Werner-Verlag 1959

42c **RÜHL,K.:** Neue ausländische Entwicklungen auf dem Gebiet des Sprödbruches. Schweißen und Schneiden 13(1961), S.271-278

43a **DICK,W.:** Ergebnisse und Folgerungen aus vergleichenden Prüfungen von Blechen aus allgemeinen Baustählen auf Sprödbruchneigung. Stahlbau 30(1961), S.151-155

44a **HÖHNE,K.-J. u. BOER,H. de.:** Eigenschaften von Grobblechen in Dickenrichtung und ihre Bedeutung für geschweißte Stahlbauten. Stahlbau 45(1976), S.73-82

45a **SCHÖNHERR,W.:** Auswirkung der Mittenseigerung auf die Schweißeigung von Walzmaterial aus Strangguß. Stahlbau 52(1983), S.180-185

46a **KRIEG,J.:** Das Kohlenstoffäquivalent und seine praktische Bedeutung. Der Praktiker 23(1971), S.206-210

47a **DEGENKOLBE,J., HOUGARDY,H.-P. u. UWER,D.:** Schweißen unlegierter und legierter Baustähle. Merkblatt 381, 3.Aufl. Düsseldorf: Beratungsstelle für Stahlverwendung 1980

48a **ITO,Y. u. BESSYO,K.:** Weldability formula of high strength steels related to heatofected zone chracking. The Sumitomo Search(1969), S.59-70.

48b **DÜREN,C.:** Kaltrißverhalten von Schweißverbindungen an Feinkornbaustählen, in: Schweißen von Baustählen, Tagungsband 1983, S.114-151. Düsseldorf: 1983

49a **WEVER,F. u. ROSE,A.:** Zur Frage der Wärmebehandlung der Stähle aufgrund ihrer Zeit-Temperatur-Umwandlungsschaubilder. Stahl u. Eisen 74(1954), S.749-760

50a **WEVER,F. u. ROSE,A.:** Atlas zur Wärmebehandlung von Stählen. Max-Planck-Institut f. Eisenforschung in Zsarb. mit Werkstoffausschuß d. Verein Dt. Eisenhüttenleute Band 2 Ddüßseldorf: Verlag Stahleisen 1972

51a **UWER,D. u. DEGENKOLBE,J.:** Temperaturzyklen beim Lichtbogenschweißen-Einfluß des Wärmebehandlungszustandes und der chemischen Zusammensetzung von Stählen auf die Abkühlzeit. Schweißen und Schneiden 27(1975), S.303-306; vgl. auch Stahl u. Eisen 97(1977), S.1201-1208

51b **UWER,D. u. WEGMANN,H.-G.:** Temperaturzyklen beim Lichtbogenschweißen - Einfluß von Schweißverfahren und Nahtart auf die Abkühlzeit. Schweißen und Schneiden 28(1976), S.132-136

51c **UWER,D.:** Rechnerisches und graphisches Ermitteln von Abkühlzeiten beim Lichtbogenschweißen. Schweißen und Schneiden 30(1978), S.243-248

51d **UWER,D.:** Einfluß des Wärmebehandlungszustandes von Stählen auf die Zähigkeit in der Wärmeeinflußzone von Schweißverbindungen. Stahl und Eisen 100(1980), S.483-488

52a **KOHTZ,D.:** Ermitteln von Wärmeeinbringen und Abkühlzeiten mit praxisnahen Schaubildern, Schweißen und Schneiden 30 (1078), S.383-386

53a **EIFLER,K.:** Schweißen von hochwerten Feinkornbaustählen für Stahlbau. Schweißen und Schneiden 34(1982), S.423-427

54a **HERBST,F.W.:** Berechnen der Abkühlzeit zwischen 800 und 500 C beim Schweißen mit Hilfe eines programmierbaren Taschenrechners .Schweißen und Schneiden 36(1984), S.301-303

55a **SEYFAHRT,P. u. KUSCHER,G.:** Atlas Schweiß-ZTU-Schaubilder. Fachbuchreihe Schweißtechnik Bd. 75. Düsseldorf: Deutscher Verlag für Schweißtechnik 1983

55a **KLÖPPEL,K. u. SCHARDT,R.:** Versuche mit kaltgerechten Stählen. Stahlbau 30(1961), S.193-202

56a **STRASSBURGER,C.:** Einfluß der Art der Kalt-Verformung auf die künstliche Alterung bei der Kerbschlagzähigkeitsprüfung allgemeiner Baustähle. Stahlbau 37(1968), S.25-26

57a SCHMITHALS,P.U., SCHREIBER,D. u. EIDAMS-HAUS,P.: Beitrag zur Frage des Schweißens von Kaltprofilen. Stahlbau 34(1965), S.13-19

58a VEIT,H.-J.: Probleme des Schweißens im Bereich kaltgeformter Profile. Schweißen und Schneiden 20(1968), S.113-119

59a RUGE,J. u. WÖSLE,H.: Schweißen in kaltgeformten Teilen - Entwicklung und Beurteilung aus heutiger Sicht. Stahlbau 46(1977), S.266-277/353-359

60a WUICH,W.: Sicherung der Güte von Schweißarbeiten. Stahlbau 48(1979), S.253-254, vgl. auch 49(1980), S.356

61a HOFMANN,H.-G. u. ZWÄTZ,R.: Die Sicherung der Güte von Schweißarbeiten im Stahlbau. Stahlbau 53(1984), S.260-266

62a DVS: DVS-Bewertungskatalog DIN 8563 Teil 3, Fachbuchreihe Schweißtechnik Bd 74. Düsseldorf: Deutscher Verband für Schweißtechnik 1980

62b SCHULZE,G.: Größeneinfluß von Fehlern auf Gebrauchseigenschaften geschweißter Bauteile - Beitrag zur Sicherung der Güte von Schweißarbeiten nach DIN 8563 Teil 3. Schweißen und Schneiden 34(1982), S.234-238

63a DVS-BAM: Zur Humanisierung des Arbeitslebens der Schweißer. DVS-Berichte Bd. 61. Düsseldorf: Deutscher Verlag für Schweißtechnik 1979

63b BMFT: Forschungsberichte: Humanisierung des Arbeitslebens der Schweißer, Bd. 1 bis 10. Düsseldorf: Deutscher Verlag für Schweißtechnik 1981 bis 1984

64a KÖNIG,R.: Be- und Entlüften in Schweißwerkstätten. Düsseldorf: VDI-Verlag 1981

65a DVS: Arbeits- und Gesundheitsschutz beim Schweißen. Fachbuchreihe Schweißtechnik Bd. 29., 2.Aufl. Düsseldorf: Fachbuchreihe Schweißtechnik 1986

66a SCHENCK,H.: Zielpunkte der Forschung für das Eisenhüttenwesen. Stahlbau 40(1971), S.129-136

66b DAHL,W.: Stahl der Zukunft - Forderungen und Möglichkeiten. Stahl und Eisen 101(1981), S.967-976

66c DEGENKOLBE,J. u. MIDDELDORF,W.: Herstellung und Eigenschaften der Stähle für den Stahlbau. Stahl und Eisen 101(1981), S.977-983

67a BURAT,F. u. HOFMANN,W.: Beitrag zur Schweißarbeit unlegierter und niedriglegierter Bau- und Vergütungsstähle. Schweißen und Schneiden 14(1962), S.289-299

68a WUICH,W.: Übersicht der wichtigsten Stähle und deren Eignung zum Schweißen. Stahlbau 48(1979), S.315-317, vgl. auch 49(1980), S.356.

69a FRANKE,H.: Die Schweißeignung der Stähle für das Bauwesen. Bautechnik 57(1980), S.289-300

70a SCHÖNHERR,W.: Güteanforderungen an Baustähle für geschweißte Bauteile, in: Stahlbau-Handbuch (S.339-353), 2.Aufl., Bd. 1. Köln: Stahlbau-Verlag 1982

71a BÖSE,U., WERNER,D. u. WIRTZ,H.: Das Verhalten der Stähle beim Schweißen, Teil 1: Grundlagen. 3.Aufl. Düsseldorf: Deutscher Verlag für Schweißtechnik 1980

71b BÖSE,U., WERNER,D. u. WIRTZ,H.: Das Verhalten der Stähle beim Schweißen, Teil III: Anwendung, 3.Aufl. Fachbuchreihe Schweißtechnik Bd 44/II. Düsseldorf. Deutscher Verlag für Schweißtechnik 1984

72a LANDIEN,V., MÜLLER,M., SCHULZE,G. u. TESKE,K.: DVS-Gefügerichtreihe Stahl. Fachbuchreihe Schweißtechnik Band 71. Düsseldorf: Deutscher Verlag für Schweisstechnik 1979

73a AICHELE,G.: Leistungskennwerte für Schweißen, Schneiden und verwandte Verfahren. Fachbuchreihe Schweißtechnik Bd. 72. Düsseldorf: Deutscher Verlag für Schweißtechnik 1980

74a EGGERT,H., KULESSA,G. u. STRASSBURG,F. W.: Erläuterungen zur allgemeinen bauaufsichtlichen Zulassung nichtrostender Stähle. Mitt. d. Inst. f. Bautechnik 6(1975), S.1-9

74b WUICH,W.: Rostbeständige Stähle und deren Schweißtechnologie. Stahlbau 51(1982), S.177-182

75a STRASSBURG,F.W.: Schweißen nichtrostender Stähle. Fachbuchreihe Schweißtechnik Bd. 67, 2.Aufl. Düsseldorf: Deutscher Verlag für Schweißtechnik 1982

76a FOLKHARD,E.: Metallurgie der Schweißung nichtrostender Stähle. Wien: Springer-Verlag 1984

77a KÜHNEL,R.: Bewertung der Schweißarbeit des St52 (Ergebnisse von Zulassungsprüfungen). Stahlbau 16(1943), S.75-80

78a MANG,F., STEIDL,G. u. BUCAK,Ö.: Altstahl im Bauwesen. Schweißen und Schneiden(1985), S.10-14

79a NN: Schweißverhalten von Baustählen aus der Zeit von 1885 bis 1940. Schweißen und Schneiden 24(1972), S.85-87

80a KLÖPPEL,K.: Sicherheit und Güteanforderungen bei verschiedenen Arten geschweißter Konstruktionen. Schweißen und Schneiden 6(1954), Sonderhefte, S.38-65

81a BIERETT,G.: Güteauswahl der Stähle für geschweißte Konstruktionen mit Hilfe eines einfachen Klassifizierungsschemas. Bauingenieur 34(1959), S.213-222 u. 35(1960), S.309-311

82a RUDNITZKY,J.: Neue Empfehlungen zur Wahl der Stahlgütegruppen bei geschweißten Stahlbauten. Mitt. des Inst. f. Bautechnik 5(1974), S.130-140, vgl. auch S.148-151

83a STEFFENS,H.-D., SEIFERT,K. u. KNÖSEL,H.: Einsatz elektronenmikroskopischer Untersuchungen zur Materialcharakterisierung in der anwendungsorientierten Werkstofforschung. Stahlbau 45(1976), S.257-263 u. S.337-344

84a MEYER,H.-J.: Zerstörende Prüfungsmethoden zum Bestimmen der mechanischen Eigenschaften von Grobblechen in Dickenrichtung. Schweißen u. Schneiden 34(1982), S.157-159, vgl. auch S.206.

85a IIW: Collection of Reference Radiopgraphs of Welds in Steel, Collction of Reference Radiographs and Cross Sections of Welds in Steel. Düsseldorf: Verlag für Schweißtechnik. Vgl. auch: Vergleichskatalog für Rundrohrnähte 3 bis 20mm und Durchmesserbereich 38 bis 800 mm.

86a CORSEPIUS,H.-W.: Ultraschall-Prüftechnik für Praktiker. Wörishofen: Holzmann-Verlag 1982

87a PETERMANN,H.: Spannungsverteilung in einer Flankenschweißnaht. Stahlbau 5(1932), S.92-94

87b BIERETT,G. u. GRÜNING,G.: Spannungszustand und Fersigkeit von Stirnkahlnahtverbindungen. Stahlbau 6(1933), S.169-173.

87c HERTWIG,A.: Die Spannung in Schweißnähten. Stahlbau 6(1933), S.161-168

87d KALINA,R.: Die Spannungsverteilung in Blechträgern mit unterbrochenen Schweißnähten. Stahlbau 7(1934), S.37 -40

87e KALINA,R.: Über das Zusammenwirken von Stirn- und Flankenkehlnähten. Stahlbau 7(1934), S.97-100

87f JEZEK,K.: Die Berechnung einer auf Biegung beanspruchten Überlappungsschweißung. Stahlbau 7(1934), S.126-128

87g JEZEK,K.: Die Spannungsverteilung in geschweißten Stumpfstößen. Stahlbau 11(1938), S.111-114

87h NEESE,H.: Schweißen im Stahlbau. Stahlbau 2(1929), S.161-167

88a KLÖPPEL,K. u. PETRI,R.: Versuche zur Ermittlung der Tragfähigkeit von Kehlnähten, Stahlbau 35(1966), S.9-25 u. S.96

89a KAMTEKAR,A.G.: A new analysis of the strength of some simple fillet welded connections .Journ. of Constr. Steel Research 2(1982), Nr. 2, S.33-45; vgl. auch 4(1984), S.163-199 u. 5(1985), S.149-159

90a RADAJ,D.: Fertigkeitsnachweise Teil I u. II. Fachbuchreihe Schweißtechnik Bd. 64. Düsseldorf: Deutscher Verband für Schweißtechnik 1974

90b RADAJ,D. u. SCHILBERTH,G.: Kerbspannungen an Ausschnitten und Einschlüssen. Fachbuchreihe Schweißtechnik Bd. 69. Düsseldorf: Deutscher Verlag für Schweißtechnik 1977

91a RADAJ,D.: Gestaltung und Berechnung von Schweißkonstruktionen - Ermüdungsfestigkeit. Düsseldorf: Deutscher Verlag für Schweißtechnik 1985

92a FISCHER,M. und WENK,P.: Zur Frage der Abhängigkeit der Kehlnahtdikke von der Blechdicke beim Verschweißen von Baustählen. Stahlbau 54(1985), H. 8, S.239-242

92b FISCHER,M. u. WENK,P.: Traglastversuche an statisch belasteten Längskehlnähten. Stahlbau 55(1986), S.193-199

92c FISCHER,M. u. WENK,P.: Vergleich vorhandener Konzepte zur erforderlichen Kehlnahtdicke. Stahlbau 57(1988), S.2-8

92d HOMANN,H.-G.: Die "versenkte Kehlnaht" im Stahlbau. Stahlbau 54(1985), S.14-16

93a AURNHAMMER,G. u. MÜLLER,A.: Erläuterungen zu DIN 4100 mit Berechnungsbeispielen, 3.Aufl., Fachbuchreihe Schweißtechnik Bd. 57. Düsseldorf: Deutscher Verlag für Schweißtechnik 1975

94a SAHMEL,P. u. VEIT,H.-J.: Grundlagen der Gestaltung geschweißter Stahlkonstruktionen, 7.Aufl., Fachbuchreihe Schweißtechnik Bd. 12. Düsseldorf: Deutscher Verlag für Schweißtechnik 1983

94b SAHMEL,P.: Beispiele zur Gestaltung und Anwendung geschweißter Hohlquerschnitte im Hoch-, Apparate- und Maschinenbau. DVS-Bericht Bd. 86 Düsseldorf: Deutscher Verlag für Schweißtechnik 1983

95a STÜSSI,F. u. DUBAS,P.: Grundlagen des Stahlbaues, 2.Aufl. Berlin: Springer-Verlag 1971

9 Verbindungstechnik II: Schraub- und Nietverbindungen

1a VALTINAT,G.: Schraubenverbindungen, in: Stahlbau-Handbuch 1, (S.402-424), Köln; Stahlbau-Verlag 1982 S.402-424

2a KULAK,G.L., FISHER,J.W. a. STRUIK,I.H.A.: Guide to design criteria for bolted and riveted joints, 2.ed. New York: I. Wiley 1987

3a BAUER,C.-O.(Hrsg.): Handbuch der Verbindungstechnik. München: Hanser 1990

4a ILLGNER,K.H. u. BLUME,D.: Schrauben-Vademecum, 4.Aufl. Bauer & Schaurte Karcher (Eigenverlag) 1981

5a WIEGAND H. u. ILLGNER,K.H.: Berechnung und Gestaltung von Schraubenverbindungen. 3.Aufl. Berlin: Springer-Verlag 1962

5b WIEGAND,H.:, KLOOS,K.-H. u. THOMALA,W.: Schraubenverbindungen, 4.Aufl. Berlin: Springer-Verlag 1988

6a BOSSARD,H. (HRSG.): Handbuch der Verschraubungstechnik. Grafenau: Expert Verlag 1982

6b KÜBLER,K.-H.:Handbuch der hochfesten Schrauben Essen Giradet 1986

7a KLEIN,M.: Einführung in die DIN-Normen, 9.Aufl. Berlin:Beuth-Verlag 1985

8a DIN: Mechanische Verbindungselemente; T1(TB10), Maßnormen über Schrauben und Muttern; T2 (TB43), Normen über Bolzen, Stifte, Niete, Keile, Stellringe, Sicherungsringe; T3 (TB55), Grundnormen, Gütenormen, Techn. Lieferbedingungen für Muttern und Schrauben. Berlin: Beuth-Verlag (jeweils jüngste Ausgabe)

8b SPARENBERG,H.: Schrauben, Muttern, Zubehör: Tabellenbuch. Berlin: Beuth-Verlag 1989

9a KENNEL,E.: Das Nieten im Stahl- und Leichtmetallbau. München: C. Hanser Verlag 1951

10a GRAF,O.: Über die Nietlochfüllung mit langen Nieten. Stahlbau 23(1954), S.102-104

11a PELIKAN,W.: Versuche über die Lochfüllung beim Schlagen langer gedrehter Niete. Stahlbau 25(1956), S. 126-128

12a SCHRÖTER,H.-J.: Ein neues Verfahren zum Stanzen von Niet- und Schraubenlöchern in Bleche. Stahlbeton 36(1967), S.123-124

13a HELMS,R.: Zur Sprödbruchsicherheit von Stahlbauteilen mit gestanzten Löchern. Stahlbau 43(1974), S.313-314

14a THOMALA,W.: Zum selbsttätigen Lösen und Sichern von Schraubenverbindungen. Draht 30(1979), S.159-167

15a STRELOW,D.: Sicherung von Schraubenverbindungen. Merkblatt 302 der Beratungsstelle für Stahlanwendungen, 6.Aufl. Düsseldorf 1983

16a HARRE,W.: Ein Vergleich der deutschen und amerikanischen Vorschriften über die Berechnung des maßgebenden Nettoquerschnittes zubeanspruchter Stäbe. Stahlbau 44(1975), S.75-81

17a **KAYSER H.**: Versuche über die Abscher- und Lochleibungsfertigkeit von Nietverbindungen. Stahlbau 4(1931), S.85-89 u. S.164-168

18a **KAYSER,H.**: Versuche über die Abscher- und Lochleibungsfestigkeit von Nietverbindungen. Stahlbau 6(1933), S.164-168

19a **GRAF,O.**: Versuche mit Schraubenverbindungen. Berichte des Deutschen Ausschuß für Stahlbau, H. 16. Berlin: Springer-Verlag 1951

20a **GRAF,O.**: Aus Ergebnissen amerikanischer Versuche mit Nietverbindungen. Stahlbau 23(1954), S.169-176

21a **N.N.**: Die Grenzen der Kraftübertragung bei Nieten und Schrauben im Stahlbau. ACIER-STAHL-STEEL 22(1957), S.101-108

22a **STEINHARDT,O. u. MÖHLER,K.**: Versuche zur Anwendung vorgespannter Schrauben im Stahlbau Teil I(1954), Teil II(1959) u. Teil III(1962). Berichte des DASt, Heft 18, 22, u. 24. Köln: Stahlbau-Verlag 1954, 1959- u. 1962

23a **STEINHARDT,O., MÖHLER,K. u. VALTINAT,G.**: Versuche zur Anwendung vorgespannter Schrauben im Stahlbau, Teil IV(1969). Bericht des DASt, Heft 25. Köln: Stahlbau-Verlag 1969

24a **SOSSENHEIMER,H.**: Zur Anwendung von hochfesten Schrauben. Stahlbau 24(1955), S.11-16

25a **SCHMID,W.**: Neuere amerikanische Versuche mit hochfesten Schrauben. Bauingenieur 30(1955), S.302-307

26a **ERNST,E.**: Die erste Eisenbahnbrücke der Deutschen Bundesbahn mit vorgespannten, hochfesten Schrauben als Verbindungsmittel. Stahlbau 23(1954), S.225-228

27a **DASt**: Gleitfeste Schraubenverbindungen im Stahlbau (Vortragsveranstaltung 7. Mai 1957 in Essen). Veröff. des DASt Heft 12. Köln: Stahlbau-Verlag 1958 ; vgl. auch Stahlbau 26(1957), S.312-314

27a **DASt**: Gleitfeste Schraubenverbindungen im Stahlbau (Vortragsveranstaltung 7. Mai 1957 in Essen). Veröff. des DASt Heft 12. Köln: Stahlbau-Verlag 1958 ; vgl. auch Stahlbau 26(1957), S.312-314

28a **KRAYER,H.**: Zur Verbesserung des Gleitwiderstandes bei Verbindungen mit hochfesten Schrauben. Stahlbau 28(1959), S.22-25

29a **DÖRNEN,K.**: Die Untersuchung der Schubsteifigkeit von Verbindungen mit hochfest vorgespannten (HV-) Schrauben und die daraus sich ergebenden konstruktiven Maßnahmen. Köln: Stahlbau-Verlag 1961

30a **FISHER,J.W., RAMSEIER,P.O. a. BEEDL,L.S.**: Strength of A 440 steel joints fastened with A 325 bolts. IVBH-Abhandlungen 23(1963), S.135-158

31a **STEINHARDT,O.**: Reibbeiwerte für grundierte HV-Verbindungen. Bauingenieur 41(1966),S.419

32a **GALGOCZY,G.**: Die neuesten ungarischen Versuchsergebnisse über die Wirkungsweise von gleitfesten HV-Schraubenverbindungen sowie die Grundprinzipien des daraus resultierenden, neu erarbeiteten Entwurfs über Berechnungs- und Ausführungsrichtlinien. Stahlbau 38(1969), S.366-372

33a **VALTINAT,G.**: Neue Entwicklungen und Vorschriften in der HV-Verbindungstechnik. Industrieanzeiger Nr. 89. Auagabe Schrauben, Verbindungselemente, Federn, Normteile, vom 23. 10. 1973

34a **VALTINAT,G.**: GV-Verschraubung des Montagetores im Sicherheitsbehälter beim Kernkraftwerk Philippsburg Block II. Stahlbau 53(1984), S.51-55

35a **HAWRANEK,R.**: Zur Sicherheit von statisch beanspruchten HV-Verbindungen unter besonderem Bezug auf die DASt-Richtlinien der Jahre 1956, 1963 und 1974. Ber. zur Sicherheit der Bauwerke. Sonderforschungsbereich 96, Heft 9. München: SFB 96 (Eigenverlag) 1975

36a **KLÖPPEL,K. u. SEEGER,T.**: Dauerversuche mit einschnittigen HV-Verbindungen aus St37. Stahlbau 33 (1064), S.225-245 u. S.335-346

37a **KLÖPPEL,K. u. SEEGER,T.**: Sicherheit und Bemessung von HV-Verbindungen aus St37 und St52 nach Versuchen unter Dauerbelastung und ruhender Belastung. Veröff. d. Inst. f. Statik und Stahlbau der TH Darmstadt, H. 1, 1965 ; vgl. auch Stahlbau 36(1967), S.95-96

38a **ORE (Forschungs- und Versuchsamt des intern. Eisenbahnverbandes), Frage D 90**: Probleme der Verbindungen mit hochfesten vorgespannten Schrauben, Bericht Nr. 8 (Schlußbericht). Utrecht 1973

39a **DRIEGER,A.**: Als Lehrmittel gestaltete Messeinrichtung für Schraubenkraft sowie Anzugs- und Leistungsmomente an Schraubenverbindungen. HBM-Messtechnische Briefe 20(1984), S.41-45

41a **KENNEDY,J.D.**: High strength bolted galvanized joints. Proc ASCE, J. of Struct. Div. 98(1972), S12, S.2723-2738

42a **WIEGAND,H. u. STRIGENS,P.**: Zum Festigkeitsverhalten von feuerverzinkten HV-Schrauben. Industrie-Anzeiger Nr. 12 (11.2.72), S.247-252

43a **WIEGAND,H. u. THOMALA,W.**: Zum Festigkeitsverhalten feuerverzinkter HV-Schrauben. Drahtwelt 59(1973), S.542-551

44a **VALTINAT,G.**: Der Einsatz der Feuerverzinkung im Stahlbau - im Hinblick auf Schraubenverbindungen. Veröff. der "Beratung Feuerverzinken" Hochstraße 113. 5800 Hagen

45a **ZIMMERMANN,W. u. ROSTASY,F.S.**: Der Reibbeiwert feuerverzinkter HV-Verbindungen in Abhängigkeit von der Nachbehandlung der Zinkschicht. Stahlbau 44(1975), S.82-84

46a **ZIMMERMANN,W. u. ROSTASY,F.S.**: Der Reibbeiwert belasteter und unbelasteter feuerverzinkter HV-Verbindungen in Abhängigkeit von der Zeit. Stahlbau 46(1977), S.91-94

47a **ILLGNER,K.-H.**: Einfluß der Oberflächenbehandlung auf die Eigenschaften von HV-Schraubenverbindungen und ihre Anwendung. Stahlbau 48(1979), S.21-25

48a **KLOOS,K.H. u. SCHNEIDER,W.**: Untersuchungen zur Anwendbarkeit feuerverzinkter HV-Schrauben der Festigkeitsklasse 12.9. VDI-Z 125(1983), Nr. 19-Okt(I), S.101-111

49a **VALTINAT,G. u. FREY,P.**: Abwürgeuntersuchungen an hochfesten Schrauben der Festigkeitsklasse 12.9 in feuerverzinkter und schwarzer Ausführung. Bericht der Versuchsanstalt für Stahl, Holz und Steine der Uni Karlsruhe, 4. Folge, Heft 8. Karlsruhe: Uni Karlsruhe 1983

50a **SCHEER,J., PEIL,U. u. PAUSTIAN,O.**: Zum Tragverhalten einschnittiger, ungestützter Einschraubenverbindungen. Bauingenieur 59(1984), S.389-396

50b **SCHEER,J.**: Bericht Nr. 6061: Einfache Schraubenverbindungen. Forschungsbericht T 644, Institut für Stahlbau der TU Braunschweig. Informationsverbundzentrum Raum und Bau der Frauenhofer-Gesellschaft 1979

51a **PLICHTA,W.**: Festigkeits- und Schlupfmessungen an geschraubten Prüfkörpern. Dipl.Arbeit Lehrstuhl für Stahlbau, UniBw München 1982 (nicht veröffentlicht)

52a **CHANCHALEAW,S.**: Tragfähigkeit von Schrauben- und Kehlnahtverbindungen mit größerer Erstreckung. Dipl.Arbeit Lehrstuhl f. Stahlbau UniBw München 1983 (nicht veröffentlicht)

53a **HERTWIG,A. u. PETERMANN,H.**: Über die Verteilung einer Kraft auf die einzelnen Niete einer Nietreihe. Stahlbau 2(1929), S. 289-298

54a **STÜSSI,F. u. DUBAS,P.**: Grundlagen des Stahlbaues, 2.Aufl. Berlin: Springer-Verlag 1971

55a **BUFLER,H.**: Zur Theorie diskontinuierlicher und kontinuierlicher Verbindungen. Ing.-Archiv 37(1968), S.176-188

56a **BUFLER,H. u. MÜSZIGMANN,F.**: Kraftübertragung bei diskontinuierlichen Scherverbindungen. Stahlbau 46(1977), S.12-20

57a **HERZOG,M.**: Die optimale Ausnützung hochfester Schraubenverbindungen nach Versuchen. Stahlbau 43(1974), S.267-276 u. S.344-347

58a **LINDNER,J.**: Laschenverbindungen mit vergrößertem Lochspiel. Stahlbau 50(1981),S.301-359

59a **ILLGNER,K.-H. (Hrsg.)**: Die hochbeanspruchte Schraubenverbindung - eine Herausforderung an den Ingenieur (VDI-Tagung Stuttgart 1974). VDI-Bericht 220. Düsseldorf:VDI-Verlag 1974

59b **VDI**: Schraubenverbindungen - beanspruchungsgerecht konstruiert und montiert (Tagung Essen 1989). VDI-Bericht 766. Düsseldorf: VDI-Verlag 1989

59c **VDI**: Schäden in der Verbindungstechnik (tagung Würzburg 1989). VDI-Bericht 770. Düsseldorf 1989

60a **SEESSELBERG,C.**: Entwicklung einer Theorie für Flansch- u. Kopfplattenverbindungen für endliche Schrauben- und Ankerlängen. Dipl. Arbeit Lehrstuhl f. Stahlbau UniBw München 1981 (unveröffentlicht)

61a **PETERSEN,C. u. SUBRAMANIAN,N.**: Versuche an geschraubten Flanschverbindungen in L-Form. Internbericht Lehrstuhl f. Stahlbau der UniBw München 1985 (nicht veröffentlicht)

62a **DOUTY,R.T. a. MC GUIRE,W.**: High strength bolted moment connections. Proc. ASCE, J. of the Struc. Div. 91(1965), ST2, S.101-128

63a **NAIR,R.S., BIRKEMOE,P.C. a. MUNSE,W.H.**: High strengths bolts subject to tension and prying. Proc. ASCE, J. of the Struc. Div. 100(1974), ST2, S.351-372

64a **THOMSEN,K. u. AKERSKOV,H.**: Versuche zur Ermittlung des Tragverhaltens von Kopfplattenstößen in biegebeanspruchten gewalzten IPE- und HEB-Profil-Träegern. Stahlbau 42(1973), S.236-246

65a **AGERSKOV,H.**: High-strenth bolted connection subject to prying. Proc. ASCE, J. of the Struc. Div. 102(1976), ST1, S.161-175

66a **ROTHE,L.**: Vereinfachte Näherungsmethode zur Berechnung von Kopfplattenverbindungen mit Berücksichtigung der Hebelwirkung. Bauingenieur 52(1977), S.347-349

67a **WITTEVEN,J., STARK,W.B., BIJLAARD,F.S.K. a. ZOETEMAIJER,P.**: Welded and bolted beam-to-column connections. Proc. ASCE, J. of the Struc. Div. 108(1982), ST2, S.433-455 (vgl. auch Stahlbau 44(1975), S.189-190)

68a **BOUWMAN,L.P.**: Bolted connections dynamically loaded in tension. Proc. ASCE, J. of the Struc. Div. 108(1982), ST9, S.2117-2129

69a **HOTZ,R.**: Traglastversuche für Stützen-Riegel-Verbindungen mit verbesserter Wirtschaftlichkeit. Stahlbau 52(1983), S.329-334

70a **LACHER,G. u. KIESZLICH,H.P.**: Literatur-Studie zur Bemessung von hochfesten, vorgespannten Schrauben der Güte 10.9 in Kopfplattenberbinmdungen unter äußerer Zug-Schwellbeanspruchung. Forschungsber. Inst.f.Stahlbau, Uni Hannover 1982

70b **LACHER,G.**: Über den Einfluß der Abstützung auf exzentrisch schwingend beanspruchte vorgespannte Schrauben in Plattenverbindungen. Stahlbau 53(1984), S.165-173

70c **LACHER,G.**: Dauerschwingversuche an axialbeanspruchten Schrauben 10.9 in T-Verbindungen. Stahlbau 56(1987), S.257-266

71a **KOWALSKE,D.**: Berechnung exzentrisch belasteter Flanschverbindungen. Industrieanzeiger 95(1973), S.145-150 (Diss. TU Berlin 1972)

72a **VARGA,L.**: Untersuchung an Flanschkonstruktionen. Konstruktion 33(1981), S.361-365

73a **GALWELAT,M. u. BEITZ,B.**: Gestaltungsrichtlinien für unterschiedliche Schraubenverbindungen. Konstruktion 33(1981), S.213ff

73b **KRASS,F.**: Die Verbindung von Schrauben mit großen Gewindedurchmessern. Fortschritt-Ber. VDI, Reihe 1. Düsseldorf: VDI-Verlag 1981

74a **KATO,B. a. HIROSE,R.**: Bolted tension flanges joining circular hollow section members. Journ. Constr. Steel Research 5(1985), S.79-101 u. S.163-177

75a **OTAKI,H.**: Spannungsverteilung im Gewindegrund einer Schraube-Mutter-Verbindung. Konstruktion 31(1979), S.121-126

75b **SCHMID,I.**: Beitrag zur genaueren Bestimmung des Kerbfaktors von Schraube-Mutter-Verbindungen. Diss. TU München 1974

75c **FELDMANN,H.**: Spannungsberechnung an Gewinden von Schraube-Mutter-Verbindungen mittels der Methode der Finiten Elemente. Diss. TU Braunschweig 1981

76a **BIRKEMOE,P.C. a. SRINIVASAN,R.**: Fatigue of bolted high strength structural steel. Proc. ASCE, J. of Struct. Div. 91(1965), ST6, S.57-69 ; vgl. auch Civil Engineering ASCE 40(1970), Nr. 4, S.42-46

77a **WEBER,H.**: Die Ermüdungsfestigkeit von Schrauben bei kombinierter Zug- und Biegebeanspruchung. Konstruktion 23(1971), S.401-404

78a SEDLACEK,G., STARK,I. u. HEMMERT-HALSWICK,A.: Auswertung von Versuchen mit Schrauben und Schraubverbindungen für den EUROCODE 3 ; in: Festschrift J.SCHEER (S.239-252). Braunschweig: Inst. für Stahlbau der TU Braunschweig 1986

79a VALTINAT,G. u. WILHELM,M.: Literaturzusammenstellung und Auswertung Thema: "Schrauben-Verbindungen im Stahlbau", Last-Verschiebungs-Diagramme, Schriftenreihe Stahlbau u. Holzbau TU Hamburg-Harburg Heft2, Hamburg 1988

80a SCHEER,J., MAIER,W., KLAHOLD,M. i. VAJEN,K.: Zur " Lochleibungsbeanspruchung" in Schraubenverbindungen. Stahlbau 56(1987), S.129-136

81a KNOBLOCH,M. u. SCHMIDT,H.: Tragfähigkeit und Tragverhalten stahlbauüblicher Schrauben unter reiner Scherbeanspruchung und kombinierter Scher-Zugbeanspruchung. Forschungsbericht Nr.41, Uni-GHS-Essen, Fachgebiet Stahlbau, Essen 1987

81b SCHMIDT,H. u. KNOBLOCH,M.: Schrauben unter reiner Scherbeanspruchung und kombinierter Scher-Zugbeanspruchung. Stahlbau 57(1988), S.169-174

81c KNOBLOCH,M. u. SCHMIDT,H.: Statistische Tragfähigkeitsdaten industriell gefertigter Schrauben unter vorwiegend ruhender Zug- und Abscherbeanspruchung im Gewinde. Forschungsbericht Nr.52, Uni-GHS-Essen, Fachgebiet Stahlbau, Essen 1990

81d KNOBLOCH,M.: Zum Tragsicherheitsnachweis scherbeanspruchter Schrauben in Stahlbau unter vorwiegend ruhender Belastung. Diss. Uni-GHS Essen 1990

82a SCHEER,J. PEIL,U. u. NÖLLE,H.: Schrauben mit planmäßiger Biegebeanspruchung. Stahlbau 57(1988), S.237-245

83a PETERSEN,C.: Tragversuche an zweischnittigen SL- und VSL-Schraubenverbinmdungen. Stahlbau 58(1989), S.263-267

84a PETERSEN,C.: Tragfähigkeit imperfektionsbehafteter geschraubter Ring-Flansch-Verbindung. Sthalbau 59(1990), S.97-104

85a LACHER,G.: Zeit- und Dauerfestigkeit von schwarzen und feuerverzinkten hochfesten Schrauben M20 der Festigkeitsklasse 10.9 unter axialer Beanspruchung. Bauingenieur 61(1986), S.227-233

85b LACHER,G.: Zur Bemessung von hochfesten vorgespannten Svhrauben 10.9 auf Zug - ein Vergleich. Stahlbau 55(1980), S.41-50

85c LACHER,G.: Der Festigkeitsnachweis von hochfesten Schrauben unter schwingendem Zug in nationalen Normen und Richtlinien, in: KURT KLÖPPEL-Gedächtnis-Kolloquium, Bd 31 der THD-Schriftenreihe Wiss. u. Technik: Darmstadt: Techn. Hochschule, Kurt-Klöppel-Institut 1986

86a FRANK,K.-H.: Fatigue strength of anchor belts. Proc. ASCE, Journal Struc. Div. 106(1980), S.1279-1293

87a GÜNTHER,G.: Zum Ermüdungsverhalten hochfester Schrauben. Ifl-Mitt. 22(1983), S.131-134

88a ECCS, Tech. Com. 10: European Recommendations for bolted connections: in structural steelwork, 4.ed., Nr.38. Brüssel: ECCS 1985

(10) Verbindungstechnik III: Bolzenverbindungen mit Augenlaschen

1a COOPER,T.: New facts about eye-bars. Trans. ASCE 1906, Paper Nr. 1024, S.411-450

2a MELAN,J.: Amerikanische Zereißversuche mit großen Augenstäben. Eisenbau 5(1914), S.342-344

3a BOHNY,C.M.: Hängebrücken, Beiträge zu ihrer Berechnung und Konstruktion. Diss.TH Danzig 1932

4a KNOLL,G.: Stahlgelenkketten. Merkblatt 227, 2.Aufl. Düsseldorf: Beratungsstelle für Stahlverwendung 1979

5a MATHAR,J.: Über die Spannungsverteilung in Schubstangenköpfen. Forsch.-Arb. Ing.-Wes., H. 306, Düsseldorf: VDI-Verlag 1928 (Diss. RWTH Aachen 1926)

6a BIERETT,G.: Ein Beitrag zur Frage der Spannungsströmungen in Bolzenverbindungen. Diss. TH Berlin 1931

7a VOLKERSON,O. u. GOSCHLER,R.: Über die Festigkeit von Bolzenangen. Luftfahrtwissen 8(1941), S.151-156

8a KUNTZSCH,V.: Statische und dynamische Beanspruchung von Kettenlaschen. Diss. Uni (TH) Karlsruhe 1972

9a HENNIG,A.: Spannungsuntersuchungen am gelochten Zugstab und am Nietloch mit Hilfe des polarisations-optischen Verfahrens. Diss. TH München 1933

10a FROCHT,M.M. a. HILL,H.N.: Stress concentration factors around a circular hole in a plate loaded through pin in the hole. Journal Appl. Mech. 7(1940), A5-A9.

11a TOLBERT,R.N. a. HACKETT,R.M.: Experimental investigation of lug stresses and failures. Eng. Journal Am. Inst. Steel Construction(1974), S.34-37

12a TOLLE,M.: Zur Berechnung der Spannungen krummer Stäbe. Z-VDI 47(1903), S.884-890

13a BLUMENFELD,R.: Berechnung von gekrümmten Stäben. Z-VDI 51(1907), S.1426-1429

14a BAUMANN,A.: Berechnung von gekrümmten Stäben. Z.-VDI 52(1908), S.337-345 u. 376-382

15a MATSUMURA,T.: Die Festigkeit geschlossener Schubstangenköpfe. Z-VDI 55(1911), S.460-465

16a BEKE,J.: Beitrag zur Berechnung der Spannungen in Augenstäben. Eisenbau 12(1921), S.233-244

17a BERNHARD,J.M.: Berechnung von Stangenköpfen. Z-VDI 74(1930), S.945-948

18a POOCZA,A.: Zur Festigkeit geschlossener Stangenköpfe. Konstruktion 19(1962), S.361-364

19a SZAKACSI,J.: Berechnungen von Stangenköpfen unter Berücksichtigung des Bolzenspiels und der behinderten Verformung. Konstruktion 22(1970), S.172-178

20a REISSNER,H. u. STRAUCH,F.: Ringplatte und Augenstab. Ingenieur-Archiv 4(1933), S.481-505

21a REIDELBACH,W.: Der Spannungszustand in einem duchbohrten, durch eine Bolzenkraft auf Zug beanspruchten Stangenkopf. Industrieblatt 62(1962), S.670-675

22a SCHAPER,G.: Stählerne Brücken, Bd. I, Teil 1, 7.Aufl. Berlin: W.Ernst&Sohn 1949

23a BLEICH,F.: Der gerade Stab mit Rechteckquerschnitt als ebenes Problem. Bauingenieur 4(1923), S.255-259, 304-307 u. 327-331

24a BLEICH,F.: Theorie und Berechnung der eisernen Brücken. Berlin: Verlag J. Springer 1924

25a KUNTZSCH,V.: Laschenketten-Bolzenberechnung. Draht 30(1979), S.543-549 u. S.625-630

26a HEISS,B.: Tragfähigkeit von Gelenkbolzen-Verbindungen: Dipl.-Arbeit Lehrstuhl für für Stahlbau, HSBw München 1979 (unveröffentlicht)

27a HERTEL,H.: Ermüdungsfertigkeit der Konsstruktionen. Berlin: Springer-Verlag 1969

28a GARNATZ,P.: Spannungsmessungen und Festigkeitsuntersuchungen zur Gestaltung von Augenstäben hoher Ermüdungsfestigkeit. Fortschr.-Ber. VDI-Z, Reihe 1, Nr. 12. Düsseldorf: VDI-Verlag 1968

29a LARSSON,S.E.: The development of a calculation method for the fatigue strength of lugs and a study of test results for lugs of aluminium; in: GASSNER, E. a. SCHÜTZ, W. (Ed.): Fatigue design procedure. New York: Pergamon Press 1969

30a PETERSEN,C. u. REPPERMUND,K.: Versuchsbericht über Ermüdungsversuche an Bolzenverbindungen (unveröffentlicht). HSBw München: Lehrstuhl für Stahlbau 1980

31a WIRTHGEN,G.: Berechnung von Augenstäben, insbesondere nach der Neufassung des DDR-Standarts TGL 19337. IfL.-Mittl. 22(1983) Seite 215-225

(11) Verbindungstechnik IV: Sondertechniken

1a SEDLACEK,G. u. STOVERINK,H.: Sonderverbindungen in: Stahlbau Handbuch, Bd. 1, 2. Aufl., S.445-451. Köln: Stahlbau-Verlag 1982

2a SEDLACEK,G., STOVERINK,H. u. UNGERMANN,D.: Schweißlose Verbindungen im Stahlbau, Forschungsbericht Lehrstuhl für Stahlbau, RWTH Aachen 1985

3a NATHER,F.: Gerüstbau, in: Stahlbau-Handbuch, Bd. 2, 2. Aufl., S.1241-1282. Köln: Stahlbau-Verlag 1985

4a NATHER,F.: Gerüste und Hochregallager - Aktuelle statische und konstruktive Fragen. Stahlbau 51(1982), S.300-306

5a LINDNER,J. u. FRÖHLICH,K.-C.: Statische Berechnungen zu Großversuchen an Fassadengerüsten. Stahlbau 50(1981), S.142-146

6a LINDNER,J. und HAMAEKERS,K.: Zur Tragfähigkeit von Gerüstspindeln. Stahlbau 54(1985), H. 8, S.225-231

7a MÖLL,R.: Ein Beitrag zur Ermittlung der Tragfähigkeit von Fachbodenregalen und Kragarmregalen mit Fachböden. Stahlbau 50(1981), S.193-201 u. S.238-244

8a LINDNER,J., GIETZELT,R., MÖLL,R. u. WERLING,L.: Zur Konstruktion und Berechnung eines Hochregallagers in Berlin. Stahlbau 51(1982), S.129-136

9a SCHEER,J., MAIER,W. u. ROHDE,M.: Lastdosierer-Anwendung bei Gerüsten. Bauingenieur 60(1985), S.330-346

9b MAIER,W. u. ROHDE,M.: Zur Zuverlässigkeit von Lastdosierern. Bauingenieur 61(1986), S.267-273

10a BETSCHART,A.P.: Untersuchungen neuerer metallischer Gußwerkstoffe für Baukonstruktionen, Fortschr.-Ber. VDI-Z. Reihe 4, Nr. 56, Düsseldorf: VDI-Verlag 1980

11a BUCHHOLZ,E.: Zur Tragfähigkeit eines halbmondförmigen Anschlußteils aus Stahlguß. Stahlbau 53(1984), S.333-337

12a DROSCHA,H.: Stahl- und Eisengußkonstruktionen für neuartige Dachstruktur. Bauingenieur 61(1986), S.83-86

13a MATHAR,H.: Vergleich verschiedener Verfahren zur Bestimmung der Sprödigkeit von Punktschweißungen an Stahlblechen. Stahlbau 27(1958), S.79-80

14a BECKEN,O. u. HAVERS,K.: Beim Punktschweißen von Kohlenstoffstahl erreichbare Scherzugkräfte bei Bleckdicken bis 6mm. Schweißen und Schneiden 13(1961), S.127-135

15a KLÖPPEL,K.: Untersuchung der Dauerfestigkeit bei ein- und zweischnittigen punktgeschweißten Stahlverbindungen. Stahlbau 31(1962), S.161-170

16a KUNSMANN,A.: Beitrag zum Punkt- und Buckelschweißen von oberflächenbeschichteten Stahlblech mit metallischen Überzügen. Stahlbau 38(1969), S.157-159

17a POLLOK,C.: Bolzenschweißen im Bauwesen. Merkblatt 459, 2. Aufl. Düsseldorf: Beratungsstelle für Stahlverwendung 1984

17b WÖLFEL,E. u. MANLEITNER,S.: Zulassungen für Kopfbolzen als Verankerungselemente. Roik-Festschrift. Ruhr-Universität Bochum Techn.-Wissen. Mitt. Nr. 84/3, 1984

17c BODE,H. u. HANENKAMP,W.: Zur Tragfähigkeit von Kopfbolzen bei Zugbeanspruchung. Bauingenieur 60(1985), S.361-367

17d WELZ,W. u. DENNIN,G.: Dauerfestigkeit von Konstruktionen mit aufgeschweißten Bolzen. Schweißen und Schneiden 33(1981) S.63-66

18a VALTINAT,G., ALT,K. u. WINKLER,F.: Hülsendübel für Gründungszwecke im Freileitungsbau. BBC-Nachrichten 65(1983), S.11-16

19a SCHMEDDERS,H., TUKE,K.-H., HÖRMANN,A.u. MÖRING,W.: Aluminothermisches Schweißen von Schienen. Merkblatt 241, 3. Aufl. Düsseldorf: Beratungsstelle für Stahlverwendung 1983

20a WESTERHUIS,K.: Schweißen von Kranschienen. Der Praktiker 19(1967), S.5-

21a NN.: Gasschmelz-Schienenschweißen, Merkblatt 192, 3. Aufl. Düsseldorf: Beratungsstelle für Stahlverwendung 1969

22a SCHWEITZER,R. u. HÖRMANN,A.: Das Abbrennstumpfschweißen von Schienen, Merkblatt 258, 3. Aufl. Düsseldorf: Beratungsstelle für Stahlverwendung 1981

23a VALTINAT,G.: HUCK-Bolzen - ein neues Verbindungsmittel im Stahlbau. Drahtwelt 55(1969), S.96-103

24a SKRZIPEK,K.E.: Vorschläge für den Einbau, die Formgebung und die Berechnung parallel spannender Spreizdübel. Stahlbau 46(1977), S.190-192 u. S.391-392

24b LANG,G. u. VOLLMER,H.: Dübelsysteme für Schwerlastverbindungen. Bautechnik 56(1979) S.198-203

24c LANG,G. u. SEGHEZZI-SCHAAN,H.D.: Betrachtungen zum Ttragverhalten von Hinterschnitt- und Spreizdübeln. Bauingenieur 59(1948), S.205-212

24d REHM,G. ELIGEHAUSEN,R. u. MALLEE,R.: Befestigungstechnik, in: Beton-Kalender, Teil II. Berlin: W.Ernst & Sohn 1988

25a SCHEER,J., MAIER,W. u. PAUSTIAN,O.: Experimentelle und theoretische Untersuchungen zum Tragverhalten von Trägerklemmen. Bauingenieur 59(1984), S.415-421

25b SCHEER,J., MAIER,W. u. PEIL,U.: Zur Bemessung von Tragschwertern von Galleriefassaden. Bauingenieur 60(1985), S.223-226

26a MATTING,A.(Hrsg.): Metallkleben. Berlin: Springer-Verlag 1969

27a BROCKMANN,W. u. GROEBEL,K. P.: Kleben von Stahl. Merkblatt 382, 3. Aufl. Düsseldorf: Beratungsstelle für Stahlverwendung 1975

28a FAUNER,G. u. ENDLICH,L.: Angewandte Klebtechnik. München: Hanser-Verlag 1978

29a ADAMS,R.D. a. WAKE,W.C.: Structural adhesive joints in engineering. London: Elsevier Applied Science Publ. 1984

30a ANDERSON,G.P., BENNET,S.J. a. DeVRIES,K.L.: Analysis and testing of adhesive bonds. New-York: Academie Press 1977

31a MÜLLER,G.: Ein Beitrag zur Festigkeitsbeurteilung von Metallklebverbindungen bei einfachen und zusammengesetzten statischen Beanspruchungen. Stahlbau 1 29(1960), S.122-125

32a WINTER,H. u. MECKELBURG,H.: Untersuchungen zur Verklebung von Stahl. Stahlbau 30(1981), S.16-23

33a WAGEMANN,C.H.: Metallverbindungen und ihr Festigkeitsverhalten bei verschiedenen Beanspruchungen. Stahlbau 32(1963), S.92-93

34a MATTING,A. u. BROCKMANN,W.: Stand und Entwicklungstendenzen der Metallklebetechnik. Stahlbau 38(1969), S.161-169

35a BROCKMANN,W.: Die statische und dynamische Langzeitfestigkeit von Metallklebungen bei unterschiedlichen Temperaturen. Stahlbau 39(1970), S.158-159

36a ALTHOF,W.: Ein Verfahren zur Festigkeitserhöhung von wärmebeständigen Überlappungsklebungen. Stahlbau 43(1974), S.94

37a WUICH,W.: Kleben von Metallen. Stahlbau 51(1982), S.268-272

38a TRITTLER,G. u. DÖRNEN,K.: Die vorgespannte Klebverbindung (VK-Verbindung) eine Weiterentwicklung der Verbindungstechnik im Stahlbau. Stahlbau 33(1964), S.257-269

39a LACHER,G.: Fachwerkbrücke mit geklebten Anschlüssen in England. Stahlbau 28(1959), S.287-288

(12) Stützen

1a SCHEER,J., PEIL,U. u. SCHEIBE,H.-J.: Zur Übertragung von Kräften durch Kontakt im Stahlbeton. Bauingenieur 62(1987), S.419.424

1b LINDNER,J. u. GIETZELT,R.: Kontaktstöße in Druckstäben. Stahlbau 57(1988), S.39-49

2a CZERNY,F.: Tafeln für vierseitig und dreiseitig gehaltene Rechteckplatten. Lfd. Aufsatz im Beton-Kalender.Berlin: Verlag Ernst & Sohn erscheint jährlich

2b STIGLAT,K u. WIPPEL,H.: Platten, 3.Auflage Berlin: W.Ernst & Sohn

3a DAST-DSTV: Typisierte Verbindungen im Stahlhochbau, 2.Auflage Köln: Stahlbau-Verlag 1984

4a LÜCKING,G.:Richtlinien für die Verankerung vonn Stahlstützen in Betonfundamenten. Bautechnik 33(1956), S.28-31

4b NOVOTNY,G.: Verankerung von Stahlstützen in der Tschechoslowakei. Stahlbau 26(1957), S.52-54

5a BLEICH,F.: Stahlhochbauten, 1.Bd. Berlin: J. Springer Verlag 1932

6a GREGOR,A.: Der praktische Stahlbau 1, Berechnung der statisch bestimmten Tragwerke, 5.Auflage Köln-Braunsfeld: R. Müller 1972

7a BÄR,A.: Die Einspannung von I-Profilen in Stahlbetonbauteilen. Bautechnik 57(1980), S.82-88

8a HAESERTS,J., ZENNER,W., SPEICHER,W. u. SCHEER,J.: Zuschrift zu BÄR, A. Bautechnik 57(1980), S.317-324

9a HAYASHI,K.: Theorie des Trägers auf elastischer Unterlage. Berlin: J. Springer 1921

9b HETENYI,M.: Beams on elastic Foundations. 5.Edt. Michigan: Univ.-Press 1946

9c ORLOV,G. u. SAXENHOFER,H.: Balken auf elastischer Unterlage. Zürich: Verlag Leemonn 1963

10a HANSZEN,F.: Tragfähigkeit von Köcherfundamenten. Dipl.-Arbeit am Lehrstuhl für Stahlbau, Uni Bw München 1986

11a SHERIF,G.: Elastisch eingespannte Bauwerke. Berlin: W. Ernst u. Sohn 1974

(13) Vollwandträger

1a MINK,K.: Dimensionierung von Biegeträgern Bauingenieur 31(1956), S.172-174

2a VOGEL,R.: Optimale Querschnite vollwandiger Brückenhauptträger. Stahlbau 22(1953), S.45-47

3a SATTLER,K.: Beitrag zur Bemessung stählerner Vollwandträger. Bautechnik 33(1956), S.16-19

3b WANKE,J.: Wirtschaftliche Bemessung von Vollwandträgern mit parallelen Gurten. Stahlbau 36(1967), S.344-348

4a SCHEER,J. u. PLUMEYER,K.: Zur Verformung stählener Biegeträger aus Querkräften. Bauingenieur 63(1988), S.475-478

5a RIEMER,L.: Ermittlung der Durchbiegung von Trägern auf zwei Stützen. Bauplanung-Bautechnik 10(1956), S.423-425

6a Stahl im Hochbau, 14.Aufl. Bd. I, Teil 2. Düsseldorf: Verlag Stahleisen 1986

7a TAUBNER,A.: Vereinfachte Berechnung der Durchbiegung von auf Biegung beanspruchten Trägern mit konstantem Trägheitsmoment. Bauplanung-Bautechnik 14(1960), S.124-127

8a KORHAMMER : Durchbiegung des geraden Trägers mit veränderlichem Querschnitt unter Einzellasten. Konstruktion 12(1960), S.292-296

9a OPLADEN,K.: Konstante Ersatzträgheitsmomente von Biegestäben mit linear veränderlichen Querschnittsabmessungen. VDI-Z. 103(1961), S.587-588

10a KÖNIG,H.: Ermittlung der Verformungen von geraden Stäben mit linear veränderlichen Querschnittsabmessungen. VDI-Z. 103(1961), S.1770-1772

11a BLEICH,F.: Stahlhochbauten, 1. Band. Berlin: J. Springer Verlag 1932

12a GERRATH,U.C.: Vereinfachte Durchbiegungsformeln von vollwandigen Trägern. Stahlbau 10(1937), S.128

12b STEINACK,F.: Beitrag zur praktischen Durchbiegungsberechnung für einfache und durchlaufende Träger. Stahlbau 14(1941), S.18-20

12c DEMBICKY,E.: Schnelle Bestimmung von erforderlichen Trägheitsmomenten. Stahlbau 23(1954) S.63-64

12d KOPPENHÖFER,H.: Ermittlung der Durchbiegung und des erforderlichen Trägheitsmomentes für Stahlträger. Stahlbau 23(1954), S.296-297, vgl. auch S.63-64 u. 25(1956), S.48

12e RÖMHILD,K.-T.: Ein Beitrag zur Berechnung von Trägerdurchbiegungen im Hochbau. Bautechnik 34(1957), S.73-74

13a SCHINEIS,M.: Bestimmung der Mittendurchbiegung und des erforderlichen Trägheitsmomentes bei Biegestäben beliebiger Tragwerke. Bauingenieur 32(1957), S.169-172

14a SZAMEITAT,E.: Feldmomente und Durchbiegungen durchlaufender Träger. Bauing.-Praxis H. 11. Berlin: Verlag W. Ernst u. Sohn 1969, vgl. auch Bautechnik(1975), S.320

15a WILLE,K. u. WILLE,B.: Durchbiegung der Stabtragwerke. Köln: Verlag R. Müller 1977

16a BRANDES,R.: Biegelinie bei Stabsystemen mit feldweise konstanter Biegesteifigkeit und feldweise konstanter Streckenlast. Bauingenieur 57(1982), S.49-50

17a HÖGLUND,T.: Livets Verkningssätt och Bärförmaga has Tunnväggig I-Balk. Bulletin Nr. 93, Div. Building Statics and Struct. Eng., Royal Inst. of. Techn., Stockholm 1971

17b JESCHKE,H.-J.: Versuche an dünnwandigen Vollwandträgern. Stahlbau 45(1976), S.215-217

18a REINITZHUNER,F.: Steifenlose Stahlskeletttragwerke und dünnwandige Vollwandträger. Berlin: W. Ernst u. Sohn 1977

19a NÖLKE,H.: Leichte Vollwandträger ohne Zwischensteifen, in: Stahlbau-Handbuch Bd.1 2.Aufl. (S.523-530). Köln: Stahlbau-Verlag 1982

20a BASLER,K.: Vollwandträger, Berechnung im überkritischen Bereich, 2.Aufl. Zürich: Schweiz. Zenralstelle für Stahlbau 1973

21a HERZOG,M.: Die Traglast versteifter und unversteifter, dünnwandiger Blechträger unter reiner Biegung nach Versuchen. Bauingenieur 48(1973), S.317-322

21b HERZOG,M.: Die Traglast unversteifter und versteifter, dünnwandiger Blechträger unter reinem Schub mit Biegung nach Versuchen. Bauingenieur 49(1974), S.382-389

21c HERZOG,M.: Die Traglast versteifter Kastenträger aus Baustahl. Bauingenieur 52(1977), S.57-61

21d HERZOG,M.: Tragfähigkeit und Bemessung unversteifter und versteifter Blechträger auf Schub in einfachster Näherung. Bauingenieur 63(1988), S.133-137

21e HERZOG,M.: Leichtträger mit Faltsteg- Stahlbau 57(1988), S.246-248

22a VALTINAT,G.: Vollwandträger mit schlanken Stegen und Vertikalsteifen, in: Stahlbau-Handbuch Bd.1, 2.Aufl. (S.531-542). Köln: Stahlbau-Verlag 1982

23a FEIGE,A. u. KANNING,W.: Rahmenträger. Merkblatt Nr. 460 der Beratungsstelle für Stahlverwendung, 2.Aufl. Düsseldorf 1979

24a KANNING,W.: Wabenträger. Merkblatt Nr.361 der Beratungsstelle für Stahlverwendung, 3.Aufl. Düsseldorf 1976

25a KANNING,W.: Theoretische und experimentelle Untersuchungen über den Einfluß der Schnittführung von Wabenträgern auf deren Traglast. Diss. TU Braunschweig 1974

26a FALTUS,F.: Berechnung von Wabenträgern. ACIER-STAHL-STEEL 31(1966), S.245-247

27a HALLEUX,P.: Grenzanalyse bei Wabenträgern ACIER-STAHL-STEEL 32(1967), S.129-141

28a HÄNIG,C.-H.: Der Wabenträger. Bauplanung-Bautechnik 21(1967), S.437-440

29a HOSAIN,M.U. u. SPEIRS,W.G.: Versagen von Wabenträgern infolge Schubbruches der Pfostenschweißnähte. Acier-Stahl-Steel 36(1971), S.34-40

30a **PITTNER,K.-J.:** Über die Berechnung von Wabenträgern mit linearem und nichtlinearem Verhalten. Diss. TU Braunschweig 1976

31a **CLAUSS,H.:** Tragfähigkeit von Vollwandträgern mit Stegausnehmungen. Diplom-Arbeit am Lehrstuhl für Stahlbau, UniBw München 1986 (unveröffentlicht)

32a **PETERSEN,C.:** Nachfolgeversuche zu 31. Lehrstuhl für Stahlbau, UniBw München 1986 (nicht veröffentlicht).

33a **GIETZELT,R. u. NETHERCOT,D.A.:** Biegedrillknicklasten von Wabenträgern. Stahlbau 52(1983), S.346-349

34a **KANNING,W.:** Zur Bemessung von Wabenträgern in Großbritannien. Stahlbau 54(1985), S.377-379

35a **SCHORIES,K.:** Berechnung schlanker Stegbleche mit rechteckigen Öffnungen. Stahlbau 55(1986) S.26-28, vgl. auch S.288

36a **SCHORIES,K.:** Tragfähigkeit schlanker Stegbleche mit ausmittigen Öffnungen. Stahlbau 55(1986) S.215-218

(14) Gelenkige und biegesteife Anschlußkonstruktionen

1a **DASt-DStV:** Typisierte Verbindungen im Stahlhochbau,2.Aufl. Köln: Stahlbau-Verlags-GmbH 1984

2a **REIN,W.:** Untersuchung einfacher Trägeranschlüsse. Bauingenieur 7(1926), S.214-219

3a **OXFORT,J. u. HASSLER,M.:** Traglastversuche an durch Querkraft beanspruchten Winkelanschlüssen mit rohen Schrauben. Stahlbau 42(1973), S.333-338

4a **PALME,E.:** Schraubenkräfte in Kopfplattenstößen. Bauingenieur 49(1974), S.394-396 vgl. Zuschrift KREBS: Bauingenieur 50(1975), S.478

4b **SCHMID,H. u.HARRE,W.:** Querkraftbeanspruchte I-Trägeranschlüsse mit Winkeln bei drehstarrer Anschlußebene. Stahlbau 52(1983), S.225-230

4c **SCHULTE,W.:** Querkraftbeanspruchte I-Trägeranschlüsse mit Winkeln - Tragfähigkeit des Anschlusses am Unterzug ohne Trägerendeinspannung. Stahlbau 52(1983), S.231-236

4d **HOTZ,R.:** Traglastversuche für Stützen Riegel-Verbindungen mit verbesserter Wirtschaftlichkeit. Stahlbau 52(1983), S.325-338

4e **HOTZ,R.:** Oberkantenbündige Deckenträger-Unterzug-Anschlüsse mit verbesserter Wirtschaftlichkeit. Stahlbau 54(1985), S.193-199

5a **SAHMEL,P.:** Berechnung geschraubter Rahmenecken. Stahlbau 23(1954), S.64-66; vgl. auch Stahlbau 24(1955), S.215

6a **ROTH,H.:** Berechnung geschraubter Rahmenecken. Stahlbau 25(1956), S.278-281

7a **BEER,H.:** Einige Gesichtspunkte zur Anwendung hochfester, vorgespannter Schrauben in: Schlußbericht 6. Kongreß IVBH, Stockholm 1960,S. 157-172

8a **SCHINEIS,M.:** Vereinfachte Berechnung geschraubter Rahmenecken. Bauingenieur 44(1969), S.439-449

9a **SCHINEIS,M.:** Biegestäbe mit Federgelenken (geschraubte Rahmenecken, Stirnplattenstöße) und ihre Behandlung bei den Momentenausgleichsverfahren. Bauingenieur 42(1967), S.245-250

10a **STEINHARDT,O.:** Experimentelle Spannungsermittlung an Eckkonsolen. Bauingenieur 27(1952), S.273-275

11a **FEDER,D.:** Vereinfachte Bemessung von biegebeanspruchten HV-Kopfplattenstößen. Stahlbau 39(1970), S.177-180

12a **SCHUBERT,J.:** Rechnerischer Nachweis eines HV-Kopfplattenstoßes und Versuch. Stahlbau 41(1972), S.22-23, vgl. auch Stahlbau 42(1973), S.383-384

13a **JAKOB,H.:** Zur Bemessung geschraubter Kopfplattenstöße im Stahlhochbau. Stahlbau 42(1973), S.218-220

14a **WÖLLER,G.:** Vorschriftsmäßige Bemessung biege- und längskraftbeanspruchter, mehrreihig verschraubter Kopfplattenstöße. Stahlbau 48(1979), S.366-374

15a **BALLIO,G., POCCI,C. a. ZANON,P.:** Notes on the behaviour of crane girders when loads are concentrated on the lower flange. Costruzioni Metalliche 33(1981), S.3-12 u. S.340-343

16a **DOUTY,R.T. a. Mc GUIRE,W.:** High strength boldet moment annexions. Proc ASCE, Jour. Struct. Div. 91(1965), S.101-128

17a **NAIR,R.S., BIRKEMOE,P.C. a. MUNSE,W.H.:** Behavior of bolts in tee-connections subjected to prying action. Proc ASCE, Journ. of the Struct. Div. 100(1974), S.351-372

18a **THOMSEN,K. u. AGERSKOV,H.:** Versuche zur Ermittlung des Tragverhaltens von Kopfplattenstößen in biegebeanspruchten gewalzten IPE- und HEB-Profilträgern. Stahlbau 42(1973), S.236-246

19a **ROTHE,H.:** Vereinfachte Näherungsberechnung zur Berechnung von Kopfplattenverbindungen mit Berücksichtigung der Hebelwirkung. Bauing. 52(1977), S.347-349

20a **OXFORT,J.:** Eine Bemessungsmethode für die Zugseite von statisch beanspruchten geschraubten Trägeranschlüssen an Stützen. Stahlbau 44(1975), S.189-190

21a **GRÜNING,G.:** Spannungsverteilung in stählernen Rahmenecken. Bauingenieur 18(1937), S.158-160

22a **STECKNER,S.:** Statische Berechnung des Gehrungsstoßes von Rechteckstahlrohren in räumlich belasteten Rahmenecken. Stahlbau 52(1983), S.13-19

22a **STECKNER,S.:** Gleichgewichtslösungen für die statische Berechnung von Rahmenecken aus I-Profilen unter ebener Belastung. Stahlbau 53(1984), S.117-124 u. S.143-149

23a **PETERSEN,C.:** Statik und Stabilität der Baukonstruktionen, 2.Aufl. Wiesbaden: Vieweg-Verlag 1982

24a **PROTTE,W.:** Zum Beulproblem schräg ausgesteifter Rechteckplatten. Stahlbau 38(1969), S.19-22

25a **EBEL,H.:** Die Beullasten diagonal versteifter Rechteckplatten. Stahlbau 42(1973), S.225-236

26a **STEINHARDT,O. u. MÖHLER,K.:** Versuche zur Anwendung vorgespannter Schrauben im Stahlbau, III. Teil. Berichte des Deutschen Ausschusses für Stahlbau, Heft 24, Köln: Stahlbau-Verlag 1962

27a **VALTINAT,G.:** Regelanschlüsse im Stahlbau, Teil 2: Biegesteife HV-Stirnplatten-Verbindungen. Karlsruhe: Ber. der Versuchsanstalt Stahl, Holz und Steine, Uni Karlsruhe 1974

28a **VALTINAT,G.:** Schraubenverbindungen, in: Stahlbau-Handbuch Bd.1, 2.Aufl.(S.402-425) Köln: Stahlbau-Verlag 1982(1975), S.478

29a **VOSS,R.-P.:** Bemessung von Lasteinleitungssteifen in geschweißten Vollwandträgern. Stahlbau 56(1987), S.97-106

30a **HERZOG,M.:** Die Krüppellast sehr dünner Vollwandträgerstege nach Versuchen. Stahlbau 43(1974), S.26-28 u. S.91-93

31a **HERZOG,M.:** Die Krüppellast von Blechträger- und Walzprofilstegen. Stahlbau 55(1986) S.87-88

32a **OXFORT,J.:** Versuche zum Beul- und Krüppelverhalten von unversteiften Trägerstegblechen unter zentrischen und exzentrischen Einzellasten auf den Obergurt. Stahlbau 52(1983), S.309-312

33a **TSCHEMMERNEGG,F.:** Zur Entwicklung der steifenlosen Stahlbauweise. Stahlbau 51(1982), S.201-206

34a **BASLER,K.:** Rippenlose Verbindungen im Stahlhochbau, Heft 4. Zürich: Schweizerische Zentralstelle für Stahlbau 1973

35a **WITTEVEEN,J., STARK,J.W.B., BIJLAARD,F.S.K. u. OETEMEIJER,P.:** Welded and bolted beam-to-column connections. Proc. ASCE, Journ. Struc. Div. 100-1.3 (1974), S.279-285

36a **STARK,J.W.B. u. BERCUM,Th. v.:** Stützen- Riegelverbindungen ohne Aussteifungen, in: Steifenlose Stahlskeletttragwerke und dünnwandige Vollwandtträger; Europäische Empfehlungen S.11-83. Berlin: Ernst u. Sohn 1977

37a **TSCHEMMERNEGG,F.:** Steifenlose Konstruktion im Stahlhochbau. Das moderne Stahlbauunternehmen. Vorträge aus der Fachsitzung II des Deutschen Stahlbautages Stuttgart 1976, S.13-17. Köln: Stahlbau-Verlag 1977

38a **KLEIN,H.:** Das elastisch-plastische Last - Verformungsverhalten M-Delta steifenloser, geschweißter Knoten für die Berechnung von Stahlrahmen mit HEB-Stützen. Diss. Uni Innsbruck 1985

38b **TSCHEMMERNEGG,F., TAUTSCHNIG,A., KLEIN,H., BRAUN,C. u. HUMER,C.:** Zur Nachgiebigkeit von Rahmenknoten. Stahlbau 56(1987), S.299-306

39a **SCHULTE,W.:** Die Tragfähigkeit rippenloser Endauflager von Walzträgern. Stahlbau 47(1978) S.307-314

40a **VALTINAT,G.:** Steifenlose Konstruktion im Stahlhochbau. Das moderne Stahlbauunternehmen. Vorträge aus der Fachsitzung II des Deutschen Stahlbautages Stuttgart 1976, S.18-19. Köln: Stahlbau-Verlag 1977

41a **HUBER,K.M.:** Einleitung von Einzelkräften in I-Trägern ohne Aussteifungen, in: Steifenlose Stahlskeletttragwerke und dünnwandige Vollwandtträger (S.3-10); Europäische Empfehlungen. Berlin: Ernst u. Sohn 1977

42a **VALTINAT,G.:** Rippenlose Stahlkonstruktion, in: Stahlbau-Handbuch, Bd. 1, 2.Aufl. (S.619-626). Köln: Stahlbau-Verlag 1982

42b **DANGELMAIER,P., PEPIN,R., SCHLEICH,J.B. u. VALTINAT,G.:** Biegesteife Stirnplattenverbindungen aus St37 und StE460 mit Vouten ohne Rippen. Stahlbau 56(1987), S.16-24

43a **KREUTZ,J.-S.:** Ein Beitrag zur Biegeknickbemessung von Stahlhochbaukonstruktionen mit IPE- und HE-Profilen unter Berücksichigung sekundärer Effekte. Diss. TU München 1984

44a **FINSTERLE,A.:** Steifenlose Lasteinleitung in warmgewalzte I-Träger. Merkblatt 445. Düsseldorf: Beratungsstelle für Stahlverwendung 1980

44b **SCHEER,J., LIU,X.L., FALKE,J. u. PEIL,U.:** Traglastversuche zur Lasteinleitung an I-förmigen geschweißten Biegeträgern ohne Steifen. Stahlbau 57(1988), S.115-121

(15) Fachwerkträger

1a **BLEICH,F.:** Theorie und Berechnung eiserner Brücken. Wien: Springer-Verlag 1924

2a **CHRISTIANI,P.:** Zur Berechnung von Rhombenträgern. Stahlbau 2(1929), S.183-185.

2b **CHRISTIANI,P.:** Über die angebliche Labilität von Fachwerken. Stahlbau 4(1931), S.17-23

2c **KRABBE,K.:** Das Wesen des Kantenträgers und seine richtige und einfache Berechnung. Stahlbau 4(1931), S.169-177

2d **HERTWIG,A.:** Beitrag zur Berechnung mehrfacher Fachwerke. Stahlbau 16(1943), S.25-29 u. 35-38

2e **LIE,K.:** Berechnung der Fachwerke und ihrer verwandten Systeme auf neuem Wege. Stahlbau 17(1944), S.35-39 u. 41-44

3a **HUTTER,G.:** Zwängungsspannungen bei neueren geschweißten Stahlbrükken. Stahlbau 37(1968), S.266-275

4a **BARBRE',R., SCHMIDT,H. u. KÜPPER,H.:** Großversuche an einer außer Dienst gestellten Fachwerkbrücke über den Mittellandkanal. Stahlbau 43(1974), S.161-174 u. S.205-211

5a **KURRER,K.-E.:** Zur Geschichte der Theorie der Nebenspannungen in Fachwerken. Bautechnik 62(1985), S.325-330

6a **MANG,F. u. Mitarbeiter:** Diverse Forschungsberichte. Düsseldorf: Studiengesellschaft für Anwendungstechnik von Eisen und Stahl 1980/81

7a **MANG,F. u. BUCAK,OE.:** Hohlprofilkonstruktionen, in: Stahlbau-Handbuch, Bd.1, 2.Aufl. S.623-713, Köln: Stahlbau-Verlag 1982

8a **MOUTY,J.:** Ultimate load calculations for welded joints comprising rectangular and square hollow sections. Construction Metallique(1976), S. -

9a **PACKER,J.A., DAVIES,G. a. COUTIE,M.G.:** Ultimate strength of gapped joints in RHS - trusses. Proc. ASCE, Journ. of the structural Div. 108(1982), S.411-431

10a **FLEISCHHAKER,W.:** Verteilung der Anschlußkräfte an Knotenblechen in Fachwerken. Stahlbau 52(1983), S.25-28

(16) Seile und Seilwerke

1a **DIN:** Normen über Drahtseile; DIN-Taschenbuch 59. Berlin: Beuth-Verlag

2a **SPAL,L.:** Das Drahtseil als konstruktives Element. Berlin: VEB-Verlag für Bauwesen 1975

3a **GABRIEL,K.:** Ebene Seiltragwerke, Merkblatt 496. Düsseldorf: Beratungsstelle für Stahlverwendung 1980

3b **GABRIEL,K. u. SCHLAICH,J. (Hrg.):** Weitgespannte Flächentragwerke - Seile und Bündel im Bauwesen. Düsseldorf: Beratungsstelle für Stahlverwendung 1981

3c **SCHLAICH,J. u. SEIDEL,J.:** Die Eislaufhalle im Olympiapark München. Bauingenieur 60(1985), S.291-296

4a **FEYRER,K.:** Stehende Drahtseile und Seilendverbindungen. Ehningen/Böblingen: expert-Verlag 1990

5a **MÜLLER,H.:** Untersuchungen an Augenspleißen von Drahtseilen. Draht 27(1976), S.264-269

6a **MÜLLER,H.:** Untersuchungen an Drahtseilklemmen. Draht 26(1975), S.371-378

7a **GRAF,O. u. BRENNER,E.:** Versuche mit Drahtseilen für eine Hängebrücke. Bautechnik 19(1941), S.410-415

8a **SCHLEICHER,F.:** Die Verankerung von Drahtseilen, insbesondere in vergossenen Seilkörpern. Bauingenieur 24(1949), S.144-155 u. 176-184

9a **KRÜGER,U.:** Berechnung von Seilköpfen zur Verankerung patent verschlossener Seile. Bauingenieur 52(1977), S.105-111

10a **VDI-Richtlinie 2358. Drahtseile für Fördermittel. Berlin:** Beuth-Vertrieb 1968

11a **BAHKE,E.:** Grundlagen für Drahtseil- und Kettenfestigkeit, Draht 30(1979), S.111-118 u. 180-188

12a **LEIDER,M.G.:** Das Stahldrahtseil als Zug- und Förderelement. Draht 30(1979), S.513-518

13a **PANTUCEK,P.:** Pressung von Seildraht unter statischer und dynamischer Beanspruchung. Diss. Uni. Karlsruhe 1977

14a **ARNOLD,H.:** Die magnetinduktive Stahlseilprüfung, eine Hilfe zur Überwachung von Anlagen und Konstruktionen mit bewegten und ruhenden Seilsystemen. Stahlbau 46(1977), S.234-240

15a **BABEL,H.:** Zerstörende und zerstörungsfreie Prüfverfahren zur Bestimmung der Lebensdauer von Drahtseilen. Draht 30(1979), S.170-177 u. 354-360

16a **CZITARY,E.:** Seilschwebebahnen, 2.Aufl. Wien: Springer 1962

17a **WYSS,Th.:** Festigkeitsuntersuchungen an stumpf geschweißten und hart gelöteten Profildrähten voll verschlossener Seile. Stahlbau 32(1963), S.124-127

18a **KOZAK,R.:** Stahlsaiten unter dynamischer Belastung. Bautechnik 40(1963), S.315-319

19a **BECKER,K.:** Zur Frage der Dauerfestigkeit von Stahldrähten. Stahl u. Eisen 92(1972), S.873-880

19b **BECKER,K.:** Zur Frage der Lebensdauer von Hubwindenseilen für Tagebau-Großgeräte. Stahlbau 48(1979), S.168-175

20a **REHM,G., NÜRNBERGER,U. u. PATZAK,M.:** Keil- und Klemmverankerungen für dynamisch beanspruchte Zugglieder aus hochfesten Drähten. Bauingenieur 52(1977), S.287-298

20b **PATZAK,M.:** Verbesserung der Ermüdungsfestigkeit von Seilen und Seilverbindungen des konstruktiven Ingenieurbaus. Bautechnik 62(1985), S.47-50

21a **KLINGENBERG,W. u. PLUM,A.:** Versuche an den Drähten und Seilen der neuen Rheinbrücke in Rodenkirchen bei Köln. Stahlbau 24(1955), S.265-272

22a **SIEVERS,H. u. GÖRTZ,W.:** Der Wiederaufbau der Straßenbrücke über den Rhein zwischen Duisburg-Ruhrort und Homberg. Stahlbau 25(1956), S.77-88

23a **SAUL,R. u. ANDRÄ,W.:** Zur Berücksichtigung dynamischer Beanspruchungen bei der Bemessung von verschlossenen Seilen stählerner Straßenbrücken. Bautechnik 58(1981), S.116-124

23b **GRASSL,M. u. KRUPPE,J.:** Betriebsfetigkeitsuntersuchungen. Forschung Straßenbau und Straßenverkehrstechnik Heft387(1982), S.1-50

24a **HESS,H.:** Die Severinsbrücke Köln. Stahlbau 29(1960), S.225-261

24b **HAVEMANN,H.K.:** Die Seilverspannung der Autobahnbrücke über die Norderelbe - Bericht über Versuche zur Dauerfestigkeit der Drahtseile. Stahlbau 31(1962), S.225-232

24c **ERNST,H.J.:** Dauerfestigkeitsnachweis von Seilen. Beitrag zum Gelbdruck der DIN 1073. Bauingenieur 47(1972), S.13-15

25a **HAVEMANN,H.K.:** Die Seilverspannung der Autobahnbrücke über die Norderelbe - Bericht über Versuche zur Dauerfestigkeit der Drahtseile. Stahlbau 31(1962), S.225-232

25b **ANRRÄ,W. u. SAUL,W.:** Versuche mit Bündeln aus parallelen Drähten und Litzen für die Nordbrücke Mannheim-Ludwigshafen und das Zeltdach in München. Bautechnik 51(1974), S.289-298

25c **ANDRÄ,u. SAUL,R.:** Die Festigkeit, insbesondere Dauerfestigkeit langer Paralleldrahtbündel. Bautechnik 56(1979), S.128-130

25d **MAKINO,F.:** Projekt einer Schrägseilbrücke über den Yode-Fluß in Osaka, Japan. Stahlbau 54(1985), S.161-168

25e **MATSUKAWA,A., KAMEI,M., FUKUI,Y. und SASAKI,Y.:** Untersuchung der Ermüdungsfestigkeit von Paralleldrahtbündeln auf der Basis der statistischen Extremwerttheorie. Stahlbau 54(1985), S.326-335

26a **DIN:** Vorläufige Richtlinie für Zugglieder aus Spannstählen (Dez. 1976)

27a **NÜRNBERGER,U.:** Dauerschwingverhalten von Spannstählen. Bauingenieur 56(1981), S.311-319

27b **NÜRNBERGER,U.:** Dauerschwingverhalten von Spannstählen. Bauingenieur 56(1981), S.311-319

28a **WASCHEIDT,H.:** Zur Frage der Dauerschwingfestigkeit von Betonstählen im einbetonierten Zustand. Techn. Mitt. Krupp 24(1966), S.173-179

29a **MÜHE,L. u. SPITZNER,J.:** Vergleichende Dauerschwingversuche an gerippten Spannstählen im Verankerungsbereich. Stahlbau 44(1975), S.212-215

30a **HELLER,W.:** KRUPP-Stähle für den Spannbetonbau u. EMMERT, K.: KRUPP-Stähle mit warmgewalztem Gewinde. Techn. Mitt. Krupp-Werksberichte 31(1973), S.1-10

31a **KERN,G. u. JUNGWIRTH,D.:** Betrachtungen zur neueren Entwicklung von Spannverfahren am Beispiel des DYWIDAG-Verfahrens. Beton- und Stahlbetonbau 69(1974), S.70-78

32a **Betonkalender, Teil 1. Berlin:** Verlag W. Ernst u. Sohn, jeweils aktuelle Ausgabe

33a **WEIL,R.:** Beanspruchung und Durchhang von Freileitungen. Diss. TH Berlin 1911

34a **SCHLEICHER,F.:** Über das schwere Seil mit einer Einzelkraft. Bauinnenieur 6(1931), S.813-818

35a **STÜSSI,F.:** Statik der Seile. Anhandl. der IVBH 6(1940/41), S.289-306

36a **HEILIG,R.:** Statik der schweren Seile. Stahlbau 23(1954), S.253-258 u. S.283-291 u. 24(1955), S.133-135

37a **BANDEL,H.K.:** Das hängende Seil unter räumlicher Belastung und Temperaturänderung. Bauingenieur 37(1962), S.145-148

38a **OTTO,F. u. SCHLEYER,F.-K.:** Zugbeanspruchte Konstruktionen., Bd. 2. Berlin: Ullstein-Fach-Verlag 1966

39a **ODENHAUSEN,H.:** Statische Grundlagen für die Anwendung von Stahldrahtseilen im Bauwesen. ACIER-STAHL-STEEL 30(1965), Seite 51-65

40a **HANSEN,E.:** Seil-Abspannungen. Bautechnik 10(1964), S.337-343

41a **WILSON,A. J. u. WHEEN,R.J.:** Direct design of taut cables under uniform loading. Journ. Struct. Div., Proc. ASCE 100(1974), S.565-577 u. 103(1977), S.1061-1078

42a **LAZARIDIS,N.:** Zur dynamischen Berechnung abgespannter Maste und Kamine in böigen Wind unter besonderer Berücksichtigung der Seilschwingungen. Diss. UniBw München 1985

43a **KOHLER,K.:** Die Gleichgewichtslinie des elastischen vollschmiegsamen Seils. Stahlbau 26(1957), S.89

43b **EHLERS,K.-D.:** Die Lösung der exakten Theorie der Seilstatik im Vergleich mit Näherungstheorien. Mitt. Nr. 13 des Inst. für Statik, TU Hannover 1969

44a **PALKOWSKI,SZ.:** Statische Berechnung von Seilkonstruktionen mit krummlinigen Elementen. Bauingenieur 59(1984), S.137-140

44b **PALKOWSKI,SZ.:** Einige Probleme der statischen Analyse von Seilkonstruktionen. Bauingenieur 59(1984), S.381-388

44c **PALKOWSKI,SZ.:** Beitrag zur statischen Berechnung von Seilkonstruktionen.Bautechnik 62(1985), S.386-389

44d **PALKOWSKI,SZ. u. KOZLOWSKA,M.:** Ein einfaches Verfahren zur statischen Analyse von Seilnetzen. Bautechnik 65(1988), S.332-335

44e **PALKOWSKI,SZ.:** Statik der Seilkonstruktionen, Theorie und Zahlenbeispiele. Berlin: Springer-Verlag 1990

45a **RIEGER,H. u. FISCHER,R.:** Der Freileitungsbau, 2.Aufl. Berlin: Springer-Verlag 1975

46a **GIRKMANN,K. u. KÖNIGSHOFER,E.:** Die Hochspannungsleitungen. Wien: Springer-Verlag 1952

47a **FLEGEL,G.:** Der Durchhang von Starkstromfreileitungen und seine Berechnung. Leipzig: Fachbuchverlag 1956

48a **KIESZLING,F.:** Die Verlegung der Leiter einer Hochspannungs- Freileitung bei unterschiedlichen Feldlängen und Höhen der Aufhängepunkte. Elektrizitätswirtschaft 78(1979), S.712-719

49a **KIESZLING,F.:** Berechnung des Zustandes der Seile im Abspannabschnitt einer Starkstromfreileitung. Diss. TH München 1971. Siemens Forsch. u. Entwickl. Ber. 1(1972), S.125-

50a **KIESZLING,F. u. NEFZGER,P.:** Zur Wahl der Zugspannung für die Leiter einer Hochspannungsfreileitung. Elektrizitätswirtschaft 80(1981), S.684-691

51a **NEUGEBAUER,R.:** Verbesserte Kabelhalter für Überlandleitungen. Stahlbau 21(1952), S.175-176

52a **HELMS,R.:** Zur Sicherheit der Hochspannungsfreileitungen bei hoher mechanischer Beanspruchung. VDI-Forschungsheft 506. Düsseldorf: VDI-Verlag 1964

53a **KIESZLING,F. u. RANKE,K.:** Beanspruchung von Freileitungen durch extreme Wind- und Eislasten. Elektrizitätswirtschaft 79(1980), S.683-692

53b **KIESSLING,F. u. RANKE,K.:** Beanspruchungen von Freileitungen durch extreme Wind- und Eislasten. Stahlbau 50(1981), S.378-382

53b **KIESSLING,F. u. RANKE,K.:** Beanspruchungen von Freileitungen durch extreme Wind- und Eislasten. Stahlbau 50(1981), S.378-382

54a **KIESZLING,F., SPERL,H.-D. u. WAGEMANN,F.:** Die Maste der neuen 380KV-Hochspannungsfreileitung über die Elbe. Stahlbau 48(1979), S.321-327 u. S.360-366

54b **ANN,W., KIESZLING,F. u. SCHNACKENBERG,D.:** Die Leiter der 380KV-Elbekreuzung der Nordwestdeutsche Kraftwerke AG und ihre Verlegung. Elektrizitätswirtschaft 78(1979), S.246-255, vgl. auch Seite 255-261

54c **GROB,J. u. SCHNELLER,P.:** Freileitung für die Wasserversorgung einer Baustelle im Hochgebirge. Bauingenieur 58(1983), S.11-17

55a **SÜBERKRÜB,M.:** Technik der Bahnstromleitung. Berlin: Verl. W. Ernst u. Sohn 1971

56a **Institut für Elektroanlagen:** VEM-Handbuch Energieversorgung elektrischer Bahnen. Berlin: VEB Verlag Technik 1975

57a **JEMLICH,G., STEINBACH,G. u. WOHLRAB,M.:** Einsatz und Überwachung von Drahtseilen in der Fördertechnik und beanspruchungsgerechte Dimensionierung von Drahtseilen und Seiltrieben. Hebezeuge und Fördermittel 20(1980), S.45-46, 71-75, 111-115, 326-330, 360-362, vgl. auch 22(1982), S.260-263

58a **SCHNEIDER,A.:** Trag- und Zugseile aus hochfesten Stahldrähten. Int. Seilbahn-Rundschau 24(1981), S.119-122

59a **DZIOBEK,S.**: Wie sicher ist ein Seil. Int. Seilbahn-Rundschau 25(1982), S.287-293

60a **RAUCH,W.**: Neuere Montagegeräte. Stahlbau 33(1964), S.84-90

61a **OPLATKA,G.**: Das Vorrecken von Seilen. Int. Seilbahn-Rundschau 26(1983), S.241-245

62a **PHD Weserhütte**: Drahtseilbahnen für den Materialtransport. Int. Seilbahn-Rundschau 25(1982), S.175-181

63a **STEURER,T.**: Seilbahngehänge: Ermüdungsbeanspruchte Tragstruktur; Anwendung von Leichtmetall. Schweizer Ingenieur und Architekt 98(1980), S.1345-1353

64a **WERNER,H.-U.**: Gründungsprobleme beim Bau von Seil-Schwebebahnen. Int. Seilbahn-Rundschau 19(1976), S.20-28

65a **WETTSTEIN,H.**: Über Belastungsvorgänge bei Seilbahnen. Fortschr.-Ber. VDI-Z. Reihe 13, Nr. 17. Düsseldorf: VDI-Verlag 1977

66a **LARWUETOUT,J.P., PORTIER,B. u. DUTILLOY,P.**: Das dynamische Verhalten einer Seilbahn nach einem Zugseilriß. Ergebnisse der Versuche an der Saleve-Bahn. Int. Seilbahn-Rundschau 26(1983), S.308-314

67a **INTERNATIONALE SEILBAHN-RUNDSCHAU** : Bohmann-Druck und Verlag Gesellschaft, Wien: erscheint fortlaufend

68a **KURTH,F. (Herausg.)**: Fördertechnik. Bd.1: Unstetigförderer. Berlin: VEB-Verlag Technik 1979

69a **WILKE,G.**: Kabelkranz beim Talsperrenbau. Fördern und heben 29(1979), S.327-332

70a **KOUKAL,M.**: Einsatz von radial fahrbaren Kabelkränen auf einer sphärisch gekrümmten Fahrbahn. Österr. Ingenieur- und Architektenzeitschrift 128(1983), S.123-125 u. S.232-235

71a **KOSTNAPEL,A.**: Die Berechnung der Seile der forstlichen und übrigen Seilbahnen. Int. Seilbahn-Rundschau 20(1977), S.67-73

72a **KOGAN,J.**: Entwicklung der Seilsysteme für Hebezeuge und Fördergeräte. Fördern und Heben 33(1983), S.172-115

73a **CORAZZA,E.**: Magnetinduktive Seilprüfung. Int. Seilbahn-Rundschau 21(1978), S.269-280

74a **NEUGEBAUER,H.-J.**: Berechnungsverfahren für ein- und mehrlagig gewikkelte Seiltrommeln mit und ohne Seilvillen. Hebezange und Fördermittel 20(1980), S.8-11 u. S.142-14, vgl. auch 21(1981), S.243-246

75a **OSER,J.**: Die Festigkeitsberechnung von Speichenscheiben beim Einsatz als Antriebs- und Umlenkscheiben. Int. Seilbahn-Rundschau 25(1982), S.187-192

76a **NEJEZ,J.**: Zur Berechnung der Stützenlast von Einseilbahnen mit Umlaufbetrieb. Int. Seilbahn-Rundschau 26(1983), S.317-323

77a **STEINBRUNN,H.**: Simulation der statischen Seilzustände bei Pendelbahn. Int. Seil-

78a **EHRENSPERGER,E.**: Betrachtungen zur Bremscharakteristik der Laufwerkbremsen von Luftseilbahnen. Schweiz. Bauzeitung 83(1965), S.581-596

79a **ZIEGLER,H.**: Die neue Personenseilbahn (Bauart Heckel) vom Eibsee auf die Zugspitze. Stahlbau 31(1962), S.360-365

(17) Trapezprofil-Bauweise

1a **EIDAMSHAUS,P., GLADISCHEFSKI,H. u. LESNIAK,Z.K.**: Handbuch für die Berechnung kaltgeformter Stahlbauteile, Bd. A. u. B. Düsseldorf: Verlag Stahleisen 1976

2a **BAEHRE,R.**: Raumabschließende Bauelemente, in: Stahlbau Handbuch, Bd. 1, 2.Aufl., S.867-905. Köln: Stahlbau-Verlag 1982

2b **BAEHRE,R.**: Entwicklungstendenzen und neue Anwendungsbereiche für dünnwandige Bauteile, in: Anwendung dünnwandiger kaltgeformter Bauteile im Stahlbau, S.89-113. Düsseldorf: Verlag Stahleisen 1984

2c **BAEHRE,R., SCHULZ,U. u. BURKHARDT,S.**: Verbundkonstruktionen aus dünnwandigen kaltgeformten Bauteilen und Plattenwerkstoffen. Bautechnik 65(1988), S.121-126

3a **JUNGBLUTH,O.**: Optimierte Verbundbauteile, in: Stahlbau Handbuch Bd. 1, 2.Aufl., S.907-942. Köln: Stahlbau-Verlag 1982

3b **JUNGBLUTH,O.**: Verbund- und Sandwichtragwerke. Berlin: Springer-Verlag 1986

4a **SCHARDT,R.**: Berechnungsgrundlagen für dünnwandige Bauteile, in: Stahlbau Handbuch, Bd. 1, 2.Aufl., S.715-738. Köln: Stahlbau-Verlag 1982

4b **SCHARDT,R.**: Besonderheiten des Tragverhaltens dünnwandiger Querschnitte, Berechnungsgrundlagen, in: Anwendung dünnwandiger kaltgeformter Bauteile in Stahlbau, S.40-68. Düsseldorf: Verlag Stahleisen 1984

5a **SCHARDT,R. u. STREHL,C.**: Theoretische Grundlagen für die Bestimmung der Schubsteifigkeit von Trapezblechscheiben - Vergleich mit anderen Berechnungsansätzen und Versuchsergebnissen. Stahlbau 45(1976), S.97-108 u. S.256

6a **STREHL,C.**: Berechnung regelmäßig periodisch aufgebauter Faltwerksquerschnitte unter Schubbelastung am Beispiel des Trapezbleches. Diss. TH Darmstadt 1976

7a **SCHARDT,R. u. STREHL,C.**: Stand der Theorie zur Bemessung von Trapezblechscheiben. Stahlbau 49(1980), S.325-334

8a **BAEHRE,R. u. FICK,K.**: Berechnung und Bemessung von Trapezprofilen mit Erläuterungen zur DIN 18807. Ber. der Versuchsanstalt Stahl, Holz u. Steine, Universität Karlsruhe, 4. Folge, Heft 7. Karlsruhe 1982

8b **BAEHRE,R. u. BUCA,J.**: Die wirksame Breite des Zuggurtes von biegebeanspruchten Kassetten. Stahlbau 55(1986), S.276-285

9a Stahltrapezprofile für Dach u. Wand; Merkblatt 203 der Beratungsstelle für Stahlverwendung, 4.Aufl. Düsseldorf 1977

10a **IFBS** (Institut zur Förderung des Bauens mit Bauelementen aus Stahlblech): Stahltrapezprofil im Hochbau. Stuttgart: Karl Krämer Verlag 1980

10b **EGGERT,H. u. KANNING,W.**: Feinbleche aus Stahl für ebene Dächer. Bauingenieur 54(1979), S.165-175

11a **FEDEROLF,S.**: Stahltrapezprofile für Dach, Wand, Decke - Einige Grundlagen und Beispiele zur Dimensionierung. Stahlbau 50(1981), S.321-327 u. S.363-372 (Merkblatt 213 der Beratungsstelle für Stahlverwendung Düsseldorf)

11b **FEDEROLF,S.**: Oberflächenveredeltes Stahlblech im Bauwesen - richtig angewendet, in: SCHMIEDEL, K.: Bauen mit Stahl, S.89-126. GRAFENAU: Expert Verlag 1984

12a **GROSSBERNDT,H. u. KNIESE,A.**: Untersuchung über Querkraft- und Zugkraftbeanspruchungen sowie Folgerungen über kombinierte Beanspruchungen von Schraubenverbindungen bei Stahlprofilblech-Konstruktionen. Stahlbau 44(1975), S.289-300 u. S.344-351

13a **SEGHEZZI,H.-D., BECK,F. u. THURNER,E.**: Profilblechbefestigung mit Setzbolzen - Grundlagen und Anwendungen. Stahlbau 47(1978), S.225-233

13b **HOLZ,R. u. KNIESE,A.**: Stahltrapezprofile mit Obergurtbefestigungen. Stahlbau 57(1988), S.71-79

13c **BAEHRE,R., HOLZ,R. u. VOSS,R.P.**: Befestigung von Trapezprofiltafeln auf Stahlkassettenprofilen. Stahlbau 57(1988), S.309-311

13d **BLINDSCHEDLER,D.**: Korrosionssichere Profilblechbefestigungen durch den Einsatz von Direktmontageelementen. Bauingenieur 63(1988), S.63-66

13e **SCHWARZE,K. u. BERNER,K.**: Temperaturbedingte Zwängungskräfte in Verbindungen bei Konstruktionen mit Stahltrapezprofilen. Stahlbau 57(1988), S.103.114

14a **KLEE,S. u. SEEGER,T.**: Schwingfestigkeitsuntersuchungen an Profilblechbefestigungen mit Setzbolzen. Stahlbau 42(1973), S.309-318; vgl. auch: Heft 33, Inst. für Statik und Stahlbau, TH Darmstadt 1979

15a **KELLNER,T.**: Neuere Erkenntnisse über die Tragfähigkeit von Befestigungen dünner Bauelemente. Die Zulassung für Verbindungselemente. Stahlbau 51(1982), S.17

16a **MAASS,G.**: Stahltrapezprofile - Konstruktion und Berechnung. Düsseldorf: Werner-Verlag 1985

17a **EGGER,H., FISCHER,M. u. RESINGER,F.**: Hyparschalen aus Profilblechen. Stahlbau 40(1971), S.353-361

18a **FISCHER,M.**: Versuche zur Ermittlung des Tragverhaltens einer hyperbolischen Paraboloidschale aus einlagigen Trapezprofilblechen. Stahlbau 41(1972), S.110-115 u. S.145-150

19a **FISCHER,M.**: Das Beulproblem der flachen, orthotropen, hyperbolischen Paraboloidschale. Stahlbau 43(1974), S.52-60

20a **FISCHER,M.**: Überdachung der Haupttribühne des Stuttgarter Neckarstadions. Stahlbau 43(1974), S.97-106

21a **BRYAN,E.R.**: The stressed skin design of steel buildings. London: C. Tinling a. Co. 1973

22a **BRYAN,E.R.**: Wand-, Dach- und Deckenscheiben im Stahlhochbau. Bauingenieur 50(1975), S.341-346

23a **DAVIES,J.M. a. BRYAN,E.R.**: Manual of stressed skin diaphragen design. London: Granada 1982

24a **ECCS (Com. 17)**: European recommendations for the stressed skin design of steel structures. London: Constrado 1977

24b **BAEHRE,R. u. WOLFRAM,R.**: Zur Schubfeldberechnung von Trapezprofilen. Stahlbau 55(1986), S.175-179

25a **CZERWENKA,G. u. SCHNELL,W.**: Einführung in die Rechenmethoden des Leichtbaues, Bd. 1 u. 2. Mannheim: Bibl. Institut 1967 u. 1970

26a **DREYER,H.-J.**: Leichtbaustatik. Stuttgart: B. G. Teubner 1982

27a **STEINHARDT,O. u. EINSFELD,U.**: Trapezblechscheiben im Stahlhochbau - Wirkungsweise und Berechnung. Bautechnik 47(1979), S.331-335

28a **PALME,E.**: Statisch bestimmte und statisch unbestimmte Schubfeldsysteme im Stahlhochbau, in: Wissenschaft und Praxis, Bd. 23 (Stahlbau-Seminar 1981). Fachhochschule Biberach 1981

29a **SCHAPITZ,E.**: Festigkeitslehre für den Leichtbau. Düsseldorf: VDI-Verlag 1963

30a **HERTEL,H.**: Leichtbau: Berlin: Springer-Verlag 1979 (Reprint)

31a **WINTERFELD,R.**: Konstruieren mit Stahlleichtbauprofilen. Leipzig: VEB Deutscher Verlag für Grundstoffindustrie 1974

32a **WEI-WEN,Y.**: Cold-formed steel structures. New York: Mc Craw-Hill Book Co. 1973

33a **DÖRNEN,A.**: Leichtbaugestaltung im Stahlhoch- und Stahlbrückenbau. Bautechnik 21(1943), S.173-180

34a **DSTV**: Stahlleichtbau. Abhandlungen aus dem Stahlbau, H. 4. Bremen: Industrie- und Handelsverlag 1950

35a **JUNGBLUTH,O.**: Typisierte Fertigteile für den Stahlbau. Stahlbau 33(1964), S.129-138

36a **WUPPERMANN,G.T.**: Zur technologischen und anwendungstechnischen Entwicklung von stabförmigen Kaltprofilen. Diss. RWTH Aachen 1982

37a **KANNING,W.**: Dachsysteme mit Kaltprofilpfetten. Stahlbau 52(1983), S.20-25

(18) Stahlverbundbauweise

1a **DISCHINGER,F.**: Untersuchung über die Knicksicherheit, die elastische Verformung und das Kriechen des Betons bei Bogenbrücken. Bauingenieur 18(1937), S.487-520, S.538-552 u. S.595-621, 20(1939), S.52-63 u. S.290-294

2a **TROST,H.**: Auswirkungen des Superpositionsprinzips auf Kriech- und Relaxationsprobleme Seite Beton und Spannbeton. Beton- und Stahlbetonbau 62(1976), S.230-238 u. S.261-269

3a **RÜSCH,H., JUNGWIRTH,D. u. HILSDORF,H.**: Kritische Sichtung der Verfahren zur Berücksichtigung der Einflüsse von Kriechen und Schwinden des Betons auf das Verhalten der Tragwerke. Beton- und Stahlbeton 68(1973), S.49-60, S.76-86 u. S.152-158

3b **RÜSCH,H. u. JUNGWIRTH,D.**: Stahlbeton-Spannbeton, Bd.2: Berücksichtigung der Einflüsse von Kriechen und Schwinden auf das Verhalten der Tragwerke. Düsseldorf: Werner-Verlag 1976

4a **KUNERT,K.**: Beitrag zur Berechnung der Verbundkonstruktionen. Diss. TU Berlin 1955

5a **FRÖHLICH,H.**: Theorie der Stahlverbund-Tragwerke. Bauingenieur 24(1949), S.300-307 u. 25(1950), S.80-87

5b **ESSLINGER,M.**: Schwinden und Kriechen bei Verbundträgern. Bauingenieur 27(1952), S.20-26

6a **SONTAG,H. J.**: Beitrag zur Ermittlung der zeitabhängigen Eigenspannungen von Verbundträgern. Diss TH Karlsruhe 1951

7a **KLÖPPEL,K.**: Die Theorie der Stahlverbundbauweise in statisch unbestimmten Systemen unter Berücksichtigung des Kriecheinflusses. Stahlbau 20(1951), S.17-23, vgl. auch S.59-62 u S.72-76

8a **HEILIG,R.**: Zur Theorie des starren Verbunds. Stahlbau 22(1953), S.84-90. Theorie des elastischen Verbunds. Stahlbau 22(1953), S.104-108

9a **BUSEMANN,R.**: Berechnung von Verbundträgern nach dem Kriechfaserverfahren. Tabellen zur Spannungsermittlung sowie zur Berechnung statisch unbestimmter Systeme. Stahlbau 20(1951), S.105-109, vgl. auch 22(1953), S.25-29 u. 23(1954), S.201-206

9b **MÜLLER,F.**: Die kriechabhängige Änderung der statisch Unbestimmten von Verbundträger-Systemen und ihre Anwendung auf das Kriechfaserverfahren, Stahlbau 25(1956), S.60-65

9c **CIVEGNA,G.**: Zur Verallgemeinerung des Kriechfaserverfahrens von Busemann. Bauingenieur 58(1983), S.111-115

10a **BANDEL,H.K.**: Beitrag zur Berechnung von Fachwerkträgern mit unmittelbar belasteten biegesteifen Gurten. Diss. TU Berlin: 1153

11a **KOJIMA,H. u. NARUOKA,M.**: Berechnung von Verbundtragwerken nach der Deformationsmethode. Bauingenieur 39(1964), S.492-495

12a **HERING,K.**: Die Berechnung von Verbundtragwerken mit Steifigkeitsmatrizen. Stahlbau 38(1969), S.225-234 u. S.275-281

13a **SCHADE,D.**: Zur Berechnung der Schnittkraftumlagerungen infolge Kriechen und Schwinden des Betons bei statisch unbestimmten Stabwerken mit Verbundquerschnitten. Stahlbau 49(1980), S.212-218

13b **SCHADE,D.**: Die Biegemomente des elastisch gelagerten, abschnittsweise hergestellten Durchlaufträgers mit elastischen Verbundquerschnitt infolge Eigenlast. Stahlbau 50(1981), S.79-86

14a **PATROV,D.N., DIMITROV,T.T., TSCHERNOGOROV,V.G. u. KALTSCHEV,G.P.**: Spannungsänderungen infolge von Kriechen und Schwinden bei statisch bestimmt gelagerten Stahlverbundträgern. Stahlbau 54(1985), S.205-209

15a **FREY,J.**: Zur Berechnung von vorgespannten Stahl-Verbundtragwerken im Gebrauchszustand. Stahlbau 54(1985), H. 5, S.142-148

16a **SCHRADER,H.-J.**: Vorberechnung der Verbundträger. Berlin: W. Ernst u. Sohn 1955

17a **HOISCHEN,A.**: Die praktische Berechnung von Verbundträgern. Stuttgart: K. Wittwer Verlag 1955

18a **UTESCHER,G.**: Bemessungsverfahren für Verbundträger. Berlin: Springer-Verlag 1956

19a **BANDEL,H.**: Einfache Berechnungsmethoden für Verbundkonstruktionen. Berlin: Springer Verlag 1957

20a **SATTLER,K.**: Theorie der Verbundkonstruktionen, 2.Aufl., Band 1 und 2. Berlin: W. Ernst u. Sohn 1959

20b **SATTLER,K.**: Ein allgemeines Berechnungsverfahren für Tragwerke mit elastischem Verbund. Veröffentlichungen des DStV, H. 8. Köln: Stahlbau-Verlag 1955

21a **ADELSBERGER,H.**: Traglast und Gebrauchslast bei Verbundkonstruktionen. Wien: Springer-Verlag 1976

22a **OBERHOLZER;A.**: Elektronische Berechnung von Verbundtragwerken unter Berücksichtigung von Schwinden und Kriechen nach CEB/FIP bei praktischen Bauabläufen. Bauingenieur 58(1983), S.471-479

22b **KLEMENT,P.**: Die Berechnung komplizierter Verbundstabwerke unter Verwendung üblicher Programme. Bauingenieur 60(1985), S.347-350

23a **TROST,H.**: Zur Berechnung von Stahlverbundträgern im Gebrauchszustand aufgrund neuerer Ergebnisse des viskoelastischen Verhaltens des Betons. Stahlbau 37(1968), S.321-331

23b **MAINZ,B. u. WOLFF,H.-J.**: Zur Berechnung von Spannungsumlagerungen in statisch unbestimmten Stahlverbundtragwerken. Stahlbau 41(1972), S.45-48

24a **HAENSEL,J.**: Praktische Berechnungsverfahren für Stahlträger-Verbundkonstruktionen unter Berücksichtigung neuerer Erkenntnisse zum Betonzeitverhalten. Diss. Uni Bochum 1975. Tech.-Wiss.Mitt., Inst. f. Konstr. Ingenieurbau, Ruhr-Universität Bochum, Nr. 75-2, 1975

25a **FALTER,B.**: Nachweis eines Stahlverbundträgers unter Gebrauchslasten, in: WETZELL, O. W.: EDV-Handbuch für Bauingenieure, Bd. 2. Düsseldorf: Werner-Verlag 1979 (S.219-243)

26a **FRITZ,B.**: Verbundträger. Berlin: Springer Verlag 1961

27a **WIPPEL,H.**: Berechnung von Verbundkonstruktionen aus Stahl und Beton. Berlin: Springer Verlag 1963

28a **BEISEL,T. u. SEDLACEK,G.**: Eigenspannungsschnittgrößen zur Berechnung von Verbundtragwerken im Gebrauchszustand. Bauingenieur 60(1985), S.377-383

29a **FRITZ,B.**: Verbundträger mit durch Spannstahl vorgespannter Betonplatte. Stahlbau 20(1951), S.97-103

30a **ROIK,K., BODE,H. u. HAENSEL,J.**: Erläuterungen zu den "Richtlinien für die Bemessung und Ausführung von Stahlverbundträgern"; Anwendungsbeispiele. Techn. WissMitt., Inst. f. Konstruktiver Ingenieurbau, Ruhr-Universität Bochum Nr. 75-11, 1975

31a **BODE,H.**: Verbundträger im Hochbau. Merkblatt 267 der Beratungsstelle für Stahlverwendung, 3.Aufl. Düsseldorf 1980

31b **BODE,H.**: Verbundbau - Konstruktion und Berechnung. Düsseldorf: Werner-Verlag 1987

32a **KUPFER,H., FÖRSTER,W. u. HAENSEL,J.**: Beschränkung der Rißbreiten durchlaufender Stahlverbundträger. Bauingenieur 53(1978), S.387-389

32b **ROIK,K. u. HANSWILLE,G.**: Zur Frage der Rißbreitenbeschränkung bei Verbundträgern. Bauingenieur 61(1986), S.535-543

33a **ROIK,K.**: Verbundkonstruktionen, in.: Stahlbau-Handbuch, Bd. 1, 2.Aufl. (S.627-672). Köln: Stahlbau-Verlag 1982

33b **KUHLMANN,U. u. CLENIN,D.**: Gleichungen zur Bestimmung der Tragfähigkeit von Verbundquerschnitten. Stahlbau 57(1988), S.81-87

34a **SATTLER,K.**: Betrachtungen über neue Verdübelungen im Verbundbau. Bauingenieur 37(1962), S.1-8 u. S.60-67

35a **ROIK,K. u. HANSWILLE,G.**: Beitrag zur Bestimmung der Tragfähigkeit von Kopfbolzendübeln. Stahlbau 52(1983), S.301-308

35b **LEONHARDT,F.**: Kritische Bemerkung zur Prüfung der Dauerfestigkeit von Kopfbolzendübeln für Verbundträger. Bauingenieur 63(1988), S.307-310

36a **BECK,H. u. HEUNISCH,M.**: Zum Reibungsverbund zwischen Stahl und Betonfertigteilen bei dübellosen Verbundkonstruktionen. Stahlbau 41(1972), S.40-45

37a **ROIK,K.-H. u. BÜRKNER,K.-E.**: Reibwert zwischen Stahlgurt und aufgespannten Betonfertigteilen. Bauingenieur 53(1978), S.37-41

38a **ROIK,K. u. HANSWILLE,G.**: Beitrag zur Ermittlung der Tragfähigkeit von Reib-Abscherverdübelungen bei Stahlverbundträgerkonstruktionen. Stahlbau 53(1984), S.41-46

39a **DÖRNEN,K. u. MEYER,A.**: Die Emsbrücke Hembergen in dübellosem Stahlverbund. Stahlbau 29(1960), S.199-206

40a **ASCHENBERG,H. u. REIMERS,K.**: Brücken in dübellosem Verbund-Bewährung beim Bau von Überführungen über in Betrieb befindlichen Autobahnen. Stahlbau 37(1968), S.215-221

41a **ROIK,K. u. EHLERT,W.**: Beitrag zur Grenztragfähigkeit durchlaufender Verbundträger - Elastisch-plastische Berechnungen, Versuche. Bauingenieur 58(1983), S.381-386

41b **ANSOURIAN,P.**: Beitrag zur plastischen Bemessung von Verbundträgern. Bauingenieur 59(1984), S.267-272

41c **BODE,H. u. FICHTER,W.**: Zur Fließgelenktheorie bei Stahlverbundträgern mit Schnittgrößenumlagerung von Feld zur Stütze. Stahlbau 55(1986), S.299-303

41d **HERZOG,M.**: Die Tragfähigkeit durchlaufender Verbundträger nach Versuchen. Bautechnik 65(1988), S.114-120

42a **MUESS,H.**: Verbundträger im Stahlhochbau. Berlin: W. Ernst u. Sohn 1973

43a **MUESS,H.**: Plastische Momente für Verbundträger. Köln: Stahlbau-Verlag 1976

44a **PROFANTER,H.**: Zur Berechnung von Stahlträgerverbundkonstruktionen bei Berücksichtigung des CEB-TIP-Vorschlages. Stahlbau 47(1978), S.53-57

45a **SONTAG,H.**: Stahlkonstruktionen für den Neubau der Hamburg-Mannheimer Versicherungs A.G. Stahlbau 42(1973), S.353-357

46a **REINIG,A.**: Das Aufbau- und Verfügungszentrum (AVZ) der Universität Osnabrück. Stahlbau 43(1974), S.353-361

47a **WALTERSDORF,K.P.**: Der Neubau für das Bundeskanzleramt. Stahlbau 44(1975), S.353-358

48a **MUESS,H.**: Anwendung der Verbundbauweise am Beispiel der neuen Opel-Lackiererei in Rüsselsheim. Stahlbau 51(1981), S.65-75

48b **STARK,H.**: Neue Lackiererei der Adam Opel AG in Rüsselsheim. Bauingenieur 58(1983), S.89-96

49a **MUESS,H. und SCHAUB,W.**: Feuerbeständige Stahlverbundfertigteile-eine neue Bauweise für den mehrgeschossigen Industriebau. Stahlbau 54(1985), H. 3, S.65-75.

50a **BODE,H.**: Zur Anwendung von Verbundkonsstruktionen im Hochbau. Stahl u. Eisen 102(1982), S.1299-1304

51a **JOHNSON,R.P.**: Composite structures of steel and concrete. Vol. 1. London: Crosby Lockwood staples 1975

51b **JOHNSON,R.P. a. BUCKBY,R.J.**: Composite structures of steel and concrete. Vol. 2 London: Granada 1979

52a **HILBK,H. u. SCHMACKPFEFFER,H.**: Verbundbogenbrücke aus wetterfestem Stahl über eine fünfgleisige Bundesbahnstrecke. Stahlbau 43(1974), S.321-329

53a **CARL,J.**: Verbundbrückenbau in Deutschland - Ausführungsbeispiele und Entwicklungstendenzen. Bauingenieur 52(1977), S.51-56

54a **BARBRE,R. u. PITTNER,K.-J.**: Experimentelle Untersuchungen an der neuen Weserbrücke in Hameln. Stahlbau 47(1978), S.257-269

55a **BEGUIN,G.H.**: Verbundbrücken - Ausführungsprobleme beim Fahrbahnplatten-Schiebeverfahren. Stahlbau 44(1975), S.361-367

56a **HERZOG,M.**: Über das Einschieben von Fahrbahnplatten auf Verbundbrükken. Stahlbau 49(1980), S.86-87

57a **ROIK,K. u. BÜRKNER,K.-E.**: Beitrag zur Tragfähigkeit von Kopfbolzendübeln in Verbundträgern mit Stahlprofilblechen. Bauingenieur 56(1981), S.97-101

58a **BADOUX,J.C. u. CRISINEL,M.**: Empfehlungen für die Verwendung von Profilblechen bei Verbunddecken im Hochbau. Schweizerische Zentralstelle für Stahlbau, Zürich 1973

59a **REINSCH,W., CORDES,R. u. SOWA,W.**: Eine neue Trapezblechdecke mit starrem Verbund. Stahlbau 47(1978), S.12-22

60a **FORTSCHRITTE IN DER VERBUNDTECHNIK:** Fortschritt-Berichte VDI-Z, Reihe 4, Nr. 33. Düsseldorf: VDI-Verlag 1977

61a **JUNGBLUTH,O., SCHÄFER,H.G. u. GRÄFE,R.**: Stahlprofilblech-Beton-Verbundplatten. Ber. aus Forsch. u. Entw. H. 8 des DAST. Köln: Stahlbau-Verlag 1979

62a **EGGERT,H. u. KANNING,W.**: Feinbleche aus Stahl für Geschoßdecken. Bauingenieur(1979)

62a **TSCHEMMERNEG,F.**: Zur Bemessung von Schenkeldübeln, eines neuen Dübels für Verbundkonstruktionen im Hochbau. Bauingenieur 60(1985), S.351-360

63a EMPERGER,F.: Die umschnürte Stahlsäule. Stahlbau 4(1931), S.188-189

64a MEMMLER,K., BIERETT,G. u. GRÜNING,G.: Tragfähigkeit von Stahlstützen mit Betonkern bei mittigem Kraftangriff. Stahlbau 7(1934), S.49-53 u. S.61-64. Außermittiger Druck : 8(1935), S.81-85 u. 99-103

65a KLÖPPEL,K. u. GODER,W.: Traglastversuche mit ausbetonierten Stahlrohren und Aufstellung einer Bemessungsformel. Stahlbau 26(1957), S.1-10 und S.44-50

66a ROIK,K., BODE,H., BERGMANN,R. u. WAGEN-KNECHT, G.: Tragfähigkeit von ausbetonierten Hohlprofilstützen aus Baustahl.Techn.- Wiss. Mitt., Inst. f. Konstr. Ingenieurbau, Ruhr-Universität Bochum, Nr. 75-4, 1985

67a ROIK,K., BODE,H., BERGMANN,R. u. WAGEN-KNECHT,G.: Tragfähigkeit von einbetonierten Stahlstützen. Techn.-Wiss. Mitt., Inst. für Konstr. Ingenieurbau, Ruhr-Universität Bochum, Nr. 76-4, 1976

68a ROIK,K. u. WAGENKNECHT,G.: Ermittlung der Grenztragfähigkeit von ausbetonierten Hohlprofilstühlen aus Baustahl. Bauingenieur 51(1976), S.183-188

69a ROIK,K. u. BERGMANN,R.: Zur Traglastberechnung von Verbundstützen. Stahlbau 51(1982), S.8-16

70a ROIK,K., BODE,H. u. BERGMANN,R.: Zur Traglast von betongefüllten Hohlprofilstützen unter Berücksichtigung des Langzeitverhaltens des Betons. Stahlbau 51(1982), S.207-212

71a ROIK,K. u. HANSWILLE,G.: Untersuchungen zur Krafteinleitung bei Verbundstützen mit einbetonierten Stahlprofilen. Stahlbau 53(1984), S.353-358

72a BODE,H. u. BERGMANN,R.: Betongefüllte Stahlhohlprofilstützen. Merkblatt 167 der Beratungsstelle für Stahlverwendung. Düsseldorf 1981

73a BERGMANN,R. u. BREIT,M.: Verbundstützen aus einbetonierten Walzprofilen. Merkblatt 217 der Beratungsstelle für Stahlverwendung. Düsseldorf 1984

74a REIMERS,K. u. STUCKE,W.: Neubau der Flugzeugwartungshalle IV in Frankfurt/M. Stahlbau 51(1982), S.389-399

75a REYER,E.: Verwendung von Stahlstützen und Verbundstützen bei Skelettbauten mit Betondecken. Stahlbau(1982), S.49-52, vgl. auch Merkblatt 117 der Beratungsstelle für Stahlverwendung. Düsseldorf 1982

76a Verbundkonstruktionen im Hoch- u. Brückenbau; Ausgewählte Beispiele. Merkblatt 417 der Beratungsstelle für Stahlverwendung. Düsseldorf: 1984

77a KRAPFENBAUER,R.: Die Verwendung von Kernblockstützen beim Neubau des Allgemeinen Krankenhauses in Wien. Bauingenieur 51(1976), S.307-310

78a BOLL,K. u. VOGEL,U.: Die Stahlkernstütze und ihre Bemessung. Bautechnik 46(1969), S.253-262 u. 303-309

79a JUNGBLUTH,O., FEYEREISEN,H. u. OBEREGGE,O.: Verbundprofilkonstruktionen mit erhöhter Feuerwiderstandsdauer. Bauingenieur 55(1980), S.371-376

80a KLINGSCH,W.: Grundlagen der brandschutztechnischen Auslegung und Beurteilung von Verbundstützen. Bauphysik 3(1981), S.129-133

80b KLINGSCH,W., MUESS,H. u. WITTBECKER,F.-W.: Ein baupraktisches Näherungsverfahren für die brandschutztechnische Bemessung von Verbundstützen. Bauingenieur 63(1988), S.27-34

80c DORN,T., HASS,R. u. QUAST,U.: Brandverhalten von Anschlüssen von Verbundkonstruktionen und ihre Bemessung zur Verlängerung der Feuerwiderstandsdauer. Bauingenieur 63(1988), S.35-41

(19) Korrosionsschutz - Brandschutz

1a DIN: Korrosionsschutz von Stahl durch Beschichtungen und Überzüge 1 (TAB 143) u. 2 (TAB 168). Berlin: Beuth-Verlag (jeweils aktuelle Ausgabe); vgl. auch TAB 30, 49, 97 u. 117)

2a EGGERS,H.: Rosten von Stahl durch Natureinflüsse. Düsseldorf: Verlag Stahleisen 1975

2b PIRCHER,H.: Korrosionsverhalten von unlegierten und niedriglegierten Baustählen. Korrosion und Korrosionsschutz metallischer Werkstoffe im Hoch- und Ingenieurbau. Düsseldorf: Verlag Stahleisen 1976

2c SCHMIDT,E.V.: Wetter- und Korrosionsschutz. Die Lebenserwartung organischer Beschichtungen im Metallbau. Hannover: C. R. Vincentz-Verlag 1983

2d BURGMANN,G. u. GRIMME,D.: Untersuchungen über die atmosphärische Korrosion von unlegierten und niedriglegierten Stählen bei unterschiedlichen Umgebungsbedingungen. Stahlbau 50(1981), S.56-59

2e KRANITZKY,W.: Das Verhalten der Innenflächen geschlossener Hohlbauteile aus Stahl hinsichtlich Feuchtigkeitsniederschlag und Korrsion. Der Stahlbau 52(1983), S.201-206

3a OETEREN,K.-A. v. : Korrosionsschutz - Beschichtungsschäden auf Stahl. Wiesbaden: Bauverlag 1979

4a OETEREN,K.-A. v.: Korrosionsschutz durch Beschichtungsstoffe, Bd. 1 u. 2. München: C. Hanser 1980

5a KLOPFER,H.: Korrosionsschutz von Stahlbauten, in: Stahlbau Handbuch, Bd.2, 2.Aufl. (S.805-842)/ Köln: Stahlbau-Verlag 1982

6a FRIEHE,W., OETEREN,K.-A. v. u. SCHWENK,W.: Korrosionsschutz im Stahlbau. Merkblatt 259. Düsseldorf: Beratungsstelle für Stahlverwendung 1982

7a OETEREN,K.-A. v.: Oberflächenschutz von Stahl. Merkblatt 269, 3.Aufl. Düsseldorf: Beratungsstelle für Stahlverwendung 1982

8a HIRSCHFELD,D. u. REYER,E.: Korrosionsprobleme und Werkstoffauswahl. Stahlbau 49(1980), S.204-212

9a FRIEHE,W. u. SCHWENK,W.: Entwicklungsarbeiten zum Korrosionsschutz von Stahlbauten durch Beschichtungen. Stahlbau 50(1981), S.115-120

9b STEMMANN,D.: Empfehlungen zur Wahl geeigneter Beschichtungssysteme für dünnwandige Stahlbauteile. Bauingenieur 59(1984), S.195-200

10a OETEREN,K.-A. v.: Korrosionsschutzverfahren für Stahl. Stahlbau 52(1983), S.283-286

11a OETEREN,K.-A. u. KLEINGARN,J.-P.: Versuch einer Kosten- und Nutzungsdauerermittlung der wichtigsten Korrostionsschutzsysteme für Stahlbauten. Stahlbau 47(1978), S.284-287

12a OETEREN,K.-A. v.: Steigende Begleitkosten im Korrosionsschutz: Umweltmaßnahmen. Stahlbau 50(1981), S.312-317

13a GIRNAU,G., BLENNEMANN,F., KLAWA,N. u. ZIMMERMANN,K.: Konstruktion, Korrosion und Korrosionsschutz unterirdischer Stahltragwerke-Spundwände/Tübbinge, Bleche. Forschung + Praxis. U-Verkehr und unterirdisches Bauen. Bd. 14. Düsseldorf: Alab-Buchverlg.1973

13b OETEREN,K.-A. v.: Korrosionsschutz im Stahlwasserbau. Bautechnik 54(1977), S.368-379

14a VDI: Oberflächenschutz mit organischen Werkstoffen im Behälter-, Apparate- und Rohrleitungsbau. Düsseldorf: VDI-Verlag 1980

14b VDI: Korrosionsschutz im Ingenieurbau. VDI-Bericht 653. Düsseldorf: VDI-Verlag 1988

15a PETERSEN,J.: Das Verhalten von Großbaustählen in Meerwasser. Werkstoffe und Korrosion 28(1977), S.748-754

16a DRODTEN,P. u. GRIMME,D.: Erfahrungen bei der Durchführung von Naturkorrosionsversuchen im Meerwasser. Stahl und Eisen 102(1982), S.239-242, vgl. auch S.583-584

17a BRANDIS,C.: Wird sich die Walzstahlkonservierung durchsetzen. Stahlbau 33(1964), S.372-377, vgl. 34(1965), S.159-160

18a OETEREN,K.-A. v.: Fertigungsbeschichtung zur Walzstahlkonservierung. Stahlbau 49(1980), S.90-92

19a ACKERMANN,H.: Vergleichende Betrachtungen über die verschiedenen Einrichtungen zum Sandstrahlen von Stahlkonstruktionen. Stahlbau 28(1959), S.134-137

20a BAHLMANN,W.: Das Strahlen von Stahl. Merkblatt 212. Düsseldorf: Beratungsstelle für Stahlverwendung 1982

20b TRAUTRIMS,N.: Stand der Flammstrahltechnik. Bauingenieur 59(1984), S.295-302

21a HOROWITZ,I.: Oberflächenbehandlung mittels Strahlmitteln. Essen: Vulkan-Verlag 1982

22a HOROWITZ,I.: Strahltechnik und Korrosionsschutz im Stahlbau. Stahlbau 52(1983), S.225-282

23a GIELER,R.P.: Das Feuchtstrahlen von Stahlblechen, ein neues Verfahren im Korrosionsschutz. Stahlbau 53(1984), S.79-82

24a BUCHHOLZ,H., HARENBERG,H.A., JOHNEN,H., KLEINGARN,J.-P. u. SCHÄFER,G.: Zinküberzüge zum Schutz von Stahl. Merkblatt 399. Düsseldorf: Beratungsstelle für Stahlverwendung 1983

25a SCHLEINITZ,H.: Oberflächenschutz von mittleren und schwereren Stahlkonstruktionen durch das Feuerverzinken. Stahlbau 33(1964), S.56-59

26a KLEINGARN,J.-P.: Verzinkungsgerechtes Konstruieren. Stahlbau 44(1975), S.104-111.

27a BÖTTCHER,H.-J., FRIEHE,W., HORSTMANN,D., KLEINGARN,J.-P., KRUSE,C.-L. u. SCHWENK,N.: Korrosionsverhalten von feuerverzinktem Stahl. Merkblatt 400, 4.Aufl. Düsseldorf: Beratungsstelle für Stahlverwendung 1983

28a BÖTTCHER,H.-J.: Normen, Vorschriften, Richtlinien für feuerverzinkte Stahlteile. Stahlbau 50(1981), S.59-61

29a OETEREN,K.-A. v.: Feuerverzinken + Beschichten = Duplex-System. Merkblatt 329, 6.Aufl. Düsseldorf: Beratungsstelle für Stahlverwendung 1981

30a OETEREN,K.-A. v.: Feuerverzinkung + Beschichtung = Duplex-System. Wiesbaden: Bauverlag 1983

31a MATTING,A. u. WOLF,H.: Die Wirkung der Feuerverzinkung auf den Spannungszustand in Stahlteilen. Archiv für das Eisenhüttenwesen 33(1962), S.217-221

32a RÄDEKER,W.: Einfluß der Feuerverzinkung auf die Zähigkeit von unlegierten Baustählen. Stahl und Eisen 82(1962), S.1520-1527

33a WIEGAND,H. u. NIETH,F.: Untersuchungen über das Verhalten feuerverzinkter Stähle und Bauteile. Stahl und Eisen 84(1964), S.82-88

34a HELMS,R., KÜHN,H.-D. u. MARTIN,E.: Einfluß des Feuerverzinkens auf die mechanischen Eigenschaften von Baustahl und das Sprödbruchverhalten gestanzter Teile. Archiv für das Eisenhüttenwesen 45(1974), S.117-125

35a HORSTMANN,D.: Das Verhalten mikrolegierter Baustähle mit höherer Festigkeit beim Feuerverzinken. Archiv für das Eisenhüttenwesen 46(1975), S.137-141

36a RÄDEKER,W.: Einfluß einer Feuervezinkung auf die Eigenschaften von Schweißverbindungen von Baustahl. Schweißen und Schneiden 15(1963), S.106-113

37a NIETH,F. u. WIEGAND,H.: Das Verhalten von Baustählen höherer Festigkeit nach dem Feuerverzinken bei dynamischer Beanspruchung. Archiv für das Eisenhüttenwesen 46(1975), S.589-593

38a PETERSEN,C.: Dauerfestigkeit von Schweißverbindungen nach Überschweißung der Feuerverzinkung. Stahlbau 46(1977), S.277-282

39a LARSSON,B. u. WESTERLUND,R.: Fatigue tests on welded steel after hot dip galvanizing. Metal Construction and Britisch Welding Journal 7(1975), S.92-97

40a GREGORY,E. N. a. WELD,F.: Fatigue test on bult Welds, in: Galvanizing characteristics of steels and their weldments. Seventh Progress Report; Int. Lead Zinc Research Organization, New York 1975

41a BÖTTCHER,H.-J. u. KLEINGARN,J.-P.: Schweißen von stückverzinktem Stahl. Merkblatt 367, 3.Aufl. Düsseldorf: Beratungsstelle für Stahlverwendung 1979

42a FRIEHE,W. u. SCHWENK,W.: Korrosionsbeständigkeit von nachbehandelten Schweißverbindungen feuerverzinkter Stahlkonstruktionen bei atmosphärischer Beanspruchung. Stahl und Eisen 99(1979), S.1391-1400

43a SCHMIDT,P. u. SCHULTEN,D.: Probleme beim Lichtbogenschweißen feuerverzinkter Stähle, in: Schweißen, Neue Erkenntnisse - Neue Anwendungen/ Fachbuchreihe Schweißtechnik Bd. 27, S.59-68. Düsseldorf: Deutscher Verlag für Schweißtechnik 1962

44a **KIESSLING,L.**: Überschweißbarkeit feuerverzinkter Bleche. Der Praktiker 24(1972), S.113-114

45a **WIEGAND,H. u. STRIGENS,P.**: Zum Festigkeitsverfahren feuerverzinkter HV-Schrauben. Industrie-Anzeiger 94(1972), S.247-252

46a **WIEGAND,H. u. THOMALA,W.**: Zum Festigkeitsverhalten von feuerverzinkten Schrauben. Drahtwelt 59(1973), S.542-551

47a **VALTINAT,C.**: Der Einsatz der Feuerverzinkung im Stahlbau im Hinblick auf Schraubenverbindungen. Druckschrift der Beratungsstelle Feuerverzinken. Hagen: Beratung Feuerverzinken 1976

48a **ZIMMERMANN,W. u. ROSTASY,F. S.**: Der Reibbeiwert feuerverzinkter HV-Verbindungen in Abhängigkeit von der Nachbehandlung der Zinkschicht. Stahlbau 44(1975), S.82-84

49a **BAECKMANN,W. v. u. SCHWENK,W.**: Handbuch des kathodischen Korrosionsschutzes, 2.Aufl., v. Weinheim: Verlag Chemie 1980

50a **BAECKMANN,W. v.**: Taschenbuch f. d. kathodischen Korrosionsschutz, 3.Aufl. Essen: Vulkan-Verlag 1983

51a **BAECKMANN,W. v.**: Meßtechnik beim kathodischen Korrosionsschutz. Stuttgart: export-Verlag 1982

52a **ERGANG,R.**: Edelstahl Rostfrei - Eigenschaften, Verwendung. Düsseldorf: Informationsstelle Edelstahl Rostfrei 1985

53a **ERGANG,R. u. ROCKEL,M.B.**: Die Korrosionsbeständigkeit der nichtrostenden Stähle in der Atmosphäre - Auswertung von Versuchen bis zu 10jähriger Auslagerung. Werkstoffe und Korrosion 26(1975), S.36-41

54a **KÜGLER,A., LENNARTZ,G. u. BOCK,H.-E.**: Naturkorrosionsversuche mit nichtrostenden Stählen auf Helgoland. Stahl und Eisen 96(1976), S.21-27

55a **BÄUMEL,A. u. KÜGLER,A.**: Meerwasserkorrosionsversuche an nichtrostenden Stählen in der Nordsee. Stahl u. Eisen 95(1975), S.1061-1066

56a **HERBSIEB,G.**: Korrosionsverhalten von hochlegierten, nichtrostenden Stählen bei der Anwendung im Stahlbau. Stahlbau 47(1978), S.269-278

56b **HERBSLEB,G., PFEIFER,B. u. TERNES,H.**: Spannungsrißkorrosion an austernitischen Chrom-Nickel-Stählen bei aktiver Korrosion in chloridhaltiger Elektrolyten. Werkstoffe und Korrosion 30(1979),S.322-340

57a **RAHMEL,A. u. SCHWENK,W.**: Korrosion und Korrosionsschutz von Stählen. Weinheim: Verlag Chemie 1977

58a **DRODTEN,P.**: Einfluß der chemischen Zusammensetzung und der Wärmebehandlung auf die interkristalline Spannungsrißkorrosion geschweißter, niedriglegierter Stähle. Stahl u. Eisen 102(1982), S.359-365

59a **PIRCHER,H. u. SUSSEK,G.**: Wasserstoffinduzierte Spannungsrißkorrosion geschweißter Baustähle. Stahl u. Eisen 102(1982), S.503-507

60a **BOCK,H. E.**: Spannungs- und Schwingungsrißkorrosionsverhalten nichtrostender austernitischer und ferritisch-anstenitischer Stähle. Draht 30(1979), S.284-287

61a **KÖSTERS,K., HASELMAIR,H., PONSCHAB,H. u. WALLNER,F.**: Spannungsrißkorrosion - ein Werkstoffproblem. Stahl u. Eisen 102(1982), S.779-785

62a **STICHEL,W.**: Korrosion von Bauteilen aus nichtrostendem Stahl in Schwimmhallenatmosphäre. Amts- und Mitteilungsblatt der Bundesanstalt für Materialprüfung (BAM) 16(1986), S.511-515

63a **IFBT.**: Zur Verwendung von nichtrostenden Stählen für tragende Bauteile in Schwimmbadhallen, die mit Chlor desinfiziert werden. Mitteilungen IfBt 16(1985), S.120

64a **KLINGSOHR,K.**: Vorbeugender baulicher Brandschutz, 2.Aufl. Stuttgart: Verlag W. Kohlhammer 1986

65a **EHMANN,K.**: Abwehrender Brandschutz. Stuttgart: Verlag W. Kohlhammer 1980

66a **KNUBLAUCH,E.**: Einführung in den baulichen Brandschutz. Düsseldorf: Werner-Verlag 1978

67a **SCHMIDT-LUDOWIEG,W. u. STEINHOFF,D.**: Grundlagen des Brandschutzes im Bauwesen. Heft 1 (I und II) der Schriftenreihe Brandschutz im Bauwesen. Berlin: E. Schmidt Verlag 1982

68a **KNUBLAUCH,E.**: Brandbelastung, Abbrenngeschwindigkeit, Energiefreisetzung und Brandgeschehen. Fortschritt-Ber. VDI-Z, Reihe 5, Nr. 10. Düsseldorf: VDI-Verlag 1970

68b **KNUBLAUCH,E.**: Der Normbrandversuch zur Ermittlung von Kennwerten für den baulichen Brandschutz. DIN-Mitteilungen 54(1975), S.213-216

69a **SFINTESCO,D.**: Die Stahlkonstruktion und die Brandgefahr - Beschreibung und Bedeutung einer neuen Versuchsanlage. Acier- Stahl- Steel 35(1970), S.17-25

70a **GRANT,C.E. (edt.)**: Five safety science. Proc. of the first international symposium. Berlin: Springer 1986

70b **BEER,G.**: Nichtlineare Temperaturspannungsberechnung mit Hilfe der Finite-Element-Methode unter besonderer Rücksichtnahme auf extreme Hitzeeinwirkung. Stahlbau 45(1976), S.263-268

70c **SCHNEIDER,U. u. HAKSEVER,A.**: Probleme der Wärmebilanzberechnung von natürlichen Bränden in Gebäuden. Bauphysik 3(1981), S.22-30

70d **HAKSEVER,A. u. SCHNEIDER,U.**: Brandschutztechnische Bemessung von Stahlkonstruktionen bei realen Bränden. Bauingenieur 58(1983), S.-

70e **BUB,H.: HOSSER,D., KERSKEN-BRADLEY,M. u. SCHNEIDER,U.**: Eine Auslegungssystematik für den baulichen Brandschutz. Heft 4 der Schriftenreihe Brandschutz im Bauwesen. Berlin: E. Schmidt Verlag 1983

71a **BONGARD,W.**: Brandschutz von Hallen aus Stahl-Leitfaden für die Praxis. Köln: Stahlbau-Verlag 1984

72a **HALFKANN,K.-H.**: Die Praxis der Brandlastermittlung in Industriegebäuden. Köln: Stahlbau-Verlag 1981

73a **SCHUBERT,K.-H. u. HOSSER,D.**: Zulässige Brandabschnittsgrößen im Industriebau nach dem Entwurf DIN 18230. Bauphysik 2(1980), S.55-61

74a **KORDINA,K. u. SCHNEIDER,U.**: Grundlagen des baulichen Brandschutzes im Industriebau, in: Beiträge zur Bautechnik (HALASZ-Festschrift), S.45-60. Berlin: W. Ernst u. Sohn 1980

75a **KORDINA,K.**: Baulicher Brandschutz. Fortbildungsseminar. München: VBI-Landesverband Bayern 1985

76a **WINKELMANN,O.**: Untersuchungen an Beton- und Baustäben im Warmkriechversuch. Bauphysik 2(1980), S.177-180

77a **DIEDERICHS,U., SCHNEIDER,U. u. WEISS,R.**: Ursachen und Auswirkungen der Entfestigung von Beton bei hoher Temperatur. Bauphysik 3(1980), S.104-109

77b **SCHNEIDER,U.**: Verhalten von Beton bei hohen Temperaturen. Schriftenreihe Deutscher Ausschuß für Stahlbeton, Heft 337. Berlin: W. Ernst u. Sohn 1982

78a **KRAMPF,L.**: Brand, in: LUTZ, P., JENISCH, R., KLOPFER, H., FREYMUTH, H. u. KRAMPF, L.: Lehrbuch der Bauphysik. Stuttgart: Teubner 1985

79a **BAUER,E.**: Österreichisches Brandschutzhandbuch, 2.Aufl. Wien: Österreichischer Stahlbauverband; Bohmann-Verlag 1980

80a **BONGARD,W.**: Brandschutz im Stahlbau, in: Stahlbauhandbuch. Bd. 2., 2.Aufl. (S.843 -866). Köln: Stahlbau-Verlag 1982

80b **SIA**: Feuerwiderstand von Bauteilen aus Stahl. Zürich: Schweizerische Zentralstelle für Stahlbau (SIA-Dok 82) 1985

81a **EKS-ECCS (European Conventiom für Constructional Steelwork), Techn. Com. 3**: European reommendations for the five safety of steel structures. Amsterdam: Elsevier 1983

82a **EHM,H. u. WITTEVEN,J.**: Die kritische Temperatur bei hochtemperaturbeanspruchten Bau- und Betonstählen. Stahlbau 39m(1970), S.339-344

83a **KNUBLAUCH,E., RUDOLPHI,R. u. STANKE,J.**: Theoretische Ermittlung der Feuerwiderstandsdauer von Stahlstützen und Vergleich mit Versuchen. Stahlbau 43(1974), S.175-182 u. S.249-254

84a **KNUBLAUCH,E.**: Brandverhalten von Stahlbauteilen. Bauingenieur 53(1978), S.21-27

85a **HOFFEND,F.**: Brandverhalten von Stahlstützen. Bauphysik 3(1981), S.127-129

86a **HOFFEND,F. u. KORDINA,K.**: Versagenstemperaturen crit T von brandbeanspruchten Stahlstützen aus Walzprofilen. Stahlbau 53(1984), S.375-378

87a **HOFFEND,F. u. KORDINA,K. u. MEYER-OTTENS,C.**: Neue Prüfvorschriften für Stahlstützen bei Brandprüfungen nach DIN 4102 T2. DIN-Mitteilungen 63(1984), S.148-154

88a **BEYER,R.**: Der Feuerwiderstand von Tragwerken aus Baustahl. Berechnung mit Hilfe des Traglastverfahrens. Stahlbau 46(1977), S.361-364

89a **SCHAUMANN,P.**: Zur Berechnung stählerner Bauteile und Rahmentragwerke unter Brandbeanspruchung. Techn.-Wiss. Mitt. 84-4. Bochum: Ruhr-Universität, Inst. f. Konstr. Ingenieurbau 1984

90a **RUBERT,A. und SCHAUMANN,P.**: Temperaturabhängige Werkstoffeigenschaften von Baustahl bei Brandbeanspruchung. Stahlbau 54(1985), S.81-86

90b **RUBERT,A. und SCHAUMANN,P.**: Tragverhalten stählerner Rahmensysteme bei Brandbeanspruchung. Stahlbau 54(1985), S.280-287

91a **HAKSEVER,A.**: Gesamtbauwerksverhalten bei einem lokalen Brandfall. Bauphysik 4(1982), S.27-29

92a **REYER,E. u. NÖLKER,A.**: Zum Brandverhalten von Gesamtkonstruktionen des Stahl- und Stahlverbundbaues. I. Teil: Verfahren, Eignungstests und Vergleichsberechnungen zur Experimentellen Untersuchung mit Großmodellen. Stahlbau 52(1983), S.1-10

93a **ROIK,K. u. SCHAUMANN,P.**: Zum Brandverhalten des Stahl- und Stahlverbundbaus. II. Teil: EDV-orientierte Berechnung nach der Fließgelenktheorie, Eigungstests und Schlußfolgerungen. Stahlbau 52(1983), S.40-45

94a **MANG,F. u. STEIDL,C.**: Zum Brandverhalten des Stahl- und Stahlverbundbaues. III. Teil: Möglichkeiten und Zielsetzungen der Untersuchungen mit Hallen-Kleinmodellen. Stahlbau 52(1983), S.90-92.

95a **TEICHEN,K.-TH., HAFNER,H. u. KLIMKE,H.**: Zum Brandverhalten von Gesamtkonstruktionen des Stahl- und Stahlverbundbaues. IV. Teil: Raumfachwerke als Sonderfall kompletter Tragwerksystem. Stahlbau 52(1983), S.108-113

96a **DIN**: Brandschutzmaßnahmen (TAB 120). Berlin: Beuth-Verlag (jeweils aktuelle Ausgabe).

97a **MEYER-OTTENS,C.**: Baulicher Brandschutz nach neuem Bauaufsichtsrecht. Bundesblatt 34(1985), S.429-448

98a **KORDING,K. u. MEYER-OTTENS,C.**: Beton-Brandschutz-Handbuch. Düsseldorf: Beton-Verlag 1981

99a **KLOSE,A.**: Brandsicherheit baulicher Anlagen, Bd. 1 u. 2. Düsseldorf: Werner-Verlag 1978 u. 1982

100a **KLOSE,A.**: Gesetzliche Grundlagen, bauaufsichtliche Vorschriften und Nachweise für den vorbeugenden bauliche Brandschutz,in:Baulicher Brandschutz im Ausbau. Informationen über neuzeitliches Bauen,Heft 47.Köln: Stahlbau-Verband 1984

101a **BUB,H.**: Brandschutztechnische Bemessung von Wohnungsbauten. Bauphysik 4(1982), S.107-113

102a **BAUMGARTNER,R.**: Hochhäuser. Heft 11 der Schriftreihe Brandschutz im Bauwesen. Berlin: E. Schmidt Verlag 1983

103a **ISTERLING,F.**: Brandschutz und Feuersicherheit in Arbeitsstätten, 2.Aufl. Essen: Vulkan-Verlag 1984

104a Brandschutz in Bauten besonderer Art und Nutzung (Vortragsveranstaltung). München: Technischer Überwachungsverein Bayern (TÜV) 1983

105a **MUESS,H.**: Brandverhalten von bekleideten Stahlbauteilen. Köln: Stahlbau-Verlag 1978

106a **MEYER-OTTENS,C.**: Brandverhalten von Bauteilen. Teil I u. II. Heft 22 (I und II) der Schriftreihe Brandschutz im Bauwesen. Berlin: E. Schmidt-Verlag 1981

107a **KNUBLAUCH,E. u. RUDOLPHI,R.**: Dämmschichtbildende Brandschutzanstriche. Stahlbau 41(1972), S.273-277

108a **KLOSE,A.**: Anwendung von Brandschutzbeschichtungen und Brandschutzputzen zur Erhöhung der Feuerwiderstandsdauer von Stahlbauteilen. Bauphysik 2(1980), S.24-28

109a FEDEROLF,S.: Konstruktiver Brandschutz von Dach und Wand bei der Verwendung vpm Stahltrapezprofile und Sandwichelementen. VFDB 33(1984), S.164-180

110a HASS,R. u. MEYER-OTTENS,C.: Nachweise und Genehmigungsverfahren bei Verbundbauteilen. Stahlbau 55(1986), S.293-298

111a JAGFELD,P.: Brandverhalten von Bedachungen. Heft 26 der Schriftenreihe Brandschutz im Bauwesen. Berlin: E. Schmidt-Verlag 1985

112a BONGARD,W.: Brandversuche mit Außenstützen aus Stahl. Stahlbau 32(1963), S.139-146

113a EHM,H. u. BONGARD,W.: Feuerwiderstandsfähigkeit von wassergekühlten Stahlstützen. Stahlbau 37(1968), S.161-164

114a KNUBLAUCH,E.: Brandversuche an einer wassergekühlten Stahlstütze. Stahlbau 38(1969), S.182-184 u. S.352

115a POLTHIER,K. u. MOMMERTZ,K. H.: Brandversuch an einer wassergekühlten Stahlstütze. Stahlbau 42(1973), S.65-71

116a HÖNIG,O.: Wärme- un strömungstechnische Analyse brandbeanspruchter Hohlprofil-Konstruktionen mit Wasserkühlung. Bauphysik 3(1981), S.207-215

117a HÖNIG,O., KLINGSCH,W. u. WITTE,H.: Wasserkühlung für den baulichen Brandschutz-Forschung und Anwendung. Bauingenieur 59(1984), S.121-126

118a WITTE,H.: Brandschutz von Stahlkonstruktionen mit Wasserkühlung. Stahlbau 53(1984), S.26-27

119a WEISE,E.: Bauliche Erfordernisse beim Brandschutz für Lüftungsanlagen. Bauphysik 7(1985), S.109-112

120a WESTHOFF, .: Maßnahmen für den baulichen Brandschutz: Verglasungen, Feuerschutzabschlüsse und Abschottungen für Kabeldurchführungen. [100]

121a LABOUIE,T.: Brandelemente mit Brandschutzgläsern. [100]

122a FISCHER,D.: Prüfung und Einsatz von Abschottungen in brandabschnittsbegrenzenden Wänden und Decken.[100]

123a WINKLER,G.: Feuerabschlüsse zum Einbau in Stahlkonstruktionen. [100]

124a Studiengesellschaft für Anwendungstechnik von Eisen und Stahl: Diverse Forschungsberichte zum Brandverhalten von Stahlverbundkonstruktionen. Düsseldorf

125a SCHMIDT,H.: Stahltrapezprofildecken - Bemessung und Brandschutz. Stahlbau 53(1984), S.295-299

126a MUESS,H. u. SCHAUB,W.: Neubau einer zweigeschossigen Fertigungshalle mit neuartiger Brandschutzkonzeption. Stahlbau 51(1982). S.225-234

127a MUESS,H.: Stahl-Beton-Verbund im Geschoßbau, in: Bauen mit Stahl, S.64-88. Bd. 130 Kontakt u. Studium Bauwesen. Grafenau: Expert Verlag 1984

127b MUESS, H. u. SCHAUB, W.: Feuerbeständige Stahlverbundfertigteile - Eine neue Bauweise für den mehrgeschossigen Industriebau. Stahlbau 54(1985), S.65-75

128a MUESS,H. SCHRAUB,W.: Feuerbeständige Stahlverbundfertigteile - Eine neue Bauweise füer den mehrgeschossigen Industriebau. Stahlbau 54(1985),S.65-75

129a KLINGSCH,W.U. WÜRKER,K.-G.: Hohlprofilverbundstützen - Sichtbarer Stahl füer feuerwiderstandsfähige Konstruktionen. Deutsche Bauzeitung 116(1982), S.1632-1630

130a KLINGSCH,W.,WÜRKER,K.-G. u. MARTIN-BULLMANN,R.: Brandverhalten von Hohlprofilverbundstützen. Der Stahlbau 53(1984),S.300-305

131a JUNGBLUTH,0.: Optimierte Verbundbauteile,in:Stahlbau-Handbuch,Bd.1,2.Aufl.,S.907-942.Köln: Stahlbau-Verlag 1982

132a JUNGBLUTH,O.: Verbund- und Sandwichtragwerke.Berlin: Springer-Verlag 1986

133a KLINGSCH,W., BODE,H.-G. u. FINSTERLE,A.: Brandverhalten von Verbundstützen aus vollständig einbetonierten Walzprofilen. Bauingenieur 59(1984), S.19-24

134a KLINGSCH,W.: Grundlagen füer die rechnerische Ermittlung des Tragverhaltens von Bauteilen im Brandfall, Bauphysik 1(1979), S.29-33

135a KLINGSCH,W.: Grundlagen der brandschutztechnischen Auslegung und Beurteilung von Verbundstützen. Bauphysik 3(1981), S.129-133

136a Brandverhalten von Stahl- und Stahlverbundkonstruktionen. Köln: Verlag TÜV Rheinland 1984

137a SCHLEICH,J.B., LAHODA,E., LICKES,J.P. u. HUTMACHER,H.: Garantierter Feuerwiderstand im Stahlbau, eine neue Technologie. ACIER-STAHL-STEEL 48(1983), S.89-100

137b SCHLEICH,J.B.: Numerische Simulation: Zukunftsorientierte Vorgehensweise zur Feuersicherheitsbeurteilung von Stahlbauten. Bauingenieur 63(1988), S.17-26

138a KLINGSCH,W. u. MUESS,H.: Näherungsverfahren für die Bemessung von Verbundbauteilen im Brandfall. Bauingenieur 63(1987), Heft 1

139a BOCK,H.-M. u. WERNERSSON,H.: Zur rechnerischen Analyse brandbeanspruchter Stahlträger. Stahlbau 55(1986), S.7-14

139b BOCK,H.M.: Über das Tragverhalten von Stahlstützen während eines Normbrandversuches. Stahlbau 56(1987), S.161-168

140a LEHMANN,R.: Brandschutz-Technologien für Stahl- und Verbundkonstruktionen im Stuttgarter Demonstrationsvorhaben. Bautechnik 63(1986), S.317-321

140b BOUE,P.: Stahlbau-Brandschutzforschung - woher,wohin? Bauingenieur 63(1988), S.1-15

(20) Stahlhochbau

1a DStV (Hrsg.): Stahlbau Handbuch, Bd. 2, 2.Aufl. Köln: Stahlbau-Verlag 1985

2a HART,F., HENN,W. u. SONTAG,H.: Stahlbau-Atlas-Geschoßbauten, 2.Aufl. München: Inst. f. int. Architektur-Dokumentation 1982

3a BUCHENAU,H. u. THIELE,A.: Stahlhochbau, T. 1 (21.Aufl.) u. T.2 (17.Aufl.) Stuttgart: Teubner 1985/86

3b DUBAS,P. u. GEHRI,E.: Stahlhochbau. Berlin: Springer-Verlag 1988

4a NEUFERT,E.: Bauentwurfslehre, 32.Aufl. Wiesbaden: Vieweg 1984

5a SCHMITT,H.: Hochbaukonstruktion, 10.Aufl. Braunschweig-Wiesbaden: Vieweg 1984

6a BÜTTNER,O. u. HAMPE,E.: Bauwerk-Tragwerk-Tragstruktur. Berlin: Ernst u. Sohn 1985

7a FRICK, KNOLL u. NEUMANN: Baukonstruktionslehre, T.1 (28.Aufl.), T2 (27.Aufl.). Stuttgart: Teubner 1983

8a DIERKS,K. u. SCHNEIDER,K.-J. (Hrsg.): Baukonstruktion. Düsseldorf: Werner Verlag 1986

9a BANZ,H.: Baukonstruktions-Details 1+2+3, 2.Aufl. Stuttgart: Krämer 1985

10a VOLGER u. LAASCH: Haustechnik - Grundlagen, Planung, Ausführung, 7.Aufl. Stuttgart: Teubner 1985

11a NEUFERT,E.: Industriebauten. Wiesbaden: Bauverlag 1973

12a HENN,W.: Entwurfs- und Konstruktionsatlas - Industriebau. 4.Aufl. München: Callweg 1976

13a ACKERMANN,K.:Industriebau. Stuttgart: Deutsche Verlags-Anstalt 1984

14a AVI-Arbeitsblätter. Arbeitsgemeinschaft Industrie. Hannover: C. R. Vincentz-Verlag

15a DIN: Stahl und Eisen: Maßnormen, 6.Aufl. DIN-Taschenbuch 28. Berlin: Beuth-Verlag 1986

16a VdEh: Stahl im Hochbau, Bd. I. Teil 1, 14.Aufl. Düsseldorf: Verlag Stahleisen 1984

17a FELBER,E. u. FELBER,K.: Toleranzen und Passungen, 12.Aufl. Leipzig: Fachbuchverlag 1984

18a REIMERS,K.: Entwurfsplanung und Herstellungstechnologie im Stahlbau, in [1]. S.68-71

19a BRAUN,C.: Maßgerechtes Bauen, Toleranzen im Hochbau, 2.Aufl. Karlsruhe: R. Müller 1987

20a KRELL,K.-H.: Regeln für die Toleranzanwendung bei Baupassungen - Das Fehlerfortpflanzungsgesetz als Grundregel der Baupassungen. Bautechnik 39(1962), S.126-135 u. 306-313

21a BOEMKE,K.: Die Anwendung der Modulordnung. Deutsche Bauzeitschrift DBZ 27(1979), S.1081-1084

21a GRUNAU,E.B.: Fugen im Hochbau, 2.Aufl. Köln-Braunsfeld: Verlagsgesellschaft R. Müller 1972

22b PILNY,F.: Risse und Fugen in Bauwerken. Wien: Springer-Verlag 1981

22c MARTIN,B.: Fugen und Verbindungen im Hochbau. Düsseldorf: Beton-Verlag 1982

23a RUSCHEWEYH,H.: Dynamische Windwirkung an Bauwerken, Bd. 1 u. 2. Wiesbaden: Bauverlag 1982

24a SOCKEL,H.: Aerodynamik der Bauwerke. Wiesbaden: Vieweg 1984

25a ROSEMEIER,C.: Winddruckprobleme bei Bauwerken. Berlin: Springer-Verlag 1976

26a ZURANSKY,J.: Windbelastung von Bauwerken und Konstruktionen, 2.Aufl. Köln-Braunsfeld: Verlagsges. R. Müller 1981

27a SACHS,P.: Wind Forces in Engineering 2nd Ed. Oxford: Pergamon Press 1978

28a LAWSON,T.W.: Wind Effects on Building. Vol 1 a. 2. London: Applied Science Publ. 1980

29a CASPAR,W.: Zur Sturmverteilung in der Bundesrepublik Deutschland. Der Maschinenschaden 31(1959), S.122-127

29b CASPAR,W.: Maximale Windgeschwindigkeiten in der Bundesrepublik Deutschland. Bautechnik 47(1970), S.335-340

30a DAVENPORT,A.G.: Rationale for determining design wind velocites. Proc. ASCE, Journ. of the Struc. Div. 86(1960), S.39-68

30b DAVENPORT,A.G.: The application of statistical concepts to the wind loading of structures. Proc. of the Inst. of Civ. Eng. 19,III(1961), S.449-471

31a KRAMER,C.: Untersuchungen zur Wingbelastung von Flachdächern. Bauingenieur 50(1975), S.125-132

32a FLACHSBART,O.: Modellversuche über die Belastung von Gitterfachwerken durch Windkräfte. Stahlbau 7(1934), S.65-69, S.73-79 u. 8(1935), S.57-63 u. 65-69, S.73-77

33a KLÖPPEL,K.: Windbelastungsversuche am Modell eines Werkstattgeländes. Stahlbau 7(1934), S.129-133

34a BOUE,P.: Windkanalversuche mit Fachwerkbrücken-Modellen. Stahlbau 44(1955), S.44-45

34b BOUE,P.: Windkanalversuche mit Modellen vollwandiger Brücken. Stahlbau 27(1958), S.133-139

34c BARTH,R.: Windkanalmessungen über den Luftwiderstand eines Zylindertandems als Brückenträger. Stahlbau 29(1960), S.186-191

34d MÖLL,R. u. THIELE,F.: Windkanalversuche am Modell eines Stahlskelett-Hochregals zur Bestimmung des Windwiderstandsbeiwertes c nach DIN 1055 für ein filigranes Bauwerk. Stahlbau 41(1972), S.65-72

35a PETERSEN,C.: Aerodynamische und seismische Einflüsse auf die Schwingungen insbesondere schlanker Bauwerke. Fortschr.- Ber. VDI- Z., Reihe 11, Nr. 11. Düsseldorf: VDI-Verlag 1971

36a FERJENCIK,P. u. TOCHACEK,M.: Die Vorspannung im Stahlbau - Theorie und Konstruktionspraxis. Berlin: W. Ernst u. Sohn 1975

37a SOSSENHEIMER,H.: Vorgespannte Stahlkonstruktionen. Stahlbau 20(1951), S.127-129, vgl. auch 23(1954). S.91-94, 26(1957), S.314-316

38a FRITZ,B.: Über die Berechnung und Konstruktion vorgespannter, stählerner Fachwerkträger. Stahlbau 24(1955), S.169-174

39a HORTENSEN,M.: Bestimmung des optimalen Querschnitts vorgespannter Vollwandträger. Stahlbau 33(1964), S.249-254 u. S.384

40a CROCHOWSKI,A., PASTENAK,H. u. SIECZKOWSKI,J.: Zur Beurteilung der Sicherheit eines vorgespannten Stahlfachwerkträgers. Stahlbau 53(1984), S.236-239

41a KAMEKE,G.V.: Eine Sheddach-Halle mit geschweißten Hohlkasten-Unterzügen. Stahlbau 26(1957), S.83-86

42a LOEW,H.: Beispiele neuerer Shedhallen mit weitem Stützenraster. Stahlbau 34(1965), S.23-27

43a BEHRENS,J. u. FRENZ,P.: Stahlkonstruktion eines neuen Automobilwerkes. Stahlbau 40(1971), S.161-169

44a BRODKA,J. u. LUBINSKI,M.: Leichte Stahlkonstruktionen. Köln-Braunsfeld: Verlagsges. R. Müller 1977

45a RICKENSTORF,G.: Tragwerke für Hochbauten. 2.Aufl. Leipzig: Teubner 1982

46a BÜTTNER,O. u. STENKER,H.: Stahlhallen - Entwurf und Konstruktion. Berlin: VEB Verlag für Bauwesen 1986

47a GUNSAM,G.: Die Stahlkonstruktionen der neuen Rheingoldhalle in Mainz. Stahlbau 39(1970), S.110-114

48a FELBER,W., KAUFMANN,W. u. ROSHARDT,W.: Mehrzweckhalle Aarau (Schweiz). Stahlbau 41(1972),S.97-102

49a BOUE,P. u. KRUSE,H.: Fertigungs- und Montagehallen für Turbogeneratoren großer Abmessungen. Stahlbau 42(1973), S.186-191

50a OETER,H. u. SONTAG,H.: Das Stahldach der Neuen Nationalgalerie in Berlin. Stahlbau 37(1968), S.106-115.

50b ROIK, K. u. SEDLACEK, G.: Statische Untersuchungen für die Dachkonstruktion der Neuen Nationalgalerie in Berlin. Stahlbau 37(1968), S.115-120

51a KITTE,A. u. LENZ,P.: Berlin Messehallen. Stahlbau 48(1979), S.129-136

52a DIMITROFF,S. u. ALTER,M.: Die Dachkonstruktion des Internationalen Congreß Centrums Berlin. Stahlbau 49(1980), S.1-10

53a FÖRSTER,K.G. u. REIMERS,K.: Die Stahlkonstruktionen der neuen Stückgutverteilungsanlage im Hamburger Hafen. Stahlbau 36(1967), S.249-260

54a LENZ,P.: Ein Faltwerk in Stahlkonstruktion. Stahlbau 32(1963), S.186-189

55a EISERT,H.D.: Konstruktion und Ausführung des Frankfurter Postbahnhofs. Stahlbau 49(1980), S.134-142

56a KLÖPPEL,K., MORITZ,W. u. SCHARDT,R.: Neue Großflugzeughallen. Stahlbau 34(1965), S.265-274

57a REIMERS,K. u. STUCKE,W.: Neubau der Flugzeugwartungshalle VI in Frankfurt/Main. Stahlbau 51(1982), S.289-299

58a GEROLD,W.: Die stählerne Dachkonstruktion des Olympia-Eisstadions in Garmisch-Partenkirchen. Stahlbau 37(1968), S.60-62

59a NEUMANN,A.: Die Stahlkonstruktion für die Kunsteislaufbahn in München-Oberwiesenfeld. Stahlbau 39(1970), S.20-26

60a BEYER,E. u. TATHOFF,H.: Die Überdachung des Eisstadions in Düsseldorf. Stahlbau 39(1970), S.129-135

61a BOLL,K. u. HETTASCH,K.: Die Volleyballhalle für die Olympischen Spiele München 1972. Stahlbau 41(1972), S.1-7

62a SEIBERT,P.P. u. STEINGASZ,J.: Die neue Sporthalle in Krefeld. Stahlbau 42(1973), S.33-37

63a RÖPER,W.: Allwetterbad Neuhof - Ein Schwimmbad mit wandelbarer Kuppel. Stahlbau 42(1973), S.368-371

64a MAKOWSKI,Z.S.: Räumliche Tragwerke aus Stahl. Düsseldorf: Verlag Stahleisen 11963

65a MAKOWSKI,Z.S.: Analysis, Design and Construction of Double-Lager Grids. London: Applied Science Publishes Ltd 1981

66a WITTE,H.: Einfache Regeln zur Vorbemessung von Raumfachwerken. Merkblatt 110. Düsseldorf: Beratungsstelle für Stahlverwendung 1981

67a SUBRAMANIAN,N.: Principles of Space Structures. Allahabad: Wheeler 1983

68a NOOSHIN,H.: Third International Conference on Space Structures. London: Elsevier Applied Publishers 1984

69a RÜHLE,H.: Räumliche Dachtragwerke - Konstruktion und Ausführung; Bd. 2 Stahl und Plaste. Köln: Braunsfeld: Verlagsges. R. Müller 1970

70a BÜTTNER,O. u. STENKER,H.: Metalleichtbauten, Bd.1. Ebene Raumstabwerke. Berlin: VEB-Verlag für Bauwesen 1971

71a HELLMICH,K.: Berechnung von Rollenfachwerken unter Berücksichtigung großer Verformungen bei linear elastischem Werkstoffverhalten. Stahlbau 48(1979), S.283-288

72a KLIMKE,H.: Zum Stand der Entwicklung von Stabwerkskuppeln. Stahlbau 52(1983), S.257-262

73a KLIMKE,H.: Entwurfsoptimierung räumlicher Stabwerksstrukturen durch CAD-Einsatz- Bauingenieur 61(1986), S.481-489

74a SCHEER,J. u. KOEP,H.: Zur Optimierung von Raumfachwerken. Bauingenieur 57(1982), S.27-33

75a KLÖPPEL,K. u. CODER,W.: Kugelförmiger Knoten mit sechs angeschlossenen Zugstäben aus Rohrprofilen. Stahlbau 30(1961), S.57-60

76a LACHER,G.: Ein neues Raumtragwerk zur Überbrückung großer Spannweiten im Hochbau. Stahlbau 46(1977), S.205-212

77a BUCHHOLZ,H.: Beitrag zur Berücksichtigung des Giebelanschlusses bei prismatisch gewölbten Netzwerken aus biegungsfesten Stabzügen. Stahlbau 2(1929), S.6-8 u. S.14-18

78a MAY,B..u. NOWAK,B.: Zur Berechnung von kreiszylindrischen Netzwerkschalen. Stahlbau 40(1971), S.234-238 u. S.311-316

79a MAHADEVAPPA,N., SUBRAMANIAN,N. u. RAMAMURTHY,L. N.: Tragverhalten stählerner Fachwerktonnen. Stahlbau 52(1983), S.54-58

80a SAAL,H.: HP-Netzwerkkonstruktion als Flugzeugunterstände. Stahlbau 38(1969), S.62-63

81a KLÖPPEL,K. u. SCHARDT,R.: Systematische Ableitung der Differentialgleichungen für ebene anisotrope Flächentragwerke. Stahlbau 29(1960), S.33-43

82a KLÖPPEL,K. u. SCHARDT,R.: Zur Berechnung von Netzkuppeln. Stahlbau 31(1962), S.129-136 u. S.384

83a DOERNACH,R.: Sphärische Raumfachwerke. Stahlbau 29(1960), S.97-104

84a TSUBOI,Y.: Die Stahlrippenkuppel auf dem Messegelände in Tokyo. Stahlbau 31(1962), S.308-317

85a SCHÖENBACH,W.: Netzkuppeln als Radome. Stahlbau 38(1969), S.33-43

86a SCHÖNBACH,W.: Als Netzkuppel ausgebildetes Radom mit 49m Durchmesser. Stahlbau 40(1971), S.45-55

87a SCHNEIDER,H.H.: Der "Superdom" von New-Orleans - die größte Sporthalle der Welt. Stahlbau 42(1973), S.71-77

88a GABRIEL,K.: Ebene Seiltragwerke. Merkblatt 496. Düsseldorf: Beratungsstelle für Stahlverwendung 1980

89a JAWERTH,D.: Vorgespannte Hängekonstruktion aus gegensinnig gekrümmten Seilen mit Diagonalverspannung. Stahlbau 28(1959), S.126-131

90a JAWERTH,D. u. SCHULZ,H.: Ein Beitrag zur Frage der Eigenschwingungen, windanfachender Kräfte und aerodynamischen Stabilität bei hängenden Dächern. Stahlbau 35(1966), S.1-8 u. S.64

91a JAWERTH,D.: Das Eisstadion Stockholm - Johanneshov-Technologie, Statik, Dynamik und Bauausführung. Stahlbau 35(1966), S.86-95

92a JAWERTH,D. u. SCHULZ,H.: Die Dachkonstruktion der Sporthalle "Victor Hugo" in Bordeaux. Stahlbau 36(1967), S.321-329

93a OLEJNNICZAK,L.: Die neue Kraftfahrzeug-Prüfhalle für das Technische Überwachungsamt in Frankfurt/M. Stahlbau 40(1971), S.329-336

94a TSUBOI,Y. u. KAWAGUCHI,M.: Probleme beim Entwurf einer Hängedachkonstruktion anhand des Beispieles der Schwimmhalle für die Olympischen Spiele 1964 in Tokio. Stahlbau 35(1966), S.65-85

95a LEONHARDT,F., EGGER,H. u. HAUG,E.: Der deutsche Pavillon auf der Expo '67 Montral - eine vorgespannte Seilnetzkonstruktion. Stahlbau 37(1968), S.97-106 u. S.138-145

96a LEONHARDT,F. u. SCHLAICH,J.: Vorgespannte Seilnetzkonstruktionen - Das Olympiadach in München. Stahlbau 41(1972), S.257-266, S.298-301, S.367-378, 42(1973) 51-58, S.80-86, S.107-114 u. S.176-185

97a LINKWITZ,K. u. SCHEK,H.-J.: Einige Bemerkungen zur Berechnung von vorgespannten Seilnetzkonstruktionen. Ing.-Archiv 40(1971), S.145-158

98a HANGLEITER,U., GRÜNDIG,L. u. SCHEK,H.-J.: Beitrag zu den Genauigkeitsanforderungen bei Seilnetzen. Stahlbau 43(1974), S.1-9

99a SCHLACIH,J. u. GREINER,S.: Vorgespannte Flächentragwerke aus Metallmembranen. Bauingenieur 53(1978), S.77-78

100a SCHLAICH,J., MAYR,G., WEBER,P. u. JASCH,E.: Der Seilnetzkühlturm Schmehausen. Bauingenieur 51(1976), S.401-412

101a SZABO,J. u. KOLLAR,L.: Structural design of cablesuspended roofs. Chichester: Ellis Horwood Lim. 1984

102a FRITZ,B.: Radial vorgespannte, stählerne Stabhängewerke und Ihre Verwendungsmöglichkeiten. Stahlbau 27(1958), S.113-117

103a CORNELIUS,W.: Die statische Berechnung eines seilverspannten Daches am Beispiel des US-Pavillons auf der Weltausstellung in Brüssel 1958. Stahlbau 27(1958), S.98-103, vgl. auch S.117-121

104a BEER,H.: Rundhalle mit Hängekegeldach. Stahlbau 32(1963), S.1-10

105a ASCE: Structural design of tall steel buildings, Vol. SB; Tall building-criteria and loading, Vol. CL. New York: American Society of Civil Engineerss 1979/80

106a RAFEINER,F. (Hrsg.): Hochhäuser, Bd. 1-4, 2.Aufl. Wiesbaden: Bauverlag 1976/78

107a LEWENTON,G. u. SCHAEFER,K.H.: Die Baukonstruktion des Mannesmann-Hochhauses in Düsseldorf. Stahlbau 29(1960), S.65-76

108a SCHNEIDER,M.: Bemerkenswerte Einzelheiten der Statik und Konstruktion des Phoenix-Rheinchor-Hochhauses in Düsseldorf. Stahlbau 31(1962), S.7-14 u. 32(1963), S.31-32

109a BÖRNSEN,R.: Die Stahlkonstruktion des Unilever-Hochhauses Hamburg. Stahlbau 32(1963), S.146-150

110a HENZEN,W.: Das Stahlskelett des Verwaltungshochhauses W1 der Farbenfabriken Bayer AG in Leverkusen. Stahlbau 33(1964), S.7-14

111a SCHNEIDER,M.: Hochhäuser mit hängenden Geschossen. Stahlbau 37(1968), S.33-44

112a SCHNEIDER,H.H.: Das John Haucock Center - Ein neues Hochhaus in Chikago. Stahlbau 38(1969), S.150-154

113a MAYER,C. M.: Die Stahltürme für das Welthandelszentrum in Manhatten werden montiert. Stahlbau 39(1970), S.123-126

114a WERNER,E.: Das Bürohochhaus für den Bundestag. Stahlbau 39(1970), S.225-229

115a SCHNEIDER,H.H.: Das neue United-States-Steel-Bürohochhaus in Pittsburgh. Stahlbau 39(1970), S.298-305

116a HIRSCH,D. u. REIMERS,K.: Hochhäuser für die Deutsche Welle in Köln. Bauingenieur 53(1978), S.365-372

117a NERAD,L.: Die Stahlkonstruktion für das Internationale Konferenzgebäude der UNO-City in Wien. Stahlbau 46(1977), S.97-103

118a HEINZE-Baudokumentation: Produktdatenblatt-Bibliothek (Loseblattsammlung). Celle: jeweils aktueller Stand

119a Beratungsstelle für Stahlverwendung: Merkblatt 193 (Geradlinige Treppen), 205 (Schraubenlinienläufige Treppen: Spindeltreppen - Wendeltreppen), 230 (Treppengeländer), 355 (Außentreppen, Industrietreppen), Düsseldorf

120a HOFFMANN,G. u. GRIESE,F.: Stahlbau, 2.Aufl. Stuttgart: Hoffmann 1977

121a MEYER-BOHE,W.: Treppen, 2.Aufl. Stuttgart: Verlag A. Koch 1983

122a SHEN, M.-S.: Zur Berechnung von Maximalmomenten in Wendeltreppen-Spindeln. Bauingenieur 36(1961), S.458-460

123a FUCHSSTEINER,W.: Die freitragende Wendeltreppe. Beton- und Stahlbetonbau 49 (11954), S.252-259

124a SCHNEIDER,K.: Zur Berechnung freitragender Wendeltreppen mit torsionssteife,Laufträger für verschiedene Auflagerbedingungen. Stahlbau 38(1969), S.93-96

125a KÖSEOGLU,S. u. HOF,W.: Treppen, in Betonkalender II S.901-1034. Berlin: W. Ernst u. Sohn 1980

126a FLEGEL,R.: Statische Grundlagen für Zweiwangen-Wendeltreppen mit kastenförmigen Tritten. Stahlbau 48(1979), S.87-93

127a FLEGEL,R.: Statische Grundlagen für Zweiwangen-Wendeltreppen mit trogförmigen Tritten. Stahlbau 49(1980), S.58-62

128a FLEGEL,R.: Statische Grundlagen für Zweiwangen-Wendeltreppen mit kastenförmigen Tritten. - Ergänzungen. Stahlbau 50(1981), S.54-56

129a **FLEGEL,R.**: Statische Grundlagen fr Zweiwangen-Wendeltreppen mit kastenförmigen Tritten - Besondere Randbedingungen. Stahlbau 51(1982), S.241-245

130a **SCHRÖTER,H.J.**: Anwendung einer Theorie räumlich stark gekrümmter Stäbe auf beliebig geformte, gestützte und belastete freitragende Wendelschalen. Stahlbau 42(1973), S.338-345 u. S.362-367

131a **CARZ,K.-F.**: Statische Vergleiche zwischen freitragenden Wendeltreppen über elliptischem und kreisförmigen Grudrissen. Bautechnik 44(1967), S.213-217

(21) Kranbahnen

1a **WITTE,H.**: Planung von Hallenlaufkranen für leichten und mittleren Betrieb. Merkblatt 354 der Beratungsstelle für Stahlverwendung. Düsseldorf 1983

2a **HANNOVER,H.O., MECHTOLD,F. u. TASCHE,G.**: Sicherheit bei Kranen. Düsseldorf: VDI-Verlag 1977

2b **LAUMANN,H.J.**: Sicherheit bei Flurförderzeugen. 2.Aufl. Düsseldorf: VDI-Verlag 1987

3a **N.N.**: Unfallverhütungsvorschriften für Krane (VBG 9), mit Durchführungsanweisungen. Hrsg.: Hauptverband der gewerblichen Berufsgenossenschaften. Köln: Carl Heymanns Verlag jeweils neueste Ausgabe

4a **MAAS,G.**: Untersuchungen an schweren geschweißten Vollwandkranbahnträgern. Mitteilungen aus dem Lehrstuhl und Institut für Stahlbau der TH München, Heft Nr. 2, München 1969 (Diss.)

5a **MYRBACH,W.**: Die Stahlkonstruktion für das Stahlwerk III der Hösch-Westfalenhütte AG. in Dortmund. Stahlbau 26(1957), S.357-364

6a **BOCK,H.**: Die Stahlkonstruktion der Gebäude für ein neues Stahlwerk in Rourkela, Indien, Stahlbau 28(1959), S.177-182

7a **WITT,H.P. u. WINKEN,W.**: Die Stahlkonstruktion für das SM-Stahlwerk I der August-Thyssen-Hütte. Stahlbau 29(1960), S.43-47

8a **SAGET,P.**: Integriertes Hüttenwerk der Usinor in Dünkirchen. Acier-Stahl-Steel 38(1973), S.11-23

9a **HÜSER,H.**: Planung und Aufbau eines Sauerstoffaufblas-Stahlwerkes. Stahl und Eisen 84(1964), S.1392-1398

9b **KREYSZ,G. und MÜLLER,W.**: Neue Wege im Kranbau für Hüttenwerke. Stahl und Eisen 102(1982) S.351-358

10a **PELT,F.v.**: Kraftwerke Amer in Geertruidenberg (Niederlande), ACIER-STAHL-STEEL 37(1972), S.288-293

10b **SCHOLZ,P.**: Die Stahlkonstruktion des Rauchschiffes für LD/AC-Stahlwerk Hainaut-Sambre (Belgien). ACIER-STAHL-STEEL 37(1972), S.460-465

11a **WEIRAUCH,G. u. WAGENFELD,H.**: Stahlkonstruktion eines Preßwerkes in Hannover-Stöcken. Stahlbau 26(1957), S.136-139

11b **BARTH,O. u. Eller,H.**: Geschweißte Hallenkonstruktion. Stahlbau 29(1960), S.380-386

11c **SAHMEL,P.**: Vollständig geschweißte Hallen in Hohlkastenbauweise für ein Siemens-Martin-Stahlwerk. Stahlbau 31(1962), S.47-57

11d **GROPP,H. u. WEINFORTH,W.**: Die Stahlbaukonstruktion für das neue LD Stahlwerk der Mannesmann AG in Duisburg-Huckingen. Stahlbau 36(1967), S.97-105 u. S 147-154, vgl. auch S.271-278

11e **REICHRATH,O.**: Das neue Oxygenstahlwerk der Stahlwerke Röchling-Burbach. Stahlbau 50(1981) S.289-293

12a **SAHMEL,P.**: Berechnung und Gestaltung der Halsnähte an den Obergurten geschweißter Kranbahnträger. Der Praktiker 20(1968), S.175-177

13a **BLEICH,F.**: Stahlhochbauten, 2.Bd. Berlin: J. Springer 1933

14a **BITZER,H.-A.**: Entwurf und Berechnung von Kranbahnen nach DIN 4132, Merkblatt 154. Düsseldorf: Beratungsstelle für Stahlverwendung 1982

15a **HENNIES,K.**: Beitrag zur Ermittlung der horizontalen Seitenkräfte in Brükkenkrananlagen infolge Schräglauf des Kranes. Diss. TU Braunschweig 1968; vgl. auch: Stahl u. Eisen 89(1969), S.398-404

16a **HANNOVER,H.-O.**: Fahrwerksfehler von Brückenkranen und ihre Auswirkungen. Stahl u. Eisen 89(1969), S.1300-1306

17a **HANNOVER,H.-O.**: Untersuchung des Fahrverhaltens der Brückenkrane unter Berücksichtigung von Störgrößen. Diss. TU Braunschweig 1970, vgl. auch fördern und heben 21(1971), S.767-778 u. 22(1972), S.249-261

18a **HANNOVER,H.-O.**: Fahrverhalten von Kranen. Düsseldorf: VDI-Verlag 1974

19a **FELDMANN,J.**: Bestimmung des horizontalen Kräftesystems am Brückenkran unter Berücksichtigung der Elastizität und der Fahrwiderstände. Diss. TU Braunschweig 1972

20a **WAGNER,G. u. LAUTNER,H.**: Ein Programmsystem zur Unterstützung des Berechnungs- und Bemessungsprozesses von Krantragwerken durch den Digitalrechner. Stahlbau 47(1978), S.157-160

21a **NEUGEBAUER,R.**: Zur Fahrmechanik nichtidealer Brückenkrane. Stahlbau 52(1983), S.173-179

21b **NEUGEBAUER,R.**: Zur Fahrmechanik nichtidealer Brückenkrane (Erfahrung, Forschung, Normung). Stahlbau 52(1983), S.173-179

21c **PASTERNAK,H.**: Ein probabilistisches Modell der Seitenbelastung von Kranbahnen. Stahlbau 56(1987), S.70-78

22a **SVENSON,O. u. SCHWEER,W.**: Ermittlung der Betriebsbeanspruchungen für Hüttenkrane und Überprüfung der Bemessungsgrundlagen. Stahl und Eisen 80(1960), S.79-90

23a **SCHWEER,W.**: Beanspruchungskollektive als Bemessungsgrundlage für Hüttenwerkslaufkrane. Stahl und Eisen 84(1964), S.138-153

24a **BIERETT,G.**: Berechnung und Gestaltung der Kranbahnen. Stahl und Eisen 86(1986), S.22-33

25a **BIERETT,G.**: Über die Bedeutung und Auswirkung betriebsnaher Lastannahmen beim Dauerfestigkeitsnachweis von Metallkonkonstruktionen. Bauingenieur 41(1966), S.444/48

25b **BIERETT,G.**: Über die Betriebsfestigkeit von gescheißten und genieteten Stahlverbindungen. Ein Vorschlag für eine systematische Behandlung in Zeit- und Dauerfestigkeitsnachweisen. Stahl und Eisen 87(1967) S.1465-1672

26a **BIERETT,G.**: Zum Entwurf der Norm DIN 4132- Kranbahnen-Stahltragwerke. Bauingenieur- 46(1971), S.361-366

27a **OXFORT,J.K.**: Zur Beurteilung der Festigkeit stählerner Kranbahnkonstruktionen gegen die häufig wiederholt auftretenden Belastungen. Stahlbau 37(1968), S.207/12

28a **OXFORT,J.K.**: Beitrag zur Betriebsfestigkeitsuntersuchung von Stahlkonstruktionen bei beliebiger Form des Beanspruchungskollektivs. Stahlbau 38(1969), S.240-247

29a **OXFORT,J.K.**: Vortrag vor Prüfingenieuren in Baden-Württemberg

30a **OXFORT, J.**: Zum Betriebsfestigkeitsnachweis für die Radlastwirkungen in Kranbahnträgern nach DIN 4132. Stahlbau 52(1983), S.50-54

31a **REPPERMUND,K.**: Probalistischer Betriebsfestigkeitsnachweis unter Berücksichtigung eines progressiven Dauerfestigkeitsabfalls mit zunehmender Schädigung, Diss. HSBw München 1984 (Heft 1/84 Lehrstuhl für Stahlbau, HSBw München)

32a **KÖNIG,G. u. GERHARDT,H. C.**: Nachweis der Betriebsfestigkeit gemäß DIN 4212 "Kranbahnen aus Stahlbeton und Spannbeton"; BeBerechnung und Ausführung. Beton- und Stahlbetonbau 77(1982), S.12-19

33a **ZELLERER,E.**: Durchlaufträger - Einflußlinien, Schnittgrößen. 2.Aufl. Berlin, München,Düsseldorf: Verlag Wilhelm Ernst&Sohn 1975

34a **ROSE,G.**: Ein Beitrag zur Berechnung von Kranbahnen. Stahlbau 27(1958), S.154-158

35a **ANGER,G. u. TRAMM,K.**: Durchbiegungs-Ordinaten für Einfeld- und Durchlaufende Träger. Düsseldorf: Werner-Verlag 1963

36a **STEINACK,F.**: Beitrag zur praktischen Durchbiegungsermittlung für einfache und durchlaufende Träger. Stahlbau 14(1941), S.18-20

37a **HEYER,H.**: Berechnung der Durchbiegung von Krangleisträgern. Stahlbau 14(1941), S.51-52

38a **VÖGELE,H.-G.**: Ermittlung der Spannungen im Steg von I-Trägern im Lasteinleitungsbereich bei Lastangriff an den Gurten. Stahlbau 41(1972), S.225-231

39a **VÖGELE,H.-G.**: Eine Untersuchung der Stabilität und der Spannungen von Stegen eiwandiger Kranbahnträger bei vertikalem Lastangriff am Obergurt zwischen zwei Quersteifen. Dissertation Universität Stuttgart 1974

40a **STEINHARDT,O.**: Untersuchungen über die Beanspruchung von unmittelbar belasteten Gurtungen von fachwerkartigen Kranbrücken. Bautechnik 26(1949), S.137-140

40b **STEINHARDT,O. u. SCHULZ,U.**: Zur örtlichen Stegblechbeanspruchung zentrisch belasteter Kranbahnträger bei Verwendung elastisch gebetteter Kranbahnschienen. Bauingenieur 44(1969), S.293-296

41a **JEBENS,C.E.**: Modell zur Berechnung einer Schiene auf elastischer Unterlage unter besonderer Berücksichtigung des Kontaktproblems. Stahlbau 49(1980), S.240-244

41b **HOFFMANN,K.**: Lasteinleitung in Kranbahnträger mit elastisch gebetteten Kranschienen. Födern und Heben 30(1980), S.808-812 und 32(1982),S.36-42 und S.83-87 u. S.899-904

42a **BERNHARD,J.M.**: Die in geschweißten Blechträgern bei hoher Einzellast (300t) auftretenden Spannungen und ihre Verteilung. Stahlbau 13(1940), S.25-27

43a **SAHMEL,P.**: Berechnung und Gestaltung der Halsnähte an den Obergurten geschweißter Kranbahnträger. Der Praktiker 20(1968), S.175-177

44a **OXFORT,J.K.**: Zur Beanspruchung der Obergurte vollwandiger Kranbahnträger durch Torsionsmomente und durch Querbiegung unter örtlichem Radlastangriff. Stahlbau 32(1963), S.360-367

45a **OXFORT,J.K.**: Beitrag zum exzentrischen Lastangriff an Kranbahnträgern. Stahlbau 32(1963), S.213-216

45b **OXFORT,J.K.**: Zur Biegebeanspruchnug des Stegblechanschlusses infolge exzentrischer Radlasten auf dem Obergurt von Kranbahnträgern Stahlbau 50(1981), S.215-217

46a **SCHEER,J.,NÖLKE,H. u. GENTZ,E.**: DASt-Richtlinie 012 - Grundlagen,Erläuterungen, Beispiele. Köln: Stahlbau-Verlag 1979

47a **PETERSEN,C.**: Statik und Stabilität der Baukonstruktionen, 2.Aufl. Wiesbaden: Vieweg-Verlag 1982

48a **PROTTE,W.**: Zum Scheiben- und Beulproblem längsversteifter Stegblechfelder bei örtlicher Lasteinleitung und bei Belastung aus Haupttragwirkung. Techn. Mitt. Krupp. Forschungsberichte Band 33(1975), S.59/76

49a **KUTZELNIGG,E.**: Beulwerte nach der linearen Theorie für längsversteifte Platten und Längsrandbelastung. Stahlbau 51(1982), S.76-84

50a **WEBER,N. u. OXFORT,J.K**: Stegblechbeulen unter Einzellasten am drehelastisch gestützten Längsrand. Stahlbau 51(1982), S.332-335

50b **WEBER,N. u. OXFORT,J.K**: Stegblechbeulen unter Einzellasten am drehelastisch gestützten Längsrand. Stahlbau 51(1982),S.332-335 und 52(1983),S.127 u. 53(1984), S.192

50c **OXFORT,J.K**: Versuche zum Beul- und Krüppelverhalten von unversteiften Trägerstegbeulen unter zentrischen und exzentrischen Einzellasten auf dem Obergurt. Stahlbau 52(1983), S.309-312

51a **GLASER,F.**: Wirtschaftliche Bemessung stählerner Kranbahnen. Stahlbau 16(1943), S.56-58 u. 68-71

52a **NEUGEBAUER,R.**: Praktische Berechnung des Trägers auf elastischen Stützen. Stahlbau 22(1953), S.183-186

53a **MEIER,K.**: Zum Entwurf schwerer Kranbahnen. Stahlbau 24(1955), S.117-119

54a **HOELAND,C.**: Ein Näherungsverfahren zur Bemessung hoher Kranbahnträgerstege. Fördern und Heben 22(1972), S.896-898

55a **JESCHKE,J.**: Erhöhung der Lebensdauer von Kranbahnträgern mit Schwerlastbetrieb durch Verbesserung der Schienenbefestigung. Stahlbau 47(1978), S.188-189

56a **JESCHKE,H.-J.**: Über verschiedene Arten des Anschweißens von Quersteifen an Kranbahnträger. Stahlbau 44(1975),S.286-287

57a **MÜLLER,W.**: Verladebrücken in Einträgerbauweise mit außermittiger Last. Stahlbau 36(1967), S.371-376

58a **KOS,M.**: Über die Tragkonstruktion der Einträgerkrane. Stahlbau 49(1980), S.281-286

58b **KOS,M.**: Kastenträger der Laufbrückenkrane - Systematisierung und Typisierung. Stahlbau 52(1983), S.214-219

58c **KOS,M.**: Zweiträgerbrücke mit rechteckigen Kastenträgern. Stahlbau 52(1983, S.339-343

58d **KOS,M.**: Grundlagen einer Systematik der Krantragwerke. Stahlbau 57(1988), S.201-204

59a **BEHRENBECK,P.O. u. FENN,H.**: 300t-Werft-Portalkran mit 86.5m Spannweite in geschweißter Kastenbauweise. Stahlbau 30(1961), S.283-287

59b **BEHRENBECK,P.O. u. FENN,H.v.d**: Fertigung-Transport und Montage eines 300t-Werftportalkranes mit 86.5m Spannweite. Stahlbau 32(1963), S.150-154

59c **BEHRENBECK,P.O. u. ROOS,H.J.**: Werftportalkran 900t * 185m für Uddevalla/Schweden. Stahlbau 48(1979),S.65-69

60a **ALTING,H.**: Die Stahlkonstruktion großer Dockkrane für den Schiffbau. Stahlbau 38(1969), S.65-73

60b **BRENNER,M.**: Schiffskranbau im Stahlbau. Stahlbau 48(1979), S.257-261

61a **SEDLMAYER,F.**: Dynamische Wirkung der Pufferkräfte auf die Tragkonstruktion der Krane. Stahlbau 33(1964), S.15-16 u. S.16a

62a **NEUMANN,G.**: Stoßdämpfer für die Fördertechnik. Fördern und Heben 33(1983), S.36-37

63a **NEUGEBAUER,R.**: Dynamik Kräfte in Laufkranen beim Anheben und Abbremsen der Last. Stahlbau 26(1957), S.16-21

64a **NEUGEBAUER,R.**: Fachwerkbrücke in Dreigurtbauweise für Drehkrane. Stahlbau 30(1961), S.274-283

65a **NEUGEBAUER,R.**: Beitrag zur Anfahrdynamik von Brückenkranen mit elektromotorischem Antrieb. Stahlbau 34(1965), S.36 -44 und 86-94

66a **ERNST,H.**: Beanspruchung der Fahrbahn von Unterflansch-Laufkatzen. Mitt. Forsch. Aust. GHH-Konzern 10(1943), S.76-80

67a **KLÖPPEL,K. u. LIE,K.-H.**: Beanspruchung querbelasteter Trägerflansche. Stahlbau 21(1952), S.201-206

68a **ERNST,H.**: Die Hebezeuge, Bd. 1, 5.Aufl. Braunschweig: Vieweg-Verlag 1973

69a **SPRENGEL,H.**: Die Tragfähigkeit der Flansche kurzunterstützter Träger. Schiff und Werft(1944), S.218-224

70a **SAHMEL,P.**: Zur Berechnung der durch Laufkatzen hervorgerufenen Biegebeanspruchungen in Trägerflanschen. Fördern und Heben 19(1969), S.866-868

71a **BECKER,K.**: Trägerflanschbiegung durch Laufkatzen. Fördern und Heben 18(1968), S.231-234

72a **MENDEL,G.**: Berechnung der Trägerflanschbeanspruchung mit Hilfe der Plattentheorie. Fördern und Heben 20(1970), S.737-740

73a **MENDEL,G.**: Berechnung der Trägerflanschbeanspruchung mit Hilfe der Plattentheorie. Fördern und Heben 22(1972), Teil I S.805-814, Teil II S.835-842

74a **CRAN OLSSON,R.**: Biegung der Rechteckplatte bei linear veränderlicher Biegungssteifigkeit. Ingenieur-Archiv 5(1934), S.363-373 Vgl. auch: ZAMM 16(1936), S.347-348 u. Bauingenieur 22(1941), S.10-13

75a **STRELS,E.**: Die einseitig eingespannte Kragplatte unter Einzellast. Bautechnik 36(1959), S.62 0 68

76a **HOMBERG,H. u. ROPERS,W.**: Kragplatten mit veränderlicher Dicke. Beton- und Stahlbetonbau 58(1963), S.67-70. Vgl. auch: Fahrbahnplatten mit veränderlicher Dicke, 1. u. 2. Bd. Berlin: Springer-Verlag 1965/1968

77a **BERGFELDER,I.**: Berechnung von Platten veränderlicher Steifigkeit nach dem Differenzenverfahren. Berichte Heft 4, Konstr. Ingenieurbau, Ruhruniversität Bochum. Essen: Vulkan-Verlag 1969. Vgl. auch: Beton- und Stahlbetonbau 62(1967), S.288-289

78a **GRÄNZER,N.**: Einflußflächen - Singularitäten der Platte mit linear veränderlicher Dicke. Diss. TU München 1969

79a **HYE,P.**: Hängekrananlage in der neuen Wartungshalle V der Deutschen Lufthansa AG am Flughafen Frankfurt/Main. Stahlbau 40(1971), S.24-26

80a **HANNOVER,H.-O. u. REICHWALD,R.**: Lokale Biegebeanspruchnug von Träger- Unterflanschen. Fördern und Heben 32(1982), S.455- 460 und S.630-633

(22) Behälterbau

1a **Technische Regeln Druckbehälter (TRB). Köln:** Carl Heymanns Verlag

1b **Vereinigung der Techn. Überwachungsvereine (Hrsg.):** Technische Regel f. Dampfkessel. Taschenbuchausgabe, 7.Aufl. Köln: Carl Heymanns Verlag 1984

2a **Technische Regeln für brennbare Flüssigkeiten (TRbF). Köln:** Carl Heymanns Verlag

3a **Technische Regeln Druckgase (TRG). Köln:** Carl Heymanns Verlag oder Berlin: Beuth Verlag

4a **Technische Regeln für Dampfkessel (TRD). Köln:** Carl Heymanns Verlag oder Berlin: Beuth Verlag

5a **KTA-Regeln. Köln:** Carl Heymanns Verlag

5b **SCHRÖTER,H.J.**: Die KTA-Regel für den stählernen Reaktorsicherheitsbehälter. Stahlbau 54(1985), H. 2, S.46-52

6a **AD-Merkblätter. Köln:** Carl Heymanns Verlag oder Berlin: Beuth Verlag

6b **Vereinigung der Technischen Überwachungsvereine (Hrsg.):** AD-Merkblätter. Taschenbuchausgabe, 9.Aufl. Köln: Carl Heymanns Verlag 1985

7a **VdTÜV:** VdTÜV-Werkstoffblätter. Herford: Maximilian Verlag (ebenda: VdTÜV-Merkblätter und VdTÜV-Kennblätter für Schweißzusätze)

8a **Stahl-Eisen-Werkstoffblätter (SEW). Düsseldorf:** Verlag Stahleisen

9a **DIN:** Stahlrohrleitungen 1 (DIN TB 15), Stahlrohrleitungen 2 (DIN TB 141) u. Stahlrohrleitungen 3 (DIN TB 142). Berlin: Beuth Verlag

9b **NELKE,N.**: Derzeitiger Stand der Rohrnormung für unlegierte und niedriglegierte Stähle. 3R international 25(1986), S.505-511; vgl. auch 605-608

10a **GROSS,F.**: Stahlbehälter für flüssige und gasförmige Stoffe. Düsseldorf: Werner-Verlag 1961

11a **HAMPE,E.**: Flüssigkeitsbehälter. Bd. 1 Grundlagen, Bd. 2 Bauwerke. Berlin: W. Ernst u. Sohn 1980/1982

12a **SCHNEIDER,H.**: Metallbehälterbau für verflüssigte Gase in den USA. Stahlbau 34(1965), S.141-149

13a **MANG,F. u. BREMER,K.**: Aktuelle Probleme des Großbehälterbaues, in: Wissenschaft und Praxis, Bd.23 Stahlbau-Seminar 1981. Biberach: Fachhochschule/Eigenverlag 1981

14a **BAERLECKEN,E.**: Stähle für tiefe Temperaturen, Merkblatt 470, 2.Aufl. Düsseldorf: Beratungsstelle für Stahlverwendung 1977

15a **BORNSCHEUER,F.W.**: Verspannte, bandagierte Druckrohre. Stahlbau 23(1954), S.229-239

16a **BORNSCHEUER,F.W.**: Vorgespannte Mehrlagen-Hochdruckbehälter. Stahlbau 30(1961), S.264-268 u. 32(1963), S.384

17a **RUBO,E.**: Zur Höherbewertung von Mehrlagen-Druckbehältern auf Grund geeigneter Bewährungswahrscheinlichkeit. Stahlbau 33(1964), S.48-55, vgl. auch S.63-64

18a **TSIERSCH,R.**: Der Mehrlagenbehälter. Eigenschaften, Versuche und Stand der Anwendung. Stahlbau 45(1976), S.108-119

19a **MANG,F. u. BREMER,K.**: Großrohrleitungen und Behälterbau, in: Stahlbau-Handbuch Bd.2, 2.Aufl. S.839-946

20a **KOTTENHEIMER,E.**: Der Stahlbehälterbau. Stahlbau 3(1930), S.17-24 u. S.73-80

21a **BOHNY,F.**: Stahlhochbehälter mit geringer Bauhöhe. Stahlbau 5(1932), S.182-184

22a **HENRION,E.**: Die Stahlkonstruktion von Wassertürmen. ACIER-STAHL-STEEL 20(1955), S.25-32

23a **SCHNEIDER,H.**: Der "Aquatore"- ein neuer amerikanischer Wasserturm. Stahlbau 31(1962), S.280-283, vgl. auch 32(1963), S.347-351

24a **NORRIS,R.S.**: Moderne Wassertürme in den Vereinigten Staaten. ACIER-STAHL-STEEL 34(1968), S.466-467

25a **MÜRKENS,A.**: Bau von Wasserhochbehältern aus Stahl. Schweißen und Schneiden 37(1985), S.430-432

26a **THIESSEN,W. u. GREIN,A.**: Bau von Bio-Hochreaktoren Stahl zur Abwasserreinigung. Schweißen und Schneiden 33(1981), S.465-469

27a **SCHULZ,H.**: Faulbehälter in Stahl. Techn. Mitt. Krupp Werksberichte 28(1970), S.171-173

28a **NAHLER,F.**: Ausführungsformen oberirdischer zylindrischer Tankbauwerke und deren konstruktive Gestaltung. Stahlbau 43(1974), S.235-241

28b **GRAVE,E.-G.**: Baustellenfertigung eines Tankbehälters nach dem Spiralverfahren. Stahlbau 55(1986), S.331-334

29a **HERBER,K.-H.**: Eckverbindungen von Tanken und Behältern. Stahlbau 24(1955), S.225-228 u. S.252-257

30a **HERBER,K.-H.**: Bemessung von Rippenkuppeln und Rippenschalen für Tankdächer. Stahlbau 25(1956), S.216-225

31a **HERBER,K.-H.**: Bemessung von Tankdächern mit Rippenrostgespärren. Stahlbau 27(1958), S.237-246, 28(1959), S.315

32a **STEINHARDT,O. u. SAWIRES,M.J.**: Zur Tragfähigkeit von versteiften Kugelschalen im Metallbau. Berichte d. Versuchsanstalt für Stahl, Holz und Steine, TH Karlsruhe, 3. Folge Heft 3. Karlsruhe 1968

33a **SCHNEIDER,P.**: Zur Belastungsbestimmung von Tankdachtragwerken. Stahlbau 49(1980), S.115 u. S.224

33b **SCHNEIDER,P.**: Zum Stabilitätsproblem selbsttragender Tankdachtragwerke. Stahlbau 52(1983), S.198-200

34a **SCHULDT,H.**: Geschweißte Großtankbauwerke für verflüssigte Gase. Schweißen und Schneiden 33(1981), S.462-465

35a **CHAMBAUD,R.**: Die neuesten Kohlenwasserstoff-Druckbehälter der Erdölraffinrie in Donges. ACIER-STAHL-STEEL 23(1958), S.162-170 u. S.192

36a **BRAMSKI,C.**: Rotationssymmetrische tropfenförmige Behälter. München: W. Ernst u. Sohn 1981

37a **GUTSCHKE,H. u. BLICKWEDEL,H.**: Spiralgeführte Gasbehälter mit 200 000 m^3 Nenninhalt. Stahlbau 36(1967), S.214

38a **GEILENHEUSER,H.**: Oberirdische Hochdruck-Gasbehälter - Erläuterungen zur Neufassung von DIN 3396 Stahlbau 27(1958), S.159-161

39a **HERBST,H.**: Hochdruckgasbehälter in Kugelform für die Stadt Siegen in Westfalen. Stahlbau 8(1935), S.25-28

40a **GROSS,F.**: Der erste Kugelgasbehälter der Stadtwerke Gelsenkirchen. Stahlbau 26(1957), S.79-83

41a **GILS,W.**: Der Bau eines Kugelgasbehälters in Hannover. Stahlbau 28(1959), S.150-152

42a **ACKERMANN,W. u.a.**: Bau von Hochdruckkugelgasbehältern in Berlin-Charlottenburg. Stahlbau 44(1975), S.321-330

43a **BARBRE,R. u. SCHMIDT,H.**: Experimentelle Untersuchnungen an einem neuen Hochdruck-Kugelgasbehälter der Stadtwerke Braunschweig. Stahlbau45(1976), S.321-330

44a **FEUERLEIN,P.**: Flachgründung eines Kugelbehälters bei schlechtem Baugrund. Bautechnik 55(1978), S.319-322

45a **SCHNEIDER-BÜRGER,M.**: Kugelbehälter aus Stahl. Merkblatt 102, 5.Aufl. Düsseldorf: Beratungsstelle für Stahlverwendung 1964

46a **DOHNE,E.**: Silos für die Landwirtschaft. Merkblatt 311, 3.Aufl. Düsseldorf: Beratungsstelle für Stahlverwendung 1981

47a **TIMM,G. u. WINDELS,R.**: Silos, in: Beton-Kalender 1984, Teil II, S.725-785. Berlin: W.Ernst u. Sohn 1984

48a **REIMBERT,M. u. REIMBERT,A.**: Silos, 2.Aufl., Wiesbaden: Bauverlag 1975

49a **SAFARIAN,S. u. HARRIS,E.**: Design and construction of Silos and Bunkers. New York: Verlag Van Nostrand Reinhold Comp. 1985

50a **ESSLINGER,M. u. PIEPER,K.**: Schnittkräfte und Beullasten vom Silos aus überlappt verschraubter Blechplatten. Stahlbau 42(1973), S.264-268

51a **ESSLINGER,M. u. MELZER,H.W.:** Über den Einfluß von Bodensenkungen auf den Spannungs- und Deformationszustand von Silos. Stahlbau 49(1980), S.129-134

51b **ZIOLKO,J.:** Randstörungsgrößen zylindrischer Stahlbehälter in der Verbindung des Mantels mit dem Boden. Stahlbau 54(1985), S.17-20

52a **ESSLINGER,M. u. GEIER,B.:** Krafteinleitung über Längsrippen in dünnwandige Kreiszylinder. Stahlbau 50(1981), S.328-329

53a **ESSLINGER,M., GEIER,G. u. WEISZ,H.P.:** Ein einfaches FEM-Programm für die Krafteinleitung in Kreiszylinderschalen. Stahlbau 53(1984), S.178-184

54a **GREINER,F.:** Zur Längskrafteinleitung in stehende zylindrische Behälter aus Stahl. Stahlbau 53(1984), S.210-215, vgl. auch S.384

55a **ÖRY,H., REIMERDES,H.G. u. TRITSCH,W.:** Beitrag zur Bemessung der Schalen in Metallsilos. Stahlbau 53(1984), S.243-248

55b **BODARSKI,Z., HOTALA,E. u. PASTERNAK,H.:** Zur Beurteilung der Tragfähigkeit von Metallsilos. Bauingenieur 60(1985), S.49-52

56a **SAHMEL,P.:** Näherungsweise Ermittlung der Beanspruchungen in Mehrkammer-Silos teilweiser Füllung. ACIER-STAHL-STEEL(1967), S.531-542

57a **PIEPER,K. u. WENZEL,F.:** Druckverhältnisse in Silozellen. Berlin: Verlag W.Ernst u. Sohn 1964

58a **PETERSEN,C.:** Zur Frage des Silodruckes im Trichterbereich. Bauingenieur 43(1968), S.384-385, Zuschrift und Erwiderung 44(1969), S.195-196

59a **PIEPER,K. u. WENZEL,F.:** Aktuelle Fragen des Entwurfs, der Belastung, der Berechnung und der Bauausführung von Silozellen. Beton- und Stahlbetonbau 73(1978), S.192-199 (51 Literaturang.)

59b **WINDELS,R.:** Hüllkurven der Belastung bei ebenem Silodruck. Bauingenieur 63(1986), S.18-25

59c **WINDELS,R.:** Zur Theorie des Silodruckes im Kreiszylinder. Bauingenieur 63(1986), S.93-99

59d **WINDELS,R.:** Vergleich von Hüllkurven des ebenen Silodruckes. Bautechnik 63(1986), S.189-194

59e **HAMPE,E.:** Erfassung des Entleerungsdruckes in internationalen Silovorschriften. Bautechnik 63(1986), S.117-125

59f **HAMPE,E.:** Silos, Bd1 Grundlagen. Berlin: VEB für Bauwesen 1987

59g **HERZOG,M.:** Zutreffende Siloberechnung. Bautechnik 64(1987), S.41-48

60a **RINGELSTEIN,K.-H.:** Schweißen von überwachungsbedürftigen Anlagen (Dampfkessel, Druckbehälter, Rohrleitungen und Kerntechnische Anlagen) nach dem Regelwerk der Bundesrepublik Deutschland und West-Berlin, in: NEUMANN, A.: Schweißtechnisches Handbuch für Konstrukteure, Teil 2, S.668-713. Düsseldorf: Deutscher Verlag für Schweißtechnik 1983

61a **VOIGT,O.:** Sicherheit in konventionellen Kraftwerken und Kernkraftwerken aus der Sicht der Energieingenieure. Brennstoff- Wärme-Kraft 34(1982), S.396-400

62a **Kessler,H.:** Heißdampf-Rohrleitungssysteme. Brennstoff-Wärme-Kraft 37(1985) S.93-100

62b **KAUTZ,H.R. u. ZÜRN,E.D.:** Werkstoff- und Schweißtechnik im Kraftwerksbau - Fragen zum Einsatz der Stähle 10CrMo9 10, 14MoV6 3 und X20CrMoV12 1. Schweißen und Schneiden 37(1985), S.511-519

62c **ATROPS,H. u. KÜHNAPFEL,H.:** Betriebserfahrungen mit heißdamfführenden Rohrleitungen in Kraftwerken. 3R international 25(1986), S.585-592

63a **VDEh:** Werkstoffkunde der gebräuchlichsten Stähle, Teil 2 (S.96-120). Düsseldorf: Verlag Stahleisen 1977

64a **ANDERSEN,A.:** Reaktosicherheitsbehälter aus Stahl, in Stahlbau-Handbuch, Bd. 2, 2.Aufl., S.1223-1239

65a **SCHWAIGERER,S.:** Rohrleitungsbau, Theorie und Praxis. Berlin: Springer-Verlag 1967

66a **WAGNER,W.:** Rohrleitungstechnik. 2.Aufl., Würzburg: Vogel-Buchverlag 1983

67a **WOSSOG,G., MANNS,W. u. NÖTZOLD,G.:** Handbuch füer den Rohrleitungsbau, 8.Aufl., Berlin: VEB Verlag Technik 1985

68a **SCHMIDT,D.:** Stahlrohr-Handbuch, 10.Auflage., Essen: Vulkan-Verlag

69a **BEER,H.:** Neuere Rohrleitungsbrücken in Stahlkonstruktion. Stahlbau-Rundschau 5(1959), S.31-47

70a **FEIGE,A.:** Rohrleitungs- und Energiebrücken, Merkblatt 313, 2.Aufl. Düsseldorf: Beratungsstelle für Stahlverwendung 1972

71a **FREUDENBERG,G.:** Rohrbrücken, Apparategerüste, Stahlbau-Handbuch, Bd. 2, 2.Aufl. S.947-967

72a **BAIER,K. u.a.:** Halterungen und Dehnungsausgleicher für Rohrleitungen. Merkblatt 333, 2.Auflage, Düsseldorf: Beratungsstelle für Stahlverwendung 1974

72b **BERGER,P.W., FUNK,H.-D., QUICK,K. u. WINZEN,W.:** Flexible metallische Leitungselemente für den Rohrleitungsbau. 3R international 25(1986) S.408-414

73a **NN.:** Korrosionschutz erdverlegter Stahlrohrleitungen Merkblatt 424,1.Aufl.,Düsseldorf: Beratungsstelle Stahlverwendung

73b **DIV.:** Korrosionschutz. 3R international 24(1985) S.418-448

74a **RIEGER,G.:** Richtlinie für den kathodischen Korrosionsschutz von unterirdischen Tanks und Betriebsrohrleitungen aus Stahl. TRbF-Kommentar Köln: Verlag TÜV Rheinland 1979

75a **KÖHNE,H., LANDSMANN,E. u. BOPP,A.:** Wärme- und Kälteschutz an Rohrleitungen, Merkblatt 296, 2.Aufl. Düsseldorf: Beratungsstelle für Stahlverwendung 1968

75b **GONSIOR,L.:** Überblick über den Stand der Ausführung von Dämmungen mit Darstellung spezifischer Dichtprobleme. 3R international 25(1986), S.378-382 vgl. auch S.382-390

76a **DIV.:** Übersichtsbeiträge zur Stahlrohrherstellung, Gußrohrtechnik im Wasser-, Gas- und Abwasserbereich, Rohrleitungsferntransport von Gas, Rohrleitungssysteme in Wärmekraftwerken, Fernwärmeversorgung. 3R international 25(1986), S.645-658, S.682-688 u. S.708-728

77a **FÖCKELER,C.:** Die Druckrohrleitung des Lech-Speicherkraftwerkes Roßhaupten. Stahlbau 25(1956), S.4-10 u. S.36-41

78a **FEIGE,A. u. FREUND,W.:** Die konstruktive Gestaltung einiger charakteristischer Bauelemente von stählernen Druckrohrleitungen in neuzeitlicher Ausführung. Stahlbau 30(1961), S.140-143

79a **LEISING,H.:** Beitrag zum Entwurf und Konstruktion von Abzweigungen stählerner Druckrohrleitungen. Stahlbau 30(1961), S.349-351

80a **SCHADEL,O. u. SCHNEIDER,J.:** Abnahmeprüfungen und Dehnungsmessungen an der neuen geschweißten Druckrohrleitung des Leitzach-Kraftwerkes. Stahlbau 31(1962), S.182-188, vgl. auch 32(1963), S.154-157

81a **ATROPS,H.:** Stählerne Druckrohrverzweigungen. Berlin: Springer 1963

82a **STEINHARDT,O.:** Druckrohrleitungen für Wasserkraftanlagen (neuere Entwicklungen). Berichte d. Versuchsanstalt für Stahl, Holz und Steine, TH Karlsruhe, 3. Folge, Heft 2. Karlsruhe 1965

83a **MÜLLER,W.E.:** Druckrohrleitungen neuzeitlicher Wasserkraftanlagen. Berlin: Springer-Verlag 1968

84a **MANG,F.:** Berechnung und Konstruktion ringversteifter Druckrohrleitungen. Berlin: Springer-Verlag 1966

84b **MANG,F.:** Großrohre und Stahlbehälter; Festigkeits- und Konstruktionsprobleme. Baden-Baden: Verlag für andew. Wissenschaften 1971

85a **DEL GAIZO,R.I.:** Einflüsse der Parameter des Sattellagers auf die Beanspruchungen liegender Behälter. Bautechnik 63(1986), S.244-248

85b **DEL GAIZO,R.I.:** Wirkung der Änderung der Kreisform am Sattelhorn des Sattellagers für liegende Behälter. Bautechnik 63(1986), S.351-357

86a **NITTKA,R. u. LIERS-KLÜBER,J.:** Bauwerke aus Feinkornbaustahl - interessante Problemstellungen, bei der Fertigung Reaktorsicherheitsbehältern, Druckgaskugeln und Druckwasserleitungen. Schweißen und Scheiden 37(1985), S.460-464

87a **SCHULZ,H. u. BERLIN,H.J.:** Gestaltung und schweißtechnische Besonderheiten im Druckrohrleitungsbau. Schweißen und Schneiden 37(1985), S.436-440

88a **SCHWAIGERER,S.:** Festigkeitsberechnung im Dampfkessel-, Behälter- und Rohrleitungsbau, 4.Aufl. Berlin: Springer-Verlag 1983

89a **WAGNER,W.:** Apparate- und Rohrleitungsbau-Festigkeitsberechnungen, 2.Aufl. Würzburg: Vogel-Buch-Verlag 1984

90a **NEUMANN,A.:** Schweißtechnisches Handbuch für Konstrukteure, Teil 2 (S.422-713). Düsseldorf: Deutscher Verlag für Schweißtechnik 1983

91a **CIESIELSKI,E. MITZEL,A. u. STACHURSKI,W.:** Behälter, Bunker, Silos, Schornsteine, Fernsehtürme und Freileitungsmaste. Berlin: W.Ernst u. Sohn 1970

92a **MÜLLER,K.:** Die Festigkeitsberechnung von Bördelflanschen. Stahlbau 35(1966), S.57-62

93a **HAMPEL,H.:** Rohrleitungsstatik. Berlin: Springer-Verlag 1972

94a **ESSLINGER,M.:** Berechnung von Rohrstutzen. Stahlbau 20(1951), S.120-123 u. S.133-136

94b **THIEME,W.:** Schnittspannungsverfahren zur Untersuchung von Stutzen an zylindrischen Druckkörpern. Stahlbau 55(1986), S.51-60

94c **THIEME,W.:** Spannungsfaktoren für senkrechte Stutzen an zylindrischen Druckkörpern. Stahlbau 55(1986), S.137-142

94d **THIEME,W.:** Spannungsfaktoren für schräge Stutzen an zylindrischen Druckkörpern. Stahlbau 56(1987), S.111-116

95a **REIDELBACH,W.:** Der Spannungszustand in einfachen oder ringverstärkten Rohrabzweigungen an Kugelbehältern unter Innendruck. Ing.-Archiv 32(1963), S.414-429, vgl. 30(1961), S.293

96a **MOTZEL,E.:** Der Einfluß der Schalenkrümmung auf den Spannungsverlauf an einer Stutzendurchführung mit und ohne Kompensator. Stahlbau 43(1974) S.330-336 u. S.368-375

97a **SAAL,H. u. SAAL,G.:** Die Berechnung von Stutzen in schwach gekrümmten Schalen. Stahlbau 43(1974), S.147-157 u. S.211-220, vgl. auch 44(1975), S.223-224

97b **SCHRÖDER,R.:** Behälter mit Ausschnitten und Stutzen - Berechnung mit Finite-Element-Modellen. Bericht Nr. 78-27, Institut für Statik, TU Braunschweig. Braunschweig 1978

98a **ZWINGENBERGER,L.:** Der moderne Apparatebau als wichtiges Sondergebiet des Stahlbaues in der Sicht des Konstruktionsbüros. Stahlbau 38(1969) S.1-8 u. S.111 -118

98b **ZWINGENBERGER,L.:** Praktische Berechnung der Wärmeschockspannungen in Stutzen unter Reaktorbetriebsbedingungen. Stahlbau 39(1970), S.105-110 u. S.150-155

99a **WOLF,E.:** Die Berechnung der Biegespannungen in einer abgeknickten, zylindrischen, orthotropen Rohrverbindung bei konstantem Innendruck. Stahlbau 38(1969), S.361-366

100a **ESSLINGER,M.:** Austeifungsringe von Druckrohrleitungen. Stahlbau 28(1959), S.223-239

101a **KRUPKA,V.:** Zur Bemessung direkt belasteter Ringrippen bei Behältern und Rohrleitungen. Stahlbau 38(1969), S.189-191

102a **BRANDES,K.:** Die Lagerung des Kreiszylinderrohres auf einem starren Linienlager. Stahlbau 40(1971) S.298-310

103a **FISCHER,D. u. OBERNDORFER,W.:** Nebenspannungen in einem Rohr zufolge Einleitung eines Momentes in zwei starre Scheiben. Stahlbau 36(1967), S.38-44

104a **SVOBODA,Z.:** Zur Berechnung von stählernen Kreiszylinderschalen mittlerer Länge bei Wind-, Schnee- und Flüssigkeitsbelastung. Stahlbau 45(1976), S.183-186

105a **WÖLFEL,H.:** Einfluß der Vorverformung auf die Spannungen in einer Kreiszylinderschale unter Innendruck. Stahlbau 36(1967), S.113-122

106a **UNGER,C. u. MANG,H.:** Zum Spannungs- und Stabilitätsproblem von Kesselböden unter Innendruck. Stahlbau 49(1980), S.373-379

107a **GALLETLY,G.D.:** A disign procedure for preventing buckling in internally-pressured thin fabricated torrispheren. Journ. of Constr. Steel Research 2(1982), Nr.3, S.11-21

106a **HARBORD,R. u. SCHRÖDER,R.:** Finite-Element-Methode zur Berechnung dünnwandiger Behälter. Stahlbau 47(1978). S.90-96

107a **ESSLINGER,M. u. GEIER,B.:** Berechnung der Spannungen und der endlichen großen Deformationen von Rotationsschalen unter großflächiger, axialsymmetrischer und nicht axialsymmetrischer Belastung. Stahlbau 50(1981), S.263-270 u. 51(1982), S.189-190

108a **ESSLINGER,M., GEIER,B. u. WENDT,U.:** Berechnung der Spannungen und Deformationen von Rotationsschalen im elastoplastischen Bereich. Stahlbau 53(1984), S.17-25

109a **ESSLINGER,M., GEIER,B. u. WENDT,U.:** Berechnung der Traglast von Rotationsschalen im elasto-plastischen Bereich. Stahlbau 54(1985), S.76-80

110a **GIKADI,T. u. HEEP,C.:** Hohe Sicherheit und optimale Ausnutzung bei der Auslegung der drucktragenden Bauteile von Kraftwerksarmaturen mit Hilfe der Finite-Elemente-Methode. 3R international 25(1986), S.464-472

111a **FLÜGGE,W.:** Statik und Dynamik der Schalen, 3.Auflage. Berlin: Springer-Verlag 1962

111b **FLÜGGE,W.:** Stresses in shells, 2.Aufl. Berlin : Springer-Verlag 1973

112a **GIRKMANN,K.:** Flächentragwerke, 6.Auflage. Wien: Springer-Verlag 1978

112b **PFLÜGER,A.:** Elementare Schalenstatik, 5.Aufl. Berlin: Springer-Verlag 1980

112c **WORCH,G.:** Elastische Schalen, in : Beton-Kalender, II. Teil. Berlin: Verlag W. Ernst und Sohn 1968

113a **HAMPE,E.:** Statik rotationssymmetrischer Flächentragwerke, Bd. 1 bis 5. Berlin: VEB-Verlag 1968-1973

114a **HAMPE,E.:** Rotationssymmetrische Flächentragwerke - Einführung in das Tragverhalten. Berlin: Verlag W.Ernst und Sohn 1981

115a **MARKUS,G.:** Theorie u. Berechnung rotationssymmetrischer Bauwerke, 4.Aufl. Düsseldorf: Werner-Verlag 1986

115b **BELES,A.A. u. SOARE,M.V.:** Berechnung von Schalentragwerken. Wiesbaden: Bauverlag 1972

116a **BASAR,Y. u. KRÄTZIG,W.B.:** Mechanik der Flächentragwerke. Wiesbaden: Vieweg-Verlag 1985

116b **AXELRAD,E.:** Schalentheorie, Stuttgart: B.G. Teubner 1983 117a BAKER, E.H., KOVALEVSKY, L. u. RISH, F.L.: Structural anlysis of shells. New York: McGraw Hill Book Company 1972

118a **KOLLAR,L. u. DULACSKA,E.:** Schalenbeulung Düsseldorf: Werner-Verlag 1975

119a **HAMPE,E.:** Stabilität rotationssymmetrischer Flächentragwerke. Berlin: Verlag W.Ernst u. Sohn 1983

120a **GREINER,R.:** Ein bautechnisches Lösungsverfahren zur Beulberechnung dünnwandiger Kreiszylinderschalen unter Manteldruck. Berlin: W. Ernst und Sohn 1972

121a **RESINGER,F. u. GREINER,R.:** Zum Beulverhalten von Kreiszylinderschalen mit abgestufter Wanddicke unter Manteldruck. Stahlbau 43(1974), S.182-187

122a **RESINGER,F. u. GREINER,R.:** Praktische Beulberechnung oberirdischer Tankbauwerke für Unterdruck. Stahlbau 45(1976), S.10-15

123a **HERZOG,M.:** Die wahrscheinliche Traglast Kreiszylindrischer Behälter mit mehrfach abgestufter Wanddicke aus Baustahl unter Außendruck. Stahlbau 47(1978), S.282-284 u. 49(1980), S.386-387, vgl. auch 48(1979), S.159-160

124a **ESSLINGER,M., AHMED,S.R. u. SCHROEDER,H.H.:** Stationäre Windbelastung offener und geschlossener kreiszylindrischer Silos. Stahlbau 40(1971) S.361-368

125a **ZIOLKO,J.:** Modelluntersuchungen der Windeinwirkung auf Stahlbehälter mit Schwimmdach. Stahlbau 47(1978), S.321-329

126a **GIRKMANN,K.:** Berechnung zylindrischer Flüssigkeitsbehälter auf Winddruck unter Zugrundelegung beobachteter Lastverteilungen. Stahlbau 6(1933), S.45-48

127a **RESINGER,F. u. GREINER,R.:** Kreiszylinderschalen unter Winddruck - Anwendung auf die Beulberechnung oberirdischer Tankbauwerke. Stahlbau 50(1981), S.65-72

128a **ESSLINGER,M. u. GEIER,B.:** Beulen von Schalen; Schalenbeultagung Braunschweig 1975. Braunschweig 1975. Braunschweig DFVLR 1975

128b **ESSLINGER,M.(Hrsg):** Schalenbeulentagung Darmstadt. Braunschweig: DFVL 1979

(23) Stahlschornsteine

1a **VDI:** Handbuch Reinhaltung der Luft

2a **SCHNEIDER-BÜRGER,M.:** Stahlschornsteine, Merkblatt 134, 4.Aufl. Düsseldorf: Beratungsstelle für Stahlverwendung 1977

3a **WILKESMANN,F.W. u. BUCAK,Ö.:** Stahlschornsteine, in: Stahlbau-Handbuch, Bd.2., 2.Aufl. (S.1071-1124)

4a **RIESE,W.:** Der Schornstein in Stade. Stahlbau 34(1965), S.76-82

5a **SIMON,G.:** Geschweißte Stahlkamine für Kernkraftwerke. Schweißen u. Schneiden 17(1965), S.432-434

5b **SIMON,G.:** Stahlschornsteine. Energie 29(1977), S.108-110

6a **FISCHER,G.:** Stahlschornstein für eine 127MW Gasturbine. Stahlbau 52(1983), S.198-200

7a **ENGEL,E.:** Aus der Praxis des Stahlschornsteinbaues, in: Wissenschaft und Praxis, Stahlbauseminar 1982, Bd. 29. Biberach: FHS Biberach 1982

7b **MAJEWSKI,L.:** Stützturm für ein 135m hohes Fackelrohr. Stahlbau 57(1988), S.97-101

8a **NN:** Industrieschornsteine (3. Int. Schornsteintagung). Techn. Mitt., Essen: Vulkan-Verlag 1979

9a **DRECHSEL,W.:** Turmbauwerke. Wiesbaden: Bauverlag 1967

9b **GÖTZEN,W.:** Schornsteine in Massivbauweise Essen: Vulkan-Verlag 1976

9c **CIESIELSKI,R., MITZEL,A., STACHURSKI,W. u. SUWALSKI,J.:** Behälter, Bunker, Silos, Schornsteine und Fernsehtürme, 2.Aufl. Berlin: W. Ernst u. Sohn 1983

9d **NIESER,H. u. ENGEL,V.:** Beuth-Kommentar: Industrieschornsteine in Massivbauart. Berlin: Beuth-Verlag 1986

9e **NOAKOWSKI,P.:** Einige statische Aufgaben im Feuerfestbau. Bautechnik 64(1987), S.51-57

10a **PETERSEN,C.:** Statik u. Stabilität der Baukonstruktionen, 2.Aufl. Wiesbaden: Vieweg-Verlag 1982

11a **GIRKMANN,K.:** Flächentragwerke, 6.Aufl. Wien: Springer-Verlag 1974

11b **HERBER,K.-H.:** Bemessung von Schornsteinen und Masten mit Seilabspannung. ACIER-STAHL-STEEL 26(1961), S.435-446

12a **HAMPE,E.:** Statik rotationssymmetrischer Flächentragwerke, Berlin: VEB-Verlag 1968

13a **FLÜGGE,W.:** Statik und Dynamik der Schalen, 3.Auflage Berlin: Springer 1962

13b **GIRKMANN,K.:** Flächentragwerke, 6.Auflage, Wien: Springer-Verlag 1978

13c **PITLOUN,R.:** Schnittkräfte und Verformungen der Kreisringplatte und der biegesteifen, geschlossenen Zylinderschale bei einer mit der Periode n = 1 angreifenden Belastung. Bauplanung-Bautechnik 13(1959), S.505-510 und S.564-565

13d **MARKUS,G.:** Kreis- und Kreisringplatten unter periodischer Belastung. Düsseldorf: Werner-Verlag 1985

14a **BÄR,A.:** Öffnungsausschnitte und deren Verstärkung im zylindrischen Mantelrohr von Blechschornsteinen nach DIN 4133. Bautechnik 57(1980), S.225-235 u. 272-275

15a **BORNSCHEUER,F.W., HÄFNER,L. u. RAMM,E.:** Zur Stabilität eines Kreisyzlinders mit einer Rundschweißnaht unter Axialbelastung. Stahlbau 52(1983), S.313-318

15b **SIMON,G.:** Zur Beanspruchung eines Kreiszylinders mit einer Rundschweißnaht unter Axialbelastung. Stahlbau 56(1987), S.343-347

16a **SCHULZ,U.:** Die Stabilität axial belasteter Zylinderschalen mit Mantelöffnungen. Bauingenieur 51(1976), S.387-396

16b **KNÖDEL,P. u. SCHULZ,U.:** Zur Stabilität von Schornsteinen mit Fuchsöffnungen. Stahlbau 57(1988), S.13-21

17a **SCHULZ,U.:** Der Stabilitätsnachweis bei Schalen. Ber. der Versuchsanstalt für Stahl, Holz und Steine, 4. Folge, Heft 2. Karlsruhe: Uni Karlsruhe 1981

18a **JUNG,O. u. NONNHOFF,G.:** Stabilitätsuntersuchungen an zylindrischen Bauteilen mit Anschnitten unter Axialdruck und Biegebelastung. Forsch.-Ber. Nordrhein-Westfalen Nr.2727. Oppladen: Westdeutscher Verlag 1978

19a **POHL,K.:** Berechnung des biegesteifen Kreisringes mit radialer, stetiger, elastischer Bettung. Stahlbau 4(1931), S.49-54

19b **POHL,K.:** Berechnung der Ringversteifungen dünnwandiger Hohlzylinder. Stahlbau 4(1931), S.157-163

20a **PETERSEN,C.:** Abgespannte Maste und Schornsteine, Bauing.-Praxis Heft 76. Berlin: Verlag W. Ernst u. Sohn 1970

21a **KADO,R.:** Winddruck auf runde Bauwerke. Zentalblatt der Bauverwaltung 1938, S.1424-1428

22a **ECCS (TCT12):** Recommendations for the calculation of wind effects on buildings and structures. Brüssel: ECCS 1978

23a **EIBL,J. u. CURBACH,M.:** Randschnittkräfte auskragender, zylindrischer Bauwerke unter Windlast. Bautechnik 61(1984), S.275-279

23b **PEIL,U. u. NÖLLE,H.:** Zur Frage der Schalenwirkung bei dünnwandigen, zylindrischen Stahlschornsteinen. Bauingenieur 63(1988), S.51-56

24a **VOLLMER,G.:** Einfluß von Temperaturänderungen im Fußbereich bei zylindrischen Blechkaminen. Bautechnik 52(1975), S.351-352

25a **BOUWMAN,L.P.:** The structural design of bolted connections dynamically loaded in tension, in: Joints in structural steelwork (S.1.3-1.16). London: Pentech Press 1981

26a **BÄR,A.:** Bemessung der Verankerung freistehender, im Fundament eingespannter, zylindrischer Blechschornsteine nach DIN 4133. Bautechnik 55(1978), S.130-133

27a **BÄR,A.:** Ausbildung und Bemessung der Fußkonstruktion freistehender, im Fundament eingespannter, zylindrischer Blechschornsteine nach DIN 4133. Bautechnik 56(1979), S.40-52

28a **ZEBE,M.:** Ankerzüge und Mauerpressungen für freistehende, nicht abgespannte, runde Trommeln (Blechschornsteine, Kühler usw.). Bauingenieur 7(1926), S.493-498

29a **LASSMANN,K.:** Berechnung von Ankerschrauben mit Hilfe von Diagrammen. Erdöl und Kohle. Erdgas. Petrochemie 21(11968), S.719-723

30a **SEESSELBERG,C.:** Entwicklung einer Theorie für Flansch- und Kopfplattenverbindungen für endliche Schrauben- und Ankerlängen. Diplomarbeit Lehrstuhl f. Stahlbau UniBw München 1981

31a **STAIGER,F.:** Windmessungen an Antennenträgern. Stahlbau 34(1965), S.250-254

32a **RAUSCH,E.:** Maschinenfundamente und andere dynamisch beanspruchte Baukonstruktionen, 3.Aufl. Düsseldorf: VDI-Verlag 1959

33a **SCHLAICH,J.:** Beitrag zur Frage von Windstößen auf Bauwerke. Bauingenieur 41(1966), S.102-106

34a **PETERSEN,C.:** Aerodynamische und seismische Einflüsse auf die Schwingungen insbesondere schlanker Bauwerke; Fortschr.-Ber- VDI-Z. Reihe 11, Nr. 11. Düsseldorf: VDI-Verlag 1971

35a **DAVENPORT,A.C.:** The respanse of slender, linelike structures to a gusty wind. Proc. of the Institution of Civ. Eng. 23, III(1962), S.381-408

36a **LAZARIDIS,N.:** Vorschlag für einen Böenreaktionsfaktor zur Berechnung von Stahlschornsteinen und abgespannten Masten. Beiträge zur Anwendung der Aeroelastik im Bauwesen, Heft 18. Lausanne/Innsbruck 1983

37a **KARMAN,Th. u. RUBACH,H.:** Über den Mechanismus des Flüssigkeits- und Luftwiderstandes. Phys. Zeitschrift 13(1912), S.49-59; vgl. auch Gött. Nachr. Math.-Phys. Klasse(1911), S.509-517

38a **WILLE,R.:** Karmansche Wirbelstraßen. Z. Flugwiss. 9(1961), S.150-155

38b **CHEN,Y. N.:** 60 Jahre Forschung über die Karmanschen Wirbelstraßen - Ein Rückblick. Schweiz. Bauzeitung 91(1973), S.1079-1096

39a **STROUHAL,V.:** Über eine besondere Art der Tonerregung. Ann. Phys. Chem. 5(1978), S.216-251

40a **PETERSEN,C.:** Nachweis zylindrischer Bauwerke, insbesondere stählerner Kamine, gegen Karmansche Querschwingungen. Bautechnik 50(1973), S.109-114.

41a **IfBt.:** Nachweis von wirbelresonanzerregten Querschwingungen aus Stahl nach DIN 4133. Mitt. Inst. f. Bautechnik 14(1983), S.2-3

42a **ADLER,P. u. HIRSCH,G.:** Dämpfung winderregter Schwingungen von Stahlschornsteinen in Gruppenanordnung. Bautechnik 63(1986), S.223-228

43a **SCRUTON,C.:** Wind-Excited oscillations of tall stacks. The Engineer 199(1955), S.806-808

44a **FRANK,W.:** Ein Beitrag zur Frage der Schwingungsvorgänge an hohen Schornsteinen mit Kreisquerschnitt. Diss. TH Stuttgart 1939; Archiv für Wärmewirtschaft und Dampfkesselwesen 22(1941), S.33-35

46a **NAKAGAWE,-.:** An experimental study of aerodynamic devices for reducing windinduced oscillatory tendencies of stacks, in: Windeffects on buildings and structures. Her Majesty's stationary Office, London 1965, II, S.774-795

47a **RUSCHEWEYH,H.:** Ein verfeinertes, praxisnahes Berechnungsverfahren wirbelerregter Schwingungen von schlanken Baukonstruktionen im Wind. Beiträge zur Anwendung der Aerostatik im Bauwesen, Heft 20. Innsbruck/Lausanne 1986

48a **VICKERY,B.J. a. WATKINS,R.D.:** Flow induced vibrations of cylindrical structures. Pergamon Press: Oxford 1963 (S.213-241).

48b **RUSCHEWEYH,H. u. HIRSCH,G.:** Schwingungen von Bauwerken im Wind. Deutsche Bauzeitung 110(1976), S.60-66.

49a **PETERSEN,C.:** Windinduzierte Schwingungen und ihrer Verhütung durch Dämpfer. Stahlbau 51(1982), S.336-341

50a **DEN HARTOG,P.J.:** Mechanische Schwingungen. Berlin: Springer-Verlag 1952

51a **LEHR,E. u. WEIGAND,A.:** Dämpfung erzwungener Schwingungen durch ein angekoppeltes System. Forsch. a. d. Geb. d. Ingenieurwesen 9(1938), S.219-228

52a **FISCHER,O.:** Dynamichy tlumic kmitani pro soustary s vice stupni volnasti, in: Kmitanie a unava stavebnych konstrukcii (S.19-29). Bratislava: Slovenska Akademia Vied 1969

53a **PETERSEN,C.:** Tilgung der Querschwingungen zylindrischer Bauwerke durch mechanische Dämpfer, in: Neuere Erkenntnisse über Schwingungen von Bauwerken, Tagungsbericht HdT 1975, Heft 347 (S.93-101), Essen: Vulkan-Verlag 1976

54a **HIRSCH,G.:** Kritischer Vergleich von aktiven und passiven Dämpfungssystemen zur Unterdrückung winderregter Schwingungen schlanker Strukturen; Beiträge zur Anwendung der Aeroelastic im Bauwesen, Heft 11. München: Techn. Universität (Lehrstuhl für Massivbau) 1980

54b **ADLER,P. u. HIRSCH,G.:** Dämpfung winderregter Schwingungen von Stahlschornsteinen in Gruppenanordnung. Bautechnik 63(1986), S.223-228

(24) Türme und Maste

1a **SCHEER,J.:** Hohe Bauwerke aus Stahl - Statische und konstruktive Lösungen, in: Beiträge zu Berechnung u. Konstruktion, Heft 13/1984 S.25-28 Köln: Stahlbau-Verlagsgesellschaft 1984

2a **BARTHES,R.:** Der Eiffelturm. München : Rogner u. Bernhard 1970

2b **LOYRETTE,H.:** Gustave Eiffel, ein Ingenieur und sein Werk. Stuttgart: Deutsche Verlags-Anstalt 1985

3a **NAITO,T.:** Der 333m hohe Fernsehturm in Tokyo. Stahlbau 28(1959), S.317-321

3b **TAKABEYA,F.:** Der neue Fernsehturm in Tokyo (Japan). ACIER-STAHL-STEEL 24(1959), S.467-470

4a **JOHN,R.:** Der 300m hohe Fernsehturm in Bombay. Öster. Ing.-Zeitschrift 17(1974), S.266-272

5a **MAURER,G.:** Pylone autoportent endommage par suite d'un accident (Luxembourg). IABSE Structures C34/85, S.44-45

6a **BAMM,D.:** Einsturz eines Sendemastes. Stahlbau 52(1983), S.20

7a **CIESIELSKI,R., MITZELA,J., STACHURSKI,W. und SUWALSKI,J.:** Behälter, Bunker, Silos, Schornsteine und Fernsehtürme, 2.Aufl. Berlin: Ernst u. Sohn 1985

8a **WARGON,A.:** Sydney tower at centrepoint (Australia). IABSE Structures C34/85, S.24-25

9a **VOJCOVA,O.:** Fernsehturm Bratislava-Kamzik in der CSSR. Stahlbau 44(1975), S.376-378

10a **NN.:** Aussichtsturm "Space Tower" in Buenos Aires. Stahlbau-Rundschau des Österreich. Stahlbau Verbandes, H. 56(1981), S.10-11

10b **KLÖCKL,G.:** Freizeitanlagen in aller Welt aus Österreich. Maschinen und Stahlbau Austria 29(1987), Nr. 314, S.52-59

11a **NN.:** Beleuchtung von Sportstätten für das Farbfernsehen. LiTG-Fachausschuß "Sportstättenbeleuchtung" 19(1967), S.105A-112A u. 21(1969), S.123A-126A

11b **NN.:** Flutlichtanlagen für Sportstätten. Merkblatt 273 der Beratungsstelle für Stahlverwendung, 2.Aufl. Düsseldorf: Beratungsstelle für Stahlverwendung 1969

11c **BUCHHOLZ,E.:** Flutlichtanlage für das Wildparkstadion in Karlsruhe. Bauingenieur 55(1980), S.141-146

12a **RIESE,W.:** Der Schornstein in Stade. Stahlbau 34(1965), S.76-82

13a **PRÜSS,H.:** Neuzeitliche Fördergerüste. Stahlbau 25(1956), S.90-97

13b **HOISCHEN,A. u. SANDER,G.:** Fördertürme in Stahlkonstruktion. Stahlbau 30(1961), S.268-273

13c **KAUFMANN,U.:** Fördergerüste für den Bergbau. Stahlbau 51(1982), S.45-49

14a **STIRBÖCK,K.:** Kesselgerüste, in: Stahlbau-Handbuch, Bd. 2, 2.Aufl. (S.735-802). Köln: Stahlbau-Verlag 1985

15a **KATZER,B. u. LENGER,F.:** Stahlbau in Hochofenanlagen, in: Stahlbau-Handbuch, Bd.2, 2.Aufl. (S.803-823). Köln: Stahlbau-Verlag 1985

16a **THOMSEN,K.:** In Stahl ausgeführte Zyklonvorwärmer-Türme für Zementfabriken. Stahlbau 46(1977), S.193-200

17a **SCHLAICH,J., MAYR,G., WEBER,P. u. JASCH,E.:** Der Seilnetzkühlturm Schmehausen. Bauingenieur 51(1976), S.401-412

18a **BETZ,A.:** Windenergie und ihre Ausnutzung durch Windmühlen. Göttingen: Vandenhoeck u. Ruprecht 1926

18b **HONNEF,H.:** Windkraftwerke. Braunschweig: Vieweg 1932

19a **KLEINHENZ, F.:** Gewichts- und Kostenvergleich von Großwindkraftwerken verschiedener Höhe bei gleichem Windraddurchmesser. Stahlbau 16(1943), S.65-68

19b **KLEINHEINZ,F.:** Berechnung und Konstruktion einnes Windrades von 130m Durchmesser. Stahlbau 22(1953), S.49-55, vgl. auch 23(1954), S.184-188

20a **JARRAS,L., HOFFMANN,L., JARRAS,A. u. OBERMAIR,G.:** Windenergie. Berlin: Springer Verlag 1980

20b **KÖNIG,F.v.:** Wie man Windräder baut. 6.Aufl. München: U. Pfriemer-Verlag 1984

20c **MOLLY,J.-P.:** Windenergie in Theorie und Praxis, 2.Aufl. Karlsuhe: C.F. Müller 1986

20d **GOMERSALL,A.:** Windenergy 1975-1985. A bibliography. Berlin: Springer-Verlag 1986

21a **FRICKE,J.:** Die Nutzung der Windenergie. Pysik in unserer Zeit 12(1981), S.164-171

22a **VOGT,H.:** Richtlinien für die Aufstellung von Windkraftwerken. Baurechnik 58(1981), S.243

23a **SCHLAICH,J.:** Aufwindkraftwerke, VGB Kraftwerkstechnik 62(1982), S.926-929

23b **SCHLAICH,J.:** Neue und erneuerbare Energiequellen. Beton- und Stahlbetonbau 77(1982), S.89-104

24a **HARTMANN,B.:** Zur rechnerischen Untersuchnug der Forschungsplattform Nordsee. Stahlbau 46(1977), S.23-25

25a **HESS,H.:** Die Produktionsplattform Emshörn Z1A der BEB in der Emsmündung. Stahlbau 54(1985), S.129-141

26a **DUTTA,D., MANG,F. u. REUTER,M.:** Offshore Technik, in: Stahlbau-Handbuch Bd. 2, 2.Aufl. (S.969-1035). Köln: Stahlbau-Verlag 1985

27a **ELLERS,F.S.:** Offshore-Bohrplattformen mit neuen Dimensionen. Spektrum der Wissenschaft(1982), S.20-32

28a **TAENZER,W.:** Stahlmaste für Starkstrom-Freileitungen, 3.Aufl. Berlin: Springer-Verlag 1960

29a **MORS,H.:** Gittermaste für Hochspannungsleitungen. Merkblatt 389 der Beratungsstelle für Stahlverwendung, 2.Aufl. Düsseldorf 1973

30a **MORS,H.:** Stahlmaste für Freileitungen, in: Stahlbau-Handbuch Bd. 2, 2.Aufl. (S.1125-1158). Köln: Stahlbau-Verlag 1985

31a **GAYLORD,E.H. a. WILHOITE,G.M.:** Transmission towers design of cold formed angles. Proc. ASCE, Journ. of the Struct. Div. Vol.111(1985) S.1810-1825

31b **ZAVELANT,M.A. a. FAGGIANO,P.:** Design of cold formed latticed transmission towers. Proc. ASCE, Journ. of the Struc. Div. Vol. 111(1985) S.2427-2445

32a **TOSCANO,A.:** Die Türme von Messina. Stahlbau 28(1959), S.289-303

33a **TOSCANO,A.:** Die Türme von Cadiz. Stahlbau 30(1961), S.161-169 u. S.205-213

34a **HAYASHI,K. u. SHIMADA,K.:** Die Maste zur Überquerung der Meeressunde im Zuge der 220kV CHUSI-Freileitung. Stahlbau 34(1965), S.225-231

35a **MORS,H.:** Erfahrungen auf Prüfstationen für Freileitungsmaste. Stahlbau 49(1980), S.161-165

36a **PETERSEN,C.:** Internstudie im Zusammenhang mit der statischen Berechnung des Mastes Gartow. Lehrstuhl für Stahlbau, UniBw München 1982 (unveröffentlicht)

37a **SCHEER,J. u. PEIL,U.:** Zum Ansatz der Vorspannung und Windlast bei abgespannten Masten. Bauingenieur 60(1985), S.185-190

38a **SOCKEL,H.:** Aerodynamik der Bauwerke. Wiesbaden: Vieweg 1984

39a **SCHULZ,G.:** Windlasten an Fachwerken aus Rohrstäben. Merkblatt 469 der Beratungsstelle für Stahlverwendung. Düsseldorf 1973

40a **EKS (Europäische Kommission für Stahlbau), Techn. Komm. 12:** Recommendations for the calculations of wind effects on buildings and stuctures. Brüssel: EKS 1978

41a **BAYAR,D.C.:** Drag coefficients of latticed towers. Proc. ASCE, Journal of the Struc. Div. 112(1986), S.414-430

42a **HIRTZ,H.:** Bericht über den Stand der Arbeiten zur Erfassung der Windwirkungen auf Bauwerke, in: Ber. aus dem Inst. f. Konstruktiver Ingenieurbau, Heft 35/36 (S.159-173). Essen: Claasen-Verlag 1981

43a **SIEDENBURG,R.:** Beitrag zur Beurteilung von Windlasten und ihrer Häufigkeit. Stahlbau 43(1974be), S.375-379

44a **DRECHSEL,W.:** Turmbauwerke - Berechnungsgrundlagen und Bauausführung. Wiesbaden: Bauverlag 1977

45a **STAIGER,F.:** Belastungsannahmen für Antennenträger im Falle Vereisung. Stahlbau 30(1961), S.24-27

45b **STAIGER,F.:** Winddruck auf Bauwerke in großer Höhe über dem Meeresspiegel. Stahlbau 31(1962) S.17-18

46a **BÖER,W.:** Technische Metereologie. Leipzig: Edition Leipzig 1964

47a **PETERSEN,C.:** Statik u. Stabilität der Baukonstruktionen, 2.Aufl. Wiesbaden: Vieweg 1982

48a **HERRNSTADT,Th.:** Funktürme und Funkmaste, in: Stahlbau-Handbuch, Bd.2, 1.Aufl. (S.427-448) Köln: Stahlbau-Verlag 1964

49a **DINKELBACH,K. u. MORS,H.**: Antennentragwerke, in: Stahlbau-Handbuch, Bd. 2, 2.Aufl. (S.1159-1179). Köln: Stahlbau-Verlag 1985

50a **SCHAEFER,K.**: Türme und Maste aus Stahl, in: Handbuch für den Stahlbau, Bd. III. 2.Aufl. (S.383-464). Berlin: VEB Verlag für Bauwesen 1976

51a **MERTINS,G.**: Turmfachwerke, 2.Aufl., Laupheim: Prodac-Verlag 1979

52a **PETERSEN,C.**: Abgespannte Maste und Schornsteine - Statik und Dynamik. Bauingenieur-Praxis, Heft 76. Berlin: Verlag W.Ernst u. Sohn 1970

53a **WANKE,J.**: Stahlrohrkonstruktionen: Wien: Springer-Verlag 1966

53b **WANSLEBEN,F.**: Die Berechnung von rechteckigen Leitungsmasten auf Verdrehen. Stahlbau 5(1932), S.189-192

53c **WANKE,J.**: Berechnung von gegliederten Masten und Türmen auf Verdehen. Stahlbau 9(1936), S.193-198 u. S.203-205

53d **TREIBER,A.**: Beitrag zur geometrischen Berechnung der Fachwerknetze stählerner Gittermaste. Stahlbau 16(1943), S.71-73

54a **GIRKMANN,K. u. KÖNIGSHOFER,E.**: Die Hochspannungsfreileitung. Wien: Springer-Verlag 1952

54b **RIEGER,H. u. FISCHER,R.**: Der Freileitungsbau, 3.Aufl. Berlin: Springer-Verlag 1985

55a **GAD,W.**: Rundfunkmast von 640m Höhe der Warschauer Zentral-Radiostation in Kansantynow. Bauingenieur 51(1976), S.23-24

56a **BAUER,B.**: Vereinfachungen und Zuschärfungen bei der Berechnung der Abspanncharakteristik von Seilbündeln. Dipl.-Arbeit, Lehrstuhl für Stahlbau, UniBw München 1980 (unveröffentlicht)

57a **SCHEER,J. u. FALKE,J.**: Zur Berechnung geneigter Seile. Bauingenieur 55(1980), S.169-173

58a **LÜHR,G.**: Berechnung geneigter Seile mit der Kettenlinie. Bauingenieur 58 (1983), S.353-357

59a **SCHEER,J. u. FALKE,J.**: Iterative Berechnung von Seilabspannungen mit Hilfe des scheinbaren E-Moduls. Bauingnieur 57(1982), S.155-159

60a **SCHEER,J. u. PEIL,U.**: Zur Berechnung von Tragwerken mit Seilabspannungen, insbesondere mit gekoppelten Seilabspannungen. Bauingenieur 59(1984), S.273-277

60b **SCHEER,J. u. PEIL,U.**: Zum Ansatz von Vorspannung und Windlast bei abgespannten Masten. Bauingenieur 60(1985), S.185-190

61a **TSCHEMMERNEGG,F. u. OBHOLZER,A.**: Einfach abgespannte Seile bei Schrägseilbrücken. Bauingenieur 56(1981), S.325-330

62a **SCHEER,J. u. ULLRICH,U.**: Zur Berechnung abgespannter Maste. Bauingenieur 53(1978), S.43- 50 u. 55(1980), S.108

63a **HEINZEL,W., KISTENMACHER,B., STIELER,P. u. GUMMEL,L.**: Programmsystem: Fachwerktürme, seilverspannte Stahlmaste mit allgemeinem Modul Seilstern. Karlsruhe KfK-CAD 75 1979

64a **BLEICH,H.**: Stahlhochbauten, Bd. II (S.902-909). Berlin: Springer-Verlag 1933

65a **MELAN,E.**: Die genaue Berechnung mehrfach in ihrer Höhe abgespannter Maste. Bauingenieur 53(1960), S.416-422 u. 38(1963), S.13-16

66a **WANKE,J.**: Abgespannte Maste, ihre Belastung und Berechnung. Stahlbau 31(1962), S.270-280, 32(1963), S.32 u. 33(1964), S.59-62

67a **HILBERS,F.-J.**: Internationale Normen im Vergleich-Berechnung eines abgespannten Mastes, in: Konstruktiver Ingenieurbau. (S.425-431). Hrg.: Verband beratender Ingenieure VBI. Berlin: Verlag W.Ernst u. Sohn 1985

68a **PETERSEN,C.**: Aerodynamische und seismische Einflüsse auf die Schwingungen insbesondere schlanker Bauwerke. Fortschr.- Berichte VDI-Z Reihe 11, Nr. 11 Düsseldorf: VDI-Verlag 1971

69a **HAGEN,G.v.d., LATZIN,K., PETERSEN,C.**: Vermessung von sechs abgespannten Masten im Auftrag des Bayer. Rundfunks. Internbericht Lehrstuhl f. Stahlbau, TU München 1977 (nicht veröffentlicht)

70a **BORDIHN,W.**: Berechnung und experimentelle Untersuchung von Querschwingungen an hohen Rohrmasten. IfL-Mitteilungen 24(1985), S.125-130

71a **LAZARIDES,N.**: Zur dynamischen Berechnung abgespannter Maste und Kamine in böigem Wind unter besonderer Berücksichtigung der Seilschwingungen. Diss. UniBw München 1985

72a **LAZARIDES,N.**: Vorschlag für einen Böenreaktionsfaktor zur Berechnung von Stahlschornsteinen und abgespannten Masten. Beiträge zur Anwendung der Aeroelastik im Bauwesen, Heft 18. Lausanne: Ecole Polyt. Fed. de Lausanne 1983

73a **HERRNSTADT,T.**: Der 298m hohe Funkmast in Oldenburg. Stahlbau 25(1956), S.245-251

73b **WANKE,J.**: Zwei hohe Fernseh-Rohrmaste in der Tschechoslowokei. Stahlbau 29(1960), S.193-198

73c **KOZAK,J.**: Einige Bemerkungen zur Projektierung verankerter Fernseh-Rohrmaste. Stahlbau 38(1969), S.185-188

74a **BAATZ,H.**: Mechanismus des Blitzes - Grundlagen des Blitzschutzes von Bauten. VDE-Schriftenreihe 34. Berlin: VDE-Verlag 1978

75a **HASSE,P. u. WIESINGER,J.**: Handbuch für Blitzschutz und Erdung, 2.Aufl. München: R. Pflaum-Verlag 1982

76a **NEUHAUS,H.**: Blitzschutzanlagen - Erläuterungen zu DIN 57185 / VDE0185. VDE-Schriftenreihe 44. Berlin: VDE-Verlag 1983

(25) Brückenbau

1a **HOFMANN,P.**: Stahlbrücken, in: Handbuch für den Stahlbau, Bd. IV (Abschn. 2, S.85-452). Berlin: VEB Verlag für Bauwesen 1974

2a **FISCHER,M.**: Stahlbrücken, in: Stahlbau-Handbuch, Bd. 2, 2.Aufl. (Abschn. 27, S.561-671). Köln: Stahlbau Verlag 1985

3a **FREUDENBERG,G.**: Die Kanalbrücke über die Rednitz bei Fürth im Zuge des Main-Donau-Kanals. Stahlbau 41(1972), S.311-316 u. S.337-345

4a **IDELBERGER,K.**: Neuere umsetzbare Stahlhochstraßen. Stahlbau 41(1972), S.54-59 u. S.91-94

5a **SEDLACEK,H.**: Die D-Brücke. Stahlbau 33(1964), S.117-123

6a **HETTWER,H.**: Verfahren für den Bau von Eisenbahnüberführungen bei gleichzeitiger Aufrechterhaltung des Eisenbahnbetriebes. Bautechnik 56(1979), S.77-84

6b **HUFNAGEL,G., KOCH,K.-F., u. SUNKLER,C.**: Die Umfahrung der Großhesseloher Eisenbahnbrücke mit SKB Hilfsbrücken-Gerät über die Isar. Bauingenieur 59(1984), S.377-380

7a **HUG,B., BAIER,H. u. FÜSSINGER,R.**: Neuere Auslegungsmethoden und Werkstoffe bei der Entwicklung hochmobiler Brücken. Stahlbau 52(1983),S.85-89

8a **SEDLACEK,A.**: Die neue Drehbrücke über den Suez-Kanal bei El Ferdan/Ägypten. Stahlbau 34(1965), S.289-302

9a **LIESE,H.**: Größte Hubbrücke mit versenkten Hubtürmen. Stahlbau 43(1974), S.16-20

10a **RÜSTER,R. u. a.**: Die Kattwyk-Hubbrücke in Hamburg, eine vollständig geschweißte Fachwerkbrücke. Stahlbau 43(1974), S.257-267

11a **ABEGG,A.**: Bewegliche Brücke über die Eider bei Tönning. Bautechnik 55(1978), S.22-24

11b **KINDMANN,R.**: Neubau der Reiherstiegklappbrücke in Hamburg-Harburg. Bauingenieur 60(1985), S.469-476

11c **CARL,J., BOCK,R. u. NAUMANN,E.**: Eine bewegliche Brücke über den Lotsekanal in Hamburg-Harburg. Stahlbau 55(1986), S.97-103

12a **PELTSARSZKY,E.**: Brücken: Baustoff und Ideen. Eisenbahntechnische Rundschau 34(1985), S.487-492

13a **STEIN,P. u. WILD,H.**: Das Bogentragwerk der Fehmarnsundbrücke. Stahlbau 34(1965), S.171-186

14a **KLAASSEN,K. u. SCHMÄLZUN,G.**: Berechnung der Längskräfte in hohen Eisenbahnbrücken bei nichtlinearem Materialgesetz des Schotters. Bautechnik 57(1980), S.270-280

15a **GERLICH,K. u. PAHNKE,U.**: Wechselwirkung Brücke-Gleis bei Abtragung von Längskräften. Eisenbahntechnische Rundschau 30(1981), Sonderteil Kunstbauten S.225-229

16a **WEBER,W.**: Zur Abschätzung der Größe von horizontalen Längskräften in den Brückenlagern infolge des Brems- oder Anfahrvorganges eines Zuges auf dem Überbau. Stahlbau 50(1981), S.332-334

17a **FREYSTEIN,W. u. WEBER,W.**: Steinerstab-Konstruktionen bei einteiligem stählernen Eisenbahnbrücken. Stahlbau 50(1981), S.86-88, vgl. auch S.179-184

18a **BERNHARD,R.**: Über die Verteilung der Bremskräfte auf stählernen Eisenbahnbrücken. Stahlbau 9(1936), S.36-39 u. S.53-55

19a **HOFFMANN,E. u. WOYWOD,E.**: Berechnung und Messung der Fahrbahnmitwirkung bei der Emscherbrücke Essen-Dellwig-Ost. Stahlbau 25(1956), S.257-265 u. S.304-306

20a **PROMMERSBERGER,G. u. SIEBKE,H.**: Das Belastungsbild UIC 71, die neue Bemessungsgrundlage für den Eisenbahnbrückenbau. Eisenbahntechnische Rundschau 25(1976), S.33-40

21a **PROMMERSBERGER,G.**: Das Belastungsbild UIC 71, die neue Bemessungsgrundlage für den Eisenbahnbrückenbau, in: Elsners Taschenbuch der Eisenbahntechnik 1977. Darmstadt: Tetzlaff-Verlag 1977, S.459-478

22a **STIER,W.**: Gedanken zur Entwicklung der neuen Vorschrift für Eisenbahnbrücken und sonstige Ingenieurbauwerke (DS 804) der Deutschen Bundesbahn. Stahlbau 50(1981), S.226-233

22b **LINKERHÄNGER,W.**: Neubaustrecken der Deutschen Bundesbahn - Rahmenplanung für Stahlbrücken. Bauingenieur 60(1985), S.5-14

23a **SCHMIDT,H., PEIL,U. u. BORN,W.**: Scheibenwirkung breiter Straßenbrükkengurte - Verbesserungsvorschlag für Berechnungsvorschriften (mitwirkende Gurtbreite). Bauingenieur 54(1979), S.131-138

24a **SCHMIDT,H. u. PEIL,U.**: Berechnung von Balken mit breiten Gurten. Berlin: Springer Verlag 1976

25a **WÖHLER,A.**: Bericht über Versuche, welche auf der königl. Niederschlesisch-Märkischen Eisenbahn mit Apparaten zum Messen der Biegung und Verdrehung von Eisenbahnwagenachsen während der Fahrt angestellt wurden Z. f. Bauwesen 8(1858), Sp.641-652. Vgl. auch 10(1860), Sp. 583-616;133(1863), Sp. 233-258; 16(1866), Sp. 67-84

25b **WÖHLER,A.**: Über die Festigkeitsversuche mit Eisen und Stahl. Z. f. Bauwesen 20(1870), Sp. 73-106

26a **GERBER,H.**: Über die Berechnung der Brückenträger nach System Pauli. VDI-Z 9(1965), S.463-465

27a **WEYRAUCH,J.J.**: Festigkeits- und Dimensionsberechnung der Eisen- und Stahlkonstruktionen mit Rücksicht auf die neueren Versuche. Leipzig: B. G. Teubner 1876

28a **SCHAPER,G.**: Die Dauerfestigkeit der Baustähle. Bautechnik 12(1934), S.23-24

29a **KLÖPPEL,K.**: Gemeinschaftsversuche zur Bestimmung der Schwellzugfestigkeit voller, gelochter und genieteter Stäbe aus St37 und St52. Stahlbau 9(1936), S.97-112

30a **KOMMERELL,O.**: Gamma-Verfahren zur Berücksichtigung wechselnder und schwellender Spannungen bei dynamisch beanspruchten Stahlbauwerken. Bautechnik 12(1934), S.25-27 u. S.37-38

31a **GRAF,O.**: Dauerfestigkeit von Stählen mit Walzkant ohne und mit Bohrung, von Niet- und Schweißverbindungen. Berlin: VDI-Verlag 1931

31b **GRAF,O.**: Einige Bemerkungen über die Ermittlung der Dauerfestigkeit und der zulässigen Anstrengungen der Werkstoffe. Stahlbau 4(1931), S.258-260, 5(1932), S.177-182, 6(1933), S.81-85

32a **SCHAECHTERLE,K.**: Zur Wahl der zulässigen Anstrengungen bei Stahlbrücken. Stahlbau 4(1931), S.89-92

32b **SCHAECHTERLE,K.**: Dauerversuche mit Nietverbindungen. Stahlbau 5(1932), S.65-73

33a **KOLLMAR,A. u. JACOBY,K.**: Berechnungsgrundlagen für Stählerne Eisenbahnbrücken (Neuerung der Ausgabe 1951). Stahlbau 23(1954), S.1-4 u. S.23-42

34a **KOLLMAR,A.**: Dauerfestigkeitsversuche mit Werkstoffen und Stumpfnahtschweißverbindungen. Stahlbau 25(1956), S.205-210

35a **WINTERGERST,S. u. RÜCKERL,E.**: Untersuchungen der Dauerfestigkeit von Schweißverbindungen mit St37. Stahlbau 26(1957), S.121-124

36a **KLÖPPEL,K. u. WEIHERMÜLLER,H.**: Neue Dauerfestigkeitsversuche an Schweißverbidungen aus St52. Stahlbau 26(1957), S.149-155

37a **KLÖPPEL,K. u. WEIHERMÜLLER,H.**: Dauerfestigkeitsversuche mit Schweißverbindungen aus St52. Stahlbau 29(1960), S.129-137

38a **WINTERGERST,S. u. HECKEL,K.**: Untersuchungen der Dauerfestigkeit von Schweißverbindungen mit St37. Stahlbau 31(1962), S.321-324

38b **HECKEL,K.**: Die Dauerfestigkeit von Flachstahl aus St37. Stahlbau 42(1973), S.205-208

39a **SPÄTH,W.**: Zeit- und Dauerfestigkeit eines hochfesten Baustahls. Stahlbau 44(1975), S.175-179

39b **NOWAK,B., SAAL,H. u. SEEGER,T.**: Ein Vorschlag zur Schwingfestigkeitsbemessung von Bauteilen aus hochfestem Baustählen. Stahlbau 44(1975), S.257-268 u. S.307-313

39c **HERZOG,M.**: Die Betriebsfestigkeit von Baustahl der Güteklassen St37, St44 und StE 70 nach Vielstufenversuchen. Stahlbau 45(1976), S.243-250

39d **MINNER,H.H. u. SEEGER,T.**: Erhöhung der Schwingfestigkeiten von Schweißverbindungen aus hochfesten Feinkornstählen durch das WIG-Nachbehandlungsverfahren. Stahlbau 46(1977), S.257-263

40a **KLÖPPEL,K.**: Über zulässige Spannungen im Stahlbau; Stahlbautagung Baden-Baden 1954. Veröffentlichungen des Deutschen Stahlbau-Verbandes, Heft 6. Köln: Stahlbau-Verlag 1958

41a **AURNHAMMER,G.**: Die Dauerfestigkeitsforschung und ihre Berücksichtigung beim Eisenbahnbrückenbau. Eisenbahntechnische Rundschau (Sonderausgabe Brückenbau)(1965), S.15-20

42a **HOFFMANN,E.**: Berechnung von Eisenbahnbrücken - etwas leichter gemacht; in: DVS-Bericht 31(1974), Schweißgerechte Gestaltung, S.251-258. Düsseldorf: Deutscher Verlag für Schweißtechnik 1974

43a **SIEBKE,H.**: Beschreibung einer Bezugsbasis zur Bemessung von Bauwerken auf Betriebsfestigkeit. Schweißen und Schneiden 32(1980) S.304-324

44a **WEBER,W.**: 60 Jahre in-situ-Meßtechnik in der Abteilung "Bautechnik" des Bundesbahn-Zentralamtes München - ein Beitrag zur Technikgeschichte. Bautechnik 60(1983), S.333-342 u. 384-390

45a **HIRT,M. A.**: Neue Erkenntnisse auf dem Gebiet der Ermüdung und deren Berücksichtigung bei der Bemessung von Eisenbahnbrücken. Bauingenieur 52(1977), S.255-262

45b **GOTTIER,M. u. HIRT,M.A.**: Das Ermüdungsverhalten einer Eisenbahnbrükke. Bauingenieur 58(1983), S.243-249

46a **KLÖPPEL,K. u. PETRI,R.**: Statische Versuche und Dauerversuche mit geschweißten Stabanschlüssen. Stahlbau 38(1969), S.129-140

47a **HOFFMANN,E. u. OLIVER,R.**: Schwingfestigkeitsversuche für den Stumpfstoß in übereinanderliegenden Gurtplatten. Stahlbau 46(1977), S.263-266

48a **OLIVIER,R. u. RITTER,W.**: Wöhlerlinienkatalog für Schweißverbindungen aus Bausstählen. Teil 1 Stumpfstoß, Teil 2 Quersteife, Teil 3 Kreuzstoß, Teil 4 Längssteife, Teil 5 sonstige. Düsseldorf: Deutscher Verlag für Schweißtechnik 1979-1986

49a **KLÖPPEL,K. u. SEEGER,T.**: Dauerversuche mit einschnittigen HV-Verbindungen an St37 Stahlbau 33(1964), S.225-245, S.335-346 u. S.335-346

49b **GRAF,O.**: Über Dauerversuche mit I-Trägern an St37. Stahlbau 7(1934), S.169-171

49c **BIERETT,G. u. ALBERS,K.**: Vergleichende Dauerbiegeversuche an geschweißten Vollwandträgern. Ber. d. deutsch. Ausschusses f. Stahlbau, H. 14. Berlin: Springer-Verlag 1942

50a **BÜHLER,K.**: Zur Dauerfestigkeit von Walzträgern. Stahlbau 11(1938), S.9-12

50b **BÜHLER,H. u. SCHULZ,E.H.**: Über Dauerversuche an Stahlträgern größerer Abmessungen. Stahlbau 21(1952), S.30-34

50c **ERKER,A.**: Dauerbiegefestigkeit von Trägern. Schweißen u. Schneiden 4(1952), S.112-115

51a **HERZOG,M.**: Die Ermüdungsfestigkeit gewalzter und geschweißter Träger der Stahlgüten St37, St52 und StE70 nach Versuchen. Stahlbau 44(1975), S.252-256

51b **HERZOG,M.**: Die Ermüdungsfestigkeit geschweißter Träger der Stahlgüten St52 und StE70 mit einseitigen Vertikalsteifen und symmetrisch angeordneten Knotenblechen oder Bolzendübeln nach Versuchen. Stahlbau 45(1976), S.274-279

52a **HERZOG,M.**: Folgerungen aus Ermüdungsversuchen mit gewalzten und geschweißten Trägern für die Bemessung. Stahlbau 46(1977), S.294-296

53a **HERZOG,M.**: Realistischer Betriebsfestigkeitsnachweis für stählerne Eisenbahnbrücken. Stahlbau 45(1976), S.316-319

54a **KLÖPPEL,K. u. SEEGER,T.**: Sicherheitstechnische und statistische Betrachtungen zum Dauerfestigkeitsverhalten von Proben mit mehreren konkurrierenden Kerben am Beispiel zinkstaubgrundierter Flachstähle mit aufgeschweißter Quersteife. Stahlbau 36(1967), S.193-199

54b **GÖNNEL,F.**: Dauerfestigkeitsversuche an Schweißverbindungen an St37 mit und ohne Anstrich. Stahlbau 36(1967), S.199-203

55a **BÖHME,D., OLIVIER,R. u. SEEGER,T.**: Einfluß von Fertigungsbeschichtungen auf die Schwingfestigkeit schubbeanspruchter Kahlnähte. Stahlbau 50(1981), S.335-338

56a **STIER,W., KOSTEAS,D. u. GRAF,U.**: Ermüdungsverhalten von Brücken aus Schweißeisen. Stahlbau 52(1983), S.136-142

57a **CYWINSKI,Z.**: Näherungsverfahren der Tragfähigkeit von Schweißeisenbrücken. Stahlbau 54(1985), J. 4 S.103-106

57b **HERZOG,M.**: Abschätzung der Restlebensdauer älterer gemieteter Eisenbahnbrücken. Stahlbau 54(1985), S.309-312

57c **BRÜHWILLER,E. u. HIRT,M.A.**: Das Ermüdungsverhalten genieteter Brükkenteile. Stahlbau 56(1987), S.1-8

58a **PELIKAN,W.**: Eine Betrachtung über die Größe der Betriebslasten von Eisenbahn- und Straßenbrücken und ihre Auswirkung auf die Bemessung dieser Bauwerke. Bauingenieur 43(1968), S.207-214

59a **WEIHPRECHT,M.**: Betriebsbelastung und Belastungskollektive von Bundesbahnbrücken als Grundlage von Betriebsfestigkeitsuntersuchungen. Stahlbau 37(1968), S.347-350

60a **HERZOG,M.**: Die wahrscheinliche Verkehrslast auf Eisenbahnbrücken. Bauingenieur 53(1978), S.29-32

61a **QUEL,R.**: Zur Zuverlässigkeit von ermüdungsbeanspruchten Konstruktionselementen in Stahl. Diss. TU München 1979

62a **GEIDNER,TH.**: Zur Anwendung der Spektralmethode auf Lasten und Beanspruchungen bei Straßen- und Eisenbahnbrücken. Diss. TU München 1979

63a **QUEL,R. u. GEIDNER,TH.**: Zur Berechnung der Zuverlässigkeit von Konstruktionselementen bei Ermüdungsbeanspruchung. Stahlbau 49(1980), S.16-23

64a **REPPERMUND,K.**: Probabilistischer Betriebsfestigkeitsnachweis unter Berücksichtigung eines progressiven Dauerfestigkeitsabfalls mit zunehmender Schädigung. Diss. HSBw München 1984

65a **REPPERMUND,K.**: Ein Konzept zur Berechnung der Zuverlässigkeit bei Ermüdungsbeanspruchung. Stahlbau 55(1986), S.104-112

66a **SIEBKE,H.**: Tendenzen im Eisenbahnbrückenbau. Eisenbahntechnische Rundschau 23(1974), S.287-297

66b **SIEBKE,H.**: Monetäre Bewertung langlebiger Investitionsgüter, abgeleite für Eisenbahnbrücken. Bauingenieur 61(1986), S.197-203

67a **GIEHRACH,U.**: Neuzeitliche Vollwandträgerbrücken der Deutschen Bundesbahn. Eisenbahntechnische Rundschau 1965 (Sonderausgaben Brückenbau), S.44-54

68a **GOERG,P.**: Der Wiederaufbau der Kaiserbrücke bei Mainz. Stahlbau 24(1955), S.217-223 u. S.245-252

69a **GIEHRACH,U.**: Der Nebenbachviadukt bei Stuttgart-Vaihingen. Stahlbau 28(1959), S.275-279

70a **STIER,W. u. POSTL,J.**: Kreuzungsbauwerk Rothenburgsort, eine weitgespannte Fachwerkbrücke der DB. Stahlbau 43(1974), S.289-297 u. S.340-344

71a **STIER,W., HAFKE,B., SPELZHAUS,H. u. WOHLERS,G.**: Die neue Eisenbahnbrücke über die Süderelbe in Hamburg als Beispiel einer Fachwerkmittelträgerbrücke. Stahlbau 46(1977), S.1-2, S.45-52, S.85-91

72a **HERZOG,M.**: Ermüdungsgerechte Konstruktion einer geschweißten Eisenbahnfachwerkbrücke. Stahlbau 50(1981), S.271-276

73a **HOFFMANN,E. u. a.**: Brückenbau, Sonderheft der Eisenbahntechnischen Rundschau (ETR), 1965

74a **SIEBKE,H., STIER,W. u. a.**: Kunstbauten, Sonderheft der Eisenbahntechnischen Rundschau (ETR) 29(1980)

75a **SIEBKE,H.**: Konstruktion dauerhafter Bauwerke - Vorgehen der DB. Die Bundesbahn 57(1981), S.533-540

76a **SIEBKE,H.**: Problematik stählerner Eisenbahnbrücken. Schweißen u. Schneiden 33(1981), S.475-478

77a **SIEBKE,H.**: Zukunftsaufgaben im Eisenbahnbrückenbau. Stahlbau 51(1982), S.306-309

78a **STIER,W. u. PFEIFER,R.**: Neuzeitliche Querschnittsformen von Tragwerken für Eisenbahnbrücken mit kleinen bis mittleren Spannweiten. Information Bautechnik 20. München: Bundesbahn-Zentralamt 1980

79a **STIER,W.**: Forschungs- und Entwicklungsaktivitäten in der Bautechnik als Voraussetzung für Neubaustrecken. Eisenbahntechnische Rundschau 35(1986), S.387-394

80a **LANDWEHR,E.**: Neuester Stand der bautechnischen Regelwerke für den Korrosionsschutz von Stahlbauten. Information Bautechnik 21. München: Bundesbahn-Zentralamt 1981

81a **SEILS,A. u. KRANITZKY,W.**: Sind Stahlbauwerke, bei denen allseits geschlossene Hohlkörper vewendet werden, durch Wasseransammlung und Innenkorrosion gefährdet. Stahlbau 22(1953), S.80-84 u. S.113-118

82a **SEILS,K.**: Erläuterungen zu den "Techn. Vorschriften für den Rostschutz von Stahlbauwerken" (ROST) der Deutschen Bundesbahn- Gültig vom 15. März 1957. Stahlbau 27(1958), S.126-131 u. S.165-167; vgl. auch 28(1959), S.46-53

82b **SEILS,A.**: Optimaler Korrosionsschutz der Stahlbauwerke - ein wesentlicher Faktor ihrer Wirtschaftlichkeit. Stahlbau 37(1968), S.72-81

83a **KRANITZKY,W.**:: Klimatische Bedingungen und Korrosion im Inneren großer Hohlkästen aus Stahl. Stahlbau 52(1983), S.46-49

84a **KRANITZKY,W.**: Das Verhalten der Innenflächen geschlossener Hohlbauteile aus Stahl hinsichtlich Feuchtigkeitsniederschlag und Korrosion. Stahlbau 52(1983), S.201-206

85a **ALBRECHT,R.**: Beitrag zur Frage des Schallschutzes im Stahlbrückenbau. Stahlbau 31(1962), S.57-61

86a **SEEGER,T. u. HANEL,J.J.**: Schwingfestigkeitsuntersuchungen an St52-Flachstäben mit Setzbolzen für Schalldämpfungsmaßnahmen an Stahlbrücken mit Schienenverkehr. Stahlbau 44(1975), S.1-8 u. S.85-92

87a **HANEL,J.J. u. SEEGER,T.**: Experimentelle Untersuchungen an körperschalldämpfenden Verbundsystemen im Hinblick auf Schalldämpfungsmaßnahmen an stählernen Eisenbahnbrücken. Stahlbau 47(1978), S.1-6 u. S.57-62

88a **HANEL,J.J. u. SEEGER,T.**: Schalldämpfungsgroßversuch an zwei stählernen Eisenbahn-Hohlkastenbrücken. Stahlbau 47(1978), S.353-361

89a **NN.**: Lärmminderung an stählernen Eisenbahnbrücken. Eisenbahntechnische Rundschau 32(1983), S.115-116

90a **KRANICH,W.**: Stählerne Eisenbahnbrücken mit versteiftem Stabbogen, Kunstbauten, Sonderheft der Eisenbahntechnischen Rundschau (ERT) 29(1980), S.58-63

91a **KONRATH,H. u. JANCKE,K.**: Stählerne Eisenbahnstabbogenbrücke über den Main in Frankfurt-Niederrad. Bauingenieur 54(1979), S.327-334

91b OHLEMUTZ,A.: Neue Mainbrücke der Flughafenbahn Frankfurt (M). Stahlbau 49(1980), S.350-352

92b HANSEN,E.: Planung eines viergleisigen Eisenbahnbrückenzuges bei Düsseldorf-Hamm für die Ost-West-S-Bahn. Stahlbau 49(1980), S.257-261

93a ENDMANN,K.: Brückenbau über den Rhein im Verlauf der Ost-West-S-Bahn. Eisenbahntechnische Rundschau 33(1984), S.441-449

94a EISERMANN,G.: Neubau einer Eisenbahnbrücke über den Rhein zwischen Düsseldorf und Neuss. Die Bundesbahn 61(1985), S.39-48

95a HOFFMANN,R.: Erneuerung der Eisenbahnbrücke bei Grosßhesselohe. Die Bundesbahn 61(1985), S.1099-1103

95b KOBBNER,M.: Die Isarbrücke bei Grosshesselohe-Eine Eisenbahnbrücke in neuartiger Verbundbauweise. Stahlbau 54(1985), H. 11, S.323-326

96a GRÜTER,R.: u. KOBBNER,M.: Der Nesenbach-Viadukt: eine zukunftsweisende Lösung für Eisenbahnbrücken in Fachwerkverbundbauweise. Bauingenieur 60(1985), S.71-75

96b KELLER,N., KAHMANN,R. u. KRIPS,M.: Fuldatalbrücke Kragenhof (Bau einer Verbundbrücke). Bauingenieur 63(1988), S.443-454

97a WAGNER,P. u. RASCHBICHLER,H. G.: Stahlfahrwege für elektromechanische Bahnsysteme. Anwendungen, Erfahrungen, Entwicklungstendenzen. Stahlbau 51(1982), S.97-108 u. S.146-159

97b RASCHBICHLER,H.-G.: Der Stahlfahrweg der Transrapid Versuchsanlage Emsland (TVE). Eisenbahntechnische Rundschau 33(1984), S.487-492

97c WAGNER,P.: Neue Wege bei Entwurf und Fertigung des Stahlfahrweges für die Transrapid Versuchsanlage Emsland. Bauingenieur 58(1983), S.395-403

97d WAGNER,P.: Stahlfahrwege für neue Verkehrssysteme. Bauingenieur 59(19)84, S.397-403

98a KINDMANN,R. u. SCHWINDT,G.: Stahlfahrweg in ausschließlich geschweißter Ausführung für die Magnetbahn Transrapid. Bauingenieur 63(1988), S.463-469

98b KINDMANN,R. u. SCHWINDT,G.: Stahlbiegeweiche mit hydraulischem Antrieb für die Transrapid Versuchsanlage Emsland. Bauingenieur 63(1988), S.551-556

99a FORSCHUNGSGESELLSCHAFT FÜR STRASSEN- und VERKEHRSWESEN: Richtlinien für die Anlage von Straßen RAS, Teil: Querschnitte RAS-Q (Ausg. 1982). Köln 1982

100a Sammlung der Technischen Richtlinien, Rundschreiben, Erlasse und Verfügungen für den Brücken- und Ingenieurbau, herausgegeben vom Bundesminister für Verkehr (Loseblatt-Sammlung). Dortmund: Verkehrs- und Wirtschaftsverlag Dr. Bergmann.

100b STANDFUSS,F.: Stählerne Straßenbrücken - Erfahrungen bei Bau, Betrieb und Unterhaltung aus der Sicht der Straßenbauverwaltung. Bauingenieur 59(1984), S.367-375

101a HOMBERG,H.: Die Berechnung von Brücken unter Militärlasten, Bd. 1. STANAG 2021, 2.Aufl. Düsseldorf: 1970

102a FOULON,A.: Wahrscheinlichkeiten von Verkehrslasten auf Straßenbrükken. Stahlbau 24(1955), S.237-239

103a SCHROETER,H.-J.: Achlasten von Lastkraftwagen im Straßenverkehr. Stahlbau 35(1966) S.28-29

104a LINSE,D.: Schnittgrößen von Balkenbrücken großer Spannweiten unter Straßenverkehrslasten, in: Sicherheit im Betonbau, S.121-127. Wiesbaden: Deutscher Beton Verein 1973

105a HERZOG,M.: Die wahrscheinliche Verkehrslast auf Straßenbrücken. Bauingenieur 51(1976), S.451-454 u. 52(1977), S.338

106a ZASCHEL,J.M.: Zur Verkehrsbelastung von Stahlbrücken. Stahlbau 51(1982), S.58-59, vgl. auch 49(1980), S.352-353

107a KÖNIG,G. u. GERHARDT,H.-C.: Verkehrslastmodell für Straßenbrücken. Bauingenieur 60(1985), S.405-409

108a ADRIAN,H. u. DEGENKOLBE,J.: Feinkornbaustähle für geschweißte Konstruktionen. Merkblatt 365 der Beratungsstelle für Stahlerwendung; .Aufl. Düsseldorf: 1974

109a LACHER,G.: Über die Verwendung hochfester Stähle im Großbrückenbau der USA. Stahlbau 31(1962), S.155-159

110a WEITZ,F.R.: Werkstoffgerechte Lösungen bei der Anwendung hochfester Stähle für den Brückenbau. Stahl und Eisen 101(1981) S.69-74; vgl. auch Bauing. 52(1977), S.49-50

111a WEITZ,F.-R.: Entwicklungstendenzen des Stahlbrückenbaus am Beispiel der Rheinbrücke Wiesbaden-Schierstein. Stahlbau 35(1966), S.289-301 u. S.357-365

112a WEITZ,F.R.: Neuzeitliche Gesichtspunkte im schweißenden Brückenbau. Stahlbau 43(1974), S.73-81

113a WEITZ,F.R.: Konstruktions- und Fertigungstechnik (Entwicklungsaufgaben im Stahlbau). Bauingenieur 53(1978), S.89-94 (Diss. TH Darmstadt 1975)

114a KRAFT,K.: Bituminöse Brückenbeläge auf stählernen Straßenbrücken. Bitumen 41(1979), S.97-103

115a BEYER,E. u. ERNST,H.J.: Dauerschwingversuche an einer orthotropen Platte mit aufgeschweißten Zick-Zack-Flachstählen für den "Düsseldorfer Belag" auf Stahlbrücken. Stahlbau 34(1965), S.110-115

116a KIRSCHMER,O.: Neuere Erkenntnisse bei Brückenbelägen. Stahlbau 27(1958), S.16-19

117a SEDLACEK,H.: Zum Thema: Beläge auf Stahlfahrbahnen. Bauingenieur 41(1966), S.121-132

118a SEDLACEK,H.: Vergleichende Studie über verschiedene Beläge auf Stahlfahrbahnen von Brücken in Relation zum Asphaltbelag. Bauingenieur 43(1968), S.199-206

119a THUL,H.: Fahrbahnbeläge auf stählernen Leichtfahrbahnen. Bitumen 31(1969), S.65-76

120a HARRE,W.: Stoffeigenschaften bituminöser Brückenbeläge auf orthotropen Fahrbahnplatten. Bitumen 36(1974), S.81-88, vgl. auch:: Schriftenreihe des Otto-Graf-Instituts Heft 53, Uni Stuttgart 1972

121a BEYER,E.: Entrostung, Abdichtung und bituminöse Beläge auf der orthotropen Fahrbahnplatte in Düsseldorf. Bitumen 36(1974), S.154-158

122a HOPPE,P.: Der Fahrbahnbelag der Köhlbrandbrücke. Bitumen 44(1982), S.171-173

123a JAKUBEIT,E.: Erneuerung der Fahrbahndecke auf dem Stahlüberbau und der Brückenhochstraße der Stephanibrücke. Bitumen 46(1984), S.130-132

124a HUHNHOLZ,M. u. KLUGE,G.: Fahrbahndeckenbau auf Großbrücken, dargestellt am Beispiel der Hochbrücke Brunsbüttel. Bitumen 46(1984), S.145-154

125a SEDLACEK,G., KRAFT,K. u. SCZYSLO,S.: Erprobung von dünnen Kunststoffbelägen auf Stahlfahrbahnen. Bauingenieur 52(1977), S.339-347

126a KLÖPPEL,K. u. ROOS,E.: Statische Versuche und Dauerversuche zur Frage der Bemessung von Flachblechen in orthotropen Platten. Stahlbau 29(1960), S.361-373

127a OBENAUER,P.W.: Dauerfestigkeitsversuche an geschweißten Hohlrippenanschlüssen. Stahlbau 31(1962), S.90-91

127b HAIBACH,E. u. PLASIL,I.: Untersuchungen zur Betriebsfestigkeit von Stahlleichtfahrbahnen mit Trapezhohlsteifen im Eisenbahnbrückenbau. Stahlbau 52(1983), S.269-274

127c WAGNER,P.: Kreuzbauwerk Mitte in Fulda - Erste Eisenbahnbrücke mit Trapez-Längssteifen. Stahlbau 54(1985), S.1-8

128a GÜNTHER,G.H., BILD,S. u. SEDLACEK,G.: Zur Frage der Haltbarkeit von Fahrbahnbelägen auf stählernen Straßenbrücken. Stahlbau 54(1985), H. 11, S.336-342

129a ENGELMANN,K.-H., KINDMANN,R. u. RÖSSING,E.: Die Stahlkonstruktion der neuen Levensauer Hochbrücke. Stahlbau 53(1984), S.225-230

130a CARL,J.: Verbundbrücken in Deutschland - Ausführungsbeispiele und Entwicklungstendenzen. Bauingenieur 52(1977), S.51-56

131a HOLST,K.H.: Brücken aus Stahlbeton und Spannbeton. Berlin: Ernst-Verlag für Architektur u. techn. Wiss. 1985

132a Firmenprospekt Bilfinger u. Berger/J. Dörnen: Innbrücke Wasserburg 1986

133a KAHMANN,R.: Die neue Hochbrücke über den Nord-Ostsee-Kanal bei Grünental. Stahlbau 53(1984), S.316-317

133b STOLZ,R.: Die neue Hochbrücke Grünental über den Nord-Ostsee-Kanal. Bauingenieur 61(1986), S.49-500

133c RASSMUS,E.: Montieren mit Großbauteilen bei der Brücke Grünental. Stahlbau 55(1986), S.335-340

134a CARL,J., HILBERS,F.-J., MEYER,H. u. WIECHERT,G.: Die Donaubrücke Regensburg-Schwabelweis. Stahlbau 51(1982), S.1-7

135a ROIK,K., ALBRECHT,G. u. WEYER,U.: Schrägseilbrücken. Berlin: Ernst u. Sohn 1986

135b GRIMSCHEID,G.: Entwicklungstendenzen und Konstruktionselemente von Schrägseilbrücken. Bautechnik 64(1987), S.256-267

135c GRIMSCHEID,G.: Vordimensionierung der Haupttragwerkproportionen von Schrägseilbrücken. Bautechnik 64(1987), S.313-317

135d GRIMSCHEID,G.: Statische und dynamische Berechnung von Schrägseilbrücken. Bautechnik 64(1987), S.340-347

136a BOUE,P. u. HÖHNE,K.-J.: Der Stromüberbau der Köhlbrandbrücke. Stahlbau 44(1975), S.161-174 u. S.203-211

137a SOBEK,W.: Brücken zum Anfassen. Baukultur 1982, H. 3, S.19-21

138a IDELBERGER,K.G. u. FEIGE,A.: Fußwegebrücken. Merkblatt 443 der Beratungsstelle für Stahlverwendung. Düsseldorf 1980

139a BOUE,P.: Aufgaben, Ausbildung und Schwingungsverhalten von Fußgängerbrücken aus Stahl. Festschrift Otto Steinhardt 1974, S.170-182

139b BOUE,P.: Fußwegbrücken sowie Fahrtreppen, Fahrsteige, Aufzüge und Fluggastbrücken, in: Thyssen, Techn. Information: Problemlösungen zukünftiger Verkehrswege. Düsseldorf 1979

140a LEONHARDT,F. u. ANDRÄ,W.: Fußgängersteg über die Schillerstraße in Stuttgart. Bautechnik 39(1962), S.110-116

140b KOMTSO,S., KATO,T. a. MASUMURA,H.: Design and construktion of Kawasaki-Bashi foot-bridge. Stahlbau 49(1980), S.69-77

140c HILDENBRAND,P.: Fußgängersteg über die Mahdentalstraße in Sindelfingen. Bauingenieur 58(1983), S.289-297

140d SCHLAICH,J. u. SEIDEL,J.: Die Fußgängerbrücke in Kehlheim. Bauingenieur 63(1988), S.143-149

140e STALLER,A., SEIDL,A: u. SUESS,K.: Fußgängerbrücke über dier Schenkendorfstraße in München. Bauingenieur 63(1988), S.479-483

141a SEDLACEK,H.: KRUPP-Fußgängerbrücken. Techn. Mitt. Krupp-Werksberichte 24(1966), S.1-13

142a Fa. MERO: 100m lange Fußwegbrücke über acht Gleise in zwei Stunden verlegt. Eisenbahntechnische Rundschau 30(1981),258-259

143a KRAMER,H. u. KEBE,H.-W.: Durch Menschen erzwungene Bauwerksschwingungen. Bauingenieur 54(1979), S.195-199, vgl. auch S.469

144a MATSUMOTO,J., SATO,S., NISHIOKA,T. u. SHIOJIRI,H.: A Study on dynamic design of pedestrian over bridges. Trans. of the Japan Soc. of Civ. Eng. 4(1972), S.50-51; vgl. auch IABSE-Proc. P 17/78, S.1-14

145a DAVIS,T.: Biomechanics Research at University of Oregan. Tecniques 4, Nr. 6(1980), S.2-5

146a PETERSEN,C.: Beiträge zur Anwendung der Aeroelastik im Bauwesen, Heft 7. TU München 1975

147a BLANCHARD,J., DAVIES,B.L. a. SMITH,J.W.: Design criteria and analysis for dynamic loading of footbridges. Proc. Symposium of the dynamic behavior of bridges. Suppl. Report 275, Transport and Road Research Laboratory, Berkshire (Engl.) 1977, S.90-106

148a WHEELER,J.E.: Prediction and control of pedestrian-induced vibration in footbridges. Proc ASCE, Journ. of the structural Div. 108(1982), S.2045-2065

149a LEONHARDT,F., ZELLNER,W. u. SAUL,R.: Zwei Schrägkabelbrücken für Eisenbahn- und Straßenverkehr über den Rio Pranâ Argentinien. Stahlbau 48(1979), S.225-236a, S.272-277

150a SIEDENBURG,R.: Der gegliederte Balken auf elastischer Bettung als System veränderlicher Gliederung bei begrenzter Gelenkwirkung an den Verbindungsstellen der Einzelglieder. Diss. TH Darmstadt 1970

151a **NITSIOTAS,G.**: Die Berechnung statisch unbestimmter Tragwerke mit einseitigen Bindungen. Ing. Archiv 41(1971), S.46-60

152a **HIBA,Z.**: Zur Statik der verankerten Hängebrücke. Stahlbau 26(1957), S.113-115

152b **HIBA,Z.**: Beitrag zur Theorie der zerlegbaren durchlaufener Brücken. Stahlbau 50(1981), S.276-280

153a **HETENYI,M.**: Beams on elastic foundation 5. ed. Michigan/Ann Arbor: Univ. of Michigan Press 1958

154a **PETERSEN,C.**: Das Verfahren der Übertragungsmatrizen (Redaktionsverfahren) für den kontinuierlich elastisch gebetteten Träger. Bautechnik 42(1965), S.87-89

155a **PETERSEN,C.**: Die Übertragungsmatrix des kreisförmig gekrümmten Trägers auf elastischer Unterlage. Bautechnik 44(1967), S.289-294

156a **SCHUMPICH,G.**: Beitrag zur Kinetik und Statik ebener Stabwerke mit gekrümmten Stäben. Österr. Ing.-Archiv 11(1957), S.194-225

157a **PETERSEN,C.**: Das Verfahren der Übertragungsmatrizen für gekrümmte Träger. Bauingenieur 41(1966), S.98-102

157b **RUBIN,H.**: Im Grundriß gekrümmte Stabsysteme. Verbesserte Formulierun für das Reduktionsverfahren. Bautechnik 64(1987), S.273-282

158a **ZURMÜHL:** Matrizen, 4.Aufl., S.407, Berlin : Springer-Verlag 1964

159a **KERSTEN,R.**: Reduktionsverfahren der Baustatik, 2.Aufl. Berlin: Springer-Verlag 1982

160a **STAMPF,W.**: Zur Berechnung des im Grundriss gebogenen durchlaufenden Balkens, belastet durch Vertikalkräfte und Torsionsmomente. Bautechnik 41(1964), S.253-261

161a **WITTFOHT,H.**: Kreisförmig gekrümmte Träger. Berlin: Springer-Verlag 1964

162a **VREDEN,W.**: Die Berechnung des gekrümmten Durchlaufträgers. Berlin: W. Ernst u. Sohn 1964

163a **RAKOWSKI,G.**: Petry zakrzywione, Warschau 1965

164a **VOGEL,U.**: Praktische Berechnung des im Grundriß gekrümmten Durchlaufträgers nach dem Kraftgrössenverfahren. Bautechnik 60(1983), S.373-379 u. S.432-439

165a **MÜLLER,H.**: Anwendung der Reduktionsmethode auf Stabwerke mit gekrümmten Stäben. Bauplanung u. Bautechnik(1965), S.

166a **MÜLLER,R.**: Belastungsanteile und Zahlenbeispiel zur Anwendung der Reduktionsmethode auf Stabwerke mit gekrümmten Stäben. Wiss. Z. d. Techn. Univ. Dresden 14(1965), S.81-93

167a **KUNTZSCH,V.**: Die Berechnung geschlossener, beliebig gelagerter Kreisringträger unter vertikaler Belastung mit Hilfe von Übertragungsmatrizen. Techn. Mitt. Krupp. Forsch.-Ber. 38(1980), S.25-42

168a **KUNTZSCH,V.**: Berechnung beliebig gelagerter Kreisringträger unter vertikaler Belastung mit Hilfe der Übertragungsmatrizen. Fördern und Heben 30(1980), S.991-996 u. Techn. Mitt. Krupp. Forsch.-Ber.38(1980), S.25-42, vgl. auch 39(1981), S.87

169a **KUNTZSCH,V.**: Die Berechnung des in seiner Ebene belasteten, durch Pratzen beliebig gestützten, geschlossenen Kreisringträgers mit Hilfe der Übertragungsmatrizen. Techn. Mitt. Krupp- Forsch.-Ber. 39(1981), S.37-46

170a **HEIL,W.**: Räumlich gekrümmte Träger und Tragwerke, in: Stahlbau-Handbuch, Bd. 2, 2.Aufl. (S.1283-1323). Köln: Stahlbau-Verlag 1985

171a **BECKER,G.**: Ein Beitrag zur statischen Berechnung beliebig gelagerter ebener gekrümmter Stäbe mit einfach symmetrischen dünnwandigen offenen Profilen von in Stabachse veränderlichem Querschnitt unter Berücksichtigung der Wölbkrafttorsion. Stahlbau 34(1965), S.334-346 u. S.368-377

172a **FUHRKE,H.**: Exakte und näherungsweise Bestimmung von Stabwerksschwingungen. Diss. TH Darmstadt 1953

173a **WOERNLE,H.-TH.**: Eine Matrizenmethode für mehrfeldrige Balken (Knikken und Schwingen) Stahlbau 25(1956), S.140-145

174a **FALK,S.**: Die Berechnung des beliebig gestützten Durchlaufträgers nach dem Reduktionsverfahren. Ing-Archiv 24(1956), S.216-232, vgl. auch 26(1958), S.61-80 u. S.96-109

175a **UHRIG,R.**: Steifigkeits- und Nachgiebigkeitsmatrizen zur Lösung von Balkenproblemen. Stahlbau 32(1963), S.368-377

176a **UHRIG,R.**: Elastostatik und Elastokinetik in Matrizenschreibweise. Berlin: Springer-Verlag 1973

177a **MARGUERRE,K.**: "FÖPPL-Analysis" und Übertragungsmatrizen. Ing.-Archiv 35(1966), S.39-42

178a **HASS,A.**: Matrix progression method. Bauingenieur 39(1964), S.306-311 u. S.417-425

179a **ENNEPER,P.**: Zur Anwendung von Übertragungsmatrizen. Bauingenieur 42(1967), S.175-180

181a **SCHÄFER,H.**: Die numerische Ermittlung der Übertragungsmatrizen. Stahlbau 39(1970), S.54-60

182a **SCHIFFNER,K.**: Numerische Ermittlung von Übertragungsmatrizen mit Hilfe des Mehrstellenverfahrens. Stahlbau 41(1972), S.116-119

183a **STRIGL,G.**: Die Methode der transformierten Randbedingungen zur Berechnung von Randwert und Eigenwertproblemen. Stahlbau 41(1972), S.102-109

184a **DIMITROV,N.S.**: Das Reduktionsverfahren mit Hilfe der Operatorenrechnung. Beton- und Stahlbetonbau 73(1978), S.268-271

185a **USUKI,T.**: Übertragungsmatrizen des Balkens auf elastischer Bettung bei Wirkung der Quer- und Axialbelastung unter Berücksichtigung der Schubverformung. Bautechnik 56(1979), S.205-209

186a **UHRIG,R.**: Zur Berechnung der Schnittkräfte in Stabtragwerken nach der Theorie II. Ordnung, insbesondere der Verzweigungslasten unter Berücksichtigung der Schubdeformation. Stahlbau 50(1981), S.39-41 u. S.224

187a **SAAL,G. u. SAAL,H.**: Grundformeln des Weggrößen- und Übertragungsverfahrens für Stäbe. Stahlbau 50(1981), S.134-142 u. S.288, vgl. auch 51(1982), S.190-191

188a **SCHMIDT,H. u. BORN,W.**: Die Mitwirkung breiter Gurte in Balkenbrücken mi veränderlichem Querschnitt. Berlin: W. Ernst u. Sohn 1978

189a **REISSNER,E.**: Über die Berechnung von Plattenbalken. Stahlbau 7(1934), S.206-209, vgl. auch Schweizer Bauzeitung 108(1936), S.191-193

190a **CHWALLA,E.**: Die Formeln zur Berechnung der "voll mittragenden Breite" dünner Gurt- und Rippenplatten. Stahlbau 9(1936),S.73-78

191a **MARGUERRE,K.**: Üer die Beanspruchung von Plattenträgern. Stahlbau 21(1952), S.129-132

192a **RÜSCH,H.**: Die mitwirkende Plattenbreite bei Plattenbalken. Stahlbau 22(1953), S.12-14

193a **ROSE,E.**: Ein weiterer Beitrag zur Berechnung der mitwirkenden Breite bei Plattenbalken. Bautechnik 42(1965), S.65-71

194a **BOER,R. de.**: Die näherungsweise Ermittlung der mittragenden Breite bei geraden prismatischen Stäben mit geschlossenen dünnwandigen Profilen. Stahlbau 39(1970), S.16-20

195a **NEUMANN,S. u. RUBERT,A.**: Ein einfaches Verfahren zur Ermittlung der Schubspannungs- und Querkraftverteilung in zweizelligen Hohlkasten. Stahlbau 51(1982), S.116-119

196a **PEIL,U.**: Balken mit breiten Gurten im elasto-plastischen Beanspruchungszustand. Stahlbau 51(1982), S.353-360; Diss. TU Braunschweig 1976

197a **PEIL,U.**: Mitwirkende Plattenbreite - Eine Richtigstellung. Beton- und Stahlbetonbau 74(1979), S.243-246

198a **ALBRECHT,G.**: Beitrag zur mittragenden Breite von Plattenbalken im elastoplastischen Bereich. Diss. Uni Bochum 1976

199a **GRÜNBERG,J.**: Spannungszustände und mitwirkende Plattenbreite eines Stahlbeton-Plattenbalken-Tragwerks im gerissenen Zustand. Beton- und Stahlbeton 73(1978), S.177-181

200a **KLÖPPEL,K. u. THIELE,F.**: Analytische und experimentelle Ermittlung der Spannungsverteilung in kastenförmigen Biegequerschnitten mit Konsolen bei örtlicher Krafteinteilung (Mittragende Breite). Stahlbau 35(1966), S.152-156

201a **WARKENTHIN,W.**: Berechnung der Biegespannungen in Trägern mit breiten Gurten (Teil 1-3). Hebezeuge und Fördermittel 20(1980), S.287-288, 319-320 u. 351-352

202a **BEER,H. u. RESINGER,F.**: Ein baustatisches Verfahren zur Ermittlung der Krafteinleitung in rechtwinklig ausgesteiften Scheiben. Stahlbau 26(1957), S.93-98

203a **BÜRGERMEISTER,G. u. MÜLLER,H.**: Zur mitwirkenden Breite des Plattenbalkens. Bauplanung-Bautechnik 15(1961), S.345-350

204a **MÜLLER,H.**: Mitwirkende Breite des Plattenbalkens. Wiss. Zeitschrift der TU Dresden 10(1961), S.81-94 u. S.203-217

205a **KLÖPPEL,K. u. ROOS,E.**: Statische Versuche und Dauerversuche zur Frage der Bemessung von Flachblechen in orthotropen Platten. Stahlbau 29(1960), S.361-373

206a **PELIKAN,W. u. ESSLINGER,M.**: Die Stahlfahrbahn - Berechnung und Konstruktion. MAN-Forschungshefte Nr. 7/1957. Augsburg-Nürnberg: MAN 1957

207a **LINDNER,J. u. BAMM,D.**: Berechnung von orthotropen Platten und Trägerrosten, in: Stahlbau-Handbuch, Bd. 1, 2.Aufl. Köln: Stahlbau-Verlag 1982, S.216-240

208a **GAUGER,H.-U. u. OXFORT,J.**: Erweiterung der Berechnung von Stahlfahrbahnen mit torsionssteifen Längsträgern für die Brückenklasse 60/30. Stahlbau 52(1983), S.353-358

209a **TSCHEMMERNEGG,F., LENER,G. u. OBHOLZER,A.**: Spannungen in längsorientierten orthotropen Platten mit torsionssteifen Längsträgern unter Eigengewicht und Verkehrslast nach ÖNORM B4002, Ausgabe 1970. Österr. Ingenieur u. Architekten Zeitschrift 28(1983), S.303-309

210a **AISC:** Design Manual for orthotropic steel plate deck bridges. New York: American Institute of Steel Construction 1963

211a **HUBER,M.T.**: Die Theorie der kreuzweise bewehrten Eisenbetonplatten nebst Anwendungen. Bauingenieur 4(1923), S.354-360 u. 392-395 u. 5(1924), S.259-263 u. S.305-311

212a **CORNELIUS,W.**: Die Berechnung der ebenen Flächentragwerke mit Hilfe der Theorie der orthogonal-anisotropen Platten. Stahlbau 21(1952), S.21-24 u. S.43-48 u. S.60-64

213a **FISCHER,G.**: Die Berechnung der Stahlfahrbahntafel der Bürgermeister-Smidt-Brücke in Bremen. Stahlbau 21(1952), S.215-219 u. S.237-244

213b **FISCHER,G.**: Beitrag zur Berechnung kreuzweise gespannter Fahrbahnplatten. Berlin: W. Ernst u. Sohnn 1952

214a **TRENKS,K.**: Beitrag zur Berechnung orthogonal anisotroper Rechteckplatten. Bauingenieur 29(1954), S.372-377 u. S.440

215a **GIENCKE,E.**: Die Grundgleichungen für die orthotrope Platte mit exzentrischen Steifen. Stahlbau 24(1955), S.128-129

216a **GIENCKE,E.**: Die Berechnung von durchlaufenden Fahrbahnplatten. Stahlbau 27(1958), S.229-237 u. S.291-298 u. S.326-332

217a **GIENCKE,E.**: Die Berechnung von Hohlrippenplatten. Stahlbau 29(1960), S.1-11 u. S.47-59

218a **GIENCKE,E.**: Zur optimalen Auslegung von Fahrplanplatten. Stahlbau 29(1960), S.179-185

219a **GIENCKE,E.**: Einfluß der Schubweichheit der Längsrippen und Querträger auf die Momente in einer orthotropen Platte. Stahlbau 29(1960), S.351-360

220a **GIENCKE,E.**: Über die Berechnung regelmäßiger Konstruktionen als Kontinuum. Stahlbau 33(1964), S.1-6 u. S.39-48

221a **GIENCKE,E.**: Ein einfaches und genaues finites Verfahren zur Berechnung von orthotropen Scheiben und Platten. Stahlbau 36(1967), S.260-268 u. S.303-315

222a **GIENCKE,E. u. PETERSEN,J.**: Ein finites Verfahren zur Berechnung schubweicher orthotroper Platten. Stahlbau 39(1970), S.161- 166 u. S.202-207

223a **HENNING,G.**: Zur genauen Berechnung konstruktiv orthotroper Platten. Stahlbau 41(1972), S.78-86

224a **SCHUMANN,H.**: Zur Berechnung orthogonalanisotroper Rechteckplatten unter Berücksichtigung der diskontinuierlichen Anordnung der Rippen. Stahlbau 29(1960), S.302-309

225a **SCHUMANN,H.**: Zur Berechnung stählerner orthogonal-anisotroper Rechteckplatten,bestehend aus einem ebenen Deckblech und einseitig dazu diskontinuierlich angeordneten dreieckförmigen drehsteifen Hohlrippen. Stahlbau 32(1963), S.166-174

226a **MADER,F.W.**: Die Berücksichtigung der Diskontiunität bei der Berechnung orthotroper Platten. Stahlbau 26(1957), S.283-289

227a **MADER,F.W.**: Berechnung orthotroper Platten unter Flächenlasten, Randmomenten und Randdurchbiegungen. Stahlbau 26(1957), S.131-135

228a **STEINHARDT,O. u. ABDEL-SAYED,G.**: Zur Tragfähigkeit von versteiftem Flachblechtafeln im Metallbau. Berichte d. Versuchsanstalt für Stahl, Holz u. Steine, TH Karlsruhe. 3. Folge, Heft 1. Karlsruhe 1963

229a **KLÖPPEL,K. u. OBENAUER,P.W.**: Zur Berechnung von Trägerrosten für orthotrope Stahlfahrbahnen unter besonderer Berücksichtigung unregelmäßiger Raster, allgemeiner Lagerung veränderlicher Steifigkeit und Querkrafteinfluses. Veröffentlichungen des Inst. f. Statik u. Stahlbau der TH Darmstadt H.2(1967).

230a **ERAS,G. u. ELZE,H.**: Zur Berechnung orthotroper Platten mit nur einer Schar torsionssteifer Hohlrippen. Stahlbau 27(1958), S.314-317

231a **KNOTHE,K.**: Plattenberechnung nach dem Kraftgrößenverfahren. Stahlbau 36(1967), S.202-214 u. S.245-254

232a **BÖGE,G.**: Ein verträgliches finites Rechteckelement mit sechs Freiheitsgraden je Eckpunkt. Anwendung zur Berechnung von Brückenfahrbahnplatten. Stahlbau 42(1973), S.277-283

233a **CHU,K.-Y.**: Iterationsverfahren zur näher- ungsweisen Berechnung mehrfeldriger orthotroper Fahrbahnplatten mit torsionsweichen Profilen. Stahlbau 37(1968), S.9-16 u. S.89-96

234a **GLAHN,H.**: Zur Berechnung der Momente und Querkräfte des an den Längsrändern frei drehbar gelagerten orthotropen Platten- und Halbstreifens unter Einzellast mittels geschlossener Lösungen. Stahlbau 43(1974), S.380-383

235a **CUSENS,A.R. u. PAMA,R.P.**: Bridge deck analysis. London: J. Wiley a. Sons 1975

236a **YAMAMURA,N.**: On calculation of orthotropic steel decks as the flange of stiffening tousses in bridges. Stahlbau 45(1976), S.26-29

237a **MANKO,Z.**: Statische Analyse von Stahlfahrbahnplatten. Stahlbau 48(1979), S.176-182

238a **VOGEL,U.**: Herleitung der Differentialgleichungen der orthogonal-anisotropen Platte mit großer Durchbiegung (nach Theorie II. Ordnung) durch Anwendung der Variationsrechnung. Stahlbau 31(1962), S.119-122

239a **MÜLLER,H.**: Differentialgleichungen orthotroper Platten in geometrisch und beschränkt physikalisch nichtlinearen Bereich. ZAMM 44(1964), S.539-557

240a **MADER,W.F.**: Berechnung orthotroper Platten mit Hilfe von Übertragungsmatrizen. Stahlbau 28(1959), S. 223-227

241a **ENNEPER,P.**: Ein Beitrag zur Berechnung von Rippenplatten. Stahlbau 35(1966), S.373-381

242a **STEIN,P.**: Die Anwendung der Singularitätenmethode zur Berechnung orthogonal-anisotroper Rechteckplatten, einschl. Trägeroste. Köln: Stahlbau-Verlag 1959

243a **KRUG,S. u. STEIN,P.**: Einflußfelder orthonal-anisotroper Platten. Berlin: Springer-Verlag 1961

244a **SCHÄFER,W.**: Berechnung von Einflußflächen für die statischen Größen mehrfeldriger orthotroper Fahrbahnplatten mit Hilfe von Eigenfunktionen. Stahlbau 33(1964), S.177-190

245a **NARUOKA,M. u. OHMURA,H.**: Über die Berechnung der Einflußkoeffizienten für Durchbiegung und Biegemomente der orthotropen Parallelogramm-Platten. Stahlbau 28(1959), S.187-194

246a **SATTLER,K.**: Betrachtungen zum Berechnungsverfahren vn GUYON-MASSONNET für freiaufliegende Trägerroste und Erweiterung dieses Verfahrens auf beliebige Systeme. Bauingenieur 30(1955), S.77-89 u. 34(1959), S.1-9 u. S.53-59

247a **SATTLER,K.**: Lehrbuch der Statik. Bd. II/A Abschn. IX Trägerroste (S.354-436). Berlin: Springer-Verlag 1974

248a **HOMBERG,H.**: Quereinflußlinien für Trägerroste mit 9 und 10 Hauptträgern und einem lastverteilenden Querträger in Brückenmitte. Stahlbau 17(1944), S.101-102

249a **HOMBERG,H.**: Kreuzwerke. Forschungshefte aus dem Gebiete des Stahlbaues, Heft 8. Berlin: Springer-Verlag 1951

250a **HOMBERG,H.**: Über die Lastverteilung durch Schubkräfte, Theorie des Plattenkreuzwerkes. Stahlbau 21(1952), S.42-43, S.64-67 u. S.77-79 u. S.190-192, 23(1954), S.272

251a **HOMBERG,H.**: Beitrag zur Kreuzwerkberechnung. Stahlbau 23(1954), S.4-12

252a **HOMBERG,H. u. WEINMEISTER,J.**: Einflußflächen für Kreuzwerke, 2.Aufl. Berlin: Springer-Verlag 1956

253a **HOMBERG,H. u. TRENKS,K.**: Drehsteife Kreuzwerke. Berlin: Springer-Verlag 1962

254a **HOMBERG,H.**: Orthotrope Platten- Einflußwerke für Biegemomente und Querkräfte diskontinuierlicher Systeme. Forschung Straßenbau und Straßenverkehrstechnik. Heft 205(1976), Bonn: Bundesminister für Verkehr 1977

255a **STARKE,J.J.**: Beitrag zur Berechnung schiefer Trägerroste. Stahlbau 25(1956), S.251-253

256a **SZABO,J.**: Die Berechnung von Brücken-Trägerrosten. Stahlbau 27(1958), S.141-147

257a **HIBA,Z.**: Beitrag zur Statik der drillweichen Trägerrostes. Stahlbau 29(1960), S.309-314 u. S.392

258a **HÖLLERER,O.**: Beitrag zur Berechnung durchlaufender Trägerrostbrükken mit drei oder vier torsionsweichen Hauptträgern. Stahlbau 34(1965), S.150-153

259a **TESAR,A.**: Ein Beitrag zur Spannungsermittlung von regelmäßigen, querausgesteiften Plattenbalkentragwerken. Stahlbau 50(1981), S.146-154

260a **AVRAMIDIS,I. u. AVRMIDOU,M.**: Steifigkeitsmatrizen für ein weg- und drehelastisch gebettetes finites Balkenelement zur Berechnung allgemeiner rostförmiger Kreuzwerke. Stahlbau 48(1979), S.374-377

261a **PONGRATZ,G.**: Lastverteilungsberechnung am mehrstegigen Plattenbalken nach dem Reduktionsverfahren. Bauingenieur 41(1966), S.484-486

262a **RATKA,O.**: Die Zoobrücke über den Rhein in Köln: Teil II. Statische Berechnung des Brückenüberbaues. Stahlbau 35(1966), S.269-277

263a **BERKELDER,A.G.J.**: Lastverteilung bei einfeldrigen Brücken mit zwei torsionssteifen Hauptträgern. Stahlbau 35(1966), S.180-187 u. 36(1967), S.128

264a **MANKO,Z.**: Die Berechnung von Kastenbrückenfeldern. Stahlbau 49(1980), S.246-250

265a **HOELAND,G.**: Der Kraftverlauf in schiefen Hohlkästen. Stahlbau 29(1960), S.77-83, vgl. auch Stahlbau 31(1961), S.144-145

265b **PROFANTER,H.**: Zur Berechnung schiefer Kastenträgerbrücken. Bautechnik 55(1978), S.16-18

266a **FALKE,J.**: Die Berechnung gegliederter Träger als Kontinuum. Bauingenieur 58(1983), S.341-347

266b **FALKE,J.**: Theoretische und experimentelle Untersuchungen zu Querträgern orthotroper Platten und deren näherungsweise Berechnung. Bauingenieur 59(1984), S.131-136

267a **THUL,H.**: Entwicklungen im Deutschen Schrägseilbrückenbau. Stahlbau 41(1972), S.161-171 u. S.204-215

268a **PODOLNY,J. u. SCALZI,J.B.**: Construction and design of cable-stayed bridges. New York: J. Wiley and Sons 1976

269a **GIMSING,N.**: Cable supported bridges. Chichester: John Wiley & Sons Lim. 1983

270a **PETERSEN,C.**: Statik und Stabilität der Baukonstruktionen, 2.Aufl. Braunschweig: Vieweg-Verlag 1982

271a **TROITSKY,M.S.**: Cable-stayed bridges. London: Crosby Lockwood Staples 1977

272a **HOMBERG,H.**: Einflußlinien von Schrägseilbrücken. Stahlbau 24(1955), S.40-44

273a **ERNST,H.-J.**: Der E-Modul von Seilen unter Berücksichtigung des Durchhanges. Bauingenieur 40(1965), S.52-55

274a **JUNGE,A.**: Studien über Konstruktion und Berechnung durch Windkabel versteifter Funktürme. Bauingenieur 7(1926), S.233-236 u. 260-262

275a **SCHEER,J. u. FALKE,J.**: Zur Berechnung geneigter Seile. Bauingenieur 55(1980), S.169-173

276a **SCHEER,J. u. FALKE,J.**: Iterative Berechnung von Seilabspannungen mit Hilfe des scheinbaren E-Moduls. Bauingenieur 57(1982) S.155-159

277a **TSCHERMMERNEGG,F. u. OBHOLZER,A.**: Einfach abgespannte Seile bei Schrägseilbrücken. Bauingenieur 56(1981), S.325-330

278a **TIMOSHENKO,S.**: Steifigkeit von Hängebrücken. ZAMM 8(1928), S.1-10

279a **TIMOSHENKO,S.P. a. WAY,S.**: Syspension bridges with a continuous stiffening truss. IVBH-Abhandl. 2(1934), S.452-466

280a **STEINMAN,D.D.**: Deflection theory for continuous suspension bridges. IVBH-Abhandl. 2(1934), S.400-451

281a **BLEICH,H.H.**: Die Berechnung verankerter Hängebrücken. Wien: Springer-Verlag 1935

282a **NEUKIRCH,H.**: Berechnung der Hängebrücke bei Berücksichtigung der Verformung des Kabels. Ing.-Archiv 7(1936), S.140-155

283a **NEUKIRCH,H.**: Angenäherte Berechnung der Hängebrücke unter Berücksichtigung ihrer Verformung. Stahlbau 9(1936), S.130-132

284a **STÜSSI,F.**: Zur Berechnung verankerter Hängebrücken. IVBH-Abhandl. 4(1936), S.531-542

284b **STÜSSI,F. u. AMSTUTZ,E.**: Verbesserte Formänderungstheorie verankerter Hängebrücken und Stabbogen. Schweiz. Bauzeitung 116(1940), S.1-5 u. S.35

285a **LIE,K.-H.**: Praktische Berechnung von Hängebrücken nach der Theorie II. Ordnung. Stahlbau 14(1941), S.65-69 u. S.78 u. 84 (Diss. TH Darmstadt 1940)

286a **KLÖPPEL,K. u. LIE,K.-H.**: Berechnungen von Hängebrücken nach der Theorie II. Ordnung unter Berücksichtigung der Nachgiebigkeit der Hänger. Stahlbau 14(1941), S.85-88

287a **KLÖPPEL,K. u. LIE,K.-H.**: Nebeneinflüsse bei der Berechnung von Hängebrücken nach der Theorie II. Ordnung. Forschungshefte aus dem Gebiet des Stahlbaues, H.5, 1942

288a **ENNEPER,P.**: Beitrag zur Berechnung echter Hängebrücken. Stahlbau 23(1954), S.135-137 u. S.159-164

289a **HOYDEN,H.**: Näherungsberechnung von erdverankerten Hängebrücken unter Berücksichtigung des veränderlichen Trägheitsmomentes des Versteifungsträgers. VDI-Forschungsheft 452. Düsseldorf: VDI-Verlag 1955

290a **MOPPERT,H.**: Statische und dynamische Berechnung erdverankerter Hängebrücken mit Hilfe von Green'schen Funktionen und Integralgleichungen. Veröff. DSTV, Heft 9. Köln: Stahlbau-Verlag 1955

291a **HAWRANEK,A. u. STEINHARDT,O.**: Theorie und Berechnung der Stahlbrücken. MOPPERT, H.: Hängebrücken. Berlin: Springer-Verlag 1958

292a **HEILIG,R.**: Eine Bemerkung zur Hängebrückentheorie. Stahlbau 26(1957), S.50-52

293a **GAVARINI,C.**: Einige Betrachtungen über die Berechnungen von Hängebrücken. ACIER-STAHL-STEEL 26(1961), S.132-142 u. S.181-191

294a **ESSLINGER,M.**: Ein Rechenverfahren für die antimetrische Belastung von Hängebrücken. Stahlbau 32(1963), S.257-270

295a **RUBIN,H. u. VOGEL,U.**: Baustatik ebener Stabwerke, Abschn. 3.6: Berechnung von Hängebrücken nach der Theorie II. Ordnung in: Stahlbau-Handbuch, Bd.1,2.Aufl. Köln: Stahlbau-Verlag 1982

296a **LEONHARDT,F.**: Zur Entwicklung ärodynamisch stabiler Hängebrücken. Bautechnik 45(1968), S.325-336 u. S.372-380

297a **KOLLMEIER,H.:** Hängebrücken mit einem oder zwei Kabeln und beliebig geneigter nur zur Brückenachse symmetrischer und antmetrischer statischer und dynamialer Beanspruchung bei Berücksichtigung des Erschlaffens einzelner Hänger. Diss. TH Darmstadt 1968

298a **NEILL,B.O.:** The case against inclined hangers. New Civil Engineer, 15.04.1982, S.12-14

299a **FLEISCHER,D. u. PETERSEN,C.:** Nachrechnung der Verformungen der Bosporusbrückke. Internbericht Lehrstuhl für Stahlbau der Uni Bw München 1984 (nicht veröffentlicht)

300a **HERZOG,M.:** Anschauliche Vorberechnung versteifter Hängebrücken nach der Theorie II. Ordn. Bauingenieur 58(1983), S.337-340

302a **TOPALOFF,B.:** Stationärer Winddruck auf Hängebrücken. Stahlbau 23(1954), S.109-113

302a **HIBA,Z.:** Winddruck auf Hängebrücken mit schrägliegenden Tragkabeln. Stahlbau 28(1959), S.98-101 u. S.204

303a **HIBA,Z.:** Beitrag zur Theorie der verankerten Hängebrücken mit einem Mittelgelenk im Versteifungsträger. Stahlbau 26(1957), S.348-351

304a **CICHOCKI,F.:** Eine neue Hängebrückenform. Stahlbau 20(1951), S.3-5

305a **NOTTROTT,TH.:** Vielfeldriger Hängesteg im Bergsenkungsgebiet. Stahlbau 28(1959), S.195-200

306a **MASANZ,F.:** Die Barbarabrücke über die Donau. Stahlbau 28(1959), S.212-222

307a **SCHREFLER,B.:** Besondere Probleme bei der Bemessung von mehrfeldrigen Hängebrücken zur Überführung von Rohrleitungen. Stahlbau 47(1978), S.22-29

308a **PFANNMÜLLER,H.:** Zur Ausbildung und Berechnung stählerner Druckgurt- Windverbände Stahlbau 5(1932), S.57-60

309a **ANDRÄ,W. u. LEONHARDT,F.:** Neue Entwicklungen für Lager von Bauwerken, Gummi- und Gummitopflager. Bautechnik 39(1962), S.37-50

310a **THUL,H.:** Entwicklungen im Brückenbau. Beton- und Stahlbetonbau 73(1978), S.1-7

310b **THUL,H.:** Brückenlager. Stahlbau 38(1969), S.353-360

311a **EGGERT,H.:** Lager für Brücken und Hochbauten. Bauingenieur 53(1978), S.161-168

312a **EGGERT,H., GROTE,J. u. KAUSCHKE,W.:** Lager im Bauwesen, Bd. I (Entwurf, Berechnung Vorschriften).Berlin: W. Ernst u. Sohn 1974

313a **EGGERT,H.:** Vorlesungen über Lager im Bauwesen, 2.Aufl. Berlin: W. Ernst u. Sohn 1980

314a **RAHLWES,K.:** Lagerung und Lager von Baubetonkalender 1985, Bd. II. Berlin: W. Ernst u. Sohn 1985

315a **HERTZ,H.:** Über die Berührung fester, elastischer Körper. Journ. reine u. angew. Mathematik 92(1981), S.156-171

316a **HERTZ,H.:** Über die Berührung fester, elastischer Körper 1881; über die Berührung fester elastischer Körper und über die Härte 1882;vgl.: "Gesammelte Werke von H. HERTZ", Bd. 1, S.155-196. Leipzig Teubner 1895

317a **FÖPPL,L.:** Der Spannungszustand und die Anstrengung des Werkstoffes bei der Berührung zweier Körper. Forsch. a. d. Geb. des Ingenieurwesens 7(1936), S.209-221

318a **DRESCHER,K.:** Ableitung der Hertzschen Härteformeln für die Walze. Stahlbau 10(1937), S.68-71 u. S.76-80

319a **KARAS,F.:** Der Ort größter Beanspruchung in Wälzverbindungen mit verschiedenen Druckfiguren. Forsch. a. d. Geb. des Ingenieurwesens 12(1941), S.237-243

320a **DÖRR,J.:** Oberflächenformungen und Randkräfte bei runden Rollen und Bohrungen. Stahlbau 24(1955), S.202-206

321a **LOCHSCHMIDT,O.:** Exzentrische Belastung der Laufarmaturen und Schienen von Rollschuhen. Stahlbau 30(1961), S.83-90

322a **MATTHIAS,K.:** Dimensionierung der Lauffläche der Walzpaarung Laufrad/Schiene. Hebezeuge und Fördermittel 20(1980), S.136-141, vgl. auch 21(1981), S.203-205

323a **UETZ,H. u. HAKENJOS,V.:** Gleitreibungsuntersuchungen bei hin- und hergehender Bewegung. Bautechnik 44(1967), S.159-166

324a **ANDRÄ,W.:** Der heutige Entwicklungsstand des Gummitopflagers und seine Weiterentwicklung zum Hublager. Bautechnik 61(1984), S.222-230

325a **HAKENJOIS,V., RICHTER,K., GERBR,A. und WIEDENMEYER,J.:** Untersuchungen der Bewegungen von Brückenbauwerken infolge Temperatur und Verkehrsbelastung am Bespiel einer Stahlbrücke. Stahlbau 54(1985), S.55-59

326a **BEYER,E., VOLKE,E., GOTTSTEIN,F. v. u. RAMBERGER,G.:** Neubau und Querverschub der Rheinbrücke Düsseldorf-Oberhassel. Stahlbau 46(1977), S.65-80, 113-120, 148-154, u. 176-188

327a **MALMEISTERS,A., TAMUZS,V. u. TETERS,C.:** Mechanik der Polymerwerkstoffe, Berlin: Akademie-Verlag 1977

328a **BOCK,H. u. LEHMANN,D.:** Beiträge zur Berechnung der Elastomere-Lager. Bautechnik 55(1978), S.19-21

329a **LEHMANN,D.:** Beiträge zur Berechnung der Elastomere-Lager II. Ermittlung der Materialkennwerte für Elastomere-Lager mit Hilfe des einachsigen Zugversuches. Bautechnik 55(1978), S.99-102 und S.190-198

330a **LEHMANN,D.:** Beiträge zur Berechnung der Elastomere-Lager IV. Betrachtungen zur exakten Lösung des reibungsfrei gelagerten, unbewehrten rechteckigen Elastomere-Linienlagers unter ruhender Belastung. Bautechnik 56(1979), S.163-169

331a **LONG,J.E.:** Bearings in structural engineering. London: Newnes-Butterworth 1974

332a **BATTERMANN,W. u. KÖHLER,R.:** Elastomere Federung - Elastische Lagerungen. Berlin: W. Ernst u. Sohn 1982

333a **BEYER,K.:** Die Statik im Stahlbetonbau, 2.Auflage, Berlin: Springer-Verlag 1956

334a **HAMPE,E.:** Statik rotationssymmetrischer Flächentragwerke, Bd. 1., 3.Aufl. Berlin: VEB Verlag 1968

335a **MARKUS,G.:** Kreis- und Kreisringplatten unter antimetrischer Belastung. Berlin: W. Ernst u. Sohn 1973, vgl. auch Bautechnik 41(1964), S.164-174 u. 47(1970), S.118-120

336a **SZABO,I.:** Die achsensymmetrisch belastete, dicke Kreisplatte auf elastischer Unterlage. Ing.-Archiv 19(1951), S.128-142 u. S.342-354 vgl. auch ZAMM 32(1952), S.145-153 u. S.359-371

337a **BOSINAKOWSKI,S.:** Die dicke Kreisplatte. Habil. Schr. RWTH Aachen 1964

338a **FRIEMANN,H.:** Beitrag zur numerischen Berechnung rotationssymmetrisch belasteter dicker Kreisplatten bei elastischer Lagerung. Stahlbau 43(1974), S.9-16

339a **ACKERMANN,G.:** Die angenäherte Berechnung elastisch gebetteter Kreisplatten unter periodischer Belastung. Bauplanung-Bautechnik(1966), S.428-

340a **SCHLEICHER,F.:** Zur Theorie des Baugrundes, Bauingenieur 7(1926), S.931-938

341a **FISCHER,K.:** Zur Berechnung der Setzung von Fundamenten in Form einer kreisförmigen Ringfläche. Bauingenieur 31(1956), S.257-259

342a **PETERSEN,C.:** Erstellung eines elektronischen Rechenprogramms zur Berechnung von MAURER-Kalottenlagern für zentralsymmetrische Belastung, München 1976 (nicht veröffentlicht)

343a **PETERSEN,C.:** Zur Beanspruchung moderner Brückenlager - Eine Parameterstudie, in: Festschrift Prof. J. SCHEER, Berlin: Springer-Verlag 1987

344a **DICKERHOF,K.-J.:** Bemessung von Brückenlagern unter Gebrauchslast. Diss. Uni Karlsruhe (TH) 1985

345a **HABEL,A.:** Die auf dem elastisch-isotropen Halbraum aufruhende zentralsymmetrisch belastete elastische Kreisplatte. Bauingenieur 18(1937), S.188-193

346a **BERBALK,M.:** Näherungsverfahren zur Berechnung der Kreisplatte veränderlicher Dicke auf elastisch isotropem Halbraum. Bautechnik 52(1975), S.263-269

347a **SCHIKORA,K.:** Berechnung beliebig belasteter Kreisplatten mit veränderlicher Steifigkeit auf elastischem Halbraum. Bauingenieur 53(1978), S.391-394

348a **LAERMANN,K.-H.:** Der elastisch gebettete Balken mit veränderlichem Querschnitt unter Berücksichtigung der Querkraftverformungen. Bautechnik 44(1967), S.406-410

349a **GOLLUB,P.:** Statische Berechnung von Gründungsplatten mit gekoppelten Federketten unter Berücksichtigung des Bodenfließen. Bauingenieur 61(1986), S.407-415

350a **SIEVERS,H.:** Die Berechnung von Auflagerbänken und Auflagerquadern von Brückenpfeilern. Bauingenieur 27(1952), S.209-213

351a **HILTSCHER,R. u. FLORIN,G.:** Die Spaltzugkraft in einseitig eingespannten, am gegenüberliegenden Rande belasteten rechteckigen Scheibe. Bautechnik 39(1962), S.325-328, vgl. auch 40(1963), S.401-408

352a **BUCHHARDT,F.:** Anmerkungen zum räumlichen Problem der Lasteinleitung. Beton- und Stahlbetonbau 73(1978), S.140-145

353a **WALTKING,F.W.:** Praktische Berechnung der Eigenfrequenzen von Hängebrücken. Bauingenieur 25(1950), S.208-215 u. S.254-257

354a **ESSLINGER,M.:** Elektronische Berechnung von Eigenschwingungszahlen von Hängebrücken. Bauingenieur 37(1962), S.380-385

355a **TSCHEMMERNEGG,F.:** Beitrag zur praktischen Abschätzung der aerodynamischen Stabilität von Hängebrücken. Diss. TH Graz 1967

355b **SATTLER,K.:** Lehrbuch der Statik, Teil II/B Berlin: Springer-Verlag 1975

356a **STOKES,G.G.:** Discussion of a differential equation relation to the breaking of railway bridges. Trans. Cambr. Phil.Soc 8(1849) S.707-735

357a **ZIMMERMANN,H.:** Die Schwingungen eines Trägers mit bewegter Last. Centralbl. d. Bauverwaltung 16(1896), S.249-251, S.257-260, S.264-266 u. S.283

358a **TIMOSHENKO,S., YOUNG,D.H. a. WEAVER,W.:** Vibration problems in engineering. New York: J. Wiley 1974

359a **BLEICH,F.:** Theorie und Berechnung der eisernen Brücken. Berlin: Springer-Verlag 1924

360a **BLEICH,F.:** Beitrag zur Dynamik der Brückentragwerke. Stahlbau 9(1936), S.81-84

361a **STÜSSI,F. u. DUBAS,P.:** Grundlagen des Stahlbaues, 2.Aufl. Berlin: Springer-Verlag 1971

362a **STEUDING,H.:** Die Schwingungen von Trägern bei bewegten Lasten. Ing.-Archiv 5(1934), 275-305 u. 6(1935), S.265-270

363a **SCHALLENKAMP,A.:** Schwingungen von Trägern bei bewegten Lasten. Ing.-Archiv 8(1937), S.182-198

364a **PESTEL,E.:** Tragwerksauslenkung unter bewegter Last. Ing.-Archiv 19(1951), S.378-383

365a **TSCHAUNER,J.:** Die Durchbiegung eines Balkens unter einer bewegten Last. Ing.-Archiv 42(1973), S.331-346

366a **POPP,K., HABECK,R. u. BREINL,W.:** Untersuchungen zur Dynamik von Magnetschwebefahrzeugen auf elastischen Fahrwegen. Ing.- Archiv 46(1977), S.1-19,vgl. auch S.85-95

367a **UHRIG,R. u. BARKE,A.:** Die Berechnung der Zustandsgrößen von ebenen Stabtragwerken infolge schnell rollender Fahrzeuge. Bericht des Lehrstuhls für Baustatik, HsBw München 1979

368a **BERNHARD,R.:** Beiträge zur Brückenmeßtechnik. Stahlbau 1(1928), S.145-158, vgl. 2(1928), S.61-68; vgl. auch 10(1937), S.201-206

369a **FICKEL,H.H.:** Die AASHO-Experimente von Straßenbrücken. Stahlbau 31(1962), S.382-383

370a **FRYBA,L.:** Vibration of solids and structures under moving loads. Groningen: Nordhoff Int. Publishing 1972

371a **HESS,H.:** Versteifung einer aerodynamisch instabilen Rohrleitungsbrücke über den Coosa River bei Clayton. Stahlbau 21(1952), S.244-245

372a **KUNERT,K.:** Schwingungen schlanker Stützen in konstantem Luftstrom. Bauingenieur 37(1962), S.168-173

373a **NOVAK,M.:** Über winderregte Querschwingungen der Ständer der Bogenbrücke über die Moldau. Stahlbau 37(1968), S.340-346

374a **DEN HARTOG,J.P.:** Mechanische Schwingungen. Berlin: Springer-Verlag 1936 (2.Aufl. 1952)

375a **BISPLINGHOFF,R.L., ASHLEY,H. a. HALFMANN,R.L.:** Aeroelsticity. Cambridge: Addison-Wesley Publ. 1955

376a **FUNG,J.C.:** An Introduction to the Theory of Aeroelasticity. New York: J. Wiley sons 1955

377a **FÖRSCHING,H.:** Grundlagen der Aeroelastik. Berlin: Springer-Verlag 1974

378a **NAUDASCHER,E. (Editor):** Flow-Induced Structural Vibrations. Berlin: Springer-Verlag 19172

379a **NAUDASCHER,E. a. ROCKWELL,D.(EDITORS):** Practical Experiences with Flow-Induced Vibrations. Berlin: Springer-Verlag 1980

380a **SIMIU,E. a. SCANLAN,R.H.:** Wind Effect on Structures: An Introduction to Wind Engineering New York: J. Wiley & Sons 1978

381a **RUSCHEWEYH,H.:** Dynamische Windwirkung an Bauwerken Band 1 u. 2. Wiesbaden: Bauverlag 1982

382a **SOCKEL,H.:** Aerodynamik der Bauwerke. Braunschweig: Vieweg 1984

383a **PARKINSON,G.V.:** Mathematical Models of flow-induced vibrations of bluff bodies. Symposium on flow-induced structural vibrations (IUTAM/IAHR), Karlsruhe 1972. Berlin: Springer-Verlag 1974, S.81-127

384a **SCRUTON,C. a. WALSHE,D.:** A means for avoiding wind-exited oscillations of structures with circular or nearly circular cross-sections. Nr. NPL/Aero/335. London: National Physiccal Laboratory, Aerodynamics Div. 1957

385a **NOVAK,M.:** Galloping oscillations of prismatic structures. Proc. ASCE, J. of the Eng. Mech. Div. 98(1972), S.27-46

386a **LEONHARDT,F.:** Zur Entwicklung aerodynamisch stabiler Hängebrükken. Bautechnik 45(1968), S.325-336 u. S.372-380

387a **STEINMAN,D.B.:** Aerodynamic theory of bridge oscillations. Trans. ASCE 115(1950), S.1180-1260, vgl. auch 114(1949), S.1147-1184

387b **STEINMAN,D.B.:** Hängebrücken - Das aerodynamische Problem und seine Lösung. ACIER-STAHL-STEEL 19(1954), S.495-508 und S.542-551

388a **BLEICH,F.:** Dynamic instability of truss-stiffened suspension bridges under Wind action. Trans. ASCE 114(1949), S.1177-1232, vgl. auch 113(1948), S.1269-1314

388b **BLEICH,F. u. TELLER,L.W.:** Structural damping in suspension bridges. Trans. ASCE 117(1952), S.165-203, Proc. ASCE 77(1951), Nr. 61

388c Aerodynamic stability of suspension bridges. Trans. ASCE 120(1955), S.721-781 (State of art-Report)

389a **SELBERG,A.:** Aerodynamic stability of suspension bridges. IVBH-Abh. 17(1957), S.209-216

390a **HIRAI,A.:** Experimental Study on Aerodynamic Stability of Suspension Bridges. Tokyo: University of Tokyo 1960; vgl. auch Bauingenieur 31(1956), S.402-404

391a **SCANLAN,R.H. u. SABZEVARI,A.:** Experimental aerodynamic coefficients in the analytical study of suspension bridge flutter. Journ. Mech. Eng. 11(1969), S.234-242, vgl. auch J. Eng. Mech. Div. Proc. ASCE 97(1971), S.1717-1737 u. 100(1974), S.657-672

392a **KLÖPPEL,K. u. WEBER,G.:** Teilmodellversuche zur Beurteilung des aerodynamischen Verhaltens von Brücken. Stahlbau 32(1963), S.65-78 u. S.113-121

393a **KLÖPPEL,K. u. THIELE,F.:** Modellversuche im Windkanal zur Bemessung von Brücken gegen die Gefahr winderregter Schwingungen. Stahlbau 36(1967), S.353-365

394a **KLÖPPEL,K. u. SCHWIERIN,G.:** Ergebnisse von Modellversuchen zur Bestimmung des Einflusses nichthorizontaler Windströmung auf die aerodynamialen Stabilitätsgrenzen von Brücken mit kastenförmigen Querschnitten. Stahlbau 44(1975), S.193-203

395a **THIELE,F.:** Zugeschärfte Berechnungsweise der aerodynamischen Stabilität weitgespannter Brücken (Sicherheit gegen winderregte Plattenschwingungen). Stahlbau 45(1976), S.359-365

396a **THEODORSEN,T.:** General theory of aerodynamic instability and mechanism of flutter. NACA-Report 496(1935); vgl. and 685(1940) u. 741(1942)

397a **FRANDSEN,H.G.:** Wind stability of suspension bridges. Proc. of the Int. Symposium on Suspension Bridges. Lissabon 1966

398a **MÜLLER,F.H.:** Theoretische Untersuchungen zur Flatterinstabilität - Einfluß der Dämpfung, Wirkung von Absorbern und ein Näherungsverfahren. Diss. TU München 1983

399a **TSCHEMMERNEGG,F.:** Modellversuche zum Studium der Wirkung gleichmäßiger und turbulenter Windströmungen auf die neue Narrows-Hängebrücke in Halifax, Canada. Bauingenieur 45(1970), S.263-265

400a **SELBERG,A.:** Damping effect in suspension bridges. IVBH-Abhandl. 10(1949), S.183-198

401a **KNAEBEL,H.:** Schwingungsdämpfung bei Hängebrücken. Stahlbau 24(1955), S.163-165

402a **BÖHM,F.:** Berechnung nichtlinearer aerodynamischer erregter Schwingungen von Hängebrücken. Stahlbau 34(1969), S.207-215. Zuschrift: Stahlbau 46(1977), S.64

403a **TSCHEMMERNEGG,F.:** Über die Aerodynamik u. Statik von Monokabelhängebrücken. Bauingenieur 44(1969), S.353-362

404a **HERZOG,M.:** Versteifungsträgerquerschnitte für sehr weit gespannte Hängebrücken. Bautechnik 62(1982), S.313-316

405a **FREUDENBERG,G.:** Bericht über Modell-Untersuchungen im Zusammenhang mit dem Neubau der Tacoma-Narrows-Bridge. Stahlbau 24(1955), S.67-71

406a **BARBRE,R. u. IBING,R.:** Windkanalversuche über die Sicherheit gegen Winderregte Schwingungen bei der Hängebrücke Köln-Rodenkirchen. Stahlbau 27(1958), S.169-176

407a **WÖSZNER,K., ANDRÄ,W., KAHMANN,R., SCHUMANN,H. u. HOMMEL,D.:** Die Neckartalbrücke Weitingen. Stahlbau 52(1983), S.65-77 u. S.113-124

408a **KOGER,E.:** Aerodynamische Untersuchungen an der neuen Tjörnbrücke. Stahlbau 52(1983), S.129-135

(26) Elasto-statische Biegetheorie, insbesondere für dünnwandige Stäbe

1a **SEDLACEK,G.:** Zweiachsige Biegung und Torsion, in: Stahlbau-Handbuch, Bd.1, 2.Aufl. (S.241-290), Köln: Stahlbau-Verlag 1982

2a **KOLLBRUNNER,C.F. u. HAJDIN,N.:** Dünnwandige Stäbe, Bd.1: Stäbe mit undeformierbaren Querschnitten. Berlin: Springer-Verlag 1972 (vgl. Stahlbau 42(1972), S.126-127)

3a **WUNDERLICH,W. u. BEVERUNGEN,G.:** Geometrisch nichtlineare Theorie und Berechnung eben gekrümmter Stäbe. Bauingenieur 52(1977), S.225-237

4a **SCHARDT,R.:** Berechnungsgrundlagen für dünnwandige Bauteil, in: Stahlbau-Handbuch Bd.1, 2.Aufl. (S.715-738). Köln: Stahlbau-Verlag 1982

4b **SCHARDT,R.:** Verallgemeinerte techn. Biegelehre - lineare Probleme. Berlin: Springer-Verlag 1989

5a **SCHARDT,R.:** Eine Erweiterung der techn. Biegelehre für die Berechnung biegesteifer prismatischer Faltwerke. Stahlbau 35(1966), S.161-171 u. S.384

6a **SCHARDT,R. u. STEINGASS,J.:** Eine Erweiterung der Technischen Biegelehre für die Berechnung dünnwandiger geschlossener Kreiszylinderschalen. Stahlbau 39(1970), S.65-73 u. S.146

6b **SAAL,G.:** Zur Berechnung offener Kreiszylinderschalen mit beliebigen Randbedingungen an den Längs- und Querrändern. Stahlbau 49(1980), S.97-110

6c **SCWARZ,H. u. KINSKY,G.:** Zur Berechnung der Schnittkräfte in Zylinderschalen nach der Balkenmethode bei Berücksichtigung der gemischten Torsion. Ing.-Archiv 39(1970), S.1-17

7a **SEDLACEK,G.:** Berechnung prismatischer Faltwerke nach der erweiterten techn. Biegetheorie. Bauingenieur 46(1971), S.405-409

7b **KREUZINGER,H.:** Der Einfluß der Querverformung auf die Berechnung gerader dünnwandiger Stäbe. Stahlbau 43(1974), S.46-52

7c **GRUNDMANN,H. u. KREUZINGER,H.:** Kraftgrößenverfahren zur näherungsweisen Berechnung des Schalenbogens. Bautechnik 52(1975), S.132-135, vgl. auch S.165-172

8a **LACHER,G.:** Zur Berechnung des Einflusses der Querschnittsverformung auf die Spannungsverteilung bei durch elastische und starre Querschotte versteiften Tragwerken mit prismatischem, offenem oder geschlossenem biegesteifen Querschnitt unter Querlast Stahlbau 31(1962), S.299-308 u. S.325-335

9a **STEIN,E.:** Die Berechnung von Trägern mit in Stablängsrichtung um den Schwerpunkt verdrehtem Querschnitt. Stahlbau 36(1967), S.140-146

10a **SCHRÖTER,H.-J.:** Praktische Berechnung von Flächenmomenten. Stahlbau 33(1964), S.320

10b **PREDIGER,H.:** Zur Berechnung von Massenträgheitsmomenten durch ein Computerprogramm. Stahlbau 50(1981), S.21-24

11a **OLSSON,R.G.:** Die tatsächliche Durchbiegung des gebogenen Balkens. Stahlbau 7(1934), S.13-14

12a **STOJEK,D.:** Zur Schubverformung im Biegebalken. ZAMM 44(1964), S.393-396

13a **MASON,W.E. u. HERRMANN,L.R.:** Elastic shear analysis of general prismatic beams. Proc. ASCE, Journal of Eng. Mech. Div. 94(1968), S.965-982

14a **COWPER,G.R.:** The shear coefficient in Timoshenko's beam theory. Journal of Appl. Mech. 33(1966), S.335-340

15a **COWPER,G.R.:** On the accaracy of Timoshenko beam theory. PROC. ASCE, Journal of the Eng. Mech. Div. 94(1968), S.1447-1453

16a **VALENTIN,G.:** Zum Einfluß der Querkräfte auf die Formänderung dünnwandiger Hohlquerschnitte. Bauingenieur 39(1964), S.495-496

17a **AALAMI,B. u. ATZORI,B.:** Flexural Vibrations and TIMOSHENKO's beam theory. AIAA Journal 12(1974), S.679-685

17b **KARAMANLIDIS,D.:** Beitrag zur geometrisch nichtlinearen Theorie des schwach gekrümmten Timoshenko-Balkens. Stahlbau 50(1981), S.244-249

18a **MÜLLER,R.:** Berechnung harmonisch erregter Schwingungen kontinuierlicher Systeme unter Berücksichtigung wirklichkeitsnaher Ansätze für die Matrialdämpfung am Beispiel des Timoshenko-Balkens. Diss. TU München 1977

19a **PETERSEN,C.:** Satik u. Stabilität der Baukonstruktionen, 2. aufl. Wiesbaden: Vieweg-Verlag 1982

20a **DÖRFLINGER,K.:** Über den Einfluß der Querkraft auf den Stützdruck, das Moment und die Durchbiegung bei einem kontinuierlichen Balken. Stahlbau 16(1953), S.87-92

21a **WORCH,G.:** Die Berechnung der Formänderungen gekrümmter ebener Stäbe. Bautechnik 32(1955), S.189-194

22a **ESSLINGER,M.:** Die orthotrope Scheiben. Stahlbau 28(1959), S.183-187

23a **KLÖPPEL,K.:** Genaue Formänderungsgrößenmethode und deren Näherungen. Stahlbau 36(1967), S.329-335

24a **UHRIG,R.:** Zur Berechnung der Steifigkeitsmatrizen des Balkens. Stahlbau 34(1965), S.123-125

24b **UHRIG,R.:** Zur Berechnung des elastostatischen Verhaltens von Tragwerken, die aus geraden Stäben mit Dehn-, Biege- und Schubnachgiebigkeit aufgebaut sind und unter statischer Längsbelastung. Stahlbau 52(1983), S.358-362

25a **WINKLER,E.:** Formänderung und Festigkeit gekrümmter Körper, insbesondere Ringe. Civilingenieur 4(1858), S.232-234

26a RESAL,H.: Formules pour le calcul de la resistance des chaines a mailles plats. Annales des mines (1862), S.617-619

27a GRASHOF,F.: Theorie der Elastizität und Festigkeit. Berlin: Verl. R. Gaertner 1878

28a ESCHENAUER,H. u. SCHNELL,W.: Elastizitätstheorie, Bd. I, Grundlagen, Scheiben und Platten.2.Aufl.Mannheim: Bibl.-Institut 1986

29a TOLLE,M.: Zur Ermittlung der Spannungen krummer Stäbe ZVDI 47(1903), S.884-890

30a HEIMESHOFF,B.: Praktische Spannungsberechnung für den gekrümmten Träger mit Rechteckquerschnitt. Bautechnik 44(1967), S.135-140

31a KAPPUS,R.: Die Schubspannungen in krummen Balken. Stahlbau 21(1952), S.126-127 u. 22(1953), S.235

32a BAUMANN,A.: Berechnung von gekrümmten Stäben. ZVDI 52(1908), S.337-345 u. S.376-382

33a RÜDIGER,D. u. KNESCHKE,A.: Technische Mechanik, Bd. 2. Festigkeitslehre. Zürich: Verlag H. Deutsch 1966

34a WOLTER,H.: Die Berechnung des in der Kraftebene gekrümmten Trägers. Bautechnik 44(1967), S. 199-202

35a KUTSCHKE,C.: Entwurfsrechnung für den gekrümmten Stab mit Kreisquerschnitt. Hebezeuge und Fördermittel 23(1983), S.304-307

36a DREYER,G. u. MÜNDER,E.: Festigkeitslehre und Elastizitätslehre, 20.Aufl. Darmstadt: Technik-Tabellen-Verlag Fikentscher & Co 1969

37a RÖTSCHER,F: Einfache Verfahren zur Ermittlung des Schwerpunktes, des Rauminhalts und der Momente höherer Ordnung., ZVDI 80(1936), S.1351-1354

38a BLEICH,H.: Die Spannungen in den Gurtungen gekrümmter Stäbe mit T- und I-förmigen Querschnitt. Stahlbau 6(1933), S.3-6, vgl. auch: Stahlhochbau, Bd. II, S.639-661

39a WEYMER,U.: Tragverhalten von Biegeträgern mit starker Krümmung im elastischen und plastischen Bereich. Dipl.- Arbeit, Lehrstuhl für Stahlbau, UniBw München 1984 (unveröffentlicht)

40a KAYSER,H.E. u. HERZOG,A.: Versuche zur Klärung des Spannungsverlaufes in Rahmenecken. Stahlbau 12(1939), S.9-1, vgl. auch KAYSER, H. E.: Beitrag zur Spannungsermittlung in Rahmenecken mit Rechteckquerschnitt. Diss. TH Darmstadt 1938

40b STEINHARDT,O.: Beitrag zur Berechnung gekrümmter Stäbe mit gegliederten Querschnitt. Diss. TH Darmstadt 1938

41a ROSTECK,W.: Berechnung und bauliche Durchbildung stark gekröpfter Tiefladewagen auf Grund ausgeführter statischer und dynamischer Messungen. Stahlbau 6(1933), S.65-68

42a FABER,K.: Ebene und räumliche spannungsoptische Versuche an Maschinenteilen mit gekrümmter Mittellinie. Diss. TH Darmstadt 1964

43a MASSONNET,S., OLSCAK,W. u. PHILLIPS,A.: Plasticity in structural engineering fundamentals and applications, Wien: Springer-Verlag 1979

43b VANDEPITTE,D.: Ultimate strength of curved flanges of I-beams. Journ. of Constr. Steel Research 2(1982), Nr. 3, S.22-28

44a SAHMEL,P.: Berechnung der Schweißnähte an Rahmenecken mit gekrümmten Gurtem sowie Biegeträgern mit geknickten Flanschen nach DIN 4100. Schneiden und Schweißen 15(1963) S.535-540

45a KLÖPPEL,K. u. MÖLL,R.: Die Instabilität des Zuggurtes gekrümmter I-Träger unter Berücksichtigung der Querschnittsverformung. Stahlbau 36(1967), S.129-139

45b FRIEMANN,H.: Berechnung des stark gekrümmten dünnwandigen I-Trägers auf Biegung und Wölbkraft-Torsion unter Berücksichtigung der Querschnittsverformung. Stahlbau 38(1969), S.228-345

46a CHU,K.-Y.: Beuluntersuchung von ebenen Stegblechen kreisförmig gekrümmter Träger mit I-Querschnitt. Stahlbau 35(1966), S.129-142

47a KARMAN,T. v.: Über die Formänderung dünnwandiger Rohre, insbesondere federnder Ausgleichsrohre. ZVDI 55(1911), S.1889-1895

48a WANKE,J.: Stahlrohrkonstruktionen (S.56- 60). Berlin: Springer-Verlag

49a KARL,H.: Biegung gekrümmter, dünnwandiger Rohre. ZAMM 23(1943), S.331-345

49b JÜRGENSON,H. v.: Elastizität und Festigkeit im Rohrleitungsbau, 2.Aufl. Berlin: Springer-Verlag 1953

49c SCHWAIGERER,S.: Festigkeitsberechnung im Dampfkessel-, Behälter- und Rohrleitungsbau, 3.Aufl. Berlin: Springer-Verlag 1978

49d HAMPL,H.: Rohrleitungsstatik. Berlin: Springer-Verlag 1972

49e KLÖPPEL,K. u. FRIEMANN,H.: Der Spannungs- und Verformungszustand rechtwinklig zu ihrer Krümmungsebene belasteter Rohre. ZVDI 105(1963), S.1096-1102

50a ESSLINGER,M.: Berechnung selbsttragender Rohrbögen. Stahlbau 22(1953), S.118-119

51a HAMMEL,J.: Der Kreisbogenträger mit Querschnittsverwölbung. Stahlbau 47(1978), S.367-370; vgl. auch S.373-377

52a FEIGE,A.: Baustatik, in: Sahlbau-Handbuch, Bd. 1, 1.Aufl. Köln: Stahlbau-Verlag 1956, S.55-268

53a PELIKAN,W.: Zur Berechnung unsymmetrischer Querschnitte auf Biegung. Bauingenieur 12(1931), S.691-692

54a KRABBE,K.: Fehler bei der Benutzung der Kernpunktmomente zur Darstellung der Einflußlinien von Bogenträgern. Stahlbau 11(1938), S.19-21

55a WEINHOLD,H.: Ermittlung des kleinsten Widerstandsmomentes von Profilen mit bekannten Hauptachsen. Bauplanung-Bautechnik 29(1975), S.511-512

56a BLEICH,F.: Stahlhochbauten, 2. Bd. Berlin: J. Springer-Verlag 1932

56b HECKEROTH,H.: Ermittlung der Spannungen in T-Querschnitten unter außermittiger Druckbelastung. Bautechnik 25(1948), S.93-94

56c MIKLOS,E.: Ausmittig gedrückte symmetrische Trapez- und T-Querschnitte bei Ausschluß von Zugspannungen. Bautechnik 41(1964), S.343-347

57a POHL,K.: Zahlentafeln zur Bestimmung der Nullinie und der größten Eckpressung im Rechteckquerschnitt bei Lastangriff außerhalb des Kerns und Ausschuß von Zugspannungen. Eisenbau 9(1918), S.211-223

57b ANASTASIADIS,K: u. AVRAMIDIS,E.: Enrwurf und Berechnung von Rechteckfundamenten unter biaxialer Biegung. Bautechnik 63(1986), S.380-392

58a VALTINAT,G.: Äußere Standsicherheit, in: Stahlbau Handbuch, Bd.1, S.579-584, 2.Aufl. Köln: Stahlbau-Verlag 1982

59a DRECHSEL,W.: Bestimmung der Nullinie und der größten Eckspannungen rechteckiger Querschnitte bei außermittigem schiefen Lastangriff unter Ausschaltung der Zugspannungen. Bauingenieur 9(1928), S.207-209

59b MAY,B.: Bodenpressungen unter Kreisringstücken bei klaffender Fuge. Bautechnik 63(1986), S.83-86

60a BLEICH,F.: Theorie und Berechnung eisener Brücken. Berlin: Springer-Verlag 1924

61a ROARK,R. a. YOUNG,W.C.: Formulas for stress and strain, 5. ed. New-York: McGraw Hill Book Comp. 1975

62a CHEN,M.-K.: Über die Lösung des Balkens mit unverschieblichen Auflagern. Bauingenieur 39(1964), S.100

63a TIMOSHENKO,S.P. u. WOINOWSKY-KRIEGER,S.: Theory of plates and shells. 2. ed. Tokyo: McCraw-Hill Kogakusha 1959

64a MIESEL,K.: Näherungslösung für die mittelstarke, eingespannte Rechteckplatte unter gleichmäßigem Flüssigkeitsdruck. Bauingenieur 7(1926), S.567-570

64b WICKERT,G. u. SCHMAUSSER,G.: Stahlwasserbau. Berlin: Springer-Verlag 1971

65a VOCKE,W.: Die elastische Biegung des Balkens bei großer Verformung. ZAMM 44(1964), S.119-122

65b SIEDENBURG,R.: Gleichmäßig belastete, zweiseitig gestützte Flachbleche in den Zuständen zwischen Membran und Platte. Bauingenieur 58(1983), S.251-259

(27) Elasto-statische Torsionstheorie, insbesondere für dünnwandige Stäbe

1a SAINT-VENANT,B.: Memoire sur la Torsion des Prisimes. Memoires des Savants Etrangers, 14(1855), S.233-560

1b FÖPPL, A. u. FÖPPL, L.: Drang und Zwang 2. Bd. München: Verlag v. R. Oldenburg 1920

1c PÖSCHL,TH.: Bisherige Lösungen des Torsionsproblems. ZAMM 1(1921), S.312-328

2a WEBER,C. u. GÜNTHER,W.: Torsionstheorie. Braunschweig: Vieweg-Verlag 1958

2b WEBER,C.: Die Lehre der Drehungsfestigkeit, H. 249 der Forschungsarbeiten auf dem Gebiet des Ingenieurwesens Berlin: J. Springer 1921

3a HOFFERBERTH,W.: Zur Berechnung des Drillwiderstandes von Walzprofilen mittels direkter Verfahren der Variationsrechnung. Stahlbau 17(1944), S.12-16 u. S.80

3b DITTHARDT,K.: Zur Berechnung des St.-Venantschen Drill-Widerstandes eines einfach zusammenhängenden geschlossenenen Querschnittes. Stahlbau 41(1972), S.345-347

4a ZELLER,C.: Eine Finite-Element-Methode zur Berechnung der Verwölbungen und Profilverformungen von Stäben mit beliebiger Querschnittsform. Techn.-Wiss. Mitt. Nr. 79-7. Inst. f. Kontr. Ingenieurbau. Ruhr-Universität Bochum 1979

4b ZELLER,C.: Querschnittsverformungen von Stäben. Ingenieur-Archiv 52(1982), S.17-37

4c ZELLER,C.: Zur Bestimmung der Verwölbungen und Profilverformungen von elastischen Stäben mit beliebigen und dünnwandigen Querschnitten. Ingenieur-Archiv 55(1985), S.376-387

5a PRANDTL,L.: Zur Torsion von prismatischen Stäben. Jahresbericht der Deutschen Mathematiker-Vereinigung 13(1904), S.31-36

6a THOMSON,W. u. TAIT,P.G.: Handbuch der theoretischen Physik. Deutsche Übersetzung von HELMHOLTZ u. WERTHEIM, 1. Bd., 2. Teil. Vieweg-Verlag: Braunschweig 1874 (S.228)

6b PESTEL,E.: Eine neue hydro-dynamische Analogie zur Torsion prismatischer Stäbe. Ing.-Archiv 23(1955), S.172-174

7a Analogie Elektrotechnik-Mechanik

7b SANDER,H.: Eine experimentelle Methode zur Bestimmung der Torsionssteifigkeit beliebig geformter einfach zusammenhängender Querschnitte. Bauingenieur 34(1959), S.309-311

8a EL DARWISH,A. u. JOHNSTON,B.G.: Torsion in Structural shapes. Proc. ASCE, Journal of the Struct. Div. 91(1965), S.203-227

9a RÜDIGER,D. u. KNESCHKE,A.: Technische Mechanik, Bd. 2. Festigkeitslehre. Zürich: Verlag H. Deutsch 1966

10a FÖPPL,A.: Die Widerstandsfähigkeit von genieteten Trägern gegen Verdrehen. Bauingenieur 3(1922), S.427-463

10b BARBRE,R.: Torsion zusammengesetzter Träger. Bauingenieur 28(1953), S.98-102 u. 30(1955), S.373-379

11a HOYER,W. u. HOHAUS,A.: Torsionsprobleme des Stahlbaus; in: Handbuch für den Stahlbau, Bd. IV. Berlin: VEB-Verlag für Bauwesen 1974

12a HERTEL,H.: Leichtbau. Berlin: Springer-Verlag 1979

13a HUTH,J. H.: Torsional stress concentration in angle and square tube fillets. J. Appl. Mechanics 17(1950), S.388-390

13b LYSE,I. a. JOHNSON,B.G.: Structural beams in torsion. Trans. ASCE 1011(1936), S.857-944

13c GOODIER,J. N.: Torsion, in: FLÜGGE, W.: Handbook of Engineering Mechanics. New-York: McCraw-Hill Book Comp. 1962

14a TREFFTZ,E.: Über die Wirkung einer Abrundung auf die Torsionsspannungen in der inneren Ecke von Winkeleisen. ZAMM 2(1922), S.263-267

15a KUZMANOVIC,B.O. a. WILLEMS,N.: Steel design for structural engenieers. Englewood Cliffs; Prentice-Hall 1977

16a MAYER,G.: Untersuchung der Torsionsbeanspruchung von Fachwerktürmen mit rechteckigem Querschnitt und parallelen Seiten. Diss. TU München 1972

17a KOHNHÄUSER,E.: Ein Beitrag zur statischen Berechnung von Fachwerkkranen. Fördern und Heben 27(1977), S.843-846 u. S.1121-1124 (Diss. TU München 1977)

18a SÄGER,W.: Der verdrehte Rechteckstab bei behinderter Wölbung der Endquerschnitte. Bauingenieur 26(1951), S.309-312 u. S.330-333

18b WALTHELM,U.: Torsion an geraden Balken und Platten mit rechteckigem Querschnitt. Bauingenieur 50(1975), S.428-433

19a SATTLER,K.: Lehrbuch der Statik, Bd. 1. Teil A. Berlin: Springer-Verlag 1969

20a MARTIN,W.: Zur Berechnung der Torsionssteifigkeit gedrungener T-Querschnitte. Wiss. b. d. Hochschule f. Bauwesen Leipzig 10(1964), S.185-189

21a WAGNER,H. u. PRETSCHER,W.: Verdrehung und Knickung von offenen Profilen. Luftfahrtforschung 11(1934), S.174-180;vgl. auch Festschrift 25 Jahre TH Danzig 1929

22a KAPPUS,R.: Drillknicken zentrisch gedrückter Stäbe mit offenem Profil im elastischen Bereich. Luftfahrtforschung 14(1937), S.444-457, vgl. auch Jahrbuch der Deutschen Versuchsanstalt für Luftfahrtforschung 1937

23a MARGUERRE,K.: Torsion von Voll- und Hohlquerschnitten. Bauingenieur 21(1940), S.317-322

24a FLÜGGE,W. u. MARGUERRE,K.: Wölbkräfte in dünnwandigen Profilstäben. Ing.-Archiv 18(1950), S.23-38

25a STÜSSL,F.: Zur Biegung und Verdrehung des dünnwandigen schlanken Stabes. Abhandl. IVBH 6(1940/1), S.277-287

26a KARMAN,Th. v. a. CHIEN,W.-Z.: Torsion with variable twist. J. Aeronaut. Sci. 13(1946), S.503-510

27a WANSLEBEN,F.: Die Theorie der Drehfestigkeit von Stahlbauteilen. Abhandl. aus dem Stahlbau, H. 3. Bremen: w. Dorn 1948

27b WANSLEBEN,E.H.: Die Theorie der Drillfestigkeit von Stahlbauteilen. Forschungshefte aus dem Gebiete des Stahlbaues, H. 11. Köln: Stahlbau-Verlag 1956

28a BORNSCHEUER,T.W.: Systematische Darstellung des Biege- und Verdrehvorgang unter Berücksichtigung der Wölbkrafttorsion. Stahlbau 21(1952), S.1-9, 21(1952), S.225-232, 22(1953), S.32-44 30(1961), S.96

29a LINDENBERGER,H.: Vergleich und Analogiebetrachtung der Lösungen für biegebeanspruchte und verdrehungsbeanspruchte Stabwerke. Stahlbau 22(1953), S.14-19 u. S.64-67

29b RAMBERGER,G.: Ein weiteres Analogiesystem zur Berechnung von Biegetorsionsproblemen gerader, dünnwandiger Stäbe nach Elastizitätstheorie I.Ordnung. Stahlbau 56(1987), S.307-312

30a CHWALLA,E.: Einführung in die Baustatik, 2.Aufl. Köln: Stahlbau-Verlag 1954

31a HEILIG,R.: Der Verbundträger mit beliebiger offener Profilform. Stahlbau 21(1952), S.186-189. Verbundbrücken und Torsionsbelastung Stahlbau 23(1954), S.25-33

32a SCHAPITZ,E.: Festigkeitslehre für den Leichtbau, 2.Aufl. Düsseldorf: VDI-Verlag 1963

33a WLASSON,W.S.: Dünnwandige elastische Stäbe, Bd. 1 u. 2. Berlin: VEB-Verlag für Bauwesen 1964/65

34a KOLLBRUNNER,C.F. u. BASLER,K.: Torsion. Berlin: Springer-Verlag 1966

35a KOLLBRUNNER,C.F. u. BASLER,K.: Torsion on structures. Berlin: Springer 1969

36a KOLLBRUNNER,C.F. u. HAJDIN,N.: Dünnwandige Stäbe, Bd. 1(1972), Bd. 2(1975). Berlin: Springer-Verlag 1972/1975

37a ROIK,K.H., CARL,J. u. LINDNER,J.: Biegetorsionsprobleme gerader dünnwandiger Stäbe. Berlin: W. Ernst u. Sohn 1972

38a ROIK,K.: Vorlesungen über Stahlbau, 2.Aufl. Berlin: Verlag W. Ernst u. Sohn 1983

39a SEDLACEK,G.: Zweiachsige Biegung und Torsion, in: Stahlbau-Handbuch Bd.2. 2.Aufl. (S.241-290). Köln: Stahlbau-Verlag 1982

40a FRIEMANN,H.: Schub und Torsion in geraden Stäben. Düsseldorf: Werner-Verlag 1983

41a KLÖPPEL,K. u. FRIEMANN,H.: Erweiterung des Formänderungsgrößen-Verfahrens auf die Theorie der Wölbkrafttorsion. Stahlbau 35(1966), S.365-372

42a VIRCIK,J.: Einflußlinien der Bimomente in dünnwandigen geraden Durchlaufträgern offenen Querschnitten für ein Wandertorsionsmoment M = 1. Stahlbau 37(1968), S.57-60

43a ROARK,R. a. YOUNG,W.C.: Formulas for stess and strain. New-York: McCraw Hill Book Comp. 1975

44a SCHRADER,W.: Stabilität ebner Stabwerke nach der Theorie II. Ordnung - Wölbkrafttorsion. Wien: Springer-Verlag 1974

45a RADAJ,D.: Dünnwandige Stäbe und Stabsysteme mit allgemeiner Systemlinie und wölbelastischer Lagerung. Stahlbau 40(1971), S.27-31

46a CYWINSKI,Z. u. SZMIDT,J.K.: Der dünnwandige Stab im allgemeinen Bezugssystem. Stahlbau 46(1977), S.245-251

47a CYWINSKY,Z.: Bioment Distribution Method für Thin-Walled Beams. Stahlbau 47(1978), S.106-113 u. S.152-157

47b CYWINSKI,Z.: Drillträger - Formeln für die wichtigsten Belastungsfälle. Stahlbau 52(1983), S.245-252, u. S.388 u. 53(1984), S.288

48a ZHONG-HENG,G.: A unified theory of thinwalled elastic structures. J. Struct. Mech. 9(1981), S.179-197

49a SCHRADER,K.H.: Über die Flächenmomente dünnwandiger offener Profile und ein ALGOL-Programm zu ihrer numerischen Berechnung. Berichte Konstr. Ingenieurbau H. 13. Essen: Vulkan-Verlag 1972

50a BREDT,R.: Kritische Bemerkungen zur Drehungsfestigkeit. Z.VDI (1896), S.785-790 u. S.813-817

51a ROIK,K.-H. u. ALBRECHT,G.: Beitrag zur Biegetorsion gerader dünnwandiger Stäbe mit Zwangsdrillachse. Bauingenieur 53(1978) S.225-229

52a WICKERT,G. u. SCHMAUSSER,G.: Stahlwasserbau. Berlin: Springer-Verlag 1971

53a MOHEIT,W.: Zur Ermittlung der Lagerkräfte verschiedener Verschlüsse des Stahlwasserbaues. Stahlbau 29(1960), S.84-96

54a SEDLACEK,G. u. FEDER,D.: Zur Berechnung von I-Trägern mit exzentrischen Gurten. Stahlbau 40(1971), S.209-214

55a RESINGER,F.: Einfache Ermittlung der Wölbquerschnittswerte von Kastenträgern. Stahlbau 26(1957), S.217-220

56a RESINGER,F.: Ermittlung der Wölbspanungen an einfachsymmetrischen Profilen nach dem Drillträgerverfahren. Stahlbau 26(1957), S.321-326

57a RESINGER,F.: Der dünnwandige Kastenträger. Forsch.-Hefte aus dem Gebiete des Stahlbaues H. 13. Köln: Stahlbau-Verlag 1959

58a SCHEER,J.: Die Berücksichtigung der Stegverformungen bei der Wölbkraftorsion von doppeltsymmetrischen I-Profilen. Stahlbau 24(1956) S.257-260, vgl. auch 25(1956), S.76

59a HEILIG,R.: Der Schubverformungseinfluß auf die Wölbkrafttorsion von Stäben mit offenem Profil. Stahlbau 30(1961), S.97-103

60a HEILIG,R.: Beitrag zur Theorie des Kastenträgers beliebiger Querschnittsform. Stahlbau 30(1961), S.333-349, vgl. auch 31(1962), S.64 u. S.128 u. 32(1963), S.64

61a GRASSE,W.: Wölbkrafttorsion dünnwandiger prismatischer Stäbe beliebigen Querschnittes. Ing. Archiv 34(1965), S.330-338

62a SCHADE,D.: Zur Wölbkrafttorsion von Stäben mit dünnwandigem Querschnitt. Ing-Archiv 38(1969), S.25-34

63a ROIK,K. u. SEDLACEK,G.: Theorie der Wölbkrafttorsion und Berücksichtigung der sekundären Schubverformungen.- Analogiebetrachtung zur Berechnung des querbelasteten Zugstabes. Stahlbau 35(1966), S.43-52 u. S.160, vgl. auch 38(1969), S.383-384

64a SEDLACEK,G.: Systematische Darstellung des Biege- und Verdrehvorganges für prismatische Stäbe mit dünnwandigem Querschnitt unter Berücksichtigung der Profilverformung. Fortschr.-Berichte. VDI-Z., Reihe 4, Nr. 8. Düsseldorf : VDI-Verlag 1968

65a SEDLACEK,G.: Zur Berechnung der Spannungsverteilung in dünnwandigen Stäben unter Berücksichtigung der Profilverformung. Stahlbau 38(1969), S.314-320

66a ROIK,K. u. SEDLACEK,G.: Erweiterung der technischen Biege- und Verdrehtheorie unter Berücksichtigung der Schubverformungen. Bautechnik 47(1970), S.20-32

67a SEDLACEK,G.: Die Anwendung der erweiterten Biege- und Verdrehtheorie auf die Berechnung von Kastenträgern mit verformbaren Querschnitt. Stäse-Brücke-Tunnel 23(1979), S.241-244 u. S.329-335

68a DABROWSKI,R.: Der Schubverformungseinfluß auf die Wölbkrafttorsion der Kastenträger mit verformbarem biegesteifen Profil. Bauingenieur 40(1965), S.444-449

69a BOER,R. de.: Der gerade Stab mit geschlossenem dünnwandigem Profil unter näherungsweiser Berücksichtigung der Schub- und Querschnittsdeformation. Ing.-Archiv 39(1970), S.53-62

70a HAPEL,K.-H.: Zum Problem der Biegetorsion von dünnwandigen Stäben mit geschlossenen Profilen bei Berücksichtigung der Wölbschubspannungen. Stahlbau 41(1972), S.234-240 u. S.277-281

71a KNITTEL,G.: Zur Berechnung des dünnwandigen Kastenträgers mit gleichbleibenden symmetrischen Querschnitt. Beton- und Stahlbeton 60(1965), S.205-211

72a KUPFER,H.: Kastenträger mit elastisch ausgesteiftem Querschnitt unter Linien- und Einzellasten, in: Stahlbetonbau, Berichte aus Forschung u. Praxis (Rüsch-Festschrift). Berlin: Verlag W. Ernst u. Sohn 1969

73a STEINLE,A.: Torsion und Profilverformung beim einzelligen Kastenträger. Beton- und Stahlbetonbau 65(1970), S.215-222

74a HEES,G.: Querschnittsverformung des einzelligen Kastenträgers mit vier Wänden in einer zur Wölbkrafttorsion analogen Darstellung. Bautechnik 47(1971), S.370-377 u. 48(1972), S.21-28

75a HEES,G. u. SULKE,B.-M.: Vereinfachte Berechnung mehrzelliger dünnwandiger langer Kastenträger. Bautechnik 55(1978), S.325-331

76a DITTLER,J.: Querbiegung und Profilverformung des ein- und zweizelligen Hohlkastens (unter Berücksichtigung der Scheibenwirkung der Gurte). Bauingenieur 55(1980), S.317-321

77a KOLLBRUNNER,C.F. u. HAJDIN,N.: Dünnwandige Stäbe mit deformierbaren Querschnitten. Nichtelastisches Verhalten dünnwandiger Stäbe. Berlin: Springer-Verlag 1975

78a LACHER,G.: Zur Berechnung des Einflusses der Querschnittsverformung bei durch elastische und starre Querschotte versteiften Tragwerken mit pristatischem, offenen oder geschlossenen biegesteifen Querschnitt unter Querlast. Stahlbau 31(1962), S.299-308 u. S.325-335

79a Über die Wirkung der Rahmensteifigkeit kastenförmiger Querschnitte im Stahlbrückenbau erläutert am Beispiel der Fuldatalbrücke Bergskamen. Stahlbau 43(1974), S.33-39

80a ZIES,K.W.: Der zweistegige, symmetrische Plattenbalken mit gerader und schiefer Punktlagerung. Randstörungmethode am unendlichen langen System. Stahlbau 38(1969), S.118-123 u. S.144-149

81a KREUZINGER,H.: Der Einfluß der Querverformung auf die Berechnung gerader dünnwandiger Stäbe. Stahlbau 43(1974), S.46-53

82a SCHÄFER,H.: Zur Berechnung frei tragender geschlossener Zylinderschalen. Stahlbau 50(1981), S.298-303

83a DESÖ,Z.: Zur Berechnung von auf Biegung und Torsion beanspruchten dünnwandigen Trägern nach der Scheibentheorie. Stahlbau 51(1982), S.277-281 u. S.384, vgl. auch 52(1983) S.159-160

84a ESSLINGER,M.: Deformationen und Spannungen eines torsionsbeanspruchten Kastenträgers der an den Krafteinleitungsstellen keine Querschotte hat. Stahlbau 25(1956), S.164-166

85a FLORIN,G.: Vergleich verschiedener Theorien für den auf Verdrehung beanspruchten Kastenträgers ohne Querschnittsausteifung an der Lasteinleitungsstelle an Hand eines Modellversuches. Stahlbau 32(1963), S.51-56

86a **YAJIMA,S.**: Berechnungen und Modellversuche zum Hohlkastenträger unter Torsionsbelastung mit Berücksichtigung verschiedener Querschottanordnungen. Stahlbau 45(1976), S.371-377

87a **GOSOWSKI,B.**: Einflußlinien für die Schnittgrößen der Wölbkrafttorsion bei dünnwandigen Stäben offenen Querschnittes mit Querrippen. Stahlbau 54(1985), S.87-90

88a **CYWINSKI,Z.**: Torsion des dünnwandigen Stabes mit veränderlichen, einfach symmetrischen, offenen Querschnitt. Stahlbau 33(1964), S.301-307, vgl. auch 36(1967), S.317-318

89a **KIENER,G.**: Beitrag zur Torsion gerader und gleichmäßig eben gekrümmter Stäbe. Diss. TU München 1977. Heft 1 der Mitt. aus dem Institut für Bauingenieurwesen I der TU München 1977

90a **WANSLEBEN,F.**: Die Berechnung drehfester gekrümmter Stahlbrücken, Stahlbau 21(1952), S.53-56

90b **MEYER,M.**: Der U-förmige Ringträger als Bauelement für Großgeräte des Braunkohlenbergbaues, vereinfachtes Verfahren zur Bestimmung von Schnittkräften und Formänderungen. Stahlbau 29(1960), S.111-117

91a **KREISEL,M.**: Zur Berechnung drehfester, konstant gekrümmter Träger mit beliebig räumlicher Belastung. Stahlbau 31(1962), S.153-155 u. 32(1963), S.384 u. 33(1964), S.352

92a **ANHEUSER,L.**: Beitrag zur Berechnung des Kreisträgers mit offenen dünnwandigen Profil. Diss. TH Stuttgart 1964

93a **BECKER,G.**: Ein Beitrag zur statischen Berechnung beliebig gelagerter ebener gekrümmter Stäbe mit einfach symmetrischen dünnwandigen offenen Profilen von in Stabachse veränderlichen Querschnitt unter Berücksichtigung der Wölbkrafttorsion. Stahlbau 34(1965), S.334-346 u. S.368-377

94a **DABROWSKI,R.**: Zur Berechnung von gekrümmten dünnwandigen Trägern mit offenem Profil. Stahlbau 33(1964), S.364-372

95a **DABROWSKI,R.**: Wölbkrafttorsion von gekrümmten Kastenträgern mit nichtverformbaren Profil. Stahlbau 34(1965), S.135-141 ,vgl. auch S.214-222

96a **DABROWSKI,R.**: Gekrümmte dünnwandige Träger. Theorie und Berechnung. Berlin : Springer-Verlag 1968

97a **UHLMANN,W.**: Die Berechnung von im Grundriß kreisförmig gekrümmten biegesteifen Faltwerken mit offenen, in Längsrichtung unveränderlichen Querschnitt. Stahlbau 39(1979). S.193-199, S.240-247 u. S.279-286

98a **WAGNER,P.**: Eine neuartige Betrachtungsweise für die Berechnung räumlich Beanspruchter gerader Brückentragwerke mit veränderlichen offenen Querschnitt. Stahlbau 40(1971), S.74-81 u. S.118-123

99a **MAJEWSKI,L., MARGUERRE,W. u. UYANIK,A.**: Entwurf, Berechnung und Herstellung der Fahrbahn für das automatische Nahverkehrssystem H-Bahn. Stahkbau 48(1979), S.289-296

100a **KREUZINGER,H.**: Der Einfluß eines nichtlinearen Anteiles des Drehwiderstandes auf das Gleichgewichts- und Stabilitätsverhalten von geraden dünnwandigen Stäben. Diss. TU München 1969

101a **KLÖPPEL,K. u. BILSTEIN,W.**: Stark tordierte, eigenspannungsbehaftete Stäbe mit dünnwandigen, offenen einfachsymmetrischen Querschnitten. Stahlbau 41(1972), S.135-142

102a **PETERSEN,D.**: Torsion/Zug-Kopplung in Stäben. Z. Flugwiss. Weltraumforsch. 9(1985), S.69-76

103a **BÄCKLUND,J. u. AKESSON,B.**: Plastisches Saint-Venantsches Torsionswiderstandmoment offener Walzprofile. Stahlbau 41(1972), S.302-306

104a **AKESSON,B. u. BÄCKLUND,J.**: Plastisches WLASSOW'sches Wölbwiderstandsmoment offener Walzprofile. Stahlbau 42(1973), S.13-19

105a **AKESSON,B. u. BÄCKLUND,J.**: Plastische Traglast gemischt tordierter Stäbe mit offenem Profil. Stahlbau 42(1973), S.77-80

(28) Bruchtheorie

1a Mechanics of Solids, Bd. 1-4. (am Handbuch der Physik). Berlin: Springer-Verlag 1984

2a **RECKLING,K.-A.**: Plastizitätstheorie und ihre Anwendung auf Festigkeitsprobleme. Berlin: Springer-Verlag 1967

3a **ZIEGLER,F.**: Technische Mechanik d. festen u. flüssigen Körper. Wien: Springer-Verlag 1985

4a **HILL,R.**: The mathematical theory of plasticity. London: Oxford University Press 1950

4b **ISMAR,H. u. MAARENHOLTZ,O.**: Technische Plastomechanik. Braunschweig: Vieweg-Verlag 1979

4c **BETTEN,J.**: Elastizitäts- und Plastizitätstheorie. Wiesbaden: Vieweg-Verlag 1985

5a **KRAWIETZ,A.**: Materialtheorie. Berlin: Springer-Verlag 1986

6a **SAVE,M. a. MASSONNET,C..**: Plastic analysis and design of plates, shells and disks. Amsterdam: North-Holland Publ. 1972

7a **MASSONNET,C., OLSZAK,W. u. PHILLIPS,A.**: Plasticity in structural engineering fundamentals and applications. Wien: Springer-Verlag 1979

8a **DIETMANN,H.**: Werkstoffverhalten unter mehrachsiger schwingender Beanspruchung. Teil 1: Berechnungsmöglichkeiten, Teil 2: Experimentelle Untersuchungen. Z. f. Werkstofftechn. 4(1973), S.255-263 u. S.322-333

9a **ISSLER,L.**: Festigkeitsverhalten bei mehrachsiger und phasenverschobener Schwingbeanspruchung, in: VDI-Berichte Nr. 268. Düsseldorf: VDI-Verlag 1976 u. Diss. Stuttgart 1973

10a **DIETMANN,H. u. ISSLER,L.**: Festigkeitsberechnung bei mehrachsiger phasenverschobener Schwingbeanspruchung mit körperfesten Hauptspannungsrichtungen. Konstruktion 28(1976), S.23-30

11a **EL-MAGD,E. u. MIELKE,S.**: Dauerfestigkeit bei überlagerter zweiachsiger statischer Beanspruchung. Konstruktion 29(1977), S.253-257

12a **ZENNER,H. u. RICHTER,I.**: Eine Festigkeishypothese für die Dauerfestigkeit bei beliebigen Beanspruchungskombinationen. Konstruktion 29(1977), S.11-18, vgl. auch 30(1978), S.66-68

13a **ZENNER,H., HEIDENREICH,R. u. RICHTER,I.**: Schubspannungsintensitätshypothese - Erweiterung und experimentelle Abstützung einer neuen Festigkeitshypothese für schwingende Beanspruchung. Konstruktion 32(1980), S.143-152

14a **ZENNER,H., HEIDENREICH,R. u. RICHTER,I.**: Bewertung von Festigkeitshypothesen für kombinierte statische und schwingende sowie synchrone schwingende Beanspruchung. Z. f. Werkstofftechnik 14(1983), S.391-406

15a **ZENNER,H., HEIDENREICH,R. u. RICHTER,I.**: Dauerschwingfestigkeit bei nichtsynchroner mehrachsiger Beanspruchung. Z. f. Werkstofftechnik 16(1985), S.101-112

16a **HUBER,M.T.**: Die spezifische Formänderungsarbeit als Maß der Anstrengung eines Materials. Lemberg: Czasopismo technize 1904

17a **MISES, R. v.**: Mechanik der festen Körper im plastisch deformablen Zustand. Göttinger Nachrichten, Math.-phys. Klasse 1913, S.582-592

18a **MISES,R. v.**: Mechanik der plastischen Formänderung von Kristallen. ZAMM 8(1928), S.161-185

19a **HENCKY,H.**: Zur Theorie plastischer Deformationen und der hierdurch im Material hervorgerufenen Nebenspannungen. ZAMM 4(1924), S.323-334

20a **ROS,M. u. EICHINGER,A.**: Versuche zur Klärung der Bruchgefahr. Zürich: EMPA-Bericht Nr. 14(1926); vgl. ebenfalls die Berichte Nr. 34(192) u. 172(1949)

20b **STÜSSI,F. u. DUBA,P.**: Grundlagen des Stahlbaues, 2.Aufl. Berlin: Springer-Verlag 1971

21a **CHWALLA,E.**: Einführung in die Baustatik Köln: Stahlbau-Verlag 1954

22a **ISMAR,R. u. MAHRENHOLTZ,O.**: Über Beanspruchungshypothesen für metallische Werkstoffe. Konstruktion 34(1982), S.305-310

23a **OWEN,D. a. HINTON,E.**: Finite elements in plasticity.Swansea: Pineridge Press Ltd 1980

24a **DAHL,W. u. REES,H.**: Die Spannungs-Dehnungskurve von Stahl. Düsseldorf: Verlag Stahleisen 1976

25a **DAHL,W. u. BELCHE,P.**: Kennzeichnung des Stahls durch die statische Streckgrenze bei Verwendung im Hochbau. BMFT-Forschungsbericht SO44. Aachen: Institut für Eisenhüttenkunde , RWTH Aachen 1982

26a **SCHEER,J. u. MAIER,W.**: Zum Einfluß der statischen Streckgrenze auf die Knicklast mittelschlanker Stäbe, in: Festschrift ROIK, S.298-315. Bochum: Techn.-Wiss. Mitteilung Nr. 84-3, Inst. f. Konstr. Ingenieurbau, Uni Bochum 1984

26b **SCHEER,J. u. MAIER,W. u. ROHDE,M.**: Basisversuche zur statischen Streckgrenze. Stahlbau 56(1987), S.79-84

26c **ROIK,K u. HANSWILLE,G.**: Zum Einfluß der Meßlänge auf die experimentelle Bestimmung der statischen Streckgrenzen. Bauingenieur 65(1990), S.547-550

27a **AURICH,D.**: Bruchvorgänge in metallischen Werkstoffen. Karlsruhe: Werkstofftechn.Verlagsges. 1978

28a **FROMM,K. u. SCHULZE,H. D.**: Das Sprödbruchkonzept nach Pellini und die Grenzen seiner Anwendbarkeit. Schweißen u. Schneiden 32(1980), S.416-420

29a **HAHN,H. G.**: Bruchmechanik. Stuttgart: Teubner-Verlag 1976

30a **SCHWALBE,K.-H.**: Bruchmechanik metallischer Werkstoffe. München: Hauser 1980

31a **BLUMENAUER,H. u. PUSCH,G.**: Technische Bruchmechanik, 2.Aufl. Leipzig: Deutscher Verlag für Grundstoffindustrie 1982

32a **HECKEL,K.**: Einführung in die technische Anwendung der Bruchmechanik, 2.Aufl. München: C. Hanser Verlag 1983

33a **DAHL,W. u. ZEISLMAIR,H. C.**: Anwendung der Bruchmechanik auf Baustähle. Düsseldorf: Verlag Stahleisen 1983

34a **NEUBER,H.**: Kerbspannungslehre, 3.Aufl. Berlin: Springer-Verlag 1985

35a **PARKER,A. P.**: The mechanics of fracture and fatigue. London: E. u. F. N. Spon 1981

36a **RADAJ,D. u. SCHILBERTH,G.**: Kerbspannungen an Ausschnitten und Einschlüssen. Fachbuchreihe Schweißtechnik Bd. 69. Düsseldorf: Deutscher Verlag für Schweißtechnik 1977

36b **DAHL,W. u. REDMER,J.**: Zwei- und dreidimensionale elastisch-plastische FEM-Berechnungen von CT-Proben. Stuttgart: IRB-Verlag 1982

37a **ROSSMANITH,H.-P. (Hrg.)**: Finite Elemente in der Bruchmechanik. Berlin: Springer-Verlag 1982

37b **ROSSMANITH,H.-P.(Hrsg.)**: Grundlagen der Bruchmechanik. Wien: Springer-Verlag 1982

38a **GRIYFITH,A.A.**: The phenomens of rupture and flow in solids. Phil. Trans. Roy. Boc. A 211(1921), S.163-198

39a **IRWIN,G.R.**: Analysis of stresses and strains near the end of a crack traversing a plate. Trans. ASME, J. Applied Mech. 24(1957), S.361-364 u. Fracture, in: Handbuch der Physik, Bd. VI, S.551-590, Heidelberg: Springer-Verlag 1958

40a **DUGDALE,D.S.**: Fielding of steel-sheets containing slits. J. Mech. Phys. Solids 8(1960), S.100-108

41a **RADAJ,D.**: Bruchmechanische Bewertung von Rissen und anderen Fehlern in Schweißkonstruktionen im Hinblick auf den Sprödbruch. Schweißen u. Schneiden 27(1975), S.168-173

42a **HANEL,J.J.**: Zur Anwendung der Bruchmechanik bei statisch belasteten Schweißverbindungen vor dem Hintergrund der Festigkeits- und Zähigkeitsnachweise. Grundlagen u. Bewertung. Schweißen u. Schneiden 36(1984), S.172-176 u. S.270-274

43a **STEFFENS,H.D. u. STASKEWITSCH,E.**: Bruchmechanische Untersuchungen an niedriglegierten Baustählen mit Hilfe des COD-Konzepts. Z. f. Werkstoffmechanik 11(1980),S.134-144

43b **FLEER,R., SEIFERT,K. u. KUNZE,H.-D.**: Bruchmechanische Untersuchungen zur Ermittlung der Zähigkeit von geschweißten ultrahochfesten Stählen geringer Blechdicke, Schweißen u. Schneiden 36(1984), S.67-71

(28)

44a **ISSLER,L.:** Das COD-Konzept; Grundlagen und praktische Anwendung. Oerlikon-Schweißmitteilungen, H. 103 (10.83), S.4-14

45a **DAHL,W. u. ANTON,D. (Hrsg.):** Grundlagen Festigkeit, der Zähigkeit und des Bruchs, Bd. 1 und 2. Düsseldorf: Verlag Stahleisen 1983

46a **MACHERAUCH,E.:** Praktikum in Werkstoffkunde, 4.Aufl. Braunschweig: Vieweg 1983

47a **PARIS,P.C. a. ERDOGAN,F.:** A critical analysis of crack propagation laws. Trans. ASME, J. of Basic Engineering, Ser. D. 85(1963), 528-534

48a **FORMAN,R.G., KEARNEY,V.E. a. ENGLE,R.M.:** Numerical analysis of crack propagation in cyclic loaded structures. Trans. ASME, J. of Basic Eng., Ser. D 89(1967), S.459-463, S.885

49a **ENDERLING,U.:** Zur Berechnung von Rißbildungs- und Rißwachstumsdauer. Ifl-Mitt.22(1983), S.138-145

50a **ZAMMERT,W.-U.:** Betriebsfestigkeitsberechnung. Braunschweig: Vieweg-Verlag 1985

51a **HOBBACHER,A.:** Zur Betriebsfestigkeit der Schweißkonstruktionen aus Baustahl auf der Grundlage der Bruchmechanik. Diss. RWTH Aachen 1975, Trans. ASNE, J. of Applied Mech. 44(1977), S.769-771 u. Arch. Eisenhüttenwesen 48(1977), S.109-114

52a **HAIBACH,E.:** Fragen der Schwingfestigkeit von Schweißverbindungen in herkömmlicher und bruchmechanischer Betrachtungsweise. Schweißen u. Schneiden 29(1977), S.140-142

53a **FRANKE,L.:** Voraussage der Betriebsfestigkeit von Werkstoffen und Bauteilen unter besonderer Berücksichtigung der Schwinganteile unterhalb der Dauerfestigkeit. Bauingenieur 60(1985), S.495-499; vgl. auch S.271-279

54a **RADAJ,D.:** Gestaltung und Berechnung von Schweißkonstruktionen - Ermüdungsfestigkeit, Fachbuchreihe Schweißtechnik, Bd.82. Düsseldorf: Deutscher Verlag f. Schweißtechnik 1985

55a **BUXBAUM,O.:** Betriebsfestigkeit, Düsseldorf: Verlag Stahleisen 1986

56a **OSWALD,G.F.:** Ein Konzert zur Zuverlässigkeitsanalyse von Tragwerken unter Berücksichtigung der Werkstoffermüdung.Ber. zur Zuverlässigkeitstheorie der Bauwerke, Heft 65. TU München (LKI-SFB90) 1983

Sachregister

H

I

K

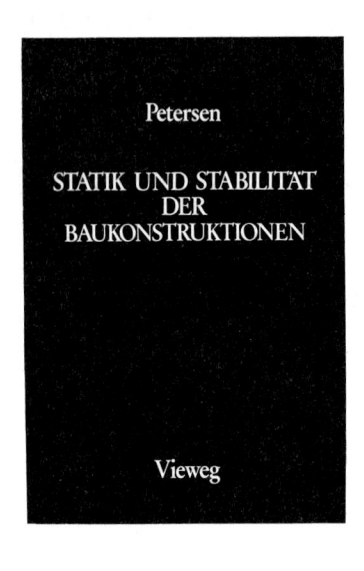

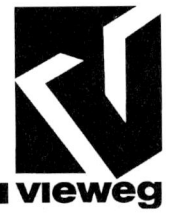

Finite Elemente in der Baustatik

Band 1: Lineare Statik der Stab- und Flächentragwerke

von Horst Werkle

1995. 295 Seiten. Gebunden.
ISBN 3-528-08882-6

Die Methode der Finiten Elemente ist heute ein Standardverfahren zur Berechnung von Flächentragwerken im konstruktiven Ingenieurbau mit Hilfe des Computers. In diesem Buch werden die theoretischen Grundlagen der Methode für Stab-, Platten- und Scheibentragwerke dargestellt, soweit sie für das Verständnis des Verfahrens und eine qualifizierte Anwendung erforderlich sind. Hierbei werden auch die wichtigsten, in kommerzielle Finite-Element-Software implementierten Elementtypen und deren Eigenschaften untersucht. Darüber hinaus werden Fragen der Modellbildung ausführlich behandelt und Hinweise zur Interpretation der Ergebnisse gegeben. Anhand einer Reihe von Beispielen werden wesentliche Aussagen verdeutlicht.

Das Buch richtet sich an praktisch tätige Ingenieure sowie an Studierende der Fachhochschulen und – soweit die Anwendung der Finite-Elemente-Methode im Vordergrund steht – auch der Technischen Hochschulen. Es hat zum Ziel, zu einem vertieften Verständnis der Finite-Elemente-Methode und der qualifizierten Interpretation der mit ihr erhaltenen Ergebnisse in der Praxis beizutragen.